U0390050

《现代机械设计师手册》 篇目

yongjian

永坚液压 铸就精品

扬州市江都永坚有限公司创办于1988年，是全国液、气、密协会理事成员，全国液压和气动标准化委员会委员，航空航天标准件产业联盟理事单位，多次在行业评比中获得荣誉，是流体传动设计、制造的专业企业。荣获了国家高新技术企业、省著名商标等多项殊荣，拥有省技术中心、省研究生工作站。公司从1997年全面推行并通过ISO9002:1994质量管理体系认证，2012年10月通过GJB9001B-2009质量管理体系认证。

公司占地107000㎡，建筑面积54980㎡，现有员工500多人，具有中高级职称的技术及管理人员120人，公司拥有一大批高、精、尖、特生产及检验设备。

主要产品有气缸、液压缸、液压系统、液压成套设备、液压启闭机及顶管挖掘机，广泛应用于军工、冶金、机床、水利、海事、工程机械等行业。

气缸、液压缸最大缸径 ϕ 1000mm，行程可达16000mm，单台液压缸最大质量可达60t，最高工作压力达70MPa。

IQGB气缸

克令吊液压缸

液压系统

助力液压缸

地址：扬州市江都区舜天路110号　电话：0514-86601471/86601432
传真：0514-86601417　邮编：225200
网址：www.yongjian.com　邮箱：yjgs@yongjian.com

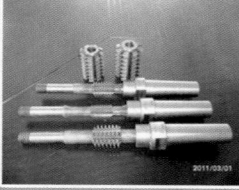
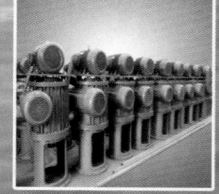

现代机械设计师手册

下　册

主　编　陈定方
副主编　孔建益　杨家军　李勇智
主　审　谭建荣

机械工业出版社

本手册凝聚了来自高等院校、科研院所、企业的 100 余名专家学者多年来在机械工程实践中产品设计、教学、科研的成果和经验。手册的特点是实用性、先进性、易用性，有所为、有所不为，内容取材原则为基本、常用、关键、新颖、准确、发展，力求传统设计与现代设计相结合，力求使该手册贯彻最新的国际或国家技术标准、规范，并引入了机械工程领域新的材料、新的结构形式、新的设计理念和设计方法。

本手册共 13 篇，分上下两册出版。上册共 7 篇：第 1 篇 机械设计资料，包括机械设计常用基础资料和公式；第 2 篇 机构分析与设计，包括导引机构等八类机构专题及各种机构的分析及设计方法；第 3 篇 连接与弹簧，介绍常用连接方式及标准规范，常用弹簧类型的设计计算，也介绍了设计中出现的一些新的连接非标准件；第 4 篇 带传动、链传动和螺旋传动，介绍带、链和螺旋传动的设计及计算、应用；第 5 篇 齿轮传动，重点介绍通用机械和一般工业齿轮的设计，同时对塑料齿轮、非圆齿轮的设计也作了介绍；第 6 篇 轴承，除介绍常规的滚动轴承设计与滑动轴承设计，同时也简要介绍了较常使用的其他轴承；第 7 篇 轴系及部件，介绍轴、联轴器、离合器（液力偶合器）、制动器的设计或选型。下册共 6 篇：第 8 篇 减速器和无级变速器，介绍减速器和无级变速器的设计，以及一般减速器试验方法和试验台分类；第 9 篇 起重运输机械，介绍起重运输机械总体设计、工作机构设计、零部件设计等主要设计内容；第 10 篇 液压、气压传动与控制，介绍液压、气压传动与控制系统设计及实例，包括液压、气压元器件与常用液压、气动基本回路；第 11 篇 机电控制装置及系统，主要介绍机电控制系统类型及装备，包括电动机、元器件、控制单元的选择；第 12 篇 光机电一体化设计，介绍光机电一体化系统和微光机电系统的基本概念、设计方法和典型应用实例；第 13 篇 现代机械设计方法，集现代设计方法之大全，介绍目前机械现代设计方法，反映当代机械设计的最新水平。每一篇均有简练的主要内容与特色简介，便于读者了解各篇内容。

本手册可供广大机械设计人员查阅，也可供大专院校师生使用参考。

图书在版编目（CIP）数据

现代机械设计师手册. 下册/陈定方主编；孔建益等编. —北京：机械工业出版社，2013.12
 ISBN 978-7-111-44794-8

Ⅰ.①现…　Ⅱ.①陈…②孔…　Ⅲ.①机械设计-技术手册　Ⅳ.①TH122-62

中国版本图书馆 CIP 数据核字（2013）第 272102 号

机械工业出版社（北京市百万庄大街 22 号　邮政编码 100037）
 策划编辑：张秀恩　责任编辑：张秀恩　崔滋恩　高依楠　杨明远
　　　　　　　　　　　　　　舒　雯　王春雨　刘本明　张元生
 版式设计：霍永明　责任校对：陈延翔　闫玥红　张晓蓉
 封面设计：姚　毅　责任印制：乔　宇
北京铭成印刷有限公司印刷
2014 年 4 月第 1 版第 1 次印刷
184mm×260mm · 116 印张 · 5 插页 · 4005 千字
0001—3000 册
标准书号：ISBN 978-7-111-44794-8
定价：268.00 元

　　　　　　　　　　　　　　　　　　　　策划编辑：（010）88379770
电话服务　　　　　　　　　　　　　网络服务
社服务中心：（010）88361066　　教 材 网：http://www.cmpedu.com
销 售 一 部：（010）68326294　　机工官网：http://www.cmpbook.com
销 售 二 部：（010）88379649　　机工官博：http://weibo.com/cmp1952
读者购书热线：（010）88379203　　**封面无防伪标均为盗版**

前　言

设计是机械工业的灵魂。设计的理念、设计的质量和设计的水平直接关系到产品质量、性能和技术经济效益。手册是设计师们在产品设计过程中所必需的数据库和知识库，是产品研究与开发的无法取代的重要的设计工具，这不仅在现在，而且在将来也会发挥其积极的作用。针对企业事业单位的工程设计人员产品设计查阅和大中专院校师生教学使用需求，编写了《现代机械设计师手册》，该手册是现代机械设计领域的一项重要的基本建设。

《现代机械设计师手册》贯彻实用性、先进性、易用性的精神，并遵循基本、常用、关键、准确、发展的原则，把握机械工程技术发展的时代前沿，吸收产品设计、教学、科研成果和经验。本手册编写集体还进行了广泛的调查研究，多次邀请机械方面的专家学者、工程技术人员进行座谈讨论，并深入设计院所、工厂的第一线，向广大设计工作者了解各类手册应用情况和意见，及时发现、收集实践中出现的新经验和新问题，精选内容，引入机械工程领域新的材料、新的结构形式、新的设计理念和新的设计方法，力求传统设计与现代设计有机结合，并力求使该手册贯彻最新的国际或国家技术标准与规范。

本手册收录目前已经普遍得到大家公认的、成熟的、实用的技术、方法、结构和产品，工程上甚少应用的则不涉及。在取材和选材过程中，避免在手册中出现教科书的叙述方式，特别强调要采用手册化、表格化的编写风格。表格化的编写风格，既增加了手册的信息容量，更方便读者查阅使用。

《现代机械设计师手册》以通用机械零部件和控制元器件设计、选用的内容为主，提供常用设计资料、常规和现代设计方法、常用零部件的规格尺寸、典型结构、技术参数和设计计算。根据机械设计人员需要，按照"基本、常用、重要、发展"的原则选取内容；兼顾了制造企业、设计院所和大专院校的使用特点，手册强调产品设计与工艺技术的紧密结合、结构设计与造型设计的合理协调统一、重视工艺技术与选用材料的合理搭配。手册内容还包含典型结构设计和计算实例、丰富的设计知识和技能。手册中各数据单位一律采用法定计量单位，对尚未采用法定计量单位的标准，一律换算成法定计量单位。

手册注重采用现行技术标准，如滚动轴承代号，机械制图的幅面、规格、比例、表面粗糙度符号等均采用新标准。

机械设计中常用的内容一般查阅本手册即可，遇到本手册未涉及的资料，可查阅机械设计手册编委会编写的《机械设计手册》（共6卷）和其他专用机械设计手册如《起重机设计手册》。这些手册互相补充、互相配合，搭配形成机械设计工具书的完整体系。

《现代机械设计师手册》共13篇，分上下两册。上册共7篇：第1篇 机械设计资料，第2篇 机构分析与设计，第3篇 连接与弹簧，第4篇 带、链和螺旋传动，第5篇 齿轮传动，第6篇 轴承，第7篇 轴系及部件。下册共6篇：第8篇 减速器和无级变速器，第9篇 起重运输机械，第10篇 液压、气压传动与控制，第11篇 机电控制装置及系统，第12篇 光机电一体化设计，第13篇 现代机械设计方法。每一篇均有主要内容与特色简介。

《现代机械设计师手册》由陈定方担任主编，孔建益、杨家军、李勇智担任副主编，谭建荣担任主审。参加《现代机械设计师手册》编审的人员来自武汉理工大学、华中科技大学、浙江大学、武汉大学、武汉科技大学、中国地质大学（武汉）、海军工程大学、三峡大学、武汉工程大学、湖北工业大学、河北工业大学、南昌大学、温州大学、南昌工程学院、武汉纺织大学、长江大学、江汉大学、中国人民武装警察部队学院武汉轻工大学、湖北汽车工业学院、湖北理工学院、武汉职业技术学院、华中科技大学武昌分校、中国船舶重工集团公司第 719 研究所、湖北省机电研究设计院、武汉钢铁公司、武汉重型机床集团有限公司、武昌造船厂、武汉船用重型机械集团、中国人民解放军 3303 工厂、荆州市陵达机械有限公司、武汉重冶集团公司、武汉嘉铭激光有限公司等 100 余位专家学者，凝聚了编审者多年在工程实践中设计、教学、科研的成果和经验。衷心感谢主审谭建荣和副主编孔建益、杨家军、李勇智为手册编审所作出的创造性的贡献！衷心感谢各篇主编、主审、各位编审者和一批博士、硕士研究生在历时 3 年的编辑出版过程中积极配合、一丝不苟地共同将《现代机械设计师手册》打造成精品所付出的辛劳！

《现代机械设计师手册》编写过程中，参考了诸多的国内外著作、手册、教科书和文献，列入上、下册的末尾。在此，谨向各位作者、编者、出版者致以诚挚的谢意。

在凝聚着各位心血的《现代机械设计师手册》的编辑过程中，机械工业出版社张秀恩编审主持的编辑小组付出了辛勤的汗水。非常感谢各位编辑同仁！

衷心感谢著名机械工程专家余俊、徐灏、郭可谦、吴宗泽、谢友柏、闻邦椿、杨叔子、熊有伦、段正澄、崔昆、潘际銮、温诗铸、钟掘、蔡鹤皋、叶声华、任露泉、王立鼎、赵淳生、殷瑞钰、管彤贤、王先逵、张伯鹏、海锦涛、周济、李培根、顾佩华、卢秉恒、严隽琪、冯培恩、刘飞、马伟明、金东寒、郭东明、朱荻、雒建斌、林宗钦、宋天虎、张彦敏、曲贤明、滕弘飞、邹慧君、李德群、田红旗、雷源忠、王国彪、秦大同、谢里阳、张义民、陈超志等对《现代机械设计师手册》编写者和编写工作的关心、鼓励、指导和帮助。

机械工业出版社、中国机械工程学会、湖北省机械工程学会、湖北省机械设计与传动学专业委员会、武汉机械设计与传动学会以及编审者所在单位的大力支持是《现代机械设计师手册》创作团队在较短时间内完成编写任务并出版的重要保证。在此，谨向他们表示诚挚的谢意。

因水平所限，手册中难免有不准确的地方，衷心希望广大读者批评、指正，使《现代机械设计师手册》在修订时不断改进与完善。

目 录

第9篇　起重运输机械

第 10 篇 液压、气压传动与控制

第 11 篇　机电控制装置及系统

第 12 篇　光机电一体化设计

第 13 篇　现代机械设计方法

第8篇 减速器和无级变速器

主　编　方子帆　何毅斌

编写人　方子帆　赵芸芸　何毅斌（第1章）

何毅斌　方子帆（第2章）

吴敬兵（第3章）

审稿人　吴定川　吴新跃　孙立鹏

本篇内容与特色

第 8 篇减速器和无级变速器，全篇分为 3 章。第 1 章 "减速器"，主要介绍目前各种常用减速器设计资料及其应用，还介绍了多种常用和标准减速器的基本参数和选用方法；第 2 章 "无级变速器"，内容包括无级变速器的类型、特性及其选用方法，机械无级变速器，液力机械变矩器，液压机械无级变速器；第 3 章 "减速器试验方法和试验台分类"。

本篇具有以下特色：

1）遵循先进性、实用性、易用性和与时俱进的编写原则，采用最新设计标准，并更新了引用标准、产品介绍和设计方法，增加了应用实例。

2）考虑到手册编排的普遍性，本篇放在零件、轴系零件和轴承内容之后。将一般手册中不常编入的减速器试验方法和试验台分类的内容安排在本篇最后一章。考虑到起重机减速器在手册的起重运输机械篇中将介绍，为避免内容重复，本篇不再编入起重机减速器。

3）为适应科学技术的发展，本篇增加了液压驱动系统的内容，包括液压机械无级变速器等。

4）考虑到机械设计人员在设计行星减速器时能够有一个完整的设计思路，增加了行星减速器设计流程问题的论述。

5）设计师在设计制造出减速器后，会遇到试验检验问题，增加了减速器试验方法和试验台分类的论述。

第1章 减 速 器

1 一般减速器的设计资料

减速器是把机械传动中的动力机（主动机）与工作机（从动机）连接起来，实现减速（或增速）和增大（或减小）转矩的机械传动装置，减速时称减速器（增速时称增速器）。本章所介绍的减速器均为齿轮减速器（包含蜗杆减速器），简称减速器，并以已制定国家标准或行业标准的标准减速器为主。

选用减速器时应根据工作机的工作条件、技术参数、动力机的性能、经济性等因素，比较不同类型、品种减速器的外廓尺寸、传动效率、承载能力、质量、价格等，选择最适合的减速器。

1.1 常用减速器的型式和应用

减速器的类别、品种、型式很多，目前已制定

为行（国）标的减速器有 40 余种，其分类见表8.1-1。减速器的类别是根据所采用的齿轮齿形、齿廓曲线划分；减速器的品种是根据使用的需要而设计的不同结构的减速器；减速器的型式是在基本结构的基础上根据齿面硬度、传动级数、出轴型式、装配型式、安装型式、连接型式等因素而设计的不同特性的减速器。

与减速器连接的工作机载荷状态比较复杂，对减速器的影响很大，是减速器选用及计算的重要决定因素。减速器的载荷状态即工作机（从动机）的载荷状态，通常分为三类：U——均匀载荷；M——中等冲击载荷；H——强冲击载荷。

常用减速器的型式和特点及应用见表8.1-2。

减速器的载荷分类见表8.1-3。减速器选用计算时一般根据载荷类别选取工况系数。

表 8.1-1 标准减速器分类

类别	品　种	结　构　型　式	装配型式	连　接　型　式
圆柱齿轮减速器	渐开线圆柱齿轮减速器	硬齿面1-3级	4 种	
	少齿数渐开线圆柱齿轮减速器	—	4 种	
	高速渐开线圆柱齿轮减速器		4 种	
	同轴式圆柱齿轮减速器	双出轴型(二级、三级) 直连电动机型(二级、三级)	—	
	轴装式减速器	输出轴旋转方向(单向、双向 L) 端盖型式(闷盖 M、通盖 T)	输出轴 (左装、右装)	键连接 涨套连接
	ZJY 型轴装式圆柱齿轮减速器	双向 逆时针 顺时针	—	—
	起重机三合一减速器	平行轴式 垂直轴式	分别驱动 集中驱动	—
	辊道电动机减速器	电动机与一级减速器组合 电动机与二级减速器组合	—	—
	全封闭甘蔗压榨机减速器	TB 型 TC 型 TD 型		
	ZSJ-1100 减速器			
	运输机械用减速器	二级硬齿面		
		三级硬齿面	4 种	—
		旋转方向(顺时针、逆时针)		

（续）

类别	品 种	结 构 型 式	装配型式	连 接 型 式	
圆柱齿轮减速器	斜齿圆柱齿轮减速器（起重机用）	三支点减速器 二级 三级 二、三级结合型	9 种	安装型式	卧式
					立式
		底座式减速器 二级 三级 二、三级结合型	9 种	高速轴为圆柱形轴伸，平键连接	
				输出轴端	圆柱形轴伸，平键单键连接
					圆柱形轴伸，渐开线花键连接
					齿轮轴端
		立式减速器　三级立式底座式	6 种	圆柱形轴伸，平键连接	
		套装式减速器　三级立式套装式	4 种	高速轴圆柱形轴伸，平键连接	
				低速轴空心式套轴、锥形轴孔，平键连接	
蜗杆减速器	圆弧圆柱蜗杆减速器	基本型	10 种		
		轴装式　蜗杆在蜗轮之下	2 种		
		蜗杆在蜗轮之侧	4 种		
		蜗杆在蜗轮之上	2 种		
		立式			
	ZC1 型二级蜗杆及齿轮蜗杆减速器	二级蜗杆减速器，蜗杆在蜗轮之下 二级蜗杆减速器，蜗杆在蜗轮之侧 二级蜗杆减速器，蜗杆在蜗轮之上 齿轮-蜗杆减速器，蜗杆在蜗轮之下 齿轮-蜗杆减速器，蜗杆在蜗轮之侧 齿轮-蜗杆减速器，蜗杆在蜗轮之上			
	锥面包络圆柱蜗杆减速器	蜗杆在蜗轮之下	5 种		
		蜗杆在蜗轮之侧	4 种		
		蜗杆在蜗轮之上	5 种		
	平面包络环面蜗杆减速器	蜗杆在蜗轮之下	3 种；5 种		
		蜗杆在蜗轮之侧	4 种；4 种		
		蜗杆在蜗轮之上	3 种；5 种		
	平面二次包络环面蜗杆减速器	蜗杆在蜗轮之下			
		蜗杆在蜗轮之侧	3 种		
		蜗杆在蜗轮之上			
	直廓环面蜗杆减速器	蜗杆在蜗轮之上			
		蜗杆在蜗轮之下	3 种		
		铸造机体和机盖			
		焊接机体和机盖			
行星传动减速器	星轮减速器	一级传动 二级串联 串联扩大级 轻型 中型 重型 超重型	电动机直连 卧式 立式		
	NGW 行星齿轮减速器	一级		底座连接	
		二级	3 种	法兰连接	
		三级		定轴圆柱齿轮	
	PF 行星齿轮减速器	二级 三级	4 种		

（续）

类别	品 种	结 构 型 式	装配型式	连 接 型 式
行星传动减速器	ZZ 行星齿轮减速器	一级 二级 三级 一级派生 二级派生	4 种	
	ZK 行星齿轮减速器	一级 一级派生 二级		
	NLQ 行星齿轮减速器			
	双排直齿行星减速器	一级 二级 三级 一级加定轴圆柱齿轮 二级加定轴圆柱齿轮	3 种	
其他减速器	推杆减速器	异步电动机直连型,机座带凸缘	立式	
		双轴型,机座带凸缘		
		异步电动机直连型,机座带底脚	卧式	
		双轴型,机座带底脚		
	三环减速器	SH、SHD、SHDK、SHC SHCD、MSH、SHS		
		LLSH		
		SHL、SHLD、SHLDK		
		SHZ		
		SHP、ZZSH、SHCPD		
		SHZP、YPSH、GTSH		
	无级变速摆线针轮减速机	普通型 1～8 种	双轴型,卧式	
			电动机直连型,卧式	
		大变速范围型 1～3 种	电动机直连型,立式	
	谐波传动减速器	12 个机型		
		60 种传动比		

表 8.1-2 常用减速器的型式和特点及应用

名称	运 动 简 图	推荐传动比	特点及应用
一级圆柱齿轮减速器	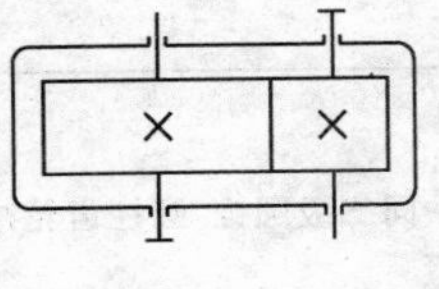	$i \leqslant 8 \sim 10$	轮齿可做成直齿、斜齿和人字齿。直齿轮用于速度较低($v \leqslant 8\text{m/s}$)载荷较轻的传动,斜齿轮用于速度较高的传动,人字齿轮用于载荷较重的传动。箱体通常用铸铁做成,单件或小批生产有时采用焊接结构。轴承一般采用滚动轴承,重载或特别高速时采用滑动轴承。其他型式的减速器与此类同
二级圆柱齿轮减速器	展开式	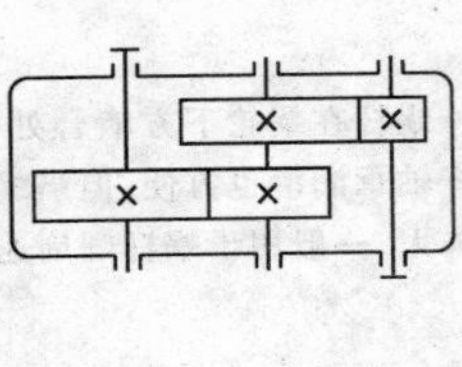 $i = i_1 i_2$ $i = 8 \sim 60$	结构简单,但齿轮相对于轴承的位置不对称,因此要求轴有较大的刚度。高速级齿轮布置在远离转矩输入端,这样轴在转矩作用下产生的扭转变形和轴在弯矩作用下产生的弯曲变形可部分地互相抵消,以减缓沿齿宽载荷分布不均匀的现象。用于载荷比较平稳的场合。高速级一般做成斜齿,低速级可做成直齿

（续）

名称		运动简图	推荐传动比	特点及应用
二级圆柱齿轮减速器	分流式	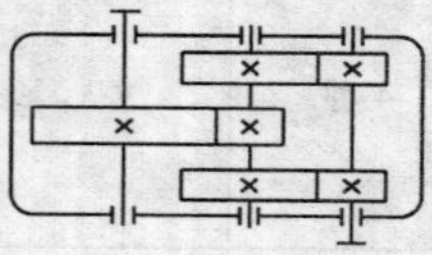	$i = i_1 i_2$ $i = 8 \sim 60$	结构复杂,但由于齿轮相对于轴承对称布置,与展开式相比载荷沿齿宽分布均匀,轴承受载较均匀。中间轴危险截面上的转矩只相当于轴所传递转矩的一半。适用于变载荷的场合。高速级一般用斜齿,低速级可用直齿或人字齿
	同轴式	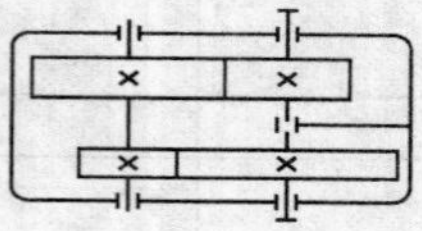	$i = i_1 i_2$ $i = 8 \sim 60$	减速器横向尺寸较小,两对齿轮浸油深度大致相同。但轴向尺寸和质量较大,且中间轴较长,刚度差,载荷沿齿宽分布不均匀。高速级的承载能力难于充分利用
	同轴分流式	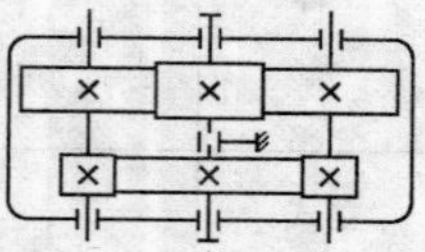	$i = i_1 i_2$ $i = 8 \sim 60$	每对啮合齿轮仅传递全部载荷的一半,输入轴和输出轴只承受转矩,中间轴只受全部载荷的一半,故与传递相同功率的其他减速器相比,轴颈尺寸可以缩小
三级圆柱齿轮减速器	展开式	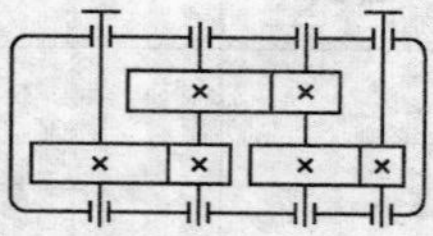	$i = i_1 i_2 i_3$ $i = 40 \sim 400$	同两级展开式
	分流式	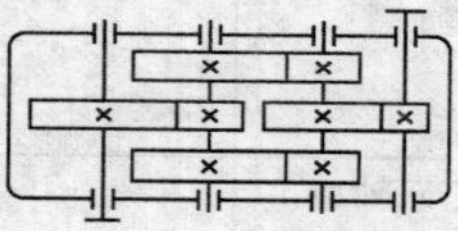	$i = i_1 i_2 i_3$ $i = 40 \sim 400$	同两级分流式
一级锥齿轮减速器		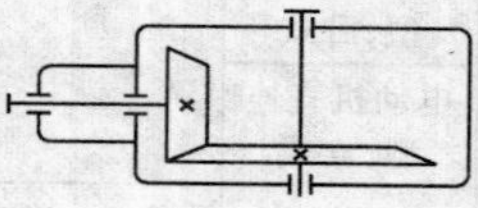	$i = 8 \sim 10$	轮齿可做成直齿、斜齿或曲线齿,用于两轴垂直相交的传动中,也可用于两轴垂直交错的传动中。由于制造安装复杂、成本高,所以仅在传动布置需要时才采用
二级圆锥-圆柱齿轮减速器		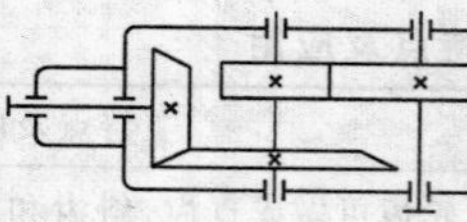	$i = i_1 i_2$ 直齿锥齿轮 $i = 8 \sim 22$ 斜齿或曲线齿锥齿轮 $i = 8 \sim 40$	特点同一级锥齿轮减速器。锥齿轮应在高速级,以使锥齿轮尺寸不致太大,否则加工困难。
三级圆锥-圆柱齿轮减速器		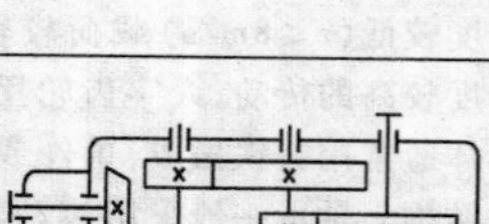	$i \cdot = i_1 i_2 i_3$ $i = 25 \sim 75$	同二级圆锥-圆柱齿轮减速器
一级蜗杆减速器	蜗杆下置式	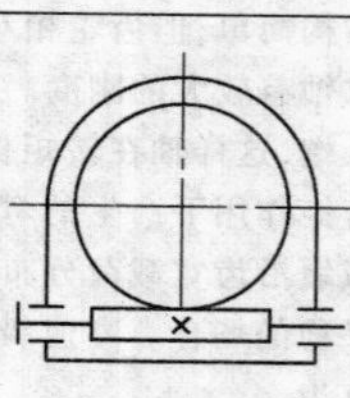	$i = 10 \sim 80$	蜗杆在蜗轮下方啮合处的冷却和润滑都较好,蜗杆轴承润滑也方便,但当蜗杆圆周速度高时,搅油损失大,一般用于蜗杆圆周速度 $v < 10 \text{m/s}$ 的场合

（续）

名称		运动简图	推荐传动比	特点及应用
一级蜗杆减速器	蜗杆上置式	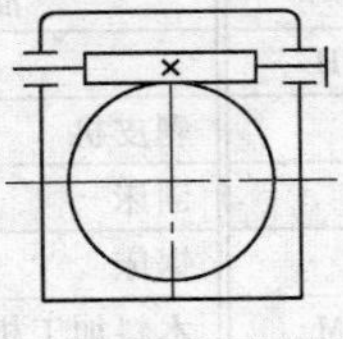	$i = 10 \sim 80$	蜗杆在蜗轮上方,蜗杆的圆周速度可高些,但蜗杆轴承润滑不太方便
	蜗杆侧置式	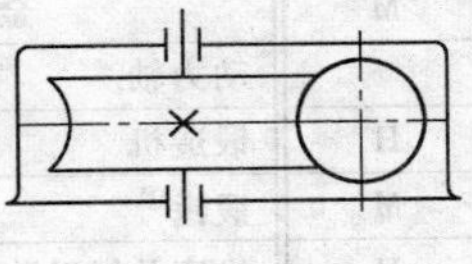	$i = 10 \sim 80$	蜗杆在蜗轮侧面,蜗轮轴垂直布置,一般用于水平旋转机构的传动
二级蜗杆减速器		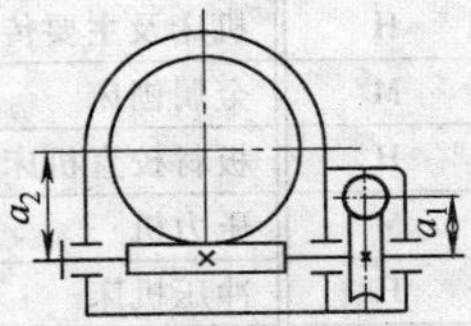	$i = i_1 i_2$ $i = 43 \sim 3600$	传动比大,结构紧凑,但效率低,为使高速级和低速级传动浸油深度大致相等,可取 $a_1 \approx \dfrac{a_2}{2}$
二级齿轮-蜗杆减速器		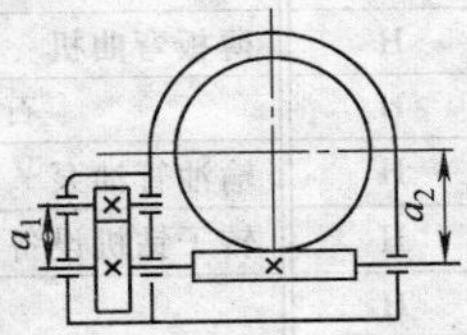	$i = i_1 i_2$ $i = 15 \sim 480$	有齿轮传动在高速级和蜗杆传动在高速级两种型式,前者结构紧凑,后者传动效率高
行星齿轮减速器	一级 NGW	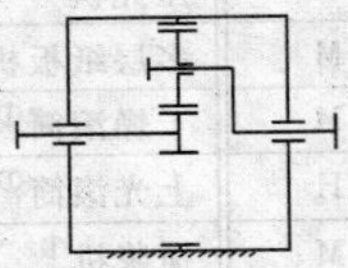	$i = 2.8 \sim 12.5$	与普通圆柱齿轮减速器相比,尺寸小,质量轻,但制造精度要求较高,结构较复杂,在要求结构紧凑的动力传动中应用广泛
	二级 NGW	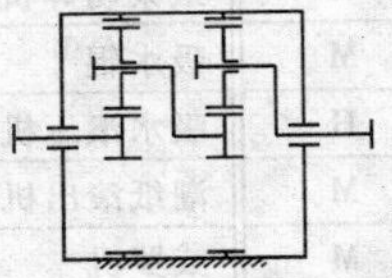	$i = i_1 i_2$ $i = 14 \sim 160$	同一级 NGW

表 8.1-3　减速器载荷分类

工作机类型	载荷代号	工作机类型	载荷代号	工作机类型	载荷代号
风机类		食品工业机械类		泵类	
风机(轴向和径向)	U	灌注及装箱机器	U	离心泵(稀液体)	U
冷却塔风机	M	甘蔗压榨机[①]	M	离心泵(半液体)	M
引风机	M	甘蔗切断机[①]	M	活塞泵	H
螺旋活塞式风机	M	甘蔗粉碎机	H	柱塞泵	H
涡轮式风机	U	搅拌机	M	压力泵	H
建筑机械类		酱状物吊桶	M	塑料工业类	
混凝土搅拌机	M	装包机	U	压光机[①]	M
卷扬机	M	糖甜菜切断机	M	挤压机	M
路面建筑机械	M	糖甜菜清洗机	M	螺旋压出机	M

（续）

工作机类型	载荷代号	工作机类型	载荷代号	工作机类型	载荷代号
化工类		发动机及转换器		混合机①	M
搅拌机（液体）	U	频率转换器	H	木料加工机械	
搅拌机（半液体）	M	发动机		剥皮机	H
离心机（重型）	M	焊接发动机		刨床	M
离心机（轻型）	U	洗衣机类		锯床	H
冷却滚筒①	M	滚筒式洗衣机	M	木料加工机床	U
干燥滚筒①	M	其他类型洗衣机	M	金属加工机床类	
搅拌机	M	冶金轧机类		动力轴	U
压缩机类		钢坯剪断机①	H	锻造机	H
活塞式压缩机	H	链式输送机①	M	锻锤①	M
涡轮式压缩机	M	冷轧机①	H	机床及辅助装置	U
传送运输机类		连铸成套设备①	H	机床及主要传动装置	M
平板输送机	M	冷床①	M	金属刨床	H
平衡块升降机	M	剪料头机①	H	板材校直机床	H
槽式输送机	M	交叉转弯输送机①	M	压力机	H
带式输送机（大件）	M	除锈机①	H	冲压机床	H
带式输送机（碎料）	H	重型和中型板轧机①	H	剪床	H
筒式面粉输送机	U	钢坯初轧机①	H	薄板弯曲机	M
链式输送机	M	钢坯转运机械①	H	石油机械工业类	
环式输送机	M	板坯推料机、圆盘给料机①	H	输油管油泵①	M
货物升降机	M	推床①	H	转子钻机设备	H
卷扬机①	H	剪板机、开卷机①	H	造纸机械类	
倾斜卷扬机	H	板材摆动升降机①	M	压光机①	H
连杆式输送机	M	轧辊调整装置①	M	多层纸板机①	H
载人升降机	M	辊式矫直机①	M	干燥滚筒①	H
螺旋式升降机	M	轧钢机辊道（重型）①	H	上光滚筒①	H
钢带式升降机	M	轧钢机辊道（轻型）①	M	搅浆机①	H
链式槽式升降机	M	薄板轧机、薄板卷取机①	H	纸浆切碎机①	H
绞车运输机	M	修整剪切机①	M	吸水辊	H
起重机类		焊管机	H	吸水滚压机①	H
转臂式起重齿轮传动装置	M	焊接机（带材和线材）	M	潮纸滚出机①	H
卷扬机齿轮传动装置	U	线材拉拨机	M	威罗机	H
吊杆起落齿轮传动装置	U	橡胶机械类		石料瓷土料加工机床类	
转向齿轮传动装置	M	压光机①	M	球磨机①	H
行走齿轮传动装置	H	挤压机①	H	挤压粉碎机①	H
挖掘机类		混合搅拌机①	M	破碎机	H
筒式输送机	H	捏和机①	H	压砖机	H
筒式转向轮	H	滚压机①	H	锤式粉碎机①	H
挖泥头	H	纺织机械类		转窑	H
机动绞车	M	送料机	M	筒形磨机①	H
泵	M	织布机	M	水处理类	
转向齿轮传动装置	M	印染机	M	鼓风机①	M
行走齿轮传动装置（履带）	H	精制筒	M	螺杆泵	M
行走齿轮传动装置（铁轨）	M	威罗机	M		

注：U—均匀载荷；M—中等冲击载荷；H—强冲击载荷。
① 仅用于24h工作制。

1.2　减速器的基本参数

1.2.1　圆柱齿轮减速器的基本参数

1. 中心距

1）一级减速器和二级同轴式减速器的中心距应符合表 8.1-4 的规定。

2）二级减速器和的总中心距 a 与高、低速级中心距 a_1、a_2 应符合表 8.1-5 的规定。

3）三级减速器的总中心距 a 与高、中、低速级中心距 a_1、a_2、a_3 应符合表 8.1-6 的规定。

表 8.1-4　一级和二级同轴式减速器的中心距 a　　（单位：mm）

系列 1	63	—	71	—	80	—	90	—	100	—	112	—	125	—
系列 2	—	67	—	75	—	85	—	95	—	106	—	118	—	132
系列 1	140	—	160	—	180	—	200	—	224	—	250	—	280	—
系列 2	—	150	—	170	—	190	—	212	—	236	—	265	—	300
系列 1	315	—	355	—	400	—	450	—	500	—	560	—	630	—
系列 2	—	335	—	375	—	425	—	475	—	530	—	600	—	670
系列 1	710	—	800	—	900	—	1000	—	1120	—	1250	—	1400	—
系列 2	—	750	—	850	—	950	—	1060	—	1180	—	1320	—	1500

表 8.1-5　二级减速器的总中心距 a 与高、低速级中心距 a_1、a_2　　（单位：mm）

系列												
系列 1	a_2	100	112	125	140	160	180	200	224	250	280	315	355
	a_1	71	80	90	100	112	125	140	160	180	200	224	250
	a	171	192	215	240	272	305	340	384	430	480	539	605
系列 2	a_2	106	118	132	150	170	190	212	236	265	300	335	375
	a_1	75	85	95	106	118	132	150	170	190	212	236	265
	a	181	203	227	256	288	322	362	406	455	512	571	640
系列 1	a_2	400	450	500	560	630	710	800	900	1000	1120	1250	1400
	a_1	280	315	355	400	450	500	560	630	710	800	900	1000
	a	680	765	855	960	1080	1210	1360	1530	1710	1920	2150	2400
系列 2	a_2	425	475	530	600	670	750	850	950	1060	1180	1320	
	a_1	300	335	375	425	475	530	600	670	750	850	950	
	a	725	810	905	1025	1145	1280	1450	1620	1810	2030	2270	

表 8.1-6　三级减速器的总中心距 a 与高、中、低速级中心距 a_1、a_2、a_3　（单位：mm）

系列												
系列 1	a_3	140	160	180	200	224	250	280	315	355	400	450
	a_2	100	112	125	140	160	180	200	224	250	280	315
	a_1	71	80	90	100	112	125	140	160	180	200	224
	a	311	352	395	440	496	555	620	699	785	880	989
系列 2	a_3	150	170	190	212	236	265	300	335	375	425	475
	a_2	106	118	132	150	170	190	212	236	265	300	335
	a_1	75	85	95	106	118	132	150	170	190	212	236
	a	331	373	417	468	524	587	662	741	830	937	1046
系列 1	a_3	530	560	630	710	800	900	1000	1120	1250	1400	—
	a_2	355	400	450	500	560	630	710	800	900	1000	—
	a_1	250	280	315	355	400	450	500	560	630	710	—
	a	1105	1240	1395	1565	1760	1980	2210	2480	2780	3110	—
系列 2	a_3	530	600	670	750	850	950	1060	1180	1320	—	—
	a_2	375	425	475	530	600	670	750	850	950	—	—
	a_1	265	300	335	375	425	475	530	600	670	—	—
	a	1170	1325	1480	1655	1875	2095	2340	2630	2940	—	—

注：1. 表 8.1-4 ～ 表 8.1-6 中的数值，优先选用系列 1（R20 优先数系）。

　　2. 当表 8.1-4 ～ 表 8.1-6 中的数值不够选用时，允许系列 1 按 R20（公比为 $\sqrt[20]{10} \approx 1.12$）、系列 2 按 R40（公比为 $\sqrt[40]{10} \approx 1.06$）优先数系延伸。

2. 公称传动比（具体传动比的分配见本章 1.3 节）

1）一级减速器公称传动比 i（R20 优先数系）应符合表 8.1-7 的规定。

表 8.1-7　一级减速器公称传动比

1.25	1.4	1.6	1.8	2	2.24	2.5	2.8
3.15	3.55	4	4.5	5	5.6	6.3	7.1

注：淬火齿轮减速器 $i \leqslant 5.6$。

2）二级减速器公称传动比 i 应符合表 8.1-8 的规定。

表 8.1-8　二级减速器公称传动比

6.3	7.1	8	9	10	11.2	12.5	14	16	18
20	22.4	25	28	31.5	35.5	40	45	50	56

3）三级减速器公称传动比 i 应符合表 8.1-9 的规定。

表 8.1-9　三级减速器公称传动比

22.4	25	28	31.5	35.5	40	45	50	56	63	71	80
90	100	112	125	140	160	180	200	224	250	280	315

4）减速器的实际传动比相对公称传动比的允许相对偏差 $|\Delta i|$：一级减速器传动比为 1.25 ~ 7.1，$|\Delta i| \leqslant 3\%$；二级减速器传动比为 6.3 ~ 56，$|\Delta i| \leqslant 4\%$；三级减速器传动比为 22.5 ~ 315，$|\Delta i| \leqslant 5\%$。

3. 齿宽系数 ϕ_a

减速器齿轮的齿宽系数 ϕ_a 应符合表 8.1-10 的规定。

表 8.1-10　减速器的齿宽系数 ϕ_a 系列

0.2	0.25	0.3	0.35	0.4	0.45	0.5	0.6

注：$\phi_a = \dfrac{b}{a}$，a——本齿轮副传动中心距；b——工作齿宽，对人字齿轮（双斜齿轮）为一个斜齿轮的工作齿宽。调质齿轮取 $\phi_a = 0.4$，硬齿面齿轮取 $\phi_a = 0.35$，换挡齿轮 $\phi_a = 0.12 ~ 0.15$，闭式传动 $\phi_a = 0.3 ~ 0.6$，开式传动 $\phi_a = 0.1 ~ 0.3$。

4. 输入、输出轴中心高

减速器的输入、输出轴中心高应按照 GB/T 321—2005 中 R20、R40 选取，优先按 R20 选取。

5. 输入、输出轴轴伸尺寸

减速器的输入、输出轴轴伸尺寸应符合 GB/T 1569—2005 与 GB/T 1570—2005 的规定。

1.2.2　圆柱蜗杆减速器的基本参数

1. 中心距

圆柱蜗杆减速器的中心距应符合表 8.1-11 的规定。

表 8.1-11　圆柱蜗杆减速器中心距　　　　（单位：mm）

40	50	63	80	100	125	160	(180)	200	(225)	250	(280)	315	(355)	400	(450)	500

注：1. 大于 500mm 的中心距可按优先数系 R20 的优先数选用。
　　2. 括号中的数字尽量不采用。

2. 公称传动比

圆柱蜗杆减速器的公称传动比 i 应符合表 8.1-12 的规定。

表 8.1-12　圆柱蜗杆减速器公称传动比 i

5	7.5	10	12.5	15	20	25	30	40	50	60	70	80

注：10、20、40 和 80 为基本传动比，应优先采用。

1.3　减速器传动比的分配

当传动比较大，应采用多级减速器的传动形式。合理地将传动比分配到各级非常重要，因为它直接影响到减速器的尺寸、质量、润滑方式和维护等。

分配传动比的基本原则是：

1）使各级传动的承载能力接近相等（一般指齿面接触强度）。

2）使各级传动的大齿轮直径相近，以使大齿轮浸入油中的深度大致相等，便于浸油润滑。

3）使减速器获得最小的外形尺寸和最小的质量。

1.3.1　二级圆柱齿轮减速器

按齿面接触疲劳强度相等及较为有利的润滑条件，可按下面关系分配传动比，高速级的传动比 i_1 为

$$i_1 = \frac{i - c\sqrt[3]{i}}{c\ \sqrt[3]{i} - 1}$$

式中　$c = \dfrac{a_2}{a_1} \sqrt[3]{\left(\dfrac{\sigma_{HP1}}{\sigma_{HP2}}\right)^2 \dfrac{\phi_{a2}}{\phi_{a1}}}$

i——总传动比；

a_1、a_2——高速级、低速级齿轮传动的中心距；

σ_{HP1}、σ_{HP2}——高速级、低速级齿轮的接触疲劳强度许用应力；

ϕ_{a1}、ϕ_{a2}——高速级、低速级齿轮的齿宽系数。

当高速级和低速级齿轮的材料和热处理条件相同时，传动比的分配可按图 8.1-1 进行。

按高速级和低速级大齿轮浸油深度大致相等的原则，二级卧式圆柱齿轮减速器传动比的分配，可按下述经验数据和经验公式进行：

对于展开式和分流式，由于中心距 $a_2 > a_1$，所以常使 $i_1 > i_2$。

对于同轴式减速器，由于 $a_1 \approx a_2$，应使 $i_1 \approx i_2$，或按下式计算，使浸油深度相等

$$i_1 = \sqrt{i} - (0.01 ~ 0.05)i$$

也可近似地按图 8.1-2 进行分配。为达到等强度要求，应取 $\phi_{a2} > \phi_{a1}$。

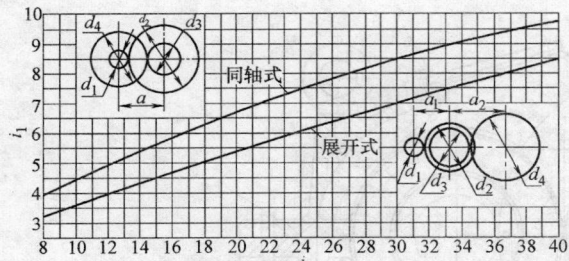

图8.1-1 二级圆柱齿轮减速器传动比分配线图

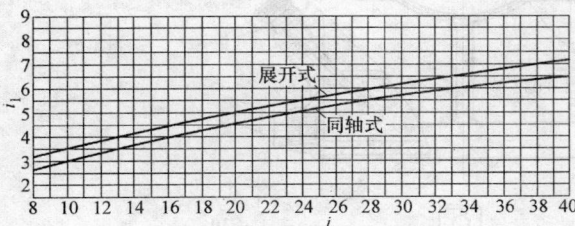

图8.1-2 二级圆柱齿轮减速器按大齿轮浸油深度 相近传动比分配线图

1.3.2 二级圆锥-圆柱齿轮减速器

对这种减速器的传动比进行分配时，要尽量避免锥齿轮尺寸过大导致制造困难，因而高速级锥齿轮的传动比 i_1 不宜过大，通常取 $i_1 \approx 0.25i$，最好使 $i_1 \leqslant 3$。当要求二级传动大齿轮的浸油深度大致相等时，也可取 $i_1 = 3.5 \sim 4$。

1.3.3 三级圆柱和圆锥-圆柱齿轮减速器

按各级齿轮齿面接触强度相等，并能获得较小的外形尺寸和质量的原则，三级圆柱齿轮减速器的传动比分配可按图 8.1-3 进行，三级圆锥-圆柱齿轮减速器的传动比分配可按图 8.1-4 进行。

1.3.4 二级蜗杆减速器

这类减速器，为满足 $a_1 \approx a_2/2$ 的要求，使高速级和低速级传动浸油深度大致相等，通常取 $i_1 = i_2 = \sqrt{i}$。

1.3.5 二级齿轮-蜗杆和蜗杆-齿轮减速器

这类减速器，当齿轮传动布置在高速级时，为使箱体结构紧凑和便于润滑，通常取齿轮传动比 $i_1 \leqslant 2$（特殊情况下，$2 < i_1 < 2.5$）。当蜗杆布置在高速级时，可使传动有较高的效率，这时齿轮传动的传动比 $i_2 = (0.03 \sim 0.06)i$ 为宜。

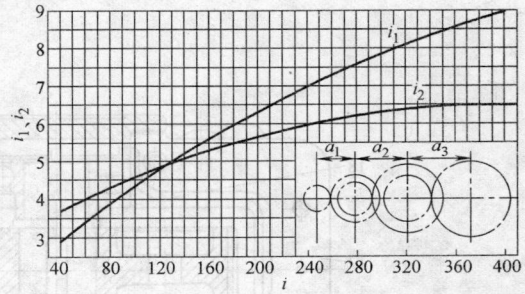

图8.1-3 三级圆柱齿轮减速器传动比分配线图

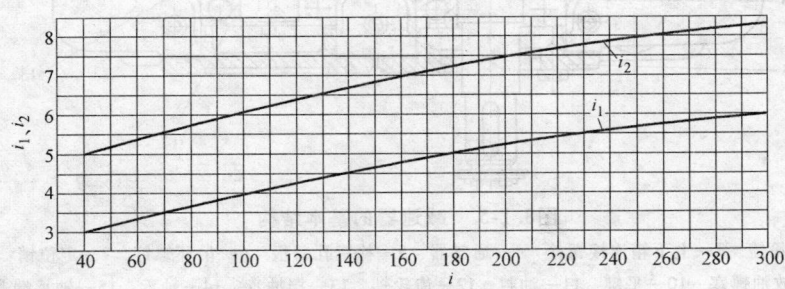

图8.1-4 三级圆锥-圆柱齿轮减速器传动比分配线图

1.4 减速器的基本构造

减速器主要由传动零件（齿轮或蜗杆）、轴、轴承、箱体及其附件组成。图 8.1-5 所示为单级圆柱齿轮减速器的结构图，其基本结构有三大部分：①齿轮、轴及轴承组合；②箱体；③减速器附件。

1.4.1 齿轮、轴及轴承组合形式

小齿轮与轴制成一体，称为齿轮轴。这种结构用于齿轮直径与轴的直径相差不大的情况下，如果轴的直径为 d，齿轮齿根圆的直径为 d_f，当 $d_f - d \leqslant (6 \sim 7)m_n$ 时，应采用这种齿轮轴结构。而当 $d_f -$

$d > (6 \sim 7)m_n$ 时，采用齿轮与轴分开为两个零件的结构，如低速轴与大齿轮。此时，齿轮与轴的周向固定采用平键连接，轴上零件利用轴肩、轴套和轴承盖作轴向固定。

两轴均采用深沟球轴承，承受径向载荷和不大的轴向载荷的情况。当轴向载荷较大时，应采用角接触球轴承、圆锥滚子轴承或深沟球轴承与推力轴承的组合结构。在图 8.1-5 中，轴承是利用齿轮旋转时溅起的稀油进行润滑的。箱体内油池中的润滑油，被旋转的齿轮飞溅到箱盖的内壁上，沿内壁流经分箱面坡口，通过导油槽流入轴承。当浸油齿轮圆周速度

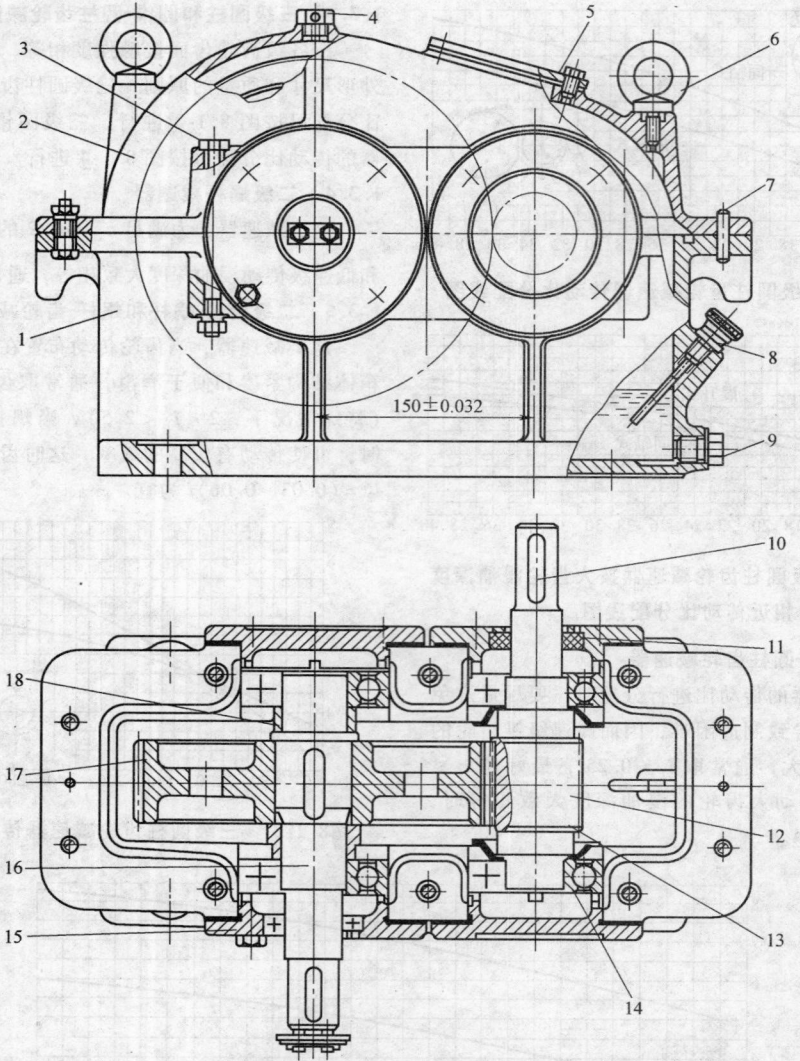

150 ± 0.032

图8.1-5　减速器的基本结构

1—箱座　2—箱盖　3—上下箱连接螺栓　4—通气器　5—检查孔盖板　6—吊环螺钉　7—定位销　8—油标尺
9—放油螺塞　10—平键　11—油封　12—齿轮轴　13—挡抽盘　14—轴承　15—轴承端盖
16—轴　17—齿轮　18—轴套

$v\leqslant2\,\mathrm{m/s}$ 时，应采用润滑脂润滑轴承。为避免齿轮可能溅起的稀油冲掉润滑脂，可采用挡油环将其分隔开。为防止润滑油流失和外界灰尘进入箱内，在轴承端盖和外伸轴之间装有密封元件。

1.4.2　箱体结构

箱体是减速器的重要组成部件，它是传动零件的基座，应具有足够的强度和刚度。

箱体通常用灰铸铁制造，对于重载或有冲击载荷的减速器也可采用铸钢箱体。单件生产的减速器，为了简化工艺、降低成本，可采用钢板焊接的箱体，焊后要退火处理以消除应力。

图 8.1-5 中的箱体是由灰铸铁制造的。灰铸铁具有很好的铸造性能和减振性能。为了便于轴系部件的安装和拆卸，箱体制成沿轴心线水平剖分式。上箱盖和下箱体用螺栓连接成一体。轴承座的连接螺栓应尽量靠近轴承座孔。轴承座旁的凸台，应具有足够的承托面，以便放置连接螺栓，并保证拧紧螺栓时需要的扳手空间。为保证箱体具有足够的刚度，在轴承孔附件加支承肋。为保证减速器安置在基础上的稳定性并尽可能减少箱体底座平面的机械加工面积，箱体底座一般不采用完整的平面。图中减速器下箱座底面采用的是两纵向长条形加工基面。

1.4.3 附件

为了保证减速器的正常工作，除了对齿轮、轴、轴承组合和箱体的结构设计给予足够的重视外，还应考虑减速器拆装检修时箱盖与箱座的精确定位，以及吊装等辅助零件和部件的合理选择与设计。

1）检查孔。为检查传动零件的啮合情况，并向箱内注入润滑油，应在箱体的适当位置设置检查孔。图8.1-5中检查孔设在上箱盖顶部能直接观察到齿轮啮合部位处。平时，检查孔的盖板用螺钉固定在箱盖上。

2）通气器。减速器工作时，箱体内温度升高，气体膨胀，压力增大。为使箱内热胀空气能自由排出，以保持箱内外压力平衡，不致使润滑油沿分箱面或轴伸密封件等其他缝隙渗漏，通常在箱体顶部装设通气器。

3）轴承盖。为固定轴系部件的轴向位置并承受轴向载荷，轴承座孔两端用轴承盖封闭。轴承盖有凸缘式和嵌入式两种。图8.1-6中采用的是凸缘式轴承盖，利用螺栓固定在箱体上，外伸轴处的轴承盖是通孔（对特殊外伸轴可做成剖分式轴承盖），其中装有密封装置。凸缘式轴承盖的优点是拆装、调整轴承方便，但和嵌入式轴承盖相比，零件数目较多、尺寸较大、外观不平整。

4）定位销。为保证每次拆装箱盖时，仍保持轴承座孔制造加工时的精度，应在精加工轴承孔前，在箱盖与箱座的连接凸缘上配装定位销。图8.1-5采用

的两个定位圆锥销，安置在箱体纵向两侧连接凸缘上。对称箱体应呈非对称布置，以免错装。

5）油面指示器。检查减速器内油池油面的高度，通常保持油池内有适量的油。一般在箱体便于观察、油面较稳定的部位，装设油面指示器。图8.1-5中采用的油面指示器是油标尺。

6）放油螺塞。换油时，排放污油和清洗剂。应在箱座底部、油池的最低位置处开设放油孔，平时用螺塞将放油孔堵住。放油螺塞和箱体接合面间应加防漏用的垫圈。

7）启盖螺钉。为加强密封效果，通常装配时在箱体剖分面上涂水玻璃或密封胶，因而拆卸时往往因粘结紧密难于开盖。为此常在箱盖连接凸缘的适当位置，加工出1~2个螺孔，旋入启箱用的圆柱端或平端的启盖螺钉。旋动启盖螺钉便可将上箱盖顶起。小型减速器也可不设启盖螺钉，启盖时用螺钉旋具撬开箱盖。启箱螺钉的大小可与凸缘连接螺栓相同。

8）起吊装置。当减速器质量超过25kg时，为了便于搬运，在其上设置起吊装置，如在箱体上铸出吊耳或吊钩等。图8.1-5中的上箱盖装有两个吊环螺钉，下箱座铸出四个吊钩。

1.5 典型减速器结构示例（图 8.1-6～图 8.1-14）

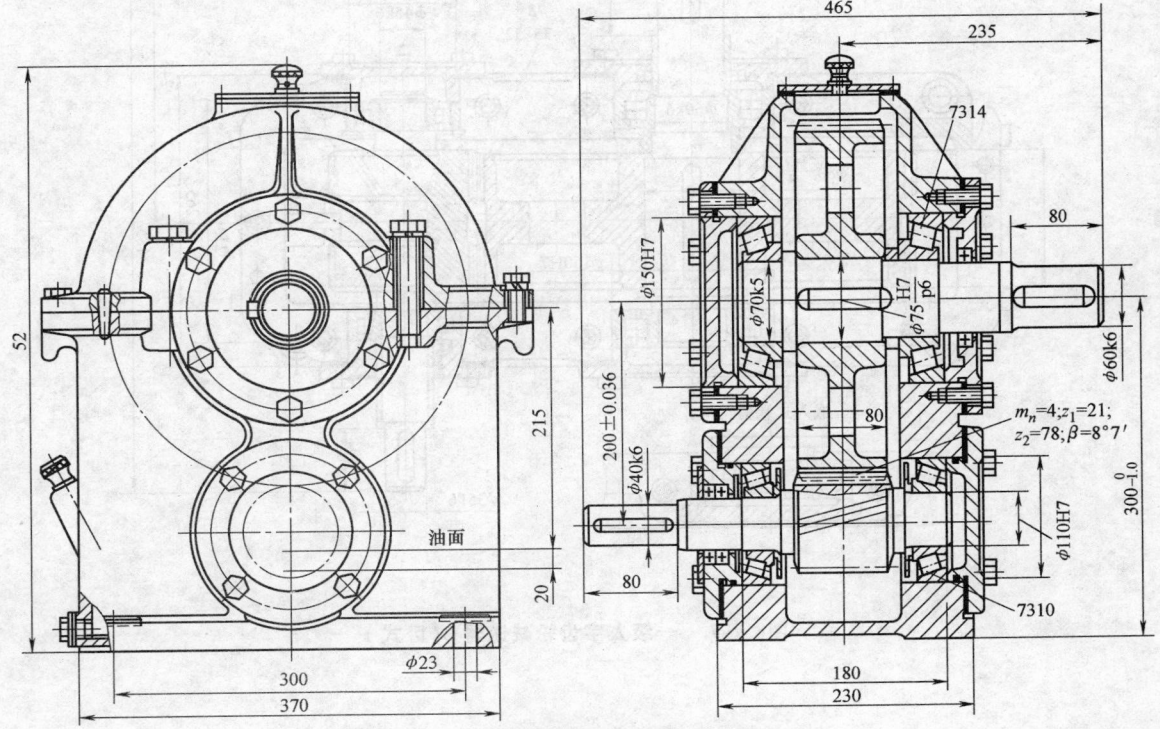

图8.1-6 ·一级圆柱齿轮减速器（立式）

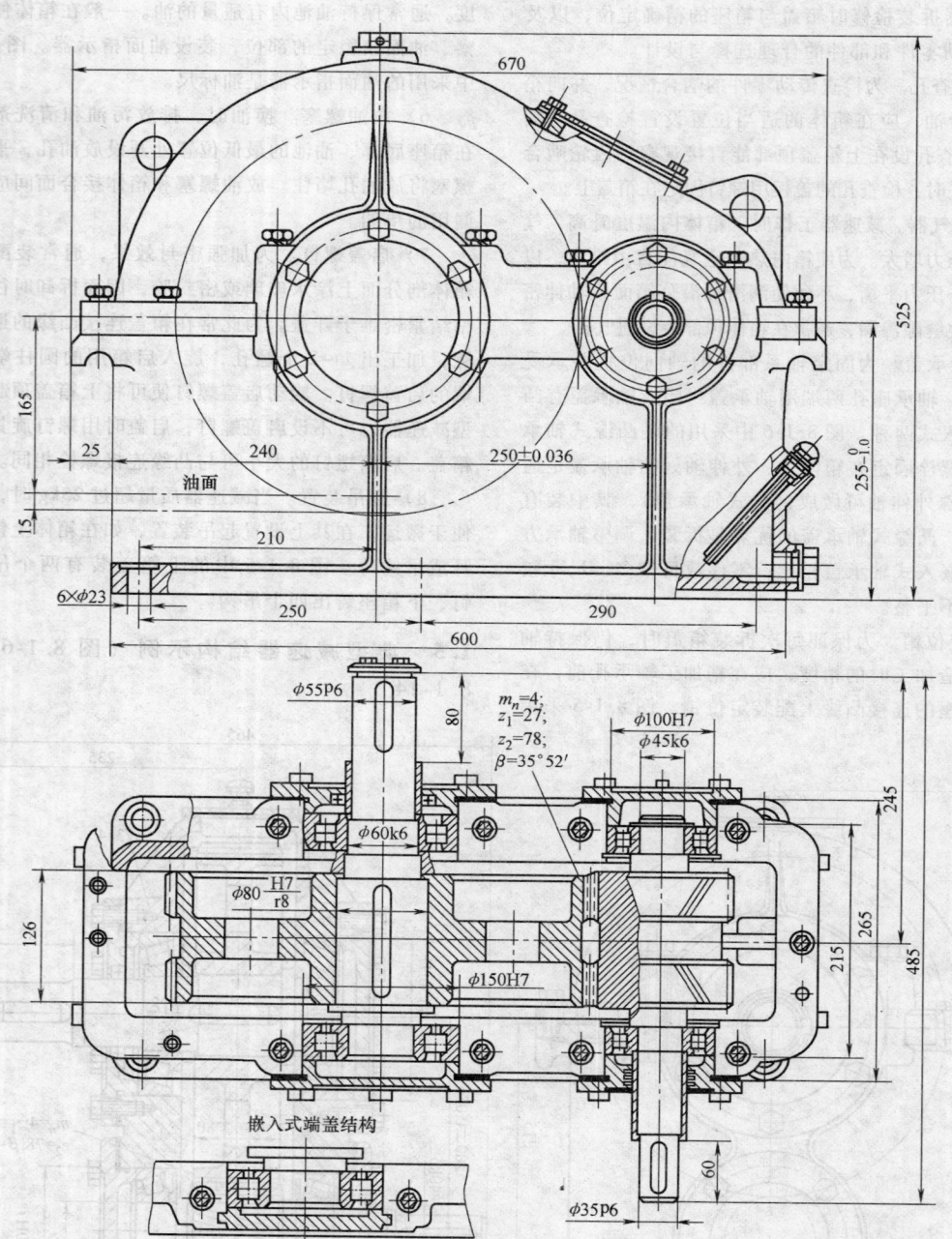

油面

$m_n=4$;
$z_1=27$;
$z_2=78$;
$\beta=35°52'$

$\phi55P6$

$\phi60k6$

$\phi80\dfrac{H7}{r8}$

$\phi150H7$

$\phi100H7$
$\phi45k6$

嵌入式端盖结构

$\phi35P6$

图8.1-7　一级人字齿轮减速器（卧式）

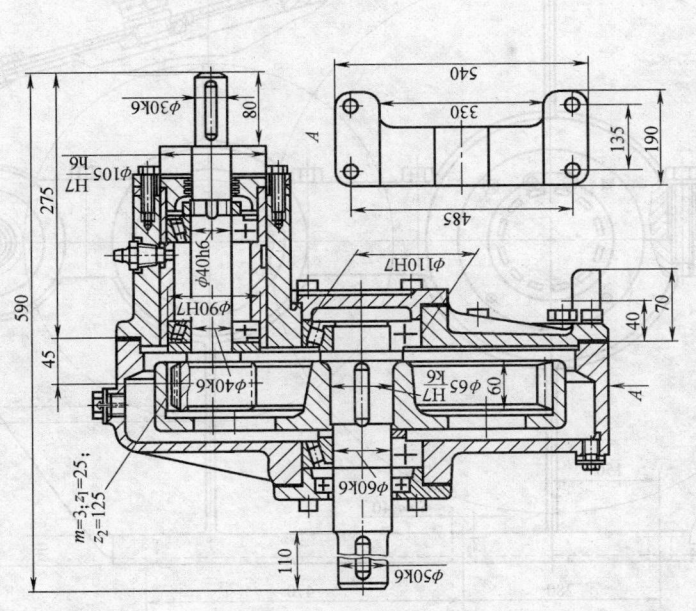

图 8.1-8 一级内啮合齿轮减速器

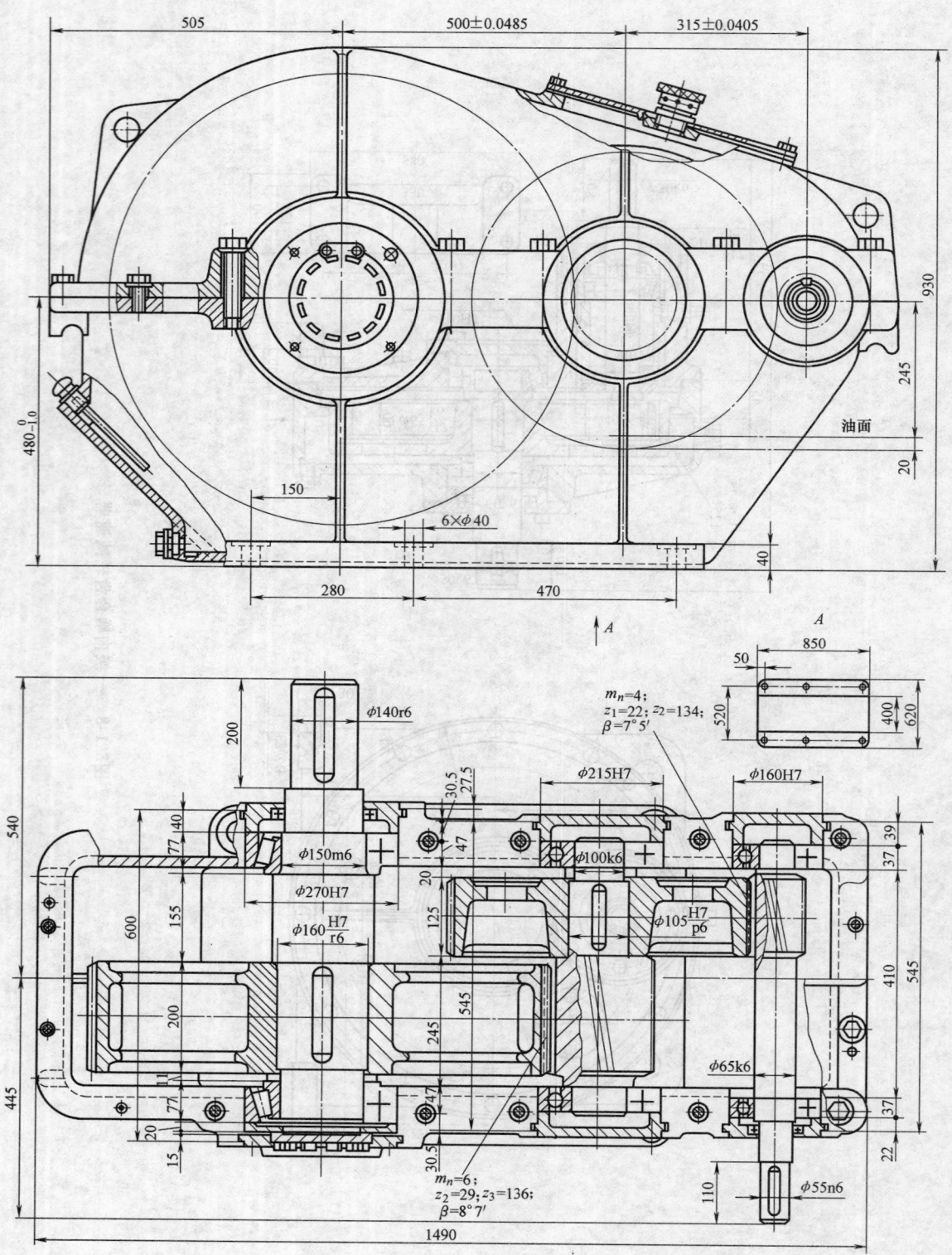

图8.1-9　二级展开式圆柱齿轮减速器

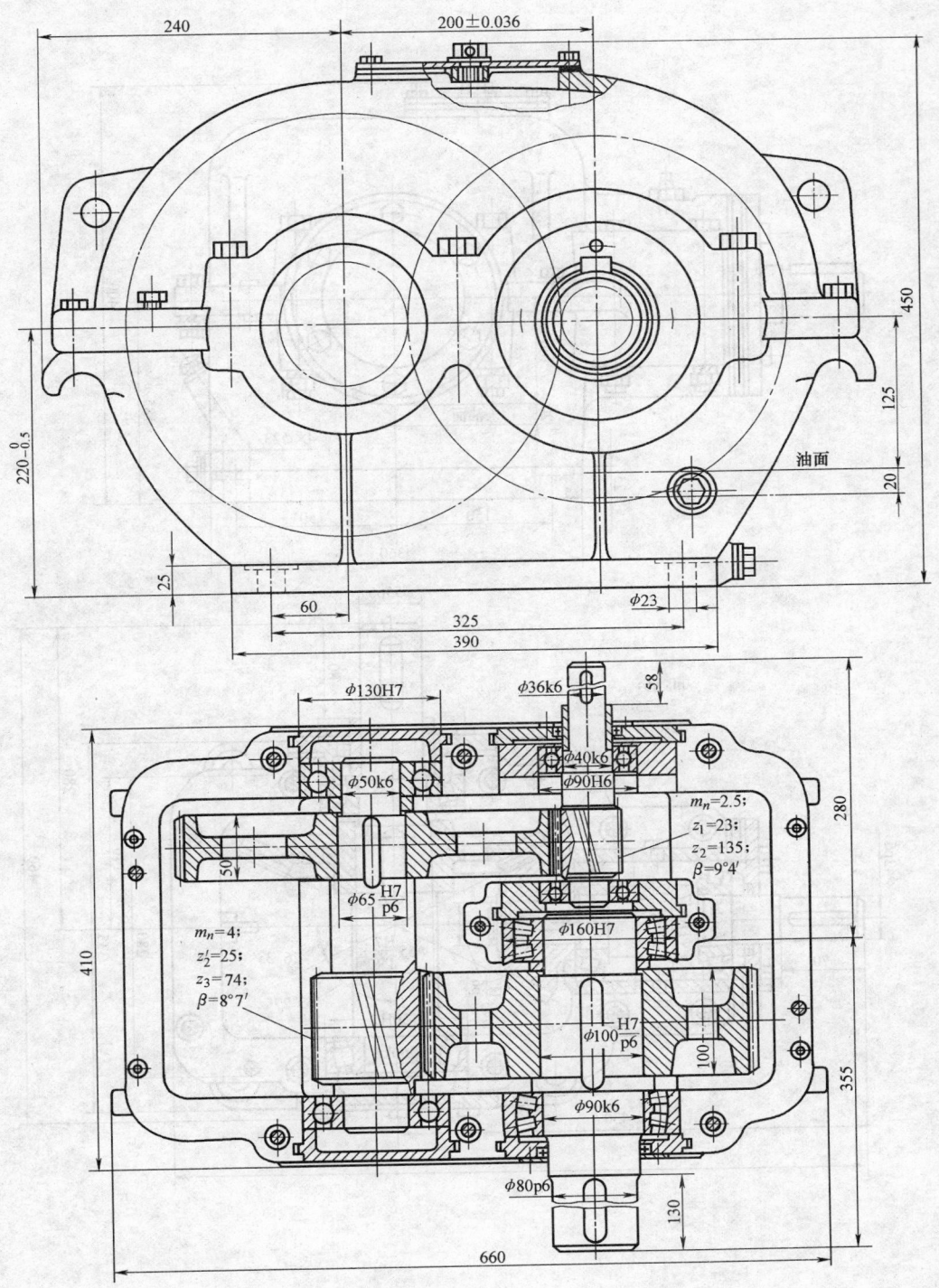

图8.1-10 二级同轴式圆柱齿轮减速器

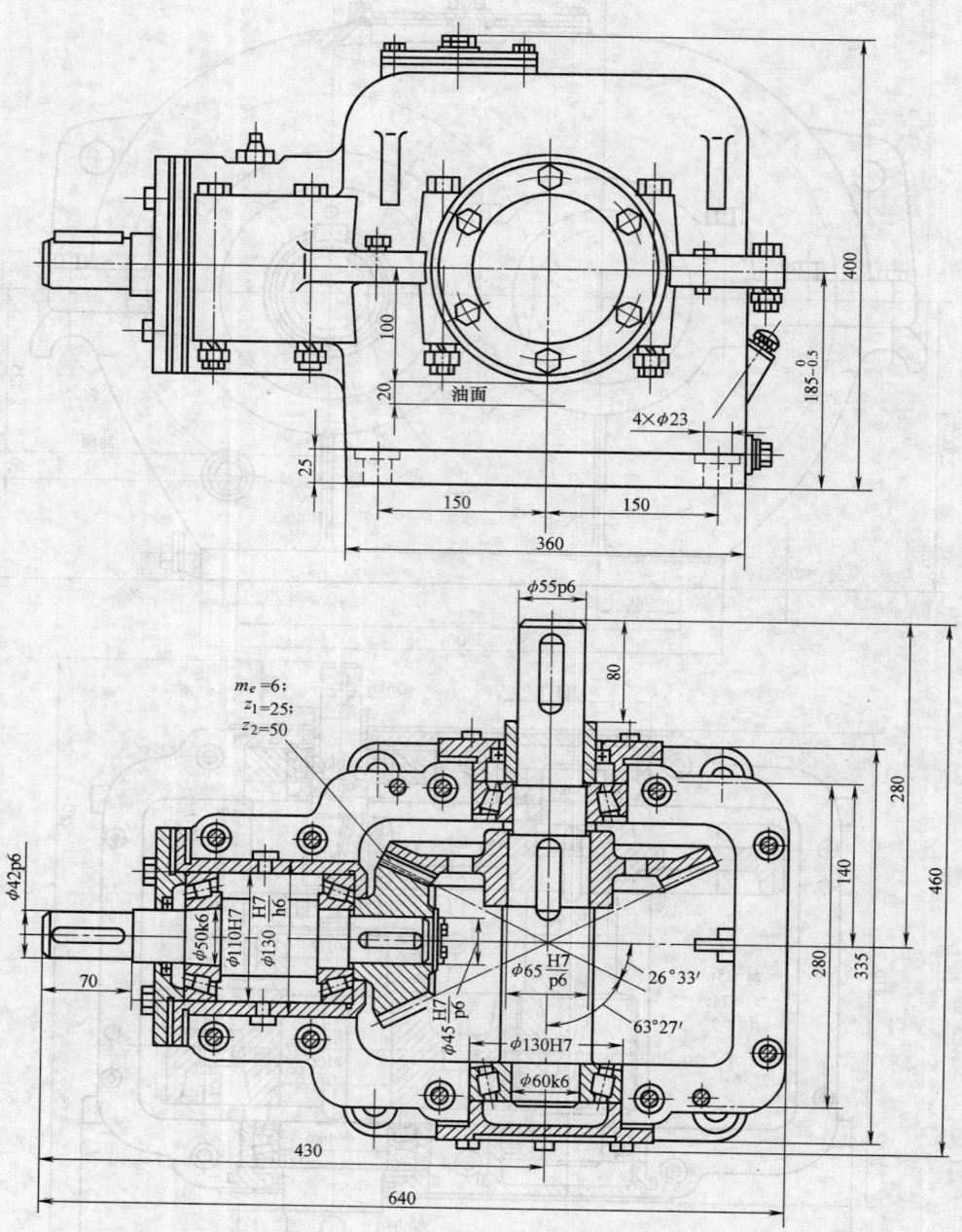

图8.1-11 一级锥齿轮减速器

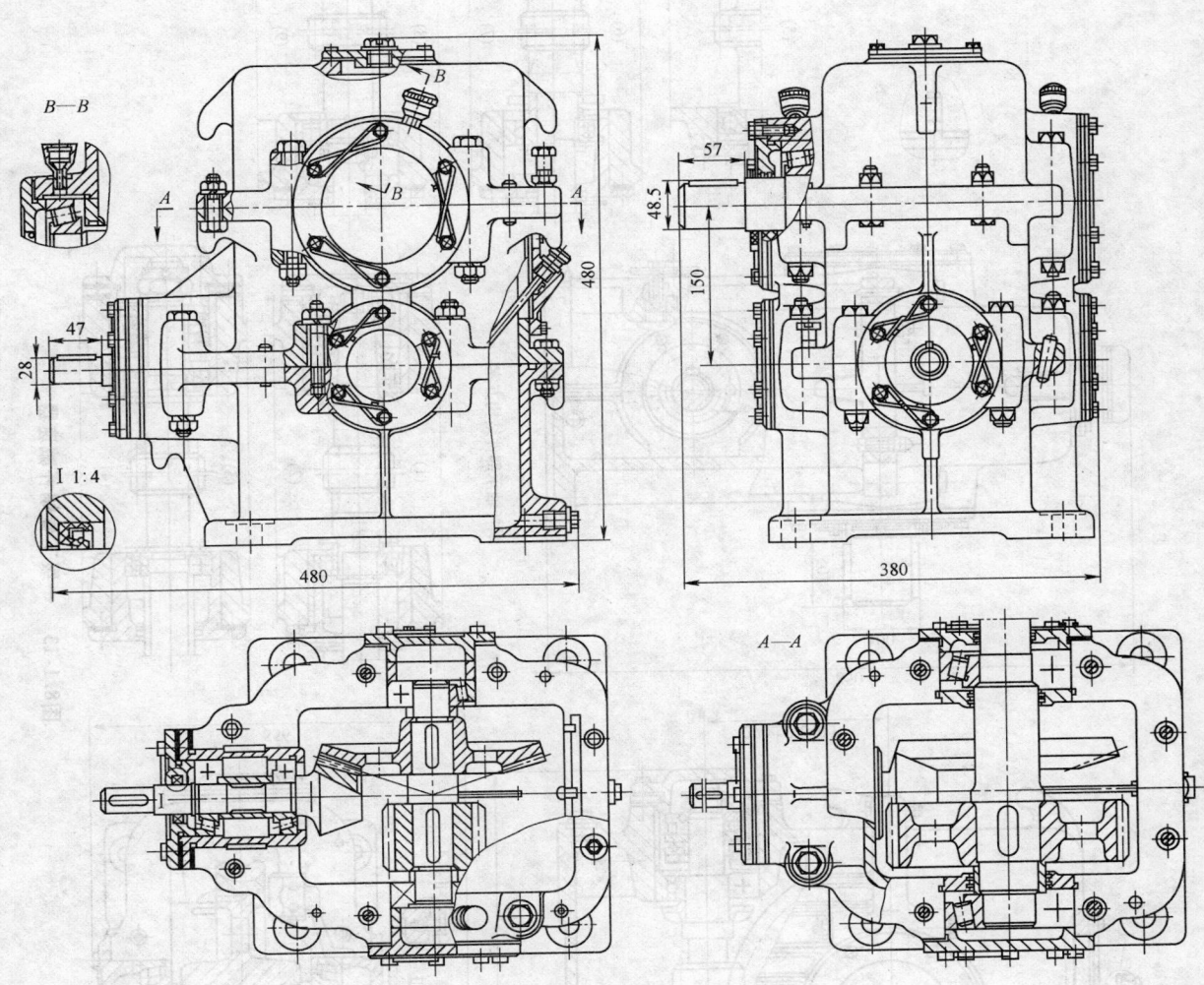

图8.1-12　　圆锥-圆柱齿轮减速器

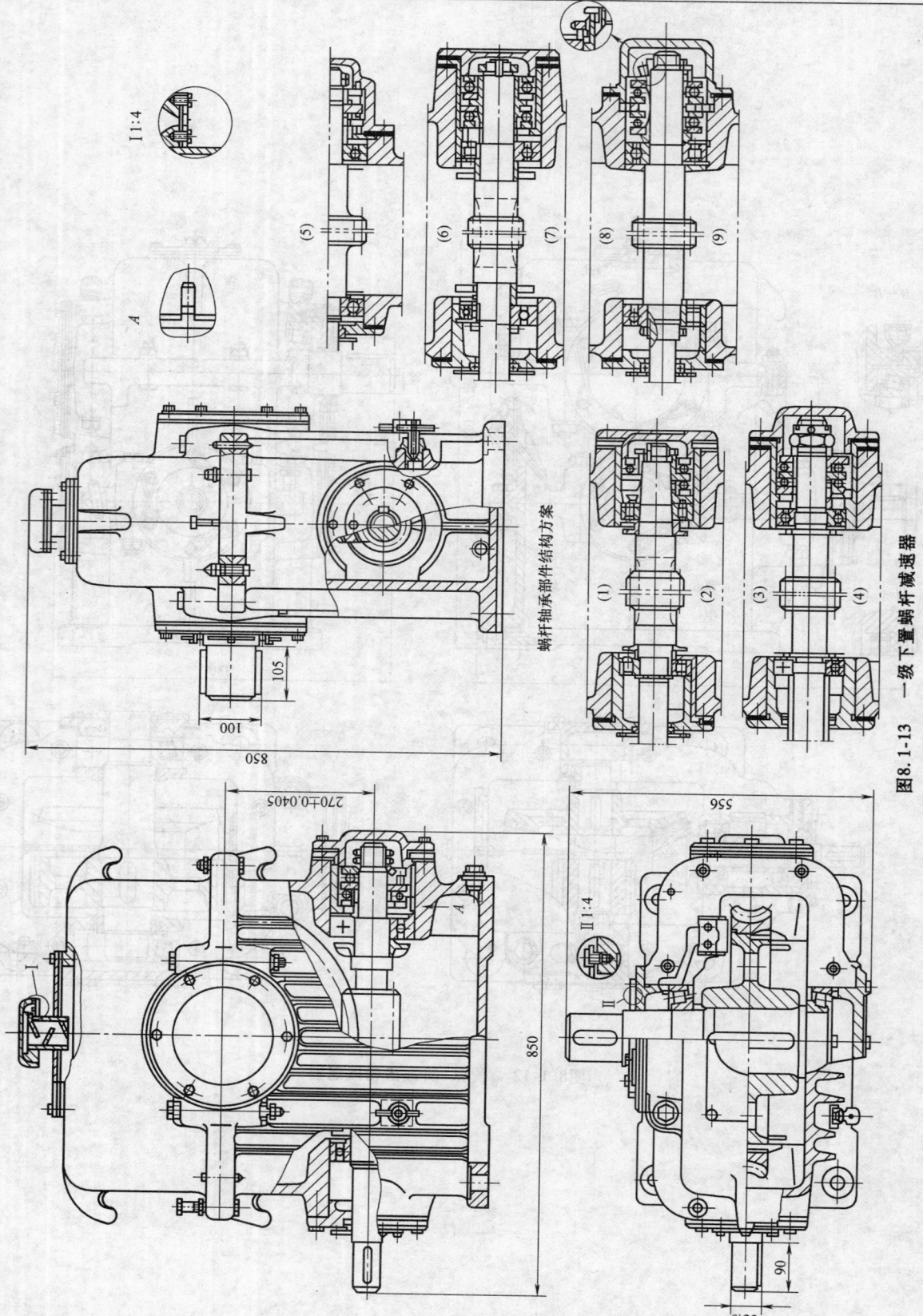

II 1:4

A

(5)

(6)

(7)

(8)

(9)

蜗杆轴承部件结构方案

(1)

(2)

(3)

(4)

105

100

850

270±0.0405

850

II 1:4

I

II

556

90

53.5

图 8.1-13　一级下置蜗杆减速器

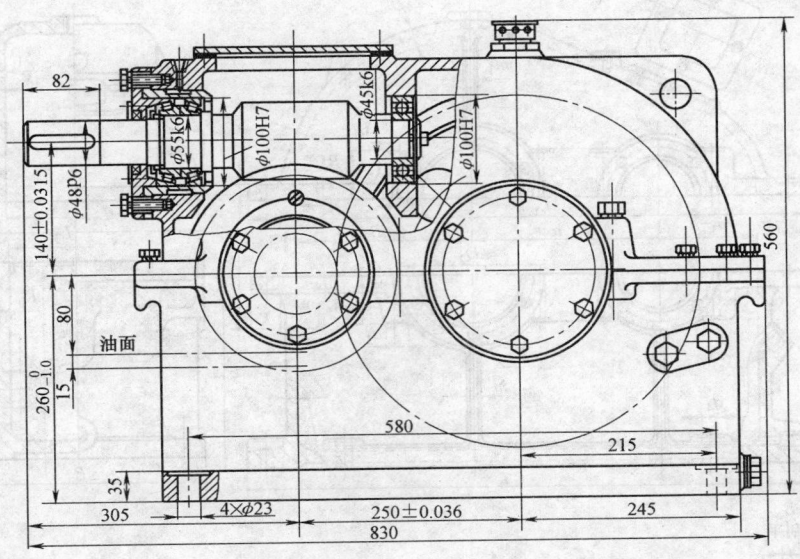

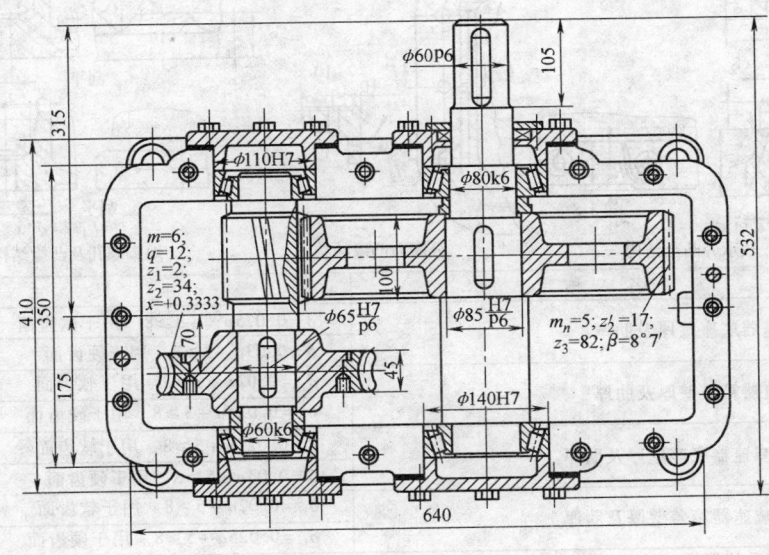

图8.1-14　上置蜗杆-齿轮减速器

1.6 齿轮减速器、蜗杆减速器箱体结构尺寸和图例

1.6.1 箱体结构尺寸（表 8.1-13、表 8.1-14）

表 8.1-13   齿轮减速器箱体结构尺寸

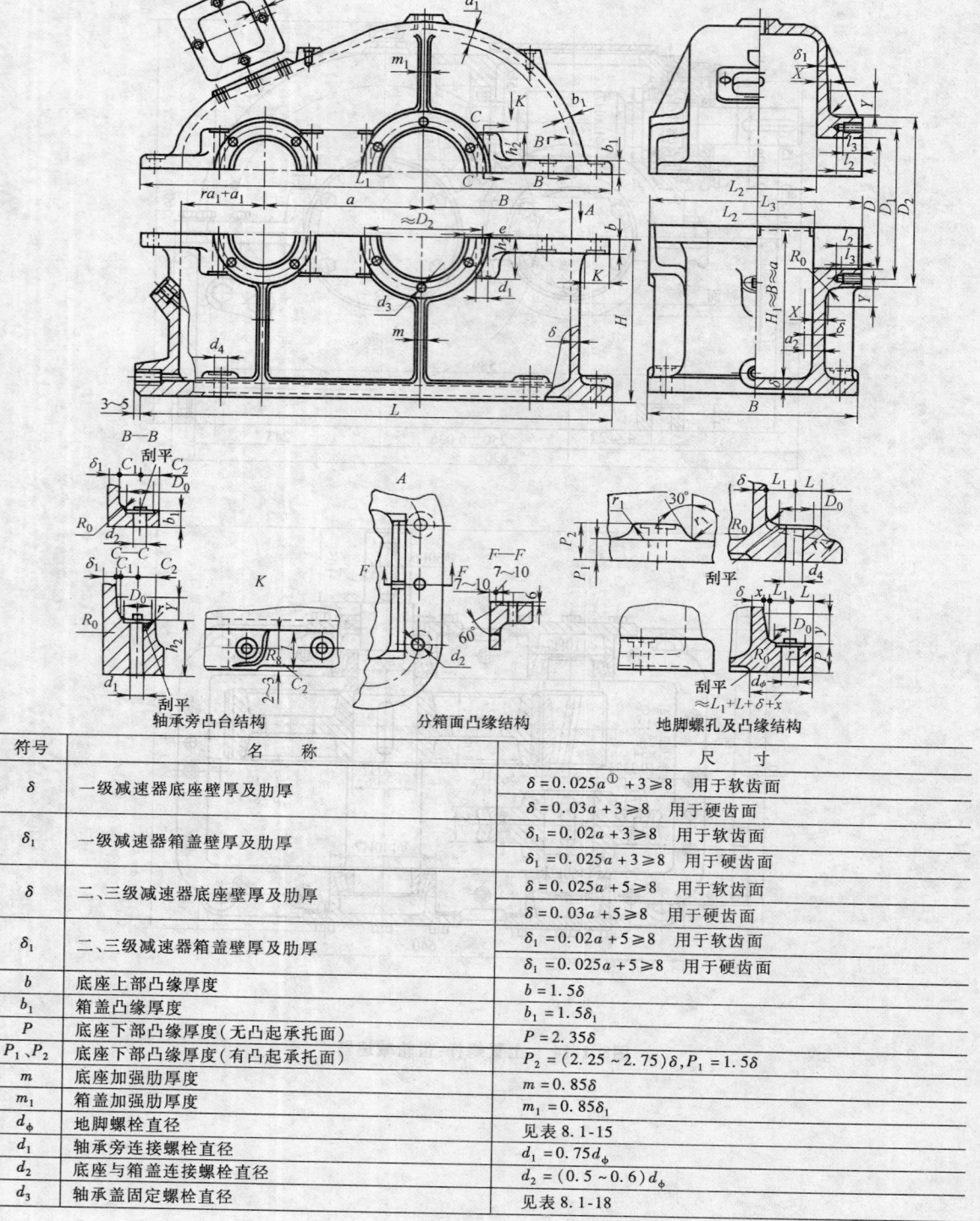

符号	名　称	尺　寸
δ	一级减速器底座壁厚及肋厚	$\delta = 0.025a^{①} + 3 \geqslant 8$ 用于软齿面
		$\delta = 0.03a + 3 \geqslant 8$ 用于硬齿面
δ_1	一级减速器箱盖壁厚及肋厚	$\delta_1 = 0.02a + 3 \geqslant 8$ 用于软齿面
		$\delta_1 = 0.025a + 3 \geqslant 8$ 用于硬齿面
δ	二、三级减速器底座壁厚及肋厚	$\delta = 0.025a + 5 \geqslant 8$ 用于软齿面
		$\delta = 0.03a + 5 \geqslant 8$ 用于硬齿面
δ_1	二、三级减速器箱盖壁厚及肋厚	$\delta_1 = 0.02a + 5 \geqslant 8$ 用于软齿面
		$\delta_1 = 0.025a + 5 \geqslant 8$ 用于硬齿面
b	底座上部凸缘厚度	$b = 1.5\delta$
b_1	箱盖凸缘厚度	$b_1 = 1.5\delta_1$
P	底座下部凸缘厚度（无凸起承托面）	$P = 2.35\delta$
P_1, P_2	底座下部凸缘厚度（有凸起承托面）	$P_2 = (2.25 \sim 2.75)\delta, P_1 = 1.5\delta$
m	底座加强肋厚度	$m = 0.85\delta$
m_1	箱盖加强肋厚度	$m_1 = 0.85\delta_1$
d_ϕ	地脚螺栓直径	见表 8.1-15
d_1	轴承旁连接螺栓直径	$d_1 = 0.75d_\phi$
d_2	底座与箱盖连接螺栓直径	$d_2 = (0.5 \sim 0.6)d_\phi$
d_3	轴承盖固定螺栓直径	见表 8.1-18

（续）

符号	名 称	尺 寸
d_4	视孔盖固定螺栓直径	$d_2 = (0.3 \sim 0.4)d_\phi$
C_1	箱壳外壁至螺栓（d_1 及 d_2）中心线间的距离	$C_1 = 1.2d + (5 \sim 8)$ 或见表 8.1-14 扳手空间
K	分箱面凸缘宽度（无凸起承托面）	$K = C_1 + C_2$ $C_1、C_2$ 见表 8.1-14 扳手空间
R_δ		$R_\delta = C_2$
r_1	凸起承托面圆弧半径	$r_1 \approx 0.2C_2$
R_0	凸缘与凸起处圆角半径	$R_0、r$ 见表 8.1-14
r		
l_2	螺栓孔的钻孔深度	见表 8.1-14
l_3	内螺纹的攻丝深度	见表 8.1-14
e	轴承镗孔边至螺栓 d_1 中心线距离	$e \approx (1 \sim 1.2)d_1$，尺寸 e 用作图法检查，应保证 d_1 与 d_3 的中心线不相交
l_1	轴承座凸出部分宽度	$l_1 = C_1 + C_2 + (3 \sim 5)$ 按结构确定，应满足 $l_1 > K$
D_1	轴承盖螺钉分布圆直径	$D_1 = D + 2.5d_3$，D 为轴承座镗孔直径
D_2	轴承座凸出部分端面直径	$D_2 = D_1 + 2.5d_3$
d_P	环首螺钉直径	$d_P = 0.8d_\phi$ 或按减速器质量确定
a_1	齿轮齿顶圆与箱体内壁间最小间隙	$a_{1min} = 1.2\delta$
a_2	齿轮端面与箱体内壁间最小间隙	$a_{2min} = \delta$
n	地脚螺栓数目	$n = (L + B)/(200 \sim 300)$
X, Y	相连接部分尺寸	
L_1, L	地脚螺栓孔和凸缘尺寸	见表 8.1-14
D_0	锪孔直径	见表 8.1-14

① a—对圆柱齿轮传动，为低速级中心距；对锥齿轮传动，为大小齿轮平均节圆半径之和。

表 8.1-14　蜗杆减速器箱体结构尺寸

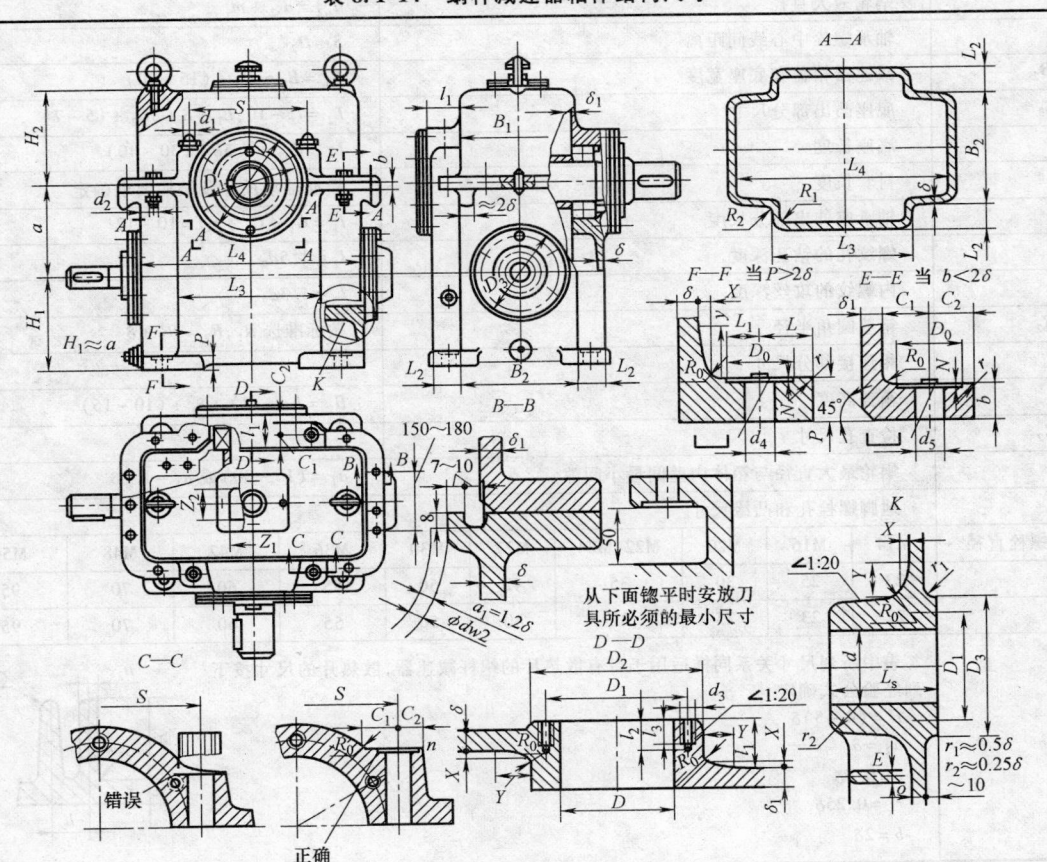

（续）

符号	名　称		尺　寸
a	中心距		由计算确定
C_1、C_2、R_0、r	螺栓孔承托处尺寸		$\delta = 0.04a + (2 \sim 3) \geqslant 8$
δ	底座壁厚		
δ_1	箱盖壁厚	蜗杆上置式	$\delta_1 = 0.04a + (2 \sim 3) \geqslant 8$
		蜗杆下置式	$\delta_1 = \delta$
b	底座上部和箱盖凸缘厚度		$b = (1.5 \sim 1.75)\delta$
P	底座下部凸缘厚度		$P = (2.25 \sim 2.75)\delta$
m	加强肋厚度		$m = (0.8 \sim 0.85)\delta$
d_ϕ	地脚螺栓直径		$d_\phi = (1.5 \sim 2)\delta$，$d_\phi$ 应用计算方法检查
d_1	固定箱盖和底座用	轴承螺栓直径	$d_1 = 0.75d_\phi$
d_2		螺栓直径	$d_2 = 0.75d_1$
d_4、d_5	箱壳凸缘螺栓孔直径		参阅一般资料
D_0	锪孔直径		
N	锪孔深度		锪平为止
D	轴承外径		按标准选定
d_3	轴承盖固定螺栓直径		根据轴承座孔直径选定
D_1	轴承盖螺钉分布圆直径		$D_1 = D + 2.5d_3$
D_2、D_3	同侧轴承座凸缘外径		$D_2 = D_1 + 2.5d_3$
	有衬套时两侧轴承座凸缘外径		$D_3 = D_2 + s$，s 为衬套厚，$s = 8 \sim 12$mm
d_{w2}	蜗轮最大直径		$d_{w2} = d_{a2} + m_t$
S	轴承螺栓中心线间距离		$S \approx D_2$
B_1、B_2	减速器箱盖和底座宽度		$B_1 = B_2 \approx D_3 + (15 \sim 20)$
L_2、L_3	底座凸出部分尺寸		$L_2 = t_1 - 10$，$L_3 \approx S + 2C_2 + (5 \sim 7)$
L_4	底座长度		$L_4 \geqslant d_{w2} + 4.5\delta + (30 \sim 40)$
L_5	衬套长度		根据轴承尺寸及结构要求确定
l_1	轴承座伸出部分长度		$l_1 = C_1 + C_2 + f$；$f = 10 \sim 12$
l_2	螺纹孔的钻孔深度		$l_2 \approx 1.5d_2$
l_3	内螺纹的攻丝深度		$l_3 \approx 1.3d_2$
R_1、R_2	箱壁圆角半径		按标准选 R_1，$R_2 = R_1 + \delta$
X、Y	相连接部分尺寸		
H_2	箱盖高度		$H_2 = (d_{w2}/2) + \delta_1 + (10 \sim 15)$
Z_1、Z_2	检查孔尺寸		
a_1	蜗轮最大直径与箱体内壁间最小间隙		$a_1 = (15 \sim 30)$ 或 $a_1 \approx 1.2\delta$
L_1、L	地脚螺栓孔和凸缘尺寸		

地脚螺栓直径	M14	M16	M20	M22，M24	M27	M30	M36	M42	M48	M56
L_1	22	25	30	35	42	50	55	60	70	95
L	22	23	25	32	40	50	55	60	70	95

说明	表中所列尺寸关系同样适用于带有散热片的蜗杆减速器，散热片的尺寸按下列经验公式确定 $H = (4 \sim 5)\delta$ $a_2 = \delta$ $r = 0.5\delta$ $r_1 = 0.25\delta$ $b = 2\delta$

1.6.2 箱体结构图例

1. 圆柱齿轮减速器箱盖（图 8.1-15）

技术要求

1. 箱盖铸成后，应清理并进行时效处理；
2. 箱盖和箱座合箱后，边缘应平齐，相互错位每边不大于 2mm；
3. 应仔细检查箱盖与箱座剖分面接触的密合性，用 0.05mm 塞尺塞入深度不得大于部分面宽度的 $\frac{1}{3}$，用涂色法检查接触面积达到每平方厘米面积内不少于一个斑点；
4. 轴承孔中心线与剖面的位置度不大于 0.3mm；
5. 未注明的铸造圆角半径 R5～R10；
6. 未注明的铸造倒角为 C2；
7. 与箱座连接后，打上定位销进行镗孔，镗孔时结合面处禁放任何衬垫。

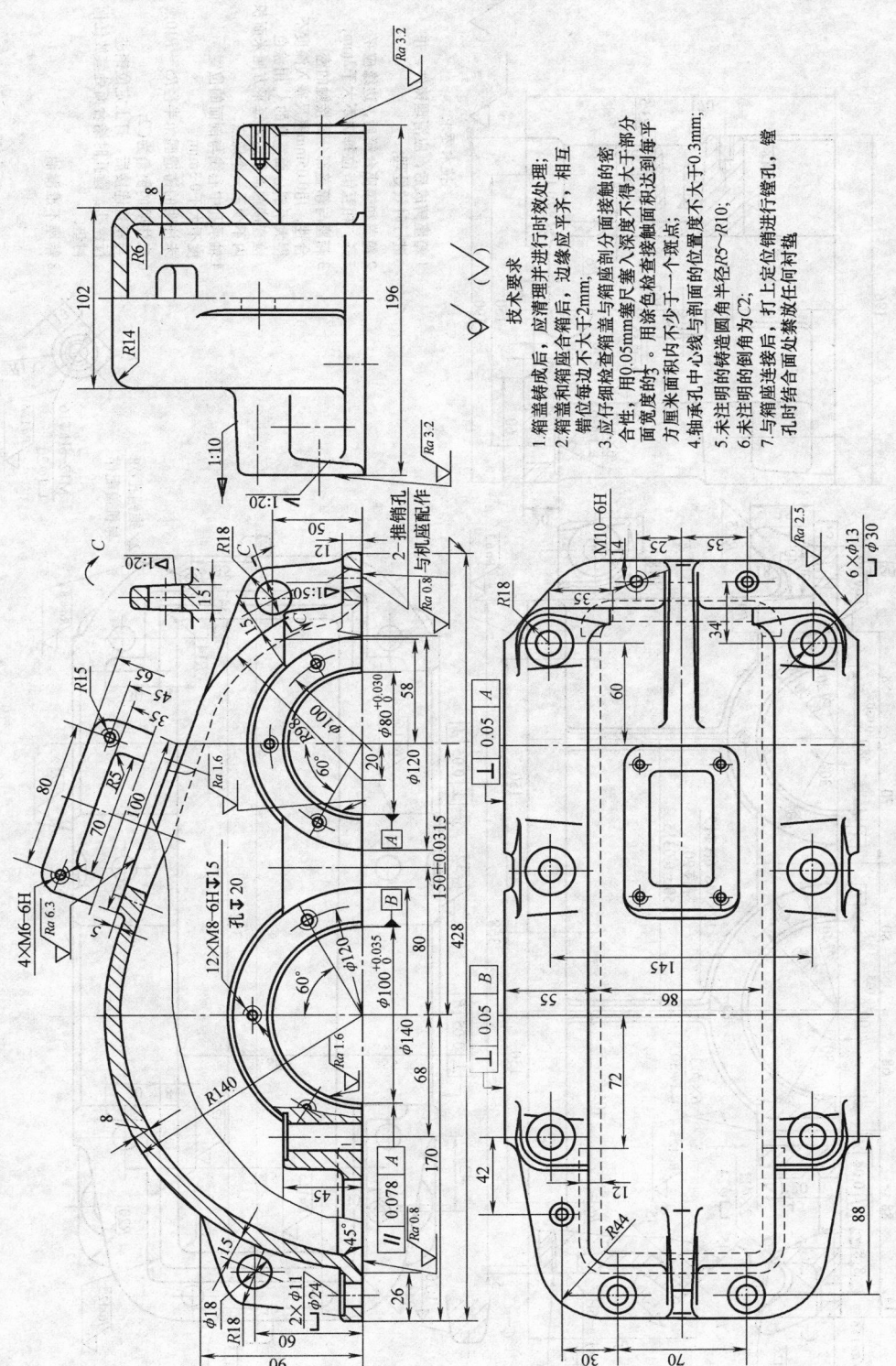

图 8.1-15   圆柱齿轮减速器箱盖

2. 齿轮减速器箱座（图 8.1-16）

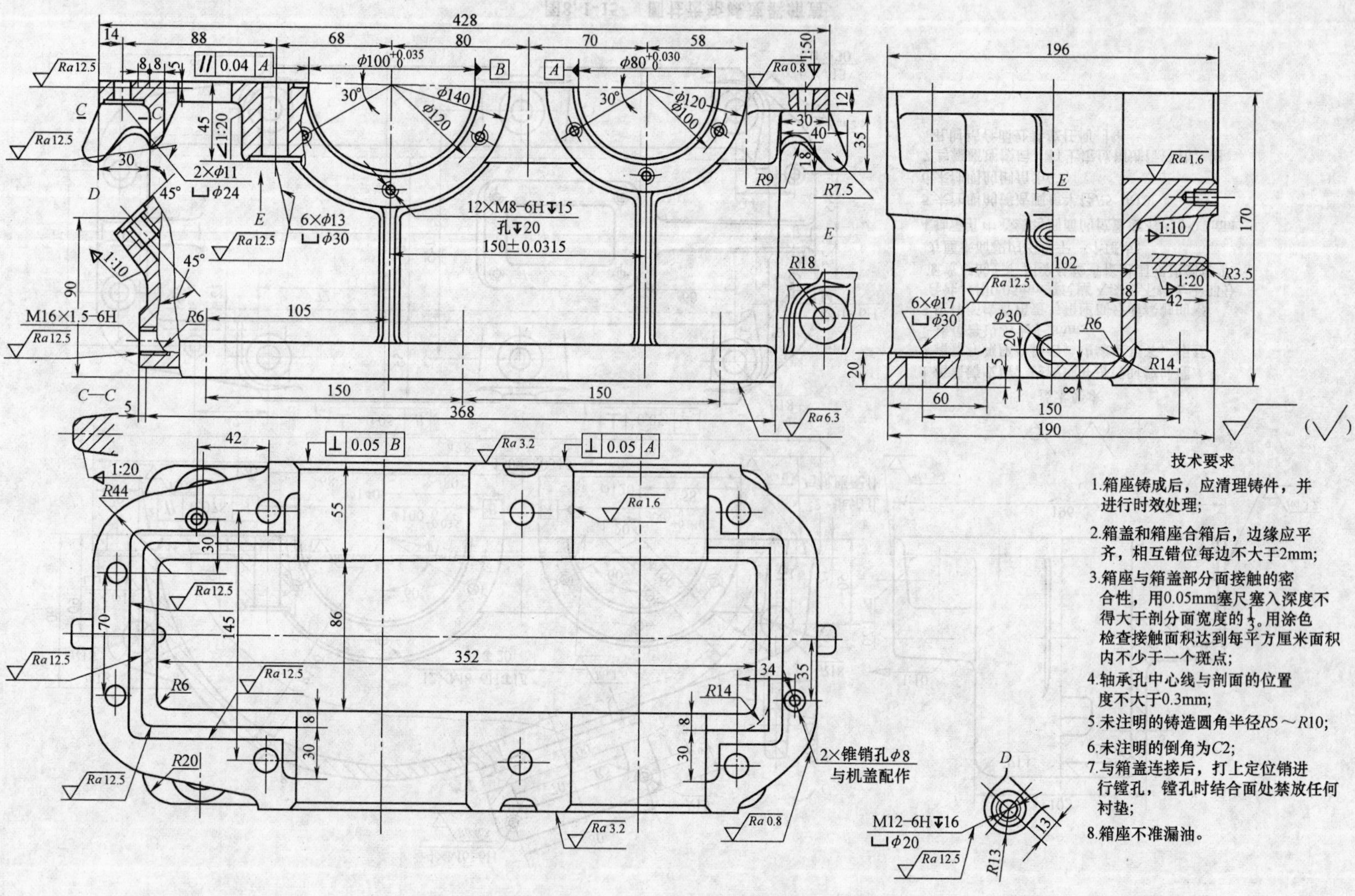

技术要求

1. 箱座铸成后，应清理铸件，并进行时效处理；
2. 箱盖和箱座合箱后，边缘应平齐，相互错位每边不大于2mm；
3. 箱座与箱盖部分接触的密合性，用0.05mm塞尺塞入深度不得大于剖分面宽度的1/3，用涂色检查接触面积达到每平方厘米面积内不少于一个斑点；
4. 轴承孔中心线与剖面的位置度不大于0.3mm；
5. 未注明的铸造圆角半径R5～R10；
6. 未注明的倒角为C2；
7. 与箱盖连接后，打上定位销进行镗孔，镗孔时结合面处禁放任何衬垫；
8. 箱座不准漏油。

图8.1-16　齿轮减速器箱座

1.7　减速器附件的结构尺寸（表 8.1-15～表 8.1-23）

表 8.1-15　地脚螺栓直径 d_ϕ 与数目

一级减速器		螺栓数目	二级减速器		螺栓数目	三级减速器		螺栓数目
a	d_ϕ		$a_1 + a_2$	d_ϕ		$a_1 + a_2 + a_3$	d_ϕ	
/mm			/mm			/mm		
≤100	12		≤350	16		≤500	20	
≤150	14		≤400	20		≤650	24	
≤200	16		≤600	24		≤950	30	
≤250	20	4	≤750	30	6	≤1250	36	8
≤350	24		≤1000	36		≤1650	42	
≤450	30		≤1300	42		≤2150	48	
≤600	36							

表 8.1-16　螺栓连接凸缘式轴承盖

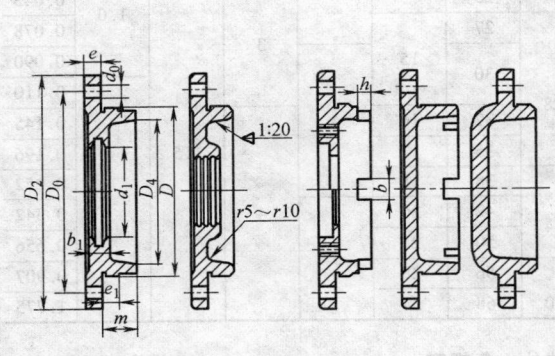

$d_0 = d_3 + 1\text{mm}$

d_3——端盖螺栓直径，尺寸见右表

$D_0 = D + 2.5 d_3$

$D_2 = D_0 + 2.5 d_3$

$e = 1.2 d_3$

$e_1 \geqslant e$

m 由结构确定

$D_4 = D - (10 \sim 15)\text{mm}$

b、d_1 由密封尺寸确定

$b = (5 \sim 10)\text{mm}$

$h = (0.8 \sim 1) b\text{mm}$

材料：HT150 或 Q235A

轴承外径 D /mm	螺栓直径 d_3/mm	端盖上螺栓数目
45～65	8	4
70～100	10	4
110～140	12	6
150～230	16	6

表 8.1-17　嵌入式轴承盖

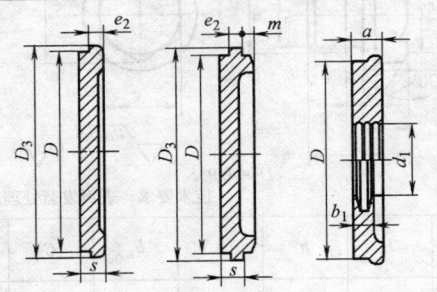

$e_2 = (5 \sim 10)\text{mm}$

$s = 10 \sim 15\text{mm}$

m 由结构确定

$D_3 = D + e_2$

d_0、D_5、d_1、b_1 等由密封尺寸确定

H、B 按 O 形圈沟槽尺寸确定

$e_3 = (7 \sim 12)\text{mm}$

材料：HT150 或 Q235A

表 8.1-18　轴承盖固定螺栓直径

轴承座孔直径/mm	螺栓直径 d_3/mm	轴承盖螺钉数目
45～65	8	4
70～100	10	4
110～140	12	6
150～230	16	6
>230	20	8

表 8.1-19　外六角螺塞　　　　　　　　　（单位：mm）

材料：35
标记示例：
d 为 M10 的外六角螺塞：M10×1 JB/ZQ 4450—2006

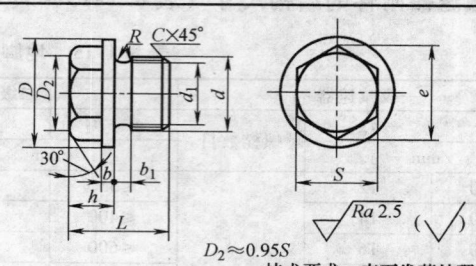

$D_2 \approx 0.95S$
技术要求：表面发蓝处理。

d	d_1	D	e	S 基本尺寸	S 极限偏差	L	h	b	b_1	R	C	质量/kg
M6×1	6.5	14	12.7	11	0 −0.24	18	10		2	0.5	0.7	0.013
M10×1	8.5	18				20	10					0.019
M12×1.25	10.2	22	15	13		24	12	3			1.0	0.032
M14×1.5	11.8	23	20.8	18		25	12					0.043
M18×1.5	15.8	28	24.2	21		27	15		3			0.078
M20×1.5	17.8	30				30	15					0.090
M22×1.5	19.8	32	27.7	24	0 −0.28	30	15					0.110
M24×2	21	34	31.2	27		32	16	4				0.145
M27×2	24	38	34.6	30		35	17			1.5		0.196
M30×2	27	42	39.3	34		38	18				1.5	0.252
M33×2	30	45	41.6	36	0 −0.34	42	20		4			0.342
M42×2	39	56	53.1	46		50	25					0.656
M48×2	45	62	57.7	50	0	56	28	5				0.907
M60×2	57	78	75	65	−0.40	68	34					1.775

表 8.1-20　管螺纹外六角螺塞　　　　　　　（单位：mm）

材料：35
标记示例：
d 为 G1/2A 的管螺纹外六角螺塞：螺塞 G1/2A

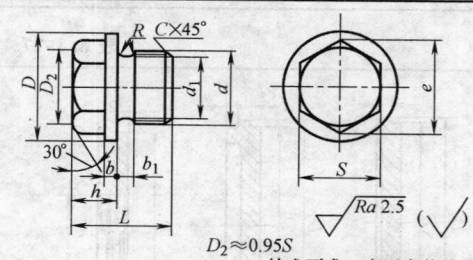

$D_2 \approx 0.95S$
技术要求：表面发蓝处理。

d	d_1	D	e	S 基本尺寸	S 极限偏差	L	h	b	b_1	C	质量/kg
G1/8A	8	16	11.5	10	0 −0.20	18	8		2	1.5	0.014
G1/4A	11	20	15	13	0	21	9	3			0.025
G3/8A	14	25	20.8	18	−0.24	22	10				0.044
G1/2A	18	30	24.2	21	0	28	13		3	2	0.086
G3/4A	23	38	31.2	27	−0.28	33	15	4			0.0159
G1A	29	45	39.3	34		37	17				0.272
G1¼	38	55	47.3	41	0	48	23				0.553
G1½	44	62	53.1	46	−0.34	50	25	5	4	2.5	0.739
G1¾	50	68	57.7	50		57	27				1.013
G2A	56	75	63.5	55	0 −0.40	60	30	6			1.327

表 8.1-21 通气器 （单位：mm）

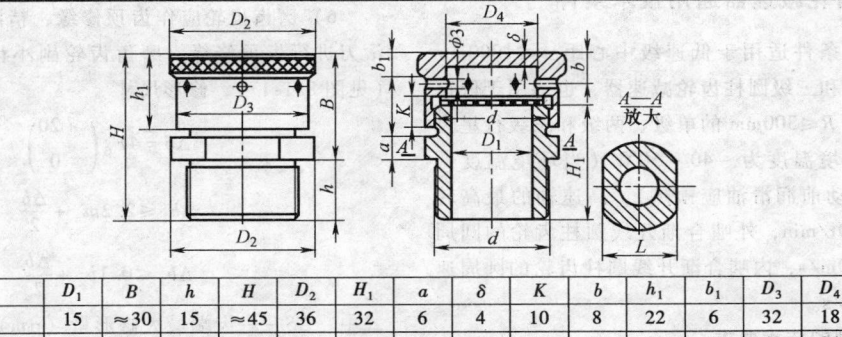

d	D_1	B	h	H	D_2	H_1	a	δ	K	b	h_1	b_1	D_3	D_4	L	孔数
M27×1.5	15	≈30	15	≈45	36	32	6	4	10	8	22	6	32	18	32	6
M36×2	20	≈40	20	≈60	48	42	8	4	12	11	29	8	42	24	41	6
M48×3	30	≈d5	25	≈70	62	52	10	5	15	13	32	10	56	36	55	8

表 8.1-22 简单式通气器 （单位：mm）

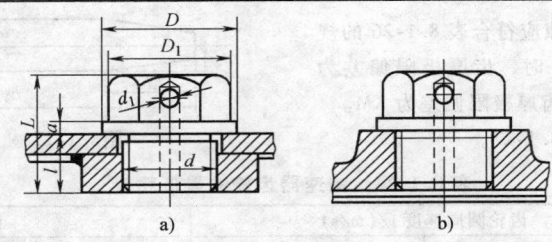

a)   b)

d_1	D	D_1	S	L	l	a	d	d_1	D	D_1	S	L	l	a	d
M10×1	13	11.5	10	16	8	2	3	M27×1.5	38	31.2	27	34	18	4	8
M12×1.25	18	16.5	14	19	10	2	4	M30×2	42	36.9	32	36	18	4	8
M16×1.5	22	19.6	17	23	12	2	5	M33×2	45	36.9	32	38	20	4	8
M20×1.5	30	25.4	22	28	15	4	6	M36×3	50	41.6	36	46	25	5	8
M22×1.5	32	25.4	22	29	15	4	7								

注：S 为扳手口宽。

表 8.1-23 通气器 （单位：mm）

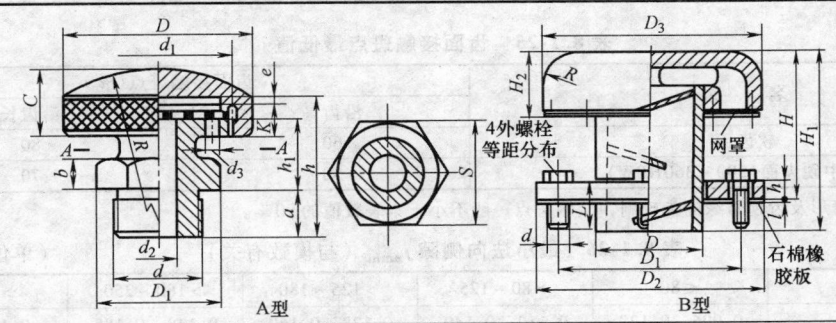

A 型   B 型

A 型通气器															
d	d_1	d_2	d_3	D	h	a	b	C	h_1	R	D_1	S	K	e	
M18×1.5	M33×1.5	8	3	40	40	12	7	16	18	40	25.4	22	8	2	
M27×1.5	M48×1.5	12	4.5	60	54	15	10	22	24	60	36.9	32	9	2	
M36×1.5	M64×1.5	16	6	80	70	20	13	28	32	80	53.1	41	10	3	

B 型通气器											
序号	D	D_1	D_2	D_3	H	H_1	H_2	R	h	螺栓 d×h	质量/kg
1	60	100	125	125	77	95	35	20	6	M10×25	2.26
2	114	200	250	260	165	195	70	40	10	M20×50	14

1.8　圆柱齿轮减速器通用技术条件

下列技术条件适用于低速级中心距 $a \leqslant 1000\text{mm}$ 的单级、两级和三级圆柱齿轮减速器，也适用于低速级行星架半径 $R \leqslant 300\text{mm}$ 的单级、两级和三级行星齿轮减速器。环境温度为 $-40 \sim 50\,℃$ （当环境温度低于 $0℃$ 时，起动前润滑油应预热），高速轴的最高转速不超过 1500r/min，外啮合渐开线圆柱齿轮的圆周速度不超过 20m/s，内啮合渐开线圆柱齿轮的圆周速度不超过 15m/s。

1.8.1　齿轮副的技术要求

1) 齿轮精度不得低于表 8.1-24 的规定。

2) 齿轮副的齿面接触斑点不得低于表 8.1-25 的规定。

3) 齿轮副的最小法向侧隙应符合表 8.1-26 的规定，当分度圆直径 $d \leqslant 125\text{mm}$ 时，齿厚极限偏差为 JL，当 $125 < d \leqslant 1600\text{mm}$ 时，齿厚极限偏差为 KM。

4) 齿轮的检验项目见表 8.1-27。

5) 齿面粗糙度应符合表 8.1-28 的规定。

6) 磨齿齿轮应作齿顶修缘，精滚齿轮采用修缘滚刀进行齿顶修缘。磨齿齿轮副小齿轮作齿向修形（见图 8.1-17），修形尺寸

$$\Delta S = 4F_\beta \begin{pmatrix} +20 \\ 0 \end{pmatrix}$$

$$\Delta b_1 \leqslant 2.2 m_n + \frac{\Delta b}{2}$$

$$\Delta b_1 \leqslant 0.1 b_2 + \frac{\Delta b}{2}$$

式中　ΔS ——齿端最大修形量（μm）;

F_β ——齿向公差（μm）;

b_2 ——大齿轮齿宽（mm）;

Δb ——大小齿轮宽度差（mm），$\Delta b = b_1 - b_2$。

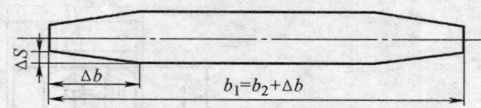

图8.1-17　齿向修形尺寸

表 8.1-24　减速器齿轮的最低精度

传动形式	齿轮圆周速度 v/（m/s）		精度等级	
	斜齿轮	直齿轮	软或中硬齿面	硬齿面
普通传动	$\leqslant 8$	$\leqslant 3$	9-9-7	8-8-6
	$>8 \sim 12.5$	$>3 \sim 7$	8-8-7	7-7-6
	$>12.5 \sim 18$	$>7 \sim 12$	8-7-7	7-6-6
	>18	>12	7-6-6	7-6-6
行星传动	$\leqslant 8$	$\leqslant 3$	8-8-7	7-7-6
	$>8 \sim 12.5$	$>3 \sim 7$	7	6
	$>12.5 \sim 18$	$>7 \sim 12$	7-6-6	6-5-5
	>18	$>12 \sim 18$	6-5-5	6-5-5

表 8.1-25　齿面接触斑点最低值

名　称	齿面接触斑点（%）	
	沿齿高	沿齿长
软齿面	60	80
软及中硬齿面（300~360HBW）	50	70

注：采用齿长修形及齿顶修缘的齿轮副，接触斑点一般不小于本表数值的 90%。

表 8.1-26　最小法向侧隙 $j_{n\min}$ （与模数有关）　　　　　（单位：mm）

中心距	$\leqslant 80$	$>80 \sim 125$	$>125 \sim 180$	$>180 \sim 250$	$>250 \sim 315$
最小法向侧隙 $j_{n\min}$	0.096 ~ 0.120	0.112 ~ 0.140	0.128 ~ 0.160	0.148 ~ 0.185	0.168 ~ 0.210
中心距	$>315 \sim 400$	$>400 \sim 500$	$>500 \sim 630$	$>630 \sim 800$	$>800 \sim 1000$
最小法向侧隙 $j_{n\min}$	0.184 ~ 0.230	0.200 ~ 0.250	0.224 ~ 0.280	0.256 ~ 0.320	0.288 ~ 0.30

表 8.1-27　齿轮的检验项目

齿轮精加工工艺	第Ⅰ公差组	第Ⅱ公差组	第Ⅲ公差组	齿轮副
磨齿	F_p' 或 F_i'' 与 F_W	f_f 与 f_{pt} 或 f_i' 与 f_{pb}	F_β	接触斑点与 $j_{n\min}$
滚齿	或 F_γ 与 F_W	f_i' 与 f_{pt}		

注：f_f 为齿形公差，f_{pt} 为单个齿距偏差，f_i' 为单齿切向综合偏差，f_{pb} 为基圆齿距偏差。

表 8.1-28 齿面粗糙度 Ra （单位：μm）

第Ⅱ公差组精度等级	分度圆直径/mm	法 向 模 数			
		≥1~4	>4~8	>8~16	>16~25
5	≤125	0.8	0.8	1.6	—
	>125~400	0.8	1.6	1.6	1.6
	>400~800	1.6	1.6	1.6	1.6
	>800~1600	1.6	1.6	1.6	1.6
	>1600~2500	—	1.6	1.6	1.6
6	≤125	0.8	1.6	1.6	—
	>125~400	1.6	1.6	1.6	1.6
	>400~800	1.6	1.6	1.6	1.6
	>800~1600	1.6	1.6	1.6	1.6
	>1600~2500	1.6	1.6	3.2	3.2
7	≤125	1.6(0.8)	3.2(1.6)	3.2(1.6)	—
	>125~400	3.2(1.6)	3.2(1.6)	3.2(1.6)	3.2(1.6)
	>400~800	3.2(1.6)	3.2(1.6)	3.2(1.6)	6.3(3.2)
	>800~1600	3.2(1.6)	3.2(1.6)	6.3(3.2)	6.3(3.2)
	>1600~2500	3.2(1.6)	6.3(3.2)	6.3(3.2)	6.3(3.2)
8	≤125	3.2(1.6)	3.2(1.6)	3.2(1.6)	—
	>125~400	3.2(1.6)	3.2(1.6)	6.3(3.2)	6.3(3.2)
	>400~800	3.2(1.6)	6.3(3.2)	6.3(3.2)	6.3(3.2)
	>800~1600	6.3(3.2)	6.3(3.2)	6.3(3.2)	6.3(3.2)
	>1600~2500	6.3(3.2)	6.3(3.2)	6.3(3.2)	6.3(3.2)
9	≤125	3.2	6.3	6.3	—
	>125~400	6.3	6.3	6.3	6.3
	>400~800	6.3	6.3	6.3	12.5
	>800~1600	6.3	6.3	12.5	12.5
	>1600~2500	6.3	12.5	12.5	12.5

注：1. 本表括号内数值适用于硬齿面齿轮。
2. 氮化齿轮齿面表面粗糙度 Ra≤1.6μm。

1.8.2 箱体制造的技术要求

1）箱体可采用铸铁件，牌号为 HT200 及以上，也可采用焊接钢件。要进行人工时效。

2）箱体与箱盖外形的重合度不大于表 8.1-29 的要求。当箱体为水平剖分时，箱盖尺寸大于箱座尺寸。

表 8.1-29 箱体的重合度 （单位：mm）

箱体最大长度	每边的重合度（对称分布）
≤1000	4
>1000~2000	5
>2000	6

3）箱体的表面粗糙度 Ra≤6.3μm，与底平面平行度为 GB/T 1184—1996 的 8 级。

4）轴承孔与箱体端面垂直度为 GB/T 1184—1996 的 8 级。

5）箱盖与箱座自由结合时，分箱面应结合紧密，用 0.05mm 的塞尺塞入深度不得超过分箱面宽度的三分之一。

6）齿轮轴承孔的中心距极限偏差 f_a、中心线平行度 f_x 和 f_y 应符合 GB/T 10095.2—2008 的要求。

7）轴承孔中心线应与其剖分面重合，其位置度不大于 0.3mm。

8）箱体应作泄漏检查。

1.8.3 装配技术要求

1）轴承内圈必须紧贴轴肩或定距环，用 0.05mm 的塞尺检查不得通过。

2）按规定或图样要求调整轴承间隙。

3）按本规定或图样要求检查齿轮副的最小侧隙及接触斑点。

4）减速器密封要可靠，不得有漏油或渗油现象，污物及水也不能渗入箱体内部。

5）箱体内壁及位于减速器内的未加工零件表面均应涂红色或黄色耐油油漆，箱体及其他外露的非加工零件表面可按用户要求涂漆。

2　标准减速器

2.1　圆柱齿轮减速器

圆柱齿轮减速器分渐开线圆柱齿轮减速器和圆弧圆柱齿轮减速器两类，其标准为 JB/T 8853—2001。渐开线圆柱齿轮有直齿、斜齿及人字齿，选用时根据圆周速度、载荷情况、工作条件等因素选择。斜齿的重合度大于直齿，噪声及磨损也较小，一般用在重载传动。而人字齿制造精度低，不适宜广泛用于各种机械设备上。

渐开线齿形容易加工，制造、装配方便，精度高，中心距改变不影响其正常啮合。缺点是：工作齿面的综合曲率半径受到中心距的限制，不能增大很多，因此齿面接触强度的提高受到一定限制；轮齿是线接触，对齿轮机构各零件的精度和刚度有较高的要求，但加工误差和零件的变形将使齿轮不能保持线接触；啮合摩擦损失较大，承载能力受到一定限制。由于制造水平的提高，硬齿面齿轮被广泛地应用，大大提高了齿轮的寿命。

渐开线圆柱齿轮减速器是平行轴、定轴线、外啮合渐开线斜齿圆柱齿轮减速器，分一级（D）、二级（L）和三级（S）共三个系列。以 ZY 型（高承载能力硬齿面齿轮减速器）为主，ZZ 型（中等承载能力中硬齿面齿轮减速器）为辅。

工作条件：普通减速器高速轴转速一般不大于 1500r/min；减速器齿轮传动圆周速度不大于 20m/s；

减速器工作环境温度为 −40 ~ 45℃。低于 0℃ 时，起动前润滑油应预热。

渐开线圆柱齿轮减速器结构简单牢固，使用维护方便，承载能力范围大，公称输入功率常在 0.85 ~ 6660kW，公称输出转矩 100 ~ 410000N·m，适用范围广，是使用广泛的通用产品。

主要用于冶金、矿山、运输、水泥、建筑、化工、纺织、轻工、能源等行业。

除渐开线齿轮传动外，圆弧齿轮传动具有承载能力高、磨损小、效率高、没有根切现象的特点，小齿轮齿数可以做得很少，圆弧齿轮是点接触，克服了渐开线齿形的缺点。

2.1.1　减速器的代号和标记方法

在代号中，包括减速器的型号、中心距（多级减速器的低速级中心距）、公称传动比及装配型式。

1. 减速器代号

1）ZDY 型——一级传动硬齿面圆柱齿轮减速器。

2）ZLY 型——二级传动硬齿面圆柱齿轮减速器。

3）ZSY 型——三级传动硬齿面圆柱齿轮减速器。

4）ZDZ 型——一级传动中硬齿面圆柱齿轮减速器。

5）ZLZ 型——二级传动中硬齿面圆柱齿轮减速器。

6）ZSZ 型——三级传动中硬齿面圆柱齿轮减速器。

2. 减速器的标记方法

标记示例：减速器 ZLY560-11.2-1 JB/T 8853—2001

减速器 ZLY	560	11.2	1	JB/T 8853—2001
二级传动硬齿面圆柱齿轮减速器	低速级中心距 $a = 560$mm	公称传动比 $i_N = 11.2$	第一种装配型式	标准号

2.1.2　减速器的承载能力、选用方法及实例

1. 输入功率和热功率

减速器的承载能力受机械强度和热平衡许用功率两方面的限制。因此，减速器的选用必须通过两个功率表。

ZDY、ZDZ、ZLY、ZLZ、ZSY、ZSZ 型圆柱齿轮减速器，按机械强度计算的公称功率 P_{1P} 见表 8.1-30 ~ 表 8.1-35，按润滑油允许最高平衡温度计算的公称热功率 P_{G1}、P_{G2} 见表 8.1-36 ~ 表 8.1-38。

表 8.1-30　ZDY 减速器公称功率 P_{1P}　　　　　　　　（单位：kW）

公称传动比 i_N	公称转速 /(r/min) 输入 n_{1N}	公称转速 /(r/min) 输出 n_{2N}	规　格 80	100	125	160	200	250	280	315	355	400	450	500	560
			公称输入功率 P_{1P}												
1.25	1500	1200	57	103	205	360	633	1121	—	—	—	—	—	—	—
	1000	800	40	69	140	260	446	807	—	—	—	—	—	—	—
	750	600	31	52	105	190	348	636	—	—	—	—	—	—	—
1.4	1500	1070	53	96	194	326	616	1109	—	—	—	—	—	—	—
	1000	715	37	65	132	240	433	794	—	—	—	—	—	—	—
	750	535	29	48	102	180	337	624	—	—	—	—	—	—	—

（续）

公称传动比 i_N	公称转速/(r/min) 输入 n_{1N}	输出 n_{2N}	规格 80	100	125	160	200	250	280	315	355	400	450	500	560
			公称输入功率 P_{1P}												
1.6	1500	940	49	92	180	310	587	1068	1473	1996	2766	—	—	—	—
	1000	625	34	63	125	217	410	760	1051	1430	1992	—	—	—	—
	750	470	27	50	98	168	319	595	824	1124	1569	—	—	—	—
1.8	1500	835	45	87	173	290	557	1024	1411	1925	2663				
	1000	555	31	62	120	206	389	726	1002	1372	1906				
	750	415	24	48	95	160	302	567	784	1074	1497				
2	1500	750	39	80	158	278	526	970	1339	1827	2536	—	—	—	—
	1000	500	27	55	110	194	367	684	946	1296	1806	2547	3578	4793	—
	750	375	21	43	85	150	284	534	738	1013	1414	1999	2821	3775	5169
2.24	1500	670	36	70	141	264	484	914	1236	1711	2377	—	—	—	—
	1000	445	25	49	98	183	337	645	874	1207	1683	2402	3397	4512	—
	750	335	19	38	76	142	262	503	682	941	1314	1878	2667	3536	4833
2.5	1500	600	32	64	127	245	447	855	1154	1617	2264	—	—	—	—
	1000	400	22	45	88	170	311	601	812	1136	1596	2235	3185	4353	—
	750	300	17	35	68	132	241	468	633	884	1243	1742	2492	3406	4645
2.8	1500	535	27	53	115	224	409	789	1063	1489	2068	—	—	—	—
	1000	360	19	37	80	155	284	552	746	1048	1456	2049	2945	4000	—
	750	270	15	29	62	120	220	129	580	816	1134	1593	2296	3118	4232
3.15	1500	475	23	47	96	203	375	709	990	1359	1924	2658	3790	5036	6666
	1000	315	16	33	67	140	260	496	695	952	1352	1817	2681	3607	4807
	750	235	13	25	52	109	202	385	540	740	1052	1458	2084	2802	3747
3.55	1500	425	20	41	85	179	337	639	898	1210	1730	2410	3407	4460	6119
	1000	280	14	28	59	124	234	446	628	845	1210	1694	2396	3196	4393
	750	210	11	22	46	96	181	346	488	655	940	1312	1856	2483	3419
4	1500	375	17	34	69	155	300	570	774	1095	1555	2146	2981	3985	5651
	1000	250	12	24	48	107	208	396	539	764	1088	1501	2090	2838	4033
	750	187	9	18	37	83	161	307	418	590	844	1160	1618	2199	3128
4.5	1500	335	14	29	55	137	260	495	703	997	1367	1878	2619	3635	4912
	1000	220	9.5	20	38	95	180	344	488	694	953	1311	1832	2582	3485
	750	166	7	15	30	73	139	266	378	536	738	1015	1416	1997	2694
5	1500	300	11	25	48	121	229	451	608	864	1179	1680	2340	3149	4400
	1000	200	8	17	33	84	159	313	422	599	820	1168	1629	2231	3125
	750	150	6	13	26	65	123	242	326	462	633	900	1257	1724	2418
5.6	1500	270	10	20	40	109	211	389	531	779	1031	1564	2038	2791	3778
	1000	180	7	14	27	75	146	270	368	540	716	1088	1417	1969	2670
	750	134	5	11	21	59	113	208	285	416	554	838	1092	1519	2061
6.3	1500	240	—	16	36	90	175	353	465	651	944	1313	1804	2547	3342
	1000	160	—	11	25	63	121	244	322	451	655	911	1252	1795	2356
	750	120	—	9	19	49	94	189	249	349	507	704	964	1388	1817

表 8.1-31　ZDZ 减速器公称功率 P_{1P} （单位：kW）

公称传动比 i_N	公称转速 /(r/min) 输入 n_{1N}	输出 n_{2N}	规格 80	100	125	160	200	250	280	315	355	400	450	500	560
			公称输入功率 P_{1P}												
1.25	1500	1200	12.24	26.09	49.77	92.68	170.9	323.0	—	—	—	—	—	—	—
	1000	800	8.52	18.35	35.38	66.58	128.6	246.9	—	—	—	—	—	—	—
	750	600	6.63	14.32	27.07	48.95	101.2	202.9	—	—	—	—	—	—	—
1.4	1500	1070	11.81	25.35	48.68	89.83	172.9	330.5	—	—	—	—	—	—	—
	1000	715	8.19	17.75	34.42	64.04	128.8	249.6	—	—	—	—	—	—	—
	750	535	6.36	13.82	26.26	50.27	100.7	202.9	—	—	—	—	—	—	—
1.6	1500	940	11.14	23.92	46.42	86.70	171.7	332.9	457	605	816	—	—	—	—
	1000	625	7.70	16.64	32.57	61.26	125.9	247.0	340	457	617	—	—	—	—
	750	470	5.96	12.91	24.76	45.42	97.7	198.6	273	365	485	—	—	—	—
1.8	1500	835	10.45	22.52	41.48	82.73	167.2	327.7	451	601	780	—	—	—	—
	1000	555	7.20	15.60	29.59	58.11	121.4	240.4	331	443	581	—	—	—	—
	750	415	5.57	12.09	23.61	43.21	93.7	192.0	264	355	452	—	—	—	—
2	1500	750	9.48	20.82	41.69	73.09	160.6	317.2	437	547	762	—	—	—	—
	1000	500	6.51	14.37	28.97	52.16	115.6	230.2	317	397	559	854	1208	1548	—
	750	375	5.03	11.11	21.92	41.03	88.7	182.6	251	315	432	684	967	1236	1774
2.24	1500	670	8.72	18.83	38.25	67.94	146.4	297.5	396	539	764	—	—	—	—
	1000	445	5.98	12.95	26.46	48.55	105.1	214.7	287	387	554	812	1160	1474	—
	750	335	4.61	10.00	19.96	38.24	80.6	169.9	228	305	426	646	922	1167	1667
2.5	1500	600	8.06	17.63	34.66	63.73	136.9	279.9	374	523	726	—	—	—	—
	1000	400	5.52	12.13	23.91	45.20	97.4	199.9	269	372	520	760	1096	1383	—
	750	300	4.26	9.36	17.99	35.45	74.5	157.2	212	291	397	600	866	1090	1602
2.8	1500	535	7.00	14.60	32.41	58.73	125.9	258.5	348	460	652	—	—	—	—
	1000	360	4.78	10.02	22.28	41.37	88.9	182.9	247	328	466	697	1018	1317	—
	750	270	3.69	7.75	16.74	32.33	67.7	143.1	194	257	356	548	798	1032	1457
3.15	1500	475	6.00	13.42	28.00	53.23	113.4	229.7	327	421	590	871	1261	1619	2145
	1000	315	4.09	9.20	19.18	37.25	80.0	162.7	231	297	420	622	908	1158	1550
	750	235	3.16	7.10	14.38	29.00	60.9	127.4	180	232	320	476	697	887	1193
3.55	1500	425	5.37	11.77	23.73	49.05	102.0	211.4	290	375	530	785	1143	1387	1960
	1000	280	3.66	8.05	16.26	33.67	71.5	148.7	204	263	374	557	810	994	1408
	750	210	2.82	6.21	12.19	25.39	54.2	116.0	159	204	284	425	618	762	1080
4	1500	375	4.32	9.96	19.97	41.99	90.0	183.2	251	342	467	698	986	1242	1828
	1000	250	2.95	6.80	13.64	28.72	62.7	127.9	177	239	329	491	695	880	1297
	750	187	2.28	5.24	10.20	22.10	47.4	99.3	138	186	250	373	530	670	989
4.5	1500	335	3.60	8.07	16.36	36.65	79.0	160.8	219	305	420	612	859	1067	1523
	1000	220	2.45	5.50	11.15	25.10	54.7	112.0	153	213	294	430	606	752	1084
	750	166	1.89	4.24	8.32	19.34	41.3	86.9	119	166	222	327	462	572	828
5	1500	300	2.87	6.88	13.73	31.26	67.9	143.7	188	269	355	536	754	988	1343
	1000	200	1.95	4.69	9.37	21.35	47.0	99.8	131	187	249	373	527	694	946
	750	150	1.51	3.62	6.99	16.43	35.5	77.4	101	145	188	283	400	527	719
5.6	1500	270	2.54	5.69	11.77	28.22	62.3	123.0	166	231	304	495	664	850	1177
	1000	180	1.73	3.88	8.02	19.25	43.1	84.9	115	160	211	344	461	591	821
	750	134	1.34	3.00	5.97	14.81	32.5	65.6	88.5	124	160	259	348	447	621
6.3	1500	240	—	4.59	10.62	22.18	52.6	109.7	148	187	277	410	596	773	1029
	1000	160	—	3.13	7.24	15.13	35.9	75.6	102	129	198	283	412	535	715
	750	120	—	2.42	5.39	11.65	26.9	58.4	78.8	99.5	145	213	311	404	540

表 8.1-32　ZLY 型减速器公称功率 P_{1P}　　　　　　　（单位：kW）

公称传动比 i_N	公称转速 /(r/min) 输入 n_{1N}	输出 n_{2N}	规格 112	125	140	160	180	200	224	250	280	315	355	400	450	500	560	630	710
			公称输入功率 P_{1P}																
6.3	1500	240	37.4	54	73	114	157	221	305	424	578	791	1156	1650	2192	3132	4310	—	—
	1000	160	26.4	37.4	50	78	109	153	211	294	400	548	802	1146	1558	2181	3000	4347	6229
	750	120	19.5	28.6	38.5	60	84	119	163	227	308	422	618	884	1213	1685	2320	3357	4884
7.1	1500	210	34	49	66	104	143	201	277	385	525	719	1051	1500	1993	2847	3817	—	—
	1000	140	24	34	45.5	71	99	139	192	267	364	498	1042	1042	1416	1983	2731	3952	5663
	750	106	17.7	26	35	54.5	76	108	148	206	280	384	804	804	1103	1532	2109	3052	4440
8	1500	185	32	43	61	94.5	130	181.5	250	347	469	678	932	1309	1869	2489	3520	—	—
	1000	125	21.5	29.5	42.4	64	93	126	173	241	325	470	646	908	1298	1730	2447	3398	5019
	750	94	17	23	33	49	69	97	133	186	251	362	498	700	1000	1333	1887	2619	3881
9	1500	167	29	38.5	56	81	119	165.5	227	315	423	612	841	1182	1689	2248	3183	—	—
	1000	111	20	27	38.5	55	82.5	115	157	218	293	424	583	819	1172	1561	2210	3068	4537
	50	83	15	20.5	30	42	64	88	121	168	226	327	449	631	903	1202	1703	2363	3502
10	1500	150	26	35	50	73	109	149	204	284	383	555	762	1070	1530	2038	2883	—	—
	1000	100	18	24	35	50	75	103	142	197	266	384	528	742	1061	1414	2001	2777	4112
	750	75	14	18.5	26.6	38	58	80	109	152	204	296	407	571	817	1088	1541	2139	3172
11.2	1500	134	23	31.5	45	66	96	133	184	255	346	500	688	966	1381	1839	2604	—	—
	1000	89	16	22	31	45	67	92	127	177	240	347	477	669	957	1275	1806	2506	3711
	750	67	12	17	24	35	51	71	98	136	185	267	367	516	737	982	1391	1930	2862
12.5	1500	120	21	28	40	59	83	116.5	165	229	311	450	618	869	1242	1654	2341	—	—
	1000	80	14	19.5	28	40	57	81	114	159	216	312	428	601	860	1146	1621	2251	3338
	750	60	11	15	21	31	44	63	88	122	166	240	330	463	663	882	1249	1734	2573
14	1500	107	18.5	25	36	52.5	74	105	148	206	279	404	555	779	1115	1485	2162	2918	4318
	1000	71	12.5	17.5	25	36	51	73	102	142	193	280	384	540	772	1028	1455	2020	2996
	750	54	9.8	13	19	27.6	39	56	79	110	149	216	296	416	594	792	1120	1555	2310
16	1500	94	16	22	31	47.5	70.5	98	133	185	251	362	498	700	1000	1333	1887	2619	3879
	1000	62	11	15	21.5	32	49	68	92	128	174	251	345	484	693	923	1306	1812	2690
	750	47	8	11.5	17	25	38	53	71	99	134	193	266	373	533	711	1005	1395	2073
18	1500	83	14	19.5	28	42.5	60.5	86	115	161	225	326	448	629	899	1197	1697	2353	3487
	1000	56	10	13.5	19.6	29	42	59.5	80	111	156	226	310	435	622	829	1175	1628	2417
	750	42	7.5	10.5	15	22	32	46	61	86	120	174	239	335	479	638	905	1252	1862
20	1500	75	13	18	25.5	38	59	77	103	142	205	296	418	587	839	1120	1580	2200	3260
	1000	50	9	12	18	26.5	41	53.5	72	95	142	205	279	392	560	746	1050	1460	2170
	750	38	6.8	9.5	14	20	32	41	55	76	109	158	210	295	420	562	735	1120	1635

表 8.1-33　ZLZ 型减速器公称功率 P_{1P}　　　　　　　（单位：kW）

公称传动比 i_N	公称转速 /(r/min) 输入 n_{1N}	输出 n_{2N}	规格 112	125	140	160	180	200	224	250	280	315	355	400	450	500	560	630	710
			公称输入功率 P_{1P}																
7.1	1500	210	8.8	13	18	29	39	55	78	112	158	213	322	452	601	924	1341	—	—
	1000	140	6	9	12.4	20	27	39	56	80	114	155	232	327	437	672	988	1428	1990
	750	106	4.6	6.9	9.5	15	21	29	43	63	87	120	179	251	339	520	770	1121	1558
8	1500	185	8.4	12	17.7	27	36	50	72	102	152	208	308	430	573	892	1296	—	—
	1000	125	5.8	8.2	12	18	25	35	51	73	105	152	220	313	418	645	942	1274	1859
	750	94	4.4	6.3	9.3	14	19	26	39	57	80	117	166	237	323	488	711	975	1431

（续）

公称传动比 i_N	公称转速/(r/min) 输入 n_{1N}	输出 n_{2N}	112	125	140	160	180	200	224	250	280	315	355	400	450	500	560	630	710
			规格 — 公称输入功率 P_{1P}																
9	1500	167	7.9	11	16	24	33	46	66	95	138	201	282	382	571	852	1211	—	
	1000	111	5.4	7.4	11	16	23	32	47	68	96	142	197	278	409	583	845	1149	1681
	750	83	4.2	5.7	8.4	13	17	24	37	53	72	107	149	213	309	441	638	877	291
10	1500	150	7.1	9.8	14	22	30	42	61	86	125	183	257	358	530	766	1122	—	
	1000	100	4.8	6.7	9.5	15	21	29	43	61	86	127	178	256	370	524	766	1044	1532
	750	75	3.7	5.2	7.3	11.4	16	22	33	47	65	96	134	193	280	396	578	796	1174
11.2	1500	134	6	8.8	13	19	27	37	57	74	113	168	235	323	453	693	1008	—	
	1000	89	4.1	6.1	8.8	13	18	26	39	52	78	115	161	228	326	474	688	941	1383
	750	67	3.1	4.7	6.8	10	14	19	30	40	59	87	121	172	250	358	510	717	1058
12.5	1500	120	5.5	7.9	11.4	17	22.6	32	51	70	101	149	209	300	413	621	870		
	1000	80	3.8	5.4	7.8	12	15	22	35	49	69	102	144	205	295	424	601	847	1247
	750	60	2.9	4.1	5.9	9.1	12	16	26	37	53	77	108	155	224	320	466	644	953
14	1500	107	4.5	6.9	10	15	20	28	45	64	91	134	188	269	371	554	779	1226	1791
	1000	71	3.1	4.7	6.9	10.4	14	19	31	44	62	92	129	184	262	387	537	752	1115
	750	54	2.4	3.6	5.3	8.0	10.5	15	23	34	47	69	97	139	200	286	416	571	850
16	1500	94	4.3	6.1	8.8	13.7	19	28	40	58	81	120	168	239	344	495	721	1091	1603
	1000	62	2.9	4.2	6	9.4	13	19	27	39	56	82	115	164	238	338	491	673	1001
	750	47	2.2	3.2	4.6	7.1	10	15	20	30	42	62	87	124	180	255	371	511	763
18	1500	83	3.7	5.4	8	12	17	25	33	46	73	110	151	216	312	448	642	978	1446
	1000	56	2.5	3.7	5.4	8.4	12	17	22	32	50	75	103	147	213	305	437	606	902
	750	42	1.9	2.9	4.1	6.4	9.3	13	17	24	38	57	78	111	161	230	330	460	687
20	1500	75	3.1	4.5	6.6	10			32	45	63	90	135	194	280	403	575	880	1301
	1000	50	2.1	3.1	4.5	6.8		16	22	30.5	44	63	92	132	191	274	393	545	811
	750	38	1.6	2.4	3.4	5.2	9.4	12	16.5	23	33	17	68	98	142	205	290	450	655

表 8.1-34　ZSY 型减速器公称功率 P_{1P} （单位：kW）

公称传动比 i_N	公称转速/(r/min) 输入 n_{1N}	输出 n_{2N}	160	180	200	224	250	280	315	355	400	450	500	560	630	710
			规格 — 公称输入功率 P_{1P}													
22.4	1500	67	34	51	68	98	131	182	270	400	530	780	1065	1450	1865	—
	1000	44	24	35	48	68	91	128	185	262	355	540	750	1025	1325	1905
	750	33	18	27	37	52	70	97	135	215	275	415	580	800	1030	1485
25	1500	60	32	46	63	96	115	157	240	365	470	705	1020	1405	1865	—
	1000	40	22	31	43	66	80	108	163	250	315	465	705	975	1325	1905
	750	30	16	24	33	51	60	84	122	195	240	350	540	750	1030	1485
28	1500	54	29	42	59	86	113	142	220	325	425	625	945	1260	1800	—
	1000	36	20	29	41	60	75	98	148	215	280	420	650	870	1245	1760
	750	27	15	22	31	46	56	76	114	160	210	310	500	670	960	1355
31.5	1500	48	26	37	51	79	95	127	197	290	395	560	840	1140	1600	—
	1000	32	17	26	35	55	63	86	132	195	270	370	585	790	1110	1565
	750	24	14	20	27	42	49	65	100	145	200	280	450	605	855	1200
35.5	1500	42	23	34	47	70	88	117	178	275	350	510	755	1025	1450	—
	1000	28	15	23	32	48	59	80	118	180	235	340	520	710	1000	1410
	750	21	12	18	25	37	44	61	90	140	175	255	405	545	750	1090

（续）

公称传动比 i_N	公称转速 /(r/min) 输入 n_{1N}	公称转速 /(r/min) 输出 n_{2N}	规　格 160	180	200	224	250	280	315	355	400	450	500	560	630	710
			公称输入功率 P_{1P}													
40	1500	38	21	30	42	64	79	107	158	235	325	465	675	930	1300	—
	1000	25	17	21	29	40	53	71	108	160	210	315	465	640	900	1315
	750	19	11	16	22	31	41	55	80	125	155	235	360	495	680	1015
45	1500	33	17	24	34	46	70	96	142	215	280	410	615	850	1130	—
	1000	22	12	16	24	32	47	64	95	145	185	280	425	590	770	1150
	750	17	9	12	18	25	36	50	74	110	140	210	320	450	600	885
50	1500	30	15	22	32	46	63	85	128	195	245	360	540	750	1030	1490
	1000	20	11	15	22	31	43	59	85	130	165	240	370	520	710	1030
	750	15	8	12	17	24	32	43	65	95	125	180	290	400	550	795
56	1500	27	15	21	31	43	56	76	112	170	220	310	480	675	955	1340
	1000	18	10	15	22	30	38	52	77	115	145	210	330	470	660	930
	750	13.4	8	11	17	23	28	40	58	90	110	160	255	360	510	715
63	1500	24	12	17	23	37	45	61	102	145	195	280	425	605	860	1170
	1000	16	8	12	16	25	30	42	70	100	130	190	290	420	600	810
	750	12	6	9	12	20	23	32	52	75	100	140	225	325	460	620
71	1500	21	11	17	23	33	40	56	90	130	185	245	390	540	770	1045
	1000	14	8	11	15	23	27	38	60	90	115	170	270	370	540	725
	750	10.6	6	9	12	18	21	29	45	65	90	125	210	285	410	555
80	1500	18.8	9	13	18	26	36	51	80	115	155	225	340	470	675	960
	1000	12.5	6	9	12	18	24	34	54	80	100	150	240	330	470	665
	750	9.4	4	7	10	14	19	27	42	60	80	110	185	250	360	510
90	1500	16.7	8	12	18	25	33	46	74	105	140	200	305	395	590	765
	1000	11.1	6	8	12	17	22	30	49	70	95	130	200	278	405	530
	750	8.3	4	6	9	13	17	23	37	55	70	100	160	210	300	405
100	1500	15	8	11	16	24	30	43	60	—	—	—	—	—	—	—
	1000	10	5	7	11	16	21	29	40	—	—	—	—	—	—	—
	750	7.5	4	6	8	13	16	22	30	—	—	—	—	—	—	—

表 8.1-35　ZSZ 型减速器公称功率 P_{1P}　　　　（单位：kW）

公称传动比 i_N	公称转速 /(r/min) 输入 n_{1N}	公称转速 /(r/min) 输出 n_{2N}	规　格 160	180	200	224	250	280	315	355	400	450	500	560	630	710
			公称输入功率 P_{1P}													
22.4	1500	67	8.9	13.5	17	29.4	37	51	74	115	153	209	259	447	567	—
	1000	44	6.1	9.2	12	20.7	25	36	53	83	113	157	190	322	411	627
	750	33	4.6	7.0	8.8	16.0	19	27	41	65	89	118	147	252	318	484
25	1500	60	7.6	11	15	27.2	33	49	74	111	146	199	250	433	549	—
	1000	40	5.2	7.6	10	19.2	22	33	50	79	108	149	183	312	399	601
	750	30	4.0	5.8	7.7	14.8	17	25	38	60	85	113	143	243	307	465
28	1500	54	6.9	10	14	24.1	31	45	67	101	132	186	254	384	544	—
	1000	36	4.7	7.0	9.5	17.0	22	29	46	73	98	139	173	278	393	587
	750	27	3.6	5.4	7	13.1	16	22	34	55	77	104	128	215	301	445
31.5	1500	48	6.1	9.1	12	21.8	27	38	60	94	125	175	228	364	511	—
	1000	32	4.1	6.2	8.3	15.4	19	26	41	64	92	129	155	256	357	523
	750	24	3.2	4.8	6.1	11.9	14	20	30	48	70	94	115	194	267	393

（续）

公称传动比 i_N	公称转速 /(r/min) 输入 n_{1N}	输出 n_{2N}	160	180	200	224	250	280	315	355	400	450	500	560	630	710
			公称输入功率 P_{1P}													
35.5	1500	42	5.4	8.1	11	19.4	24	35	53	85	116	164	202	339	448	—
	1000	28	3.7	5.5	7.6	13.7	17	24	36	58	82	116	137	230	321	474
	750	21	2.8	4.2	5.7	10.6	13	18	27	44	63	84	102	175	246	355
40	1500	38	4.9	7.1	10	17.2	22	32	47	73	101	149	182	305	401	—
	1000	25	3.3	4.9	6.9	12.1	15	22	32	50	73	103	123	207	285	435
	750	19	2.5	3.7	5.1	9.3	11	17	24	38	56	75	91	157	218	327
45	1500	33	4.3	6.2	8.7	13.9	18	26	40	66	87	127	163	263	342	—
	1000	22	2.9	4.2	6	9.7	12	18	27	45	63	91	110	185	241	369
	750	17	2.2	3.2	4.5	7.5	9	14	20	34	49	66	82	142	183	281
50	1500	30	3.6	5.2	7.3	12.9	17	24	35	57	79	117	139	242	330	488
	1000	20	2.1	3.6	5	9.1	12	16	24	39	56	82	94	164	224	330
	750	15	1.9	2.7	3.7	7.0	8.6	13	18	30	43	59	70	124	168	247
56	1500	27	3.4	4.9	6.8	12.0	16	23	32	51	70	101	123	208	287	407
	1000	18	2.3	3.3	4.6	8.5	11	16	22	34	49	70	84	147	204	288
	750	13.4	1.8	2.5	3.5	6.6	8	12	16	26	38	51	62	112	153	220
63	1500	24	2.8	4.3	5.8	10.6	12	19	29	43	58	87	107	194	272	368
	1000	16	1.9	2.9	4	7.4	8.4	13	20	29	41	61	72	131	183	248
	750	12	1.5	2.2	3	5.7	6.3	9.7	15	22	32	44	54	100	136	184
71	1500	21	2.6	3.9	8.3	8.8	11	17	26	38	52	77	97	159	226	322
	1000	14	1.8	2.7	3.6	6.2	7.5	11	18	26	37	54	66	112	160	219
	750	10.6	1.4	2.0	2.7	4.8	5.6	8.8	13	20	28	39	49	87	122	163
80	1500	18.8	2.2	3.3	4.7	7.7	9.2	14	22	33	43	67	80	147	204	294
	1000	12.5	1.5	2.3	3.2	5.4	6.3	9.6	15	22	30	47	54	99	134	198
	750	9.4	1.2	1.7	2.4	4.1	4.7	7.3	12	17	23	34	40	75	100	155
90	1500	16.7	2.0	2.9	4.1	7.1	8.6	13	21	30	39	60	71	118	173	230
	1000	11.1	1.4	2.0	2.8	5.0	6	8.8	14	20	27	42	48	83	122	163
	750	8.3	1.1	1.5	2.1	3.9	4.4	6.7	10	15	21	30	36	64	90	125
100	1500	15	1.6	2.3	3.5	6.1	7.4	11	17	—	—	—	—	—	—	—
	1000	10	1.1	1.6	2.4	4.4	5	7.8	11	—	—	—	—	—	—	—
	750	7.5	0.85	1.2	1.2	3.4	3.8	6.0	8.5	—	—	—	—	—	—	—

表 8.1-36　ZDY、ZDZ 减速器公称热功率 P_{G1}、P_{G2}

散热冷却条件			80	100	125	160	200	250	280	315	355	400	450	500	560
			规　格												
没有冷却措施	环境条件	环境气流速度 /(m/s)	P_{G1}/kW												
	空间小、厂房小	≥0.5	13	20	31	48	77	115	145	182	228	286	365	440	542
	较大的房间、车间	≥1.4	18	29	43	68	110	160	210	270	320	415	515	620	770
	在户外露天	≥3.7	24	38	58	92	145	220	275	360	425	550	690	840	1020
盘状管冷却或循环油润滑	环境条件	水管内径 d/mm	8	8	8	12	12	15	15	15	20	20	20	20	20
		环境气流速度 /(m/s)	P_{G2}/kW												
	空间小、厂房小	≥0.5	43	65	90	180	300	415	490	610	695	870	1010	1190	1300
	较大的房间、车间	≥1.4	48	75	100	200	330	465	550	695	790	1000	1160	1380	1530
	在户外露天	≥3.7	54	90	120	220	365	520	625	790	900	1140	1340	1600	1780

注：采用循环润滑时，可按润滑系统计算适当提高 P_{G2}。

表 8.1-37　ZLY、ZLZ 减速器公称热功率 P_{G1}、P_{G2}

散热冷却条件			规　格															
			112	125	140	160	180	200	224	250	280	315	355	400	450	500	560	630	710
没有冷却措施	环境条件	环境气流速度/(m/s)	P_{G1}/kW																
	空间小、厂房小	≥0.5	16	20	24	30	38	48	60	74	92	115	145	181	226	276	345	430	540
	较大的房间、车间	≥1.4	20	28	35	43	54	67	87	105	130	165	210	255	320	405	485	620	760
	在户外露天	≥3.7	30	38	47	57	73	88	115	140	175	220	275	345	420	530	650	810	1000
盘状管冷却或循环油润滑	环境条件	水管内径 d/mm	8	8	15	15	15	15	15	15	15	15	20	20	20	20	20	20	20
		环境气流速度/(m/s)	P_{G2}/kW																
	空间小、厂房小	≥0.5	34	41	98	104	150	170	200	225	266	280	305	365	415	490	550	680	800
	较大的房间、车间	≥1.4	38	50	109	116	170	190	225	260	305	330	370	440	510	620	690	870	1010
	在户外露天	≥3.7	48	60	120	130	200	210	250	295	350	385	435	530	610	750	860	1060	1250

注：采用循环润滑时，可按润滑系统计算适当提高 P_{G2}。

表 8.1-38　ZSY、ZSZ 减速器公称热功率 P_{G1}、P_{G2}

散热冷却条件			规　格													
			160	180	200	224	250	280	315	355	400	450	500	560	630	710
没有冷却措施	环境条件	环境气流速度/(m/s)	P_{G1}/kW													
	空间小、厂房小	≥0.5	24	30	37	45	56	69	86	110	135	165	208	258	322	400
	较大的房间、车间	≥1.4	34	42	52	64	80	98	116	155	190	235	300	365	450	570
	在户外露天	≥3.7	46	57	69	87	108	132	162	205	250	310	400	475	600	760
盘状管冷却或循环油润滑	环境条件	水管内径 d/mm	15	15	15	15	15	15	15	20	20	20	20	20	20	20
		环境气流速度/(m/s)	P_{G2}/kW													
	空间小、厂房小	≥0.5	70	77	92	106	150	160	180	210	350	370	430	480	700	770
	较大的房间、车间	≥1.4	80	89	107	125	175	190	210	255	400	440	520	590	820	940
	在户外露天	≥3.7	90	105	124	148	200	225	255	310	460	510	620	700	970	1150

注：采用循环润滑时，可按润滑系统计算适当提高 P_{G2}。

2. 选用系数

减速器的工况系数 K_A 列于表 8.1-39，热功率影响系数 f_1、f_2、f_3 列于表 8.1-40 ～ 表 8.1-42。减速器安全系数 S_A 见表 8.1-43。减速器载荷分类列于表 8.1-3。

3. 公称传动比和实际传动比（表 8.1-44 ～ 表 8.1-46）

表 8.1-39　减速器工况系数 K_A

原动机	每日工作时间/h	均匀（轻微冲击）载荷 U[①]	中等冲击载荷 M[①]	强冲击载荷 H[①]
电动机	≤3	0.8	1	1.5
汽轮机	>3 ～ 10	1	1.25	1.75
水力机	>10	1.25	1.5	2

（续）

原动机	每日工作时间/h	均匀(轻微冲击)载荷 U[1]	中等冲击载荷 M[1]	强冲击载荷 H[1]
4 ~ 6 缸的活塞发动机	≤3	1	1.25	1.75
	>3 ~ 10	1.25	1.5	2
	>1	1.5	1.75	2
1 ~ 3 缸的活塞发动机	≤3	1.25	1.5	2
	>3 ~ 10	1.5	1.75	2.25
	>10	1.75	2	2.5

[1] U、M、H 参见表 8.1-3。

表 8.1-40　减速器的环境温度系数 f_1

环境温度/℃	10	20	30	40	50
无冷却	0.9	1	1.15	1.35	1.65
冷却管冷却	0.9	1	1.1	1.2	1.3

表 8.1-41　减速器的负载率系数 f_2

小时载荷率(%)	100	80	60	40	20
负载率系数 f_2	1	0.94	0.86	0.74	0.56

表 8.1-42　减速器许用功率利用系数 f_3

$P_1/P_{1P} \times 100\%$	30%	40%	50%	60%	70%	80% ~ 100%
许用功率利用系数 f_3	1.5	1.25	1.15	1.1	1.05	1

注：P_{1P}—许用输入功率，见表 8.1-30 ~ 表 8.1-35；P_1—负载功率。

表 8.1-43　减速器的安全系数 S_A

重要性与安全要求	一般设备,减速器失效仅引起单机停产且易更换备件	重要设备,减速器失效引起机组、生产线或全厂停产	高度安全要求,减速器失效引起设备、人身事故
S_A	1.1 ~ 1.3	1.3 ~ 1.5	1.5 ~ 1.7

表 8.1-44　ZDY、ZDZ 型减速器的公称传动比 i_N 和实际传动比 i

规格	公称传动比 i_N													
	1.25	1.4	1.6	1.8	2	2.24	2.5	2.8	3.15	3.55	4	4.5	5	5.6	6.3
	实际传动比 i													
80	1.235	1.375	1.621	1.815	2.04	2.304	2.455	2.800	3.222	3.471	3.905	4.425	5.059	5.500	—
100	1.235	1.375	1.621	1.815	2.04	2.304	2.455	2.840	3.174	3.511	4.053	4.647	5.063	5.500	6.222
125	1.257	1.394	1.633	1.821	2.038	2.292	2.478	2.762	3.158	3.571	4.053	4.647	5.100	5.667	6.118
160	1.235	1.375	1.621	1.815	2.222	2.48	2.783	3.143	3.579	4.059	4.421	5.059	5.438	6.353
200	1.235	1.375	1.621	1.815	2.040	2.269	2.542	2.864	3.174	3.571	4.053	4.588	5.111	5.471	6.333
250	1.257	1.394	1.633	1.821	2.038	2.200	2.478	2.810	3.174	3.571	4.053	4.389	4.944	5.625	6.133
280	—	—	1.621	1.815	2.040	2.296	2.56	2.870	3.091	3.500	3.909	4.45	5.056	5.750	6.200
315	—	—	1.586	1.778	2.040	2.304	2.455	2.783	3.143	3.517	4.050	4.368	4.941	5.722	6.118
355	—	—	1.586	1.815	2.040	2.261	2.455	2.864	3.095	3.526	3.950	4.444	5.053	5.765	6.188
400	—	—	—	—	1.966	2.269	2.542	2.864	3.095	3.526	4.053	4.500	5.111	5.471	6.333
450	—	—	—	—	1.966	2.185	2.44	2.739	3.095	3.526	4.053	4.450	5.056	5.750	6.200
500	—	—	—	—	2.038	2.292	2.478	2.762	3.158	3.571	4.053	4.450	4.944	5.688	6.133
560	—	—	—	—	2.040	2.304	2.455	2.800	3.238	3.500	3.940	4.450	5.060	5.750	6.270

表 8.1-45 ZLY、ZLZ 型减速器的公称传动比 i_N 和实际传动比 i

规格	公称传动比 i_N										
	6.3	7.1	8	9	10	11.2	12.5	14	16	18	20
	实际传动比 i										
112	6.312	7.133	8.126	8.656	9.874	11.363	12.238	13.769	15.849	17.944	19.453
125	6.313	7.218	8.163	8.714	9.783	11.054	12.594	14.496	16.449	18.333	20.690
140	6.612	7.462	8.065	8.591	9.940	11.109	12.500	14.184	16.076	18.377	20.020
160	6.155	7.009	7.911	9.040	10.350	11.118	12.563	14.313	16.474	17.854	20.520
180	6.455	7.227	8.125	8.787	9.792	11.196	12.662	14.368	16.008	18.237	20.912
200	6.475	7.286	8.201	9.143	10.248	11.565	12.500	14.123	16.026	18.034	20.418
224	6.310	7.194	7.836	8.745	9.812	11.083	12.620	14.313	15.590	17.839	20.502
250	6.475	7.286	7.804	8.714	9.783	11.310	12.662	14.107	16.071	18.233	20.690
280	6.305	7.140	7.925	8.871	9.936	11.194	12.407	13.961	15.842	17.936	19.980
315	6.177	7.043	7.960	8.850	9.880	11.093	12.535	14.282	16.413	18.023	20.475
355	6.310	7.188	8.052	8.690	9.789	11.098	12.537	14.107	16.008	17.336	19.531
400	6.314	7.286	8.267	9.306	10.375	11.629	12.526	14.184	15.842	18.034	20.488
450	6.314	7.194	8.267	9.339	9.947	11.277	12.737	14.504	16.413	17.704	20.025
500	6.442	7.286	8.267	9.162	9.947	11.605	12.544	14.291	16.008	18.012	20.476
560	6.365	6.879	7.753	8.951	10.025	11.295	12.209	14.087	15.985	17.750	20.160
620	6.084	6.931	7.978	8.869	9.904	11.118	12.563	14.313	16.449	18.062	20.520
710	6.310	7.081	7.950	8.938	9.665	10.771	12.316	13.929	15.805	17.355	19.283

表 8.1-46 ZSY、ZSZ 型减速器的公称传动比 i_N 和实际传动比 i

规格	公称传动比 i_N													
	22.4	25	28	31.5	35.5	40	45	50	56	63	711	80	90	100
	实际传动比 i													
160	22.416	25.538	27.203	31.032	35.711	38.484	43.275	49.810	56.722	64.222	72.833	83.339	90.345	103.805
180	22.381	25.311	27.595	30.487	35.006	39.881	45.903	52.088	58.319	65.000	72.417	81.725	93.712	102.846
200	23.683	25.598	27.267	31.549	35.258	39.674	45.019	50.866	57.237	64.408	73.086	83.806	90.199	98.263
224	21.667	24.673	26.903	30.343	34.288	39.063	44.962	50.991	58.093	62.976	72.375	83.158	90.580	103.647
250	23.033	25.788	27.888	31.080	31.536	40.189	43.604	50.808	57.171	65.557	74.390	81.640	93.008	101.225
280	22.527	25.349	28.260	31.677	35.745	38.636	43.654	49.536	56.092	63.120	70.497	75.875	85.903	95.693
315	21.618	24.628	27.485	30.839	34.831	39.664	44.983	51.697	58.870	64.124	72.563	83.031	91.173	103.579
355	22.832	25.692	27.520	30.729	34.497	39.881	44.651	50.668	56.449	61.133	69.645	78.461	89.014	99.709
400	22.519	25.500	28.365	31.770	35.795	39.674	44.643	49.861	56.579	64.408	72.920	82.843	92.284	104.718
450	21.793	24.806	27.578	30.794	34.569	39.036	44.503	50.361	57.878	62.428	68.550	77.537	88.089	101.236
500	22.534	25.672	27.707	31.211	35.383	39.972	44.979	50.383	57.171	64.327	69.665	79.198	89.223	101.245
560	22.100	25.500	28.704	32.000	35.870	38.636	49.645	49.645	55.447	61.568	70.088	79.606	90.438	101.923
630	22.266	25.367	28.654	30.522	34.601	39.081	44.504	51.146	57.878	63.553	68.550	77.878	88.089	101.391
710	22.378	25.308	28.048	30.451	35.526	38.400	43.748	49.642	55.606	61.059	68.702	76.335	86.781	97.432

4. 选用示例

ZY、ZZ 型减速器的承载能力受机械强度和热平衡许用功率两方面的限制。因此，ZY、ZZ 减速器的选用必须通过两个功率表。

首先根据工作要求选择合适的传动比，而减速器的实际传动比与公称传动比是有差别的，但误差不超过 4%，表 8.1-44～表 8.1-46 列出了圆柱齿轮减速器的实际传动比。然后按计算功率 P_{1C} 根据减速器机械强度许用公称功率 P_{1P} 选择减速器的型号。

$$P_{1C} = K_A P S_A \leqslant P_{1P}$$

式中 K_A——工况系数，见表 8.1-39；

P——减速器传递的功率（kW）；

P_{1P}——对应于输入转速 n_{1N} 的减速器机械强度许用公称功率（kW），见表 8.1-30～表 8.1-35；

S_A——减速器的安全系数，见表 8.1-43。

如果减速器的实用输入转速与承载能力表中的三挡（1500、1000、750）转速中的某一挡转速相对误差不超过 4%，可按该挡转速下的公称功率选用相当规格的减速器，取 $P'_{1P} = P_{1P}$，然后根据式 (8.1-31) 校核减速器的热功率 P_t 是否小于该减速器的热平衡许用功率 P_G，见表 8.1-36 ~ 表 8.1-38。

$$P_t = f_1 f_2 f_3 P_1 \leqslant P_G \qquad (8.1-1)$$

式中　f_1——减速器的环境温度系数，见表 8.1-40；

f_2——减速器的负载率系数，见表 8.1-41；

f_3——减速器许用功率利用系数，见表 8.1-42。

如果转速相对误差超过 4%，则应根据式 (8.1-2) 按实用转速折算减速器的公称功率选用。

$$P'_{1P} = P_{1P} \frac{n'_1}{n_1} \qquad (8.1-2)$$

式中　n_1——承载能力表中接近 n'_1 的转速 （r/min）；

n'_1——要求的输入转速 （r/min）；

P_{1P}——对应于输入转速 n_1 的减速器机械强度许用公称功率 （kW），见表 8.1-30 ~ 表 8.1-35；

P'_{1P}——对应于输入转速 n'_1 的减速器机械强度折算许用公称功率 （kW）。

如果轴伸除承受转矩外，还承受轴向、径向载荷，应校核轴伸安全系数与轴承寿命。

必要时校核减速器的尖峰载荷 $P_{2max} \leqslant 1.8 P'_{1P}$。

【例】　输送小件物品的皮带输送机减速器，电动机驱动，电动机转速 $n'_1 = 1200$ r/min，传动比 $i = 4.5$，负载功率 $P_1 = 380$ kW，轴伸承受纯转矩，每日工作 24h，最高环境温度 $t = 38℃$，厂房较大，自然通风冷却、油池润滑。要求选用规格相当的第 1 种装配型式标准减速器。

【解】　第一步，按减速器的机械强度功率表选取，要计入工况系数 K_A，还要考虑安全系数 S_A。

查表 8.1-3 皮带输送机载荷为中等冲击，减速器失效会引起生产线停产。查表 8.1-39、表 8.1-43 得：$K_A = 1.5$，$S_A = 1.5$，计算功率 P_{1C} 为

$$P_{1C} = K_A P_1 S_A = 380 \times 1.5 \times 1.5 \text{kW} = 855 \text{kW}$$

要求 $P_{1C} \leqslant P_{1P}$

按 $i = 4.5$ 及 $n'_1 = 1200$ r/min，接近公称转速 1000 r/min，查表 8.1-30 ZDY355，当 $i = 4.5$，当 $n_1 = 1000$ r/min，$P_{1P} = 953$ kW，当 $n'_1 = 1200$ r/min 时，折算公称功率 P'_{1P}：

$$P'_{1P} = P_{1P} \frac{n'_1}{n_1} = 953 \times \frac{1200}{1000} \text{kW} = 1143.6 \text{kW}$$

$$P_{1C} = 855 \text{kW} \leqslant P'_{1P} = 1143.6 \text{kW}$$，可以选用 ZDY355 减速器。

第二步，校核热功率 P_t 能否通过。要计入系数 f_1、f_2、f_3，应满足

$$P_t = f_1 f_2 f_3 P_1 \leqslant P_G$$

查表 8.1-40 ~ 表 8.1-42 得：$f_1 = 1.31$，$f_2 = 1$（每日 24h 连续工作），$f_3 = 1.25$（$P_1 / P_{1P} = 380/1143.6 = 0.33 = 33\% \leqslant 40\%$）

$$P_t = f_1 f_2 f_3 P_1 = 1.31 \times 1.25 \times 380 \text{kW} = 622.3 \text{kW}$$

查表 8.1-36 ZDY355，$P_{G1} = 228 ~ 425$ kW，$P_{G1} < P_t$。

只有采用盘状管冷却时，$P_{G2} \approx 790$ kW，$P_{G2} > P_t$，因此可以选定 ZDY355—4.5—1 减速器，采用油池润滑，盘状水管通水冷却润滑油。

如果不采用盘状管冷却，则需另选较大规格的减速器。按以上程序重新计算，应选 ZDY500—4.5—1。

减速器的许用瞬时尖峰负荷 $P_{2max} \leqslant 1.8 P'_{1P}$。本题未给出运转中的瞬时尖峰负荷 P_{2max}，故不校核。

2.1.3　减速器的外形、安装尺寸及装配型式

1. ZDY、ZDZ 型减速器

ZDY、ZDZ 型减速器的型式及主要尺寸见表 8.1-47。

表 8.1-47　ZDY、ZDZ 型减速器的型式及主要尺寸　　　　　　　（单位：mm）

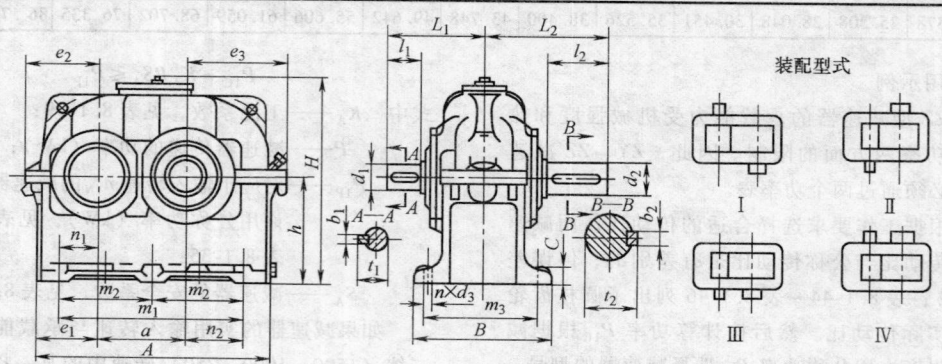

（续）

规格	A	B	H≈	a	i = 1.25~2.8					i = 3.15~4.5					i = 5~5.6				
					d_1(m6)	l_1	L_1	b_1	t_1	d_1(m6)	l_1	L_1	b_1	t_1	d_1(m6)	l_1	L_1	b_1	t_1
80	235	150	200	80	28	42	112	8	31	24	36	106	8	27	19	28	98	6	21.5
100	290	175	260	100	42	82	167	12	45	28	42	127	8	31	22	36	121	6	24.5
125	355	195	330	125	48	82	182	14	51.5	38	58	158	10	41	28	42	142	8	31
160	445	245	403	160	65	105	225	18	69	50	82	202	14	51.5	38	58	178	10	41
200	545	310	507	200	80	130	275	22	85	60	105	250	18	64	48	82	227	14	51.5
250	680	370	662	250	100	165	340	28	106	80	130	305	22	85	60	105	280	18	64
280	755	450	722	280	110	165	385	28	116	85	130	350	22	90	65	105	325	18	69
315	840	500	770	315	130	200	445	32	137	95	130	375	25	100	75	105	350	20	79.5
355	930	550	930	355	140	200	470	36	148	100	165	435	28	106	90	130	400	25	95
400	1040	605	982	400	150	200	485	36	158	110	165	450	28	116	95	130	415	25	100
450	1150	645	1090	450	160	240	545	40	169	120	165	470	32	127	100	165	470	28	106
500	1290	710	1270	500	180	240	580	45	190	130	200	540	32	137	120	165	505	32	127
560	1440	780	1360	560	200	280	660	45	210	150	200	580	36	158	130	200	580	32	137

规格	d_2(m6)	l_2	L_2	b_2	t_2	C	m_1	m_2	m_3	n_1	n_2	e_1	e_2	e_3	h	地脚螺栓孔 d_3	n	质量/kg	润滑油量/L
80	32	58	128	10	35	18	180	—	120	40	60	67.5	81	101	100	12	4	14	0.9
100	48	82	167	14	51.5	22	225	—	140	52.5	72.5	85	102	122	125	15	4	35	1.6
125	55	82	182	16	59	25	290	—	160	65	100	97.5	119	155	160	15	4	76	3.2
160	70	105	225	20	74.5	32	355	—	200	73	122	118	141	190	200	18.5	4	115	6.5
200	90	130	275	25	95	40	425	—	255	80	145	140	169	235	250	24	4	228	12.5
250	110	165	340	28	116	50	550	275	305	110	190	175	214	295	315	28	6	400	23
280	130	200	420	32	137	50	620	310	380	120	220	187.5	228	328	355	28	6	540	36
315	140	200	445	36	148	63	700	350	420	137.5	247.5	207.5	254	364	400	35	6	800	45
355	150	200	470	36	158	63	770	385	470	142.5	272.5	222.5	269	397	450	35	6	870	70
400	160	240	525	40	169	80	850	425	510	150	300	245	304	454	500	42	6	1640	90
450	170	240	545	40	179	80	950	475	550	165	335	265	331	501	560	42	6	2100	125
500	190	280	620	45	200	100	1080	540	610	190	390	295	418	618	630	42	6	3100	180
560	240	330	790	56	252	100	1200	600	680	205	435	325	432	662	710	48	6	3730	250

2. ZLY、ZLZ 型减速器

ZLY、ZLZ 型减速器的型式及主要尺寸见表 8.1-48。

3. ZSY、ZSZ 型减速器

ZSY、ZSZ 型减速器的型式及主要尺寸见表 8.1-49。

表 8.1-48　ZLY、ZLZ 型减速器的型式及主要尺寸　　　（单位：mm）

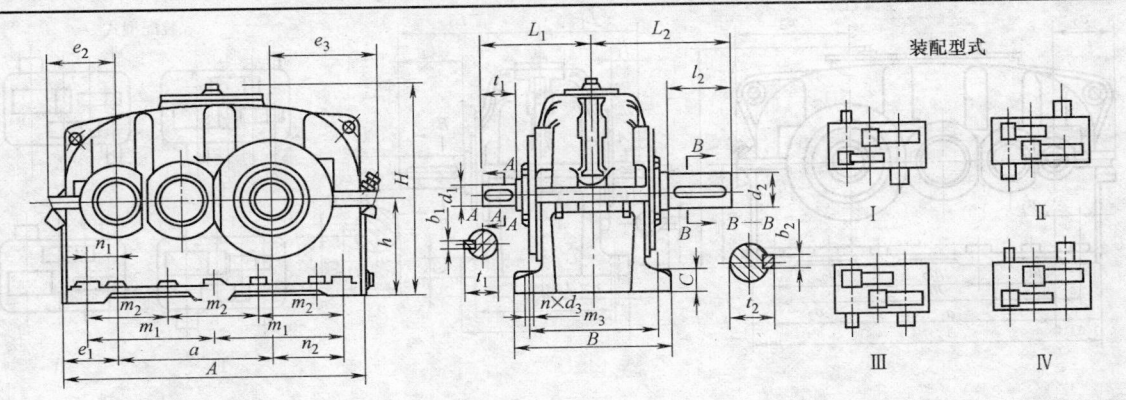

（续）

规格	A	B	H≈	a	$i=6.3\sim11.2$					$i=12.5\sim20$					d_2(m6)	l_2	L_2
					d_1(m6)	l_1	L_1	b_1	t_1	d_1(m6)	l_1	L_1	b_1	t_1			
112	385	215	265	192	24	36	141	8	27	22	36	141	6	24.5	48	82	192
125	425	235	309	215	28	42	157	8	31	24	36	151	8	27	55	82	197
140	475	245	335	240	32	58	185	10	35	28	42	167	8	31	65	105	230
160	540	290	375	272	38	58	198	10	41	32	58	198	10	35	75	105	245
180	600	320	435	305	42	82	232	12	45	32	58	208	10	35	85	130	285
200	665	355	489	340	48	82	247	14	51.5	38	58	223	10	41	95	130	300
224	755	390	515	384	48	82	267	14	51.5	42	82	267	12	45	100	165	355
250	830	450	594	430	60	105	315	18	64	48	82	292	14	51.5	110	165	380
280	920	500	670	480	65	105	340	18	69	55	82	317	16	59	130	200	440
315	1030	570	780	539	75	105	365	20	79.5	60	105	365	18	64	140	200	470
355	1150	600	870	605	85	130	410	22	90	70	105	385	20	74.5	170	240	530
400	1280	690	968	680	90	130	440	25	95	80	130	440	22	85	180	240	560
450	1450	750	1065	765	100	165	515	28	106	85	130	480	22	90	220	280	640
					$i=6.3\sim12.5$					$i=14\sim20$							
100	1600	830	1190	855	110	165	555	28	116	95	130	520	25	100	240	330	730
560	1760	910	1320	960	120	165	575	32	127	110	165	575	28	116	280	380	820
630	1980	1010	1480	1080	140	240	660	40	148	120	165	625	32	127	300	380	870
710	2220	1110	1653	1210	160	200	740	36	169	140	200	700	36	148	340	450	990

规格	b_2	t_2	C	m_1	m_2	m_3	n_1	n_2	e_1	e_2	e_3	h	地脚螺栓孔		质量 /kg	润滑油量 /L
													d_3	n		
112	14	51.5	22	160	—	180	43	85	75.5	92	134	125	15	6	60	3
125	16	59	25	180	—	200	45	100	77.5	98	153	140	15	6	69	4.3
140	18	69	25	200	—	210	47.5	112.5	85	106	171	160	15	6	105	6
160	20	79.5	32	225	—	245	58	120	103	126	188	180	18.5	6	155	8.5
180	22	90	32	250	—	275	60	135	110	134	209	200	18.5	6	185	11.5
200	25	100	40	280	—	300	65	155	117.5	148	238	225	24	6	260	16.5
224	28	106	40	310	—	335	70	165.5	137.5	168	263	250	24	6	370	23
250	28	116	50	350	—	380	80	190	145	184	293	280	28	6	527	32
280	32	137	50	380	—	430	75	205	155	195	325	315	28	6	700	46
315	36	148	63	420	—	490	78	223	173	219	364	355	35	6	845	65
355	40	179	63	475	—	520	92.5	252.5	192.5	238	398	400	35	6	1250	90
400	45	190	80	520	—	590	95	265	215	275	445	450	42	6	1750	125
450	50	231	80	—	400	650	117.5	317.5	242.5	305	505	500	42	8	2650	180
500	56	252	100	—	440	710	120	345	262.5	337	557	560	48	8	3400	250
560	63	292	100	—	490	790	120	390	265	354	624	630	48	8	4500	350
630	70	314	125	—	540	870	115	425	295	384	694	710	56	8	6800	350
710	80	355	125	—	610	950	140	480	335	440	780	800	56	8	8509	520

表 8.1-49　ZSY、ZSZ 型减速器的型式及主要尺寸　　　（单位：mm）

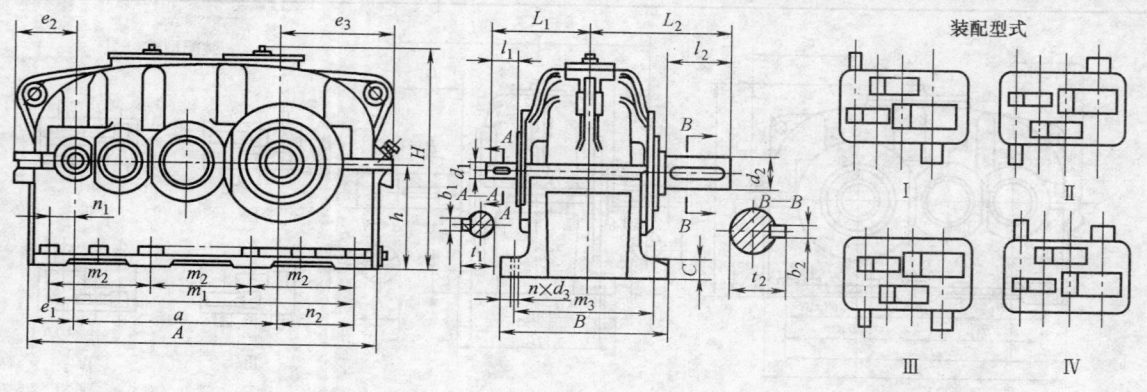

（续）

规格	A	B	H≈	a	i=22.4~71					i=80~100					d₂(m6)	l₂	L₂
					d_1(m6)	l_1	L_1	b_1	t_1	d_1(m6)	l_1	L_1	b_1	t_1	(d_2 m6)		
160	600	290	375	352	24	36	166	8	27	19	28	158	6	21.5	75	105	245
180	665	320	435	395	28	42	187	8	31	22	36	181	6	24.5	85	130	285
200	745	355	492	440	32	58	218	10	35	22	36	196	6	24.5	95	130	300
224	840	390	535	496	38	58	233	10	41	24	36	211	8	27	100	165	355
250	930	450	589	555	42[①]	82[①]	282	12	45	32	58	258	10	35	110	165	380
280	1025	500	662	620	48	82	307	14	51.5	38	58	283	10	41	130	200	440
315	1160	570	749	699	48	82	337	14	51.5	42	82	337	12	45	140	200	470
					i=22.4~35.5					i=40~90							
355	1280	600	870	785	60	105	380	18	64	48	82	357	14	51.5	170	240	530
400	1420	690	968	880	65	105	410	18	69	55	82	387	16	59	180	240	560
450	1610	750	1067	989	70	105	450	20	74.5	60	105	450	18	64	220	280	640
					i=22.4~45					i=50~90							
500	1790	830	1170	1105	80	130	515	22	85	65	105	490	18	69	240	330	730
560	2010	910	1320	1240	95	130	530	25	100	75	105	505	20	79.5	280	380	820
630	2260	1030	1480	1395	110	165	625	28	116	85	130	590	22	90	300	380	880
710	2540	1160	1655	1565	120	165	685	32	127	90	130	650	25	95	340	450	1010

规格	b_2	t_2	C	m_1	m_2	m_3	n_1	n_2	e_1	e_2	e_3	h	地脚螺栓孔		质量 /kg	润滑油量 /L
													d_3	n		
160	20	79.5	32	510	170	245	38	120	83	107	188	180	18.5	8	170	10
180	22	90	32	570	190	275	37.5	137.5	85	109	209	200	18.5	8	205	14
200	25	100	40	630	210	300	40	150	97.5	128	238	225	24	8	285	19
224	28	106	40	705	235	335	43.5	165.5	110.5	141	263	250	24	8	390	26
250	28	116	50	810	270	380	60	195	120	158	293	280	28	8	540	36
280	32	137	50	855	285	430	35	200	120	160	325	315	28	8	750	53
315	36	148	63	960	320	490	40	221	143	189	364	355	35	8	940	75
355	40	170	63	1080	360	520	42.5	252.5	143	188	398	400	35	8	1400	115
400	45	190	80	1200	400	590	45	275	155	215	445	450	42	8	1950	160
450	50	231	80	1350	450	650	48	313	178	240	505	500	42	8	2636	220
500	56	252	100	1500	500	710	55	340	200	277	557	560	48	8	3800	300
560	63	292	100	1680	560	790	70	370	235	324	624	630	48	8	5100	450
630	70	314	125	1890	630	890	72.5	422.5	255	344	694	710	56	8	7060	520
710	80	355	125	2130	710	1000	92.5	472.5	297.5	400	780	800	56	8	9205	820

① 当 $i=63$ 和 $i=71$ 时，轴伸尺寸 $d_1=32$，$l_1=58$。

2.2　谐波传动减速器

谐波传动减速器是利用行星齿轮传动原理发展起来的一种新型减速器，是建立在弹性变形理论基础上的一种新型的机械传动方式，其标准为 GB/T 14118—1993。它靠波发生器使柔性齿轮产生可控的弹性变形波以传递运动和动力，具有传动比大、范围广、精度高、承载能力大、效率高、体积小、质量轻、噪声小、传动平稳等特点，适用于电子、航空、航天、机器人、机床、纺织、医疗、冶金、矿山等行业。相对于齿轮传动效率偏低，而相对于同样传动比的蜗轮蜗杆传动效率较高。

2.2.1　减速器的代号和标记方法

1. 减速器代号

1）XB 型——杯形柔轮谐波传动减速器。

2）XBZ 型——带支座杯形柔轮谐波传动减速器。

3）A——传动精度 1 级。

4）B——传动精度 2 级。

5）C——传动精度 3 级。

6）D——传动精度 4 级。

7）A/B——传动精度混合级，A 表示空程 1 级，　　　　　B 表示传动误差 2 级。

8）Y——润滑油。

9）ZH——润滑脂。

2. 减速器的标记方法

标记示例 1：XB50-100 A GB/T 14118—1993

XB	50-100	A	GB/T 14118—1993
杯形柔轮谐波传动减速器	规格代号，柔轮内径 50mm，传动比 $i_N = 100$	1 级传动精度	标准号

标记示例 2：XBZ 100-125 A/B GB/T 14118—1993

XBZ	100-125	A/B	GB/T 14118—1993
带支座杯形柔轮谐波传动减速器	规格代号，柔轮内径 100mm，传动比 $i_N = 125$	混合级传动精度。A 表示空程 1 级，B 表示传动误差 2 级	标准号

2.2.2　通用型谐波减速器的技术性能

1. 环境条件

要求：使用环境温度为 –40 ~ 55℃；相对湿度为 95% ±3%（20℃）；振动频率为 10 ~ 500Hz，加速度为 $2g$，扫频循环次数为 10 次。

试验：高低温环境试验，一般应放在控温箱（室）中进行。对大机型允许在局部控温环境或控温后的保湿条件下进行。在 –40℃保温 2h 能正常空载起动，在 55℃保湿条件下，以额定转速、额定负载正常运转约 2h，其热平衡温度不超过 100℃（温升 45℃）。对振动试验按 GB 2423.10 进行试验。

2. 使用性能

（1）效率

要求：额定负载下的效率见表 8.1-50。

表 8.1-50　额定负载下的效率

机型	输入转速 /(r/min)	传动比	效率（%）
25 ~ 120	500 ~ 3000	63 ~ 125	75 ~ 90
		≥125	70 ~ 85
160 ~ 320	500 ~ 1500	80 ~ 160	80 ~ 90
		≥160	70 ~ 80

试验：试验测试效率是在装有调速电动机、转矩转速测量仪、转矩转速传感器、加载器的试验台上进行。调整减速器、传感器及加载器的同轴度，并反复空载起动减速器，确认无附加安装应力才允许加载运行。在额定转速和额定负载下连续运转约 4h 热平衡后测出效率。

（2）使用寿命

要求：在额定转速和额定负载的正常工作条件下，当柔性轴承使用寿命不低于 5000h，减速器使用寿命为 10000h。

试验：试验寿命装置和调试同（1）。其试验方法步骤：

1）加载运行前，应检查减速器的润滑和加载器的冷却是否正常。

2）起动电动机，在额定转速和额定负载下连续运转 500h。

3）在运行过程中，每 0.5h 检查一次样机温度，温升不得超过 45℃。

（3）超载性能

要求：超载 50% 时，能正常运转 30min；超载 150% 时，能正常运转 1min。

试验：超载性能试验必须在空载跑合试验和负载跑合试验的基础上进行。

空载跑合试验：试验装置同（1），将调试好的减速器在额定转速下正、反转空载跑合各 2h。检查：接合处不得漏油，连接件不得松动，运转平稳，无异常响声。

负载跑合试验：将空载跑合完的减速器在额定转速下，施加额定负载的 50%、75%、100%，均正、反转各 2h，检查项目同空载跑合试验。

超载性能试验：将负载跑合完的减速器在额定转速下，超载 50%，正、反转各 30min；超载 150%，正、反转各 1min。

检查：

1）起动时不允许有滑齿现象，起动后应能正常运转。

2）减速器在超载运行时，不允许有异常的振动、噪声和零件的损坏。

3）试验后，将减速器拆洗干净，换油（脂）重新装配。检查起动转矩、刚度和传动精度应符合规定。

（4）起动转矩

要求：起动转矩见表 8.1-51。

表 8.1-51　起动转矩

机型	25	32	40	50	60	80	100	120	160	200	250	320
起动转矩/N·cm	≤0.8	≤1.25	≤2	≤3	≤5	≤8	≤12.5	≤20	≤35	≤60	≤100	≤150

试验：空载跑合后起动转矩测试。一般采用加载盘、砝码等。测试时，在输入轴上固定一个圆盘，圆盘上加一个加载盘，供加砝码用。加载时防止冲击。当所加砝码驱动输入轴转动时的转矩，即为起动转矩。然后，反方向重复上述步骤。在正、反转方向不同位置测若干点，取其最大值。

（5）刚度

要求：每种减速器在额定负载下扭转刚度见表 8.1-52。

（6）传动精度

1）空程

要求：≤1′为1级；≤3′为2级；≤6′为3级；≤9′为4级。

2）传动误差。

要求：≤1′为1级；≤3′为2级；≤6′为3级；≤9′为4级。

表 8.1-52 扭转刚度

机型	25	32	40	50	60	80	100	120	160	200	250	320
扭转刚度/[N·m/(′)]	0.365	0.725	1.45	2.90	5.80	11.65	23.25	46.55	93.10	186.20	327.35	744.65

2.2.3 通用型谐波减速器的外形及安装尺寸

1. XB 型减速器

XB 型减速器结构、主要尺寸见图 8.1-18 和表 8.1-53。

2. XBZ 型减速器

XBZ 型减速器结构、主要尺寸见图 8.1-19 和表 8.1-53。

3. 支座

支座外形、主要尺寸见图 8.1-20 和表 8.1-54。

4. 基本参数

XB、XBZ 型减速器基本参数见表 8.1-55。

5. 减速器的选用

1）根据减速器所承受的负载确定所需减速器的规格。

2）根据工作环境及工作状态，如长期在满负荷下连续工作时，应考虑选择大一个规格的减速器。

3）根据电动机转速及所需负载的转速确定应选减速器的速比。

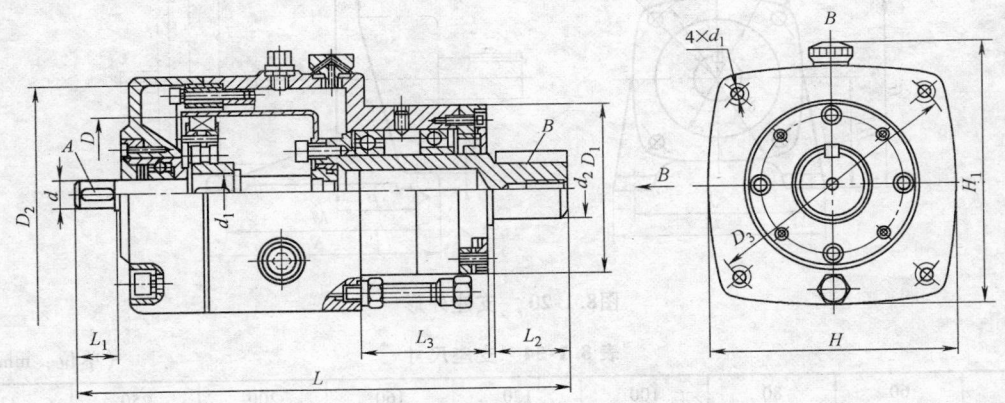

图8.1-18 XB 型减速器结构

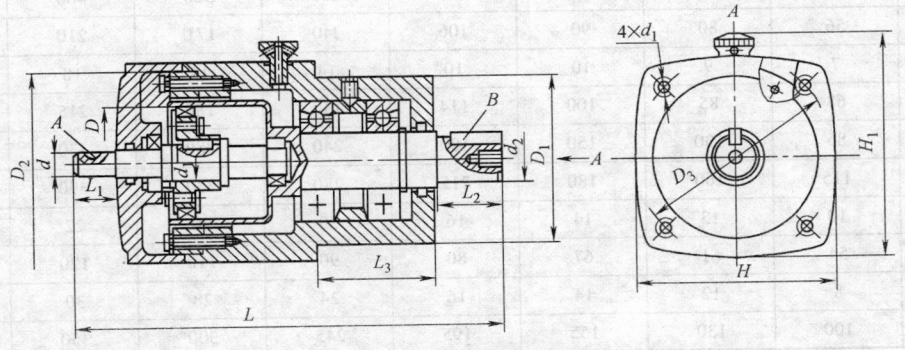

图8.1-19 XBZ 型减速器结构

表 8.1-53　XB、XBZ 型减速器主要尺寸　　　　　　　（单位：mm）

规格	d (h6)	d_1	d_2 (h6)	d_3	D	D_1	D_2	D_3	L	L_1	L_2	L_3	H	H_1	A	B	质量 /kg
25	4	6	8	M4	25	28	40	43	86	8	12	22	45	50	键 1×4	键 C2×10	0.3
32	6	10	12	M5	32	36	50	55	115	11	16	33	55	60	键 2×7	键 C4×14	0.5
40	8	12	15	M5	40	44	60	66	140	16	22	39	65	72	键 3×10	键 C5×18	1
50	10	14	18	M6	50	53	70	76	170	18	30	43	75	83	键 3×13	键 C6×25	1.5
60	14	18	22	M6	60	68	85	100	205	18	35	43	92	101	键 5×14	键 C6×32	5.5
80	14	18	30	M10	80	85	115	130	240	20	43	48	122	132	键 5×14	键 C8×40	10
100	16	24	35	M12	100	100	135	155	290	24	55	54	142	155	键 5×20	键 C10×50	16
120	18	24	45	M14	120	114	170	195	340	28	68	67	180	220	键 6×25	键 C14×62	30
160	24	40	60	M20	160	140	220	245	430	38	88	77	230	265	键 8×32	键 C18×80	58
200	30	50	80	M24	200	180	270	300	530	48	108	102	280	320	键 8×40	键 C22×100	100
250	35	60	95	M27	250	215	330	360	669	60	128	156	345	423	键 10×50	键 C25×120	
320	40	80	110	M30	320	240	370	400	750	80	140	170	400	440	键 12×60	键 C28×130	

注：1. 25～50 机型，A 键按 GB/T 1099.1—2003 选用；60～320 机型，A 键按 GB/T 1096—2003 选用。

　　2. 25～320 机型，B 键按 GB/T 1096—2003 选用。

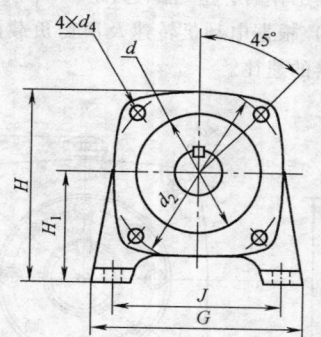
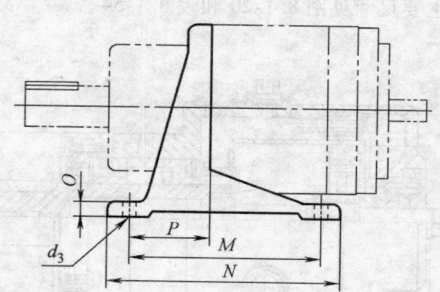

图8.1-20　支座外形

表 8.1-54　支座尺寸　　　　　　　（单位：mm）

规格	60	80	100	120	160	200	250	320
H	101	140	160	196	255	310	380	450
G	112	140	168	205	260	320	400	480
H_1	56	80	90	106	J40	17U	210	250
d_3	7	9	10	10	14	14	18	22
d	68	85	100	114	140	180	215	240
M	85	130	150	100	240	280	330	380
N	115	160	180	215	280	330	390	450
O	10	13	14	16	20	20	22	25
P	54	61	67	80	90	110	120	140
d_4	8	12	14	16	24	28	30	34
d_2	100	130	155	195	245	300	350	400

表 8.1-55　XB、XBZ 型减速器基本参数

规格	柔轮内径/mm	模数/mm	传动比 i_N	输入转速 3000r/min 输入功率/kW	输出转速/(r/min)	输出转矩/N·m	输入转速 1500r/min 输入功率/kW	输出转速/(r/min)	输出转矩/N·m	输入转速 1000r/min 输入功率/kW	输出转速/(r/min)	输出转矩/N·m	输入转速 750r/min 输入功率/kW	输出转速/(r/min)	输出转矩/N·m	输入转速 500r/min 输入功率/kW	输出转速/(r/min)	输出转矩/N·m
25	25	0.2	63	0.0122	47.6	2	0.0071	23.8	2.5	0.0047	15.8	2.5	0.0035	11.9	2.5	0.0023	7.9	2.5
		0.15	80	0.0096	37.5	2	0.0056	18.8	2.5	0.0044	12.5	2.9	0.0033	9.4	3	0.0023	6.25	3.4
		0.1	125	0.0061	24	2	0.0035	12	2.5	0.0028	8	2.9	0.0021	6	3	0.0016	4	3.4
32	32	0.25	63	0.027	47.6	4.5	0.015	23.8	6	0.012	15.8	6	0.010	11.9	6.5	0.007	7.9	7
		0.2	80	0.024	37.5	5	0.015	18.8	6.5	0.012	12.5	7.6	0.010	9.4	8	0.007	6.25	9
		0.15	100	0.023	30	6	0.014	15	7.5	0.011	10	8.6	0.008	7.5	9	0.006	5	10
		0.1	160	0.015	18.6	6	0.008	9.4	7.5	0.071	6.25	8.6	0.005	4.7	9	0.004	3	10
40	40	0.25	80	0.078	37.5	16	0.044	18.8	20	0.034	12.5	23	0.027	9.4	24	0.021	6.25	28
		0.2	100	0.061	30	16	0.035	15	20	0.028	10	23	0.021	7.5	24	0.016	5	28
		0.15	125	0.049	24	16	0.029	12	20	0.022	8	23	0.018	6	24	0.013	4	28
		0.1	200	0.033	15	16	0.020	7.5	20	0.016	5	23	0.012	3.8	24	0.009	2.5	28
50	50	0.3	80	0.135	37.5	28	0.068	18.8	30	0.045	12.5	30	0.034	9.4	30	0.022	6.25	30
		0.25	100	0.115	30	30	0.068	15	38	0.051	10	42	0.041	7.5	45	0.031	5	50
		0.2	125	0.093	24	30	0.055	12	38	0.040	8	42	0.033	6	45	0.025	4	52
		0.15	160	0.076	18.6	30	0.044	9.4	38	0.032	6.25	42	0.026	4.7	45	0.019	3	52
60	60	0.4	80	0.216	37.5	45	0.136	18.8	60	0.098	12.5	65	0.074	9.4	65	0.049	6.25	65
		0.3	100	0.193	30	50	0.114	15	63	0.087	10	72	0.068	7.5	75	0.049	5	82
		0.25	125	0.154	24	50	0.092	12	63	0.069	8	72	0.054	6	75	0.041	4	86
		0.2	160	0.127	18.6	50	0.072	9.4	63	0.054	6.25	72	0.042	4.7	75	0.031	3	86
80	80	0.5	80	0.481	37.5	100	0.284	18.8	125	0.226	12.5	150	0.171	9.4	150	0.113	6.25	150
		0.4	100	0.461	30	120	0.272	15	150	0.211	10	175	0.162	7.5	180	0.121	5	200
		0.3	125	0.369	24	120	0.218	12	150	0.169	8	175	0.130	6	180	0.101	4	210
		0.25	160	0.305	18.6	120	0.171	9.4	150	0.132	6.25	175	0.102	4.7	180	0.076	3	210
		0.2	200	0.249	15	120	0.135	7.5	150	0.106	5	175	0.082	3.8	180	0.064	2.5	210
100	100	0.6	80	0.961	37.5	200	0.454	18.8	200	0.301	12.5	200	0.227	9.4	200	0.151	6.25	200
		0.5	100	0.961	30	250	0.561	15	310	0.374	10	310	0.28	7.5	310	0.187	5	310
		0.4	125	0.769	24	250	0.449	12	310	0.338	8	350	0.268	6	370	0.183	4	380
		0.3	160	0.637	18.6	250	0.352	9.4	310	0.264	6.25	350	0.209	4.7	370	0.155	3	430
		0.25	200	0.513	15	250	0.317	7.5	310	0.239	5	350	0.192	3.8	370	0.147	2.5	430
120	120	0.8	80	1.828	37.5	380	0.862	18.8	380	0.573	12.5	380	0.431	9.4	380	0.287	6.25	380
		0.6	100	1.731	30	450	1.014	15	560	0.675	10	560	0.507	7.5	560	0.338	5	560
		0.5	125	1.385	24	450	0.811	12	560	0.608	8	640	0.485	6	670	0.328	4	680
		0.4	160	1.144	18.6	450	0.635	9.4	560	0.482	6.25	640	0.380	4.7	670	0.279	3	770
		0.3	200	0.923	15	450	0.575	7.5	560	0.437	5	640	0.348	3.8	670	0.263	2.5	770
160	160	1	80	—	—	—	1.814	18.8	800	1.207	12.5	800	0.907	9.4	800	0.604	6.25	800
		0.8	100	—	—	—	1.809	15	1000	1.387	10	1150	1.086	7.5	1200	0.604	5	1000
		0.6	125	—	—	—	1.448	12	1000	1.111	8	1150	0.868	6	1200	0.604	4	1250
		0.5	160	—	—	—	1.134	9.4	1000	0.867	6.25	1150	0.680	4.7	1200	0.488	3	1350
		0.4	200	—	—	—	1.025	7.5	1000	0.787	5	1150	0.750	3.8	1200	0.461	2.5	1350
		0.3	250	—	—	—	0.82	6	1000	0.629	4	1150	0.492	3	1200	0.369	2	1350
200	200	1	80	—	—	—	3.402	18.8	1500	2.262	12.5	1500	1.701	9.4	1500	1.132	6.25	1500
		0.8	100	—	—	—	3.620	15	2000	2.413	10	2000	1.809	7.5	2000	1.207	5	2000
		0.6	125	—	—	—	2.896	12	2000	2.886	8	2300	1.731	6	2390	1.164	4	2410
		0.5	160	—	—	—	2.268	9.4	2000	1.734	6.25	2300	1.355	4.7	2390	0.995	3	2750
		0.4	200	—	—	—	2.051	7.5	2000	1.572	5	2300	1.241	3.8	2390	0.940	2.5	2750
		0.3	250	—	—	—	1.641	6	2000	1.259	4	2300	0.980	3	2390	0.752	2	2750

（续）

规格	柔轮内径/mm	模数/mm	传动比 i_N	输入转速 3000r/min			输入转速 1500r/min			输入转速 1000r/min			输入转速 750r/min			输入转速 500r/min		
				输入功率/kW	输出转速/(r/min)	输出转矩/N·m	输入功率/kW	输出转速/(r/min)	输出转矩/N·m	输入功率/kW	输出转速/(r/min)	输出转矩/N·m	输入功率/kW	输出转速/(r/min)	输出转矩/N·m	输入功率/kW	输出转速/(r/min)	输出转矩/N·m
250	250	1.5	80	—	—	—	6.68	18.8	2800	4.49	12.5	2800	3.37	9.4	2800	2.24	6.25	2800
		1.25	100	—	—	—	6.33	15	3500	4.49	10	3500	3.37	7.5	3500	2.24	5	3500
		1	125	—	—	—	5.07	12	3500	3.86	8	4000	3.04	6	4200	2.33	4	4830
		0.8	160	—	—	—	3.96	9.4	3500	3.01	6.25	4000	2.38	4.7	4200	1.75	3	4830
		0.6	200	—	—	—	3.59	7.5	3500	2.73	5	4000	2.19	3.8	4200	1.65	2.5	4830
		0.5	250	—	—	—	2.87	6	3500	2.19	4	4000	1.72	3	4200	1.32	2	4830
		0.4	320	—	—	—	2.25	4.7	3500	1.69	3.1	4000	1.32	2.3	4200	1.05	1.6	4830
320	320	2	80	—	—	—	12.27	18.8	5300	8.50	12.5	5300	6.40	9.4	5300	4.25	6.25	5300
		1.5	100	—	—	—	11.4	15	6300	8.08	10	6300	6.06	7.5	6300	4.04	5	6300
		1.25	125	—	—	—	9.12	12	6300	6.95	8	7200	5.44	6	7500	4.15	4	8600
		1	160	—	—	—	7.14	9.4	6300	1.44	6.25	7200	4.26	4.7	7500	7.12	3	8600
		0.8	200	—	—	—	6.47	7.5	6300	4.92	5	7200	3.89	3.8	7500	2.94	2.5	8600
		0.6	250	—	—	—	5.17	6	6300	3.93	4	7200	3.07	3	7500	2.35	2	8600
		0.5	320	—	—	—	4.05	4.7	6300	3.05	3.1	7200	2.36	2.3	7500	1.88	1.6	8600

2.3　圆弧圆柱蜗杆减速器

　　蜗杆减速器与齿轮减速器相比，具有速比大、结构紧凑、工作平稳、噪声小、有自锁性等优点，缺点是效率低、发热量大，要求有良好的润滑和冷却，其标准为 JB/T 7935—1999。按照蜗杆与蜗轮的相对位置，可分为蜗杆在蜗轮之下、蜗杆在蜗轮之侧、蜗杆在蜗轮之上三种基本型式。按照蜗杆外形结构可分为圆柱蜗杆减速器、环面蜗杆减速器、锥蜗杆减速器三类，前二类应用较广。

　　根据蜗杆齿廓形状及其形成原理，圆柱蜗杆传动包括阿基米德圆柱蜗杆传动（ZA）、法向直廓圆柱蜗杆传动（ZN）、渐开线圆柱蜗杆传动（ZI）、锥面包络圆柱蜗杆传动（ZK）、圆弧圆柱蜗杆传动（ZC）等；环面蜗杆传动包括直廓环面蜗杆传动、平面包络环面蜗杆传动（一次包络、二次包络）、渐开面包络环面蜗杆传动、锥面包络环面蜗杆传动等。

　　圆弧圆柱蜗杆减速器与普通圆柱蜗杆减速器相比

较，具有结构紧凑、体积小、质量轻的优点。蜗杆齿廓为 ZC_1 的蜗杆减速器有四种型式：基本型圆弧圆柱蜗杆减速器、轴装式圆弧圆柱蜗杆减速器、立式圆弧圆柱蜗杆减速器、ZC_1 型双级蜗杆及齿轮-蜗杆减速器。

　　CW 型圆弧圆柱蜗杆减速器采用渗碳、淬火及磨削的 ZC_1 蜗杆传动、承载能力大、传动效率较高、寿命长。适用于冶金、矿山、起重、运输、化工、建筑、建材、能源、轻工等行业，是应用范围广泛的通用减速器。

　　工作条件：工作环境温度为 $-40 \sim 40℃$。当工作环境温度低于 $0℃$ 时，起动前润滑油必须加热到 $0℃$ 以上，或采用低凝固点的润滑油；当工作温度高于 $40℃$，必须采取冷却措施。减速器可正、反向运转。

2.3.1　减速器的代号和标记方法

　　1. 减速器的代号

　　CW 型——蜗杆齿廓为 ZC_1 的圆弧圆柱蜗杆减速器。

　　2. 减速器的标记方法

标记示例：CW 200-25-ⅠF JB/T 7935—1999

减速器 CW	200	25	Ⅰ	F	JB/T 7935—1999
蜗杆齿廓为 ZC_1 的圆弧圆柱蜗杆减速器	中心距 $a=200$mm	公称传动比 $i_N=25$	第一种装配型式	带风扇	标准号

2.3.2　减速器的承载能力、选用方法及实例

　　1. 输入功率和输出转矩

　　CW 型蜗杆减速器额定输入功率 P_1（kW）和额定输出转矩 T_2（N·m）见表 8.1-56。

　　表 8.1-56 中的额定输入功率 P_1 及额定输出转矩

T_2 适用于如下工作条件：减速器工作载荷平稳，无冲击，每日工作 8h，每小时起动 10 次，起动转矩不超过额定转矩的 2.5 倍，小时负荷率 $J_C=100\%$，环境温度为 20℃。当上述条件不能满足时，应依据表 8.1-62 ~ 表 8.1-64 进行修正。

表 8.1-56　减速器的额定输入功率 P_1 及额定输出转矩 T_2

公称传动比 i_N	输入转速 n_1 /(r/min)	功率转矩代号	中心距 a/mm													
			63	80	100	125	140	160	180	200	225	250	280	315	355	400
			输入功率 P_1/kw							额定输出转矩 T_2/N·m						
5	1500	P_1	4.03	7.35	15.75	26.5	—	46.9	—	68.1	—	103.4	—	149.0	—	197.0
		T_2	123	207	450	770	—	1365	—	1995	—	3050	—	4410	—	6300
	1000	P_1	3.44	5.60	12.60	22.4	—	37.4	—	56.4	—	96.4	—	142.5	—	203.3
		T_2	141	235	540	965	—	1630	—	2470	—	4250	—	6300	—	9030
	750	P_1	2.96	4.83	9.88	17.2	—	29.1	—	45.2	—	82.5	—	132.7	—	195.2
		T_2	162	270	560	990	—	1680	—	2625	—	4830	—	7770	—	11550
	500	P_1	2.44	3.88	7.14	12.2	—	20.8	—	32.8	—	59.0	—	109.4	—	177.9
		T_2	198	322	600	1040	—	1785	—	2835	—	5145	—	9600	—	15750
6.3	1500	P_1	3.68	6.33	13.15	22.4	28.9	40.3	50.9	58.2	72.6	88.0	107.6	127.8	158.0	193.6
		T_2	131	230	490	840	1010	1520	1785	2205	2570	3360	3830	4900	5640	7875
	1000	P_1	2.78	4.98	11.10	18.8	26.2	32.6	46.0	52.4	67.3	82.5	100.4	120.1	152.5	181.1
		T_2	146	270	610	1050	1365	1840	2415	2890	3570	4725	5355	6909	8160	11025
	750	P_1	2.40	4.13	8.65	14.9	20.5	26.0	36.2	39.1	59.8	73.3	93.2	112.6	141.5	174.8
		T_2	168	300	630	1100	1420	1945	2520	2940	4200	5565	6615	8610	10070	14175
	500	P_1	1.96	3.40	6.19	11.0	14.3	17.9	25.8	27.9	43.1	52.9	70.7	87.8	118.1	155.5
		T_2	202	362	670	1210	1470	1995	2680	3150	4515	5985	7455	10000	12590	18900
8	1500	P_1	3.37	5.60	9.45	17.9	25.5	29.9	45.7	50.7	64.4	77.5	96.3	119.3	142.8	174.3
		T_2	146	270	455	870	1100	1520	1995	2500	2835	3880	4250	6000	6340	8820
	1000	P_1	2.59	4.49	8.36	14.2	22.8	26.2	41.1	45.8	58.9	71.2	88.7	110.0	133.0	166.1
		T_2	168	316	600	1000	1470	1995	2600	3400	3885	5350	5880	8300	8860	12600
	750	P_1	2.26	3.83	7.38	13.6	17.5	22.4	32.2	36.8	52.9	65.4	81.3	99.9	119.7	156.3
		T_2	193	356	700	1300	1520	2250	2780	3620	4620	6510	7140	10000	10570	15750
	500	P_1	1.89	3.12	5.58	9.8	12.9	16.2	23.0	26.6	37.7	46.9	64.4	84.0	106.8	136.1
		T_2	240	431	780	1400	1620	2415	2940	3885	4880	6930	8400	12500	14000	20475
10	1500	P_1	2.69	4.69	8.43	14.9	18.2	25.7	33.7	44.2	53.3	62.1	77.4	99.3	147.2	153.5
		T_2	152	270	500	890	1100	1575	1940	2730	3400	3990	4980	6200	7850	9660
	1000	P_1	2.07	3.69	7.45	13.4	16.9	23.1	30.1	38.9	46.1	53.7	67.6	92.1	118.0	145.0
		T_2	172	316	660	1200	1520	2100	2570	3570	4400	5140	6500	8600	11000	13650
	750	P_1	1.83	3.14	6.24	11.1	13.6	18.3	24.9	30.3	36.9	48.7	60.8	84.8	105.2	138.6
		T_2	195	356	730	1310	1620	2200	2835	3675	4670	6190	7700	10500	13000	17300
	500	P_1	1.46	2.53	4.56	8.1	9.8	13.5	17.8	21.9	27.7	37.4	47.8	67.8	86.9	124.0
		T_2	240	425	790	1410	1730	2415	2990	3935	5190	7000	9000	12500	16100	23100
12.5	1500	P_1	2.34	4.06	6.81	11.8	15.5	20.3	26.6	34.3	44.7	54.8	75.5	83.9	110.4	136.9
		T_2	158	276	475	840	1050	1470	1890	2570	3200	4040	5460	6400	8450	10500
	1000	P_1	1.83	3.27	5.78	10.4	14.0	18.5	24.4	30.5	40.4	49.6	70.2	77.6	101.5	133.5
		T_2	182	328	600	1100	1400	1995	2570	3410	4300	5460	7560	8700	11580	15220
	750	P_1	1.58	2.80	5.19	9.4	12.5	16.1	22.1	26.2	37.0	46.6	65.3	72.7	95.9	124.2
		T_2	209	374	710	1300	1680	2310	3090	3885	5250	6825	9345	11000	14595	18900
	500	P_1	1.29	2.26	4.08	7.1	9.6	11.7	16.8	18.5	29.1	34.6	47.3	58.2	80.2	106.4
		T_2	256	448	830	1470	1890	2460	3465	4000	6000	7450	9975	13000	18000	24150
16	1500	P_1	1.98	3.47	6.68	11.6	14.3	20.6	24.3	34.9	41.5	49.0	60.1	81.6	99.2	130.4
		T_2	158	287	570	1000	1260	1830	2310	3150	3885	4460	5670	7500	9360	12000
	1000	P_1	1.56	2.73	5.74	10.1	12.9	17.1	20.8	27.1	32.4	44.1	53.7	76.6	91.2	121.2
		T_2	182	333	730	1310	1680	2250	2940	3600	4500	5980	7560	10500	12580	16800
	750	P_1	1.35	2.33	4.61	8.3	10.4	13.6	16.4	21.7	27.9	39.1	47.3	68.9	88.1	111.7
		T_2	209	374	770	1410	1785	2360	3000	3830	5145	7000	8800	12510	16100	20400
	500	P_1	1.11	1.91	3.37	5.9	7.3	9.6	11.9	15.6	19.6	28.5	34.7	50.1	65.0	90.4
		T_2	256	460	830	1470	1830	2460	3300	4095	5350	7560	9550	13520	17600	24600

（续）

公称传动比 i_N	输入转速 n_1/(r/min)	功率转矩代号	中心距 a/mm													
			63	80	100	125	140	160	180	200	225	250	280	315	355	400
			输入功率 P_1/kw							额定输出转矩 T_2/N·m						
20	1500	P_1	1.93	3.08	5.0	9.0	11.6	15.9	20.4	26.2	33.5	44.0	54.3	65.5	84.9	103.6
		T_2	188	328	550	1010	1260	1830	2250	3050	3780	5250	6195	7900	9700	12600
	1000	P_1	1.53	2.41	4.30	8.2	9.8	13.7	17.5	23.1	28.4	39.5	49.2	61.2	78.9	95.5
		T_2	219	380	700	1310	1575	2360	2880	4000	4750	7030	8400	11000	13590	17320
	750	P_1	1.32	2.10	3.75	7.3	9.1	12.0	15.5	19.0	25.6	36.6	45.2	54.6	72.8	87.2
		T_2	252	437	810	1575	1940	2730	3360	4400	5670	8600	10185	13000	16600	21000
	500	P_1	1.00	1.69	2.71	5.5	6.8	9.0	11.4	13.8	18.9	26.7	33.2	42.7	57.0	76.6
		T_2	282	518	850	1730	2100	2940	3620	4700	6195	9240	11000	15000	19100	27300
25	1500	P_1	1.38	2.47	3.94	6.9	8.7	12.4	14.9	19.3	23.4	32.3	39.9	54.0	71.1	87.8
		T_2	162	316	500	930	1200	1680	2150	2780	3465	4725	5880	7700	10570	13100
	1000	P_1	1.16	2.04	3.41	5.6	7.1	10.9	12.7	17.3	20.8	28.9	36.8	47.1	63.6	77.8
		T_2	205	391	640	1150	1470	2200	2730	3675	4560	6300	8000	10000	14000	17300
	750	P_1	0.95	1.74	2.82	5.1	6.4	9.9	11.7	15.5	18.8	26.3	33.3	44.6	60.0	72.9
		T_2	220	437	700	1365	1730	2620	3300	4350	5460	7560	9600	12500	17600	21500
	500	P_1	0.69	1.34	1.99	3.7	4.6	7.2	8.5	12.2	14.8	21.1	27.1	37.6	49.1	63.8
		T_2	235	500	730	1470	1830	2780	3500	5040	6300	8925	11500	15500	21100	27800
31.5	1500	P_1	1.21	2.08	4.27	7.6	8.8	12.7	15.2	22.6	25.9	30.2	36.8	52.9	68.9	—
		T_2	168	299	650	1150	1400	2100	2670	3780	4500	5145	6510	9200	12000	—
	1000	P_1	0.95	1.66	3.39	6.0	7.1	9.8	11.7	17.3	19.4	26.9	32.3	48.6	61.9	78.2
		T_2	193	350	770	1365	1680	2360	3045	3885	5040	6825	8500	12500	16100	20470
	750	P_1	0.79	1.41	2.67	4.8	8.2	7.8	9.3	12.5	15.7	22.3	26.6	38.3	51.3	71.4
		T_2	215	391	790	1400	1785	2460	3150	4040	5250	7350	9240	13000	17600	24670
	500	P_1	0.67	1.17	1.98	3.5	5.8	5.6	6.9	9.1	11.5	16.1	19.4	28.1	35.8	51.3
		T_2	262	472	840	1470	1830	2570	3400	4300	5670	7770	9765	14000	18100	26250
40	1500	P_1	1.17	1.88	3.22	5.7	7.3	9.9	12.4	16.7	21.1	28.3	35.0	42.6	58.2	70.9
		T_2	198	345	620	1150	1410	2100	2570	3620	4500	6300	7450	9600	12580	16275
	1000	P_1	0.90	1.47	2.19	4.9	6.2	8.8	10.9	13.9	18.0	24.1	31.4	39.1	51.9	66.3
		T_2	225	397	790	1470	1785	2730	3300	4410	5670	8190	9870	13000	16600	22575
	750	P_1	0.81	1.26	2.35	4.4	5.5	7.0	8.7	11.2	14.8	20.8	25.4	34.0	42.8	60.7
		T_2	262	449	870	1680	2040	2835	3465	4670	6090	8925	10500	15000	18100	27300
	500	P_1	0.64	1.02	1.68	3.2	3.9	5.2	6.5	8.0	11.0	15.2	19.3	25.0	31.6	46.8
		T_2	298	523	920	1785	2150	3045	3720	4880	6600	9450	11550	16000	19600	30975

2. 基本参数

（1）中心距（表8.1-57）

表8.1-57　CW型蜗杆减速器的中心距

（单位：mm）

63	80	100	125	140	160	180
200	225	250	280	315	355	400

（2）公称传动比（表8.1-58）

表8.1-58　CW型蜗杆减速器的公称传动比 i_N

5	6.3	8	10	12.5	16
20	25	31.5	40	50	63

（3）传动效率（表8.1-59）

（4）轴端许用载荷　CW型蜗杆减速器输出轴轴端径向许用载荷 F_R 或轴向许用载荷 F_A 见表8.1-60。

表8.1-59　CW型蜗杆减速器的传动效率

公称传动比 i_N	输入转速 n_1/(r/min)	中心距 a/mm			
		63~100	125~200	225~280	315~400
		效率 η/(%)			
5~8	1500	91	93.5	95	96
	1000	90	93	94.5	95.5
	750	89	92.5	94	95
	500	88	92	93.5	94.5

（续）

公称传动比 i_N	输入转速 $n_1/(r/min)$	中心距 a/mm			
		63 ~ 100	125 ~ 200	225 ~ 280	315 ~ 400
		效率 η(%)			
10 ~ 12.5	1500	86	91.5	94	95
	1000	85	91	93.5	94.5
	750	83	90	93	94
	500	82	89	92	93.5
16 ~ 25	1500	83.5	88	90	91
	1000	82	86	88	89
	750	80	84	87.5	88.5
	500	78	82	85	87
31.5	1500	75	83	84	86
	1000	72	80	81	85
	750	70	77	79	84
	500	67.5	75	76	82
40	1500	74	79.5	82.5	84.5
	1000	72.5	76	81	82.5
	750	70	74	79	81
	500	68	71	74	78

表 8.1-60　CW 型蜗杆减速器径向许用载荷 F_R 或轴向许用载荷 F_A

中心距 a/mm	63	80	100	125	140	160	180
F_R 或 F_A/N	3500	5000	6000	8500	10000	11000	13000
中心距 a/mm	200	225	250	280	315	355	400
F_R 或 F_A/N	18000	20000	21000	27000	31000	35000	38000

注：表 8.1-60 中的 F_R 是根据外力作用于输出轴轴端的中点确定的，如图 8.1-21 所示。

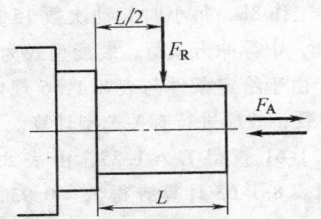

图 8.1-21　减速器输出轴端许用载荷

当外力作用点偏离中点 ΔL 时，其许用径向载荷应由式（8.1-3）确定：

$$F'_R = F_R \frac{L}{L \pm 2\Delta L} \qquad (8.1-3)$$

式中的正负号分别对应于外力作用点由轴端中点向外侧及内侧偏移的情形。

（5）选用系数（表 8.1-61 ~ 表 8.1-64）

表 8.1-61　工作载荷系数 f_1

原动机	日运转时间/h	载荷性质及代号		
		均匀载荷 U[②]	中等冲击载荷 M[②]	强冲击载荷 H[②]
		f_1		
电动机 汽轮机 水力机	偶然性的 0.5h[①]	0.8	0.9	1.0
	间断性的 2h[①]	0.9	1.0	1.23
	2 ~ 10h	1.0	1.25	1.50
	10 ~ 24h	1.25	1.50	1.75
活塞发动机 （4 ~ 6 个汽缸）	偶然性的 0.5h[①]	0.9	1.0	1.25
	间断性的 2h[①]	1.0	1.25	1.50
	2 ~ 10h	1.25	1.50	1.75
	10 ~ 24h	1.50	1.75	2.0

（续）

原动机	日运转时间/h	载荷性质及代号		
		均匀载荷 U[②]	中等冲击载荷 M[②]	强冲击载荷 H[②]
		f_1		
活塞发动机 （1～3 个汽缸）	偶然性的 0.5h[①]	1.0	1.25	1.50
	间断性的 2h[①]	1.25	1.30	1.75
	2～10h	1.50	1.75	2.0
	10～24h	1.75	2.0	2.25

① 指在每日偶然和间歇运转时间的总和
② U、M、H 参见表 8.1-3。

表 8.1-62　起动频率系数 f_2

每小时起动次数	≤10	>10～60	>60～240	>240～400
f_2	1	1.1	1.2	1.3

表 8.1-63　小时载荷率系数 f_3

小时载荷率 J_C（%）	100	80	60	40	20
f_3	1	0.94	0.86	0.74	0.56

注：1. $J_C = \dfrac{1 小时内载荷作用时间（分钟）}{60} \times 100\%$。

　　2. $J_C < 20\%$ 时按 $J_C = 20\%$ 计。

　　3. 表中未列入的 J_C 值，其系数可由线性插值法求出。

表 8.1-64　环境温度系数 f_4

环境温度/℃	10～20	>20～30	>30～40	>40～50
f_4	1	1.14	1.33	1.6

3. 选用方法

1）选用减速器应已知原动机、工作机类型及参数、载荷性质及大小、每日运行时间、每小时起动次数、环境温度和轴端载荷等。

2）已知条件与表 8.1-56 规定的工作条件相同时，可直接由表 8.1-56 选取所需减速器的规格。

3）已知条件与表 8.1-56 规定的工作条件不同时，应由式（8.1-4）～式（8.1-7）进行修正计算，再由计算结果的较大值据表 8.1-56 选取承载能力相符或偏大的减速器。

$$P_{1J} = P_{1B}f_1f_2 \qquad (8.1-4)$$
$$P_{1R} = P_{1B}f_3f_4 \qquad (8.1-5)$$

或

$$T_{2J} = T_{2B}f_1f_2 \qquad (8.1-6)$$
$$T_{2R} = T_{2B}f_3f_4 \qquad (8.1-7)$$

式中　下标 J——代表机械强度计算；

　　　　下标 R——代表热极限强度计算；

　　　　P_{1J}——减速器计算输入机械功率（kW）；

　　　　P_{1R}——减速器计算输入热功率（kW）；

　　　　T_{2J}——减速器计算输出机械转矩（N·m）；

　　　　T_{2R}——减速器计算输出热转矩（N·m）；

　　　　P_{1B}——减速器实际输入功率（kW）；

　　　　T_{2B}——减速器实际输出转矩（N·m）；

　　　　f_1——减速器工作载荷系数，见表 8.1-61；

　　　　f_2——减速器起动频率系数，见表 8.1-62；

　　　　f_3——减速器小时载荷率系数，见表 8.1-63；

　　　　f_4——减速器环境温度系数，见表 8.1-64。

4）初选好减速器的规格后，还应校核减速器的最大尖峰载荷不超过额定承载能力的 2.5 倍，并按表 8.1-59 进行减速器输出轴上作用载荷的校核。

4. 选用示例

试为一建筑卷扬机选择 CW 型蜗杆减速器，已知电动机转速 $n_1 = 725$ r/min，传动比 $i_N = 20$，输出轴转矩 $T_{2B} = 2555$ N·m，起动转矩 $T_{2max} = 5100$ N·m，输出轴端径向载荷 $F_R = 11000$ N，工作环境温度 30℃，减速器每日工作 8h，每小时起动次数 15 次，每次运行时间 3min，中等冲击载荷，装配型式为第 I 种。

【解】　由于给定条件与表 8.1-56 规定的工作应用条件不一致，故应进行有关选型计算。

由表 8.1-61 查得 $f_1 = 1.25$，由表 8.1-62 查得 $f_2 = 1.1$，由表 8.1-63 计算查得 $f_3 = 0.93$，由表 8.1-64 查得 $f_4 = 1.14$，由式（8.1-6）、式（8.1-7）计算得：

$T_{2J} = T_{2B}f_1f_2 = 2555 \times 1.25 \times 1.1$ N·m $= 3513.1$ N·m

$T_{2R} = T_{2B}f_3f_4 = 2555 \times 0.93 \times 1.14$ N·m $= 2708.8$ N·m

按计算结果最大值 3372.6N·m 及 $i_N = 20$，$n_1 = 725$ r/min，由表 8.1-56 初选减速器为 $a = 200$ mm，$T_2 = 4400$ N·m，大于要求值，符合要求。

对减速器输出轴轴端载荷及最大尖峰载荷进行的校核均满足要求，故最后选定减速器的型号为 CW200-20-IF。

2.3.3　减速器的外形和安装尺寸

CW 型蜗杆减速器结构与装配型式见图 8.1-22。

CW 型蜗杆减速器的主要尺寸见表 8.1-65。

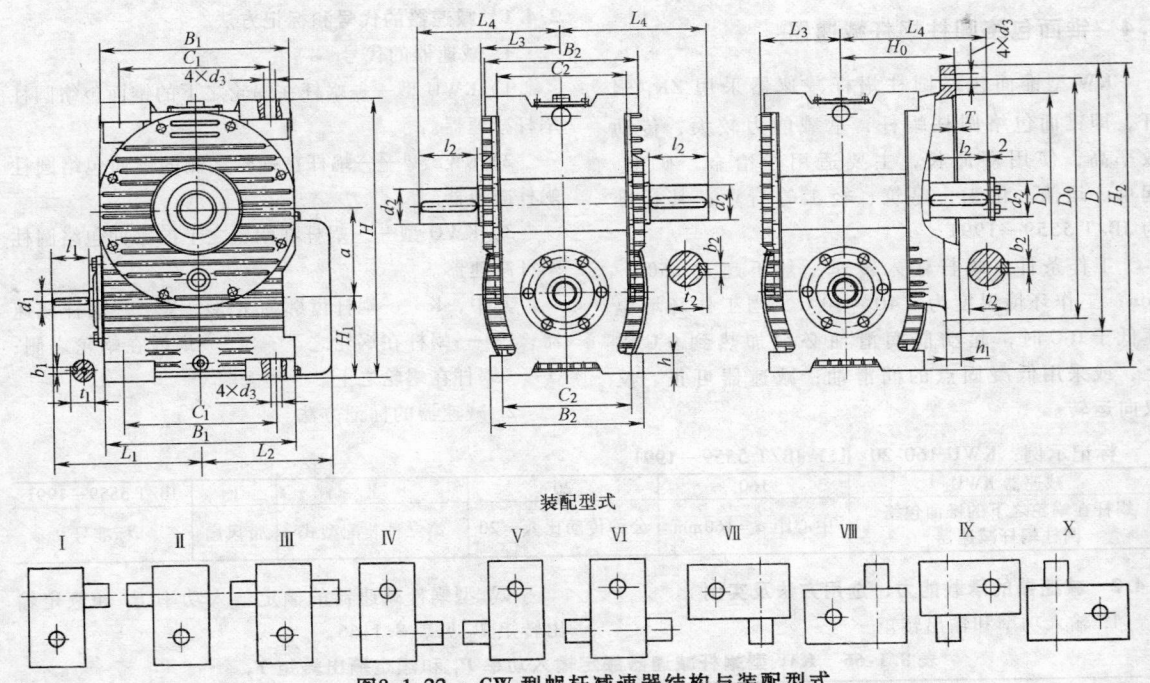

装配型式

I　　II　　III　　IV　　V　　VI　　VII　　VIII　　IX　　X

图8.1-22　CW型蜗杆减速器结构与装配型式

表8.1-65　CW型蜗杆减速器外形尺寸　　　　　（单位：mm）

a	B_1	B_2	C_1	C_2	H_1	H	L_1	L_2	L_3	L_4	h	d_1	b_1	t_1	l_1
63	145	125	95	100	65	228	120	120	62	130	16	19j6	6	21.5	28
80	170	160	120	130	80	280	142	140	80	150	20	24j6	8	27	36
100	215	190	170	155	100	340	178	170	95	190	28	28j6	8	31	42
125	260	220	200	180	112	412	215	195	110	205	32	32j6	10	35	58
140	280	240	220	195	125	455	225	215	120	238	35	38k6	10	41	58
160	330	270	275	230	140	500	380	243	140	258	38	42k6	12	45	82
180	360	305	280	255	160	570	295	265	150	270	40	42k6	12	45	82
200	420	340	335	285	180	620	320	295	170	320	45	48k6	14	51.5	82
225	460	360	370	300	200	700	350	320	180	325	50	48k6	14	51.5	82
250	515	390	425	325	200	740	380	350	195	375	55	55k6	16	59	82
280	560	430	450	360	225	840	425	390	215	395	60	60m6	18	64	105
315	620	470	500	395	250	940	460	430	235	415	65	65m6	18	69	105
355	700	520	560	440	280	1050	498	490	260	475	70	70m6	20	74.5	105
400	780	570	630	490	300	1160	545	525	295	510	75	75m6	20	79.5	105

d_2	l_2	b_2	t_2	d_3	D	D_0	D_1	T	h_1	H_0	H_2	质量/kg
32k6	58	10	35	M10	240	210	170H8	5	15	100	248	20
38k6	58	10	41	M12	275	240	200H8	5	15	125	298	35
48k6	82	14	51.5	M12	320	285	245H8	5	16	140	360	60
55k6	82	16	59	M16	400	355	300H8	6	20	160	437	100
60m6	105	18	64	M16	435	390	340H8	6	22	175	482	130
65m6	105	18	69	M16	490	455	395H8	6	25	195	545	145
75m6	105	20	79.5	M20	530	480	425H8	6	28	210	605	190
80m6	130	22	85	M20	580	530	475H8	6	30	230	670	250
90m6	130	25	95	M24	660	605	525H8	6	30	250	755	305
100m6	165	28	106	M24	705	640	580H8	6	32	270	808	420
110m6	165	28	116	M30	800	720	635H8	6	35	300	905	540
120m6	165	32	127	M30	890	810	725H8	8	40	325	1010	720
130m6	200	32	137	M36	980	890	790H8	8	45	365	1125	920
150m6	200	36	158	M36	1080	990	890H8	8	50	390	1240	1250

2.4 锥面包络圆柱蜗杆减速器

KW 型锥面包络圆柱蜗杆减速器采用 ZK₁ 蜗杆，即锥面包络圆柱蜗杆，承载能力较大，传动效率高，使用寿命长，主要适用于冶金、矿山、起重、运输、化工、建筑、轻工等行业，其标准为 JB/T 5559—1991。

工作条件：蜗杆输入转速一般不超过 1500r/min；工作环境温度为 -40~40℃，当工作环境温度低于 0℃时，起动前润滑油必须加热到 0℃以上，或采用低凝固点的润滑油；减速器可正、反双向运转。

标记示例：KWU 160-20-Ⅱ F JB/T 5559—1991

减速器 KWU	160	20	Ⅱ	F	JB/T 5559—1991
蜗杆在蜗轮之下的锥面包络圆柱蜗杆减速器	中心距 $a = 160$mm	公称传动比 $i_N = 20$	第二种装配型式	带风扇	标准号

2.4.2 减速器的承载能力、选用方法及实例

1. 输入功率和输出转矩

2.4.1 减速器的代号和标记方法

1. 减速器的代号

1）KWU 型——蜗杆在蜗轮之下的锥面包络圆柱蜗杆减速器。

2）KWS 型——蜗杆在蜗轮之侧的锥面包络圆柱蜗杆减速器。

3）KWO 型——蜗杆在蜗轮之上的锥面包络圆柱蜗杆减速器。

其中，K——蜗杆齿廓为 K 形；W——蜗杆减速器；U——蜗杆在蜗轮之下；S——蜗杆在蜗轮之侧；O——蜗杆在蜗轮之上。

2. 减速器的标记方法

KW 型蜗杆减速器的额定输入功率 P_1 和额定输出转矩 T_2 见表 8.1-66。

表 8.1-66   KW 型蜗杆减速器额定输入功率 P_1 和额定输出转矩 T_2

公称传动比 i_N	输入转速 n_1 /(r/min)	中心距 a/mm 型号	32	40	50	63	80	110	125	160	180	200	225	250
								KWU、KWS、KWO						
			额定输入功率 P_1/kW				额定输出转矩 T_2/N·m							
7.5	1500	P_1	—	0.76	1.16	1.98	3.22	7.62	15.61	19.98	32.54	42.51	50.86	64.56
		T_2	—	28.7	44.1	80.1	142.6	343.6	700	900	1370	1925	2160	3000
	1000	P_1	—	0.59	0.90	1.40	2.30	6.14	11.10	16.66	24.11	38.26	42.24	54.34
		T_2	—	33.2	50.6	84.3	149.7	406.1	730	1100	1520	2600	2670	3700
	750	P_1	—	0.49	0.77	1.15	1.88	5.29	8.59	14.45	18.89	31.74	35.83	42.05
		T_2	—	36.5	57.2	91.31	161.74	462.4	750	1270	1570	2835	3020	3820
	500	P_1	—	0.36	0.63	0.90	1.48	4.18	6.28	10.97	13.44	23.29	29.69	36.05
		T_2	—	40.1	70.1	106.4	187.9	539.8	810	1430	1650	3000	3680	4850
10	1500	P_1	0.33	0.65	1.12	1.90	3.13	5.77	14.30	25.01	30.67	35.82	49.17	58.19
		T_2	16.5	30.6	55.9	100.1	170.0	335.3	840	1480	1680	2120	2720	3470
	1000	P_1	0.26	0.48	0.82	1.37	2.19	4.17	10.36	18.22	22.14	26.43	36.44	42.71
		T_2	19.2	33.7	61.4	107.6	177.7	358.2	900	1610	1800	2320	3010	3780
	750	P_1	0.23	0.38	0.66	1.15	1.79	3.51	8.39	13.99	17.02	20.46	28.55	35.19
		T_2	21.9	36.0	65.6	118.0	191.7	399.1	960	1630	1830	2370	3120	4160
	500	P_1	0.18	0.29	0.49	0.92	1.40	2.95	6.64	10.14	12.35	14.49	20.31	24.36
		T_2	25.9	39.4	71.8	139.4	222.3	499.1	1120	1730	1950	2460	3260	4210
12.5	1500	P_1	—	—	0.84	1.48	3.05	4.81	11.68	19.56	30.84	31.23	44.72	55.40
		T_2	—	—	55.1	101.7	206.7	360.5	860	1500	2140	2400	3030	4160
	1000	P_1	—	—	0.62	1.10	2.05	3.44	8.75	16.46	22.15	28.21	32.97	40.69
		T_2	—	—	60.5	111.7	223.1	378.4	940	1860	2280	3230	3320	4540
	750	P_1	—	—	0.51	0.96	1.69	2.81	7.06	13.44	17.08	21.55	25.67	32.63
		T_2	—	—	64.5	129.1	243.3	409.3	1000	2010	2320	3250	3410	4840
	500	P_1	—	—	0.37	0.76	1.24	2.20	6.15	9.86	12.44	15.33	18.13	22.76
		T_2	—	—	70.4	149.9	265.3	473.9	1290	2170	2490	3450	3530	4930
15	1500	P_1	—	0.50	0.75	1.42	2.35	4.05	10.57	19.56	27.54	32.89	47.38	49.89
		T_2	—	34.0	51.8	104.6	190.5	342.0	900	1650	2430	2955	4200	4400
	1000	P_1	—	0.39	0.59	1.08	1.63	3.19	7.89	14.39	20.44	24.97	35.00	41.28
		T_2	—	39.7	60.0	117.8	196.0	391.5	980	1800	2660	3325	4410	5500
	750	P_1	—	0.32	0.51	0.95	1.33	2.62	7.42	13.20	16.49	20.82	26.75	35.36
		T_2	—	42.7	68.2	135.7	210.0	421.4	1200	2150	2840	3670	4650	6260
	500	P_1	—	0.23	0.42	0.72	1.04	2.07	5.69	10.56	12.18	16.50	19.29	26.73
		T_2	—	46.5	84.0	153.7	242.2	487.2	1350	2470	3090	4260	4930	6980

（续）

公称传动比 i_N	输入转速 n_1 /(r/min)	中心距 a/mm	32	40	50	63	80	110	125	160	180	200	225	250
		型号						KWU、KWS、KWO						
			额定输入功率 P_1/kW						额定输出转矩 T_2/N·m					
20	1500	P_1	—	0.41	0.72	1.34	2.25	3.43	8.34	14.20	21.24	24.60	38.28	43.65
		T_2	—	36.0	65.6	129.4	223.6	376.5	930	1600	2450	2825	4090	4980
	1000	P_1	—	0.31	0.53	0.98	1.69	2.43	6.79	10.43	16.75	21.33	28.28	31.68
		T_2	—	39.4	71.8	137.0	248.2	387.3	1100	1730	2580	3600	4490	5340
	750	P_1	—	0.24	0.42	0.81	1.43	1.98	5.55	8.59	14.33	18.10	23.14	25.40
		T_2	—	41.9	76.3	149.1	273.6	414.9	1180	1850	2880	4050	4810	5670
	500	P_1	—	0.18	0.31	0.61	1.16	1.56	4.26	6.72	10.66	14.38	18.38	18.64
		T_2	—	45.4	82.7	164.6	319.9	478.6	1320	2100	3130	4635	5550	6000
25	1500	P_1	0.22	—	0.55	0.95	1.86	3.18	5.94	10.16	13.62	17.52	24.81	29.68
		T_2	22.6	—	64.5	119.1	243.3	429.7	790	1425	1750	2500	3155	4195
	1000	P_1	0.16	—	0.41	0.69	1.36	2.25	4.80	8.67	12.95	15.80	18.00	23.18
		T_2	24.4	—	70.4	129.9	265.3	445.7	950	1815	2460	3320	3390	4845
	750	P_1	0.13	—	0.32	0.56	1.09	1.82	4.52	8.35	10.66	13.00	14.72	18.02
		T_2	25.9	—	74.6	137.7	281.0	480.0	1160	2295	2660	3600	3645	4950
	500	P_1	0.09	—	0.23	0.41	0.80	1.44	3.30	6.71	8.35	10.17	11.45	13.58
		T_2	26.3	—	80.5	148.6	303.0	556.8	1250	2690	3045	4100	4110	5520
30	1500	P_1	0.18	0.34	0.51	0.98	1.58	2.64	5.28	11.67	13.18	19.02	20.75	21.15
		T_2	21.4	41.3	62.7	121.9	226.1	387.4	808	1780	2010	3000	3305	3475
	1000	P_1	0.14	0.27	0.40	0.71	1.19	1.92	4.06	8.54	10.74	14.22	15.13	15.45
		T_2	24.7	48.3	71.7	128.3	247.7	414.3	900	1900	2350	3280	3525	3730
	750	P_1	0.12	0.24	0.34	0.62	1.04	1.76	3.39	7.42	8.45	11.29	12.10	12.69
		T_2	27.0	54.4	78.8	141.2	281.84	488.6	950	2100	2470	3410	3685	3980
	500	P_1	0.09	0.17	0.28	0.48	0.80	1.31	2.74	5.69	6.94	8.68	8.74	9.92
		T_2	30.1	57.8	95.4	160.5	316.6	524.3	1100	2300	2810	3680	3875	4570
40	1500	P_1	—	0.26	0.35	0.94	1.64	2.33	4.91	8.46	11.58	15.64	19.08	26.93
		T_2	—	38.9	55.3	149.5	262.1	447.8	960	1700	2160	3160	3605	5630
	1000	P_1	—	0.22	0.32	0.68	1.17	1.63	3.85	7.08	8.66	12.90	14.13	20.18
		T_2	—	46.1	72.1	155.9	268.8	450.1	1075	2000	2325	3810	3915	6170
	750	P_1	—	0.18	0.30	0.56	0.93	1.33	3.17	5.88	7.19	10.60	11.67	16.06
		T_2	—	49.9	87.9	168.6	276.9	477.9	1150	2200	2505	4000	4145	6430
	500	P_1	—	0.13	0.21	0.42	0.72	1.05	2.52	4.65	5.68	8.42	9.18	11.68
		T_2	—	54.0	91.5	185.5	315.5	546.7	1325	2500	2885	4700	4800	6900
50	1500	P_1	0.15	0.24	0.30	0.67	1.30	1.89	4.02	6.20	10.77	12.06	15.46	18.92
		T_2	25.1	41.1	56.2	137.7	281.0	439.3	940	1520	2400	3000	3520	4810
	1000	P_1	0.11	0.20	0.27	0.50	0.97	1.48	3.54	5.45	8.32	10.03	11.53	14.08
		T_2	28.7	49.3	74.7	148.6	303.0	508.8	1200	1900	2720	3660	3845	5270
	750	P_1	0.09	0.16	0.23	0.41	0.78	1.23	2.88	4.92	6.92	8.72	9.57	11.67
		T_2	31.4	51.3	84.1	156.0	318.0	543.8	1280	2250	2960	4210	4165	5725
	500	P_1	0.06	0.14	0.16	0.29	0.57	0.97	2.13	4.03	5.48	7.20	7.55	9.20
		T_2	34.2	54.9	87.1	165.8	337.6	626.3	1400	2750	3415	5000	4800	6600
60	1500	P_1	—	0.22	0.25	0.43	1.09	1.59	3.25	4.89	7.60	9.77	10.60	13.10
		T_2	—	43.6	56.2	97.8	256.4	390.0	852	1300	2095	2800	3010	3800
	1000	P_1	—	0.16	0.23	0.34	0.82	1.19	2.63	4.14	6.41	7.35	8.34	11.48
		T_2	—	46.2	75.4	113.5	275.0	428.9	1000	1600	2615	3100	3490	4830
	750	P_1	—	0.13	0.20	0.33	0.68	1.07	2.24	3.79	5.50	7.21	7.87	9.53
		T_2	—	48.3	84.0	136.4	290.4	462.6	1100	1900	2830	3820	4100	5200
	500	P_1	—	0.09	0.15	0.27	0.52	0.80	1.93	3.16	4.52	5.55	6.30	7.52
		T_2	—	51.1	87.6	167.6	330.7	513.6	1340	2250	3290	4150	4735	6100

2. 基本参数

KW 型蜗杆减速器蜗杆副的基本参数：中心距 $a \geqslant 40\text{mm}$ 的蜗杆副按 GB/T 10085—1988 《圆柱蜗杆传动基本参数》的规定；中心距 $a = 32\text{mm}$ 时蜗杆副的基本参数见表 8.1-67 。

（1）中心距　KW 型蜗杆减速器中心距见表 8.1-68。

（2）公称传动比　KW 型蜗杆减速器的公称传动比见表 8.1-69。实际传动比与公称传动比的相对误差应不大于 6.6%，蜗杆传动副实际传动比 i 见表 8.1-70。

（3）蜗杆齿廓　蜗杆齿廓为 ZK_1 形，齿廓参数：齿顶高系数 $h_a^* = 1$；顶隙系数 $c^* = 0.2$。

蜗杆螺旋方向为右旋。

（4）传动总效率　KW 型蜗杆减速器传动总效率见表 8.1-71。

表 8.1-67　中心距 $a = 32\text{mm}$ 时蜗杆副的基本参数

公称传动比 i_N	模数 m /mm	蜗杆分度圆直径 d_1 /mm	蜗杆头数 Z_1	蜗轮齿数 Z_2	蜗轮变位系数 χ_2	分度圆柱导程角 γ
10	2	22.4	2	21	− 0.1	10°7′28″
25	1	18	2	47	− 0.5	6°20′25″
30	1.6	20	1	28	− 0.25	4°34′26″
50	1	18	1	47	− 0.5	3°10′47″

表 8.1-68　KW 型蜗杆减速器中心距

中心距 a/mm	32	40	50	63	80	100	125	160	180	200	225	250

表 8.1-69　KW 型蜗杆减速器的公称传动比 i_N

传动比 i_N	7.5	10	12.5	15	20	25	30	40	50	60

表 8.1-70　KW 型蜗杆传动副实际传动比 i

中心距 a /mm	公称传动比 i_N									
	7.5	10	12.5	15	20	25	30	40	50	60
	实际传动比 i									
32	—	10.50	—			23.50	28.00		47.00	
40	7.25	9.50	—	14.50	19.00	—	29.00	38.00	49.00	62.00
50	7.25	9.75	12.75	14.50	19.50	25.50	29.00	39.00	51.00	62.00
63	7.25	9.75	12.75	14.50	19.50	25.50	29.00	39.00	51.00	61.00
80	7.75	9.75	13.25	15.50	20.50	26.50	31.00	39.00	53.00	62.00
100	7.75	10.25	13.25	15.50	20.50	26.50	31.00	41.00	53.00	62.00
125	7.75	10.25	12.75	15.50	20.50	25.50	31.00	41.00	51.00	62.00
160	7.75	10.25	13.25	15.50	20.50	26.50	31.00	41.00	53.00	62.00
180	7.25	9.50	12.00	15.25	19.00	24.00	30.50	38.00	48.00	61.00
200	7.75	10.25	13.25	15.50	20.50	26.50	31.00	41.00	53.00	62.00
225	7.25	9.50	11.75	15.25	19.00	23.50	29.00	38.00	47.00	61.00
250	7.75	10.25	13.25	15.50	20.50	26.00	31.00	41.00	52.00	61.00

表 8.1-71　KW 型蜗杆减速器传动总效率 η （%）

公称传动比 i_N	输入转速 n_1/ (r/min)	型号 KWU、KWS、KWO											
		中心距 a/mm											
		32	40	50	63	80	110	125	160	180	200	225	250
7.5	1500	—	81.7	82.1	87.7	89.7	90.8	90.9	91.3	91.2	91.8	92.0	93.6
	1000	—	81.0	81.3	86.8	87.8	88.8	88.8	89.2	91.0	91.2	91.4	91.4
	750	—	80.6	80.8	86.2	87.2	88.0	88.5	88.5	90.0	90.5	91.3	91.2
	500	—	80.2	80.4	84.9	86.0	86.6	87.1	87.5	88.6	89.1	89.5	90.3

（续）

公称传动比 i_N	输入转速 n_1/ (r/min)	型号 KWU、KWS、KWO 中心距 a/mm											
		32	40	50	63	80	110	125	160	180	200	225	250
10	1500	74.8	78.4	80.7	85.0	87.5	89.0	90.0	90.7	90.6	90.3	91.5	91.4
	1000	73.1	77.8	80.0	84.1	87.1	87.8	88.8	90.3	89.6	89.7	91.1	90.4
	750	72.7	77.4	79.6	82.6	86.4	87.2	87.7	89.3	88.9	88.7	90.3	90.6
	500	72.3	76.1	78.2	81.4	85.1	86.0	86.2	87.2	87.0	86.7	88.4	88.3
12.5	1500	—	—	80.4	84.9	87.0	88.5	90.7	90.9	90.8	91.1	90.6	90.7
	1000	—	—	79.8	83.5	86.0	86.6	88.3	89.3	89.8	90.5	89.7	89.9
	750	—	—	78.4	82.7	85.5	86.0	87.3	88.6	88.9	89.4	88.8	89.6
	500	—	—	77.1	81.3	84.5	84.8	85.9	87.0	87.3	87.8	86.7	87.2
15	1500	—	73.9	74.3	80.0	82.2	85.5	86.3	85.5	90.9	91.1	91.3	90.2
	1000	—	73.1	73.4	78.6	81.4	82.9	83.9	84.5	89.3	90.0	90.4	90.0
	750	—	72.7	72.9	77.4	80.3	81.5	81.9	82.5	88.7	89.4	89.5	89.7
	500	—	72.3	72.4	76.7	78.6	79.5	80.2	79.0	87.1	87.2	87.7	88.2
20	1500	—	71.9	73.9	77.6	80.1	84.2	85.4	86.3	87.1	88.0	88.3	87.4
	1000	—	71.1	73.1	75.1	78.8	81.4	82.8	84.7	84.9	86.2	87.5	86.1
	750	—	70.7	72.7	73.9	76.9	80.3	81.5	82.5	83.1	85.7	85.9	85.5
	500	—	70.3	72.3	72.6	74.2	78.6	79.1	79.8	80.9	82.3	82.1	82.2
25	1500	68.8	—	71.9	77.2	77.5	80.2	82.9	83.1	84.2	84.6	85.0	85.5
	1000	68.0	—	71.1	76.9	77.0	78.4	81.2	82.7	82.9	83.0	83.9	84.2
	750	66.6	—	70.7	75.4	76.2	78.0	79.0	81.5	81.5	82.1	82.7	83.0
	500	65.2	—	70.3	74.1	75.0	76.5	77.7	79.2	79.5	79.8	80.0	81.9
30	1500	65.8	65.8	66.5	67.1	72.7	74.4	77.3	77.3	78.5	79.9	82.1	83.3
	1000	64.1	64.3	65.4	65.5	70.6	72.7	74.9	75.2	77.1	77.9	80.0	81.5
	750	61.7	62.4	62.8	62.1	68.8	70.5	71.0	71.7	75.2	76.5	78.4	79.5
	500	60.5	61.2	61.5	60.7	66.5	67.6	67.8	68.3	69.5	71.6	76.1	77.8
40	1500	—	61.9	63.6	64.0	64.4	73.5	74.9	77.0	77.1	77.4	78.1	80.1
	1000	—	57.8	60.5	61.4	61.6	70.6	71.2	72.1	74.0	75.4	76.4	78.1
	750	—	56.4	59.0	60.1	60.2	68.8	69.6	71.7	72.1	72.3	73.4	76.7
	500	—	55.9	58.5	58.8	58.8	66.5	67.1	68.7	70.0	71.3	72.0	75.4
50	1500	55.8	54.8	57.7	63.7	64.0	69.0	72.0	72.7	72.9	73.7	76.1	76.8
	1000	54.1	52.7	56.8	61.2	61.4	67.6	69.6	68.9	71.3	72.1	74.3	75.4
	750	52.8	51.4	56.3	58.9	60.1	65.8	68.5	67.8	70.0	71.5	72.7	74.1
	500	52.4	50.4	55.9	57.7	58.0	63.5	67.6	67.4	68.0	68.6	70.8	72.2
60	1500	—	50.2	57.0	59.0	59.6	62.1	66.5	67.3	71.0	72.6	73.1	74.7
	1000	—	47.9	55.4	56.6	56.5	60.7	64.1	65.3	70.0	71.2	71.8	72.2
	750	—	47.5	52.1	53.8	54.2	54.8	62.1	63.5	66.3	67.1	68.5	70.2
	500	—	47.0	49.3	52.7	53.5	54.5	58.5	60.2	62.5	63.2	65.4	69.6

（5）轴端许用载荷 KW 型蜗杆减速器输出轴轴端径向许用载荷 F_R 或轴向许用载荷 F_A 见表 8.1-72。

表 8.1-72 输出轴轴端径向许用载荷 F_R 或轴向许用载荷 F_A （单位：N）

中心距 a/mm	公称传动比 i_N									
	7.5	10	12.5	15	20	25	30	40	50	60
	F_R 或 F_A									
32	—	400	—	—	—	400	400	—	400	—
40	700	700	—	700	700	—	700	700	700	700
50	1000	1100	1100	1150	1200	1250	1300	1300	1300	1300
63	4000	4200	4400	4600	4800	5000	5200	5400	5400	5400
80	5000	5200	5400	5600	5800	6000	6200	6400	6400	6400
100	6000	6200	6400	6600	6800	7000	7200	7400	7400	7400

（续）

中心距 a /mm	公称传动比 i_N									
	7.5	10	12.5	15	20	25	30	40	50	60
	F_R 或 F_A									
125	8500	8500	8800	9000	9200	9400	9600	9800	10000	11000
160	11000	11200	11400	11600	11800	12000	12300	12500	12700	13000
180	13000	13300	13500	13800	14000	14400	14600	14800	15000	15200
200	18000	18200	18400	18600	18800	19000	19200	19400	19400	19800
225	20500	20600	20800	21000	21200	21400	21600	21800	22000	22200
250	21000	21200	21400	21600	21800	22000	22200	22400	22600	22600

注：表中的 F_R 是根据外力作用于输出轴轴端的中点确定的，见图 8.1-23。

当外力作用点偏离中点 Δl 时，其许用的径向载荷由式（8.1-8）确定。

$$F'_R = F_R \frac{l}{l \pm 2\Delta l} \qquad (8.1-8)$$

式中正负号分别对应于外力作用点由轴端中点向外侧及内侧偏移的情形。

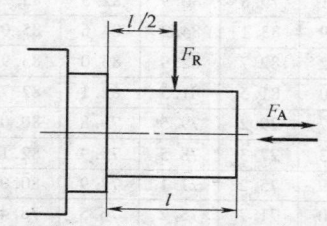

图 8.1-23　F_R、F_A 在轴端的位置

3. 减速器的选用方法

表 8.1-66 中的额定输入功率 P_1 及额定输出转矩 T_2 适用于 KWU、KWS 型减速器。当用于 KWO 型减速器时，应依据表 8.1-73 的装配型式系数予以修正。

（1）选用系数

1）工作类型和每日运转时间即选用系数 f_1 见表 8.1-61。

2）起动频率系数 f_2 见表 8.1-62。

3）小时负荷系数 f_3 见表 8.1-63。

4）环境温度系数 f_4 见表 8.1-64。

5）减速器的装配型式系数 f_5 见表 8.1-73。

表 8.1-73　装配型式系数 f_5

减速器型式	KWO		KWU、KWS
中心距 a/mm	32 ~ 100	125 ~ 250	32 ~ 250
f_5	1	1.2	1

（2）选用方法

1）选用须知条件。原动机类型；额定输入功率 P_1（kW）；输入转速 n_1（r/min）；工作机类型；额定输出转矩 T_2（N·m）；最大输出转矩 T_{2max}（N·m）；传动比 i；输入、输出轴相对位置；输入、输出轴转向、装配型式；载荷性质；每日运转时间（h）；每小时起动次数；小时负荷率 J_C（%）；输出轴轴端附加载荷。

2）表 8.1-66 中的额定输入功率 P_1 及额定输出转矩 T_2 适用于如下工作条件：减速器工作载荷应平稳无冲击，每日工作 8h，每小时起动 10 次，起动转矩不超过输出转矩的 2.5 倍，小时负荷率 $J_C = 100\%$，环境温度为 20℃。在选用减速器时，如满足上述工作条件，可直接在表 8.1-66 中选取所需减速器的规格。如果不能满足上述条件，应按下列公式计算所需的额定输入功率 P_1 或额定输出转矩 T_2。

$$P_{1J} = P_{1B} f_1 f_2 \qquad (8.1-9)$$
$$P_{1R} = P_{1B} f_3 f_4 f_5 \qquad (8.1-10)$$

或

$$T_{2J} = T_{2B} f_1 f_2 \qquad (8.1-11)$$
$$T_{2R} = T_{2B} f_3 f_4 f_5 \qquad (8.1-12)$$

式中　P_{1J}——减速器计算输入机械功率（kW）；

P_{1R}——减速器计算输入热功率（kW）；

T_{2J}——减速器计算输出机械转矩（N·m）；

T_{2R}——减速器计算输出热转矩（N·m）；

P_{1B}——减速器实际输入功率（kW）；

T_{2B}——减速器实际输出转矩（N·m）；

f_1——减速器工作载荷系数，见表 8.1-61；

f_2——减速器起动频率系数，见表 8.1-62；

f_3——减速器小时载荷率系数，见表 8.1-63；

f_4——减速器环境温度系数，见表 8.1-64；

f_5——减速器的装配型式系数，见表 8.1-73。

从以上四式的计算结果中选择较大值，再按表 8.1-66 选择承载能力相符或偏大的减速器。

3）式（8.1-9）及式（8.1-11）属于机械强度计算，式（8.1-10）及式（8.1-12）属于热极限强度计算。系统极限油温限定为 100℃，如果采用专门的冷却措施（循环油冷却、水冷却等），油温会限定在允许的范围内，不需用式（8.1-10）及式（8.1-12）进行计算。

4) 减速器的最大许用尖峰负荷为额定承载能力的 2.5 倍。

5) 当 J_C 很小，按 P_1 或 T_2 选取减速器时，还必须核算实际功率和转矩应不超过表 8.1-66 所列额定承载能力的 2.5 倍。

4. 选用示例

电动机驱动的卷扬机用锥面包络圆柱蜗杆减速器，中等冲击载荷，每日工作 8h，每小时起动 15 次，每次工作时间 3min，减速器输入轴转速 $n_1 = 1000$r/min，公称传动比 $i_N = 25$，输出轴转矩 $T_2 = 2300$N·m，轴端径向负荷 $F_R = 11000$N，减速器最大启动转矩 $T_{2max} = 5100$N·m，工作环境温度最高 30℃，要求采用蜗杆下置的第 I 种装配型式。

【解】 由于给定条件与表 8.1-66 规定的应用工作条件不一致，应按有关公式计算 T_{2J} 及 T_{2R}，然后再由表 8.1-66 选择所需减速器的规格。

工作机为卷扬机，由表 8.1-3 查得载荷代号为 M；

原动机为电动机，每日工作 8h，由表 8.1-61 查得 $f_1 = 1.25$；

每小时起动次数 15 次，由表 8.1-62 查得 $f_2 = 1.1$；

小时负荷率 $J_e = \dfrac{3 \times 15}{60} \times 100\% = 75\%$，由表 8.1-63 按线性插值法查得 $f_3 = 0.93$；

工作环境温度为 30℃，由表 8.1-64 查得 $f_4 = 1.14$；

对下置式蜗杆减速器，取 $f_5 = 1$。

按式 (8.1-11) 及式 (8.1-12) 计算

$T_{2J} = T_2 f_1 f_2 = 2300 \times 1.25 \times 1.1$N·m $= 3163$N·m

$T_{2R} = T_2 f_3 f_4 f_5 = 2300 \times 0.93 \times 1.14 \times 1$N·m $= 2438$N·m

由于 T_{2J} 大于 T_{2R}，故应按 $T_{2J} = 3163$N·m 进行选择。

由表 8.1-66 查得最接近的减速器为 $a = 200$mm，$T_2 = 3320$N·m，大于要求值，符合要求。

校核输出轴轴端的径向许用负荷：

由表 8.1-72 查得 $F_R = 19000$N，大于实际轴端径向负荷 11000N，满足要求。

校核许用尖峰负荷 T_{2max}：

$T_{2max} = 3320 \times 2.5$N·m $= 8300$N·m，计算值大于实际值 5100N·m，满足要求。

因此选择的减速器为 KWU200-25-IF JB/T 5559—1991。

2.4.3 减速器的外形、安装尺寸和装配型式

1. KWU 型减速器

KWU 型减速器的装配型式与主要尺寸见图 8.1-24、图 8.1-25 和表 8.1-74、表 8.1-75。

2. KWS 型减速器

KWS 型减速器的装配型式与主要尺寸见图 8.1-26、图 8.1-27、表 8.1-76、表 8.1-77。

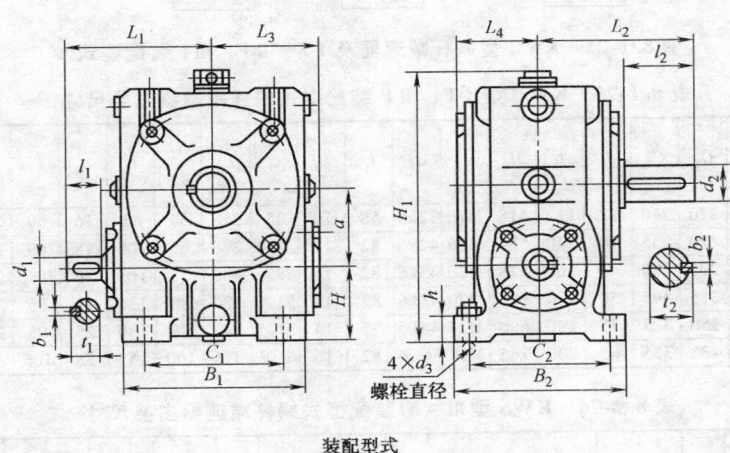

装配型式

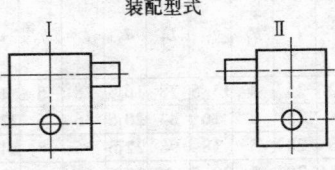

图 8.1-24　KWU 型蜗杆减速器及 I、II 装配型式

表 8.1-74　KWU 型 I、II 装配型式蜗杆减速器主要尺寸　　　　（单位：mm）

型号	a	B_1	B_2	C_1	C_2	h	H	H_1	d_3	d_1 (j6)	l_1	b_1	t_1	L_1	d_2	l_2	b_2	t_2	L_2	L_3	L_4	质量不含油 /kg
KWU32	32	97	88	75	75	10	36	124	M5	12	25	4	13.5	78	16j6	28	5	18	80	—	43	3.5
KWU40	40	110	98	85	82	12	45	156	M6	14	25	5	16	84	20j6	36	6	22.5	95	—	49	7
KWU50	50	130	120	100	100	15	48	182	M8	16	28	5	18	98	22j6	36	8	24.5	105	—	57	9
KWU63	63	146	140	115	120	16	60	223	M10	18	28	6	20.5	118	30j6	58	8	33	136	86	65	16
KWU80	80	175	170	140	145	20	71	270	M12	22	36	6	24.5	146	38k6	58	10	41	158	105	84	28
KWU100	100	210	200	170	170	24	80	324	M12	24	36	8	27	165	40k6	82	12	43	190	123	95	43

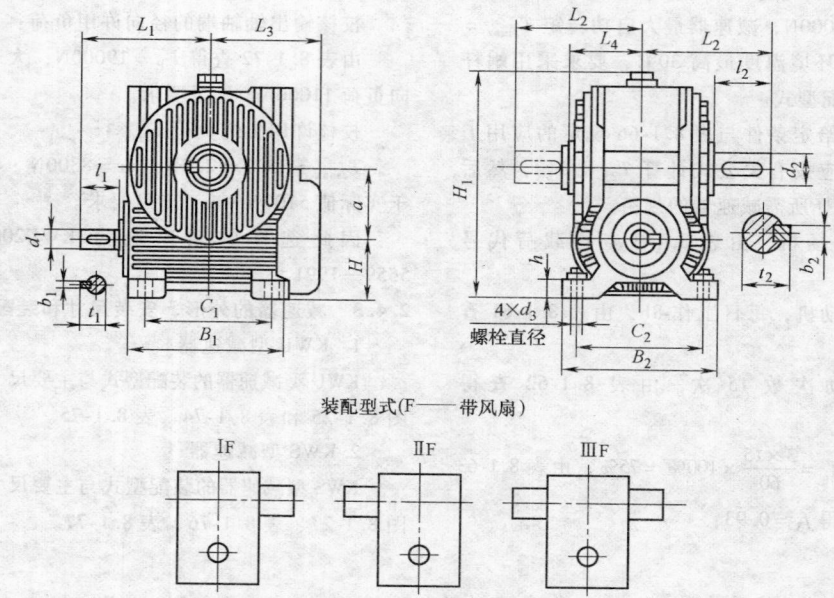

装配型式(F——带风扇)

IF　　　　　IIF　　　　　IIIF

螺栓直径　4×d_3

图 8.1-25　KWU 型蜗杆减速器及 IF、IIF、IIIF 装配型式

表 8.1-75　KWU 型 IF、IIF 装配型式蜗杆减速器主要尺寸　　　　（单位：mm）

型号	a	B_1	B_2	C_1	C_2	h	H	H_1	d_3	d_1	l_1	b_1	t_1	L_1	d_2 (m6)	l_2	b_2	t_2	L_2	L_3	L_4	质量（不含油）/kg
KWU125	125	270	245	220	210	32	112	418	M16	32k6	58	10	35	218	55	82	16	59	215	202	125	70
KWU160	160	325	295	270	255	40	140	524	M16	42k6	82	12	45	276	65	105	18	69	266	242	157	130
KWU180	180	368	325	290	280	45	160	578	M20	45k6	82	14	48.5	300	75	105	20	79.5	280	267	167	180
KWU200	200	410	350	315	295	50	170	623	M20	48k6	80	14	51.5	324	80	130	22	85	321	299	185	247
KWU225	225	450	380	350	325	55	190	690	M24	48k6	90	14	51.5	342	90	130	25	95	337	320	198	301
KWU250	250	500	415	435	355	65	200	765	M24	55m6	82	16	59	374	100	165	28	106	390	343	219	406

表 8.1-76　KWS 型 III～VI 装配型式蜗杆减速器主要尺寸　　　　（单位：mm）

型号	a	B_1	B_2	B_3	C_1	C_2	C_3	d_1 (j6)	l_1	b_1	t_1	L_1	d_2	l_2	b_2	t_2	L_2	L_3	L_4	h	H	d_3	质量（不含油）/kg
KWS32	32	105	157	66	85	81	56	12	25	4	13.5	78	16j6	28	5	18	80	—	44	10	56	M5	4
KWS40	40	120	193	84	95	101	76	14	25	5	16	84	20j6	36	6	22.5	95	—	50	12	63	M6	8
KWS50	50	140	225	87	120	118	87	16	28	5	18	98	22j6	36	8	24.5	105	—	58	15	71	M8	11
KWS63	63	160	269	111	140	140	99	18	28	6	20.5	118	30j6	58	8	33	128	86	65	16	75	M10	19
KWS80	80	195	331	140	160	176	125	22	36	6	24.5	146	38k6	58	10	41	158	105	85	20	100	M12	32
KWS100	100	230	384	164	190	205	149	24	36	8	27	165	40k6	82	12	43	190	123	96	24	112	M12	54

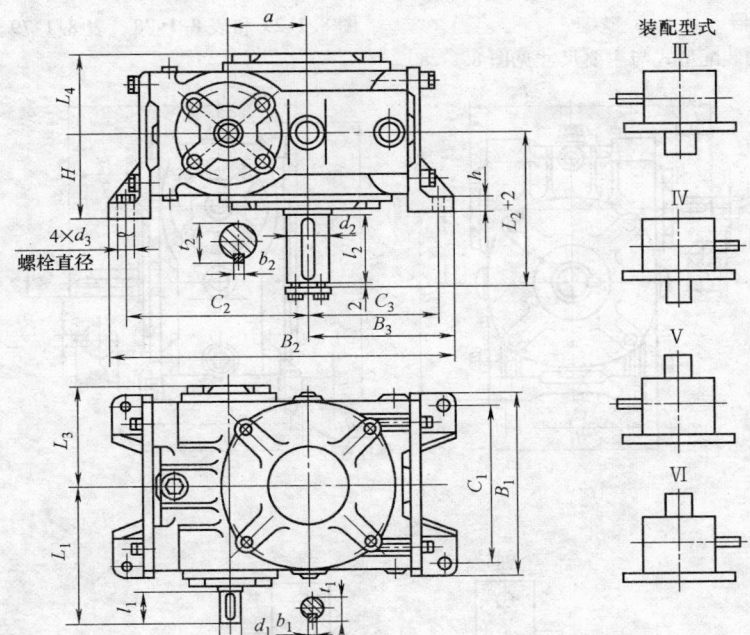

图8.1-26　KWS型蜗杆减速器及Ⅲ ~Ⅵ装配型式

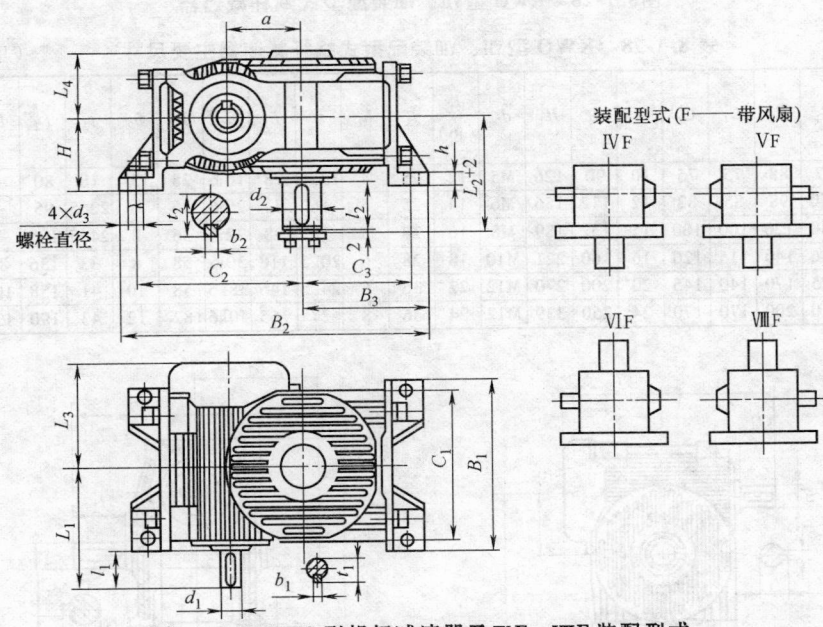

图8.1-27　KWS型蜗杆减速器及ⅣF ~ⅦF装配型式

表 8.1-77　KWS型ⅣF ~Ⅶ装配型式 F 蜗杆减速器主要尺寸　　　　　（单位：mm）

尺寸 型号	a	B_1	B_2	B_3	C_1	C_2	C_3	d_1	l_1	b_1	t_1	L_1	d_2	l_2	b_2	t_2	L_2	L_3	L_4	h	H	d_3	质量 （不含 油）/kg
KWS125	125	290	501	211	245	272	193	32k6	58	10	35	218	55m6	82	16	59	215	202	125	32	140	M16	82
KWS160	160	350	605	245	300	360	235	42k6	82	12	45	270	65m6	105	18	69	266	242	155	40	180	M16	150
KWS180	180	390	690	280	330	385	255	45k6	82	14	48.5	300	75m6	105	20	79.5	280	267	167	45	190	M20	210
KWS200	200	430	739	300	370	420	275	48k6	82	14	51.5	324	80m6	130	22	85	321	299	185	50	200	M20	278
KWS225	225	470	815	325	380	465	300	48k6	82	14	51.5	342	90m6	130	25	95	337	320	198	55	225	M24	365
KWS250	250	525	895	365	430	510	345	55m6	82	16	59	374	100m6	165	28	106	390	343	219	65	250	M24	480

3. KWO 型减速器

KWO 型减速器的装配型式与主要尺寸见图8.1-28、图 8.1-29 和表 8.1-78、表 8.1-79。

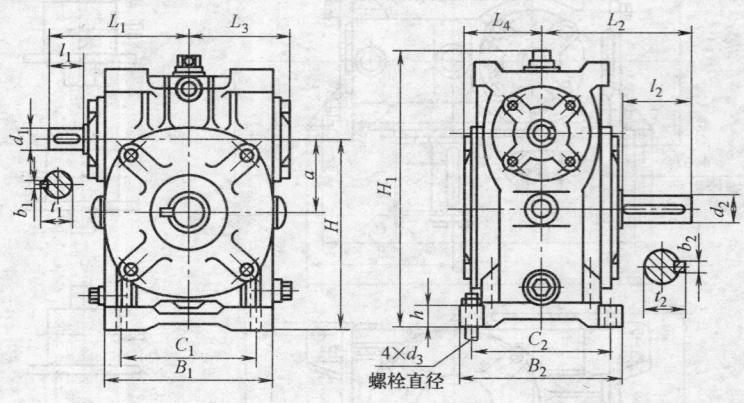

装配型式

图8.1-28　KWO 型Ⅶ、Ⅷ装配型式蜗杆减速器

表 8.1-78　KWO 型Ⅶ、Ⅷ装配型式蜗杆减速器主要尺寸　　　　　　（单位：mm）

尺寸＼型号	a	B_1	B_2	C_1	C_2	h	H	H_1	d_3	d_1 (j6)	l_1	b_1	t_1	L_1	d_2	l_2	b_2	t_2	L_2	L_3	L_4	质量（不含油）/kg
KWO32	32	97	88	75	75	10	90	126	M5	12	25	4	13.5	78	16j6	28	5	18	80	—	43	3.8
KWO40	40	110	98	85	82	12	112	156	M6	14	25	5	16	84	20j6	36	6	22.5	95	—	49	7.5
KWO50	50	130	120	100	100	15	132	189	M8	16	28	5	18	98	22j6	36	8	24.5	105	—	57	10
KWO63	63	146	140	115	120	16	160	221	M10	18	28	6	20.5	118	30i6	58	8	33	136	86	65	17
KWO80	80	175	170	140	145	20	200	270	M12	22	36	6	24.5	146	38k6	58	10	41	158	105	84	29.5
KWO100	100	210	200	170	170	24	250	339	M12	24	36	8	27	165	40k6	82	12	43	190	123	95	47

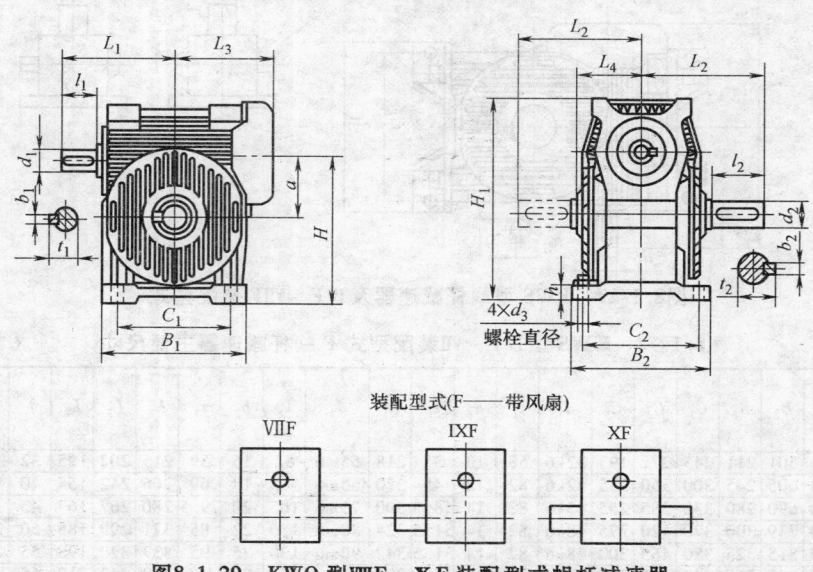

装配型式(F——带风扇)

图8.1-29　KWO 型ⅧF ～ⅩF 装配型式蜗杆减速器

表 8.1-79　KWO 型ⅧF～ⅩF 装配型式蜗杆减速器主要尺寸　　　　　（单位：mm）

尺寸型号	a	B_1	B_2	C_1	C_2	h	H	H_1	d_3	d_1	l_1	b_1	t_1	L_1	d_2	l_2	b_2	t_2	L_2	L_3	L_4	质量（不含油）/kg
KWO125	125	270	245	220	210	32	315	424	M16	32k6	58	10	35	218	55m6	82	16	59	215	202	125	75
KWO160	160	325	295	270	255	40	385	525	M16	42k6	82	12	45	276	65m6	105	18	69	266	242	155	138
KWO180	180	368	325	290	280	45	435	595	M20	45k6	82	14	48.5	300	75m6	105	20	79.5	280	267	167	192
KWO200	200	410	325	315	295	45	475	645	M20	48k6	82	14	51.5	324	80m6	130	22	85	321	299	185	264
KWO225	225	450	380	350	325	55	530	720	M24	48k6	82	14	51.5	342	90m6	130	25	95	337	320	198	330
KWO250	250	500	415	435	355	65	600	800	M24	55m6	82	16	59	374	100m6	165	28	106	390	343	219	450

2.5　NGW 型行星齿轮减速器

　　NGW 型行星齿轮减速机主要由太阳轮、行星轮、行星架、内齿圈机架组成，其标准为 JB/T 6502—1993。为了使行星轮受载均匀，采用了浮动机构，即太阳轮或行星轮浮动，或者太阳轮、行星架两者同时浮动。

　　它具有以下特点：体积小、质量轻、工作平稳、效率高和噪声小等。

　　在相同情况下，比普通渐开线圆柱齿轮减速机质量轻 1/2 以上，体积缩小 1/2～1/3。

　　传动效率高：单级行星齿轮减速器 $\eta=97\%$～98%；两级 $\eta=94\%$～96%；三级 $\eta=91\%$～94%。

　　NGW 型标准行星齿轮减速器包括 NAD、NAZD、NBD、NBZD、NCD、NCZD、NAF、NBF、NCF、NAZF、NBZF、NCZF 十二个系列及派生标准 NASD、NASF、NBSD、NBSF、NCSD、NCSF、NAL、NBL 八个系列。

　　主要用于冶金、矿山、起重、运输、水泥、建筑、化工、纺织、印染、制药、食品、环保等行业。

　　按减速器的规格，高速轴转速为 1500～600r/min。

　　规格为 200～800，转速不大于 1500r/min。

　　规格为 900～1200，转速不大于 1000r/min。

　　规格为 1250～1600，转速不大于 750r/min。

　　规格为 1800～2000，转速不大于 600r/min。

　　减速器齿轮传动的圆周速度，直齿轮不大于 15m/s，斜齿轮不大于 20m/s。

　　减速器工作环境温度为 -40～45℃，低于 0℃时，起动前润滑油应预热至 10℃以上。

　　减速器可正反两向运转。

2.5.1　减速器的代号和标记方法

　　减速器代号包括：型号、级别、连接、规格、公称传动比、装配型式、标准号。

其标记符号：

N——NGW 型；

A——一级行星齿轮减速器；

B——二级行星齿轮减速器；

C——三级行星齿轮减速器；

D——底座连接；

F——法兰连接；

Z——定轴圆柱齿轮；

S——弧齿锥齿轮；

L——立式。

减速器标记方法：

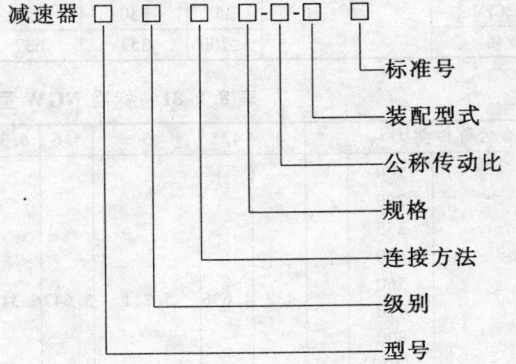

标记示例：

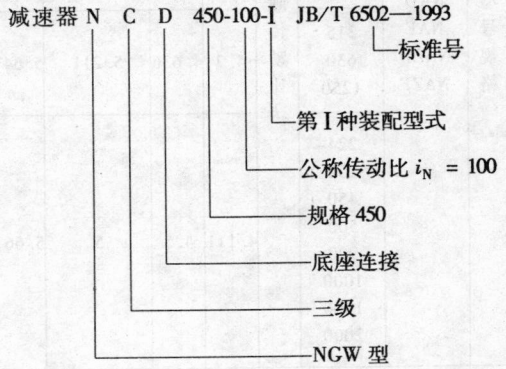

2.5.2　减速器的承载能力、选用方法及实例

标准 NGW 型行星齿轮减速器的机体、机壳、机座通常采用 HT300，机盖采用 HT250。其力学性能不低于 GB/T 9439—2010 的规定。允许采用焊接件。

行星架通常采用 QT600-3 或 QT500-7，其力学性能不低于 GB/T 1348—2009 球墨铸铁件的规定值。单臂行星架通常采用 42CrMo，其热处理及力学性能见表 8.1-80。允许采用力学性能相当的材料。

太阳轮、行星轮、齿轮及齿轮轴常采用 18Cr2Ni4W，表面渗碳淬火处理，其力学性能见表 8.1-80，允许采用力学性能相当或不低于表 8.1-80 的其他材料。

内齿圈和内齿盘，浮动齿套通常分别采用 40CrNiMo 和 42CrMo，其热处理及力学性能见表 8.1-80。允许采用力学性能相当或不低于表 8.1-80 的其他材料。

标准 NGW 型减速器的规格型号及传动比见表 8.1-81。

表 8.1-80　单臂行星架热处理及力学性能

材料牌号	热处理	截面尺寸/mm	R_{eL}/(N/mm²)	R_m/(N/mm²)	A(%)	Z(%)	A_K/J	齿面	芯部	备注
18Cr2Ni4WA	渗碳淬火回火	11	880~980	1390~1580	10	50	60			
		15	835	1180	10	45	78			
20Cr2Ni4		15	1080	1180	10	45	63			
20CrMnMo		15	885	1180	10	45	70	58~62 HRC	32~40 HRC	
		30	785	1050	7	40	55			
	两次淬火,回火	≤100	490	834	15	40	31			GB 3077—1999
20CrMnTi	渗碳淬火回火	15	835	1080	10	45	55			
20CrNiMo		15	1080	1180	10	45	63			
40CrNiMoA	调质	25	980	835	12	55	78	283~323HBW	≥255HBW	
		≤100	608~745	833~931	12~15	40~45	39~58	269~302HBW		
42CrMo		25	930	1080	12	45	63			
45		≤200	353	637	17	35	39	217~255HBW		

表 8.1-81　标准 NGW 型减速器的规格型号及传动比

公称传动比 i_N			4	4.5	5	5.6	6.3	7.1	8	9	10	11.2	12.5	14	16	18
型号规格	NAD NAF NAZD NAZF	200 280 355 400 560 710 800 1120 1400 1600	实际传动比 i	4.2	4.636	5.211	5.647	6.316	7.313	7.8	8.769	10.88	11.79	12.58	14.40	15.46	17.93
		315 630 1250		4.2	4.636	5.211	5.647	6.3	7.235	7.688	9.231	10.88	11.79	12.58	14.40	15.46	17.93
		224 250 450 500 900 1000 1800 2000		4.111	4.5	5	5.667	6.316	7.313	7.8	8.769	10.44	11.83	12.62	14.45	15.51	18.00

（续）

公称传动比 i_N			20	22.4	25	28	31.5	35.5	40	45	50	56	63	71	80	90	100	112	125
型号规格	NBD NBF NBZD NBZF	实际传动比 i																	
		250 450 500 900 1800	21.42	23.21	25.97	30.06	32.91	35.10	39.46	43.85	49.69	62.74	66.94	73.29	83.92	90.07	96.07	111.5	123.9
		280 315 560 1120	21.00	23.80	26.53	30.71	33.90	36.16	40.65	45.70	49.52	64.09	68.39	75.50	86.45	92.78	98.97	114.8	129.1
		355 630 800 1250 1600	21.89	23.71	26.53	30.71	33.90	36.16	40.65	45.70	49.52	64.09	68.39	75.50	86.45	92.78	98.97	114.8	129.1
		400 710 1400	21.89	23.71	26.46	30.39	33.54	35.64	42.79	48.10	52.12	63.42	67.68	74.69	85.53	91.80	97.55	113.2	127.2
		1800 2000	20.56	23.30	25.97	30.06	32.91	35.10	39.46	43.85	49.69	62.74	66.94	73.29	83.92	90.07	96.07	111.5	123.9

公称传动比 i_N			112	125	140	160	180	200	224	250	280	315	355	400
型号规格	NCD NCF	实际传动比 i												
		315 560 1120	118.6	132.6	150.3	167.6	194.0	206.9	239.5	264.4	282.0	317.1	356.4	386.3
		355 630 1250	124.1	138.3	149.8	167.6	194.0	206.9	239.5	264.4	282.0	317.1	356.4	386.2
		400 710 1400	123.6	138.3	149.8	167.1	193.5	206.4	237.0	261.6	278.0	312.5	351.3	380.7
		450	121.0	135.3	146.5	163.9	190.0	202.6	234.5	256.7	273.8	307.8	342.0	387.6
		500 900 1800	121.0	134.9	146.3	163.6	187.9	199.7	231.1	253.0	269.8	324.0	360.0	408.0
		800 1600	123.6	138.3	149.8	167.6	194.0	206.9	239.5	264.4	282.0	317.1	356.4	386.2
		1000 2000	116.1	129.8	147.1	163.9	190.0	202.6	234.5	256.7	273.8	307.8	342.0	387.6

公称传动比 i_N			355	400	450	500	560	630	710	800	900	1000	1120	1250
型号规格	NCZD NCZF	实际传动比 i												
		315 800 / 355 1200 / 560 1250 / 630 1600	373.2	432.0	494.7	527.6	610.7	674.2	719.1	771.8	867.9	1007.1	1131.9	1226.6
		400 710 1400	372.1	430.9	493.4	526.3	604.4	667.1	708.9	760.9	855.3	992.5	1115.7	1209.1
		450 1000	265.0	423.1	484.5	516.6	600.0	654.6	698.2	749.4	842.4	977.6	1086.2	1231.0
		500 900	364.3	418.5	479.1	509.2	589.3	645.2	688.0	738.4	886.8	1029.0	1143.4	1295.8

　　标准 NGW 减速器的承载能力受机械强度和热平衡许用功率两方面的限制，因此减速器的选用必须通过两个功率表。

　　首先按减速器机械强度公称输入功率 P_1 选用，如果减速器的实用输入转速与承载能力表中的四挡（1500，1000，750，600）转速之某一挡转速相对误差不超过 4%，可按该挡转速下的公称功率选用相当规格的减速器。如果转速相对误差超过 4%，则应按实际转速折算减速器的公称功率选用，然后校核减速器热平衡许用功率；如果输入（出）轴上作用有径向载荷（转矩除外），则还应校核轴伸端安全系数。具体计算如下：

1）按减速器机械强度限制的输入轴公称功率 P_1（见表 8.1-87，表 8.1-89，表 8.1-91，表 8.1-93，表 8.1-95，表 8.1-97）选定。在不同原动机、不同性质载荷作用下，选择减速器功率时，应考虑工况系数 K_A（见表 8.1-82）和安全系数 S_A（见表 8.1-83），并满足下列条件：计算功率 $P_{计算}$ 小于输入轴公称功率 P_1，其中计算功率 $P_{计算} = P_{输入} K_A S_A$。

表 8.1-82　减速器的工况系数 K_A

原动机	每日工作小时	轻微冲击（均匀）载荷	中等冲击载荷	强冲击载荷
电动机汽轮机水力机	≤3	0.8	1	1.5
	>3～10	1	1.25	1.75
	>10	1.25	1.5	2
4～6缸的活塞发动机	≤3	1	1.25	1.75
	>3～10	1.25	1.5	2
	>10	1.5	1.75	2
1～3缸的活塞发动机	≤3	1.25	1.5	2
	>3～10	1.5	1.75	2.25
	>10	1.75	2	2.5

表 8.1-83　减速器的安全系数 S_A

重要性与安全要求	一般设备,减速器失效仅引起单机停产,且易更换备件	重要设备,减速器失效引起机组、生产线或全厂停产	高安全度要求,减速器失效引起设备、人身事故
S_A	1.1～1.3	1.3～1.5	1.5～1.7

2）按减速器热平衡时的热功率 P_{G1}（见表 8.1-88，表 8.1-90，表 8.1-92，表 8.1-94，表 8.1-96，表 8.1-98）选定。在不同条件下，选择减速器功率时，应考虑环境温度系数 f_1、负荷率系数 f_2、减速器公称功率利用系数 f_3（见表 8.1-84～表 8.1-86），并满足下列条件：热平衡计算功率 $P_{t计算}$ 小于热平衡时的热功率 P_{G1}，其中热平衡计算功率 $P_{t计算} = P_{输入} f_1 f_2 f_3$。

表 8.1-84　环境温度系数 f_1

	环境温度 $t/℃$	10	20	30	40	50
f_1 冷却条件						
无冷却		0.89	1	1.14	1.33	1.6

表 8.1-85　负荷率系数 f_2

小时负荷率(%)	100	80	60	40	20
负荷系数 f_2	1	0.94	0.86	0.74	0.56

表 8.1-86　减速器公称功率利用系数 f_3

型号	30%	40%	50%	60%	70%	80%	90%	100%
	$f_3 (P_{输入}/P_1 \times 100\%)$							
NAD、NAF	1.45	1.3	1.25	1.2	1.15	1.1	1	1
NAZD、NAZF	1.65	1.4	1.3	1.2	1.15	1.1	1	1
NBD、NBF	1.5	1.3	1.2	1.1	1.1	1.05	1	1
NBZD、NBZF	1.7	1.4	1.2	1.1	1.1	1.05	1	1
NCD、NCF	1.55	1.3	1.15	1.1	1.05	1	1	1
NCZD、NCZF	1.54	1.33	1.2	1.13	1.07	1	1	1

注：P_1—许用输入承载能力，见表 8.1-87，表 8.1-89，表 8.1-91，表 8.1-93，表 8.1-95，表 8.1-97；
　　$P_{输入}$—实际负载功率。

3）当采用油冷却器或稀油站循环油润滑时，按减速器热平衡时的临界功率 P_{G2}（见表 8.1-88，表 8.1-90，表 8.1-92，表 8.1-94，表 8.1-96，表 8.1-98）选定，并满足下列条件：热平衡计算功率 $P_{计算}$ 小于热平衡时的临界功率 P_{G2}，其中热平衡计算功率 $P_{计算} = P_{输入} f_1 f_2 f_3$。

4）减速器的最大许用尖峰载荷（短时过载或起动状态）为许用额定载荷能力的2倍。当按上述方法选减速器，其实际尖峰载荷超过许用值时，可按一半的实际尖峰载荷另行选择。

5）减速器公称输出转矩见表 8.1-99～表 8.1-102。

【例】 由电动机、减速器驱动一台重型钢带式输送机，电动机功率 $P = 55kW$，转速 $n_1 = 1500r/min$，传动辊筒转速 $n_2 = 1.5r/min$，公称传动比 $i = n_1/n_2 = 1500/1.5 = 1000$，每天24h连续运转，小时负荷利用率100%，环境温度约50℃，输入输出轴端无径向负荷，安装在大厂房内，油池润滑，底座连接，试选行星减速器的型号规格。

【解】 ① 按机械强度计算选用，查表 8.1-3，带式输送机为中等冲击载荷，查表 8.1-82 得 $K_A = 1.5$，查表 8.1-83，得 $S_A = 1.4$。

则：$P_{计算} = P_{输入} K_A S_A = 55 \times 1.5 \times 1.4kW$
$= 115.5kW$

当 $i = 1000$，$n_1 = 1500r/min$，查表 8.1-97，$P_1 = 132.6kW > 115.5kW$。

② 由于环境温度较高，应验算热平衡时临界功率 $P_{G1} > P_{计算}$。根据已知条件，查表 8.1-84～表 8.1-86，得 $f_1 = 1.6$，$f_2 = 1$，$P_{输入}/P_1 = 0.415$，$f_3 = 1.31$

$P_{t计算} = P_{输入} f_1 f_2 f_3 = 55 \times 1.6 \times 1 \times 1.31kW$
$= 115.28kW$

查表 8.1-98 得 $P_{G1} = 262 > 115.28kW$

工作状态的热功率小于减速器的热平衡功率，因此无需增加冷却措施。

结论：选 NCZD 1250 $i = 1000$ 是合适的，又因为

轴端无径向负荷，所以轴伸安全系数不必校核。

表 8.1-87　NAD、NAF 减速器输入轴公称功率

规格	$n_1/(\text{r/min})$ 功率	公称传动比 4	4.5	5	5.6	6.3	7.1	8	9
		公称输入功率 P_1/kW							
200	600	54.5	45.0	34.2	28.4	23.3	16.1	13.9	10.0
	750	68.0	56.4	43.1	35.7	29.2	20.1	17.5	12.5
	1000	86.2	73.0	55.9	47.9	39.2	27.0	23.4	16.9
	1500	132.7	111.1	84.8	70.3	57.6	39.7	34.4	25.6
224	600	89.0	78.5	61.9	47.4	35.5	24.3	21.0	15.0
	750	109.8	95.6	77.8	59.5	44.6	30.5	26.4	18.8
	1000	144.5	125.7	101.1	77.4	59.9	40.9	35.4	25.3
	1500	218.0	193.3	153.3	117.3	87.9	60.1	52.0	37.1
250	600	105.3	95.1	76.3	58.7	46.3	31.8	27.7	19.9
	750	131.7	114.6	92.9	73.7	58.1	40.0	34.7	24.9
	1000	174.5	153.1	124.7	95.8	75.5	53.8	46.6	33.5
	1500	258.6	233.6	189.0	145.3	114.4	78.8	68.5	49.2
280	600	168.7	139.8	106.2	87.6	68.1	46.4	40.1	28.4
	750	212.0	170.1	129.2	110.1	85.6	58.3	50.4	35.7
	1000	284.9	228.6	173.7	143.2	111.3	75.8	67.6	48.0
	1500	414.4	346.7	263.4	217.2	168.6	114.9	99.3	70.5
315	600	226.6	187.3	147.1	121.9	96.3	67.5	59.1	38.2
	750	281.4	235.5	179.0	148.4	117.1	84.9	74.3	45.9
	1000	389.9	316.4	240.6	199.4	157.3	110.4	96.7	61.6
	1500	552.6	460.1	364.8	302.5	238.3	167.4	146.7	90.4
355	600	351.2	284.4	217.0	179.1	140.5	95.9	82.9	59.1
	750	437.1	357.5	272.7	225.3	171.1	120.0	104.2	74.2
	1000	578.6	480.4	366.5	310.0	229.8	156.8	135.6	96.5
	1500	855.8	698.4	532.9	440.4	348.2	237.7	205.7	146.4
400	600	432.5	367.3	280.1	232.3	190.4	135.4	117.6	84.4
	750	538.0	461.8	352.3	292.1	239.2	164.8	143.1	106.2
	1000	711.6	620.5	473.3	392.6	321.3	221.4	192.2	138.2
	1500	1067.5	901.4	688.1	571.1	467.1	335.7	291.6	209.6
450	600	702.5	621.2	506.6	387.6	290.5	198.6	177.6	126.7
	750	872.7	772.9	636.9	487.3	365.1	249.7	216.1	154.1
	1000	1152.1	1022.8	855.4	654.7	490.4	335.4	290.4	207.2
	1500	1694.4	1511.1	1242.1	951.7	712.5	487.8	440.3	314.3
500	600	831.2	749.3	624.5	480.2	378.3	260.6	226.2	167.8
	750	1032.0	931.7	785.6	603.6	475.4	327.5	284.4	204.4
	1000	1360.8	1231.5	1011.4	811.1	638.6	440.1	382.2	274.6
	1500	1997.4	1815.7	1530.6	1178.4	927.3	639.7	556.5	416.6

表 8.1-88　NAD、NAF 减速器热功率 P_{G1}、P_{G2}

散热冷却条件		规　格																		
	环境条件	200	224	250	280	315	355	400	450	500	560	630	710	800	900	1000	1120	1250	1400	1600	1800	2000
		P_{G1}/kW																		
油池润滑	小空间、小厂房	6	9	12	17	24	30	37	49	61	73	90	111	145	182	237	283	375	453	610	816	1095
	较大空间或厂房	9	13	18	26	36	45	55	74	92	110	135	166	217	273	356	425	563	679	915	1224	1643
	户外露天	12.5	15	25	37	51	64	78	104	130	155	190	234	306	385	502	599	794	957	1290	1725	2316
稀油站循环油润滑		稀油站循环油润滑时减速器的临界热功率 P_{G2} 按工况条件具体计算决定																		

表 8.1-89　NAZD、NAZF 减速器输入轴公称功率

规格	$n_1/(\text{r/min})$ 功率 公称传动比	10	11.2	12.5	14	15	16
		公称输入功率 P_1/kW					
200	600	14.1	13.4	12.5	10.9	9.9	7.9
	750	15.0	15.0	14.3	11.9	10.7	8.5
	1000	19.4	19.4	18.1	15.0	13.6	10.7
	1500	28.5	28.5	26.3	21.9	19.7	15.6
224	600	19.5	19.5	18.1	15.2	13.7	10.9
	750	21.1	21.1	19.5	16.3	15.2	12.0
	1000	27.5	27.5	25.3	21.0	19.1	15.2
	1500	40.4	40.4	37.2	30.9	27.9	22.1
250	600	25.3	25.3	24.2	20.4	18.5	14.7
	750	32.0	32.0	26.5	22.1	19.9	16.4
	1000	37.4	37.4	34.5	28.7	25.9	20.7
	1500	52.9	52.9	50.0	42.3	38.1	30.2
280	600	33.5	33.5	31.0	27.0	24.4	19.6
	750	38.5	38.5	35.4	29.6	26.7	21.3
	1000	50.5	50.5	46.5	38.7	34.9	27.7
	1500	71.4	71.4	65.8	57.1	51.5	40.8
315	600	50.9	50.9	47.1	39.8	36.2	30.1
	750	60.0	60.0	55.3	46.2	41.8	33.4
	1000	79.1	79.1	73.0	60.8	54.9	43.7
	1500	112.3	112.3	103.5	86.3	78.0	64.7
355	600	76.6	76.6	71.6	59.8	54.4	43.5
	750	89.8	89.8	82.8	69.3	62.7	50.0
	1000	118.6	118.6	109.4	91.3	82.6	65.8
	1500	168.4	168.4	155.5	129.9	117.4	93.6
400	600	113.4	113.4	105.2	88.6	80.4	64.4
	750	134.4	134.4	124.1	103.8	94.0	75.0
	1000	170.7	170.7	157.5	137.3	124.2	99.1
	1500	251.6	251.6	232.3	195.5	176.9	141.2
450	600	159.4	159.4	147.6	123.5	111.9	89.5
	750	118.4	118.4	173.9	145.4	131.5	105.0
	1000	239.3	239.3	220.9	184.7	167.1	138.9
	1500	352.9	352.9	325.9	272.8	264.9	198.2
500	600	214.7	214.7	198.6	166.2	150.5	120.3
	750	244.8	244.8	235.6	196.9	178.1	142.1
	1000	323.0	323.0	299.5	250.4	226.5	180.7
	1500	478.1	478.1	442.0	370.0	334.9	267.4

表 8.1-90　NAZD、NAZF 减速器热功率 P_{G1}、P_{G2}

散热冷却条件		规　格																	
	环境条件	200	224	250	280	315	355	400	450	500	560	630	710	800	900	1000	1120	1250	1400	1600
		P_{G1}/kW																	
油池润滑	小空间、小厂房	6	8	11	16	23	28	35	47	58	69	85	104	136	171	223	267	353	425	573
	较大空间或厂房	8.5	12	17	24	34	42	52	70	87	103	127	156	204	257	335	400	529	638	860
	户外露天	12	17	24	34	48	59	73	98.7	123	145	179	220	288	362	472	564	746	899	1212
稀油站循环油润滑		稀油站循环油润滑时减速器的临界热功率 P_{G2} 按工况条件具体计算决定																		

表 8.1-91　NBD、NBF 减速器输入轴公称功率

规格	n_1/(r/min)	公称传动比 / 功率	20	22.4	25	28	31.5	35.5	40	45	50 53
			公称输入功率 P_1/kW								
250	600		20.5	18.9	16.6	12.2	11.4	10.2	9.3	7.6	7.6
	750		25.6	23.7	20.7	15.2	14.2	12.8	11.8	9.6	9.4
	1000		34.1	31.5	27.6	20.3	18.9	17.2	15.8	12.9	12.2
	1500		51.1	47.2	40.9	30.3	28.2	25.3	23.9	19.5	17.6
280	600		35.0	30.9	24.8	20.2	18.6	16.3	13.3	12.1	11.5
	750		43.7	38.6	30.8	25.2	23.2	20.5	16.8	15.3	14.1
	1000		58.3	51.5	40.9	33.8	31.1	27.5	22.5	20.4	18.2
	1500		85.6	75.4	60.8	49.9	45.9	40.4	33.4	30.3	26.2
315	600		45.7	38.9	34.4	25.4	23.2	20.9	18.4	15.6	15.6
	750		57.1	48.5	42.9	31.6	28.9	26.2	23.2	19.6	19.5
	1000		76.0	64.3	56.8	42.0	38.4	35.2	31.2	26.3	25.3
	1500		113.8	95.5	84.2	62.3	56.9	51.7	45.6	38.5	35.1
355	600		68.3	60.5	52.3	41.7	34.5	30.5	25.2	22.6	22.6
	750		85.3	76.0	65.3	52.1	43.1	38.2	31.5	28.3	28.3
	1000		113.6	98.8	86.5	68.3	56.5	51.4	42.4	38.1	38.1
	1500		170.0	150.0	128.3	102.8	85.0	75.4	62.4	56.0	53.2
400	600		84.3	77.8	68.0	52.4	43.8	41.3	33.4	28.2	28.2
	750		105.3	97.2	84.5	65.3	54.6	51.5	41.8	35.4	35.4
	1000		140.2	129.4	111.9	86.5	72.4	68.4	56.3	47.6	47.6
	1500		209.6	193.6	165.6	128.3	107.3	101.4	82.6	69.8	65.8
450	600		137.1	124.1	114.6	84.2	69.8	63.1	55.6	46.9	41.8
	750		171.1	156.0	139.7	104.8	86.9	79.3	62.6	52.8	47.1
	1000		228.4	208.6	184.9	139.0	115.2	103.1	90.8	76.6	68.3
	1500		341.7	304.9	273.0	205.8	170.6	156.4	137.8	116.3	102.5
500	600		163.1	150.5	135.7	109.6	91.0	85.5	74.8	64.5	62.5
	750		203.5	187.9	168.8	136.4	113.0	105.0	94.0	81.0	78.2
	1000		270.8	250.0	223.1	180.5	149.8	141.0	142.5	105.4	98.6
	1500		404.2	373.5	328.8	266.9	221.5	208.5	185.5	159.8	142.3

表 8.1-92　NBD、NBF 减速器热功率 P_{G1}、P_{G2}

散热冷却条件	环境条件	规　　格																		
		250	280	315	355	400	450	500	560	630	710	800	900	1000	1120	1250	1400	1600	1800	2000
		P_{G1}/kW																		
油池润滑	小空间、小厂房	8	11	16	20	24.5	33	41	49	60	71	93	117	153	182	242	292	393	526	707
	较大空间或厂房	12	17	24	30	36.5	49	61	73.5	90	107	140	176	230	274	363	438	590	790	1060
	户外露天	17	24	34	42	52	69	87	104	128	152	199	249	326	389	515	622	838	1121	1500
稀油站循环油润滑		稀油站循环油润滑时减速器的临界热功率 P_{G2} 按工况条件具体计算决定																		

表 8.1-93　NBZD、NBZF 减速器输入轴公称功率

规格	n_1/(r/min)	公称传动比 / 功率	56	63	71	80	90	100	112	125
			公称输入功率 P_1/kW							
250	600		6.3	6.0	5.5	4.8	4.5	3.9	3.4	2.6
	750		7.9	7.3	6.7	6.0	5.6	5.0	4.3	3.2
	1000		10.5	9.8	9.0	7.9	7.3	6.4	5.7	4.3
	1500		16.0	14.9	13.6	11.9	11.0	9.7	8.4	6.2

（续）

规格	n_1/(r/min) 功率	公称传动比 56	63	71	80	90	100	112	125
		公称输入功率 P_1/kW							
280	600	10.6	9.9	8.9	7.8	7.3	6.3	5.6	4.1
	750	12.8	11.9	10.7	9.7	9.0	7.9	6.8	5.1
	1000	17.2	16.1	14.4	12.5	11.7	10.2	8.8	6.8
	1500	26.0	24.3	21.8	19.0	17.6	15.5	13.4	9.9
315	600	13.0	12.1	10.9	9.7	9.0	8.1	7.1	5.3
	750	16.3	15.2	13.7	11.9	11.1	10.2	8.8	6.5
	1000	21.8	20.4	18.4	16.0	14.9	13.1	11.3	8.8
	1500	32.7	30.7	27.7	24.2	22.6	19.9	17.7	12.8
355	600	18.8	17.6	15.9	14.5	13.5	11.9	10.3	7.7
	750	23.7	22.1	20.0	17.5	16.3	14.3	12.8	9.5
	1000	31.7	29.7	26.9	23.4	21.8	19.2	16.4	12.2
	1500	48.1	45.0	40.7	35.4	32.9	29.0	24.9	18.5
400	600	24.9	23.3	21.1	18.4	17.2	16.2	14.0	9.6
	750	31.1	29.1	26.4	23.0	21.5	20.3	17.4	11.9
	1000	41.4	38.7	35.1	30.6	28.6	27.0	23.2	15.3
	1500	61.8	57.7	52.3	45.8	42.7	40.2	34.8	23.1
450	600	38.7	36.2	33.1	28.8	26.9	23.6	21.5	15.9
	750	48.7	45.4	41.5	36.2	33.6	29.6	25.5	18.9
	1000	65.2	61.0	55.7	48.5	45.1	39.7	34.1	25.4
	1500	97.3	91.8	83.8	72.9	68.0	60.1	51.6	38.4
500	600	51.4	48.0	43.9	38.4	35.8	32.3	28.2	21.9
	750	64.0	60.0	54.8	47.9	44.7	40.5	34.8	26.0
	1000	85.0	79.7	72.8	63.8	59.4	54.3	46.6	34.9
	1500	126.7	118.7	108.5	95.0	88.6	82.2	70.6	52.7

表 8.1-94　NBZD、NBZF 减速器热功率 P_{G1}、P_{G2}

散热冷却条件		规　格																
油池润滑	环境条件	250	280	315	355	400	450	500	560	630	710	800	900	1000	1120	1250	1400	1600
		P_{G1}/kW																
	小空间、小厂房	7.3	11	15	19	23	30	38	45	56	66	87	109	143	170	225	271	366
	较大空间或厂房	11	16	22	28	34	45	57	68	84	99	130	164	214	255	337	407	549
	户外露天	15.5	23	31	39.5	48	63.5	80	96	118	140	183	231	302	359	475	574	774
稀油站循环油润滑		稀油站循环油润滑时减速器的临界热功率 P_{G2} 按工况条件具体计算决定																

表 8.1-95　NCD、NCF 减速器输入轴公称功率

规格	n_1/(r/min) 功率	公称传动比 112	125	140	160	180	200	224	250	289	315	355	400
		公称输入功率 P_1/kW											
315	600	8.1	7.2	6.3	5.5	4.6	4.4	3.8	3.2	2.9	2.7	2.5	2.2
	750	10.1	9.0	7.9	6.8	5.8	5.5	4.6	3.9	3.7	3.3	3.2	2.7
	1000	13.5	12.0	10.7	9.0	7.7	7.3	6.3	5.3	5.0	4.5	4.2	3.6
	1500	20.3	18.1	15.9	13.6	11.7	11.0	9.4	7.9	7.3	6.5	6.3	5.5
355	600	12.0	10.8	10.0	8.2	7.1	6.6	5.5	4.7	4.5	3.9	3.4	3.1
	750	15.1	13.6	12.4	10.3	8.9	8.3	6.9	5.9	5.6	5.0	4.4	3.8
	1000	20.1	18.1	16.6	13.8	11.7	11.0	9.3	7.9	7.3	6.6	5.8	5.1
	1500	30.1	27.1	24.5	20.7	17.8	16.7	14.0	11.9	10.5	9.5	8.4	7.7

（续）

规格	n_1/(r/min)	公称传动比 \ 功率	112	125	140	160	180	200	224	250	289	315	355	400
			公称输入功率 P_1/kW											
400	600		14.9	13.4	12.3	10.8	9.3	8.7	7.1	6.0	5.6	5.1	4.5	4.1
	750		18.7	16.7	15.4	13.4	11.4	10.7	8.8	7.5	7.1	6.3	5.6	5.1
	1000		24.9	22.3	20.5	17.8	15.4	14.4	11.9	10.1	9.5	8.5	7.5	6.9
	1500		37.3	33.4	30.8	26.5	23.1	21.6	17.8	15.1	14.2	12.6	11.2	10.4
450	600		24.4	21.8	20.1	17.9	15.2	14.4	11.3	9.6	9.0	8.0	7.1	6.1
	750		30.5	27.2	25.2	22.3	19.2	18.1	14.1	12.0	11.3	10.1	9.0	7.7
	1000		40.7	36.3	33.5	29.7	25.5	24.0	18.9	16.0	15.1	13.4	11.9	10.3
	1500		61.0	54.5	50.4	44.5	38.2	36.0	28.1	23.8	21.8	19.7	17.3	15.4
500	600		28.9	26.0	23.9	20.8	18.1	16.9	14.3	12.8	12.0	10.0	8.7	7.6
	750		36.2	32.4	30.0	26.1	22.5	21.2	17.8	15.9	15.0	12.4	10.8	9.5
	1000		48.2	43.3	39.9	34.6	30.1	28.3	23.8	21.3	20.0	16.6	14.5	12.7
	1500		74.4	64.9	59.9	51.8	45.0	42.3	35.6	31.8	29.0	24.9	21.8	19.1

表 8.1-96　NCD、NCF 减速器热功率 P_{G1}、P_{G2}

散热冷却条件		规　格																
油池润滑	环境条件	315	355	400	450	500	560	630	710	800	900	1000	1120	1250	1400	1600	1800	2000
		P_{G1}/kW																
	小空间、小厂房	11	13.5	16.5	22	27	32.5	43	47	62	78	110	131	189	211	290	403	541
	较大空间或厂房	16	20	24.3	33	41	49	64	71	93	117	164	196	279	312	421	585	785
	户外露天	22.5	28	34	46.5	58	69	90	100	131	175	231	276	393	439	594	825	1107
稀油站循环油润滑		稀油站循环油润滑时减速器的临界热功率 P_{G2} 按工况条件具体计算决定																

表 8.1-97　NCZD、NCZF 减速器输入轴公称功率

规格	n_1/(r/min)	公称传动比 \ 功率	355	400	450	500	560	630	710	800	900	1000	1129	1250
			公称输入功率 P_1/kW											
315	600		2.6	2.0	1.8	1.7	1.3	1.2	1.1	1.1	1.0	0.8	0.7	0.6
	750		3.3	3.3	2.3	2.2	1.8	1.6	1.4	1.3	1.1	1.0	0.9	0.8
	1000		4.5	3.5	3.1	2.8	2.3	2.1	1.9	1.8	1.6	1.4	1.2	1.1
	1500		6.8	5.2	4.5	4.3	3.4	3.1	2.9	2.7	2.4	2.1	1.9	1.7
355	600		4.2	3.1	2.8	2.5	2.0	1.8	1.7	1.6	1.4	1.2	1.1	1.1
	750		5.2	3.9	3.5	3.2	2.5	2.3	2.2	2.0	1.7	1.5	1.4	1.2
	1000		6.9	5.3	4.6	4.4	3.4	3.1	2.9	2.7	2.4	2.1	2.0	1.6
	1500		10.4	8.0	6.9	6.5	5.1	4.6	4.4	4.0	3.6	3.1	2.9	2.6
400	600		5.3	4.0	3.6	3.3	2.5	2.3	2.2	2.1	1.8	1.6	1.5	1.2
	750		6.7	5.1	4.5	4.2	3.2	2.9	2.8	2.6	2.2	2.0	1.8	1.5
	1000		8.9	6.9	6.1	5.6	4.3	3.9	3.7	3.4	3.0	2.6	2.5	2.0
	1500		13.4	10.4	9.1	8.5	6.5	5.9	5.6	5.1	4.6	3.9	3.7	3.1
450	600		9.0	6.9	6.1	5.6	4.2	3.8	3.5	3.3	2.9	2.5	2.3	2.1
	750		11.3	8.7	7.6	7.1	5.1	4.7	4.4	4.1	3.6	3.1	2.9	2.5
	1000		15.0	11.5	10.0	9.4	6.8	6.2	5.9	5.5	4.9	4.2	3.9	3.3
	1500		22.5	17.3	15.2	14.2	10.4	9.5	8.9	8.3	7.3	6.3	5.9	4.9
500	600		10.6	8.3	7.2	6.8	5.5	5.0	4.7	4.4	3.6	3.1	2.8	2.4
	750		13.3	10.3	9.1	8.5	6.8	6.3	5.8	5.5	4.5	3.9	3.5	2.9
	1000		17.8	13.9	12.0	11.4	9.2	8.4	7.9	7.3	6.1	5.2	4.7	3.9
	1500		26.7	20.7	18.2	17.1	13.7	12.5	11.8	10.9	9.1	7.9	7.1	6.0

表 8.1-98　NCZD、NCZF 减速器热功率 P_{G1}、P_{G2}

散热冷却条件		规　　格																	
油池润滑	环境条件	315	355	400	450	500	560	630	710	800	900	1000	1120	1250	1400	1600	1800	2000
		P_{G1}/kW																
	小空间、小厂房	10	12.5	15.8	21	27	32	42	46	61	77	107	128	175	195	263	367	492
	较大空间或厂房	15	18.8	23.8	32	40	48	63	69.5	91	115	161	192	262	295	395	550	738
	户外露天	21	26	33	45	56	67	88	97	127	161	225	269	367	410	553	770	1033
稀油站循环油润滑		稀油站循环油润滑时减速器的临界热功率 P_{G2} 按工况条件具体计算决定																

表 8.1-99　NAD、NAF、NAZD、NAZF 减速器公称输出转矩　　（单位：kN·m）

规格＼传动比	4	4.5	5	5.6	6.3	7.1	8	9	10	11.2	12.5	14	16	18
200	3.409	3.148	2.701	2.426	2.224	1.774	1.643	1.372	1.878	2.036	2.004	1.910	1.842	1.697
224	5.478	5.315	4.685	4.063	3.393	2.686	2.479	1.989	2.554	2.884	2.842	2.704	2.623	2.415
250	6.498	6.426	5.776	5.033	4.418	3.528	3.264	2.637	3.340	3.788	3.880	3.699	3.580	3.295
280	10.64	9.824	8.389	7.499	6.517	5.136	4.734	3.779	4.699	5.092	5.011	4.975	4.815	4.427
315	14.19	13.04	11.62	10.44	9.178	7.402	6.893	5.102	7.385	8.004	7.881	7.529	7.294	7.019
355	21.97	19.79	16.97	15.20	13.44	10.62	9.806	7.851	11.08	12.01	11.83	11.32	10.99	10.15
400	26.96	25.54	21.91	19.71	18.03	15.00	13.90	11.23	16.56	17.94	17.67	17.03	16.54	15.32
450	42.57	41.56	37.96	32.96	27.50	21.80	20.99	16.85	22.28	25.25	24.88	23.84	23.15	21.58
500	50.18	49.94	46.76	40.81	35.80	28.59	26.50	22.33	30.17	34.20	33.74	32.34	31.42	29.10

表 8.1-100　NBD、NBF、NBZD、NBZF 减速器公称输出转矩　　（单位：kN·m）

规格＼传动比	20	22.4	25	28	31.5	35.5	40	45	50	56	63	71	80	90	100	112	125
250	6.628	6.632	6.492	5.615	5.617	5.369	5.176	5.176	5.303	5.990	5.988	5.985	5.968	5.961	5.612	5.597	4.704
280	10.89	10.86	9.859	9.411	9.414	8.842	8.300	8.299	7.874	9.990	9.985	9.875	9.847	9.833	9.236	9.210	7.694
315	14.46	13.75	13.65	11.69	11.68	11.32	11.32	10.67	10.52	12.58	12.59	12.53	12.55	12.56	11.82	11.78	9.889
355	22.50	21.52	20.80	19.30	17.45	16.50	15.48	15.48	15.95	18.47	18.44	18.41	18.35	18.32	17.21	17.15	14.32
400	27.75	27.77	26.78	23.77	21.78	21.87	21.60	20.33	20.77	23.45	23.41	23.41	23.46	23.48	23.54	23.58	18.80
450	44.22	43.28	43.33	37.81	33.96	33.22	33.24	30.84	30.80	36.56	36.58	36.56	36.64	36.68	34.60	34.49	28.82
500	52.40	52.45	52.19	49.06	44.08	44.27	44.27	42.40	42.80	47.58	47.60	47.61	47.74	47.79	47.28	47.12	39.59

表 8.1-101　NCD、NCF 减速器公称输出转矩　　（单位：kN·m）

规格＼传动比	112	125	140	160	180	200	224	250	300	315	355	400
315	14.40	14.40	14.40	13.68	13.65	13.64	13.33	12.66	12.28	12.30	12.32	12.25
355	22.42	22.43	22.02	20.83	20.70	20.70	19.85	18.86	17.86	17.86	17.88	17.85
400	27.68	27.68	27.68	26.51	26.47	26.40	24.98	23.70	23.73	23.74	23.69	23.68
450	44.19	44.20	44.20	43.18	43.19	43.20	39.01	36.75	35.86	35.86	35.86	35.80
500	52.41	52.43	52.44	50.18	50.06	50.02	48.70	48.31	46.97	46.97	46.95	46.61
560	83.66	83.69	83.71	81.49	81.52	81.53	80.60	80.63	77.39	77.39	77.40	73.86

表 8.1-102　NCZD、NCZF 减速器公称输出转矩　　（单位：kN·m）

规格＼传动比	355	400	450	500	560	630	710	800	900	1000	1100	1250
315	13.54	13.54	13.55	13.55	12.56	12.56	12.58	12.58	12.58	12.58	12.58	12.57
355	20.56	20.58	20.58	20.58	18.70	18.70	18.74	18.74	18.74	18.74	18.74	18.74
400	26.56	26.56	26.59	26.59	23.50	23.50	23.54	23.54	23.54	23.55	23.55	23.54
450	43.58	43.60	43.60	43.62	36.75	36.74	36.80	36.81	36.82	36.82	36.82	36.82
500	51.53	51.54	51.55	51.55	47.06	47.97	48.05	48.06	48.08	48.09	48.10	46.14
560	80.53	80.54	80.54	80.55	79.82	79.82	79.82	79.82	79.83	79.83	78.68	73.12

2.5.3　减速器的外形和安装尺寸（见表8.1-103～表8.1-114）

表 8.1-103　NAD 减速器的外形和安装尺寸　　（单位：mm）

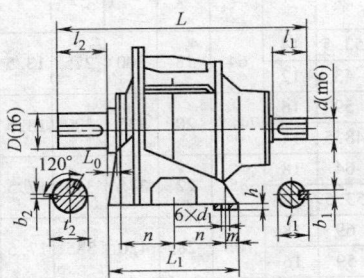
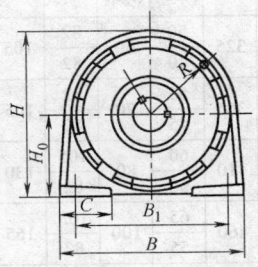

型号	公称传动比 i_N	外形及轴高					轴伸								地脚尺寸								质量 /kg	润滑油量 /L
		L	B	H	H_0	R	d (m6)	D (n6)	l_1	l_2	t_1	b_1	t_2	b_2	L_1	L_0	n	m	h	B_1	C	d_1		
NAD200	4～5.6	540	355	345	180	165	50	60	82	105	53.5	14	64	18	230	25	90	25	18	280	90	17.5	85	2
	6.3～9	540					40		82		43	12												
NAD224	4～5.6	610	400	385	200	185	55	70	82	105	59	16	74.5	20	240	30	95	25	20	310	105	20	120	3
	6.3～9	610					45		82		48.5	14												
NAD250	4～5.6	680	450	435	225	215	60	80	105	130	64	18	85	22	290	30	120	25	20	360	120	20	160	4
	6.3～9	657					50		82		53.5	14												
NAD280	4～5.6	750	500	465	236	230	65	100	105	165	69	18	106	28	300	35	120	30	23	410	130	22	230	6
	6.3～9	727					55		82		59	16												
NAD315	4～5.6	800	560	525	265	260	75	120	105	165	79.5	20	127	32	320	35	130	30	25	470	140	22	360	8
	6.3～9	800					60		105		64	18												
NAD355	4～5.6	895	630	590	300	290	85	140	130	200	90	22	148	36	380	38	155	35	28	520	170	26	420	10
	6.3～9	870					65		105		69	18												
NAD400	4～5.6	979	710	660	335	325	95	150	130	200	100	25	158	36	400	51	165	35	35	600	210	26	572	14
	6.3～9	954					75		105		79.5	20												
NAD450	4～5.6	1135	800	745	375	370	110	170	165	240	116	28	179	40	460	60	180	50	35	670	220	33	755	20
	6.3～9	1100					80		130		85	22												
NAD500	4～5.6	1250	900	835	425	410	120	200	165	280	127	32	210	45	500	80	200	50	40	770	240	33	1095	26
	6.3～9	1215					90		130		95	25												

表 8.1-104　NAF 减速器的外形和安装尺寸　　（单位：mm）

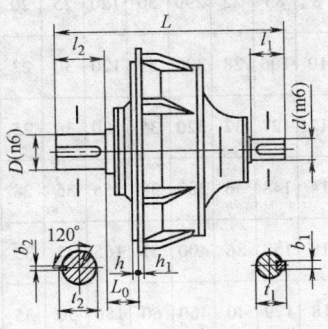
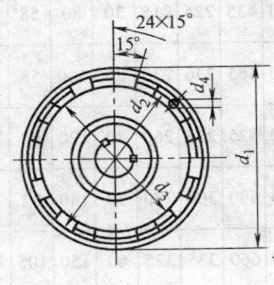

（续）

型号	公称传动比 i_N	外形尺寸		d(m6)	D(n6)	轴　　伸							法兰尺寸				质量/kg	润滑油量/L
		L	d_1			l_1	l_2	t_1	b_1	t_2	b_2	d_2	d_3	d_4	L_0	h / h_1		
NAF 200	4~5.6	540	325	50	60	82	105	53.5	14	64	18	300	275	13.5	70	6 / 15	70	2
	6.3~9	540		40		82		43	12									
NAF 224	4~5.6	610	365	55	70	82	105	59	16	74.5	20	335	300	13.5	76	6 / 15	100	3
	6.3~9	610		45		82		48.5	14									
NAF 250	4~5.6	680	410	60	80	105	130	64	18	85	22	375	340	17.5	85	8 / 20	130	4
	6.3~9	657		50		82		53.5	14									
NAF 280	4~5.6	750	460	65	100	105	165	69	18	106	28	420	385	17.5	95	8 / 20	195	6
	6.3~9	727		55		82		59	16									
NAF 315	4~5.6	800	520	75	120	105	165	79.5	20	127	32	470	435	17.5	113	8 / 20	260	8
	6.3~9	800		60		105		64	18									
NAF 355	4~5.6	895	585	85	140	130	200	90	22	148	36	525	485	22	120	8 / 25	355	10
	6.3~9	870		65		105		69	18									
NAF 400	4~5.6	979	650	95	150	130	200	100	25	158	36	590	545	22	125	8 / 25	462	14
	6.3~9	954		75		105		79.5	20									
NAF 450	4~5.6	1135	740	110	170	165	240	116	28	179	40	670	615	26	138	8 / 30	620	20
	6.3~9	1100		80		130		85	22									
NAF 500	4~5.6	1250	820	120	200	165	280	127	32	210	45	755	680	26	160	8 / 30	948	26
	6.3~9	1215		90		130		95	25									

表 8.1-105　　NBD 减速器的外形和安装尺寸　　　　　（单位：mm）

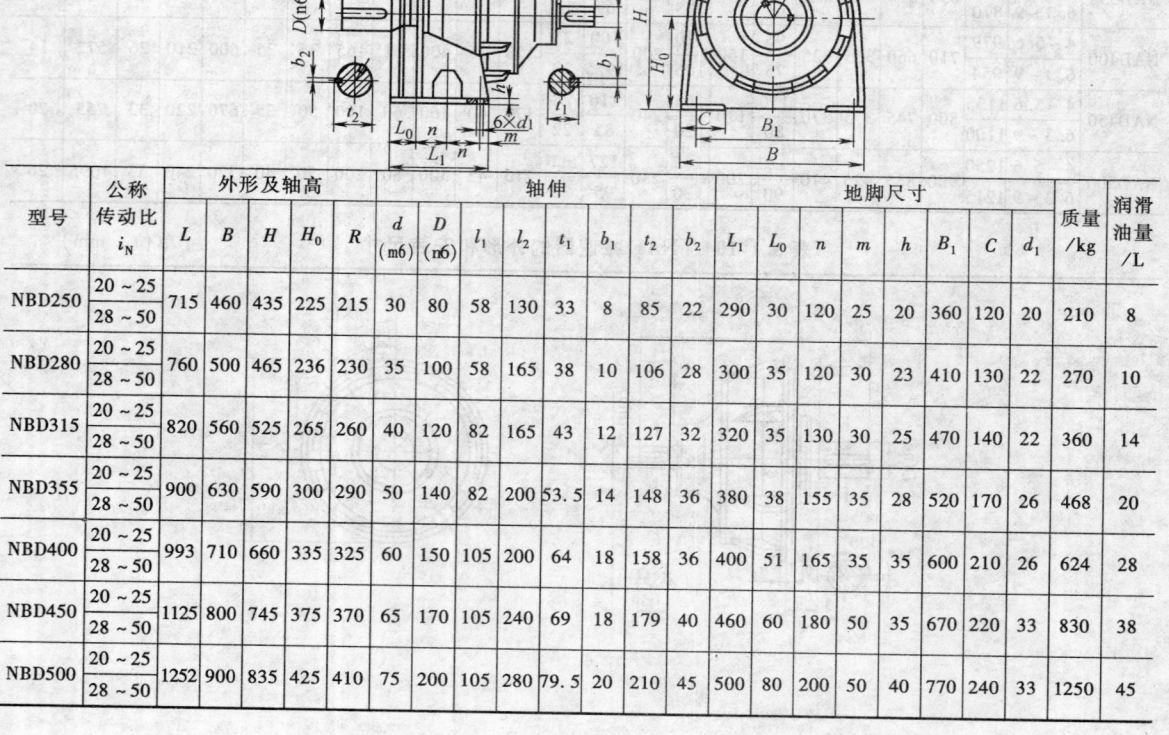

型号	公称传动比 i_N	外形及轴高					轴　伸								地脚尺寸								质量/kg	润滑油量/L
		L	B	H	H_0	R	d(m6)	D(n6)	l_1	l_2	t_1	b_1	t_2	b_2	L_1	L_0	n	m	h	B_1	C	d_1		
NBD250	20~25	715	460	435	225	215	30	80	58	130	33	8	85	22	290	30	120	25	20	360	120	20	210	8
	28~50																							
NBD280	20~25	760	500	465	236	230	35	100	58	165	38	10	106	28	300	35	120	30	23	410	130	22	270	10
	28~50																							
NBD315	20~25	820	560	525	265	260	40	120	82	165	43	12	127	32	320	35	130	30	25	470	140	22	360	14
	28~50																							
NBD355	20~25	900	630	590	300	290	50	140	82	200	53.5	14	148	36	380	38	155	35	28	520	170	26	468	20
	28~50																							
NBD400	20~25	993	710	660	335	325	60	150	105	200	64	18	158	36	400	51	165	35	35	600	210	26	624	28
	28~50																							
NBD450	20~25	1125	800	745	375	370	65	170	105	240	69	18	179	40	460	60	180	50	35	670	220	33	830	38
	28~50																							
NBD500	20~25	1252	900	835	425	410	75	200	105	280	79.5	20	210	45	500	80	200	50	40	770	240	33	1250	45
	28~50																							

表 8.1-106   NBF 减速器的外形和安装尺寸   （单位：mm）

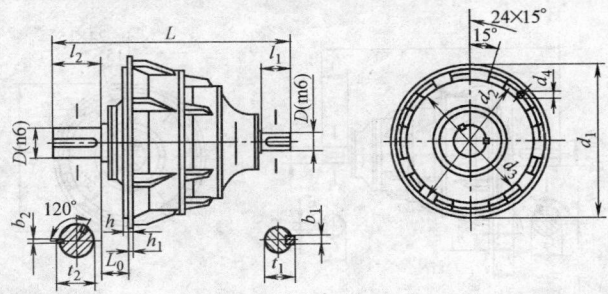

型号	公称传动比 i_N	外形尺寸				轴 伸							法兰尺寸				h h_1	质量 /kg	润滑油量 /L
		L	d_1	d (m6)	D (n6)	l_1	l_2	t_1	b_1	t_2	b_2	d_2	d_3	d_4	L_0			
NBF 250	20~25	715	410	30	80	58	130	33	8	85	22	375	340	17.5	85	8	180	8
	28~50															20		
NBF 280	20~25	760	460	35	100	58	165	38	10	106	28	420	385	17.5	95	8	235	10
	28~50															20		
NBF 315	20~25	820	520	40	120	82	165	43	12	127	32	470	435	17.5	113	8	310	14
	28~50															20		
NBF 355	20~25	900	585	50	140	82	200	53.5	14	148	36	525	485	22	120	8	403	20
	28~50															25		
NBF 400	20~25	993	650	60	150	105	200	64	18	158	36	590	545	22	125	8	514	28
	28~50															25		
NBF 450	20~25	1100	740	65	170	105	240	69	18	179	40	670	615	26	138	8	705	38
	28~50															30		
NBF 500	20~25	1252	820	75	200	105	280	79.5	20	210	45	755	680	26	160	8	1095	45
	28~50															30		

表 8.1-107   NCD 减速器的外形和安装尺寸   （单位：mm）

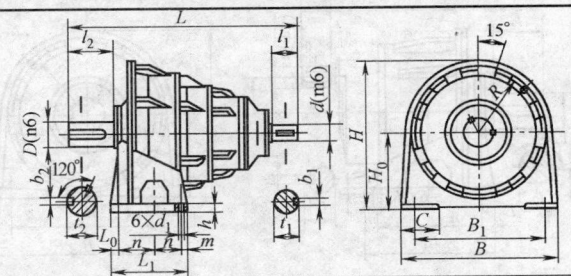

型号	公称传动比 i_N	外形及轴高					轴伸							地脚尺寸								质量 /kg	润滑油量 /L
		L	B	H	H_0	R	d (m6)	D (n6)	l_1	l_2	t_1	b_1	t_2	b_2	L_1	L_0	n	m	h	B_1	C	d_1		
NCD315	112~400	850	560	525	265	260	25	120	42	165	28	8	127	32	320	35	130	30	25	470	140	22	380	18
NCD355	112~400	960	630	590	300	290	28	140	42	200	31	8	148	36	380	38	155	35	28	520	170	26	500	24
NCD400	112~400	1023	710	660	335	325	30	150	58	200	33	8	158	36	400	51	165	35	35	600	210	26	640	36
NCD450	112~400	1147	800	745	375	370	40	170	82	240	43	12	179	40	460	60	180	35	35	670	220	33	900	45
NCD500	112~400	1300	900	835	425	410	45	200	82	280	48.5	14	210	45	500	80	200	40	40	770	240	33	1300	55

表 8.1-108　NCF 减速器的外形和安装尺寸　　　　　　（单位：mm）

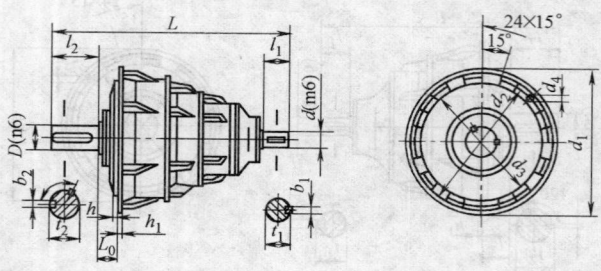

型号	公称传动比 i_N	外形尺寸		轴　　伸								法兰尺寸				h / h_1	质量 /kg	润滑油量 /L
		L	d_1	d (m6)	D (n6)	l_1	l_2	t_1	b_1	t_2	b_2	d_2	d_3	d_4	L_0			
NCF 315	112~400	850	520	25	120	42	165	28	8	127	32	470	435	17.5	113	8 / 20	335	18
NCF 355	112~400	960	585	28	140	42	200	31	8	148	36	525	485	22	120	8 / 25	450	24
NCF 400	112~400	1023	650	30	150	58	200	33	8	158	36	590	545	22	125	8 / 25	530	36
NCF 450	112~400	1147	740	40	170	82	240	43	12	179	40	670	615	26	138	8 / 30	780	45
NCF 500	112~400	1300	820	45	200	82	280	48.5	14	210	45	755	680	26	160	8 / 30	1155	55
NCF 560	112~400	1420	940	50	220	82	280	53.5	14	231	50	860	785	33	173.5	10 / 38	1520	72

表 8.1-109　NAZD 减速器的外形和安装尺寸　　　　　　（单位：mm）

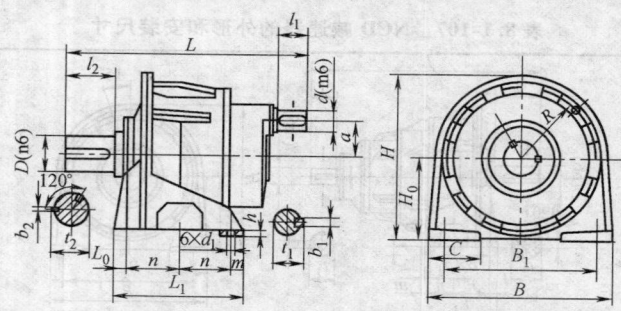

型号	公称传动比 i_N	外形及轴高						轴伸								地脚尺寸								质量 /kg	润滑油量 /L
		L	B	H	H_0	R	a	d (m6)	D (n6)	l_1	l_2	t_1	b_1	t_2	b_2	L_1	L_0	n	m	h	B_1	C	d_1		
NAZD200	10~18	520	355	345	180	165	82	30	60	58	105	34	8	64	18	230	25	90	25	18	280	90	17.5	110	3
NAZD224	10~18	580	400	385	200	185	91	32	70	58	105	35	10	74.5	20	240	30	95	25	20	310	105	20	145	4
NAZD250	10~18	650	450	435	225	215	100	38	80	58	130	41	10	85	22	290	30	120	25	20	360	120	20	190	6
NAZD280	10~18	720	500	465	235	230	119	42	100	82	165	45	12	106	28	300	35	120	30	23	410	130	22	260	8
NAZD315	10~18	760	560	525	265	260	127	50	120	82	165	53.5	14	127	32	320	35	130	30	25	470	140	22	340	10
NAZD355	10~18	840	630	590	300	290	145	55	140	82	200	59	16	148	36	380	38	155	30	25	520	170	26	450	14
NAZD400	10~18	923	710	660	335	330	164	60	150	105	200	64	18	158	36	400	51	165	35	35	600	210	26	604	20
NAZD450	10~18	1015	800	745	375	370	182	70	170	105	240	74.5	20	179	40	460	60	180	50	35	670	220	33	860	24
NAZD500	10~18	1147	900	835	425	410	200	80	200	130	280	85	22	210	45	500	80	200	50	40	770	240	33	1200	32

表 8.1-110　NAZF 减速器的外形和安装尺寸   （单位：mm）

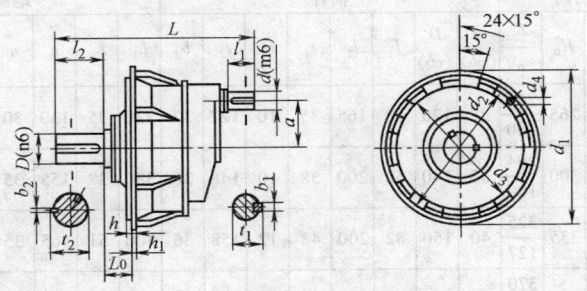

型号	公称传动比 i_N	外形尺寸			轴　　伸								法兰尺寸				h / h₁	质量 /kg	润滑油量 /L
		L	d_1	a	d (m6)	D (n6)	l_1	l_2	t_1	b_1	t_2	b_2	d_2	d_3	d_4	L_0	h / h_1		
NAZF200	10~18	520	325	82	30	60	58	105	34	8	64	18	300	275	13.5	70	6 / 15	95	3
NAZF224	10~18	580	365	91	32	70	58	105	35	10	74.5	20	335	300	13.5	76	6 / 15	125	4
NAZF250	10~18	650	410	100	38	80	58	130	41	10	85	22	375	340	17.5	85	8 / 20	160	6
NAZF280	10~18	720	460	109	42	100	82	165	45	12	106	28	420	385	17.5	95	8 / 20	225	8
NAZF315	10~18	760	520	127	50	120	82	165	53.5	14	127	32	470	435	17.5	113	8 / 20	290	10
NAZF355	10~18	840	585	145	55	140	82	200	59	16	148	36	525	485	22	120	8 / 25	385	14
NAZF400	10~18	923	650	164	60	150	105	200	64	18	158	36	590	545	22	125	8 / 25	494	20
NAZF450	10~18	1015	740	182	70	170	105	240	74.5	20	179	40	670	615	26	138	8 / 30	730	24
NAZF500	10~18	1147	820	200	80	200	130	280	85	22	210	45	755	680	26	160	8 / 30	1053	32

表 8.1-111　NBZD 减速器的外形和安装尺寸   （单位：mm）

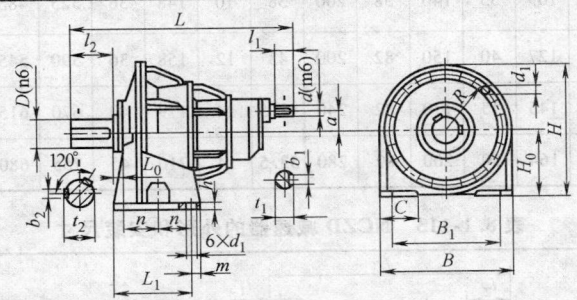

型号	公称传动比 i_N	外形及轴高				轴伸								地脚尺寸								质量 /kg	润滑油量 /L
		L	B	H	H_0	R / a	d (m6)	D (n6)	l_1	l_2	t_1	b_1	t_2	b_2	L_1	L_0	n	m	h	B_1	C	d_1		
NBZD250	56~125	580	450	415	225	215 / 82	28	80	42	130	31	8	85	22	270	30	110	25	20	360	120	20	240	10
NBZD280	56~125	670	500	465	235	230 / 91	30	100	42	165	33	8	106	28	300	35	120	30	23	410	130	22	295	14

（续）

型号	公称传动比 i_N	外形及轴高					轴伸								地脚尺寸								质量 /kg	润滑油量 /L
		L	B	H	H_0	R / a	d (m6)	D (n6)	l_1	l_2	t_1	b_1	t_2	b_2	L_1	L_0	n	m	h	B_1	C	d_1		
NBZD315	56~125	770	560	525	265	260/100	32	120	58	165	35	10	127	32	320	35	130	30	25	470	140	22	400	18
NBZD355	56~125	835	630	590	300	294/109	35	140	58	200	38	10	148	36	380	38	155	35	28	520	170	26	525	24
NBZD400	56~125	1003	710	660	335	325/127	40	150	82	200	43	12	158	36	400	51	165	35	35	600	210	26	650	36
NBZD450	56~125	1122	800	745	375	370/145	45	170	82	240	48.5	14	179	40	460	60	180	50	35	670	220	33	920	45
NBZD500	56~125	1232	900	835	425	410/164	50	200	82	280	53.5	14	210	45	500	80	200	50	40	770	240	33	1350	55

表 8.1-112　NBZF 减速器的外形和安装尺寸　　　　（单位：mm）

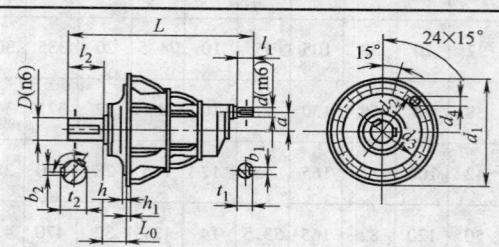

型号	公称传动比 i_N	外形尺寸			轴伸								法兰尺寸				h / h_1	质量 /kg	润滑油量 /L
		L	d_1	a	d (m6)	D (n6)	l_1	l_2	t_1	b_1	t_2	b_2	d_2	d_3	d_4	L_0			
NBZF250	56~125	580	410	82	28	80	42	130	31	8	85	22	375	340	17.5	85	8/20	210	10
NBZF280	56~125	670	460	91	30	100	42	165	33	8	106	28	420	385	17.5	95	8/20	260	14
NBZF 315	56~125	770	520	100	32	120	58	165	35	10	127	32	470	435	17.5	113	8/20	350	18
NBZF 355	56~125	835	585	109	35	140	58	200	38		148	36	525	485	22	120	8/25	460	24
NBZF 400	56~125	1003	650	127	40	150	82	200	43	12	158	36	590	545	22	125	8/25	540	36
NBZF 450	56~125	1122	740	145	45	170	82	240	48.5	14	179	40	670	615	26	138	8/30	785	45
NBZF 500	56~125	1232	820	164	50	200	82	280	53.5	14	210	45	755	680	26	160	8/30	1200	55

表 8.1-113　NCZD 减速器的外形和安装尺寸　　　　（单位：mm）

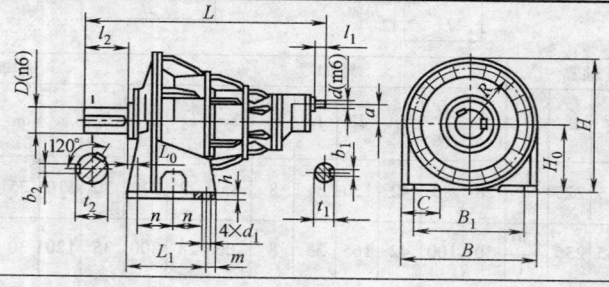

（续）

型号	公称传动比 i_N	外形及轴高					轴伸								地脚尺寸								质量/kg	润滑油量/L
		L	B	H	H_0	$\dfrac{R}{a}$	d(m6)	D(n6)	l_1	l_2	t_1	b_1	t_2	b_2	L_1	L_0	n	m	h	B_1	C	d_1		
NCZD315	450~1250	845	560	525	265	260/82	20	120	36	165	22.5	6	127	32	320	35	130	30	25	470	140	22	430	20
NCZD355	450~1250	974	630	590	300	290/91	22	140	36	200	24.5	6	148	36	380	38	155	35	28	520	170	26	540	26
NCZD400	450~1250	1054	710	660	335	330/100	28	150	42	200	31	8	158	36	400	51	165	35	35	600	210	26	700	40
NCZD450	450~1250	1175	800	745	375	370/109	35	170	58	240	38	10	179	40	460	60	180	35	35	670	220	33	950	50
NCZD500	450~1250	1350	900	835	425	410/127	40	200	82	280	43	12	210	45	500	80	200	5	40	770	240	33	1380	65

表 8.1-114　NCZF 减速器的外形和安装尺寸　　　　　　（单位：mm）

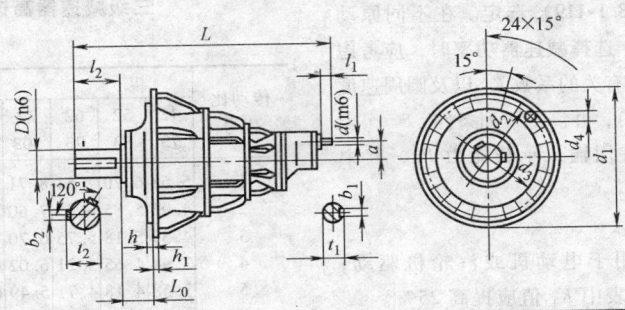

型号	公称传动比 i_N	外形尺寸			轴　　伸								法兰尺寸				$\dfrac{h}{h_1}$	质量/kg	润滑油量/L
		L	d_1	a	d(m6)	D(n6)	l_1	l_2	t_1	b_1	t_2	b_2	d_2	d_3	d_4	L_0			
NCZF 315	450~1250	845	520	82	20	120	36	165	22.5	6	127	32	470	435	17.5	113	8/20	380	20
NCZF 355	450~1250	974	585	91	22	140	36	200	24.5	6	148	36	525	485	22	120	8/25	475	26
NCZF 400	450~1250	1054	650	100	28	150	42	200	31	8	158	36	590	545	22	125	8/25	590	40
NCZF 450	450~1250	1175	740	109	35	170	58	240	38	10	179	40	670	615	26	138	8/30	820	50
NCZF 500	450~1250	1350	820	127	40	200	82	280	43	12	210	45	755	680	26	160	8/30	1230	65

2.6　NGW-S 型行星齿轮减速器

　　这类减速器是由弧齿锥齿轮传动与行星齿轮传动组合而成的，它适应于轴线相交的场合。这种减速器有二级、三级两个系列、三种装配型式（图8.1-30），主要用于冶金、矿山、起重运输及通用机械设备，其标准为 JB 3723—1984。

　　工作条件：高速轴转速不大于 1500r/min；齿轮圆周速度不大于 13m/s；工作环境温度 -40～45℃；可正反两方向运转（顺时针为优选方向）。

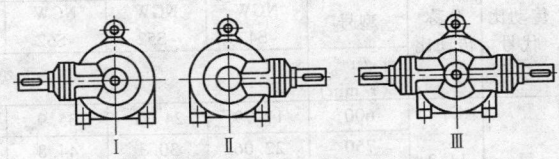

图8.1-30　NGW-S 型行星齿轮减速器装配型式

2.6.1　减速器的代号和标记方法

　　减速器代号包括：型号、机座号、传动级数、传动比代号、装配型式、标准号。

其标记符号：

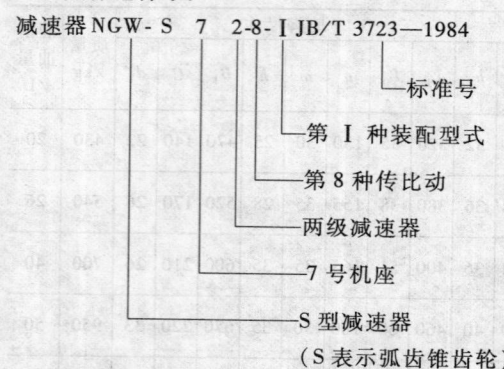

减速器 NGW-S　7　2-8-Ⅰ JB/T 3723—1984

- 标准号
- 第 Ⅰ 种装配型式
- 第 8 种传比动
- 两级减速器
- 7 号机座
- S 型减速器
- （S 表示弧齿锥齿轮）

2.6.2　减速器的承载能力和选用方法

　　NGW-S 型行星齿轮减速器主要是按照机械传动需要的传动比、输入轴转速和机械强度限制的许用输入功率 P_1（见表 8.1-118，表 8.1-119）选定。在不同原动机、不同性质载荷作用下，选择减速器功率时，应考虑工况系数 K_1 和与润滑条件有关的系数 K_2 以及圆周速度（见表 8.1-115～表 8.1-117），并满足下列条件：

　　计算功率 $P_{计算}$ 小于许用输入承载能力 P_1，其中计算功率 $P_{计算} = P_{输入} K_1 K_2$

　　注：

　　1）表中 K_1 值仅适用于电动机或汽轮机驱动；当用多缸发动机驱动时，表中 K_1 值应提高 25%。

　　2）当采用循环润滑时，$K_2 = 1$；若采用油浴润滑时，K_2 取表 8.1-116 中的值。

　　3）表 8.1-115 中工作类型按 10 年寿命总工作时间确定：7300h 左右为中型，17600h 左右为重型，35000h 左右为特重型，72000h 左右为连续型。

　　4）减速器的最大许用尖锋载荷为许用载荷的 2.5 倍。如果实际尖锋载荷超过许用值时，可按 1/2.5 的实际尖锋载荷来另选减速器。

　　5）当输入转速 $n_1 < 600\mathrm{r/min}$ 时，按 $n_1 = 600\mathrm{r/min}$ 的低速轴许用转矩选用。

表 8.1-115　工况系数 K_1

每日工作时间/h		<3	3～6	6～10	10～24
工作类型		中型	重型	特重型	连续型
载荷性质	平稳无冲击	1	1	1	1.25
	中等冲击	1	1.25	1.35	1.5
	强烈冲击	1.5	1.7	1.8	2

表 8.1-116　与润滑条件有关的系数 K_2

圆周速度/(m/s)	≤2.5	>2.5～3.5	>3.5～5	>5～7	>7～10	>10～15
间断工作	1	1	1	1.05	1.1	1.15
连续工作	1	1.1	1.15	1.2	1.3	1.6

注：减速器圆周速度系指高速级。

表 8.1-117　输入转速为 1000r/min 时二级、三级减速器高速级圆周速度

（单位：m/s）

传动比代号	\multicolumn{8}{c}{NGW-S}							
	42 73	52 83	62 93	72 103	82 113	92 123	102	112	122
1	5.68	6.70	7.51	8.71	9.79	11.05			
2	4.96	5.85	6.55	7.60	8.54	9.64			
3	4.39	5.18	5.75	6.70	7.53	8.53	9.84	11.25	12.72
4	3.94	4.65	5.21	6.02	6.75	7.64	8.84	10.10	11.41
5	3.58	4.18	4.71	5.49	6.12	6.96	8.01	9.21	10.36
6	3.40	3.66	4.13	4.81	5.39	6.07	7.01	8.06	9.10
7	2.77	3.29	3.66	4.29	4.81	5.44	6.28	7.22	8.11
8	2.45	2.87	3.19	3.70	4.18	4.71	5.44	6.28	7.06
9	2.19	2.58	2.87	3.35	3.76	4.24	4.91	5.60	6.33
10	2.19	2.58	2.87	3.35	3.76	4.24	4.91	5.60	6.33
11	2.19	2.58	2.87	3.35	3.76	4.24	4.91	5.60	6.33
12	2.19	2.58	2.87	3.35	3.76	4.24	4.91	5.60	6.33
13	2.19	2.58	2.87	3.35	3.76	4.24	4.91	5.60	6.33
14	1.88	1.93	2.23	2.61	2.97	3.35	4.02	4.60	5.01
15	1.67	1.72	1.96	2.30	2.61	2.93	3.54	4.03	4.42
16	1.41	1.51	1.67	1.98	2.25	2.53	3.03	3.45	3.76
17	1.30	1.39	1.56	1.83	2.07	2.30	2.80	3.19	6.45
18	1.30	1.39	1.56	1.83	2.07	2.30	2.80	3.19	3.45

表 8.1-118　NGW-S 二级减速器许用输入功率

传动比代号	公称传动比	机座号	4	5	6	7	8	9	10	11	12
		型号	NGW-S42	NGW-S52	NGW-S62	NGW-S72	NGW-S82	NGW-S92	NGW-S102	NGW-S112	NGW-S122
		n_1/(r/min)	\multicolumn{9}{c}{二级减速器高速轴许用输入功率 P_1/kW}								
1	11.2	600	17.79	24.31	35.9	47.7	66.55	99.16			
		750	22.06	30.3	44.8	58.8	82.94	123.78			
		1000	29.32	40.19	59.5	78.16	110.36	164.8			
		1500	48.81	60.12	88.95	116.95	165	247			
2	(12.5)	600	15.93	21.78	31.95	41.98	59.2	88.25			
		750	19.76	27.15	39.87	52.3	73.8	110.17			
		1000	26.27	36	52.96	69.58	98.22	146.69			
		1500	39.26	53.86	79.16	104	146.88	219.9			

（续）

传动比代号	公称传动比	机座号	4	5	6	7	8	9	10	11	12
		型号	NGW-S42	NGW-S52	NGW-S62	NGW-S72	NGW-S82	NGW-S92	NGW-S102	NGW-S112	NGW-S122
		n_1/(r/min)	二级减速器高速轴许用输入功率 P_1/kW								
3	14	600	14.23	19.38	28.4	37.36	52.7	78.54	111.69	153.43	225.7
		750	17.65	24.16	35.48	46.57	65.69	98	139.48	191.53	282
		1000	23.46	32	47.14	61.92	87.4	130.56	185.7	255.5	375.85
		1500	35.05	47.94	70.46	92.64	130.73	195.7	284.17	382.49	563.6
4	(16)	600	12.45	16.96	25.3	33.25	46.92	69.9	99.4	136.55	223.88
		750	15.44	21.1	31.09	41.45	58.46	87.26	124.13	170.46	250.99
		1000	20.32	28	41.95	55.1	77.8	116.19	165.27	227.1	334.5
		1500	30.67	41.95	62.7	82.45	116.34	174.17	247.8	340.46	501.64
5	18	600	11	15.06	22.52	29.6	41.75	62.2	88.46	121.53	178.79
		750	13.68	18.76	28.1	36.89	52	77.62	110.48	151.7	223.38
		1000	18.18	24.89	37.34	49.05	69.24	103.4	147.09	225.14	297.7
		1500	27.16	37.24	55.79	73.38	103.55	155	220.54	303	146.46
6	20	600	9.92	13.55	20	26.34	37.15	55.37	78.74	108.16	159.11
		750	12.31	16.88	25	32.83	46.31	69.12	98.32	135	198.8
		1000	16.36	22.41	33.23	43.06	61.62	92.03	130.91	179.9	264.96
		1500	24.44	33.52	49.66	65.3	92.16	137.96	195.7	269.69	397.34
7	22.4	600	8.83	12.06	17.825	23.44	33.07	49.27	70	96.26	141.6
		750	10.96	15	22.27	29.22	41.21	61.5	80.6	120.17	176.95
		1000	14.56	19.95	29.57	38.85	54.85	81.91	116.5	160.1	235.8
		1500	21.75	29.83	44.2	58.12	82	122.79	174.69	240	353.52
8	(25)	600	7.96	10.89	16	21.12	29.8	44.42	63.16	86.77	127.66
		750	9.89	13.58	20	26.34	37.15	55.45	78.89	108.33	159.5
		1000	13.13	18	26.68	35	49.43	73.84	105	144.33	212.57
		1500	19.63	26.93	39.84	52.39	73.94	110.68	157.48	216.36	318.79
9	28	600	7.09	9.69	14.31	18.8	26.53	39.53	56.22	77.23	113.62
		750	8.79	12.08	17.9	23.44	33.07	49.35	65.72	96.41	141.95
		1000	11.68	16.03	23.73	31.17	43.99	65.72	93.47	128.46	212.18
		1500	17.46	23.97	35.46	46.63	65.8	98.5	140.16	192.55	283.7

表 8.1-119　NGW-S 三级减速器许用输入功率

传动比代号	公称传动比	机座号	7	8	9	10	11	12
		型号	NGW-S73	NGW-S83	NGW-S93	NGW-S103	NGW-S113	NGW-S123
		n_1/(r/min)	三级减速器高速轴许用输入功率 P_1/kW					
1	56	600	14.80	20.16	29.19	42.49	58.9	79.94
		750	18.46	25.15	31.68	53.04	72.55	99.85
		1000	24.56	33.47	48.50	70.68	97.15	133.08
		1500	36.78	50.13	72.67	105.98	145	199.51
2	(63)	600	13.17	17.94	25.52	37.77	51.69	71.14
		750	16.42	22.38	32.43	47.2	63.42	88.87
		1000	21.97	29.1	43.18	62.9	85.05	118.44
		1500	23.53	44.62	64.68	94.32	129.05	177.56
3	71	600	11.72	15.97	23.12	33.66	46	63.32
		750	14.62	19.92	28.85	42	57.47	79.1
		1000	19.46	26.51	38.42	55.98	75.44	105.41
		1500	29.13	39.71	57.56	83.95	114.86	158.03

（续）

传动比代号	公称传动比	机座号	7	8	9	10	11	12
		型号	NGW-S73	NGW-S83	NGW-S93	NGW-S103	NGW-S113	NGW-S123
		$n_1/(\mathrm{r/min})$	三级减速器高速轴许用输入功率 P_1/kW					
4	(80)	600	10.43	14.21	20.57	30.48	40.95	56.35
		750	13.01	17.73	25.68	37.39	51.15	70.39
		1000	17.32	23.59	34.2	49.83	68.16	93.82
		1500	25.92	35.34	51.23	74.74	102.22	140.65
5	90	600	9.28	12.65	18.31	26.66	36.44	50.15
		750	11.58	15.78	22.86	33.28	45.52	62.65
		1000	15.42	21.0	30.44	44.34	72.16	83.5
		1500	23.07	31.45	45.6	66.49	90.98	125.18
6	(100)	600	8.27	11.26	16.3	23.72	32.44	44.63
		750	10.3	14.04	20.34	29.61	40.51	55.76
		1000	13.72	18.69	27.09	39.47	53.99	74.31
		1500	20.53	27.99	40.58	59.17	80.97	111.41
7	112	600	7.36	10.02	14.5	21.11	28.87	39.73
		750	9.18	12.5	18.1	26.36	36.05	50.53
		1000	12.21	16.63	24.12	34.89	48.06	59.24
		1500	18.27	24.91	36.12	52.67	72.06	99.15
8	(125)	600	6.54	8.91	12.91	18.79	25.69	35.36
		750	8.17	11.12	16.11	23.46	32.1	44.17
		1000	10.87	14.8	21.46	33.56	43.6	58.86
		1500	16.27	22.17	32.14	46.87	64.14	88.25
9	140	600	5.83	7.94	11.49	16.73	22.86	31.46
		750	7.27	9.9	14.34	20.88	28.57	39.31
		1000	9.67	13.18	19.1	27.82	38.07	52.38
		1500	14.47	19.73	28.61	41.72	57.09	78.55
10	(160)	600	5.19	7.06	10.22	14.88	20.36	28
		750	6.46	8.81	12.77	18.58	25.42	34.93
		1000	8.6	11.72	17	24.76	33.88	46.62
		1500	12.88	17.56	25.46	37.13	50.81	69.32
11	180	600	4.61	6.28	9.1	13.26	18.11	24.92
		750	5.75	7.84	11.36	16.54	22.62	31.13
		1000	7.65	10.43	15.12	20.03	30.15	41.49
		1500	11.47	15.63	26.66	33.05	45.22	62.2

2.6.3　减速器的外形和安装尺寸（表 8.1-120）

表 8.1-120　NGW-S 型二级、三级减速器外形和安装尺寸　　　　（单位：mm）

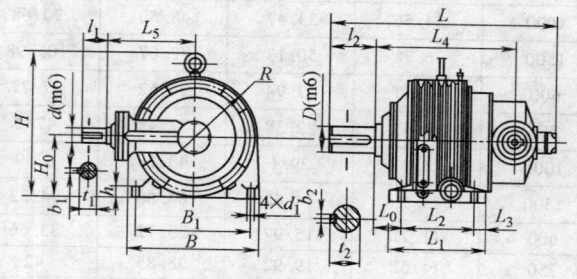

（续）

二级减速器

机座号	型号	公称传动比	L	B	H	H0	R	L4	L5	d	D	l1	l2	t1	b1	t2	b2	L1	L2	L3	L0	B1	d1	h	重量/kg	油量/L
														mm												
4	NGW-S 42	11.2~31.5 / 35.5~80	696	380	425	180~8.5	180	412	310	35/30	80	58	130	38.0/33.0	10/8	85	22	290	230	30	72	330	M24	35	180	10
5	NGW-S 52	11.2~31.5 / 35.5~80	740	420	463	200~8.5	200	450.5	350	40/35	90	82/58	130	43.0/38.0	12/10	95	25	310	250	30	80.5	360	M24	40	290	14
6	NGW-S 62	11.2~31.5 / 35.5~80	802	475	524	225~8.5	225	472.5	380	45/40	100	82	165	48.5/43.0	14/12	106	28	360	290	35	67.5	405	M30	45	342	18
7	NGW-S 72	11.2~31.5 / 35.5~80	863	535	574	250~8.5	250	525	450	50/45	110	82	165	53.5/48.5	14/14	116	28	375	305	40	80	465	M30	45	420	25
8	NGW-S 82	11.2~31.5 / 35.5~80	925	590	634	280~8.5	280	584	500	55/50	120	82	165	59.0/53.5	16/14	127	32	440	350	45	86	510	M36	50	520	35
9	NGW-S 92	11.2~31.5 / 35.5~80	1003	660	721	315~8.5	315	622.5	530	60/55	130	105/82	200	64.0/59.0	18/16	137	32	475	385	45	70.5	570	M36	50	630	50
10	NGW-S 102	11.2~31.5 / 35.5~80	1077	745	800	355~8.5	355	675.5	575	65/60	150	105	200	69.0/64.0	18/18	168	36	525	425	50	78	645	M42	55	950	65
11	NGW-S 112	11.2~31.5 / 35.5~80	1212	840	891	400~8.5	400	748	670	75/70	170	105	240	79.5/69.0	20/18	179	40	580	480	50	73	740	M42	60	1365	95
12	NGW-S 122	11.2~31.5 / 35.5~80	1344	950	1013	450~8.5	450	828	760	85/75	190	130/105	280	90.0/79.5	24/20	200	45	680	560	60	73	820	M48	65	1900	140

三级减速器

机座号	型号	公称传动比	L	B	H	H0	R	L4	L5	d	D	l1	l2	t1	b1	t2	b2	L1	L2	L3	L0	B1	d1	n	重量/kg	油量/L
														mm												
7	NGW-S 73	56~160 / 180~500	891	535	574	250~8.5	250	572	310	35/30	110	58	165	38.0/33.0	10/8	116	28	375	305	35	80	465	M30	45	470	25
8	NGW-S 83	56~160 / 180~500	968	590	634	280~8.5	280	643.5	350	40/35	120	82/58	165	43.0/38.0	12/10	127	32	440	350	45	86	510	M36	50	570	35
9	NGW-S 93	56~160 / 180~500	1058	660	721	315~8.5	315	663.5	380	45/40	130	82	200	48.5/43.0	14/12	137	32	475	385	45	70.5	570	M36	50	690	50
10	NGW-S 103	56~160 / 180~500	1112	745	800	355~8.5	355	739	450	50/45	150	82	200	53.5/48.5	14/14	158	36	525	425	50	78	645	M42	55	1010	65
11	NGW-S 113	56~160 / 180~500	1238	840	891	400~8.5	400	822	500	55/50	170	82	240	59.0/53.5	16/14	129	40	580	480	50	73	740	M42	60	1430	95
12	NGW-S 123	56~160 / 180~500	1459	950	1013	450~8.5	450	1014.5	530	60/55	190	105/82	280	64.0/59.0	18/16	200	45	680	560	60	73	820	M48	65	2000	140

2.7　NGW-L 型行星齿轮减速器

　　NGW-L型行星齿轮减速器分为一级、二级两个系列，它主要用于冶金、起重、运输、轻化及通用机械设备其标准为 JB 3724—1984。

　　工作条件：高速轴转速一般不超过 1500r/min；齿轮圆周速度不超过 15m/s；工作环境温度为 -40~45℃；可正反两向运转。

2.7.1　减速器的代号和标记方法

　　减速器的代号包括减速器型式系列代号、机座号、传动级数、传动比代号。

　　标记示例：

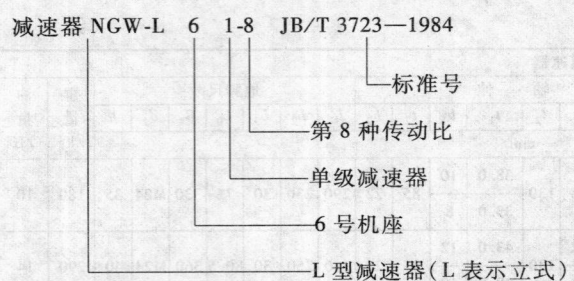

减速器 NGW-L　6　1-8　JB/T 3723—1984

- 标准号
- 第 8 种传动比
- 单级减速器
- 6 号机座
- L 型减速器（L 表示立式）

2.7.2　减速器的承载能力和选用方法

NGW-L 型行星减速器主要是按照机械传动需要的传动比、输入轴转速和机械强度限制的许用输入功率 P_1（见表 8.1-122，表 8.1-123）选定。在不同原动机、不同性质载荷作用下，选择减速器功率时，应考虑工况系数 K_1（见表 8.1-115）和与润滑条件有关的系数 K_2（见表 8.1-116），以及圆周速度（见表 8.1-121），并满足下列条件：

计算功率 $P_{计算}$ 小于许用输入承载能力 P_1，其中

计算功率 $P_{计算} = P_{输入} K_1 K_2$

注：

1）表中 K_1 值仅适用于电动机或汽轮机驱动。当用多缸发动机驱动时，表中 K_1 值应提高 25%。

2）当采用循环润滑时，$K_2 = 1$。若采用油浴润滑时，K_2 取表 8.1-116 中的值。

3）表 8.1-115 中工作类型按 10 年寿命总工作时间确定：7300h 左右为中型，17600h 左右为重型，35000h 左右为特重型，72000h 左右为连续型。

4）减速器的最大许用尖锋载荷为许用载荷的 2.5 倍。如果实际尖锋载荷超过许用值时，可按 1/2.5 的实际尖锋载荷来另选减速器。

5）当输入转速 $n_1 < 600\text{r/min}$ 时，按 $n_1 = 600\text{r/min}$ 的低速轴许用转矩选用。

6）当配用电动机功率为减速器许用输入功率的 1.1～1.2 倍时，二级减速器应按输出许用转矩选用，并在高速轴上装设安全装置，以防过载。

表 8.1-121　$n_1 = 1000\text{r/min}$ 时一级、二级减速器圆周速度　　　（单位：m/s）

传动比代号	公称传动比	NGW-L 11 42	NGW-L 21 52	NGW-L 31 62	NGW-L 41 72	NGW-L 51 82	NGW-L 61 92	NGW-L 71 102	NGW-L 112	NGW-L 122
1	4	2.28	2.46	2.85	3.14	3.54	3.93	4.39	7.07	7.85
2	4.5	2.04	2.29	2.54	3.89	3.26	3.62	3.99	6.52	7.21
3	5	1.93	2.07	2.41	2.68	3.02	3.35	3.85	6.03	6.70
4	5.6	1.48	1.66	1.89	2.18	2.46	2.76	3.07	4.90	5.51
5	6.3	1.39	1.54	1.76	1.98	2.23	2.52	2.78	4.45	5.02
6	7.1	1.28	1.42	1.62	1.79	2.03	2.28	2.53	4.05	4.54
7	8	1.16	1.28	1.48	1.63	1.83	2.06	2.26	3.30	3.72
8	9	1.04	1.14	1.30	1.47	1.65	1.87	2.07	3.30	3.72
9	10	0.92	1.07	1.23	1.34	1.52	1.68	1.88	3.02	3.39

注：当 $n_1 \neq 1000\text{r/min}$ 时，圆周速度按比例增减。

表 8.1-122　单级减速器许用输入功率

传动比代号	公称传动比	机座号 型号 功率 $n_1/(\text{r/min})$	1 NGW-L11	2 NGW-L21	3 NGW-L31	4 NGW-L41	5 NGW-L51	6 NGW-L61	7 NGW-L71
			\multicolumn{7}{c}{单级减速器高速轴许用输入功率 P_1/kW}
1	4	600	23.3	31.4	45.9	61.9	92.9	125.6	186
		750	29.1	39.3	57.4	84.9	116.1	156.9	232
		1000	38.8	52.4	76.5	113.2	115.8	209.3	310
		1500	58.1	82.5	114.7	169.8	232.2	313.9	465
2	4.5	600	19.7	27.8	39	57.6	80.2	106.6	158
		750	24.7	34.8	48.7	72	100.2	133.3	190
		1000	32.9	46.4	65	96	133.6	177.7	263
		1500	40.8	69.6	97.4	144	200.4	266.6	395
3	5	600	17.8	23.7	35.1	51.6	69.1	95.9	142
		750	22.2	29.6	43.8	64.5	86.4	119.9	177.6
		1000	29.6	39.5	58.4	8.6	115.2	159.8	236
		1500	44.4	59.3	87.6	129	172.8	239.7	355

（续）

传动比代号	公称传动比	机座号 型号 功率 n_1/(r/min)	1 NGW-L11	2 NGW-L21	3 NGW-L31	4 NGW-L41	5 NGW-L51	6 NGW-L61	7 NGW-L71
			单级减速器高速轴许用输入功率 P_1/kW						
4	5.6	600	10	14.1	21	29.9	41.1	60.7	79.9
		750	12.5	17.6	26.3	37.4	51.3	75.9	99.9
		1000	16.6	23.5	35	49.9	68.4	101.2	133.1
		1500	25	35.2	52.6	74.8	102.7	151.8	199.7
5	6.3	600	8.7	12.2	18.2	26	35.6	52.3	69.8
		750	10.9	15.3	22.8	32.5	44.5	65.4	87.2
		1000	14.5	20.4	30.4	43.3	59.4	87.2	116.3
		1500	21.8	30.6	45.6	64.9	89.1	130.8	174.4
6	7.1	600	7.5	10.4	15.5	22	30.2	44	59.7
		750	9.3	13	19.4	27.6	37.8	55	74.6
		1000	12.4	17.3	25.8	36.7	50.4	73.3	99.5
		1500	18.7	25.9	38.7	55.1	75.6	109.9	149.3
7	8	600	6.2	8.6	12.8	18.2	25	35.9	49.9
		750	7.8	10.7	16.4	22.8	31.2	44.8	62.3
		1000	10.4	14.3	21.3	30.4	41.6	59.8	83.1
		1500	15.6	28.6	32	45.5	62.4	89.7	124.7
8	9	600	5.1	6.8	10.2	14.5	20	28.2	40.4
		750	6.3	8.6	12.8	18.2	24.9	35.2	50.6
		1000	8.4	11.4	17	24.2	33.3	46.9	67.4
		1500	12.6	22.8	25.5	36.4	49.9	70.4	101.1
9	10	600	3.9	6	9	12.8	17.6	24.5	31.6
		750	4.9	7.5	11.2	16	22	30.7	39.5
		1000	6.6	10	15	21.3	29.3	40.9	52.7
		1500	9.9	20.1	22.5	32	43.9	61.3	79

表 8.1-123　二级减速器许用输入功率

传动比代号	公称传动比	机座号 型号 功率 n_1/(r/min)	4 NGW-L42	5 NGW-L52	6 NGW-L62	7 NGW-L72	8 NGW-L82	9 NGW-L92	10 NGW-L102	11 NGW-L112	12 NGW-L122
			二级减速器高速轴许用输入功率 P_1/kW								
1	25	600	11.21	15.93	21.98	32.46	44.12	63.90	93.12	127.27	175.24
		750	13.99	19.88	27.42	40.51	55.08	79.79	117.22	159.02	218.58
		1000	15.57	26.41	36.50	53.92	73.40	106.35	155.06	211.88	291.73
		1500	27.77	39.54	54.68	82.79	109.95	159.39	232.44	317.67	437.44
2	28	600	10.10	14.88	19.63	28.99	39.39	57.06	83.14	113.63	156.44
		750	12.50	18.49	24.48	36.17	49.17	71.25	103.90	141.97	195.16
		1000	16.50	23.58	32.59	48.15	65.53	94.96	138.44	189.18	260.47
		1500	24.79	35.31	48.82	72.13	98.17	142.31	207.50	283.66	390.57
3	31.5	600	8.90	13.16	17.44	25.76	35.01	50.71	73.91	101.1	139.05
		750	11.10	16.43	21.75	36.179	43.72	63.33	92.35	126.21	173.46
		1000	14.73	21.67	28.96	42.79	58.25	84.41	123.06	168.16	231.52
		1500	22.04	32.69	43.37	64.12	87.26	126.50	184.48	252.12	247.18
4	35.5	600	7.90	11.69	15.49	22.86	31.07	44.99	65.58	89.63	123.39
		750	9.85	14.58	19.30	28.50	38.78	58.20	81.94	111.98	153.92
		1000	13.07	19.37	25.70	37.97	51.69	74.89	109.20	149.23	205.44
		1500	18.55	29.04	38.50	56.00	77.42	112.25	163.70	223.72	308.06
5	40	600	7.27	9.89	14.72	20.93	28.75	41.28	57.38	78.77	117.64
		750	9.14	12.30	18.86	26.22	35.88	51.52	71.64	98.55	147.08
		1000	12.19	16.44	24.49	34.96	47.84	68.77	95.56	131.33	196.07
		1500	18.2	32.89	36.8	53.32	71.76	103.15	143.40	197.11	294.17

（续）

传动比代号	公称传动比	机座号	4	5	6	7	8	9	10	11	12
		型号	NGW-L42	NGW-L52	NGW-L62	NGW-L72	NGW-L82	NGW-L92	NGW-L102	NGW-L112	NGW-L122
		功率 n_1/(r/min)	二级减速器高速轴许用输入功率 P_1/kW								
6	45	600	5.98	7.82	11.73	16.67	16.67	23	32.43	46.46	93.95
		750	7.38	9.89	14.72	20.93	28.63	40.48	58.19	78.77	117.53
		1000	9.65	13.11	19.45	27.83	38.87	53.93	77.51	104.99	156.63
		1500	4.77	26.22	29.03	41.86	57.38	80.96	116.26	157.43	235.06
7	50	600	4.56	6.9	10.35	14.72	20.24	28.17	36.34	55.45	82.8
		750	5.75	8.62	12.08	18.4	25.3	35.30	45.42	69.34	103.38
		1000	7.70	11.5	17.25	24.49	33.69	47.03	60.60	92.345	137.88
		1500	11.61	25.115	25.87	36.8	50.48	70.49	90.85	138.5	206.88
8	56	600	3.18	3.87	6.54	8.61	12.13	18.11	25.74	35.32	52.03
		750	3.88	4.44	8.17	10.74	15.14	22.60	35.21	44.12	65.01
		1000	5.25	7.33	10.88	14.26	20.12	30.08	42.82	59.81	86.64
		1500	7.59	10.98	16.23	81.35	30.19	45.11	64.18	88.12	127.24
9	63	600	2.683	3.76	5.54	7.32	10.29	15.36	26.84	29.95	44.12
		750	3.33	4.66	6.90	4.15	12.80	19.14	27.26	37.40	55.10
		1000	4.43	6.21	10.05	12.09	12.12	25.49	36.30	49.08	73.43
		1500	6.61	9.28	13.73	18.18	25.67	38.23	54.41	74.64	110.07
10	71	600	2.25	3.15	4.64	6.15	8.62	12.85	18.55	25.06	36.96
		750	2.79	3.91	5.77	7.66	10.75	16.00	22.80	31.29	46.18
		1000	3.71	5.25	7.67	10.20	14.30	21.36	30.36	41.69	61.54
		1500	5.25	7.78	11.48	15.18	21.42	32.02	45.47	62.48	92.24
11	80	600	1.90	2.59	3.79	5.10	7.11	10.58	15.03	20.68	30.15
		750	2.36	3.24	4.71	6.36	8.87	13.23	18.87	25.80	37.65
		1000	3.12	4.29	6.25	8.46	11.76	17.62	25.13	34.38	50.21
		1500	4.67	6.42	9.36	12.65	17.72	26.40	37.68	51.54	75.21

2.7.3　减速器的外形和安装尺寸

1. NGW-L 型一级行星齿轮减速器外形及安装尺寸（表 8.1-124）

表 8.1-124　一级 NGW-L 型减速器外形及安装尺寸　　　　（单位：mm）

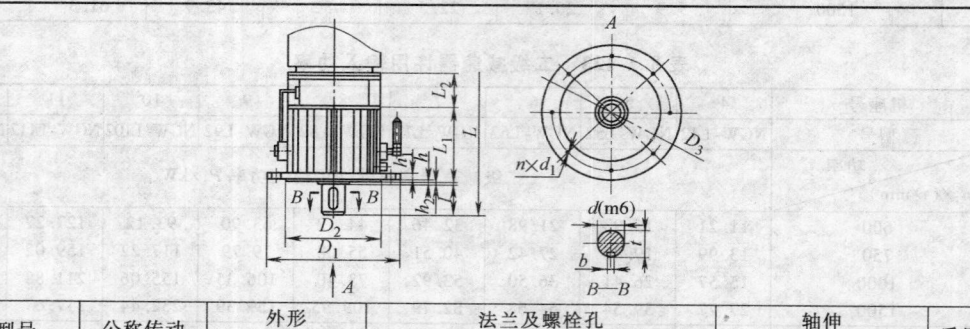

机座号	型号规格	公称传动比 i_N	外形			法兰及螺栓孔						轴伸				质量 /kg	油量 /L
			L / L_2	D_1	L_1	D_2	D_3	$n×d_1$	h	h_1	h_2	d	l	t	b		
1	NGW-L11	4~5 / 5.6~10	按所配电动机确定	360	230.5	280	325	6×18	6	20	18	50	82	53.5	14	65	3.89
2	NGW-L21	4~5 / 5.6~10		385	255	305	345	6×18	6	20	18	60	105	64.0	18	100	5.53
3	NGW-L31	4~5 / 5.6~10		430	287	330	380	6×18	6	25	20	70	105	74.5	20	120	7.86
4	NGW-L41	4~5 / 5.6~10		485	315	380	455	8×22	8	20	18	80	130	85.0	22	160	11.63
5	NGW-L51	4~5 / 5.6~10		520	355	420	470	8×22	8	30	25	90	130	95.0	25	240	16.52
6	NGW-L61	4~5 / 5.6~10		605	387	505	545	8×32	8	30	25	100	165	106	28	320	20.84
7	NGW-L71	4~5 / 5.6~10		670	416.5	570	610	8×32	10	30	28	110	165	116	28	400	29.85

注：1. 所配电动机型号规格确定后，再定 L、L_2 的尺寸。
　　2. 表中质量不包括电动机质量。

2. NGW-L 型二级行星齿轮减速器外形及安装尺寸（表 8.1-125）

表 8.1-125　二级 NGW-L 型减速器外形及安装尺寸　　　　　　（单位：mm）

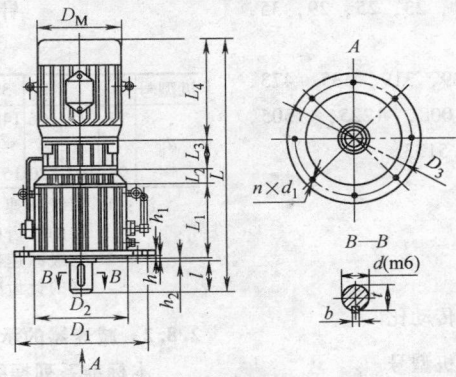

机座号	型号规格	公称传动比 i_N	外形 D_M L L_3 L_4			法兰及螺栓孔						轴伸				质量/kg	油量/L
				L_2	L_1	D_1	D_2	D_3	$n \times d_1$	h	h_1	h_2	d	l	t	b		
4	NGW-L42	25～100	按所配电动机确定	62	315	485	385	455	8×22	8	25	20	80	130	85.0	22	180	11.63
5	NGW-L52	25～100		62	315	485	385	455	8×22	8	25	20	80	130	85.0	22	180	11.63
6	NGW-L62	25～100		72.5	355	520	420	470	8×22	8	30	25	90	130	95.0	25	270	16.52
7	NGW-L72	25～100		100	387	605	505	545	8×32	8	30	25	100	165	106	28	350	20.84
8	NGW-L82	25～100		100	416.5	670	570	610	8×32	10	30	25	110	165	116	28	430	29.85
9	NGW-L92	25～100		110	440.5	750	630	675	8×38	10	35	28	120	165	127	32	550	38.5
10	NGW-L102	25～100		120	477.5	830	710	755	8×38	10	35	32	130	200	137	32	680	55.6
11	NGW-L112	25～100		135	544	940	810	860	8×44	12	40	32	150	200	158	36	990	80.59

注：1. 所配电动机型号规格确定后，再定 D_M、L、L_3、L_4 的尺寸。
　　2. 表中质量不包括电动机质量。

2.8　摆线针轮减速器

摆线针轮减速器是应用行星传动原理，采用摆线针轮啮合传动的一种减速器，它的行星轮齿廓为变幅外摆线的内侧等距曲线，中心轮齿廓为圆形。该减速器具有传动比大、传动效率高、结构紧凑、体积小、质量轻、故障少、寿命长、运转可靠平稳、噪声低、拆装方便、容易维修、过载能力强、耐冲击、惯性力矩小等特点，可应用于冶金、矿山、石油、化工、船舶、轻工、食品、纺织、印染、制药、橡胶、塑料、起重、运输等行业，其标准为 JB/T 2982—1994。

工作条件：输入轴转速一般不大于 1500r/min；工作环境温度 -15～40℃，减速器的油池温升不超过 60℃；可正、反双向运转；摆线针轮减速器的输出轴不能受较大的轴向力和径向力，在有较大轴向力和径向力时须采取其他措施。

2.8.1　减速器的代号和标记方法

减速器的代号包括产品代号、安装型式代号、电动机功率、机型号、传动比等。

减速器的产品代号用字母 "Z" 表示。

1. 安装型式代号（见表 8.1-126）

表 8.1-126　安装型式代号

安装型式	传动级数		
	一级	二级	三级
双轴型卧式	W	WE	WS
直连型卧式	WD	WED	WSD
双轴型立式	L	LE	LS
直连型立式	LD	LED	LSD

2. 机型号

机型号由数字和字母两部分组成。

1）数字部分。

① 一级减速器用阿拉伯数字 0、1、2、3、4、5、6、7、8、9、10、11、12 表示。

② 二级减速器为两个一级减速器数字的组合，如用 00、20、42～128 表示。

③ 三级减速器为三个一级减速器数字的组合，如用 420、742～1285 表示。

2）字母部分。外型安装连接尺寸用字母 "A"

和"B"表示。

3. 传动比

一级传动比：9，11，17，21，23，25，29，35，43，47，59，71，87。

二级传动比：121，187，289，319，385，473，493，595，649，731，841，1008，1225，1505，1849，2065，2537，3045，3481，5133。

三级传动比：2057～446571。

4. 型号标记

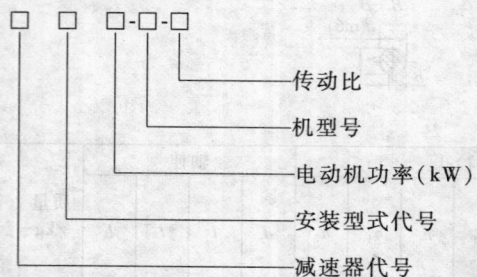

5. 标记示例

1）一级：ZWD 7.5-5 A-29

直连型卧式安装一级减速器，输入功率 7.5kW，机型号为 5 号 A 型，传动比 29。

2）二级：ZLED 1.1-63 B-289

直连型立式安装二级减速器，输入功率 1.1kW，机型号为 63 号 B 型（低速级为 6 号 B 型，高速级为 3 号 B 型），传动比 289。

3）三级：ZWS 0.37-953 A-9251

双轴型卧式安装三级减速器，输入功率 0.37kW，机型号为 953 号 A 型（低速级为 9 号 A 型，中速级为 5 号 A 型，高速级为 3 号 A 型），传动比 9251。

摆线针轮一级减速器的针齿中心圆直径 d_p 应符合表 8.1-127 的规定。

表 8.1-127　摆线针轮一级减速器的针齿中心圆直径 d_p

（单位：mm）

机型号	0	1	2	3	4	5	6	7	8	9	10	11	12
d_p	75~94	95~105	106~120	140~155	165~185	210~230	250~275	280~300	315~335	380~400	440~460	535~555	645~690

注：1. 二级减速器的针齿中心圆直径由两个一级减速器的针齿中心圆直径确定。
　　2. 三级减速器的针齿中心圆直径由三个一级减速器的针齿中心圆直径确定。

2.8.2　减速器的承载能力、选用方法及实例

本标准系列摆线针轮减速器是在每日 7h 单向连续运转、载荷平稳的条件下设计的。当减速器实际工作时间和载荷性质与上述设计条件不符时，应以工作情况系数 K_A（见表 8.1-128）进行修正。

表 8.1-128　工作情况系数 K_A

原动机种类	工作条件	载荷性质		
		稳定或略有变动	中等冲击	较大冲击
电动机	断续工作 8h/d	0.8	1.0	1.35
	8～10h/d	1.0	1.2	1.5
	连续工作 24h/d	1.2	1.35	1.6

注：1. 减速器应用于各种工作机中，其载荷性质的确定参考表 8.1-3。
　　2. 原动机为多缸发动机时，据表中的工作条件及载荷性质，可选取 $K_A=1.0～1.7$，原动机为单缸发动机时，据表中的工作条件及载荷性质，可选取 $K_A=1.2～1.8$。

双轴型、直连型一级、二级减速器传动比与输入功率之间的关系见表 8.1-129～表 8.1-132。

表 8.1-129　双轴型一级减速器的传动比与输入功率

传动比	11	17	23	29	35	43	59	71	87
机型号	输入功率/kW								
0	0.1	0.09	—	0.09	—	0.09	—	—	—
1	0.4	0.4	0.2	0.2	0.2	0.2	—	—	—
2	0.75	0.75	0.4	0.4	0.4	0.4	0.2	—	—
3	2.2	1.5	1.5	1.1	1.1	0.6	0.6	0.4	—
4	4	4	2.2	2.2	1.5	1.5	1.1	0.8	0.55
5	7.5	7.5	5.5	5.5	4	3	2.2	1.5	1.5
6	11	11	11	11	7.5	5.5	4	3	2.2
7	15	15	11	11	11	7.5	5.5	4	4
8	18.5	18.5	18.5	15	15	11	7.5	5.5	5.5
9	22	22	18.5	18.5	18.5	15	11	11	11
10	45	45	40	30	22	22	18.5	18.5	15
11	—	55	55	55	40	40	30	22	22
12	—	75	75	75	75	55	45	30	30

注：表中 15kW 以下为输入转速 1500r/min 所对应的输入功率；表中 18.5kW 以上为输入转速 1000r/min 所对应的输入功率。

表 8.1-130　直连型一级减速器的传动比与输入功率

传动比	11	17	23	29	35	43	59	71	87
机型号					输入功率/kW				
0	0.09	0.09	—	0.09	—	0.09	—	—	—
1	0.37 0.25	0.37 0.25	0.25	0.25	0.25	0.25	—	—	—
2	0.75 0.55	0.75 0.55	0.55	0.37	0.37	0.37	—	—	—
3	2.7 1.5	1.5 1.1	1.5 1.1	1.1 0.75	1.1 0.75	0.55	0.55	0.55	—
4	4 3	4 3	7.2 1.5	2.7 1.5	1.5 1.1	1.5 1.1	1.1 0.75	0.75	0.55
5	7.5 5.5	7.5 5.5	5.5 4	5.5 4	4 3	3 2.2	2.2 1.5	1.5	1.5
6	11 7.5	11 7.5	11 7.5	11 7.5	7.5 5.5	5.5 4	4 3	3 7.2	2.7
7	15 11	15 11	11 7.5	11 7.5	11 7.5	7.5 5.5	5.5 4	4	4
8	18.5 15	18.5 15	18.5 15	15 11	15 11	11 7.5	7.5 5.5	5.5	5.5
9	22 18.5	22 18.5	18.5 15	18.5 15	18.5 15	15 11	11	11	11
10	45[①] 37	45[①] 37	37 30	30 22	22 18.5	22 18.5	18.5 15	18.5 15	15
11	—	55[①] 37	55[①] 37	55[①] 37	37 30	37 30	30 22	22	22
12	—	—	—	—	—	55[①]	45[①]	30	30

注：1. 表中每一机型、每一传动比对应的输入功率中数值较大者为设计时输入功率；数值较小者为可以配备的电动机功率。

　　2. 表中 15kW 以下为输入转速 1500r/min 所对应的输入功率；表中 18.5kW 以上为输入转速 1000r/min 所对应的输入功率。

① 仅立式减速器配备的功率

表 8.1-131　双轴型二级减速器的传动比与输入功率

机型号	20	42	53	63	74	85	95	106	117	128
输入轴转速					1500r/min					
传动比					输入功率/kW					
121(11×11)	0.23	1.04	1.66	2.2	4	6.65	7.5	—	—	—
187(17×11)	0.15	0.67	1.08	2.06	2.77	4.30	6.64	10.28	—	—
289(17×17)	0.10	0.43	0.7	1.33	1.79	2.06	4.3	6.65	11	18.79
385(35×11)	0.07	0.32	0.51	0.98	1.32	1.7	3.17	4.92	9.84	13.41
473(43×11)	0.06	0.27	0.43	0.81	1.09	1.35	2.62	4.07	8.13	11.09
595(35×17)	—	0.21	0.34	0.65	0.87	1.1	2.09	3.23	6.46	8.81
731(43×17)	—	—	0.28	0.53	0.71	0.96	1.7	2.63	5.26	7.17
841(29×29)	—	—	0.24	0.46	0.62	0.83	1.48	2.29	4.57	6.24
1003(59×17)	—	—	0.21	0.4	0.52	—	—	—	3.97	5.41
1225(35×35)	—	—	—	0.31	0.42	—	—	—	—	—
1505(43×35)	—	—	—	0.26	—	—	—	—	—	—
1849(43×43)	—	—	—	0.21	—	—	—	—	—	—

表 8.1-132　直连型二级减速器的传动比与输入功率

机型号	20	42	53	63	74	85	95	106	117	128
输入轴转速	1500r/min									
传动比	输入功率/kW									
121(11×11)	0.09②	0.75② 0.55②	2.2① 1.5②	2.2② 1.5②	4 3②	7.5① 5.5②	7.5② 5.5②	11② 7.5②	—	—
187(17×11)	0.09②	0.55 0.37②	1.5 0.75②	2.2② 1.5②	3① 2.2②	5.5① 4②	7.5② 5.5②	11② 7.5②	15② 11②	18.5② 15②
289(17×17)	—	0.37	0.75② 0.55②	1.5 1.1②	2.2① 1.5②	4① 3	5.5② 4②	11① 7.5②	15② 11②	18.5② 15②
385(35×11)			0.75① 0.55②	1.1 0.75②	1.5① 1.1②	3① 2.2	5.5① 4②	7.5② 5.5②	11② 7.5②	—
473(43×11)	—	—	0.55①	0.75② 0.55②	1.1 0.75②	2.2① 1.5②	4① 3②	5.5① 4②	11① 7.5②	15① 12②
595(35×17)	—	—	—	0.75 0.55②	0.75② 0.55②	2.2① 1.5	3 2.2②	4① 3②	7.5② 5.5②	11① 7.5②
731(43×17)			0.55②	0.55②	1.5①	2.2 1.5②	3 2.2②	5.5② 4②	7.5② 5.5②	
841(29×29)				0.55②	0.55②	1.5①	2.2①	5.5① 4②	7.5② 5.5②	
1003(59×17)							1.5②	2.2	4②	5.5②
1225(35×35)								2.2①	4①	5.5①

① 所配电动机的功率大于减速机的设计功率，减速机应在输出轴许用转矩范围内使用或设有过载保护装置。
② 所配电动机的功率小于减速机的设计功率。

一级、二级、三级减速器的输出轴许用转矩值见表 8.1-133 ~ 表 8.1-135。

表 8.1-133　一级减速器的输出轴许用转矩

传动比 机型号	11	17	23	29	35	43	59	71	87
	输出轴许用转矩 N·m								
0	6.4	9.0	—	15.3	—	22.7	—	—	—
1	25.8	39.8	26.9	34.0	41.0	50.3	—	—	—
2	48.3	74.6	53.9	67.9	82.0	100.7	69.1	—	—
3	141.7	149.3	202.0	186.7	225.4	151.0	207.2	166.3	—
4	257.6	398.1	296.2	373.5	307.4	377.6	380.0	332.5	280.1
5	483.0	746.4	740.5	933.7	819.0	755.2	759.9	623.5	764.0
6	708.3	1094.7	1481.1	1867.4	1536.7	1384.5	1381.5	1246.9	1120.5
7	965.9	1492.8	1481.1	1867.4	2253.8	1887.9	1899.6	1662.5	2037.2
8	1787.0	2761.8	3736.9	2546.6	3073.4	2768.9	2590.4	2286.9	2801.2
9	2125.1	3284.3	3736.9	4711.3	5686.0	3775.8	3799.3	4572.0	7639.5
10	4346.8	6717.9	8079.0	7639.9	6761.8	8307.3	9585.0	11543.3	7640.0
11	—	8210.7	11108.7	14006.5	12294.1	15104.2	15543.3	13716.7	16807.8
12	—	11196.4	15148.1	19099.8	23051.4	20768.3	23314.9	18704.6	22919.8

表 8.1-134　二级减速器的输出轴许用转矩　　　　（单位：N·m）

机型号	20	42	53	63	74	85	95	106	117	128
输出轴许用转矩	150	540	1275	2255	2650	4510	8820	11760	21560	29400

表 8.1-135　三级减速器的输出轴许用转矩　　　　（单位：N·m）

传动比	2057 ~ 446571					
机型号	420	742	953	1063	1174	1285
输出轴许用转矩	540	2650	8820	11760	21560	29400

一级减速器的传动效率见表 8.1-136。

表 8.1-136 一级减速器传动效率

机型号	传动比									效率(%) ≥
	11	17	23	29	35	43	59	71	87	
0										70
1										
2										88
3										
4										76
5										
6										
7										88
8										75
9										
10										85
11										72
12										82

注: 1. 斜线上方的效率指标为粗线右侧传动比所对应的效率值; 斜线下方的效率指标为粗线左侧传动比所对应的效率值。

2. 二级和三级减速机传动效率分别为两个一级和三个一级传动效率的乘积。

摆线针轮减速器的选用分如下几种情况:

1) 减速器输入轴转速等于标准减速器额定转速时, 按下式选择:

$$\frac{PK_A}{\eta} \leqslant P_{1P}$$

式中 P ——减速器载荷功率 (kW);

K_A ——工作情况系数;

η ——减速器效率, 见表 8.1-136;

P_{1P} ——所选机型号的输入轴输入功率 (kW)。

【例1】 均匀送料的皮带运输机, 每日连续工作 24h, 输入轴转速为 1450r/min, 输出轴转速约为 40r/min, 载荷功率为 5.5kW, 起动转矩为额定载荷的 140%, 输出轴由联轴器连接。

【解】 ① 由表 8.1-128 选取工作情况系数 $K_A = 1.2$;

② 由 $i = 1450/40 = 36.25$, 选取 $i = 35$ (见表 8.1-130) 的一级减速器型号, 在表 8.1-136 中选取 $\eta = 0.88$;

③ 由 $\frac{PK_A}{\eta} = \frac{5.5 \times 1.2}{0.88}$ kW $= 7.5$ kW, 按表 8.1-130 选取 ZWD7.5-6A-35, 输入轴功率 $P_{1P} = 7.5$ kW。

2) 按减速器输出轴转矩选择机型号时, 一般稳定载荷或短期瞬时载荷不超过稳定载荷的 160%, 应按下式选择:

$$T \leqslant T_P$$

式中 T ——减速器输出轴工作转矩 (N·m);

T_P ——所选机型号减速器的输出轴许用转矩

(N·m)。

当减速器短期瞬时载荷超过稳定载荷的 160% 时, 应按尖峰载荷选择, 并应保证:

$$\frac{T_{max}}{1.6} \leqslant T_P$$

式中 T_P ——减速器最大尖峰转矩 (N·m)。

【例2】 平板式加料机, 每日连续 24h 工作, 输入轴转速为 1500r/min, 输出轴转速约为 5r/min, 连续运转时的工作转矩为 2600N·m, 尖峰载荷转矩为稳定载荷的 200%, 其变化频率不高。

【解】 ① 由表 8.1-128, 取工作情况系数 $K_A = 1.35$;

② 由 $i = 1500/5 = 300$, 可选传动比为 289 的二级减速器 (见表 8.1-132);

③ 由 $T_{max} = 2600 \times 1.35 \times 200\%$ N·m $= 7020$ N·m

$$\frac{T_{max}}{1.6} = \frac{7020}{1.6}$$ N·m $= 4387.5$ N·m

按表 8.1-134, 可选机型号 85, $T_P = 4510$ N·m。最后确定所选减速机为 ZED4-85A-289。

3) 减速器输入轴的转速不等于标准减速器的额定转速时, 应首先按下式选择机型号:

$$T_c \leqslant T_P$$

T_c 按下式计算:

$$T_c = \left(\frac{n}{n_1}\right)^{1/\varepsilon} T$$

式中 T_c ——计算工作转矩 (N·m);

n——输入轴实际转速（r/min）；

n_1——标准减速器输入轴额定转速，$n_1 = 1500$ 或 1000r/min；

ε——转臂轴承寿命指数，滚子轴承 $\varepsilon = 10/3$；

T_P——标准减速器在额定转速时的输出轴许用 转矩（N·m）；

T——输出轴实际工作转矩（N·m）。

然后按下式验算：

$$T \leqslant T_{\max P} \quad (T_{\max P} = 1.6 T_P)$$

若满足上式则所选减速器合适；否则，应根据上式另选较大型号。

【例3】 减速器输入轴转速 $n = 750$r/min，输出轴实际工作转矩 $T = 950$N·m，$i = 17$，试选择标准减速器。

【解】 ① 由 $T_c = \left(\dfrac{n}{n_1}\right)^{1/\varepsilon} T$，取 $\varepsilon = 10/3$

$$T_c = \left(\frac{750}{1500}\right)^{3/10} \times 950\text{N·m} = 771.64\text{N·m}$$

查表 8.1-133，选 ZWD 机型号 6，其输出轴许用转矩 $T_P = 1094.7$N·m，满足 $T_c \leqslant T_P$。

② 查表 8.1-129，得输入功率为 11kW，则选减速器 ZWD11-6A-17。

③ $T_{\max P} = 1.6 T_P = 1.6 \times 1094.7$N·m $= 1751.52$N·m $> T$，表明减速器的转臂轴承寿命和零件强度均满足要求，故所选减速器合适。

2.8.3　减速器的外形和安装尺寸

减速机的外形和安装连接尺寸见表 8.1-137 ～ 表 8.1-142。

表 8.1-137　ZW、ZWD 外形和安装连接尺寸   （单位：mm）

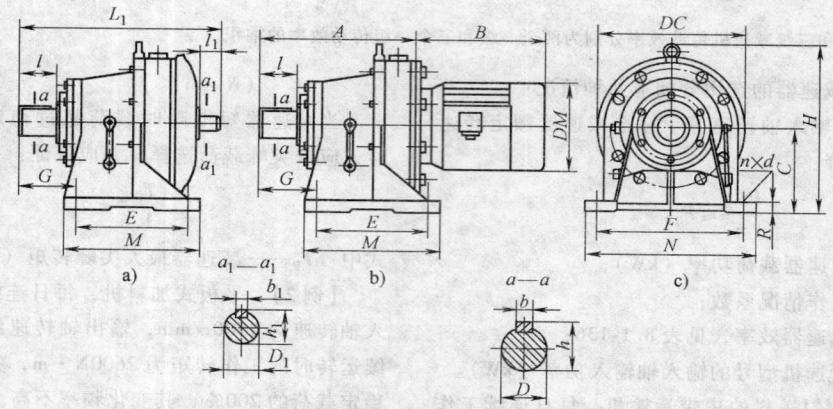

机型号		L_1	l	l_1	G	E	M	DC	H	C	F	N	R	$n \times d$	D	b	h	D_1	b_1	h_1	A	B	DM
A型	0	125	20	15	36	60	84	113	146.5	80	120	144	10	4×10	14	5	16	10	4	11.5	84	按电动机尺寸	
	1	202	35	25	60	90	120	150	175	100	150	180	12	4×12	25	8	31	15	5	17	159		
	2	214	34	25	101	90	120	150	175	100	180	210	15	4×12	25	8	28	15	5	17	159		
	3	266	55	35	151	100	150	200	240	140	250	290	20	4×16	35	10	38	18	6	20.5	192		
	4	320	74	40	169	145	195	230	275	150	290	330	22	4×16	45	14	48.5	22	6	24.5	240		
	5	416	91	45	206	150	260	300	356	160	370	420	25	4×16	55	16	59	30	8	33	310		
	6	476	89	54	125	275	335	340	425	200	380	430	30	4×22	65	18	69	35	10	38	352		
	7	529	109	65	145	320	380	360	460	220	420	470	30	4×22	80	22	85	40	12	43	390		
	8	600	120	70	155	380	440	430	529	250	480	530	35	4×22	90	25	95	45	14	48.5	448		
	9	723	141	80	186	480	560	500	614	290	560	620	40	4×26	100	28	106	14	53.5	552			
	10	813	150	100	230	500	600	500	706	300	630	690	45	4×30	110	28	116	55	16	60	612		
	11	1065	202	120	324	330×2	810	710	883	420	800	880	50	6×32	130	32	137	70	20	76	809		
	12	1462	330	150	485	420×2	1040	990	1163	540	1050	1160	60	6×45	180	45	190	90	25	95	1154		
B型	2	215	35	22	108	90	120	168	190	100	150	190	15	4×11	30	8	23	15	5	17	165		
	3	263	56	35	125	110	160	200	222	120	240	280	15	4×13	35	10	38.5	18	5	20	193.5		
	4	320	71	40	144	150	200	240	296	140	280	320	20	4×13	45	14	49	22	6	24.5	246		
	5	391	80	55	158	200	250	300	355	160	340	390	20	4×17	55	16	60	30	6	33	295		
	6	460	102	60	155	320	380	350	430	200	340	400	25	4×22	70	20	76	35	10	38.5	359		
	8	570	120	70	159	380	440	440	513	240	420	470	32	4×22	90	24	97	45	14	49	430		
	9	700	140	80	200	440	520	520	605	280	500	560	35	4×26	100	28	108	50	16	55	528		

表 8.1-138　ZL、ZLD 外形和安装连接尺寸　　　　　　（单位：mm）

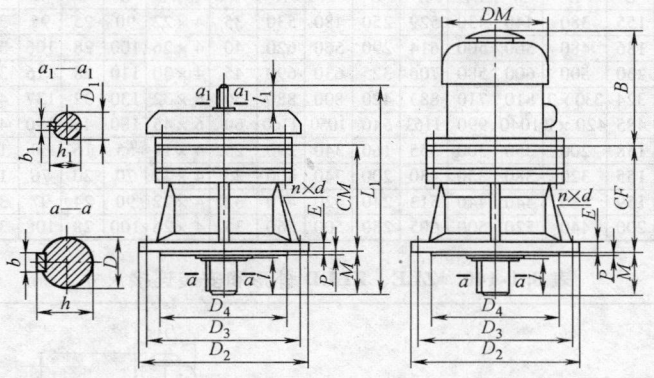

机型号		L_1	l	l_1	P	E	M	$n \times d$	D_2	D_3	D_4	D	b	h	D_1	b_1	h_1	CF	B	DM
A型	0	125	20	15	3	8	29	6×10	120	102	80	14	5	16	10	4	11.5	57		
	1	202	35	25	3	9	48	4×12	160	134	110	25	8	21	15	5	17	111		
	2	212	34	25	3	12	42	6×12	180	160	130	25	8	28	15	5	17	115		
	3	267	45	35	4	15	50	6×12	230	200	170	35	10	38	18	6	20.5	143		
	4	324	63	40	4	15	79	6×12	260	230	200	45	14	48.5	22	6	24	161		按
	5	417	79	45	4	20	93	6×12	340	310	270	55	16	59	30	8	33	219		电
	6	478	80	54	5	22	92	8×16	400	360	316	65	18	69	35	10	38	262		动
	7	532	98	65	5	22	114	8×18	430	390	345	80	22	85	40	12	43	279		机
	8	602	110	70	6	30	112	12×18	490	450	400	90	25	95	45	14	48.5	335		尺
	9	723	129	80	8	35	170	12×22	580	520	455	100	28	106	50	14	53.5	382		寸
	10	814	140	100	10	40	174	12×22	650	590	520	110	28	116	55	16	60	438		
	11	1050	184	120	10	45	210	12×38	880	800	680	130	32	137	70	20	76	598		
	12	1148	320	150	10	60	370	8×39	1160	1020	900	180	45	190	90	25	95	796		
B型	2	215	35	22	3	10	39	4×11	190	160	140	30	8	33	15	5	17	126		
	3	263	45	35	4	10	60	6×11	230	200	178	35	10	38.5	18	5	20	133.5		
	4	320	61	40	4	16	70	6×11	260	230	200	45	14	49	22	6	24.5	176		
	5	391	75	55	5	20	80	6×13	340	310	270	55	16	60	30	8	33	215		
	6	462	92	60	5	22	100	8×15	400	360	320	70	20	76	35	10	38.5	349		
	8	578	108	70	5	30	115	12×18	490	450	400	90	24	97	45	14	49	315		
	9	700	130	80	8	35	139	12×22	580	520	460	100	28	108	50	16	55	389		

表 8.1-139　ZWE、ZWED 外形和安装连接尺寸　　　　　　（单位：mm）

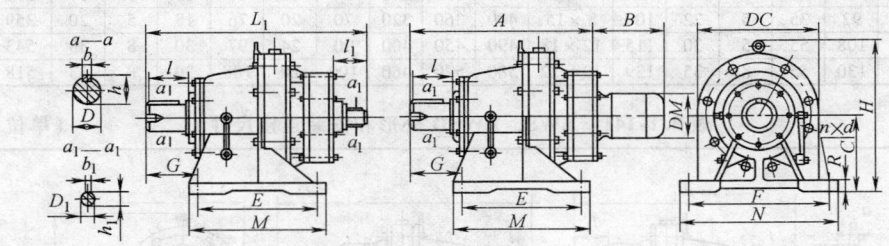

机型号		L_1	l	l_1	G	E	M	DC	H	C	F	N	R	$n \times d$	D	b	h	D_1	b_1	h_1	A	B	DM
A型	20	242	34	15	101	90	120	150	175	100	180	210	15	4×12	25	8	28	10	4	11.5	201.5		
	42	373	74	25	169	145	195	230	275	150	290	330	22	4×16	45	14	48.5	15	5	17	317.5		按
	53	473	91	35	206	150	260	300	356	160	370	420	25	4×16	55	16	59	18	5	20.5	398		电动机尺寸
	63	513	89	35	125	275	335	340	425	200	380	430	30	4×22	65	18	69	18	5	20.5	440		
	74	578	109	40	145	320	380	360	460	220	420	470	30	4×22	80	22	85	22	6	24.5	500		
	84	644	120	40	155	380	440	430	529	250	480	530	35	4×22	90	25	95	22	6	24.5	560		

（续）

机型号		L_1	l	l_1	G	E	M	DC	H	C	F	N	R	$n \times d$	D	b	h	D_1	b_1	h_1	A	B	DM
A型	85	692	120	45	155	380	440	430	529	250	480	530	35	4×22	90	25	95	30	8	33	584	按电动机尺寸	
	95	790	141	45	186	480	560	500	614	290	560	620	40	4×26	100	28	106	30	8	33	684		
	106	884	150	54	230	500	600	580	706	290	630	690	45	4×30	110	28	116	35	10	38	760		
	117	1106	202	65	324	330×2	810	710	883	420	800	880	50	6×32	130	32	137	40	12	43	968		
	128	1503	330	70	485	420×2	1040	990	1163	540	1050	1160	60	6×45	180	45	190	45	14	48.5			
B型	52	425	80	22	158	200	250	300	355	160	340	290	25	4×17	55	16	60	15	5	17	376		
	63	529	102	35	155	320	380	350	430	200	340	400	25	4×22	70	20	76	18	5	20	459		
	85	658	120	55	159	380	440	440	513	240	420	470	32	4×22	90	24	97	30	8	33	553		
	95	760	140	55	200	440	520	500	605	280	500	560	35	4×26	100	28	108	30	8	33	653		

表 8.1-140　ZLE、ZLED 外形和安装连接尺寸　　（单位：mm）

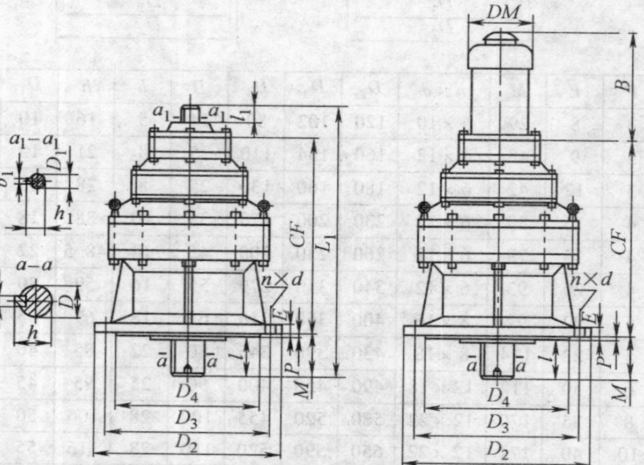

机型号		L_1	l	l_1	P	E	M	$n \times d$	D_2	D_3	D_4	D	b	h	D_1	b_1	h_1	CF	B	DM
A型	20	242	34	15	3	12	42	4×12	180	160	130	25	8	28	10	4	11.5	159.5	按电动机尺寸	
	42	374	63	25	4	15	79	6×12	260	230	200	45	14	48.5	15	5	17	239		
	53	473	79	35	4	20	93	6×12	340	310	270	55	16	59	18	6	20.5	307		
	63	513	80	35	5	22	92	8×16	400	360	316	65	18	69	18	6	20.5	350		
	74	578	98	40	5	22	114	8×18	430	390	345	80	22	85	22	6	24.5	388		
	84	644	110	40	6	30	112	12×18	490	450	400	90	25	95	22	6	24.5	448		
	85	692	110	45	6	30	112	12×18	490	450	400	90	25	95	30	8	33	475		
	95	790	129	45	8	35	170	12×22	580	520	455	100	28	106	30	8	33	518		
	106	884	140	54	10	40	174	12×22	650	590	520	110	28	116	35	10	38	586		
	117	1106	184	65	10	50	210	12×38	880	800	680	130	32	137	40	12	43	758		
	128	1503	320	70	10	60	370	8×39	1160	1020	900	180	45	190	45	14	48.5	796		
B型	52	425	75	22	5	20	80	6×13	340	310	270	56	16	60	15	5	17	296		
	63	529	92	35	5	22	100	8×15	400	360	320	70	20	76	18	5	20	359		
	85	658	108	55	5	30	115	12×18	490	450	400	90	24	97	30	8	33	543		
	95	650	130	55	8	35	139	12×22	580	520	460	100	28	108	30	8	33	518		

表 8.1-141　ZWS、ZWSD 外形和安装连接尺寸　　（单位：mm）

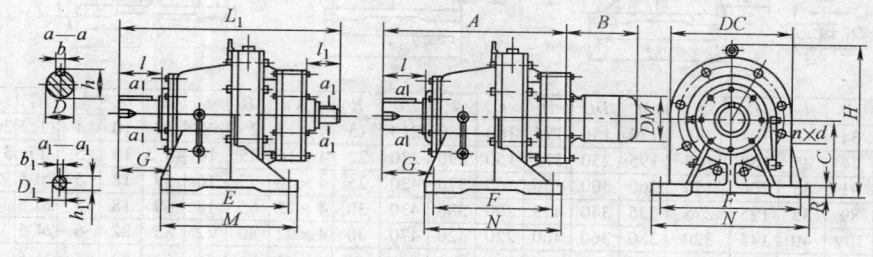

（续）

机型号		L_1	l	l_1	G	E	M	DC	H	C	F	N	R	$n \times d$	D	b	h	D_1	b_1	h_1	A	B	DM
A 型	420	392	74	15	169	145	195	230	275	150	290	330	22	4×16	45	14	48.5	10	4	11.5	353	按电动机尺寸	
	742	633	109	25	145	320	380	360	460	220	420	470	30	4×22	80	22	85	15	5	17	578		
	953	845	141	35	186	480	560	500	614	290	560	620	40	4×26	100	28	106	18	6	20.5	772		
	1063	923	150	35	230	500	600	580	706	325	630	690	45	4×30	110	28	116	18	6	20.5	848		
	1174	1160	202	40	324	330×2	810	710	883	420	800	880	50	6×32	130	32	137	22	6	24.5	1077		
	1285	1593	330	45	485	420×2	1040	990	1163	540	1050	1160	60	6×45	180	45	190	30	8	33	1487		

表 8.1-142　ZLS、ZLSD 外形和安装连接尺寸　　　　　　（单位：mm）

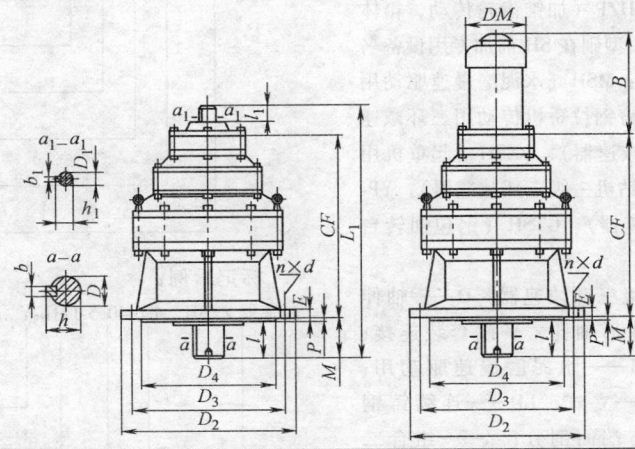

机型号		L_1	l	l_1	P	E	M	$n \times d$	D_2	D_3	D_4	D	b	h	D_1	b_1	h_1	CF	B	DM
A 型	420	392	63	15	4	15	79	6×12	260	230	200	45	14	48.5	10	4	11.5	274	按电动机尺寸	
	742	637	98	25	5	22	114	8×18	430	390	345	80	22	85	15	5	17	464		
	953	849	129	35	8	35	170	12×22	580	520	455	100	28	106	18	6	20.5	602		
	1063	922	140	35	10	40	174	12×22	650	590	520	110	28	116	18	6	20.5	674		
	1174	1187	184	40	10	45	210	12×38	880	800	680	130	32	137	22	6	24	867		
	1285	1593	320	45	10	60	370	8×39	1160	1020	900	180	45	190	30	8	33	1117		

2.9　三环减速器

三环减速器由一根具有外齿轮的低速轴 1、两根由三个互成 120 度偏心的高速轴 2 和三片内齿轮环板 3 组成，如图 8.1-31 所示。它是一种先进的传动机械，广泛应用于矿山、冶金、石油、化工、起重运输、纺织印染、制药、造船、机械、环保及食品轻工等领域。它结构紧凑，体积小，质量轻，其体积和质量比同等功率的齿轮减速器减小 1/3～2/3，适用性广，外形及装配型式可根据用户实际使用情况进行配置，制成卧式、立式、法兰连接及组合传动等多种结构型式，其产品标准为 YB/T 079—1995。

工作条件：高速轴转速一般不超过 1500r/min；瞬时超载转矩不大于额定输出转矩的 2.7 倍；工作环境温度为 -40～45℃，低于 0℃时，起动前应对润滑油采取预热措施；正、反两向运转。

减速器在长期稳定负荷运转下的设计寿命不低于 25000h。

如图 8.1-31 所示，三环减速器减速时，高速轴 2

作为输入轴，带动环板 3 上的内齿轮做平面运动，靠内齿轮与低速轴 1 上的外齿轮啮合，实现大的传动比。齿轮齿形通常为渐开线，各输入轴的轴端可单独或同时输入动力。

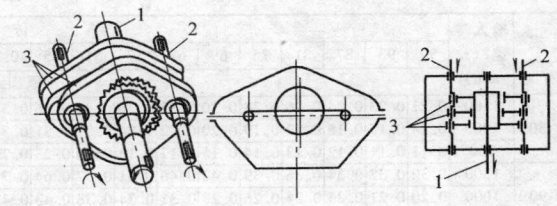

图8.1-31　三环减速器的基本结构与原理图
1—低速轴　2—高速轴　3—内齿轮环板

2.9.1　减速器的代号和标记方法

三环传动减速器基本型代号为 SH，即一级三环式减速（或增速）传动装置，其两高速轴平行且对称布置于低速轴两侧，剖分式箱体，卧式结构。

其他派生通用型是在 SH 后附加标号，如：SHD（电动机直连一级三环减速器）、SHDK（空心轴与电动机直连一级三环减速器）、SHC（组合二级传动，三环传动加圆柱齿轮传动三环减速器）、SHCD（组合二级传动与电动机直连三环减速器）、SHS（二级三环传动三环减速器）、SHL（立式一级三环传动三环减速器）、SHLD（立式与电动机直连三环减速器）、SHLDK（立式、空心轴三环减速器）、SHZ（组合二级传动，加锥齿轮传动三环减速器）、SHP（箱体端面剖分一级三环减速器）、SHCPD（组合二级传动，加圆柱齿轮传动与电动机直连三环减速器）、SHZP（加锥齿轮传动，箱体端面剖分三环减速器）。专用型则在 SH 前加专用设备名称的拼音字母字头标号，如：MSH（水泥磨慢速驱动用三环减速器）、LLSH（连续铸钢拉矫机传动用三环减速器）、QSH（起重机用三环减速器）、QXSH（起重机用三环减速器）、ZZSH（桩孔钻机一级三环减速器）、YP-SH（圆盘给料机用三环减速器）、GTSH（钢包回转台用三环减速器）。

其中，SH——基本一级三环减速器；D——轴伸与电动机直连；K——圆柱形轴孔，平键套装连接；C——加圆柱齿轮传动；M——水泥磨慢速驱动用；S——二级三环传动；L——立式；LL——连续铸钢拉矫机传动用；P——箱体端面剖分；Z——组合二级传动；ZZ——桩孔钻机用；YP——圆盘给料机用；GT——钢包回转台用。

三环减速器常用轴端型式为高速轴与低速轴同为圆柱形轴伸，或低速轴为套装孔空心轴，均不附加标号。当轴端型式为非圆柱形轴端或高速轴与低速轴轴端型式不同时，则分别依序加注轴端型式标号。

1）Y 型——圆柱轴伸，单键平键连接。
2）Z 型——圆锥轴伸，平键。
3）H 型——渐开线花键轴伸。

4）C 型——齿轮轴伸（仅 QSH 和 QXSH 减速器用）。
5）K 型——圆柱形轴孔，平键套装连接。
6）K（Z）型——圆锥形轴孔，平键套装连接。
7）K（H）型——花键轴孔，套装连接。
8）D 型——轴伸与电动机直连。

减速器标记方法：

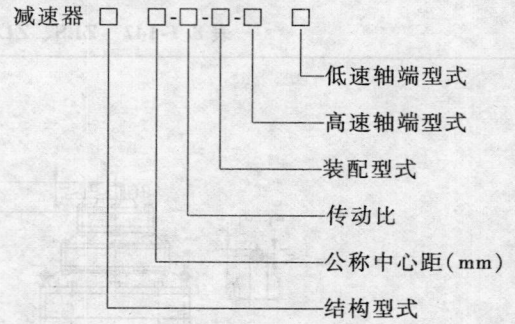

标记示例：

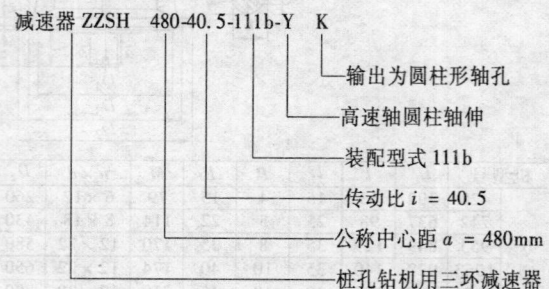

2.9.2 减速器的承载能力和选用方法

1. 减速器的承载能力

SH、SHD、SHDK、SHT、SHL、SHLD、SHLDK、SHP、ZZSH 型减速器的额定功率 P_N、输出转矩 T_2，见表 8.1-143。

表 8.1-143　额定功率、输出转矩

规格	输入转速/(r/min)	传动比																						输出转矩 T_2/kN·m
		99	93	87	81	75	69	63	57	51	45	40.5	37.5	34.5	31.5	28.5	25.5	23	21	19	17	15	13	11	
		额定功率 P_N/kW																						
80	1500	0.21	0.23	0.24	0.26	0.28	0.30	0.33	0.36	0.41	0.46	0.51	0.55	0.59	0.65	0.72	0.80	0.89	0.97	1.07	1.20	1.36	1.56	1.84	0.124
	1000	0.14	0.15	0.16	0.17	0.19	0.20	0.22	0.24	0.27	0.31	0.34	0.37	0.40	0.43	0.48	0.53	0.59	0.65	0.71	0.80	0.90	1.04	1.23	
	750	0.11	0.11	0.12	0.13	0.14	0.15	0.17	0.18	0.20	0.23	0.25	0.27	0.30	0.33	0.36	0.40	0.44	0.49	0.54	0.60	0.68	0.78	0.92	
90	1500	0.30	0.32	0.34	0.36	0.39	0.42	0.46	0.51	0.57	0.64	0.71	0.77	0.83	0.91	1.01	1.12	1.24	1.36	1.50	1.68	1.90	2.19	2.59	0.174
	1000	0.20	0.21	0.23	0.24	0.26	0.28	0.31	0.34	0.40	0.51	0.56	0.60	0.67	0.75	0.80	0.90	1.00	1.12	1.27	1.46	1.73			
	750	0.15	0.16	0.17	0.18	0.20	0.21	0.23	0.26	0.29	0.32	0.35	0.42	0.46	0.50	0.56	0.62	0.68	0.75	0.84	0.95	1.10	1.29		
105	1500	0.45	0.47	0.01	0.54	0.58	0.63	0.69	0.76	0.85	0.96	1.06	1.14	1.24	1.36	1.50	1.67	1.85	2.03	2.24	2.50	2.83	3.26	3.85	0.259
	1000	0.30	0.32	0.34	0.36	0.39	0.42	0.46	0.51	0.56	0.64	0.71	0.76	0.83	0.91	1.00	1.11	1.24	1.35	1.49	1.67	1.89	2.18	2.57	
	750	0.22	0.24	0.25	0.27	0.29	0.32	0.34	0.38	0.42	0.48	0.53	0.57	0.62	0.68	0.75	0.84	0.93	1.01	1.12	1.25	1.42	1.63	1.93	
125	1500	0.75	0.80	0.85	0.91	0.98	1.06	1.16	1.28	1.42	1.61	1.78	1.92	2.09	2.28	2.52	2.81	3.11	3.41	3.76	4.20	4.75	5.48	6.47	0.435
	1000	0.50	0.53	0.57	0.61	0.65	0.71	0.77	0.85	0.95	1.07	1.19	1.28	1.39	1.52	1.68	1.87	2.07	2.27	2.51	2.80	3.17	3.65	4.31	
	750	0.38	0.40	0.42	0.45	0.49	0.53	0.57	0.64	0.71	0.80	0.89	0.96	1.04	1.14	1.26	1.40	1.56	1.70	1.88	2.10	2.38	2.74	3.24	
145	1500	1.51	1.60	1.71	1.83	1.97	2.13	2.33	2.57	2.86	3.23	3.58	3.87	4.20	4.59	5.07	5.56	6.26	6.85	7.65	5.49	9.56	11.0	13.0	0.875
	1000	1.01	1.07	1.14	1.22	1.31	1.42	1.55	1.71	1.91	2.16	2.39	2.58	2.80	3.38	3.77	4.17	4.57	5.04	5.63	6.37	7.35	8.68		
	750	0.76	0.80	0.85	0.92	0.98	1.07	1.16	1.28	1.43	1.62	1.79	1.93	2.10	2.29	2.53	2.83	3.13	3.42	3.78	4.22	4.78	5.51	6.51	
175	1500	2.95	3.13	3.33	3.57	3.84	4.17	4.55	5.01	5.59	6.32	7.00	7.55	8.20	8.96	9.89	11.0	12.2	13.4	14.8	16.5	18.7	21.5	25.4	1.709
	1000	1.96	2.09	2.22	2.38	2.56	2.78	3.03	3.34	3.73	4.21	4.67	5.03	5.46	5.98	6.60	7.36	8.15	8.92	9.85	11.0	12.5	14.4	16.9	
	750	1.47	1.56	1.67	1.79	1.92	2.08	2.28	2.50	2.80	3.16	3.50	3.78	4.10	4.48	4.95	5.52	6.11	6.69	7.39	8.25	9.34	10.8	12.7	

（续）

规格	输入转速/(r/min)	99	93	87	81	75	69	63	57	51	45	40.5	37.5	34.5	31.5	28.5	25.5	23	21	19	17	15	13	11	输出转矩 T_2/kN·m
		传动比 / 额定功率 P_N/kW																							
215	1500	5.75	6.11	6.51	6.97	7.50	8.13	8.88	9.79	10.9	12.3	13.7	14.7	16.0	17.5	19.3	21.6	23.9	26.1	28.8	32.2	36.5	42.0	49.6	3.336
	1000	3.84	4.07	4.34	4.65	5.00	5.42	5.92	6.53	7.27	8.22	9.11	9.83	10.7	11.7	12.9	14.4	15.9	17.4	19.2	21.5	24.3	28.0	33.1	
	750	2.88	3.05	3.25	3.48	3.75	4.07	4.44	4.89	5.45	6.16	6.83	7.37	8.00	8.75	9.66	10.8	11.9	13.1	14.4	16.1	18.2	21.0	24.8	
255	1500	9.94	10.6	11.2	12.0	13.0	14.1	15.3	16.9	18.8	21.3	23.6	25.5	27.6	30.2	33.4	37.2	41.2	45.1	49.8	55.6	63.0	72.6	85.7	5.764
	1000	6.63	7.03	7.50	8.03	8.64	9.37	10.2	11.3	12.6	14.2	15.7	17.0	18.4	20.2	22.2	24.8	27.5	30.1	33.2	37.1	42.0	48.4	57.2	
	750	4.97	5.28	5.62	6.02	6.48	7.03	7.67	8.46	9.41	10.6	11.8	12.7	13.8	15.1	16.7	18.6	20.6	22.6	24.9	27.8	31.5	36.3	42.9	
300	1000	12.1	12.8	13.7	14.7	15.8	17.1	18.7	20.6	22.9	25.9	28.7	31.0	33.6	36.8	40.6	45.3	50.2	54.9	60.6	67.7	76.6	—	—	10.52
	750	9.07	9.63	10.3	11.0	11.8	12.8	14.0	15.4	17.2	19.4	21.6	23.2	25.2	27.6	30.4	34.4	37.6	41.2	45.5	50.8	57.5	—	—	
	600	7.26	7.70	8.21	8.79	9.47	10.3	11.2	12.3	13.8	15.5	17.2	18.6	20.2	22.1	24.4	27.2	30.1	32.9	36.4	40.5	46.0	—	—	
350	1000	18.2	19.3	20.5	22.0	23.7	25.7	28.0	30.9	34.4	38.9	43.1	46.5	50.5	55.2	60.9	68.0	75.3	82.4	91.0	102	115	133	—	15.790
	750	13.6	14.5	15.4	16.5	17.8	19.2	21.0	23.2	25.8	29.2	32.3	34.9	37.9	41.4	45.7	51.0	56.5	61.8	68.2	76.2	86.3	99.5	—	
	600	10.9	11.6	12.3	13.2	14.7	15.4	16.8	18.5	20.7	23.3	25.9	27.9	30.3	33.1	36.6	40.8	45.2	49.4	54.6	61.0	69.0	79.6	—	
400	1000	28.4	30.1	32.1	34.4	37.0	40.1	43.8	48.3	53.8	60.8	67.4	72.7	78.9	86.3	95.2	106	118	129	142	159	180	207	245	24.670
	750	21.3	22.6	24.1	25.8	27.7	30.1	32.8	36.2	40.3	45.6	50.5	54.5	59.2	64.7	71.4	79.7	88.2	96.6	107	119	135	155	184	
	600	17.0	18.1	19.3	20.6	22.2	24.1	26.3	29.0	32.3	36.5	40.4	43.6	47.3	51.8	57.1	63.8	70.6	77.2	85.3	95.2	108	124	147	
450	1000	41.3	43.8	46.7	50.0	53.8	58.4	63.7	70.2	78.3	88.4	98.1	106	115	126	139	155	171	187	207	231	262	302	356	35.900
	750	31.0	32.9	35.0	37.5	40.4	43.8	47.8	52.7	58.7	66.3	73.5	79.3	86.1	94.1	104	116	128	141	155	173	196	226	267	
	600	24.8	26.3	28.0	30.0	32.3	35.0	38.2	42.1	47.0	53.1	58.8	63.4	68.9	75.3	83.1	92.8	103	112	124	139	157	181	214	
500	750	41.4	43.9	46.8	50.2	54.0	58.5	63.9	70.4	78.5	88.7	98.3	106	115	126	139	155	172	191	208	232	262	302	—	48.01
	600	33.1	35.1	37.5	40.1	43.2	46.8	51.1	56.4	62.8	71.0	78.7	84.9	92.1	101	111	124	137	150	166	185	210	242	—	
	500	27.6	29.3	31.2	33.4	36.0	39.0	42.6	47.0	52.3	59.1	65.6	70.7	76.7	83.9	92.6	103	115	125	138	155	175	202	—	
550	750	56.8	60.3	64.2	68.8	74.1	80.3	87.7	96.6	108	122	135	146	158	173	191	213	236	258	285	318	360	415	—	65.86
	600	45.4	48.2	51.4	55.0	59.3	64.2	70.1	77.3	86.1	97.3	108	116	126	138	153	170	189	206	228	254	288	332	—	
	500	37.9	40.2	42.8	45.9	49.4	53.5	58.5	64.4	71.8	81.1	89.9	97.0	105	115	127	142	157	172	190	212	240	277	—	
600	750	75.6	80.2	85.5	91.6	98.6	107	117	129	143	162	180	194	210	230	254	283	314	343	379	423	479	552	—	87.66
	600	60.5	64.2	68.4	73.3	78.9	85.5	93.4	103	115	130	144	155	168	184	203	227	251	270	303	338	383	442	—	
	500	50.4	53.5	57.0	61.0	65.7	71.2	77.8	85.7	95.6	108	120	129	140	153	169	189	209	229	253	282	319	368	—	
670	750	107	113	121	129	139	151	165	181	202	228	253	273	296	324	358	399	442	484	534	596	675	778	—	123.54
	600	85.2	90.4	96.4	103	111	121	132	145	162	183	203	218	237	259	286	319	354	387	427	477	540	623	—	
	500	71.0	75.4	80.3	86.0	92.6	100	110	121	135	152	169	182	198	216	238	266	295	322	356	398	450	519	—	
750	600	120	127	136	145	157	170	185	204	227	257	285	307	334	365	403	449	498	544	601	671	760	876	—	173.87
	500	99.9	106	113	121	130	141	154	170	190	214	238	256	278	304	336	374	415	454	501	559	633	730	—	
840	600	147	155	167	178	192	208	227	251	279	316	350	377	410	448	494	552	611	668	738	824	933	1076	—	213.47
	500	123	130	139	149	160	174	190	209	233	263	292	314	341	373	412	460	509	557	615	687	778	896	—	
950	600	214	228	243	260	280	303	331	365	407	459	509	549	596	652	720	803	889	973	1074	1200	1358	—	—	310.75
	500	179	190	202	216	233	253	276	304	339	383	424	458	497	543	600	669	741	811	895	1000	1132	—	—	
1070	600	324	343	366	392	422	454	500	551	614	693	769	829	900	984	1086	1212	1342	1622	1811	2050	—	—	—	469.00
	500	270	286	305	327	352	381	416	459	511	578	641	691	750	820	905	1010	1118	1224	1351	1509	—	—	—	

2. 减速器的选用方法

选用的减速器必须满足机械强度和热平衡许用功率两方面的要求。

1）所选用的减速器额定功率 P_N 必须满足:

$$P_c = PK_A K_R \leqslant P_N$$

式中 P_c——计算功率;

P——工作机功率;

K_A——使用系数,见表 8.1-144;

K_R——可靠度系数,见表 8.1-145。

2）所选用的减速器热功率 P_t（见表 8.1-146）必须满足:

$$P_{ct} = PK_T K_W K_P \leqslant P_t$$

式中 P_{ct}——计算热功率;

K_W——运转周期系数,见表 8.1-147;

K_P——功率利用系数,见表 8.1-148;

K_T——环境温度系数,$K_T = 80/(100-T)$;

T——环境温度（℃）。

表 8.1-144　使用系数

原动机	每天工作时间/h	工作机载荷性质分类		
		均匀载荷 U	中等冲击载荷 M	强冲击载荷 H
电动机	≤3	0.8	1	1.5
涡轮机	3 ~ 10	1	1.25	1.75
液压马达	>10	1.25	1.5	2

表 8.1-145　可靠度系数

失效概率低于	1/100	1/1000	1/10000
可靠度系数 K_R	1.00	1.25	1.50

表 8.1-146　热功率

规格	80	90	105	125	145	175	215	255	300	350	400	450	500	550	600	670	750	840	950	1070	备 注
	减速器热功率 P_t/kW																				
SH 型	1.57	1.99	2.71	3.84	5.16	7.52	11.4	16.0	22.1	30.0	39.3	49.7	61.4	74.3	88.4	110	138	173	222	281	见注 1
SHC 型	—	—	3.02	4.06	5.92	8.93	12.6	17.4	23 ~ 730	30.9	39.1	48.5	58.4	69.5	86.7	109	136	174	221		$i \leqslant 176.5$
	—	—	2.46	3.31	4.82	7.28	10.2	14.2	19.3	25.3	31.9	39.6	47.6	56.7	70.7	88.6	111	142	180		$i \geqslant 200.1$
SHZ 型	—	—	2.70	3.63	5.29	7.98	11.2	15.5	21.1	27.6	35.0	43.2	52.2	62.2	77.5	97.2	122	156	198		$i \leqslant 70.3$
	—	—	2.44	3.28	4.78	7.22	10.1	14.1	19.3	25.0	31.6	39.1	47.3	56.2	70.1	87.9	110	141	179		$77.9 < i < 228.8$
	—	—	2.07	2.78	4.05	6.12	8.61	11.9	16.2	21.2	26.8	33.2	40.1	47.7	59.4	74.5	93.4	119	152		$i \geqslant 259.3$

注：1. SH 型的热功率应除以校正系数 $K_i = 1 + 0.009(i-11)$；i 为所选减速器传动比。

　　2. 表中热功率为实验室条件下采用油池飞溅润滑的值，选用时可根据环境的散热条件适当增减；或采取相应的冷却散热措施。

　　3. 其他减速器的热功率，可参考表中相近的结构型式并根据其散热表面积的大小适当增减。

表 8.1-147　运转周期系数

每小时运转周期(%)	100	80	60	40	20
运转周期系数 K_w	1	0.94	0.86	0.74	0.56

表 8.1-148　功率利用系数

功率利用率(%)	80 ~ 100	70	60	50	40
功率利用系数 K_P	1	1.05	1.10	1.15	1.25

2.10　直廓环面蜗杆减速器

　　直廓环面蜗杆减速器为空间交错轴传动，承载能力和传动效率较高，适用于重载、大功率、大转矩传动。主要用于冶金、矿山、起重、运输、石油、化工、建筑等行业。

　　根据蜗轮与蜗杆相互位置的不同，分为：HWT、HWWT、HWB、HWWB 四种型式，其标准为 JB/T 7936—2010。

　　工作条件：输入、输出轴交错角为 90°；蜗杆转速一般不超过 1500r/min；蜗杆中间平面分度圆滑动速度不超过 16m/s；蜗杆轴可正反向运转；减速器工作环境温度为 -40 ~ 40℃。当工作环境温度低于 0℃时，起动前润滑油必须加热到 0℃以上，或采用低凝固点的润滑油；高于 40℃时，必须采取冷却措施。

2.10.1　减速器的代号和标记方法

减速器代号：

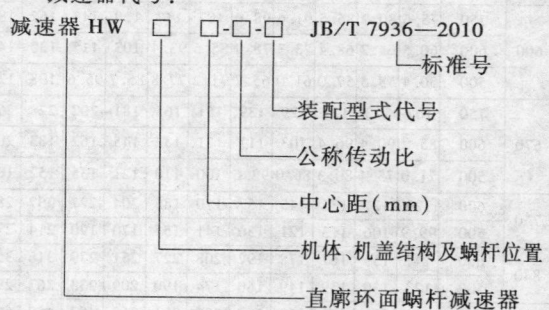

注：W 表示机体、机盖结构为焊接结构，未标注为铸造结构；T 为蜗杆上置；B 为蜗杆下置。

标记示例：

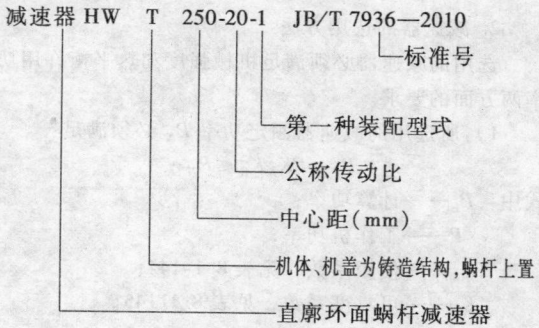

2.10.2　减速器的承载能力、选用方法及实例

1. 减速器的额定输入功率和额定输出转矩（表 8.1-149）

表 8.1-149　减速器的额定输入功率和额定输出转矩

公称传动比 i_N	输入转速 n_1 /(r/min)	功率转矩	100	125	160	200	250	280	315	355	400	450	500
			中　心　距 a/mm										
			额定输入功率 P_1/kW　　额定输出转矩 T_2/N·m										
10	1500	P_1	11.5	20.8	35.4	65.5	111.0	145.0	190.0	248.0	329.0	431.0	526.0
		T_2	665	1220	2100	3840	6660	8670	11380	14900	19720	26450	32260
	1000	P_1	9.2	16.8	28.9	53.7	92.3	122.0	161.0	213.0	283.0	369.0	464.0
		T_2	790	1460	2530	4660	8190	10800	14290	18910	25080	33470	42080
	750	P_1	8.0	14.8	25.6	47.8	82.9	110.0	147.0	196.0	260.0	338.0	433.0
		T_2	910	1700	2960	5490	9740	12910	17300	23030	30500	40590	51990
	500	P_1	6.1	11.6	20.5	38.7	68.1	90.7	122.0	163.0	217.0	284.0	367.0
		T_2	1040	1970	3520	6600	11870	15800	21260	28390	37740	50550	65350
	300	P_1	4.2	8.1	14.6	28.1	50.8	68.5	93.3	126.0	169.0	223.0	289.0
		T_2	1170	2250	4140	7890	14570	19670	26770	36160	48470	65360	84880
12.5	1500	P_1	10.6	19.4	33.0	58.3	99.4	130.0	171.0	223.0	293.0	384.0	475.0
		T_2	725	1330	2290	4050	7060	9210	12110	15830	20760	27830	34440
	1000	P_1	8.4	15.6	26.8	47.7	82.2	109.0	145.0	191.0	253.0	330.0	418.0
		T_2	845	1580	2740	4890	8620	11420	15190	20010	26490	35330	44800
	750	P_1	7.3	13.6	23.7	42.4	73.6	97.6	131.0	175.0	232.0	303.0	389.0
		T_2	970	1820	3210	5740	10210	13540	18170	24250	32140	42920	55170
	500	P_1	5.5	10.5	18.7	34.1	60.2	80.4	108.0	145.0	193.0	253.0	327.0
		T_2	1100	2090	3760	6870	12400	16540	22290	29830	39670	53200	68850
	300	P_1	3.7	7.2	13.1	24.6	44.5	60.2	82.2	111.0	149.0	198.0	257.0
		T_2	1200	2320	4290	8050	14920	20190	27540	37310	50100	67750	88130
14	1500	P_1	9.3	17.3	29.4	51.8	88.3	115.0	151.0	197.0	260.0	342.0	419.0
		T_2	705	1300	2250	3970	6910	9000	11810	15440	20360	27380	33560
	1000	P_1	7.4	13.9	23.9	42.5	73.2	97.0	129.0	169.0	224.0	294.0	370.0
		T_2	830	1550	2710	4810	8470	11220	14890	19580	25910	34740	43730
	750	P_1	6.4	12.2	21.1	37.8	65.6	87.0	117.0	155.0	206.0	269.0	345.0
		T_2	950	1800	3170	5650	10050	13310	17850	23780	31530	42040	53940
	500	P_1	4.9	9.4	16.8	30.5	53.8	71.7	96.5	129.0	172.0	225.0	291.0
		T_2	1080	2070	3710	6770	12220	16280	21910	29280	38960	52230	67560
	300	P_1	3.3	6.5	11.8	22.1	40.0	54.0	73.6	99.5	133.0	76.0	229.0
		T_2	1170	2280	4210	7880	14600	19720	26870	36330	48760	65880	85610

注：1. 表内数值为工况系数 K_A＝1.0 时的额定承载能力。

　　2. 起动时或运转时的尖峰负荷允许取表内数值的 2.5 倍。

2. 减速器的许用输入热功率 P_h

1）HWT、HWB 型减速器的许用输入热功率 P_h 见表 8.1-150。

表 8.1-150　HWT、HWB 型减速器的许用输入热功率

公称传动比 i_n	输入转速 n_1 /(r/min)	中心距 a/mm										
		100	125	160	200	250	280	315	355	400	450	500
		许用输入热功率 P_h/kW										
10	1500	6.5	11	19	31	50	65	84	100	125	150	185
	1000	5.1	8.2	15	25	40	54	70	84	100	120	145
	750	4.3	7.1	12	21	34	43	54	70	86	100	125
10	500	3.2	5.6	8.6	16	26	32	40	50	65	80	92
	300	2.2	3.9	6.4	11	19	24	31	37	45	58	70
12.5	1500	5.9	9.6	17	29	45	58	75	92	115	135	155
	1000	4.6	7.5	13	23	36	45	56	72	92	115	130
	750	3.9	6.6	11	19	31	38	47	64	78	94	115
	500	3.0	5.0	8	14	23	29	36	45	58	73	88
	300	2.0	3.5	5.7	9.2	17	22	28	35	40	50	67
14	1500	5.4	8.8	15	27	42	55	72	88	107	130	152
	1000	4.3	7.0	12	21	33	42	55	72	88	106	125
	750	3.6	6.2	10	18	28	35	45	60	74	90	107
	500	2.8	4.7	7.5	13	21	27	35	42	54	69	83
	300	1.8	3.2	5.3	8.6	15	20	26	33	38	48	62
16	1500	5.0	8.1	14	25	39	53	70	84	100	125	150
	1000	4.0	6.7	11	20	31	39	50	70	80	96	120
	750	3.4	5.8	9.0	17	26	34	43	54	71	85	100
	500	2.6	4.3	7.0	12	20	26	34	40	50	65	78
	300	1.6	3.0	5.0	8.0	14	19	25	31	37	46	58
18	1500	4.5	7.4	13	22	35	46	60	77	92	112	135
	1000	3.6	6.0	10	17	28	35	45	60	75	91	110
	750	3.0	5.1	8.2	15	24	30	39	48	63	79	95
	500	2.3	4.0	6.5	10	18	23	30	37	45	57	73
	300	1.5	2.7	4.5	7.4	12	16	22	28	34	42	53
20	1500	4.0	6.7	12	19	32	40	50	70	85	100	125
	1000	3.2	5.4	9.0	15	26	32	40	50	70	85	100
	750	2.7	4.5	7.5	13	22	28	36	43	55	73	90
	500	2.1	3.5	6.0	9.0	16	21	27	34	40	50	68
	300	1.4	2.4	4.0	6.7	11	15	19	25	32	38	48
22.4	1500	3.7	6.3	10	18	30	38	48	65	81	97	120
	1000	3.0	5.0	8.2	14	24	30	39	47	65	80	96
	750	2.5	4.2	7.0	12	20	26	34	40	51	69	85
	500	1.9	3.2	5.5	8.5	15	20	25	32	38	47	64
	300	1.3	2.2	3.7	6.3	10	14	18	23	29	36	44
25	1500	3.5	6.0	9.0	17	28	36	46	60	78	94	115
	1000	2.7	4.7	7.5	13	23	29	38	45	60	76	92
	750	2.3	4.0	6.5	11	19	25	33	38	48	65	86
	500	1.8	3.0	5.0	8.0	15	19	24	30	37	45	60
	300	1.2	2.0	3.5	6.0	9.0	13	18	22	28	35	40

2）HWWT、HWWB 型无风扇冷却的减速器许用输入热功率 P_h 按式（8.1-13）选择计算

$$P_h = P_t K_t \qquad (8.1\text{-}13)$$

式中　P_h——无风扇冷却时许用输入热功率（kW）；

P_t——热功率（kW），见表 8.1-151；

K_t——热影响系数，见表 8.1-152。

表 8.1-151　热功率 P_t

中心距 a/mm	160	200	250	280	315	355	400	450	500
热功率 P_t/kW	2.0	3.0	5.0	6.5	8.5	11.0	14.0	18.1	25.0

表 8.1-152　热影响系数 K_t

环境温度/℃	较小布置空间				较大布置空间				露天布置			
	每日工作时间/h				每日工作时间/h				每日工作时间/h			
	0.5 ~ 1	>1 ~ 2	>2 ~ 10	>10 ~ 24	0.5 ~ 1	>1 ~ 2	>2 ~ 10	>10 ~ 24	0.5 ~ 1	>1 ~ 2	>2 ~ 10	>10 ~ 24
20	1.35	1.15	1.00	0.85	1.55	1.35	1.15	1.00	2.10	1.80	1.55	1.35
30	1.10	0.95	0.80	0.70	1.25	1.10	0.95	0.80	1.70	1.45	1.25	1.10
40	0.85	0.75	0.65	0.55	1.00	0.85	0.75	0.65	1.35	1.15	1.00	0.85
50	0.70	0.60	0.50	0.45	0.80	0.70	0.60	0.50	1.10	0.95	0.80	0.70

3. 减速器的选用

减速器的选用要考虑原动机、工作机类型、载荷性质和每日平均运转时间的影响等。

1）计算输入功率 P_{1c} 按式（8.1-14），计算输出转矩 T_{2c} 按公式（8.1-15）。

$$P_{1c} = P_{w1} K_A \qquad (8.1-14)$$

$$T_{2c} = T_{w2} K_A \qquad (8.1-15)$$

式中　P_{w1}——原动机输出功率或减速器实际输入功率（kW）；

　　　T_{w2}——工作机输入转矩或减速器实际输出转矩（N·m）；

　　　K_A——工况系数，见表 8.1-153。

表 8.1-153　工况系数

原动机	载荷性质	每日工作时间/h				
		≤0.5	>0.5 ~ 1	>1 ~ 2	>2 ~ 10	>10 ~ 24
电动机	均匀、轻微冲击	0.80	0.90	1.00	1.20	1.30
	中等冲击	0.90	1.00	1.20	1.30	1.50
	强冲击	1.10	1.20	1.30	1.50	1.75
多缸发动机	均匀、轻微冲击	0.90	1.05	1.15	1.40	1.50
	中等冲击	1.05	1.15	1.40	1.50	1.75
	强冲击	1.25	1.40	1.75	2.00
单缸发动机	均匀、轻微冲击	1.10	1.10	1.20	1.45	1.55
	中等冲击	1.20	1.20	1.45	1.55	1.80
	强冲击	1.45	1.45	1.55	1.80	2.10

2）输入热功率校验按式（8.1-16）进行

$$P_h \geqslant P_{w1} \qquad (8.1-16)$$

式中　P_{w1}——减速器实际输入功率（kW）；

　　　P_h——许用输入热功率［有风扇冷却时，按表 8.1-150 选取；无风扇冷却时，按式（8.1-8）计算］（kW）。

输入热功率校验按工作制度来进行，在下列间歇工作中可不需校验输入热功率：

① 在 1h 内多次（两次以上）起动，并且运转时间总和不超过 20min 的场合。

② 在一个工作周期内运转时间不超过 30min，并且间隔 2h 以上起动一次的场合。

除上述状况外，如果实际输入功率超过许用输入热功率，则需采用强制冷却措施或选用更大规格的减速器。

4. 选用示例

【例 1】　带式输送机用直廓环面蜗杆减速器，中等冲击载荷，每日工作 8h，连续运转，电动机功率 $P_{w1} = 15$kW，减速器输入转速 $n_1 = 1500$r/min，传动比 $i = 12.5$，内扇冷却。

【解】　1）选用计算：由表 8.1-153 查得 $K_A = 1.3$，则计算输入功率：

$$P_{1c} = P_{w1} K_A = 15 \times 1.3 \text{kW} = 19.5 \text{kW}$$

查表 8.1-149，选择减速器中心距 $a = 160$mm，$n_1 = 1500$r/min，$i = 12.5$，额定输入功率 $P_1 > P_{1c}$，机械强度足够。

2）校验输入热功率：由表 8.1-150 查得 $a = 160$mm，$n_1 = 1500$r/min，$i = 12.5$ 时，许用输入热功率 $P_h = 17 > P_{w1}$，则不需采用强制冷却措施，否则需采用强制冷却措施或选用 $a > 160$mm 的减速器。

【例 2】　卷扬机用减速器，均匀载荷，每日工作 2h，每小时工作 15min，减速器输入轴转速 $n_1 = $

1500r/min，$i = 14$，输出轴转矩 $T_{w2} = 9500\text{N·m}$。

【解】　1）选用计算：由表 8.1-153 查得 $K_A = 1.0$，则计算输出转矩：

$$T_{2c} = T_{w2}K_A = 9500 \times 1.0\text{N·m} = 9500\text{N·m}$$

查表 8.1-149，选择减速器中心距 $a = 315\text{mm}$，$i = 14$，当 $n_1 = 1500\text{r/min}$，额定输出转矩 $T_2 = 11810\text{N·m}$，机械强度满足。

2）按工作制度内容规定，此种间歇工作不需要校验输入热功率。

2.10.3　减速器的外形和安装尺寸

HWT、HWWT、HWB、HWWB 型减速器外形如图 8.1-32 ~ 图 8.1-35 所示，主要尺寸见表 8.1-154 ~ 表 8.1-157。

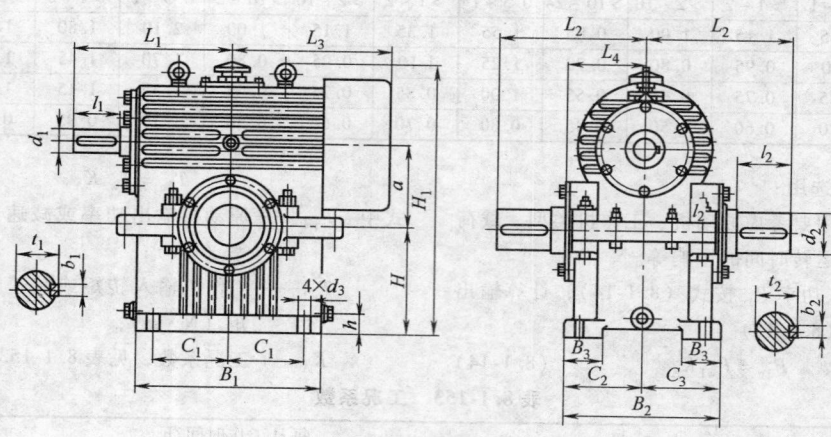

图 8.1-32　HWT 型减速器

表 8.1-154　HWT 型减速器主要尺寸　　　　　　　（单位：mm）

型号	a	B_1	B_2	B_3	C_1	C_2	H	d_1	l_1	b_1	t_1	L_1
HWT100	100	250	220	50	100	90	140	28js6	60	8	31	220
HWT125	125	280	260	60	115	105	160	35k6	80	10	38	260
HWT160	160	380	310	70	155	130	200	45k6	110	14	48.5	340
HWT200	200	450	360	80	185	150	250	55m6	110	16	59	380
HWT250	250	540	430	100	225	180	280	65m6	140	18	69	460
HWT280	280	640	500	110	270	210	315	75m6	140	20	79.5	530
HWT315	315	700	530	120	280	225	355	80m6	170	22	85	590
HWT355	355	750	560	130	300	245	400	85m6	170	22	90	610
HWT400	400	840	620	160	315	260	450	95m6	170	25	100	660
HWT450	450	930	700	190	355	300	500	100m6	210	28	106	740
HWT500	500	1020	760	200	400	320	560	110m6	210	28	116	790
型号	d_2	l_2	b_2	t_2	L_2	L_3	L_4	H_1	h	d_3	油量/L	质量/kg
HWT100	50k6	82	14	53.5	220	220	120	374	25	16	7	69
HWT125	60m6	82	18	64	240	260	142	430	30	20	9	129
HWT160	75m6	105	20	79.5	310	320	177	530	35	24	18	175
HWT200	90m6	130	25	95	350	380	192	640	40	24	38	290
HWT250	110m6	165	28	116	430	440	230	765	45	28	55	490
HWT280	120m6	165	32	127	470	530	255	855	50	35	71	750
HWT315	130m6	200	32	137	500	555	260	930	55	35	95	1030
HWT355	140m6	200	36	148	530	590	300	1040	60	35	126	1640
HWT400	150m6	200	36	158	560	655	310	1225	70	42	170	2170
HWT450	170m6	240	40	179	640	705	360	1345	75	42	220	2690
HWT500	180m6	240	45	190	670	775	390	1490	80	42	275	3410

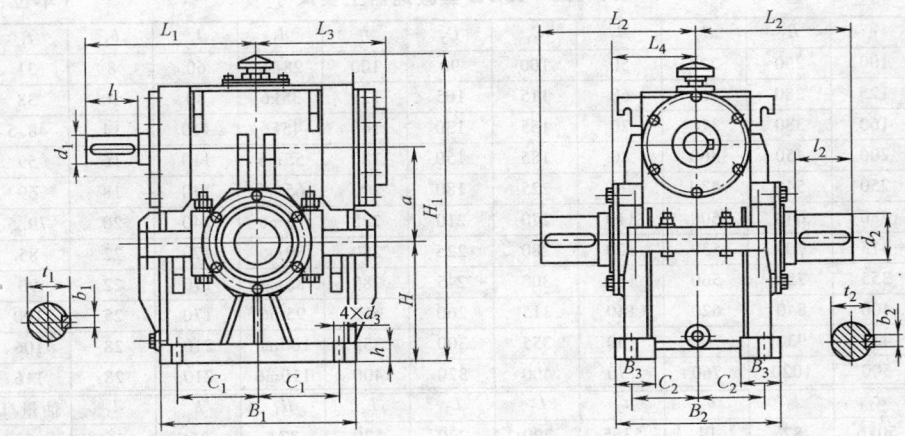

图 8.1-33　HWWT 型减速器

表 8.1-155　HWWT 型减速器主要尺寸　　　　　　（单位：mm）

型号	a	B_1	B_2	B_3	C_1	C_2	H	d_1	l_1	b_1	t_l	L_1
HWWT160	160	380	310	70	155	130	200	45k6	110	14	48.5	340
HWWT200	200	450	360	80	185	150	250	55m6	110	16	59	380
HWWT250	250	540	430	100	225	180	280	65m6	140	18	69	460
HWWT280	280	640	500	110	270	210	315	75m6	140	20	79.5	530
HWWT315	315	700	530	120	280	225	355	80m6	170	22	85	590
HWWT355	355	750	560	130	300	245	400	85m6	170	22	90	610
HWWT400	400	840	620	160	315	260	450	95m6	170	25	100	660
HWWT450	450	930	700	190	355	300	500	100m6	210	28	106	740
HWWT500	500	1020	760	200	400	320	560	110m6	210	28	116	790

型号	d_2	l_2	b_2	t_2	L_2	L_3	L_4	H_1	h	d_3	油量/L	质量/kg
HWWT160	75m6	105	20	79.5	310	250	177	530	35	24	18	178
HWWT200	90m6	130	25	95	350	300	192	640	40	24	38	276
HWWT250	110m6	165	28	116	430	340	230	765	45	28	55	528
HWWT280	120m6	165	32	127	470	400	255	855	50	35	71	710
HWWT315	130m6	200	32	137	500	430	260	930	55	35	95	898
HWWT355	140m6	200	36	148	530	460	300	1040	60	35	126	1420
HWWT400	150m6	200	36	158	560	510	310	1225	70	42	170	1880
HWWT450	170m6	240	40	179	640	550	360	1345	75	42	220	2280
HWWT500	180m6	240	45	190	670	600	390	1490	80	42	275	2950

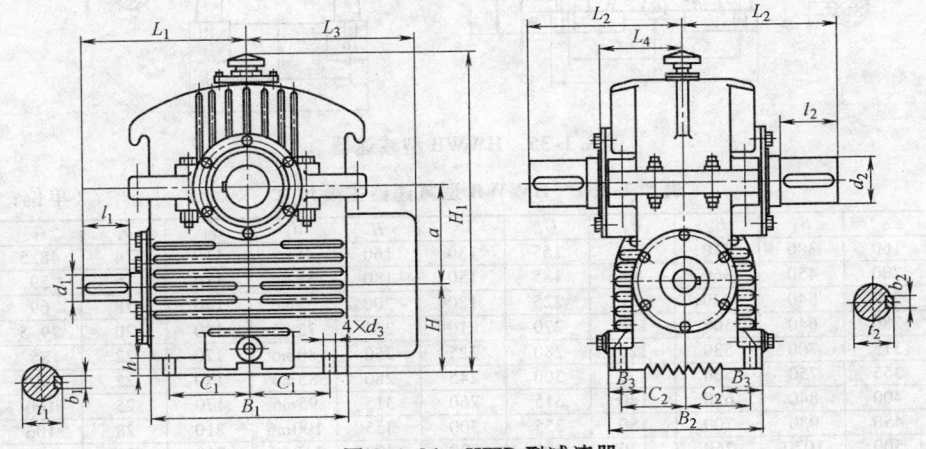

图 8.1-34　HWB 型减速器

表 8.1-156　HWB 型减速器主要尺寸　　　　　　（单位：mm）

型号	a	B_1	B_2	B_3	C_1	C_2	H	d_1	l_1	b_1	t_1	L_1
HWB100	100	250	220	50	100	90	100	28js6	60	8	31	220
HWB125	125	280	260	60	115	105	125	35k6	80	10	38	260
HWB160	160	380	310	70	155	130	160	45k6	110	14	48.5	340
HWB200	200	450	360	80	185	150	180	55m6	110	16	59	380
HWB250	250	540	430	90	225	180	200	65m6	140	18	69	460
HWB280	280	640	500	110	270	210	225	75m6	140	20	79.5	530
HWB315	315	700	530	120	280	225	250	80m6	170	22	85	590
HWB355	355	750	560	130	300	245	280	85m6	170	22	90	610
HWB400	400	840	620	140	315	260	315	95m6	170	25	100	660
HWB450	450	930	700	150	355	300	355	100m6	210	28	106	740
HWB500	500	1020	760	170	400	320	400	110m6	210	28	116	790

型号	d_2	l_2	b_2	t_2	L_2	L_3	L_4	H_1	h	d_3	油量/L	质量/kg
HWB100	50k6	82	14	53.5	220	220	120	373	25	16	3	70
HWB125	60m6	82	18	64	240	260	142	445	30	20	4	132
HWB160	75m6	105	20	79.5	310	320	177	560	35	24	8	170
HWB200	90m6	130	25	95	350	380	192	655	40	24	13	280
HWB250	110m6	165	28	116	430	440	230	800	45	28	21	472
HWB280	120m6	165	32	127	470	530	255	910	50	35	27	725
HWB315	130m6	200	32	137	500	555	260	963	55	35	35	1030
HWB355	140m6	200	36	148	530	590	300	1082	60	35	48	1590
HWB400	150m6	200	36	158	560	655	310	1230	70	42	60	2140
HWB450	170m6	240	40	179	640	705	360	1375	75	42	85	2510
HWB500	180m6	240	45	190	670	775	390	1510	80	42	110	3370

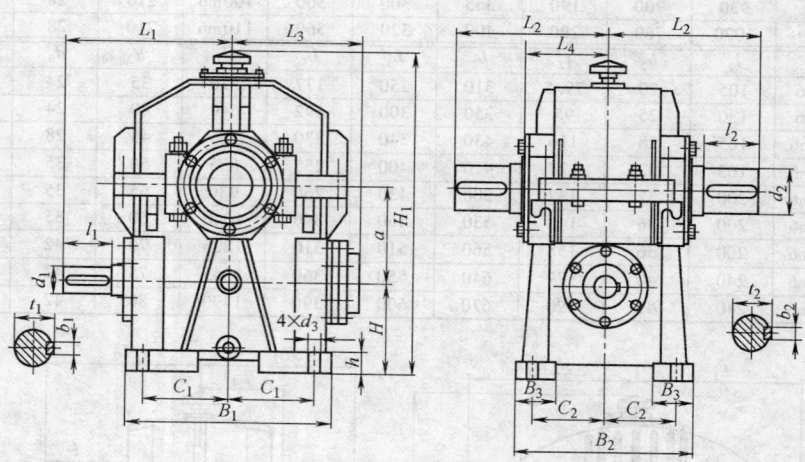

图 8.1-35　HWWB 型减速器

表 8.1-157　HWWB 型减速器主要尺寸　　　　　　（单位：mm）

型号	a	B_1	B_2	B_3	C_1	C_2	H	d_1	l_1	b_1	t_1	L_1
HWWB160	160	380	310	70	155	130	160	45k6	110	14	48.5	340
HWWB200	200	450	360	80	185	150	180	55m6	110	16	59	380
HWWB250	250	540	430	90	225	180	200	65m6	140	18	69	460
HWWB280	280	640	500	110	270	210	225	75m6	140	20	79.5	530
HWWB315	315	700	530	120	280	225	250	80m6	140	20	85	590
HWWB355	355	750	560	130	300	245	280	85m6	170	22	90	610
HWWB400	400	840	620	140	315	260	315	95m6	170	25	100	660
HWWB450	450	930	700	150	355	300	355	100m6	210	28	106	740
HWWB500	500	1020	760	170	400	320	400	110m6	210	28	116	790

（续）

型号	d_2	l_2	b_2	t_2	L_2	L_3	L_4	H_1	h	d_3	油量/L	质量/kg
HWWB160	75m6	105	20	79.5	310	250	177	560	35	24	8	176
HWWB200	90m6	130	25	95	350	300	192	655	40	24	13	276
HWWB250	110m6	165	28	116	430	340	230	800	45	28	21	300
HWWB280	120m6	165	32	127	470	400	255	910	50	35	27	730
HWWB315	130m6	200	32	137	500	430	260	963	55	35	35	920
HWWB355	140m6	200	36	148	530	460	300	1082	60	35	48	1380
HWWB400	150m6	200	36	158	560	510	310	1230	70	42	60	1860
HWWB450	170m6	240	40	179	640	550	360	1375	75	42	85	2170
HWWB500	180m6	240	45	190	670	600	390	1510	80	42	110	2910

2.11 同轴式圆柱齿轮减速器

同轴式圆柱齿轮减速器是采用同轴布置的渐开线圆柱齿轮外啮合传动，包括 TZL、TZS、TZLD、TZSD、TZLDF、TZSDF 及组合型系列。其中，TZL——二级传动双出轴型；TZLD——二级传动直连电动机型；TZS——三级传动双出轴型；TZSD——三级传动直连电动机型；TZLDF——二级传动法兰安装直连电动机型；TZSDF——三级传动法兰安装直连电动机型。

该减速器具有结构紧凑、体积小、质量轻、承载能力大、寿命长、效率高、传动平稳、噪声低等特点，适用于水平卧式和立式安装。其中水平卧式安装允许输出轴向下倾斜安装，输出轴与水平面夹角不大于 20°。同轴式圆柱齿轮减速器主要用于冶金、矿山、能源、建材、化工等行业同轴线布置的机械传动系统，其产品标准为 JB/T 7000—2010。

标记示例：

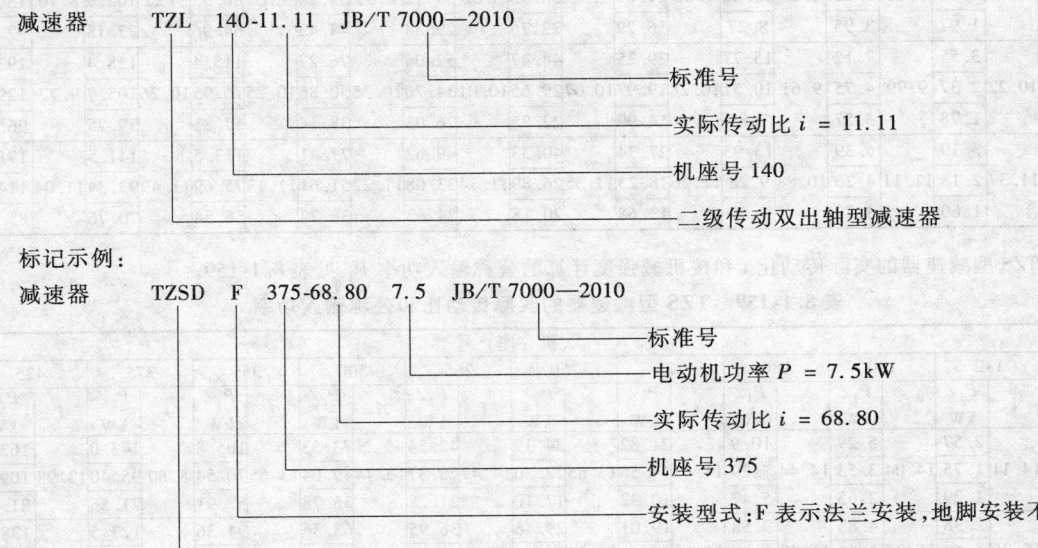

减速器　TZL　140-11.11　JB/T 7000—2010

　　　　　　　　　　　　　标准号
　　　　　　　　　实际传动比 $i = 11.11$
　　　　　　　机座号 140
　　　　二级传动双出轴型减速器

标记示例：

减速器　TZSD　F　375-68.80　7.5　JB/T 7000—2010

　　　　　　　　　　　　　　　标准号
　　　　　　　　　　　　电动机功率 $P = 7.5$kW
　　　　　　　　　实际传动比 $i = 68.80$
　　　　　　　机座号 375
　　　　安装型式：F 表示法兰安装，地脚安装不标注
　　　三级传动直连电动机型减速器

工作条件：输入轴转速一般不大于 1500r/min，齿轮圆周速度不大于 20m/s；允许正、反转；工作环境温度 $-40 \sim 40℃$，低于 $-10℃$ 时，起动前润滑油应预热至 0℃以上。

TZLD、TZSD 型减速器直连电动机为 Y 系列三相异步四级电动机，工作海拔不超过 1000m。

2.11.1 减速器的代号和标记方法

1. TZL、TZS 型减速器的代号与标记

代号包括减速器的机座号和实际传动比。

2. TZLD、TZSD 及组合型减速器的代号与标记

代号包括减速器的机座号、安装型式、实际传动比及电动机功率。

2.11.2 减速器的承载能力和选用方法

1. 减速器的承载能力

1）TZL 型减速器的实际传动比 i 和按机械强度计算的公称输入功率 P_1 见表 8.1-158。

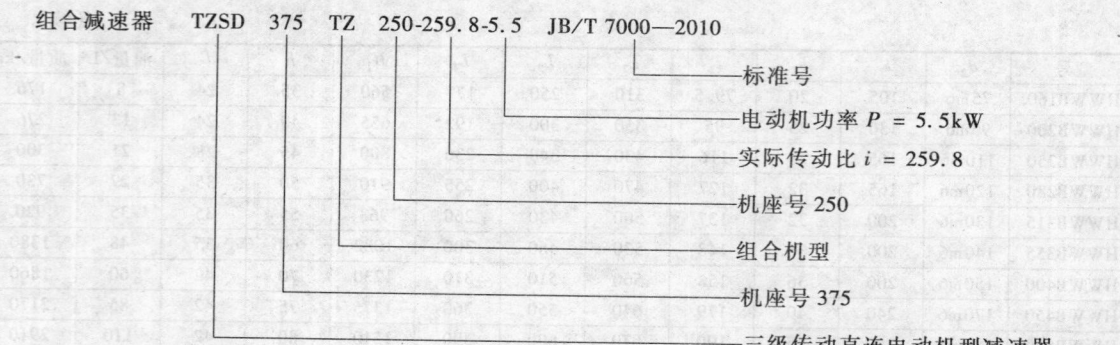

组合减速器　TZSD　375　TZ　250-259.8-5.5　JB/T 7000—2010

- 标准号
- 电动机功率 $P = 5.5$ kW
- 实际传动比 $i = 259.8$
- 机座号 250
- 组合机型
- 机座号 375
- 三级传动直连电动机型减速器

表 8.1-158　TZL 型减速器的实际传动比和公称输入功率

输入转速 n_1/(r/min)	112 i	P_1/kW	140 i	P_1/kW	180 i	P_1/kW	225 i	P_1/kW	250 i	P_1/kW	265 i	P_1/kW	300 i	P_1/kW	355 i	P_1/kW	375 i	P_1/kW	425 i	P_1/kW
1500		5.63		10.24		20.81		38.36		65.49		69.69		91.20		154.6		177.9		248.5
1000	5.04	3.76	5.09	6.83	4.93	13.87	5.14	25.58	5.06	43.66	5.03	46.47	5.02	60.86	5.00	103.2	5.06	118.8	4.83	165.7
750		2.82		5.13		10.42		19.20		32.76		34.85		45.80		77.36		88.99		124.8
1500		5.15		9.28		19.06		34.97		57.97		63.21		87.57		134.7		155.4		217.6
1000	5.52	3.43	5.62	6.19	5.38	12.71	5.64	23.32	5.72	38.65	5.64	42.15	5.77	58.40	5.74	89.88	5.79	103.9	5.51	145.2
750		2.58		4.65		9.55		17.49		28.99		31.62		43.79		67.39		77.76		108.9
1500		4.51		9.49		17.14		31.26		51.22		53.46		93.58		139.0		152.7		220.1
1000	6.30	3.01	6.15	6.32	6.17	11.43	6.31	20.85	6.47	34.15	6.34	35.65	6.24	62.39	6.36	92.69	6.46	101.8	6.10	146.8
750		2.26		4.75		8.59		15.65		25.63		26.74		46.81		69.62		76.43		110.2
1500		4.49		8.26		14.89		28.52		48.32		52.29		92.44		131.7		173.5		210.8
1000	7.24	2.99	7.07	5.51	7.10	9.93	7.36	19.02	7.35	32.22	7.22	34.87	7.34	61.63	7.31	87.92	7.23	115.7	7.00	140.6
750		2.25		4.14		7.45		14.27		24.18		26.16		46.25		65.88		86.85		105.7
1500		4.56		8.52		16.33		30.49		49.05		57.29		99.05		135.6		176.8		206.8
1000	7.96	3.04	7.78	5.68	7.93	10.89	7.97	20.33	8.05	32.71	7.99	38.2	7.97	66.05	8.15	90.46	8.04	117.9	7.79	137.9
750		2.29		4.27		8.17		15.26		24.53		28.67		49.53		67.94		88.50		103.7
1500		3.93		7.88		16.56		32.54		45.49		58.67		88.83		129.8		154.2		195.1
1000	9.23	2.62	9.01	5.25	8.88	11.02	9.02	21.69	9.32	30.33	8.88	39.12	8.89	59.24	9.12	86.55	9.22	102.9	8.70	130.2
750		1.97		3.95		8.27		16.29		22.76		29.34		44.43		64.96		77.18		97.65
1500		3.55		7.12		15.77		29.25		44.47		52.04		76.27		115.4		158.4		193.9
1000	10.22	2.37	9.99	4.75	9.61	10.51	10.28	19.97	10.07	29.65	10.01	34.70	10.35	50.86	10.25	76.95	10.26	105.7	9.77	129.4
750		1.78		3.57		7.89		14.99		22.25		26.03		38.14		57.81		79.25		96.97
1500		3.19		6.39		13.93		27.34		40.33		49.62		77.41		113.5		141.5		171.5
1000	11.37	2.13	11.11	4.26	10.88	9.28	11.26	18.23	11.35	26.89	11.14	33.08	11.22	51.61	11.13	75.69	11.49	93.34	11.04	114.4
750		1.60		3.20		6.98		13.68		20.18		24.83		38.72		56.84		70.76		85.84

2）TZS 型减速器的实际传动比 i 和按机械强度计算的公称输入功率 P_1 见表 8.1-159。

表 8.1-159　TZS 型减速器的实际传动比和公称输入功率

输入转速 n_1/(r/min)	112 i	P_1/kW	140 i	P_1/kW	180 i	P_1/kW	225 i	P_1/kW	250 i	P_1/kW	265 i	P_1/kW	300 i	P_1/kW	355 i	P_1/kW	375 i	P_1/kW	425 i	P_1/kW
1500		2.57		5.29		10.9		21.82		34.19		42.54		73.53		105.8		143.0		163.8
1000	14.11	1.75	14.04	3.53	14.44	7.29	14.11	14.55	13.85	22.80	14.47	28.37	13.74	49.04	13.65	70.54	8.80	95.40	13.98	109.2
750		1.29		2.65		5.47		10.92		17.10		21.28		36.78		52.91		71.56		81.95
1500		2.38		4.83		9.58		19.01		29.46		36.95		63.36		94.36		127.5		138.3
1000	15.26	1.59	15.35	3.22	16.48	6.39	16.19	12.68	16.08	19.65	16.67	24.64	15.95	42.25	15.31	62.91	15.47	85.20	16.55	92.25
750		1.19		2.42		4.80		9.51		14.74		18.49		31.69		47.19		63.90		69.19

（续）

输入转速 n_1/(r/min)	机座号																			
	112		140		180		225		250		265		300		355		375		425	
	i	P_1/kW	i	P_1/kW	i	P_1/kW	i	P_1/kW	i	P_1/kW	i	P_1/kW	i	P_1/kW	i	P_1/kW	i	P_1/kW	i	P_1/kW
1500		2.06		4.00		8.95		17.68		27.22		34.29		58.55		83.58		113.0		122.6
1000	17.67	1.38	18.57	2.67	17.65	5.97	17.41	11.79	17.40	18.15	17.96	22.87	17.26	39.04	17.28	55.73	17.47	75.34	18.68	81.74
750		1.04		2.01		4.48		8.85		13.62		17.16		29.29		41.80		56.51		61.31
1500		1.88		3.61		7.73		15.17		22.98		31.73		49.43		73.43		99.24		115.0
1000	19.32	1.26	20.59	2.41	20.42	5.15	20.30	10.12	20.61	15.34	19.41	21.16	20.44	32.96	19.67	48.96	19.89	66.17	19.90	76.68
750		0.95		1.81		3.87		7.59		11.51		15.88		24.73		36.73		49.63		57.52
1500		1.67		3.36		7.16		13.98		20.34		26.85		45.11		67.61		91.37		101.6
1000	21.66	1.12	22.08	2.24	22.07	4.78	22.03	9.32	23.28	13.57	22.93	17.91	22.40	30.08	21.37	45.08	21.60	60.92	22.52	67.72
750		0.84		1.69		3.59		6.99		10.18		13.44		22.57		33.82		45.70		50.81
1500		1.46		3.09		6.07		12.82		18.72		24.96		39.26		58.45		78.99		89.77
1000	24.84	0.98	24.06	2.06	26.02	4.05	24.01	8.55	25.31	12.48	24.67	16.64	25.74	26.18	24.73	38.97	24.98	52.67	25.50	59.85
750		0.74		1.55		3.04		6.42		9.37		12.49		19.64		29.23		39.55		44.89
1500		1.32		2.56		5.68		10.67		17.13		21.83		36.28		52.71		71.24		78.46
1000	27.60	0.88	29.01	1.71	27.79	3.80	28.87	7.72	27.65	11.42	28.81	14.56	27.85	24.19	27.40	35.15	27.70	47.50	29.18	52.31
750		0.66		1.29		2.86		5.34		8.57		10.93		18.15		26.37		35.63		39.24
1500		1.20		2.34		4.94		9.83		15.16		19.46		30.84		45.92		62.19		72.99
1000	30.36	0.81	31.78	1.56	32.00	3.30	31.34	6.56	31.24	10.11	31.64	12.98	32.76	20.57	31.46	30.62	31.73	41.47	31.36	48.67
750		0.61		1.18		2.48		4.92		7.59		9.74		15.43		22.97		31.11		36.51

3）组合式减速器的实际传动比 i 和按强度计算的公称输入功率 P_1 见表8.1-160。

表8.1-160　组合式减速器的实际传动比和公称输入功率

输入转速 n_1/(r/min)	机座号															
	180~112		225~112		250~140		265~140		300~180		355~225		375~250		425~250	
	i	P_1/kW	i	P_1/kW	i	P_1/kW	i	P_1/kW	i	P_1/kW	i	P_1/kW	i	P_1/kW	i	P_1/kW
1500		0.88		1.69												
1000	179.67	0.59	182.2	1.13												
750		0.44		0.85												
1500		0.79		1.46				3.23		5.18		7.2		9.72		10.95
1000	199.88	0.53	211.27	0.97			195	2.15	194.99	3.45	200.6	4.8	203.01	6.48	209.14	7.3
750		0.39		0.73				1.61		2.59		3.6		4.86		5.47
1500		0.71		1.32		2.09		2.9		4.58		6.32		8.62		10.13
1000	223.44	0.47	233.94	0.88	226.87	1.39	216.87	1.93	220.76	3.05	228.63	4.21	228.82	5.75	225.97	6.75
750		0.35		0.66		1.04		1.45		2.29		3.16		4.31		5.07
1500		0.63		1.18		1.88		2.6		4.02		5.77		7.59		8.99
1000	251.22	0.42	260.26	0.79	252.31	1.25	242.24	1.73	251.6	2.68	250.42	3.85	259.86	5.06	254.69	5.99
750		0.31		0.56		0.94		1.3		2.01		2.88		3.8		4.49
1500		0.55		1.06		1.68		2.31		3.66		5.18		6.94		7.92
1000	284.62	0.37	290.93	0.71	281.83	1.12	272.5	1.54	276.15	2.44	278.67	3.46	284.46	4.62	289.25	5.28
750		0.28		0.53		0.84		1.15		1.83		2.59		3.47		3.96
1500		0.49		0.94		1.49		2.04		3.15		4.69		6.25		7.23
1000	325.41	0.32	327.1	0.63	317.03	1	308.61	1.36	320.38	2.1	308.02	3.13	315.71	4.17	316.63	4.82
750		0.24		0.47		0.75		1.02		1.58		2.34		3.12		3.62
1500		0.44		0.83		1.32		1.78		2.83		3.99		5.42		6.51
1000	357.4	0.29	370.59	0.55	359.05	0.88	352.92	1.19	356.7	1.89	361.84	2.66	364.09	3.61	351.41	4.34
750		0.22		0.42		0.66		0.89		1.42		2		2.71		3.26
1500		0.39		0.73		1.15		1.56		2.53		3.55		4.85		5.65
1000	403.81	0.26	423.69	0.48	410.6	0.77	402.19	1.04	400.12	1.68	406.77	2.37	406.43	3.24	405.27	3.77
750		0.2		0.36		0.58		0.78		1.26		1.78		2.43		2.82

4）TZLD、TZSD 型减速器的实际传动比 i、电动机功率 P_1 和选用系数 K 见表 8.1-161。

表 8.1-161　TZLD、TZSD 型减速器的实际传动比、电动机功率和选用系数

电动机功率 P_1/kW	实际传动比 i	选用系数 K	机座号	电动机功率 P_1/kW	实际传动比 i	选用系数 K	机座号
	17.67	3.59			62.38	3.24	
	19.32	3.29			70.58	2.87	
	21.66	2.93			80.48	2.52	TZSD180
	24.84	2.56			88.30	2.29	
	27.60	2.30			102.5	1.98	
	30.36	2.09		0.75	99.13	3.98	
	34.64	1.83	TZSD112		111.4	3.54	TZSD225
	39.82	1.60			125.8	3.14	
	43.80	1.45			173.3	3.16	TZSD250
	50.76	1.25			205.1	1.88	
	56.22	1.13			6.30	3.95	
0.55	62.54	1.02			7.24	3.81	TZLD112
	36.54	3.55			7.96	3.99	
	40.19	3.23			14.11	2.25	
	46.57	2.79			15.26	2.08	
	51.59	2.52	TZSD140		17.67	1.80	
	57.38	2.26			19.32	1.64	
	64.14	2.02			21.66	1.47	TZSD112
	70.58	3.91			24.84	1.28	
	80.48	3.43	TZSD180		27.60	1.15	
	88.30	3.12			30.36	1.05	
	102.5	2.69			34.64	0.92	
	205.1	2.56	TZSD250		18.57	3.49	
	14.11	3.30			20.59	3.15	
	15.26	3.05			22.08	2.94	
	17.67	2.64			24.06	2.70	
	19.32	2.41			29.01	2.24	
	21.66	2.15		1.1	31.78	2.04	TZSD140
	24.84	1.87			36.54	1.78	
	27.60	1.69	TZSD112		40.19	1.61	
	30.36	1.53			46.57	1.39	
	34.64	1.34			51.59	1.26	
	39.82	1.17			34.94	3.95	
	43.80	1.06			40.05	3.45	
0.75	50.76	0.92			46.11	2.99	
	56.22	0.83			51.45	2.68	
	24.06	3.95			57.65	2.39	TZSD180
	29.01	3.28			62.38	2.21	
	31.78	2.99			70.58	1.96	
	36.54	2.60			80.48	1.72	
	40.19	2.37	TZSD140		88.30	1.52	
	46.57	2.04			68.59	3.92	
	51.59	1.84			76.33	3.53	
	57.38	1.66			88.87	3.03	TZSD225
	64.14	1.48			99.13	2.72	
	51.45	3.94	TZSD180		163.6	3.50	TZSD300
	57.65	3.51					

（续）

电动机功率 P_1/kW	实际传动比 i	选用系数 K	机座号	电动机功率 P_1/kW	实际传动比 i	选用系数 K	机座号
	5.04	3.36			14.04	2.31	
	5.52	3.30			15.35	2.11	
	6.30	2.89	TZLD112		18.57	1.75	
	7.24	2.80			20.59	1.58	
	7.96	2.92			22.08	1.47	TZSD140
	14.11	1.65			24.06	1.35	
	15.26	1.53			29.01	1.12	
	17.67	1.32			31.78	1.02	
	19.32	1.21	TZSD112		36.54	0.89	
	21.66	1.08			40.19	0.81	
	24.84	0.94			17.65	3.91	
	27.60	0.84			20.42	3.38	
	14.04	3.39			22.07	3.13	
	15.35	3.10			26.02	2.65	
	18.57	2.56			27.79	2.48	
	20.59	2.31			32.00	2.16	
	22.08	2.15			34.94	1.98	TZSD180
	24.06	1.98	TZSD140		40.05	1.72	
	29.01	1.64			46.11	1.50	
	31.78	1.50			51.45	1.34	
	36.54	1.30			57.65	1.20	
	40.19	1.18			62.38	1.11	
	46.57	1.02			70.58	0.98	
1.5	51.59	0.92			80.48	0.86	
	26.02	3.89		2.2	34.38	3.91	
	27.79	3.64			38.45	3.50	
	32.00	3.16			44.86	3.00	
	34.94	2.90			48.58	2.77	
	40.05	2.53			54.98	2.45	TZSD225
	46.11	2.20			62.62	2.15	
	51.45	1.97	TZSD180		68.59	1.96	
	57.65	1.76			76.33	1.76	
	62.38	1.62			88.87	1.51	
	70.58	1.43			54.97	3.77	
	80.48	1.26			61.99	3.34	
	88.30	1.15			70.42	2.94	TZSD250
	54.98	3.59			77.03	2.69	
	62.62	3.15			85.52	2.42	
	68.59	2.88			67.81	3.97	
	76.33	2.59			80.80	3.33	TZSD265
	88.87	2.22	TZSD225		88.85	3.03	
	99.13	1.99			117.4	3.26	
	77.03	3.94			128.1	2.94	TZSD300
	85.82	3.55			142.2	2.45	
	98.61	3.08			163.6	1.75	
	142.2	3.59	TZSD300		163.5	2.87	TZSD355
	163.6	2.57			171.0	3.27	TZSD375
2.2	7.07	3.61			201.2	3.60	TZSD425
	7.78	3.73	TZLD140				
	9.01	3.45					

（续）

电动机功率 P_1/kW	实际传动比 i	选用系数 K	机座号	电动机功率 P_1/kW	实际传动比 i	选用系数 K	机座号
	5.09	3.28	TZLD140		49.83	3.96	TZSD265
	5.62	2.97			56.19	3.51	
	6.15	3.04			62.50	3.16	
	7.07	2.65			67.81	2.91	
	7.78	2.73			80.80	2.44	
	9.01	2.53			88.85	2.22	
	14.04	1.69	TZSD140		90.54	3.58	TZSD300
	15.35	1.55			99.55	3.25	
	18.57	1.28			117.4	2.39	
	20.59	1.16		3	128.1	2.15	
	22.08	1.08			142.2	1.80	
	24.06	0.99			163.6	1.28	
	29.01	0.82			129.4	3.58	TZSD355
	12.40	3.92	TZLD180		140.7	3.09	
	14.44	3.50	TZSD180		163.5	2.11	
	16.48	3.07			157.8	3.08	TZSD375
	17.65	2.87			171.0	2.40	
	20.42	2.48			180.3	3.37	TZSD425
	22.07	2.29			201.2	2.64	
	26.02	1.95			5.09	2.46	TZLD140
	27.79	1.82			5.62	2.23	
	32.00	1.58			6.15	2.28	
	34.94	1.45			7.07	1.99	
3	40.05	1.26			7.78	2.05	
	46.11	1.10			9.01	1.90	
	51.45	0.98			14.04	1.27	TZSD140
	57.65	0.88			15.35	1.16	
	62.38	0.81		4	18.57	0.96	
	28.87	3.42	TZSD225		20.59	0.87	
	31.34	3.15			22.08	0.81	
	34.38	2.87			7.10	3.58	TZLD180
	38.45	2.57			7.93	3.93	
	44.86	2.20			8.88	3.97	
	48.58	2.03			9.61	3.79	
	54.98	1.80			10.88	3.35	
	62.62	1.58			12.40	2.94	
	68.59	1.44					
	76.33	1.29					
	88.87	1.11					
	40.15	3.78	TZSD250				
	43.94	3.45					
	50.91	2.98					
	54.97	2.76					
	61.99	2.45					
	70.42	2.16					
	77.03	1.97					
	85.52	1.18					

5）组合式减速器的实际传动比 i、电动机功率 P_1 和选用系数 K 见表 8.1-162。

表 8.1-162　组合式减速器的实际传动比、电动机功率和选用系数

电动机功率 P_1/kW	实际传动比 i	选用系数 K	组合机座号	电动机功率 P_1/kW	实际传动比 i	选用系数 K	组合机座号
0.55	777.18	3.09	355-225	0.55	290.93	1.81	225-112
	906.19	2.65			327.10	1.61	
	983.42	2.45			370.59	1.42	
	1071.8	2.24			423.69	1.24	
	1288.8	1.87			458.47	1.15	
	1399.0	1.72			510.06	1.03	
	1534.7	1.57			570.17	0.92	
	1716.4	1.4			179.67	1.52	180-112
	2002.6	1.2			199.88	1.37	
	568.08	2.96	300-180		223.44	1.23	
	669.75	2.51			251.22	1.09	
	715.31	2.35			284.62	0.96	
	823.68	2.04		0.75	637.25	3.78	375S-250
	899.36	1.87			689.56	3.5	
	1030.9	1.63			816.77	2.95	
	1186.9	1.42			922.59	2.61	
	1324.3	1.27			1003.0	2.4	
	1483.9	1.13			1095.8	2.2	
	1605.7	1.05			1238.0	1.95	
	1816.7	0.93			1400.9	1.72	
	308.61	3.37	265-140		1591.1	1.51	
	352.92	2.95			1741.3	1.38	
	402.19	2.59			2017.6	1.19	
	455.49	2.28			2178.5	1.11	
	520.88	2			618.26	2.85	355-250
	553.44	1.88			722.72	2.44	
	636.12	1.63			777.18	2.27	
	693.17	1.5			906.19	1.95	
	835.78	1.24			983.42	1.79	
	915.58	1.14			1071.8	1.65	
	1052.7	0.99			1288.8	1.37	
	1157.9	0.9			1399.0	1.26	
	226.87	3.52	250-140		1534.7	1.15	
	252.31	3.17			1716.4	1.03	
	281.83	2.83			2002.6	0.88	
	317.03	2.52			452.51	2.72	300-180
	359.05	2.23			507.59	2.43	
	410.60	1.95			568.08	2.17	
	436.26	1.83			669.75	1.84	
	493.03	1.62			715.31	1.72	
	557.08	1.43			823.68	1.5	
	643.23	1.24			899.36	1.37	
	689.78	1.16			1030.9	1.2	
	751.63	1.06			1186.9	1.04	
	906.27	0.88			1324.3	0.93	
	211.27	2.49	225-112		272.5	2.8	265-140
	233.94	2.25			308.61	2.47	
	260.26	2.02					

（续）

电动机功率 P_1/kW	实际传动比 i	选用系数 K	组合机座号	电动机功率 P_1/kW	实际传动比 i	选用系数 K	组合机座号
0.75	352.92	2.16	265-140	1.1	689.56	2.38	375S-250
	402.19	1.9			816.77	2.01	
	455.49	1.67			922.59	1.78	
	520.88	1.46			1003.4	1.64	
	553.44	1.38			1095.8	1.5	
	636.12	1.2			1238.0	1.33	
	693.17	1.1			1400.9	1.17	
	835.78	0.91			1591.1	1.03	
	226.87	2.58	250-140		1741.3	0.94	
	252.31	2.32			308.02	3.9	355L-250
	281.83	2.08			361.84	3.32	
	359.05	1.63			406.77	2.96	
	410.60	1.43			459.26	2.62	
	436.26	1.34			509.07	2.36	
	493.03	1.19			559.34	2.15	
	557.08	1.05			618.26	1.95	
	643.23	0.91			722.72	1.66	
	182.20	2.12	225-112		777.18	1.55	355S-250
	211.27	1.83			906.19	1.33	
	233.94	1.65			983.42	1.22	
	260.26	1.48			1071.8	1.12	
	290.93	1.33			1288.8	0.93	
	327.10	1.18			251.60	3.34	300L-180
	370.59	1.04			276.15	3.04	
	423.69	0.91			320.38	2.62	
	179.67	1.12	180-112		356.70	2.36	
	199.88	1.0			400.12	2.1	
	223.44	0.9			452.51	1.86	300S-180
1.1	521.14	3.15	375S-250		507.59	1.66	
	548.88	2.99			568.08	1.48	
	637.25	2.58					

6）减速器按润滑油允许最高平衡温度计算的公称热功率 P_{G1} 见表 8.1-163，采用循环油润滑冷却时的公称热功率 P_{G2} 见表 8.1-163 注。

表 8.1-163　减速器按润滑油允许最高平衡温度计算的公称热功率

机座号		112	140	180	225	250	265	300	355	375	425
环境条件	环境气流速度 v /(m/s)	TZL、TZLD									
		P_{G1}/kW									
空间小,厂房小	≥0.5~1.4	7	10	15	23	27	33	42	55	64	71
较大的空间、厂房	>1.4~<3.7	10	14	21	32	38	46	59	77	90	99
在户外露天	≥3.7	13	19	29	44	51	63	80	105	122	135
机座号		112	140	180	225	250	265	300	355	375	425
环境条件	环境气流速度 v m/s	TZS、TZSD									
		P_{G1}/kW									
空间小,厂房小	≥0.5~1.4	5	7	10	15	18	22	28	37	43	48
较大的空间、厂房	>1.4~<3.7	7	10	14	21	25	31	39	52	60	67
在户外露天	≥3.7	9.5	13	19	29	34	42	53	70	82	91

注：当采用循环油润滑冷却时，公称热功率 P_{G2} 为：
　　二级传动　$P_{G2} = P_{G1} + 0.63\Delta t q_v$；
　　三级传动　$P_{G2} = P_{G1} + 0.43\Delta t q_v$。
　　式中　Δt——进出油温差，一般 $\Delta t \leq 10℃$，进油温度≤25℃；
　　　　　q_v——油流量（L/min）。

7）减速器的工况系数、安全系数、环境温度系数、负荷率系数、公称功率利用系数分别见表 8.1-164 ~ 表 8.1-168。

表 8.1-164　减速器工况系数 K_A

原动机	每日工作/h	轻微冲击（均匀载荷）U	中等冲击载荷 M	强冲击载荷 H
电动机	≤3	0.8	1	1.5
汽轮机	>3 ~ 10	1	1.25	1.75
水轮机	>10	1.25	1.5	2
4 ~ 6 缸的活塞发动机	≤3	1	1.25	1.75
	>3 ~ 10	1.25	1.5	2
	>10	1.5	1.75	2.25
1 ~ 3 缸的活塞发动机	≤3	1.25	1.5	2
	>3 ~ 10	1.5	1.75	2.25
	>10	1.75	2	2.5

表 8.1-165　减速器安全系数 S_A

重要性与安全要求	一般设备,减速器失效仅引起单机停产且易更换备件	重要设备,减速器失效引起机组、生产线或全厂停产	高度安全设备,减速器失效引起设备、人身事故
S_A	1.1 ~ 1.3	1.3 ~ 1.5	1.5 ~ 1.7

表 8.1-166　环境温度系数 f_1

环境温度 t/℃	10	20	30	40	50
冷却条件			f_1		
无冷却	0.88	1	1.15	1.35	1.65
循环油润滑冷却	0.9	1	1.1	1.2	1.3

表 8.1-167　负荷率系数 f_2

小时负荷系数	100%	80%	60%	40%	20%
f_2	1	0.94	0.86	0.74	0.56

表 8.1-168　减速器公称功率利用系数 f_3

功率利用系数	0.4	0.5	0.6	0.7	0.8 ~ 1
f_3	1.25	1.15	1.1	1.05	1

注：1. 对 TZL、TZS 型及组合式减速器,功率利用率 = P_2/P_1。P_2 为负载功率；P_1 为表 8.1-158 ~ 表 8.1-160 中的输入功率。

2. 对 TZLD、TZSD 型及组合式减速器,功率利用率 = $P_2/(KP_1)$。P_2 为负载功率；P_1、K 为表 8.1-161、表 8.1-162 中的电动机功率和选用系数。

2. 减速器的选用

（1）TZL、TZS 型及组合式减速器的选用步骤：

1）首先,按减速器机械强度许用公称输入功率 P_1：

① 确定减速器的负载功率 P_2。

② 确定工况系数 K_A（见表 8.1-164）、安全系数 S_A（见表 8.1-165）。

③ 求得计算功率 P_{2c}。

$$P_{2c} = P_2 K_A S_A$$

④ 查表 8.1-158 或表 8.1-159、表 8.1-160,使得 $P_{2c} \le P_1$。若减速器的实际输入转速与查表 8.1-158、表 8.1-159 中的三挡（1500,1000,750）转速之某一转速相对误差不超过 4%,可按该挡转速下的公称功率选用合适的减速器；如果转速相对误差超过 4%,则应按实际转速折算减速器的公称功率选用。

2）其次,校核热功率能否通过：

① 确定系数 f_1、f_2、f_3（表 8.1-166 ~ 表 8.1-168）。

② 求得计算热功率 $P_{2t} = P_2 f_1 f_2 f_3$。

③ 查表 8.1-163,如 $P_{2t} \le P_{G1}$,则热功率通过。

若 $P_{2t} > P_{G1}$,则有两种选择：

方法一：采用循环油润滑冷却,使 $P_{2t} \le P_{G1}$,这时 f_1 应按表 8.1-166 重选。

方法二：另选用较大规格减速器，重复以上步骤，使 $P_{2t} \leqslant P_{G1}$。

减速器许用的瞬时尖峰负荷 $P_{2max} \leqslant 1.8P_1$。

（2）TZLD、TZSD 型减速器的选用

步骤：

1）首先，按减速器的电动机功率 P_1 选用：

① 确定减速器的负载功率 P_2。

② 按负载功率 P_2 大约为电动机全容量的 0.7～0.9，确定电动机的功率 P_1。

③ 确定工况系数 K_A、安全系数 S_A，并求得计算选用系数 K_C

$$K_C = K_A S_A P_2 / P_1$$

④ 查表 8.1-161，按所要求的 P_1、传动比，查找选用系数 K，使 $K \geqslant K_C$，则 K 所对应的机座号，即为所选的减速器。

2）其次，校核热功率能否通过，方法同 TZL、TZS 型及组合式减速器的选用。

减速器许用的瞬时尖峰负荷 $P_{2max} \leqslant 1.8KP_1$。

2.11.3　减速器的外形和安装尺寸

1）TZL、TZS 型减速器的外形如图 8.1-36 所示，其外形尺寸应符合表 8.1-169～表 8.1-171 的规定。

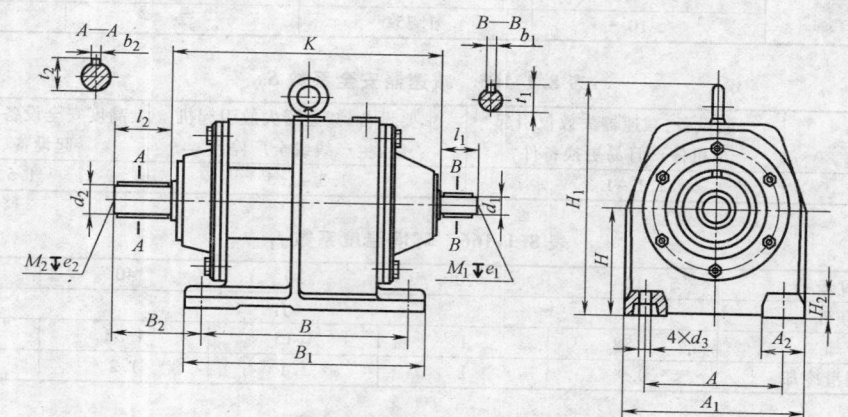

图 8.1-36　TZL、TZS 型减速器的外形

表 8.1-169　TZL、TZS 型减速器的外形尺寸

机座号		d_2	l_2	b_2	t_2	M_2	e_2	H	B	B_1	B_2	H_1	K	A	A_1	A_2	H_2	d_3	质量 /kg	润滑油量/L
112	L	30js6	80	8	33	M8	12	$112_{-0.5}^{0}$	210	245	99	242	276	155	200	45	25	14.5	25	0.8
	S																		26	
140	L	40k6	110	12	43	M8	12	$140_{-0.5}^{0}$	230	270	144	290	314	170	230	60	30	18.5	41	1.1
	S																		42	
180	L	50k6	110	14	53.5	M8	12	$180_{-0.5}^{0}$	260	310	144	364	369	215	290	75	45	18.5	65	1.6
	S																		67	
225	L	60m6	140	18	64	M10	16	$225_{-0.5}^{0}$	310	365	182	468	433	250	340	90	50	24	123	2.9
	S																		127	
250	L	70m6	140	20	74.5	M12	18	$250_{-0.5}^{0}$	370	440	170	503	486	290	400	110	60	28	175	3.8
	S																		181	
265	L	85m6	170	22	90	M16	24	$265_{-0.5}^{0}$	390	470	208	543	554	340	450	110	60	35	202	4.7
	S																		211	
300	L	100m6	210	28	106	M16	24	$300_{-0.5}^{0}$	365	455	246	620	568	380	530	150	60	42	281	6.5
	S								460	550			612						302	7.2
355	L	110m6	210	28	116	M16	24	$355_{-0.5}^{0}$	410	500	250	742	600	440	600	160	60	42	357	9.1
	S								480	570			645						386	10
375	L	120m6	210	32	127	M16	24	$375_{-0.5}^{0}$	450	540	255	778	671	500	660	160	60	42	452	12
	S								520	610			718						491	13
425	L	130m6	250	32	137	M20	30	$425_{-0.5}^{0}$	480	580	296	827	708	500	670	170	90	48	626	15
	S								550	650			757						675	17

注：表中 L 代表 TZL，S 代表 TZS。

表 8.1-170　TZL 型减速器的外形尺寸　　　　　　　（单位：mm）

机座号		实际传动比 i	d_1	l_1	b_1	t_1	M_1	e_1
TZL	112	≤12.71	19js6	40	6	21.5	M4	8
		14.29~20.33	16js6	40	5	18	M4	8
		≥22.97	11js6	23	4	12.5	M3	6
	140	≤12.41	24js6	50	8	27	M6	10
		13.96~18.08	19js6	40	6	21.5	M4	8
		≥19.21	16js6	40	5	18	M4	8
	180	≤12.40	28js6	60	8	31	M6	10
		13.61~17.58	24js6	50	8	27	M6	10
		19.72	19js6	40	6	21.5	M4	8
	225	≤12.53	38k6	80	10	41	M8	12
		13.85~18.29	28js6	60	8	31	M6	10
		≥20.65	24js6	50	8	27	M6	10
	250	≤12.89	42k6	110	12	45	M8	12
		14.11~20.16	32k6	80	10	35	M8	12
		≥22.71	24js6	50	8	27	M6	10
	265	≤12.08	50k6	110	14	53.5	M8	12
		14.40~17.51	32k6	80	10	35	M8	12
		19.52	28js6	60	8	31	M6	10
	300	≤12.73	55m6	110	16	59	M10	16
		13.92~17.80	42k6	110	12	45	M8	12
		≥20.29	38k6	80	10	41	M8	12
	355	≤12.65	55m6	110	16	59	M10	16
		14.51~20.13	50k6	110	14	53.5	M8	12
		22.24	42k6	110	12	45	M8	12
	375	≤12.56	70m6	140	20	74.5	M12	18
		14.08~20.16	55m6	110	16	59	M10	16
		22.10	50k6	110	14	53.5	M8	12
	425	≤12.58	70m6	140	20	74.5	M12	18
		13.97~19.32	55m6	110	16	59	M10	16
		22.44	50k6	110	14	53.5	M8	12

表 8.1-171　TZS 型减速器的外形尺寸　　　　　　　（单位：mm）

机座号		实际传动比 i	d_1	l_1	b_1	t_1	M_1	e_1
TZS	112	≤19.32	16js6	40	5	18	M4	8
		≥21.66	11js6	23	4	12.5	M3	6
	140	≤18.57	19js6	40	6	21.5	M4	8
		≥20.59	16js6	40	5	18	M4	8
	180	≤17.65	24js6	50	8	27	M6	10
		≥20.42	19js6	40	6	21.5	M4	8
	225	≤17.41	28js6	60	8	31	M6	10
		≥20.30	24js6	50	8	27	M6	10
	250	≤20.61	32k6	80	10	35	M8	12
		≥23.28	24js6	50	8	27	M6	10
	265	≤17.96	32k6	80	10	35	M8	12
		≥19.41	28js6	60	8	31	M6	10
	300	≤17.26	42k6	110	12	45	M8	12
		≥20.44	38k6	80	10	41	M8	12
	355	≤19.67	50k6	110	14	53.5	M8	12
		≥21.37	42k6	110	12	45	M8	12

（续）

机座号		实际传动比 i	d_1	l_1	b_1	t_1	M_1	e_1
TZS	375	≤19.89	55m6	110	16	59	M10	16
		≥21.60	50k6	110	14	53.5	M8	12
	425	≤19.90	55m6	110	16	59	M10	16
		≥22.52	50k6	110	14	53.5	M8	12

2）TZLD、TZSD 型减速器的外形如图 8.1-37 所示，其外形尺寸应符合表 8.1-172 ~ 表 8.1-174 的规定。

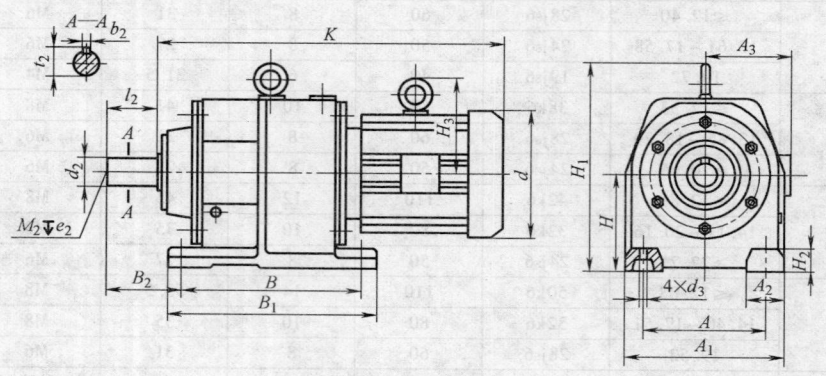

图 8.1-37　TZLD、TZSD 型减速器的外形

表 8.1-172　TZLD、TZSD 型减速器的外形尺寸

机座号		尺寸/mm															润滑油量/L
		d_2	l_2	b_2	t_2	M_2	e_2	H	B	B_1	B_2	H_1	A	A_1	A_2	H_2	d_3	
112		30js6	80	8	33	M8	12	$112_{-0.5}^{0}$	210	245	99	242	155	200	45	25	14.5	0.8
140		40k6	110	12	43	M8	12	$140_{-0.5}^{0}$	230	270	144	290	170	230	60	30	18.5	1.1
180		50k6	110	14	53.5	M8	12	$180_{-0.5}^{0}$	260	310	144	364	215	290	75	45	18.5	1.6
225		60m6	140	18	64	M10	16	$225_{-0.5}^{0}$	310	365	182	468	250	340	90	50	24	2.9
250		70m6	140	20	74.5	M12	18	$250_{-0.5}^{0}$	370	440	170	503	290	400	110	60	28	3.8
265		85m6	170	22	90	M16	24	$265_{-0.5}^{0}$	390	470	208	543	340	450	110	60	35	4.7
300	L	100m6	210	28	106	M16	24	$300_{-0.5}^{0}$	365	455	246	620	380	530	150	60	42	6.5
	S								460	550								7.2
355	L	110m6	210	28	116	M16	24	$355_{-0.5}^{0}$	410	500	250	742	440	600	160	80	42	9.1
	S								480	570								10
375	L	120m6	210	32	127	M16	24	$375_{-0.5}^{0}$	450	540	255	778	500	660	160	80	42	12
	S								520	610								13
425	L	130m6	250	32	137	M20	30	$425_{-0.5}^{0}$	480	580	296	827	500	670	170	90	48	15
	S								550	650								17

注：表中 L 代表 TZLD，S 代表 TZSD

表 8.1-173　TZLD 型减速器的外形尺寸

电动机功率 P_1 /kW	电动机机座号	d	A_3	H_3	机 座 号									
					TZLD									
		/mm			112	140	180	225	250	265	300	355	375	425
					$\dfrac{K/\text{mm}}{\text{质量}/\text{kg}}$									
1.1	90S	175	155	—	$\dfrac{453}{44}$	—	—	—	—	—	—	—	—	—
1.5	90L			—	$\dfrac{478}{49}$	—	—	—	—	—	—	—	—	—

（续）

TZLD 型减速器的外形尺寸（续）— 表中分数为 K/mm（分子）与 质量/kg（分母）

电动机功率 P_1/kW	电动机机座号	d	A_3	H_3	112	140	180	225	250	265	300	355	375	425
		/mm	/mm	/mm	机座号 TZLD — K/mm 质量/kg									
2.2	100L1	205	180	142.5	—	567/76	—							
3	100L2				—	567/80	578/94							
4	112M	230	190	150	—	587/85	598/99							
5.5	132S	270	210	180			670/133	—	—					
7.5	132M						715/125	826/190	—	—				
11	160M	325	255	222.5		—	—	838/245	841/279					
15	160L							883/266	886/300	918/323				
18.5	180M	360	285	250				908/304	911/338	943/361	933/458			
22	180L							948/314	951/346	983/369	958/466	—		
30	200L	400	310	280				—	1002/426	1048/449	1049/538	1054/606		
37	225S	445	345	312.5				—	—	—	1082/567	1098/612	1128/687	
45	225M							—	—	—	1107/603	1123/648	1153/723	1170/863
55	250M	500	385	320								1208/766	1238/841	1255/970
75	280S	560	410	360							—	1278/901	1308/1076	1325/1105
90	280M										—	1308/1006	1358/1081	1375/1210

表 8.1-174　TZSD 型减速器的外形尺寸

表中分数为 K/mm（分子）与 质量/kg（分母），机座号 TZSD

电动机功率 P_1/kW	电动机机座号	d	A_3	H_3	112	140	180	225	250	265	300	355	375	425
		/mm	/mm	/mm										
0.55	80_1	165	150	—	438/40	472/53	493/78	545/130	557/179	—	—			
0.75	80_2			—	438/41	472/54	493/79	545/131	557/180	—	—			
1.1	90S	175	155	—	453/45	487/58	517/83	560/135	573/184	—	659/298			
1.5	90L			—	478/50	512/63	542/88	585/140	598/189	—	684/298	—	—	—
2.2	100L1	205	180	142.5	—	567/77	578/92	631/142	638/196	672/222	722/310	736/402	786/487	805/642
3	100L2				—	567/81	578/96	631/146	638/200	672/226	722/314	736/406	786/491	805/646
4	112M	230	190	150	—	587/86	598/101	651/151	658/205	692/231	742/319	756/411	806/496	825/651
5.5	132S	270	210	180	—	—	670/135	781/181	727/225	754/256	809/344	822/436	872/521	891/676

（续）

电动机功率 P_1 /kW	电动机机座号	d	A_3	H_3	机座号 TZSD									
					112	140	180	225	250	265	300	355	375	425
			/mm		K/mm 质量/kg									
7.5	132M	270	210	180	—	—	715/127	826/194	772/236	799/269	854/357	867/448	917/531	936/686
11	160M	325	255	222.5	—	—	—	838/249	841/285	873/311	932/399	935/488	985/573	1004/728
15	160L				—	—	—	883/270	886/306	918/332	977/420	979/509	1029/594	1048/749
18.5	180M	360	285	250	—	—	—	908/308	911/344	943/370	1002/458	994/547	1044/632	1063/787
22	180L				—	—	—	948/318	951/352	983/378	1042/466	1034/555	1084/640	1103/795
30	200L	400	310	280	—	—	—	—	1002/432	1048/458	1093/538	1099/635	1149/720	1168/862
37	225S	445	345	312.5	—	—	—	—	—	—	1126/567	1143/641	1175/726	1194/876
45	225M				—	—	—	—	—	—	1151/603	1168/677	1200/762	1219/912
55	250M	500	385	320	—	—	—	—	—	—	—	1253/795	1285/880	1304/1019
75	280S	560	410	360	—	—	—	—	—	—	—	1323/930	1355/1115	1374/1154
90	280M				—	—	—	—	—	—	—	1353/1035	1405/1120	1424/1259

3）TZLDF、TZSDF 型减速器的外形如图 8.1-38 所示，其外形尺寸见表 8.1-175 ~ 8.1-177。

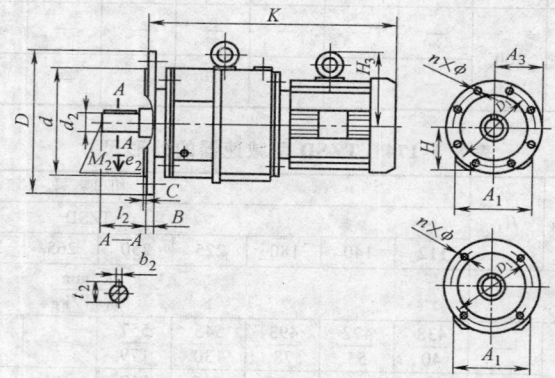

图 8.1-38　TZLDF、TZSDF 型减速器的外形

表 8.1-175　TZLDF、TZSDF 型减速器的外形尺寸

机座号	尺寸/mm															润滑油 /L
	d_2	l_2	b_2	t_2	M_2	e_2	H	D	D_1	d	B	C	A_1	n	ϕ	
112	30js6	80	8	33	M8	12	112	250	215	180h6	15	4	200	4	14	0.8
140	40k6	110	12	43	M8	12	140	300	265	230h6	16	4	230	4	14	1.1
180	50k6	110	14	53.5	M8	12	180	350	300	250h6	18	5	290	4	18	1.6
225	60m6	140	18	64	M10	16	225	450	400	350h6	20	5	340	8	18	2.9
250	70m6	140	20	74.5	M12	18	250	450	400	350h6	22	5	400	8	18	3.8
265	85m6	170	22	90	M16	24	265	550	500	450n6	25	5	450	8	18	4.7

（续）

机座号		尺寸/mm															润滑油/L
		d_2	l_2	b_2	t_2	M_2	e_2	H	D	D_1	d	B	C	A_1	n	ϕ	
300	L	100m6	210	28	106	M16	24	300	550	500	450h6	25	5	530	8	18	6.5
	S																7.2
355	L	110m6	210	28	116	M16	24	355	660	600	550h6	28	6	600	8	22	9.1
	S																10
375	L	120m6	210	32	127	M16	24	375	660	600	550n6	28	6	660	8	22	12
	S																13
425	L	130m6	250	32	137	M20	30	425	660	600	550h6	30	6	670	8	26	15
	S																17

注：L 代表 TZLDF，S 代表 TZSDF。

表 8.1-176   TZLDF 型减速器的外形尺寸

电动机功率 P_1/kW	电动机机座号	d	A_3	H_3	机座号 TZLDF									
					112	140	180	225	250	265	300	355	375	425
		/mm			$\dfrac{K/\text{mm}}{\text{质量/kg}}$									
1.1	90S	175	155	—	$\dfrac{453}{47}$	—	—	—	—	—	—	—	—	—
1.5	90L				$\dfrac{478}{52}$	—	—	—	—	—	—	—	—	—
2.2	100L1	205	180	142.5	—	$\dfrac{567}{82}$	—	—	—	—	—	—	—	—
3	100L2				—	$\dfrac{567}{86}$	$\dfrac{578}{101}$	—	—	—	—	—	—	—
4	112M	230	190	150	—	$\dfrac{587}{91}$	$\dfrac{598}{106}$	—	—	—	—	—	—	—
5.5	132S	270	210	180	—	—	$\dfrac{670}{140}$	—	—	—	—	—	—	—
7.5	132M				—	—	$\dfrac{715}{132}$	$\dfrac{826}{205}$	—	—	—	—	—	—
11	160M	325	255	222.5	—	—	—	$\dfrac{838}{260}$	$\dfrac{841}{289}$	—	—	—	—	—
15	160L				—	—	—	$\dfrac{883}{281}$	$\dfrac{886}{310}$	$\dfrac{918}{348}$	—	—	—	—
18.5	180M	360	285	250	—	—	—	$\dfrac{908}{319}$	$\dfrac{911}{348}$	$\dfrac{943}{386}$	$\dfrac{933}{468}$	—	—	—
22	180L				—	—	—	$\dfrac{948}{329}$	$\dfrac{951}{356}$	$\dfrac{983}{394}$	$\dfrac{958}{476}$	—	—	—
30	200L	400	310	280	—	—	—	—	$\dfrac{1002}{436}$	$\dfrac{1048}{474}$	$\dfrac{1049}{548}$	$\dfrac{1054}{616}$	—	—
37	225S	445	345	312.5	—	—	—	—	—	—	$\dfrac{1082}{578}$	$\dfrac{1098}{622}$	$\dfrac{1128}{697}$	—
45	225M				—	—	—	—	—	—	$\dfrac{1107}{613}$	$\dfrac{1123}{658}$	$\dfrac{1153}{733}$	$\dfrac{1170}{872}$
55	250M	500	385	320	—	—	—	—	—	—	$\dfrac{1208}{776}$	$\dfrac{1238}{851}$	$\dfrac{1255}{979}$	
75	280S	560	410	360	—	—	—	—	—	—	$\dfrac{1278}{911}$	$\dfrac{1308}{1086}$	$\dfrac{1325}{1114}$	
90	280M				—	—	—	—	—	—	$\dfrac{1308}{1016}$	$\dfrac{1358}{1091}$	$\dfrac{1375}{1219}$	

表 8.1-177　TZSDF 型减速器的外形尺寸

电动机功率 P_1/kW	电动机机座号	d	A_3	H_3	机座号 TZSDF 112 $\dfrac{K/mm}{质量/kg}$	140	180	225	250	265	300	355	375	425
			/mm											
0.55	80_1	165	150	—	438 / 43	472 / 59	493 / 85	545 / 145	557 / 189	—	—	—	—	—
0.75	80_2	165	150	—	438 / 44	472 / 60	493 / 86	545 / 146	557 / 190	—	—	—	—	—
1.1	90S	175	155	—	453 / 48	487 / 64	517 / 90	560 / 150	573 / 194	—	659 / 308	—	—	—
1.5	90L	175	155	—	478 / 53	512 / 69	542 / 95	585 / 155	598 / 199	—	684 / 308	—	—	—
2.2	100L1	205	180	142.5	—	567 / 83	578 / 99	631 / 157	638 / 206	672 / 247	722 / 320	736 / 412	786 / 497	805 / 651
3	100L2	205	180	142.5	—	567 / 87	578 / 103	631 / 161	638 / 210	672 / 251	722 / 324	736 / 416	786 / 501	805 / 655
4	112M	230	190	150	—	587 / 92	598 / 108	651 / 166	658 / 215	692 / 256	742 / 329	756 / 421	806 / 506	825 / 660
5.5	132S	270	210	180	—	—	670 / 142	781 / 196	727 / 235	754 / 281	809 / 354	822 / 446	872 / 531	891 / 685
7.5	132M	270	210	180	—	—	715 / 134	826 / 209	772 / 246	799 / 294	854 / 367	867 / 458	917 / 541	936 / 695
11	160M	325	255	222.5	—	—	—	838 / 264	841 / 295	873 / 336	932 / 409	935 / 498	985 / 583	1004 / 737
15	160L	325	255	222.5	—	—	—	883 / 285	886 / 316	918 / 357	977 / 430	979 / 519	1029 / 604	1048 / 758
18.5	180M	360	285	250	—	—	—	908 / 323	911 / 354	943 / 395	1002 / 468	994 / 557	1044 / 642	1063 / 796
22	180L	360	285	250	—	—	—	948 / 333	951 / 362	983 / 403	1042 / 476	1034 / 565	1084 / 650	1103 / 804
30	200L	400	310	280	—	—	—	—	1002 / 442	1048 / 483	1093 / 548	1099 / 645	1149 / 730	1168 / 871
37	225S	445	345	312.5	—	—	—	—	—	1126 / 577	1143 / 651	1175 / 736	1194 / 895
45	225M	445	345	312.5	—	—	—	—	—	1151 / 613	1168 / 687	1200 / 772	1219 / 921
55	250M	500	385	320	—	—	—	—	—	—	1253 / 805	1285 / 890	1304 / 1028
75	280S	560	410	360	—	—	—	—	—	—	1323 / 940	1355 / 1125	1374 / 1163
90	280M	560	410	360	—	—	—	—	—	—	1353 / 1045	1405 / 1130	1424 / 1268

4）组合式减速器的外形如图 8.1-39 所示，其外形尺寸应符合表 8.1-178、表 8.1-179 的规定。

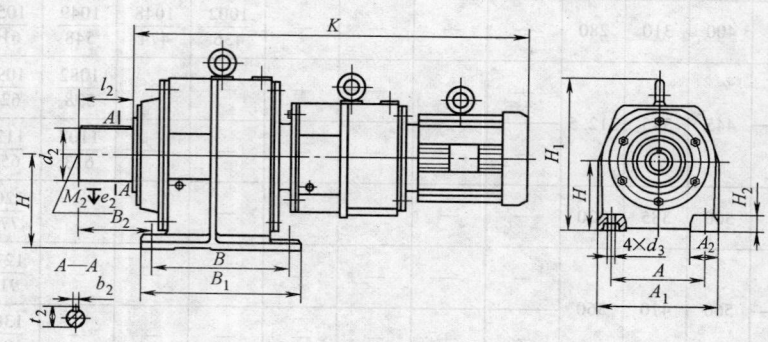

图 8.1-39　组合式减速器的外形

表 8.1-178　组合式减速器外形尺寸（一）

机座号	d_2	l_2	b_2	t_2	M_2	e_2	H	B	B_1	B_2	H_1	A	A_1	A_2	H_2	d_3
180 ~ 112	50k6	110	14	53.5	M8	12	$180^{0}_{-0.5}$	260	310	144	364	215	290	75	45	18.5
225 ~ 112	60m6	140	18	64	M10	16	$225^{0}_{-0.5}$	310	365	182	468	250	340	90	50	24
250 ~ 140	70m6	140	20	74.5	M12	18	$250^{0}_{-0.5}$	370	440	170	503	290	400	110	60	28
265 ~ 140	85m6	170	22	90	M16	24	265^{0}_{-1}	390	470	208	543	340	450	110	60	35
300L ~ 180	100m6	210	28	106	M16	24	300^{0}_{-1}	365	455	246	620	380	530	150	60	42
300S ~ 180								460	550							
355L ~ 225	110m6	210	28	116	M16	24	355^{0}_{-1}	410	500	250	742	440	600	160	80	42
355S ~ 225								480	570							
375L-250	120m6	210	32	127	M16	24	375^{0}_{-1}	450	540	255	778	500	660	160	80	42
375S-250								520	610							
425L-250	130m6	250	32	137	M20	30	425^{0}_{-1}	480	580	296	827	500	670	170	90	48
425S-250								550	650							

注：L 代表 TZL，S 代表 TZS。

表 8.1-179　组合式减速器外形尺寸（二）

机座号	电动机功率/kW								
	0.55	0.75	1.1	1.5	2.2	3	4	5.5	7.5
	K/mm ／ 质量/kg								
180 ~ 112	718/106	718/107	—	—	—	—	—	—	—
225 ~ 112	763/161	763/162	778/166	803/171	—	—	—	—	—
250 ~ 140	857/224	857/225	872/229	897/234	952/248	—	—	—	—
265 ~ 140	867/255	867/256	882/260	907/265	962/279	962/283	—	—	—
300L ~ 180	908/352	908/353	932/357	957/362	993/366	993/370	1013/375	—	—
300S ~ 180	953/373	953/374	977/378	1002/383	1038/387	1038/391	1058/396	—	—
355L ~ 225	985/472	985/473	1000/477	1025/482	1071/484	1071/488	1091/493	1221/523	—
355S ~ 225	1030/501	1030/502	1045/506	1070/511	1116/513	1116/517	1136/522	1266/552	—
375L ~ 250	1040/624	1040/625	1056/629	1081/634	2121/641	1121/645	1141/650	1210/670	1255/681
375S ~ 250	1087/663	1087/664	1103/668	1128/673	1168/680	1168/684	1188/689	1257/709	1302/720
425L ~ 250	1058/795	1058/796	1074/750	1099/805	1139/812	1139/816	1159/821	1228/841	1273/852
425S ~ 250	1107/844	1107/845	1123/849	1148/854	1188/861	1188/865	1208/870	1277/890	1322/901

注：L 代表 TZL，S 代表 TZS。

2.12　轴装式圆弧圆柱蜗杆减速器

轴装式圆弧圆柱蜗杆减速器，其蜗杆齿廓采用圆环面砂轮包络成形（ZC_1）。它包括 SCWU（蜗杆在蜗轮之下）、SCWS（蜗杆在蜗轮之侧）、SCWO（蜗杆在蜗轮之上）及 SCWF（蜗杆在蜗轮之侧且带输出法兰）四个系列。

轴装式圆弧圆柱蜗杆减速器具有传动比大、承载能力强、传动效率高、使用可靠、寿命长等特点，主要用于冶金、矿山、起重、运输、轻纺、化工、建筑等行业的机械传动系统。

工作条件：输入轴转速一般不大于 1500r/min；允许正、反转；工作环境温度 -40 ~ 40℃。当工作环境温度低于 0℃ 时，起动前润滑油必须加热到 0℃ 以上或采用低凝固点的润滑油；当工作环境温度高于 40℃ 时，必须采取隔热和冷却措施。

2.12.1　减速器的代号和标记方法

标记方法：

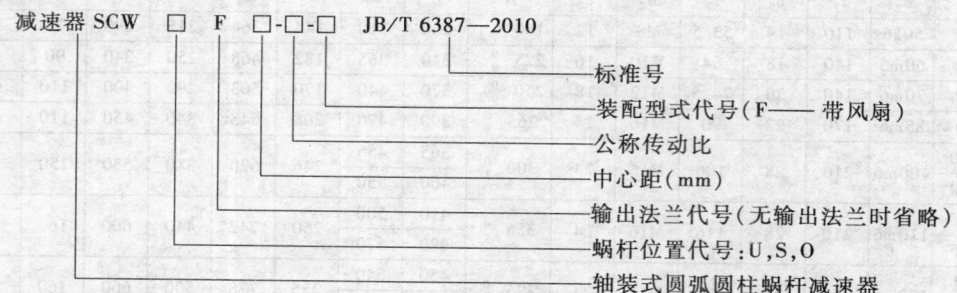

注：S——表示轴装式；

　　CW——表示蜗杆齿廓为 ZC_1 形；

U、S、O——分别表示蜗杆位于蜗轮之下、之侧、之上。

　标记示例：

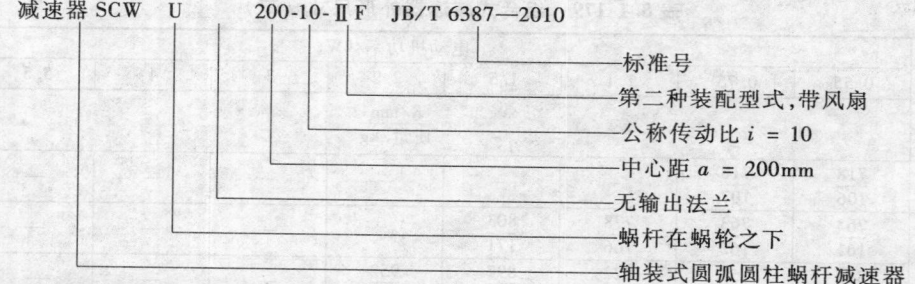

2.12.2　减速器的承载能力、选用方法及实例

　1. 承载能力

　减速器的额定输入功率 P_1 和额定输出转矩 T_2 应符合表 8.1-180 的规定。

表 8.1-180　减速器的额定输入功率 P_1 和额定输出转矩 T_2

公称传动比 i_N	输入转速(n_1 r/min)	中心距 a/mm 型号	63	80	100	125	140	160	180	200	225	250	280	315
							SCWU　SCWS　SCWO　SCWF								
					额定输入功率 P_1/kW，额定输出转矩 T_2/N·m										
5	1500	P_1	3.500	6.388	10.39	25.22	—	44.680	—	64.90	—	98.44	—	141.9
		T_2	107	180	295	730	—	1300	—	1900	—	2900	—	4200
	1000	P_1	2.978	4.871	8.092	21.28	—	35.59	—	53.68	—	91.75	—	135.7
		T_2	123	205	345	920	—	1550	—	2350	—	4050	—	6000
	750	P_1	2.577	4.211	7.010	16.40	—	27.73	—	43.06	—	78.56	—	126.4
		T_2	141	235	395	940	—	1600	—	2500	—	4600	—	7400
	500	P_1	2.120	3.367	5.436	11.64	—	19.81	—	31.23	—	56.14	—	104.2
		T_2	173	280	455	990	—	1700	—	2700	—	4900	—	9150
6.3	1500	P_1	3.198	5.505	9.258	21.37	27.51	38.40	48.46	55.38	69.18	83.77	102.5	121.7
		T_2	114	200	340	800	960	1450	1700	2100	2450	3200	3650	4670
	1000	P_1	2.422	4.331	7.141	17.96	24.97	31.03	43.85	49.95	54.08	78.53	95.58	114.4
		T_2	127	235	390	1000	1300	1750	2300	2750	3400	4500	5100	6580
	750	P_1	2.090	3.594	6.138	14.22	19.57	24.73	34.50	37.27	56.95	69.81	88.76	107.2
		T_2	146	260	445	1050	1350	1850	2400	2800	4000	5300	6300	8200
	500	P_1	1.706	2.955	4.829	10.47	13.65	17.08	24.62	26.64	41.03	50.37	67.32	83.58
		T_2	176	315	520	1150	1400	1900	2550	3000	4300	5700	7100	9540

（续）

公称传动比 i_N	输入转速(n_1 r/min)	中心距 a/mm 型号	63	80	100	125	140	160	180	200	225	250	280	315
							SCWU　SCWS　SCWO　SCWF								
			额定输入功率 P_1/kW,额定输出转矩 T_2/N·m												
8	1500	P_1	2.932	4.866	7.628	17.01	24.25	28.44	43.51	48.25	61.38	73.84	91.68	113.6
		T_2	127	235	365	830	1050	1450	1900	2400	2700	3700	4050	5720
	1000	P_1	2.255	3.908	6.144	13.55	21.70	24.95	39.10	43.65	56.13	67.78	84.52	104.8
		T_2	146	275	440	990	1400	1900	2550	3250	3700	5100	5600	7910
	750	P_1	1.962	3.334	5.289	12.93	16.96	21.31	30.67	35.01	50.44	62.32	77.46	95.18
		T_2	168	310	500	1250	1450	2150	2650	3450	4400	6200	6800	9540
	500	P_1	1.647	2.714	4.183	9.322	12.25	15.42	21.93	25.38	35.91	44.70	61.33	79.99
		T_2	209	375	590	1350	1550	2300	2800	3700	4650	6600	8000	11920
10	1500	P_1	2.340	4.056	6.626	14.16	17.30	24.50	32.10	42.10	50.79	59.13	73.68	94.55
		T_2	132	235	390	850	1050	1500	1850	2600	3250	3800	4750	5910
	1000	P_1	1.800	3.205	5.132	12.78	16.05	21.96	28.62	37.06	43.94	51.10	64.39	87.71
		T_2	150	275	450	1150	1450	2000	2450	3400	4200	4900	6200	8200
	750	P_1	1.594	2.729	4.401	10.54	12.95	17.41	23.73	28.83	35.14	46.40	57.94	80.74
		T_2	170	310	510	1250	1550	2100	2700	3500	4450	5900	7400	10010
	500	P_1	1.272	2.203	3.542	7.714	9.355	22.88	16.96	20.87	26.401	35.62	45.57	64.70
		T_2	209	370	610	1350	1650	2300	2850	3750	4950	6700	8600	11920
12.5	1500	P_1	2.036	3.534	5.579	11.27	14.74	19.32	25.36	32.62	42.61	52.23	71.95	79.91
		T_2	137	240	385	800	1000	1400	1800	2450	3050	3850	5200	6100
	1000	P_1	1.594	2.840	4.465	9.919	13.36	17.63	23.21	29.04	38.43	47.23	66.84	73.88
		T_2	159	285	460	1050	1350	1900	2450	3250	4100	5200	7200	8300
	750	P_1	1.370	2.432	3.977	8.946	11.91	15.38	21.05	24.93	35.26	44.42	62.26	69.26
		T_2	182	325	540	1250	1600	2200	2950	3700	5000	6500	8900	10500
	500	P_1	1.126	1.967	3.121	6.794	9.104	11.16	16.00	17.60	27.75	32.91	45.05	55.40
		T_2	223	390	630	1400	1800	2350	3300	3850	5800	7100	9500	12400
16	1500	P_1	1.728	3.019	4.930	11.06	13.63	19.62	23.11	33.22	39.52	46.71	57.25	77.70
		T_2	137	250	415	960	1200	1750	2200	3000	3700	4250	5400	7150
	1000	P_1	1.359	2.375	3.820	9.651	12.26	16.27	19.81	25.78	30.89	41.99	51.16	72.91
		T_2	159	290	480	1250	1600	2150	2800	3450	4300	5700	7200	10020
	750	P_1	1.170	2.023	3.326	7.871	9.877	12.97	15.60	20.64	26.61	37.26	45.01	65.59
		T_2	182	325	550	1350	1700	2250	2900	3650	4900	6700	8400	11920
	500	P_1	0.963	1.664	2.661	5.677	6.930	9.124	11.397	14.868	18.69	27.11	33.09	47.75
		T_2	223	400	650	1400	1750	2350	3150	3900	5100	7200	9100	12880
20	1500	P_1	1.677	2.680	4.210	8.592	11.05	15.12	19.39	24.97	31.94	41.92	51.71	62.42
		T_2	164	285	455	970	1200	1750	2150	2950	3600	5000	5900	7540
	1000	P_1	1.329	2.094	3.368	7.77	9.301	13.05	16.70	21.97	27.088	37.65	46.95	58.25
		T_2	191	330	540	1250	1590	2250	2750	3850	4550	6700	8000	10490
	750	P_1	1.147	1.825	2.957	6.915	8.694	11.45	14.75	18.14	24.38	34.87	43.07	52.03
		T_2	219	380	630	1500	1850	2600	3200	4200	5400	8200	9700	12400
	500	P_1	0.873	1.466	2.278	5.241	6.478	8.613	10.81	13.18	18.06	25.45	31.64	40.69
		T_2	246	450	710	1650	2000	2800	3450	4500	5900	8800	10500	14310
25	1500	P_1	1.205	2.152	3.531	6.526	8.323	11.82	14.19	18.38	22.32	30.80	38.03	51.46
		T_2	141	275	445	890	1150	1600	2050	2650	3300	4500	5600	7340
	1000	P_1	1.012	1.778	2.896	5.332	6.796	10.42	12.09	16.44	19.86	27.53	35.05	44.90
		T_2	178	340	540	1100	1400	2100	2600	3500	4350	6000	7700	9540
	750	P_1	0.824	1.516	2.340	4.877	6.108	9.484	11.129	14.76	17.95	25.08	31.69	42.47
		T_2	191	380	590	1300	1650	2500	3150	4150	5200	7200	9200	11920
	500	P_1	0.600	1.164	1.836	3.575	4.403	6.831	8.050	11.65	14.05	20.11	25.81	35.78
		T_2	205	435	670	1400	1750	2650	3350	4800	6000	8500	11000	14780

减速器每日运行时间系数 f_1、起动频率系数 f_2、小时负荷率系数 f_3、环境温度系数 f_4、风扇系数 f_5、装配型式系数 f_6 应分别符合表 8.1-181 ~ 表 8.1-186 的规定。

表 8.1-181　每日运行时间系数 f_1

原动机	日运转时间/h	载荷性质及代号		
		均匀载荷	中等冲击载荷	强冲击载荷
		f_1		
电动机 汽轮机 水力机	每天机器运转时间的总和不超过 $\frac{1}{2}$ h	0.8	0.9	1
	每天机器断续运转时间总和不超过 2h	0.9	1	1.25
	2 ~ 10	1	1.25	1.5
	10 ~ 24	1.25	1.50	1.75
活塞发动机 (4 ~ 6 个油缸)	每天机器运转时间的总和不超过 $\frac{1}{2}$ h	0.9	1.0	1.25
	每天机器断续运转时间总和不超过 2h	1	1.25	1.5
	2 ~ 10	1.25	1.50	1.75
	10 ~ 24	1.5	1.75	2
活塞发动机 (1 ~ 3 个油缸)	每天机器运转时间的总和不超过 $\frac{1}{2}$ h	1	1.25	1.5
	每天机器断续运转时间总和不超过 2h	1.25	1.50	1.75
	2 ~ 10	1.5	1.75	2
	10 ~ 24	1.75	2.0	2.25

表 8.1-182　起动频率系数 f_2

每小时起动次数	0 ~ 10	>10 ~ 60	>60 ~ 400
f_2	1	1.1	1.2

表 8.1-183　小时负荷率系数 f_3

小时负荷率 J_c (%)	100	80	60	40	20
f_3	1	0.95	0.88	0.77	0.6

注：$J_c = \dfrac{1h \text{ 内负荷作用时间 （min）}}{60} \times 100\%$。$J_c < 20\%$ 时，按 $J_c = 20\%$ 计。

表 8.1-184　环境温度系数 f_4

环境温度/℃	0 ~ 10	10 ~ 20	20 ~ 30	30 ~ 40	>40 ~ 50
f_4	0.89	1	1.14	1.33	1.6

表 8.1-185　减速器的风扇系数 f_5

有风扇冷却	$f_5 = 1$			
无风扇冷却	$n_1/(\text{r/min})$			
	1500	1000	750	500
中心距 a/mm	f_5			
63 ~ 100	1	1	1	1
>100 ~ 225	1.37	1.59	1.59	1.33
>225 ~ 315	1.51	1.85	1.89	1.78

表 8.1-186　减速器的装配型式系数 f_6

中心距 a/mm	减速器型式	
	SCWU　SCWS　SCWF	SCWO
	f_6	
63 ~ 100	1	1
125 ~ 225	1.2	1.2
250 ~ 315	1.3	1.4

2. 选用方法

步骤：

1）已知条件符合表 8.1-180 规定的工作条件，可直接从表 8.1-180 中选取所需减速器的规格。

2）已知条件与表 8.1-180 规定的工作条件不符，应按下式计算所需的计算输入功率 P_1 或计算输出转矩 T_2。

$$P_{1J} = P_1 f_1 f_2 \qquad (8.1\text{-}17)$$
$$P_{1R} = P_1 f_3 f_4 f_5 f_6 \qquad (8.1\text{-}18)$$

或

$$T_{2J} = T_2 f_1 f_2 \qquad (8.1\text{-}19)$$
$$T_{2R} = T_2 f_3 f_4 f_5 f_6 \qquad (8.1\text{-}20)$$

由式（8.1-17）和式（8.1-18）或式（8.1-19）和式（8.1-20）计算结果中选择较大值，再按表 8.1-180 选取承载能力相符或偏大的减速器。

3）式（8.1-17）或式（8.1-19）按机械强度计算，式（8.1-18）或式（8.1-20）按热极限强度计算，系统极限油温定为 100℃。如果采用专门的冷却措施（循环油冷却、水冷却等），油温会限定在允许的范围内，不必用式（8.1-18）或式（8.1-20）进行计算。

4）减速器的最大许用尖峰负荷为额定承载能力的 2.5 倍。

5）当 J_c（小时负荷率）很小，按计算 P_1 或 T_2 选取减速器时，还必须核算实际功率和转矩不应超过表 8.1-180 所列额定承载能力的 2.5 倍。

选用示例：

【已知】需要一台 SCWU 蜗杆减速器，用于驱动散料带式输送机，要求减速器为第 Ⅱ 种装配型式，风扇冷却。具体工况条件如下：

a）原动机类型：电动机。

b）输入转速：$n_1 = 1000 \text{r/min}$。

c）公称传动比：$i = 20$。

d）输出轴转矩：$T_2 = 780 \text{N} \cdot \text{m}$。

e）最大输出转矩：$T_{2max} = 1800 \text{N} \cdot \text{m}$。

f）每日工作时间：16h。

g）每小时起动次数：30 次（载荷始终作用）。

每次运转时间：1.6min。

环境温度：40℃。

【解】

选择减速器：由于已知条件与表 8.1-180 规定的工作条件不符，需先计算 T_{2J} 及 T_{2R}，然后再从表 8.1-180 中选择所需减速器的规格。

工作机为散料带式输送机，原动机为电动机，每日工作 16h，由表 8.1-181 查得：$f_1 = 1.25$；

每小时起动 30 次，由表 8.1-182 查得：$f_2 = 1.1$；

小时负荷率 $J_c = (1.6 \times 30/60) \times 100\% = 80\%$，由表 8.1-183 查得 $f_3 = 0.95$；

环境温度 40℃，由表 8.1-184 查得 $f_4 = 1.33$。

为初定系数 f_5 和 f_6，需估算所需减速器的中心距：根据 $i = 20$，$n_1 = 1000 \text{r/min}$，$T_2 > 870 \text{N} \cdot \text{m}$，由表 8.1-180 查得最接近的输出转矩值 $T_2 = 1250 \text{N} \cdot \text{m}$，其对应的减速器中心矩 $a = 125 \text{mm}$。

风扇冷却，由表 8.1-185 查得：$f_5 = 1$；

由表 8.1-186 查得：$f_6 = 1.2$

分别按机械强度和热极限强度计算所需转矩：

$T_{2J} = T_2 f_1 f_2 = 780 \times 1.25 \times 1.1 \text{N} \cdot \text{m} = 1073 \text{N} \cdot \text{m}$

$T_{2R} = T_2 f_3 f_4 f_5 f_6 = 780 \times 0.95 \times 1.33 \times 1 \times 1.2 \text{N} \cdot \text{m} = 1183 \text{N} \cdot \text{m}$

计算结果，热极限强度要求大于机械强度要求，故应按 $T_{2R} = 1183 \text{N} \cdot \text{m}$ 进行选择。

由表 8.1-180 查得最接近的减速器为：$a = 125 \text{mm}$，$T_2 = 1250 \text{N} \cdot \text{m}$ 略大于要求值，符合要求。

因为所选择减速器中心距与初定的中心距相同，因此不必复核系数 f_5、f_6。

校核许用尖峰负荷 T_{2max}：

$$T_{2max} = 1250 \times 2.5 \text{N} \cdot \text{m} = 3125 \text{N} \cdot \text{m}$$

计算值大于实际值 1800N · m，满足要求。

因此选择的减速器为：

SCWU 125-20-ⅡF　JB/T 6387—2010

2.12.3 减速器的外形和安装尺寸

1. 减速器 SCWU63 ~ SCWU100（图 8.1-40、表 8.1-187）

表 8.1-187　减速器 SCWU63 ~ SCWU100 的外形尺寸

型号 SCWU	尺寸/mm													
	a	d_3	$i < 16$					$i \geqslant 16$					D_2	L
			d_1	l_1	b_1	t_1	L_1	d_1	l_1	b_1	t_1	L_1		
63	63	150	19j6	28	6	21.5	128	19j6	28	6	21.5	128	30H7	140
80	80	175	24j6	36	8	27	151	24j6	36	8	27	151	40H7	150
100	100	218	28j6	42	8	31	182	24j6	36	8	27	176	50H7	172

（续）

型号 SCWU	尺寸/mm												质量/kg (不包括油)
	b_2	t_2	L_2	L_3	L_4	H_1	H_2	D_1	D_3	B	d_2	K	
63	8	33.3	70	97	95	60	220	102	M8×16	63	80	3	17
80	12	43.3	75	110	106	66	267	125	M8×16	69	100	3	24
100	14	53.8	86	130	140	85	325	150	M10×20	80	120	3	42

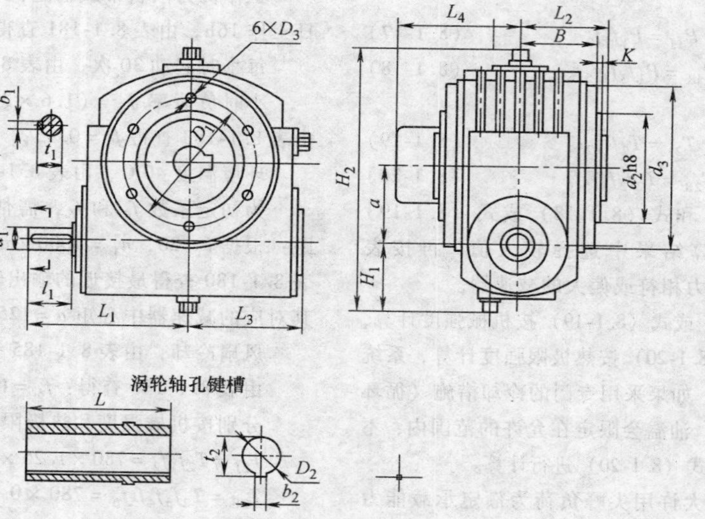

图 8.1-40　减速器 SCWU63～SCWU100

2. 减速器 SCWU125～SCWU315（图 8.1-41、表 8.1-188）

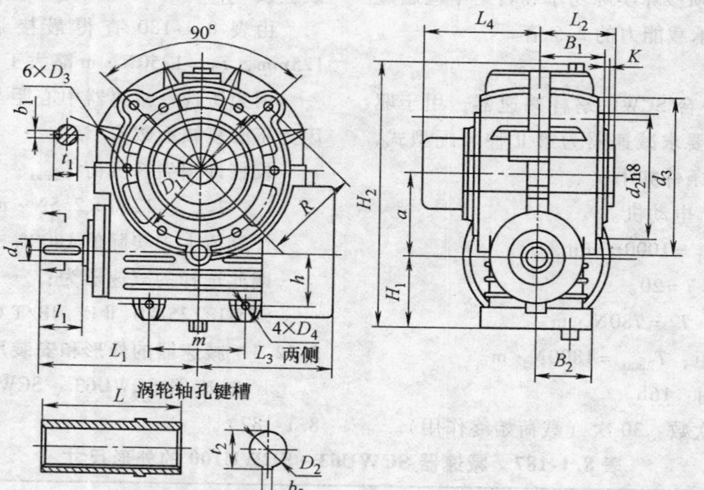

图 8.1-41　减速器 SCWU125～SCWU315

表 8.1-188　减速器 SCWU125～SCWU315 的外形尺寸

型号 SCWU	尺寸/mm																
	a	d_3	$i<16$					$i\geqslant16$					D_2	b_2	t_2	L	L_2
			d_1	l_1	b_1	t_1	L_1	d_1	l_1	b_1	t_1	L_1					
125	125	235	32k6	58	10	35	218	28j6	42	8	31	202	60H7	18	64.4	214	107
140	140	265	38k6	58	10	41	228	28j6	42	8	31	212	65H7	18	69.4	240	120

（续）

型号 SCWU	尺寸/mm																	
	a	d_3	i < 16					i ≥ 16					D_2	b_2	t_2	L	L_2
			d_1	l_1	b_1	t_1	L_1	d_1	l_1	b_1	t_1	L_1					
160	160	300	42k6	82	12	45	277	32k6	58	10	35	253	70H7	20	74.9	250	125
180	180	330	42k6	82	12	45	292	32k6	58	10	35	268	80H7	22	85.4	275	137.5
200	200	365	48k6	82	14	51.5	324	38k6	58	10	41	300	85H7	22	90.4	286	143
225	225	415	48k6	82	14	51.5	342	38k6	58	10	41	318	95H7	25	100.4	320	160
250	250	475	55k6	82	16	59	380	42k6	82	12	45	380	105H7	28	111.4	336	168
280	280	540	60nt6	105	18	64	430	48k6	82	14	51.5	407	115H7	32	122.4	360	180
315	315	600	65m6	105	18	69	470	48k6	82	14	51.5	447	125H7	32	132.4	400	200

型号 SCWU	尺寸/mm														质量/kg（不包括油）
	L_3	L_4	H_1	H_2	D_1	D_3	D_4	B_1	B_2	m	R	h	d_2	K	
125	202	143	105	380	210	M12×24	13×35	84	84	145	135	80	180	10	80
140	220	152	125	433	235	M12×24	13×35	95	95	160	150	105	200	10	108
160	245	158	125	470	270	M12×24	13×35	95	95	170	170	95	220	10	138
180	260	175	150	530	290	M16×30	17×45	110	110	200	190	125	245	12	183
200	295	185	148	580	320	M16×30	17×45	115	115	250	213	110	245	12	243
225	320	198	170	640	360	M16×30	17×45	130	130	280	235	145	265	12	286
250	360	203	150	682	420	M16×30	17×45	135	135	320	265	125	280	12	350
280	390	227	165	755	450	M20×38	21×55	150	150	380	295	130	350	14	483
315	430	252	195	850	520	M20×38	21×55	170	170	410	340	150	380	15	655

3. 减速器 SCWS63 ~ SCWS100（图 8.1-42、表 8.1-189）

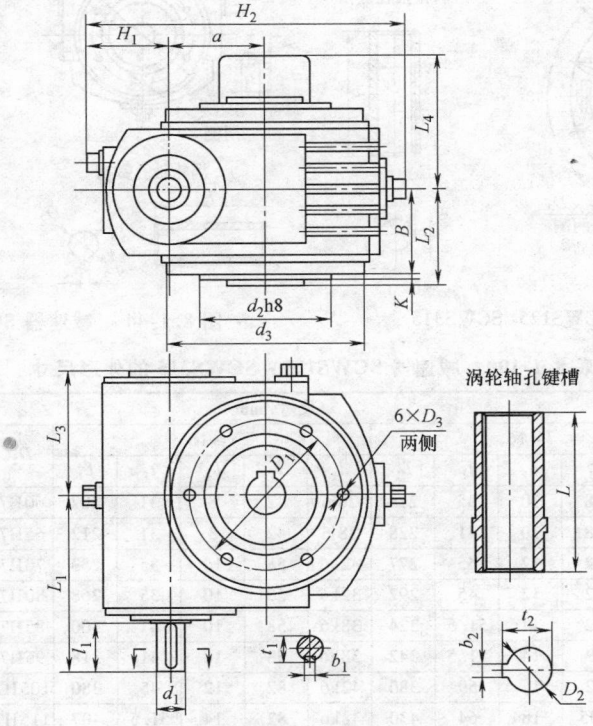

图 8.1-42 减速器 SCWS63 ~SCWS100

表 8.1-189　减速器 SCWS63 ~ SCWS100 的外形尺寸

型号			尺寸/mm										
SCWS	a	d_3	$i<16$					$i\geqslant 16$					D_2	L
			d_1	l_1	b_1	t_1	L_1	d_1	l_1	b_1	t_1	L_1		
63	63	150	19j6	28	6	21.5	128	19j6	28	6	21.5	128	30H7	140
80	80	175	24j6	36	8	27	151	24j6	36	8	27	151	40H7	150
100	100	218	28j6	42	8	31	182	24j6	36	8	27	176	50H7	172

型号													质量/kg
SCWS	b_2	t_2	L_2	L_3	L_4	H_1	H_2	D_1	D_3	B	d_2	K	（不包括油）
63	8	33.3	70	97	95	60	220	102	M8×16	63	80	3	17
80	12	43.3	75	110	106	66	267	125	M8×16	69	100	3	24
100	14	53.8	86	130	140	85	325	150	M10×20	80	120	3	41

4. 减速器 SCWS125 ~ SCWS315（图 8.1-43、表 8.1-190）

5. 减速器 SCWO63 ~ SCWO100（图 8.1-44、表 8.1-191）

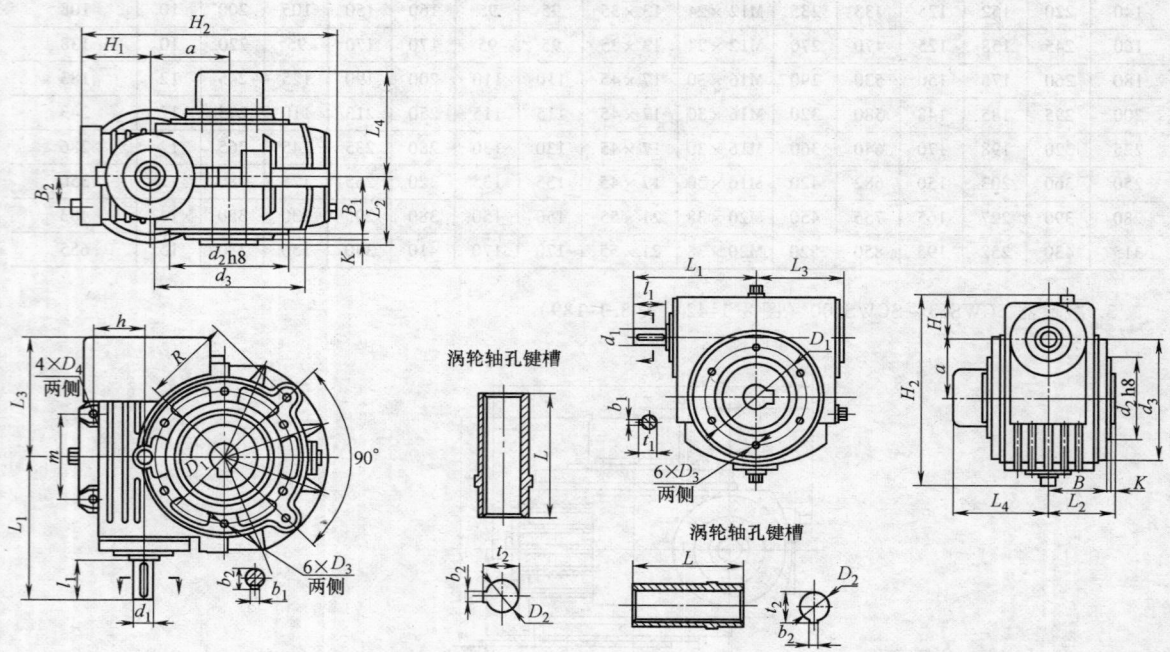

图 8.1-43　减速器 SCWS125~SCWS315　　　　图 8.1-44　减速器 SCWO63~SCWO100

表 8.1-190　减速器 SCWS125 ~ SCWS315 的外形尺寸

型号			尺寸/mm													
SCWS	a	d_3	$i<16$					$i\geqslant 16$					D_2	b_2	t_2	L	L_2
			d_1	l_1	b_1	t_1	L_1	d_1	l_1	b_1	t_1	L_1					
125	125	235	32k6	58	10	35	218	28j6	42	8	31	202	60H7	18	64.4	214	107
140	140	265	38k6	58	10	41	228	28j6	42	8	31	212	65H7	18	69.4	240	120
160	160	300	42k6	82	12	45	277	32k6	58	10	35	253	70H7	20	74.9	250	125
180	180	330	42k6	82	12	45	292	32k6	58	10	35	268	80H7	22	S5.4	275	117
200	200	365	48k6	82	14	51.5	324	38k6	58	10	41	300	85H7	22	90.4	286	143
225	225	415	48k6	82	14	51.5	342	38k6	58	10	41	318	95H7	25	100.4	320	160
250	250	475	55k6	82	16	59	380	42k6	82	12	45	380	105H7	28	111.4	336	168
280	280	540	60m6	105	18	64	430	48k6	82	14	51.5	407	115H7	32	122.4	360	180
315	315	600	65m6	105	18	69	470	48k6	82	14	51.5	447	125H7	32	132.4	400	200

（续）

型号 SCWS	L_3	L_4	H_1	H_2	D_1	D_3	D_4	B_1	B_2	m	R	h	d_2	K	质量/kg（不包括油）
125	202	143	105	380	210	M12×24	13×35	84	84	145	135	80	180	10	80
140	220	152	125	433	235	M12×24	13×35	95	95	160	150	105	200	10	108
160	245	158	125	470	270	M12×24	13×35	95	95	170	170	95	220	10	138
180	260	175	150	530	290	M16×30	17×45	110	110	200	190	125	245	12	183
200	295	185	148	580	320	M16×30	17×45	115	115	250	213	110	245	12	243
225	320	198	170	640	360	M16×30	17×45	130	130	280	235	145	265	12	286
250	360	203	150	682	420	M16×30	17×45	135	135	320	265	125	280	12	350
280	390	227	165	755	450	M20×38	21×55	150	150	380	295	130	350	14	483
315	430	252	195	850	520	M20×38	21×55	170	170	410	340	150	380	15	655

表 8.1-191　减速器 SCWO63 ~ SCWO100 的外形尺寸

型号 SCWO	a	d_3	$i<16$					$i\geqslant16$					D_2	L
			d_1	l_1	b_1	t_1	L_1	d_1	l_1	b_1	t_1	L_1		
63	63	150	19j6	28	6	140	128	19j6	28	6	21.5	128	30H7	140
80	80	175	24j6	36	6	220	151	24j6	36	8	27	151	40H7	150
100	100	218	28j6	42	8	260	182	24j6	36	8	27	176	50H7	172

型号 SCWO	b_2	t_2	L_2	L_3	L_4	H_1	H_2	D_1	D_3	B	d_2	K	质量/kg（不包括油）
63	8	33.3	70	97	95	60	220	102	M8×16	63	80	3	17
80	12	43.3	75	110	106	66	267	125	M8×16	69	100	3	24
100	14	53.8	86	130	140	85	325	150	M10×20	80	120	3	41

6. 减速器 SCWO125 ~ SCWO315（图 8.1-45、表 8.1-192）

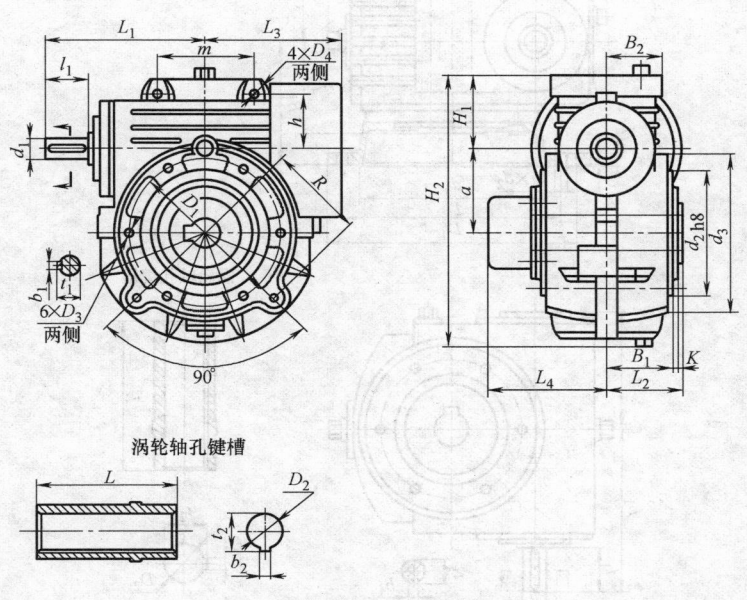

涡轮轴孔键槽

图 8.1-45　减速器 SCWO125~SCWO315

表 8.1-192   减速器 SCWO125 ~ SCWO315 的外形尺寸

型号 SCWO	a	d_3	$i < 16$					$i \geqslant 16$					D_2	b_2	t_2	L	L_2
			d_1	l_1	b_1	t_1	L_1	d_1	l_1	b_1	t_1	L_1					
125	125	235	32k6	58	10	35	218	28j6	42	8	31	202	60H7	18	64.4	214	107
140	140	265	38k6	58	10	41	228	28j6	42	8	31	212	65H7	18	69.4	240	120
160	160	300	42k6	82	12	45	277	32k6	58	10	35	253	70H7	20	74.9	250	125
180	180	330	42k6	82	12	43	292	32k6	58	10	35	268	80H7	22	85.4	275	137.5
200	200	365	48k6	82	14	51.5	324	38k6	58	10	41	300	85H7	22	90.4	286	143
225	225	415	48k6	82	14	51.5	342	38k6	58	10	41	318	95H7	25	100.4	320	160
250	250	475	55k6	82	16	59	380	42k6	82	12	45	380	105H7	28	111.4	336	168
280	280	540	60m6	105	18	64	430	48k6	82	14	51.5	407	115H7	32	122.4	360	180
315	315	600	65m6	105	18	69	470	48k6	82	14	51.5	447	225H7	32	132.4	400	200

型号 SCWO	L_3	L_4	H_1	H_2	D_1	D_3	D_4	B_1	B_2	m	R	h	d_2	K	质量/kg (不包括油)
125	202	143	105	380	210	M12×24	13×35	84	84	145	135	80	180	10	80
140	220	152	125	433	235	M12×24	13×35	95	95	160	150	105	200	10	108
160	245	158	125	470	270	M12×24	13×35	95	95	170	170	95	220	10	138
180	260	175	150	530	290	M16×30	17×45	110	110	200	190	125	245	12	183
200	295	185	148	580	320	M16×30	17×45	115	115	250	213	110	245	12	243
225	320	198	170	640	360	M16×30	17×45	130	130	280	235	145	265	12	286
250	360	203	150	682	420	M16×30	17×45	135	135	320	265	125	280	12	350
280	390	227	165	755	450	M20×38	21×55	150	150	380	295	130	350	14	483
315	430	252	195	850	520	M20×38	21×55	170	170	410	340	150	380	15	655

7. 减速器 SCWF63 ~ SCWF100（图 8.1-46、表 8.1-193）

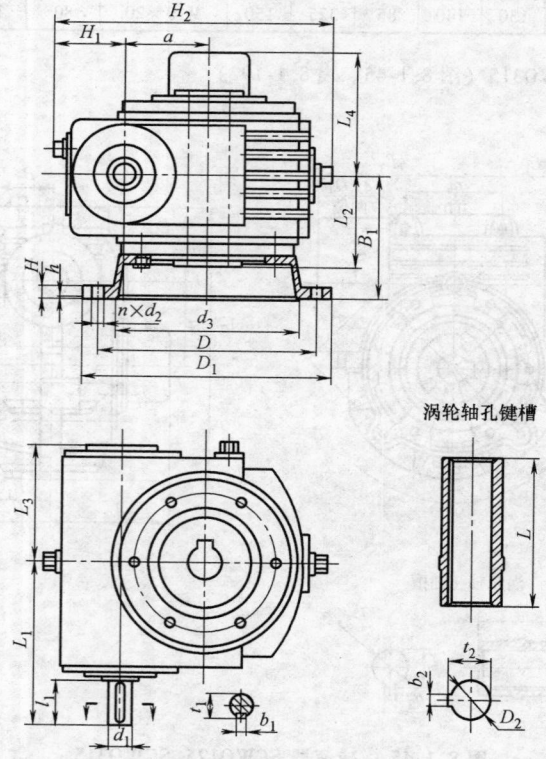

涡轮轴孔键槽

图 8.1-46   减速器 SCWF63~SCWF100

表 8.1-193 减速器 SCWF63 ~ SCWF100 的外形尺寸

型号 SCWF	尺寸/mm														质量/kg (不包括油)
	a	d₃	i < 16					i ≥ 16					D₂	L	
			d₁	l₁	b₁	t₁	L₁	d₁	l₁	b₁	t₁	L₁			
63	63	180h7	19j6	28	6	21.5	128	19j6	28	6	21.5	128	30H7	140	22
80	80	180h7	24j6	36	8	27	151	24j6	36	8	27	151	40H7	150	30
100	100	230h7	28j6	42	8	31	182	24j6	36	8	27	176	50H7	172	51

型号 SCWF	尺寸/mm													
	b₂	t₂	L₂	L₃	L₄	h	H	H₁	H₂	D	D₁	B₁	d₂	n
63	8	33.3	70	97	95	4	15	60	220	215	250	103	13	6
80	12	43.3	75	110	106	4	15	66	267	215	250	114	13	6
100	14	53.8	86	130	140	5	16	85	325	265	300	130	13	6

8. 减速器 SCWF125 ~ SCWF315（图 8.1-47、表 8.1-194）

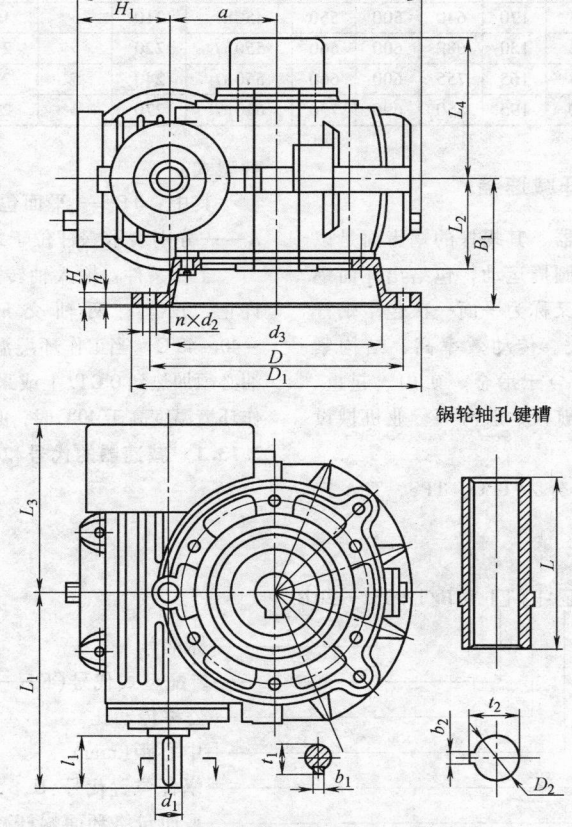

锅轮轴孔键槽

图 8.1-47 减速器 SCWF125~SCWF315

表 8.1-194 减速器 SCWF125 ~ SCWF315 的外形尺寸

型号 SCWF	尺寸/mm														
	a	i < 16					i ≥ 16					D₂	b₂	t₂	L	L₂
		d₁	l₁	b₁	t₁	L₁	d₁	l₁	b₁	t₁	L₁					
125	125	32k6	58	10	35	218	28j6	42	8	31	202	60H7	18	64.4	214	107
140	140	38k6	58	10	41	228	28j6	42	8	31	212	65H7	18	69.4	240	120
160	160	42k6	82	12	45	277	32k6	58	10	35	253	70H7	20	74.9	250	125
180	180	42k6	82	12	45	292	32k6	58	10	35	268	80H7	22	85.4	275	137.5
200	200	48k6	82	14	51.5	324	38k6	58	10	41	300	85H7	22	90.4	286	143

（续）

型号 SCWF	a	i < 16					i ≥ 16					D_2	b_2	t_2	L	L_2
		d_1	l_1	b_1	t_1	L_1	d_1	l_1	b_1	t_1	L_1					
225	225	48k6	82	14	51.5	342	38k6	58	10	41	318	95H7	25	100.4	320	160
250	250	55k6	82	16	59	380	42k6	82	12	45	380	105H7	28	111.4	336	168
280	280	60m6	105	18	64	430	48k6	82	14	51.5	407	115H7	32	122.4	360	180
315	315	65m6	105	18	69	470	48k6	82	14	51.5	447	125H7	32	132.4	400	200

型号 SCWF	L_3	L_4	H	H_1	H_2	D	D_1	d_3	B_1	h	d_2	n	质量/kg （不包括油）
125	202	143	18	105	380	300	350	250h7	144	5	18	6	93
140	220	152	22	125	433	400	450	350h7	170	5	18	6	131
160	245	158	22	125	470	400	450	350h7	170	5	18	6	166.5
180	260	175	22	150	530	400	450	350h7	185	5	18	6	212
200	295	185	25	148	580	500	550	450h7	195	5	18	8	282
225	320	198	25	170	640	500	550	450h7	210	5	18	8	326
250	360	203	28	150	682	600	660	550h7	220	5	22	8	395
280	390	227	28	165	755	600	660	550h7	240	5	22	8	547
315	430	252	30	195	850	690	750	620h7	270	6	22	8	746

2.13　平面包络环面蜗杆减速器

平面包络环面蜗杆减速器，其蜗杆的蜗齿面是以一个平面为母面，通过相对圆周运动，包络出环面蜗杆齿面的一种减速器，通常又称为平面一次包络蜗杆减速器。它具有承载能力大、传动效率高、结构紧凑、使用寿命长等优点，适合于冶金、矿山、起重、运输、建筑、石油、化工、航天、航海等行业机械设备的减速传动。

平面一次包络蜗杆传动分为 TPU、TPS、TPA 三种型式。

其中：TP——平面包络环面蜗杆减速器；U、S、A——分别表示蜗杆位于蜗轮之下、之侧、之上。

工作条件：输入轴转速一般不大于 1500r/min；允许正、反转；两轴交角为 90°；工作环境温度 −40～40℃。当工作环境温度低于 0℃ 时，起动前润滑油必须加热到 0℃ 以上或采用低凝固点的润滑油；当工作环境温度高于 40℃ 时，必须采取隔热和冷却措施。

2.13.1　减速器的代号和标记方法

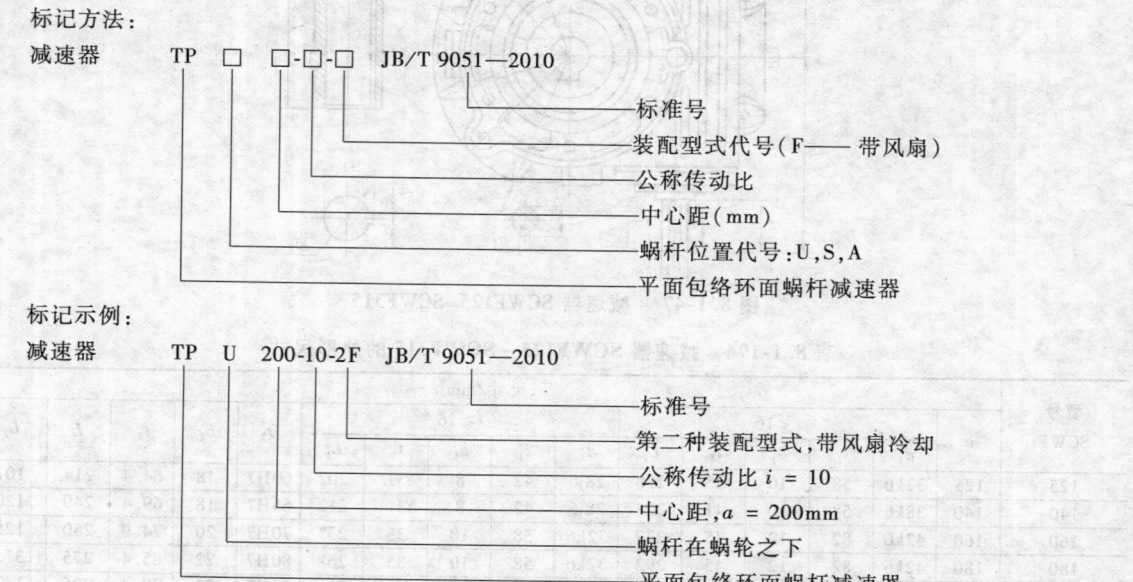

2.13.2　减速器的承载能力、选用方法及实例

1. 承载能力

减速器的额定输入功率 P_1、额定输出转矩 T_2 分别见表 8.1-195、表 8.1-196。

表 8.1-195　减速器的额定输入功率 P_1

中心距 a /mm	传动比 i	输入轴转速 n_1/(r/min)				
		500	600	750	1000	1500
		额定输入功率 P_1/kW				
160	10.0	22.85	25.41	28.75	33.06	36.41
	12.5	17.95	20.32	23.42	27.63	31.93
	16.0	15.30	17.30	19.92	23.46	27.03
	20.0	12.55	14.26	16.50	19.58	22.85
	25.0	10.20	11.61	13.46	16.01	18.77
	31.5	8.53	9.64	11.11	13.09	15.10
	40.0	6.61	7.54	8.77	10.47	12.34
	50.0	5.53	6.28	7.26	8.60	10.02
	63.0	4.48	5.28	6.19	7.18	8.10
200	10.0	39.07	43.75	49.20	56.60	62.42
	12.5	30.70	34.75	40.10	47.34	54.77
	16.0	26.32	29.74	34.23	40.31	46.41
	20.0	21.52	24.44	28.28	33.52	39.07
	25.0	17.54	19.95	23.12	27.47	32.13
	31.5	14.59	16.50	19.02	17.97	21.22
	40.0	11.32	12.93	15.04	14.74	17.14
	50.0	9.50	10.77	12.45	14.74	17.14
	63.0	7.67	9.04	10.60	12.31	13.87
250	10.0	67.01	74.57	84.41	97.11	107.10
	12.5	52.53	59.49	68.64	81.06	93.84
	16.0	45.08	50.95	58.64	69.03	79.46
	20.0	36.92	41.93	48.51	57.51	67.01
	25.0	30.92	34.22	39.65	47.10	55.08
	31.5	24.99	28.29	32.61	38.48	44.47
	40.0	19.38	22.13	25.74	30.75	36.31
	50.0	16.32	18.51	21.38	25.30	29.38
	63.0	13.16	15.50	18.18	21.09	23.77
315	10.0	117.30	130.45	148.10	169.58	187.20
	12.5	99.96	108.20	120.00	141.78	164.22
	16.0	83.90	91.88	102.80	120.54	138.77
	20.0	65.10	73.23	84.76	100.55	117.30
	25.0	53.45	59.74	69.22	82.24	96.19
	31.5	44.94	49.50	57.04	67.25	77.62
	40.0	33.86	38.66	44.98	53.73	63.44
	50.0	28.46	32.29	37.33	44.20	51.41
	63.0	23.63	27.04	31.72	36.82	41.51
400	10.0	222.20	257.40	276.90	311.00	359.90
	12.5	193.20	215.30	236.30	262.50	304.50
	16.0	170.00	183.80	203.70	230.00	264.60
	20.0	131.30	141.80	156.50	177.50	200.60
	25.0	105.00	114.50	128.10	144.90	164.90
	31.5	88.52	96.92	107.10	91.98	104.70
	40.0	66.57	72.24	80.85	74.03	84.11
	50.0	53.55	58.70	65.21	74.03	84.11
	63.0	46.41	51.14	56.70	64.37	73.19

注：1. P_1 系在每日工作 10h，每小时起动不超过 1 次，工作平稳，无冲击振动，起动转矩为额定转矩 3 倍，小时负荷率 J_c = 100%，环境温度为 20℃，采用合成润滑油浸油润滑，风扇冷却，制造精度 7 级，并经充分跑合条件下制定的。

2. P_1 按下式计算：

$$P_1 = T_2 n_2/(9550\eta)$$

式中　P_1——额定输入功率（kW）；

T_2——额定输出转矩（N·m）；

n_2——输出轴转速（r/min）；

η——总传动效率。

表 8.1-196 减速器的额定输出转矩 T_2

中心距 a /mm	传动比 i	输入轴转速 n_1/(r/min)				
		500	600	750	1000	1500
		额定输入功率 T_2/N·m				
160	10.0	3298	3641	3368	2936	2156
	12.5	3815	3598	3392	3035	2338
	16.0	4069	3876	3652	3262	2506
	20.0	4075	3904	3614	3253	2560
	25.0	4043	3881	3686	3326	2599
	31.5	3950	3771	3653	3269	2574
	40.0	3737	3601	3484	3280	2608
	50.0	3749	3646	3466	3326	2616
	63.0	3774	3812	3724	3456	2599
200	10.0	6715	6227	5764	5027	3696
	12.5	6254	6156	5808	5199	4010
	16.0	6997	6665	6277	5605	4302
	20.0	6988	6691	6194	5570	4377
	25.0	6953	6669	6330	5706	4449
	31.5	6757	6454	6256	5602	4417
	40.0	6401	6173	5975	5629	4485
	50.0	6439	6259	5945	5701	4474
	63.0	6461	6527	6377	5925	4451
250	10.0	11776	10920	10103	8810	6478
	12.5	11413	10772	10160	9096	7020
	16.0	12262	11677	10991	9810	7528
	20.0	12271	11746	10871	9776	7680
	25.0	12213	11710	11107	10008	7803
	31.5	11878	11345	10987	9839	7581
	40.0	11253	10847	10490	9516	7490
	50.0	11377	11046	10481	9421	7294
	63.0	11083	11034	10791	9518	7149
315	10.0	20612	19102	17727	15385	11322
	12.5	21718	19590	17763	15909	12285
	16.0	22819	21059	19268	17130	13142
	20.0	21635	20516	18996	17093	13443
	25.0	21694	20444	19391	17474	13626
	31.5	21360	19855	19217	17197	13232
	40.0	19260	18954	18330	16626	13087
	50.0	19839	19273	18298	16463	12765
	63.0	19904	19522	19084	16615	12488
400	10.0	39045	37692	33143	28215	21768
	12.5	41975	38981	34978	29456	22779
	16.0	46237	42127	38180	32684	25067
	20.0	44137	40174	35471	30512	23244
	25.0	43118	39638	36293	31135	23622
	31.5	42606	39360	36514	31511	23905
	40.0	39161	35874	33355	28812	21846
	50.0	37843	35504	32383	27926	21955
	63.0	39650	36922	34114	29433	22311

注：T_2 系在每日工作 10h，每小时起动不超过一次，工作平稳，无冲击振动，起动转矩为额定转矩的 3 倍，小时负荷率 J_c =100%，环境温度为 20℃，采用合成润滑油浸油润滑，风扇冷却，制造精度 7 级，并经充分跑合条件下制定的。

2. 选用方法

步骤:

1) 已知条件与表 8.1-195 注释的工作条件相同时,可直接由表 8.1-195 选取所需减速器的规格。

2) 已知条件与表 8.1-195 注释的工作条件不同时,应由式 (8.1-12) ~ 式 (8.1-24) 进行修正计算,再由计算结果中较大的值与表 8.1-195 或表 8.1-196 比较选取承载能力相符或偏大的减速器。即用减速器实际输入功率 P_{1w},或减速器实际输出转矩 T_{2w},乘以工作状态系数 (见表 8.1-197 ~ 表 8.1-201) 进行修正,再与表 8.1-195、表 8.1-196 比较进行选用。

计算输入机械功率

$$P_{1J} \geqslant P_{1w}f_1f_2 \qquad (8.1-21)$$

计算输出机械转矩

$$T_{2J} \geqslant T_{2w}f_1f_2 \qquad (8.1-22)$$

计算输入热功率

$$P_{1R} \geqslant P_{1w}f_3f_4f_5 \qquad (8.1-23)$$

计算输出热转矩

$$T_{2R} \geqslant T_{2w}f_3f_4f_5 \qquad (8.1-24)$$

式中 P_{1w}——减速器实际输入功率;

T_{2w}——减速器实际输出转矩;

f_1——使用系数 (见表 8.1-197);

f_2——起动频率系数 (见表 8.1-198);

f_3——环境温度修正系数 (见表 8.1-199);

f_4——减速器安装型式系数 (见表 8.1-200);

f_5——散热能力系数 (见表 8.1-201)。

3) 输入转速低于 500r/min 时,计算输出转矩按 n_1 = 500r/min 的额定输出转矩选用。

4) 当蜗轮轴是两端出轴时,按两端转矩之和选用减速器。

5) 蜗轮轴轴端许用径向负荷见表 8.1-202。

表 8.1-197 使用系数 f_1

原动机	每天运行时间 /(h/d)	载荷特性		
		均匀负荷	中等冲击负荷	重度冲击负荷
电动机	间歇 2	0.90	1.00	1.20
汽轮机	≤10	1.00	1.20	1.30
液压马达	≤24	1.20	1.30	1.50

表 8.1-198 起动频率系数 f_2

每小时起动次数	≤1	2 ~ 4	5 ~ 9	>10
起动频率系数 f_2	1.0	1.07	1.13	1.18

表 8.1-199 环境温度修正系数 f_3

环境温度/℃	0 ~ 10	>10 ~ 20	>20 ~ 30	>30 ~ 40	>40 ~ 50
环境温度修正系数 f_3	0.85	1.0	1.14	1.33	1.6

表 8.1-200 减速器安装型式系数 f_4

减速器中心距 a/mm	减速器安装型式系数 f_4		
	TPU	TPS	TPA
100 ~ 250	1.0	1.0	1.2
315 ~ 500	1.0	1.0	1.2

表 8.1-201 散热能力系数 f_5

无风扇冷却	蜗杆转速 n_1/(r/min)			
	1500	1000	750	500
减速器中心距 a/mm	系数 f_5			
100 ~ 200	1.59	1.54	1.37	1.33
250 ~ 500	1.85	1.80	1.70	1.51

注: 有风扇时, f_5 =1。

表 8.1-202 蜗轮轴轴端许用径向负荷

中心距 a/mm	100	125	160	200	250	315	400	500
负荷 F_r/N	7000	13000	20000	24000	40000	49000	70000	100000

选用示例:

【已知】: 需要一台 TPU 蜗杆减速器驱动卷扬机,减速器为标准型式,风扇冷却,原动机为电动机,输入转速 n_1 为 1000r/min,公称传动比 $i = 20$,最大输出转矩 $T_{2max} = 4950$N·m,输入功率 $P_1 = 15$kW,输出轴轴伸悬臂负荷 $F_{RC} = 5520$N,每天工作 8h,每小时起动 15 次,有冲击负荷,双向运动,每次运转时间 3min,环境温度 20℃,制造精度 7 级。

【解】:

1) 由表 8.1-197:每天工作 8h,有冲击,得使用系数 $f_1 = 1.2$。

2) 由表 8.1-198:每小时起动 15 次,得起动频率系数 $f_2 = 1.18$。

3) 由表 8.1-199:得环境温度修正系数 $f_3 = 1$。

4) 由表 8.1-200:得减速器安装型式系数 $f_4 = 1$。

5) 由表 8.1-201:得散热能力系数 $f_5 = 1$。

6) 按式 (8.1-21) 进行计算,得 $P_{1J} \geq P_{1w} f_1$
$f_2 = 15 \times 1 \times 1.18$kW $= 17.7$kW。

7) 按式 (8.1-23) 进行计算,得 $P_{1R} \geq P_{1w}$
$f_3 f_4 f_5 = 15 \times 1 \times 1 \times 1$kW $= 15$kW。

8) 由表 8.1-195 查出减速器为 $a = 160$,$i = 20$,

$n_1 = 1000$r/min,$P_1 = 19.58$kW。

9) 由表 8.1-202 查得 $F_r = 20000$N,大于要求值,符合要求。

10) 由表 8.1-196 查得 $T_2 = 3253$N·m,
$T_{2max} = T_2 \times 3 = 3253 \times 3$N·m $= 9759$N·m $>$
4950N·m,符合要求。

选型结果:减速器　TPU 160-20-1F JB/T 9051—2010

2.13.3　减速器的外形和安装尺寸

1. TPU 系列蜗杆减速器 (图 8.1-48、图 8.1-49、表 8.1-203、表 8.1-204)

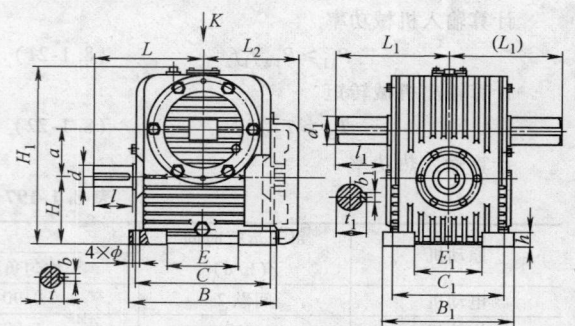

图 8.1-48　整箱式 TPU 型减速器

表 8.1-203　整箱式 TPU 型减速器的尺寸

型号	尺寸/mm																			质量/kg
	a	B	B_1	C	C_1	E	H	H_1	L	L_1	L_2	l	l_1	d	d_1	b	b_1	t	t_1	h	ϕ	
TPU 100	100	320	260	280	220	160	150	382	235	237	200	82	110	40	55	12	16	43	59	30	19	88

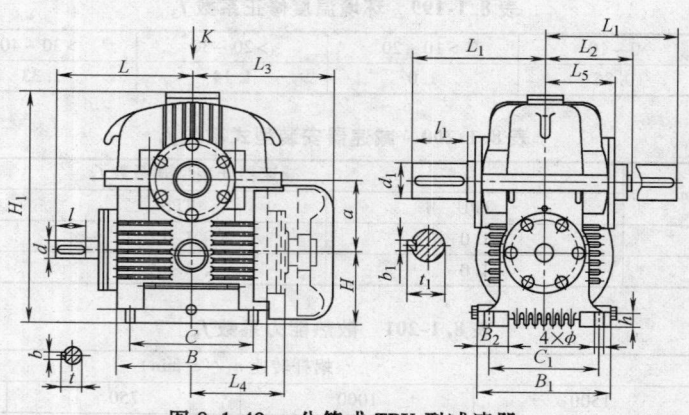

图 8.1-49　分箱式 TPU 型减速器

表 8.1-204　分箱式 TPU 型减速器的尺寸

型号	尺寸/mm																							质量/kg
	a	B	B_1	B_2	C	C_1	H	H_1	h	L	L_1	L_2	L_3	L_4	L_5	l	l_1	d	d_1	b	b_1	t	t_1	ϕ	
TPU 125	125	300	300	70	250	250	125	422	30	307	320	185	280	205	175	82	140	40	70	12	20	43	74.5	19	157
TPU 160	160	380	375	100	320	310	160	540	40	375	375	210	360	280	192	82	170	50	85	14	25	53.5	90	24	258
TPU 200	200	450	450	125	370	370	200	650	40	420	400	235	435	345	228	82	170	55	95	16	28	59	101	28	475
TPU 250	250	600	550	150	500	450	225	820	50	530	495	290	520	408	273	110	210	65	120	18	32	69	127	35	800

（续）

型号	尺寸/mm																							质量
	a	B	B_1	B_2	C	C_1	H	H_1	h	L	L_1	L_2	L_3	L_4	L_5	l	l_1	d	d_1	b	b_1	t	t_1	ϕ	/kg
TPU 315	315	720	590	120	630	500	280	990	65	630	600	360	605	492	349	130	250	80	140	22	36	85	148	39	1450
TPU 400	400	850	720	160	750	620	320	1200	75	720	720	425	692	558	412	165	300	100	180	28	45	106	190	48	2500
TPU 500	500	1060	900	200	920	760	400	1490	90	850	840	495	845	686	497	165	350	110	220	28	50	116	231	56	4500

2. TPS 系列蜗杆减速器（图 8.1-50、图 8.1-51、表 8.1-205、表 8.1-206）

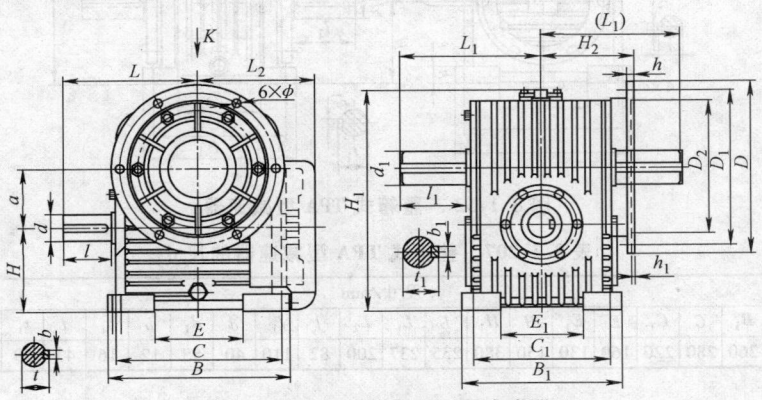

图 8.1-50　整箱式 TPS 型减速器

表 8.1-205　整箱式 TPS 型减速器的尺寸

型号	尺寸/mm																									质量
	a	B	B_1	C	C_1	E	E_1	H	H_1	L	L_1	L_2	l	l_1	d	d_1	b	b_1	t	t_1	D	D_1	D_2	ϕ	h	h_1	/kg
TPS 100	100	320	260	280	220	160	130	150	382	235	237	200	82	110	40	55	12	16	43	59	300	275	240	19	16	6	90

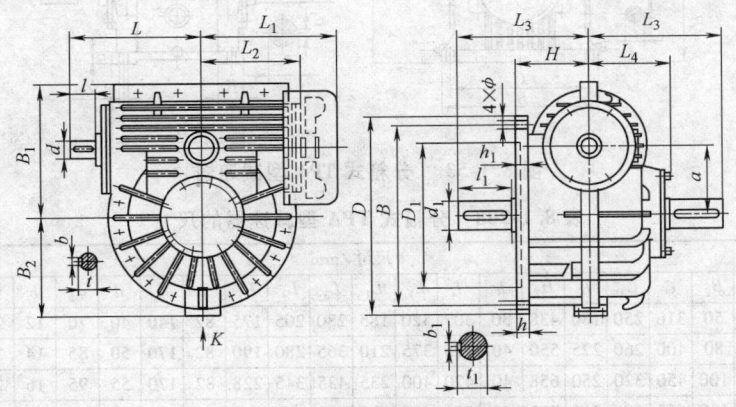

图 8.1-51　分箱式 TPS 型减速器

表 8.1-206　分箱式 TPS 型减速器的尺寸

型号	尺寸/mm																						质量
	a	D	D_1	h_1	B	B_1	B_2	H	L	L_1	L_2	L_3	L_4	l	l_1	d	d_1	b	b_1	t	t_1	h	ϕ	/kg
TPS 125	125	380	280	6	330	265	193	180	307	280	209	320	175	82	140	40	70	12	20	43	74.5	25	19	170
TPS 160	160	530	380	10	470	330	265	200	375	365	280	375	192	82	170	50	85	14	25	53.5	90	35	24	290
TPS 200	200	650	480	10	580	400	325	250	420	436	336	400	228	82	170	55	95	16	28	59	101	40	32	530
TPS 250	250	800	600	11	700	495	400	280	530	520	408	495	273	110	210	65	120	18	32	69	127	50	35	930
TPS 315	315	920	710	15	820	625	460	355	630	605	497	600	349	130	250	80	140	22	36	85	148	65	39	1650
TPS 400	400	1100	850	15	1000	740	550	420	720	692	558	720	412	165	300	100	180	28	45	106	190	75	48	2800
TPS 500	500	1340	1060	20	1200	920	675	530	850	845	686	840	497	165	350	110	220	28	50	116	231	90	56	4800

3. TPA 系列蜗杆减速器（图 8.1-52、图 8.1-53、表 8.1-207、表 8.1-208）

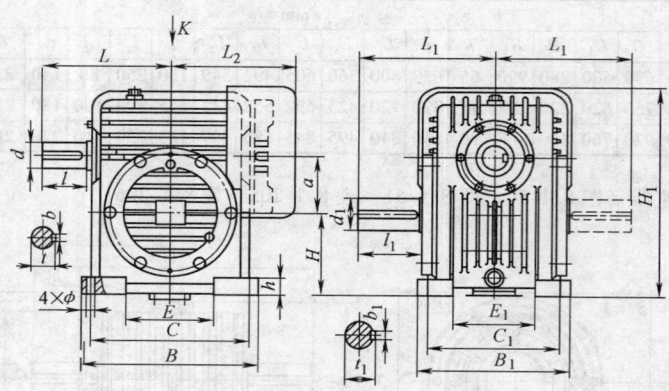

图 8.1-52　整箱式 TPA 型减速器

表 8.1-207　整箱式 TPA 型减速器的尺寸

型号	尺寸/mm																					质量 /kg
	a	B	B_1	C	C_1	E	E_1	H	H_1	L	L_1	L_2	l	l_1	d	d_1	b	b_1	t	t_1	h	ϕ	
TPA 100	100	320	260	280	220	160	130	150	380	235	237	200	82	110	40	55	12	16	43	59	30	19	88

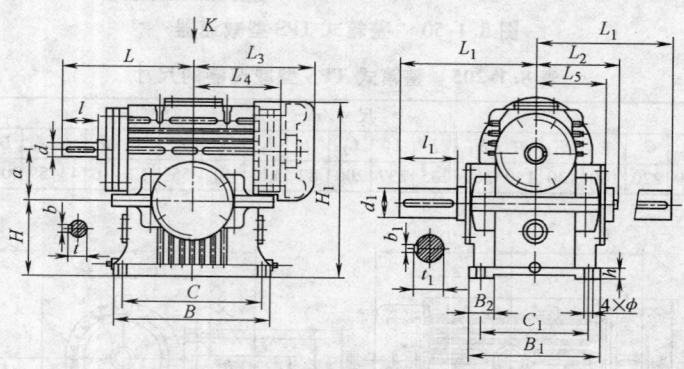

图 8.1-53　分箱式 TPA 型减速器

表 8.1-208　分箱式 TPA 型减速器的尺寸

型号	尺寸/mm																						质量 /kg
	a	B	B_1	B_2	C	C_1	H	H_1	h	L	L_1	L_2	L_3	L_4	L_5	l	l_1	d	d_1	b	b_1	t	t_1	ϕ	
TPA 125	125	360	300	50	310	250	180	438	30	307	320	185	280	205	175	82	140	40	70	12	20	43	74.5	19	165
TPA 160	160	460	320	80	400	260	225	550	40	375	375	210	365	280	190	82	170	50	85	14	25	53.5	90	24	285
TPA 200	200	540	400	100	450	320	250	658	40	420	400	235	435	345	228	82	170	55	95	16	28	59	101	28	510
TPA 250	250	720	480	120	620	380	315	792	50	530	495	290	520	406	270	110	210	65	120	18	32	69	127	35	900
TPA 315	315	850	600	140	750	500	400	1000	65	630	600	360	605	492	345	130	250	80	140	22	36	85	148	39	1550
TPA 400	400	950	720	170	850	620	500	1200	75	720	720	425	690	540	410	165	300	100	180	28	45	106	190	48	2650
TPA500	500	1180	900	200	1040	760	630	1530	90	850	850	495	845	680	488	165	350	110	220	28	50	116	231	56	4700

2.14　SEW 型电动机直连减速器

　　SEW 减速电动机由交流笼型电动机与齿轮减速器组成，电动机轴和第一级齿轮轴合成一体，结构特别紧凑。有底脚、法兰和轴装三种安装方式。输出轴有实心轴和空心轴两种结构，可用单键、花键或收缩盘与工作机相连。如果需要的输出转速很低，可再装上一个斜齿轮箱组成多级减速器。可以用 50（或 60）Hz 电源的单速或双速电动机驱动，也可通过 SEW 的变频器或机械变速器无级调速。

　　SEW 型电动机直连减速器又称减速电动机，它分为 R 系列硬齿面斜齿轮减速机、S 系列硬齿面斜齿轮-蜗轮减速机、K 系列斜齿轮-锥齿轮减速机、F 系列平行轴斜齿轮减速机等系列减速器。

它具有体积小、传递转矩大、传动效率高、传动平稳、噪声低、安装和装配型式多样等特点，广泛应用于冶金、矿山、水泥、石油、化工、建筑等行业。

功率：0.12 ~ 200kW

转矩：1.4 ~ 58500N·m

输出转速：0.06 ~ 1090r/min

2.14.1　减速器的代号和标记方法

标记方法：

方法一：

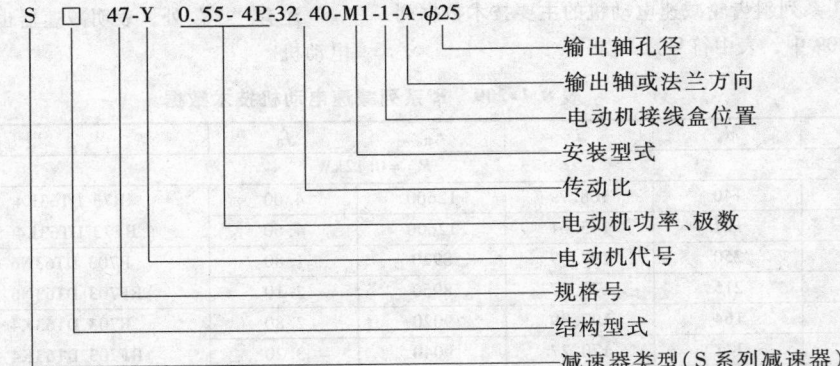

注：减速器类型包括 R（硬齿面斜齿轮减速机），S（硬齿面斜齿轮-蜗轮减速机），K（斜齿轮-锥齿轮减速机），F（平行轴斜齿轮减速机）等系列。

结构型式包括普通轴伸式（省略不写），A（轴装式），F（轴伸法兰式），AF（轴装法兰式），AB（轴装底脚式），AZ（轴装小法兰式），AT（轴装带防转臂），S（普通轴伸式，轴输入），AS（普通轴装式，轴输入），FS（轴伸法兰式，轴输入），AFS（轴装法兰式，轴输入）。

规格号：选型参数表

电动机代号包括 Y（普通），B（防爆），Z（直流），E（制动），D（多速），V（变频），F（分马力），C（电磁调速），R（冶金起重），VE（变频制动）。

电动机接线盒位置有 4 个，分别是 1，2，3，4。

输出轴或法兰方向包括 A（从电动机尾部看，左边为 A）和 B（从电动机尾部看，右边为 B）。

方法二：

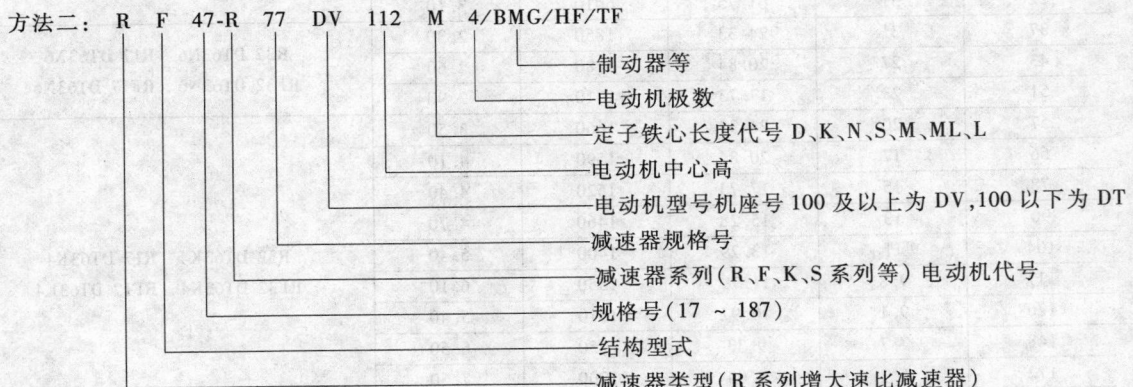

注：减速器类型包括 R（硬齿面斜齿轮减速机），S（硬齿面斜齿轮-蜗轮减速机），K（斜齿轮-锥齿轮减速机），F（平行轴斜齿轮减速机）等系列。

结构型式包括实心轴（省略不写），A（单键空心轴连接），F（法兰安装），V（渐开线花键空心轴连接），H（锁紧盘空心轴连接），X（R 系列减速器单级传动）。

BMG 为制动器。

HF 为制动器手动释放装置（HF 带自锁，HR 不带自锁）。

TF 为电动机热保护装置。

2.14.2　减速器的承载能力和选用方法（R、F、K 系列）

1. 承载能力

1）R 系列斜齿轮减速电动机的主要技术参数范围。功率：0.12 ~ 160kW；转矩：1.4 ~ 23200N·m；输出转速：0.06 ~ 1090r/min。

部分 R 系列斜齿轮减速电动机的主要技术数据列于表 8.1-209 中，表中符号意义如下：

P_m——电动机功率（kW）；

n_a——输出转速（r/min）；

M_a——输出转矩（N·m）；

F_{Ra}——输出轴径向载荷（N）；

i——减速器传动比；

f_B——使用系数。

注有"*"处，表明减速器也可配装增安型防爆电动机。

表 8.1-209　R 系列减速电动机技术数据

n_a	M_a	i	F_{Ra}	f_B	型号
			$P_m = 0.12$kW		
8.2	140	168.79	12600	4.00	R73 DT63K4　　R77 DT63K4
9.5	121	145.61	12600	4.60	RF73 DT63K4　　RF77 DT63K4
4.6	250	197.39	8920	1.80	R703 DT63N6　　R77 DT63N6
5.3	215	170.27	8960	2.10	RF703 DT63N6　　RF77 DT63N6
7.0	164	197.39	9020	2.80	R703 DT63K4　　R77 DT63K4
8.1	141	170.27	9040	3.20	RF703 DT63K4　　RF77 DT63K4
5.8	198	155.61	7780	1.75	R63 DT63N6　　R57 DT63N6
6.7	171	134.24	7920	2.00	RF63 DT63N6　　RF57 DT63N6
8.9	129	155.61	8080	2.70	R63 DT63K4　　R57 DT63K4
10	111	134.24	8140	3.10	RF63 DT63K4　　RF57 DT63K4
12	97	117.34	8180	3.60	
8.3	138	108.32	5570	1.15	R43 DT63N6　　R37 DT63N6
9.4	121	95.22	5690	1.30	RF43 DT63N6　　RF37 DT63N6
11	104	81.44	5800	1.55	
13	90	108.32	5870	1.80	
14	79	95.22	5920	2.00	R43 DT63K4　　R37 DT63K4
17	68	81.44	5960	2.40	RF43 DT63K4　　RF37 DT63K4
20	59	70.57	5990	2.70	
22	51	61.75	6010	3.10	
37	31	24.33	1850	2.30	R32 DT63N6　　R17 DT63N6
43	27	20.84	1780	2.60	RF32 DT63N6　　RF17 DT63N6
51	23	17.73	1710	2.90	
57	20	24.33	1660	3.50	
66	17	20.84	1590	4.10	
78	15	17.73	1520	4.40	
90	13	15.28	1460	4.70	
104	11	13.29	1400	5.40	R32 DT63K4　　R17 DT63K4
117	9.8	11.79	1350	6.10	RF32 DT63K4　　RF17 DT63K4
126	9.1	10.97	1310	5.40	
148	7.7	9.33	1250	6.50	
172	6.7	8.04	1200	7.50	
197	5.8	7.00	1150	8.10	
152	7.6	5.93	3000	4.00	
176	6.5	5.12	2860	6.20	
201	5.7	4.47	2740	7.00	RX61 DT63N6
228	5.0	3.95	2630	8.00	RXF61 DT63N6
249	4.6	3.61	2560	8.70	
233	4.9	5.93	2620	6.10	RX61 DT63K4
270	4.2	5.12	2500	9.50	RXF61　DT63K4

（续）

n_a	M_a	i	F_{Ra}	f_B	型　号
			$P_m = 0.12\text{kW}$		
308	3.7	4.47	2390	10.80	
349	3.3	3.95	2290	12.10	
382	3.0	3.61	2230	13.30	RX61 DT63K4
438	2.6	3.15	2130	15.40	RXF61 DT63K4
498	2.3	2.77	2040	17.40	
563	2.0	2.45	1960	20.00	
646	1.8	2.14	1880	22.20	
			$P_m = 0.18\text{kW}$		
6.0	290	145.61	12500	1.95	R73 DT63L6　R77 DT63L6
6.8	250	127.28	12500	2.20	RF73 DT63L6　RF77 DT63L6
7.8	220	168.79	12600	2.50	R73 DT63N4　R77 DT63N4
9.1	190	145.61	12600	3.00	RF73 DT63N4　RF77 DT63N4
11	161	123.84	12600	3.70	
4.4	390	197.39	8650	1.15	R703 DT63L6　R77 DT63L6
5.1	335	170.27	8770	1.35	RF703 DT63L6　RF77 DT63L6
5.8	295	148.85	8850	1.55	
6.7	255	197.39	8910	1.75	
7.8	220	170.27	8960	2.00	R703 DT63N4　R77 DT63N4
8.9	194	148.85	8990	2.30	RF703 DT63N4　RF77 DT63N4
10	171	131.48	9010	2.60	
11	156	120.14	9030	2.90	
5.6	305	155.61	6990	1.15	R63 DT63L6　R57 DT63L
6.5	265	134.24	7350	1.30	RF63 DT63L6　RF57 DT63L
7.4	230	117.34	7580	1.50	
8.5	205	155.61	7760	1.75	
9.8	175	134.24	7900	2.00	R63 DT63N4　R57 DT63N4
11	153	117.34	7990	2.30	RF63 DT63N4　RF57 DT63N4
13	135	103.65	8060	2.60	
9.1	188	95.22	5090	0.85	R43 DT63L6　R37 DT63L6
11	161	81.44	5370	1.00	RF43 DT63L6　RF37 DT63L6
12	141	108.32	5550	1.15	
14	124	95.22	5670	1.30	
16	106	81.44	5780	1.50	R43 DT63N4　R37 DT63N4
19	92	70.57	5860	1.75	RF43 DT63N4　RF37 DT63N4
21	80	61.75	5910	2.00	
24	73	56.17	5940	2.20	
27	63	48.44	5840	2.50	
36	48	24.33	1740	1.45	R32 DT63L6　R17 DT63L6
42	41	20.84	1690	1.70	RF32 DT63L6　RF17 DT63L6
49	35	17.73	1630	1.85	
54	32	24.33	1590	2.20	
63	27	20.84	1540	2.60	
74	23	17.73	1480	2.80	
86	20	15.28	1420	3.00	
99	17	13.29	1370	3.50	R32 DT63N4　R17 DT63N4
112	15	11.79	1330	3.90	RF32 DT63N4　RF17 DT63N4
120	14	10.97	1290	3.40	
141	12	9.33	1230	4.10	
164	11	8.04	1180	4.80	
189	9.1	7.00	1140	5.20	

（续）

n_a	M_a	i	F_{Ra}	f_B	型　号
			$P_m = 0.18\text{kW}$		
153	11	17.73	1220	5.80	
178	9.7	15.28	1170	6.20	
205	8.4	13.29	1120	7.10	
231	7.4	11.79	1080	8.10	R32 DT63K2　R17 DT63K2
248	6.9	10.97	1050	7.10	RF32 DT63K2　RF17 DT63K2
292	5.9	9.33	1000	8.50	
338	5.1	8.04	960	9.80	
147	12	5.93	3000	2.60	
170	10	5.12	2860	4.00	RX61 DT63L6
194	8.8	4.47	2750	4.60	RXF61 DT63L6
220	7.8	3.95	2640	5.10	
222	7.7	5.93	2630	3.90	
258	6.7	5.12	2510	6.00	
295	5.8	4.47	2410	6.90	
334	5.1	3.95	2310	7.80	
366	4.7	3.61	2250	8.50	RX61 DT63N4
419	4.1	3.15	2150	9.80	RXF61 DT63N4
476	3.6	2.77	2060	11.10	
539	3.2	2.45	1980	12.50	
618	2.8	2.14	1890	14.30	
			$P_m = 0.25\text{kW}$		
2.5	970	277.63	26300	2.20	R93 DT80N8*　R97 DT80N8*
3.0	800	228.38	26500	2.60	RF93 DT80N8*　RF97 DT80N8*
2.5	970	277.63	20700	1.75	R903 DT80N8*　R97 DT80N8*
3.0	800	228.38	20900	2.10	RF903 DT80N8*　RF97 DT80N8*
3.2	750	213.56	17600	1.45	R83 DT80N8*　R87 DT80N8*
3.6	665	189.66	17800	1.65	RF83 DT80N8*　RF87 DT80N8*
3.2	740	210.17	12500	1.20	R803 DT80N8*　R87 DT80N8*
3.6	655	186.65	12700	1.35	RF803 DT80N8*　RF87 DT80N8*
4.0	600	170.97	12800	1.50	
4.7	510	145.61	11700	1.10	R73 DT80N8*　R77 DT80N8*
5.3	445	127.28	12000	1.25	R73 DT80N8*　R77 DT80N8*
6.0	395	145.61	12200	1.40	R73 DT71D6*　R77 DT71D6*
6.9	345	127.28	12300	1.60	RF73 DT71D6*　RF77 DT71D6*
7.7	310	168.79	12400	1.80	
8.9	265	145.61	12500	2.10	R73 DT63L4　R77 DT63L4
11	225	123.84	12600	2.60	RF73 DT63L4　RF77 DT63L4
4.5	535	197.39	8240	0.85	
5.2	460	170.27	8470	0.95	R703 DT71D6*　R77 DT71D6*
5.9	405	148.85	8620	1.10	RF703 DT71D6*　RF77 DT71D6*
6.7	355	131.48	8730	1.25	
6.6	365	197.39	8720	1.25	
7.6	315	170.27	8820	1.45	
8.7	275	148.85	8880	1.65	
9.9	240	131.48	8930	1.85	R703 DT63L4　R77 DT63L4
11	220	120.14	8960	2.00	RF703 DT63L4　RF77 DT63L4
12	192	104.80	8990	2.30	
14	169	92.26	9020	2.70	

（续）

n_a	M_a	i	F_{Ra}	f_B	型　号
			$P_m = 0.25\,kW$		
5.7	420	155.61	3390	0.85	
6.6	365	134.24	6390	0.95	R63 DT71D6* 　R57 DT71D6*
7.5	320	117.34	6890	1.10	RF63 DT71D6* 　RF57 DT71D6*
8.5	280	103.65	7220	1.25	
8.4	285	155.61	7180	1.25	
9.7	245	134.24	7490	1.40	
11	215	117.34	7680	1.60	R63 DT63L4　R57 DT63L4
13	190	103.65	7820	1.85	RF63 DT63L4　RF57 DT63L4
14	174	94.71	7900	2.00	
16	152	82.62	8000	2.30	
18	134	72.73	8070	2.60	
7.9	300	164.63	4880	0.80	
9.0	265	143.91	5140	0.90	
10	235	127.12	5260	1.05	
11	215	116.15	5330	1.15	
13	186	101.32	5420	1.30	R60 DT63L4
15	164	89.20	5480	1.45	RF60 DT63L4
17	145	78.81	5520	1.65	
19	126	68.71	5560	1.90	
21	111	60.59	5580	2.20	
24	98	53.52	5600	2.40	
27	90	48.90	5600	2.70	
12	199	108.32	4790	0.80	
14	175	95.22	5240	0.90	
16	150	81.44	5480	1.05	
18	130	70.57	5630	1.25	
21	113	61.75	5740	1.40	R43 DT63L4　R37 DT63L4
23	103	56.17	5800	1.55	RF43 DT63L4　RF37 DT63L4
27	89	48.44	5730	1.80	
31	77	41.97	5510	2.10	
35	67	36.73	5300	2.40	
39	61	33.41	5160	2.60	
47	51	27.95	4880	2.80	
21	116	63.37	4130	0.85	R40 DT63L4
23	106	57.64	4060	0.95	RF40 DT63L4
26	91	49.62	3910	1.10	
30	79	43.05	3770	1.25	
33	73	39.62	3660	1.35	
38	62	33.88	3510	1.60	
44	54	29.36	3380	1.85	
51	47	25.69	3250	2.10	R40　DT63L4
56	43	23.37	3170	2.30	RF40 DT63L4
65	37	20.12	3030	2.70	
74	32	17.45	2910	3.10	
60	40	21.61	3110	2.50	
68	35	19.00	3000	2.90	
80	30	16.25	2860	3.40	
36	66	24.33	1590	1.05	R32 DT71D6* 　R17 DT71D6*
42	57	20.84	1560	1.25	RF32 DT71D6* 　RF17 DT71D6*
50	48	17.73	1520	1.35	

（续）

n_a	M_a	i	F_{Ra}	f_B	型　　号
			$P_m = 0.25\text{kW}$		
53	45	24.33	1500	1.55	
62	38	20.84	1460	1.85	
73	33	17.73	1410	2.00	
85	28	15.28	1370	2.10	
98	24	13.29	1320	2.50	
110	22	11.79	1280	2.80	
119	20	10.97	1240	2.40	R32 DT63L4　R17 DT63L4
139	17	9.33	1200	2.90	RF32 DT63L4　RF17 DT63L4
162	15	8.04	1150	3.40	
186	13	7.00	1110	3.70	
210	11	6.20	1080	4.00	
246	9.7	5.29	1030	4.30	
286	8.3	4.54	990	4.80	
340	7.0	3.82	940	5.10	
150	16	17.73	1190	4.10	
174	14	15.28	1140	4.40	R32 DT63N2　R17 DT63N2
200	12	13.29	1100	5.00	RF32 DT63N2　RF17 DT63N2
226	11	11.79	1060	5.70	
243	9.8	10.97	1030	5.00	
148	16	5.93	2950	1.85	
172	14	5.12	2820	2.90	RX61 DT71D6*
197	12	4.47	2710	3.30	RXF61 DT71D6*
223	11	3.95	2600	3.70	
219	11	5.93	2620	2.80	
254	9.4	5.12	2500	4.30	
291	8.2	4.47	2400	4.90	
329	7.3	3.95	2310	5.50	
360	6.6	3.61	2240	6.10	RX61 DT63L4
413	5.8	3.15	2140	6.90	RXF61 DT63L4
469	5.1	2.77	2060	7.80	
531	4.5	2.45	1980	8.90	
609	3.9	2.14	1890	10.30	
			$P_m = 0.37\text{kW}$		
2.5	1440	277.63	25800	1.45	R93 DT90S8*　R97 DT90S8*
3.0	1190	228.38	26100	1.75	RF93 DT90S8*　RF97 DT90S8*
3.5	1000	254.79	26300	2.30	R93 DT80K6*　R97 DT80K6*
4.3	820	209.58	26400	2.80	RF93 DT80K6*　RF97 DT80K6*
2.5	1440	277.63	20000	1.20	R903 DT90S8*　R97 DT90S8*
3.0	1190	228.38	20400	1.45	RF903 DT90S8*　RF97 DT90S8*
3.2	1090	277.63	20500	1.55	
3.9	900	228.38	20800	1.90	R903 DT80K6*　R97DT80K6*
4.5	795	201.89	20900	2.20	RF903 DT80K6*　RF97 DT80K6*
3.2	1110	213.56	16200	1.00	R83 DT90S8*　R87 DT90S8*
3.6	990	189.66	16800	1.10	RF83 DT90S8*　RF87 DT90S8*
4.2	840	213.56	17300	1.30	
4.7	745	189.66	17600	1.50	R83 DT80K6*　R87 DT80K6*
5.3	665	169.49	17800	1.80	RF83 DT80K6*　RF87　DT80K6*
6.0	590	150.52	18000	2.00	

（续）

n_a	M_a	i	F_{Ra}	f_B	型　号
			$P_m = 0.37\text{kW}$		
3.2	1090	210.17	11700	0.80	R803 DT90S8* 　R87 DT90S*
3.6	970	186.65	12000	0.95	RF803 DT90S8* 　RF87 DT90S8*
4.0	890	170.97	12200	1.00	
4.3	830	210.17	12400	1.10	
4.8	735	186.65	12500	1.25	R803 DT80K6* 　R87 DT80K6*
5.3	670	170.97	12600	1.35	RF803 DT80K6* 　RF87 DT80K6*
6.0	590	150.20	12800	1.55	
5.3	660	127.28	10800	0.85	R73 DT90S8* 　R77 DT90S8* RF73 DT90S8* 　RF77 DT90S8*
6.2	570	145.61	11300	1.00	R73 DT80K6* 　R77 DT80K6*
7.1	500	127.28	11700	1.10	RF73 DT80K6* 　RF77 DT80K6*
8.2	430	168.79	12000	1.30	
9.5	375	145.61	12200	1.50	
11	315	123.84	12400	1.90	R73 DT71D4* 　R77 DT71D4*
13	275	108.26	12500	2.20	RF73 DT71D4* 　RF77 DT71D4*
14	245	95.63	12500	2.50	
16	225	87.38	12600	2.70	
6.8	515	131.48	8300	0.85	R703 DT80K6* 　R77 DT80K6*
7.5	470	120.14	8440	0.95	RF703 DT80K6* 　RF77 DT80K6*
7.0	505	197.39	8340	0.90	
8.1	435	170.27	8540	1.05	
9.3	380	148.85	8670	1.20	
11	335	131.48	8770	1.35	R703 DT71D4* 　R77 DT71D4*
11	310	120.14	8820	1.45	RF703 DT71D4* 　RF77 DT71D4*
13	270	104.80	8890	1.70	
15	235	92.26	8940	1.90	
17	210	81.51	8970	2.20	
19	182	71.06	9000	2.50	
21	170	66.29	9020	2.70	
8.7	405	103.65	4900	0.85	R63 DT80K6* 　R57 DT80K6* RF63 DT80K6* 　RF57 DT80K6*
8.9	400	155.61	5550	0.90	R63 DT71D4* 　R57 DT71D4*
10	345	134.24	6630	1.00	RF63 DT71D4* 　RF57 DT71D4*
12	300	117.34	7060	1.15	
13	265	103.65	7350	1.30	
15	245	94.71	7510	1.45	
17	210	82.26	7710	1.65	R63 DT71D4* 　R57 DT71D4*
19	186	72.73	7840	1.90	RF63 DT71D4* 　RF57 DT71D4*
21	165	64.26	7770	2.10	
25	143	56.02	7490	2.40	
28	125	48.65	7200	2.80	
20	181	70.57	5170	0.90	
22	158	61.75	5400	1.00	
25	144	56.17	5520	1.10	
28	124	48.44	5420	1.30	
33	107	41.97	5220	1.50	R43 DT71D4* 　R37 DT71D4*
38	94	36.73	540	1.70	RF43 DT71D4* 　RF37 DT71D4*
41	86	33.41	4920	1.85	
49	72	27.95	4660	2.00	
56	63	24.46	4490	2.30	
62	57	22.25	4370	2.50	
72	49	19.15	4190	3.00	

（续）

n_a	M_a	i	F_{Ra}	f_B	型　　号
			$P_m = 0.37kW$		
87	41	15.84	3980	3.10	R42 DT71D4 *　　R27 DT71D4 *
101	35	13.72	3810	4.10	RF42 DT71D4 *　　RF27 DT71D4 *
32	110	43.05	3530	0.90	
35	101	39.62	3430	1.00	
41	87	33.88	3310	1.15	
47	75	29.36	3190	1.35	R40 DT71D4 *
54	66	25.69	3090	1.50	RF40 DT71D4 *
59	60	23.37	3010	1.65	
69	52	20.12	2890	1.95	
79	45	17.45	280	2.20	
64	55	21.61	2970	1.80	
73	49	19.00	2860	2.10	R40 DT71D4 *
85	42	16.25	2740	2.40	RF40 DT71D4 *
98	36	14.08	2630	2.80	
51	70	17.73	1330	0.95	R32 DT80K6 *　　R17 DT80K6 * RF32 DT80K6 *　　RF17 DT80K6 *
57	62	24.33	1320	1.10	
66	53	20.84	1300	1.30	
78	45	17.73	1270	1.45	
90	39	15.28	1250	1.55	
104	34	13.29	1220	1.75	
117	30	11.79	1190	2.00	
126	28	10.97	1150	1.75	32 DT71D4 *　　R17 DT71D4 *
148	24	9.33	1110	2.10	RF32 DT71D4 *　　RF17 DT71D4 *
172	21	8.04	1080	2.40	
197	18	7.00	1040	2.60	
223	16	6.20	1010	2.80	
261	14	5.29	970	3.10	
304	12	4.54	940	3.50	
361	9.8	3.82	900	3.70	
149	24	17.73	1130	2.80	
173	20	15.28	1090	2.90	
199	18	13.29	1060	3.40	
225	16	11.79	1020	3.80	
242	15	10.97	990	3.40	R32 DT63L2　　R17 DT63L2
284	12	9.33	950	4.00	RF32 DT63L2　　RF17 DT63L2
330	11	8.04	920	4.70	
379	9.3	7.00	880	5.10	
427	8.3	6.20	860	5.40	
501	7.0	5.29	820	6.00	
176	20	5.12	2740	2.00	
201	18	4.47	2640	2.30	RX61 DT80K6 *
228	16	3.95	2540	2.60	RXF61 DT80K6 *
249	14	3.61	2470	2.80	
233	15	5.93	2530	1.95	
270	13	5.12	2420	3.00	
308	12	4.47	2320	3.50	RX61 DT71D4 *
349	10	3.95	2230	4.00	RXF61 DT71D4 *
382	9.2	3.61	2170	4.30	

(续)

n_a	M_a	i	F_{Ra}	f_B	型 号
		$P_m = 0.37 \text{kW}$			
438	8.1	3.15	2080	4.90	
498	7.1	2.77	2000	5.60	RX61 DT71D4 *
563	6.3	2.45	1920	6.30	RXF61 DT71D4 *
646	5.5	2.14	1840	7.30	
		$P_m = 0.55 \text{kW}$			
2.5	2140	277.63	24100	1.00	R93 DT90L8 * R97 DT90L8 *
3.0	1760	228.38	25300	1.20	RF93 DT90L8 * RF97 DT90L8 *
3.5	1490	254.79	25700	1.55	R93 DT80N6 * R97 DT80N6 *
4.3	1220	209.58	26100	1.90	RF93 DT80N6 * RF97 DT80N6 *
4.9	1070	277.63	26200	1.95	R93 DT80K4 * R97 DT80K4 *
5.3	980	254.79	26300	2.30	RF93 DT80K4 * RF97 DT80K4 *
6.5	810	209.58	26400	2.80	
3.2	1620	277.63	19700	1.05	R903 DT80N6 * R97 DT80N6 *
3.9	1330	228.38	20200	1.30	RF903 DT80N6 * RF97 DT80N6 *
4.5	1180	201.89	20400	1.45	
4.9	1070	277.63	20600	1.60	
6.0	880	228.38	20800	1.95	R903 DT80K4 * R97 DT80K4 *
6.7	780	201.89	20900	2.20	RF903 DT80K4 * RF97 DT80K4 *
7.6	695	180.25	20900	2.40	
8.4	625	161.88	21000	2.70	
4.2	1250	213.56	15500	0.90	R83 DT80N6 * R87 DT80N6 *
4.7	1110	189.66	16200	1.00	RF83 DT80N6 * RF87 DT80N6 *
5.3	990	169.49	16800	1.20	
6.0	880	150.52	17200	1.35	
6.4	820	213.56	17400	1.35	R83 DT80K4 * R87 DT80K4 *
7.2	735	189.66	17600	1.50	RF83 DT80K4 * RF87 DT80K4 *
8.0	655	169.49	17900	1.85	
9.0	580	150.52	18000	2.10	
9.9	535	137.87	18100	2.20	R83 DT80K4 * R87 DT80K4 *
11	470	121.12	18300	2.60	RF83 DT80K4 * RF87 DT80K4 *
13	415	107.42	18300	2.90	
4.80	1090	186.65	11700	0.85	R803 DT80N6 * R87 DT80N6 *
5.30	1000	170.97	12000	0.90	RF803 DT80N6 * RF87 DT80N6 *
6.00	830	150.20	12300	1.05	
6.5	810	210.17	12400	1.10	
7.3	720	186.65	12600	1.25	
7.9	660	170.97	12700	1.35	
9.1	580	150.20	12800	1.55	R803 DT80K4 * R87 DT80K4 *
10	515	133.20	12900	1.75	RF803 DT80K4 * RF87 DT80K4 *
11	460	119.06	12900	1.95	
13	405	104.92	13000	2.20	
15	350	90.71	13000	2.60	
17	310	79.64	13100	2.90	
9.3	560	145.61	11400	1.00	
11	480	123.84	11800	1.25	R73 DT80K4 * R77 DT80K4 *
13	420	108.26	12100	1.45	RF73 DT80K4 * RF77 DT80K4 *
14	370	95.36	12300	1.60	
16	335	87.38	12400	1.80	

（续）

n_a	M_a	i	F_{Ra}	f_B	型　　号
			$P_m = 0.55\,kW$		
18	295	76.22	12500	2.00	R73 DT80K4* 　 R77 DT80K4*
20	260	67.10	12500	2.30	RF73 DT80K4* 　 RF77 DT80K4*
23	230	59.28	12600	2.60	
10	510	131.48	8330	0.90	
11	465	120.14	8460	0.95	
13	405	104.80	8620	1.10	
15	355	92.26	8730	1.25	
17	315	81.51	8810	1.45	R703 DT80K4* 　 R77 DT80K4*
19	275	71.06	8880	1.65	RF703 DT80K4* 　 RF77 DT80K4*
21	255	66.29	8910	1.75	
22	235	60.57	8940	1.90	
26	205	52.83	8980	2.20	
29	180	46.51	9010	2.50	
13	400	103.65	5410	0.85	
14	365	94.71	6370	0.95	
16	320	82.62	6880	1.10	
19	280	72.73	7230	1.25	
21	250	64.26	7410	1.40	R63 DT80K4* 　 R57 DT80K4*
24	215	56.02	7180	1.60	RF63 DT80K4* 　 RF57 DT80K4*
28	188	48.65	6940	1.85	
32	166	42.98	6730	2.10	
35	152	39.27	6570	2.30	
40	132	34.26	6340	2.70	
56	94	24.24	5810	2.70	R62 DT80K4* 　 R47 DT80K4*
64	83	21.41	5610	3.00	RF62 DT80K4* 　 RF47 DT80K4*
28	187	48.44	5100	0.85	R43 DT80K4* 　 R37 DT80K4*
32	162	41.97	4950	1.00	RF43 DT80K4* 　 RF37 DT80K4*
37	142	36.73	4810	1.15	
41	129	33.41	4710	1.25	
49	108	27.95	4470	1.35	
56	95	24.46	4330	1.55	
61	86	22.25	4230	1.70	R43 DT80K4* 　 R37 DT80K4*
71	74	19.15	4070	1.95	RF43 DT80K4* 　 RF37 DT80K4*
82	64	16.62	3910	2.30	
95	56	14.36	3760	2.60	
86	61	15.84	3890	2.00	R42 DT80K4* 　 R27 DT80K4*
99	53	13.72	3730	2.70	RF42 DT80K4* 　 RF27 DT80K4*
113	46	12.01	3590	3.10	
46	113	29.36	3010	0.90	
53	99	25.69	2930	1.00	R40 DT80K4*
58	90	23.37	2870	1.10	RF40 DT80K4*
68	78	20.12	2770	1.30	
78	67	17.45	2680	1.50	
84	63	16.25	2650	1.60	
97	54	14.08	2550	1.85	
110	48	12.32	2460	2.10	R40 DT80K4*
121	43	11.21	2400	2.30	RF40 DT80K4*
141	37	9.65	2300	2.70	

（续）

n_a	M_a	i	F_{Ra}	f_B	型　号
		$P_m = 0.55\text{kW}$			
162	32	8.37	2210	3.10	
176	30	7.75	2150	3.00	
201	26	6.78	2070	3.20	R40 DT80K4*
221	24	6.17	2010	4.20	RF40 DT80K4*
256	21	5.31	1930	4.90	
295	18	4.61	1850	5.10	
77	69	17.73	1100	0.95	
89	59	15.28	1090	1.00	
102	51	13.29	1080	1.15	
115	46	11.79	1070	1.30	
146	36	9.33	1010	1.40	R32 DT80K4*　R17 DT80K4*
169	31	8.04	990	1.60	
194	27	7.00	970	1.75	RF32 DT80K4*　RF17 DT80K4*
219	24	6.20	950	1.90	
257	20	5.29	920	2.10	
300	18	4.54	890	2.30	
356	15	3.82	860	2.50	
152	35	17.73	1030	1.90	
177	30	15.28	1010	2.00	
203	26	13.29	980	2.30	
229	23	11.79	960	2.60	
246	21	10.97	930	2.30	
289	18	9.33	900	2.80	R32 DT71D2　R17 DT71D2
336	16	8.04	870	3.20	RF32 DT71D2　RF17 DT71D2
386	14	7.00	840	3.50	
435	12	6.20	820	3.70	
511	10	5.29	785	4.10	
595	8.8	4.54	755	4.60	
707	7.4	3.82	720	4.90	
176	30	5.12	2660	1.35	
201	26	4.47	2560	1.55	RX61 DT80N6*
228	23	3.95	2470	1.75	RXF61 DT80N6*
249	21	3.61	2410	1.90	
286	18	3.15	2320	2.20	
266	20	5.12	2370	2.00	
304	17	4.47	2280	2.30	
344	15	3.95	2200	2.60	
377	14	3.61	2140	2.90	
432	12	3.15	2050	3.30	RX61 DT80K4*
490	11	2.77	1980	3.70	RXF61 DT80K4*
555	9.5	2.45	1900	4.20	
637	8.3	2.14	1820	4.80	
752	7.0	1.81	1730	5.70	
894	5.9	1.52	1640	6.80	
		$P_m = 0.75\text{kW}$			
3.4	2120	201.24	32900	1.65	R103 DT100LS8　R107 DT100LS8
3.9	1840	174.38	33200	2.20	RF103 DT100LS8　RF107 DT100LS8

（续）

n_a	M_a	i	F_{Ra}	f_B	型　　号
				$P_m = 0.75\,\mathrm{kW}$	
3.0	2410	228.38	22800	0.85	R93 DT100LS8　R97 DT100LS8 RF93 DT100LS8　RF97 DT100LS8
3.5	2030	254.79	24600	1.15	R93 DT90S6*　R97 DT90S6*
4.3	1670	209.58	25400	1.40	RF93 DT90S6*　RF97 DT90S6*
5.0	1440	277.63	25800	1.45	
5.4	1320	254.79	25900	1.75	R93 DT80N4*　R97 DT80N4*
6.6	1090	209.58	26200	2.10	RF93 DT80N4*　RF97 DT80N4*
7.4	960	185.28	26300	2.40	
8.3	860	165.42	26400	2.70	
3.9	1820	228.38	19200	0.95	R903 DT90S6*　R97 DT90S6*
4.5	1610	201.89	19700	1.05	RF903 DT90S6*　RF97 DT90S6*
5.0	1440	277.63	20000	1.20	
6.0	1190	228.38	20400	1.45	
6.8	1050	201.89	20600	1.60	R903 DT80N4*　R97 DT80N4*
7.7	940	180.25	20700	1.80	RF903 DT80N4*　RF97 DT80N4*
8.5	840	161.88	20800	2.00	
9.6	745	143.87	20900	2.30	
11	645	124.74	21000	2.60	
5.3	1350	169.49	14900	0.90	R83 DT90S6　R87 DT90S6
6.0	1200	150.52	15800	1.00	RF83 DT90S6　RF87 DT90S6
6.5	1110	213.56	16200	1.00	
7.3	980	189.66	16800	1.10	
8.1	880	169.49	17200	1.35	
9.2	780	150.52	17500	1.55	
10	715	137.87	17700	1.70	R83 DT80N4　R87 DT80N4
11	630	121.12	17900	1.90	RF83 DT80N4　RF87 DT80N4
13	560	107.42	18100	2.20	
14	500	96.01	18200	2.40	
16	440	84.61	18300	2.70	
6.6	1090	210.17	11700	0.85	
7.4	970	186.65	12000	0.95	
8.1	890	170.97	12200	1.00	
9.2	780	150.20	12500	1.15	
10	690	133.20	12600	1.30	
12	620	119.06	12700	1.45	R803 DT80N4*　R87 DT80N4*
13	545	104.92	12800	1.65	RF803 DT80N4*　RF87 DT80N4*
15	470	90.71	12900	1.90	
17	415	79.64	13000	2.20	
19	375	72.47	13000	2.40	
21	335	64.26	13000	2.70	
11	645	123.84	10900	0.95	
13	560	108.26	11400	1.05	
14	495	95.63	11700	1.20	
16	455	87.38	11900	1.30	
18	395	76.22	12200	1.50	R73 DT80N4*　R77 DT80N4*
21	350	67.10	12300	1.70	RF73 DT80N4*　RF77 DT80N4*
23	310	59.28	12400	1.95	
27	270	51.68	12500	2.20	
31	230	44.05	12600	2.60	

（续）

n_a	M_a	i	F_{Ra}	f_B	型　　　　　号	
				$P_m = 0.75\text{kW}$		
13	545	104.80	8210	0.85		
15	480	92.26	8420	0.95		
17	425	81.51	8570	1.05		
19	370	71.06	8700	1.20		
21	345	66.29	8750	1.30	R703 DT80N4*	R77 DT80N4*
23	315	60.57	810	1.45	RF703 DT80N4*	RF77 DT80N4*
26	275	52.83	8880	1.65		
30	240	46.51	8930	1.85		
34	215	41.09	8970	2.10		
39	186	35.83	9000	2.40		
42	171	32.99	9010	2.60	R702 DT80N4*	R77 DT80N4*
47	152	29.30	9030	3.00	RF702 DT80N4*	RF77 DT80N4*
17	430	82.62	2440	0.80		
19	375	72.73	6230	0.95	R63 DT80N4*	R57 DT80N4*
21	335	64.26	6740	1.05	RF63 DT80N4*	RF57 DT80N4*
25	290	56.02	6780	1.20		
28	250	48.65	6590	1.40		
32	225	42.98	6420	1.55		
35	205	39.27	6290	1.70	R63 DT80N4*	R57 DT80N4*
40	178	34.26	6090	1.95	RF63 DT80N4*	RF57 DT80N4*
46	156	30.16	5900	2.20		
52	138	26.64	520	2.50		
59	121	23.23	5520	2.90		
57	126	24.24	5640	2.00		
64	111	21.41	5460	2.20	R62 DT80N4*	R47 DT80N4*
71	102	19.56	5320	2.50	RF62 DT80N4*	RF47 DT80N4*
81	89	17.06	5120	2.80		
38	191	36.73	3930	0.85		
41	173	33.41	4280	0.90		
49	145	27.95	4230	1.00		
56	127	24.46	4110	1.15	R43 DT80N4*	R37 DT80N4*
62	116	22.25	4030	1.25	RF43 DT80N4*	RF37 DT80N4*
72	99	19.15	3890	1.45		
83	86	16.62	3760	1.70		
96	75	14.36	3630	1.95		
87	82	15.84	3750	1.50		
101	71	13.72	3610	2.00		
115	62	12.01	3490	2.30	R42 DT80N4*	R27 DT80N4*
126	57	10.92	3400	2.60	RF42 DT80N4*	RF27 DT80N4*
147	49	9.40	3260	3.00		
104	69	13.29	940	0.85		
117	61	11.79	940	1.00		
148	48	9.33	890	1.05		
172	42	8.04	890	1.20	R32 DT80N4*	R17 DT80N4*
197	36	7.00	880	1.30	RF32 DT80N4*	RF17 DT80N4*
223	32	6.20	870	1.40		
261	27	5.29	850	1.55		
304	24	4.54	830	1.70		
361	20	3.82	810	1.80		

（续）

n_a	M_a	i	F_{Ra}	f_B	型　　号
					$P_m = 0.75\,kW$
152	47	17.73	930	1.40	
177	41	15.28	920	1.50	
203	35	13.29	910	1.70	
229	31	11.79	890	1.90	
289	25	9.33	840	2.00	R32 DT80K2　R17 DT80K2
336	21	8.04	820	2.30	RF32 DT80K2　RF17 DT80K2
386	19	7.00	795	2.50	
435	16	6.20	775	2.70	
511	14	5.29	750	3.00	
595	12	4.54	725	3.30	
707	10	3.82	695	3.60	
201	36	4.47	2490	1.10	
228	32	3.95	2410	1.25	RX61 DT90S6*
249	29	3.61	2350	1.40	RXF61 DT90S6*
286	25	3.15	2260	1.60	
270	27	5.12	2300	1.50	
308	23	4.47	2210	1.70	
349	21	3.95	2140	1.95	
382	19	3.61	2080	2.10	
438	16	3.15	2000	2.50	RX61 DT80N4*
498	14	2.77	1930	2.80	RXF61 DT80N4*
563	13	2.45	1860	3.20	
646	11	2.14	1790	3.60	
763	9.4	1.81	1700	4.30	
907	7.9	1.52	1610	5.10	
					$P_m = 1.1\,kW$
3.3	3450	201.24	31300	1.10	R103 DT100L8*　R107 DT100L8*
3.8	2730	174.38	32000	1.45	RF103 DT100L8*　RF107 DT100L8*
4.4	2390	209.58	22900	0.95	R93 DT90L6*　R97 DT90L6* RF93 DT90L6*　RF97 DT90L6*
5.0	2080	277.63	24400	1.00	
5.5	1910	254.79	25000	1.20	
6.7	1570	209.58	25600	1.45	
7.6	1390	185.28	25800	1.65	R93 DT90S4*　R97 DT90S4*
8.5	1240	165.42	26000	1.85	RF93 DT90S4*　RF97 DT90S4*
9.4	1110	148.56	26200	2.10	
11	990	132.03	26300	2.30	
12	860	114.47	26400	2.70	
5.0	2080	277.63	18600	0.80	
6.1	1710	228.38	19500	1.00	
6.9	1510	201.89	19900	1.10	
7.8	1350	180.25	2000	1.25	
8.6	1210	161.88	20400	1.40	R903 DT90S4*　R97 DT90S4*
9.7	1080	143.87	20500	1.60	RF903 DT90S4*　RF97 DT90S4*
11	940	124.74	20700	1.80	
13	830	110.70	20800	2.00	
15	700	93.31	20900	2.40	
18	570	76.21	21000	3.00	

（续）

n_a	M_a	i	F_{Ra}	f_B	型　　号
			$P_m = 1.1\,kW$		
8.3	1270	169.49	15400	0.95	
9.3	1130	150.52	16100	1.05	
10	1030	137.87	16600	1.15	
12	910	121.12	17100	1.30	
13	810	107.42	17400	1.50	R83 DT90S4* R87 DT90S4*
15	720	96.01	17700	1.65	RF83 DT90S4* RF87 DT90S4*
17	635	84.61	17900	1.90	
19	550	73.15	18100	2.20	
21	495	66.15	18200	2.40	
24	440	58.67	18300	2.70	
9.3	1130	150.20	11600	0.80	
11	1000	133.20	12000	0.90	
12	890	119.06	12200	1.00	
13	785	104.92	12400	1.15	
15	680	90.71	12600	1.30	R803 DT90S4* R87 DT90S4*
18	600	79.64	12800	1.50	RF803 DT90S4* RF87 DT90S4*
19	545	72.47	12800	1.65	
22	480	64.26	12900	1.85	
24	430	57.44	13000	2.10	
28	380	50.26	13000	2.40	
32	330	43.76	13100	2.70	
15	720	95.63	9930	0.85	R73 DT90S4* R77 DT90S4*
16	655	87.38	10800	0.90	RF73 DT90S4* RF77 DT90S4*
18	570	76.22	11300	1.05	
21	505	67.10	11700	1.20	R73 DT90S4* R77 DT90S4*
24	445	59.28	12000	1.35	RF73 DT90S4* RF73 DT90S4*
27	390	51.68	12200	1.55	
32	330	44.05	12400	1.80	
36	290	38.43	12500	2.10	R73 DT90S4* R77 DT90S4*
41	255	33.83	12500	2.40	RF73 DT90S4* RF77 DT90S4*
47	225	29.89	12200	2.70	
61	172	22.95	11300	2.90	R72 DT90S4* R77 DT90S4*
69	151	20.16	10800	3.70	RF72 DT90S4* RF77 DT90S4*
20	535	71.06	8250	0.85	
21	495	66.29	8360	0.90	
23	455	60.57	8490	1.00	
27	395	52.83	8640	1.15	R703 DT90S4* R77 DT90S4*
30	350	46.51	8740	1.30	RF703 DT90S4* RF77 DT90S4*
34	310	41.09	8820	1.45	
39	270	35.83	8890	1.65	
46	230	30.36	8950	2.00	
42	250	32.99	8920	1.80	
48	220	29.30	8960	2.00	R702 DT90S4* R77 DT90S4*
52	200	26.84	8980	2.20	RF702 DT90S4* RF77 DT90S4*
59	177	23.58	8810	2.50	
25	420	56.02	3600	0.85	
29	365	48.65	6010	0.95	R63 DT90S4* R57 DT90S4*
33	320	42.98	5900	1.10	RF63 DT90S4* RF57 DT90S4*
36	295	39.27	5820	1.20	

（续）

n_a	M_a	i	F_{Ra}	f_B	型　　号
			$P_m = 1.1\,\mathrm{kW}$		
41	255	34.26	5680	1.35	
46	225	30.16	5540	1.55	
53	200	26.64	5390	1.75	R63 DT90S4 *　R57 DT90S4 *
60	174	23.23	5230	2.00	RF63 DT90S4 *　RF57 DT90S4 *
71	148	19.68	5030	2.40	
85	124	16.55	4820	2.80	
58	182	24.24	5370	1.40	
65	161	21.41	5210	1.55	
72	147	19.56	5100	1.70	R62 DT90S4 *　R47 DT90S4 *
82	128	17.06	4920	1.95	RF62 DT90S4 *　RF47 DT90S4 *
88	120	15.95	4780	2.80	
63	167	22.25	2450	0.85	
73	144	19.15	3020	1.00	R43 DT90S4 *　R37 DT90S4 *
84	125	16.62	350	1.15	RF43 DT90S4 *　RF37 DT90S4 *
97	108	14.36	3420	1.35	
102	103	13.72	3420	1.40	
117	90	12.01	3320	1.60	
128	82	10.92	3240	1.75	
149	71	9.40	3130	2.10	
172	61	8.16	3020	2.30	R42 DT90S4 *　R27 DT90S4 *
192	55	7.27	2910	2.40	RF42 DT90S4 *　RF27 DT90S4 *
224	47	6.26	2790	2.50	
258	41	5.43	2690	2.70	
298	35	4.70	2580	2.80	
171	62	15.84	3020	2.00	R42 DT80N2　R27 DT80N2
197	53	13.72	2910	2.70	RF42 DT80N2　RF27 DT80N2
225	47	12.01	2810	3.10	
177	59	15.28	770	1.00	
203	52	13.29	775	1.15	
229	46	11.79	775	1.30	
289	36	9.33	735	1.40	
336	31	8.04	730	1.60	R32 DT80N2　R17 DT80N2
386	27	7.00	720	1.75	RF32 DT80N2　RF17 DT80N2
435	24	6.20	710	1.85	
511	21	5.29	690	2.00	
595	18	4.54	675	2.30	
707	15	3.82	655	2.40	
313	34	4.47	2120	1.20	
354	30	3.95	2060	1.35	
388	27	3.61	2010	1.50	
444	24	3.15	1940	1.70	
505	21	2.77	1870	1.90	RX61 DT90S4 *
571	18	2.45	1800	2.20	RXF61 DT90S4 *
655	16	2.14	1740	2.50	
774	14	1.81	1650	2.90	
920	11	1.52	1570	3.50	

2）F 系列减速电动机的主要技术参数范围。功率：0.18 ~ 200kW；转矩：3 ~ 22500N·m；输出转速：0.06 ~ 374r/min。

部分 F 系列减速电动机的主要技术数据列于表

8.1-210 中，表中符号意义如下：

P_m——电动机功率（kW）；

n_a——输出转速（r/min）；

M_a——输出转矩（N·m）；

F_{Ra}——输出轴径向载荷（N）；

i——减速器传动比；

f_B——使用系数。

注有 "＊" 处，表明减速器也可配装增安型防爆电动机。

表 8.1-210　F 系列减速电动机技术数据

n_a	M_a	i	F_{Ra}	f_B	型　号
		$P_m = 0.55\text{kW}$			
2.5	2140	276.77	35100	1.95	FA97 DT90L8＊
2.7	1960	253.41	35500	2.20	FAF97 DT90L8＊
3.0	1730	223.88	35900	2.40	F97 DT90L8＊
2.5	2090	270.68	26200	1.30	FA87 DT90L8＊
2.7	1970	255.37	26500	1.35	FAF87 DT90L8＊
3.0	1770	228.93	27100	1.55	F87 DT90L8＊
3.5	1520	197.20	27800	1.75	FF87 DT90L8＊
3.3	1580	270.68	27600	1.70	FA87 DT80N6＊
3.5	1490	255.37	27800	1.80	FAF87 DT80N6＊
3.9	1340	228.93	28200	2.00	F87 DT80N6＊
4.6	150	197.20	28700	2.30	FF87 DT80N6＊
5.0	1050	179.97	28900	2.60	
4.0	1320	225.79	16800	1.10	FA77 DT80N6＊
4.5	1160	198.31	17600	1.25	FAF77 DT80N6＊
4.8	1100	188.40	17900	1.30	F77 DT80N6＊
5.4	970	166.47	18400	1.50	FF77 DT80N6＊
6.3	830	142.27	18900	1.75	
6.9	760	130.42	19100	1.90	
6.0	870	225.79	18800	1.65	
6.9	765	198.31	19100	1.90	FA77 DT80K4＊
7.2	730	188.40	19200	2.00	FAF77 DT80K4＊
8.2	645	166.47	19300	2.30	F77.DT80K4＊
9.6	550	142.27	19400	2.60	FF77 DT80K4＊
10	505	130.42	19400	2.90	
12	440	114.45	19400	3.30	
13	420	108.46	19500	3.50	
14	365	94.93	19000	4.00	
7.0	755	195.39	10900	0.95	
8.0	660	170.85	11500	1.10	
8.4	625	162.31	11700	1.15	FA67 DT80K4＊
9.6	550	142.40	12200	1.30	FAF67 DT80K4＊
11	465	120.79	12600	1.55	F67 DT80K4＊
12	420	109.04	12700	1.70	FF67 DT80K4＊
14	370	95.94	12900	1.95	
15	350	90.59	13000	2.10	
17	310	79.76	13000	2.30	
13	405	105.09	5840	1.00	
15	345	89.29	6620	1.15	FA47 DT80K4＊
17	310	79.72	6990	1.30	FAF47 DT80K4＊
20	265	68.09	7370	1.50	F47 DT80K4＊
21	250	65.36	7440	1.60	FF47 DT80K4＊
24	220	56.49	7670	1.85	
28	185	48.00	7850	2.20	
32	166	42.86	7940	2.40	

（续）

n_a	M_a	i	F_{Ra}	f_B	型　号
					$P_m = 0.55\text{kW}$
23	225	58.32	3890	0.90	
25	210	54.54	4140	0.95	
26	200	51.70	4300	1.00	
29	182	47.02	4540	1.10	FA37 DT80K4 *
31	169	43.83	4680	1.20	FAF37 DT80K4 *
36	148	38.31	4900	1.35	F37 DT80K4 *
38	139	35.91	4980	1.45	FF37 DT80K4 *
43	122	31.69	4990	1.65	
48	109	28.09	4870	1.85	
57	92	23.88	4700	2.20	
58	91	23.63	4690	2.20	
66	79	20.57	4540	2.50	
71	74	19.27	4470	2.70	
80	66	17.03	4340	3.00	
95	55	14.33	4150	3.60	
106	50	12.87	4030	4.00	
123	43	11.08	3870	4.40	FA37 DT80K4 *
130	40	10.42	3810	4.60	FAF37 DT80K4 *
152	35	8.97	3650	5.10	F37 DT80K4 *
170	31	8.01	3540	5.50	FF37 DT80K4 * 0
202	26	6.74	3340	5.40	
225	23	6.05	3240	5.80	
261	20	5.21	3100	6.20	
277	19	4.90	3050	6.30	
322	16	4.22	2920	6.80	
361	15	3.77	2820	7.20	
					$P_m = 0.75\text{kW}$
2.7	2680	254.40	59400	2.7	FA107 DT100LS8 * FAF107 DT100LS8 * F107 DT100LS8 * FF107 DT100LS8 *
2.5	2920	276.77	33500	1.45	FA97 DT100LS8 *　FAF97 DT100LS8 *
2.7	2670	253.41	34100	1.55	F97 DT100LS8 *　FF97 DT100LS8 *
3.0	2360	223.88	34700	1.80	
3.2	2200	276.77	35000	1.90	FA97 DT90S6 *　FAF97 DT90S6 *
3.5	2020	253.41	35400	2.10	F97 DT90S6 *　FF97 DT90S6 *
4.0	1780	223.88	35800	2.40	
3.3	2150	270.68	26000	1.25	
3.5	2030	255.37	26300	1.35	
3.9	1820	228.93	27000	1.50	FA87 DT90S6 *
4.6	1570	197.20	27600	1.70	FAF87 DT90S6 *
5.0	1430	179.97	28000	1.90	F87 DT90S6 *
					FF87 DT90S6 *
5.6	1270	159.61	28400	2.10	
5.1	1400	270.68	28100	1.90	FA87 DT80N4 *　FAF87 DT80N4 *
5.4	1330	255.37	28200	2.00	F87 DT80N4 *　FF87 DT80N4 *
6.0	1190	228.93	28600	2.30	

（续）

n_a	M_a	i	F_{Ra}	f_B	型　号
				$Pm=0.75kW$	
4.5	1580	198.31	15200	0.90	FA77 DT90S6 *
4.8	1500	188.40	15700	0.95	FAF77 DT90S6 *
5.4	1320	166.47	16800	1.10	F77 DT90S6 *
6.3	1130	142.27	17800	1.30	FF77 DT90S6 *
6.9	1040	130.42	18200	1.40	
6.1	1170	225.79	17600	1.25	FA77 DT80N4 *　FAF77 DT80N4 *
7.0	1030	198.31	18200	1.40	F77 DT80N4 *　FF77 DT80N4 *
7.3	980	188.40	18400	1.50	
8.3	860	166.47	18800	1.70	FA77 DT80N4 *
9.7	740	142.27	19200	1.95	FAF77 DT80N4 *
11	675	130.42	19300	2.10	F77 DT80N4 *
12	595	114.45	19400	2.40	FF77 DT80N4 *
13	565	108.46	19400	2.60	
8.1	890	170.85	9670	0.80	FA67 DT80N4 *
8.5	840	162.31	10100	0.85	FAF67 DT80N4 *
9.7	740	142.40	11000	0.95	F67 DT80N4 *
11	625	120.79	11700	1.15	FF67 DT80N4 *
13	565	109.04	12100	1.25	
14	500	95.94	12400	1.45	FA67 DT80N4 *
15	470	90.59	12500	1.55	FAF67 DT80N4 *
17	415	79.76	12800	1.75	F67 DT80N4 *
20	350	67.65	13000	2.00	FF67 DT80N4 *
23	315	61.07	13000	2.30	
17	415	79.72	5060	0.95	FA47 DT80N4 *　FAF47 DT80N4 *
20	355	68.09	6520	1.15	F47 DT80N4 *　FF47 DT80N4 *
21	340	65.36	6680	1.20	
24	295	56.49	7120	1.35	FA47 DT80N4 *
29	250	48.00	7470	1.60	FAF47 DT80N4 *
32	220	42.86	7640	1.80	F47 DT80N4 *
38	190	36.61	7820	2.10	FF47 DT80N4 *
40	178	34.29	7850	2.20	
48	150	28.88	7540	2.70	
29	245	47.02	3530	0.80	
31	230	43.83	3850	0.90	FA37 DT80N4 *
36	199	38.31	4310	1.00	FAF37 DT80N4 *
38	186	35.91	4480	1.05	F37 DT80N4 *
44	165	31.69	4620	1.20	FF37 DT80N4 *
49	146	28.09	4540	1.35	
58	124	23.88	4410	1.60	
58	123	23.63	4400	1.65	
67	107	20.57	4290	1.85	
72	100	19.27	4240	2.00	FA37 DT80N4 *
81	88	17.03	4130	2.30	FAF37 DT80N4 *
96	74	14.33	3970	2.70	F37 DT80N4 *
107	67	12.87	3870	3.00	FF37 DT80N4 *
125	58	11.08	3730	3.30	
132	54	10.42	3680	3.40	
154	47	8.97	3540	3.80	

（续）

n_a	M_a	i	F_{Ra}	f_B	型 号
			$P_m = 0.75\text{kW}$		
172	42	8.01	3430	4.10	FA37 DT80N4 * FAF37 DT80N4 * F37 DT80N4 * FF37 DT80N4 *
205	35	6.74	3250	4.00	
228	31	6.05	3150	4.30	
265	27	5.21	3030	4.60	
282	25	4.90	2970	4.70	
327	22	4.22	2850	5.00	
366	20	3.77	2760	5.40	
			$P_m = 1.1\text{kW}$		
2.6	3990	254.40	57100	1.80	FA107 DT100L8 * FAF107 DT100L8 * F107 DT100L8 * FF107 DT100L8 *
3.1	3380	215.37	58200	2.10	
3.4	3120	199.31	58600	2.30	
3.8	2800	178.64	59200	2.60	
3.3	3160	276.77	32900	1.35	FA97 DT90L6 * FAF97 DT90L6 * F97 DT90L6 * FF97 DT90L6 *
3.6	2890	253.41	33600	1.45	
4.1	2560	223.88	34300	1.65	
4.8	2170	189.92	35100	1.95	
5.3	2000	174.87	35400	2.10	
5.1	2080	276.77	35200	2.00	FA97 DT90S4 *　　FAF97 DT90S4 * F97 DT90S4 *　　FF97 DT90S4 *
5.5	1900	253.41	35600	2.20	
6.2	1680	223.88	36000	2.50	
3.4	3090	270.68	16000	0.85	FA87 DT90L6 * FAF87 DT90L6 * F87 DT90L6 * FF87 DT90L6 *
3.6	2920	255.37	22700	0.95	
4.0	2610	228.93	24400	1.05	
4.7	2250	197.20	25700	1.20	
5.1	2050	179.97	26300	1.30	FA87 DT90L6 *　　FAF87 DT90L6 * F87 DT90L6 *　　FF87 DT90L6 *
5.8	1820	159.61	27000	1.50	
5.2	2030	270.68	26300	1.35	FA87 DT90S4 * FAF87 DT90S4 * F87 DT90S4 * FF87 DT90S4 *
5.5	1920	255.37	26700	1.40	
6.1	1720	228.93	27200	1.55	
7.1	1480	197.20	27900	1.80	
7.8	1350	179.97	28200	2.00	FA87 DT90S4 * FAF87 DT90S4 * F87 DT90S4 * FF87 DT90S4 *
8.8	1200	159.61	28500	2.20	
10	1010	134.16	29000	2.70	
11	930	123.29	29100	2.90	
7.1	1490	198.31	15800	0.95	FA77 DT90S4 * FAF77 DT90S4 * F77 DT90S4 * FF77 DT90S4 *
7.4	1410	188.40	16300	1.05	
8.4	1250	166.47	17200	1.15	
9.8	1070	142.27	18000	1.35	
11	980	130.42	18400	1.50	FA77 DT90S4 * FAF77 DT90S4 * F77 DT90S4 * FF77 DT90S4 *
12	860	114.45	18800	1.70	
13	810	108.46	18900	1.80	
15	710	94.93	19200	2.00	
16	640	85.55	19300	2.30	
19	565	75.02	19400	2.60	
13	820	109.04	10300	0.90	FA67 DT90S4 * FAF67 DT90S4 * F67 DT90S4 * FF67 DT90S4 *
15	720	95.94	11100	1.00	
15	680	90.59	11400	1.05	
18	600	79.76	11900	1.20	

（续）

n_a	M_a	i	F_{Ra}	f_B	型 号
				$P_m = 1.1 \text{kW}$	
21	510	67.65	12400	1.40	FA67 DT90S4 *
23	460	61.07	12600	1.55	FAF67 DT90S4 *
26	405	53.73	12800	1.80	F67 DT90S4 *
28	380	50.74	12900	1.90	FF67 DT90S4 *
32	325	43.20	13000	2.20	
36	295	39.26	13000	2.40	
41	255	34.01	13000	2.70	
25	425	56.49	3730	0.95	FA47 DT90S4 * FAF47 DT90S4 *
29	360	48.00	6440	1.10	F47 DT90S4 * FF47 DT90S4 *
33	320	42.86	6860	1.25	FA47 DT90S4 *
38	275	36.61	7280	1.45	FAF47 DT90S4 *
41	255	34.29	7260	1.55	F47 DT90S4 *
48	215	28.88	7040	1.85	FF47 DT90S4 *
45	230	30.86	7130	1.75	FA47 DT90S4 *
48	220	29.32	7060	1.80	FAF47 DT90S4 *
54	193	25.72	6880	2.10	F47 DT90S4 *
64	164	21.82	6640	2.40	FF47 DT90S4 *
71	148	19.70	6490	2.70	
44	240	31.69	3660	0.85	FA37 DT90S4 * FAF37 DT90S4 *
50	210	28.09	3970	0.95	F37 DT90S4 * FF37 DT90S4 *
59	179	23.88	3930	1.10	
68	154	20.57	3870	1.30	
73	145	19.27	3840	1.40	
82	128	17.03	3780	1.55	
98	108	14.33	3680	1.85	
109	97	12.87	3610	2.10	
126	83	11.08	3500	2.30	
134	78	10.42	3460	2.40	FA37 DT90S4 *
156	67	8.97	3350	2.60	FAF37 DT90S4 *
175	60	8.01	3260	2.80	F37 DT90S4 *
208	51	6.74	3090	2.80	FF37 DT90S4 *
231	45	6.05	3010	3.00	
269	39	5.21	2900	3.20	
286	37	4.90	2860	3.30	
332	32	4.22	2750	3.50	
372	28	3.77	2670	3.70	
				$P_m = 1.5 \text{kW}$	
2.8	5210	254.40	54700	1.40	FA107 DV112M8
3.2	4410	215.37	56300	1.65	FAF107 DV112M8
3.5	4080	199.31	56900	1.75	F107 DV112M8
3.9	3660	178.64	57700	1.95	FF107 DV112M8
3.6	3960	254.40	57100	1.80	FA107 DT100L6 *
4.3	3350	215.37	58200	2.20	FAF107 DT100L6 *
4.6	3100	199.31	58700	2.30	F107 DT100L6 *
5.2	2780	178.64	59200	2.60	FF107 DT100L6 *
3.3	4310	276.77	29900	0.95	FA97 DT100L6 *
3.6	3950	253.41	30900	1.05	FAF97 DT100L6 *
4.1	3490	223.88	32100	1.20	F97 DT100L6 *
4.8	2960	189.92	33400	1.40	FF97 DT100L6 *
5.3	2720	174.87	33900	1.55	

（续）

n_a	M_a	i	F_{Ra}	f_B	型　号
			$P_m = 1.5\text{kW}$		
5.1	2810	276.77	33700	1.50	FA97 DT90L4 *
5.6	2570	253.41	34300	1.65	FAF97 DT90L4 *
6.3	2270	223.88	34900	1.85	F97 DT90L4 *
7.4	1930	189.92	35500	2.20	FF97 DT100L6 *
8.1	1780	174.87	35800	2.40	
5.2	2750	270.68	23900	1.00	FA87 DT90L4 *
5.5	2590	255.37	24500	1.05	FAF87 DT90L4 *
6.2	2330	228.93	25400	1.15	F87 DT90L4 *
7.2	2000	197.20	26400	1.35	FF87 DT90L4 *
7.8	1830	179.97	26900	1.50	FA87 DT90L4 *
8.8	1620	159.61	27500	1.65	FAF87 DT90L4 *
11	1360	134.16	28200	2.00	F87 DT90L4 *
13	1110	109.49	28700	2.40	FF87 DT90L4 *
14	990	97.89	29000	2.70	
8.5	1690	166.47	14300	0.85	FA77 DT90L4 *
9.9	1450	142.27	16100	1.00	FAF77 DT90L4 *
11	1320	130.42	16800	1.10	F77 DT90L4 *
12	1160	114.45	17600	1.25	FF77 DT90L4 *
13	1100	108.46	17900	1.30	
15	960	94.93	18400	1.50	
16	870	85.52	18800	1.65	
19	760	75.02	19100	1.90	FA77 DT90L4 *
19	735	72.50	19200	1.95	FAF77 DT90L4 *
21	675	66.46	19300	2.20	F77 DT90L4 *
24	595	58.32	19400	2.50	FF77 DT90L4 *
26	560	55.27	19400	2.60	
29	490	48.37	19400	3.00	
32	445	43.58	19400	3.30	
37	390	38.23	19500	3.70	
39	370	36.58	19500	2.90	FA77 DT90L4 *　　FAF77 DT90L4 *
45	320	31.51	19500	3.90	F77 DT90L4 *　　FF77 DT90L4 *
18	810	79.76	10400	0.90	FA67 DT90L4 *
21	685	67.65	11400	1.05	FAF67 DT90L4 *
23	620	61.07	11800	1.15	F67 DT90L4 *
26	545	53.73	12200	1.30	FF67 DT90L4 *
28	515	50.74	12300	1.40	
33	440	43.20	12700	1.65	
36	400	39.26	12800	1.80	
39	370	36.30	12900	1.95	FA67 DT90L4 *
44	325	32.08	13000	2.20	FAF67 DT90L4 *
51	280	27.41	13000	2.60	F67 DT90L4 *
56	255	25.13	13000	2.80	FF67 DT90L4 *
33	435	42.86	575	0.90	FA47 DT90L4 *
39	370	36.61	6300	1.10	FAF47 DT90L4 *
41	350	34.29	6580	1.15	F47 DT90L4 *
49	295	28.88	6500	1.35	FF47 DT90L4 *
46	315	30.86	6550	1.30	FA47 DT90L4 *　　FAF47 DT90L4 *
48	300	29.32	6510	1.35	F47 DT90L4 *　　FF47 DT90L4 *
55	260	25.72	6390	1.55	

（续）

n_a	M_a	i	F_{Ra}	f_B	型 号
					$P_m = 1.5\text{kW}$
65	220	21.82	6230	1.80	
72	200	19.70	6110	2.00	FA47 DT90L4 * FAF47 DT90L4 *
81	176	17.33	5970	2.30	F47 DT90L4 * FF47 DT90L4 *
86	166	16.36	5900	2.40	
101	142	13.93	5700	2.80	
69	210	20.57	3410	0.95	
73	196	19.27	3410	1.00	
83	173	17.03	3400	1.15	
98	146	14.33	3350	1.35	
110	131	12.87	3310	1.55	
127	113	11.08	3250	1.70	
135	106	10.42	3220	1.75	FA37 DT90L4 *
157	91	8.97	3140	1.90	FAF37 DT90L4 *
176	81	8.01	3080	2.10	F37 DT90L4 *
209	69	6.74	2920	2.00	FF37 DT90L4 *
233	62	6.05	2850	2.20	
271	53	5.21	2770	2.40	
288	50	4.90	2730	2.40	
334	43	4.22	2640	2.60	
374	38	3.77	2570	2.70	
					$P_m = 2.2\text{kW}$
2.8	7640	254.40	49100	0.95	FA107 DV132S8
3.2	6460	215.37	51900	1.10	FAF107 DV132S8
3.5	5980	199.31	53000	1.20	F107 DV132S8
3.9	5360	178.64	54300	1.35	FF107 DV132S8
3.7	5690	254.40	53600	1.25	FA107 DV112M6 *
4.4	4810	215.37	55500	1.50	FAF107 DV112M6 *
4.7	4450	199.31	56200	1.60	F107 DV112M6 *
5.3	3990	178.64	57100	1.80	FF107 DV112M6 *
5.5	3820	254.40	57400	1.90	FA107 DT100LS4 *
6.5	3230	215.37	58400	2.20	FAF107 DT100LS4 *
7.0	2990	199.31	58900	2.40	F107 DT100LS4 *
7.8	2680	178.64	59400	2.70	FF107 DT100LS4 *
4.2	5000	223.88	12400	0.85	FA97 DV112M6 *
4.9	4240	189.92	30100	1.00	FAF97 DV112M6 *
5.4	3910	174.87	31000	1.05	F97 DV112M6 *
6.0	3490	156.30	32100	1.20	FF97 DV112M6 *
5.1	4150	276.77	30300	1.00	
5.5	3800	253.41	31300	1.10	
6.2	3360	223.88	32500	1.25	FA97 DT100LS4 *
7.4	2850	189.92	33700	1.45	FAF97 DT100LS4 *
8.0	2620	174.87	34100	1.60	F97 DT100LS4 *
9.0	2350	156.30	34700	1.80	FF97 DT100LS4 *
9.9	2110	140.71	35200	2.00	
11	1910	127.42	35600	2.20	
7.1	2960	197.20	21300	0.90	FA87 DT100LS4 *
7.8	2700	179.97	24100	1.00	FAF87 DT100LS4 *
8.8	2400	159.61	25200	1.15	F87 DT100LS4 *
10	2 010	134.16	26400	1.35	FF87 DT100LS4 *

（续）

n_a	M_a	i	F_{Ra}	f_B	型　　　号
			$P_m = 2.2\text{kW}$		
11	1850	123.29	26900	1.45	
13	1640	109.49	27400	1.65	
14	1470	97.89	27900	1.85	FA87 DT100LS4*
16	1320	88.01	28300	2.00	FAF87 DT100LS4*
18	1150	76.39	27900	2.40	F87 DT100LS4*
20	1030	68.40	27200	2.60	FF87 DT100LS4*
25	850	56.75	26000	3.20	
28	755	50.36	25200	3.60	
31	680	45.28	24500	4.00	
12	1720	114.45	14100	0.85	FA77 DT100LS4*
13	1630	108.46	14800	0.90	FAF77 DT100LS4*
15	1420	94.93	16200	1.00	F77 DT100LS4*
16	1280	85.52	17000	1.15	FF77 DT100LS4*
19	1130	75.02	17800	1.30	
21	1000	66.46	18300	1.45	FA77 DT100LS4*
24	880	58.32	18800	1.65	FAF77 DT100LS4*
25	830	55.27	18900	1.75	F77 DT100LS4*
29	725	48.37	19200	2.00	FF77 DT100LS4*
32	655	43.58	19300	2.20	
38	550	36.58	19400	1.95	FA77 DT100LS4*
44	475	31.51	19 400	2.60	FAF77 DT100LS4*
49	430	28.75	19500	3.30	F77 DT100LS4*
55	385	25.50	19500	3.80	FF77 DT100LS4*
26	810	53.73	10400	0.90	FA67 DT100LS4*
28	760	50.74	10800	0.95	FAF67 DT100LS4*
32	650	43.20	11600	1.10	F67 DT100LS4*
36	590	39.26	12000	1.20	FF67 DT100LS4*
41	510	34.01	12400	1.35	
44	480	32.08	12500	1.50	
51	410	27.41	12800	1.75	FA67 DT100LS4*
56	375	25.13	12900	1.90	FAF67 DT100LS4*
63	330	22.05	13000	2.20	F67 DT100LS4*
67	315	20.90	13000	2.30	FF67 DT100LS4*
77	275	18.29	13000	2.60	
54	385	25.72	5560	1.05	
64	325	21.82	5520	1.20	
71	295	19.70	5480	1.35	
81	260	17.33	5 410	1.55	FA47 DT100LS4*
86	245	16.36	5370	1.65	FAF47 T100LS4*
100	210	13.93	5250	1.90	F47 DT100LS4*
111	190	12.66	5170	2.10	FF47 DT100LS4*
128	165	10.97	5050	2.40	
156	134	8.96	4740	2.50	
98	215	14.33	2790	0.95	
109	193	12.87	2810	1.05	FA37 DT100LS4*
126	166	11.08	2820	1.15	FAF37 DT100LS4*
134	156	10.42	2810	1.20	F37 DT100LS4*
156	135	8.97	2790	1.30	FF37 DT100LS4*
175	120	8.01	2770	1.40	

（续）

n_a	M_a	i	F_{Ra}	f_B	型　号
			$P_m = 2.2\text{kW}$		
208	101	6.74	2630	1.40	
231	91	6.05	2600	1.50	FA37 DT100LS4*
269	78	5.21	2540	1.60	FAF37 DT100LS4*
286	74	4.90	2520	1.65	F37 DT100LS4*
332	63	4.22	2460	1.75	FF37 DT100LS4*
372	57	3.77	2410	1.85	
			$P_m = 3.0\text{kW}$		
3.7	7750	254.40	48800	0.95	FA107 DV132S6*
4.4	6560	215.37	51700	1.10	FAF107 DV132S6*
4.7	6070	199.31	52800	1.20	F107 DV132S6*
5.3	5440	178.64	54200	1.30	FF107 DV132S6*
5.5	5210	254.40	54700	1.40	FA107 DT100L4*
6.5	4410	215.37	56300	1.65	FAF107 DT100L4*
7.0	4080	199.31	56900	1.75	F107 DT100L4*
7.8	3660	178.64	57700	1.95	FF107 DT100L4*
8.7	3300	161.28	58300	2.20	
6.2	4580	223.88	29000	0.90	FA97 DT100L4*　FAF97 DT100L4*
7.4	3890	189.92	31100	1.10	F97 DT100L4*　FF97 DT100L4*
8.0	3580	174.87	31900	1.15	
9.0	3200	156.30	32800	1.30	
9.9	2880	140.71	33600	1.45	FA97 DT100L4*
11	2610	127.42	34200	1.60	FAF97 DT100L4*
12	2310	112.99	34800	1.80	F97 DT100L4*
14	2090	102.16	35200	2.00	FF97 DT100L4*
16	1840	89.85	35700	2.30	
10	2750	134.16	23900	1.00	FA87 DT100L4*　FAF87 DT100L4*
11	2520	123.29	24700	1.05	F87 DT100L4*　FF87 DT100L4*
13	2240	109.49	25700	1.20	
14	2000	97.89	26400	1.35	
16	1800	88.01	26900	1.50	FA87 DT100L4*
18	1560	76.39	26300	1.75	FAF87 DT100L4*
20	1400	68.40	25700	1.95	F87 DT100L4*
25	1160	56.75	24800	2.30	FF87 DT100L4*
28	1030	50.36	24100	2.60	
16	1750	85.52	13800	0.85	FA77 DT100L4*　FAF77 DT100L4*
19	1540	75.02	15500	0.95	F77 DT100L4*　FF77 DT100L4*
21	1360	66.46	16600	1.05	
24	1190	58.32	17500	1.20	
25	1130	55.27	17800	1.30	FA77 DT100L4*
29	990	48.37	18300	1.45	FAF77 DT100L4*
32	890	43.58	18700	1.65	F77 DT100L4*
37	780	38.23	19000	1.85	FF77 DT100L4*

（续）

n_a	M_a	i	F_{Ra}	f_B	型　　号
			$P_m = 3.0 \text{kW}$		
38	750	36.58	19100	1.45	FA77 DT100L4 *
44	645	31.51	19300	1.95	FAF77 DT100L4 *
49	590	28.75	19400	2.40	F77 DT100L4 *
55	520	25.50	19400	2.80	FF77 DT100L4 *
65	440	21.43	19500	3.30	
32	880	43.20	9690	0.80	FA67 DT100L4 *
36	800	39.26	10500	0.90	FAF67 DT100L4 *
41	695	34.01	11300	1.00	F67 DT100L4 *
44	655	32.08	11600	1.10	FF67 DT100L4 *
51	560	27.41	12100	1.30	
56	515	25.13	12300	1.40	
63	450	22.05	12600	1.60	FA67 DT100L4 *
67	430	20.90	12700	1.70	FAF67 DT100L4 *
77	375	18.29	12900	1.90	F67 DT100L4 *
85	335	16.48	13000	2.10	FF67 DT100L4 *
97	295	14.46	13000	2.40	
71	405	19.70	4750	1.00	
81	355	17.33	4760	1.15	
86	335	16.36	4760	1.20	FA47 DT100L4 *
100	285	13.93	4740	1.40	FAF47 DT100L4 *
111	260	12.66	4700	1.55	F47 DT100L4 *
128	225	10.97	4640	1.80	FF47 DT100L4 *
156	183	8.96	4370	1.80	
126	225	11.08	2320	0.85	
134	215	10.42	2350	0.85	
156	184	8.97	2390	0.95	
175	164	8.01	210	1.05	
208	138	6.74	2290	1.00	FA37 DT100L4 *
231	124	6.05	2300	1.10	FAF37 DT100L4 *
269	107	5.21	2290	1.15	F37 DT100L4 *
286	100	4.90	2280	1.20	FF37 DT100L4 *
332	86	4.22	2250	1.25	
372	77	3.77	2220	1.35	

3）K 系列减速电动机的主要技术参数范围。功率：0.18～200kW；转 矩：10～58500N·m；输出转速：0.08～263r/min。

部分 K 系列减速电动机的主要技术数据列于表 8.1-211 中，表中符号意义如下：

P_m——电动机功率（kW）；

n_a——输出转速（r/min）；

M_a——输出转矩（N·m）；

F_{Ra}——输出轴径向载荷（N）；

i——减速器传动比；

f_B——使用系数。

注有"＊"处，表明减速器也可配装增安型防爆电动机。

表 8.1-211　K 系列减速电动机技术数据

n_a	M_a	i	F_{Ra}	f_B	型号
			$P_m = 0.75$kW		
3.9	1850	176.05	40000	2.30	K97 DT100LS8＊
4.4	1610	153.21	40000	2.60	KF97 DT100LS8＊
4.8	1480	140.28	40000	2.80	KA77 T100LS8＊
					KAF77 T100LS8＊
4.6	1550	147.32	27800	1.75	K87 DT100LS8＊
5.4	1340	126.91	27900	2.00	KF87 DT100LS8＊
5.9	1220	115.82	28000	2.20	KA87 DT100LS8＊
6.6	1080	102.71	28100	2.50	KAF87 DT100LS8＊
5.2	1390	174.19	27900	1.95	K87 DT90S6＊
5.5	1310	164.34	28000	2.10	KF87 DT90S6＊
6.1	1170	147.32	28000	2.30	KA87 DT90S6＊
7.1	1010	126.91	28100	2.70	KAF87 DT90S6＊
7.0	1020	197.37	28100	2.60	K87 DT80N4＊
7.9	900	174.19	28100	3.00	KF87 DT80N4＊
8.4	850	164.34	28100	3.20	KA87 DT80N4＊
9.4	765	147.32	28200	3.50	KAF87 DT80N4＊
6.7	1080	135.28	18000	1.35	K77 DT90S6＊
7.0	1020	128.52	18200	1.40	KF77 DT90S6＊
7.9	900	113.56	18700	1.60	KA77 DT90S6＊
9.3	770	97.05	19100	1.90	KAF77 DT90S6＊
10	710	88.97	19200	2.00	
9.0	800	154.02	19000	1.80	K77 DT80N4＊
10	700	135.28	19300	2.10	KF77 DT80N4＊
11	665	128.52	19300	2.20	KA77 DT80N4＊
12	590	113.56	19300	2.50	KAF77 DT80N4＊
14	505	97.05	19400	2.90	
11	640	123.54	11700	1.10	K67 DT80N4＊
13	560	108.03	12100	1.30	KF67 DT80N4＊
15	465	90.04	12600	1.55	KA67 DT80N4＊
					KAF67 DT80N4＊
18	395	76.37	12800	1.80	K67 DT80N4＊
20	360	68.95	13000	2.00	KF67 DT80N4＊
23	315	60.66	13000	2.30	KA67 DT80N4＊
24	295	57.28	13000	2.40	KAF67 DT80N4＊
18	390	75.20	6060	1.00	K47 DT80N4＊
					KF47 DT80N4＊
22	330	63.30	6790	1.20	KA47 DT80N4＊
					KAF47 DT80N4＊
24	295	56.83	7110	1.35	
28	255	48.95	7430	1.55	K47 DT80N4＊
30	240	46.03	7540	1.65	KF47 DT80N4＊
35	205	39.61	7740	1.95	KA47 DT80N4＊
39	184	35.39	7760	2.20	KAF47 DT80N4＊
44	162	31.30	7550	2.50	

（续）

n_a	M_a	i	F_{Ra}	f_B	型号
		$P_m = 0.75\text{kW}$			
31	230	44.46	4170	0.85	
36	197	37.97	4150	1.00	
39	185	35.57	4140	1.10	
46	156	29.96	4080	1.30	
48	150	28.83	4060	1.35	
55	130	24.99	3990	1.55	
59	121	23.36	3950	1.60	
68	105	20.19	3860	1.75	
80	89	17.15	3750	2.00	K37 DT80N4 *
90	80	15.31	3670	2.20	KF37 DT80N4 *
105	68	13.08	3550	2.40	KA37 DT80N4 *
114	63	12.14	3500	2.50	KAF37 DT80N4 *
132	54	10.49	3380	2.90	
155	46	8.91	3250	3.50	
173	41	7.96	3160	3.80	
203	35	6.80	3030	4.20	
217	33	6.37	2980	4.40	
257	28	5.36	2840	5.00	
		$P_m = 1.1\text{kW}$			
3.8	2760	176.05	40000	1.50	K97 DT100L8 *
4.4	2400	153.21	40000	1.75	KF97 DT100L8 *
4.8	2200	140.28	40000	1.90	KA97 DT100L8 *
5.4	1940	123.93	40000	2.20	KAF97 DT100L8 *
5.2	2010	176.05	40000	2.10	K97 DT90L6 *
6.0	1750	153.21	40000	2.40	KF97 DT90L6 *
6.6	1600	140.28	40000	2.60	KA97 DT90L6 *
7.4	1420	123.93	40000	3.00	KAF97 DT90L6 *
7.9	1320	176.05	40000	3.20	K97 DT90S4 *
9.1	1150	153.21	40000	3.70	KF97 DT90S4 *
10	1050	140.28	40000	4.00	KA97 DT90S4 * KAF97 DT90S4 *
5.3	1990	174.19	27500	1.35	K87 DT90L6 *
5.6	1880	164.34	27600	1.45	KF87 DT90L6 *
6.2	1680	147.32	27700	1.60	KA87 DT90L6 *
7.2	1450	126.91	27900	1.85	KAF87 DT90L6 *
8.0	1310	174.19	28000	2.10	
8.5	1230	164.34	28000	2.20	K87 DT90S4 *
9.5	1110	147.32	28000	2.40	KF87 DT90S4 * KA87 DT90S4 *
11	950	126.91	28100	2.80	KAF87 DT90S4 *
12	870	115.82	28100	3.10	
6.8	1540	135.28	15400	0.95	K77 DT90L6 *
7.2	1470	128.52	15900	1.00	KF77 DT90L6 *
8.1	1300	113.56	17000	1.10	KA77 DT90L6 *
9.5	1110	97.05	17900	1.30	KAF77 DT90L6 *
10	1020	135.28	18300	1.45	K77 DT90S4 *
11	960	128.52	18400	1.50	KF77 DT90S4 * KA77 DT90S4 *
12	850	113.56	18800	1.70	KAF77 DT90S4 *
14	730	97.05	19200	2.00	K77 DT90S4 *
16	670	88.97	19300	2.20	KF77 DT90S4 *
18	585	78.07	19300	2.50	KA77 DT90S4 *
19	555	73.99	19400	2.60	KAF77 DT90S4 *
13	810	108.03	10400	0.90	
14	770	102.62	10700	0.95	K67 DT90S4 *
16	675	90.04	11400	1.05	KF67 DT90S4 *
18	575	76.37	12000	1.25	KA67 DT90S4 * KAF67 DT90S4 *
20	515	68.95	12300	1.40	

（续）

n_a	M_a	i	F_{Ra}	f_B	型号
		$P_m = 1.1\,kW$			
23	455	60.66	12600	1.60	K67 DT90S4 *
24	430	57.28	12700	1.70	KF67 DT90S4 *
29	365	48.77	12900	1.95	KA67 DT90S4 *
32	335	44.32	13000	2.20	KAF67 DT90S4 *
36	290	38.39	13000	2.50	
25	425	56.83	3300	0.95	K47 DT90S4 *
29	365	48.95	6360	1.10	KF47 DT90S4 *
30	345	46.03	6610	1.15	KA47 DT90S4 *
					KAF47 DT90S4 *
35	295	39.61	7090	1.35	
40	265	35.39	7090	1.50	
45	235	31.30	6960	1.70	K47 DT90S4 *
48	220	29.32	6890	1.80	KF47 DT90S4 *
54	194	25.91	6730	2.10	KA47 DT90S4 *
64	164	21.81	6510	2.40	KAF47 DT90S4 *
72	147	19.58	6360	2.70	
47	225	29.96	3420	0.90	
56	188	24.99	3440	1.05	
60	175	23.36	3440	1.10	
69	152	20.19	3420	1.20	
82	129	17.15	3370	1.40	
91	115	15.31	3330	1.50	K37 DT90S4 *
107	98	13.08	3260	1.70	KF37 DT90S4 *
115	91	12.14	3220	1.75	KA37 DT90S4 *
133	79	10.49	3140	2.00	KAF37 DT90S4 *
157	67	8.91	3040	2.40	
176	60	7.96	2970	2.60	
206	51	6.80	2870	2.90	
220	48	6.37	2830	3.00	
261	40	5.36	2720	3.50	
		$P_m = 1.5\,kW$			
4.9	2940	143.47	65000	2.50	K107 DV112M8
5.8	2490	121.46	65000	2.90	KF107 DV112M8
6.2	2300	112.41	65000	3.10	KA107 DV112M8
					KAF107 DV112M8
4.6	3140	153.21	40000	1.35	K97 DV112M8
5.0	2870	140.28	40000	1.45	KF97 DV112M8
5.7	2540	123.93	40000	1.65	KA97 DV112M8
					KAF97 DV112M8
5.2	2740	176.05	40000	1.55	K97 DT100L6 *
6.0	2390	153.21	40000	1.75	KF97 DT100L6 *
6.6	2180	140.28	40000	1.90	KA97 DT100L6 *
7.4	1930	123.93	40000	2.20	KAF97 DT100L6 *
8.0	1790	176.05	40000	2.30	K97 DT90L4 *
9.2	1560	153.21	40000	2.70	KF 97 DT90L4 *
10	1430	140.28	40000	3.00	KA97 DT90L4 *
11	1260	123.93	40000	3.30	KAF97 DT90L4 *
6.2	2290	147.32	27200	1.20	K87 DT100L6 *
7.2	1980	126.91	27500	1.35	KF87 DT100L6 *
7.9	1800	115.82	27600	1.50	KA87 DT100L6 *
9.0	1600	102.71	27800	1.70	KAF87 DT100L6 *

（续）

n_a	M_a	i	F_{Ra}	f_B	型号
			$P_m = 1.5\,kW$		
8.1	1770	174.19	27700	1.55	
8.6	1670	164.34	27700	1.60	
9.6	1500	147.32	27800	1.80	K87 DT90L4*
11	1290	126.91	28000	2.10	KF87 DT90L4*
12	1180	115.82	28000	2.30	KA87 DT90L4*
14	1040	102.71	28100	2.60	KAF87 DT90L4*
16	880	86.34	28100	3.10	
8.1	1770	113.56	13600	0.80	K77 DT100L6*
9.5	1510	97.05	15700	0.95	KF77 DT100L6*
10	1390	88.97	16400	1.05	KA77 DT100L6*
12	1220	78.07	17400	1.20	KAF77 DT100L6*
10	1370	135.28	16500	1.05	
11	1310	128.52	16900	1.10	K77 DT90L4*
12	1150	113.56	17700	1.25	KF77 DT90L4*
15	990	97.05	18400	1.45	KA77 DT90L4*
16	900	88.97	18700	1.60	KAF77 DT90L4*
18	795	78.07	19000	1.85	
19	750	73.99	19100	1.95	
22	660	64.75	19300	2.20	K77 DT90L4*
24	595	58.34	19300	2.50	KF77 DT90L4*
28	520	51.18	19400	2.80	KA77 DT90L4*
31	460	45.16	19400	3.20	KAF77 DT90L4*
35	405	40.04	19500	3.60	
18	775	76.37	10700	0.95	
20	700	68.95	11300	1.05	K67 DT90L4*
23	615	60.66	11800	1.15	KF67 DT90L4*
25	580	57.28	12000	1.25	KA67 DT90L4*
29	495	48.77	12400	1.45	KAF67 DT90L4*
32	450	44.32	12600	1.60	
37	390	38.39	12800	1.85	K67 DT90L4*
40	360	35.62	12900	2.00	KF67 DT90L4*
47	305	30.22	13000	2.30	KA67 DT90L4*
52	275	27.28	13000	2.60	KAF67 DT90L4*
59	245	24.00	13000	3.00	
36	400	39.61	5890	1.00	K47 DT90L4*
40	360	35.39	6360	1.10	KF47 DT90L4*
45	320	31.30	6310	1.25	KA47 DT90L4*
48	300	29.32	6270	1.35	KAF47 DT90L4*
54	265	25.91	6190	1.50	
65	220	21.81	6050	1.80	
72	199	19.58	5950	2.00	K47 DT90L4*
84	171	16.86	5800	2.20	KF47 DT90L4*
89	161	15.86	5730	2.40	KA47 DT90L4*
103	139	13.65	5560	2.60	KAF47 DT90L4*
116	124	12.19	5430	2.80	
120	120	11.77	5340	2.30	
60	235	23.36	2860	0.80	K37 DT90L4*
70	205	20.19	2920	0.90	KF37 DT90L4*
82	174	17.15	2940	1.05	KA37 DT90L4*
					KAF37 DT90L4*

（续）

n_a	M_a	i	F_{Ra}	f_B	型号
$P_m = 1.5\text{kW}$					
92	156	15.31	2950	1.10	K37 DT90L4 * KF37 DT90L4 * KA37 DT90L4 * KAF37 DT90L4 *
108	133	13.08	2930	1.25	
116	123	12.14	2920	1.30	
134	107	10.49	2880	1.50	
158	91	8.91	2820	1.75	
177	81	7.96	2770	1.90	
207	69	6.80	2700	2.20	
221	65	6.37	2670	2.20	
263	55	5.36	2580	2.60	
$P_m = 2.2\text{kW}$					
4.9	4310	143.47	65000	1.65	K107 DV132S8 KF107 DV132S8 KA107 DV132S8 KAF107 DV132S8
5.8	3650	121.46	65000	2.00	
6.2	3370	112.41	65000	2.10	
6.9	3020	100.75	65000	2.40	
6.1	3420	153.21	40000	1.25	K97 DV112M6 * KF97 DV112M6 * KA97 DV112M6 * KAF97 DV112M6 *
6.7	3140	140.28	40000	1.35	
7.6	2770	123.93	40000	1.50	
8.9	2350	105.13	40000	1.80	
7.9	2640	176.05	40000	1.60	K97 DT100LS4 * KF97 DT100LS4 * KA97 DT100LS4 * KAF97 DT100LS4 *
9.1	2300	153.21	40000	1.85	
10	2110	140.28	40000	2.00	
11	1860	123.93	40000	2.30	
13	1580	105.13	40000	2.70	K97 DT100LS4 * KF97 DT100LS4 * KA97 DT100LS4 * KAF97 DT100LS4 *
14	1450	96.80	40000	2.90	
9.5	2210	147.32	27300	1.20	K87 DT100LS4 * KF87 DT100LS4 * KA87 DT100LS4 * KAF87 DT100LS4 *
11	1900	126.91	27600	1.40	
12	1740	115.82	27700	1.55	
14	1540	102.71	27800	1.75	
16	1300	86.34	28000	2.10	K87 DT100LS4 * KF87 DT100LS4 * KA87 DT100LS4 * KAF87 DT100LS4 *
18	1190	79.34	28000	2.30	
20	1060	70.46	28100	2.50	
22	950	63.00	28100	2.90	
12	1700	113.56	14200	0.85	K77 DT100LS4 * KF77 DT100LS4 * KA77 DT100LS4 * KAF77 DT100LS4 *
14	1460	97.05	16000	1.00	
16	1340	88.97	16700	1.10	
18	1170	78.07	17600	1.25	
19	1110	73.99	17900	1.30	
22	970	64.75	18400	1.50	
24	880	58.34	18800	1.65	K77 DT100LS4 * KF77 DT100LS4 * KA77 DT100LS4 * KAF77 DT100LS4 *
27	770	51.18	19100	1.90	
31	680	45.16	19300	2.10	
35	600	40.04	19300	2.40	
40	530	35.20	19400	2.80	
45	465	30.89	19400	3.10	
48	440	29.27	19400	3.30	
55	385	25.62	19500	3.80	

（续）

n_a	M_a	i	F_{Ra}	f_B	型号
			$P_m = 2.2\,\text{kW}$		
24	860	57.28	9940	0.85	
29	730	48.77	11000	1.00	K67 DT100LS4*
32	665	44.32	11500	1.10	KF67 DT100LS4*
36	575	38.39	12000	1.25	KA67 DT100LS4*
39	535	35.62	12200	1.35	KAF67 DT100LS4*
46	455	30.22	12600	1.60	
51	410	27.28	12800	1.75	
58	360	24.00	12900	2.00	
62	340	22.66	13000	2.10	
73	290	19.30	13000	2.40	
80	265	17.54	13000	2.60	K67 DT100LS4*
92	230	15.19	13000	2.80	KF67 DT100LS4*
106	198	13.22	13000	3.10	KA67 DT100LS4*
112	187	12.48	13000	2.80	KAF67 DT100LS4*
132	160	10.63	13000	3.10	
145	145	9.66	13000	3.30	
167	126	8.37	12900	3.50	
192	109	7.28	12400	3.80	
54	390	25.91	5250	1.05	K47 DT100LS4*
64	325	21.81	5260	1.20	KF47 DT100LS4*
72	295	19.58	5250	1.35	KA47 DT100LS4*
					KAF47 DT100LS4*
83	255	16.86	5190	1.50	
88	240	15.86	5160	1.60	K47 DT100LS4*
103	205	13.65	5080	1.75	KF47 DT100LS4*
115	183	12.19	5000	1.90	KA47 DT100LS4*
119	177	11.77	4890	1.60	KAF47 DT100LS4*
133	159	10.56	4810	1.75	
154	137	9.10	4700	2.00	
107	196	13.08	2360	0.85	
133	157	10.49	2430	1.00	K37 DT100LS4*
157	134	8.91	2440	1.20	KF37 DT100LS4*
176	119	7.96	2430	1.30	KA37 DT100LS4*
206	102	6.80	2410	1.45	KAF37 DT100LS4*
220	96	6.37	2400	1.50	
261	81	5.36	2350	1.75	
			$P_m = 3.0\,\text{kW}$		
5.0	5710	143.47	65000	1.25	
5.9	4830	121.46	65000	1.50	K107 DV132M8
6.4	4470	112.41	65000	1.60	KF107 DV132M8
7.2	4010	100.75	65000	1.80	KA107 DV132M8
7.9	3620	90.96	65000	2.00	KAF107 DV132M8
6.6	4370	143.47	65000	1.65	K107 DV132S6*
7.7	3700	121.46	65000	1.95	KF107 DV132S6*
8.4	3430	112.41	65000	2.10	KA107 DV132S6*
9.3	3070	100.75	65000	2.30	KAF107 DV132S6*
9.8	2940	143.47	65000	2.50	K107 DT100L4*
					KF107 DT100L4*
12	2490	121.46	65000	2.90	KA107 DT100L4*
					KAF107 DT100L4*

（续）

n_a	M_a	i	F_{Ra}	f_B	型号
			$P_m = 3.0\,kW$		
7.6	3780	123.93	40000	1.10	K97 DV132S6*
8.9	3200	105.13	40000	1.30	KF97 DV132S6*
9.7	2950	96.80	40000	1.40	KA97 DV132S6*
11	2640	86.52	40000	1.60	KAF97 DV132S6*
7.9	3600	176.05	40000	1.15	K97 DT100L4*
9.1	3140	153.21	40000	1.35	KF97 DT100L4*
10	2870	140.28	40000	1.45	KA97 DT100L4*
11	2540	123.93	40000	1.65	KAF97 DT100L4*
13	2150	105.13	40000	1.95	
14	1980	96.80	40000	2.10	K97 DT100L4*
16	1770	86.52	40000	2.40	KF97 DT100L4*
18	1590	77.89	40000	2.60	KA97 DT100L4*
20	1440	70.54	40000	2.90	KAF97 DT100L4*
22	1280	62.55	40000	3.30	
25	1160	56.55	40000	3.60	
9.5	3010	147.32	26500	0.90	K87 DT100L4*
11	2600	126.91	26900	1.05	KF87 DT100L4*
12	2370	115.82	27200	1.15	KA87 DT100L4*
14	2100	102.71	27400	1.30	KAF87 DT100L4*
16	1770	86.34	27700	1.55	
18	1620	79.34	27800	1.65	
20	1440	70.46	27900	1.85	K87 DT100L4*
22	1290	63.00	28000	2.10	KF87 DT100L4*
25	1160	56.64	28000	2.30	KA87 DT100L4*
28	1010	49.16	28100	2.70	KAF87 DT100L4*
32	900	44.02	28100	2.90	
38	745	36.52	27900	3.30	
18	1600	78.07	15000	0.90	K77 DT100L4*
19	1510	73.99	15600	0.95	KF77 DT100L4*
22	1330	64.75	16800	1.10	KA77 DT100L4*
24	1190	58.34	17500	1.20	KAF77 DT100L4*
27	1050	51.18	18100	1.40	
31	920	45.16	18600	1.55	K77 DT100L4*
35	820	40.04	18900	1.75	KF77 DT100L4*
40	720	35.20	19200	2.00	KA77 DT100L4*
45	630	30.89	19300	2.30	KAF77 DT100L4*
36	785	38.39	10600	0.90	K67 DT100L4*
39	730	35.62	11100	1.00	KF67 DT100L4*
46	620	30.22	11800	1.15	KA67 DT100L4*
51	560	27.28	12100	1.30	KAF67 DT100L4*
58	490	24.00	12500	1.45	
62	465	22.66	12600	1.55	
73	395	19.30	12800	1.75	
80	360	17.54	13000	1.90	K67 DT100L4*
92	310	15.19	13000	2.10	KF67 DT100L4*
106	270	13.22	13000	2.30	KA67 DT100L4*
112	255	12.48	13000	2.10	KAF67 DT100L4*
132	220	10.63	13000	2.30	
145	198	9.66	13000	2.40	

（续）

n_a	M_a	i	F_{Ra}	f_B	型号
			$P_m = 3.0\mathrm{kW}$		
72	400	19.58	4430	1.00	K47 DT100L4 *
83	345	16.86	4490	1.10	KF47 DT100L4 *
88	325	15.86	4500	1.15	KA47 DT100L4 *
					KAF47 DT100L4 *
103	280	13.65	4510	1.30	
115	250	12.19	4490	1.40	
119	240	11.77	4370	1.15	K47 DT100L4 *
133	215	10.56	4350	1.30	KF47 DT100L4 *
154	186	9.10	4290	1.50	KA47 DT100L4 *
164	175	8.56	4270	1.55	KAF47 DT100L4 *
190	151	7.36	4190	1.65	
213	135	6.58	4120	1.80	
157	182	8.91	2000	0.90	
176	163	7.96	2040	0.95	K37 DT100L4 *
206	139	6.80	2080	1.10	KF37 DT100L4 *
220	130	6.37	2080	1.10	KA37 DT100L4 *
					KAF37 DT100L4 *
261	110	5.36	2090	1.30	

2. 选用方法

SEW 型减速器的选用是采用使用系数法，即计算所得使用系数不得大于所选减速器的许用使用系数。

步骤：

1) 根据工作机的负载和所需的速度计算减速器的传动比和输出转矩。

传动比：

$$i = n_{输入} / n_{输出}$$

理论输出转矩 $T_{输出}$：

$$T_{输出} = 9550 P_{电机} \eta / n_{电机} \quad (\mathrm{N \cdot m})$$

式中　$P_{电机}$——电动机额定功率（kW）；

　　　　η——减速器的传动效率。

SEW 斜齿轮减速器和斜齿轮-锥齿轮减速器的效率，一级 $\eta = 0.985$，二级 $\eta = 0.97$，三级 $\eta = 0.955$，每级损失 1.5%。

斜齿轮-蜗杆减速器的效率 $\eta = 0.30 \sim 0.90$，$\eta < 0.5$ 则自锁。

实际输出转矩 $T_{实际输出}$：

$$T_{实际输出} = f_B T_{输出}$$

式中　f_B——使用系数，由每天的运行时间、每小时起停次数和载荷分类从图 8.1-54 中查出。

图中载荷分类（图中曲线 Ⅰ、Ⅱ、Ⅲ）：

Ⅰ——均匀负载，允许惯性加速参数 ≤0.2；

Ⅱ——中等冲击负载，允许惯性加速参数 ≤3；

Ⅲ——重冲击负载，允许惯性加速参数 ≤10。

惯性加速参数 = 负载相对电动机转轴的转动惯量/电动机转动惯量

如果惯性加速参数 >10，可向有关生产 SEW 减速器厂家查询。

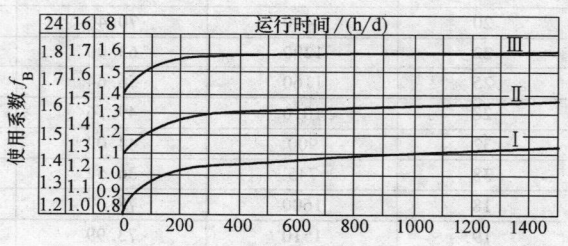

图8.1-54　使用系数

图中的起停次数包括：起动与制动的次数，直流电动机或变速电动机高低速变化时的次数。

在选用斜齿轮-蜗杆减速器时，必须考虑环境温度和负载持续率的影响。其使用系数为：

$$f_{BO} = f_B f_{B1} f_{B2}$$

式中　f_B——从图 8.1-54 上查出；

　　　　f_{B1}——考虑环境温度影响的使用系数，由图 8.1-55 查得；

　　　　f_{B2}——考虑负载持续率影响的使用系数，由图 8.1-56 查得。

2) 输出转矩比较。减速器的许用输出转矩 [T]（表 8.1-209 ~ 表 8.1~211）必须满足下式：

$$T_{实际输出} \leqslant [T]$$

3) 使用系数比较。所选择 SEW 减速器的使用系数 f_{BP} 应等于或略高于计算出的使用系数 f_B 或

f_{BO}，即：

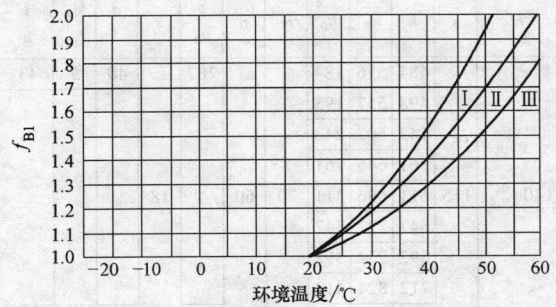

图8.1-55 环境温度影响的使用系数

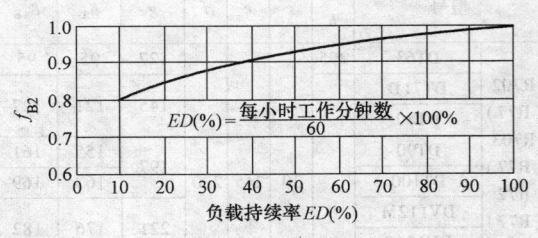

图8.1-56 负载持续率影响的使用系数

① 对斜齿轮减速器（R、F 系列）或斜齿轮-锥齿轮减速器（K 系列）：

$$f_B \leqslant f_{BP}$$

② 对斜齿轮-蜗杆减速器（S 系列）：

$$f_{BO} \leqslant f_{BP}$$

2.14.3 减速器的外形和安装尺寸（R、F、K 系列）

1. 部分 R 系列减速电动机外形和安装尺寸

1）R32/R17 ~ R132/R137 型减速电动机底脚及外形安装尺寸见图 8.1-57、表 8.1-212。

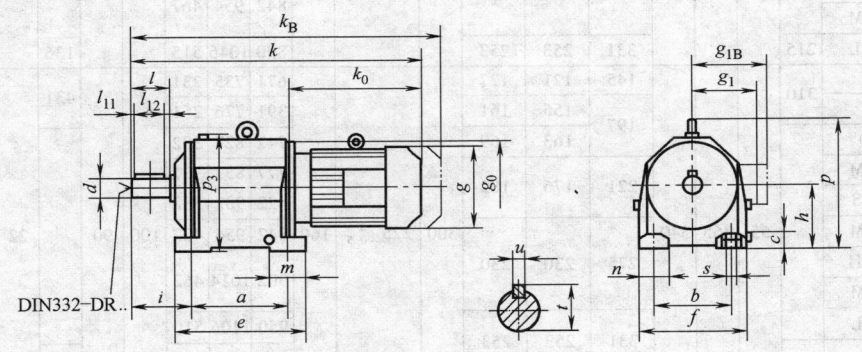

图8.1-57 R32/R17 ~R132/R137 型减速电动机

表 8.1-212 R32/R17 ~ R132/R137 型减速电动机底脚及外形安装尺寸 （单位：mm）

型号		$\dfrac{a}{b}$	c	e	f	g	g_1	g_{1B}	$\dfrac{g_2}{g_6}$	h	i	k	k_B	k_0	m	n	$\dfrac{p}{p_3}$	s	$\dfrac{d}{l}$	$\dfrac{l_{11}}{l_{12}}$	$\dfrac{t}{u}$
R32 (R17)	DT63	85	12	110	135	127	95	95	134	$75_{-0.5}^{0}$	58	306	338	154	—	25	141	10	20	4	22.5
	DT71D					145	121	127				316	380	164							
	DT80	110										366	430	214					40	32	6
R42 (R27) R43 (R37)	DT63	130	20	160	145	127	95	95	120	$90_{-0.5}^{0}$	75	398	430	196	40	35		9	25	7	28
	DT71D					145	121	127				407	471	205							
	DT80											457	521	255							
	DT90					197	155	161				477	562	275							
	DT100	110					163	169				530	615	328			165		50	40	8
R62 (R47) R63 (R57)	DT63	165	25	200	190	127	95	95	160	$115_{-0.5}^{0}$	90	439	471	190	60	55		14	30	7	33
	DT71D					145	121	127				448	512	199							
	DT80											498	562	249							
	DT90					197	155	161				518	603	269							
	DT100						163	169				568	653	319							
	DV112M					221	176	182				603	683	354							
	DV132S	135										651	731	402			206		60	50	8

（续）

型号		a b	c	e	f	g	g_1	g_{1B}	g_2 g_6	h	i	k	k_B	k_0	m	n	p p_3	s	d l	l_{11} l_{12}	t u
R702 （R77） R703 （R77） R72 （R77） R73 （R77）	DT63	205				127	95	95				484	516	184			287		40	5	43
	DT71D					145	121	127				493	557	193							
	DT80											543	607	243							
	DT90					197	155	161				561	646	261							
	DT100		30	245	230		163	169	200	$140_{-0.5}^{0}$	115	611	696	311	70	60		18			
	DV112M					221	176	182				647	727	347							
	DV132S											692	772	392							
	DV132M					275	230	230				712	824	412							
	DV132ML	170										772	884	472			251		80	70	12
R802 （R87） R803 （R87） R82 （R87） R83 （R87）	DT80	260				145	121	127				613	677	238			361		50	10	53.5
	DT90					197	155	161				632	717	257							
	DT100						163	169				682	767	307							
	DV112M					212	176	182				717	797	342							
	DV132S		45	310	290				250	$180_{-0.5}^{0}$	140	762	842	387	90	75		18			
	DV132M											782	894	407							
	DV132ML					275	230	230				842	954	467							
	DV160M																				
	DV160L	215				331	253	253				890	1046	515			136		100	80	14
R902 （R97） R903 （R97） R92 （R97） R93 （R97）	DT80	310				145	121	127				671	735	231			431		60	10	64
	DT90					197	155	161				391	776	251							
	DT100						163	169				742	827	302							
	DV112M					221	176	182				777	857	337							
	DV132S											822	902	382							
	DV132M		55	365	340				300	$225_{-0.5}^{0}$	160	842	954	402	100	90		22			
	DV132ML					275	230	230				902	1014	462							
	DV160M																				
	DV160L					331	253	253				950	1106	510							
	DV180	250										1022	1178	582							
	DV200					394	285	285				1069	1225	629			386		120	100	18
R102 （R107） R103 （R107）	DT100	370				197	163	169				807	892	295			500		70	15	74.5
	DV112M					221	176	182				843	923	331							
	DV132S											888	968	376							
	DV132M											908	1020	396							
	DV132ML					275	230	230				968	1080	456							
	DV160M		65	440	400				350	$250_{-0.5}^{0}$	185				125	110		26			
	DV160L											1016	1172	504							
	DV180					331	253	253				1088	1244	576							
	DV200	290				394	285	285				1135	1291	623			437		140	110	20
	DV225						289	289				1217	1373	705							
R132 （R137） R133 （R137）	DV132S	410				221	176	182				969	1049	369			564		90	15	95
	DV132M											989	1101	389							
	DV132ML					275	230	230				1049	1161	449							
	DV160M																				
	DV160L		70	490	450				400	265_{-1}^{0}	220	1097	1253	497	130	110		33			
	DV180					331	253	253				1169	1325	569							
	DV200					394	285	285				1216	1372	616							
	DV225	340					289	289				1298	1454	698			482		170	140	25
	D250					480	345					1383		761							

（续）

型号		a b	c	e	f	g	g_1	g_{1B}	g_2 g_6	h	i	k	k_B	k_0	m	n	p p_3	s	d l	l_{11} l_{12}	t u
R142 (R147) R143 (R147)	DV132ML	500	80	590	530	275	230	230	450	300_{-1}^{0}	260	1166	1278	441	150	150	622	39	100	15	106
	DV160M											1214	1370	489							
	DV160L					331	253	253				1286	1442	561							
	DV180											1333	1489	608							
	DV200					394	285	285				1415	1571	690							
	DV225						289	289													
	D250M					480	345					1502		777							
	D280S	380				540	422					1580	—	855			548		210	180	28
	D280M											1631		906							
R152 (R157)	DV160M	510	100	600	660	275	230	230	550	375_{-1}^{0}	270	1178	1290	433	160	160	763	39	120	15	127
	DV160L					331	253	253				1226	1382	481							
	DV180											1298	1454	553							
	DV200					394	285	285				1345	1501	600							
	DV225						289	289				1427	1583	682							
	D250M					480	345					1494		749							
	D280S					540	422					1575		830							
	D280M											1626	—	881							
	D315S	500				610	457					1720		975			672		210	180	32
	D315M											1771		1026							
R163 (R167)	DV160M	580	100	670	660	275	230	230	550	375_{-1}^{0}	270	1235	1347	433	160	160	763	39	120	15	127
	DV160L					331	253	253				1283	1439	481							
	DV180											1355	1511	553							
	DV200					394	285	285				1402	1558	600		160					
	DV225						289	289				1484	1640	682							
	D250M					480	345					1551		749							
	D280S					540	422					1632		830							
	D280M											1683		881							
	D315S	500				610	457					1777		975		160	672		210	180	32
	D315M											1828		1026							

2）RF32/RF17 ~ RF63/RF57 减速电动机法兰安装及外形安装尺寸见图 8.1-58、表 8.1-213。

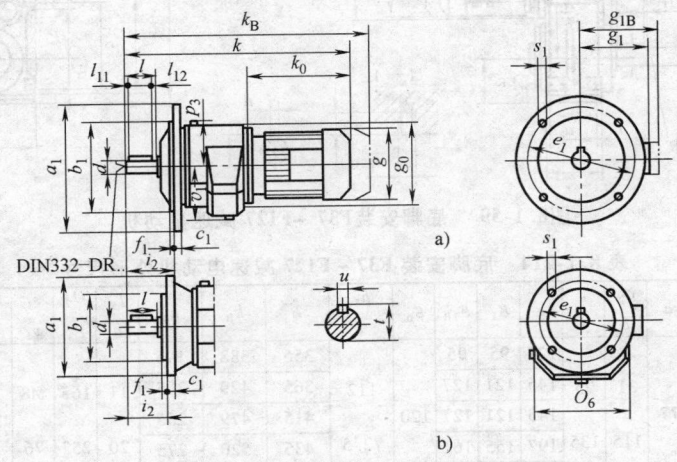

图 8.1-58　RF32/RF17 ~RF63/RF57 减速电动机

表 8.1-213　RF32/RF17～RF63/RF57 减速电动机法兰安装及外形安装尺寸　　　（单位：mm）

型号		a_1	图	b_1	c_1	e_1	f_1	g	g_1	g_{1B}	g_6	i_2	图	k	k_B	k_0	O_6/p_3	s_1	v_1	d/l	l_{11}/l_{12}	t/u
RF32 (RF17)	DT63	120	b	80	8	100	3	127	95	95	134	44	—	324	356	154	135/66	6.6	73	20/40	4/32	22.5/6
	DT71D							145	121	127				334	398	164						
	DT80													384	448	214						
RF42 (RF27) RF43 (RF37)	DT63	120	b	80	8	100	3	127	95	95		55	—	418	450	196	145	6.6		25	7	28
	DT71D							145	121	127				427	491	205						
	DT80	160	b	110	10	130	3.5				120	55		477	541	255		9	91			
	DT90							197	155	161				497	582	275						
	DT100	200	a	130	12	165	3.5	197	163	169		85		550	635	328	75	11		50	40	8
RF62 (RF47) RF63 (RF57)	DT63	160	b	110	10	130	3.5	127	95	95		65	b	462	494	190	190	9		30	7	33
													a	439	471							
	DT71D							145	121	127			b	471	535	199						
													a	448	512							
	DT80												b	521	585	249						
													a	498	562							
	DT90	200	b	130	10	165	3.5	197	155	161	160	65	b	541	626	269		11	118			
													a	518	603							
	DT100							197	163	169			b	591	676	319						
													a	568	653							
	DV112M							221	176	182			b	626	706	354						
													a	603	683							
	DV132S	250	a	180	15	215	4	221	176	182		80	b	674	754	402	91	14		60	50	8
													a	651	731							

2. 部分 F 系列减速电动机外形和安装尺寸

1）底脚安装 F37～F127 减速电动机外形尺寸见图 8.1-59、表 8.1-214。

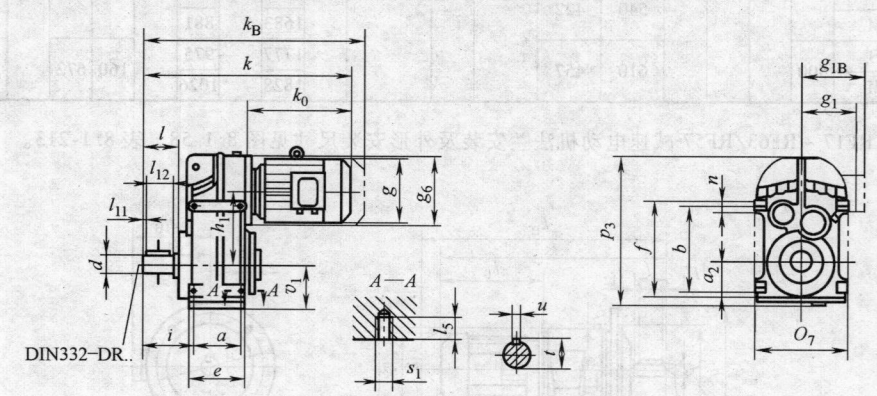

图8.1-59　底脚安装F37～F127 减速电动机

表 8.1-214　底脚安装 F37～F127 减速电动机外形尺寸　　　（单位：mm）

型号		a	a_2/b	e/f	g	g_1	g_{1B}	g_6	h_1/i	k	k_B	k_0	l_5/n	O_7/p_3	s_1/v_1	d	l	l_{11}	l_{12}	t	u
F37	DT63	77	31/115	95/135	127	95	95	120	112/72.5	356	388	196	11/20	165/252	M8/76	25	50	5	40	28	8
	DT71D				145	121	127			365	429	205									
	DT80				145	121	127			415	479	255									
	DT90				197	155	161			435	520	275									
	DT100				197	163	169			488	573	328									

（续）

	型号	a	a_2 b	e f	g	g_1	g_{1B}	g_6	h_1 i	k	k_B	k_0	l_5 n	O_7 p_3	s_1 v_1	d	l	l_{11}	l_{12}	t	u
F47	DT63	93			127	95	95		128.1	389	421	196	15	180	M10	30	60	3.5	50	33	8
	DT71D		43	109	145	121	127			398	462	205									
	DT80				145	121	127	120		448	512	255									
	DT90		145	165	197	155	161		91	468	553	275	20	269	77						
	DT100				197	163	169			521	606	328									
F67	DT63	112			127	95	95		159.5	432	464	190	17	212	M12	40	80	5	70	43	12
	DT71D		60	131	145	121	127			441	505	199									
	DT80				145	121	127	160		490	555	249									
	DT90				197	155	161			511	596	269									
	DT100				197	163	169			561	646	319									
	DV112M		190	215	221	176	182		118	596	676	354	25	343	97						
	DV132S				221	176	182			644	724	402									
F77	DT63	140			127	95	95		200	478	510	184	26	270	M16	50	100	10	80	53.5	14
	DT71D		70	165	145	121	127			487	551	193									
	DT80				145	121	127			537	601	243									
	DT90				197	155	161			555	640	261									
	DT100				197	163	169	200		605	690	311									
	DV112M				221	176	182			641	721	347									
	DV132S				221	176	182			686	766	392									
	DV132M				275	230	230			706	818	412									
	DV132ML		240	275	275	230	230		137.5	706	878	472	35	426	121						
	DV160M				275	230	230			766	878	472									
F87	DT80	165			145	121	127		246.7	582	646	238	26	330	M16	60	120	5	110	64	18
	DT90		100	195	197	155	161			601	686	257									
	DT100				197	163	169			651	736	307									
	DV112M				221	176	182			686	766	342									
	DV132S				221	176	182	250		731	811	387									
	DV132M				275	230	230			751	863	407									
	DV132ML				275	230	230			811	923	467									
	DV160M				275	230	230			811	923	467									
	DV160L		310	350	331	253	253		163	859	1015	515	40	531	152						
	DV180				331	253	253			930	1086	586									
F97	DT90	205			197	155	161		285	667	752	251	28	400	M20	70	140	7.5	125	74.5	20
	DT100		120	240	197	163	169			718	803	302									
	DV112M				221	176	182			753	833	337									
	DV132S				221	176	182			798	878	382									
	DV132M				275	230	230	300		818	930	402									
	DV132ML				275	230	230			878	990	462									
	DV160M				275	230	230			878	990	462									
	DV160L				331	253	253			926	1082	510									
	DV180		350	400	331	253	253		190.5	998	1154	582	50	623	178						
	DV200				394	285	285			1045	1201	629									
F107	DT100	220			197	163	169		332.4	779	864	295	36	450	M24	90	170	5	160	95	25
	DV112M				221	176	182			815	895	331									
	DV132S		125	260	221	176	182			860	940	376									
	DV132M				275	230	230			880	992	396									
	DV132ML				275	230	230	350		940	1052	456									
	DV160M				275	230	230			940	1052	456									
	DV160L				331	253	253			988	1144	504									
	DV180				331	253	253			1060	1216	576									
	DV200		400	460	394	285	285		241.5	1107	1263	623	60	717	200						
	DV225				394	289	289			1189	1345	705									

（续）

型号		a	a_2 b	e f	g	g_1	g_{1B}	g_6	h_1 i	k	k_B	k_0	l_5 n	O_7 p_3	s_1 v_1	d	l	l_{11}	l_{12}	t	u
F127	DV132M	270	142	316	275	230	230	450	382.6	966	1078	381	45	530	M30	110	210	15	180	116	28
	DV132ML				275	230	230			1026	1138	441									
	DV160M				275	230	230			1026	1138	441									
	DV160L				331	253	253			1074	1230	489									
	DV180				331	253	253			1146	1302	561									
	DV200				394	285	285			1193	1349	608									
	DV225				394	289	289			1275	1431	690									
	D250M		450	520	480	345			291	1362		777	70	856	236						
	D280S				537	382				1440		855									
	D280M				537	382				1491		906									

2）轴装 FA37～FA127 减速电动机外形安装尺寸见图 8.1-60、表 8.1-215。

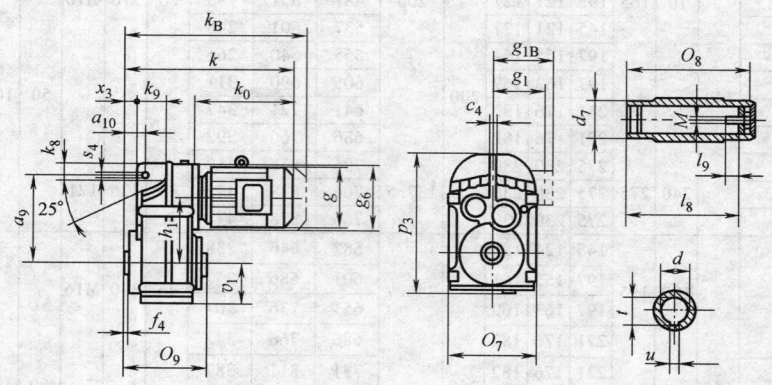

图 8.1-60　轴装 FA37～FA127 减速电动机

表 8.1-215　轴装 FA37～FA127 减速电动机外形安装尺寸　　　（单位：mm）

型号		a_9 a_{10}	c_4 f_4	g	g_1	g_{1B}	g_6	h_1	k	k_B	k_0	k_8 k_9	O_7 O_8	O_9 p_3	s_4 v_1	x_3	d	d_7	l_8	l_9	t u	M
FA37	DT63	158	12	127	95	95	120	112	306	338	196	30	169	123	14	15	30	45	105	17	33.3	M10
	DT71D			145	121	127			315	379	205											
	DT80			145	121	127			365	429	255										8	
	DT90	31.5	0.5	197	155	161			385	470	275	46	120	252	76							
	DT100			197	163	169			438	523	328											
FA47	DT63	170	12	127	95	95	120	128.1	329	361	196	22	185	153	14	12	35	50	132	22	38.3	M12
	DT71D			145	121	127			338	402	205											
	DT80			145	121	127			388	452	255										10	
	DT90	32	1	197	155	161			408	493	275	64	150	269	77							
	DT100			197	163	169			461	546	328											
FA67	DT63	218	16	127	95	95	160	159.5	351	383	190	40	217	184	14	21	40	55	156	29	43.3	M16
	DT71D			145	121	127			360	424	199											
	DT80			145	121	127			410	474	249											
	DT90			197	155	161			430	515	269										12	
	DT100			197	163	169			480	565	319											
	DV112M	41	1	221	176	182			515	595	354	65	180	343	97							
	DV132S			221	176	182			563	643	402											

（续）

型号		a_9 a_{10}	c_4 f_4	g	g_1	g_{1B}	g_6	h_1	k	k_B	k_0	k_8 k_9	O_7 O_8	O_9 P_3	s_4 v_1	x_3	d	d_7	l_8	l_9	t u	M
FA77	DT63			127	95	95			377	409	184											
	DT71D	278	20	145	121	127			386	450	193	49	275	213	22						53.8	
	DT80			145	121	127			436	500	243											
	DT90			197	155	161			454	539	261											
	DT100			197	163	169	200	200	504	589	311					28	50	70	183	32		M16
	DV112M			221	176	182			540	620	347											
	DV132S			221	176	182			585	665	392											
	DV132M			275	230	230			605	717	412											
	DV132ML	50	1	275	230	230			665	777	472	69	210	426	121						14	
	DV160M			275	230	230			665	777	472											
FA87	DT80			145	121	127			462	526	238											
	DT90	346	26	197	155	161			481	566	257	57	336	243	22						64.4	
	DT100			197	163	169			531	616	307											
	DV112M			221	176	182			566	646	342											
	DV132S			221	176	182			611	691	387											
	DV132M			275	230	230	250	246.7	631	743	407					32	60	85	210	36		M20
	DV132ML			275	230	230			691	803	467											
	DV160M			275	230	230			691	803	467											
	DV160L	62	1	331	253	253			739	895	515	79	240	531	152						18	
	DV180			331	253	253			810	966	586											
FA97	DT90	395	30	197	155	161			525	610	251											
	DT100			197	163	169			576	661	302	88	405	303	26						74.9	
	DV112M			221	176	182			611	691	337											
	DV132S			221	176	182			656	736	382											
	DV132M			275	230	230			676	788	402											
	DV132ML			275	230	230	300	285	736	848	462					34	70	95	270	34		M20
	DV160M			275	230	230			736	848	462											
	DV160L			331	253	253			784	940	510											
	DV180	70	1	331	253	253			856	1012	582	104	300	623	178						20	
	DV200			394	285	285			903	1059	629											
FA107	DT100			197	163	169			607	692	295											
	DT112M	485	36	221	176	182			643	723	331	108	450	353	26						95.4	
	DV132S			221	176	182			688	768	376											
	DV132M			275	230	230			708	820	396											
	132ML			275	230	230	350	332.4	768	880	456					57	90	118	313	40		M24
	DV160M			275	230	230			768	880	456											
	DV160L			331	253	253			816	972	504											
	DV180			331	253	253			888	1044	576											
	DV200	88	2.5	394	285	285			935	1091	623	100	350	717	200						25	
	DV225			394	289	289			1017	1173	705											
FA127	DV132M	550	40	275	230	230			754	866	381	138	530	413	33						106.4	
	DV132ML			275	230	230			814	926	441											
	DV160M			275	230	230			814	926	441											
	DV160L			331	253	253			862	1018	489											
	DV180			331	253	253	450	382.6	934	1090	561					66	100	135	373	38		M24
	DV200			394	285	285			981	1137	608											
	DV225			394	289	289			1063	1219	690											
	D250M			480	345				1150		777											
	D280S			537	382				1228		855	125	410	856	237						28	
	D280M	110	2.5	537	382				1279		906											

3. 部分 K 系列减速电动机外形和安装尺寸

1）K37 ~ K157 减速电动机底脚安装及外形安装尺寸见图 8.1-61、表 8.1-216。

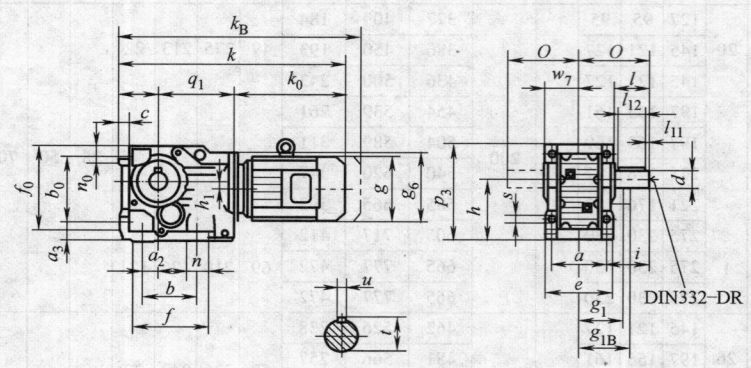

图 8.1-61　K37 ~ K157 减速电动机

表 8.1-216　K37 ~ K157 减速电动机底脚安装及外形安装尺寸　　　　（单位：mm）

型号		a a_2	a_3 b b_0	c e	f f_0	g	g_1	g_{1B}	g_6 h	h_1 i	k	k_B	k_0	n n_0	O p_3	q q_1	s w_7	d l	l_{11} l_{12}	t u
K37	DT63	100 28	32 110 115	16 120	143 150	127	95	95	120 100	8.5 60	398	430	196	38 36	110 164	63 139	11 60	25 50	5 40	28 8
	DT71D					145	121	127			407	471	205							
	DT80					145	121	127			457	521	255							
	DT90					197	155	161			477	562	275							
	DT100					197	163	169			530	615	328							
K47	DT63	120 35	37 130 130	18 145	162 170	127	95	95	160 112	7.2 75	427	459	190	35 37	135 186	71 166	11 72.5	30 60	3.5 50	33 8
	DT71D					145	121	127			436	500	199							
	DT80					145	121	127			486	550	249							
	DT90					197	155	161			506	591	269							
	DT100					197	163	169			556	641	319							
K67	DT63	140 30	45 120 160	24 170	170 203	127	95	95	160 140	20 101	459	491	190	55 43	171 228	90 179	13.5 86.5	40 80	5 70	43 12
	DT71D					145	121	127			468	532	199							
	DT80					145	121	127			518	582	249							
	DT90					197	155	161			538	623	269							
	DT100					197	163	169			588	673	319							
	DV112M					221	176	182			623	703	354							
	DV132S					221	176	182			671	751	402							
K77	DT63	165 40	55 150 200	27 200	208 263	127	95	95	200 180	31.3 123.5	498	530	184	55 55	206 288	112 202	17.5 101	50 100	10 80	53.5 14
	DT71D					145	121	127			507	571	193							
	DT80					145	121	127			557	621	243							
	DT90					197	155	161			575	660	261							
	DT100					197	163	169			625	710	311							
	DV112M					221	176	182			661	741	347							
	DV132S					221	176	182			706	786	392							
	DV132M					275	230	230			726	838	412							
	DV132ML					275	230	230			786	898	472							
	DV160M					275	230	230			786	898	472							

（续）

型号		a / a_2	a_3 b b_0	c / e	f / f_0	g	g_1	g_{1B}	g_6 / h	h_1 / i	k	k_B	k_0	n / n_0	O / p_3	q / q_1	s / w_7	d / l	l_{11} / l_{12}	t / u
K87	DT80					145	121	127			627	691	238							
	DT90	180	70	32	260	197	155	161	250	25.9	646	731	257	75	240	132	22	60	5	64
	DT100					197	163	169			696	781	307							
	DV112M		180			221	176	182			731	811	342							
	DV132S					221	176	182			776	856	387							
	DV132M					275	230	230			796	908	407							
	DV132LM					275	230	230			856	968	467							
	DV160M					275	230	230			856	968	467							
	DV160L	55	233	230	305	331	253	253	212	150	904	1060	515	67	340	257	116	120	110	18
	DV180					331	253	253			975	1131	586							
K97	DT90					197	155	161			688	773	251							
	DT100	240	75	36	294	197	163	169	300	32.3	739	824	302	60	291	160	26	70	7.5	74.5
	DV112M					221	176	182			774	854	337							
	DV132S					221	176	182			819	899	382							
	DV132M					275	230	230			839	951	402							
	DV132ML		240			275	230	230			899	1011	462							
	DV160M					275	230	230			899	1011	462							
	DV160L					331	253	253			947	1103	510							
	DV180	75	295	290	372	331	253	253	265	171	1019	1175	582	82	417	277	146	140	125	20
	DV200					394	285	285			1066	1222	629							
K107	DT100					197	163	169			836	921	295							
	DV112M	270	95	40	380	221	176	182	350	52	872	952	331	100	347	200	33	90	5	95
	DV132S					221	176	182			917	997	376							
	DV132M					275	230	230			937	1049	396							
	DV132ML					275	230	230			997	1109	456							
	DV160M		280			275	230	230			997	1109	456							
	DV160L					331	253	253			1045	1201	504							
	DV180					331	253	253			1117	1273	576							
	DV200	95	360	340	448	394	285	285	315	212	1164	1320	623	98	503	341	175	170	160	25
	DV225					394	289	289			1246	1402	705							
K127	DV132M					275	230	230			996	1108	381							
	DV132ML	330	110	45	445	275	230	230	450	53	1056	1168	441	110	418	225	39	110	15	116
	DV160M					275	230	230			1056	1168	441							
	DV160L					331	253	253			1104	1260	489							
	DV180		350			331	253	253			1176	1332	561							
	DV200					394	285	285			1223	1379	608							
	DV225					394	289	289			1305	1461	690							
	D250M					480	345				1392		777							
	D280S	115	420	400	526	537	382		375	253	1470		855	111	592	390	203	210	180	28
	D280M					537	382				1521		906							
K157	DV132ML					275	230	230			1 139	1 251	433							
	DV160M	420	130	50	495	275	230	230	550	71.7	1139	1251	433	115	457	280	39	120	5	127
	DV160L					331	253	253			1187	1343	481							
	DV180					331	253	253			1259	1415	553							
	DV200					394	285	285			1306	1462	600							
	DV225		380			394	289	289			1388	1544	682							
	D250M					480	345				1455		749							
	D280S					537	382				1536		830							
	D280M					537	382				1587		881							
	D315S	140	500	500	634	610	430		450	247	1681		975	130	705	426	250	210	200	32
	D315M					610	430				1732		1026							

2）KF37 ~ KF107 减速电动机法兰安装及外形安装尺寸见图 8.1-62、表 8.1-217。

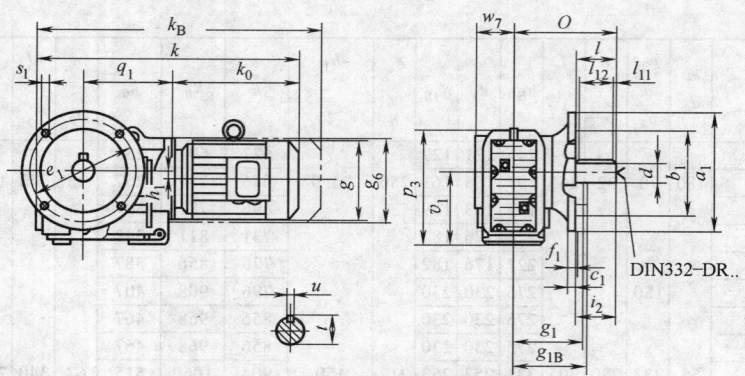

图8.1-62　KF37 ~KF107 减速电动机

表 8.1-217　KF37 ~ KF107 减速电动机法兰安装及外形安装尺寸　　　（单位：mm）

型号		a_1	b_1	c_1	e_1	f_1	g	g_1	g_{1B}	g_6	h_1 / i_2	k	k_B	k_0	O / p_3	q_1 / s_1	v_1 / w_7	d	l	l_{11} / l_{12}	t / u
KF37	DT63						127	95	95			406	438	196							
	DT71D						145	121	127		8.5	415	479	205	134	139	100	25	50	5	28
	DT80	160	110	10	130	3.5	145	121	127	120		465	529	255							
	DT90						197	155	161		50	485	570	275	164	9	57.5	40		40	8
	DT100						197	163	169			538	623	328							
KF47	DT63						127	95	95			433	465	190							
	DT71D						145	121	127	7.2		442	506	199	160	162	112	30	60	3.5	33
	DT80	200	130	12	165	3.5	145	121	127	160		492	556	249							
	DT90						197	155	161		60	512	597	269	185	11	72			50	8
	DT100						197	163	169			562	647	319							
KF67	DT63						127	95	95			463	495	190							
	DT71D						145	121	127		20	472	536	199	193	179	140			5	43
	DT80						145	121	127			522	586	249							
	DT90	250	180	15	215	4	197	155	161	160		542	627	269				40	80		
	DT100						197	163	169			592	677	319							
	DV112M						221	176	182		80	627	707	354	226	13.5	86.5			70	12
	DV132S						221	176	182			675	755	402							
KF77	DT63						127	95	95			495	527	184							
	DT71D						145	121	127		31.3	504	568	193	242	202	180			10	53.5
	DT80						145	121	127			554	618	243							
	DT90						197	155	161			572	657	261							
	DT100	300	230	16	265	4	197	163	169	200		622	707	311				50	100		
	DV112M						221	176	182			658	738	347							
	DV132S						221	176	182			703	783	392							
	DV132M						275	230	230			723	835	412							
	DV132ML						275	230	230		100	783	895	472	286	13.5	101			80	14
	DV160M						275	230	230			783	895	472							
KF87	DT80						145	121	127			627	691	238							
	DT90						197	155	161	25.9		646	731	257	270	257	212			5	64
	DT100						197	163	169			696	781	307							
	DV112M						221	176	182			731	811	342							
	DV132S						221	176	182			776	856	387				60	120		
	DV132M	350	250	18	300	5	275	230	230	250		796	908	407							
	DV132ML						275	230	230			856	968	467							
	DV160M						275	230	230			856	968	467							
	DV160L						331	253	253		120	904	1060	515	338	17.5	138			110	18
	DV180						331	253	253			975	1131	586							

（续）

型号		a_1	b_1	c_1	e_1	f_1	g	g_1	g_{1B}	g_6	h_1 / i_2	k	k_B	k_0	O / p_3	q_1 / s_1	v_1 / w_7	d	l	l_{11} / l_{12}	t / u
KF97	DT90	450	350	22	400	5	197	155	161	300		686	771	251							
	DT100						197	163	169		32.3	737	822	302							
	DV112M						221	176	182			772	852	337	332	277	265			7.5	74.5
	DV132S						221	176	182			817	897	382							
	DV132M						275	230	230			837	949	402				70	140		
	DV132ML						275	230	230			897	1009	462							
	DV160M						275	230	230			897	1009	462							
	DV160L						331	253	253		140	945	1101	510	414	17.5	171				
	DV180						331	253	253			1017	1173	582						125	20
	DV200						394	285	285			1064	1220	629							
KF107	DT100	450	350	22	400	5	197	163	169	350	52	832	917	295	386	341	315			5	95
	DV132S						221	176	182			913	993	376							
	DV132M						275	230	230			933	1105	456							
	DV132ML						275	230	230			933	1045	396							
	DV160M						275	230	230			993	1105	450				90	170		
	DV160L						331	253	253			1041	1197	504							
	DV180						331	253	253			1113	1269	576							
	DV200						394	285	285		170	1160	1316	623	500	17.5	175			160	25
	DV225						394	289	289			1242	1398	705							

2.15 运输机械用减速器（摘自 JB/T 9002—1999）

本标准适用于 DBY 型二级传动和 DCY 型三级传动圆锥圆柱齿轮减速器。DBY 型和 DCY 型减速器主要用于运输机械，也可用于冶金、矿山、化工、煤炭、建材、轻工、石油等各种通用机械，其工作条件应符合下列要求：

1）输入轴最高转速不大于 1500r/min。

2）齿轮圆周速度不大于 20m/s。

3）工作环境温度为 －40～45℃。当环境温度低于 0℃时，起动前润滑油应加热。

2.15.1 减速器的型式和尺寸

1. 型式

DBY 型为二级传动硬齿面齿轮减速器，DCY 型为三级传动硬齿面齿轮减速器。DBY 型和 DCY 型减速器的第一级传动为锥齿轮，第二、第三级传动则为渐开线圆柱斜齿轮。

减速器按出轴型式可分Ⅰ、Ⅱ、Ⅲ、Ⅳ四种装配型式，按旋转方向可分顺时针（S）和逆时针（N）两种方向，如图 8.1-63、图 8.1-64 所示。

2. 外形尺寸

1）DBY 型减速器的外形尺寸应符合表 8.1-218、图 8.1-65 的规定。

2）DCY 型减速器的外形尺寸应符合表 8.1-219、图 8.1-66 的规定。

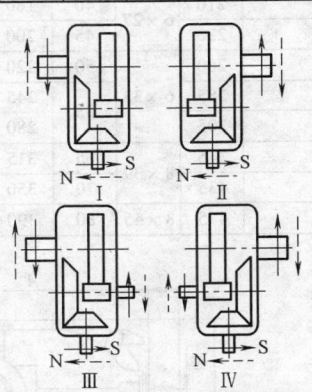

图8.1-63 DBY 型减速器装配型式

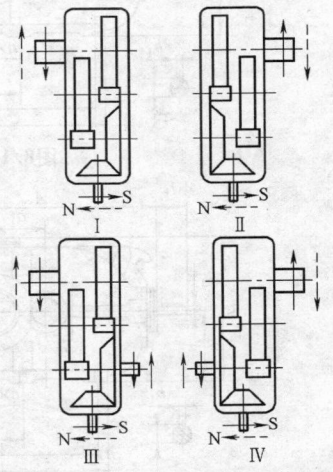

图8.1-64 DCY 型减速器装配型式

表 8.1-218　DBY 型减速器的外形尺寸　　　　　　　（单位：mm）

名义中心距 a	d_1	l_1	d_2	l_2	D	L	A	B	C	E	F	G	S	h	H
160	40	110	48	110	70	140	500	500	190	250	210	65	35	180	430
180	42	110	50	110	80	170	565	565	215	270	230	70	35	200	475
200	50	110	55	110	90	170	625	625	240	300	250	75	40	225	520
224	55	110	65	140	100	210	705	705	260	320	270	80	45	250	570
250	60	110	75	140	110	210	785	785	290	370	310	90	50	280	626
280	65	140	85	170	120	210	875	875	325	400	340	100	55	315	702
315	75	140	95	170	140	250	975	975	355	450	380	110	60	355	809
355	90	170	100	210	160	300	1085	1085	390	480	410	120	65	400	900
400	100	170	110	210	170	300	1215	1215	440	530	460	130	70	450	970
450	110	210	130	250	190	350	1365	1365	490	600	510	140	80	500	1071
500	120	210	150	250	220	350	1525	1525	570	650	560	150	90	560	1210
560	130	250	160	300	250	410	1705	1705	610	750	640	160	100	630	1325

名义中心距 a	M	$n \times d_3$	N	P	R	K	T	b_1	t_2	b_2	t_2	b_3	t_3	平均质量 /kg	油量 /L
160	145	6×18	30	115	210		440	12	43	14	51.5	20	74.5	173	7
180	160	6×18	30	135	240		505	12	45	14	53.5	22	85	232	9
200	175	6×23	35	145	255		555	14	53.5	16	59	25	95	305	13
224	190	6×23	35	165	290	—	635	16	59	18	69	28	106	415	18
250	210	6×27	40	180	315		705	18	64	20	79.5	28	116	573	25
280	230	6×27	45	200	355		785	18	69	22	90	32	127	760	36
315	260	6×27	50	220	405		875	20	79.5	25	100	36	148	1020	51
355	285	6×33	55	245	450		975	25	95	28	106	40	169	1436	69
400	305	6×33	55	280	510		1105	28	106	28	116	40	179	1966	95
450	345	8×39	65	315	575	940	1245	28	116	32	137	45	200	2532	130
500	435	8×39	70	350	645	1050	1385	32	127	36	158	50	231	3633	185
560	475	8×45	80	390	715	1165	1545	32	137	40	169	56	262	5020	200

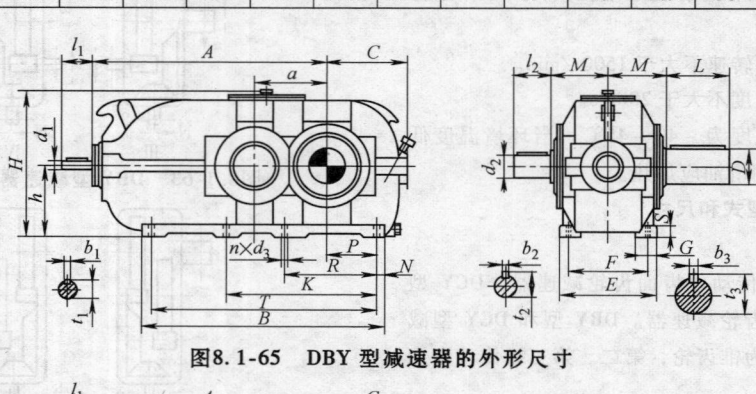

图 8.1-65　DBY 型减速器的外形尺寸

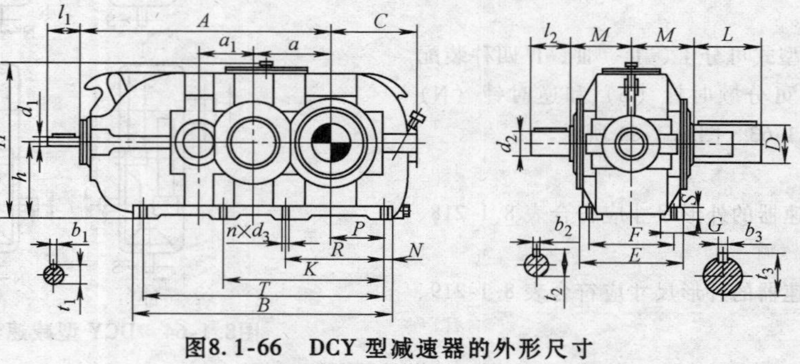

图 8.1-66　DCY 型减速器的外形尺寸

表 8.1-219　DCY 型减速器的外形尺寸　　　　（单位：mm）

名义中心距a	a_1	d_1	l_1	d_2	l_2	D	L	A	B	C	E	F	G	S	h
160	112	25	60	32	80	70	140	510	555	190	250	210	65	35	180
180	125	30	80	38		80	170	575	625	215	270	230	70		200
200	140	35		42		90		640	685	240	300	250	75	40	225
224	160	40		48	110	100		725	775	260	320	270	80	45	250
250	180	42	110	50		110	210	815	860	290	370	310	90	50	280
280	200	50		55		120		905	970	325	400	340	100	55	315
315	224	55		65	140	140	250	1020	1085	355	450	380	110	60	355
355	250	60	140	75		160		1140	1220	390	480	410	120	65	400
400	280	65		85	170	170	300	1275	1355	440	530	460	130	70	450
450	315	75		95		190		1425	1520	490	600	510	140	80	500
500	355	90	170	100	210	220	350	1585	1690	570	650	560	150	90	560
560	400	100		110		250	410	1775	1895	610	750	640	160	100	630
630	450	110	210	130	250	300	470	1995	2145	675	800	690	170	110	710
710	500	120		150		340	550	2235	2400	760	900	770	190	125	800
800	560	130	250	160	300	400	650	2505	2700	84	1000	870	200	140	900

名义中心距a	H	M	$n \times d_3$	N	P	R	K	T	b_1	t_1	b_2	t_2	b_3	t_3	平均质量/kg	油量/L
160	423	145	6×18	30	115	210		495	8	28	10	35	20	74.5	200	9
180	468	160			135	240		565		33		41	22	85	255	13
200	520	175	6×23	35	145	255		615	10	38	12	45	25	95	325	18
224	570	190			165	290		705	12	43	14	51.5	28	106	453	26
250	626	210	6×27	40	180	315		780		45		53.5		116	586	33
280	702	230		45	200	355		880	14	53.5	16	59	32	127	837	46
315	809	260		50	220	405	655	985	16	59	18	69	36	148	1100	65
355	900	285	8×33	55	245	450	740	1110	18	64	20	79.5	40	169	1550	90
400	970	305			280	510	840	1245		69	22	90		179	1967	125
450	1065	345	8×39	60	315	575	940	1400	20	79.5	25	100	45	200	2675	180
500	1208	435		70	350	645	1050	1550	25	95	28	106	50	231	4340	240
560	1325	475		80	390	715	1165	1735	28	106		116	56	262	5320	335
630	1460	525	8×45		445	800	1305	1985		116	32	137	70	314	7170	480
710	1665	570		90	500	900	1490	2220	32	127	36	158	80	355	9600	690
800	1870	625			560	1100	1680	2520		137	40	169	90	417	13340	940

2.15.2　减速器的基本参数和承载能力

1. 基本参数

1) 中心距。DBY 型减速器的中心距应符合表 8.1-220 的规定，DCY 型减速器的中心距应符合表 8.1-221 的规定。

2) 公称传动比。减速器的公称传动比应符合表 8.1-222 的规定。

减速器的实际传动比与公称传动比的相对误差：DBY 型减速器不大于 4%，DCY 型减速器不大于 5%。

表 8.1-220　DBY 型减速器的中心距　　　　（单位：mm）

名义中心距a	160	180	200	224	250	280	315	355	400	450	500	560
末级中心距	160	180	200	224	250	280	315	355	400	450	500	560

表 8.1-221　DCY 型减速器的中心距　　　　（单位：mm）

名义中心距a	160	180	200	224	250	280	315	355	400	450	500	560	630	710	800
中间级中心距	112	125	140	160	180	200	224	250	280	315	355	400	450	500	560
末级中心距	160	180	200	224	250	280	315	355	400	450	500	560	630	710	800

表 8.1-222 减速器的公称传动比

型 式	DBY 型					DCY 型										
公称传动比	8	10	11.2	12.5	14	16	18	20	22.4	25	28	31.5	35.5	40	45	50

3）齿轮模数。

① 锥齿轮大端模数 m 为 $3 \sim 15\text{mm}$。

② 圆柱齿轮模数 m 为 2.5，2.75，3，3.5，4，4.5，5，5.5，6，7，8，9，10，12，14，16，18，20，22，25mm。

4）齿轮的基本齿形。锥齿轮为格里森弧线齿或克林根贝尔格延伸外摆线齿，齿形参数应符合表 8.1-223 的规定。

表 8.1-223 齿形参数

齿 制	格里森齿形制	克林根贝尔格齿形制
齿 形	弧线锥齿轮	延伸外摆线齿轮
齿 形 角	$\alpha = 20°$	$\alpha = 20°$
齿顶高系数	$h_a = 0.85$	$h_a = 1.0$
顶隙系数	$C = 0.188$	$C_c = 0.25$
齿宽中心螺旋角	$\beta_m = 35°$	$\beta_m = 30°$

2. 承载能力

减速器的承载能力及选用应符合下表的规定。

DBY 型减速器的承载能力见表 8.1-224，热功率见表 8.1-225。

DCY 型减速器的承载能力见表 8.1-226，热功率见表 8.1-227。

减速器工作机械工况系数、环境温度系数、功率利用系数、工作机械载荷分类见表 8.1-228 ~ 表 8.1-231。

表 8.1-224 DBY 型减速器承载能力

公称传动比 i	公称转速 r/min 输入 n_1	输出 n_2	名义中心距 a/mm											
			160	180	200	224	250	280	315	355	400	450	500	560
			公称输入功率 P_N/kW											
8	1500	188	81	115	145	205	320	435	610	750	1080*	1680*	2100*	—
	1000	125	56	86	110	155	245	325	465	560	810	1260	1700	2200
	750	94	42	55	88	125	185	250	340	465	660	950	1400	1800
10	1500	150	67	92	130	165	255	345	480	610	910	1370	1900*	—
	1000	100	44	69	94	125	195	260	360	465	620	950	1270	1700
	750	75	34	46	73	105	155	210	295	380	510	710	950	1300
11.2	1500	134	59	81	115	150	235	325	450	560	840	1200	1550	—
	1000	89	40	61	84	130	175	245	340	430	630	810	1030	1380
	750	67	31	41	65	98	140	185	240	350	470	610	780	1040
12.5	1500	120	53	75	105	140	210	285	390	500	760	980	1260	1550*
	1000	80	36	56	74	105	145	215	265	380	480	660	850	1110
	750	60	27	36	56	76	110	150	190	270	365	500	640	840
14	1500	107	48	66	81	125	190	260	345	465	580	780	1000	1150
	1000	71	31	42	54	84	110	165	205	310	415	520	680	900
	750	53	23	31	38	60	80	115	145	235	310	400	510	690

注：*表示需采用循环油润滑。

表 8.1-225 DBY 型减速器热功率

		减速器不附加冷却装置的热功率 P_{G1}/kW										
环境条件	空气流速 /(m/s)	名义中心距 a/mm										
		160	180	200	224	250	280	315	355	400	450	500	560
狭小车间内	≥0.5	32	40	50	61	76	95	118	143	180	225	279	355
中大型车间内	≥1.4	45	57	71	85	106	133	165	201	252	316	391	497
室 外	≥3.7	62	77	96	116	144	181	224	272	342	429	531	675

注：减速器附装冷却管时的热功率 F_{G2} 可根据需要进行设计。

表 8.1-226　DCY 型减速器承载能力

公称传动比 i	公称转速 r/min 输入 n_1	输出 n_2	名义中心距 a/mm 160	180	200	224	250	280	315	355	400	450	500	560	630	710	800
			公称输入功率 P_N/kW														
16	1500	94	45	61	80	120	160	230	305	440	600*	830*	1350*	1850*	—	—	—
	1000	63	30	43	60	85	115	170	230	330	440	630	1010	1420*	2200*	2500*	2850*
	750	47	24	35	45	70	85	140	185	270	360	510	830	1180	1600	2300*	2600*
18	1500	83	42	58	75	110	150	210	290	440	560	780*	1350*	1850*	—	—	—
	1000	56	30	40	53	75	105	155	215	330	420	590	1000	1400*	1860*	2500*	2850*
	750	42	23	32	42	65	80	120	175	260	345	480	790	1120	1 460	2180*	2500
20	1500	75	39	53	68	100	135	195	270	430	550	780*	1320*	1800*	—	—	—
	1000	50	27	36	48	70	95	140	200	315	380	550	880	1240*	1640*	2400	2850*
	750	38	20	28	38	55	75	110	160	245	310	445	700	1000	1290	1920*	2500*
22.4	1500	67	34	50	65	94	130	175	250	400	510	730	1170*	1540*	—	—	—
	1000	45	23	34	48	65	90	130	185	290	360	520	780	1100	1450*	2120*	2600*
	750	33	17	25	36	49	70	95	140	220	275	400	620	880	1140	1710	2460
25	1500	60	30	44	62	83	115	160	225	350	450	650	1030	1460*	—	—	—
	1000	40	20	30	42	57	80	110	165	255	315	460	730	1040	1350*	2010*	2600*
	750	30	15	23	32	43	60	85	125	195	240	350	550	780	1010	1510	2180
28	1500	54	22	37	48	75	92	140	215	320	405	590	910	1 290*	—		
	1000	36	15	25	34	52	66	94	150	225		420	640	910	1190	1770*	2500*
	750	27	12	19	26	39	50	71	115	170	215	315	490	690	890	1330	1920*
31.5	1500	48	20	33	44	69	85	120	195	290	385	550	820	1170	—		
	1000	32	14	22	31	46	59	83	130	200	255	370	580	820	1070	1600*	2310*
	750	24	10	17	23	34	44	62	100	150	190	280	440	620	800	1200	1740*
35.5	1500	42	18	30	40	62	77	110	180	260	345	500	770	1100	1430*	2120*	—
	1000	28	12	20	28	42	53	75	120	180	230	340	510	720	950	1410	2030*
	750	21	9	15	21	31	40	56	90	135	175	250	385	540	710	1060	1540
40	1500	38	17	27	36	56	69	98	160	235	310	450	690	990	1290	1920*	—
	1000	25	11	18	25	41	47	67	120	160	225	330	465	660	860	1280*	1850*
	750	19	8.5	14	19	29	36	52	82	125	155	230	350	495	640	960	1390
45	1500	33.5	15	24	33	50	64	90	145	215	275	400	620	880	1150	1720*	2 100*
	1000	22	10	16	22	33	42	60	95	145	180	265	455	640	840	1250	1810
	750	16.6	7.5	12	17	26	32	46	74	110	140	205	320	455	600	870	1260
50	1500	30	13	21	30	44	57	80	130	195	245	360	550	780	1030	1540*	2050*
	1000	20	9	14	20	31	38	54	87	130	165	240	365	520	680	1020	1480
	750	15	7	11	15	23	29	41	65	99	120	180	290	410	540	780	1130

注：*表示需采用循环油润滑。

表 8.1-227　DCY 型减速器热功率

减速器不附加冷却装置时的功率 F_{G1}/kW																
环境条件	空气流速 /(m/s)	名义中心距 a/mm 160	180	200	224	250	280	315	355	400	450	500	560	630	710	800
狭小车间内	≥0.5	22	27	34	41	52	65	81	99	124	156	192	245	299	384	482
中大型车间内	≥1.4	31	38	48	58	73	91	114	139	174	218	270	343	419	537	675
室　　外	≥3.7	42	52	65	79	99	124	155	189	237	296	366	465	568	730	910

注：减速器附装冷却管时的热功率可根据需要进行 F_{G1} 设计。

表 8.1-228   工作机械工况系数 f

原 动 机	小时数/h	载 荷 种 类		
		平稳载荷 G	中等冲击载荷 M	重型冲击载荷 S
电动机、涡轮机	≤3	1.00	1.00	1.50
	>3~10	1.25	1.25	1.75
	>10~24	1.25	1.50	2.00
4~6 缸活塞发动机	≤3	1.00	1.25	1.75
	>3~10	1.25	1.50	2.00
	>10~24	1.50	1.75	2.25
1~3 缸活塞发动机	≤3	1.25	1.50	2.00
	>3~10	1.50	1.75	2.25
	>10~24	1.75	2.00	2.50

注：工作机械的载荷分类见表 8.1-232。

表 8.1-229   环境温度系数 f_W

冷却方式	环境温度	每小时运转率				
	℃	100%	80%	60%	40%	20%
减速器 不附加 外冷却装置	10	1.12	1.18	1.30	1.51	1.93
	20	1.00	1.06	1.16	1.35	1.78
	30	0.89	0.93	1.02	1.33	1.52
	40	0.75	0.87	0.90	1.010	1.34
	50	0.63	0.67	0.73	0.85	1.12
减速器 附加散热器	10	1.10	1.32	1.54	1.76	1.98
	20	1.00	1.20	1.40	1.60	1.80
	30	0.90	1.08	1.26	1.44	1.62
	40	0.85	1.02	1.19	1.36	1.53
	50	0.80	0.96	1.12	1.29	1.44

表 8.1-230   功率利用系数 f_A

	利用率 $\frac{P_e}{P_N} \times 100\%$			
	100	80	60	40
DBY 型 DCY 型	1.0	0.96	0.89	0.79

表 8.1-231   工作机械载荷分类

工作机械	载荷种类	工作机械	载荷种类
挖掘机和堆料机		采矿、矿山工业用机械	
链斗式挖掘机	S	破碎机	S
行走装置（履带式）	S	转炉	S°
行走装置（轨道式）	M	分选机	M
斗轮堆料机	M	混合机	M
斗轮堆料机（堆废岩）	S	大型通风机（矿用）	M°
斗轮堆料机（堆煤）	S	输送机	
斗轮堆料机（堆石灰石）	S	平稳载荷中等载荷	
切割头	S	斗式提升机	M
旋转机构	M	锅炉用输送机	M
钢缆卷筒	M	螺旋输送机	G
卷扬机	M	装配线输送机	G
采矿、矿山工业用机械		板式输送机	M
混凝土搅拌机	M	链式输送机	M

（续）

工作机械	载荷种类	工作机械	载荷种类
中等载荷和重型载荷		挤压机	
装配线输送机	M	揉压机（橡胶）	S°
带式输送机	M°	混合机	M°
载人电梯	M	粉碎机（橡胶）	M°
斗式提升机	S	辊式破碎机（橡胶）	M°
带式输送机（件货、大块、散料）	S°	木材工业机械	
链式输送机	S	滚式去皮机	S
货物电梯	S	刨削机	M
板式输送机	S	起重机	
振动输送机	S	臂架摆动机构	G
螺旋输送机	S	运行机构	M
吊斗提升机	S°	提升机构	M
斜梯式输送机（扶梯）	M°	变幅机构	M
钢铁工业机械		卷扬机	G
铸造起重机（提升齿轮）	S°	磨机	
石渣车	G°	锤式磨机	S°
烧结机	M°	球磨机	S°
破碎机	S°	辊式磨机	S°
汽车倾斜机	S	轧钢机	
金属加工机械		板材翻转机	M°
卷压机	S	推锭机	S°
弯板机	M°	拉管机	S°
钢板矫直机	S	连铸机	S°
偏心压力机	S	管材焊接机	S°
锻锤	S°	板材、钢坯剪切机	S°
刨削机	S	造纸机械	
曲柄压力机	S	送层机	S°
锻压机	S	打光机	S°
冲压机	S	轮压机	M°
橡胶与塑料机		混合机	M°
挤压机		胶式压力机	S°
挤压机（挤压橡胶）	M°	湿性压榨机	S°
挤压机（挤压塑料）	M°	吸入式压榨机	S°
轮压机	M°		

注：载荷种类中 G—平稳载荷；M—中等冲击载荷；S—重型冲击载荷。G°、M°、S°—分别表示三种载荷 24h/天连续工作时，表 8.1-229 中系数 f 应增大 10%。

2.15.3 选用方法

选用减速器时，承载能力必须通过机械强度和热效应两项功率计算，选用步骤如下：

1）确定减速器的传动比按式（8.1-25）。

$$i = \frac{n_1}{n_2} \qquad (8.1\text{-}25)$$

式中　n_1——输入转速（r/min）；
　　　n_2——输出转速（r/min）。

2）确定减速器的参数。

选型计算：确定减速器的名义中心距按式（8.1-26）。

$$P_N \geqslant P_e f \qquad (8.1\text{-}26)$$

式中　P_N——减速器公称输入功率（kW）（按表 8.1-224、表 8.1-226）；

　　　P_e——减速器所连接的工作机械所需用功率（kW）；

　　　f——工作机械工况系数（见表 8.1-228）。

验算起动转矩按式（8.1-27）。

$$\frac{T_k n_1}{P_N \times 9550} \leqslant 2.5 \qquad (8.1\text{-}27)$$

式中　T_k——起动转矩或最大输入转矩（N·m）。

3）验算热效应按式（8.1-28）。

当减速器不附加外冷却装置时：

$$P_e \leqslant P_{G1} f_W f_A \qquad (8.1\text{-}28)$$

如果：$P_e > P_{G1} f_W f_A$ 时，则必须重新选用增大一级中心距的减速器或提供附加冷却管进行冷却。当减速器附加散热器冷却时按式（8.1-29）进行校核：

$$P_e \leq P_{G2} f_W f_A \qquad (8.1-29)$$

式中　P_{G1}、P_{G2}——减速器热功率（kW）（见表 8.1-225、8.1-227）；

　　　　f_W——环境温度系数（见表 8.1-229）；

　　　　f_A——功率利用系数（见表 8.1-230）。

4）选用例题：

电动机功率　$P = 75\text{kW}$；

电动机转速　$n_1 = 1500\text{r/min}$；

起动转矩　$T_K = 955\text{N} \cdot \text{m}$；

工作机械　带式输送机，输送大块废岩，重型冲击；

所需功率　$P_e = 62\text{kW}$；

滚筒转速　$n_2 = 60\text{r/min}$；

每天工作　24h；每小时运转率 100%；

环境温度　40℃露天作业；

风　　速　3.7m/s。

选用减速器：

① 按式（8.1-25）确定减速器的传动比和型式。

$$i = \frac{1500}{60} = 25$$

选择 DCY 型三级减速器。

② 按式（8.1-26）确定减速器的名义中心距。

$$P_N \geq P_e f$$

根据表 8.1-231，载荷特性为 S°，查表 8.1-228 得 $f = 2.0$，每天连续工作 24h，系数 f 应增大 10%，则

$$f = 2.0 + 0.1 \times 2 = 2.2$$
$$P_e f = 62 \times 2.2\text{kW} = 136.4\text{kW}$$

按表 8.1-226 选用 DCY 280，其公称输入功率 P_N 为 160kW

$$P_N > 136.4\text{kW}$$

③ 按式（8.1-27）验算起动转矩：

$$\frac{T_k n_1}{P_N \times 9550} \leq 2.5$$
$$\frac{955 \times 1500}{160 \times 9550} = 0.94 < 2.5$$

④ 按式（8.1-28）校核减速器的热功率。

没有附加外冷却装置时：　　　$P_e \leq F_{G1} f_W f_A$

根据表 8.1-227 查出　$F_{G1} = 124\text{kW}$

根据表 8.1-229 查出　$f_W = 0.75$

$$\frac{P_e}{P_N} \times 100\% = \frac{62}{160} \times 100\% = 38.8\% \approx 40\%$$

根据表 8.1-230 查出　$f_A = 0.79$

$$F_{G1} f_W f_A = 124 \times 0.75 \times 0.79\text{kW} = 73.5\text{kW} > P_e$$

符合要求。

2.16　设计案例（主要介绍设计步骤）

【已知】：一海上钻井平台减速器输入轴转速为 1164r/min 时，输出轴转速为 0.207r/min，减速器输出转矩为 1.8352MN · m。

【解】：主要按照如下设计步骤完成行星减速器的设计。

1）传动系统方案设计。根据该减速器具体运用的场地环境，确定本实例按图 8.1-67 所示传动方案设计。

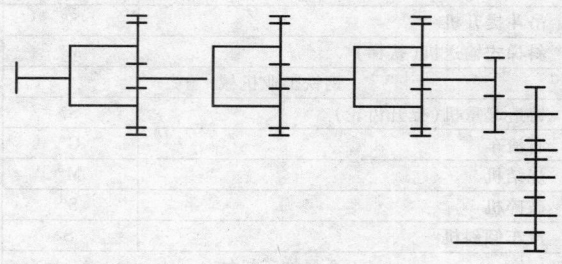

图8.1-67　传动方案

2）传动系统传动比分配。传动比的大小不仅对承载能力影响大，而且通过其范围大小的变化，实现转速和转矩的放大或缩小。在多级传动中的每级传动比是调整各级传动趋向等强度的一个重要变量，同时也是多级传动和单级传动中，中心距相同、传动比相同时，齿轮能否互换的重要因素。

各类齿轮传动的单级传动比范围，都有一个较佳的范围，还有一个允许的范围。这是根据其承载能力、传动效率、体积、质量、结构的工艺性等因素划定的。

减速器总的传动比：$i = \dfrac{n_{输入}}{n_{输出}} = \dfrac{1164}{0.207} = 5623$

一级 2K-H（NGW 型）行星齿轮传动机构，其传动比范围为：$i_{aH}^b = 2.1 \sim 13.7$。二级 2K-H（NGW 型）行星齿轮传动机构，其传动比范围为：$i_{aH}^b = 10 \sim 60$。根据本例总传动比大且结构尺寸不能太大的特点，参考并初步计算，初定三级行星齿轮传动机构中各级传动比为：

第一级：$i_{aH}^b = 10$

第二级：$i_{aH}^b = 6$

第三级：$i_{aH}^b = 5$

行星齿轮传动其传动比的计算同定轴齿轮传动有所不同，行星齿轮传动在根据传动比确定各轮齿数时，除了满足给定的传动比外，还应满足与其装配有

关的条件，即同心条件、邻接条件、安装条件。此外，还要考虑与其承载能力有关的其他条件，即需要进行配齿计算。

配齿过程需要花费大量时间，进行许多重复劳动，为了提高效率，本例编制了配齿程序，如图 8.1-68。

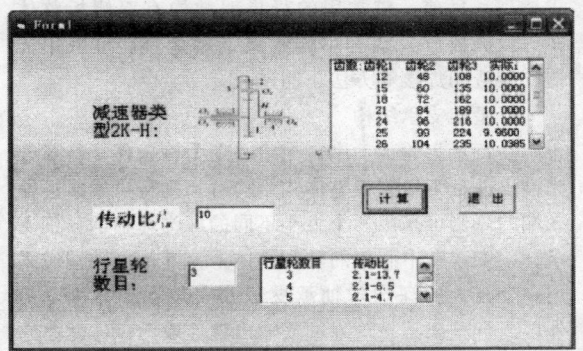

图8.1-68　行星轮系配齿程序

根据计算结果，选取：

第一级：中心轮：11，103；行星轮：46；传动比：10.38

第二级：中心轮：14，73；行星轮：29；传动比：6.21

第三级：中心轮：17，67；行星轮：25；传动比：4.941

三级传动比连乘得行星轮系的传动比为 $i_{行}$ ＝318.7，而整个减速机构的传动比为 $i_{总}$＝5623，则剩余传动比 $i_{剩}$＝17.6，它由定轴轮系来完成。

考虑到安装的需要，定轴轮系由 7 个齿轮组成，它们的齿数为 Z_1＝17、Z_2＝61、Z_3＝63、Z_4＝65、Z_5＝64、Z_6＝17、Z_7＝80。

3）受力分析并进行齿轮强度计算。外齿中心轮和行星轮的材料选用 20CrMnTi，渗碳淬火，齿面硬度 56～60HRC，芯部硬度 35～40HRC；内齿中心轮的材料选用 42CrMo，调质，齿面硬度 HBW≥260（270～300）。运用齿轮齿面接触疲劳强度设计公式和齿根弯曲疲劳强度设计公式，计算得到：

第一级行星齿轮传动齿轮模数为 8mm，第二级行星齿轮传动齿轮模数为 14mm，第三级行星齿轮传动齿轮模数为 20mm，定轴轮系 1～5 齿轮的模数为 4.5mm，定轴轮系 6、7 齿轮的模数为 6mm。

4）行星齿轮传动的均载机构设计。为了使行星轮间载荷分布均匀，起初只是采用提高齿轮的加工精度的方法，但是该方法使得行星齿轮传动的制造和装配变得比较困难。通过实践，发现通过采取对行星齿轮传动的基本构件径向不加限制的专门措施（浮动安装），以及其他可进行自动调位的方法，即采用机械式的均载机构，可使各行星轮间载荷分布均匀，从而有效地降低行星齿轮传动的制造精度和实现较容易的装配，且还能够使行星齿轮传动输入的功率能通过所有的行星轮进行传递，即实现了功率的分流。

均载机构有多种型式，并各有特点，在设计和选用行星齿轮传动中的均载机构时，应根据该机构的功用和工作情况进行选用。

在多种均载机构中，中心轮浮动的均载机构，由于其中心轮的体积小、质量轻、结构简单、浮动灵活，且与其连接的均载机构比较容易制造，便于安装，故使中心轮浮动的方法获得了较广泛的应用。尤其是当行星轮数的个数为 3 个，应用于中、低速行星传动时，其均载效果显著。故本例采用了中心轮浮动的均载机构。

特别注意在设计行星传动时，不宜随意增加均载环节，以免结构复杂化和出现不合理现象。尽管均载机构可以补偿制造误差，但并非因此可以放弃必要的制造精度，因为均载是通过构件在运动过程中的位移和变形来实现的，其精度过低会降低均载效果，导致噪声、振动和齿面磨损加剧，甚至造成损坏事故。

5）行星齿轮传动的结构设计。结构设计是一项非常重要的工作，设计者必须仔细认真地做好它。一般，应先收集和参考与其相同类型的齿轮传动结构图例，并研究清楚其各基本构件的大概形状，以便进一步构思所设计的齿轮传动的初步结构。接着就可对各基本构件的结构进行具体的设计，同时绘制各基本构件的结构草图。此外在绘制齿轮传动的结构草图时，应注意处理好各构件之间的连接关系，安排好各构件的支承结构以及均载机构的设置（对行星齿轮传动）等。

中心轮结构

在行星齿轮传动中，其中心轮的结构取决于行星传动类型、传动比的大小、传递转矩的大小和支承方式以及所采用的均载机构。

对于不浮动的中心轮，当其直径较小，即其齿根圆直径与其支撑轴的轴径相比小于一个模数时，可以将齿轮和其支承轴做成一个整体，即设计成齿轮轴的结构型式。当中心轮的直径较大时，也可以把齿轮与其支撑轴分开来制造，然后用平键或花键将具有内孔的齿轮套装在轴上。中心轮可以安装在其本身轴的两个支承位置的中间，也可以安装在轴的一端，形成悬臂安装。

对于旋转的或固定的内齿轮，还可以将其制成薄壁圆筒结构，以增加内齿轮本身的柔性，并可以得到缓和冲击和使行星轮间载荷分配均匀的良好效果。

中心轮支承结构

中心轮的支承与行星架的支承情况有着较密切的关系。

在 NGW 型行星齿轮传动中，当输入的中心轮不浮动时，中心轮应采取两端支承的方式，其输入轴的一端采用深沟球轴承，由行星架支承，另一端采用滚针轴承，且插入到输出的行星架内。

对于不浮动的中心轮，如果该中心轮的支承轴承承受着外载，则应以载荷的大小和性质通过相应的当量载荷计算，确定所需轴承的型号。但在高速行星齿轮传动中，还应验算中心轮的支承轴承的极限转速。当滚动轴承不能满足使用要求时，则可以选用滑动轴承。

对于采用斜齿轮啮合齿轮副的行星齿轮传动，由于存在着轴向力的作用，因此，对于非浮动中心轮轴向位置固定方式的选择，应根据其所承受的作用力大小和方向而决定。对于浮动的且又旋转的中心轮轴向位置的固定，一般可通过浮动齿轮联轴器上的弹性挡圈来固定。另外，还可以采用调心球轴承或调心滚子轴承来进行轴向定位。

行星轮结构

行星轮的结构应根据行星齿轮传动的类型、承载能力的大小、行星轮转速的高低和所选用的轴承类型及其安装型式来确定。

在大多数的行星传动中，行星轮应具有内孔，以便在该内孔中安装轴承或与心轴相配合。同时，这种带有内孔的行星轮结构，可以保证在一个支承和支承组件上的安装方便和定位精确。

行星轮支承结构

由行星齿轮传动的原理可知，行星轮是支承在动轴上的齿轮，即通过各类轴承将行星轮安装在行星架的动轴上。而在行星齿轮传动中，行星轮的轴承是属于承受载荷较大的支承构件。在一般用途的机械传动中，如起重运输机械的主传动、军事装备、火炮和坦克以及航空飞行器的驱动装置中，大都采用滚动轴承作为行星轮的支承；对于长期运动的、大功率的重载装置中的行星齿轮传动及船舶动力装置中的行星齿轮传动，一般采用滑动轴承作为行星轮的支承。

当行星轮的直径很小，在行星轮轮缘内根本不能容纳可满足承载能力要求的轴承时，则可采用将滚动轴承安装在行星架上的行星轮支承结构。

行星架结构

行星架是行星齿轮传动中的一个较重要的构件，它是机构中承受外力矩最大的零件。一个结构合理的行星架应当是外廓尺寸小，质量轻，具有足够的强度和刚度，动平衡性好，能保证行星轮间的载荷分布均匀，而且应具有良好的加工和装配工艺，从而可使行星齿轮传动具有较大的承载能力、较好的传动平稳性以及较小的振动和噪声。

由于在行星架上一般都安装有 n_w 个行星轮的心轴或轴承，因此它的结构较复杂，制造和安装精度要求较高。目前，较常用的行星架结构有双侧板整体式、双侧板分开式和单侧板式三种类型。可采用铸造、锻造和焊接等方法来制造。

行星架支承结构

在行星齿轮传动中，当中心轮为输入件，行星架为输出件且为双侧板整体式结构时，则行星架靠近输入端的一侧可采用两个大小不同的深沟球轴承分别支承，并安装在中心轮的轴和箱体上，其输出轴端应采用一个较大的深沟球轴承支承并安装在箱体上。另外，当行星架不与输入轴或输出轴连成为一体时，它通常采用两个深沟球轴承支承并安装在中心轮的轴上。

如果支承行星架的轴承受外载荷，则应该以所承受载荷的大小和性质通过相应的当量载荷计算，来确定其所需采用的轴承型号；如果支承行星架的轴所承受外载荷的合外力为零（即所承受的原动机或工作机械的径向和轴向载荷合力为零），当行星轮数 $n_w \geq 3$ 时，该行星架所需的滚动轴承可按其支承构件（如中心轮）的轴颈来选取。通常，为了减小外形尺寸，可选取轻型或特轻型的深沟球轴承；但在高速运行的行星齿轮传动中，必须验算行星架的支承轴承的极限转速。当其支承的滚动轴承不能满足使用要求时，则可选用滑动轴承。

对于浮动的且又旋转的行星架轴向位置的固定，一般可通过齿轮联轴器上的弹性挡圈来固定。此外，仍可以采用调心球轴承或调心滚子轴承来进行轴向定位，并且，还应将该行星架与其他构件相互隔开。

6）零件绘制，并进行相应的有限元分析及优化设计，最后完成装配。

根据上面几步的计算和分析结果，对所设计的减速器零件进行绘制，并完成装配。所设计的减速器总装图如图 8.1-69 所示。

图8.1-69 所设计的减速器总装图

第2章 无级变速器

机械无级变速器是在输入转速一定的情况下实现输出转速在一定范围内无级调节的一种运动和动力传递装置。

机械无级变速器的恒功率特性好，结构简单，维修方便，成本较低，适应性强，广泛地应用于机床、冶金、矿山、石油、化工、化纤、塑料、制药、电子、电工、轻工、纺织、造纸、汽车等领域。

由于机械无级变速器绝大多数是依靠摩擦传递动力的，因此承受过载和冲击的能力差，而且不能满足严格的传动比要求。

1 无级变速器的类型、特性及选用方法

1.1 无级变速器的类型

机械无级变速器的种类很多，其类型及机械特性见表 8.2-1。

表 8.2-1 机械无级变速器的类型及机械特性

名　称	简　图	机 械 特 性	特性参数	特点及应用举例
多盘式	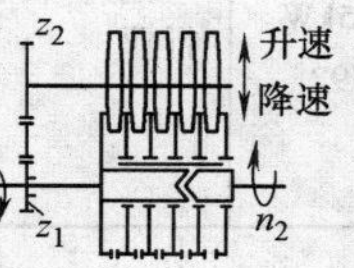	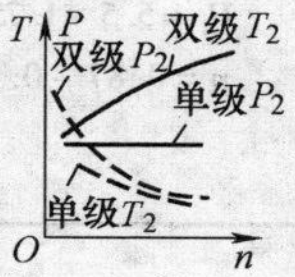	单级： $I = 0.2 \sim 0.8$ $R_b = 3 \sim 4$ $\eta = 0.80 \sim 0.85$ $\varepsilon = 296 \sim 596$ 双级： $I = 0.076 \sim 0.76$ $R_b = 10 \sim 12$ $\eta = 0.75 \sim 0.85$ $\varepsilon = 496 \sim 996$ $P_1 = 0.2 \sim 150\text{kW}$	平行轴块，降速型，结构紧凑，重量轻，能传递较大的功率，变速灵活、方便，传动效率较高，冷却润滑条件较好等 用于化纤、纺织、造纸、橡塑、电缆、搅拌机械、旋转泵、机床等
普通 V 带、宽 V 带、块带式	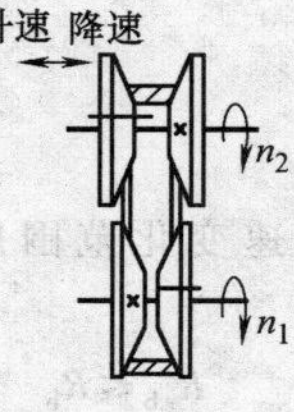	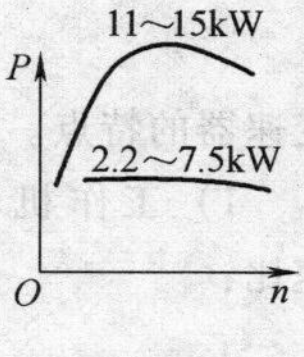	$I = 0.25 \sim 4$（宽 V 带、块带）；$R_b = 3 \sim 6$（宽 V 带），$P_1 \leqslant 55\text{kW}$；$R_b = 2 \sim 10$（块带式），$P_1 \leqslant 44\text{kW}$；$R_b = 1.6 \sim 2.5$（普通 V 带）；$P_1 \leqslant 40\text{kW}$	平行轴，对称调速，结构较简单，尺寸大，结构不紧凑 用于机床、印刷机械、电工、橡胶、农机、纺织、轻工机械等
滑片链式	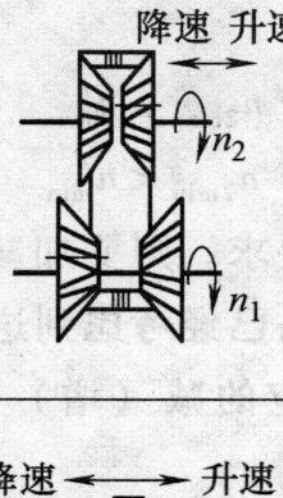	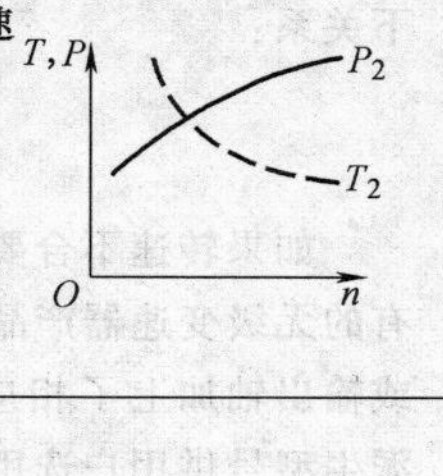	$I = 0.4 \sim 2.5$ $R_b = 2.7 \sim 10$ $\eta = 0.84 \sim 0.96$ $P_1 = 1 \sim 20\text{kW}$	平行轴，对称调速，具有齿轮传动的优点，工作可靠，运动稳定，使用寿命长，过载能力强。中心距较大，结构紧凑 用于化工、机床、重型机械等
转臂输出行星锥式（SCM 型）	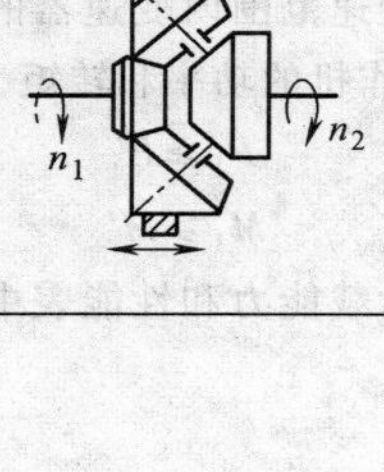	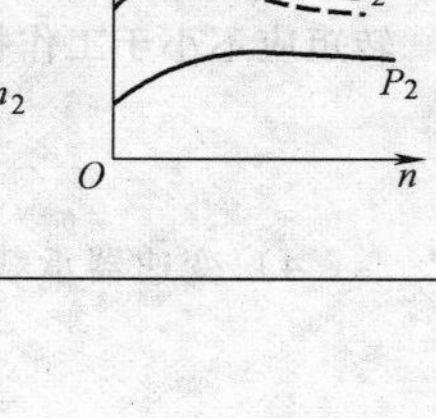	$I = \dfrac{1}{9} \sim \dfrac{1}{3}$ $R_b \leqslant 4$ $\eta = 0.6 \sim 0.8$ $P_1 \leqslant 15\text{kW}$	同轴线，降速型，结构简单，操纵方便 用于机床及变速电动机等

（续）

名　称	简　图	机械特性	特性参数	特点及应用举例
行星锥盘式	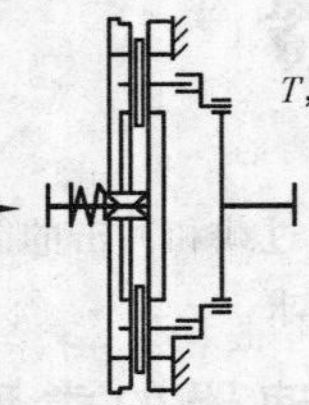	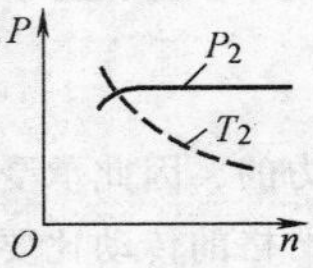	$I = 0.13 \sim 0.75$ $R_b = 4 \sim 5$ $P_1 = 0.18 \sim 7.5\text{kW}$ $\eta = 0.65 \sim 0.83$	平行轴,降速型,结构紧凑,操纵方便 用于机床、石油、化工、食品、造纸、纺织等行业
金属带式	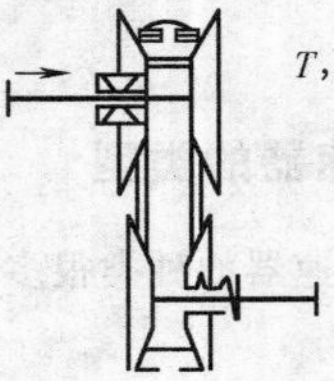	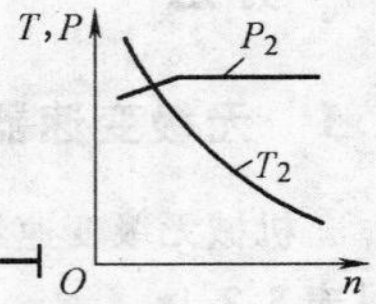	$I = \frac{1}{3} \sim 3$ $R_b = 2 \sim 5$ $P_1 = 10 \sim 150\text{kW}$ $\eta = 0.87 \sim 0.95$	平行轴,升降速型,易实现大功率传动 用于石油、化工、冶金、风机、制药、汽车等
摆销链式	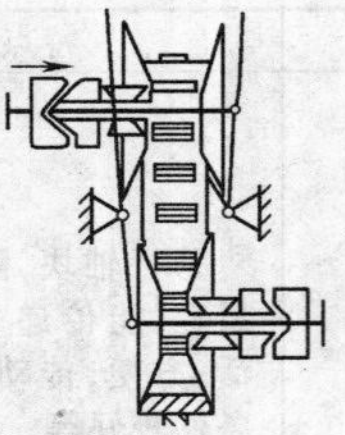	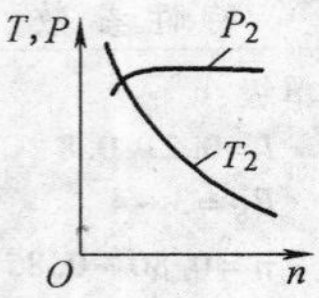	$I = \frac{1}{\sqrt{6}} \sim \sqrt{6}$ $R_b = 2 \sim 6$ $P_1 = 5.5 \sim 1.75\text{kW}$ $\eta = 0.87 \sim 0.92$	平行轴,升降速型,易实现大功率传动 用于石油、化工、冶金、制药等行业

注：1. 减速比 $I = \dfrac{n_2（\text{输出轴转速}）}{n_1（\text{输入轴转速}）}$。

2. 调速比（变速比） $R_b = \dfrac{n_{2\max}（\text{最高输出转速}）}{n_{2\min}（\text{最低输出转速}）}$。

3. 滑差率 $\varepsilon = \dfrac{n^\circ_2（\text{名义输出转速}）- n_2（\text{实际输出转速}）}{n_2}$。

4. T_2—输出轴转矩；P_2—输出功率；η—机械传动效率。

1.2　无级变速器的特性

无级变速器的机械特性可分为以下三种：

（1）恒功率特性　在传动过程中输出功率保持不变，输出转矩与输出转速呈双曲线关系，载荷的变化对转速影响小，工作中稳定性好，能充分利用原动机的全部功率。

（2）恒转矩特性　在传动过程中输出转矩保持恒定，输出功率与输出转速成正比关系，不能充分利用原动机的功率，常用于工作机转矩恒定的场合。

（3）变功率、变转矩特性　其特点介于恒功率特性和恒转矩特性之间。

机械无级变速器的机械特性除与传动形式有关外，还决定于加压装置的特性。

1.3　无级变速器的选用

无级变速器的选择必须综合考虑实际使用要求和变速器的特点。

1）工作机转速变化范围应小于变速器的调速比：

$$R'_b \leqslant R_b$$

2）变速器的输出转速与工作机要求的转速有如下关系：

$$n_{2\max} > n'_{\max}$$
$$n_{2\min} < n'_{\min}$$

如果转速不合要求，则要加减（增）速器相配，有的无级变速器产品已经考虑到这种需要，在输入轴或输出轴加上了相应的减（增）速装置，成为一种派生型号供用户选用。

3）在全部变速范围内变速器的许用功率和许用转矩应不小于工作机的功率和转矩，即

$$P_1 \geqslant P'$$
$$M_1 \geqslant M'$$

4）变速器承载能力和性能表中所列的机械特性

均是在一定输入转速情况下所具有的，如果输入转速不同于表中所规定的，则应依照厂家所给的数据进行修正。这里特别要指出的是，有些变速器输入轴转速不允许太高，否则会损坏机件或降低寿命。

5）机械无级变速器的传动除了滑片链式具有"啮合"的特点外，几乎都是依靠摩擦和拖动油膜来传递载荷，因而其传动效率便是很敏感的问题，也是无级变速器重要的质量指标之一。因此，在选择无级变速器时必须考虑其效率，尤其是在功率比较大、长期工作的情况下，更应选择效率高的，以提高整体的经济效果。一般说来，点、线接触类型的，如行星锥轮式、行星锥盘式、多盘式等效率偏低，一般为 $\eta = 65\% \sim 85\%$；金属带式、链条式效率较高，$\eta = 85\% \sim 93\%$。

2　机械无级变速器

机械无级变速器正在迅速发展，由于产品种类很多，特别是一些先进的机械无级变速器，由于研制和生产时间较短，未能形成系列化生产，这里不能一一介绍。有的产品生产多年，逐渐形成系列，目前已形成专业标准。

2.1　滑片链式无级变速器

滑片链式无级变速器包括基本型、第一派生型、第二派生型和第三派生型。其主要用于转速要求稳定又需要无级调节的各种场合，如化纤、纺织、造纸、印刷、食品、化工、电工、塑料、仪表、木材、电子、玻璃制品等行业。

使用条件为：

输入轴转速不大于 1500r/min（第一、三派生型）；

输入轴转速不大于 760r/min（基本型和第二派生型）；

调速比 $R_b = 2.8 \sim 6$；

传递功率 $P = 0.75 \sim 22kW$；

工作环境温度为 $-40 \sim 45℃$。当环境温度低于 0℃ 时，起动前润滑油应预热。

2.1.1　变速器的型式、代号和标记方法

滑片链式无级变速器有四种类型：一个基本型和三个派生型。

基本型——不包括任何减速装置，按功率大小分为八种型式：HPL1 ~ HPL8，按输出、输入轴的方位及轴伸的个数有十八种安装型式。

第一派生型——在基本型的输入端加减速装置，按功率大小分为八种型式：直接装法兰电动机的 HPLF1 ~ HPLF8；用联轴器或 V 带连接电动机的 HPLN1 ~ HPLN8；按输入、输出轴的方位有两种安装型式。

第二派生型——在基本型的输出端加减速装置，按功率大小分为八种型式（目前第六种空缺）：一级齿轮减速的 HPLB1 ~ HPLB8；两级齿轮减速的 HPLC1 ~ HPLC8；三级齿轮减速的 HPLD1 ~ HPLD8。按输入、输出轴的方位有两种安装型式。

第三派生型——在基本型的输入端和输出端都加减速装置，是第一派生型和第二派生型的组合型式：HPLFB1 ~ HPLFB8、HPLFC1 ~ HPLFC8、HPLFD1 ~ HPLFD8、HPLNB1 ~ HPLNB8、HPLNC1 ~ HPLNC8、HPLND1 ~ HPLND8。按输入、输出轴的方位有两种安装型式。

每种类型中按结构又分为立式和卧式，分别以"立"和"卧"表示，按手轮方位又分为左手操作和右手操作两种，分别以"L"和"R"表示。每种型号又有三种调速比：6、4.5、3 或 5.6、4、2.8。

标记示例：

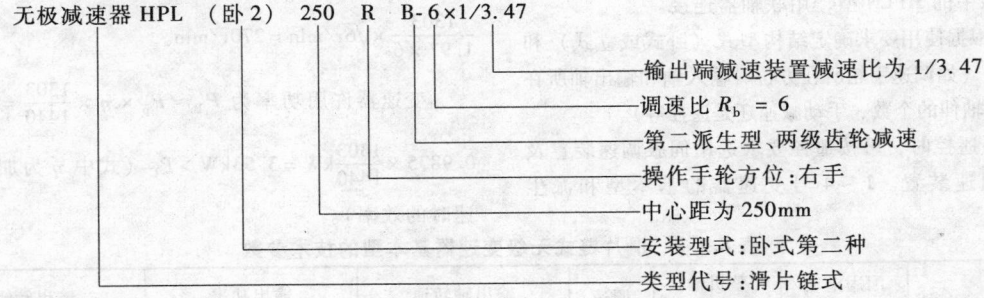

无极减速器 HPL　（卧2）　250　R　B-6×1/3.47

- 输出端减速装置减速比为 1/3.47
- 调速比 $R_b = 6$
- 第二派生型、两级齿轮减速
- 操作手轮方位：右手
- 中心距为 250mm
- 安装型式：卧式第二种
- 类型代号：滑片链式

2.1.2　变速器的承载能力、选用方法及实例

选用步骤如下：

1）根据工作机传动系统要求，首先确定变速器输出轴的极限转速 n_{2max}、n_{2min} 及在两极限转速时所需输出的功率或转矩。算出调速比 $R_b = \dfrac{n_{2max}}{n_{2min}}$，考虑是否选用派生型。

当基本变速器输出轴的极限转速 n_{2max} 或 n_{2min} 高

于工作机的需要转速 n' 时，则可选用第二类派生型，所加减速装置的减速比可按 $I = \dfrac{n'_{\max}}{n_{2\max}}$ 或 $I = \dfrac{n'_{\min}}{n_{2\min}}$ 中较小者选用。

2）根据驱动工作机所需的功率、调速比和减速比，按表 8.2-3～表 8.2-5 确定变速器的型号。应该明确所驱动的工作机，在转速变化时是按照恒功率使用，还是按照恒转矩使用，以及开停的频繁程度和持续运转的周期。

当按照恒功率使用时，应按照最低转速时的输出功率选用；当按照恒转矩使用时，应按照最高转速时的输出功率选用；当转矩在高低转速之间达到最高值时，则应根据各种转速所对应功率的最大值来选用型号。

按计算功率 P_c 来选择变速器型号

$$P_c = KP \leqslant P_p$$

式中　K——工作系数，查表 8.2-2；

　　　P——工作机需要传递的功率（kW）；

　　　P_p——许用输出功率（kW），见表 8.2-3～表 8.2-5。

表 8.2-2　工作系数 K

每天工作时间/h	连续工作 8～10	连续工作 10～24
开停次数少，无冲击	1.0	1.25～1.33
开停次数多，有冲击	1.25～1.33	1.5～1.7

3）根据驱动方式选取变速器型式。因为变速器输入轴转速必须低于 720r/min，故电动机与变速器之间一般需要加减速装置。

若采用基本型，则需加带传动。

若直接装法兰式 4 极异步电动机驱动，则可选用第一类派生型中的 HPLF 型。

若用地脚式 4 极异步电动机驱动，则可选用第一类派生型中的 HPLN 型，用联轴器连接。

4）根据使用要求确定结构型式（卧式或立式）和装配型式（如调速手轮所在方位、输入轴和输出轴所在方位以及轴伸的个数、手动减速还是遥控等）。

需要遥控时，可按遥控要求选用伺服调速装置及输出轴测速装置。1～4 号变速器的基本型和派生型都

可装 TY3 伺服调速装置及 TY6 气动调速装置（瞬时降速用）。HPLC3、HPLNC3、HPLFC3 可装 ZCC3 测速装置。HPLC4、HPLNC4、HPLFC4 可装 ZCC4 测速装置。

【例】　已知某化纤设备传动轴需要在 45～270r/min 范围内无级变速，要求使用中恒转矩，在 270r/min 时需用功率约为 2.2kW；工作中开停次数少，载荷平稳，三班连续工作，试选用滑片链式无级变速器。

【解】　1）求调速比。

$$R_b = \frac{n_{2\max}}{n_{2\min}} = \frac{270}{45} = 6$$

2）求计算载荷。

查表 8.2-2，取 $K = 1.3$

$$P_c = KP = 1.3 \times 2.2\text{kW} = 2.86\text{kW}$$

3）选型号。根据调速比及输出轴转速的要求和计算功率，查表 8.2-3～表 8.2-5 得数据相近的型号为 HPLB3 $\dfrac{1}{6} \times 6$，其输入轴转速 $n_1 = 720$r/min，输出轴转速 $n_{2\max} = 294$r/min，$n_{2\min} = 49$r/min。从中可以看出，n_1 较低，不宜采用较高速的电动机；输出轴的转速也比要求的高一些。

为了用高速电动机，应在无级变速之前加一级速比为 $\dfrac{1}{1.97}$ 的减速装置，即选用 HPLFB4-$\dfrac{1}{1.97} \times 6 \times \dfrac{1}{6}$。这样，其输出轴的最高转速 $n_{2\max} = \dfrac{1440}{1.97 \times 6} \times \sqrt{6}$r/min = 298.4r/min，最低转速 $n_{2\min} = \dfrac{1440}{1.97 \times 6 \times \sqrt{6}}$ r/min = 49.735r/min。为了使输出轴最低转速达到 45r/min，需将电动机转速控制在 $n = 1440 \times \dfrac{45}{49.753}$ r/min = 1303r/min。此时输出轴的最高转速 $n_{2\max} = \dfrac{1303}{1.97 \times 6} \times \sqrt{6}$r/min = 270r/min。

变速器许用功率为 $P'_p \approx P_p \times \eta \times \dfrac{1303}{1440} = 3.95 \times 0.9875 \times \dfrac{1303}{1440}$kW = 3.53kW $> P_c$（式中 η 为加一级减速时的效率）。

表 8.2-3　滑片链式无级变速器基本型的技术参数

型号	配用电动机额定功率/kW	整机输入轴转速 n_1/(r/min)	调速比 R_b	输出轴转速/(r/min)		输出功率/kW		输出转矩/N·m	
				$n_{2\max}$	$n_{2\min}$	$n_{2\max}$	$n_{2\min}$	$n_{2\max}$	$n_{2\min}$
HPL1	0.75	830	6.1	2028	338	0.62	0.34	2.9	9.8

（续）

型号	配用电动机额定功率/kW	整机输入轴转速 n_1/(r/min)	调速比 R_b	输出轴转速/(r/min)		输出功率/kW		输出转矩/N·m	
				n_{2max}	n_{2min}	n_{2max}	n_{2min}	n_{2max}	n_{2min}
HPL2	1.5	720	6	1770	295	1.12	0.59	6	18.5
			4.5	1530	340		0.67	7	
			3	1245	415		0.82	8.5	
HPL3	3		6	1770	295	2.24	1.12	12	37.0
			4.5	1530	340		1.34	14	
			3	1245	415		1.64	17	
HPL4	4		6	1770	295	3.73	1.86	19.5	58.5
			4.5	1530	340		2.06	22.5	
			3	1245	415		2.60	28.0	
HPL5	7.5		6	1770	295	5.90	2.97	31	93
			4.5	1530	345		3.35	36	
			3	1245	145		4.10	44	
HPL6	11		6	1770	295	8.80	4.74	46.5	149
			4.5	1530	345		5.33	58.0	
			3	1245	415	9.45	6.60	70.5	
HPL7	15		6	1770	295	10.40	5.60	55	176.5
			4.5	1530	345		6.30	68.5	
			3	1245	415	11.20	7.80	83	
HPL8	18.5,22	550,625	5.6	1300	232	16.40	7.46	117	294
			4	1250	312	18.60	9.70	137	
			2.8	1045	375	19.40	11.50	176.5	

表 8.2-4　滑片链式无级变速器第一派生型的技术参数

型号	配用电动机额定功率/kW	整机进轴端减速比 i	调速比 R_b	整机输出轴转速 n_2/(r/min)		输出功率/kW		输出转矩/N·m	
				n_{2max}	n_{2min}	n_{2max}	n_{2min}	n_{2max}	n_{2min}
HPLF2、HPLN2	1.5	1:1.96	6	1770	295	1.12	0.59	6	18.5
			4.5	1530	340		0.67	7	
			3	1245	415		0.82	8.5	
HPLF3、HPLN3	3		6	1770	295	2.24	1.12	12	37.0
			4.5	1530	340		1.34	14	
			3	1245	415		1.64	17	
HPLF4、HPLN4	4	1:1.97	6	1770	295	3.73	1.86	19.5	58.5
			4.5	1530	340		2.06	22.5	
			3	1245	415		2.60	28.0	
HPLF5、HPLN5	7.5		6	1770	295	5.90	2.97	31	93.0
			4.5	1530	340		3.35	36	
			3	1245	415		4.10	44	
HPLF6、HPLN6	11		6	1770	295	9.48	4.74	46.5	149
			4.5	1530	340		5.33	58.0	
			3	1245	415		6.60	70.5	
HPLF7、HPLN7	15	1:2	6	1770	295	10.40	5.60	55	176.5
			4.5	1530	340		6.30	68.5	
			3	1245	415	11.20	7.80	83	
HPLF8、HPLN8	18.5,22		5.6	1300	232	16.40	7.46	117	294
			4	1250	312	18.60	9.70	137	
			2.8	1045	375	19.40	11.50	176.5	

表 8.2-5　滑片链式无级变速器第二派生型的技术参数

型号	配用电动机额定功率 /kW	整机进轴端减速比 i	调速比 R_b	整机输出轴转速 n_2/(r/min)		输出功率 /kW		输出转矩 /N·m	
				n_{2max}	n_{2min}	n_{2max}	n_{2min}	n_{2max}	n_{2min}
HPLB2	1.5	1:1.96	6	900	150	1.12	0.60	11.8	
			4.5	774	172	1.27	0.67	15.2	37.2
			3	636	212	1.27	0.82	19.1	
		1:3.47	6	504	84	1.04	0.56	20.6	
			4.5	440	98	1.23	0.63	27.4	65.7
			3	360	120	1.23	0.78	33.3	
		1:6.5	6	270	45	1.12	0.48	38.2	
			4.5	234	52	1.27	0.52	51	98
			3	192	64	1.27	0.66	62.7	
HPLC2		1:10	6	174	29	1.04	0.56	56.8	
			4.5	153	34	1.23	0.63	75.5	181.3
			3	126	42	1.23	0.78	92.1	
		1:17.7	6	100	16.5	1.04	0.56	100	
			4.5	87	19.2	1.23	0.63	133.3	323.4
			3	69	23	1.23	0.78	163.7	
		1:33.2	6	54	9	1.04	0.34	187.2	
			4.5	46	10.2	1.23	0.37	250	343
			3	37.5	12.5	1.23	0.45	303.8	
		1:39.8	6	44.4	7.4	1.04	0.26	250	
			4.5	38.2	8.5	1.12	0.30	294	343
			3	31.2	10.4	1.12	0.37	343	
HPLD2		1:60.0	6	29.4	4.9	1.04	0.19		
			4.5	25.6	5.6	0.93	0.20	343	343
			3	21	7	0.75	0.26		
		1:34.3	6	5.1	0.85	1.12	0.37		
			4.5	4.5	1	1.09	0.30	784	784
			3	3.66	1.2	1.04	0.26		
HPLB3	3	1:2.13	6	828	138	2.24	1.12	25.5	
			4.5	720	160	2.24	1.34	29.4	78.4
			3	585	195	2.24	1.64	26.3	
		1:3.53	6	498	83	2.24	1.12	42.1	
			45	432	96	2.24	1.34	49	132.3
			3	354	118	2.24	1.64	59.8	
		1:6	6	294	49	2.24	1.04	72.5	
			4.5	256	57	2.24	1019	83.3	196
			3	210	70	2.24	1.49	10.3	
HPLC3		1:10.6	6	165	28	2.16	1.12	117.6	
			4.5	144	32	2.16	1.27	137.2	372.4
			3	117	29	2.16	1.57	166.6	
		1:17.7	6	101	16.8	2.16	1.12	196	
			4.5	85	19	2.16	1.27	225.4	607.6
			3	70.5	23.5	2.16	1.57	274.4	
		1:30	6	60	10	2.16	0.67	323.4	
			4.5	51	11.4	2.16	0.78	382.2	637
			3	42	14	2.16	0.97	470.4	
HPLD3		1:39.5	6	45	7.5	2.01	0.52	421.4	
			4.5	38.2	8.5	2.01	0.60	490	637
			3	31.5	10.5	2.01	0.75	597.8	

（续）

型号	配用电动机额定功率/kW	整机进轴端减速比 i	调速比 R_b	整机输出轴转速 $n_2/(r/min)$		输出功率/kW		输出转矩/N·m	
				n_{2max}	n_{2min}	n_{2max}	n_{2min}	n_{2max}	n_{2min}
HPLD3	3	1:55.9	6	31.8	5.3	2.01	0.37	597.8	
			4.5	27	6	1.87	0.41	637	637
			3	22.5	7.5	1.49	0.52	637	
HPLB4	4	1:2	6	832	147	3.95	1.87	42	
			4.5	765	170	3.95	2.09	49	117
			3	624	208	3.95	2.61	58.8	
		1:3.11	6	570	95	3.95	1.87	64.7	
			4.5	490	109	3.95	2.09	75.5	181.3
			3	402	134	3.95	2.61	92.1	
		1:6	6	294	49	3.95	1.49	125.4	
			4.5	256	57	3.95	1.79	146	294
			3	210	70	3.95	2.10	178.4	
HPLC4		1:10.2	6	174	29	3.80	1.72	205.8	
			4.5	148	33	3.80	2.01	235.2	568.4
			3	123	41	3.80	2.46	288	
		1:15.8	6	111	18.5	3.80	1.72	318.5	
			4.5	97	21.5	3.80	2.01	367.5	882
			3	78	26	3.80	2.46	450.8	
		1:30.5	6	57.6	9.6	3.80	1.34	607.6	
			4.5	50	11.1	3.80	1.49	705.6	1274
			3	40.5	13.5	3.80	1.87	872.2	
HPLB4		1:38.6	6	45.6	76	3.66	1.04	748	
			45	39.6	88	3.73	1.19	882	1274
			3	32.4	10.8	3.73	1.49	1078	
		1:59.5	6	29.7	4.95	3.58	0.67	1127	
			4.5	25.7	5.7	3.51	0.82	1274	1278
			3	21	7	3.83	0.97	1274	
HPLB5	7.5	1:2.23	6	790	132	5.97	2.98	69.6	
			4.5	685	152	5.97	3.36	81.3	205.8
			3	555	185	5.97	4.10	98	
HPLB5		1:4	6	440	74	5.97	2.98	125.4	
			4.5	382	85	5.97	3.36	145	372.4
			3	312	104	5.97	4.10	176.4	
		1:6	6	295	49	5.97	2.54	187.2	
			4.5	255	57	5.97	2.98	215.6	490
			3	2101	70	5.97	3.66	264.4	
HPLC5		1:10.7	6	165	27.5	5.60	2.69	313.6	
			4.5	143	31.8	5.60	3.21	362.6	940.8
			3	117	39	5.60	3.88	441	
		1:19.2	6	92	15.2	5.60	2.69	568.4	
			4.5	80	17.8	5.60	3.21	656.6	1685
			3	65	21.5	5.60	3.88	793.8	
		1:32.5	6	54	9	5.60	2.16	960.4	
			4.4	47	10.5	5.60	2.54	1107.4	2254
			3	38.5	12.8	5.60	3.13	1352.4	
HPLD5		1:41.3	6	42.8	7.1	5.30	1.72	1176	
			4.5	37	8.2	5.22	2.01	1323	2254
			3	30	10	5.22	2.39	1666	

（续）

型号	配用电动机额定功率/kW	整机进轴端减速比 i	调速比 R_b	整机输出轴转速 $n_2/(r/min)$		输出功率/kW		输出转矩/N·m	
				n_{2max}	n_{2min}	n_{2max}	n_{2min}	n_{2max}	n_{2min}
HPLD5	7.5	1:62.5	6	28.2	4.7	5.30	1.13	1764	2254
			4.5	24.5	5.4	5.22	1.34	1960	
			3	20	6.7	4.85	1.65	2254	

注：配用电动机功率为 18.5kW 时，输入轴转速为 $n_1 = 550r/min$；配用电动机功率为 22.5kW 时，输入轴转速为 $n_1 = 625r/min$；配用电动机功率为 15kW 以下时，输入轴转速为 $n_1 = 720r/min$。

2.1.3　变速器的外形及安装尺寸（表 8.2-6）

表 8.2-6　滑片链式无级变速器基本型的外形及安装尺寸　　　　（单位：mm）

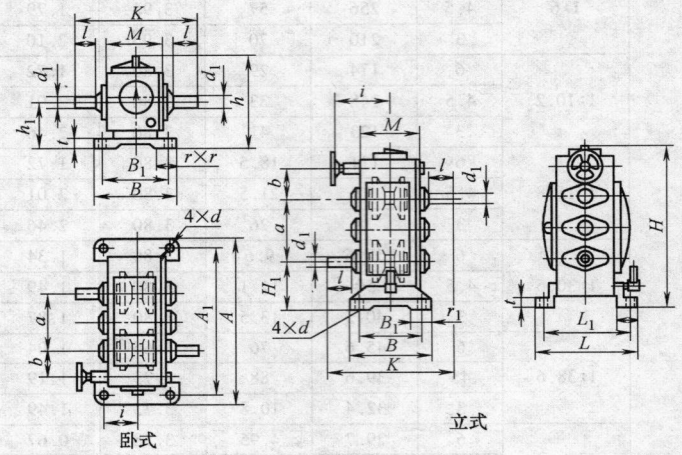

卧式　　　　　　　立式

尺寸型号	a	d_1 (j7)	A	A_1	B	B_1	d	H	H_1	h	h_1	i	t	K	L	L_1	l	M	r	r_1	b	键
HPL1	125 (120)	16	360	325	120	85	11	—	—	215	90	128	—	218	—	—	—	—	—	—	—	—
HPL2	160	24	450	410	185	150	14	421	132	239	132	128	10	320	285	250	60	170	50	48	84	8×7
HPL3	200 (190)	28	540	495	235	200	18	505	150	276	150	176	20	360	345	300	60	220	60	60	100	8×7
HPL4	250 (248)	32	660	615	300	265	18	614	170	328	170	200	25	466	390	350	80	268	65	65	128	10×8
HPL5	300 (304)	38	810	755	345	295	23	753	215	378	200	229	35	514	470	410	80	310	85	85	152	10×8
HPL6	360	45	930	870	425	360	—	875	250	482	250	—	—	652	590	530	110	—	—	—	—	—
HPL7	355 (360)	45	930	87	425	360	28	875	250	482	250	274	40	552	590	530	110	380	105	103	180	14×9
HPL8	425 (438)	60	1150	1060	510	410	33	1045	300	588	300	319	46	800	750	660	140	460	120	140	215	18×11

2.2　多盘式无级变速器

工作条件如下：

1）变速器的工作环境温度为 - 10 ~ 40℃。

2）在额定负载转速下，油池温升不超过 45℃。最高油温，双轴型不超过 85℃，电动机直连型不超过 80℃，必要时允许装热交换器。

2.2.1　变速器的代号和标记方法

1）多盘式无级变速器按级数分为一级和二级变速器。

2）变速器型号由产品代号、机型号、变速级数、机械特性、安装型式、输入功率等组成。

① 变速器的产品代号用汉语拼音字母"P"表示。

② 一级变速器的机型号用阿拉伯数字 1、2、3、4、5、6、7、8 表示。

③ 二级变速器的机型号用阿拉伯数字 1、2、3 表示。

④ 一级变速器级数不表示。

⑤ 二级变速器级数用"S"表示。

⑥ 一级变速器恒功率型用"G"表示，恒转矩型不表示。

⑦ 二级变速器机械特性介于恒功率和恒转矩之间不表示。

3）变速器安装型式：

① W——表示双轴型、卧式安装。

② WD——表示与电动机直连型、卧式安装。

③ LD——表示与电动机直连型、立式安装。

4）标记示例

3 号机型一级变速器，电动机直连恒功率型，输入功率 2.2kW，立式安装，标记为

P3GLD-2.2 JB/T 7668

5 号机型一级变速器，输入功率 7.5kW，恒转矩型，双轴型卧式安装，标记为

P5W-7.5 JB/T 7668

2 号机型二级变速器，电动机直连型，输入功率 1.5kW 卧式安装，标记为

P2SWD-1.5 JB/T 7668

2.2.2　变速器的基本技术参数

一级恒功率和恒转矩型多盘式无级变速器的基本参数分别见表 8.2-7、表 8.2-8。

表 8.2-7　一级恒功率型多盘式无级变速器的基本参数

机型号	输入功率/kW	输入转速/(r/min)	减速比	调速比	输出转速/(r/min)	输出转矩/N·m
1	0.2	1500	0.2 ~ 0.8	4	300 ~ 1200	1.3 ~ 4.8
2	0.4	1500	0.23 ~ 0.76	3.3	345 ~ 1140	2.7 ~ 8.5
	0.75					5.1 ~ 16.1
3	1.5	1500	0.2 ~ 0.8	4	300 ~ 1200	9.8 ~ 37.2
	2.2					14.5 ~ 54.5
4	4	1500	0.2 ~ 0.8	4	300 ~ 1200	24.4 ~ 91.8
5	5.5	1500	0.2 ~ 0.8	4	300 ~ 1200	36.3 ~ 136.0
	7.5					49.5 ~ 186.0
6	11	1000	0.28 ~ 1.12	4	280 ~ 1120	77.8 ~ 290.0
7	15	1000	0.27 ~ 1.08	4	270 ~ 1080	110.0 ~ 414.0
	22					161.0 ~ 607.0
8	37	750	0.31 ~ 1.24	4	232 ~ 928	313.0 ~ 1186.0
	55					470.0 ~ 1764.0

表 8.2-8　一级恒转矩型多盘式无级变速器的基本参数

机型号	输入功率/kW 低速	输入功率/kW 高速	输入转速/(r/min)	减速比	调速比	输出转速/(r/min)	输出转矩/N·m
1	0.125	0.2	1500	0.2 ~ 0.8	4	300 ~ 1200	1.3 ~ 2.9
	0.25	0.4					2.7 ~ 5.8
2	0.4	0.75	1500	0.23 ~ 0.76	3.3	345 ~ 1140	5.3 ~ 8.3
	0.75	1.5					10.6 ~ 15.6
3	1.5	2.7	1500	0.2 ~ 0.8	4	300 ~ 1200	14.8 ~ 35.7
	2.2	3.7					24.9 ~ 52.5
4	3.7	5.5	1500	0.2 ~ 0.8	4	300 ~ 1200	37.1 ~ 88.2

（续）

机型号	输入功率/kW		输入转速/(r/min)	减速比	调速比	输出转速/(r/min)	输出转矩/N·m
	低速	高速					
5	5.5	7.5	1500	0.2~0.8	4	300~1200	50.6~131.0
	7.5	11					74.4~179.0
6	11	15	1000	0.28~1.12	4	280~1120	107.8~281.0
7	15	22	1000	0.27~1.08	4	270~1080	165.4~397.0
	22	30					225.0~583.0
8	22	37	750	0.31~1.24	4	232~928	323.0~679.0
	37	55					480.0~1142.0
	55	75					655.0~1695.0

二级多盘式无级变速器的基本参数见表 8.2-9。

表 8.2-9　二级多盘式无级变速器的基本参数

机型号	输入功率/kW		输入转速/(r/min)	减速比	调速比	输出转速/(r/min)	输出转矩/N·m
	低速	高速					
1	0.15	0.4	1500	0.07~0.7	10	105~1050	2.9~10.4
	0.25	0.75					5.5~17.6
2	0.75	1.5	1500	0.06~0.72	12	90~1080	10.8~60.4
	1.1	2.7					15.8~88.7
3	1.9	3.7	1500	0.06~0.72	12	90~1080	26.8~152.8
	2.6	5.5					39.8~209.0

2.2.3　变速器的外形和安装尺寸

一级卧式双轴型多盘式无级变速器的安装、连接及外形尺寸见图 8.2-1 及表 8.2-10。

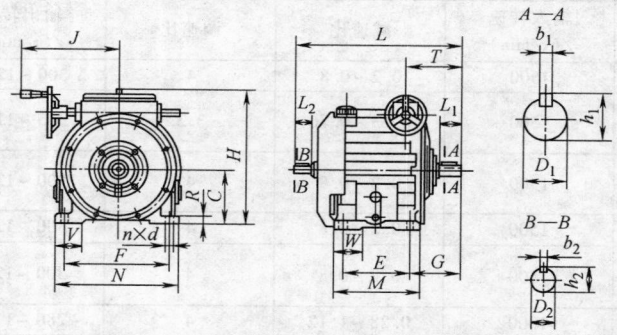

图8.2-1　一级卧式双轴型多盘式无级变速器

表 8.2-10　一级卧式双轴型多盘式无级变速器的安装、连接及外形尺寸　（单位：mm）

机型号	安装尺寸							轴伸连接尺寸								外形尺寸							
								输出轴				输入轴											
	F	E	G	V	W	n	d	D_1	b_1	h_1	L_1	D_2	b_2	h_2	L_2	C	H	M	N	R	J	T	L
1	165	85	86	40	35	4	11	19	6	21.5	40	16	5	18.0	30	100	240	113	190	18	150	96	242
2	190	70	119	50		4	12	20	6	22.5	35	20	6	22.5	40	130	275	110	220	22	168	110	305
3	260	180	135	60	55	4	14	28	8	31.0	60	25	8	28.0	50	160	352	230	300	25	235	153	397
4	310	150	160	80	55	4	14	40	12	43.0	70	28	8	31.0	50	180	406	200	350	25	296	185	460
5	400	260	180	90	70	4	22	45	14	48.5	90	35	10	38.0	55	240	512	310	450	35	296	208	580
6	500	180	199	95	50	4	22	50	14	53.5	100	42	14	51.5	90	270	608	230	550	40	285	209	633
7	630	280	217	150	100	4	22	55	16	59.0	120	48	14	51.5	110	330	726	330	680	50	340	232	795
8	660	360	370	150	120	4	28	95	25	100	200	75	20	79.5	109	400	925	460	740	60	390	405	1085

二级多盘式无级变速器的安装、连接及外形尺寸见图 8.2-2 及表 8.2-11。

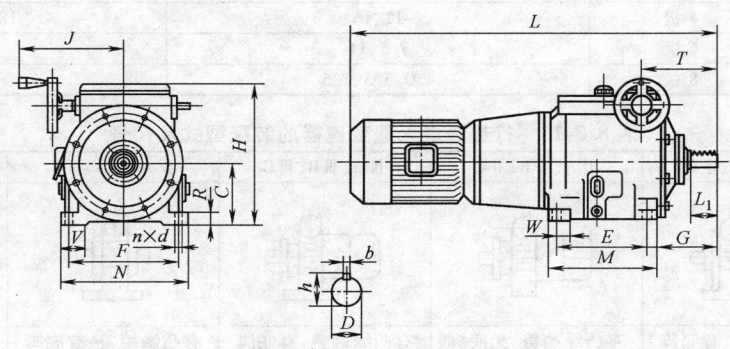

图 8.2-2　二级多盘式无级变速器

表 8.2-11　二级多盘式无级变速器的安装、连接及外形尺寸　　　　　　　（单位：mm）

机型号	输入功率/kW	安装尺寸							轴伸连接尺寸				外形尺寸							
		F	E	G	V	W	n	d	D	b	h	L_1	C	H	M	N	R	J	T	L
1	0.4	215	150	115	60	53	4	14	20	6	22.5	40	135	303	200	250	22	200	111	586
	0.75																			586
2	1.5	280	230	171	60	55	4	14	35	10	38.5	70	160	365	280	320	25	260	190	765
	2.2																			815
3	4	345	245	200	80	65	4	18	45	14	48.5	90	180	415	295	390	30	296	235	1100
	5.5																			1114

2.3　行星锥盘无级变速器

工作条件：变速器调速比 4～8，传递功率 0.09～22kW；工作环境温度为 -20～40℃。环境温度低于 0℃时，起动前润滑油应预热。

2.3.1　变速器的代号和标记方法

行星锥盘无级变速器的型号包括：产品代号、机座号、装配型式代号、电动机功率、恒功率或恒转矩、电动机极数。

行星锥盘无级变速器的产品代号用"D"表示。

行星锥盘无级变速器的机座号与配用电动机功率有对应的关系见表 8.2-12。

行星锥盘无级变速器的装配型式及代号见表8.2-13。

变速器为基本恒功率（简称恒功率）时用"G"表示，基本恒转矩（简称恒转矩）时不设代号。

电动机极数用数字表示，4 极电动机不设代号。

标记示例：

机座号为 075、配用功率为 7.5kW 的 4 极电动机、装配型式代号为 I A 的恒功率型行星锥盘无级变速器，标记为

D 075　I A 7.5-G JB/T 6950—1993

2.3.2　变速器的基本技术参数

变速器的输出转矩见表 8.2-14、表 8.2-15。表 8.2-14 中，调速比为 7～8 时，输出转矩在高速下可按表值降低 10%。表 8.2-15 仅适用于 4 极电动机。

表 8.2-12　行星锥盘无级变速器的机座号与配用电动机功率对应关系

机座号		001	002	004	007	015
配套电动机功率/kW	2 极	—	0.18	0.25、0.37	0.55、0.75	1.1
	4 极	0.09	0.12、0.18	0.25、0.37	0.55、0.75	1.1
	6 极	—				0.75

机座号		015	022	040	075
配套电动机功率/kW	2 极	1.5	2.2	—	—
	4 极	1.5	2.2、3.0	4.0	5.5、7.5
	6 极	1.5	1.5	2.2	3.0、4.0、5.5
	8 极	—			2.2、3.0

（续）

机座号		150	220
配套电动机功率/kW	4 极	11、15	18.5、22
	6 极	7.5、11	15
	8 极	4.0、5.5、7.5	11

表 8.2-13　行星锥盘无级变速器的装配型式及代号

代号	ⅠA、ⅠB、ⅠC	ⅡA、ⅡB、ⅡC	ⅢA、ⅢB、ⅢC	ⅣA、ⅣB、ⅣC	ⅤA、ⅤB、ⅤC
装配型式	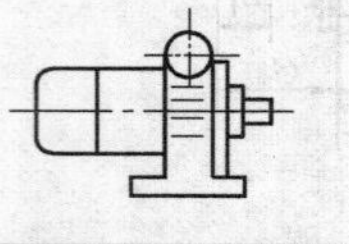	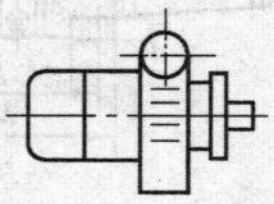	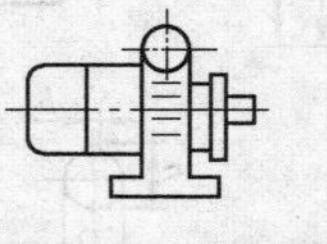	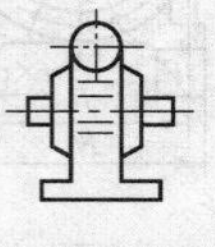	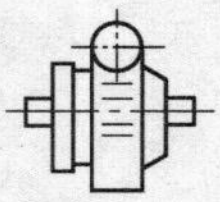
结构特点	无凸缘端盖、有底脚	有凸缘端盖、无底脚	有凸缘端盖、有底脚	有凸缘端盖、有底脚	有凸缘端盖、无底脚

表 8.2-14　恒转矩型行星锥盘无级变速器性能参数

机座号		电动机功率/kW	输出转矩/N·m	机座号	电动机功率/kW	输出转矩/N·m
配套2极电动机	002	0.18	0.7~0.8	015	1.1	4.2~9.8
	004	0.25	0.8~1.9		1.5	6.5~13.5
		0.37	1.5~3.7	022	2.2	9.6~18.5
	007	0.55	2.1~5			
配套4极电动机	001	0.09	0.6~1.3	022	2.2	14.1~30.6
	002	0.12	0.7~1.6		3.0	18.8~46.6
		0.18	1.1~2.5	040	4.0	25.5~55.7
	004	0.25	1.5~3.3		5.5	35.3~76.7
		0.37	2.2~5.1	075	7.5	47.0~104.5
	007	0.55	3.1~7.6		11	70.6~153.3
		0.75	4.7~10.7	150	15	94.1~209.1
		1.1	7.0~15.3		18.5	117~257.9
		1.5	9.4~20.9	220	22	140~306.7
配套6极电动机	015	0.75	6.7~17.7	075	4.0	35.9~94.3
		1.1	9.9~25.9		5.5	49.4~129.7
	022	1.5	13.5~35.4	150	7.5	67.4~176.9
	040	2.2	19.8~51.8		11	98.8~259.4
		3.0	27.0~70.7	220	15	134.7~353.7
配套8极电动机	075	2.2	25.8~61.8	150	5.5	64.6~169.4
		3.0	35.2~92.5		7.5	88.1~231.8
	150	4.0	47.0~123.4	220	11	129.2~229.2

表 8.2-15　恒功率型行星锥盘无级变速器性能参数

机座号	电动机功率/kW	输出转矩/N·m	机座号	电动机功率/kW	输出转矩/N·m
002	0.12	0.6~2.8	015	1.5	8.6~35.3
	0.18	0.9~4.2	022	2.2	11.8~58.8
004	0.25	1.2~5.9		3.0	16.5~74.5
	0.37	1.8~8.7	040	4.0	24.3~93.1
007	0.55	2.6~12.7		5.5	31.4~11.76
	0.75	3.6~17.6	075	7.5	43.1~176.4
015	1.1	6.6~30.4	150	11	63.5~235.2

2.3.3　变速器的外形和安装尺寸

ⅠA、ⅣA 变速器的外形和安装尺寸见图 8.2-3 及表 8.2-16。

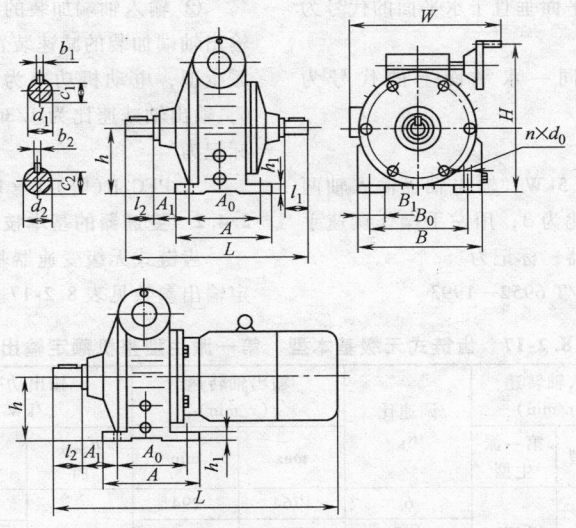

图8.2-3　ⅠA、ⅣA变速器的外形

表8.2-16　ⅠA、ⅣA变速器的安装尺寸　　　　　　（单位：mm）

机座号	安装尺寸							输入轴				输出轴				外形尺寸				L	
	h	A_0	A_1	B_0	B_1	h_1	n	d_0	d_1	b_1	c_1	l_1	d_2	b_2	c_2	l_2	A	B	W	H	双轴型	直连型
001	80	100	22	125	30	12		10	11	4	8.5	23	14	5	11	30	125	160	225	200	170	290
002	90		28	140	35													180	245	220	195	300
004	100	112	36	160		16		12	14	5	11	30					145	200	280	245	220	395
007	112	140	40	190	40				19	6	15.5	40	19	6	15.5	40	170	225	325	280	264	435
015	140	178		216	55	20	4	15	24	8		50	24	8		50	195	260	360	320	315	485
											20				20						510
022	160	210	45	254	60				28		24	60	28		24	60	260	310	400	380	370	595
040	180	241		279	70												295	360	430		390	625
075	200	267	50	318	80	30		19	38	10	33	80	38	10	33	80	335	400	480	490	520	725
																						765
150	225	356	56	356					42	12	37	110	42	12	37	110	435	455	540	690	960
																						1000
220	250	349	70	406	90	35		24					48	14	42.5			490	630	620	1025
																						1065

2.4　齿链式无级变速器

工作条件：变速器调速比2.8～6；电动机功率0.75～22kW；可以顺逆双向旋转；工作环境温度为－40～40℃。若环境温度低于0℃时，起动前润滑油需预热。

2.4.1　变速器的代号和标记方法

齿链式无级变速器按连接型式分为：基本型、第一派生型、第二派生型、第三派生型。

基本型：输入轴和输出轴端不加装减速装置，代号为P。

第一派生型：基本型输入轴端加装减速装置。加装的减速装置直接连接电动机，代号为F；加装的减速装置通过联轴器或带轮与动力相连，代号为N。

第二派生型：基本型输出轴端加装减速装置。减速装置内减速齿轮为1对，代号为B；2对齿轮，代号为C；3对齿轮，代号为D。

第三派生型：基本型输入轴和输出轴端均加装减速装置，且连接方式分别与第一派生型和第二派生型相同。其代号为第一派生型和第二派生型代号的组合。

操作者面对示速盘，左手操作调速手轮的代号为L。

操作者面对示速盘，右手操作调速手轮的代号为R。

输入轴和输出轴所在平面垂直于水平面的代号为（立）。

输入轴和输出轴在同一水平面上的代号为（卧）。

标记示例：

① 整机配用功率为 1.5kW，输出轴、输入轴两端均不加减速装置，调速比为 3，用左手操作调速手轮的立式齿链式无级变速器，标记为

P₁L(立)-3 JB/T 6952—1993

② 输入轴端加装的减速装置直接与电动机连接，输出轴端加装的减速装置内用 2 对齿轮减速的第三类派生型，电动机功率为 4kW，右手操作，调速比为 6，输出轴减速比为 1/30 的卧式齿链式无级变速器，标记为

PFC₃R(卧)-6×1/30 JB/T 6952—1993

2.4.2　变速器的基本技术参数

齿链式无级变速器基本型、第一派生型整机的额定输出参数见表 8.2-17。

表 8.2-17　齿链式无级基本型、第一派生型整机额定输出参数

型号	配用电动机功率/kW	输入轴转速/(r/min)		调速比 R_b	输出轴转速/(r/min)		输出功率/kW		输出转矩/N·m	
		基本型	第一派生型		max	min	n_{2max}时	n_{2min}时	n_{2max}时	n_{2min}时
P₀				6	1764	294		0.35	2.94	
PF₀	0.75	820	1400	4.5	1525	339	0.56	0.35	3.53	9.8
PN₀				3	1245	415		0.43	4.31	
P₁				6	1770	295		0.59	6	
PF₁	1.5	720	1400	4.5	1530	340	1.12	0.67	7	18.5
PN₁				3	1245	415		0.82	8.5	
P₂				6	1770	295		1.12	12	
PF₂	3	720	1420	4.5	1530	340	2.24	1.34	14	37.0
PN₂				3	1245	415		1.64	17	
P₃				6	1770	295		1.86	19.5	
PF₃	4	720	1440	4.5	1530	340	3.73	2.06	22.5	58.5
PN₃				3	1245	415		2.60	28.0	
P₄				6	1770	295		2.97	31	
PF₄	7.5	720	1440	4.5	1530	340	5.90	3.35	36	93.0
PN₄				3	1245	415		4.10	44	
P₅				6	1770	295		4.74	46.5	
	11	720	1440	4.5	1530	340	9.48	5.33	58.0	149
PF₅				3	1245	415		6.60	70.5	
				6	1770	295	10.40	5.60	55	
PN₅	15	720	1460	4.5	1530	340	11.20	6.30	68.5	176.5
				3	1245	415	11.20	7.80	83	
P₆	18.5	550	1470	5.6	1300	232	16.40	7.46	117	
PF₆	22	625	1470	4	1250	312	18.60	9.70	137	294
PN₆				2.8	1045	375	19.40	11.5	176.5	

2.4.3　变速器的外形和安装尺寸

齿链式无级变速器基本型整机的外形和安装尺寸见图 8.2-4 和表 8.2-18。

表 8.2-18　齿链式无级变速器基本型、第一派生型安装尺寸　　　　　（单位：mm）

型　号	a	A	A₁	B	B₁	φ	d (j7)	d₁ (j7)	h	h₁	H	H₁	H₂	L	L₁	f	K	K₁	l	l₁
P₀,PF₀,PN₀	120	350	325	136	110	12	16	16	182	90	308	90	150	217	192	110	222	311	31.5	31.5
P₁,PF₁,PN₁	160	450	410	185	150	14.5	24	24	240	132	427	132	212	285	250	160	320	381	60	60

（续）

型　　号	a	A	A_1	B	B_1	ϕ	d (j7)	d_1 (j7)	h	h_1	H	H_1	H_2	L	L_1	f	K	K_1	l	l_1
P_2,PF_2,PN_2	190	540	495	235	200	18.5	28	28	275	150	505	150	245	345	300	180	360	443	60	60
P_3,PF_3,PN_3	248	660	615	300	265	18.5	32	32	330	170	614	170	294	390	350	233	466	579	80	80
P_4,PF_4,PN_4	304	810	755	345	295	24	38	32	380	200	753	215	367	470	410	572	514	662	80	80
P_5,PF_5,PN_5	360	930	870	425	360	28	45	45	480	250	875	250	430	590	530	326	652	809	110	100
P_6,PF_6,PN_6	430	1150	1060	510	410	35	60	55	590	300	1045	300	515	750	660	400	800	974	140	100

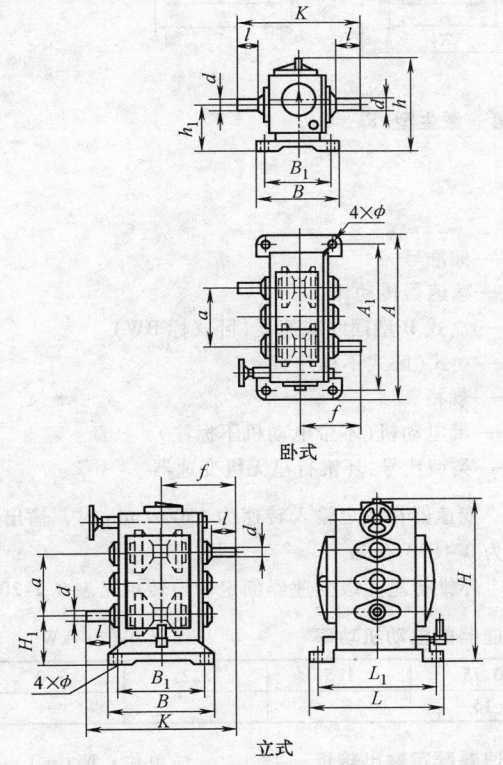

卧式

立式

图8.2-4　齿链式无级变速器基本型P_0～P_6

齿链式无级变速器第一派生型整机的外形和安装尺寸见图 8.2-5、图 8.2-6 和表 8.2-18。

2.5　环锥行星无级变速器

工作条件如下：

变速器输入轴转速不大于 1500r/min；变速器工作环境温度为 0～30℃；变速器能在额定载荷下从"0"r/min 开始稳定起动。

2.5.1　变速器的代号和标记方法

环锥行星无级变速器的型式分为：HZX（双出轴式）、HZXD（电动机直连式）、HZXD□L（立式）、

HZXD□-BW（卧式摆线）和 HZXD□L-BL（立式摆线）等五种。

变速器的标记内容包括：种类、型号、规格、公称传动比、装配型式、标准号。

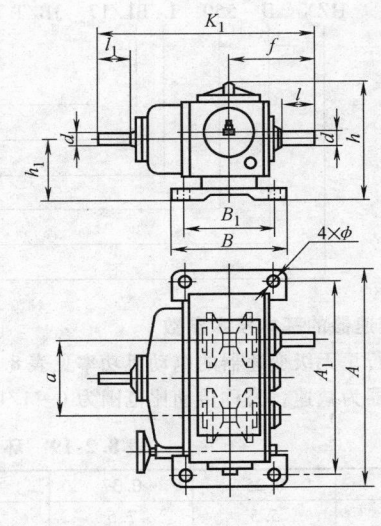

卧式

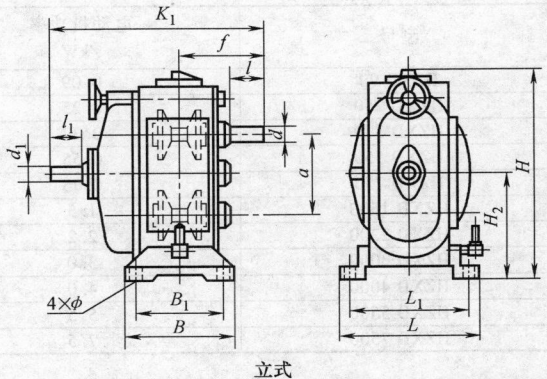

立式

图8.2-5　齿链式无级变速器第一派生型PN_0～PN_6

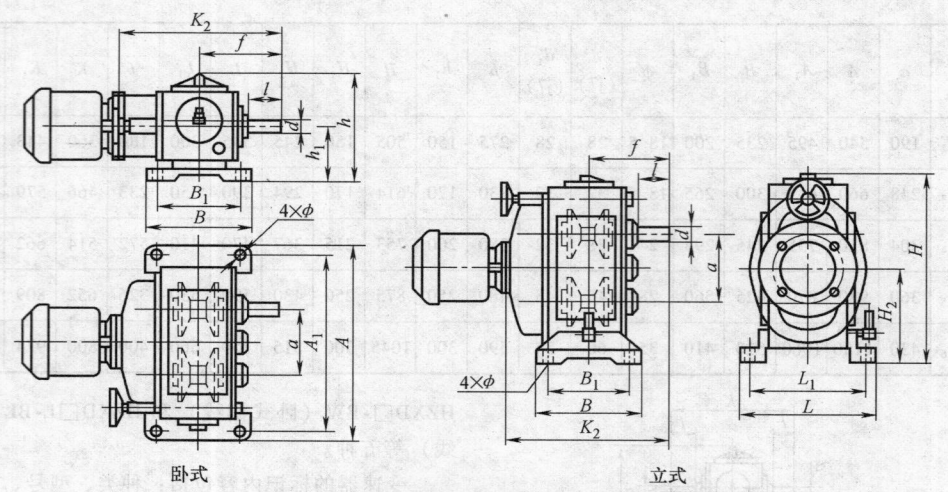

卧式　　　　　　　　　　　　　　　　　立式

图8.2-6　齿链式无级变速器第一派生型PF₀ ~PF₆

例：

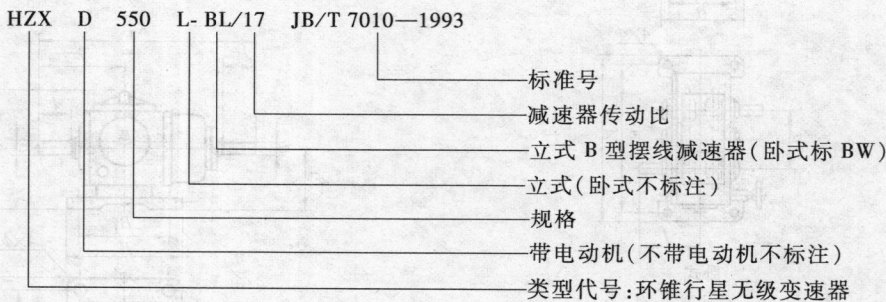

HZX D 550 L- BL/17 JB/T 7010—1993

- 标准号
- 减速器传动比
- 立式 B 型摆线减速器（卧式标 BW）
- 立式（卧式不标注）
- 规格
- 带电动机（不带电动机不标注）
- 类型代号：环锥行星无级变速器

2.5.2　变速器的基本技术参数

环锥行星无级变速器的电动机功率见表 8.2-19。

变速器为减速，公称传动比范围为 0 ~1/1.8。

变速器在额定输入转速为 1500r/min 时，输出转速为 0 ~ 833r/min。

环锥行星无级变速器额定输出转矩见表 8.2-20。

表 8.2-19　环锥行星无级变速器的电动机功率　　　（单位：kW）

0. 09	0. 25	0. 37	0. 55	0. 75	1. 5	2. 2	3. 0
4. 0	5. 5	7. 5	11	15	—	—	—

表 8.2-20　环锥行星无级变速器额定输出转矩　　　（单位：N·m）

型号	电动机功率 /kW	额定输出转矩	
		最　大	最　小
HZXD 90	0. 09	6. 0	0. 6
HZXD 250	0. 25	10. 4	2. 0
HZXD 370	0. 37	29	2. 9
HZXD 550	0. 55	40	4. 0
HZXD 750	0. 75	60	6. 0
HZXD 1500	1. 5	120	12
HZXD 2200	2. 2	190	19
HZXD 3000	3. 0	210	21
HZXD 4000	4. 0	250	28
HZXD 5500	5. 5	410	41
HZXD 7500	7. 5	550	55

2.5.3　变速器的外形和安装尺寸

HZX 双出轴式环锥行星无级变速器的外形及安装尺寸见图 8.2-7、表 8.2-21。

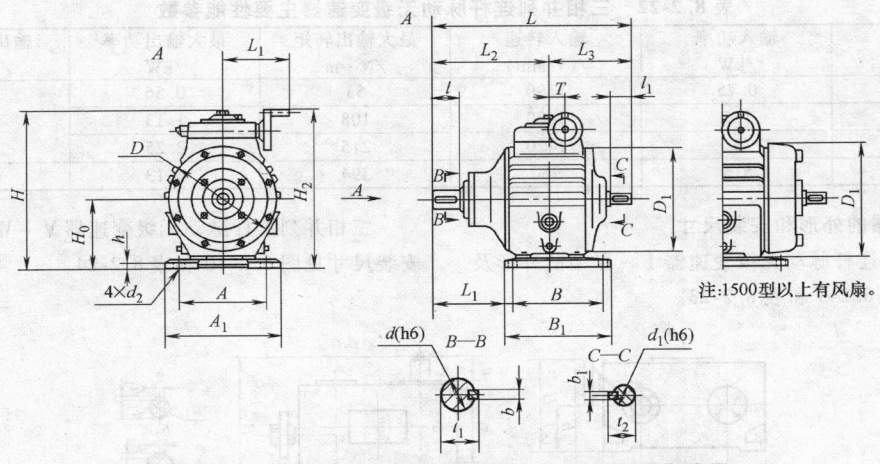

注：1500型以上有风扇。

图8.2-7 HZX 90 ~7500 双出轴式环锥行星无级变速器

表 8.2-21 HZX 双出轴式环锥行星无级变速器安装尺寸 （单位：mm）

型号	L	L_2	D	D_1	H	H_0	L_1	A_1	A	B_1	B	d_2	d	b	t_1	l	d_1	b_1	t_2	l_1	质量/kg	油量/L
HZX90	144	98	104	100	146	65	34	110	90	90	70	13.5	19	6	21.5	28	10	3	11.2	20	5.6	0.6
HZX250	250	125	150	148	240	106	74	120	90	140	110	9	19	6	21.5	28	14	5	16	25	11	0.6
HZX370	282	152	169	166	240	106	74	150	120	185	155	9	19	6	21.5	28	14	5	16	25	16	0.6
HZX550	290	165	200	190	260	115	74	170	140	200	170	9	24	8	27	36	16	5	18	30	25	0.8
HZX750	351	198	210	190	265	120	74	170	140	200	170	9	24	8	27	36	20	6	22.5	36	30	1.0
HZX1500	445	220	254	258	324	154	104	200	160	270	230	11	32	10	35	58	24	8	27	36	48	1.5
HZX2200	510	255	300	310	385	175	123	260	210	310	260	15.5	32	10	35	58	24	8	27	36	79	2.5
HZX3000	520	280	310	320	410	190	123	280	230	310	260	15.5	35	10	38	58	25	8	28	42	90	2.6
HZX4000	557	280	325	335	428	196	123	280	230	330	270	15.5	42	12	45	82	28	8	31	42	150	2.8
HZX5500	705	398	435	400	548	250	143	290	240	340	280	20	55	16	59	82	40	12	43	82	180	4.0
HZX7500	785	398	435	410	548	250	143	365	300	490	425	20	55	16	59	82	48	14	51.5	82	220	4.5

2.6 三相并列连杆脉动无级变速器

三相并列连杆脉动无级变速器是由三组并列布置、其原动件相位差为120°的连杆往复摆动机构与单向超越离合器组合而成。

工作条件如下：

传递功率为 0.75 ~ 5.5kW；变速器的工作环境温度为 −20 ~ 40℃。环境温度低于 0℃时，起动前润滑油要预热。

2.6.1 变速器的代号和标记方法

三相并列连杆脉动无级变速器的型号包括：产品代号、电动机功率、输出轴旋转方向代号、装配型式代号。

三相并列连杆脉动无级变速器代号用组合字母"U34"表示。

三相并列连杆脉动无级变速器的装配型式分为八种（见图 8.2-8）。其代号分别用罗马数字Ⅰ、Ⅱ……Ⅷ表示。

变速器输出轴旋转方向以面对输出端端面确定，其代号分别用汉语拼音字母表示："S"为顺时针方向旋转，"N"为逆时针方向旋转。

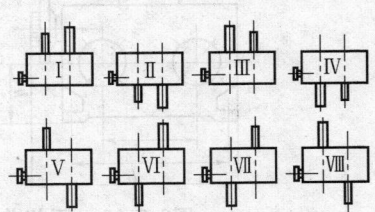

图8.2-8 三相并列连杆脉动无级
变速器的装配型式

标记示例：

三相并列连杆脉动无级变速器，配用电动机功率为 1.5kW，输出轴顺时针方向旋转，装配型式为Ⅰ型，其标记为：

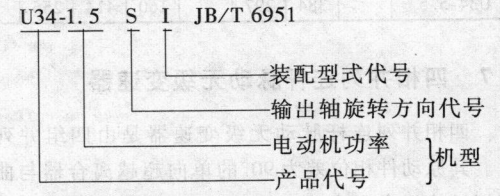

2.6.2 变速器的基本技术参数

三相并列连杆脉动无级变速器的主要性能参数见表 8.2-22。

表 8.2-22　三相并列连杆脉动无级变速器主要性能参数

机　型	输入功率 /kW	输入转速 /(r/min)	最大输出转矩 /N·m	最大输出功率 /kW	输出转速范围 /(r/min)
U34-0.75	0.75	1390	53	0.56	0 ~ 150
U34-1.5	1.5	1400	108	1.13	
U34-3	3	1420	215	2.25	
U34-5.5	5.5	960	394	4.13	0 ~ 200

2.6.3　变速器的外形和安装尺寸

三相并列连杆脉动无级变速器 I ~ IV 型的外形及安装尺寸见图 8.2-9 和表 8.2-23。

三相并列连杆脉动无级变速器 V ~ VIII 型的外形及安装尺寸见图 8.2-10 和表 8.2-24。

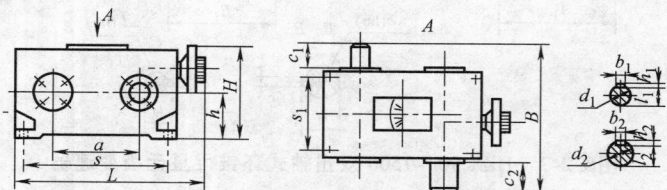

图8.2-9　三相并列连杆脉动无级变速器 I ~ IV 型的外形

表 8.2-23　三相并列连杆脉动无级变速器 I ~ IV 型的安装尺寸　　　　（单位：mm）

机　型	外形尺寸			安装尺寸														
	L	B	H	a	h	s	s_1	配用螺栓	c_1	d_1	b_1	l_1	h_1	c_2	d_2	b_2	l_2	h_2
U34-0.75	342	248	166	150	80	214	126	4 × M10	36	20	6	16.5	6	42	25	8	21	7
U34-1.5	410	300	225	180	100	304	146		42	25	8	21	7	58	30		26	
U34-3	595	408	295	300	135	462	196	4 × M12	58	35	10	30	8	82	45	14	39.5	9
U34-5.5		466	297		160	414	256	6 × M14	82	40	12	35			50		44.5	

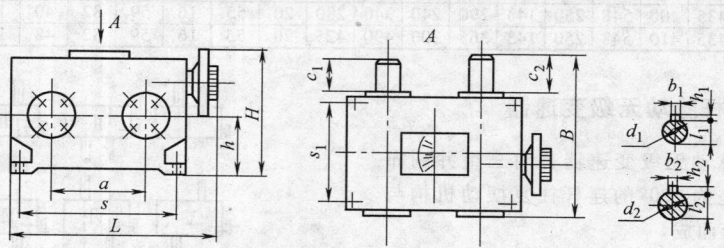

图8.2-10　三相并列连杆脉动无级变速器 V ~ VIII 型的外形

表 8.2-24　三相并列连杆脉动无级变速器 V ~ VIII 型的安装尺寸　　　　（单位：mm）

机　型	外形尺寸			安装尺寸														
	L	B	H	a	h	s	s_1	配用螺栓	c_1	d_1	b_1	l_1	h_1	c_2	d_2	b_2	l_2	h_2
U34-0.75	342	212	166	150	80	214	126	4 × M10	36	20	6	16.5	6	42	25	8	21	7
U34-1.5	410	250	225	180	100	304	146		42	25	8	21	7	58	30		26	
U34-3	595	350	295	300	135	462	196	4 × M12	58	35	10	30	8	82	45	14	39.5	9
U34-5.5		384	297		160	414	256	6 × M14	82	40	12	35			50		44.5	

2.7　四相并列连杆脉动无级变速器

四相并列连杆脉动无级变速器是由四组并列布置、其原动件相位差为 90° 的单向超越离合器与曲柄摆杆机构组合而成。

工作条件如下：

输入功率为 0.09 ~ 0.37kW；以传递运动为主的恒转矩变速器。

2.7.1　变速器的代号和标记方法

四相并列连杆脉动无级变速器型号包括：产品代号、输入功率和输出轴旋转方向代号。

四相并列连杆脉动无级变速器代号用汉语拼音字母 "MT" 表示。

四相并列连杆脉动无级变速器输出轴旋转方向以

面对输出轴伸出端端面确定，其代号分别用汉语拼音字母表示，"S"为顺时针方向旋转，"N"为逆时针方向旋转。

标记示例：

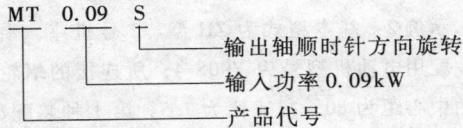

- 输出轴顺时针方向旋转
- 输入功率 0.09kW
- 产品代号

2.7.2　变速器的基本技术参数

四相并列连杆脉动无级变速器的主要性能参数见表 8.2-25。

2.7.3　变速器的外形和安装尺寸

四相并列连杆脉动无级变速器的外形和安装尺寸

见图 8.2-11、表 8.2-26。

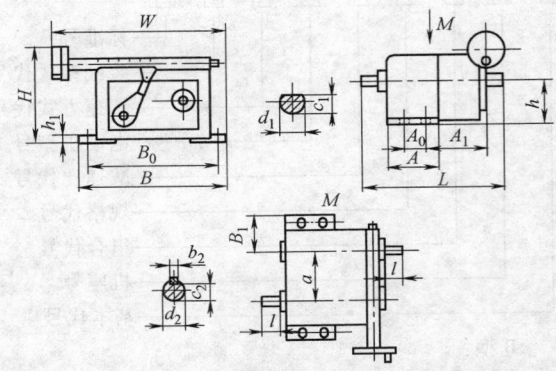

图8.2-11　四相并列连杆脉动无级变速器的外形

表 8.2-25　四相并列连杆脉动无级变速器主要性能参数

型　号	输入功率 /kW	输入转速 /(r/min)	最大输出转矩 /N·m	最大输出功率 /kW	输出转速范围 /(r/min)
MT0.09	0.09	1440	2	0.063	0～300
MT0.18	0.18		4.9	0.136	
MT0.37	0.37		7.2	0.26	

注：必要时 MT0.09 可用 0.12kW 的电动机，MT0.18 可配用 0.25kW 的电动机，MT0.37 可配用 0.55kW 的电动机。

表 8.2-26　四相并列连杆脉动无级变速器安装尺寸　　　　（单位：mm）

型号	安装尺寸										轴伸连接尺寸						外型尺寸		
	a	h	A	A_0	A_1	B	B_0	B_1	h_1	配用螺栓	c_1	d_1	b_2	c_2	d_2	l	W	H	L
MT0.09	63.5	57.3	64	30	39	165	149	51.5	10	4-M5	8	10	4	7.5	10	20	186	122	139
MT0.18					67														167
MT0.37	90	67	90	56	34	226	200	68	18	4-M8			5	12	15	23	234	172	158

2.8　锥盘环盘式无级变速器

工作条件如下：

变速器工作环境温度为 −15℃～40℃，海拔不超过 1000m；变速器输出轴可正、反向运转。

2.8.1　变速器的代号和标记方法

锥盘环盘式无级变速器分为：A、B 型。

A 型按其型式不同变速器代号分别包括：基本代号、机座号、组合代号、减速单元参数、电动机型号、调速方式代号及装配型式代号中的全部或一部分；

B 型按其型式不同变速器代号分别包括基本代号、机座号、最低输出转速、电动机型号及调速方式代号。

A 型

① 基本代号：ZH 表示卧式结构，ZHF 表示法兰安装结构。

② 组合代号：用于派生型变速器，W 表示连接有蜗轮蜗杆的第一派生型，B 表示连接有摆线针轮的第二派生型，T 表示连接有 TZS 型同轴式圆柱齿轮的第三派生型。

③ 减速参数代号：由两位数字组成，第一位数

字表示规格代号，第二位数字为减速比代号。

④ 调速方式代号：D 表示电动调速，手动调速时代号省略。

⑤ 装配型式代号：用于第一派生型变速器，分别表示其相应的装配型式。

B 型

① 基本代号：ZHB 表示卧式结构，ZHBF 表示法兰安装结构。

② 调速方式代号：D 表示电动调速，手动调速时代号省略。

标记方法

A 型：

基本型

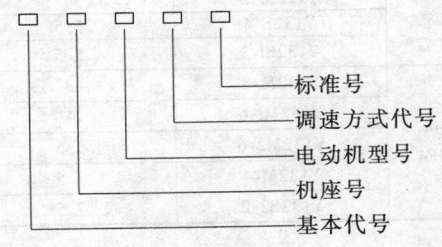

- 标准号
- 调速方式代号
- 电动机型号
- 机座号
- 基本代号

派生型

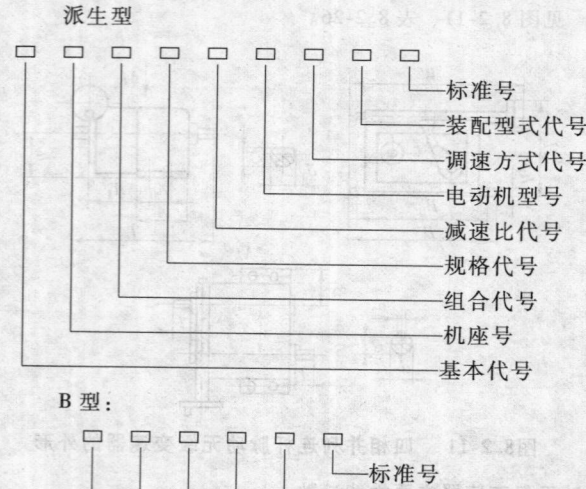

B型：

标记示例

示例1：基本型式为 ZHF 型、2 号机座、电动调速、配用电动机型号为 Y90S-4 的变速器可表示为：

ZHF2 Y90S-4DJB/T 7686

示例2：基本型式为 ZH 型、2 号机座、手动调速、配用电动机型号为 Y90S-4，所连接的蜗轮蜗杆副的中心距为 80，减速比为 7.5，第Ⅰ种装配型式，其标记为：

ZH2W21 Y90S-4 Ⅰ JB/T 7686

示例3：基本型式为 ZHB、2 号机座、最低输出转速330r/min、电动调速、配用电动机型号为Y802-4的变速器可表示为：

ZHB2-330-Y802-4D JB/T 7686

2.8.2　变速器的基本技术参数

锥盘环盘式 A 型基本型变速器的额定输出参数见表 8.2-27。

表 8.2-27　锥盘环盘式 A 型基本型变速器额定输出参数

型号		配用电动机功率 /kW	电动机转速 /(r/min)	输出转速 n_2 /(r/min)	输出转矩 T_2 /N·m
ZH1 ZHF1	A02-7114	0.25	1400	356 ~ 1782	4.69 ~ 1.07
	A02-7124	0.37	1400	356 ~ 1782	6.94 ~ 1.58
	A02-7112	0.37	2800	713 ~ 3564	3.46 ~ 0.79
	Y801-4	0.55	1390	353 ~ 1769	10.39 ~ 2.38
	A02-7122	0.55	2800	713 ~ 3564	5.16 ~ 1.18
	Y802-4	0.75	1390	353 ~ 1769	14.17 ~ 3.24
	Y801-2	0.75	2830	720 ~ 3602	6.96 ~ 1.59
	Y802-2	1.1	2830	720 ~ 3602	10.21 ~ 2.33
ZH2 ZHF2	Y90S-6	0.75	910	221 ~ 1105	22.68 ~ 5.51
	Y90L-6	1.1	910	221 ~ 1105	33.27 ~ 8.08
	Y90S-4	1.1	1400	340 ~ 1700	21.62 ~ 5.25
	Y90L-4	1.5	1400	340 ~ 1700	29.49 ~ 7.16
	Y90S-2	1.5	2840	690 ~ 3448	14.54 ~ 3.53
	Y90L-2	2.2	2840	690 ~ 3448	21.32 ~ 5.18
ZH3 ZHF3	Y100L-6	1.5	940	231 ~ 1155	46.52 ~ 11.16
	Y132S-8	2.2	710	174 ~ 872	90.32 ~ 21.68
	Y112M-6	7.2	940	231 ~ 1155	68.22 ~ 16.37
	Y100Ll-4	2.2	1430	351 ~ 1757	44.89 ~ 10.76
	Y132S-6	3	960	236 ~ 1179	91.09 ~ 21.86
	Y100L2-4	3	1430	351 ~ 1757	61.15 ~ 14.67
	Y100L-2	3	2870	705 ~ 3526	30.47 ~ 7.31
	Y112M-4	4	1440	354 ~ 1769	80.97 ~ 19.43
	Y112M-2	4	2890	710 ~ 3551	40.35 ~ 9.68
	Y132S-4	5.5	1440	354 ~ 1769	111.35 ~ 26.72
	Y132Sl-2	5.5	2900	713 ~ 3563	55.28 ~ 13.27
ZH4 ZHF4	Y132M-8	3	710	211 ~ 845	101.69 ~ 30.50
	Y132Ml-6	4	960	288 ~ 1142	100.28 ~ 30.08
	Y132M2-6	5.5	960	285 ~ 1142	137.88 ~ 41.36
	Y132M-4	7.5	1440	428 ~ 1713	125.34 ~ 37.60
	Y132S2-2	7.5	2900	462 ~ 3451	62.24 ~ 18.67

锥盘环盘式 B 型变速器的额定输出参数见表 8.2-28。

表 8.2-28　锥盘环盘式 B 型变速器额定输出参数

型　号			配用电动机功率 /kW	输出转速 n_2 /(r/min)	输出转矩 T_2 /N·m
ZHB1 ZHBF1	420	A02-7124	0.37	420 ~ 1680	3.5 ~ 2
	205			205 ~ 820	10 ~ 3.5
	50			50 ~ 197	30 ~ 16
	11.5			11.5 ~ 44	140 ~ 70
	417	Y801-4	0.55	417 ~ 1668	7.5 ~ 2.5
	205			205 ~ 820	11.5 ~ 6
	50			50 ~ 196	50 ~ 23
	12			12 ~ 44	210 ~ 100
ZHB1	3			3 ~ 11	700 ~ 400
ZHB2 ZHBF2	330	Y802-4	0.75	330 ~ 1647	10 ~ 3.5
	220	Y90S-6		220 ~ 1100	15 ~ 5.5
	160	Y802-4		160 ~ 820	19 ~ 7.5
	106	Y90S-6		106 ~ 540	28 ~ 11.5
	53	Y802-4		53 ~ 262	60 ~ 24
	34.5	Y90S-6		34.5 ~ 172	88 ~ 36
	17	Y802-4		17 ~ 82	180 ~ 76
	11	Y90S6		11 ~ 54	300 ~ 110
	332	Y90S-4	1.1	332 ~ 1659	14 ~ 5.5
	220	Y90L-6		220 ~ 1100	21 ~ 8.5
	165	Y90S-4		165 ~ 820	28 ~ 12
	110	Y90L-6		110 ~ 550	42 ~ 17
	53	Y90S-4		53 ~ 264	90 ~ 35
	34.5	Y90L-6		34.5 ~ 172	130 ~ 50
	17	Y90S-4		17 ~ 83	270 ~ 110
	11	Y90L-6		11 ~ 54	320 ~ 170
ZHB2	5	Y90S-4		5 ~ 24	700 ~ 350
	3.5	Y90L-6		3.5 ~ 15	1100 ~ 600
ZHB2 ZHBF2	332	Y90L-4	1.5	332 ~ 1659	18 ~ 7.5
	220	Y100L-6		220 ~ 1100	25 ~ 11
	166	Y90L-4		166 ~ 825	32 ~ 14
	110	Y100L-6		110 ~ 550	39 ~ 23
	53	Y90L-4		53 ~ 264	94 ~ 46
ZHB2 ZHBF2	35.5	Y100L-6	1.5	35.5 ~ 177	140 ~ 72
	14	Y90L-4		17 ~ 83	290 ~ 140
	11.5	Y100L-6		11.5 ~ 56	410 ~ 230
ZHB2	5	Y90L-4		5 ~ 24	900 ~ 430
	3.5	Y100L-6		3.5 ~ 16	1400 ~ 700
ZHB3 ZHBF3	438	Y100L1-4	2.2	438 ~ 1752	21 ~ 11
	290	Y112M-6		290 ~ 1160	31 ~ 16
	215	Y100L1-4		215 ~ 870	42 ~ 20
	144	Y112M-6		144 ~ 580	63 ~ 32
	81	Y100L1-4		81 ~ 323	110 ~ 56
	54	Y112M-6		54 ~ 214	160 ~ 85
ZHB3	15	Y100L1-4		15 ~ 59	580 ~ 300
	10	Y112M-6		10 ~ 39	850 ~ 470
	4	Y100L1-4		4 ~ 14.5	2100 ~ 1200
	2.5	Y112M-6		2.5 ~ 9	3400 ~ 2000

（续）

型　　号		配用电动机功率 /kW	输出转速 n_2 /(r/min)	输出转矩 T_2 /N·m
ZHB3	438		438 ~ 1752	28 ~ 14
ZHBF3	220	Y100L2-4	220 ~ 825	60 ~ 31
	81	3.0	81 ~ 323	150 ~ 74
ZHB3	15		15 ~ 59	815 ~ 400
	4		4 ~ 14.5	3000 ~ 1600

表 8.2-27、表 8.2-28 规定的额定输出参数的适用条件为：日工作时间不大于 10h，负荷平稳无冲击。当上述条件不满足时，应按表 8.2-29 进行修正。

2.8.3 变速器的外形和安装尺寸

锥盘环盘式 A 型基本型变速器的外形和安装尺寸见图 8.2-12、图 8.2-13 及表 8.2-30、表8.2-31。

表 8.2-29 工况系数 f_1

负荷性质	日 工 作 时 间/h		
	≤3	>3 ~ 10	>10 ~ 24
均匀负荷	0.9	1.0	1.2
中等冲击负荷	1.0	1.2	1.4
强冲击负荷	1.4	1.6	1.8

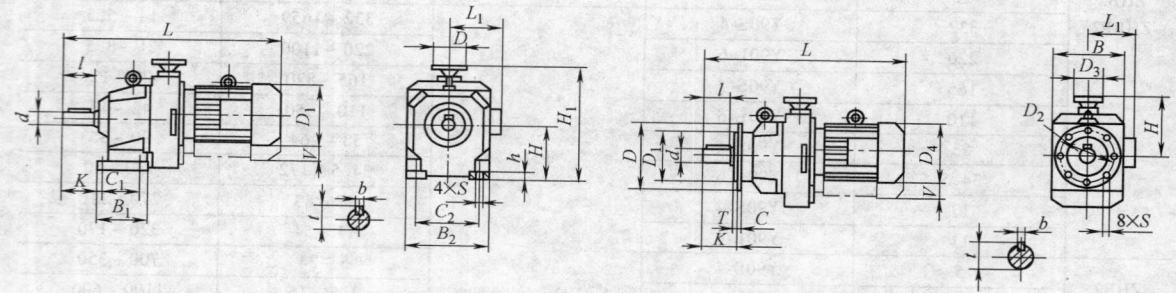

图 8.2-12 锥盘环盘式 A 型基本型 ZH 变速器   图 8.2-13 锥盘环盘式 A 型基本型 ZHF 变速器

表 8.2-30 锥盘环盘式 A 型基本型 ZH 变速器安装尺寸　　　　（单位：mm）

型号 \ 尺寸		C_1	C_2	B_1	B_2	h	S	H	H_1	D	K	V	D_1	L	L_1	d	t	b	l	质量/kg (不含电动机)
ZH1	A02-71 / Y80	85	140	125	180	15	12	140	327	100	77	56	145	520	—	19j6	21.5	6	40	23.4
													165	525	150					
ZH2	Y90S / Y90L	105	175	135	205	20	14.5	160	367	100	83	60	175	585	150	24j6	27	8	50	28.3
													175	600	155					
ZH3	Y100 / Y112 / Y132	140	225	175	280	25	14.5	225	502	160	97.5	86	205	698	180	28j6	31	8	80	65
													230	718	190					
													270	773	210					
ZH4	Y132	180	260	220	305	30	18.5	250	542	160	119	92	270	880	210	38j6	41	10	80	76.5

表 8.2-31 锥盘环盘式 A 型基本型 ZHF 变速器安装尺寸　　　　（单位：mm）

型号 \ 尺寸		D	D_1	D_2	B	T	C	S	D_3	H	V	D_4	L	L_1	d	t	b	l	K	质量/kg (不含电动机)
ZHF1	A02-71 / Y80	180	120j6	150	180	3.5	10	12	100	187	56	145	520	—	19j6	21.5	6	40	45	20
												165	525	150						

（续）

型号	尺寸	D	D_1	D_2	B	T	C	S	D_3	H	V	D_4	L	L_1	d	t	b	l	K	质量/kg（不含电动机）
ZHF2	Y90S / Y90L	200	130j6	165	205	3.5	10	12	100	207	60	175 / 175	585 / 600	150 / 155	24j6	27	8	50	47	24
ZHF3	Y100	250	180j6	215	280	3.5	12	15	160	277	86	205	698	180	28j6	31	8	80	62.5	58
	Y112											230	718	190					62.5	
	Y132	300	230j6	265		4	15	15				270	773	210					67.5	
ZHF4	Y132	300	230j6	265	305	4	15	15	160	292	92	270	880	210	38j6	41	10	80	67.5	62

3　液压机械无级变速器

3.1　液压机械无级变速器的特点与组成

（1）液压机械无级变速器的特点

1）它使液压泵、液压马达与若干控制阀一起构成一体化的闭式液压回路，它没有管路，因而结构紧凑，体积小质量轻，使用方便，布局灵活。

2）无级变速简便，正、反转及起动响应快，停车惯性小，能吸收冲击，防止过负荷。

3）控制特性良好。例如：YWP-1 液压无级变速器是恒转矩型的，在额定转矩范围内变速时，能在较大的输出转速范围内保持恒定的输出转矩，速度不受负载变化的影响。

4）零件有自润滑，故寿命长，维护保养容易。

5）合理利用动力，节约能源。

（2）液压机械无级变速器的组成　外分流式液压机械传动（以下简称 HMT）是由二自由度差速器（机械元件）和柱塞式液压泵——马达调速器（液压元件）组成的双流传动。差速器有三个轴：输入轴 1、输出轴 2 和控制轴 3。HMT 有输入分流和输出分流两种形式。图 8.2-14a 为输入分流式，输入功率在输入轴上分流，一流直接输往差速器的输入轴 1，另一流经液压元件输往差速器的控制轴 3，两流经差速器汇流输出。图 8.2-14b 为输出分流式，输入功率经差速器分流，一流经差速器的输出轴输出，另一流经差速器的控制轴输往液压元件，两流在输出轴上汇流

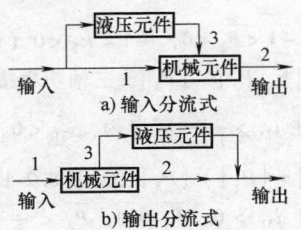

图 8.2-14　外分流式液压机械传动

输出。选择不同形式差速器，或以差速器的不同构件作为输入、输出或者控制轴，可组成多种方案。

3.2　液压机械无级变速器传动方案的选择

3.2.1　液压机械传动的方案（表 8.2-32）

HMT 用的差速器为 2K-H 型（图 8.2-15）。它有 3 个外接轴（构件）：小中心轮 t、大中心轮 q 和系杆 j。3 个外接构件的转速 n 存在如下关系：

$$(n_t - n_j)/(n_q - n_j) = \pm a \quad (a > 1) \quad (8.2-1)$$

行星轮与中心轮外啮合对数为奇数取“–”号，称负号机构（图 8.2-15a）；外啮合对数为偶数取“+”号，称正号机构（图 8.2-15b），负号机构的效率总是高于正号机构，但其结构参数 a 只能取 2～8。

差速器三外接轴的转速 n、转矩 M 和功率 P 存在如下关系：

$$n_t \pm a n_q - (1 \pm a) n_j = 0 \quad (8.2-2)$$

$$M_t + M_q + M_j = 0 \quad (8.2-3)$$

$$P_t + P_q + P_j = 0 \quad (8.2-4)$$

$$M_t : M_j : M_q = 1 : \pm a : -(1 \pm a) \quad (8.2-5)$$

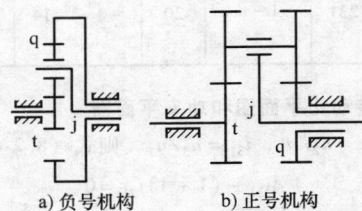

a) 负号机构　　　　b) 正号机构

图 8.2-15　2K-H 型差速器传动简图

负号机构取“–”号；正号机构取“+”号。

负号机构三个外接轴可以与输入轴 1、输出轴 2 和控制轴 3 作 6 种不同方式的连接。这 6 种连接方式可组成 6 种输入分流式 HMT，即 HMT 共有 24 种方案。24 种方案中各轴间的转速、转矩和功率关系，可用如下的普遍方程式表示：

$$n_1 + A n_3 - (1 + A) n_2 = 0 \quad (8.2-6)$$

$$M_1 : M_2 : M_3 = 1 : A : -(1 + A) \quad (8.2-7)$$

$$P_1 + P_2 + P_2 = 0 \quad (8.2-8)$$

A 为差速器的特征系数,只与结构参数 a 有关,24 种　　方案的连接方式见表 8.2-32。

表 8.2-32　液压机械传动方案

正负号机构	tqj 连接方式	$\dfrac{1}{1+A}$	输入分流				输出分流			
			序号	调速比	分流比 ρ_h	i_{21}	序号	调速比	分流比 ρ_h	i_{21}
−	321	$\dfrac{1+a}{a}$	1	1.13~3	$1-\dfrac{1+a}{ai_{21}}$	$\dfrac{1+a-i_{31}}{a}$	5	0.56~1.5	$1-\dfrac{ai_{21}}{1+a}$	$\dfrac{(1+a)i_{23}}{1+ai_{23}}$
	231	$1+a$	2	3~18	$1-\dfrac{1+a}{i_{21}}$	$1+a(1-i_{31})$	6	1.5~9	$1-\dfrac{i_{21}}{1+a}$	$\dfrac{(a+1)i_{23}}{a+i_{23}}$
+	213	a	3	2~16	$1-\dfrac{1+a}{i_{21}}$	$(1-a)i_{31}+a$	7	1~8	$1-\dfrac{i_{21}}{a}$	$\dfrac{ai_{23}}{i_{23}+a-1}$
	312	$\dfrac{1}{a-1}$	4	1.14~4	$1-\dfrac{a}{(a-1)i_{21}}$	$\dfrac{i_{31}-a}{1-a}$	8	0.57~2	$1-\dfrac{(a-1)i_{21}}{a}$	$\dfrac{ai_{23}}{1-(1-a)i_{23}}$
−	312	$\dfrac{a}{a+1}$	9	0.67~1.78	$1-\dfrac{a}{(1+a)i_{21}}$	$\dfrac{i_{31}+a}{1+a}$	13	0.33~0.89	$1-\dfrac{(a+1)i_{21}}{a}$	$\dfrac{ai_{23}}{(1+a)i_{23}-1}$
	132	$\dfrac{a}{a+1}$	10	0.11~0.67	$1-\dfrac{1}{(1+a)i_{21}}$	$\dfrac{1+ai_{31}}{1+a}$	14	0.06~0.33	$1-(1+a)i_{21}$	$\dfrac{i_{23}}{(1+a)i_{23}-a}$
+	321	$\dfrac{a-1}{a}$	11	0.5~1.75	$1-\dfrac{a-1}{ai_{21}}$	$\dfrac{i_{31}+a-1}{a}$	15	0.25~0.88	$1-\dfrac{ai_{21}}{a-1}$	$\dfrac{(1-a)i_{23}}{1-ai_{23}}$
	123	$\dfrac{1}{a}$	12	0.125~1	$1-\dfrac{1}{ai_{21}}$	$1-(1-a)i_{31}$	16	0.06~0.5	$1-ai_{21}$	$\dfrac{i_{23}}{1-a(1-i_{23})}$
−	213	$-a$	17	−2~−16	$1+\dfrac{a}{i_{21}}$	$(1+a)i_{31}-a$	21	−1~−8	$1+\dfrac{i_{21}}{a}$	$\dfrac{ai_{23}}{1+a-i_{23}}$
	123	$-\dfrac{1}{a}$	18	−0.125~−1	$1+\dfrac{1}{ai_{21}}$	$(1+a)i_{31}-1$	22	−0.06~−0.5	$1+ai_{21}$	$\dfrac{i_{23}}{1+a(1-i_{23})}$
+	132	$\dfrac{1}{1-a}$	19	−0.14~−2	$1+\dfrac{1}{(a-1)i_{21}}$	$\dfrac{ai_{31}-1}{a-1}$	23	−0.07~−1	$1-(1-a)i_{21}$	$\dfrac{i_{23}}{a+(1-a)i_{23}}$
	231	$1-a$	20	−1~−14	$1-\dfrac{1-a}{i_{21}}$	$1-a(1-i_{31})$	24	−0.5~−7	$1-\dfrac{i_{21}}{1-a}$	$\dfrac{(a-1)i_{23}}{a-i_{23}}$

3.2.2　传动比平面图和功率平面图

设 $i_{21}=n_2/n_1$,$i_{31}=n_3/n_1$,则式 (8.2-6) 变为

$$Ai_{31}-(1+A)i_{21}=0 \qquad (8.2\text{-}9)$$

设 $\overline{P}_2=P_2/P_1$,$\overline{P}_3=P_3/P_1$,$\overline{P}_1=P_1/P_1$,比较式 (8.2-7) 有

$$\overline{P}_2=\frac{P_2}{P_1}=\frac{M_2 n_2}{M_1 n_1}=-(1+A)i_{21} \qquad (8.2\text{-}10)$$

$$\overline{P}_3=\frac{P_3}{P_1}=\frac{M_3 n_3}{M_1 n_1}=Ai_{31} \qquad (8.2\text{-}11)$$

$$\overline{P}_1=\frac{P_1}{P_1}=1 \qquad (8.2\text{-}12)$$

可见式 (8.2-9) 既是差速器的运动方程,又是功率分配方程。

以 i_{21} 为横坐标,以 i_{31} 为纵坐标的图为差速器的传动比平面图;以 i_{21} 为横坐标,以 $\overline{P}_i$ 为纵坐标的图为差速器的功率平面图。24 种 HMT 方案的平面图可分成 3 组,如图 8.2-16 所示。

图 8.2-16a 所示为第一组:$-1<A<0$,$\dfrac{1}{1+A}>1$,即表 8.2-32 中的 1~8 号方案。在 $i_{21}<\dfrac{1}{1+A}$ 区段内,$i_{31}>0$,$-1<\overline{P}_2<0$,$-1<\overline{P}_3<0$(负值为输出功率),$|\overline{P}_1|=|\overline{P}_2|+|\overline{P}_3|$,三轴功率按图 8.2-17a 方式流动;在 $i_{21}>\dfrac{1}{1+A}$ 区段内,$i_{31}<0$,$\overline{P}_2<-1$,$\overline{P}_3>0$,$|\overline{P}_2|=|\overline{P}_1|+|\overline{P}_3|$(见图 8.2-17b);在 $i_{21}<0$ 区段内,$i_{31}>0$,$\overline{P}_2>0$,$\overline{P}_3<-1$,$|\overline{P}_3|=|\overline{P}_2|+|\overline{P}_1|$(见图 8.2-17c)。

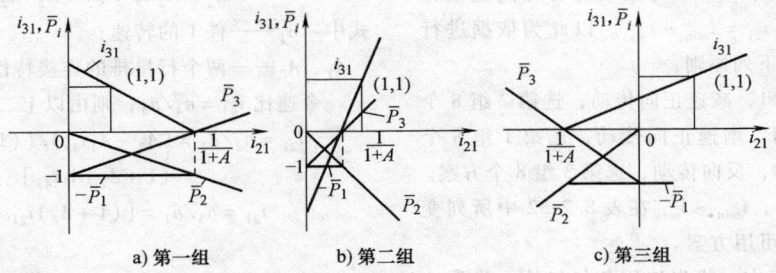

图 8.2-16　传动比平面图和功率平面图

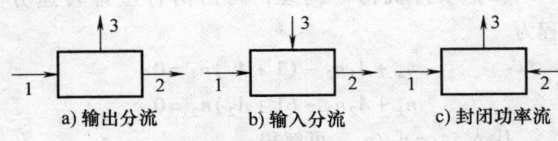

图 8.2-17　分流方案

图 8.2-16b 所示为第二组：$A > 0$，$0 < \dfrac{1}{1+A} < 1$ 时，即 9 ~ 16 号方案。$i_{21} < \dfrac{1}{1+A}$ 时，$i_{31} < 0$，$-1 < \overline{P_2} < 0$，$-1 < \overline{P_3} < 0$，$|\overline{P_1}| = |\overline{P_2}| + |\overline{P_3}|$（见图 8.2-17a）；$i_{21} > \dfrac{1}{1+A}$ 时，$i_{31} > 0$，$|\overline{P_2}| = |\overline{P_1}| + |\overline{P_3}|$（见图 8.2-17b）；$i_{21} < 0$ 时，$i_{31} < 0$，$|\overline{P_3}| = |\overline{P_1}| + |\overline{P_2}|$（图 8.2-17c）。

图 8.2-16c 所示为第三组：$A < -1$，$\dfrac{1}{1+A} < 0$，即 17 ~ 24 号方案。$i_{21} > 0$ 时，$i_{31} > 0$，$|\overline{P_3}| = |\overline{P_1}| + |\overline{P_2}|$；$0 > i_{21} > \dfrac{1}{1+A}$ 时，$i_{31} > 0$，$|\overline{P_1}| = |\overline{P_2}| + |\overline{P_3}|$；$i_{21} < \dfrac{1}{1+A}$ 时，$i_{31} < 0$，$|\overline{P_2}| = |\overline{P_1}| + |\overline{P_3}|$。

图 8.2-17a 与图 8.2-14b 的差速器一样，都是用来分流的，因此，三轴功率按图 8.2-17a 方式流动的差速器只能用于输出分流式 HMT。而图 8.2-17b 所示差速器与图 8.2-14a 一样，属汇流用差速器，即三轴按图 8.2-17b 所示进行功率分流的差速器只能用于输入分流式 HMT。图 8.2-17a 用于输入分流式或图 8.2-17b 用于输出分流式均会出现封闭功率流。图 8.2-17c 在任何情况下都有封闭功率流，且液压元件的功率流 P_3 大于输入功率，这是绝对禁止的。综上所述得出：

1）第 1 组 1 ~ 4 号方案用于 $i_{21} > \dfrac{1}{1+A}$ 的正向传动，5 ~ 8 号方案用于 $i_{21} < \dfrac{1}{1+A}$ 的正向传动。

2）第 2 组 9 ~ 12 号方案用于 $i_{21} > \dfrac{1}{1+A}$ 的正向传动，13 ~ 16 号方案用于 $i_{21} < \dfrac{1}{1+A}$ 的正向传动。

3）第 3 组 17 ~ 20 号方案用于 $i_{21} < \dfrac{1}{1+A}$ 的反向传动，21 ~ 24 号方案用于 $i_{21} > \dfrac{1}{1+A}$ 的反向传动。

3.2.3　液压机械传动的评价指标

分流比 ρ_h：液压元件的功率流与总功率的比值。对输入分流式，$|\overline{P_2}| = |\overline{P_1}| + |\overline{P_3}|$

$$\rho_h = \frac{|\overline{P_3}|}{|\overline{P_2}|} = 1 - \frac{1}{(1+A)i_{21}} \qquad (8.2\text{-}13)$$

对输出分流式，$|\overline{P_1}| = |\overline{P_2}| + |\overline{P_3}|$

$$\rho_h = \frac{|\overline{P_3}|}{|\overline{P_1}|} = 1 - (1+A)i_{21} \qquad (8.2\text{-}14)$$

液压元件效率低，故 ρ_h 值不应过大，一般限制在 $\rho_h \leqslant 0.5$ 范围内。由此限制，输入分流式应使 $|i_{21}| \leqslant \left|\dfrac{2}{1+A}\right|$，输出分流式应使 $|i_{21}| > \left|\dfrac{1}{2(1+A)}\right|$。

调速比 R：系统最大传动比与最小传动比之比值。

$$R = i_{21\max}/i_{21\min} \qquad (8.2\text{-}15)$$

由于受到 $\rho_h \leqslant 0.5$ 的限制，HMT 具有较高效率又无封闭功率流时，$R \leqslant 2$。

系统效率 η：HMT 的总效率主要取决于分流比和液压元件的效率 η_H，按下式计算

$$\eta \approx 1 - \rho_h(1 - \eta_H) \qquad (8.2\text{-}16)$$

当 $\rho_h \leqslant 0.5$ 时，$\eta > \eta_H$。

3.2.4　液压机械传动方案的设计

HMT 的具体应用范围还受结构参数 a 的制约，负号机构 $a = 2 \sim 8$ 范围内各方案的应用范围列于表 8.2-32 中，为便于比较，也列出了正号机构 $a = 2 \sim 8$

时的传动比变化范围。HMT 方案设计首先满足设计要求，即变速范围 $i_{21} = i_{min} \sim i_{max}$。以此为依据进行方案设计时应遵循下列原则：

1）$i_{min} \sim i_{max} < 1$，减速正向传动，选第 2 组 8 个方案；$i_{min} \sim i_{max} > 1$，增速正向传动，选第 1 组 8 个方案；$i_{min} \sim i_{max} < 0$，反向传动，选第 3 组 8 个方案。

2）8 个方案中，$i_{min} \sim i_{max}$ 在表 8.2-32 中所列变速范围内的方案为可用方案。

3）在可用方案中，优先选用负号机构；优先选用 $i_{min} \sim i_{max}$ 在表 8.2-32 所列变速范围中间值的方案。

4）方案选出后，即确定了连接方式、分流形式及 $\frac{1}{1+A}$ 的计算公式，输出分流式 HMT 按 $i_{max} = \frac{1}{1+A}$ 确定 a 值，输入分流式按 $i_{min} = \frac{1}{1+A}$ 确定 a 值。

3.3　液压机械无级变速装置的设计

3.3.1　结构型式

该装置分机械传动和液压调速两部分。机械传动部分可采用二自由度的单排复星机构或双行星排机构；液压调速部分可采用变量泵和定量马达，分别由图 8.2-18a 和图 8.2-18b 表示。

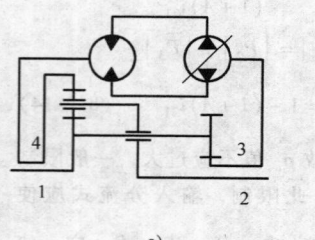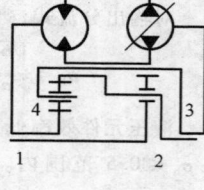

a)　　　　　　　　　b)

图 8.2-18　液压机械调速机构

复星机构有两轴（1、2）分别接输入、输出，另两轴（3、4）分别接液压元件，图 8.2-18a 中还采用了双行星机构。双行星排机构同样有 4 根轴（1～4）与外部相连；两排之间另有两对齿轮元件相连，以消除多余的自由度。由于采用不同的连接方式，相应地就会有多种连接方案。图 8.2-18b 是一种与图 8.2-18a 复星机构类似的方案（太阳轮输入、行星架输出）。

3.3.2　主要性能参数

1. 转速和速比

（1）复星机构　将复星机构视为两行星排，可分别建立转速方程为

$$n_1 + A_1 n_4 - (1 + A_1) n_2 = 0$$

$$n_1 + A_2 n_3 - (1 + A_2) n_2 = 0$$

式中　n_1——件 1 的转速；

A_1、A_2——两个行星排的连接特性系数。

令速比 $i_{43} = n_4/n_3$，则由以上二式解得

$$i_{21} = n_2/n_1 = (A_2 - A_1 i_{43})/[(1 + A_1) A_2 - (1 + A_2) A_1 i_{43}] \quad (8.2\text{-}17a)$$

$$i_{31} = n_3/n_1 = [(1 + A_2) i_{21} - 1]/A_2 \quad (8.2\text{-}18a)$$

$$i_{41} = n_4/n_1 = [(1 + A_1) i_{21} - 1]/A_1 \quad (8.2\text{-}19a)$$

（2）双排机构　同理，列出两行星排转速方程为

$$n_4 + A_1 n_2 - (1 + A_1) n_3 = 0$$

$$n_1 + A_2 n_3 - (1 + A_2) n_2 = 0$$

代入 $i_{43} = n_4/n_3$，可解得

$$i_{21} = [(1 + A_1) - i_{43}]/[A_1 + (1 + A_2)(1 - i_{43})] \quad (8.2\text{-}17b)$$

$$i_{31} = [(1 + A_1) i_{21} - 1]/A_2 \quad (8.2\text{-}18b)$$

$$i_{41} = [(1 + A_1 + A_2) i_{21} - (1 + A_1)]/A_2 \quad (8.2\text{-}19b)$$

从以上两组 6 个公式可以看出，在结构参数 A_1、A_2 和输入转速 n_1 一定时，输出转速 n_2 和其他件的转速由 i_{43} 唯一确定。连续调节变量泵的排量，即可改变 i_{43} 的大小和方向，实现 n_2 的无级变化。

2. 转矩和变矩比及功率和效率

变速装置稳定运转时，各轴的转矩满足下列关系：

$$T_1 + T_2 + T_3 + T_4 = 0 \quad (8.2\text{-}20)$$

对图 8.2-73a 所示的复星传动机构，分别写出装置整体、液压部分和机械部分的能量传递平衡式（正功率为输入，负功率为输出）：

$$P_1 \eta + P_2 = 0 \quad (8.2\text{-}21)$$

$$P_3 \eta_h^x + P_4 = 0 \quad (8.2\text{-}22)$$

$$P_1 \eta_g + P_4 \eta_g^x + P_2 + P_3 \eta_g^{-x} = 0 \quad (8.2\text{-}23)$$

式中　P_1——件 1 的轴功率；

η——装置的总效率；

η_g——齿轮传动效率；

η_h——液压回路传动效率；

x——功率流向符号。如式（8.2-22）中，功率由件 3 传向件 4 时，x = +1；反向时，则 x = -1。

双行星排机构亦有类似的公式。现设 x = +1，注意到 $P_1 = T_1 n_1$，由式（8.2-22）得

$$T_3 = -T_1 i_{13}/\eta_h \quad (8.2\text{-}24)$$

代入式（8.2-20）和式（8.1-23），得

$$T_1 + T_2 + T_4(1 - i_{43}\eta_h) = 0 \qquad (8.2-25)$$

$$T_1\eta_g + T_4 i_{11}(\eta_g - 1/\eta_g\eta_h) - T_2 i_{21} = 0$$
$$(8.2-26)$$

两式联立消去 T_4，并取 $\eta_g = 1$，得变矩为

$$K = T_2/T_1 = -[\eta_h - i_{13} + (1 - \eta_h)i_{41}]/$$
$$[i_{21}(\eta_h - i_{12}) + (1 - \eta_h)i_{41}] \qquad (8.2-27)$$

不同传动机构的 i_{21}、i_{41} 的表达式不同，K 的取值也随之不同。对于同一种传动机构，K 值决定于结构参数 A_1、A_2 和连续变量 i_{43}。

变速装置的总效率为

$$\eta = -P_2/P_1 = -T_2 n_2/T_1 n_1 = -Ki_{21}$$
$$(8.2-28)$$

3. 调速比和液压功率比

（1）调速比　根据式（8.2-18a）、式（8.2-19a）或式（8.2-18b）、式（8.2-19b）作出速度线图（见图 8.2-19），共有 4 条特性线 i_{11}、i_{21}、i_{31}、i_{41}，均交于坐标（1，1）。速度线 $i_{31} = 0$、$i_{41} = 0$ 时的 i_{21}' 和 i_{21}''，基本上决定了调速比 $R = i_{21}''/i_{21}'$。对于图 8.2-18a 所示复星机构，有

$$i_{21}' = 1/(1 + A_1)$$
$$i_{21}'' = 1/(1 + A_2)$$
$$R = (1 + A_1)/(1 + A_2)$$

对图 8.2-18（b）所示的双排机构，有

$$i_{21}' = (1 + A_1)/(1 + A_1 + A_2)$$
$$i_{21}'' = 1/(1 + A_2)$$
$$R = (1 + A_1 + A_2)/(1 + A_1)(1 + A_2)$$

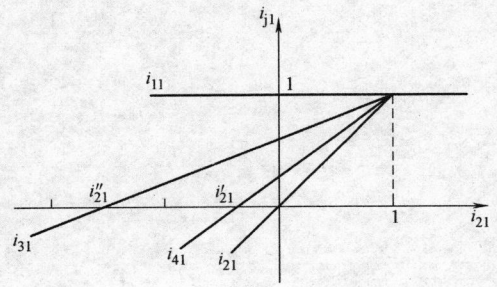

图 8.2-19　速度线图

显然，调速比 R 完全取决于机械机构。从目前实际应用来看，一般 $R = 4 \sim 5$ 即可满足生产需要。

（2）液压功率比　液压功率比是流经液压回路的功率与输入功率之比。这里没有功率分流比的概念，是因为该类装置与输入分流型或输出分流型不同，不存在主功率的分流。液压部分功率仅是调速所需要的循环功率，因而该变速装置不会产生机械功率

循环。

将 $P_2 = -\eta P_1$ 和 $P_4 = -\eta_h P_3$ 代入式（8.2-23），并令 $\eta_h = 1$，可得液压功率比

$$\rho_h = -P_3/P_1 = (1 - \eta)/(1 - \eta_h) = (1 + Ki_{21})/$$
$$(1 - \eta_h) = (1 - i_{21})i_{31}i_{41}/$$
$$[i_{21}(\eta_h i_{31} - i_{41}) - (1 - \eta_h)i_{31}i_{41}] \qquad (8.2-29)$$

若不考虑液压回路功率损失，式（8.1-29）可简化为

$$\rho_h = (1 - i_{21})i_{31}i_{41}/[i_{21}(i_{31} - i_{41})] \qquad (8.2-30)$$

当 $i_{31} = 0$ 或 $i_{41} = 0$ 时，$\rho_h = 0$。

当 $i_{21} = 1$ 时，相应地 $i_{31} = i_{41} = 1$，$n_1 = n_2 = n_3 = n_4$，ρ_h 之值由 A_1、A_2 确定。对前述复星机构 $\rho_h = A_1 A_2/[(1 + A_1)A_2 - (1 + A_2)A_1]$；双行星排机构 $\rho_h = A_2/A_1$。

为减少能量损耗，在一定的调速比内，$|\rho_h|$ 越小越好。一般要求 $|\rho_h| \leqslant 1/3$。

由 $i_{31} = f_1(i_{21}, A_1, A_2)$ 和 $i_{41} = f_2(i_{21}, A_1, A_2)$ 知，ρ_h 也是速比 i_{21} 和结构参数 A_1、A_2 的函数。由于 $i_{21} = 0$ 时 $\rho_h = \infty$，该函数的两个零解对应的 i_{21}' 和 i_{21}'' 应当同号，及位于坐标轴的同一方向。在两个零解之间，ρ_h 有极值存在。在结构连接方式一定的前提下，可通过调整，使满足一定调速比的 ρ_h 极值之绝对值最小，从而使变速装置具有较高的传动效率。由于计算工作量大，需借助计算机应用优化方法解决。

3.3.3　举例

1. 以复星机构为例

利用计算机辅助计算得知，当 $A_1 = -5.0$、$A_2 = -2.0$，代入式（8.2-17a）、式（8.2-18a）、式（8.2-19a），可得

$$i_{21} = (5i_{43} - 2)/(8 - 5i_{43})$$
$$i_{31} = (i_{21} + 1)/2$$
$$i_{41} = (4i_{21} + 1)/5$$

再将 i_{31}、i_{41} 代入式（8.1-30），可得

$$\rho_h = (4i_{21} + 1)(i_{21} + 1)/(3i_{21})$$

其速比和不考虑各种损失时的液压功率比如图 8.2-20 所示。

从图 8.2-20 中可看到，该装置具有较高的综合性能。液压功率零点位于 $i_{21}' = -0.25$ 和 $i_{21}'' = -1.0$ 处，相应地调速比 $R = 4$。此时，$\rho_{h\,max} = 0.333$，发生于 $i_{21} = -0.5$ 处。在此范围内，i_{31} 和 i_{41} 不变号，可采用单向液压泵。若采用双向液压泵，并保持 $|\rho_h|_{max} = 0.333$ 不变，则调速比可扩展至两零点以外 $i_{21}' = -0.192$ 和 $i_{21}'' = -1.31$ 处，此时理论上 $R = 6.28$。由于在 $i_{21} = -1.0$ 附近，由 $i_{21} = (5i_{43} - 2)/(8 - 5i_{43})$ 知 $|i_{43}|$ 之值较大。实用调速比 $i_{21} = $

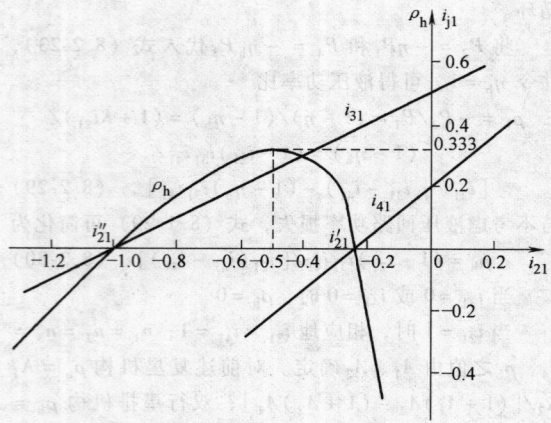

图 8.2-20　　液压功率比

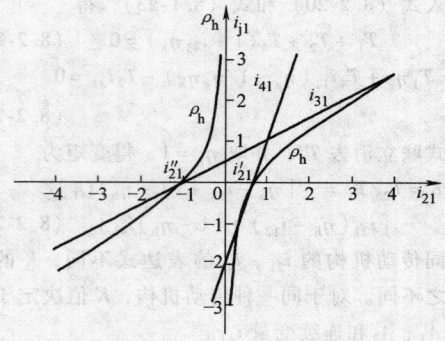

图 8.2-21　　液压功率比

$-0.9 \sim -0.192$，相应的 $R = 4.69$。

2. 以双排机构为例

利用计算机辅助计算得知，当 $A_1 = -5.0$、$A_2 = -2.0$，代入式（8.2-17b）、式（8.2-18b）、式（8.2-19b），可得

$$i_{21} = (i_{43} + 4)/(4 - i_{43})$$
$$i_{31} = (i_{21} + 1)/2$$
$$i_{41} = 3i_{21} - 2$$

再代入式（8.2-30），可得

$$\rho_h = (3i_{21} - 2)(i_{21} + 1)/(5i_{21})$$

其速比和不考虑各种损失时的液压功率比如图 8.2-21 所示。

从图 8.2-21 中可看到，该装置液压功率零点位于 $i'_{21} = 0.667$ 和 $i''_{21} = -1.0$ 处。其中 ρ_h 在 $[-1, 0)$ 和 $(0, 0.667]$ 上分别单调递增，在 $i_{21} = 0$ 处，$|\rho_h|_{max} = +\infty$。i_{21} 在 $-1 \sim 0.667$ 范围内，i_{31} 和 i_{41} 不变号，可采用单向液压泵。若采用双向液压泵，并保持 $|\rho_h|_{max} \leqslant 0.333$，则调速比可扩展至两零点以外 $i'_{21} = -0.713$ 和 $i''_{21} = -1.37$ 处，或 $i'_{21} = 0.485$ 和 $i''_{21} = 0.953$，此时理论上 $R = 1.92$ 或 $R = 1.96$。由于在 $i_{21} = -1.0$ 附近，由 $i_{21} = (i_{43} + 4)/(4 - i_{43})$ 知 $|i_{43}|$ 之值较大。实用调速比 $i_{21} = -0.9 \sim -0.713$，相应的 $R = 1.26$；或 $i_{21} = 0.485 \sim 0.953$，相应的 $R = 1.96$。

第3章 减速器试验方法和试验台分类

1 减速器一般试验方法

减速器试验装置是对减速器包括转矩在内的各种性能参数进行综合测试的试验设备，旨在测定减速器的性能指标，验证减速器的承载能力，进行产品质量的鉴定及新产品的研究。

减速器的性能常规测试项目有：空载及负载跑合试验、传动效率、温升、噪音、疲劳运转及超负荷运转等。国内已制定了相应的机械行业标准，详细内容可参见 JB/T 9050.3—1999（圆柱齿轮减速器加载试验方法）、JB/T 9721—1999（工程机械减速机型式试验方法）。

减速器试验装置结构布置比较灵活、样式较多。最简单试验装置如图 8.3-1 所示。

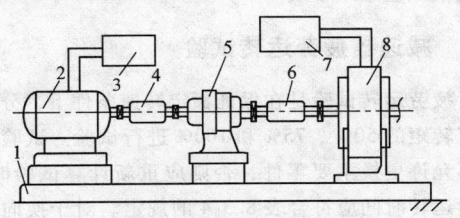

图 8.3-1　减速器试验台

1—试验平台　2—驱动设备　3、7—控制台
4、6—传感器　5—减速器　8—加载设备

1.1 减速器跑合试验

跑合试验分为：空载低速跑合试验、空载高速跑合试验和加载跑合试验。

空载试验一般用来检验减速器的装配质量；加载试验则用来检验减速器的性能指标和制造质量。

空载低速跑合试验时输入转速为额定转速的50%，进行正、反方向空载试验，单向试验时间不少于 30min。空载高速跑合试验时输入转速为额定转速，进行正、反方向空载试验，单向试验时间不少于 60min。

空载跑合结束后，释放传感器中残余应力，测试仪器标零，进行加载跑合试验。加载额定载荷的25%、50%、75% 和 100%，并且 25% 和 50% 额定载荷下单向跑合时间不少于 30min，75% 和 100% 额定载荷下单向跑合时间不少于 60min，而且每 15min 记录一次数据于表 8.3-1 中。

减速器跑合试验应符合以下要求：

1）减速器运转应平稳正常，不得有冲击及不正常响声。

2）各连接件、紧固件不得有松动现象。

3）各密封处、接合处不得有漏油、渗油现象。

4）减速器油池温升、轴承温升应正常。

表 8.3-1　加载跑合试验

序号	输入转速 n_1/(r/min)	输入转矩 T_1/(N·m)	输出转速 n_2/(r/min)	输出转矩 T_2/N·m	试验时间 t/min	油温 T /℃

5）加载跑合试验后，应清洗减速器内部，并更换新油。

说明：1）对在稳定负荷下连续工作类型的减速器，只做额定转矩加载试验，其试验时间不少于 2h。

2）对于换向工作或未注明旋转方向的减速器，应进行正、反两向试验。

3）对于单向工作的减速器允许单向试验，但试验时的旋转方向必须与工作方向相同。

1.2 减速器传动效率试验

传动效率试验分为：定转速变转矩试验和定转矩变转速试验。

（1）定转速变转矩试验　释放传感器中残余应力，测试仪器标零。启动驱动装置，在保证额定转速的条件下，逐级提高负载，直至达到减速器的额定负载。通常由零载到额定负载之间取 10 个左右测试点，并在每个测试点上记录减速器的输入转矩 T_1 和输出转矩 T_2，反复 3 次进行测试。然后绘制负载—效率曲线。

（2）定转矩变转速试验　释放传感器中残余应力，测试仪器标零。启动驱动装置，在保证额定负载的条件下，逐级提高转速，直至达到减速器的额定转速。通常由零载到额定转速载之间取 10 个左右测试点，并在每个测试点上记录减速器的输入转矩 T_1 和

输出转矩 T_2，反复 3 次进行测试。然后绘制转速—效率曲线。

传动效率可由下式算出

$$\eta = \frac{T_2}{iT_1} \qquad (8.3\text{-}1)$$

式中　η——传动效率；

i——传动比。

传动效率试验时的减速器工作油温应控制在 75～85℃ 范围内。进行对比试验的减速器应在相同温度下进行实验。对于换向工作或未注明旋转方向的减速器，应按相同程序进行正、反方向效率试验。在每一工况稳定后记录数据于表 8.3-2 中。

表 8.3-2　传动效率试验

序号	试验方式	输入转速 n_1/(r/min)	输入转矩 T_1/N·m	输出转速 n_2/(r/min)	输出转矩 T_2/N·m	油温 T /℃	效率 η (%)

1.3　减速器温升试验

温升试验是在输入额定转速、额定转矩条件下进行，油温稳定后试验时间不少于 30 分钟，且油温冷却条件应与减速器实际使用条件一致。油温的测量位置应在减速器箱壁内侧，温度计测头应完全浸没在润滑油中。减速器温升试验可与减速器加载跑合试验同时进行，每 5～10min 记录一次数据。

温升计算与温度限额，见下式

$$\Delta t = t - t_0 \qquad (8.3\text{-}2)$$

式中　Δt——润滑油（或轴承）的温升（℃）；

t——润滑油（或轴承）的温度（℃）；

t_0——试验室室温（℃）。

1.4　减速器噪声试验

噪声试验是在空载条件下进行，用来判断减速器试验台的安装精度以及其内部各零件之间的摩擦、磨损情况，检验其结构设计、制造装配等环节是否合理。输入转速由小逐渐变大，直至达到减速器额定转速。试验时应选取至少 5 种以上的转速，进行噪声测试。对于换向工作或未注明旋转方向的减速器，应按相同程序进行正、反方向试验。

传感器的放置位置和噪声处理，按照国家相关规范 GB/T 6404.1—2005（齿轮装置的验收规范）及 GB/T 3785.1—2010（电声学声级计规范）、GB/T 3785.2—2010（电声学声级计型式评价试验）进行，并记录试验结果于表 8.3-3 中。

1.5　减速器疲劳运转试验

疲劳运转试验是在保证额定转速条件下，分别以额定转矩的 50%、75% 和 100% 进行试验。试验过程中不允许更换主要零件，否则应重新计算试验时间。连续运转时间应符合表 8.3-4 的规定。对于换向工作或未注明旋转方向的减速器，应按相同程序进行正、反方向试验，单向运转时间为表 8.3-4 规定时间的 50%，并将试验数据记录于表中（格式同表 8.3-1）。

表 8.3-3　噪声试验

序号	输入转速 n_1/(r/min)	输入转矩 T_1/N·m	背景噪声 /dB	噪声值/dB				
				测点 （一）	测点 （二）	测点 （三）	测点 （四）	计算值或算术平均值

表 8.3-4　连续运转时间规定　　　　　　（单位：min）

额定转矩	工作类型			
	轻型	中型	重型	特重或连续
50%	2	10	30	40
75%	5	20	50	80
100%	100	100	120	180

允许用工业应用试验代替疲劳寿命试验，但工业应用实际负荷必须达到额定负荷，并且有准确的日记录，试验时间不少于 3600h。

计算应力循环次数可计入低于额定负荷下的应力循环次数，但必须折算为相当额定负荷的应力循环次数，一般可按下式计算：

$$N_d = N + \sum_{i=1}^{L} n_i \left(\frac{T_i}{T} \right)^3 \qquad (8.3\text{-}3)$$

式中　N_d——相当应力循环数（次）；

N——额定负荷下的应力循环数（次），

$$N = 60n_1 aL;$$

T_i ——低于额定负荷的负荷（N·m）；

N_i ——对应 T_i 的应力循环次数（次），

$$N_i = 60n_i aL_i;$$

T ——额定负荷（N·m）；

n_1 ——额定负荷下高速齿轮的转速（r/min）；

n_i —— T_i 对应的转速（r/min）；

a ——小齿轮转一转每齿的啮合数；

L ——额定负荷下试验时间（h）；

L_i —— T_i 对应的试验时间（h）。

1.6　减速器超负荷运转试验

超负荷运转试验是指在保证额定转速条件下，通常以超出额定转矩20%和50%的负载分别运转相应时间，检查齿轮及其他机件损坏情况，并做记录。具体加载次序及时间见表 8.3-5 所示。对于换向工作或未注明旋转方向的减速器，应按相同程序进行正、反方向试验，单向运转时间为表 8.3-5 规定时间的50%，并将试验数据记录于表中（格式同表8.3-1）。

表 8.3-5　加载次序及加载时间

加载次序			⟶			
加载转矩（%）	100	125	150	125	150	100
加载时间/min	5	10	5	20	10	3

减速器超负荷运转试验应在起动以后加载，卸载以后制动。应密切监视运转情况，检查密封，若减速器出现异常噪声或温升超标时，应立即卸载或停车。超负荷试验中不允许更换零件，否则试验应重新开始。

试验结束后应对减速器进行解体检验，检测所有零件，计算磨损值并做好损坏零件的记录。

2　减速器试验台的分类及发展方向

减速器试验台按结构可分为：

1）开放功率流式试验台（电能反馈型、耗能型和直流内封闭型）。

2）封闭功率流式试验台（机械封闭和电封闭）。

减速器试验台发展：

（1）试验台类型　封闭功率流式试验台维护简单、节能、能对各种等级的减速器进行性能测试，现已成为减速器试验台的主流。

（2）减速器试验台加载设备　直流电动机易于控制、运行平稳，发出的电能可以直接回馈给电动机，降低了系统的复杂程度，所以在封闭功率流式试验台中应用广泛，起主导作用。

（3）减速器试验台控制系统　早期采用普通的机械结构的传动作用来实现简单的加载，采用继电器来实现简单的控制功能。现在已基本实现自动化控制，如利用 PC 上位机通过串口通信间接控制电动机的起停、转矩转速的调节、制动设备的加载、数据报表的自动生成与输出等功能，使传统减速器试验台的功能得以改进和完善。

2.1　开放功率流式试验台

开放功率流式试验台是一种运转式试验台，通常由驱动设备、被试减速器、加载设备、控制柜以及传感器等组成，驱动设备的能量通过被试减速器传递，最终消耗在加载设备上。如图 8.3-2 所示，由于整个试验台的功率流向未形成回路，故称其为开放功率流式试验台。

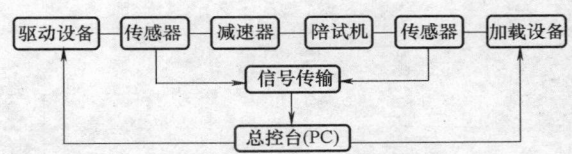

图 8.3-2　开放功率流式试验台系统图

其主要优点是：结构简单，初期投入成本低，制造、安装及维护方便，加载稳定可靠，可方便地进行不同功率和不同类型的减速器性能试验。但由于功率流开放，使得动力 100% 消耗掉，造成能源巨大浪费，试验费用较高，这种试验台大多用于中小功率、短时间运转的减速器试验。

2.2　封闭功率流式试验台

封闭功率流式试验台在结构上与开放功率流式试验台相似，不同之处在于加载设备具有功率回收功能，如图 8.3-3 所示。

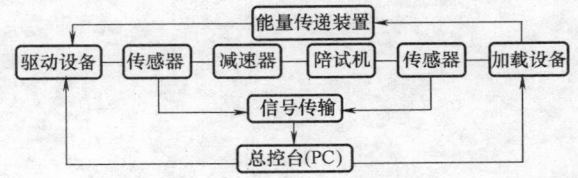

图 8.3-3　封闭功率流式试验台系统图

封闭功率流式试验台具有投资小、维护简单、节能等优点，该试验台可对各种功率等级的减速器进行性能试验。

机械封闭功率流式试验台是通过系统中各齿轮的啮合传动或其他传动方式使得机械功率得到循环利用，达到节能目的。电封闭功率流式试验台将发电机或发电机组作为加载器，通过产生电磁制动转矩进行加载，并将发出的电能回馈电网形成封闭系统，达到节能目的。按电能回馈方式，电封闭功率流式试验台又可分为交流电能回馈式和直流电能回馈式两种。

相比较而言，电封闭式加载优于机械封闭式加载，而直流电能回馈式减速器试验台将发电机发出的电能，回馈给作为动力的直流电动机而不是电网，可避免并网发电对电气设备运行的同步同相要求的难题，优于交流电能回馈式减速器试验台。

2.3　减速器试验台发展方向

计算机辅助测试技术的引入为现代减速器试验台的发展带来了新的变革，正是基于此，人们提出了模拟加载技术。模拟加载技术是在前述加载方式的基础上提出的一个新概念，它是指控制加载器使其按照给定的运行方式和预定的载荷运转，这样就可以在试验台上模拟出各种减速器的实际或者近似实际的工作环境，从而可以对减速器的真实机械性能给出更加准确的评估判定。模拟加载功能的实现可以极大提高减速器试验台的试验水平。以模拟加载功能为核心，将数据采集与处理、运行状况监测等原本分散的一系列操作整合在一起，可形成一个集成的试验平台，使传统试验台的不足之处得以改进，功能得以完善。

第9篇 起重运输机械

主　编　李勇智　胡吉全

编写人　郭燕（第1章，第3章）

　　　　　胡吉全（第2章）

　　　　　袁建明　胡志辉（第4章）

　　　　　李勇智（第5章）

　　　　　李勇智　李郁　袁建明（第6章）

　　　　　颜斌（第7章）

审稿人　万兴奖　闫朝勤　周思柱

本篇内容与特色

第 9 篇起重运输机械，全篇分为 7 章。第 1 章起重机械设计总论，内容包括起重机械设计概论、起重机的工作级别、起重机的载荷计算、起重机轮压与稳定性计算；第 2 章起重机械的类型与构造，介绍了轻型起重设备、桥式起重机、门式起重机、门座起重机、岸边集装箱起重机，以及桥式抓斗卸船机；第 3 章起重机主要零部件，介绍了钢丝绳、滑轮与滑轮组、卷筒组、吊钩组、抓斗、集装箱吊具、车轮组与轨道；第 4 章起重机工作机构，主要介绍起重机机构设计计算总则、起升机构、回转机构、变幅机构以及运行机构。第 5 章连续输送机械设计总论，介绍了连续输送机的特点、分类与应用，连续输送机的主要参数和被输送物料的主要特性；第 6 章输送机械的类型与基本计算，内容包括带式输送机、斗式提升机、埋刮板输送机、螺旋输送机、气力输送机、辊子输送机和振动输送机；第 7 章运输机械的主要零部件，内容包括输送带、输送链条、支承托辊、滚筒和张紧装置。

本篇具有以下特色：

1）编写采用了最新的设计规范与标准、设计方法、计算公式，参数选用具有规范性、权威性、准确性和实用性。

2）收集汇入了具有先进水平的新机型、新技术、新型零部件和设计计算的新方法。

3）反映了参编人员在教育部港口物流技术与装备工程研究中心和交通运输部港口装卸技术重点实验室的科技成果，并在内容组织和设计实例上具有港口起重运输机械的特色。

第1章 起重机械设计总论

1 起重机械设计概论

起重机械是一种以间歇作业方式对物料进行起升、下降和平移的搬运机械。它包括可以在一定空间内搬运物料的起重机和只有起升机构、单动作的轻型起重设备，如千斤顶、滑车、起重葫芦、卷扬机以及升降机械等。

1.1 起重机的基本参数

起重机的基本参数是表征起重机性能特征的主要指标，也是设计和选择起重机的主要技术依据。

起重机的基本参数主要有：起重量、起升高度（下降深度）、幅度（悬臂有效伸距）、轨距（或跨度、轮距）、基距、工作速度、轮压、生产率和工作级别等。

1.1.1 额定起重量 Q

额定起重量是指在正常工作条件下，对于给定的起重机类型和载荷位置，起重机设计能起升的最大净起重量，单位是 kg 或 t。净起重量是吊挂在起重机固定吊具上起升的货物质量，是有效起重量与可分吊具质量之和；有效起重量是吊挂在起重机可分吊具上或无此类吊具、直接吊挂在固定吊具上起升的货物质量，而可分吊具是用于起吊有效起重量、且其质量不包含在起重机质量之内的装置。

对于采用吊钩、吊环作为基本取物装置的起重机，额定起重量不包括吊钩、吊环等装置的质量，它指的仅是容许起升的最大货物质量。对于采用抓斗、电磁吸盘、集装箱吊具等作为可更换或辅助取物装置的起重机，其额定起重量包括容许起升的最大货物质量和可更换或辅助取物装置质量两部分。

国家标准 GB 783—1987 规定了起重机械最大起重量系列，见表 9.1-1。

1.1.2 幅度 L

臂架型回转起重机的幅度是指起重机空载置于水平场地时，从其回转平台的回转中心线至取物装置垂直中心线的水平距离；臂架型非回转起重机的幅度是指起重机空载置于水平场地时，从臂架下铰点至取物装置中心线的水平距离；单位是 m。

臂架型起重机的幅度可以是固定不变的，也可以是变化的，因而相应有最大幅度 R_{max}、最小幅度 R_{min}

表 9.1-1 起重机械最大起重量系列

（摘自 GB 783—1987）（单位：t）

0.1	0.8	6.3	50	400
0.125	1	8	63	500
0.16	1.25	10	80	630
0.2	1.6	12.5	100	800
0.25	2	16	125	1000
0.32	2.5	20	160	
0.4	3.2	25	200	
0.5	32	250		
0.63	5	40	320	

和有效幅度（$R_{max} \sim R_{min}$）。臂架类型起重机的工作范围由有效幅度决定。起重机的标称幅度是指最大幅度。

1.1.3 起升高度 H 和下降深度 h

起升高度是指起重机支承面至取物装置最高工作位置之间的垂直距离；下降深度是指起重机支承面至取物装置最低工作位置之间的垂直距离；单位都是 m。

对于取物装置能深入到地面或轨道顶面以下工作的起重机，其起升总高度（即起升范围 D）是指取物装置最高和最低工作位置之间的垂直距离，即地面或轨顶以上的起升高度和地面或轨顶以下的下降深度之和（$D = H + h$）。

表 9.1-2 列出了桥式起重机起升高度标准系列。

1.1.4 悬臂有效伸距 l

悬臂有效伸距是指桥架型起重机离悬臂最近的起重机轨道中心线至位于悬臂端部取物装置中心线的最大水平距离，单位是 m。

岸边集装箱起重机和桥式抓斗卸船机水侧（海侧）的悬臂有效伸距通常称为前伸距；陆侧的悬臂有效伸距通常称为后伸距。

1.1.5 跨度 L 和轨距 S（或轮距 K）

跨度是指桥架型起重机运行轨道中心线之间的水平距离，单位是 m。

表 9.1-3 中列出了电动桥式起重机跨度系列。表 9.1-4 中列出了门式起重机和装卸桥的跨度。

表 9.1-2　桥式起重机的起升高度系列（摘自 GB/T 790—1995）

主钩起重量/t		3 ~ 50		80		100		125		160		200		250	
起升高度 /m	主钩	12	16	20	30	20	30	20	30	24	30	19	30	16	30
	副钩	14	18	22	32	22	32	22	32	26	32	21	32	18	32

表 9.1-3　电动桥式起重机跨度系列（摘自 GB/T 790—1995）　　　　（单位：m）

厂房跨度/m		9	12	15	18	21	24	27	30	33	36
跨度	$G_n = 3 ~ 50t$	7.5	10.5	13.5	16.5	19.5	22.5	25.5	28.5	31.5	—
		7	10	13	16	19	22	25	28	31	—
	$G_n = 80 ~ 250t$	—	—	—	16	19	22	25	28	31	34

表 9.1-4　门式起重机、装卸桥的跨度

（单位：m）

机　型	跨　　度				
通用门式起重机	18	22	26	30	35
装卸桥	40	50	60	70	80

轨距是指臂架型起重机运行钢轨轨道中心线之间的水平距离或起重小车运行线路钢轨轨道中心线之间的水平距离，单位是 m。

轮距是指起重机运行车轮踏面中心线之间的水平距离，单位是 m。当两侧采用双胎时，轮距则为两侧双胎中心线之间的水平距离。

1.1.6　基距 b（轴距）

基距是指沿平行于起重机纵向运行方向测定的起重机支承中心线之间的水平距离，单位是 m。

当起重机或起重小车运行轨道一侧装有均衡梁时，基距为底架或下横梁与最大均衡梁连接铰轴之间的水平距离。

轮胎起重机的基距为前后两组支承轮胎中心线间的水平距离，也称为轴距。

1.1.7　尾部回转半径 r

尾部回转半径是指回转起重机中与臂架相反方向的起重机回转部分的最大回转半径，单位是 m。

1.1.8　工作速度

起重机的工作速度主要有起升、变幅、回转和运行等四种工作速度。

（1）起升速度 v_n　起升速度是指在稳定运动状态下，工作载荷的垂直位移速度，单位是 m/min。

（2）回转速度 n　回转速度是指在稳定运动状态下，起重机回转部分的回转角速度，单位是 r/min。

（3）变幅速度 v_t　变幅速度是指在稳定运动状态下，工作载荷从最大幅度值到最小幅度水平位移的平均速度，单位是 m/min 或 m/s。

（4）运行速度　运行速度是指起重机或起重小车的行走速度。

起重机的运行速度 v_k 是指在稳定运动状态下，起重机的水平位移速度，单位是 m/min。

小车的运行速度 v_t 是指在稳定运动状态下，小车作横移时的速度，单位是 m/min。

行驶速度 v_{max} 是指无轨运行的起重机在水平道路行驶状态下，依靠自身动力驱动的最大运行速度，单位是 km/h。

1.1.9　轮压 p

轮压是指起重机或起重小车的一个车轮作用在轨道或地面上的垂直载荷，单位是 N 或 kN。

轮压的大小随起重机工作状态的不同而变化。在工作状态下，满载起动（或制动）、最大风压、起重小车或起重臂处于最不利工作位置时，具有最大轮压。与此对应，同时存在着起重机工作状态下的最小轮压。

1.1.10　生产率 A

生产率是指起重机在规定的装卸条件下，每小时装卸货物的总质量或每小时装卸的标准集装箱箱数，单位是 t/h 或 TEU/h（TEU 为国际标准箱单位）。

生产率是衡量起重机械装卸能力的综合性指标，它除了与有效起重量、工作行程、工作速度有关外，还与机构工作的协调情况、被装卸物料的类别、操作者的熟练程度等有关。

1.2　起重机设计采用的有关规范和标准

与起重机设计相关的技术规范和标准包括设计、制造、检验等各个方面，也涉及到机构、金属结构、电气、液压等许多专业。其中安全、环保规范各国各有不同的要求，在设计中要注意区分开来。这些规范和标准主要涉及走道、栏杆、梯子、平台以及登机电梯等与人身安全的，和有关粉尘、有害气体、噪声、撒漏等涉及污染环境的装置。下面是常见的一些与起重机相关的规范和标准：

1. 中国的规范和标准

GB/T 3811—2008《起重机设计规范》

GB 6067.1—2010《起重机安全规程》

GB 50017—2003《钢结构设计规范》

GB/T 5905—2011《起重机试验规范和程序》

GB/T 5972—2009《起重机钢丝绳保养、维护、安装、检验和报废》

JT/T 90—2008《港口装卸机械风载荷计算及防风安全要求》

GB/T 17495—2009《港口门座起重机》

GB/T 15361—2009《岸边集装箱起重机》

GB 50055—2011《通用用电设备配电设计规范》

GB/T 10063—1988《通用机械渐开线圆柱齿轮承载能力简化计算方法》

JBZQ 4170—2006《焊接设计规范》

GB/T 3480—1997《渐开线圆柱齿轮承载能力计算方法》

GB/T 10062.1—2003《锥齿轮承载能力计算方法》

2. 国际上常见的设计标准和规范

1) FEM (FEDERATION EUROPEENNE DE LA MANUTENTION) 起重机械设计规范。由欧洲搬运工程协会编制的规范。

2) ISO 标准。由世界标准化组织制定的标准。

ISO 4301-1 起重机和起重机械-分级-第一部分：总则

ISO 4301-2 起重机-分类-第二部分：移动式起重机

ISO 4301-3 起重机-分类-第三部分：塔式起重机

ISO 4301-4 起重机和相关设备-第四部分：臂架式起重机

ISO 4301-5 起重机-分级-第五部分：桥式和门式起重机

ISO 4302 起重机-风载荷估算

ISO 4304 除流动式起重机、浮式起重机以外的起重机-稳定性基本要求

ISO 4305 流动式起重机-稳定性的确定

ISO 4308-1 起重机和提升设备-钢丝绳选择第一部分：总则

ISO 4308-2 起重机和起重机械-钢丝绳选择第二部分：流动起重机-利用系数

ISO 8306 起重机-桥式和门式起重机的轨道公差

ISO 8686-1 起重机-载荷和载荷组合设计原则-第一部分：总则

ISO 8686-5 起重机-载荷和载荷组合设计原则-第五部分：桥式和门式起重机

ISO 9374-1 起重机-供需双方所需提供的资料-第一部分：总则

ISO 9374-5 起重机-供需双方所需提供的资料-第五部分：桥式和门式起重机

ISODP 6336 { Ⅰ. 导论和通用影响系数 / Ⅱ. 齿轮点蚀计算 / Ⅲ. 直、斜齿轮 }

ISO/TC60/Wg 6-199E

ISO 4310 起重机-试验规范和程序

ISO 8087 流动式起重机-卷筒和滑轮尺寸

ISO 10245-1 起重机-限制器和指示器-第一部分：总则

（直齿与斜齿圆柱齿轮承载能力计算的基本原则）

3) BS 英国标准。

BS 327 动力驱动桅杆起重机

BS 1757 动力驱动的流动起重机

BS 2452 高架起重机或港口臂架起重机

BS 2573-1 起重机设计规范-第一部分：分级、应力计算和结构设计准则

BS 2573-2 起重机许用应力和设计规则-第二部分：机构

4) DIN 德国标准。

DIN 20 起重机标准

DIN 15001 起重机一般概念（按结构型式分类）

DIN 15018-1 起重机钢结构计算原则

DIN 15018-2 起重机钢结构构造原则

DIN 15018-3 起重机-移动式起重机钢结构计算的基本原则

DIN15003 起重机械-吊挂装置-载荷和力的概念

DIN 1114 钢结构压曲计算及其他

DIN 3990 齿轮基础计算

5) 美国标准。

CMAA No. 70 电动桥式起重机规范

CMAA No. 74 电动单梁桥式起重机规范

ANSI/ASME NOG Ⅰ 桥式和门式起重机（轨上运行格式单梁）结构规范

ANSI-B 30.2 桥式和龙门式起重机（轨上运行桥式单梁）结构规范

ANSI-B 30.2 桥式和龙门式起重机（轨上运行的双梁式）

ANSI-B 30.4 门式、塔式和立柱式起重机

ANSI-B 30.5 履带、铁路和汽车起重机

ANSI-B 30.6 桅杆起重机

ANSI-B 30.10 吊钩

ANSI-B 30.20 吊钩上的取物装置

AISE No. 6 电动桥式冶金起重机规范

6) 日本标准。

JIS-B 0135-起重机术语（Ⅰ起重机的种类）

JIS-B 0136-起重机术语（Ⅱ起重机的性能和构造）

JIS B 8821-起重机钢结构部分计算标准

目前在我国起重机设计中用得较普遍的设计标准有: GB/T 3811、FEM、BS 2452、BS 2573-1、JIS B0135、JIS B0136、JIS B8821, 它们在诸多方面相类似, 但也有不相同的地方。

2 起重机的工作级别

起重机的工作级别包括起重机整机的工作级别、机构的工作级别和结构件或机械零件的工作级别。

2.1 起重机整机的工作级别与确定方法

起重机整机的工作级别根据起重机的使用等级和起升载荷状态级别来确定。

2.1.1 起重机的使用等级

起重机的使用等级表明了起重机使用频繁程度, 是将起重机在设计预期寿命期内可能完成的总工作循环数划分成 10 个等级, 用 U_0、U_1、U_2、…、U_9 表示, 见表 9.1-5。

表 9.1-5 起重机的使用等级

使 用 等 级	起重机总工作循环数 C_T	起重机使用频繁程度
U_0	$C_T \leqslant 1.60 \times 10^4$	
U_1	$1.60 \times 10^4 < C_T \leqslant 3.20 \times 10^4$	
U_2	$3.20 \times 10^4 < C_T \leqslant 6.30 \times 10^4$	很少使用
U_3	$6.30 \times 10^4 < C_T \leqslant 1.25 \times 10^5$	
U_4	$1.25 \times 10^5 < C_T \leqslant 2.50 \times 10^5$	不频繁使用
U_5	$2.50 \times 10^5 < C_T \leqslant 5.00 \times 10^5$	中等频繁使用
U_6	$5.00 \times 10^5 < C_T \leqslant 1.00 \times 10^6$	较频繁使用
U_7	$1.00 \times 10^6 < C_T \leqslant 2.00 \times 10^6$	频繁使用
U_8	$2.00 \times 10^6 < C_T \leqslant 4.00 \times 10^6$	
U_9	$4.00 \times 10^6 < C_T$	特别频繁使用

2.1.2 起重机的起升载荷状态级别

起重机的起升载荷状态级别表明了起重机受载轻重程度 (即起重机起升载荷的大小和作用特性), 是指在该起重机的设计预期寿命期限内, 它的各个有代表性的起升载荷 (P_{Qi}) 的大小及各相对应的起吊次数 (即工作循环数 C_i), 与起重机的额定起升载荷 (P_{Qmax}) 的大小及总的起吊次数 (即总工作循环数 C_T) 的比值情况。

表示 (P_{Qi}/P_{Qmax}) 和 (C_i/C_T) 关系的图形称为载荷谱。起重机的载荷谱系数可按式 (9.1-1) 计算:

$$K_P = \sum \left[\frac{C_i}{C_T} \left(\frac{P_{Qi}}{P_{Qmax}} \right)^m \right] \quad (9.1-1)$$

式中 K_P ——起重机的载荷谱系数;

C_i ——与起重机各个有代表性的起升载荷相应的工作循环数, $C_i = C_1$, C_2, C_3, …, C_n;

C_T ——起重机总工作循环数, $C_T = \sum_{i=1}^{n} C_i = C_1 + C_2 + C_3 + \cdots + C_n$;

P_{Qi} ——能表征起重机在预期寿命期内工作任务的各个有代表性的起升载荷 (N), $P_{Qi} = P_{Q1}$, P_{Q2}, P_{Q3}、……、P_{Qn};

P_{Qmax} ——起重机的额定起升载荷 (N);

m ——幂指数, 为了便于级别的划分, 约定取 $m = 3$。

起重机的起升载荷状态级别是将起重机的载荷谱系数分成 4 个等级, 用 Q1、Q2、Q3、Q4 表示, 见表 9.1-6。

表 9.1-6 起重机的载荷状态级别及载荷谱系数

载荷状态级别	起重机的载荷谱系数 K_p	说 明
Q1	$K_p \leqslant 0.125$	很少吊运额定载荷,经常吊运较轻载荷
Q2	$0.125 < K_p \leqslant 0.250$	较少吊运额定载荷,经常吊运中等载荷
Q3	$0.250 < K_p \leqslant 0.500$	有时吊运额定载荷,较多吊运较重载荷
Q4	$0.500 < K_p \leqslant 1.000$	经常吊运额定载荷

2.1.3 起重机整机的工作级别

根据起重机的 10 个使用等级和 4 个载荷状态级别, 起重机整机的工作级别分为 A1 ~ A8 共 8 个级别, 见表 9.1-7。

表 9.1-8、表 9.1-9 是常用起重机整机分级举例, 摘录于国家标准《起重机设计规范》 (GB/T 3811—2008), 供设计和选用时参考。

表 9.1-7　起重机整机的工作级别

载荷状态级别	起重机的载荷谱系数 K_p	起重机的使用等级									
		U_0	U_1	U_2	U_3	U_4	U_5	U_6	U_7	U_8	U_9
Q1	$K_p \leqslant 0.125$	A1	A1	A1	A2	A3	A4	A5	A6	A7	A8
Q2	$0.125 < K_p \leqslant 0.250$	A1	A1	A2	A3	A4	A5	A6	A7	A8	A8
Q3	$0.250 < K_p \leqslant 0.500$	A1	A2	A3	A4	A5	A6	A7	A8	A8	A8
Q4	$0.500 < K_p \leqslant 1.000$	A2	A3	A4	A5	A6	A7	A8	A8	A8	A8

表 9.1-8　臂架起重机、桥式和门式起重机整机分级举例

	起重机的类别	起重机的使用情况	使用等级	载荷状态级别	整机工作级别
臂架起重机	造船用臂架起重机	不频繁较轻载	U_4	Q2	A4
	货场用吊钩起重机	不频繁较轻载	U_4	Q2	A4
	货场用抓斗或电磁盘起重机	较频繁中等载荷	U_5	Q3	A6
	货场用抓斗、电磁盘或集装箱起重机	频繁重载	U_7	Q3	A8
	港口装卸用吊钩起重机	较频繁中等载荷	U_5	Q3	A6
	港口装船用吊钩起重机	较频繁重载	U_6	Q3	A7
	港口装卸抓斗、电磁盘或集装箱用起重机	较频繁重载	U_6	Q3	A7
	港口装卸抓斗、电磁盘或集装箱用起重机	频繁重载	U_6	Q4	A8
桥式和门式起重机	货场用吊钩起重机(含电动葫芦起重机)	较少使用	U_4	Q1	A3
	货场用抓斗或电磁盘起重机	较频繁中等载荷	U_5	Q3	A6
	桥式抓斗卸船机	频繁重载	U_7	Q3	A8
	集装箱搬运起重机	较频繁中等载荷	U_5	Q3	A6
	岸边集装箱起重机	较频繁重载	U_6	Q3	A7
	装卸桥	较频繁重载	U_5	Q4	. A7

表 9.1-9　流动式起重机整机分级举例

	起重机的使用情况	使用等级	载荷状态级别	整机的工作级别
流动式起重机	一般吊钩作业,非连续使用的起重机	U_2	Q1	A1
	带有抓斗、电磁盘或吊桶的起重机	U_3	Q2	A3
	集装箱吊运或港口的较繁重作业的起重机	U_3	Q3	A4

2.2　机构的工作级别与确定方法

　　机构的工作级别根据机构的使用等级和载荷状态级别来确定。

2.2.1　机构的使用等级

　　机构的使用等级表明了机构运转频繁情况,是将该机构在设计预期寿命期内的总运转时间分成 10 个等级,用 T_0、T_1、T_2、…、T_9 表示,见表 9.1-10。

表 9.1-10　机构的使用等级

使用等级	总使用时间 t_T/h	机构运转频繁情况	使用等级	总使用时间 t_T/h	机构运转频繁情况
T_0	$t_T \leqslant 200$	很少使用	T_5	$3200 < t_T \leqslant 6300$	中等频繁使用
T_1	$200 < t_T \leqslant 400$		T_6	$6300 < t_T \leqslant 12500$	较频繁使用
T_2	$400 < t_T \leqslant 800$		T_7	$12500 < t_T \leqslant 25000$	频繁使用
T_3	$800 < t_T \leqslant 1600$		T_8	$25000 < t_T \leqslant 50000$	
T_4	$1600 < t_T \leqslant 3200$	不频繁使用	T_9	$50000 < t_T$	

2.2.2　机构的载荷状态级别

　　机构的载荷状态级别表明了机构受载轻重程度。机构的载荷谱系数可按式(9.1-2)计算:

$$K_m = \sum \left[\frac{t_i}{t_T} \left(\frac{P_i}{P_{max}} \right)^m \right] \tag{9.1-2}$$

　　式中　K_m ——机构的载荷谱系数;

t_i——与机构承受各个大小不同等级载荷的相应持续时间（h），$t_i = t_1$、t_2、t_3、…、t_n；

t_T——机构承受所有大小不同等级载荷的时间总和（h），$t_T = \sum\limits_{i=1}^{n} t_i = t_1 + t_2 + t_3 + … + t_n$；

P_i——能表征机构在服务期内工作特征的各个大小不同等级的载荷（N），$P_i = P_1$、P_2、P_3、…、P_n；

P_{max}——机构承受的最大载荷（N）；

m——幂指数，为了便于级别的划分，约定取 $m = 3$。

机构的载荷状态级别是将机构的载荷谱系数分成4个等级，用 L1、L2、L3、L4 表示，见表 9.1-11。

2.2.3 机构的工作级别

将机构单独作为一个整体，根据机构的 10 个使用等级和 4 个载荷状态级别，机构的工作级别分为 M1～M8 共 8 个级别，见表 9.1-12。

表 9.1-11 机构的载荷状态级别及载荷谱系数

载荷状态级别	机构的载荷谱系数 K_m	说　明
L1	$K_m \leqslant 0.125$	机构很少承受最大载荷，一般承受轻小载荷
L2	$0.125 < K_m \leqslant 0.250$	机构较少承受最大载荷，一般承受中等载荷
L3	$0.250 < K_m \leqslant 0.500$	机构有时承受最大载荷，一般承受较大载荷
L4	$0.500 < K_m \leqslant 1.000$	机构经常承受最大载荷

表 9.1-12 机构的工作级别

载荷状态级别	机构载荷谱系数 K_m	机构的使用等级									
		T_0	T_1	T_2	T_3	T_4	T_5	T_6	T_7	T_8	T_9
L1	$K_m \leqslant 0.125$	M1	M1	M1	M2	M3	M4	M5	M6	M7	M8
L2	$0.125 < K_m \leqslant 0.250$	M1	M1	M2	M3	M4	M5	M6	M7	M8	M8
L3	$0.250 < K_m \leqslant 0.500$	M1	M2	M3	M4	M5	M6	M7	M8	M8	M8
L4	$0.500 < K_m \leqslant 1.000$	M2	M3	M4	M5	M6	M7	M8	M8	M8	M8

常用起重机各机构单独作为整体的分级举例见表 9.1-13～表 9.1-15，它们均摘自国家标准《起重机设计规范》，供设计和选用时参考。

表 9.1-13 臂架起重机各机构的工作级别举例

起重机的类别	起重机的使用情况	机构使用等级					机构载荷状态级别					机构工作级别				
		H	S	L	D	T	H	S	L	D	T	H	S	L	D	T
造船用臂架起重机	不频繁较轻载	T_5	T_4	T_4	T_4	T_5	L2	L2	L2	L2	L2	M5	M4	M4	M4	M5
货场用吊钩起重机	不频繁较轻载	T_4	T_4	T_3	T_4	T_4	L2	L2	L2	L2	L2	M4	M4	M3	M4	M4
货场用抓斗或电磁盘起重机	较频繁中等载荷	T_5	T_5	T_5	T_5	T_4	L3	L3	L3	L3	L3	M6	M6	M6	M6	M5
货场用抓斗、电磁盘或集装箱起重机	频繁重载	T_7	T_6	T_6	T_6	T_5	L3	L3	L3	L3	L3	M8	M7	M7	M7	M6
港口装卸用吊钩起重机	较频繁中等载荷	T_4	T_4	T_4	—	T_4	L3	L3	L2	—	L2	M5	M5	M4	—	M3
港口装船用吊钩起重机	较频繁重载	T_6	T_5	T_4	—	T_3	L3	L3	L3	—	L3	M7	M6	M5	—	M4

（续）

起重机的类别	起重机的使用情况	机构使用等级					机构载荷状态级别					机构工作级别				
		H	S	L	D	T	H	S	L	D	T	H	S	L	D	T
港口装卸抓斗、电磁盘或集装箱用起重机	较频繁重载	T_5	T_5	T_5	—	T_3	L3	L3	L3	—	L3	M7	M6	M6	—	M4
港口装船用抓斗、电磁盘或集装箱起重机	频繁重载	T_7	T_6	T_6	—	T_3	L3	L3	L3	—	L3	M8	M7	M7	—	M4

注：H—起升机构；S—回转机构；L—臂架俯仰变幅机构；D—小车（横向）运行变幅机构；T—大车（纵向）运行机构。

表 9.1-14　桥式和门式起重机各机构的工作级别举例

起重机的类别	起重机的使用情况	机构使用等级			机构载荷状态级别			机构工作级别		
		H	D	T	H	D	T	H	D	T
货场用吊钩起重机（含货场用电动葫芦起重机）	较少使用	T_4	T_3	T_4	L1	L1	L2	M3	M2	M4
货场用抓斗或电磁盘起重机	较频繁，中等载荷	T_5	T_5	T_5	L3	L3	L3	M6	M6	M6
桥式抓斗卸船机	频繁，重载	T_7	T_6	T_6	L3	L3	L3	M8	M7	M6
集装箱搬动起重机	较频繁，中等载荷	T_5	T_5	T_5	L3	L3	L3	M6	M6	M6
岸边集装箱起重机	较频繁重载	T_6	T_6	T_5	L3	L3	L3	M7	M7	M6
装卸桥	较频繁重载	T_7	T_7	T_5	L4	L4	L2	M8	M8	M3

注：H—主起升机构；D—小车（横向）运行机构；T—大车（纵向）运行机构。

表 9.1-15　流动式起重机各机构的工作级别举例

机构名称		起重机整机工作级别	机构使用等级	机构载荷状态级别	机构工作级别
起升机构		A1	T_4	L1	M3
		A3	T_4	L2	M4
		A4	T_4	L3	M5
回转机构		A1	T_2	L2	M2
		A3	T_3	L2	M3
		A4	T_4	L2	M4
变幅机构		A1	T_2	L2	M2
		A3	T_3	L2	M3
		A4	T_3	L2	M3
臂架伸缩机构		A1	T_2	L1	M1
		A3	T_2	L2	M2
		A4	T_2	L2	M2
运行机构	轮胎式运行机构（仅在工作现场）	A1	T_2	L1	M1
		A3	T_2	L2	M2
		A4	T_2	L2	M2
	履带运行机构	A1	T_2	L1	M1
		A3	T_2	L2	M2
		A4	T_2	L2	M2

2.3　结构件或机械零件的分级

结构件或机械零件的工作级别根据结构件或机械零件的使用等级和应力状态级别来确定。

2.3.1　结构件或机械零件的使用等级

结构件或机械零件的使用等级，都是将其总应力循环次数分成 11 个等级，分别以代号 B_0、B_1、$\cdots$、B_{10} 表示，见表 9.1-16。

表 9.1-16　结构件或机械零件的使用等级

使用等级	结构件或机械零件的总应力循环数 n_T
B_0	$n_T \leqslant 1.6 \times 10^4$
B_1	$1.6 \times 10^4 < n_T \leqslant 3.2 \times 10^4$
B_2	$3.2 \times 10^4 < n_T \leqslant 6.3 \times 10^4$
B_3	$6.3 \times 10^4 < n_T \leqslant 1.25 \times 10^5$
B_4	$1.25 \times 10^5 < n_T \leqslant 2.5 \times 10^5$
B_5	$2.5 \times 10^5 < n_T \leqslant 5 \times 10^5$
B_6	$5 \times 10^5 < n_T \leqslant 1 \times 10^6$
B_7	$1 \times 10^6 < n_T \leqslant 2 \times 10^6$
B_8	$2 \times 10^6 < n_T \leqslant 4 \times 10^6$
B_9	$4 \times 10^6 < n_T \leqslant 8 \times 10^6$
B_{10}	$8 \times 10^6 < n_T$

2.3.2　结构件或机械零件的应力状态级别

结构件或机械零件的应力状态级别表明了该结构件或机械零件在总使用期内产生应力的大小及相应的应力循环情况，在表 9.1-17 中列出了应力状态的 4 个级别及相应的应力谱系数范围值。每一个结构件或机械零件的应力谱系数 K_S 可以用式（9.1-3）计算得到。

$$K_S = \sum \left[\frac{n_i}{n_T} \left(\frac{\sigma_i}{\sigma_{max}} \right)^C \right] \qquad (9.1\text{-}3)$$

式中　K_S——结构件或机械零件的应力谱系数；

n_i——与结构件或机械零件发生的不同应力相

应的应力循环数，$n_i = n_1$、n_2、n_3、$\cdots$、n_n；

n_T——结构件或机械零件的总应力循环数，$n_T = \sum\limits_{i=1}^{n} n_i = n_1 + n_2 + n_3 + \cdots + n_n$；

σ_i——该结构件或机械零件在工作时间内发生的不同应力，$\sigma_i = \sigma_1$、σ_2、σ_3、$\cdots$、σ_n；并设定：$\sigma_1 > \sigma_2 > \sigma_3 > \cdots > \sigma_n$；

σ_{max}——应力 σ_1、σ_2、σ_3、$\cdots$、σ_n 中的最大应力；

C——幂指数，与有关材料的性能、结构件或机械零件的种类、形状和尺寸、表面粗糙度以及腐蚀程度等有关，由试验得出。

由式（9.1-3）算得应力谱系数的值后，可按表 9.1-17 确定结构件或机械零件的相应的应力状态级别。

表 9.1-17　结构件或机械零件的应力状态级别及应力谱系数

应力状态级别	应力谱系数 K_S
S1	$K_S \leqslant 0.125$
S2	$0.125 < K_S \leqslant 0.250$
S3	$0.250 < K_S \leqslant 0.500$
S4	$0.500 < K_S \leqslant 1.000$

2.3.3　结构件或机械零件的工作级别

根据结构件或机械零件的使用等级和应力状态级别，结构件或机械零件的工作级别分为 E1 ~ E8 共 8 个级别，见表 9.1-18。

表 9.1-18　结构件或机械零件的工作级别

应力状态级别	使用等级										
	B_0	B_1	B_2	B_3	B_4	B_5	B_6	B_7	B_8	B_9	B_{10}
S1	E1	E1	E1	E1	E2	E3	E4	E5	E6	E7	E8
S2	E1	E1	E1	E2	E3	E4	E5	E6	E7	E8	E8
S3	E1	E1	E2	E3	E4	E5	E6	E7	E8	E8	E8
S4	E1	E2	E3	E4	E5	E6	E7	E8	E8	E8	E8

3　起重机的载荷计算

3.1　额定起升载荷

额定起升载荷 P_Q 是指起重机起吊额定起重量时的总起升质量的重力。

起升质量包括起重机允许起升的最大有效货物质量、取物装置（吊钩滑轮组、起重横梁、抓斗、容器或吸盘等）质量、悬挂着的挠性件以及其他在升降中的设备质量。起升高度小于 50m 的起升钢丝绳

的质量可以忽略不计。

3.2　自重载荷

自重载荷 P_G 是指起重机本身的结构、机械设备、电气设备以及装在起重机上的所有附属设备（如附设在起重机上的漏斗料仓、连续输送机及在它上面的物料）等质量的重力。对某些起重机的使用情况，自重载荷还要包括结壳物料质量的重力。例如粘结在起重机及其零部件上的煤或类似的其他粉末质量的重力，但起升质量的重力除外。

3.3　风载荷

露天使用的起重机应考虑风载荷的作用,并假定风载荷是沿起重机最不利的水平方向作用的静力载荷。起重机的风载荷分为工作状态风载荷和非工作状态风载荷。

3.3.1　风载荷的计算

风载荷的大小与起重机的计算部位和货物的迎风面积及起重机使用场地的风速大小等有关。作用在起重机上的风载荷按 (9.1-4) 式计算:

$$P_w = K_h CpA \qquad (9.1-4)$$

式中　P_w——作用在起重机或货物上的风载荷 (N);

　　　K_h——风压高度变化系数;

　　　C——风力系数;

　　　p——计算风压 (N/m²);

　　　A——起重机构件或货物垂直于风向的实体迎风面积 (m²)。

3.3.2　计算风压 p 的确定

风压与空气密度和风速有关。根据功能原理可导出计算风压与阵风风速的关系式

$$p = 0.625 v_s^2 \qquad (9.1-5)$$

式中　v_s——计算风速 (m/s)。标准规定:计算风速为空旷地区离地 10m 高度处的阵风风速,即 3s 时距的平均瞬时风速。工作状态的阵风风速,其值取为 10min 时距平均风速的 1.5 倍;非工作状态的阵风风速,其值取为 10min 时距平均风速的 1.4 倍。

计算风压分 p_I、p_{II}、p_{III} 三种情况取值:

p_I 是起重机工作状态正常的计算风压,用于选择电动机功率的阻力计算及发热验算。

p_{II} 是起重机工作状态最大计算风压,用于计算机构零部件和金属结构强度、结构的刚度及稳定性,验算驱动装置的过载能力以及起重机的抗倾覆稳定性、抗风防滑安全性等。

p_{III} 是起重机非工作状态计算风压,用于验算非工作状态下起重机支承零部件和金属结构的强度、起重机整机抗倾覆稳定性,并进行起重机的抗风防滑装置、锚定装置等的设计计算。

工作状态的计算风压和与之相应的计算风速见表 9.1-19。

非工作状态的计算风压和与之相应的计算风速见表 9.1-20。

表 9.1-19　工作状态计算风压和计算风速

地　　区		计算风压/(N/m²)		与 p_{II} 相应的计算风速
		p_I	p_{II}	v_s/(m/s)
在一般风力下工作的起重机	内陆	0.6 p_{II}	150	15.5
	沿海,台湾省及南海诸岛		250	20.0
在 8 级风中应继续工作的起重机			500	28.3

注:沿海地区系指离海岸线 100km 以内的陆地或海岛地区。

表 9.1-20　非工作状态计算风压和计算风速

地区	计算风压 p_{III}/(N/m²)	与 p_{III} 相应的计算风速 v_s/(m/s)
内陆	500 ~ 600	28.3 ~ 31.0
沿海	600 ~ 1000	31.0 ~ 40.0
台湾省及南海诸岛	1500	49.0

注:1. 非工作状态计算风压的取值,内陆的华北、华中和华南地区宜取小值,西北、西南、东北和长江下游等地区宜取大值;沿海以上海为界,上海可取 800N/m²,上海以北取小值,上海以南取大值。在特定情况下,按用户要求,可根据当地气象资料提供的离地 10m 高处 50 年一遇 10min 时距年平均最大风速换算得到作为计算风速的 3s 时距的平均瞬时风速(但不大于 50m/s)和计算风压 p_{III};若用户还要求此计算风速超过 50m/s 时,则可作为非标准产品进行特殊设计。

2. 在海上航行的起重机,可取 $p_{III} = 1800$N/m²,但不再考虑风压高度变化,即取 $K_h = 1$。

3. 沿海地区、台湾省及南海诸岛港口大型起重机抗风防滑系统、锚定装置的设计,所用的计算风速 v_s 不应小于 55m/s。

工作状态计算风压是允许起重机作业的最大风压,当风压值达到或超过这个极限值时,起重机就必须停止作业。因此,通常在起重机的最高处安装风速测量装置,当测到极限风速(风压)时,就自动切断起重机电源,或提前发出警示。计算风压 p、3s 时距平均瞬时风速 v_s 与风力等级的对应关系见表 9.1-21。

表 9.1-21　计算风压、3s 时距平均瞬时风速与风力等级的对应关系

计算风压 $p/(\text{N/m}^2)$	3s 时距平均瞬时风速 $v_s/(\text{m/s})$	风力等级
150	15.5	5
250	20.0	6
500	28.3	8
600	31.0	9
1 000	40.0	11
1 500	49.0	12

3.3.3　迎风面积 A 的确定

迎风面积是指迎风结构物和货物在垂直风向平面上的实际投影面积。具体分为下列几种情况。

1）单片构件的迎风面积按式（9.1-6）计算。

$$A = \varphi A_0 \qquad (9.1\text{-}6)$$

式中　A——构件在垂直风向平面上的实体部分面积（m^2）；

A_0——构件在垂直风向平面上的外形轮廓面积（m^2）；

φ——构件迎风面充实率，$\varphi = A/A_0$。对于格构式结构，φ 的计算如图 9.1-1a 所示。

2）两片并列等高的构件，如图 9.1-1b 所示，被前片构件遮挡的后片构件仍会受到风力的作用，但应考虑前片构件对后片构件的挡风折减作用，其总的迎风面积按式（9.1-7）计算：

$$A = A_1 + \eta A_2 = \varphi_1 A_{01} + \eta \varphi_2 A_{02} \qquad (9.1\text{-}7)$$

式中　A——构件在垂直风向平面上的总迎风面积（m^2）；

A_1——前片构件在垂直风向平面上的迎风面积（m^2），$A_1 = \varphi_1 A_{01}$；

A_2——后片构件在垂直风向平面上的迎风面积（m^2），$A_2 = \varphi_2 A_{02}$；

A_{01}——前片构件在垂直风向平面上的外形轮廓面积（m^2）；

A_{02}——后片构件在垂直风向平面上的外形轮廓面积（m^2）；

η——两片相邻构件前片对后片的挡风折减系数，其值与前片构件的充实率 φ_1 和前后两片构件的间隔比 a/b（见图 9.1-1b）有关。对于两片型式相同的构件，η 按表 9.1-22 选取；对于工字形截面梁和桁架的混合结构，η 按表 9.1-23 选取。

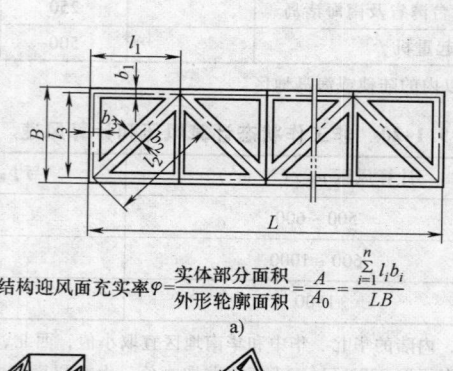

$$\text{结构迎风面充实率}\,\varphi = \frac{\text{实体部分面积}}{\text{外形轮廓面积}} = \frac{A}{A_0} = \frac{\sum_{i=1}^{n} l_i b_i}{LB}$$

a)

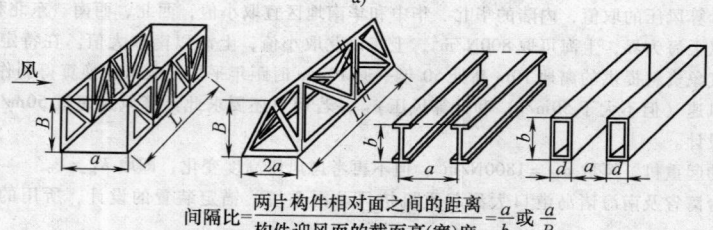

$$\text{间隔比} = \frac{\text{两片构件相对面之间的距离}}{\text{构件迎风面的截面高(宽)度}} = \frac{a}{b}\,\text{或}\,\frac{a}{B}$$

$$\text{构件截面尺寸比} = \frac{\text{构件截面迎风面的截面高度}}{\text{平行于风向的截面高(宽)度}} = \frac{b}{d}\,（\text{对箱形截面}）$$

b)

图 9.1-1　计算中的相关参数定义 （一）

表 9.1-22　两片构件或构架的后片挡风折减系数 η

间隔比 a/b、a/B	结构迎风面的充实率 φ					
	0.1	0.2	0.3	0.4	0.5	≥0.6
0.5	0.75	0.40	0.32	0.21	0.15	0.10
1.0	0.92	0.75	0.59	0.43	0.25	0.10
2.0	0.95	0.80	0.63	0.50	0.33	0.20
4.0	1.00	0.88	0.76	0.66	0.55	0.45
5.0	1.00	0.95	0.88	0.81	0.75	0.68
6.0	1.00	1.00	1.00	1.00	1.00	1.00

表 9.1-23　工字形梁和桁架混合构件的后片挡风折减系数 η

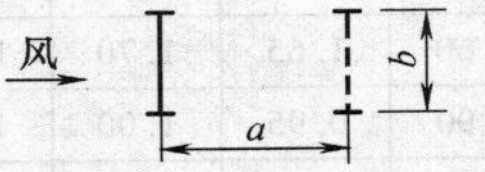	a/b	≤4			>4		
	η	0			1		
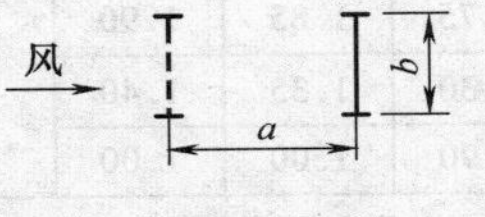	a/b	1	2	3	4	5	6
	η	0.5	0.6	0.7	0.8	1	1

3）对于 n 片型式相同且彼此等间隔平行布置的构件，在纵向风力作用下，应考虑前片构件对后片构件的重叠挡风折减作用，此时构件纵向的总迎风面积 A 按式（9.1-8）计算：

$$A = (1 + \eta + \eta^2 + \cdots + \eta^{n-1})\varphi A_{01} = \frac{1 - \eta^n}{1 - \eta}\varphi A_{01}$$

（9.1-8）

式中　A——构件在垂直风向平面上的总迎风面积（m^2）；

η——挡风折减系数；

φ——第一片构件的迎风面充实率；

A_{01}——第一片构件的外形轮廓面积（m^2）。

4）吊运货物的迎风面积应根据货物在垂直风向平面上的实际面积确定，也可按表 9.1-24 估算货物的迎风面积。

3.3.4　风力系数 C 的确定

风力系数 C 是考虑迎风面上的风压分布和背风面负压的影响，它与受风部位的结构型式和尺寸等有关，具体按以下各种情况确定：

1）对于单根构件、单片平面桁架结构和机器房，风力系数 C 值按表 9.1-25 选取。其中，构件截面尺寸比（b/d）和空气动力长细比（l/b 或 l/D）的定义见图 9.1-1b 和图 9.1-2。

2）对于正方形格构式塔架，风力系数 C 值按表 9.1-26 选取。

表 9.1-24　起重机吊运货物迎风面积的估算值

吊运货物质量 /t	1	2	3	5 6.3	8	10	12.5	15 16	20	25	30 32	40
迎风面积估算 /m^2	1	2	3	5	6	7	8	10	12	15	18	22
吊运货物质量 /t	50	63	75 80	100	125	150 160	200	250	280	300 320	400	
迎风面积 /m^2	25	28	30	35	40	45	55	65	70	75	80	

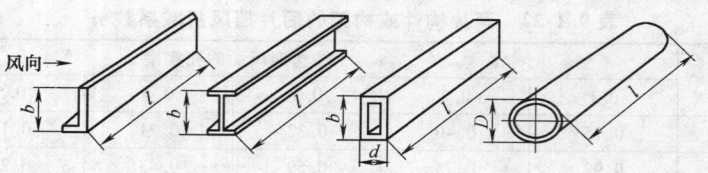

$$\text{空气动力长细比}=\frac{\text{构件长度}}{\text{迎风面的截面高(宽)度}}=\frac{l}{b}\text{或}\frac{l}{D}$$

在格构式结构中，单根构件的长度 l 取为相邻节点的中心间距，参见图 9.1-1a。

图 9.1-2　计算中的相关参数定义 （二）

表 9.1-25　单根构件、单片平面桁架结构和机器房的风力系数 C

类　型	说　明		空气动力长细比 l/b 或 l/D					
			≤5	10	20	30	40	≥50
单根构件	轧制型钢、矩形型材、空心型材、钢板		1.30	1.35	1.60	1.65	1.70	1.90
	圆形型钢构件	$Dv_s<6\text{m}^2/\text{s}$	0.75	0.80	0.90	0.95	1.00	1.10
		$Dv_s\geqslant6\text{m}^2/\text{s}$	0.60	0.65	0.70	0.70	0.75	0.80
	箱形截面构件，大于 350mm ×350mm 的正方形和 250mm × 450mm 的矩形	≥2	1.55	1.75	1.95	2.10	2.20	
		1	1.40	1.55	1.75	1.85	1.90	—
		b/d　0.5	1.00	1.20	1.30	1.35	1.40	
		0.25	0.80	0.90	0.90	1.00	1.00	
单片平面桁架	直边型钢桁架结构		1.70					
	圆形型钢桁架结构	$Dv_s<6\text{m}^2/\text{s}$	1.20					
		$Dv_s\geqslant6\text{m}^2/\text{s}$	0.80					
机器房等	地面上或实体基础上的矩形外壳结构		1.10					
	空中悬置的机器房或平衡重等		1.20					

注：单片平面桁架式结构上的风载荷可按单根构件的风力系数逐根计算后相加，也可按整片方式选用直边型钢或圆形型钢桁架结构的风力系数进行计算；当桁架结构由直边型钢和圆形型钢混合制成时，宜根据每根构件的空气动力长细比和不同气流状态 [$Dv_s<6\text{m}^2/\text{s}$ 或 $Dv_s\geqslant6\text{m}^2/\text{s}$，$D$ 为圆形型钢直径 （m）]，采用逐根计算后相加的方法。

表 9.1-26　正方形格构式塔架的风力系数 C

由直边型材构成的塔身	$1.7(1+\eta)$	
由圆形型材构成的塔身	$Dv_s<6\text{m}^2/\text{s}$	$1.2(1+\eta)$
	$Dv_s\geqslant6\text{m}^2/\text{s}$	1.4

注：1. 挡风折减系数 η 值按表 9.1-22 中的 $a/b=1$ 时相对应的结构迎风面充实率 φ 查取。

　　2. 当风沿塔身截面对角线方向作用时，风载荷最大，可取为正向迎风面风载荷的 1.2 倍。

3.3.5　风压高度变化系数 K_h 的确定

以离地面 10 m 高为基准，高于 10 m 的高度变化系数按式（9.1-9）确定。

$$K_h=\left(\frac{h}{10}\right)^a \qquad (9.1\text{-}9)$$

式中　K_h——风压高度变化系数；

　　　　h——离地（海）面高度（m）；

　　　　a——幂指数。对陆上：$a=0.3$；对海上：$a=0.2$。

为了简化计算，起重机工作状态计算风压不考虑高度变化，即取 $K_h=1$。而起重机非工作状态计算风压需考虑高度变化的影响，风压高度变化系数 K_h 可按表 9.1-27 选用。

表 9.1-27　风压高度变化系数 K_h

离地（海）面高度 h/m	≤10	10~20	20~30	30~40	40~50	50~60	60~70	70~80	80~90	90~100	100~110	110~120	120~130	130~140	140~150
陆上 $K_h=\left(\dfrac{h}{10}\right)^{0.3}$	1.00	1.13	1.32	1.46	1.57	1.67	1.75	1.83	1.90	1.96	2.02	2.08	2.13	2.18	2.23

（续）

离地（海）面 高度 h/m	≤10	10 ~ 20	20 ~ 30	30 ~ 40	40 ~ 50	50 ~ 60	60 ~ 70	70 ~ 80	80 ~ 90	90 ~ 100	100 ~ 110	110 ~ 120	120 ~ 130	130 ~ 140	140 ~ 150
海上及海岛 $K_h = \left(\dfrac{h}{10}\right)^{0.2}$	1.00	1.08	1.20	1.28	1.35	1.40	1.45	1.49	1.53	1.56	1.60	1.63	1.65	1.68	1.70

3.4　垂直运动引起的动载荷

3.4.1　自重振动载荷

当货物起升离地时，或将悬吊在空中的部分货物突然卸除时，或悬吊在空中的货物下降制动时，起重机本身的自重将因出现振动而产生脉冲式增大或减小的动力响应，此自重振动载荷按式（9.1-10）计算。

$$P_{动}^G = \phi_1 P_G \qquad (9.1\text{-}10)$$

式中　$P_{动}^G$——自重振动载荷（N）；

$\quad P_G$——自重载荷（N）；

$\quad \phi_1$——起升冲击系数，考虑起升机构工作时起重机自身质量受到起升冲击的影响，为反映此振动载荷范围的上下限，$\phi_1 = 1 \pm \alpha$，$0 \leqslant \alpha \leqslant 0.1$。

3.4.2　起升动载荷

当货物无约束地起升离开地面时，货物的惯性力将会使起升载荷出现动载增大的动力效应。此起升动载荷按式（9.1-11）计算。

$$P_{动}^Q = \phi_2 P_Q \qquad (9.1\text{-}11)$$

式中　$P_{动}^Q$——起升动载荷（N）；

$\quad P_Q$——额定起升载荷（N）；

$\quad \phi_2$——起升动载系数，考虑了货物及吊具质量的起升竖直惯性力对起重机的承载结构和传动机构产生的附加动力效应；其最大值 ϕ_{2max} 对建筑塔式起重机和港口臂架起重机等起升速度很高的起重机不超过 2.2，对其他起重机不超过 2.0。

由于起升机构驱动控制型式的不同，所表现出起升操作的平稳程度和货物起升离地的动力特性也会有很大的不同，为此将起升状态划分为 $HC_1 \sim HC_4$ 四个级别，见表 9.1-28。

表 9.1-28　起升状态级别、β_2 和 ϕ_{2min}

起升状态级别	起升状态	β_2	ϕ_{2min}	起升状态级别	起升状态	β_2	ϕ_{2min}
HC_1	起升离地平稳	0.17	1.05	HC_3	起升离地有中度冲击	0.51	1.15
HC_2	起升离地有轻微冲击	0.34	1.10	HC_4	起升离地有较大冲击	0.68	1.20

起升动载系数 ϕ_2 与稳定起升速度 v_q 和起升状态级别等有关。其值可以由试验或分析确定，也可以按式（9.1-12）计算：

$$\phi_2 = \phi_{2min} + \beta_2 v_q \qquad (9.1\text{-}12)$$

式中　ϕ_2——起升动载系数；

$\quad \phi_{2min}$——起升动载系数的最小值，按表 9.1-28 选取；

$\quad \beta_2$——系数，与起升状态级别有关，按表 9.1-28 选取；

$\quad v_q$——稳定起升速度（m/s），按表 9.1-29 选取。其最高值 v_{qmax} 发生在电动机或发电机空载起动、且吊具及货物被起升离地时其起升速度已达到稳定起升的最大值。

表 9.1-29　稳定起升速度 v_q

载荷组合	起升驱动型式及操作方法				
	H1	H2	H3	H4	H5
无风工作 A1、有风工作 B1	v_{qmax}	v_{qmin}	v_{qmin}	$0.5\,v_{qmax}$	$v_q = 0$
特殊工作 C1	—	v_{qmax}		v_{qmax}	$0.5\,v_{qmax}$

注：H1—起升驱动机构只能作常速运转，不能低速运转；H2—起重机司机可选用起升驱动机构作稳定低速运转；H3—起升驱动机构的控制系统能保证货物起升离地前都作稳定低速运转；H4—起重机司机可以操作实现无级变速控制；H5—在起升绳预紧后，不依赖于起重机司机的操作，起升驱动机构就能按预定的要求进行加速控制。

3.4.3　突然卸载时的动载荷

有的起重机正常工作时会在空中从总起升质量 m 中突然卸除部分起升质量 Δm，如使用抓斗或起重电磁吸盘进行空中卸载，这将对起重机结构产生减载振动作用，此减小后的突然卸载时的动载荷按式（9.1-13）计算。

$$P_{动}^{卸载} = \phi_3 P_Q \qquad (9.1-13)$$

式中　$P_{动}^{卸载}$——突然卸载时的动载荷（N）；

　　　ϕ_3——突然卸载冲击系数。

ϕ_3 按式（9.1-14）计算。

$$\phi_3 = 1 - \frac{\Delta m}{m}(1 + \beta_3) \qquad (9.1-14)$$

式中　Δm——突然卸除的部分起升质量（kg）；

　　　m——总起升质量（kg）；

　　　β_3——系数，对用抓斗或类似的慢速卸载装置的起重机，$\beta_3 = 0.5$；对用电磁盘或类似的快速卸载装置的起重机，$\beta_3 = 1.0$。

3.4.4　运行冲击载荷

起重机在不平的路面或轨道上运行时将发生的垂直冲击动力效应，此运行冲击载荷按式（9.1-15）计算。

$$P_{冲}^{运行} = \phi_4 \times (P_Q + P_G) \qquad (9.1-15)$$

式中　$P_{冲}^{运行}$——运行冲击载荷（N）；

　　　ϕ_4——运行冲击系数，考虑了起重机或小车通过不平路面或轨道接头时的垂直方向的冲击效应。

对于有轨运行的起重机，运行冲击系数 ϕ_4 可按以下规定选取：

1）对于轨道接头状态良好，如轨道用焊接连接并对接头打磨光滑的高速运行起重机，取 $\phi_4 = 1$。

2）对于轨道接头状况一般，起重机通过接头时会发生垂直冲击效应，这时 ϕ_4 可由式（9.1-16）确定。

$$\phi_4 = 1.1 + 0.058 v_y \sqrt{h} \qquad (9.1-16)$$

式中　ϕ_4——运行冲击系数；

　　　v_y——起重机运行速度（m/s）；

　　　h——轨道接头处两轨面的高度差（mm）。

对于无轨运行的起重机，运行冲击系数 ϕ_4 可按表 9.1-30 选取。

表 9.1-30　无轨运行起重机的运行冲击系数 ϕ_4

起重机类型	运行速度 v_y/(m/s)	运行冲击系数 ϕ_4	起重机类型	运行速度 v_y/(m/s)	运行冲击系数 ϕ_4
轮胎起重机和汽车起重机	≤0.4	1.1	履带式起重机	≤0.4	1.0
	>0.4	1.3		>0.4	1.1

3.5　变速运动引起的载荷

3.5.1　驱动机构加速引起的载荷

由于驱动机构加速或减速、起重机意外停机或传动机构突然失效等原因在起重机中会产生惯性载荷，这种由起重机变速运动引起的惯性载荷按式（9.1-17）计算。

惯性力：

惯性力矩：

$$\left. \begin{array}{l} P_{惯}^{变速} = \phi_5 \Delta F = \phi_5 ma \\ M_{惯}^{变速} = \phi_5 \Delta M = \phi_5 J\varepsilon \end{array} \right\} \qquad (9.1-17)$$

式中　$P_{惯}^{变速}$——变速运动引起的惯性力（N）；

　　　$M_{惯}^{变速}$——变速运动引起的惯性力矩（N·m）；

　　　ϕ_5——机构驱动加速动载系数，见表9.1-31；

　　　ΔF——引起加速运动的驱动力变化值（N）；

　　　ΔM——引起加速运动的驱动力矩变化值（N·m）；

　　　m——运动部件的质量（kg）；

　　　a——变速运动的加速度（m/s²）；

　　　J——运动部件对回转轴线的转动惯量（kg·m²）；

　　　ε——变速运动的角加速度（rad/s²）。

ϕ_5 数值的选取决定于驱动力（或制动力）的变化率、质量分布和传动系统的特性。通常，ϕ_5 的较低值适用于驱动力或制动力较平稳变化的系统，较高值适用于驱动力或制动力较突然变化的系统。

3.5.2　水平惯性力

1）起重机或小车在水平面内进行纵向或横向运动起（制）动时，起重机或小车自身质量和总起升质量的水平惯性力按式（9.1-18）计算

$$P_{惯}^{水平} = \phi_5 m_1 a \leqslant P_{黏} \qquad (9.1-18)$$

式中　$P_{惯}^{水平}$——起重机或小车起（制）动时的水平惯性力（N）；

　　　$P_{黏}$——主动车轮与轨道之间的黏着力（N）；

　　　ϕ_5——机构驱动加速动载系数。此时取 $\phi_5 = 1.5$，用来考虑起重机驱动力突变时结构的动力效应。

m_1——起重机或小车自身质量和总起升质量（kg）；

a——起（制）动时的运行加速度（m/s²）。

加（减）速度和加速时间值可参考表 9.1-32。

表 9.1-31 机构驱动加速动载系数 ϕ_5

序号	工况	ϕ_5
1	计算回转离心力时	1.0
2	传动系统无间隙，采用无级变速的控制系统，加速力或制动力呈连续平稳的变化	1.2
3	传动系统存在微小的间隙，采用其他一般的控制系统，加速力呈连续的但非平稳的变化	1.5
4	传动系统有明显的间隙，加速力呈突然的非连贯性变化	2.0
5	传动系统有很大的间隙或存在明显的反向冲击，用质量弹簧模型不能进行准确的估算时	3.0

表 9.1-32 加（减）速度和加速时间值

要达到的速度 /(m/s)	低速和中速长距离运行		正常使用中速和高速运行		高加速度、高速运行	
	加速时间 /s	加速度 /(m/s²)	加速时间 /s	加速度 /(m/s²)	加速时间 /s	加速度 /(m/s²)
4.00	—	—	8.00	0.50	6.00	0.67
3.15	—	—	7.10	0.44	5.40	0.58
2.50	—	—	6.30	0.39	4.80	0.52
2.00	9.10	0.220	5.60	0.35	4.20	0.47
1.60	8.30	0.190	5.00	0.32	3.10	0.43
1.00	6.60	0.150	4.00	0.25	3.00	0.33
0.63	5.20	0.120	3.20	0.19	—	—
0.40	4.10	0.098	2.50	0.16	—	—
0.25	3.20	0.078	—	—	—	—
0.16	2.50	0.064	—	—	—	—

2）起重机的回转离心力和回转与变幅运动起（制）动时的水平惯性力。

① 起重机回转运动时各部（构）件的离心力按式（9.1-19）计算。通常，这些离心力对结构起减载作用，可忽略不计，即：$\phi_5 = 1$。

$$P_{离} = m\frac{v^2}{R} = mR\omega^2 \qquad (9.1-19)$$

式中 $P_{离}$——回转部（构）件的离心力（N）；

m——回转部（构）件的质量（kg）；

R——回转部（构）件质心处的回转半径（m）；

v——回转部（构）件质心处的回转圆周速度（m/s）；

ω——回转部（构）件的回转角速度（rad/s）。

② 起重机回转与变幅起（制）动时的水平惯性力按式（9.1-20）计算。对机构计算和抗倾覆稳定性计算，取 $\phi_5 = 1$。

$$P_{切} = \phi_5 m_1 a \qquad (9.1-20)$$

式中 $P_{切}$——起重机回转与变幅起（制）动时的水平惯性力（N）；

ϕ_5——同式（9.1-17）；

m_1——运动部（构）件的质量（kg）；

a——运动部（构）件质心的加速度（m/s²）。对一般的臂架起重机，根据其速度和回转半径的不同，臂架端部的切向和径向加速度值均可在 0.1～0.6m/s² 之间选取。

③ 臂架起重机回转和变幅机构起（制）动时的总起升质量产生的综合水平力 [包括风力、变幅和回转起（制）动产生的惯性力和回转运动的离心力]，可以用起升钢丝绳相对于铅垂线的偏摆角 α 引起的水

平分力按式（9.1-21）计算，如图9.1-3所示。

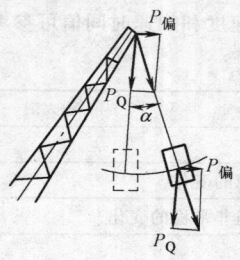

图 9.1-3　起升质量综合水平力计算图

$$P_{偏} = P_Q \tan\alpha \qquad (9.1\text{-}21)$$

式中　　$P_{偏}$——起升质量的综合水平力（N）；

α——起重钢丝绳相对于铅垂线的偏摆角（°）。

起重钢丝绳的偏摆角分为正常偏摆角 α_I 和最大偏摆角 α_{II}。α_I 用于计算电动机功率和机械零件的疲劳强度及磨损。α_{II} 用于计算结构、机构强度和起重机整机抗倾覆稳定性，其数值可按表9.1-33选取。

计算电动机功率时：

$$\alpha_I = (0.25 \sim 0.3)\alpha_{II}$$

计算机械零件的疲劳强度及磨损时：

$$\alpha_I = (0.3 \sim 0.4)\alpha_{II}$$

表 9.1-33　α_{II} 的推荐值

起重机类别及回转速度	装卸用门座起重机		安装用门座起重机		轮胎和汽车起重机
	$n \geqslant 2\text{r/min}$	$n < 2\text{r/min}$	$n \geqslant 0.33\text{r/min}$	$n < 0.33\text{r/min}$	
臂架变幅平面内	12°	10°	4°	2°	3° ~ 6°
垂直于臂架变幅平面内	14°	12°			

4　起重机轮压与稳定性计算

4.1　起重机轮压计算

轮压和支承反力是设计运行机构及行走支承装置（如车轮、轮胎）、金属结构（如车架、端梁）、支腿机构等的重要参数。

大多数起重机具有四个支承点，每个支承点下装有一个或一组车轮，支承点上的支承反力除以支承点中的车轮数量就是车轮的轮压。

起重机在一定的载荷作用下，各支承点上支承反力的分配是超静定的，在计算支承反力时，通常根据起重机支承结构及基础的刚性和变形情况，将支承分为刚性支承和柔性支承两类，按照静定结构进行计算。

刚性支承：将支承结构看成是一个绝对刚体，在载荷作用下支承结构的四个支承点始终保持在同一平面上。

柔性支承：将支承结构看成是由若干互相铰接的纵横简支梁组成，在载荷作用下支承结构的四个支承点不再保持在同一平面上，而是随基础的变形而变形。

实际上，支承结构的弹性状况总是介于刚性支承和柔性支承两者之间。研究表明，大多数臂架型回转起重机，如轮胎起重机、汽车起重机、塔式起重机以及箱形门架结构的门座起重机、桥架型起重机的起重小车等的支承反力计算按刚性支承假定比较合适；而对于桥式、门式起重机和装卸桥的支承反力计算按柔性支承假定比较合理。

4.1.1　臂架型回转起重机支承反力计算

1. 刚性支承的支承反力计算

设起重机非回转部分重力 P_{G1} 的重心与支承平面形心重合于 O_1 点，包括货物、臂架系统、转台等回转部分总重力 P_{G2} 的重心在 E 点，O_2 为回转中心，如图9.1-4a所示。

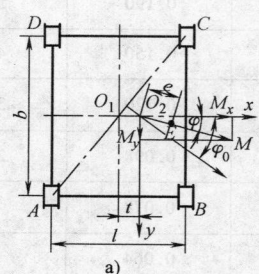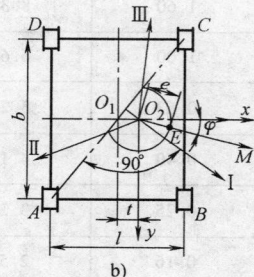

图 9.1-4　刚性支承的支承反力计算简图

将回转部分上的所有载荷向 O_2 点转移，得到一个作用于 O_2 点的力 P_{G2} 和一个力矩 $M = P_{G2}e + M_H$（M_H 是由风力、货物偏摆引起的水平力、惯性力及坡度引起的水平力所产生的力矩），再将合力矩 M 分解为沿 x 轴的力矩 $M_x = M\cos\varphi$ 和沿 y 轴的力矩 $M_y = M\sin\varphi$，则各支承点的支承反力为

$$V_A = \frac{P_{G1}}{4} + \frac{P_{G2}}{4}\left(1 - \frac{2t}{l}\right) - \frac{M_x}{2l} + \frac{M_y}{2b}$$

$$V_B = \frac{P_{G1}}{4} + \frac{P_{G2}}{4}\left(1 + \frac{2t}{l}\right) + \frac{M_x}{2l} + \frac{M_y}{2b}$$

$$V_C = \frac{P_{G1}}{4} + \frac{P_{G2}}{4}\left(1 + \frac{2t}{l}\right) + \frac{M_x}{2l} - \frac{M_y}{2b}$$

$$V_D = \frac{P_{G1}}{4} + \frac{P_{G2}}{4}\left(1 - \frac{2t}{l}\right) - \frac{M_x}{2l} - \frac{M_y}{2b}$$

$$(9.1\text{-}22)$$

式中　V_A、V_B、V_C、V_D——支承点 A、B、C、D 上的支承反力（N）；

P_{G1}——起重机非回转部分的自重载荷（N）；

P_{G2}——起重机回转部分（包括货物）的自重载荷（N）；

l——起重机的轨距（m）；

b——起重机的基矩（m）；

t——支承平面形心 O_1 与回转中心 O_2 之间的距离（m）；

M_x、M_y——回转部分的重力向回转中心 O_2 转化后的力矩 M 在 x 轴和 y 轴方向的分力矩（N·m）；

$$M_x = G_2 e\cos\varphi + M_{H_x}$$

$$M_y = G_2 e\sin\varphi + M_{H_y}$$

M_{Hx}、M_{Hy}——由风力、货物偏摆引起的水平力、惯性力及坡度引起的水平力所产生的力矩在 x 轴和 y 轴方向的分力矩（N·m）；

e——回转部分（包括货物）的重心 P_{G2} 到回转中心 O_2 的距离（m）；

φ——臂架位置与 x 轴方向的夹角（°）。

各支承点的支承反力随臂架位置（φ 角）的变化而变化。要求得最大支承反力，可令 $dV_B/d\varphi = 0$，得 $\varphi = \arctan l/b$，即臂架垂直于支承平面的对角线 AC 时，V_B 达到最大值。当回转部分的重心 E 落在对角线 AC 时（见图 9.1-4b 中的 Ⅱ、Ⅲ 位置），V_A 与 V_C 分别达到最大值。

按式（9.1-22）计算支承点 D 的支承反力时，有可能出现零或负值（支点脱离轨道）。这时，起重机便从超静定的四支点支承变为静定的三支点支承，相应的支承反力为

$$\left.\begin{aligned}
V_A &= \frac{P_{G1}}{2} + \frac{P_{G2}}{2}\left(1 - \frac{2t}{l}\right) - \frac{M_x}{l}\\
V_B &= P_{G2}\frac{t}{l} + \frac{M_x}{l} + \frac{M_y}{b}\\
V_C &= \frac{P_{G1}}{2} + \frac{P_{G2}}{2} - \frac{M_y}{b}
\end{aligned}\right\} \quad (9.1\text{-}23)$$

四支点起重机应避免出现负支承反力。

2. 柔性支承的支承反力计算

对于柔性支承结构，需按回转支承的不同型式，分别计算。

（1）柱式起重机柔性支承结构支承反力计算（图 9.1-5a）　假定起重机回转部分通过转柱支承在 A_IB_I 和 $B_{II}C_{II}$ 这两根假想的纵横简支梁上，所有梁的连接都是铰接。将非回转部分的重力 P_{G1} 和回转部分的重力 P_{G2} 看成是作用在简支梁上的集中力，将 M_x 和 M_y 看成是分别作用在简支梁上的力矩。则各支承点在静止状态时的支承反力为

$$\left.\begin{aligned}
V_A &= \frac{P_{G1}}{4} + \frac{P_{G2}}{4}\left(1 - \frac{2t}{l}\right) - \frac{M_x}{2l} + \frac{M_y}{2b}\left(1 - \frac{2t}{l}\right)\\
V_B &= \frac{P_{G1}}{4} + \frac{P_{G2}}{4}\left(1 + \frac{2t}{l}\right) + \frac{M_x}{2l} + \frac{M_y}{2b}\left(1 + \frac{2t}{l}\right)\\
V_C &= \frac{P_{G1}}{4} + \frac{P_{G2}}{4}\left(1 + \frac{2t}{l}\right) + \frac{M_x}{2l} - \frac{M_y}{2b}\left(1 + \frac{2t}{l}\right)\\
V_D &= \frac{P_{G1}}{4} + \frac{P_{G2}}{4}\left(1 - \frac{2t}{l}\right) - \frac{M_x}{2l} - \frac{M_y}{2b}\left(1 - \frac{2t}{l}\right)
\end{aligned}\right\}$$

$$(9.1\text{-}24)$$

式中符号同式（9.1-22）。

当 $\varphi = \arctan\dfrac{l+2t}{b}$ 时，V_B 达到最大值。

（2）转盘式起重机柔性支承结构支承反力计算（图 9.1-5b）　转盘式起重机是通过支承在圆形滚道上的滚动体将回转部分的载荷传到支承结构上的。为计算方便，用其合力来代替滚动体的压力，若不考虑水平力引起的力矩，则回转部分的重力 P_{G2} 即为滚动体对支承结构压力的合力，重心 E 就是其作用点。如果近似地认为由水平力引起的力矩 M_H 作用在臂架俯仰平面内，则 M_H 使 P_{G2} 的作用点由 E 移至 E'。这样，作用在支承结构上的载荷就只有 O_1 点的 P_{G1} 和 E' 点的 P_{G2}。P_{G1} 可看成是作用在简支梁 A_IB_I 上、P_{G2} 作用在简支梁 $A_{III}B_{III}$ 上，而 A_IB_I 和 $A_{III}B_{III}$ 均铰接在简支梁 AD 和 BC 上，这时各支承点在静止状态时的支承反力为

$$\left.\begin{aligned}
V_A &= \frac{P_{G1}}{4} + \frac{P_{G2}}{4}\left(1 + \frac{2s}{b}\sin\varphi\right)\left[1 - \frac{2}{l}(t + s\cos\varphi)\right]\\
V_B &= \frac{P_{G1}}{4} + \frac{P_{G2}}{4}\left(1 + \frac{2s}{b}\sin\varphi\right)\left[1 + \frac{2}{l}(t + s\cos\varphi)\right]\\
V_C &= \frac{P_{G1}}{4} + \frac{P_{G2}}{4}\left(1 - \frac{2s}{b}\sin\varphi\right)\left[1 + \frac{2}{l}(t + s\cos\varphi)\right]\\
V_D &= \frac{P_{G1}}{4} + \frac{P_{G2}}{4}\left(1 - \frac{2s}{b}\sin\varphi\right)\left[1 - \frac{2}{l}(t + s\cos\varphi)\right]
\end{aligned}\right\}$$

$$(9.1\text{-}25)$$

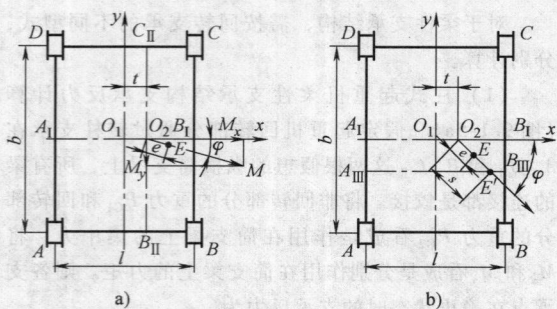

图 9.1-5　柔性支承的支承反力计算简图

其中

$$s = e + \frac{M_H}{P_{G2}}$$

式中　M_H——由风力、货物偏摆引起的水平力、惯性力及坡度引起的水平力所产生的力矩（N·m）；

其他符号同式（9.1-22）。

当 $\varphi = \arctan \dfrac{\cos\varphi + \dfrac{l+2t}{2s}}{\sin\varphi + \dfrac{b}{2s}}$ 时，V_B 达到最大值。

4.1.2　桥架型起重机支承反力计算

1. 桥式起重机支承反力的计算（见图 9.1-6）

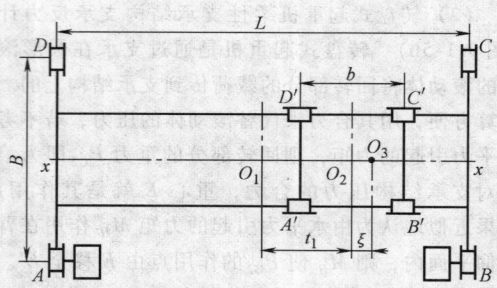

图 9.1-6　桥式起重机支承反力计算简图

桥式起重机的桥架属于柔性支承结构。设桥架自重重心与支承平面形心重合于 O_1 点，小车与货物的重心位于 x 轴线上，则桥架各支承点在静止状态时的支承反力为

$$V_A = \frac{P'_{G1}}{4} + \frac{P'_{G2}}{4}\left(1 - \frac{2t_1}{L}\right) + \frac{P_Q}{4}\left[1 - \frac{2(t_1+\xi)}{L}\right]$$

$$V_B = \frac{P'_{G1}}{4} + \frac{P'_{G2}}{4}\left(1 + \frac{2t_1}{L}\right) + \frac{P_Q}{4}\left[1 + \frac{2(t_1+\xi)}{L}\right]$$

$$V_C = \frac{P'_{G1}}{4} + \frac{P'_{G2}}{4}\left(1 + \frac{2t_1}{L}\right) + \frac{P_Q}{4}\left[1 + \frac{2(t_1+\xi)}{L}\right]$$

$$V_D = \frac{P'_{G1}}{4} + \frac{P'_{G2}}{4}\left(1 - \frac{2t_1}{L}\right) + \frac{P_Q}{4}\left[1 - \frac{2(t_1+\xi)}{L}\right]$$

$$(9.1\text{-}26)$$

式中　P'_{G1}——除小车自重以外的起重机的自重载荷（N）；

　　　P'_{G2}——小车的自重载荷（N）；

　　　P_Q——起升载荷（包括货物、吊具）（N）；

　　　L——起重机的跨度（m）；

　　　t_1——小车重心到桥架重心间的距离（m）；

　　　ξ——货物重心到小车重心间的距离（m）。

当小车位于右端极限位置时，V_B、V_C 达到最大值；当小车位于左端极限位置时，V_A、V_D 达到最大值。

通常小车的车架刚度较大，属于刚性支承结构，其各支承点的支承反力为

$$V'_A = V'_D = \frac{P'_{G2}}{4} + \frac{P_Q}{4}\left(1 - \frac{2\xi}{b}\right)$$

$$V'_B = V'_C = \frac{P'_{G2}}{4} + \frac{P_Q}{4}\left(1 + \frac{2\xi}{b}\right)$$

$$(9.1\text{-}27)$$

式中　b——小车轮距（m）。

其他符号同式（9.1-26）。

若小车车架采用柔性铰接结构，则应按铰接支承的支承反力计算式进行计算。

2. 门式起重机和装卸桥的支承反力计算

门式起重机和装卸桥在静止状态时各支承反力的计算与式（9.1-26）相同，但由于风力、桥架及小车起（制）动时的水平惯性力的影响，使各支承反力的分布发生了改变。

对门式起重机和装卸桥，还要考虑由于风力、起重机桥架及小车起（制）动时的水平惯性力对支承反力的影响。

对于图 9.1-7 所示的门式起重机按最不利工况来计算支承反力，即满载小车位于悬臂端极限位置，大车和小车同时紧急制动，风沿轨道方向吹，则四个支承点的支承反力为

$$V_A = \frac{P'_{G1}}{4} + \frac{P'_{G2}(L+a) + P_Q(L+a+\xi)}{2L} - \frac{M_1}{2B} + \frac{M_2}{2L}$$

$$V_B = \frac{P'_{G1}}{4} + \frac{P'_{G2}(L+a) + P_Q(L+a+\xi)}{2L} + \frac{M_1}{2B} + \frac{M_2}{2L}$$

$$V_C = \frac{P'_{G1}}{4} + \frac{P'_{G2}a + P_Q(a+\xi)}{2L} + \frac{M_1}{2B} - \frac{M_2}{2L}$$

$$V_D = \frac{P'_{G1}}{4} + \frac{P'_{G2}a + P_Q(a+\xi)}{2L} - \frac{M_1}{2B} - \frac{M_2}{2L}$$

$$(9.1\text{-}28)$$

其中　$M_1 = P_{f1}h_1 + P_{f2}h_2 + P_{g1}h_4 + P_{g2}h_2 + P_{g3}h_3$

$$M_2 = P'_{g2}h_2 + P'_{g3}h_3$$

式中　P_{f1}——作用在桥架和小车上的工作状态最大风力（N）；

　　　P_{f2}——作用在货物上的工作状态最大风力

P_{g1}——大车制动时引起的桥架水平惯性力（N）；

P_{g2}——大车制动时引起的货物水平惯性力（N）；

P_{g3}——大车制动时引起的小车水平惯性力（N）；

h_1——桥架和小车迎风面的形心高度（m）；

h_2——起升机构上部定滑轮组至轨顶的高度（m）；

h_3——小车重心高度（m）；

h_4——桥架重心高度（m）；

P'_{g2}——小车制动时引起的货物水平惯性力（m）；

P'_{g3}——小车制动时引起的小车水平惯性力（m）；

a——小车重心至相邻起重机支点的距离（m）；

B——起重机的基距（m）。

其他符号同式（9.1-26）和式（9.1-27）。

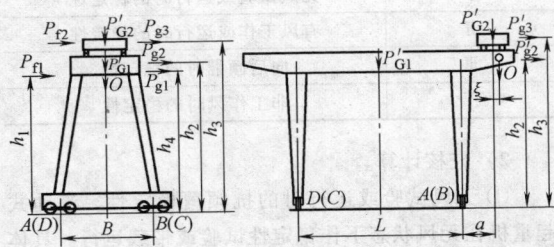

图 9.1-7　门式起重机支承反力计算简图

4.1.3　轮压计算

计算出起重机各个支承点的支承反力后，则车轮的轮压为

$$P = \frac{V_i}{m} \qquad (9.1-29)$$

式中　P——车轮的轮压（N）；

V_i——支承点 i 的支承反力（N）；

m——支承点 i 上的车轮总数（个）。

4.2　起重机抗倾覆稳定性计算

4.2.1　概述

1. 抗倾覆稳定的判据

在抗倾覆稳定性校核计算中，当由自重载荷产生的稳定力矩的代数和大于由除自重载荷以外其他载荷产生的倾覆力矩的代数和时，则认为该起重机抗倾覆

性能是稳定的。用计算式表示为

$$\sum_{j=1}^{n} M_j > \sum_{i=1}^{m} M_i \qquad (9.1-30)$$

式中　M_j——起重机第 j 组部件的自重载荷对倾覆线的稳定力矩，沿稳定方向为正；

M_i——除自重载荷外其他第 i 个载荷对倾覆线的倾覆力矩，沿翻倒方向为正。

倾覆线是起重机发生倾翻时的翻转轴线，它与起重机的构造、验算工况和臂架位置等因素有关。

计算稳定力矩时，所有自重载荷的系数均为 1。

根据不同类型的起重机和不同的计算条件，计算倾覆力矩所用的计算载荷分别按表 9.1-35、表 9.1-37 和表 9.1-38 选取（不考虑其他动力系数的影响）。计算中要考虑起重机的结构形态及其零部件的位置，各项载荷与力作用的方向及其影响均按实际可能出现的最不利载荷组合的原则来考虑。

2. 起重机抗倾覆稳定性校核计算

起重机种类繁多，GB/T 3811—2008《起重机设计规范》按机型将起重机分为流动式起重机、塔式起重机和除流动式、塔式和浮式起重机以外的起重机等三种类型校核其抗倾覆稳定性。

（1）除流动式、塔式和浮式起重机以外的起重机抗倾覆稳定性的校核计算

1）计算工况。根据倾覆力矩所考虑的计算载荷不同，起重机抗倾覆稳定性校核计算有四种工况，见表 9.1-34。

表 9.1-34　除流动式、塔式和浮式起重机以外的起重机抗倾覆稳定性计算工况

计算工况	计算条件	计算载荷特征
Ⅰ	基本稳定性	计算起升载荷及其动态作用，不考虑其他载荷
Ⅱ	动态稳定性	既计算起升载荷及其动态作用，又考虑工作风载荷和惯性力
Ⅲ	非工作最大风载荷	只计算最大的非工作风载荷，不考虑其他载荷
Ⅳ	突然卸载	考虑货物突然卸载的反向作用及工作风载荷向后作用

2）校核计算。

① 起重机抗倾覆稳定性按式 9.1-30 进行校核计算，其中稳定力矩由自重载荷计算，而倾覆力矩则用表 9.1-35 给出的计算载荷计算。

在进行稳定性校核计算时，应选择最不利的载荷组合，即要考虑起重机结构和机械部分可能处于的最不利的位置，各种载荷要考虑最不利的作用点和方向。

表 9.1-35　除流动式、塔式和浮式起重机以外的起重机抗倾覆稳定性校核计算的计算载荷

计算工况	计算条件	载荷性质	计算载荷
I	基本稳定性	作用载荷	$1.5P_Q$
		风载荷	0
		惯性力	0
II	动态稳定性	作用载荷	$1.3P_Q$
		风载荷	P_{WII}
		惯性力	P_D
III	非工作时最大风载荷	作用载荷	0
		风载荷	$1.2P_{WIII}$
		惯性力	0
IV	突然卸载	作用载荷	$-1.2P_I$
		风载荷	P_{WII}
		惯性力	0

注：P_D—由机构驱动产生的惯性力；P_Q—额定起升载荷。在起重机工作时的永久性起升附件，无论它是否是规定的起升载荷的组成部分，在计算抗倾覆稳定性时均应计入在额定起升载荷中；P_I—起重机的有效载荷，但不包括起重机在工作状态中作为永久性起升附件的重力；P_{WII}—起重机承受的工作状态风载荷；P_{WIII}—起重机承受的非工作状态风载荷。

② 工作状态的抗后倾覆稳定性按以下规定的方法进行校核计算。此时，起重机处于卸载状态，所有可移动工作部件都缩回到最靠近向后倾覆线的位置。

a. 力矩法。按对倾覆线计算，由工作状态风载荷 P_{WII} 和惯性力 P_D 构成的倾覆力矩不应大于稳定力矩的 90%。即

$$\sum M_q \leqslant 0.9 \sum_{j=1}^{n} M_j \qquad (9.1\text{-}31)$$

式中　$\sum M_q$——由工作状态风载荷 P_{WII} 和惯性力 P_D 构成的倾覆力矩的代数和；

M_j——起重机第 j 组部件的自重载荷对倾覆边的稳定力矩。

b. 重力法。不考虑风载荷作用时，静止起重机的总重心在水平面上的投影位置不应超过从前支承点到后倾覆线距离的 80%。

图 9.1-8 表示三种可能的起重机支承面。图 9.1-8c 表示的是门式起重机的支承面，图中的 b 是起重机的跨度或轨距，e 是起重机的轮距或基距，m、n、o、p 是 4 个支承点。现假定 mo 是后倾覆边，n、p 就是前支承点；同样，若 op 为后倾覆边，m、n 就是前支承点。它们构成了图中带影线的矩形，若起重机的总重心落在影线所示的矩形内，后倾覆稳定性就足够。图

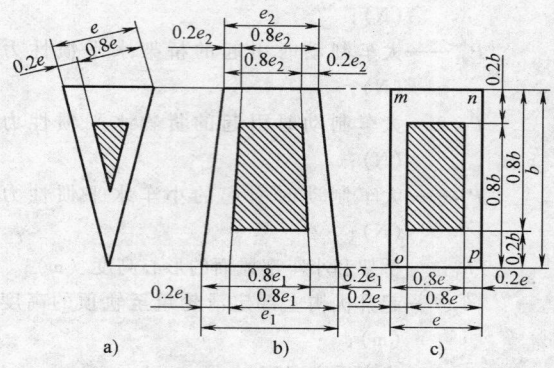

图 9.1-8　三种支承面的稳定区域示意图

9.1-8a 表示 3 支点支承，图 9.1-8b 是梯形支承，按同样的原理，图上的影线面积也就是后倾覆稳定性的安全区域。

（2）流动式起重机的抗倾覆稳定性的校核计算

1）计算工况。流动式起重机抗倾覆稳定性计算有四种工况，见表 9.1-36。

表 9.1-36　流动式起重机抗倾覆稳定性计算工况

计算工况	计算条件
I	无风试验或运行时的稳定性
II	有风工作或运行时的稳定性
III	向后倾翻时的稳定性
IV	非工作风时的稳定性

2）校核计算。

① 无风试验或运行时的抗倾覆稳定性。流动式起重机在无风状态下作稳定性试验或带载运行。具体工况条件如下：

a. 起重机静止不动，但作起升、变幅、臂架伸缩和回转等动作的载荷试验。

b. 带载运行时，不作起升、变幅、臂架伸缩和回转等动作。

所谓无风，是指起重机在风速不大于 8.3m/s 的风载荷作用下。

用自重载荷与表 9.1-37 规定的计算载荷算出相应的稳定力矩和倾覆力矩，按式（9.1-31）来判定起重机是否符合抗倾覆稳定性的条件。

② 有风工作或运行时的抗倾覆稳定性。流动式起重机在工作风载作用下工作或运行。具体工况条件如下：

a. 起重机不移动，但作起升、回转、变幅、臂架伸缩等动作。

b. 仅整机移动，但不作起升、回转、变幅、臂架伸缩等动作。

表 9.1-37　流动式起重机抗倾覆稳定性校核的计算载荷——无风试验或运行时

起重机的状态和计算条件	载荷性质	计算载荷
轮胎起重机、汽车起重机支腿伸出或履带起重机	作用载荷	$1.25P_Q + 0.1F$
轮胎起重机、汽车起重机支腿收回	作用载荷	$1.33P_Q + 0.1F$
轮胎起重机、汽车起重机或履带起重机运行,最大运行速度不大于 0.4m/s	作用载荷	$1.33P_Q + 0.1F$
轮胎起重机、汽车起重机或履带起重机运行,最大运行速度大于 0.4m/s	作用载荷	$1.5P_Q + 0.1F$

注：P_Q—在不同幅下起重机的额定起升载荷；F—将主臂质量 G（作用于质心上）或副臂质量 g（作用于质心上）按力矩相等原理换算到主臂端部或副臂端部的质量的重力。

用自重载荷与表 9.1-38 规定的计算载荷算出相应的稳定力矩和倾覆力矩,按式（9.1-31）来判定起重机是否符合抗倾覆稳定性的条件。

表 9.1-38　流动式起重机抗倾覆稳定性校核的计算载荷——有风工作或运行时

起重机的状态和计算条件	载荷性质	计算载荷
轮胎起重机、汽车起重机支腿伸出或履带起重机	作用载荷	$1.1P_Q$
	风载荷	P_{wII}
	惯性力	P_D
轮胎起重机、汽车起重机支腿收回	作用载荷	$1.17P_Q$
	风载荷	P_{wII}
	惯性力	P_D
轮胎起重机、汽车起重机或履带起重机运行最大运行速度不大于 0.4m/s	作用载荷	$1.17P_Q$
	风载荷	P_{wII}
	惯性力	P_D
轮胎起重机、汽车起重机或履带起重机运行最大运行速度大于 0.4m/s	作用载荷	$1.33P_Q$
	风载荷	P_{wII}
	惯性力	P_D

注：P_Q—在不同幅下起重机的额定起升载荷；P_D—由起升、回转、变幅、臂架伸缩或运行等机构驱动产生的惯性力。对于分级变速控制的起重机,P_D 应采用产生的实际惯性力值；对于无级变速控制的起重机,P_D 值为 0；P_{wII}—工作状态下的风载荷。

③ 抗后倾覆稳定性。在进行抗后倾覆稳定性的校核验算时,必须满足以下条件：

a. 起重机放置在坚实、水平的支承面或轨道上（最大坡度为 1%）。

b. 起重机装有规定的最短臂架,且此臂架处于最大推荐臂架角度。

c. 将吊钩、吊钩滑轮组或其他取物装置放在地面上。

d. 使外伸支腿脱离支承面,起重机支承在车轮（轮胎）上。

e. 起重机装有规定的最长主臂或主臂和副臂的组合结构,并且此主臂或臂架组合结构处于最大推荐臂架角度,还承受最不利方向的工作风载荷。

在上述规定的支承条件、各种质量分布状态及在相应的平衡重配置条件下,对起重机回转到的最不稳定位置进行抗后倾覆稳定性校核验算,保证起重机有一个合理的稳定安全系数。

对于轮胎起重机和汽车起重机,当起重机回转的上部结构纵向轴线与承载底架纵向轴线成 90° 角时,臂架下面承载侧的车轮（轮胎）或底架支腿的总载荷不应小于起重机总重力的 15%；当起重机回转的上部结构纵向轴线与承载底架纵向轴线重合时,在工作区域中承载底架的轻载端,车轮（轮胎）或支腿上的总载荷不应小于起重机总重力的 15%,在非工作区域内则不应小于起重机总重力的 10%。

对于履带起重机,在侧面或最小载荷的底盘端部倾覆线上的总载荷不应小于起重机总重力的 15%。

④ 非工作风载荷作用下的起重机抗倾覆稳定性。应规定起重机在工作时承受风载荷的极限以及在非工作状态时应采取的特殊预防措施,考虑非工作风载荷 P_{wIII}。

4.2.2　臂架型和桥架型起重机的抗倾覆稳定性计算

1. 门座起重机的抗倾覆稳定性计算

门座起重机属于除流动式、塔式和浮式起重机以外的起重机,对表 9.1-34 所列四种计算工况,均应按最不利的载荷组合来计算其抗倾覆稳定性。

（1）基本稳定性　考虑起升载荷及其动态作用,不考虑风载荷和惯性力作用,此时起重机抗倾覆稳定应满足

$$P_G[(0.5S + C)\cos\gamma - h_1\sin\gamma] \geq$$
$$1.5P_Q[(R_{max} - 0.5S)\cos\gamma + h_3\sin\gamma]$$

$$(9.1-32)$$

式中　P_G——起重机自身质量的重力载荷（N）；
　　　P_Q——起升载荷（N）；
　　　S——起重机轨距或基距（m）,取两者中较小者；当取为基距时,式中的 S 应为基距 B；
　　　C——最大幅度时起重机质心至回转中心线距离（m）；

γ——门座起重机运行轨道允许的最大坡度角（°）；对永久性轨道取 $\gamma=0°$，对临时性轨道取 $\gamma=2°$；

R_{max}——起重机的最大幅度（m）；

h_1——最大幅度时起重机质心至轨面的高度（m）；

h_3——最大幅度时臂架端点至轨面高度（m）。

（2）动态稳定性　考虑工作风载荷、惯性力、起升载荷及其动态作用，如图 9.1-9 所示，此时起重机抗倾覆稳定应满足

$$P_G\left[(0.5S+C)\cos\gamma-h_1\sin\gamma\right]\geqslant 1.3P_Q$$

$$\left[(R_{max}-0.5S)\frac{\cos(\gamma+\alpha_{\text{II}})}{\cos\alpha_{\text{II}}}+h_3\frac{\sin(\gamma+\alpha_{\text{II}})}{\cos\alpha_{\text{II}}}\right]+$$

$$P_{\text{WII}}(h_2\cos\gamma+b\sin\gamma)+\frac{P_Q v_h}{gt_1}$$

$$\left[(R_{max}-0.5S)\cos(\gamma+\alpha_{\text{II}})+h_3\sin(\gamma+\alpha_{\text{II}})\right]+$$

$$\frac{P_{GO}v_{rx}}{gt_2}\left[h_3\cos\gamma+(R_{max}-0.5S)\sin\gamma+\right.$$

$$\frac{P'_{GO}v_{ry}}{gt_2}\left[(R_{max}-0.5S)\cos\gamma+h_3\sin\gamma+\right.$$

$$\frac{P_G v_T}{gt_3}\left[h_1\cos\gamma+(C+0.5S)\sin\gamma\right]\quad(9.1\text{-}33)$$

式中　P_{WII}——作用在起重机上的 II 类风载荷（不包括作用在物品上的风载荷）（N）；

b——风载荷作用点在轨道平面上的投影至倾覆边的距离（m）；一般较难计算，可近似取 $b=S$；

h_2——最大幅度时起重机迎风面积形心至轨面的高度（m）；

α_{II}——起升绳的最大偏角（°）；

v_h——货物起升（或下降）速度（m/s）；

v_{rx}——变幅机构工作时臂架悬吊点的水平速度分量（m/s）；

v_{ry}——变幅机构工作时臂架悬吊点的垂直速度分量（m/s）；

v_T——起重机运行速度（m/s）；

t_1——起升机构起（制）动时间（s）；

t_2——变幅机构起（制）动时间（s）；

t_3——运行机构起（制）动时间（s）；

P'_{GO}——臂架换算到物品悬吊点的折算自身重力（N）。

对于直臂架　　　$P'_{GO}\approx 0.5P_{12}$

对于四连杆组合臂架

$$P'_{GO}\approx 0.6P_{11}+0.5(P_{12}+P_{13})$$

P_{11}——象鼻梁重力（N）；

P_{12}——包括臂架上附加设备在内的臂架重力（N）；

P_{13}——拉杆重力（N）；

其他同式（9.1-32）。

式（9.1-33）考虑的是最危险的载荷组合情况，起重机的起升、变幅、回转与运行四个机构通常不会同时工作，因而计算时应按实际需要取舍。当稳定性的计算位置取为臂架垂直运行轨道时，与 v_T 有关的项不计。

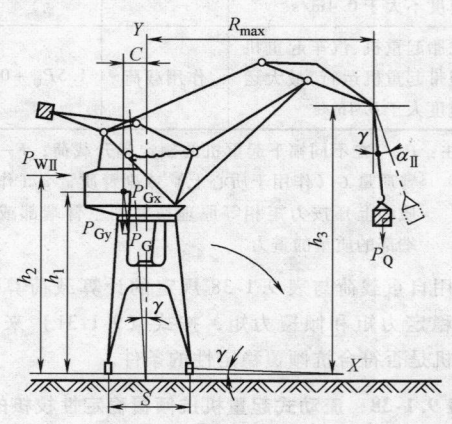

图 9.1-9　门座起重机动态稳定性计算简图

（3）非工作最大风载荷时的稳定性　只考虑最大的非工作风载荷，不考虑其他载荷，如图 9.1-10 所示，此时起重机抗倾覆稳定应满足

$$P_G\left[(0.5S-C')\cos\gamma-h'_1\sin\gamma\right]\geqslant$$
$$1.2P_{\text{WIII}}(h'_2\cos\gamma+b\sin\gamma)\quad(9.1\text{-}34)$$

式中　P_{WIII}——作用在起重机上的 III 类风载荷（N）；

C'——最小幅度时起重机质心至回转中心线距离（m）；

h'_1——最小幅度时起重机质心至轨面的高度（m）；

h'_2——最小幅度时起重机迎风面积形心至轨面的高度（m）。

其他同式（9.1-32）、式（9.1-33）。

（4）突然卸载时的稳定性　考虑货物突然卸载的反向作用及工作风载荷向后作用，此时起重机抗倾覆稳定应满足

$$P_G\left[(0.5S+C')\cos\gamma-h'_1\sin\gamma\right]\geqslant$$
$$0.2P_Q\left[(R_{min}+0.5S)\cos\gamma-h_2\right]+$$
$$P_{\text{WII}}(h'_2\cos\gamma+b\sin\gamma)\quad(9.1\text{-}35)$$

式中符号同式（9.1-32）～式（9.1-34）。

2. 桥架型起重机抗倾覆稳定性计算

桥架型起重机属于除流动式、塔式和浮式起重机

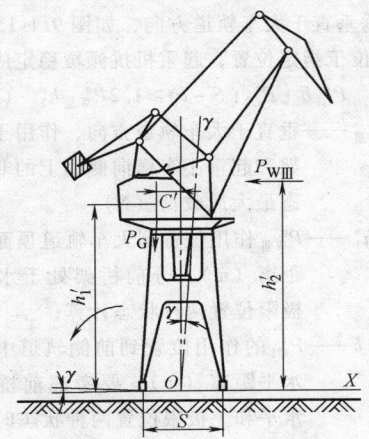

**图 9.1-10　门座起重机非工作最大
风载荷时稳定性计算简图**

以外的起重机，考虑到轨道坡度很小（≤$l/1000$），其抗倾覆稳定性计算时可不考虑轨道坡度的影响。根据桥架型起重机的结构特性和工作特点，其抗倾覆稳定性应计算表 9.1-34 所列的 Ⅰ、Ⅱ、Ⅲ 三种计算工况。

（1）基本稳定性　考虑起升载荷及其动态作用，不考虑风载荷和惯性力作用，此时，满载起重小车位于前端桥架，如图 9.1-11 所示，起重机抗倾覆稳定应满足

$$P'_{G1}b \geqslant P'_{G2}l_1 + 1.5P_Q l_1 \qquad (9.1\text{-}36)$$

式中　P'_{G1}——除小车自重以外的起重机的自重载荷（N）；

P'_{G2}——小车的自重载荷（N）；

P_Q——起升载荷（包括货物、吊具）（N）；

l_1——载荷（$P_Q + P'_{G2}$）作用位置到前侧轨道中心线的水平距离，即前伸距（m）。

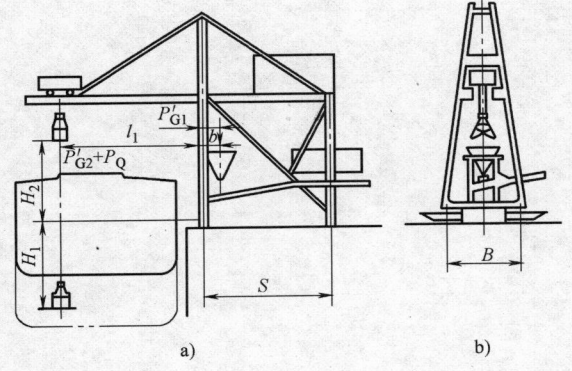

图 9.1-11　桥架型起重机基本稳定性计算简图
a）垂直于大车轨道方向　b）平行于大车轨道方向

（2）动态稳定性　考虑工作风载荷、惯性力、起升载荷及其动态作用，如图 9.1-12 所示，此时抗倾覆稳定性计算应考虑垂直于大车轨道方向和平行于大车轨道方向两种情况。

1）垂直于大车轨道方向，如图 9.1-12a 所示，满载起重小车位于前桥架端部向后急剧起动，起重机抗倾覆稳定应满足

$$P'_{G1}b - (1.3P_Q + P'_{G2})l_1 \geqslant P'_{W1}h'_1 - (P'_{W2} + P'_{g2} + P'_{g3})h_2$$

$$(9.1\text{-}37)$$

式中　P'_{W1}——垂直于大车轨道方向，作用于支腿框架和起重小车横向侧面上的工作状态最大风载荷（N）；

h'_1——P'_{W2}作用位置到大车轨道顶面的垂直距离（m）；

P'_{W2}——作用于取物装置和物品上的工作状态最大风载荷（N）；

P'_{g2}——起重小车向后急剧起动时，额定起升质量 P_Q/g 引起的水平惯性力（N）；

P'_{g3}——起重小车急剧起动时，起重小车自身质量（P'_{G2}/g）引起的水平惯性力（N）；

h_2——起重小车上卷筒中心线到大车轨道顶面的垂直距离（m）。

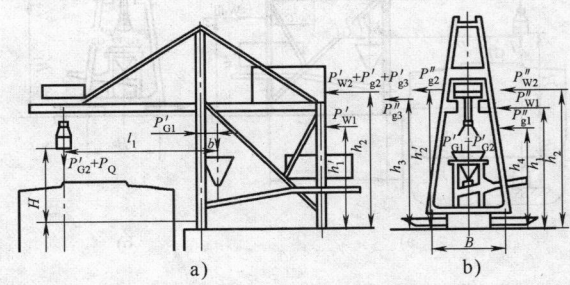

图 9.1-12　桥架型起重机动态稳定性计算简图
a）垂直于大车轨道方向　b）平行于大车轨道方向

2）平行于大车轨道方向，如图 9.1-12b 所示，空载起重小车位于指定位置，桥架型起重机空载起（制）动，起重机抗倾覆稳定应满足

$$(P'_{G1} + P''_{G1})\frac{B}{2} \geqslant (P''_{W1}h_1 + P''_{W2}h_2 + P''_{g1}h_4 + P''_{g2}h'_1 + P''_{g3}h_2)$$

$$(9.1\text{-}38)$$

式中　B——起重机的基距（m）；

P''_{W1}——平行大车轨道方向，作用于桥式框架和起重小车纵向侧面上的工作状态最大风载荷之和（N）；

h_1——风载荷 P''_{W1} 作用位置到大车轨道顶面的

垂直距离（m）；

P''_{W2}——作用在抓斗上的 II 类风载荷（N）；

P''_{g1}——大车运行机构空载起（制）动时，质量 P'_{G1}/g 引起的水平惯性力（N）；

h_4——P''_{g1} 作用位置到大车轨道顶面的垂直距离（m）；

P''_{g2}——大车运行机构空载运行起（制）动时，取物装置引起的水平惯性力（N）；

h'_2——P''_{g2} 作用位置到大车轨道顶面的垂直距离（m）；

P''_{g3}——大车运行机构空载运行起（制）动时，质量 P'_{G2}/g 引起的水平惯性力（N）；

h_3——P''_{g3} 作用位置到大车轨道顶面的垂直距离（m）。

（3）非工作最大风载荷时的稳定性 只考虑最大的非工作风载荷，不考虑其他载荷，如图 9.1-13 所示，此时应考虑垂直于大车轨道方向和平行于大车轨道方向两种情况。这两种情况均应考虑前桥架有可能处于水平位置，或处于上极限位置两种状态，应分别进行计算。

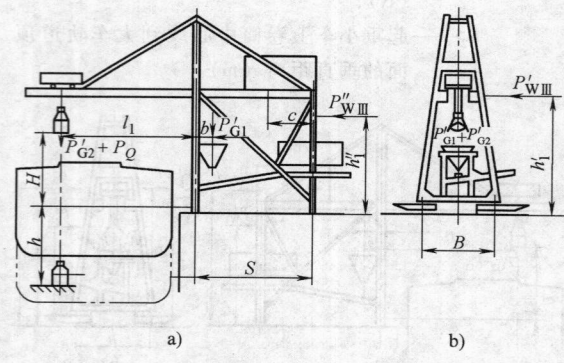

图 9.1-13 桥架型起重机非工作最大风载荷时稳定性计算简图

a）垂直于大车轨道方向 b）平行于大车轨道方向

1）垂垂直于大车轨道方向，如图 9.1-13a 所示，起重小车位于指定位置，起重机抗倾覆稳定应满足

$$P'_{G1}b + P'_{G2}(S-c) \geqslant 1.2 P''_{W\text{III}} h''_1 \quad (9.1-39)$$

式中 $P''_{W\text{III}}$——垂直于大车轨道方向，作用于支腿框架和起重小车横向侧面上的非工作状态最大风载荷（N）；

h''_1——$P''_{W\text{III}}$ 作用位置到大车轨道顶面的垂直距离（m），分前桥架处于水平和上极限位置两种状态计算；

b——P'_{G1} 的作用位置到前侧轨道中心线的水平距离（m），要考虑前桥架处于水平和上极限位置两种状态时重心位置的不同；

S——起重机的轨距（m）；

c——P'_{G2} 的作用位置到后侧轨道中心线的水平距离（m）。

2）平行于大车轨道方向，如图 9.1-13b 所示，起重小车位于指定位置，起重机抗倾覆稳定应满足

$$(P'_{G1} + P'_{G2})\frac{B}{2} \geqslant 1.2 P'_{W\text{III}} h'_1 \quad (9.1-40)$$

式中 $P'_{W\text{III}}$——平行于大车轨道方向，作用于桥式框架和起重小车纵向侧面上的非工作状态最大风载荷（N）；

h'_1——$P'_{W\text{III}}$ 作用位置到大车轨道顶面的垂直距离（m）。

第2章 起重机械的类型与构造

1 轻型起重设备

1.1 千斤顶

千斤顶是一种利用刚性承重件顶举或提升重物的起重工具,起升高度不大,但顶升能力可以很大。常用千斤顶有螺旋千斤顶和油压千斤顶,其主要技术参数见表9.2-1。

表9.2-1 常用千斤顶主要技术参数

	螺旋千斤顶	油压千斤顶
起重量/t	5~100	1.5~500(最大750)
起升高度/mm	130~400	90~200
手柄操作力/N	128~1235[①]	265~432[②]
质量/kg	7.5~109	2.5~80

① 手柄操作力1235N时,为3人同时操作。
② 手柄操作力432N时,为2人同时操作。

1.1.1 螺旋千斤顶

普通螺旋千斤顶(见图9.2-1)采用自锁式螺旋转动,效率仅为0.3~0.4。横移式螺旋千斤顶的下部装有横移螺杆,能使被顶升的重物作小距离的横移。可自落的螺旋千斤顶,采用双线非自锁梯形螺纹,其上设有一套制动装置。平时旋紧制动螺栓,制动瓦压住制动轮,并产生足够大的摩擦力以阻止螺杆旋转;当需快速自落时,则松开制动螺栓。若顶升载荷超过一定值(如50t千斤顶所顶升的重物超过额定值3t),则自行快速下落。

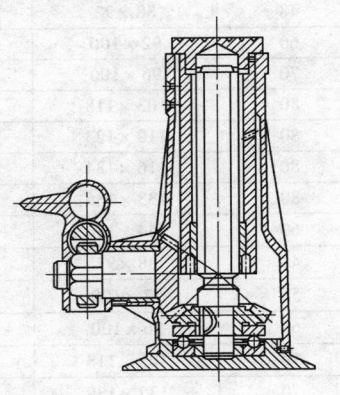

图9.2-1 普通螺旋千斤顶

1.1.2 油压千斤顶

油压千斤顶(见图9.2-2)的构造有一体式和分离式之分。中小起重量手动一体式油压千斤顶的油路与阀件都分别布置在底座上;大起重量手动一体式油压千斤顶则常用油阀体结构,以便维修与更换。分离式油压千斤顶顶升部分与驱动、操纵部分(泵、阀)之间用高压胶管相连。顶升部分与普通油压千斤顶相似,但活塞应装有如弹簧式、液压式、自重式等相应的下降复位装置。泵的工作压力一般为$637 \times 10^5 \sim 686 \times 10^5$Pa,流量可在1~20L/min范围内调整。高压软管的允许压力应不小于1225×10^5Pa。当工作环境温度在$-5 \sim 45$℃之间时,油压千斤顶的工作油一般采用L-AN15全损耗系统用油,在$-20 \sim -5$℃之间时,则采用合成锭子油。为了方便用户不必随季节环境温度变化而更换工作油,则采用13号机械油。

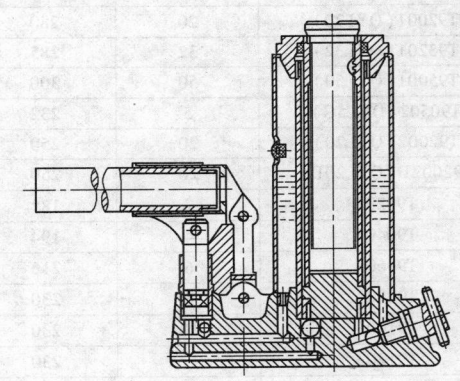

图9.2-2 油压千斤顶

千斤顶的产品规格很多,其中油压千斤顶已达8个系列100多种规格。表9.2-2~表9.2-4分别列出了几种典型千斤顶的主要参数。

1.2 起重葫芦

起重葫芦是一种安装在公共吊架上的轻小型起重设备,可独立工作,也可作为起重机的配套工作机构。

常用的起重葫芦按驱动方式不同可分为手动式和电动式;按柔性承载构件不同可分为环链式和钢丝绳式;按在公共吊架上汇装方式不同可分为固定式和运动式。

表 9.2-2　螺旋千斤顶主要参数

型号	起重量/t	最低高度/mm	起升高度/mm	净质量/kg
TB0301（QL3.2）	3	225	110	6
TB0501（QL5）	5	250	130	7.5
TB0801（QL8）	8	260	140	9.5
TB1001（QL10）	10	280	150	11
TB1601（QL16）	16	320	180	15
TB2001（QL20）	20	325	180	19
TB2501（QL25）	25	262	125	17
TB3201（QL32）	32	395	200	27
TB5001（QLD50）	50	452	250	47

表 9.2-3　油压千斤顶主要参数

型号	起重量 /t	最低高度 /mm	起升高度 /mm	调整高度 /mm	底座长/mm × 宽/mm	净质量 /kg
T90161（QYL1.6）	1.6	158	90	60	105 × 92	2.2
T90321（QYL3.2）	3.2	195	125	60	115 × 100	3.5
T90501（QYL5D）	5	200	125	80	120 × 110	4.6
T90801（QYL8）	8	236	160	80	130 × 121	6.9
T91001（QYL10）	10	240	160	80	135 × 128	7.3
T91251（QYL12.5）	12.5	245	160	80	148 × 136	9.3
T91251（QYL12.5D）	12.5	245	160	80	150 × 175	11.1
T91601（QYL16）	16	250	160	80	158 × 148	11
T92001（QYL20）	20	280	180	—	170 × 168	15
T93201（QYL32）	32	285	180	—	190 × 155	23
T95001（QYL50）	50	300	180	—	218 × 176	33.5
T90502（QYL5G）	5	232	160	80	120 × 110	5
T92002（QYL20）	20	250	160	—	157 × 157	12
T92002D（QYL20D）	20	250	160	60	175 × 185	13.3
T90203	2	181	116	48	88 × 92	2.7
T90403	4	194	118	60	92 × 100	3.3
T90603	6	216	127	70	96 × 100	4.5
T90803	8	230	147	80	103 × 118	6
T91003	10	230	150	80	110 × 123	6.6
T91203	12	230	155	80	116 × 134	7.8
T91603	16	230	150	80	133 × 136	8.6
T92003	20	242	150	60	144 × 150	11
T90204	2	181	116	48	88 × 92	2.9
T90304	3	194	118	60	92 × 100	3.6
T90504	5	216	127	70	96 × 100	4.8
T90804	8	230	147	80	103 × 118	6.3
T91004	10	230	150	80	110 × 123	6.8
T91204	12	230	155	80	116 × 134	8
T91504	15	230	150	80	133 × 136	8.9
T92004	20	242	150	60	144 × 150	11.5
T90205	2	161	96	48	88 × 92	2.5
T90405	4	174	98	50	92 × 100	3.22
T90605	6	196	107	60	96 × 100	4.4
T90805	8	210	127	70	103 × 118	5.3
T91207	12	190	90	70	132 × 139	8.2
T91207D	12	170	88	55	150 × 175	9.2

（续）

型　　号	起重量 /t	最低高度 /mm	起升高度 /mm	调整高度 /mm	底座长/mm × 宽/mm	净质量 /kg
T92007	20	195	85	70	157 × 157	11.2
T92507	25	239	145	—	170 × 170	16.6
T93007	30	240	145	—	190 × 155	21
T95007	50	236	145	—	218 × 176	30
T90208	2	158	90	60	105 × 90	2.8
T90408	4	195	125	60	115 × 100	3.7
T90608	6	200	125	80	120 × 110	4.6
T90808	8	198	125	80	120 × 121	5.5
T91008	10	200	125	80	125 × 128	6.6
T91208	12	219	125	70	132 × 139	7.7
T91508	15	245	160	80	141 × 145	9.8
T92008	20	250	160	—	157 × 157	12.3
T90509	5	212	150	100	110 × 110	4.9
T91200	12	230	157	108	120 × 137	8.7

表 9.2-4　分离式油压千斤顶主要参数

型号	起重量/t	柱塞最低位置/mm	活塞行程/mm	净质量/kg
T70201	2	139	76	20
T70401	4	330	120	17 ~ 20
T71001	10	470	150	31 ~ 38

1.2.1　手动起重葫芦

手动葫芦是一种以焊接环链为柔性承载件的起重工具，可单独使用，也可与手动单轨小车配套组成起重小车，用于手动梁式起重机或架空单轨运输系统。对于 HS 型手拉葫芦，当起重量为 0.5 ~ 2.5t 时，标准起升高度为 2.5m；当起重量为 3 ~ 30t 时，标准起升高度为 3m；当选用加长的链条，可增大起升高度（一般不超过 12m）。满载时的手拉力为 210 ~ 450N；

当起重量为 20t、30t 时，装有两条手拉链，由两人操作。

手拉葫芦的构造与传动形式很多，其中二级正齿轮式或行星摆线针轮式居多。HS 型系列手拉葫芦采用对称排列二级正齿轮传动结构，具有使用、携带方便等特点，主要用于机械设备安装、维修和货物的装卸。HS 型系列手拉葫芦的性能参数见表 9.2-5。

表 9.2-5　HS 型系列手拉葫芦性能参数表

序号	项　　目		HS-½A	HS-1A	HS-1½A	HS-2A	HS-3A	HS-5A	HS-10A
1	起重量/t		0.5	1	1.5	2.0	3.0	5.0	10.0
2	起升高度/m		2.5	2.5	2.5	2.5	3.0	3.0	3.0
3	实验载荷/kN		7.4	14.7	22.1	29.4	44.1	73.5	122.5
4	两钩间最小距离 H_{min}/mm		280	320	390	410	485	600	820
5	满载时的手链拉力/N		210	330	390	330	390	420	450
6	起重链行数		1	1	1	2	2	2	4
7	主要尺寸/mm	A	120	142	178	142	178	210	358
		B	107	130	147	130	147	168	168
8	吊钩开口尺寸/mm		23 ~ 26	27 ~ 30	31 ~ 34	35 ~ 38	39 ~ 42	45 ~ 48	57 ~ 65
9	质量/kg		10	13	20	18	30	45	89
10	起升高度增加 1m 所增质量/kg		1.5	1.7	2.3	2.5	3.7	5.3	9.7

注：H_{min} 为固定钩与起重钩之间，可能达到的最小距离；主要尺寸 A、B 分别为外形的宽度和高度。

1.2.2　电动葫芦

起重葫芦中，使用最广泛的是电动葫芦。电动葫芦根据其柔性承载构件的不同可分为钢丝绳式、环链式和板链式三种，如图 9.2-3 所示，其性能比较见表 9.2-6。

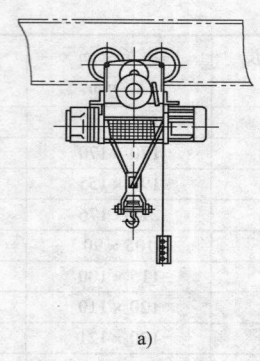
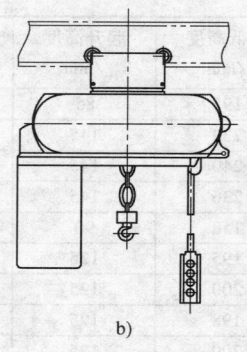
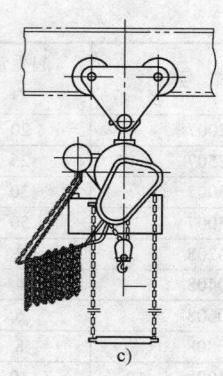

　　　　　a)　　　　　　　　　　　　b)　　　　　　　　　　　　c)

图 9.2-3　电动葫芦

a) 钢丝绳式电动葫芦　b) 环链式电动葫芦　c) 板链式电动葫芦

表 9.2-6　钢丝绳式、环链式及板链式电动葫芦性能比较

性能及参数	钢丝绳式电动葫芦	环链式电动葫芦	板链式电动葫芦
工作平衡性	平稳	稍差	稍差
承载件弯折方向	任意	任意	只能在一个平面内
起重量/t	一般为 0.1~10,根据需要可达 63 或更大	0.1~20	0.1~3
起升高度/m	一般 0.3~30,需要时可达 60 或更大	一般 3~6,最大不超过 20	一般 3~4,最大不超过 10
质量	较大	较小	小
起升速度/(m/min)	一般为 4~10(大起重量宜取小值),高速的有 16、20、35、50;有慢速要求的可选双速葫芦,速比为 1:3~1:10	一般为 4~6,根据需要还有 0.5、0.8、2	
运行速度/(m/min)	常用 20、30(在地面跟随操纵)或 60(司机室操纵)		

　　钢丝绳式电动葫芦有 CD 型、MD 型、AS 型。CD 型为常速,MD 型为慢速型或双速型。钢丝绳式电动葫芦既可单独悬挂在架空单轨上吊运货物,又可与电动单梁起重机、电动悬挂单梁起重机以及电动双梁起重机配套使用。

　　钢丝绳电动葫芦的工作级别为 M2~M4,工作环境温度为 -25~40℃,空气相对湿度应小于 85%。不能用于充满腐蚀性或有爆炸危险气体的场所;不宜吊运融化金属或有毒、易燃、易爆的物品。

　　CD 型、MD 型电动葫芦起升机构采用笼型锥形制动电动机,其中 MD 型的起升电动机采用双电动机,两电动机之间通过速比为 1:10 的齿轮减速。卷筒的一端为锥形制动电动机,另一端为两级圆柱齿轮的减速器。电动机轴与减速器高速轴由长轴及橡胶联轴器相连。

　　CD 型、MD 型电动葫芦的运行小车可分为手动、链动、电动三种。后者采用二合一的笼型锥形制动电动机。电控部分与 TV 型类同,手动按钮操作,电压多为 380V,也有 36V 的。设有可作横向移动的导绳器。

　　AS 型钢丝绳电动葫芦是引进德国 STAHL 公司 20 世纪 80 年代初的产品,工作级别为 M3~M6,有 AS2、AS3、AS4、AS5、AS6 五种型号。起重量范围为 0.32~50t,升降范围为 3~120m,起升速度常速为 1.5~24m/min,慢速为 0.25~4m/min,防护类别为 P54。

2　桥式起重机

　　桥式起重机是工厂车间用吊钩等取物装置装卸货物的通用起重机。它由桥架和起重小车两大部分组成,按桥架结构可分为单梁桥式起重机和双梁桥式起重机。

2.1　单梁桥式起重机

　　单梁桥式起重机的桥架主梁多采用工字型钢或型钢与钢板的组合截面。起重小车常以手拉葫芦、电动葫芦作为起升机构，由葫芦小车作为运行机构组装而成。

2.1.1　手动单梁桥式起重机

　　手动单梁桥式起重机（见图 9.2-4）采用手动单轨小车（见图 9.2-5）作为运行小车，手拉葫芦作为起升机构，桥架由主梁和端梁组成。主梁一般采用单根工字钢，端梁则用型钢或压弯成形的钢板组成，其主要性能参数见表 9.2-7。

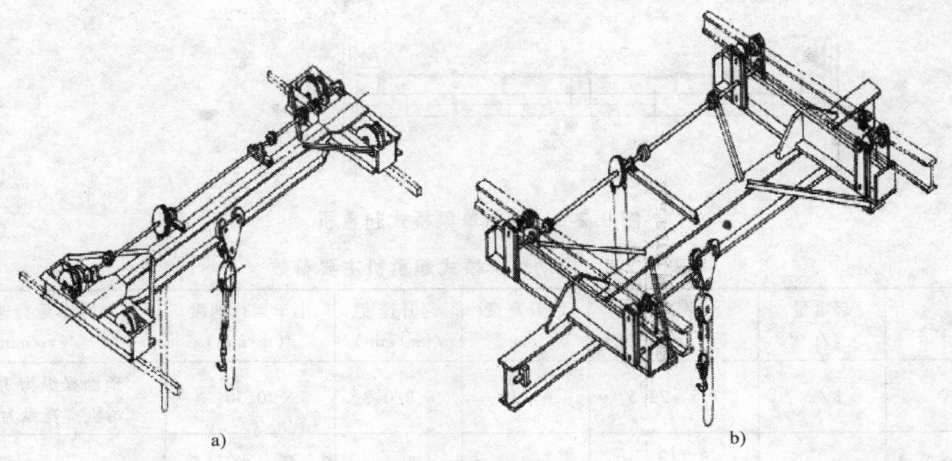

图 9.2-4　手动单梁桥式起重机

a）支承式　　b）悬臂式

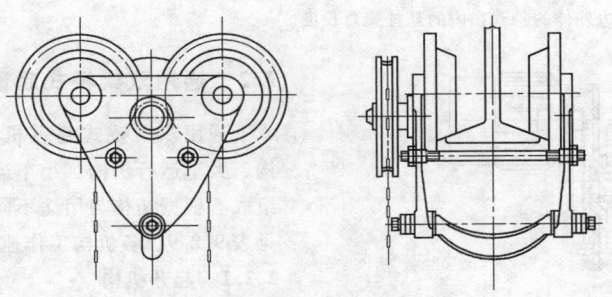

图 9.2-5　手动单轨小车

表 9.2-7　手动单梁桥式起重机主要参数

起重机形式	起重量/t	跨度/m	起升高度/m	手拉力/N		
				大车运行	小车运行	起升
支承式	1,2,3,5	3 ~ 4	2.5 ~ 12	100 ~ 250	60 ~ 200	210 ~ 380
	10	5 ~ 14		300	250	380
悬挂式	0.5,1,2,3	3 ~ 12	2.5 ~ 12	60 ~ 150	30 ~ 130	200 ~ 350

2.1.2　电动单梁桥式起重机

　　电动单梁桥式起重机（见图 9.2-6）由桥架、大车运行机构、电动葫芦及电气设备等部分组成。起重机小车运行机构均采用自行式电动葫芦。大车运行机构一般做成分别驱动形式，电动机多采用带制动器的交流锥形转子式异步电动机，其传动装置常采用电动葫芦的闭式减速器，再配一级开式齿轮减速，如图

9.2-7 所示。

　　当跨度为 7 ~ 10m 时，采用单根工字钢作主梁。跨度较大时，常用工字钢与型钢或钢板构成的组合断面梁，也可用工字钢与型钢组成的桁架梁。此外，主梁也可焊接成箱形，其下翼缘板较宽，使得伸在腹板外侧的下翼缘板可作为小车运行机构的运行轨道。其主要性能参数见表 9.2-8。

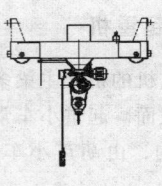

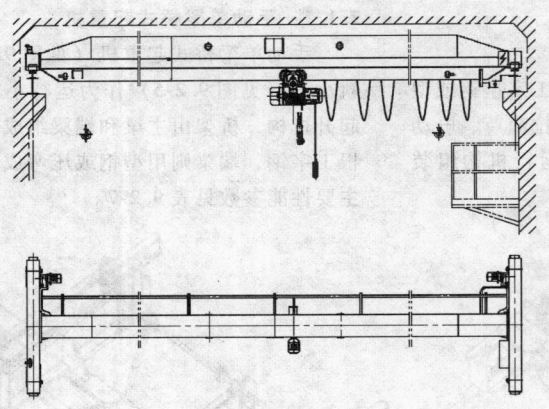

图 9.2-6　电动单梁桥式起重机

表 9.2-8　电动单梁桥式起重机主要参数

起重机形式	起重量 /t	跨度 /m	起升高度 /m	起升速度 /(m/min)	小车运行速度 /(m/min)	大车运行速度 /(m/min)
支承式	1~5	7.5~22.5	6~30	8,8/0.8	20,30	地面操纵为 30,45[①] 司机室操纵为 45,75
悬挂式	1~5	3~16[②] (3.5~18)[③]	6~30	8,8/0.8	20,30	20,30

① 根据使用需要，大车运行速度也可以作成双速 45m/min/22.5m/min。
② 表中数据是双轨（单跨式）悬挂起重机的跨度值，对于多轨（双跨式）悬挂式起重机的总跨度可达 60m。
③ 括号内数值为包括两边外伸的悬臂在内的悬挂梁总长度。

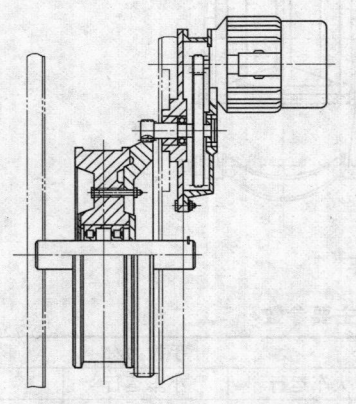

图 9.2-7　电动单梁大车驱动机构

2.2　通用双梁桥式起重机

通用双梁桥式起重机（见图 9.2-8）由起升机构、大车运行机构、小车运行机构、桥架与小车架等组成。根据结构与用途不同，双梁桥式起重机的分类见表 9.2-9，各机构工作速度见表 9.2-10。

2.2.1　起升机构

常见的桥式起重机起升机构及起升钢丝绳卷绕系统简图如图 9.2-9 所示。

当通用桥式起重机起升高度主钩大于 28m，副钩大于 32m 时，可加长卷筒长度或加大卷筒直径或采用多层卷绕，以便增加钢丝绳的容绳量，但必须控制在最高和最低位置时钢丝绳的偏角。

表 9.2-9　通用双梁桥式起重机的分类和用途

分　类	特　点	用　途
吊钩桥式起重机	取物装置是吊钩或吊环。起升机构（以及有时运行机构）的工作速度根据需要可用机械或电气方法调速	适用于机械加工、修理、装配车间或仓库、料场作一般装卸吊运工作。可调速的起重机用于机修、装配车间
抓斗桥式起重机	取物装置是抓斗（常为四索抓斗）。小车上有两套卷筒装置，实现抓斗的升降与开闭，可在任意高度上开斗卸料	适用于仓库、料场、车间等对矿石、石灰石、焦炭等散粒物料的装卸吊运工作

（续）

分　类	特　点	用　途
电磁桥式起重机	取物装置为电磁盘。吊运的能力受物品的性质、形状、块度大小等的影响	适用于吊运具有导磁性的金属及其制品
抓斗-电磁（吊钩）桥式起重机	取物装置是双索抓斗或电磁盘（或吊钩）。抓斗与电磁盘（或吊钩）不能同时工作	适用于抓取及吊运散粒物料（用抓斗时），或作大件吊运（用吊钩时）工作

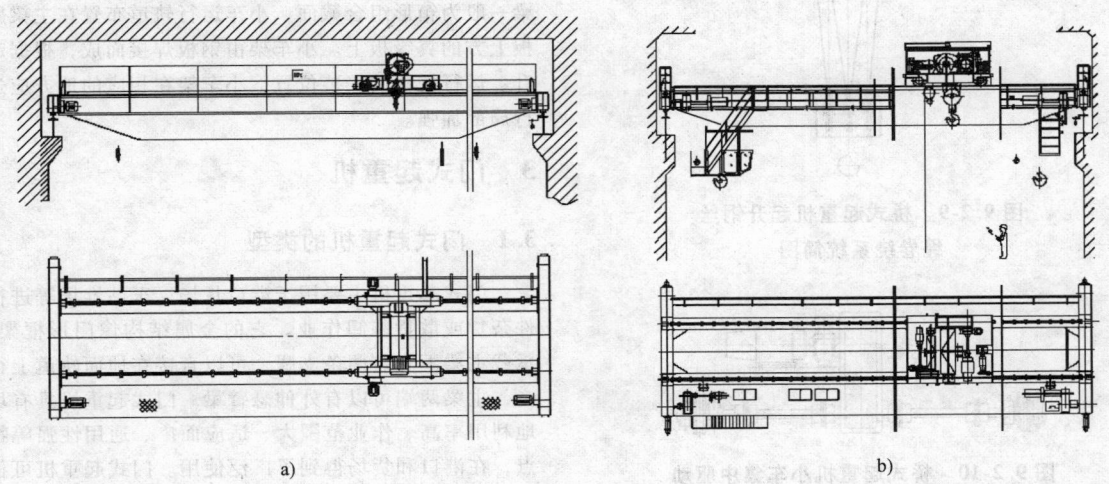

a)　　　　　　　　　　　　　　　b)

图 9.2-8　通用双梁桥式起重机
a）通用双梁葫芦桥式起重机　b）通用双梁小车桥式起重机

表 9.2-10　通用双梁桥式起重机各机构的常用速度

桥式起重机		机构工作速度/（m/min）			
类　别	起重量（主钩/副钩）/t	工作级别[1]	起升（主钩/副钩）	小车运行	大车运行
吊钩桥式起重机	5～10	M4～M5	8～12	40～45	80～90
		M6～M7	15～20		110～120
	16/3～63/12.5	M4～M5	6～8/20～25		75～90
		M6～M7	6～15/20～25		100～110
	80/20	M3[2]	1.6/8	10.4	33
		M4～M5	6/7	35～40	70～80
		M6～M7	6/7		
	100/20;125/20	M4～M5	3.5～6/7～10	40～45	40～65
	160/32～250/50	M4～M5	2～4/6～9	28	
抓斗桥式起重机	5;10;15;20	M7～M8	40～50	40～45	100～120
电磁桥式起重机	5;10;15;20	M6～M7	15～25		
抓斗-电磁吊钩桥式起重机	5/5;10/10	M6～M7	40/20～50/25		

① 工作级别指起升机构工作级别。
② 指安装用的起重机。

2.2.2　小车运行机构

通用桥式起重机的小车运行机构常采用如图 9.2-10 所示的集中驱动形式，也有用"三合一"减速器传动的分别驱动形式。当起重量较小时，用电动葫芦的

闭式减速器配一级开式齿轮减速作为小车运行机构。当起重量很大时，运行小车可采用带均衡梁的运行台车驱动装置。小车可采用外侧单轮缘或双轮缘圆柱踏面车轮，轮缘与轨道顶侧面间隙宜取 5～7.5mm。

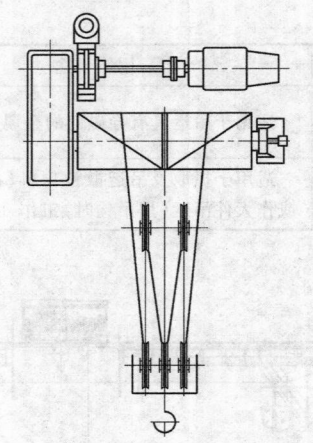

图 9.2-9 桥式起重机起升钢丝
绳卷绕系统简图

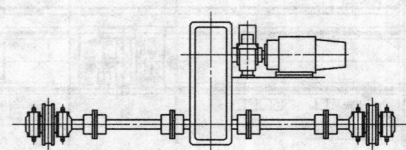

图 9.2-10 桥式起重机小车集中驱动

2.2.3 大车运行机构

通用桥式起重机大车运行机构采用如图 9.2-11a

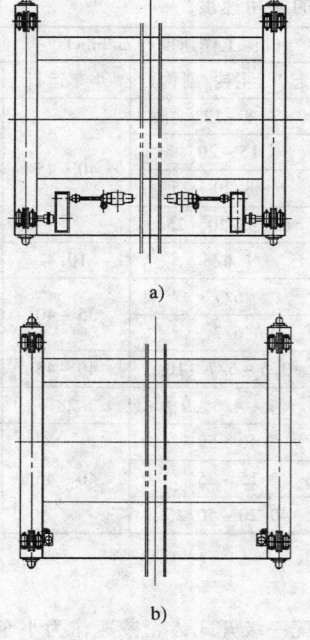

a)

b)

图 9.2-11 大车分别驱动形式
a) 由标准部件组成的分别驱动
b) 由"三合一"组成的分别驱动

所示标准部件组成的分别驱动形式。在中小起重量的起重机中，广泛地采用如图 9.2-11b 所示的"三合一"驱动装置进行分别驱动。大车车轮多采用圆柱踏面双轮缘结构。当运行机构采用无轮缘车轮时，在车轮附近应设置水平导向轮，以防脱轨。

2.2.4 桥架和车架结构

双梁桥架由两根主梁和两根端梁组成，主梁和单梁一般为箱形组合截面，小车运行轨道布置在主梁腹板上方的翼缘板上。小车架由钢板焊接而成，根据起升、运行机构的安装位置，小车架在相应的地方应进行局部加强。

3 门式起重机

3.1 门式起重机的类型

门式起重机主要用于港口货场、车站堆场等进行件杂货或散货装卸作业。它的金属结构像门形框架，承载主梁下安装两条支腿，可以直接在地面轨道上行走，主梁两端可以有外伸悬臂梁。门式起重机具有场地利用率高、作业范围大、适应面广、通用性强等特点，在港口和货场得到了广泛使用。门式起重机可根据门架结构型式、主梁型式、吊具型式不同进行分类。

按门架结构型式可分为全门式、半门式、双悬臂门式和单悬臂门式起重机；按主梁结构型式可分为单梁和双梁门式起重机；按吊具型式可分为吊钩门式、抓斗门式和电磁门式起重机。但在实际使用中通常都按单、双梁结构来划分门式起重机的类型。

3.1.1 单梁门式起重机

单梁门式起重机结构简单、制造安装方便，自身质量小，主梁多为偏轨箱形梁结构。由于该类型起重机整体刚度较弱，因此只有当起重量 $Q \leqslant 50t$、跨度 $S \leqslant 35m$ 时，才可采用这种型式。单梁门式起重机门腿有 L 形和 C 形两种。图 9.2-12 所示 L 形的支腿制造安装方便，受力情况好，自身质量较小，但是吊运货物通过支腿处的空间相对较小。图 9.2-13 所示 C 形的支腿做成倾斜或弯曲形成 C 形，目的在于扩大横向空间，以便货物顺利通过支腿。

3.1.2 双梁门式起重机

图 9.2-14 所示的双梁门式起重机承载能力强、跨度大、整体稳定性好、品种多，但整机自身质量相对较大，造价也较高。主梁一般可采用箱形和桁架两种结构型式，但目前多采用箱形梁结构。

3.2 门式起重机的主要参数

门式起重机的使用性能和特征可用起重量、跨度、

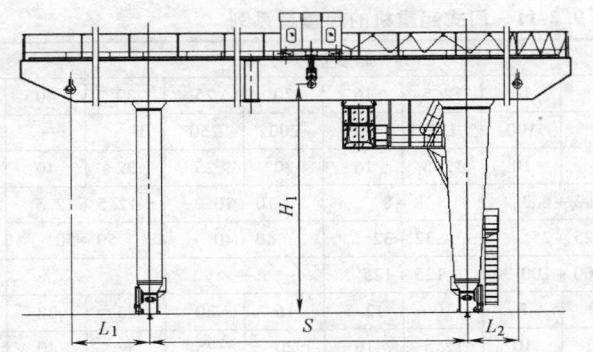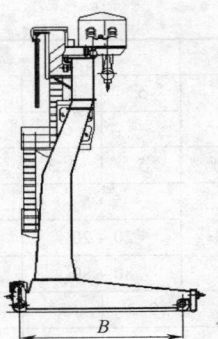

图 9.2-12　L 形单主梁门式起重机

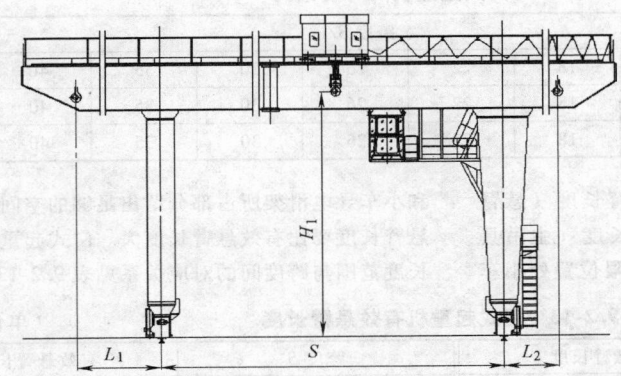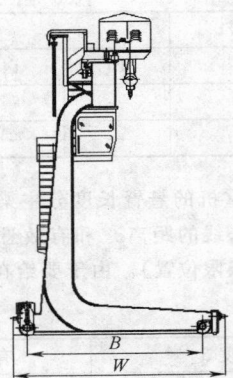

图 9.2-13　C 形单主梁门式起重机

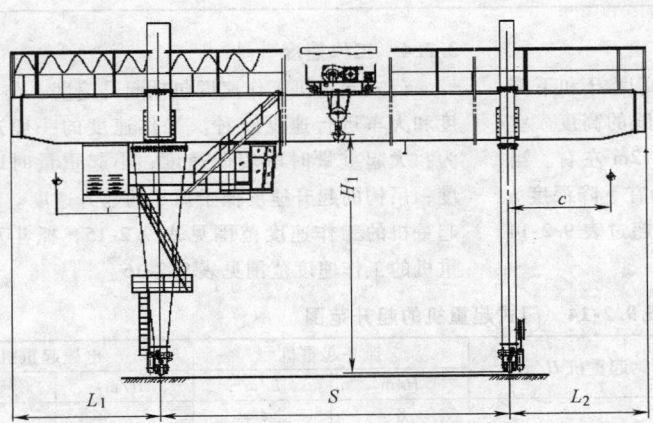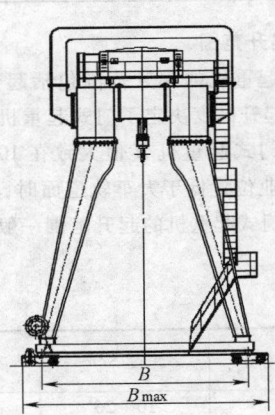

图 9.2-14　箱形双梁门式起重机

悬臂长度、起升范围、工作速度、工作级别和轮压等主要参数表征。

3.2.1　起重量 Q

起重量是门式起重机的最基本参数，当起重量大于 16t 时，门式起重机一般设主、副钩起升机构，其起重量的匹配关系为 3:1 ~ 5:1，并用分式表示，分子代表主钩起重量，分母代表副钩起重量，如：80t/20t、50t/10t 等。门式起重机的起重量系列见表 9.2-11。

3.2.2　跨度 S 和悬臂长度 L

门式起重机的跨度由使用单位根据货场情况选定。已成系列的标准跨度是 18m、22m、26m、30m、35m、40m、50m。35m 以上为大跨度门式起重机。当跨度 ≤30m 时，其支腿可做成两个刚性腿；当跨度 >30m 时，一般应做成一个支腿为刚性腿，另一个为柔性腿。门式起重机的跨度系列见表 9.2-12。

表 9.2-11　门式起重机的起重量系列 （单位：t）

取物装置		起重量系列										
吊钩	双梁	5	6.3	8	10	12.5	16	20	25	32	40	50	—
		—	63	80	100	125	160	200	250	—	—	—	
	单主梁	5	6.3	8	10	12.5	16	20	25	32	40	50	
	双小车	5+5		6.3+6.3		8+8		10+10		12.5+12.5		16+16	
		20+20		25+25		32+32		40+40		50+50		63+63	
		80+80		100+100		125+125		—		—		—	
抓斗		3.2	5	6.3	8	10	12.5	16	20	25	32	40	50
电磁吸盘		5	6.3	8	10	12.5	16	20	25	32	40	50	—

表 9.2-12　门式起重机的跨度系列

起重量 Q/t	跨度 S/m								
5～50	10	14	18	22	26	30	35	40	50
63～125	—	—	18	22	26	30	35	40	50
160～250	—	—	18	22	26	30	35	40	50

门式起重机的悬臂长度分主梁悬臂长度（悬臂端至支腿中心线的距离）和有效悬臂长度（主吊具所能达到的极限位置）。由于要给在极限位置处小车和小车导电滑架所占部分留出足够的空间，因此主梁悬臂长度要比有效悬臂长度大。门式起重机有效悬臂长度范围与跨度间的对应关系见表9.2-13。

表 9.2-13　门式起重机有效悬臂长度 （单位：m）

跨度 S	有效悬臂长度 L	跨度 S	有效悬臂长度 L
10～14	3.5	30～35	5～10
18～26	3～6	40～50	6～15

3.2.3　起升范围

门式起重机的起升范围包括起升高度 H 和下降深度 h。起升高度决定了门式起重机支腿的高度。室外作业的门式起重机 H 值大致在 $10～12m$ 左右。当货场的作业位置低于大车轨道面时，则有下降深度 h 的要求。门式起重机的起升范围一般不超过表 9.2-14 的规定。

3.2.4　工作速度

门式起重机工作速度包括起升速度、小车运行速度和大车运行速度三种。工作速度的一般选择原则为：大起重量时取较低速度，小起重量时取较高速度；吊钩的起升速度低于抓斗的起升速度。吊钩门式起重机的工作速度范围见表9.2-15，抓斗及电磁起重机的工作速度范围见表9.2-16。

表 9.2-14　门式起重机的起升范围

起重量 Q/t	跨度 S/m	吊钩起重机 H/m	抓斗起重机		电磁起重机	
			H/m	h/m	H/m	h/m
5～50	10～26	12	8	4	10	2
	30～50		10	2		
63～125	18～50	14	—	—	—	—
160～250	18～50	16				

3.2.5　工作级别

吊钩门式起重机的工作级别为A5，电磁吸盘式起重机的工作级别为A6、A7，而抓斗门式起重机和装卸桥的工作级别为A7、A8。

3.2.6　大车轮压

大车轮压通常是指门式起重机的小车运行到最不利的臂端极限位置、满载、静止或匀速起升、下降、受工作风压情况下的最大轮压，也称最大静轮压。

3.3　门式起重机的构造

门式起重机由小车总成、大车运行机构、门架、电气设备和大车导电装置等部分组成。

表 9.2-15　吊钩门式起重机的工作速度范围　　　（单位：m/min）

起重量/t	类别	主起升机构工作级别	主起升速度	副起升速度	小车运行速度	起重机运行速度
≤50	高速	M6	6.3 ~ 16	10 ~ 20	40 ~ 63	50 ~ 63
	中速	M4, M5	5 ~ 12.5	8 ~ 16	32 ~ 50	32 ~ 50
	低速	M2, M3	1.6 ~ 5	6.3 ~ 12.5	10 ~ 25	10 ~ 20
63 ~ 125	高速	M6	5 ~ 10	8 ~ 16	32 ~ 40	32 ~ 50
	中速	M4, M5	2.5 ~ 5	6.3 ~ 12.5	25 ~ 32	16 ~ 25
	低速	M2, M3	1 ~ 2	5 ~ 10	10 ~ 16	10 ~ 16
160 ~ 250	中速	M4, M5	1.6 ~ 2.5	5 ~ 8	20 ~ 25	10 ~ 20
	低速	M2, M3	0.63 ~ 1	4.0 ~ 6.3	10 ~ 16	6 ~ 12

表 9.2-16　抓斗及电磁起重机的工作速度范围　　　（单位：m/mim）

抓斗起升速度	电磁吸盘起升速度	小车运行速度	起重机运行速度
25 ~ 50	16 ~ 32	40 ~ 50	32 ~ 50

3.3.1　小车总成

门式起重机的小车总成一般由小车架、小车导电架、起升机构、小车运行机构、小车防雨罩等组成。

小车形式根据主梁形式的不同有双梁门式起重机小车和单梁门式起重机小车。双梁门式起重机小车与桥式起重机小车形式基本相同，都属于四支点形式。单梁门式起重机小车有垂直反滚轮式小车和水平反滚轮式小车两种形式。

1. 垂直反滚轮式小车

图 9.2-15a 所示垂直反滚轮式小车的质量通过两个主动行走轮压在轨道和箱形结构的单主梁上，同时通过悬臂端两个垂直反滚轮保持起重小车的稳定。主动轮与垂直反滚轮皆无轮缘，其运行靠水平轮防止跑偏。与双梁小车相比，这种小车形式车轮数目较多，装配精度要求较高，加工与装配工作量较大，工作平稳性较双梁小车差。

2. 水平反滚轮式小车

图 9.2-15b 所示水平反滚轮式小车的主动行走车轮为两个带轮缘的车轮，载荷重力及小车质量形成的倾覆力矩由两组水平滚轮来承受。其中一组水平滚轮安装在垂直悬臂端上，与小车架尾部铰接；另一组水平轮安装在小车反滚轮支腿上。水平轮轴设计成偏心可调式，以弥补制造安装时的误差。

两支点小车宜用于起重量为 5 ~ 30t 的门式起重机，而三支点小车宜用于起重量为 20 ~ 50t 的门式起重机。为了使单主梁小车使用安全可靠，在垂直车轮旁边设有安全钩，以便钩住轨道，防止小车倾翻。

3.3.2　大车运行机构

门式起重机的大车运行机构均采用分别驱动，由驱动车轮台车架和从动车轮台车架组成。车轮数与轮压有关，其中主动车轮数占总车轮数的比例，是根据

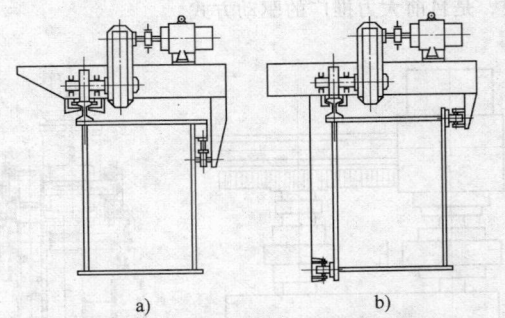

图9.2-15　单主梁小车安装示意图
a）垂直反滚轮式小车　b）水平反滚轮式小车

起重机起、制动时车轮是否打滑而确定的。一般门式起重机采用 1/2 车轮驱动方式，也可采用 1/3 驱动、2/3 驱动或全驱动方式。门式起重机的大车运行机构按照减速器布置方式主要有以下几种形式。

（1）通用立式减速器驱动装置　通用立式减速器驱动装置（见图 9.2-16a）的立式减速器输出轴通过联轴器与车轮连接，具有结构简单、紧凑、使用寿命长等优点。

（2）立式套装式减速器驱动装置　立式套装式减速器驱动装置（见图 9.2-16b）的减速器输出轴做成空心轴套，行走车轮轴直接装在减速器空心轴套内，即减速器套装在车轮轴上，轮轴支承着减速器的部分质量，其优点是结构更为紧凑，制造安装方便。

（3）卧式减速器驱动装置　卧式减速器的驱动装置（见图 9.2-17a）中卧式减速器的输出轴不能与车轮轴直接连接，而是通过开式齿轮实现动力传递、减速，车轮轴不传递转矩，适用于速度较低、布置尺寸较宽松的大车运行机构中。

（4）"三合一"立式驱动装置　在"三合一"驱动装置（见图 9.2-17b）中将电动机、减速器和制

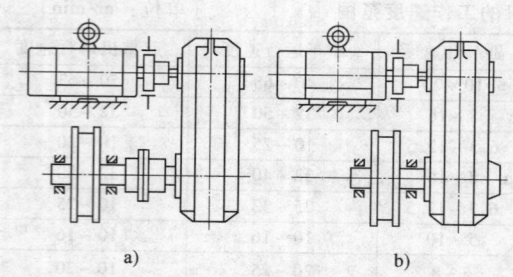

图9.2-16　大车减速器驱动方式

a）通用立式减速器驱动装置
b）立式套装式减速器驱动装置

动器组合成一体，由此取代图 9.2-16a 中的电动机、减速器、制动器驱动装置，其结构更为紧凑，维护方便，是目前大力推广的驱动方式。

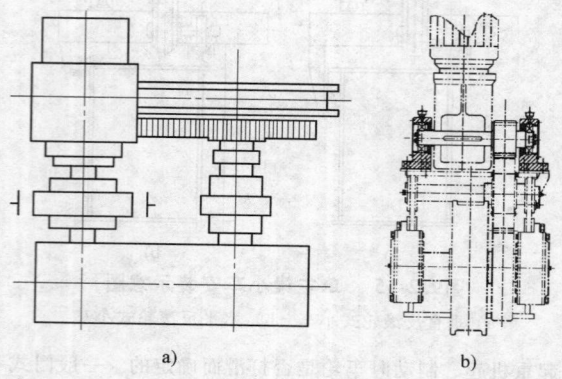

图9.2-17　带开式齿轮的驱动装置

a）卧式减速器驱动装置　b）"三合一"立式驱动装置

3.3.3　门架

门式起重机的门架主要包括主梁、支腿、下横梁、扶梯平台、小车轨道、小车导电支架、司机室等。单梁起重机门架由一根主梁、两个支腿、两个下横梁、通向司机室和主梁上部的梯子平台、主梁侧部的走台栏杆、小车导电滑架、小车轨道、司机室、电气室等部分组成，其主梁、支腿、下横梁均为箱梁结构。双梁起重机门架的主梁为两根，主梁间有端梁连接，形成水平框架。主梁一般为板梁、箱形结构，也有桁架结构。带有悬臂的门式起重机支腿设有上拱架，与下横梁一起形成一次或三次超静定框架。支腿与主梁之间的连接，根据跨度不同分为刚性连接和挠性连接。刚性连接的支腿刚度较大，与主梁之间用螺栓紧固。支腿除了与主梁下座板连接，还要与主梁侧部座板连接。挠性连接的支腿刚度小，称挠性支腿。与主梁下部座板连接，一般为铰接，支腿不与主梁侧

部连接。双梁门式起重机不单独设置走台，主梁上部作走台用。栏杆、小车导电滑架皆安装在主梁上表面。桁架式主梁若为四桁架式，走台铺设在水平桁架上，若为Ⅱ字梁式，走台设在两片竖直桁架的中间部位。

3.3.4　电气设备

电气设备主要包括电动机、电气元件、控制电器、操纵电器、保护电器等。电气设备大部分安装在司机室和电气室内。一般司机室和电气室固定在主梁下面，不随小车移动。有的门式起重机的电气设备可放置在支腿的适当位置。

4　门座起重机

4.1　门座起重机的类型

门座起重机是用于港口码头进行船舶和车辆货物装卸、转载作业及造船厂进行船舶建造的起重机。门座起重机的用途广泛，类型很多，根据其外形构造特征可分为四连杆组合臂架门座起重机（见图 9.2-18）和单臂架门座起重机（见图 9.2-19）。按回转支承结构型式可分为转柱式门座起重机（见图 9.2-20）和转盘式门座起重机（见图 9.2-18）。按用途和工作特点可分为通用门座起重机（见图 9.2-18 ～ 图 9.2-20）、带斗门座起重机（见图 9.2-21）、多用途门座起重机（见图 9.2-22）和造船门座起重机（见图 9.2-23、图 9.2-24）等。

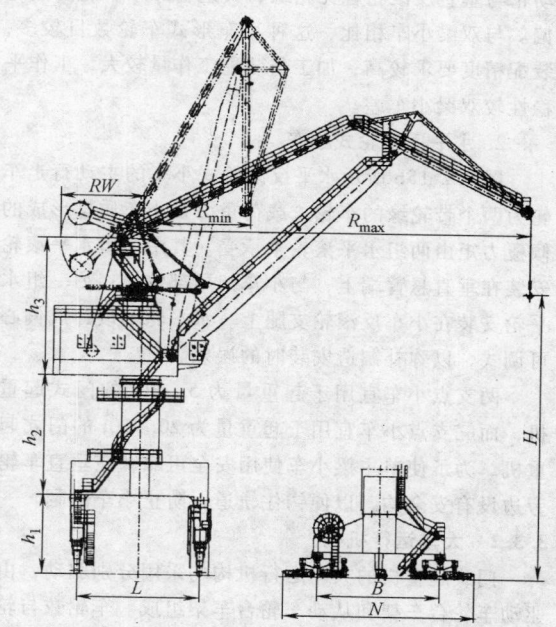

图9.2-18　四连杆组合臂架门座起重机

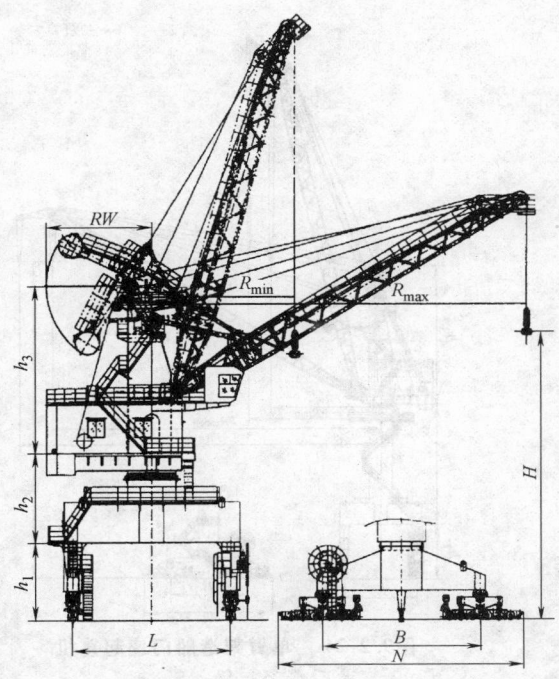

图9.2-19　单臂架门座起重机

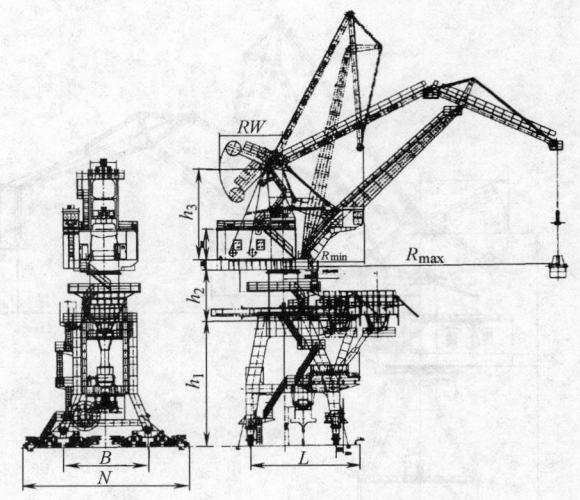

图9.2-21　带斗门座起重机

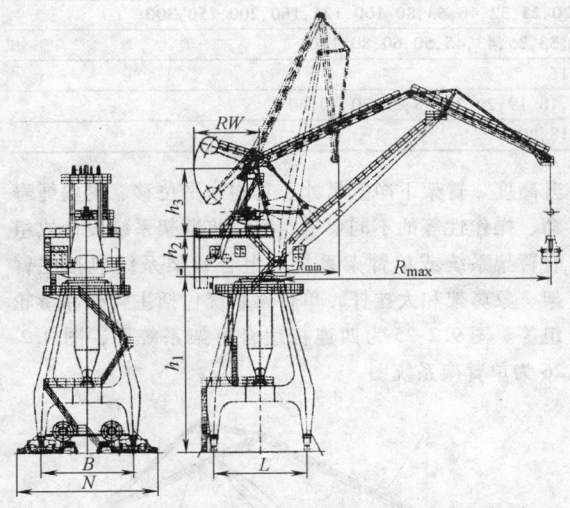

图9.2-20　转柱式门座起重机

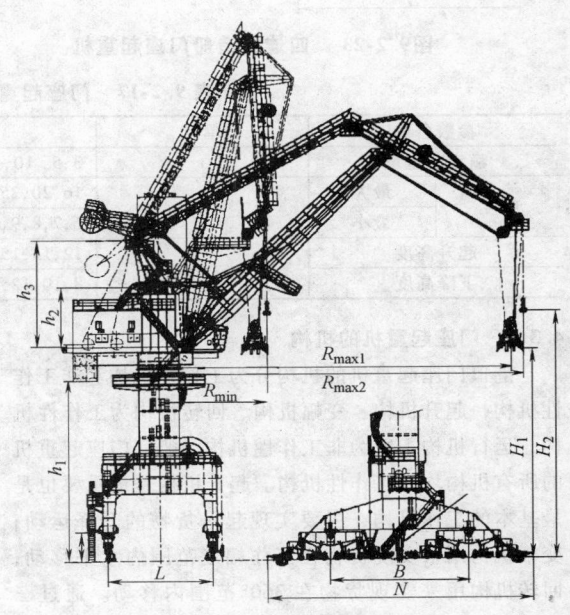

图9.2-22　多用途门座起重机

4.2　门座起重机的性能参数

门座起重机的性能参数有额定起重量、起升高度、下降深度、最大和最小工作幅度、最大尾部半径、工作速度、工作级别、轨距、基距、最大轮压、供电方式及电源参数、外形尺寸等。这些参数是门座起重机的主要性能指标，也是进行设计工作的主要依据。门座起重机各参数的基本含义同门式起重机中的表述，其主要技术参数系列见表9.2-17。

4.3　门座起重机的基本构造

门座起重机主要由机构、金属结构、电气控制系统和辅助装置等四大部分组成。机构主要有起升机构、变幅机构、回转机构、运行机构等。金属结构主要包括臂架系统、平衡系统、人字架、转台、机器房、司机室、门架系统、梯子平台等。电气控制系统包括供电装置、驱动装置和控制装置等。为了保证起重机安全正常工作，还必须设置负荷限制、防风抗滑等相应的一些辅助装置。

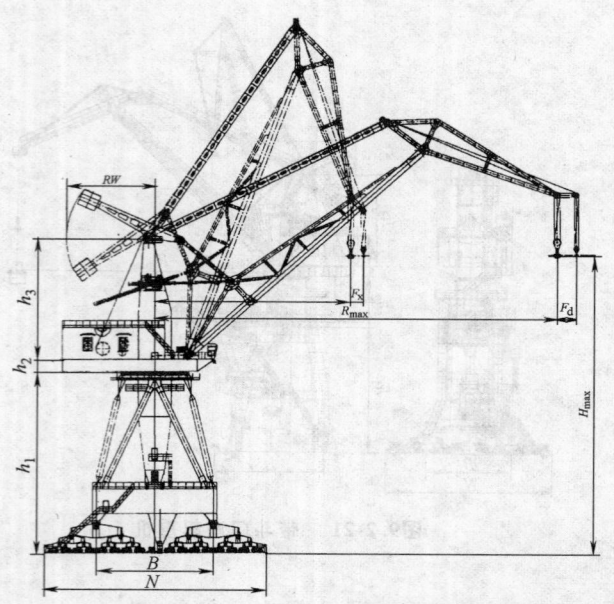

图9.2-23　四连杆造船门座起重机

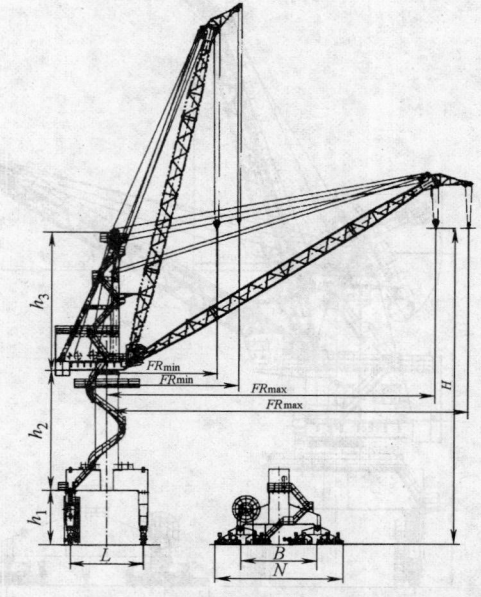

图9.2-24　单臂架造船门座起重机

表 9.2-17　门座起重机主要技术参数系列表

参数名称		单位	参数系列
额定起重量		t	3,5,10,16,20,25,32,40,63,80,100,125,160,200,250,300
幅度	最大	m	16,20,25,30,33,35,43,45,50,60,80,100
	最小		6,7,8,9,11,16
起升高度		m	12,13,15,16,18,19,20,22,25,28,30,40,60
下降高度			8,10,12,15,18,20

4.3.1　门座起重机的机构

　　港口门座起重机的机构分为工作性机构和非工作性机构，起升机构、变幅机构、回转机构为工作性机构，运行机构一般为非工作性机构。船厂门座起重机的所有机构均为工作性机构。起升机构是最重要也是最基本的工作机构，主要实现起吊货物的升降运动；变幅机构用来实现货物在工作幅度范围内水平移动；回转机构用来实现货物在360°范围内移动。通过三个机构的联合动作，可以实现货物在柱形空间范围内移动。港口门座起重机的运行机构是用来移动起重机以便在不同舱口作业，运行时一般处于空载状况，故可作为非工作性机构。船厂门座起重机由于工作时需吊载运行，故可作为工作性机构。

　　门座起重机机构的构造在下面的章节中有详细的论述，本章故不作介绍。

4.3.2　门座起重机金属结构

　　1. 臂架系统

　　臂架系统是门座起重机的主要受力构件。臂架系统对起重机的工作性能有重大影响，根据起重机的起升高度、臂架下净空尺寸、货物水平位移、钢丝绳寿命、操作性等的不同要求，可以将臂架系统设计成组合臂架系统或单臂架系统。组合臂架系统包括主臂架、象鼻架和大拉杆，单臂架系统包括主臂架和滑轮组等。图 9.2-25 为四连杆组合臂架系统图，图 9.2-26 为单臂架系统图。

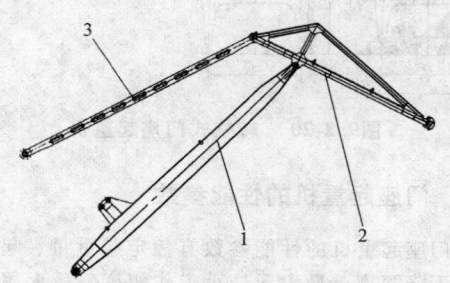

图9.2-25　四连杆组合臂架系统图
1—主臂架　2—象鼻架　3—大拉杆

　　2. 人字架及平衡系统

　　人字架设在转台上，它与臂架、绕绳系统、变幅

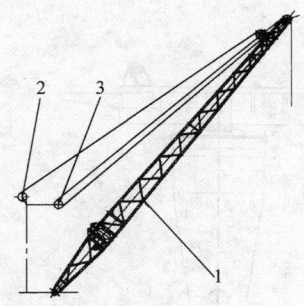

图9.2-26　单臂架系统图

1—主臂架　2—导向滑轮　3—补偿滑轮组

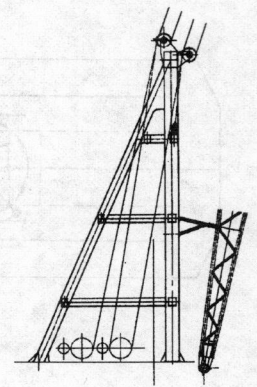

图9.2-28　钢丝绳变幅人字架系统图

机构平台、大拉杆、平衡梁支座等都有关联。人字架按其侧面的形状可分为桁构式、板梁式和立柱式等结构型式。对于刚性变幅的门座起重机，人字架顶部的横梁上设有大拉杆、平衡梁及导向滑轮支座，在人字架中部横梁上连接有变幅机构平台。对于柔性变幅的门座起重机，人字架顶部的横梁上设有导向滑轮、补偿滑轮支座等。各种人字架下部通常与转台直接焊接，也可以采用螺栓或铰轴连接。

臂架自重平衡可采取尾重式、杠杆-活动对重式和挠性件-活动对重式等方式，其中杠杆-活动对重方式使用最普遍，其系统由平衡梁与小拉杆组成。在臂架自重平衡系统中，平衡梁结构支承在人字架顶部横梁上，拉杆通过铰点与平衡梁和臂架相连，在平衡梁的尾部设有活配重。图 9.2-27 为板梁式立柱及平衡系统图，图9.2-28 为钢丝绳变幅人字架系统图。

两根纵向主梁和若干根横梁并辅以一些面板和筋板组成平面板架结构。主梁和横梁设计成箱形或工字形截面梁，两根主梁的中心距尽可能与臂架下铰点间距以及人字架横向间距相同或相近。转台尾部做成箱体，以便装载一定数量的固定配重。横梁和筋板的设置应根据转台上机构和结构的安装位置来确定。对于大轴承转盘式门座起重机，转台的下方通常有一节支承圆筒和一个连接法兰。支承圆筒应插入到转台内部与转台焊接成一体，以加强连接的刚性和改善传力条件。对于转柱式门座起重机，转台下方配有连接下转柱用的箱体，并用带拼接板的对接方式实现两者之间的高强度螺栓连接。图 9.2-29 为转盘式转台总成图，图9.2-30 为转柱式转台总成图。

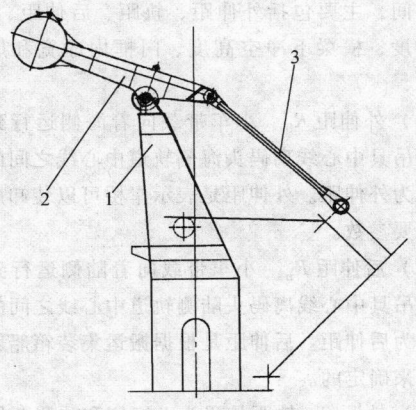

图9.2-27　板梁式立柱及平衡系统图

1—板梁立柱　2—平衡梁　3—小拉杆

3. 转台

转台是门座起重机回转部分的总支承，除回转部分的金属结构件外，还布置了起升、回转机构和电器装置等，是起重机主要受力构件之一。转台通常是由

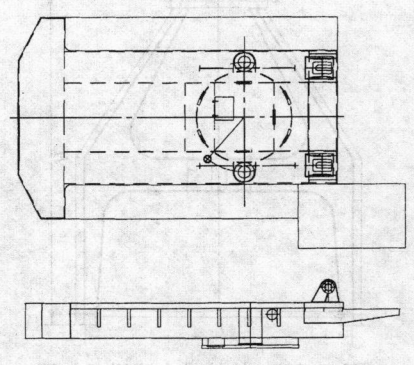

图9.2-29　转盘式转台总成图

4. 门架

门架是整个起重机回转部分质量和所有外载荷的承载构件，所以门架应具有足够的强度和刚性。门架的结构型式与所采用的回转支承装置形式有关。目前采用较多的是轴承转盘式门架和转柱式门架。从外形上可将门架分为十字交叉式箱形门架和板凳式门架结构等。图 9.2-31 为转盘式圆筒形门架图，图 9.2-32 为转柱式支腿形门架图。

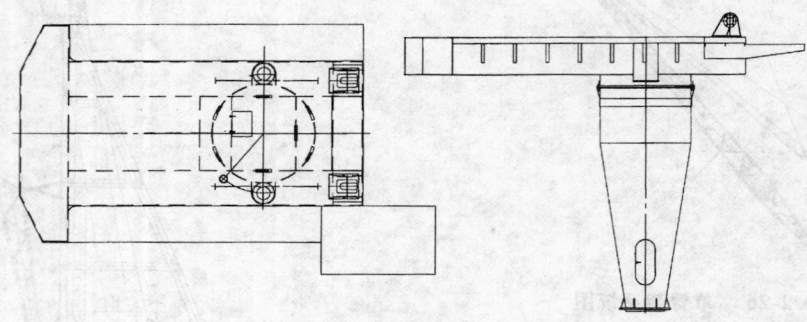

图9.2-30   转柱式转台总成图

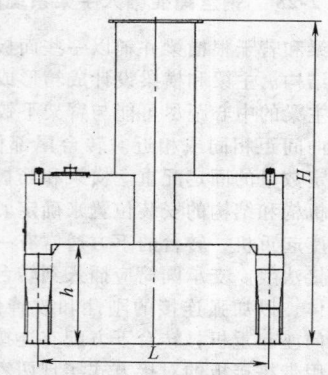

图9.2-31   转盘式圆筒形门架图

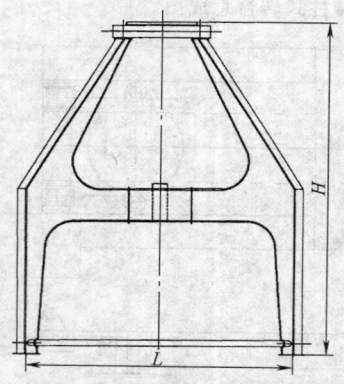

图9.2-32   转柱式支腿形门架图

5 岸边集装箱起重机

岸边集装箱起重机简称岸桥,是集装箱码头前沿装卸集装箱船舶的专用起重机。

5.1 岸桥的形式和主要技术参数

5.1.1 岸桥的形式

岸桥的形式依据其作业特性和操作功能而定。一般岸桥的基本形式为由海侧和陆侧门框与斜撑拉杆组合成门架结构;由前大梁、中梁和后伸梁组成主梁结构;由海侧门框上的梯形架以及前后拉杆共同组成拉杆系统;前大梁能作俯仰运动,运行小车沿主梁作前后运行;放置驱动机构和电气设备的机器房一般设置在后伸梁之上;驾驶室布置在运行小车后下侧并跟随小车运行。岸边集装箱起重机外形及几何尺寸如图9.2-33所示。

5.1.2 岸桥的主要技术参数

岸桥的基本参数描述了岸桥的特征、能力和主要技术性能。主要技术参数包括几何尺寸参数和技术性能参数。

1. 几何尺寸参数

几何尺寸参数表示岸桥的作业范围、外形尺寸及限制空间,主要包括外伸距、轨距、后伸距、基距、起升高度、横梁下净空高度、门框内净宽和岸桥总宽等。

(1) 外伸距 R_0 小车带载向着海侧运行到终点位置,吊具中心线离码头海侧轨道中心线之间的水平距离称为外伸距。外伸距是表示岸桥可以装卸船舶大小的主要参数。

(2) 后伸距 R_b 小车带载向着陆侧运行到终点位置,吊具中心线离码头陆侧轨道中心线之间的水平距离称为后伸距。后伸距是根据搬运集装箱船舱盖板的要求来确定的。

(3) 轨距 S 轨距是码头上海侧和陆侧两轨道中心线之间的水平距离。轨距对岸桥的稳定性、轮压影响较大。世界各国或地区形成了一些轨距系列,但更多是根据不同的要求自行确定。

(4) 起升高度 H_u/H_d 岸桥的起升高度包括轨上高度 H_u 和轨下高度 H_d。轨上起升高度指吊具被提升到最高工作终点位置时,吊具转锁箱下平面离码头海侧轨顶面的垂直距离；轨下起升高度指吊具下降到正常终点位置时，吊具转锁箱下平面离码头海侧轨顶面的垂直距离。起升高度反映了岸桥的适应能力，应根据对船舶作业的要求确定。

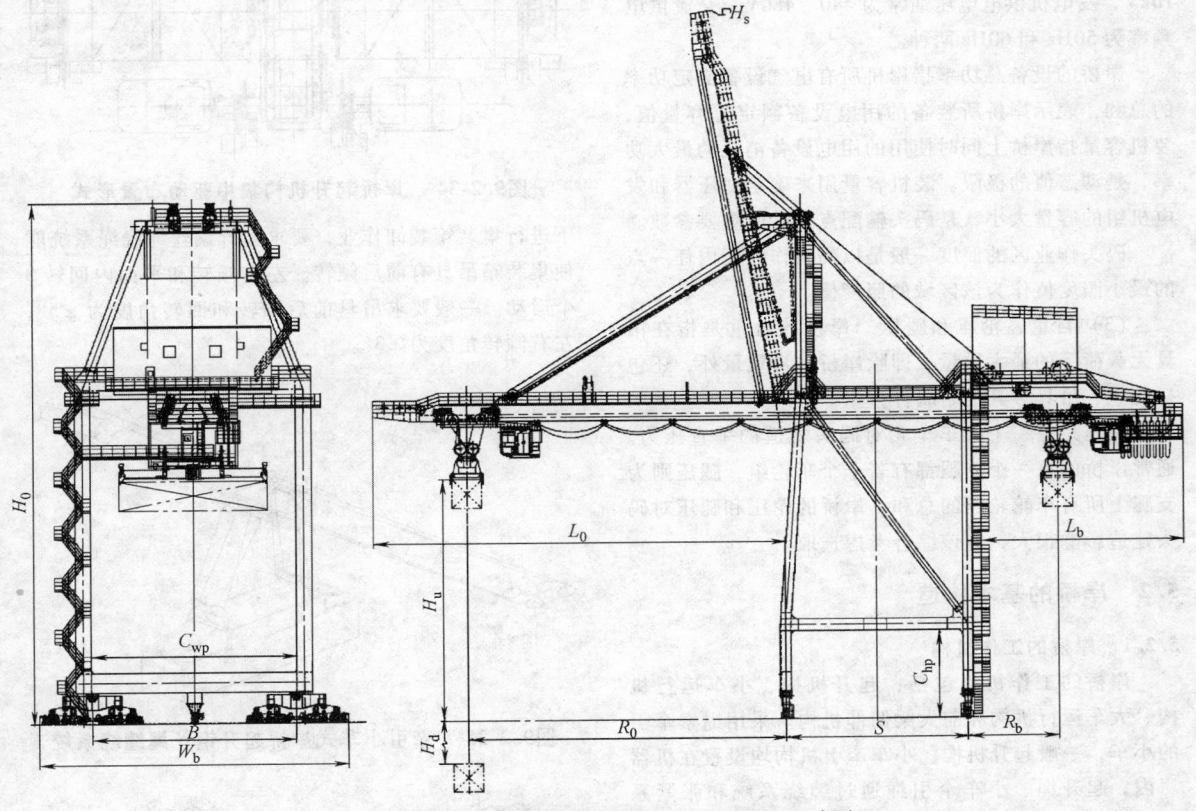

图9.2-33　岸边集装箱起重机外形及几何尺寸图

（5）横梁下的净空高度 C_{hp}　海陆侧连接横梁下平面与码头面的距离为横梁下的净空高度，其尺寸应根据通过下面的运输工具的高度要求确定。

（6）门框的净宽度 C_{wp}　海陆侧门框左右立柱内侧边缘之间的水平距离称为门框的净宽度。门框净宽度主要为了保证船舶的舱盖板和超长集装箱从立柱内侧通过。

（7）基距 B　门框下横梁上左右两侧行走大平衡梁支点之间的中心距离称为岸桥的基距。基距对岸桥在侧向风力作用下的轮压和稳定性具有影响。

（8）岸桥总宽 W_b　岸桥同侧行走轨道上的相邻两组行走台车，其外侧缓冲器端部之间在自由状态下的距离称为岸桥总宽。岸桥的总宽影响到多台岸桥对同一条船进行装卸作业的要求。

2．主要技术性能参数

（1）工作速度　岸桥的工作速度包括起升（下降）速度、小车运行速度、大车运行速度、前大梁俯仰时间、应急机构速度、吊具倾转角度和速度。

集装箱吊具提升或下降的线速度称为起升或下降速度。起升（下降）速度有满载和空载之分，一般空载速度取值为满载速度的两倍较为合理。

小车运行速度指在规定的作业情况下，小车带着额定起升载荷逆风运行时的最高稳定线速度。小车运行速度直接影响岸桥的生产率，一般根据外伸距的长度确定速度的大小。

大车运行速度指在规定的作业工况下小车带着额定载荷，起重机逆风水平运行的最高稳定运行线速度。由于岸桥自重大，大车运行时的起、制动惯性力也大，其加减速度的大小应以大车运行时不发生打滑为准。

前大梁俯仰时间用大梁从水平位置运动到仰起的挂钩位置的时间来表示，一般单程时间取 5~6min。

应急机构是为了保证安全生产，当码头出现突然断电或紧急情况时，可将备用电源临时转换到应急机构上驱动机构作业。应急机构速度可根据备用电源的功率情况确定。

（2）电气参数　岸桥的电气参数包括供电电源的形式、电压和频率、设备总装机功率和码头作业区的照度等。岸桥一般采用高压电网供电，特殊情况下可用柴油发电机发电。高压供电电压多为 6kV 和 10kV，发电机供电电压通常为 440～480V。交流供电频率为 50Hz 和 60Hz 两种。

岸桥的设备总功率指岸桥所有电气设备额定功率的总和，表示岸桥所装备的用电设备额定总容量值，装机容量指岸桥上同时使用的用电设备消耗的最大功率，是动态值的极限。装机容量用来确定变压器和发电机组的容量大小，是码头输配点设计的重要参数。

码头作业区的照度一般是以码头作业区内任一点的最小照度值作为该区域的照度值。

（3）自重、轮压和腿压 岸桥的自重是指在吊具无载荷下的最大重量，即除岸桥本身重量外，还包括配重、吊具等其他附属件重量。

轮压是指一个大车车轮对码头轨道的垂直压力。通常岸桥的每一个支腿都有若干个车轮组，腿压则为支腿上所有车轮轮压的总和。岸桥的轮压和腿压对码头建造影响很大，应该综合考虑选取。

5.2 岸桥的基本构造

5.2.1 岸桥的工作机构

岸桥的工作机构包括：起升机构、小车运行机构、大车运行机构和前大梁俯仰机构。采用绳索牵引的小车，一般起升机构、小车牵引机构均设置在机器房内，起升绳、小车牵引绳通过缠绕系统和张紧系统，与小车架和其上的滑轮组连接，起升绳还通过小车架上滑轮组下垂并绕过吊具上架滑轮组以悬挂吊具。半绳索小车的岸桥其小车运行机构设在小车架上。采用载重式小车的岸桥起升机构和小车运行机构均设置在小车架上。小车架上的起升机构钢丝绳与吊具上架滑轮连接。

1. 起升机构

起升机构是实现集装箱吊具梁升降运动的机构，是岸桥中最主要的工作机构。起升机构驱动装置由多种布置方案，因为集装箱吊具均采取四点悬挂，岸桥的起升机构一般采用两个双联卷筒缠绕起升钢丝绳并采取双电动机驱动以选用较小功率和较小外形尺寸的电动机。图 9.2-34 为典型的集中驱动布置形式。

牵引小车式岸桥的起升钢丝绳缠绕系统的最典型方式如图 9.2-35 所示。系统由尾部滑轮组、小车滑轮组、头部滑轮组、吊具上架滑轮组以及钢丝绳挡块、托辊和调整接头等组成。对于载重小车式岸桥，其钢丝绳缠绕系统如图 9.2-36 所示。钢丝绳从起升卷筒出来后，经吊具上架滑轮组再回到载重小车机器房下端的钢丝绳固接处。为了有利于岸桥在不同工况

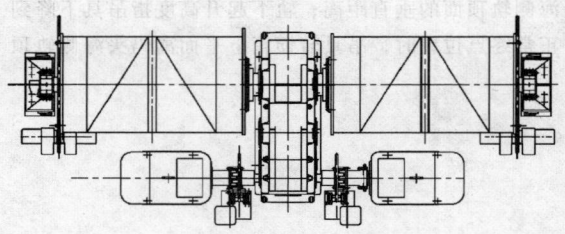

图9.2-34 岸桥起升机构集中驱动布置形式

下进行集装箱装卸作业，要求起升钢丝绳绳系统能使集装箱吊具具有前后倾转、左右倾转和平面内回转 3 个运动。一般要求吊具前后倾转和回转角度为 ±5°，左右倾转角度为 ±3°。

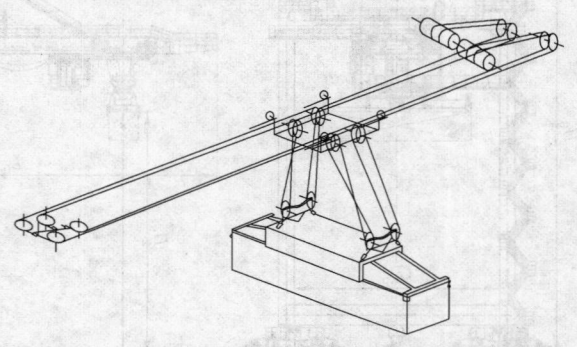

图9.2-35 牵引小车式岸桥起升钢丝绳缠绕系统

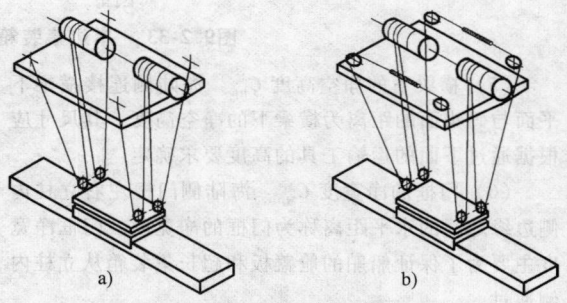

图9.2-36 载重小车式岸桥起升钢丝绳缠绕系统
a）吊具不旋转钢丝绳缠绕系统
b）吊具可旋转钢丝绳缠绕系统

2. 前大梁俯仰机构

俯仰机构与起升机构相类似，主要用来实现前大梁的俯仰运动。俯仰机构是非工作性机构，其速度比起升机构低很多。俯仰驱动机构的典型布置形式如图 9.2-37 所示，其他驱动布置都大同小异，功能相同。俯仰钢丝绳的典型缠绕方式有三种，如图 9.2-38 所示。三种布置形式中，钢丝绳端部接头或均衡滑轮的位置按照滑轮组的倍率，可以布置在梯形架滑轮组处也可布置在前大梁滑轮组处。

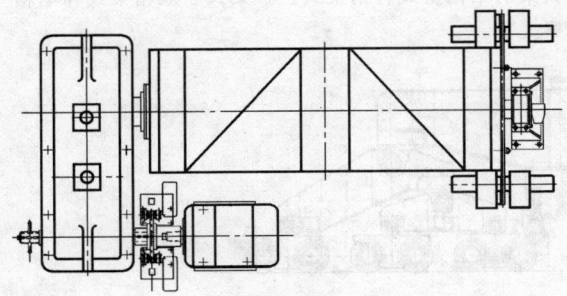

图9.2-37　俯仰驱动机构的典型布置

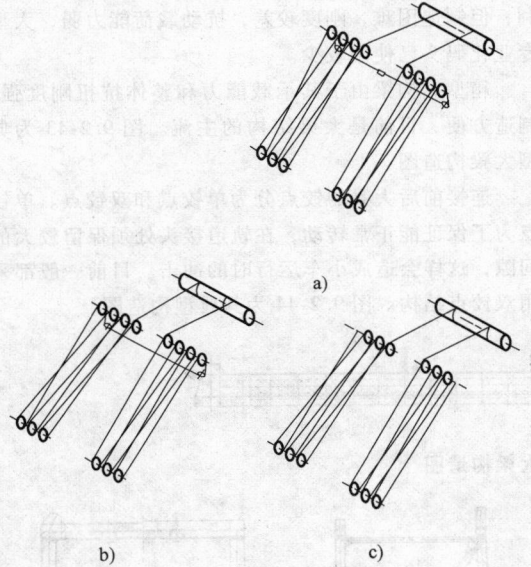

图9.2-38　俯仰钢丝绳的典型缠绕方式

a) 双绳贯通式钢丝绳缠绕　b) 单绳贯通式钢丝绳缠绕
c) 单绳独立式钢丝绳缠绕

3. 小车运行机构

岸桥上实现集装箱作水平往复运动的机构称为小车运行系统。其包括运行小车总成、小车运行驱动机构、小车钢丝绳缠绕和安全保护装置。自行式小车驱动机构布置在小车架上,钢丝绳牵引式驱动机构一般布置在机器房内。

自行式驱动小车包括驱动机构、车轮组、起升滑轮组、小车架、司机室缓冲器、水平轮、防风锚定装置和安全限位装置等。驱动机构包括电动机、联轴器、制动器、减速器、万向传动轴等。驱动小车的布置如图9.2-39所示。

牵引式小车通过钢丝绳牵引系统驱动小车运行,驱动装置为钢丝绳绞车系统,包括电动机、联轴器、制动器、减速器钢丝绳卷筒,其他结构与自行式小车

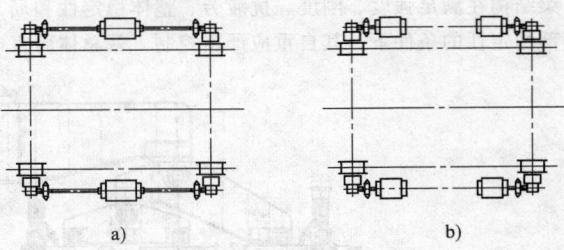

图9.2-39　自行式驱动小车的布置

a) 集中驱动小车布置图　b) 分别驱动小车布置图

基本相同。

牵引式运行小车钢丝绳卷绕系统如图 9.2-40 所示,各种牵引式运行小车的钢丝绳系统基本相同,只是张紧液压缸的位置和布置有所差异。

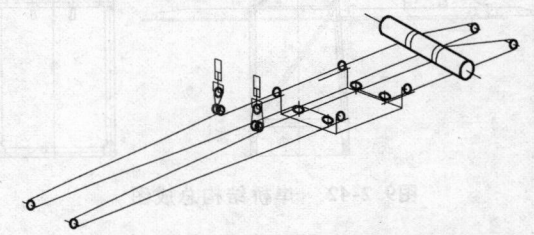

图9.2-40　牵引式小车钢丝绳卷绕系统

4. 大车运行机构

大车运行机构是实现整机沿着码头前沿的轨道作水平运动。大车行走机构由设在门框下的四组台车组组成。为使每个车轮受力均匀,将装有两个车轮的行走台车通过中间平衡梁、大平衡梁与门框下横梁铰接。岸桥的整机质量通过四个支承点均匀传到全部的车轮上。每个大车行走台车组由一套或多套驱动装置驱动,通过电动机、减速器、制动器和传动轴驱动车轮运转,实现起重机沿轨道运行。

大车根据实际情况可采用不同驱动形式,图9.2-41为其典型驱动布置图。

5.2.2　岸桥金属结构的构造

岸桥的金属结构由以下几部分组成:

1) 大梁系统:由前大梁、后打梁和大梁铰组成。

2) 门架系统:由立柱、上横梁、下横梁、梯形架、联系横梁、撑杆组和后撑杆等组成。

3) 拉杆系统:由前大拉杆、前中拉杆和后拉杆系统组成。

常见的岸桥结构见图9.2-42。

1. 大梁系统

岸桥的大梁一方面承受着满载起升小车的轮压作用,同时对整机的稳定也起到了重要作用。因此,大

梁结构在满足强度、刚度、抗疲劳、整体稳定性和局部稳定性的条件下，其自重应严格控制。就总体而言

大梁的结构型式有桁架式、板梁式、双箱梁式和单箱梁式等。

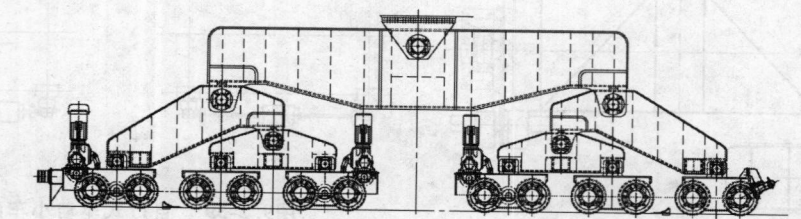

图9.2-41　大车驱动布置图

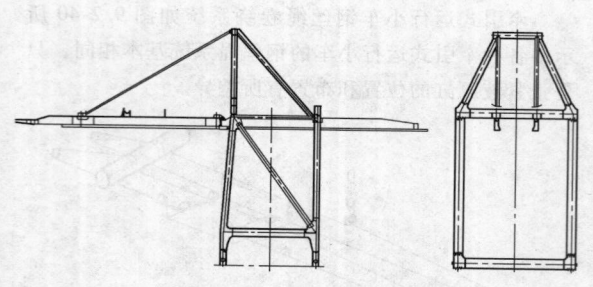

图9.2-42　岸桥结构总成图

桁架式大梁自重轻、风力影响小对整机稳定性有利，但制造困难，刚度较差，抗动载荷能力弱，大型专业化码头已使用较少。

箱型结构梁由于其承载能力和整体抗扭刚度强，制造方便，目前是大梁结构的主流。图9.2-43为典型大梁构造图。

连接前后大梁的铰点分为单铰点和双铰点。单铰点为了保证能正常转动，在轨道接头处须保留较大的间隙，这样会造成小车运行时的冲击。目前一般都采用双铰点结构。图9.2-44为其典型构造图。

图9.2-43　典型大梁构造图

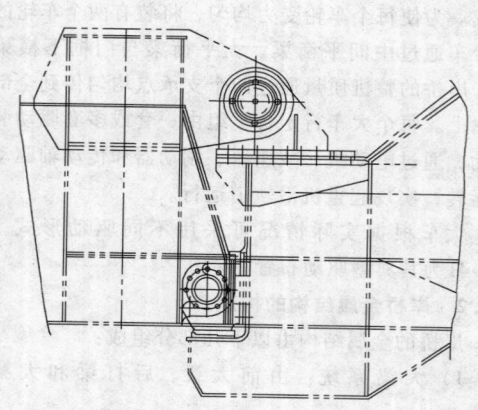

图9.2-44　大梁双铰点结构图

2. 门架系统

门架系统的结构根据使用要求和设计风格的不同具有很多型式。如早期有A形门架，后来发展成H形到H形的改进形等。采用何种门架结构主要应考虑使用、整体受力和抗风能力等要求。图9.2-45为最典型的H形门架的构造简图。

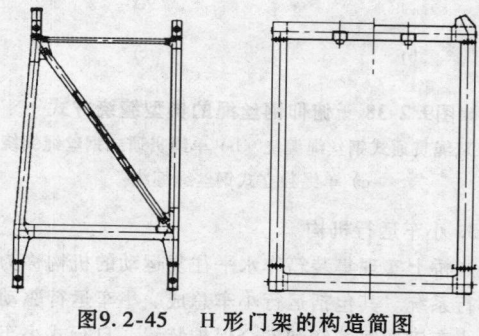

图9.2-45　H形门架的构造简图

3. 拉杆系统

岸桥的拉杆有前拉杆和后拉杆，前拉杆为适应前大梁的俯仰设计成铰接可动的，其结构型式有桥梁钢丝绳结构、管结构、箱形结构和H形钢结构，并且为多杆件串联式。后拉杆是固定的，结构型式基本与前拉杆相同，只是串联的杆件个数比前拉杆少。对于外伸距较大的岸桥大梁，多采用双拉杆形式的前大梁拉杆系统。拉点位置的选取应综合考虑大梁的强度、刚度和抗疲劳等因素。图9.2-46为双拉杆形式的前大梁拉杆系统图。

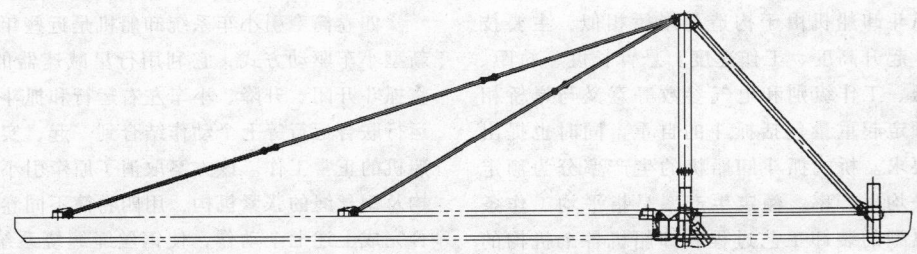

图9.2-46　双拉杆形式的前大梁拉杆系统图

6　桥式抓斗卸船机

桥式抓斗卸船机是散货卸船机械中最具代表性的专用机型，由于该机对不同种类的散装货物具有良好的适应性和很高的卸船生产率，目前仍然是矿石、煤炭卸船选用最多的机型。

6.1　卸船机的形式和主要技术参数

6.1.1　卸船机的形式

桥式抓斗卸船机的外形构造与集装箱岸桥相似，工作方式也基本相同，只是由于岸桥和抓斗卸船机的作业对象分别为集装箱和散装货物，导致起物工具不同。集装箱岸桥采用专用集装箱吊具作业，起升机构工作时只需保证货物正常升降即可。桥式抓斗卸船机采用抓斗进行散货作业，起升机构工作时除了正常的升降动作外，抓斗还需有开闭斗动作。抓斗开闭过程

中，起升绳和支持绳的收、放绳长度不一样，因此要求起升机构必须有两套各自独立的绞车驱动系统。桥式抓斗卸船机的典型特征主要表现在小车的驱动方式上，一般可分成两种型式：绳索牵引式小车抓斗卸船机和自行式小车抓斗卸船机。

绳索牵引式小车抓斗卸船机的小车是通过机房中的钢丝绳卷绕系统驱动牵引，实现小车的运行。起升机构（升降和开闭斗）一般不设在小车上。通常绳索牵引小车的桥式抓斗卸船机大多由主小车和辅助小车系统组成。小车构造简单，自身质量小，运行速度较高，起制动平稳，广泛应用在大中型卸船机中。主辅小车系统，有效地进行绳索补偿，实现抓斗的水平位移。由于采用了辅助小车，客观上缩短了主辅小车车距，减小了钢丝绳的支承间距。绳索小车式桥式抓斗卸船机见图 9.2-47。

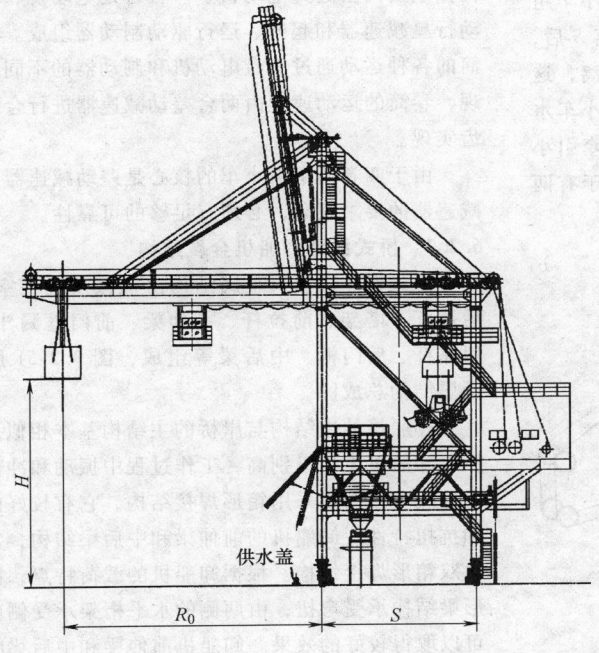

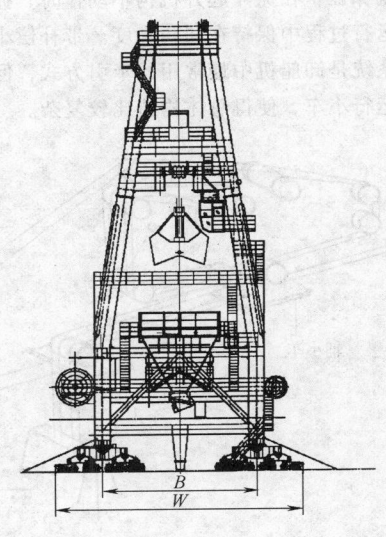

图9.2-47　桥式抓斗卸船机

6.1.2　桥式抓斗卸船机的技术参数

桥式抓斗卸船机由于构造与岸桥相似，主要技术参数如：起升高度、工作速度、悬臂长度、轨距、基距、轮压、工作级别和电气参数等意义与岸桥相同。只是额定起重量包括抓斗的自重，同时也提出生产率的要求。桥式抓斗卸船机的生产率分为额定生产率和平均生产率。额定生产率是指平均工作条件下按照典型的装卸工艺过程和卸船机各个机构的工作速度计算 1h 的卸船货物质量；平均生产率是指在具体工作条件下，卸船机连续卸船作业 1h 的实际卸船货物质量。一般起重量和生产率在技术参数中同时提出，并以生产率作为抓斗卸船机能力划分的依据。

6.2　桥式抓斗卸船机的基本构造

6.2.1　桥式抓斗卸船机的工作机构

桥式抓斗卸船机的主要工作机构包括起升机构、大梁俯仰机构、小车运行机构和大车运行机构，其中大梁俯仰机构和大车运行机构与岸桥相同，起升机构和小车运行机构是组合在一起的，可通过小车的驱动方式进行叙述。

1. 带补偿小车的牵引小车系统

带补偿小车的牵引小车系统卸船机的起升机构和小车驱动机构都由绞车系统组成，并设置在固定的机器房内。图 9.2-48 为带补偿小车的绳索牵引小车绕绳系统，该系统由一个主小车和一个中间辅助小车组成。在小车运行过程中当主小车移动一段距离 S 后，中间辅助小车向主小车的移动方向运行 $S/2$ 距离，这样就保证了在抓斗起升机构不动作时，抓斗在小车水平运行过程中保持在同一高度。带补偿小车的牵引小车系统是卸船机中最常用的牵引方式，但是由于有两个运行小车，使得总体构造比较复杂。

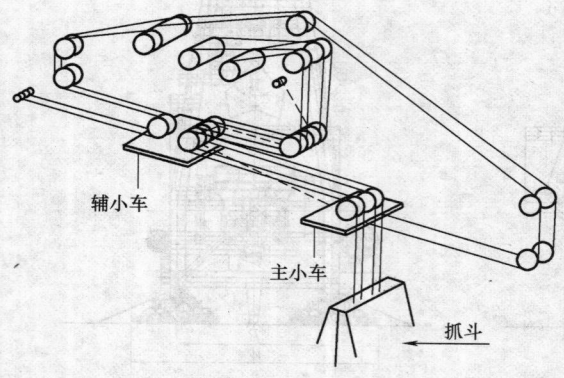

图9.2-48　带补偿小车的绳索牵引小车绕绳系统

2. 四卷筒牵引小车系统

四卷筒牵引小车系统卸船机是近些年出现的一种新型小车驱动方式，它利用行星减速器的差动作用，将抓斗开闭、升降、小车左右运行和抓斗开闭与小车运行联合运行等七个动作结合到一起，实现了抓斗卸船机的正常工作。该方案取消了原牵引小车的牵引机构及钢丝绳的张紧机构，用四卷筒不同卷绕方向的组合完成上述七个动作，使钢丝绳缠绕系统更加简单，设计制造更方便。

图 9.2-49 为四卷筒牵引小车钢丝绳绕绳图，该系统的工作原理是：当两个开闭卷筒反向旋转而两个起升卷筒不动时，实现抓斗开闭；当开闭卷筒与起升卷筒同时反向旋转时实现抓斗升降；当开闭卷筒与起升卷筒均同方向旋转时，小车则左右运行。

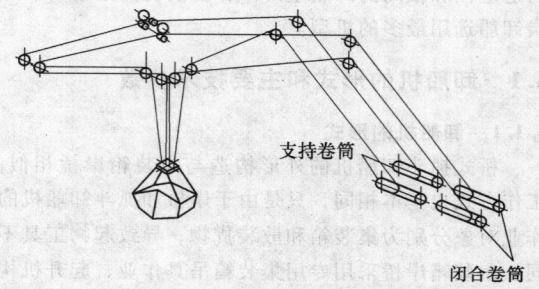

支持卷筒

闭合卷筒

图9.2-49　四卷筒牵引小车钢丝绳绕绳图

四卷筒起升牵引传动机构如图 9.2-50 所示。机构分别由两台起升电动机、一台行走电动机、两台差动行星减速器和起升、运行驱动制动器组成。图中卷筒的各种运动通过三台电动机和制动器的不同组合实现，卷筒的运动速度由两台差动减速器进行合理的配齿实现。

由于四卷筒牵引小车的核心是差动减速器，故对减速器的要求很高，必须有足够的可靠性。

6.2.2　桥式抓斗卸船机金属结构

桥式抓斗卸船机金属结构由机械及电气室底架、后撑杆、塔架、前拉杆、前伸梁、前门框漏斗支架、斜撑杆、后门框、中后梁等组成，图 9.2-51 所示为金属结构总成图。

卸船机的主结构与岸桥的主结构基本相似。由于抓斗卸船机工作级别高，工作过程中振动和冲击载荷大，故主结构常采用箱形焊接结构，它有较好的抗弯和抗扭特性。卸船机的前伸梁和中后梁结构，常为偏轨双箱形焊接结构。根据卸船机的载荷特点，由双箱形梁结构承受弯扭，由两侧的水平桁架承受侧向载荷可以取得较好的效果。卸船机前伸梁和中后梁的连接铰与岸桥的构造相似。

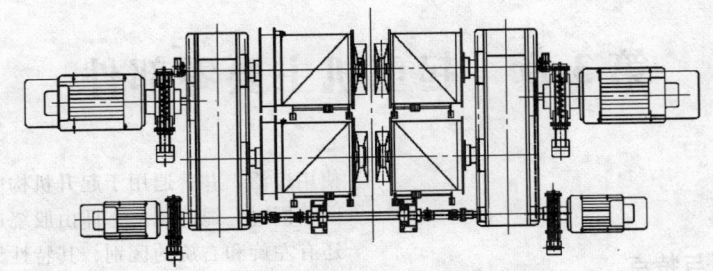

图9.2-50　四卷筒起升牵引传动机构

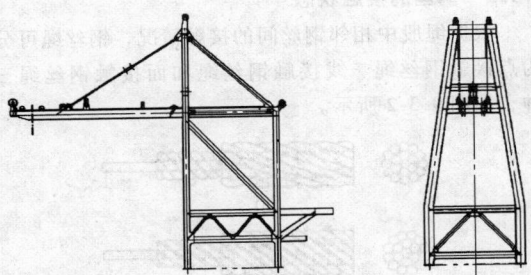

图9.2-51　桥式抓斗卸船机金属结构总成

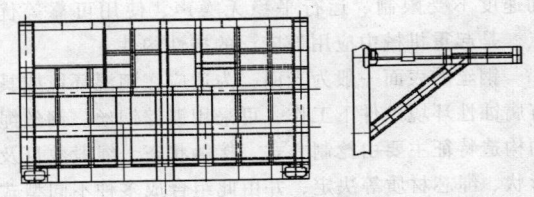

图9.2-52　卸船机机房平台与门框连接

　　卸船机根据机房上置或下置布置可设计成有中后梁结构和无后梁结构。机房上置时，其中后梁结构与门框的连接，通常有两种方式：一是中后梁结构通过垂直联系梁，与门框的上横梁用高强度螺栓连接，在中后梁的两侧，通过水平系杆与门框的两立柱用高强度螺栓连接。这种连接方式，力的传递较明确，制造和安装较方便，应用较广。另一种方式是中后梁的连接截面处，通过过渡梁与门框立柱上的"牛腿"结构用高强度螺栓连接，也是常用的一种方法。机房下置时，卸船机无后梁结构，机房下支承结构与输煤系统支承结构成为一体，直接与门框下部连接，图9.2-52为卸船机机房平台与门框连接图。

　　卸船机的门框结构通常设计成变截面箱形结构。卸船机的跨度在 30～35m 以上时，通常设刚性和柔性支腿，大跨距卸船机的基距不宜过小。图 9.2-53 为卸船机门框结构图。

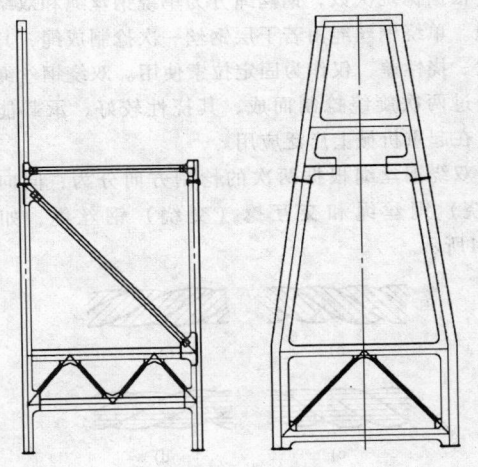

图9.2-53　卸船机门框结构图

第3章　起重机主要零部件

1　钢丝绳

1.1　钢丝绳的类型与特点

钢丝绳是由多根钢丝围绕绳芯按一定规律捻制而成，它具有弯挠特性良好、承载能力大、耐冲击、运动速度不受限制、运行平稳无噪声、使用可靠等优点，是起重机械中应用最广泛的挠性构件。

钢丝的表面一般为光面，为适应在潮湿环境或具有腐蚀性环境条件下工作，可采用镀锌钢丝。钢丝绳的构造特征主要由捻制方式、接触状态、绳股数目及形状、绳芯材质等决定，并由此组合成多种不同型式的钢丝绳供选用。

1.1.1　钢丝绳的捻制方法

根据捻绕次数，钢丝绳分为单绕钢丝绳和双绕钢丝绳。单绕钢丝绳由若干层钢丝一次捻制成绳，其刚性大、挠性差，仅作为固定拉索使用。双绕钢丝绳则要经过两次旋绕捻制而成，其挠性较好，承载能力大，在起重机械上广泛应用。

双绕钢丝绳根据两次的捻制方向分为：同向捻（顺绕）钢丝绳和交互捻（交绕）钢丝绳，如图9.3-1所示。

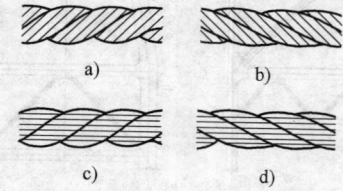

图9.3-1　钢丝绳绕向

a）同向捻、左旋　b）同向捻、右旋
c）交互捻、左旋　d）交互捻、右旋

1）同向捻（顺绕）钢丝绳：钢丝绳捻制中两次旋绕的方向相同。这种绳的钢丝方向同钢丝绳中心线以较大角度斜向交叉、挠性好，使用寿命长，但容易松散、扭转打结。适用于经常保持张紧状态的情况，不宜用作起升机构的起升绳。

2）交互捻（交绕）钢丝绳：钢丝绳捻制中两次旋绕的方向相反。这种绳的钢丝方向同钢丝绳中心线接近于平行、挠性较差，钢丝间的接触较差、使用寿命较低；但绳与股的扭转趋势相反、互相抵消，因此

使用广泛，并普遍用于起升机构中。

同时，绳的绕向，即由股绕成绳的绕制螺旋方向还有左旋和右旋的区别，其特性无差别，如无特殊要求，一般采用右旋。

1.1.2　钢丝的接触状态

根据绳股中相邻钢丝间的接触情况，钢丝绳可分为点接触钢丝绳、线接触钢丝绳和面接触钢丝绳三种，如图9.3-2所示。

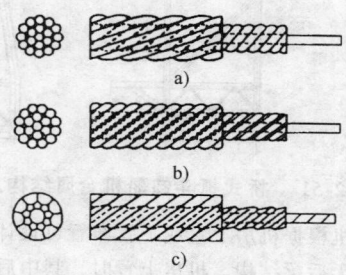

图9.3-2　绳股钢丝接触情况

a）点接触　b）线接触　c）面接触

1．点接触钢丝绳

绳股中各层钢丝直径相同，内外层钢丝的捻距不同，相邻层的钢丝互相交叉，并在交叉点上接触、形成点接触。因此接触应力较高，易磨损。点接触绳的挠性较好，但抗弯曲疲劳性能较差，使用寿命短，现大多被线接触钢丝绳所代替。

2．线接触钢丝绳

绳股内钢丝直径不同，内外层钢丝的捻距相同，相邻层的钢丝中心线互相平行，外层钢丝位于里层钢丝间的沟槽里，钢丝间沿整个长度连续接触，形成线接触，因此降低了接触应力、耐磨，寿命较点接触钢丝绳可提高1.5~2倍。线接触钢丝绳挠性好，绳股截面充填系数高，承载能力强，广泛应用于各种起重机械中。

根据绳股截面构造，线接触钢丝绳主要有西鲁型（又称外粗式）、瓦林吞型（又称粗细式）、填充型（又称填充式）三种型式，如图9.3-3所示。

1）西鲁型：同层钢丝直径相同，不同层钢丝直径不同，内层钢丝较细、外层较粗，因此耐磨性好，适用于多层卷绕或磨损较严重的场合；但僵性较大，需选用较大直径的滑轮和卷筒。

2）瓦林吞型：内层钢丝直径相同，外层钢丝

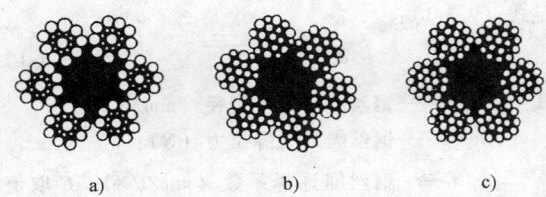

图9.3-3　绳股截面构造

a）西鲁型　b）瓦林吞型　c）填充型

粗、细相间，粗钢丝位于内层钢丝的沟槽，中、外层的细钢丝位于粗钢丝之间，因而绳股截面充填系数较高，承载能力较大，且钢丝绳挠性较好，是起重机常用的型式。

3）填充型：绳股中外层钢丝不是布置于内层钢丝间的沟槽，内外层每相邻四根钢丝成正方形排列，在形成的空隙中，充填一根细钢丝。细钢丝起着稳定几何位置的作用，同时也增加了钢丝绳的金属充填率，从而提高了钢丝绳的承载能力。

3. 面接触钢丝绳

用异型截面钢丝绕制成密封型结构，绳中钢丝间呈面接触。这种钢丝绳表面光滑，强度高，耐磨蚀，但制造工艺复杂，成本高。多用于特殊场合，如缆索起重机的承载绳。

1.1.3　钢丝绳的绳股数目及形状

常用钢丝绳的绳股数目有 4 股、6 股、8 股、18 股等，其中 6 股钢丝绳用得较多。外层股数越多，钢

丝绳与滑轮槽或卷筒槽的接触情况越好，使用寿命越长。

18 股钢丝绳有两层绳股，内层有 6 股、外层有 12 股，内外层绳股的绕向相反，受力后两层股产生的扭转趋势相反，互相抵消，称作多股不旋转钢丝绳。这种钢丝绳与绳槽的接触表面较大，抗挤压强度高，工作时不易变形，寿命比普通钢丝绳长。一般用于起升高度较大、承载分支数少的起重机上。

根据股的形状，钢丝绳分为圆股绳和异形股绳。圆股钢丝绳制造方便，最常用。异形股钢丝绳在绕过滑轮和卷筒时，与绳槽的接触良好，使用寿命长；但制造复杂，目前起重机上较少采用。

1.1.4　钢丝绳的绳芯材料

纤维芯常用剑麻等天然纤维和聚丙烯等合成纤维制成。它挠性和弹性较好，且绳芯可贮油、受载时挤出润滑油润滑钢丝；但承受横向压力和耐高温性差，故不宜用于多层卷绕系统和在高温环境下作业的起重机械。

1.1.5　钢丝绳的标注

根据《钢丝绳术语、标记和分类》（GB/T 8706—2006）规定（各代号含义见表 9.3-1），钢丝绳基本标记示例如下：

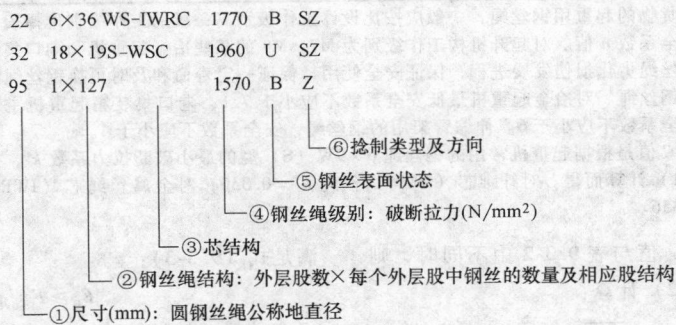

表 9.3-1　钢丝绳标记的部分内容和代号

②股结构		③芯结构		⑤钢丝表面状态		⑥捻制类型及方向	
单捻	无代号	纤维芯	FC	光面或无镀层	U	右交互捻	SZ
平行捻		天然纤维芯	NFC	B 级镀锌	B	左交互捻	ZS
西鲁型	S	合成纤维芯	SFC	A 级镀锌	A	右同向捻	ZZ
瓦林吞型	W	钢芯	WC	B 级锌合金镀层	B（Zn/Al）	左同向捻	SS
填充型	F	钢丝股芯	WSC	A 级锌合金镀层	A（Zn/Al）	右混合捻	aZ
组合平行捻	WS	钢丝绳芯	IWRC			左混合捻	aS

注：捻制类型及方向中的第一个字母表示钢丝在股中的捻制方向，第二个字母表示股在钢丝绳中的捻制方向。

1.2　钢丝绳的计算

钢丝绳的计算主要是钢丝绳直径的计算与选用，钢丝绳直径的选择依据是钢丝绳最大静拉力，规范给出了两种计算方法。

1. C 系数法

C 系数法是一种使用日渐广泛、简单易行的方法，它只适用于运动绳。选取的钢丝绳最小直径应满足式（9.3-1）：

$$d_{min} \geqslant C\sqrt{F_{max}} \qquad (9.3\text{-}1)$$

式中　d_{min}——钢丝绳的最小直径（mm）；

　　　　F_{max}——钢丝绳最大静拉力（N）；

　　　　C——钢丝绳选择系数（$mm/\sqrt{N}$），C 取值与钢丝的公称抗拉强度和机构工作级别有关，见表 9.3-2。

表 9.3-2　钢丝绳的选择系数 C 和安全系数 n

绳芯材料	机构工作级别	选择系数 C 值/（$mm/\sqrt{N}$） 钢丝公称抗拉强度 R_m/（MPa）							安全系数 n	
		1 470	1 570	1 670	1 770	1 870	1 960	2 160	运动绳	静态绳
纤维芯	M1	0.081	0.078	0.076	0.073	0.071	0.070	0.066	3.15	2.5
	M2	0.083	0.080	0.078	0.076	0.074	0.072	0.069	3.35	2.5
	M3	0.086	0.083	0.080	0.078	0.076	0.074	0.071	3.55	3
	M4	0.091	0.088	0.085	0.083	0.081	0.079	0.075	4	3.5
	M5	0.096	0.093	0.090	0.088	0.085	0.083	0.079	4.5	4
	M6	0.107	0.104	0.101	0.098	0.095	0.093	0.089	5.6	4.5
	M7	0.121	0.117	0.114	0.110	0.107	0.105	0.100	7.1	5
	M8	0.136	0.132	0.128	0.124	0.121	0.118	0.112	9	5
金属丝绳芯	M1	0.078	0.075	0.073	0.071	0.069	0.067	0.064	3.15	2.5
	M2	0.080	0.077	0.075	0.073	0.071	0.069	0.066	3.35	2.5
	M3	0.082	0.079	0.077	0.075	0.073	0.071	0.068	3.55	3
	M4	0.087	0.085	0.082	0.080	0.078	0.076	0.072	4	3.5
	M5	0.093	0.090	0.087	0.085	0.082	0.080	0.076	4.5	4
	M6	0.103	0.100	0.097	0.094	0.092	0.090	0.085	5.6	4.5
	M7	0.116	0.113	0.109	0.106	0.103	0.101	0.096	7.1	5
	M8	0.131	0.127	0.123	0.120	0.116	0.114	0.108	9	5

注：1. 对于吊运危险货物的起重用钢丝绳，一般应按比设计工作级别高一级的工作级别选择表中的钢丝绳选择系数 C 和钢丝绳最小安全系数 n 值。对起升机构工作级别为 M7、M8 的某些冶金起重机和港口集装箱起重机等，在使用过程中能监控钢丝绳劣化损伤发展进程，保证安全使用，保证一定寿命和及时更换钢丝绳的前提下，允许按稍低的工作级别选择钢丝绳。对冶金起重机最低安全系数不应小于 7.1，港口集装箱起重机主起升钢丝绳和小车曳引钢丝绳的最低安全系数不应小于 6。伸缩臂架用的钢丝绳，安全系数不应小于 4。

　　2. 本表中给出的 C 值是根据起重机常用的钢丝绳 $6×9W$（S）型的最小破断拉力系数 k'、且只针对运动绳的安全系数用式（9.3-1）计算而得。对纤维芯（NF）钢丝绳 $k' = 0.330$，对金属丝绳芯（IWR）或金属丝股芯（IWS）钢丝绳 $k' = 0.356$。

当钢丝绳的 k' 和 R_m 值与表 9.3-2 中不同时，则选择系数 C 按式（9.3-2）计算：

$$C \geqslant \sqrt{\frac{n}{k'R_m}} \qquad (9.3\text{-}2)$$

式中　n——钢丝绳的最小安全系数，按表 9.3-2选取；

　　　　k'——钢丝绳最小破断拉力系数，见表 9.3-2 注；

　　　　R_m——钢丝的公称抗拉强度（MPa）。

2. 最小安全系数法

最小安全系数法是传统的基本方法，它对运动绳和静态绳都适用。所选钢丝绳的整绳最小破断拉力应满足式（9.3-3）：

$$F_0 \geqslant F_{max}n \qquad (9.3\text{-}3)$$

式中　F_0——钢丝绳的整绳最小破断拉力（kN）。

1.3　常用钢丝绳的选型

起重机用钢丝绳应符合《一般用途钢丝绳》（GB/T 20118—2006）的要求，优先采用线接触型钢丝绳。当起重机进行危险货物装卸作业或吊运大件货物、重要设备，且起重机的使用对人身安全及可靠性有较高要求时，应采用《重要用途钢丝绳》（GB 8918—2006）中规定的钢丝绳。

用于卷绕系统的钢丝绳，应优先选用线接触型钢丝绳。点接触钢丝绳只适合用在不经常工作的起重机中，面接触钢丝绳主要用作缆索型起重机的承载索。

　　一般情况下，纤维绳芯钢丝绳只限在单层卷绕卷筒上使用；高温作业、多层卷绕以及横向受压时，采用金属丝绳芯钢丝绳。在室内工作时，一般用光面钢丝绳；而在室外、水下及潮湿或有腐蚀的环境下工作时，要用镀锌钢丝绳。

　　为了防止钢丝绳松散和扭转，一般应采用交互捻钢丝绳。采用同向捻钢丝绳时，钢丝绳的捻绕方向应与卷筒绳槽螺旋方向相反，如图 9.3-4 所示。

　　钢丝绳的使用场合及其结构型式见表 9.3-3。

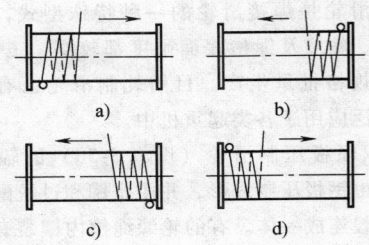

图9.3-4　钢丝绳绕向与卷筒绳槽螺旋方向的关系
a)、b) 采用右绕钢丝绳　　c)、d) 采用左绕钢丝绳

表 9.3-3　钢丝绳的使用场合及其结构型式

使用场合				常用型号
起升或变幅用	单层卷绕	吊钩及抓斗起重机	h <20	6×31SW　6×37S　6×36SW　6×22F_i 8×26SW　8×31SW
			h ≥20	6×19S　6×19W　6×19F_i　8×19S　8×19W 8×19F_i　6V×30
		起升高度大的起重机		多股不扭转 18×7　18×19W　18×19S
	多层卷绕			6×19W+IWR　8×19W+IWR
牵引用	无导绕系统（不绕过滑轮）			6×19　6×37
	有导绕系统（绕过滑轮）			与起升绳或变幅绳同

注：h—滑轮或卷筒的卷绕直径与钢丝绳直径之比。

　　各种圆股钢丝绳、异型股钢丝绳规格及主要性能参数在钢丝绳国家标准 GB 8918—2006 中都有规定。

2　滑轮与滑轮组

2.1　滑轮的结构与材料

2.1.1　滑轮的结构及种类

　　滑轮由轮毂、轮辐和带绳槽的轮缘组成。起重机滑轮一般通过轮毂支承在心轴上，之间多采用滚动轴承，低速滑轮或平衡滑轮也可采用滑动轴承。

　　根据制造方法，滑轮有铸造滑轮、焊接滑轮、轧制滑轮等型式（见图 9.3-5）。

　　1）铸造滑轮（图 9.3-5a）有铸铁滑轮和铸钢滑轮两类。铸铁滑轮加工工艺性好，价格便宜，对钢丝绳寿命有利，但是强度低，易脆断，多用在轻级和中级工作类型的起重机上。铸钢滑轮加工工艺性稍差，表面坚硬容易使钢丝绳磨损，但强度和冲击韧性都较高，在重级和特重级工作类型的起重机上经常使用。

　　铸造滑轮质量大，当滑轮尺寸较大时采用轮缘、轮辐和轮毂焊接而成的焊接滑轮，它质量较轻、使用效果与铸钢滑轮相当。

　　2）焊接滑轮（图 9.3-5b）多数是先将钢板压制

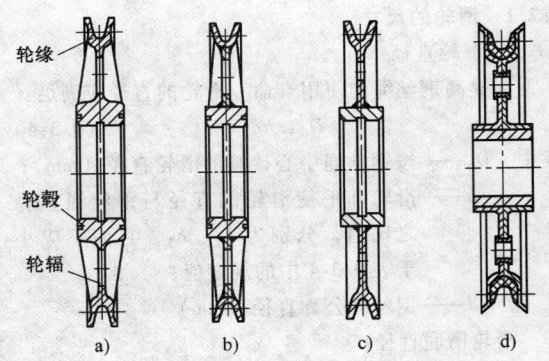

轮缘
轮毂
轮辐

a)　　　　b)　　　　c)　　　　d)

图9.3-5　滑轮构造和类型

成绳槽形状，由数块压制成型的钢板拼成一个整圆后再与辐板焊接而成。另一种是轧制绳槽钢焊接滑轮，先由热轧机轧制出各种规格的条状绳槽钢，然后将其卷制成圆环形，再与辐板、轮毂焊接制成滑轮。这种滑轮结构简单，强度高，抗冲击性能好，材料利用率高，质量轻（比同规格的铸钢滑轮轻约 40%），特别是其绳槽几何精度高、硬度适中，可提高钢丝绳使用寿命。

　　3）热轧滑轮（图 9.3-5c）是在旋转的圆形钢板上用火焰将其边缘加热，然后使用特殊的工艺将钢板外缘直接轧制出滑轮的绳槽，再与轮毂焊接制成滑轮。轧制滑轮是焊接滑轮的一种特殊型式，它质量轻，强度、精度及绳槽表面硬度都较高，工艺先进、便于多种规格批量生产。目前轧制滑轮已有系列产品，并广泛应用于各类起重机中。

4）双辐板压制滑轮（图9.3-5d）的辐板有两片，它们由钢板压制成形，并用胀铆和过盈配合工艺使之与轮毂连成一体。有的轮缘绳槽内镶装有可装拆更换的、由尼龙制成的绳槽衬垫，其优点是自重轻，绳槽耐磨性好、无噪声。

此外，在工程起重机中，为降低臂架头部质量，铝合金滑轮、MC尼龙滑轮等也都有一定应用。

2.1.2　滑轮的材料

铸铁滑轮材料的力学性能不低于标准《灰铸铁件》（GB/T 9439—2010）中的 HT200，铸钢滑轮材料的力学性能不低于标准《一般工程用铸造碳钢件》（GB/T 11352—2009）中的 ZG270-500。焊接、轧制滑轮材料的力学性能不低于标准《碳素结构钢》（GB/T 700—2006）中的 Q235B；根据使用工况和环境温度的需要，也可采用力学性能不低于标准《低合金高强度结构钢》（GB/T 1591—2008）中的 Q345。

2.2　滑轮的尺寸与选用

2.2.1　滑轮的尺寸

1. 滑轮直径

为提高钢丝绳的使用寿命，滑轮的直径应满足：

$$D_0 \geq hd \qquad (9.3\text{-}4)$$

式中　D_0——按钢丝绳中心计算的滑轮直径（mm）；

　　　h——滑轮和平衡滑轮的直径与钢丝绳直径之比值，分别为 h_2、h_3，它们不应小于表 9.3-4 中的规定值；

　　　d——钢丝绳公称直径（mm）。

滑轮槽底直径：

$$D = D_0 - d \qquad (9.3\text{-}5)$$

式中　D——滑轮槽底直径（mm），圆整至标准系列值。

2. 滑轮绳槽

钢丝绳的使用寿命不仅与其弯曲半径即滑轮的直径密切相关，还与其和绳槽之间的比压等因素有关。滑轮绳槽的形状和尺寸应能保证钢丝绳与绳槽有足够的接触面积，以降低二者之间的接触应力。钢丝绳绕过滑轮时要产生横向变形，故滑轮槽底半径 R 应稍大于钢丝绳半径，一般取 $R = (0.53 \sim 0.60)d$；绳槽两侧夹角 $2\beta = 35° \sim 45°$，如图9.3-6所示。

为防止钢丝绳脱槽和磨边，钢丝绳绕进或绕出滑

轮槽时的最大偏斜角 γ 不应大于 5°，即 $\gamma \leq 5°$，如图 9.3-7 所示。

表 9.3-4　h_1、h_2、h_3 值

机构工作级别	卷筒 h_1	滑轮 h_2	平衡滑轮 h_3
M1	11.2	12.5	11.2
M2	12.5	14	12.5
M3	14	16	12.5
M4	16	18	14
M5	18	20	14
M6	20	22.4	16
M7	22.4	25	16
M8	25	28	18

注 1. 采用抗扭转钢丝绳时，h 值按比机构工作级别高一级的值选取。

　　2. 对于流动式起重机及某些水工工地用的臂架起重机，建议取 $h_1 = 16$，$h_2 = 18$，与工作级别无关。

　　3. 臂架伸缩机构滑轮的 h_2 值，可选为卷筒的 h_1 值。

　　4. 桥式和门式起重机，取 h_3 等于 h_2。

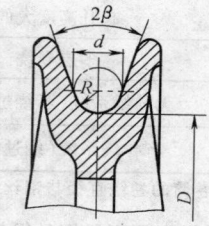

图9.3-6　滑轮绳槽尺寸

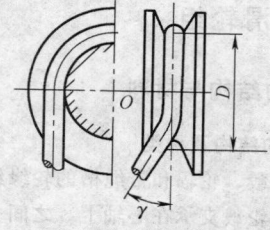

图9.3-7　钢丝绳在滑轮上的偏斜

2.2.2　滑轮的选用

滑轮已被制成系列产品，可根据钢丝绳直径 d、钢丝绳与滑轮的直径比值 h_2、h_3 及滑轮的工作条件，从滑轮产品样本中选取。

3　卷筒组

3.1　卷筒组的结构型式与特点

起重机中常用的卷筒多为圆柱形，如图 9.3-8 所示。

根据卷筒的表面情况，卷筒分为有槽卷筒和光面卷筒。螺旋绳槽的旋向有左旋和右旋。卷筒的绳槽有

标准槽和深槽两种型式，一般采用标准槽。

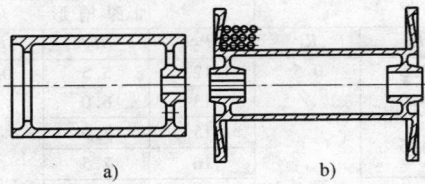

图9.3-8　卷筒构造

a）单层卷绕卷筒　b）多层卷绕卷筒

根据钢丝绳的卷绕层数，卷筒分为单层卷绕卷筒和多层卷绕卷筒。单层卷绕卷筒是港口起重机广泛应用的型式，多层卷绕卷筒用于起升高度大或者结构尺寸受到限制的场合。多层卷绕采用光面卷筒或莱布斯卷筒（一种折线式多层卷绕卷筒），其卷绕状态如图9.3-9 所示。

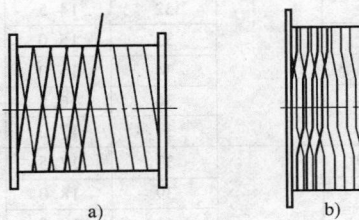

图9.3-9　多层卷绕卷筒卷绕图

a）普通多层卷绕卷筒　b）莱布斯卷筒

单层卷绕卷筒一般没有侧边。多层卷绕卷筒为了挡住钢丝绳都带有侧边，其高度应比最外层钢丝绳高出 1～1.5 倍的钢丝绳直径。

卷筒通常由铸钢或铸铁制成，大直径卷筒多用钢板卷成圆筒形再焊接而成。铸造卷筒结构型式宜采用《起重机用铸造卷筒型式和尺寸》（JB/T 9006.2—1999）中规定的型式。

铸铁卷筒材料的力学性能不低于标准《灰铸铁件》（GB/T 9439—2010）中的 HT200，铸钢卷筒材料的力学性能不低于标准《一般工程用铸造碳钢件》（GB/T 11352—2009）中的 ZG270-500。焊接卷筒材料的力学性能不低于标准《碳素结构钢》（GB/T 700—2006）中的 Q235B；根据使用工况和环境温度的需要，也可采用力学性能不低于标准《低合金高强度结构钢》（GB/T 1591—2008）中的 Q345。

3.2　卷筒组的计算

3.2.1　卷筒的主要尺寸

卷筒的主要尺寸有：直径、长度和厚度。

1. 卷筒直径

卷筒的名义直径是指绳槽底的直径，它应满足：

$$D \geqslant (h_1 - 1)d \qquad (9.3-6)$$

式中　D——卷筒槽底直径（mm）；

h_1——系数，取值见表 9.3-4；

d——钢丝绳公称直径（mm）。

2. 卷筒槽

卷筒槽多数采用标准槽。在使用过程中钢丝绳有可能脱槽时，宜用深槽。

绳槽深度：标准槽　$H_1 = (0.25 \sim 0.4)d$　（mm）

深　槽　$H_2 = (0.6 \sim 0.9)d$　（mm）

绳槽节距：标准槽　$P_1 = d + (2 \sim 4)$（mm）

深　槽　$P_2 = d + (6 \sim 8)$（mm）

卷筒槽形：卷筒槽形及尺寸见表 9.3-5。

表 9.3-5　卷筒槽形及几何尺寸　　　　　　　（单位：mm）

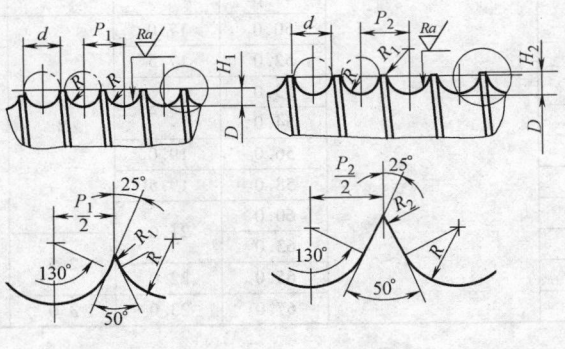

标准槽　　　　　深槽

（续）

钢丝绳直径 d	槽底半径		H			加深槽形		
	R	极限偏差	P_1	H_1	R_1	P_2	H_2	R_2
>8~9	5.0	+0.10	10.5	3.5	0.5	12	5.5	0.3
>9~10	5.5		11.5	4.0		13	6.0	
>10~11	6.0		13.0	4.5		15	7.0	
>11~12	6.5		14.0			16	7.5	
>12~13	7.0		15.0	5.0		18	8.0	
>13~14	7.5		16.0	5.5		19	8.5	
>14~15	8.2		17.0	6.0		20	9.0	
>15~16	9.0		18.0			21	9.5	
>16~17	9.5		19.0	6.5		23	10.5	
>17~18	10.0		20.0	7.0		24	11.0	
>18~19	10.5		21.0	7.5	0.3	25	11.5	0.5
>19~20	11.0	+0.20	22.0			26	12.0	
>20~21	11.5		24.0	8.0		28	13.0	
>21~22	12.0		25.0	8.5		29	13.5	
>22~23	12.5		26.0	9.0		31	14.0	
>23~24	13.0		27.0			32	14.5	
>24~25	13.5		28.0	9.5		33	15.0	
>25~26	14.0		29.0	10.0		34	16.0	
>26~27	15.0		30.0	10.5		36	16.5	
>27~28	15.0		31.0			37	17.0	
>28~29	16.0		33.0	11.0		33	17.5	
>29~30	16.0		34.0	11.5		39	18.0	
>30~31	17.0		35.0	12.0		41	18.5	
>31~32	17.0		36.0			42	19.0	0.8
>32~33	18.0		37.0	12.5	1.3	44	20.0	
>33~34	18.0		38.0	13.0		44	20.0	
>34~35	19.0		39.0	13.5		46	21.0	
>35~36	19.0		40.0			47	21.0	
>36~37	20.0		41.0	14.0		48	22.0	
>37~38	20.0		42.0	14.5		50	23.0	
>38~39	21.0		44.0	15.0		52	24.0	1.3
>39~40	21.0		44.0	15.0		52	24.0	
>40~41	22.0		45.0	15.5	1.6	54	25.0	
>41~42	23.0	+0.40	47.0	16.0		55	25.0	
>42~43	23.0		48.0	16.5		56	26.0	
>43~44	24.0		49.0			58	26.0	
>44~45	24.0		50.0	17.0		60	27.0	1.6
>45~46	25.0		52.0	17.5		62	28.0	
>46~47	25.0		53.0			63	28.0	
>47~48.5	26.0		54.0	18.5		64	29.0	
>48.5~50	27.0		56.0	19.0	2	65	30.0	
>50~52	28.0		58.0	19.5				
>52~54.5	29.0		60.0	21.0				
>54.5~56	30.0		63.0					
>56~58	31.0		65.0	22.0	2.5			
>58~60.5	32.0		67.0	23.0	3.0			

3. 卷筒长度

（1）单层卷绕卷筒的长度

1）单联卷筒的长度（见图 9.3-10a）按式（9.3-7）计算：

$$L = L_0 + l_1 + 2l_2 \qquad (9.3\text{-}7)$$

$$L_0 = \left(\frac{Hm}{\pi D_0} + a \right) t \qquad (9.3\text{-}8)$$

$$D_0 = D + d \qquad (9.3\text{-}9)$$

式中 L——（单联）卷筒长度（mm）；

　　L_0——螺旋绳槽部分的长度（mm）；

　　H——起升高度（mm）；

　　m——滑轮组倍率；

　　D_0——卷筒卷绕直径（mm）；

　　a——附加安全圈数（圈），其作用是减小绳尾拉力，便于固定，一般 $a = 1.5 \sim 3$；

　　t——螺旋绳槽节距（mm）；

　　l_1——绳尾固定所需长度（mm），按固定方法确定，一般取 $l_1 = 3t$；

　　l_2——卷筒两端空余部分长度（mm），根据结构需要确定。

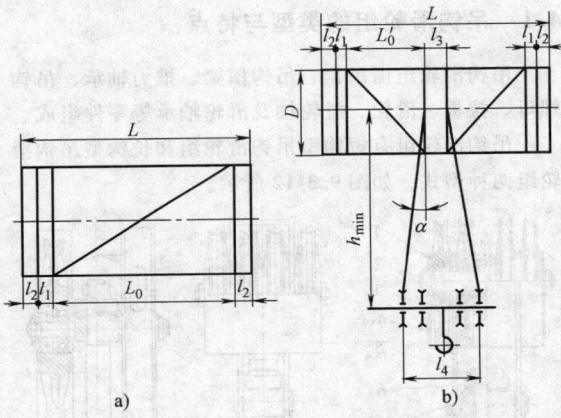

图9.3-10   单层卷绕卷筒长度计算图

a）单联卷筒   b）双联卷筒

2）双联卷筒的长度（见图 9.3-10b）按式（9.3-10）计算：

$$L = 2(L'_0 + l_1 + l_2) + l_3 \qquad (9.3\text{-}10)$$

式中 L——（双联）卷筒长度（mm）；

　　L'_0——单侧螺旋绳槽部分长度（mm），按式（9.3-8）计算；

　　l_1、l_2——同式（9.3-7）；

　　l_3——卷筒中间无绳槽部分的长度，由钢丝绳允许的偏斜角 α 决定，允许偏斜度通常约为 1:10。根据图示几何关系可得：

$$l_4 - 0.2h_{min} \le l_3 \le l_4 + 0.2h_{min} \qquad (9.3\text{-}11)$$

式中 l_4——吊钩挂架中引出钢丝绳的两个滑轮的间距（mm）；

　　h_{min}——吊钩最高位置时滑轮轴线与卷筒轴线间的距离（mm），由总体布置的结构尺寸决定。

（2）多层卷绕卷筒的长度（见图 9.3-11） 设多层卷绕的各层卷绕直径分别为：D_1、D_2、D_3、$\cdots$、D_n，共有 n 层，每层有 Z 圈，则有

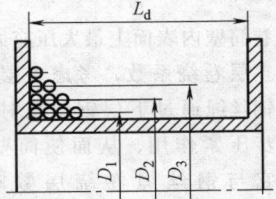

图9.3-11   多层卷绕卷筒长度计算图

$$D_1 = D + d$$

$$D_2 = D + 3d$$

$$D_3 = D + 5d$$

$$\cdots\cdots$$

$$D_n = D + (2n - 1)d$$

卷筒上总的绕绳长度 $L_{绳}$ 为

$$
\begin{aligned}
L_{绳} &= mH = Z\pi(D_1 + D_2 + \cdots + D_n) \\
&= Z\pi\{ nD + d[1 + 3 + 5 + \cdots + (2n - 1)]\} \\
&= Z\pi\left\{ nD + d\frac{n}{2}[1 + (2n - 1)]\right\} \\
&= Z\pi n(D + nd)
\end{aligned}
$$

故

$$Z = \frac{mH}{\pi n(D + nd)} \qquad (9.3\text{-}12)$$

考虑钢丝绳在卷筒上可能排列不均匀，将卷绕长度增加 10%，则多层卷绕卷筒的长度按式（9.3-13）计算：

$$L_d = 1.1Zt = 1.1\frac{mH}{\pi n(D + nd)}t \qquad (9.3\text{-}13)$$

式中 L_d——（多层卷绕）卷筒长度（mm）；

　　Z——每层圈数（圈）；

　　n——钢丝绳多层卷绕的层数（层）。

4. 卷筒壁厚

卷筒壁厚可按铸造工艺要求确定，然后进行强度校核。

铸铁卷筒　$\delta = 0.02 D - (6 \sim 10)$

铸钢卷筒　　　　　　$\delta \approx d$

式中 δ——卷筒壁厚（mm）。

根据铸造工艺要求，铸铁卷筒 $\delta \ge 12mm$，铸钢卷筒 $\delta \ge 15mm$。

3.2.2 卷筒验算

钢丝绳绕上卷筒时，卷筒在钢丝绳拉力作用下被箍紧，产生压缩应力、弯曲应力、扭转应力。

1. 强度校核

1）当 $L \le 3D$ 时，弯曲和扭转应力较小，一般忽略不计，仅按压应力进行强度校核，卷筒壁内表面上最大压应力应满足：

$$\sigma_y = A_1 A_2 \frac{F_{max}}{\delta t} \le [\sigma_y] \quad (9.3-14)$$

式中　σ_y——卷筒壁内表面上最大压应力（MPa）；

$\quad$ A_1——多层卷绕系数，考虑多层卷绕时上层钢丝绳通过下层钢丝绳对筒壁的进一步压紧作用，从而使筒壁应力增大，它与钢丝绳卷绕层数有关，见表9.3-6；

$\quad$ A_2——应力减小系数，考虑绳圈绕入时对内层绳圈有拉力减小作用，从而减小了筒壁应力，一般可取 $A_2 = 0.75$；

$\quad$ F_{max}——钢丝绳最大静拉力（N）；

$\quad$ $[\sigma_y]$——许用压应力（MPa）：

对钢　　　　　　$[\sigma_y] = \dfrac{R_{eL}}{2}$

对铸铁　　　　　$[\sigma_y] = \dfrac{R_{mc}}{5}$

$\quad$ R_{eL}——材料的屈服强度（MPa）；

$\quad$ R_{mc}——材料的抗压强度（MPa）。

表9.3-6　多层卷绕系数 A_1

卷绕层数 n	1	2	3	≥ 4
A_1	1.0	1.4	1.8	2.0

2）当 $L > 3D$ 时，应校核由弯矩和转矩产生的换算应力：

$$\sigma = \frac{\sqrt{M_w^2 + M_n^2}}{W} \le [\sigma_L] \quad (9.3-15)$$

式中　σ——计算应力（MPa）；

$\quad$ M_w——由钢丝绳最大静拉力引起的最大弯矩（N·m）；

$\quad$ M_n——卷筒所受转矩（N·m）；

$\quad$ W——卷筒抗弯截面模量（m³）：

$$W = \frac{\pi}{32} \frac{[D^4 - (D - 2\delta)^4]}{D} \quad (9.3-16)$$

$\quad$ $[\sigma_L]$——许用拉应力（MPa）：

对钢　　　　　　$[\sigma_L] = \dfrac{R_{eL}}{2.5}$

对铸铁　　　　　$[\sigma_L] = \dfrac{R_m}{6}$

$\quad$ R_m——材料的抗拉强度（MPa）。

2. 稳定性验算

对于大尺寸卷筒（直径 $D \ge 1200$mm，长度 $L > 2D$），尤其是钢板焊接的大尺寸薄壁卷筒，还需对卷筒壁进行稳定性验算，稳定性系数应满足：

$$K = \frac{P_k}{P} \ge 1.3 \sim 1.5 \quad (9.3-17)$$

式中　K——抗压稳定性系数；

$\quad$ P_k——卷筒受压失稳时的临界应力（MPa）：

$$P_k = 2E\left(\frac{\delta}{D}\right)^3 \quad (9.3-18)$$

$\quad$ P——卷筒壁单位面积上最大压力（MPa）：

$$P = \frac{2F_{max}}{Dt} \quad (9.3-19)$$

$\quad$ E——材料的弹性模量（MPa）。

4　吊钩组

4.1　吊钩滑轮组的类型与特点

吊钩滑轮组由吊钩、吊钩横梁、推力轴承、吊钩螺母、拉板、滑轮、滑轮轴及滑轮轴承等零件组成。

吊钩滑轮组有短钩型吊钩滑轮组和长钩型吊钩滑轮组两种型式，如图9.3-12所示。

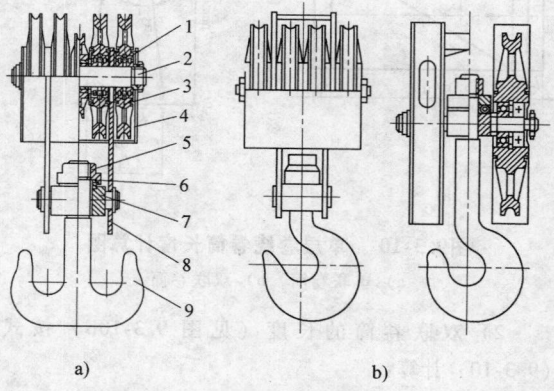

图9.3-12　吊钩滑轮组

a）短钩型吊钩滑轮组　b）长钩型吊钩滑轮组

1—滑轮轴承　2—滑轮轴　3—滑轮　4—罩壳　5—吊钩螺母　6—推力轴承　7—横梁吊钩　8—拉板　9—吊钩

吊钩由钩身（弯曲部分）和钩柱（垂直部分）组成。

吊钩的钩身有单钩和双钩两种型式，吊钩的制造方法有锻造和钢板铆接两种，如图9.3-13所示。锻造单钩制造简单；锻造双钩受力对称，钩体材料利用较好。单钩多用于较小的起重机；而起重量较大时，多采用双钩。大起重量吊钩常用若干块钢板切割成形后铆接制成，故称为片式吊钩。片式吊钩制造方便，但其截面形状不如锻造吊钩的合理。

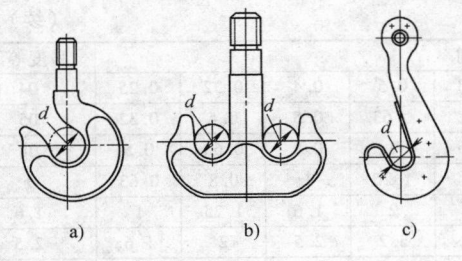

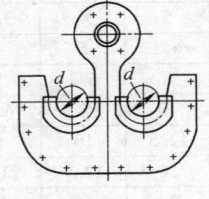

图9.3-13　吊钩种类

a) 锻造单钩　b) 锻造双钩

c) 片式单钩　d) 片式双钩

钩身的截面形状有圆形、矩形、梯形和 T 字形等，如图 9.3-14 所示。T 字形截面最合理，但锻造工艺复杂；梯形截面受力比较合理，锻造也较容易，是目前应用最广泛的截面形状；矩形截面只用于片式吊钩；圆形截面只用于简单的小型吊钩。

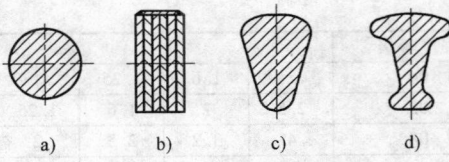

图9.3-14　钩身截面形状

a) 圆形　b) 矩形　c) 梯形　d) T 字形

锻造吊钩的钩柱尾部通常切有螺纹，通过吊钩螺母将吊钩支承在吊钩横梁上。小型吊钩常采用三角螺纹，大型吊钩多采用梯形或锯齿形螺纹。片式吊钩的钩柱尾部带有圆孔用于支承。

4.2　吊钩的选用

吊钩是通用零件，起重吊钩可根据起重量和工作级别按标准《起重吊钩力学性能、起重量、应力及材料》（GB/T 10051.1—2010）的规定选用，起重吊钩附件（包括吊钩螺母、吊钩横梁等）按标准 JB/T 7687.1—1995 ~ JB/T 7687.4—1995 的规定选用。

吊钩按其力学性能分为 5 个强度等级，见表 9.3-7。吊钩规格用统一的钩号表示，在不同强度等级和机构工作级别下，同一钩号吊钩的承载能力是不同的，各吊钩的起重量见表 9.3-8。

表 9.3-7　吊钩强度等级

强度等级	结构钢					合金钢		
	上屈服强度或延伸强度/MPa	冲击吸收功/J				上屈服强度或延伸强度/MPa	冲击吸收功/J	
		+20℃		−20℃			+20℃	−20℃
		纵向	横向	纵向	横向		纵向	纵向
M	235	(55)	(31)	39	21	—	—	—
P	315					—	—	—
(S)	390					390	(35)	27
T	—		—			490	(35)	27
(V)	—		—			620	(30)	27

表 9.3-8　吊钩额定起重量

强度等级	机构工作级别								强度等级
M	—	—	—	—	M3	M4	M5	M6	M7	M8	M
P	—	—	—	M3	M4	M5	M6	M7	M8		P
(S)	—	—	M3	M4	M5	M6	M7	M8			(S)
T	—	M3	M4	M5	M6	M7					T
(V)	M3	M4	M5	M6	M7	—	—				(V)
钩号	起重量/t								钩号
006	0.32	0.25	0.2	0.16	0.125	0.1	—	—	—	006
010	0.5	0.4	0.32	0.25	0.2	0.16	0.125	0.1	—	010
012	0.63	0.5	0.4	0.32	0.25	0.2	0.16	0.125	0.1	012
020	1	0.8	0.63	0.5	0.4	0.32	0.25	0.2	0.16	0.125	020
025	1.25	1	0.8	0.63	0.5	0.4	0.32	0.25	0.2	0.16	025

（续）

强度等级	机构工作级别										强度等级
04	2	1.6	1.25	1	0.8	0.63	0.5	0.4	0.32	0.25	04
05	2.5	2	1.6	1.25	1	0.8	0.63	0.5	0.4	0.32	05
08	4	3.2	2.5	2	1.6	1.25	1	0.8	0.63	0.5	08
1	5	4	3.2	2.5	2	1.6	1.25	1	0.8	0.63	1
1.6	8	6.3	5	4	3.2	2.5	2	1.6	1.25	1	1.6
2.5	12.5	10	8	6.3	5	4	3.2	2.5	2	1.6	2.5
4	20	16	12.5	10	8	6.3	5	4	3.2	2.5	4
5	25	20	16	12.5	10	8	6.3	5	4	3.2	5
6	32	25	20	16	12.5	10	8	6.3	5	4	6
8	40	32	25	20	16	12.5	10	8	6.3	5	8
10	50	40	32	25	20	16	12.5	10	8	6.3	10
12	63	50	40	32	25	20	16	12.5	10	8	12
16	80	63	50	40	32	25	20	16	12.5	10	16
20	100	80	63	50	40	32	25	20	16	12.5	20
25	125	100	80	63	50	40	32	25	20	16	25
32	160	125	100	80	63	50	40	32	25	20	32
40	200	160	125	100	80	63	50	40	32	25	40
50	250	200	160	125	100	80	63	50	40	32	50
63	320	250	200	160	125	100	80	63	50	40	63
80	400	320	250	200	160	125	100	80	63	50	80
100	500	400	320	250	200	160	125	100	80	63	100
125	—	500	400	320	250	200	160	125	100	80	125
160			500	400	320	250	200	160	125	100	160
200				500	400	320	250	200	160	125	200
250			—	500	400	320	250	200	160	250

吊钩的标记方法及型号：

1）标记示例：

钩号006、强度等级为 M 的不带凸耳模锻直柄单钩：直柄单钩 LM006-M GB10051.5

钩号250、强度等级为 T 的带凸耳自由锻直柄单钩：直柄单钩 LYD250-T GB10051.5

2）标记说明：

L　Y　D　250-T　GB 10051.5

- 标准号
- 强度等级 M、P、S、T、V
- 钩号 006～250
- 带凸耳 D，不带凸耳不表示
- 模锻 M，自由锻 Y
- 螺纹柄

5　抓斗

5.1　抓斗的类型与结构特点

抓斗的型式很多，从不同角度出发，对其进行分类如下：

1）根据抓斗的开闭驱动方式，抓斗分为：绳索式抓斗（见图 9.3-15）和动力式抓斗（见图 9.3-16）。

绳索式抓斗依靠钢丝绳开闭滑轮组来产生闭合力，达到抓取物料的目的。它又分为单绳、双绳和四绳抓斗。

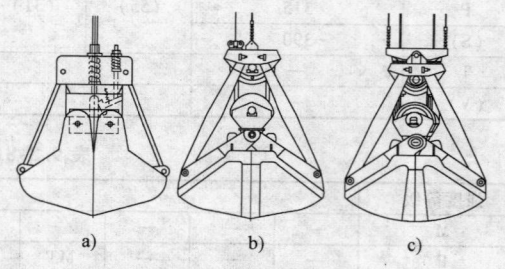

图9.3-15　绳索式抓斗

a) 单绳抓斗　b) 双绳抓斗　c) 四绳抓斗

最常用的是双绳和四绳抓斗，抓斗的开闭和起升动作通常是由两根既可独立工作，又可协同工作的支持和开闭绳来实现的，需要配备两套起升绞车。单绳抓斗只要配备一套起升绞车，但结构和操作复杂，生产效率低，主要用于兼运成件货物和散粒物料的起重机。

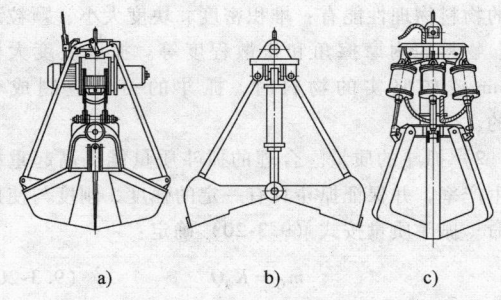

图9.3-16　动力式抓斗

a）电动抓斗　b）液压抓斗　c）气动抓斗

动力式抓斗通过装在抓斗上的动力装置和传动装置使颚板开闭。动力式抓斗自身带有启闭机构，其特点是抓取能力大。

2）根据抓斗颚板数目，抓斗分为：双颚板抓斗（见图9.3-17a）和多颚板抓斗（见图9.3-17b）。

在港口装卸作业中广泛采用双颚板抓斗。

多颚板抓斗的颚板数多于三个，刃口成尖形爪状，它又称为多爪抓斗。最常用的为6块颚板。多颚板抓斗适用于一般双颚板抓斗不易插入的物料，常用于装卸大块矿石及废铁等。

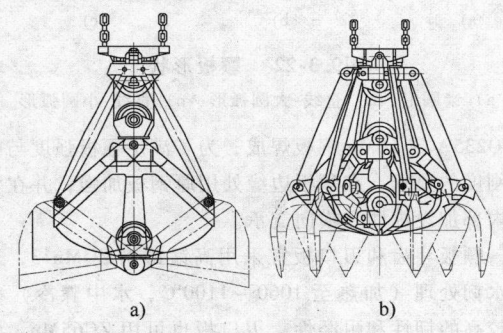

图9.3-17　颚板抓斗

a）双颚板抓斗　b）多颚板抓斗

3）根据抓取的物料，抓斗分为：粮食抓斗、煤抓斗、矿石抓斗、圆木抓斗（见图9.3-18）及耙集式抓斗等。

图9.3-19所示为耙集式抓斗，它通常用于清仓作业。由于舱底物料层较薄，所以需要抓斗具有较大的颚板张开度。为不使刃口损伤舱底，在抓取物料的过程中，抓斗悬挂在支持绳上，因此，在颚板闭合过程中，其刃口近似沿水平线移动。

4）根据抓取物料的容积密度γ，抓斗分为：轻型抓斗（$\gamma < 12kN/m^3$）、中型抓斗（$\gamma = 12 \sim 20kN/m^3$）、重型抓斗（$\gamma = 20 \sim 26kN/m^3$）及特重型抓斗（$\gamma > 26kN/m^3$）。为适应不同容积密度的物料，在容积相同的情况下，不同类型抓斗的自重有较大的

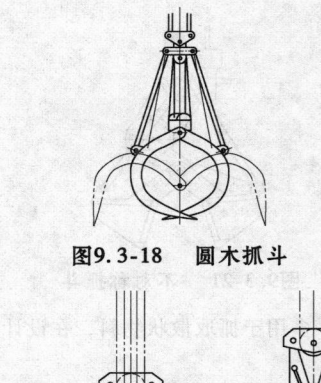

图9.3-18　圆木抓斗

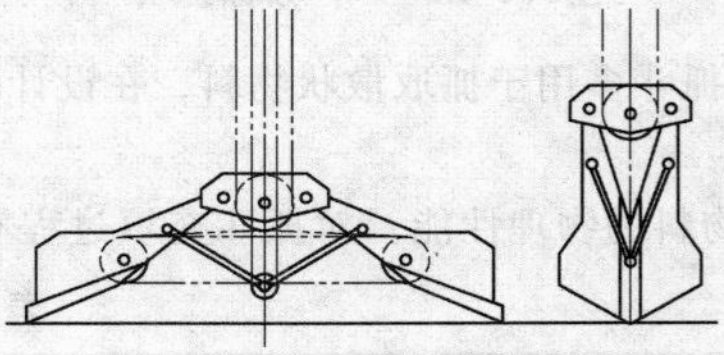

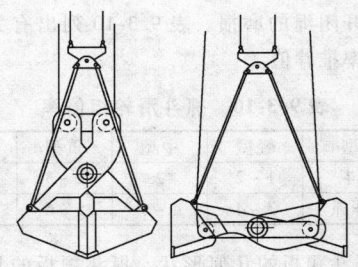

图9.3-19　耙集式抓斗

差异。

此外，还有一些特殊型式的抓斗，如剪式抓斗、不对称抓斗等。

图9.3-20所示为剪式抓斗，剪式抓斗形状像剪刀。它的开闭滑轮组是在与颚板连成一体的剪刀臂之间，用挠性拉索（钢丝绳）代替了普通抓斗的刚性撑杆。依靠放松开闭滑轮组的钢丝绳，收紧支持绳，达到开斗卸料的目的；而收紧开闭滑轮组的钢丝绳，使颚板受到闭合力矩，抓斗闭合。

图9.3-20　剪式抓斗

在抓取物料的初始阶段，开闭滑轮组轴线与中心铰轴较接近，开闭绳拉力对中心铰轴产生的力矩较小。随着抓斗逐渐闭合，抓斗的闭合力矩逐渐增大。当抓斗闭合终了时，抓斗的闭合力矩最大，有利于抓斗完全充满。因此，剪式抓斗的抓取性能优越，多用于难抓取物料的装卸作业。

图9.3-21所示为不对称抓斗，它是撑杆抓斗和剪式抓斗的混合体，其特点是将剪式抓斗的优势引入到撑杆抓斗，从而提高了抓斗的抓取性能。

5.2　抓斗的设计与选用

1. 双瓣抓斗的设计因素

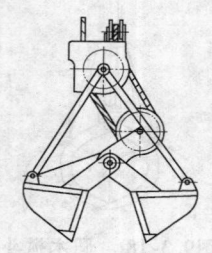

图9.3-21　不对称抓斗

双瓣抓斗多用于抓取散状物料，在设计时应考虑以下因素：

1）物料的物理性能。对抓斗充填过程有显著影响的物料物理性能有：堆积密度、块度大小、颗粒形状、物料的内摩擦角和松散程度等。抓取块度大于60mm或较坚实的物料时，抓斗的刃口应制成带齿的。

2）抓斗的质量。合理的抓斗质量能提高起重机的生产率，并保证抓斗具有一定的强度、刚度与使用寿命。抓斗质量按式（9.3-20）确定：

$$m_G = K_z Q \qquad (9.3-20)$$

式中　m_G——抓斗质量（t）；

　　　Q——起重量（t）；

　　　K_z——抓斗质量系数，其推荐值见表9.3-9。

表9.3-9　抓斗质量系数 K_z

物料堆积密度 $\gamma/(t/m^3)$	0.63	0.80	1.00	1.25	1.60	2.00	2.50	3.20
长撑杆双瓣抓斗	0.434～0.48	0.429	0.426	0.420	0.416	0.410	0.408	0.400
剪式抓斗	0.463	0.425	0.413	0.400	0.394	0.381	0.375	0.363

抓斗的抓取能力可用抓取能力系数表示：

$$K = \frac{m_F}{m_G} = \frac{Q - m_G}{m_G} = \frac{1}{K_z} - 1 \qquad (9.3-21)$$

式中　K——抓取能力系数；

　　　m_F——抓斗设计充填量（t）。

3）抓斗开闭绳滑轮组的倍率。抓斗开闭绳滑轮组的倍率与抓斗闭合力成正比关系。倍率过小会造成闭合力（抓取力）不足，过大会使颚板闭合时间延长并加剧开闭绳的磨损。表9.3-10列出有关抓斗的滑轮组倍率推荐值。

表9.3-10　抓斗滑轮组倍率

抓斗类型	轻型	中型	重型	特重型
单绳抓斗	1～2	2	2～3	2～3
双绳长撑杆抓斗	3～4	4～5	5～6	6

4）抓斗颚板的几何形状。抓斗颚板的几何形状应满足以下要求：物料向斗内填充时，阻力要小、而填充率要大；卸料时要有良好的倒空性；抓斗装满离开料堆时，钢丝绳的动力载荷要小。

对于小块粒（≤60mm）与中块粒（>60～100mm）的松散物料，宜采用图9.3-22a和9.3-22b所示的半圆形或直线-大圆弧形颚板，它常用于轻型抓斗上；对于大块粒（>100mm）以及难以抓取的物料宜采用图9.3-22c所示的直线-小圆弧形颚板，它常用于中型或重型抓斗。

颚板后角 α：对于干燥物料，取10°～13°；对于潮湿物料，取12°～15°，以减少抓取时的抽空作用；对于半圆形颚板，取0°。

5）抓斗颚板、斗齿的材料与构造。抓斗颚板多

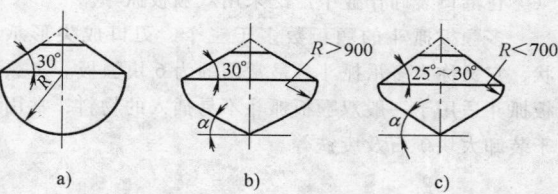

图9.3-22　颚板形状

a）半圆形　b）直线-大圆弧形　c）直线-小圆弧形

用Q235A或16Mn钢板焊成，为了满足颚板强度与横向刚度的要求，在颚板边缘处用厚钢板加强，并在颚板内部加设纵肋和横向支承。

颚板斗齿和刃口板宜采用高锰铸钢ZGMn13，通过水韧处理（加热至1060～1100℃，水中骤冷）获得较高的韧性和耐磨性。刃口板也可用ZG65Mn，淬火至55～60HRC。刃口一般是平直的，并刨有刃口角。抓取大块或坚实物料的抓斗，需用焊接、铆接或螺栓连接的方式在刃口板上加设斗齿。

2. 长撑杆双瓣抓斗的设计

（1）抓斗质量及分配　抓斗质量 m_G 由式（9.3-21）确定，其在各部分的分配按式（9.3-22）进行：

$$m_i = K_{Fi} m_G \qquad (9.3-22)$$

式中　m_i——抓斗及其相应部分质量（t）；

　　　K_{Fi}——抓斗质量分配系数，其推荐值见表9.3-11。

（2）抓斗几何尺寸计算

1）额定容积。抓斗的额定容积：

$$V = Q(1 - K_z)\frac{K_y}{\gamma} \qquad (9.3-23)$$

表 9.3-11　抓斗质量分配系数 K_{Fi}

颚板	上承梁	下承梁	撑杆
$K_{F1} = \dfrac{m_1}{m_G}$	$K_{F2} = \dfrac{m_2}{m_G}$	$K_{F3} = \dfrac{m_3}{m_G}$	$K_{F4} = \dfrac{m_4}{m_G}$
0.45	0.21	0.18	0.16

式中　V——抓斗额定容积（m^3）；

　　　K_y——物料压实系数。对轻型抓斗，$K_y = 0.9 \sim 0.95$；对中型抓斗，$K_y = 0.95 \sim 1.0$；对重型、特重型抓斗，$K_y = 1.0$；

　　　γ——物料堆积密度（t/m^3）。

2）抓斗最大开度及斗体宽度。抓斗最大开度：

$$L = K_L \sqrt[3]{V} \qquad (9.3\text{-}24)$$

式中　L——抓斗最大开度（m）；

　　　V——抓斗额定容积（m^3）；

　　　K_L——抓斗最大开度系数，其推荐值见表 9.3-12。

斗体宽度：

$$B = \psi L \qquad (9.3\text{-}25)$$

式中　B——斗体宽度（m）；

　　　ψ——斗体宽度与抓斗最大开度之比，其推荐值见表 9.3-12。

表 9.3-12　抓斗最大开度系数 K_L 及比值 ψ

散货堆积密度 $\gamma /(t/m^3)$	0.63	0.80	1.00	1.25	1.60	2.00	2.50	3.20
K_L	1.774	1.924	1.924	2.086	2.194	2.250	2.380	2.516
ψ	0.846	0.738	0.738	0.643	0.611	0.596	0.530	0.471

3）颚板侧面尺寸。抓斗颚板侧面形状如图 9.3-23 所示。由 ABCDEFGHA 所围成的图形是理论容积侧面，ABCDFGHA 为实际容积侧面。抓斗颚板的侧面积按后者计算：

$$S = \frac{V}{B} = 2(S_1 + S_2 + S_3) \qquad (9.3\text{-}26)$$

式中　S——颚板侧面积（m^2）；

　　　S_1、S_2、S_3——由 ABH、BCGH、CDFG 围成的面积（m^2）。

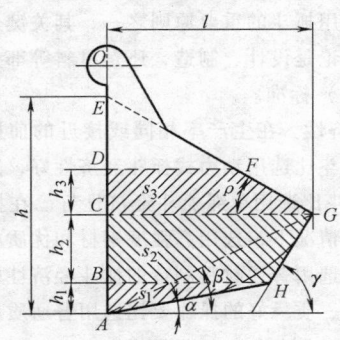

图9.3-23　抓斗颚板侧面尺寸图

图中尺寸为：

$$h_1 = \left[\text{tg}\beta - \frac{\sin\gamma\sin(\beta-\alpha)}{\cos\beta\sin(\gamma-\alpha)} \right] l \qquad (9.3\text{-}27)$$

$$h_2 = \frac{\sin\gamma\sin(\beta-\alpha)}{\cos\beta\sin(\gamma-\alpha)} l \qquad (9.3\text{-}28)$$

$$h_3 = \left(\frac{1}{3} \sim \frac{1}{2} \right) l \text{tg}\rho \qquad (9.3\text{-}29)$$

式中　l——颚板侧形半长（m）：

$$l = K_{NB} = \sqrt{\frac{V}{B}} \qquad (9.3\text{-}30)$$

K_{NB}——系数，见表 9.3-13；

　α——颚板底背角，$\alpha = 10° \sim 15°$；

　β——物料滑移角，$\beta = 22.7°$；

　γ——底板侧背角，$\gamma = 56°$；

　ρ——散货自然坡角，见表 9.3-13。

斗体侧面积 S 用 $\dfrac{V}{B}$ 和 $2(S_1 + S_2 + S_3)$ 分别计算不一致时，调整 h_1、h_2 或其他有关参数，使它们的数值一致。

4）上下承梁滑轮轴线的偏斜角。为了防止开闭绳绕过滑轮组时相互摩擦，避免钢丝绳在开闭终了时从滑轮槽中脱出，采用上下承梁的滑轮轴偏斜结构。滑轮轴的偏斜角 θ 计算如下（见图 9.3-24）：

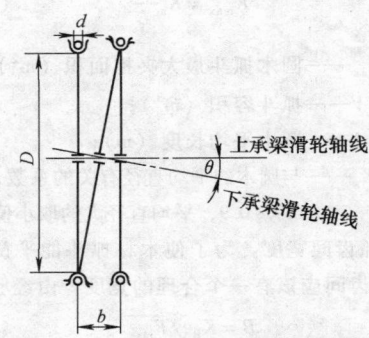

图9.3-24　上下承梁滑轮轴线的偏斜角

表 9.3-13　与容积密度对应的散货自然坡角 ρ 及抓斗颚板侧形系数 K_{NB}

散货密度 $\gamma/(t/m^3)$	0.63	0.80	1.00	1.25	1.60	2.00	2.50	3.20
$\rho/(°)$	45	40	40	35	30	27.5	25	22.5
K_{NB}	0.796	0.840	0.840	0.885	0.930	0.954	0.979	1.00

$$tg\theta = \frac{b}{D+d} \qquad (9.3-31)$$

式中　θ——滑轮轴偏斜角（°）；

b——滑轮间距（mm）；

D——滑轮直径（mm）；

d——钢丝绳直径（mm）。

3. 木材抓斗的设计因素

木材抓斗是用于抓取各种长度的圆木，在设计时应考虑下列因素：

（1）木材抓斗质量

$$m_{G1} = K_z Q \qquad (9.3-32)$$

式中　m_{G1}——木材抓斗质量（t）；

K_z——抓斗质量系数，取 $K_z = 0.35 \sim 0.43$。

（2）抓斗名义容积

$$V = \frac{Q - m_{G1}}{\gamma} \qquad (9.3-33)$$

式中　V——抓斗名义容积（m^3）；

γ——圆木堆积密度（t/m^3），$\gamma = 0.8 \sim 1.1$。

（3）抓斗开闭滑轮组倍率 m　木材抓斗必须具备较强的抓取力和夹紧力，它的开闭滑轮组倍率见表 9.3-14。

表 9.3-14　木材抓斗滑轮组倍率 m

圆木直径/mm	<300	300～500	>500
m	3～4	4～5	5～6

（4）木材抓斗的几何尺寸

1）圆木抓斗最大夹抱面积。在抓齿尖重合时，抓齿内曲线所包围的面积称为木材抓斗最大夹抱面积。

$$F_{max} = K_s \frac{V}{L} \qquad (9.3-34)$$

式中　F_{max}——圆木抓斗最大夹抱面积（m^2）；

V——抓斗容积（m^3）；

L——圆木平均长度（m）；

K_s——与圆木的平均直径有关的系数，取 $K_s = 0.7 \sim 0.9$，平均直径大的取小值。

2）抓齿间宽度。为了使木材抓斗能平衡地夹紧圆木，抓齿间应该有一个合理的宽度，由经验得出：

$$B = K_B \sqrt{F_{max}} \qquad (9.3-35)$$

式中　B——抓齿间宽度（m）；

K_B——抓齿间宽度系数，取 $K_B = 1.5 \sim 2.0$。

3）最小夹抱直径。当木材抓斗的下承梁移到它的上止点时，一对抓齿内曲线之间的最小距离就是抓具的最小夹抱直径。此时根据圆木的平均直径来确定，一般取 300～500mm。

4. 抓斗的选用

抓斗的种类和规格繁多，选用时主要应根据起重机的起重量、起升机构的型式、物料的堆积密度、块度等物理性质以及装卸作业的特点和要求等，从抓斗产品目录中选取。

抓斗选用时应考虑的技术经济性能有：

1）抓取比。抓取比是指抓斗质量与抓取物品的最大质量之比，是衡量抓斗技术性能先进性的主要指标。目前双绳、四绳双瓣抓斗的抓取比可达 1:1.4～1:1.8，双绳、四绳多瓣抓斗的抓取比可达 1:1～1:1.4，大型四绳双瓣抓斗可达到 1:1.8～1:2.0，动力式抓斗的抓取比将更高。抓取比越高，抓斗质量所占比重越小。这时要注意抓斗结构强度和刚度，以免影响使用寿命。因此，抓斗技术的先进性应兼顾抓比和使用寿命两个方面。

2）可靠性。抓斗是起重机装卸作业的重要工作属具，抓斗还与安全生产有密切的关系，安全可靠、故障少是选用抓斗的重要原则之一，其关键是使所选用的抓斗无论是设计、制造，还是材料等都必须符合国家（国际）标准。

3）经济性。在生产率相同或接近的前提下，选用绳索式抓斗比选用动力式抓斗经济性好，选用双绳（四绳）抓斗比选用单绳抓斗经济性好。在抓斗价格差异不大的情况下，选用高强度钢材和优质材料制造的抓斗要比选用普通材料制造的抓斗经济性好，选用加工精度高、质量好的抓斗要比选用普通质量的抓斗经济性好。

6　集装箱吊具

6.1　集装箱吊具的型式与特点

集装箱吊具是一种用于对集装箱进行装卸和堆垛的自动取物装置。

集装箱吊具的尺寸取决于集装箱的规格尺寸。集装箱的构造及尺寸已由国际标准化组织（ISO）作了统一规定，我国也制定了相应的国家标准。

集装箱吊具通常由吊具架、导向装置、连接装置、伸缩装置及操纵控制装置等组成。在作业中具有导向对位、自动开闭锁、自动伸缩等功能，以便迅速而准确地装卸集装箱。

集装箱吊具按构造特点，可分为以下几种类型：

1. 固定式吊具（见图 9.3-25）

固定式吊具也称整体式吊具，它直接悬挂在起升钢丝绳上，液压装置装设在吊具上，通过旋锁机构转动旋锁，与集装箱的顶角件连接或者松脱。这种吊具机构简单、质量轻，但只适用于起吊一种规格的集装箱，起吊不同规格集装箱时，必须更换吊具，使用不便，一般用于门机上。

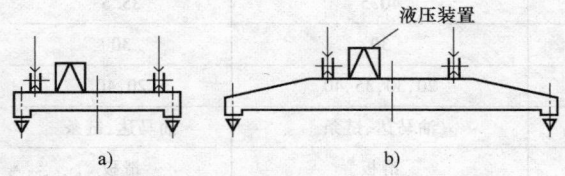

图9.3-25　固定式吊具
a) 20ft 集装箱用　b) 40ft 集装箱用

2. 主从式吊具（见图 9.3-26）

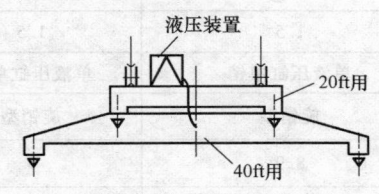

图9.3-26　主从式吊具

主从式吊具也称组合式吊具，它由上下两个不同规格的专用吊具组合而成。一般上吊具用于 20ft 集装箱，下吊具用于 40ft 集装箱。液压装置装设在上吊具中，通过旋锁机构转动旋锁，可使上、下吊具连接，以起吊不同规格的集装箱。下吊具的旋锁机构由装设

在上吊具上的液压装置驱动。与固定式吊具相比，它使用方便，但质量较大。

3. 子母式吊具（见图 9.3-27）

子母式吊具也称换装式吊具，它将专用吊梁悬挂在起升钢丝绳上。吊梁下通过销轴连接可换装20ft、40ft 等多种规格的集装箱专用吊具。吊梁上装有液压装置，用来驱动下面吊具上的旋锁机构。与主从式吊具比较，它自重较轻，但更换吊具花费的时间较长。

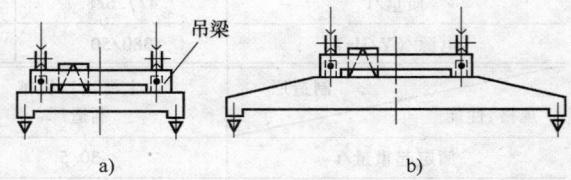

图9.3-27　子母式吊具
a) 20ft 集装箱用　b) 40ft 集装箱用

4. 伸缩式吊具（见图 9.3-28）

伸缩式吊具有由底架和伸缩架组成的吊具架，通过液压传动驱动链条或液压缸可使吊具架伸长或缩短，从而改变吊具的长度，以适应装卸不同规格集装箱的要求。伸缩式吊具结构较复杂、质量较大，但其长度调节方便，操作灵活，通用性强，生产效率高，目前世界上的集装箱专用机械大都采用这种吊具。

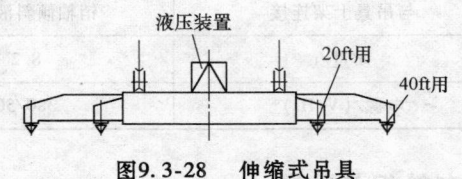

图9.3-28　伸缩式吊具

6.2　常用集装箱吊具的技术规格

常用集装箱吊具的技术规格见表 9.3-15。

表 9.3-15　常用集装箱起重机吊具规格

规格、性能		制造厂 BROMMA	住友	KRUPP	SANUKI
稳定起重量/t		30.5/35.5/40.5	30.5	30.5	30.5
伸缩装置	伸缩时间/s	30	45	45	30
	伸缩位置/ft	20,30,35,40	20,40	20,40	20,40
	驱动形式	油马达、链条	液压缸	液压缸	油马达、链条
	伸缩梁支承	滑板	滚轮	滚轮	滑板
导板装置	驱动形式	油马达	油马达/液压缸推动	摆动液压缸	固定式
	作用时间(180°)/s	5~7	5~7	—	0

（续）

规格、性能 / 制造厂		BROMMA	住友	KRUPP	SANUKI
旋锁装置	装置形式	浮动式	固定式	固定式	浮动式
	开锁销时间/s	1.5	1～1.5		1～1.5
	驱动方法	单液压缸单销	单液压缸双销	单液压缸单销	单液压缸双销
与吊具上架连接		旋销型销轴型	旋销型	销轴顶升液压缸	旋销型
质量/t		7.4/7.6/8.7	9.2	9.4	
电源/（V/Hz）		380/50	380/50	380/50	380/50

规格、性能 / 制造厂		上海港口机械制造厂	上海港口机械制造厂	振华港机公司
额定起重量/t		30.5	40.5	35.5
伸缩装置	伸缩时间/s	50～80	30	30
	伸缩位置/ft	20,40	20,30,35,40	20,40
	驱动形式	液压缸	油马达、链条	油马达、链条
	伸缩梁支承	滑板	滑板	滑板
导板装置	驱动形式	摆动液压缸	液压缸推动	液压缸推动
	作用时间（180°）/s	5～7	5～7	5～7
旋锁装置	装置形式	固定式	浮动式	浮动式
	开锁销时间/s	0.5～1.5	1.5	1.5
	驱动方法	单液压缸双销	单液压缸单销	单液压缸单销
与吊具上架连接		销轴倾斜液压缸	旋销型	旋销型
质量/t		8.2	8.9	9
电源/（V/Hz）		380/50	380/50	380/50

7　车轮组与轨道

7.1　车轮组的类型与特点

考虑到制造、安装和维修的方便以及系列化生产的要求，通常将车轮、轴、轴承等组装成车轮组。根据车轮轴的构造特点，车轮组分为转轴式和定轴式两种；按照车轮的功能，车轮组又可分为主动车轮组和从动车轮组，如图 9.3-29 所示。桥式起重机大车和桥架型起重机起重小车的车轮通常装在角型轴承箱中，如图 9.3-30 所示，采用这种轴承箱制造安装均很方便。

车轮是车轮组的主要零件。车轮踏面的形状有圆柱形、圆锥形、鼓形三种型式，如图 9.3-31 所示。车轮踏面一般制成圆柱形。在工字梁下翼缘上运行的小车车轮，常用鼓形踏面的圆锥形车轮。在圆形轨道

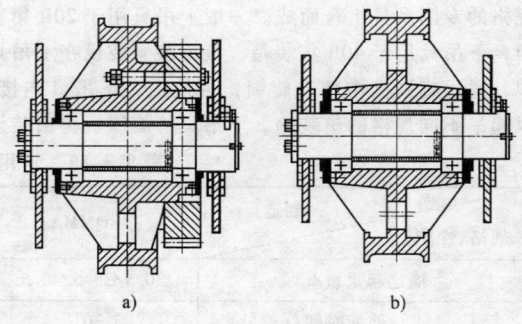

a)　　　　　　　　b)

图9.3-29　车轮组

a）主动车轮组　b）从动车轮组

上运行的车轮（或滚轮）可采用圆锥踏面来保证纯滚动。采用平顶轨道与鼓形踏面的车轮或采用凸顶轨道与圆柱踏面车轮相匹配，均可避免附加的摩擦和磨损。

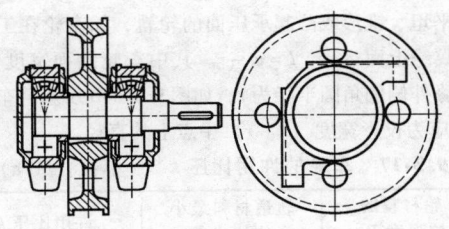

图9.3-30　角型轴承箱

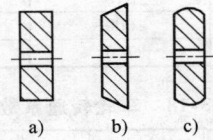

图9.3-31　车轮踏面形状

a) 圆柱形　b) 圆锥形　c) 鼓形

车轮有双轮缘、单轮缘和无轮缘三种型式，如图9.3-32所示。起重机上主要采用双轮缘车轮。对于运行速度高、工作繁忙的起重机，除采用双轮缘车轮外，往往还加装水平导向轮，以减轻轮缘的磨损。起重小车多采用单轮缘车轮。无轮缘车轮只有在装设了防止脱轨装置的情况下（如在无轮缘车轮的两侧均装有水平导向轮）才可以使用，如图 9.3-33 所示。

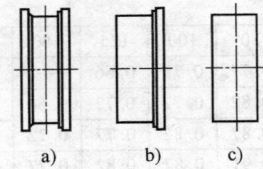

图9.3-32　车轮轮缘结构

a) 双轮缘　b) 单轮缘　c) 无轮缘

车轮踏面宽度应比轨顶宽度稍大。轮缘应具有足够的厚度，并带有 1:5 的斜度，轮缘与踏面间采用圆弧过渡。

车轮的材料应根据轮压大小、驱动方式、运行速度，以及运行机构的工作级别等因素来确定选择。车轮一般用铸钢制造，工作繁忙、轮压大的车轮宜用合金钢制造。小尺寸的车轮也可用 45、50Mn、65Mn 等材料锻制而成。车轮的材料应符合标准《起重机车轮》（JB/T 6392—2008）的规定：轧制车轮应选用力学性能不低于 60 钢的材料。踏面直径不大于 400mm 的锻造车轮应选用力学性能不低于 55 钢的材料；直

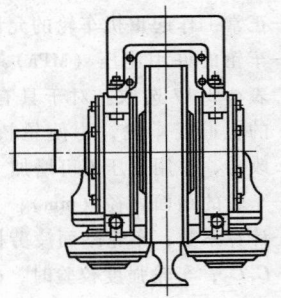

图9.3-33　水平导向轮

径大于 400mm 的锻造车轮应选用力学性能不低于 60 钢的材料。铸钢车轮应选用力学性能不低于 ZG340-640 钢的材料。

为了提高车轮的承载能力和使用寿命，车轮踏面和轮缘应进行热处理，热处理后车轮表面状态应符合表 9.3-16 的规定。

表 9.3-16　车轮热处理要求

车轮踏面直径/mm	踏面和轮缘内侧面硬度 HBW	淬硬层 260HBW 处深度/mm
100～200		≥5
>200～400	300～380	≥15
>400		≥20

7.2　车轮的计算

起重机的车轮应根据等效工作轮压进行疲劳强度校验计算，根据最大轮压进行静强度校验计算。

1. 疲劳计算载荷的确定

（1）等效工作轮压的确定　若有轨运行的起重机在正常工作时，车轮的轮压是变化的，则车轮踏面疲劳计算的等效工作轮压按式（9.3-36）计算：

$$P_{mean\,I\,、II} = \frac{P_{min\,I\,、II} + 2P_{max\,I\,、II}}{3} \quad (9.3\text{-}36)$$

式中　$P_{mean\,I}$——无风正常工作起重机的等效工作轮压（N）；

　　　　$P_{mean\,II}$——有风正常工作起重机的等效工作轮压（N）；

　　　　$P_{min\,I\,、II}$——按载荷情况 I 或载荷情况 II 确定的所验算车轮的最小轮压（N）；

　　　　$P_{max\,I\,、II}$——按载荷情况 I 或载荷情况 II 确定的所验算车轮的最大轮压（N）。

（2）允许轮压的确定　允许轮压按式（9.3-37）确定：

$$P_L = kDlC \qquad (9.3\text{-}37)$$

式中　P_L——正常工作起重机车轮的允许轮压（N）；

　　　k——车轮的许用比压（MPa），钢质车轮按表 9.3-17 选取。对于具有凸起承压面的轨道或车轮，为使轮轨的接触得到改善，许用比压 k 可增加 10%；

　　　D——车轮的踏面直径（mm）；

　　　C——计算系数：车轮踏面疲劳校验时，$C = C_1 C_2$；车轮强度校验时，$C = C_{max}$；

　　　C_1——转速系数，按表 9.3-18 或表 9.3-19 选取；

　　　C_2——车轮所在机构的工作级别系数，按表 9.3-20 选取；

　　　l——车轮与轨道承压面的有效接触宽度（mm）。

对具有平坦承压面的轨道，轨顶总宽度为 b，每

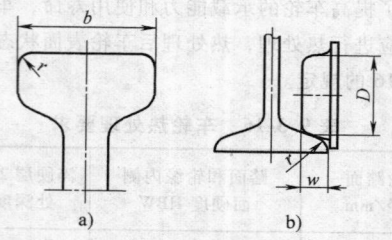

图 9.3-34　车轮踏面与轨道的接触宽度

a）轨顶尺寸　b）车轮与工字
梁下翼缘的接触尺寸

边倒角圆半径为 r，如图 9.3-34a 所示，$l = b - 2r$；对于具有平坦、锥形或凸起承压面的轮轨，如车轮在工字钢梁下翼缘上面运行，$l = w - r$。其中车轮踏面宽度为 w，下翼缘外侧倒角圆半径为 r，如图 9.3-34b 所示，车轮直径 D 应为投影宽度（$w - r$）中点上的直径。

表 9.3-17　车轮的许用比压 k　（单位：MPa）

车轮材料的抗拉强度 R_m	轨道材料最小抗拉强度	许用比压 k
>500	350	5.0
>600	350	5.6
>700	510	6.5
>800	510	7.2
>900	600	7.8
>1000	700	8.5

表 9.3-18　车轮转速系数 C_1

车轮转速 n /(r/min)	C_1	车轮转速 n /(r/min)	C_1	车轮转速 n /(r/min)	C_1
200	0.66	50	0.94	16	1.09
160	0.72	45	0.96	14	1.10
125	0.77	40	0.97	12.5	1.11
112	0.79	35.5	0.99	11.2	1.12
100	0.82	31.5	1.00	10	1.13
90	0.84	28	1.02	8	1.14
80	0.87	25	1.03	6.3	1.15
71	0.89	22.4	1.04	5.6	1.16
63	0.91	20	1.06	5	1.17
56	0.92	18	1.07		

表 9.3-19　车轮直径、运行速度与转速系数 C_1

车轮直径/mm	运行速度/(m/min)														
	10	12	16	20	25	31.5	40	50	63	80	100	125	160	200	250
200	1.09	1.00	1.08	1.00	0.97	0.94	0.91	0.87	0.82	0.77	0.72	0.66	—	—	—
250	1.11	1.09	1.06	1.03	1.00	0.97	0.94	0.91	0.87	0.82	0.77	0.72	0.66	—	—
315	1.13	1.11	1.09	1.06	1.03	1.00	0.97	0.94	0.91	0.87	0.82	0.77	0.72	0.66	—
400	1.14	1.13	1.11	1.09	1.06	1.03	1.00	0.97	0.94	0.91	0.87	0.82	0.77	0.72	0.66
500	1.15	1.14	1.13	1.11	1.09	1.06	1.03	1.00	0.97	0.94	0.91	0.87	0.82	0.77	0.72
630	1.17	1.15	1.14	1.13	1.11	1.09	1.06	1.03	1.00	0.97	0.94	0.91	0.87	0.82	0.77
710	—	1.16	1.14	1.14	1.12	1.1	1.07	1.04	1.02	0.99	0.96	0.92	0.89	0.84	0.79
800	—	1.17	1.15	1.14	1.13	1.11	1.09	1.06	1.03	1.00	0.97	0.94	0.91	0.87	0.82
900			1.16	1.15	1.14	1.13	1.12	1.1	1.07	1.04	1.02	0.99	0.96	0.92	0.89	0.84
1000	—		1.17	1.15	1.14	1.13	1.11	1.08	1.06	1.03	1.00	0.97	0.94	0.91	0.87

表 9.3-20　工作级别系数 C_2

车轮所在机构工作级别	C_2
M1，M2	1.25
M3，M4	1.12
M5	1.00
M6	0.90
M7，M8	0.80

2. 车轮的校验计算

（1）车轮的疲劳强度校验　车轮的疲劳强度应满足式（9.3-38）：

$$P_{mean} \le P_L \qquad (9.3\text{-}38)$$

式中　P_{mean}——根据式（9.3-36）计算得 $P_{mean\,I}$ 和 $P_{mean\,II}$，两者之中取大者。

（2）车轮的静强度校验　车轮的静强度应满足式（9.3-39）：

$$P_{max} \leq 1.9kDl \qquad (9.3\text{-}39)$$

式中　P_{max}——在载荷情况 I、II、III 中，最不利状
态和位置下最大轮压中的较大者（包
括考虑动载试验或静载试验的载荷）
（N）。

7.3　起重机常用钢轨

轨道应符合车轮的要求，并且与基础的固定要可
靠。起重机或起重小车的轨道大多选用标准的钢轨或
型钢。轨道顶面的形状有平顶和凸顶两种，轨道大多
制成凸顶型。用作轨道的方钢或扁钢，轨顶一般是平
的，只宜支承在金属结构上。

起重机或起重小车常用的钢轨有：

1）轻轨（GB/T 11264—2012）：通常是方钢或
扁钢，主要用作小型、工作不繁忙的起重机或起重小
车的运行轨道，如图 9.3-35a 所示。

2）铁路钢轨（GB 2585—2007）：普通铁路上用
的轨道，轨顶是凸的，主要用作中、小型起重机或大
型起重小车的运行轨道，如图 9.3-35b 所示。

3）起重机钢轨（YB/T 5055—1993）：专门为起
重机的需要而设计制造的轨道，主要用作大型起重机
的运行轨道，如图 9.3-35c 所示。

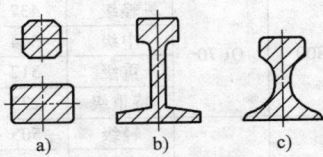

图 9.3-35　轨道断面形状
a）轻轨　b）铁路钢轨　c）起重机钢轨

钢轨的选用主要考虑轮压的大小，此外还需考虑
基础建设、经济性等方面的因素，见表 9.3-21。表
9.3-22 列出了起重机车轮的最大许用轮压，供参考。

表 9.3-21　钢轨的选用

车轮直径/mm	200	300	400	500	600	700	800	900
起重机钢轨						QU70	QU70	QU80
铁路钢轨	P15	P18	P24	P38	P38	P43	P43	P50
方钢	40	50	60	80	80	90	90	100

表 9.3-22　起重机车轮的最大许用轮压（单位：kN）

车轮踏面直径/mm	轨道型号	工作类型	运行速度/(m/min)								
			<60			60～90			>90～180		
			额定起升载荷 P_Q/起重机或起重小车的自重 P_G								
			1.1	0.5	0.15	1.1	0.5	0.15	1.1	0.5	0.15
大车车轮	500	P38	轻级	206	197	180	187	179	164	172	164	150
			中级	172	164	150	156	150	137	144	137	125
			重级	147	141	129	134	128	117	123	117	107
			特重级	129	123	113	117	112	103	107	103	94
		QU70	轻级	260	243	227	236	226	206	217	207	190
			中级	217	207	190	197	189	172	181	173	159
			重级	186	177	162	169	162	147	155	148	136
			特重级	163	155	142	148	141	129	136	129	116
	600	P38 P43	轻级	246	235	215	224	214	195	206	196	180
			中级	206	196	180	197	178	163	172	164	150
			重级	176	168	154	160	153	140	147	140	129
			特重级	154	147	134	140	134	122	129	123	113
		QU70	轻级	320	305	279	292	278	254	267	255	233
			中级	267	255	233	244	232	212	223	213	194
			重级	229	218	199	209	199	181	191	182	167
			特重级	200	191	174	183	174	158	167	159	140
	700	P43	轻级	280	268	245	255	244	223	234	224	204
			中级	234	224	204	213	204	186	195	187	170
			重级	200	192	175	183	174	159	167	160	146
			特重级	175	167	153	159	152	139	146	140	127
		QU70	轻级	386	368	336	352	335	306	322	307	28
			中级	322	307	280	294	280	256	269	256	234

（续）

车轮踏面直径/mm	轨道型号	工作类型	运行速度/(m/min)								
			<60			60~90			>90~180		
			额定起升载荷 P_Q/起重机或起重小车的自重 P_G								
			1.1	0.5	0.15	1.1	0.5	0.15	1.1	0.5	0.15
大车车轮	700	QU70	重级	276	263	240	252	240	219	230	220	200
			特级	242	230	210	220	210	191	201	192	175
	800	QU70	轻级	437	417	381	398	380	347	364	348	318
			中级	364	348	318	332	317	290	304	290	266
			重级	312	298	272	284	272	248	260	249	227
			特重级	273	261	238	249	238	217	228	218	198
	900	QU80	轻级	505	481	440	460	437	400	422	402	368
			中级	422	402	388	384	365	334	352	336	307
			重级	361	344	315	329	312	286	302	288	263
			特重级	316	301	275	288	273	250	264	251	230

车轮踏面直径/mm	轨道型号	工作类型	运行速度/(m/min)							
			<60		60~90		90~180		>180	
			额定起升载荷 P_Q/起重机或起重小车的自重 P_G							
			≥1.6	0.9	≥1.6	0.9	≥1.6	0.9	≥1.6	0.9
小车车轮	250	P11	轻级	33.0	30.9	29.1	28.1	26.7	25.8	24.6	23.4
			中级	26.7	25.8	24.3	23.4	22.3	21.5	25.0	19.8
			重级	23.8	22.1	20.8	20.1	19.1	18.4	17.6	17.0
			特重级	20.0	19.3	18.2	17.6	16.7	16.1	15.4	14.8
	350	P18	轻级	41.8	40.3	38.0	36.6	34.9	33.6	32.2	31.0
			中级	34.9	33.6	31.7	30.6	29.1	28.0	26.8	25.9
			重级	29.9	28.8	27.2	26.2	25.0	24.0	32.0	22.2
			特重级	26.1	25.2	23.8	22.9	21.8	21.0	20.1	19.4
	350	P24	轻级	114	135	128	123	118	113	109	104
			中级	118	113	107	103	98.5	94.5	91.0	87.0
			重级	101	96.5	91.5	88.0	84.5	81.0	78.0	74.5
			特重级	88.0	84.5	80.0	77.0	74.0	70.6	68.0	65.0
	400	P38	轻级	160	154	146	140	134	128	123	118.5
			中级	134	158	122	117	112	107	103	99.0
			重级	114	110	104	100	96.0	91.5	88.0	85.0
			特重级	100	96.0	91.5	87.5	84.0	80.0	77.0	74.0
	500	P43	轻级	198	191	180	174	165	159	152	147
			中级	165	159	150	145	138	133	127	122.5
			重级	141.5	137	129	124.5	118	114	109	105
			特重级	124	119	112.5	109	103	99.5	95.0	92.0

第4章 起重机工作机构

1 起重机机构设计计算总则

1.1 起重机机构设计的载荷、载荷情况与载荷组合

1.1.1 机构设计的载荷

1. P_M 型载荷

由电动机驱动转矩或制动器制动转矩所确定的载荷，用 P_M 表示，属于这类载荷的有：

1）由起升质量垂直位移引起的载荷 P_{MQ}。

2）由起重机其他的运动部分的质心垂直位移引起的载荷 P_{MG}。

3）与机构加（减）速有关的起（制）动惯性载荷 P_{MA}。

4）与机构传动效率中未考虑的摩擦力相对应的载荷 P_{MF}。

5）工作风压作用在起重机结构或机械设备（或大表面积的起升物品）上的风载荷 P_{MW}。

2. P_R 型载荷

与电动机及制动器的作用无关、作用在机构零件上但不能与驱动轴上的转矩相平衡的反作用力性质的载荷，用 P_R 表示，属于这类载荷的有：

1）由起升质量引起的载荷 P_{RQ}。

2）由起重机零部件质量引起的载荷 P_{RG}。

3）由起重机或它的某些部分作不稳定运动时的加（减）速度引起的惯性载荷 P_{RA}。

4）由最大非工作风压或锚定装置设计用的极限风压引起的风载荷 P_{RW}。

1.1.2 机构设计的载荷情况与载荷组合

1. 机构设计计算要考虑的载荷情况

机构设计计算要考虑以下三种载荷情况：

1）情况 I：无风正常工作情况。

2）情况 II：有风正常工作情况。

3）情况 III：特殊载荷作用情况。

对每种载荷情况应确定一个最大载荷，作为计算的依据。对于不在室外工作、不暴露于风中的起重机，情况 I 和情况 II 是完全相同的。

按 1.1.1 确定各项载荷之后，组合时再乘一个增大系数 γ'_m 来考虑由于计算方法不完善和无法预料的偶然因素会导致实际出现的应力超出计算应力的某种

可能性。系数 γ'_m 取决于机构的工作级别，见表9.4-1。

表 9.4-1　增大系数 γ'_m 的数值

机构工作级别	M1	M2	M3	M4	M5	M6	M7	M8
γ'_m	1.00	1.04	1.08	1.12	1.16	1.20	1.25	1.30

2. 载荷情况 I（无风正常工作情况）的载荷组合

（1）P_M 型载荷　P_M 型的最大组合载荷 $P_{Mmax\ I}$，用载荷 P_{MQ}、P_{MG}、P_{MA}、P_{MF} 按式（9.4-1）进行组合确定：

$$P_{Mmax\ I} = (\overline{P}_{MQ} + \overline{P}_{MG} + \overline{P}_{MA} + \overline{P}_{MF})\gamma'_m$$

$$(9.4-1)$$

式中　$P_{Mmax\ I}$——在载荷情况 I（无风正常工作）中出现的 P_M 型的最大组合载荷（N）；

$\overline{P}_{MQ}$——由起升质量垂直位移引起的载荷（N）；

$\overline{P}_{MG}$——由起重机其他的运动部分的质心垂直位移引起的载荷（N）；

$\overline{P}_{MA}$——与机构加（减）速有关的起（制）动惯性载荷（N）；

$\overline{P}_{MF}$——与机构传动效率中未考虑的摩擦力相对应的载荷（N）；

γ'_m——增大系数。

注：式（9.4-1）内所需考虑的载荷并不是其每一项最大值的组合，而是在起重机实际工作中可能发生的最不利的载荷组合时所出现的综合最大载荷值，即式（9.4-1）中各项载荷 P 加横线的含义，以下同。

（2）P_R 型载荷　P_R 型的最大组合载荷 $P_{Rmax\ I}$，用载荷 P_{RQ}、P_{RG}、P_{RA} 按式（9.4-2）进行组合确定：

$$P_{Rmax\ I} = (\overline{P}_{RQ} + \overline{P}_{RG} + \overline{P}_{RA})\gamma'_m \quad (9.4-2)$$

式中　$P_{Rmax\ I}$——在载荷情况 I（无风正常工作）中出现的 P_R 型的最大组合载荷（N）；

$\overline{P}_{RQ}$——由起升质量引起的载荷（N）；

$\overline{P}_{RG}$——由起重机零部件质量引起的载荷（N）；

$\overline{P}_{RA}$——由起重机或它的某些部分作不稳定运动时的加（减）速度引起的惯性载荷（N）；

γ'_m——增大系数。

3. 载荷情况 Ⅱ （有风正常工作情况）的载荷组合

（1）P_M 型载荷　P_M 型的最大组合载荷 $P_{Mmax\,Ⅱ}$，用载荷 P_{MQ}、P_{MG}、P_{MA}、P_{MF} 并分别按式（9.4-3）和式（9.4-4）计算的组合计算结果中的较大者来确定：

1）考虑对应于计算风压为 p_{I} 时的风载荷 $P_{MWⅠ}$ 和载荷 P_{MA} 作用的载荷组合，按式（9.4-3）确定：

$$P_{Mmax\,Ⅱ} = (\overline{P}_{MQ} + \overline{P}_{MG} + \overline{P}_{MA} + \overline{P}_{MF} + \overline{P}_{MWⅠ})\gamma'_m \tag{9.4-3}$$

式中　$P_{Mmax\,Ⅱ}$——在载荷情况 Ⅱ （有风正常工作）中出现的 P_M 型的最大组合载荷（N）；

$\overline{P}_{MWⅠ}$——作用在起重机或大表面积的起升物品上的工作状态风载荷（N）。

2）考虑对应于计算风压为 p_{II} 时的风载荷 $P_{MWⅡ}$ 作用的载荷组合，按式（9.4-4）确定：

$$P_{Mmax\,Ⅱ} = (\overline{P}_{MQ} + \overline{P}_{MG} + \overline{P}_{MF} + \overline{P}_{MWⅡ})\gamma'_m \tag{9.4-4}$$

式中　$\overline{P}_{MWⅡ}$——作用在起重机或大表面积的起升物品上的工作状态风载荷（N）。

（2）P_R 型载荷　P_R 型的最大组合载荷 $P_{Rmax\,Ⅱ}$，用载荷 P_{RQ}、P_{RG}、P_{RA} 和对应于计算风压为 p_{II} 时的风载荷 $P_{RWⅡ}$ 作用的载荷组合，按式（9.4-5）确定：

$$P_{Rmax\,Ⅱ} = (\overline{P}_{RQ} + \overline{P}_{RG} + \overline{P}_{RA} + \overline{P}_{RWⅡ})\gamma'_m \tag{9.4-5}$$

式中　$P_{Rmax\,Ⅱ}$——在载荷情况 Ⅱ （有风正常工作）中出现的 P_R 型的最大组合载荷（N）；

$\overline{P}_{RWⅡ}$——工作风压引起的相应风载荷（N）。

4. 载荷情况 Ⅲ （特殊载荷作用情况）的载荷组合

（1）P_M 型载荷　在 1.1.1 的 1. 中所定义的 P_M 型载荷的最大组合载荷 $P_{Mmax\,Ⅲ}$ 是在具体操作条件下电动机实际能传递给机构的最大载荷，$P_{Mmax\,Ⅲ}$ 的值在 1.1.2 的 5. 中给出。

（2）P_R 型载荷　由于起重机或小车与缓冲器或固定障碍物相碰撞所引起的机构受到的载荷通常远小于结构受到的自重载荷与非工作状态最大风载荷，因此，P_R 型载荷的最大组合载荷 $P_{Rmax\,Ⅲ}$ 就可以取为起重机在非工作状态下，有非工作状态风载荷及其他气候影响产生的载荷，按式（9.4-6）确定：

$$P_{Rmax\,Ⅲ} = \overline{P}_{RG} + \overline{P}_{RWⅢmax} \tag{9.4-6}$$

式中　$P_{Rmax\,Ⅲ}$——在载荷情况 Ⅲ （特殊载荷情况）中出现的 P_R 型的最大组合载荷（N）；

$\overline{P}_{RG}$——由起重机零部件质量引起的载荷（N）；

$\overline{P}_{RWⅢmax}$——非工作风压引起的相应最大风载荷（N）。

当采用附加的锚定装置或者抗风拉索来保证在极限风压时的起重机整机抗倾覆稳定性时，应考虑这些装置或拉索对相应机构的影响。

5. 对上述有关计算 P_M 型载荷的说明和应用

起重机各机构的功能有：

① 使运动质心作纯垂直位移（如起升运动）。

② 使运动质心作水平位移的所谓纯水平位移（如横向运行、纵向运行、回转或平衡式变幅运动）。

③ 使运动质心作垂直和水平相结合的位移（如非平衡式变幅运动）。

（1）起升运动　P_{Mmax} 的计算式可简化为：

1）载荷情况 Ⅰ 和 Ⅱ ：

$$P_{Mmax\,Ⅱ} = (\overline{P}_{MQ} + \overline{P}_{MF})\gamma'_m \tag{9.4-7}$$

式中符号同式（9.4-3）。

此处，由起升加速产生的载荷 P_{MA} 远远小于 P_{MQ}，因此忽略不计。

2）载荷情况 Ⅲ ：

$$P_{Mmax\,Ⅲ} = 1.6(\overline{P}_{MQ} + \overline{P}_{MF}) \tag{9.4-8}$$

式中　$P_{Mmax\,Ⅲ}$——在载荷情况 Ⅲ （特殊载荷情况）中出现的 P_M 型的最大组合载荷（N）。

其余符号同式（9.4-3）。

考虑到 1.1.2 的 4. 中所提出的一般原则，可以认为能传递到起重机构上的最大组合载荷，实际上限制在 $P_{Mmax\,Ⅰ}$ 载荷的 1.6 倍。

（2）水平运动　P_{Mmax} 的计算式可简化为：

1）载荷情况 Ⅰ ：

$$P_{Mmax\,Ⅰ} = (\overline{P}_{MF} + \overline{P}_{MA})\gamma'_m \tag{9.4-9}$$

式中符号同式（9.4-1）。

2）载荷情况 Ⅱ ，取式（9.4-10）和式（9.4-11）两值中的较大者：

$$P_{Mmax\,Ⅱ} = (\overline{P}_{MA} + \overline{P}_{MF} + \overline{P}_{MWⅠ})\gamma'_m \tag{9.4-10}$$

$$P_{Mmax\,Ⅱ} = (\overline{P}_{MF} + \overline{P}_{MWⅡ})\gamma'_m \tag{9.4-11}$$

式中符号同式（9.4-3）和式（9.4-4）。

3）载荷情况 Ⅲ ，对 $P_{Mmax\,Ⅲ}$，取对应于电动机（或制动器）最大转矩的载荷。但如果作业条件限制了实际传递的转矩，例如由于车轮在轨道上打滑，或者由于使用了适当的限制器（如液压联轴器、极限力矩联轴器等），这时就应取实际可能传递的转矩。

（3）复合运动

1）载荷情况Ⅰ和Ⅱ：载荷 $P_{Mmax\,I}$ 和 $P_{Mmax\,II}$ 用式（9.4-1）、式（9.4-3）和式（9.4-4）确定。

2）对载荷情况Ⅲ：当用于质心升高运动的功率，同克服加速或风力影响所需的功率相比可以忽略不计时，载荷最大值 $P_{Mmax\,III}$ 取由电动机最大转矩引起的载荷，此值虽很高，但可以接受，因为它增加了安全性。

反之，克服加速或风力影响所需的功率，同用于质心升高运动的功率相比可以忽略不计时，$P_{Mmax\,III}$ 可以按 $P_{Mmax\,III}=1.6P_{Mmax\,II}$ 来计算。

在这两个极限数值之间的各种情况，应根据选用的电动机、起动方式，以及由惯性和风力影响引起的载荷与由质心升高引起的载荷的相对值来进行研究。

当作用条件限制了实际传递给机构的力矩［1.1.2 中的 5.（2）］，而它又小于上述数值时，则将此限制的极限力矩作为的 $P_{Mmax\,III}$ 值。

1.2　起重机机构驱动装置的选用

1.2.1　机构电动机的选择和校验

电力驱动的起重机中主要采用起重冶金系列电动机（包括起重冶金用交流异步电动机和直流电动机）。YZR 系列的交流绕线转子异步电动机具有起动转矩大、过载能力强、转子转动惯量小等优点，能很好地适应起重机的工作要求，应用最为普遍。YZ 系列的交流笼型异步电动机具有构造简单、使用方便和价格便宜等特点，但起动电流大，起动猛烈，调速性能差，只限于功率小、起动不频繁、无调速要求的工作机构中。YZP 系列变频调速三相异步电动机，逐步广泛应用于变频调速、短时或断续周期运行、频繁起动和制动的场合。起重冶金用直流电动机（小容量为 ZZY 系列，大中容量为 ZZJ 系列）起动调速性能好，过载能力强，机械特性更能符合起重机械的工作要求，已得到广泛应用，但与交流异步电动机相比，价格、自重、体积和维修费用都较大。

对于电力驱动的起重机，正确地选定电动机的容量具有重要的意义。电动机的容量不足，会使电动机过热以致很快损坏；电动机容量过大，会使功率因数降低，能耗增加，外形尺寸和质量增大，还会使机构起动过猛，惯性载荷过大，引起传动零件过早损坏。

电动机在一次使用后的停歇时间内能冷却到周围环境温度的，可按短时工作制（S2）来选择电动机

的容量，一般情况下应按断续周期工作制（S3 或 S4）来选取。

当初选起重机某一机构的电动机后，通常要进行起动时间、过载能力和发热的校验。

起动时间校验是检验机构的起动时间和相应的起动加速度是否在允许的范围之内。对于不同的起重机和同一起重机不同工作机构的起动时间和起动加速度，应取成不同的值并由电气控制系统来实现。此时机构选取电动机后可以不必进行起动时间校验。

过载能力校验是检验电动机能否在工作过程中克服机构可能出现的短期最大静阻转矩。《起重机设计规范》（GB/T 3811—2008）推荐的电动机过载能力检验式为：

$$P_n \geqslant P_d \qquad (9.4\text{-}12)$$

式中　P_n——基准接电持续率（S3，$JC=40\%$）时电动机的额定功率（kW）；

P_d——机构短时期内所需的最大换算功率（kW），P_d 的计算式详见本篇有关章节。

发热校验是检验在满足设计要求的正常运转条件下，电动机不应出现过热。《起重机设计规范》（GB/T 3811—2008）推荐的电动机发热检验式为：

$$P \geqslant P_s \qquad (9.4\text{-}13)$$

式中　P——电动机允许的输出功率（kW）。根据机构的接电持续率 JC、惯量增加率 C 与折合的每小时全起动次数 Z 的乘积 CZ 值查电动机样本；

P_s——机构的稳态平均功率（kW），P_s 的算式详见本篇有关章节。

对于起升机构还可按机构的工作级别及其等效接电持续率进行电动机的发热校验，详见本章第二节有关内容。

在起重机的工作循环时间小于 10 min 的场合下，机构的接电持续率 JC 值按式（9.4-14）计算：

$$JC = \frac{t}{T} \times 100\% \qquad (9.4\text{-}14)$$

式中　t——在起重机一个工作循环中机构接电运转的时间（s）；

T——起重机一个工作循环的总时间（s）。

机构实际的 JC 值与电动机的 JC 值不一定一致。如门座起重机回转机构常采用操纵式制动器，电动机断电后机构仍能依靠其惯性继续运转，机构的 JC 就会大于电动机的 JC。

机构的惯性增加率 C 值，按式（9.4-15）计算：

$$C = \frac{J_d + J_e}{J_d} \qquad (9.4\text{-}15)$$

式中　C——惯性增加率；

　　　J_d——电动机的转动惯量（$kg \cdot m^2$）；

　　　J_e——电动机以外的运动质量折算到电动机轴上的转动惯量（$kg \cdot m^2$）。

折合的全起动次数 Z 值按式（9.4-16）计算：

$$Z = d_c + kd_i + rf \qquad (9.4\text{-}16)$$

式中　Z——折合的每小时全起动次数；

　　　d_c——每小时全起动次数；

　　　d_i——每小时点动或不完全起动次数；

　　　f——每小时电气制动次数；

　　　$k，r$——折合系数，一般取 $k = 0.25$，$r = 0.8$；

按 Z 值划分起动等级，一般为每小时 150，300，600 次。

惯性增加率 C 与折合的全起动次数 Z 的乘积是起、制动影响电动机发热的重要参数。CZ 值的常用数值是 150，300，450，600，1000。

起重机各机构的接电持续率 JC 值、惯量增加率 C 与折合的每小时全起动次数 Z 的乘积 CZ 值及稳态负载平均系数 G 值，应根据实际载荷及控制情况计算。如设计时无法获得其详细资料，可参考表 9.4-2 计算。初选电动机时，可参考表 9.4-3 及表 9.4-4 确定。稳态负载平均系数 G 的具体数值见表 9.4-5。但是对采用调速系统的机构，其起、制动和点动次数与非调速系统相比，已发生了较大的变化，因此确定其 CZ 值时，应充分考虑此因素。

表 9.4-2　JC、CZ、G 值

起重机型式		用途	起升机构			副起升机构			回转机构		
			$JC(\%)$	CZ	G	$JC(\%)$	CZ	G	$JC(\%)$	CZ	G
桥式起重机	吊钩式	电站安装及检修用	15~25	150	G_2	15~25	150	G_1			
		车间及仓库用	25	150	G_2	25	150	G_2			
		繁忙的车间及仓库用	40	300	G_2	25	150	G_2			
	抓斗式	间断装卸用	40	450	G_2						
门式起重机	吊钩式	一般用途	25	150	G_2	25	150	G_2			
门座起重机	吊钩式	安装用	25	150	G_2	25	150	G_2	25	300	G_2
	吊钩式	装卸用	40	300	G_2				25	1000	G_2
	抓斗式		60	450	G_3				40	1000	G_2

起重机型式		用途	小车运行机构			大车运行机构			变幅机构		
			$JC(\%)$	CZ	G	$JC(\%)$	CZ	G	$JC(\%)$	CZ	G
桥式起重机	吊钩式	电站安装及检修用	15	300	G_1	15	600	G_1			
		车间及仓库用	25	300	G_2	25	600	G_2			
		繁忙的车间及仓库用	25	600	G_2	40	1000	G_2			
	抓斗式	间断装卸用	40	800	G_2	40	1500	G_2			
门式起重机	吊钩式	一般用途	25	300	G_2	25	450	G_2			
门座起重机	吊钩式	安装用				25	150	G_2	25	150	G_2
	吊钩式	装卸用				15	150	G_2	25	600	G_2
	抓斗式					15	150	G_2	40	600	G_2

注：表中稳态负载平均系数 G_1、G_2、G_3 的值，可由表 9.4-5 选取。

表 9.4-3　垂直运动机构的接电持续率和每小时工作循环数参考值

起重机类型				接电持续率 $JC(\%)$		
序号	名　称	特点	每小时工作循环数	起升	铰接臂俯仰	臂架俯仰
1	安装用臂架起重机		2~25	25~40		25
2	电站、机加工车间安装起重机		2~25	15~40		
3	货场装卸桥	吊钩	20~60	40	S2 15~30min	
4	货场装卸桥	抓斗或电磁盘	25~80	60~100	S2 15~30min	
5	车间起重机		10~15	25~40		
6	抓斗或电磁起重机、繁忙的仓库及货场用门式起重机		40~120	40~100		

（续）

起重机类型				接电持续率 JC(%)		
序号	名　称	特点	每小时工作循环数	起升	铰接臂俯仰	臂架俯仰
7	铸造起重机		3～10	40～60		
8	均热炉起重机		30～60	40～60		
9	锻造起重机		6	40		
10	岸边装卸用起重机 岸边集装箱起重机	吊钩或其他吊具	20～60	40～60	S2 15～30min	
11	卸货用抓斗或电磁起重机		20～80	40～100	S2 15～30min	
12	船厂臂架起重机	吊钩	20～50	40		40
13	门座起重机	吊钩	40	60		40～60
14	门座起重机 集装箱起重机	抓斗、电磁盘或集装箱吊具	25～60	60～100		40～60
15	建筑用塔式起重机		20	40～60		25～40
16	桅杆起重机		10	S1 或 S2 30min		S1 或 S2 30min
17	铁路起重机		10	40		

表9.4-4　水平运动机构的接电持续率和每小时工作循环数参考值

起重机类型				接电持续率 JC(%)		
序号	名　称	特点	每小时工作循环数	大车运行	小车运行	回转
1	安装用臂架起重机		2～25	25～40	25～40	25
2	电站、机加工车间安装起重机		2～25	25	25	
3	货场装卸桥	吊钩	20～60	25～40	40～60	15～40
4	货场装卸桥	抓斗或电磁盘	25～80	15～40	60	40
5	车间起重机		10～15	25～40	25～40	
6	抓斗或电磁起重机、繁忙的仓库及货场用门式起重机		40～120	60～100	40～60	
7	铸造起重机		3～10	40～60	40～60	
8	均热炉起重机		30～60	40～60	40～60	40
9	锻造起重机		6	25	25	100
10	岸边装卸用起重机 岸边集装箱起重机	吊钩或其他吊具	20～60	15～40	40～60	15～40
11	卸货用抓斗或电磁起重机		20～80	15～60	40～100	40
12	船厂臂架起重机	吊钩	20～50	25～40	40	25
13	门座起重机	吊钩	40	15～25	40	25～40
14	门座起重机 集装箱起重机	抓斗、电磁盘或集装箱吊具	25～60	25～40		40～60
15	建筑用塔式起重机		20	15～40	25	40～60
16	桅杆起重机		10			25
17	铁路起重机		10			25

表9.4-5　稳态负载平均系数 G

稳态负载平均系数	起升机构	运行机构			回转机构		变幅机构
		室内起重机小车	室内起重机大车	室外起重机	室内	室外	
G_1	0.7	0.7	0.85	0.75	0.8	0.5	0.7
G_2	0.8	0.8	0.8	0.8	0.85	0.6	0.75
G_3	0.9	0.9	0.95	0.85	0.9	0.7	0.8
G_4	1.0	1.0	1.0	0.9	1.0	0.8	0.85

1.2.2　机构制动器的选择和校验

起重机各机构必须配备工作可靠、性能良好的制动器。根据不同作业条件，可以选用不同结构型式（如块式、盘式和带式）、不同操作情况（如常闭式、常开式和综合式）和不同驱动方式（如自动式、操纵式）的制动器。各类制动器均应具有足够的制动安全系数。

为了减小制动器的制动转矩和外形尺寸，通常将制动轮布置在机构的高速轴上。

初步选定机构制动器后，要校验机构的制动时间。制动时间过长会导致工作不安全，过短则会产生过大的惯性载荷和冲击载荷。制动时间应根据起重机的用途、机构的工作速度、惯性质量的大小和安全性等因素确定。制动时间和相应的制动减速度的规定值（或推荐值）见本篇有关章节。

1. 起升机构

起升机构的每一套独立的驱动装置至少要装设一个支持制动器。吊运液体金属及其他危险物品的起升机构，每套独立的驱动装置至少应装设两个支持制动器。起升机构制动器的制动距离应满足起重机使用要求。

支持制动器应是常闭式的，制动轮/盘应装在与传动机构刚性连接的轴上。

在起升机构中，不宜采用无控制的物品自由下降方式，减速制动是用来将悬挂在空中的正在向下运动的物品减速到停机或到一个较低的下降速度时实施停机制动。起升机构的减速制动可以由机械式支持制动器来完成，也可以由电气制动（如变频制动、再生制动、反接制动、能耗制动及涡流制动）来完成。电气制动只用于减速制动，不能用于支持制动和安全制动。

在安全性要求特别高的起升机构中，为防止起升机构的驱动装置一旦损坏而出现特殊的事故，在钢丝绳卷筒上装设机械式制动器作安全制动用。此安全制动器在机构失效或传动装置损坏导致物品超速下降，下降速度达到 1.5 倍额定速度前自动起作用。

2. 回转机构

回转机构所需制动转矩的变化范围很大，宜选用可操纵的常开式制动器。制动器产生的最大制动转矩应能使起重机回转部分在顺风、顺坡和最大幅度工况下，在规定时间内被制动住。采用常开式制动器时，应装设锁紧装置，以防止在起重机停车状态下自行转动。采用常闭式制动器时，制动时回转臂架端部的切向减速度应取成与起动时的切向加速度相同。

回转机构通常应装设极限转矩联轴器，以避免回转部分剧烈（起）制动或操作不当而导致电动机、传动装置和结构件的损坏。当回转机构采用蜗轮传动时，极限转矩联轴器应安装在蜗轮蜗杆啮合副之后。极限转矩联轴器的极限转矩值应调整为电动机的最大转矩换算到极限转矩联轴器轴上的换算转矩的 1.1 倍。

回转机构采用齿轮传动装置时，可不安装极限转矩联轴器，但传动装置应校验事故状态下的静强度。

3. 变幅机构

变幅机构应采用常闭式机械制动器。所选制动器应保证臂架系统在工作状态和非工作状态下均能在要求的位置上停住。

对于平衡变幅机构，工作状态和非工作状态下的制动安全系数应取不同值。

对于非平衡动臂式变幅机构，在一般情况下应装一个机械式制动器；在重要情况下应装两个机械式支持制动器或装一个机械式支持制动器和一个停止器。液压变幅机构应装平衡阀。

对于钢丝绳牵引小车变幅机构，机械式制动器的制动转矩与运行摩擦阻力矩之和，应能使处于不利情况下的变幅小车在要求的时间内停止下来。

机构制动时，应保证臂架系统的平稳性。常用的方法有：①采用两个机械式制动器进行分级制动，两台制动器的制动转矩之和应满足安全性要求；②采用机械制动与电气制动相联合的制动方式，制动过程中首先依靠电气制动使机构逐步减速，最后接入机械制动器制动住臂架（或臂架系统）。采用联合制动时，机械制动器的制动安全系数仍应满足规范的要求。

机构制动器的选择详见本篇有关章节。

4. 运行机构

室外轨道式起重机的运行机构一般采用分别驱动形式，通常每一个驱动装置应配备一台常闭式制动器。所选制动器应保证满载（非工作性运行机构除外）起重机（或小车）在顺风（Ⅱ类计算风压）、下坡工况下，在规定的时间（或距离）内被可靠地制动住，而在无载、无风、上坡条件下，制动时间（或制动距离）不应过短。

机构制动时，还应满足驱动轮不打滑的条件。

1.2.3　机构减速器的选择

选用标准减速器时，其总的设计寿命一般应与机构的利用等级相一致。

对于起升机构这类不稳定运转过程中动载荷不大的机构，可根据额定载荷或电动机的额定功率选择减速器；对于运行和回转这类不稳定运转过程中动载荷较大的机构，应根据考虑动载荷后的实际载荷来选择减速器。

起重机械中广泛采用专用的起重机减速器。中硬齿面的齿轮减速器已得到采用。

选择减速器时，应首先按机构的功能要求、载荷特点和布置方式，选取减速器的结构型式，然后按机构的工作级别、功率、输入轴转速、传动比、中心距以及减速器的装配型式、安装型式和轴端连接方式等选择减速器的型号。

初选减速器后，应按机构工作状态下的最大载荷校核减速器输出轴的强度和最大径向力。

1.3　起重机通用机械零件的设计计算

1.3.1　计算内容和方法

起重机机械零件的设计计算包括以下内容，但并非全部零件都要进行以下各项计算，而是根据零件所处的部位及其受载情况进行合理地选择。

1. 强度计算

强度计算包括抗脆性断裂及防止出现塑性变形的计算，其目的是要验证计算应力不超过所采用材料的许用应力。对传动机构中的大多数零件均要进行此项计算，对受力较大的承载零件也需进行此项计算。在确定许用应力时，对于弹塑性较好的材料（$R_{eL}/R_m < 0.7$）制成的机械零件，可以用下屈服强度除以安全系数进行强度计算。但对于机械零件中使用较多的高强度材料或经过热处理提高了其机械性能的材料，其下屈服强度与抗拉强度之比是较高或很高的（经常 $R_{eL}/R_m \geqslant 0.7$），如果强度计算的许用应力仍根据下屈服强度来确定，零件就容易在其所受应力偶然超过这个强度时发生脆性破坏。因此对这类机械零件应该用其钢材的抗拉强度除以安全系数进行强度计算。

2. 稳定计算

稳定计算包括对易丧失稳定的零件进行的抗失稳计算，对较长的高速传动轴进行防止达到临界转速的计算等。特别是对于使用高强度材料的机构，更应重视对零件的稳定计算。

3. 耐磨及发热计算

耐磨及发热计算包括对受力较大的摩擦磨损件进行耐磨计算和对可能出现较高发热的零部件进行防止过热的计算。对于采用新的金属及非金属材料制成的零件，更应进行此项计算。

4. 抗疲劳计算

对承受应力循环次数较多的零件，应进行抗疲劳计算。

起重机机械零件的上述计算都是用安全系数法，

即考核这些零件在抗失效方面是否有足够的安全裕度。

1.3.2　计算载荷与载荷情况

1. 计算载荷

起重机机构零件受到的载荷基本上可分为两类：P_M 型载荷和 P_R 型载荷。

2. 载荷情况

起重机机械零件设计计算中的载荷要考虑在情况 Ⅰ：无风正常工作；情况 Ⅱ：有风正常工作；情况 Ⅲ：特殊载荷作用等三种情况下 P_M、P_R 各类载荷的载荷组合。

1.3.3　强度计算

1. 许用应力值

1）当钢材的下屈服强度（R_{eL}）与钢材的抗拉强度（R_m）之比小于 0.7 时，许用应力按式（9.4-17）确定：

$$[\sigma] = R_{eL}/n_s \qquad (9.4\text{-}17)$$

式中　$[\sigma]$——钢材的基本许用应力（MPa）；

　　　R_{eL}——钢材的下屈服强度（MPa）；

　　　n_s——与钢材的下屈服强度及载荷情况相对应的安全系数，见表9.4-6。

表 9.4-6　n_s 和 n_b

载荷情况	安全系数	
	n_s	n_b[①]
Ⅰ 和 Ⅱ	1.48	2.2
Ⅲ	1.22	1.8

① 对灰铸铁，n_b 值要增加 25%。

2）对 $R_{eL}/R_m \geqslant 0.7$ 的材料，许用应力按式（9.4-18）确定：

$$[\sigma] = R_m/n_b \qquad (9.4\text{-}18)$$

式中　$[\sigma]$——钢材的基本许用应力（MPa）；

　　　R_m——机械零件钢材的抗拉强度（MPa）；

　　　n_b——与钢材的抗拉强度及载荷情况相对应的安全系数，见表9.4-6。

2. 计算应力与许用应力之间的关系

机械零件危险点的计算应力，用通常的力学方法计算；复合应力按合适的强度理论予以合成。当计算应力与许用应力之间符合以下关系时，即认为该机械零件满足了强度的条件：

1）纯拉伸：$1.25\sigma_t \leqslant [\sigma]$，$\sigma_t$ 为计算的拉伸应力；

2）纯压缩：$\sigma_c \leqslant [\sigma]$，$\sigma_c$ 为计算的压缩应力；

3）纯弯曲：$\sigma_f \leqslant [\sigma]$，$\sigma_f$ 为计算的弯曲应力；

4）拉伸和弯曲复合：$1.25\sigma_t + \sigma_f \leqslant [\sigma]$；

5）压缩和弯曲复合：$\sigma_c + \sigma_f \leqslant [\sigma]$；

6）纯剪切：$\sqrt{3}\tau \leqslant [\sigma]$，$\tau$ 为计算的剪切应力；

7）拉伸、弯曲和剪切复合：$\sqrt{(1.25\sigma_t + \sigma_f)^2 + 3\tau^2} \leqslant [\sigma]$；

8）压缩、弯曲和剪切复合：$\sqrt{(\sigma_c + \sigma_f)^2 + 3\tau^2} \leqslant [\sigma]$。

1.3.4 稳定计算

1. 抗失稳计算

对易于丧失稳定的零件，计算目的是验证其计算应力是否会超过作为临界应力函数的某个极限应力，超过临界应力就有发生失稳的危险。计算时，要考虑增大系数 γ'_m（见表9.4-1），其数值与机构工作级别有关。

有关零件抗失稳计算可参见金属结构构件抗失稳计算的相关内容。

2. 轴的临界转速

对转速超过 400r/min 的长传动轴，应计算其临界转速，并满足式（9.4-19）的要求：

$$n_{max} \leqslant \frac{n_{cr}}{1.2} \qquad (9.4\text{-}19)$$

式中 n_{max}——轴的实际最大转速（r/min）；

n_{cr}——轴的临界转速（r/min）

$$n_{cr} = 1210 \frac{\sqrt{d_1^2 + d^2}}{l^2}$$

d_1——空心轴的内直径（cm），当为实心轴时，$d_1 = 0$；

d——轴的外直径（cm）；

l——轴的支点间距（m）。

1.3.5 耐磨及防过热计算

1. 耐磨计算

对于受磨损的零件，根据经验对一些影响磨损的特定物理量进行计算，使之不会导致过度磨损。如对制动器、离合器及滑动支承等，应计算其摩擦表面的单位面积压力强度 p 与摩擦面相对运动速度 v 乘积的特性系数 pv 值，要求它不超过允许范围。

2. 防过热计算

在盘式制动器或鼓式制动器中，摩擦面要选用耐磨损耐高强的材料，制动轮（盘）应有良好的散热条件，对频繁动作的制动器还应进行散热计算，应重视温度升高引起制动轮（盘）与制动衬垫的摩擦因数变化，必要时应进行制动器热容量的计算。传动系统中采用液力耦合器时应具有足够的散热条件，并应采取防过热的保护措施。

1.3.6 疲劳强度的计算

1. 一般方法

零件的疲劳强度主要由以下因素所确定：

1）制造零件的材料。

2）形状、表面情况、腐蚀状态、尺寸（比例效应）和其他产生应力集中的因素。

3）在各种应力循环过程中出现的最小应力和最大应力的比值。

4）应力谱。

5）应力循环数。

一般情况下，机械零件的疲劳强度要从材料和零件的应力、疲劳循环特性以及与这些特性有关的规律中推导出来。

疲劳强度是以所选用的材料制成的抛光试件在交变拉伸疲劳载荷下的疲劳极限为基础，并采用一些系数来考虑零件的几何形状、表面情况、腐蚀状态和尺寸等因素降低疲劳强度的影响。

借助疲劳极限曲线［史密斯（SMITH）图］，由交变载荷（应力循环特征值 $r = -1$）下的疲劳极限可得出与其他应力循环特征值 r 相对应的疲劳极限。在此曲线中，对于疲劳强度曲线的形状作了某些简化假设。

用这种确定实际零件相对于已知应力循环特征值 r 的疲劳极限的方法，可以用来绘制疲劳寿命曲线［威勒（WOHLER）曲线］，此曲线表示了在具有相同的应力循环特征值 r 的应力循环下疲劳应力与应力循环数的关系。根据此曲线。利用迈内尔（MINER）疲劳损伤线性累积假设，根据机械零件的工作级别，便可以确定它的疲劳强度。

本文中所叙述的确定疲劳强度的方法，只适用于材料结构在所考虑的整个截面上是均匀的零件。因此，经过表面处理（如淬硬、氧化、表面硬化）的零件就不能用这个方法，只有当疲劳寿命曲线表示的是由同样材料制造、有相同的形状和尺寸，并受过完全相同的表面处理的零件，才可以由它来确定要计算的零件的疲劳强度。

只需用载荷情况 I（见1.1.2）进行机械零件疲劳强度计算。

应力循环数小于 8000 次时，可不必进行疲劳计算。

2. 抛光试件在交变载荷（$r = -1$）下的疲劳计算

研究表明，机械零件的抛光试件在交变旋转弯曲作用下的疲劳极限值 σ_{bw} 可以近似地作为交变非旋转的弯曲作用下疲劳极限值。

交变轴向拉伸和压缩作用下的疲劳极限值，应比 σ_{bw} 减少 20%。

交变剪切（纯剪切或扭转）作用下的疲劳极限 τ_w，可由式（9.4-20）得出：

$$\tau_w = \frac{\sigma_{bw}}{\sqrt{3}} \qquad (9.4\text{-}20)$$

式中　τ_w——抛光零件在交变剪切（纯剪切或扭转）作用下的疲劳极限（MPa）；

σ_{bw}——抛光试件在交变旋转弯曲作用下的疲劳极限值（MPa）。

此处给定的 σ_{bw} 值一般为对应于 90% 完好率的统计值，对常用的钢材为碳钢的机械零件，σ_{bw} 值可按式（9.4-21）决定：

$$\sigma_{bw} = 0.5 R_m \qquad (9.4\text{-}21)$$

式中　σ_{bw}——同式（9.4-20）；

R_m——机械零件钢材的抗拉强度（MPa）。

3. 形状、尺寸、表面情况和腐蚀的影响

对所讨论零件，由于其形状、尺寸、表面（机械加工）情况以及其腐蚀状态等因素的影响，必然使其在交变载荷下的疲劳极限相对于抛光试件的理想状态有所降低。分别用大于或等于 1 的系数 K_s、K_d、K_u 和 K_c 来考虑这些影响。

（1）形状系数 K_s 确定方法　形状系数 K_s 表示有圆弧过渡的截面变化、环形槽、横向孔及轮毂固定方法等造成的应力集中。

图 9.4-1 和图 9.4-2 给出了适用于直径 $D = 10mm$ 的形状系数 K_s 值，它们是金属材料抗拉强度的函数。

图 9.4-1 给出的系数 K_s 用于 $D/d = 2$ 的阶梯轴，对于其他的 D/d 值，K_s 可参用表 9.4-7 的修正系数求得。曲线图 9.4-2 给出的一些 K_s 值，用于孔、环形槽和键槽。

直径超过 10mm 时要引入尺寸系数 K_d。

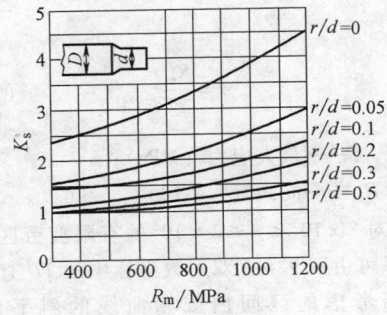

图 9.4-1　形状系数 K_s

（直径 $D = 10mm$，阶梯截面 $D/d = 2$）

对其他的 D/d 值，由曲线 $(r/d) + q$ 求得 K_s，表

9.4-7 列出修正系数 q 值。

表 9.4-7　$D/d \leqslant 2$ 时修正系数 q 值

D/d	1.05	1.1	1.2	1.3	1.4	1.6	2
q	0.13	0.1	0.07	0.052	0.04	0.022	0

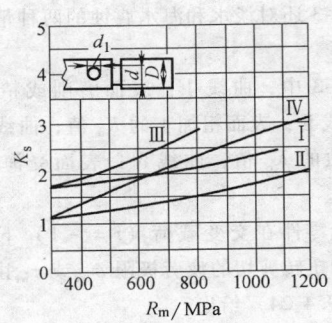

图 9.4-2　形状系数 K_s

（直径 $D = 10mm$，孔、环形槽和键槽）

图 9.4-2 中，曲线 Ⅰ：横向孔 $d_1 = 0.175d$；曲线 Ⅱ：环形槽，深 1mm；曲线 Ⅲ：用键与轮毂相连；曲线 Ⅳ：用压配合与轮毂相连。

（2）形状系数 K_d 的确定方法　直径大于 10mm 时，应力集中效应增加，引入尺寸系数 K_d 来加以考虑。

表 9.4-8 给出了 d 由 10mm 至 400mm 的系数 K_d 值。

表 9.4-8　K_d 值

d/mm	10	20	30	50	100	200	400
K_d	1	1.1	1.25	1.45	1.65	1.75	1.8

（3）表面情况（机加工方法）系数 K_u 的确定　经验表明：表面粗加工零件的疲劳极限比精细抛光的零件低。

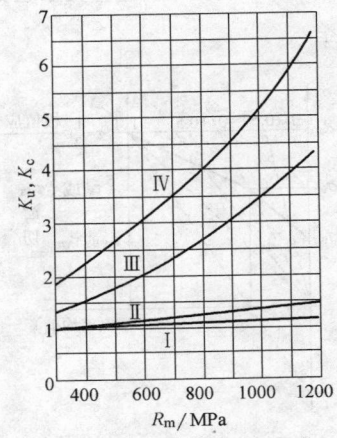

图 9.4-3　加工系数 K_u、腐蚀系数 K_c

用图 9.4-3 给出的机加工系数 K_u 来考虑这一因素，它们分别是相对于磨削或用金刚砂精细抛光的表面，及粗加工的表面。

（4）腐蚀系数 K_c 的确定　腐蚀对钢材的疲劳极限有非常明显的影响，用系数 K_c 来加以考虑。

图 9.4-3 还对淡水和海水腐蚀的两种情况给出了系数 K_c 值。

图 9.4-3 中，曲线 I：表面磨削或精细抛光的 K_u 值；曲线 II：表面粗加工的 K_u 值；曲线 III：表面受淡水腐蚀的 K_c 值；曲线 IV：表面受海水腐蚀的 K_c 值。

所讨论零件在交变载荷（$r = -1$）下拉伸、压缩、弯曲和扭转剪切的疲劳极限 σ_{wr} 或 τ_{wr} 由式（9.4-22）~式（9.4-24）给出：

$$\sigma_{wr} = \frac{\sigma_{bw}}{K_s K_d K_u K_c} \tag{9.4-22}$$

或

$$\tau_{wr} = \frac{\tau_w}{K_s K_d K_u K_c} \tag{9.4-23}$$

在纯剪切情况下，取：

$$\tau_{wr} = \tau_w \tag{9.4-24}$$

式中　σ_{wr} 或 τ_{wr}——零件拉伸、压缩、弯曲和扭转剪切的疲劳极限（MPa）；

τ_w——同式（9.4-20）；

K_s、K_d、K_u、K_c——系数。

4. 作为 r、R_m 和 $\sigma_{wr}(\tau_{wr})$ 函数的疲劳极限

图 9.4-4 为疲劳极限曲线［史密斯（SMITH）图］，它表达了疲劳极限 σ_d（或 τ_d）与极值应力比 r、抗拉强度 R_m 和交变载荷（$r = -1$）下疲劳极限 $\sigma_{wr}(\tau_{wr})$ 之间的假设关系，这些关系也如表 9.4-9 内容所示。

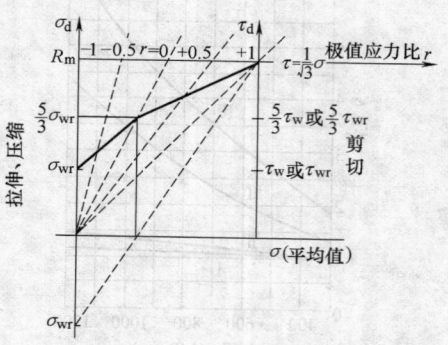

图 9.4-4　疲劳极限曲线

表 9.4-9　机械零件疲劳极限 σ_d（τ_d）与 r、R_m、σ_{wr} 的关系

正应力	$-1 \leqslant r < 0$	$\sigma_d = \dfrac{5}{3-2r}\sigma_{wr}$	交变应力
	$0 \leqslant r \leqslant 1$	$\sigma_d = \dfrac{\dfrac{5}{3}\sigma_{wr}}{1-\left(1-\dfrac{\dfrac{5}{3}\sigma_{wr}}{R_m}\right)r}$	脉动应力
剪切应力	$-1 \leqslant r < 0$	$\tau_d = \dfrac{5}{3-2r}\tau_{wr}$	交变应力
	$0 \leqslant r \leqslant 1$	$\tau_d = \dfrac{\dfrac{5}{3}\tau_{wr}}{1-\left(1-\dfrac{\dfrac{5}{3}\tau_{wr}}{R_m}\right)r}$	脉动应力

5. 疲劳寿命曲线（威勒曲线）

图 9.4-5 的疲劳寿命曲线表示了当所有应力循环具有相同的幅值和相同的应力循环特征值 r 时，疲劳破坏前能承受的应力循环数 n 和最大应力 $\sigma(\tau)$ 之间的函数关系，假设如下：

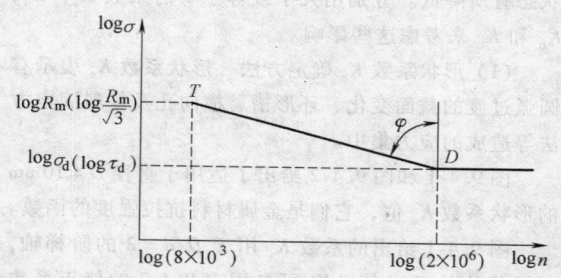

图 9.4-5　疲劳寿命曲线

1）对 $n \leqslant 8 \times 10^3$：

$$\sigma = R_m \tag{9.4-25}$$

或

$$\tau = \frac{R_m}{\sqrt{3}} \tag{9.4-26}$$

式中　σ、τ——最大应力（MPa）；

R_m——同式（9.4-18）。

2）对 $8 \times 10^3 \leqslant n \leqslant 2 \times 10^6$ 的有限疲劳区，这一函数关系可由图 9.4-5 双对数坐标中的 TD 直线来表示，在所考虑的区间内威勒曲线的斜率由 C 来表示。

$$C = \tan\varphi = \frac{\log(2 \times 10^6) - \log(8 \times 10^3)}{\log(R_m) - \log(\sigma_d)} \tag{9.4-27}$$

或

$$C = \tan\varphi = \frac{\log(2 \times 10^6) - \log(8 \times 10^3)}{\log\left(\dfrac{R_m}{\sqrt{3}}\right) - \log(\tau_d)}$$

$$(9.4\text{-}28)$$

3）对 $n \geqslant 2 \times 10^6$：

$$\sigma = \sigma_d \qquad (9.4\text{-}29)$$

或

$$\tau = \tau_d \qquad (9.4\text{-}30)$$

式中　C——威勒曲线斜率；

$\tan\varphi$——威勒曲线斜率；

R_m——同式（9.4-18）；

σ_d、τ_d——机械零件的疲劳极限（MPa）；

σ、τ——最大应力（MPa）。

上述 C 值表示了该机械零件实际的应力谱系数 K_s 值。

6. 机械零件的疲劳强度

一个已知的机械零件，其拉伸或压缩疲劳强度 σ_r 或剪切疲劳强度 τ_r 可以分别用式（9.4-31）和式（9.4-32）来确定：

$$\sigma_r = \left(2^{\frac{8-j}{C}}\right)\sigma_d \qquad (9.4\text{-}31)$$

或

$$\tau_r = \left(2^{\frac{8-j}{C}}\right)\tau_d \qquad (9.4\text{-}32)$$

式中　σ_r——机械零件的拉伸或压缩疲劳强度（MPa）；

j——为该机械零件工作级别的组别号，$j = 1 \sim 8$，参见结构件或机械零件的工作级别表；

C——同式（9.4-27）；

σ_d——同式（9.4-18）；

τ_r——机械零件的剪切疲劳强度（MPa）；

τ_d——同式（9.4-18）。

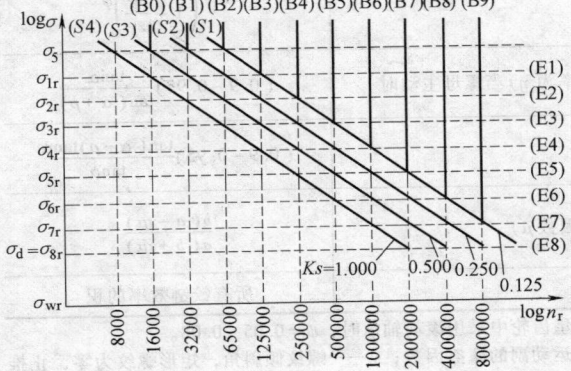

图 9.4-6　每个零件组别的临界疲劳应力图

根据机械零件总应力循环数 n_T 和应力谱系数 K_s，它们的组别划分和相应于每一组别的临界疲劳应力如图 9.4-6 所示，其中 σ_{jr} 表示用于工作级别的应力。对临界剪切应力，字母 σ 用 τ 来代替。

7. 疲劳许用应力和疲劳计算

将式（9.4-31）及式（9.4-32）中所定义的 σ_r 和 τ_r 分别除以疲劳安全系数 n_r，就可以求出疲劳许用应力 $[\sigma_r]$ 和 $[\tau_r]$。

取：

$$n_r = 3.2^{1/C} \qquad (9.4\text{-}33)$$

疲劳许用应力为：

$$[\sigma_r] = \frac{\sigma_r}{n_r} \qquad (9.4\text{-}34)$$

$$[\tau_r] = \frac{\tau_r}{n_r} \qquad (9.4\text{-}35)$$

疲劳计算：

$$\sigma \leqslant [\sigma_r] \qquad (9.4\text{-}36)$$

$$\tau \leqslant [\tau_r] \qquad (9.4\text{-}37)$$

式中　n_r——疲劳安全系数；

C——同式（9.4-27）；

$[\sigma_r]$——机械零件拉伸或压缩疲劳许用应力（MPa）；

σ_r——同式（9.4-31）；

$[\tau_r]$——机械零件的剪切疲劳许用应力（MPa）；

τ_r——同式（9.4-32）；

σ——最大计算正应力（MPa）；

τ——最大计算剪切应力（MPa）。

受具有不同应力循环特征值 r 的正应力和剪切应力同时作用的零件，应满足下述条件：

$$\left(\frac{\sigma_x}{\sigma_{xr}}\right)^2 + \left(\frac{\sigma_y}{\sigma_{yr}}\right)^2 - \left(\frac{\sigma_x \sigma_y}{|\sigma_{xr}| \cdot |\sigma_{yr}|}\right) + \left(\frac{\tau}{\tau_r}\right)^2 = \frac{1.1}{n_r^2}$$

$$(9.4\text{-}38)$$

式中　σ_x、σ_y——x 方向或 y 方向的最大正应力（MPa）；

σ_{xr}、σ_{yr}——x 方向或 y 方向的正应力疲劳强度（MPa）；

τ——最大剪应力（MPa）；

τ_r——同式（9.4-32）；

n_r——同式（9.4-33）。

如果不能从相应的应力 σ_x、σ_y 和 τ 确定上述关系的最不利情况，就应分别对载荷应力 σ_{xmax}、σ_{ymax} 和 τ_{max} 以及最不利的相应应力进行计算。

应注意上述计算并不能保证机械零件抗脆性破坏的安全性，只有选择合适的钢材质量组别才能确保这种安全性，可参见《起重机设计规范》（GB/T 3811—2008）。

1.4　起重机机构传动装置的效率

表 9.4-10 列出起重机机构中广泛采用的传动装置和传动部件的效率（近似）值，供机构设计时参考。

2　起升机构

2.1　起升机构的组成与特点

在起重机中，用以提升或下降货物的机构称为起升机构，一般采用卷扬式。起升机构是起重机中最重要、最基本的机构，其工作的好坏直接影响整台起重机的工作性能。

起升机构一般由驱动装置、钢丝绳卷绕系统、取物装置和安全保护装置等组成。驱动装置包括电动机、联轴器、制动器、减速器、卷筒等部件。钢丝绳卷绕系统包括钢丝绳、卷筒、定滑轮和动滑轮。取物装置有吊钩、吊环、抓斗、集装箱吊具、电磁吸盘、挂梁和其他专用吊具等多种型式，其具体型式由起重机吊运的物品确定。安全保护装置有超负荷限制器、

表 9.4-10　机构传动装置和传动部件的效率值

传动装置和传动部件		效　率	
		滑动轴承	滚动轴承
圆柱齿轮传动	闭式稀油润滑	0.95～0.97	0.97～0.99
	闭式干油润滑	0.94～0.95	0.96～0.97
	开式干油润滑	0.93～0.94	0.95～0.96
锥齿轮传动	闭式稀油润滑	0.94～0.96	0.96～0.98
	闭式干油润滑	0.93～0.94	0.95～0.96
	开式干油润滑	0.92～0.93	0.94～0.95
闭式链传动（片式链）		0.95	0.97
开式链传动（片式链）		0.93	0.95
圆柱蜗杆传动（蜗杆为主动,传动比为 i）	单头蜗杆（$i>30$）	0.68～0.8	
	双头蜗杆（$14<i\leqslant30$）	0.83～0.87	
	四头蜗杆（$8<i\leqslant14$）	0.89～0.91	
弧面蜗杆传动（蜗杆为主动,传动比为 i）	单头蜗杆（$i=40\sim63$）	0.55～0.75	
	双头蜗杆（$i=20\sim31.5$）	0.65～0.80	
	四头蜗杆（$i=10\sim16$）	0.70～0.90	
针轮传动		0.92～0.93	0.94～0.95
联轴器	弹性套柱销轴联轴器	0.99～0.995	
	齿轮联轴器（保证干油润滑）	0.99～0.995	
	摩擦联轴器	0.85～0.95	
单级行星齿轮传动（行星轮齿数 z_a,固定齿圈齿数 z_b,损失系数 ψ）		$1-\left(\dfrac{1}{1+\dfrac{z_b}{z_a}}\right)\psi$	
同上（当行星轮固定时）		$1-\left(\dfrac{1}{1+\dfrac{z_b}{z_a}}\right)\psi$	
螺杆螺母传动（螺旋线的平均升角为 α,摩擦角为 ρ,轴承效率为 η）当螺母主动时		$(0.9\sim0.95)\dfrac{\tan\alpha}{\tan(\alpha+\rho)}$	
当螺杆主动时		$(0.9\sim0.95)\dfrac{\tan(\alpha-\rho)\tan\alpha}{\tan\alpha}$	
铰链（半径 r,杠杆长臂 a,短臂 b,支承的摩擦因数 μ）		$\dfrac{b(a-\eta\mu)}{a(b+\eta\mu)}$	
杠杆操纵系统		所有铰链效率的积	

注：1. 当全部支承为滚动轴承时，$\psi=0.03\sim0.06$，仅在行星齿轮中采用滚动轴承时，$\psi=0.05\sim0.08$。
　　2. 摩擦角 $\rho=\arctan(\mu/\cos\gamma)$，式中：$\mu$——螺母-螺杆运动副的摩擦因数；$\gamma$——螺纹倾斜角，矩形螺纹为零，止推螺纹 $\gamma=3°$，梯形螺纹 $\gamma=15°$，公制螺纹 $\gamma=30°$。
钢丝绳滑轮组的效率见 2.3.2 节中的相关内容。

起升高度限位器、下降深度限位器、超速保护开关等，根据实际需要配用。图 9.4-7 为单联卷筒、吊钩作业的起升机构示意图。

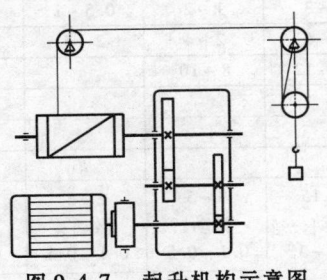

图 9.4-7　起升机构示意图

起升机构有电动机驱动、内燃机驱动和液压驱动三种驱动方式。

电动机驱动是起升机构主要的驱动方式。直流电动机的机械特性适合起升机构工作要求，调速性能好，但获得直流电源较为困难。在大型的工程起重机上，常采用内燃机和直流发电机实现直流驱动。交流电动机驱动能直接从电网取得电能，操纵简单，维护容易，机组质量轻，工作可靠，在电动起升机构中被广泛采用。

内燃机驱动的起升机构，其动力由内燃机经机械传动装置集中传给包括起升机构在内的各个工作机构。这种驱动方式的优点是具有自身独立的能源，机动灵活，适用于流动作业的流动式起重机。为保证各机构的独立运动，整机的传动系统复杂笨重。由于内燃机不能逆转，不能带载起动，需依靠传动环节的离合实现起动和换向，这种驱动方式调速困难，操纵麻烦，属于淘汰类型。目前只在现有的少数履带起重机和铁路起重机上应用。

液压驱动的起升机构，由原动机带动液压泵，将工作油液输入执行构件（液压缸或液压马达）使机构动作，通过控制输入执行构件的液体流量实现调速。液压驱动的优点是传动比大，可以实现大范围的无级调速，结构紧凑，运转平稳，操作方便，过载保护性能好。缺点是液压传动元件的制造精度要求高，液体容易泄漏。目前液压驱动在流动式起重机上获得日益广泛的应用。

设计起升机构时需给定的主要参数有：起重量、机构工作级别、起升高度和起升速度。

起重量对起升机构的组成型式、传动部件的型号尺寸和电动机的驱动功率都有重要的影响。在起重机系列设计时，合理选择起重量系列是重要的环节。一般情况下，当起重量超过 10t 时，常设两套起升机构，即主起升机构和副起升机构，如图 9.4-8 所示。

主起升机构的起重量大，用以起吊重的货物。副起升机构的起重量小，但速度较快，用以起吊较轻的货物或作辅助性工作，提高工作效率。副起升机构的起重量一般取为主起升机构起重量的 20% ~ 30%。港口装卸用门座起重机和桥式抓斗卸船机的起重量系列有 5t、8t、10t、16t、20t、25t、32t、40t、63t 等。其中，有些门座起重机可根据作业需要，在不同幅度范围内取不同的起重量。桥式和门式起重机的主/副起升机构的起重量系列有 12.5/3t、16/3t、20/5t、32/8t、50/12.5t、80/20t、100/32t 等。安装用门座起重机的主/副起升机构的起重量系列有 32/5t、40/10t、60/10t、100/25t、160/40t 等。

起升速度的选择与起重量、起升高度、工作级别和使用要求有关，中、小起重量的起重机选用高速以提高生产率；大起重量的起重机选用低速以降低驱动功率，提高工作的平稳性和安全性。工作级别高、要求生产率高的起重机宜选用高速；反之，工作级别低、用于辅助性工作的起重机可选用低速。用于安装与设备维修的起重机除应选用低速外，还可备有微速或调速功能。大起升高度的起重机为了提高工作效率，除适当提高起升速度外，还可备有空载快速升降功能。几种常用起重机起升机构的工作速度见表 9.4-11。

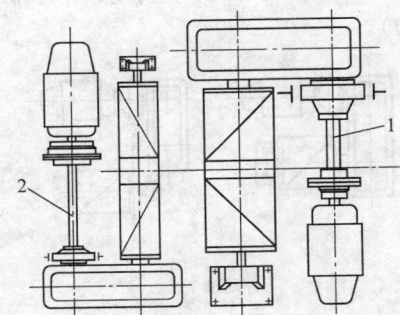

图 9.4-8　带有主副钩的起升机构驱动装置
1—主起升机构　2—副起升机构

2.2　电动起升机构驱动装置的布置方式

电动起升机构驱动装置的布置型式因取物装置、起重量、起升速度、使用场合的不同而有所不同。

2.2.1　平行轴线布置

起升机构的驱动装置多采取平行轴线布置，即电动机轴与卷筒轴呈平行布置。

1. 吊钩起重机

起升机构典型的驱动装置型式如图 9.4-9a 所示。在起重量较大的情况下，为了增大传动比及增大电动

表 9.4-11　起升机构工作速度　　　　　　　　（单位：m/min）

用途		起重量 Q/t						
		<8	<16	20~32	40~63	80~100	125~250	300~600
通用桥式与门式起重机	M1~M4	1~3	1~3	1~3	1~3	1~2	0.5~1	0.5~1
	M5~M6	8~10	8~10	6~8	4~6	2~4	2~4	1~2
	M7~M8	18~20	16~18	14~16	10~12	8~10		
电磁起重机		20~25	20~25	15~20				
抓斗起重机		45~50	35~40	35~40				
集装箱门式起重机				10~15				
船厂安装用门式起重机					8~15 微动：0.1~1	3~5 微动：0.1~0.5	2~3 微动：0.1~0.5	1~2 微动：0.1~0.5
料场用抓斗装卸桥		70~80	60~70	50~60				
桥式抓斗卸船机		40~100	60~120	60~140	80~140			
岸边集装箱起重机				35~70	35~70			
门座起重机	港口装卸用	40~60	40~60	20~40				
	船厂安装用（主钩）	25~30	20~25	10~15 微动：0.5~2.0	8~15 微动：0.1~1.0	6~8 微动：0.1~0.5	4~6 微动：0.1~0.5	

注：空载起升速度范围为 110~150m/min。

机与卷筒之间的距离以满足布置要求，除采用标准减速器外，再增一级开式齿轮传动（见图 9.4-9b）。在桥架类型的起重机中，电动机和减速器高速轴之间通常采用较长的浮动轴来补偿安装或小车架变形等原因引起的误差（见图 9.4-9c），同时使布置匀称（小车轮压均匀）。

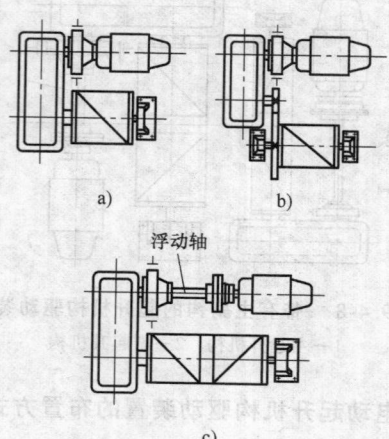

图 9.4-9　起升机构驱动装置的平行轴线布置方式
a）典型的驱动装置　b）带开式齿轮传动的驱动装置　c）带浮动轴的驱动装置

有时，为了选用标准部件并获得较紧凑的布置方式，可采用两台功率较小的电动机和两个单联卷筒的布置型式，如图 9.4-10 所示。在起重量较大的起重机中，需设主、副两套起升机构时，布置方式如图 9.4-8 所示。

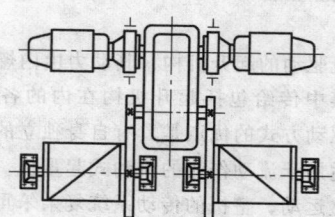

图 9.4-10　起升机构驱动装置紧凑的布置方式

2. 抓斗起重机

在抓斗起重机中，为了操纵双绳或四绳抓斗，常采用两套独立的驱动装置，其中一组驱动装置作开闭抓斗用，另一组作开闭抓斗时支持抓斗用。当两组卷筒协同工作时，可使抓斗上升或下降；当两组卷筒分别工作时，可实现抓斗的张开或闭合。图 9.4-11 为由两套独立驱动装置组成的双卷筒驱动装置典型布置型式。这种型式也可用于吊钩作业，以减小单套起升机构的参数，此时两组卷筒应同步运转。

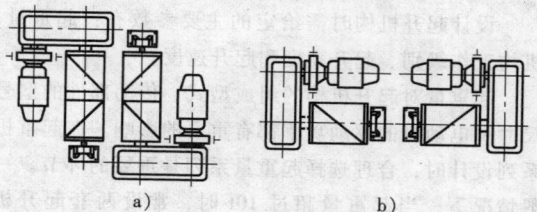

图 9.4-11　双卷筒起升机构的驱动装置

3. 电磁起重机

为给电磁吸盘提供电源，需设电缆卷筒，如图9.4-12所示，其卷绕速度应与电磁吸盘提升速度相等。当采用电动抓斗作为取物装置时，也采用上述驱动装置。

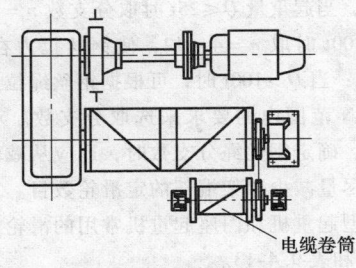

图9.4-12　带电缆卷筒起升机构的驱动装置

4. 岸边集装箱桥式起重机

为了操纵集装箱吊具，需要采用有两组参数相同的驱动装置，以实现集装箱的升降运动。常用的驱动装置布置型式如图9.4-13所示。

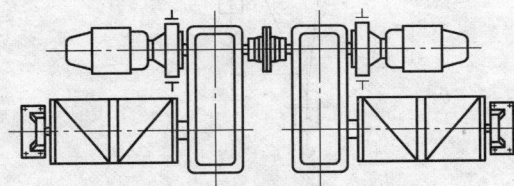

图9.4-13　常用的驱动装置布置型式

2.2.2　同轴线布置

驱动装置的电动机通过摆线或渐开线少齿差行星减速器与卷筒组连接，呈同轴线布置，盘式制动器与电动机制成一体，如图9.4-14所示，将减速器直接装在卷筒腔内，结构将更为紧凑。同轴线布置的驱动装置适用于机构布置空间狭窄或对机构自重限制较严的起重机。当减速器装在卷筒内时，检修较为不便，且对加工精度和安装要求较高。

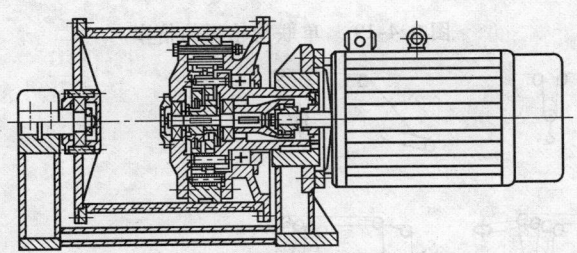

图9.4-14　同轴线布置的起升驱动装置

2.3　起升钢丝绳卷绕系统的设计

卷绕系统是传动系统的一部分，由挠性元件

（钢丝绳或链条）、导向和贮存元件（滑轮和卷筒）组成。它将卷筒的旋转运动转换为取物装置的垂直升降运动，起着运动形式的转换和动力的传递作用。对臂架式起重机及牵引小车式桥式抓斗卸船机，如采用特殊的起升钢丝绳卷绕系统，还能在臂架变幅或小车运行时起补偿作用，使物品作水平移动。

2.3.1　起升钢丝绳卷绕系统的型式与特点

图9.4-15所示为桥架型起重机中常见的起升绳卷绕系统。为了保证桥架对称受载及起升过程中吊点位置不发生偏移，通常采用双联卷筒，两根驱动钢丝绳的张力通过平衡滑轮A保持均衡。

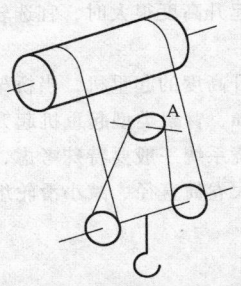

图9.4-15　桥架型起重机的起升钢丝绳卷绕系统

图9.4-16为吊钩、抓斗两用臂架型起重机上广泛采用的典型卷绕系统。该系统由两套单绳驱动的卷绕系统组成，使用吊钩时通过平衡滑轮A均衡两套系统的钢丝绳张力。卷筒的引出分支一般经上方导向滑轮通向取物装置。

图9.4-17为直臂架起重机上采用的补偿滑轮组式卷绕系统。在变幅过程中，使钢丝绳以一定规律放出或收进，补偿变幅时物品高度位置的变化，保证物品作近似水平移动，详见本章第4节。

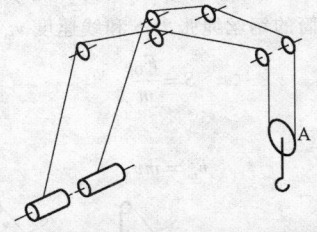

图9.4-16　臂架型起重机的起升钢丝绳卷绕系统

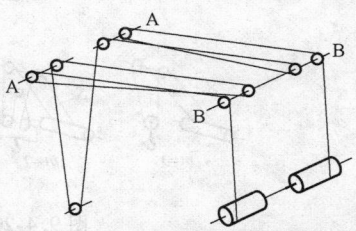

图9.4-17　补偿滑轮组式起升钢丝绳卷绕系统

在卷绕系统设计时，应尽量避免钢丝绳反向弯折，或尽可能减少反向弯折的次数。出现反向弯折时，可用增大滑轮直径、提高滑轮直径与钢丝绳直径的比值来减缓钢丝绳的疲劳损伤。

设计起升机构时，应根据具体情况合理选择滑轮组的倍率。倍率大，则钢丝绳的拉力减小，钢丝绳直径、滑轮和卷筒的直径减小；减速器的速比也相应减小；但钢丝绳长度和卷筒长度增加，钢丝绳的磨损增加。一般情况下，小起重量的起重机选用较小倍率，以与较高的起升速度相匹配；大起重量的起重机选用较大的倍率，减小重物的升降速度，同时避免采用过粗的钢丝绳。起升高度很大时，宜选较小的倍率，以免卷筒过长。

对于大起升高度的起重机，当桥架类型起重机起升高度超过20m、臂架类型起重机起升高度超过40m时，钢丝绳卷绕系统一般要特殊考虑，采取合适的方案，如采取加大卷筒直径、减小滑轮组倍率或采用多层卷绕。

2.3.2　滑轮组

滑轮组有单联与双联之分，分别配用单联和双联卷筒。单联滑轮组多用于臂架型起重机，不宜用于桥架型起重机。桥架型起重机若采用单联滑轮组，吊钩升降时会产生水平位移（见图9.4-18），这不仅会给操作带来不便，而且会使桥架偏心受载。

1. 滑轮组的倍率

滑轮组的倍率 m 表示其省力或减速倍数。

单联滑轮组的倍率等于悬挂物品的钢丝绳分支数（见图9.4-19、图9.4-20a），双联滑轮组的倍率等于悬挂物品钢丝绳分支数的一半（见图9.4-20b、图9.4-21）。

当悬挂物品的重力为 F_Q、升（降）速度为 v_A 时，引入卷筒的钢丝绳张力 S 和线速度 v_m 分别为：

$$S = \frac{F_Q}{m} \tag{9.4-39}$$

和

$$v_m = m v_A \tag{9.4-40}$$

滑轮组倍率对驱动装置的总体尺寸有较大影响。倍率增加时钢丝绳每个悬挂分支的拉力减小，卷筒直径和减速器的传动比可以减小，但卷筒长度要增加，总传动效率会有所下降。

通常，当起重量 $Q \leqslant 25t$ 时取分支数 $n = 1 \sim 4$；当 $25t < Q \leqslant 100t$ 时取 $n = 4 \sim 12$，使钢丝拉力在 $50 \sim 100$ kN 范围内；当 $Q > 100t$ 时，可根据钢丝绳拉力控制在 $100 \sim 150kN$ 范围内的要求来选取分支数。对于臂架型起重机，确定钢丝绳分支数时，还应从减轻臂端质量考虑，尽量减少臂架端部的定滑轮数目。

桥架型起重机和门座起重机常用的滑轮组倍率见表9.4-12和表9.4-13。

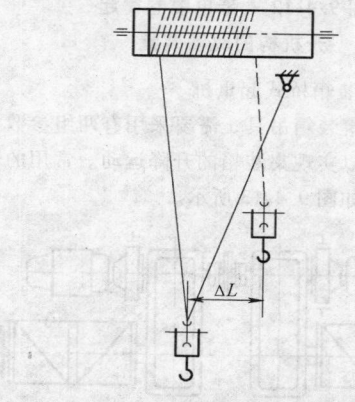

图 9.4-18　无导向滑轮时单联滑轮组的工作情况

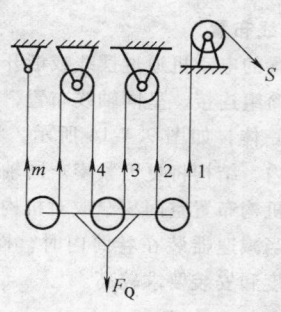

图 9.4-19　单联滑轮组的倍率

图 9.4-20　臂架型起重机滑轮组的倍率
a）单联滑轮组　　b）双联滑轮组

表 9.4-12　门座起重机、桥架型起重机常用的双联滑轮组倍率

起重量 Q/t	3	5	8	12.5	16	20	32	50	80	100	125	160	200	250
倍率 m	1	2	2	3	3	4	4	5	5	6	6	6	8	8

表 9.4-13　门座起重机常用的双联滑轮组倍率

起重量 Q/t	5	10	16	25	32	40	63	100	150	200
倍率 m	1	1	1	1	1 或 2	4	4	4	4	4

注：装卸用门座起重机的双联卷绕多采用两个单联卷筒同步运行来实现。

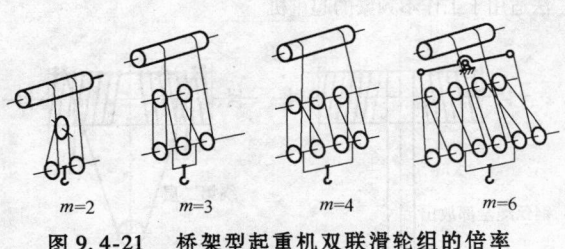

$m=2$　　　$m=3$　　　$m=4$　　　$m=6$

图 9.4-21　桥架型起重机双联滑轮组的倍率

2. 滑轮组的效率

滑轮组效率与滑轮效率及滑轮组倍率有关。滑轮效率则又与滑轮及轴的直径比、轴承种类、钢丝绳包角等因素有关。

滑轮组效率 η_p 可由下式计算：

$$\eta_p = \frac{1-\eta_0^m}{m(1-\eta_0)} \qquad (9.4\text{-}41)$$

式中　η_0——滑轮效率，见表 9.4-14；

　　　m——滑轮组倍率。

粗略计算时，滑动轴承滑轮的效率取为 0.95，滚动轴承滑轮的效率取为 0.98，相应的滑轮组效率 η_p 值列于表 9.4-14 中。

表 9.4-14　与倍率 m 及轴承型式有关的 η_p 值

轴承型式	滑轮效率 η_0	η_p							
		m							
		1	2	3	4	5	6	8	10
滑动	0.95	1.0	0.98	0.95	0.93	0.90	0.88	0.84	0.80
滚动	0.98	1.0	0.99	0.985	0.98	0.97	0.96	0.95	0.92

2.3.3　卷筒、滑轮的卷绕直径

按钢丝绳中心计算的滑轮或卷筒的卷绕直径，用式计算：

$$D = hd \qquad (9.4\text{-}42)$$

式中　D——按钢丝绳中心计算的卷筒和滑轮的卷绕直径（mm）；

　　　h——卷筒、滑轮、平衡滑轮的卷绕直径与钢丝绳直径之比值，分别为 h_1、h_2、h_3，其取值不应小于表 9.4-15 的规定值；

　　　d——钢丝绳公称直径（mm）。

表 9.4-15　系数 h 表

机构工作级别	卷筒 h_1	滑轮 h_2	平衡滑轮 h_3
M1	11.2	12.5	11.2
M2	12.5	14	12.5
M3	14	16	12.5
M4	16	18	14
M5	18	20	14
M6	20	22.4	16
M7	22.4	25	16
M8	25	28	18

注：1. 采用抗扭转钢丝绳时，h 值按比机构工作级别高一级的值选取。

2. 对于流动式起重机及某些水工工地用的臂架起重机，建议取 $h_1=16$，$h_2=18$，与工作级别无关。

3. 臂架伸缩机构滑轮的 h_2 值，可以选为卷筒的 h_1 值。

4. 桥式和门式起重机，取 h_3 等于 h_2。

5. 用式（9.4-42）给出的方法求出的最小钢丝绳直径并由此确定了卷筒和滑轮的最小直径后，只要实际采用的钢丝绳直径不大于原算得的最小直径的 25%、钢丝绳实际的拉力不超过原计算钢丝绳最小直径时用的最大工作静力 S 值，则新选的钢丝绳仍可以与算得的卷筒和滑轮的最小直径配用。

6. 本表的 h 值不能限制或代替钢丝绳制造厂和起重机制造厂之间的协议，当考虑采用不同柔性的新型钢丝绳时尤其如此。

2.3.4　钢丝绳允许偏斜角

钢丝绳在滑轮或卷筒上绕进或绕出时，通常有一定的偏角。当偏角超过一定限度时，钢丝绳会擦碰绳槽或邻槽钢丝绳而引起磨损，甚至出现跳槽、乱扣现象。为此，设计时应按以下原则控制钢丝绳的最大偏斜角。

1）钢丝绳绕进或绕出滑轮槽时的最大偏斜角 γ_0（即钢丝绳中心线和与滑轮轴垂直的平面之间的夹角）不应大于 5°。

2）钢丝绳绕进或绕出卷筒时，钢丝绳中心线偏离螺旋槽中心线两侧的角度不应大于 3.5°；对大起升高度及 D/d 值较大的卷筒，其钢丝绳偏离螺旋槽中心线的允许偏斜角应由计算确定，钢丝绳向空槽方向偏斜（见图 9.4-22）和向绳圈方向偏斜（见图 9.4-23）的允许偏角分别为：

$$\gamma_1 = \varphi_1 + \varepsilon \qquad (9.4\text{-}43)$$

$$\gamma_2 = \varphi_2 - \varepsilon \qquad (9.4\text{-}44)$$

式中 φ_1、φ_2——钢丝绳中心线偏离螺旋槽中心线两侧的角度；

      ε——卷筒绳槽螺旋角，$\varepsilon = \arctan\dfrac{t}{\pi D}$；

      t——绳槽节距（mm）；

      D——为卷筒卷绕直径（mm）。

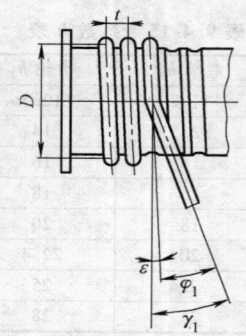

图 9.4-22   卷筒上钢丝绳向空槽方向的允许偏角

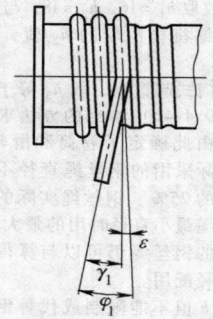

图 9.4-23   卷筒上钢丝绳向绳圈方向的允许偏角

3）对于光卷筒无绳槽多层卷绕卷筒，当未采用排绳器时钢丝绳中心线与卷筒轴垂直平面的偏离角度不应大于 1.7°。

2.3.5   钢丝绳在卷筒上绳端的固定

吊具下降到最低极限位置时，钢丝绳在卷筒上的剩余安全圈（不包括固定绳端所占的圈数）至少应保持 2 圈（对塔式起重机为 3 圈）。当钢丝绳和卷筒之间的摩擦因数取 0.1 时，在此安全圈下，绳端固定装置应在承受 2.5 倍钢丝绳最大静拉力时不发生永久变形。

2.3.6   钢丝绳双层卷绕与多层卷绕

钢丝绳的双层与多层卷绕用于某些大起升高度的起重机以及起升筒尺寸受布置空间限制的场合。

1. 钢丝绳的双层卷绕

（1）钢丝绳端固定于卷筒中部的自由双层卷绕

（见图 9.4-24）钢丝绳的两个绳头固定于双联卷筒中部，卷筒朝提升方向转动时，钢丝绳顺着卷筒螺旋槽绕向两端。绕满碰到卷筒端壁时，进入第二层卷绕，靠钢丝绳的偏角产生的水平分力和相邻绳圈的导向作用使其绕向卷筒中部，其螺旋方向与第一层相反。这种卷绕方式构造简单，不用导绳装置，但钢丝绳偏角不能太大（一般小于 3°），否则第二层钢丝绳不易排列整齐，磨损也厉害。此法适用于工作不频繁的起重机。

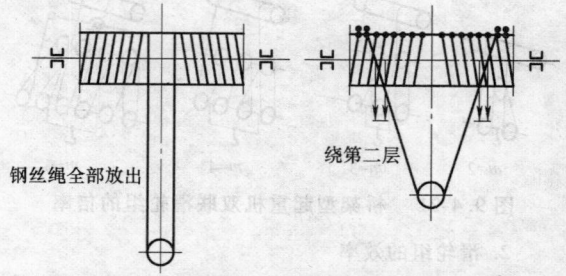

图 9.4-24   绳端固定于中部的自由双层卷绕

（2）双卷筒卷绕   采用两个卷筒同时卷绕，可使起升高度增加一倍，但机构的外形尺寸较大。

（3）同向双层卷绕   如图 9.4-25a 所示，两根钢丝绳的四个绳头用压板固定在卷筒两头，从卷筒上有四个分支引出，卷绕在卷筒上的内层钢丝绳作为外层钢丝绳的导槽，内外层钢丝绳同时卷绕。这种方案钢丝绳排列整齐，磨损慢，效果较好。为避免钢丝绳相碰，两固定滑轮需错开一个距离（见图 9.4-25b）。这种方案由于滑轮倍率减小，使卷筒受力增加，减速器速比也要增大。

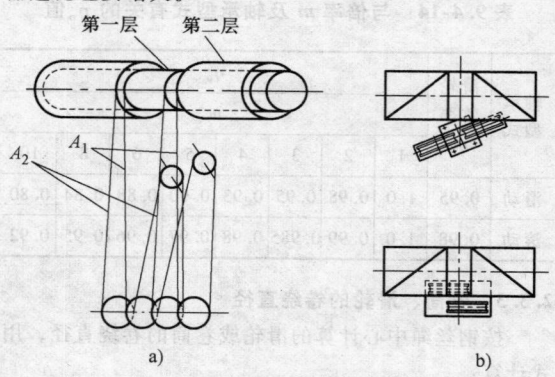

图 9.4-25   采用双双联滑轮组的双层卷绕

2. 钢丝绳的多层卷绕

多层卷绕卷筒有光面卷筒和带绳槽卷筒两种型式。前者有利于钢丝绳紧密排列，增大绳容量，但底层钢丝绳与卷筒的接触状态较差。

多层卷绕过程中，各层钢丝绳的螺旋方向交替变化，呈交叉状况。多层卷绕通常有以下三种卷绕方式。

（1）普通多层卷绕 图 9.4-26a 为普通多层卷绕方式的展开图，细实线表示前一层的钢丝绳走向，粗实线为后一层的钢丝绳走向，每一层钢丝绳的卷绕都不能利用前一层钢丝绳所形成的沟槽。为了保证有规则地卷绕，防止乱扣和咬绳现象，一般应设置导绳装置。受结构布置限制，不便安装导绳装置时，设计中应控制卷筒长度，尽量减小钢丝绳偏角。

（2）采用莱布斯（Le-Bus）卷筒的多层卷绕 莱布斯卷筒是一种具有特殊绳槽结构的多层卷绕用卷筒。如图 9.4-26b 所示，绳槽圆周长度的 70% ~ 80% 为基本绳槽，其方向与卷筒轴线垂直；还有两小段是升程等于半个节距的螺旋绳槽。卷绕时，钢丝绳的基本走向与卷筒轴线垂直，每当经过一段螺旋绳槽，就在卷筒轴线方向前进半个节距，卷绕一周，钢丝绳前进一个节距。当第一层钢丝绳绕满后，第二层的起始圈靠卷筒端板根部的特殊导向台阶（见图 9.4-27）实现升层和首圈钢丝绳的走向成形。以后的各圈，钢丝绳均顺着前一层钢丝绳所形成的垂直于卷筒轴线的沟槽相继定位。这样在无需导绳装置的情况下，即可实现多层钢丝绳的有序卷绕。

（3）采用排绳装置的多层卷绕 多层卷绕的排绳装置需要按绕绳的运动规律作双向往复运动，以此引导钢丝绳有序排列。

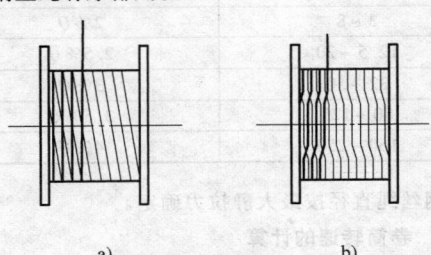

图 9.4-26 多层卷绕的钢丝绳走向展开图
a）普通卷筒卷绕走向 b）莱布斯卷筒卷绕走向

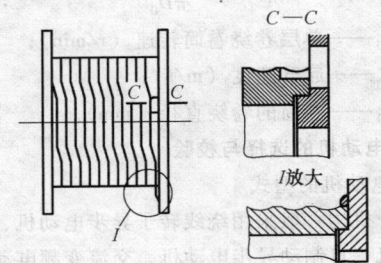

图 9.4-27 莱布斯卷筒的构造

图 9.4-28 为双向螺纹丝杆的排绳装置。丝杆上有两条螺纹，螺旋方向一左一右，螺母的螺纹为一尖

梭月牙板。在丝杆两端用圆滑的曲线将左右螺纹连接起来。设计时要保证其运动协调：卷筒旋转一周时，螺母月牙板沿卷筒轴向移动一个节距；钢丝绳卷绕完一层而到达卷筒端部时，螺母月牙板处在丝杆头部的螺纹槽内，并开始过渡到反方向的螺纹槽上。

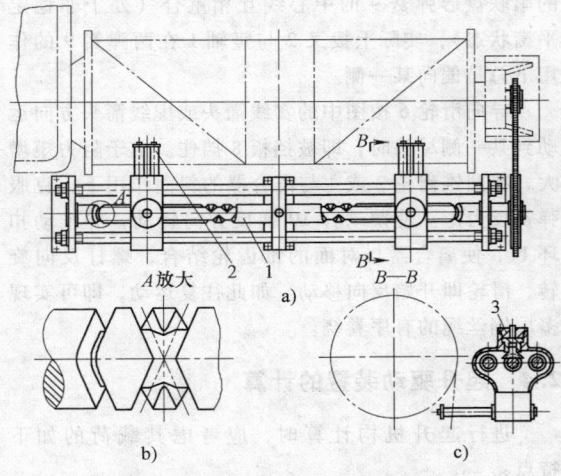

图 9.4-28 双向螺纹丝杆排绳装置
a）布置图 b）带双向螺纹的丝杆
c）螺母月牙板及导向滚轮结构
1—双向丝杆 2—导向滚轮 3—月牙板

这种排绳装置可以实现反复多层卷绕的导向，但丝杆和月牙板磨损较快，只适用于工作级别较低的起重机。

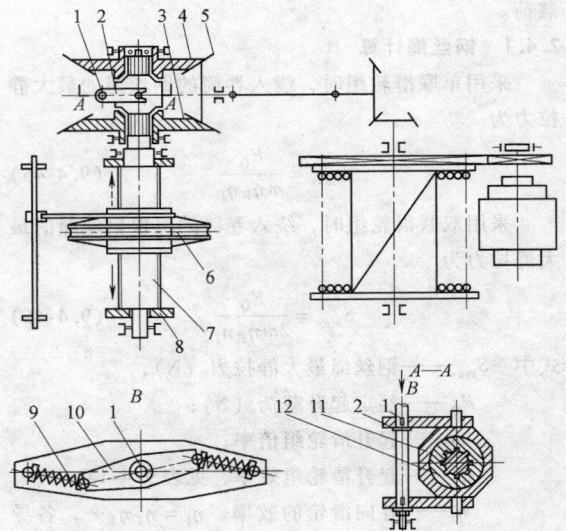

图 9.4-29 单螺纹丝杆推动的排绳装置
1—竖轴 2—拨叉 3、4—锥齿轮 5—锥齿轮传动
6—导向滑轮 7—丝杆轴 8—挡板 9—弹簧
10—摆动杆 11—扣环 12—牙嵌离合器

图 9.4-29 为一种由单螺纹丝杆推动的排绳装置。卷筒出轴通过锥齿轮传动带动锥齿轮 4 与 3 作正、反向旋转。牙嵌离合器 12 与丝杆轴 7 用花键连接，并由拨叉 2 拨动其位置。牙嵌离合器 12 处于中间位置时，与两个锥齿轮有相等微隙，这时摆动杆 10 两侧的串联盘形弹簧 9 的中心线互相重合（处于非稳定平衡状态），实际上拨叉 2 与竖轴 1 在两弹簧 9 的作用下总是偏向某一侧。

导向滑轮 6 按图中的实线箭头或虚线箭头方向运动到某一侧尽头时，即被挡板 8 挡住。由于阻力矩增大，在圆锥齿轮 3 或 4 与离合器的斜面作用下，克服弹簧反力矩。使摆动杆 10 朝反方向转动，并推动扣环 11，使离合器与对面的锥齿轮结合，螺杆反向旋转，滑轮即开始反向移动。如此往复运动，即可实现多层钢丝绳的有序卷绕。

2.4　起升驱动装置的计算

进行起升机构计算时，应考虑其载荷的如下特点：

1）物品起升或下降时，由钢丝绳拉力产生的驱动装置的转矩方向不变，即作用在卷筒上的转矩为单向作用转矩。

2）机构的起动或制动时间与其稳定运动时间相比是短暂的，而且起、制动时由物品惯性引起的附加转矩一般不超过静转矩的 10%，对机构影响不大。因此，可将稳定运动时的静载荷作为机构的计算载荷。

2.4.1　钢丝绳计算

采用单联滑轮组时，绕入卷筒的钢丝绳的最大静拉力为

$$S_{\max}=\frac{F_Q}{m\eta_P\eta_1} \qquad (9.4\text{-}45)$$

采用双联滑轮组时，绕入卷筒的每根钢丝绳的最大静拉力为

$$S_{\max}=\frac{F_Q}{2m\eta_P\eta_1} \qquad (9.4\text{-}46)$$

式中　$S_{\max}$——钢丝绳最大静拉力（N）；

F_Q——额定起升载荷（N）；

m——起升滑轮组倍率；

η_P——起升滑轮组效率，见表 9.4-14；

η_1——导向滑轮的效率，$\eta_1=\eta_1\eta_2\cdots$，各导向滑轮的效率 η_1、η_2、…和滑轮的卷绕直径与钢丝绳的直径比 D/d、钢丝绳包角 α 以及滑轮轴承类型有关，见表 9.4-16。

对吊钩起重机，额定起升载荷等于额定起重量和吊具的自重重力之和，当起升高度大于 50m 时，起升钢丝绳的自重重力亦应计入。吊具质量与额定起重量之间的大致关系见表 9.4-17。对于抓斗起重机，如使用的系统能在短期内自动地使开闭绳和支撑绳中的载荷平均分配或将两种绳之间的载荷差异仅限制在闭合末期或开始张开的一个极短时期内，则开闭绳和支撑绳各取总载荷的 66%；当采用直流调速或交流变频调速，并进行了特殊的设计，能实时监控保证抓斗离地时起升和闭合机构载荷准确协调共同承担，则开闭绳和支撑绳各取总载荷的 55%；否则，开闭绳取总载荷的 100%，支撑绳取 66%。

表 9.4-16　导向滑轮的效率 η_1

轴承类型	D/d α(°)	12	14	16	18	20	25	30
滚动轴承	15	0.970	0.980	0.985	0.990	0.995	0.998	0.999
	45	0.967	0.977	0.982	0.987	0.992	0.995	0.997
	90	0.965	0.975	0.980	0.985	0.990	0.993	0.995
	180	0.960	0.970	0.975	0.980	0.985	0.988	0.990
滑动轴承	15	0.965	0.975	0.980	0.985	0.990	0.983	0.995
	45	0.955	0.965	0.970	0.975	0.980	0.983	0.985
	90	0.940	0.950	0.955	0.960	0.965	0.968	0.970
	180	0.931	0.940	0.945	0.950	0.955	0.958	0.960

表 9.4-17　吊具质量与额定起重量之间的关系表

额定起重量 Q/t	吊具质量 q_0/t
3～8	2%Q
12.5～20	2.5%Q
32～50	3%Q
80～125	3.5%Q
160～250	4%Q

钢丝绳直径按最大静拉力确定。

2.4.2　卷筒转速的计算

单层卷绕卷筒转速 n_d 为

$$n_d=\frac{60000mv_q}{\pi D_0} \qquad (9.4\text{-}47)$$

式中　n_d——单层卷绕卷筒转速（r/min）；

v_q——起升速度（m/s）；

D_0——卷筒的卷绕直径（mm）。

2.4.3　电动机的选择与校验

1. 电动机的型式

起升机构一般采用绕线转子异步电动机、笼型异步电动机、自制动异步电动机、交流变频电动机、直流电动机，或适合于起升机构使用特点的其他电动机。

2. 电动机的初选

对未能提供 CZ 值及相应计算数据的电动机，按

稳态计算功率法初选电动机；对于 YZR 系列等能提供有关按 CZ 值计算选择电动机资料的异步电动机，按稳态负载系数法初选电动机；对未能提供按 CZ 值计算选择电动机的资料，但已知采用电动机的起升机构工作级别的，按等效接电持续率经验法初选电动机。

1）稳态计算功率法。

① 稳态运行功率 P_N 按式（9.4-48）计算：

$$P_N = \frac{F_Q v_q}{1000 \eta} \tag{9.4-48}$$

式中　P_N——电动机静功率（kW）；

F_Q、v_q——见式 9.4-46 及式 9.4-47；

η——起升机构的总效率，$\eta = \eta_p \eta_1 \eta_d \eta_{dr}$；

η_p、η_1——见式 9.4-46；

η_d——卷筒效率，采用滚动轴承时，$\eta_d = 0.99$；

η_{dr}——传动装置效率，见表 9.4-10。

② 电动机初选。对未能提供 CZ 值及相应计算数据的电动机，可以用式（9.4-47）的计算结果，并考虑该机构实际的接电持续率 JC 值（参见表 9.4-3），直接从电动机样本上初选出所需的电动机。

2）稳态负载系数法。所选电动机的功率 P_n 按式（9.4-49）计算：

$$P_n \geqslant G P_N \tag{9.4-49}$$

式中　P_n——所选电动机在相应的 CZ 值和实际接电持续率 JC 值下的功率（kW）；

G——稳态负载平均系数，见表 9.4-2、表 9.4-5；

P_N——电动机的稳态运行功率（kW），见式（9.4-48）。

3）等效接电持续率经验法。

① 等效接电持续率 JC'。

与机构工作级别对应的初选电动机用的等效接电持续率 JC'，见表 9.4-18。

表 9.4-18　机构工作级别与等效接电持续率 JC'

起升机构工作级别	电动机等效接电持续率 JC'（%）
M1 ~ M3	15 ~ 25
M4，M5	25
M6	40
M7，M8	60

② 电动机初选。根据式（9.4-48）计算的结果，按照起升机构工作级别，由表 9.4-18 查出等效接电持续率 JC' 后，从电动机样本上初选出所需的电动机。

4）对下述起重机的起升机构，选择其电动机功率时，还应考虑：

① 抓斗起重机：如设计的钢丝绳卷绕系统能使闭合绳和支持绳的载荷接近平均分配，则闭合绳机构和支持绳机构电动机功率各取为总计算功率的 66%；当采用直流调速或交流变频调速，能实时监控并保证抓斗闭合终止时支持绳与闭合绳载荷准确相等，各机构电动机功率可取为总计算功率的 55%。

② 铸造起重机：起升机构中采用有刚性联系的两套驱动装置双电动机驱动时，每台电动机的功率不小于总计算功率的 60%；当要求用一台电动机驱动，起重机以满载（额定载荷）完成一个工作循环时，每台电动机的功率不小于总计算功率的 66%；采用行星差动减速器双电动机驱动时，每台电动机的功率不小于总计算功率的 50%。

③ 水电站门式起重机等起升速度慢、起升行程范围大的起重机或特殊用途的慢速起重机，在一个工作循环中起升机构运转时间往往超过 10min，其电动机功率应按短时工作方式 S2 选择；在一个工作循环中起升机构平均运转时间为 10 ~ 30min 时，S2 标定时间为 30min；在一个工作循环中起升机构平均运转时间为 30 ~ 60min 时，S2 标定时间为 60min。

3. 电动机的校验

（1）电动机的过载能力校验　电动机过载校验，是检验在设计要求的极限起动条件下，所选电动机的最大转矩或堵转转矩是否能满足机构起动的需要。起升机构电动机过载能力可按下式进行校验：

$$P_n \geqslant \frac{H}{m_e \lambda_M} \frac{F_Q v_q}{1000 \eta} \tag{9.4-50}$$

式中　P_n——基准接电持续率（S3，$JC = 40\%$）时电动机的额定功率（kW）；

H——系数，按有电压损失（交流电动机为 15%，直流电动机和变频电动机不考虑）、最大转矩或堵转转矩有允差（绕线转子异步电动机为 10%，笼型异步电动机为 15%，直流电动机和变频电动机不考虑）、起升额定载荷等条件确定。绕线转子异步电动机和笼型异步电动机取 $H = 2.5$，变频异步电动机取 $H = 2.2$，直流电动机取 $H = 1.4$；

m_e——电动机的个数；

λ_M——相对于 P_n 时的电动机最大转矩倍数（电动机制造商提供），对于直接全压起动的笼型电动机，堵转转矩倍数 $\lambda_M \geqslant 2.2$。

其他符号含义同前。

（2）电动机的发热校验

1) 按 G 值、JC 值、CZ 值选出的电动机的发热校验。

① 稳态平均功率。起升机构的稳态平均功率 P_S 按式 (9.4-51) 计算:

$$P_S = G \frac{F_Q v_q}{1000 \eta} \qquad (9.4\text{-}51)$$

式中　P_S——起升机构的稳态平均功率 (kW);
其他符号含义同前。

② JC 值。JC 值参见表 9.4-2、表 9.4-3。

③ CZ 值。CZ 值的计算参见本章第 1 节相关内容。

④ 发热校验。根据上述方法计算出 P_S、JC 及 CZ 值, 所选用的电动机在相应 CZ 值、JC 值下, 如其输出功率满足式 (9.4-52) 的要求, 则电动机的发热校验合格。

$$P \geqslant P_S \qquad (9.4\text{-}52)$$

2) 按机构工作级别及其等效接电持续率进行电动机的发热校验。起升机构电动机静功率按式 (9.4-53) 校验:

$$P_N = \frac{F_Q v_q}{1000 \eta} \qquad (9.4\text{-}53)$$

式中　P_N——起升机构电动机静功率 (kW);
其他符号含义同前。

按表 9.4-18 查出机构所需的电动机的等效接电持续率, 并采用式 (9.4-53) 算出的起升机构所需的电动机的静功率, 电动机在相应的接电持续率下的输出功率如大于等于静功率, 则电动机的发热校验通过。

2.4.4　减速器的选择与校核

在一般情况下, 起升机构减速器的设计预期寿命应与该机构工作级别中所对应的使用等级一致。但对一些工作特别繁重, 允许在起重机使用期限内更换减速器的, 则所选减速器的设计预期寿命可小于该起升机构所对应的机构工作寿命。

采用起重机用减速器时, 当所选用的减速器参数表上标注的工作级别与所设计的起升机构的工作级别不一致时, 应引入减速器功率修正系数。

采用普通用途减速器时, 还应用电动机的最大起动转矩验算减速器输入轴的强度, 用额定起升载荷 (考虑起升动载系数 ϕ_{2max}) 作用在减速器输出轴上的短暂最大力矩和最大径向力验算减速器输出轴的强度。

2.4.5　制动器选择

起升机构的每一套独立的驱动装置至少要装设一个支持制动器。吊运液体金属及其他危险物品的起升机构, 每套独立的驱动装置至少应装设两个支持制动器。起升机构制动器的制动距离应满足起重机使用要求。

支持制动器应是常闭式的, 制动轮 (或制动盘) 应装在与传动机构刚性连接的轴上。

支持制动器的制动转矩应等于或大于按式 (9.4-54) 计算的制动轴上所需的计算制动转矩 M_Z:

$$M_Z = K_Z \frac{F_Q D_0 \eta_0'}{2mi} \qquad (9.4\text{-}54)$$

式中　M_Z——起升机构制动器轴上的计算制动转矩 (N·m);
K_Z——制动安全系数, 见表 9.4-19;
η_0'——物品下降时起升机构传动装置和滑轮组的总效率;
i——由制动器轴到卷筒轴的总传动比。

对于工作特别频繁的起升机构, 宜对制动器进行发热校验。

表 9.4-19　制动安全系数 K_Z

使用情况		K_Z
一般起升机构 (通常为 M5 级及以下级别)		≥1.5
重要起升机构 (通常为 M6 级及以上级别)		≥1.75
具有液压制动作用的液压传动起升机构		≥1.25
吊运液体金属和易燃易爆的化学品及危险品的起升机构	每套驱动装置装有两个支持制动器, 对每一个制动器	≥1.25
	两套驱动装置之间有刚性连接, 每套驱动装置装有两个支持制动器, 对每一个制动器	≥1.1
	采用行星差动减速器传动, 每套驱动装置应有两个支持制动器, 对每一个制动器	≥1.75

在起升机构中, 不宜采用无控制的物品自由下降方式, 减速制动是用来将悬挂在空中的正在向下运动的物品减速到停机或到一个较低的下降速度时实施停机制动。起升机构的减速制动可以由机械式支持制动器来完成, 也可以由电气制动来完成。电气制动只用于减速制动, 不能用于支持制动和安全制动。

在安全性要求特别高的起升机构中, 为防止起升机构的驱动装置一旦损坏而出现特殊的事故, 在钢丝绳卷筒上装设机械式制动器作安全制动用。此安全制动器在机构失效或传动装置损坏导致物品超速下降, 下降速度达到 1.5 倍额定速度前自动起作用。

2.4.6　机构起动、制动时间和加速度的计算

1. 起动时间和起动平均加速度计算

1) 机构起动时间 t_q, 按式 (9.4-55) 计算:

$$t_q = \frac{n \left[k(J_1 + J_2) + \dfrac{J_3}{\eta} \right]}{9.55 (M_{dq} - M_N)} \qquad (9.4\text{-}55)$$

式中 t_q——起升机构的起动时间（s），其值见表 9.4-20；

n——电动机额定转速（r/min）；

k——其他传动件的转动惯量折算到电动机轴上的影响系数，k = 1.05 ~ 1.20；

J_1——电动机转子的转动惯量（kg·m²）；

J_2——电动机轴上制动轮和联轴器的转动惯量（kg·m²）；

J_3——作起升运动的物品的惯量折算到电动机轴上的转动惯量（kg·m²）；

$$J_3 = \frac{P_Q D_0^2}{4ga^2 i^2} \qquad (9.4\text{-}56)$$

g——重力加速度；

M_{dq}——电动机平均起动转矩（N·m）；

$$M_{dq} = \lambda_{AS} M_n \qquad (9.4\text{-}57)$$

λ_{AS}——电动机平均起动转矩倍数，其值见表 9.4-21；

M_n——电动机的额定转矩（N·m）；

M_N——稳态起升额定起升载荷的转矩（N·m）。

$$M_N = \frac{F_Q D_0}{2gmi\eta} \qquad (9.4\text{-}58)$$

表 9.4-20　起升机构起（制）动时间和平均升降加（减）速度值

起重机的用途及类型	起（制）动时间/s	平均加（减）速度/（m/s²）
作精密安装用的起重机	1 ~ 3	≤0.01
吊运液态金属和危险品的起重机	3 ~ 5	≤0.07
通用桥式起重机和通用门式起重机	0.7 ~ 3	0.01 ~ 0.15
冶金工厂中生产率高的起重机	3 ~ 5	0.02 ~ 0.05
港口用门座起重机	1 ~ 3	0.3 ~ 0.7
岸边集装箱起重机	1.5 ~ 5	0.2 ~ 0.8
卸船机	1 ~ 5	0.5 ~ 2.2
塔式起重机	4 ~ 8	0.25 ~ 0.5
汽车起重机	3 ~ 5	0.15 ~ 0.5

注：根据起重机不同的使用要求，对起升机构起（制）动时间或平均升降加（减）速度两者只选一项进行校核计算。

表 9.4-21　电动机平均起动转矩倍数值

电动机型式		λ_{AS}
起重用三相交流绕线转子电动机		1.5 ~ 1.8
起重用三相笼型电动机	普通型式	电动机堵转转矩倍数
	变频器控制型式	1.5 ~ 1.8
并励直流电动机		1.7 ~ 1.8
串励直流电动机		1.8 ~ 2.0
复励直流电动机		1.8 ~ 1.9

2) 起动平均加速度 a_q，按式（9.4-59）计算：

$$a_q = \frac{v_q}{t_q} \qquad (9.4\text{-}59)$$

式中 a_q——起升机构的起动平均加速度（m/s²）。

2. 制动时间和制动平均减速度计算

1) 采用机械式制动器的满载下降制动时间 t_z，按式（9.4-60）计算：

$$t_z = \frac{n'[k(J_1 + J_2) + J_3\eta]}{9.55(M_z - M_j')} \qquad (9.4\text{-}60)$$

式中 t_z——起升机构的制动时间（s）；

n'——满载（额定载荷）下降且制动器投入有效制动转矩时的电动机转速（r/min），常取 $n' = 1.1n$；

M_z——机械式制动器的计算制动转矩（N·m）；

M_j'——稳态下降额定载荷时电动机制动轴上的转矩（N·m）；

$$M_j' = \frac{F_Q D_0}{2ai}\eta' \qquad (9.4\text{-}61)$$

η'——物品下降时起升机构系统的总效率；

其余符号同前。

2) 制动平均减速度，按式（9.4-62）计算：

$$a_z = \frac{v_q'}{t_z} \qquad (9.4\text{-}62)$$

式中 a_z——制动平均减速度（m/s²），除紧急制动外的正常情况制动平均减速度值见表 9.4-20；

v_q'——满载下降且制动器开始有效制动时的下降速度（m/s），可取 $v_q' = 1.1v_q$；

t_z——同式（9.4-60）。

除了用支持制动器完成减速制动以外，也可用支持制动器与电气制动并用作减速制动，或单独采用电气制动作减速制动。减速制动仅用来消耗动能，使物品安全减速。在与电气制动并用时，支持制动器的最低制动安全系数仍应满足表 9.4-19 的要求。

2.4.7 联轴器选择

起升机构高速轴常用的联轴器有齿轮联轴器、弹性套柱销联轴器和万向联轴器等。低速级一般采用齿轮联接盘与减速器的齿形轴端相连。

选用联轴器时，应首先根据工作条件确定其型式，再按其计算转矩、被连接轴的轴颈尺寸和转速，从系列表中选定具体型号，使之满足

$$T_C \leqslant [T_n] \qquad (9.4\text{-}63)$$

式中 $[T_n]$——联轴器性能参数表中给出的许用转矩（N·m）；

T_C——联轴器的计算转矩（N·m）；

$$T_C = kT_1 \qquad (9.4\text{-}64)$$

k——联轴器安全系数，与工作级别、联轴器的重要性及其所连接的轴有关，一般为 $1.3 \sim 3.1$，起升机构和变幅机构宜取较大值；

T_1——联轴器所连接的轴的传递转矩（N·m）。

3 回转机构

3.1 回转机构的组成

回转机构的作用是使起重机回转部分作回转运动，以达到在水平面内迻移货物的目的。

回转机构由回转支承和回转驱动装置两部分组成。回转支承起支承、对中作用；回转驱动装置实现回转运动。

回转机构具有转动惯量大、回转速度低的特点。港口装卸起重机的回转速度一般为 $1.5 \sim 2.0 \text{r/min}$（常用 1.5r/min），安装用门座起重机的回转速度一般为 $0.1 \sim 0.4 \text{ r/min}$。

3.2 回转支承的构造与特点

回转支承的类型有：

$$
回转支承
\begin{cases}
柱式
\begin{cases}
转柱式回转支承 \\
\\
定柱式回转支承
\end{cases} \\
\\
转盘式
\begin{cases}
滚轮式回转支承 \\
滚子夹套式回转支承 \\
滚动轴承式回转支承
\end{cases}
\end{cases}
$$

3.2.1 柱式回转支承

柱式回转支承主要由一个立柱、两个水平支承和一个垂直推力支承组成。根据立柱是回转的还是固定的，柱式回转支承可分为转柱式和定柱式两类。

1. 转柱式回转支承

转柱的支承情况有简支梁式和伸臂梁式两种（见图9.4-30），其共同的特点是转柱和起重机的回转部分连成一体。

简支梁式回转支承的上部是一个径向轴承，下部是一个径向轴承和一个推力轴承。当周围无附着结构时，简支梁式回转支承的上支承需要用拉索或拉杆来加以固定，这种型式多用于小型桅杆起重机。伸臂梁式回转支承的立柱承受很大的弯矩，截面尺寸较大，

上支承大多采用水平滚轮方式，多用于港口门座起重机。

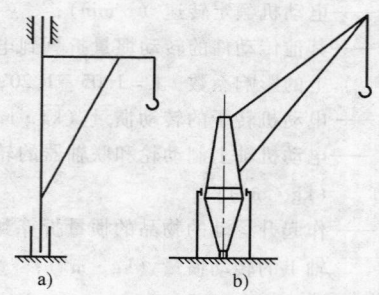

图 9.4-30　转柱式回转支承的型式

a）简支梁式　b）伸臂梁式

转柱式回转支承（见图9.4-31）有两种构造。图9.4-31a为滚道固定在门架的上支承圆环上，水平滚轮沿滚道做行星运动；图9.4-31b为滚道安装在转柱上，滚道随转柱一起回转，并带动水平滚轮作自传运动。

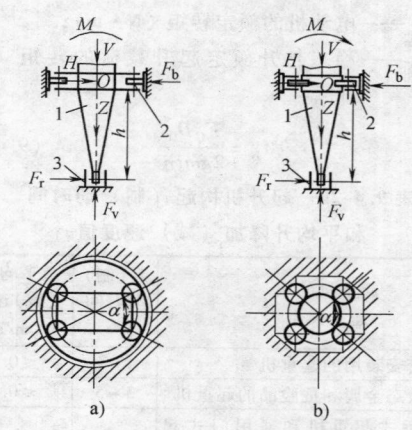

图 9.4-31　转柱式回转支承构造

1—转柱　2—上支承　3—下支承

图9.4-32为滚道固定在门架上支承圆环上的转柱式回转支承的上支承，用于承受由水平载荷和倾覆力矩所产生的水平力，滚轮在圆形轨道里面滚动，能承受较大的水平力。滚轮的数目和布置，根据受力情况而定。对起重量较大的起重机，往往采用带均衡梁的滚轮组。为了调整安装间隙和滚道与滚轮磨损后的间隙，水平滚轮通常安装在偏心轴套上。转动与偏心轴连成一体的心轴，就可调整水平滚轮与滚道之间的间隙。滚轮可以做成圆柱形或腰鼓形。

图9.4-33为转柱式回转支承的下支承，采用一个推力调心滚子轴承用于承受回转部分的重力和水平力。

2. 定柱式回转支承

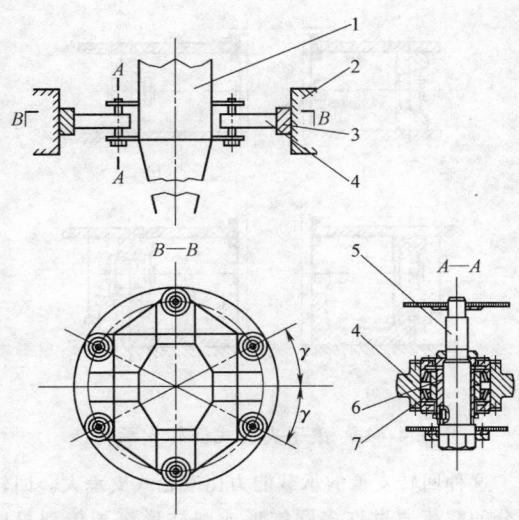

图 9.4-32　转柱式回转支承的上支承

1—转柱　2—上支座　3—滚轮轨道
4—水平滚轮　5—心轴
6—偏心轴套　7—滚动轴承

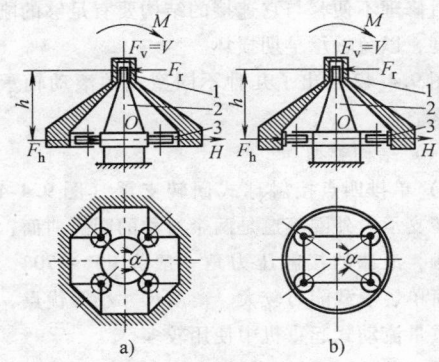

图 9.4-33　转柱式回转支承的下支承

定柱式回转支承的特点是立柱固定在基础结构上（如门架、浮船和码头结构），形似"钟罩"的回转部分通过上下支承固定在立柱上（图 9.4-34）。

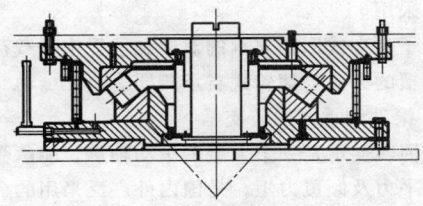

图 9.4-34　定柱式回转支承

1—上支承　2—定柱　3—下支承

定柱式支承的上支承有两种型式。图 9.4-35a 所示的上支承由一个球面推力轴承和一个球面径向滚动轴承组成。为了保持自位性能，两个轴承的球面必须

同心。图 9.4-35b 所示的上支承采用一个推力调心滚子轴承，但这种结构承受的水平力有限制，水平载荷与垂直载荷的比值应小于 $\tan\beta$。定柱式支承的下支承通常做成水平滚轮型式（见图 9.4-36）。滚轮一般装在回转部分，滚轮的布置应与倾覆力矩方向相适应。当前后倾覆力矩不相等时，可采用图 9.4-36b 所示的布置方式。

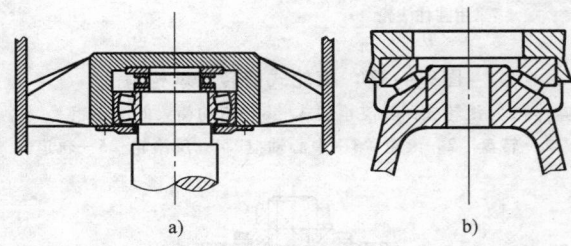

图 9.4-35　定柱式回转支承的上支承

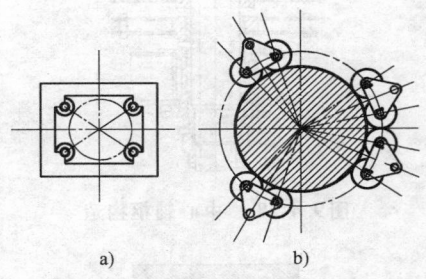

图 9.4-36　定柱式回转支承的下支承

定柱式回转支承结构较简单，制造方便，回转部分自重轻，转动惯量小，重心比转柱式低，但占用空间大，使回转部分平面尺寸大，且上支承维修较困难，常用于浮式起重机和固定式起重机。

3.2.2　转盘式回转支承

这种回转支承的特点是回转部分装在一个大转盘上，转盘通过滚动体（滚轮、滚子、滚珠）支承于固定部分。

转盘式回转支承有滚轮式、滚子夹套式和滚动轴承式三种型式。

1. 滚轮式回转支承

回转部分支承在三个或四个由滚轮装置构成的支点上。载荷不大时，每个支点可用一个滚轮（见图 9.4-37a）；载荷较大时，可采用带均衡梁的滚轮组（见图 9.4-37b）。三支点结构是外力静定的，滚轮安装要求低，但抗倾覆能力差。四支点结构过去多用于小型门座起重机。滚轮踏面可做成圆锥形、圆柱形或鼓形。中心轴枢（见图 9.4-38）或水平滚轮（见图 9.4-39）用于回转运动的对中和承受水平力。

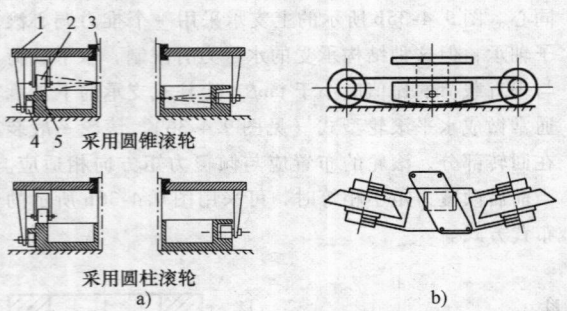

图9.4-37　　滚轮式回转支承构造

a) 滚轮式回转支承型式　b) 带均衡梁的滚轮组

1—转盘　2—滚轮　3—中心轴枢　4—反滚轮　5—轨道

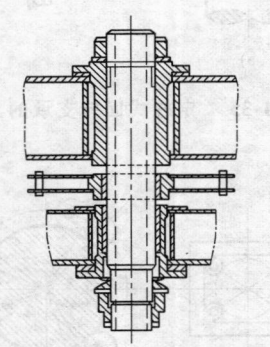

图9.4-38　　中心轴枢构造

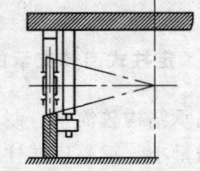

图9.4-39　　采用水平滚轮对中构造

滚轮式回转支承的轨道直径取决于回转部分的稳定性条件，但在非工作状态的暴风袭击下，允许通过中心轴枢加载螺母来承受倾覆而产生的拉力，也可采用反滚轮来防止倾覆（见图9.4-40a）。在小型起重机中，可将滚轮装在槽形轨道的两翼缘之间，使其同时起正、反滚轮的作用（见图9.4-40b）。

2. 滚子夹套式回转支承（图9.4-41）

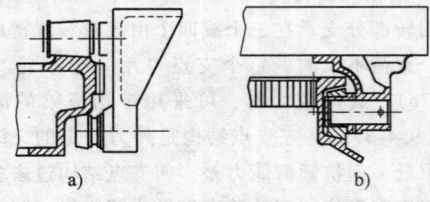

图9.4-40　　反滚轮与正、反滚轮构造

a) 反滚轮　b) 正、反滚轮

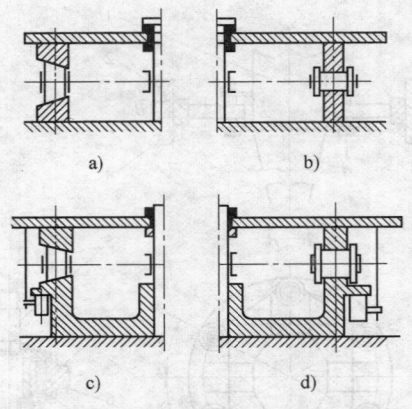

图9.4-41　　滚子夹套式回转支承构造

这种回转支承的承载能力比滚轮式支承大。回转部分的载荷通过许多圆锥形或圆柱形滚子传到机座上。滚子在上下环形轨道间滚动。转盘下的环形轨道采用前后圆弧段布置，机座上的环形轨道为整圆形轨道，圆柱滚子可做成单轮缘的或双轮缘的，装在用槽钢制成的保持架上。由于圆柱形踏面会很快磨损，因此很少采用。

滚子夹套式回转支承的对中和承受水平载荷以及防止倾覆的方式与滚轮式支承相同。

3. 滚动轴承式回转支承

该回转支承是一个大型的滚动轴承，能承受垂直力、水平力及倾覆力矩，是国内外广泛采用的一种转盘式回转支承。其优点是结构紧凑、装配简单、密封与润滑条件良好、轴向间隙小、工作平稳、回转阻力小、使用寿命长，轴承中心可以作为上下通道，总体布置方便；缺点是材料与加工工艺要求高，成本高，损坏后修理不便，与它连接的结构要有足够的刚性和平面度，以免轴承早期损坏。

图9.4-42给出了几种不同型式的滚动轴承式回转支承。

（1）结构类型

1）单排四点接触球式回转支承（图9.4-42a）。该回转支承内外圈滚道是两个对称的圆弧曲面，呈四点接触，滚珠的接触压力角一般为60°～70°，具有结构简单、承载能力较大、离度尺寸小等优点，在中小起重量流动式起重机中使用较多。

2）双排式回转支承（见图9.4-42b）。该回转支承有上下两排滚动球体，具有较大的接触压力角，可达60°～90°，能承受较大的轴向负荷和倾覆力矩。

3）单排交叉滚柱式回转支承（见图9.4-42c）。该回转支承相邻滚柱的轴线是交叉排列的，滚柱接触压力角一般为45°，滚柱与滚道呈线接触，承载能力大于滚珠式。为了保证滚柱与滚道有足够的接触长度，对与座圈相连接的支承构件的刚度要求较高，安装精度要求也较高。

4）双排滚柱式回转支承（见图 9.4-42d）。该回转支承具有上下两排柱式滚动体，与双排滚珠轴承式回转支承相比，能承受更大的轴向负荷和倾覆力矩，多用于起重量较大的起重机。

5）三排滚柱式回转支承（见图 9.4-42e）。该回转支承在水平方向平行排列两排滚柱以承受轴向载荷，另一排垂直排列的滚柱承受径向载荷。它比上述各种类型轴承式回转支承的承载能力都要大，但制造和安装精度要求较高，同时与座圈相连接的支承构件要有更高的刚度。这种回转支承多用在起重量很大、但座圈外径尺寸又受到限制的起重机。

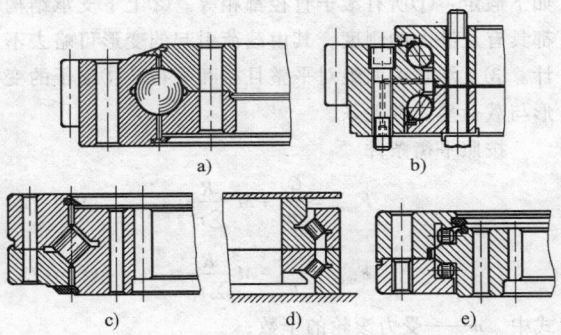

图 9.4-42　滚动轴承式回转支承结构

在滚动轴承式回转支承中，回转大齿圈（内齿或外齿）与回转支承的座圈制成一体。座圈分内外两部分，分别用螺栓与回转部分和基座相连。轴承的轴向间隙，高精度轴承为 0.06 ~ 0.2mm，精度较低时为 0.3 ~ 0.5mm，尺寸大的轴承取大值。高精度轴承的滚道最后需要磨削加工，滚动体的最大载荷稍低，寿命较长。

（2）设计选用　滚动轴承式回转支承应根据工作要求和载荷大小合理选型。滚珠在工作时与滚道间

没有相对滑动，对结构变形和安装误差的敏感性也较低，但承载能力低于滚柱。滚柱则与滚珠相反。对于大起重量起重机，为了使轴承尺寸不要太大，一般都采用滚柱式回转支承。

滚动轴承式回转支承已有标准系列产品。选用设计时，可根据其所受的总垂直力 V、水平力 H 和外力矩 M，按产品标准中的轴承承载能力曲线选取合理型号的回转支承。

由于滚动轴承式采用的材料极限强度大，又可以通过热处理来提高滚动体和滚道的表面硬度，因此在倾覆力矩相同时，滚道直径要比滚轮式和滚子夹套式支承的转盘直径小得多。特别是大轴承可在专门轴承厂制造，精度高，间隙小，运转平稳，是比较理想的回转支承。

（3）滚动轴承式回转支承的安装、预紧技术要求

1）安装平面要平整，安装底座要有足够的刚度。

2）回转支承的连接螺栓应有足够的预紧力，安装螺栓预紧力应达到螺栓材料屈服极限的 0.7 倍。

具体要求参阅回转支承生产厂《回转支承使用说明》中的有关条款。

3.3　回转支承装置的设计

3.3.1　回转支承的计算载荷

回转支承按下列三种载荷组合进行计算：

① 工作状态正常载荷组合（Ⅰ类载荷）——疲劳强度、磨损或发热计算的等效载荷。

② 工作状态最大载荷组合（Ⅱ类载荷）——静强度计算载荷。

③ 非工作状态最大载荷组合（Ⅲ类载荷）——静强度验算载荷。安全系数可取较低值。

计算回转支承的各种具体载荷组合列于表 9.4-22。表中组合Ⅱ考虑了可能出现的两种工况：Ⅱ$_a$——起升质量离地提升工况；Ⅱ$_b$——满载起重机的回转和变幅机构同时起（制）动或运行和回转机

表 9.4-22　回转支承的计算载荷组合

载荷名称	载　荷　组　合				
	组合Ⅰ	组合Ⅱ		组合Ⅲ	
		Ⅱ$_a$	Ⅱ$_b$	Ⅲ$_a$	Ⅲ$_b$
回转部分重力载荷（含对重量）	G_r	$\varphi_1 G_r$	G_r	G_r	G_r
额定起升载荷	F_Q	$\varphi_2 F_Q$	F_Q	—	—
货物偏摆水平载荷 在臂架平面内 在垂直于臂架平面内	$F_Q\tan\alpha'_I$ $F_Q\tan\alpha_I$	— —	$F_Q\tan\alpha'_{II}$ $F_Q\tan\alpha_{II}$	— —	— —
坡度载荷	$(G_r+F_Q)\sin\gamma$	$(G_r+F_Q)\sin\gamma$	$(G_r+F_Q)\sin\gamma$	$(G_r+F_Q)\sin\gamma$	$(G_r+F_Q)\sin\gamma$
变幅起（制）动的水平力	—	—	F_{rII}	—	—
回转起（制）动的水平力	F_{rI}	—	F_{rII}	—	—

（续）

载荷名称	载荷组合				
	组合Ⅰ	组合Ⅱ		组合Ⅲ	
		Ⅱ$_a$	Ⅱ$_b$	Ⅲ$_a$	Ⅲ$_b$
运行起（制）动的水平力	—	—	$F_{tⅡ}$	—	—
回转部分（不包括物品）风载荷	—	$F_{wⅡ}$	$F_{wⅡ}$	$F_{wⅢ}$	—
试验载荷	—	—	—	—	$1.1\varphi_4 F_Q$ 或 $1.25 F_Q$
回转机构最后一级齿轮的啮合力	F_g	F_g	F_g	—	—

构同时起（制）动的工况。在这两种工况中，以危险者作为强度计算载荷。组合Ⅲ也考虑了两种工况：Ⅲ$_a$——非工作状态最大风载荷工况；Ⅲ$_b$——静态或动态试验工况。对浮式起重机，角 γ 为浮船的倾角。

根据作用在起重机回转部分的外载荷可求出作用于回转支承上的载荷。

沿回转中心的总垂直力：
$$V = \sum V_i \qquad (9.4\text{-}65)$$

沿水平支承的总水平力：
$$H = \sqrt{H_x^2 + H_y^2} \qquad (9.4\text{-}66)$$

作用于某一垂直平面的总力矩：
$$M = \sqrt{M_x^2 + M_y^2} \qquad (9.4\text{-}67)$$

式中　$\sum V_i$——Z 轴方向各垂直力的总和（N）；

$H_x = \sum H_{xi}$——X 轴方向所有水平分力的总和（N）；

$H_y = \sum H_{yi}$——Y 轴方向所有水平分力的总和（N）；

$M_x = \sum M_{xi}$——各垂直力及水平力对 X 轴的力矩总和（N·m）；

$M_y = \sum M_{yi}$——各垂直力及水平力对 Y 轴的力矩总和（N·m）。

上述坐标系的坐标原点 O 取在垂直力 V 与水平力 H 的交点处。

3.3.2　回转支承的计算

1. 柱式回转支承

对于柱式回转支承（见图 9.4-31 和图 9.4-34），由平衡条件可得：

推力轴承的负荷：　$F_v = V$　　　(9.4-68)

径向轴承的负荷：　$F_r = \dfrac{M}{h}$　　　(9.4-69)

水平滚轮支承的载荷：　$F_h = \dfrac{M}{h} \pm H$　(9.4-70)

式中 "＋" 号适用于转柱式支承（见图 9.4-31），"－" 号适用于定柱式支承（见图 9.4-34）。当一侧采用两个水平滚轮或两个水平滚轮组时，则每一个滚轮或滚轮组所受的正压力为

$$N = \frac{F_h}{2\cos\dfrac{\alpha}{2}} \qquad (9.4\text{-}71)$$

式中　α——滚轮或滚轮组之间的夹角。

2. 转盘式回转支承

（1）滚轮式回转支承　支点压力和支承滚轮的压力可参照刚性支承计算方法计算。

（2）滚子夹套式回转支承　为了简化计算，作如下假定：①所有滚子直径都相等。②上下支承结构都具有足够大的刚度，其由载荷引起的变形可略去不计。③支承轨道面绝对平整且相互平行。④滚子的变形与载荷呈线性关系。

按照平衡条件

$$F_{max} = \frac{G_r}{n} + M \frac{R}{\sum r_i^2} \qquad (9.4\text{-}72)$$

$$F_{min} = \frac{G_r}{n} - M \frac{R}{\sum r_i^2} \qquad (9.4\text{-}73)$$

式中　n——受力滚轮的个数；

R——支承圆环的半径（m）；

$\sum r_i^2 = r_1^2 + r_2^2 + \cdots + r_i^2$——所有受载的滚子的中心到Ⅱ—Ⅱ轴（图 9.4-43）的距离的平方和（m²）。

在工作状态最大载荷组合下，要求 $F_{min} > 0$，即不允许滚子出现负压力，以免载荷变化时产生冲击。在非工作状态载荷组合下，允许 $F_{min} < 0$，但此时式（9.4-72）和式（9.4-73）不再适用。若在非工作状态载荷组合下回转部分已丧失稳定性，则应核算中心轴枢或反滚轮装置的强度。

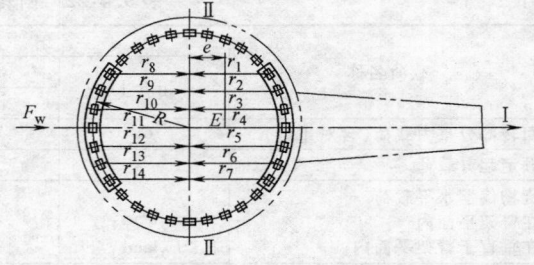

图9.4-43　滚子夹套式回转支承的滚子压力计算简图

3. 滚动轴承式回转支承选型计算

选型设计时，应先根据起重机的载荷大小、工作条件及总体布置要求，初步选定回转支承的型式，然后进行选型的计算。

(1) 回转支承的载荷　作用在滚动轴承式回转支承的载荷有：轴向力 $F_a = V$，径向力 $F_r = H$ 和倾覆力矩 M [见式 (9.4-65) ~ 式 (9.4-67)，O 点在回转支承中心]，对于不同类型起重机，由于其工作条件、支承型式不同，上述三种载荷作用的组合情况也有所不同。

(2) 回转支承承载能力曲线　在 JB/T 2300—2011《回转支承》标准中规定了四种结构型式回转支承的承载能力曲线。图 9.4-44 给出了 01 系列回转支承承载能力曲线的示例。

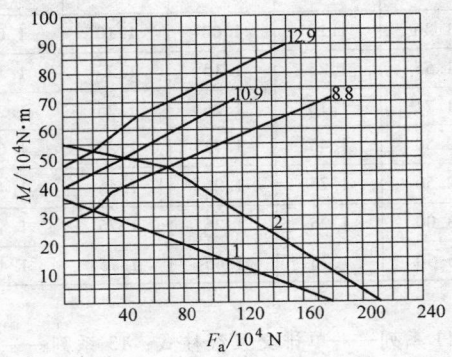

图 9.4-44　滚动轴承回转支承的承载能力曲线

1—静态承载能力曲线　2—动态承载能力曲线

8.8、10.9、12.9—螺栓承载能力曲线

图中，螺栓的承载能力曲线是在连接长度为螺栓公称直径的 5 倍、预紧应力为螺栓材料屈服极限的 70% 条件下确定的。

(3) 静态选型计算　静态容量是指回转支承保持静止状态，由于负荷的作用，使滚道永久变形量达到 $\delta = 3d/10000$（d 为滚动体直径）时的最大负荷。在这个负荷作用下，要求回转支承不丧失其功能。

根据回转支承和静态容量进行选型计算时，采用工作状态最大载荷组合和非工作状态最大载荷组合。

回转支承受轴向负荷 F_a、径向负荷 F_r 和倾覆力矩 M 的共同作用，为了便于根据承载能力曲线（F-M 曲线）选择回转支承，需对上述三种负荷进行换算，即

$$\begin{cases} F_a' = f_s(K_a F_a + K_r F_r) \\ M' = f_s K_a M \end{cases} \quad (9.4\text{-}74)$$

式中　f_s——静态工况系数，见表 9.4-23；

K_a、K_r——负荷换算系数，按不同轴承型式选取。

当换算出的负荷值处在回转支承静态承载能力曲线以下时，即可满足要求。

1) 单排四点接触球式回转支承（01 系列）。因接触角 α（滚动体上力的作用方向与水平面的夹角）随载荷 F_a、F_r、M 的不同而自动变化，所以该回转支承应分别按 $\alpha = 45°$ 和 $\alpha = 60°$ 两种情况分别计算换算负荷。

① $\alpha = 45°$，$K_a = 1.225$，$K_r = 2.676$

$$\begin{cases} F_a' = f_s(1.225 F_a + 2.676 F_r) \\ M' = f_s 1.225 M \end{cases} \quad (9.4\text{-}75)$$

② $\alpha = 60°$，$K_a = 1.000$，$K_r = 5.046$

$$\begin{cases} F_a' = f_s(F_a + 5.046 F_r) \\ M' = f_s M \end{cases} \quad (9.4\text{-}76)$$

只要一种情况的换算负荷满足承载曲线即可。如果两者情况均满足，则以与承载曲线较近的一种情况为准。

2) 单排交叉滚柱式回转支承（11 系列）。该回转支承的换算负荷按式 (9.4-77) 进行计算

$$K_a = 1.00,\ K_r = 2.05$$

$$\begin{cases} F_a' = f_s(F_a + 2.05 F_r) \\ M' = f_s M \end{cases} \quad (9.4\text{-}77)$$

3) 双排球式回转支承（02 系列）。对该回转支承，当 $F_r \le 10\% F_a$ 时，F_r 可忽略不计，并取 $K_a = 1.0$；当 $F_r > 10\% F_a$ 时，由于接触角是变化的，应与制造厂家联系后选用。

4) 三排滚柱式回转支承（13 系列）。对该回转支承，仅需考虑轴向负荷和倾覆力矩。可取 $K_a = 1.0$，$F_r = 0$。

(4) 动态选型计算　动态容量是指回转支承以每分钟一转的回转速度回转 3 万转而不丧失功能的最大负荷。

在实际使用中，由于在作用的载荷是变化的以及不同工况等的影响，回转支承的实际使用寿命定义为：回转阻力矩逐渐提高，磨损增大到使回转支承丧失其承载能力。影响回转支承使用寿命的因素还包括它的工况条件，如回转的角度和频率等。

根据回转支承的动态容量进行选型计算时，采用工作状态正常载荷组合。

回转支承受轴向负荷 F_a、径向负荷 F_r 及倾覆力矩 M 共同作用时，按式 (9.4-78) 进行负荷换算：

$$\begin{cases} F_a' = f_d(K_a F_a + K_r F_r) \\ M' = f_d K_a M \end{cases} \quad (9.4\text{-}78)$$

式中　f_d——动态工况系数，可按表 9.4-23 选取；

K_a、K_r——负荷换算系数，按回转支承的型式选取，其值与静态选型计算相同。

按照上述计算结果，在承载能力曲线图中找点，若该点位于回转支承动态承载能力曲线之下，说明该回转支承满足动态容量要求。

下述情况不宜采用动态容量曲线选型：

① 回转支承承受较大的径向力。
② 回转支承的转速较高。
③ 回转支承的精度高。

在承载曲线图中，按静态工况计算出来的总轴向力 F'_a 和总倾覆力矩 M' 的交点，应落在所选的 8.8 级、10.9 级或 12.9 级螺栓承载曲线的下方。

表 9.4-23　滚动轴承式回转支承工况及复合系数表

回转支承型式			01		02		11,13	
应用机型		工况系数	f_s	f_d	f_s	f_d	f_s	f_d
建筑用塔式起重机	上回转式	$M_f \leqslant 0.5M$	1.25	1.36	1.25	1.00	1.25	1.00
		$0.5M < M_f < 0.8M$	1.25	1.55	1.25	1.15	1.25	1.13
		$M_f \geqslant 0.8M$	1.25	1.71	1.25	1.26	1.25	1.23
	下回转式		1.25	1.36	1.25	1.00	1.25	1.07
轮式起重机、堆取料机及各种工作台			1.10	1.36	1.10	1.00	1.10	1.00
悬臂式起重机、港口起重机、各种装卸机械			1.25	1.55	1.25	1.15	1.25	1.13
皮带运输机、装卸用塔式起重机和履带起重机			1.25	1.71	1.10	1.26	1.25	1.23
抓斗及拉铲挖掘机、挖掘船、浮式起重机			1.45	2.50	1.45	1.71	1.45	1.62
斗容量大于 1.6m³ 的挖掘机			1.45	2.50	1.25	1.26	1.45	1.45
斗容量大于或等于 1.6 m³ 的挖掘机			1.75	3.00	1.25	1.26	1.75	1.45
冶金用起重机、斗轮挖掘机、隧道掘进机			2.00	3.50	1.75	1.45	1.75	1.45

注：M_f 最小幅度时空载复原力矩。

(5) 回转支承型式、基本参数的标注方法（JB/T 2300—2011）

1) 回转支承按结构型式分为四个系列：01 系列——单排四点接触球式；02 系列——双排异径球式；11 系列——单排交叉滚柱式；13 系列——三排滚柱式。

2) 回转支承型号编制及方法为：

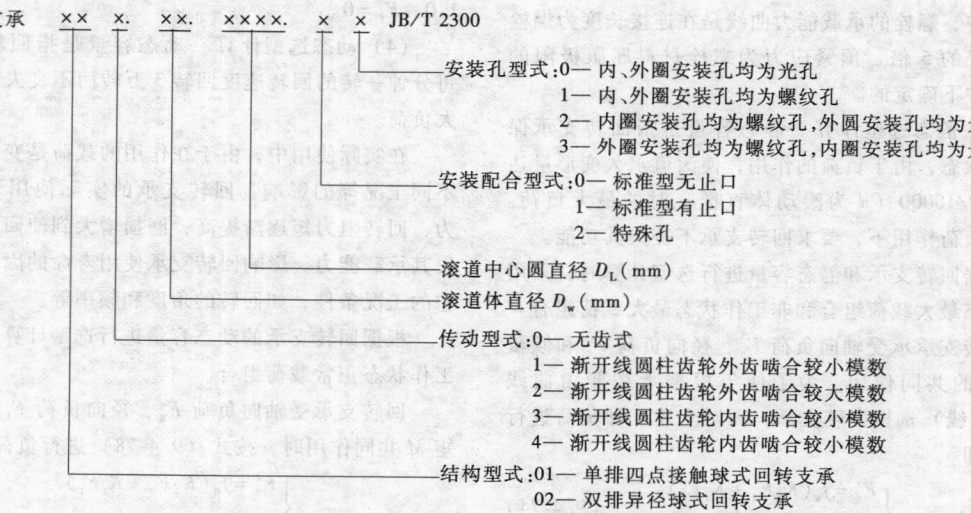

标记示例：单排四点接触球式内齿、齿轮模数为18、滚球直径为60mm、滚道中心圆直径为2500mm，滚圈材料为42CrMo、调质处理的回转支承：回转支承 013.60.2500.03 JB/T 2300。

3.4 回转阻力矩计算

起重机等效回转稳态阻力矩 T_{eq} 按式（9.4-79）计算：

$$T_{eq} = T_m + T_{weq} + T_{peq} \qquad (9.4-79)$$

式中 T_{eq}——等效回转稳态阻力矩（N·m）；

T_m——回转摩擦阻力矩（N·m）；

T_{weq}——工作状态下的等效风阻力矩（N·m）；

T_{peq}——等效坡道阻力矩（N·m）。

（1）摩擦阻力矩 T_m

1）柱式回转支承的 T_m。

$$T_m = T_{mv} + T_{mr} + T_{mH} \qquad (9.4-80)$$

式中 T_{mv}——止推轴承中的摩擦阻力矩（N·m），按式（9.4-81）计算：

$$T_{mv} = 0.5 F_V \mu d_v \qquad (9.4-81)$$

F_V——止推轴承所承受的垂直力（N）；

μ——止推轴承的摩擦因数。对滚动轴承取 $\mu = 0.01 \sim 0.015$；对于滑动轴承取 $\mu = 0.06 \sim 0.15$；

d_v——止推轴承内外径的平均直径（m）；

T_{mr}——径向轴承中的摩擦阻力矩（N·m），按式（9.4-82）计算：

$$T_{mr} = 0.5 F_r \mu d_r \qquad (9.4-82)$$

F_r——径向轴承所承受的水平力（N）；

d_r——径向轴承内外径的平均直径（m）。

采用一个推力调心滚子轴承代替径向轴承和止推轴承时，摩擦阻力矩按下式计算：

$$T_{mv} + T_{mr} = \left(\frac{F_V}{\cos\beta} + \frac{4 F_r}{\pi \sin\beta} \right) \mu R_0 \qquad (9.4-83)$$

式中 β——轴承滚子与滚道接触法线和回转中心线间的夹角（°）；

μ——轴承的摩擦因数，$\mu = 0.01 \sim 0.015$；

R_0——轴承的平均半径，可取为轴承内座圈的外圆半径与外座圈的内圆半径的平均值（m）。

T_{mH}——水平滚轮的摩擦阻力矩（N·m），按式（9.4-84）计算：

$$T_{mH} = 0.5 \sum NfD \qquad (9.4-84)$$

$\sum N$——水平滚轮轮压之和（N），可根据水平轮和布置情况由 F_h 求得；

f——水平滚轮的当量摩擦因数，对滚动轴承取 $f = 0.005 \sim 0.008$；对滑动轴承取 $f = 0.028 \sim 0.032$；

D——滚道计算直径（m）。当滚道固定、水平轮沿滚道滚动时，$D = D_2 \pm D_1/2$［D_1 为水平轮直径（m）；D_2 为滚道直径（m）。"+"号用于滚轮在滚道外圆表面滚动时，"-"号用于滚轮在滚道内圆表面滚动时］；当滚轮的回转中心固定、滚道沿水平滚轮滚动时，$D = D_2$。

2）滚轮式和滚子夹套式回转支承的 T_m。

$$T_m = 0.5 f G_r D \qquad (9.4-85)$$

式中 G_r——起重机回转部分的重力载荷（N）；

D——滚道直径（m）；

f——滚轮或滚子的当量摩擦因数。对滚动轴承取 $f = 0.005 \sim 0.01$；对滑动轴承，取 $f = 0.02 \sim 0.03$。

中心轴枢同时受力时，式（9.4-85）中的 G_r 项应加上中心轴枢所受的垂直载荷。

当采用反滚轮装置时，G_r 中应减去反滚轮的压力，且需计入反滚轮的摩擦阻力矩。

3）滚动轴承式回转支承的 T_m。

$$T_m = 0.5 \mu D \sum N \qquad (9.4-86)$$

式中 μ——滚动轴承的摩擦因数，$\mu = 0.01$；

D——滚道中心直径（m）；

$\sum N$——滚动体法向反力绝对值之和（N）。

（2）等效风阻力矩 T_{weq} 当起重机的臂架与风向垂直时，风阻力矩达到最大值（见图9.4-45）。

$$T_{Wmax} = F_{Wq} R + F_{wG} l \qquad (9.4-87)$$

式中 F_{Wq}——货物受到的风载荷（N）；

R——起重机幅度（m）；

F_{wG}——起重机回转部分受到的风载荷（N）；

l——F_{wG} 的作用点至回转中心的距离（m），自回转中心向臂架方向者为正，反之为负。

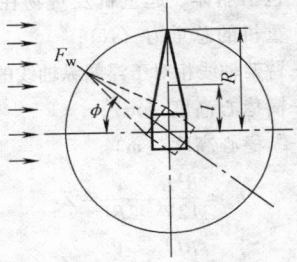

图9.4-45 T_W 的计算示图

起重机回转时风阻力矩是变化的，计算电动机功率时应采用它的等效风阻力矩 T_{weq}：

$$T_{weq} = 0.7 T_{Wmax} \qquad (9.4-88)$$

（3）等效坡道阻力矩 T_{peq}

1）陆上起重机的 T_p（见图 9.4-46）。

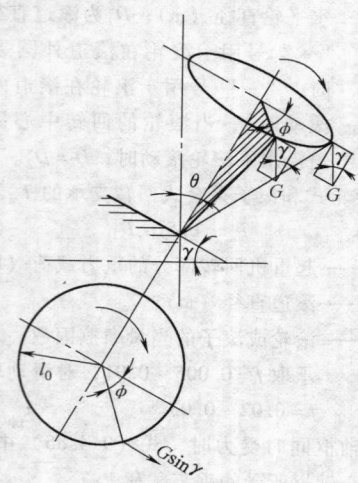

图 9.4-46　T_p 的计算示图

$$T_p = Gl_0 \sin\gamma \sin\phi \qquad (9.4\text{-}89)$$

$$T_{pmax} = Gl_0 \sin\gamma \qquad (9.4\text{-}90)$$

式中　G——起重机回转部分的总重力（包括货物）（N）；

l_0——总重力的作用中心到起重机回转轴线的距离（m）；

γ——起重机的坡度角（°）；

ϕ——总重力的作用中心相对倾斜平面的回转角度（°）。

2）浮式起重机的 T_p。

$$T_p = \frac{M^2}{2D}\left(\frac{1}{h_\theta} - \frac{1}{h_\psi}\right)\sin 2\phi \qquad (9.4\text{-}91)$$

$$T_{pmax} = \frac{M^2}{2D}\left(\frac{1}{h_\theta} - \frac{1}{h_\psi}\right) \qquad (9.4\text{-}92)$$

式中　M——由起重机回转部分的总重力（包括货物）所引起的总倾覆力矩（N·m）；

D——包括船体、起重机及货物在内的浮式起重机的总重力（N）；

ϕ——臂架轴线相对于浮船纵轴线的夹角（°）；

h_θ——横稳心高度（m）；

h_ψ——纵稳心高度（m）。

$$h_\theta = \frac{B^3 L}{12V} + \frac{V}{2BL} - Z \qquad (9.4\text{-}93)$$

$$h_\psi = \frac{BL^3}{12V} + \frac{V}{2BL} - Z \qquad (9.4\text{-}94)$$

式中　B——浮船宽度（m）；

L——浮船长度（m）；

V——浮船总排水容积（m³）；

Z——浮式起重机总重心到船底的距离（m）。

计算回转电动机功率时应采用它的等效阻力矩 T_{peq}：

$$T_{peq} = 0.7 T_{pmax} \qquad (9.4\text{-}95)$$

3.5　回转驱动装置的计算

3.5.1　电动机的选择与校验

（1）电动机的初选　对未能提供 CZ 值及相应计算数据的电动机按等效功率法初选电动机；对于能给出有关资料的绕线转子异步电动机按稳态负载系数法初选电动机。

1）等效功率法。

① 等效功率 P_e 按式（9.4-96）计算：

$$P_e = \frac{T_{eq} n_c}{9550\eta} \qquad (9.4\text{-}96)$$

式中　P_e——回转机构电动机的等效回转功率（kW）；

T_{eq}——回转机构的等效回转阻力矩（N·m）；

n_c——起重机的回转速度（r/min）；

η——回转机构的总传动效率。

② 电动机初选。用式（9.4-96）计算所得的结果从电动机样本上初选所需的电动机。当惯性力较大时，应将惯性力与等效阻力矩相加，以考虑惯性力的影响。

2）稳态负载系数法。

① 所选电动机的功率 P_n 按式（9.4-97）计算：

$$P_n \geqslant G P_e \qquad (9.4\text{-}97)$$

式中　P_n——所选电动机在相应的 CZ 值和实际接电持续率 JC 值下的功率（kW）；

G——稳态负载平均系数，见表 9.4-2、表 9.4-5；

P_e——回转机构电动机的等效功率（kW），见式（9.4-96）。

② 电动机初选。按式（9.4-97）计算所得的结果从电动机样本上初选所需的电动机。

（2）电动机的校验

1）过载能力校验。电动机的过载能力按式（9.4-98）进行校验：

$$P_n \geqslant \frac{H n_c}{9550 m_e \lambda_m i \eta}(T_m + T_{pmax} + T_{w\mathbb{I} max} + T_{aI})$$

$$(9.4\text{-}98)$$

式中　P_n——基准接电持续率（S，$JC = 40\%$）时电动机的额定功率（kW）；

H——考虑电压降及最大转矩的误差系数，对线绕转子异步电动机取 $H = 1.55$，对笼型异步电动机取 $H = 1.60$，对直流电动机取 $H = 1.0$；

T_{pmax}——回转最大坡道阻力矩（N·m）；

$T_{w\mathbb{I} max}$——由 Ⅱ 类计算风压 $p_{\mathbb{I}}$ 引起的最大风阻力

矩（N·m）；

T_{aI}——货物偏摆时 α_I 角时引起的回转水平阻力矩（N·m）；

m_e——电动机的个数；

λ_m——相对于 P_n 时的电动机最大转矩倍数（电动机制造商提供），对于直接全压起动的笼型电动机，堵转转矩倍数 $\lambda_m \geqslant 2.2$；

i——回转机构的总传动比。

其他符号同前。

2）发热校验。

① 起升机构的稳态平均功率 P_s 按式（9.4-99）计算：

$$P_s = G\frac{T_{eq}n_c}{9550 m_e \eta} \qquad (9.4\text{-}99)$$

式中　P_s——起升机构的稳态平均功率（kW）；

其余符号同前。回转机构的 G 值见表 9.4-2、表 9.4-5。

② 确定 JC 值。

JC 值参见表 9.4-2、表 9.4-4。

③ CZ 值。CZ 值的计算参见本章第 1 节相关内容。

④ 发热校验。根据上述方法计算出 P_s、JC 及 CZ 值，所选用的电动机在相应 CZ 值、JC 值下，如其输出功率满足式（9.4-100）的要求，则电动机的发热校验合格。

$$P \geqslant P_s \qquad (9.4\text{-}100)$$

3）起动加速度计算。对于电动机直接起动的回转机构应计算机构的起动加速度，应使臂架起重机回转臂架头部切向加（减）速度不大于下列数值：对于回转速度较低的安装用起重机，根据起重量大小，此值一般为 0.1～0.3m/s²；对于回转速度较高的装卸用起重机，根据起重量大小，此值一般为 0.8～1.2m/s²。起重量大者取小值。

3.5.2　减速器的选择

回转机构的减速器用等效功率进行选择，减速器的工作特点和选择原则与运行机构减速器相同。

3.5.3　制动器的选择

由交流电动机驱动的回转机构一般采用常开式制动器，司机通过脚踏杠杆和液压缸加以操纵，可控制制动转矩的大小，实现平稳制动和准确停车。在回转机构最不利工作状态下，其制动器应能使回转部分从运动中停止；对塔式起重机，则是使已停住的回转部分在工作中能保持定位不动。制动减速度不宜超过起动加速度的有关规定。

回转机构的制动转矩按式（9.4-101）计算：

$$M_Z = \frac{\sum J \cdot n}{9.55 t_Z} + M_C \qquad (9.4\text{-}101)$$

式中　M_Z——回转机构的制动转矩（N·m）；

$\sum J$——起重机回转制动时，回转机构及含吊运物品在内的全部回转运动质量换算到电动机轴（制动器轴）上的机构总转动惯量（kg·m²）；

n——电动机额定转速（r/min）；

t_Z——回转机构制动时间（s）；

M_C——换算到电动机轴上的等效回转力矩（N·m）；

$$M_C = \frac{\eta}{i}(M_W + M_a - M_m) \qquad (9.4\text{-}102)$$

η——回转机构的总传动效率。

i——由制动器轴到回转支承装置的回转机构总传动比。

回转机构中装有极限转矩联轴器时，制动转矩应根据极限转矩来确定。

在非工作状态下，起重机的回转部分一般不是靠回转制动器来固定位置，而是将臂架收到最小幅度，用回转锚定装置来固定。也有让回转部分自由回转的，但周围必须有足够的空间，避免臂架或回转部分的尾部与邻机或其他物体相碰。

3.5.4　极限转矩联轴器的选择

极限转矩联轴器起保护电动机和传动机构的作用，因此，其极限转矩应不超过电动机的最大转矩。但极限转矩也不能过小，否则在正常起（制）动过程中极限转矩联轴器也会发生打滑，既降低起重机的生产率，又加快联轴器摩擦面的磨损。对于有自锁可能的传动机构应装设极限转矩联轴器。非自锁机构如果不装设极限转矩联轴器，则应计算传动机构在事故状态下的静强度。

极限转距联轴器的摩擦力矩，按式（9.4-103）计算：

$$M_{j1} = 1.1\left[M_{max} - \frac{(J_1 + J_2)n}{9.55 t}\right]i_c\eta \qquad (9.4\text{-}103)$$

式中　M_{j1}——极限转矩联轴器的摩擦力矩（N·m）；

M_{max}——电动机最大起动转矩或制动器的制动转矩（N·m）；

J_1——电动机转子的转动惯量（kg·m²）；

J_2——电动机轴上制动轮和联轴器的转动惯量（kg·m²）；

n——电动机额定转速（r/min）；

t——起、制动时间（s）；

i_c——电动机至极限转矩联轴器的回转机构

传动比;

　　η——电动机至极限转矩联轴器的传动效率。

　　初步计算时极限转矩可取为电动机额定转矩换算到极限转矩联轴器上的转矩的 2 倍。

4　变幅机构

4.1　变幅机构的类型和特点

　　变幅机构是起重机中用于改变作业幅度的机构。

　　起重机变幅机构按机构运动形式分为运行小车式变幅和摆动臂架式变幅,按工作性质分为非工作性变幅和工作性变幅;按臂架变幅性能分为非平衡式变幅和平衡式变幅。

　　运行小车式变幅依靠运行小车沿水平臂架导轨运行以改变起重机幅度,常用于具有水平臂架的起重机。运行小车有自行式和绳索牵引式两种。绳索牵引式小车自重较轻,可减小整机结构自重,应用较广。摆动臂架式变幅是通过臂架在垂直平面内绕其铰轴的摆动实现幅度的改变。伸缩臂式起重机臂架既可摆动,也可伸缩,既能增加起升高度,也能改变起重机幅度。

　　非工作性变幅是指起重机只在空载时改变幅度,调整取物装置的作业位置,其特点是变幅次数少、变幅速度较低。工作性变幅是指起重机带载变幅,且变幅过程是工作循环中的主要环节,其特点是变幅频繁,变幅速度较高。

　　非平衡式变幅是在变幅过程中,摆动臂架的重心和货物的重心都会发生升降,耗费额外的驱动功率,适用于非工作性变幅,在偶尔需要带载变幅时,也可应用。平衡式变幅是在变幅过程中,采用各种补偿方法和臂架(或臂架系统)平衡方法,使货物重心沿水平线或近似水平线移动,臂架及其平衡系统的合成重心高度基本不变,从而节省驱动功率,适用于工作性变幅。

　　工作性变幅机构的速度根据用途和起重量来确定。用于装卸作业时,变幅速度取为 40~90m/min;用于安装作业时取为 10~35m/min。起重量较大时取较低值。

　　运行小车式变幅机构的工作原理和计算方法见本篇第 5 节运行机构。本节只介绍摆动臂架式变幅机构的设计计算。

4.2　货物水平位移系统设计

4.2.1　货物水平位移实现方法

　　工作性变幅机构中货物水平位移补偿系统的合理设计,可使在变幅过程中的货物能沿水平线或接近水平线轨迹移动,以降低能耗,提高操作性能。按其工作原理,货物水平位移系统可分为绳索补偿和组合臂

架补偿两种。

　　1. 绳索补偿法

　　绳索补偿法的工作原理是:当臂架摆动时,依靠特殊设计的起升绳卷绕系统,适当地放出或收进一定长度的起升绳来补偿货物悬挂点的升降,以达到货物在变幅过程中水平位移的目的。

　　图 9.4-47 为几种单臂架绳索补偿法的原理图。

　　图 9.4-47a 为采用补偿滑轮组的绳索补偿法。补偿滑轮组布置在臂架端部与上转柱之间,补偿滑轮组的动滑轮通常与臂端导向滑轮同轴。设补偿滑轮组的倍率为 m_k,则为了达到补偿要求,应使 $m_k(l_1 - l_2) = mh$（m 为起升滑轮组倍率）,吊钩即能近似地作水平运动。

　　这种补偿方法构造简单,臂架端部的合力接近通过臂架下铰点,臂架承受较小的弯矩,可获得较小的工作幅度;但起升绳较长且磨损较快,小幅度时货物偏摆大,适用于中小起重量的起重机。

　　图 9.4-47b 与图 9.4-47a 的不同点是把补偿滑轮组的动滑轮移到了臂架的下部,从而减少了起升绳长度,但某一段起升绳绕过滑轮的数目增多,加剧了磨损。此外,还增大了臂架承受的弯矩。

　　图 9.4-47c 所示补偿滑轮组的动滑轮安装在液压缸活塞杆端部的横梁上,变幅过程中横梁在转柱的垂直导轨内移动。当驱动连杆和臂架尾部长度相等时,设计时使 $h_1/h_2 = l_1/(2l_2) = m_k/m$,吊钩就能实现水平位移。

　　这种布置方式结构紧凑,可达到较小的最小幅度;但钢丝绳磨损快,臂架承受的弯矩较大。多用于安装型门座起重机。

　　图 9.4-47d 是椭圆规原理补偿法。臂架下铰点装在小车上,变幅过程中沿转柱的垂直导轨运动。设计时使拉杆长度和臂架后端长度均等于臂架长度 l_b 的 1/4,当 $h = l$ 时,吊钩就能达到精确的水平位移。

　　这种补偿方法用绳长 l 来补偿臂端滑轮的高度变化 h,消除了滑轮组补偿方法中起升绳较长和磨损较快的缺点,且小幅度时起升绳悬挂长度较短,有利于减小货物的偏摆,但臂架承受的弯矩较大。

　　图 9.4-47e 是补偿滑轮补偿法。补偿滑轮装在平衡重杠杆的尾部,从起升卷筒引出的钢丝绳绕过它后通向臂端滑轮。平衡重杠杆通过连杆与臂架相连。当设计满足 $(\overline{AB} + \overline{BC}) - (\overline{A'B'} + \overline{B'C}) \approx h$ 时,吊钩就能近似地作水平移动。

　　补偿滑轮补偿法结构简单,可缩短起升绳长度和改善起升绳的磨损,但难于获得较小的工作幅度。常用于吊钩起重机,也有用于大幅度、大起重量的安装起重机（$Q \geqslant 80t$）。

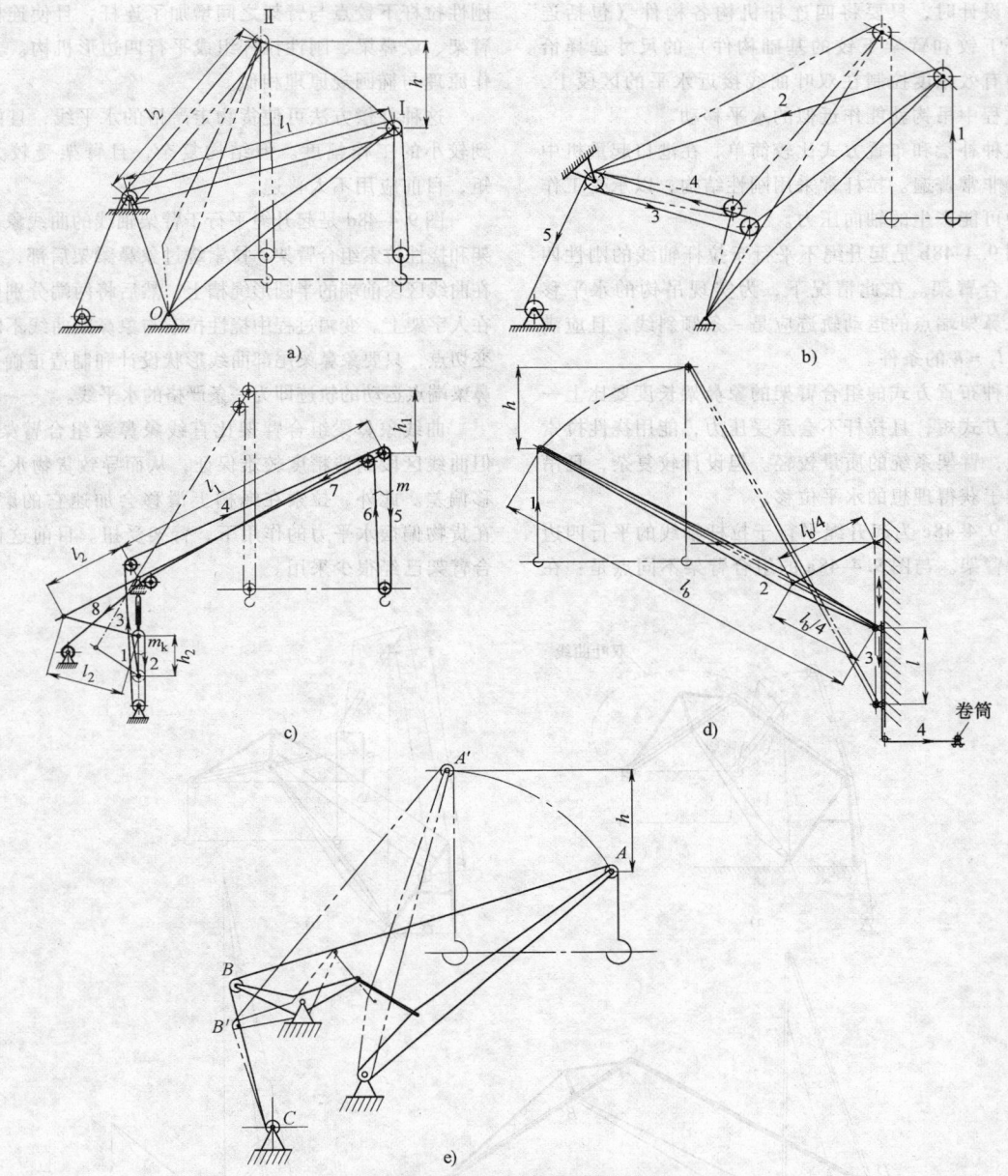

图9.4-47　绳索补偿原理图
a）补偿滑轮组动滑轮装在臂架端部　b）补偿滑轮组动滑轮装在臂架后部
c）补偿滑轮组动滑轮装在活塞杆横梁上　d）椭圆规补偿原理　e）补偿滑轮补偿原理

上述绳索补偿法的共同特点是：采用单臂架，结构简单，自重轻；但钢丝绳磨损较快，寿命较短。随着钢丝绳质量的不断提高，绳索补偿法将会得到更多的重视和应用。

2. 组合臂架补偿法

组合臂架补偿法的工作原理是：依靠组合臂架象鼻架端部滑轮在变幅过程中的特殊运动轨迹（水平线或近似水平线）来保证货物的水平位移。组合臂架有刚性四连杆组合臂架和曲线象鼻梁拉索组合臂架两种。前者由臂架、直线象鼻架和刚性拉杆组成；后者由臂架、曲线象鼻架和挠性拉索组成。从起升卷筒引向吊钩的起升绳可以平行于拉杆（或臂架）轴线，也可不平行于拉杆（或臂架）轴线。

图9.4-48为几种组合臂架补偿法的原理图。

图9.4-48a是起升绳平行于拉杆轴线的刚性四连杆组合臂架。直线象鼻架端点的运动轨迹是一条双叶

曲线。设计时，只要将四连杆机构各构件（包括连接拉杆下铰和臂架下铰的基础构件）的尺寸选择恰当，使有效幅度控制在双叶曲线接近水平的区段上，变幅过程中吊钩就能作近似的水平移动。

这种补偿和布置方式比较简单，在港口起重机中应用得非常普遍。拉杆常采用刚性结构，以承受工作过程中可能产生的轴向压力。

图 9.4-48b 是起升绳不平行于拉杆轴线的刚性四连杆组合臂架。在此情况下，为实现吊钩的水平移动，象鼻架端点的运动轨迹应是一条倾斜线，且应满足 $l_1 - l_2 = h$ 的条件。

这种布置方式的组合臂架的象鼻架长度要比上一种布置方式短，且拉杆不会承受压力，能用挠性拉索来替代，臂架系统的质量较轻。但设计较复杂，且吊钩也难于获得理想的水平位移。

图 9.4-48c 为起升绳平行于拉杆轴线的平行四边形组合臂架。与图 9.4-48a 的组合臂架不同点是：在

刚性拉杆下铰点与臂架之间增加了连杆，且使连杆与臂架、象鼻梁、刚性拉杆组成平行四边形机构。其工作原理与椭圆规原理相似。

这种补偿方法可使货物走严格的水平线，且能达到较小的工作幅度。但结构复杂，且臂架受较大弯矩，目前应用不太普遍。

图 9.4-48d 是起升绳平行于臂架轴线的曲线象鼻梁架和挠性拉索组合臂架。拉索绕过象鼻梁架后部，并套在曲线区段前端的半圆形绳槽上，然后将两端分别固定在人字架上。变幅过程中挠性拉索与象鼻梁曲线不断改变切点，只要象鼻梁尾部曲线形状设计和制造正确，象鼻梁端点运动的轨迹即为一条严格的水平线。

曲线象鼻梁组合臂架比直线象鼻梁组合臂架轻，但曲线区段制造精度较难保证，从而导致货物水平位移偏差。此外，拉索在绳槽上滑移会加速它的磨损；在货物偏摆水平力的作用下，臂架受扭。目前这种组合臂架已经很少采用。

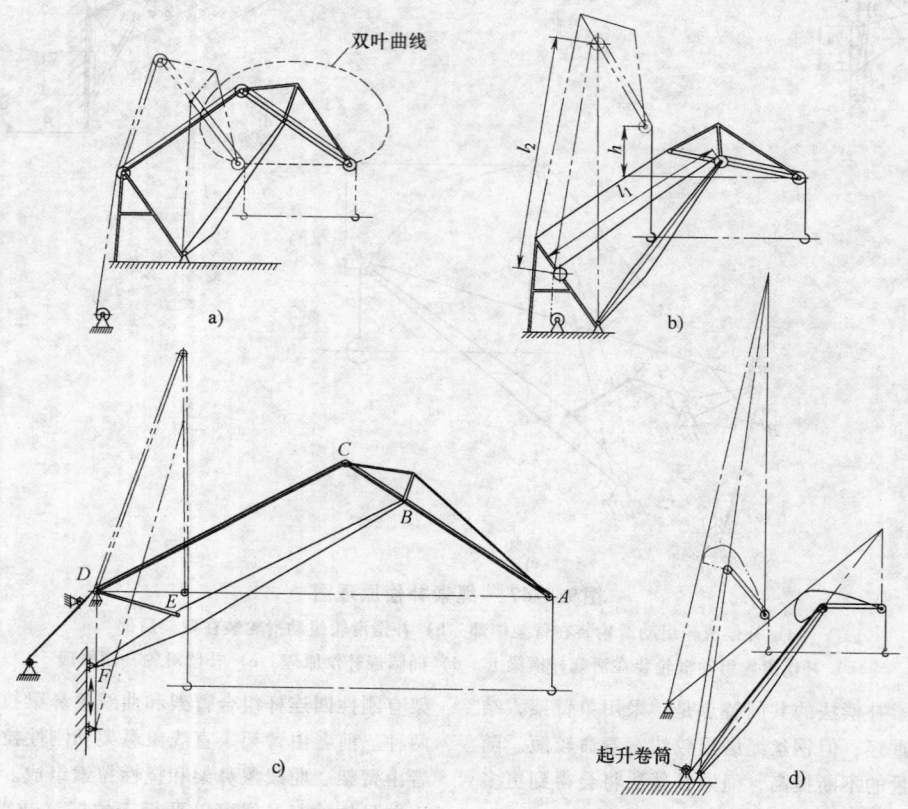

图 9.4-48　组合臂架补偿原理图

a）起升绳平行于拉杆轴线的组合臂架　b）起升绳不平行于拉杆轴线的组合臂架　c）起升绳平行
于拉杆轴线的平行四边形组合臂架　d）起升绳平行于臂架轴线的曲线象鼻架组合臂架

组合臂架补偿法的显著优点是起升绳长度短，绕过的滑轮少，使用寿命长，且吊钩水平位移性能优于绳索补偿法，起升绳的悬挂长度较短，可减轻货物的摇摆，改善操纵性能。缺点是臂架结构复杂，自重较大。组合臂架补偿法广泛用于门座起重机和浮式起重机中。

4.2.2　货物水平位移系统的设计

货物水平位移的设计实际上是在已知幅度参数的条件下，确定臂架系统的型式和几何尺寸，以求得最佳的货物水平位移性能和最小的货物未平衡力矩。以下主要介绍滑轮组补偿与刚性四连杆组合臂架方案的设计。

1. 滑轮组补偿方案的设计

滑轮组补偿方案设计的内容是：确定臂架系统尺寸；起升和补偿滑轮组倍率；臂架下铰点及补偿滑轮组中定滑轮支点的位置。

设计的原则是在满足总体要求的前提下，尽可能减小由货物产生的对臂架下铰点的未平衡力矩，使货物沿一接近水平线轨迹移动。

滑轮组补偿设计的关键在于如何使补偿滑轮组在变幅过程中收放的钢丝绳长度与臂架头部的高度位置升降相适应，从而起到补偿作用。因此，滑轮组补偿方案的设计应建立在臂架头部的运动与补偿滑轮组之间的关系上，在变幅过程中，起升滑轮组和补偿滑轮组绕绳系统中的钢丝绳总长度 S 应保持不变（见图9.4-49）。

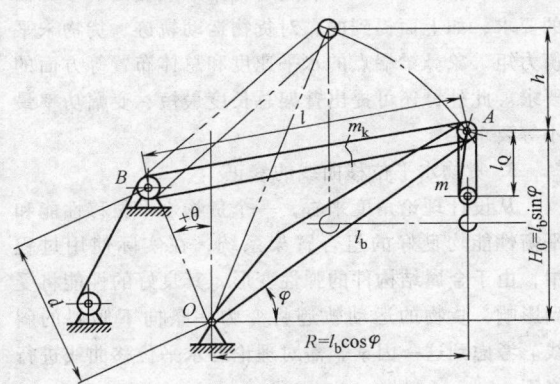

图9.4-49　带补偿滑轮组的变幅装置吊钩运动轨迹计算

根据钢丝绳总长度 S 保持不变这一前提，可得变幅过程中吊钩运动轨迹 y（m）的计算式：

$$y = l_b \left[\sin\varphi + t \sqrt{1 + k^2 - 2k\sin(\varphi - \theta)} \right] - \frac{L}{m}$$
$$(9.4\text{-}104a)$$
$$k = d/l_b \qquad (9.4\text{-}104b)$$
$$t = m_k/m \qquad (9.4\text{-}104c)$$

式中　l_b——臂架长度（m）；

φ——臂架倾角（°）；

θ——补偿滑轮组定滑轮中心和臂架下铰点的

连线与铅垂线之间的夹角（°）；

d——定滑轮中心至臂架下铰点的距离（m）；

m_k——补偿滑轮组的倍率；

m——起升滑轮组的倍率；

L——起升滑轮组和补偿滑轮组中钢丝绳总长度（m），$L = ml_Q + m_k l_o$。

变幅过程中货物的未平衡力矩 M_0（N·m）按式（9.4-105）计算：

$$M_0 = F_Q \frac{dy}{d\varphi} = F_Q l_b \left[\cos\varphi - t \frac{k\cos(\varphi - \theta)}{\sqrt{1 + k^2 - 2k\sin(\varphi - \theta)}} \right]$$
$$(9.4\text{-}105)$$

已知 F_Q、l_b、t、k、θ、L、d、m_k、m 等参数后，即可由式（9.4-104）和式（9.4-105）求出变幅过程中吊钩的运动轨迹和货物未平衡力矩值。

从减小变幅功率和臂架弯矩出发，设计中应控制变幅过程中的 M_0，即 $dy/d\varphi$ 的数值应使之趋于最小。

2. 刚性四连杆组合臂架方案的设计

设计的主要内容是：确定组合臂架系统的臂架长度 l_b、象鼻架前臂长度 l_1、后臂长度 l_2 以及拉杆长度 l_p，并确定臂架下铰点 O 和拉杆下铰点 O_1 的位置。

设计的目标是：在变幅过程中，货物位移的水平性、货物未平衡力矩值和象鼻架端点水平线速度的均匀性应满足设计要求。此外，臂架和拉杆的铰点位置应符合总体布置构造要求。

设计参数有最大幅度 R_{max}、最小幅度 R_{min}、起升高度 H、起升滑轮组倍率 m 和滑轮直径 D。

下面介绍起升绳平行于拉杆轴线的刚性四连杆组合臂架的解析法设计过程。

解析法是通过数值计算来确定臂架系统尺寸，可减少传统作图法的作图工作量和提高设计精度，同时也有利于采用电子计算机求解。

解析法的步骤：

1）列出象鼻架端点 A 的坐标轨迹方程组（见图9.4-50）。

$$\left.\begin{array}{l} x = l_b\cos\alpha - l_1\cos\varphi \\ y = l_b\sin\alpha - l_1\sin\varphi \\ x = l_p\cos\beta - l_2\cos(\varphi + 180° - \omega) - l_1\cos\varphi + t \\ y = l_p\sin\beta - l_2\sin(\varphi + 180° - \omega) - l_1\sin\varphi + h \end{array}\right\}$$

式中　ω——象鼻架前后臂轴线的夹角。

对方程组进行整理得：

$$\begin{aligned} &-2[t + l_2\cos(\varphi - \omega)]x - 2[h + l_2\sin(\varphi - \omega)]y + \\ &\quad t^2 + h^2 + l_2{}^2 + l_b{}^2 - l_p{}^2 \\ &\quad + 2l_2(t - l_1\cos\varphi)\cos(\varphi - \omega) - 2tl_1\cos\varphi + 2l_2 \\ &\quad (h - l_1\sin\varphi)\sin(\varphi - \omega) - 2hl_1\sin\varphi = 0 \end{aligned}$$
$$(9.4\text{-}106)$$

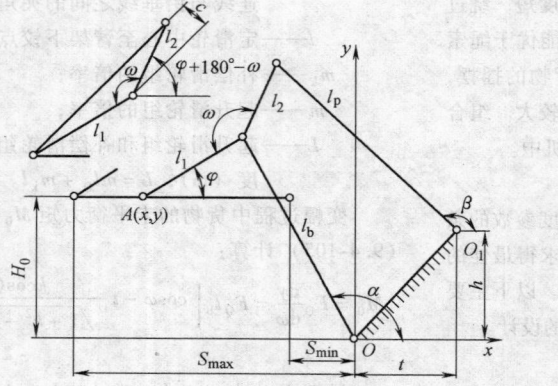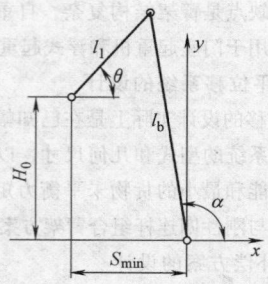

图9.4-50　刚性四连杆组合臂架计算简图

a）象鼻架端点轨迹计算简图　b）l_b 和 l_1 长度计算简图

式中　$\varphi = \arccos$

$$\left[\frac{x(l_b^2 - l_1^2 - x^2 - y^2) + y\sqrt{4l_1^2(x^2 + y^2) - (l_b^2 - l_1^2 - x^2 - y^2)^2}}{2l_1(x^2 + y^2)} \right]$$

$$\omega = \arccos \frac{c}{l_1} + \arccos \frac{c}{l_2}$$

2）确定臂架长度 l_b 和象鼻架前臂长度 l_1（见图 9.4-50b）。

给出最小幅度时臂架和象鼻架前臂角度 α 和 θ（按设计经验可取 $\alpha = 95° \sim 100°$，$\theta = 80° \sim 85°$）后，求出：

$$l_1 = \frac{H_0 + S_{min}\tan\alpha}{\cos\theta\tan\alpha - \sin\theta}$$

$$l_b = \frac{H_0 + l_1\sin\theta}{\sin\alpha}$$

3）求拉杆长度 l_p 和下铰点 O_1 的位置参数 (t, h)。

取象鼻架后臂长度 $l_2 = (0.35 \sim 0.5)l_1$，再取以下三个幅度位置，起升绳平行于拉杆轴线的组合臂架系统象鼻架端点 A 位于同一高度线 $y = H_0$ 上。三个幅度相应为：

$$x_1 = -S_{min}$$
$$x_2 = -S_{max} + (0.2 \sim 0.3)(S_{max} - S_{min})$$
$$x_3 = -S_{max}$$

把 (x_1, y_1)、(x_2, y_2) (x_3, y_3) 三组坐标值和 l_b、l_1、l_2、c 值代入式（9.4-106），即可求得 l_p、t 和 h。

4）校核。对所得的臂架系统尺寸按上述方法校核货物运动轨迹的最大高度偏差 Δh_{max}，最大的货物平衡力矩 $|M_0|_{max}$ 和象鼻架端点的水平速度。此外，所得的尺寸参数还应满足总体布置的要求。如校核结果不能满足设计要求，则应改变 α、θ 和 l_2/l_1 后重新计算，直到满足要求为止。

实际计算时，可将一系列初始参数组输入计算机，并通过相应的计算程序输出计算结果，从中选出理想的一组臂架系统尺寸。这种初等优化方法（穷举法），计算工作量大，设计的结果也不一定是最优的。

今年来，国内外对刚性四连杆组合臂架和绳索补偿直臂架的多目标优化设计进行了广泛的研究，取得了很好的成果。多目标优化设计不仅提高了设计工作的速度和精度，而且可满足对臂架系统提出的多方面的要求，如上面提到的，对货物运动轨迹、货物未平衡力矩、象鼻梁端点的水平速度和总体布置等方面的要求。此外，还可提出臂架总长度最短、变幅功率最小等要求。

3. 货物水平位移曲线的修正

从设计理论角度来看，一个货物水平位移性能和平衡性能均良好的组合臂架系统，在实际使用过程中，由于金属结构件的弹性变形，其良好的性能将受到影响，货物的运动轨迹将变为一条向下倾斜的斜线。考虑到这一因素，需对理论的水平位移曲线进行修正。

建议采用下述简便实用的近似方法进行修正（见图 9.4-51）。

先将最大幅度处的象鼻架端点从理论位置向上抬高 $\left(\frac{1}{600} \sim \frac{1}{500} \right) R_{max}$ 的值，求出需要修正的倾斜角度；然后在保持臂架系统原设计全部相对位置不变的前提下，将原设计拉杆的下铰点 O_1 绕臂架下铰点 O 顺时针方向转过一个 θ 角，移至 O_1' 即可。

对于浮式起重机的组合臂架系统，在进行货物水平位移曲线的修正时，除了要考虑结构变形影响外，还应考虑浮船纵横倾角的影响。对后者

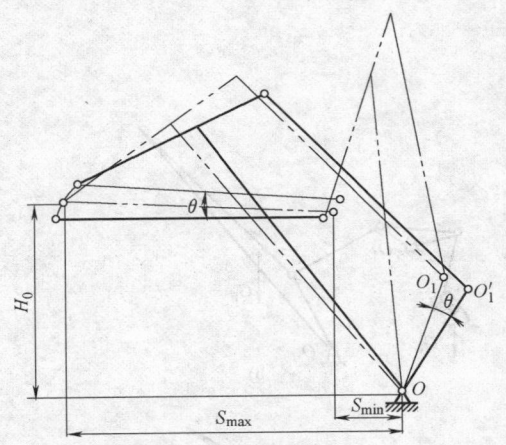

图9.4-51　组合臂架系统水平位移曲线修正方法

的影响，建议采用浮船横倾角的二分之一作为修正角度。

4.3　臂架自重平衡系统设计

摆动臂架类型起重机在变幅过程中，臂架系统自重的重心高度会随着幅度的变化而产生高度的变化，因而引起变幅阻力的增大。所以在工作性变幅机构臂架系统的设计中，为减小机构的功率消耗，通常采用臂架系统自重平衡的方法，使臂架系统自重的合成重心在变幅过程中不移动或沿水平线或接近水平线轨迹移动。

4.3.1　臂架自重平衡的几种型式

按工作原理可分为不变质心平衡、移动质心平衡和无配重平衡三种。

1. 不变质心平衡（见图9.4-52）

把平衡重直接分布在臂架尾部，是使臂架和平衡重的合成质心始终位于臂架铰轴上的一种平衡方式。这种平衡方式能保证臂架在任何位置都达到完全的平

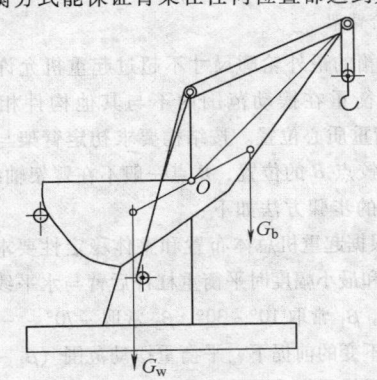

图9.4-52　平衡重位于臂架尾部的平衡原理

衡，但平衡重要分左右两翼布置在机房两侧，因而会限制机房宽度。由于平衡重紧靠臂架尾部，不会影响起重机的尾部半径，但不能充分发挥平衡重对整机和回转部分的抗倾覆作用。这种方式多用于小吨位的起重机。

2. 移动质心平衡（见图9.4-53）

臂架与平衡重之间利用杠杆系统或挠性构件相联系，使臂架-平衡重系统的合成质心在变幅过程中作近似水平移动。它是通过平衡重的上升或下降补偿臂架系统质心的下降和上升的一种平衡方式。这种平衡方式可充分发挥平衡重对整机和回转部分的抗倾覆作用，布置较为方便，且可达到近似的平衡，目前应用非常普遍。

图9.4-53a为杠杆系统-摆动平衡重方式。平衡重与臂架之间采用了四连杆机构 $OABO_1$。特点是平衡重质量轻，布置方便，对整体稳定性有利，目前该方式最为常用。

图9.4-53b为杠杆系统-滑动平衡重方式。平衡重通过连杆与摆动杠杆尾部相连。变幅过程中平衡重在倾斜轨道上滑移。特点是平衡重重心低，起重机轮廓尺寸小。

图9.4-53c为拉索-滑动平衡重方式。平衡重通过挠性件（拉索）与臂架端部相连。变幅过程中平衡重也在相应轨道上滑移。特点是构造简单，尾部半径小，但挠性件易磨损，使安全性降低。

图9.4-53d为连杆-垂直滑动平衡重方式。平衡重通过连杆与臂架尾部相连。连杆长度等于臂架尾部长度。变幅过程中平衡重在转柱的垂直导轨内滑移。特点是结构紧凑，但构造较复杂。

3. 无配重平衡（见图9.4-54）

这是依靠臂架系统的构造特点保证臂架系统的质心在变幅过程中作水平移动的一种平衡方式。特点是无需平衡重，回转部分质量轻，但结构较复杂，金属结构受力情况不利，目前已较少采用。

图9.4-54a为单臂架系统，采用椭圆规原理使臂架系统质心在变幅过程中沿水平线 $A—A$ 移动。此时尺寸上应满足 $l = \frac{1}{4}l_b$ 的条件。

图9.4-54b为平行四连杆组合臂架系统。在变幅过程中，拉杆 $\overline{O_1C}$ 和摇杆 $\overline{O_1E}$ 的重心 P 和 T 作圆周运动，臂架 $\overline{OF}$ 和象鼻架 $\overline{CD}$ 重心 M 和 N 按椭圆轨迹运动。如设计时保证上述四个构件的合成质心位于 O_1A 线上，则变幅过程中合成质心沿水平线 O_1A 移动，臂架系统实现无配重平衡。

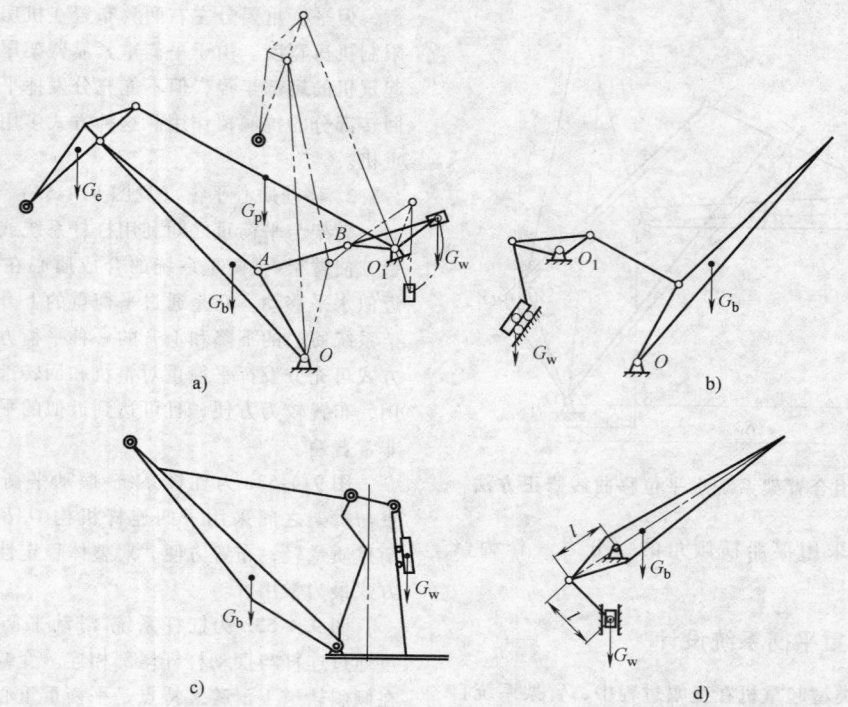

图9.4-53　合成质心沿水平线移动的平衡原理

a）杠杆系统-摆动平衡重方式　b）杠杆系统-滑动平衡重方式
c）拉索-滑动平衡重方式　d）连杆-垂直滑动平衡重方式

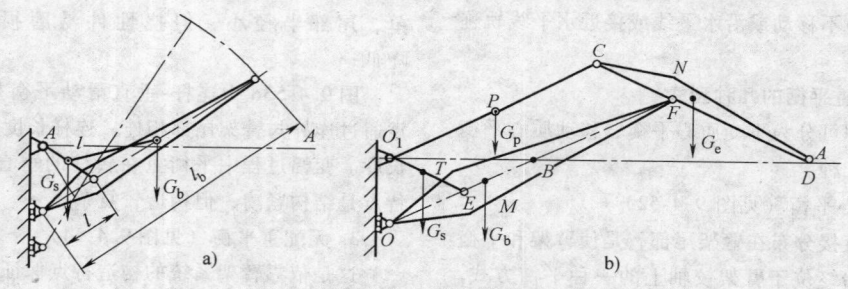

图9.4-54　无配重平衡方式

a）单臂架　b）平行四连杆组合臂架

4.3.2　臂架自重平衡系统的设计

臂架自重平衡设计是在已知幅度参数以及臂架系统各构件的尺寸、质量和质心位置的条件下，确定出满足总体布置要求的臂架系统几何尺寸和平衡重质量，使未平衡力矩控制在允许值范围内。

下面介绍杠杆系统-摆动平衡重系统的设计方法。

如图9.4-55所示，已知条件：最大幅度、最小幅度、臂架的质量和质心位置、臂架下铰点位置。

根据总体布置要求，初选杠杆支点 O_1 位置（常取在人字架顶点）和杠杆后臂长度 $\overline{O_1E_1}$（此时应注意

使平衡重箱的最外轮廓尺寸不超过起重机允许的尾部半径和平衡重在摆动范围内不与其他构件相干扰），E_1 为平衡重质心位置。按结构要求初定臂架与变幅拉杆相连的铰点 B 的位置，B 点一般不在臂架轴线上。

设计的步骤方法如下：

1）根据起重机总体布置和整体稳定性要求，选取最大幅度和最小幅度时平衡重杠杆后臂与水平线间的夹角 β_1、β_3，β_1 常取 $10° \sim 30°$，β_3 常取 $-70° \sim -80°$。在其他条件不变的前提下，平衡重摆动范围（$\beta_1 \sim \beta_3$）越大，所需要的平衡重质量就越小。但就臂架平衡性能和整机稳定性而言，β_1 越大则越不理想。

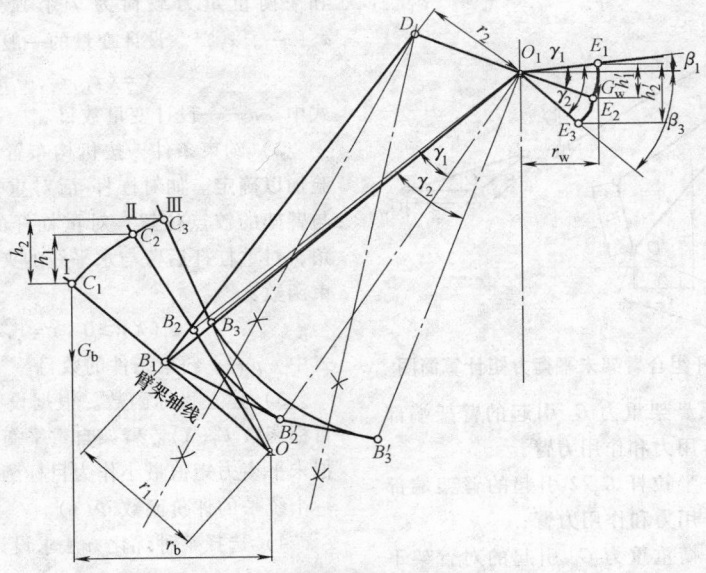

图9.4-55　臂架自重平衡系统尺寸的确定

2）画出最大幅度、某中间幅度和最小幅度三个臂架位置 Ⅰ、Ⅱ 和 Ⅲ，作为相应的质心位置 C_1、C_2、C_3 和臂架上与变幅拉杆相连的铰点的位置 B_1、B_2、B_3。

3）按能量守恒原理，即臂架质心升高所吸收的能量应等于平衡重质心下降所放出的能量，初定平衡重重力：

$$G_w = G_b \frac{h_2}{h_2'} \qquad (9.4\text{-}107)$$

式中符号见图9.4-55。

4）求出某中间幅度 Ⅱ 的平衡重质心位置 E_2，它与平衡重质心位置 E_1 的高度差 h_1' 为

$$h_1' = \frac{G_b}{G_w} h_1 \qquad (9.4\text{-}108)$$

5）保持臂架和平衡重相对位置不变的条件下，将 E_2、E_3 点分别转回到 E_1 点，得到转角 γ_1、γ_2。此时 B_2 点相应转过 γ_1 角转到 B_2' 点，B_3 点相应地转过 γ_2 角转到 B_3' 点。连接 B_1、B_2' 和 B_2'、B_3'，并作直线 $\overline{B_1B_2'}$、$\overline{B_2'B_3'}$ 的垂直平分线，交与 D 点，连接 B_1、D 和 D、O_1。$\overline{B_1D}$ 为变幅拉杆长度，$\overline{DO_1}$ 即为平衡重杠杆前臂长度。$\overline{B_1D}$ 和 $\overline{O_1E_1}$ 为最大幅度时变幅拉杆及平衡重杠杆的位置。

设计时，建议取8～10个臂架位置并求出 D 点的相应位置，然后找出与这些点最逼近的圆弧。取其圆心作为终选的 D 点。

6）校核未平衡力矩 ΔM：

$$\Delta M = G_b r_b - \frac{G_w r_w}{r_2} r_1 \qquad (9.4\text{-}109)$$

式中符号见图9.4-55。应满足：

① 最大幅度时，$\Delta M < 0$；最小幅度时，$\Delta M > 0$。

$\Delta M < 0$ 表示未平衡力矩使臂架幅度减小，$\Delta M > 0$ 表示为平衡力矩使臂架幅度增加。此项要求应与货物未平衡力矩一起考虑。

② $\Delta M < (0.05 \sim 0.10) M_b$

M_b 为对应 $|\Delta M_{max}|$ 幅度位置处的臂架的重力矩 $G_b r_b$。

③ $\Delta M_{max} \approx |-\Delta M_{max}|$

若上述条件不能满足，可适当调整有关参数，如平衡重质量、角度 β_1、β_3 及 O_1 点或 B_1 点的位置。

当精确计算时，还应计及平衡重系统构件自身重力对未平衡力矩的影响。

用上述方法求得的对重质量是一个理论值，实际值要待起重机安装调试时，根据臂架系统自重的实际平衡情况加以调定，以期达到最佳的平衡效果。

确定刚性四连杆组合臂架的自重平衡系统的尺寸时，应把式（9.4-107）中的 $G_b h_2$ 项代之以臂架、象鼻架和大拉杆诸构件质心升高所吸收的能量之和，其他方法相同。

校核组合臂架自重平衡系统的未平衡力矩 ΔM 时，应按式（9.4-110）进行计算（见图9.4-56）：

$$\Delta M = M_b - M_w \qquad (9.4\text{-}110)$$

式中　M_b——由组合臂架诸构件的重力引起的对臂架下铰点 O 的力矩之和：

$$M_b = G_b r_b + R_e r_e + R_1 r_1$$

其中　G_b、r_b——臂架的重力和作用力臂；

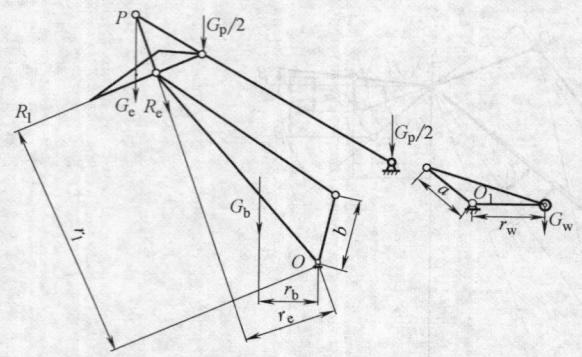

图9.4-56　刚性四连杆组合臂架未平衡力矩计算简图

R_e、r_e ——由象鼻架重力 G_e 引起的臂架端部
　　　　的作用力和作用力臂；

R_1、r_1 ——由一半拉杆 $G_p/2$ 引起的臂架端部
　　　　的作用力和作用力臂；

M_w ——由平衡重重力 G_w 引起的对臂架下
　　　铰点 O 的力矩：

$$M_w = \frac{G_w r_w}{a} b$$

对于齿条（或螺杆）驱动的刚性四连杆组合臂
架，象鼻架质心位置 l_{ce} 和臂架质心位置 l_{cb} 可按下式
近似计算：

$$l_{ce} \approx 0.4 l_e + 0.2 l_1 \qquad (9.4\text{-}111a)$$

$$l_{cb} \approx \frac{0.6 l_{1b}^2 + l_{2b}(l_b - 0.6 l_{2b})\sqrt{2}}{l_{1b} + l_{2b}\sqrt{2}} \qquad (9.4\text{-}111b)$$

式中符号见图9.4-57。

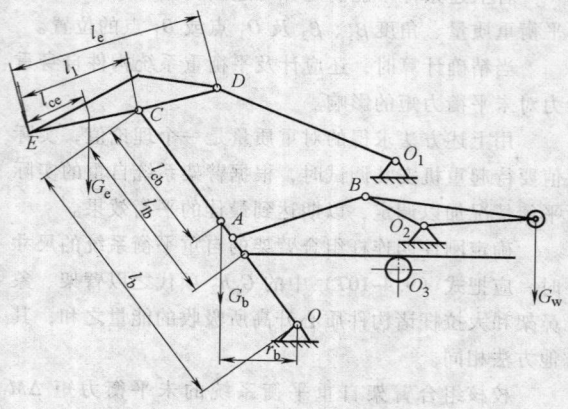

图9.4-57　象鼻架、臂架质心位置计算简图

4.3.3　臂架自重平衡系统优化设计方法简介

1）确定设计变量。根据不同的臂架自重平衡系
统方案，确定出优化设计变量，如刚性四连杆组合臂
架的杠杆-活对重平衡方案可确定平衡系统杠杆尺寸

和平衡重重力载荷为 7 个独立的设计变量（x_1，
x_2，…，x_7）^{T}。设计变量的一般表达式为：

$$X = (x_1, x_2, \cdots, x_n)^T$$

式中　n——设计变量数目。

2）约束条件　按机构布置、使用要求及设计经
验加以确定。如对杠杆-活对重平衡方案，对重杠杆
与臂架的铰点位置，对重杠杆的前后臂臂长及其夹
角，对重杠杆后臂与水平线的夹角等可列出相应的约
束函数：

$$g_i(X) \geq 0 \qquad i = 1, 2, \cdots, p$$

式中　p——约束条件的数目。

3）建立目标函数。根据设计要求，建立相应的
目标函数 $F_i(X)$。臂架自重平衡系统优化设计时，常
把未平衡力矩值最小作为目标函数，再把它们综合成
一个统一的评价函数 $\Phi(x)$。

4）选择某种优化方法求设计变量最优解

$$X^* = (x_1^*, x_2^*, \cdots, x_n^*)$$

在满足约束条件下使评价函数达到最小值。

上面所述的货物水平位移和臂架自重平衡系统的
优化设计方法不能保证臂架系统的整体综合最优方
案。近年来，我国有关单位研究开发了货物水平位移
和臂架自重平衡系统的综合优化软件，它建立了同时
追求货物和臂架系统的未平衡力矩绝对值小、货物的
水平位移落差小、臂架系统对对重质量小、臂架受力
好、整体稳定性好等多目标的优化数学模型。这种综
合优化克服了两个系统孤立追求指标最优的片面性，
达到整个变幅系统多目标的综合优化，但它会增多设
计变量（见图9.4-58）约束条件和增加设计量。

4.4　变幅机构的驱动型式

变幅机构常用的驱动型式有绳索驱动、齿条驱
动、螺杆驱动和液压缸驱动等。绳索驱动主要用于非
工作性变幅机构；齿条和螺杆驱动用于工作性变幅机
构；液压缸驱动既用于工作性变幅机构，也用于非工
作性变幅机构。

变幅机构应设有幅度指示器、终点限位开关。臂
架上极限位置处应装有弹簧或橡胶缓冲装置。

4.4.1　绳索驱动（图9.4-59）

变幅机构驱动装置的布置方式与吊钩起重机的起
升机构相同。

绳索驱动方式结构简单、自重轻、布置方便、臂
架承受的弯矩小，但钢丝绳易磨损。由于钢丝绳不能
承受压力，因此这种驱动方式不能用于平衡式变幅机
构，主要用于非工作性变幅机构及非平衡式的工作性
变幅机构，如大起重量浮式起重机（直臂架）、造船

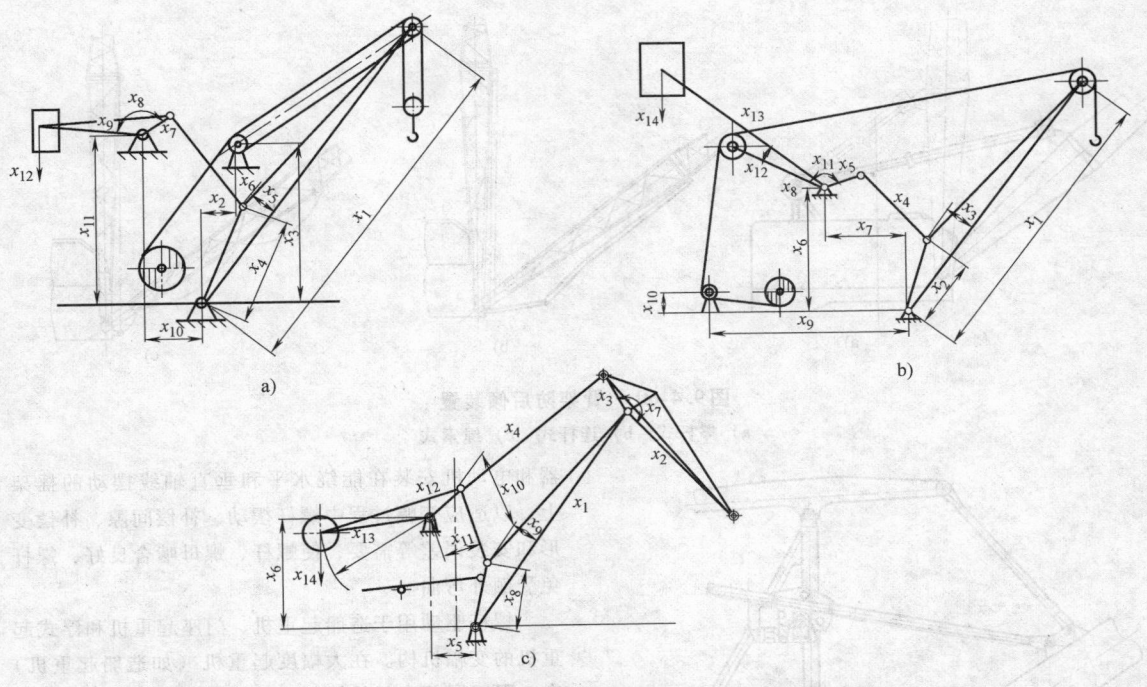

图 9.4-58　　几种臂架自重平衡系统的综合优化设计变量

a）滑轮组补偿系统　　b）补偿滑轮补偿系统　　c）刚性四连杆组合臂架补偿系统

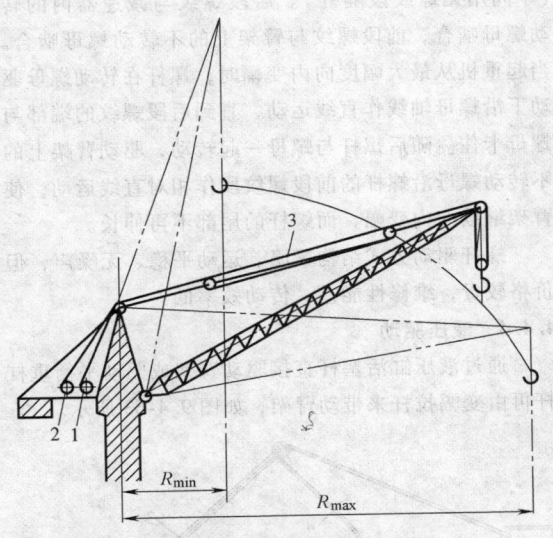

图 9.4-59　绳索驱动变幅机构

1—变幅卷筒　2—起升卷筒　3—变幅滑轮组

起重机和流动式起重机等的变幅机构。

设计绳索驱动变幅机构时应注意以下几点：

1）变幅滑轮组的动滑轮夹套通过拉杆或拉索与臂架端部相连，以缩短变幅滑轮组长度和变幅钢丝绳的总长度。

2）应装设防止臂架向后倾翻的装置（见图

9.4-60），如安全撑杆、连杆（拉索）等，以防止臂架最小幅度时在风力、惯性力、物品偏摆力作用下或物品突然脱落时可能发生的向后倾倒。

3）应装设臂架重力下降限速装置，如人力操纵式制动器、离心式限速制动器或载荷自制式制动器。但电力驱动的变幅机构和采用自锁蜗轮传动装置的变幅机构，可以不设下降限速装置。

4）当要求统一变幅钢丝绳和起升钢丝绳的规格时，可根据最大变幅力和钢丝绳的破断拉力来确定变幅滑轮组倍率。

5）变幅绳拉力随臂架倾角在较大范围内发生变化。计算惯性载荷较小的变幅传动零件静强度时，应按最大变幅静阻力进行计算。进行传动零件疲劳强度和寿命计算以及电动机功率计算时，应采用等效变幅阻力。所有连接件的静强度均按最大变幅静拉力来验算。

4.4.2　齿条驱动（图 9.4-61）

在如图 9.4-61 所示的变幅机构中，臂架通过齿条直接驱动。齿条由电动机通过卧式减速器和驱动小齿轮带动作直线运动。变幅时齿条绕小齿轮的轴线摆动，摇架及其上压轮和下托轮则保证了齿条在变幅过程中与小齿轮的正确啮合。当要求的减速比很大时，可在减速器输出端增加一级开式齿轮传动。

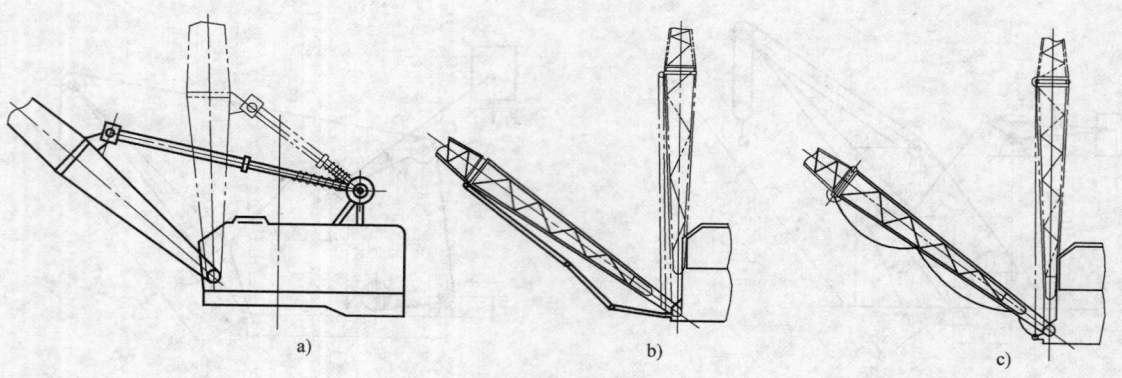

图9.4-60　臂架防后倾装置

a）撑杆式　b）连杆式　c）绳索式

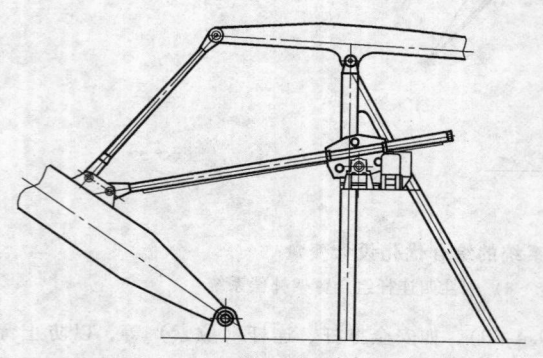

图9.4-61　齿条驱动变幅机构

齿条驱动传动型式结构紧凑、自重轻，但起动和制动时有冲击，齿条工作条件差，易发生磨损。磨损后在机构起（制）动过程中会产生一定的冲击。

4.4.3　螺杆驱动（见图9.4-62）

通过螺杆直接驱动臂架，如图9.4-62所示。螺杆由电动机通过减速器、齿轮传动副和套筒螺母带动作直线和摆动运动。套筒螺母连同齿轮传动副、减速

器和电动机安装在能绕水平和垂直轴线摆动的摇架上，以适应变幅过程中螺杆摆动、补偿间隙、补偿变形和安装误差等需要，使螺杆、螺母啮合良好，螺杆免受额外弯曲。

螺杆驱动用于造船起重机、门座起重机和浮式起重机的变幅机构。在大幅度起重机（如造船起重机）中，限于尾部半径的控制要求，螺杆后部的尺寸不允许很大。为此，在螺杆上制作前、后分开的两段螺纹（中间用无螺纹段隔开）。后段螺纹与减速器内的转动螺母啮合，前段螺纹与臂架上的不转动螺母啮合。当起重机从最大幅度向内变幅时，螺杆在转动螺母驱动下沿螺母轴线作直线运动，直到后段螺纹的端部与螺母卡住。随后螺杆与螺母一起转动，驱动臂架上的不转动螺母沿螺杆的前段螺纹段作相对直线运动，使臂架继续向内变幅，而螺杆的尾部不再伸长。

螺杆驱动方式结构紧凑、运动平稳、无噪声，但价格较贵，维修性能差，传动效率低。

4.4.4　液压驱动

通过液压缸活塞杆直接驱动臂架或驱动平衡重杠杆再由变幅拉杆来带动臂架，如图9.4-63所示。

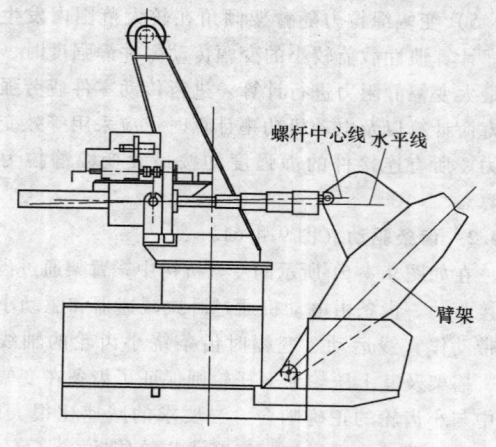

图9.4-62　螺杆变幅机构

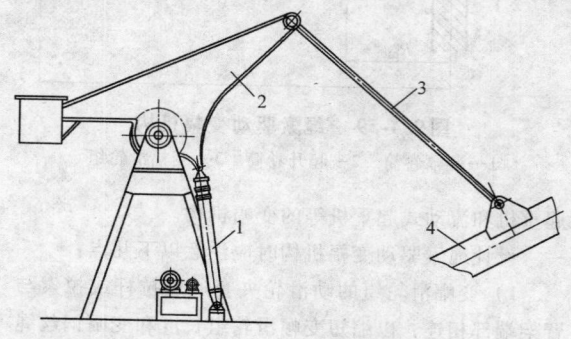

图9.4-63　液压缸驱动变幅机构

1—液压缸　2—平衡重杠杆　3—变幅拉杆　4—臂架

液压驱动方式结构紧凑、工作平稳、易于调速、布置方便、质量轻,但对制造精度、维修管理和密封措施的要求较高。目前,液压驱动主要用于轮胎起重机、汽车起重机的变幅和伸缩机构,有时也用于门座起重机的变幅机构。

上面 4 种驱动方式的变幅机构的质量差别很大。具体选择变幅机构驱动型式时,应对起重机的工作条件、制造厂的制造能力、不同驱动型式的制造成本和安全性等进行深入分析后,合理加以确定。

4.5　变幅机构的设计计算

变幅机构计算的主要内容有:计算变幅阻力,确定计算载荷;确定驱动功率,选择和验算原动机;确定制动转矩,选择和设计制动器;确定传动比,选择和设计传动装置。

变幅机构计算的关键是:掌握变幅机构的载荷特点;正确地分析和求取各种计算工况下的变幅阻力。

4.5.1　变幅机构的载荷特点

1) 臂架不论是收幅还是伸幅,变幅过程中作用在平衡式变幅机构上的阻转矩方向是变化的、呈双向作用载荷特点;作用在非平衡变幅机构上的阻转矩方向是不变的,呈单向作用载荷特点。

2) 起重机在规定幅度范围内工作时,不同幅度位置上的变幅阻转矩是变化的(变载荷特点),变幅电动机应按等效阻转矩来选择。

3) 变幅机构的不同传动零件承受不同的惯性载荷(动载荷特点),其疲劳强度和静强度计算载荷应取不同的值。

4.5.2　非平衡式变幅机构的设计计算

非平衡式变幅是在变幅过程中,摆动臂架的重心和货物的重心都会发生升降,减小幅度时会消耗较大的驱动功率,增大幅度时又有位能释放,影响使用性能。这种变幅机构构造简单,在非工作性变幅或不经常带载变幅的汽车起重机、轮胎起重机、履带式起重机、铁路起重机上被广泛采用。

非平衡式变幅机构通常采用简单摆动臂架,大多数采用绳索驱动,也有采用液压驱动的,如图9.4-64所示。两种驱动方式的特点见本节变幅机构的驱动形式。

1. 变幅力计算

图9.4-65为绳索驱动的非工作性变幅机构的计算简图。

(1) 正常工作时的变幅力　通常以起重机稳定回转时作用在臂架上的外载荷作为计算载荷。

变幅滑轮组的拉力(变幅力)F_r(N)

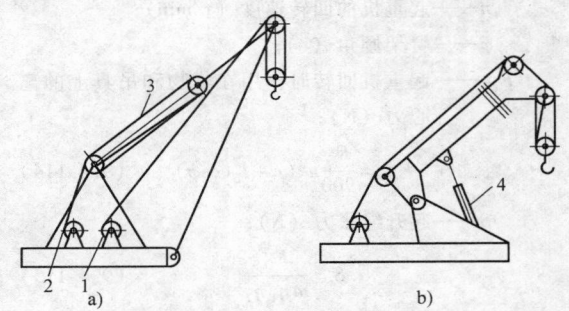

图9.4-64　非平衡式变幅机构工作原理图

a) 绳索驱动　　b) 液压驱动

1—起升卷筒　2—变幅卷筒　3—变幅滑轮组　4—变幅液压缸

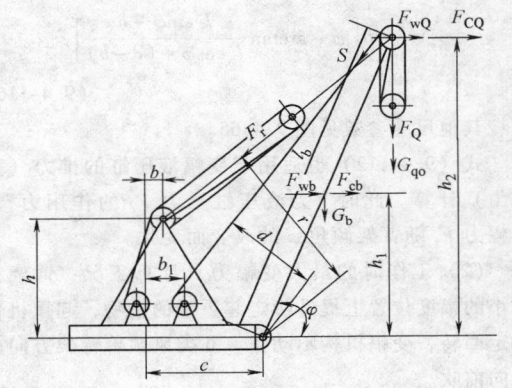

图9.4-65　非工作性变幅机构计算简图

$$F_r = \frac{1}{r}[\,(F_Q + 0.5G_b)l_b\cos(\varphi - \gamma)$$
$$+ (F_{wb} + F_{cb})h_1 + (F_{wQ} + F_{cQ})h_2 - Sd\,]$$

$$(9.4\text{-}112)$$

式中　F_Q——额定起升载荷(N);

$\quad\quad G_b$——臂架重力载荷(N);

$\quad\quad F_{wb}$——作用在臂架上的风载荷(N),计算风压为 q_1;

$\quad\quad F_{wQ}$——作用在货物上的风载荷(N),计算风压为 q_1;

$\quad\quad \gamma$——坡度角,起重机工作在平坦路面或轨道上时取 $\gamma = 0$;

$\quad\quad F_{cb}$——起重机回转时作用在臂架上的离心力(N);

$$F_{cb} = \frac{G_b}{900}n^2\left(c + \frac{l_b}{2}\cos\varphi\right) \quad (9.4\text{-}113)$$

其中　l_b——臂架长度(m);

$\quad\quad c$——臂架下铰点离回转中心的水平距离(m);

n——起重机的回转速度（r/min）；

φ——臂架倾角（°）；

F_{cQ}——起重机回转时作用在货物和吊具上的离心力（N）；

$$F_{cQ} = \frac{F_Q}{900} n^2 (c + l_b \cos\varphi) \qquad (9.4\text{-}114)$$

S——起升绳张力（N）；

$$S = \frac{F_Q}{m\eta_1\eta_2} \qquad (9.4\text{-}115)$$

其中 m——起升滑轮组倍率；

η_1——起升滑轮组效率；

η_2——导向滑轮效率。

由图几何关系可得 F_r 的力臂 r（m）为

$$r = l_b \sin\left[\varphi - \arctan\frac{l_b\sin\varphi - h}{l_b\cos\varphi + (c-b)}\right] \qquad (9.4\text{-}116)$$

其他尺寸参数见图9.4-65。

式（9.4-112）也适用于变幅液压缸的推力（变幅力）计算。此时 r 为液压缸推力 F_r 的作用力臂。变幅力 F_r 随臂架倾角 φ 的改变而变化。

（2）工作时的最大变幅力 计算工况：臂架在较小的幅度位置上提升额定起重量的货物，起重机作稳定回转，变幅机构不动作。Ⅱ类风顺着臂架方向由后向前吹。

变幅滑轮组的最大拉力 F_{rmax}（N）为

$$F_{rmax} = \frac{1}{r}\Big[(\varphi_2 F_Q + 0.5\varphi_1 G_b) l_b \cos(\varphi - \gamma) + (F_{wb} + F_{cb})h_1 + (F_{wQ} + F_{cQ})h_2 - \varphi_2 Sd\Big] \qquad (9.4\text{-}117)$$

式中 φ_2——起升载荷动载系数，见式（9.1-12）；

φ_1——起升冲击系数。

如需要利用变幅机构来进行臂架的自身安装，则还需按这种安装工况求出从初始安装位置提拉臂架时变幅滑轮组的最大拉力。

2. 变幅功率计算

电动机驱动时，可按正常工作时的等效变幅力（均方根阻力）F_{rIsq}（N）计算变幅静功率：

$$P_{st} = \frac{F_{rIsq} v_R}{1000 m_d \eta_d \eta_1' \eta_2} \qquad (9.4\text{-}118)$$

$$v_R = \frac{\Delta l m_d}{R_{max} - R_{min}} \cdot \frac{v_r}{60} \qquad (9.4\text{-}119)$$

式中 P_{st}——变幅静功率（kW）；

v_R——变幅钢丝绳线速度（m/s）；

Δl——从最大幅度 R_{max} 到最小幅度 R_{min} 变幅滑轮组缩短的距离（m）；

v_r——平均变幅速度（m/min）；

m_d——变幅滑轮组倍率；

η_d——变幅机构传动效率；

η_1'、η_2——变幅滑轮组和导向滑轮效率；

F_{rIsq}——等效变幅力（第Ⅰ类载荷）（N）。把整个幅度范围划分成若干区段，分别求出每个区段前后两个臂架位置上的变幅力的平均值 F_{Iai}，则

$$F_{rIsq} = \sqrt{\frac{F_{Ia1}^2 \Delta t_1 + F_{Ia2}^2 \Delta t_2 + \cdots + F_{Ia(n-1)}^2 \Delta t_{n-1}}{\sum \Delta t_i}}$$
$$= \sqrt{\frac{\sum F_{Iai}^2 \Delta t_i}{\sum \Delta t_i}} \qquad (9.4\text{-}120)$$

式中 F_{Iai}——臂架从位置 i 到 $i+1$ 变幅区段上变幅阻力 F_I 的平均值（N），$F_{Iai} = \frac{F_{Ii} + F_{Ii+1}}{2}$；

Δt_i——臂架从位置 i 到 $i+1$ 所需的变幅时间（s）；$\Delta t_i = \frac{\Delta l_i}{v_R} m_d$

其中 Δl_i 为臂架从位置 i 到 $i+1$ 变幅滑轮组缩短的距离（m）；

按式（9.4-112）计算变幅力时，如不带载变幅，F_Q、F_{cQ}、F_{wQ} 为吊重的重力、风载荷和离心力。

如果起重机经常在某个不利的幅度范围内变幅，则应按幅度范围计算等效变幅阻力。

根据求得的计算功率和机构的 JC（%）值，初选电动机的规格型号。

所选电动机应按式（9.4-147）和式（9.4-148）验算过载能力和发热。对于非平衡变幅机构一般无需进行电动机的发热验算。

简化计算时，可采用正常工作时的最大变幅力代入下式求出所需的变幅功率 P_{st}'（kW）：

$$P_{st}' = \frac{F_{rImax} v_R}{1000 m_d \eta_d \eta_1' \eta_2} \qquad (9.4\text{-}121)$$

式中 F_{rImax}——正常工作时的最大变幅力（N）。

其他符号见式（9.4-118）和式（9.4-119）中的说明。

用式（9.4-121）求得的 P_{st}' 要大于用式（9.4-120）求得的等效变幅功率。故用 P_{st}' 初选电动机时，允许电动机的输出功率略小于它。

内燃机或液压驱动时，为了保证机构的正常起动，应按式（9.4-122）求出所需的变幅功率 P（kW）：

$$P = \frac{F_{rmax}' v_R}{1000 m_d \eta_d \eta_1' \eta_2} \qquad (9.4\text{-}122)$$

$$F'_{rmax} = \frac{1}{r}\left[\,(\varphi_2 F_Q + 0.5\varphi_1 G_b)\,l_b\cos(\varphi-\gamma)\right.$$
$$\left. + F_{wb}h_1 + F_{wQ}h_2 - \varphi_2 Sd\,\right] \qquad (9.4\text{-}123)$$

式中　F'_{rmax}——变幅与起升机构同时工作，且起升载荷处于离地起升状态起动时变幅滑轮组的最大拉力。如不带载变幅，F_Q、F_{wQ} 为吊具的重力和风载荷。

　　　　φ_1——自重冲击系数。

其他符号见式（9.4-112）。

通常，起重机驱动的内燃机功率应由变幅功率与其他协同工作机构的功率之和或者其他工况下的最大功率来确定。

3. 制动转矩的计算

计算工况：起重机作稳定回转，货物下降制动，Ⅱ类风顺着臂架方向由后向前吹。在该工况下，把臂架支持在规定幅度位置所需要的制动转矩 T_b（N·m）为

$$T_b \geqslant K T_{rmax} = K\frac{F_{rmax}D_{dr}}{2im_d}\eta_d\eta'_1\eta_2 \qquad (9.4\text{-}124)$$

式中　T_{rmax}——最大变幅力 F_{rmax} 换算到制动器轴上的静阻转矩（N·m），此时应计及货重对变幅力的影响；

　　　　K——制动安全系数，取 $K=1.75$；对于重要的非平衡式变幅机构，应装设两个支持式制动器，每个制动器的制动安全系数 K 不低于 1.25；

　　　　D_{dr}——变幅卷筒卷绕直径（m）；

　　　　i——制动器轴与变幅卷筒轴之间的传动比。

其他符号见式（9.4-118）中的说明。

4. 其他零部件的选择

非平衡式变幅机构减速器、联轴器、卷筒卷绕系统的选择计算可参阅本章第二节起升机构的有关计算。

4.5.3　平衡式变幅机构的设计计算

1. 变幅阻力的计算

（1）直臂架变幅机构的阻力计算　图 9.4-66 所示为采用齿条或螺杆驱动的补偿滑轮组直臂架变幅机构阻力计算简图。变幅机构变幅过程中作用在齿条或螺杆上的轴向变幅阻力 F_r（N）为

$$F_r = F_{rQ} + F_{rb} + F_{rw} + F_{rH} + F_{ri} + F_{rc} + F_{rf} + F_{r\gamma} \qquad (9.4\text{-}125)$$

式中　F_{rQ}——货物未平衡力矩引起的阻力（N），

$$F_{rQ} = \frac{1}{r_z}R_Q r_Q \qquad (9.4\text{-}126)$$

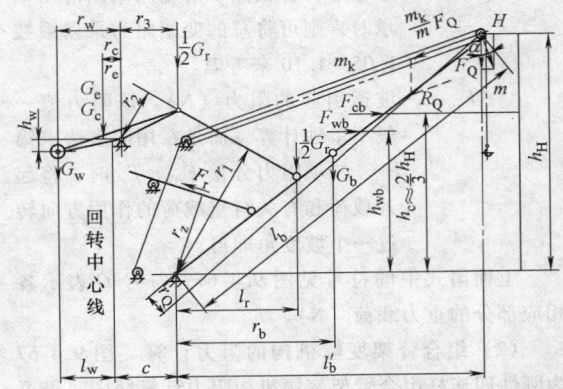

图9.4-66　直臂架变幅机构阻力计算简图

　　　　F_{rb}——臂架自重未平衡力矩引起的阻力（N），

$$F_{rb} = \frac{1}{r_z}\left[\left(G_b r_b + \frac{1}{2}G_r l_r\right) - \frac{r_1}{r_2}\left(G_w r_w + G_c r_c - \frac{1}{2}G_r r_3\right)\right] \qquad (9.4\text{-}127)$$

　　　　F_{rw}——作用在臂架上的风载荷 F_{wb} 引起的阻力（N），

$$F_{rw} = \frac{1}{r_z}F_{wb}h_{wb} \qquad (9.4\text{-}128)$$

　　　　F_{rH}——作用在臂架上的风载荷、离心力和惯性力引起的阻力（N），

$$F_{rH} = \frac{1}{r_z}H h_H \qquad (9.4\text{-}129)$$
$$H = F_Q\tan\alpha$$

摆角 α 按计算工况选取 $\alpha_{\rm I}$ 或 $\alpha_{\rm II}$（见表9.1-30）

　　　　F_{ri}——臂架-平衡重系统的惯性力引起的阻力（N），

$$F_{ri} = \frac{v}{gtr_z^2}\left(\frac{1}{3}G_b l_b^2 + \frac{G_w r_w^2 r_1^2}{r_2^2}\right) \qquad (9.4\text{-}130)$$

　　　　g——重力加速度，$g=9.81\,{\rm m/s^2}$

　　　　t——变幅机构起动或制动时间，建议取 $t=1\sim5\,{\rm s}$；

　　　　v——齿条或螺杆的移动速度（m/s）；

　　　　F_{rc}——起重机回转时臂架-平衡重系统离心力 F_{cb} 引起的阻力（N），

$$F_{rc} = \frac{n^2}{900 r_z}\left[G_b\left(c + \frac{1}{2}l_b\cos\theta\right)h_c + G_w l_w h_w\frac{r_1}{r_2}\right] \qquad (9.4\text{-}131)$$

　　　　n——起重机回转速度（r/min）；

　　　　F_{rf}——由各转动铰点的摩擦和补偿滑轮组效率引起的摩擦阻力（N）。各铰点和滑轮均采用滚动轴承时，该阻力可不

予考虑；各铰点和滑轮均采用滑动轴
承时，则可将总的变幅阻力乘以系数
1.05 ~ 1.10 来考虑。

$F_{r\gamma}$——坡道引起的阻力（N）。该阻力值一
般不单独计算，而是在用图解法求第
一、二项阻力分量 F_{rQ}、F_{rb} 时，将起
升载荷和有关自重载荷的作用方向转
过一个坡度角即可。

上面诸式中的符号见图 9.4-66。符号 G 表示各
相应部分的重力载荷（N）。

（2）组合臂架变幅机构的阻力计算　图 9.4-67
为刚性四连杆组合臂架变幅机构阻力计算简图。仍可
采用式（9.4-113）计算，但各项阻力内容和确定方

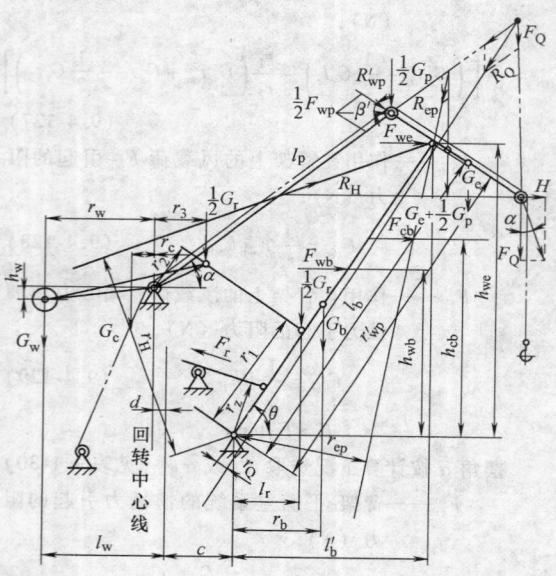

图 9.4-67　组合臂架变幅机构阻力计算简图

法有所不同。

按图 9.4-67，相应的各项阻力为

$$F_{rQ} = \frac{1}{r_z} R_Q r_Q \qquad (9.4-132)$$

$$F_{rb} = \frac{1}{r_z}\left[\left(R_{ep}r_{ep}+G_b r_b + \frac{1}{2}G_r l_r\right) - \frac{r_1}{r_2}\left(G_w r_w + G_c r_c - \frac{1}{2}G_r r_3\right)\right]$$

$$(9.4-133)$$

$$F_{rw} = \frac{1}{r_z}\left(F_{we}h_{we}+F_{wb}h_{wb}+R'_{wp}h'_{wp}\right)$$

$$(9.4-134)$$

$$F_{rH} = \frac{1}{r_z}R_H r_H \qquad (9.4-135)$$

$$F_{ri} = \frac{v}{gtr_z^2}\left[\left(G_e + \frac{1}{3}G_p + \frac{1}{3}G_b\right)l_b^2 + \frac{G_w r_w^2 r_1^2}{r_2^2}\right]$$

$$(9.4-136)$$

$$F_{rc} = \frac{n^2}{900 r_z}\left[G_e(c+l'_b)h_{we}+\frac{G_p}{2}\left(\frac{1}{2}l_p\cos\alpha - d\right)\right.$$

$$\left. l_b\cos\beta + G_b h_{cb}\left(c+\frac{1}{2}l'_b\right)+G_w l_w h_w \frac{r_1}{r_2}\right] \quad (9.4-137)$$

上列各式中　R_Q——由起升载荷 F_Q 引起的作用在臂
架端部的作用力（N）；

r_Q——R_Q 相对于臂架下铰点的力臂
（m）；

R_{ep}——由象鼻架重力载荷 G_e 和大拉杆
一半重力载荷 $\frac{1}{2}G_p$ 引起的作用
在臂架端部的作用力（N）；

r_{ep}——R_{ep} 相对于臂架下铰点的力臂
（m）；

F_{we}——作用在象鼻架上的风载荷（风
力作用中心在臂架上铰点）
（N）；

h_{we}——F_{we} 相对于臂架下铰点的力臂
（m）；

F_{wb}——作用在臂架形心处的风载荷
（N）；

h_{wb}——F_{wb} 相对于臂架下铰点的力臂
（m）；

R'_{wp}——由拉杆的一半风载荷 $\frac{1}{2}F_{wp}$ 引起
的作用在臂架端部的作用力
（N）；

h'_{wp}——R'_{wp} 相对于臂架下铰点的力臂
（m）；

R_H——由货物偏摆水平力 H 在象鼻架
和臂架铰接点上引起的作用在
臂架端部的作用力（N）；

r_H——R_H 相对于臂架下铰点的力臂
（m）；

β——作用在大拉杆上端部的离心力
与象鼻架轴线的夹角；

h_{cb}——作用在臂架上的离心力 F_{cb} 相对
于臂架下铰点的力臂（m）。取
$$h_{cb}\approx\frac{2}{3}l_b\sin\theta;$$

G_e、G_p、G_b、G_r、G_c、G_w——分别为象鼻架、大拉杆、
臂架、变幅小拉杆、平

衡重杠杆和平衡重的重力载荷（N）；

其他符号见图9.4-67。

式（9.4-125）中前面四项值较大，是主要阻力。初步计算时，后三项阻力可略去不计。设计时，取6~10个幅度位置，根据臂架的运动方向（向前或向后）、风载荷、货物偏摆角的大小和方向以及机构的协同工作情况按式（9.4-126）进行各项阻力计算。

利用上述方法求各项变幅阻力时，需要作一系列力图，工作量较大，计算精度也受到限制。采用瞬心回转功率法可使前四项阻力计算简化。瞬心回转功率法的基本原理是：作用在平面运动刚体上的载荷的瞬时功率等于该载荷对刚体瞬心的回转功率。

具体计算方法如下（见图9.4-68）。

$$F_{rQ} = \frac{1}{r_z} F_Q l_Q l_b / r_p \qquad (9.4\text{-}138)$$

$$F_{rb} = \frac{1}{r_z} \Bigg[\left(G_e l_e + \frac{G_p}{2} h_p \right) \frac{l_b}{r_p} + \left(G_b r_b + \frac{1}{2} G_r l_r \right)$$
$$- \frac{r_1}{r_2} \left(G_w r_w + G_c r_c - \frac{1}{2} G_r r_3 \right) \Bigg] \qquad (9.4\text{-}139)$$

$$F_{rw} = \frac{1}{r_z} \left(F_{we} h_{we} + F_{wb} h_{wb} + \frac{1}{2} F_{wp} h_{wp} \frac{l_b}{r_p} \right)$$
$$(9.4\text{-}140)$$

$$F_{rH} = \frac{1}{r_z} H h_H \frac{l_b}{r_p} = \frac{1}{r_z} F_Q \tan\alpha h_H \frac{l_b}{r_p} \qquad (9.4\text{-}141)$$

式中　r_p——臂架与象鼻架铰点至象鼻架瞬心 P 的距离（m）；

l_Q——起升载荷 F_Q 对瞬心 P 点的力臂（m）；

l_e——象鼻架重力载荷 G_e 对瞬心 P 点的力臂（m）；

h_p——大拉杆一半重力载荷 $\frac{1}{2} G_p$ 对瞬心 P 点的力臂（m）；

h_{wp}——大拉杆的一半风载荷（作用在 C 点）$\frac{1}{2} F_{wp}$ 对瞬心 P 点的力臂（m）；

h_H——货物偏摆水平力 H 对瞬心 P 点的力臂（m）。

其他符号见图9.4-68。

上面诸式中，力臂 l_Q、l_e、l_p、h_{wp}、h_H 及 B 点至瞬心 P 点的距离 r_p 均可从图上直接量取（图内表示的力臂方向均为其正方向），臂架长度 l_b 为已知值。

按式（9.4-125）计算变幅机构总阻力时应注意以下几点：

1）有些外载荷（如风载荷、惯性载荷、离心力

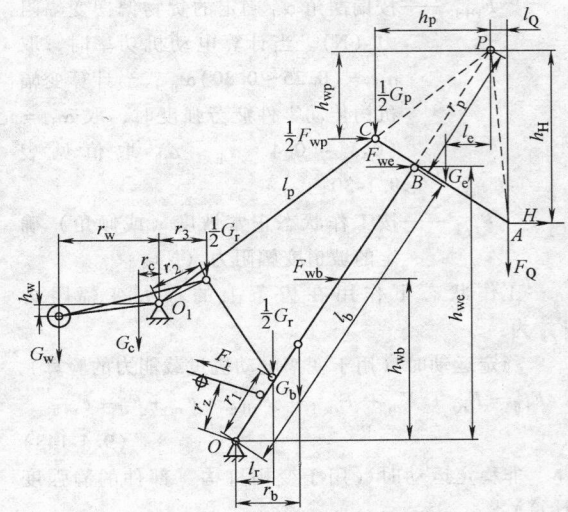

图9.4-68　用瞬心回转功率法求变幅阻力的计算简图

等）的大小随不同臂架位置而变化。

2）除摩擦阻力外，其余各项阻力均有 "＋"、"－" 之分。当相应外载荷对臂架下铰点产生的力矩使臂架有增幅趋势时，该阻力取 "＋" 号；反之取 "－" 号。计算总的变幅阻力时，将它们的代数值相加。

3）起升绳偏摆角有 α_I 和 α_{II} 及外摆和内摆之分，应按计算要求选取。起升绳偏摆角取 α_I 时，相应的计算风压取为 q_I；起升绳偏摆角取 α_{II} 时，相应的计算风压取为 q_{II}。

4）对于幅度小于 25m、转速小于 1r/min 的起重机，由回转离心力引起的阻力 F_{rc} 可不必计算。

5）对于在轨道上工作的港口起重机，坡道阻力 F_{ry} 可忽略不计。

6）非工作状态下作用在齿条上的最大轴向力为式（9.4-125）中的 F_{rb}、F_{rw} 和 F_{rf} 三项阻力之和，但摩擦阻力项 F_{rf} 应取负值，按臂架处在非工作状态的停放位置进行计算。计算 F_{rw} 时，计算风压取为 q_{III}。

2. 两种不同的计算工况

变幅机构计算中采用以下两种计算载荷组合方式：工作状态下的正常载荷组合（Ⅰ类载荷）和工作状态下的最大载荷组合（Ⅱ类载荷）。相应的变幅阻力可通过组合不同的变幅阻力项求得。

工作状态下作用在齿条上的正常变幅阻力 F_{rI}：

$$F_{rI} = F_{rQ} + F_{rb} + F_{rwI} + F_{rHI} + F_{rc} + F_{rf} + F_{ryI}$$
$$(9.4\text{-}142)$$

式中　F_{rwI}——按计算风压 q_I 确定的变幅风阻力（N）；

F_{rHI}——按偏摆角 α_I 确定的货物偏摆变幅阻
力（N）。当计算电动机功率时，取
$\alpha_I = (0.25 \sim 0.30)\alpha_{II}$；当计算变幅
机构传动零件疲劳强度时，取 $\alpha_I =
(0.3 \sim 0.4)\alpha_{II}$。$\alpha_{II}$ 取值见表
9.1-30；

$F_{r\gamma I}$——按工作状态正常坡度（或倾角）确
定的坡道变幅阻力（N）。

工作状态下作用在齿条上的最大变幅阻力
F_{rII} 为：

稳定运动时（用于变幅电动机过载能力的验算）

$$F_{rII} = F_{rQ} + F_{rb} + F_{rwII} + F_{rHII} + F_{rc} + F_{rf} + F_{r\gamma II}$$
$$(9.4\text{-}143)$$

非稳定运动时（用于变幅机构零部件的静强度
计算）

$$F_{rII} = F_{rQ} + F_{rb} + F_{rwII} + F_{rHII} + F_{rc} + F_{ri} + F_{rf} + F_{r\gamma II}$$
$$(9.4\text{-}144)$$

式中　F_{rwII}——按计算风压 q_{II} 确定的变幅风阻力
（N）；

F_{rHII}——按偏摆角 α_{II} 确定的货物偏摆变幅阻
力（N）；

$F_{r\gamma II}$——按工作状态正常坡度（或倾角）确
定的坡道变幅阻力（N）。

取两种情况中的大者。

其他符号同式（9.4-125）。

3. 电动机的选择和验算

（1）电动机功率的确定　按第 I 类载荷的等效
变幅阻力 F_{rIsq} 计算电动机的静功率。

根据图 9.4-66、图 9.4-67 及式（9.4-142）作出
变幅过程中作用在齿条（或螺杆等）上的轴向变幅
阻力 F_{rI} 的变化曲线（见图 9.4-69），求出在经常工
作幅度区间内齿条（或螺杆等）的等效变幅阻力
（均方根变幅阻力）：

$$F_{rIsq} = \sqrt{\frac{F_{rIa1}^2 \Delta t_1 + F_{rIa2}^2 \Delta t_2 + \cdots}{\Delta t_1 + \Delta t_2 + \cdots}}$$
$$= \sqrt{\frac{\sum(F_{rIai}^2 \Delta t_i)}{\sum \Delta t_i}} \qquad (9.4\text{-}145)$$

式中　F_{rIai}——从臂架位置 i 到 $i+1$ 的变幅区段上变
幅阻力 F_{rI} 的平均值（N），

$$F_{rIai} = \frac{F_{rIi} + F_{rI,i+1}}{2}$$

Δt_i——从臂架位置 i 到 $i+1$ 的变幅时间
（s）；

$$\Delta t_i = \frac{\Delta l_i}{v_z}$$

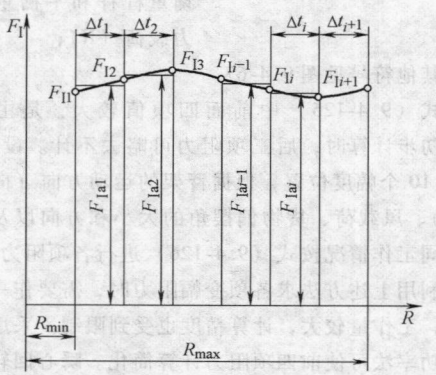

图 9.4-69　变幅过程中的齿条变幅阻力变化曲线

Δl_i——从臂架位置 i 到 $i+1$ 的齿条行程
（m）；

v_z——齿条线速度（m/s）。

所需的变幅静功率（均方根变幅功率）P_{st}
（kW）为

$$P_{st} = \frac{F_{rIsq} v_z}{1000\eta} \qquad (9.4\text{-}146)$$

式中　η——变幅机构传动效率。

按 P_{st} 值和机构实际的 JC（%）值初选电动机，
使电动机的允许输出功率稍大于 P_{st} 值。

（2）电动机的验算

1）过载能力验算。变幅电动机的过载能力按式
（9.4-147）进行校验：

$$P_n \geqslant \frac{H}{m_e \lambda_M} \frac{F_{rmax} v_z}{1000\eta} \qquad (9.4\text{-}147)$$

式中　P_n——基准接电持续率时电动机的额定功率
（kW）；

H——系数，绕线转子异步电动机取 $H = 1.55$，笼型异步电动机取 $H = 1.6$，直
流电动机取 $H = 1$；

m_e——机构电动机的数目；

λ_M——基准接电持续率时电动机转矩的允许
过载倍数；

F_{rmax}——最大变幅阻力，按式（9.4-143）计
算，并取各幅度位置中的最大值代入
（N）；但货物偏摆引起的变幅阻力项中
偏摆角取为 α_I；

v_z——齿条（或螺杆、钢丝绳、液压缸等）
的运动速度（m/s）。

2）电动机的发热验算。变幅机构电动机不发生
过热的条件式为

$$P \geqslant P_s$$

式中　P——电动机允许的输出功率（kW）。按机构

的 JC（%）值和 CZ 值查电动机制造厂提供的样本或《起重机设计规范》中的附录。

P_s——变幅机构的稳态平均功率（kW）

$$P_s = \frac{Gv_z}{1000 m_e \eta} \sqrt{\frac{\sum F_{r\,I\,ai}^2 \Delta t_i}{\sum \Delta t_i}} \qquad (9.4\text{-}148)$$

G——稳态负载平均系数；

$F_{r\,I\,ai}$——按式（9.4-142）计算（N）；

Δt_i——从臂架位置 i 到 $i+1$ 所需的变幅时间（s）。按齿条行程和齿条强度计算，见式（9.4-145）中的有关算式。

其他符号见式（9.4-147）中的说明。

变幅机构起动时间应由电气控制系统来控制，这里可不必进行相关计算。电气控制系统应保证变幅起动时间不宜过快，否则会导致臂架系统过大的动载荷，并应在变幅驱动系统采取相应措施。

起动时间 t_a 应满足：

港口装卸用门座起重机 $1s \leq t_a \leq 4s$

安装用门座起重机 $2s \leq t_a \leq 6s$

4. 制动器的选择和验算

（1）制动器制动转矩的确定   变幅制动器应工作可靠，保证制动过程的平稳性并具有足够的制动安全系数。通常选用液压推杆制动器。

制动器的制动转矩 T_b 应满足以下条件式：

对于非平衡式变幅机构：

采用一个制动器时

$$T_b \geq 1.75 T_{r\,II\,max} \qquad (9.4\text{-}149)$$

采用两个制动器时

$$T_b \geq 1.25 T_{r\,II\,max} \qquad (9.4\text{-}150)$$

对于平衡式变幅机构：

工作状态时

$$T_b \geq 1.25 T_{r\,II\,max} \qquad (9.4\text{-}151)$$

非工作状态时

$$T_b \geq 1.15 T_{r\,II\,max} \qquad (9.4\text{-}152)$$

式中 $T_{r\,II\,max}$——工作状态下的最大齿条力 $F'_{II\,max}$ 换算到制动器轴上的最大静转矩（N·m）。$F'_{r\,II\,max}$ 取式（9.4-143）的最大代数值，但式中的摩擦阻力 F_{rf} 取为负值。

$$T_{r\,II\,max} = \frac{F'_{r\,II\,max} d_z}{2i} \eta \qquad (9.4\text{-}153)$$

$T_{r\,III}$——非工作制动状态下的最大齿条力 $F'_{r\,III\,max}$ 换算到制动器轴上的最大静转矩（N·m），摩擦阻力处理方法同上。

$$T_{r\,III} = \frac{F'_{r\,III\,max} d_z}{2i} \eta \qquad (9.4\text{-}154)$$

式中 d_z——驱动小齿轮的节圆直径（m）；

η——变幅机构效率；

i——电动机轴与小齿轮轴之间的传动比。

根据上述条件选择制动器的规格型号。

变幅制动时间应由电气系统设计与调试加以控制。机构实际的制动时间 t_b 不宜过短。如果 t_b 过小，则会引起臂架系统剧烈振动和货物大幅度摆动。此时可采用两级制动来加以改善。第一级制动器的制动转矩 T_{b1} 取得较小，可按无风状态下的制动时间为 $2\sim3s$ 来选取；第二级制动器应在第一级制动器工作 $1.5\sim2s$ 以后再接入（延时由时间继电器控制）。两级制动器的总制动转矩 $T_b = T_{b1} + T_{b2}$，仍应满足式（9.4-151）和式（9.4-152）的要求。另外，采用机械制动和涡流制动的组合制动方式也可收到良好效果。

（2）减速器的选择   变幅机构通常采用标准系列减速器。早期广泛采用的 ZQ 型、ZQH 型齿轮减速器已被新型的 QJ 系列减速器取代。QJ 系列减速器具有安装方便、中心距大、传动比范围宽和承载能力高等特点。

非平衡变幅机构的减速器可按与起升机构相同的方法来选择。

平衡变幅机构的减速器应按均方根变幅功率 P_{st}［见式（9.4-146）］来选择，并按式（9.4-144）的最大变幅力验算减速器低速轴的转矩和最大径向力。

5 运行机构

起重机的运行机构分为有轨运行和无轨运行两类。桥式、门式、塔式、门座起重机基本都采用有轨运行机构。起重机在专门铺设的轨道上运行，具有负荷能力大、运行阻力小、可以采用电力驱动等特点，但工作场地范围有限。有轨运行机构主要用于水平运移物品，调整起重机工作位置以及将作用在起重机上的载荷传递给基础建筑。本节只涉及有轨运行机构的相关内容。

5.1 运行机构的组成与特点

运行机构主要由运行驱动装置和运行支承装置两大部分组成。运行驱动装置用来驱动起重机在轨道上运行，主要包括原动机、传动装置（含传动轴、联轴器、减速器等）、制动器；运行支承装置用来承受起重机的自重和外载荷，并将所有这些载荷传递给轨道基础建筑，主要包括平衡梁、台车架、车轮组等。此外为保证运行的安全，应设置限位装置和缓冲装置；室外起重机应设防风抗滑装置；对于跨度在 40m 以上或采用铰接柔性支腿的门式起重机，还应设偏斜调整装置，以防止运行中出现过大的偏斜。

运行速度的大小应根据起重机的类型和用途而定，其值可参考表 9.4-24 选用。

表 9.4-24　运行机构工作速度

起重机名称	机构	工作级别	速度值/(m/min)
$Q<50t$ 吊钩、电磁、抓斗桥式起重机	小车	M5，M6	30~40
		M7	40~50
	大车	M5，M6	70~90
		M7	90~130
$Q>50t$ 吊钩桥式起重机	小车	M1~M4	10~20
		M5，M6	20~40
	大车	M1~M4	20~35
		M5，M6	40~80
$Q\leqslant50t$ 吊钩、电磁、抓斗门式起重机	小车	M5，M6	30~40
		M7	40~50
	大车	M5，M6	40~60
电站坝顶及船厂专用门式起重机	小车	M1~M4	2~13
	大车	M1~M4	15~30
装卸用门式起重机(含港口桥式抓斗卸船机和岸边集装箱起重机)	小车	M8	100~360
	大车	M5，M6	25~45
门座起重机	起重机(即大车)	M1~M4	15~25
		M5，M6	25~30

运行机构按其运行目的不同，可分为工作性运行机构和非工作性运行机构。前者带载运行，用于货物的水平运移，如通用桥式和通用门式起重机的大、小车运行机构、船厂安装用的门座起重机的大车运行机构；后者空载运行，用于作业位置的调整，如港口装卸用的门座起重机、桥式抓斗卸船机和岸边集装箱起重机的大车运行机构。

运行机构按其运行驱动方式不同，可分为自行式运行机构和牵引式运行机构。前者靠车轮、轨道(或路面间)的黏着力运行，后者靠曳引构件的牵引力运行。自行式牵引机构广泛用作大车和小车运行机构，具有构造简单、布置方便等优点，但自重较大、驱动力受粘着条件限制、起（制）动过程较长，不宜用于坡度较大的场合。牵引式运行机构常用作小车的运行机构，其主要的驱动、传动部件安置在小车以外，小车自重较轻、工作可靠、驱动不受打滑条件限制，但钢丝绳缠绕系统复杂、磨损快、使用寿命较短、传动效率较低、运行阻力较大、维护保养也较困难，因此在选用牵引式运行方案时，必须作充分的论证。牵引式运行机构一般用于坡度运行、高速小车和极需减轻小车自重的场合，如用作悬臂较长的港口抓斗卸船机和岸边集装箱桥式起重机的小车运行机构。

5.2　运行支承装置及其设计

在大吨位起重机中，运行支承装置均采用多轮铰接

式平衡梁与台车结构，以控制最大轮压，提高零部件及基础构件的通用化、标准化程度，为制造厂家组织规模生产及使用部门合理选型、维护管理提供了条件。

图 9.4-70 所示为铰接式平衡梁与台车结构，包

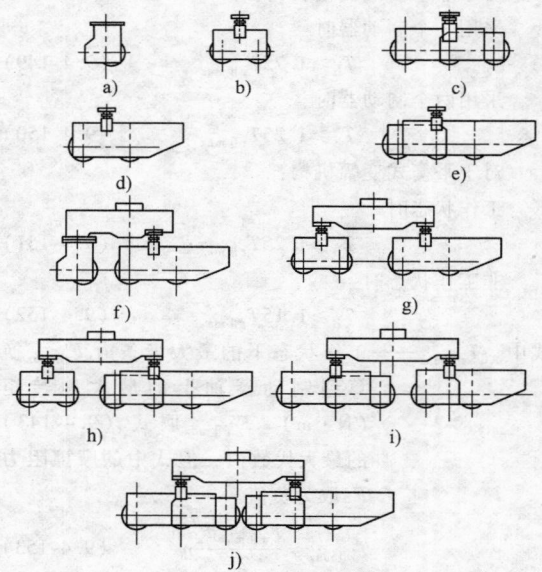

图 9.4-70　铰接式平衡梁与台车结构简图

a）单轮（从动）　b）双轮（从动）　c）三轮（从动）
d）双轮（主动）　e）三轮（主动）　f）三轮（1从2主）
g）四轮（2从2主）　h）五轮（2从3主）
i）五轮（3从2主）　j）六轮（3从3主）

括嵌套结构在内的多种组合形式，具有结构合理、尺寸紧凑、通用化程度高、制造安装方便等特点。

考虑到制造、安装和维修的方便以及系列化的要求，常把车轮、轴、轴承等设计成车轮组件。桥式起重机大车与小车的车轮组大多采用角型轴承箱结构（见图9.4-71），为转轴型式。采用这种结构制造、安装、调整都很方便，但构造较复杂、质量大、零件多、安装精度低。对在繁重条件下使用的起重机，为避免起重机歪斜运行时轮缘与轨道侧面接触，加剧车轮轮缘磨损和增加摩擦阻力，可采用带水平轮的车轮组（见图9.4-72）。为了方便安装和维修，还可采用45°剖分形式安装车轮（见图9.4-73）。采用镗孔组装车轮缺点是在车架上需要机械加工，工艺比较麻烦，调整车轮也不如采用角型轴承箱方便。在门式起重机和门座起重机的大车运行台车上，车轮组也可采用定轴的方式（见图9.4-74）。

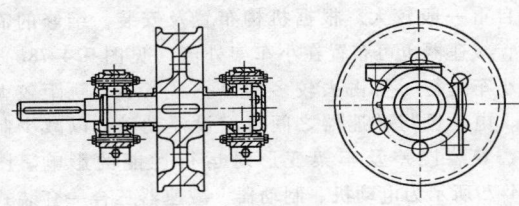

图9.4-71　角型轴承箱结构

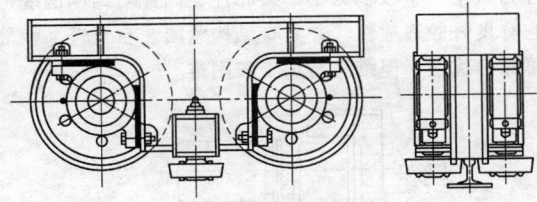

图9.4-72　带水平轮的车轮组

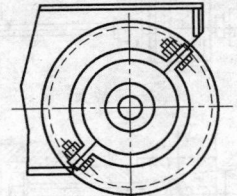

图9.4-73　45°剖分形式安装车轮

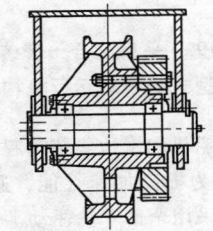

图9.4-74　定轴式车轮组结构

5.3　运行机构驱动装置及其设计

运行机构的驱动装置由动力源、制动器、减速器及传动部件等几部分组成。

5.3.1　自行式运行机构驱动装置

这种驱动装置按车轮中主动轮所占的比重可分为全部车轮驱动、半数车轮驱动和1/4车轮驱动三种；按主动车轮的驱动方式又可分为集中驱动和分别驱动两种。起重机小车和大车运行机构的驱动装置的特点各有不同。

1. 主动车轮的布置方式

为保证主动车轮与轨道之间有足够的驱动力（即黏着力），自行式运行机构应具有足够数量的主动轮。对于高速运行的起重小车（有的达360m/min以上），应采用全部车轮驱动。大多数情况下，采用半数车轮驱动，如门座起重机的大车运行机构。采用部分车轮驱动时，主动轮轮压之和在任何情况下应具有足够的值，以防止主动轮打滑。

图9.4-75示出半数车轮驱动时主动轮的各种布置方案。其中，单边驱动布置方案a的两边驱动力不对称，常用于轮压不对称或跨度较小的半门式或半门座起重机；对面驱动布置方案b可基本保证主动轮轮压之和不随起重小车位置改变而变化，常用于桥架型起重机；对角驱动布置方案c可基本保证主动轮轮压之和不随臂架位置改变而变化，常用于中、小起重量的臂架型回转起重机；四角驱动布置方案d可保证主动轮轮压之和在任何情况下不变，适用于大起重量臂架型回转起重机。

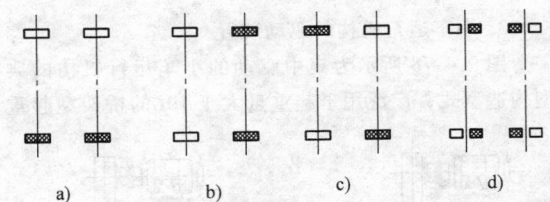

图9.4-75　半数驱动的主动车轮布置方式
a) 单边驱动　b) 对面驱动　c) 对角驱动　d) 四角驱动

2. 主动车轮的驱动方式

（1）集中驱动（见图9.4-76）　两运行轨道上的主动车轮由一套驱动传动装置来驱动，减少了电动机、制动器、减速器的数量，但传动系统复杂、笨重，安装、维修不便，成本也较高。此外，金属结构的变形对运行机构的性能影响较大（跨度越大，影响越大）。因此该驱动方式仅用于小车运行机构和跨度小于16.5m的通用桥式起重机的大车运行机构。

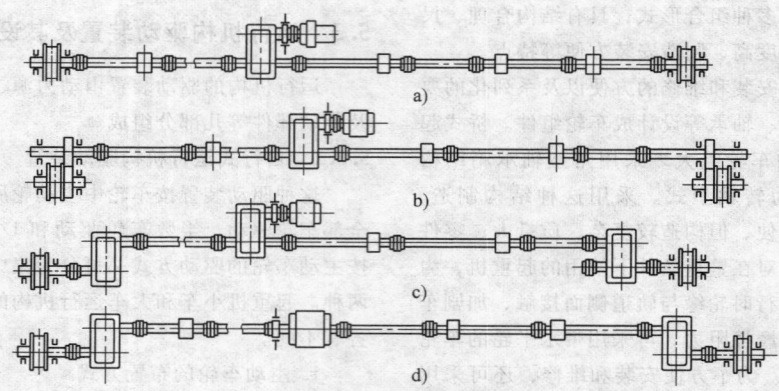

图9.4-76   通用桥式起重机集中驱动大车运行机构

a）传动轴处于低速区段 b）、c）传动轴处于中速区段 d）传动轴处于高速区段

（2）分别驱动（见图9.4-77）两运行轨道上的主动车轮分别由两套各自独立的驱动传动装置来驱动，增加了驱动传动装置的数量，但结构紧凑、自重轻、分组性好，便于安装、维修，承载结构的变形对运行机构的性能影响也较小。因此，该驱动方式广泛用于各类起重机。

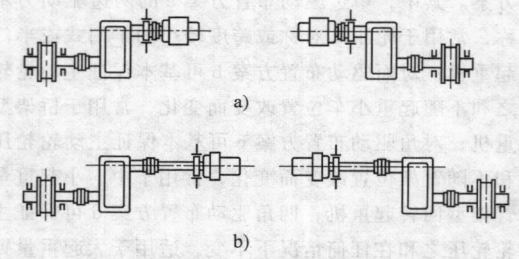

图9.4-77   通用桥式起重机分别驱动大车运行机构

a）无传动轴 b）有传动轴

3. 小车运行机构的驱动装置

图9.4-78所示为集中驱动的小车运行机构的典型构造型式，广泛用于起重量大于10t的桥架型起重

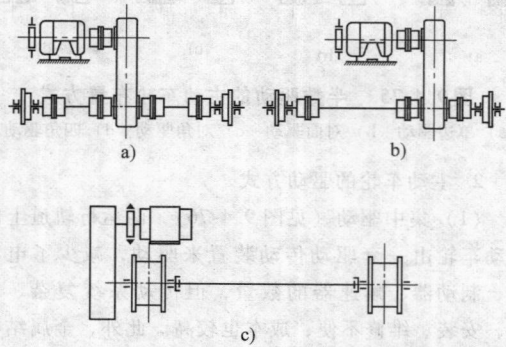

图9.4-78   双梁桥架型起重机的小车运行机构

a）减速器位于中间 b）减速器位于一侧
c）减速器位于车架外侧

机的起重小车，主动轮常取为总轮数的一半。制动器常装在电动机另一端的外伸轴上。它采用了一系列标准件，具有通用化程度高，安装、维修方便等特点，但自重一般较大。根据机构布置及安装、维修的需要，减速器也可布置在小车架外侧（见图9.4-78c），但小车运行时将占去较多的净空。当小车轨距较大时，电动机与减速器之间可增设浮动轴，以减少制造、安装误差及车架变形对运行性能的影响。图9.4-79所示为电动机、制动器、减速器三合一套装式结构型式，减速器输出端套装在车轮轴上，减速器的外壳只用一个铰轴与小车架相连，因此对结构的变形它有良好的适应性，并具有结构紧凑、自重轻、性能可靠等优点，但维修与加工较困难。

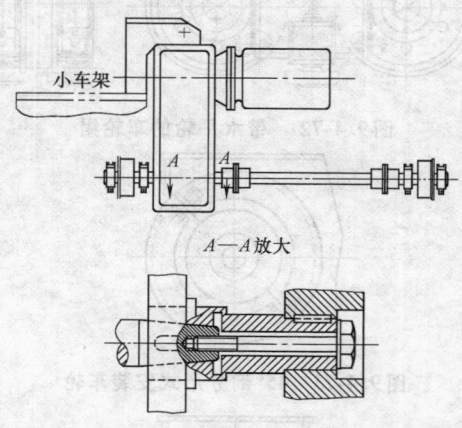

小车架

A—A放大

**图9.4-79   采用三合一套装式结构
型式的小车运行机构**

桥式抓斗卸船机和岸边集装箱起重机的小车运行速度一般较高，为提高加速性能，避免起（制）动时车轮打滑，须采用全部车轮驱动。此外，为减轻高速运行时的振动，驱动装置应安装在弹性小车支架

上，如图 9.4-80 所示。

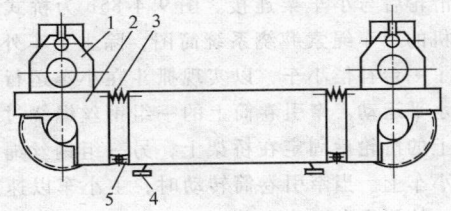

图 9.4-80 减振起重小车示意图
1—驱动机构 2—小车架 3—减振弹簧
4—水平导向轮 5—转动铰

4. 大车运行机构的驱动装置

跨度大于 16.5m 的通用桥式起重机的大车运行机构几乎都采用分别驱动。其布置方式有平行轴线式（见图 9.4-81）和同轴线式（见图 9.4-82）两种。其中同轴线"三合一"式大车运行机构主要用于起重量小于 20t 的场合。图 9.4-81a 中设置了两根较长的浮动轴（一般应大于 0.8m），有良好的位置补偿作用，安装方便；图 9.4-81c 未设置浮动轴，结构虽紧凑，但安装精度要求较高；图 9.4-81b 设置了一根浮动轴，具有一定的位置补偿作用，结构也较紧凑，目前应用较广。当要求传动系统中的联轴器有较大的角度补偿量时，可用万向联轴器来代替 CLZ 型齿轮联轴器。

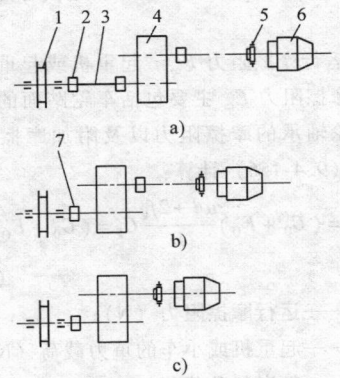

图 9.4-81 平行轴线布置的分别驱动大车运行机构
a) 两根浮动轴 b) 一根浮动轴 c) 无浮动轴
1—车轮 2—CLZ 型齿轮联轴器 3—浮动轴 4—卧式减速器 5—制动器 6—电动机 7—CL 型齿轮联轴器

图 9.4-83a 中减速器输出轴用齿轮联轴器与车轮轴相连，横向尺寸较大；图 9.4-83b 用了套装立式圆柱齿轮减速器，电动机仍为横向布置，横向尺寸仍较大；图 9.4-83c 中加装了高速浮动轴，其横向尺寸比图 9.4-83a 与图 9.4-83b 大，但安装要求较低，也便

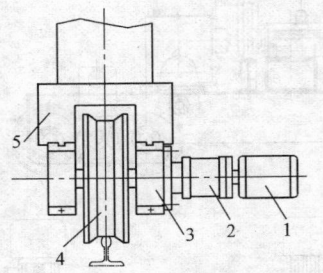

图 9.4-82 行星减速器"三合一"分别驱动大车运行机构
1—带制动器的电动机 2—行星减速器
3—轴承箱 4—大车车轮 5—门架下横梁

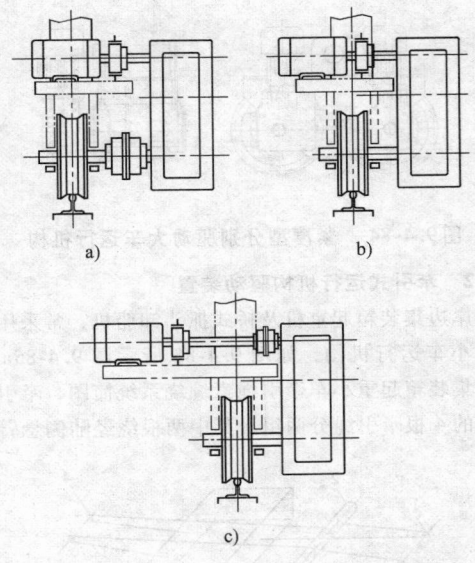

图 9.4-83 用立式减速器的分别驱动大车运行机构
a) 普通立式减速器 b) 套装立式减速器
c) 高速轴浮动的套装立式减速器

于维修保养，常用于通用门式起重机。

图 9.4-84 为目前门座起重机和门式起重机较常采用的使用效果良好、结构紧凑的分别驱动大车运行机构。图 9.4-84a 中卧式电动机通过锥齿轮减速器及开式齿轮传动驱动车轮；图 9.4-84b 中由立式电动机、制动器及斜齿轮伞齿轮减速器组成的"三合一"减速电动机通过开式齿轮驱动车轮；图 9.4-84c 中由立式电动机、制动器及斜齿轮伞齿轮减速器组成的"三合一"减速电动机直接套装在车轮轴上驱动车轮。

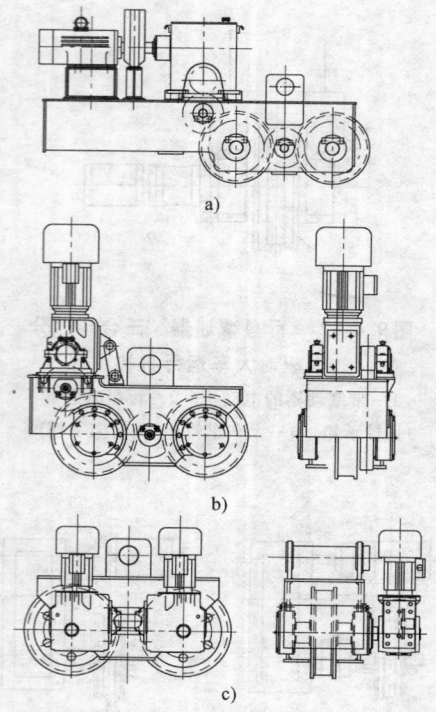

图9.4-84 紧凑型分别驱动大车运行机构

5.3.2 牵引式运行机构驱动装置

岸边集装箱起重机及桥式抓斗卸船机，常采用牵引式小车运行机构，如图9.4-85所示图9.4-85a为岸边集装箱起重小车牵引绳索缠绕系统简图，牵引卷筒上的4根牵引绳分两组，其中两根绕经陆侧悬臂端

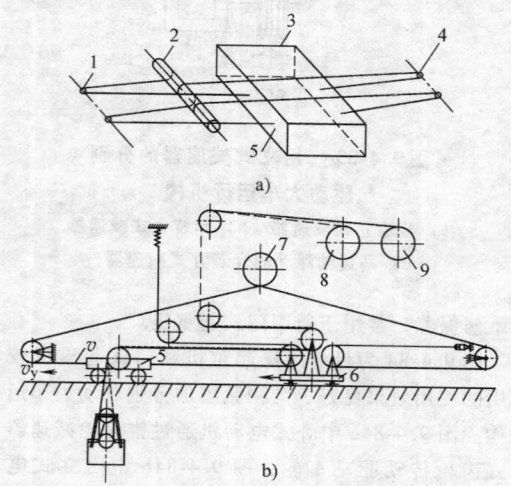

图9.4-85 牵引式小车绳索缠绕系统简图
a）岸边集装箱起重机 b）桥式抓斗卸船机
1—陆侧悬臂端滑轮 2、7—牵引卷筒 3—小车
4—水侧悬臂端滑轮 5—主小车 6—补偿
小车 8—起升卷筒 9—开闭卷筒

部滑轮后与小车架连接，另两根钢丝绳绕经水侧悬臂端部滑轮后与小车架连接。图9.4-85b为桥式抓斗卸船机的小车绳索缠绕系统简图，除主小车外，还采用了一台补偿小车，以实现抓斗在小车运行过程中作水平运动。牵引卷筒上的一组钢丝绳绕过补偿小车上的滑轮后固定在桥架上，另一组钢丝绳固定在主小车上。当牵引卷筒转动时，主小车以速度 v_y 运行，补偿小车以速度 $v_y/2$ 同向运行。由于抓斗的支持绳与开闭绳绕过补偿小车上的导向滑轮，补偿小车运行时收放的长度刚好等于补偿主小车运行时所需补偿的放收长度，从而达到抓斗作水平运动的目的。

5.4 有轨运行机构的设计计算

5.4.1 自行式运行机构的设计计算

1. 稳态运行阻力

稳态运行阻力 F_j（包括运行摩擦阻力 F_m、坡道阻力 F_α、按计算风压 p_I 算得的风阻力 F_{wI}），按式（9.4-155）计算：

$$F_j = F_m - F_\alpha + F_{wI} \qquad (9.4\text{-}155)$$

式中 F_j——稳态运行阻力（N）；

F_m——运行摩擦阻力（N）；

F_α——坡道阻力（N）；

F_{wI}——按计算风压 p_I 算得的风阻力（N）。

在曲线轨道上运行的起重机，还要考虑弯道运行附加阻力。

（1）运行摩擦阻力 F_m 起重机或起重小车沿直线运行时摩擦阻力 F_m 主要包括车轮踏面的滚动摩擦阻力、车轮轴承的摩擦阻力以及附加摩擦阻力三部分，按式（9.4-156）计算：

$$F_m = (G_0 + F_Q)\frac{\mu d + 2f_k}{D}C_f = (G_0 + F_Q)\omega$$

$$(9.4\text{-}156)$$

式中 F_m——运行摩擦阻力（N）；

G_0——起重机或小车的重力载荷（N）；

F_Q——额定起升载荷（N）；

μ——车轮轴承的摩擦因数，见表9.4-25；

d——车轮轴径（mm）；

f_k——车轮沿轨道的滚动摩擦力臂（mm），见表9.4-26；

D——车轮踏面直径（mm）；

C_f——考虑车轮轮缘与轨顶侧面摩擦或牵引供电电缆及集电器摩擦等的附加摩擦阻力系数，见表9.4-27；

ω——运行摩擦阻力系数，初步计算时，车

轮为滑动轴承时 $\omega = 0.015$，车轮为滚动轴承时 $\omega = 0.006$。

（2）坡道阻力 F_α 坡道阻力 F_α 按式（9.4-157）计算：

$$F_\alpha = (G_0 + F_Q)\sin\alpha = (G_0 + F_Q)\gamma \tag{9.4-157}$$

式中 α——轨道倾斜的角度（°）；

       γ——坡道阻力系数，见表 9.4-28。

表 9.4-25   车轮轴承的摩擦阻力系数 μ

轴承型式	滑动轴承		滚动轴承		
轴承结构	开式	稀油润滑	滚珠或滚柱式	锥形滚子式	调心滚子式
μ	0.1	0.08	0.015	0.02	0.004

表 9.4-26   车轮的滚动摩擦力臂 f_k

车轮材料	钢轨形式	车轮踏面直径/mm					
		100 160	200 250 315	400 500	630 710	800	9 001 000
钢	平顶	0.25	0.3	0.5	0.6	0.7	0.7
	圆顶	0.3	0.4	0.6	0.8	1.0	1.2
铸铁	平顶	—	0.4	0.6	0.8	0.9	0.9
	圆顶	—	0.5	0.7	0.9	1.2	1.4

表 9.4-27   附加摩擦阻力系数 C_f

车轮形状		机 构		驱动形式	C_f
圆柱车轮	有轮缘	桥式和门座起重机的大车运行机构		分别驱动	1.5
	无轮缘（有水平滚轮）			分别驱动	1.1
	有轮缘	具有柔性支腿的装卸桥、门式起重机的大车运行机构		分别驱动	1.3
	有轮缘	双梁桥式、门式起重机的小车运行机构	滑线导电	集中驱动	2.0
			电缆导电	集中驱动	1.5
	有轮缘	受偏心载荷的单主梁小车运行机构	滑线导电		1.6
	无轮缘				1.5
	有轮缘		电缆导电		1.3
	无轮缘				1.2
圆锥车轮（单轮缘）		悬挂在工字梁或箱形梁下翼缘上的小车运行机构		单边驱动	1.5
				双边驱动	2.0

表 9.4-28   坡道阻力系数

桥式起重机大车	桥架式起重机小车	门式、门座、船台起重机大车	铁路起重机	建筑起重机
0.001	0.002	0.003	0.004	0.005

（3）风阻力 F_{wI} 风阻力按第 9 篇第 1 章 3.3 风载荷计算方法计算。

2. 电动机的选择计算

（1）电动机的初选 对未能提供 CZ 值及相应计算数据的电动机按稳态计算功率法初选电动机；对于能给出有关资料的绕线转子异步电动机按稳态负载系数法初选电动机。

1）稳态计算功率法。

① 稳态运行功率 P_N 按式（9.4-158）计算：

$$P_N = \frac{F_j v_y}{1000\eta m} \tag{9.4-158}$$

式中 P_N——电动机的稳态运行功率（kW）；

      v_y——机构的稳定运行速度（m/s）；

      η——运行机构总传动效率；

      m——运行机构电动机台数。

② 电动机初选。考虑到运行机构起动惯性力较大的特点，初选电动机时，应将计算静功率乘以大于 1 的系数，并考虑机构实际的接电持续率 JC 值从电

动机样本上初选电动机型号。对室外工作的起重机，此系数为 1.1 ~ 1.3；对室内工作的起重机及室外作业的装卸桥小车，此系数为 1.2 ~ 2.6。运行速度高者取大值。

2）稳态负载系数法。

① 所选电动机的功率 P_n 按式（9.4-159）计算：

$$P_n \geqslant GP_N \qquad (9.4\text{-}159)$$

式中　P_n——所选电动机在相应的 CZ 值和实际接电持续率 JC 值下的功率（kW）；

G——稳态负载平均系数，见表 9.4-2、表 9.4-5；

P_N——电动机的稳态运行功率（kW），见式（9.4-158）；

② 电动机初选。按式（9.4-159）计算所得的结果从电动机样本上初选所需的电动机。

（2）电动机的验算

1）电动机的过载能力验算。运行机构电动机过载能力可按下式进行校验：

$$P_n \geqslant \frac{1}{m\lambda_{as}} \left\{ \left[(G_0 + F_Q)(\omega + \gamma) + F_{wⅡ} \right] \frac{v_y}{1000\eta} + \frac{\sum [J] n^2}{91200 t_a} \right\}$$

$$(9.4\text{-}160)$$

式中　P_n——基准接电持续率（S3，$JC = 40\%$）时电动机的额定功率（kW）；

λ_{as}——平均起动转矩倍数（相对于基准接电持续率时的额定转矩）。其值应根据所选电动机的 λ_m（λ_m 为基准接电持续率时电动机最大转矩倍数）值及其控制方案确定。通常情况下可参考下列取值：绕线转子异步电动机取 1.7，采用频敏变阻器时取 1，笼型异步电动机取 0.9，串励直流电动机取 1.9，复励直流电动机取 1.8，他励直流电动机取 1.7，变频调速电动机取 1.7；

γ——轨道坡道阻力系数，见表 9.4-28；

$F_{wⅡ}$——工作状态下最大风阻力（N），按计算风压 $q_Ⅱ$ 计算，对室内起重机取 $F_{wⅡ} = 0$；

$\sum [J]$——机构对电动机轴的总惯量，即包含直线运动质量和传动机构的全部质量的惯量折算到电动机轴上的转动惯量和电动机轴上自身的转动惯量之和（kg·m²）；

n——电动机额定转速（r/min）；

t_a——运行机构起动时间（s）。

其他符号含义同前。

2）电动机的发热校验。按 G 值、JC 值、CZ 值选出的电动机的发热校验。

① 稳态平均功率。运行机构的稳态平均功率 P_S 按式（9.4-161）计算：

$$P_S = G \left[(G_0 + F_Q)(\omega + \gamma) + F_{wⅠ} \right] \frac{v_y}{1000m\eta}$$

$$(9.4\text{-}161)$$

式中　P_S——运行机构的稳态平均功率（kW）；

其他符号含义同前。

② JC 值。JC 值参见表 9.4-2、表 9.4-4。

③ CZ 值。CZ 值的计算参见本章第 1 节相关内容。

④ 发热校验。根据上述方法计算出 P_S、JC 及 CZ 值，所选用的电动机在相应 CZ 值、JC 值下，如其输出功率满足式（9.4-162）的要求，则电动机的发热校验合格。

$$P \geqslant P_S \qquad (9.4\text{-}162)$$

3）起动时间与起动平均加速度验算。

① 满载、上坡、迎风运行起动时的起动时间 t_q，按式（9.4-163）计算

$$t_q = \frac{n \left[k(J_1 + J_2)m + \dfrac{J_3'}{\eta} \right]}{9.55 (m M_{dq} - M_{dj})} \qquad (9.4\text{-}163)$$

式中　t_q——运行机构的起动时间（s），一般取不大于表 9.4-29 中的值；

n——电动机额定转速（r/min）；

k——其他传动件的转动惯量折算到电动机轴上的影响系数，$k = 1.05 ~ 1.20$；

J_1——电动机转子的转动惯量（kg·m²）；

J_2——电动机轴上制动轮和联轴器的转动惯量（kg·m²）；

m——电动机台数；

J_3'——作平移运动的全部质量的惯量折算到电动机轴上的转动惯量（kg·m²）；

$$J_3' = \frac{(G_0 + F_Q)D^2}{4i^2}$$

i——由电动机轴到车轮的机构总传动比；

η——运行机构总传动效率；

M_{dq}——电动机平均起动转矩（N·m）；

$$\eta_{dq} = \lambda_{as} M_n$$

M_n——电动机的额定转矩（N·m）；

M_{dj}——满载、上坡、迎风时作用于电动机轴上的稳态运行阻力矩（N·m）；

$$M_{dj} = \frac{F_j D}{2i\eta}$$

其他符号含义同前。

② 起动平均加速度。

$$a_y = \frac{v_y}{t_q}$$

式中　a_y——起动平均加速度（m/s²）；

运行机构起（制）动加速度和起（制）动时间推荐值见表 9.4-29。

表 9.4-29　运行机构起（制）动加速度和起（制）动时间推荐值

运行速度 /（m/s）	低、中速长距离运行		正常使用的中、高速运行		高加速度、高速运行	
	加（减）速 时间/s	加（减）速度 /（m/s²）	加（减）速 时间/s	加（减）速度 /（m/s²）	加（减）速 时间/s	加（减）速度 /（m/s²）
4.0			8.0	0.50	6.0	0.67
3.15			7.1	0.44	5.4	0.58
2.5			6.3	0.39	4.8	0.52
2.0	9.1	0.22	5.6	0.35	4.2	0.47
1.6	8.3	0.19	5.0	0.32	3.7	0.43
1.0	6.6	0.15	4.0	0.25	3.0	0.33
0.63	5.2	0.12	3.2	0.19		
0.40	4.1	0.098	2.5	0.16		
0.25	3.2	0.078				
0.16	2.5	0.064				

注：当运行速度大于 4m/s 时，加（减）速度推荐取 0.8～10m/s²，桥式抓斗卸船机允许大于 1.5m/s²。

3. 减速器的选择计算

（1）传动比的计算及其分配　总传动比 i 为：

$$i = \frac{n}{n_w} \qquad (9.4\text{-}164)$$

式中　n_w——车轮转速（r/min），其值为

$$n_w = \frac{v_y}{\pi D} \qquad (9.4\text{-}165)$$

其余符号含义同上。

根据 i 值选定的标准减速器公称传动比应与 i 值较接近。若 i 值过大，则可增加一级开式齿轮传动。

（2）标准减速器的选用。运行机构减速器的计算功率 P_{gc}（kW）按下式计算：

$$P_{gc} = \frac{F_{jI} v_y}{1000\eta} + \frac{\sum [J] n^2}{91200 t_a} \qquad (9.4\text{-}166)$$

式中　F_{jI}——起重机（或小车）运行时总的静阻力（N），见式（9.4-155），风阻力按计算风压 q_I 计算。

其他符号含义同前。

运行机构减速器，应验算起（制）动状态时低速轴端的最大转矩和最大径向力，即

$$T_{II\,max} \leqslant [T] \qquad (9.4\text{-}167)$$
$$F_{II\,max} \leqslant [F] \qquad (9.4\text{-}168)$$

式中　$T_{II\,max}$、$F_{II\,max}$——分别为运行机构起（制）动时低速轴的最大转矩（N·m）和最大径向力（N）。一般情况下，由于受电气保护及主动车轮打

滑的限制，取

$$T_{II\,max} = 2.25 i T_n \qquad (9.4\text{-}169)$$

T_n——电动机的额定转矩（N·m），$T_n = 9550 P_n / n$ [P_n 为额定功率（kW）]；

[T]、[F]——分别为减速器输出轴端的最大短时允许转矩（N·m）和最大短时允许径向力（N），由产品目录中查得。

在一般情况下，运行机构减速器的设计预期寿命与该机构工作级别中所对应的使用等级一致。但对一些工作特别繁重，允许在起重机使用期限内更换减速器的，所选减速器的设计预期寿命可小于运行机构的工作寿命。在选用减速器时，若其参数表上的工作级别与运行机构的工作级别不一致时，应引入换算减速器使用繁忙条件的功率修正系数。与起升机构减速器不同，运行机构减速器在工作时承受双向载荷，且在机构起（制）动时要传递更大的驱动或制动力矩，在选择运行机构的减速器时应特别考虑此因素。

4. 制动器的选择计算

运行机构装设制动器的作用一般是为了实现减速制动，并使停止下来的起重机在作业时运行机构能保持不动。

运行机构机械式制动器的制动转矩与运行摩擦阻力矩之和，应能使处于满载、顺风及下坡状态下运行的起重机或小车在要求的时间内停止下来。

运行机构的制动转矩 M_z 按式（9.4-170）计算：

$$M_z = \left\{ \frac{(F_{wI} + F_a - F_m')D\eta}{2i} + \frac{n}{9.55t_z}[km_z(J_1 + J_2) + J_3'\eta] \right\}$$

$$\text{(9.4-170)}$$

式中　M_z——运行机构制动转矩（N·m）；

　　　F_{wI}——同式（9.4-155）；

　　　F_a——同式（9.4-157）；

　　　F_m'——不考虑轮缘与轨道侧面附加摩擦的摩擦阻力（N）；

　　　i——由制动器轴到车轮的机构总传动比；

　　　t_z——运行机构制动时间（s）；

　　　m_z——制动器的台数。

其他符号含义同前。

制动器的选择条件，一般 $[M_z] \geq M_z$，$[M_z]$ 是所选制动器参数表中给出的制动转矩。频繁制动的制动器，在同一档制动力矩的各个制动器中，宜选用制动轮较大的制动器。对那些驱动轮与轨道之间有足够大黏着力的露天工作起重机的运行小车，或未采用自动作用夹轨器的起重机，应计算在顺风、下坡情况下制动装置的总抗风阻力是否能抗御风的吹袭，以防止在有风工作中的起重机发生移动。

运行机构的制动时间可参考表9.4-29选取，该制动时间由电气设计及现场调试加以保证。

5. 主动车轮的打滑计算

运行机构起动或制动时，起重机或小车不应发生打滑，一般由设计校验主动轮不打滑来保证，计算时钢质车轮与钢轨的黏着系数（静摩擦因数）为：室内工作的取 0.14，室外工作的取 0.12。

5.4.2　牵引式运行机构的设计计算

牵引式小车的牵引钢丝绳缠绕系统和张力计算简图如图9.4-86所示。

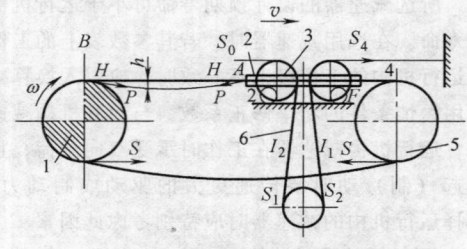

图9.4-86　牵引式小车绳索缠绕系统和张力计算简图

1—驱动绳　2—小车　3—起升绳导向滑轮
4—牵引绳　5—牵引绳导向滑轮　6—起升绳

1. 运行阻力的计算

牵引小车稳定运行时钢丝绳的牵引力 F 按式（9.4-171）计算：

$$F = F_m + F_a + F_W + F_q + H \quad \text{(9.4-171)}$$

式中　F_q——由起升绳的僵性和滑轮轴的摩擦引起的阻力（N）；

$$F_q = \frac{F_Q}{m_q}(K_P^{m_q+1} - 1)$$

　　　H——使钢丝绳保持一定垂度所需的张力（N）；

$$H = \frac{ql^2}{8f}$$

　　　F_Q——额定起升载荷（N）；

　　　m_q——起升滑轮组的倍率；

　　　K_P——滑轮阻力系数，对滚动轴承取 $K_P = 1.03$，对滑动轴承取 $K_P = 1.05$；

　　　q——牵引绳单位长度的自重载荷（N/m）；

　　　l——钢丝绳自由悬垂部分的长度（m）；

　　　f——牵引绳的下挠度（m），一般取 $f = (1/30 \sim 1/50)l$，常取 $0.1 \sim 0.15$m。

其他符号含义同前。

牵引小车稳定运行时，牵引绳下分支张力 S（N）为：

$$S = K_P F \quad \text{(9.4-172)}$$

2. 电动机的选择

（1）驱绳轮（或卷筒）上的阻转矩　作用于驱绳轮（或卷筒）上的阻转矩 T_d 为：

$$T_d = (S/\eta_1 - H)R \quad \text{(9.4-173)}$$

式中　T_d——作用于驱绳轮（或卷筒）上的阻转矩（N·m）；

　　　η_1——驱绳轮（或卷筒）效率；

　　　R——驱绳轮（或卷筒）半径（m）。

（2）电动机的选择与计算　牵引式运行机构满载运行时电动机的静功率 P_j 按式（9.4-174）计算：

$$P_j = \frac{T_d n_1}{9550\eta_2} \quad \text{(9.4-174)}$$

式中　P_j——电动机的静功率（kW）；

　　　n_1——驱绳轮（或卷筒）的转速（r/min）；

　　　η_2——驱动机构效率。

由式（9.4-174）求得功率 P_j 以后，即可参照自行式有轨运行机构设计计算步骤进行电动机的初选、验算及减速器、制动器等的选择及起动时间和起动加速度的验算。

第5章 连续输送机械设计总论

1 连续输送机的特点、分类与应用

1.1 连续输送机的特点

连续输送机是在一定的输送线路上，以连续流动的方式将物料从装载点运送到卸载点的机械。利用连续输送机可以形成具有连续性物流或脉动性物流的输送系统。

与间歇动作的起重机械相比较，连续输送机具有以下优点：

1）连续输送机可连续不断地在同一方向上运送物料，装料和卸料是在输送过程不停顿的情况下进行的，可以高速度进行输送。连续而高速的物料流使输送机可以达到很高的输送量，这远非是间歇式的起重机所能比拟的。因此，在设备的质量大小与成本相同的条件下，起重机的输送能力远低于连续输送机。

2）连续输送机供料均匀，运行速度稳定，使它在输送过程中所消耗功率的变化不大，而间歇工作的起重机功率消耗变化甚大。因此在相同输送能力的条件下，连续输送机的计算功率及驱动装置的质量大小与成本大多低于起重机。

3）同样由于受载均匀，速度稳定，所输送的物料或物品均匀地分布在整个输送线路上，使连续输送机的最大载荷与平均载荷的差别一般比较小，而在起重机中最大载荷与平均载荷的差别是非常显著的。因此连续输送机零部件的计算载荷小于起重机。

4）结构简单、动作单一，便于实现程序化控制和自动化操作。

连续输送机也具有其缺点：

1）连续输送机必须沿整条输送线路布置。当输送线路长和线路复杂时会使设备庞大，成本增加。而起重机可利用起升、运行、变幅、回转等机构来适应输送线路的变化。港口大宗散货专业码头的装卸车船作业及散货堆场堆取料作业中常需要改变装料点和卸料点，因而连续输送系统一般不是全部装设在固定的机架上，而是部分连续输送机安装在门架或悬臂上，利用门架的移动、悬臂的旋转或俯仰来改变装料点和卸料点，形成结构和功能各异的装船机、卸船机、卸车机、堆取料机等专用连续输送机械。

2）每一类型的连续输送机只适合输送一定种类的物料，连续输送机不适合输送质量很大的单件物品或集装物品。起重机可利用不同的取物装置适应不同的货物，能够起吊重而大的单件货物也正是起重机的特点。

3）大多数连续输送机不能直接从料堆中取料，需要辅助装置。

在对一个输送系统进行总体规划时，往往遇到系统中的机械选型问题，即选择起重机械、连续输送机械或地面运输车辆。这种选型的可行性论证应综合考虑系统的输送能力、所输送物料的变化、运输路程的长短、地势的高低等因素，综合分析系统的先进性、可靠性、维修性、可控制性、经济性等指标。在对散粒物料为输送对象的运输系统进行机械选型时，连续输送机往往具有较大的优越性。

1.2 连续输送机的分类

连续输送机在输送原理、结构特点、输送物料的方法以及其他特性方面各有不同，因而种类繁多，而且相同类型的输送机也有不同的的结构特点。

连续输送机的主要分类方法是按结构型式分成两大类别：具有挠性牵引构件的连续输送机和不具有挠性牵引构件的连续输送机。

具有挠性牵引构件输送机的特点：挠性牵引构件绕输送线路构成一个封闭的轮廓，所输送的物料放在牵引构件或与牵引构件固接的承载构件上，利用牵引构件的连续运动来实现物料沿输送方向的运送。此类输送机有：带式输送机、斗式提升机、刮板输送机及埋刮板输送机、自动扶梯及自动人行道、板式输送机、摇架输送机、悬挂输送机、架空索道等。带式输送机是应用最为广泛的连续输送机，将输送带作为牵引构件与承载构件，利用摩擦驱动实现输送带和物料的运动。斗式提升机是在垂直方向提升物料的输送机，它以胶带或链条作为牵引构件，以料斗作为承载构件。刮板输送机及埋刮板输送机是以链条作为牵引构件，利用固接在链条上的刮板刮送或靠刮板与物料的摩擦力输送物料。板式输送机、自动扶梯、摇架输送机、悬挂输送机都是链条作为牵引构件的链式输送机。板式输送机以固定在链条上的板片承载物料。自动扶梯以铰接在链条上且上平面保持水平的梯级承载人员，而自动人行道则是以特殊的钢带作为牵引构件与承载构件来运送人员的输送机。摇架输送机的承载构件是链接在铰接链条上的摇架，往往用于提升单件物品。悬挂输送机的牵引链条是沿架空轨道运动，以固接在链条上的吊具来连续地运送各种成件物品或装在容器内及包内的散装物料。架空索道是利用架设在空中的钢丝绳作为牵引构件来输送货物或人员的运输设备。具有挠性牵引构件的连续输送机虽然种类较多，但它们的主要零部件，如牵引构件、支承装置、张紧装置、驱动装置等都是具有一定共性的。

不具有挠性牵引构件的连续输送机是利用工作构件的旋转运动、往复运动或者利用流体的能量，使物料沿封闭的管道或料槽移动，它们输送物料的原理完全不同，且共性零部件很少。此类输送机有：螺旋输送机、滚柱输送机、振动输送机、流体输送装置等。螺旋输送机是利用螺旋的旋转使料槽内的物料产生沿螺旋轴向的运动来输送散粒物料。滚柱输送机是利用支承物品的滚柱的旋转来输送物品。振动输送机是利用一定形式的激振器使支承物料的槽体沿某倾斜方向产生往复振动，从而使其上的物料得以被运送。

连续输送机械按用途分为：通用输送机械、专用输送机械和辅助装置。例如，港口装卸作业中应用的连续输送机按用途分为输送机、专用连续装卸机械与辅助装置。港口常用的连续输送机有：带式输送机、斗式提升机、埋刮板输送机、螺旋输送机、气力输送机。港口专用连续装料机械按作业方式的不同分为连续装船机械、连续卸船机械、连续卸车机械、连续堆取料机械。辅助装置是输送机系统正常工作必不可少的设备，主要用于存放物料和输送环节之间的衔接，包括存仓、存仓闭锁器、供料器、称量装置等。

连续输送机按输送的对象可分为输送散粒物料、输送成件物品和输送人员三类输送机械。其中，输送散粒物料的连续输送机械型式最多，应用最广，输送能力也最大。输送成件物品的连续输送机械主要应用于制造企业的自动化作业线。输送人员的连续输送机械，如自动扶梯及自动人行道必须具备多种安全装置。

连续输送机按安装形式可分为固定式、移动式和移置式三类。大多数连续输送机械均沿输送线路安装在固定的机架上。移动式仅适用于输送距离短、作业地点多变的场合。移置式则适用于输送机械在使用一段时间后需要移动一定距离以继续使用的情况。

连续输送机按输送机理可分为机械式和流体式两类。机械式输送机依靠工作构件的机械运动进行输送；流体式输送机则利用空气或水等流体的运动进行输送。流力输送装置又分为气力输送装置与液力输送装置，它们分别利用空气和液体的动能或压力能来输送管壁内的物料或盛装物料的容器。

1.3　连续输送机的应用

连续输送机被广泛地应用于国民经济各部门（见表 9.5-1）。在冶金、采矿、能源、建材等工业部门及交通运输部门，连续输送机主要用来运送煤、矿石、粮食、砂、水泥、化肥等大宗散货。在机械制造部门和各种工业企业中，连续输送机是组成现代化流水作业线的必不可少的设备，随着生产的节奏输送各种机械零部件、成品、半成品和小件的包装物料，通过连续输送机械的应用实现车间运输和加工安装过程的机械化、程序化和自动化。在粮食、轻纺、化工、食品等轻工业部门，连续输送机广泛地用来输送各种轻工产品。连续输送机械往往不单纯进行物料输送，有时在输送的同时进行混合、筛分、搅拌等其他工艺处理。在机场、港口、车站、商场等处连续输送机还用来输送人员和行李。连续输送机已成为各种物流系统中的重要桥梁。

表 9.5-1　连续输送机应用行业举例

行业（部门）	所输送的物料
采矿	煤炭、各类矿石、矿砂、矿粉等
冶金	各种钢管、型材、钢板、焦炭、炉渣等
电力	煤炭、粉煤灰、石灰石、石灰粉等
铸造	新砂、旧砂、型砂、型芯、煤粉、黏土粉、砂箱、铸锻件等
机械制造	各类机器零件、毛坯、半成品、铁屑等
建材	石灰石、生料、熟料、水泥、黄砂、黏土、碎石、耐火材料等
化工医药	各类化工医药原料及产品等
食品轻工	各种粮谷、面粉、糖、盐、奶粉、烟草、酿酒原料等
橡胶	橡胶粒、橡胶制品、滑石粉、炭黑等
造纸	碎木料、锯屑、树皮、干纸浆、化学药品、石灰石、粘土、淀粉等
塑料	粉状粒状的聚乙烯、聚氯乙烯、尼龙、酚醛树脂等
港口	煤炭、矿石、矿砂、矿粉、砂土、盐、糖、粮谷、水泥、化肥等

在实际应用中，除了采用各种通用连续输送机和特种连续输送机以外，往往还根据生产作业的需要，将各种连续输送机安装在不同结构型式并具有多种工作机构的机架或门架上构成某种专用机械。以港口的散粒物料连续卸船机为例，在散货进口专业化码头上有以各种连续输送机为主体的连续卸船系统：链斗卸船机、悬链式链斗卸船机、双带式卸船机、波形挡边带式卸船机、螺旋卸船机、埋刮板卸船机、气力吸粮机等，港口连续装卸机械的迅速发展开拓了连续输送机的发展领域。从国内外散货码头的机械配置可清楚地看出，连续输送机械具有不可替代的重要作用，其装卸效率、工作可靠性、故障率与故障诊断水平等指标的先进程度是体现一个散货码头现代化水平的重要标志。

2　连续输送机的主要参数

连续输送机的主要参数包括输送量、输送距离、工作速度、主要工作构件的特征尺寸和驱动功率等。

2.1　输送量

输送量是连续输送机的首要参数，它是指连续输送机在单位时间内所输送物料的质量，表征了连续输送机输送能力的大小。在一般情况下，连续输送机按质量输送量（单位为 t/h）计算，有时也按容积输送量（单位为 m^3/h）计算，后者是指输送机在单位时间内所输送物料的体积。

连续输送机的输送量取决于输送线路上单位长度物料的质量即物料线载荷以及物料在输送方向的运行速度。连续输送机的质量输送量按式（9.5-1）确定

$$Q = 0.36qv \qquad (9.5-1)$$

式中　Q——连续输送机的输送量（t/h）；
　　　v——物料的输送速度（m/s）；
　　　q——物料线载荷（N/m）。

如果连续输送机输送的散粒物料堆放在牵引构件上（见图9.5-1），物料线载荷为：

$$q = 1000A\gamma = 10000A\rho \qquad (9.5-2)$$

式中　A——物料堆积的断面面积（m^2）；
　　　γ——物料的堆积重度（kN/m^3）；
　　　ρ——物料的堆积密度（t/m^3）。

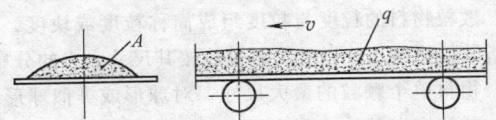

图9.5-1　堆放在牵引构件上的物料

如果具有一定充填量的物料在料槽内输送（见图9.5-2），物料线载荷为

$$q = 1000A_0\psi\gamma = 10000A_0\psi\rho \qquad (9.5-3)$$

式中　A_0——料槽的断面面积（m^2）；
　　　ψ——物料在料槽内的充填系数。

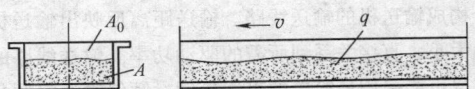

图9.5-2　在料槽中输送的物料

如果物料装在一定容积的工作构件内输送（见图9.5-3）时，物料线载荷为

$$q = \frac{i_0\psi\gamma}{a} = \frac{10i_0\psi\rho}{a} \qquad (9.5-4)$$

式中　i_0——工作构件的容积（dm^3）；
　　　ψ——工作构件内物料的充填率；
　　　a——工作构件的间距（m）。

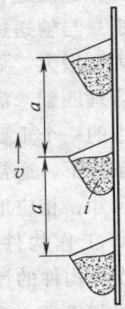

图9.5-3　装在工作构件内输送的物料

如果输送成件物品，则物料线载荷为

$$q = \frac{G}{a} \qquad (9.5-5)$$

式中　G——成件物品的重力（N）；
　　　a——成件物品的间距（m）。

连续输送机质量输送量与容积输送量之间的关系为

$$Q = V\rho \qquad (9.5-6)$$

式中　V——连续输送机的容积输送量（m^3/h）。

连续输送机在运送散粒物料时，物料的堆积断面面积越大，或工作构件的容积越大，或工作速度越高，或物料充填越满，或工作构件布置越紧密，则输送量将越高。

连续输送机其他主要参数，如工作构件的尺寸与速度等是按所给定的输送量，利用以上有关输送量计算公式进行分析确定的。

由上述各种计算公式所求得的输送量称为计算输

送量，它大于或等于连续输送机平均的实际输送量，二者之间的差异主要是由供料不均匀所引起的。

2.2　输送距离与输送线路

反映连续输送机输送距离的主要参数有水平输送长度、垂直提升高度、倾斜输送机的倾角等，这些参数的组合构成输送机的输送线路。输送距离反映出输送机的规格大小，直接关系到所需的驱动功率。输送线路的布置应尽可能采用最简单的直线轮廓，倾斜输送机倾角的确定应考虑其对连续输送机正常工作的影响。

2.3　工作构件的特征尺寸

主要工作构件的特征尺寸是表征连续输送机械尺寸特点和规格大小的参数，通常是指带式输送机的带宽、斗式提升机料斗的宽度和深度、埋刮板输送机机槽的宽度与高度、螺旋输进机的螺旋直径、气力输送装置的输料管径等。工作构件的特征尺寸一般根据设计输送能力综合考虑工作速度进行分析和计算。

连续输送机的输送量与输送速度成正比，也随工作构件特征尺寸的增大而增大。如何选择工作构件特征尺寸与输送速度的合理匹配来满足所需的输送量要求是连续输送机设计中的一个重要问题。在输送量相同和输送速度允许的条件下，通常优先考虑的是采用较小的工作构件特征尺寸，相应地选用较高的输送速度。这样可减小物料、工作构件、支撑构件的线载荷，减小工作构件和支撑构件的计算载荷而降低其成本与质量，还可减小机架及驱动装置的尺寸与质量。总之，减小工作构件特征尺寸增大输送速度将降低整台输送机的成本与质量，具有十分显著的经济意义。

2.4　工作速度

机械式连续输送机的工作速度是指工作构件的运动速度，其具体含义因机型而异，如带式输送机指输送带的运行速度、斗式提升机指料斗运行速度、埋刮板输送机指刮板链条的运行速度、螺旋输送机指螺旋的转速、气力输送装置指输送风速。

连续输送机物料的输送速度与工作构件的运行速度具有密切的关系。具有挠性牵引构件的连续输送机械中，物料输送速度一般就是工作构件的运行速度，埋刮板输送机是例外，在埋刮板输送机中物料可能滞后于刮板链条的速度。在螺旋输送机中，需对物料进行深入的分析才能根据螺旋转速确定物料的输送速度。气力输送装置的物料输送速度与风速的关系更为复杂。

在确定输送机工作速度时，优先考虑增大输送速度来减小工作构件特征尺寸以降低输送机的成本与质

量。然而，采取较高速度并不是任何情况下都合适，输送速度的提高受输送机的使用条件、被运物料的物理性质、输送机的运行稳定性、工作构件的磨损及使用寿命、环境保护等众多因素的限制。在带式输送机中，提高带速主要受输送带跑偏、磨损及卸料速度的限制；在以链条为牵引构件的连续输送机中，提高链速主要受链条动载荷的限制；在埋刮板输送机中，刮板链条的速度过高，物料滞后现象会十分显著；在螺旋输送机中，水平螺旋输送机的螺旋转速不宜过高，而垂直螺旋输送机的螺旋转速不宜过低，螺旋转速过高会明显降低输送效率；气力输送装置的风速过高将大幅增大驱动装置的能耗。

2.5　驱动功率

驱动功率是反映输送机能耗大小的主要参数，它直接关系着连续输送机械动力装置的尺寸、质量、投资和运营成本。

通常以在单位距离上输送单位输送量所消耗功率数值作为单位功率消耗指标，它是评价各种输送机械能耗的主要技术指标。在各类连续输送机中，具有挠性牵引构件的输送机的能耗较低，螺旋输送机的能耗较高，气力输送装置的能耗最高。

驱动功率取决于输送机械的运行阻力，必须合理选用输送机的工作参数，处理输送机的输送、装料、卸料各个环节，不断改善机械部件的结构，尽可能减小输送机的运行阻力，降低输送机的能耗。

3　被输送物料的主要特性

连续输送机所输送物料的物理力学特性对输送机主要技术参数的确定、有关零部件的选型以及有关设计计算的影响较大，因此在设计输送散粒物料的输送机械之前，必须了解被输送物料的各项特性。

3.1　散粒物料的主要特性

3.1.1　粒度和粒度组成

散粒物料包括各种堆积在一起的、大量的碎块物料、颗粒物料和粉末物料。某种散粒物料都含有不同大小和形状的颗粒或料块，要反映散粒物料颗粒的大小，应在一定程度上反映物料中颗粒的极限尺寸及相对比例。

散粒物料的粒度与粒度组成简称粒度或块度，它是指散粒物料尺寸以及物料颗粒按其尺寸大小的分布。

物料单个颗粒的最大尺寸，对球形或类似球形颗粒，其粒度以球体直径表示；对椭圆球体颗粒以其长径表示；对长方体或不规则形体颗粒则用能将其包容

在内的最小长方体的最长表面对角线来表示。

散粒物料的粒度组成反映了组成物料的不同大小的颗粒的质量分布及搭配状况。粒度组成可用粒度级配百分率来表示。粒度级配百分率有分计级配百分率和累计级配百分率两种表示方式，前者指物料样品中各个不同粒度级别的颗粒的质量占该样品全部颗粒总计质量的百分比；后者指物料样品中大于某粒度的各个粒度级别的颗粒的累计质量占该样品全部颗粒总计质量的百分比。也就是说前者表示某一尺寸级别的物料所占比率，后者表示超过某一尺寸的物料所占比率。

根据粒度组成的均匀程度，散粒物料分为筛分的和未筛分的两种。筛分的物料是指最大料块的尺寸与最小料块尺寸之比小于或等于 2.5，该比大于 2.5 为未筛分物料。

散粒物料的粒度用典型颗粒尺寸来表示，它是表征物料粒度大小的特征指标，应根据物料的粒度组成情况不同而分别确定。

对于筛分物料其典型颗粒尺寸取平均料块尺寸，即

$$d_0 = \frac{1}{2}(d_{max} + d_{min}) \qquad (9.5\text{-}7)$$

式中　d_0——典型颗粒尺寸（mm）；

　　　d_{max}——最大颗粒尺寸（mm）；

　　　d_{min}——最小颗粒尺寸（mm）。

对于未筛分物料，典型颗粒尺寸按最大料块尺寸表示：当 $0.8d_{max} \sim d_{max}$ 的物料质量大于抽样物料质量的 10% 时，取 $d_0 = d_{max}$；当小于抽样物料质量的 10% 时，取 $d_0 = 0.8d_{max}$。

散粒物料可根据粒度分为 8 类，其相应的粒度范围见表 9.5-2。

3.1.2　堆积密度与堆积重度

散粒物料的堆积密度是指在自然堆放的松散状态下占据单位体积的物料质量，堆积重度是在该状态下占据单位体积的物料重力。堆积密度 ρ 与堆积重度 γ 的量纲分别为 t/m^3 与 kN/m^3，它们之间关系为 $\gamma = \rho g$，其中 g 为重力加速度。

表 9.5-2　散粒物料按粒度分类

级	粒度 d/mm	粒度类别
1	> 100 ~ 300	特大块
2	> 50 ~ 100	大块
3	> 25 ~ 50	中块
4	> 13 ~ 25	小块
5	> 6 ~ 13	颗粒状
6	> 3 ~ 6	小颗粒状
7	> 0.5 ~ 3	粒状
8	0 ~ 0.5	尘状

堆积密度或堆积重度应在自然堆放的松散状态下进行测定。由于物料颗粒之间存在间隙，处于松散状态下的物料经受振动、动载荷作用或时效作用后将被压实，压实后所测得的堆积密度显然大于自然堆放的松散状态下的堆积密度，二者之比称为压实系数。

$$K = \frac{\rho_{实}}{\rho} > 1 \qquad (9.5\text{-}8)$$

式中　K——压实系数；

　　　$\rho_{实}$——压实状态下的堆积密度（t/m^3）；

　　　ρ——堆积密度（t/m^3）。

砂的压实系数 K 约为 1.12，煤的压实系数为 1.4，矿石的压实系数为 1.6。其余各种不同的物料压实系数在 1.05 ~ 1.52 之内。一般来说，物料的堆积密度还与该物料的粒度大小及湿度有关，对于块状和颗粒状物料，随着粒度的减小，其堆积密度也相应减小。

根据堆积密度的不同，散粒物料可分为以下几类：轻级散粒物料（$\rho \leq 0.6 t/m^3$）、中级散粒物料（$0.6 < \rho \leq 1.6 t/m^3$）、重级散粒物料（$1.6 < \rho \leq 2.0 t/m^3$）、特重级散粒物料（$2.0 < \rho \leq 4.0 t/m^3$）。

常见散粒物料的堆积密度见表 9.5-3。

表 9.5-3　散粒物料的特性参数

物料名称	堆积密度/(kg/m³)	自然堆积角（静）/(°)	对钢的静摩擦系数
小块干燥无烟煤	900 ~ 950	45	0.84
铁矿石烧结矿	1700 ~ 2000	45	0.9
干燥磷矿石	1300 ~ 1700	30 ~ 40	0.58
小块石膏	1200 ~ 1400	40	0.78
干燥、小块的黏土	1000 ~ 1500	50	0.75
块度均匀的圆砾石	1600 ~ 1900	30 ~ 45	0.8
炉灰（干）	400 ~ 600	40 ~ 45	0.84
中等块度焦炭	480 ~ 530	35 ~ 50	1.0
面粉	450 ~ 660	50 ~ 55	0.65
木屑	160 ~ 320	39	0.8
砂（干）	1400 ~ 1650	30 ~ 35	0.8

（续）

物料名称	堆积密度/(kg/m³)	自然堆积角（静）/(°)	对钢的静摩擦系数
小麦	650 ~ 830	25 ~ 35	0.6
稻谷	550 ~ 570	35 ~ 45	0.57
各种块度的铁矿石	2100 ~ 3500	30 ~ 50	1.2
水泥（干）	1000 ~ 1300	40	0.65
碎石（干）	1500 ~ 1800	35 ~ 45	0.74
砂糖	720 ~ 880	51	0.85
细盐	900 ~ 1300	48	0.7
玉米	700 ~ 800	35	0.58
大米	800 ~ 820	23 ~ 28	0.58

3.1.3 堆积角

堆积角又称自然坡度角，它是指自然堆放的料堆表面与水平面之间的最大夹角，常用 ρ 表示。

堆积角的大小反映了散粒物料的活动性，堆积角越小，物料的活动性就越大。物料的活动性与颗粒之间的黏性和内摩擦力有关。散粒物料的堆积角还与支承表面的粗糙度有关，即与物料和支承表面的摩擦因数有关。当物料对支承表面的摩擦因数足够大时，物料的堆积角与内摩擦角相等。对于同一种物料，由于其湿度、粒度、所处的环境温度等性质的不同，堆积角的大小也会不同。

堆积角有静态与动态之分，在静止平面上自然形成的与水平面的夹角称为静堆积角；在振动的平面上测得的堆积角称为动堆积角。显然，物料的动堆积角小于静堆积角。在连续输送机输送物料的振动范围内，动堆积角 ρ_d 大致是静堆积角 ρ 的 0.65 ~ 0.80 倍，一般可取 $\rho_d = 0.7\rho$。常见物料的静堆积角见表 9.5-3。

3.1.4 湿度

散粒物料的湿度又称含水率。

散粒物料中总是含有水分的。水分在散粒物料中有几种存在形式：与物料颗粒以化学方式形成化合物的结构水；物料颗粒从周围空气中吸收的湿存水；在物料颗粒表面形成的薄膜水；填充在颗粒间空隙处的重力水。后二者之和统称为表面水。

含有表面水的物料称为潮湿物料。经过长期露天存放，其表面水蒸发，仅留下结构水和湿存水，这种物料称为风干物料。仅含有结构水的物料称为干燥物料。

散粒物料所含水分的多少用湿度来表示，它是表征抽样物料中所含湿存水和表面水的质量与该抽样物料经烘干后的质量之比。

$$W = \frac{m_1 - m_2}{m_2} \times 100\% \qquad (9.5-9)$$

式中 W——散粒物料的湿度；

m_1——抽样物料在烘干前的质量（kg）；

m_2——在 105℃ 温度下烘烤 2 ~ 4h 后该抽样物料的质量（kg）。

3.1.5 外摩擦系数

当散粒物料与支承表面即将产生或已产生相对滑动时，物料与支承表面间的摩擦力与法向正压力之比称为该称物料对某支承表面的摩擦系数，也称物料的外摩擦系数，用 μ 来表示。散粒物料的外摩擦系数不仅与物料自身的特性及支承表面的材料有关，还与表面的形状和表面粗糙度有关。外摩擦系数是物料针对具有一定形状和表面粗糙度的某种材料的固体表面而言的。

外摩擦系数有动态与静态之分。物料与固定表面将产生相对滑动但仍处于相对静止状态下测得的外摩擦系数称为静态外摩擦系数，物料与固定表面以一定速度相对滑移的状态下测得的外摩擦系数称为动态外摩擦系数。试验表明，动摩擦系数值大致为静摩擦系数的 70% ~ 90% 。

常见散粒物料对钢的静摩擦系数值见表 9.5-3。

3.1.6 其他特性

除了以上散粒物料基本特性以外，有时还要考虑对连续输送机械运行和部件结构等有重要影响的散粒物料其他方面的特性，如磨琢性、爆炸危险性、腐蚀性、有毒性、粘附性、脆性等。

物料对输送设备的磨琢性可用其莫氏硬度来表示，共分 10 级。最软的物料如滑石的莫氏硬度定为 1；最硬物料如金刚石的莫氏硬度为 10。物料越硬，其磨琢性越大。对各种被输送的物料，可按其莫氏硬度值分为 4 类：莫氏硬度为 1 ~ 2 的称为无磨琢性物料；莫氏硬度为 2 ~ 3 的称为轻微磨琢性物料；莫氏硬度为 4 ~ 5 的称为中等磨琢性物料；莫氏硬度为 6 ~ 7 及以上的称为强磨琢性物料。物料的磨琢性除取决于硬度外，还受粒度和形状等因素影响。对同一种物料，粒度越大、表面棱角越尖锐则其磨琢性越大。

粉尘物料的爆炸危险性取决于粉尘的性质、粉尘的表面积和粉尘在空气中的浓度，同时还要有一定的引爆源。可燃粉尘因表面积较大，易受热起火。当空气中的粉尘量达到一定浓度并遇到具有一定能量的火种时，粉尘便会急剧氧化燃烧，在瞬间释放出大量的热能，同时产生的大量气体来不及扩散，使压力急剧升高而引起剧烈爆炸。粉尘的粒度越小，其表面积越大，易爆性越大。对粉尘爆炸来说，最危险的粉尘粒度范围是 $5 \sim 70 \mu m$，如粒度大于 $150 \mu m$，其危险性将大为减小。就粉尘的性质而言，其爆炸性可用它的爆炸危险级别来表示。按粉尘的起爆敏感性、爆炸猛烈性和爆炸危险性将各种粉尘分为弱、中、强、剧烈等4级。

物料的腐蚀性取决于其酸碱度，用 pH 值来表示。酸碱度 pH 值的范围为 $0 \sim 14$，pH 值等于 7 表示中性；小于 7 表示酸性，数值越小表示酸性越强；大于 7 表示碱性，数值越大表示碱性越强。对于具有腐蚀性物料，应详细了解不同酸碱度的物料对不同金属的腐蚀程度，保证连续输送机及其零部件的使用寿命。

对于具有毒性的物料，其毒性有大小之分。毒性物料与人体接触会引起疾病，如皮肤发炎、呼吸道疾病等，毒性剧烈的物料可能使人中毒死亡。这类物料在输送过程中必须严格防止外泄。

物料的粘附性表现为其颗粒之间存在着黏聚力，致使颗粒相互粘结或粘附在输送设备上。影响物料粘附性的因素很多：有的物料是粒度极小的细粉，由于分子之间的作用力而粘附；有的物料会吸收周围的水分而粘附；有的物料因带静电而粘附；还有的物料受热熔融软化而粘附。在设计中应根据不同情况采取相适应的措施，避免影响输送机的正常工作。

脆性物料在输送过程中容易发生破碎，而某些物料，如粮谷、食品、焦炭、种子等的破碎将影响其质量甚至报废。因此，在设计中应选择低速输送或采用适当的防止冲击碰撞措施，避免物料破碎损失。

3.2　成件物品的主要特性

成件物品的种类较多，应用连续输送机械进行输送的主要是袋装、箱装、桶装和其他各种单件物品。如在制造厂内输送、堆垛或港口装卸的袋装粮食、化肥；在机场输送的旅行箱、小行包；在制造、装配生产流水作业线上输送的单件零部件、铸件、锻件等。如果是轻小成件物品，则可集装于容器内进行单元化输送，这种单元亦可视为成件物品。

被输送的成件物品的主要特性是质量、长宽高等外形尺寸、重心位置及其变动范围、物品底面形状及其物理性质、包装形式等。对一些较特殊的成件物品还应考虑物品的温度、物品放置或悬吊的方便性、易燃性、爆炸危险性等。袋装物品是一种常见的成件物品，其包装袋的尺寸特征与整袋质量有相应的规定，见表 9.5-4。

表 9.5-4　常见袋装物品的特征

物料 名称	包装 形式	包装尺寸/mm			质量 /kg
		长	宽	高	
面粉	布袋	700	450	200	50
大米	麻袋	600	450	200	100
食盐	麻袋	700	450	200	100
化肥	塑料袋	700	500	200	50
水泥	纸袋	700	400	150	50

第6章 输送机械的类型与基本计算

1 带式输送机

1.1 带式输送机的特点与应用

带式输送机是一种具有挠性牵引构件的连续输送机，它是连续输送中效率最高、使用最普遍的一种机型，主要用于水平输送以及倾角不大的倾斜输送。带式输送机是以输送带作为牵引构件和承载构件，利用输送带绕着头、尾滚筒形成闭合环路的运行，使输送带上的物料实现输送的。

带式输送机具有许多优良的性能：输送能力大，输送距离长；结构简单，安全可靠；工作平稳，工作过程中噪声小；能耗低；线路布置灵活，可以呈水平、倾斜布置或在水平方向、垂直方向弯曲布置，受地形条件限制较小；操作简单，易实现自动控制。

带式输送机的种类很多，主要以输送带的类型、支承装置的结构型式、输送机的工作原理或用途来区分。按输送带的类型，带式输送机分为通用带式输送机、钢绳芯带式输送机、钢绳牵引带式输送机、特种带式输送机；按支承装置的结构，带式输送机分为具有托辊支承、平板支承和气垫支承的带式输送机；按牵引力传递的方法，带式输送机分为滚筒驱动带式输送机和钢绳牵引带式输送机，前者带条既是承载构件又是牵引构件，后者带条仅为承载构件，牵引力由钢丝绳传递；按用途来分，带式输送机有输送件货和散粒物料两类；按驱动滚筒数量，带式输送机分为单滚筒驱动和多滚筒驱动。

带式输送机在国民经济各部门的使用非常普遍，广泛应用于采矿、煤炭、冶金、化工、粮食、水电站建设工地、港口以及工业企业内部流水生产线上。在我国大宗散货港口装卸输送作业中，带式输送机已成为不可缺少的主要输送设备。运送在煤炭、散粮、矿石等的专业码头中，采用了许多大输送量、长距离的固定带式输送机，以及以带式输送机为主体的装船机、卸船机、取料机和堆料机等。

带式输送机可输送堆积密度为 $0.5 \sim 2.5 t/m^3$ 的各种散粒状物料及成件物品，输送机允许输送的物料粒度取决于带宽、带速、槽角和倾角，也取决于大块物料出现的频率。各种带宽适用的最大粒度可参考表9.6-1。

表 9.6-1　各种带宽适用的最大粒度

带宽/mm		500	650	800	1000	1200	1400	1600	1800	2000	2200	2400
粒度/mm	100%均匀粒度	100	130	150	200	250	280	320	350	350	350	350
	10%最大粒度	150	200	250	300	350	350	400	400	400	400	400

带式输送机主要用于沿水平方向和倾角不大的倾斜方向输送物料，线路布置形式随装载点、卸载点及安装地点的不同而异，大致有四种基本布置形式：水平方向输送物料（见图9.6-1a）；倾斜方向输送物料（见图9.6-1b）；由倾斜过渡到水平方向输送（见图9.6-1c）；由水平过渡到倾斜方向输送（见图9.6-1d）。后两者分别称为带凸弧曲线段输送机和带凹弧曲线段输送机。长距离带式输送机受地形的影响，输送线路可能呈现较复杂的轮廓，需要由以上四种基本布置形式组合而成。在设计带式输送机时，应尽可能采用最简单的直线轮廓。

当输送机倾斜向上输送时，必须对其倾角给予限制，否则将可能引起物料在输送带上产生滑动而使输送量下降。带式输送机对水平的允许倾角取决于被输送物料与输送带之间的动摩擦因数、输送带的断面形

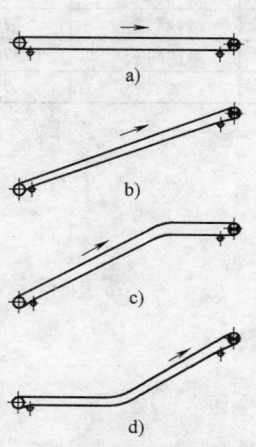

图9.6-1　带式输送机的基本布置形式
a）水平输送机　b）倾斜输送机　c）带凸弧曲线段输送机　d）带凹弧曲线段输送机

状、物料的堆积角、装载方式和输送带的运动速度。

为了保证物料在输送带上无纵向滑移，输送机的倾角应小于物料与带条之间的静摩擦角并留有安全裕量。此外，带条在托辊上运行时，由于托辊不可避免地振动而引起的跳动会引起物料的下滑，托辊制造质量越差、带条运动速度越高，则这种跳动也越剧烈。连续而均匀地装料可以采用较大的倾角，周期性地装料会引起物流的间断，需采用较小的倾角。

1.2　带式输送机的构造与主要部件

带式输送机的构造如图9.6-2所示。带式输送机由输送带、上下托辊、驱动滚筒、改向滚筒、加料装置、卸料装置、张紧装置、清扫装置、驱动装置、机架等构件组成。

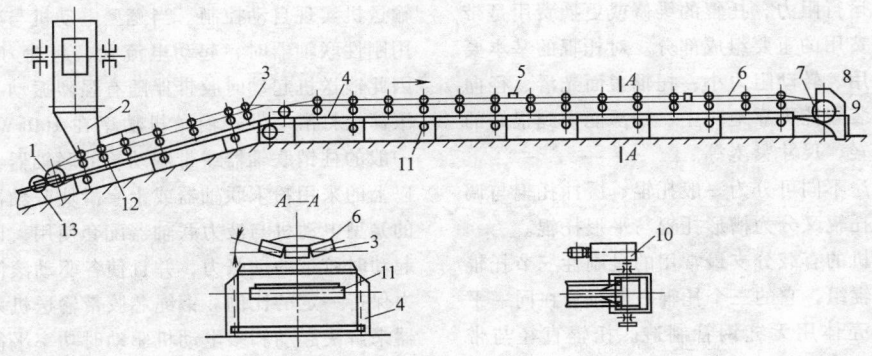

图9.6-2　带式输送机简图

1—尾部滚筒　2—装料装置　3—上托辊　4—机架　5—安全保护装置　6—输送带

7—驱动滚筒　8—卸料装置　9—清扫器　10—驱动装置

11—下托辊　12—缓冲托辊　13—张紧装置

1.2.1　输送带

在带式输送机中，输送带既是承载构件又是牵引构件，用来载运物料和传递牵引力。输送带是带式输送机中最重要也是最昂贵的部件，输送带的价格约占输送机总投资的 25% ~ 50% 。所以在设计带式输送机时，正确计算选择输送带是一个很重要的问题。要充分考虑保护输送带，使之有较长的寿命。在设计其他部件时，要尽量减少引起输送带不正常损坏的可能，必要时应加各种安全防护装置。

常用的输送带主要有两大类：织物芯胶带和钢绳芯胶带。织物芯胶带中的衬垫材料用得较多的是棉织物衬垫，近年来也常用其他的化纤织物衬垫，如人造棉、人造丝、尼龙、聚胺物、聚酯物等。整芯帘子里塑料带因具有耐磨、耐腐蚀、耐酸碱、耐油等优点，而得到广泛的应用。

随着长距离、大运量带式输送机的出现，一般的织物芯胶带强度已远远不能满足需要，取而代之的是用一组平行放置的高强度钢丝绳作为带芯的钢绳芯胶带。钢丝绳一般由数根直径相等的钢丝顺绕制成，中间的钢丝较粗，以便于橡胶透进钢绳。芯胶的材料可稍次于面胶，但必须具备与钢丝有较好的浸透性和黏合性。钢丝绳的排列采用左绕和右绕相间，以保证胶带的平整。钢绳芯带与普通的织物芯带相比，具有的主要优点有：抗拉强度高，可满足大运量、长距离的输送要求；弹性伸长和残余伸长小，可大大减小张紧装置的行程；横向刚度小，成槽性好，可增大槽角增大输送量；抗弯曲疲劳、抗冲击性能强，输送带使用寿命长；由于带芯较薄，在相同条件下允许采用较小的滚筒直径。钢绳芯带也存在一些缺点，如横向强度较低，易引起纵向撕裂；接头与修理的工作量大，当覆盖胶损坏后钢丝绳易腐蚀等。

由于输送带要绕输送线路构成封闭环路，输送机上的胶带为无端连接，因此至少有一个带端的接头。对于长距离的输送机，其胶带太长不便送输，一般也做成 100 ~ 200m 一段，运到目的地以后再连接起来。胶带端头的连接有机械接头和硫化接头两种，塑料带则有机械接头和塑化接头两种。机械接头对带芯有损伤，接头强度较低，使用寿命短，只适用于织物芯胶带，并且接头通过滚筒时对滚筒有损伤，故只用于短距离的或移动式的输送机上。织物芯胶带的硫化接头大都在现场采用专用设备连接。在硫化之前，将端头按衬垫层数切成阶梯状，然后将两个端头互相很好地贴合，用压板定位后加热进行硫化连接。

1.2.2　支承托辊

带式输送机的支承装置通常是由托辊或托辊组构成。

托辊的作用是支承输送带和输送带上的物料重力，使输送带沿预定的方向平稳地运行。对于输送散粒物料的输送机，支承装置使输送带在有载分支成槽形，可以增大运量和防止物料向两边撒漏。一台输送机托辊数量很多，托辊质量优劣直接影响胶带的使用寿命和胶带的运行阻力，托辊的维修或更换费用是带式输送机营运费用的重要组成部分。对托辊的基本要求是：经久耐用、转动阻力小；托辊表面光滑、径向跳动小；密封装置能可靠地防尘、轴承能得到很好的润滑；自重较轻、尺寸紧凑等。

托辊按用途不同可分为一般托辊、缓冲托辊与调心托辊，一般托辊又分为槽形托辊与平形托辊。

带式输送机的有载分支最常用的是刚性三节托辊组，即槽形托辊组，它的三个托辊一般布置在同一平面内，托辊的壳体用无缝钢管制造。托辊直径与带宽、物料堆积重度和带速有关，随这些参数的增大而相应增大。为使输送机运转平稳，托辊的弯曲变形应控制在1/2000以内。合理地选用槽角，可以使输送带运送物料的横断面积增大从而增大输送能力。目前的带式输送机大都采用30°的槽角，随着输送带横向挠性的提高，槽角可增大至45°。输送机的无载分支采用平形托辊。对于长距离的带式输送机，为了防止带条跑偏，下分支采用两个斜置的直托辊。

在带式输送机的装载处由于物料不可避免地对托辊产生冲击，易引起托辊轴承的损坏，常采用缓冲托辊组，其构造特点是在普通托辊外表面加包一层缓冲橡胶，或安装在弹簧支座上。

在输送机运行过程中，若输送带的纵向中心线偏离支承托辊的纵向中心线，称之为输送带跑偏。带条跑偏将引起输送带侧边磨损严重、物料撒漏等后果。引起输送带跑偏的因素可能是：输送带张力沿带宽方向分布不均；物料偏心堆积；机架、托辊及滚筒的安装误差；横向风载荷作用等。为了防止和克服输送带跑偏，通常在输送机的上分支每隔一定距离设置一组槽形调心托辊组，在无载支分也每隔一定距离设置平形调心托辊。这种槽形调心托辊组和平形调心托辊，除完成一般的支承作用外，还可利用整个托辊组绕垂直轴的自由转动以及两侧的立辊起到调心作用。当输送带跑偏时，带的一边压于立辊上，从而使托辊架回转了一个角度，此时托辊速度矢量与带速不相吻合而产生了一个输送带在托辊上的相对滑动速度，由这个相对滑动速度引起的摩擦力使输送带回位。

1.2.3　驱动装置

带式输送机的驱动装置由驱动滚筒、电动机、减速器、联轴器或液力偶合器组成。驱动装置按驱动滚筒的数目分为单滚筒驱动、双滚筒驱动及多滚筒驱动。每个驱动滚筒可配一个或两个驱动单元，驱动滚筒的末端用联轴器与驱动单元连接。

带式输送机驱动装置常用笼型电动机，因为它具有结构紧凑、造价低、工作可靠等优点，并且易于对输送机实现自动控制。当笼型电动机与减速箱之间采用刚性联轴器时，起动电流大，起动力矩无法控制，因此输送机起动时胶带伴随有强烈振动，引起胶带在滚筒上打滑。带式输送机功率在100kW以内的采用一般的柱销联轴器或带制动轮的联轴器，对于100kW以上的采用粉末联轴器或十字滑块联轴器。功率更大的笼型电动机与液力联轴器配套使用，以降低输送机起动时胶带的动张力，并且使各驱动滚筒之间的牵引力保持一定的比例。钢绳芯胶带输送机采用液力联轴器来解决起动和多电动机驱动时功率平衡问题。

长距离大功率带式输送机可采用绕线转子电动机。采用绕线转子电动机具有以下主要优点：在转子回路串联电阻，可解决输送机各驱动滚筒之间功率平衡的特殊问题，不致使个别电动机因超负荷被迫停车，驱动装置起动时可以减小对电网的负荷冲击，同时又可以按所需的电动机加速力矩值调整时间继电器的切换时间，使输送机平稳起动。

带式输送机的减速箱除采用圆柱齿轮箱以外，为了减小输送机驱动装置的横向尺寸，还常采用锥齿轮减速箱或三合一减速电动机。内装式电动滚筒是把电动机、减速齿轮装入滚筒内的一种传动装置。因其结构紧凑、质量小，适用于短距离、小功率的带式输送机。

对于倾斜输送物料的带式输送机，为了防止有载停车时发生倒转或顺滑现象，应设置制动器。织物芯胶带输送机常采用带式逆止器、滚柱逆止器和液压电磁闸瓦制动器，钢绳芯胶带输送机则采用液压电磁闸瓦制动器和液压盘式制动器。

1.2.4　张紧装置

在带式输送机中张紧装置的作用：保证输送带在驱动滚筒的绕出端具有足够的张力，使所需的牵引力得以传递，防止输送带打滑；保证输送机各点的带张力不低于一定值，以防止带条在托辊之间过分松弛而引起撒料和增加运动阻力；补偿带条的弹性变形和塑性伸长的变化；为输送带的接头提供必要的行程。

带式输送机的张紧装置按结构型式可分为螺旋

式、垂直重锤式与小车重锤式三种。

螺旋式张紧装置是利用旋转螺杆使张紧滚筒产生位移来进行张紧，它又称固定式张紧装置，其张紧滚筒在输送机运转过程中的位置是固定的。螺旋式张紧装置的张紧行程的调整除手动外也可采用电动方式。这种张紧装置的特点是结构简单紧凑、质量轻、工作可靠，其缺点是输送带的张力在工作过程中并不是保持恒定，会随着带条的弹性变形和塑性伸长而引起张力的降低，需要定期检查和调整。

垂直重锤式张紧装置是利用沿垂直导轨移动的张紧重锤的重力产生张紧力。该装置结构比较简单，适用于安装在有一定高度的栈桥上的输送机，具有足够的高度空间放置张紧滚筒、重锤，以满足所需的张紧行程。重锤式张紧装置能保证带条在各种运行状态下有恒定的张紧力，可以自行补偿由于温度改变、磨损而引起的输送带长度变化。张紧装置可以布置在离驱动滚筒不远的无载分支上，所需的重锤质量小。它的缺点是须增设两个导向的滚筒，增加了带条的弯曲次数从而引起带条的磨损，对输送带使用寿命有影响。

小车重锤式张紧装置其张紧滚筒设置在沿水平移动的小车上，由重锤通过滑轮拉紧小车，这种张紧装置可保持恒定的张紧力，适用于沿地面坑道内布置的输送机，经常利用尾部滚筒作为张紧滚筒，这样可不需增加专门的张紧滚筒。它的缺点是张紧装置离驱动站较远，对驱动滚筒绕出端的张紧作用反映较慢。

1.2.5 改向装置

改向装置的作用是改变输送带运动的方向。改向装置有改向滚筒与改向托辊组两种。

改向滚筒一般用于带式输送机的尾部，对于从倾斜过渡到水平带式输送机无载分支上的改向，垂直重锤式张紧装置处的改向，以及为增大驱动滚筒包角的改向，也可采用滚筒方式。

改向托辊组是由沿输送方向的数个托辊组成，用以限制输送带的运行方向。在具有凹弧段（见图9.6-3）和具有凸弧段（见图9.6-4）带式输送机中的有载分支，均采用改向托辊组。

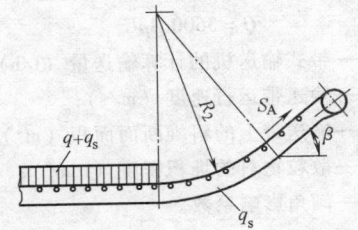

图9.6-3 凹弧段有载分支的改向

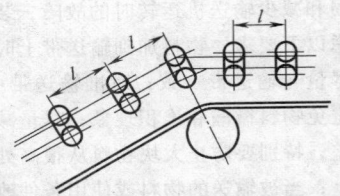

图9.6-4 凸弧段有载分支的改向

带式输送机的有载分支从水平过渡到倾斜方向时，为使输送带不至于脱开托辊而变平引起物料的撒漏，在过渡段内托辊应按自由悬垂曲线布置，实践上近似地按半径为 R_2 的弧形布置。R_2 的大小决定于带条的张力、带条的线载荷、输送机的倾斜角、带条及张紧装置的结构型式。

$$R_{2min} \geqslant S_A k_1 k_2 k_3 / q_0 \qquad (9.6-1)$$

式中 R_{2min}——凹弧段最小曲率半径（m）；

S_A——带条在曲线段绕出点的张力（N），按水平段满载，倾斜段空载计算；

k_1——起动时张力增加系数，取 $k_1 = 1.2$；

k_2——与带条及张紧装置形式有关的系数。对于重锤式张紧装置及织物芯胶带，取 $k_2 = 1.2$；钢绳芯胶带取 $k_2 = 1.3$；当采用螺旋张紧装置时，对于织物芯胶带取 $k_2 = 1.4$，对于钢绳芯胶带取 $k_2 = 1.5$；

k_3——输送机倾角 β 的影响系数，取 $k_3 = 1/\cos^2\beta$；

q_0——带条的线载荷（N/m）。

带式输送机的有载分支带条从倾斜过渡到水平区段，为了保持其槽形，托辊在该过渡段按半径为 R_1 的弧形布置。改向段托辊间距 l 为直线区段托辊间距 l_0 的 $1/2 \sim 1/2.5$。带条边缘在凸弧段有附加张力，其值受曲率半径 R_1 的影响。凸弧段的曲线半径 R_1 的最小值与带宽、带条结构型式、输送机倾角有关，可按下式确定。

$$R_{1min} = 0.3B\sin\lambda / (\varepsilon - \varepsilon_s) \qquad (9.6-2)$$

式中 R_{1min}——凸弧段最小曲率半径（m）；

B——带宽（m）；

λ——侧托辊倾角（°）；

ε——带条在许用载荷作用下的相对伸长量；

ε_s——带条在凸弧段张力作用下的相对伸长量。

1.2.6 装料装置

带式输送机装料装置的合理与否在很大程度上决定了带条的使用寿命和输送机运转的可靠性。为了减轻带的磨损和减少输送机运转时的故障,装料装置的设计应考虑以下要求:物料加到输送带上时的速度大小和方向尽量与输送带一致;对准输送带中心加料;在装料点避免物料撒漏和堆积现象;尽量减少装料处物料的落差,特别要防止大块物料从很高处直接下落到输送带上;当被输送的物料或使用条件改变时,要有可能调节物流的速度;结构紧凑、工作可靠、耐磨性好;具有防尘和防风的功能。

散粒物料通过漏斗或导料槽装到输送机上,漏斗或料槽的后壁具有适当的倾斜度,通常比物料对斗壁的摩擦角大5°～10°,漏斗的宽度应不大于带宽的2/3。对于输送未筛分的物料,料斗后壁宜做成多孔的或条状的,使粉状的和小块的物料能透过空隙预先卸到带上形成垫层,从而避免了大块物料对带的直接冲击。

为了防止大块物料堵塞在两个侧板之间,侧板不是平行布置,而是向前扩张布置。为了减少物料对漏斗的冲击,用可更换的耐磨衬板镶嵌在直接受物料冲击的内侧。导料槽的尺寸可以按下列经验公式选取:

$$L = (1.25 \sim 2)B \qquad (9.6\text{-}3)$$
$$H = (0.3 \sim 0.5)B \qquad (9.6\text{-}4)$$
$$B_1 \approx 0.5B, B_2 \approx 0.6B \qquad (9.6\text{-}5)$$

式中 L——导料侧板长度(m);
$\quad H$——导料侧板高度(m);
$\quad B$——带宽(m);
$\quad B_1$——导料侧板始端板间宽(m);
$\quad B_2$——导料侧板末端板间宽(m)。

1.2.7 卸料装置

带式输送机可利用端部滚筒卸料,也可以在中间任意点利用卸料挡板或卸料小车卸料。

采用端部滚筒卸料不会产生附加阻力,适合于卸料点是固定的场合。在卸料滚筒处需加罩壳以控制物流方向,罩壳形状的设计应与物料的抛出运动轨迹相吻合。

带式输送机需要在中间线路上任意点卸料时,简单的方法可采用卸料挡板。卸料挡板为直挡板或V形挡板,适用于平形托辊区段。挡板置于输送带上,物料由挡板的一侧或两侧卸出。卸料挡板结构十分简单,但对输送带的磨损较为严重,还会增加带条运行阻力,对较长的输送机,对输送块度大、磨损性大的物料不宜采用。

为使卸料挡板能够正常地工作,必须正确选择它对输送带纵向轴线的倾角。该倾角过大将使物料与挡板之间没有相对滑动而在挡板处堆积进而越过挡板。确定倾角 α 的条件是应使挡板作用于物料的合力具有使物料朝侧向运动的横向分力,按式(9.6-6)确定:

$$\alpha < 90° - \rho_1 \qquad (9.6\text{-}6)$$

式中 α——挡板与输送带纵向轴线的倾角(°);
$\quad \rho_1$——物料对挡板的外摩擦角(°)。

带式输送机的中间卸料常用卸料小车(见图9.6-5)来实现。卸料小车由车架、两个滚筒和导料漏斗组成,卸料小车可沿导轨在输送机长度方向移动,物料经卸料小车的上滚筒抛出经导料漏斗向输送机一侧或两侧卸下。

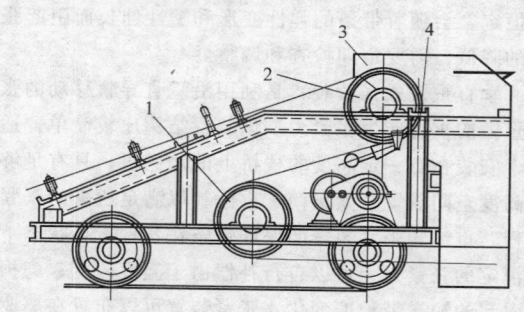

图9.6-5 卸料小车

1、2—改向滚筒 3—导料漏斗 4—支架

1.2.8 清扫装置

输送机运行过程中,不可避免地有部分细块和粉料粘在带条表面,通过卸料装置后不能完全卸净。表面粘有物料的带条工作面通过回程托辊或导向滚筒时,由于物料的积聚而使其直径增大,加剧托辊和带条的磨损,引起带条跑偏。不断掉落的物料也会污染场地环境。清扫粘结在带条表面的物料,对于提高输送带的使用寿命和保证输送机的正常运转具有重要意义。

清扫装置通常有头部清扫器和空段清扫器之分。头部清扫器装于卸料滚筒处,清扫输送带工作面上的黏料。空段清扫器装于尾部滚筒前下分支输送工作面或垂直重锤张紧装置的改向滚筒处,清扫输送带非工作面上的物料。常用的头部清扫装置是清扫刮板和清扫刷,一般装在头部滚筒的下方,使带条在进入无载分支前,先将大部分黏附物清扫掉。

1.3 带式输送机的设计计算

1.3.1 输送量计算

带式输送机的计算输送量由下式确定:

$$Q = 3600 v A \rho C \qquad (9.6\text{-}7)$$

式中 Q——带式输送机的计算输送量(t/h);
$\quad v$——输送带运行速度(m/s);
$\quad A$——输送带上的料堆断面面积(m²);
$\quad \rho$——散粒物料的堆积密度(t/m³);
$\quad C$——倾角影响系数。

物料在输送带上的堆积面积,取决于带条宽度 B、物料的动堆积角 ρ_d 和输送带的成槽角 λ。带条的工作

宽度即物料在输送带上的堆积宽度应留有一定的余量，以防止物料向两边撒漏，带条工作宽度 b 可取为

$B \leqslant 2000\text{mm}$ 时，取 $b = 0.9B - 0.05\text{m}$

$B > 2000\text{mm}$ 时，取 $b = B - 0.25\text{m}$

物料在输送带上堆积的自由表面形状，各国规范中的假定不尽相同，有等腰三角形假定、抛物线假定与圆弧线假定等。我国的设计规范中将堆积自由表面看成是中心角是动堆积角 2 倍的圆弧形线段，如图 9.6-6 所示。则输送带上的物料堆积面积为梯形面积 A_1 与弓形面积 A_2 之和。表 9.6-2 给出不同带宽在不同物料动堆积角和不同槽角情况下的物料堆积面积。

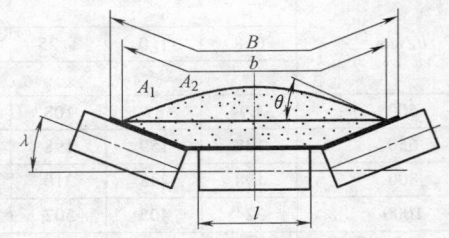

图9.6-6　物料在槽型托辊的堆积截面

表 9.6-2　各种带物料的最大截面积 A　　　　　　（单位：m^2）

带宽/ mm	堆积角 /(°)	槽形角/(°)					
		20	25	30	35	40	45
500	0	0.0098	0.0120	0.0139	0.0157	0.0173	0.0186
	10	0.0142	0.0162	0.0180	0.0196	0.0210	0.0220
	20	0.0187	0.0206	0.0222	0.0236	0.0247	0.0256
	30	0.0234	0.0252	0.0266	0.0278	0.0287	0.0293
650	0	0.0018	0.0224	0.0126	0.0294	0.0322	0.0347
	10	0.0262	0.0299	0.0332	0.0362	0.0386	0.0407
	20	0.0342	0.0377	0.0406	0.0433	0.0453	0.0469
	30	0.0422	0.0459	0.0484	0.0507	0.0523	0.0534
800	0	0.0279	0.0344	0.0402	0.0454	0.0500	0.0540
	10	0.0405	0.0466	0.0518	0.0564	0.0603	0.0636
	20	0.0535	0.0591	0.0638	0.0678	0.0710	0.0736
	30	0.0671	0.0722	0.0763	0.0789	0.0822	0.0840
1000	0	0.0478	0.0582	0.0677	0.0793	0.0838	0.0898
	10	0.0674	0.0771	0.0857	0.0933	0.0998	0.1050
	20	0.0876	0.0966	0.1040	0.1110	0.1160	0.1200
	30	0.1090	0.1170	0.1240	0.1290	0.1340	0.1360
1200	0	0.0700	0.0853	0.0992	0.1120	0.1230	0.1320
	10	0.0988	0.1130	0.1260	0.1370	0.1460	0.1540
	20	0.1290	0.1420	0.1530	0.1630	0.1710	0.1760
	30	0.1600	0.1720	0.1820	0.1900	0.1960	0.2000
1400	0	0.0980	0.1200	0.1390	0.1570	0.1710	0.1840
	10	0.1380	0.1580	0.1750	0.1910	0.2040	0.2140
	20	0.1790	0.1970	0.2130	0.2200	0.2370	0.2450
	30	0.2210	0.2380	0.2530	0.2640	0.2720	0.2770

对于倾斜输送机，物料堆积面积随倾角 β 的增加而减小。这种影响可以用倾角系数考虑，按表 9.6-3 查取。

表 9.6-3　倾斜输送机倾角系数

倾角 /(°)	2	4	6	8	10	12	14	16	18	20
C	1.00	0.99	0.98	0.97	0.95	0.93	0.91	0.89	0.85	0.81

1.3.2　带宽与带速的确定

输送带宽度根据所要求的输送量及初选带速后按式（9.6-8）计算：

$$B = 1.1\left(\sqrt{\frac{Q}{3600kv\rho C}} + 0.05\right) \quad (9.6\text{-}8)$$

式中　B——带宽（m）；

Q——带式输送机的计算输送量（t/h）；

ρ——散粒物料的堆积密度（t/m^3）；

C——倾角影响系数；

v——输送带运行速度（m/s），综合考虑带宽、带速和输送能力的匹配关系查表 9.6-4。

表 9.6-4　带宽 B、带速 v 与输送能力 Q 的匹配关系

B/mm	v/(m/s)									
	0.8	1.0	1.25	1.6	2.0	2.5	3.15	4.0	4.5	5.0
	Q/(t/h)									
500	69	87	108	139	174	217	—	—	—	—
650	127	159	198	254	318	397	—	—	—	—
800	198	248	310	397	496	620	781	—	—	—
1000	324	405	507	649	811	1014	1278	1622	—	—
1200	—	593	742	951	1188	1486	1872	2377	2674	2971
1 400	—	825	1032	1321	1652	2065	2062	3304	3718	4 130

注：表中输送能力是按水平输送，动堆积角为20°，托辊槽角为35°时计算得出的。

　　计算得出的带宽应按标准系列圆整。此外还要考虑物料的最大块度的影响，如果所运物料与带宽相比太大，输送机的在运转中可能出现各种故障。因此，输送带还应按式（9.6-9）进行校核。

　　对于筛分物料：$B = 2d' + 200$mm　　　　（9.6-9）

　　对于未筛分物料：$B = 3.3d' + 200$mm

式中　d'——物料典型颗粒的尺寸（mm）。

　　带式输送机的输送量与带条工作宽度的平方成正比，也与带速成正比。如何选择带宽与带速的合理匹配来满足所需的输送量要求是带式输送机设计中的一个重要问题。在输送量相同的条件下，通常优先考虑的是采用较小的带宽，相应地选用较高的带速。当增大带速时，带条的线载荷、物料的线载荷以及托辊的线载荷都相应减小，使输送带的最大张力减小，可以采用强度低价格便宜的输送带。减小带宽可使托辊、滚筒的直径与长度减小，机架的尺寸与质量减小。带速增长还可使减速装置的传动比减小从而减小驱动装置的尺寸与质量。总之，减小带宽增大带速将降低整台输送机的成本与质量，具有十分显著的经济意义。

　　然而，采取较高带速并不是任何情况下都合适，带速的提高受输送机的使用条件、被运物料的物理性质、输送带的运行稳定性、输送带的磨损、托辊与滚筒的制造成本及使用寿命等众多因素的限制。

　　采用较高的带速，需要制造高质量的动平衡托辊和滚筒，还要有寿命长的轴承和结构完善的密封装置。运动速度很高的窄带运行不够稳定，在偏心装料或托辊偶然偏斜的情况下，输送带容易跑偏，所以窄带不宜采用过高速度。运送粉状物料，速度过高易扬起尘灰，污染周围环境。较短的倾斜输送机由于物料与输送带之间的滑移距离较长，速度过高，带条易磨损。采用电动卸料小车卸料时，速度过高使物料来不及卸出，一般取为3.15m/s以下。采用犁形挡板卸料时，带速不宜超过2.5m/s。表9.6-5列出了带速的推荐值供设计时参考。

表 9.6-5　带速推荐值

物料特性	物料种类	带宽/mm		
		500~650	800~1000	1200~1400
		带速/(m/s)		
磨琢性较小、品质会因粉化而降低的特性	原煤、盐、砂等	0.8~2.5	1.0~3.15	2.5~5.0
磨琢性较大，中小粒度的物料（160mm 以下）	剥离岩、矿石、碎石等	0.8~2.5	1.0~3.15	2.0~4.0
磨琢性较大，粒度较大的物料（160mm 以上）	剥离岩、矿石、碎石等	0.8~1.6	1.0~2.5	2.0~4.0
品质会因粉化而降低的物料	谷类等	0.8~1.6	1.0~2.5	2.0~3.15
筛分后的物料	焦炭、煤炭等	0.8~1.6	1.0~2.5	2.0~4.0
粉状、容易起尘的物料	水泥等	0.8~1.0	1.0~1.25	1.0~1.6

1.3.3　阻力计算

　　带式输送机在运行过程中，沿输送线路均存在运行阻力。某区段上的运行阻力为该区段上输送带两端的张力之差。带式输送机的运行阻力可划分为三种类型：直线区段运行阻力、曲线区段运行阻力、局部阻力。

1. 输送带在直线区段的运行阻力

输送带在直线区段的运行阻力按式（9.6-10）和式（9.6-11）计算

$$W_{有} = \mu(q + q_0 + q_1)L \pm (q + q_0)H \qquad (9.6\text{-}10)$$

$$W_{无} = \mu(q_0 + q_2)L \pm q_0 H \qquad (9.6\text{-}11)$$

式中　$W_{有}$——有载分支直线区段的运行阻力（N）；

$\quad\quad W_{无}$——无载分支直线区段的运行阻力（N）；

$\quad\quad L$——直线区段在水平方向的投影长度（m）；

$\quad\quad H$——直线区段在垂直方向的投影高度（m）；

q——物料线载荷（N/m）；

q_0——输送带线载荷（N/m）；

q_1——有载分支托辊转动部分线载荷（N/m）；

q_2——无载分支托辊转动部分线载荷（N/m）。

μ——直线区段阻力系数。

带条沿托辊运动时，需克服托辊轴承的摩擦阻力、胶带下覆盖胶与托辊接触处的压陷滚动阻力以及胶带与物料在托辊间的变形阻力。精确计算各个分阻力较为困难，通常假定为托辊运行阻力与托辊上各运行质量的正压力成正比，用一个总的阻力系数来考虑上述四项阻力，阻力系数按表9.6-6选取。

表 9.6-6　阻力系数 μ 的推荐值

安 装 情 况	工 作 条 件	μ
水平、向上倾斜及向下倾斜且电动机处于驱动工况	工作环境良好，制造、安装良好，带速低，物料内摩擦系数小	0.020
	按标准设计，制造、调整好，物料内摩擦系数中等	0.022
	多尘，低温，过载，高带速，安装不良，托辊质量差，物料内摩擦大	0.023 ~ 0.03
向下倾斜而电动机处于发电工况	设计、制造正常	0.012 ~ 0.016

在直线区段的阻力计算式(9.6-10) 和式 (9.6-11)中，第一部分表示与压力成比例的运行阻力，第二部分表示提升阻力。后者当输送带倾斜向上运行取正值，反之取负值。

被输送物料的线载荷可按输送量由下式计算

$$q = \frac{Q}{0.36v} \qquad (9.6\text{-}12)$$

式中　Q——输送机的计算输送量（t/h）；

$\quad\quad v$——输送带速度（m/s）。

托辊转动部分的线载荷按式（9.6-13）计算

$$q_1 = \frac{G_1}{l_1}, q_2 = \frac{G_2}{l_2} \qquad (9.6\text{-}13)$$

式中　G_1、G_2——分别为有载分支和无载分支托辊转动部分的重力（N）；

$\quad\quad l_1$、l_2——分别为有载分支和无载分支托辊间距（m）。

2. 输送带在曲线区段的运动阻力

带条绕过改向滚筒或改向托辊组时会产生阻力。

绕过改向滚筒的阻力由轴承摩擦阻力和带条绕入、绕出滚筒时的僵性阻力组成。带条通过改向滚筒的阻力与带条绕入端张力成正比，可用张力增大系数表示

$$S_1 = S + W_{改} = cS \qquad (9.6\text{-}14)$$

式中　$W_{改}$——带条绕过改向滚筒的阻力（N）；

$\quad\quad S_1$——带条在改向滚筒绕出端张力（N）；

$\quad\quad S$——带条在改向滚筒绕入端张力（N）；

$\quad\quad c$——张力增大系数，按表 9.6-7 选取。

表 9.6-7　改向滚筒的张力增大系数

围包角 α	≈45°	≈90°	≈180°
c	1.02	1.03	1.04

带条绕过弧形布置的改向托辊组时，类似于输送带绕过曲线导轨的情况，可以采用尤拉公式计算

$$S_1 = S + W_{托} = Se^{|\mu + 0.01|\alpha} \qquad (9.6\text{-}15)$$

式中　$W_{托}$——带条绕过改向托辊组的阻力（N）；

$\quad\quad S_1$——带条在改向托辊组绕出端张力（N）；

$\quad\quad S$——带条改向托辊组绕入端张力（N）；

$\quad\quad \mu$——直线区段阻力系数，按表9.6-6选取；

$\quad\quad \alpha$——弧线段所对应的圆心角。

3. 局部阻力

（1）加速阻力　在装料时，由于物料与输送带之间有相对运动，因而产生附加的加速阻力。加速阻力可按加速阻力在加速段所做的功为物料动能的增量计算

$$W_{加} = \frac{qv^2}{2g} \qquad (9.6\text{-}16)$$

式中　$W_{加}$——在装料时的加速阻力（N）；

$\quad\quad q$——物料的线载荷（N/m）；

$\quad\quad v$——输送带的速度（m/s）；

$\quad\quad g$——重力加速度（m/s²）。

（2）导料侧板阻力　在装料处，物料与导槽的固定侧壁之间存在摩擦阻力，其大小决定于物料与料槽侧壁接触的高度、导槽的长度、物料的侧压力系数等。此外，导料侧板下缘与输送带之间还有附加摩擦阻力，其大小与两者贴紧的程度有关。这两项阻力可以用经验公式（9.6-17）计算。

$$W_导 = \mu_槽 h^2 \rho g l \lambda \qquad (9.6\text{-}17)$$

式中　$W_导$——导料侧板阻力（N）；

　　　$\mu_槽$——物料与导槽侧壁的摩擦系数，对于矿石，取 $\mu_槽 = 0.8 \sim 0.9$；对于砂、水泥，取 $\mu_槽 = 0.7$；对于煤、粮食，取 $\mu_槽 = 0.4 \sim 0.5$；

　　　h——物料与导槽侧壁的接触高度（m）；

　　　ρ——散粒物料的堆积密度（t/m³）；

　　　l——导料侧板长度（m）；

　　　λ——侧压力系数，取 $\lambda = 0.6 \sim 0.9$；

　　　g——重力加速度（m/s²）。

（3）卸料阻力　带式输送机可通过端部改向滚筒卸料，也可在中间任意点通过卸料小车卸料，这两种卸料方式的计算与带条通过改向滚筒一样。在中间任意点采用犁形挡板卸料时，会引起附加卸载阻力，可用经验公式（9.6-18）计算。

$$W_卸 = \frac{Bq}{8} + C_2 \qquad (9.6\text{-}18)$$

式中　$W_卸$——卸料阻力（N）；

　　　B——带宽（m）；

　　　q——物料线载荷（N/m）；

　　　C_2——与输送带宽度有关的系数，当 $B = 800$mm 时，$C_2 = 350$N；$B = 1000$mm 时，$C_2 = 600$N；$B = 1200$mm 时，取 $C_2 = 700$N。

（4）清扫器的附加阻力　清扫器附加阻力按经验公式（9.6-19）计算。

$$W_清 = \mu_清 A p \qquad (9.6\text{-}19)$$

式中　$W_清$——清扫器的附加阻力（N）；

　　　$\mu_清$——输送带和清扫器间的摩擦因数，取 $\mu_清 = 0.5 \sim 0.7$；

　　　A——输送带与清扫器的接触面积（m²）；

　　　p——输送带与清扫器间的比压力（N/m²），取 $p = 30000 \sim 100000$N/m²。

1.3.4　张力计算

1. 张力计算的逐点法

输送带在闭合的环路沿线各点的张力是按一定规律变化的，它取决于沿程的各种阻力以及张紧装置的张力。由于某区段的阻力可表述为该区段两端的张力之差，它也构成张力计算的依据，即输送带在输送机线路轮廓中沿运动方向上任一点的张力等于后一点的张力与这两点之间区段上的阻力之和。张力逐点计算法的步骤是：从驱动滚筒的绕出点开始，将输送机线路轮廓划分为相互衔接的若干直线区段与曲线区段，在各连接点上标上号码，输送带是从 i 向 $i+1$ 方向运动的。可按式（9.6-20）依次确定各点的张力。

$$S_{i+1} = S_i + W_{i,i+1} \qquad (9.6\text{-}20)$$

式中　S_i、S_{i+1}——编号 i 及 $i+1$ 点的张力（N）；

　　　$W_{i,i+1}$——编号 i 及 $i+1$ 之间的阻力（N）。

一直计算到驱动滚筒绕入端，得出驱动滚筒绕出端与绕入端张力的关系：

$$S_m = A S_0 + B \qquad (9.6\text{-}21)$$

式中　S_0——驱动滚筒绕出点的张力（N）；

　　　S_m——驱动滚筒绕入点的张力（N）；

　　　A——与各曲线区段张力增大系数相关的系数；

　　　B——与张力无关的各种阻力之和（N）。

张力计算的逐点法确定了输送带各点之间张力的关系，也确定了驱动滚筒绕入点和绕出点张力的关系，但它并未确定各点具体的张力值。输送带上各点张力的大小，除了阻力因素外，是由张紧装置的张紧力决定的。确定张紧力进而确定各点的张力，应保证输送带在驱动滚筒上不打滑以及在托辊间垂度不能过大，此外还应保证输送带的强度条件，即按输送带的最大张力进行强度校核。

确定张力的步骤一般为：先根据不打滑条件确定各点张力，然后按垂度条件对有载区段最小张力进行校核，再按强度条件对输送带最大张力进行校核。

2. 不打滑条件

带式输送机依靠摩擦驱动，所以要使输送机能正常运转，必须保证驱动滚筒与带条之间的不打滑，即必须满足：

$$S_m < S_0 e^{\Sigma \mu \alpha} \quad 或 \quad S_m = \frac{S_0 e^{\Sigma \mu \alpha}}{K} \qquad (9.6\text{-}22)$$

式中　S_0——驱动滚筒绕出点的张力（N）；

　　　S_m——驱动滚筒绕入点的张力（N）；

　　　K——不打滑安全系数，取 $K = 1.1 \sim 1.2$；

　　　$e^{\Sigma \mu \alpha}$——各驱动滚筒的尤拉系数；

　　　μ——驱动滚筒与输送带的摩擦系数，可按表9.6-8选取；

　　　α——输送带在驱动滚筒上的包角。

表 9.6-8　驱动滚筒和胶带之间的摩擦系数 μ

运行条件	光滑裸露的钢滚筒	带人字形沟槽的橡胶覆盖面	带人字形沟槽的聚氨酯覆盖面	带人字形沟槽的陶瓷覆盖面
稳态运行	0.35 ~ 0.4	0.40 ~ 0.45	0.35 ~ 0.4	0.40 ~ 0.45
清洁潮湿(有水)运行	0.10	0.35	0.35	0.35 ~ 0.40
污浊的湿态(泥浆、黏土)运行	0.05 ~ 0.10	0.25 ~ 0.30	0.20	0.35

3. 最小垂度条件

在输送带自重和物料载荷的作用下，输送带在两托辊之间必然有悬垂度。托辊间距越大或带条张力越小，其悬垂度就越大。如果悬垂度过大，带条在两托辊之间松弛变平，物料易撒漏和下滑，增大带条运动阻力，所以世界各国的设计规范中都规定了允许的最大悬垂度值。我国设计规范中规定悬垂度不超过托辊间距的 2.5%，即按式（9.6-23）校核：

$$S_{min} \geq [S_{min}] = 5(q + q_0)l_0 \cos\beta \qquad (9.6-23)$$

式中　S_{min}——有载区段最小张力（N）；

　　　$[S_{min}]$——有载区段最小许用张力（N）；

　　　　q——物料线载荷（N/m）；

　　　　q_0——输送带线载荷（N/m）；

　　　　l_0——托辊间距（m）；

　　　　β——输送机的倾角。

1.3.5　驱动功率计算

驱动滚筒轴功率为驱动滚筒上的圆周力与带速之积：

$$N_0 = \frac{(S_m - S_0)v}{1000} \qquad (9.6-24)$$

式中　N_0——驱动滚筒轴功率（kW）；

　　　　S_0——驱动滚筒绕出点的张力（N）；

　　　　S_m——驱动滚筒绕入点的张力（N）；

　　　　v——带速（m/s）。

电动机功率按式（9.6-25）计算：

$$N = K\frac{N_0}{\eta} \qquad (9.6-25)$$

式中　N——电机功率（kW）；

　　　K——功率备用系数，取 $K = 1.1 ~ 1.2$；

　　　η——总传动效率，其取值范围为 $\eta = 0.8 ~ 0.90$。

1.3.6　起、制动验算

带式输送机在起动和制动过程中，需克服运动系统的惯性，使输送机由静止状态逐渐加速至额定带速运转，或由额定带速运转状态逐渐减速至停机。如果起、制动过猛，将导致惯性载荷过大而使物料与输送带产生相对滑动或使输送带在驱动滚筒上打滑。因此，应在最不利情况下，对起、制动力矩及起、制动加速度进行校验，保证输送带不打滑及物料不在输送带上滑动。

起、制动力矩应使得起、制动时驱动滚筒上的起动圆周力与制动圆周力不超过驱动滚筒所能传递的最大牵引力：

$$M_q = 9550\frac{N}{n}K_q i\eta \leq S_0(e^{\mu\alpha} - 1)\frac{D}{2} \qquad (9.6-26)$$

$$M_z = M_{制}\frac{i_z}{\eta_z} \leq S_0(e^{\mu\alpha} - 1)\frac{D}{2} \qquad (9.6-27)$$

式中　M_q——传递到驱动滚筒轴上的起动力矩（N·m）；

　　　N——电动机功率（kW）；

　　　n——电动机转速（r/min）；

　　　K_q——起动系数，取 $K_q = 1.4 ~ 1.7$；

　　　i——减速装置的传动比；

　　　η——总传动效率；

　　　S_0——驱动滚筒绕出端的张力（N）；

　　　$e^{\mu\alpha}$——驱动滚筒的尤拉系数；

　　　D——驱动滚筒直径（m）；

　　　M_z——传递到驱动滚筒轴上的制动力矩（N·m）；

　　　$M_{制}$——制动器的制动力矩（N·m）；

　　　i_z——制动器至驱动滚筒轴的传动比；

　　　η_z——制动器轴至驱动滚筒轴的传动效率。

为保证物料不在输送带上滑动，起、制动加速度应满足：

$$a_q = \frac{\frac{2M_q}{D} - (S_m - S_0)}{m_1 + m_2} \leq (\mu_1\cos\beta - \sin\beta)g \qquad (9.6-28)$$

$$a_z = \frac{\frac{2M_z}{D} + (S_m - S_0)}{m_1 + m_2} \leq (\mu_1\cos\beta - \sin\beta)g \qquad (9.6-29)$$

式中　a_q——起动加速度（m/s²）；

　　　a_z——制动减速度（m/s²）；

　　　S_m——驱动滚筒绕入端张力（N）；

　　　μ_1——物料与输送带间的摩擦因数；

　　　β——输送机的倾角。

m_1——直线移动部分质量（kg），包括物料质量、输送带质量及托辊转动部分质量。托辊虽然是转动部件，由于它半径较小，管壁较薄，为简化计算按直线移动质量考虑，可根据各线载荷按式（9.6-30）计算；

m_2——各转动部件的转动惯量转换到驱动滚筒上直线移动的质量（kg），包括电动机转子、联轴器、制动轮或制动盘、减速器、逆止器以及各滚筒的转动惯量，按式（9.6-31）计算。

其他符号的含义与量纲同式（9.6-26）和式（9.6-27）。

$$m_1 = (q + 2q_0 + q_1 + q_2)\frac{L}{g} \qquad (9.6\text{-}30)$$

$$m_2 = \frac{4\Sigma J_i i_i^2}{D^2} + 4\Sigma \frac{J_j}{D_j^2} \qquad (9.6\text{-}31)$$

式中　q、q_0、q_1、q_2——分别为物料、输送带、有载及无载分支托辊转动部分的线载荷（N/m）；

L——输送机长度（m）；

J_i——驱动装置中除驱动滚筒的第 i 个旋转部件的转动惯量（kg·m²）；

i_i——第 i 个旋转部件至驱动滚筒的传动比；

D——驱动滚筒直径（m）；

J_j——第 j 个滚筒的转动惯量（kg·m²）；

D_j——第 j 个滚筒的直径（m）。

2　斗式提升机

2.1　斗式提升机的特点、类型及应用

斗式提升机是应用于垂直方向或很陡的大倾角方向提升散粒物料的输送机械。斗式提升机利用固接在牵引构件上的料斗环绕提升机的运行来实现物料的提升。

斗式提升机的优点：结构比较简单；由于在垂直或接近垂直方向提升物料，横断面上外形尺寸小，占地面积小，可使输送系统布置紧凑；提升机在全封闭罩壳内进行工作，不扬灰尘，避免环境污染；必要时可把斗式提升机底部插入料堆自行取料。

斗式提升机的缺点：对输送物料过载的敏感性较大，必须均匀给料，料斗与链条易磨损；被输送物料的种类受到一定的限制，一般只宜于输送粉粒状和中小块状的散货；机内较易形成粉尘爆炸的条件。

斗式提升机按牵引构件的型式可分为以胶带牵引的带斗提升机和以链条牵引的链斗提升机，链斗提升机又可分为单链式和双链式，但单链式已用得很少。按物料从斗中的卸载方式斗式提升机可分为离心式、重力式和混合式。离心式是高速提升机，物料主要依靠离心力的作用从料斗内卸出；重力式是低速提升机，物料主要依靠自身的重力从料斗内卸出；混合式则是两种卸载特点兼有。按料斗在牵引构件上的布置情况，斗式提升机可分为料斗稀疏布置的和料斗密集布置的。按物料运送方向斗式提升机又可分为竖直式和倾斜式。

斗式提升机主要应用于运送各种散粒物料和碎块状物料，如水泥、砂、粮食、煤、化学材料、耐火材料等。在建材工业、化学工业、冶金工业、食品工业及粮食仓库等部门，斗式提升机获得了广泛的应用。斗式提升机的输送量变化范围大，目前国内生产的带斗式提升机的输送量可达 1800m³/h，环链斗式提升机的最大输送量可达 1500m³/h。斗式提升机的提升高度受牵引构件强度的限制不宜过高，带斗式提升机提升高度一般不超过 80m，链斗式提升机的提升高度一般不超过 50m。近年来由于钢绳芯胶带的发展，使牵引构件强度大为提高。国外已有采用钢绳芯胶带作为牵引构件并以专用取料机构对提升机定量供料的斗式提升机，输送量高达 2500t/h，提升高度达 350m，用于取代矿井提升机。由于斗式提升机工作是连续的，它比间歇工作的矿井提升机更具有优越性。在港口，以链斗提升机为取料和垂直输送机构的链斗卸船机得到广泛的应用，卸船机生产率达到 3000t/h 以上，接卸最大船型为 10 万吨级海船。链斗提升机也广泛应用于港口散粮码头的机械化圆筒粮仓中，向筒仓顶部提升散粮。

在圆筒粮仓内使用斗式提升机需引起重视的一个重要问题是粉尘爆炸问题。国内外经常发生这种粮食粉尘爆炸事故。据国外调查表明筒仓内起源于斗式提升机的粉尘爆炸占三分之一以上。粮食粉尘爆炸的原因是微尘的表面积大，易受热起火。当悬浮于空气中的可燃性微尘达到一定浓度并遇到一定能量的火种时便急剧氧化燃烧，同时产生大量气体来不及扩散使压力骤增而引起爆炸。而爆炸时扩散的燃烧尘粒和空气又卷起和点燃其他粉尘，形成破坏性更大的第二次爆炸和连锁反应，危害极大。斗式提升机内特别是在装载口与卸载口处的含尘浓度往往超过爆炸浓度下限，而且通过提升机的运动，使粉尘与空气充分混合，当

提升机超载打滑、摩擦发热或料斗碰撞产生火花就可能引发爆炸。因此，筒仓内应用斗式提升机必须采取设置除尘吸口以通风除尘，消除引燃源及在罩壳处装设泄爆口等措施来抑制粉尘爆炸。

我国目前生产的通用斗式提升机为 TD 型带斗提升机和 PL 型、TH 型、ZL 型链斗提升机，PL 型为板

式套筒滚子链条，TH 型为锻造环形链条，ZL 型为铸造链条。通用斗式提升机的主要参数以斗宽表示，我国规定的标准斗宽为 100mm、160mm、250mm、315mm、400mm、500mm、630mm、800mm、1000mm等数种规格。表 9.6-9 ~ 表 9.6-11 给出了各类斗式提升机的主要性能。

表 9.6-9　标准斗式提升机主要性能

机型	TD 型				PL 型	TH 型		ZL 型
牵引构件	胶带				板链	圆环链		铸造链
料斗型式	Q	H	Zd	Sd	大容量料斗	Zh	Sh	T
卸料型式	离心式或混合式卸料				重力式卸料	离心式或混合式卸料		重力式卸料
适用物料	粉状、粒状或小块状无磨琢或半磨琢性的散状物料，如煤、砂、粮食、水泥等				块状、堆积密度较大的磨琢性物料，如煤、碎石、矿石、焦炭等	粉块、拉状或小块状的磨琢性或磨琢性物料，如煤、砂、水泥等		粉状或块状物料，如矿石、碎石、水泥、煤等
适用温度	使用普通带时物料温度不得超过 60℃；使用耐热带时物料温度不得超过 150℃				< 250℃	< 250℃		< 300℃
提升高度/m	< 30				< 30	< 40		< 32
输送量/(m³/h)	4 ~ 238				22 ~ 100	35 ~ 185		55 ~ 160

表 9.6-10　GTD 型斗式提升机主要技术参数

技术参数 ＼ 机器型号	GTD160	GTD200	GTD250	GTD315	GTD400	GTD500	GTD630	GTD800	GTD1000	GTD1250
输送量/(m³/h)	53	67	135	200	270	400	550	800	1050	1350
斗宽/mm	160	20	250	315	400	500	630	800	1000	1250
斗容/dm³	3	4	7	10	16	25	39	65	102	158
斗距/mm	260	300	325	360	410	460	520	580	650	720
运行速度/(m/s)	1.6	1.86	2.2	2.65	2.54	2.73	2.64	2.98	2.52	2.3
最大提升高度/m	65	65	65	65	65	65	65	60	65	63

注：表中数据按充填系数 $\varphi = 0.75$ 计算。

表 9.6-11　环链式高效斗式提升机主要技术参数

技术参数 ＼ 机器型号	GTH160	GTH200	GTH250	GTH315	GTH400	GTH500	GTH630	GTH800	GTH1000	GTH1250	GTH1400	GTH1600
输送量/(m³/h)	30	37	62	74	119	166	255	363	535	767	861	1134
料斗 容量/dm³	3	4	7	10	16	25	39	65	102	158	177	252
料斗 斗距/mm	270	270	336	378	420	480	546	630	756	756	756	882
运行速度/(m/s)	0.93	0.93	1.04	1.04	1.17	1.17	1.32	1.32	1.47	1.47	1.47	1.47
最大提升高度/m	50	44	50	50	50	45	50	50	50	40	35	40

2.2　斗式提升机的构造与主要部件

斗式提升机由牵引构件、料斗、驱动装置、张紧装置、上下滚筒或链轮、机架与罩壳以及装料口与卸料口等部分组成。图 9.6-7 所示的是一台以胶带作为牵引构件的斗式提升机。

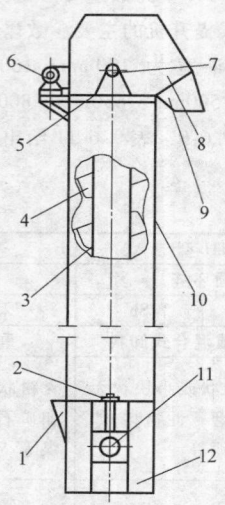

图9.6-7　斗式提升机

1—进料口　2—张紧装置　3—牵引胶带　4—料斗
5—驱动平台　6—驱动装置　7—传动滚筒
8—头部罩壳　9—卸料口　10—中间罩壳
11—张紧轮　12—机座

斗式提升机采用的牵引构件有橡胶带和链条。橡胶带较链条轻便、工作平稳、噪声小，可以采用较高的输送速度，带斗提升机可达到较高的输送量。在相同输送量条件下，带斗提升机因其工作速度较高和胶带自重较轻，可使物料线载荷和牵引构件的线载荷减小从而减小整机的质量和造价。此外由于橡胶带具有弹性，可减轻装载时产生的振动。橡胶带的缺点是强度较低，而且在输送带上固接料斗时需要在带上打孔，这样使输送带强度更加削弱，还会由于湿气易于进入输送带的织物衬垫中而降低使用寿命。近年来高强度尼龙衬垫胶带和夹钢绳芯橡胶带的采用，可使带斗提升机的输送量和提升高度大大增加。

链条虽然由于啮合驱动会产生动载荷使得工作速度不宜过高且自重较大，但链条强度及链条与料斗的连接强度高，因此对于输送量大、提升高度大、被运物料块度及重度大、温度高于150℃或可能对橡胶带产生不良影响的情况，宜采用链条作为牵引构件。常用的牵引链条有焊接圆环链、套筒滚子链等。焊接圆环链由圆钢制成，它结构简单，便于固接料斗等工作构件，但环与环之间的接触应力较大，易于磨损，且自重较大。套筒滚子链是一种常见的片式链，其销轴固定在外链片上，当相邻链片相互转动时，摩擦力分布在套筒的整个内表面上，因而磨损较小。

料斗是斗式提升机的承载构件。应根据斗式提升

机的工作速度和被输送物料的特性来选用料斗形式。常用的料斗有四种形式：浅形斗、深形斗、角形斗和组合形斗。图 9.6-8 所示为四种常用料斗的横断面图。浅形斗的斗口与料斗后壁的夹角小，每斗的装载量较少，但容易卸空，适于运送重度小的、潮湿的和具有一定黏性的物料。深形斗的斗口与料斗后壁夹角大，斗容较大，但卸料时较难卸空，适用于运送粉状至小块状的干燥松散物料。角形斗是一种结构和功能都比较特殊的料斗，在牵引构件上呈密集布置，料斗的两侧壁与前壁在卸料时将构成后一个料斗所卸出物料的导料槽，角形斗的运行速度较低，适用于工作速度不高的链斗提升机运送重度较大的、磨琢性大的块状物料及脆性物料。组合形斗由浅斗区和深斗区两部分组成，在斗内由一块横隔板将斗内区域分为深斗区和浅斗区，当料斗在头部滚筒上卸料时，横隔板可防止斗内物料过早地卸空，这种料斗适用于流动性好的粮食及粉末状物料。

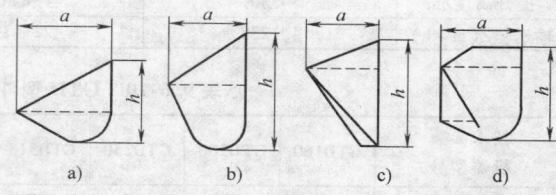

图9.6-8　料斗的形式
a) 浅形斗　b) 深形斗　c) 角形斗　d) 组合形斗

料斗可采用后壁固定或侧壁固定的方法与牵引构件连接。当橡胶带作为牵引构件时，一般需要在橡胶带上打孔，然后再用扁头螺栓固定，输送带是固定在料斗后壁。当链条为牵引构件时，圆环链一般在斗背上与料斗连接，采用双链的套筒滚子链一般在斗的侧壁进行连接。在料斗侧壁进行固接可使牵引链条既能向一个方向弯曲，又能向相反方向弯曲，这样便于安装导向链轮特殊斗式提升机的料斗，这种料斗通常都采用侧面固接方法。

斗式提升机底部装有张紧滚筒或张紧链轮以及螺旋式张紧装置，以防止输送带在驱动滚筒上打滑，或保证牵引链条顺利地绕入绕出驱动链轮。斗式提升机的拉紧装置多为螺杆式，其作用一方面便于牵引构件的安装和维修，另一方面可调节牵引构件的张力。

斗式提升机牵引力的传递由带斗提升机的传动滚筒和链斗提升机的传动链轮完成。传动滚筒与胶带间通过摩擦力传递牵引力。传动滚筒有光面、铸胶和包胶三种结构，在环境湿度小、驱动功率不大

时，可以采用光面滚筒。对于工作环境湿度较大、驱动功率较大的提升机应选用胶层较厚、耐磨性好、寿命长的铸胶滚筒。包胶传动滚筒价格便宜，可以在现场进行维修及更换。传动链轮与链条靠啮合来传递牵引力。

斗式提升机的驱动装置主要由电动机和减速装置等组成。为了防止斗式提升机在有载分支的物料作用下发生逆转而造成设备的损坏，在驱动装置中必须设置制动器和逆止器。对于有防爆要求的斗式提升机，驱动装置的电动机应选用防爆型。对于输送量和提升高度均较大的大型斗式提升机，驱动装置应配液力偶合器，以改善起动性能。驱动装置一般设置在提升机上部的平台上。

为防止粉尘污染环境，斗式提升机通常装在密封的罩壳内。罩内的上部与驱动装置、驱动滚筒构成提升机头部。为使物料顺利卸出，头部设有卸料槽。机头外壳的形状应考虑可使由料斗中抛出的物料能够完全进入卸料槽中。下部罩壳与张紧装置、张紧滚筒构成提升机底座。为对装卸料过程进行观察以及便于检修，可开设观察孔与检查孔。斗式提升机的中部罩壳，是整段或成段的矩形罩壳，由薄钢板焊接而成，分段罩壳的螺栓连接处应加衬垫密封。对有防爆要求的斗式提升机，头部罩壳还应设置泄爆装置。需要时可在进料口上方设置吸尘口，以减少机壳内的粉尘浓度。

2.3　斗式提升机的装、卸载

2.3.1　斗式提升机的装料

提升机下部的装料口及底座罩壳型式应和物料装载过程相适应，而对于从货堆上直接挖取物料的斗式提升机，底部是做成敞开式的。斗式提升机物料装入料斗的方式有挖取法和装入法两种。

提升粉末状、小颗粒和磨损性小的物料，如煤粉、谷物、水泥等时，由于挖取这些物料不会产生很大的挖掘阻力，可采用挖取法装料（见图 9.6-9），链斗卸船机、链斗卸车机是将下部敞开的料斗直接插入舱内或车内的料堆中挖取物料。采用这种方法装料，料斗的运动速度可以较高。为保证装料充分，料斗一般稀疏布置。料斗的充填程度取决于料斗插入料堆的深度以及机头的横向移动速度，为避免超载和料斗在绕上头部滚筒时部分物料撒回提升机底部，应使挖取的物料面高度低于张紧滚筒或张紧链轮轴的水平面。采用挖取法装料的斗式提升机的进料口可设置在有载分支侧或无载分支侧，工艺布置比较灵活。

对于输送块度较大和磨损性大的物料如矿石等时，

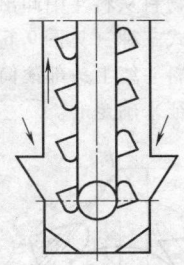

图9.6-9　挖取法装料

由于挖取阻力很大可采用装入法（见图 9.6-10），直接将物料装入料斗内。这时料斗要密集布置，且料斗运动速度应较低。料斗运动方向及斗口应迎向物料流，供料口下缘的位置要有一定高度，以使料斗达到要求的装满程度，避免过多的物料落入提升机底部。

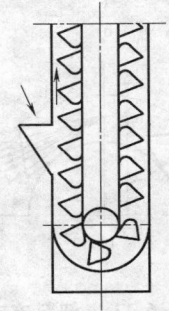

图9.6-10　装入法装料

2.3.2　斗式提升机的卸料

斗式提升机的卸料环节对提升机的正常工作影响较大。如果设计不当，料斗绕上驱动滚筒或链轮后卸出的物料可能并未卸入卸料槽，而是通过无载分支或有载分支落入提升机底部，或者当料斗绕过驱动滚筒后斗内并没有完全卸空，也会使一部分物料落入提升机底部。由于提升机对这些物料既做了功又没有实现输送，因而一方面消耗了提升机的功率，另一方面也降低了输送量，严重的还可能使物料在提升机底部堵塞。此外，设计不当还可能引起抛出的物料与头部罩壳或前方的料斗发生强烈的碰撞，产生附加冲击振动。因此，一台斗式提升机能否正常工作，在很大程度上取决于卸料过程正确与否。

斗式提升机对卸料的要求：料斗绕出驱动滚筒或链轮时斗内物料应全部卸空并进入卸料槽，物料在抛料过程中不碰撞头部罩壳与前面的料斗。为了满足这些要求，应研究物料卸料过程，掌握物料的运动规律，从而合理地确定斗速、斗距、料斗充填量等参数，合理地设计头部罩壳与卸料槽。

斗式提升机按物料从料斗中卸出的方式分为重力式、离心式与混合式三种（见图9.6-11）。料斗卸料方式的划分是根据料斗绕上头部滚筒或链轮后斗内物料所受体积力的特征来确定的。

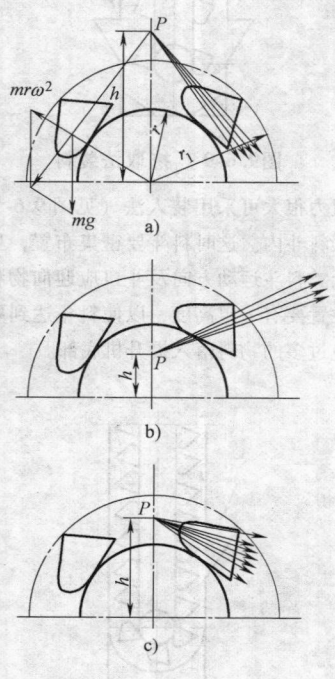

图9.6-11　卸料方式
a）重力式　b）离心式　c）混合式

当料斗在接近头部滚筒之前做等速直线运动，斗内物料仅受重力作用。当料斗绕上滚筒后，料斗及斗内物料绕滚筒中心以滚筒角速度 ω 做等速圆周运动。此时斗内物料除受重力作用外，还由于旋转而产生离心力作用。正是作用于物料的重力与离心力决定了物料的全部受力情况，反映了物料的受力特征。对斗内至回转中心的距离为 r 的物料颗粒进行受力分析，将其重力与离心力合成，并将合力作用线延长交于中垂线一点 P，称 P 点为极点，极点至回转中心的距离为极距 h，极距可按式（9.6-32）计算

$$h = \frac{895}{n^2} \qquad (9.6\text{-}32)$$

式中　h——斗式提升机的极距（m）；

n——驱动滚筒或驱动链轮的转速（r/min）。

极点的位置或极距的大小仅与驱动滚筒的转速有关，而与料斗的位置及斗内物料的位置无关。极距将随滚筒转速的增大而减小，随滚筒转速的减小而增大。当极距一定时，任意位置的料斗中任意位置的物料所受重力和离心力的大小均可确定。因此，

极距反映了物料的受力特征，可用来判断料斗的卸载方式。

当极距大于料斗外接圆半径 r_1，即极点位于料斗外缘轨迹以外时（见图9.6-11a），由于极距较大而滚筒转速较低，重力的作用大于离心力的作用，斗内的物料主要在重力的作用下向料斗的内壁移动，沿料斗的内缘卸出。这种卸载方式称为重力式卸料。重力卸载要求链速较低，适用于料斗密集布置的斗式提升机。链斗提升机由于链条动载荷的原因速度不宜过高，一般采用重力卸载。这种卸载方式常采用导槽料斗，即卸载处物料可沿前面料斗的外壁和外伸侧壁所形成的导槽流向卸料口。也可采用深斗，由于料斗速度低，卸载时间较长，有利于料斗卸空。重力卸载主要用于输送块度大、重度大、磨损性大以及具有脆性的物料。

当极距小于驱动滚筒半径 r，即极点位于驱动滚筒圆周以内时（见图9.6-11b），由于极距较小而驱动滚筒转速较高，离心力的作用大于重力的作用，斗内物料主要在离心力的作用下向料斗外壁移动并沿料斗外缘抛出。这种卸载方式称为离心式卸料。离心卸料要求输送速度较高，适用于以胶带作为牵引构件的带斗提升机。料斗常采用稀疏布置，斗距应使得从料斗内抛出的物料不碰到前方的料斗上。离心卸载主要用于输送流动性好的、重度小的、粉末状或小颗粒状的干燥物料。

当 $r < h < r_1$，即极点位于驱动滚筒圆周与料斗外部边缘轨迹之间时（见图9.6-11c），重力的作用与离心力的作用相当，斗内物料在重力与离心力的共同作用下，从料斗的整个物料表面倾倒出来。这种卸载方式称为混合式卸料。混合卸料适用于输送潮湿的、流动性较差的粉状或小颗粒状物料，牵引构件可用胶带或链条，可采用间隔布置的浅斗便于料斗卸净。

2.4　斗式提升机的设计计算

2.4.1　输送量计算

斗式提升机的计算输送量按式（9.6-33）计算。

$$Q = 3.6 \frac{i_0}{e} v \rho \psi \qquad (9.6\text{-}33)$$

式中　Q——斗式提升机的计算输送量（t/h）；

i_0——料斗容积（dm³）；

e——料斗间距（m）；

v——料斗的运行速度（m/s）；

ρ——被输送物料的堆积密度（t/m³）；

ψ——提升机的充填系数，按表9.6-12选取。

表 9.6-12　料斗充填系数

物料特性	充填系数	物料特性	充填系数
粉末状	0.75 ~ 0.95	块度为 50 ~ 100mm 的中块物料	0.5 ~ 0.7
块度 < 20mm 的颗粒状	0.7 ~ 0.9	块度 > 100mm 的大块物料	0.4 ~ 0.5
块度为 20 ~ 50mm 的颗粒状	0.6 ~ 0.8	潮湿粉末及颗粒状	0.6 ~ 0.7

2.4.2　料斗型式尺寸以及斗速斗距的确定

料斗型式应综合考虑物料的物理特性、料斗的装料方式与卸料方式选定。

料斗的主要尺寸有斗容、斗宽、斗幅与斗深。斗容可根据所要求的输送量由式（9.6-34）计算。

$$i_0 = \frac{Qe}{3.6v\rho\psi} \qquad (9.6\text{-}34)$$

式中各符号的含义与量纲同式（9.6-33）。

根据所计算的斗容与所选定的料斗型式查表 9.6-13 ~ 表 9.6-15，确定所要求的料斗型号和相关

尺寸。对选定的料斗还应按物料的最大颗粒尺寸对料斗斗幅尺寸进行校核。

$$a \geq m d_{max} \qquad (9.6\text{-}35)$$

式中　d_{max}——输送物料最大颗粒尺寸（mm）；

　　　a——斗幅（mm）；

　　　m——考虑物料颗粒尺寸均匀性的系数，当尺寸为 d_{max} 的颗粒占被运物料总量的 10% ~ 15% 时取 $m = 2 ~ 2.5$，当尺寸为 d_{max} 的颗粒占被运物料总量 50% ~ 100% 时，取 $m = 4.25 ~ 4.75$。

表 9.6-13　带斗主要尺寸参数

斗宽	Q 型			H 型			Zd 型			Sd 型		
	斗幅	斗深	斗容	斗幅	斗深	斗容	斗幅	斗深	斗容	斗幅	斗深	斗容
b	a	h_1	i_0	a	h_1	i_0	a	h_1	i_0	a	h_1	i_0
/mm	/mm	/mm	/dm³	/mm	/mm	/dm³	/mm	/mm	/dm³	/mm	/mm	/dm³
100	90	80	0.15	90	95	0.3	—			—		
160	125	112	0.49	125	132	0.9	160	180	1.2	160	200	1.9
250	160	140	1.22	160	170	2.24	200	224	3.0	200	250	4.6
315	180	160	1.95	180	190	3.55	200	224	3.75	200	250	5.8
400	200	180	3.07	200	212	5.6	224	250	5.9	224	280	9.4
500	224	200	4.84	224	236	9.0	250	280	9.3	250	315	14.9
630				250	265	14	280	315	14.6	280	355	23.5

表 9.6-14　料环链斗主要尺寸参数

斗宽	Zh 型			Sh 型			斗宽	Zh 型			Sh 型		
	斗幅	斗深	斗容	斗幅	斗深	斗容		斗幅	斗深	斗容	斗幅	斗深	斗容
b	a	h_1	i_0	a	h_1	i_0	b	a	h_1	i_0	a	h_1	i_0
/mm	/mm	/mm	/dm³	/mm	/mm	/dm³	/mm	/mm	/mm	/dm³	/mm	/mm	/dm³
315	200	224	3.75	200	250	6	630	280	315	14.6	280	355	23.6
400	224	250	5.9	224	280	9.5	800	315	355	23.3	315	400	37.5
500	250	280	9.3	250	315	15	1 000	355	400	37.6	355	450	58

表 9.6-15　料板链斗主要尺寸参数

斗宽	J 型			T 型			斗宽	J 型			T 型		
	斗幅	斗深	斗容	斗幅	斗深	斗容		斗幅	斗深	斗容	斗幅	斗深	斗容
b	a	h_1	i_0	a	h_1	i_0	b	a	h_1	i_0	a	h_1	i_0
/mm	/mm	/mm	/dm³	/mm	/mm	/dm³	/mm	/mm	/mm	/dm³	/mm	/mm	/dm³
250	130	190	3	—	—	—	630				260	438	50
315	—	—	—	130	216	6	800				330	552	100
400	—	—	—	160	266	12	1000				420	700	200
500	—	—	—	210	348	25							

料斗提升速度及斗距应根据卸载方式和对卸载性能的要求来确定。初步设计时，可按以下范围选取斗速与斗距的值：对带斗提升机斗速的选取范围为 $1.5 \sim 2.8 \text{m/s}$，对链斗提升机斗速的选取范围为 $0.5 \sim 1.5 \text{m/s}$。斗距可按斗深的 $2.3 \sim 3$ 倍选取，而导槽料斗的斗距略大于斗深。

2.4.3 驱动滚筒直径的确定

对于带斗提升机，为保证输送带具有一定的寿命，驱动滚筒的直径应满足：

$$D \geqslant 125i \qquad (9.6\text{-}36)$$

式中　i——胶带衬垫层层数；
　　　D——驱动滚筒直径（mm）。

表 9.6-16　驱动滚筒主要参数

传动滚筒型号	斗宽/mm	带宽/mm	筒径/mm	许用转矩/N·m	传动转矩型号	斗宽/mm	带宽/mm	筒径/mm	许用转矩/N·m
TD1040	100	150	400	195	TD4063	400	500	630	3500
TD1640	160	200	400	690	TD5063	500	600	630	5000
TD2550	250	300	500	1600	TD6380	630	700	800	9000
TD3150	315	400	500	1900					

表 9.6-16 为我国 TD 型带斗提升机的驱动滚筒主要参数。

带斗提升机中一般不设置防跑偏装置，而采用鼓形滚筒来防止胶带跑偏。鼓形滚筒的鼓形度可按式 (9.6-37) 计算。

$$\frac{D_z - D_d}{l} = \frac{1}{50} \sim \frac{1}{30} \qquad (9.6\text{-}37)$$

式中　D_z——滚筒中部直径（mm）；
　　　D_d——滚筒两端直径（mm）；
　　　l——滚筒长度（mm）。

对于链斗提升机，驱动链轮的节圆直径可用式 (9.6-38) 计算。

$$D = \frac{t}{\sin(\pi/z)} \qquad (9.6\text{-}38)$$

式中　D——驱动链轮的节圆直径（mm）；
　　　t——链条节距（mm）；
　　　z——链轮齿数，一般取 $z = 16 \sim 20$，当速度很低时可取 $z < 16$。

2.4.4 运行阻力计算

斗式提升机是用于垂直及大倾角方向运送物料的。对于垂直布置的斗式提升机，其运行阻力主要由物料的提升阻力和料斗挖取物料的阻力两部分构成；而对于倾斜布置的斗式提升机，其运行阻力还包括牵引构件及承载料斗沿支承装置运行时所产生的摩擦阻力。

1. 提升物料的阻力

斗式提升机垂直提升物料的阻力为

$$W_h = qH \qquad (9.6\text{-}39)$$

式中　W_h——物料的提升阻力（N）；
　　　H——物料的提升高度（m）；
　　　q——物料的线载荷（N/m）。

q 按式 (9.6-40) 计算。

$$q = \frac{Q}{3.6v}g \qquad (9.6\text{-}40)$$

式中　Q——提升机输送量（t/h）；
　　　v——料斗运行速度（m/s）；
　　　g——重力加速度（m/s²）。

2. 沿支承轨道运行的摩擦阻力

牵引构件及料斗的提升阻力由于有载分支和无载分支相互抵消不必计算。倾斜布置的斗式提升机若牵引构件在支承装置上运行，则须计算沿程运行阻力。对于带斗提升机，运行阻力计算方法与带式输送机类同，只需在输送带线载荷中考虑料斗的重力。对于链斗提升机，该运行阻力为

$$W_f = (q + q_0 + q_1)L\mu\cos\beta \qquad (9.6\text{-}41)$$
$$W'_f = (q_0 + q_1)L\mu\cos\beta \qquad (9.6\text{-}42)$$

式中　W_f——有载分支运行阻力（N）；
　　　W'_f——无载分支运行阻力（N）；
　　　q_0——链条线载荷（N/m）；
　　　q_1——料斗线载荷（N/m）；
　　　q——物料线载荷（N/m）；
　　　L——提升机长度（m）；
　　　$β$——提升机倾角（°）；
　　　$μ$——阻力系数，当链条沿导轨滑动时，阻力系数为链条与轨道之间的滑动摩擦系数；当采用滚轮的链条，由滚轮沿导轨滚动时，阻力系数为

$$\mu = c_0 \frac{2k + \mu_1 d}{D} \qquad (9.6\text{-}43)$$

式中　D——滚轮直径（mm）；
　　　d——滚轮轴直径（mm）；
　　　k——滚轮的滚动摩擦力臂（mm），取 $k = 0.25 \sim 0.6 \text{mm}$；
　　　μ_1——滚轮轴颈处的摩擦系数，当采用滑动轴承时取 $\mu_1 = 0.15 \sim 0.25$，当采用滚动轴承时，取 $\mu_1 = 0.01 \sim 0.02$；

c_0——附加阻力系数，一般取 $c_0 = 1.2 \sim 1.3$，对于具有凸缘的滚轮取 $c_0 = 1.5$。

3. 挖取阻力

料斗在提升机底部挖取物料时的挖取阻力是较复杂的，它由料斗切割物料的阻力、料斗与物料的摩擦阻力、使物料加速至一定的运行速度的加速阻力、在挖取段将物料提升一段高度的提升阻力以及牵引构件的弯曲阻力等组成。对挖取阻力进行理论分析是较为困难的，因而常进行试验研究。影响挖取阻力的因素有：物料的物理特性、料斗的外形与尺寸、斗速、斗距、料斗在牵引构件上的固定位置等。

由试验发现，斗式提升机在一定条件下，挖取单位质量的物料所做的功主要取决于物料自身特性与斗速，而受料斗尺寸参数的影响不大。因此斗式提升机的挖取阻力是根据所测定的比挖取功按式（9.6-44）计算。

$$W_d = KA_d \frac{q}{g} \tag{9.6-44}$$

式中　W_d——挖取阻力（N）；

A_d——物料的比挖取功（N·m/kg），即挖取单位质量的物料所需的挖取功。图 9.6-12 列出部分物料（见表 9.6-17）在斗宽为 0.4m、斗幅为 0.224m 的提

升机中试验所得的比挖取功；

g——重力加速度（m/s^2）；

q——物料线载荷（N/m）；

K——考虑实际料斗斗幅与试验料斗不同的修正系数，可由每斗挖取相对持续时间 t_d 由图 9.6-13 查取。每斗挖取相对持续时间按式（9.6-45）计算。

$$t_d = 0.224 \frac{e}{av} \tag{9.6-45}$$

式中　t_d——每斗挖取相对持续时间（s）；

e——斗距（m）；

a——斗幅（m）；

v——斗速（m/s）。

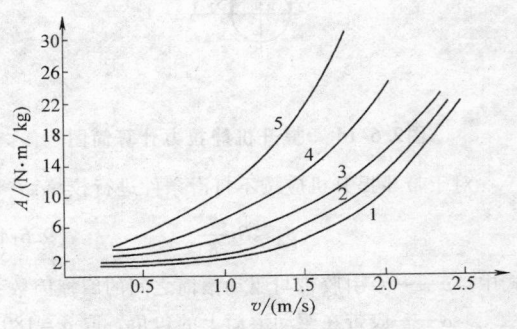

图9.6-12　比挖取功的试验数据

表 9.6-17　图 9.6-12 中试验曲线对应的物料

曲线号	输送物料	堆积密度/(t/m³)	颗粒大小/mm
1	水泥	1.2	0.05
2	粮食	0.74	2~5
3	砂子、石头	1.5	2~10
4	水泥	1.25	5~20
5	石煤	0.75	18~30

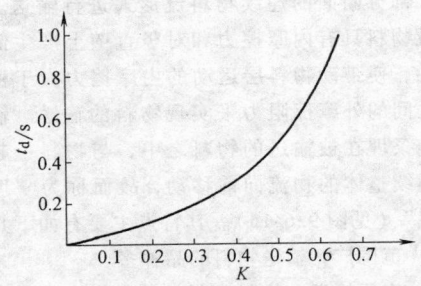

图9.6-13　每斗挖取相对持续时间

2.4.5　牵引构件的张力计算

斗式提升机为具有挠性牵引构件的连续输送机，其牵引构件的静张力也可与带式输送机一样采用逐点张力法进行计算。牵引构件在曲线段的运行阻力不作

单项计算，把牵引构件在头部驱动滚筒或驱动链轮处产生的阻力计入驱动装置的传动效率，把牵引构件在底部张紧滚筒或张紧链轮处产生的阻力计入料斗的挖取阻力。

斗式提升机牵引构件的最小张力由于无载分支阻力为负而处于底部张紧轮的绕入点，为了保证提升机正常工作，该点张力须保持一定。对于中小型提升机，该点张力 S_1 至少取 1000~2000N，对于输送量大、提升高度大的提升机，S_1 应提高至 3000~4000N。斗式提升机各轮廓点（见图 9.6-14）的张力为：

$$S_2 = S_1 + W_d$$
$$S_3 = S_2 + W_f$$
$$S_4 = S_3 + W'_f = S_1 + W_d + qH$$

$$\tag{9.6-46}$$

式中　S_1、S_2、S_3、S_4——提升机各轮廓点的张力（N）；

　　　　W_d——挖取阻力（N）；

　　　　H——物料的提升高度（m）；

　　　　q——物料的线载荷（N/m）。

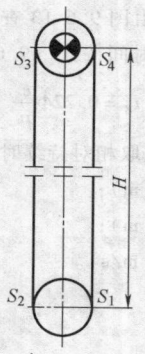

图9.6-14　提升机静拉力计算简图

对于带斗提升机应按不打滑条件进行校核：

$$S_3 \leqslant S_4 \frac{e^{\mu\alpha}}{K} \qquad (9.6\text{-}47)$$

式中　μ——牵引胶带与驱动滚筒之间的摩擦因数；

　　　　α——胶带在驱动滚筒上的包角，取 $\alpha = 180°$；

　　　　K——不打滑安全系数，取 $K = 1.2$。

对于链斗提升机，链条的计算张力除考虑由逐点法求出的最大静张力 S_3 外，还应考虑链条动载荷，用来校核链条的强度。

$$S_计 = S_3 + S_d \qquad (9.6\text{-}48)$$

$$S_d = 3ma_{max} \qquad (9.6\text{-}49)$$

式中　$S_计$——链条的计算张力（N）；

　　　　S_d——链条动载荷（N）；

　　　　a_{max}——链条的最大加速度（m/s²）；

　　　　m——链条、料斗和物料的折算质量（kg）。

链条的最大加速度和折算质量按式（9.6-50）计算。

$$a_{max} = 2\pi^2 \frac{v^2 t}{(zt)^2} \qquad (9.6\text{-}50)$$

$$m = \frac{[(cq_0 + q_1) + q]L}{g} \qquad (9.6\text{-}51)$$

式中　v——链条的平均速度（m/s）；

　　　　t——链条节距（m）；

　　　　z——链轮齿数；

　　　　q_0——链条线载荷（N/m）；

　　　　q_1——料斗线载荷（N/m）；

　　　　q——物料线载荷（N/m）；

　　　　L——提升机机长（m）；

　　　　c——经验系数，按机长选取：当 $L < 25m$ 时，$c = 2$；当 $L = 25 \sim 60m$ 时，$c = 1.5$；当 $L > 60m$ 时，$c = 1$。

2.4.6　驱动功率计算

斗式提升机驱动轮的轴功率为

$$P_0 = \frac{S_0 v}{1000} = \frac{(S_3 - S_4)v}{1000} \qquad (9.6\text{-}52)$$

式中　P_0——驱动轮的轴功率（kW）；

　　　　S_0——驱动轮上的圆周力（N）；

　　　　S_3——牵引构件在驱动轮绕入端的张力（N）；

　　　　S_4——牵引构件在驱动轮绕出端的张力（N）；

　　　　v——料斗的运行速度（m/s）。

斗式提升机的驱动电动机功率按式（9.6-53）计算

$$P = K \frac{P_0}{\eta_1 \eta_2} \qquad (9.6\text{-}53)$$

式中　P——电动机功率（kW）；

　　　　K——功率备用系数，当提升高度 $H < 10m$ 时，$K = 1.45$；当 $H = 10 \sim 20m$ 时，$K = 1.25$；当 $H > 20m$ 时，$K = 1.15$；

　　　　η_1——减速装置传动总效率；

　　　　η_2——驱动轮的传动效率。

3　埋刮板输送机

3.1　埋刮板输送机的特点及应用

埋刮板输送机有分成两个部分的封闭的料槽，其中一个为工作分支，另一个为非工作分支，料槽断面通常是长方形的。物料的输送不是由各个刮板一份一份地带动前移的，而是以充满料槽整个断面或者大部分断面的连续物料流形式进行输送。它利用散粒物料具有内摩擦力和对竖直壁上产生侧压力的特性，使带动物料层运动的内摩擦力大于槽壁与物料之间的外摩擦阻力来实现物料的输送。输送时刮板链条埋在被输送的物料之中，与物料一起形成一股连续整体的物流向前移动，故而称为"埋刮板输送机"（见图9.6-15）。其特点主要有如下几条：

1）范围广，输送物料的品种多。

2）密闭输送。物料在封闭的机槽内输送，不抛撒，不泄漏，能防尘、防水、防毒、防爆，大大改善劳动条件，防止环境污染。

3）工艺布置十分灵活。如上所述，埋刮板输送机不仅能单机单独进行水平、倾斜和垂直输送物料，也能多机组合使用，组成一个输送系统。

4）可以多点加料或多点卸料。除 MK 型外，其他机型均可实现多点加料；除 MC、MK 型外，其他机型均可实现多点卸料，这是一个很大的优点。

5）体积小，质量轻，占地面积小。因为机槽断面面积小，故可在十分狭窄的工作场地上使用。

6）对物料的损伤小，损耗小。物料在输送中与刮板链条形成一股整体的物料流向前输送，与刮板链条之间基本上无相对运动，故不会对物料造成较大的损伤，也不会有什么损耗。

7）安装容易，支承简单。该输送机结构简单、体积小、质量轻，并且每段壳体以法兰螺栓相连，机槽有足够的刚度，安装时不需要复杂的支承和专门的栈桥，这样可以减少安装费用。

8）操作、维修方便，运行安全可靠，不需要复杂的技术。埋刮板输送机没有复杂的控制技术，工人只需经过很短时间的训练即可上机工作。

9）输送量可调节。通过改变刮板链条运行速度、控制加料量、控制卸料口开启大小等不同措施，能方便地调节输送量的大小。

10）生产制造容易，适于大规模自动化生产。埋刮板输送机零部件少，易于实现系列化、标准化、通用化，其最重要的部件刮板链条特别适合于大批量及自动化生产。

11）输送距离、提升高度有一定的限制。水平输送距离远不及带式输送机，垂直提升高度比斗式提升机小。此外由于运行速度较低，所以输送能力也较小。

12）刮板链条与机槽的磨损较大。磨损部位主要是链条关节处、机槽底板及导轨。

13）功率消耗较大。输送量相同情况下，其功率消耗比带式输送机和斗式提升机要大。

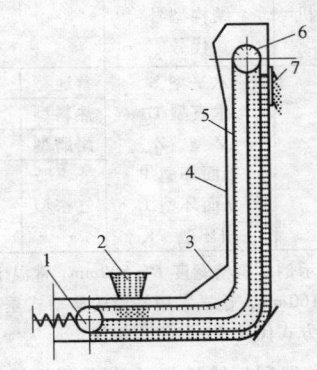

图9.6-15　埋刮板输送机
1—张紧装置　2—加料口　3—弯道　4—机槽
5—刮板链条　6—驱动链轮
7—卸料口

埋刮板输送机不仅可以水平方向输送物料，还可以倾斜输送或者在垂直方向提升散粒物料。它的输送线路布置非常灵活，通常采用的布置形式有下面几种，如图 9.6-16 所示。其中图 a 为水平型（MS 型），它包括水平布置和倾斜布置；图 b 为垂直型（MC型），它包括从水平转到垂直（或大倾角的倾斜）线路；图 c 为 Z 型（MZ 型），它的输送线路是从水平转到垂直（或倾斜）再转到水平段；图 d 为底部带扣环状的垂直输送机（MK 型），物料是从环状的底部供入的；图 e 为平面循环型（MPS 型），适于在同一水平面内多点装卸的布置；图 f 为立面循环型（MLS 型），输送线路可在垂直平面内循环。其型号可按照表 9.6-18 进行标记。

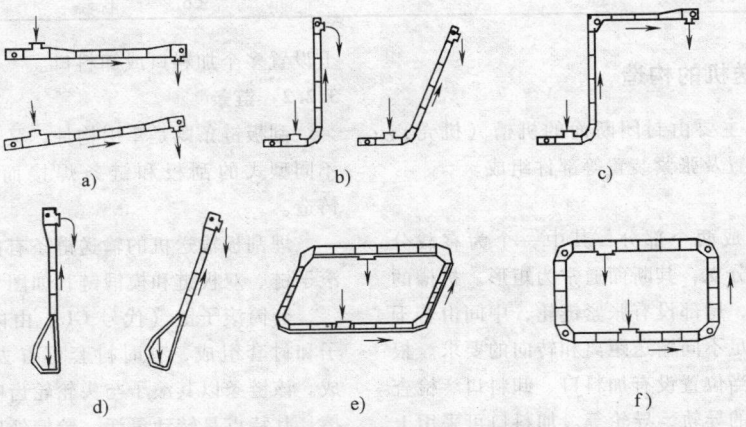

图9.6-16　埋刮板输送机的布置形式
a）MS 型　b）MC 型　c）MZ 型　d）MK 型　e）MPS 型　f）MLS 型

表 9.6-18　型号表示方法表

埋刮板输送机代号	结构型号代号	特性代号			安装方式代号	机槽宽度
M	水平型 S 垂直型 C Z 型　Z 平面环型 P 立面环型 L 扣环型　K	普通型	常用物料	T	固定式 G 移动式 Y	机槽有效宽度， 用 cm 表示
		热料型	100 ~ 450℃ 物料	R		
		耐磨型	磨琢性物料	M		
		气密型	有毒渗透性物料	F		

注：标记示例：机槽宽度 $B = 500mm$，常温下固定式水平方向埋刮板输送机，表示为 MS50 GB/T 10596—2011；机槽宽度 $B = 160mm$，输送常用物料的移动式垂直方向埋刮板输送机，表示为 MCY16 GB/T 10596—2011；特性代号"T"，安装方式代号"G"不用标注。

常用各类埋刮板输送机的许用倾角见表 9.6-19。水平型埋刮板输送机的单机长度可达 80 ~ 120m；垂直型埋刮板输送机的单机高度不大于 30m。当所需输送长度或高度超过上述范围，则可将各种相同或不同型号的埋刮板输送机串接，组成工艺流程所需要的布置形式。

埋刮板输送机可以输送的物料类型有很多，但不同型号的埋刮板输送机对于物料颗粒粒度有一定要求，具体要求见表 9.6-20。

表 9.6-19　许用倾角表

埋刮板输送机结构类别	许用倾角范围
水平型	0° ~ 10°
倾斜型	10° ~ 30°
垂直型	30° ~ 90°
Z 型	60° ~ 90°（倾斜段与水平段夹角）
扣环型	0° ~ 90°

表 9.6-20　常用型号的物料颗粒粒度推荐表

型号	低硬度物料		高硬度物料	
	推荐粒度/mm	最大粒度（含量不超过 10%）/mm	推荐粒度/mm	最大粒度（含量不超过 10%）/mm
MS16	<8	16	<4	8
MS20	<10	20	<5	10
MS25	<13	25	<7	13
MS32	<16	32	<8	16
MS40	<20	40	<10	20
MC16	<5	10	<3	5
MC20	<6	12	<3	6
MC25	<8	16	<4	8
MC32	<10	20	<5	10
MC40	<12	25	<6	12

3.2　埋刮板输送机的构造

埋刮板输送机主要由封闭断面的机槽（机壳）、刮板链条、驱动装置及张紧装置等部件组成。

3.2.1　机槽

封闭的机槽分成两个部分，其中一个为有载分支，另一个为无载分支，其断面通常为矩形。机槽的头部设有驱动链轮，尾部设有张紧链轮，中间由若干段连接而成，以满足不同输送距离和转向的要求。根据需要在机槽的适当位置设有加料口、卸料口、检查口以及为链条导向的导轨、导轮等。加料口可采用上方加料、一侧加料或两侧加料，对流动性好的物料宜采用两侧加料。当需要多点装料或卸料时，可在机槽上设置多个加料口或卸料口。

3.2.2　链条

刮板链条既是牵引构件，又是承载构件。通常由不同型式的刮板和链条焊接而成，也可采用整体铸造。

埋刮板输送机的输送链条有如下三种型式：套筒滚子链、双板链和模锻链，如图 9.6-17 所示。

套筒滚子链（代号 GL）由内外链板、销轴、滚子和衬套组成，有时衬套可省去，内外链板冲压而成。该链条以其滚子与头轮轮齿啮合，有利于减小摩擦。其特点是转动灵活，铰接处比压较低，可降低磨损，延长使用寿命。它的质量较大，拆换链条时必须成对更换。

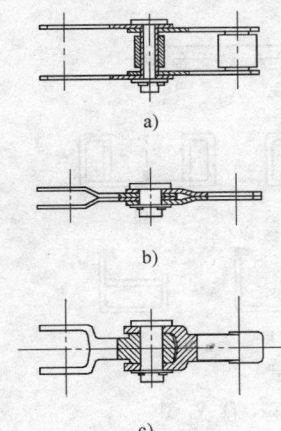

图9.6-17　链条型式

a) 套筒滚子链　b) 双板链　c) 模锻链

双板链（代号 BL）的链杆由两块弯曲链板点焊而成，链板为冲压件。焊接后的链杆分为大头、小头和杆身三部分，小头是连接端，大头与头轮轮齿啮合。具有强度高、结构简单、使用可靠、拆装方便等特点。由于无法进行等强度设计，所以质量最大。

模锻链（DL）由链杆与销轴组成，链杆通过模锻或辊锻，再进行机加工制成，其链杆同样分为大头、小头和杆身三部分。这种链条也具有强度高、结构简单、使用可靠、拆装方便等特点。由于可进行等强度设计，在相同强度和相同节距的条件下，其链条的质量最轻。

链杆或链板的常用材料为 45 钢或 45Mn2 钢，进行调质处理。其对应的许用载荷见表 9.6-21。

表 9.6-21　链条的许用载荷 $[p]$

链条节距 /mm	链条材料（调质）	链条型号和代号					
		模锻链 DL		滚子链 GL		双板链 BL	
		许用载荷 $[p]$/N					
100	45	1500	2200	1500	—	—	
	45Mn2	1700	2500	1700	—	—	
125	45	2300	2900	2300	—	—	
	45Mn2	2600	3300	2600	—	—	
160	45	3100	4400	3100	—	—	
	45Mn2	3500	5000	3500	—	—	
200	45	—	—	—	2 900 ×2	4 400 ×2	
	45Mn2	—	—	—	3 300 ×2	5 000 ×2	

链条的承载能力用破断载荷来表示。破断载荷按式（9.6-54）计算。

$$Q = FR_m n \qquad (9.6\text{-}54)$$

式中　Q——破断载荷（N）；

F——链杆或链板的最小受拉截面积（mm^2）；

R_m——链条材料的抗拉强度（MPa）；

n——修正系数，n 在 0.85～0.95 之间。

链条的承载能力应满足：

$$\frac{Q}{K} \leqslant [p] \qquad (9.6\text{-}55)$$

式中　$[p]$——链条的许用载荷（N）；

k——安全系数，水平输送 k 取 6～9，垂直提升 k 取 8～12。

3.2.3　刮板

埋刮板输送机的刮板型式很多，大体上可分为如下五类：T 型、U 型、V 型、O 型和 L 型，见图 9.6-18 所示。

T 型刮板有 T_1、T_2、T_3 等几种型式。常用的为 T_1 型，它实际上就是一块狭长的矩形钢板或角钢，板厚为 5～10mm。T_1 型是一种比较简单的刮板，用于机槽宽度不大的水平型埋刮板输送机中。

U 型刮板主要有 U_1、U_2 两种型式。常用的为 U_1 型，用直径为 20～25mm 的圆钢或 18mm×18mm～24mm×24mm 的方钢弯曲而成。它的输送能力比 T 型要强，用于机槽宽度较大的水平型埋刮板输送机中。

V 型刮板有 V_1、V_2 等几种型式。最常用的是 V_1 型，它采用直径为 14～22mm 的圆钢或 14mm×14mm～20mm×20mm 的方钢弯曲而成。V 型也是一种比较简单的刮板，用于垂直提升的各种埋刮板输送机中，既可作外向布置，也可作内向布置。

O 型刮板有 O_1、O_2、O_3 等几种型式。常用的为 O_1 和 O_2 型，也采用直径为 14～22mm 的圆钢或 14mm×14mm～20mm×20mm 的方钢弯曲而成。它是一个封闭的刮板，所以刚性及强度最好，用于机槽宽度较大的各种垂直提升的埋刮板输送机，运行时只能作外向布置。

L 型刮板有 L_1 和 L_2 两种型式。常用的为 L_1 型，多采用 14mm×14mm～20mm×20mm 的方钢弯曲而成。与 O 型刮板一样，L 型刮板不是成对出现，而是

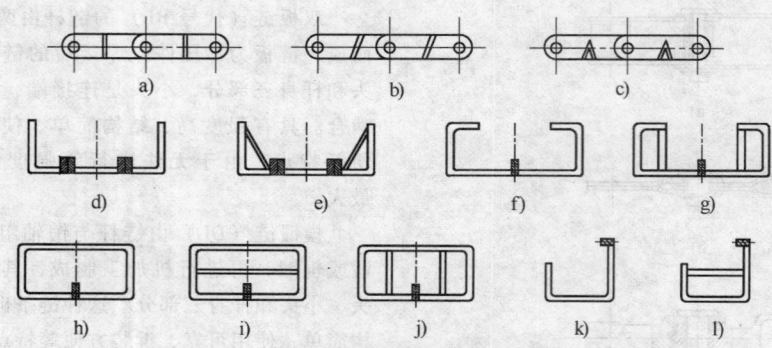

图9.6-18　埋刮板输送机的刮板型式

a) T_1 型　b) T_2 型　c) T_3 型　d) U_1 型　e) U_2 型　f) V_1 型
g) V_2 型　h) O_1 型　i) O_2 型　j) O_3 型　k) L_1 型　l) L_2 型

一件件单独焊在链杆上的，它只使用于 MP 型埋刮板输送机中。

刮板的材料一般情况下使用 Q235A 钢即可，只有在特别重要的场合才使用 45 钢。

刮板的节距通常与链条节距相同，当工作载荷很小时，也可比链条节距大一倍。刮板与链杆或链板焊接之前必须开剖口。

3.2.4　驱动装置

埋刮板输送机的驱动装置一般由电动机、减速器、联轴器、护罩、驱动装置架以及传动链条、大小链轮等组成，它将动力传给输送机头部的驱动链轮，如图9.6-19 所示。

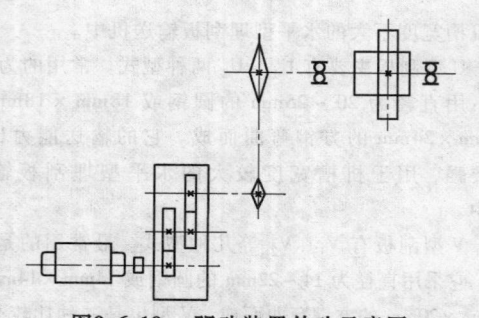

图9.6-19　驱动装置传动示意图

驱动装置的型式可分为定速和变速两种。为了防

止输送机过载而损坏机件，可采用液力联轴器或在驱动链轮上装设安全销等过载保护装置。

3.2.5　张紧装置

埋刮板输送机的张紧装置多采用螺杆式，其张紧行程随着机槽宽度的增加而增加，一般当机槽宽度为 160～400mm 时，张紧行程可取 150～250mm。

3.3　埋刮板输送机的设计计算

埋刮板输送机的基本参数包括生产率、链条速度、部件尺寸参数和驱动功率。

3.3.1　生产率计算

根据连续输送机生产率计算的一般式并考虑到机槽内物料断面积 F 的计算和倾角的影响，可以得到埋刮板输送机的生产率：

$$Q = 3600Fv\rho = 3600Bh\eta v k_\beta \rho \qquad (9.6\text{-}56)$$

式中　Q——生产率（t/h）；

v——链条速度（m/s）；

ρ——物料的堆积密度（t/m³）；

B——机槽宽度（m）；

h——机槽高度（m）；

k_β——倾角系数，可按表 9.6-24 选取；

η——输送效率，与机型、机槽尺寸及物料特性有关，按表 9.6-22、表 9.6-23 选取。

表 9.6-22　水平输送效率 η

机槽宽度 B/mm	120	160	200	250	320	400	500	600
η	0.75～0.85			0.65～0.75			0.55～0.65	

注：悬浮性大、流动性好、黏附性压实较大的物料（如陶土、硫酸铵等）取小值；较轻的物料（如谷物等）取较大值；对其他物料（如碎煤、锅炉渣等）取中间值。

表 9.6-23　垂直或大倾斜输送效率 η

物料类别	典型物料举例	η
悬浮类	黏土粉、磷矿粉、煤粉、炭黑、水泥	0.55～0.70
黏附、压实类	陶土、碳酸氢铵、氯化铵、苏打粉	0.60～0.75

（续）

物料类别	典型物料举例	η
一般物料	碎煤、锅炉渣、硫铁矿渣、活性炭	0.65 ~ 0.80
谷物类	小麦、玉米、大豆	0.70 ~ 0.85
轻物类	木片、竹片、锯末	0.75 ~ 0.90

表 9.6-24 倾角系数 k_β

输送机倾角 $\beta/(°)$	0	5	10	15	20
k_β	1.0	0.95	0.85	0.75	0.65

3.3.2 链条速度与料槽宽度的确定

埋刮板输送机链条速度的选择，与物料的特性、功率的消耗、设备的使用寿命、工艺要求等有关。其中主要应根据物料的特性来确定，并且应该尽量地取大值。但必须考虑当速度超过一定值时物料的滞后现象，它会引起输送机的利用系数降低和功率消耗的增加。目前所采用的速度范围是 0.08 ~ 0.8m/s，有时可达到1m/s。对于流动性好的、悬浮性较大的、磨搓性大的以及对破碎率有一定要求的物料，一般取小值；而对于输送谷物和轻物料（如小麦、木屑等）时，则可取大值。国家标准 GB/T 10596—2011 中推荐速度选用值见表9.6-25。

表 9.6-25 速度选用值

物料	刮板链条速度 $v/(m/s)$										
	0.08	0.10	0.16	0.20	0.25	0.32	0.40	0.50	0.63	0.80	1.00
焙烧石灰、硫铁矿	○	○	○	○							
陶土、焦炭、石英砂	√	○	○	○	○						
苏打粉、硫酸氢铵		√	○	○	○	○					
水泥、磷矿粉、细煤粉		√	○	○	○	√	○				
纯碱、氯化钠		√	○	○	○	○	√				
碎煤、炉渣		√	○	○	○	○	○	○	√		
木片、稻壳		√	○	○	○	○	○	○	○	√	
大米、玉米、小麦		√	○	○	○	○	○	○	○	○	√

机槽宽度的确定，根据已知的生产率则可按埋刮板输送机的生产率计算式（9.6-56）和一定的机槽宽高比求得机槽的宽度和高度。一般，水平型的机槽宽高比约为1，垂直型和 Z 型埋刮板输送机的机槽高度随着机槽宽度增大而减少，约取机槽宽度的0.8 ~ 0.6倍。对所求得的机槽宽度，应圆整为机槽宽度系列值，即 120mm、160mm、200mm、250mm、320mm、400mm、500mm、650mm、800mm、1000mm。

3.3.3 刮板间距的确定

在设计埋刮板输送机时，刮板间距的值是重要的参数之一。刮板间距过大，会导致物料在料槽中运动时各层物料间产生相对滑移，而且增加了功率的消耗。但刮板间距过小，又使牵引构件的质量增加，这也增加了功率的消耗。所以刮板间距必须合适。

刮板间距可根据埋刮板输送机机槽宽度来确定。当机槽宽度小于200mm 时，刮板间距可取机槽宽度的（0.7 ~ 1）倍；当机槽宽度大于200mm 时，刮板间距可取机槽宽度的0.6倍。所选定的刮板间距值必须与链条的节距相适应。

3.3.4 运行阻力、链条张力及驱动功率计算

1. 运行阻力

埋刮板输送机的运行阻力主要包括牵引构件在直线区段和曲线区段上运行的摩擦阻力、提升刮板链条和提升物料的阻力以及物料对机槽壁的摩擦阻力等。

各区段上运行阻力具体如何计算，将在链条张力的计算中详细介绍。

2. 链条张力

现以图 9.6-20 为例，说明埋刮板输送机链条张力及牵引力的计算方法。

在计算链条张力时，可以延用带式输送机输送带张力计算的逐点法来计算。

1 点的张力：

$$S_1 = S_{min} + q_0 H_1 \qquad (9.6-57)$$

式中 S_{min}——链条的最小初张力，一般在垂直段无载分支最下端2点处，取值1000 ~ 2000N。

q_0——刮板链条的线载荷（N/m），根据刮板链条型式参数确定。

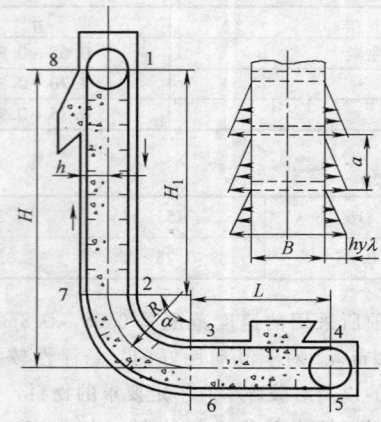

图9.6-20　张力计算简图

刮板链条在曲线导轨上滑动运行的阻力 W_{2-3}

$$W_{2-3} = S_2(e^{\mu_1\alpha} - 1) \qquad (9.6-58)$$

$e^{\mu_1\alpha}$ ——其值可根据刮板链条对机槽的摩擦型式 μ_1 和曲线区段转向角 α 求得。

直线区段刮板链条与导轨的摩擦阻力 W_{3-4}

$$W_{3-4} = q_0 L \mu_2 \qquad (9.6-59)$$

链轮的阻力包括链轮轴承的摩擦阻力和链条关节的摩擦阻力 W_{4-5}

$$W_{4-5} = (S_4 + S_5 + G)\frac{d_1}{D}f_1 + 2S_4\frac{d_2}{D}f_2 \qquad (9.6-60)$$

式中　G——链轮的重力（N）；
　　　D——链轮的直径（N）；
　　　d_1——链轮轴的直径（N）；
　　　d_2——链条销轴的直径，可取 $d_2 \approx (0.07 \sim 0.11)D$（mm）；
　　　f_1——链轮轴颈的摩擦系数，一般取 $f_1 = 0.10 \sim 0.15$；
　　　f_2——链条关节中的摩擦系数，一般取 $f_2 = 0.07 \sim 0.11$。

物料对机槽的摩擦阻力以及物料和刮板链条对槽底的摩擦阻力之和 W_{5-6}

$$W_{5-6} = \gamma h^2 \lambda L\mu + (q + q_0)L\mu_3 \qquad (9.6-61)$$

式中　γ——物料的堆积重度（N/m³）；
　　　h——槽中物料层的高度，此处等于机槽的高度（m）；
　　　λ——侧压力系数；
　　　μ——物料对机槽的摩擦系数；
　　　q——物料线载荷（N/m）；
　　　μ_3——物料对机槽的摩擦系数 μ 与刮板链条对

机槽的摩擦系数 μ_1 的平均值。即

$$\mu_3 = (\mu + \mu_1)/2$$

6-7 曲线区段的阻力包括两项阻力：一项是刮板链条对曲线段机槽的摩擦阻力，即刮板链条在曲线段的运行阻力 $S_6(e^{\mu_1\alpha} - 1)$；另一项是由物料引起的阻力，它又包括两部分，即物料通过曲线段时由于物料重力和离心力作用所引起的摩擦力 $BhR\alpha k\gamma\mu\ (1 + v^2/gR)$ 和在曲线段内的提升阻力 $(q + q_0)\ (H - H_1 + h/2)$。

$$W_{6-7} = S_6(e^{\mu_1\alpha} - 1) + BhR\alpha k\gamma\mu\left(1 + \frac{v^2}{gR}\right) + (q + q_0)$$
$$\left(H - H_1 + \frac{h}{2}\right) \qquad (9.6-62)$$

式中　B——机槽宽度（m）；
　　　R——曲线段的曲率半径（m）；
　　　α——曲线段的转向角（rad）；
　　　k——考虑刮板和链条在机槽内所占容积的几何系数，一般取 $0.85 \sim 0.95$；
　　　v——刮板链条的运行速度（m/s）；
　　　g——重力加速度（m/s²）。

W_{7-8} 阻力包括由刮板链条将物料提升 H_1 高度的阻力以及物料对机槽四壁的摩擦力

$$W_{7-8} = (q + q_0)H_1 + (B + h)aH_1\lambda\gamma\mu \qquad (9.6-63)$$

式中　a——刮板间距（m）；
　　　其他符号意义同前。

根据带式输送机输送带张力计算的逐点法来计算驱动链轮绕入端和绕出端的张力，即可求得牵引力 P

$$P = S_8 - S_1 \qquad (9.6-64)$$

3. 驱动功率

（1）按张力计算结果计算电动机驱动功率　由以上张力及牵引力的计算，可求得驱动电动机的功率（kW）

$$N = \frac{k(S_8 - S_1)v}{1000\eta} \qquad (9.6-65)$$

式中　k——功率备用系数，取 $k = 1.1 \sim 1.3$；
　　　η——传动机构的效率，一般取 $\eta = 0.85 \sim 0.9$。

（2）按经验公式计算电动机驱动功率（kW）　对于水平输送

$$N = \frac{EQL}{475} \qquad (9.6-66)$$

对于垂直输送

$$N = \frac{Q(EL + H)}{475} \qquad (9.6-67)$$

式中　Q——埋刮板输送机生产率（t/h）；
　　　L——埋刮板输送机头尾轮中心距（m）；
　　　H——埋刮板输送机头尾轮中心距垂直投影高

度（m）；　　　　　　　　　　　　　　　　　E——与物料特性有关的系数，见表 9.6-26。

表 9.6-26　E 值

物料	机槽宽度/mm								
	120	160	200	250	320	380	400	450	500
大豆	1.5	1.3	1.2	1.1	1.2	1.2	1.1	1.1	1.1
水泥	2.9	2.5	2.3	2.2	2.3	2.3	2.2	2.2	2.1
干碎煤	2.4	2.0	1.9	1.8	1.9	1.8	1.8	1.7	1.7
湿碎煤	3.3	2.8	2.6	2.5	2.6	2.5	2.5	2.4	2.8
块煤	2.2	1.9	1.7	1.6	1.7	1.7	1.6	1.6	1.6
食盐	1.9	1.7	1.6	1.5	1.5	1.5	1.5	1.5	1.5
砂	2.1	1.9	1.8	1.7	1.8	1.7	1.7	1.7	1.7
细砂	2.4	2.1	2.0	2.0	2.0	2.0	2.0	1.9	1.9
锯屑	6.2	4.7	4.2	3.7	4.1	3.9	3.7	3.6	3.4
苏打粉	4.5	3.6	3.3	3.	3.3	3.2	3.0	3.0	2.8
小麦	1.7	1.5	1.4	1.3	1.3	1.3	1.3	1.3	1.2

3.4　埋刮板输送机选型

3.4.1　选型设计的要求

1）埋刮板输送机可以安装在室内或室外。室外埋刮板输送机的驱动装置需采取防雨措施，以防电动机受潮；各接口法兰处应密合，以防雨水渗入机槽中。

2）在埋刮板输送机的选型设计中，对功率超过15kW 的驱动装置应设置液力耦合器，以满足重载起动要求，并保护电动机；电器部分应设置过电流保护装置，以防设备过载或故障（电器部分一般由选用单位自行设计）；在选型设计中，还应考虑选用断链保护装置以及料位开关，以防止因牵引链条断链和堵料所造成的设备损坏。

3）埋刮板输送机应考虑设置检修通道或平台，并在建筑物上设有吊装孔及起吊设施。

4）埋刮板输送机的支架，一般由选用单位自行配置，其支架间距、埋刮板机与支架的固定方式以及支架的受力情况等可向所选定的埋刮板机生产厂进行咨询。

5）在埋刮板输送机各部位的安装支架处，应在建筑物上预埋钢板或地脚螺栓，以便安装固定。在头部及驱动装置支架与地基基础的连接处，必须采用基础预埋，决不允许采用膨胀螺栓进行固定。在埋刮板输送机安装调试后其头部支架应与地基基础焊牢，尽量不用螺栓固定。头部与驱动装置也应牢固地安装在具有足够刚度、强度的支架上，以确保运行中不产生较大的振动和位移。

6）当埋刮板输送机置于地坑内时，应设置地坑的防水、排水、防尘及照明等设施。应留有适当位置以清理环境和检修保养设备。

7）埋刮板输送机应在控制室集中起动，并且应该配有灯光指示运行情况的模拟盘。

8）为了控制对埋刮板输送机的给料并达到稳定供料的目的，一般应在贮料斗或料仓下部设置闸门或给料器，这对流动性较好或密度较大的物料尤为重要，否则物料将对刮板产生很大压力，并且使加料段及尾部充满物料，造成输送机过载。在不太大的贮料斗或料仓下，可设置螺杆闸门；在较大的贮料斗或料仓下可设置齿条平闸门或气动闸门。

9）对连接在埋刮板输送机上的贮料斗、料仓、进料溜管及卸料溜管等，要求其溜角大于物料的安息角，以便物料顺利通过。溜角一般为 55°～60°，对于粮食而言，最小的溜角应不小于 45°。

10）数台埋刮板输送机串接使用或与其他设备相衔接时，应设有电气联锁装置。

11）埋刮板输送机如在控制室内集中控制，控制室内应配置由灯光指示的运行模拟屏或计算机。埋刮板输送机各操作岗位与控制室应有声光信号联系。无控制室时，启停开关、电流表及电流保护装置应设在头部。在埋刮板输送机旁，应设置事故紧急停止开关与控制室联锁。

12）在埋刮板输送机的头部、尾部或弯曲段附近，应设置 36V 的低压照明检修灯插座或单相电源插座，以便于维修设备。

3.4.2　普通型埋刮板输送机性能参数

MS 型埋刮板输送机性能参数见表 9.6-27。

MC 型埋刮板输送机性能参数见表 9.6-28。

通用型埋刮板输送机驱动装置采用 Y 系列电动机与 ZQ 型、ZLY 型及 ZSY 型减速机组合或与 XWD 型行星摆线针轮减速机组合两种系列，用户可根据实际情况选定。Y -ZQ 系列驱动装置组合表见表 9.6-29。

表 9.6-27　MS（水平）型埋刮板输送机性能参数表

机器型号		MS16	MS20	MS25	MS32	MS40	MS50
机槽宽度/mm		160	200	250	320	400	500
名义承载深度/mm		160	200	250	320	360	400
刮板链条	型号	DT/GT	DT/GT	DT/GT	BU	BU	BU
	许用载荷/kN	15	23	31	29×2	44×2	100
	质量/(kg/m)	5.92/8.1	7.2/11.3	12.2/14.7	35.3	36.3	38.5
	速度/(m/s)	0.16~0.32	0.16~0.32	0.16~0.32	0.16~0.32	0.16~0.32	0.16~0.32
输送量(m³/h)		15~29	23~46	36~72	59~118	83~166	115~230
最大输送距离/m		80	80	80	80	80	80
电动机功率/kW		1.5~7.5	1.5~15	2.2~18.5	4~30	5.5~37	
减速机	ZQ 机座号	35~50	40~65	40~75	50~100	65~100	
	WXD 机座号	4~6	5~8	5~9	6~10	7~11	

注：1. 表中 D 代表模锻链；G 代表套筒滚子链；B 代表双板链；T、U 均为刮板型式。

2. 最大输送距离是指埋刮板输送机所能达到的最大输送长度。电动机功率是该型号中驱动装置的配合情况，两者并非对应关系。生产厂：湖北宜都运输机械厂。

表 9.6-28　MC 型埋刮板输送机性能参数表

机器型号		MC16	MC20	MC25	MC32	MC40
机槽宽度/mm		160	200	250	320	400
名义承载深度/mm		120	130	160	200	250
刮板链条	型号	DO;DV/GO;GV	DO;DV/GO;GV	DO;DV/GO;GV	BO;BO₄	DO;DV
	许用载荷/kN	15/17	23/26	31/35	29	40
	质量/(kg/m)	10.6;9.7/12;11.6	11.3;10.6/15.9;14.7	18.9;17.1/20;18.6	40.9;42.3	33.5;32
	速度/(m/s)	0.16~0.32	0.16~0.32	0.16~0.32	0.16~0.32	0.16~0.32
输送量/(m³/h)		11~22	15~30	23~46	46~74	55~110
最大输送距离/m		50	30	30	30	30
电动机功率/kW		1.5~7.5	1.5~15	2.2~18.5	4~30	5.5~37
减速机	ZQ 机座号	35~50	40~65	40~75	50~100	65~100
	WXD 机座号	4~6	5~8	5~9	6~10	7~11

注：表中 V、O、O₄ 代表刮板型式（见图 9.6-18）。生产厂：湖北宜都运输机械厂。

表 9.6-29　驱动装置组合表

Y 系列电动机配 ZQ 减速机					
组合号	电动机型号	功率/kW	转速/(r/min)	减速机型号	质量/kg
11	Y132M2-6	5.5	960	ZQ50	489
12	Y160M2-6	7.5			520
15					941
16	Y160L-6	11		ZQ65	971
17	Y180L-6	15			1 049
18	Y200L-6	18.5	970		1 061
19	Y180L-6	15			1 327
20	Y200L1-6	18.5		ZQ75	1 339
21	Y200L2-6	22			1 377
23					
24	Y225M-6	30			
25	Y250M-6	37	980	ZQ85	
26	Y280S-6	45			
28	Y280M-6	55		ZQ100	

3.4.3　适用于散粮的轻型埋刮板输送机性能参数

RMS 型埋刮板输送机是专门为输送散粮而设计的,它速度高、运量大,可多点进料、多点卸料,倾斜布置时最大倾角可达 150°。本系列埋刮板输送机共有 8 种机型,最大输送量可达 1300t/h,最大输送距离可达 80m,其技术参数见表 9.6-30。

表 9.6-30　RMS 型埋刮板输送机主要技术参数表

机器型号		RMS20	RMS25	RMS32	RMS40	RMS50	RMS63	RMS80	RMS100
机槽宽度/mm		200	250	315	400	500	630	800	1000
名义承载深度/mm		200	250	315	400	500	500	500	500
刮板链条	型号	3002T	3002T	3002T	3002T 3003T	3002T 3003T	3002T 3003T	3002T 3003T	3002T 3003T
	许用载荷/kN	40.1	40.1	40.1	40.1/90	40.1/90	80/180	80/180	80/180
	质量/(kg/m)	12.5	13.8	15.6	18.3/23.5	24.1/29.6	37.2/47.6	41.9/52.3	47.4/57.9
	速度/(m/s)	0.16~0.2	0.2~0.5	0.25~0.5	0.25~0.83	0.32~0.85	0.5~0.85	0.63~1.1	0.8~1.1
输送量/(t/h)		14~35	30~70	55~110	95~240	200~500	370~630	600~1000	960~1300
最大输送距离/m		80	80	80	80	80	80	80	80
电动机功率/kW		<11	<15	<22	<37	<90	<160	<185	<250

注: 表中的数值是按下列条件计算的: 1) 物料为小麦,堆积密度 $\rho = 0.75t/m^3$,抽送效率 $\eta_1 = 0.88 \sim 0.9$。2) 输送机水平布置,传动效率 $\eta = 1.1 \sim 1.3$,电动机备用系数 $K = 1.1 \sim 1.3$。生产厂: 湖北宜都运输机械厂。

TGSS 型埋刮板输送机的特点是牵引链为套筒滚子链,刮板由链板直接弯成,不必焊接,变形小。其主要技术参数见表 9.6-31。

表 9.6-31　TGSS 型埋刮板输送机主要技术参数

机器型号	TGSS20	TGSS25	TGSS32	TGSS40	TGSS50	TGSS63	TGSS80	TGSS100
输送量/(m³/h)	60~80	94~125	150~200	240~320	300~400	630	1130	1700
/(t/h)	45~60	70~90	110~150	180~240	220~300	475	840	1275
有效工作面积 (B×H)/mm²	200×200	250×250	320×320	400×400	500×500	630×500	800×700	1000×850
刮板链条速度/(m/s)	0.4~0.8							
刮板链节距/mm	100	100	125	200	200	200	200	200
每 10m 功率/kW	≤1.8	≤2.7	≤4.5	≤7	≤9	≤14	≤25	≤36
输送机长度/m	≤80							

注: 物料堆积密度以 $\rho = 0.75t/m^3$ 计。生产厂: 广东省江门市南方输送机械工程有限公司。

4　螺旋输送机

4.1　螺旋输送机的特点与应用

螺旋输送机是一种不具有挠性牵引构件的连续输送机械。螺旋输送机的输送原理类似于螺旋传动副的工作原理,它利用带有螺旋叶片的螺旋轴的旋转,使得物料受到料槽或输送管壁摩擦力的作用而不与螺旋一起旋转,产生沿螺旋面的相对运动,从而具有轴向运动分量得以输送。在水平螺旋输送机中,料槽的摩擦力是由物料自身重力引起的,而在垂直螺旋输送机中,输送管壁的摩擦力是由物料旋转离心力以及物料对管壁的侧压力所引起的。

螺旋输送机具有以下优点: 结构较简单,成本较低;工作可靠,维修管理方便;由于无返回分支,断面尺寸小,占地面积小;能实现密封输送,便于输送易飞扬的、炽热的、气味强烈的物料,可减小对环境的污染;装载卸载方便,可在输送线路上任一点装载卸载;可逆向输送,也可使一台输送机同时向两个方向输送物料,即集向中心或远离中心;在输送物料的同时可完成混合、搅拌、冷却等作业。螺旋输送机的主要缺点是: 由于物料与螺旋、物料与槽壁之间的摩擦及物料之间的相互搅拌,单位功率消耗较大;物料在输送过程中易被研碎及破损,螺旋叶片与料槽的磨损也较为严重。

螺旋输送机按其空间布置位置可分为水平、倾斜、垂直以及空间可弯曲四种类型。螺旋轴线与水平面夹角小于15°布置的为水平螺旋输送机，大于15°小于80°布置的为倾斜螺旋输送机，螺旋轴线在±10°范围内垂直布置的为垂直螺旋输送机，螺旋轴线布置成空间曲线的为空间可弯曲螺旋输送机。空间可弯曲螺旋输送机以高强度挠性螺旋作为工作构件，它可根据工作现场情况和输送工艺要求在垂直面或水平面内布置。以挠性螺旋弹簧代替螺旋轴作为输送构件的弹簧螺旋输送机也属于一种空间可弯曲螺旋输送机。螺旋输送机按所输送的物料可分为散粒物料螺旋输送机或成件物品螺旋输送机，后者由两根相互平行的、各自具有左、右旋的裸露螺旋所构成。螺旋输送机按其可否移动分为固定式与移动式两种类型。

螺旋输送机广泛地用于粮食工业、建筑工业、化学工业、机械制造业、交通运输业以及能源工业等国民经济各部门中。螺旋输送机主要用于输送各种粉状、粒状及小块状物料，所输送的物料有：谷物、小麦、豆类、面粉等粮食产品；水泥、黏土、砂等建筑材料；盐类、碱类、化肥等化工原料与化工产品，以及煤、焦炭、灰渣、矿石等大宗散货。除输送散粒物料外，亦可利用螺旋输送机来运送各种成件物品。螺旋输送机不易输送易变质的、黏性大的、块度大的、易结块的、易破碎的物料。

螺旋输送机一般用于输送距离不大，输送量不大的场合，其输送长度一般为30~40m，最大不超过70m，垂直螺旋输送机的提升高度在20m以下。螺旋输送机的输送量一般不超过500t/h。目前螺旋输送机也向着大型化发展，已出现输送量高达3000t/h的用于港口卸船作业的螺旋卸船机。在港口，螺旋输送机主要用于卸车、卸船作业以及仓库内散粒物料在水平及垂直方向的输送。由水平螺旋输送机、垂直螺旋输送机及相对旋转式取料装置组成的螺旋卸船机，已成为一种较为先进的连续卸船机型，日益广泛地应用于国内外散货专用码头。螺旋输送机在港口除直接用于卸车卸船作业以及输送物料外，常利用裸露螺旋具有耙集物料的功能而用作其他类型连续卸船机的取料装置。

4.2 螺旋输送机的构造与主要部件

用于水平方向输送散粒物料的水平螺旋输送机的构造如图9.6-21所示。水平螺旋输送机由螺旋轴、料槽、首端轴承、末端轴承、中间悬置轴承、驱动装置以及装载口与卸载口等部分组成。若需在输送线路中间卸料，可开设具有开闭闸阀的中间卸料口。驱动装置带动轴承上的螺旋轴旋转，物料经装载漏斗进入料槽后，由于物料的重力所产生的与槽底之间的摩擦力阻止物料与螺旋一起旋转而沿轴向运动，直至卸载口卸出。

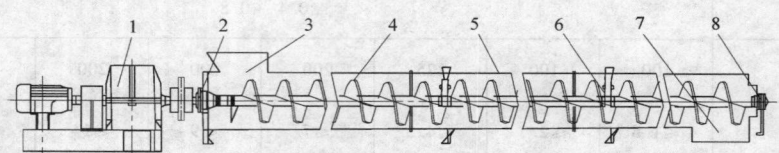

图9.6-21 水平螺旋输送机
1—驱动装置 2—末端轴承 3—装载口 4—螺旋轴 5—料槽
6—中间轴承 7—卸载口 8—首端轴承

水平螺旋输送机根据螺旋的旋向、螺旋的旋转方向以及装料口与卸料口位置等的不同，可组合成不同的进料、卸载的布置形式，即末端装料、首端卸料，首端装料，末端卸料，中间装料，两端卸料，两端装料、中间卸料。水平螺旋输送机的布置形式如图9.6-22所示。

螺旋轴是螺旋输送机的主要构件，它由螺旋叶片与轴组成。

螺旋叶片一般由钢板冲压而成，然后焊接在无缝钢管轴上，且在各叶片间加以焊接。钢板厚度范围在2~8mm，对于谷物、水泥等重度小、块度小、磨碴性小的物料可取2~4mm，对于煤、矿、化肥等物料可取4~6mm，对于矿石等重度、块度及磨碴性均较

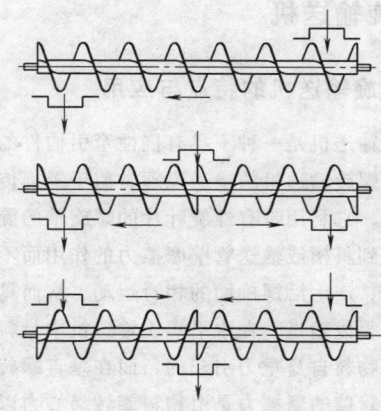

图9.6-22 水平螺旋输送机的布置形式

大的物料应取 6～8mm。对于化肥等易腐蚀的物料，叶片钢板常采用不锈钢，对于输送磨碰性较大的物料，螺旋面也可采用扁钢轧制而成或铸铁铸造而成的节段。

螺旋轴上螺旋叶片有右旋与左旋两种，物料的输送方向由螺旋的旋向与轴的转向所确定。螺旋的头数可以是单头和双头，双头螺旋主要用于需要完成搅拌及混合作业的输送装置中。螺旋面的母线通常采用垂直于螺旋轴线的直线，以便于制造，这种型式的螺旋叶片称为标准形式螺旋。以输送物料为目的的水平螺旋输送机应优先考虑采用标准形式的右旋单头螺旋。

螺旋叶片有实体式、带式、叶片式、齿形式四种形状（见图 9.6-23）。叶片形状的选用应根据被输送物料的种类及物料特性进行。实体式螺旋是最常用的形式，适用于流动性好的、干燥的、小颗粒或粉状的物料，带式螺旋适用于块状物料或具有一定黏性的物料，叶片式与齿形式螺旋适用于易压实挤紧的物料。若水平螺旋输送机有对物料进行搅拌、松散、冷却等工艺要求，应考虑选用叶片式或齿形式螺旋。

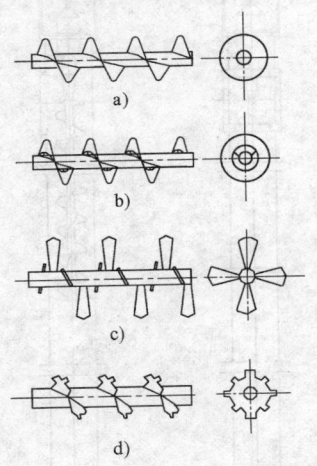

图9.6-23　螺旋叶片形状
a) 实体式　b) 带式　c) 叶片式　d) 齿形式

螺旋轴一般由 3～5m 的各个节段连接而成，以利于制造与装配。螺旋轴的连接要求结构简单紧凑，便于安装和更换。图 9.6-24 示出管形螺旋轴常用的一种连接方式，各个节段利用内衬套和圆轴节段通过穿透螺栓加以连接，其中圆轴节段可以作为中间悬置轴承和端部轴承的轴颈。

水平螺旋输送机的螺旋轴是通过首、末端部轴承和中间轴承而安装于料槽内。首端是指物料运移前方的一端。首端轴承应采用止推轴承（见图 9.6-25），以承受物料运动阻力所引起的轴向力，且使螺旋轴在

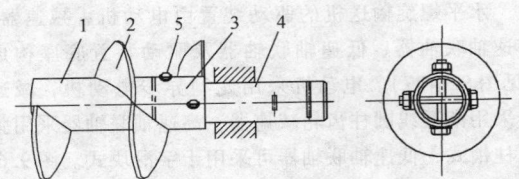

图9.6-24　管形螺旋轴各节段的连接
1—管型螺旋轴　2—螺旋叶片　3—圆轴节段
4—内衬套　5—螺栓

全部长度上仅受拉伸作用，避免受压而出现失稳。末端轴承仅受径向载荷作用，采用径向滚动轴承。中间轴承是螺旋轴的中间支承。输送机对中间轴承的主要要求为：沿轴线方向长度尺寸应尽可能小，以防止物料由于螺旋叶片的中断距离过大在此处引起堵塞；轴承的横向尺寸也应尽可能小，以防止物料由于料槽下部有效通过面积的减小而引起在轴承处堵塞。中间轴承一般采用由青铜及巴氏合金等耐磨材料制成的滑动轴承，也可采用尺寸紧凑的滚动轴承（见图 9.6-26）以减小阻力。中间轴承支座是悬置布置的，其结构有焊接的和铸造的。

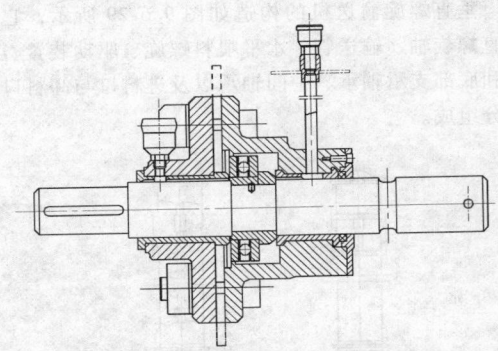

图9.6-25　首端止推轴承

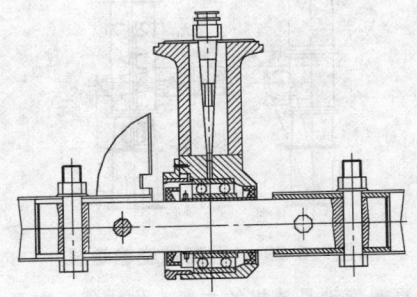

图9.6-26　采用滚动轴承的中间轴承

水平螺旋输送机的料槽由薄钢板制成。料槽的形状是半圆形底面与平直的顶、侧面，在料槽外侧的纵向与横向应加焊角钢，以增强料槽的刚度并有利于料槽与盖子、与中间轴承座的连接以及各个节距之间的连接。

水平螺旋输送机的驱动装置由电动机、减速器、高速轴联轴器、低速轴联轴器及驱动装置底座构成（见图9.6-27）。电动机采用笼型异步电动机，减速器采用渐开线圆柱齿轮减速器，高速轴联轴器采用弹性柱销式，低速轴联轴器可采用十字滑块式。图9.6-28所示的驱动装置采用了电动机与减速器一体化的齿轮减速电动机，使驱动装置尺寸更加紧凑。

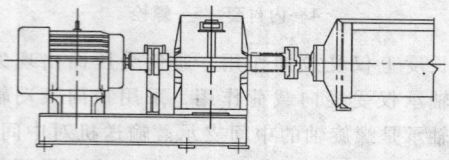

图9.6-27 水平螺旋输送机的驱动装置

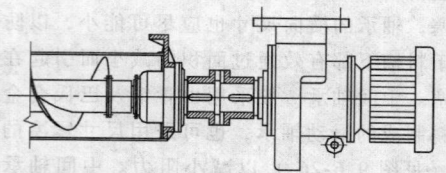

图9.6-28 采用齿轮减速电动机的驱动装置

垂直螺旋输送机的构造如图9.6-29所示，它由垂直螺旋轴、输送管、水平喂料螺旋、驱动装置、顶部和底部支承轴承、中间轴承以及进料口与卸料口等部分组成。

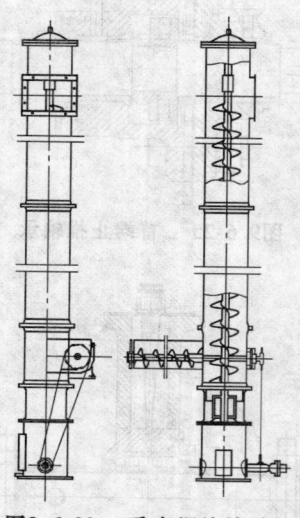

图9.6-29 垂直螺旋输送机

垂直螺旋轴是该机的主要工作构件，它具有标准形式的右旋实体式螺旋，根据使用需要可采用单头或双头螺旋。垂直螺旋输送机的料槽是圆管形，各节段输送管由端部法兰相互连接。由于物料进入输送机会迅速加速产生较大的离心力，自行流入式供料难以实现足够的充填率，因此垂直螺旋输送机的供料是利用

一个短的水平螺旋进行，它在输送机下部将物料压入垂直输送段，保证所要求的充填率。垂直螺旋和水平螺旋采用分别驱动的两套驱动装置，也可采用位于输送机底部的一套驱动装置集中驱动，水平布置的驱动轴将驱动转矩一方面通过锥齿传动传给垂直螺旋轴，另一方面通过链传动传给水平螺旋轴。垂直螺旋的驱动装置采用立式电动机置于输送机顶部（见图9.6-30）。垂直螺旋轴由顶部的径向止推轴承和底部的径向轴承所支承，垂直螺旋输送机一般不装设中间轴承。对于提升高度较大，为保证螺旋轴的动刚度，避免剧烈的振动，应设置中间轴承。中间轴承的构造较复杂，这是由于该轴承在支承同时又不能影响物料的通过性，它是由边缘上嵌有硬质合金小圆柱的支承螺旋与连接在输送管上的具有耐磨材料轴瓦的中间轴承座所构成的滑动轴承（见图9.6-31）。

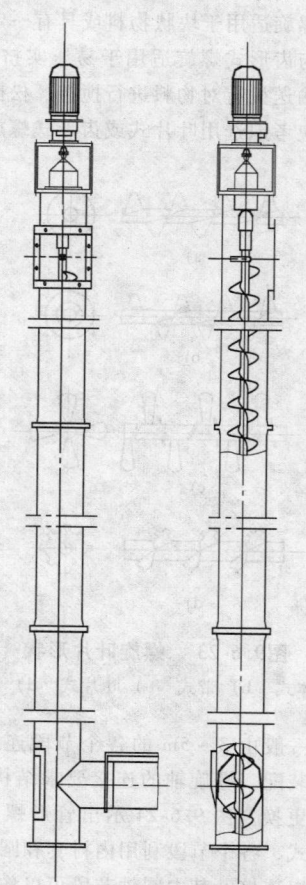

图9.6-30 顶部驱动的垂直螺旋输送机

当垂直螺旋轴以一定的转速旋转时，由水平喂料螺旋装入垂直输送段的散粒物料沿周向迅速加速而转动，在旋转离心力的作用下物料将向螺旋叶片的外缘移动而紧贴在输送管壁上。当旋转离心力足够大时，

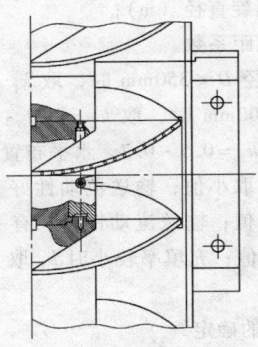

图9.6-31 垂直螺旋输送机中间轴承

管壁对物料所产生的摩擦力将阻止物料随螺旋一起旋转，而使物料产生相对于螺旋叶片的滑动，从而具有垂直向上的运动分量，实现物料的向上输送。

4.3 螺旋输送机的设计计算

4.3.1 水平螺旋输送机的设计计算

1. 输送量计算

水平螺旋输送机输送量按式（9.6-68）计算。

$$Q = 15\pi C k_1 \rho \psi D^3 n_s \qquad (9.6\text{-}68)$$

式中 Q——水平螺旋输送机输送量（t/h）；

D——螺旋直径（m）；

n_s——螺旋转速（r/min）；

k_1——螺距系数（m）；

ρ——被输送物料的堆积密度（t/m³）；

ψ——输送机的充填系数；

C——输送机的倾斜修正系数，按表9.6-32选取。

表9.6-32 水平螺旋输送机倾斜修正系数

倾斜角 β/(°)	0	≤5	≤10	≤15	≤20
倾斜修正系数 C	1.00	0.90	0.80	0.70	0.65

2. 螺旋转速的确定

螺旋转速在保证输送量的条件下不宜过高，以避免物料受过大切向力作用被抛起，降低平均输送速度，加剧物料的冲撞及螺旋与料槽的磨损，增大能耗。要求螺旋转速低于其最大许用转速

$$n_s < n_{max} = \frac{E}{\sqrt{D}} \qquad (9.6\text{-}69)$$

式中 n_{max}——螺旋最大许用转速（r/min）；

E——物料综合特性系数（m^{0.5}/min），其值由表9.6-33查取。

表9.6-33 螺旋叶片形状、充填系数及物料综合特性系数的选用

物料块度	物料磨琢性	物料种类	充填系数 ψ	推荐的螺旋叶片形状	E
粉状	无磨琢性、半磨琢性	石灰粉、石墨	0.35~0.40	实体式	75
粉状	磨琢性	干炉灰、水泥、石膏粉	0.25~0.30	实体式	35
粉状	无磨琢性、半磨琢性	谷物、泥煤	0.25~0.35	实体式	50
粉状	磨琢性	砂、型砂、炉渣	0.25~0.30	实体式	30
小块状≤60mm	无磨琢性、半磨琢性	煤、石灰石	0.25~0.30	实体式	40
小块状≤60mm	磨琢性	卵石、砂岩、炉渣	0.20~0.25	实体式或带式	25
中等及大块状≥60mm	无磨琢性、半磨琢性	块煤、石灰石	0.20~0.25	实体式或带式	30
中等及大块状≥60mm	磨琢性	干黏土、硫矿石、焦炭	0.125~0.20	实体式或带式	15

计算时可初选螺旋直径由上式确定螺旋转速，然后按下列系列圆整：8r/min、10r/min、12.5r/min、16r/min、20r/min、25r/min、31.5r/min、40r/min、47.5r/min、53r/min、60r/min、67r/min、75r/min、85r/min、95r/min、105r/min、120r/min、130r/min、150r/min、170r/min、190r/min。螺旋转速的允许偏差在10%范围内。当确定螺旋直径后，还应按上式对螺旋转速进行校核。

3. 螺旋直径和螺距

螺旋直径应根据输送量的要求确定，且应按标准系列选取。

满足输送量 Q 的要求所需的螺旋直径为

$$D \geqslant 0.277 \sqrt[3]{\frac{Q}{C k_1 \rho \psi n_s}} \qquad (9.6\text{-}70)$$

按上式计算得出的螺旋直径应根据 0.100m、0.125m、0.160m、0.200m、0.250m、0.315m、0.400m、0.500m、0.630m、0.800m、1.000m、1.250m 的标准直径系列圆整。推荐的螺旋叶片形状参考表9.6-33。

对所确定的螺旋直径还应按被输送物料的块度进行校核：

对于未筛分物料要求：

$$D \geqslant (8 \sim 10) d_k \qquad (9.6\text{-}71)$$

对于筛分物料要求：

$$D \geqslant (4 \sim 6) d_{\max} \qquad (9.6\text{-}72)$$

式中　d_k——物料的平均块度（m）；

　　　$d_{\max}$——物料的最大块度（m）。

如果根据物料的块度需要选取较大的螺旋直径，则可在保证输送量的条件下降低螺旋转速或输送机的充填率。

料槽钢板的厚度 δ 按螺旋直径以及被输送物料的磨琢性的大小来确定。螺旋直径较小、输送磨琢性小的物料时，料槽厚度取为 $\delta = 2 \sim 3$mm；螺旋直径大、输送磨琢性大的物料时，取 $\delta = 6 \sim 8$mm。螺旋叶片的厚度可根据物料性质和螺旋直径按表 9.6-34 选取。

表 9.6-34　螺旋叶片的厚度

输 送 物 料		δ/mm
谷物		$2 \sim 4$
煤、建筑材料、矿石等	$D = 200 \sim 300$mm	$4 \sim 5$
	$D = 500 \sim 600$mm	$7 \sim 8$

对于实体式标准形式螺旋可展为平面来冲压或冷拉成形，一个螺距内螺旋面展开面如图 9.6-32 所示。其下料尺寸为

$$d_1 = \frac{\sqrt{(\pi d)^2 + s^2}}{\sqrt{(\pi D)^2 + s^2} - \sqrt{(\pi d)^2 + s^2}} (D - d)$$
$$(9.6\text{-}73)$$

$$D_L = \frac{\sqrt{(\pi D)^2 + s^2}}{\sqrt{(\pi D)^2 + s^2} - \sqrt{(\pi d)^2 + s^2}} (D - d)$$
$$(9.6\text{-}74)$$

$$\alpha = \frac{\pi D_L - \sqrt{(\pi d)^2 + s^2}}{\pi D_L} \times 360° \qquad (9.6\text{-}75)$$

式中　d——螺旋轴直径（m）；

　　　D——螺旋直径（mm）；

　　　D_L——螺旋面展开图圆环外径（m）；

　　　d_1——螺旋面展开图圆环内径（m）；

　　　α——展开圆环切除部分的圆心角（°）。

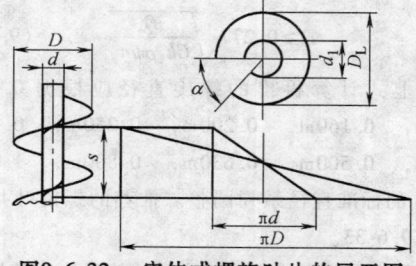

图9.6-32　实体式螺旋叶片的展开图

螺距可根据螺旋直径、物料特性、输送机的倾角及充填率等因素确定。

$$S = k_1 D \qquad (9.6\text{-}76)$$

式中　S——螺距（m）；

　　　D——螺旋直径（m）；

　　　k_1——螺距系数。

当螺旋直径 $D < 350$mm 时，取 $k_1 = 0.9 \sim 1$；当 350mm $< D < 800$mm 时，取 $k_1 = 0.7 \sim 0.9$；当 $D \geqslant 800$mm 时，取 $k_1 = 0.5 \sim 0.7$。水平布置时 k_1 取大值，倾斜布置时 k_1 取小值；输送流动性好、磨琢性小的物料时 k_1 取大值；输送流动性差、有一定磨琢性的物料时 k_1 取小值；充填率较小时 k_1 取大值，反之取小值。

4. 充填率的确定

水平螺旋输送机的充填率过大将导致轴向速度降低与单位能耗增大。充填率的确定应考虑被输送物料的磨损、黏性、输送机的倾角以及螺距的大小等因素。

充填率的取值范围一般为 $\psi = 0.15 \sim 0.4$。对于流动性好、磨琢性小、干燥的粉末状或小颗粒物料，ψ 取较大值；而对块状较大、磨琢性大、具有黏性的物料取较小值。表 9.6-33 给出充填率推荐选用的参考值。在选用时，对于螺距较大的输送机，充填率应取小值；对于倾角较大的输送机，充填率应取小值；对于具有长度尺寸和横向尺寸较大的中间轴承的输送机，充填率应取小值。

5. 驱动功率的计算

水平螺旋输送机的运动阻力有：物料与料槽之间的摩擦阻力、物料与螺旋之间的摩擦阻力、物料之间的摩擦阻力、各支承轴承处的摩擦阻力以及物料斜倾向上输送时物料重力沿输送方向的分力所引起的阻力。前三项阻力总称物料运行阻力，后两项阻力分别称为输送机空载运行阻力与提升阻力。水平螺旋输送机螺旋轴功率为克服上述三种阻力所需功率之和。输送机克服物料运行阻力所需的功率

$$P_1 = \frac{QL}{367\mu} \qquad (9.6\text{-}77)$$

式中　P_1——克服物料运行阻力的功率（kW）；

　　　Q——水平螺旋输送机输送量（t/h）；

　　　L——输送机的水平输送长度（m）；

　　　μ——物料运行阻力系数，按表 9.6-35 查取。

输送机空载运行的功率 P_2 按式（9.6-78）计算。

$$P_2 = \frac{DL}{20} \qquad (9.6\text{-}78)$$

式中　P_2——水平螺旋输送机空载运行的功率（kW）；

　　　D——螺旋直径（m）；

　　　L——输送机的水平输送长度（m）。

表 9.6-35　物料运行阻力系数 μ

物料	堆积密度/(t/m³)	阻力系数	物料	堆积密度/(t/m³)	阻力系数
煤渣、矿渣	0.7 ~ 1	3	分选煤	0.9	1.9
褐煤	1.1 ~ 1.3	2.2	黏土	1.8	1.9
铁矿石	1.4	2.2	燕麦、大麦	0.5	1.9
重矿石(铜、铅)	2 ~ 2.5	2.2	面粉	0.6	1.9
轻矿石	1.25 ~ 2	2.2	玉米、黑麦、稻谷	0.5 ~ 0.7	1.9
石墨	0.4 ~ 0.6	1.9	小麦	0.8	1.9
熟石灰	0.5	1.9	砂	1.4 ~ 1.7	3
砾石	1.5 ~ 1.8	3	水泥	1.0 ~ 1.3	1.9
焦炭	0.5	3	泥灰	1.6 ~ 1.9	2.2
普通煤	0.8	2.2	灰浆	1.8 ~ 2.1	3

输送机克服提升阻力所需的功率按式（9.6-79）计算。

$$P_3 = \frac{QH}{367} \qquad (9.6\text{-}79)$$

式中　P_3——水平螺旋输送机克服提升阻力所需的功率（kW）；

　　　Q——水平螺旋输送机输送量（t/h）；

　　　H——输送机的垂直提升高度（m）。

水平螺旋输送机螺旋轴的轴功率 P_0 为

$$P_0 = \frac{Q}{367}(\mu L + H) + \frac{DL}{20} \qquad (9.6\text{-}80)$$

水平螺旋输送机电动机的驱动功率 P 按下式计算

$$P = K\frac{P_0}{\eta} \qquad (9.6\text{-}81)$$

式中　K——功率备用系数，根据满载起动的要求在 1.1 ~ 1.4 范围内选取；

　　　η——驱动装置总传动效率，对于圆柱齿轮减速器可取 $\eta = 0.9 \sim 0.94$。

4.3.2　垂直螺旋输送机的设计计算

1. 输送量计算

垂直螺旋输送机输送量按式（9.6-82）计算

$$Q = 900\pi\rho\psi v_z(D^2 - d^2) \qquad (9.6\text{-}82)$$

式中　Q——垂直螺旋输送机输送量（t/h）；

　　　D——螺旋直径（m）；

　　　d——螺旋轴直径（m）；

　　　v_z——物料的垂直输送速度（m/s）；

　　　ρ——被输送物料的堆积密度（t/m³）；

　　　ψ——输送机的充填系数，它与水平喂料螺旋的供料压力以及进入垂直输送段后物料的加速过程等因素有关，推荐 $\psi = 0.4 \sim 0.7$。

2. 物料垂直输送速度及螺旋转速的确定

当垂直螺旋轴以一定的转速旋转时，由水平喂料螺旋装入垂直输送段的散粒物料沿周向迅速加速而转动，在旋转离心力的作用下物料将向螺旋叶片的外缘移动而紧贴在抽送管壁上。当旋转离心力足够大时，输送管壁对物料所产生的摩擦力将阻止物料随螺旋一起旋转，使物料产生相对于螺旋叶片的滑动，从而具有垂直向上的运动分量，实现物料的向上输送。因此，螺旋转速存在一个临界值，只有当螺旋转速超过这一临界值时，才能达到输送物料的目的。此时，物料将在垂直管内作具有一定升角的旋向与螺旋旋向相反的螺旋线运动。垂直螺旋输送机的临界转速取决于螺旋升角、物料与管壁的摩擦因数以及物料与螺旋面的摩擦因数，过大的螺旋升角、过小的物料与管壁的摩擦因数将导致过高的临界转速。

螺旋的临界转速由式（9.6-83）计算

$$n_k = \frac{30}{\pi}\sqrt{\frac{g}{R\mu_t}\tan(\alpha_s - \phi_s)} \qquad (9.6\text{-}83)$$

与临界转速相对应的螺旋外缘的临界线速度为

$$v_k = \sqrt{\frac{gR}{\mu_t}\tan(\alpha_s - \phi_s)} \qquad (9.6\text{-}84)$$

式中　n_k——螺旋的临界转速（r/min）；

　　　v_k——与临界转速相对应的螺旋外缘的临界线速度（m/s）；

　　　R——螺旋半径（m）；

　　　α_s——螺旋外缘处的升角（°），推荐 $\alpha_s = 12° \sim 18°$。采用单头螺旋时，α_s 取较小值，采用双头螺旋时，α_s 可取较大值；

　　　ϕ_s——物料与螺旋面的摩擦角（°）；

　　　μ_t——物料与输送管内壁的摩擦因数。

　　　g——重力加速度。

物料的垂直输送速度可由螺旋外缘处物料颗粒的运动分析与受力分析所确定，但难以表示为螺旋最外边缘线速度的显函数表达式，而用以下隐函数的形式表示

$$C_2 = C_1\tan(\alpha_s - \phi_s) + 1 \qquad (9.6\text{-}85)$$

$$v_y = v_k \sqrt[4]{C_1^2 + C_2^2} \qquad (9.6\text{-}86)$$

$$v_z = v_y \frac{C_1}{C_2} \qquad (9.6\text{-}87)$$

$$v_s = v_z \cot\alpha_s + v_y \qquad (9.6\text{-}88)$$

式中　C_1、C_2——待定系数；

　　　v_k——与临界转速相对应的螺旋外缘的临界线速度（m/s）；

　　　v_y——物料的水平圆周速度（m/s）；

　　　v_z——物料的垂直输送速度（m/s）；

　　　v_s——螺旋外缘的线速度（m/s）；

　　　α_s——螺旋外缘处的升角（°）；

　　　ϕ_s——物料与螺旋面的摩擦角（°）。

式（9.6-85）～式（9.6-88）构成已知 v_s 求 v_z 的列表解法。求解时先初选螺旋半径 R，设定 C_1 值，依次求出 C_2、v_y、v_z、v_s，改变 C_1 重复此过程，从而可用表格形式表示出 $v_z = f(v_z)$ 的函数关系。也可用计算机编程求解此函数关系。

表 9.6-36 给出了当 $\phi_s = 25.5°$，$\alpha_s = 17.7°$，$R = 0.085\text{m}$，$\mu_t = 0.48$ 的计算条件下物料垂直输送速度列表解法的应用举例。由此表可根据螺旋边缘线速度查出物料的垂直输送速度等参数。η 为螺旋输送机的输送效率，也可由该表中查出。

表 9.6-36　物料垂直输送速度求解应用举例

C_1	C_2	v_y	v_z	v_s	η	C_1	C_2	v_y	v_z	v_s	η
0	1	1.238	0	1.238	0	0.70	1.675	1.661	0.702	3.859	0.117
0.05	1.045	1.266	0.061	1.457	0.042	0.80	1.751	1.718	0.785	4.177	0.114
0.10	1.094	1.298	0.119	1.670	0.069	0.90	1.845	1.774	0.865	4.485	0.111
0.15	1.141	1.328	0.175	1.875	0.087	1.00	1.939	1.828	0.943	4.782	0.108
0.20	1.188	1.359	0.229	2.076	0.099	1.2	2.127	1.934	1.091	5.353	0.102
0.25	1.235	1.390	0.281	2.271	0.107	1.50	2.409	2.085	1.298	6.153	0.093
0.30	1.282	1.420	0.332	2.461	0.112	2.00	3.348	2.531	1.889	8.451	0.066
0.40	1.376	1.482	0.431	2.832	0.118	3.00	3.817	2.728	2.144	9.445	0.063
0.50	1.470	1.542	0.524	3.185	0.119	5.00	5.695	3.408	2.992	12.782	0.044
0.60	1.563	1.602	0.615	3.529	0.119						

另一种确定物料垂直输送速度的方法是以垂直螺旋输送机达到最高输送效率为条件来进行计算。当 C_1 按下式计算时，输送机的效率达到最大值。

$$C_1 = \sqrt{\frac{\tan\alpha_s}{\tan(\alpha_s + \phi_s)[1 + \tan(\alpha_s + \phi_s)]}} \qquad (9.6\text{-}89)$$

对应的物料垂直输送速度为

$$v_z = \frac{C_1 \sqrt{C_1^2[1 + \tan(\alpha_s + \phi_s)] + 2C_1\tan(\alpha_s + \phi_s) + 1}}{C_1\tan(\alpha_s + \phi_s) + 1} \qquad (9.6\text{-}90)$$

垂直螺旋输送机的螺旋转速应根据临界转速按式（9.6-91）确定。

$$n_s = k_2 n_k \qquad (9.6\text{-}91)$$

式中　n_k——螺旋的临界转速（r/min）；

　　　n_s——螺旋转速（r/min）；

　　　k_2——转速系数，为避免输送机的效率过低，推荐按 $k_2 = 1.5 \sim 3.0$ 的取值范围选取，当螺旋临界转速较高时，k_2 取较小值。若考虑降低输送机的成本与质量，k_2 可取较大值。

若按输送机达到最高效率的条件确定螺旋转速，则应按式（9.6-89）计算 C_1 值，然后再按式（9.6-85）计算 C_2 值，则转速系数 k_2 按式（9.6-92）计算。

$$k_2 = \left(\frac{C_1}{C_2}\cot\alpha_s + 1\right)\sqrt[4]{C_1^2 + C_2^2} \qquad (9.6\text{-}92)$$

3. 螺旋直径的确定

垂直螺旋输送机的螺旋直径按式（9.6-93）计算。

$$D = 0.189 \times \sqrt[3]{\frac{(\cot\alpha_s + C_2/C_1)Q}{\psi\rho(1 - k_3^2)n_s}} \qquad (9.6\text{-}93)$$

式中　D——螺旋直径（m）；

　　　Q——垂直螺旋输送机输送量（t/h）；

　　　n_s——螺旋转速（r/min）；

　　　ρ——被输送物料的堆积密度（t/m³）；

　　　k_3——螺旋轴直径与螺旋直径之比；

　　　ψ——输送机的充填系数。

计算出螺旋直径后应进行圆整，并根据物料的块度进行校核。

对于未筛分的物料要求：

$$D \geq (8 \sim 10)a \qquad (9.6\text{-}94)$$

对于筛分物料要求：

$$D \geq (4 \sim 6)a_{max} \qquad (9.6\text{-}95)$$

式中 a——物料的平均块度（m）；

　　a_{max}——物料的最大块度（m）。

4. 驱动功率计算

垂直螺旋输送机的螺旋轴功率为

$$P_0 = k\frac{QH}{367\eta} \qquad (9.6-96)$$

式中 P_0——螺旋轴功率（kW）；

　　Q——垂直螺旋输送机输送量（t/h）；

　　H——输送机的输送高度（m）；

　　k——垂直螺旋轴顶部止推轴承、中间轴承和底部轴承处摩擦阻力所引起的阻力增大系数，取 $k = 1.1 \sim 1.5$，无中间轴承时 k 取较小值；

　　η——输送机的输送效率，其值可按式（9.6-97）计算。

$$\eta = \frac{C_1}{C_2}\frac{\tan\alpha_s}{(C_1 + C_2\tan\alpha_s)\tan(\alpha_s + \phi_s)} \qquad (9.6-97)$$

上式中如 C_1 值按式（9.6-89）计算时，则输送效率达到最大值。

垂直螺旋输送机电动机的驱动功率 P 按式（9.6-98）计算。

$$P = K\frac{P_0}{\eta_c} \qquad (9.6-98)$$

式中 K——功率备用系数，在 $1.2 \sim 1.5$ 范围内选取；

　　η_c——驱动装置总传动效率。

5 气力输送机

5.1 气力输送机的特点及分类

气力输送机是运用风机使管道内形成气流来输送物料（如粮食、煤炭、砂、水泥等）的机械设备。气力输送机与其他输送机相比较，具有以下的特点：

1) 可以改善劳动条件，提高劳动生产率，有利于实现自动化。采用气力输送机只需很少工人操作管理，对于粮食之类的比较松散的货物，可以把吸粮机的吸嘴伸到舱内不易到达的地方进行清舱。

2) 可以减少货物损失，提高货物质量。当采用气力输送机卸船时，不仅可以避免抓斗在操作中的撒漏，还可以对粮食进行通风冷却以减少虫害。

3) 整个系统具有密封性，可避免天气条件变化对输送过程的影响，并有可能把输送过程与生产工艺过程结合起来。例如，能同时进行干燥、加热、冷却、混合和除尘等工艺。

4) 结构简单，输送管道断面尺寸小，没有牵引构件，不需无载分支。各部件加工方便，质量轻，投资少。

5) 输送生产率高，尤其是有利于实现散装运输机械化，可大大提高劳动生产率、降低装卸成本、节省包装费用。

6) 功率消耗大，鼓风机的噪声大，输送管道及部件的磨损大。

7) 输送货物的品种有一定的限制，它不宜输送易于成团、粘结和易碎的货物。

在一般气力输送机中，其功率消耗大和工作构件磨损快的原因在于单位空气流中所含的物料量很少，而输送速度却很高。为了克服这一缺点，现在发展了一种新型的气力输送机。这种输送方式的作用原理不是依靠管内速度为 $10 \sim 30$m/s 左右的空气流使物料呈悬浮状态来输送，而是依靠速度不大（通常只有 $4 \sim 6$m/s），但压力较高的空气流来推动输送的。所以，在同样生产率下，这种推动输送所需的空气消耗量大大降低，并且由于输送速度小，因而使整个系统能量消耗降低，管壁的磨损减小。由于这种气力输送方式是直接利用空气的压力来进行输送的，所以称为"推动输送"，也称"静压输送"。

随着气力输送技术的发展，出现了很多类型的气力输送机，它们有不同的输送机理和特点，根据气力输送机输送机理的不同，把气力输送分为悬浮气力输送和其他型式的气力输送两类。悬浮气力输送是利用空气的速度使物料在管道内处于悬浮状态来输送，其他类型的气力输送是使物料在管道内形成一段一段的料栓，主要靠气体压力将其推动输送，也称静压输送或栓流气力输送。

目前大多数气力输送机都是利用物料在管道内悬浮来输送的，对于这种输送方式，按照它们的工作原理可分为吸送式、压送式和混合式三种。

5.1.1 吸送式气力输送机

如图 9.6-33 所示，吸送式气力输送机是借助压力低于 1 个大气压的空气流来进行工作的。它使用鼓风机从整个管路系统中抽气，使管道内气体压力低于外界大气压力（即形成一定的真空度）。吸嘴外的空气透过物料间隙与物料形成混合物，从吸嘴吸入输料管并沿管路输送。到达卸料点时，由分离器把物料与空气分离开来，物料从卸料器卸出，空气则通过风管经除尘器除尘后再通过鼓风机、消声器等排入大气中。

这种气力输送机的最大优点是供料简单方便，吸料点不会粉尘飞扬，能够从几堆或一堆物料中的数处同时吸取物料。但是其输送物料的距离和生产率是受

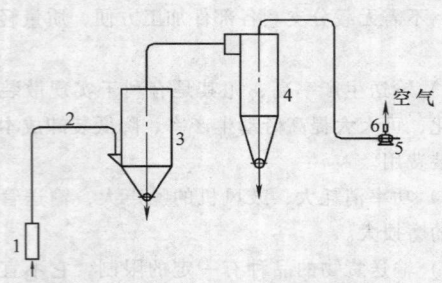

图9.6-33 吸送式气力输送机
1—吸嘴 2—输料管 3—分离器 4—除尘器
5—鼓风机 6—消声器

到限制的。因为随着输送距离的增加，阻力也会加大，这就要求提高空气的真空度，而吸送系统的真空度不能超过 0.5～0.6 个大气压，否则，空气变得稀薄，携带物料的能力急剧下降，以至引起管道堵塞，影响输送机正常工作。此外，吸送式气力输送机要求管路系统严格密封，避免漏气。为了保证鼓风机可靠工作及减少零部件磨损，进入鼓风机的空气必须严格除尘。

5.1.2 压送式气力输送机

如图 9.6-34 所示，压送式气力输送机是在高于 1 个大气压正压状态下工作的。鼓风机把具有一定压力的压缩空气压入管道，被输送的物料由供料器供入输料管中，空气和物料在管道内混合并沿管道输送至卸料点，通过分离器将物料从空气与物料的混合物中分离出来，物料由卸料器卸出，空气则经风管通过除尘器除尘后排入大气中。

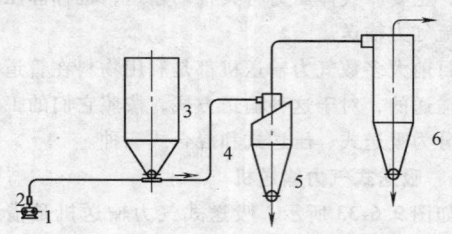

图9.6-34 压送式气力输送机
1—鼓风机 2—消声器 3—供料器
4—输料管 5—分离器 6—除尘器

这种气力输送机的特点与吸送式的正好相反，它可以实现较长距离的输送，生产率较高，可以由一个供料点把物料输送到几个卸料点。由于鼓风机在输送系统的前端，进入鼓风机的空气是清洁的，所以鼓风机的工作条件较好。它的缺点是由于必须从低压向高压处供料，故供料装置较复杂，且难以从几处同时吸取物料。

5.1.3 混合式气力输送机

如图 9.6-35 所示，混合式气力输送机由吸送式和压送式两部分组成。物料由吸嘴进入输料管被吸送至分离器，经分离器下部的卸料器（它又起着压送部分的供料器作用）卸出并送入压送部分的输料管，而从分离器中的除尘器出来的空气经风管送至鼓风机压缩后进入输料管，把物料压送至卸料点，再经分离器将物料分离出来，而空气则由分离器上部出来经除尘器后排入大气中。

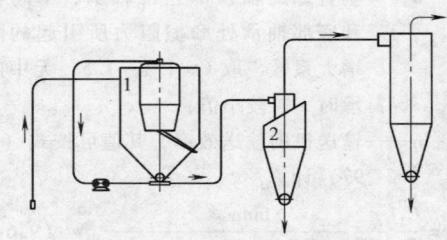

图9.6-35 混合式气力输送机
1—吸送部分 2—压送部分

这种气力输送机的特点是综合了吸送式和压送式的优点，即可同时从几处取料又可同时把物料输送到几处，且输送距离长，但是由于进入鼓风机的空气含尘较多，使得鼓风机的工作条件较差，整个输送系统的结构较复杂。

5.2 气力输送机的主要部件

气力输送机的主要部件包括：供料器、输料管、分离器、除尘器、卸料（灰）器、风管、鼓风机和消声器等。

5.2.1 供料器

供料器的作用是把物料供入到输料管中并形成合适的物料与空气的混合比。因此，它的性能好坏对气力输送机的工作有着直接的影响。供料器分为用于吸送式和用于压送式的两种。

吸送式气力输送机通常采用吸嘴作为供料器。由于吸送式气力输送机工作在负压系统，处在输料管前端入口附近的物料很容易同空气一起被吸进管内，所以吸嘴的结构较压送式气力输送机的供料器简单，无需特别考虑漏气和物料被反吹出来的问题。对吸嘴的要求是：轻便、牢固便于操作；在同样的风量条件下吸料多而压力损失小；具有补充风量调节装置，以便获得最合适的混合比。

吸嘴的结构型式很多，主要型式有单筒吸嘴、双筒吸嘴和转动吸嘴。

单筒吸嘴的结构最简单，图 9.6-36 所示为喇叭口单筒吸嘴,其上部用一个可转动的调节环来调节补充空气量,但从那里进入的空气只能使物料获得加速度,而不能像从吸嘴口物料空隙进入的空气那样起携带物料进入吸嘴的作用。图 9.6-37 所示的角吸嘴也是一种单筒吸嘴,其下端做成弯角形,便于从船舱、车厢内难以达到的地方吸取剩余物料。

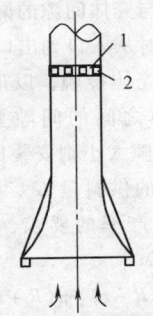

图9.6-36　单筒吸嘴
1—调节环　2—补充空气进口

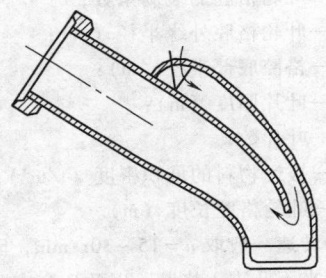

图9.6-37　角吸嘴

双筒吸嘴如图 9.6-38 所示,它是由两个同心圆筒组成,内筒与输料管连通,物料及大部分空气经吸嘴底部进入内筒,外筒可上下移动以改变内外筒下端端面的间隙来调节环形空间进入的补充空气量。

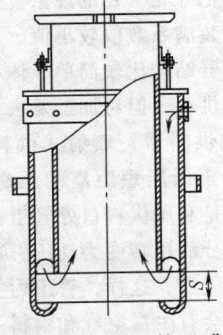

图9.6-38　双筒吸嘴

对于有一定的湿度和黏性、块度有大有小且形状不一、流动性很差的物料(如煤炭、砂石等),或透气性差、易固结的粉料,采用直吸嘴来进行吸送,其

吸送效果就较差。如采用松料、强制喂料吸嘴就能使取料能力和吸送效率大为提高。如图 9.6-39 所示,转动吸嘴由电动机经减速传动装置带动从而在装有滚动轴承的转台中转动。转动吸嘴筒壁上焊有若干补充风管以便把补充空气通到吸嘴口。吸嘴下端装有松料刀(塌料刀和喂料刀),工作时吸嘴转动,松料刀不断耙料使物料塌落松动并被吸入输料管,且物料在搅动中较好地与空气混合和获得进入吸嘴的初速度,保证吸嘴连续充分地吸料,因而提高了混合比和生产率。转动吸嘴的转速一般取 40～60r/min。

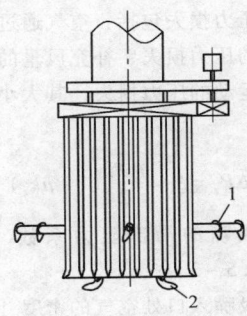

图9.6-39　转动吸嘴
1—塌料刀　2—喂料刀

图 9.6-40 是机械式松料喂料吸嘴的结构简图。它由三部分组成:带有补充风量可调节结构的直吸嘴、松料驱动装置及松料和强制喂料部件。

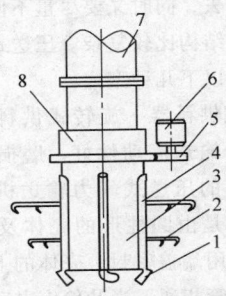

图9.6-40　机械式松料喂料吸嘴
1—喂料部件　2—松料塌料部件　3—吸嘴　4—补充风量
5—传动齿轮　6—电动机　7—输料管　8—转台

由图中可见,在转动的直吸嘴外筒圆周适当高度处装有放射状的数层松料部件。吸嘴取料工作时,吸嘴的下端部垂直下落在被吸送的物料上,先由吸嘴取料口处的松料部件松动物料;之后,当吸嘴作横向移动时,其上部的松料部件使物料塌落集聚在吸口周围以供连续吸送之用。松料喂料件应设计成利于物料起动、充气、聚集、定向喂料,阻力及松料死区小。由于被输送取料物料的流动性不同,刀型应根据具体的吸送物料和吸送条件来确定。上部的塌料部件应保证

有一定的有效工作范围且结构坚固。对于流动性好的物料，如谷物的吸送，松料喂料吸嘴也同样具有明显增大吸送能力、提高气固混合比的效果。

吸嘴内径 D 一般与其连接的输料管内径相同，双筒吸嘴外筒内径 D_1 可根据吸嘴内外筒之间的环形间隙的面积与内筒有效断面的面积相等的原则来求得，即按下式计算

$$D_1 = \sqrt{D^2 + (D + 2\delta)^2} \qquad (9.6\text{-}99)$$

式中　D、δ——分别为内筒的内径和壁厚（mm）。

吸嘴的高度一般约取为 1m。

吸嘴中的压力损失包括：空气通过料堆的压力损失、物料起动的压力损失、补充风量的压力损失和双向流在吸嘴中运动的压力损失，其大小可按式（9.6-100）计算

$$\Delta P_z = \xi_z = \frac{\rho_z v_z^2}{2}(1 + \mu k_z) \qquad (9.6\text{-}100)$$

式中　ξ_z——吸嘴的局部阻力系数，通常取 $\xi_z = 1.5 \sim 3.0$；

　　　ρ_z——吸嘴入口处空气的密度 $[kg/m^3]$；

　　　v_z——吸嘴入口处空气的速度 $[m/s]$；

　　　k_z——系数，对不同物料在不同混合比时应由试验确定。

在压送式气力输送机中，供料是在管路中的压力高于外界大气压条件下进行的，由于它既要将物料送入到系统管道中去，同时又要尽不使管道中的空气漏出，所以它的结构比较复杂。压送式气力输送机的供料器通常采用以下几种型式：

（1）旋转式供料器　旋转式供料器具有一定的气密性，可用于输送流动性好、磨损性较小的粉粒状、小块状物料的压送式气力输送机，其结构如图 9.6-41 所示。它是由圆柱形的壳体及壳体内的叶轮组成，壳体两端用端盖密封，壳体的上部与加料斗相连，下部与输料管相通。当叶轮由电动机和减速传动机构带动在壳体内旋转时，物料从加料斗进入旋转叶

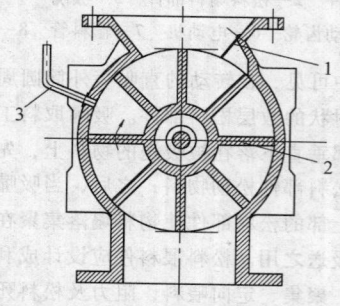

图9.6-41　旋转式供料器
1—防卡挡板　2—叶轮　3—均压管

轮的格腔中，然后从下部流进输料管。

为了提高叶轮格腔中物料的装满程度，在壳体上装有均压管，使叶轮格腔在转到装料口之前，就将叶轮格腔中的高压气体从均压管中引出，以便使物料能顺利进入叶轮格腔。

旋转式供料器的漏气量为叶轮转动时格腔容积引起的漏气量和叶轮与壳体间隙的漏气量之和。为减少漏气量，叶轮工作时从入口到出口一侧应经常保持有两片以上的叶片与壳体接触，以形成迷宫式密封腔。同时，叶轮与壳体之间的间隙要尽量小，一般为 $0.2 \sim 0.5$mm，若间隙太小则安装比较困难。

旋转式供料器的供料量 G_s，在设计时应满足压送式气力输送机生产率的要求，供料量 G_s 可按式（9.6-101）计算

$$G_s = 60n\psi(R - r)\left[\pi(R + r) - \delta Z\right]\rho L$$
$$(9.6\text{-}101)$$

式中　n——叶轮的转速（r/min）；

　　　ψ——叶轮格腔的装满系数；

　　　R——叶轮格腔外缘半径（m）；

　　　r——格腔底部半径（m）；

　　　δ——叶片厚度（m）；

　　　Z——叶片数；

　　　ρ——被运物料的堆积密度（t/m^3）；

　　　L——叶轮格腔长度（m）。

叶轮的转速一般取 $n = 15 \sim 30$r/min，因为转速过高时，物料来不及进入格腔，以致生产率降低，而且对同样大小的叶轮，其转速越高，从格腔漏出的空气越多。

叶轮格腔的装满系数 ψ 与物料种类有关，对灰状物料可取 $0.1 \sim 0.2$；对粉状物料可取 $0.5 \sim 0.6$；对粒状和细块状物料可取 $0.7 \sim 0.8$。对于较大快物料，为防止物料把叶轮卡死的现象发生，可增大供料器的尺寸，即对装满系数取较小值。

旋转式供料器结构比较简单，体积小，基本上能进行连续定量的供料，但对加工要求较高。

（2）喷射式供料器　喷射式供料器如图 9.6-42所示，它主要用于低压短距离的压送式气力输送机上，其工作原理是利用供料口处管道截面收缩使气流速度增大，将部分静压转变为动压，造成供料处的静压等于或低于大气压，这样，管道内空气不仅不会向供料口喷吹，还会有少量空气和物料一起从料斗进入喷射式供料器，在供料口后面有一段渐扩管，在渐扩管中，空气的速度和静压逐渐恢复到输送物料所需的数值。

为了便于加工，往往将喷嘴做成矩形断面，在取

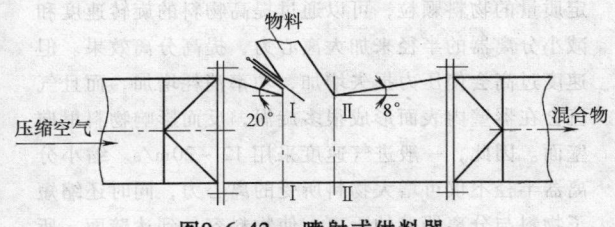

图9.6-42　喷射式供料器

定适当宽度后，便可按输送风量和风速来确定Ⅰ—Ⅰ和Ⅱ—Ⅱ截面的高度。

$$h_1 = \frac{Q}{v_1 b}, \quad h_2 = \frac{Q + \Delta Q}{v_2 b} \qquad (9.6\text{-}102)$$

式中　Q——输送风量（m^3/s）；

ΔQ——从料斗中进入的风量，$\Delta Q = (0.05 \sim 0.15)Q$（$m^3/s$）；

b——截面宽度，$b = (0.65 \sim 0.85)D$（m）；

D——输料管直径（m）；

v_1、v_2——Ⅰ—Ⅰ和Ⅱ—Ⅱ截面处的输送风速（m/s）。

在取用 h_1 和 h_2 的实际尺寸时，可取比计算值大 10% ~ 20%，以便工作时由装在喷嘴上部的调节板进行调整。

Ⅰ—Ⅰ和Ⅱ—Ⅱ截面间的距离 $l = (0.8 \sim 1.2)b$，料斗前的渐缩管倾角不大于 20°，料斗后的渐扩管倾角不大于 8°。

喷射式供料器的优点是结构简单，尺寸小，不需要任何传动机构。它的缺点是所达到的混合比较小，压缩空气消耗量大，效率较低。

（3）螺旋式供料器　螺旋式供料器如图 9.6-43 所示，它主要用于工作压力不高于 2.5 个大气压、输送粉状物料的压送式气力输送机中。它的结构是在带有衬套的铸铁壳体内有一段变螺距的螺旋，当螺旋转动时，物料从料斗进入到螺旋中并被压送至混合室，由于螺旋的螺距逐渐减小，使进入螺旋的物料被越压越紧，这样，可防止混合室内的压缩空气通过螺旋漏出。物料的压实程度可由重力式阀门调节。在混合室下部设有压缩空气喷嘴，当物料进入混合室时，压缩

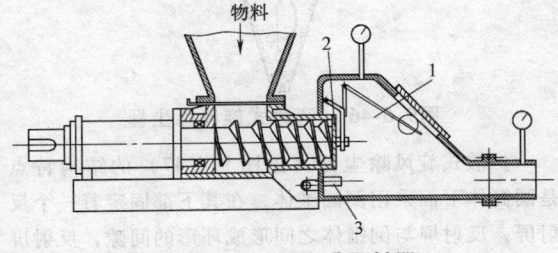

图9.6-43　螺旋式供料器

1—混合室　2—重力式阀门　3—喷嘴

空气将其吹散并使物料加速，形成物料与空气的混合物均匀地进入输料管中。

螺旋式供料器的螺旋、外壳衬套、阀门和喷嘴很易磨损，要采用耐磨材料制造，或在其表面涂以耐磨材料。螺旋最好做成可拆式，能单独更换。

螺旋与壳体之间的间隙应不大于 0.5 ~ 1mm。

螺旋转速，当 $D < 100mm$ 时，取 $n = 1500r/min$；当 $D > 100mm$ 时，取 $n = 1000r/min$。

（4）容器式供料器　容器式供料器适用于运送粉状、细粒状物料的高压气力输送机。根据结构特点和工作要求，可分为单容器式和双容器式两种。

单容器式供料器如图 9.6-44 所示，它的工作过程是：把被运送的物料装入密闭的容器中，装到一定高度后关闭加料口，打开供料口，与此同时把压缩空气分别送到容器的底部和上部。进入容器底部的压缩空气使物料流态化，而进入容器上部的压缩空气是将物料与空气的混合物经供料口压送到输料管中。容器中的物料卸完后，再一次进行加料，重复上述过程。

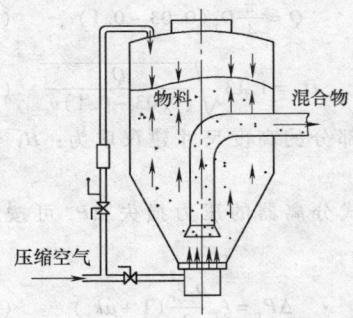

图9.6-44　单容器式供料器

显然，这种供料器工作是周期性的，因而是间断供料。为了获得近似的连续作用，需要做成双容器式的装置。

容器式供料器的优点是：密封性好，可在较大的工作压力下工作，因而能适应远距离、大容量的输送；没有快速运转的零件，因此磨损小，动力消耗少；可以获得较高的混合比等。缺点是：高度尺寸大，工作是周期性的，且需要一套较复杂的控制设备，因而投资较大。

5.2.2　分离器

为了把物料从空气中分离出来，需要采用分离器。它们是通过适当地降低气流速度、改变气流运动方向或在离心力的作用下，而进行的物料颗粒的分离过程。在气力输送机中采用最多的是容积式分离器和离心式分离器两种。

容积式分离器（见图 9.6-45a）是利用容器有效

截面的突然扩张来降低气流速度，使气流失去对物料的携带能力，物料在重力的作用下，从混合物中分离出来。

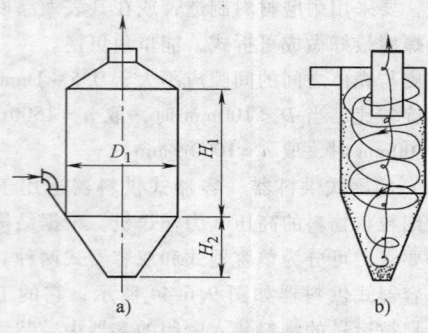

图9.6-45　分离器
a) 容积式分离器　b) 离心式分离器

容积式分离器筒形部分直径 D_1 一般按照把其截面的风速降低到 $(0.03 \sim 0.1)v_t$ 的原则确定。因此，当通过分离器的风量为 $Q(\mathrm{m^3/s})$ 时，那么

$$Q = \frac{\pi}{4}D_1^2(0.03 \sim 0.1)v_t \qquad (9.6\text{-}103)$$

即

$$D_1 = 1.13\sqrt{\frac{Q}{(0.03 \sim 0.1)v_t}} \qquad (9.6\text{-}104)$$

筒形部分的高度尺寸建议取为：$H_1 = (1.0 \sim 2.0)D_1$

容积式分离器的压力损失 ΔP_r 可按式（9.6-105）计算。

$$\Delta P_r = \xi_r\frac{\rho_r v_r^2}{2}(1 + \mu k_r) \qquad (9.6\text{-}105)$$

式中　ξ_r——气流通过容积式分离器的阻力系数，通常取 3～6 或实测；

ρ_r——分离器进口处空气的密度（kg/m³）；

v_r——分离器进口处空气的速度（m/s）；

k_r——系数，通常取 0.2～0.4 或实测。

离心式分离器（见图 9.6-45b）的构造很简单，它是由圆筒形部分和为导入混合物用的切向导管组成。在圆筒形上部设有同心的排气管，下部连接带卸料口的圆锥体。

离心式分离器工作时，双向流从上部切向进口进入后，由上而下作螺旋形运动形成外涡旋并逐渐到达锥体底部，物料或灰尘在离心力的作用下被甩向分离器壁并沿其壁下落而被分离，到达底部的气流沿分离器轴心转而向上，形成向上的内涡旋，最后经排气管排出。

在离心式分离器中，物料所受的离心力越大就越容易被分离出来，而离心力等于 mv^2/R，因此，对一定质量的物料颗粒，可以通过提高物料的旋转速度和减小分离器的半径来加大离心力，提高分离效果。但速度过高会使压力损失增加，功率消耗增加，而且气流会在器壁内表面形成很多旋涡，反而影响物料甩向壁面。因此，一般进气速度采用 12～20m/s。缩小分离器半径不仅可增大物料所受的离心力，同时还缩短了物料与分离器壁的距离，使物料容易到达壁面，所以离心式分离器的直径一般不超过 1m。

离心式分离器具有尺寸小、制造方便，分离效果较高（可达 80%～90%）和压力损失较小等优点，所以在气力输送机中得到广泛应用。

5.2.3　除尘器

在物料分离器中往往只能分离出颗粒尺寸较大的物料，所以经分离器中排出的空气还含有很多微细的物料颗粒和灰尘。为了保护环境、保护鼓风机、回收气流中有经济价值的粉末，需要在分离器和鼓风机之间装设除尘器。气力输送机常用的除尘器有离心式除尘器和袋式过滤器两种。

普通离心除尘器又称为旋风除尘器，它的结构和离心式分离器相似，工作原理也和离心式分离器相同。由于它的结构简单、除尘效率较高而得到广泛应用。近年来，为提高除尘效率，离心式除尘器出现了一些新的结构型式，如旁路式和扩散式。

旁路式旋风除尘器（见图 9.6-46）的主要特点是比普通旋风除尘器多设置了一个旁路分离室，使一部分向上运动的气流所形成的上灰环中的粉尘能够通过旁路分离室直接进入下涡旋气流而得到清除，因而提高了除尘效率。

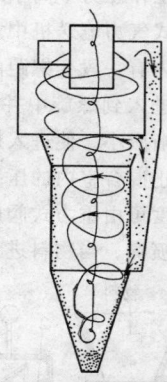

图9.6-46　旁路式旋风除尘器

扩散旋风除尘器（见图 9.6-47）的结构特点是圆筒体下面采用倒圆锥体，在其下部固定着一个反射屏，反射屏与倒锥体之间形成环形的间隙，反射屏中心有透气孔。除尘器工作时，在离心力作用下被甩向器壁下滑的粉尘由反射屏四周的缝隙落入灰斗，大

部分气体则由反射屏上部旋转而上,少量气体随粉尘一起进入灰斗,经反射屏透气孔上升至除尘器中心排气管。由于反射屏的设置可防止已被分离出来的灰尘再次飞扬和被重新带走,因而提高了除尘效率。

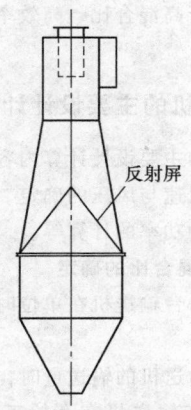

图9.6-47　扩散式旋风除尘器

袋式过滤器是利用织物袋子来过滤含尘气体的装置。它的最大优点是除尘效率高,一般均能稳定在99%以上。它对极细的尘粒也具有较高的除尘效率,但不适于过滤含有油雾、凝结水及粘性粉尘的气流。它的体积较大,设备投资、维修费用较高,清灰控制系统较复杂。

图9.6-48 所示为袋式过滤器的一种型式,含尘气流由进气管进入过滤器中,并到达下方的锥形部分,在这里有一部分颗粒较大的灰尘被沉降分离出来,而含有细小灰尘的空气则旋向上方,通过滤袋时,灰尘被阻挡和吸附在滤袋的内表面,除尘后的空气由滤袋逸出,最后经排气管排出。

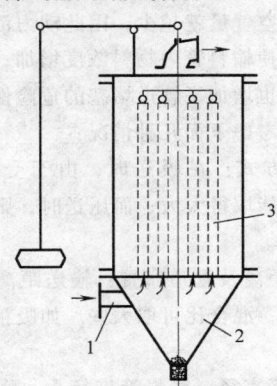

图9.6-48　袋式过滤器
1—进气管　2—锥形罐　3—滤袋

滤袋可由各种棉、毛、化纤织物制造。目前一般采用工业涤纶绒布,因为它比较耐磨、强度高、容尘量大,在过滤风速为 3m/min 时滤尘效率高于

99.5%。经过试验,它对粮食灰尘也很适用。

袋式过滤器工作时,滤袋上的积尘必须及时清除,否则积尘过多会使除尘器阻力增加、除尘效率下降。常用的清灰方法有手工振打、机械振打及气流反向吹洗等。

袋式过滤器目前已有定型产品,可根据所需处理的含尘风量由产品目录选用。

5.2.4　鼓风机

鼓风机可产生具有一定压力差的气流,用以克服输送系统各部分所引起的压力损失。所以正确地选择鼓风机的型式及其参数,对设计和使用气力输送机来说都是十分重要的。

在选择鼓风机时,应注意满足以下要求:

1)能满足给定系统输送物料所需的风量和风压。

2)在输送过程中压力发生变动时,风量的变化要尽量地小。

3)能在具有一部分灰尘的空气中可靠地工作。

4)经久耐用、管理和维修方便。

5)结构紧凑、尺寸小和质量轻。

按照气力输送机的型式、用途和生产率的不同,相应地需要采用不同型式和容量的鼓风机。常用的鼓风机大致有离心式、回转式和活塞式三种。

离心式鼓风机是由蜗壳和在其中旋转的叶轮及机座组成,如图9.6-49所示。它的工作原理是利用离心力的作用使空气速度增大。当叶轮高速旋转时,进入叶轮的空气便在离心力的作用下被推向叶轮的边缘,这些高速流动的空气受到压缩,并集中到蜗壳中,然后再经过断面逐渐扩大的蜗壳形机壳,速度逐渐降低,一部分动能又转变成压力能,进一步提高空气的压力,最后由机壳出口压出。

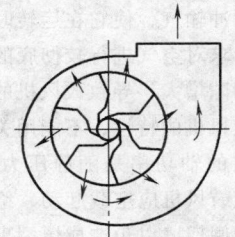

图9.6-49　离心式鼓风机

离心式鼓风机的优点是结构简单紧凑,质量轻,容易制造,可以在含尘的空气中工作等。缺点是当吸送物料量和输送系统的压力损失变化时,鼓风机的风量就会发生很大变化,因而工作不稳定。此外,离心式鼓风机所产生的风量大,但压力较低,即使高压离心式鼓风机产生的压力也不超过 15kPa,因此只能用

于低压、大风量的气力输送机中。

根据离心式鼓风机的性能，其轴功率是随风量增大而增大的，风量为零时，轴功率最小。因此，在使用时应在关闭调节风门即风量为零的情况下开动风机，以便降低起动功率，避免电动机因超负荷而受损。

回转式鼓风机有带旋转转子的罗茨鼓风机、滑片式压气机和水环式真空泵等。它们的特点是工作构件作旋转运动，空气是靠改变转子和机壳之间的空间容积而被压缩排出。

罗茨鼓风机如图 9.6-50 所示，它是应用最广泛的一种鼓风机。在它的机壳内，装有两个相位差为90°、等速反向旋转的转子，当两个转子转动时，进入机内被转子和外壳包围的空气由于所在空间容积逐渐减小，受到转子和排气端具有压力的空气的压缩而提高压力。因此，罗茨鼓风机所产生的压力决定于其负荷即管道系统中的阻力。为防止管道堵塞或工作超负荷时管内真空度过大造成电动机过载损坏，应在连接鼓风机进口的风管上装设安全阀。当真空度超过容许值时，安全阀自动打开放进外界大气。

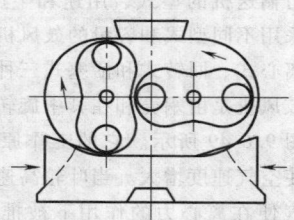

图9.6-50　罗茨鼓风机

罗茨鼓风机的优点是：结构紧凑，管理简单方便，风压较大，效率较高，特别是工作时流量稳定，即风量随风压的变化不大。缺点是：由于气体在机内的间隙泄漏和脉冲输气，使它在运转时发出的噪声较大。此外，它要求对空气进行较彻底的除尘，否则灰尘磨损转子使间隙增大，导致鼓风机的性能下降。

根据罗茨鼓风机的特性，不能用关小阀门来调节风量。同时，它的轴功率是随静压力的增大而增大的，因此，罗茨鼓风机应空载起动，绝对禁止完全关闭进出风管道的闸门，以免造成爆裂事故。

活塞式鼓风机的特点是活塞在汽缸中作往复运动，依靠改变汽缸工作空间的容积而使空气被压缩排出。在气力输送机中，这类鼓风机可作为压气机，也可作为真空泵。

活塞式鼓风机的主要优点是：在较低的转速下就能获得高压空气，性能稳定可靠。特别是当压力变化时，风量变化很小，很适合于气力输送机。它的缺点

是：怕灰尘，所以要求空气彻底的除尘，排风量较小且不连续等。

活塞式鼓风机的排气压力通常为 8 个大气压以下，它广泛应用于高压压送式气力输送机中。活塞式真空泵则适合应用于高混合比、高效率的吸送式气力输送机中。

5.3　气力输送机的主要设计计算

气力输送机的主要设计计算内容包括：输送量及混合比的确定、风速与风压的确定、系统压力损失的计算和鼓风机驱动功率的计算等。

5.3.1　输送量与混合比的确定

输送量是指一台输送机在单位时间内所能输送的物料量。

在确定气力输送机的输送量时，往往要考虑输送机的供料情况。如输送机在开始工作时，输送量很大，而在清仓阶段，由于供料量减少，使输送量下降。另外还要考虑后续机械工作情况、有无中间存仓、每天工作时间及检修等因素。因此，根据时间任务，考虑上述因素，才能确定输送机的输送量。气力输送机的设计是以输送量为依据的。

混合比又称质量浓度，是指单位时间内所输送的物料质量与空气质量的比值，即

$$\mu = \frac{G_s}{G} \qquad (9.6\text{-}106)$$

式中　G_s——物料的质量流量（kg/h）；
　　　G——空气的质量流量（kg/h）。

由混合比的定义可知，在输送量相同时，混合比越大，消耗的空气量就越少，因此动力消耗小。但加大混合比，会使输料管内物料浓度增加，系统压力损失增大，同时也增加了管道堵塞的危险性。因此在确定混合比时要考虑下面几种情况：

1）输送方式：在吸送时，由于受真空度的限制，混合比不能取得太大；而压送时，则可取较大的混合比。

2）输送距离及管道布置：输送距离短、管道布置简单的装置，混合比可取大些。如吸粮机的混合比可取 30 ~ 40。

3）输料管直径：输料管直径小，物料在管道内容易悬浮，因此小直径的输料管可取较高的混合比。

此外，选用较高的风速，也可提高混合比。

总之，影响混合比的因素很多，确定混合比的可靠方法是由实验测定，也可参考有关输送实例。表9.6-37 列出了不同输送方式混合比的大致范围。

表 9.6-37　气力输送的混合比 μ

输送方式		混合比 μ
吸送式	低真空	1 ~ 8
	高真空	10 ~ 35
压送式	低压	1 ~ 10
	高压	10 ~ 40
	流态化压送	40 ~ 80

5.3.2　风速与风量的确定

风速的选择，涉及输送机的经济性和可靠性。根据悬浮气力输送的机理，只要气流速度略大于物料的悬浮速度，就能实现输送。但实际上，双相流在管道内流动时，颗粒间和颗粒与管道间的摩擦碰撞，气流在管道断面上分布的不均匀性，物料在弯管处的减速等，都会影响物料的输送。因此，能实现物料正常输送的气流速度远比悬浮速度要大。

在设计时，输送的气流速度可由实验或参考有关输送实例确定，也可根据物料悬浮速度由式（9.6-107）计算。

$$v \geqslant c v_t \qquad (9.6\text{-}107)$$

式中　v_t——物料的悬浮速度（m/s）；

c——经验系数，可参考表 9.6-38 选取。

表 9.6-38　经验系数 c

输送情况	经验系数 c
送散物料在垂直管中	1.3 ~ 1.7
送散物料在水平管中	1.8 ~ 2.0
有两个弯头的垂直管或倾斜管	2.4 ~ 4.0
管路布置较复杂	2.6 ~ 5.0
大比重成团粘结性物料	5.0 ~ 10

应该注意到，在用悬浮速度求取气流速度时，有些物料粒度大小不均，因此应选用含量较高的颗粒的悬浮速度，而不必选用最大颗粒的悬浮速度。这样既可避免过高的风速，且在一般情况下，所选用的风速仍大于最大颗粒的悬浮速度，使少量大颗粒物料仍能顺利输送。

在缺乏物料悬浮速度资料的情况下，也可用经验公式（9.6-108）估算。

$$v = \frac{\alpha}{100}\sqrt{\gamma_s} \qquad (9.6\text{-}108)$$

式中　v——输送的气流速度（m/s）；

γ_s——物料重度（N/m³）；

α——经验系数，按表 9.6-39 选取。

表 9.6-39　风速的经验系数 α

物料品种	颗粒大小/mm	值
灰状	0 ~ 1	10 ~ 16
匀质粒状	1 ~ 10	16 ~ 20
细块状	10 ~ 20	20 ~ 22

气力输送机的输送风量是指标准状态下（1 个标准大气压，温度 20℃，相对湿度 50%）空气的体积流量。它可由物料的输送量及选定的混合比计算。

$$Q = \frac{1000 G_s}{\mu \rho_0} \qquad (9.6\text{-}109)$$

式中　G_s——物料的输送量（t/h）；

ρ_0——标准状态下空气的密度，$\rho_0 = 1.2$（kg/m³）；

μ——混合比。

风机的风量除满足所需的输送风量外，还应考虑系统的漏气量。

对于压送

$$Q_b = \frac{Q}{1 - K} \qquad (9.6\text{-}110)$$

式中　Q_b——风机的风量（m³/h）；

K——漏气量系数，取 0.1 ~ 0.2。

对于吸送：由于系统的压力损失，使输送终端风机进口处压力低于标准大气压。空气在输送过程中发生等温膨胀，密度降低，影响了风机的吸入量，因此要进行修正。

$$\frac{P_i}{\rho_i} = \frac{P_0}{\rho_0} \qquad (9.6\text{-}111)$$

$$\rho_i = \frac{P_i}{P_0}\rho_0 = \frac{P_0 - \sum \Delta P}{P_0}\rho_0 \qquad (9.6\text{-}112)$$

式中　P_i——风机进口处空气绝对压力（Pa）；

P_0——标准大气压力，$P_0 = 101325$（Pa）；

$\sum \Delta P$——输送系统总的压力损失（Pa）；

ρ_i——风机进口处空气密度（kg/m³）。

根据流体连续性方程

$$Q_b' \rho_i = Q \rho_0, \quad Q_b' = \frac{\rho_0}{\rho_i}Q \qquad (9.6\text{-}113)$$

式中　Q_b' 为未考虑漏气时风机进口风量，所以

$$Q_b = \frac{Q_b'}{1 - K} = \frac{Q}{1 - K}\frac{\rho_0}{\rho_i} = \frac{Q}{1 - K}\frac{P_0}{P_0 - \sum \Delta P}$$

$$\qquad (9.6\text{-}114)$$

5.3.3　系统压力损失计算

系统总压力损失包括输料管中各项压力损失和各部件压力损失。风机压力根据系统总压力损失选取，但要考虑备用系数，即

$$P_b = K_p \sum \Delta P \qquad (9.6\text{-}115)$$

式中　K_p——压力备用系数，取 1.1 ~ 1.2。

对于离心风机，风机压力正比于空气密度。因此对吸送式气力输送机，所选用的风机风压，还要考虑密度的影响，即

$$P_b = K_p \sum \Delta P \frac{\rho_0}{\rho_i} = K_p \sum \Delta P \frac{P_0}{P_0 - \sum \Delta P} \tag{9.6-116}$$

5.3.4　鼓风机驱动功率计算

鼓风机所需的功率可按式（9.6-117）计算。

$$N = \frac{Q_b H_a}{3600 \times 1000 \eta_d \eta_b} \tag{9.6-117}$$

式中　η_d——机械传动效率；

η_b——风机效率，取 $0.6 \sim 0.8$；

H_a——鼓风机压缩 $1 m^3$ 气体所消耗的功（Pa），对于离心风机，取 $H_a = P_b$。对于罗茨鼓风机，其压缩空气时接近绝热过程，可近似按式（9.6-118）计算。

$$H_a = \frac{k}{k-1} P_i \left[\left(\frac{P_e}{P_i} \right)^{\frac{k-1}{k}} - 1 \right] \tag{9.6-118}$$

式中　P_e——风机额定风压（Pa）；

k——绝热指数，对于空气 $k = 1.4$。

6　辊子输送机

6.1　辊子输送机的特点及分类

6.1.1　辊子输送机的特点

辊子输送机主要是用来输送具有一定规则形状、底部平直的成件物品，是一种用途十分广泛的连续输送设备，它具有结构简单、运行可靠、维护方便、经济节能等优点。此外，与其他输送成件物品的输送机相比，它与生产工艺过程能较好的衔接和配套，并具有功能的多样性，具体表现在以下几个方面：

1）布置灵活。容易分段和连接，可以根据需要组成由直线、圆弧、水平、倾斜、分支、合流等区段形成的开式、闭式、平面或立体的各种形式的输送线路，并且输送线路易于封闭。

2）功能多样。可通过无动力式、动力式、积放式等输送方式输送或积存物品，完成物品的翻转、移动和升降。并可结合辅助装置，以直角、平行、上下等方向实现物品在输送机之间的转运，以满足工艺流程的要求。但由于辊子间距较小，使得输送线路上辊

子数较多，在输送距离相同时，其设备投资较带式输送机、螺旋输送机等输送方式高。

3）衔接方式简单紧凑，可利用升降台补足工艺和设备的高差要求组成立体输送线路，便于和生产工艺设备衔接配套。

4）物品输送平稳，便于对输送过程中的物品进行加工、检验和装配等各种工艺操作，便于对输送过程实现自动控制。

5）定位精确，平稳的输送和精确的定位，适于组成自动化的生产流水线和输送线路。

6）允许输送高温物品。

7）辊子输送机的标准化、系列化、通用化的程度较高，易于拼装组成不同的生产线，且不需要特殊土建基础。

8）作业物品对象尺寸广泛，两台辊子输送机的连接尺寸小时，可实现较小尺寸物品的转运；双排或数排辊子输送机可以并排组成大宽度的辊子输送机，用以运送大型成件物品。

6.1.2　辊子输送机的结构型式与分类

辊子输送机是一种在两侧框架内排列若干辊子的连续输送机，它主要是用来输送具有平直底部的成件物品，如箱类容器、托盘等。辊子输送机可以分为无动力辊子输送机（也称为辊道）和有动力辊子输送机两大类。在无动力辊子输送机中，框架间排列的若干辊子或滚轮所组成的面既可做成水平，依靠人力推动物品而输送；也可做成向下有较小倾斜角，以使所输送的物品靠自身的重力在输送方向上的分力而自行输送。在有动力辊子输送机中，用驱动装置驱动安装在框架间排列的全部或部分辊子，依靠辊子和所输送物品的摩擦，完成输送功能。

辊子输送机的分类、结构特点及应用见表9.6-40。辊子输送机按传动方式分类可分为有动力的和无动力的，通常将有动力的称为辊子输送机，将无动力的称为辊道；辊子输送机按布置方式可分为直线段和曲线段；辊子输送机的直线段和曲线段均可作水平或微倾斜布置；辊子输送机按辊子形式可分为辊子短辊和滚轮；辊子输送机按辊子支承形式可分为定轴式和转轴式。

表 9.6-40　辊子输送机的分类、结构特点及应用

型式		结构简图	特点及应用
按输送方式分类	无动力式	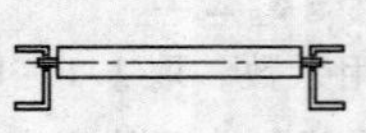	无动力式辊子输送机本身无驱动装置，辊子转动呈被动状态，物品依靠人力、重力或外部推拉装置移动。按布置方式分水平和倾斜两种 水平布置：依靠人力或外部推拉装置移动物品。人力推动用于物品质量小、输送距离短、工作不频繁的场合。外部推拉可采用链条牵引、胶带牵引及液压气动装置推拉等方式，可以按要求的速度移动物品，便于控制运行状态，需要时还可实现步进、积放等功能，用于物品质量大、输送距离长、工作比较频繁的场合 倾斜布置：依靠物品重力为动力进行输送，结构简单，经济实用，但不易控制物品运行状态，物之间易发生撞击，不宜输送易碎物品。适用于工序间短距离输送及重力式高架仓库的输送

（续）

型式		结构简图	特点及应用
按输送方式分类	动力式 链传动 链条	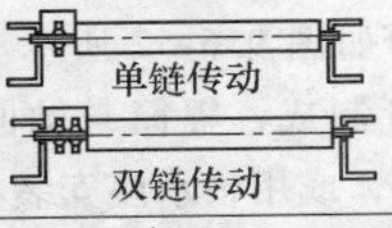 单链传动 双链传动	动力式辊子输送机本身具有驱动装置，辊子转动呈主动状态，可以严格控制物品运行状态，按规定的速度精确、平稳、可靠地输送物品，便于实现输送过程的自动控制。按传动方式分为链传动、带传动和齿轮传动三种 　　链传动：承载能力大，通用性好，布置方便，对环境适应性强，可在经常接触油、水及温度较高的地方工作，是常用的一种动力式辊子输送机。但在多尘环境中工作时链条容易磨损，高速运行时噪声较大 　　链传动分单链传动和双链传动。单链传动结构布置紧凑，适用于轻载、低速、持续运行的场合。双链传动适用于载荷较大，速度较高，起、制动比较频繁的场合 　　带传动：运转平稳，噪声小，对环境污染少，允许高速运行，但不适宜在有油污的地方工作。带传动分平带传动、V 带传动、圆带传动。平带传动承载能力最大，V 带传动次之，圆带传动最小。V 带和圆带传动均可适用于辊子输送机圆弧段。圆带传动布置最灵活
		平带传动 V 带传动 圆带传动	
	带传动	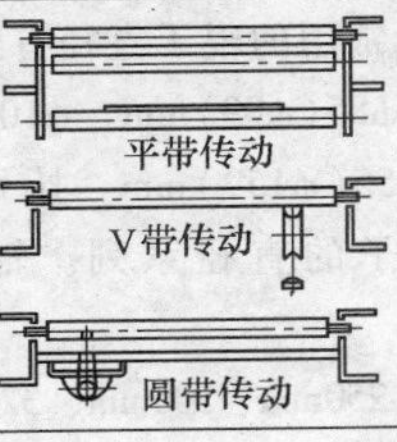	
	齿轮传动	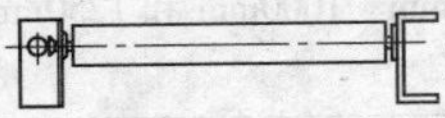	
	积放式 限力式	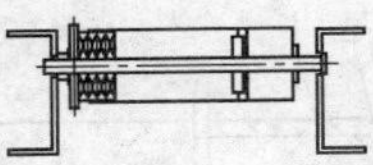	积放式辊子输送机除具有一般动力式辊子输送机的输送性能外，还允许在驱动装置工作的情况下，物品在辊子输送机上停止和积存，而运行阻力无明显增加。常用的积放式辊子输送机有限力式和触点控制式两种类型 　　限力式：辊子内部具有轴向摩擦片或径向摩擦环，一般输送情况下起传递力矩作用，物品受阻停止和积存情况下，因运行阻力矩超过限定的辊子工作力矩，使摩擦片（环）打滑，辊子与驱动装置间处于柔性连接状态。辊子的限止力矩略高于正常输送时的运行阻力矩 　　触点控制式：一般为带传动，当需要物品停止和积存时，停止器动作，通过物品对触点的作用，控制机械或气动系统，使辊子和传动系统脱离。该结构比较复杂
	触点控制	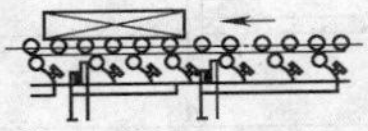	
按辊子形状分类	圆柱形	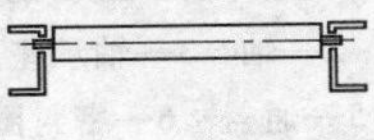	圆柱形辊子输送机通用性好，可以输送具有平直底部的各类物品，如板、棒、管、托盘、箱类容器及工件。允许物品的宽度在较大范围内变动。一般用作辊子输送机线路的直线段，也可用作圆弧段，但物品在圆柱形辊子输送机圆弧段上运行时存在滑动和错位现象，为改善这种情况，多作双列布置
	圆锥形		圆锥形辊子输送机用于辊子输送机线路圆弧段，多与圆柱形辊子输送机直线段配套使用。可以避免物品在圆弧段运行时发生滑动和错位现象，保持正常方位。制造成本高于圆柱形辊子输送机
	滚轮或短辊	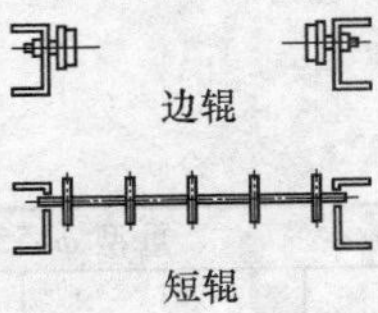 边辊 短辊	滚轮（边辊）和短辊输送机质量轻、运行阻力小 　　边辊输送机：辊子沿机架两侧布置，输送机中间部位可以布置其他设备。适于输送底部刚度大的物品。辊子轮缘的边辊输送机要求物件宽度大于轮间宽度，必要时设置水平导向装置。有轮缘的边辊输送机具有导向作用，但对物品宽度尺寸有严格限制，多用于专用生产线中，输送宽度尺寸规格一定的箱、托盘及工件 　　短辊输送机：结构轻便，可用于辊子输送机线路直线段和圆弧段。适用于输送板、箱、托盘等平底物品
按辊子支承方式分类	定轴式	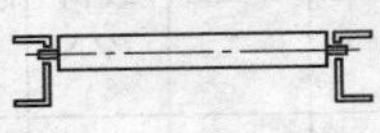	定轴式辊子输送机辊子绕定轴旋转，辊子转动部分自重轻，运行阻力小，辊子与机架整体组装性好，是通用的辊子支承形式
	转轴式	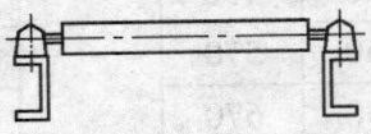	转轴式辊子输送机的辊子和轴一起旋转，转轴支承在两端固定的轴承座内。转轴式辊子便于安装、调整、拆卸。多用于重载和运转精度要求高的场合。造价比定轴式高
按布置方式分类	直线段	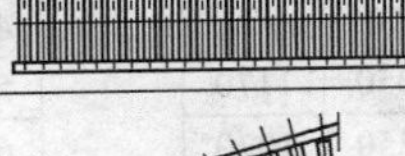	用作辊子输送机直线段的一般为圆柱形辊子输送机、滚轮辊子输送机。通常作单列布置，物件宽度特别大时可作双列布置
	圆弧段	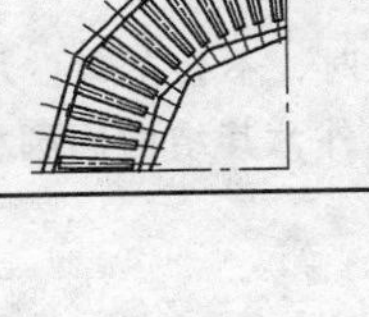	圆柱形、圆锥形、轮形辊子输送机均可用作辊子输送机圆弧段。以圆锥形辊子输送机和轮形多辊输送机效果最佳，可以避免物品在圆弧段上运行时产生滑动和错位

6.1.3　辊子输送机型号表示方法

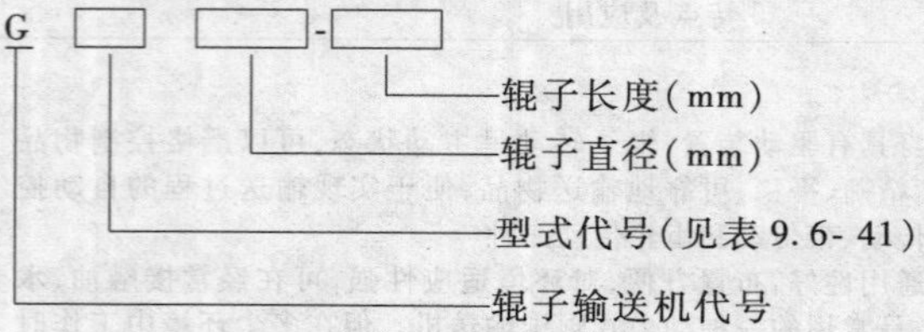

表9.6-41　辊子输送机型式代号

无动力式	单链	双链	平带	V带	圆带	三角带
W	D	S	P	V	O	T

6.2　辊子输送机的构造

辊子输送机由辊子（短辊和滚轮）、机架、驱动装置和辅助装置组成，如图9.6-51所示。在实际应用中，通常将输送机分成标准的直线段和曲线段及辅助装置，根据需要把它们组合起来，即可获得不同长度和不同形式的辊子输送机。

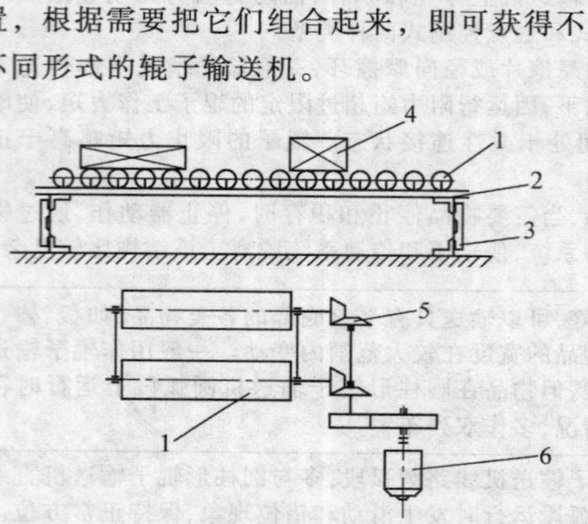

图9.6-51　辊子输送机

1—辊子　2—支架　3—支腿
4—物品　5—传动装置　6—驱动装置

6.2.1　辊子、短辊和滚轮

1. 辊子（长辊）

圆柱形辊子结构如图9.6-52所示。辊筒一般采用无缝钢管或铸铁管制成，辊筒与轴间装有滚动轴承，轴固定于支架上，或用轴承座安装在支架上，辊筒固连在辊子轴上。常用的辊子直径有五种：

$\phi73(\phi76)$mm、$\phi85(\phi89)$mm、$\phi105(\phi108)$mm、$\phi130(\phi133)$mm、$\phi155(\phi159)$mm。括号内为当辊筒面不需要加工时辊子的直径系列。辊子长度l系列为：

150mm、200mm、250mm、300mm、320mm、400mm、500mm、630mm、800mm、1000mm和1250mm。

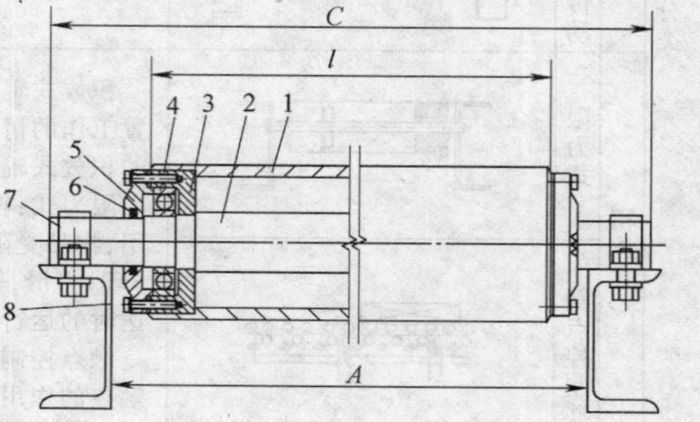

图9.6-52　常用定轴式圆柱形辊子结构

1—辊筒　2—轴　3—轴承座
4—轴承　5—通盖　6—密封圈
7—卡环　8—支架

通常根据物品或托盘的宽度B确定辊子输送机宽度W后，再选用合适的辊子。圆柱形辊子主要性能和尺寸见表9.6-42。

表9.6-42　圆柱形辊子性能和尺寸

辊子长度 l/mm	轻型 $\phi73$					中型 $\phi105$					重型 $\phi155$				
	A/mm	C/mm	允许载荷 P/N	辊子总质量/kg	辊子转动部分质量/kg	A/mm	C/mm	允许载荷 P/N	辊子总质量/kg	辊子转动部分质量/kg	A/mm	C/mm	允许载荷 P/N	辊子总质量/kg	辊子转动部分质量/kg
200	244	261		3.4											
300	344	361		4.6	34	356	378		9.7	7.2	350	470		24.8	18.5
400	444	461		5.7	42	456	478		11.9	8.5	450	570		29.3	21.4
500	544	561	6000	6.8	49	556	578	12000	14.0	9.9	550	670	25000	33.8	24.3
650	694	711		8.5	61	706	728		17.4	11.9	700	820		40.2	28.5
800	844	861		10.1	72	856	878		20.5	14.9	850	970		47.2	33.0
1000	1044	1061		7.1	85	1056	1078		25.0	16.8	1050	1170		56.5	39.2
1200	–										1250	1370		65.7	45.0

在辊子输送机的曲线段，可根据需要将辊子加工成圆锥形（曲线段外侧辊子直径大），以保证所输送的物品在通过曲线段时，不会在离心力的作用下，滑出输送线路。除辊筒外，其结构同圆柱形辊子结构，

外形见图9.6-53。

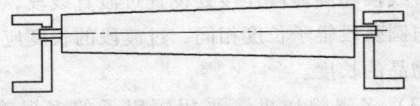

图9.6-53　圆锥形辊子结构

2. 短辊和滚轮（统称为轮形辊）

滚轮（又称边辊）的特点是自重较轻，节省材料。但是它对输送物品的尺寸和输送过程要求比较严格。滚轮有两种结构类型：不带轮缘和带轮缘。

短辊（又称多辊）是由多根固定在支架上的长轴及安装在其上的若干辊子组成。相邻两轴上的短辊子相互交错排列，辊子的结构与不带轮缘的滚轮相似。

6.2.2　机架

机架由支架和支腿两部分组成。支架多用型钢制成，且为具有标准长度的通用件，以便设计时直接选用。常用标准长度系列为 1000mm、1500mm 和 3000mm，曲线段常用标准转弯角度为 30°和 90°。当选用辊子直径为：$\phi73(\phi76)$ mm、$\phi85(\phi89)$ mm 和 $\phi105(\phi108)$ mm 时，常采用不等边角钢焊接而成，角钢上间隔开有槽和孔，并且左右两边的槽和孔相互交错布置。当选用辊子直径为 $\phi130(\phi133)$ mm 和 $\phi155(\phi159)$ mm 时，常采用槽钢，并用螺栓连接，在槽钢翼缘板开有孔，用压板和螺栓来固定辊子轴。

机架上槽和孔的间距由辊子节距确定。辊子节距 t（mm）可根据物品或托盘的长度 l（mm）及其在输送过程中的平稳性来确定，要保证一件物品始终支承在三个以上的辊子上，通常按下式选取

$$t = \frac{1}{3}l$$

对于需防振物品：$t = (1/5 \sim 1/4)l$

支腿一般采用型钢焊接而成，上部用螺栓与支架连接，下部用地脚螺栓与地坪固定。按用途支腿可分为对接支腿、中间支腿、固定支腿和可伸缩支腿。两标准段机架间采用对接支腿，其余部分用中间支腿。固定支腿适用于水平布置的辊子输送机，支腿的高度由辊子输送机的高度确定。无特殊要求时，辊子输送机的高度系列为：400mm、500mm、650mm、800mm。可伸缩支腿的高度可以调节，上端与机架铰接，适用于倾斜布置的轻型辊子输送机。支腿间距根据机架变形来确定，机架的挠度应小于 $(1/1000 \sim 1/1500)L$（L 为支腿间距）。为了便于支腿在不平的地面安装调整，中、轻型辊子输送机支腿下部通常设有调节脚。

在设计辊子输送机水平转弯时，如条件许可应取较大的转弯半径 R（mm），最小转弯半径 $R = (3 \sim 4)B$。

6.2.3　驱动装置

辊子输送机是依靠转动着的辊子与物品间的摩擦使物品向前移动。驱动辊子的方法有两种：一是单独驱动，即每个辊子上都配有一个独立的驱动装置；二是成组驱动，即若干个辊子联成一组配有一个驱动装置。目前多采用成组驱动。在此种驱动方式中，常用电动机与减速器组合，再通过链条传动、齿轮传动或带传动来驱动辊子旋转。

1. 链条传动

此种传动方式分单链和双链两种形式，是在每个辊子轴或辊筒上装有两个相同的链轮（单链传动用单链轮，双链传动用双链轮），分别用链条与前后辊子上的链轮相连，当驱动装置驱动与它相连的第一个辊子时，其余的辊子则通过链条传动依次被带动。

2. 齿轮传动

齿轮传动的辊子输送机有两种形式：一是锥齿轮传动，该种传动方式是在每个辊子轴或辊筒上装有一个锥齿轮，在主动轴上对应于每个辊子都装有与之相啮合的锥齿轮，当驱动装置驱动主动轴时，啮合锥齿轮使所有的辊子以同速度和同方向转动，达到输送物品的目的；二是圆柱齿轮传动，该种传动方式是在每个辊子轴或辊筒上装有一个圆柱齿轮，每个辊子上的圆柱齿轮通过一个过渡齿轮相啮合，当驱动装置驱动第一个与其相连的辊子时，过渡齿轮使所有的辊子以同速度向同方向转动，达到输送物品的目的。

3. 带传动

带传动有以下几种方式：

1）三角带传动方式：用三角带传动原理，与上述链传动方式类似，将每个辊子轴或辊筒上装有两个相同的带轮，分别用三角带与前后辊子上的带轮相连。三角带传动的成本较链条传动的要低。

2）输送带传动方式：共有三层辊子，上层辊子与物品直接接触，向物品传递摩擦驱动力；中间的辊子起夹带和支承输送带的作用，使上层辊子与胶带间产生摩擦力，来驱动上层辊子转动；下层辊子用来支承回程输送带。当驱动装置驱动输送带时，输送带与上层辊子间的摩擦使辊子转动并带动物品向前移动。物品的运动方向与胶带的运动方向相反。

3）V 带和圆带传动方式：见表 9.6-40，它是利用独立的 V 带和圆带传动结构，由 V 带和圆带的外表面与辊子间的摩擦使辊子转动并带动物品向前移动。物品的运动方向与传动带的运动方向相反。

6.3　辊子输送机的设计计算

6.3.1　原始参数

1）辊子输送机的型式、长度以及布置方式。

2）输送量（单位时间内输送的物品件数）、输送速度、载荷在辊子输送机上的分布情况。

3）单个物品的质量、（外包装）材质、外形尺寸。

6.3.2　基本参数计算

1. 辊子长度

（1）辊子输送机直线段　圆柱形辊子输送机直线段的辊子长度，按式（9.6-119）计算。

$$l = B + \Delta B \qquad (9.6\text{-}119)$$

式中　l——辊子长度（mm）；

　　　B——物品宽度（mm）；

　　　ΔB——宽度裕量（mm）；一般可取 $\Delta B = 50 \sim$ 150mm。

对于底部刚度很大的物件，在不影响正常输送和安全的情况下，物件宽度可大于辊子长度。一般可取 $l \geqslant 0.8B$。

（2）辊子输送机圆弧段　辊子输送机圆弧段的圆锥形辊子，其辊子可参照图 9.6-54，按式（9.6-120）计算。

$$l = \sqrt{(R+B)^2 + (L/2)^2} - R + \Delta B$$
$$(9.6\text{-}120)$$

式中　l——圆锥形辊子长度（mm）；

　　　R——圆弧段内侧半径（mm）；

　　　B——物品宽度（mm）；

　　　L——物品长度（mm）；

　　　ΔB——宽度裕量（mm），可取 $\Delta B = 50 \sim$ 150mm，B 较大时取较大值。

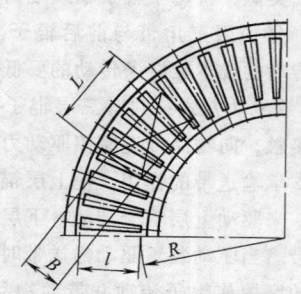

图9.6-54　圆弧段圆锥形辊子

在既有直线段又有圆弧段的辊子输送机线路系统中，输送同一宽度尺寸的物品，圆弧段的辊子长度要大于直线段的辊子长度。一般取圆弧段的辊子长度作为该线路系统统一的辊子长度。如直线段和圆弧度的

辊子长度不便统一，而需采用不同的尺寸时，需在相邻的直线段和圆弧段连接处设置过渡直线段，其辊子长度与圆弧段辊子长度相同，过渡段的长度应不小于一个物品的长度。

（3）多辊输送机　采用短辊子的多辊输送机，其输送机宽度按下式计算

$$W = B + \Delta B$$

式中　W——输送机宽度（mm）；

　　　B——物品宽度（mm）；

　　　ΔB——宽度裕量（mm），一般可取 $\Delta B = 50\text{mm}$。

当多辊子少于 4 列时，只宜输送刚度大的平底物品，物品宽度应大于输送机宽度，可取 $W = (0.7 \sim 0.8)B$。

2. 辊子间距

辊子间距 P 应保证一个物品始终支承在 3 个以上的辊子上。一般情况下可按式（9.6-121）选取。

$$P = 1/3L \qquad (9.6\text{-}121)$$

对要求输送平稳的物品

$$P = (1/4 \sim 1/5)L \qquad (9.6\text{-}122)$$

对柔性大的细长物品，还要核算物件的挠度。物品在一个辊子间距上的挠度应小于辊子间距的 1/500，否则需适当缩小辊子间距。

辊子输送机的装载物品段如承受冲击载荷时，也需缩小辊子间距或增大辊子直径。

对双链传动的辊子输送机，辊子间距应为 1/2 链条节距的整数倍。

辊子输送机以圆弧段中心线上的辊子间距作为计算辊子间距。当圆弧段采用链传动时，相邻两传动辊子的夹角应小于 5°以改善传动状况。

3. 辊子直径

辊子直径 D 与辊子承载能力有关，可按式（9.6-123）选取。

$$F \leqslant [F] \qquad (9.6\text{-}123)$$

式中　F——作用在单个辊子上的载荷（N）；

　　　$[F]$——单个辊子上的允许载荷（N）。

作用在单个辊子上的载荷 F，与物品质量、支承物品的辊子数以及物品底部有关，可按式（9.6-124）计算。

$$F = (mg)/(K_1K_2n) \qquad (9.6\text{-}124)$$

式中　m——单个物品的质量（kg）；

　　　K_1——单列辊子有效支承系数，与物品底面特性及辊子平面度有关，一般可取 $K_1 = 0.7$；对底部刚度很大的物品，可取 $K_1 = 0.5$；

　　　K_2——多列辊子不均衡承载系数，对单列辊子，

$K_2 = 1$；对双列辊子，$K_2 = 0.7 \sim 0.8$；

n——支承单个物品的辊子数；

g——重力加速度，取 $g = 9.81\text{m/s}^2$。

单个辊子的允许载荷 $[F]$，与辊子直径及长度有关，可从产品样本中查取。在确定需要的单个辊子允许载荷及辊子长度以后，即可选择适当的辊子直径 D。

4. 圆弧段半径

辊子输送机的圆弧段半径，一般为辊子直径及长度有关的给定尺寸，可从产品样本中查取。如需自行设计，可按下列情况考虑：

1）圆锥形辊子输送机圆弧段可参照图 9.6-55 按式（9.6-125）计算。

$$R = D/K - c \qquad (9.6\text{-}125)$$

式中 R——圆弧段内侧半径（mm）；

D——圆锥形辊子小端直径（mm）；

K——辊子锥度，常用的辊子锥度 K 值为 1/16，1/30，1/50，锥度越小，物品在圆弧段运行越平稳；布置空间比较宽裕时，K 可取较大值；

c——圆锥辊子小端端面与机架内侧的间隙（mm）。

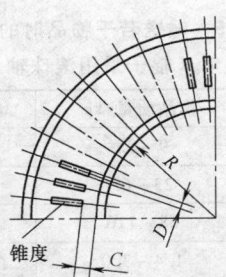

图 9.6-55 圆锥形辊子输送机圆弧段

2）圆柱形辊子输送机圆弧段。辊子一般采用单列布置，如辊子长度 l 大于 800mm 时，宜采用双列辊子。圆弧段的内侧半径 R 一般可按表 9.6-43 选取。

表 9.6-43 圆柱形辊子输送机圆弧段内侧半径

（单位：mm）

辊子直径 D	25	40	50	60	76	89	108	133	159
圆弧半径 R	630	630	800	800	800	1000	1000	1250	1250
			900	900	900				
	800	800	1000	1000	1000	1250	1250	1600	1600

5. 输送机高度

辊子输送机高度只根据物品输送的工艺要求（如线路系统中工艺设备物料出入口的高度，装配、测试、装卸区段人员操作位置等）确定，一般取 $H =$

500 ～ 800mm，也可不设支腿，使机架直接固定在地坪上。

6. 输送速度

辊子输送机的输送速度 v 根据生产工艺要求和输送方式确定。一般情况下，无动力式辊子输送机可取 $v = 0.2 \sim 0.4\text{m/s}$，动力式辊子输送机可取 $v = 0.25 \sim 0.5\text{m/s}$，并尽可能取较大值，以便在同样满足输送量要求的前提下，使物品分布间隔较大，从而改善机架受力情况。当工艺上对输送速度严格限定时，输送速度应按工艺要求选取，但无动力式辊子输送机不宜大于 0.5m/s，动力式辊子输送机不宜大于 1.5m/s，其中链传动辊子输送机不宜大于 0.5m/s。

7. 输送能力的计算

辊子输送机的质量输送能力用式（9.6-126）计算。

$$I_\text{m} = 3.6 q_\text{G} v \qquad (9.6\text{-}126)$$

辊子输送机的计件输送能力用式（9.6-127）计算。

$$Z = 3600 v/a \qquad (9.6\text{-}127)$$

式中 I_m——输送机质量输送量（t/h）；

Z——连续输送机的计件输送量（件/h）；

v——输送机工作速度（m/s）；

q_G——每米长度物品的质量（kg/m），辊子输送机输送的是成件物品。

每米长度物品的质量用下式计算：

$$q_\text{G} = G_物/a$$

$G_物$——单件物品的质量（kg）；

a——输送机上物品的间距（m）。

6.3.3 无动力式辊子输送机计算

1. 运行阻力

由于物品沿辊子运动的总阻力是由三部分组成，无动力式辊子输送机水平或倾斜布置时的物品运行阻力，一般可参照图 9.6-56，按以下公式计算。

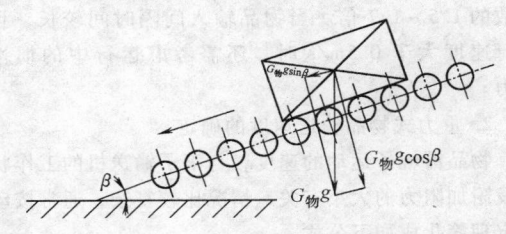

图 9.6-56 运行阻力计算简图

（1）辊子轴颈处的摩擦阻力 W_1（N）

$$W_1 = \left(zq + \frac{G_物 \cos\beta}{\cos\rho_\text{m}} \right) g \frac{\mu d}{D} \qquad (9.6\text{-}128)$$

在实际应用当中，$\frac{\cos\beta}{\cos\rho_m}\approx1$，则公式可简化为

$$W_1 = (zq + G_物)g\frac{\mu d}{D} \qquad (9.6\text{-}129)$$

式中 $G_物$——单件物品的质量（kg）；
q——单个辊子旋转部分质量（kg）；
z——与单件物品同时接触的辊子数；
d——辊子轴直径（cm）；
D——辊子外径（cm）；
μ——辊子轴承摩擦因数，滚动轴承 $\mu = 0.05 \sim 0.1$；滑动轴承 $\mu = 0.2 \sim 0.3$；
g——重力加速度（m/s²）；
ρ_m——物品与辊子的摩擦角；
β——输送机倾角。

（2）物品沿辊子滚动阻力 W_2（N）

$$W_2 = G_物 g\frac{2k}{D}\cos\beta \qquad (9.6\text{-}130)$$

式中 k——物品与辊子间滚动摩擦系数，对于一般的钢制辊子可按表9.6-44选取。

表 9.6-44　物品与辊子间滚动摩擦系数

物品材料	k
钢	0.7 ~ 0.9
木材	1.5 ~ 2.5

（3）物品沿辊子滑动阻力 W_3（N）

$$W_3 = G_物 gf_m\cos\beta \qquad (9.6\text{-}131)$$

式中 f_m——物品沿辊子的滑动摩擦系数，其余符号意义同前。

单件物品沿辊子运动的总阻力（N）为

$$W_T = W_1 + W_2 + W_3 \qquad (9.6\text{-}132)$$

对有轮缘的辊子输送机，按式（9.6-133）计算。

$$W_T = C(W_1 + W_2 + W_3) \qquad (9.6\text{-}133)$$

式中 C——轮缘附加阻力系数，$C = 1.2 \sim 1.5$。

在物品开始移动时，因静摩擦力的作用，其运行阻力要大于上述计算值。静摩擦系数一般约为动摩擦因数的 1.5 ~ 1.7 倍。当物品输入间隔时间较长，且运行速度大于 0.5m/s 时，还需考虑运行中的惯性阻力。

2. 重力式物品输送速度的确定

物品沿辊子运动的速度，与滚子输送机的工作状态及附加阻力的大小有关，情况比较复杂，通常按动能定理简化成如下公式

$$v_K = \sqrt{2gl\left\{\sin\beta - \left[\left(1+\frac{zq}{G_物}\right)\frac{\mu d}{D} + \frac{2k}{D}\cos\beta\right]\right\} + v_0^2}$$
$$(9.6\text{-}134)$$

式中 v_K——物品通过 L 距离时的速度（m/s）；

v_0——物品进入输送机时的速度（m/s）；
l——输送距离（m）。

对于无动力辊子输送机来讲，输送速度一般不应超过 0.5m/s，如果输送距离较长，输送速度过大时，应在输送线路上增加阻尼限速装置，最简单的方法是在两段倾斜输送之间增加一段水平输送，以保证输送平稳。

3. 辊子输送机倾角的确定

当辊子输送机布置成具有一定向下倾斜度线路时，被输送的物品在输送方向的动力来自物品的重力分力 $G_物 g\sin\beta$，其中 β 为输送机倾角，如图9.6-56所示。该力用来克服运动总阻力和物品加速运动阻力。为了保证物品运动，必须使物品的加速度大于0。

在实际应用中，输送机的倾角很小，可认为 $\cos\beta\approx1$ 和 $\sin\beta\approx\tan\beta$，则保证辊子输送机稳定输送物品的倾角用式（9.6-135）确定。

$$\tan\beta \geqslant \left(1+\frac{zq}{G_物}\right)\frac{\mu d}{D} + \frac{2k}{D} \qquad (9.6\text{-}135)$$

通常情况下，无动力辊子输送机的下倾角多取 $\tan\beta = 0.02 \sim 0.04$，表9.6-45列出输送常用物品时辊子输送机倾角的数值。

表 9.6-45　输送若干物品时的输送机倾斜角（辊子采用滚珠轴承）

物品名称	物品质量/kg	输送机倾斜角 β
木箱	9 ~ 22	2°18′
木箱	23 ~ 65	2°
木箱	68 ~ 110	1°43′
纸板	1.4 ~ 3.0	4°
纸板	3.5 ~ 7.0	3°26′
纸板	8.0 ~ 23.0	2°52′
结构木	—	2°18′
纸辊	—	1°09′
钢板	—	0°55′
铸件	—	0°52′

注：表中数值适用于直线输送区段和中等使用条件的情况，对于曲线区段应取表中数值的 1.25 ~ 1.5 倍。

4. 物品与辊子的摩擦力

为了保证物品沿辊子输送机运动，物品与辊子的摩擦力应能克服辊子的转动阻力，即

$$f_m G_物 g\cos\beta \geqslant (zq + G_物)g\frac{\mu d}{D} \qquad (9.6\text{-}136)$$

5. 辊子的计算载荷

在进行辊子输送机零件强度计算时，辊子的计算

载荷按下列值确定：

单列辊子输送机取 $(0.5～0.7)G_{物}g$

双列辊子输送机取 $(0.4～0.6)G_{物}g$

式中　$G_{物}$——单件物品的质量（kg）。

重力输送的速度一般不宜超过 0.5m/s，当输送距离过长、速度过大时，应增设阻尼装置以保证输送平稳。

6.3.4　动力式辊子输送机计算

1. 链条牵引力

（1）单链传动

$$F_0 = f L g\left(\frac{D}{D_s}\right)(q_G + q_0 + m_d C_d + m_i C_i) + 0.25 L q_0 g$$

$$(9.6\text{-}137)$$

式中　F_0——单链传动辊子输送机传动链条牵引力（N）；

f——摩擦系数，见表 9.6-46；

L——辊子输送机长度（m）；

g——重力加速度，取 $g = 9.81\text{m/s}^2$；

D——辊子直径（mm）；

D_s——辊子链轮节圆直径（mm）；

q_G——每米长度物品的质量（kg/m）；

q_0——每米长度链条的质量（kg/m）；

m_d——单个传动辊子转动部分的质量（kg）；

C_d——每米长度内传动辊子数；

m_i——单个非传动辊子的转动部分的质量（kg）；

C_i——每米长度内非传动辊子数。

（2）双链传动

$$F_n = \frac{f W_s Q D}{D_s} \qquad (9.6\text{-}138)$$

式中　F_n——双链传动辊子输送机传动链条牵引力（N）；

f——摩擦系数，见表 9.6-46；

D——传动辊子直径（mm）；

D_s——传动辊子链轮节圆直径（mm）；

Q——传动系数，按式（9.6-140）计算或查表 9.6-47；

表 9.6-46　摩擦系数

作用在一个辊子上的载荷（包括辊子自重）/N	物品与辊子接触的底面材料		
	金属	木板	硬纸板
0～110	0.04	0.045	0.05
110～450	0.03	0.035	0.05
450～900	0.025	0.03	0.045
≥900	0.02	0.025	0.05

表 9.6-47　传动系数 Q

传动辊子数 n	辊子链传动效率损失系数 i				
	0.1	0.015	0.02	0.025	0.03
10	1.05	1.07	1.09	1.12	1.15
20	1.1	1.16	1.21	1.28	1.34
30	1.16	1.25	1.35	1.46	1.59
40	1.22	1.36	1.51	1.69	1.89
50	1.29	1.47	1.69	1.95	2.26
60	1.36	1.60	1.90	2.27	2.72
70	1.44	1.75	2.14	2.66	3.29
80	1.52	1.91	2.42	3.10	4.02
90	1.61	2.09	2.75	3.66	4.93
100	1.70	2.29	3.12	4.33	6.07
110	1.81	2.51	3.56	5.14	7.52
120	1.92	2.76	4.07	6.12	9.36
130	2.04	3.04	4.66	7.32	11.70
140	2.16	3.35	5.36	8.78	14.68
150	2.30	3.70	6.17	10.56	18.50

注：1. Q 值是由表中查得的系数乘以传动辊子数而得。如实际传动辊子数介于表中两个辊子数之间，应取其较大值。

2. 表中得出的值，仅适用于驱动装置布置在驱动端部的情况，如布置在驱动段中央时，传动辊子数应取实际传动辊子数的 1/2。

W_s——单个传动辊子计算载荷（N），按式（9.6-139）计算。

$$W_s = [m_d + am_i + (a+1)m_r + m_e]g$$

$$(9.6\text{-}139)$$

式中　a——非传动辊子与传动辊子数量比，$a = C_i/C_d$；

m_r——均布在每个辊子上的物品的质量（kg），$m_r = q_m/(C_d + C_i)$；

m_e——一圈链条的质量（kg）。

其余符号意义同前。

传动系数

$$Q = \frac{(1+i)^n - 1}{i} \qquad (9.6\text{-}140)$$

式中　i——一对传动辊子链传动效率损失系数，$i = 0.01～0.03$，i 值与工作条件有关，润滑情况良好时取小值，恶劣时取较大值；

n——传动辊子数。

2. 功率计算

（1）计算功率

$$P_0 = Fv\left(\frac{D_s}{D}\right)/1000 \qquad (9.6\text{-}141)$$

式中　P_0——传动辊子轴计算功率（kW）；

F——链条牵引力（N）；

v——输送速度（m/s）；

D_s——辊子链轮节圆直径（mm）；

D——辊子直径（mm）。

（2）电动机功率

$$P = \frac{KP_0}{\eta} \qquad (9.6\text{-}142)$$

式中　P——电动机功率（kW）；

P_0——传动辊子轴计算功率（kW）；

K——功率安全系数，$K = 1.2 \sim 1.5$；

η——驱动装置效率，$\eta = 0.65 \sim 0.85$。

7　振动输送机

7.1　振动输送机的特点

振动输送机是利用振动使物料产生周期性的抛掷运动而完成向前输送物料的机械。其工作原理是通过激振器强迫承载体按一定方向作简谐振动或近似简谐振动，当其振动的加速度达到某一定值时，物料便在承载体内沿输送方向实现连续微小的抛掷或滑动，从而使物料向前移动，实现输送目的。

振动输送机适用于块状、粉粒状物料的输送，例如：化工原料及产品、食品、玻璃原料、矿石、矿粉、煤炭、型砂等。

振动输送机具有如下特点：

1）结构简单，制造容易，安装调整方便，维修工作量少，能耗小，操作安全。

2）在输送中可以多点进料和多点排料。

3）密封性能好。输送槽可以制成圆管形、矩形，进出料口采用柔性密闭连接方式，可以防止物料对环境的污染，也可防止环境对物料的污染，因此可以输送有毒、有害及需要保护的物料。

4）可输送热料。钢制密封输送槽采用风冷方式时，可以输送 500℃ 的物料；采用循环水冷却可以输送 1000℃ 以下物料。

5）对承载体结构稍加改进，输送过程中可以实现多种工艺要求，如完成脱水、干燥、冷却、筛分、加热、保温、混匀等工艺过程。

6）向上输送效率低，且对于粉状和含水量大、黏性物料输送效果不佳。某些机型对地基产生一定动载荷。

7.2　振动输送机的结构类型

按照物料输送方向的不同，可分为水平振动输送机和垂直振动输送机；按驱动方式的不同，可分为电磁、气力、液压和机械振动输送机；机械振动输送机使用较多，又可分为惯性振动输送机和偏心连杆振动

输送机。表 9.6-48 是一些振动输送机主要结构型式和技术特性。

表中序号 1～4 是最常见的偏心连杆式振动输送机结构型式。序号 1 中的单质体振动输送机结构简单，适合短距离小输送量的情况。由于没有隔振弹簧，底架直接固定在基础上，所以需要比较重的基础来平衡槽体振动所造成的惯性力。这种设备通常只能安装在地基上，同时周围的设备应是不怕振动影响的设备。弹簧一般采用钢板弹簧，它既是主振弹簧也是导向弹簧。

序号 2、3 是双质体共振式振动输送机，其主要区别在于连杆形式。序号 2 为半刚性连杆。在起动时，连杆弹簧被压缩；正常运转时，弹簧不变形成为刚性连杆。其特点是起动力矩小，运转时受外界影响因素少。弹性连杆在正常运转时，易受外界因素影响，造成振幅变化使输送不平稳。质体 m_1、m_2 可以是质量相等，这样上下质体的振幅也是相等的。也可以使下质体做得比上质体重，一般可以取 $m_2 : m_1 = 1.5 \sim 2$，其振幅与质体质量成反比，故下质体的振幅仅为槽体振幅 $1/1.5 \sim 1/2$。主振弹簧多采用金属螺旋弹簧，而导向弹簧可采用钢板弹簧，也可采用剪切橡胶弹簧。整机以刚度比较小的弹簧支承在基础上，由于 m_1 和 m_2 产生的惯性力可以平衡掉绝大部分，所以传递给基础的动载荷比较小，对基础要求不高，可以布置在楼板上。该种机型适合用于输送量较大、距离比较长的场合。

序号 4 是双质体平衡式输送机，$m_1 = m_2$，上、下质体都可输送物料。机器由导向弹簧中间的橡胶铰链通过支架支承在基础上。振动所产生的惯性力全被平衡掉，传给基础的动载荷基本为零。其结构比较复杂，通常在近共振状态下工作。适合大输送量、较长距离的物料输送。

序号 5、6、7 是单质体惯性振动输送机的典型结构型式。2 台相同的惯性振动器作相向同步回转。如果槽体本身是在一个空间各方向都能自由运动的系统，则 2 台振动器本身就能达到自动同步，从而产生定向振动。这种结构的槽体振动所产生的惯性力全部由基础平衡，因此要求基础比较坚固，不适宜做成大型设备。

序号 8、9 为双质体惯性振动输送机。采用单质体受激振动在近共振区工作。序号 8 的槽体通过导向弹簧与底架连接，整机用隔振弹簧支承，形成一个双质点振动系统。激振器安装在底架上，设计更加方便。导向弹簧可采用钢板弹簧，也可用剪切橡胶弹簧。

为了提高动力刚度，并同时降低激振力，可采用序号 9 的分离式平衡振动质体结构型式。这种型式以一定间距将平衡质体 m_2 通过剪切橡胶弹簧固定在导向弹簧上，使振动系统在水平方向上为超临界调谐，而在垂直方向上为近共振状态。2 台振动器通过板弹簧连接在槽体上，并由隔振弹簧支承在基础上。这种输送机可以在长距离输送中有效地防止弹性弯曲振动。

电磁振动输送机为了维持振动所需的激振力，一般由一个或数个电磁铁组成。交流电通过半波整流供给电磁铁，振动频率为 3000 次/分，通过倍频供电频率为 1500 次/分，质体 m_1、m_2、导向弹簧及隔振弹簧组成双质体振动系统，其工作点在近共振状态。序号 10 是采用电磁铁驱动的振动输送机，而序号 11 是采用电磁振动器驱动的。

序号 12 为螺旋垂直提升振动输送机。这种输送机有两种类型：一类作为散粒物料垂直提升作业，在物料提升中，可以满足不同工艺的需要，如使物料在输送中冷却、干燥、加热、脱水等；另外一种类型用于零件加工工序间自动排列。根据工序要求，在螺旋槽中加入定位装置，使零件按要求自动排列供给加工设备。

垂直提升振动输送机驱动型式有偏心连杆式、惯性式和电磁式。不管哪种型式都应产生绕垂直轴的扭转振动和垂直振动。偏心连杆和惯性式驱动，最大提升高度可达到 10m，电磁式最大提升高度为 6m。

序号 13、14、15 为三种振动输送机的典型结构。电磁振动输送机在给料中可以无级调整给料量，并能方便地接入自控系统，能按工艺要求自动控制物料流量。由于电磁振动输送机能在 0.1s 内自动停车和起动，所以广泛用于自动计量包装系统。

表 9.6-48　振动输送机主要结构型式与技术特性

序号	结构示意图	名　称	驱动方式	技术特性	
1	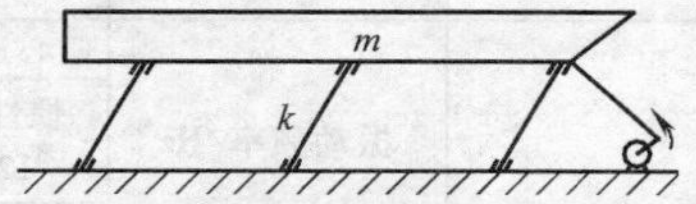	单质体偏心连杆振动输送机	刚性连杆偏心机构	振动频率/Hz	5~10
				双振幅/mm	4~12
				输送距离/m	2~12
2	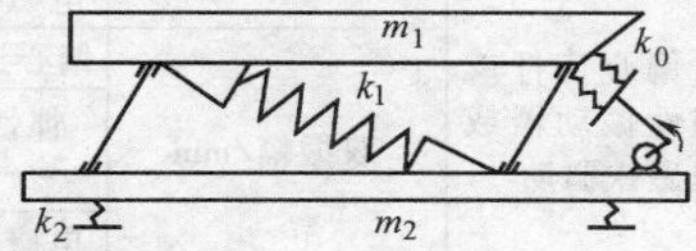	双质体共振式偏心连杆振动输送机	半刚性连杆偏心机构	振动频率/Hz	5~25
				双振幅/mm	8~12
				输送距离/m	6~30,特殊设计可达 50
3	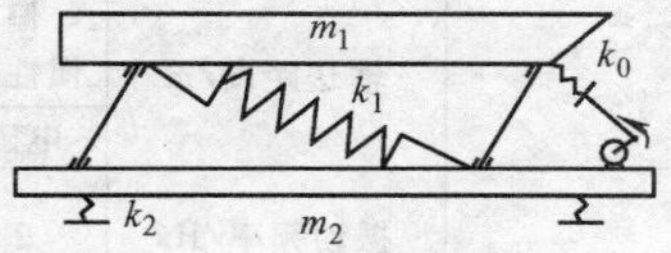	双质体共振式弹性连杆振动输送机	弹性连杆偏心机构	振动频率/Hz	5~25
				双振幅/mm	8~12
				输送距离/m	6~30,特殊设计可达 50
4	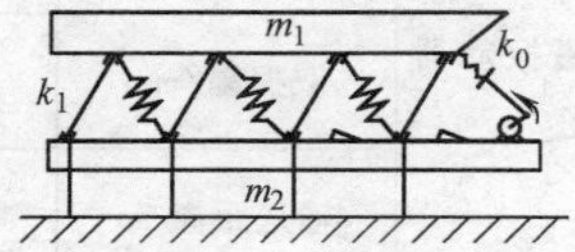	双质体平衡共振式弹性连杆振动输送机	弹性连杆偏心机构	振动频率/Hz	12.5~25
				双振幅/mm	8~12
				输送距离/m	6~30,特殊设计可达 50
5	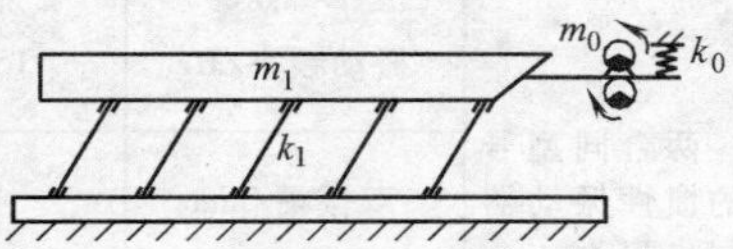	单质体惯性振动输送机	双惯性振动器同步驱动	振动频率/Hz	12.5~25
				双振幅/mm	4~12
				输送距离/m	2~25
6	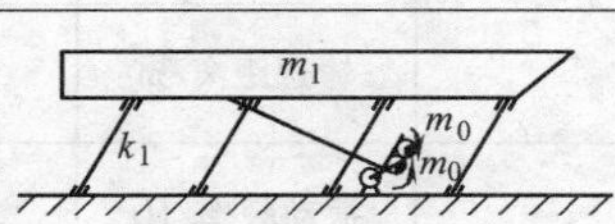	单质体惯性振动输送机	电动机拖动双偏心块同步驱动	振动频率/Hz	12.5~25
				双振幅/mm	4~12
				输送距离/m	4~25
7	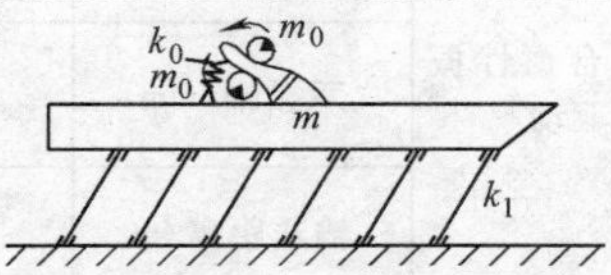	单质体惯性振动输送机	双惯性振动器在振动方向上同步驱动	振动频率/Hz	12.5~25
				双振幅/mm	4~12
				输送距离/m	4~25

（续）

序号	结构示意图	名　　称	驱动方式	技术特性	
8	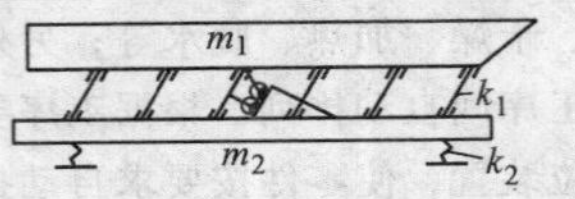	双质体共振式惯性振动输送机	双惯性振动器同步驱动	振动频率/Hz	12.5 ~ 25
				双振幅/mm	4 ~ 12
				输送距离/m	4 ~ 25
9	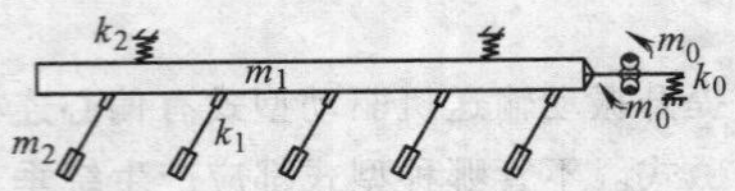	双质体共振式惯性振动输送机	双惯性振动器同步驱动	振动频率/Hz	12.5 ~ 25
				双振幅/mm	4 ~ 12
				输送距离/m	4 ~ 25
10	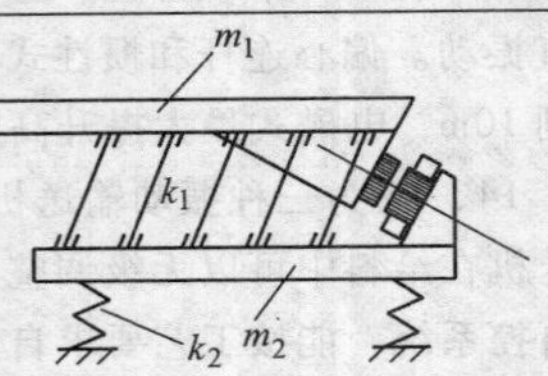	电磁振动输送机	电磁铁驱动	振动频率/Hz	25 ~ 50
				双振幅/mm	2 ~ 2.5
				输送距离/m	4 ~ 20
11	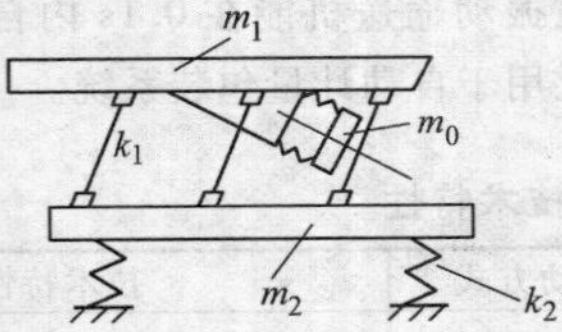	电磁振动输送机	电磁振动器驱动	振动频率/Hz	25 ~ 50
				双振幅/mm	2 ~ 2.5
				输送距离/m	4 ~ 12
12	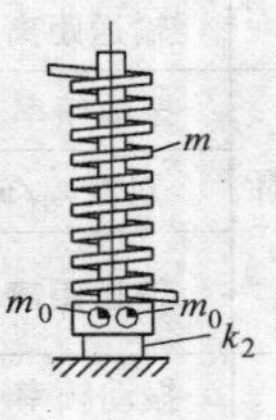	垂直提升振动输送机	偏心连杆或惯性振动器或电磁铁驱动	振动频率/Hz	偏心连杆:5 ~ 15 惯性振动器:12.5 ~ 25 电磁铁:25 ~ 50
				双振幅/mm	偏心连杆:4 ~ 12 惯性振动器:4 ~ 8 电磁铁:2 ~ 2.5
				输送距离/m	偏心连杆,惯性振动器:10 电磁铁:4 ~ 6
13	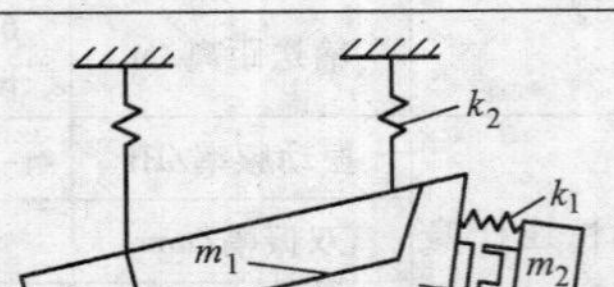	电磁振动给料机	电磁振动器驱动	振动频率/Hz	2 550 100
				双振幅/mm	4 ~ 5
				输送距离/m	0.5 ~ 3
14	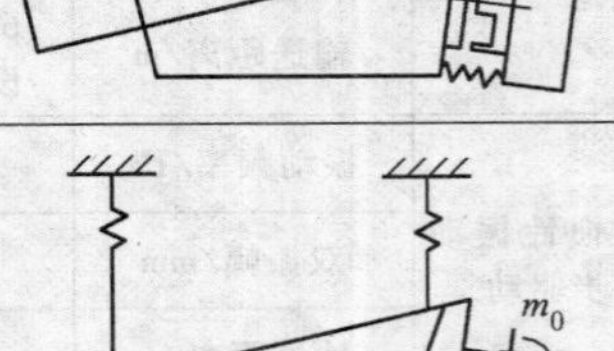	自同步惯性振动给料机	两台同型号的惯性振动器同步驱动	振动频率/Hz	15 ~ 25
				双振幅/mm	4 ~ 5
				输送距离/m	0.5 ~ 3
15	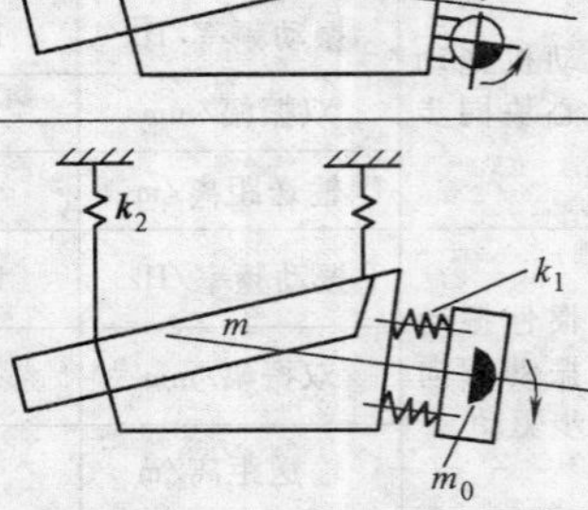	共振型惯性振动给料机	单台惯性振动器驱动	振动频率/Hz	15 ~ 25
				双振幅/mm	4 ~ 8
				输送距离/m	0.5 ~ 3

7.3　水平振动输送机的设计计算

振动输送机通常采用一个梯形截面的槽体作为输送物料的承载构件，利用弹簧支撑或悬挂在基础上，如图 9.6-57 所示。槽体由激振装置强迫振动，同时与槽体输送方向呈一定的抛料角 β，在强迫振动力的作用下物料沿槽体输送面连续跳跃向前移动。

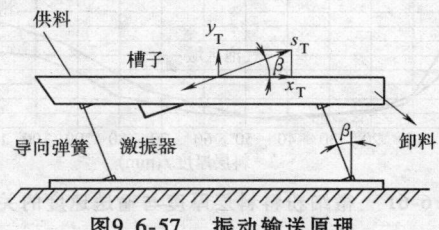

图9.6-57　振动输送原理

机械指数也称动力系数 K 是最大垂直加速度与重力加速度 g 之比，即动态应力与静态应力之比。

$$K = \frac{\ddot{S}_{tmax}}{g} = \frac{4\pi^2 f^2 a_1}{g} \qquad (9.6\text{-}143)$$

K 值过低，物料抛不起来，振幅也不稳；K 值过高，在槽体刚度和强度不足的情况下，将影响正常工作，并引起槽体过早损坏。因此，选取 K 值应该参考以下经验：

对于粉状物料、潮湿物料或磨琢性物料，K 取大值；防止物料破碎或减小噪声，K 取小值；对于小型或短距离输送，K 取大值；提高输送速度，K 取偏大值，或在一定的机械指数下，选用较大的振幅和较低的频率。

物料在振动槽中的运动状态是一种复杂的运动。采用不同的振动参数（振幅、频率、振动方向角、倾角）时，便可使物料在振动槽中产生不同的运动形式。其主要运动形式有正向滑移、负向滑移、跳跃阶段、撞击运动及附着运动形式。

最大垂直加速度与重力加速度的比值表明物料荷载运动的特征值，称之为抛料指数 D。

$$D = \frac{4\pi^2 f^2 a_1 \sin\beta}{g} \qquad (9.6\text{-}144)$$

K、a_1 和 f 之间的关系见图 9.6-58。振动输送机取 $K = 4 \sim 6$，电磁振动输送机取 $K = 7.5 \sim 10$。

7.3.1　输送速度的计算

振动输送机的输送速度与物料的物理性质、料层厚度以及振动频率、振幅、振动方向角有关。

当物料颗粒在振动槽中的垂直向上加速度分量达到 $-g$ 后，以槽体的速度脱离输送槽，在抛掷过程中只受地心引力作用，而且重新与槽体接触时只引起塑

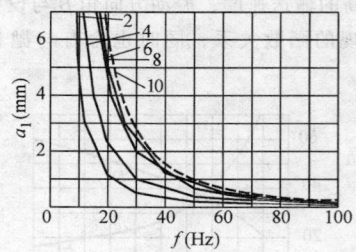

图9.6-58　动力系数、振幅与频率的关系

性冲击，则水平输送理论速度 v（m/s）可以用式（9.6-145）计算

$$v = \frac{g}{2}\frac{n^2}{f}\cot\beta \qquad (9.6\text{-}145)$$

式中　g——重力加速度（m/s^2）；
　　　f——振动频率（Hz）；
　　　β——振动方向角（°）；
　　　n——系数。

系数 n 为抛掷时间与振动周期之比，即

$$n = \frac{t_a - t_s}{1/f}$$

n 与抛料指数 D 具有下述隐函数关系

$$D = \sqrt{\left(\frac{\cos 2\pi n + 2\pi^2 n^2 - 1}{2\pi n - \sin 2\pi n}\right)^2 + 1}$$

$$(9.6\text{-}146)$$

n 与 D 的关系如图 9.6-59 所示。当 $D = 3.3$ 时，抛料时间 $t_a - t_s$ 即等于振动周期 $1/f$，$n = 1$。

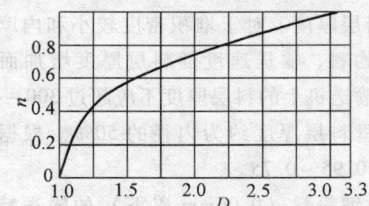

图9.6-59　系数 n 与抛料指数的关系

振动方向角 β 为激振力方向与槽体平面的夹角。如果动力系数 K 已选定，则振动方向角 β 的选择对输送状况有极大的影响。β 角越大，抛料指数 D 也越大。这表示物料抛得陡而高，系数 n 也大；β 小时则相反，物料抛得较平，并且相对于抛料时间，物料在槽里停留时间长。

振动方向角 β 的选择取决于三个因素，即预期的输送速度、槽体的磨损和对输送物料的保护。理论上，对应每一个动力系数 K 可得到一个最佳振动方向角 β 使输送速度最大。但是，实际上在常用的角度范围内，输送速度的变化并不很明显。因此，最佳振动方向角可在一定范围内选取。图 9.6-60 表明，为

了获取最高的输送速度，振动方向角 β 与设备动力系数 K 所呈现的函数关系，同时也含有与抛料指数 D 的关系。

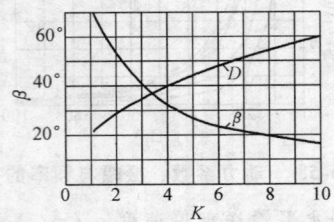

图9.6-60　动力系数、抛料指数下最佳
输送速度的振动方向角

对一系列物料进行多次实验，结果得出实际输送速度与理论速度的差值，即实际速度为

$$\bar{v} = \eta_M \eta_H \eta_a \frac{g}{2} \frac{n^2}{f} \cot \beta \quad (m/s) \quad (9.6\text{-}147)$$

式中　η_M——物料性质速度降低系数；

　　　η_H——料层厚度速度降低系数；

　　　η_a——槽体倾角影响速度系数。

物料影响输送速度的因素很多，如物料的密度、含水量、黏度、粒度及粒度分布等。根据对多种物料进行的实验结果表明，其主要影响因素有如下几个：

1) 物料堆积密度。对于堆积密度小于 $1t/m^3$ 的细微粒物料，取 $\eta_M = 0.7 \sim 0.8$；堆积密度大于 $1t/m^3$ 的干燥颗粒物料，取 $\eta_M = 0.8 \sim 0.9$；粒度大于 $3mm$ 占 20% 以上的物料，取 $\eta_M = 0.8 \sim 1.0$。

2) 料层厚度。对于堆积密度较小和内摩擦力较大的细粒物料，输送速度随料层厚度增加而显著降低。通常输送机上的料层厚度不应超过 $300 \sim 400mm$。在输送管里料层厚度约为内径的 50%。根据料层厚度取 $\eta_H = 0.95 \sim 0.75$。

3) 微细粉料（$0.06mm$ 以下）的输送特性。由于微细粉料透气性不好，料层逐渐加厚后，聚集在物料中的气体在振动的作用下，被从物料中挤出。当料层厚度为 $40 \sim 70mm$ 时，物料在输送槽中呈沸腾状态缓慢移动，见图 9.6-61。当料层增加到 $80mm$ 以后，料层中聚集的气体无法再冲破料层而被挤到物料和料

槽底板之间形成一个气垫，在振动力的作用下气垫带动物料在槽上悬浮运动。当料层厚度为 $113mm$ 时，其输送速度可达到 $0.056m/s$。所以在输送粒度小于 $0.06mm$ 的物料〔如水泥、滑石粉、面粉、石膏粉等〕时厚度应大于 $100mm$。

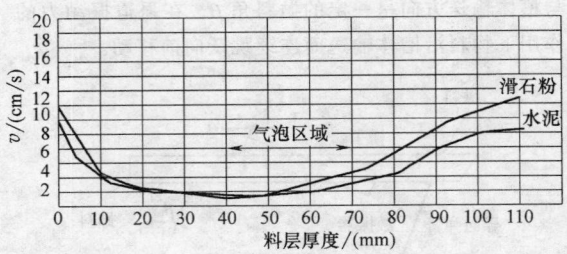

图9.6-61　微细粉料料层厚度与输送速度的关系

4) 料槽倾角 α。图 9.6-62 表示输送速度与料槽向下倾角的关系。当料槽向下倾角为 $10°$ 时，输送速度通常可比水平输送时提高 40%。向下倾角在 $5°$ 以内，输送速度提高很小，因此振动输送机向下倾角在 $5°$ 之内是没有意义的。但应尽可能不使向下倾角大于 $15°$，因为倾角过大时，物料与槽体滑动摩擦增强，引起槽体强烈磨损，使槽体过早损坏，而且输送量也难以控制。振动输送机向上倾斜输送是可能的，但每增加 $1°$ 升角，输送速度将降低 2%。

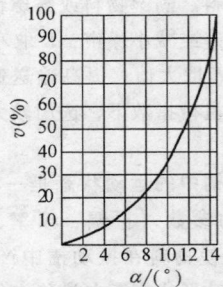

图9.6-62　输送速度与槽体向下倾角的关系

不同的物料在振动输送中，其输送速度有很大的差异，因此在输送一些特殊物料时最好先进行实际测试。表 9.6-49 给出的是一些典型物料输送速度的降低系数，表中 $\eta = \eta_M \eta_H$。

表 9.6-49　物料的输送速度和降低系数

物料名称	堆积密度 /(t/m³)	粒度 /mm	含水量 /(%)	料层厚 /mm	振幅 /mm	实测速度 /(m/s)	理论速度 /(m/s)	效率 η
铁矿石	2.3	0～400	1.5	400	1.5	0.156	0.205	0.76
铸造型砂	1.5	1～2	9.2	110	1.5	0.134	0.205	0.65
铸造废砂	1.5	1～2		75	1.5	0.115	0.205	0.56
河砂	1.6	1～2	10	70	1.5	0.16	0.205	0.78
木屑	0.153	2～3	3～5	45	1.5	0.08	0.205	0.39
水泥	1.13	－200	1～2	30	1.5	0.053	0.205	0.26
水泥	1.13	－200	1～2	113	1.0	0.08	0.205	0.39

（续）

物料名称	堆积密度 /(t/m³)	粒度 /mm	含水量 (%)	料层厚 /mm	振幅 /mm	实测速度 /(m/s)	理论速度 /(m/s)	效率 η
铁屑	1.1	10		50	1.5	0.1	0.205	0.49
原煤	1.0	0 ~ 30		50	1.5	0.134	0.205	0.65
焦炭	0.8	0 ~ 30		140	1.5	0.114	0.205	0.56
绿豆	0.8	5		100	1.5	0.2	0.205	0.975
石英砂	1.4	2		80	1.5	0.16	0.205	0.78
石英砂	1.4	0.2 ~ 0.5		58	1.5	0.115	0.205	0.56
石英砂	1.4	0.1		60	1.5	0.115	0.205	0.56
滑石粉	0.86	− 200	1 ~ 2	30	1.5	0.04	0.205	0.19
滑石粉	0.86	− 200	1 ~ 2	100	1.0	0.111	0.205	0.54
细砂	1.42	0 ~ 0.05		60	1.5	0.08	0.205	0.39
电石	1.3	30		70	1.5	0.136	0.205	0.654

7.3.2　振动输送参数选择

1. 物料抛料指数 D 的选择

抛料指数 D 取决于运动学参数振幅 a_1、激振频率 f、振动方向角 β、槽体倾角 α，这些参数可以通过设计方法选择。当 $f > 1$ 时，物料作抛料运动；当 $f < 1$ 时，物料作滑行运动；因此 $f = 1$ 是抛料运动的临界点。所以，抛料指数 D 应该大于 1。

对于采用抛掷理论工作的振动输送机，通常选取 $D < 3.3$，希望物料有较长的抛掷距离，相对停滞时间比较短，避免负向滑移，其关键在于选择抛掷时间 $t_a - t_s$ 与激振器周期 T 之比。通过正确选择参数，使物料既不过早地撞击前进中的槽体，又不使它太迟落到槽体中，因而可以得到理想的输送速度。

物料在抛掷状态下运动，由于物料与料槽底部接触时间较短，大部分时间处于空中运行状态，所以对槽体磨损较小。振动输送机均采用中速抛掷状态，抛料指数选 $D = 1.5 \sim 3.3$，在这种状态下，振动输送效率高，能耗小，对机体强度和刚度要求不太高。

长距离、大输送量的振动输送机，抛料指数选 $D = 1.4 \sim 2.5$。

电磁振动输送机、惯性振动输送机由于槽体短，为获得较大的输送速度通常取 $D = 2.4 \sim 3.3$。

对于输送易碎并需要保护粒度完整的物料，应采用较小的抛料指数。

2. 动力系数 K、振动频率 f 和振幅 a_1 的选择

设备的动力系数 K 主要受机械零件强度和结构刚度限制。输送距离长、输送量大的振动输送机，为提高设备利用系数，使设备不过于庞大复杂并能长期工作，通常动力系数 $K = 4 \sim 6$。振动输送机 $K = 7.5 \sim 10$。振动输送机和输送机的工作频率 f 和振幅 a_1 的选择范围比较大，可以根据结构型式、输送长度、输送能力和工艺要求选择。

电磁振动输送机一般采用小振幅和高频率，因为增大激振器的气隙会带来许多不良后果（如电流增大等）。

偏心连杆式振动输送机通常采用低频大振幅，振动频率 $f = 10 \sim 16 \text{Hz}$，振幅 $a_1 = 1.5 \sim 3 \text{mm}$。

惯性式振动输送机，一般在中频范围内工作，少数采用高频小振幅工作。振动频率选择 $f = 16 \sim 25 \text{Hz}$，振幅 $a_1 = 1.5 \sim 4 \text{mm}$。个别情况下采用 50 Hz 振动频率。

电磁振动输送机和输送机采用高频小振幅状态下工作。振动频率 $f = 15 \sim 100 \text{Hz}$，相对应的振幅 $a_1 = 0.5 \sim 2 \text{mm}$。

7.3.3　输送槽的设计计算

振动输送机的承载构件和底架结构应具有足够动力刚度和强度，避免局部振动和应力集中。在输送机有效长度上避免产生弹性弯曲振动。

当振动输送机的槽体在振动输送中，如果发生局部振动和弹性弯曲振动时，会使振幅和振动方向角产生明显变化，扰乱物料运行速度，使物料向前输送速度变慢，甚至会出现反向运动，使设备难以正常运行。局部应力将会使机器开焊、断裂，降低使用寿命。因此，在结构设计中必须避免产生有害振动。

1. 槽体形式

振动输送机的承载构件为槽式和管式两种，通常制成矩形槽、圆形槽、矩形槽底制成圆弧形等。根据工艺要求可采用敞开式或封闭式，如图 9.6-63 所示。

利用双重槽体通入热空气或冷空气，使物料在输送中加热保温或冷却，也可以在输送高温物料时，起到隔热和防止变形作用。另外，还可以在输送槽中加上筛网，使物料在输送中进行分级，达到一机多用。

为了减轻振动惯性力，增加动力刚度，应尽可能地减轻料槽质量。一般槽体采用 2 ~ 8mm 钢板作料槽

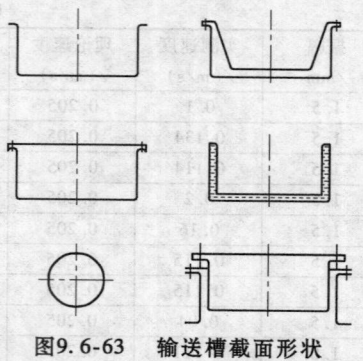

图9.6-63　输送槽截面形状

本体，用较薄钢板作为横向和纵向加强筋焊接而成。

槽体高度和宽度比、最大宽度见表9.6-50。

表9.6-50　输送槽高度与宽度比

工作特点	高度与宽度比	最大宽度/mm
轻型或轻中型,均匀供料,小产量,粉料多	0.3 ~ 0.5	≤ 1000
中型,大产量,有供料装置	0.6 ~ 0.8	≤ 650
重型,块状,有过载可能	0.8 ~ 1	≤ 650

2. 槽体断面尺寸

承载构件断面尺寸 F（m²）按要求的输送量和输送速度确定。

$$F = \frac{Q}{3600\bar{v}\varphi\gamma} \qquad (9.6\text{-}148)$$

式中　Q——质量输送量（t/h）；

$\bar{v}$——实际输送速度（m/s）；

γ——物料堆积密度（t/m³）；

φ——承载构件中物料充填系数。

对于矩形料槽，$\varphi = 0.6 \sim 0.8$；圆管形料槽 $\varphi = 0.5$。料槽宽度 B（或直径）的确定，当输送筛分后的物料时，取 $B = 3 \sim 5$ 倍的粒度；输送不均匀物料时，取 $B = 2 \sim 3$ 倍的粒度。

3. 输送槽刚度计算

设计槽体时，仅作强度计算是不够的，槽体还必须进行刚度设计计算，即要保证槽体在受到周期性的激振力时有足够的刚度。当激振力频率接近或等于某一自振频率时，会由于槽体本身的共振或接近共振，使槽体自身产生较大的振幅而加速槽体的破坏，从而影响物料的正常输送。也就是说，运行时槽体在受到脉冲激振力的作用下，不应发生较大的弹性变形，应使槽体的一阶弯曲自振频率大大高于激振频率。

在计算槽体整体刚度时，可将槽体看成是一根简支梁。在受到激振力垂直分量的作用下激发 X—X 轴向弯曲振动，则可能出现一系列不同的弹性弯曲振动形式。图9.6-64 由上至下表示这些随机振动频率增

大而引起的一阶、二阶和多阶的弯曲振动曲线。当一阶弯曲自振频率时，整个梁在两支点之间振动。当高阶振动频率时，这些振动曲线上就出现许许多多拱段和节点。在拱段上，输送速度有所提高，而在节点上则相反，速度将显著降低，会产生堵料现象。因此，槽体的结构要有足够大的抗振刚度，使激振频率远低于一阶弯曲自振频率。

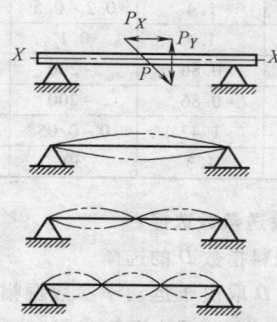

图9.6-64　简支梁的各种弯曲振动曲线形式

振动输送机在两导向杆之间的各段槽体（见图9.6-65a）弹性弯曲固有频率 ω_{0n}（rad/s）为

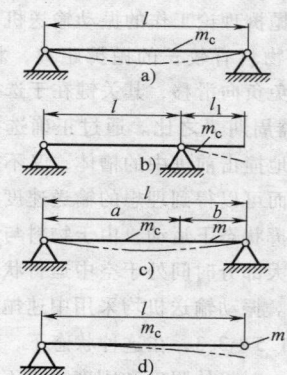

图9.6-65　振动输送机各槽体

各段固有频率计算简图

a）导向杆之间槽体　b）两端槽体

c）传动部分、进排料口槽体　d）两端有进料口或排料口槽体

$$\omega_{0n} = \left(\frac{n\pi}{l}\right)^2 \sqrt{\frac{EI}{m_c}} \qquad (9.6\text{-}149)$$

$$(n = 1, 2, 3, \ldots)$$

式中　n——弯曲固有频率阶数；

l——两支撑距离（m）；

E——弹性模量（Pa）；

I——槽体的截面惯性矩（m⁴）；

m_c——分布质量（kg）。

振动输送机槽体两端伸出悬臂部分与图9.6-65b 简支梁相似，其一阶固有频率 ω_{01}（rad/s）为

$$\omega_{01} = \left(\frac{a}{l}\right)^2 \sqrt{\frac{EI}{m_c}} \qquad (9.6\text{-}150)$$

式中　a——悬臂长度与两支撑长度比，见表 9.6-51。

表 9.6-51　比例系数 α

l_1/l	1	0.75	0.5	0.33	0.2
α	1.5	1.9	2.5	2.9	3.1

对振动输送机安装有传动部分和中间加料口或卸料口的区段可以简化如图 9.6-65c 有分布载荷又有集中载荷状态，其一阶弯曲固有频率为

$$\omega_{01} = \sqrt{\frac{3EI}{(m/l + 0.49 m_c) a^2 b^2}} \qquad (9.6\text{-}151)$$

式中　m——集中质量（kg）；

　　　a、b——集中质量距两支点距离（m）。

振动输送机两端有进、出料口时，可简化成图 9.6-65d 有分布质量和集中质量状态，其一阶固有频率为

$$\omega_{01} = \sqrt{\frac{3EI}{(m/l + 0.24 m_c) l^4}} \qquad (9.6\text{-}152)$$

式中　l——悬臂长度（m）。

对于弹簧隔振的单质体和双质体振动输送机，应对整机弹性弯曲振动频率进行计算。其各阶弹性弯曲振动固有频率分别为

$$\begin{cases} \omega_{01} = \sqrt{\left[\left(\frac{4.73}{l}\right)^4 E \sum I + \sum k_2\right] \dfrac{1}{\sum m}} \\[4mm] \omega_{02} = \sqrt{\left[\left(\frac{7.853}{l}\right)^4 E \sum I + \sum k_2\right] \dfrac{1}{\sum m}} \\[4mm] \omega_{03} = \sqrt{\left[\left(\frac{10.996}{l}\right)^4 E \sum I + \sum k_2\right] \dfrac{1}{\sum m}} \end{cases}$$
$$(9.6\text{-}153)$$

式中　ω_{01}、ω_{02}、ω_{03}——分别为弹性弯曲振动一阶、二阶、三阶固有振动频率（rad/s）；

　　　E——弹性模量（Pa）；

　　　$\sum I$——弹性弯曲振动方向的总惯性矩（m^4）；

　　　$\sum k_2$——单位长度上的隔振弹簧总刚度（N/m）；

　　　$\sum m$——单位长度总质量（kg）。

通过对槽体弹性弯曲振动的固有频率计算，可以确定较为合理的支撑距离。为了获得尽可能高的一阶弯曲固有频率，应减轻槽体质量，增大截面惯性矩，缩短支撑距离。因此，高频振动的振动输送机，要相应地做成具有较高的弹性弯曲振动固有频率。

4. 输送槽长度计算

为了减少输送槽的弹性弯曲振动，其工作长度为

$$L = (0.4 \sim 0.7) L_{max} \qquad (9.6\text{-}154)$$

式中　L——工作长度（cm）；

　　　L_{max}——最大长度（cm）。

$$L_{max} = \sqrt[4]{\frac{EJ}{m_n \omega^2}}$$

式中　E——弹性模量（Pa），对于钢 $E = 2.1 \times 10^{11}$ Pa；

　　　J——断面惯性矩（cm^4）；

　　　m_n——单位长度的质量（kg/m）；

　　　ω——工作频率（1/s）。

5. 支承距离

支承距离须保证输送槽具有足够的动力刚度，因此必须使强迫振动频率远远低于其一阶弯曲自振频率，即 $f_{b1} > f_0$。当取 $f_{b1} = 2f$ 时，

$$l = \sqrt[4]{\frac{3EJ}{qf^2}} \qquad (9.6\text{-}155)$$

式中　l——支承距离（m）；

　　　q——单位长度梁的质量（kg/m）。

支承距离应按振动输送机的工作频率及设备大小选择。通常支承距离 $l < 2.5$m。机器动力系数 $K = 4 \sim 6$ 时，$l < 1$m；$K < 4$ 时，$l = 1 \sim 2.5$m。当支承距离内有集中载荷时应取较小值。

对于较长的振动输送机，一般采用摆杆弹簧作为中间支承。这些摆杆弹簧作为中间支承，如图 9.6-66 所示。这些摆杆弹簧在振动方向上（a-a）是柔性的，而在垂直方向上（b-b）是刚性的。但应注意，摆杆弹簧不应装设在槽体弹性弯曲振动曲线的节点上，这样就起不了作用，而应该装在阻止槽体发生弯曲的弹性弯曲曲线的拱段上。与此不同，对于长距离振动输送机，当采用多点驱动时，这些驱动装置则应安装在弹性弯曲曲线的节点位置。摆杆弹簧仍安装在弹性曲线的拱段。

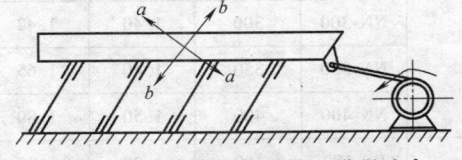

图9.6-66　具有摆杆弹簧以增强动力刚度的长距离振动输送机

第7章 输送机械的主要零部件

1 输送带

1.1 输送带的类型、构造与特点

输送带是带式输送机的牵引构件和承载构件。普通结构输送带一般由带芯层、隔离层和覆盖层三部分组成。

（1）带芯层 带芯层是输送带的骨架，承受载荷的主体，输送带的强度由带芯的强度决定。带芯材料包括棉帆布、尼龙帆布、聚酯帆布和钢丝绳等。

（2）隔离层 隔离层提供良好的粘接性，能将带芯黏合在一起，视带芯不同而采用不同配方。

（3）覆盖层 覆盖层分为上覆盖层和下覆盖层，分别与带芯层上下两面粘接，保护带芯层使之不受机械损伤。上覆盖层承受物料的冲击和摩擦，由使用条件决定是否采用耐油、耐磨、耐燃、耐热或耐寒等各种特性的橡胶配方；下覆盖层受承受滚筒和托辊的摩擦。通常情况下，上覆盖层比下覆盖层厚。

常用的输送带主要有普通输送带和钢丝绳芯输送带。

普通输送带的带芯由一层或多层织物构成或由整体带芯织物构成。棉帆布带芯抗拉强度低，不耐疲劳，质量大；尼龙帆布带芯抗拉强度较高，质量轻，抗冲击和耐弯曲性能好，成槽性能好，防霉、耐水等各项性能都优于棉帆布带芯；聚酯帆布带芯与尼龙帆布带芯性能相似，其弹性模量更高，伸长率小，尺寸稳定性好。

钢丝绳芯输送带采用一组平行放置的钢丝绳作为带芯，与普通输送带相比，具有下列主要优点：抗拉强度高，可满足大运量、长距离的需要；弹性伸长小，张紧装置的行程可以显著减小；成槽性好；滚筒直径相对较小。

1.2 常用输送带的规格（见表9.7-1和表9.7-2）

表9.7-1 帆布芯输送带规格及技术参数

抗拉体材料	输送带型号	扯断强度 N/(mm·层)	每层厚度 /mm	每层质量 /(kg/m²)	伸长率 (%)	带宽范围 /mm	层数范围	覆盖胶厚度/mm	
								上	下
棉帆布	CC-56	56	1.50	1.36	1.5~2	300~2000	2~10	1.5,3,4.5,6,8	1.5,3,4.5
尼龙帆布	NN-100	100	1.00	1.02	1.5~2	400~1800	2~6	1.5,3,4.5,6,8	1.5,3,4.5
	NN-150	150	1.10	1.15	1.5~2	300~2000	2~6		
	NN-200	200	1.20	1.25	1.5~2	300~2000	2~6		
	NN-250	250	1.30	1.32	1.5~2	300~2000	2~6		
	NN-300	300	1.40	1.42	1.5~2	300~2000	2~6		
	NN-350	350	1.40	1.65	1.5~2	800~2000	2~6		
	NN-400	400	1.50	1.80	1.5~2	1000~2000	2~6		
聚酯帆布	EP-100	100	1.20	1.22	1.5	400~1800	2~6	3,4.5,6,8	1.5,3,4.5
	EP-200	200	1.30	1.32	1.5	650~2200	2~6		
	EP-300	300	1.50	1.52	1.5	650~2200	2~6		
	EP-400	400	1.65	2.00	1.5	1000~2000	3~6	3,4.5,6,8	1.5,3,4.5
	EP-500	500	2.75	3.30	1.5	1000~2000	3~6		

表 9.7-2　钢丝绳芯输送带规格及技术参数

输送带型号	St630	St800	St1000	St1250	St1600	St2000	St2500	St3150	St3500	St4000	St4500	St5000
纵向拉伸强度/(N/mm)	630	800	1000	1250	1600	2000	2500	3150	3500	4000	4500	5000
钢丝绳最大公称直径/mm	3.0	3.5	4.0	4.5	5.0	6.0	7.2	8.1	8.6	8.9	9.7	10.9
钢丝绳间距/mm	10	10	12	12	12	12	15	15	15	15	16	17
上覆盖层厚度/mm	5	5	6	6	6	8	8	8	8	8	8	8.5
下覆盖层厚度/mm	5	5	6	6	6	8	8	8	8	8	8	8.5
带宽/mm						钢丝绳根数						
800	75	75	63	63	63	63	50	50	50			
1000	95	95	79	79	79	79	64	64	64	64	59	55
1200	113	113	94	94	94	94	76	76	77	77	71	66
1400	133	133	111	111	111	111	89	89	90	90	84	78
1600	151	151	126	126	126	126	101	101	104	104	96	90
1800	—	171	143	143	143	143	114	114	117	117	109	102
2000	—	—	159	159	159	159	128	128	130	130	121	113
2200						176	141	141	144	144	134	125
2400						196	155	155	157	157	146	137
2600						209	168	168	170	170	159	149
2800									194	194	171	161

1.3　输送带的计算

1.3.1　普通输送带的计算

　　根据输送机的生产率及物料块度确定带宽之后，对于帆布芯输送带，通常按照最大静张力选择合适的带芯抗拉强度，然后由下式计算所需的帆布层数：

$$i = \frac{S_{max}n}{B\sigma_d} \qquad (9.7\text{-}1)$$

式中　i——帆布层数；

　　S_{max}——最大静张力（N）；

　　B——带宽（mm）；

　　σ_d——带芯强度 [N/(mm·层)]；

　　n——安全系数，见表 9.7-3。

表 9.7-3　帆布芯输送带安全系数

帆布层数 i		3~4	5~8	9~12
安全系数 n	硫化接头	8	9	10
	机械接头	10	11	12

1.3.2　钢丝绳芯输送带的计算

　　钢丝绳芯输送带的强度计算公式为：

$$\sigma_d \geqslant \frac{S_{max}n}{B} \qquad (9.7\text{-}2)$$

式中　S_{max}——最大静张力（N）；

　　B——带宽（cm）；

　　σ_d——带芯强度 [N/(cm·层)]；

　　n——安全系数，$n \geqslant 10$。

2　输送链条

2.1　输送链条的类型与特点

　　（1）滚子链　可配上各种附件将链板与承载构件相连，是规格最多、应用最广泛的输送链条。

　　1）短节距滚子输送链（GB/T 1243—2006）如图 9.7-1 所示，在标准滚子链基础上，配上各种附件，适用于精密、紧凑、运行平稳的场合。

　　2）双节距滚子输送链（GB/T 5269—2008）如图 9.7-2 所示，应用场合与短节距滚子链类似，

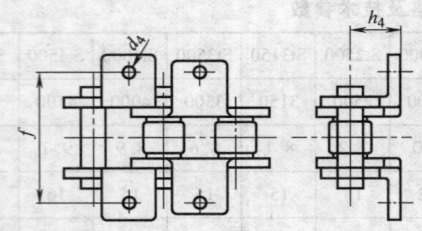

图9.7-1　短节距滚子输送链

其链板为直边形，链板孔距为短节距滚子链的两倍，由于比标准滚子链质量轻而更经济，用途更广泛。

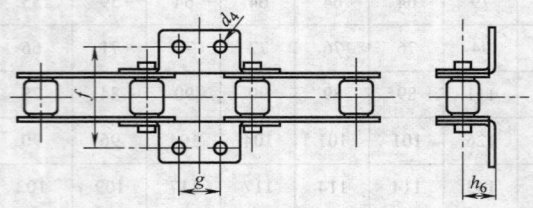

图9.7-2　双节距滚子输送链

3）长节距输送链（GB/T 8350—2008）如图9.7-3所示，链板为直边形，滚子有大滚子、小滚子、带凸缘滚子，销轴有实心销轴、空心销轴，抗拉强度大，广泛用于输送和机械化设备。

（2）双铰接输送链（JB/T 8546—2011）具有双向挠性，是封闭轨悬挂输送机的牵引构件，如图9.7-4所示。

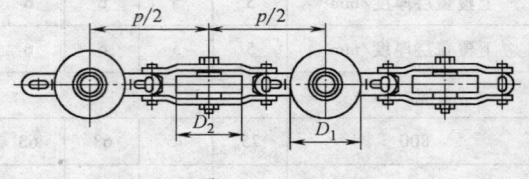

图9.7-3　长节距输送链

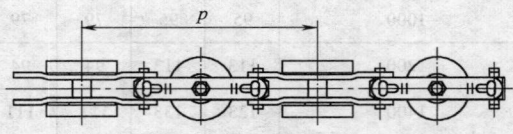

图9.7-4　双铰接链

p—节距　D_1—行走轮直径　D_2—导向轮直径。

（3）易拆链　如图9.7-5所示，具有双向挠性，是通用悬挂输送机的牵引构件，主要包括冲压易拆链和模锻易拆链（GB/T17482—1998），其最大优点是便于拆卸链条。冲压易拆链价格较便宜，适用于简单线路，而模锻易拆链的制造精度以及抗弯性能优于冲压链，适用于较复杂线路。

（4）叉形链（JB/T 9154—2008）用于埋刮板输送机，包括带刮板链节和不带刮板链节，如图9.7-6所示。

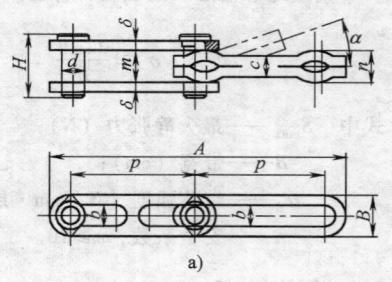
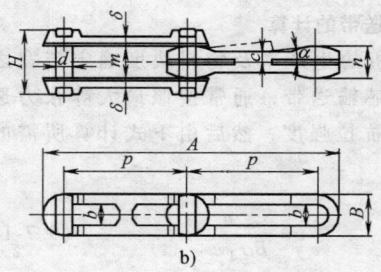

图9.7-5　易拆链

a)冲压易拆链　b)模锻易拆链

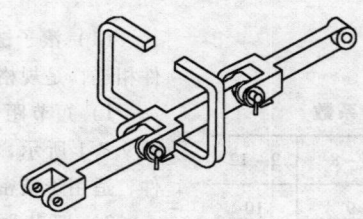

图9.7-6　叉形链

2.2 常用输送链条的规格与选型

（1）短节距辊子输送链（表 9.7-4）

表 9.7-4 短节距辊子输送链规格、基本参数

链号	节距 p nom	辊子直径 d_1 max	内节内宽 b_1 min	销轴直径 d_2 max	套筒孔径 d_3 min	链条通道高度 h_1 min	内链板高度 h_2 max	外或中链板高度 h_3 max	过渡链节尺寸 l_1 min	l_2 min	c	排距 p_t	内节外宽 b_2 max	外节内宽 b_3 min	销轴长度 单排 b_4 max	双排 b_5 max	三排 b_6 max	止锁件附加宽度 b_7 max	测量力 单排	双排	三排	抗拉强度 F_u 单排 min	双排 min	三排 min	动载强度 单排 F_d min
								mm											N			kN			N
04C	6.35	3.30	3.10	2.31	2.34	6.27	6.02	5.21	2.65	3.08	0.10	6.40	4.80	4.85	9.1	15.5	21.8	2.5	50	100	150	3.5	7.0	10.5	630
06C	9.525	5.08	4.68	3.60	3.62	9.30	9.05	7.81	3.97	4.60	0.10	10.13	7.46	7.52	13.2	23.4	33.5	3.3	70	140	210	7.9	15.8	23.7	1410
05B	8.00	5.00	3.00	2.31	2.36	7.37	7.11	7.11	3.71	3.71	0.08	5.64	4.77	4.90	8.6	14.3	19.9	3.1	50	100	150	4.4	7.8	11.1	820
06B	9.525	6.35	5.72	3.28	3.33	8.52	8.26	8.26	4.32	4.32	0.08	10.24	8.53	8.66	13.5	23.8	34.0	3.3	70	140	210	8.9	16.9	24.9	1290
08A	12.70	7.92	7.85	3.98	4.00	12.33	12.07	10.42	5.29	6.10	0.08	14.38	11.17	11.23	17.8	32.3	46.7	3.9	120	250	370	13.9	27.8	41.7	2480
08B	12.70	8.51	7.75	4.45	4.50	12.07	11.81	10.92	5.66	6.12	0.08	13.92	11.30	11.43	17.0	31.0	44.9	3.9	120	250	370	17.8	31.1	44.5	2480
081	12.70	7.75	3.30	3.66	3.71	10.17	9.91	9.91	5.36	5.36	0.08	—	5.80	5.93	10.2	—	—	1.5	125	—	—	8.0	—	—	—
083	12.70	7.75	4.88	4.09	4.14	10.56	10.30	10.30	5.36	5.36	0.08	—	7.90	8.03	12.9	—	—	1.5	125	—	—	11.6	—	—	—
084	12.70	7.75	4.88	4.09	4.14	11.41	11.15	11.15	5.77	5.77	0.08	—	8.80	8.93	14.8	—	—	1.5	125	—	—	15.6	—	—	—
085	12.70	7.77	6.25	3.60	3.62	10.17	9.91	8.51	4.35	5.03	0.08	—	9.06	9.12	14.0	—	—	2.0	80	—	—	6.7	—	—	1340
10A	15.875	10.16	9.40	5.09	5.12	15.35	15.09	13.02	6.61	7.62	0.10	18.11	13.84	13.89	21.8	39.9	57.9	4.1	200	390	590	21.8	43.6	65.4	3850
10B	15.875	10.16	9.65	5.08	5.13	14.99	14.73	13.72	7.11	7.62	0.10	16.59	13.28	13.41	19.6	36.2	52.8	4.1	200	390	590	22.2	44.5	66.7	3330
12A	19.05	11.91	12.57	5.96	5.98	18.34	18.10	15.62	7.90	9.15	0.10	22.78	17.75	17.81	26.9	49.8	72.6	4.6	280	560	840	31.3	62.6	93.9	5490
12B	19.05	12.07	11.68	5.72	5.77	16.39	16.13	16.13	8.33	8.33	0.10	19.46	15.62	15.75	22.7	42.2	61.7	4.6	280	560	840	28.9	57.8	86.7	3720
16A	25.40	15.88	15.75	7.94	7.96	24.39	24.13	20.33	10.55	12.20	0.13	29.29	22.60	22.66	33.5	62.7	91.9	5.4	500	1000	1490	55.6	111.2	166.8	9550
16B	25.40	15.88	17.02	8.28	8.33	21.34	21.08	21.08	11.15	11.15	0.13	31.88	25.45	25.58	36.1	68.0	99.9	5.4	500	1000	1490	60.0	106.0	160.0	9530

（续）

链号	节距 p nom	辊子直径 d_1 max	内节内宽 b_1 min	销轴直径 d_2 max	套筒孔径 d_3 min	链条通道高度 h_1 min	内链板高度 h_2 max	外或中链板高度 h_3 max	过渡链节尺寸 l_1 min	l_2 min	c	排距 p_t	内节外宽 b_2 max	外节内宽 b_3 min	销轴长度 单排 b_4 max	双排 b_5 max	三排 b_6 max	止锁件附加宽度 b_7 max	测量力 单排	双排	三排	抗拉强度 F_u 单排 min	双排 min	三排 min	动载强度 单排 F_d min
												mm								N			kN			N
20A	31.75	19.05	18.90	9.54	9.56	30.48	30.17	26.04	13.16	15.24	0.15	35.76	27.45	27.51	41.1	77.0	113.0	6.1	780	1560	2340	87.0	174.0	261.0	14600
20B	31.75	19.05	19.56	10.19	10.24	26.68	26.42	26.42	13.89	13.89	0.15	36.45	29.01	29.14	43.2	79.7	116.1	6.1	780	1560	2340	95.0	170.0	250.0	13500
24A	38.10	22.23	25.22	11.11	11.14	36.55	36.2	31.24	15.80	18.27	0.18	45.44	35.45	35.51	50.8	96.3	141.7	6.6	1110	2220	3340	125.0	250.0	375.0	20500
24B	38.10	25.40	25.40	14.63	14.68	33.73	33.4	33.40	17.55	17.55	0.18	48.36	37.92	38.05	53.4	101.8	150.2	6.6	1110	2220	3340	160.0	280.0	425.0	19700
28A	44.45	25.40	25.22	12.71	12.74	42.67	42.23	36.45	18.42	21.32	0.20	48.87	37.18	37.24	54.9	103.6	152.4	7.4	1510	3020	4540	170.0	340.0	510.0	27300
28B	44.45	27.94	30.99	15.90	15.95	37.46	37.08	37.08	19.51	19.51	0.20	59.56	46.58	46.71	65.1	124.7	184.3	7.4	1510	3020	4540	200.0	360.0	530.0	27100
32A	50.80	28.58	31.55	14.29	14.31	48.74	48.26	41.68	21.04	24.33	0.20	58.55	45.21	45.26	65.5	124.2	182.9	7.9	2000	4000	6010	223.0	446.0	669.0	34800
32B	50.80	29.21	30.99	17.81	17.86	42.72	42.29	42.29	22.20	22.20	0.20	58.55	45.57	45.70	67.4	126.0	184.5	7.9	2000	4000	6010	250.0	450.0	670.0	29900
36A	57.15	35.71	35.48	17.46	17.49	54.86	54.30	46.86	23.65	27.36	0.20	65.84	50.85	50.90	73.9	140.0	206.0	9.1	2670	5340	8010	281.0	562.0	843.0	44500
40A	63.50	39.68	37.85	19.85	19.87	60.93	60.33	52.07	26.24	30.36	0.20	71.55	54.88	54.94	80.3	151.9	223.5	10.2	3110	6230	9340	347.0	694.0	1041.0	53600
40B	63.50	39.37	38.10	22.89	22.94	53.49	52.96	52.96	27.76	27.76	0.20	72.29	55.75	55.88	82.6	154.9	227.2	10.2	3110	6230	9340	355.0	630.0	950.0	41800
48A	76.20	47.63	47.35	23.81	23.84	73.13	72.39	62.49	31.45	36.40	0.20	87.83	67.81	67.87	95.5	183.4	271.3	10.5	4450	8900	13340	500.0	1000.0	1500.0	73100
48B	76.20	48.26	45.72	29.24	29.29	64.52	63.88	63.88	33.45	33.45	0.20	91.21	70.56	70.69	99.1	190.4	281.6	10.5	4450	8900	13340	560.0	1000.0	1500.0	63600
56B	88.90	53.98	53.34	34.32	34.37	78.64	77.85	77.85	40.61	40.61	0.20	106.60	81.33	81.46	114.6	221.2	327.8	11.7	6090	12190	20000	850.0	1600.0	2240.0	88900
64B	101.60	63.50	60.96	39.40	39.45	91.08	90.17	90.17	47.07	47.07	0.20	119.89	92.02	92.15	130.9	250.8	370.7	13.0	7960	15290	27000	1120.0	2000.0	3000.0	106900
72B	114.30	72.39	68.58	44.48	44.53	104.67	103.63	103.63	53.37	53.37	0.20	136.27	103.81	103.94	147.4	283.7	420.0	14.3	10100	20190	33500	1400.0	2500.0	3750.0	132700

（2）双节距辊子输送链（表 9.7-5）

表 9.7-5　双节距辊子输送链规格、基本参数

链号	节距 p	小辊子直径 d_1 max	大辊子直径 d_7 max	内链节内宽 b_1 min	销轴直径 d_2 max	套筒孔径 d_3 min	链条通道高度 h_1 min	链板高度 h_2 max	过渡链板尺寸 l_1 min	内链节外宽 b_2 max	外链节内宽 b_3 min	销轴长度 b_4 max	销轴正锁段加长量 b_7 max	测量力 N	抗拉强度 min kN
							mm							N	kN
208A	25.4	7.92	15.88	7.85	3.98	4.00	12.33	12.07	6.9	11.17	11.31	17.8	3.9	120	13.9
208B	25.4	8.51	15.88	7.75	4.45	4.50	12.07	11.81	6.9	11.30	11.43	17.0	3.9	120	17.8
210A	31.75	10.16	19.05	9.40	5.09	5.12	15.35	15.09	8.4	13.84	13.97	21.8	4.1	200	21.8
210B	31.75	10.16	19.05	9.65	5.08	5.13	14.99	14.73	8.4	13.28	13.41	19.6	4.1	200	22.2
212A	38.1	11.91	22.23	12.57	5.96	5.98	18.34	18.10	9.9	17.75	17.88	26.9	4.6	280	31.3
212B	38.1	12.07	22.23	11.68	5.72	5.77	16.39	16.13	9.9	15.62	15.75	22.7	4.6	280	28.9
216A	50.8	15.88	28.58	15.75	7.94	7.96	24.39	24.13	13	22.60	22.74	33.5	5.4	500	55.6
216B	50.8	15.88	28.58	17.02	8.28	8.33	21.34	21.08	13	25.45	25.58	36.1	5.4	500	60.0
220A	63.5	19.05	39.67	18.90	9.54	9.56	30.48	30.17	16	27.45	27.59	41.1	6.1	780	87.0
220B	63.5	19.05	39.67	19.56	10.19	10.24	26.68	26.42	16	29.01	29.14	43.2	6.1	780	95.0
224A	76.2	22.23	44.45	25.22	11.11	11.14	36.55	36.20	19.1	35.45	35.59	50.8	6.6	1110	125.0
224B	76.2	25.4	44.45	25.40	14.63	14.68	33.73	33.40	19.1	37.92	38.05	53.4	6.6	1110	160.0
228B	88.9	27.94	—	30.99	15.90	15.95	37.46	37.08	21.3	46.58	46.71	65.1	7.4	1510	200.0
232B	101.6	29.21	—	30.99	17.81	17.86	42.72	42.29	24.4	45.57	45.70	67.4	7.9	2000	250.0

（3）长节距辊子输送链（表 9.7-6、表 9.7-7）

表 9.7-6　实心销轴输送链主要尺寸和技术要求 ①、②、③

链号	抗拉强度 min kN	d_1 max	节距 p (mm)															d_2 max	d_3 min	d_4 max	h_2 max	b_1 min	b_2 max	b_3 min	b_4 max	b_7 min	$l_1$④ min	d_5 max	b_{11} max	d_7 max	测量力 kN
			40	50	63	80	100	125	160	200	250	315	400	500	630	800	1000														
M20	20	25	×															6	6.1	9	19	16	22	22.2	35	7	12.5	32	3.5	12.5	0.4
M28	28	30		×														7	7.1	10	21	18	25	25.2	40	8	14	36	4	15	0.56
M40	40	36			×													8.5	8.6	12.5	26	20	28	28.3	45	9	17	42	4.5	18	0.8
M56	56	42				×												10	10.1	15	31	24	33	33.3	52	10	20.5	50	5	21	1.12
M80	80	50					×											12	12.1	18	36	28	39	39.4	62	12	23.5	60	6	25	1.6
M112	112	60						×										15	15.1	21	41	32	45	45.5	73	14	27.5	70	7	30	2.24
M160	160	70							×									18	18.1	25	51	37	52	52.5	85	16	34	85	8.5	36	3.2
M224	224	85								×								21	21.2	30	62	43	60	60.6	98	18	40	100	10	42	4.5

（续）

链号	抗拉强度 min / kN	d_1 max	节距 p ①②③ / mm	d_2 max	d_3 min	d_4 max	h_2 max	b_1 min	b_2 max	b_3 min	b_4 max	b_7 max	$l_1$④ min	b_{11} max	d_7 max	d_{11} max	d_5 max	测量力 / kN
M315	315	100	×(160)	25	25.2	36	72	48	70	70.7	112	21	47	12	25	50	120	6.3
M450	450	120		30	30.2	42	82	56	82	82.8	135	25	55	14	30	60	140	9
M630	630	140	×(250)	36	36.2	50	103	66	96	97	154	30	66.5	16	42	70	170	12.5
M900	900	170		44	44.2	60	123	78	112	113	180	37	81	18	60	85	210	18

（节距 p 栏列出：40　50　63　80　100　125　160　200　250　315　400　500　630　800　1000）

① 节距 p 是理论参考尺寸，用来计算链长和链轮尺寸，而不是用作检验链节的尺寸。
② 明影区内的节距规格是优选节距规格。
③ 用×表示的链节节距规格仅用于套筒链条和小辊子链条。
④ 过渡链节尺寸 l_1 决定最大链板长度和对铰链长度和对铰链轨迹的最小限制。

表 9.7-7　空心销轴输送链主要尺寸和技术要求

链号	抗拉强度 min / kN	d_1 max	节距 p① / mm	d_2 max	d_3 min	d_4 max	h_2 max	b_1 min	b_2 max	b_3 min	b_4 max	b_7 max	$l_1$④ min	b_{11} max	d_5 min	d_6 min	d_7 max	测量力 / kN
MC28	28	36		13	13.1	17.5	26	20	28	28.3	42	10	17.0	4.5	8.2		25	0.56
MC56	56	50		15.5	15.6	21.0	36	24	33	33.3	48	13	23.5	5	10.2		30	1.12
MC112	112	70		22	22.2	29.0	51	32	45	45.5	67	19	34.0	7	14.3		42	2.24
MC224	224	100		31	31.2	41.0	72	43	60	60.6	90	24	47.0	10	20.3		60	4.50

（节距 p 栏列出：63　80　100　125　160　200　250　315　400　500）

①、④ 分别同表 9.7-6 的①、④。

（4）双铰接链（表 9.7-8）

表 9.7-8　双铰接链常用规格、尺寸、测量力和抗拉载荷

链号	节距 p / mm	单点最大吊重 / kg	内链节内宽 b_1 min	销轴直径 d_2 max	走轮直径 d_3 max	导轮直径 d_4 max	走轮组宽度 B max	链板厚度 t max	链板高度 h_2 max	测量力 q / N	抗拉载荷 Q min / kN
SJ150A-8	150	8	14.5	6.5	37	44	37	2.4	20	225	25
SJ150D-8			20	7	45	45	36	4	14		
SJ150Y-8			17	5	33	33	—	3	16		
SJ200A-30	200	30	20	8.5	57	60	52	4	20	270	30
SJ200D-50			28	10	55		48	6			
SJ250A-50	250	50	22	10	66	66	58	4	24	450	50
SJ250D-50			30	12			54	8			
SJ250S-50			22	10			58	4			
SJ300A-120	300	120	30	12	83	85	75	5	32	900	100
SJ300S-120			30	12							

(5) 模锻易拆链 (表9.7-9)

表9.7-9　链条尺寸、测量载荷和最小抗拉载荷

链号	参考节距	理论节距 p	中链环开口宽度 h_7 min	链条高度 h_2 max	销轴直径 d_2 max	链条销轴宽度 b_4 max	外链板厚度 c nom	中链环宽度(头部) b_2 ±0.4	中链环宽度(腰部) b_{12} max	外链板间内档宽度 b_3 min	中链环装配面长度 l_5 min	转角 α min (°)	抗拉强度 min kN	标准测量长度 max mm	min mm	链节数 min	测量载荷 kN
F228	50	51.1	7.4	18.0	6.6	27.7	6.4	11.9	9.4	13.0	—	9	27	3095.2	3050.5	60	0.45
F348	75	76.6	13.5	28.0	12.7	47.0	10.2	18.8	13.2	20.1	40.4	9	98	3095.2	3050.5	40	0.45
F458	100	102.4	16.8	37.0	16.2	58.0	12.0	25.4	16.5	26.2	58.7	9	187	3096.5	3062.2	30	0.90
F678	150	153.2	24.1	52.0	22.3	80.0	18.0	32.5	21.3	34.3	84.8	5	320	3082.8	3054.9	20	1

(6) 叉形链 (表9.7-10)

表9.7-10　叉形链的基本参数和主要尺寸

mm

链号	节距 p : 80	100	125	142	160	200	250	315	销轴公称直径 d	销轴直径 d max	链杆大头半径(公称) R	链杆杆身厚度(公称) S	链杆叉口宽 c min	链杆小头宽 c_0 max	链杆孔直径 d_1 min	链杆回转间隙 t min	抗拉强度 min kN
MSL56	×	×	×						10	9.92	10	6	12.0	11	10.00	12	56
MSL80	×	×	×	×					12	11.905	12	7	14.0	13	12.00	14	80
MSL112		×	×	×	×				15	14.905	14	8	16.0	15	15.00	17	112
MSL160			×	×	×				18	17.905	17	8	18.0	17	18.00	20	160
MSL224				×	×	×			21	20.89	20	12	25.0	24	21.00	23	224
MSL315						×	×	×	25	24.89	25	14	26.0	24	25.00	27	315
MSL450						×	×	×	30	29.88	30	16	30.0	28	30.00	32	450
MSL630							×	×	36	35.88	35	20	32.0	30	36.00	40	630
MSL900								×	44	43.87	45	24	40.0	38	44.00	48	900

注：×表示优先选用。

3　支承托辊

支承托辊的作用是支承输送带及其上的物料，使输送带平稳运行。支承托辊有槽形、平行、缓冲、调心、过渡托辊等型式。

3.1　槽形托辊

槽形托辊用于散粒物料带式输送机的承载分支，使输送带形成槽形以增大运量和防止物料从两边撒漏。

根据物料堆积角不同采用不同槽角，主要有35°槽形托辊和45°槽形托辊；按有无纠偏能力分为普通槽形托辊和槽形前倾托辊。前倾托辊基本尺寸参数与普通托辊相同，区别在于托辊组的两个侧托辊朝输送带运行方向前倾一定角度。

（1）35°槽形托辊及槽形前倾托辊（见图9.7-7，表9.7-11）

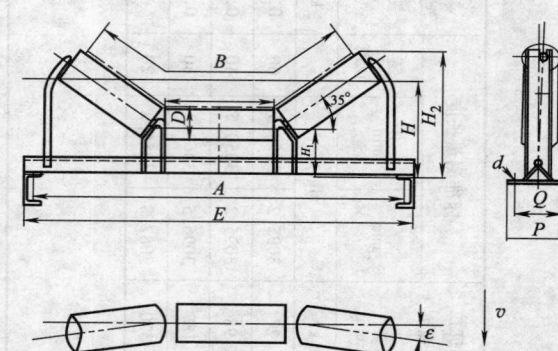

图9.7-7　35°槽形托辊及槽形前倾托辊

注：1. 俯视图为槽形前倾托辊的辊子视图，普通槽形托辊的 $\varepsilon = 0°$。

2. 组件质量已计入与中间架连接的紧固件。

表 9.7-11　DTⅡ型带式输送机35°槽形托辊　　　（单位：mm）

带宽 B	辊子 D	辊子 L	辊子 轴承	A	E	H_1	H	H_2	P	Q	d	ε	槽形托辊(35°) 质量/kg	槽形托辊(35°) 图号	槽形前倾托辊(35°) 质量/kg	槽形前倾托辊(35°) 图号
500		200		740	800	135.5		220	300				1°30′	15.3	DTⅡ01C0111	15.3	DTⅡ01C0311
650	89	250	4G204	890	950	135.5	235	329	170	130	M12	1°26′	16.6	DTⅡ02C0111	16.6	DTⅡ02C0311
800		315		1090	1150		245	366	170	130	M12	1°20′	21.5	DTⅡ03C0111	21.5	DTⅡ03C0311
													24.3	DTⅡ03C0121	24.3	DTⅡ03C0321
	108		4G205			146	270	385					26.2	DTⅡ03C0122	26.2	DTⅡ03C0322
1000		380	4G305	1290	1350	159	300	437	220	170	M16	1°23′	37.6	DTⅡ04C0122	37.6	DTⅡ04C0322
			4G205										38.7	DTⅡ04C0123	38.7	DTⅡ04C0323
	133		4G305			173.5	325	462					43.5	DTⅡ04C0132	43.5	DTⅡ04C0332
													45.0	DTⅡ04C0133	45.0	DTⅡ04C0333
	108		4G205			176	335	503					50.1	DTⅡ05C0122	50.1	DTⅡ05C0322
			4G305										51.2	DTⅡ05C0123	51.2	DTⅡ05C0323
			4G306									1°23′	55.1	DTⅡ05C0124	55.1	DTⅡ05C0324
			4G205										57.5	DTⅡ05C0132	57.5	DTⅡ05C0332
1200	133	465	4G305	1540	1600	190.5	360	528	260	200	M16		58.6	DTⅡ05C0133	58.6	DTⅡ05C0333
			4G306										63.8	DTⅡ05C0134	63.8	DTⅡ05C0334
			4G205										65.1	DTⅡ05C0142	65.1	DTⅡ05C0342
	159		4G305			207.5	390	557				1°22′	66.4	DTⅡ05C0143	66.4	DTⅡ05C0343
			4G306										71.6	DTⅡ05C0144	71.6	DTⅡ05C0344
	108		4G305			184	350	548					56.6	DTⅡ06C0123	56.6	DTⅡ06C0323
			4G306										68.8	DTⅡ06C0124	67.7	DTⅡ06C0324
1400	133	530	4G305	1740	1800	198.5	380	573	280	220	M16	1°25′	64.9	DTⅡ06C0133	73.9	DTⅡ06C0333
			4G306										78.3	DTⅡ06C0134	78.3	DTⅡ06C0334
	159		4G305			215.5	410	603					74.8	DTⅡ06C0143	74.8	DTⅡ06C0343
			4G306										86.9	DTⅡ06C0144	86.9	DTⅡ06C0344

（2）45°槽形托辊（见图9.7-8，表9.7-12）

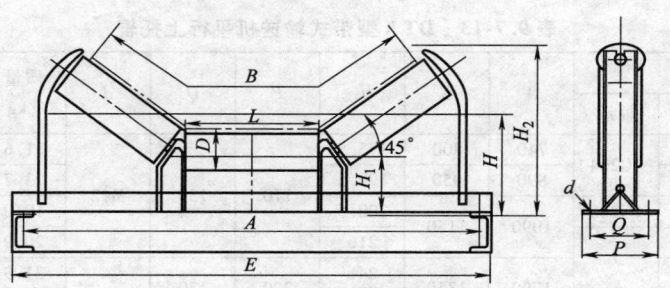

图9.7-8 45°槽形托辊

注:组件质量已计入与中间架连接的紧固件。

表 9.7-12 DTⅡ型带式输送机 45°槽形托辊 （单位：mm）

带宽	辊子			A	E	H₁	H	H₂	P	Q	d	质量/kg	图号
B	D	L	轴承			H_1	H	H_2	P	Q	d	/kg	图号
500	89	200	4G204	740	800		220	328				16.2	DTⅡ01C0211
650	89	250	4G204	890	950	135.5	235	364	170	130	M12	17.6	DTⅡ02C0211
800	89	315	4G204	1090	1150		245	410				22.6	DTⅡ03C0211
	108		4G205			146	270	427				27.3	DTⅡ03C0222
1000	108	380	4G305	1290	1350	159	300	487	220	170		41.6	DTⅡ04C0223
	133		4G305			173.5	325	515				48.2	DTⅡ04C0233
1200	108	465	4G305	1540	1600	176	335	564	260	200		54.6	DTⅡ05C0223
	133		4G306			190.5	360	592			M16	67.5	DTⅡ05C0234
	159		4G306			207.5	390	618				75.3	DTⅡ05C0244
1400	108	530	4G305	1740	1800	184	350	618	280	220		72.5	DTⅡ06C0223
	133		4G306			198.5	380	646				82.4	DTⅡ06C0234
	159		4G306			215.5	410	672				90.9	DTⅡ06C0244

3.2 平行托辊

平行托辊分为平行上托辊和平行下托辊，平行上托辊用于承载分支支承输送带及其上货物，平行下托辊用于空载回程分支支承输送带。

（1）平行上托辊（见图 9.7-9，表 9.7-13）

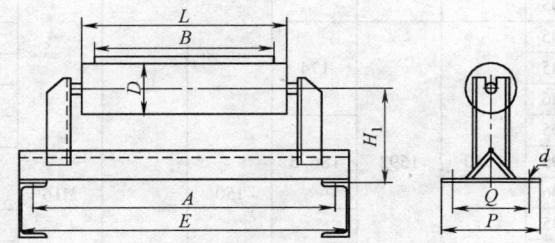

图9.7-9 平行上托辊

注:组件质量已计入与中间架连接的紧固件。

（2）平行下托辊（见图 9.7-10，表 9.7-14）

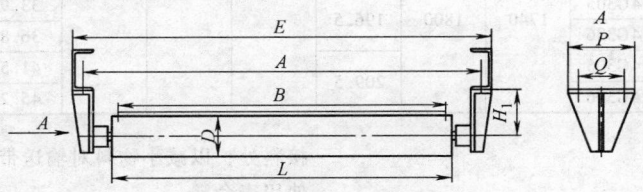

图9.7-10 平行下托辊

注:组件质量已计入与中间架连接的紧固件。

表 9.7-13　DTⅡ型带式输送机平行上托辊　（单位：mm）

带宽 B	辊子 D	辊子 L	轴承	A	E	H₁	P	Q	d	质量/kg	图号
500	89	600	4G204	740	800	175.5	170	130	M12	11.6	DTⅡ01C1411
650	89	750		890	950	190.5				13.7	DTⅡ02C1411
800	89	950	4G205	1090	1150	200.5				19.0	DTⅡ03C1412
	108					216				20.9	DTⅡ03C1423
1000	108	1150	4G305	1290	1350	246	220	170		31.9	DTⅡ04C1423
	133					258.5				37.2	DTⅡ04C1433
1200	108	1400				281	260	200	M16	40.9	DTⅡ05C1423
	133			1540	1600	293.5				52.1	DTⅡ05C1433
	159					310.5				56.7	DTⅡ05C1443
1400	108	1600				296	280	220		52.7	DTⅡ06C1423
	133			1740	1800	313.5				59.6	DTⅡ061433
	159					330.5				63.1	DTⅡ06C1443

表 9.7-14　DTⅡ型带式输送机平行下托辊　（单位：mm）

带宽 B	辊子 D	辊子 L	轴承	A	E	H₁	P	Q	d	质量/kg	图号
500	89	600	4G204	740	792	100			M12	10.4	DTⅡ01C2111
650	89	750	4G204	890	942	100				11.8	DTⅡ02C2111
800	89	950	4G205	1090	1142	144.5	145			14.3	DTⅡ03C2111
										15.8	DTⅡ03C2112
	108		4G204			154				16.0	DTⅡ03C2121
			4G205							17.4	DTⅡ03C2122
			4G305							17.8	DTⅡ03C2123
1000	108	1150	4G205	1290	1342	164		90		19.2	DTⅡ04C2122
			4G305							20.8	DTⅡ04C2123
	133		4G205			176.5				25.7	DTⅡ04C2132
			4G305							26.1	DTⅡ04C2133
1200	108	1400	4G205	1540	1592	174				20.7	DTⅡ05C2122
			4G305							23.6	DTⅡ05C2123
			4G306							26.6	DTⅡ05C2124
	133		4G205			186.5	150		M16	30.0	DTⅡ05C2132
			4G305							30.3	DTⅡ05C2133
			4G306							32.1	DTⅡ05C2134
	159		4G205			199.5				36.6	DTⅡ05C2142
			4G305							37.0	DTⅡ05C2143
			4G306							40.5	DTⅡ05C2144
1400	108	1600	4G305	1740	1800	184				19.8	DTⅡ06C2123
			4G306							29.6	DTⅡ06C2124
	133		4G305			196.5				33.9	DTⅡ06C2133
			4G306							36.8	DTⅡ06C2134
	159		4G305			209.5				41.5	DTⅡ06C2143
			4G306							45.2	DTⅡ06C2144

3.3　缓冲托辊

缓冲托辊（图 9.7-11，表 9.7-15）用于输送机接料处，以减小物料对输送带的冲击，延长输送带的使用寿命。

表 9.7-15　DTⅡ型带式输送机缓冲托辊　　　　（单位：mm）

带宽 B	辊子			A	E	H₁	H	P	Q	d	λ=35°			λ=45°		
	D	L	轴承								H₂	质量/kg	图号	H₂	质量/kg	图号
500	89	200	4G204	740	800	135.5	220	170	130	M12	300	17.5	DTⅡ01C0711	328	18.4	DTⅡ01C0811
650		250		890	950		235				329	21.0	DTⅡ02C0711	364	22.0	DTⅡ02C0811
800		315		1090	1150		245				366	27.7	DTⅡ03C0711	410	28.8	DTⅡ03C0811
	108		4G205			146	270				385	35.3	DTⅡ03C0722	427	36.4	DTⅡ03C0822
1000		380	4G305	1290	1350	159	300	220	170		437	49.4	DTⅡ04C0723	487	52.9	DTⅡ04C0823
	133		4G306			173.5	325				462	61.1	DTⅡ04C0734	515	65.3	DTⅡ04C0834
	108		4G305			176	335				503	66.4	DTⅡ05C0723	564	70.4	DTⅡ05C0823
1200	133	465	4G306	1540	1600	190.5	360	260	200	M16	528	77.1	DTⅡ05C0734	592	81.8	DTⅡ05C0834
	159		4G306			207.5	390				557	88.5	DTⅡ05C0744	618	93.3	DTⅡ05C0844
			4G308			207.5	390				557	99.6	DTⅡ05C0746	618	104.9	DTⅡ05C0846
	108		4G305			184	350				548	76.1	DTⅡ06C0723	618	89.5	DTⅡ06C0823
1400	133	530	4G306	1740	1800	198.5	380	280	220		573	96.2	DTⅡ06C0734	646	101.2	DTⅡ06C0834
	159		4G306			215.5	410				603	107.8	DTⅡ06C0744	672	112.9	DTⅡ06C0844
			4G308			215.5	410				603	111.1	DTⅡ06C0746	672	121.4	DTⅡ06C0846

注：组件质量已计入与中间架连接的紧固件。

3.4　调心托辊

调心托辊分为摩擦上调心托辊、锥形上调心托辊、摩擦上平调心托辊、摩擦下调心托辊和锥形下调心托辊，用于输送机承载分支和回程分支，具有纠正输送带跑偏的功能。

（1）摩擦上调心托辊（图 9.7-12，表 9.7-16）

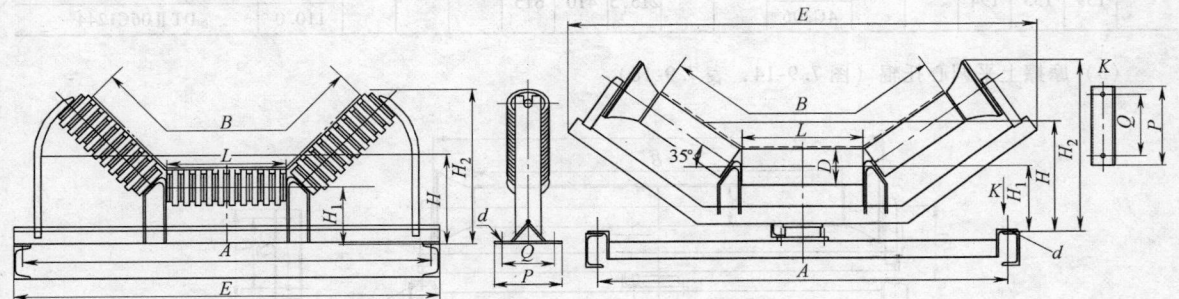

图9.7-11　缓冲托辊　　　　　　　图9.7-12　摩擦上调心托辊

表 9.7-16　DTⅡ型带式输送机摩擦上调心托辊　　　　（单位：mm）

带宽 B	辊子			A	E	H	H₁	H₂	P	Q	d	质量/kg	图号
	D	L	轴承										
500		200		740	936	220		346.5				48.4	DTⅡ01C1111
650	89	250	4G204	890	1069	235	135.5	375	170	130	M12	51.7	DTⅡ02C1111
800		315		1090	1203	245		400				58.0	DTⅡ03C1111
	108		4G205		1260	270	146	440				73.1	DTⅡ03C1122
1000		380	4G305	1290	1456	300	159	487.5	220	170	M16	87.2	DTⅡ04C1123
	133				1492	325	173.5	505				107.0	DTⅡ04C1133

注：组件质量已计入与中间架连接的紧固件。

（2）锥形上调心托辊（图 9.7-13，表 9.7-17）

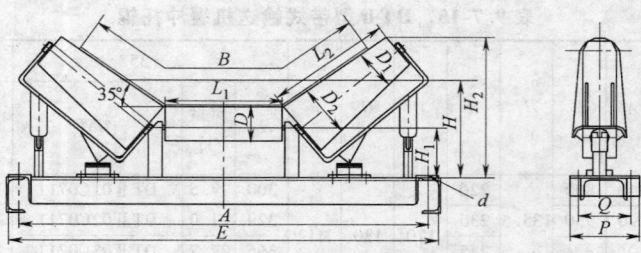

图9.7-13 锥形上调心托辊

注：组件质量已计入与中间架连接的紧固件。

表 9.7-17 DTⅡ型带式输送机锥形上调心托辊 （单位：mm）

带宽 B	D	D₁	D₂	L₁	L₂	轴承	A	E	H₁	H	H₂	P	Q	d	质量 /kg	图号
800	89	89	133	250	340	4G204	1090	1150	135.5	245	380	170	130	M12	49.3	DTⅡ03C1211
	108					4G205			146	270	400				51.9	DTⅡ03C1222
1000			159	315	415	4G305	1290	1350	159	300	450	220	170		70.0	DTⅡ04C1223
	133	108							173.5	325	478				72.9	DTⅡ04C1233
1200	108		176	380	500	4G306	1540	1600	176	335	521	260	200		85.6	DTⅡ05C1224
	133								190.5	360	548				87.4	DTⅡ05C1234
	159	133	194						207.5	390	578			M16	98.0	DTⅡ05C1244
1400	108	108	176	465	550	4G305	1740	1800	184	350	558	280	220		98.0	DTⅡ06C1223
						4G306									102.0	DTⅡ06C1224
	133					4G305			198.5	380	584				99.7	DTⅡ06C1233
						4G306									104.0	DTⅡ06C1234
	159	133	194			4G305			215.5	410	615				105.0	DTⅡ06C1243
						4G306									110.0	DTⅡ06C1244

（3）摩擦上平调心托辊（图7.9-14，表7.9-18）

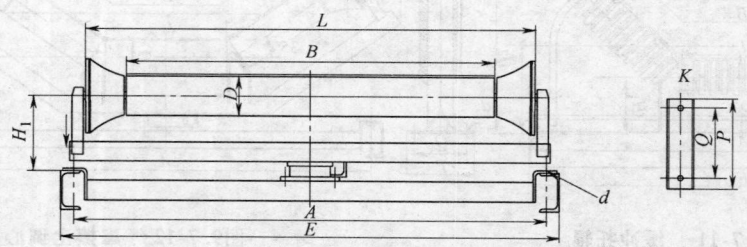

图9.7-14 摩擦上平调心托辊

注：组件质量已计入与中间架连接的紧固件。

表 9.7-18 DTⅡ型带式输送机摩擦上平调心托辊 （单位：mm）

带宽 B	辊子				A	E	H₁	P	Q	d	质量 /kg	图号
	D	L	轴承									
500	89	690	4G204		740	800	175.5	170	130	M12	45.2	DTⅡ01C1311
650		840			890	950	190.5				48.6	DTⅡ02C1311
800		990	4G205		1090	1150	200.5				55.0	DTⅡ03C1312
1000	108	1226	4G306		1290	1350	246.0	220	170	M16	76.3	DTⅡ04C1324

（4）摩擦下调心托辊（图9.7-15，表9.7-19）

（5）锥形下调心托辊（图9.7-16，表9.7-20）

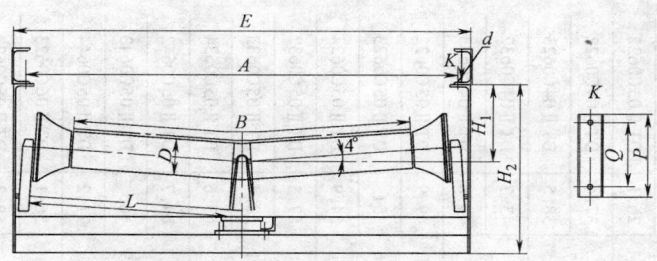

图9.7-15　摩擦下调心托辊

注:组件质量已计入与中间架连接的紧固件。

表 9.7-19　DTⅡ型带式输送机摩擦下调心托辊　　　　（单位：mm）

| 带宽 | 辊子 | | | A | E | H_1 | H_2 | P | Q | d | 质量 | 图号 |
B	D	L	轴承								/kg	
500		323		740	840	100	334				50.5	DTⅡ01C2811
650	89	398	4G204	890	990		328			M12	54.4	DTⅡ02C2811
800		473		1090	1150	144.5	367.5	130	90		60.3	DTⅡ03C2811
	108	488	4G205		1176	154	396				73.8	DTⅡ03C2822
1000		590	4G305	1290	1376	164	411			M16	86.2	DTⅡ04C2823
	133					176.5	443.5				104.4	DTⅡ04C2833

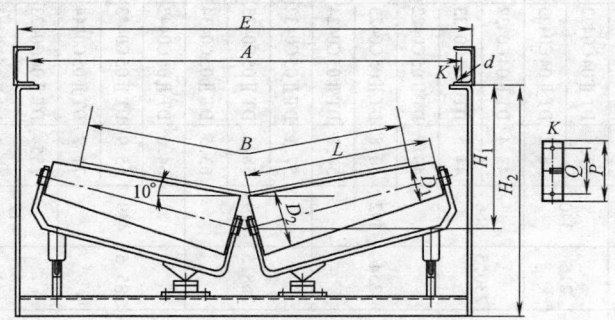

图9.7-16　锥形下调心托辊

注:组件质量已计入与中间架连接的紧固件。

表 9.7-20　DTⅡ型带式输送机锥形下调心托辊　　　　（单位：mm）

| 带宽 | D_1 | D_2 | L | 轴承 | A | E | H_1 | H_2 | P | Q | d | 质量 | 图号 |
B												/kg	
800		159	445	4G305	1090	1150	217	452	160		M12	60.2	DTⅡ03C3043
1000	108	176	560		1290	1350	254	504		90		68.4	DTⅡ04C3053
1200		194	680	4G306	1540	1600	272	529	180		M16	81.8	DTⅡ05C3054
1400			780		1740	1800	291	548				111.3	DTⅡ06C3054

3.5　过渡托辊

过渡托辊（图 9.7-17、表 9.7-21）用于滚筒与第一组标准槽形托辊组之间，使输送带由平形逐渐成槽形或由槽形逐渐展开成平形，以降低输送带边缘的附加应力，同时也可防止输送带展平时出现撒料现象。按槽角大小分为10°、20°和30°三种。

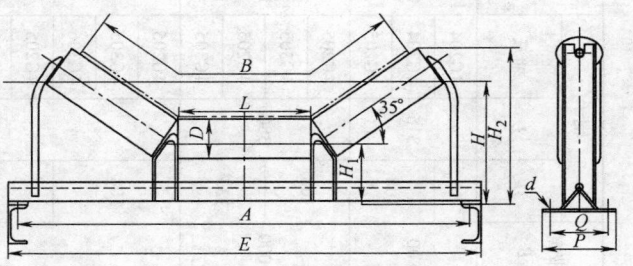

图9.7-17　过渡托辊

表 9.7-21　DTⅡ型带式输送机过渡托辊　　　　　　　　　　　　　　（单位：mm）

带宽 B	辊子 D	L	轴承	A	E	H	P	Q	d	过渡托辊 λ=10° H₁	H₂	质量/kg	图号	过渡托辊 λ=20° H₁	H₂	质量/kg	图号	过渡托辊 λ=30° H₁	H₂	质量/kg	图号
800	80	315	4G204	1090	1150	245	170	130	M12	180.5	282	21.3	DTⅡ03C0411	160.5	318	21.4	DTⅡ03C0511	142.5	350	21.5	DTⅡ03C0611
	108		4G204			270				193	305	24.1	DTⅡ03C0421	173	339	24.2	DTⅡ03C0521	155	371	24.3	DTⅡ03C0621
			4G205									25.9	DTⅡ03C0422			26	DTⅡ03C0522			26.1	DTⅡ03C0622
1000	108	380	4G205	1290	1350	300	220	170	M16	216	340	37.1	DTⅡ04C0422	191	380	37.3	DTⅡ04C0522	167	417	37.4	DTⅡ04C0622
			4G305									38.2	DTⅡ04C0423			38.4	DTⅡ04C0523			38.5	DTⅡ04C0623
	133		4G205			325				230.5	366	43.4	DTⅡ04C0432	205.5	406	43.6	DTⅡ04C0532	181.5	442	43.7	DTⅡ04C0632
			4G305									44.5	DTⅡ04C0433			44.7	DTⅡ04C0533			44.8	DTⅡ04C0633
1200	108	465	4G205	1540	1600	335	260	200	M16	254	392	49.7	DTⅡ05C0422	217	435	49.8	DTⅡ05C0522	183	476	49.9	DTⅡ05C0622
			4G305									50.8	DTⅡ05C0423			50.9	DTⅡ05C0523			51	DTⅡ05C0623
			4G306									54.8	DTⅡ05C0424			54.8	DTⅡ05C0524			54.9	DTⅡ05C0624
	133		4G205			360				268.5	419	57.1	DTⅡ05C0432	231.5	461	57.2	DTⅡ05C0532	197.5	501	57.3	DTⅡ05C0632
			4G305									58.3	DTⅡ05C0433			58.3	DTⅡ05C0533			58.4	DTⅡ05C0633
			4G306									63.5	DTⅡ05C0434			63.6	DTⅡ05C0534			63.6	DTⅡ05C0634
	159		4G205			390				285.5	449	64.6	DTⅡ05C0442	248.5	490	64.6	DTⅡ05C0542	214.5	529	64.7	DTⅡ05C0642
			4G305									65.9	DTⅡ05C0443			66	DTⅡ05C0543			66	DTⅡ05C0643
			4G306									71.2	DTⅡ05C0444			71.2	DTⅡ05C0544			71.2	DTⅡ05C0644
1400	108	530	4G305	1740	1800	350	280	220	M16	262	412	55	DTⅡ06C0423	225	465	56.1	DTⅡ06C0523	191	516	56.1	DTⅡ06C0623
			4G306									67.2	DTⅡ06C0424			68.3	DTⅡ06C0524			68.3	DTⅡ06C0624
	133		4G305			380				276.5	438	64.3	DTⅡ06C0433	239.5	492	64.5	DTⅡ06C0533	205.5	541	64.6	DTⅡ06C0633
			4G306									77.8	DTⅡ06C0434			77.9	DTⅡ06C0534			78	DTⅡ06C0634
	159		4G305			410				293.5	468	74.2	DTⅡ06C0443	256.5	521	74	DTⅡ06C0543	222.5	570	74.4	DTⅡ06C0643
			4G306									82.3	DTⅡ06C0444			86.4	DTⅡ06C0544			86.5	DTⅡ06C0644

4　滚筒

4.1　传动滚筒（图 9.7-18，表 9.7-22，表 9.7-23）

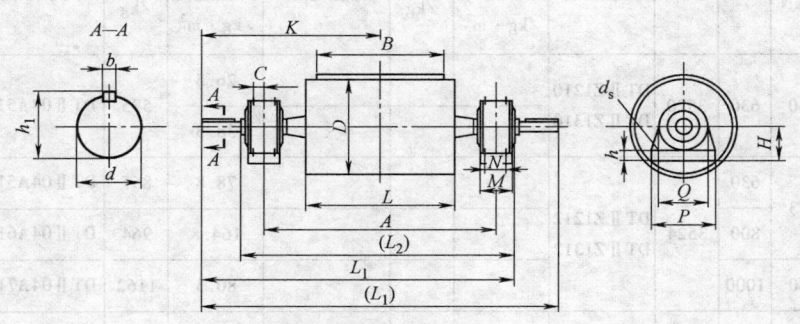

图9.7-18　传动滚筒

表 9.7-22　传动滚筒基本参数　　　　　　　　　（单位：mm）

B /mm	许用转矩 /kN·m	许用合力 /kN	D /mm	轴承型号	轴承座图号	光面			胶面			
						转动惯量 /kg·m²	质量 /kg	图号	转动惯量 /kg·m²	质量 /kg	人字形图号	菱形图号
500	2.7	49	500	1316	DTⅡZ1208 DTⅡZ1208	5	250	DTⅡ01A4081	6	264	DTⅡ01A4083$_Z^Y$	DTⅡ01A4084
	3.5	40				6.5	250	DTⅡ02A4081	7.8	298	DTⅡ02A4083$_Z^Y$	DTⅡ02A4084
650	4.1		630			16.3	324	DTⅡ02A5081	18.5	347	DTⅡ02A5083$_Z^Y$	DTⅡ02A5084
	6.3	59	500			6.5	376	DTⅡ02A4101	7.8	393	DTⅡ02A4103$_Z^Y$	DTⅡ02A4104
	7.3	80	630			16.3	429	DTⅡ02A5101	18.5	451	DTⅡ02A5103$_Z^Y$	DTⅡ02A5104
	4.1	40	500	3520	DTⅡZ1210 DTⅡZ1310	7.8	432	DTⅡ03A4101	9.8	453	DTⅡ03A4103$_Z^Y$	DTⅡ03A4104
	6.0		630			19.5	492	DTⅡ03A5101	23.5	521	DTⅡ03A5103$_Z^Y$	DTⅡ03A5104
	7.0	50	800						25	782	DTⅡ03A6103$_Z^Y$	DTⅡ03A6104
	12	80	630	3524	DTⅡZ1212 DTⅡZ1312	23.8	752	DTⅡ03A5121	29.5	776	DTⅡ03A5123$_Z^Y$	DTⅡ03A5124
			800						58	887	DTⅡ03A6123$_Z^Y$	DTⅡ03A6124
800	20	100	630			28.5	844	DTⅡ03A5141	32	920	DTⅡ03A5143$_Z^Y$	DTⅡ03A5144
	2×16			3528	DTⅡZ1114 DTⅡZ1214 DTⅡZ1314				32	987	DTⅡ03A5343S	DTⅡ03A6143S
	20	110							66.3	1095	DTⅡ03A6143$_Z^Y$	DTⅡ03A6144
	2×16								66.3	1143	DTⅡ03A6143S	DTⅡ03A6144S
	32	160	800	3532	DTⅡZ1116 DTⅡZ1216 DTⅡZ1316				67.5	1253	DTⅡ03A6163$_Z^Y$	DTⅡ03A6164
	2×23								67.5	1287	DTⅡ03A6163S	DTⅡ03A6164S

（续）

B /mm	许用转矩 /kN·m	许用合力 /kN	D /mm	轴承型号	轴承座图号	光面			胶面			
						转动惯量 /kg·m²	质量 /kg	图号	转动惯量 /kg·m²	质量 /kg	人字形图号	菱形图号
1000	6	40	630	3520	DTⅡZ1210 DTⅡZ1310				26.5 38.3	585	DTⅡ04A5103^Y_Z	DTⅡ01A5104
	12	73	630	3524	DTⅡZ1212 DTⅡZ1312				78.8	857	DTⅡ04A5123^Y_Z	DTⅡ04A5124
		73	800						164.8	964	DTⅡ04A6123^Y_Z	DTⅡ04A6124
		80	1000						80.3	1162	DTⅡ04A7123^Y_Z	DTⅡ04A7124
	20	110	800	3528	DTⅡZ1114 DTⅡZ1214 DTⅡZ1314				80.3	1168	DTⅡ04A6143^Y_Z	DTⅡ04A6144
	20×16	110	800						166.5	1216	DTⅡ04A6143S	DTⅡ04A6144S
	20	110	1000	3528	DTⅡZ1114 DTⅡZ1214 DTⅡZ1314				166.5	1408	DTⅡ04A7143^Y_Z	DTⅡ04A7144
	2×16	110	1000						61.6	1456	DTⅡ04A7143S	DTⅡ04A7144S
	27	160	800	3532	DTⅡZ1116 DTⅡZ1216 DTⅡZ1316				81.8	1376	DTⅡ04A6163^Y_Z	DTⅡ04A6164
	2×22	160	800						81.8	1410	DTⅡ04A6163S	DTⅡ04A6164S
	27	170	1000						168.3	1617	DTⅡ04A7163^Y_Z	DTⅡ04A7164
	2×22	170	1000						168.3	1651	DTⅡ04A7163S	DTⅡ04A7164S
	40	190	800	3536	DTⅡZ1118 DTⅡZ1218 DTⅡZ1318				83.3	1691	DTⅡ04A6183^Y_Z	DTⅡ04A6184
	2×35	190	800						83.3	1744	DTⅡ04A6183S	DTⅡ04A6184S
	40	210	1000						170	1928	DTⅡ04A7183^Y_Z	DTⅡ04A7184
	2×35	210	1000						170	1981	DTⅡ04A7183S	DTⅡ04A7184S
	52	330	1000	3540	DTⅡZ1120 DTⅡZ1220 DTⅡZ1320				215.3	2585	DTⅡ04A7203^Y_Z	DTⅡ04A7204
	2×42	330	1000						215.3	2677	DTⅡ04A7203S	DTⅡ04A7204S
1200	12	52	630	3524	DTⅡZ1212 DTⅡZ1312				46.5	967	DTⅡ05A5123^Y_Z	DTⅡ05A5124
	12	80	800						96	1059	DTⅡ05A6123^Y_Z	DTⅡ05A6124
		80	1000						200	1307	DTⅡ05A7123^Y_Z	DTⅡ05A7124
	20	85	630	3528					47.3	1156	DTⅡ05A5143^Y_Z	DTⅡ05A5144
	20×16	85	630		DTⅡZ1114 DTⅡZ1214 DTⅡZ1314				47.3	1204	DTⅡ05A5143S	DTⅡ05A5144S
	20	110	800						97.8	1297	DTⅡ05A6143^Y_Z	DTⅡ05A6144
	20×16	110	800						97.8	1345	DTⅡ05A6143S	DTⅡ05A6144S

（续）

B/mm	许用转矩/kN·m	许用合力/kN	D/mm	轴承型号	轴承座图号	光面 转动惯量/kg·m²	光面 质量/kg	光面 图号	胶面 转动惯量/kg·m²	胶面 质量/kg	胶面 人字形图号	胶面 菱形图号
1200	20	110	1000	3528	DTⅡZ1114				202.5	1567	DTⅡ05A7143^Y_Z	DTⅡ05A7144
	2×16				DTⅡZ1214 DTⅡZ1314				202.5	1615	DTⅡ05A7143S	DTⅡ05A7144S
	27	140	800						99.5	1520	DTⅡ05A6163^Y_Z	DTⅡ05A6164
	2×22			3532	DTⅡZ1116 DTⅡZ1216 DTⅡZ1316				99.5	1554	DTⅡ05A6163S	DTⅡ05A6164S
	27	160	1000						204.8	1780	DTⅡ05A7163^Y_Z	DTⅡ05A7164
	2×22								204.8	1818	DTⅡ05A7163S	DTⅡ05A7164S
	40	180	800						101.3	1928	DTⅡ05A6183^Y_Z	DTⅡ05A6184
	2×32			3536	DTⅡZ1118 DTⅡZ1218 DTⅡZ1318				101.3	1981	DTⅡ05A6183S	DTⅡ05A6184S
	40	210	1000						207	2173	DTⅡ05A7183^Y_Z	DTⅡ05A7184
	2×32								207	2226	DTⅡ05A7183S	DTⅡ05A7184S
	52	230	800						118.3	2393	DTⅡ05A6203^Y_Z	DTⅡ05A6204
	2×42			3540	DTⅡZ1120 DTⅡZ1220 DTⅡZ1320				118.3	2484	DTⅡ05A6203S	DTⅡ05A6204S
	52	290							262	2819	DTⅡ05A7203^Y_Z	DTⅡ05A7204
	2×42		1000						262	2903	DTⅡ05A7203S	DTⅡ05A7204S
	66	330		3544	DTⅡZ1122 DTⅡZ1222 DTⅡZ1322				283	3234	DTⅡ05A7223^Y_Z	DTⅡ05A7224
	2×50								283	3329	DTⅡ05A7223S	DTⅡ05A7224S
1400	20	100	800	3528	DTⅡZ1114 DTⅡZ1214 DTⅡZ1314				111.8	1417	DTⅡ06A6143^Y_Z	DTⅡ06A6144
	2×16								111.8	1465	DTⅡ06A6143S	DTⅡ06A6144S
	20		1000						202.5	1720	DTⅡ06A7143^Y_Z	DTⅡ06A7144
	2×16								202.5	1768	DTⅡ06A7143S	DTⅡ06A7144S
	27	130	800	3532	DTⅡZ1116 DTⅡZ1216 DTⅡZ1316				113.8	1530	DTⅡ06A6163^Y_Z	DTⅡ06A6164
	2×22								113.8	1564	DTⅡ06A6163S	DTⅡ06A6164S
	27	160	1000	3532	DTⅡZ1116 DTⅡZ1216 DTⅡZ1316				204.8	1919	DTⅡ06A7163^Y_Z	DTⅡ06A7164
	2×22								204.8	1953	DTⅡ06A7163S	DTⅡ06A7164S

（续）

B /mm	许用转矩 /kN·m	许用合力 /kN	D /mm	轴承型号	轴承座图号	光面 转动惯量 /kg·m²	光面 质量 /kg	光面 图号	胶面 转动惯量 /kg·m²	胶面 质量 /kg	人字形图号	菱形图号
1400	40	1700	800	3536	DT II Z1118 DT II Z1218 DT II Z1318				115.8	2004	DT II 06A6183 $^{Y}_{Z}$	DT II 06A6184
	2×32		800						115.8	2057	DT II 06A6183S	DT II 06A6184S
	40	210	1000						236.5	2287	DT II 06A7183 $^{Y}_{Z}$	DT II 06A7184
	2×32		1000						236.5	2339	DT II 06A7183S	DT II 06A7184S
	52	210	800	3540	DT II Z1120 DT II Z1220 DT II Z1320				135.3	2553	DT II 06A6203 $^{Y}_{Z}$	DT II 06A6204
	2×42		800						135.3	2632	DT II 06A6203S	DT II 06A6204S
	52	260	1000						299.5	2994	DT II 06A7203 $^{Y}_{Z}$	DT II 06A7204
	2×42		1000						299.5	3082	DT II 06A7203S	DT II 06A7204S
	66	300	1000	3544	DT II Z1118 DT II Z1218 DT II Z1318				300	3456	DT II 06A7223 $^{Y}_{Z}$	DT II 06A7224
	2×50		1000						300	3551	DT II 06A7223S	DT II 06A7224S

注：1. 本部件有右单出轴、左单出轴和双单出轴之分。
　　2. 图号中，Y 表示右单出轴，Z 表示左单出轴，S 表示双出轴。

表 9.7-23　传动滚筒尺寸　　　　　（单位：mm）

B	D	图号	A	L	L₁	L₂	K	M	N	Q	P	H	h	h₁	d	b	d_s	C	n×d_y
500	500	DT II 01A4081	850	600	1114	495	140	70		350	410	120	33	74.5	70	20	M20	22	2× M8× 1
		DT II 01A4083 $^{Y}_{Z}$																	
		DT II 01A4084																	
	500	DT II 02A4081	1000		1264	570													
		DT II 02A4083 $^{Y}_{Z}$																	
		DT II 02A4084																	
	630	DT II 02A5081																	
		DT II 02A5083 $^{Y}_{Z}$																	
		DT II 02A5084																	
650	500	DT II 02A4101	750		1324	590	170	80		380	460	135	46	95	90	25	M24	26	4× M8× 1
		DT II 02A4103 $^{Y}_{Z}$																	
		DT II 02A4104																	
	630	DT II 02A5101																	
		DT II 02A5103 $^{Y}_{Z}$																	
		DT II 02A5104																	
	500	DT II 02A4121	1050		1419	615	210	110		440	530	155		116	110	28	M28	32	
		DT II 02A4123 $^{Y}_{Z}$																	
		DT II 02A4124																	
	630	DT II 02A5121																	
		DT II 02A5123 $^{Y}_{Z}$																	
		DT II 02A5124																	

（续）

B	D	图号	A	L	L_1	L_2	K	M	N	Q	P	H	h	h_1	d	b	d_s	C	$n \times d_y$
800	500	DTⅡ03A4101																	
		DTⅡ03A4103^Y_Z																	
		DTⅡ03A4104																	
	630	DTⅡ03A5101			1624		170	80		380	460	135		95	90	25	M24	26	
		DTⅡ03A5103^Y_Z																	
		DTⅡ03A5104																	
	800	DTⅡ03A6103^Y_Z				740							46						
		DTⅡ03A6104																	
	630	DTⅡ03A5121	1300																4×M8×1
		DTⅡ03A5123^Y_Z																	
		DTⅡ03A5124			1669		210	110		440	530	155		116	110	28		32	
	800	DTⅡ03A6123^Y_Z																	
		DTⅡ03A6124		950															
	630	DTⅡ03A5141			1724	750													
		DTⅡ03A5143^Y_Z																	
		DTⅡ03A5144																	
		DTⅡ03A5143S			2000	1500												M26	
		DTⅡ03A5144S					120			480	570	170	63	137	130	32		37	
	800	DTⅡ03A6143^Y_Z			1724	750													
		DTⅡ03A6144																	
		DTⅡ03A6143S			2000	1500	250												
		DTⅡ03A6144S																	
	800	DTⅡ03A6163^Y_Z			1839	800													4×M10×1
		DTⅡ03A6164	1400				200	105		520	640	200	60	158	150	36		43	
		DTⅡ03A6163S			2100	1600													
		DTⅡ03A6164S																	
1000	630	DTⅡ04A5103^Y_Z			1824		170	80		380	460	135		95	90	25		26	
		DTⅡ04A5104																	
		DTⅡ04A5123^Y_Z																		
		DTⅡ04A5124				840							46				M24		
	800	DTⅡ04A6123^Y_Z			1869		210	110		440	530	155		116	110	28		32	4×M8×1
		DTⅡ04A6124	1500	1150															
	1000	DTⅡ04A7123^Y_Z																	
		DTⅡ04A7124																	
	630	DTⅡ04A5143^Y_Z			1924	850													
		DTⅡ04A5144					250	120		480	570	170	63	137	130	32	M30	37	
		DTⅡ04A5143S			2300	1700													
		DTⅡ04A5144S																	

（续）

B	D	图号	A	L	L_1	L_2	K	M	N	Q	P	H	h	h_1	d	b	d_s	C	$n \times d_y$
1000	800	DT Ⅱ 04A6143$^{Y}_{Z}$	1500	1150	1924	850	250	120		480	570	170	63	137	130	32		37	4× M8× 1
		DT Ⅱ 04A6144																	
		DT Ⅱ 04A6143S			2300	1700													
		DT Ⅱ 04A6144S																	
	1000	DT Ⅱ 04A7143$^{Y}_{Z}$			1924	850													
		DT Ⅱ 04A7144																	
		DT Ⅱ 04A7143S			2300	1700													
		DT Ⅱ 04A7144S																	
	800	DT Ⅱ 04A6163$^{Y}_{Z}$	1600		2039	900		200	105	520	640	200	60	158	150	36	M30	43	
		DT Ⅱ 04A6164																	
		DT Ⅱ 04A6163S			2300	1800													
		DT Ⅱ 04A6164S																	
	1000	DT Ⅱ 04A7163$^{Y}_{Z}$			2039	900													
		DT Ⅱ 04A7164																	
		DT Ⅱ 04A7163S			2300	1800													
		DT Ⅱ 04A7164S																	
	800	DT Ⅱ 04A6183$^{Y}_{Z}$			2110	910	300	220	120	570	700	220	70	179	170	40		46	4× M10 ×1
		DT Ⅱ 04A6184																	
		DT Ⅱ 04A6183S			2420	1820													
		DT Ⅱ 04A6184S																	
	1000	DT Ⅱ 04A7183$^{Y}_{Z}$			2110	910													
		DT Ⅱ 04A7184																	
		DT Ⅱ 04A7183S			2420	1820													
		DT Ⅱ 04A7184S																	
	800	DT Ⅱ 04A6203$^{Y}_{Z}$	1650		2278	975	350	240	140	640	780	240	75	200	190	45		60	
		DT Ⅱ 04A6204																	
		DT Ⅱ 04A6203S			2650	1950													
		DT Ⅱ 04A6204S																	
	1000	DT Ⅱ 04A7203$^{Y}_{Z}$			2278	975													
		DT Ⅱ 04A7204																	
		DT Ⅱ 04A7203S			2650	1950													
		DT Ⅱ 04A7204S																	
1200	630	DT Ⅱ 05A5123$^{Y}_{Z}$	1750	1400	2192	975	210	110		440	530	155	46	116	110	28	M24	32	4× M8× 1
		DT Ⅱ 05A5124																	
	800	DT Ⅱ 05A6123$^{Y}_{Z}$																	
		DT Ⅱ 05A6124																	
	1000	DT Ⅱ 05A7123$^{Y}_{Z}$																	
		DT Ⅱ 05A7124																	

（续）

B	D	图号	A	L	L_1	L_2	K	M	N	Q	P	H	h	h_1	d	b	d_s	C	$n\times d_y$
1200	630	DTⅡ05A5143^Y_Z	1750	1400	2174	975	250	120		480	570	170	63	137	130	32		37	4×M8×1
		DTⅡ05A5144																	
		DTⅡ05A5143S			2450	1950													
		DTⅡ05A5144S																	
	800	DTⅡ05A6143^Y_Z			2174	975													
		DTⅡ05A6144																	
		DTⅡ05A6143S			2450	1950													
		DTⅡ05A6144S																	
	1000	DTⅡ05A7143^Y_Z			2174	975													
		DTⅡ05A7144																	
		DTⅡ05A7143S			2450	1950													
		DTⅡ05A7144S																	
	800	DTⅡ05A6163^Y_Z	1850		2289	1025		200	105	520	640	200	60	158	150	36	M30	43	
		DTⅡ05A6164																	
		DTⅡ05A6163S			2550	2050													
		DTⅡ05A6164S																	
	1000	DTⅡ05A7163^Y_Z			2289	1025													
		DTⅡ05A7164																	
		DTⅡ05A7163S			2550	2050													
		DTⅡ05A7164S																	
	800	DTⅡ05A6183^Y_Z			2360	1035	300	220	120	570	700	220	70	179	170	40		46	4×M10×1
		DTⅡ05A6184																	
		DTⅡ05A6183S			2670	2070													
		DTⅡ05A6184S																	
	1000	DTⅡ05A7183^Y_Z			2360	1035													
		DTⅡ05A7184																	
		DTⅡ05A7183S			2670	2070													
		DTⅡ05A7184S																	
	800	DTⅡ05A6203^Y_Z	1900		2528	1100	350	240	140	640	780	240	75	200	190	45		60	
		DTⅡ05A6204																	
		DTⅡ05A6203S			2900	2200													
		DTⅡ05A6204S																	
	1000	DTⅡ05A7203^Y_Z			2528	1100													
		DTⅡ05A7204																	
		DTⅡ05A7203S			2900	2200													
		DTⅡ05A7204S																	

（续）

B	D	图号	A	L	L_1	L_2	K	M	N	Q	P	H	h	h_1	d	b	d_s	C	$n \times d_y$
1200	1000	DTⅡ05A7223$_Z^Y$	1900	1400	2533	1100	350	250	140	720	880	270	80	210	200	45	M36	65	4×M8×1
		DTⅡ05A7224			2533	1100													
		DTⅡ05A7223S			2900	2200													
		DTⅡ05A7224S			2900	2200													
1400	800	DTⅡ06A6143$_Z^Y$	2050	1600	2474	1125	250	120		480	570	170	63	137	130	32		37	4×M8×1
		DTⅡ06A6144			2474	1125													
		DTⅡ06A6143S			2750	2250													
		DTⅡ06A6144S			2750	2250													
	1000	DTⅡ06A7143$_Z^Y$			2474	1125													
		DTⅡ06A7144			2474	1125													
		DTⅡ06A7143S			2750	2250													
		DTⅡ06A7144S			2750	2250													
	800	DTⅡ06A6163$_Z^Y$			2489	1125	250	200	105	520	640	200	60	158	150	35	M30	43	
		DTⅡ06A6164			2489	1125													
		DTⅡ06A6163S			2750	2250													
		DTⅡ06A6164S			2750	2250													
	1000	DTⅡ06A7163$_Z^Y$			2483	1125													
		DTⅡ06A7164			2483	1125													
		DTⅡ06A7163S			2750	2250													
		DTⅡ06A7164S			2750	2250													
	800	DTⅡ06A6183$_Z^Y$		1600	2560	1135	300	220	120	570	700	220	70	179	170	40		46	4×M10×1
		DTⅡ06A6184			2560	1135													
		DTⅡ06A6183S			2870	2270													
		DTⅡ06A6184S			2870	2270													
	1000	DTⅡ06A7183$_Z^Y$			2560	1135													
		DTⅡ06A7184			2560	1135													
		DTⅡ06A7183S			2870	2270													
		DTⅡ06A7184S			2870	2270													
	800	DTⅡ06A6203$_Z^Y$	2100		2728	1200	350	240	140	640	780	240	75	200	190	45		60	
		DTⅡ06A6204			2728	1200													
		DTⅡ06A6203S			3100	2400													
		DTⅡ06A6204S			3100	2400													
	1000	DTⅡ06A7203$_Z^Y$			2728	1200													
		DTⅡ06A7204			2728	1200													
		DTⅡ06A7203S			3100	2400													
		DTⅡ06A7204S			3100	2400													
		DTⅡ06A7223$_Z^Y$			2733	1200		250		720	880	270	80	210	200		M36	65	
		DTⅡ06A7224			2733	1200													
		DTⅡ06A7223S			3100	2400													
		DTⅡ06A7224S			3100	2400													

4.2　电动滚筒

（1）电动滚筒系列选用表（见表 9.7-24）

表 9.7-24　电动滚筒系列

滚筒规格 B、D	电动机功率/kW	带速/(m/s)	输出转矩/N·m	最大张力/N	滚筒规格 B、D	电动机功率/kW	带速/(m/s)	输出转矩/N·m	最大张力/N	滚筒规格 B、D	电动机功率/kW	带速/(m/s)	输出转矩/N·m	最大张力/N
5050 6550 8050	2	0.8	640	2585	8050	15	1.6	2203	8813	8063 10063 12063	15	2.0	2221	7050
		1.0	517	2068			2.0	1762	7050			2.5	1776	5640
		1.25	413	1654			2.5	1410	5640			3.15	1410	4406
		1.6	323	1293			3.15	1119	4406			4.0	1110	3525
		2.0	258	1034	6563 8063 10063	3	0.8	1110	3525		18.5	1.0	5479	17390
	3	0.8	881	3525			1.0	888	2820			1.25	4383	13912
		1.0	705	2820			1.25	710	2256			1.6	3424	10869
		1.25	564	2256			1.6	555	1763			2.0	2793	8695
		1.6	440	1763			2.0	444	1410			2.5	2191	6956
		2.0	352	1410			2.5	355	1128			3.15	1739	5434
		2.5	282	1128			3.15	282	895	8063 10063 12063 14063	22	1.0	6515	20680
	4	0.8	1175	4700		4	0.8	1480	4700			1.25	5212	16544
		1.0	940	3760			1.0	1184	3760			1.6	4072	12925
		1.25	752	3008			1.25	947	3008			2.0	3257	10340
		1.6	587	2350			1.8	740	2350			2.5	2606	8272
		2.0	470	1880			2.0	592	1880			3.15	2068	6463
		2.5	376	1504			2.5	473	1504		30	1.25	7107	22560
	5.5	0.8	1616	6463			3.15	376	1194			1.6	5551	17625
		1.0	1292	5170	6563 8063 10063 12063	5.5	0.8	2036	6463			2.0	4442	14100
		1.25	1034	4136			1.0	1628	5170			2.5	3553	11280
		1.6	808	3231			1.25	1303	4136			3.15	2820	8813
		2.0	646	2585			1.6	1018	3231	10063 12063 14063	37	1.6	6849	21738
		2.5	517	2068			2.0	814	2585			2.0	5479	17390
		3.15	410	1616			2.5	651	2068			2.5	4383	13912
6550 8050	7.5	0.8	2203	8695			3.15	517	1616			3.15	3479	10869
		1.0	1762	6956		7.5	0.8	2776	8695	14063	45	1.6	8859	26438
		1.25	1410	5565			1.0	2221	6956			2.0	7087	21250
		1.6	1101	4348			1.25	1776	5565			2.5	5670	16920
		2.0	881	3478			1.6	1388	4348			3.15	4500	13429
		2.5	705	2782			2.0	1110	3478	8080 10080 12080 14080	5.5	1.0	2068	5170
		3.15	559	2174			2.5	888	2782			1.25	1654	4136
		4.0	440	1739			3.15	705	2174			1.6	1292	3231
	11	0.8	3232	12926		11	0.8	4072	12925			2.0	1034	2585
		1.0	2585	10340			1.0	3256	10340			2.5	827	2068
		1.25	2068	8272			1.25	2605	8272			3.15	656	1616
		1.6	1616	6463			1.6	2036	6463		7.5	1.0	2820	6956
		2.0	1292	5170			2.0	1628	5170			1.25	2256	5565
		2.5	1034	4136			2.5	1302	4136			1.6	1762	4348
		3.15	820	3231			3.15	1034	3231			2.0	1410	3478
		4.0	646	2585			4.0	814	2585			2.5	1128	2782
8050	15	0.8	4407	17625	8063 10063 12063	15	1.0	4442	14100			3.15	895	2174
		1.0	3525	14100			1.25	3553	11280		11	1.0	4136	10340
		1.25	2821	11280			1.6	2775	8813			1.25	3309	8272

（续）

滚筒规格 B、D	电动机功率 /kW	带速 /(m/s)	输出转矩 /N·m	最大张力 /N
8080 10080 12080 14080	11	1.6	2585	6463
		2.0	2067	5170
		2.5	1654	4136
		3.15	1313	3231
	15	1.0	5640	14100
		1.25	4512	11280
		1.6	3525	8813
		2.0	2820	7050
		2.5	2256	5640
		3.15	1790	4406
	18.5	1.0	6956	17390
		1.25	5565	13912
		1.6	4347	10869
		2.0	3478	8695
		2.5	2782	6956
		3.15	2268	5434
		4.0	1739	4348
	22	1.25	6618	16544
		1.6	5170	12925
		2.0	4136	10340

滚筒规格 B、D	电动机功率 /kW	带速 /(m/s)	输出转矩 /N·m	最大张力 /N
8080 10080 12080 14080	22	2.5	3309	8272
		3.45	2628	6463
		4.0	2068	5170
10080 12080 14080	30	1.6	7050	17625
		2.0	5640	14100
		2.5	4512	11280
		3.15	3581	8813
		4.0	2820	7050
	37	1.25	11130	27824
		1.6	8695	21738
		2.0	6956	17390
		2.5	5565	13912
		3.15	4416	10869
		4.0	3478	8695
	45	1.6	10575	26438
		2.0	8468	21250
		2.5	6768	16920
		3.15	5371	13429
		4.0	4230	10575
	55	1.6	12925	32313

滚筒规格 B、D	电动机功率 /kW	带速 /(m/s)	输出转矩 /N·m	最大张力 /N
10080 12080 14080	55	2.0	10340	25850
		2.5	8272	20680
100100 120100 140100	37	1.25	13911	27824
		1.6	10868	21738
		2.0	8694	17390
		2.5	6955	13912
		3.15	5520	10869
		4.0	4347	8695
	45	1.25	16919	33840
		1.6	13218	26438
		2.0	10574	21250
		2.5	8459	16920
		3.15	6714	13429
		4.0	5625	10575
	55	1.25	20681	41360
		1.6	16157	32313
		2.0	12925	25850
		2.5	10340	20680
		3.15	8206	16413
		4.0	6875	12925

注：1. 表中"滚筒规格 B、D"一栏，表示带宽（cm）、直径（cm）。
　　2. 选用电动滚筒时，请尽量考虑表中的输出转矩及最大张力。

（2）电动滚筒安装尺寸（图9.7-19、表9.7-25）

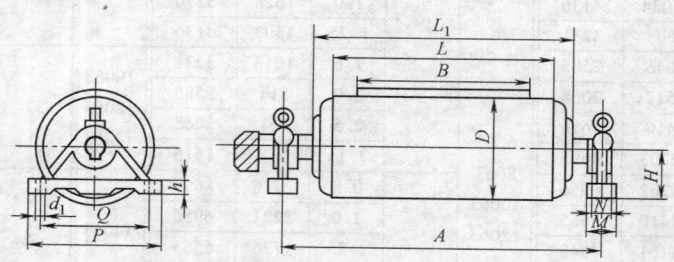

图9.7-19　电动滚筒

表 9.7-25　电动滚筒安装尺寸　　　　　　　　（单位：mm）

D	B	A	L	H	M	N	P	Q	h	L₁	d₁
500	500	850	620	100	70	—	340	280	35	748	27
	650	1000	750	120	90	—	340	280	35	900	27
	800	1300	950	120	90	—	340	280	35	1100	27
630	650	1000	750	120	90	—	340	280	35	868	27
	800	1300	950	140	130	80	400	330	35	1068	27
	1000	1500	1150	140	130	80	400	330	35	1268	27
	1200	1750	1400	160	160	90	440	360	50	1514	34
	1400	2000	1600	160	160	90	440	360	50	1720	34
800	800	1300	950	140	130	80	400	330	35	1068	27
	1000	1500	1150	140	145	80	400	330	35	1268	27
	1200	1750	1400	160	160	90	440	360	50	1514	34
	1400	2000	1600	160	160	90	440	360	50	1720	34
1000	1000	1500	1150	140	145	80	400	330	35	1268	27
	1200	1750	1400	160	160	90	440	360	50	1514	34
	1400	2000	1600	160	160	90	440	360	50	1720	34

4.3　改向滚筒（图9.7-20、表9.7-26）

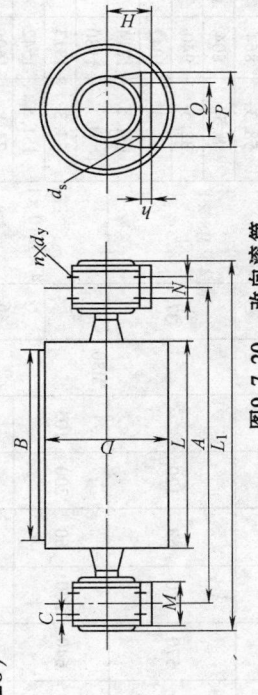

图9.7-20　改向滚筒

表9.7-26　改向滚筒基本参数　　（单位：mm）

B	许用合力/kN	D	轴承型号	A	L	L₁	Q	P	H	h	M	N	d_s	C	$n \times d_y$	光面 转动惯量/kg·m²	质量/kg	图号	胶面 转动惯量/kg·m²	质量/kg	图号
500	9	250	1310	850	600	945	260	320	90	33	70		M16	14	2×M8×1	0.5	102	DTⅡ01B1051			
	10	315	1310			945	260	320	90				M16	14		1.3	116	DTⅡ01B2051			
	23	400	1312			953	280	340	100				M16	18		3	135	DTⅡ01B3051	3.5	147	DTⅡ01B3052
		400														3	166	DTⅡ01B3061	3.5	177	DTⅡ01B3062
	28	500	1316			959	350	410	120				M20	22		5	187	DTⅡ01B4061	6	201	DTⅡ01B4062
	49	500														5	245	DTⅡ01B4081	6	260	DTⅡ01B4082
650	8	250	1310	1000	750	1095	260	320	90	46	80		M16	14	4×M8×1	0.8	117	DTⅡ02B1051			
	16	315	1312			1103	280	340	100				M16	18		1.5	133	DTⅡ02B2051			
	20	315														1.8	166	DTⅡ02B2061	3.5	203	DTⅡ02B3062
	26	400	1316			1109	350	410	120				M20	22		3	189	DTⅡ02B3061	3.8	265	DTⅡ02B3082
	32	400														2	227		7.8	296	DTⅡ02B4082
	40	500	3520	1050		1129	380	460	135				M20	26		3.3	251	DTⅡ02B3081	4	346	DTⅡ02B3102
	46	500														6.5	278	DTⅡ02B4081	7.8	386	DTⅡ02B4102
	59	630	3524			1189	440	530	155		110		M24	32		6.5	332	DTⅡ02B4101	18.5	440	DTⅡ02B5102
	70	630														16.3	422	DTⅡ02B5101	21.3	640	DTⅡ02B5122
																20.3	613	DTⅡ02B5121			
800	6	250	1310	1250	950	1345	260	320	90	33	70		M16	14	2×M8×1	0.8	136	DTⅡ03B1051			
	12	315	1312			1353	280	340	100				M16	18		1.5	200	DTⅡ03B2061			
	20	400	1316	1300		1359	350	410	120				M20	22		1.8	260	DTⅡ03B2081	4.8	306	DTⅡ03B3082
		400								46	80					4.5	288	DTⅡ03B3081	5	487	DTⅡ03B3102
	32	500	3520	1300		1429	380	460	135				M24	26	4×M8×1	4.8	360	DTⅡ03B3101			

（续）

B	许用合力/kN	D	轴承型号	A	L	L_1	Q	P	H	h	M	N	d_a	C	$n \times d_y$	光面 转动惯量/(kg·m²)	光面 质量/kg	光面 图号	胶面 转动惯量/(kg·m²)	胶面 质量/kg	胶面 图号
800	40	500	3520	1300	950	1429	380	460	135	46	80		M24	26	4×M8×1	7.8	412	DTⅡ03B4101	9.8	434	DTⅡ03B4102
	50	630														19.5	472	DTⅡ03B5101	23.5	560	DTⅡ03B5102
	47	400	3524			1439	440	530	155		110			32		5.5	509	DTⅡ03B3121	6.3	527	DTⅡ03B3122
	56	500														7.8	560	DTⅡ03B4121	9.3	582	DTⅡ03B4122
	73	630														24.3	690	DTⅡ03B5121	49.5	719	DTⅡ03B5122
	90	800	3526	1400		1449	480	570	170	63	120			37		49.8	780	DTⅡ03B6121	57.3	823	DTⅡ03B6122
	100	630														27.8	855	DTⅡ03B5141	30.8	883	DTⅡ03B5142
	126	800														54.8	942	DTⅡ03B6141	61.8	976	DTⅡ03B6142
	170	630	3532			1579	520	640	200	60	200	105	M30	43	4×M10×1	30	1080	DTⅡ03B5161	33	1108	DTⅡ03B5162
	240	800														60.5	1200	DTⅡ03B6161	67.5	1243	DTⅡ03B6162
	250	1000														125.3	1413	DTⅡ03B7161	140	1487	DTⅡ03B7162
	330	800	3536			1601	570	700	220	70	220	120		46		61.8	1469	DTⅡ03B6181	68.8	1533	DTⅡ03B6182
		1000														126.5	1675	DTⅡ03B7181	140.3	1755	DTⅡ03B7182
1000	6	250	1310	1450	1150	1545	260	320	90	33	70		M16	14	2×M8×1	1	156	DTⅡ04B1051			
	11	315	1312			1553	280	340	100	46			M20	18	4×M8×1	1.8	221	DTⅡ04B2061			
	18	400	1316			1559	350	410	120				M24	22		2	296	DTⅡ04B2081			
	29	400	3520	1500										26		5	328	DTⅡ04B3081	6	350	DTⅡ04B3082
	35	400	3524			1629	380	460	135	46	80					5	427	DTⅡ04B3101	6	445	DTⅡ04B3102
	43	500														11.5	427	DTⅡ04B4101	13.3	500	DTⅡ04B4102
	45	630														23	546	DTⅡ04B5101	26.5	567	DTⅡ04B5102
	64	400	3528	1500		1639	440	530	155	46	110		M24	32		7.3	567	DTⅡ04B3121	8.3	589	DTⅡ04B3122
	79	500														9.5	624	DTⅡ04B4121	11.3	652	DTⅡ04B4122
	75	630				1639										29.8	753	DTⅡ04B5121	33.3	797	DTⅡ04B5122
	87	800								63						58.3	864	DTⅡ04B6121	67	916	DTⅡ04B6122
	110	500	3532	1500		1649	480	570	170	46	120			37		8.5	804	DTⅡ04B4141	9.8	831	DTⅡ04B4142
	130	630														32.5	940	DTⅡ04B5141	36	975	DTⅡ04B5142
	168	800														64.3	1042	DTⅡ04B6141	73	1094	DTⅡ04B6142
	200	1000								60						131.5	1214	DTⅡ04B7141	150.8	1280	DTⅡ04B7142
	220	630	3536	1600		1579	520	640	200		200	105	M30	43	4×M10×1	10	1180	DTⅡ04B5161	38.5	1214	DTⅡ04B5162
	290	800														73.3	1313	DTⅡ04B6161	81.8	1365	DTⅡ04B6162
		1000				1801	570	700	220	70	220	120		46		151.5	1542	DTⅡ04B7161	168.3	1607	DTⅡ04B7162
		800														74.8	1606	DTⅡ04B6181	83.3	1659	DTⅡ04B6182
		1000														153.3	1830	DTⅡ04B7181	170	1886	DTⅡ04B7182

（续）

B	许用合力/kN	D	轴承型号	A	L	L_1	Q	P	H	h	M	N	d_a	C	$n \times d_y$	光面 转动惯量/(kg·m²)	光面 质量/kg	光面 图号	胶面 转动惯量/(kg·m²)	胶面 质量/kg	胶面 图号
1000	387	1000	3540	1650		1906	640	780	240	75	240	140	M30	60	4×M10×1	198.5	2440	DTⅡ04B7201	215.3	2510	DTⅡ04B7202
	429	1000	3544	1650		1916	720	880	270	80	250	140	M36	65		215.8	2818	DTⅡ04B7221	232.5	2884	DTⅡ04B7222
	6	250	1310	1700		1795	260	320	90	33	70		M16	14	2×M8×1	1.3	181	DTⅡ05B1051			
	11	315	1312	1700		1803	280	340	100					18		1.8	255	DTⅡ05B2061			
	17	400	1316	1700		1809	350	410	120	46	80		M20	22	4×M8×1	2	341	DTⅡ05B2061	7	405	DTⅡ05B3082
	26	400		1750										26		6	378	DTⅡ05B3081	7	556	DTⅡ05B3102
	30	500	3520	1750		1879	380	460	135				M24						16.3	572	DTⅡ05B4102
	37	630		1750															32.3	659	DTⅡ05B5102
	38	400		1750	1400														10	659	DTⅡ05B3122
	41	500	3524	1750		1889	440	530	155	46	110		M24	32					13.8	731	DTⅡ05B4122
	53	630		1750															38	893	DTⅡ05B5122
	64	800		1750															79.5	1032	DTⅡ05B6122
	70	500	3528	1850		1899	480	570	170	63	120	105		37	4×M8×1				21	925	DTⅡ05B4142
	90	630		1850															42.5	1090	DTⅡ05B5142
	100	800		1850															87	1229	DTⅡ05B6142
	134	1000		1850															175.8	1438	DTⅡ05B7142
1200	150	630	3532	1900		2029	520	640	200	60	200	105	M30	43					46.8	1334	DTⅡ05B5162
	200	800	3536	1900		2051	570	700	220	70	220	120		46	4×M10×1				99.5	1507	DTⅡ05B6162
		1000		1900															204.8	1770	DTⅡ05B7162
	230	800	3540	1900		2156	640	780	240	75	240			60					101.3	1824	DTⅡ05B6182
		1000		1900															207	2086	DTⅡ05B7182
	351	800		1900															118.3	2309	DTⅡ05B6202
		1000		1900															262	2711	DTⅡ05B7202
	391	1000	3544	1900		2166	720	880	270	80	250			65					283	3068	DTⅡ05B7222
	437	1000	3548	1900		2186	750	900	290	90	250	140	M36	75					291	3510	DTⅡ05B7242

（续）

B	许用合力/kN	D	轴承型号	A	L	L_1	Q	P	H	h	M	N	d_n	C	$n \times d_y$	光面 转动惯量/(kg·m²)	光面 质量/kg	光面 图号	胶面 转动惯量/(kg·m²)	胶面 质量/kg	胶面 图号
1400	17	315	1316	1900	1600	2009	350	410	120	33	70		M20	22	2×M8×1	2.3	356	DTⅡ06B2081	8	429	DTⅡ06B3082
	25	400	3520			2079	380	460	135		80			26		6.8	398	DTⅡ06B3081	8	560	DTⅡ06B3102
		500											M24		4×M8×1				18.5	629	DTⅡ06B4102
	40	400	3524	1950		2089	440	530	155	46	110			32					11.5	729	DTⅡ06B3122
		500																	15.8	809	DTⅡ06B4122
	50	630																	42.8	971	DTⅡ06B5122
		800	3528																89.3	1124	DTⅡ06B6122
	66	500		2050		2199	480	570	170	63	120	105	M30	37					24	1009	DTⅡ06B4142
	90	630	3532																48	1197	DTⅡ06B5142
	94	800																	98.3	1350	DTⅡ06B6142
	100	1000	3536			2251	520	640	200	60	200	120		43					198	1580	DTⅡ06B7142
	120	630																	53.5	1439	DTⅡ06B5162
	150	800	3540			2299	570	700	220	70	220			46					113.8	1628	DTⅡ06B6162
	186	1000																	234	1910	DTⅡ06B7162
	236	800	3544	2100		2356	640	780	240	75	240	140		60	4×M10×1				115.8	1970	DTⅡ06B6182
	214	1000																	236.5	2253	DTⅡ06B7182
	331	800	3548			2366	720	880	270	80	250		M36	65					135.3	2403	DTⅡ06B6202
	361	1000																	299.5	2820	DTⅡ06B7202
	400	1000	3552			2386	750	900	290	90				75					300	3333	DTⅡ06B7222
	427	1000				2396													323.8	3748	DTⅡ06B7242
		1000																	375.5	4118	DTⅡ06B7262

5 张紧装置

为使输送带具有足够的张力，保证输送带与传动滚筒间不打滑，并限制输送带在托辊间的垂度，使输送机能正常运行，必须设置张紧装置。张紧装置通常有螺旋式、垂直重锤式、小车重锤式和绞车式。

5.1 螺旋张紧装置

如图 9.7-21 所示，张紧滚筒安装在滑架上，通过转动螺杆使滚筒前后移动以调节输送带的张力。螺旋张紧装置结构简单，但张紧力的大小难以保证，在工作过程中，张紧力不能保持恒定。螺旋张紧装置尺寸及参数见表 9.7-27。

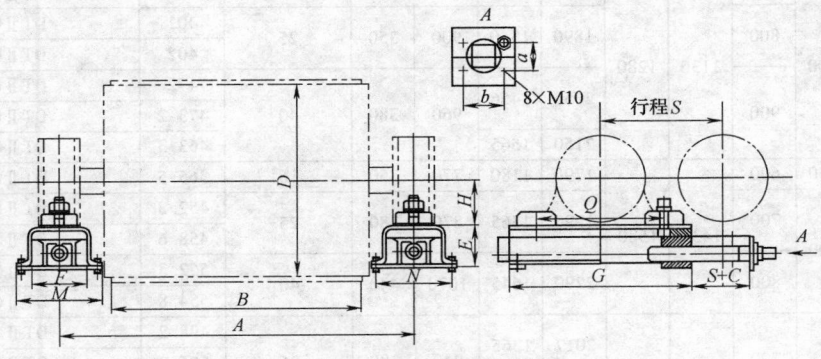

图9.7-21　螺旋张紧装置

表 9.7-27　螺旋张紧装置尺寸及参数　（单位：mm）

B	D	A	H	E	F	M	N	Q	G	a	b	C	质量/kg			图号
													S500	S800	S1000	
500		850	90		100	182	150	260	390				31.9	33.4	34.3	DTⅡ01D1
650	400	1000	120	85				350	480	28	45		35.0	37.9	39.8	DTⅡ02D1
800		1300	135	95	120	202	170	380	516			180	48.1	54.0	56.1	DTⅡ03D1
1000	500	1500		102	140	228	196			32	50		61.8	66.8	69.8	DTⅡ04D1
1200		1750	155					440	576				84.7	91.8	96.6	DTⅡ05D1
1400	630	1950		145	174	264	232			55	55	190	84.7	91.8	96.6	

5.2 垂直式重锤张紧装置

如图 9.7-22 所示，该张紧装置结构比较简单，适用于安装在有一定高度的栈桥上的输送机，因为要有足够的高度空间放置张紧滚筒、重锤以及所需的张紧行程。这种型式可保证输送带在各种运行状况下具有恒定张紧力，能自动补偿由于温度变化、磨损而引起的输送带长度变化。但由于增加了改向滚筒的数量和输送带弯曲次数，对输送带使用寿命有影响。垂直式重锤张紧装置尺寸及参数见表 9.7-28。

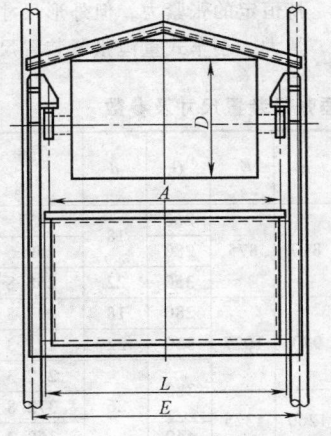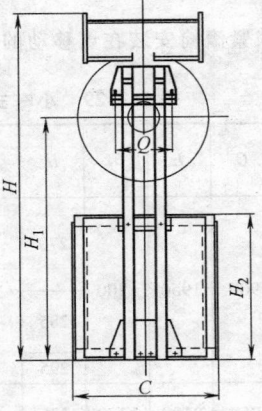

图9.7-22　垂直式重锤张紧装置

表 9.7-28　垂直式重锤张紧装置尺寸及参数　　　　（单位：mm）

B	D	A	C	L	E	H	H₁	H₂	Q	最大拉紧力/kN	质量/kg	图 号
500	400	850	500	956	1100	1606	1110	670	260	8	237.7	DTⅡ01D2053
	400		700			1746	1240	770	280	16	304	DTⅡ01D2063
	500										311.8	DTⅡ01D2064
	500		800			1866	1340	900	350	25	351.3	DTⅡ01D2084
650	400	1000	700	1136	1280	1770	1240	770	280	16	342.2	DTⅡ02D2063
			800			1890	1340	900	350	25	401	DTⅡ02D2083
	500										402	DTⅡ02D2084
	400		900			2050	1456	960	380	40	472	DTⅡ02D2103
	500										473.2	DTⅡ02D2104
	630					2150	1565				463.3	DTⅡ02D2105
800	400	1250	600	1436	1580	1790	1180	770	350	16	365.5	DTⅡ03D2083
	500		700			1990	1365	870	380	25	452.3	DTⅡ03D2103
		1300									458.6	DTⅡ03D2104
	630		800			2290	1645	1070	440	40	552.3	DTⅡ03D2124
											554.8	DTⅡ03D2125
1000	400	1500	700	1636	1810	2017	1365	940	380	25	498.2	DTⅡ04D2103
	500										505.3	DTⅡ04D2104
	630					2217	1565				522.7	DTⅡ04D2105
	500		800							40	610.4	DTⅡ04D2124
	630					2317	1645	1070	440	50	619	DTⅡ04D2125
	800										630	DTⅡ04D2126
1200	500	1750	600	1882	2060	2000	1315	840	380	25	514.5	DTⅡ05D2104
	630										524	DTⅡ05D2105
	500		900							40	689	DTⅡ05D2124
	630					2350	1645	1070	440	50	707.4	DTⅡ05D2125
	800										720	DTⅡ05D2126
1400	500	1950	500	2192	2370	2092	1365	770	380	25	529.3	DTⅡ06D2104
	630		700			2012	1245	800		40	619.7	DTⅡ06D2124
	800					2262	1495	900	440	50	672	DTⅡ06D2125
											686.6	DTⅡ06D2126
	630	2050	900			2412	1630	1000	480	63	762.6	DTⅡ06D2145
	800										777	DTⅡ06D2146

5.3　小车式重锤张紧装置

如图 9.7-23 所示，张紧滚筒安装在可移动的小车上，由重锤通过滑轮拉紧小车，这种张紧装置可保持恒定的张紧力，但外形尺寸较大，占用空间大，质量大。小车式重锤张紧装置尺寸及参数见表 9.7-29。

表 9.7-29　小车式重锤张紧装置尺寸及参数　　　　（单位：mm）

B	A	A₁	A₂	C	L	L₁	H	h	E	E₁	Q	d	质量/kg	图 号
500	850	956	418	900	1950	1200	270	93	810	875	260	18	271	DTⅡ01D305
			421								280		259.5	DTⅡ01D306
											350	22	258.8	DTⅡ01D308
650	1000	1106	518				285		970	1025	280	18	277.5	DTⅡ02D306
			521								350	22	272.3	DTⅡ02D308
			528				295				380		272.3	DTⅡ02D310
800	1300	1420	628	950	2100	1300	335	95	1260	1325	380	26	372.8	DTⅡ03D310
			632								440		368.2	DTⅡ03D312

（续）

B	A	A_1	A_2	C	L	L_1	H	h	E	E_1	Q	d	质量 /kg	图 号
1000	1500	1620	828	950	2100	1300	335	95	1470	1525	380	26	395	DTⅡ04D310
											440		387.9	DTⅡ04D312
			832				352				480	33	410.6	DTⅡ04D314
1200	1750	1880	928	1100	2400	1400	355	95	1710	1775	380	26	506.4	DTⅡ05D310
											440		517.1	DTⅡ05D312
			932				372				480	33	524.7	DTⅡ05D314
1400	1950	2120	1032				381		1960	2025	440	26	591.3	DTⅡ06D312
	2050	2220									480	33	605.3	DTⅡ06D314

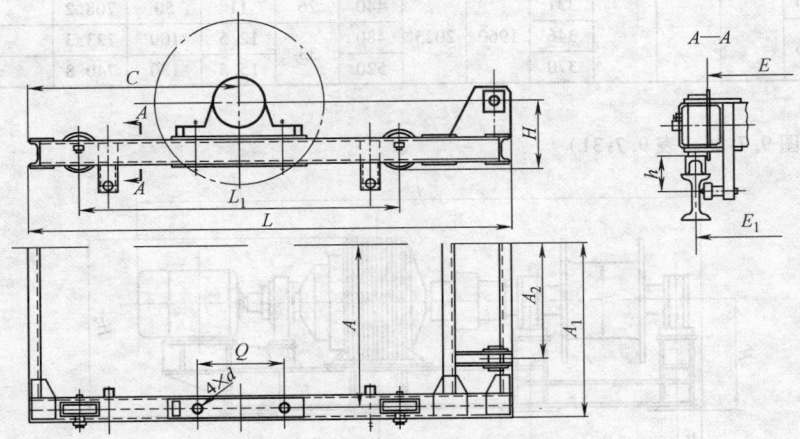

图9.7-23   小车式重锤张紧装置

5.4 绞车式张紧装置

张紧滚筒安装在可移动的小车上，通过钢丝绳和滑轮组与绞车连接起来，绞车卷绕钢丝绳拉动小车移动而达到张紧输送带的目的。这种张紧装置结构比较简单，适用于大行程、大张紧力的场合，但不能保持恒定的张紧力，且需要驱动装置，维护成本较高。

（1）拉紧小车（见图 9.7-24、表 9.7-30）

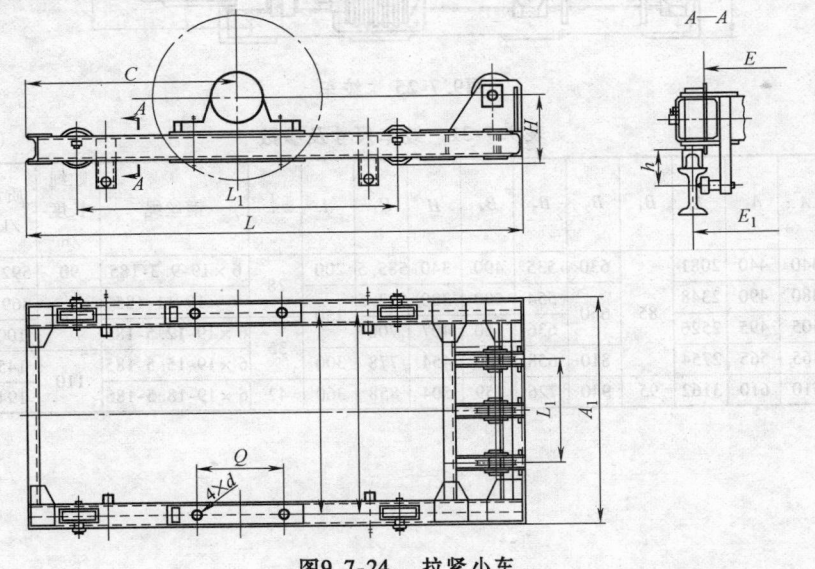

图9.7-24   拉紧小车

表 9.7-30　拉紧小车尺寸及参数　　　　　　（单位：mm）

B	A	A₁	C	L	L₁	H	E	E₁	Q	d	钢丝绳直径	最大拉紧力/kN	质量/kg	图号
800	1300	1420	950	2100	1300	285	1260	1325	380	26	9.3	30	460.2	DTⅡ03D610
						305			440		11	60	489.0	DTⅡ03D612
1000	1500	1620				285	1470	1525	380		9.3	30	491.4	DTⅡ04D610
						305			440		11	60	516.9	DTⅡ04D612
						320			480	33	12.5	90	539.8	DTⅡ04D614
1200	1750	1880	1100	2400	1400	305	1710	1775	380	26	9.3	30	611.2	DTⅡ05D610
						325			440		11	60	630.2	DTⅡ05D612
						340			480	33	12.5	90	667	DTⅡ05D614
1400	1950	2120				331	1960	2025	440	26	11	50	708.2	DTⅡ06D612
	2050	2220				346			480	33	12.5	100	723.3	DTⅡ06D614
						370			520		15.5	150	740.8	DTⅡ06D616

注：B 为带宽。

（2）绞车（图 9.7-25、表 9.7-31）

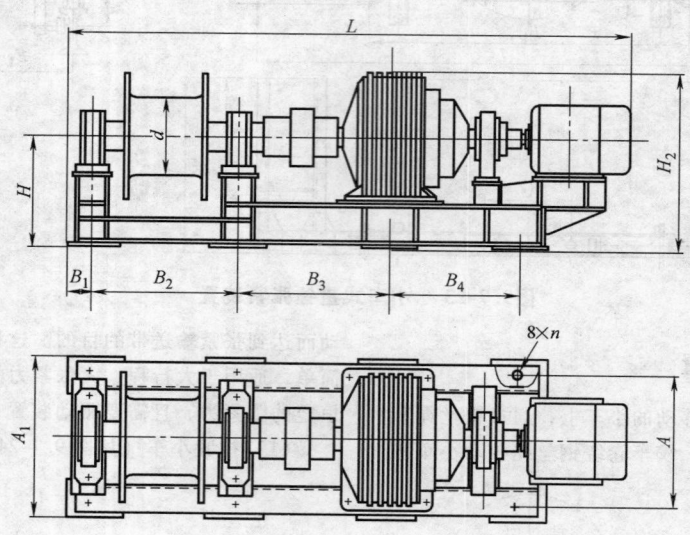

图 9.7-25　绞车

表 9.7-31　绞车尺寸及参数　　　　　　（单位：mm）

牵引力/kN	牵引速度/(m/s)	A	A₁	L	B₁	B₂	B₃	B₄	H	H₁	d	n	钢丝绳	贮绳长度/m	质量/kg	图号
5	0.3	340	440	2081	85	630	535	490	340	585.5	200	28	6×19-9.3-185	90	592.1	DTⅡD71
10		380	490	2348		660	554	600	380	643.5	250		6×19-11-185	100	869.6	DTⅡD72
16		405	495	2526			636	660	407	706		35	6×19-12.5-185		1008	DTⅡD73
25		465	565	2754		810	658	700	454	778	300		6×19-15.5-185	110	1455	DTⅡD74
30	0.4	510	610	3162	95	940	726	759	504	858	360	42	6×19-18.5-185		1944	DTⅡD75

第 10 篇　液压、气压传动与控制

主　编　易孟林　唐群国

编写人　易孟林（第 1、8、9 章）

　　　　　刘银水（第 2 章）

　　　　　唐群国（第 3、4 章）

　　　　　刘银水　易孟林（第 5 章）

　　　　　冯天麟（第 6、11 章）

　　　　　杨曙东（第 7、10、12 章）

审稿人　陈奎生　江进国

本篇内容与特色

第 10 篇 液压、气压传动与控制，主要介绍液压、气压传动与控制系统设计的基础知识及有关的数据资料、主流元器件和典型系统设计实例。全篇分为 12 章：第 1 章 液压与气动常用标准及计算公式；第 2 章 液压介质及其应用；第 3 章 液压泵和液压马达；第 4 章 液压缸和气缸；第 5 章 液压控制阀（包括压力控制阀、流量控制阀、方向控制阀、叠加阀、插装阀、水压控制阀、电液伺服阀、电液比例阀等）；第 6 章 液压辅件（包括液压过滤器、蓄能器、冷却器、压力测量元件、温控仪表（计）、油箱及附件等）；第 7 章 气动元件；第 8 章 常用液压、气动基本回路；第 9 章 液压系统设计及实例；第 10 章 气动系统设计及实例；第 11 章 液压气动管件；第 12 章 压力容器。

本篇主要特色如下：

（1）密封件是重要的液压辅件，但考虑到密封已在本手册的第 1 篇中安排，为避免内容重复，本篇不再单另写密封。

（2）管件本应放在液压辅件一章，考虑到不单液压气动系统用管件，从手册的易用性着眼，本篇将液压气动管件单列出一章。

（3）遵循先进性、实用性、易用性和与时俱进的编写原则，本篇做了如下安排：

1）更新了引用标准、产品介绍和设计方法，给出了较多的应用实例。

2）由于液压、气动技术的应用不仅限于传动系统，特别是近年来，液压气动控制技术得到了长足的发展，为适应科学技术的发展，增加了液压控制系统的内容，包括电液伺服控制和电液比例控制。

3）考虑到非液压专业的机械设计人员需要，增加了一些概念性的和初涉者容易忽略问题的论述，如液压系统设计应重视的几个问题和液压系统设计与运行禁忌等专题。

第1章 液压与气动常用标准及计算公式

1 液压气动常用图形符号

GB/T 786.1—2009 等效于 ISO 12191-1：2006，规范了流体传动（即液压传动与气压传动，简称液压与气动）系统及元件的图形符号。液压与气动图形符号由基本要素包括符号要素和功能要素构成。基本要素这里不再罗列，可参见 GB/T 786.1—2009 的规定。液压与气动常用图形符号实例见表10.1-1。

表 10.1-1　常见液压、气动图形符号实例（摘自 GB/T 786.1—2009）

序号	图形	描述	序号	图形	描述
		1 阀			
		1.1 控制机构			
1.1.1		带有分离把手和定位销的控制机构	1.1.12		单作用电磁铁,动作背离阀芯,连续控制
1.1.2		具有可调行程限制装置的顶杆	1.1.13	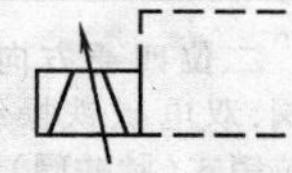	双作用电气控制机构,动作指向或背离阀芯,连续控制
1.1.3		带有定位装置的推或拉控制机构	1.1.14		电气操纵的气动先导控制机构
1.1.4		手动锁定控制机构	1.1.15		电气操纵的带有外部供油的液压先导控制机构
1.1.5		具有五个锁定位置的调节控制机构	1.1.16	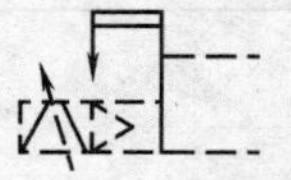	机械反馈
1.1.6		用作单方向行程操纵的滚轮杠杆	1.1.17	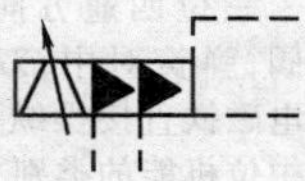	双比例电磁铁,双向操作
1.1.7		使用步进电动机的控制机构			1.2 方向控制阀
1.1.8		单作用电磁铁,动作指向阀芯	1.2.1	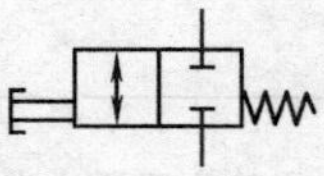	二位二通方向控制阀,两通,两位,推压控制机构,弹簧复位,常闭
1.1.9		单作用电磁铁,动作背离阀芯	1.2.2	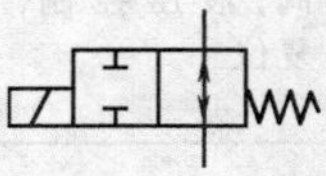	二位二通方向控制阀,两通,两位,电磁铁操纵,弹簧复位,常开
1.1.10		双作用电气控制机构,动作指向或背离阀芯	1.2.3	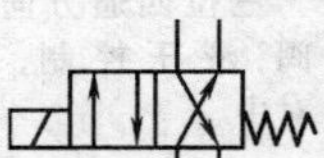	二位四通方向控制阀,电磁铁操纵,弹簧复位
1.1.11		单作用电磁铁,动作指向阀芯,连续控制	1.2.4	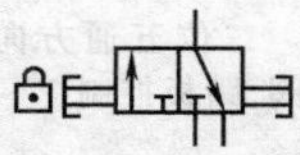	二位三通锁定阀

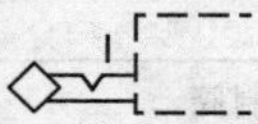

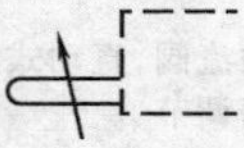

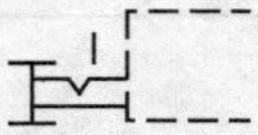

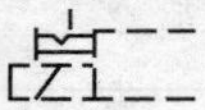

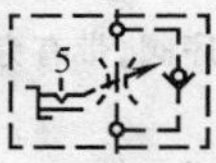

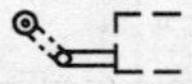

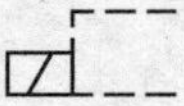

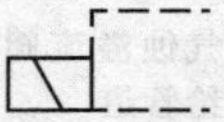

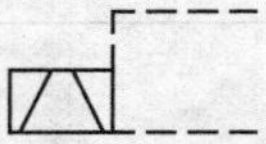

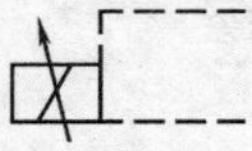

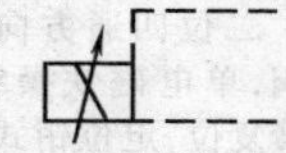

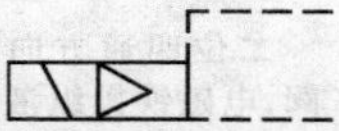

（续）

序号	图形	描述	序号	图形	描述
1.2.5		二位三通方向控制阀,滚轮杠杆控制,弹簧复位	1.2.16		三位五通方向控制阀,定位销式各位置拉杆控制
1.2.6		二位三通方向控制阀,电磁铁操纵,弹簧复位,常闭	1.2.17		二位三通液压电磁换向座阀,带行程开关
1.2.7		二位三通方向控制阀,单电磁铁操纵,弹簧复位,定位销式手动定位	1.2.18		二位三通液压电磁换向座阀
1.2.8		二位四通方向控制阀,单电磁铁操纵,弹簧复位,定位销式手动定位	1.3　压力控制阀		
1.2.9		二位四通方向控制阀,双电磁铁操纵,定位销式(脉冲阀)	1.3.1		溢流阀,直动式,开启压力由弹簧调节
1.2.10		二位四通方向控制阀,电磁铁操纵液压先导控制,弹簧复位	1.3.2		顺序阀,手动调节设定值
1.2.11		三位四通方向控制阀,电磁铁操纵先导级和液压操纵主阀	1.3.3		顺序阀,带有旁通阀
1.2.12		三位四通方向控制阀,弹簧对中,双作用电磁铁直接操纵,不同中位机能的类别	1.3.4		二通减压阀,直动式,外泄型
			1.3.5	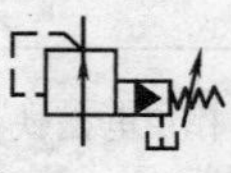	二通减压阀,先导式,外泄型
1.2.13		二位四通方向控制阀,液压控制,弹簧复位	1.3.6	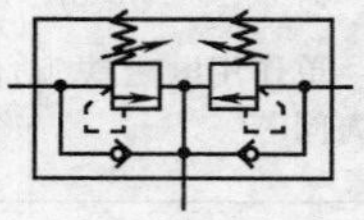	防气蚀溢流阀,用来保护两条供给管道
1.2.14		三位四通方向控制阀,液压控制,弹簧对中	1.3.7	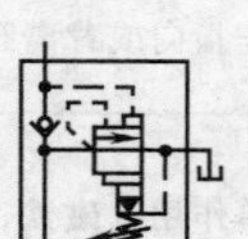	蓄能器充液阀,带有固定开关压差
1.2.15		二位五通方向控制阀,踏板控制			

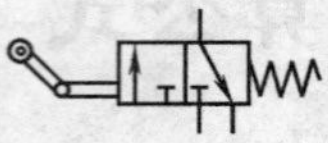

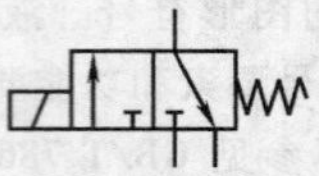

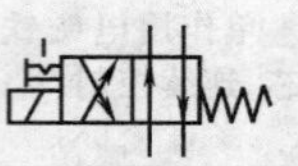

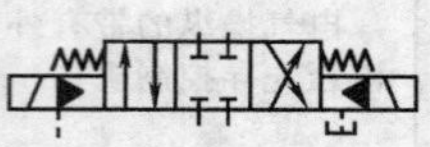

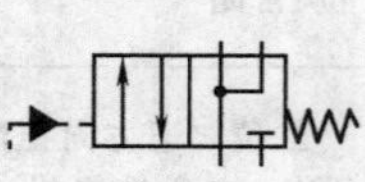

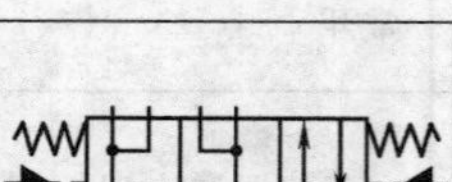

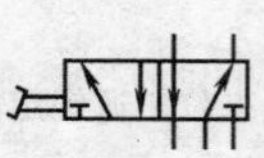

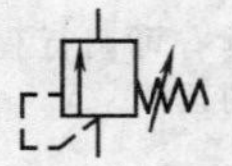

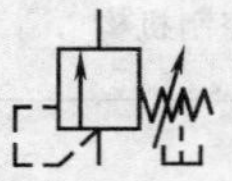

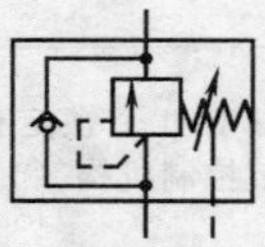

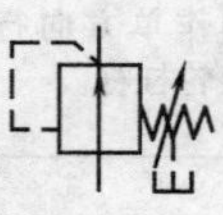

（续）

序号	图形	描述	序号	图形	描述
			1.5　单向阀和梭阀		
1.3.8		电磁溢流阀	1.5.1		单向阀,只能在一个方向自由流动
1.3.9		三通减压阀	1.5.2		单向阀,带有复位弹簧,只能在一个方向自由流动,常闭
1.4　流量控制阀			1.5.3		先导式液控单向阀,带有复位弹簧,先导压力允许在两个方向自由流动
1.4.1		可调节流量控制阀			
1.4.2		可调节流量控制阀,单向自由流动	1.5.4		双单向阀,先导式
1.4.3		流量控制阀,滚轮杠杆操纵,弹簧复位	1.5.5	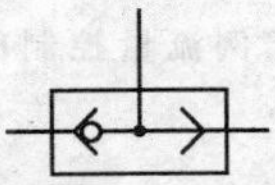	梭阀("或"逻辑),压力高的入口自动与出口接通
			1.6　比例方向控制阀		
1.4.4		二通流量控制阀	1.6.1		直动式比例方向控制阀
1.4.5		三通流量控制阀	1.6.2		先导式比例方向控制阀
			1.6.3		伺服阀
1.4.6		分流器	1.7　比例压力控制阀		
			1.7.1	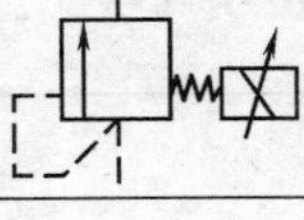	比例溢流阀,直控式,通过电磁铁控制弹簧工作长度来控制液压电磁换向座阀
1.4.7		集流阀	1.7.2	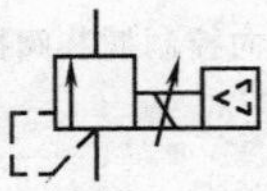	比例溢流阀,直控式,电磁力直接作用在阀芯上,集成电子器件

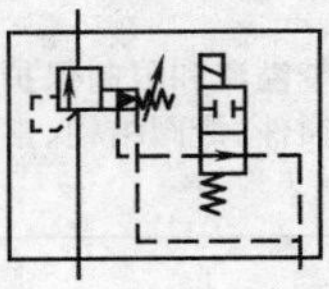

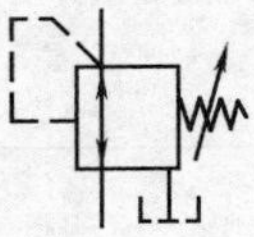

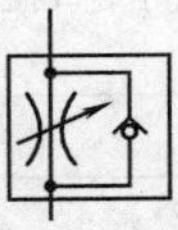

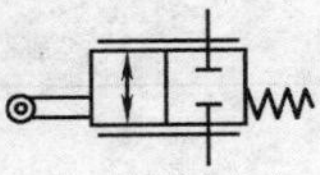

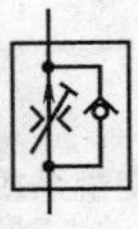

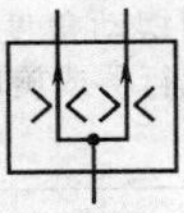

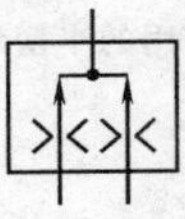

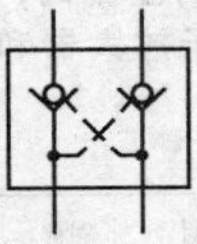

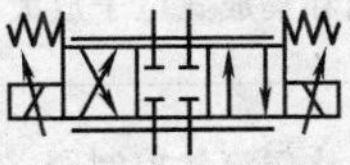

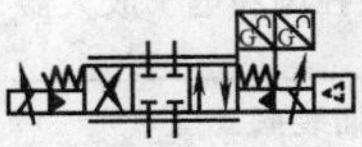

（续）

序号	图形	描述	序号	图形	描述
1.7.3		比例溢流阀，直控式，带电磁铁位置闭环控制，集成电子器件	1.9.4		带溢流和限制保护功能的阀芯插件，滑阀结构，常闭
1.7.4		比例溢流阀，先导控制	1.9.5		减压插装阀插件，滑阀结构，常闭
1.7.5		三通比例减压阀	1.9.6		减压插装阀插件，滑阀结构，常开
1.7.6		比例溢流阀，先导式，带电子放大器和附加先导级	1.9.7		无端口控制盖
			1.9.8		带先导端口控制盖
1.8　比例流量控制阀			**2　泵和马达**		
1.8.1		比例流量控制阀，直控式	2.1		变量泵
1.8.2		比例流量控制阀，直控式，带电磁铁闭环位置控制和集成式电子放大器	2.2		双向变量泵
1.8.3		比例流量控制阀，先导式，带主级和先导级的位置控制和电子放大器	2.3		双向变量泵或马达单元
1.9　二通盖板式插装阀			2.4		单向旋转的定量泵或马达
1.9.1		压力控制和方向控制插装阀插件	2.5		限制摆动角度，双向流动的摆动执行器或旋转驱动
1.9.2		压力控制和方向控制插装阀插件，常开	2.6		单作用的半摆动执行器或旋转驱动
1.9.3		方向控制插装阀插件			

（续）

序号	图形	描述	序号	图形	描述
2.7	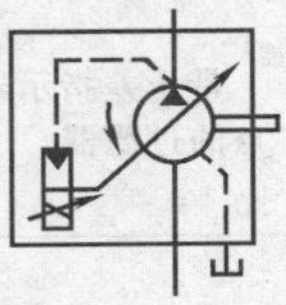	电流伺服控制的变量液压泵	3.8		双作用伸缩缸
2.8		恒功率控制的变量液压泵	3.9		双作用带状无杆缸，活塞两端带终点位置缓冲
2.9		空气压缩机	3.10	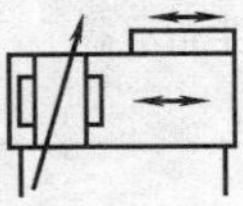	双作用缆索式无杆缸，活塞两端带可调节终点位置缓冲
2.10		真空泵	3.11	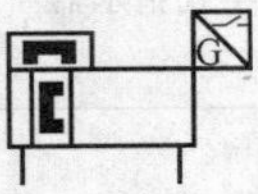	双作用磁性无杆缸，仅右手终端位置切换
2.11		气马达	3.12	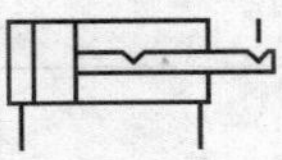	行程两端定位的双作用缸
2.12		变方向定流量双向摆动气马达	3.13	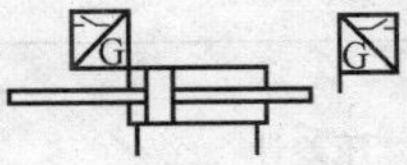	双杆双作用缸，左终点带内部限位开关，内部机械控制，右终点有外部限位开关，由活塞杆触发
	3　缸		3.14	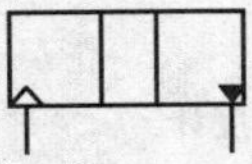	单作用压力介质转换器，将气体压力转换为等值的液体压力，反之亦然
3.1		单作用单杆缸，靠弹簧力返回行程，弹簧腔带连接油口	3.15	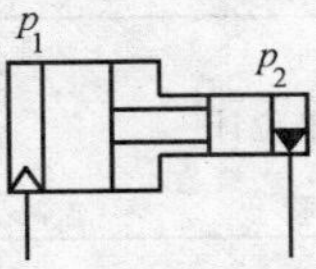 P_1　P_2	单作用增压器，将气体压力 P_1 转换为更高的液体压力 P_2
3.2		双作用单杆缸		4　附件	
3.3		双作用双杆缸，活塞杆直径不同，双侧缓冲，右侧带调节	4.1		软管总成
3.4		带行程限制器的双作用膜片缸	4.2	 1 2 3 — 1 2 3	三通旋转接头
3.5		活塞杆终端带缓冲的单作用膜片缸，不能连接的通气孔	4.3		快换接头，断开状态
3.6		单作用柱塞缸	4.4		带两个单向阀的快换接头，连接状态
3.7		单作用伸缩缸			

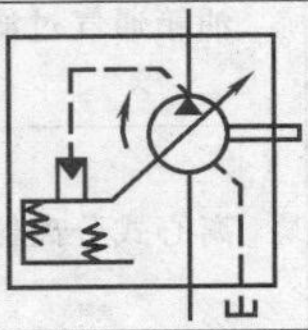

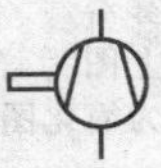

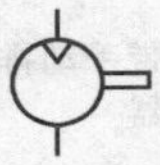

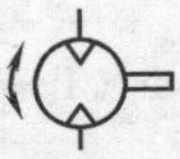

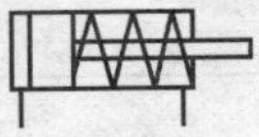

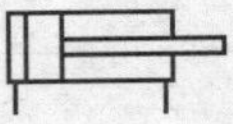

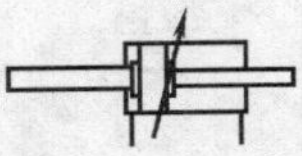

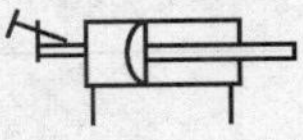

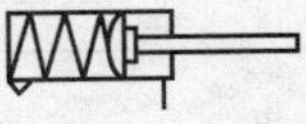

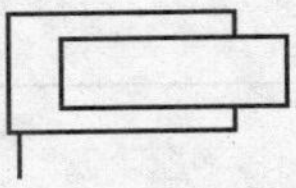

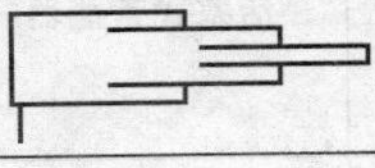

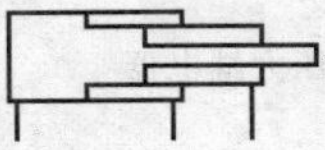

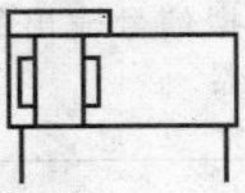

（续）

序号	图形	描述	序号	图形	描述
4.5	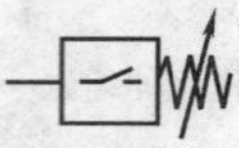	压力继电器	4.19	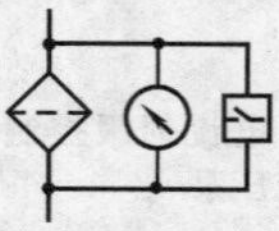	带压差指示器与电气触点的过滤器
4.6	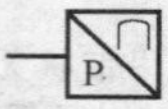	模拟信号输出的压力传感器	4.20		油箱通气过滤器
4.7		光学指示器	4.21		离心式分离器
4.8		数字式指示器	4.22	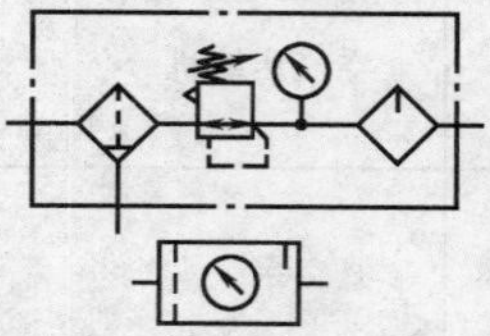	气源处理装置，包括手动排水过滤器，手动调节式溢流调压阀，压力表和油雾器 上图为详细示意图，下图为简化图
4.9		声音指示器			
4.10		压力表	4.23		带手动排水分离器的过滤器
4.11		压差计	4.24		空气干燥器
4.12		温度计	4.25		油雾器
4.13		液位计	4.26		不带冷却液流道指示的冷却器
4.14		流量计	4.27		液体冷却的冷却器
4.15		转速仪	4.28		加热器
4.16		直通式颗粒计数器	4.29		隔膜式蓄能器
4.17		过滤器	4.30		囊式蓄能器
4.18	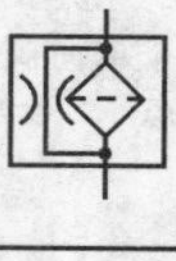	带旁路节流的过滤器	4.31		活塞式蓄能器

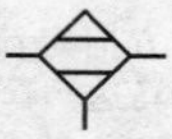

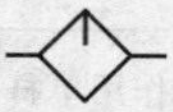

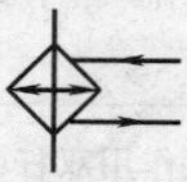

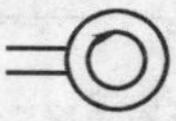

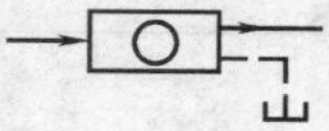

2　基础标准

2.1　流体传动系统及元件的公称压力系列

流体传动系统及元件的公称压力系列见表 10.1-2。

2.2　液压传动用米制螺纹连接的油口尺寸和标识

1）液压元件螺纹连接的油口尺寸见表 10.1-3。

2）可选择的油口标识见表 10.1-4。

表 10.1-2　流体传动系统及元件的公称压力系列（摘自 GB/T 2346—2003）

公称压力 /kPa	公称压力 /MPa	公称压力（以 bar 为单位的等量值）	公称压力 /kPa	公称压力 /MPa	公称压力（以 bar 为单位的等量值）	公称压力 /kPa	公称压力 /MPa	公称压力（以 bar 为单位的等量值）
1	—	(0.01)	16	—	(0.16)	160	—	(1.6)
1.6	—	(0.016)	25	—	(0.25)	[200]	—	[(2)]
2.5	—	(0.025)	40	—	(0.4)	250	—	(2.5)
4	—	(0.04)	63	—	(0.63)	[315]	—	[(3.15)]
6.3	—	(0.063)	100	—	(1)	400	—	(4)
10	—	(0.1)	[125]	—	[(1.25)]	[500]	—	[(5)]
630	—	(6.3)	—	6.3	(63)	—	[45]	[(450)]
[800]	—	[(8)]	—	[8]	[(80)]	—	50	(500)
1000	1	(10)	—	10	(100)	—	63	(630)
—	[1.25]	[(12.5)]	—	12.5	(125)	—	80	(800)
—	1.6	(1.6)	—	16	(160)	—	100	(1000)
—	[2]	[(20)]	—	20	(200)	—	125	(1250)
—	2.5	(25)	—	25	(250)	—	160	(1600)
—	[3.15]	[(31.5)]	—	31.5	(315)	—	200	(2000)
—	4	(40)	—	[35]	[(350)]	—	250	(2500)
—	[5]	[(50)]	—	40	(400)			

注：方括号中的值是非优先选用的。1bar = 10^5 Pa = 0.1MPa。

表 10.1-3　液压元件螺纹连接的油口尺寸（摘自 GB/T 2878.1—2011）　（单位：mm）

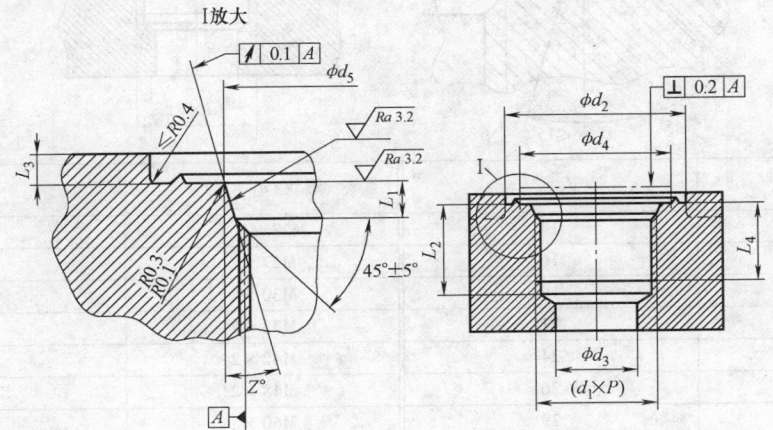

螺纹[①]（$d_1 \times P$）	d_2 宽的[④] min	d_2 窄的[⑤] min	d_3[②] 参考	d_4	d_5 +0.1 0	L_1 +0.4 0	L_2[③] min	L_3 max	L_4 min	Z /(°) ±1°
M8 × 1	17	14	3	12.5	9.1	1.6	11.5	1	10	12
M10 × 1	20	16	4.5	14.5	11.1	1.6	11.5	1	10	12

（续）

螺纹[1]	d_2		d_3[2]	d_4	d_5	L_1	L_2[3]	L_3	L_4	Z
($d_1 \times P$)	宽的[4] min	窄的[5] min	参考		$^{+0.1}_{\ \ 0}$	$^{+0.4}_{\ \ 0}$	min	max	min	/(°) $\pm 1°$
M12 × 1.5	23	19	6	17.5	13.8	2.4	14	1.5	11.5	15
M14 × 1.5[6]	25	21	7.5	19.5	15.8	2.4	14	1.5	11.5	15
M16 × 1.5	28	24	9	22.5	17.8	2.4	15.5	1.5	13	15
M18 × 1.5	30	26	11	24.5	19.8	2.4	17	2	14.5	15
M20 × 1.5[7]	33	29	—	27.5	21.8	2.4	—	2	14.5	15
M22 × 1.5	33	29	14	27.5	23.8	2.4	18	2	15.5	15
M27 × 2	40	34	18	32.5	29.4	3.1	22	2	19	15
M30 × 2	44	38	21	36.5	32.4	3.1	22	2	19	15
M33 × 2	49	43	23	41.5	35.4	3.1	22	2.5	19	15
M42 × 2	58	52	30	50.5	44.4	3.1	22.5	2.5	19.5	15
M48 × 2	63	57	36	55.5	50.4	3.1	25	2.5	22	15
M60 × 2	74	67	44	65.5	62.4	3.1	27.5	2.5	24.5	15

① 符合 ISO 261，公差等级按照 ISO 965-1 的 6H。钻头按照 ISO 2306 的 6H 等级。
② 仅供参考，连接孔可以要求不同的尺寸。
③ 此攻螺纹底孔深度需使用平底丝锥才能加工出规定的全螺纹长度。在使用标准丝锥时，应相应增加攻螺纹底孔深度，采用其他方式加工螺纹时，应保证表中螺纹和沉孔深度。
④ 带凸环标识的孔口平面直径。
⑤ 没有凸环标识的孔口平面直径。
⑥ 测试用油口首选。
⑦ 仅适用于插装阀阀孔（参见 ISO 7789）。

表 10.1-4　可选择的油口标识（摘自 GB/T 2878.1—2011）　　　　（单位：mm）

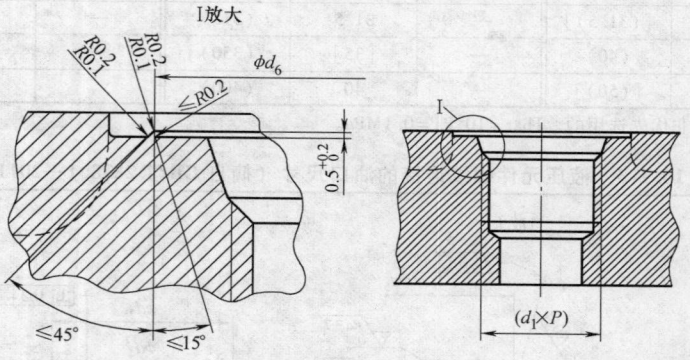

I 放大

螺纹($d_1 \times P$)	d_5 $^{+0.5}_{\ \ 0}$	螺纹($d_1 \times P$)	d_5 $^{+0.5}_{\ \ 0}$
M8 × 1	14	M22 × 1.5	29
M10 × 1	16	M27 × 2	34
M12 × 1.5	19	M30 × 2	38
M14 × 1.5	21	M33 × 2	43
M16 × 1.5	24	M42 × 2	52
M18 × 1.5	26	M48 × 2	57
M20 × 1.5[1]	29	M60 × 2	67

① 仅适用于插装阀阀孔（参见 ISO 7789）。

2.3　气动元件的气口连接螺纹形式和尺寸

JB/T 6377—1992 规定了气动元件气口连接螺纹形式和尺寸。

1）气动元件的气口形式 A 如图 10.1-1 所示；形式 B 如图 10.1-2 所示。

2）气动元件的气口连接螺纹尺寸见表 10.1-5。

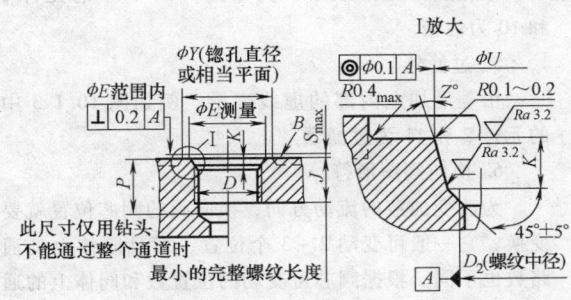

图10.1-1　气动元件气口形式A

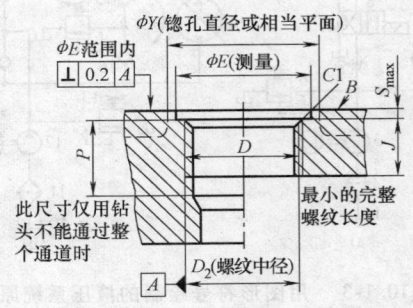

图10.1-2　气动元件气口形式B

表 10.1-5　气动元件的气口连接螺纹尺寸　　　　（单位：mm）

D 螺纹精度 6H	J ≥	K +0.4 / 0	ϕE ≥	P ≥	S ≤	ϕU +0.1 / 0	ϕY ≥	Z/(°) ±1
M3	4.5		6.0	5.5		5.35	12.0	
M5	5.5		8.0	6.5		6.35	14.0	
M6	6.5	1.6	9.0	7.5	1.0	7.25	15.0	12
M8 ×1	8.0		11.0	9.0		9.1	17.0	
M10 ×1	8.0		13.0	9.0		11.1	20.0	
（M12 ×1.25）	9.5		16.0	11.0	1.5	13.8	22.0	
M12 ×1.5	9.5		16.0	11.0	1.5	13.8	22.0	
M14 ×1.5	9.5		18.0	11.0		15.8	25.0	
M16 ×1.5	10.5	2.4	20.0	12.0		17.8	27.0	
M18 ×1.5	11.0		22.0	12.5		19.8	29.0	
M20 ×1.5	11.0		24.0	12.5	2.0	21.8	32.0	
M22 ×1.5	11.5		26.0	13.0		23.8	34.0	
M27 ×2	14.0		32.0	15.5		29.4	40.0	15
M33 ×2	14.0		38.0	15.5		35.4	46.0	
M42 ×2	14.5		47.0	16.5	2.5	44.4	56.0	
（M48 ×2）	16.0	3.1	55.0	18.0		52.4	66.0	
M50 ×2	16.0		55.0	18.0		52.4	66.0	
M60 ×2	18.0		65.0	20.0		62.4	76.0	

注：1. 推荐的最大钻孔深度应保证扳手能夹紧所要拧紧的管接头或紧定螺母。
　　2. 若 B 平面是机加工表面，则不需要加工尺寸 Y 和 S。
　　3. 表中给出的螺纹底孔深度要求使用平顶丝锥攻出规定的螺纹长度，当使用标准丝锥时应适当地增加螺纹底孔深度。
　　4. 当设计新产品时，括号内螺纹尺寸不推荐使用，只用于老产品。

3　液压气动系统的图形符号表示

　　液压气动系统的组成、工作原理、功能、工作循环及控制方式等，通常是利用标准图形符号绘制成的系统原理图表示。在这种表示法中，图形符号仅表示组成系统的各液压元件的功能、操作（控制）方法及外部连接口，并不表示液压元件的具体结构、性能参数、连接口的实际位置及元件的安装位置。因此，用图形符号来表达系统中各类元件的作用和整个系统的组成、油路联系和工作原理简单明了，便于绘制和技术交流。利用专门开发的计算机图形符号库软件，还可大大提高系统原理图的设计、绘制效率及质量。我国目前执行的液压元件和气动元件图形符号标准为 GB/T 786.1—2009《液压气动图形符号》。图 10.1-3 所示为用图形符号绘制的液压系统原理图示例。

　　现以图 10.1-3 为例，对其主要液压元件的图形

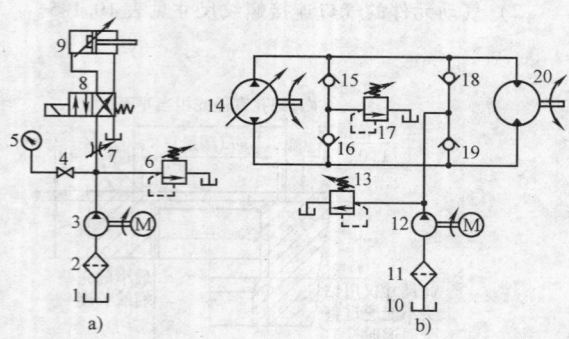

图10.1-3　用图形符号绘制的液压系统原理图示例
a）开式系统　b）闭式系统
1、10—油箱　2、11—过滤器　3、12—单向定量液压泵
4—截止阀　5—压力表　6、13、17—溢流阀
（17 作安全阀用）　7—节流阀　8—二位四通电磁换向阀
9—活塞式单杆液压缸　14—双向变量液压泵
15、16、18、19—单向阀　20—双向定量液压马达

符号意义作简要说明。

1. 液压泵图形符号

由一个圆加上一个实心正三角形或两个实心正三角形来表示。正三角形箭头向外，表示液压液的方向。一个实心正三角形的为单向液压泵，两个实心正三角形的表示双向液压泵。圆上、下两垂直线段分别表示排油和吸油管路（油口）。图中无箭头的为定量液压泵，有箭头的为变量液压泵。圆侧面的双线和弧线箭头表示泵传动轴做旋转运动。例如，图 10.1-3 中元件 3 和 12 为单向定量液压泵，元件 14 为双向变量液压泵。

2. 液压马达图形符号

由一个圆加上一个实心正三角形或两个实心正三角形来表示。正三角形箭头向内，表示液压液的方向。一个实心三角形的为单向液压马达，两个实心三角形的表示双向液压马达。圆上、下两垂直线段分别表示进油和排油管路（油口）。图中无箭头的为定量液压马达，有箭头的为变量液压马达。圆侧面的双横线和弧线箭头表示液压马达传动轴做旋转运动。

例如图 10.1-3 中的元件 20 为双向定量液压马达。

3. 液压缸图形符号

用一个长方形加上内部的两组相互垂直的直线段表示。垂直线段表示活塞。活塞一侧带水平线表示为单活塞杆液压缸。活塞两侧带水平线段表示为双活塞杆液压缸。图中有小长方形和箭头的表示缸带可调节缓冲装置，无小长方形则表示缸不带缓冲装置。例如图 10.1-3 中的元件 9 为带可调缓冲装置的单活塞杆液压缸。

4. 油箱图形符号

油箱用半矩形表示。例如图 10.1-3 中的元件 1 和 10 为油箱。

5. 过滤器

由菱形加上内部的虚线表示。例如图 10.1-3 中的元件 2 和 11 为过滤器。

6. 换向阀图形符号

为改变油液的流动方向，换向阀的阀芯位置就要变换，它一般可变动 2～3 个位置，而且阀体上的通路数也不同。根据阀芯可变动的位置数和阀体上的通路数，可组成×位×通阀。其图形意义如下：

1）换向阀的工作位置用方格表示，有几个方格即表示几位阀。

2）方格内的箭头符号表示油流的连通情况（有时与油液流动方向一致），"T"表示油液被阀芯封闭的符号，这些符号在一个方格内和方格的交点数即表示阀的通路数。

3）方格外的符号为操纵阀的控制符号，控制形式有手动、电动和液动等。例如图 10.1-3 中的元件 8 为二位四通电磁换向阀。

7. 压力阀图形符号

方格相当于阀芯，方格中的箭头表示油流的通道，两侧的直线代表进出油管。图中的虚线表示控制油路，压力阀就是利用控制油路的液压力与另一侧弹簧力相平衡的原理进行工作的。例如图 10.1-3 中的元件 6、13 和 17 均为溢流阀。

8. 节流阀图形符号

两圆弧所形成的缝隙即为节流孔道，油液通过节流孔使流量减少。图中的箭头表示节流孔的大小可以改变，也即通过该阀的流量是可以调节的。例如图 10.1-3 中的元件 7 为节流阀。

9. 单向阀图形符号

由一小圆和与其相切的两短倾斜线段表示，圆外两条垂线分别表示阀的进油和排油管路。例如图 10.1-3 中的元件 15、16、18、19 均为单向阀。

10. 压力表图形符号

压力表用一个中圆表示，圆内部的斜箭头表示表头指针。例如图 10.1-3 中的元件 5 为压力表。

应当指出，这里虽然介绍的是液压系统图形表示例，但气动系统的图形表示方法与它原则相同，只是由于两者工作介质的不同，体现在元件图形符号和系统组成上有些差异。气动系统的工作介质是压缩空气，因此气动元件的图形符号所用功能要素就有所不同。图形表达非常形象，如液压泵和液压马达用实心正三角形"▲"，而气压源、气马达和排气则用空心正三角形"△"。另外，气动系统做功后的压缩空气一般可直接排放到大气中，无需回收管道，但为减少排气噪声，有的加装消声器，这也是与液压系统的不同之处。

在采用图形符号绘制系统原理图时，要注意图形符号的规范，除了要符合 GB/T 786.1—2009 的规定外，还应注意如下事项：

1）元件图形符号的大小可根据图纸幅面大小按适当比例增大或缩小绘制，以清晰美观为原则。

2）元件一般以静态或零位（如电磁换向阀应为断电后的工作位置）画出。

3）元件的方向可视具体情况以水平、垂直或反转 180°方向绘制，但液压油箱必须水平绘制，且开口向上。

4　常用计算公式

4.1　液体工作介质的主要物理性质

液压流体是液压系统中传递能量和信号的工作介质，各种液压工作介质共有的主要物理性质公式见表 10.1-6。

表 10.1-6　液体工作介质的主要物理性质公式

项目	单位	公式	符号意义
密度	kg/m^3	$\rho = m/V$	
重度	N/m^3	$\gamma = G/V = mg/V = \rho g$	m——液体的质量（kg）
体积压缩系数	Pa^{-1}	$\alpha_p = -\dfrac{1}{\Delta p} \times \dfrac{\Delta V}{V}$	V——液体的体积（m^3） G——液体的重力（N）
体积弹性模量	Pa	$\beta_e = 1/\alpha_p$	g——重力加速度（m/s^2） Δp——压力的增量（Pa）
热膨胀系数	$℃^{-1}$	$\alpha_t = -\dfrac{1}{\Delta t} \times \dfrac{\Delta V}{V}$	ΔV——体积的变化量（m^3） Δt——温度的增量（℃）
动力粘度	$Pa \cdot s$	$\mu = \dfrac{\tau}{\dfrac{du}{dy}}$	τ——切应力（N/m^2） du/dy——速度梯度（s^{-1}）
运动粘度	m^2/s	$\nu = \mu/\rho$	

4.2　液体静力学计算公式

液体静力学是研究液体处于静止状态下的力学规律以及这些规律的应用的学科，其计算主要涉及静止液体中压力（液体静压力）及对固体壁面的作用力，计算公式见表 10.1-7。

表 10.1-7　液体静力学计算公式

项　　目		单位	公式	符号意义
压力（压强）			$p = F/A$	F——总作用力（N）
绝对压力		Pa	$p_M = p_r + p_a$	A——有效作用面积（m^2） p_r——相对压力（表压力）（Pa）
真空度			$p_B = p_a - p_M$	p_a——大气压（Pa）
静压力基本方程①	相对坐标形式	Pa	$p_2 = p_1 + \rho g h$	ρ——液体的密度（kg/m^3） g——重力加速度（m/s^2）
	绝对坐标形式	m	$h_1 + \dfrac{p_1}{\rho g} = h_2 + \dfrac{p_2}{\rho g}$	h——同一种液体中两点间的垂直距离（m） h_1、h_2——同一种液体中两点距离某一基准水平面的垂直距离（m）
液体对平面固壁的作用力		N	$F_0 = \rho g h_G A_0$	p_2、p_1——同一种液体中两点的压力（Pa） h_G——平面固壁的形心距离液面的垂直高度（m） A_0——平面固壁的淹没部分面积（m^2）
液体对曲面固壁的作用力		N	$F = \sqrt{F_x^2 + F_z^2}$ $F_x = \rho g h_{Gx} A_x$ $F_z = \rho g V_P$ $\theta = \arctan \dfrac{F_z}{F_x}$	F_x、F_z——作用力的水平和垂直分量（N） A_x——平面固壁在 x 方向的投影面积（m^2） h_{Gx}——A_x 的形心距离液面的垂直高度（m） V_P——压力体体积，即通过曲面周边各点向液面作无数垂直线而形成的空间体积（m^3） θ——总作用力与 x 轴的夹角（°）

① 静压力基本方程的使用条件为连续均一液体。用这两种形式的静压力基本方程对同一点的静压力进行计算，结果完全相同。

4.3　液体动力学计算公式

液体动力学主要研究液体流动时流速和压力的变化规律。流动液体的连续性方程、伯努利方程和动量方程分别描述了液压流体的运动所遵循的质量守恒定律、能量守恒定律和动量定律，它们是液体动力学设计计算的理论依据。其计算公式见表 10.1-8。

表 10.1-8　液体动力学计算公式

项　　目	公式	符号意义
连续性方程	$v_1A_1 = v_2A_2 = $ 常数 $q_1 = q_2 = $ 常数	A_1、A_2——两任意通流截面的面积（m^2） v_1、v_2——两任意通流截面的液体平均流速（m/s） q_1、q_2——两任意通流截面的流量（m^3/s） z_1、z_2——管道中任意两个通流截面中心距基准面的距离（m） α——动能修正系数，液体在圆管中层流时 $\alpha=2$，湍流时 $\alpha\approx1.05$，工程实际计算中可取 $\alpha_1\approx\alpha_2\approx1$ h_ω——单位质量液体的总流两截面之间流动的平均能量损失（m） $\sum F$——作用于两通流截面间液体段上的合外力（N） β_1、β_2——动量修正系数，液体在圆管中层流时 $\beta=4/3$，湍流时 $\beta=1$，实际计算时常取 $\beta=1$
理想液体伯努利方程	$z_1 + \dfrac{p_1}{\rho g} + \dfrac{v_1^2}{2g} = z_2 + \dfrac{p_2}{\rho g} + \dfrac{v_2^2}{2g}$ $z + \dfrac{p}{\rho g} + \dfrac{v^2}{2g} = $ 常数	
实际液体总流的伯努利方程	$z_1 + \dfrac{p_1}{\rho g} + \dfrac{\alpha_1 v_1^2}{2g} = z_2 + \dfrac{p_2}{\rho g} + \dfrac{\alpha_2 v_2^2}{2g} + h_\omega$	
恒定流动动量方程	$\sum F = \rho q(\beta_2 v_2 - \beta_1 v_1)$	

注：1. 连续性方程的使用条件为液体为不可压缩且作定常流动。
　　2. 使用理想液体伯努利方程应同时具备的条件为：理想液体、质量力只有重力且恒定流动。
　　3. 使用实际液体伯努利方程应同时具备的条件为：不可压缩液体、质量力只有重力、恒定流动、缓变流和流量为常数。

4.4　流体管道系统压力损失计算公式

流体管道系统由若干管道与管接头、阀件等局部装置组成。管道系统主要有串联、并联和分支等几种结构形式。流体在流经管道系统时的能量损失，工程上通常用压差形式表征，称为压力损失。压力损失分为沿程压力损失和局部压力损失。沿程压力损失是由流体的粘性摩擦阻力引起的，局部压力损失则由管道形状变化（如突然拐弯、阀口）及流动方向变化产生相互碰撞和漩涡形成。压力损失与流体的流态是层流还是湍流有关。流体管道系统的压力损失计算公式见表 10.1-9。

表 10.1-9　流体管道系统的压力损失计算公式

项目	公式	符号意义
雷诺数	$Re = vd_H/\nu$	Re——雷诺数，Re_c 为临界雷诺数 v——平均流速（m/s） d_H——水力直径，$d_H = 4A/x$（m）；圆截面管道的水力直径 d_H 与其管径 d 相同；常见液流管道的水力直径及临界雷诺数见表 10.1-10 ν——流体的运动粘度（m^2/s） λ——沿程阻力系数，它是 Re 及相对粗糙度 Δ/d 的函数，可按表 10.1-11 的公式计算 Δ——管内壁的绝对粗糙度，其数值与管道材质有关，请参见表 10.1-12 l——管道长度（m） ρ——流体密度（kg/m^3） ζ——局部阻力系数，其具体数值与局部阻力装置的形式和雷诺数有关，见表 10.1-13 和表 10.1-14
层流	$Re < Re_c$	
湍流	$Re > Re_c$	
沿程压力损失	$\Delta p_\lambda = \lambda \dfrac{l}{d_H} \times \dfrac{\rho v^2}{2}$	
局部压力损失	$\Delta p_\zeta = \zeta \dfrac{\rho v^2}{2}$	
管道系统总的压力损失	$\Delta p = \sum \Delta p_\lambda + \sum \Delta p_\zeta = \sum \lambda_i \dfrac{l}{d_{H_i}} \times \dfrac{\rho v_i^2}{2} + \sum \zeta_i \dfrac{\rho v_i^2}{2}$	

常见液体流道的水力直径 d_H 和临界雷诺数 Re_c 见表 10.1-10。圆管沿程阻力系数 λ 的计算公式见表 10.1-11，不同材料管道的内壁绝对粗糙度 Δ 值见表 10.1-12。

表 10.1-10　常见液体流道的水力直径 d_H 及临界雷诺数 Re_c

断面形状	圆管	正方形	同心缝隙	偏心缝隙	平行平板	滑阀开口
图示						
水力直径 d_H	d	b	2δ	$D-d$	2δ	$2x$
$Re_c = vd_H/\nu$	2300	2070	1100	1000	1000	260

注：各流道均为满管流动。

表 10.1-11　圆管沿程阻力系数 λ 的计算公式

流动状态	Re 范围	λ 的计算公式
层流	<2300	$\lambda = 64/Re$（水）
		$\lambda = 75/Re$（油）
层流到湍流过渡区	$2300 < Re < 10^5$	$\lambda = 0.0025Re^{1/3}$
光滑管湍流区	$4000 < Re < 22.2(d/\Delta)^{8/7}$	$4000 < Re < 10^5$ $\lambda = 0.3164Re^{-0.25}$
		$10^5 < Re < 3 \times 10^6$ $\lambda = 0.032 + 0.221Re^{-0.237}$
过渡区	$22.2(d/\Delta)^{8/7} < Re < 597(d/\Delta)^{9/8}$	$\lambda = 0.11(\Delta/d + 68/Re)^{0.25}$
粗糙管湍流区	$Re > 597(d/\Delta)^{9/8}$	$\lambda = 0.11(\Delta/d)^{0.25}$
说明	1）层流时，λ 仅与雷诺数 Re 有关，与相对粗糙度无关 2）工程中处于层流到湍流过渡区很少，其中 λ 可按光滑管湍流计算 3）紧贴管壁处（简称近壁处）的液体受粘性切应力支配，液体质点的脉动受到限制，故称其为粘性底层 4）粘性底层厚度大于绝对粗糙度称为光滑管湍流区，其 λ 仅与雷诺数 Re 有关，不受管壁粗糙度影响 5）近壁处粘性底层厚度近似等于绝对粗糙度称为过渡区，其 λ 是雷诺数 Re 和管道内壁相对粗糙度 Δ/d 的函数，即 $\lambda = \lambda(Re, \Delta/d)$ 6）近壁处粘性底层厚度小于绝对粗糙度称为粗糙管湍流区，管壁粗糙表面刺破近壁流层，粗糙度严重影响流动，其 λ 仅是管道内壁相对粗糙度 Δ/d 的函数	

表 10.1-12　不同材料管道的内壁绝对粗糙度 Δ

材料	管道内壁状态	绝对粗糙度 $\Delta/$mm	材料	管道内壁状态	绝对粗糙度 $\Delta/$mm
铜	冷拔铜管、黄铜管	0.0015 ~ 0.01	钢	旧钢管	0.1 ~ 0.5
铝	冷拔铝管、铝合金管	0.0015 ~ 0.06	铸铁	铸铁管	新管 0.25；旧管 1.0
钢	冷拔无缝钢管	0.01 ~ 0.03	塑料	光滑塑料管	0.0015 ~ 0.01
	热拉无缝钢管	0.05 ~ 0.1		$D = 100$mm 的波纹管	5 ~ 8
	轧制无缝钢管			$d \geqslant 200$mm 的波纹管	15 ~ 30
	镀锌钢管	0.12 ~ 0.15	橡胶	光滑橡胶管	0.006 ~ 0.07
	涂沥青的钢管	0.03 ~ 0.05		含有加强钢丝的胶管	0.3 ~ 4
	波纹管	0.75 ~ 7.5	玻璃	玻璃管	0.0015 ~ 0.01

局部阻力系数 ζ 可由试验测得或采用经验数据，表 10.1-13 和表 10.1-14 列出了部分局部阻力系数的推荐取值。

表 10.1-13　液体流经管道分支处的局部阻力系数

90°三通	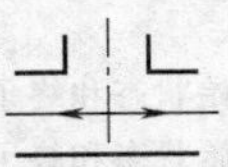	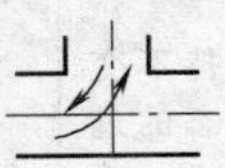		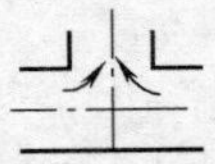
ζ	0.1	1.3	1.3	3
45°三通	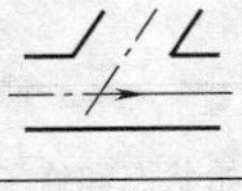	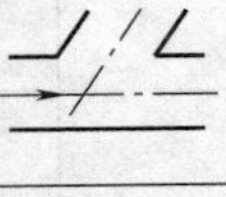		
ζ	0.15	0.05	0.5	3
阀体及油漆块上的流道	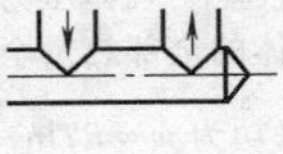	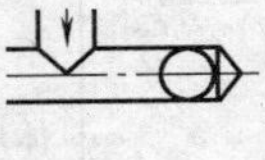	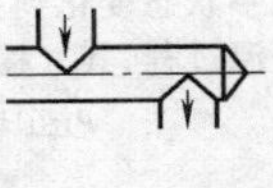	
ζ	1.5	1.8	2.3	

表 10.1-14　液压阀及辅件的局部阻力系数

阀口形状和局部阻力系数

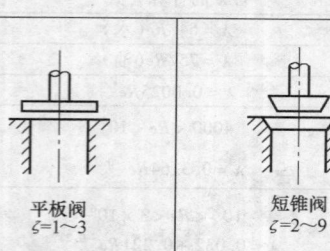

平板阀
$\zeta=1\sim3$

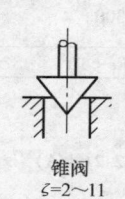

短锥阀
$\zeta=2\sim9$

锥阀
$\zeta=2\sim11$

球阀
$\zeta=2\sim9$

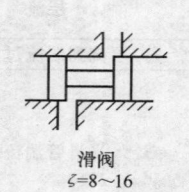

滑阀
$\zeta=8\sim16$

直角弯头 $\zeta=0.9\sim1.2$ 45°管接头 $\zeta=0.42$ 节流阀 $\zeta=3\sim10$	直角长弯管 $\zeta=0.3\sim0.6$ 45°长弯管 $\zeta=0.25$ 粗过滤器 $\zeta=1\sim3$	单向阀 $\zeta=3\sim16$ 精过滤器 $\zeta=3\sim17$

4.5　理想气体的状态方程及状态变化过程

　　气体的状态通常以压力、温度和体积三个参数来表示。气体由一种状态变到另一种状态的变化过程称为气体状态变化过程。气体状态变化中或变化后处于平衡时各参数的关系可用气体状态方程来描述。

　　自然空气可视为理想气体（指不计粘性的气体），理想气体的状态方程及描述典型状态变化过程的方程见表 10.1-15。

表 10.1-15　理想气体的状态方程及状态变化过程的方程

项目		含义及方程	符号意义及说明
理想气体状态方程		一定质量的理想气体在状态变化的某瞬时,状态方程为 $$\frac{pV}{T}=mR(常数)$$ $$pv=RT$$ $$\frac{p}{\rho}=RT$$	p——绝对压力(Pa) V——气体体积(m^3) m——气体质量(kg) ρ——气体密度(kg/m^3) T——热力学温度(K) v——气体比体积(m^3/kg) R——气体常数[J/(kg·K)];干空气为 $R_g=287J/(kg·K)$,水蒸气为 $R_s=462.05J/(kg·K)$ 理想气体状态方程,适用于绝对压力 $p\leqslant20MPa$,热力学温度 $\leqslant253K$ 的自然空气或纯氧、氟、二氧化碳等气体
典型状态变化过程	等容过程	一定质量的气体,在容积保持不变时,从某一状态变化到另一状态的过程,称为等容过程。其方程为 $$\frac{p_1}{T_1}=\frac{p_2}{T_2}$$	p_1、p_2——起始状态和终了状态的绝对压力(Pa) T_1、T_2——起始状态和终了状态的热力学温度(K) 　等容过程中:气体对外不做功;绝对压力与热力学温度成正比
	等压过程	一定质量的气体,在压力保持不变时,从某一状态变化到另一状态的过程,称为等压过程。其方程为 $$\frac{v_1}{T_1}=\frac{v_2}{T_2}$$	v_1、v_2——起始状态和终了状态的气体比体积(m^3/kg) T_1、T_2——起始状态和终了状态的热力学温度(K) 等压过程中:气体体积随温度升高并对外做功,单位质量气体膨胀所做的功为 $W=R(T_2-T_1)$
	等温过程	一定质量的气体在温度保持不变时,从某一状态变化到另一状态的过程,称为等温过程,其方程为 $$p_1v_1=p_2v_2$$	p_1、p_2——起始状态和终了状态的绝对压力(Pa) v_1、v_2——起始状态和终了状态的气体比体积(m^3/kg) 等温状态过程中:气体压力与比体积成反比,气体热力能不变,加入气体的全部热量全部变为膨胀功,单位质量的气体所做的膨胀功为 $w=RT\ln\dfrac{v_1}{v_2}$

（续）

项目		含义及方程	符号意义及说明
典型状态变化过程	绝热过程	一定质量的气体在状态变化过程中，与外界无热量交换的状态变化过程，称为绝热过程，其方程为 $$\frac{p_1}{p_2} = \left(\frac{\rho_1}{\rho_2}\right)^{\kappa} \text{ 或 } \frac{T_2}{T_1} = \left(\frac{p_2}{p_1}\right)^{\frac{\kappa-1}{\kappa}} \text{ 或 }$$ $$\frac{T_2}{T_1} = \left(\frac{v_1}{v_2}\right)^{\kappa-1}$$	κ——气体等熵指数，对理想气体 $\kappa = c_p/c_V$，对不同的气体有不同的值，自然空气可取 $\kappa = 1.4$； c_p——空气质量定压热容[J/(kg·K)]，$c_p = 1005\text{J}/(\text{kg·K})$； c_V——空气质量定容热容[J/(kg·K)]，$c_V = 718\text{J}/(\text{kg·K})$ 绝热状态过程中：输入系统的热量等于零，系统靠消耗内能做功。单位质量的气体所做的压缩功或膨胀功为 $$w = \frac{p_1 v_1}{1-\kappa}\left[\left(\frac{v_1}{v_2}\right)^{\kappa-1} - 1\right] = \frac{p_1 v_1}{1-\kappa}\left[\left(\frac{p_2}{p_1}\right)^{\frac{\kappa-1}{\kappa}} - 1\right]$$ $$= \frac{p_1 v_1}{\kappa-1}\left[1 - \left(\frac{p_2}{p_1}\right)^{\frac{\kappa-1}{\kappa}}\right]$$
	多变过程	不加任何限制条件的气体状态变化过程，称为多变过程。上述四种变化过程都为多变过程的特例，工程实际中大多数变化过程为多变过程。其方程为 $$\frac{T_2}{T_1} = \left(\frac{p_2}{p_1}\right)^{\frac{n-1}{n}} = \left(\frac{v_1}{v_2}\right)^{n-1}$$	n——气体多变指数，自然空气可取 $n = 1.4$ 绝热状态过程中：单位质量的气体所做的功为 $$w = \frac{p_1 v_1}{1-n}\left[\left(\frac{v_1}{v_2}\right)^{n-1} - 1\right] = \frac{p_1 v_1}{n-1}\left[1 - \left(\frac{p_2}{p_1}\right)^{\frac{n-1}{n}}\right]$$

第2章 液压介质及其选用

1 液压介质的分类

1.1 按品种分类

我国于1987年参照ISO标准制定并发布了

GB/T 7631.2—1987，现已被 GB/T 7631.2—2003《润滑剂、工业用油和相关产品（L类）的分类 第2部分：H组（液压系统）》代替。该标准对液压系统所用工作介质按品种进行了分类，见表10.2-1。

表 10.2-1　工作介质品种的分类

组别符号	应用范围	特殊应用	更具体应用	组成和特性	产品符号 ISO-L	典型应用	备注
H	液压系统	流体静压系统	用于要求使用环境可接受液压液的场合	无抑制剂的精制矿油	HH	—	—
				精制矿油，并改善其防锈和抗氧性	HL	—	—
				HL 油，并改善其抗磨性	HM	有高负荷部件的一般液压系统	—
				HL 油，并改善其粘温性	HR	—	—
				HM 油，并改善其粘温性	HV	建筑和船舶设备	—
				无特定难燃性的合成液	HS		特殊性能 每个品种的基础液的最小含量应不少于70%（质量分数）
				甘油三酸酯	HETG	一般液压系统（可移动式）	
				聚乙二醇	HEPG		
				合成脂	HEES		
				聚 α 烯烃和相关烃类产品	HRPR		
			液压导轨系统	HM 油，并具有抗粘-滑性	HG	液压和滑动轴承导轨润滑系统合用的机床在低速下使振动或间断滑动（粘-滑）减为最小	这种液体具有多种用途，但并非在所有液压应用中皆有效
			用于使用难燃液压液的场合	水包油型乳化液	HFAE		通常含水量大于80%（质量分数）
				化学水溶液	HFAS		通常含水量大于80%（质量分数）
				油包水乳化液	HFB		—
				含聚合物水溶液①	HFC		通常含水量大于35%（质量分数）
				磷酸酯无水合成液①	HFDR		—
				其他成分的无水合成液①	HFDU		
		流体动力系统	自动传动系统	—	HA		与这些应用有关的分类尚未进行详细的研究，以后可以增加
			偶合器和变矩器	—	HN		

① 这类液体也可以满足 HE 品种规定的生物降解性和毒性要求。

由于上述标准制定较早，以上分类未将下面三类液压介质包括在内：天然水（含海水及淡水）；能快速生物分解的液压液；我国曾经广泛使用的特殊液压液，如航空液压油、航空难燃液压液、舰用液压油、炮用液压油和合成锭子油、汽车制动液等。

1.2 按粘度分类

粘度是液压油划分牌号的依据。根据 GB/T 3141—1994《工业液体润滑剂 ISO 粘度分类》，工业液体润滑剂粘度 ISO 分类见表10.2-2。

表 10.2-2 工业液体润滑剂粘度 ISO 分类

ISO 粘度等级	中间点运动粘度 (40℃)/(mm²/s)	运动粘度范围(40℃) /(mm²/s)	
		最小	最大
2	2.2	1.98	2.42
3	3.2	2.88	3.52
5	4.6	4.14	5.06
7	6.8	6.12	7.48
10	10	9.00	11.0
15	15	13.5	16.5
22	22	19.8	24.2
32	32	28.8	35.2
46	46	41.4	50.6
68	68	61.2	74.8
100	100	90.0	110
150	150	135	165
220	220	198	242
320	320	288	352
460	460	414	506
680	680	612	748
1000	1000	900	1100
1500	1500	1350	1650
2200	2200	1980	2420
3200	3200	2880	3520

注：对于某些 40℃ 运动粘度等级大于 3200mm²/s 的产品，如某些含高聚合物或沥青的润滑剂，可以参照本分类表中的粘度等级设计，只要把运动粘度测定温度由 40℃ 改为 100℃，并在粘度等级后加后缀符号"H"即可。如粘度等级为 15H，则表示该粘度等级是采用 100℃ 运动粘度确定的，它在 100℃ 时的运动粘度范围应为 13.5～16.5mm²/s。

1.3 液压介质的命名代号

液压油类产品的代号可按下列顺序表示：

类号-品种 牌号

【例】 32 号防锈抗氧型液压油

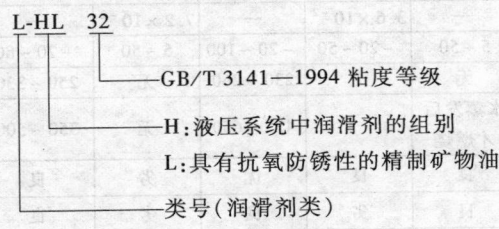

L-HL 32
— GB/T 3141—1994 粘度等级
— H：液压系统中润滑剂的组别
— L：具有抗氧防锈性的精制矿物油
— 类号（润滑剂类）

难燃液压液主要有以下几种类型。

1. HFA 液压液

HFA 又名高水基液压液，国际上常简称为 HWCF 或 HWBF［High Water Content（Base）Fluids］。它含有 80%（质量分数）以上的水，在实用

中常由 95%（质量分数）的水与 5%（质量分数）含有多种添加剂的浓缩液调制而成。

（1）HFAE HFAE 又名高水基乳化液，或称水包油乳化液。由 95%（质量分数）左右的水与由矿物油（或其他类型油类）及乳化剂、缓蚀剂、防霉剂等组成的浓缩液调制而成。通过乳化剂的作用，油液以分散颗粒的形式分布在作为连续相的水中，油粒尺寸比较大（8μm 以上），呈乳白色。它的缺点是乳化稳定性差，油水易分离，润滑性不好，过滤性差。目前国外很少用它作液压系统的工作介质。

（2）HFAS HFAS 又名高水基合成液。其中不含油，由 95%（质量分数）左右的水和含有多种水溶性（或半水溶性）添加剂的浓缩液调制而成，为透明状。其润滑性、过滤性能等均比 HFAE 好。

（3）HFAM HFAM 又名高水基微乳化液。它由 95%（质量分数）左右的水与由矿物油（或其他类型油）及多种化学添加剂所组成的浓缩液调制而成。HFAM 既非真正的溶解液，也非完全的乳化液。它与 HFAE 的主要区别在于油液以极为微小的颗粒（2μm 或更小）的形式分布在水中，呈半透明状。HFAM 同时具有 HFAE 和 HFAS 的优点：很稳定、润滑性好、过滤性好、对液压泵有较好的适应性等。

2. HFB 液压液

HFB，又称油包水乳化液。它由 60%（质量分数）的矿物油、40%（质量分数）的水及多种添加剂借助乳化剂的作用形成相对稳定的乳化混合体。水以分散颗粒的形式分布在作为连续相的油中，形成油包水乳化液。HFB 具有如下优点：

1）由于含有 60%（质量分数）的矿物油，因而具有矿物油型液压油的一些基本优点，其润滑性要比 HFA 及 HFC 好。

2）与油压系统常用的密封材料、涂料及金属材料（镁除外）有较好的相容性。

3）具有较好的抗燃性，而其价格又较低廉。

HFB 的主要缺点如下：

1）乳化稳定性差，尘埃污染、使用温度较高或较低、储存时间较长、反复通过较精细的过滤器等因素均可能导致乳化液分离（这个缺点对 HFAE 同样存在）。

2）属于两相非牛顿流体，其粘度常因受强烈剪切作用而下降。

3）过滤性能较差。

4）容易产生气蚀。

3. HFC 液压液

HFC，又称水-乙二醇。它含 35%～55%（质量分数）的水，其余为能溶于水的乙二醇、丙二醇或它们的聚合物，以及水溶性的增粘、抗磨、防锈、消泡等添加剂。HFC 为呈透明的溶液。

HFC 的优点如下：

1）凝点低，适于低温环境下工作，其使用温度范围为 –20～50℃。

2）稳定性好，使用寿命长。

3）粘度较大，接近液压油的粘度。

HFC 的缺点如下：

1）润滑性能较差，特别是当使用滚动轴承时，轴承寿命大幅度下降。

2）废液不易处理。

3）汽化压力高，容易产生气蚀。

4）与锌、锡、镁、镉、铝等轻金属以及纸、皮革、软木、石棉、聚氨酯橡胶等不相容，容易使普通工业油漆软化或脱落。

4. HFDR 液压液

HFDR，又名磷酸酯液压液。它是由无水磷酸酯作为基础液再加入粘度指数改进剂、抗氧防锈剂、抗泡剂等多种添加剂调制而成的。随着磷酸酯分子结构的不同，所制液压液的粘度指数、低温性能等均有较大差别。除 HFDR 以外，还有氯化烃无水合成液

（HFDS）、HFDR 和 HFDS 混合液（HFDT）以及其他成分的无水合成液（HFDU）等。

近年来一些西方国家还在研究开发及应用与环境相容的、具有生物分解作用的工作介质，它是在基础液体中加入若干添加剂所构成。添加剂的作用是使其具有液压介质所要求的一些基本特性。这些特性是基础液体中先天没有或不足的。具有生物分解作用的工作介质见表 10.2-3。

表 10.2-3　具有生物分解作用的工作介质

ISO 代号	说　　明
HETG	天然植物油，如菜籽油、加添加剂
HEES	合成酯油，如二元酸酯、加添加剂
HEPG	聚二醇、加添加剂

注：表中 H 表示液压系统；E 表示环境；TG 表示三酸甘油酯；ES 表示合成酯油；PG 表示聚二醇。

2　液压介质的质量指标

GB 11118.1—2011《液压油（L-HL、L-HM、L-HV、L-HS、L-HG）》包括了 L-HL、L-HM、L-HV、L-HS、L-HG 等液压油产品，形成了新的液压油品种系列，基本上能满足各类液压设备的需要，并与国际上液压油的品种相当。不同液压介质的主要特性见表 10.2-4。

表 10.2-4　液压介质主要特性

介质类型	矿物型液压油	HFA	HFB	HFC	HFD	水	快速生物分解液
密度（15℃时）/（g/cm³）	0.86～0.92	约 1	0.8～0.94	约 1.05	1.1～1.4	1	0.92～1.10
运动粘度（50℃时）/（mm²/s）	15～70	约 1	47～53	20～70	15～70	0.55	32～46
蒸气压力（50℃时）/MPa	1.0×10^{-9}	0.01	—	0.01～0.015	小于 10^{-6}	0.012	—
水的质量分数（%）	无	95	40	35～55	无	100	无
热膨胀系数（40℃时）/℃⁻¹	7.2×10^{-4}	—	—	7.5×10^{-4}	—	3.85×10^{-4}	—
热导率（20℃时）/[W/(m·℃)]	0.11～0.14	0.598	—	约 0.3	约 0.13	0.598	0.15～0.18
质量热容（常压，20℃时）/[kJ/(kg·K)]	1.89	—	—	3.3	—	4.18	—
体积弹性模量 E（大气压，20℃）/MPa	(1.4～2) ×10³	1.95×10^3	2.3×10^3	3.45×10^3	(2.3～2.8) ×10³	2.4×10^3	1.85×10^3
声速（20℃时）/（m/s）	1300			1680	1407	1480	
表面张力系数（25℃时）/（N/m）	3.4×10^{-2}			3.6×10^{-2}	—	7.2×10^{-2}	
工作温度范围/℃	–20～80	5～50	5～50	–20～50	–20～100	5～50	–20～80
闪点/℃	140～315	无	无	无	230～260	无	250～330
燃点/℃	230～370	无	水蒸发后才燃烧	无	425～650	无	350～500
润滑性（抗磨性）	优～良	劣～中	良	良	优	劣	良
对滚动摩擦的适应性	优	劣	良	劣	良	劣	良
粘度指数	70～140	极高	130～170	140～170	低到高	极高	150～200
抗燃性	可燃	不燃	难燃	难燃	难燃	不燃	可燃
防腐蚀性	优	一般	中	中	中～良	差	优
对环境污染性	严重	少	严重	严重	很严重	无	较少
相对价格（%）	100	10～15	150～200	300～500	500～800	0.01～0.02	300～800

3　液压介质的选用

　　每种液压介质都有各自的特点，都有一定的适用范围。实践证明，正确、合理地选用液压系统工作介质，对提高液压设备运行的可靠性、延长使用寿命、保证安全生产及防止事故的发生具有十分重要的意义。

　　本节主要介绍矿物型液压油、难燃液压液、快速生物分解液压液和水的合理选用原则。

3.1　液压介质的选用原则

　　选择液压系统工作介质时，应考虑的主要因素通常包括液压系统的环境条件、工作条件、工作介质的质量、技术经济性等，见表10.2-5。一般可按下述三个步骤进行：

　　1）列出液压系统对液压介质性能变化范围的要求：粘度、密度、温度范围、压力上限、蒸气压、难燃性、润滑性、空气溶解率、可压缩性和毒性等。

　　2）尽可能选出符合或接近上述要求的液压介质品种。从液压件生产厂及产品样本中获得对工作介质的推荐资料。

　　3）最终综合、权衡、调整各方面的要求和参数，确定所采用的合适工作介质。

表 10.2-5　选用工作介质的依据及应考虑的主要因素

选用依据	考虑因素举例	简要说明
液压系统的工作环境	环境温度范围	环境温度低，选低粘度油液；温度高，选高粘度油液。寒冷地区选 L-HV 或 L-HS 油，其倾点应比最低环境温度低 10℃ 以上
	所处环境是否易燃	如靠近明火或高温热源，或在井下，应选难燃液
	环境潮湿程度	潮湿环境对油液的防锈性、抗乳化性及水解安定性应有更高的要求
	对环境的保护要求	为防止工作介质污染环境，应选用与环境相容的介质
	对防止产品污染的要求	应选用与产品相容的工作介质
液压系统的工作条件	液压泵的类型	油液品种及粘度应符合液压泵的要求
	工作压力	中高压系统应选用抗磨液压油，压力很高时要用优质抗磨液压油
	油液使用温度及连续工作时间	工作温度变化范围大，选用高粘度指数油液。工作温度上限较高且连续工作时间较长时，应选用粘度指数大、抗氧化性、热安定性、抗磨性好的油液
	液压系统进水的可能性	如进水可能性大，对油液的液相及气相防锈蚀性、抗乳化性、水解安定性应有严格要求
	液压油是否兼作其他润滑油	如果是，油液性能应同时满足液压及润滑系统的要求
工作介质的理化特性	理化性能指标	应完全满足液压系统环境条件及工作条件的要求
	与材料的相容性	应与液压系统中所有的金属材料、密封材料、涂料等完全相容
	油液中添加剂与材料的相容性	应特别注意抗磨极压添加剂与材料的相容性
	抗剪切安定性	对于增粘的油液，不仅要考虑其表现粘度，更要注意其抗剪切安定性
	与环境及产品的相容性	要求工作介质应与环境及产品相容
综合经济分析	价格	应进行综合分析，以便获得最佳的经济及社会效益
	使用寿命（包括工作介质及元件）	
	维护费用	
	生产安全及可靠性	
	废液处理及环保要求	
	卫生条件	

3.2　矿物油型液压油的选择

　　1. 液压油品种的选择

　　液压油品种的选用依据是液压系统所处的工作环境和系统的工况条件。按照液压油各品种具备的各自性能统筹判断确定。主要应考虑工作环境和工况条件、液压泵类型、液压油与材料的相容性等因素。矿物型液压油应用在液压设备所处环境无着火危险的情况下。

　　1）按工作环境和工况条件选择液压油。不同类型的液压油有不同的工作温度范围。液压设备使用中油温过高，会加速油液氧化变质，长时间在高温下工作，油液寿命会大大缩短。另外，氧化生成的酸性物质对金属起腐蚀作用，对液压系统不利。一般液压系统正常工作温度范围应控制在 30～50℃。

　　液压系统工作压力不同，对工作介质极压抗磨性能的要求也不同。高压系统的液压元件特别是液压泵，由于压力大、速度高，摩擦副条件苛刻，必须选择抗磨性、极压性优良的油液。

　　选择液压油品种要综合考虑液压系统的工作环境、实际工作温度以及液压系统的工作压力。表

10.2-6 给出了各种液压油（液）的典型性能对比；表 10.2-7 列出了依据工作环境和工况条件选择油液的示例，供选择时参考。

2）根据液压泵类型选择液压油。液压泵种类较多，同类泵又因功率、转速、压力、流量、金属材质等因素影响，使液压油的选用比较复杂。液压泵对油液抗磨性能要求高低的顺序：叶片泵＞柱塞泵＞齿轮泵。对于以叶片泵为主泵的液压系统，不管压力高低，均应选用 L-HM 油；对于低压柱塞泵，可用 L-HM 油和 L-HL 油，高压柱塞泵用含锌 L-HM 油，但柱塞泵中有青铜和镀银部件时，应选用无灰或低锌抗磨液压油；齿轮泵选用 L-HH/L-HL/L-HM 油均可，但高性能齿轮泵应选用 L-HM 油。

表 10.2-6　各种液压油（液）的典型性能对比

性能		HH 油	L-HL 油	L-HM 油	HR 油	L-HV 油	L-HG 油	L-HS 油	HFA	HFB	HFC	HFDR
密度/(g/cm³)		≈0.90	≈0.90	≈0.90	≈0.90	≈0.90	≈0.90	≈0.90	≈1.0	≈0.95	≈1.05	1.0~1.4
粘度		可选择	可选择	可选择	可选择	可选择	可选择	可选择	低	高	可选择	可选择
蒸气压		低	低	低	低	低	低	低	高	高	高	低
粘温性能		良	良	良	好	好	良	好	优	良	优	差~良
低温性能		良	良	良	优	优	良	优	差	差	优	良~优
润滑和极压抗磨性		良	良	优	良	优	优	优	差	良	良	优
热氧化安定性		差	好	好	好	好	好	好	—	—	—	好
抗乳化性		好	好	好	好	好	好	好	—	—	—	差
水解安全性		好	好	好	好	好	好	好	—	—	—	好
抗泡性		差	好	好	好	好	好	好	差	差	差	良
空气释放性		良	良	良	良	良	良	良				差
防锈性	液相	差	好	好	好	好	好	好	差	差	好	良
	汽相	差	良	良	良	良	良	良	差	差	良	良
过滤性		好	好	良	良	良	良	良	良~好	差	差	好
抗燃性		差	差	差	差	差	差	差	优	好	好	好
储存稳定性		好	好	好	好	好	好	好	差	差	好	好
最高使用压力/MPa		7	7	35	7	35	35	35	7	14	21	35
最高使用温度/℃		80	80	80	80	80	80	80	50	50	50	100

表 10.2-7　依据工作环境和工况条件选择液压油（液）

工况　　　　　环境	压力为 7MPa 以下、温度为 50℃ 以下	压力为 7~14MPa、温度为 50℃ 以下	压力为 7~14MPa、温度为 50~80℃	压力为 14MPa 以上、温度为 80~100℃
室内固定液压设备	L-HL 或 L-HM	L-HL 或 L-HM	L-HM	L-HM
寒冷地区或严寒区	L-HV 或 HR	L-HV 或 HS	L-HV 或 HS	L-HV 或 HS
地下、水上	L-HL 或 L-HM	L-HL 或 L-HM	L-HM	L-HM
高温热源或明火附近	HFAS 或 HFAM	HFB、HFC 或 HFAM	HFDR	HFDR

3）检查液压油与材料的相容性。初选液压油以后，应仔细检查所选油液及其中的添加剂与液压元件及系统中所有金属材料、非金属材料、密封材料、过滤材料及涂料等是否相容，有无侵蚀作用。如果不相容会产生金属腐蚀、橡胶和塑料材料的溶胀变形、涂料溶解等，造成系统运行故障，应改变材料或改选油液。表 10.2-8 列举了各种液压油（液）与常用材料的相容性。

表 10.2-8　各种液压油（液）与常用材料的相容性

材料	L-HM 油抗磨液压油	HFAS 水的化学溶液	HFB 油包水乳化液	HFC 水-乙二醇液	HFDR 磷酸酯无水合成液
金属					
铁	适应	适应	适应	适应	适应
铜、黄铜	无灰 L-HM 适应	适应	适应	适应	适应
青铜	不适应(含硫剂油)	适应	适应	有限适应①	适应
镉和锌	适应	不适应	适应	不适应	适应
铝	适应	不适应	适应	有限适应②	适应
铅	适应	适应	不适应	不适应	适应

（续）

材料	L-HM 油 抗磨液压油	HFAS 水的化学溶液	HFB 油包水乳化液	HFC 水-乙二醇液	HFDR 磷酸酯无水合成液
镁	适应	不适应	不适应	不适应	适应
锡和镍	适应	适应	适应	适应	适应
涂料和漆					
普通耐油工业涂料	适应	不适应	不适应	不适应	不适应
环氧型与酚醛型	适应	适应	适应	适应	适应
搪瓷	适应	适应	适应	适应	适应
塑料和树脂					
丙烯酸树脂（包括有机玻璃）	适应	适应	适应	适应	不适应
苯乙烯树脂	适应	适应	适应	适应	不适应
环氧树脂	适应	适应	适应	适应	适应
硅树脂	适应	适应	适应	适应	适应
酚醛树脂	适应	适应	适应	适应	适应
聚氯乙烯塑料	适应	适应	适应	适应	不适应
尼龙	适应	适应	适应	适应	适应
聚丙烯塑料	适应	适应	适应	适应	适应
聚四氟乙烯塑料	适应	适应	适应	适应	适应
橡胶（弹性密封）					
天然胶	不适应	适应	不适应	适应	不适应
氯丁胶	适应	适应	适应	适应	不适应
丁腈胶	适应	适应	适应	适应	不适应
丁基胶	不适应	不适应	不适应	不适应	适应
乙丙胶	不适应	适应	不适应	不适应	适应
聚氨酯胶	适应	有限适应	不适应	不适应	有限适应[3]
硅胶	适应	适应	适应	适应	适应
氟胶	适应	适应	适应	适应	适应
其他密封材料					
皮革	适应	不适应	有限适应[4]	不适应	有限适应[4]
含橡胶浸渍的塞子	适应	适应	不适应	不适应	有限适应[4]
过滤材质					
醋酸纤维-酚醛型树脂处理	适应	适应	适应	适应	适应
金属网	同有关金属	同有关金属	同有关金属	同有关金属	同有关金属
白土	适应	不适应	不适应	不适应	适应

① 青铜的最大铅含量不应超过 20%（质量分数）。
② 阳极化完全适应，未阳极化铝性能各异。
③ 通常适用性是可以的，取决于来源。
④ 取决于浸渍的类型和条件，请向皮革制造厂询问。

2. 液压油粘度等级的选择

液压系统工作介质必须有适当的粘度。当液压油的品种选定以后，还要确定其合适的粘度等级（即牌号）。液压油的粘度应根据泵和液压系统的要求来选择，然后再根据实际工作温度范围及油品的粘温特性最后确定液压油的粘度等级。

1）根据液压泵的要求选择油液粘度。液压泵（马达）是液压系统中对工作介质粘度最敏感的元件，每种泵都有一个允许的最小和最大粘度及最佳粘度范围，它们均由液压泵（马达）制造厂给出。

液压泵所允许的最小粘度通常由泵的轴承润滑所允许的最小粘度、摩擦副润滑所允许的最小粘度以及泵的内泄漏所允许的最小粘度所决定。

液压泵允许的最大粘度是由泵的吸油能力所决定的，即在最低环境温度下冷起动时，允许在短时间内出现的最大粘度。如果粘度过大，泵吸不上油，不但起动困难，而且还会产生空穴和气蚀。

液压泵的最佳粘度是在泵的容积效率和机械效率这两个相互矛盾的因素达到最佳统一、能使液压泵发挥最大效率的粘度。

一般来说，应该根据生产厂家的推荐，按液压泵的要求来确定工作介质的粘度。根据泵的要求所选择的粘度，一般也适用于阀（伺服阀例外）。表 10.2-9 列出了部分厂家推荐的液压泵（马达）的适用粘度供参考。

表 10.2-9　部分厂家推荐的液压泵（马达）的适用粘度

制造厂商	元件	粘度范围/(mm²/s)		轻载起动时允许最大粘度/(mm²/s)	最佳粘度/(mm²/s)
		最小	最大		
林德（Linde）	所有元件	10	80	1000	15 ~ 30
柯莫索（Commercial Intertech）	采用滚动及滑动轴承的齿轮泵	10	—	1600	20
丹佛斯（Danfoss）	所有元件	10	—	1618	21 ~ 39
丹尼逊（Denison）	柱塞泵	13	—	—	24 ~ 31
	叶片泵	10	107	860（低速低压）	30
伊顿（Eaton）	重载及中载柱塞泵与马达（带前置泵）、轻载泵	6	—	2158	10 ~ 39
	中载柱塞泵与马达（无前置泵）	6	—	432	10 ~ 39
	齿轮泵及马达、液压缸	6	—	2158	10 ~ 43
伊顿-威格士（Eaton-Vickers）	移动机械用柱塞泵	10	200	860	16 ~ 40
	工业用柱塞泵	13	54	220	16 ~ 40
	移动机械用叶片泵	9	54	860	16 ~ 40
	工业用叶片泵	13	54	860	16 ~ 40
川崎重工（Kawasaki）	斯达发径向柱塞马达	25	150	2000（无载）	50
	K3V/G 轴向柱塞泵	10	200	1000	—
	V3、V4、V5、V7 泵	25	—	800	25 ~ 160
	V2 泵	16	160	800	25 ~ 160
	R4 径向柱塞泵	10	200	—	25 ~ 160
曼内斯曼力士乐（Mannesmann Rexroth）	G2、G3、G4 泵和马达，G8、G9、G10 泵	10	300	1000	25 ~ 160
	转子马达	8	—	—	12 ~ 60
派克汉尼汾（Parker Hannifin）	PGH 系列及 D/H/M 系列齿轮泵	—	—	1000	17 ~ 180
	液压操纵机构	8	—	—	12 ~ 60
	低速大转矩马达	10	—	—	—
	变量柱塞泵	—	—	1000	17 ~ 180
	PVP 及 PVAC	—	—	1000	17 ~ 180
	轴向定量柱塞泵	—	—	850	12 ~ 100
	变量叶片泵-PVV	—	—	440	16 ~ 110
萨澳-桑斯川特,美国（Sauer-Sundstrand, USA）	所有元件	6.4	—	1600	13
贵州力源液压	PV/MF 泵及马达、A2F（1~5 系列）泵及马达、A6V（1,2）、A7V（2.0,5.1）、A8V（1）	10	1000	—	16 ~ 25
	A4V（1,2）、A10V（1）、A10V0（30）、A2F（6.1）	10	1000	—	16 ~ 36

2）检查液压系统许用的粘度极限。液压系统许用最小粘度，取决于液压泵许用的最小粘度。液压系统许用的最大粘度取决于液压泵许用的最大粘度和吸油管路压力降（由吸入高度、吸油管路、弯头及吸油过滤器等决定）所许用的最大粘度。制造厂家所推荐的泵的最大许用粘度是在要求保证泵的吸入口压力大于厂方某一给定值的前提下所确定的。如果泵的吸入口压力比制造厂所要求的小，则泵许用的最大粘度应相对减小。

3）按工作温度范围选择粘度等级。液压油的粘度等级应根据液压系统的实际工作温度范围进行选择。当液压油的工作温度上限较大，所选液压油粘度等级应高些，但如果油的粘温特性好，则粘度等级可适当低一些。当工作温度下限较低，油的粘度等级也应低一些，但如果液压油的粘温特性好，其粘度等级也可以适当高一些。表 10.2-10 ~ 表 10.2-12 所列数据可供选择液压油粘度等级时参考。

表 10.2-10　在不同的工作温度范围内可采用的抗磨液压油粘度等级

工作温度范围/℃	推荐的粘度等级（ISO）
-21 ~ 60	22 号
-15 ~ 77	32 号
-9 ~ 88	46 号
-1 ~ 99	68 号

表 10.2-11　不同粘度等级的液压油在不同要求下的适用温度　（单位：℃）

粘度等级（ISO）	要求起动时粘度为 860mm²/s	要求起动时粘度为 220mm²/s	要求起动时粘度为 110mm²/s	要求运转时最大粘度为 54mm²/s	要求运转时最小粘度为 13mm²/s
32 号	- 12	6	14	27	62
46 号	- 6	12	22	34	71
68 号	0	19	29	42	81

表 10.2-12　按工作温度范围及泵的类型选用液压油的粘度等级

泵型	压力 /MPa	运动粘度/(mm²/s)		适用品种及粘度等级
		5 ~ 40℃	40 ~ 80℃	
叶片泵	≤7	30 ~ 50	40 ~ 75	L-HM 油,32、46、68
	>7	50 ~ 70	55 ~ 90	L-HM 油,46、68、100
螺杆泵	—	30 ~ 50	40 ~ 80	L-HL 油,32、46、68
齿轮泵		30 ~ 70	95 ~ 165	L-HL 或 L-HM 油(中高压用 L-HM),32、46、68、100、150
径向柱塞泵		30 ~ 50	65 ~ 240	L-HL 或 L-HM 油(中高压用 L-HM),32、46、68、100、150
轴向柱塞泵		40	70 ~ 150	L-HL 或 L-HM 油(中高压用 L-HM),32、46、68、100、150

注：5~40℃、40~80℃ 均为液压系统工作温度。

液压系统的工作温度与环境温度、负载情况、油箱容积及有无冷却器等因素有关。对于没有冷却温控系统的液压系统，其工作温度与环境温度之间的近似关系见表 10.2-13。

表 10.2-13　环境温度与液压系统（无冷却）工作温度之间的近似关系

液压设备所在环境	工作温度比环境温度的增加值/℃
车间厂房	15 ~ 25
温带室外	25 ~ 35
热带室外阳光下	40 ~ 50

4）液压油粘温性能的选择。当液压油的品种及粘度等级被初步确定以后，还应根据液压系统的实际工作温度及环境温度来检查油液的粘温特性是否满足要求。

虽然液压油的粘度随温度而变化，但是对于具有高粘度指数的液压油，其粘度随温度的变化率比低粘度指数液压油要小得多。因此，当液压系统的工作温度范围比较大时，应该选用粘度指数比较大的液压油，以便保证在液压系统的实际工作温度范围内，液压油的粘度能保持在液压系统所要求的上、下限之间。不同粘度等级的液压油在不同起动粘度和不同工作粘度时使用温度范围见表 10.2-14。由表 10.2-14 中可以看出，高粘度指数液压油的应用温度范围较广，可用于温度变化大的系统及温度较高的特殊系统。

表 10.2-14　不同粘度等级液压油在不同起动粘度和不同工作粘度时的使用温度范围

（单位：℃）

ISO 粘度级	粘度指数	对最大起动粘度			对工作粘度		特性粘度（或极限粘度）为 10mm²/s
		2000mm²/s	1000mm²/s	500mm²/s	25mm²/s	15mm²/s	
10	50	- 39 ±2	- 33.5 ±2	- 27 ±2	16.5 ±3	28.5 ±3	40 ±3
	100	- 44 ±2.5	- 33 ±2.5	- 31.5 ±2.5	14.5 ±3	27.5 ±3	40 ±3
	150	- 50 ±2.5	- 44 ±2.5	- 37 ±2.5	12.5 ±3	26.5 ±3	40 ±3.5
15	50	- 30.5 ±2	- 26.5 ±2	- 16 ±2	27 ±2.5	40 ±2.5	52 ±3
	100	- 34.5 ±2	- 28.5 ±2	- 21.5 ±2	26.6 ±3	40 ±3	52.5 ±3
	150	- 41 ±2	- 34.5 ±2	- 27 ±2.5	25 ±3	40 ±3	53 ±3.5
22	50	- 23 ±2	- 17 ±2	- 10 ±2	36.5 ±2.5	52 ±2	62 ±3
	100	- 28.5 ±2	- 20 ±2	- 13 ±2	36 ±3	53 ±3.5	64 ±3.5
	150	- 35 ±2	- 26 ±2	- 18 ±2	35.5 ±3.5	54.5 ±4	66 ±4.5
32	50	- 15 ±2	- 9 ±2	- 2 ±2	45.5 ±2	59 ±2	71 ±2.5
	100	- 19.5 ±2	- 13 ±2	- 7 ±2	46 ±2.5	60.5 ±2.5	74 ±2.5
	150	- 25.5 ±1.5	- 18.5 ±1.5	- 10 ±2	47 ±3	63 ±3	78 ±3.5
46	50	- 9 ±1.5	- 2.5 ±1.5	5 ±1.5	53 ±2	66.5 ±2	79.5 ±2
	100	- 13.5 ±1.5	- 6.5 ±1.5	- 1.5 ±2	54.5 ±2.5	69.5 ±2.5	83.5 ±2.5
	150	- 20 ±1.5	- 12 ±1.5	- 3.5 ±2	56.5 ±2.5	74 ±3	90 ±3.5

（续）

ISO 粘度级	粘度指数	对最大起动粘度			对工作粘度		特性粘度（或极限粘度）为 10mm²/s
		2000mm²/s	1000mm²/s	500mm²/s	25mm²/s	15mm²/s	
68	50	-2.5 ± 1.5	4 ± 1.5	11 ± 1.5	61 ± 2	75 ± 2	88 ± 2
	100	-7.5 ± 1.5	0 ± 1.5	8 ± 1.5	64 ± 2.5	79.5 ± 2.5	94.5 ± 2.5
	150	-14 ± 1.5	-6 ± 1.5	3.5 ± 1.5	67.5 ± 3	88 ± 3	103 ± 3.5
100	50	3 ± 1.5	9.5 ± 1.5	17.5 ± 1.5	67 ± 2	83 ± 2	96.5 ± 2
	100	-2 ± 1.5	6 ± 1.5	14.5 ± 1.5	70.5 ± 2.5	89.5 ± 2.5	105 ± 3
	150	-8 ± 1.5	0.5 ± 1.5	10 ± 2	76 ± 3	98.5 ± 3	107 ± 4

3.3　难燃型液压液的选择

若液压系统出现油管破裂、元件泄漏，特别是有一部分构件或管道处在高温环境下，或临近火源、易燃品，用矿物型或合成烃型液压油这类工作介质就易着火，此时应选用难燃液压液。所谓难燃液压液，并非绝对不能燃烧，只是难以点燃、火焰蔓延趋势很小的液压液，移去火源它不会继续燃烧，因而广泛应用于煤矿、发电、石油、冶金、钢铁、船舶、航空等领域。

GB/T 16898—1997《难燃液压液使用导则》对难燃液压液工作特性、优缺点以及选用难燃液压液应考虑的因素等提供了详尽的指南，它规定了难燃液压液在使用中应采取的措施和不同的难燃液压液置换时必须采取的措施，同时说明了使用难燃液压液的液压回路设置。

一般而言，可以按表 10.2-7 和表 10.2-15 进行初选，然后再从环境条件、工作条件、使用成本及废液处理等四方面进行综合分析，最后得出最佳的选择方案。

表 10.2-15　按使用温度和工作压力选择难燃液压液

压力/MPa	<7	7 ~ 14		>14	
温度/℃	<50	<50	50 ~ 80	80 ~ 100	
HFAM	√	—	—	—	
HFAS	√	—	—	—	
HFB	—	√	—	—	
HFC	—	√	—	—	
HFDR	—	—	√	√	

注："√"表示可选择。

1. 液压设备的环境条件

如果环境温度低（在 0℃ 以下），用水乙二醇较好，磷酸酯也可以用。如果环境温度高，用磷酸酯较好，或者选择其他难燃液加冷却器。

对于一些工作环境比较恶劣，可能发生管道破裂导致外漏的液压设备，最好选用廉价的、污染小的液压介质，如高水基液压液，避免选择未经处理的矿物

油、油包水、水乙二醇及磷酸酯等。目前有一部分牌号的高水基液体具有良好的生物降解作用，而且生化耗氧量（BOD）很低，排放后基本不会造成污染。

2. 液压设备的工作条件

考虑液压设备的工作条件时，最主要的是要考虑与液压泵的适应性，还要考虑液压介质与金属、密封材料、涂料等的相容性，以及与液压阀、液压缸的适应性。阀配流卧式柱塞泵与所有水基难燃液压液都是相适应的。但对于轴向柱塞泵、齿轮泵及叶片泵而言，由于水基难燃液压液的润滑性能差，对泵的轴承寿命及摩擦副的磨损均有很大影响。使用难燃液压液时滚动轴承的寿命与使用矿物油时的相比：使用一般水包油乳化液的为 17%；使用油包水的为 38%；使用水乙二醇的为 18%；使用合成液的为 57%。使用寿命降低的主要原因是水基液压液的粘压特性差，当压力增加时粘性增加很少，很难形成弹流润滑。

就润滑性能而言，磷酸酯的润滑性接近矿物油，其次是油包水、水乙二醇，高水基介质最差。因此，从减少磨损、延长使用寿命的角度来考虑：对于高压系统，采用磷酸酯较好；对于中高压系统采用油包水、水乙二醇为宜；对于中低压系统，也可采用高水基液体。

原有液压泵使用难燃液压液以后，其使用寿命要降低。据试验数据可知，使用难燃液压液以后，轴向柱塞泵的预期寿命与用矿物油时寿命之比：使用磷酸酯的为 75% ~ 100%；使用油包水的为 70% ~ 80%；使用水乙二醇的为 40% ~ 60%；使用一般高水基液的为 50% 或更低。因此，原有液压泵改用难燃液压液时应该降低使用压力与转速。但某种难燃液压液究竟对何种泵适用性较好，其工作参数应降低多少为宜，最好以适应性试验结果为依据。

3. 使用成本

使用成本主要应从设备改造、介质成本、维护监测及系统效率等方面加以考虑。由于油包水、水乙二醇及磷酸酯的粘度较大，原有油压设备改用这些介质时除要更换不相容的材料外，其他变化不大。但对于

高水基介质，由于粘度低，可能导致泄漏增加，原有元件应降压、降速或研制适应性好的元件。

按介质价格而言，磷酸酯最贵，其次是水乙二醇和油包水，高水基介质最便宜。

关于系统的维护与检测，油包水要求最严，其次是磷酸酯与高水基介质，水乙二醇相对要求低一些。

4. 废液处理

难燃液压液有强烈的污染作用，废液不经过处理不能排放。水乙二醇完全溶于水，虽有生物降解性，但其生化耗氧量（BOD）很高，对水中生物危害很大，必须单独收集起来进行氧化或分解处理后才能排放。磷酸酯的密度比水大，而油包水的密度比水小，它们可以很轻易地从废液池底部或顶部分离出来后进行处理。相对而言，高水基液压液较易处理，特别是某些牌号的高水基介质，有可能直接排放而不会对环境造成严重的污染。

3.4　可快速生物分解的液压液的选择

1. 植物酯化油（HETG）

植物酯化油包括菜籽油、蓖麻籽油、棕榈油、葵花籽油等。从化学组成来看，这些天然有机酯为三酸甘油酯。HETG 不允许渗入水，但可渗入少量的油，有较好的抗蚀性能，主要用于农业机械及林业机械。其使用温度不能太高，应控制油箱温度低于 80℃。如果油温太高，将加速油液氧化，促进油液分解，使油液粘度增加。另外，油液温度也不能太低，一般当温度低于 -18℃ 时就不宜使用了。

2. 合成酯油（HEES）

与植物油相比，合成酯油具有较好的高温稳定性

及抗氧化性能，有较好的粘温特性、边界润滑性能、抗燃性及低温性能。可以与矿物油相混，但当温度高于 50℃ 时，对水很敏感，所以合成酯中的水含量必须小于 0.1%（质量分数）。目前在移动机械中，合成酯油使用较多。

3. 聚二醇（HEPG）

聚二醇抗燃，允许渗入少量的水，但不能与矿物油相混，所以在使用前必须将液压系统彻底清洗干净。其使用温度不能太高，要选用合适的密封材料。在移动机械中，HEPG 应用较少。

矿物油型液压油与三种生物分解液的一般性能比较见表 10.2-16。

表 10.2-16　矿物油型液压油与三种生物分解液的一般性能比较

油的类型	矿物油	菜籽油	合成酯油	聚二醇
水溶性	差	差	差	较好
与矿物油相混	—	可以	可以	不可以
密封材料相容性	好	好	好	有限
油漆相容性	好	好	好	有限
低温限制	-20~-30℃	-18℃	-30~-40℃	-30℃
生物分解能力（%）	≈20	≈99	10~90	70~99
价格比	1	3~4	7~8	5~6

可用于生物分解液的常用密封材料见表 10.2-17。

可快速分解的液压液作为一种新型的液压介质虽然在德国等欧洲国家得到了应用，但由于它具有可燃、氧化稳定性差、价格昂贵、废液处理困难等一系列缺点，所以它并非理想的液压介质，对它的开发研究工作还远没有结束。

表 10.2-17　可用于生物分解液的常用密封材料

使用温度	<60℃	<80℃	<100℃	<120℃
油液粘度:ISO	VG32-68	VG32-68	VG32-68	VG32-68
HETG（菜籽油）	聚氨酯（AU）	聚氨酯[1]	—	—
	丁腈橡胶（NBR）	丁腈橡胶	—	—
	氢化丁腈橡胶（HNBR）	氢化丁腈橡胶	—	—
	氟橡胶（FKM）	氟橡胶	—	—
HEES	聚氨酯	聚氨酯[1]	—	—
	丁腈橡胶[1]	丁腈橡胶[1]	—	—
	氢化丁腈橡胶[1]	氢化丁腈橡胶[1]	—	—
	氟橡胶	氟橡胶	氟橡胶	氟橡胶[1]
HEPG	聚氨酯[1]	—	—	—
	丁腈橡胶[1]	丁腈橡胶[1]	—	—
	氢化丁腈橡胶	氢化丁腈橡胶	氢化丁腈橡胶	氢化丁腈橡胶
	氟橡胶	氟橡胶[2]	氟橡胶[2]	氟橡胶[2]

[1] 如果用于动密封，需要进行特定的试验。
[2] 最好采用过氧硫化氟橡胶。

3.5　水液压介质的选择

油压传动技术已日臻完善，使用十分广泛。但是由于矿物油存在易燃、污染等严重缺点，极大地限制了油压传动的进一步发展和广泛应用。为了满足保护环境，防燃、保证安全生产，节约石油资源以及海洋开发等方面的迫切需要，多年来西方工业发达国家一直在研究和开发以水（淡水或海水）代替液压油或难燃液压液作液压系统工作介质的水压传动技术，并已有水压传动元件供应市场。目前水压传动技术已在消防、海洋开发机械、水下作业工具及水下作业机械手、深潜器、船舶、舰艇、救生艇、核能动力厂、化工、食品、医药、水处理厂、柴油机、热轧、冶金、水工机械等众多领域推广应用，显示出极为突出的优越性。

现代水液压传动技术一般指以没有加任何添加剂的水作为工作介质的液压传动，包括处理过的天然水（海水和淡水）。水介质的分类见表 10.2-18。

表 10.2-18　水介质的分类

类　　　型		来　　源	污染物
未处理的天然水	天然淡水	湖泊、江河和山泉	污染物多，主要是酸及溶解的颗粒
	海水（咸水）	海洋（内陆咸湖）	盐度高，污染物多
处理过的天然水	去矿物质水	去 Ca^{2+}、Mg^{2+} 的软水	某些溶解的颗粒及钠盐
	自来水	水处理厂	污染物多
	去离子水	去除所有正负离子的水	微生物
	蒸馏水	去除了所有生物体和非生物颗粒的水	纯净水，基本没有污染物

淡水液压系统中工作介质性能参数的推荐值，见表 10.2-19。

表 10.2-19　淡水液压系统中工作介质性能参数的推荐值

参　　　数	取值范围
pH 值	6.5 ~ 8.5
Cl^- 浓度（盐类）/(mg/L)	< 250
硬度（以 $CaCO_3$ 计）/(mg/L)	50 ~ 250
细菌及其他/(个/mL)	37℃ : < 10
微生物有机体/(个/mL)	22℃ : < 100
固体颗粒直径/μm	< 10

4　液压介质的污染控制

4.1　污染物种类及来源

所谓污染物是指对液压系统正常工作、使用寿命和工作可靠性产生不良影响的外来物质或能量。液压系统油液污染物主要是固体颗粒物，此外还有水、空气以及有害化学物质等。污染物的来源主要有以下几个方面：

1）系统内原来残留的污染物，如元件加工和系统组装过程中残留的金属切屑、沙粒及清洗溶剂等。

2）从外界侵入的污染物，其侵入的主要途径有油箱通气口、液压缸活塞杆以及注油和维修过程中带入等。

3）系统内部生成的污染物，包括系统工作过程中元件磨损产生的颗粒物、腐蚀剥落物，以及油液氧化分解产生的有害化合物等。其中，磨屑是最危险、最具破坏性的污染物，因为这些磨屑在元件磨损过程中经"冷作硬化"后，其硬度比它们原来所在的表面硬度高，在污染磨损方面更具破坏性。对于水基工作介质，如水包油乳化液中，微生物及其代谢产物也是一种常见污染物，因为水是微生物繁殖和生存的必要条件。

4）已被污染的新油，包括从炼制、分装、运输、储存等过程中产生的污染，以及长期存储过程中油液的颗粒污染物有聚结成团的趋势。

4.2　油液污染的危害

油液污染直接影响液压系统的可靠性和元件的使用寿命。研究资料表明，液压系统的故障大约有 70% 是由于油液污染引起的。

油液污染对液压系统的危害主要有以下几个方面：

1）元件的污染堵塞。

2）元件堵塞与卡紧现象。

3）加速油液性能的劣化及变质。

4.3　油液的污染控制

1. 油液污染度测定

油液污染度是指单位体积油液中固体颗粒污染物的含量，即油液中固体颗粒污染物的浓度。对于其他污染物，如水和空气，则用水含量和空气含量表述。油液污染度是评定油液污染程度的重要指标。目前油液污染度主要采用以下两种表示方法：

1）质量污染度，单位体积油液中所含固体颗粒污染物的质量，其单位一般用 mg/L 表示。

2）颗粒污染度，单位体积油液中所含各种尺寸的颗粒数。颗粒尺寸范围可用区间尺寸表示，如 5 ~ 15μm、15 ~ 25μm 等；也可用大于某一尺寸来表示，如 > 5μm、> 15μm 等。

质量污染度表示方法虽然比较简单，但不能反映颗粒污染物的尺寸和分布，而颗粒污染物对元件和系统的危害作用与其颗粒尺寸分布及数量密切相关，因而随着颗粒计数技术的发展，目前已经普遍采用颗粒污染度的表示方法。

下面简单介绍美国 NAS 1638 油液污染度等级、ISO 4406 油液污染度等级国际标准以及 GB/T 14039—2002（修改采用 ISO 4406：1999）《液压传动 油液固体颗粒污染等级代号》。

（1）NAS1638 固体颗粒污染度等级　NAS1638 是美国航天工业部门在 1964 年提出的，目前在美国和世界各国广泛采用。它以颗粒浓度为基础，按照 100mL 油液在 5 ~ 15μm、> 15 ~ 25μm、> 25 ~ 50μm、>50 ~ 100μm 和 >100μm 五个尺寸区间内的最大允许颗粒数划分为 14 个污染度等级，见表 10.2-20。

表 10.2-20　NAS1638 油液污染度等级（100mL）中的颗粒数

污染度等级	颗粒尺寸范围/μm				
	5 ~ 15	> 15 ~ 25	> 25 ~ 50	> 50 ~ 100	> 100
00	125	22	4	1	0
0	250	44	8	2	0
1	500	89	16	3	1
2	1000	178	32	6	1
3	2000	356	63	11	2
4	4000	712	126	22	4
5	8000	1425	253	45	8
6	16000	2850	506	90	16
7	32000	5700	1012	180	32
8	64000	11400	2025	360	64
9	128000	22800	4050	720	128
10	256000	45600	8100	1440	256
11	512000	91200	16200	2880	512
12	1024000	182400	32400	5760	1024

（2）ISO 4406 固体颗粒污染度国际标准　ISO 4406 固体颗粒污染度国际标准采用两个数码表示油液的污染度等级，前面的数码代表 1mL 油液中尺寸大于 5μm 的颗粒数等级，后面的数码代表 1mL 油液中尺寸大于 15μm 的颗粒数等级。例如污染度等级 18/13 表示油液中大于 5μm 的颗粒数等级为 18，1mL 油液中的颗粒数为 1300 ~ 2500；大于 15μm 的颗粒数等级为 13，1mL 油液中的颗粒数为 40 ~ 80。

ISO 4406 污染度等级根据颗粒浓度的大小分为 26 个等级，见表 10.2-21。ISO 4406 与 NAS 1638 污染度等级对照见表 10.2-22。

表 10.2-21　ISO 4406 污染度等级

1mL 油液中的颗粒数		ISO 4406	1mL 油液中的颗粒数		ISO 4406
大于	上限值		大于	上限值	
80000	160000	24	10	20	11
40000	80000	23	5	1	10
20000	40000	22	2.5	5	9
10000	20000	21	1.3	2.5	8
5000	10000	20	0.64	1.3	7
2500	5000	19	0.32	0.64	6
1300	2500	18	0.16	0.32	5
640	1300	17	0.08	0.16	4
320	640	16	0.04	0.08	3
160	320	15	0.02	0.04	2
80	160	14	0.01	0.02	1
40	80	13	0.005	0.01	0
20	40	12	0.0025	0.005	0.9

表 10.2-22　ISO 4406 与 NAS 1638 污染度等级对照

ISO 4406	NAS 1638	ISO 4406	NAS 1638
21/18	12	14/11	5
20/17	11	13/10	4
19/16	10	12/9	3
18/15	9	11/8	2
17/14	8	10/7	1
16/13	7	9/6	0
15/12	6	8/5	00

（3）GB/T 14039—2002 污染度等级标准　GB/T 14039—2002《液压传动 油液固体颗粒污染等级代号》中规定油液中固体颗粒污染物等级表示方法如下：

1）代码的确定按照 1mL 油液中的颗粒数来确定，共分 30 级，见表 10.2-23。1mL 样液中的颗粒数的上、下限之间，采用了通常为 2 的等比差级，代码每增加一级，颗粒数一般增加一倍。

2）用自动颗粒计数器计数时，油液颗粒污染等级代号的确定如下：

① 应使用按照 GB/T 18854—2002 规定的方法校准过的自动颗粒计数器，按照 ISO 11500 或其他公认的方法来进行颗粒计数。

② 油液颗粒污染度用三个代码表示：第一个代码按 1mL 油液中颗粒尺寸 ≥4μm 的颗粒数来确定；第二个代码按 1mL 油液中颗粒尺寸 ≥6μm 的颗粒数来确定；第三个代码按 1mL 油液中颗粒尺寸 ≥14μm

的颗粒数来确定。如 22/18/13 表示 1mL 油液中 ≥4μm 的颗粒数在 >20000~40000 之间（包括 40000）；≥6μm 的颗粒数在 >1300~2500 之间（包括 2500）；≥14μm 的颗粒数在 >40~80 之间（包括 80）。

表 10.2-23　GB/T 14039—2002 代码的确定

1mL 油液中的颗粒数		代码	1mL 油液中的颗粒数		代码
>	≤		>	≤	
2500000		>28	80	160	14
1300000	2500000	28	40	80	13
640000	1300000	27	20	40	12
320000	640000	26	10	20	11
160000	320000	25	5	10	10
80000	160000	24	2.5	5	9
40000	80000	23	1.3	2.5	8
20000	40000	22	0.64	1.3	7
10000	20000	21	0.32	0.64	6
5000	10000	20	0.16	0.32	5
2500	5000	16	0.08	0.16	4
1300	2500	18	0.04	0.08	3
640	1300	17	0.02	0.04	2
320	640	16	0.01	0.02	1
160	320	15	0	0.01	0

③ 应用时可用 "＊" 表示颗粒数太多无法计数或用 "—" 表示不需要计数。如 ＊/19/14 表示 1mL 油液中 >4μm 的颗粒数太多无法计数；—/19/14 表示 1mL 油液中 ≥4μm 的颗粒数不需要计数。

④ 当其中一个尺寸范围的原始颗粒计数值小于 20 时，该尺寸范围的代码前应标注 "≥" 符号。如 14/12/≥7 表示 1mL 油液中 ≥14μm 的颗粒数在 >0.64~1.3 之间（包括 1.3），但计数值 <20，这时统计的可信度降低。

3）用显微镜计数时，油液颗粒污染度等级代号的确定如下：

① 应按 ISO 4407：1991《用光学显微镜技术法测定颗粒污染》的方法进行计数。

② 油液颗粒污染度用两个代码表示：第一个代码按 1mL 油液中颗粒尺寸 ≥5μm 的颗粒数来确定；第二个代码按 1mL 油液中颗粒尺寸 ≥15μm 的颗粒数来确定。

③ 为与用自动颗粒计数器所得到的数据报告相一致，代号仍由三部分组成，第一部分用 "—" 表示，如 —/18/13。

④ 标注说明。当使用本标准时，在试验报告、产品样本及销售文件中应使用如下说明：油液的固体颗粒污染等级代号，符合 GB/T 14039—2002《液压传动　油液　固体颗粒污染等级代号》。

2. 油液的污染控制

为有效地控制污染，必须针对一切可能的污染源，从系统设计、制造、使用、维护和管理等各个环节着手，实施全面和全过程的污染控制。表 10.2-24 列举了可能的油液污染源及相应的控制措施。

表 10.2-24　油液的污染源与控制措施

污染源		控制措施
固有污染物	液压元件加工装配残留污染物	元件出厂前应清洗，使其达到规定的清洁度要求。对受污染的元件在装入系统前进行清洗
	管件、油箱残留污染物及锈蚀物	系统组装前应对管件和油箱进行清洗（包括酸洗和表面处理），使其达到规定的清洁度要求
	系统组装过程中残留污染物	系统组装后应进行循环冲洗，使其达到规定的清洁度要求
外界侵入污染物	更换和补充油液	对新油进行过滤净化
	油箱呼吸孔	采用密闭油箱，安装空气过滤器和干燥器
	液压缸活塞杆	采用可靠的活塞杆防尘密封，加强对密封的维护
	维护和检修	保持工作环境和工装设备的清洁，彻底清除与工作油液不相容的清洗液或脱脂剂，维修后循环过滤，清洁整个系统
	侵入水	油液除水处理
	侵入空气	排放空气或脱气处理，防止油箱内油液中气泡吸入泵内
内部生成污染物	元件磨损产物（磨粒）	选用耐污染磨损、污染生成率低的元件；过滤净化，滤除尺寸与元件关键运动副油膜厚度相当的颗粒污染物，制止磨损的链式反应
	油液氧化产物	选用化学稳定性良好的工作液体，去除油液中水和金属微粒（对油液氧化起强烈的催化作用），控制油温，抑制油液氧化

第3章 液压泵和液压马达

液压泵是将原动机输入的机械能转换为液体的压力能输出的液压元件,其作用是向液压系统提供具有一定压力和流量的液体。液压马达是将液体的压力能转换为机械能的液压元件,输出转矩驱动回转机构工作。

1 液压泵

1.1 液压泵的分类

液压泵的基本工作原理:通过零件之间的配合形

成封闭容积,在传动轴转动时封闭容积能够周期性地扩大和缩小,封闭容积扩大时容腔内液体压力下降,低于外部压力时将液体吸进;封闭容积缩小时内部液体受挤压而使压力升高,大于泵排油口液体压力时将液体排出。各种液压泵的主要差别在于形成上述封闭容积的具体结构不同,驱动封闭容积做周期性扩大、缩小的传动机构不同,据此把液压泵划分为不同的类型,见表10.3-1。

表 10.3-1 常见液压泵的类型及特点

类型		结构特点	性能特点
齿轮泵	外啮合齿轮泵	主要由一对外啮合渐开线齿轮加上泵体、端盖等构成,不需要另设配流元件。结构简单,体积小、质量轻,加工及维修方便,成本低	自吸性好,耐油液污染能力强 排量不能调节,只能作为定量泵使用 流量脉动和噪声较大 普通的齿轮泵容积效率较低,多用于中低压的液压系统或作为润滑油泵、补油泵使用。经过特殊设计的齿轮泵工作工作压力可达32MPa
	内啮合渐开线齿轮泵	主要由内齿环、外齿轮、月牙形隔板、泵体、端盖等构成,结构紧凑,体积小	流量脉动小,传动平稳,噪声低,但内齿圈需要专门的机床加工
	内啮合摆线齿轮泵	摆线外齿轮为主动齿轮,内齿轮为从动轮,齿形为圆弧,主动轮与从动轮偏心安装,内齿圈比外齿轮多一个齿,不需要隔板,结构紧凑	结构简单,体积小,运转平稳。但流量脉动大,在高压低转速时容积效率较低,加工精度要求较高
叶片泵	单作用叶片泵	圆柱形转子及圆环形定子偏心安装,再加上配流盘、泵体、端盖等构成,结构较简单,定子加工工艺简单	排量可调,对油液污染较敏感。作用在转子上的液压力不对称,传动轴受径向不平衡作用力,轴承易磨损
	双作用叶片泵	圆柱形转子和由复合曲面构成的定子环同轴安装,再加上配流盘、泵体、端盖等构成,结构较复杂,定子曲面加工工艺复杂	流量脉动小、噪声低,转子及轴承受力径向对称。排量不能调节,对油液污染较敏感,加工精度要求高,制造工艺也较复杂
柱塞泵	斜盘式轴向柱塞泵	缸体轴线与传动轴轴线平行,主要由斜盘、缸体、柱塞等构成,有通轴式和半轴式两种常见结构。结构较复杂,加工工艺要求高,成本高	容积效率高,额定压力高,可以通过改变斜盘倾角来调节排量。对液压油的污染敏感,自吸性不好
	斜轴式轴向柱塞泵	缸体轴线与传动轴轴线成一夹角,主要由传动轴、缸体、柱塞、连杆等构成。结构较复杂,加工工艺要求高,成本高	性能同斜盘式轴向柱塞泵。但柱塞受的侧向力小,因此斜轴角可以较大,排量大。可以通过改变斜轴角来调节排量
	径向柱塞泵	由缸体及定子环偏心安装构成,柱塞相对缸体轴线垂直安装,径向尺寸大,轴向尺寸小。可采用配流轴配流,也可用配流盘配流	性能同斜盘式轴向柱塞泵。可以通过改变缸体与定子之间的偏心量来调节排量
螺杆泵		主要由凸螺杆与凹螺杆相互啮合构成。有单螺杆、双螺杆、三螺杆之分。结构简单,不需要配流零件。但螺杆的加工需要专门的加工设备,工艺较复杂,制造精度要求较高	额定压力一般较低 瞬时理论流量均匀无脉动,噪声低 螺杆所受的液压径向力平衡,加之螺杆表面为摆线,啮合是作纯滚动,因此螺杆、壳体等相对运动的零件磨损极小,泵的寿命长。自吸能力好,转速高、流量大 螺杆泵通常用作化工泵、污水泵、污油泵、输油泵、润滑油泵等,用于输送含固体微粒或有腐蚀性的液体,或输送高粘度液体

1.2　液压泵的主要性能参数及计算公式

液压泵的主要性能参数及计算方法见表 10.3-2。

表 10.3-2　液压泵的主要性能参数及计算方法

参数		定义	计算方法
排量 V	理论排量或几何排量	不考虑泄漏和液体的压缩性影响,主轴每转一周液压泵所能排出液体的体积	根据泵的结构计算得到,其值大小仅取决于液压泵的结构和尺寸
	有效排量	在一定转速和压力下,泵每转一周实际排出的液体体积	理论排量减去泄漏量及泵排油区闭死容积内的液体体积
流量	理论流量 q_t	不考虑泄漏和液体压缩性的影响,液压泵单位时间内排出的液体体积,其值等于理论排量和泵的转速的乘积	$$q_t = \frac{nV}{60} \times 10^{-6}$$ 式中　q_t——液压泵理论流量(m^3/s) n——液压泵转速(r/min) V——液压泵排量(mL/r)
	实际流量 q	也称为有效流量,是指液压泵在某一压力和转速下单位时间内实际排出的液体体积	实际流量低于理论流量,其差值为液压泵的泄漏流量
	额定流量 q_s	在额定压力、额定转速下,单位时间内液压泵所排出的液体体积	—
	瞬时理论流量 q_{tsh}	不考虑泄漏,液压泵在某一瞬间,对应某一转角位置所排出的液体体积	一般泵的瞬时理论流量随转角变化,但有的泵为稳定的值
流量不均匀系统 δ_q		在液压泵的转速一定时,因流量脉动造成的流量不均匀程度,大小等于最大瞬时流量 $(q_{tsh})_{max}$ 与最小瞬时流量 $(q_{tsh})_{min}$ 之差与平均流量的比值 q_{av}	$$\delta_q = \frac{(q_{tsh})_{max} - (q_{tsh})_{min}}{q_{av}}$$
压力	额定压力 p_s	在正常工作条件下,根据液压泵试验标准推荐的允许泵连续运行而不出现失效的最高压力	额定压力值与液压泵的结构形式及其零部件的强度、工作寿命和容积效率等因素有关
	最高允许压力 p_{max}	按试验标准规定,超过额定压力而允许短暂运行、不出现失效的最高压力	主要取决于泵内零件及相对运动摩擦副的极限强度和耐磨性能
	工作压力 p	液压泵出口的实际压力	取决于负载大小
功率	实际输入功率 P_r	液压泵的输入功率即原动机驱动液压泵运转的功率	$$P_r = \omega T$$ 式中　ω——角速度(rad/s) T——输入转矩($N \cdot m$)
	实际输出功率 P_o	液压泵输出的液压功率	$$P_o = q\Delta p$$ 式中　P_o——泵的输出功率(W) q——泵的实际流量(m^3/s) Δp——液压泵进出口压差(Pa)
	容积效率 η_V	在转速和压力一定的条件下,液压泵的实际流量与理论流量之比	$$\eta_V = \frac{q}{q_t} = 1 - \frac{\Delta q}{q_t}$$ 式中　Δq——泄漏流量
	机械效率 η_m	液压泵的理论输入功率(等于理论输出功率)与实际输入功率之比	$$\eta_m = \frac{\Delta p q_t}{P_i}$$ P_i——泵的实际输入功率(W) 机械效率 η_m 反映了泵的机械损失,与运动副间的摩擦损失有关
	总效率	液压泵输出的液压功率与输入的机械功率之比	设泵进口压力为大气压力,则 $\eta = \dfrac{pq}{T\omega}$
噪声		主要由流体噪声和机械噪声构成。影响流体噪声的常见因素有流量脉动、配流冲击、气穴、涡流等;影响机械噪声的常见因素有零件之间的撞击或摩擦、回转件的静平衡或动平衡不好引起的机械振动、安装误差引起的不同轴产生的振动等	

1.3　液压泵的性能曲线

液压泵在出厂时通常都要进行性能试验，并将得到的试验结果描绘成泵的性能曲线。曲线的横坐标为工作压力 p，纵坐标为容积效率 η_V、总效率 η 以及输入功率 P_r。性能曲线是对应某一粘度的液压介质，在某个转速和某一温度下通过试验得出的，如图 10.3-1 所示。

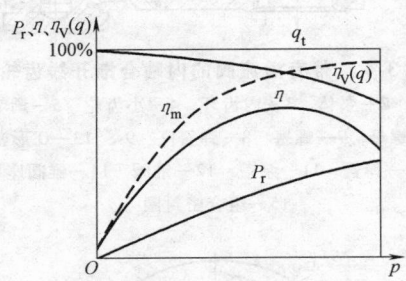

图10.3-1　液压泵的性能曲线

1.4　液压泵和液压马达公称排量系列

国家标准 GB/T 2347—1980 规定的液压泵和液压马达公称排量系列见表 10.3-3。

表 10.3-3　液压泵及液压马达公称排量系列

（单位：mL/r）

0.1	1.0	10	100	1000
			(112)	(1120)
	1.25	12.5	125	1250
		(14)	(140)	(1400)
0.16	1.6	16	160	1600
		(18)	(180)	(1800)
	2.0	20	200	200
		(22.4)	(224)	(2240)
0.25	2.5	25	250	2500
		(28)	(280)	(2800)
	3.15	31.5	315	3150
		(35.5)	(355)	(3550)
0.4	4.0	40	400	4000
		(45)	(450)	(4500)
	5.0	50	500	5000
		(56)	(560)	(5600)
0.63	6.3	63	630	6300
		(71)	(710)	(7100)
	8.0	80	800	8000
		(90)	(900)	(9000)

注：1. 括号内公称排量值为非优先选用值。
　　2. 超出本系列 9000mL/r 的公称排量应该按 GB/T 321—2005《优先数和优先数系》中 R10 选用。

1.5　常用液压泵的技术性能比较

常用液压泵的性能比较见表 10.3-4。

表 10.3-4　常用液压泵的性能比较

类　型		排量范围/(mL/s)	压力范围/MPa	转速范围/(r/min)	容积效率(%)	总效率(%)	自吸能力	排量能否可调	噪声	价格
齿轮泵	外啮合齿轮泵	0.3～650	2.5～30	300～7000	70～95	63～87	好	不能	中	最低
	内啮合渐开线齿轮泵	0.8～300	2.5～30	300～4000	≤96	≤90	好	不能	小	较低
	内啮合摆线齿轮泵	2.5～150	1.6～16	1000～4500	80～90	65～80	好	不能	小	低
叶片泵	单作用叶片泵	1～320	6.3～17.5	500～2000	58～92	54～81	中	能	中	中
	双作用叶片泵	0.5～480	6.3～32	500～4000	80～94	65～82	中	不能	小	中低
螺杆泵		1～9200	2.5～10	1000～18000	70～95	70～85	好	不能	很低	高
轴向柱塞泵	斜盘式轴向柱塞泵	0.2～560	40	600～6000	88～93	81～88	差	能	大	高
	斜轴式轴向柱塞泵	0.2～3600	48	600～6000	88～93	81～88	差	能	大	高
径向柱塞泵		16～2500	35	700～4000	80～90	81～83	差	能	大	高
阀配流柱塞泵		≤420	≤70	≤1800	90～95	83～86	差	差	大	高

注：1. 表中所列容积效率为额定工况（额定压力、额定转速、额定流量）下的值。若工作压力低于额定压力，则容积效率增大；若流量或转速低于额定值，则容积效率降低。
　　2. 表中所列总效率为额定工况（额定压力、额定转速、额定流量）下的值，一般为最高值，若泵的工况偏离额定工况，则总效率会降低。

1.6　齿轮泵

1.6.1　外啮合齿轮泵

如图 10.3-2 所示，外啮合齿轮泵的中心结构为一对外啮合齿轮，低压齿轮泵的端面间隙一般为固定间隙结构，表面磨损后泄漏增加。高压齿轮泵常采用浮动侧板以补偿齿轮端面间隙，因此其密封性能提高，即使表面磨损，也可以保证有较高的容积效率。

当齿轮按图 10.3-3 所示方向旋转时，在 A 腔由于齿轮脱开啮合使容积逐渐增大，液体压力降低形成真空，从油箱吸油；随着齿轮的旋转，齿槽内的油被带到 B 腔，在 B 腔由于齿轮进入啮合，容积逐渐减小，液体压力升高，将液压油排出。齿轮连续不断的旋转，泵就连续地在 A 腔吸油，从 B 腔排油。

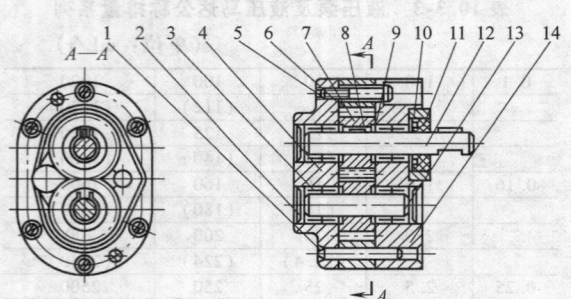

图10.3-2　CB-B 型齿轮泵的结构

1—圆柱销　2—压盖　3—轴承　4—后盖　5—螺钉
6—泵体　7—齿轮　8—平键　9—卡环　10—法兰
11—油封　12—长轴　13—短轴　14—前盖

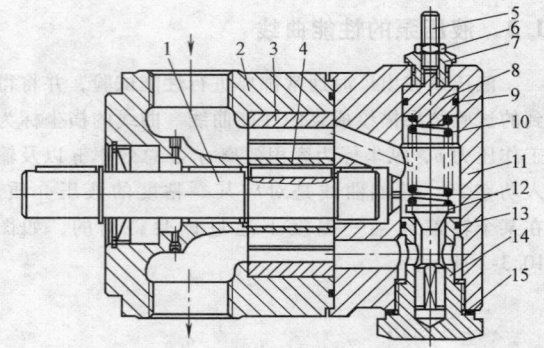

图10.3-4　带有溢流阀的内啮合渐开线齿轮泵

1—泵轴　2—泵体　3—内齿环　4—小齿轮　5—调节螺钉
6—锁紧螺母　7—螺塞　8—弹簧座　9、13—O 形密封圈
10—弹簧　11—泵盖　12—锥阀　14—锥阀座
15—组合密封圈

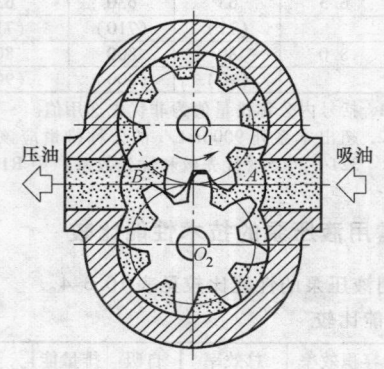

图10.3-3　外啮合齿轮泵的工作原理

外啮合齿轮泵的排量近似按下式计算

$$V = 6.66zm^2B \qquad (10.3\text{-}1)$$

式中　V——外啮合齿轮泵的排量（m^3/r）；

　　　z——齿数；

　　　m——齿轮模数（m）；

　　　B——齿宽（m）。

外啮合齿轮泵的瞬时理论流量是随齿轮的转角变化的，其脉动周期为 $2\pi/z$，为减小流量脉动，齿轮泵应采用较多的齿数。

1.6.2　内啮合渐开线齿轮泵

如图 10.3-4 所示，内啮合渐开线齿轮泵主要由内齿环、小齿轮及月牙形隔板、前后端盖及泵体等零件组成。

如图 10.3-5 所示，当传动轴带动小齿轮转动时，内齿环也按相同方向旋转，于是齿轮脱开啮合一侧的容腔由于容积逐渐增大形成真空，从油箱吸油，而齿轮齿谷内的油液被带入压油腔后，由于压油腔的齿轮进入啮合，容积减小而将油液压出。

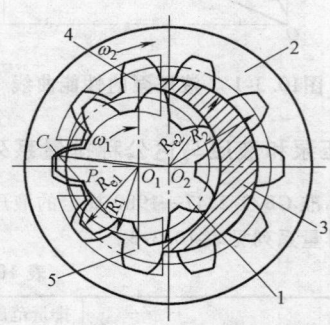

图10.3-5　内啮合渐开线齿轮泵的工作原理

1—小齿轮（主动齿轮）　2—内齿环（从动齿轮）
3—月牙板　4—吸油腔　5—压油腔

内啮合渐开线齿轮泵的排量为

$$V = \pi B\left[2R_1'(h_1 + h_2) + h_1^2 - \frac{R_1'}{R_2'}h_2^2 - \left(1 - \frac{R_1'}{R_2'}\right)\frac{t_j^2}{12}\right]$$

$$(10.3\text{-}2)$$

式中　V——内啮合渐开线齿轮泵的排量（m^3/r）；

　　R_1'、R_2'——小齿轮和内齿环的节圆半径（m）；

　　h_1、h_2——小齿轮和内齿环的齿顶高（m）；

　　B——齿宽（m）；

　　t_j——齿轮基圆齿距（m）。

1.6.3　内啮合摆线齿轮泵

内啮合摆线齿轮泵的内转子齿轮为摆线齿形，外转子齿轮为圆弧齿形，且外转子较内转子多一个齿，通过轮齿啮合，形成多个封闭容腔，由内外转子齿轮的啮合点将吸油腔和排油腔分开，因此结构更简单。如图 10.3-6 所示，内、外转子之间存在一偏心量，其相互啮合的轮齿所分割的多个密闭容积被泵盖上的月牙槽分为左、右两部分。

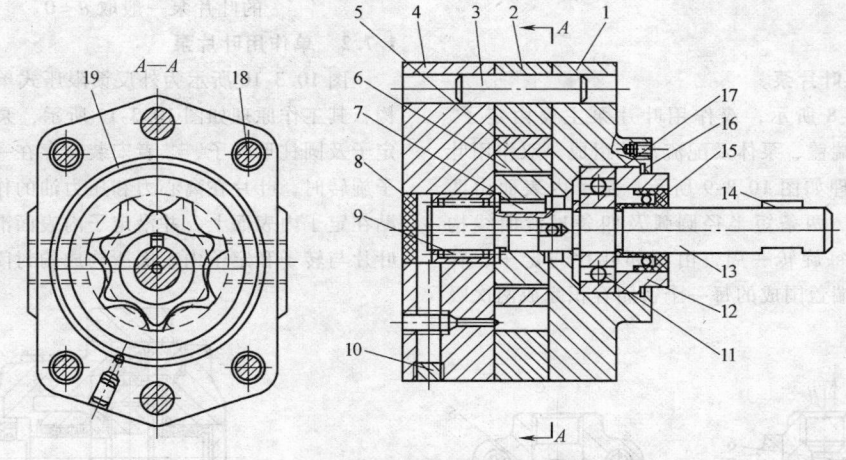

图10.3-6 内啮合摆线齿轮泵的结构

1—前端盖 2—泵体 3—销轴 4—后端盖 5—外转子 6—内转子 7—键 8、15—轴封
9、11—轴承 10—螺塞 12—压盖 13—轴 14—键 16—密封
17—卡圈 18—螺栓 19—密封圈

内啮合摆线齿轮泵的工作原理如图 10.3-7 所示，设内转子的转速为 n_1，由于啮合作用，外转子亦同向旋转，其转速 $n_2 = (z_1/z_2)n_1$。在图 10.3-7a 所示的位置，由内转子齿 1 和外转子齿 1′ 所围成的密闭容积最小（为 A_{min}），随着转子旋转，在右半圆的容积 A 逐渐增大，经右月牙槽（吸油腔）吸油，当容积 A 增大至 A_{max}（见图 10.3-7d 所示位置）脱离吸油腔，转至左半圆后容积 A 逐渐减小，经左月牙槽（排油腔）排油。在内转子转过一周时，外转子仅转过 z_1/z_2 圈，内转子齿 1 与外转子齿 2′ 组成新的密闭容积，而原先由齿 1 和齿 1′ 组成的密闭容积内的油液尚需再

转 $1/z_2$ 转才能排完，内转子每转过一周，每个密封容积完成一个工作循环，吸压油各一次，因此对齿数为 z_1 的内转子，每转一转将出现 z_1 个工作循环，于是达到连续吸压油的目的。

内啮合摆线齿轮泵的排量表达式

$$V = \pi B (R_{e1}^2 - R_{i1}^2) \qquad (10.3\text{-}3)$$

式中 V——内啮合摆线齿轮泵的排量（m^3/r）；
　　　　B——齿宽（m）；
　　　　R_{e1}——外转子齿顶圆半径（m）；
　　　　R_{i1}——内转子齿顶圆半径（m）。

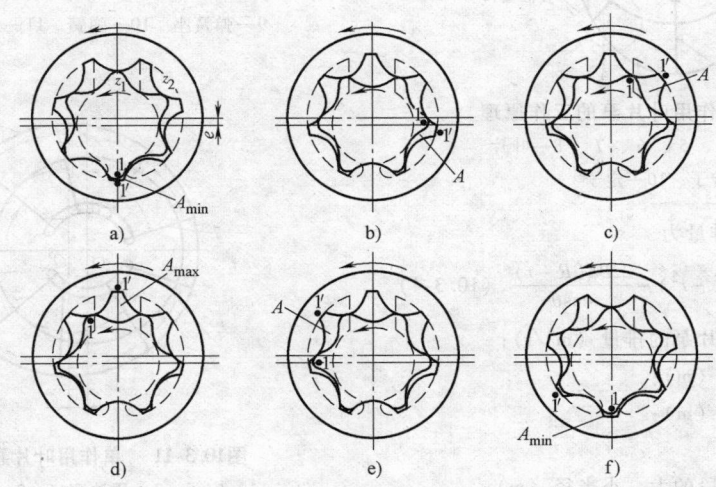

图10.3-7 内啮合摆线齿轮泵的工作原理

1.7　叶片泵

1.7.1　双作用叶片泵

如图 10.3-8 所示，双作用叶片泵主要由定子、转子、叶片、端盖、泵体及配流盘等组成。双作用叶片泵的工作原理如图 10.3-9 所示。定子内表面由两条长半径圆弧、两条短半径圆弧及四条过渡曲线构成，因此转子每旋转一周，由相邻叶片与定子、转子、配流盘及端盖围成的每一个密闭容积完成两次吸油和两次排油。

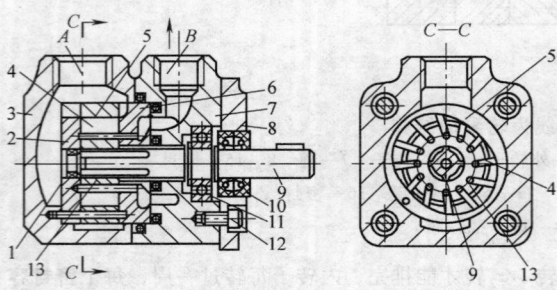

图10.3-8　双作用叶片泵的结构
1、11—轴承　2、6—左、右配流盘　3、7—前后泵体
4—叶片　5—定子　8—端盖　9—传动轴
10—防尘圈　12—螺钉　13—转子

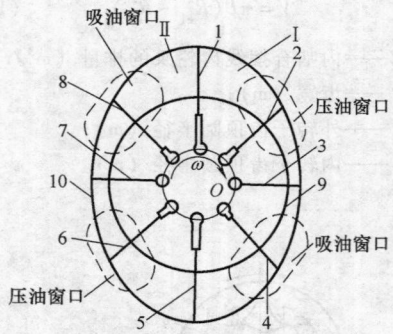

图10.3-9　双作用叶片泵的工作原理
1、2、3、4、5、6、7、8—叶片
9—转子　10—定子

双作用叶片泵的排量为

$$V = 2\pi B (R^2 - r^2) - \frac{2zBS(R - r)}{\cos\theta} \quad (10.3-4)$$

式中　V——双作用叶片泵的排量（m³/r）；

B——叶片宽度（m）；

S——叶片厚度（m）；

z——叶片数；

$R、r$——定子圆弧段的大、小半径（m）；

θ——叶片槽相对于径向的倾斜角，现在设计

的叶片泵一般取 $\theta = 0$。

1.7.2　单作用叶片泵

图 10.3-10 所示为外反馈限压式单作用叶片泵结构，其工作原理如图 10.3-11 所示。泵体内有圆环形定子及圆柱形转子，二者安装时存在一偏心距。当转子旋转时，叶片在离心力和压力油的作用下，外端紧贴在定子内表面上，并沿定子内表面滑动。这样相邻叶片与转子和定子内表面所构成的封闭容积在旋转过

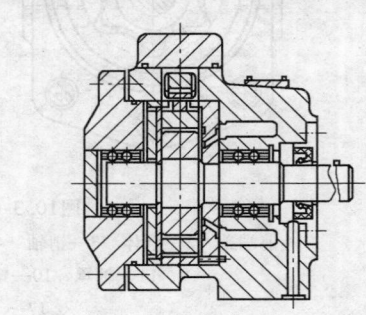

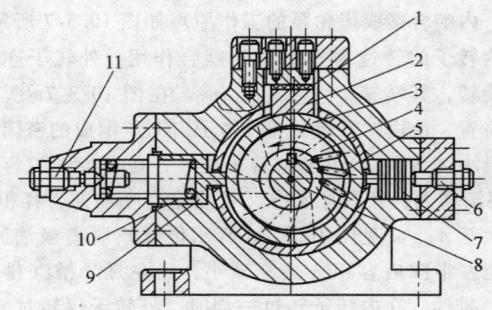

图10.3-10　单作用叶片泵的结构图
1—滚针　2—滑块　3—定子　4—转子　5—叶片
6—流量调节螺钉　7—控制活塞　8—传动轴
9—弹簧座　10—弹簧　11—压力调节螺钉

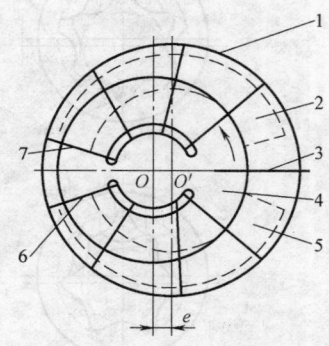

图10.3-11　单作用叶片泵工作原理
1—定子　2—压油窗口　3、6、7—叶片
4—转子　5—吸油窗口

程中会发生变化，封闭容积由小到大的过程中吸油，由大到小的过程排油。如果改变定子与转子偏心距的大小，就可以改变排量，故可以用作变量泵。

单作用叶片泵的排量为

$$V = 4\pi BeR \qquad (10.3-5)$$

式中 V——单作用叶片泵的排量（m^3/r）；

B——叶片宽度（m）；

R——定子内圆半径（m）；

e——定子与转子之间的偏心距（m）。

1.8 柱塞泵

1.8.1 轴向柱塞泵

1. 斜盘式轴向柱塞泵

图 10.3-12 所示为斜盘式轴向柱塞泵的结构原理图，它由传动轴1、壳体2、斜盘3、柱塞4、缸体5、配流盘6和弹簧7等零件组成。缸体沿圆周方向加工有均布的缸体孔，柱塞置于缸体孔内。弹簧7一方面使柱塞头部与斜盘可靠接触，另一方面使缸体紧贴配流盘。配流盘上的两个腰形窗口分别与泵的进、出油口相通。斜盘中心线与缸体中心线的夹角为α。当传动轴按图示方向旋转时，位于A—A剖面右半部的柱塞不断向外伸出，柱塞底部的密闭容积不断扩大，形成局部真空，工作介质在大气压的作用下，自泵的进口经配流盘的吸油窗口进入柱塞腔，完成吸油过程；而位于A—A剖面左半部的柱塞则不断向里缩进，柱塞底部的密闭容积不断缩小，液体压力升高，经配流盘的压油窗口排到泵的出口，完成排油过程。缸体每

转一周，每个柱塞往复运动一次，完成一次排油和吸油。泵的排量为

$$V = \frac{1}{4}\pi d^2 ZD\tan\alpha \qquad (10.3-6)$$

式中 V——斜盘式轴向柱塞泵的排量（m^3/r）；

d——柱塞直径（m）；

Z——柱塞个数；

D——缸体孔在缸体上的分布圆直径（m）；

α——斜盘倾角（°）。

由式（10.3-6）可以看到，通过改变斜盘式轴向柱塞泵的斜盘倾侧角就可以改变其排量。

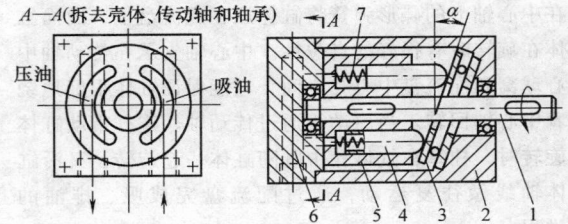

图10.3-12　斜盘式轴向柱塞泵的工作原理
1—传动轴　2—壳体　3—斜盘　4—柱塞
5—缸体　6—配流盘　7—弹簧

图 10.3-13 所示为斜盘式轴向柱塞泵的典型结构。该泵由主体结构和变量机构两部分组成，变量机构的主要作用是通过调节斜盘倾角的大小改变泵的排量。在工作时由传动轴6带动缸体4转动，从而实现柱塞5的往复运动。弹簧8的预紧力通过回程盘3作用在滑靴9上，使滑靴压紧在斜盘上。

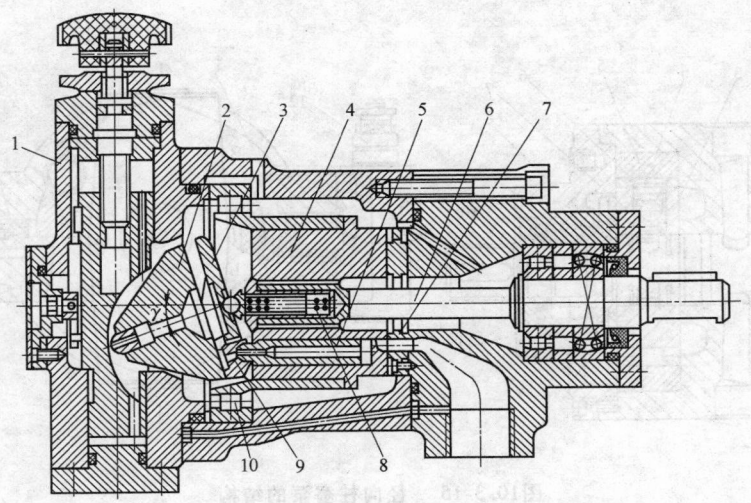

图10.3-13　斜盘式轴向柱塞泵的典型结构
1—变量机构　2—斜盘　3—回程盘　4—缸体　5—柱塞
6—传动轴　7—配流盘　8—弹簧　9—滑靴　10—缸外大轴承

2. 斜轴式轴向柱塞泵

斜轴式轴向柱塞泵的缸体中心线和传动轴中心线不是平行的，而是成一夹角，可分为双铰式和无铰式两种形式。前者结构比较复杂，除大流量场合外目前已经较少应用。

图 10.3-14 所示为无铰式斜轴泵的结构。该泵由传动轴 1、轴承组 2、连杆柱塞副 3、缸体 4、配流盘 5、壳体 6、中心轴 7 等零件组成。传动轴由三个轴承支承，连杆和柱塞两个零件经滚压而连接在一起，连杆大球头由回程盘压在传动轴端部的球窝里，连杆的小球头与柱塞铰接。配流盘为球面结构，并且由套在中心轴上的碟形弹簧将缸体压在配流盘上，因而缸体在旋转时有很好的自位性。中心轴支承在传动轴中心球窝和配流盘中心孔之间，它能保证缸体很好地绕着中心轴回转。当原动机通过传动轴、连杆带动缸体旋转时，柱塞在缸体孔中既随缸体一起旋转，又沿缸体轴线做往复运动，通过配流盘完成吸、排油的过程。

（1）优点　与斜盘式轴向柱塞泵相比，斜轴式轴向柱塞泵在结构及使用上具有如下优点：

1）连杆轴线与柱塞轴线的夹角较小，使柱塞作用在缸体上的侧向力大大减小，从而有效地减小了柱塞与缸体之间的摩擦磨损。由于柱塞副受力得到改善，允许斜轴泵具有较大的倾角，一般取 25°～40°，可实现较大范围内的排量调节。而斜盘式柱塞泵倾角一般为 15°～20°。

2）由于连杆球头与传动轴端面连接比较牢固，

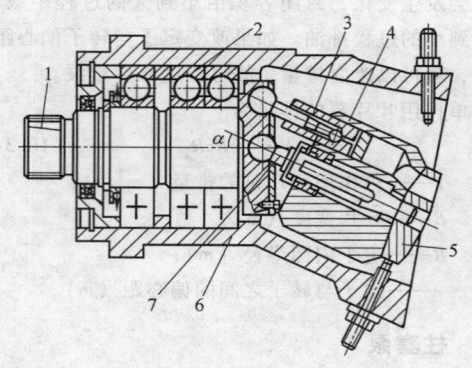

图10.3-14　无铰式斜轴泵的结构
1—传动轴　2—轴承组　3—连杆柱塞副　4—缸体
5—配流盘　6—壳体　7—中心轴

较斜盘式轴向柱塞泵有更好的自吸能力。

（2）缺点　斜轴式轴向柱塞泵的缺点如下：

1）因为它的倾角大，当做成双向变量泵时需要较大的摆动空间，因此双向变量斜轴泵较双向变量斜盘泵体积大。

2）斜轴式柱塞泵不能采用贯通的轴或者将两轴相连接，因而较难做成双联泵结构。

1.8.2　径向柱塞泵

径向柱塞泵的柱塞相对于传动轴的中心线垂直，呈径向布置，柱塞的往复运动通过凸轮或连杆机构实现。

径向柱塞泵的结构如图 10.3-15 所示。

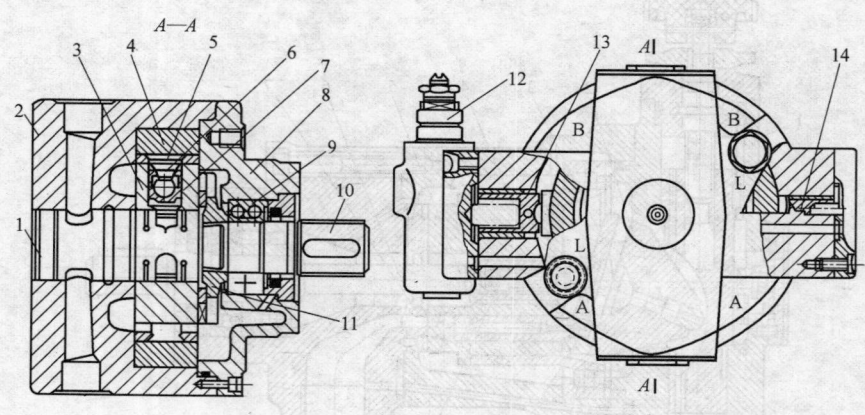

图10.3-15　径向柱塞泵的结构
1—配流轴　2—壳体　3—转子（缸体）　4—定子环　5—滑靴　6—连杆　7—柱塞　8—泵盖
9—轴承　10—传动轴　11—联轴节　12—恒压阀
13—大变量活塞　14—小变量活塞

轴配流式径向柱塞泵的工作原理如图 10.3-16 所示。转子 1 中心 O_1 相对定子 3 的圆心 O_2 存在一偏心距 e。当传动轴 7 带动转子旋转时，图中连心线 O_1O_2 上部的柱塞在离心力作用下外伸，柱塞底部容积增大，形成一定真空，经配流轴进油孔吸油。连心线 O_1O_2 下部的柱塞则因定子内圆的约束作用内缩，柱塞底部容积减小，液体压力增加，经配流轴孔排油。显然，当定子的圆心 O_2 位于转子中心 O_1 的左边或轴的旋转方向改变时，泵的吸、压油口将会互换。径向柱塞泵的排量公式为

$$V = \frac{1}{2}\pi d^2 ez \qquad (10.3\text{-}7)$$

式中　V——径向柱塞泵的排量（$\mathrm{m^3/r}$）；
　　　d——柱塞直径（m）；
　　　e——偏心距（m）；
　　　z——柱塞个数。

从式（10.3-7）中可以看出，只要改变定子与转子之间的偏心量 e 就可以改变泵的排量，而偏心距可以在 $\pm e$ 之间变化，能实现双向变量。

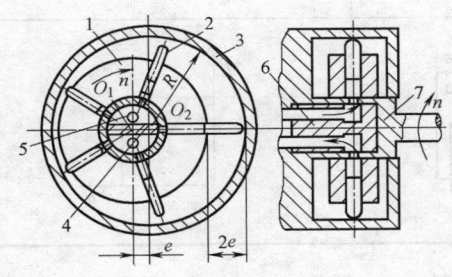

图10.3-16　轴配流式径向柱塞泵的工作原理
1—转子　2—柱塞　3—定子　4、5—配流孔
6—配流轴　7—传动轴

1.9　螺杆泵

如图 10.3-17 所示，主动螺杆（凸螺杆）3 与两根从动螺杆（凹螺杆）4 相互啮合，装在泵体 2 内。从动螺杆将主动螺杆按导程分段密封，即每个导程的三螺杆之间的凹槽组成一个完全密封的容腔，将吸入腔与排出腔隔开。当传动轴（图中与主动螺杆为一整体）顺时针方向旋转（从轴伸出端看）时，左端螺杆的密封容积逐渐增大，形成一定真空将油吸入，右端螺杆的密封容积逐渐减小，液体压力升高被压出，完成排油。在吸、压油腔之间螺杆长度上的导程

数至少为 1，导程数越多，螺杆泵的额定压力越高（一个导程为一级，每级压差为 0.2 ~ 0.5MPa）。标准的三螺杆泵（从动螺杆齿根圆直径、从动螺杆齿顶圆直径与主动螺杆齿顶圆直径的比值为 1:3:5）的排量公式为

$$V = 1.243td_j^2 \qquad (10.3\text{-}8)$$

式中　V——三螺杆泵的排量（$\mathrm{m^3/r}$）；
　　　t——主动螺杆的导程（m）；
　　　d_j——螺杆节圆直径（m）。

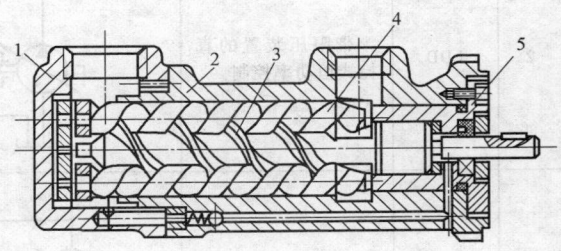

图10.3-17　三螺杆泵结构图
1—后盖　2—泵体　3—主动螺杆
4—从动螺杆　5—前盖

1.10　变量泵的变量控制原理与控制方式

1.10.1　变量控制原理

变量泵的排量可根据控制要求通过变量机构调节。根据驱动变量机构的油源，分为外控式变量机构和内控式变量机构。内控式变量机构的油源来自泵本身，系统结构简单，维护方便，但是泵或液压马达运行过程中的压力脉动可能影响变量机构的稳定性。对于双向变量泵而言，要求泵的排量从最大值变到零，再由零变到负的最大值，如用内控式，则泵的排量变为零时，无法推动变量机构继续动作实现反向流量，调节机构在零排量处停止，无法实现双向变量。外控式变量机构的油源来自泵外。

无论内控式还是外控式，轴向柱塞泵的变量机构基本上可按如下方式分类：

1）按变量机构操纵力的性质，有手动、机动、电动、液控和电液控制等形式。

2）按调节方式及控制特点，有压力控制、流量控制、功率控制等形式。

需要注意的是，手动变量和机动变量不能实现远距离控制和自动控制。

1.10.2　变量控制方式

常用的变量控制方式见表 10.3-5 ~ 表 10.3-9。

表 10.3-5　恒功率控制

序号	代号	名称	符号表示	特性曲线
1	LD	直动式恒功率控制	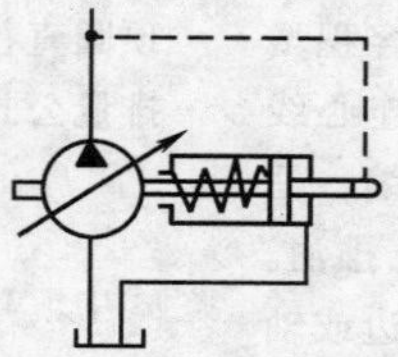	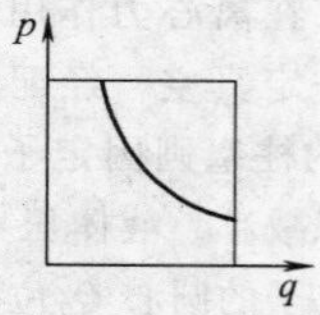
2	LDD	带限压装置的直控式恒功率控制	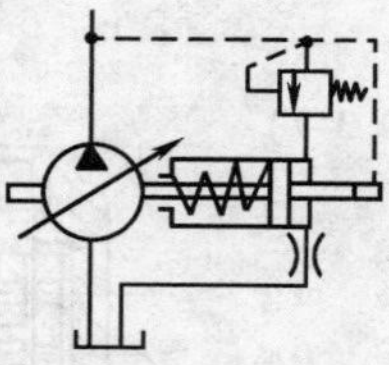	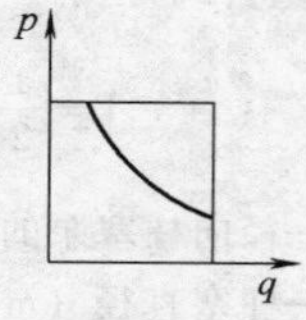
3	LV	先导控制式恒功率控制	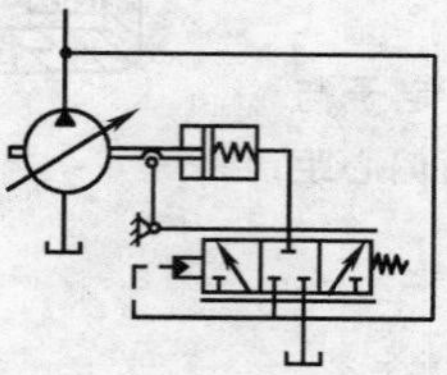	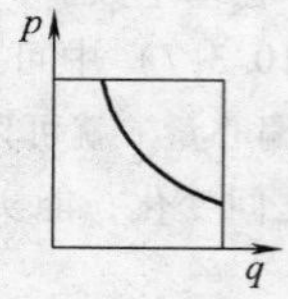
4	LVD	带限压装置的先导控制式恒功率控制	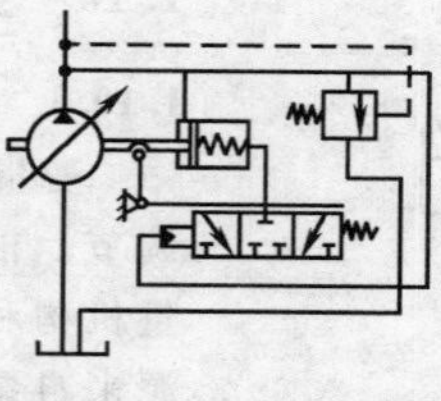	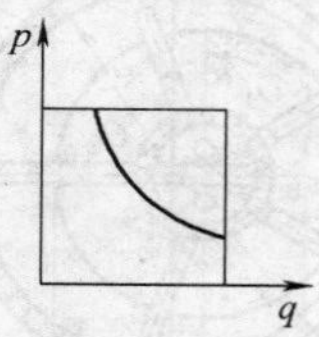

表 10.3-6　恒压控制

序号	代号	名称	符号表示	特性曲线
1	DRA	直装式恒压变量控制	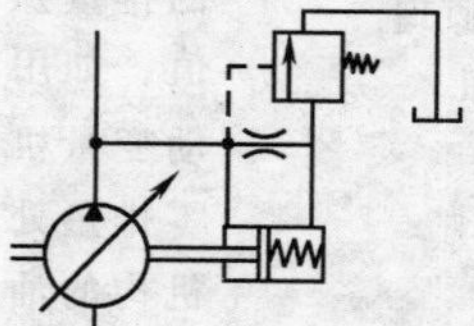	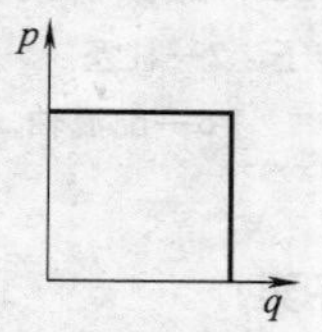
2	DRH	分装式恒压变量控制	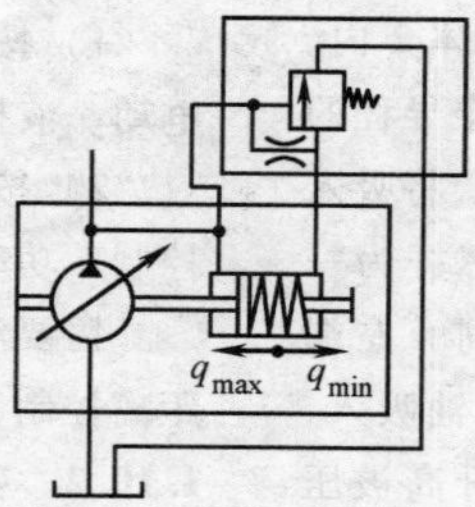	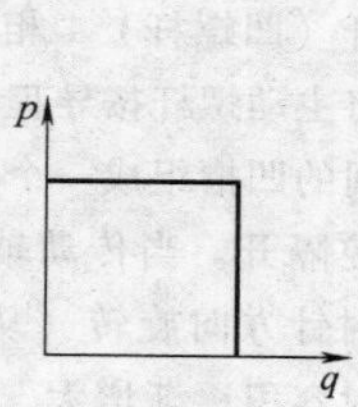

（续）

序号	代号	名称	符号表示	特性曲线
3	DRE	电动遥控式恒压变量控制	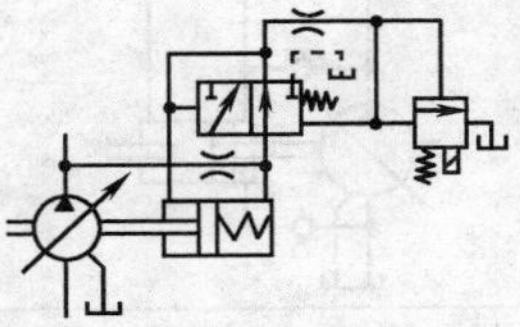	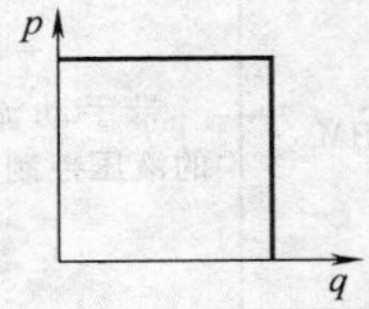
4	DRL	带卸荷式恒压变量控制	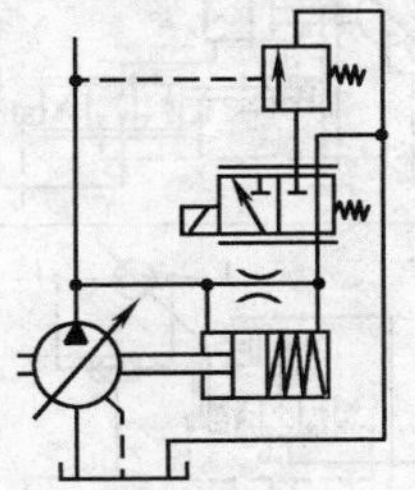	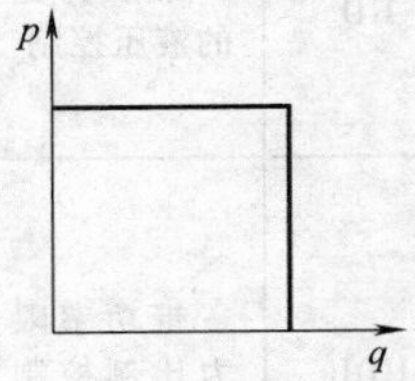
5	DRZ	带双级恒压变量控制	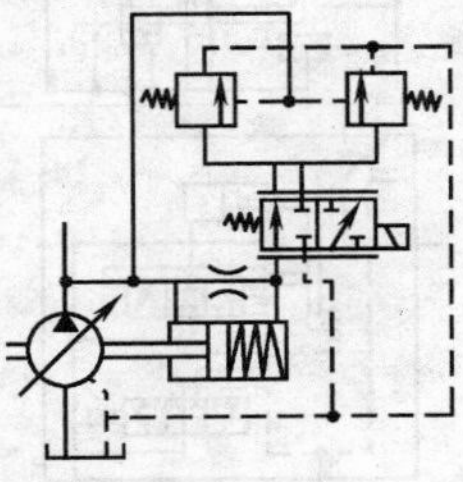	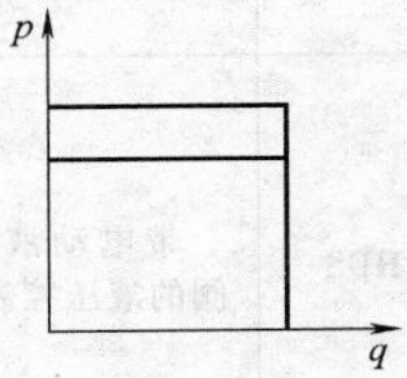
6	DRM	变量液压马达用恒压变量控制	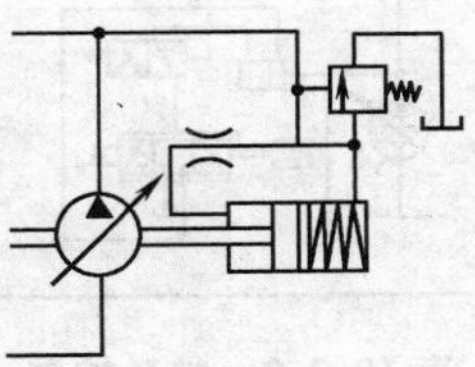	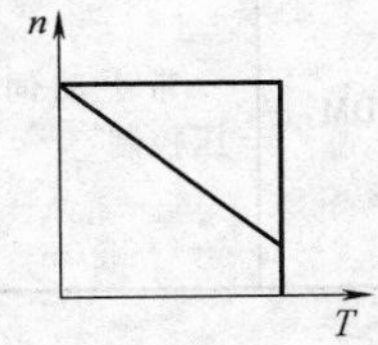

表 10.3-7　手动控制和手动伺服控制

序号	代号	名称	符号表示	特性曲线
1	MA	手动变量控制		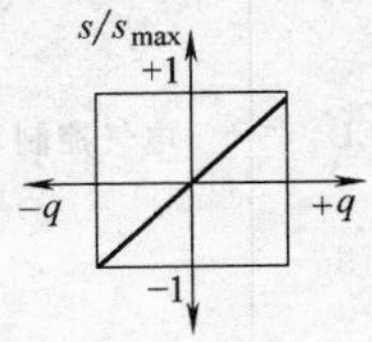
2	FO	手动伺服变量控制	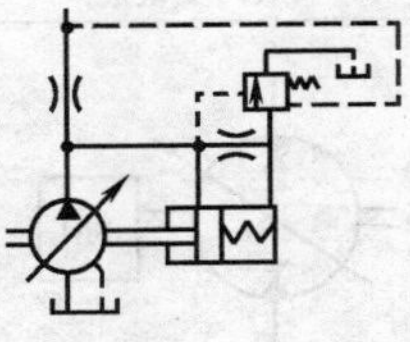	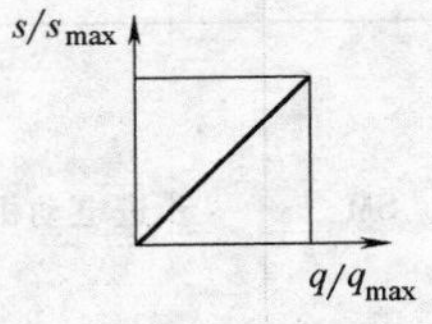

表 10.3-8　液压控制

序号	代号	名称	符号表示	特性曲线
1	HM	带手动流量限位的液压控制	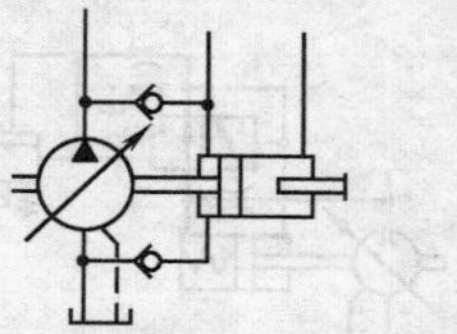	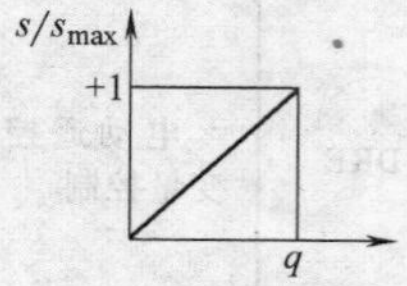
2	HD	带压力比例控制的液压控制	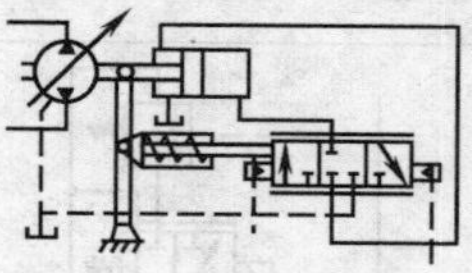	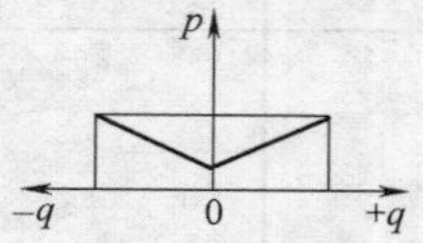
3	HDL	带功率限制的压力比例控制的液压控制	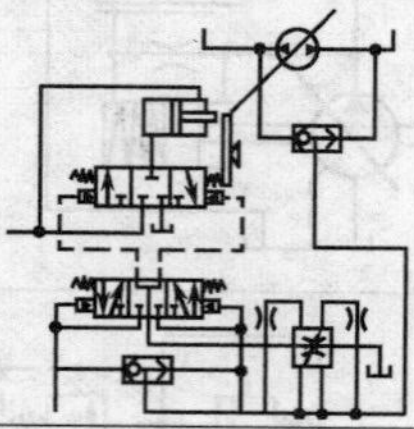	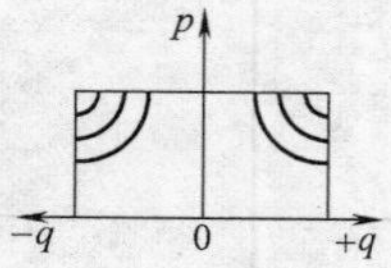
4	HDS	带电动液压伺服阀的液压控制	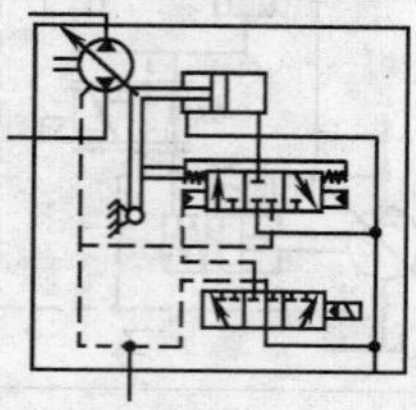	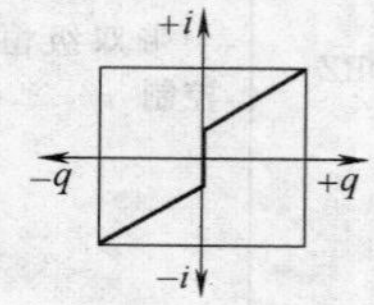
5	HDM	带手动伺服的液压控制	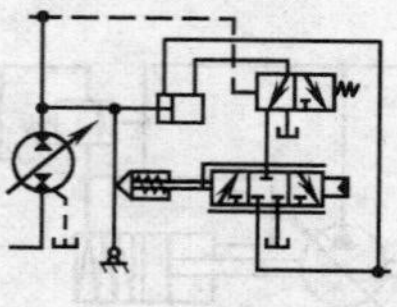	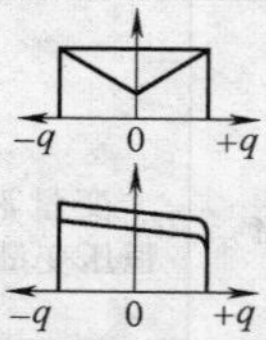

表 10.3-9　特殊控制

序号	代号	名称	符号表示	特性曲线
1	EL	电气控制	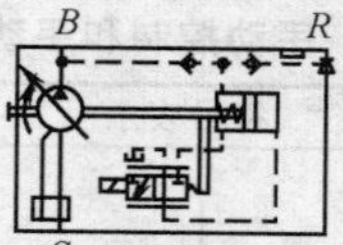(单向变量泵) 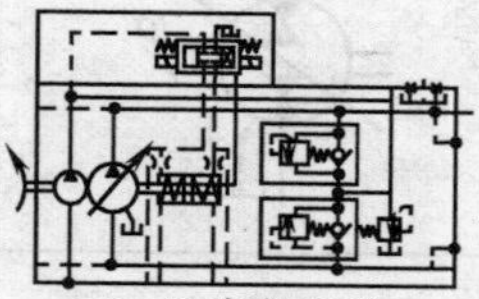(双向变量泵)	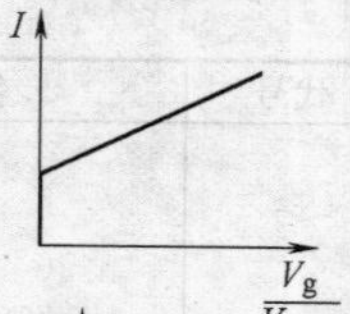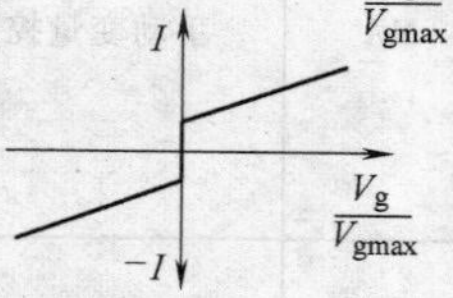
2	SM	步进电动机控制	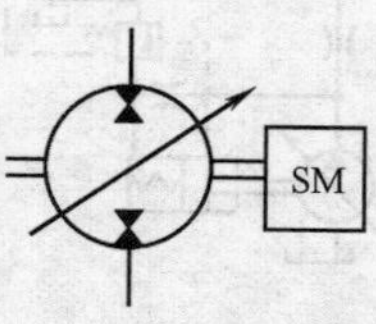	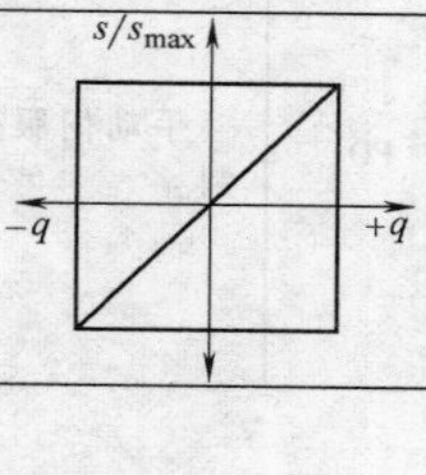

（续）

序号	代号	名称	符号表示	特性曲线
3	LSC	负载传感控制	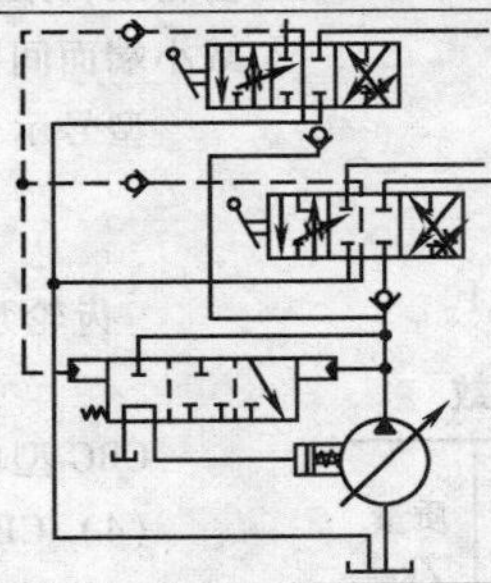	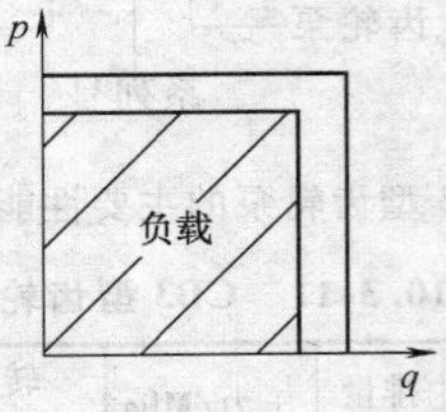
4	LVC	速度传感控制	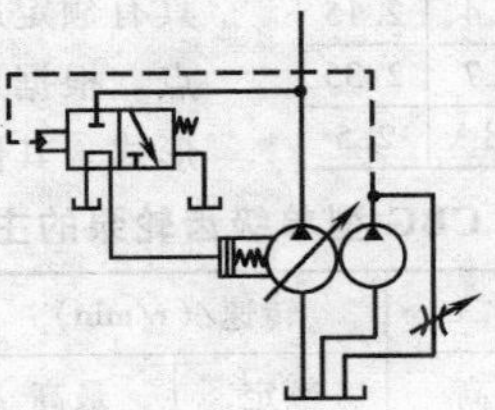	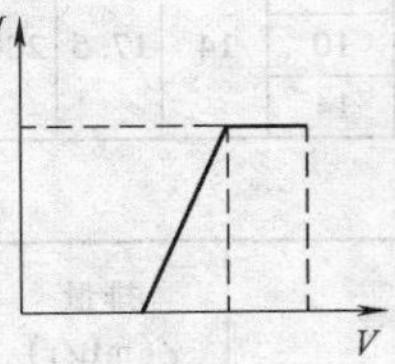
5	CFC	恒流量控制（也是一种速度传感控制）	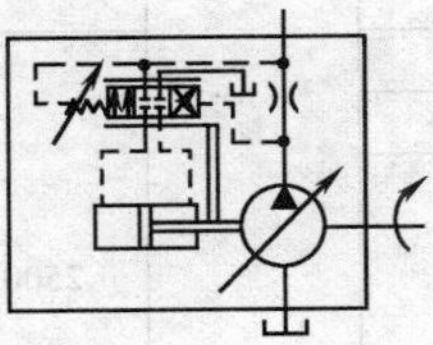	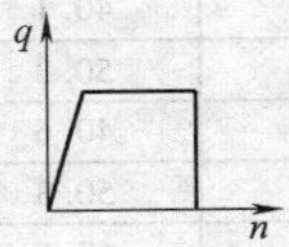

1.11　液压泵典型产品

1.11.1　齿轮泵典型产品

1. 外啮合齿轮泵典型产品

（1）CB-B 型齿轮泵　CB-B 型齿轮泵属于低压齿轮泵，由于泵的排油口与进油口大小不同，泵在使用时不得反向旋转。其国内主要生产厂家有长江液压件厂、合肥长源液压件厂等。其主要性能参数见表 10.3-10。

型号示例：

CB-B　10

齿轮泵 —— 排量：10mL/r

压力级 2.5MPa

（2）CB3 型齿轮泵　CB3 型齿轮泵是中高压、小排量齿轮泵，它采用整体式浮动轴套结构，密封性较好，端面间隙在表面磨损后自动补偿，有较高的容积效率。其国内主要生产厂家有山西长治液压件厂、合肥长源液压件厂等。

表 10.3-10　CB-B 型齿轮泵的主要性能参数

型号	排量/(mL/r)	额定压力/MPa	额定转速/(r/min)	容积效率(%)	驱动功率/kW	质量/kg
CB-B2.5	2.5			≥70	0.13	2.5
CB-B4	4				0.21	2.8
CB-B6	6			≥80	0.31	3.2
CB-B10	10				0.51	3.5
CB-B16	16				0.82	5.2
CB-B20	20			≥90	1.02	5.4
CB-B25	25	2.5	1450		1.3	5.5
CB-B32	32				1.65	6.0
CB-B40	40			≥94	2.1	10.5
CB-B50	50				2.6	11.0
CB-B63	63				3.3	11.8
CB-B80	80			≥95	4.1	17.6
CB-B100	100				5.1	18.7
CB-B125	125				6.5	19.5

型号示例：

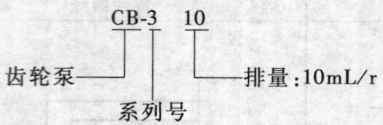

CB3 型齿轮泵的主要性能参数见表 10.3-11。

表 10.3-11 CB3 型齿轮泵的主要性能参数

型号	排量 /(mL /r)	压力/MPa		转速 /(r/min)		容积 效率 (%)	驱动 功率 /kW	质量 /kg
		额定	最高	额定	最高			
CB3-06	6					≥90	3.4	2.15
CB3-10	10	14	17.5	2000	3000	≥92	5.7	2.35
CB3-14	14					≥93	8	2.5

（3）CBG 型齿轮泵   CBG 型齿轮泵属于中高压齿轮泵，采用固定双金属侧板，通过轴端的二次密封减小端面间隙泄漏。根据需要可以组成双联泵。

型号示例：

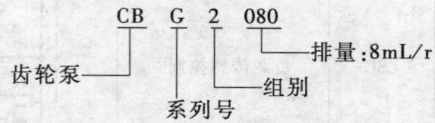

CBG 型单级齿轮泵的主要性能参数见表 10.3-12。

（4）CBW 型高压齿轮泵   CBW 型齿轮泵在结构上对齿轮端面间隙与齿顶间隙进行了液压浮动补偿，具有额定压力高、容积效率高、耐冲击和耐高温等优点。根据用户需求，可以组成双联泵、三联泵等多种形式。其国内主要生产厂家为武汉液压件厂。

表 10.3-12 CBG 型单级齿轮泵的主要性能参数

型号	排量 /(mL/r)	压力/MPa		转速/(r/min)		容积效率 (%)	总效率 (%)	驱动功率 /kW	质量 /kg
		额定	最高	额定	最高				
CBG1016	16.4				3000			10.5	—
CBG1025	25.4	16	20					16.2	—
CBG1032	32.2						82	20.5	—
CBG1040	40.1	12.5	16			91		19.9	—
CBG1050	50.3	10	12.5					19.9	—
CBG2040	40.6				2500			23.6	21
CBG2050	50.3						81	29.2	21.5
CBG2063	63.6	16	20					37	22.5
CBG2080	80.4							46.7	23.5
CBG2100	100.7	12.5	16				83	45.7	24.5
CBG3100	100.61	16	20	2000				58.1	42
CBG3125	126.4					92		72.6	43.5
CBG3140	140.3	16	20		2400			81.2	44.5
CBG3160	161.1							90.0	45.5
CBG3180	181.1	12.5	16					81.7	47
CBG3200	200.9						82	90.8	48.5
CBGF1018	18				3000			11.5	11.9
CBGF1025	25	16	20					15.9	12.9
CBGF1032	32					91		20.4	13.8
CBGF1040	40	14	17.5		2500			22.3	14.8
CBGF1050	50	12.5	16					24.9	16.1

型号示例：

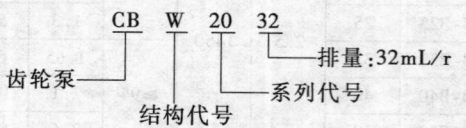

CBW 型高压齿轮泵的主要性能参数见表 10.3-13。

2. 内啮合渐开线齿轮泵典型产品

NBF 型内啮合渐开线齿轮泵具有结构紧凑、体积小、质量轻、自吸性能好、工作可靠和寿命长等优点。其国内主要生产厂家是阜新液压件厂。

型号示例：

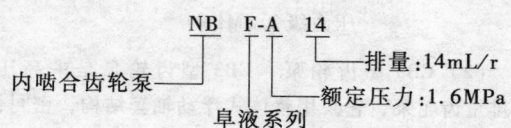

NBF 型内啮合渐开线齿轮泵的主要性能参数见表 10.3-14。

表 10.3-13　CBW 型高压齿轮泵的主要性能参数

型号	排量/(mL/r)	压力/MPa		转速/(r/min)		驱动功率/kW	容积效率(%)	总效率(%)
		额定	最高	额定	最高			
CBW2032	32. 05	25	31. 5	2300	2700	34. 128	≥90	≥84
CBW2040	39. 82					42. 401		
CBW2050	50. 50					53. 774		
CBW2063	63. 13	20	25	2200	2600	51. 44		
CBW2080	79. 64			2000	2500	58. 993		
CBW2100	100. 03	16	20	2000	2500	59. 278		

表 10.3-14　NBF 型内啮合渐开线齿轮泵的主要性能参数

型号	排量/(mL/r)	压力/MPa		转速/(r/min)		效率(%)		转矩/(N·m)	质量/kg
		额定	最高	额定	最高	容积效率	总效率		
NBF-A14	14	1. 6	2	2500	3000	≥85	≥70	1. 5	5

3. 内啮合摆线齿轮泵典型产品

BBXQ 型内啮合摆线齿轮泵是一种限压式恒流量液压泵,由内啮合摆线针轮副、流量控制阀和压力限制阀等组成。该泵能在较大的转速范围内保持输出流量基本恒定,并能在泵的工作压力达到限定压力时自动停止输出流量,以保证液压转向系统的稳定和安全。其国内主要生产厂家是南京液压机械制造厂。

型号示例:

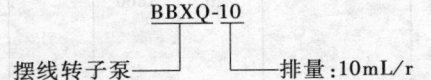

摆线转子泵————　　————排量:10mL/r

BBXQ 型内啮合摆线齿轮泵的主要性能参数见表

10.3-15。

1.11.2　叶片泵典型产品

1. 双作用叶片泵典型产品

(1) YB1 型双作用叶片泵　YB1 型双作用叶片泵属于中低压型,采用浮动配流盘实现间隙补偿,保证泵有较高的容积效率。YB1 型双作用叶片泵除单泵外还可组成双联泵。其国内主要生产厂家有秦川机床厂、阜新液压件厂、南京液压件厂、汕头液压件厂、上海液压件厂、石家庄液压件厂等。

YB1 型双作用叶片泵的主要性能参数见表10.3-16。

表 10.3-15　BBXQ 型内啮合摆线齿轮泵的主要性能参数

型号	排量/(mL/r)	压力/MPa			额定转速/(r/min)	转速范围/(r/min)	质量/kg
		额定	最大	截止			
BBXQ-12	12	4	7	10	1500	750 ~ 2000	6
BBXQ-16	16	3. 5	6	8. 5			6. 5

表 10.3-16　YB1 型双作用叶片泵的主要性能参数

型号	排量/(mL/r)	转速/(r/min)	流量/(L/min)		额定压力/MPa	容积效率(%)	总效率(%)	驱动功率/kW	质量/kg
			零压力	额定压力					
YB1-2. 5	2. 5	1450	3. 8	2. 8	6. 3	≥75	≥50	0. 6	5. 5
YB1-4	4		6. 0	4. 8		≥80	≥62	0. 9	
YB1-6. 3	6. 3		9. 5	7. 6				1. 4	
YB1-10	10		15	12. 0		≥85	≥75	2. 2	
YB1-16	16		16	13. 6		≥90	≥78	2. 0	9. 5
YB1-20	20		20	18. 0				2. 6	
YB1-25	25		25	22. 5				3. 3	
YB1-32	32	960	32	28. 8				4. 2	16
YB1-40	40		40	36. 8		≥80		5. 2	
YB1-50	50		50	46. 0				6. 5	
YB1-63	63		63	58. 0		≥93		8. 2	
YB1-80	80		80	73. 6			≥81	10. 3	22
YB1-100	100		100	92. 0				12. 8	

（2）PV2R 型双作用叶片泵 PV2R 型双作用叶片泵的结构基本上与 YB1 型双作用叶片泵类似，但由于采用了减薄叶片、提高定子强度等措施，泵的额定压力提高至 16MPa。PV2R 型泵可以作为单泵使用，也可组成双联泵。其国内主要生产厂家是阜新液压件厂。

PV2R 型双作用叶片泵的主要性能参数见表 10.3-17。

（3）PFE 型双作用叶片泵 PFE 型双作用叶片泵是由榆次液压件厂按照意大利阿托斯（ATOS）公司技术生产的。除采用柱销减小叶片根部的液压力外，其定子、转子、配流盘组合为插装式结构。左、右配流盘同时实现液压浮动补偿，因此容积效率高。PFE 叶片泵共有单泵 14 个系列、双联泵 8 个系列，见表 10.3-18，排量范围为 4～250mL/r，额定压力为 32MPa。泵的主要性能参数见表 10.3-19～表 10.3-22。

表 10.3-17 PV2R 型双作用叶片泵的主要性能参数

| 型号 | 排量/(mL/r) | 最高使用压力/MPa | | | | | | | 转速/(r/min) | | 质量/kg |
| | | 石油型液压油 | | | 合成型液压油 | | | 乳化液 | | | |
		高压用特定液压油	抗磨液压油	普通液压油	耐磨型水乙二醇液	非耐磨型水乙二醇液	磷酸酯液压液、脂肪酸酯液压液	W/O乳化液	最高	最低	
PV2R1-6	6.0										
PV2R1-8	8.2										
PV2R1-10	9.7										
PV2R1-12	12.6	21.0	17.5	16.0			16.0		750		7.8
PV2R1-14	14.1										
PV2R1-17	17.1										
PV2R1-19	19.1										
PV2R1-23	23.4	16.0	16.0								
PV2R2-26	26.6										
PV2R2-33	33.3	21.0	17.5								17.7
PV2R2-41	41.3										
PV2R2-47	47.2			16.0	7.0		7.0	1800			
PV2R3-52	52.2										
PV2R3-60	59.6										
PV2R3-66	66.3	21.0	17.5								36.7
PV2R3-76	76.4			14.0			14.0		600		
PV2R3-94	93.6										
PV2R3-116	115.6	16.0	16.0								
PV2R4-136	136										
PV2R4-153	153										
PV2R4-184	184	17.5	17.5								70.0
PV2R4-200	201										
PV2R4-237	237										

注：1. PV2R 型双作用叶片泵共有四个系列，每一系列中不同排量的泵具有相同的外形及安装尺寸。
2. 不同系列的泵可组成双联泵。

表 10.3-18 PFE 型叶片泵的规格型号

PFE系列定量叶片泵	系列号	单泵或双联泵大排量侧几何排量/(mL/r)	双联泵小排量侧几何排量/(mL/r)	轴伸形式	从轴端看的旋向	油口位置	适用流体记号
PFE系列	20	4、5、7、8、10、14	—	1—圆柱型轴伸（标准型）2—圆柱型轴伸（ISO/DIS3019）3—圆柱型轴伸（高转矩型）5—花键轴伸	D:顺时针 S:逆时针	参见样本油口位置示意图［进口与出口共有T（标准）、V、U、W 等4组位置关系］	无记号：石油基；水－乙二醇。/PF:磷酸酯
	30	14、19、26、32、40	—				
	40	24、33、40、50、62、78	—				
	50	81、100、117、136	—				
	60	147、165、183、206、230	—				
	21	5、6、8、10、12、16					
	31	16、22、28、36、44					
	41	29、37、45、56、70、85					
	51	90、110、129、150					
	61	160、180、200、224、250					
	22	8、10、12					
	32	22、28、36					
	42	45、56、70					
	52	90、110、129					

（续）

PFE 系列定量叶片泵	系列号	单泵或双联泵大排量侧几何排量/(mL/r)	双联泵小排量侧几何排量/(mL/r)	轴伸形式	从轴端看的旋向	油口位置	适用流体记号
PFED 双联泵系列	4030	24、33、40、50、62、78	14、19、26、32、40	1—圆柱型轴伸（标准型） 2—圆柱型轴伸（ISO/DIS 3019） 3—圆柱型轴伸（高转矩型） 5—花键轴伸	D：顺时针 S：逆时针	参见样本油口位置表［进口与两个出口共有 TO（标准）、VG 等 32 组位置关系］	无记号：石油基；水-乙二醇；PF：磷酸酯
	4031		16、22、28、36、44				
	4130	29、37、45、56、70、85	14、19、26、32、40				
	4131		16、22、28、36、44				
	5040	81、100、117、136	24、33、40、50、62、78				
	5041		29、37、45、56、70、85				
	5140	90、110、129、150	24、33、40、50、62、78				
	5141		29、37、45、56、70、85				

表 10.3-19 单泵 PFE-※0 系列的主要性能参数

型号	排量/(mL/r)	额定压力/MPa	流量/(L/min)	驱动功率/kW	转速范围/(r/min)	质量/kg	油口尺寸/in 进口	油口尺寸/in 出口
PFE-20004	4.3		4.5	1.5				
PFE-20005	5.4		6.0	2.0				
PFE-20007	6.9		7.5	2.5	900~3000		3/4	1/2
PFE-20008	8.6		9.5	3.0				
PFE-20010	10.8		12.0	3.5				
PFE-20014	13.9		15.5	4.5				
PFE-30015	14.7		18	4.5				
PFE-30019	19.1		25	5.5				
PFE-30026	25.9		34	7.5	800~2800	9	1¼	3/4
PFE-30032	32.5		43	9.0				
PFE-30040	40.0		54	11.5				
PFE-40024	24.7		32	7				
PFE-40033	33.4		44	10				
PFE-40040	40.4	10	54	12	700~2500	14	1½	1
PFE-40050	50.9		68	15				
PFE-40062	62.6		84	18				
PFE-40078	78.1		105	22	700~2000			
PFE-50081	81.3		111	23				
PFE-50100	100.1		136	28	600~2200	25.5	2	1¼
PFE-50117	117.4		160	33				
PFE-50136	136.8		187	38	600~1800			
PFE-60147	146.9		200	41				
PFE-60165	165.6		224	46				
PFE-60183	183.7		248	52	600~1800	—	2½	1½
PFE-60206	206.2		279	58				
PFE-60230	230.2		311	65				

注：1 in = 25.4 mm。

表 10.3-20 单泵 PFE-※1 系列的主要性能参数

型号	排量/(mL/r)	额定压力/MPa	流量/(L/min)	驱动功率/kW	转速范围/(r/min)	质量/kg	油口尺寸/in 进口	油口尺寸/in 出口
PFE-21005	5.0		4.8	3.5				
PFE-21006	6.3		5.8	4.0				
PFE-21008	8.0	21	7.8	5.5	900~3000	—	3/4	1/2
PFE-21010	10.0		9.7	6.5				
PFE-21012	12.5		12.2	8.0				
PFE-21016	16.0		15.6	10				

（续）

型号	排量/(mL/r)	额定压力/MPa	流量/(L/min)	驱动功率/kW	转速范围/(r/min)	质量/kg	油口尺寸/in 进口	油口尺寸/in 出口
PFE-31016	16.5		16	10				
PFE-31022	21.6		23	13				
PFE-31028	28.1		33	17	800～2800	9	1¼	3/4
PFE-31036	35.6		43	21				
PFE-31044	43.7		55	26				
PFE-41029	29.3		34	17				
PFE-41037	36.6		45	22				
PFE-41045	45.0		57	26	700～2500	14	1½	1
PFE-41056	55.8		72	33				
PFE-41070	69.9	21	91	41				
PFE-41085	85.3		114	50	700～2000			
PFE-51090	90.0		114	53				
PFE-51110	109.6		141	64	600～2200	25.5	2	1¼
PFE-51129	129.2		168	76				
PFE-51150	150.2		197	88				
PFE-61160	160.0		211	94				
PFE-61180	180.0		237	106				
PFE-61200	200.0		264	117	600～1800	—	2½	1½
PFE-61224	224.0		295	131				
PFE-61250	250.0		330	146				

注：1 in = 25.4 mm。

表 10.3-21　单泵 PFE-※2 系列的主要性能参数

型号	排量/(mL/r)	额定压力/MPa	流量/(L/min)	驱动功率/kW	转速范围/(r/min)	质量/kg	油口尺寸/in 进口	油口尺寸/in 出口
PFE-22008	8		7	8				
PFE-22010	10	30	9	10	1500～2800	—	3/4	1/2
PFE-22012	12.5		11.5	12				
PFE-32022	21.6		20	18				
PFE-32028	28.1	30	30	24	1200～2500	9	1¼	3/4
PFE-32036	35.6		40	30				
PFE-42045	45.0	28	56	36				
PFE-42056	55.8		70	44	1000～2200	14	1½	1
PFE-42070	69.9	25	90	49				
PFE-52090	90.0		111	63				
PFE-52110	109.6	25	138	77	1000～2000	25.5	2	1¼
PFE-52129	129.2		163	90				

注：1 in = 25.4 mm。

表 10.3-22　双联 PFED 型叶片泵的主要性能参数

型号	排量/(mL/r)	额定压力/MPa	流量/(L/min)	驱动功率/kW	转速范围/(r/min)	质量/kg	油口尺寸/in 进口	前泵出口	后泵出口
PFED-4030※/※		PFE-40 + PFE-30 组合			800～2500（800～2000）括号内值为前泵在最大排量时的转速范围	24.5	2½	1	3/4
PFED-4031※/※		PFE-40 + PFE-31 组合							
PFED-4130※/※		PFE-41 + PFE-30 组合							
PFED-4131※/※		PFE-41 + PFE-31 组合							
PFED-5040※/※		PFE-50 + PFE-40 组合			700～2000（700～1800）括号内值为前泵在最大排量时的转速范围	36	3	1¼	1
PFED-5041※/※		PFE-50 + PFE-41 组合							
PFED-5140※/※		PFE-51 + PFE-40 组合							
PFED-5141※/※		PFE-51 + PFE-41 组合							

注：1 in = 25.4 mm。

2. 单作用叶片泵典型产品

（1）YBN 型单作用叶片泵　YBN 型单作用叶片泵为内反馈限压式变量叶片泵，主要用于要求空载时需快速运动而带负载时慢速运动的液压系统，如组合机床、液压滑台等，可满足不同工作阶段系统对流量的不同要求，降低系统的能耗和系统内液压油的温升。YBN 型单作用叶片泵的国内主要生产厂家有榆次液压件厂、大连液压件厂和长江液压件厂，主要性能参数见表 10.3-23。

表 10.3-23　YBN 型变量叶片泵的主要性能参数

型号	流量/(L/min)	调压范围/MPa	开始变量时的压力/MPa	转速范围/(r/min)
YBN-20N-JB	18.75	2.0～7.0	5.0	
YBN-20M-JB	22.5	1.4～3.5	2.0	
YBN-20L-JB	22.5	0.7～1.8	0.8	600～1800
YBN-40N-JB	37.5	2.0～7.0	5.0	
YBN-40M-JB	45	1.4～3.5	2.0	
YBN-40L-JB	45	0.7～1.8	0.8	

注：表中流量为转速 1500r/min，排量最大时的流量。

（2）YBX 型单作用叶片泵　YBX 型单作用叶片泵为外反馈限压式变量叶片泵，性能及应用与 YBN 型叶片泵类似。其国内主要生产厂家有南京液压件厂、阜新液压件厂等。YBX 型单作用叶片泵的主要性能参数见表 10.3-24。

1.11.3　斜盘式轴向柱塞泵典型产品

1．CY14-1B 型斜盘式轴向柱塞泵

CY14-1B 型斜盘式轴向柱塞泵为后置斜盘式（非通轴式）、配流盘配流、缸体旋转结构。柱塞上装有滑履。滑履与斜盘、缸体与配流盘之间为静压支承。CY14-1B 型轴向柱塞泵按压力等级分为 C 级（32MPa）和 G 级（20MPa）。CY14-1B 型轴向柱塞泵具有多种变量形式，作液压马达使用时只需将配流盘更换为针对液压马达设计的配流盘即可。其国内主要生产厂家有上海高压油泵厂、邵阳维克液压有限责任公司、天津高压泵阀厂等。

型号说明：

※※※※　14-1※※
①②③④　⑤⑥⑦⑧

①公称流量 1000r/min；②变量形式：C—机动（伺服）变量，Y—压力补偿变量，DE—电动变量，S—手动变量，M—定量，P—恒压变量，L—零位对中液控变量，Z—液动变量，MY—定级变量，B—电液比例变量，Y₁—阀控压力补偿变量，W—微机控制变量；③压力级：G—20MPa，C—32MPa；④名称：Y—液压泵，M—液压马达；⑤缸体转动的轴向柱塞泵（液压马达）；⑥第 1 种结构代号；⑦图样改进的代号：A、B、C、D…；⑧转向：F—反旋转，省略表示为正旋转。

CY14-1B 型轴向柱塞泵的主要性能参数见表 10.3-25。

2．ZB 型斜盘式轴向柱塞泵

ZB 型斜盘式轴向柱塞泵的基本结构与 CY 型相同，但因配流盘采用对称结构，泵直接可以作为液压马达使用。ZB 型轴向柱塞泵的国内主要生产厂家有重庆液压件厂、湖南液压件厂、临夏液压件厂、上海电气液压气动有限公司、四平兴中液压件厂等。

型号说明：

表 10.3-24　YBX 型变量叶片泵的主要性能参数

型号	排量/(L/min)	压力/MPa		转速/(r/min)		容积效率（%）	总效率（%）	驱动功率/kW	质量/kg
		额定	最高	额定	最高				
YBX-16	16							3	10
YBX-16B									9
YBX-25	25							4	19.5
YBX-25B									19
YBX-25J									
YBX-40	40	6.3	7	1450	1800	88	72	7.5	22
YBX-40B									23
YBX-63J	63							9.8	55
SLYBX-16/16B	16/16							6	18
SLYBX-25/25B	25/25							8	30
YBX-D10(V3)	10							3	6.25
YBX-D20(V3)	20							5	11
YBX-D20B(V3)									
YBX-D32(V3)	32	10	10	1450	1800	88	72	7	26
YBX-D32B(V3)									
YBX-D50(V3)	50							10	30
YBX-D50 B(V3)									

注：表中 SLYBX 为双联泵，其余为单泵。

表 10.3-25　CY14-1B 型轴向柱塞泵的主要性能参数

型号	额定压力 /MPa	排量 /(mL/r)	额定转速 /(r/min)	额定流量/(L/min) (1000r/min 时)	1000r/min 时的功率/kW
16※GY14-1B		16	1500	16	5.43
16※GY14-1B		32	1500	32	11.60
80※GY14-1B	20	80	1500	80	29.6
200※GY14-1B		200	1000	200	68.6
320※GY14-1B		320	1000	320	115
1.25MCY14-1B		25	1500	1.25	0.7
2.5※CY14-1B		2.5	1500	2.5	1.43
10※CY14-1B		10	1500	10	5.5
25※CY14-1B	32	25	1500	25	13.7
63※CY14-1B		63	1500	63	34.5
63WCY14-1B		63	1500	63	59
160※CY14-1B		160	1000	160	89.1
250※CY14-1B		250	1000	250	136.6

ZB※ ※40

① ② ③

① 名称：ZB—轴向柱塞泵，ZM—轴向柱塞液压

马达；②变量形式；③排量（mL/r）。

ZB 型斜盘式轴向柱塞泵的主要性能参数见表 10.3-26。

表 10.3-26　ZB 型斜盘式轴向柱塞泵的主要性能参数

型号	额定压力 /MPa	最高工作压力 /MPa	排量 /(mL/r)	额定转速 /(r/min)	最高转速 /(r/min)	1000r/min 时的理论功率/kW	变量形式
ZB※8.5			8.5		3000	3.26	ZB（定量泵）
ZB※40	21	28	40		2500	13.7	ZBSV（手动伺服变量泵）
ZB※75			75	1500	2000	40.9	ZBY（液控变量）
ZB※160			160		2000	54.9	ZBP（定压变量泵）
ZB※237	14	24	237			51.9	ZBN（恒功率变量泵）

3. A4V 系列通轴型斜盘式轴向柱塞泵

A4V 系列通轴式轴向柱塞泵的主泵后端盖上安装了辅助泵，用于操纵变量机构并为系统补油。变量液压缸垂直于传动轴布置，泵采用球面配流盘配流，利用碟形弹簧的弹簧力推动球铰回程结构，缸孔轴线与传动轴轴线之间有一小的倾角，缸体转动时柱塞的离心力可分解得到一推动柱塞沿缸孔外伸的分力，使其靠向斜盘。其国内生产厂家是贵州力源液压股份有限公司。

型号说明：

GY -A4V 56 HW1.0 R　O O1　B　1　A

① ② ③ ④⑤⑥⑦⑧⑨ ⑩⑪ ⑫

①厂家：GY-贵州力源液压公司；②基本型号：A4V—变量泵；③规格：56—排量为 56mL/r，其他规格，如 40、71、90、125 意义类同；④控制方式：HW—手动伺服控制，其他如 OV—无控制装置、HD—与压力有关的液压控制、HK—凸轮操纵伺服控制、EL—电气控制（比例电磁铁）、MS—转矩控制、DA—与转速有关的液压控制；⑤系列：1.0—排量为

40mL/r、56mL/r、90mL/r、125mL/r，2.0—排量为 71mL/r、250mL/r；⑥旋转方向（从驱动轴看）：R—顺时针，L—反时针；⑦法兰及轴伸：O—ISO 的两孔法兰、花键轴 DIN5480，I—SAE 的四孔法兰、花键轴 DIN5480；⑧增压泵及通轴传动轴：O—无通轴、带增压泵（标准型），E—无通轴、无增压泵（带端盖板），C—带通轴、带增压泵 SAE A，G—带通轴、带增压泵 SAE B，J—带通轴、带增压泵 SAE B-B，M—带通轴、带增压泵 SAE C，D—带通轴、带增压泵（连接法兰客户选配）；⑨过滤：1—标准型、增压泵吸油管过滤，2—增压泵出油管过滤、连接安装管路过滤器，3—增压泵出油管过滤、直接安装过滤器；⑩DA 控制阀：O—不带 DA 控制阀，A—带 DA 控制阀、固定调节，B—带 DA 控制阀、可用控制手柄机械调节，C—带 DA 控制阀、固定调节、内装液压微调阀，D—带 DA 控制阀、可用控制手柄机械调节、内装有液压阀，E—带 DA 控制阀、固定调节、带旋转微调阀的连接；⑪溢流阀：1—带先导控制溢流阀、调压范围为 25～42MPa（标准型），2—带先

导控制溢流阀、调压范围为 8～32MPa（标准型），3—直控式溢流阀，调压范围为 25～42MPa（用于举升设备）；⑫压力切断：O—带压力切断，A—不带压力切断。

A4V 系列斜盘式轴向柱塞泵的主要性能参数见表 10.3-27。

表 10.3-27　A4V 系列斜盘式轴向柱塞泵的主要性能参数

	规　格		40	56	71	90	125
排量 /(mL/r)		主泵	40	56	71	90	125
		辅助泵	8.4	11.4	19.0	19.0	26.4
流量 /(L/min)	n_{max}	主泵	148	190	227	261	325
		辅助泵	31	38	61	55	68
	$n=1450r/min$	主泵	58	81	103	130	181
		辅助泵	12	16	27	27	38
转速 /(r/min)	n_{max}		3700	3400	3200	2900	2600
	n_{min}		500	500	500	500	500
功率 /kW	n_{max}	主泵进出口压差 40MPa	99	127	151	174	217
		辅助泵进出口压差 2.5MPa	1.3	1.6	2.5	2.3	2.8
	$n=1450r/min$	主泵进出口压差 40MPa	39	54	69	87	121
		辅助泵进出口压差 2.5MPa	0.5	0.7	1.1	1.1	1.0
质量 /kg	不带通轴的标准型号		30	37	54	54	75

1.11.4　斜轴式轴向柱塞泵典型产品

1. A2F 型斜轴式定量泵（液压马达）

A2F 型斜轴式定量泵（液压马达）的缸体倾角有 20°和 25°两种，采用球面配流盘配流，可根据需要选择正转、反转或双向转动。其国内生产厂家是北京华德液压工业集团有限责任公司。

型号说明：

A2F 55 R 2 P 1
① ② ③ ④ ⑤ ⑥

①型号：定量泵/液压马达；②规格：代表排量、单位为 mL/r，规格与排量之间的对应关系见表 10.3-28；③旋转方向（从轴端看）：R—顺时针，L—逆时针，W—双向；④结构形式：有 8 种，见表 10.3-29；⑤轴伸形式：P—平键，Z—花键（DIN 5480），S—花键（GB/T 3478.1—2008）；⑥后盖形式：1、2、3、4（排量 160mL/r 以下的，1、2 作液压马达，3、4 作泵。200～500mL/r 排量的，1 作液压马达，2 作泵）。

表 10.3-28　A2F 型斜轴泵（液压马达）规格与排量间的对应关系

规格	10	12	23	28	45	55	63	80	107	125	160	200	250	355	500
排量/(mL/r)	9.4	11.6	22.7	28.1	44.3	54.8	63.0	80.0	107	125	160	200	250	355	500

表 10.3-29　A2F 型斜轴泵（液压马达）的结构形式

结构形式	排量/(mL/r)
4	10、12
3	23、28
1	45
V2	55
2	63、80
V2	107
2	125、160
5	200、250、355、600

A2F 型斜轴泵（液压马达）的主要性能参数见表 10.3-30。

2. A7V 型斜轴式变量泵

A7V 型斜轴式变量泵有多种变量方式可供选择：恒功率变量、恒压变量、电控比例变量、液控变量和手动变量，用于开式系统时进油压力应为 0.09～0.15MPa。其国内生产厂家是北京华德液压工业集团有限责任公司。

型号说明：

A7V 55 LV 1 L Z F OO
① ② ③ ④ ⑤ ⑥ ⑦ ⑧⑨

①型号；②规格：代表排量；③变量方式：LV—恒功率变量，DR—恒压变量，EP—电控比例变量，HD—液控变量，MA—手动变量（带手轮），SC—刹车变量，NC—数字变量；④结构形式：1—该结构形式适用于规格为 20～160 的斜轴泵，2—该结构形式适用于规格为 250～500 的斜轴泵；⑤传动轴转向（从轴端看）：R—顺时针，L—逆时针；⑥轴伸形式：P—平键，Z—花键（DIN5480），S—花键

（GB/T 3478.1—2008）；⑦油口连接：F—SAE 法兰连接两侧面，G—吸油口为 SAE 法兰连接、压力油口为螺纹连接两侧面；⑧行程限位：O—无行程限位，M—机械行程限位、用于 LV 和 DR 控制方式，H—液压行程限位、用于 LV 控制方式；⑨辅助元件：O—没有。

A7V 型斜轴泵的主要性能参数见表 10.3-31。

表 10.3-30　A2F 型斜轴泵（液压马达）的主要性能参数

型号	排量 /(mL/r)	压力/MPa		最高转速/(r/min)		最大功率/kW		额定转矩 /(N·m)	驱动功率 /kW	质量 /kg
		额定	最高	闭式	开式	闭式	开式			
A2F10	9.4			7500	5000	41	27	52.5	8	5.5
A2F12	11.6			6000	4000	41	27	64.5	10	5.5
A2F23	22.7			5600	4000	74	53	126	19	12.5
A2F28	28.1			4750	3000	78	49	156	24	12.5
A2F45	44.3			3750	2500	97	75	247	38	23
A2F55	54.8			3750	2500	120	80	305	46	23
A2F63	63			4000	2700	147	99	350	53	33
A2F80	80	35	40	3350	2240	156	105	446	68	33
A2F87	86.5			3000	2500	151	123	480	73	44
A2F107	107			3000	2000	187	125	594	91	44
A2F125	125			3150	2240	230	163	693	106	63
A2F160	160			2650	1750	247	163	889	135	63
A2F200	200			2500	1800	292	210	1114	169	88
A2F250	250			2500	1500	365	218	1393	211	88
A2F355	355			2240	1320	464	273	1978	300	138
A2F500	500			2000	1200	583	350	2785	283[①]	185

注：1. 表中最高转速是额定压力时的值。
　　2. 最大功率是额定压力和最高转速时的值。
　　3. 驱动功率是额定压力、转速为 1450r/min 时的值。
① 是转速为 1000r/min 时的值。

表 10.3-31　A7V 型斜轴泵的主要性能参数

型号	排量变化范围/(mL/r)	摆角变化范围/(°)	压力/MPa		最高转速/(r/min)		最大功率/kW		质量/kg
			额定	最高	n_1 ($p_{吸}$ = 0.1MPa)	n_2 ($p_{吸}$ = 0.15MPa)	n_1 时	n_2 时	
A7V20	0 ~ 20.5	0 ~ 18			4100	4750	49	57	19
A7V28	8.1 ~ 28.1	7 ~ 25			3000	3600	49	59	19
A7V40	0 ~ 40.1	0 ~ 18			3400	3750	80	88	28
A7V55	15.8 ~ 54.8	7 ~ 25			2500	3000	80	96	28
A7V58	0 ~ 55.8	0 ~ 18			3000	3350	102	114	44
A7V80	23.1 ~ 80	7 ~ 25			2240	2750	105	128	44
A7V78	0 ~ 78	0 ~ 18	35	40	2700	3000	123	136	53
A7V107	30.8 ~ 107	7 ~ 25			2000	2450	125	153	53
A7V117	0 ~ 117	0 ~ 18			2300	2650	161	181	76
A7V160	42.6 ~ 160	7 ~ 25			1750	2100	163	196	76
A7V250	0 ~ 250	0 ~ 26.5			1500	1850	218	270	105
A7V355	0 ~ 355	0 ~ 26.5			1320	1650	273	342	165
A7V500	0 ~ 500	0 ~ 26.5			1200	1500	350	437	245

1.11.5　径向柱塞泵典型产品

1. JB 型径向柱塞泵

JB 型径向柱塞泵为阀配流，泵有四个压油口，每个压油口单独向液压系统供油，压力可调，也能将四个油口的排油合成，集中向一个系统供油，因此通过泵可实现有级变速，该泵只能按规定方向旋转。其国内生产厂家是上海电气液压气动有限公司。JB 型径向柱塞泵的主要性能参数见表 10.3-32。

2. BFW 型卧式径向柱塞泵

BFW 型卧式径向柱塞泵中有三个柱塞并列安装，通过曲轴连杆滑块机构使柱塞实现往复运动，通过配流阀实现吸油、压油。该泵为定量泵，工作介质可用液压油，也可用乳化液。其国内生产厂家是天津高压泵阀厂。该泵的主要性能参数见表 10.3-33。

3. 3D 系列高压三柱塞泵

三柱塞液压泵的工作介质一般为非矿物油类，如高水基液压液、难燃液压液等，主要用于化工流体，如氨水、洗涤剂、料浆、氨基甲酸铵的输送以及高压清洗、清砂、金属切割等液压系统，广泛用于矿山、建筑、水泥、桥梁、石油化工、交通运输及市政工程等领域。其国内生产厂家主要有无锡海燕高压泵阀厂、天津通洁高压泵制造有限公司、上海凯通（恒通）耐腐蚀水泵厂、江汉油田凯达实业有限公司高

压泵厂、无锡前洲高压泵厂等。

型号说明：

3　D　1-S Z 25 / 22
① ② ③ ④⑤⑥　⑦

①3—三个柱塞；②驱动方式：D—电动机，N—内燃机；③泵型代号：1、2、3……；④适用介质：S—水，T—聚合物，……；⑤底座代号：Z—带底座和电动机，X—只供泵；⑥额定流量：单位为 mL/min；⑦额定压力：单位为 MPa。

3D 系列三柱塞泵的主要性能参数见表 10.3-34 ~ 表 10.3-36。

表 10.3-32　JB 型径向柱塞泵的主要性能参数

型号	排量 /(mL/r)	压力/MPa		转速/(r/min)		驱动功率 /kW	容积效率 (%)
		额定	最高	额定	最高		
JB-G57	57	25	32	—	1500	45	≥95
JB-G73	73					55	
JB-G100	100					75	
JB-G121	121					110	
4JB-H125	128	32	40	1800	2400	140	>88
JB-H18	17.6					11.36	
JB-H30	29.4			1000		18.9	≥90
JB-H35.5	35.3					22.9	

表 10.3-33　BFW 型卧式径向柱塞泵的主要性能参数

型号	额定压力 /MPa	额定流量 /(L/min)	额定转速 /(r/min)	容积效率 (%)	输入功率 /kW	吸入高度 /m	质量 /kg
BFW01	20	40	1500	≥95	15.17	≥4	67.6
BFW01A	40	25	1500	≥91	18.69	≥4	67.6

表 10.3-34　3D1 系列三柱塞泵的主要性能参数

输入轴转速/(r/min)						
输入轴转速/(r/min)	1460					
柱塞行程/mm	60					
齿轮减速比	3.650			2.197		
柱塞冲次	400			500		
电动机功率/kW	11	15	柱塞直径 /mm	15	18.5	流量 /(L/min)
流量/(L/min)	额定压力/MPa			额定压力/MPa		
25	22	—	22	25	—	32
30	18	25	24	22	24	38
32	17	22	25	18	22	40
40	14	18	28	15	18	50
48	12	16	30	13	16	60
55	10	14	32	11	14	65
66	9	12	35	9.5	12	80
85	7	9	40	7.5	9	105
105	5.5	7	45	7	7	135

表 10.3-35 3D2 系列三柱塞泵的主要性能参数

输入轴转速/(r/min)					1480					
柱塞行程/mm					95					
齿轮减速比			3.652					2.963		
柱塞冲次			405					500		
电动机功率/kW	37	45	55	75	柱塞直径 /mm	45	55	75	90	流量/(L/min)
流量/(L/min)	额定压力/MPa					额定压力/MPa				
40	45	—	—	—	22	45	—	—	—	50
50	35	45	25	—	25	35	45	—	—	65
60	30	37.5	45	—	26	30	38	45	—	75
65	28	35	42	—	28	28	35	48	—	80
75	25	30	38	50	30	25	30	40	50	95
85	22	26	34	45	32	22	26	36	45	105
102	18	22	28	36	35	18	22	30	36	125
135	14	17	21	28	40	14	17	24	28	170
170	11	13	17	22	45	11	13	18	22	215

表 10.3-36 3D3 系列三柱塞泵的主要性能参数

输入轴转速/(r/min)		1480		
柱塞行程/mm		120		
齿轮减速比		4.04		
柱塞冲次		366		
流量/(L/min)	电动机功率/kW			柱塞直径 /mm
	110	132	160	
	额定压力/MPa			
40	140	160	—	20
50	120	130	160	22
60	100	110	130	24
70	85	100	120	26
80	70	82	100	28
92	60	70	86	30

1.11.6 螺杆泵典型产品

G 型单螺杆泵由上海博生水泵制造有限公司生产。

型号说明：

F G 35-1

① ② ③ ④

①F 表示泵体和内部零件材料均为不锈钢，无字母则表示泵体为铸铁、内部零件为不锈钢；②G 表示单螺杆泵；③螺杆的名义直径，单位为 mm；④1 表示一级泵，2 表示二级泵。

G 型单螺杆泵的主要性能参数见表 10.3-37。

表 10.3-37 G 型单螺杆泵的主要性能参数

型号	口径/mm		流量 /(m³/h)	扬程 /m	功率 /kW	转速 /(r/min)	吸入高度 /m
	进口	出口					
G25-1	32	25	2	60	1.5	960	6
G25-2	32	25	2	120	2.2	960	6
G30-1	50	40	5	60	2.2	960	6
G30-2	50	40	5	120	3	960	6
G35-1	65	50	8	60	3	960	6
G35-2	65	50	8	120	4	960	6
G40-1	80	65	12	60	4	960	6
G40-2	80	65	12	120	5.5	960	6
G50-1	100	80	20	60	5.5	960	6
G50-2	100	80	20	120	7.5	960	6
G60-1	125	100	30	60	11	960	6
G60-2	125	100	30	120	15	960	6
G70-1	150	125	45	60	15	960	6

1.12 液压泵的选用、安装及维护

1.12.1 液压泵的选用

液压系统的最大工作压力和最高流量是选择液压泵时需要考虑的两个主要因素，除此之外，还应考虑是否需要改变排量、应用场合、使用环境等。根据主机使用时的特点，液压系统总体上分为两大类：一类是固定式液压系统，如机床、塑料注射机、冶金机

械、煤矿液压支架的液压系统等，另一类是移动式液压系统，如汽车起重机、各种工程机械、飞机、火炮等的液压系统。一般固定液压系统采用电动机作为原动机，转速基本不变，工作环境较为清洁，液压系统的油温为 50 ~ 70℃，空间布置较为宽敞，易采用冷却、加热措施，对噪声要求不得超过 80dB（A），此时各类液压泵均可选用。而移动式液压系统的原动机通常为汽油机或柴油机，转速可在较大范围内（600 ~ 3000r/min）变化，环境温度变化较大，空气污染严重，环境较脏，空间布置受到限制，不易采用水冷却，噪声要求不高，考虑安装空间的限制及整机对体积质量的要求，液压系统一般设计成闭式系统，可考虑选用齿轮泵、双作用叶片泵等。

1. 液压泵额定压力的选择

每种液压泵都可设计成不同的压力等级，以满足不同主机对系统压力的需要，一般根据液压设备的工作性质大致确定液压系统的压力范围，见表 10.3-38。

表 10.3-38　常见液压设备的压力范围

液压设备	精加工机床	半精加工机床	粗加工机床或重型机床	农业机械、工程机械	塑料注射机	液压机、冶金机械、挖掘机、起重机
压力范围/MPa	0.8 ~ 2	3 ~ 5	5 ~ 10	10 ~ 16	6 ~ 25	20 ~ 32

具体设计时，一般要根据系统负载大小计算系统的最大压力，并根据此压力选择液压泵的类型，所选液压泵的额定压力要高于计算得到的最大系统压力 10% ~ 30%。

2. 液压泵额定流量的选择

液压泵的额定流量主要根据系统工作机构的工作速度来确定，泵（或泵组）提供的流量应满足系统的最大工作速度需求。可根据执行机构的工作特点，选用单泵、多泵或变量泵，以达到系统效率最高、能耗最低、系统温升较低的目的。

3. 液压泵额定转速的选择

转速主要影响泵的流量、泵内部摩擦副的摩擦磨损、泵的使用寿命等，如果原动机为电动机，泵的额定转速应与电动机的额定转速一致。当原动机为柴油机或汽油机时，应选用转速范围较宽的液压泵。使用液压泵时应尽可能使之在额定转速范围内运行。

4. 定量泵和变量泵的选用

1）若液压系统工作机构的工作速度不需要调节，或系统采用节流调速回路来调速，或通过改变原动机的转速来调节流量，可选用定量泵或手动变量泵。此时，手动变量泵不宜在小排量工况下工作，因小排量工况不仅效率低，而且流量不稳定。

2）若系统要求高效节能，且工作机构的速度变化范围较大，可选用变量泵来实现容积调速或容积节流调速。限压式变量泵与调速阀组成的容积节流调速系统，可以根据需要调节进入执行元件的流量，满足既节能又提高速度刚度的要求；恒功率变量泵则因其控制压力直接取自执行元件的负载压力，泵的流量与压力按设定的抛物线规律自动变化，无法人为调节，多用于对速度无严格要求的压力机液压系统。电液比例变量泵适用于多级调速系统，如注射机液压系统；负载敏感变量泵适用于要求随机调速且功率自适应的系统，如行走机械的转向系统；双向手动变量泵或双向手动伺服变量泵多用于闭式回路，如卷扬机等，此时泵可起换向和调速双重作用。

1.12.2　液压泵的安装

1. 液压泵与电动机的安装

液压泵的传动轴与电动机的传动轴应保持一定的同轴度。泵的安装支架必须有足够的刚度，最好安装防振垫，以降低噪声，特别是当液压泵和原动机安装在油箱上时，更应注意采取措施减小由振动引起的液压系统噪声。

液压泵的传动轴通常不能承受侧向或轴向作用力，否则会影响泵的正常工作，甚至会导致过早损坏失效，因此一般泵的传动轴与原动机输出轴之间要安装弹性联轴节，两轴的同轴度误差不得大于 0.1mm，避免对泵轴产生侧向或轴向作用力。

同样，也不允许在泵的轴伸上直接连接带轮、齿轮、链轮，需要安装上述传动机构时，可采用轴承支架安装，然后再通过弹性联轴节与泵连接。

斜轴泵的传动主轴能够承受一定的径向力，径向力的允许值参见产品说明书。

泵在安装后，应用手转动泵轴，检查有无卡阻现象。特殊情况下还要对转子进行精密的动平衡试验，以尽量避免共振。

2. 液压泵吸油口过滤器的安装

液压泵吸油口过滤器的正确选择和安装，可使液压元件，特别是液压泵的故障明显减少。过滤器精度应根据液压泵的结构类型、主要摩擦副的加工安装精度等确定。为避免泵吸油口发生气穴，一般选用粗过滤器，常用网式过滤器。一般地，对于齿轮泵，过滤器的过滤精度应不低于 40μm。对于叶片泵、柱塞泵，油液的清洁度应达到国家标准等级 16/19 级，使用的过滤器精度大多为 25~30μm，具体过滤要求参考相关的产品说明书。

安装时，过滤器不允许露出油箱的油面，油面离过滤器顶面至少应有 100mm 的距离，以免空气进入。此外，过滤器应定期清洗，以免堵塞。

3. 液压泵油管的安装要求

为降低流体噪声，避免出现气穴和液压冲击而诱发振动、噪声和发热，泵的配管安装要符合规范。

1）安装之前将管道彻底清洗一次，去掉污物、氧化皮等，焊接管道必须酸洗后再冲洗。

2）泵进油口距油箱液面的高度不得大于 0.5m，必要时可考虑将油箱安装在泵上方。吸入性能较差的液压泵，如阀配流柱塞泵的吸油口必须具有一定的压头，要求油箱的最低油面高于泵中心线 0.3m，以满足正常吸油要求。

吸油管路上的管接头等连接部位密封要可靠，以免空气进入液压系统中。推荐进油管吸油口距油箱底面 150mm 以上，管端切 45°剖口。

3）为减小吸油阻力，管道上的弯头不宜过多，尽量不接直角弯头，避免装截止阀，如果需要安装截止阀时，阀的通径必须比推荐的吸入管道直径大一到两档，以免因操作失误而使泵吸空。

4）吸油管道应尽可能短，内径不宜过小。在进油管路较长时，进油管径需增大，以免流动阻力太大造成吸油不足，进口流速一般取 1~2m/s。

5）泵的泄油管用来将泵内漏出的油排回油箱，同时起冷却和排掉泵运行过程中产生的磨屑的作用。泄油管应尽可能短，若超过 2m，应增大通径，确保泵壳体内回油压力不得大于 0.05MPa，以免损坏泵的轴封。因此，泵的泄油管不宜与液压系统其他回油管连接在一起，以免系统压力冲击波传入泵壳体内，破坏泵的正常工作或使泵壳体内缺润滑油，形成干摩擦，造成摩擦副烧伤损坏。应将泵的泄油管单独通入油箱，并插入油箱液面以下，以防止空气进入液压系统。

6）为了防止泵的振动沿管道传至系统引起系统振动噪声，在泵的吸入口和压出口可各安装一段软管，长度不应超过 600mm，吸入口软管要有一定的强度，避免由于管内形成真空而使其出现变形现象。

1.12.3　液压泵的使用与维护

1）油液的粘度和工作油温应适宜，最好根据产品样本要求确定。当周围环境温度低时，应用粘度小的油；反之，用粘度大的油。液压系统较适宜的温度范围是 15~65℃，若高于或低于此范围，系统应设冷却或加热装置。

2）应保持油液的清洁，并经常检查过滤器的阻塞情况和管道的密封情况，以免产生气穴和气蚀现象。

3）起动前检查系统中的安全阀是否在调定的压力值，轴向柱塞泵在壳体的最高处设有外泄油口，泵起动前应由此油口向壳体内灌满清洁的工作介质，其他泵在使用前最好也灌入液压油。起动时应断续开启数次以排除泵内部的空气和保证其内部润滑，空载运转 1~2min 后若无异常现象再逐渐加载，加载过程中应无异常振动、噪声、油液渗漏等。

轴向柱塞泵的壳体最低处设有放油口，泵工作时此油口用螺塞堵上，维修泵时先由此油口将壳体内的油液排出，然后再拆卸泵的零部件。

4）对于结构上非对称的液压泵，如齿轮泵、配流盘不对称的柱塞泵、阀配流轴向柱塞泵，使用时必须按指定的方向旋转，不得反转。

5）泵的工作压力和转速应尽可能控制在额定值以内，以保证较高的效率和使用寿命。

6）选用多联齿轮泵或多联叶片泵时，第一联泵应比第二联泵承受的负荷低一些；多联泵的总负荷不能超过泵轴所能承受的转矩。

7）应避免液压泵带负载起动及在有负载的情况下停车。若泵长期不用，应将泵与原动机分离，再度使用时，应先空载运转 10min，然后再投入工作。

8）不要随意拆装齿轮泵，如有拆装必要，应在清洁的车间内进行。拆装时，不要乱敲乱打，以免损坏密封和螺纹以及配合表面。

1.12.4　液压泵常见故障及检修方法

各种液压泵在故障的表现形式、故障原因及排除的方法方面存在一些共性，还有的故障与液压泵自身的结构有关。下面给出齿轮泵、叶片泵及斜盘式轴向柱塞泵的常见故障及检修方法。

齿轮泵常见故障及检修方法见表 10.3-39。

表 10.3-39　齿轮泵常见故障及检修方法

故障现象	故障原因	排障方法
吸不上油或吸油不充分	1）油箱液面过低	1）补油至规定液位
	2）油液粘度偏高或油温过低	2）换用推荐粘度的液压油或加热液压油
	3）泵旋向与设计转向相反	3）改变泵或原动机的旋向

（续）

故障现象	故 障 原 因	排 障 方 法
吸不上油或吸油不充分	4）进油路过滤器堵塞	4）清洗或更换过滤器
	5）进油管管径过细、管路过长	5）更换进油管
	6）进油路漏气	6）检查管路、密封件、轴封是否损坏
噪声过高	1）油箱液面过低	1）补油至规定液位
	2）过滤器堵塞	2）清洗或更换过滤器
	3）吸油管破损或连接松动	3）紧固连接件更换吸油管
	4）紧固件松动	4）拧紧连接件
	5）转速过高	5）调整转速至规定值
	6）泵主动轴和原动机轴不同心	6）调整原动机轴和泵主轴的同轴度
	7）零件磨损严重	7）更换新泵或更换磨损件
压力升不高	1）侧板磨损或侧板（轴套）背面密封圈损坏，泄漏大	1）更换侧板或密封圈
	2）轴承或轴承处的密封圈损坏	2）更换轴承或密封圈
	3）泵主动轴油封损坏	3）更换油封
	4）泵的旋向与原动机相反	4）改变泵的旋向
	5）转速太低	5）提高转速
	6）压力阀调定压力偏低	6）调整压力至需要值
	7）压力表失效	7）更换压力表
外渗漏	1）泵体紧固螺栓松动	1）拧紧螺栓
	2）密封件损坏	2）更换密封件
	3）排油口法兰密封不好	3）清除污物、毛刺，重新安装
	4）油温过高	4）检查油温过高的原因并排除
	5）泵体或泵盖变形	5）修复或更换新件
发热严重	1）油液粘度过高或过低	1）更换推荐粘度的液压油
	2）零件磨损，内泄漏太大	2）更换磨损件
	3）摩擦副发生过度摩损	3）修复或更换磨损件
	4）油箱容积太小，散热条件差	4）改善冷却条件或增大油箱容积
	5）压力太高，转速过高	5）调整压力和转速至规定值

叶片泵的常见故障及检修方法见表 10.3-40。

表 10.3-40　叶片泵常见故障及检修方法

现象	故 障 原 因	排 除 方 法
吸不上油或无压力	1）进出油口接反	1）调换进出油管的连接
	2）原动机与泵的标识旋向相反	2）变换原动机旋向
	3）油液粘度过高使叶片运动不灵活	3）换用推荐粘度的液压油
	4）吸油管口因为油箱内液面过低无法吸油	4）补充液压油至最低液面标线之上
	5）液压油温度太低致使粘度过低	5）加热液压油使其温度在推荐范围内
	6）液压油污染致使叶片在叶片槽内卡住	6）拆洗、修磨摩擦副元件，并更换液压油
	7）吸入管路或过滤器堵塞致使吸油阻力过大	7）清洗管路或更换、清洗滤芯，更换或过滤油液
	8）吸入管路上的过滤器过滤精度过高致使吸油不畅	8）按照说明书推荐的过滤精度选择过滤器
	9）吸入管路密封不严	9）检查管路上的各连接处并密封紧固
流量达不到额定值	1）转速达不到额定值	1）按叶片泵额定转速选用电动机
	2）系统中有泄漏	2）检查系统并采取适当措施保证密封
	3）吸入管道漏气	3）检查漏气的连接并更换密封件或紧固连接
	4）油箱内液面过低	4）补充油液至最低液面之上
	5）吸入口过滤器堵塞或通流能力不足	5）清洗或更换滤芯，确保过滤器的通流流量在泵流量的 2 倍以上
	6）吸油管道堵塞或通径偏小	6）清洗管道，确保吸油管通径不低于泵吸入口通径
	7）油液粘度过高或过低	7）确保油液粘度或工作时的油温在推荐范围之内
	8）变量泵流量调节不当	8）重新调节至所需流量

（续）

现象	故障原因	排除方法
压力上不去	1)溢流阀调定压力偏低或存在故障	1)调节溢流阀压力至需要值或修复溢流阀
	2)泵不上油或流量不足	2)见前述排障方法
	3)系统中有泄漏	3)查找并修补泄漏点
	4)吸油不充分	4)见前述排障方法
	5)吸入管道漏气	5)检查管道各连接处并确保密封可靠
过度发热	1)散热不充分	1)设置冷却器或改善油箱散热条件
	2)油液粘度过低,内泄过多	2)改用推荐粘度的液压油
	3)工作压力过高	3)降至额定压力以下
	4)回油口直接接到泵入口	4)回油口接到油箱液面之下
振动噪声偏大	1)吸入管道漏气	1)排障方法同前
	2)吸油不充分	2)排障方法同前
	3)油中有气泡	3)补充油液,使回油管口至液面之下
	4)泵转速过高	4)调至额定转速以下
	5)泵压力过高	5)调至额定压力以下
	6)泵轴与原动机轴安装同轴度误差偏大	6)调节安装同轴度至规定范围
	7)轴封处漏气	7)更换轴封
	8)油液污染致使叶片卡在叶片槽内	8)清洗摩擦副零件,过滤或更换液压油
漏油	1)壳体存在砂眼	1)更换壳体
	2)密封件损伤或老化	2)更换密封件
	3)密封面损伤	3)修磨密封面
	4)进出油口连接部位松动	4)紧固螺钉或管接头

斜盘式轴向柱塞泵常见故障及检修方法见表 10.3-41。

表 10.3-41　斜盘式轴向柱塞泵常见故障及排除方法

现象	故障原因	排障方法
泵不排油或排油不足	1)旋转方向不对	1)按泵的指示转动方向调整电动机转向
	2)泵内零件失效	2)拆检、修配或更换损坏件
	3)轴或键断裂	3)更换损坏件
	4)油箱内油位过低	4)向油箱内补充液压油至规定的最低液位
	5)吸油管路上的过滤器堵塞	5)清洗或更换滤芯
	6)吸油管路上的过滤器通流能力不足	6)更换通流能力大的过滤器
	7)吸油管路通径过小,长度过大	7)换用通径大的管件,减小吸油管长度
	8)吸油管路漏气	8)紧固连接或更换密封件
	9)变量泵斜盘处于零位或倾角不到位	9)增大斜盘倾角
不能建压	1)泵不排油	1)见上述解决方法
	2)恒压阀调压弹簧没有调紧	2)调节恒压弹簧的调压螺钉
	3)溢流阀失效或调定压力偏低	3)检修溢流阀或调定至需要压力值
	4)卸荷回路处于卸载状态	4)关闭卸荷回路
漏油	1)壳体结合面有毛刺	1)清除毛刺
	2)轴端密封失效	2)更换密封件
	3)泄油管内径过小,长度过长	3)更换通流能力大的泄油管
振动、噪声过大	1)安装支架刚度不足	1)增加支架刚度
	2)管路振动	2)用管夹固定管路
	3)泵与原动机的连接同轴度误差大	3)调节同轴度至规定范围内
	4)回油管末端露出液面或与吸油管口距离过近	4)将回油管口插入液面之下并增大与吸油管口的距离
	5)吸油管路漏气	5)紧固各吸油管路上的连接,更换损坏的密封件
	6)吸油管路上的过滤器堵塞	6)清洗或更换滤芯
	7)吸油管路上的过滤器通流能力不足	7)更换通流能力大的过滤器
	8)泵内摩擦副磨损严重	8)拆检、修配或更换损坏摩擦副件
	9)轴承磨损严重	9)更换轴承,并确保润滑良好

2　液压马达

2.1　液压马达的分类

按照工作原理、结构特点及输出特性，液压马达的分类如图10.3-18 所示。

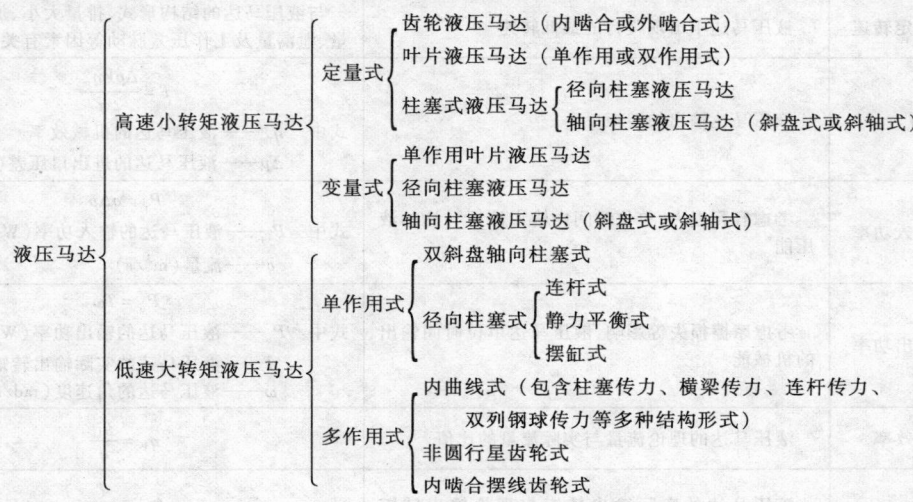

图10.3-18　液压马达的分类

低速大转矩液压马达与高速小转矩液压马达的划分并没有严格的界限，通常认为额定转速高于500r/ min 的液压马达属于高速液压马达，其特点是速度高、转动惯量小、起动和制动容易、速度调节灵敏，但输出转矩较小。低速大转矩液压马达的额定转速一般小于 500r/min，其特点是排量大、体积大、输出转矩大，转速可低到每分钟几转甚至 0.1r/min。

2.2　液压马达的性能参数及计算方法

液压马达的主要性能参数及计算方法见表 10.3-42。

表 10.3-42　液压马达的主要性能参数及计算方法

参数		定义	计算方法
	排量 V	不考虑泄漏和液体的压缩性影响,液压马达每转一周需要输入的液体体积	根据液压马达的结构计算得到
流量	理论流量 q_t	不考虑泄漏和液体的压缩性影响,液压马达单位时间需输入的液体体积	$q_t = \dfrac{nV}{60} \times 10^{-6}$ 式中　q_t——理论流量(m^3/s) 　　　n——液压马达转速(r/min) 　　　V——液压马达排量(mL/r)
	实际流量 q	也称为有效流量,是指在某一压力和转速下单位时间内实际输入液压马达的液体体积	实际流量大于理论流量,其差值为液压马达的泄漏流量
压力	额定压力	在正常工作条件下,根据液压马达试验标准推荐的允许液压马达连续运行而不出现失效的最高压力	额定压力值与液压马达的结构形式及其零部件的强度、工作寿命和容积效率等因素有关
	工作压力	液压马达进口的实际压力	取决于负载大小
	背压	液压马达出口压力	一般取 0.5 ~ 1MPa,主要为保证液压马达工作的平稳性
转速	理论转速	不计容积损失,液压马达的转速	在排量一定时,取决于输入液压马达的流量 $n = \dfrac{q_t}{V}$

（续）

参数		定义	计算方法
转速	实际转速	考虑泄漏影响，液压马达的实际输出转速	$n = \dfrac{q_t}{\eta_V V}$ 式中　η_V——液压马达的容积效率
	最低稳定转速	液压马达不出现爬行的最低转速	与液压马达的结构形式、排量大小、加工装配质量、泄漏量及工作压差脉动等因素有关
	转矩 T	液压马达输出的转矩	$T = \dfrac{\Delta p V \eta_m}{2\pi}$ 式中　η_m——液压马达的机械效率 　　　Δp——液压马达的进出口压差（Pa）
功率	实际输入功率	考虑容积损失，单位时间内输入液压马达的液压能	$P_i = q\Delta p$ 式中　P_i——液压马达的输入功率（W） 　　　q——流量（m³/s）
	实际输出功率	考虑摩擦损失等影响，液压马达单位时间输出的机械能	$P_o = T\omega$ 式中　P_o——液压马达的输出功率（W） 　　　T——液压马达的实际输出转矩（N·m） 　　　ω——液压马达的角速度（rad/s）
效率	容积效率	液压马达的理论流量与实际流量的比值	$\eta_V = \dfrac{q_t}{q}$
	机械效率	液压马达的实际输出转矩与理论输出转矩之比	$\eta_m = \dfrac{T}{T_t}$ 式中　T_t——液压马达的理论输出转矩（N·m）
	总效率	液压马达输出的机械功率与输入的液压功率之比	$\eta = \eta_m \cdot \eta_V$
起动性能	起动转矩	液压马达由静止状态起动时液压马达输出轴上所能输出的转矩	起动转矩通常小于在正常运转状态下的输出转矩，主要是由于在液压马达起动时，内部各相对运动副间处于静摩擦状态，存在较大的摩擦阻力矩
	起动机械效率	液压马达由静止状态起动时实际输出转矩与液压马达在同一工作压差时的理论输出转矩之比	
	制动性能	亦称滑移特性，是指切断液压马达的进出油口后，因负载转矩变为驱动转矩使液压马达反向转动，使液压马达变成泵工况，出口压力升高，但因油路被切断，油液向外泄漏导致液压马达缓慢转动的特性	

2.3　常用液压马达的技术性能比较

常用液压马达的主要技术性能比较见表 10.3-43。

表 10.3-43　常用液压马达的主要技术性能比较

类型	排量范围/(mL/r)	压力/MPa		转速范围/(r/min)	容积效率（%）	总效率（%）	起动机械效率（%）	噪声	价格
		额定	最高						
外啮合齿轮液压马达	5.2～160	16～20	20～25	150～2500	85～94	85～94	85～94	较大	最低
内啮合摆线转子液压马达	80～1250	14	20	10～800	94	76	76	较小	低
双作用叶片液压马达	50～220	16	25	100～2000	90	75	80	较小	低
单斜盘轴向柱塞液压马达	2.5～560	31.5	40	100～3000	95	90	20～25	大	较高
斜轴式轴向柱塞液压马达	2.5～3600	31.5	40	100～4000	95	90	90	较大	高
钢球柱塞液压马达	250～600	16	25	10～300	95	90	85	较小	中
双斜盘轴向柱塞液压马达	—	20.5	24	5～290	95	91	90	较小	高
单作用曲轴连杆径向柱塞液压马达	188～6800	25	29.3	3～500	>95	90	>90	较小	较高
单作用无连杆型径向柱塞液压马达	360～5500	17.5	28.5	3～750	95	90	90	较小	较高

（续）

类型	排量范围 /（mL/r）	压力/MPa		转速范围 /（r/min）	容积效率 （%）	总效率 （%）	起动机械 效率（%）	噪声	价格
		额定	最高						
滚柱柱塞传力式多作用内 曲线径向柱塞液压马达	215～12500	30	40	1～310	95	90	95	较小	高
钢球柱塞传力式多作用 内曲线径向柱塞液压马达	64～10000	16～20	20～25	3～1000	93	>85	95	较小	较高
横梁传力式多作用内 曲线径向柱塞液压马达	1000～40000	25	31.5	1～125	95	90	95	较小	高
滚轮传力式多作用内曲 线径向柱塞液压马达	8890～150774	30	35	1～70	95	90	95	较小	高

2.4　齿轮液压马达

齿轮液压马达与齿轮泵结构基本相同，其不同点在于以下几个方面：

1）齿轮泵内泄漏油液都流回吸油口，而齿轮液压马达的内部泄漏油液则单独流回油箱。

2）通常齿轮泵的吸油口过流面积大于排油口，而齿轮液压马达的入口与出口尺寸相同。

3）为减小输出转矩的脉动，齿轮液压马达的齿数一般较多。

如图 10.3-19 所示，两齿轮的啮合点 C 至齿轮中心的距离分别为 R_{C1} 和 R_{C2}，高压腔中油压 p_g 对轮齿上各点都有作用，但由于 $R_{C1} < R_{C2}$，$R_{C2} < R_{e2}$，相互啮合的一对齿只有部分齿面处于高压腔，故高压腔中齿面的切向液压力不平衡，从而对两个齿轮分别形成转矩 T_1' 及 T_2'。同理，处于低压腔中的齿面切向液压力也不平衡，从而形成反向转矩 T_1'' 及 T_2''。故齿轮 I 上受到的力矩为 $T_1 = T_1' - T_1''$，齿轮 II 上受到的力矩为 $T_2 = T_2' - T_2''$。液压马达输出轴上输出总转矩为 $T = T_1 + T_2 R_1/R_2$（R_1、R_2 为齿轮 I、II 的节圆半径），从而克服工作机构的负载按箭头所示方向旋转，油液则被带入低压腔排出。

齿轮液压马达体积小、质量轻、结构简单、工艺性好、成本低、对液压油的污染不敏感、耐冲击、惯性小，但总效率较低，转矩脉动较大，低速稳定性差，一般适用于高速低转矩的使用场合。

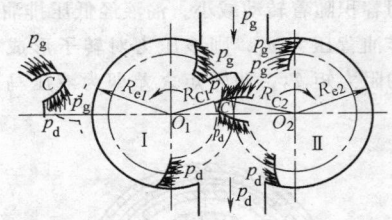

图10.3-19　齿轮液压马达的工作原理

2.5　摆线齿轮液压马达

如图 10.3-20 所示，摆线齿轮液压马达具有摆线齿形的外齿轮为转子，齿数为 z_1，具有圆弧形齿形的内齿轮为定子，齿数为 $z_2 = z_1 + 1$，转子做行星运动，既自转，同时又以偏心距 e 为半径绕定子中心公转，转子公转它的齿数次（z_1 次）后，自转一周。

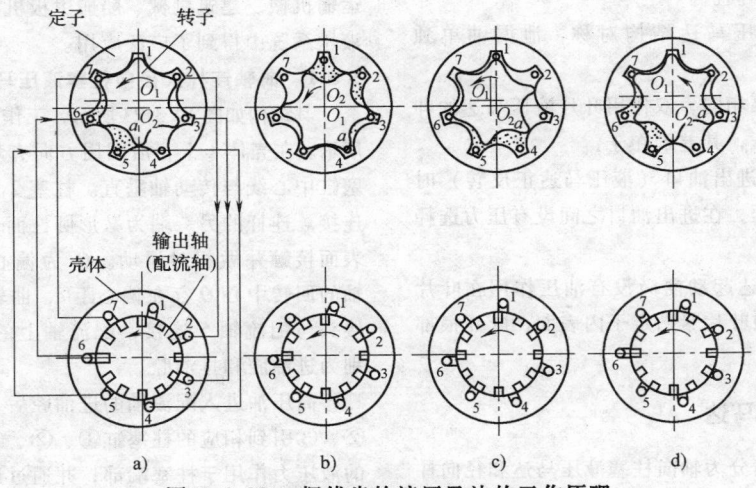

图10.3-20　摆线齿轮液压马达的工作原理

内啮合摆线齿轮液压马达不仅具有一般齿轮液压马达结构简单、体积小、质量轻、价格低等优点，而且较一般齿轮液压马达具有较大的输出转速，功率密度大，转速范围宽，因而常用作低速大转矩液压马达。

2.6　叶片液压马达

叶片液压马达的基本结构与叶片泵类似，双作用叶片液压马达的工作原理如图 10.3-21 所示。在高压区，油液压力 p_g 作用在叶片 1 和 3 、叶片 5 和 7 上，但因叶片 3 和叶片 7 处于大半径圆弧段，叶片 1 及叶片 5 处于小半径圆弧段，因此作用在叶片上的液压力对转子轴产生一顺时针方向的转矩 T_1，此力矩驱动转子旋转。与此同时由叶片 3 和 5 、叶片 7 和 1 所围成的密闭容积随着转动减小，油液经低压排油窗口排出。若排油背压为 p_b，则该压力对转子形成一逆时针方向的阻力矩 T_2，两转矩之差即为液压马达输出转矩。

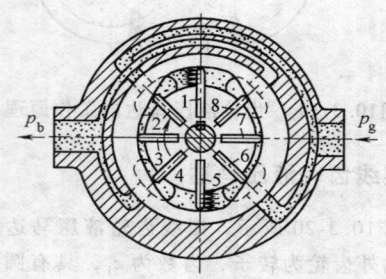

图10.3-21　双作用叶片液压马达工作原理

双作用叶片液压马达具有体积小、质量轻、流量脉动小和噪声低等优点，但对油液污染敏感，在结构上因为功能要求而不同。

双作用叶片液压马达结构对称，泄漏油单独外泄。

与双作用叶片泵相同，双作用叶片液压马达的叶片槽根部全部通高压，其差别在于：

1）为保证变换进出油口（液压马达正反转）时叶片槽根部常通高压，在进出油口之间设有压力选择阀，称为梭阀。

2）因为液压马达起动前尚没有油压作用在叶片底部，为保证起动前叶片紧贴子内表面，叶片根部安装有燕式弹簧。

2.7　柱塞式液压马达

柱塞式液压马达分为轴向柱塞液压马达和径向柱塞液压马达两类。斜盘式轴向柱塞液压马达的基本结

构与液压泵类似，工作原理如图 10.3-22 所示。当压力油进入柱塞腔后，柱塞受压力作用将滑靴紧在斜盘上，斜盘对滑靴产生反作用力 N，当不计摩擦力等次要作用力时，反作用力 N 沿斜盘的法线方向，可以分解为一沿着柱塞轴线的分力 F_x 和一垂直柱塞轴线的分力 F_t，F_x 与作用在柱塞端面上的液压力平衡，F_t 则通过柱塞与缸体的接触对缸体产生一力矩，所有处于进油阶段的柱塞都会产生一同方向但大小有差别的力矩，而处于回缩阶段的柱塞把柱塞腔的油排回到油箱，当回油有背压时，会对缸体形成一反向力矩，以上两力矩的代数和即为液压马达输出的总力矩。

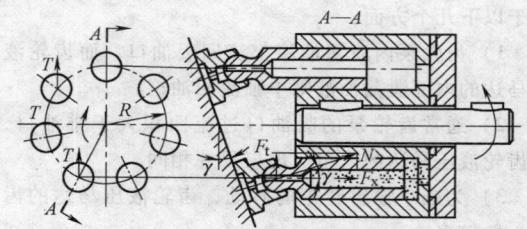

图10.3-22　斜盘式轴向柱塞液压马达的工作原理

改变斜盘倾角，即可改变液压马达的排量；改变液压马达进出口油口的关系，就可以使液压马达反转。

轴向柱塞液压马达结构紧凑，体积小，质量轻，功率密度大，效率高，易实现变量；但结构较复杂，耐油液污染能力差，价格高。

2.8　低速大转矩液压马达

低速大转矩液压马达可以直接驱动工作机构而不需要中间的减速装置，在工程机械、矿山机械、起重运输机械、建筑机械、船舶甲板机械和注塑机械等的液压系统中得到了广泛应用。

2.8.1　曲轴连杆式径向柱塞液压马达

其结构如图 10.3-23 所示，工作原理则如图10.3-24 所示。在壳体 1 上，沿圆周方向有均布的柱塞缸，柱塞缸中心线与传动轴垂直。柱塞 2 通过球铰与连杆 3 连接。连杆的另一端为鞍形圆柱面，与曲轴的偏心轮表面接触并做相对滑动。O_1 为偏心轮的圆心，与曲轴的回转中心 O 存在偏心距 e，曲轴的一端通过十字接头与配流轴 5 连接，配流轴上的“隔墙”两侧分别为进油腔和排油腔。

高压油进入配流轴的进油腔后，经壳体的槽①、②、③引到相应的柱塞缸①、②、③中。高压油产生的液压力作用于柱塞端部，并通过连杆传递到曲轴的偏心轮上。以柱塞 2 为例，设柱塞 2 通过连杆作用于

偏心轮上的力为 N，若不计摩擦力，力的方向沿连杆的中心线，指向偏心轮的几何中心。作用力 N 可以分解切向力 F_t 和径向力 F_f。切向力 F_t 对曲轴的回转中心产生一力矩。

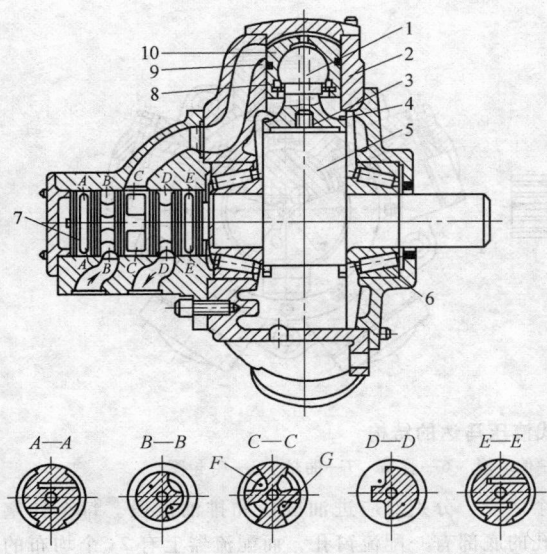

图10.3-23 曲轴连杆式径向柱塞液压马达结构
1—节流器 2—壳体 3—连杆 4—挡圈 5—曲轴
6—圆锥滚子轴承 7—配流轴 8—卡环
9—密封环 10—柱塞

在图 10.3-24 所示的位置，与柱塞缸②一样，柱塞缸①、③内的压力油作用于柱塞上，对曲轴也产生转矩，只是因为各个柱塞相对于主轴的位置不同，作用力臂不同，所以产生的转矩大小有差异，但方向一致。如不计摩擦阻力矩及回油阻力矩，所有通高压油腔的柱塞缸对曲轴产生的转矩之和即为液压马达理论上输出的转矩。

在图 10.3-24 所示的位置，柱塞缸④、⑤的容积随着曲轴转动，由于柱塞退回而逐渐减小，油液通过壳体油道④、⑤经配流轴的排油腔排出。

当配流轴随液压马达转过一定角度后，油道③将被"隔墙"封闭，此时柱塞缸③与高、低压腔均隔绝，柱塞缸①、②通高压油，使液压马达产生转矩，柱塞缸④、⑤排油。当曲轴连同配流轴继续转过一定角度后，柱塞缸⑤、①、②通高压油，柱塞缸③、④排油。由于配流轴与曲轴同步转动，进油腔与排油腔依次与各柱塞缸接通，从而保证曲轴连续传动。

曲轴连杆式径向柱塞液压马达是一种单作用液压马达，具有结构简单、工作可靠、价格较低等优点。缺点是体积、质量较大，转矩脉动率较大，低速稳定性较差。

2.8.2 静力平衡式径向柱塞液压马达

静力平衡式径向柱塞液压马达也采用曲轴传动，其结构组成如图 10.3-25 所示，图示为双列柱塞结构。

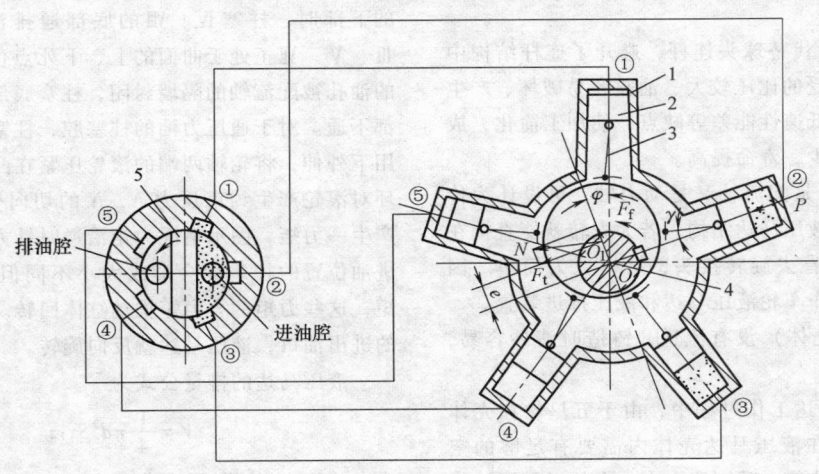

图10.3-24 曲轴连杆式径向柱塞液压马达的工作原理
1—壳体 2—柱塞 3—连杆 4—曲轴 5—配流轴

在壳体 1 上有沿径向均布液压缸，缸内有中空的活塞 3。在初始状态下，弹簧 6 的预紧力将活塞压到压力环 2 的上端面，压力环的下半部分松动地嵌入五星轮 4 的环孔内，下面垫了一只耐油橡胶 O 形密封圈 8，五星轮滑套在曲轴 7 中段的偏心盘 5 上。曲轴

右端是输出轴，左端是配流轴。点 O 是各油缸的对称中心和轴的旋转中心，点 O' 是偏心盘和五星轮的几何中心，也是力的作用线经过的点，OO' 是偏心距 e。

压力油从 H 口进入，经配流轴导流孔进入五星

轮与偏心轮所围成的月牙形空腔，然后又经五星轮上的配油口、压力环和活塞内孔，最后进入液压缸。回油是从另一侧的月牙形空腔经导流孔从 L 油口排出。各缸进排油的时间和次序是由偏心轮的两个圆弧面与五星轮的配油口来协同控制。当活塞到达外死点以后，偏心盘应该开启它的配流口，使该液压缸开始进高压油；在内死点时，则应让液压缸通回油口。

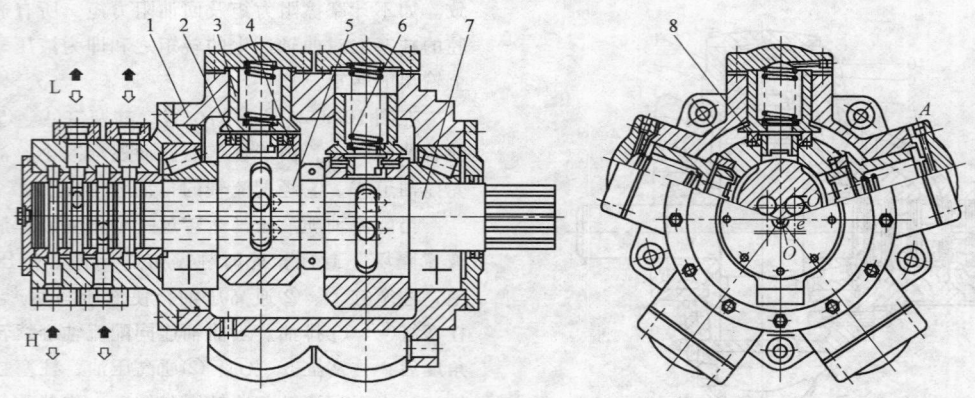

图10.3-25　静力平衡式液压马达的结构

1—壳体　2—压力环　3—活塞　4—五星轮　5—偏心盘　6—弹簧　7—曲轴　8—密封圈

油路一旦接通，油压产生的作用力作用在五星轮和偏心盘的中心 O' 点，使 O' 点绕 O 点作圆周运动，曲轴绕 O 点旋转输出转矩和转速。五星轮的五个平面受到各个活塞底平面的共同约束，在液压马达壳体内作平动。

静力平衡液压马达与曲轴连杆液压马达比较，具有如下特点：

1）用五星轮代替球头连杆，避开了连杆结构中球铰副接触处承受的比压较大、油膜容易破坏、产生磨损甚至咬死、低速性能差等缺点，使加工简化，成本降低，磨损减少，寿命提高。

2）偏心轴既是配流轴又是动力轴，可设计为传动轴两端伸出的液压马达结构。设为壳转就能直接在轴上设置油孔，省去旋转接头，结构更为简单。因此，特别适宜用作车轮液压马达和液压推进装置。

3）缸体（壳体）没有流道，铸造时清砂容易，工艺简单。

4）在液压马达工作过程中，由于五星轮在壳体内作平动，因而在液压马达壳体内需要有足够的空间，同时其曲轴的偏心距不能太大。在传递相同转矩的条件下，其外形尺寸和重量都比曲轴连杆液压马达较大。

2.8.3　内曲线径向柱塞液压马达

内曲线径向柱塞液压马达结构原理如图 10.3-26 所示，在缸体上沿径向有 z 个（图示有 8 个）均布的柱塞孔，内装柱塞。凸轮环由 x 段（图示有 6 段）形状相同的曲面构成，每段曲面分成对称的两个区段，分别对应进油区段和排油区段。每个柱塞孔的底部有一配流窗孔，而配流器上有 $2x$ 个均布的配流窗孔，根据二者的连通关系确定柱塞底部孔是通进油还是回油，或者与进、回油都不通，而处于过渡状态。

如图 10.3-26 所示，当高压油进入柱塞腔 Ⅱ、Ⅵ 的下部时，柱塞 Ⅳ、Ⅷ 的底部通排油，而柱塞 Ⅰ、Ⅲ、Ⅴ、Ⅶ 正处于曲面的上、下死点位置，柱塞底部的油孔被配流轴的隔墙封闭，柱塞底部与进、排油路都不通。对于通压力油的柱塞腔，柱塞在液压力的作用下外伸，将轮轴两端的滚轮压紧在凸轮环上，凸轮环对滚轮产生约束反力 N，N 的切向分力 F_t 对缸体产生一力矩，图示情况力矩沿逆时针方向，所有处于进油位置的柱塞均会形成大小不同但方向相同的力矩，这些力矩的合力矩推动缸体回转。变换液压马达的进出油口，液压马达就反向旋转。

液压马达的排量公式为

$$V = \frac{1}{4}\pi d^2 Sxyz \tag{10.3-9}$$

式中　V——多作用内曲线径向柱塞液压马达排量（$\mathrm{m^3/r}$）；

d——柱塞直径（m）；

S——柱塞行程（m）；

x——凸轮环曲面数；

y——柱塞排数，$y = 1$ 或 2；

z——每排的柱塞数。

若合理设计凸轮环曲面，可以保证液压马达在任意瞬时的理论排量不变,即输出转矩和转速均匀。内曲线液压马达也可以设计为轴固定、外壳旋转的壳转型,作为车轮、绞车等的驱动装置使用。

与单作用曲轴连杆径向柱塞液压马达相比,多作用径向柱塞液压马达具有更好的低速稳定性和更高的起动效率,结构上也更为紧凑。

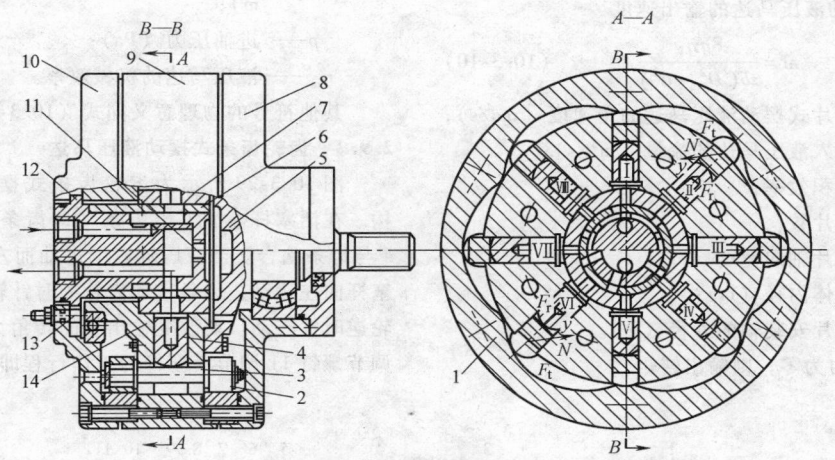

图10.3-26　多作用内曲线径向柱塞液压马达的结构原理

1—凸轮环　2—滚轮　3—轮轴　4—柱塞　5—输出轴　6—配流器套　7—缸体镶套
8—前盖　9—壳体　10—后盖　11—螺塞　12—配流器　13—微调凸轮　14—缸体

2.8.4　摆缸式液压马达

如图 10.3-27 所示,柱塞缸可以摆动,柱塞在工作过程中,作用在柱塞上的液压力沿着柱塞轴线,并通过曲轴偏心轮的几何中心,从而避免柱塞与缸筒之间的侧向作用力,使柱塞副的密封性能更好,同时降低了摩擦力,改善了液压马达的低速稳定性和起动效率。柱塞通过滚柱轴承上的浮动支承环将液压力传给曲轴,降低了柱塞和支承环间的相对滑动速度,有利于减小摩擦损失,同时在活塞底部与支承环之间采用静压支承,使润滑得以改善,提高了液压马达的机械效率。

2.9　摆动液压马达

摆动液压马达又称摆动液压缸,可以驱动工作机构在 360° 范围内往复摆动。从结构上看,常见的摆动液压马达有叶片式、齿轮齿条式等。

2.9.1　叶片式摆动液压马达

图 10.3-28 所示为单叶片摆动液压马达的结构示意图,主要由叶片 1、缸体 2、输出轴 3、隔板 4、端盖 5、7 和密封件 6 等组成。两个容腔之间的密封通过叶片和隔板外缘安装的框形密封件来保证。当叶片左腔进油、右腔回油时,叶片顺时针转动并将力矩传到输出轴上;反之,则逆时针转动。

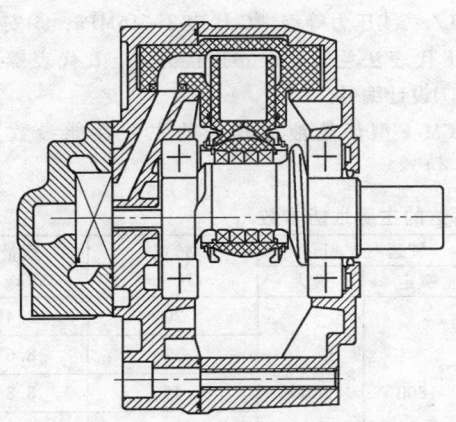

**图10.3-27　摆缸式径向柱塞液
压马达的结构原理**

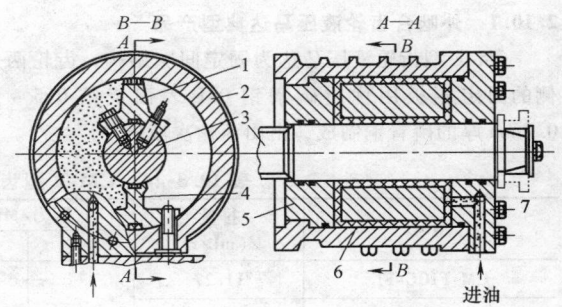

图10.3-28　单叶片摆动液压马达结构

1—叶片　2—缸体　3—输出轴　4—隔板
5、7—端盖　6—密封件

除了单叶片结构外,还有双叶片、三叶片结构。

很显然，叶片数目越多，在同样的供油压力和流量下，液压马达能够输出的力矩越大，转速越低，容许的摆动角度越小。

叶片式摆动液压马达的输出速度

$$\omega = \frac{8q\eta_V}{zb(D^2 - d^2)} \qquad (10.3\text{-}10)$$

式中　ω——叶片式摆动液压马达的角速度（rad/s）；

　　　q——输入液压马达的流量（m^3/s）；

　　　η_V——容积效率；

　　　z——叶片数；

　　　b——叶片轴向宽度（m）；

　　　D——缸体内径（m）；

　　　d——叶片安装轴的外径（m）。

设回油压力为零，则输出转矩

$$T = \frac{pzb(D^2 - d^2)\eta_m}{8} \qquad (10.3\text{-}11)$$

式中　T——叶片式摆动液压马达的输出转矩（N·m）；

　　　p——进油压力（Pa）；

　　　η_m——液压马达的机械效率。

其他符号的物理意义同式（10.3-10）。

2.9.2　齿轮齿条式摆动液压马达

图10.3-29所示为齿轮齿条式摆动液压马达结构。在活塞杆上加工出齿条（即齿条活塞5），齿轮4与齿条啮合。当液压缸右端进油而左端回油时，活塞杆向左运动，齿条带动齿轮顺时针转动；反之，齿轮逆时针转动。要改变输出轴的转角大小，只需通过调节螺钉11调节活塞杆的工作行程即可。

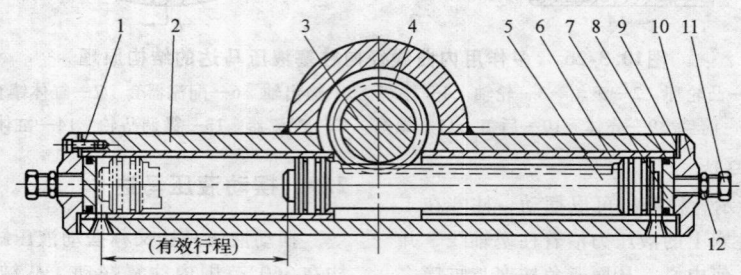

图10.3-29　齿轮齿条摆动液压马达
1—螺钉　2—缸体　3—输出轴　4—齿轮　5—齿条活塞　6—缸套　7—挡板
8—密封　9—垫片　10—端盖　11—调节螺钉　12—螺母

这种液压马达的密封性能好，但是机械效率比较低。另一方面，它比叶片式摆动液压马达能获得更大的摆动角度。

2.10　液压马达典型产品

2.10.1　外啮合齿轮液压马达典型产品

CM-F型齿轮液压马达为固定间隙结构，齿轮两侧的固定侧板用优质碳素钢08F表面烧结0.5~0.7mm厚的磷青铜制成，由山西榆次液压件厂生产。

型号说明：

CM－F ※ C－F L－Y_1
① ② ③ ④ ⑤⑥ ⑦

①代表齿轮液压马达；②系列号；③排量，单位为mL/r；④压力等级，C代表8~16MPa；⑤安装方式，F代表法兰安装；⑥连接方式，L代表螺纹连接；⑦设计编号。

CM-F型齿轮液压马达的主要性能参数见表10.3-44。

表 10.3-44　CM-F型齿轮液压马达的主要性能参数

型号	排量/(mL/r)	压力/MPa		转速/(r/min)		转矩/N·m	质量/kg
		额定	最大	额定	最大		
CM-F10C-FL	11.27					20	8.4
CM-F18C-FL	18.32					32	8.6
CM-F25C-FL	25.36	14	17.5	1800	2400	45	8.8
CM-F32C-FL	32.41					57	9.0
CM-F40C-FL	39.45					70	9.2

2.10.2　摆线齿轮液压马达典型产品

BM 型、OM 型摆线齿轮液压马达有端面配流和轴配流两种形式，BM 型液压马达有五个品种；OM 型液压马达有四个品种。它们可单独使用，也可串、并联使用，由山东济宁液压件厂生产。此外该厂还生产 BM2000 和 BM6000 系列摆线齿轮液压马达。

BM、OM 型摆线液压马达的主要性能参数见表 10.3-45 和表 10.3-46。

表 10.3-45　BM 型摆线齿轮液压马达的主要性能参数

型号	排量 /(mL/r)	额定压力 /MPa	额定转速 /(r/min)	额定转矩 /(N·m)	最大背压 /MPa	输出功率 /kW	质量 /kg	总效率 (%)	后盖紧固力矩 /(N·m)
BM1	50	10	400	52	4	2.14	5.0	>60	40~50
	63		315	65		2.10	5.3		
	80		250	83		2.13	5.5		
	100		200	100		2.05	5.7		
	160		125	165		2.12	5.9		
BM3	100	10	400	130	4	5.34	9.8	>70	35~40
	160		250	200		5.13	10.4		
	200	8	200	200		4.11	11		
	250		160	250		4.10	11.6		
	315	6.3	125	250		3.20	12.2		
BM4	400	10	200	480	4	9.85	18.25	>65	75~90
	500		200	600		12.32	19		
	630		160	720		11.83	20		
BM5	80	12.5	500	137	4	7.03	11.3	>80	80~90
	100		500	171		8.78	12.0		
	160		315	274		8.86	12.8		
	200		250	342		8.78	13.5		
	250		200	427		8.77	14.2		
BM6	250	12.5	320	425	4	13.96	16.8	>80	100~120
	315		315	538		17.40	17.5		
	400		215	684		15.10	18.3		
	500		200	855		17.55	19.2		
	630		160	1064		14.86	20.1		

型号说明：

BM※ ※-※ ※
　①②③④⑤

①BM 代表内啮合摆线齿轮液压马达；②品种代号：1、3、4 代表轴配流型，5、6 代表端面配流型；③泄漏方式：@ 代表外泄型，省略时为内泄型；④排量：单位 mL/r；⑤轴端形式：P 代表平键，省略时为矩形花键。

表 10.3-46　OM 型摆线齿轮液压马达的主要性能参数

型号	排量 /(mL/r)	额定压力 /MPa	额定转速 /(r/min)	额定转矩 /(N·m)	最大背压 /MPa	输出功率 /kW	总效率 (%)	后盖紧固力矩 /(N·m)
OMA	80	16	500	175	4	9	>65	70~80
	100		400	216				
	160		250	346				
	200	12.5	200	338		7		
	250		160	422				
OMB	125	16	500	270	4	14	>75	80~90
	160		395	345				
	184		340	398				
	200	12.5	312	338		11		
	250		250	422				
	315		200	533				

（续）

型号	排量 /(mL/r)	额定压力 /MPa	额定转速 /(r/min)	额定转矩 /(N·m)	最大背压 /MPa	输出功率 /kW	总效率 /(%)	后盖紧固力矩 /(N·m)
OMC	133	12.5	350	200	10	7	>75	80 ~ 90
OMD	315	16	400	680	10	28.5	>75	100 ~ 120
	400		315	865				
	500		250	1082				
	630		200	1363				
	800		160	1730				

此外，镇江液压件厂生产的 BMP、BMR 系列摆线齿轮液压马达采用轴配流，BMT、BMS、BMV 系列摆线液压马达采用端面配流结构。

2.10.3　叶片液压马达典型产品

YM 型叶片液压马达由榆次液压件厂生产，液压马达为双作用式，适用于中等压力场合，主要性能参数见表 10.3-47。

由广东液压泵厂生产的 YM 型叶片液压马达，定子过渡曲线采用高次方程曲线，双作用，适用于中高压场合，有四个系列 12 种规格，主要性能参数见表 10.3-48。

表 10.3-47　YM 型叶片液压马达的主要性能参数（榆次液压件厂）

型号	排量 /(mL/r)	压力/MPa		转速/(r/min)		转矩 /(N·m)	质量
		额定	最高	额定	最高		
YM-A16B- * L	16.32					9.78	
YM-A19B- * L	19.04					12.36	
YM-A22B- * L	21.76					14.32	
YM-A25B- * L	24.49	6.3	7	1000	2000	16.17	法兰安装 9.8kg；脚架安装 12.7kg
YM-A30B- * L	29.93					21.63	
YM-B61B- * L	61.13					43.16	
YM-B94B- * L	93.59					66.95	

注：型号中 "＊" 代表安装方式：F 为法兰安装，J 为脚架安装。

表 10.3-48　YM 型叶片液压马达的主要性能参数（广东液压泵厂）

型号	排量 /(mL/r)	压力/MPa		转速/(r/min)		效率（%）		转矩 /(N·m)	质量/kg
		额定	最高	额定	最高	容积	总效率		
YM-40	43				2000	89	80	110	20
YM-50	57					89	80	145	
YM-63	68					90	81	171.5	
YM-80	83					90	81	209.5	
YM-100	100					90	81	252	31
YM-125	122	16	17.5	1500	2200	90	81	305.5	
YM-140	138					92	82	346.5	
YM-160	163					92	82	490.5	40
YM-200	193					92	82	483	
YM-224	231					92	82	579.5	
YM-250	268				2000	92	82	672	74
YM-315	371					92	82	795	

2.10.4　轴向柱塞式液压马达典型产品

1. CM14-1B 型轴向柱塞液压马达

CM14-1B 型轴向柱塞液压马达由上海高压油泵厂生产，型号中的 M 代表液压马达，其余符号的意义参见 CY14-1B 型轴向柱塞泵的型号说明。

CM14-1B 型轴向柱塞液压马达的主要性能参数见表 10.3-49。

2. ZM 型轴向柱塞液压马达

ZM 型轴向柱塞液压马达基本结构与 CM 型相同，因配流盘采用对称结构，也可作为泵使用。其国内生产厂家有上海电气液压气动有限公司、四平兴中液压件厂、湖南液压件厂、甘肃临夏液压件厂和重庆液压件厂。ZM 型轴向柱塞液压马达的主要性能参数见表 10.3-50。

表 10.3-49　CM14-1B 型轴向柱塞液压马达的主要性能参数

型号	额定压力 /MPa	排量 /(mL/r)	额定转速 /(r/min)	额定流量 /(L/min)	1000r/min 时 的功率/kW	最大理论 转矩/(N·m)
16GM14-1B		16	1500	16	5.43	51.8
32GM14-1B		32	1500	32	11.6	113
80GM14-1B	20	80	1500	80	29.6	288
200GM14-1B		200	1000	200	68.6	666
320GM14-1B		320	1000	320	115	118
2.5CM14-1B		2.5	3000	2.5	1.43	13.9
10CM14-1B		10	1500	10	5.5	53
25CM14-1B		25	1500	25	13.7	133
63CM14-1B	32	63	1500	63	34.5	335
160CM14-1B		160	1000	160	89.1	866
250CM14-1B		250	1000	250	136.6	1329

表 10.3-50　ZM 型轴向柱塞液压马达的主要性能参数

型号	额定压力 /MPa	最高工作压力 /MPa	排量 /(mL/r)	额定转速 /(r/min)	最高转速 /(r/min)	额定理论转矩 /(N·m)	1000r/min 时的 理论功率/kW
ZM※9.5			8.5		3000	31.1	3.26
ZM※40	21	28	40		2500	130.9	13.7
ZM※75			75	1500	2000	245.4	40.9
ZM※160	14	24	160		2000	523.6	54.9
ZM※237			237		—	495.2	51.9

3. A6V 型斜轴式轴向柱塞变量液压马达

A6V 型斜轴式变量液压马达也可做泵用, 缸体摆角范围为 7°~25°, 由北京华德液压泵厂生产。A6V 型斜轴式变量液压马达有多种变量方式可选: 液控变量、高压自动变量 (又分恒压和变压)、手动变量、电控双速变量、电液比例控制变量, 可用于开式或闭式液压系统。

A6V 型斜轴式轴向柱塞变量马达的主要性能参数见表 10.3-51。

2.10.5　径向柱塞式液压马达典型产品

1. JM 系列曲轴连杆型径向柱塞液压马达

型号说明:

JM ※ ※ ※-※ ※ ※-※ ※
① ② ③ ④ ⑤ ⑥ ⑦ ⑧ ⑨

①名称: 代表径向液压马达; ②结构代号: 1—曲轴连杆式轴配流结构, 2—曲轴无连杆式端面配流

结构, 3—曲轴无连杆式端面配流带间隙自动补偿结构; ③结构参数设计顺序号; ④变型结构代号: 如 a 代表工作介质为乳化液等; ⑤额定压力参数代号: D—10MPa, E—12MPa, F—20MPa; ⑥排量: 单位为 mL/r; ⑦进出油口连接方式代号: F—法兰连接 (F1 指油口纵向排列, F2 指油口轴向排列)、省略时为螺纹连接, J—径向进出油口、螺纹连接, Z—轴向进出油口、螺纹连接; ⑧轴伸形式: 省略时为轴端带内螺纹、标准圆柱形平键轴伸, G—特殊圆柱形平键轴伸, F—带键和外螺纹圆锥轴伸, H—矩形外花键轴伸, K—30°压力角渐开线外花键轴伸, N—30°压力角渐开线内花键轴伸; ⑨配附带装置: S—输出轴带测速装置。

JM 系列曲轴连杆式径向柱塞液压马达由昆山金发液压机械有限公司生产, 主要性能参数见表 10.3-52。

表 10.3-51　A6V 型斜轴式轴向柱塞变量液压马达的主要性能参数

型号	排量/(mL/r)		压力/MPa		最高转速/(r/min)		最大输出转矩/(N·m)	最大功率/kW	转动惯量/(kg·m²)	质量/kg
	最大 α=25°	最小 α=7°	额定	最高	最大 α=25°	最小 α=7°				
A6V28	28.1	8.1			4750	6250	156	78	0.0017	18
A6V55	54.3	15.6	35	40	3750	5000	304	120	0.0052	27
A6V80	80	23			3350	4500	446	156	0.0109	39
A6V107	107	30.8			3000	4000	594	187	0.0167	52

（续）

型号	排量/(mL/r)		压力/MPa		最高转速/(r/min)		最大输出转矩/(N·m)	最大功率/kW	转动惯量/(kg·m²)	质量/kg
	最大 α=25°	最小 α=7°	额定	最高	最大 α=25°	最小 α=7°				
A6V160	160	46	35	40	2650	3500	889	247	0.0322	74
A6V250	250	72.1			2360	3100	1391	335	0.0532	103
A6V500	500(α=26.5°)	137			1900	2500	2782	507	—	223

表 10.3-52　JM 系列曲轴连杆式径向柱塞液压马达的主要性能参数

型号	排量/(mL/r)	转速/(r/min)		压力/MPa		转矩/(N·m)		功率/kW		质量/kg
		额定	范围	额定	最大	额定	最大	额定	最大	
JM11-E0.2	200	400	5~500	16	20	470	588	18.6	23.2	47
JM12-F0.8	800	200	5~250	20	25	2350	2938	45.3	56.7	126
JM13-F1.6	1600	200	5~250	20	25	4700	5876	90.7	113.3	160
JM14-F3.15	3150	100	5~125	20	25	9356	11695	89.3	111.7	313
JM15-E6.3	6300	63	5~80	16	20	14970	18713	90.0	112.5	630
JM21-D0.0315	31.5	1000	5~1250	10	12.5	42	53	4.0	5.0	16
JM22-D0.063	63	750	5~1000	10	12.5	84	106	6.0	7.5	19
JM23-D0.09	90	600	5~750	10	12.5	120	150	6.8	8.6	22
JM31-E0.125	125	630	5~800	16	20	294	368	18.3	22.8	40
JM33-E0.25	250	500	5~600	16	20	588	736	29.0	36.3	57
JM34-E0.45	450	320	5~400	16	20	1060	1325	33.4	41.8	76
JM36-F1.25	1250	200	5~250	20	25	3670	4590	70.8	88.5	170

2. 1JMD、1JM-F、2JM 型曲轴连杆径向柱塞液压马达

1JMD、1JM-F、2JM 型曲轴连杆径向柱塞液压马达由太原矿山机器厂生产，主要性能参数参见表 10.3-53 ~ 表 10.3-55。

表 10.3-53　1JMD 型径向柱塞液压马达的主要性能参数

型号	排量/(mL/r)	转速/(r/min)	压力/MPa		转矩/(kN·m)		功率/kW		机械效率（%）	质量/kg
			额定	最高	额定	最大	额定	最大		
1JMD-40	0.201	10~400	16	22	0.47	0.645	19.2	26.4	≥91.5	44.5
1JMD-63	0.780	10~200			1.815	2.5	37.2	51.2	≥91.5	107
1JMD-80	1.608	10~150			3.75	5.16	57.8	79.2	≥91.5	160.4
1JMD-100	3.140	10~100			7.35	10.07	75.3	103	≥91.5	257
1JMD-125	6.140	10~75			14.30	19.70	110	151	≥91.5	521

表 10.3-54　1JM-F 型径向柱塞液压马达的主要性能参数

参数		型号					
		1JM-F0.200	1JM-F0.400	1JM-F0.800	1JM-F1.600	1JM-F3.150	1JM-F4.000
排量/(mL/r)	公称	200	400	800	1600	3150	4000
	理论	189	393	779	1608	3140	4346
压力/MPa	额定	20	20	20	20	20	20
	最高	25	25	25	25	25	25
额定转速/(r/min)		500	450	300	200	125	100
转矩/(N·m)	额定	5.49	11.7	22.6	46.8	91.5	128.1
	最大	68.6	1460	2830	5850	11440	16010
功率/kW		28	54	70	96	117.2	131.5
质量/kg		50	59	112	152	280	415

表 10.3-55　2JM 型径向柱塞液压马达的主要性能参数

参　数			型　号		
			2JM-F1.6	2JM-F3.2	2JM-F4.0
排量 /(mL/r)	公称	大排量/小排量	1.61/0.5	3.2/1.0	4.0/1.25
	理论	大排量/小排量	1.608/0.536	3.14/0.980	4.396/1.373
压力/MPa	额定		20.0	20.0	20.0
	最高		25.0	25.0	25.0
额定转速/(r/min)			200/600	125/400	100/320
转矩 /(N·m)	额定		4680/1560	9150/2860	12810/4000
	最大		5850/1950	11440/3575	16010/5000
额定功率/kW			96	117.5	131.5
速比			1:3	1:3.2	1:3.2
质量/kg			166	295	435

3. INM 系列摆缸式径向柱塞液压马达

INM 系列摆缸式径向柱塞液压马达由宁波意宁液压有限公司生产。

型号说明：

INM ※ ※ ※ ※

①　②③④⑤

①代表意宁摆缸式径向柱塞液压马达；②基型：

排量不同但属于同一基型，安装及外形尺寸相同；③名义排量，单位为 mL/r；④输出轴种类：省略时为矩形花键轴，A 为渐开线花键轴，B 为圆柱平键轴，Z 为圆锥平键轴，I 为渐开线内花键轴；⑤配流器规格：具体参见产品说明书。

INM 系列摆缸式径向柱塞液压马达的主要性能参数见表 10.3-56。

表 10.3-56　INM 系列摆缸式径向柱塞液压马达的主要性能参数

型号	排量 /(mL/r)	压力/MPa		转矩/(N·m)		转速/(r/min)		最大功率 /kW	质量 /kg
		额定	最高	额定	比转矩	连续运转	最高		
INM1-100	99		45	385	15.4	1~650	1200	55	27
INM1-150	154		42.5	600	24				
INM1-175	172		40	670	26.8				
INM1-200	201		37.5	785	31.4				
INM1-250	243			950	38	1~550	1000		
INM1-300	314		35	1225	49	1~450	900		
INM2-200	192		45	750	30	0.7~650	1000	70	47
INM2-250	251		42.5	980	39.2				
INM2-300	304		40	1188	47.5	0.7~600	900		
INM2-350	347			1355	54.2				
INM2-400	425		37.5	1658	66.3	0.7~575	850		
INM2-500	493	25		1923	76.9				
INM2-600	623		35	2433	97.3	0.7~500	750		
INM3-400	426		42.5	1660	66.4	0.5~500	750	90	65
INM3-500	486			1895	75.8	0.5~475	700		
INM3-600	595		40	2320	92.8	0.5~450	675		
INM3-700	590		37.5	2700	108	0.5~425	625		
INM3-800	792			3100	124	0.5~400	600		
INM3-900	873		35	3400	136	0.5~375	550		
INM3-1000	987			3850	154	0.5~350	500		
INM4-600	616		42.5	2403	96.1	0.4~400	625	110	100
INM4-800	793		40	3100	124	0.4~350	550		
INM4-900	904			3525	141	0.4~325	500		
INM4-1000	1022		37.5	4000	160	0.4~300	450		
INM4-1100	1116			4350	174	0.4~275	425		
INM4-1300	1316		35	5125	205	0.4~225	375		

（续）

型号	排量 /（mL/r）	压力/MPa		转矩/（N·m）		转速/（r/min）		最大功率 /kW	质量 /kg
		额定	最高	额定	比转矩	连续运转	最高		
INM5-800	807	25	42.5	3150	126	0.3～325	500	140	130
INM5-1000	1039			4050	162	0.3～300	475		
INM5-1200	1185		40	4625	185	0.3～275	425		
INM5-1300	1340			5225	209	0.3～250	400		
INM5-1500	1462		37.5	5700	228	0.3～225	375		
INM5-1600	1643			6350	254		350		
INM5-1800	1816		35	7075	283	0.3～200	325		
INM5-2000	2007			7825	313		300		
INM6-1600	1690		45	6600	264	0.2～250	400	200	240
INM6-2000	2127		40	8300	332	0.2～225	350		
INM6-2500	2513		37.5	9800	392	0.2～200	300		
INM6-3000	3041		35	11875	475	0.2～175	250		

注：表中额定转矩指额定压力为 25MPa 时的理论转矩。

4. NJM 型内曲线式径向柱塞液压马达

NJM 型内曲线式径向液压马达采用横梁传力结构，国内主要生产厂家有上海液压泵厂、徐州液压件厂、沈阳液压件制造有限公司，其主要性能参数参见表 10.3-57。

5. Q※M 型内曲线径向球塞式液压马达

Q※M 型内曲线径向球塞式液压马达采用球塞代替柱塞，结构简单紧凑。由宁波甬源（旋球）液压马达有限公司、宁波镇海恒力液压制造有限公司生产，有轴转型液压马达，名称记为 QJM，也有壳转型液压马达，名称记为 QKM。液压马达有定排量的，也有定级变排量的，此时柱塞的排数大于 2。

型号说明：

※　※　Q※M-※　※　※
①　②　③④　⑤　⑥　⑦

①是否可变量：1—定量，2—2 级变量，3—3 级变量；②变量控制方式：FS—滑阀手动，LS—螺杆手动，省略时为液控；③名称：QJM—轴转型液压马达，QKM—壳转型液压马达；④基型编号：相同基型的液压马达，主要外形尺寸和主要零件相同；⑤排量：单位为 L/r；⑥内花键形式：省略时为矩形内花键，A—渐开线内花键；⑦带附件标记：Z—带支承、下标为种类，T—通孔、下标为通孔直径，B—带转速表座，S—带机械制动器，F—带阀组。

轴转型球塞式液压马达的主要性能参数见表 10.3-58，壳转型球塞式液压马达的主要性能参数见表 10.3-59。

表 10.3-57　NJM 型内曲线式径向柱塞液压马达的主要性能参数

型号	排量 /（mL/r）	压力/MPa		最高转速 /（r/min）	最大输出转矩 /（N·m）	质量 /kg
		额定	最大			
NJM-G0.85	0.85	25	32	50	3892	—
NJM-G1	1			100	4579	160
NJM-G1.25	1.25			100	5724	230
NJM-G2	2			63（80）	9158	230
NJM-G2.5	2.5			80	11448	290
NJM-G2.84	2.84			50	13005	—
NJM-G4	4			40	18316	425
2NJM-G4	2/4			63/40	9158/18316	425
NJM-G5	5			50	22896	—
NJM-G6.3	6.3			40	28849	—
NJM-F10	10	20	25	25	35775	—
NJM-E10	10	16		50	35775	955
2NJM-F10	5/10	20		50/25	17887/35775	—
NJM-E10W	10	16	20	20	28620	—
NJM-F12.5	12.5	20	25	20	44719	—
NJM-E12.5W	12.5		20	20	35775	—
NJM-E16	16	16	25	32	57240	—
NJM-E10J	40		20	12	114480	—

表 10.3-58　QJM 型内曲线径向球塞式液压马达的主要性能参数

型号	排量/(L/r)	压力/MPa		转速/(r/min)		输出转矩/(N·m)	质量/kg
		额定	最高	额定	最高		
1QJM001-0.063	0.064	10	12.5	800	1000	95	7
1QJM001-0.08	0.083			630	800	123	
1QJM001-0.10	0.104			500	630	154	
1QJM001-0.1T10Z							
1QJM01-0.063	0.064	16	20	1000	1250	149	
1QJM01-0.1	0.1	10	12.5	630	800	148	15
1QJM01-0.1T40							
1QJM01-0.16S	0.163	10	12.5	400	630	241	
1QJM01-0.16T40							
1QJM01-0.2	0.203			320	500	300	
1QJM01-0.2T40							
1QJM02-0.32	0.326	10	12.5	200	400	483	24
1QJM02-0.4	0.406			160	320	600	
1QJM11-0.2S	0.196	16	20	400	800	464	40
1QJM11-0.25S	0.254			320	630	601	
1QJM11-0.32	0.326	10	12.5	200	400	483	24
1QJM11-0.32S	0.317	16	20	250	500	751	40
1QJM11-0.32T50						469	26
1QJM11-0.4S	0.404	10	12.5	200	400	598	40
1QJM11-0.4T50							
1QJM11-0.5	0.496			200	400	598	28
1QJM11-0.5S							40
1QJM11-0.5T50	0.5	10	12.5	160	320	734	26
1QJM11-0.63	0.664			125	250	983	28
1QJM11-0.63S							40
1QJMA1-0.63							28
1QJM021-1	1.08	16	20	100	160	1598	46
1QJM21-0.32S	0.317			320	500	751	50
1QJM21-0.4	0.404			250	400	957	50
1QJM21-0.4S							55
1QJM21-0.5	0.496			200	320	1175	50
1QJM21-0.5S							55
1QJM21-0.63	0.664	16	20	150	250	1572	50
1QJM21-0.63S							55
1QJM21-0.8	0.808			125	200	1913	50
1QJM21-0.8S							55
1QJM21-1.0	1.01			100	160	1495	50
1QJM21-1S							55
1QJM21-1.25	1.354	10	12.5	80	125	2004	50
1QJM21-1.25S							55
1QJM21-1.6	1.65			63	100	2442	50
1QJM21-1.6S							55
1QJM12-1.0	1.0	10	12.5	80	200	1480	39
1QJM12-1.25	1.33			63	160	1968	
1QJM31-0.4SZ	0.404	20	25	320	630	1196	105
1QJM31-0.5SZ	0.5			250	400	1480	
1QJM31-0.63SZ	0.66			200	320	1954	
1QJM31-0.8	0.808	20	25	160	250	2392	60
1QJM31-0.8SZ							105

（续）

型号	排量/(L/r)	压力/MPa		转速/(r/min)		输出转矩/(N·m)	质量/kg
		额定	最高	额定	最高		
1QJM31-1.0	1.06	16	20	125	200	2510	60
1QJM31-1.0SZ							105
1QJM31-1.25SZ	1.36			100	160	2013	105
1QJM31-1.6	1.65	10	12.5	80	125	2442	60
1QJM31-1.6SZ							105
1QJM31-2	2.0			63	100	2960	60
1QJM31-20SZ							105
1QJM31-2.5SZ	2.59	8	10	50	80	3067	105
1QJM32-0.63	0.635			250	500	1880	70
1QJM32-0.63S							
1QJM32-0.63SZ							
1QJM32-0.8S	0.8	20	25	200	400	2368	86
1QJM32-0.8SZ							
1QJM32-0.1.0	1.06			150	400	3138	70
1QJM32-1.0S							
1QJM32-1.0SZ							86
1QJM32-1.25	1.295	20	25	125	320	3833	70
1QJM32-1.6	1.649			100	250	4881	
1QJM32-2	2.03	16	20	80	200	4807	
1QJM32-2.5	2.71			63	160	4011	70
1QJM32-2.5S							
1QJM32-2.5SZ							86
1QJM32-3.2	3.3	10	12.5	50	125	4884	70
1QJM32-3.2S							86
1QJM32-3.2SZ							
1QJM32-4.0	4			40	100	5920	70
1QJM32-4.0S							86
1QJM32-4.0SZ							
1QJM42-1.6S	1.73			150	400	5121	108
1QJM42-2.0	2.11	20	25	125	320	6246	90
1QJM42-2.0S							108
1QJM42-2.5	2.56			100	250	7578	90
1QJM42-2.5S							108
1QJM42-3.2	3.24	16	20	80	200	7672	90
1QJM42-3.2S							108
1QJM42-4.0	4.0			63	160	5920	90
1QJM42-4.0S		10	12.5				108
1QJM42-4.5	4.6			63	125	6808	90
1QJM42-5	4.84			50	125	7163	
1QJM52-2.0S	2.19			150	400	6482	167
1QJM52-2.5	2.67	20	25	125	320	7903	150
1QJM52-2.5S							167
1QJM52-3.2	3.24			100	250	9590	150
1QJM52-3.2S							167
1QJM52-4.0	4.0	16	20	80	200	9472	150
1QJM52-4.0S							167
1QJM52-5.0	5.23	10	12.5	63	160	7740	150
1QJM52-5.0S							167
1QJM52-6.3	6.36			50	125	9413	150

（续）

型号	排量/（L/r）	压力/MPa		转速/（r/min）		输出转矩/（N·m）	质量/kg
		额定	最高	额定	最高		
1QJM52-6.3S	6.36	10	12.5	50	125	9413	167
1QJM62-3.2	3.3	20	25	125	200	9768	200
1QJM62-4.0	4.0			100	200	11840	
1QJM62-5.0	5.18			80	160	15333	
1QJM62-6.3	6.27	16	20	63	125	14847	
1QJM62-8.0	7.85	10	12.5	50	100	11618	
1QJM62-10	10.15			40	80	15022	

注：容积效率为94%，总效率为87%。

表 10.3-59　QKM 型内曲线径向球塞式壳转液压马达的主要性能参数

型号	排量/（L/r）	压力/MPa		转速/（r/min）		输出转矩/（N·m）	质量/kg
		额定	最高	额定	最高		
1QKM11-0.32、1QKM11-0.32D	0.317	16	20	250	630	751	—
1QKM11-0.4、1QKM11-0.4D	0.404	10	12.5	200	400	598	—
1QKM11-0.5、1QKM11-0.5D	0.496	10	12.5	160	320	734	—
1QKM11-0.63、1QKM11-0.63D	0.664	10	12.5	125	250	983	—
1QKM42-1.6、1QKM42-1.6D	1.73	20	25	150	400	5121	129
1QKM42-2.0、1QKM42-2.0D	2.11	20	25	125	320	6246	
1QKM42-2.5、1QKM42-2.5D	2.56	20	25	100	250	7578	
1QKM42-3.2、1QKM42-3.2D	3.24	16	20	80	200	7672	
1QKM42-4.0、1QKM42-4.0D	4.0	10	12.5	63	160	5920	
1QKM42-4.5、1QKM42-4.5D	4.5	10	12.5	63	125	6808	
1QKM42-5.0、1QKM42-5.0D	4.84	10	12.5	50	125	7163	
1QKM52-2.0、1QKM52-2.0D	2.19	20	25	150	400	6482	194
1QKM52-2.5、1QKM52-2.5D	2.67	20	25	125	320	7903	
1QKM52-3.2、1QKM52-3.2D	3.24	20	25	100	250	9590	
1QKM52-4.0、1QKM52-4.0D	4.0	16	20	80	200	9472	
1QKM52-5.0、1QKM52-5.0D	5.23	10	12.5	63	160	7740	
1QKM52-6.3、1QKM52-6.3D	6.36	10	12.5	50	125	9413	

注：1. 容积效率为94%，总效率为87%。
　　2. 型号中带 D 表示单边出轴；不带 D 表示两端出轴。
　　3. 双出轴可转液压马达可以改为单出轴。

2.11　液压马达的使用与维护

选择液压马达的类型和规格时主要应根据工作机构对转速和转矩的要求。

根据主机负载特性和工作性能要求进行选择，还应考虑液压马达的低速稳定性、效率特性，如果是变量液压马达，应考虑液压马达的调速范围。

对于结构类型相同的液压马达与液压泵，它们的安装、使用与维护方法相似，常见的故障现象和处理方法也相似，但因为液压马达的工作条件与液压泵不同，在使用过程中还应注意以下事项：

1）与液压马达连接的油管、管接头等在安装前应进行酸洗，切勿使异物混入系统中。

2）当液压马达用于起吊或驱动行走机械时，为防止重物下落过程中失速或车辆等下坡时发生超速，必须设置限速阀。

3）由于液压马达存在泄漏，因此在将液压马达的进出口关闭来制动时，液压马达会发生缓慢的滑转，如要求液压马达有可靠的制动性能且需要长时间制动时，应设置制动器。

4）若被驱动负载惯性大，而且要求在短时间内实现制动或倒、顺车，则应在回油路中设置安全阀（缓冲阀），以避免发生剧烈的液压冲击，造成液压元件损坏。

5）由于液压马达内部存在静摩擦，液压马达的起动转矩较正常运转时的转矩低，因此在需要满负载起动时应注意所用液压马达的起动效率。

6）液压马达的回油背压高于大气压力，故液压马达的泄漏油需要通过单独的泄油管引至油箱，不能将泄漏油管与回油管接通。泄油管应插入油箱液面以下，泄油管的最高水平位置应高于液压马达的最高水平位置，以防止在长时间停机时液压马达壳体内的油液泄空。

7）安装径向柱塞液压马达的支架必须有足够的刚度，液压马达输出轴与机械装置的传动轴同轴度误差不大于 0.1mm。

8）应尽可能使液压马达的输出轴不受或少受径向载荷，以使液压马达获得较长的使用寿命。

9）液压马达在工作期间，应定期检查工作介质的污染程度、连接件是否有松动、过滤器是否堵塞等。

10）液压马达在长时间存放时，应向液压马达壳体内充满液压油，并用螺塞封住所有油口，在输出轴表面涂防锈油。

第4章 液压缸和气缸

液压缸和气缸分别是液压系统和气压系统中的执行元件，它们将流体的压力能转变为机械能，输出作用力，推动工作机构实现直线往复运动。

液压缸结构简单、工作可靠，广泛应用于各种液压传动系统中。气缸适用于存在火灾和爆炸危险的场合，除几种特殊气缸外，其结构类型与液压缸基本相同。由于气体压缩性大，气缸的速度和位置控制精度不高。同时气压系统的压力较低，气缸的输出功率较小。

1 液压缸、气缸的分类

1.1 液压缸的分类

液压缸的分类见表10.4-1。

表 10.4-1 液压缸的分类

类别	名称	图形符号	使用特点
单作用液压缸	活塞式液压缸（无弹簧）	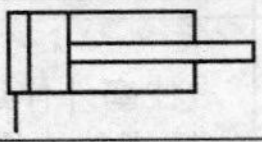	活塞向外运动通过液压力驱动，其反向内缩运动由重力或其他外力来驱动
	活塞式液压缸（有弹簧）	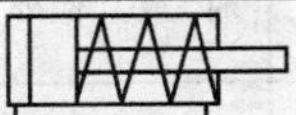	活塞向外运动通过液压力驱动，其反向内缩运动由弹簧力来驱动
	柱塞式液压缸	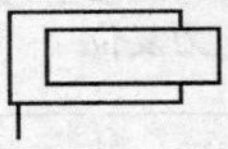	柱塞向外运动通过液压力驱动，其反向内缩运动由外力驱动。其工作行程比单作用活塞式液压缸长
	伸缩式液压缸	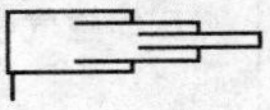	有多个单向依次外伸运动的活塞（柱塞），行程较大，各活塞（柱塞）逐次运动时，其运动速度和推力均是变化的。其反向内缩运动由外力来驱动
双作用液压缸	无缓冲液压缸	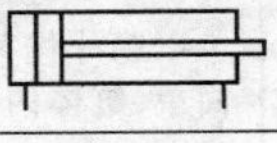	活塞做双向运动，均由液压力驱动。活塞接近行程终点时不减速
	不可调单向缓冲式液压缸	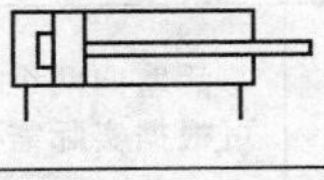	活塞做双向运动，均由液压力驱动。活塞在一侧行程终了时减速制动，减速过程不可调；在另一侧行程终了时不减速
	不可调双向缓冲式液压缸	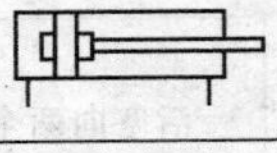	活塞做双向运动，均由液压力驱动。活塞在两侧行程终了时都可减速制动，减速过程不可调
	可调单向缓冲式液压缸	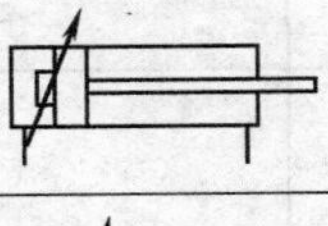	活塞做双向运动，均由液压力驱动。活塞在一侧行程终了时减速制动，减速过程可调；在另一侧行程终了时不减速
	可调双向缓冲式液压缸	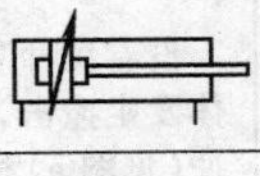	活塞做双向运动，均由液压力驱动。活塞在两侧行程终了时减速制动，减速过程可调
	双活塞杆液压缸	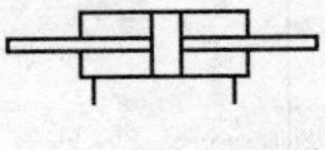	活塞两侧均连接活塞杆，如果两侧活塞杆杆径相同，则在供油压力和流量一定时，液压缸外伸和退回输出的作用力和运动速度相同
	伸缩液压缸（多级液压缸）	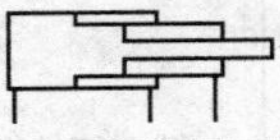	有多个可依次双向运动的活塞（柱塞），运动速度和推、拉力均是变化的，行程大
组合液压缸	串联式液压缸	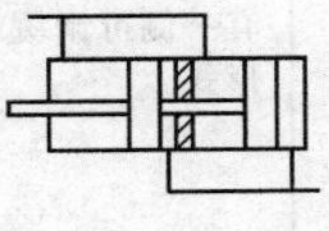	由两个或两个以上的活塞串联在同一轴线上构成。在活塞直径受到限制，而长度不受限制时，用以获得较大的推、拉力

（续）

类别	名称	图形符号	使用特点
组合液压缸	增压缸	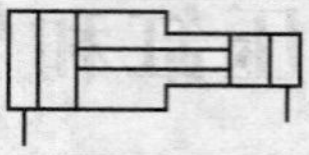	又称增压器,通过液压缸两腔活塞面积不同实现增压
	多工位式液压缸	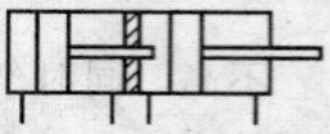	同一缸体内有多个分隔分别进、排油,每个活塞有单独的活塞杆,能作多工位移动
	双向式液压缸	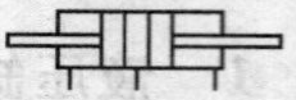	两活塞同时向相反方向运动,其运动速度和输出力相等

1.2　气缸的分类

气缸的分类见表 10.4-2。

表 10.4-2　气缸的分类

类别	名称	简图	使用特点
单作用气缸	柱塞式气缸	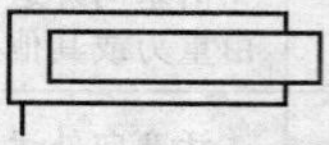	柱塞外伸运动靠气压驱动,复位借助柱塞重力(垂直安装时)或其他外力
	活塞式气缸	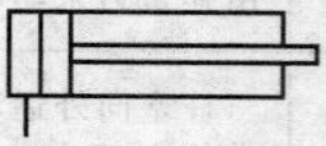	压缩空气只能使活塞向一个方向运动,需借助外力或重力复位
		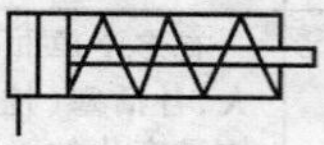	压缩空气使活塞向一个方向运动,借助弹簧力复位
	薄膜式气缸	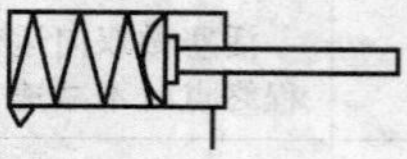	以膜片代替活塞的气缸。借助弹簧力复位,行程短,结构简单,缸体内壁不需要加工
双作用气缸	普通气缸	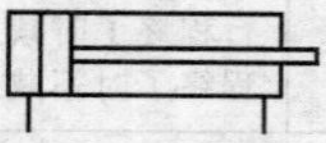	活塞向两个方向的运动均通过压缩空气驱动,活塞行程可根据实际需要选定
	双活塞杆气缸	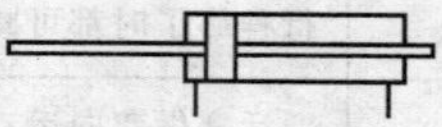	活塞向两个方向的运动均通过压缩空气驱动
	不可调缓冲气缸	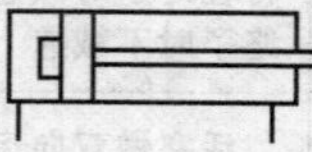 a) 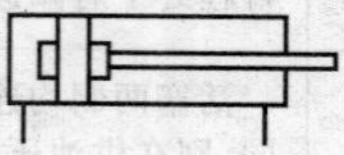 b)	设有缓冲装置以使活塞临近行程终点时减速,防止与缸体发生撞击,但缓冲过程和缓冲效果不可调整。有一侧缓冲(见图 a)和两侧缓冲(见图 b)两种形式
	可调缓冲气缸	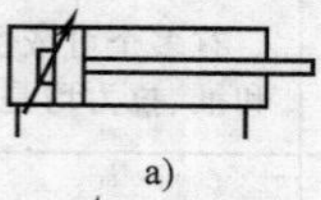 a) 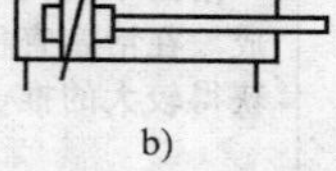 b)	设有缓冲装置,且减速过程和缓冲效果可根据需要调整。有一侧可调缓冲(见图 a)和两侧可调缓冲(见图 b)两种形式

（续）

类别	名称	简图	使用特点
特殊气缸	差动气缸	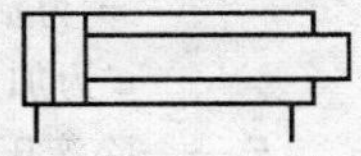	气缸活塞两端有效作用面积差别较大,在两腔同时通压缩空气且两腔联通时,通过两侧气压对活塞作用力的差驱动活塞运动
	双活塞气缸		两个活塞同时向相反方向运动
	多位气缸	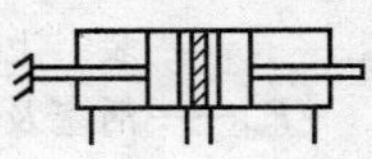	活塞杆沿行程长度方向可占有多个位置,图示结构可占有四个位置,气缸的任一空腔接通气源,活塞杆即可占有其中的一个位置
	串联气缸	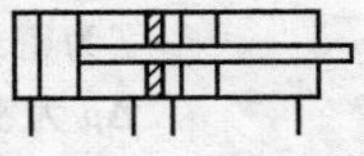	在一根活塞杆上串联多个活塞,气缸总的输出力等于作用在各活塞上的力之和,可以获得较大的驱动力
	冲击气缸	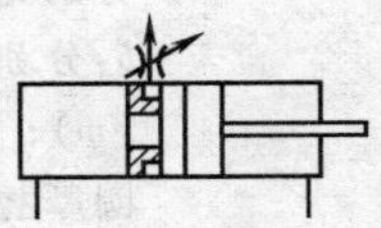	利用突然大量供气和快速排气相结合的方法得到活塞杆的快速运动,对作用对象产生冲击作用,常用于切断、冲孔、打击工件等
	数字气缸	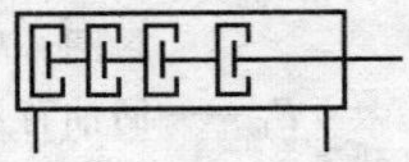	将若干个活塞沿轴向依次装在一起,每个活塞的行程由小到大,按几何级数增加
	回转气缸	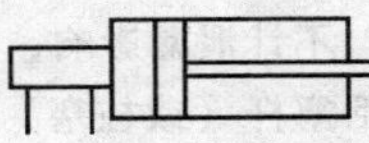	进排气导管和导气头固定而气缸本体可相对转动。可用于机床夹具和线材卷曲装置上
	伺服气缸	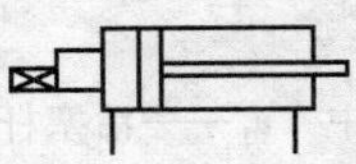	将输入的气压信号成比例地转换为活塞杆的机械位移。用于自动控制系统中
	挠性气缸	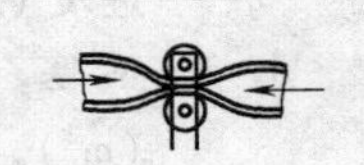	缸筒由挠性材料制成,由夹住缸筒的滚子代替活塞。用于输出力小、占地空间小、行程较长的场合,缸筒可适当弯曲
	伸缩气缸	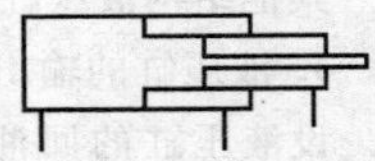	有多个可依次运动的活塞(柱塞),运动速度和推、拉力均是变化的。适用于较大工作行程的使用场合
	钢索式气缸	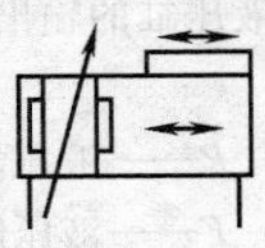	以钢丝绳代替刚性活塞杆的一种气缸,用于小直径,特长行程(如直径为25mm,行程为6m)的场合
	增压气缸	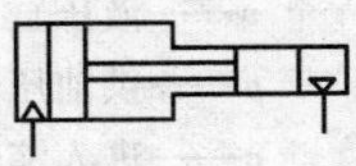	利用两端活塞面积差,可增加小活塞端气体输出压力
	气液增压缸	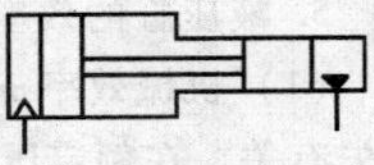	通过气缸与液压缸的联动,用气缸推动液压缸,由于气缸的活塞面积大于液压缸活塞,液压缸排出的液体压力增加
	气液阻尼缸	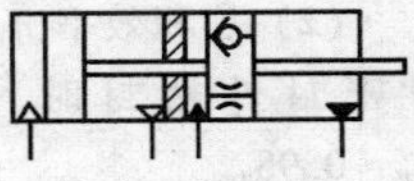	利用液体压缩性低,控制性好的特点,通过气缸与液压缸联动,用气缸推动液压缸,使活塞杆获得稳速运动

2　液压缸与气缸的设计计算

2.1　液压缸的设计计算

2.1.1　液压缸的设计步骤

1）根据主机的运动要求选择液压缸的类型。同时，根据主机的结构要求选择液压缸的安装方式。

2）根据对主机的运动分析和动力分析，确定液压缸的主要工作参数和主要尺寸，如液压缸的推力、速度、作用时间、内径、行程及活塞杆直径等。

3）根据选定的工作压力及零件材料进行液压缸的结构设计，如缸体壁厚、缸盖结构、密封形式、排气与缓冲结构等。

4）对液压缸的强度、可靠性进行校核，如活塞杆强度、活塞杆稳定性、连接螺栓强度等。

2.1.2　液压缸有关参数的计算

1. 液压缸的输出力

1）单杆活塞式液压缸和柱塞式液压缸的推力

$$F_1 = p_1 A_1 \qquad (10.4\text{-}1)$$

式中　F_1——液压缸的推力（N）；

p_1——供油压力（Pa）；

A_1——活塞或柱塞的有效作用面积（m²）。

2）单杆活塞式液压缸的拉力

$$F_2 = p_2 A_2 \qquad (10.4\text{-}2)$$

式中　F_2——液压缸的拉力（N）；

p_2——供油压力（Pa）；

A_2——液压缸有杆腔有效作用面积（m²）。

3）单杆活塞式液压缸差动连接时，液压缸的推力

$$F_3 = p_3 A_3 \qquad (10.4\text{-}3)$$

式中　F_3——液压缸差动连接时的推力（N）；

p_3——供油压力（Pa）；

A_3——活塞杆截面面积（m²）。

差动连接时，在同样的供油流量下，液压缸可获得比正常连接更高的工作速度，但输出力降低。

4）双杆活塞式液压缸的推（或拉）力

$$F_4 = p_4 A_4 \qquad (10.4\text{-}4)$$

式中　F_4——液压缸的作用力（N）；

p_4——工作压力（Pa）；

A_4——液压缸活塞的有效作用面积（m²）。

2. 液压缸的工作阻力

液压缸工作时受到的阻力由式（10.4-5）计算：

$$F = F_1 \pm F_m + F_f \pm F_g + F_{sf} + F_b \qquad (10.4\text{-}5)$$

式中　F_1——液压缸外负载作用力（N）；

F_m——液压缸在起动、制动或换向时的惯性阻力（N），液压缸起动加速时取正值，

制动减速时取负值，等速运动时为 0，

$$F_m = ma$$

m 为活塞及运动部件的总质量（kg），a 为加速度（m/s²）；

F_f——除液压缸之外其他运动部件的摩擦阻力（N）；

F_g——运动部件的自重（N），仅对垂直或倾斜安装的液压缸考虑此力，如为垂直安装；上行时取正值，下行时取负值。

F_{sf}——活塞及活塞杆处密封摩擦阻力（N），

$$F_{sf} = f \Delta p \pi (D b_D k_D + d b_d k_d)$$

f 为密封圈摩擦系数，取 $f \approx 0.05 \sim 0.2$；Δp 为密封圈两侧压力差（Pa）；D、d 分别为活塞、活塞杆直径（m）；b_D、b_d 分别为活塞、活塞杆密封圈宽度（m）；k_D、k_d 分别为活塞、活塞杆密封圈摩擦修正系数，O 形密封圈：$k \approx 0.15$；压紧型密封圈：$k \approx 0.2$；唇型密封圈：$k \approx 0.25$；

F_b——回油背压阻力（N）。

3. 液压缸的输出速度

不计泄漏影响，单杆活塞式液压缸和柱塞式液压缸活塞杆（或柱塞）外伸时的速度

$$v_1 = \frac{q}{A_1} \qquad (10.4\text{-}6)$$

式中　v_1——活塞杆（或柱塞）的外伸速度（m/s）；

q——进入（或流出）液压缸的流量（m³/s）；

A_1——活塞（或柱塞）的有效作用面积（m²）。

其他结构液压缸的运动速度按类似方法计算。

4. 液压缸的输出功率

设液压缸的回油背压为 0，不计摩擦及泄漏损失，液压缸的输出功率

$$P = Fv = pq \qquad (10.4\text{-}7)$$

式中　P——液压缸的输出功率（W）；

F——液压缸的输出力（N）；

v——液压缸的输出速度（m/s）；

p——供油压力（Pa）；

q——进入液压缸的流量（m³/s）。

5. 液压缸的效率

（1）机械效率 η_m　液压缸的机械效率 η_m 与摩擦损失有关，在额定压力下，通常取 η_m 为 0.9～0.95。

（2）容积效率 η_V　与液压缸的泄漏有关，用弹性密封件密封时，取 $\eta_V \approx 1$；活塞环密封时 $\eta_V \approx 0.98$。

（3）作用力效率 η_1　与液压缸回油背压有关。

活塞外伸时

$$\eta_1 = \frac{p_1 A_1 - p_2 A_2}{p_1 A_1} \qquad (10.4\text{-}8)$$

式中　p_1、p_2——液压缸活塞无杆侧、有杆侧压力（Pa）；

A_1、A_2——液压缸活塞无杆侧、有杆侧有效作用面积（m^2）。

活塞退回时按类似方法计算。

（4）总效率 η　总效率按式（10.4-9）计算

$$\eta = \eta_m \eta_V \eta_1 \qquad (10.4\text{-}9)$$

6. 液压缸的负载率

液压缸负载率 ψ 为实际输出推力（或拉力）与理论额定推力（或拉力）的比值。

$$\psi = \frac{F_p}{F_t} \qquad (10.4\text{-}10)$$

负载率 ψ 用以衡量液压缸在工作时的负载。通常取 ψ 为 0.5 ~ 0.7，但对有些用途的液压缸也可取 ψ 为 0.45 ~ 0.75。

2.1.3　液压缸主要结构尺寸的计算

1. 液压缸内径

确定液压缸的内径 D 通常有两种方法。

（1）根据载荷大小和选定的系统压力来计算液压缸内径　以单活塞杆液压缸输出推力为例，液压缸内径的计算公式由式（10.4-1）导出：

$$D = 1.13 \sqrt{\frac{F_1}{p}} \qquad (10.4\text{-}11)$$

式中　D——液压缸的内径（m）；

F_1——液压缸的输出推力（N）；

p——液压缸的供油压力（Pa）。

用液压缸输出拉力时的计算方法与此类似。

（2）根据执行机构的速度要求和选定的供油流量来计算液压缸内径　以单活塞杆液压缸活塞杆外伸为例，液压缸内径计算公式由式（10.4-6）导出：

$$D = 1.13 \sqrt{\frac{q}{v_1}} \qquad (10.4\text{-}12)$$

式中　D——液压缸内径（m）；

q——进入（或流出）液压缸的流量（m^3/s）；

v_1——活塞杆外伸速度（m/s）。

液压缸活塞杆退回时的计算方法与此类似。

设计时，无论采用哪种方法，计算出的液压缸内径均应按表 10.4-5 圆整成标准值。

2. 活塞杆直径

确定活塞杆直径 d 通常也有两种方法。

（1）根据速比要求计算活塞杆直径

$$d = D \sqrt{\frac{\varphi - 1}{\varphi}} \qquad (10.4\text{-}13)$$

式中　d——活塞杆直径（m）；

D——缸筒内径（m）；

φ——速度比，

$$\varphi = \frac{v_2}{v_1} = \frac{D^2}{D^2 - d^2}$$

其中，v_2 为活塞杆的退回速度（m/s）；v_1 为活塞杆的伸出速度（m/s）。

液压缸的往复运动速度比，一般有 2、1.46、1.33、1.25 和 1.15 等几种。表 10.4-3 给出了不同速度比时活塞杆直径 d 和液压缸内径 D 的关系。

表 10.4-3　不同速度比时的活塞杆直径 d 和液压缸内径 D 的关系

φ	1.15	1.25	1.33	1.46	2
d	0.36D	0.45D	0.5D	0.56D	0.71D

设计时，根据工作压力的大小，可参考表 10.4-4 选用速度比。

表 10.4-4　速度比 φ 和工作压力 p 的关系

工作压力 p/MPa	≤10	12.5 ~ 20	>20
速度比 φ	1.33	1.46、2	2

（2）根据强度要求计算活塞杆直径 d　活塞杆仅承受轴向载荷时，活塞杆直径按简单拉、压强度计算，此时：

$$d \geqslant 1.13 \sqrt{\frac{F}{[\sigma]}} \qquad (10.4\text{-}14)$$

式中　d——活塞杆直径（m）；

F——液压缸输出推力（N）；

$[\sigma]$——活塞杆材料的许用应力（Pa），当活塞杆材料为碳素钢时，$[\sigma]$ 为 100 ~ 120MPa。

如果活塞杆受到较大的弯曲作用力时，则应按压（或拉）弯联合强度考虑，此时：

$$\sigma = \frac{F}{A} + \frac{F y_{max}}{W} \leqslant [\sigma_c] \qquad (10.4\text{-}15)$$

式中　σ——活塞杆所受应力（Pa）；

F——液压缸输出力（N）；

A——活塞杆面积（m^2）；

y_{max}——活塞杆最大挠度（m）；

W——活塞杆断面的抗弯模量（m^3），对于实心圆截面活塞杆，

$$W = \frac{\pi}{32} d^3;$$

$[\sigma_c]$——活塞杆材料的许用压应力（Pa），

$$[\sigma_c] = \frac{R_{eL}}{n}$$

R_{eL}为活塞杆材料屈服极限（Pa），n为安全系数，一般 $n \geq 1.4$。

设计时，无论采用哪种方法，计算出的活塞杆直径 d 均应按表 10.4-6 圆整成标准值。

　3. 液压缸行程

液压缸行程主要依据工作机构的运动要求确定。但为了简化工艺和降低成本，应尽量采用表 10.4-7 中给出的标准系列值。

2.2　气缸的有关计算公式

气缸的计算方法与液压缸类似，以双作用单活塞杆气缸为例，活塞杆产生的推力 F_1 和拉力 F_2 分别按下式计算

$$F_1 = \frac{\pi}{4} D^2 p \eta \qquad (10.4\text{-}16)$$

$$F_2 = \frac{\pi}{4}(D^2 - d^2) p \eta \qquad (10.4\text{-}17)$$

式中　F_1——双作用单活塞杆气缸的输出推力（N）；
　　　　F_2——双作用单活塞杆气缸的输出拉力（N）；
　　　　D——活塞直径（m）；
　　　　d——活塞杆直径（m）；
　　　　p——气缸工作压力（Pa）；
　　　　η——载荷率，与气缸压力有关，且综合反映活塞的快速运动和气缸的效率。若气缸动态参数要求较高，且工作频率高，其载荷率一般取 η 为 0.3 ~ 0.5，速度高时取小值，速度低时取大值；若气缸动态参数要求一般，且工作频率低，基本是匀速运动，可只考虑其总阻力，载荷率可取 η 为 0.7 ~ 0.85。

单作用气缸的输出力作类似计算，但计算时需考虑气缸复位力（弹簧力、重力等）影响。

3　液压缸与气缸设计中常用的国家标准

3.1　液压缸、气缸缸筒内径尺寸系列

国家标准 GB/T 2348—1993 规定的液压缸、气缸缸筒内径尺寸系列参见表 10.4-5。

表 10.4-5　液压缸、气缸缸筒内径尺寸系列
（单位：mm）

8	10	12	16	20	25	32
40	50	63	80	(90)	100	(110)
125	(140)	160	(180)	200	(220)	250
(280)	320	(360)	400	(450)	500	—

注：圆括号内尺寸为非优先选用尺寸。

3.2　液压缸、气缸活塞杆外径尺寸系列

国家标准 GB/T 2348—1993 规定的液压缸、气缸活塞杆外径尺寸系列参见表 10.4-6。

表 10.4-6　液压缸、气缸的活塞杆外径尺寸系列
（单位：mm）

4	5	6	8	10	12	14	16	18	20
22	25	28	32	36	40	45	50	56	63
70	80	90	100	110	125	140	160	180	200
220	250	280	320	360	—	—	—	—	—

3.3　液压缸、气缸行程参数系列

国家标准 GB/T 2349—1980 规定的液压缸、气缸行程参数系列见表 10.4-7。

表 10.4-7　液压缸、气缸行程参数系列
（单位：mm）

系列 A									
25	50	80	100	125	160	200	250	320	400
500	630	800	1000	1250	1600	2000	2500	3200	4000
系列 B									
40	63	90	110	140	180	220	280	360	450
550	700	900	1100	1400	1800	2200	2800	3600	—
系列 C									
240	260	300	340	380	420	480	530	600	650
750	850	950	1050	1200	1300	1500	1700	1900	2100
2400	2600	3000	3400	3800	—	—	—	—	—

注：1. 液压缸、气缸行程参数按系列 A、B、C 次序选用。
　　2. 液压缸行程大于 4000mm 时，按 GB/T 321—2005《优先数和优先系数》中 R10 数系选用；如不能满足要求时，允许按 R40 数系选用。

3.4　液压缸、气缸活塞杆螺纹形式和尺寸系列

3.4.1　活塞杆螺纹形式

国家标准 GB/T 2350—1980 规定的活塞杆螺纹形式有三种，如图 10.4-1 所示。

3.4.2　活塞杆螺纹尺寸

国家标准 GB/T 2350—1980 规定的液压缸、气缸的活塞杆螺纹尺寸系列见表 10.4-8。

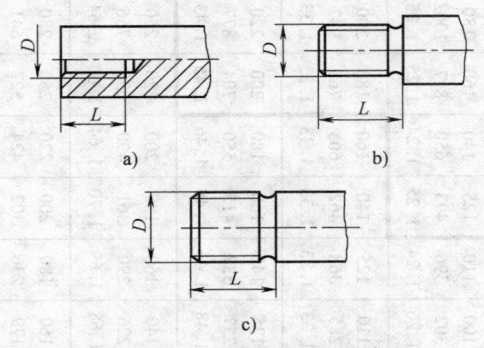

图10.4-1　活塞杆螺纹形式

a）内螺纹　b）外螺纹（带肩）　c）外螺纹（不带肩）

表 10.4-8　液压缸、气缸的活塞杆螺纹尺寸系列（摘自 GB/T 2350—1980）

（单位：mm）

螺纹直径与螺距 ($D \times t$)	螺纹长(L)		螺纹直径与螺距 ($D \times t$)	螺纹长(L)		螺纹直径与螺距 ($D \times t$)	螺纹长(L)	
	短型	长型		短型	长型		短型	长型
M3 × 0.35	6	9	M20 × 1.5	28	40	M90 × 3	106	140
M4 × 0.5	8	12	M22 × 1.5	30	44	M100 × 3	112	—
M4 × 0.7 *	8	12	M24 × 2	32	48	M110 × 3	112	—
M5 × 0.5	10	15	M27 × 2	36	54	M125 × 4	125	—
M6 × 0.75	12	16	M30 × 2	40	60	M140 × 4	140	—
M6 × 1 *	12	16	M33 × 2	45	66	M160 × 4	160	—
M8 × 1	12	20	M36 × 2	50	72	M180 × 4	180	—
M8 × 1.25 *	12	20	M42 × 2	56	84	M200 × 4	200	—
M10 × 1.25	14	22	M48 × 2	63	96	M220 × 4	220	—
M12 × 1.25	16	24	M56 × 2	75	112	M250 × 6	250	—
M14 × 1.5	18	28	M64 × 3	85	128	M280 × 6	280	—
M16 × 1.5	22	32	M72 × 3	85	128	—	—	—
M18 × 1.5	25	36	M80 × 3	95	140	—	—	—

注：1. 螺纹长度 L，对内螺纹是指最小尺寸，对外螺纹是指最大尺寸。
　　2. 当需要用锁紧螺母时，采用长型螺纹。
　　3. 带"＊"号的螺纹尺寸为气缸专用。

3.5　单活塞杆液压缸两腔面积比

行业标准 JB/T 7939—2010 规定的单活塞杆液压缸两腔面积比见表 10.4-9。表 10.4-9 中 D 为液压缸内径，d 为活塞杆外径，A_1 为液压缸无杆腔面积，A_2 为有杆腔面积，面积比 $\varphi = A_1/A_2$。

表 10.4.9　液压缸内径与活塞杆外径面积比

$\phi\approx$		25	32	40	50	63	80	90	100	110	125	140	150	160	180	200	220	250	280	320	360	400	450	500
	D	25	32	40	50	63	80	90	100	110	125	140	150	160	180	200	220	250	280	320	360	400	450	500
	A_1	4.91	8.04	12.6	19.6	31.2	50.3	63.6	78.5	95.0	123	154	177	201	254	314	380	491	616	804	1018	1257	1590	1963
1.06	d	—	—	—	12	16	20	22	25	28	32	36	38	40	45	50	56	63	70	80	90	100	110	125
	A_2	—	—	—	18.5	29.2	47.1	59.8	73.6	88.9	115	144	165	188	239	295	355	460	577	754	954	1178	1495	1841
	φ	—	—	—	1.06	1.07	1.07	1.06	1.07	1.07	1.07	1.07	1.07	1.07	1.07	1.07	1.07	1.07	1.07	1.07	1.07	1.07	1.06	1.07
1.12	d	—	—	12	16	20	25	28	32	36	40	45	50	50	56	63	70	80	90	100	110	125	140	160
	A_2	—	—	11.4	17.6	28.0	45.4	57.5	70.5	84.9	110	138	157	181	230	283	342	441	552	726	923	1134	1436	1762
	φ	—	—	1.10	1.11	1.11	1.11	1.11	1.11	1.12	1.11	1.12	1.13	1.11	1.11	1.11	1.11	1.11	1.12	1.11	1.10	1.11	1.11	1.11
1.25	d	—	14	18	22	28	36	40	45	50	56	63	70	70	80	90	100	110	125	140	160	180	200	220
	A_2	—	6.50	10.0	15.8	25.0	40.1	51.1	62.6	75.4	98.1	123	138	163	204	251	302	396	493	650	817	1002	1276	1583
	φ	—	1.24	1.25	1.24	1.25	1.25	1.25	1.25	1.26	1.25	1.25	1.28	1.24	1.25	1.25	1.26	1.24	1.25	1.24	1.25	1.25	1.25	1.24
1.32	d	—	—	—	25	32	40	45	50	56	63	70	75	80	90	100	110	125	140	160	180	200	220	250
	A_2	—	—	—	14.7	23.1	37.7	47.7	58.9	70.4	91.5	115	132	151	191	236	285	368	462	603	763	942	1210	1472
	φ	—	—	—	1.33	1.35	1.33	1.33	1.33	1.35	1.34	1.33	1.33	1.33	1.33	1.33	1.33	1.33	1.33	1.33	1.33	1.33	1.31	1.33
1.40	d	—	—	22	28	36	45	50	56	63	70	80	85	90	100	110	125	140	160	180	200	220	250	280
	A_2	—	—	8.77	13.5	21	34.4	44	53.9	63.9	84.2	104	120	137	176	219	257	337	415	550	704	877	1100	1348
	φ	—	—	1.43	1.46	1.48	1.46	1.45	1.46	1.49	1.46	1.48	1.47	1.46	1.45	1.43	1.48	1.46	1.48	1.46	1.45	1.43	1.45	1.46
1.60	d	16	20	25	32	40	50	56	63	70	80	90	90	100	110	125	140	160	180	200	220	250	280	320
	A_2	2.90	4.90	7.66	11.6	18.6	30.6	39	47.4	56.5	72.5	90.3	113	123	159	191	226	290	361	490	638	766	975	1159
	φ	1.69	1.64	1.64	1.69	1.68	1.64	1.63	1.66	1.68	1.69	1.70	1.56	1.64	1.60	1.64	1.68	1.69	1.70	1.64	1.60	1.64	1.63	1.69
2.00	d	18	22	28	36	45	56	63	70	80	90	100	105	110	125	140	160	180	200	220	250	280	320	360
	A_2	2.36	4.24	6.41	9.46	15.3	25.6	32.4	40.1	44.8	59.1	75.4	90	106	132	160	179	236	302	424	527	641	786	946
	φ	2.08	1.90	1.96	2.08	2.04	1.96	1.96	1.96	2.12	2.08	2.04	1.96	1.90	1.93	1.96	2.12	2.08	2.04	1.90	1.93	1.96	2.02	2.08
2.50	d	20	25	32	40	50	63	70	80	90	100	110	115	125	140	160	180	200	220	250	280	320	360	400
	A_2	1.77	3.13	4.52	7.07	11.5	19.1	25.1	28.3	31.4	44.2	58.9	72.8	78.3	101	113	126	177	236	313	402	452	573	707
	φ	2.78	2.57	2.78	2.78	2.70	2.63	2.53	2.78	3.03	2.78	2.61	2.43	2.57	2.53	2.78	3.03	2.78	2.61	2.57	2.53	2.78	2.78	2.78
5.00	d	—	—	—	45	56	70	80	90	100	110	125	135	140	160	180	200	220	250	280	320	360	400	450
	A_2	—	—	—	3.73	6.54	11.8	13.35	14.9	16.5	27.7	31.2	33.6	47.1	53.4	60	66	111	125	188	214	239	334	373
	φ	—	—	—	5.26	4.76	4.27	4.76	5.26	5.76	4.43	4.93	5.26	4.27	4.76	5.26	5.76	4.43	4.93	4.27	4.76	5.26	4.76	5.26

注: 1. 两粗线间的数值为优先选用值。
2. D、d 的单位为 mm，A_1、A_2 的单位为 cm²。

4　液压缸的排气、缓冲装置

4.1　液压缸的排气装置

液压油内混入空气时将会影响液压系统和液压元件的工作性能，如诱发气蚀、引起振动噪声、降低液压油的弹性模量等，因此在使用前常通过排气塞（阀）排掉液压缸内部的空气。排气塞（阀）通常安装在液压缸的端部，双作用液压缸应安装两个排气塞（阀）。常用排气塞（阀）的结构如图10.4-2所示，其零件尺寸见图 10.4-3 及表 10.4-10。

排气塞（阀）M12 的零件尺寸如图10.4-4所示。

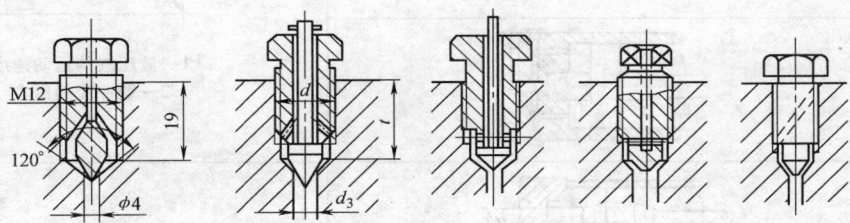

图10.4-2　排气塞（阀）结构

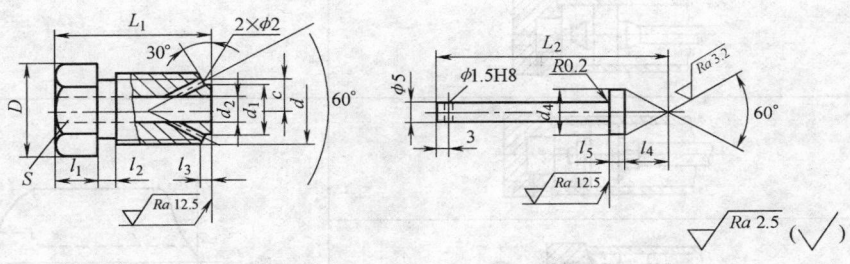

图10.4-3　排气塞（阀）零件尺寸

表 10.4-10　排气塞（阀）尺寸　　　　　　（单位：mm）

d	阀座									阀杆				孔	
	c	d_1	d_2	D	l_1	l_2	l_3	L_1	S	d_4	l_4	l_5	L_2	d_3	t
M16	6	11	6	19.6	9	3	2	31	17	10	8.5	3	48	4～6	23
M20×2	8	14	7	25.4	11	4	3	39	22	13	11	4	59	4～8	28

注：1. d 为 M16 的排气阀标记：排气阀 M16。
　　2. 阀座材料为 25 钢，阀杆材料为 30Cr13。
　　3. 阀杆锥头热处理硬度为 38～44HRC。
　　4. 孔的尺寸 d_3、t，如图 10.4-2 所示。

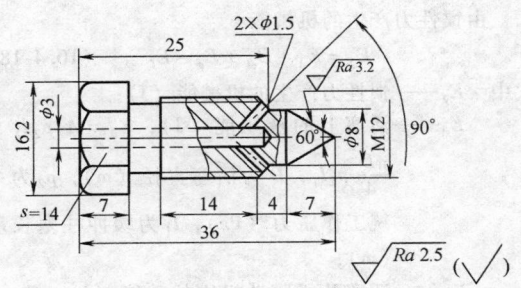

图10.4-4　排气塞（阀）M12 的零件尺寸

4.2　液压缸的缓冲装置

当液压缸的工作速度较高或运动部件质量较大时，为防止活塞在行程终点与缸盖或缸底发生机械碰撞，需要设置缓冲装置。缓冲装置的形式主要有节流缓冲与卸压缓冲两种。节流缓冲装置主要是使活塞在即将运动到行程终点时，在液压缸内反向形成足够的压力，对活塞的运动产生阻力，从而降低液压缸活塞的运动速度，减小其对缸盖或缸底的冲击。

4.2.1　节流缓冲装置

常用的液压缸节流缓冲装置见表 10.4-11。

表 10.4-11　液压缸的节流缓冲装置

缓冲方式		结构简图	缓冲特性
恒节流面积	固定型	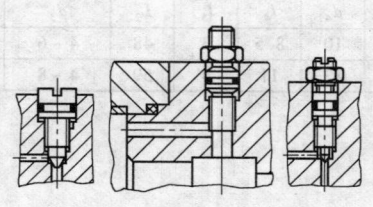	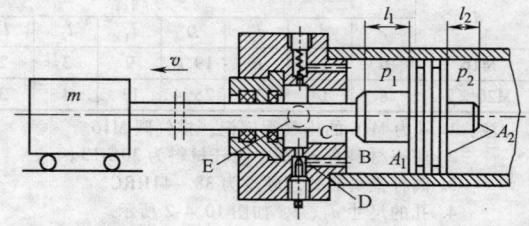 1—液压缸的运动速度 2—缓冲腔的压力
	可调型		
变节流面积	锥型		—
	抛物线型		
	阶梯型		
	三角型		

注: 1. 可调型恒节流面积缓冲装置称为缓冲调节阀, 其常用结构如图 10.4-5 所示。
　　 2. 与缓冲调节阀组合使用的单向阀结构如图 10.4-6 所示。

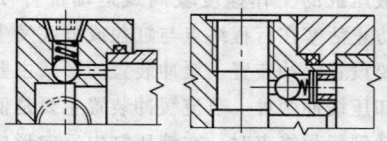

图10.4-5　缓冲调节阀

图10.4-6　单向阀

4.2.2　液压缸缓冲装置的设计计算

　　图 10.4-7 所示为液压缸常用的一种缓冲装置——可调式恒节流面积缓冲装置。

图10.4-7　液压缸可调式恒节流面积缓冲装置

由惯性力产生的机械能

$$E_2 = E_d + E_m \pm E_g - E_f \qquad (10.4\text{-}18)$$

式中　E_2——惯性力产生的机械能 (J);

　　　　E_d——活塞上的液压能 (J), $E_d = A_2 p_2 l_1 = \dfrac{\pi D^2}{4} p_2 l_1$, D 为活塞直径 (m), p_2 为系统工作压力 (Pa), l_1 为缓冲柱塞长度 (m);

　　　　E_m——活塞及所驱动机构的动能 (J), $E_m = \dfrac{mv^2}{2}$, m 为活塞及所驱动机构的质量

（kg），ν 为活塞及所驱动机构的运动速度（m/s）；

E_g——由重力产生的重力能（J），$E_g = Wl_1 \sin\alpha = mgl_1 \sin\alpha$，$\alpha$ 为液压缸倾斜安装时的倾斜角度（°），当液压缸上行时，取负值，若下行时，取正值；

E_f——摩擦损失能量（J），$E_f = F_f l_1$，F_f 为摩擦力（N）。

液压缓冲腔 B 中的能量

$$E_1 = p_c A_1 l_1 \qquad (10.4\text{-}19)$$

式中　E_1——液压缓冲腔中的能量（J）；

p_c——缓冲过程中 B 腔内的平均压力（Pa）；

A_1——具有缓冲柱塞一侧的活塞有效作用面积（m^2）。

若实现缓冲，则应满足：

$$E_2 \leqslant E_1 \qquad (10.4\text{-}20)$$

当 $E_2 = E_1$ 时，缓冲腔 B 中的平均缓冲压力

$$p_c = \frac{E_2}{A_1 l_1} = \frac{A_2 p_2 + mg\sin\alpha - F_f}{A_1} + \frac{mv^2}{2A_1 l_1} \qquad (10.4\text{-}21)$$

由式（10.4-21）可见，缓冲压力由稳态压力 p_s 和瞬态压力 p_m 两部分组成，如图 10.4-8 所示。其中稳态压力与 E_d、E_g、E_f 有关，而瞬态压力与 E_m 有关。且：

$$p_s = \frac{E_d \pm E_g - E_f}{A_1 l_1}；\quad p_m = \frac{E_m}{A_1 l_1}$$

故缓冲腔 B 中的最大冲击压力 p_{max} 为

$$p_{max} = p_c + \frac{E_m}{A_1 l_1} \qquad (10.4\text{-}22)$$

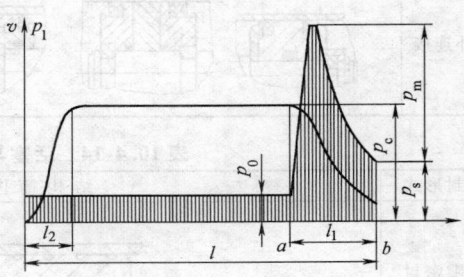

图10.4-8　缓冲压力

根据经验，一般推荐液压缸的缓冲油量见表 10.4-12。

表 10.4-12　液压缸缓冲油量推荐值

缸径/mm	缓冲油量/mL		缸径/mm	缓冲油量/mL	
	有杆侧	无杆侧		有杆侧	无杆侧
40	110	240	100	1140	1800
50	190	360	125	1940	2780
63	310	560	140	2270	3500
80	670	1140	160	3100	4450

5　液压缸关键零件的设计方法

5.1　活塞

5.1.1　活塞与活塞杆的连接形式

活塞与活塞杆的连接形式见表 10.4-13。

5.1.2　活塞与缸体之间的密封

选用活塞与缸体之间的密封结构，应考虑工作压力、环境温度、介质种类等因素。常用的密封结构及其使用特点见表 10.4-14。

5.1.3　活塞材料

活塞常用的材料有耐磨铸铁、灰铸铁（HT300、HT350）、钢（有的在外圆表面套有尼龙 66、尼龙 1010 或夹布酚醛塑料的耐磨环）及铝合金等。

5.1.4　活塞的技术要求

如图 10.4-9 所示，对活塞的技术要求有以下一些：

1）活塞外径 D 对内孔 D_1 的径向圆跳动公差，按 7、8 级精度选取。

2）端面 T 对内孔 D_1 轴线的垂直度公差，按 7 级精度选取。

3）外径 D 的圆柱度公差，按 9、10 或 11 级精度选取。

4）活塞宽度一般为活塞外径 D 的 0.6～1.0 倍，但也要根据密封件的形式、数量和安装导向环的沟槽尺寸而定。有时，可以结合中隔圈的布置确定活塞宽度。

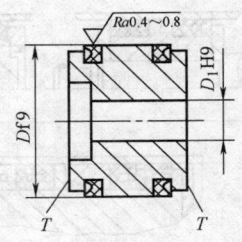

图10.4-9　活塞

表 10.4-13　活塞与活塞杆连接形式

连接方式	结构简图	特点
整体式	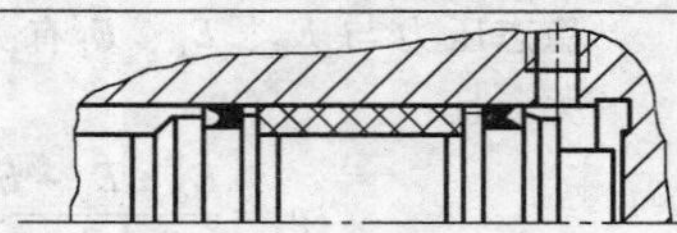	适用于工作压力较大而活塞直径又较小的情况,连接可靠,但不能拆卸
螺纹连接	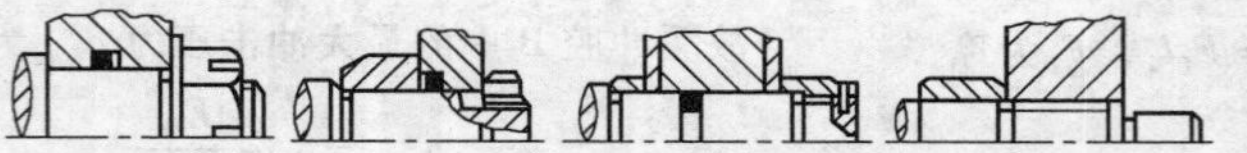	结构简单,拆装方便,是常用的一种连接方式
半环连接	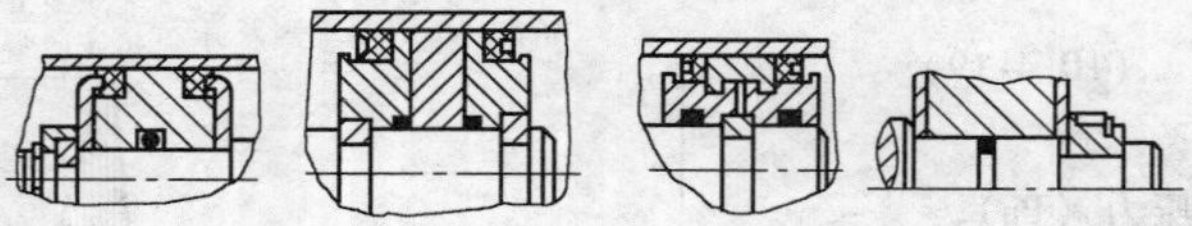	连接可靠,适用于工作压力及机械振动较大的场合

表 10.4-14　活塞与缸体的密封结构及其使用特点

密封形式		结构简图	特点
间隙密封		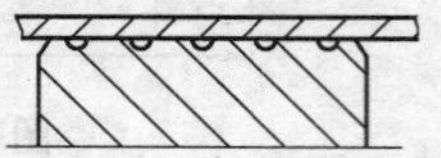	适用于低压系统中液压缸活塞的密封
活塞环密封		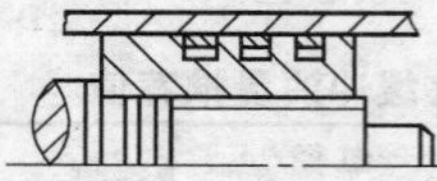	适用于温度变化范围大,要求摩擦力小、寿命长的活塞的密封
密封圈密封	O 形密封圈	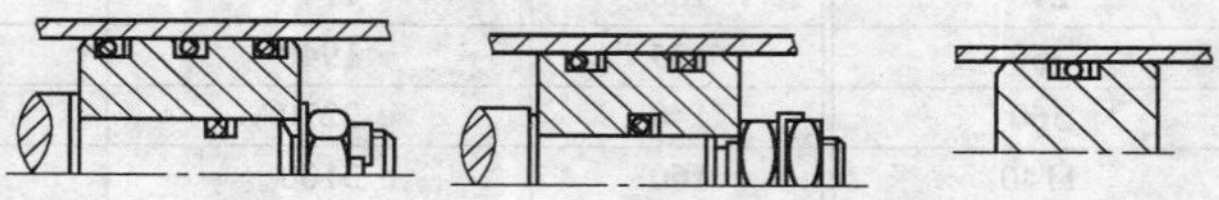	密封性能好,摩擦因数小;所需安装空间小
	Y 形密封圈	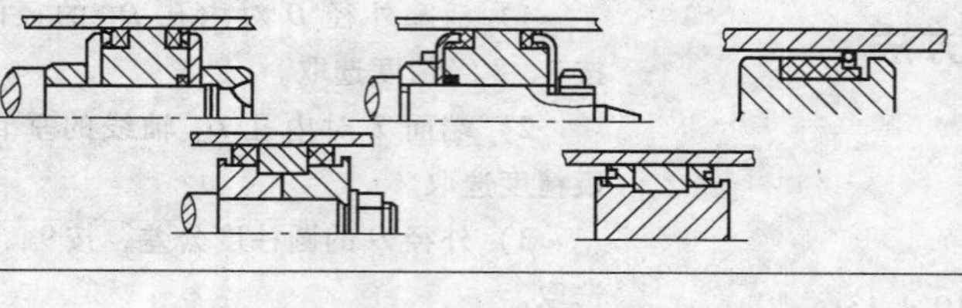	适用于压力 20MPa 以下、往复运动速度较高的液压缸密封
	Yx 形密封圈	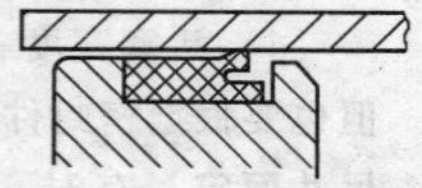	耐高压、耐磨性能与低温性能好,逐渐取代 Y 形密封圈
	V 形密封圈	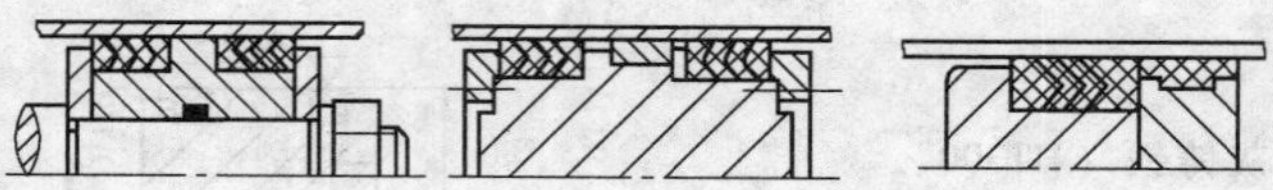	适用于压力 < 50MPa 的活塞密封,使用寿命长,但摩擦阻力大
	U 形密封圈		适用于 32MPa 以下压力的活塞密封,密封性好,阻力较小

5.2 活塞杆

5.2.1 活塞杆端部结构

活塞杆端部结构见表 10.4-15。

5.2.2 活塞杆端部尺寸

活塞杆端部为螺纹连接时，其尺寸见表 10.4-8。

5.2.3 活塞杆整体结构

活塞杆有实心杆和空心杆两种，如图 10.4-10 所示。空心活塞杆的一端，要留出焊接和热处理时用的通孔 d_2。

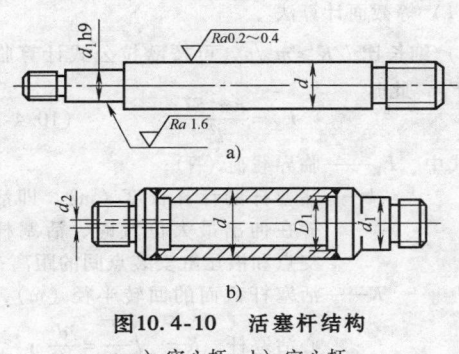

图 10.4-10 活塞杆结构
a）实心杆 b）空心杆

5.2.4 活塞杆材料

一般实心活塞杆用 35 钢、45 钢制造；空心活塞杆常用 35 钢、45 钢无缝钢管制造。

5.2.5 活塞杆的技术要求

如图 10.4-10 所示，对活塞杆的技术要求主要有以下一些：

1）活塞杆的热处理：粗加工后调质处理，硬度为 229～285HBW，必要时再做高频淬火，硬度达到 45～55HRC。

2）活塞杆 d 和 d_1 的圆度公差，按 9、10 或 11 级精度选取。

3）活塞杆 d 的圆柱度公差，按 8 级精度选取。

4）活塞杆 d 和 d_1 的径向圆跳动公差，应不大于 0.01mm。

5）端面 T 对直径 d 中心线的垂直度公差按 7 级精度选取。

6）活塞杆上的螺纹，一般应按 6 级精度加工；如载荷和机械振动较小时，允许按 7 级或 8 级精度制造。

7）活塞杆上若有连接销孔时，孔径按 H11 级精度加工。该孔轴线与活塞杆轴线的垂直度公差按 6 级精度选取。

8）活塞杆上工作表面的表面粗糙度为 $Ra0.63\mu m$，必要时，可以镀铬，镀层厚度约为 0.05mm，镀后抛光。

5.2.6 活塞与活塞杆的连接计算

1. 螺纹退刀槽处强度校核

如图 10.4-11 所示，活塞与活塞杆采用螺纹连接时，活塞杆危险截面为螺纹退刀槽处，所受的拉应力为

$$\sigma = \frac{KF_1}{\frac{\pi}{4}d_1^2} \qquad (10.4\text{-}23)$$

切应力为

$$\tau = \frac{K_1 KF_1 d_0}{0.2d_1^3} \qquad (10.4\text{-}24)$$

合成应力及需要满足的强度条件：

$$\sigma_n = \sqrt{\sigma^2 + 3\tau^2} \leqslant [\sigma] \qquad (10.4\text{-}25)$$

表 10.4-15 活塞杆端部结构

结构形式	外螺纹	内螺纹	单耳环	双耳环
结构简图				
结构形式	半球铰单耳环	球头	销轴	柱销
结构简图				
结构形式	锥销		法兰	
结构简图				

式中　σ——活塞杆危险截面拉应力（Pa）；

τ——活塞杆危险截面切应力（Pa）；

σ_n——活塞杆危险截面合成应力（Pa）；

F_1——作用在活塞杆上的拉力（N）；

d_1——螺纹退刀槽处活塞杆的直径（m）；

K——螺纹拧紧因数，静载时，取 K 为 1.25 ~ 1.5；动载时，取 K 为 2.5 ~ 4；

K_1——螺纹内摩擦因数，一般取 $K_1 = 0.12$；

d_0——螺纹大径（m）；

d_1——螺纹小径（m），当采用普通螺纹时，$d_1 = d_0 - 1.0825t$，t 为螺纹螺距（m）；

$[\sigma]$——活塞杆材料的许用应力（Pa）。

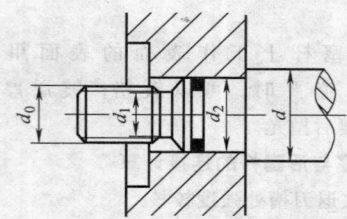

图 10.4-11　活塞与活塞杆螺纹连接示意图

2. 活塞肩部强度校核

活塞杆与活塞接触肩部表面的压应力

$$\sigma_c = \frac{pD^2}{(d - 0.002)^2 - (d_2 + 2C)^2} \leqslant [\sigma_c]$$

(10.4-26)

式中　σ_c——活塞杆与活塞肩部表面的压应力（Pa）；

p——液压缸最大工作压力（Pa）；

D——活塞直径（m）；

d——活塞杆直径（m）；

d_2——活塞上的孔径（m）；

C——活塞上孔的倒角尺寸（m）；

$[\sigma_c]$——材料的许用应力（Pa），取活塞和活塞杆材料许用应力中的较小值。

5.2.7　活塞杆稳定性校核

活塞杆受轴向压力作用时，若活塞杆的计算长度 l 与活塞杆直径 d 之比大于 10（即 $l/d > 10$），则应对活塞杆的纵向弯曲强度或稳定性进行校核。

1. 无偏心载荷时的稳定性验算

由材料力学知，当载荷力接近某一临界值时，受压细长杆将产生纵向弯曲，且其挠度值随载荷的增加而急剧增大，以致屈曲破坏。

对于不受偏心载荷作用的细长杆，其纵向弯曲强度的临界值可按等截面法和非等截面法计算。

（1）等截面计算法

1）细长比 $l/K \geqslant m\sqrt{n}$，可按欧拉公式计算临界载荷 F_K，此时

$$F_K = \frac{n\pi^2 EI}{l^2}$$

(10.4-27)

式中　F_K——临界载荷（N）；

l——活塞杆的计算长度（m），即活塞杆在伸出最大位置时，活塞杆端支点和液压缸安装点间的距离；

K——活塞杆截面的回转半径（m），实心活塞杆，$K = \sqrt{\dfrac{I}{A}} = \dfrac{d}{4}$；空心活塞杆，$K = \dfrac{1}{4}\sqrt{d_1^2 + d_2^2}$；

I——活塞杆截面的惯性矩（m⁴），实心活塞杆，$I = \dfrac{\pi d^4}{64}$；空心活塞杆，$I = \dfrac{\pi}{64}(d_2^4 - d_1^4)$；

d——活塞杆直径（m）；

d_1——空心活塞杆外径（m）；

d_2——空心活塞杆内径（m）；

A——活塞杆截面积（m²）；

n——末端条件系数，见表 10.4-16；

E——活塞杆材料的弹性模量（Pa）；如果材料为钢，则 $E = 2.1 \times 10^{11}$ Pa；

m——柔性系数，见表 10.4-17。

表 10.4-16　末端条件系数

类型	一端固定，一端自由	两端铰接	一端固定，一端铰接	两端固定
安装形式				

（续）

类型	一端固定，一端自由	两端铰接	一端固定，一端铰接	两端固定
n	$\dfrac{1}{4}$	1	2	4
l_s	$2l$	l	$\dfrac{\sqrt{2}}{2}l$	$\dfrac{l}{2}$
C	1	$\dfrac{1}{2}$	$\dfrac{1}{3}$	$\dfrac{1}{4}$

表 10.4-17　试验常数

材料	铸铁	锻钢	低碳钢	中碳钢
f_c/ MPa	560	250	340	490
a	1/1600	1/9000	1/7500	1/5000
m	80	110	90	85

2）细长比 $l/K < m\sqrt{n}$，用戈登-兰金公式计算临界载荷 F_K，此时：

$$F_K = \frac{f_c A}{1 + \dfrac{a}{n}\left(\dfrac{l}{K}\right)^2} \qquad (10.4\text{-}28)$$

式中　f_c——材料强度试验值，见表 10.4-17；

　　　a——试验常数，见表 10.4-17；

　　其他符号同式（10.4-27）。

3）细长比 $l/K < 20$，可按纯压缩计算。

（2）非等截面计算法　等截面计算法是把缸筒的惯性转矩看成与活塞杆相同，这与实际情况差别较大，因而这种方法得到的 F_K 值趋于保守。采用非等截面计算法得到的 F_K 值，与实际情况接近，其计算公式为

$$F_K = k\,\frac{\pi^2 EI}{l^2} \qquad (10.4\text{-}29)$$

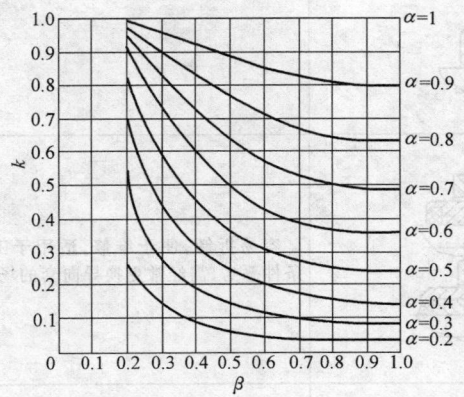

图 10.4-12　形状系数 （α 曲线）

式中　k——形状系数，由图 10.4-12 或图 10.4-13

　　查出，图中，$\alpha = \sqrt{\dfrac{I_1}{I_2}}$，$\beta = \dfrac{l_1}{l}$，$I_1$ 为活

塞杆的惯性矩 （m^4），I_2 为缸筒的惯性矩 （m^4），l_1 为活塞杆的伸出长度 （m）；

　　　l——液压缸的安装长度 （m）。

　　其他符号同式（10.4-27）。

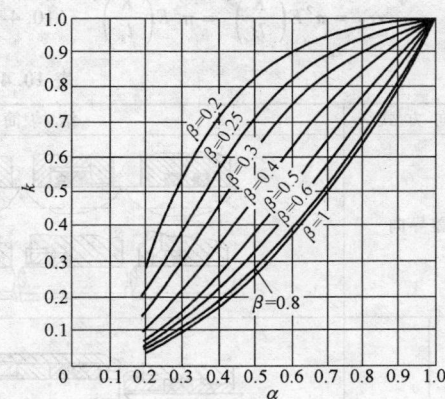

图 10.4-13　形状系数 （β 曲线）

在实际使用时，为了保证活塞杆不产生纵向弯曲，活塞杆实际承受的压缩载荷一般要远小于临界载荷，即

$$F \leqslant \frac{F_K}{n_K} \qquad (10.4\text{-}30)$$

式中　F——活塞杆实际承受的压缩载荷 （N）；

　　　F_K——活塞杆纵向弯曲破坏的临界载荷 （N）；

　　　n_K——安全系数，一般取 n_K 为 2～4。

2. 承受偏心载荷时的稳定性验算

液压缸由于结构或安装上的原因，活塞杆往往承受一定的偏心载荷，此时

$$F_K = \frac{R_{eL}A}{1 + 8\dfrac{\varepsilon}{d}\sec\theta} \qquad (10.4\text{-}31)$$

式中　R_{eL}——活塞杆材料的下屈服强度 （Pa）；

　　　A——活塞杆截面积 （m^2）；

　　　ε——载荷偏心量 （m）；

　　　d——活塞杆直径 （m）；

　　　F_K——临界载荷 （N）；

　　　θ——挠曲角，

$$\theta = C\,\frac{l}{K}\sqrt{\frac{F_{\mathrm{K}}}{EA}},$$

C 为系数，见表 10.4-16；E 为活塞杆材料的弹性模量（Pa）；l 为活塞杆的计算长度（m）；K 为活塞杆截面的回转半径（m）。

3. 临界应力时的稳定性验算

活塞杆在临界载荷作用下的应力称为临界应力，由式（10.4-32）计算

$$\sigma_{\mathrm{K}} = \frac{F_{\mathrm{K}}}{A} = n\pi^2 E\left(\frac{K}{l}\right)^2 \qquad (10.4\text{-}32)$$

为了计算方便，令 $s = \dfrac{1}{\sqrt{n}}$，代入上式则有

$$\sigma_{\mathrm{K}} = \pi^2 E\left(\frac{K}{ls}\right)^2 = \pi^2 E\left(\frac{K}{l_{\mathrm{s}}}\right)^2 \qquad (10.4\text{-}33)$$

式中　E——活塞杆材料的弹性模量（Pa）；

l——活塞杆的计算长度（m）；

K——活塞杆截面的回转半径（m）；

s——长度系数；

l_{s}——折合长度，不同安装条件下的折合长度见表 10.4-16，

$$l_{\mathrm{s}} = ls = \frac{l}{\sqrt{n}};$$

σ_{K}——临界应力（Pa）。

5.2.8　活塞杆的导向、密封和防尘

1. 导向套

（1）导向套的结构　导向套的结构见表 10.4-18。

（2）导向套材料　导向套的常用材料为铸造青铜

表 10.4-18　导向套的结构

导向方式		结构简图	特　点
缸盖导向		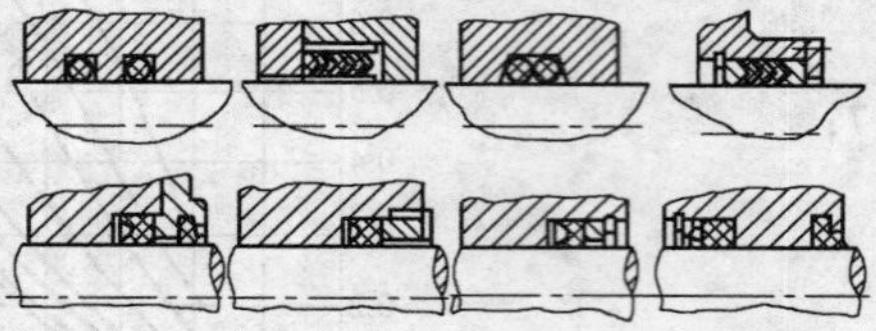	减少了零件数量,装配简单,但磨损快
导向套导向	普通导向套	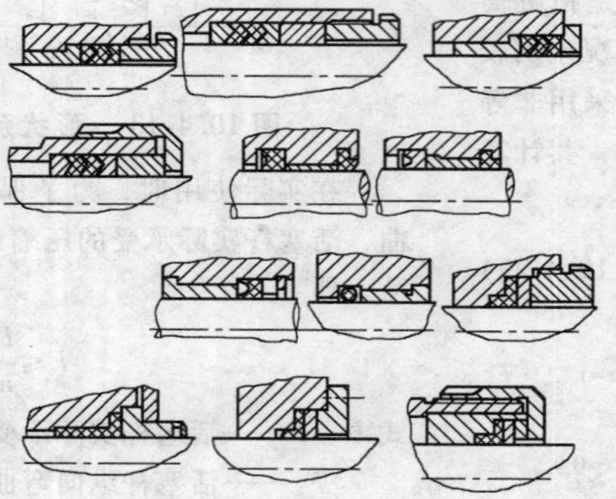	可利用液压油润滑导向套,并使其处于密封状态
	可拆导向套	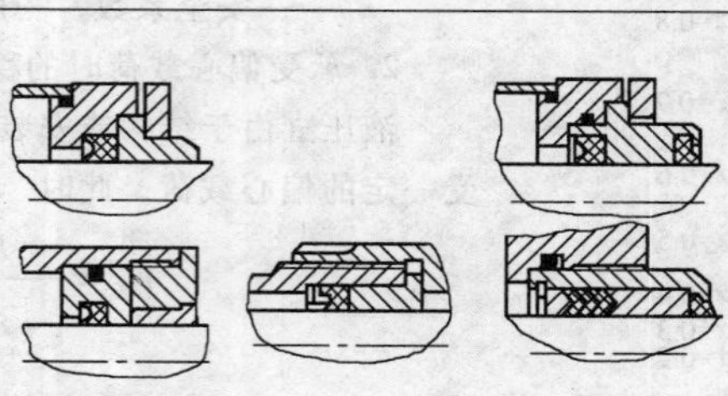	容易拆卸,便于维修,适用于工作条件恶劣、需经常更换导向套的场合
	球面导向套	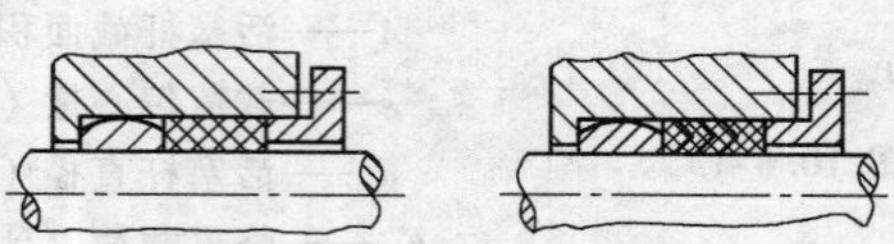	导向套在一定范围内可自动调整位置,磨损比较均匀

或耐磨铸铁。

（3）导向套的技术要求　导向套与活塞杆的配合，一般取 H8/f9（或 H9/f9），其表面粗糙度为 $Ra0.63 \sim 1.25\mu m$。

2. 活塞杆的密封与防尘

活塞杆的密封与防尘结构见表 10.4-19。

表 10.4-19　活塞杆的密封与防尘结构

密封形式	防尘形式	结 构 简 图
Y 形密封圈	J 形防尘圈	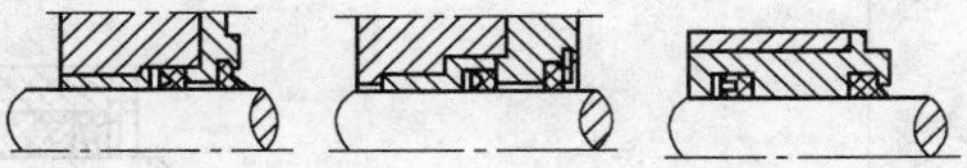
	骨架式防尘圈	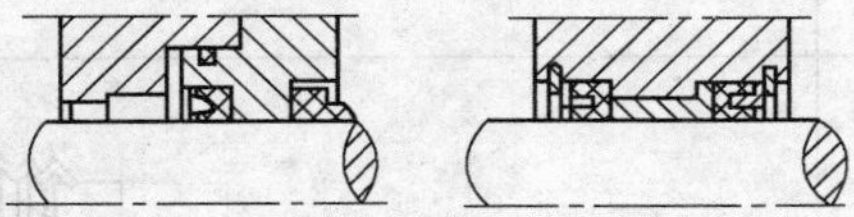
	三角防尘圈	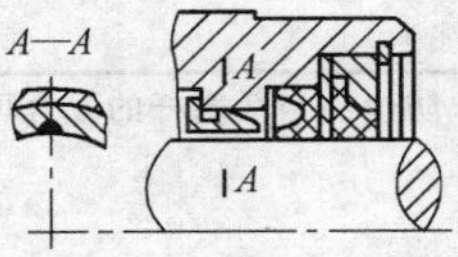
U 形夹织物密封圈	毛毡圈	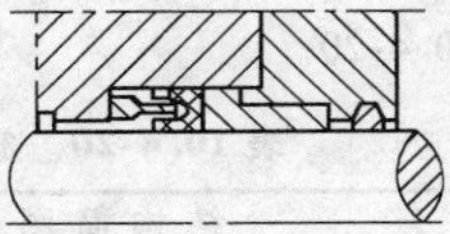
	骨架式防尘圈	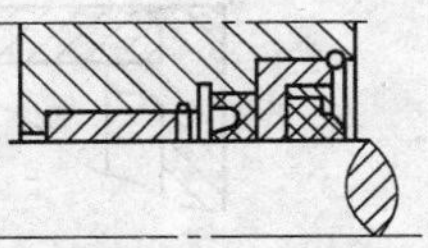
	三角形防尘圈	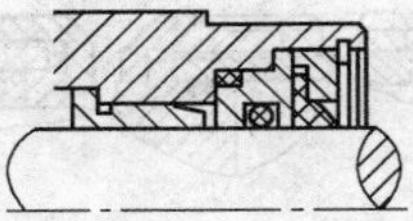
O 形密封圈	薄钢片组合防尘圈	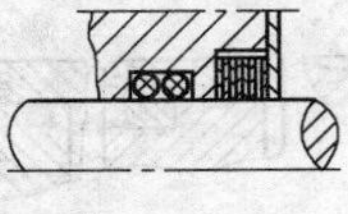
	O 形密封圈	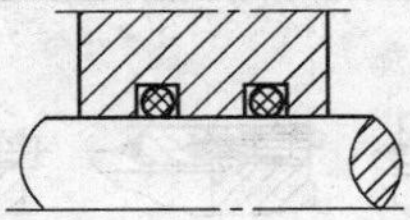
V 形密封圈	J 形密封圈	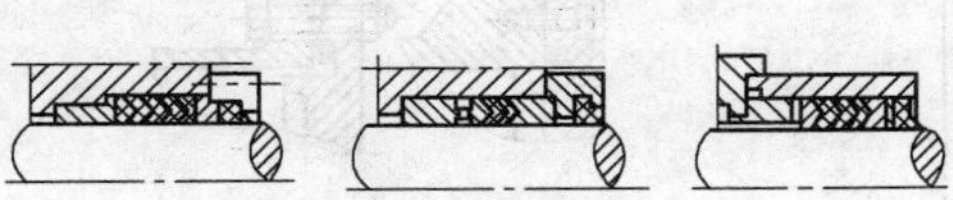

（续）

密封形式	防尘形式	结 构 简 图
	毛毡橡胶组合防尘圈	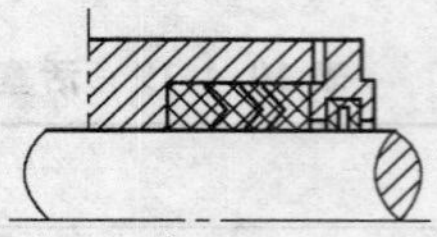
V 形密封圈	骨架式防尘圈	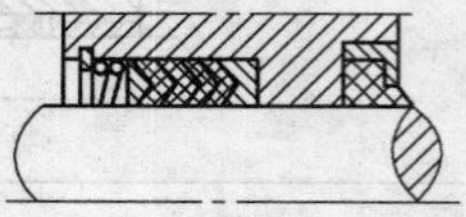
	折叠式橡胶或帆布防尘圈	

注：采用薄钢片组合防尘圈时，防尘圈与活塞杆的配合可按 H9/f9 选取。薄钢片厚度为 0.5mm。

5.3　缸体

5.3.1　缸体端部连接方式

缸体端部的连接方式见表 10.4-20。

5.3.2　缸体的材料

缸体常用材料为 20 钢、35 钢、45 钢无缝钢管。因 20 钢的力学性能略低，且不能调质，应用较少。当缸筒与缸底、缸头、管接头或耳轴等零件需焊接

表 10.4-20　缸体端部连接方式

连 接 方 式		结 构 简 图	特 点
焊接		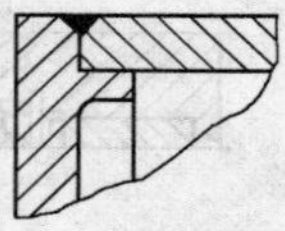	优点是结构简单，尺寸小，质量轻。缺点是缸体焊后可能变形，且缸体内腔不易加工。主要用于柱塞式液压缸
螺纹连接	外螺纹	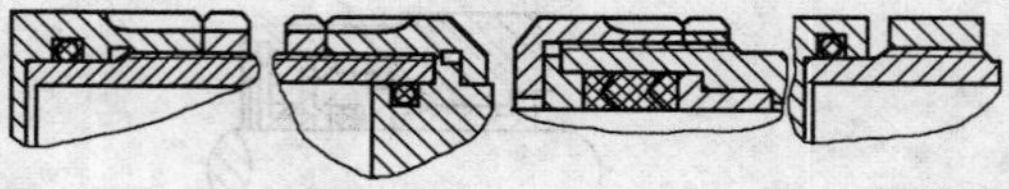	径向尺寸小，质量较轻，使用广泛。缺点是缸体外径需加工，且应与内径同轴。装卸需专用工具，安装时应防止密封圈扭曲
	内螺纹	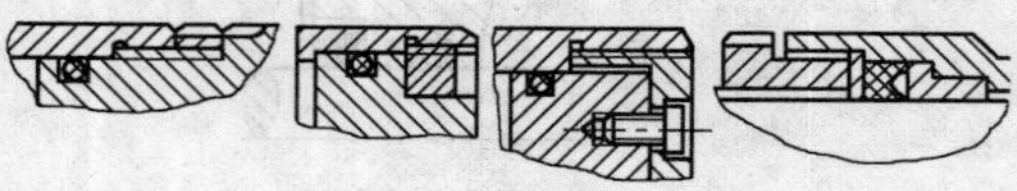	
法兰连接		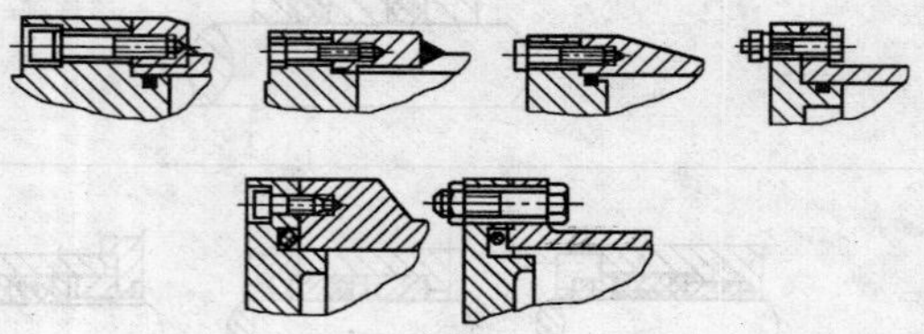	结构简单，易加工，易装卸，使用广泛。缺点是径向尺寸较大，重量比螺纹连接的大。非焊接式法兰的缸体端部应镦粗

（续）

连接方式	结构简图	特　点
拉杆连接		结构通用性好,缸体加工容易,装卸方便,应用较广。缺点是外形尺寸及质量大。常用于载荷较大的双作用缸
半环连接 外半环		质量比拉杆连接的轻,缸体外径需加工。半环槽削弱了缸体,因此缸体壁应加厚
内半环		结构紧凑,质量轻。缺点是安装时端部进入缸体较深,密封圈有可能被进油孔边缘擦伤
钢丝连接		结构简单,尺寸小,质量轻

注：1. 对固定机械,若尺寸与质量没有特殊要求,建议采用法兰连接或拉杆连接。
　　2. 对活动机械,若尺寸和质量有特殊要求时,推荐采用外螺纹连接或外半环连接。

时,则应采用焊接性能较好的 35 钢,粗加工后调质。一般情况下,均采用 45 钢,调质处理,硬度为 241～285HBW。

缸体毛坯也可采用锻钢、铸钢或铸铁件。铸钢可采用 ZG35B 等材料,铸铁可采用 HT200～HT350 间的几个牌号或球墨铸铁。

特殊情况下可采用铝合金等材料。

5.3.3　缸体的技术要求

对活塞缸的缸体,主要技术要求如下：

1）缸体与活塞之间的配合采用 H8 或 H9,缸孔需珩磨。缸孔表面粗糙度要求：当活塞采用橡胶密封圈密封时,Ra 为 0.1～0.4μm；当活塞用活塞环密封时,Ra 为 0.2～0.4μm。

2）缸体内孔（见图 10.4-14）的圆度公差可取 9～11 级精度,圆柱度公差可取 8 级精度。

3）缸体端面 T（见图 10.4-14）对缸孔中心线的垂直度公差可取 7 级精度。

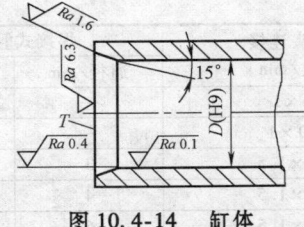

图 10.4-14　缸体

4）当缸体与缸头采用螺纹连接时,螺纹应为米制螺纹,按 6 级精度加工。

5）当缸体带有耳环或销轴（见图 10.4-15）时,孔径 D_1 或轴颈 d_2 的中心线对缸体内孔轴线的垂直度公差可取 9 级精度。

6）为了防止腐蚀和提高寿命,缸体内表面应镀铬,厚度为 30～40μm,镀后进行珩磨或抛光。

5.3.4　缸体的设计计算

1. 缸筒壁厚的计算

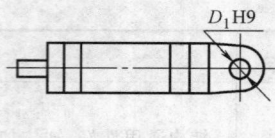

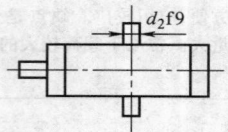

图 10.4-15　耳环、销轴型缸体

（1）按薄壁筒计算　对于低压系统或当 $\dfrac{D}{\delta} \geqslant 16$ 时，缸筒厚度一般按薄壁筒计算。缸筒壁厚

$$\delta \geqslant \frac{p_y D}{2[\sigma]} \qquad (10.4\text{-}34)$$

式中　δ——缸筒壁厚（m）；

p_y——试验压力（Pa），工作压力 $p \leqslant 16\text{MPa}$ 时，$p_y = 1.5p$；工作压力 $p > 16\text{MPa}$ 时，$p_y = 1.25p$。

D——缸筒内径（m）；

$[\sigma]$——缸体材料的许用应力（Pa），

$$[\sigma] = \frac{R_{eL}}{n}$$

R_{eL}——缸体材料的屈服强度（Pa）；

n——安全系数，n 为 $3.5 \sim 5$，一般取 $n = 5$。

（2）按中等壁厚计算　当 $3.2 \leqslant \dfrac{D}{\delta} < 16$ 时，缸筒属于中等壁厚，此时

$$\delta = \frac{p_y D}{(2.3[\sigma] - p_y)\psi} + c \qquad (10.4\text{-}35)$$

式中　ψ——强度系数，对于无缝钢管，$\psi = 1$；

c——计入壁厚公差及腐蚀的附加厚度，通常圆整到标准厚度值；

其他符号同式（10.4-34）。

（3）按厚壁筒计算　对于中高压系统，或当 $\dfrac{D}{\delta} < 3.2$ 时，一般按厚壁筒计算。

当缸体由塑性材料制造时，缸筒厚度应按第四强度理论计算

$$\delta \geqslant \frac{D}{2}\left(\sqrt{\frac{[\sigma]}{[\sigma] - 1.73p_y}} - 1\right) \qquad (10.4\text{-}36)$$

当缸体由脆性材料制造时，缸筒厚度应按第二强度理论计算

$$\delta \geqslant \frac{D}{2}\left(\sqrt{\frac{[\sigma] + 0.4p_y}{[\sigma] - 1.3p_y}} - 1\right) \qquad (10.4\text{-}37)$$

2. 液压缸油口直径的计算

液压缸油口直径应根据活塞最高运动速度 v 和油口最高液流速度 v_0 而定。

$$d_0 = D\sqrt{\frac{v}{v_0}} \qquad (10.4\text{-}38)$$

式中　d_0——液压缸油口直径（m）；

D——液压缸内径（m）；

v——液压缸最大输出速度（m/s）；

v_0——油口最高液流速度（m/s）。

按式（10.4-38）计算出的油口直径 d_0 应圆整成表 10.4-21 所给的数值。

表 10.4-21　油口尺寸

管接头连接螺纹/mm	焊接式管接头		卡套式管接头		扩口式管接头	
	通径/mm	管外径/mm	通径/mm	管外径/mm	通径/mm	管外径/mm
M8×1	—	—	3	4	—	—
M10×1	—	—	3、4	5、6	3、3.5、4	4、5、6
M12×1.5	3	6	4、4.5、6	6、8、8	6	8
M14×1.5	4	6	5、7	8、10	8	10
M16×1.5	6	8	7、9	10、12	10	12
M18×1.5	7.5	10	8、10、11	12、14、15	12	14
M20×1.5	—	—	9、12	14、16	—	—
M22×1.5	10.5	12	12、14	16、18	14、15	16、18
M27×2	12	16	15、18	20、22	17、19	20、22
M33×2	—	—	20、23	25、28	22、24	25、28
M42×2	25	30	25、30	30、35	27、30	32、34
M60×2	36	42	—	—	—	—

注：1. 管接头连接螺纹尺寸系列符合 GB/T 2878.1—2011 的规定。
　　2. 焊接式管接头尺寸系列符合 JB/T 966—2005 的规定。
　　3. 卡套式管接头尺寸系列符合 GB/T 3733—2008 的规定。
　　4. 扩口式管接头尺寸系列符合 GB/T 5625—2008 的规定。

3. 缸体与缸盖的连接计算

（1）焊接连接的计算　液压缸缸底采用对焊（见图 10.4-16）时，焊缝的拉应力为

$$\sigma = \frac{F}{\frac{\pi}{4}(D_1^2 - D_2^2)\eta} \qquad (10.4\text{-}39)$$

式中　σ——焊缝的拉应力（Pa）；

　　　F——液压缸输出的最大推力（N）；

　　　D_1——液压缸缸筒外径（m）；

　　　D_2——焊缝底径（m）；

　　　η——焊接效率，通常取 $\eta = 0.7$。

若液压缸端盖和缸筒采用角焊时（见图 10.4-17），焊缝应力为

$$\sigma = \frac{\sqrt{2}F}{\pi D h \eta} \qquad (10.4\text{-}40)$$

式中　h——焊角宽度（m）；

　　　D——缸体内径（m）。

其他符号同式（10.4-39）。

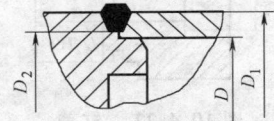

图 10.4-16　缸底对焊

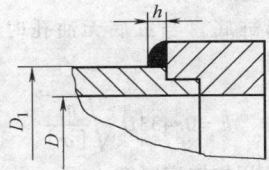

图 10.4-17　缸头角焊

（2）螺纹连接的计算　缸体与端盖用螺纹连接时（见图 10.4-18），缸体螺纹处的拉应力为

$$\sigma = \frac{KF}{\frac{\pi}{4}(d_1^2 - D^2)} \qquad (10.4\text{-}41)$$

螺纹处的切应力为

$$\tau = \frac{K_1 K F d_0}{0.2(d_1^3 - D^3)} \qquad (10.4\text{-}42)$$

合成应力及需满足的强度条件为

$$\sigma_n = \sqrt{\sigma^2 + 3\tau^2} \leqslant [\sigma] \qquad (10.4\text{-}43)$$

式中　σ——缸体螺纹处的拉应力（Pa）；

　　　F——缸体端部承受的最大推力（N）；

　　　d_1——螺纹小径（m），当采用普通螺纹时，$d_1 = d_0 - 1.0825t$，t 为螺纹螺距（m）；

　　　D——缸筒内径（m）；

K——螺纹拧紧系数，静载时，取 K 为 $1.25 \sim 1.5$；动载时，取 K 为 $2.5 \sim 4$；

　　　τ——螺纹处的切应力（Pa）；

　　　K_1——螺纹内摩擦因数，一般取 $K_1 = 0.12$；

　　　d_0——螺纹大径（m）；

　　　σ_n——合成应力（Pa）；

　　$[\sigma]$——螺纹材料的许用应力（Pa），

$$[\sigma] = \frac{R_{eL}}{n}$$

R_{eL} 为螺纹材料的下屈服强度（Pa），n 为安全系数，通常取 n 为 $1.5 \sim 2.5$。

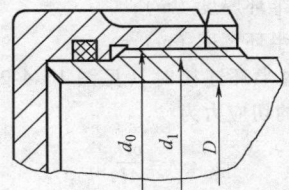

图 10.4-18　缸体螺纹连接

（3）螺栓连接的计算　缸体与缸盖采用螺栓连接时（见图 10.4-19），螺纹处的拉应力为

$$\sigma = \frac{KF}{\frac{\pi}{4}d_1^2 Z} \qquad (10.4\text{-}44)$$

螺纹处的切应力为

$$\tau = \frac{K_1 K F d_0}{0.2 d_1^2 Z} \qquad (10.4\text{-}45)$$

合成应力及需满足的强度条件为

$$\sigma_n = \sqrt{\sigma^2 + 3\tau^2} \approx 1.3\sigma \leqslant [\sigma] \qquad (10.4\text{-}46)$$

式中　σ——螺栓处的拉应力（Pa）；

　　　d_1——螺栓小径（m）；

　　　Z——螺栓个数；

　　　d_0——螺栓大径（m）；

　　$[\sigma]$——螺栓材料的许用应力（Pa），

$$[\sigma] = \frac{R_{eL}}{n}$$

R_{eL} 为螺栓材料的屈服极限强度（Pa），n 为安全系数，通常取 $n = 1.5 \sim 2.5$。

其他符号同式（10.4-43）。

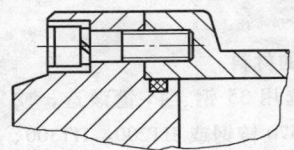

图 10.4-19　缸体与缸盖的螺栓连接

（4）半环连接的计算　当缸体与缸盖用外半环连接时（见图 10.4-20），外半环 $a—a$ 截面上的切应力为

$$\tau = \frac{pD_1}{4l} \qquad (10.4-47)$$

外半环 $a—b$ 侧面上的挤压应力为

$$\sigma_c = \frac{pD_1^2}{h(2D_1 - h)} \qquad (10.4-48)$$

缸筒危险截面（$A—A$）上的拉应力为

$$\sigma = \frac{pD_1^2}{(D_1 - h)^2 - D^2} \qquad (10.4-49)$$

式中　h——半环厚度（m）；

l——半环宽度（m）。

当采用内半环连接时（见图 10.4-21），内半环 $a—a$ 截面上的切应力为

$$\tau = \frac{pD}{4l} \qquad (10.4-50)$$

内半环 $a—b$ 侧面上的挤压应力为

$$\sigma_c = \frac{pD^2}{h(2D - h)} \qquad (10.4-51)$$

缸筒危险截面（$A—A$）上的拉应力为

$$\sigma = \frac{pD^2}{D_1^2 - (D + h)^2} \qquad (10.4-52)$$

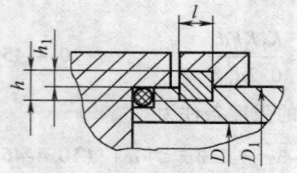 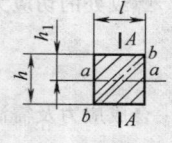

图 10.4-20　外半环连接

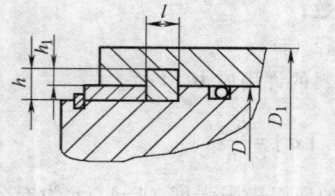 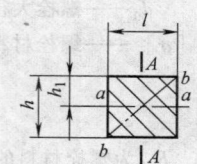

图 10.4-21　内半环连接

5.4　缸盖

5.4.1　缸盖的材料

缸盖可选用 35 钢、45 钢锻造，或采用 ZG270-500、ZG310-570 铸钢或 HT200、HT300、HT350 铸铁等材料铸造。

当缸盖本身又是活塞杆导向套时，缸盖最好选用铸铁。同时，应在导向表面上堆焊黄铜、青铜或其他耐磨材料。如果采用在缸盖中压入导向套的结构时，导向套材料则应为耐磨铸铁、青铜或黄铜等。

5.4.2　缸盖的技术要求

如图 10.4-22 所示，对缸盖的主要技术要求如下：

1）直径 d（公称尺寸同缸径）、D_2（活塞杆导向孔）、D_3（公称尺寸同活塞杆密封圈外径）的圆柱度公差，应按 9、10 或 11 级精度选取。

2）D_2、D_3 与 d 的同轴度公差一般取 0.03mm 左右。

3）端面 A、B 与直径 d 中心线的垂直度公差，应按 7 级精度选取。

4）导向孔的表面粗糙度一般取 $Ra\,1.25\mu m$。

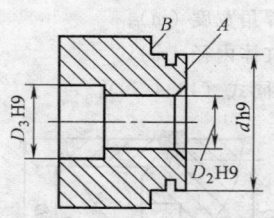

图 10.4-22　缸盖

5.4.3　缸底的计算

1. 缸底厚度的计算

（1）平形缸底　当缸底无油孔时（见图 10.4-23），缸底厚度

$$h = 0.433D\sqrt{\frac{p_y}{[\sigma]}} \qquad (10.4-53)$$

式中　h——液压缸缸底厚度（m）；

D——液压缸内径（m）；

p_y——液压缸最大试验压力（Pa）；

$[\sigma]$——缸底材料的许用应力（Pa）。

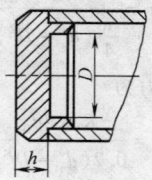

图 10.4-23　无孔平形缸底

当缸底有油口时（见图 10.4-24），缸底厚度为

$$h = 0.433D\sqrt{\frac{p_y D}{[\sigma](D - d_0)}} \qquad (10.4-54)$$

式中　d_0——缸底油口直径（m）；

其他符号同式（10.4-53）。

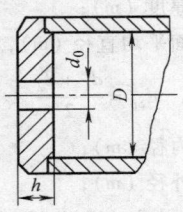

图 10.4-24 有孔平形缸底

（2）椭圆形缸底 液压缸缸底为椭圆形时（见图 10.4-25），缸底厚度

$$h = \frac{p_y D(2 + K^2)}{12[\sigma] - 1.2p_y} \quad (10.4\text{-}55)$$

式中 K——缸底椭圆长、短半轴比，

$$K = \frac{a}{b}$$

a 为缸底椭圆长半轴（m），b 为缸底椭圆短半轴（m）；

其他符号同式（10.4-53）。

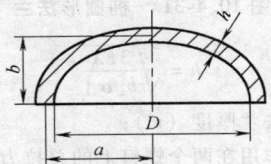

图 10.4-25 椭圆形缸底

（3）半球形缸底 液压缸缸底为半球形时（见图 10.4-26），若缸底厚度 $h \leqslant 0.356r_c$ 或 $p_y \leqslant 0.665[\sigma]$，则有

$$h = \frac{p_y D}{4[\sigma] - 0.4p_y} \quad (10.4\text{-}56)$$

若 $h > 0.356r_c$ 或 $p_y > 0.665[\sigma]$，则有

$$h = r_i(Y^{\frac{1}{3}} - 1) = r_0\left(\frac{Y^{\frac{1}{3}} - 1}{Y^{\frac{1}{3}}}\right) \quad (10.4\text{-}57)$$

式中 r_c——半球内半径（m）；
r_i——缸筒内半径（m）；
r_0——缸筒外半径（m）；
Y——中间符号，

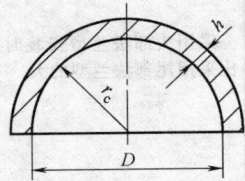

图 10.4-26 半球形缸底

$$Y = \frac{2([\sigma] + p_y)}{2[\sigma] - p_y}$$

其他符号同式（10.4-53）。

2. 缸头厚度计算

由于在液压缸缸头上有活塞杆导向孔，因此其厚度的计算方法与缸底有所不同。对于常用的法兰缸头，计算方法如下：

（1）螺钉连接法兰（见图 10.4-27）

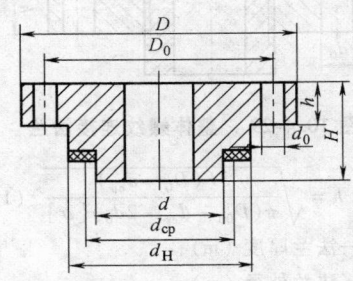

图 10.4-27 螺钉连接法兰

$$h = \sqrt{\frac{3F(D_0 - d_{cp})}{\pi d_{cp}[\sigma]}} \quad (10.4\text{-}58)$$

式中 h——法兰厚度（m）；
F——法兰受的总作用力（N）；

$$F = \frac{\pi}{4}d^2 p + \frac{\pi}{4}(d_H^2 - d^2)q$$

d——密封环内径（m）；
d_H——密封环外径（m）；
p——系统工作压力（Pa）；
q——附加密封力（Pa），若采用金属材料密封，则 q 值取其下屈服强度 R_{eL}。
D_0——螺钉孔分布圆直径（m）；
d_{cp}——密封环平均直径（m）；
$[\sigma]$——法兰材料的许用应力（Pa）。

（2）整体法兰（见图 10.4-28）

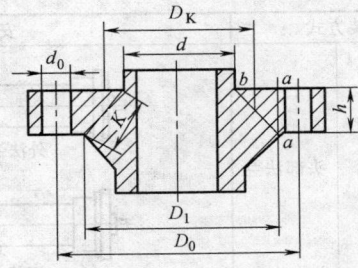

图 10.4-28 整体法兰

$$h = \sqrt{\frac{3F(D_0 - D_1)}{\pi D_1[\sigma]}} \quad (10.4\text{-}59)$$

式中　h——法兰厚度（m）；

D_1——法兰根部直径（m）；

其他符号意义同式（10.4-58）。

（3）整体螺纹连接法兰（见图10.4-29）

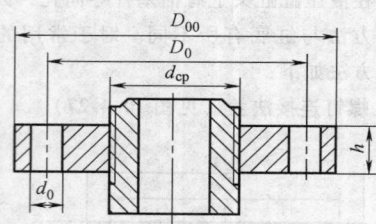

图 10.4-29   整体螺纹连接法兰

$$h = \sqrt{\frac{3F(D_0 - d_{cp})}{\pi(D_{00} - d_{cp} - 2d_0)[\sigma]}} \quad (10.4\text{-}60)$$

式中　h——法兰厚度（m）；

D_{00}——法兰外径（m）；

d_{cp}——螺纹中径（m）；

d_0——螺栓孔直径（m）；

其他符号意义同式（10.4-58）。

（4）活套法兰（见图10.4-30）

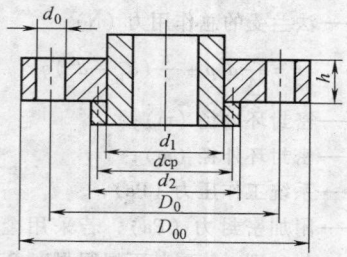

图 10.4-30   活套法兰

$$h = \sqrt{\frac{3F(D_0 - d_{cp})}{\pi(D_{00} - d_1 - 2d_0)[\sigma]}} \quad (10.4\text{-}61)$$

式中　h——法兰厚度（m）；

d_{cp}——支撑面平均直径（m），

$$d_{cp} = \frac{d_1 + d_2}{2}$$

d_1——法兰内径（m）；

d_2——活套外径（m）；

其他符号意义同式（10.4-60）。

（5）椭圆形法兰（见图10.4-31）

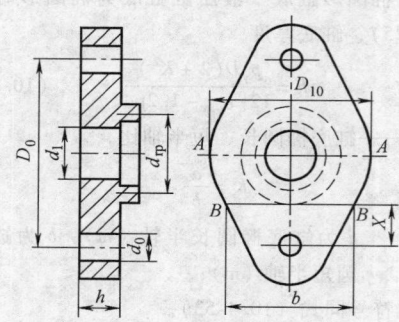

图 10.4-31   椭圆形法兰

$$h = \sqrt{\frac{3FX}{b[\sigma]}} \quad (10.4\text{-}62)$$

式中　h——法兰厚度（m）；

F——作用在两个螺钉上的总拉力（N）；

X——$B—B$截面的弯曲力臂（m）；

b——$B—B$截面长度（m）；

$[\sigma]$——法兰材料的许用应力（Pa）。

5.5　液压缸的常见安装方式与计算

5.5.1　液压缸的安装方式

液压缸的安装方式见表10.4-22，表中所列安装方式皆为缸体固定、活塞杆运动的情况，根据工作需要也可采用活塞杆固定、缸体运动的形式。

表 10.4-22   液压缸的安装方式

安装方式		安装简图	说明
法兰型	头部法兰	外法兰 内法兰	采用头部法兰型安装时，螺钉所受拉力比采用尾部法兰型的大
	尾部法兰		

（续）

安装方式		安装简图	说明
销轴型	头部销轴	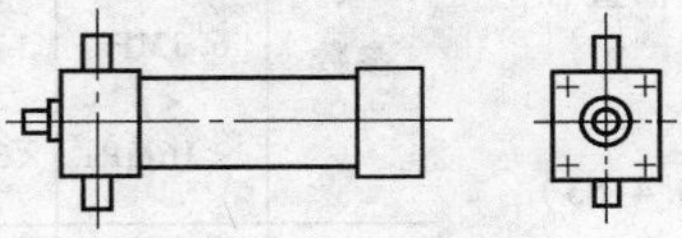	液压缸在垂直面内可摆动。头部销轴安装时,活塞杆受弯曲作用较小;中间销轴型次之;尾部销轴型最大
	中间销轴	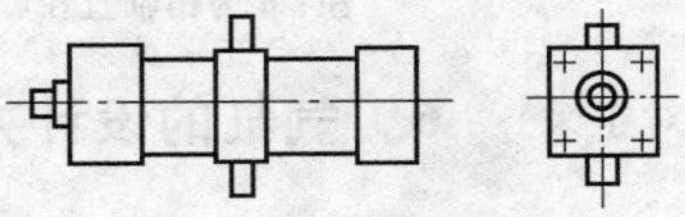	
	尾部销轴	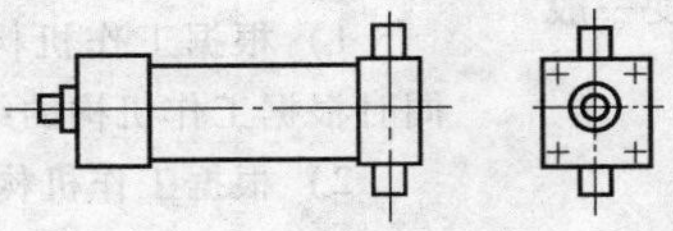	
耳环型	头部耳环	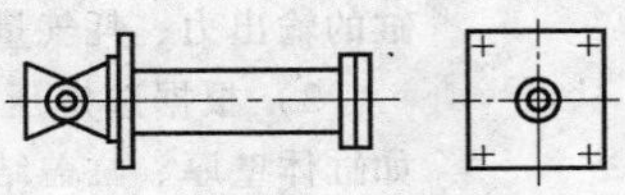	液压缸在垂直面内可摆动。头部耳环型安装时,活塞杆受弯曲作用较小;尾部耳环型安装时活塞杆受弯曲作用较大
	尾部耳环	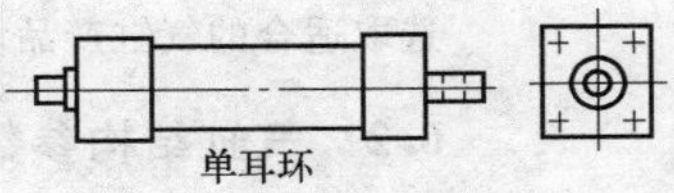 单耳环 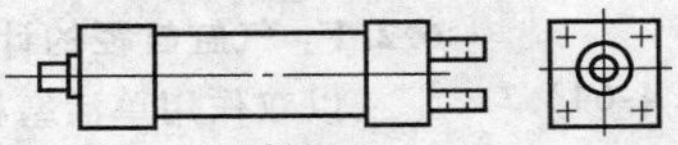 双耳环	
底座型	径向底座	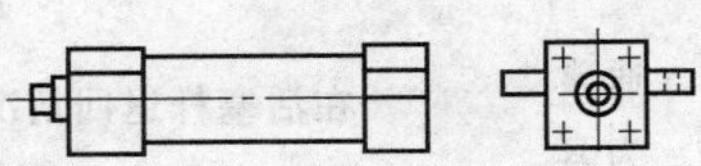	径向底座型安装时,液压缸受倾翻力矩较小,切向底座型和轴向底座型安装时倾翻力矩较大
	切向底座	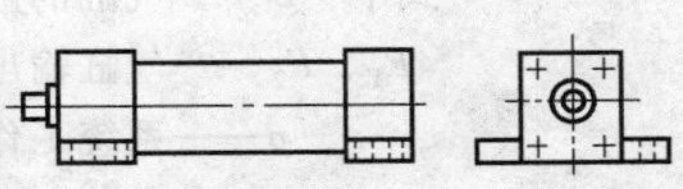	
	轴向底座	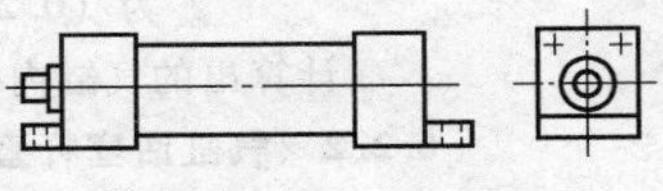	
球头型	尾部球头	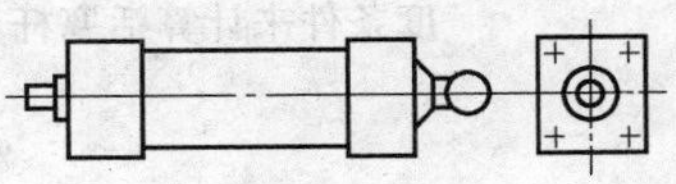	液压缸可在一定空间范围内摆动

5.5.2 销轴、耳环的连接计算

1. 销轴的连接计算

除特殊安装外，销轴通常是双面受剪。销轴直径 d 应按式（10.4-63）计算

$$d = \sqrt{\frac{0.64F}{[\tau]}} \qquad (10.4\text{-}63)$$

式中 d ——销轴的直径（m）；

     F ——液压缸输出的最大推力（N）；

     $[\tau]$ ——销轴材料的许用切应力（Pa）。对于采用 45 钢的销轴，$[\tau] = 70\text{MPa}$。

销轴长度 l，应根据结构及耳环宽度 EW 来确定。图 10.4-32 所示的销轴型液压缸的销轴，其长度一般取为

$$l = d$$

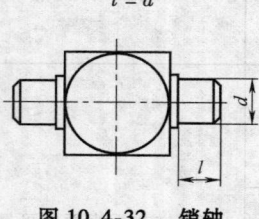

图 10.4-32 销轴

2. 耳环的连接计算

耳环宽度为

$$EW = \frac{F}{d[\sigma_c]} \qquad (10.4\text{-}64)$$

式中 EW ——耳环宽度（m）；

     d ——销轴直径（m）；

     $[\sigma_c]$ ——耳环材料的许用压应力（Pa），通常取 $[\sigma_c] = (0.2 \sim 0.25)\, R_m$，$R_m$ 为耳环材料的抗拉强度（Pa）。

耳环的其他有关尺寸（见图 10.4-33），按照不同情况，推荐按表 10.4-23 选取。

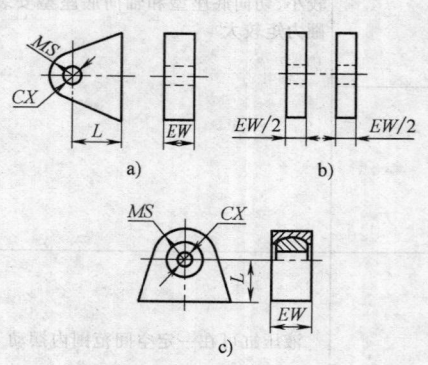

图 10.4-33 耳环

a) 单耳型   b) 双耳型   c) 单耳球铰型

表 10.4-23 耳环尺寸

参数	CX		MS			L
	6.3MPa $< p$ $< 16\text{MPa}$	16MPa $< p$ $< 31.5\text{MPa}$	无衬套	带衬套	带球铰	
尺寸	$1.2\, d$	$1.4\, d$	d	$1.2\, d$	$1.4\, d$	$1.2\, d$

注：d 为销轴直径。

6 气缸的设计方法

6.1 气缸的设计步骤

1）根据工作机构的运动要求选择气缸的类型，同时根据工作机构的结构要求选择气缸的安装形式。

2）根据工作机构的运动分析和动力分析，由载荷及速度确定气缸的主要工作参数和尺寸参数，如气缸的输出力、耗气量、缸径、活塞杆直径等。

3）根据选定压力和材料进行气缸的结构设计，如缸体壁厚、缸盖结构、密封形式及缓冲结构等。

4）若采用标准气缸，在计算出气缸直径后即可选取适合的气缸产品。

6.2 气缸结构参数计算

6.2.1 气缸缸径的计算

以双作用单活塞杆气缸为例，不计摩擦损失。在活塞杆伸出情况下，气缸缸径的计算公式为

$$D = \sqrt{\frac{4F_1}{\pi p \eta}} \qquad (10.4\text{-}65)$$

在活塞杆退回情况下，气缸缸径的计算公式为

$$D = \sqrt{\frac{4F_2}{\pi p \eta} + d^2} \qquad (10.4\text{-}66)$$

式中 D ——气缸的缸径（m）；

   F_1、F_2 ——气缸输出的推力及拉力（N）；

     p ——系统工作压力（Pa）；

     η ——载荷率；

     d ——气缸活塞杆直径（m），估算时，可取 d 为 $(0.2 \sim 0.4)\, D$。

计算出的气缸内径应按表 10.4-5 圆整成标准值。

6.2.2 气缸活塞杆直径的计算

1. 按强度条件计算活塞杆直径

当活塞杆的长度较小（$l \leqslant 10d$）时，可以只按强度条件来计算活塞杆直径 d

$$d \geqslant \sqrt{\frac{4F_1}{\pi[\sigma]}} \qquad (10.4\text{-}67)$$

式中 F_1 ——气缸的输出推力（N）；

$[\sigma]$ ——活塞杆材料的许用应力（Pa），

$$[\sigma] = \frac{R_{\text{eL}}}{n}$$

R_{eL} 为活塞杆材料的下屈服强度（Pa），n 为安全系数，$n \geqslant 1.4$。

2. 按纵向弯曲强度计算活塞杆直径

活塞杆受轴向压力会产生轴向弯曲，当压力达到极限力 F_{K} 以后，活塞杆会产生永久性弯曲变形，出现不稳定现象。该极限力与缸的安装方式、活塞杆直径及行程有关。

当长细比 $\dfrac{l}{K} \geqslant 85\sqrt{n}$ 时，临界载荷

$$F_{\text{K}} = \frac{n\pi^2 EI}{l^2} \qquad (10.4\text{-}68)$$

式中　F_{K} ——活塞杆的临界载荷（N）；

　　　n ——末端条件系数，由表 10.4-24 选取；

　　　E ——活塞杆材料的弹性模量（Pa），对于钢制活塞杆，$E = 2.1 \times 10^{11}$ Pa；

　　　I ——活塞杆截面的惯性矩（m^4），对实心活塞杆，$I = \dfrac{\pi}{64}d^4$；对空心活塞杆，$I =$

$\dfrac{\pi}{64}(d_1^4 - d_2^4)$，$d$ 为实心活塞杆直径（m），d_1、d_2 分别为空心活塞杆的外径、内径（m）；

　　　l ——活塞杆的计算长度（m），见表 10.4-24；

　　　K ——活塞杆截面的回转半径（m），对实心活塞杆，$K = \sqrt{\dfrac{I}{A}} = \dfrac{1}{4}d$；空心活塞杆，$K = \dfrac{1}{4}\sqrt{d_1^2 + d_2^2}$；

　　　A ——活塞杆截面积（m^2）。

当活塞杆长细比 $l < 85\sqrt{n}$ 时，临界载荷

$$F_{\text{K}} = \frac{f_{\text{c}}A}{1 + \dfrac{a}{n}\left(\dfrac{l}{K}\right)^2} \qquad (10.4\text{-}69)$$

式中　f_{c} ——材料强度试验值，由表 10.4-17 选取；

　　　a ——试验常数，由表 10.4-17 选取。

其他符号意义同式（10.4-68）。

计算得到的活塞杆直径应按表 10.4-6 圆整成标准值。

表 10.4-24　末端条件系数

安装方式	简　图	条件系数 n
铰支-铰支	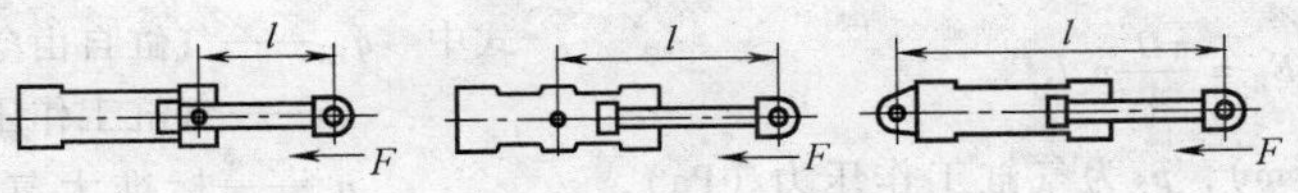	$n = 1$
固定-铰支	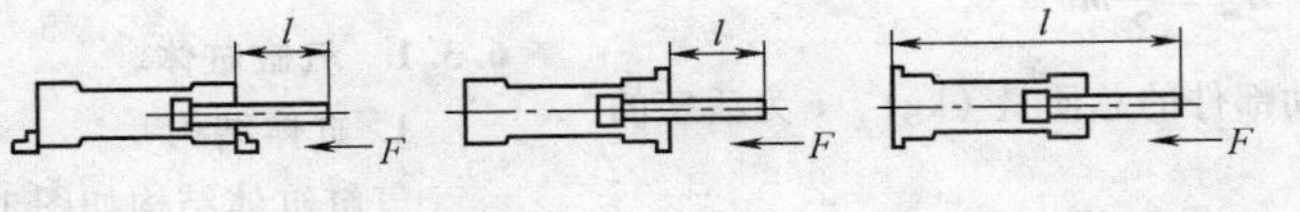	$n = 2$
固定-自由	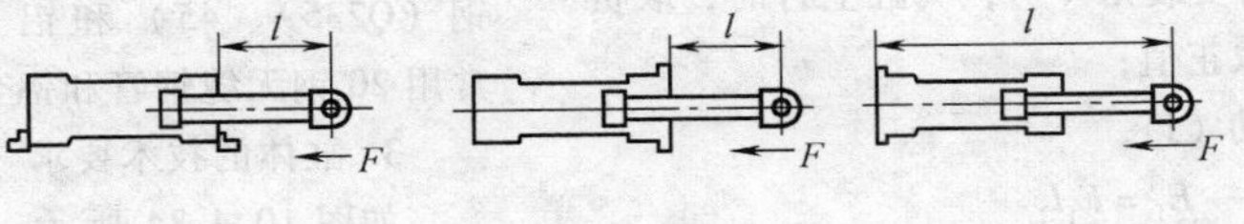	$n = 1/4$
固定-固定	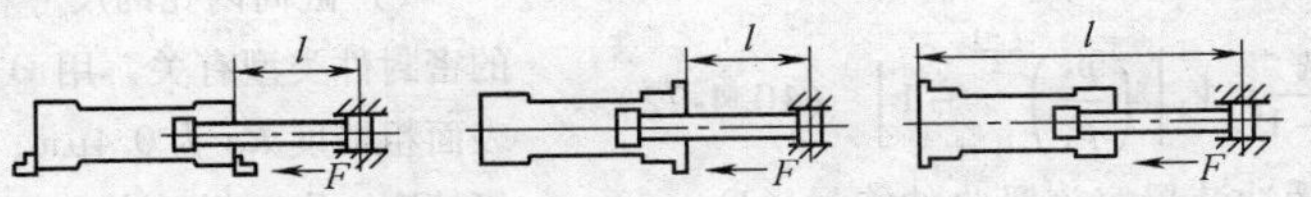	$n = 4$

6.2.3　气缸缸筒壁厚的计算

缸筒直接承受压力，需有一定厚度。由于一般气缸缸筒壁厚与内径之比 $\delta/D \le 0.1$，故按薄壁圆筒计算，缸筒的壁厚

$$\delta = \frac{Dp_y}{2[\sigma]} \qquad (10.4\text{-}70)$$

式中　δ——气缸缸筒壁厚（m）；

p_y——试验压力（Pa），通常取 $p_y = 1.5p$，p 为系统工作压力（Pa）；

D——缸筒内径（m）；

$[\sigma]$——缸筒材料许用应力（Pa），

$$[\sigma] = \frac{R_m}{n}$$

R_m 为缸筒材料的抗拉强度（Pa），n 为安全系数，$n = 6 \sim 8$。

6.2.4　气缸缓冲的计算

气缸缓冲原理和液压缸一样，是把气缸活塞杆及其驱动的工作机构的机械能转化为气体的压力能，使活塞在接近行程终点时开始减速直到停止，避免活塞撞击气缸端盖或缸底。

气缸活塞及运动部件的总机械能

$$E_2 = E_d + E_m \pm E_g - E_f \qquad (10.4\text{-}71)$$

式中　E_2——气缸活塞及运动部件的总机械能（J）；

E_d——气缸活塞上的气压能（J），

$$E_d = \frac{\pi D^2}{4} p_2 l_1$$

D 为气缸缸径（m），p_2 为气缸工作压力（Pa），l_1 为缓冲行程长度（m）；

E_m——活塞及运动部件的动能（J），

$$E_m = \frac{1}{2} mv^2$$

m 为活塞及运动部件的总质量（kg），v 为活塞的运动速度（m/s）；

E_g——重力势能（J），

$$E_g = Wl_1\sin\alpha = mgl_1\sin\alpha$$

α 为气缸的倾斜安装角（°），气缸上行时，取负值；气缸下行时，取正值；

E_f——摩擦功（J），

$$E_f = F_f l_1$$

F_f 为总摩擦力（N）。

缓冲装置容许吸收的能量为

$$E_1 = \frac{k}{k-1} p_1 V_1 \left[\left(\frac{p_3}{p_1} \right)^{\frac{k-1}{k}} - 1 \right] \qquad (10.4\text{-}72)$$

式中　E_1——气缸缓冲装置容许吸收的能量（J）；

k——气体绝热指数，对于空气，$k = 1.4$；

p_1——气缸排气腔的绝对压力（Pa）；

V_1——缓冲室容积（m^3）；

p_3——缓冲室的最高压力（Pa）。

若实现缓冲，则应满足：

$$E_2 \le E_1 \qquad (10.4\text{-}73)$$

6.2.5　气缸耗气量的计算

气缸的耗气量与缸径、行程及缸的动作时间有关。气缸单位时间消耗的压缩空气量可按以下方法计算。

当活塞杆（或柱塞）伸出时

$$q_V = q_{V1} \qquad (10.4\text{-}74)$$

式中　q_V——气缸耗气量（m^3/s）；

q_{V1}——活塞杆伸出时，压缩空气的平均流量（m^3/s），

$$q_{V1} = \frac{\pi}{4} \frac{D^2 S}{t_1}$$

D 为缸筒内径（m），S 为气缸行程（m），t_1 为活塞杆伸出所用时间（s）。

当活塞杆（或柱塞）退回时，气缸耗气量的计算方法类似。

为了便于选用空气压缩机，需将压缩空气消耗量换算成自由空气消耗量，此时

$$q_{Va} = \frac{p}{p_a} q_V \qquad (10.4\text{-}75)$$

式中　q_{Va}——气缸自由空气耗气量（m^3/s）；

p——气缸工作压力（绝对压力）（Pa）；

p_a——标准大气压力（Pa），$p_a = 1.013 \times 10^5$ Pa。

6.3　气缸主要零件结构、材料及技术要求

6.3.1　气缸缸体

1. 缸体结构

气缸缸体结构如图 10.4-34 所示。

2. 缸体材料

气缸的缸体材料主要有铸铁（HT150、HT200）、钢（Q235A、45）和铝合金（ZL104、ZL106）等，常用 20 钢无缝钢管和铝合金管。

3. 缸体的技术要求

如图 10.4-34 所示，气缸缸体的主要技术要求如下：

1）缸筒内孔的尺寸精度及表面粗糙度与活塞使用的密封件类型有关，用 O 形橡胶密封圈时取 3 级精度，表面粗糙度 Ra 为 0.4μm；用 Y 形橡胶密封圈时取 4~5 级精度，表面粗糙度 Ra 为 0.4μm；用 Yx 形聚氨酯密封圈时采用 4 级精度，表面粗糙度 Ra 为 0.8μm。

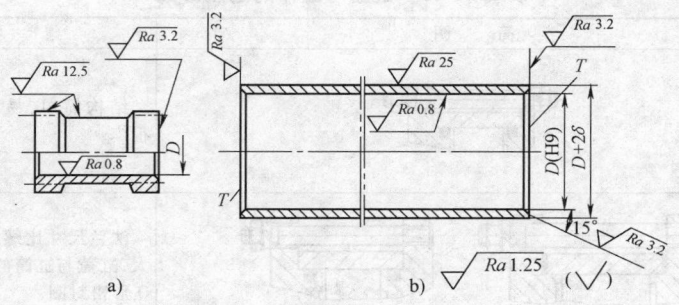

图 10.4-34　气缸缸体

2）缸体内孔的圆柱度、圆度不能超过尺寸公差的一半。

3）缸体端面 T 对缸体孔中心线的垂直度不大于尺寸公差的 2/3（≤0.1mm）。

4）缸筒两端须倒角 15°，以便装配缸盖。

5）为防腐和提高耐磨性，缸体内表面可镀铬，再抛光或研磨，铬层厚度为 10～30μm。

6）铸件应无砂眼和气孔，并进行人工时效处理。

7）45 钢需经调质热处理，硬度为 30～35 HRC，发蓝或镀锌。

8）焊接结构的缸筒，焊接后需经退火处理。

9）装配后，应在 1.5 倍工作压力条件下进行试验，不能有漏气现象。非加工表面应涂漆防锈。

6.3.2　气缸缸盖

1. 气缸缸盖结构

气缸缸盖结构如图 10.4-35 所示。

2. 缸盖材料

气缸缸盖材料与缸体的材料相同。

3. 气缸缸盖的技术要求

如图 10.4-35 所示，对气缸缸盖的主要技术要求如下：

1）与缸体内孔配合的台肩 D 对缸盖中心孔 D_1 的同轴度不大于 0.02mm。

2）D_3 对 D_1 的同轴度不大于 0.07mm。

3）D_2 对 D_1 的同轴度不大于 0.08mm。

4）螺纹孔 M 对 d_1 的同轴度不大于 0.02mm。

5）端面 T 对 D_1 中心线的垂直度不大于 0.1mm。

6）铸件热处理、漏气试验、防锈涂漆等要求与缸体相同。

4. 缸盖和缸体的连接

缸盖与缸体的连接形式见表 10.4-25。

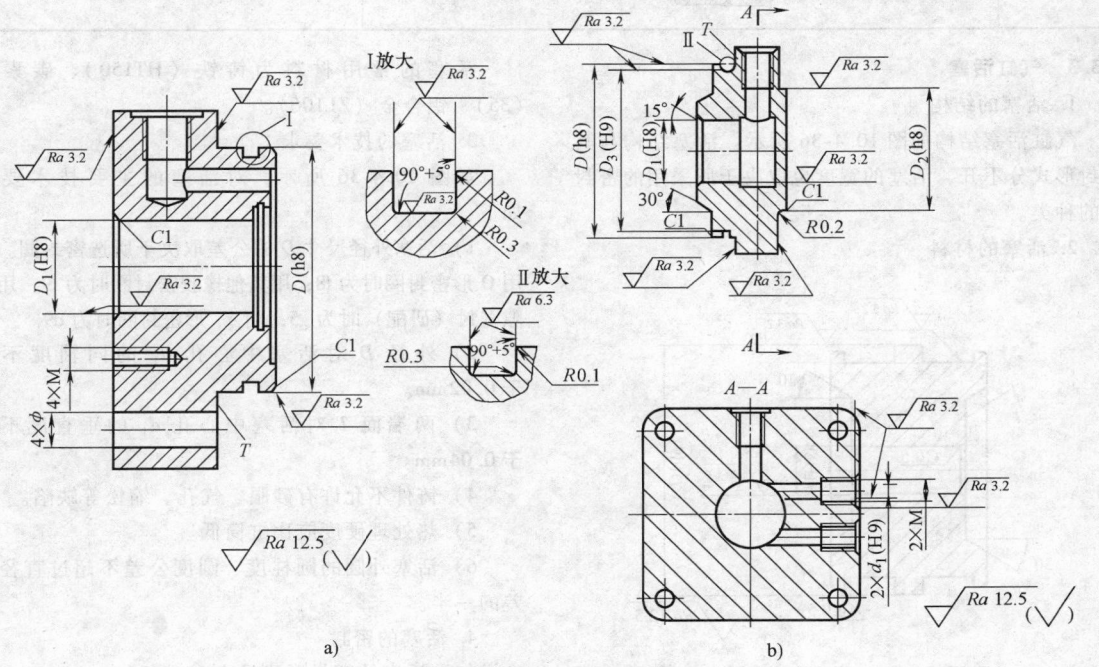

图 10.4-35　气缸缸盖

表 10.4-25 缸盖与缸体的连接形式

连接形式	简 图	特 点
双头螺栓		结构简单,易于加工,易于装卸,应用很广
		法兰尺寸比螺纹和卡环连接大,质量较大,缸盖与缸筒的密封可用橡胶石棉板或O形密封圈
螺栓		法兰尺寸比螺纹和卡环连接大,质量较大,缸盖与缸筒的密封可用橡胶石棉板或O形密封圈,缸筒为铸件或焊接件,焊后需进行退火处理
缸筒螺纹		气缸外径较小,质量较轻,螺纹中径与气缸内径要同心,拧动端盖时,有可能把O形圈拧扭
卡环		质量比用螺栓连接轻,零件较多,加工较复杂,卡环槽削弱了缸筒,因而相应地要把壁厚加大
		结构紧凑,质量轻,零件较多,加工较复杂,缸筒壁厚要加大,装配时O形密封圈有可能被进气孔边缘擦伤

6.3.3 气缸活塞

1. 活塞的结构

气缸活塞结构如图 10.4-36 所示。活塞结构与其密封形式分不开,活塞的宽度也取决于所采用的密封圈的种类。

2. 活塞的材料

活塞的常用材料为铸铁（HT150）、碳素钢（35）、铝合金（ZL106）。

3. 活塞的技术要求

如图 10.4-36 所示,对活塞的主要技术要求如下:

1）活塞外径尺寸 D 的公差取决于所选密封圈。当用O形密封圈时为 f8；用其他橡胶密封圈时为 f9；用间隙密封（研配）时为 g5；用 Y_x 形密封圈时为 d9。

2）外径 D 对活塞中心孔 d_1 的同轴度不大于 0.02mm。

3）两端面 T 对活塞中心孔 d_1 的垂直度不大于 0.04mm。

4）铸件不允许有砂眼、气孔、缩松等缺陷。

5）热处理硬度应比缸筒低。

6）活塞外圆的圆柱度、圆度公差不超过直径公差的一半。

4. 活塞的密封

气缸活塞的密封形式见表 10.4-26。

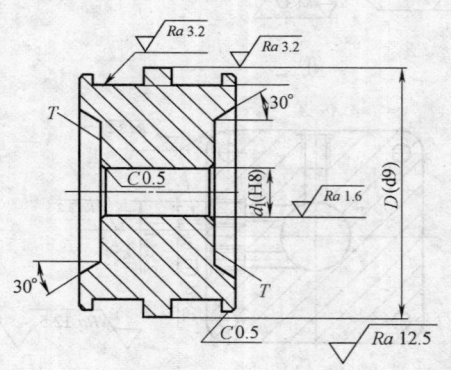

图 10.4-36 气缸活塞

表 10.4-26　气缸活塞的密封形式

密封形式	简　　图	特　　点
O 形密封圈	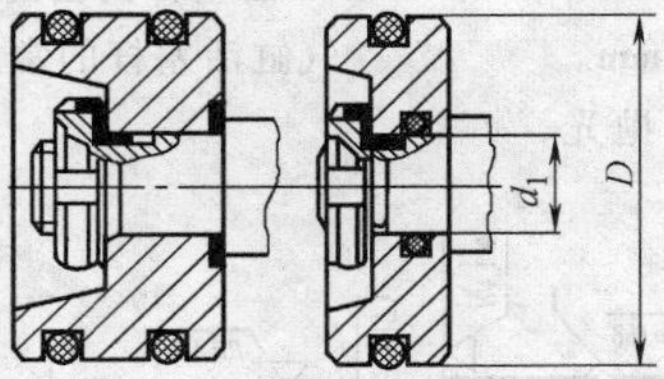	密封可靠,结构简单,摩擦阻力小,一般要求 O 形圈比被密封的内、外径分别大或小 0.15 ~ 0.6mm
L 形密封圈	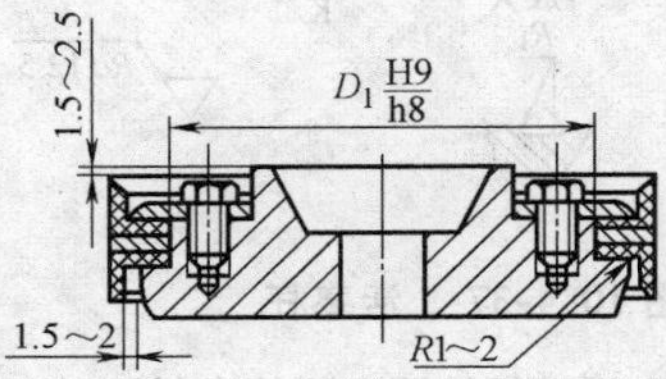	密封可靠,寿命长,多用于直径大于 100mm 的气缸,摩擦阻力比 O 形圈大,结构稍复杂
Y 形密封圈	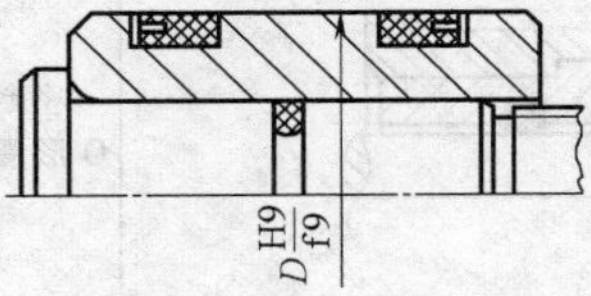	同 L 形密封,注意密封面沟槽尺寸,防止 Y 形圈翻转
间隙密封	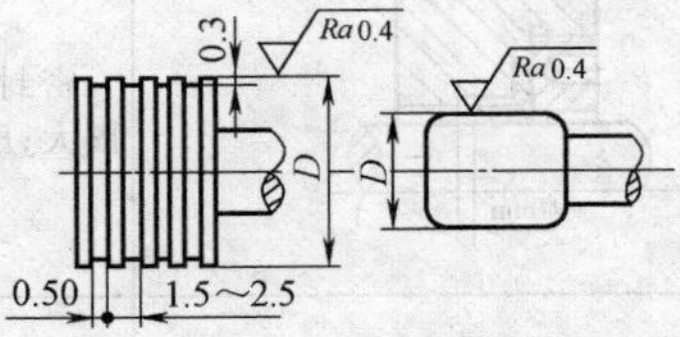	用于内径小于 40mm 的气缸,阻力小,必须开均压槽,配用 H5/g5,表面粗糙度为 $Ra0.4\mu m$;配合间隙不大于 $10\mu m$;45 钢淬火硬度 40HRC 以上,镀铬厚度为 10 ~ 30μm
Yx 形密封圈	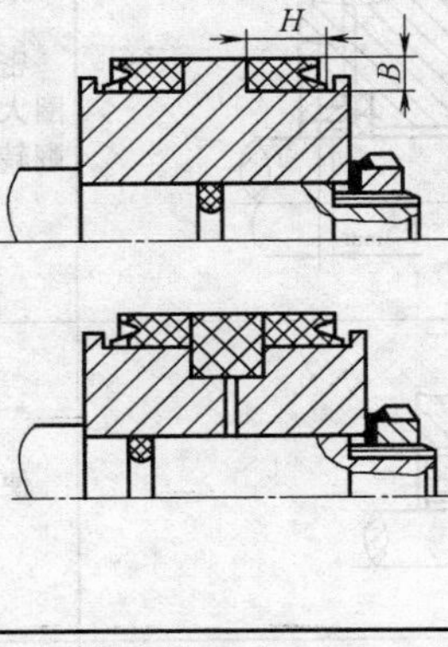	孔用 Yx 形密封圈耐磨,耐油,强度高,寿命很长,结构简单,自封性好,不会翻滚,低、中、高压均适用

6.3.4　气缸活塞杆

1. 活塞杆的结构

气缸活塞杆分为实心和空心两种。图 10.4-37 为实心活塞杆。

2. 活塞杆的材料

气缸活塞杆常用材料为 45 钢、40Cr 钢等。

3. 活塞杆的技术要求

如图 10.4-37 所示,对气缸活塞杆的主要技术要求如下：

1）直径 d 与气缸导向套孔配合，其公差一般取 f8、f9 或 d9，表面粗糙度为 $Ra0.8\mu m$。

2）d 对 d_1 的同轴度公差不大于 0.02mm。

3）端面 K 对 d_1 的垂直度公差不大于 0.02mm。

4）对应直径 d 的活塞杆段，表面镀铬、抛光，

镀层厚度为 $10\sim20\mu m$。

5）热处理：调质，硬度为 30～35HRC。

6）两头端面允许打中心孔。

4. 活塞杆的密封

气缸活塞杆的常用密封形式见表 10.4-27。

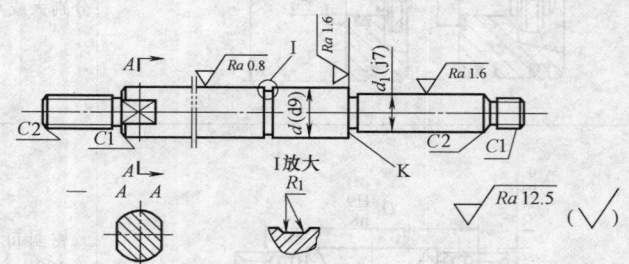

图 10.4-37　活塞杆

表 10.4-27　气缸活塞杆的密封

密封形式	简　图	特　点
O 形密封圈		密封可靠,结构简单,摩擦阻力小,装配后 O 形圈内径比活塞杆直径小 0.1～0.35mm
J 形密封圈		密封可靠,使用寿命长,摩擦阻力较 O 形圈大;压环不可压得太紧
Y 形密封圈		密封可靠,使用寿命长,摩擦阻力较 O 形圈大。右图用带凸台的压环,可防止 Y 形圈翻转
V 形密封圈		使用压力高,可达 10MPa,可用于增压缸
Yx 密封圈（轴用）		Yx 形密封圈耐磨、耐油、强度高,弹性好,寿命长,结构简单。A 为毛毡防尘圈,一般气缸应有防尘圈

5. 活塞杆与活塞的连接

螺纹连接应用最广，除小直径气缸把活塞与活塞杆做成整体外，多数在活塞杆上加工螺纹，用螺母将活塞固定在活塞杆上，为防止振动松脱，一般均加开口销等防松零件。

6.4 冲击气缸的设计计算

设计冲击气缸时，通常力求冲击能量大，冲击效率高，冲击频率高。

6.4.1 冲击气缸的性能指标

冲击气缸的主要性能指标有：冲击能、工作冲程范围、耗气量、最大冲击频率和冲击效率等。

1. 冲击能

冲击气缸的冲击能是指气缸运动部件在运动过程中所具有的动能，即

$$E = \frac{1}{2}mv^2 \qquad (10.4\text{-}76)$$

式中 E——冲击气缸的冲击能（J）；

m——运动部件的质量（kg）；

v——运动部件的速度（m/s）。

2. 工作冲程范围

冲击能达到最大冲击能 90% 以上时的冲程称为工作冲程范围，最大冲击能的冲程记作 S_E。

3. 耗气量

耗气量是指冲击气缸单位时间所消耗的自由空气量，计算公式为

$$q_{V0} = f V_0 \qquad (10.4\text{-}77)$$

式中 q_{V0}——冲击气缸的耗气量（m³/s）；

f——冲击气缸的工作频率（Hz）；

V_0——冲击气缸冲击一次所消耗的自由空气体积（m³），

$$V_0 = V_p \frac{p_s}{p_a}$$

V_p 为冲击气缸冲击一次所消耗的压缩空气体积（m³），

$$V_p = V_3 + V_{20}$$

V_3 为蓄气缸腔内容积（m³），V_{20} 为冲击气缸有杆腔最大容积（m³），p_s 为气源绝对压力（Pa），p_a 为大气压力（Pa）。

4. 最大工作频率

最大工作频率 f_{max} 是指冲击气缸单位时间内的最大冲击次数。

5. 冲击效率

冲击效率 η 是指冲击气缸的冲击能 E 与输入压缩空气的能量 E_p 之比，即

$$\eta = \frac{E}{E_p} \qquad (10.4\text{-}78)$$

输入压缩空气的能量 E_p 可按绝热过程计算

$$E_p = \frac{p_s V_p}{k-1}\left[1 - \left(\frac{p_a}{p_s}\right)^{\frac{k-1}{k}}\right]$$

当冲击能达到最大时，冲击效率最高，称为最大冲击效率。此时

$$\eta_{max} = \frac{(k-1)E_{max}}{p_s V_p\left[1 - \left(\frac{p_a}{p_s}\right)^{\frac{k-1}{k}}\right]} \qquad (10.4\text{-}79)$$

式中 k——气体绝热系数，对于空气，$k = 1.4$；

E_{max}——冲击气缸的最大冲击能（J）。

其他符号同式（10.4-77）。

6.4.2 普通型冲击气缸的设计计算

当冲击气缸有杆腔排气通道面积 a 与有杆腔活塞面积 A_2 之比小于或等于 0.04 时，冲击气缸应按普通型计算。

1. 喷气口及密封垫尺寸的确定

（1）喷气口直径的确定 一般情况下，喷气口的通流面积应设计成气缸活塞面积的 $\frac{1}{10}$，即

$$d = \frac{D}{\sqrt{10}} = 0.32D \qquad (10.4\text{-}80)$$

式中 d——喷气口直径（m）；

D——气缸活塞直径（m）。

（2）密封垫尺寸的确定 对密封垫的基本要求：活塞复位时，密封胶垫要有足够的挤压强度；活塞将要起动时，喷气口应有足够的密封接触力，防止泄漏。因此，密封胶垫直径为

$$d_j = d + 2(c + i) \qquad (10.4\text{-}81)$$

式中 d_j——冲击气缸密封胶垫直径（m）；

c——密封面宽度（m），$c = 0.04D$；

i——密封胶垫外缘余量（m），通常取 i 为 2～5mm；

其他符号同式（10.4-80）。

密封胶垫厚度为

$$\delta_j = c + i_1 \qquad (10.4\text{-}82)$$

式中 δ_j——密封胶垫厚度（m）；

i_1——外加余量（m）；一般取 $i_1 \leqslant 2$mm，c 值较大时，i_1 取小值。

c——密封面宽度（m）。

2. 运动部件质量的确定

当 D 为 25～50mm 时，取 $m = 0.041D$；当 D 为 63～125mm 时，取 $m = 0.072D$。其中，m 为冲击气缸运动部件质量（kg）；D 为冲击气缸缸体内径（mm）。

3. 活塞杆与活塞直径比

$$\frac{d_1}{D} = 0.4$$

4. 活塞最大行程 S_{max} 与蓄气缸长度 l 之比

如果要求冲击频率较高，应取

$$\frac{S_{max}}{l} = 1$$

如果要求冲击频率不高，而要求冲击效率较高时，应取

$$\frac{S_{max}}{l} = 1.3$$

5. 活塞直径 D 和蓄气缸容积 V_3 的确定

当要求有最大冲击频率时，冲击能、最大冲击能的冲程分别按式（10.4-83）和式（10.4-84）计算：

$$E = (0.42 - 0.36D^{-0.2})(10^{-5}p_s - 2.15)V_3 \times 10^{-1}$$
$$(10.4\text{-}83)$$

$$S_E = (0.01D + 35 \times 10^{-8}p_s + 0.15)S_{max}$$
$$(10.4\text{-}84)$$

$$f_{max} = \frac{200}{1 - \dfrac{0.13V_3}{d_0^2}}$$
$$(10.4\text{-}85)$$

当要求冲击效率最高时，冲击能、最大冲击能的冲程分别按式（10.4-86）和式（10.4-87）计算

$$E = (0.48 - 0.41D^{-0.2})(10^{-5}p_s - 2.15)V_3 \times 10^{-1}$$
$$(10.4\text{-}86)$$

$$S_E = (0.01D + 35 \times 10^{-8}p_s + 0.15)S_{max}$$
$$(10.4\text{-}87)$$

各式中　E——冲击气缸的冲击能（J）；

S_E——气缸最大冲击能冲程（cm）；

f_{max}——冲击气缸最大冲击频率（1/min）；

D——气缸活塞直径（cm）；

p_s——气源压力（Pa），可暂定 $p_s = 6 \times 10^5$ Pa；

V_3——蓄气缸容积（cm^3）；

S_{max}——活塞最大行程（cm），工作频率不高时，取 $S_{max} = (1 \sim 2) D$；

d_0——气缸有杆腔进气口最小通径（mm）。

6. 排气孔直径的确定

冲击气缸活塞起动前，无杆腔容积 V_{10} 大约为蓄气缸容积的 1/50。通常，取排气孔直径 d_{10} 为 0.5 ~ 1.2mm。

普通型冲击气缸的结构如图 10.4-38 所示。其结构尺寸及主要性能参数见表 10.4-28。

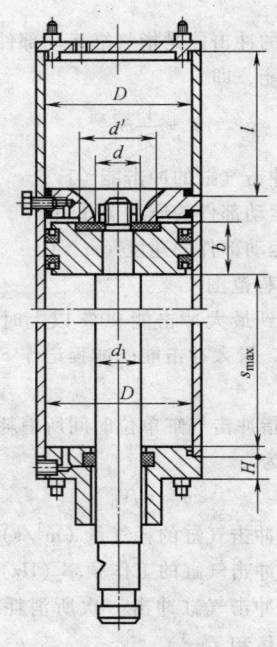

图 10.4-38　普通型冲击气缸结构

表 10.4-28　普通型冲击气缸结构尺寸及主要性能参数

缸径(活塞直径)D/mm	25	32	40	50	63	80	100	125
活塞杆直径 d_1/mm	10	12	16	20	25	32	40	50
活塞宽度 b/mm	40	40	45	50	55	55	60	65
进排气孔、管及阀通径 Φ 或 d_0/mm	4	4	6	6	6	8	8	8
喷气口直径 d/mm	8	10	12	16	20	25	32	40
蓄气缸长度 l/mm	50	63	80	100	125	160	200	250
最大行程 S_{max}/mm	50	63	80	100	125	160	200	250
中盖喷气下嘴外径 d'/mm	10	12.4	15	19	24	31	40	50
最大冲击频率 f_{max}/(1/min)	120	100	80	70	60	50	40	30
运动部件质量/kg	1.0	1.5	2.0	2.5	4.5	6.0	7.0	9.0
最大冲击能(或功)E_{max} 或 W_{max}/J	1.3	3.3	6.9	14.7	31.6	69.0	143	294
最大冲击能冲程位置 S_E/S_{max}	0.52	0.48	0.45	0.47	0.48	0.49	0.51	0.53
最大冲击效率 η_{max}(%)	5.2	6.3	6.8	7.4	8.0	8.5	9.0	9.5
应用举例	冲小孔	下小料	打印	打印	折边	冲孔	冲孔	轻锻

注：表中 d' 为中盖喷口下端外径，$d' = d + 2c$，c 为喷口下端宽度。

6.4.3　快排型冲击气缸的设计计算

当冲击气缸有杆腔排气通道面积 a 与有杆腔活塞面积 A_2 之比大于或等于 0.1 时，称为快排型冲击气缸。

1. 密封面宽度的确定

喷气口密封面承受活塞复位时的挤压压力，它的宽度

$$c = 0.2D\left(\sqrt{1 + \frac{8.2}{D}} - 0.76\right) \qquad (10.4\text{-}88)$$

式中　c——喷气口密封面宽度（mm）；
　　　D——气缸活塞直径（mm）。

2. 运动部件质量的选择

运动部件质量按下式计算

$$m = 0.0036D^2 - 0.255D \qquad (10.4\text{-}89)$$

式中　m——运动部件质量（kg）；
　　　D——气缸内径（mm）。

3. 活塞杆与活塞直径比

快排型冲击气缸的直径比通常取为

$$\frac{d_1}{D} = 0.5 \sim 0.6$$

4. 有效行程 S_1 的确定

有效行程是指保证冲击能和冲击效率均达到各自最大值 90% 以上的行程，也称为最佳行程。

$$S_1 = S_{\max} - \delta' \qquad (10.4\text{-}90)$$

式中　S_1——冲击气缸有效行程（mm）；
　　　$S_{\max}$——冲击气缸最大行程（mm）；
　　　δ'——安全间隙（mm），通常 $\delta' \geqslant 10\text{mm}$。

有效行程 S_1 与蓄气缸长度 l 之比应为

$$\frac{S_1}{l} = 2.1$$

5. 活塞直径 D 和蓄气缸容积 V_3 的确定

快排型冲击气缸活塞直径通常为 100 ~ 250mm，其冲击能、冲击效率和最大冲击频率分别按式（10.4-91）~ 式（10.4-93）计算

$$E = \left[92 \times 10^{-5} p_s\left(1 - \frac{1}{D}\right) - \left(1.24 + \frac{7.1}{D}\right)\right]V_3 \times 10^{-1}$$
$$\qquad (10.4\text{-}91)$$

$$\eta = \frac{13 \times 10^{-7} p_s\left(1 - \frac{1}{D}\right) - \left(0.175 + \frac{1}{D}\right)}{p_s\left[1 - \left(\frac{1}{10^{-5} p_s}\right)^{\frac{1}{4}}\right] \times 10^{-5}}$$
$$\qquad (10.4\text{-}92)$$

$$f_{\max} = \frac{100}{1 + 0.065\dfrac{V_3}{d_0^2}} \qquad (10.4\text{-}93)$$

各式中　E——冲击气缸的冲击能（J）；
　　　　η——冲击气缸的冲击效率；
　　　　$f_{\max}$——冲击气缸最大冲击频率（1/min）；

D——气缸活塞直径（cm）；
p_s——气源压力（Pa）；
V_3——蓄气缸容积（cm^3）；
d_0——气缸有杆腔进气口最小通径（mm）。

快排型冲击气缸结构如图 10.4-39 所示，其结构尺寸及主要性能参数见表 10.4-29。

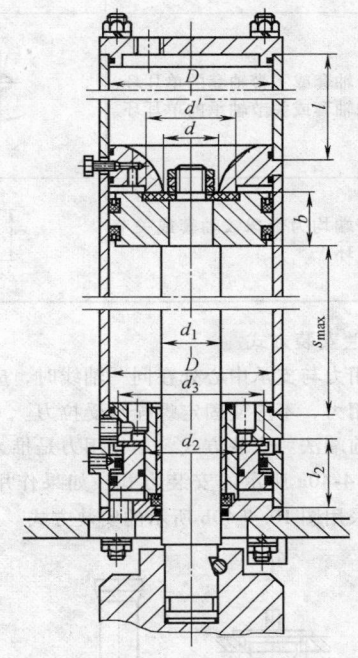

图 10.4-39　快排型冲击气缸结构

表 10.4-29　快排型冲击气缸结构尺寸及主要性能参数

蓄气缸长度 l/mm	150	160	200	220	250
有效行程 S_1/mm	315	335	420	460	525
快排缸长度 S_2/mm	65	75	90	110	160
快排缸活塞直径 d_2/mm	60	75	90	110	160
快排缸密封胶垫外径 d_3/mm	80	100	120	160	210
最大冲击频率 $f_{\max}$/(1/min)	45	40	35	30	25
运动部件质量/kg	10	25	50	90	150
冲击能（或功）E 或 W/J	360	640	1400	2500	4650
冲击效率 η(%)	20.0	21.5	23.0	24.0	24.5
应用举例	下料	调直	铆接	锻造	破碎

注：中盖喷口下端外径 $d' = d + 2c$。

7　液压缸、气缸的安装、使用与维护

7.1　液压缸的安装、使用与维护

7.1.1　液压缸的安装形式

1. 杆端和缸筒均为单耳环连接

杆端与缸筒均为单耳环连接方式见表 10.4-30。

表 10.4-30　杆端和缸筒均为单耳环连接方式

安装连接方式	简　图	特　点
缸筒和杆端均为带轴套或不带轴套的单耳环		液压缸的轴线只能在一个方向摆动
缸筒为带轴套或不带轴套的单耳环。杆端为带球轴套或关节轴承的单耳环		液压缸两端的单耳环轴线不平行,可以得到补偿
缸筒和杆端均为带球铰轴套或关节轴承的单耳环		液压缸的轴线可相对耳环的轴线转动一个角度,实现"无张力"安装

2. 法兰安装方式

当作用力与支承中心处在同一轴线时,应使法兰面承受作用力,不应使固定螺栓承受拉力。

对于前端法兰安装方式,如作用力是推力,则应采用图 10.4-40a 所示的安装方式;如果作用的是拉力,则应采用图 10.4-40b 所示的安装方式。

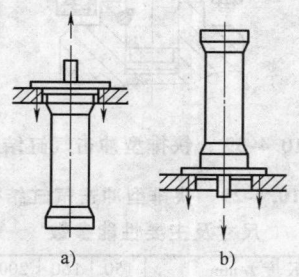

图 10.4-40　前端法兰安装方式

对于后端法兰安装方式,如作用力是推力,应采用图 10.4-41a 所示的安装方式;如作用的是拉力,则应采用图 10.4-41b 所示的安装方式。

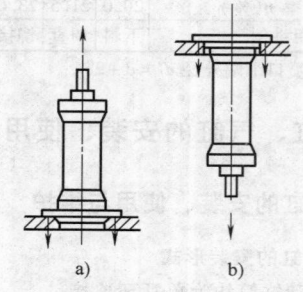

图 10.4-41　后端法兰安装方式

3. 耳轴安装方式

液压缸用的耳轴安装方式有前端耳轴、中间耳轴和后端耳轴三种,如图 10.4-42 所示。

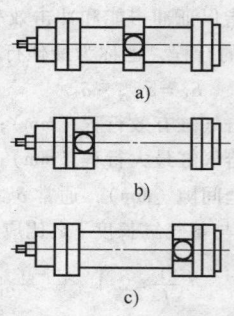

图 10.4-42　耳轴安装方式

a) 中间耳轴　b) 前端耳轴　c) 后端耳轴

通常多采用前端耳轴和中间耳轴连接。前端耳轴因为支承长度最小,所以许用行程最大。中间耳轴在水平安装时,有利于承受重心靠近耳轴的重力载荷。后端耳轴由于支承长度大,影响活塞杆弯曲稳定性,因此许用行程最短,只能用于短行程液压缸。

4. 脚架安装方式

液压缸为脚架安装时,必须设置挡块来承受作用力,以免脚架的固定螺栓承受切应力,如图 10.4-43 所示。

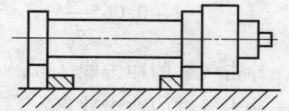

图 10.4-43　脚架安装设置挡块

当缸筒轴线与支承面之间距离 H 较大时，固定螺栓和脚架还要承受倾覆力矩的作用，如图 10.4-44 所示。

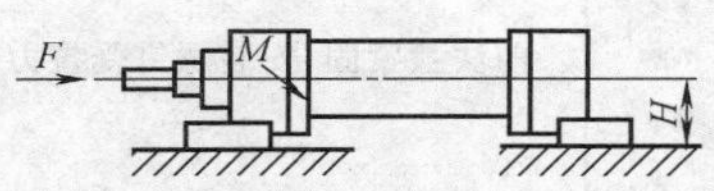

图 10.4-44　脚架受力情况

7.1.2　液压缸的负载导向

液压缸的活塞不能承受侧向负载，通常要加装导向装置。根据负载类型不同，推荐的安装方式和导向条件见表 10.4-31。

7.1.3　液压缸的使用与维护

1. 液压缸的使用

液压缸在使用前应先排出液压缸内的空气，以免使用中出现爬行和异常噪声等现象。

为了保证液压缸的正常使用寿命，工作介质的污染度不应超过国际标准 ISO 4406：1999 所规定的油液污染度等级 20/17，过滤精度不低于 80μm。

若要拆卸液压缸，应将活塞杆退回到末端位置，然后切断液压源，拧松进出油口接头，将进出油口堵住。

2. 液压缸常见故障及排除方法

液压缸常见故障及排除方法见表 10.4-32。

表 10.4-31　负载与安装方式的对应关系

负载类型	推荐安装方式	作用力承受情况	负载导向要求
重型	法兰安装	作用力与支承中心在同一轴线上	导向
	耳轴安装	作用力与支承中心在同一轴线上	导向
	脚架安装	作用力与支承中心不在同一轴线上	导向
	后球铰	作用力与支承中心在同一轴线上	不要求导向
中型	耳环安装	作用力与支承中心在同一轴线上	导向
	法兰安装	作用力与支承中心在同一轴线上	导向
轻型	耳环安装	作用力与支承中心在同一轴线上	可不导向

7.2　气缸的安装、选择、使用与维护

7.2.1　气缸的安装形式

气缸的安装形式见表 10.4-33。

表 10.4-32　液压缸常见故障及排除方法

现象	产生原因	排除方法
外部漏油	1)活塞杆碰伤拉毛	1)用极细的砂纸或油石修磨,不能修的则更换新件
	2)防尘密封圈的挤出和反唇	2)拆开检查,重新更换
	3)活塞与活塞杆上的密封件磨损或损伤	3) 更换新密封件
	4)液压缸安装定心不良,使活塞杆伸出困难	4) 拆下检查安装位置是否符合要求
运动中出现爬行	1)液压缸内进入空气或液压油中有气泡	1)松开接头,将空气排出
	2)液压缸的安装位置偏移	2)检查与主机运行方向的平行度
	3)活塞杆全长或局部弯曲	3)活塞杆全长校正直线度≤0.3mm/100mm 或更换活塞杆
	4) 缸内锈蚀或拉伤	4)去除锈蚀和毛刺,或更换缸筒

表 10.4-33　气缸的安装形式

分类			简图	特点
固定式气缸	支座式	轴向支座 MS1 式	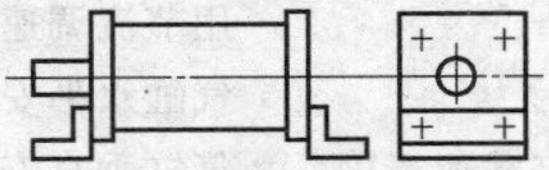	轴向支座,支座上承受力矩,气缸直径越大,力矩越大
		切向支座式	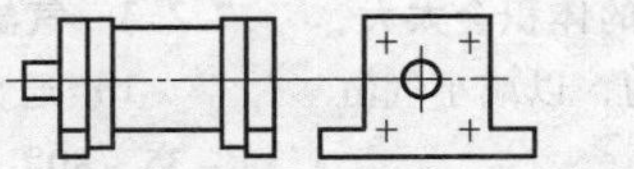	

（续）

分　类			简　图	特　点
固定式气缸	法兰式	前法兰 MF1 式	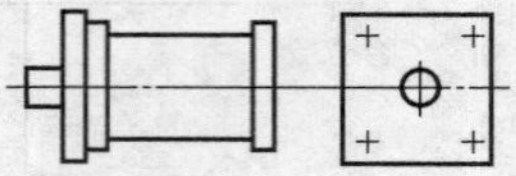	前法兰紧固,安装螺钉受拉力较大
		后法兰 MF2 式	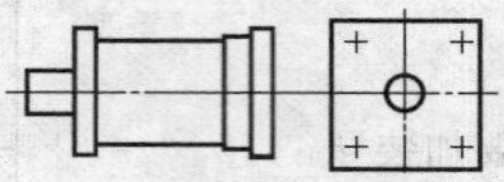	后法兰紧固,安装螺钉受拉力较小
		自配法兰 MF2 式	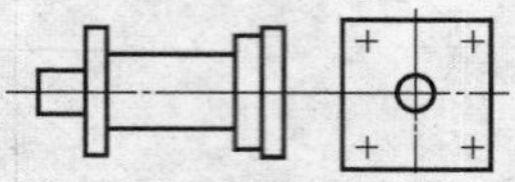	法兰由使用单位视安装条件现配
	尾部轴销式	单耳轴销 MP4 式	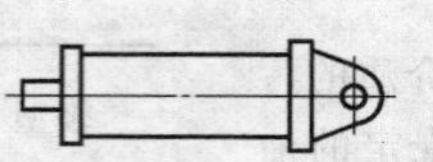	气缸可绕尾轴摆动
		双耳轴销 MP2 式		
轴销式气缸	头部轴销式		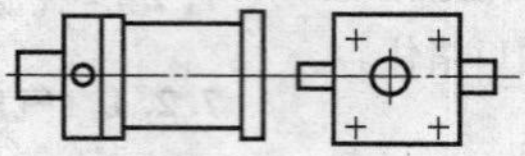	气缸可绕头部轴摆动
	中间轴销式		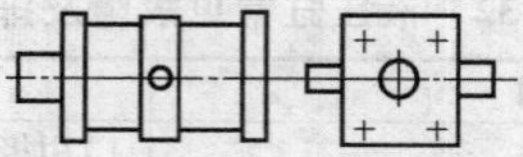	气缸可绕中间轴摆动

7.2.2　气缸的选择

气缸可以根据实际需要进行设计,但条件允许情况下应尽量选用标准气缸。

1. 安装形式的选择

气缸的安装形式根据安装位置、使用目的等因素确定。在一般场合下,多用固定式安装方式;在要求活塞直线往复运动的同时又要缸体在较大角度内作摆动时,可选用尾部耳轴和中间轴销等安装方式;如需要在回转中输出直线往复运动,可采用回转气缸;有特殊要求时,可选用特殊气缸。

2. 输出力的大小

根据工作机构所需力的大小,考虑气缸载荷率确定活塞上的推力和拉力,从而确定气缸的内径。

由于工作压力较小,气缸的输出力不会很大,一般在 10000N 左右。输出力过大,气缸的体积会太大,因此在气动设备上应尽量采用扩力机构,以减小气缸的尺寸。

3. 气缸的行程

气缸(活塞)行程与其使用场合及工作机构的行程有关。多数情况下不应使用满行程,以免活塞与缸盖相碰撞;尤其用于夹紧等机构时,为保证夹紧效果,必须按计算行程多加 10～20mm 的行程余量。

4. 活塞的运动速度

活塞的运动速度主要根据工作机构的需要确定。其大小主要取决于供气量的大小及气缸进排气口、导气管内径的大小。

要求速度缓慢、平稳时,宜采用气液阻尼缸或采用节流调速。节流调速的方式有:排气节流,适用于气缸水平安装,输出推力的情况;进气节流,适用于气缸垂直安装,输出升举力的情况。使用缓冲气缸,只有在阻力载荷且速度不高时缓冲效果才明显。如果速度高,行程终端往往产生冲击。

7.2.3　气缸的使用与维护

1) 通常气缸的正常工作条件:环境温度为 $-35～80℃$,工作压力为 0.4～0.6MPa。

2) 安装前,气缸应在 1.5 倍工作压力条件下进行试验，不应漏气。

3）装配时，所有密封元器件的相对运动表面应涂以润滑脂。

4）气源进口处必须设置气动三联件：过滤器、减压阀、油雾器。

5）使活塞杆尽量承受拉力载荷，承受推力载荷的应尽可能使载荷作用在活塞杆轴线上，活塞杆不允许承受偏心载荷或横向载荷。

6）载荷在行程中有变化时，应使用输出力足够的气缸，并设缓冲装置。

8　液压缸典型产品

8.1　DG 型车辆用液压缸

DG 型车辆用液压缸是双作用单活塞杆液压缸，主要用于车辆、工程机械、起重运输机械、矿山设备及其他机械的液压传动。

1. 型号说明

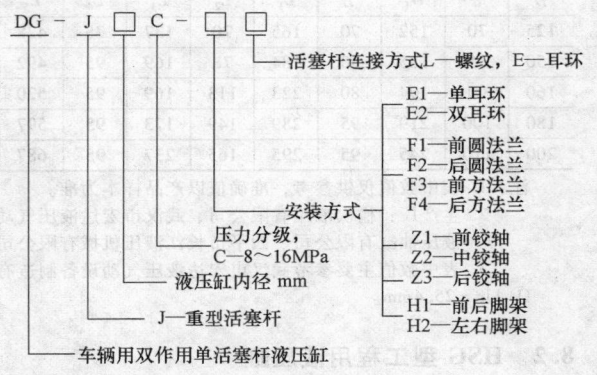

活塞杆连接方式 L—螺纹，E—耳环
E1—单耳环
E2—双耳环
F1—前圆法兰
F2—后圆法兰
F3—前方法兰
F4—后方法兰
安装方式—
Z1—前铰轴
Z2—中铰轴
Z3—后铰轴
H1—前后脚架
H2—左右脚架
压力分级，
C—8～16MPa
液压缸内径 mm
J—重型活塞杆
车辆用双作用单活塞杆液压缸

2. 技术参数

DG 型车辆用液压缸技术参数见表 10.4-34。

3. 外形尺寸

DG 型车辆用液压缸的外形尺寸见表 10.4-35。

表 10.4-34　DG 型车辆用液压缸技术参数

缸径/mm	活塞杆直径/mm	活塞面积/cm²		工作压力/16MPa		最大行程/mm
		无杆侧	有杆侧	推力/kN	拉力/kN	
40	22	12.57	8.77	20.11	14.03	1500
50	28	19.64	13.48	31.42	21.56	1500
63	35	31.15	21.55	49.85	34.48	2500
80	45	50.27	34.37	80.43	54.99	2500
100	55	78.54	54.78	125.66	87.64	6000
125	70	122.72	84.22	196.35	134.75	8000
150	85	176.72	119.97	282.75	191.95	8000
160	90	201.06	137.44	321.70	219.90	8000
180	100	254.47	175.93	407.15	281.49	8000
200	110	314.16	219.13	502.66	350.61	8000

表 10.4-35　DG 型车辆用液压缸的外形尺寸　　　　　（单位：mm）

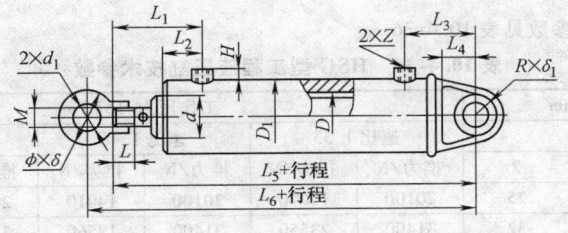

D	d	D₁	L	L₁	L₂	L₃	L₄	L₅	L₆	H	Φ × δ	R × δ₁	d₁	Z[①]	M
40	22	60	29	88	43	59	27	200	226	15	45 × 37.5	20 × 22	16	3/8in	M20 × 1.5
50	28	70	34	101	52	64	32	242	268	15	56 × 45	25 × 28	20	3/8in	M24 × 1.5
63	35	83	36	114	59	80	40	281	320	20	71 × 60	35 × 40	32	1/2in	M30 × 1.5
80	45	102	42	121	57	94	50	312	360	20	90 × 75	43 × 50	40	1/2in	M39 × 1.5
100	55	127	62	153	66	112	60	372	425	24	112 × 95	53 × 63	50	3/4in	M48 × 1.5

（续）

D	d	D_1	L	L_1	L_2	L_3	L_4	L_5	L_6	H	$\Phi \times \delta$	$R \times \delta_1$	d_1	$Z^{①}$	M
125	70	152	70	165	70	137	75	428	498	24	140×118	65×80	63	3/4 in	M64 × 2
150	85	185	80	184	78	169	95	492	572	25	170×135	75×80	71	1 in	M80 × 2
160	90	194	80	223	113	169	95	520	603	25	170×135	75×80	71	1 in	M80 × 2
180	100	219	95	289	149	173	95	597	687	30	176×160	80×90	90	1(1/2) in	M90 × 2
200	110	245	95	295	165	237	95	687	777	30	210×160	122×100	100	1(1/2) in	M90 × 2

注: 1. 表中数值仅供参考，准确值以产品样本为准。
　　2. 生产厂: 榆次液压有限公司、武汉市宏达液压气动设备制造有限公司、抚顺天宝液压制造有限公司、常州市天湖液压油缸有限公司、四平市长江液压机械有限公司等。
　　3. 表中数值主要参考武汉市宏达液压气动设备制造有限公司提供的材料。
① 1 in = 25.4 mm。

8.2　HSG 型工程用液压缸

HSG 型液压缸是双作用单活塞杆式液压缸，带缓冲装置，可用于工程机械、矿山机械、起重机械、冶金机械、运输机械、船舶机械、石油化工机械等。

1. 型号说明

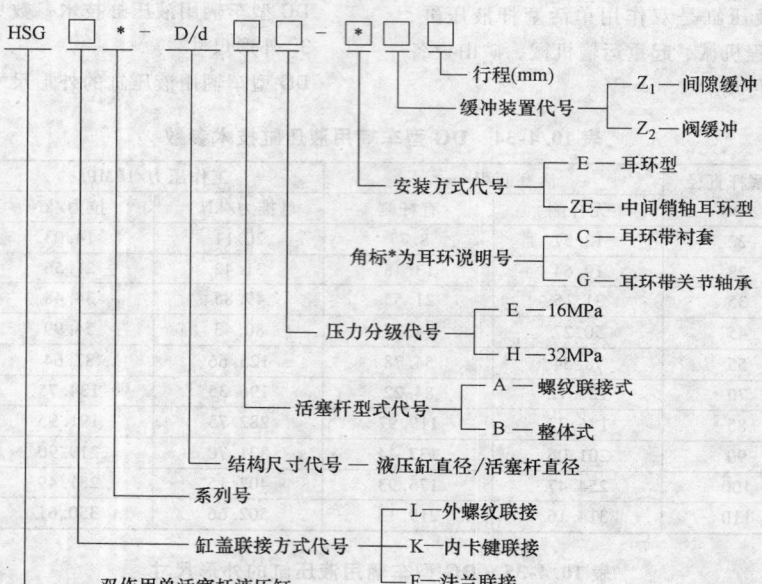

2. 技术参数

HSG 型工程液压缸技术参数见表 10.4-36。

表 10.4-36　HSG 型工程液压缸技术参数

缸径 /mm	活塞杆直径/mm			工作压力/16MPa						最大行程 /mm
	速比			速比 1.33		速比 1.46		速比 2		
	1.33	1.46	2	推力/N	拉力/N	推力/N	拉力/N	推力/N	拉力/N	
40	20	22	25	20100	15070	20100	14010	20100	12270	500
50	25	28	32	31400	23550	31400	18560	31400	15010	600
63	32	35	45	49870	37010	49870	34480	49870	24430	800
80	40	45	55	80420	60320	80420	54980	80420	42410	(1000) 2000
90	45	50	63	101790	76340	101790	40360	101790	51900	(1100) 2000
100	50	55	70	125660	94240	125660	87650	125660	64060	(1350) 4000

（续）

缸径/mm	活塞杆直径/mm			工作压力/16MPa						最大行程/mm
	速比			速比 1.33'		速比 1.46		速比 2		
	1.33	1.46	2	推力/N	拉力/N	推力/N	拉力/N	推力/N	拉力/N	
110	55	63	80	152050	114040	152050	102180	152050	71600	(1600) 4000
125	63	70	90	196350	146480	196350	134770	196350	94500	(2000) 4000
140	70	80	100	246300	184730	246300	165880	246300	120600	(2000) 4000
150	75	85	105	282740	212060	282740	193210	282740	144280	(2000) 4000
160	80	90	110	321700	241270	321700	219910	32170	169600	(2000) 4000
180	90	100	125	407150	305370	407150	281500	407150	210800	(2000) 4000
200	100	110	140	502660	376990	502660	350600	502660	256300	(2000) 4000
220	—	125	160	608200		608200	411860	608200	286500	4000
250	—	140	180	785600		785600	539100	785600	378200	4000

注：1. 表中数值仅供参考，准确值以产品样本为准。
　　2. 生产厂：榆次液压有限公司、武汉市宏达液压气动设备制造有限公司、抚顺天宝液压制造有限公司、常州市天湖液压油缸有限公司、四平市长江液压机械有限公司等。

3. 安装及外形尺寸

活塞杆端为外螺纹连接时，HSG 型液压缸的安装连接尺寸如图 10.4-45 所示，其外形尺寸见表 10.4-37。

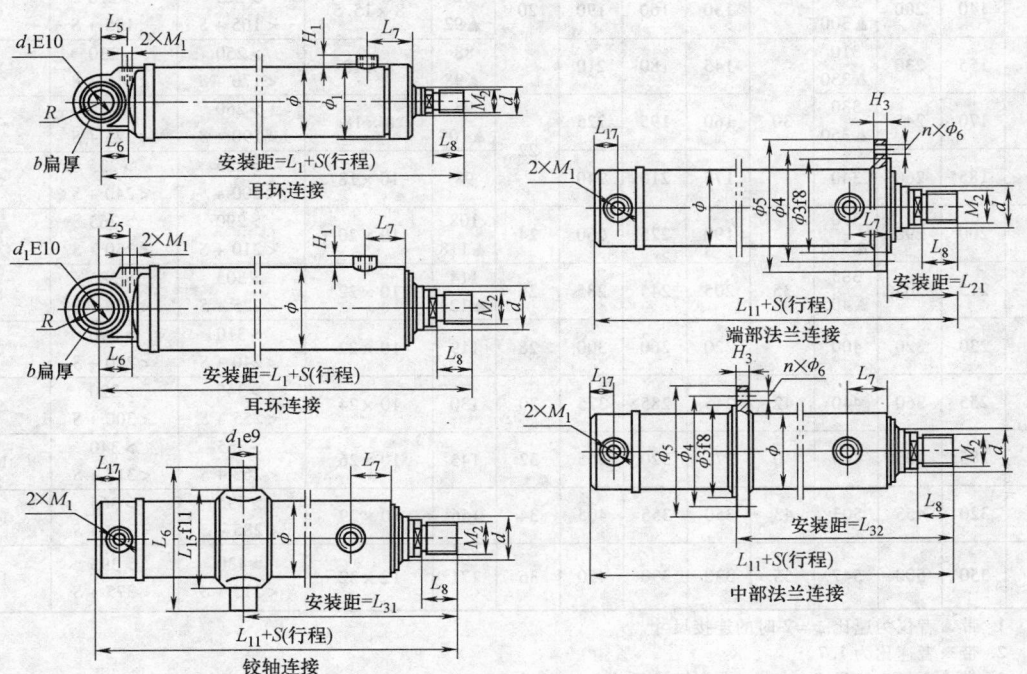

图 10.4-45　HSG 型液压缸外形尺寸图　（活塞杆端为外螺纹连接）

表 10.4-37　HSG 型液压缸外形尺寸　　　　（单位：mm）

缸径D	φ	d 速比φ=1.33	d 1.46	d 2	d1	R	b	L6	M2	L8	L5	L7	L1	M1	H1	φ1
40	57	20	22	※25	20 或 GE20ES	25		30	M16×1.5	30	30		225	M14×1.5		65
50	68	25	28	※32	30 或 GE30ES	35		40	M22×1.5	35	40	65	243	M18×1.5	15	75
63	83	32	35	45	30 或 GE30ES	35		40	M27×1.5	40	40	65	258	M18×1.5		90
80	102	40	45	55	40 或 GE40ES	45		50	M33×1.5	45	50	75 △65	300	M22×1.5	18	110
90	114	45	50	63	40 或 GE40ES	45		50	M36×2	45	50	66 ▲76	305 ▲325	M22×1.5	18	
100	127	50	55	70	50 或 GE50ES	60		65	M42×2	50	60	72 ▲82	304 ▲360	M27×2	20	
110	140	55	63	80	50 或 GE50ES	60		65	M48×2	55	60	77 ▲87	360 ▲380	M27×2	20	
125	152	63	70	90	50 或 GE50ES	60		65	M52×2	60	60	78	370	M27×2	20	
140	168	70	80	100	50 或 GE50ES	60		65	M60×2	65	70	95 ▲95	405 ▲425	M27×2	20	
150	180	75	85	105	60 或 GE60ES	70		75	M64×2	70	75	92 ▲102	420 ▲440	M33×2	22	
160	194	80	90	110	60 或 GE60ES	70		75	M68×2	75	75	100	435	M33×2	22	
180	219	90	100	125	70 或 GE70ES	80		85	M76×3	85	85	107	480	M42×2	24	
200	245	100	110	140	80 或 GE80ES	95	90	95	M85×3	95	95	110	510	M42×2	24	
220	273	110	125	160	90 或 GE90ES	105	100	105	M95×3	105	105	120	560	M42×2	25	
250	299	125	140	180	100 或 GE100ES	120	110	120	M105×3	115	115	135	614	M42×2	25	

缸径D	L15	L16	L11	L17	φ3	φ4	φ5	H3	L21	n×φ6	L31	L32	S1
80	125	185	275	25	115	145	175	20	81	8×13.5	>215 <160+S	>200 <190+S	55
90	140	200	280 ▲300	25	130	160	190	20	82 ▲92	8×15.5	>225 <165+S	>210 <195+S	60
100	155	230	310 ▲330	30	145	180	210	22	88 ▲98	8×18	>250 <170+S	>230 <210+S	80
110	170	245	330 ▲350	30	160	195	225	22	95 ▲105	8×18	>260 <190+S	>225 <225+S	70
125	185	260	340	30	175	210	240	22	98	10×18	>255 <200+S	>235 <240+S	55
140	200	290	370 ▲390	30	190	225	260	24	108 ▲118	10×20	>290 <210+S	>265 <250+S	80
150	215	305	385 ▲405	35	205	245	285	26	114 ▲124	10×22	>305 <225+S	>285 <265+S	80
160	230	320	400	35	220	260	300	28	119	10×22	>310 <240+S	>290 <280+S	70
180	255	360	440	42	245	285	325	30	130	10×24	>345 <255+S	>320 <300+S	90
200	285	405	460	40	275	320	365	32	143	10×26	>365 <265+S	>340 <315+S	100
220	320	455	503	43	350	355	405	34	156	10×29	>395 <285+S	>365 <340+S	100
250	350	500	547	55	330	390	450	36	171	12×32	>430 <315+S	>395 <375+S	105

注：1. 带▲者仅为速比 φ=2 时的连接尺寸。
　　2. 带※者速比为 1.7。
　　3. 带△者仅为缸径 D=80mm 时卡键式尺寸。
　　4. 铰轴和中部法兰连接的行程不得小于表中最小行程 S1 值。

对其他安装形式（如活塞杆端为外螺纹、杆头耳环连接、内螺纹连接等）的活塞缸，其安装及外形尺寸具体请参考产品样本。

8.3　CD/CG250、CD/CG350 系列重载液压缸

CD 型液压缸为双作用单活塞杆差动液压缸，CG 型液压缸为双作用双活塞杆等速液压缸。该系列液压缸安装形式和尺寸符合 ISO 3320：2001，特别适合于环境恶劣、重载的工作状态下，广泛应用于钢铁、铸造及机械制造等工业部门。

1. 型号说明

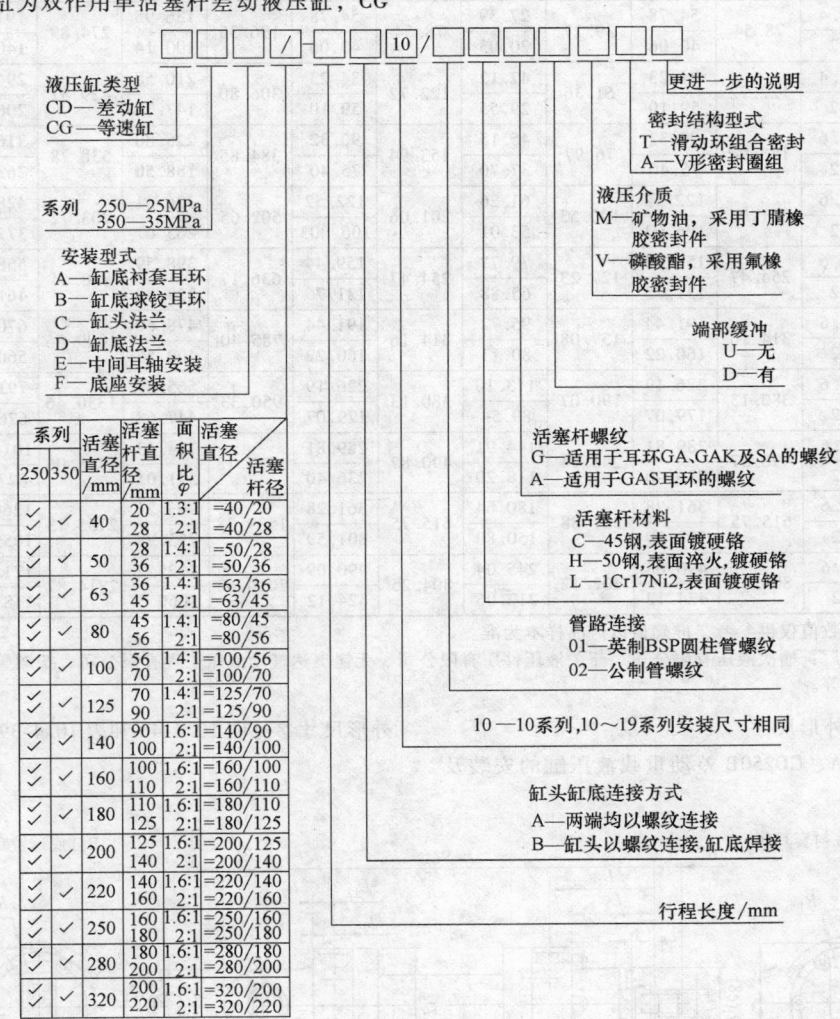

2. 技术参数

CD/CG 重载液压缸技术参数见表 10.4-38。

表 10.4-38　CD/CG 重载液压缸技术参数

缸径 D /mm	杆径 d /mm	速比 φ	活塞面积 /cm²		理论输出力/kN								最大行程 /mm
					5MPa		10MPa		25MPa		35MPa		
			无杆腔	有杆腔	推力	拉力	推力	拉力	推力	拉力	推力	拉力	
40	20	1.3	12.57	9.42	6.28	4.71	12.57	9.42	31.42	23.56	43.98	32.99	2000
	28	2		6.41		3.20		6.41		16.02		22.43	
50	28	1.4	19.63	13.48	9.82	6.74	19.63	13.48	49.09	33.69	68.72	47.17	3000
	35	2		10.01		5.01		10.01		25.03		33.05	
63	35	1.4	31.17	21.55	15.59	10.78	31.17	21.55	77.93	53.88	109.10	75.43	4000
	45	2		15.27		7.63		15.27		38.17		53.44	

（续）

缸径 D /mm	杆径 d /mm	速比 φ	活塞面积 /cm²		理论输出力/kN								最大行程 /mm
					5MPa		10MPa		25MPa		35MPa		
			无杆腔	有杆腔	推力	拉力	推力	拉力	推力	拉力	推力	拉力	
80	45	1.4	50.27	34.36	25.13	17.18	50.27	34.36	125.66	85.90	175.93	120.26	6000
	55	2		26.51		13.25		25.51		66.27		92.78	
100	55	1.4	78.54	54.78	39.27	27.39	78.54	54.78	196.35	136.95	274.89	191.74	8000
	70	2		40.06		20.03		40.06		100.14		140.19	
125	70	1.4	122.72	84.23	61.36	42.12	122.72	84.23	306.80	210.58	429.51	294.82	
	90	2		59.10		29.55		59.10		147.75		206.85	
140	90	1.6	153.94	90.32	76.97	45.15	153.94	90.32	384.85	225.80	538.78	316.12	
	100	2		75.40		37.70		75.40		188.50		263.89	
160	100	1.6	201.06	122.52	100.53	61.26	201.06	122.52	502.65	306.31	703.72	428.83	
	110	2		106.03		53.01		106.003		265.07		371.10	
180	110	1.6	254.47	159.44	127.23	79.72	254.47	159.44	636.17	398.59	890.64	558.03	
	125	2		131.75		65.88		131.75		329.38		461.13	
200	125	1.6	314.16	191.44	157.08	95.72	314.16	191.44	785.40	478.60	1099.56	670.04	10000
	140	2		160.22		80.11		160.22		400.55		560.77	
220	140	1.6	380.13	226.19	190.07	113.10	380.13	226.19	950.33	565.49	1330.46	791.68	
	160	2		179.07		89.54		179.07		447.68		626.75	
250	160	1.6	490.87	289.81	245.44	144.91	490.87	289.81	1227.18	724.53	1718.06	1014.34	
	180	2		236.40		118.20		236.40		591.01		827.42	
280	180	1.6	615.75	361.28	307.88	180.64	615.75	361.28	1539.38	903.21	2155.13	1264.49	
	2003	2		301.59		150.80		301.59		753.98		1055.58	
320	2003	1.6	804.25	490.08	402.12	245.04	804.25	490.09	2010.62	1225.2	2814.87	1715.31	
	220	2		424.12		212.06		424.12		1060.3		1484.40	

注：1. 表中数值仅供参考，准确值以产品样本为准。
　　2. 生产厂：榆次液压有限公司、韶关液压件厂有限公司、无锡奥达气动液压工程有限公司、抚顺天宝液压制造有限公司等。

3. 安装及外形尺寸
1）CD250A、CD250B 差动重载液压缸的安装及

外形尺寸参见图 10.4-46 和表 10.4-39。

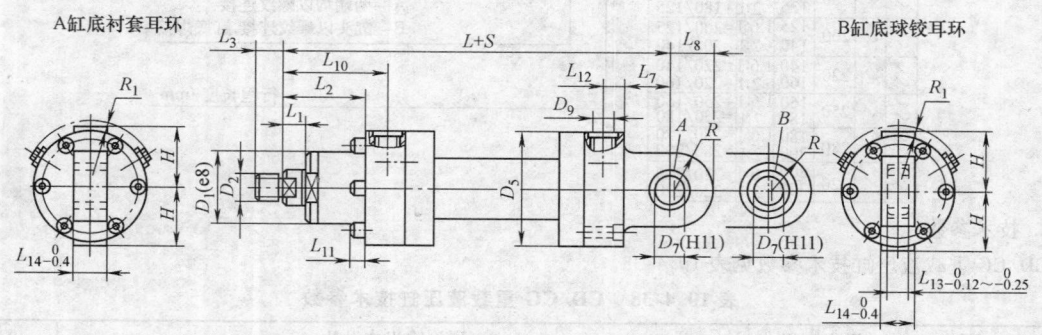

图 10.4-46　CD250A、CD250B 差动重载液压缸外形尺寸

表 10.4-39　CD250A、CD250B 差动重载液压缸外形尺寸　　　　（单位：mm）

缸径 D			40	50	63	80	100	125	140	160	180	200	220	250	280	320
杆径 d			20/28	28/35	35/45	45/55	55/70	70/90	90/100	100/110	110/125	125/140	140/160	160/180	180/200	200/220
CD250A、CD250B	D_1		55	68	75	95	115	135	155	180	200	215	245	280	305	340
	D_2	A	M18×2	M24×2	M30×2	M39×3	M50×3	M64×3	M80×3	M90×3	M100×3	M110×4	M120×4	M120×4	M150×4	M160×4

（续）

缸径 D			40	50	63	80	100	125	140	160	180	200	220	250	280	320
杆径 d			20/28	28/35	35/45	45/55	55/70	70/90	90/100	100/110	110/125	125/140	140/160	160/180	180/200	200/220
D_2	G		M16 ×1.5	M22 ×1.5	M28 ×1.5	M35 ×1.5	M45 ×1.5	M58 ×1.5	M65 ×1.5	M80 ×2	M100 ×2	M110 ×2	M120 ×3	M120 ×3	M130 ×3	—
D_5			85	105	120	135	165	200	220	265	290	310	355	395	430	490
D_7			25	30	35	40	50	60	70	80	90	100	110	110	120	140
D_9	1		1/2″BSP		3/4″BSP		1″BSP		1¼″BSP				1½″BSP			
	2		M22 ×1.5		M27 ×2		M33 ×2		M42 ×2				M48 ×2			
L			252	265	302	330	385	447	490	550	610	645	750	789	884	980
L_1			17	21	25	15.5	33	32	37/33	40	40/37	40	25	25	35	40
L_2			54	58	67	65	85	97	105	120	130	135	155	165	170	195
L_3	A		30	35	45	55	75	95	110	120	130	135	155	165	170	195
	G		16	22	28	35	45	58	65	80	100	110	120	120	130	—
L_7 (A10 /B10)			32.5	37.5	45	52.5 /50	60	70	75	85	90	115	125	140	150	175
L_8			27.5	32.5	40	50	62.5	70	82	95	113	125	142.5	160	180	200
L_{10}			76	80	89.5	86	112.5	132	145	160	175	180	225	235	270	295
L_{11}			8	10	12	12	16	—	—	—	—	—	—	—	—	—
L_{12}			20.5	20.5	22.5	32.5	32.5	35	40	40	55	40	70	70	99	100
L_{14}			23	28	30	35	40	50	55	60	65	70	80	80	90	110
H			45	55	63	70	82.5	103	112.5	132.5	147.5	157.5	180	200	220	250
R			27.5	32.5	40	50	62.5	65	77	88	103	115	132.5	150	170	190
R_1 (A10 /B10)			7/16	2/14	2/9	1.5/5	-/11.5	4/-	—	27.5/-	18/-	20/-	—	—	—	—
CD250B	L_{13}		20	22	25	28	35	44	49	55	60	70	70	70	85	90
CD250A CD250B	系数 X		5	7.5	13	18	34	76	99	163	229	276	417	571	712	1096
	系数 Y		0.11/ 0.015	0.015/ 0.019	0.020/ 0.024	0.030/ 0.039	0.050/ 0.060	0.078/ 0.092	0.105/ 0.122	0.136/ 0.156	0.170/ 0.192	0.220/ 0.246	0.262/ 0.299	0.346/ 0.387	0.378/ 0.434	0.510/ 0.562
	质量/kg		$M = X + Y \times S$(行程)													

(CD250A、CD250B 标注于左侧 L_7 行至 R_1 行区间)

注：1. A10 型用螺纹连接缸底，适用于所有尺寸缸径。
2. B10 型用焊接缸底，只用在 D≤100mm 的缸底。
3. 缸头外侧采用活塞杆导向套，仅用于 D≤100mm 的缸径。
4. 缸头、缸底与缸筒螺纹连接时，如缸径 D≤100mm，螺钉头均露在法兰外；当缸径 D>100mm，螺钉头凹入缸体法兰内。
5. 单向节流阀和排气阀与水平线夹角 θ：对 CD350 系列，缸径 D≤200mm 的，θ=30°；缸径 D≥220mm 的，θ=45°；对 CD250 系列，除缸径 D=320mm 的，θ=45°外，其余 θ 均为30°。

CD250C、CD250D、CD250E、CD250F、CD350A、CD350B、CD350C、CD350D、CD350E、CD350F 差动重载液压缸的外形及安装尺寸参见厂家有关资料。

2）CG250、CG350 等速重载液压缸的安装及外形尺寸见表 10.4-40。

表 10.4-40　CG250、CG350 等速重载液压缸外形尺寸　（单位：mm）

安装形式	CD250、CD350	CD250	CD350
F 底座	CD250F、CD350F		
E 中间耳轴	CD250E、CD350E		

（续）

安装形式	CD250、CD350	CD250	CD350
C 缸头法兰	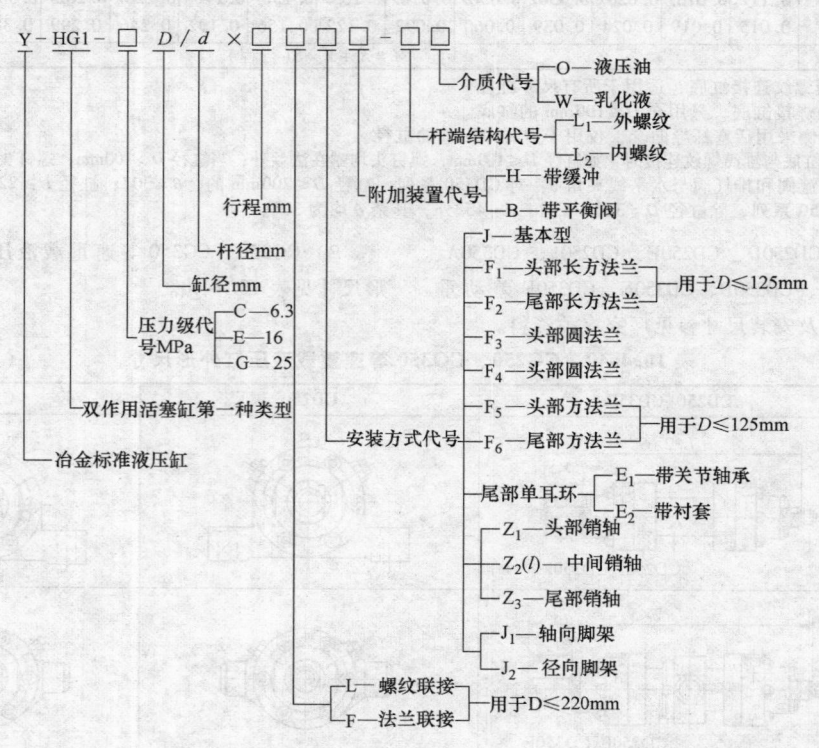 CD250C、CD350C		

油口连接尺寸			CG250					CG350				
D_1	2	M22×1.5	M27×2	M33×2	M42×2	M48×2	M22×1.5	M27×2	M33×2	M42×2	M48×2	
	1	G1/2	G3/4	G1	G1 $\frac{1}{42}$	G1 $\frac{1}{2}$	G1/2	G3/4	G1	G1 $\frac{1}{42}$	G1 $\frac{1}{2}$	
B		34	42	47	58	65	34	42	47	58	65	
C		1	1	1	1	1	5	4	1	1	1	

活塞直径		40	50	63	80	100	125	140	160	180	200	220	250	280	320
CG250	L	268	278	324	325	405	474	520	585	635	665	780	814	905	1000
	L_1	17	21	25	15.5	33	32	37/33	40	40/67	40	25	25	35	40
CG350	L	301	302	345	375	405	520	560	640	705	750	810	860	915	970
	L_1	18	18	18	18	18	20	20	20	20	20	20	20	20	20

8.4　Y-HG1 型冶金设备标准液压缸

Y-HG1 型冶金设备标准液压缸为双作用单活塞杆液压缸，带缓冲和放气装置，安装连接尺寸符合国际标准 ISO 6020-1：2007 的规定。适用于工作温度 -40～120℃，工作介质为液压油、乳化液的冶金设备（不适用于磷酸酯）。

1. 型号说明

Y-HG1- □ D/d × □□□□ - □□

- 介质代号 — O—液压油
- W—乳化液
- 杆端结构代号 — L₁—外螺纹
- L₂—内螺纹
- 附加装置代号 — H—带缓冲
- B—带平衡阀
- J—基本型
- F₁—头部长方法兰 — 用于D≤125mm
- F₂—尾部长方法兰
- F₃—头部圆法兰
- F₄—头部圆法兰
- F₅—头部方法兰 — 用于D≤125mm
- F₆—尾部方法兰
- 安装方式代号
- E₁—带关节轴承
- 尾部单耳环 — E₂—带衬套
- Z₁—头部销轴
- Z₂(I)—中间销轴
- Z₃—尾部销轴
- J₁—轴向脚架
- J₂—径向脚架
- L—螺纹联接
- F—法兰联接 — 用于D≤220mm

- 行程mm
- 杆径mm
- 缸径mm
- 压力级代号MPa — C—6.3
- E—16
- G—25
- 双作用活塞缸第一种类型
- 冶金标准液压缸

2. 技术参数

Y-HG1 型冶金设备标准液压缸技术参数见表 10.4-41。

3. 安装及外形尺寸

Y-HG1 型冶金设备标准液压缸外形尺寸见图 10.4-47 和表 10.4-42。

表 10.4-41　Y-HG1 型冶金设备标准液压缸技术参数

缸径 D/mm	速比 φ	杆径 ϕ/mm	YHG1E(16MPa)		YHG1G(25MPa)	
			推力/N	拉力/N	推力/N	拉力/N
40	1.46	22	20100	14000	31400	21840
	2	28		10200		15910
50	1.46	28	31400	21500	48980	34540
	2	36		15100		23550
63	1.46	36	49800	33500	77680	52260
	2	45		24400		38600
80	1.46	45	80400	54900	125400	85640
	2	56		41000		63960
90	1.46	50	101700	70300	152600	109600
	2	63		51900		80960
100	1.46	56	125600	86200	195900	134400
	2	70		64000		99840
110	1.46	63	152000	102000	237100	159100
	2	80		71600		111600
125	1.46	70	196000	134700	305700	210100
	2	90		94500		147400
140	1.46	80	246300	165800	384200	258600
	2	100		120600		188100
150	1.46	85	282700	191900	441000	299300
	2	105		144200		224900
160	1.46	90	321700	219900	501800	343000
	2	110		169600		264500
180	1.46	100	107100	281400	635070	438900
	2	125		210800		328800
200	1.46	110	502600	350600	784050	546900
	2	140		256300		399900
220	1.46	125	608200	411800	948700	642400
	2	160		306300		477800
250	1.46	140	785400	539000	1365600	840800
	2	180		378200		589900
280	1.46	160	985200	683300	1536900	1065900
	2	200		482500		751900
320	1.46	180	1286800	879600	2007700	1371200
	2	220		678500		1057600

注：1. 表中数值仅供参考，准确值以产品样本为准。

　　2. 生产厂：榆次液压有限公司、武汉市宏达液压气动设备制造有限公司、常州市天湖液压油缸有限公司、无锡奥达气动液压工程有限公司、四平市长江液压机械有限公司等。

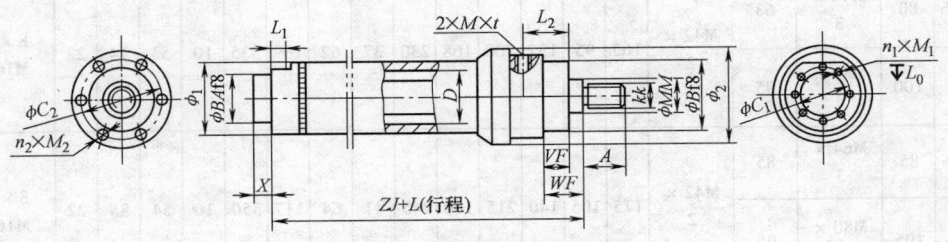

图 10.4-47　Y-HG1 型液压缸外形尺寸

表 10.4-42　Y-HG1 型液压缸外形尺寸　　　　　　（单位：mm）

缸径 D	速比 φ	杆径 φ	kk	A	M×t	φB	φBA	φC₁	φC₂	φ₁	φ₂	VF	WF	XF	ZJ	X	L₁	L₂	L₀	n₁×M₁	n₂×M₂
40	1.46	22	M16×1.5	22	M18×1.5	48	20	42	66	54	80	19	32	69	190	8	26	44	12	8×M6	6×M8
	2	28	M20×1.5	28																	
50	1.46	28	M20×1.5	28	M18×1.5	55	30	50	75	63.5	90	24	38	86	205	8	28	61	12	8×M6	6×M8
	2	36	M27×2	36																	
63	1.46	36	M27×2	36	M27×2	70	38	60	90	76	108	29	45	79	224	10	25	52	12	8×M8	6×M10
	2	45	M33×2	45																	
80	1.46	45	M33×2	45	M27×2	86	55	75	112	95	134	36	54	78	250	10	36	58	13	8×M10	6×M12
	2	56	M42×2	56																	
90	1.46	50	M42×2	56	M27×2	100	55	80	132	108	158	36	55	89	270	10	43	63	17	8×M12	6×M16
	2	63	M48×3	63																	
100	1.46	56	M42×2	56	M33×2	118	68	95	150	121	175	37	57	95	300	10	47	69	18	8×M12	8×M16
	2	70	M48×3	63																	
110	1.46	63	M48×3	63	M33×2	132	68	95	165	133	195	37	57	101	310	10	50	73	22	8×M16	8×M16
	2	80	M48×3	63																	
125	1.46	70	M48×3	63	M33×2	150	80	115	184	152	212	37	60	113	325	10	50	85	22	8×M16	8×M16
	2	90	M64×3	85																	
140	1.46	80	M48×3	63	M42×2	165	95	132	200	168	230	37	62	109	335	10	53	74	22	8×M16	8×M16
	2	100	M80×3	95																	
150	1.46	85	M64×3	85	M42×2	175	105	140	215	180	245	41	64	117	350	10	54	85	22	8×M16	8×M16
	2	105	M80×3	95																	

（续）

缸径 D	速比 φ	杆径 ϕ	kk	A	$M \times t$	ϕB	ϕBA	ϕC_1	ϕC_2	ϕ_1	ϕ_2	VF	WF	XF	ZJ	X	L_1	L_2	L_0	$n_1 \times M_1$	$n_2 \times M_2$
160	1.46	90	M64×3	85	M42×2	190	110	150	230	194	265	41	66	133	370	10	59	91	26	8×M20	8×M20
	2	110	M80×3	95																	
180	1.46	100	M80×3	95	M48×2	200	110	160	250	219	280	41	70	147	410	15	65	98	27	8×M20	8×M20
	2	125	M80×3	95																	
200	1.46	110	M80×3	95	M48×2	215	120	170	280	245	310	45	75	169	450	15	65	115	27	8×M20	8×M20
	2	140	M100×3	112																	
220	1.46	125	M100×3	112	M48×2	240	140	200	310	273	340	45	80	178	490	20	75	123	36	8×M24	12×M20
	2	160	M100×3	112																	
250	1.46	140	M100×3	112	φ40	280	160	220	340	299	380	64	96	208	550	25	80	145	36	8×M24	12×M24
	2	180	M125×3	125																	
280	1.46	160	M125×4	125	φ40	300	180	240	370	325	410	64	100	236	600	30	80	162	36	8×M24	12×M24
	2	200	M125×4	125																	
320	1.46	180	M125×4	125	φ40	360	200	310	430	377	470	71	108	270	660	35	80	190	36	12×M24	16×M24
	2	220	M160×4	160																	

注：表中数值仅供参考，准确值以产品样本为准。

Y-HG1 型液压缸长方法兰、圆法兰、方法兰、单耳环、销轴安装尺寸参见产品样本。

9　气缸典型产品

气缸产品种类较多，应用也很广泛。主要生产厂家有：FESTO、SMC、上海谷德气动元件有限公司、阳雷气动液压制造（上海）有限公司等。

9.1　QGA 系列气缸

QGA 系列气缸是无缓冲装置的普通气缸，工作介质为经过净化处理的含油雾压缩空气。

1. 型号说明

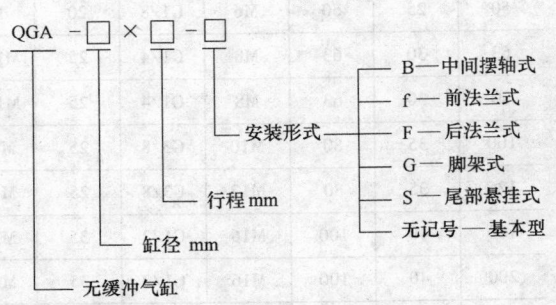

2. 技术参数

QGA 系列气缸技术参数见表 10.4-43。

表 10.4-43　QGA 系列气缸技术参数

缸径 φ/mm	最大行程/mm	工作压力范围/MPa	周围介质温度/℃	理论作用力/N（压力为 0.4MPa 时计算）	
				推力	拉力
40	300	0.15 ~ 1		500	450
50	300	0.15 ~ 1		780	700
63	800	0.15 ~ 1		1250	1120
80	800	0.15 ~ 1		2010	1880
100	1500	0.15 ~ 1	-10 ~ 80	3140	2950
125	2000	0.1 ~ 1		4910	4720
160	2500	0.1 ~ 1		8040	7720
200	2500	0.1 ~ 1		12570	12250
250	2500	0.1 ~ 1		19640	19140

注：根据本表选用气缸时，应将理论推力和拉力增大 15% ~ 20%。

3. 安装及外形尺寸

QGA 系列气缸安装及外形尺寸见图 10.4-48 和表 10.4-44。

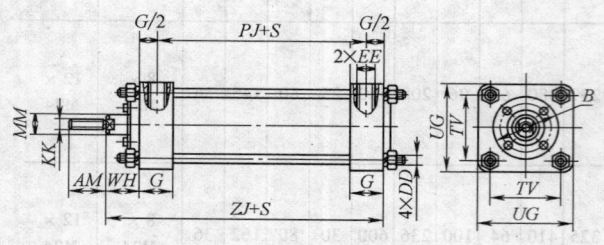

图 10.4-48　QGA 系列气缸尺寸

9.2　QGB 系列气缸

QGB 系列气缸是缓冲式气缸，工作介质为经过净化处理的含油雾压缩空气。该系列气缸缸径 40mm 和 50mm 的为不可调缓冲气缸，缸径 63mm 级以上的气缸为可调缓冲气缸。

1. 型号说明

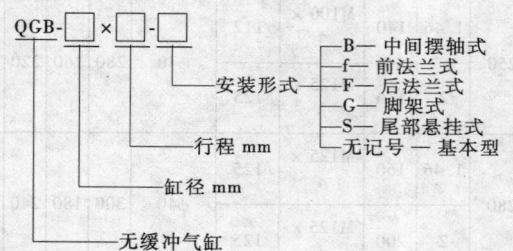

QGB-□×□-□

B— 中间摆轴式
f— 前法兰式
F— 后法兰式
G— 脚架式
S— 尾部悬挂式
无记号 — 基本型

安装形式

行程 mm

缸径 mm

无缓冲气缸

2. 技术参数

QGB 系列气缸技术参数见表 10.4-45。

表 10.4-44　QGA 系列气缸尺寸　　　（单位：mm）

缸径 φ	AM	B	DD	EE	G	KK	MM	PJ	TV	UG	WH	ZJ
40	20	40	M6	G1/8	20	M8 × 1	12	75	42	56	20	115
50	25	50	M6	G1/8	20	M10 × 1	16	75	50	64	20	115
63	30	63	M8	G1/4	25	M12 × 1.25	20	105	60	80	23	153
80	30	63	M8	G1/4	25	M12 × 1.25	20	105	75	95	23	153
100	35	80	M10	G3/8	25	M16 × 1.5	25	105	90	115	25	155
125	35	80	M12	G3/8	25	M16 × 1.5	25	105	120	150	25	155
160	40	100	M16	G1/2	35	M20 × 1.5	32	140	150	190	40	215
200	40	100	M16	G1/2	35	M20 × 1.5	32	140	190	230	40	215
250	50	125	M20	G3/4	45	M27 × 1.5	40	155	230	280	40	240

注：表中数值仅供参考，准确值以产品样本为准。

表 10.4-45　QGB 系列气缸技术参数

缸径 φ /mm	最大行程 /mm	缓冲行程 /mm	工作压力范围 /MPa	周围介质温度 /℃	理论作用力/N (压力为 0.4MPa 时计算)	
					推力	拉力
40	300	20	0.15～1		500	450
50	300	20	0.15～1		780	700
63	800	30	0.15～1		1250	1120
80	800	30	0.15～11		2010	1880
100	1500	28	0.15～1		3140	2940
125	2000	25	0.1～1	－10～80	4910	4520
160	2500	25	0.1～1		8040	7540
200	2500	25	0.1～1		12570	12060
250	2500	25	0.1～1		19640	18860
320	2500	25	0.1～1		32160	30910
400	2500	25	0.1～1		50400	48400

注：根据本表选用气缸时，应将理论推力和拉力增大15%～20%。

3. 安装及外形尺寸

QGB 系列气缸安装及外形尺寸见图 10.4-49 和表 10.4-46。

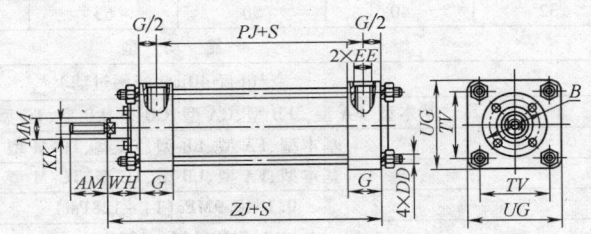

图10.4-49　QGB 系列气缸尺寸

表 10.4-46　QGB 系列气缸尺寸　　　　　　（单位：mm）

缸径 φ	AM	B	DD	EE	G	KK	MM	PJ	TV	UG	WH	ZJ
40	20	40	M6	G1/8	25	M8×1	12	75	42	56	35	135
50	25	50	M6	G1/8	25	M10×1	16	75	50	64	35	135
63	30	63	M8	G1/4	30	M12×1.25	20	105	60	80	40	175
80	30	63	M8	G3/8	30	M12×1.25	20	105	75	95	40	175
100	35	80	M10	G1/2	30	M16×1.5	25	115	90	115	65	210
125	40	80	M12	G1/2	30	M20×1.5	32	115	120	150	65	210
160	50	100	M16	G3/4	40	M27×1.5	40	155	150	190	80	275
200	50	100	M16	G3/4	40	M27×1.5	40	155	190	230	80	275
250	60	125	M20	G1	50	M36×1.5	50	180	230	280	100	330
320	70	200	M24	G1¼	60	M48×1.5	63	230	280	350	135	425
400	80	250	M30	G1¼	60	M60×2	80	230	350	430	135	425

注：表中数值仅供参考，准确值以产品样本为准。

9.3　SC、SCD、SCJ 系列标准气缸

SC、SCD、SCJ 系列气缸是按照 ISO 6431 标准设计的，缸筒采用挤压成型的铝合金型材，其安装尺寸通用性很强，采用含油轴承，使活塞杆无需加油润滑，气缸的前后盖上装有可调气缓冲装置，同时装有机械缓冲垫，使活塞到达终端时只产生较小的噪声。

1. 型号说明

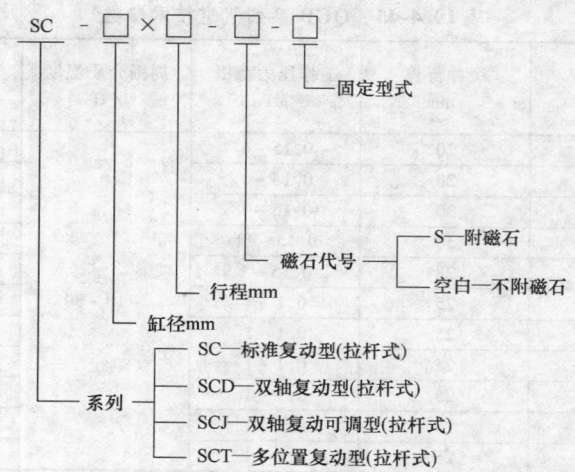

2. 技术参数

SC、SCD、SCJ 系列标准气缸技术参数见表 10.4-47 和表 10.4-48。

表 10.4-47   SC、SCD、SCJ 系列标准气缸规格

内径/mm		32	40	50	63	80	100
动作方式		复 动 型					
工作介质		空气(经 40μm 滤网过滤)					
固定形式	SC 系列	基本型、FA 型、FB 型、CA 型、CB 型、LB 型、TC 型、TC-M 型					
	SCD 系列	基本型、FA 型、LB 型、TC 型、TC-M 型					
	SCJ 系列	基本型、FA 型、LB 型、TC 型、TC-M 型					
使用压力范围		0.1~0.9MPa(14~128Psi)					
保证耐压力		1.5MPa(14~128Psi)					
工作温度/℃		−5~70					
使用速度范围/(mm/s)		SC 系列:50~800		其他系列:30~800			
缓冲形式		可调缓冲					
缓冲行程		24				32	
接管口径		PT1/8	PT1/4		PT3/8		PT1/2

表 10.4-48   SC、SCD、SCJ 系列标准气缸行程   (单位：mm)

内径	标准行程	最大行程	容许行程
32	25、50、75、80、100、125、150、160、175、200、250、300、350、400、450、500	1000	2000
40	25、50、75、80、100、125、150、160、175、200、250、300、350、400、450、500、600、700、800	1200	2000
50	25、50、75、80、100、125、150、160、175、200、250、300、350、400、450、500、600、700、800、900、1000	1200	2000
63	25、50、75、80、100、125、150、160、175、200、250、300、350、400、450、500、600、700、800、900、1000	15000	2000
80	25、50、75、80、100、125、150、160、175、200、250、300、350、400、450、500、600、700、800、900、1000	15000	2000
100	25、50、75、80、100、125、150、160、175、200、250、300、350、400、450、500、600、700、800、900、1000	15000	2000

3. 基本型号尺寸

（1）SC 系列气压缸结构尺寸   SC 系列气压缸结构尺寸见图 10.4-50 和表 10.4-49。

（2）SCD 系列气压缸结构尺寸   SCD 系列气压

缸结构尺寸见图 10.4-51 和表 10.4-50。

（3）SCJ 系列气压缸结构尺寸   SCJ 系列气压缸结构尺寸见图 10.4-52 和表 10.4-51。

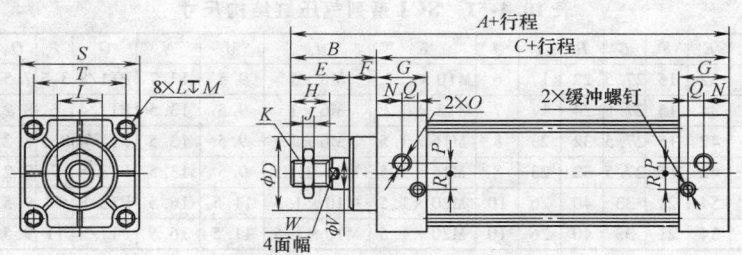

图10.4-50 SC系列气压缸结构尺寸

表 10.4-49 SC 系列气压缸结构尺寸 （单位：mm）

内径	A	B	C	D	E	F	G	H	I	J	K	L	M	N	O	P	Q	R	S	T	V	W
32	140	47	93	28	32	15	27.5	22	17	6	M10 × 1.25	M6 × 1	9.5	13.7	PT1/8	3.5	7.5	7	45	33	12	10
40	142	49	93	32	34	15	27.5	24	17	7	M12 × 1.25	M6 × 1	9.5	13.5	PT1/4	6	8.2	9	50	37	16	14
50	150	57	93	38	42	15	27.5	32	23	8	M16 × 1.5	M6 × 1	9.5	13.5	PT1/4	8.5	8.2	9	62	47	20	17
63	153	57	96	38	42	15	27.5	32	23	8	M16 × 1.5	M8 × 1.25	9.5	13.5	PT3/8	7	8.2	8.5	75	56	20	17
80	182	75	107	47	54	21	33	40	26	10	M20 × 1.5	M10 × 1.5	11.5	16.5	PT3/8	10	9.5	14	94	70	25	22
100	188	75	113	47	54	21	33	40	26	10	M20 × 1.5	M10 × 1.5	11.5	16.5	PT1/2	11	9.5	14	112	84	25	22

注：表中数值仅供参考，准确值以产品样本为准。

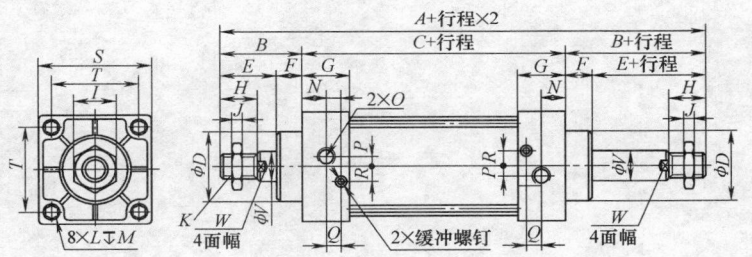

图10.4-51 SCD系列气压缸结构尺寸

表 10.4-50 SCD 系列气压缸结构尺寸 （单位：mm）

内径	A	B	C	D	E	F	G	H	I	J	K	L	M	N	O	P	Q	R	S	T	V	W
32	187	47	93	28	32	15	27.5	22	17	6	M10 × 1.25	M6 × 1	9.5	13.7	PT1/8	3.5	7.5	7	45	33	12	10
40	191	49	93	32	34	15	27.5	24	17	7	M12 × 1.25	M6 × 1	9.5	13.5	PT1/4	6	8.2	9	50	37	16	14
50	207	57	93	38	42	15	27.5	32	23	8	M16 × 1.5	M6 × 1	9.5	13.5	PT1/4	8.5	8.2	9	62	47	20	17
63	210	57	96	38	42	15	27.5	32	23	8	M16 × 1.5	M8 × 1.25	9.5	13.5	PT3/8	7	8.2	8.5	75	56	20	17
80	257	75	107	47	54	21	33	40	26	10	M20 × 1.5	M10 × 1.5	11.5	16.5	PT3/8	10	9.5	14	94	70	25	22
100	263	75	113	47	54	21	33	40	26	10	M20 × 1.5	M10 × 1.5	11.5	16.5	PT1/2	11	9.5	14	112	84	25	22

注：表中数值仅供参考，准确值以产品样本为准。

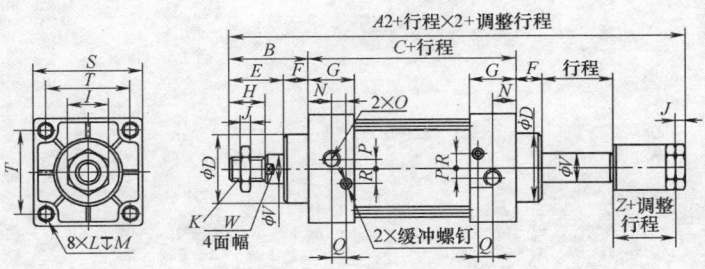

图10.4-52 SCJ系列气压缸结构尺寸

表 10.4-51　SCJ 系列气压缸结构尺寸　　　　　　（单位：mm）

内径	A	B	C	D	E	F	G	H	I	J	K	L	M	N	O	P	Q	R	S	T	V	W
32	182	47	93	28	32	15	27.5	22	17	6	M10×1.25	M6×1	9.5	13.7	PT1/8	3.5	7.5	7	45	33	12	10
40	185	49	93	32	34	15	27.5	24	17	7	M12×1.25	M6×1	9.5	13.5	PT1/4	6	8.2	9	50	37	16	14
50	196	57	93	38	42	15	27.5	32	23	8	M16×1.5	M6×1	9.5	13.5	PT1/4	8.5	8.2	9	62	47	20	17
63	199	57	96	38	42	15	27.5	32	23	8	M16×1.5	M8×1.25	9.5	13.5	PT3/8	7	8.2	8.5	75	56	20	17
80	242	75	107	47	54	21	33	40	26	10	M20×1.5	M10×1.5	11.5	16.5	PT3/8	10	9.5	14	94	70	25	22
100	248	75	113	47	54	21	33	40	26	10	M20×1.5	M10×1.5	11.5	16.5	PT1/2	11	9.5	14	112	84	25	22

注：表中数值仅供参考，准确值以产品样本为准。

第5章 液压控制阀

1 液压控制阀概览

在液压系统中，用于控制液流压力、流量和方向的元件总称为液压控制阀。液压控制阀的种类繁多，除了不同品种、规格的通用阀外，还有许多专用阀和复合阀。就液压阀的基本类型来说，通常按以下方式进行分类。

1. 根据在液压系统中的功用分类

1）压力控制阀。用来控制和调节液压系统中液流的压力或利用压力控制的阀类。

2）流量控制阀。用来控制和调节液压系统中液流流量的阀类。

3）方向控制阀。用来控制和改变液压系统中液流方向的阀类。

2. 根据控制方式不同分类

1）普通液压阀。借助手轮、手柄、凹轮、电磁铁、弹簧等来开关液流通路，定值控制液流的压力和流量的阀类，统称为普通液压阀。

2）伺服控制阀。其输入信号（电气、机械、气动等）多为偏差信号（输入信号与反馈信号的差值），可以连续成比例地控制液压系统中压力和流量的阀类，多用于高精度、快速响应的闭环液压控制系统。

3）比例控制阀。这种阀的输出量与输入信号成比例。它们是一种可按给定的输入信号变化的规律，成比例地控制系统中液流参数的阀类，多用于开环液压程序控制系统。

4）数字控制阀。用数字信号直接控制的阀类。

3. 根据结构形式不同分类

液压控制阀一般由阀芯、阀体、操纵控制机构等主要零件组成。根据阀芯结构形式的不同，分类如下：

1）滑阀类。滑阀类的阀芯为圆柱形，通过阀芯在阀体孔内的滑动来改变液流通路开口的大小，以实现液流压力、流量及方向的控制。

2）提升阀类。提升阀类有锥阀、球阀、平板阀等，利用阀芯相对阀座孔的移动来改变液流通路开口的大小，以实现液流压力、流量及方向的控制。

3）喷嘴挡板阀类。喷嘴挡板阀是利用喷嘴和挡板之间的相对位移来改变液流通路开口大小，以实现控制的阀类。该类阀主要用于伺服控制和比例控制元件，作为先导控制级。

4. 根据连接和安装方式不同分类

1）螺纹连接阀。

2）法兰连接阀。

3）板式连接阀。

4）叠加式连接阀。

5）插装式连接阀。

液压控制阀概览表见表 10.5-1。

表 10.5-1 液压控制阀概览

类别	型号		通径 /mm	最大工作压力 /MPa	流量 /（L/min）	系列
压力控制阀	DBD 直动式溢流阀		6 ~ 30	63	50 ~ 350	力士乐
	DBT/DBWT 远程调压阀		—	31.5	3	力士乐
	DB/DBW 先导式溢流阀		10 ~ 32	31.5	250 ~ 650	力士乐
	ZDB/Z2DB 叠加式溢流阀		6 ~ 10	31.5	60 ~ 100	力士乐
	DR 先导式减压阀		10 ~ 32	35	150 ~ 400	力士乐
	XCG2V 型减压阀		6 ~ 8	35	300	威格士
	ZDR 叠加式直动减压阀		6 ~ 10	31.5	30 ~ 50	力士乐
	DZ 先导式顺序阀		10 ~ 32	31.5	200 ~ 600	力士乐
	DA/DAW 先导式卸荷阀		10 ~ 30	31.5	40 ~ 250	力士乐
	FD 平衡阀		12 ~ 32	42	80 ~ 560	力士乐
	RBG 平衡阀		3 ~ 6	25	125	榆次油研
	HED1 ~ 4、8 压力继电器		—	63	—	力士乐
	插装阀	LC 型插装件	16 ~ 160	31.5	20000	力士乐
		LFA 型插装件	16 ~ 160	63	20000	力士乐

（续）

类别	型号		通径/mm	最大工作压力/MPa	流量/（L/min）	系列
流量控制阀	MG/MK 节流阀、单向节流阀		6～30	31.5	50～400	力士乐
	SR/SRC 节流阀、单向节流阀		3～10	25	30～230	榆次油研
	F 精密节流阀		5～10	21	80	力士乐
	Z2FS 单向节流阀		6～22	35	80～350	力士乐
	DV/DRV 节流截止阀		6～40	35	14～375	力士乐
	FBG 溢流节流阀		10～30	25	125～500	日本油研
	2FR 调速阀		10～16	31.5	10～160	力士乐
	FC/FCG 调速阀		—	21	4～500	榆次油研
	MSA 调速阀		30	21	160～300	力士乐
方向控制阀	S 单向阀		6～30	31.5	18～450	力士乐
	Z1S 叠加式单向阀		6～10	31.5	40～100	力士乐
	DDJ 叠加式单向截止阀		10～32	31.5	单向阀：63～500 截止阀：100～630	力士乐
	SV/SL 液控单向阀		10～32	31.5	120～550	力士乐
	PCG5V 液控单向阀		6～8	35	150～300	威格士
	Z2S 叠加式液控单向阀		6～22	31.5	50～400	力士乐
	WE 电磁换向阀		4～10	31.5	14～120	力士乐
	WEH/W 电液/液动换向阀		10～32	35	160～1100	力士乐
	SE 电磁球阀		5～10	31.5	14～100	力士乐
	ZFS 多路换向阀		10～25	14	30～130	榆次油研
	AF6 压力表开关		6	30	—	力士乐
	MS 六点压力表开关		—	31.5	—	力士乐
	插装阀	LC 型插装件	16～100	42	7000	力士乐
		LFA 型插装件	16～100	42	7000	力士乐

2　压力控制阀

2.1　直动式溢流阀与远程调压阀

　　1. 直动式溢流阀的结构和工作原理

　　直动式溢流阀是依靠系统中的压力油直接作用在阀芯上与弹簧力相平衡，以控制阀芯的启闭动作的。图 10.5-1 所示为滑阀型直动式溢流阀的结构，阀芯在调压弹簧力的作用下处于最下端，阀芯台肩的封油长度将进、出口隔断，压力油经孔 f 和阻尼孔 g 后作用在阀芯的底面 C 上，形成一个向上的液压力。当进口压力较低，液压力小于弹簧力时，阀芯处于最下端，由底端螺塞限位，阀处于关闭状态。当液压力等于或大于调压弹簧力时，阀芯向上运动，阀口开启，进口压力油经阀口溢流回油箱，此时阀芯处于受力平衡状态。图中 L 为泄漏油口，回油口 T 与泄漏油流经的弹簧腔相通，L 口堵塞，这种连接方式称为内泄式，这时与弹簧相平衡的是进出口压差。若将上盖旋转 180°，卸掉 L 口螺塞，直接将泄漏油引回油箱，这种连接方式称为外泄式。

　　2. 溢流阀的性能指标

　　（1）静态性能指标

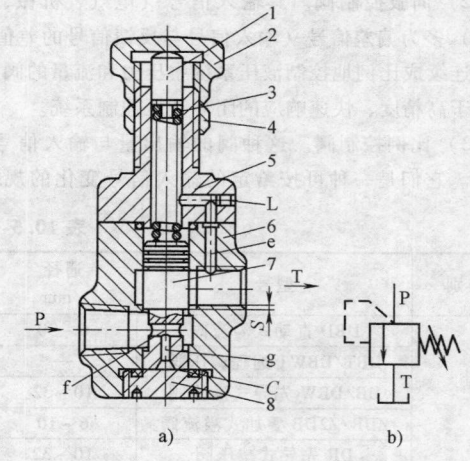

图10.5-1　滑阀型直动式溢流阀

a）结构　b）图形符号

1—调节杆　2—调节螺母　3—调压弹簧　4—锁紧螺母
5—上盖　6—阀体　7—阀芯　8—螺塞

　　1）压力-流量特性。压力流量特性又称溢流特性，表示溢流阀在某一调定压力下工作时，溢流量的变化与阀的实际进口压力之间的关系。

　　2）启闭特性。启闭特性是指溢流阀从开启到通过额定流量，再由通过额定流量到闭合整个过程中，通过溢流阀的流量与其控制压力之间的关系。

3）压力调节范围。压力调节范围是指调压弹簧在规定的范围内调节时，系统压力能平稳地上升或下降且压力无突跳及迟滞现象时的最高和最低调定压力。

4）压力稳定性。溢流阀工作压力的稳定性由两个指标来衡量：一是在额定流量和额定压力下，进口压力在一定时间（一般为 3 min）内的偏移值；二是在整个调压范围内，通过额定流量时进口压力的振摆值。

5）卸荷压力。当溢流阀作为卸荷阀使用时，额定流量下溢流阀进、出油口的压力差称为卸荷压力。它反映了卸荷状态下系统的功率损失以及因功率损失而转换成的油液发热量。显然，卸荷压力越小越好。

6）最小稳定流量和许用流量范围。溢流阀控制压力稳定，工作时无振动、噪声时的最小溢流量，即为最小稳定流量。最小稳定流量与额定流量之间的范围便称为许用流量范围。

7）内泄漏量。它是指溢流阀处于关闭状态，进口压力调至调压范围的最高值时，从溢流口处测得的泄漏流量。

（2）动态性能指标

1）压力超调量。最高瞬时压力峰值与调定压力值的差值称为压力超调量。其与调定压力值的比值为压力超调率，一般要求压力超调率小于 30%。

2）响应时间。它是指从起始稳态压力与最终稳态压力之差的 10% 上升到 90% 的时间，该时间越小，溢流阀响应越快。

3）过渡过程时间。它是指从起始稳态压力与最终稳态压力之差的 90% 的时刻到瞬时过渡过程的最终时刻之间的时间。最终时刻是输出量进入并保持在最终稳态压力的 ±50% 范围内所对应的时刻。

4）升压时间。它是指流量阶跃变化时，起始稳态压力与最终稳态压力之差的 10% 到 90% 的时间。

5）卸荷时间。它是指卸荷信号发出后，起始稳态压力与最终稳态压力之差的 90% 到 10% 的时间。

3. DBD 型直动式溢流阀

（1）型号说明

（2）技术规格　DBD 型直动式溢流阀的技术规格见表 10.5-2。

（3）特性曲线　DBD 型直动式溢流阀特性曲线如图 10.5-2 所示。

（4）外形尺寸　插入式连接外形尺寸见表 10.5-3；管式连接外形尺寸见表 10.5-4；板式连接外形尺寸见表 10.5-5。

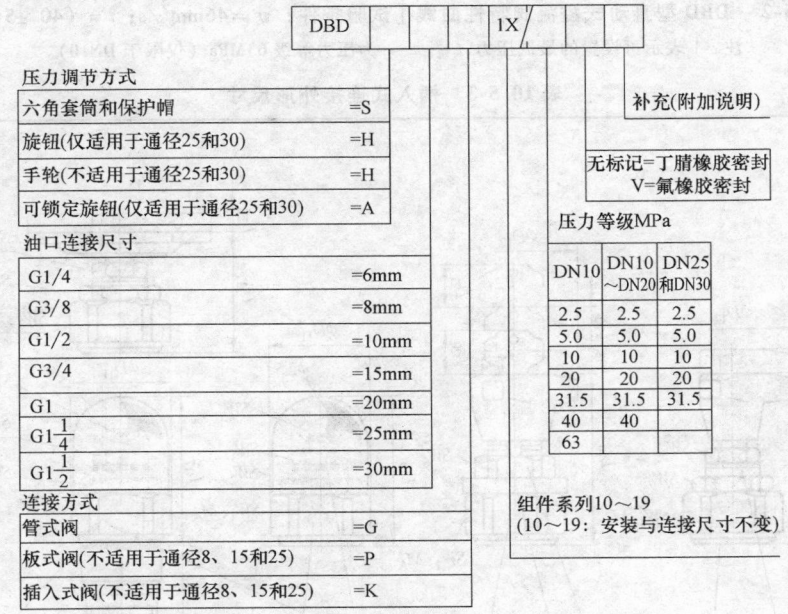

表 10.5-2　DBD 型直动式溢流阀技术规格

介质	矿物质液压油	通径/mm 最大工作压力/MPa	10	6～20	25、30
介质粘度范围/(mm²/s)	10～800	进油口	63	40	31.5
介质温度范围/℃	−30 ～ +80	出油口		31.5	

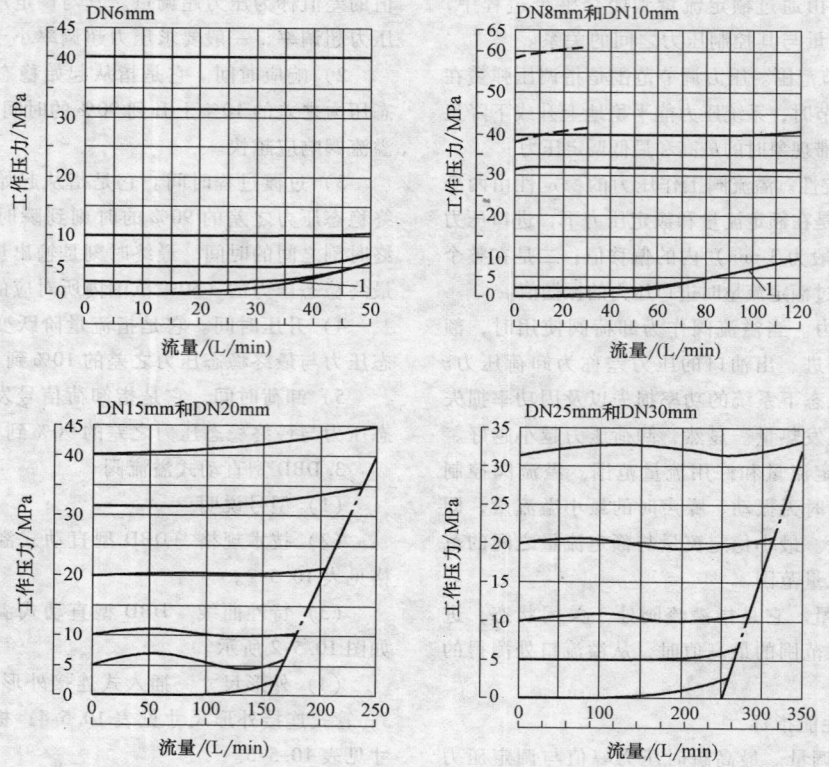

图10.5-2   DBD 型直动式溢流阀特性曲线［试验条件：$v = 46\,mm^2/s$；$t = (40 \pm 5)\,℃$］

注：1 表示可设置的最低压力；———— 为压力等级 63MPa（仅限于 DN10）。

表 10.5-3   插入式连接外形尺寸   （单位：mm）

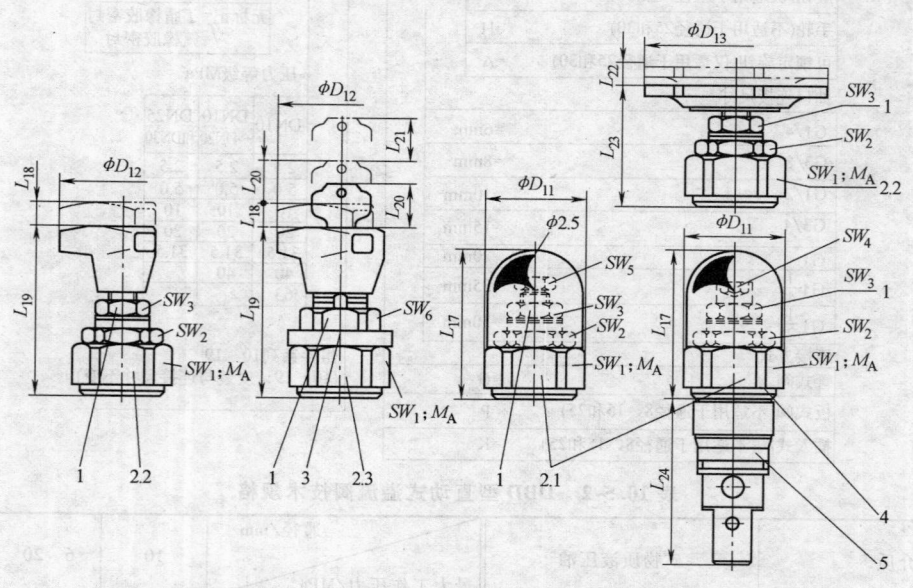

1—锁紧螺母   2.1—六角套筒和保护帽   2.2—旋钮   2.3—可锁定旋钮
3—刻度环   4—压力等级   5—型号标记   6—油口 T   7—油口 P

（续）

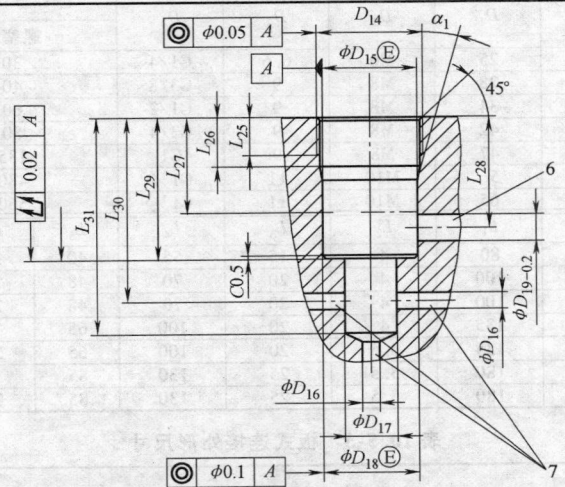

通径	D_{11}	D_{12}	D_{13}	L_{17}	L_{18}	L_{19}	L_{20}	L_{21}	L_{22}	L_{23}	L_{24}
6	34	60	—	72	11	83	28	20	—	—	64.5
10	38	60	—	68	11	79	28	20	—	—	77
20	48	60	—	65	11	77	28	20	—	—	106
30	63	—	80	83	—	—	—	—	11	56	131

通径	SW_1	SW_2	SW_3	SW_4	SW_5	SW_6	紧固扭矩 M_A/N·m			质量/kg
							20MPa	40MPa	63MPa	
6	32	30	19	6	—	30	50±5	80±5	—	≈0.4
10	36	30	19	6	—	30	100±5	150±10	200±10	≈0.5
20	46	36	19	6	—	30	150±10	300±15	—	≈1
30	60	46	19	—	13	—	350±20	500±30	—	≈2.2

通径	D_{14}	D_{15}	D_{16}	D_{17}	D_{18}	D_{19}
6	M28×1.5	25H9	6	15	24.9	12
10	M35×1.5	32H9	10	18.5	31.9	15
20	M45×1.5	40H9	20	24	39.9	22
30	M60×2	55H9	30	38.75	54.9	34

通径	L_{25}	L_{26}	L_{27}	L_{28}	L_{29}	L_{30}	L_{31}	α_1
6	15	19	30	36	45	56.5±5.5	65	15°
10	18	23	35	41.5	52	67.5±7.5	80	15°
20	21	27	45	55	70	91.5±8.5	110	20°
30	23	29	45	63	84	113.5±11.5	140	20°

表 10.5-4　管式连接外形尺寸　　　　　　　（单位：mm）

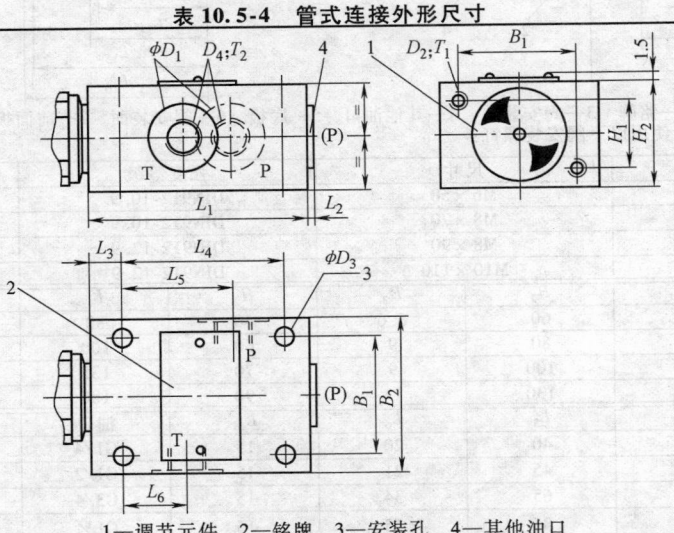

1—调节元件　2—铭牌　3—安装孔　4—其他油口

（续）

通径	B_1	B_2	D_1	D_2	D_3	D_4	紧固扭矩 $M_A/N·m$	
							螺塞堵	管道连接
6	45	60	25	M6	6.6	G1/4	30	60
8	60	80	28	M8	9	G3/8	40	90
10	60	80	34	M8	9	G1/2	60	130
15	70	100	42	M8	9	G3/4	80	200
20	70	100	47	M8	9	G1	135	380
25	100	130	56	M10	11	G1¼	480	500
30	100	130	65	M10	11	G1½	560	600

通径	H_1	H_2	L_1	L_2	L_3	L_4	L_5	L_6	T_1	T_2	质量/kg
6	25	40	80	4	15	55	40	20	10	12	≈1.5
8	40	60	100	4	20	70	48	21	15	12	≈3.7
10	40	60	100	4	20	70	48	21	15	14	≈3.7
15	50	70	135	4	20	100	65	34	18	16	≈6.4
20	50	70	135	5.5	20	100	65	34	18	18	≈6.4
25	60	90	180	5.5	25	130	85	35	20	20	≈13.9
30	60	90	180	5.5	25	130	85	35	20	22	≈13.9

表 10.5-5 板式连接外形尺寸 （单位：mm）

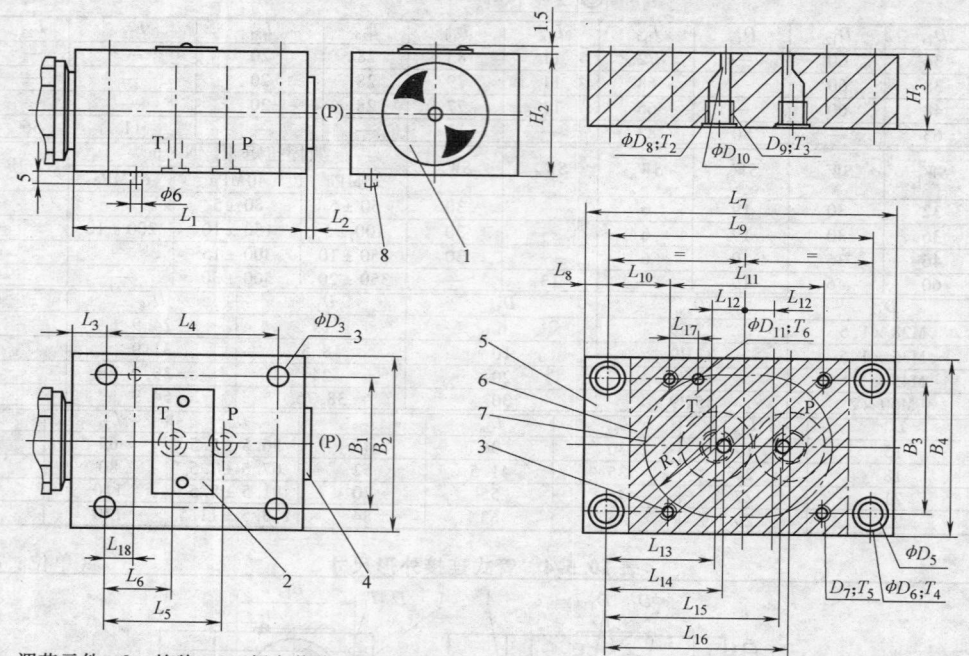

1—调节元件 2—铭牌 3—阀安装孔 4—其他油口 5—底板 6—阀安装面 7—前面板开口 8—定位销

出于强度考虑，只能使用以下阀安装螺钉：

通径	尺寸	强度等级	$M_T/N·m$
6	M6×50	DIN912-10.9	15.5
10	M8×70	DIN912-10.9	37
20	M8×90	DIN912-12.9	37
30	M10×110	DIN912-12.9	75

通径	B_1	B_2	D_3	H_2	L_1	L_2	L_3
6	45	60	6.6	40	80	4	15
10	60	80	9	60	100	4	20
20	70	100	9	70	135	5.5	20
30	100	130	11	90	180	5.5	25

通径	L_4	L_5	L_6	L_{18}	油口	质量/kg
6	55	40	20	15	G1/4	≈1.5
10	70	45	21	15	G1/2	≈3.7
20	100	65	34	15	G3/4	≈6.4
30	130	85	35	15	G1¼	≈13.9

（续）

通径	底板类型	B_3	B_4	D_5	D_6	D_7	D_8	D_9	D_{10}	D_{11}
6	G300/01	45	60	6.6	11	M6	25	G1/4	6	8
10	G301/01	60	80	6.6	11	M8	25	G3/8	10	8
	G302/01	60	80	6.6	11	M8	34	G1/2	10	8
20	G303/01	70	100	11	18	M8	42	G3/4	15	8
	G304/01	70	100	11	18	M8	47	G1	20	8
30	G305/01	100	130	11	18	M10	56	G1¼	30	8
	G306/01	100	130	11	18	M10	65	G1½	30	8

通径	H_3	L_7	L_8	L_9	L_{10}	L_{11}	L_{12}	L_{13}	L_{14}	L_{15}
6	25	110	8	94	22	55	10	39	42	62
10	25	135	10	115	27.5	70	12.5	40.5	48.5	72.5
	25	135	10	115	27.5	70	12.5	40.5	48.5	72.5
20	40	170	15	140	20	100	20	45	54	85
	40	170	15	140	20	100	20	42	54	85
30	40	190	12.5	165	17.5	130	22.5	42	52.5	102.5

通径	L_{16}	L_{17}	T_2	T_3	T_4	T_5	T_6	R_1	质量/kg
6	65	15	1	15	9	15	6	25 + 2	≈1.5
10	80.5	15	1	15	9	12	6	30 + 5	≈2
	80.5	15	1	16	9	15	6	30 + 5	≈2
20	94	15	1	20	13	22	6	40 + 3	≈5.5
	97	15	1	20	13	22	6	40 + 3	≈5.5
30	113	15	1	24	11.5	22	6	55 + 4	≈8

4. DBT/DBWT 远程调压阀

（1）型号说明

（2）技术规格　DBT/DBWT 远程调压阀的技术规格见表 10.5-6。

（3）外形尺寸　远程调压阀及连接板外形尺寸如图 10.5-3 所示。

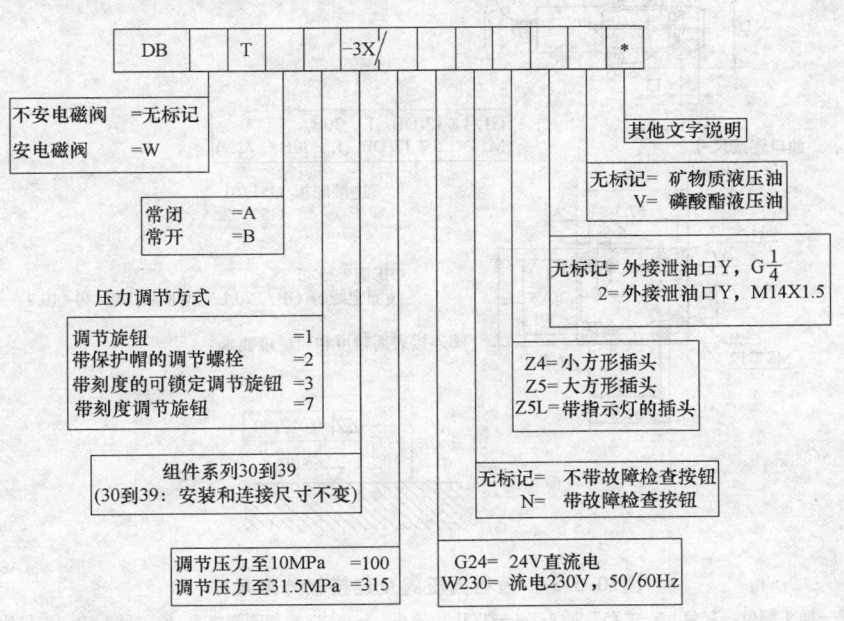

表 10.5-6　DBT/DBWT 远程调压阀的技术规格

介质		矿物质液压油
介质温度范围/℃		−30 ~ +80
介质粘度范围/(mm²/s)		10 ~ 800
最大工作压力/MPa		31.5
最大背压/MPa	DBT	31.5
	DBWT	交流 10：直流 16
最大调节压力/MPa		10 或 31.5
最大流量/(L/min)		3

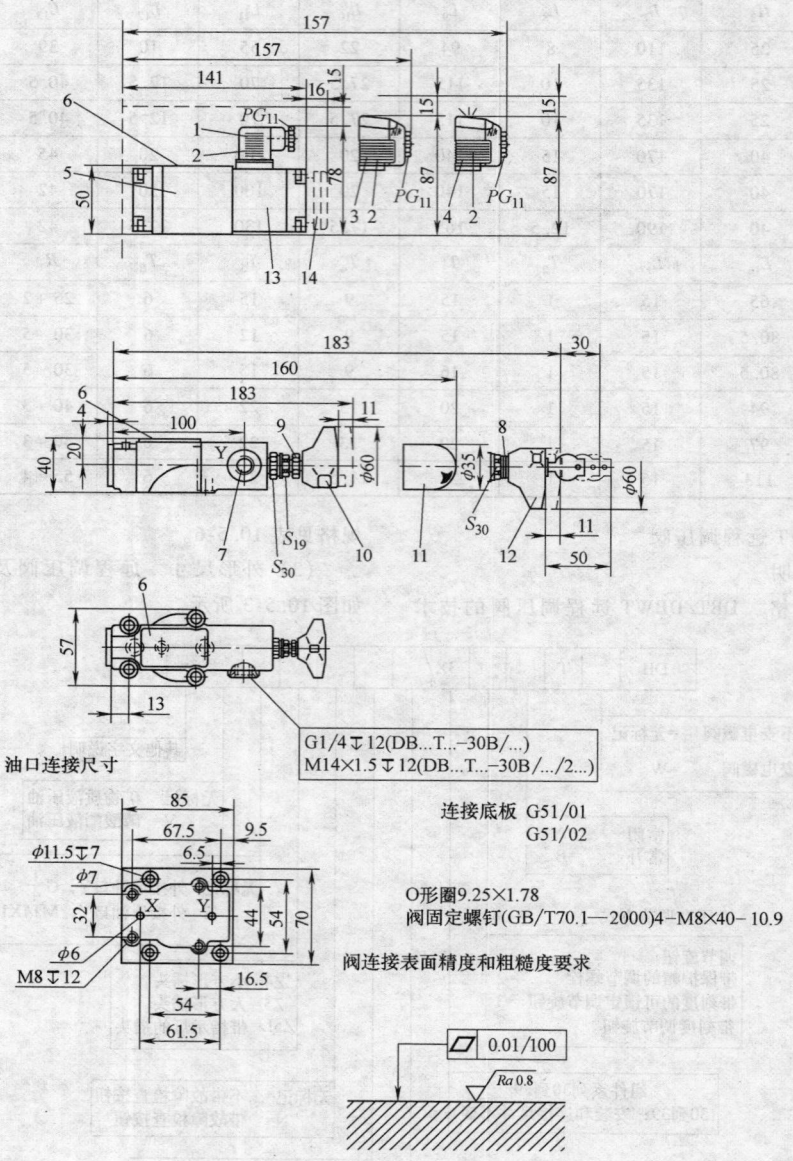

图10.5-3　远程调压阀及连接板外形尺寸

1—"Z4"插头　2—插头颜色：灰色　3—"Z5"插头　4—"Z5L"插头　5—方向控制阀规格5　6—标牌　7—先导泄油口 Y　8—刻度
环　9—仅额定压力31.5MPa　10—调节形式"1"　11—调节形式"2"　12—调节形式"3"　13—电磁铁"a"　14—故障检查按钮

2.2 先导式溢流阀、电磁溢流阀

1. 先导式溢流阀的结构和工作原理

先导式溢流阀由先导阀和主阀两部分组成，较常见的结构形式有三节同心式和二节同心式。图10.5-4 和图 10.5-5 所示分别为 YF 型三节同心式和 DB 型二节同心式溢流阀的结构图。

在图 10.5-4 所示的 YF 型先导式溢流阀中，主阀芯有三处分别与阀盖、阀体和主阀有同心配合要求，因此称为三节同心式。当溢流阀的主阀进口通压力油时，压力油除直接作用在主阀芯的下腔作用面积外，还经过主阀芯上的阻尼孔 5 至主阀芯上腔和先导阀芯的前端，并对先导阀芯施加一个液压力。若液压力小于先导阀芯另一端弹簧力，先导阀关闭，阻尼孔 5 中无液流流过，主阀芯上下两腔压力相等。因上腔作用面积稍大于下腔作用面积，因此作用于主阀芯上下腔的液压力差与弹簧力共同作用将主阀芯紧压在主阀座上，主阀口关闭。随着溢流阀的进口压力增大，作用在先导阀芯上的液压力也随之增大，当增大到大于先导阀芯一端弹簧力时，先导阀阀口开启，压力油经主阀芯上的阻尼孔 5、阀盖上的流道 a、先导阀阀口、主阀芯中心泄油孔 b 流回油箱。由于液流通过阻尼孔 5 时将在两端产生压力差，使先导阀前腔压力低于主阀下腔压力。当压差足够大时，因压差形成向上的液压力克服主阀弹簧力推动阀芯上移，主阀阀口开启，溢流阀进口压力油经主阀阀口至回油口 T，然后流回油箱。主阀阀口开度一定时，先导阀阀芯和主阀阀芯均处于平衡状态。

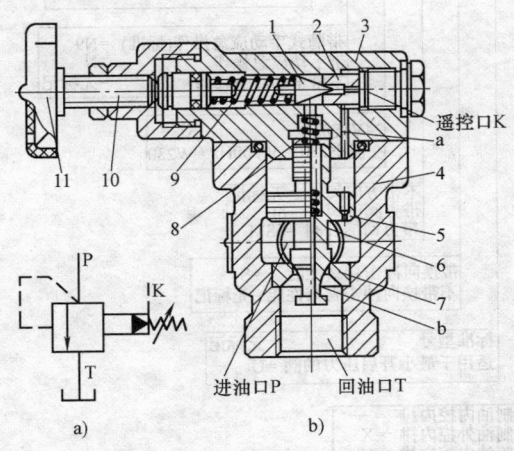

图 10.5-4 YF 型先导式溢流阀 （管式）

a) 图形符号 b) 结构图

1—先导锥阀 2—先导阀座 3—阀盖 4—阀体 5—阻尼孔
6—主阀芯 7—主阀座 8—主阀弹簧 9—调压弹簧
10—调节螺杆 11—调节手轮

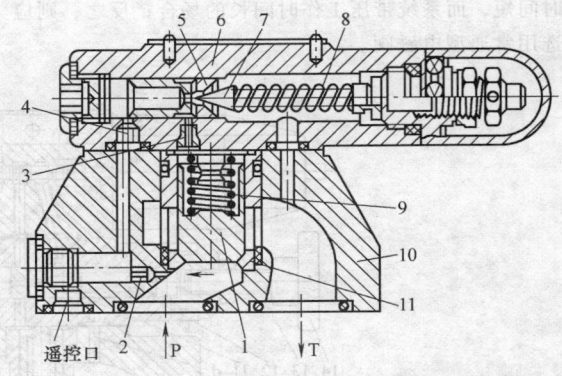

图10.5-5 DB 型先导式溢流阀

1—主阀芯 2、3、4—阻尼孔 5—先导阀座 6—先导阀体
7—先导阀芯 8—调压弹簧 9—主阀弹簧
10—阀体 11—阀套

在图 10.5-5 所示的 DB 型先导式溢流阀中，要求主阀圆柱导向面、圆锥面与阀套配合良好，两处的同心度要求较高，故称二节同心。主阀芯上没有阻尼孔，而将三个阻尼孔分别设在阀体和先导阀体上。其原理及图形符号与三节同心式溢流阀相同，只不过油液从主阀下腔到主阀上腔需经过三个阻尼孔。阻尼孔 2 和 4 串联，相当于三节同心式溢流阀主阀芯中的阻尼孔，其作用是在主阀下腔与先导阀前腔之间产生压力差，再通过阻尼孔 3 作用于主阀上腔，从而控制主阀芯开启；阻尼孔 3 的主要作用是提高主阀芯的稳定性。

2. 电磁溢流阀结构和工作原理

电磁溢流阀是小规格的电磁换向阀与溢流阀构成的复合阀。此类阀除了具有溢流阀的全部功能外，还可以通过电磁阀的通、断控制，实现液压系统的卸荷或多级压力控制；还可以在溢流阀与电磁阀之间加装缓冲阀以适应不同的卸荷要求。电磁溢流阀中的先导式溢流阀可采用上述二节同心或三节同心式结构；电磁溢流阀中的电磁阀有二位二通、二位四通和三位四通等形式，以实现不同的功能要求。

图 10.5-6 所示为二位二通电磁换向阀与二节同心先导式溢流阀构成的电磁溢流阀。电磁阀安装在先导式溢流阀的阀盖 6 上。P、T、K 分别为溢流阀的进油口、回油口和遥控口，电磁阀的两个通口 P_1、T_1 分别接溢流阀的主阀弹簧腔和先导阀弹簧腔。图中电磁阀为常闭阀，当电磁铁未通电时，P_1 与 T_1 不通，此时系统在溢流阀的调定压力下工作；当电磁阀通电换向时，P_1 与 T_1 相通，进入主阀弹簧腔及先导阀前腔的油液便通过 P_1、T_1 和先导阀弹簧腔以及主阀体上的流道 d，经主阀回油口 T 排回油箱，使溢流阀在很低的进口压力下就能获得推动主阀芯所需的压差，从而使系统卸荷。这种常闭型电磁溢流阀适用于卸荷

时间短，而系统带压工作时间长的场合；反之，则应选用常通型电磁阀。

3. DB/DBW 型先导式溢流阀、电磁溢流阀

（1）型号说明

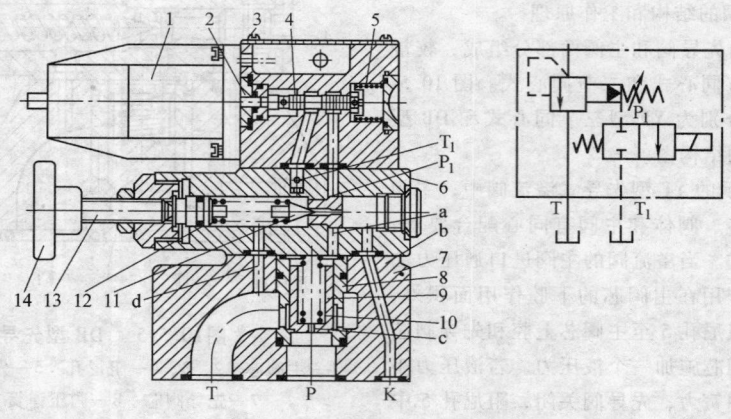

图10.5-6　二位二通电磁换向阀与二节同心先导式溢流阀构成的电磁溢流阀

1—电磁铁　2—推杆　3—电磁阀体　4—电磁阀阀芯　5—电磁阀弹簧　6—阀盖　7—阀体　8—阀套
9—主阀芯　10—复位弹簧　11—先导阀芯　12—调压弹簧　13—调节螺杆　14—调压手轮

| DB | | | | | | 5X/ | | | | | | | | | | * |

不安电磁阀 =无标记
安电磁阀 =W

先导式溢流阀 =无标记
不带主阀芯的先导式溢流阀(不标通径) =C
带主阀芯的先导式溢流阀(注明通径) =C

通径 /mm	订货说明	
	板式连接	管式连接
10	=10mm	=10(G1/2)mm
16	—	=15(G3/4)mm
20	=20mm	=20(G1)mm
25	—	=25(G1$\frac{1}{4}$)mm
32	=30mm	=30(G1$\frac{1}{2}$)mm

常闭 =A
常开 =B

板式连接 =无标记
管式连接 =G

压力调节方式
调节旋钮 =1
带保护帽的调节螺栓 =2
带刻度的可锁定调节旋钮 =3
带刻度调节旋钮 =7

带主阀插件φ24mm(所有通径) =—
带主阀插件φ28mm(仅适用于通径32) =N

组件系列50～59
(50～59:安装和连接尺寸不变)

压力等级 /MPa
=5
=10
=20
=31.5
=35

控制油内控内排 =—
控制油外控内排 =X
控制油内控内排 =Y
控制油外控内排 =XY

标准型号 =无标记
适用于最小开启压力的阀 =U

带换向冲击衰减性能 =S
不带换向冲击衰减性能=无标记

不带方向阀 =无标记
带方阀滑阀 =6E
带方向提升阀 =6SM

24V直流电 =G24
交流电230V 50/60Hz =W230

带隐式手动应急操作(标准) =N9
带手动应急操作 =N
不带手动应急操作 =无标记

不带电缆插座 =K4
带有符合DIN EN 175301-803 组件插头的连接

方向阀中的节流孔φ1.2mm =R12

NBR密封件 =无标记
FKM密封件 =V

无类型测试 =无标记
类型试验安全阀=E

其他文字说明

（2）技术规格　DB/DBW 先导式溢流阀、电磁溢流阀的技术规格见表 10.5-7。

（3）特性曲线　DB/DBW 先导式溢流阀、电磁溢流阀的特性曲线如图 10.5-7 所示。

表 10.5-7　DB/DBW 先导式溢流阀、电磁溢流阀的技术规格

介质		矿物质液压油或磷酸酯液压油				
介质温度范围/℃		− 30 ～ + 80				
介质粘度范围/（mm²/s）		10 ～ 800				
最大工作压力/MPa	进油口	35				
	出油口	31.5				
最大背压/MPa	DB	31.5				
	DBW	21，带直流线圈				
		16，带交流线圈				
最小调节压力		与流量 Q 有关（见特性曲线）				
最大调节压力/MPa		5、10、20、31.5、35				
通径/mm		10	16	20	25	32
最大流量/（L/min）	管式连接	250	500	500	500	650
	板式连接	250	—	500	—	650

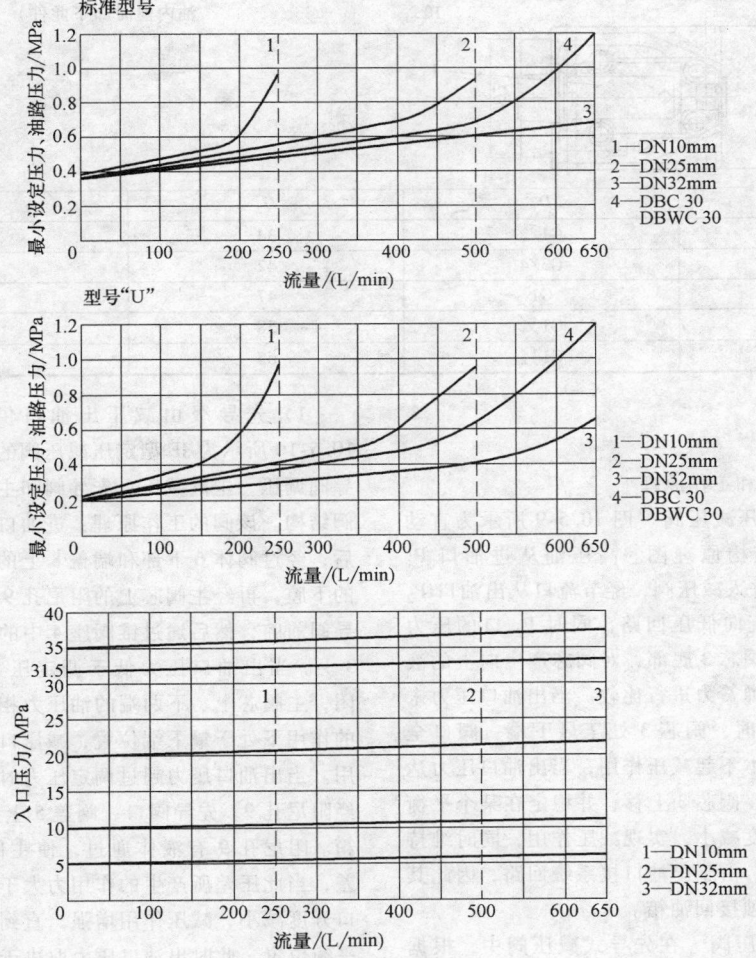

图10.5-7　DB/DBW 先导式溢流阀、电磁溢流阀的特性曲线 ［试验条件：$v = 46 \text{mm}^2/\text{s}；t = (40 \pm 5) ℃$］

（4）外形尺寸　螺纹连接外形尺寸见表10.5-8；板式连接外形尺寸见表10.5-9、表10.5-10；插入式连接外形尺寸如图10.5-8所示；底板安装尺寸见表10.5-11。

表 10.5-8　螺纹连接外形尺寸　　　　　　（单位：mm）

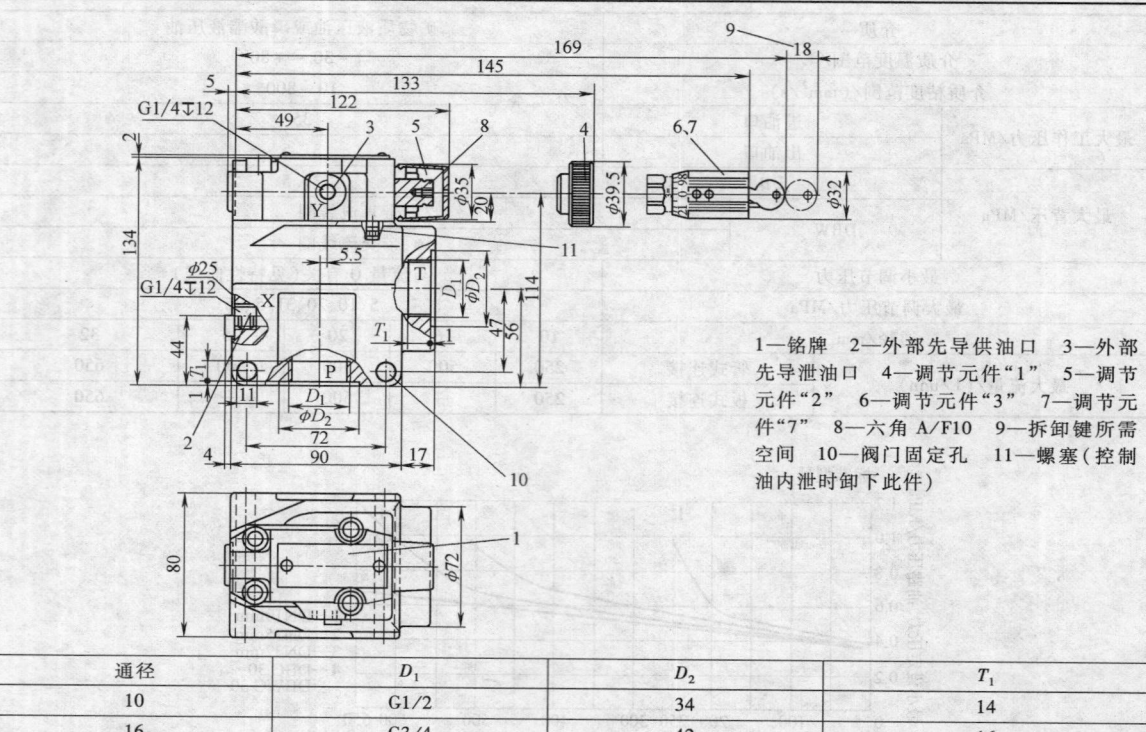

1—铭牌　2—外部先导供油口　3—外部先导泄油口　4—调节元件"1"　5—调节元件"2"　6—调节元件"3"　7—调节元件"7"　8—六角 A/F10　9—拆卸键所需空间　10—阀门固定孔　11—螺塞（控制油内泄时卸下此件）

通径	D_1	D_2	T_1
10	G1/2	34	14
16	G3/4	42	16
20	G1	47	18
25	G1¼	58	20
32	G1½	65	22

2.3　减压阀

1. 减压阀结构和工作原理

（1）直动式定压减压阀　图10.5-9所示为直动式定压减压阀的结构原理图。高压油从进油口 P_1（一次压力油口）进入减压阀，经节流口从出油口 P_2（二次压力油口）流向低压回路，同时 P_2 口的压力通过流道 a 反馈至阀芯 3 底部，对阀芯产生向上的液压力，该力与调压弹簧力进行比较。当出油口压力未达到阀的设定压力时，阀芯 3 处于最下端，阀口全开，此时减压阀基本不起减压作用；当出油口压力达到阀的设定压力时，阀芯 3 上移，并稳定在某个平衡位置，此时阀口开度减小，实现减压作用，同时维持出口压力基本不变。由于出油口接系统回路，因此其外泄油口 L 必须单独接回油箱。

（2）先导式减压阀　在先导式减压阀中，根据先导级供油的引入方式不同，有先导级由减压出油口供油和先导级由减压进油口供油两种结构形式。

1）先导级由减压出油口供油的减压阀。图10.5-10所示为 JF 型定压减压阀的结构图。该阀由先导阀调压，主阀减压。先导阀和主阀分别为锥阀和滑阀结构。该阀的工作原理：进油口压力经减压口减压后，经过阀体 6 下部和端盖 8 上的通道进入主阀芯 7 的下腔，再经主阀芯上的阻尼孔 9 进入主阀上腔和先导阀前腔，然后通过锥阀座 4 中的阻尼孔作用在锥阀 3 上。当出油口压力低于调定压力时，先导阀口关闭，主阀芯上、下两端的油压力相等，主阀在弹簧力的作用下处于最下端位置，减压口全开，不起减压作用。当出油口压力超过调定压力时，出油口部分液体经阻尼孔 9、先导阀口、阀盖 5 上的泄油口 L 流回油箱。阻尼孔 9 有液体通过，使主阀上、下腔产生压差，当此压差所产生的作用力大于主阀弹簧力时，阀口开度减小，减压作用增强，直到主阀芯稳定在某一平衡位置，此时出油口压力取决于先导阀弹簧所调定的压力值。

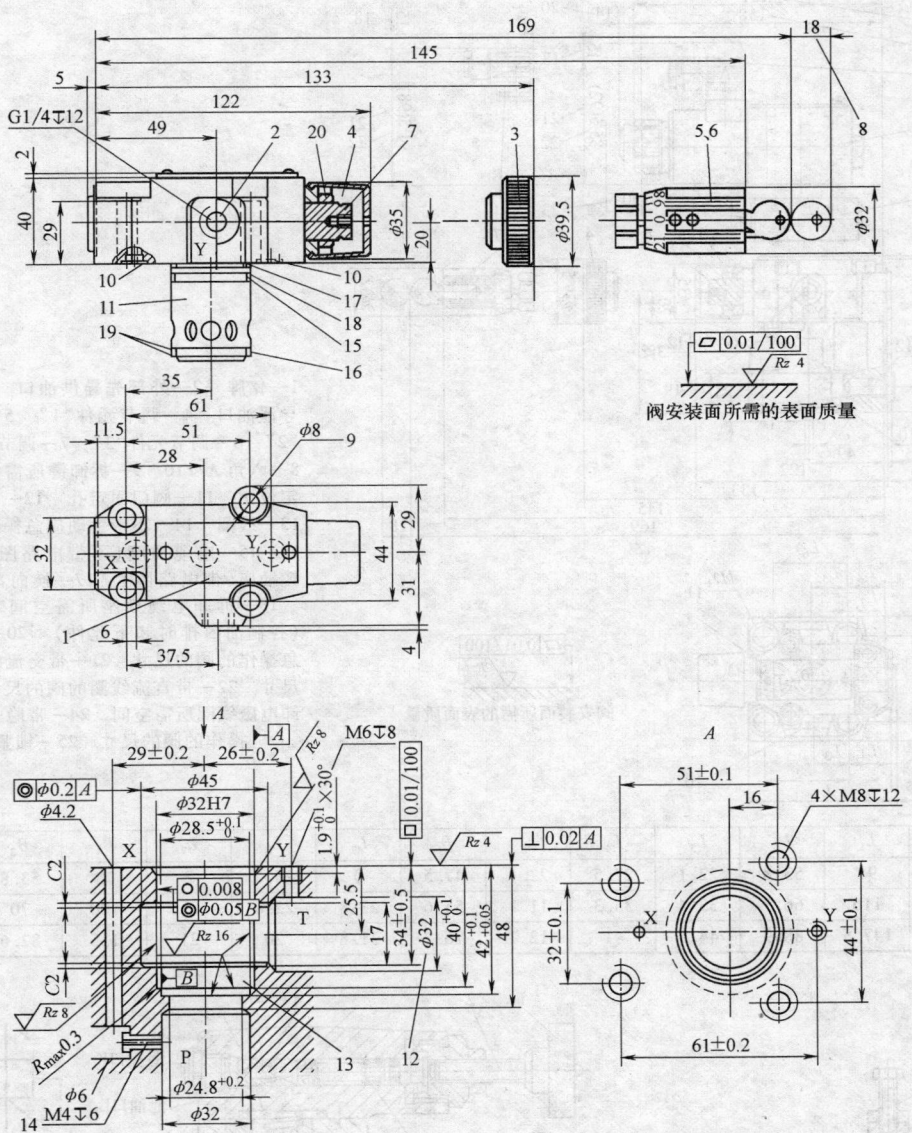

阀安装面所需的表面质量

图10.5-8　插入式连接外形尺寸

1—铭牌　2—外部先导泄油口　3—调节元件"1"　4—调节元件"2"　5—调节元件"3"
6—调节元件"7"　7—六角 A/F10　8—拆卸键所需空间　9—阀门固定孔　10—密封圈
11—主阀插件　12—孔 φ32 可在任何点贯穿 φ45　13—在安装主阀插件之前，必须
将备用环及密封圈插入到此孔中　14—节流孔　15、16、17—密封圈
18、19—备用环　20—锁紧螺母 A/F17

表 10.5-9　带方向滑阀的板式连接外形尺寸　　　　　　　　（单位：mm）

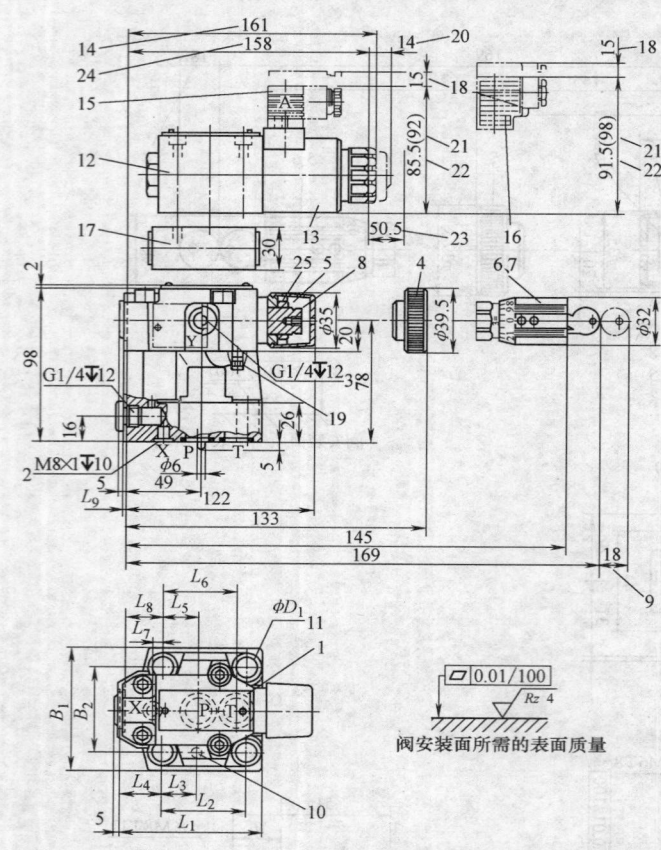

1—铭牌　2—外部先导供油口　3—外部先导泄油口　4—调节元件"1"　5—调节元件"2"　6—调节元件"3"　7—调节元件"7"　8—六角 A/F10　9—拆卸键所需空间　10—定位销　11—阀门固定孔　12—方向滑阀　13—线圈　14—不带手动应急操作的阀的尺寸　15—电缆插座（不带电路图）　16—电缆插座（带电路图）　17—换向冲击衰减阀　18—拆卸电缆插座所需空间　19—螺塞（控制油内排时卸下此件）　20—带手动应急操作的阀的尺寸　21—带交流线圈的阀的尺寸　22—带直流线圈的阀的尺寸　23—拆卸电磁线圈所需空间　24—带隐式手动应急操作的阀的尺寸　25—锁紧螺母

阀安装面所需的表面质量

通径	L_1	L_2	L_3	L_4	L_5	L_6	L_7	L_8	L_9	B_1	B_2	D_1
10	91	53.8	22.1	27.5	22.1	47.5	0	25.5	2	78	53.8	14
20	116	66.7	33.4	33.3	11.1	55.6	23.8	22.8	10.5	100	70	18
32	147.5	88.9	44.5	41	12.7	76.2	31.8	20	21	115	82.6	20

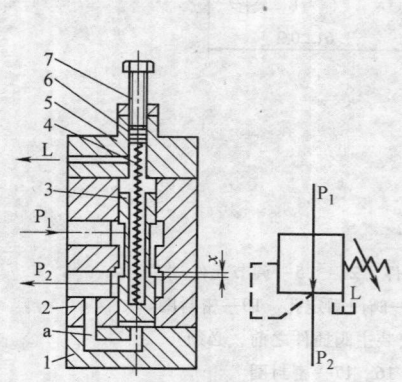

图10.5-9　直动式定压减
压阀的结构原理图

1—下盖　2—阀体　3—阀芯　4—调压弹簧
5—上盖　6—弹簧座　7—调节螺钉

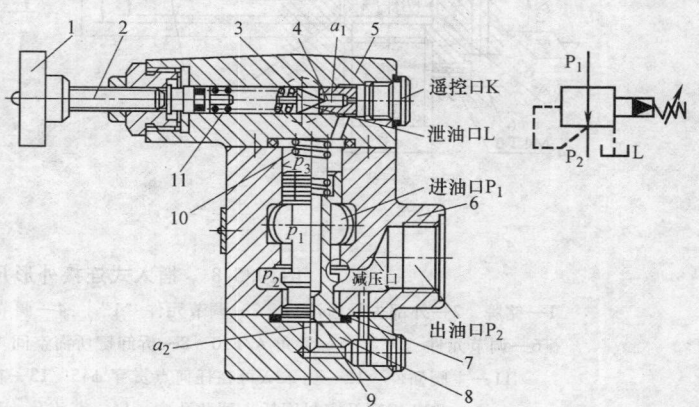

图10.5-10　JF 型定压减压阀（先导级由减压出油口供油）

1—调压手轮　2—调节螺钉　3—锥阀　4—锥阀座　5—阀盖　6—阀体
7—主阀芯　8—端盖　9—阻尼孔　10—主阀弹簧　11—调压弹簧

表 10.5-10 带方向提升阀的板式连接外形尺寸 （单位：mm）

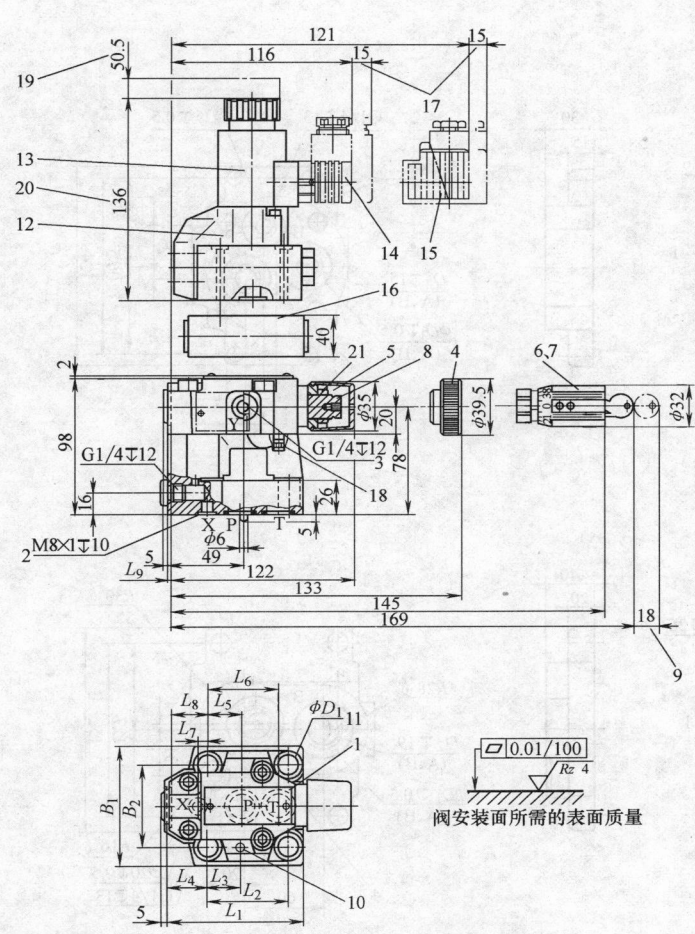

1—铭牌 2—外部先导供油口 3—外部先导泄油口 4—调节元件"1" 5—调节元件"2" 6—调节元件"3" 7—调节元件"7" 8—六角 A/F10 9—拆卸键所需空间 10—定位销 11—阀门固定孔 12—方向滑阀 13—线圈 14—电缆插座（不带电路图） 15—电缆插座（带电路图） 16—换向冲击衰减阀 17—拆卸电缆插座所需空间 18—螺塞（控制油内排时卸下此件） 19—拆卸电磁线圈所需空间 20—带隐式手动应急操作的阀的尺寸 21—锁紧螺母

阀安装面所需的表面质量

通径	L_1	L_2	L_3	L_4	L_5	L_6	L_7	L_8	L_9	B_1	B_2	D_1
10	91	53.8	22.1	27.5	22.5	47.5	0	25.5	2	78	53.8	14
20	116	66.7	33.4	33.3	11.1	55.6	23.8	22.8	10.5	100	70	18
32	147.5	88.9	44.5	41	12.7	76.2	31.8	20	21	115	82.6	20

2）先导级由减压进油口供油的减压阀。图10.5-11 所示为一种先导级由减压进油口供油的减压阀。在该阀的控制油路上设有控制油流量恒定器 6，它由一个固定阻尼Ⅰ和一个可变阻尼Ⅱ串联而成。可变阻尼借助于一个可以轴向移动的小活塞来改变通油孔 N 的过流面积，从而改变液阻。小活塞左端的固定阻尼孔使小活塞两端出现压力差，小活塞在此压力差和右端弹簧的共同作用下处于某一平衡位置。当减压阀进油口压力达到调压弹簧 8 的调定值时，先导阀7 开启，液流经先导阀口和外泄油口 L 流回油箱。这时控制油流量恒定器 6 前部的压力为减压阀进油口压

力，后部的压力为先导阀控制压力，该压力由调压弹簧 8 调定。由于先导阀控制压力小于减压阀进油口压力，主阀芯 2 在上、下腔压力差的作用下克服主阀弹簧力向上抬起，减小主阀开口，使主阀出油口压力降低为 p_2，起减压作用。

先导级供油的两种方式各有其特点。先导级供油从减压阀的出油口引入时，其供油压力是减压阀稳定后的压力，波动不大，有利于提高先导级的控制精度，但会导致先导级的控制压力（主阀上腔压力）始终低于主阀下腔压力，若减压阀主阀芯上下有效面积相等，为使主阀芯平衡，不得不加大主阀弹簧刚度，

表 10.5-11 底板安装尺寸

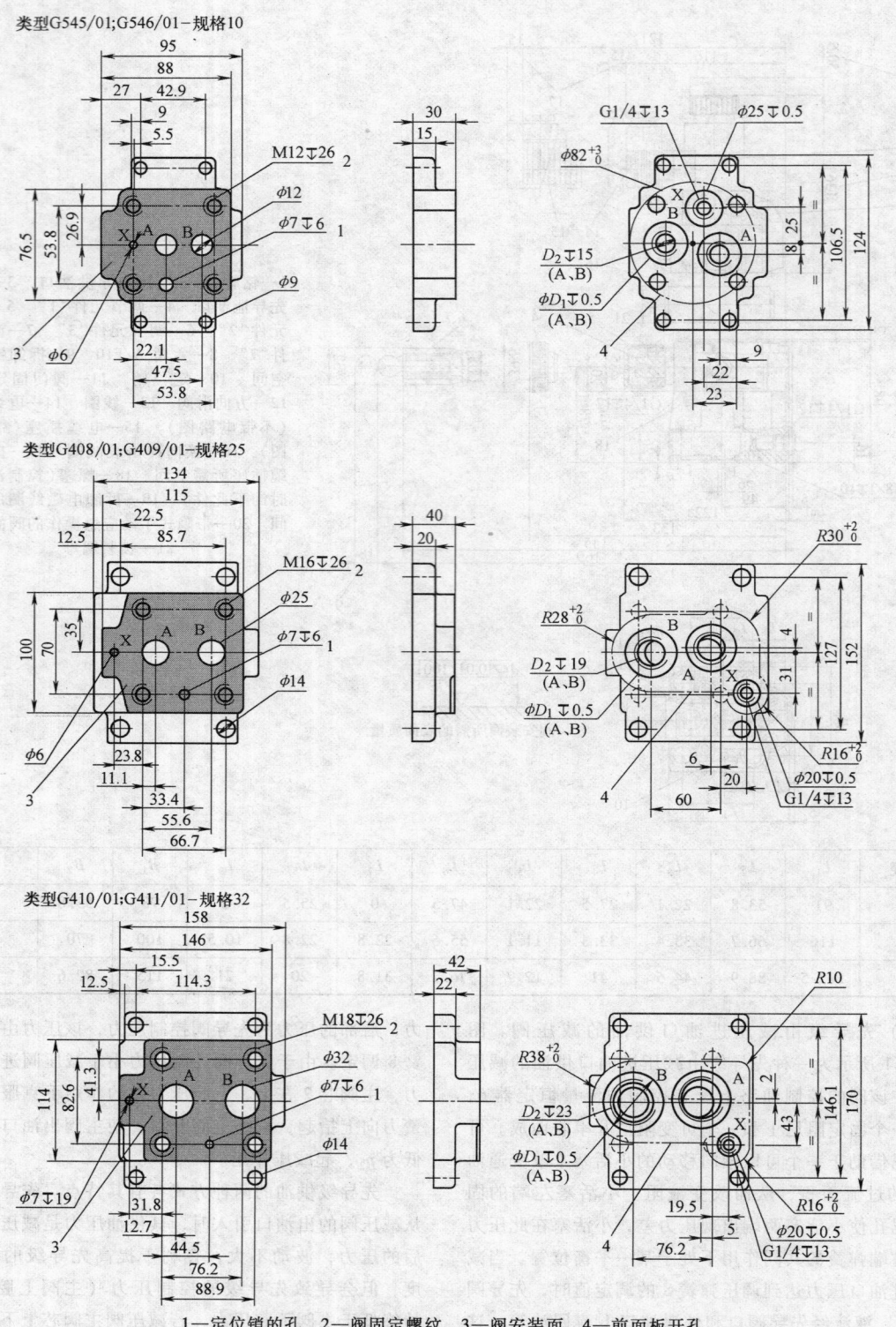

1—定位销的孔 2—阀固定螺纹 3—阀安装面 4—前面板开孔

（续）

类型	D_1	D_2	$M_T/N \cdot m$	质量/kg
G545/01	28	G3/8	130	1.5
G546/01	34	G1/2	130	1.5
G408/01	42	G3/4	310	3
G409/01	47	G1	310	3
G410/01	58	G1¼	430	5
G411/01	65	G1½	430	5

这又会使得主阀的控制精度降低；先导级供油从减压阀进油口引入时，其优点是先导级的供油压力较高，先导级的控制压力（主阀上腔压力）也可以较高，故不需要加大主阀芯的弹簧刚度即可使主阀芯平衡，可提高主阀的控制精度。但减压阀进油口压力未经稳压，压力波动可能较大，又不利于先导级控制。为了减小 p_1 波动可能带来的不利的影响，保证先导级的控制精度，采取的措施是在先导级进油口处用一个小型控制油流量恒定器代替原固定阻尼孔，通过控制油流量恒定器的调节作用使先导级的流量及先导阀的开口量近似恒定，有利于提高主阀上腔压力的稳压精度。

2. 减压阀的主要静态性能指标

（1）调压范围　减压阀的调压范围是指将减压阀的调压手轮从全松到全闭时，阀出油口压力的可调范围。在实际应用时，减压阀的最低调整压力一般不能低于 0.5MPa，最高调整压力一般至少比系统压力低 0.5MPa。

（2）压力稳定性　压力稳定性是指出油口压力的振摆。对于额定压力为 16MPa 以上的减压阀，一般要求压力振摆值不超过 ±0.5MPa：对于额定压力为 16MPa 以下的减压阀，要求其压力振摆值不超过 ±0.3MPa。

（3）压力偏移　压力偏移是指出油口的调定压力在规定时间内的偏移量。一般按 1min 计算。对采用以 Ha、Hb、Hc、Hd 四根不同调压弹簧的减压阀，其压力偏移值一般对应要求为 0.2MPa、0.4MPa、0.6MPa 和 1.0MPa。

（4）进油口压力变化引起的出油口压力变化量　当减压阀进油口压力变化时，必然对出油口压力产生影响，出油口压力的波动值越小，减压阀的静态特性越好。测试时，一般使被测减压阀的进油口压力在比调压范围的最低值高 2MPa 至额定压力的范围内变化时，测量出油口压力的变化量。对于采用 Ha、Hb、Hc、Hd 四根不同调压弹簧的先导式减压阀，一

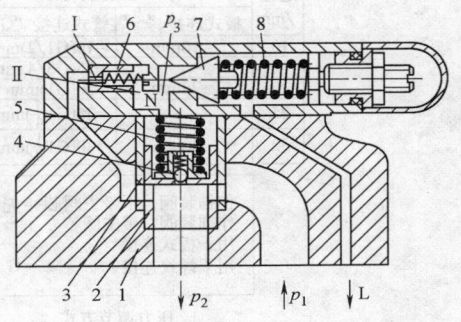

图10.5-11　定压输出减压阀（先导级由减压进油口供油）

1—阀体　2—主阀芯　3—阀套　4—单向阀　5—主阀弹簧　6—控制油流量恒定器　7—先导阀　8—调压弹簧　Ⅰ—固定阻尼　Ⅱ—可变阻尼

般规定其压力偏移值分别不超过 0.2MPa、0.4MPa、0.6MPa 和 0.8MPa。

（5）流量变化引起的出油口压力变化量　当减压阀的进油口压力恒定时，通过阀的流量变化往往引起出油口压力的变化，使出油口压力不能保持调定值。

（6）外泄漏量　外泄漏量是指当减压阀起减压作用时，每分钟从泄油口流出的先导流量。其数值一般应小于 2.0L/min。测试时，使被测减压阀的进油口压力调为额定压力，出油口压力为调压范围的最低值，测得的泄油口流量即为外泄漏量。

（7）反向压力损失　对于单向减压阀，当反向通过额定流量时，减压阀的压力损失即为反向压力损失。一般规定反向压力损失应小于 0.4MPa。

3. DR 型先导减压阀

（1）型号说明

（2）技术规格　DR 先导减压阀的技术规格见表 10.5-12。

（3）特性曲线　DR 先导减压阀的特性曲线如图 10.5-12 所示。

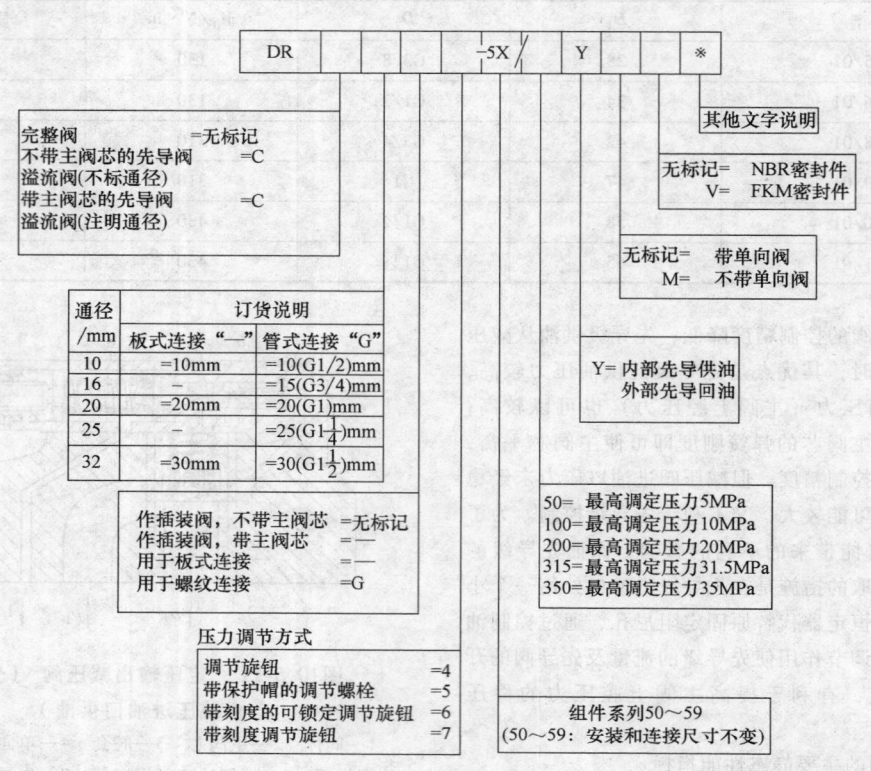

表 10.5-12　DR 先导减压阀的技术规格

介质		矿物质液压油、磷酸酯液压油				
介质温度范围/℃		−30 ~ +80				
介质粘度范围/(mm²/s)		10 ~800				
最大工作压力/MPa		35				
最大入口压力/MPa		35				
最大出口压力/MPa		35				
工作压力范围/MPa		1 ~35				
最小调定压力/MPa		取决于流量				
最大调定压力/MPa		5;10;20;31.5;35				
最大背压/MPa		35				
通径/mm		10	16	20	25	32
最大流量/(L/min)	板式连接	150	—	300	—	400
	螺纹连接	150	300	300	400	400
质量/kg	板式连接　一类型 DR.-	3.4	—	5.3		8.0
	插装阀　一类型 DRC		1.2			
	一类型 DRC30		1.5			
	螺纹连接　一类型 DR..G	4.3	6.8	1		10.2

（4）外形尺寸　DR 先导减压阀插入式外形尺寸如图 10.5-13 所示；螺纹连接外形尺寸见表 10.5-13；板式连接外形尺寸见表 10.5-14；底板安装尺寸见表 10.5-15。

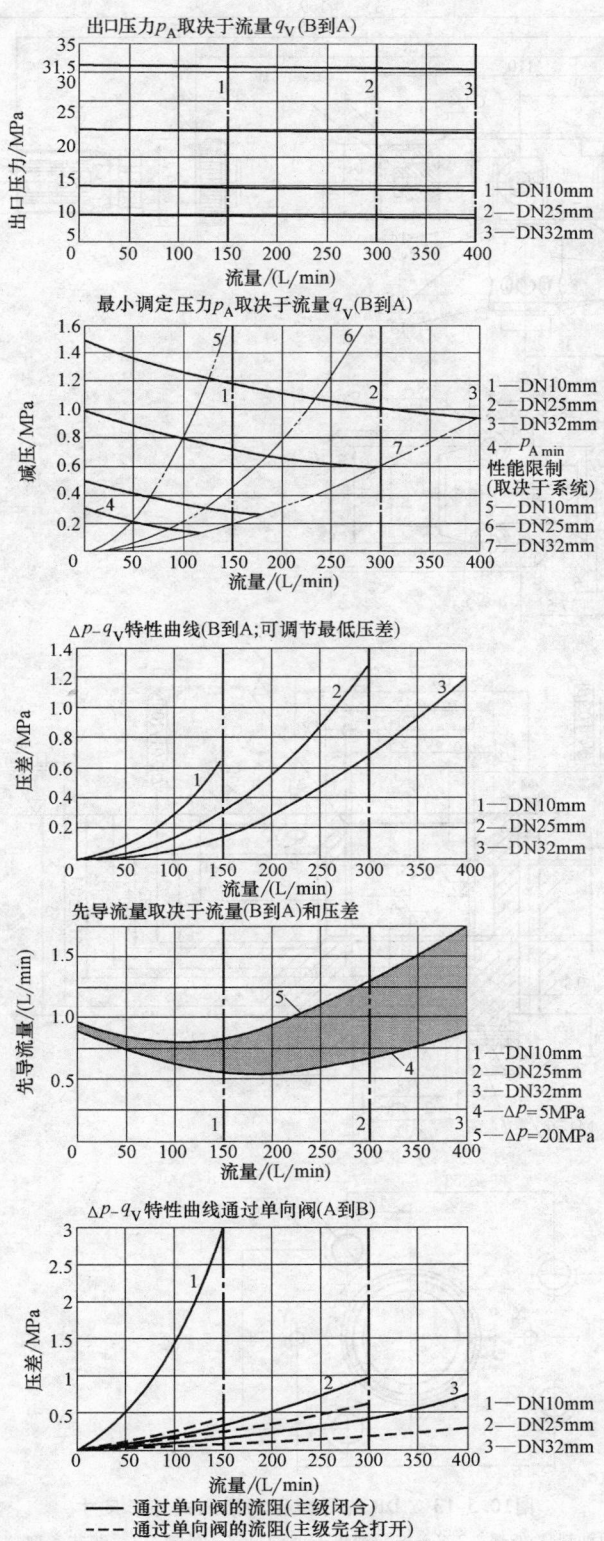

图10.5-12　DR 先导减压阀特性曲线 ［试验条件：$v = 46 mm^2/s$；$t = (40 \pm 5)$℃］

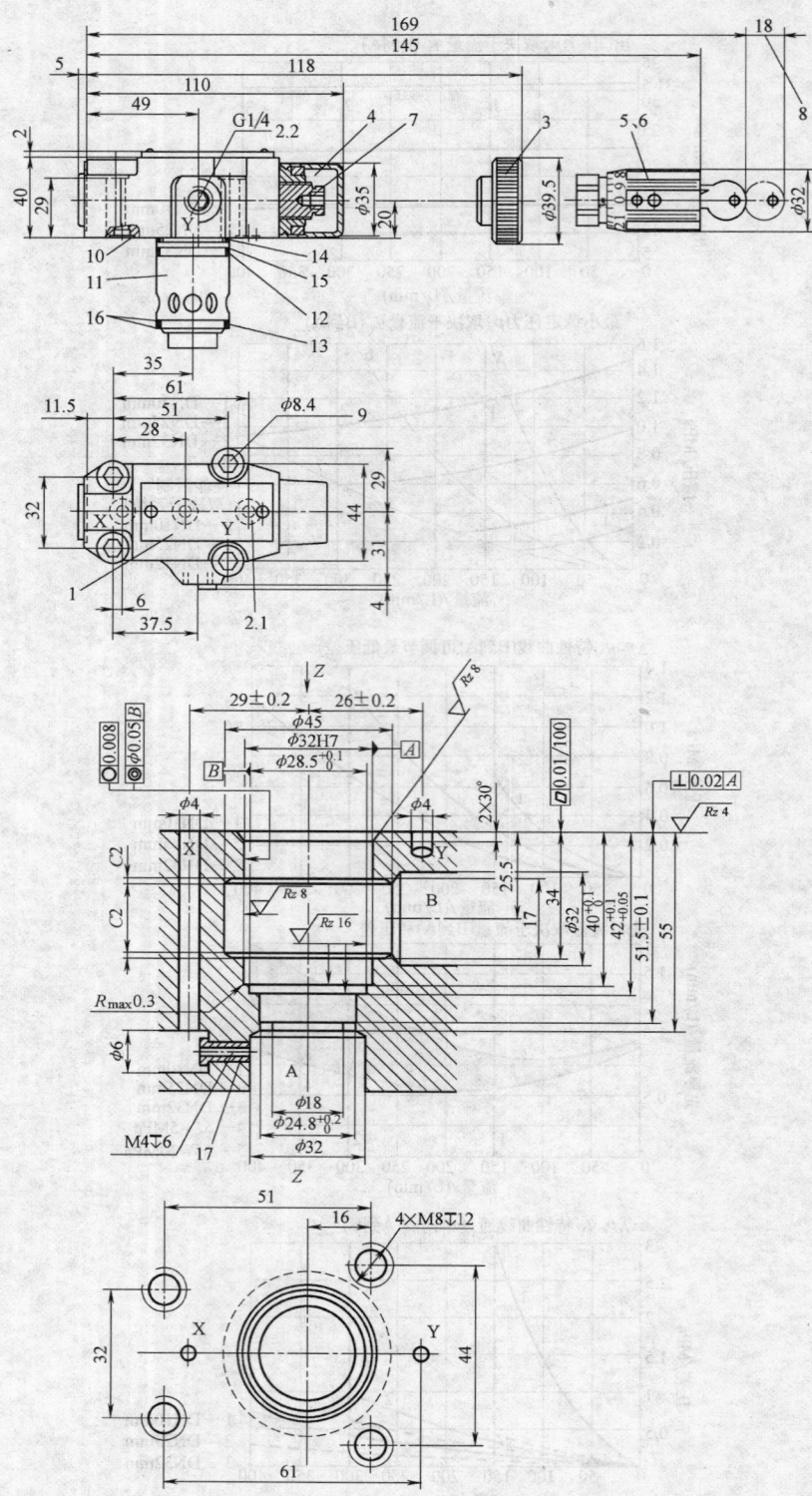

图10.5-13　DR 先导减压阀插入式外形尺寸

1—铭牌　2.1—先导油回油口 Y 外部　2.2—先导油可选回油口 Y，外部　3—调节类型"4"　4—调节类型"5"
5—调节类型"6"　6—调节类型"7"　7—六角 SW10　8—调节所需空间　9—阀安装孔
10—密封圈　11—主阀芯　12、13、14—密封圈　15、16—支撑环　17—节流器

表 10.5-13　DR 先导减压阀螺纹连接外形尺寸　　　　　　　　（单位：mm）

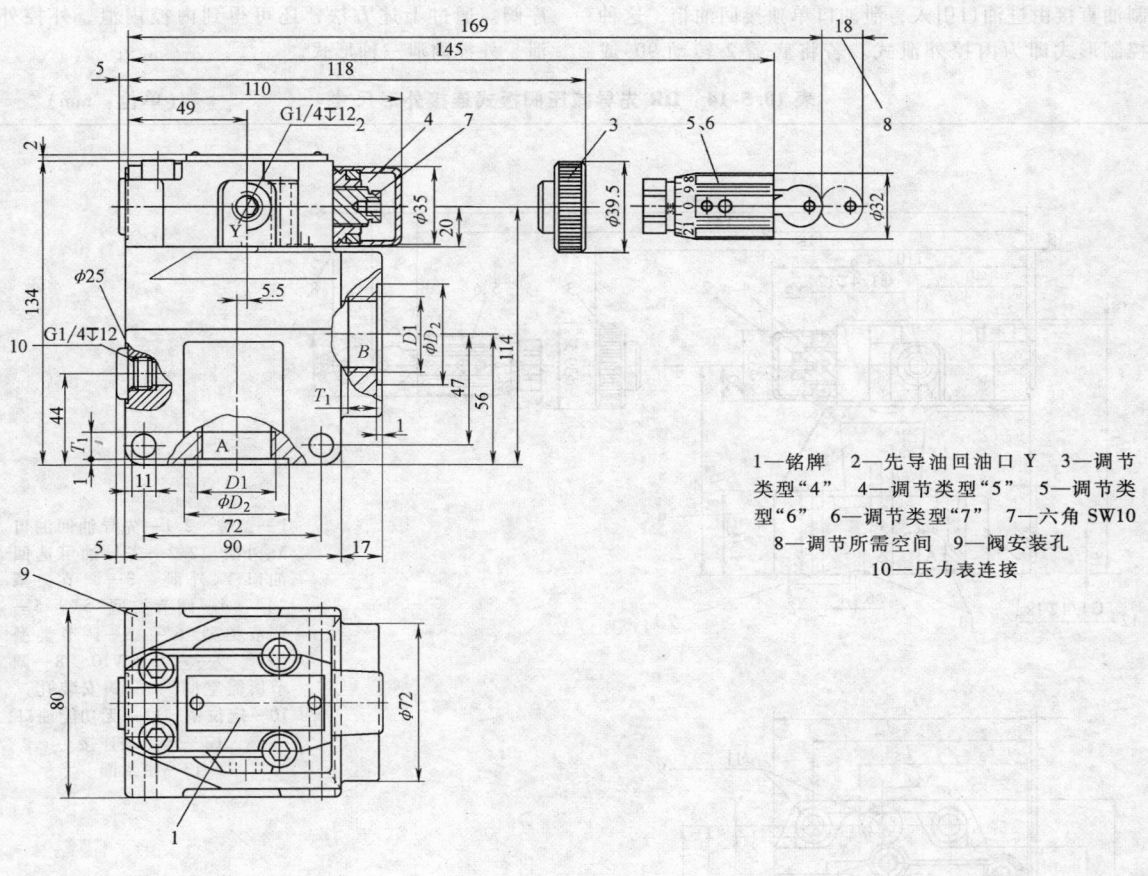

1—铭牌　2—先导油回油口 Y　3—调节
类型"4"　4—调节类型"5"　5—调节类
型"6"　6—调节类型"7"　7—六角 SW10
8—调节所需空间　9—阀安装孔
10—压力表连接

通径	D_1	D_2	T_1
10	G1/2	34	14
16	G3/4	42	16
20	G1	47	18
25	G1 $\frac{1}{4}$	58	20
32	G1 $\frac{1}{2}$	65	22

4. X（C）G2V 型减压阀

（1）型号说明

（2）技术规格　X（C）G2V 型减压阀的技术规
格见表 10.5-16。

（3）特性曲线　X（C）G2V 型减压阀的特性曲
线如图 10.5-14 所示。

（4）外形尺寸　X（C）G2V 型减压阀外形尺寸
见表 10.5-17，其底板安装尺寸如图 10.5-15 所示。

2.4　顺序阀

1. 顺序阀结构和工作原理

（1）直动式顺序阀　图 10.5-16 所示为具有控制
活塞的 XF 型直动式顺序阀。其阀芯通常为滑阀结
构，进油腔与控制活塞腔相连，外控口用螺塞堵住，
外泄油口单独接回油箱。当压力油通入进油腔后，经
过阀体和底盖上的孔，进入控制活塞底部。进油压力

低于调压弹簧的预调压力时，阀芯处于图示的关闭位置，将进、出油口隔开；当压力增至大于调压弹簧的预调压力时，阀芯升起，将进、出油口接通。图中控制油直接由进油口引入，泄油口单独接回油箱，这种控制形式即为内控外泄式。若将底盖 2 转动 90°或

180°安装，同时去掉螺塞 1 并接入外部控制油，便成为外控顺序阀；当出油口接回油箱时，若将端盖 7 转动 90°或 180°安装并将泄油口堵住，则变为内泄式顺序阀。通过上述方法，还可得到内控内泄、外控外泄、外控内泄三种形式。

表 10.5-14　DR 先导减压阀板式连接外形尺寸　　　　（单位：mm）

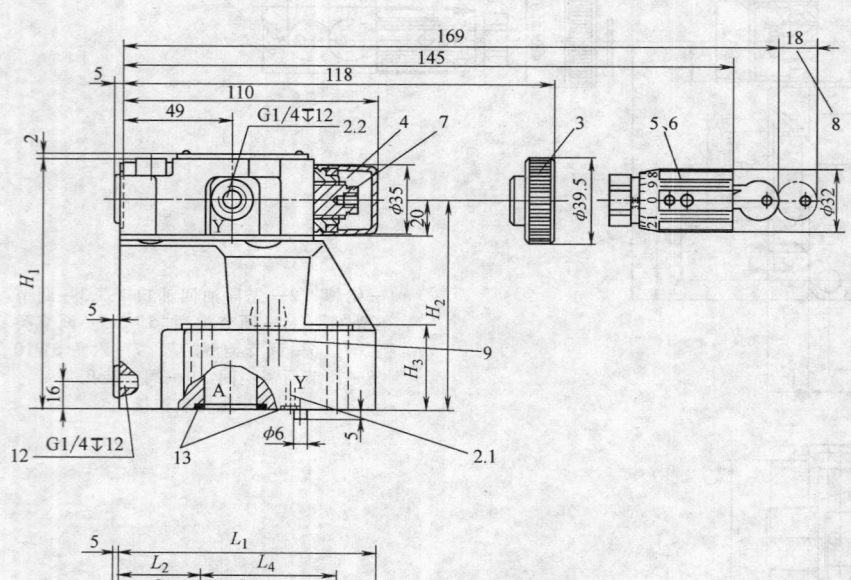

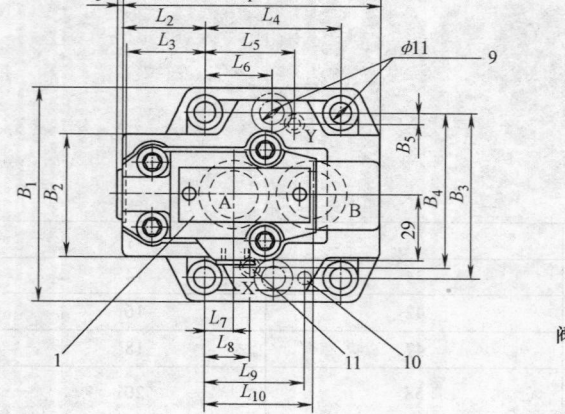

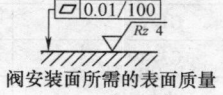

阀安装面所需的表面质量

1—铭牌　2.1—先导油回油口 Y,外泄　2.2—先导油可选回油口 Y,外泄　3—调节类型"4"　4—调节类型"5"　5—调节类型"6"　6—调节类型"7"　7—六角 SW10　8—调节所需空间　9—阀安装孔　10—定位销　11—无功能油口　12—压力表连接　13—密封圈

通径	L_1	L_2	L_3	L_4	L_5	L_6	L_7	L_8	L_9	L_{10}
10	96	35.5	33	42.9	21.5	—	7.2	21.5	31.8	35.8
25	116	37.5	35.4	60.3	39.7	—	11.1	20.6	44.5	49.2
32	145	33	29.8	84.2	59.5	42.1	16.7	24.6	62.7	67.5

通径	B_1	B_2	B_3	B_4	B_5	H_1	H_2	H_3
10	85	50	66.7	58.8	7.9	112	92	28
25	102	59.5	79.4	73	6.4	122	102	38
32	120	76	96.8	92.8	3.8	130	110	46

表 10.5-15 底板安装尺寸 （单位：mm）

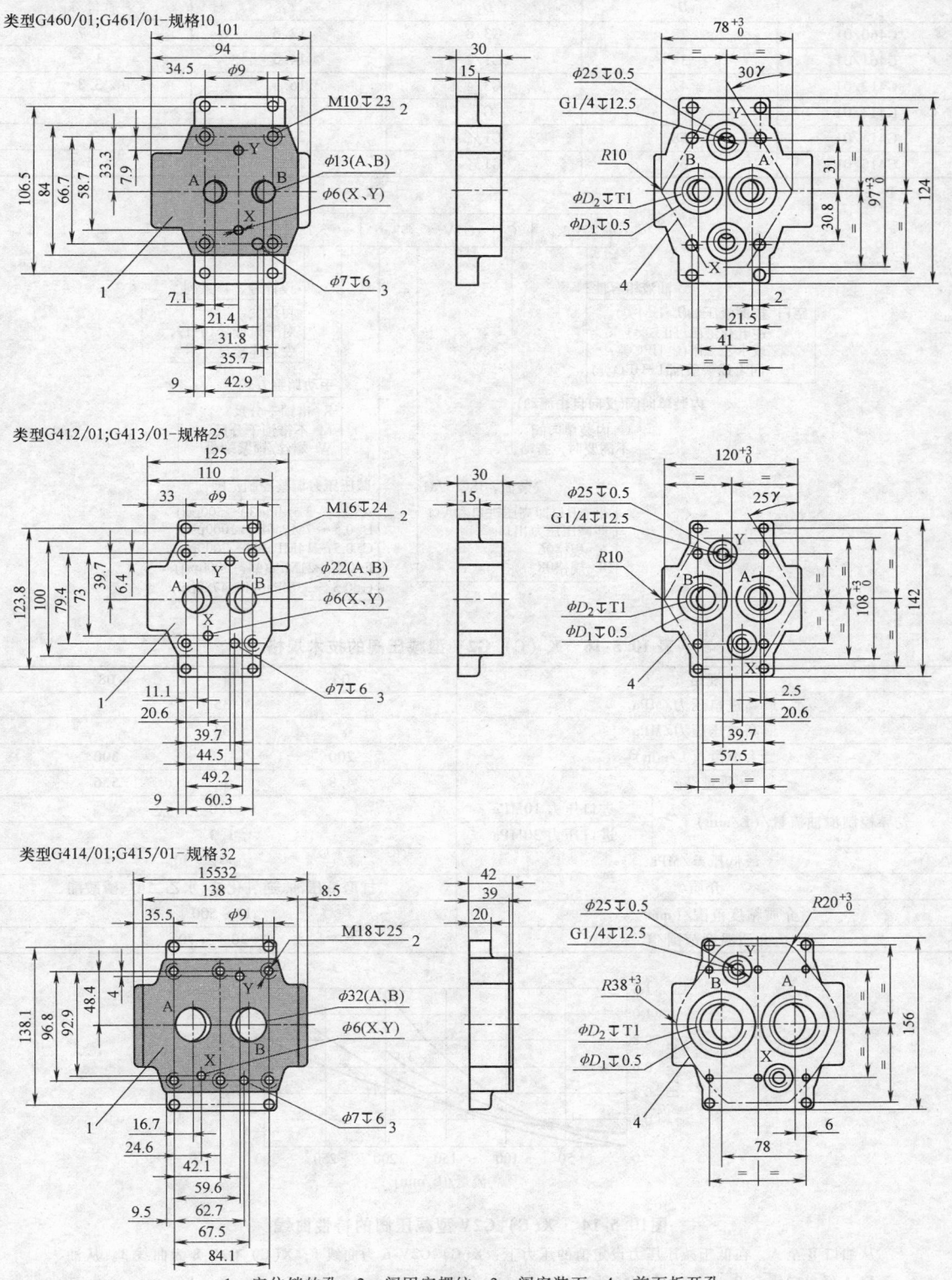

类型 G460/01；G461/01-规格10

类型 G412/01；G413/01-规格25

类型 G414/01；G415/01-规格32

1—定位销的孔 2—阀固定螺纹 3—阀安装面 4—前面板开孔

（续）

类型	D_1	D_2	T_1	质量/kg
G460/01	28	G3/8	12.5	1.7
G461/01	34	G1/2	14.5	1.7
G412/01	42	G3/4	16.5	3.3
G413/01	47	G1	19.5	3.3
G414/01	58	G1¼	20.5	5
G415/01	65	G1½	22.5	5

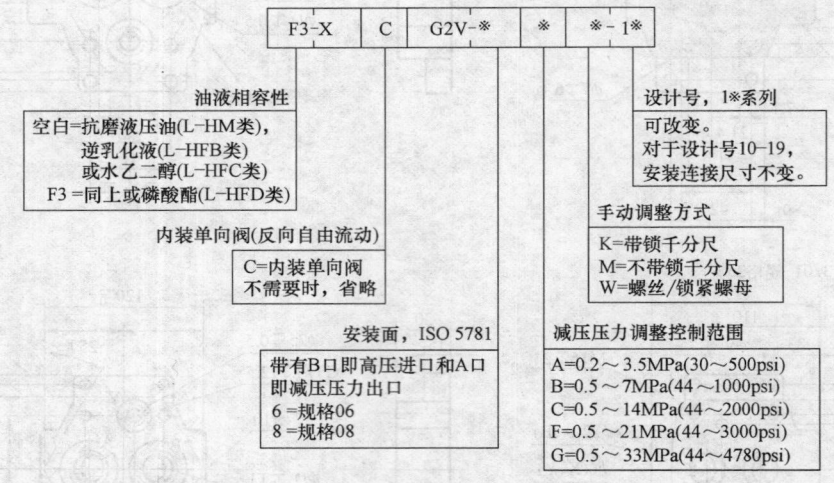

表 10.5-16　X（C）G2V 型减压阀的技术规格

规格		06	08
最高进口压力/MPa		35	
最高减压压力/MPa		33	
最大流量/(L/min)		200	300
质量/kg		4.8	5.6
先导控制泄油流量/(L/min)	进口压力 10MPa	1.0	
	进口压力 30MPa	1.3	
最低压差/MPa		≈2	
介质		抗磨液压油、逆乳化液、水乙二醇、磷酸酯	
介质粘度范围/(mm²/s)		13～500	
介质温度范围/℃		−20 ～ +70	

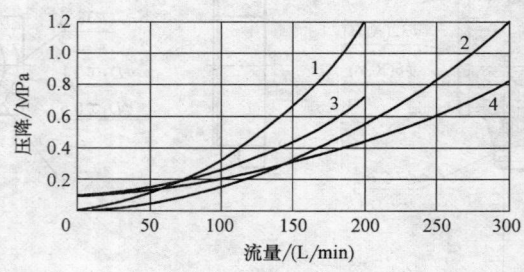

图10.5-14　X（C）G2V 型减压阀的特性曲线

从油口 B 至 A，在低于减压压力设定值的压力下：X（C）G2V-6 为曲线 1；X（C）G2V-8 为曲线 3。从油口 A 经单向阀至 B，X（C）G2V-6 为曲线 2；X（C）G2V-8 为曲线 4。

表 10.5-17　X（C）G2V 型减压阀外形尺寸　　　　　　　　　　（单位：mm）

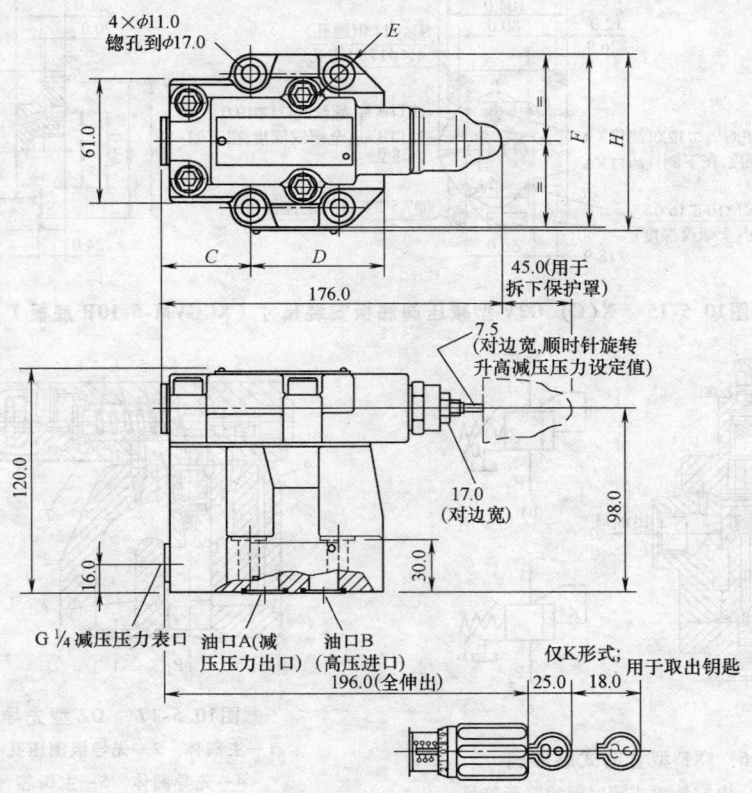

4×φ11.0
锪孔到φ17.0

61.0

E

F

H

C D

176.0

45.0(用于
拆下保护罩)

7.5
(对边宽,顺时针旋转
升高减压力设定值)

17.0
(对边宽)

120.0

98.0

16.0

30.0

G 1/4 减压压力表口　油口A(减
压压力出口)

油口B
(高压进口)

196.0(全伸出)

仅K形式;用于取出钥匙

25.0　18.0

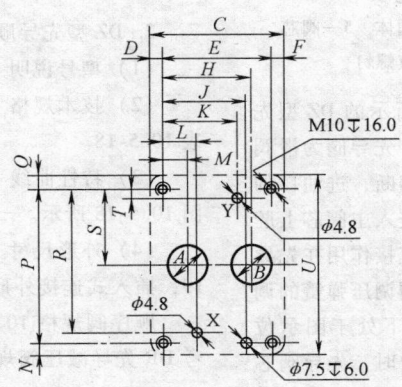

C
D E F
H
J
K
L
M10↧16.0
Q
M
Y
φ4.8
P R S T
A B U
φ4.8
N X
φ7.5↧6.0

型号	C	D	E	F	H
X(C)G2V-6	42.0	66.0	10.0	89.0	92.0
X(C)G2V-8	40.0	77.0	11.0	104.0	107.0

规格	A	B	C	D	E	F	H	J	K
06	14.7	14.7	61.0	9.0	42.9	9.0	35.7	31.8	21.4
08	23.4	23.4	78.0	8.8	60.3	8.8	49.2	44.5	39.7

规格	L	M	N	P	Q	R	S	T	U
06	21.4	7.1	10.0	66.7	10.0	58.7	33.3	7.9	87.0
08	20.6	11.1	10.8	79.4	10.8	73.0	39.7	6.4	101.0

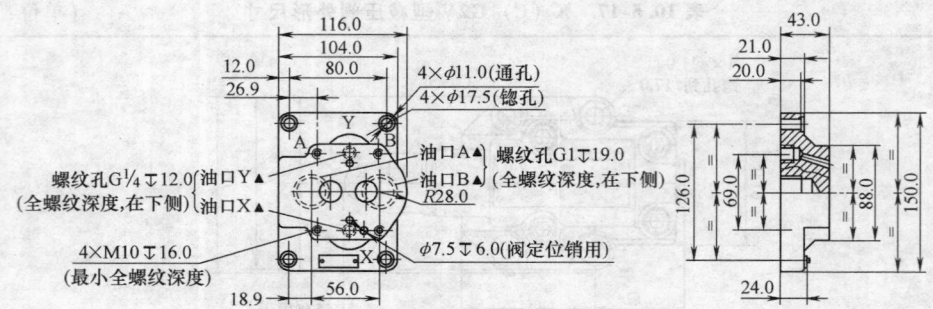

图10.5-15　X(C) G2V 型减压阀底板安装尺寸（XCGVM-6-10R 底板）

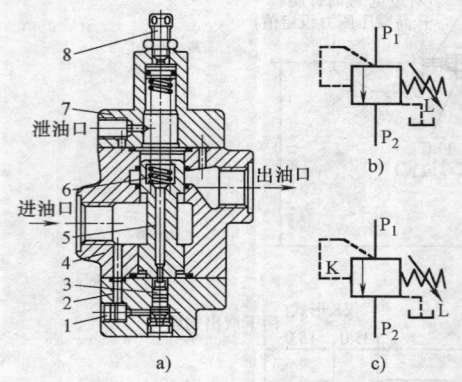

图10.5-16　XF 型直动式顺序阀

a) 结构图　b) 内控外泄式顺序阀的图形符号
c) 外控外泄式顺序阀的图形符号
1—螺塞　2—底盖　3—控制活塞　4—阀体　5—阀芯
6—调压弹簧　7—端盖　8—调节螺钉

（2）先导式顺序阀　图 10.5-17 所示的 DZ 型先导式顺序阀的主阀形式与单向阀相似，先导阀为滑阀式。主阀芯在初始位置将进、出油口切断，进油口的压力油通过两条油路：一路经阻尼孔进入主阀芯上腔并到达先导阀芯中部环形腔；另一路直接作用在先导阀芯的左端。当进油口压力低于先导阀调压弹簧的调定压力时，先导滑阀在弹簧力的作用下处于图示位置。当进油口压力大于先导阀调定压力时，先导阀芯在左端液压力作用下右移，将先导阀中部环形腔与顺序阀出口的油路连通，于是顺序阀进油口压力经阻尼、主阀上腔、先导阀流往出油口。由于阻尼孔的作用，主阀上腔的压力低于下端压力，主阀芯开启，顺序阀进、出油口连通。由于主阀芯上阻尼孔的泄漏不流向泄油口（该泄油口要单独接回油箱，图中未示出），而是流向出油口，又因主阀上腔油压与先导滑阀所调压力无关，仅仅通过刚度很弱的主阀弹簧与主阀芯下端液压力保持主阀芯的受力平衡，故出油口压力近似等于进油口压力，压力损失小。

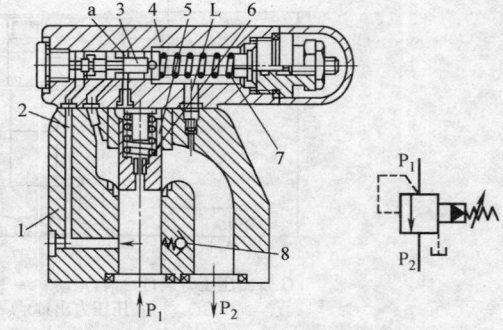

图10.5-17　DZ 型先导式顺序阀

1—主阀体　2—先导级测压孔　3—先导阀芯
4—先导阀体　5—主阀芯　6—阻尼孔
7—调压弹簧　8—单向阀

2. DZ 型先导顺序阀

（1）型号说明

（2）技术规格　DZ 型先导顺序阀的技术规格见表 10.5-18。

（3）特性曲线　DZ 型先导顺序阀的特性曲线如图 10.5-18 所示。

（4）外形尺寸　板式连接外形尺寸见表 10.5-19，插入式连接外形尺寸如图 10.5-19 所示。

顺序阀规格 10、25、32 的底板安装尺寸分别参考 DR 先导减压阀规格 10、20、30 的底板安装尺寸。

2.5　平衡阀

1. 平衡阀结构和工作原理

为了防止负载自由下落而保持背压的压力控制阀称为平衡阀。图 10.5-20 所示的液控限速平衡阀（也称单向截止调速阀或减速阀、制动阀），是在工程机械领域得到广泛应用的一种平衡阀结构。它具有超速自动调节功能，既能使工作部件平稳运行，又有很好的闭锁性能，适用于功率较大、负载变化而又要求下降平稳和能长时间锁紧的机构中。

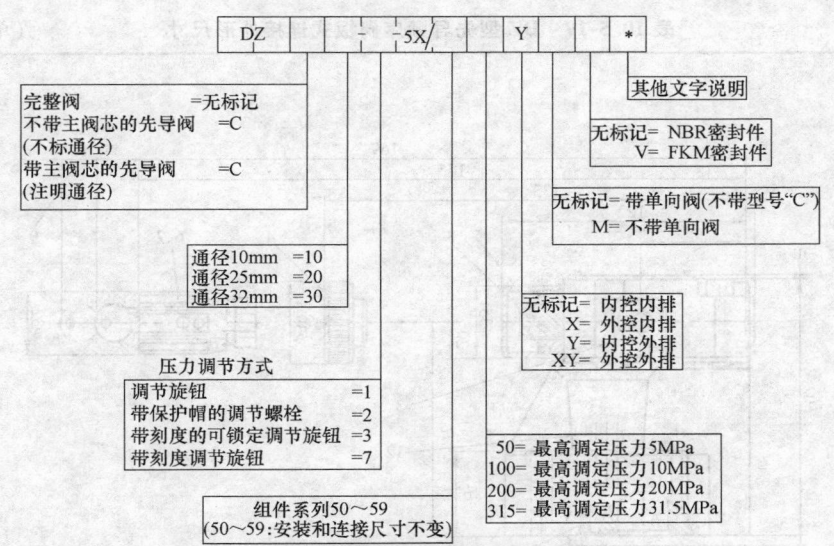

| DZ | | — | —5X/ | | Y | | * |

其他文字说明

无标记= NBR密封件
V= FKM密封件

无标记= 带单向阀(不带型号"C")
M= 不带单向阀

无标记= 内控内排
X= 外控内排
Y= 内控外排
XY= 外控外排

50= 最高调定压力5MPa
100= 最高调定压力10MPa
200= 最高调定压力20MPa
315= 最高调定压力31.5MPa

完整阀　=无标记
不带主阀芯的先导阀　=C
(不标通径)
带主阀芯的先导阀　=C
(注明通径)

通径10mm =10
通径25mm =20
通径32mm =30

压力调节方式
调节旋钮　=1
带保护帽的调节螺栓　=2
带刻度的可锁定调节旋钮　=3
带刻度调节旋钮　=7

组件系列50～59
(50～59:安装和连接尺寸不变)

表 10.5-18　DZ 型先导顺序阀的技术规格

介质		矿物质液压油、磷酸酯液压油		
介质温度范围/℃		－30 ～ ＋80		
介质粘度范围/(mm²/s)		10 ～ 800		
最大工作压力/MPa	油口 A、B、X	31.5		
	油口 Y	31.5		
最小设置压力/MPa		取决于流量		
最大设置压力/MPa		5、10、20、31.5		
通径/mm		10	25	32
最大流量/(L/min)		200	400	600
质量/kg	类型 DZ…	3.4	5.3	8.0
	类型 DZC…	1.2		
	类型 DZC30…	1.5		

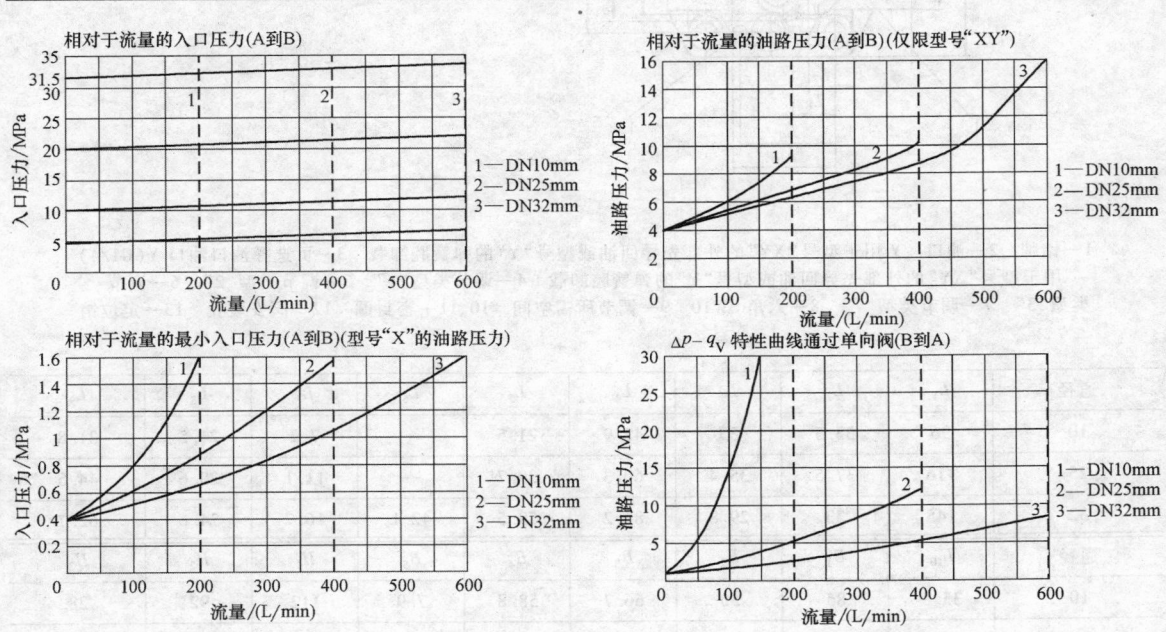

相对于流量的入口压力(A到B)

1—DN10mm
2—DN25mm
3—DN32mm

相对于流量的油路压力(A到B)(仅限型号"XY")

1—DN10mm
2—DN25mm
3—DN32mm

相对于流量的最小入口压力(A到B)(型号"X")油路压力)

1—DN10mm
2—DN25mm
3—DN32mm

$\Delta p - q_V$ 特性曲线通过单向阀(B到A)

1—DN10mm
2—DN25mm
3—DN32mm

图10.5-18　DZ 型先导顺序阀特性曲线 [试验条件: v =46mm²/s, t =(40 ±5)℃]

表 10.5-19　DZ 型先导顺序阀板式连接外形尺寸　　　　　　　（单位：mm）

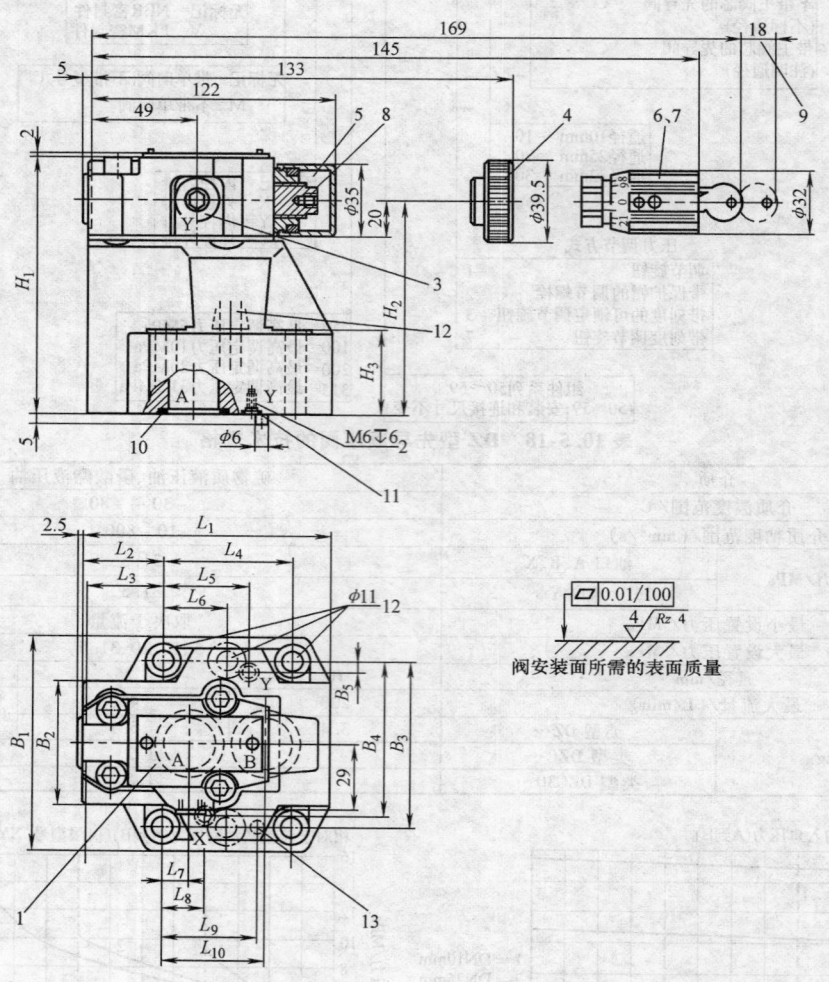

阀安装面所需的表面质量

1—铭牌　2—油口　Y 用于型号"XY"的外部先导回油或型号"Y"的弹簧腔卸载　3—可选择油口油口 Y（G1/4）
用于型号"XY"的外部先导回油或型号"Y"的弹簧腔卸载　4—调节类型"1"　5—调节类型"2"　6—调节
类型"3"　7—调节类型"7"　8—六角 SW10　9—调节所需空间　10、11—密封圈　12—阀安装孔　13—定位销

通径	L_1	L_2	L_3	L_4	L_5	L_6	L_7	L_8	L_9
10	96	35.5	33	42.9	21.5	—	7.2	21.5	31.8
25	116	37.5	35.4	60.3	39.7	—	11.1	20.6	44.5
32	145	33	29.8	84.2	59.5	42.1	16.7	24.6	62.7

通径	L_{10}	B_1	B_2	B_3	B_4	B_5	H_1	H_2	H_3
10	35.8	85	50	66.7	58.8	7.9	112	92	28
25	49.2	102	59.5	79.4	73	6.4	122	102	38
32	67.5	120	76	96.8	92.8	3.8	130	110	46

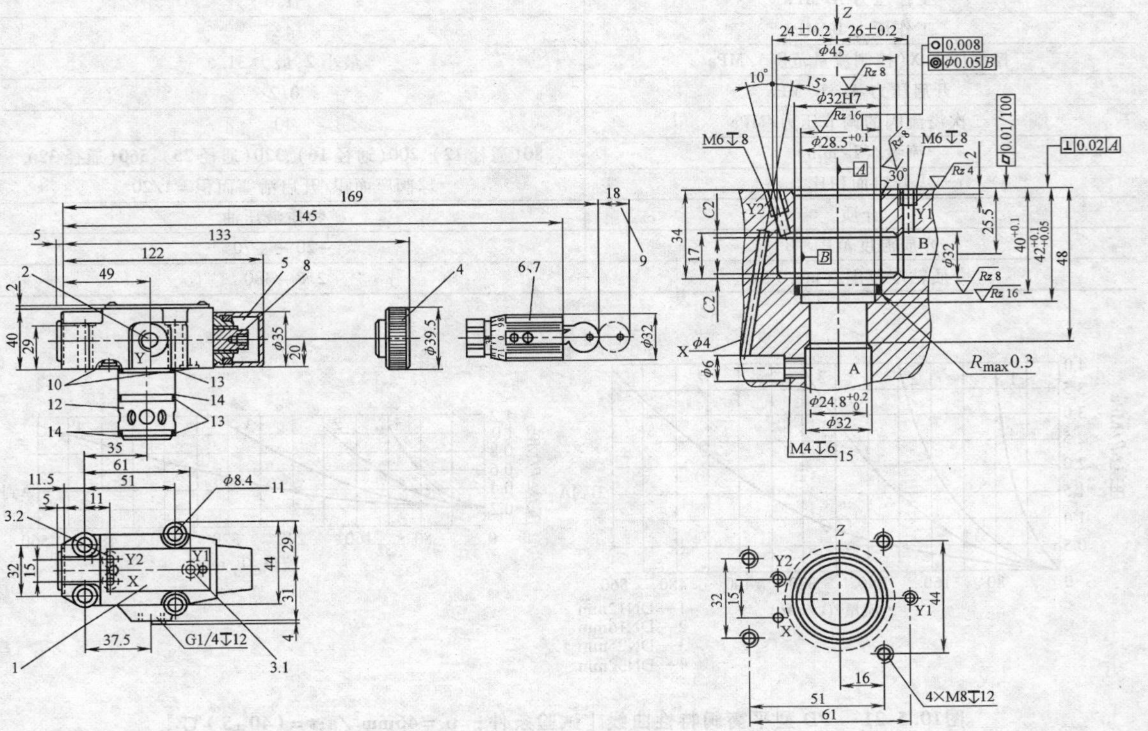

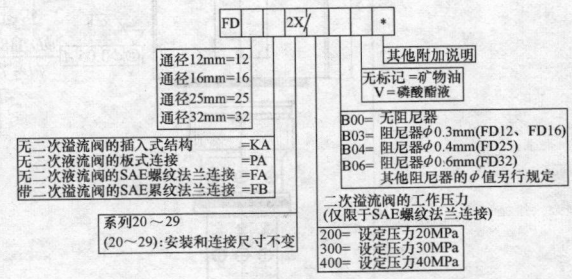

图10.5-19   DZ 型先导顺序阀插入式外形尺寸

1—铭牌 2—可选择油口油口 Y（G1/4）用于型号 "XY" 的外部先导回油或型号 "Y" 的弹簧腔卸载 3.1—插装阀口处的油口 Y1 用于型号 "XY" 的先导回油或型号 "无标记"，"X" 和 "Y" 的弹簧腔卸载 3.2—插装阀口处的油口 Y2 用于型号 "无标记"，"X" 和 "Y" 的先导油回油 4—调节类型 "1" 5—调节类型 "2" 6—调节类型 "3" 7—调节类型 "7" 8—六角 SW10 9—调节所需空间 10—密封圈 11—阀安装孔 12—带喷嘴的主阀芯 13—密封圈
14—支承环 15—型号 "X" 和 "XY" 省略孔

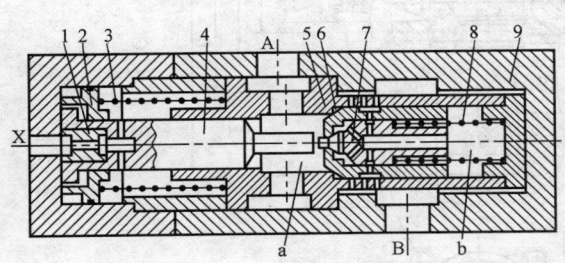

图10.5-20   液控限速平衡阀结构原理图
1—阻尼孔 2—阻尼活塞 3、8—弹簧
4—控制活塞 5—阀套 6—主阀芯
7—先导阀芯 9—阀体

2. FD 型平衡阀
（1）型号说明

| | FD | | 2X | | | | * | |

通径12mm＝12
通径16mm＝16
通径25mm＝25
通径32mm＝32

无二次溢流阀的插入式结构 ＝KA
无二次溢流阀的板式连接 ＝PA
无二次溢流阀的SAE螺纹法兰连接 ＝FA
带二次溢流阀的SAE螺纹法兰连接 ＝FB

系列20～29
(20～29)：安装和连接尺寸不变

其他附加说明
无标记＝矿物油
V＝磷酸酯液

B00＝无阻尼器
B03＝阻尼器φ0.3mm(FD12、FD16)
B04＝阻尼器φ0.4mm(FD25)
B06＝阻尼器φ0.6mm(FD32)
其他阻尼器的φ值另行规定

二次溢流阀的工作压力
(仅限于SAE螺纹法兰连接)
200＝设定压力20MPa
300＝设定压力30MPa
400＝设定压力40MPa

（2）技术规格   FD 型平衡阀的技术规格见表 10.5-20。

（3）特性曲线   FD 型平衡阀的特性曲线如图 10.5-21 所示。

（4）外形尺寸   插入式外形尺寸见表 10.5-21；FA、FB 型法兰连接外形尺寸分别见表 10.5-22 和表 10.5-23；PA 型板式连接外形尺寸见表 10.5-24。

表 10.5-20　FD 型平衡阀的技术规格

工作压力 A/MPa	31.5
工作压力 B/MPa	42
控制压力 X(控制流量范围)/MPa	最小 2,最大 31.5
开启压力 A→B/MPa	0.2
二次溢流阀的调节压力/MPa	40
流量/(L/min)	80(通径 12)、200(通径 16)、320(通径 25)、560(通径 32)
开启面积比	球阀座面积/开启活塞面积 = 1/20
介质	矿物质液压油
介质温度范围/℃	−20 ~ +70
介质粘度范围/(mm²/s)	2.8 ~380

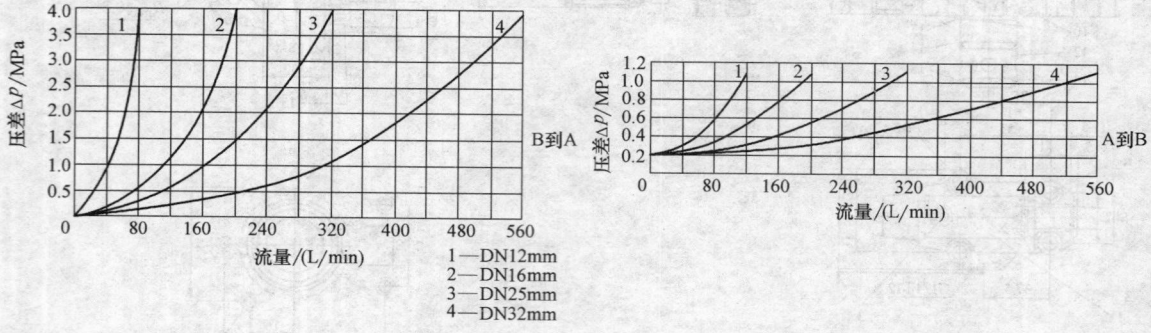

1—DN12mm
2—DN16mm
3—DN25mm
4—DN32mm

图10.5-21　　FD 型平衡阀特性曲线［试验条件：$v = 46\mathrm{mm}^2/\mathrm{s}$；$t = (40\pm 5)℃$］

表 10.5-21　　FD 型平衡阀插入式外形尺寸　　　　　　　　　　(单位：mm)

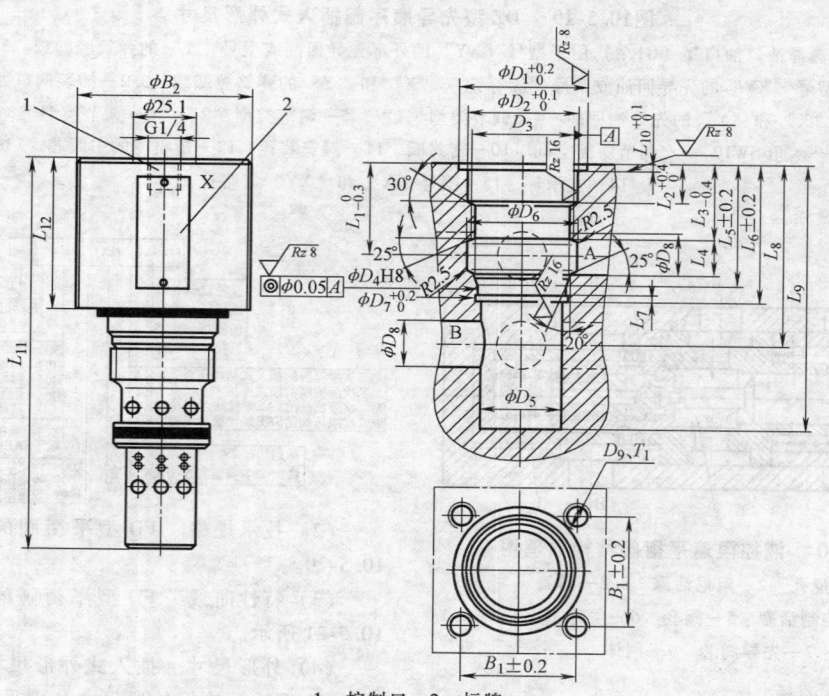

1—控制口　2—标牌

（续）

型号	B_1	B_2	D_1	D_2	D_3	D_4	D_5	D_6	D_7	D_8	D_9	T_1	L_1	L_2	L_3	L_4	L_5	L_6
FD12KA2X/…	48	70	54	46	M 42×2	38	34	46	38.6	16	M10	16	39	16	32	15.5	50.5	60
FD16KA2X/…																	50.6	
FD25KA2X/…	56	80	60	54	M 52×2	48	40	60	48.6	25	M12	19	50	19	39	22	65	80
FD32KA2X/…	66	95	72	65	M 64×2	58	52	74	58.6	30	M16	23	52	19	40	25	71	85

型号	L_7	L_8	L_9	L_{10}	L_{11}	L_{12}	质量/kg	阀安装螺钉	转矩/N·M
FD12KA2X/…	3	78	128	2.3	191	65	2.8	4-M10×70	69
FD16KA2X/…									
FD25KA2X/…	4	105	182	2.3	253	75	5.6	4-M12×80	120
FD32KA2X/…	4	115	198	2.3	289	94	7.5	4-M16×100	295

表 10.5-22　FD 型平衡阀 FA 型法兰连接外形尺寸　　　　（单位：mm）

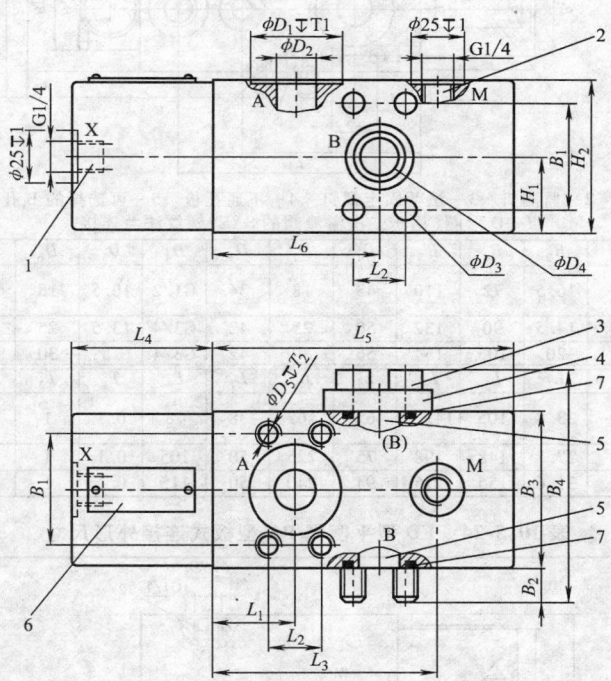

1—控制口　2—监测口　3—法兰固定螺钉　4—不通孔板　5—可选择的 B 孔　6—标牌
7—O 形圈（用于二次溢流阀的 SAE 螺纹法兰连接）

型号	B_1	B_2	B_3	B_4	D_1	D_2	D_3	D_4	D_5	H_1	H_2
FD12FA2X/	50.8	16.5	72	110	43	18	10.5	18	M10	36	72
FD16FA2X/											
FD25FA2X/…	57.2	14.5	90	132	50	25	13.5	25	M12	45	90
FD32FA2X/…	66.7	20	105	154	56	30	15	30	M14	50	105

型号	L_1	L_2	L_3	L_4	L_5	L_6	T_1	T_2	质量/kg	O 形圈
FD12FA2X/	39	23.8	105	65	140	78	0.1	15	7	25×3.5
FD16FA2X/										
FD25FA2X/…	50	27.8	148	75	200	105	0.1	18	16	32.92×3.53
FD32FA2X/…	52	31.6	155	94	215	115	0.1	21	21	37.7×3.53

表 10.5-23　FD 型平衡阀 FB 法兰连接外形尺寸　　　　　　（单位：mm）

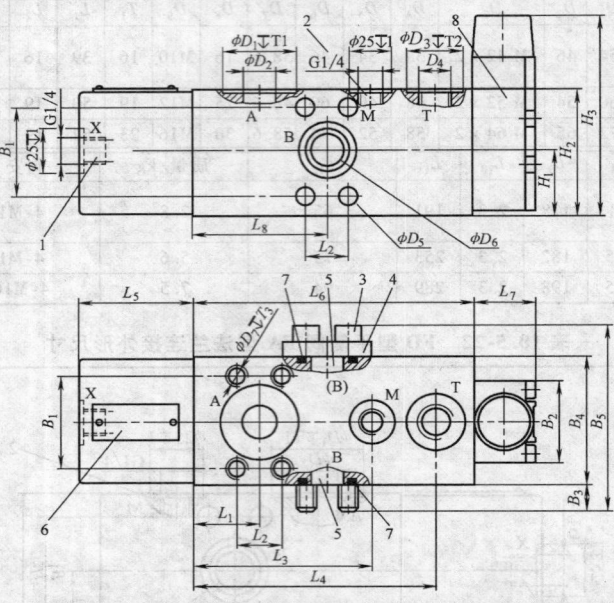

1—控制口　2—监测口　3—法兰固定螺钉　4—不通孔板　5—可选择的 B 孔　6—标牌
7—O 形圈（用于二次溢流阀的 SAE）螺纹法兰连接

型号	B_1	B_2	B_3	B_4	B_5	D_1	D_2	D_3	D_4	D_5	D_6	D_7	H_1	H_2
FD12FB2X/…	50.8	47	16.5	72	110	43	18	34	G1/2	10.5	18	M10	36	72
FD16FB2X/…	50.8	47	16.5	72	110	43	18	34	G1/2	10.5	18	M10	36	72
FD25FB2X/…	57.2	80	14.5	90	132	50	25	42	G3/4	13.5	25	M12	45	90
FD32FB2X/…	66.7	80	20	105	154	56	30	42	G3/4	15	30	M14	50	105

型号	H_3	L_1	L_2	L_3	L_4	L_5	L_6	L_7	L_8	T_1	T_2	T_3	质量/kg	O 形圈
FD12FB2X/…	118	39	23.8	105	141.5	65	162	38	78	0.1	1	15	9	25×3.5
FD16FB2X/…	118	39	23.8	105	141.5	65	162	38	78	0.1	1	15	9	25×3.5
FD25FB2X/…	145	50	27.8	148	198	75	225	50	105	0.1	1	18	18	32.92×3.53
FD32FB2X/…	145	52	31.6	155	215	94	240	50	115	0.1	1	21	24	37.7×3.53

表 10.5-24　FD 型平衡阀 PA 型板式连接外形尺寸　　　　　　（单位：mm）

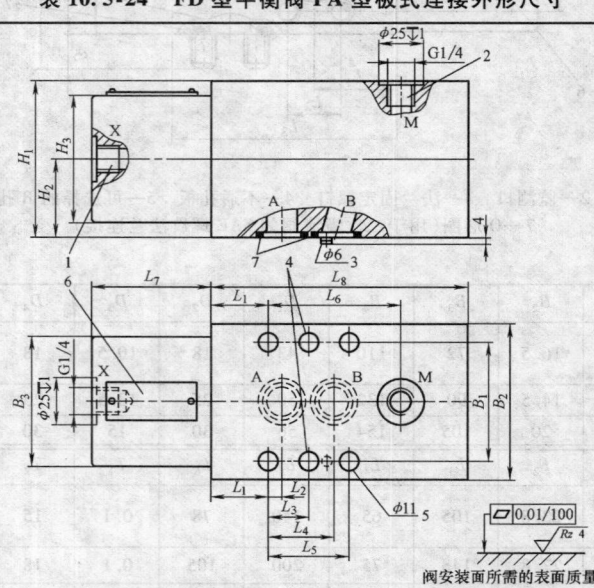

1—控制口　2—监测口　3—定位销　4—中间孔，通径为 12mm、16mm、25mm 时无此孔　5—安装孔　6—标牌　7—O 形圈

（续）

型号	B_1	B_2	B_3	H_1	H_2	H_3	L_1	L_2	L_3	L_4	L_5	L_6	L_7	L_8	O 形圈	质量/kg
FD12PA2X/…	66.7	85	70	85	42.5	70	31.8	7.2	—	35.8	42.9	73.2	65	140	21.3×2.4	9
FD16PA2X/…																
FD25PA2X/…	79.4	100	80	100	50	80	38.9	11.1	—	49.2	60.3	109.1	75	200	29.82×2.62	18
FD32PA2X/…	96.8	120	95	120	60	95	35.3	16.7	42.1	67.5	84.2	119.7	94	215	38×3	24

平衡阀规格 12 和 16、25、32 的底板安装尺寸分别参考 DR 先导减压阀规格 10、20、30 的底板安装尺寸。

3. RBG 型平衡阀

（1）型号说明

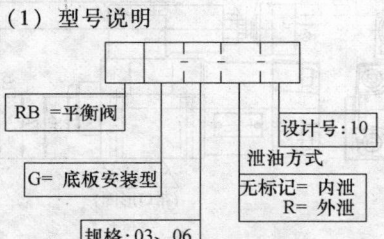

（2）技术规格　RBG 型平衡阀的技术规格见表 10.5-25。

（3）特性曲线　RBG 型平衡阀的特性曲线如图 10.5-22 所示。

表 10.5-25　RBG 型平衡阀的技术规格

规格	03	06
最高工作压力/MPa	14	25
压力调节范围/MPa	0.6～13.5	0.8～24.5
最大流量/(L/min)	50	125
溢流流量/(L/min)	50	125
卸油流量/(L/min)	0.6～1	1.5～2
质量/kg	4.2	11
介质	石油基液压油、合成液压液、水乙二醇	
介质粘度范围/(mm²/s)	15～400	
介质温度范围/℃	−15～+70	

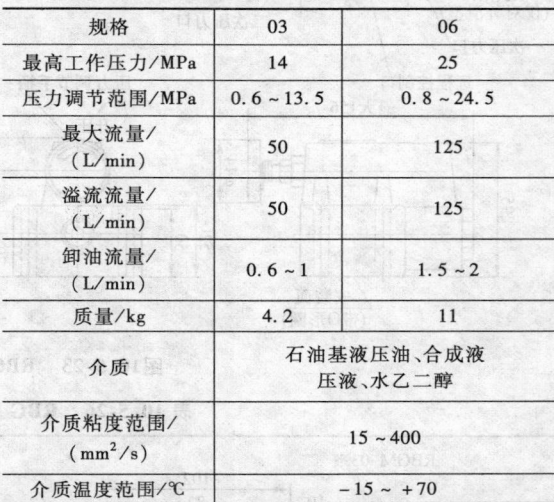

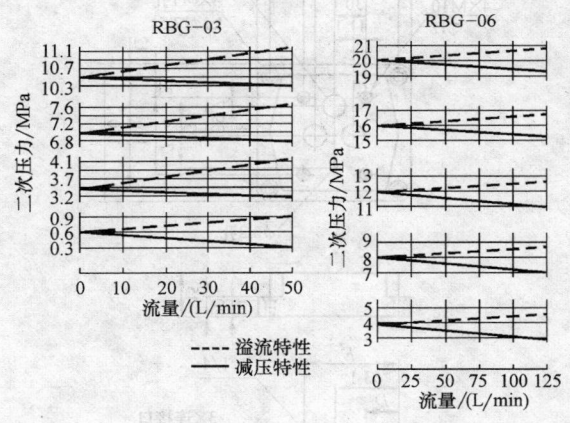

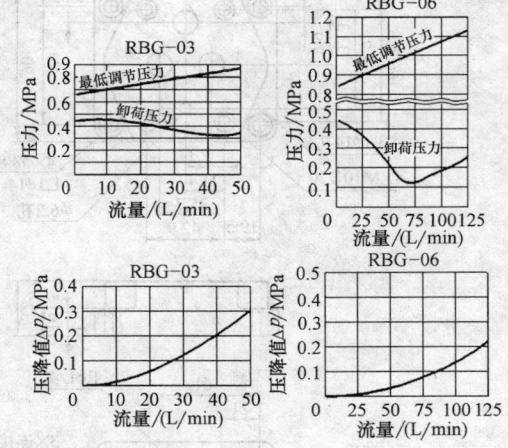

图10.5-22　RBG 型平衡阀特性曲线

（4）外形尺寸　RBG 型平衡阀外形尺寸如图 10.5-23 所示；其底板安装尺寸见表 10.5-26。

2.6　压力继电器

1. 压力继电器结构和工作原理

压力继电器由压力-位移转换机构和电气微动开关等组成。前者通常包括感压元件、调压复位弹簧和限位机构等。按感压元件不同，压力继电器有柱塞式、薄膜式（膜片式）、弹簧管式和波纹管式四种结构形式。按照微动开关的结构，压力继电器有单触点和双触点之分。

（1）柱塞式压力继电器　柱塞式压力继电器如图 10.5-24 所示。当从控制油口 P 进入柱塞下端的油液压力达到弹簧预调设定的开启压力时，作用在柱塞上的液压力克服弹簧力推动顶杆上移，使微动开关切换，发出电信号。当 P 口的液压力下降到闭合压力

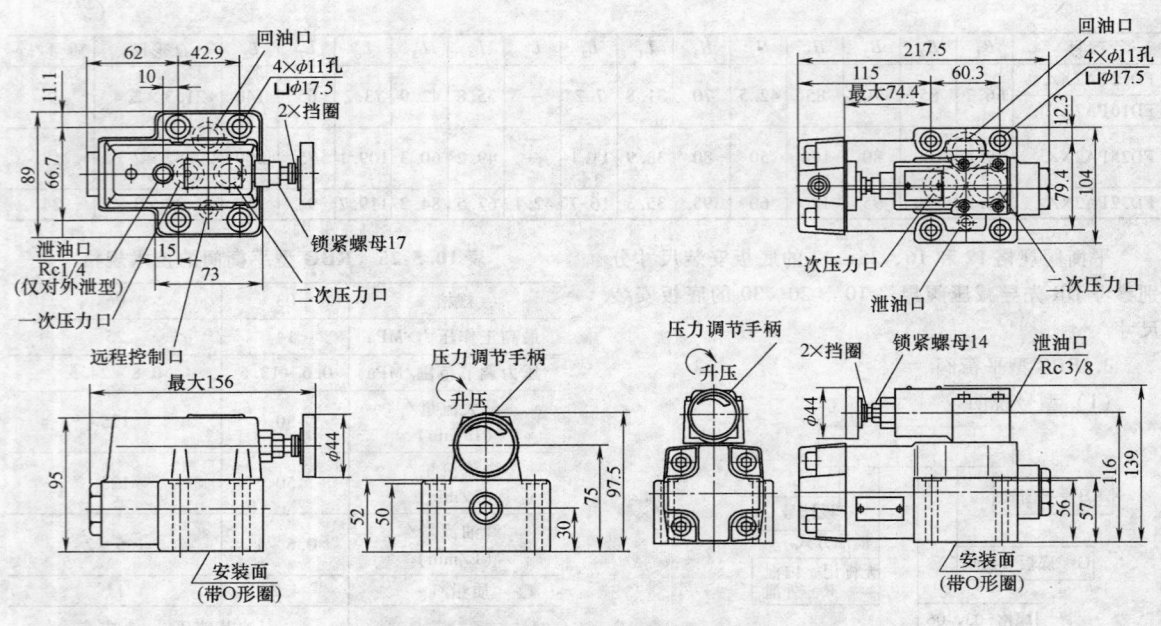

图10.5-23 RBG 型平衡阀外形尺寸

表 10.5-26 RBG 型平衡阀底板安装尺寸   （单位：mm）

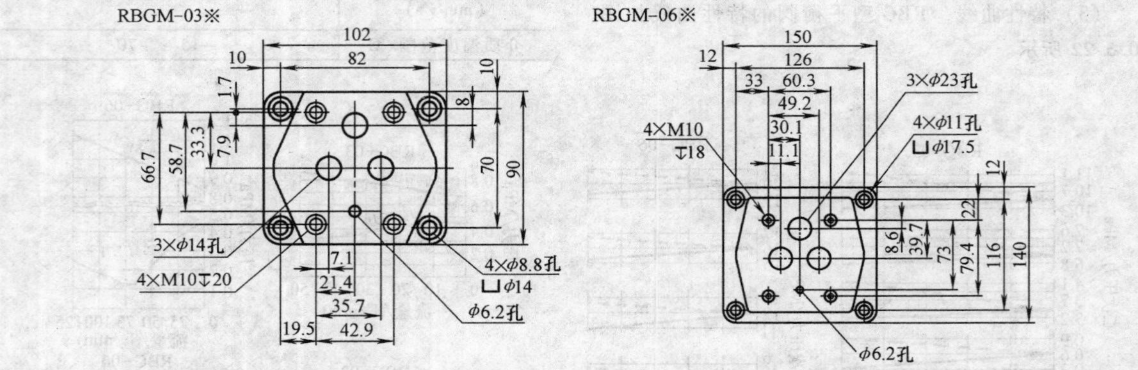

阀型号	底板型号	连接口径	A	B	C	D	E	质量/kg
RBG-03	RBGM-03-10	Rc3/8	—	—	—	—	—	1.6
	RBGM-03X-10	Rc1/2	—	—	—	—	—	
RBG-06	RBGM-06-10	Rc3/4	20.7	65.7	95	37.1	89.1	4.8
	RBGM-06X-10	Rc1	20.4	69.7	98.4	32.5	93.8	

时，柱塞和顶杆在弹簧力作用下复位，同时微动开关也在触点弹簧力作用下复位，压力继电器恢复至初始状态。调节螺钉可调节弹簧的预紧力即压力继电器的启、闭压力。由 P 口通过柱塞泄漏的油液经外泄油口 L 接回油箱。柱塞式压力继电器结构简单，但灵敏度和动作可靠性较低。

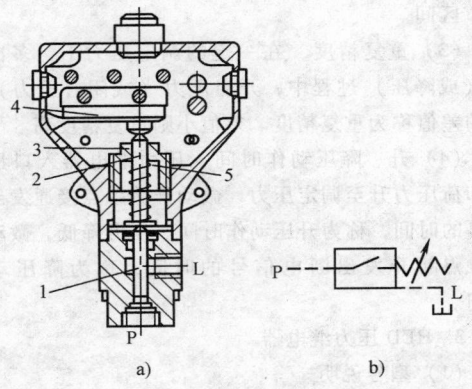

图10.5-24　柱塞式压力继电器

a）结构图　b）图形符号

1—柱塞　2—顶杆　3—调节螺杆

4—微动开关　5—弹簧

（2）薄膜式压力继电器　薄膜式（膜片式）压力继电器如图 10.5-25 所示。当控制油口 P 的油液压力达到调压弹簧的调定压力时，液压力通过薄膜使柱塞上移压缩调压弹簧直至限位位置。同时，柱塞的锥面推动钢球 4 和 6 水平移动，钢球使杠杆绕销轴转动，杠杆的另一端压下微动开关的触点，发出电信号。通过调节螺钉 11 可调节调压弹簧的预紧力，即调节发出信号的液压力。当油口 P 的压力降到一定值时，调压弹簧通过钢球 8 将柱塞压下，钢球 6 靠弹簧力使柱塞定位，微动开关触点的弹簧力使杠杆和钢球复位，电路切换。由于柱塞在上移和下移时存在摩擦力且方向相反，使压力继电器的开启和闭合压力并不重合。调节螺钉 7 可调节柱塞移动时的摩擦力，从而使压力继电器的启闭压力差可在一定范围内改变。薄膜式压力继电器的位移小、反应快、重复精度高，但工作压力低，且易受控制压力波动的影响。

（3）弹簧管式压力继电器　图 10.5-26 所示为弹簧管式压力继电器的结构。弹簧管既是感压元件，又是弹性元件。当从 P 口进入弹簧管的油液压力升高或

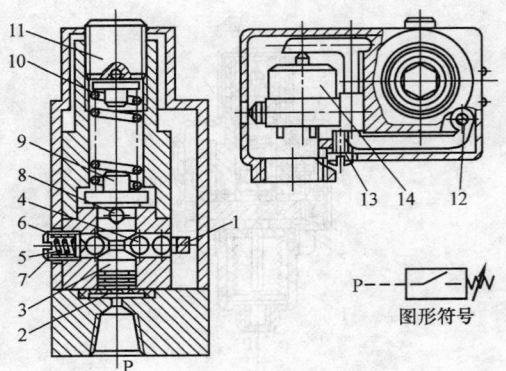

图10.5-25　薄膜式压力继电器

1—杠杆　2—薄膜　3—柱塞　4、6、8—钢球

5—钢球弹簧　7、11—螺钉　9—弹簧座

10—调压弹簧　12—销轴　13—连

接螺钉　14—微动开关

降低时，弹簧管伸展或复原，与其相连的压板产生位移，从而启、闭微动开关的触点发出信号。弹簧管式压力继电器的特点是调压范围大，启闭压差小，重复精度高。

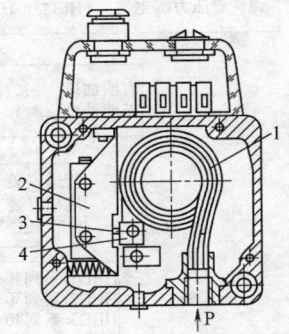

图10.5-26　弹簧管式压力继电器

1—弹簧管　2—微动开关　3—触点　4—压板

（4）波纹管式压力继电器　波纹管式压力继电器的结构如图 10.5-27 所示。P 口的油液压力作用在波纹管底部，当液压力达到调压弹簧的设定压力时，波纹管被压缩，通过心杆推动杠杆绕铰轴转动，通过固定在杠杆上的微调螺钉控制微动开关的触点，发出电信号。由于杠杆有位移放大作用，心杆的位移较小，因而重复精度高。但因波纹管的侧向耐压性能差，因此波纹管式压力继电器不宜用于高压系统。

2. 压力继电器的主要性能

压力继电器的主要性能包括调压范围、灵敏度和

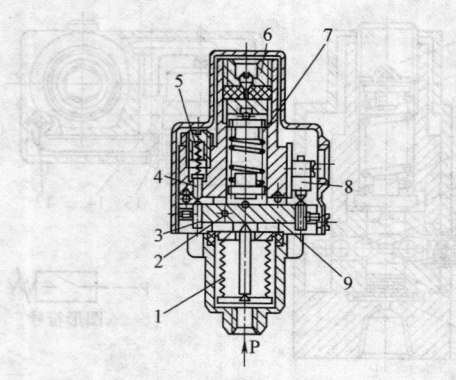

图10.5-27　波纹管式压力继电器

1—波纹管组件　2—铰轴　3—微调螺钉　4—滑柱
5—副弹簧　6—调压螺钉　7—调压弹簧
8—微动开关　9—杠杆

通断调节区间、重复精度以及升、降压动作时间等。

（1）调压范围　调压范围是指压力继电器能发出电信号的最低和最高工作压力范围。

（2）开关压差和通断调节区间　系统压力升高到压力继电器的调定值时，使其动作接通电信号的压力称为开启压力；系统压力降低，使压力继电器复位切断电信号的压力称为闭合压力。开启压力与闭合压力的差值称为压力继电器的开关压差。为避免系统压力波动时压力继电器频繁通、断，要求开启压力与闭合压力之间有一可调的差值，称为通断调节区间。

（3）重复精度　在一定的调定压力下，多次升压（或降压）过程中，开启压力（或闭合压力）自身的差值称为重复精度。差值小则重复精度高。

（4）升、降压动作时间　压力继电器入口压力由卸荷压力升至调定压力，微动开关触点接通发出电信号的时间，称为升压动作时间。压力降低，微动开关触点断开发出断电信号的时间，称为降压动作时间。

3. HED 压力继电器

（1）型号说明

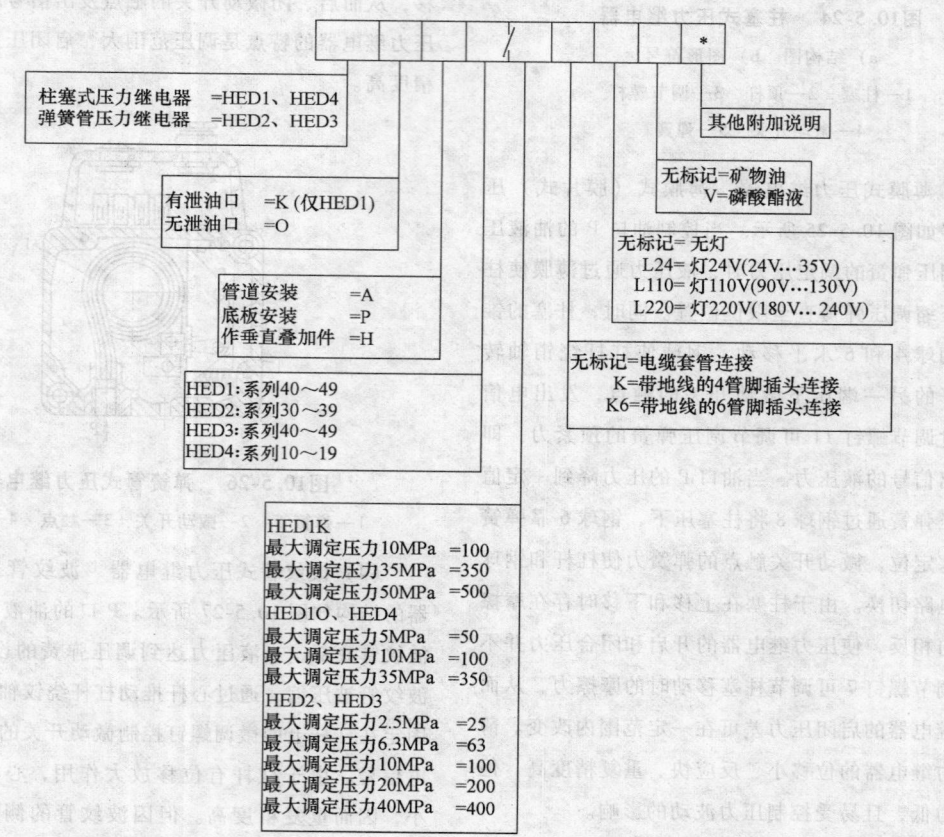

柱塞式压力继电器 ＝HED1、HED4
弹簧管压力继电器 ＝HED2、HED3

有泄油口 ＝K（仅HED1）
无泄油口 ＝O

管道安装 ＝A
底板安装 ＝P
作垂直叠加件 ＝H

HED1：系列40～49
HED2：系列30～39
HED3：系列40～49
HED4：系列10～19

HED1K
最大调定压力10MPa ＝100
最大调定压力35MPa ＝350
最大调定压力50MPa ＝500
HED1O、HED4
最大调定压力5MPa ＝50
最大调定压力10MPa ＝100
最大调定压力35MPa ＝350
HED2、HED3
最大调定压力2.5MPa ＝25
最大调定压力6.3MPa ＝63
最大调定压力10MPa ＝100
最大调定压力20MPa ＝200
最大调定压力40MPa ＝400

其他附加说明

无标记＝矿物油
V＝磷酸酯液

无标记＝无灯
L24＝灯24V（24V…35V）
L110＝灯110V（90V…130V）
L220＝灯220V（180V…240V）

无标记＝电缆套管连接
K＝带地线的4管脚插头连接
K6＝带地线的6管脚插头连接

（2）技术规格　HED1 压力继电器的技术规格见表 10.5-27。

（3）特性曲线　HED1 压力继电器的特性曲线如图 10.5-28 所示。

表 10.5-27　HED1 压力继电器技术规格

介　质		矿物质液压油；磷酸酯液压油		
温度/℃		− 30 ~ + 80		
介质粘度/(mm²/s)		10 ~ 800		
开关精度		< ± 2% 调节压力		
开关频率	HED1KA	300 次/min		
	NED1OK	50 次/min		
泄油压力/MPa		0.2		

HED1KA 的压力调节范围/MPa

压力级	短时间的最大工作压力	闭合压力		开启压力	
		最小	最大	最小	最大
10	60	0.3	9.2	0.6	10
35	60	0.6	32.5	1.0	35
50	60	1.0	46.5	2.0	50

HED1OA 的压力调节范围/MPa

压力级	短时间的最大工作压力	闭合压力		开启压力	
		最小	最大	最小	最大
5	8	0.2	4.5	3.5	5
10	35	0.3	8.2	0.8	10
35	35	0.6	29.5	2.0	35

电气连接		套管 Pg11 电线最大直径 φ11mm 插头
连接线的截面积	用套管/mm²	4
	用插头/mm²	1.5
触点容量	交流	250V、3A
	直流	40V、1.0A
为了提高使用寿命,直流电高电压时,建议考虑灭弧装置		
绝缘要求		1P65
质量/kg		1.2

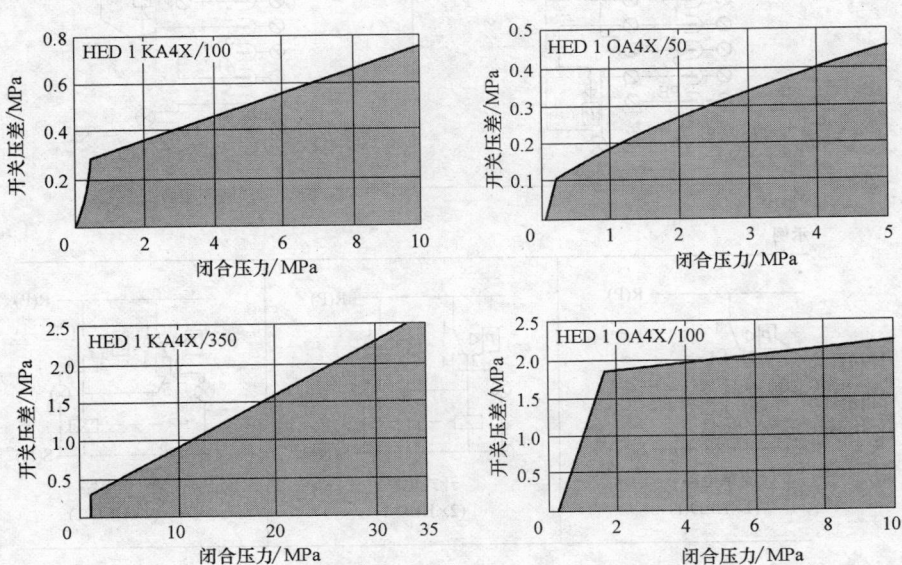

图10.5-28　HED1 压力继电器特性曲线 [试验条件：　$v = 46mm^2/s$,　$t = (40 \pm 5)$ ℃]

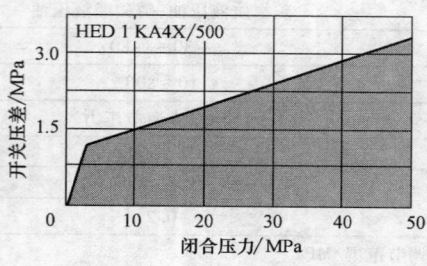
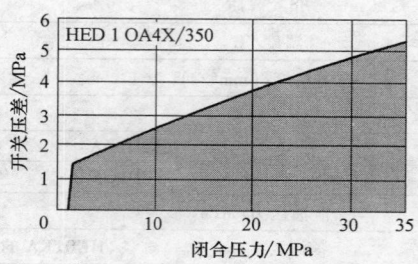

图10.5-28   HED1 压力继电器特性曲线〔试验条件：$v = 46\text{mm}^2/\text{s}$，$t = (40 \pm 5)\,\text{℃}$〕（续）

（4）电气连接   HED1 压力继电器的电气连接如图 10.5-29 所示。

（5）HED1 压力继电器外形尺寸   HED1 压力继电器外形尺寸如图 10.5-30 所示，其连接尺寸如图 10.5-31 所示。

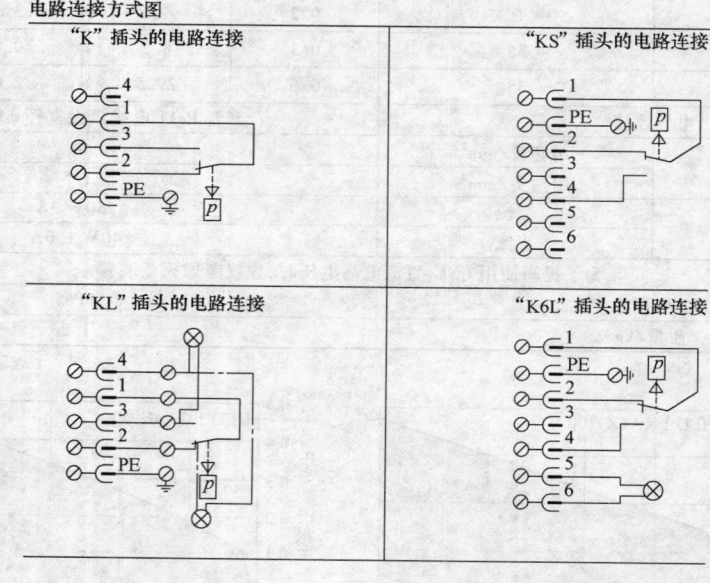

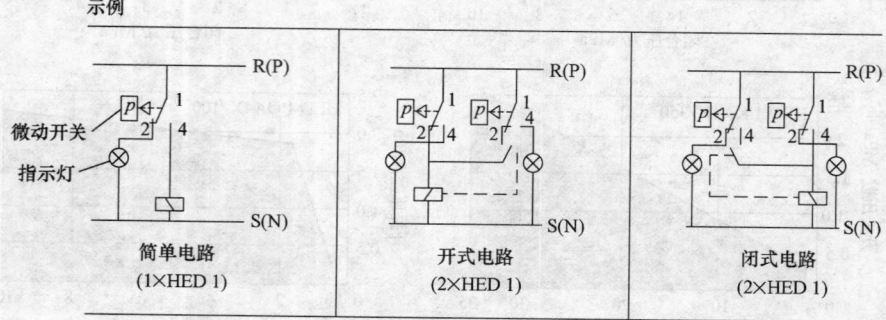

图10.5-29   HED1 压力继电器电气连接

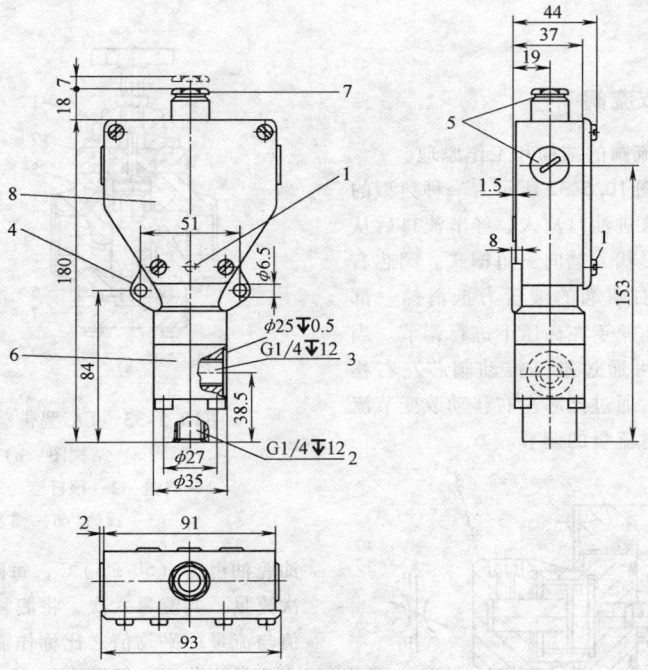

图10.5-30　HED1 压力继电器外形尺寸

1—定位用的锁紧螺钉　2—液压油口 P　3—可选择的泄漏油口 L　4—安装孔　5—可选择的螺纹管 PG11

6—底座，可旋转 90°安装　7—用螺纹管连接电路　8—标牌

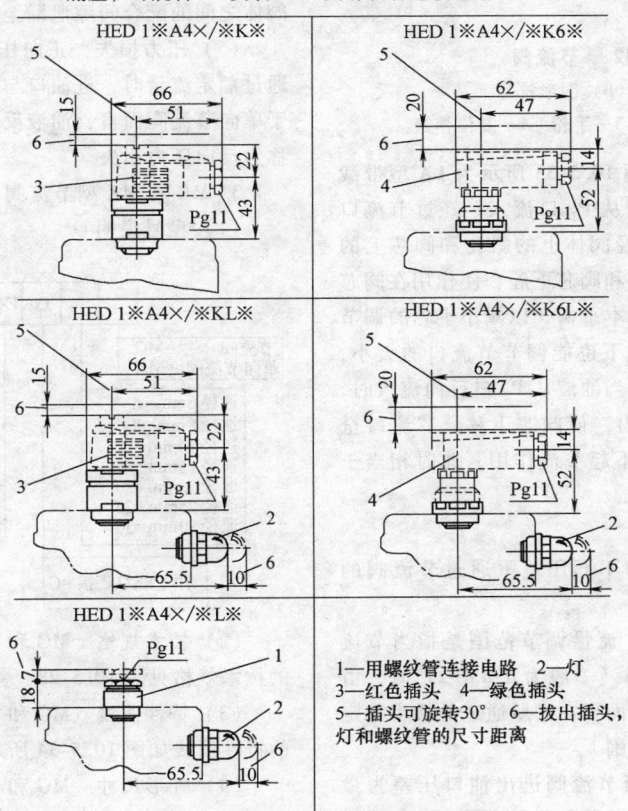

1—用螺纹管连接电路　2—灯
3—红色插头　4—绿色插头
5—插头可旋转30°　6—拔出插头，
灯和螺纹管的尺寸距离

图10.5-31　HED1 压力继电器连接尺寸

3　流量控制阀

3.1　节流阀和单向节流阀

1. 节流阀、单向节流阀的结构和工作原理

（1）普通节流阀　图 10.5-32 所示为一种典型的节流阀结构图。压力油从进油口流入，经节流口后从出油口流出，节流口的形状为轴向三角槽式。阀芯右端开有小孔，使阀芯左右两端的液压力抵消掉一部分，因而调节力矩较小，便于在高压下进行调节。当调节节流阀的手轮时，可通过推杆推动阀芯左右移动。弹簧用于复位阀芯。通过阀芯左右移动改变节流口的开口量，从而实现对流量的调节。

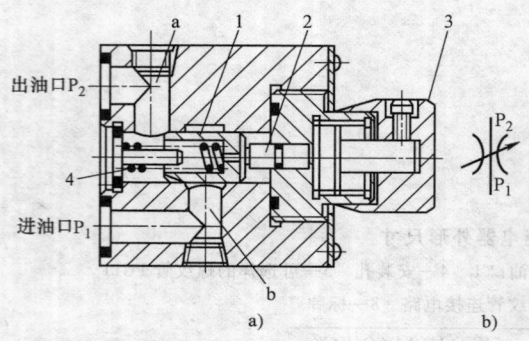

图10.5-32　节流阀

a) 结构图　b) 图形符号

1—阀芯　2—推杆　3—手轮　4—复位弹簧

（2）单向节流阀　图 10.5-33 所示为 LA 型带载可调单向节流阀。当油液从 P_1 口流入，经过节流口从 P_2 口流出时，压力油经阀体上的斜孔和阀芯上的径向孔分别进入活塞上腔和阀芯下腔，使作用在阀芯及活塞上的轴向液压力基本平衡，以减小手轮的调节力矩。因此，该阀在带载下也能调节节流口的大小，进而调节流经阀的流量。当油液从 P_2 口反向流入时，油压力克服弹簧的弹簧力，使阀芯下移，节流口全开，油液从 P_1 口流出而不起节流作用，此时相当于单向阀的功能。

2. 性能指标

（1）流量-压差特性　不同压差下通过节流阀的流量。

（2）流量调节范围　流量调节范围是指当节流阀的进出油口压差为最小（一般为 0.5MPa）时，由小到大改变节流口的过流面积，它所通过的最小稳定流量和最大流量之间的范围。

（3）流量变化率　当节流阀进出油口压差为最小时，将节流阀的流量调至最小稳定流量，并保持进

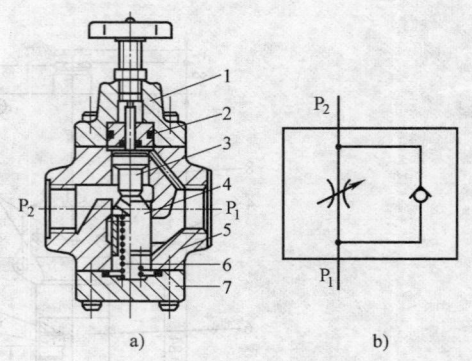

图10.5-33　LA 型带载可调单向节流阀

a) 结构图　b) 图形符号

1—阀盖　2—顶杆套　3—活塞　4—阀芯
5—阀体　6—弹簧　7—底盖

油腔油温为（50±5）℃，每隔 5min 用流量计测量一次流量，共测六次，将测得的最大和最小流量的差值与流量的平均值之比称作流量变化率。节流阀的最小流量变化率一般不大于 10%。

（4）内泄漏量　内泄漏量是指节流阀全关闭，进油腔压力调至额定压力时，油液由进油口经阀芯和阀体之间的配合间隙泄漏至出油口的流量。

（5）压力损失　正向压力损失是指节流口全开，通过额定流量时，进油口与出油口之间的压力差。对于单向节流阀而言，油液反向流过单向阀时的压力差称为反向压力损失。

3. MG 和 MK 型节流阀和单向节流阀

（1）型号说明

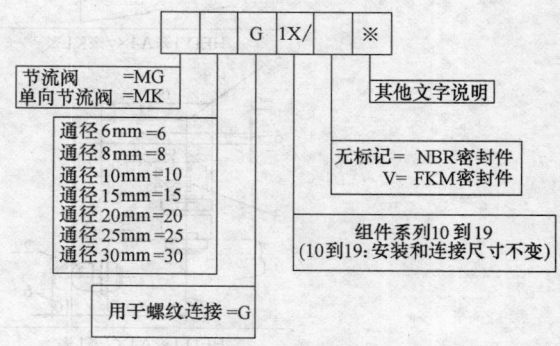

（2）技术规格　MG 和 MK 节流阀和单向节流阀的技术规格见表 10.5-28。

（3）特性曲线　MG 和 MK 节流阀和单向节流阀的特性曲线如图 10.5-34 所示。

（4）外形尺寸　MG 和 MK 节流阀和单向节流阀外形尺寸见表 10.5-29。

表 10.5-28 MG 和 MK 节流阀和单向节流阀的技术规格

通径/mm	6	8	10	15	20	25	30
质量/kg	0.3	0.4	0.7	1.1	1.9	3.2	4.1
最大工作压力/MPa	31.5						
开启压力/MPa	0.05						
介质	矿物质液压油、磷酸酯液压油						
介质粘度范围/(mm²/s)	10 ~ 800						
介质温度范围/℃	-30 ~ +80						

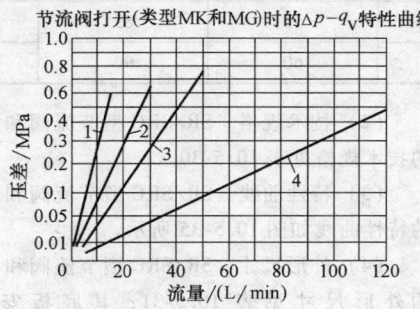

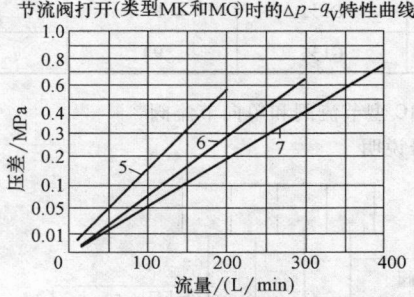

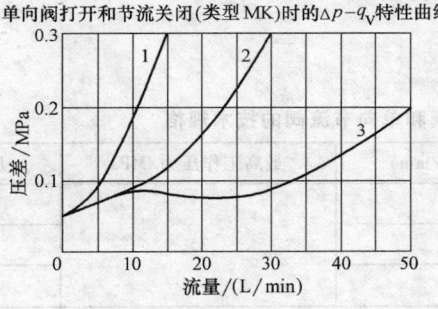

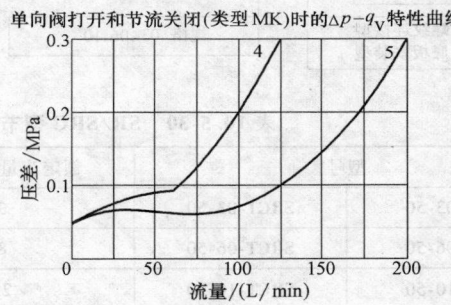

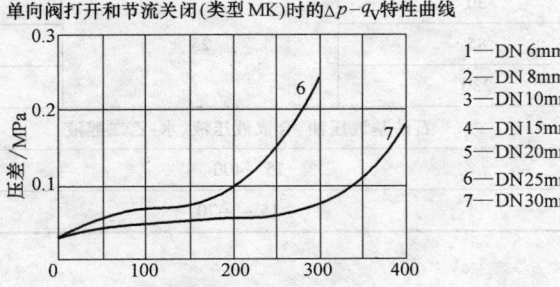

1—DN 6mm
2—DN 8mm
3—DN 10mm
4—DN 15mm
5—DN 20mm
6—DN 25mm
7—DN 30mm

图10.5-34 MG 和 MK 节流阀和单向节流阀特性曲线 [试验条件：$v = 46 mm^2/s$，$t = (40±5)℃$]

表 10.5-29 MG 和 MK 节流阀和单向节流阀的外形尺寸   (单位：mm)

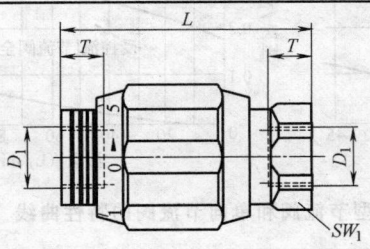

（续）

通径	D_1	D_2	L	SW_1	SW_2	T
6	G1/4	34	65	22	32	12
8	G3/8	38	65	24	36	12
10	G1/2	48	80	30	46	14
15	G3/4	58	100	41	55	16
20	G1	72	110	46	70	18
25	G1¼	87	130	55	85	20
30	G1½	93	150	60	90	22

4. SR/SRC 型节流阀和单向节流阀

（1）型号说明

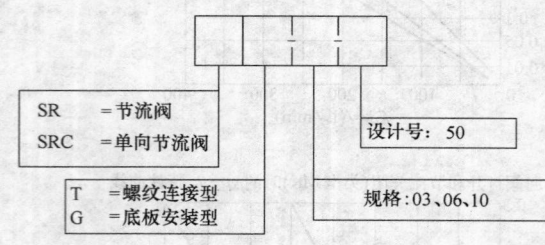

（2）技术规格　SR/SRC 型节流阀和单向节流阀的技术规格见表 10.5-30。

（3）特性曲线　SR/SRC 型节流阀和单向节流阀的特性曲线如图 10.5-35 所示。

（4）外形尺寸　SR/SRC 型节流阀和单向节流阀的外形尺寸见表 10.5-31；其底板安装尺寸见表10.5-32。

表 10.5-30　SR/SRC 型节流阀和单向节流阀的技术规格

型号		额定流量/(L/min)	最高工作压力/MPa	质量/kg
SRT-03-50	SRCT-03-50	30		1.5
SRT-06-50	SRCT-06-50	85	25	3.8
SRT-10-50	SRCT-10-50	230		9.1
SRG-03-50	SRCG-03-50	30		2.5
SRG-06-50	SRCG-06-50	85	25	3.9
SRG-10-50	SRCG-10-50	230		7.5
介质		石油基液压油、合成液压液、水-乙二醇液		
介质粘度范围/(mm²/s)		15~400		
介质温度范围/℃		-15~+70		

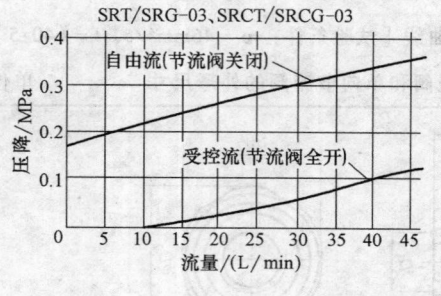

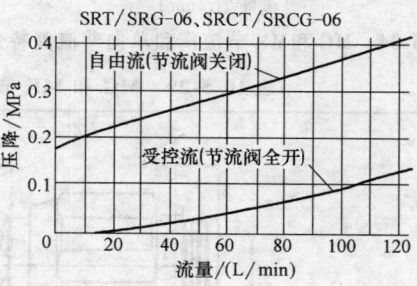

图10.5-35　SR/SRC 型节流阀和单向节流阀的特性曲线

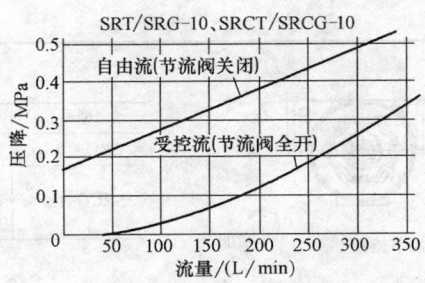

图10.5-35　SR/SRC 型节流阀和单向节流阀的特性曲线　（续）

注：自由流（节流阀关闭）压降特性仅适用于单向节流阀（型号 SRC 表）。

表 10.5-31　SR/SRC 型节流阀和单向节流阀的外形尺寸　　　　（单位：mm）

SRT/SRCT－03、06、10

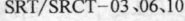
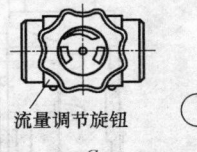

型号	A口	B口
SRT－※	受控液流入口	受控液流出口
SRCT－※	受控液流入口或反向自由液流出口	受控液流出口或反向自由液流入口

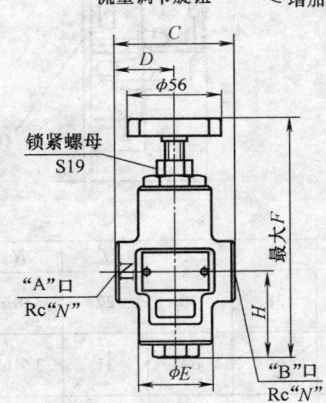
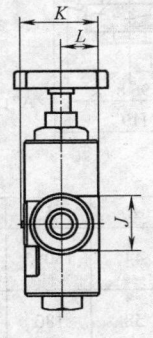

SRG/SRCG－03、06

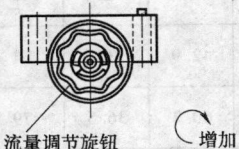

流量调节旋钮　　增加

型号	A口	B口
SRG－03、06	受控液流入口	受控液流出口
SRCG－03、06	受控液流入口或反向自由液流出口	受控液流出口或反向自由液流入口

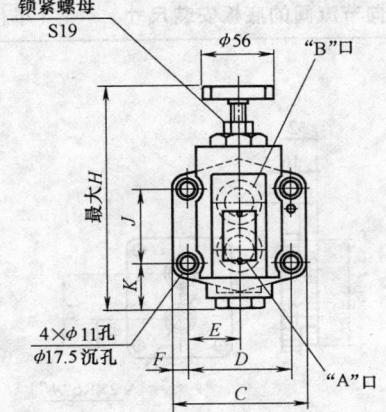
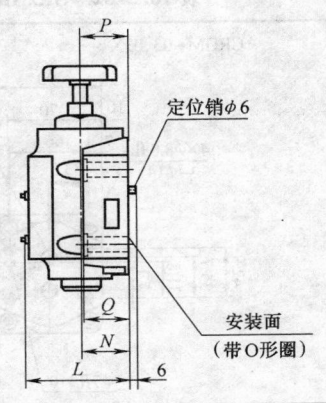

（续）

SRG/SRCG-10

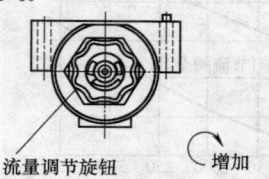

流量调节旋钮　　　　增加

型号	A口	B口
SRG-10	受控液流入口	受控液流出口
SRCG-10	受控液流入口或反向自由液流出口	受控液流出口或反向自由液流入口

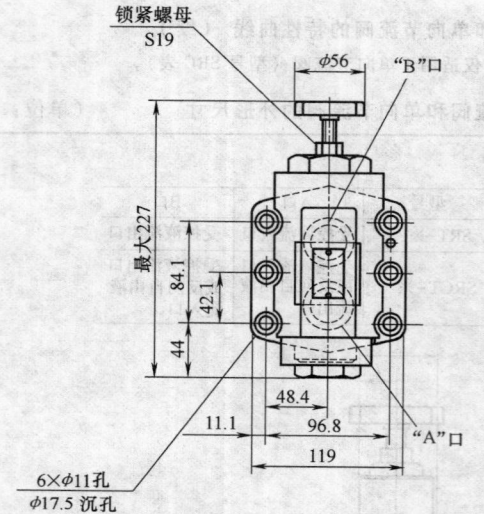

锁紧螺母 S19

"B"口

最大227　84.1　42.1　44

48.4　96.8　119　11.1

6×φ11孔　φ17.5 沉孔

"A"口

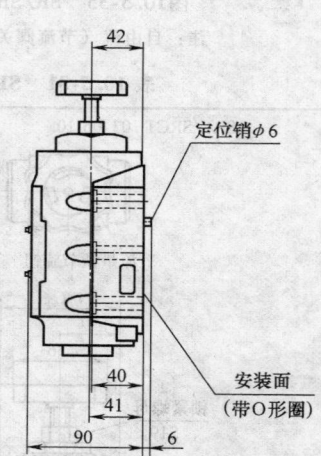

定位销φ6

安装面（带O形圈）

42　40　41　90　6

型号		C	D	E	F	H	J	K	L	N	P	Q
SRT	-03	72	36	44	150.5	53.5	38	46	22	3/8 in	—	—
SRCT											—	—
SRT	-06	100	50	58	180	66.5	62	64	31	3/4 in	—	—
SRCT											—	—
SRT	-10	138	69	80	227	86	80	82	40	$1\frac{1}{4}$ in	—	—
SRCT											—	—
SRG	-03	90	66.7	33.3	11.7	150.5	42.9	32	64	31	31	30
SRCG												
SRG	-06	102	79.4	39.7	11.3	180	60.3	36.5	79	36	37	35
SRCG												

表 10.5-32　SR/SRC 型节流阀和单向节流阀的底板安装尺寸　　　　（单位：mm）

CRGM-03、03X

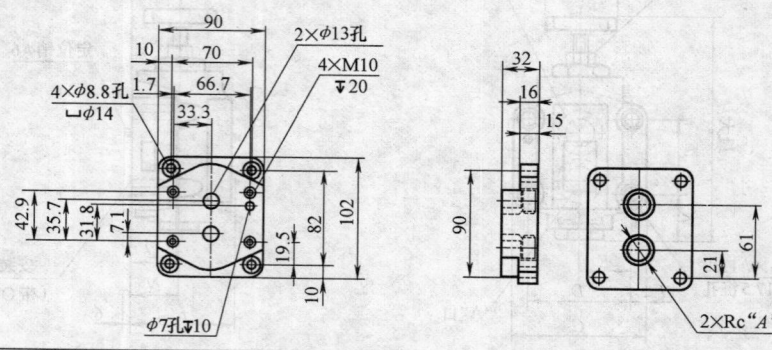

90　10　70　1.7　66.7　33.3

2×φ13孔　4×M10▽20

4×φ8.8孔　└φ14

42.9　35.7　31.8　7.1

19.5　82　102　10

φ7孔▽10

32　16　15

90

61　21

2×Rc"A"

（续）

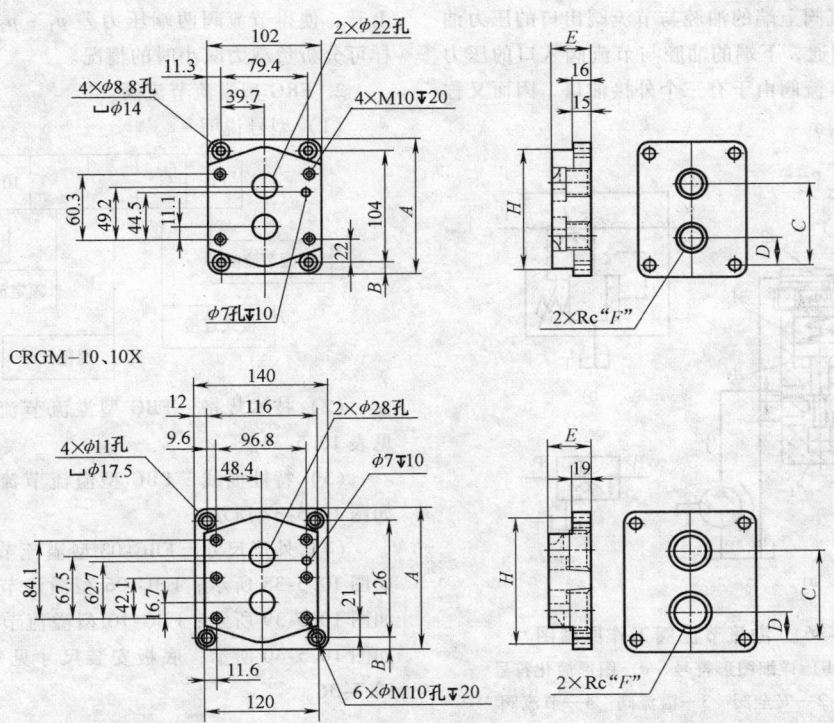

CRGM－06、06X

CRGM－10、10X

底板型号	A	B	C	D	E	F	H
CRGM-06-50	124	10	77	27	36	3/4 in	110
CRGM-06X-50	136	16	82.3	22	45	1 in	130
CRGM-10-50	150	12	96	30	45	$1\frac{1}{4}$ in	135
CRGM-10X-50	177	25.5	104	22	50	$1\frac{1}{2}$ in	167
CRGM-03-50	3/8 in	—	—	—	—	—	—
CRGM-03X-50	1/2 in	—	—	—	—	—	—

阀型号		底板型号	连接口径	质量/kg
SRG	\multirow -03	CRGM-3-50	Rc3/8	1.6
SRCG		CRGM-3X-50	Rc1/2	1.6
SRG	\multirow -06	CRGM-06-50	Rc3/4	2.4
SRCG		CRGM-06X-50	Rc1	3
SRG	\multirow -10	CRGM-10-50	Rc$1\frac{1}{4}$	4.8
SRCG		CRGM-10X-50	Rc$1\frac{1}{2}$	5.7

注：1 in = 25.4 mm。

3.2　溢流节流阀

1. 溢流节流阀的结构和工作原理

溢流节流阀是由定差溢流阀与节流阀并联而成

的。当负载压力变化时，由于定差溢流阀的补偿作用使节流阀两端压差保持恒定，从而使通过节流阀的流量仅与其通流面积成正比，而与负载压力无关。图 10.5-36 所示为溢流节流阀工作原理图。由图可见，从液压泵输出的压力油（压力为 p_1）一部分通过节流阀的阀口由出油口处流出，压力降到 p_2，进入液压缸克服负载 F 运动；另一部分则通过溢流阀的阀口溢回油箱。溢流阀上端的油腔与节流阀出口的压力油（压力为 p_2）相通，下端的油腔与节流阀入口的压力油相通。溢流节流阀由于有三个外接油口，因而又称为三通型流量阀。

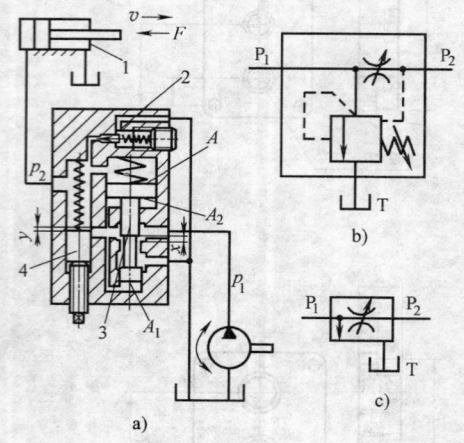
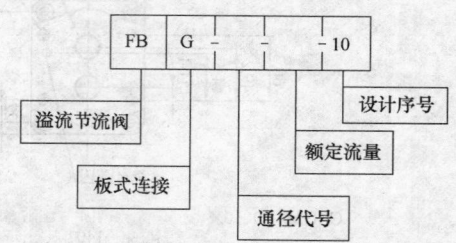

图10.5-36   溢流节流阀工作原理图

a）结构图 b）详细图形符号 c）图形简化符号
1—液压缸 2—安全阀 3—溢流阀 4—节流阀

在稳态工况下，当负载力 F 发生变化，如负载力增加时，p_2 升高，溢流阀阀芯受力平衡受到破坏，溢流阀阀芯向下运动，溢流阀口 x 将减小，p_1 随即上升，使得节流阀两端压力差 $p_1 - p_2$ 保持不变。同样可分析负载力减小时的情况。

2. FRG 型溢流节流阀

（1）型号说明

（2）技术规格   FBG 型溢流节流阀的技术规格见表 10.5-33。

（3）特性曲线   FBG 型溢流节流阀的特性曲线如图 10.5-37 所示。

（4）外形尺寸   FBG-03 型溢流节流阀外形尺寸如图 10.5-38 所示；FBG-06 型溢流节流阀外形尺寸如图 10.5-39 所示；FBG-10 型溢流节流阀外形尺寸如图 10.5-40 所示；底板安装尺寸见表 10.5-34 ~ 表 10.5-36。

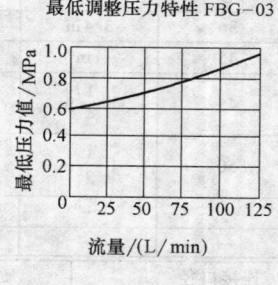
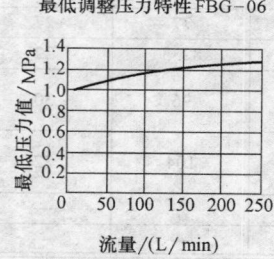
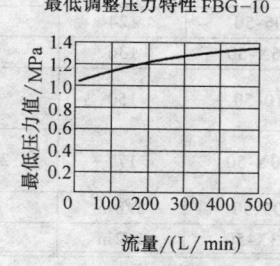

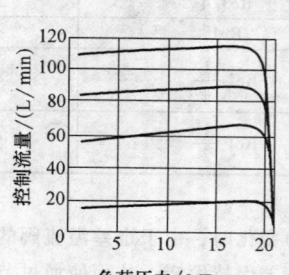
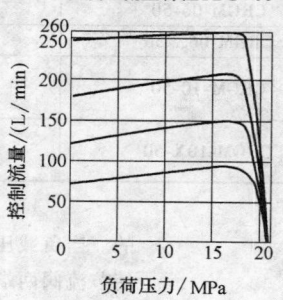
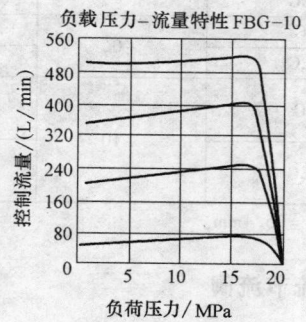

图10.5-37   FBG 型溢流节流阀的特性曲线

表 10.5-33　FBG 型溢流节流阀的技术规格

型号	FBG-03-125-10	FBG-06-250-10	FBG-10-500-10
质量/kg	13.5	27.3	57.3
最大工作压力/MPa	25	25	25
进出口最小压差/MPa	6	7	9
额定流量/(L/min)	125	250	500
流量调节范围/(L/min)	1 ~ 125	3 ~ 250	5 ~ 500
先导溢流流量/(L/min)	1.5	2.4	3.5
最大回油背压/MPa		0.5	
介质		矿物质液压油、磷酸酯液压油	
介质粘度范围/(mm²/s)		10 ~ 800	
介质温度范围/℃		– 30 ~ + 80	

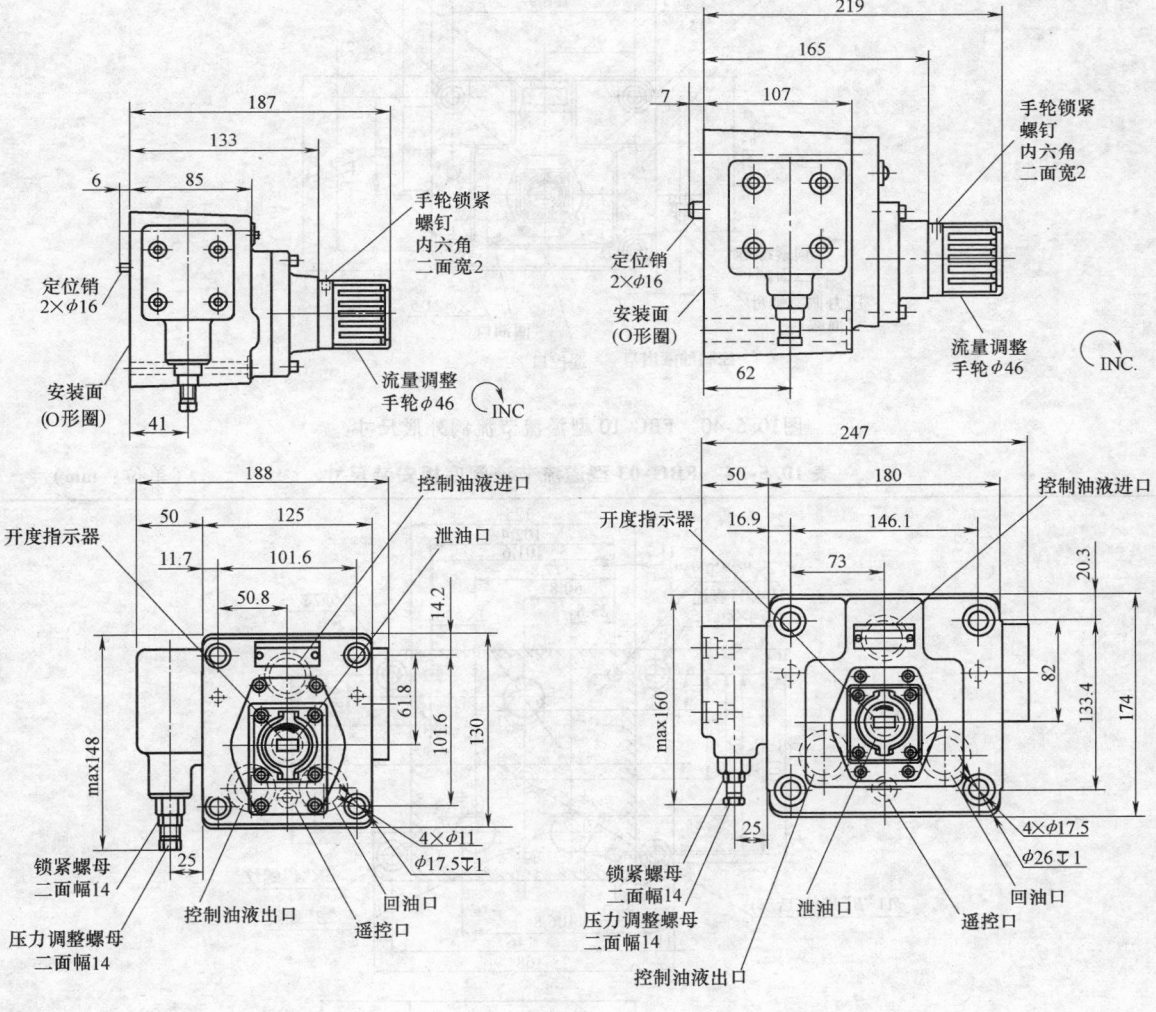

图10.5-38　FBG-03 型溢流节流阀外形尺寸　　　　图10.5-39　FBG-06 型溢流节流阀外形尺寸

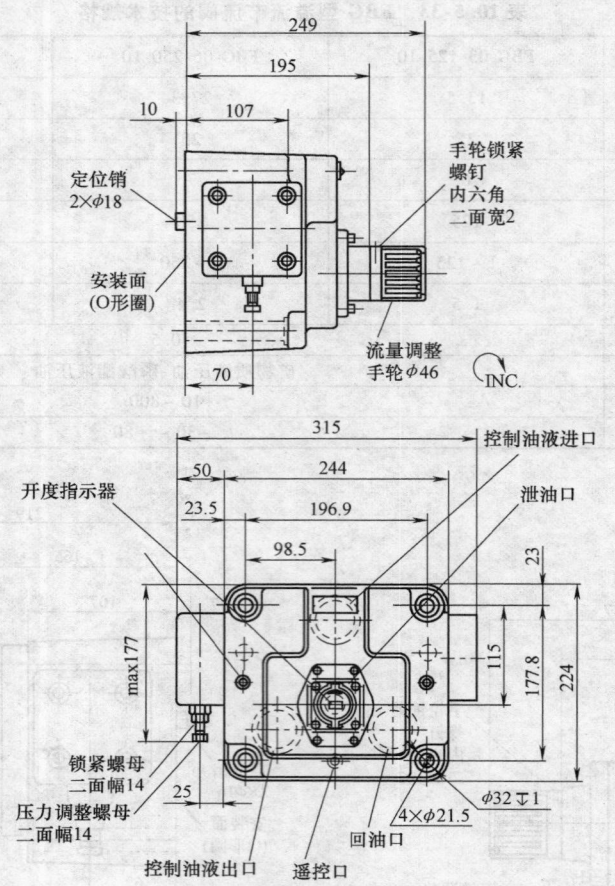

图10.5-40 FBG-10 型溢流节流阀外形尺寸

表 10.5-34 FBG-03 型溢流节流阀底板安装尺寸 （单位：mm）

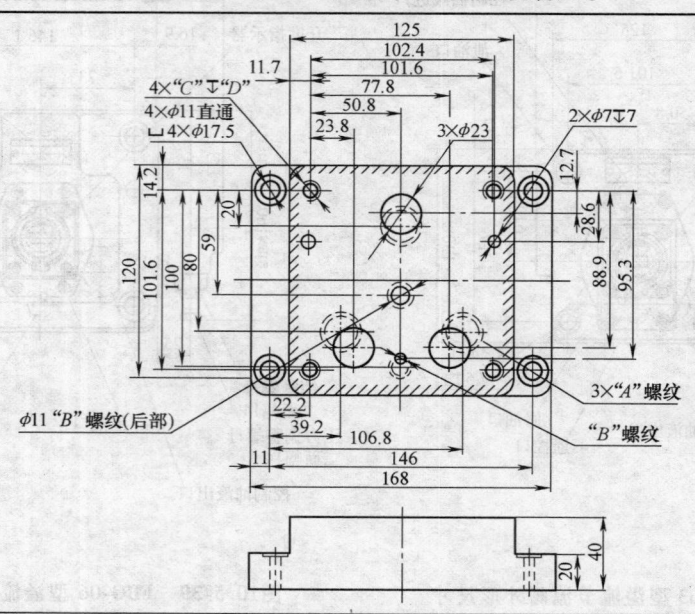

（续）

底板类型	接口尺寸		螺纹 C	D
	螺纹 A	螺纹 B		
EFBGM-03Y-10	Rc3/4	Rc1/4	M10	18
EFBGM-03Z-10	Rc1			

表 10.5-35 FBG-06 型溢流节流阀底板安装尺寸　　　　（单位：mm）

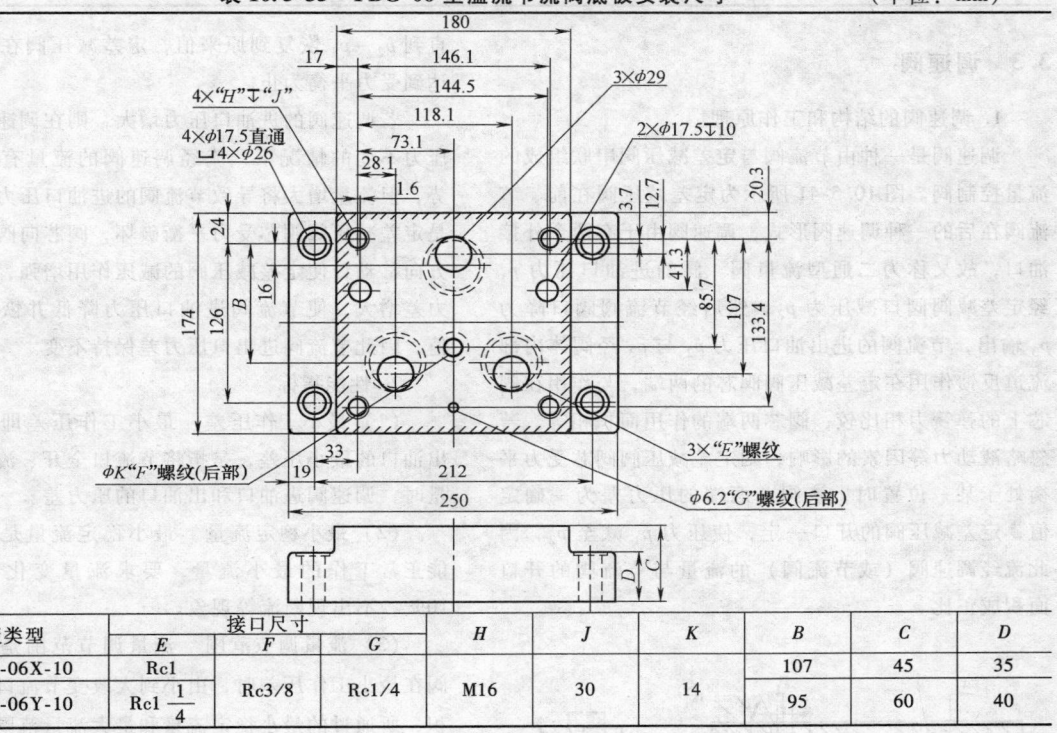

底板类型	接口尺寸			H	J	K	B	C	D
	E	F	G						
EFBGM-06X-10	Rc1	Rc3/8	Rc1/4	M16	30	14	107	45	35
EFBGM-06Y-10	Rc1$\frac{1}{4}$						95	60	40

表 10.5-36 FBG-10 型溢流节流阀底板安装尺寸　　　　（单位：mm）

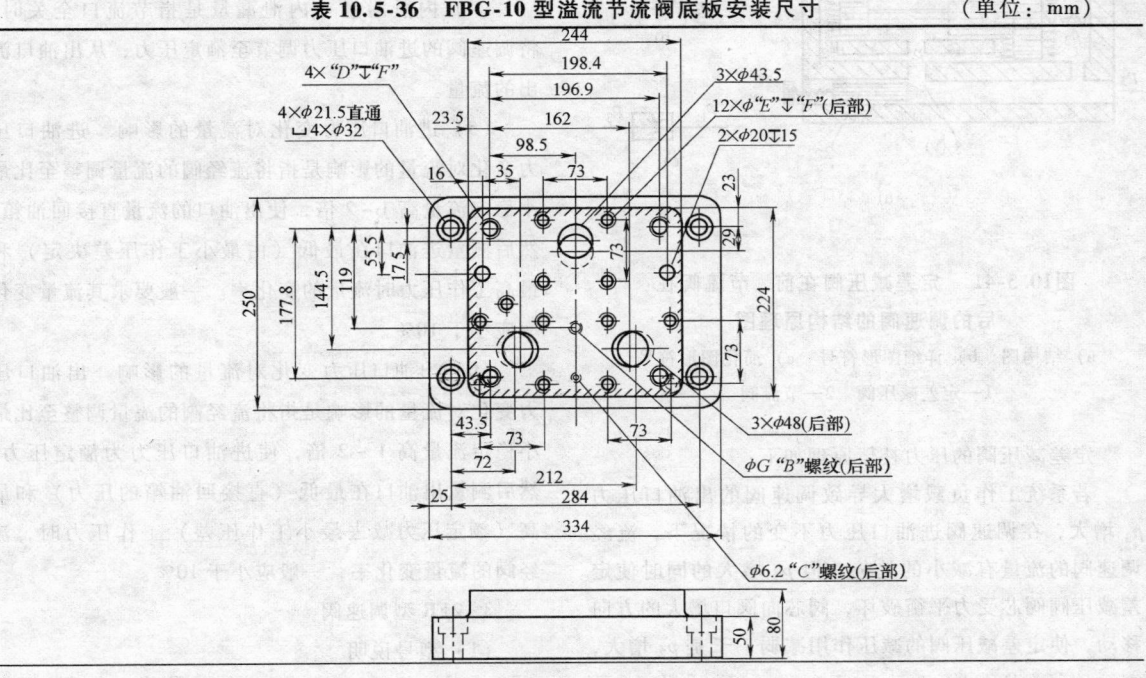

（续）

底板类型	接口尺寸		D	E	F	G
	B	C				
EFBGM-10X-10	Rc3/8	Rc1/4	M20	M16	32	11

3.3　调速阀

1. 调速阀的结构和工作原理

调速阀是一种由节流阀与定差减压阀串联组成的流量控制阀。图 10.5-41 所示为定差减压阀在前、节流阀在后的一种调速阀形式，调速阀由于有两个外接油口，故又称为二通型流量阀。阀的进油口压力 p_1 经定差减阀阀口减压为 p_2，然后经节流阀阀口降为 p_3 输出，节流阀的进出油口压力 p_2 与 p_3 经阀体内部流道反馈作用在定差减压阀阀芯的两端，与作用在阀芯上的弹簧力相比较，阀芯两端的作用面积相等。若忽略液动力等因素的影响，则定差减压阀阀芯受力平衡处于某一位置时，该阀芯两端的压力差为一确定值，定差减压阀的开口一定，使压力 p_1 减至 p_2，因此流经调速阀（或节流阀）的流量与节流阀的开口面积成正比。

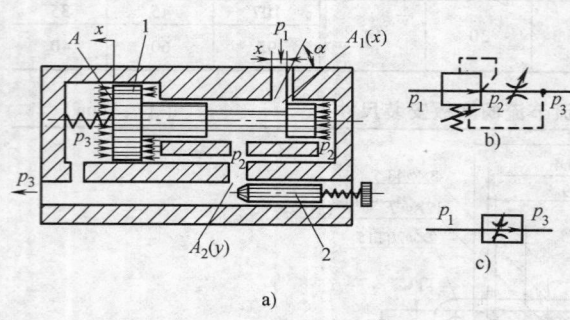

图10.5-41　定差减压阀在前、节流阀在后的调速阀的结构原理图

a）结构图　b）详细图形符号　c）简化图形符号
1—定差减压阀　2—节流阀

定差减压阀的压力补偿原理如下：

若系统工作负载增大导致调速阀的出油口压力 p_3 增大，在调速阀进油口压力不变的情况下，流经调速阀的流量有减小的趋势，但 p_3 增大的同时使定差减压阀阀芯受力平衡破坏，阀芯向阀口增大的方向移动，使定差减压阀的减压作用减弱，于是 p_2 增大，

直到 $p_2 - p_3$ 恢复到原来值，定差减压阀在新的位置达到受力平衡为止。

若调速阀的进油口压力增大，则在调速阀出油口压力不变的情况下，流经调速阀的流量有增大的趋势，但流量增大将导致节流阀的进油口压力增大，于是定差减压阀阀芯受力平衡破坏，阀芯向阀口减小的方向移动，使定差减压阀的减压作用增强，阀口的压力差增大，使节流阀进油口压力降低并恢复到原来值，因此节流阀进出油口压力差保持不变。

2. 性能指标

（1）最小工作压差　最小工作压差即调速阀进出油口的最小压差，是指将节流口全开、流过额定流量时，调速阀进油口和出油口的压力差。

（2）最小稳定流量　最小稳定流量是指调速阀能正常工作的最小流量，要求流量变化率不大于 10%，不出现断流等现象。

（3）流量调节范围　流量调节范围是指当调速阀在最小工作压差时，由小到大改变节流口的过流面积，所通过的最小稳定流量和最大流量范围。

（4）内泄漏量　内泄漏量是指节流口全关时，将调速阀的进油口压力调节至额定压力，从出油口流出的流量。

（5）进油口压力变化对流量的影响　进油口压力变化对流量的影响是将流经阀的流量调整至比最小稳定流量高 1~2 倍，使出油口的流量直接回油箱，然后测量进油口在最低（由最小工作压差决定）和最高工作压力时流量的变化率。一般要求其流量变化率应小于 10%。

（6）出油口压力变化对流量的影响　出油口压力变化对流量的影响是指将流经阀的流量调整至比最小稳定流量高 1~2 倍，使进油口压力为额定压力，然后测量出油口在最低（直接回油箱的压力）和最高（额定压力减去最小工作压差）工作压力时，流经阀的流量变化率，一般应小于 10%。

3. 2FR 型调速阀

（1）型号说明

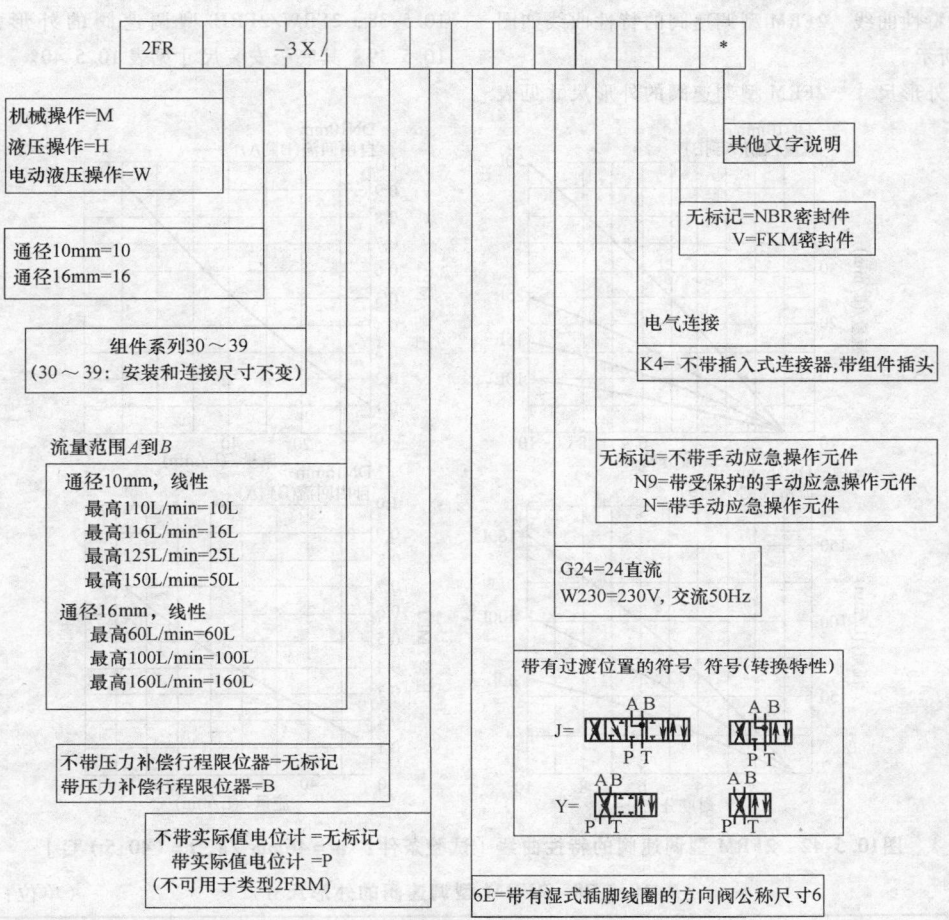

（2）技术规格　2FR 型调速阀的技术规格见表 10.5-37。

表 10.5-37　2FR 型调速阀的技术规格

通径/mm		10				16		
质量/kg	2FRM	5.6				11.3		
	2FRH	9.2				14.9		
	2FRH※P	10.3				16		
	2FRW	11.3				17		
	2FRW※P	12.4				18.1		
类型 2FRM※、2FRH※和 2FRW※								
最大流量/(L/min)	10	16	25	50	60	100	160	
B 流向 A 的压差(q_v 相关)/MPa	0.2	0.25	0.35	0.6	0.28	0.43	0.73	
最大工作压力/MPa	31.5							
类型 2FRH※和 2FRW※								
最大调节范围的控制油容量/cm³	22(300°)							
先导压力范围/MPa	1 ~ 10							
电位计								
电阻/Ω	1000							
载荷能力/W	5							
最大触电电流/A	0.12							
介质	矿物质液压油、磷酸酯液压油							
介质粘度范围/(mm²/s)	10 ~ 800							
介质温度范围/℃	-30 ~ +80							

（3）特性曲线　2FRM 型调速阀的特性曲线如图 10.5-42 所示。

（4）外形尺寸　2FRM 型调速阀的外形尺寸见表 10.5-38；2FRW/2FRH 型调速阀的外形尺寸见表 10.5-39；其底板安装尺寸见表 10.5-40。

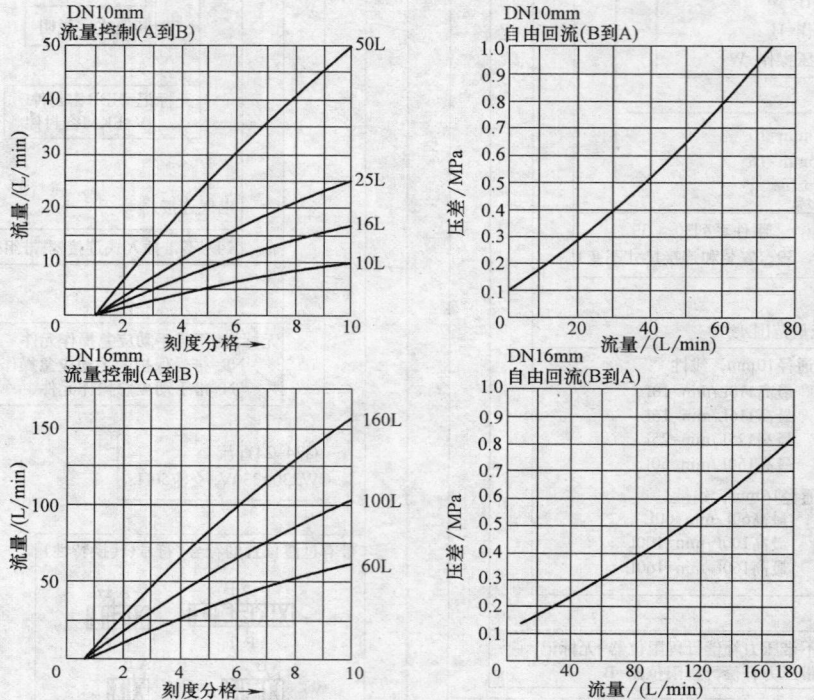

图10.5-42　2FRM 型调速阀的特性曲线［试验条件：$v = 46\text{mm}^2/\text{s}$，$t = (40\pm5)\,℃$］

表 10.5-38　2FRM 型调速阀的外形尺寸　　　　　　　　（单位：mm）

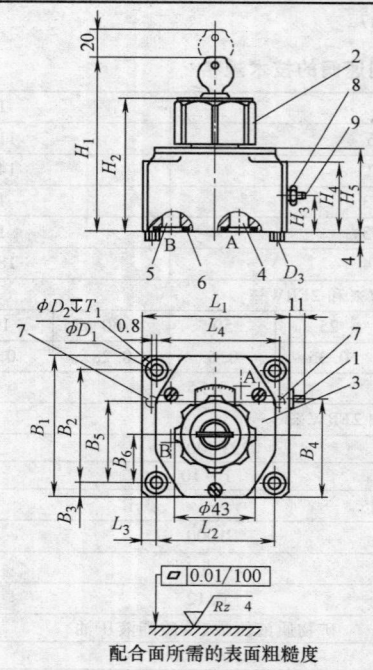

配合面所需的表面粗糙度

1—压力补偿器行程限位器　2—调节元件,可锁定旋钮,300° = 10 刻度分格　3—铭牌　4—输入"A"　5—输出"B"　6—密封圈　7—定位销　8—六角 10A/F　9—内六角 3A/F

（续）

通径	B_1	B_2	B_3	B_4	B_5	B_6	D_1	D_2	D_3	H_1	H_2	H_3	H_4	H_5	L_1	L_2	L_3	L_4	T_1
10	101.5	82.5	9.5	68	58.7	35.5	9	15	6	125	95	26	51	60	95	76	9.5	79.4	13
16	123.5	101.5	11	81.5	72.9	41.5	11	18	6	147	117	34	72	82	123.5	101.5	11	102.4	12

表 10.5-39　2FRW/2FRH 型调速阀的外形尺寸　　　　　　（单位：mm）

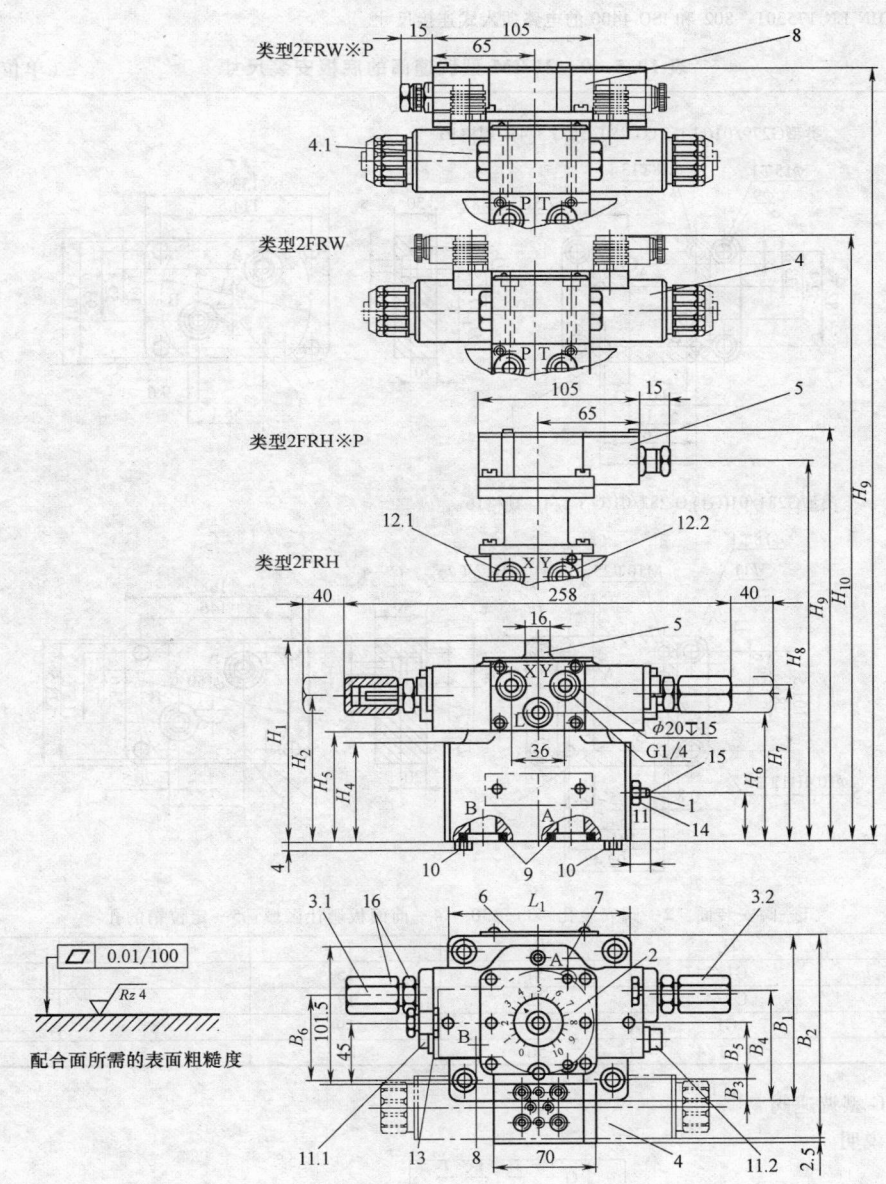

1—压力补偿器限位器　2—流量指示　3.1—用于最小流量的机架和小齿轮执行机构行程限位器　3.2—用于最大流量的机架和小齿轮执行机构行程限位器　4—方向阀公称尺寸　4.1—Y 类型阀盖　5—实际值电位计　6—铭牌　7—输入"A"　8—输出"B"　9—密封圈　10—定位销　11.1—朝向最小流量的节流阀速度调节；内六角 6A/F　11.2—朝向最大流量的节流阀速度调节；内六角 6A/F　12.1—X 的压力＝节流孔的开启压力　12.2—Y 的压力＝节流孔的闭合压力　13—刻度盘　14—六角 10A/F　15—内六角 3A/F　16—六角 13A/F

（续）

通径	B_1	B_2	B_3	B_4	B_5	B_6	H_1	H_2	H_3	H_4	H_5	H_6	H_7[①]	H_7[②]	H_8	H_9	H_{10}[③]	H_{10}[④]	L_1
10	101.5	146	9.5	68	35.5	54.5	125.5	84	26	51	58	70	89	87	179	203	201	206	95
16	123.5	160.5	11	81.5	41.5	60.5	147.5	106	34	72	80	92	111	109	201	225	223	228	123.5

① 类型 2FRH。

② 类型 2FRW。

③ 不带符合 DIN EN 175301—802 和 ISO 4400 的电路插入式连接尺寸。

④ 带符合 DIN EN 175301—802 和 ISO 4400 的电路插入式连接尺寸。

表 10.5-40　2FRM 型调速阀的底板安装尺寸　　　　　（单位：mm）

类型 G279/01(G 1/2)；G 280/01(G 3/4)-规格 10

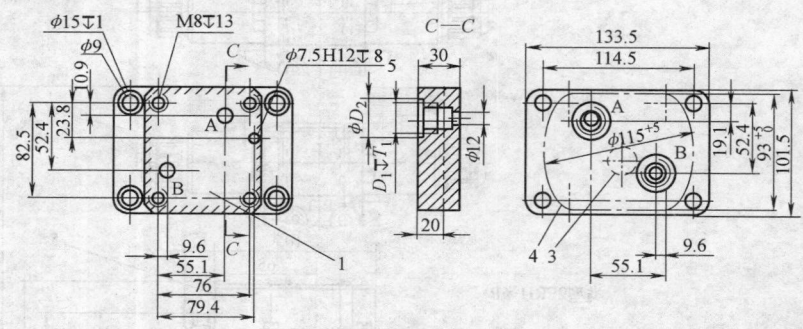

类型 G281/01(G1)；G 282/01(G 1 1/4)-规格 16

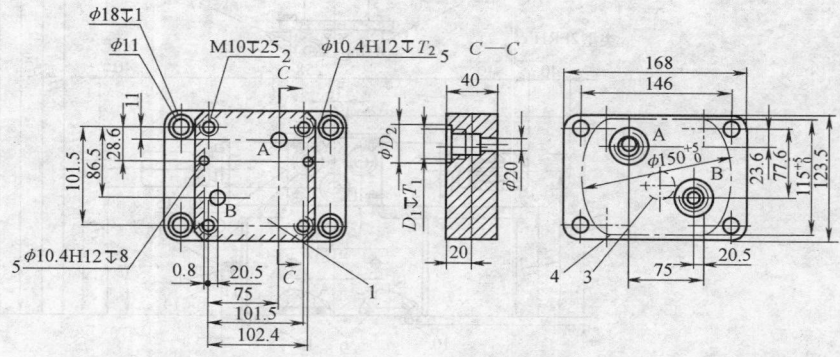

1—阀安装面　2—阀安装孔　3—φ30　4—前面板避让区域　5—定位销的孔

类型	D_1	D_2	T_1	T_2	质量/kg
G279/01	G1/2	34	15	—	2.3
G280/01	G3/4	42	17	—	2.3
G281/01	G1	47	19	8	4
G282/01	G1 1/4	56	21	4.5	4

4. FG/FCG 型调速阀

（1）型号说明

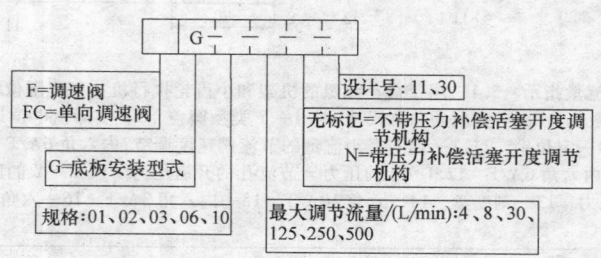

（2）技术规格　FG/FCG 型调速阀的技术规格见表 10.5-41。

表 10.5-41　FG/FCG 型调速阀技术规格

规格	最大调节流量 /（L/min）	最小调节流量/（L/min）	最高工作压力/MPa	质量/kg
01	4	0.02	14	1.3
	8	0.04（压力高于 7MPa 时）		
02	30	0.05	21	3.8
03	125	0.2		7.9
06	250	2		23
10	500	4		52
介质	石油基液压油、合成液压液、水-乙二醇液			
介质粘度范围/（mm²/s）	15 ~ 400			
介质温度范围/℃	– 15 ~ + 70			

（3）特性曲线　FG/FCG 型调速阀的特性曲线如图 10.5-43 所示。

（4）外形尺寸　FG/FCG 型调速阀的外形尺寸见表 10.5-42；其底板安装尺寸见表 10.5-43。

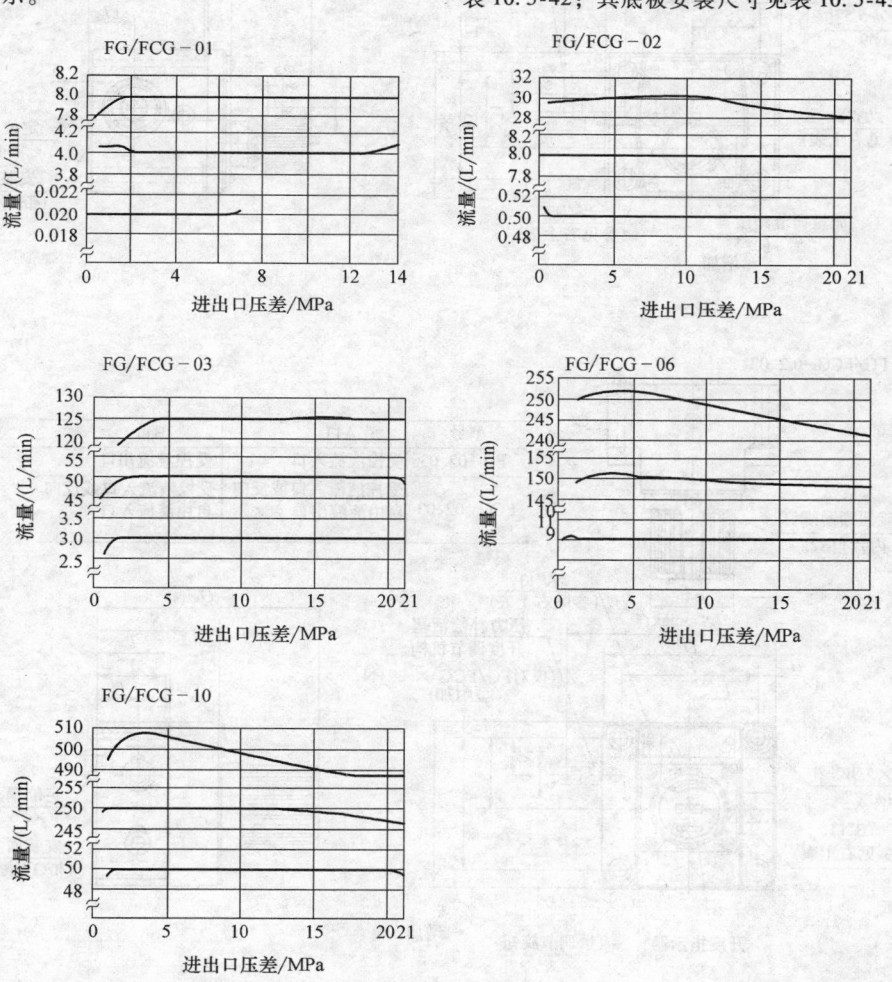

图 10.5-43　FG/FCG 型调速阀的特性曲线

表 10.5-42　FG/FCG 型调速阀的外形尺寸　　　　　　　　（单位：mm）

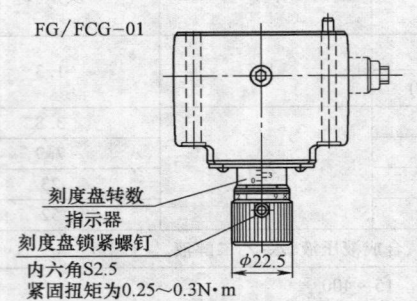

型号	A口	B口
FG-01	受控液流入口	受控液流出口
FCG-01	受控液流入口或反向自由液流出口	受控液流出口或反向自由液流入口

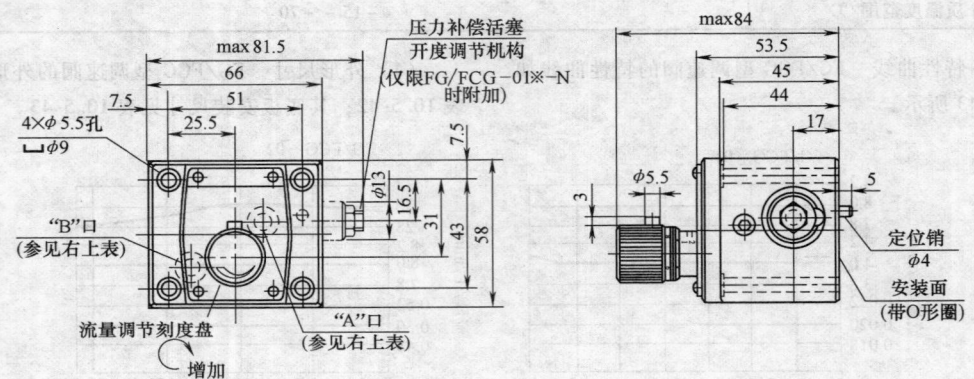

型号	A口	B口
FG-02、03	受控液流入口	受控液流出口
FCG-02、03	受控液流入口或反向自由液流出口	受控液流入口或反向自由液流入口

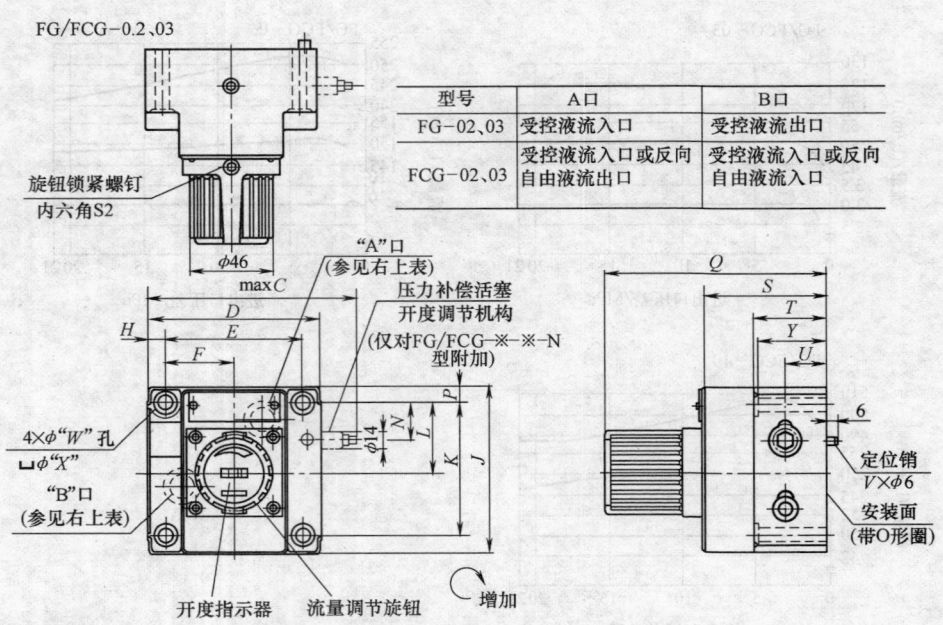

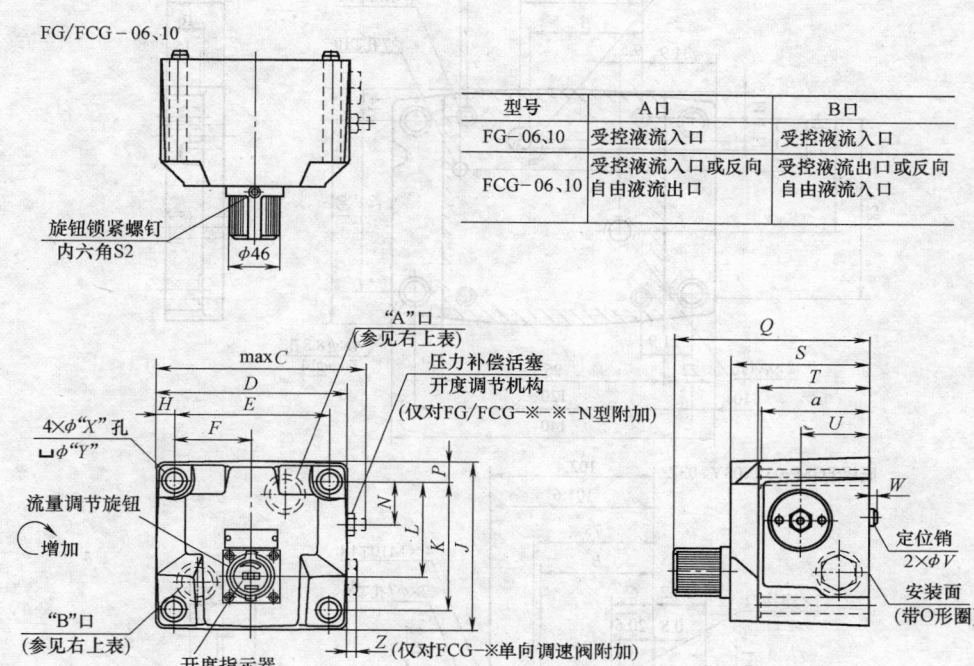

型号	A口	B口
FG-06、10	受控液流入口	受控液流入口
FCG-06、10	受控液流入口或反向自由液流出口	受控液流出口或反向自由液流入口

型号	C	D	E	F	H	J	K	L	N	P	Q	S	T	U	V	W	X	Y	Z	a
FG /FCG-02	116	96	72.6	38.1	9.9	104.5	82.6	44.3	24	9.9	123	69	40	23	1	8.8	14	39	—	—
FG /FCG-03	145	125	101.6	50.8	11.7	125	101.6	61.8	29.8	11.7	152	98	64	41	2	11	17.5	63	—	—
FG/FCG-06	198	180	146.1	73	17	174	133.4	99	44	20.3	184	130	105	65	16	7	17.5	26	9	103
FG /FCG-10	267	244	196.9	98.5	23.5	228	177.8	144.5	61	25	214	160	137	85	18	10	21.5	32	7.5	135

表 10.5-43　FG/FCG 型调速阀的底板安装尺寸　　　　　　（单位：mm）

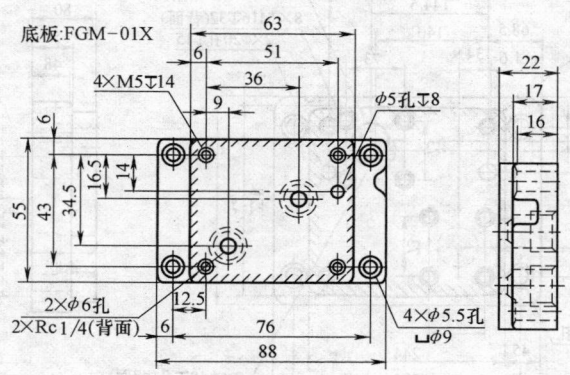

（续）

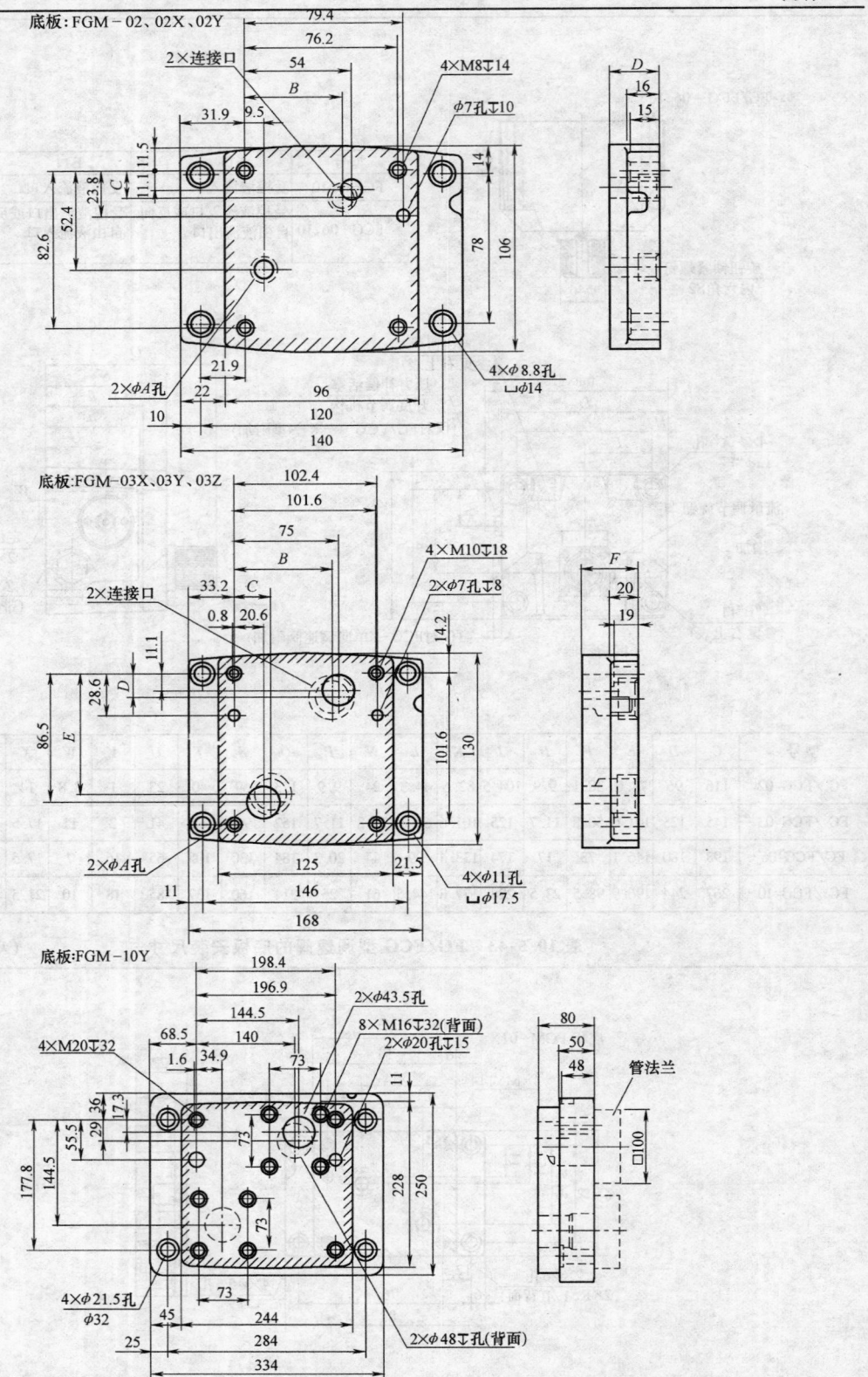

底板:FGM－02、02X、02Y

底板:FGM－03X、03Y、03Z

底板:FGM－10Y

（续）

底板：FGM-06X、06Y、06Z

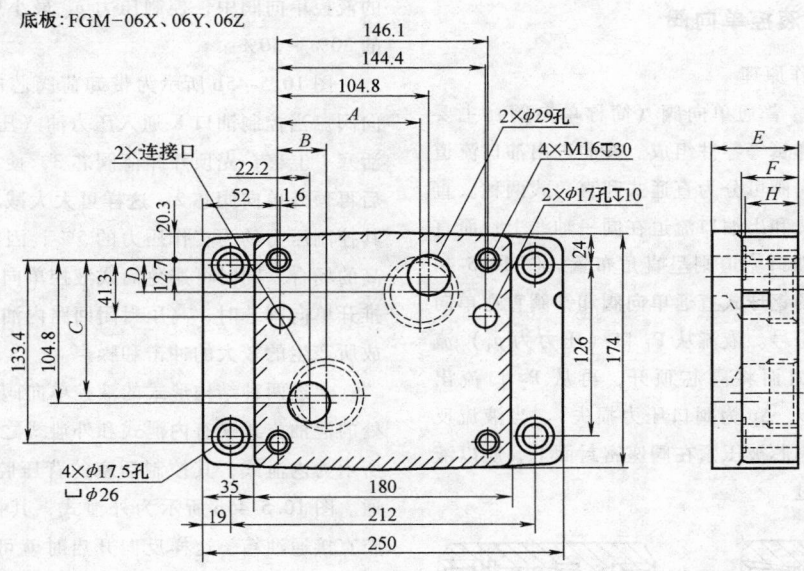

底板型号	连接口径	A	B	C	D	E	F	H
FGM-02-20	Rc1/4	11	54	11.1	25	—	—	—
FGM-02X-20	Rc3/8	14	54	11.1	25	—	—	—
FGM-02Y-20	Rc1/2	14	51	14	35	—	—	—
FGM-03X-20	Rc1/2	17.5	75	20.6	11.1	86.5	25	—
FGM-03Y-20	Rc3/4	23	70	25.6	16.1	81.5	40	—
FGM-03Z-20	Rc1	23	70	25.6	16.1	81.5	40	—
FGM-06X-20	Rc1	104.8	22.2	104.8	18	45	35	34
FGM-03Y-20	Rc1 $\frac{1}{4}$	99	34	99	23	60	40	39
FGM-03Z-20	Rc1 $\frac{1}{2}$	99	34	99	23	60	40	39

阀型号	底板型号	连接口径	质量/kg
FG/FCG-01	FGM-01X-10	Rc1/4	0.8
FG/FCG-02	FGM-02-20	Rc1/4	2.3
	FGM-02X-20	Rc3/8	2.3
	FGM-02Y-20	Rc1/2	3.1
FG/FCG-03	FGM-03X-20	Rc1/2	3.9
	FGM-03Y-20	Rc3/4	5.7
	FGM-03Z-20	Rc1	5.7
FG/FCG-06	FGM-06X-20	Rc1	12.5
	FGM-06Y-20	Rc1 $\frac{1}{4}$	16
	FGM-06Z-20	Rc1 $\frac{1}{2}$	16
FG/FCG-10	FGM-10Y-20	1 $\frac{1}{2}$、2、管法兰安装型	37

4　方向控制阀

4.1　单向阀和液控单向阀

1. 结构和工作原理

（1）单向阀　普通单向阀（简称单向阀）主要由阀体、阀芯和弹簧等零件组成。按照进出油口流道的布置形式，单向阀可分为直通式和直角式两种。直通式单向阀进油口和出油口流道在同一轴线上；而直角式单向阀进出油口流道则呈直角布置。图 10.5-44 所示为管式连接的钢球式直通单向阀和锥阀直通单向阀的结构及图形符号。液流从 P_1 口（压力为 p_1）流入时，克服弹簧力而将阀芯顶开，再从 P_2 口流出（压力 $p_2 = p_1 - \Delta p$，Δp 为阀口压力损失）。当液流反向流入时，由于阀芯被压紧在阀座密封面上，所以液流被截止不能通过。

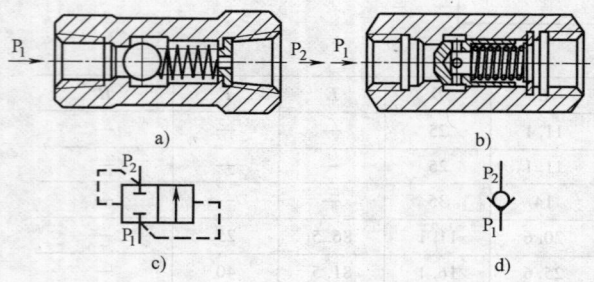

图 10.5-44　直通式单向阀

a）钢球式直通单向阀　b）锥阀式直通单向阀

c）详细图形符号　d）简化图形符号

如将单向阀中的软弹簧更换成合适的硬弹簧，即成为背压阀，这种阀通常安装在液压系统的回油路上，用以产生 0.3～0.5MPa 的背压。此外，单向阀常被安装在液压泵的出口，一方面防止系统的压力冲击影响液压泵的正常工作，另一方面在液压泵不工作时防止系统的油液倒流经液压泵回油箱。单向阀还被用来分隔油路以防止干扰，并可与其他阀并联组成复合阀，如单向顺序阀、单向节流阀等。

（2）液控单向阀　液控单向阀是用来实现逆向流动的单向阀。液控单向阀有不带卸荷阀芯的简式液控单向阀和带卸荷阀芯的卸载式液控单向阀两种结构形式，如图 10.5-45 所示。

图 10.5-45a 所示为简式液控单向阀的结构。当控制口 K 无压力油时，其工作原理与普通单向阀一样；当控制口 K 有控制压力 p_K 作用时，在液压力作

用下控制活塞 1 向上移动，顶开阀芯 2，使油口 P_1 和 P_2 相通，油液就可以从 P_2 口流向 P_1 口。在图示形式的液控单向阀中，控制压力 p_K 最小应为主油路压力的 30%～50%。

图 10.5-45b 所示为带卸荷阀芯的卸载式液控单向阀。当控制油口 K 通入压力油（压力为 p_K），控制活塞 1 上移，先顶开卸荷阀芯 3，使主油路卸压，然后再顶开单向阀芯 2。这样可大大减小控制压力，使其控制压力约为工作压力的 5%，因此可用于压力较高的场合。同时可避免简式液控单向阀中当控制活塞推开单向阀芯时，高压封闭回路内油液的压力突然释放所产生的较大的冲击和噪声。

上述两种结构形式的液控单向阀，按其控制活塞处的泄油方式又有内泄式和外泄式之分。图 10.5-45a 所示为内泄式，其控制活塞的背压腔与进油口 P_1 相通。图 10.5-45b 所示为外泄式，其控制活塞的背压腔直接通油箱，这样反向开启时就可减少 P_1 腔压力对控制压力的影响，从而可减少控制压力。故一般在液控单向阀反向工作时，如出油口压力较低，可采用内泄式；反之，则应采用外泄式。

2. 主要性能

单向阀的主要性能指标是正向最小开启压力、正向流动压力损失和反向泄漏量。

（1）正向最小开启压力　正向最小开启压力是指使阀芯刚开启时进油的最小压力。作为单向阀或背压阀使用时，因弹簧刚度不同，其正向最小开启压力有较大差别。

（2）正向流动压力损失　正向流动压力损失是指单向阀通过额定流量时所产生的压力降。压力损失包括由于弹簧力、摩擦力等产生的开启压力损失和液流的流动损失。为了减少压力损失，可以选用开启压力小的单向阀。

（3）反向泄漏量　反向泄漏量是指当液流反向进入单向阀时，通过阀口的泄漏流量。一个性能良好的单向阀应做到反向无泄漏或泄漏量极微小。当系统有较高的保压要求时，应选用泄漏量小的结构，如锥阀式单向阀。

对液控单向阀而言，除了上述性能指标要求外，还有反向最小开启控制压力，即能使单向阀反向开启的控制口的最小压力。一般外泄式单向阀的反向最小开启控制压力比内泄式小，卸载式比简式的反向最小开启控制压力小。

此外，当液控单向阀在控制活塞作用下开启时，不论是正向流动还是反向流动，它的压力损失仅仅是由于油液的流动阻力产生的，而与弹簧力无关。因此，在相同流量下，其压力损失比控制活塞不起作用时的正向流动压力损失小。

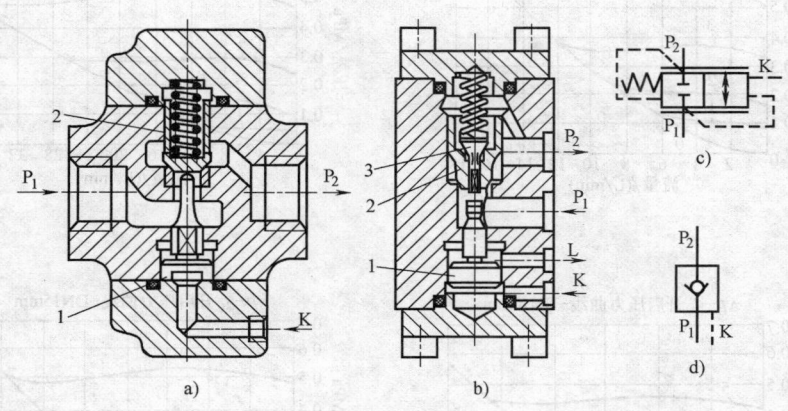

图10.5-45　液控单向阀

a）简化液控单向阀　b）卸载式液控单向阀　c）详细图形符号　d）简化图形符号
1—控制活塞　2—单向阀芯　3—卸载阀芯

3. S 型单向阀

（1）型号说明

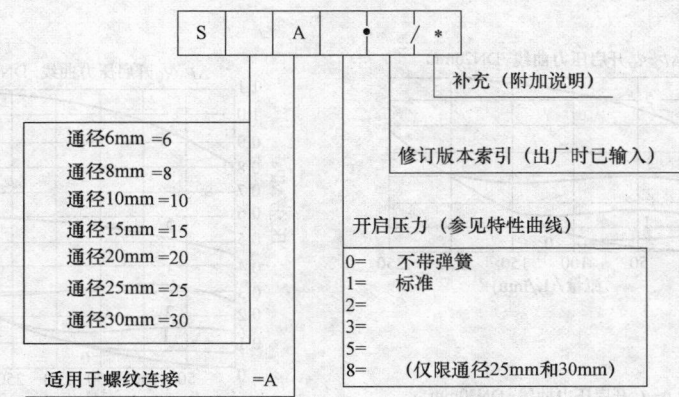

　　　　　　　　　补充（附加说明）

　　　　　　　　　修订版本索引（出厂时已输入）

通径6mm =6
通径8mm =8
通径10mm =10
通径15mm =15
通径20mm =20
通径25mm =25
通径30mm =30

　　　　　　　开启压力（参见特性曲线）

0=	不带弹簧
1=	标准
2=	
3=	
5=	
8=	（仅限通径25mm和30mm）

适用于螺纹连接　=A

（2）技术规格　S 型单向阀的技术规格见表10.5-44。

（3）特性曲线　S 型单向阀的特性曲线如图10.5-46 所示。

表 10.5-44　S 型单向阀的技术规格

通径/mm	6	8	10	15	20	25	30
质量/kg	0.1	0.2	0.3	0.5	1.0	2.0	2.5
最大工作压力/MPa	31.5						
开启压力/MPa	参见特性曲线						
最大流量/（L/min）	参见特性曲线						
介质	矿物质液压油、磷酸酯液压油						
介质粘度范围/（mm²/s）	2.8 ~ 500						
介质温度范围/℃	- 30 ~ +80						

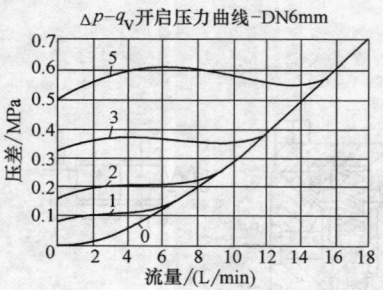

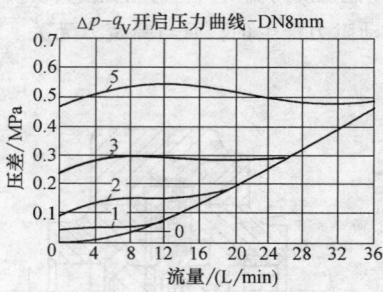

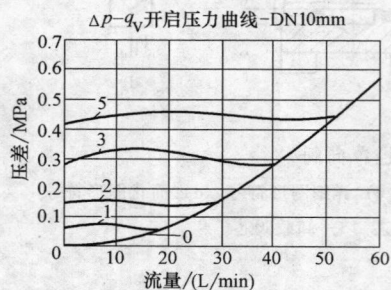

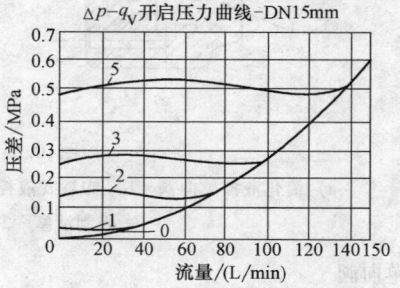

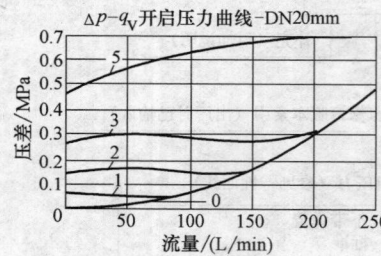

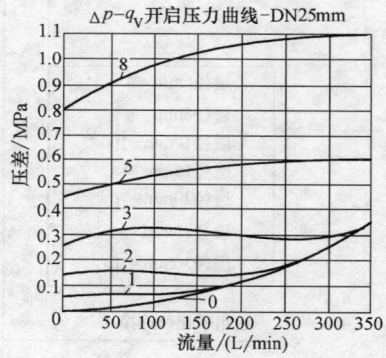

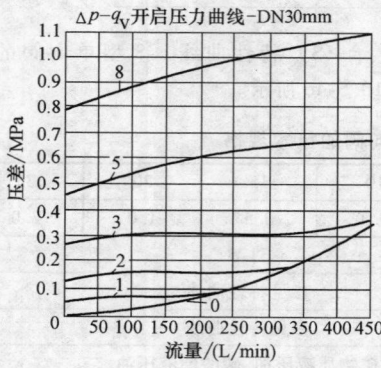

图 10.5-46　　S 型单向阀的特性曲线〔试验条件：$v = 46\,\mathrm{mm^2/s}$，$t = (40 \pm 5)\,^\circ\mathrm{C}$〕

（4）外形尺寸　S 型单向阀的外形尺寸见表 10.5-45。

表 10.5-45　S 型单向阀的外形尺寸　　　　　　　　　　（单位：mm）

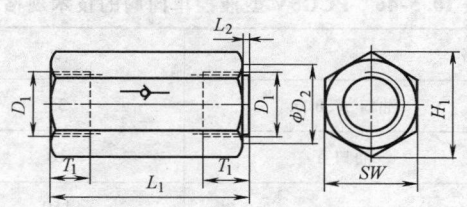

通径	D_1	D_2	H_1	L_1	L_2	T_1	SW	
6	G1/4	19	22	58	2	12	19	
8	G3/8	24	28	58	2	12	24	
10	G1/2	30	34.5	72	2	14	30	
15	G3/4	36	41.5	85	2	16	36	
20	G1	46	53	98	2	18	46	
25	G1¼	60	69	120、60[①]	2	20	60	
30	G1½	65	75	132、168[①]	2	22	65	

① 选件"A8.0"。

4. PCG5V 型液控单向阀

（1）型号说明

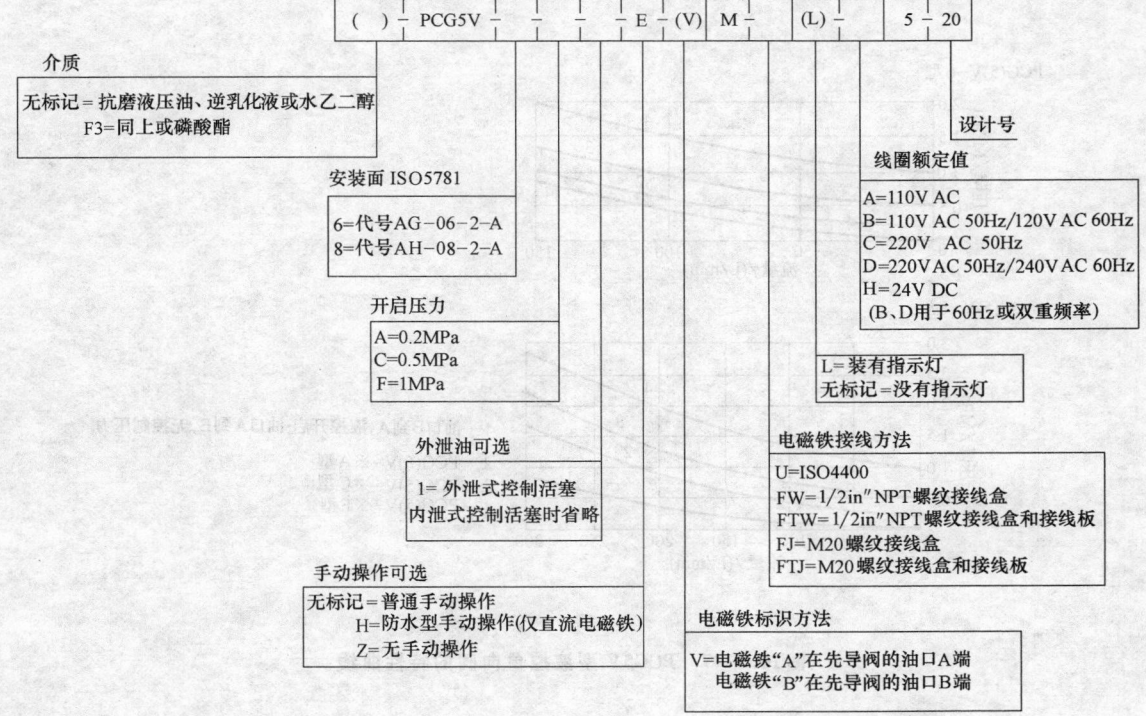

（2）技术规格   PCG5V 型液控单向阀的技术规格见表 10.5-46。

（3）特性曲线   PCG5V 型液控单向阀的特性曲线如图 10.5-47 所示。

表 10.5-46   PCG5V 型液控单向阀的技术规格

规　　格		6	8
最高压力/MPa	油口 A、B、X	35	35
	油口 Y	10	10
最大流量/(L/min)		150	300
开启压力/MPa		见型号说明	
控制活塞面积比	带释压特征	33.8:1	52.6:1
	不带释压特征	3.5:1	
介质		抗磨液压油、逆乳化液、水乙二醇、磷酸酯	
介质粘度范围/(mm²/s)		13 ~ 500	
介质温度范围/℃		−20 ~ +70	
质量/kg	内泄交流电压型	5.7	7.3
	内泄直流电压型	5.9	7.5
	外泄交流电压型	6.5	8.3
	外泄直流电压型	6.7	8.5

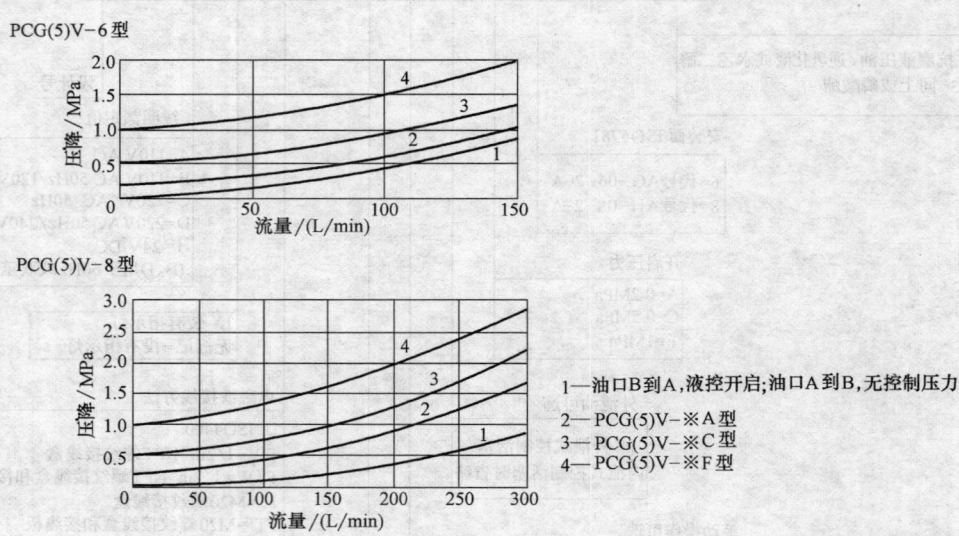

图 10.5-47   PCG5V 型液控单向阀的特性曲线

（4）外形尺寸   PCG5V 型液控单向阀的外形尺寸   见表 10.5-47；其底板安装尺寸见表 10.5-48。

表 10.5-47　PCG5V 型液控单向阀的外形尺寸　　　　　　　（单位：mm）

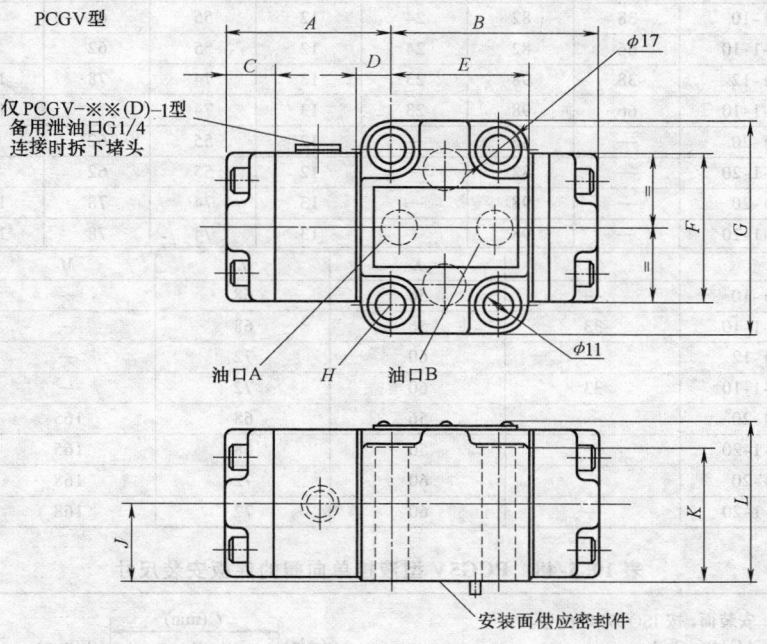

PCGV型

仅PCGV-※※(D)-1型
备用泄油口G1/4
连接时拆下堵头

油口A　　H　　油口B

安装面供应密封件

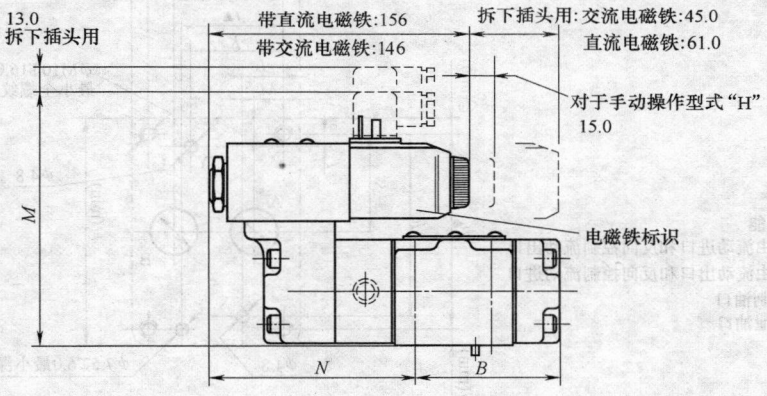

PCG5V型（带U形线圈连接）

13.0
拆下插头用

带直流电磁铁:156
带交流电磁铁:146

拆下插头用: 交流电磁铁:45.0
直流电磁铁:61.0

对于手动操作型式"H"
15.0

电磁铁标识

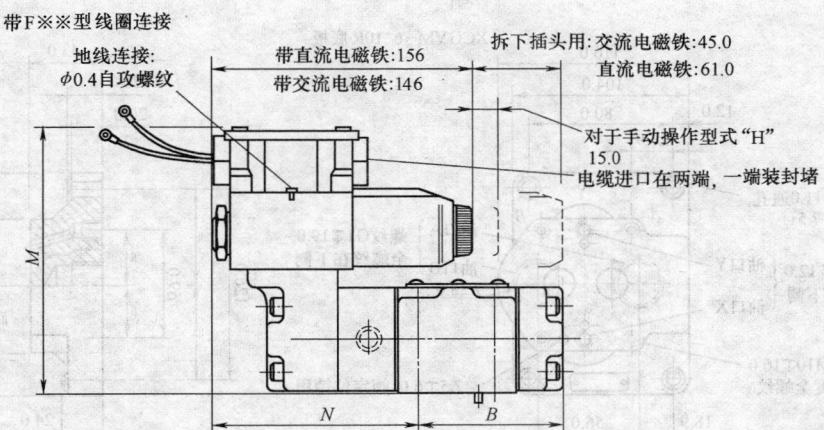

带F※※型线圈连接

地线连接:
φ0.4自攻螺纹

带直流电磁铁:156
带交流电磁铁:146

拆下插头用: 交流电磁铁:45.0
直流电磁铁:61.0

对于手动操作型式"H"
15.0
电缆进口在两端,一端装封堵

（续）

型号	A	B	C	D	E	F	G	H
PCG5V-6*（D）-10	38	82	24	12	55	62	89	10
PCG5V-6*（D）-1-10	66	82	24	12	55	62	89	10
PCG5V-8*（D）-12	38	98	23	13	74	78	103	11
PCG5V-6*（D）-1-10	66	98	23	13	74	78	103	11
PCG5V-6*（D）-20	—	82	—	12	55	62	89	10
PCG5V-6*（D）-1-20	—	82		12	55	62	89	10
PCG5V-6*（D）-20	—	98		13	74	78	103	11
PCG5V-6*（D）-1-20		98		13	74	78	103	11

型号	J	K	L	M	N
PCG5V-6*（D）-10	—	56	68		
PCG5V-6*（D）-1-10	33	56	68		
PCG5V-8*（D）-12		60	72		
PCG5V-6*（D）-1-10	33	60	72		
PCG5V-6*（D）-20	—	56	68	165	86
PCG5V-6*（D）-1-20	—	56	68	165	114
PCG5V-6*（D）-20	—	60	72	168	86
PCG5V-6*（D）-1-20	—	60	72	168	114

表 10.5-48　PCG5V 型液控单向阀的底板安装尺寸　　　　　（单位：mm）

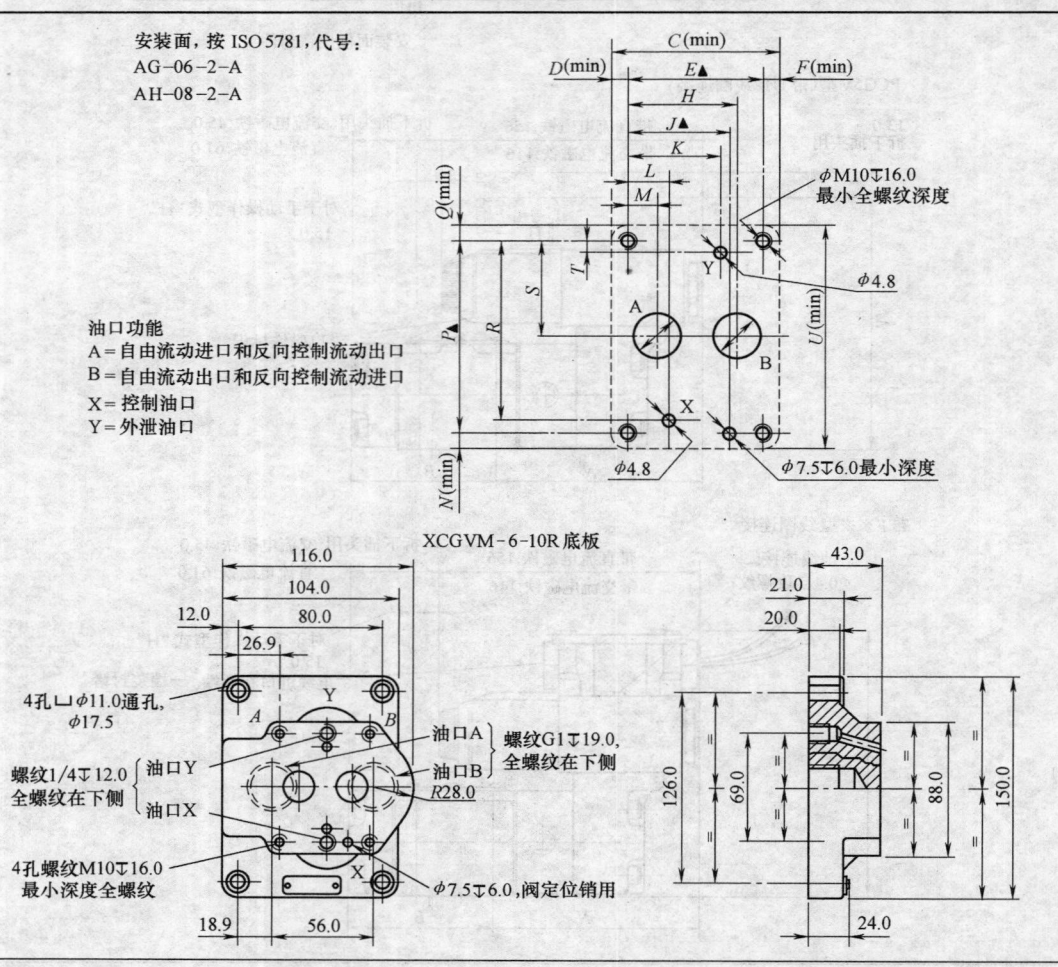

安装面，按 ISO 5781，代号：
AG－06－2－A
AH－08－2－A

油口功能
A＝自由流动进口和反向控制流动出口
B＝自由流动出口和反向控制流动进口
X＝控制油口
Y＝外泄油口

XCGVM-6-10R 底板

（续）

规格	ϕA	ϕB	C	D	E	F	H	J	K
06	14.7	14.7	61.0	9.0	42.9	9.0	35.7	31.8	21.4
08	23.4	23.4	78.0	8.8	60.3	8.8	49.2	44.5	39.7

规格	L	M	N	P	Q	R	S	T	U
06	21.4	7.1	10.0	66.7	10.0	58.7	33.3	7.9	87.0
08	20.6	11.1	10.8	79.4	10.8	73.0	39.7	6.4	101.0

4.2　电磁换向阀

1. 结构和工作原理

换向阀按电磁铁使用电源的不同，分为交流型和直流型两种。还有一种本整型，采用交流电源进行本机整流后，由直流进行控制，电磁铁仍为一般的直流型。按电磁铁内部是否有油浸入，又分为干式和湿式两种。干式电磁铁与阀体之间由密封隔开，电磁铁内部没有油。湿式电磁铁则相反。

图 10.5-48 所示为交流干式二位三通电磁换向阀，阀体左端也可安装直流型或交流本整型电磁铁。图中推杆处设置了动密封，铁心与轭铁间隙中的介质为空气，故该交流电磁铁为干式电磁铁。在电磁铁不通电，无电磁吸力时，阀芯在右端弹簧力的作用下处于最左端位置（常态位），油口 P 与 A 通，与 B 不通。若电磁铁通电产生一个向右的电磁吸力通过推杆推动阀芯右移，则阀左位工作，油口 P 与 B 通，与 A 不通。

图 10.5-49 所示为直流湿式三位四通电磁换向

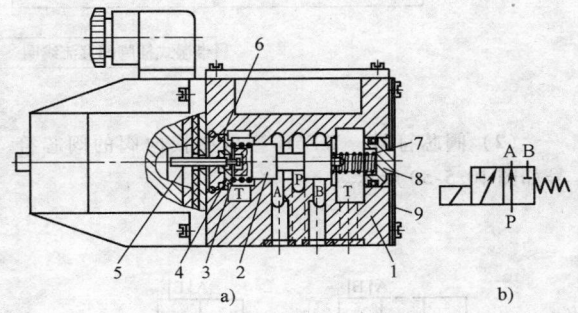

图10.5-48　交流干式二位三通电磁换向阀

a）结构图　b）图形符号
1—阀体　2—阀芯　3、7—弹簧　4、8—弹簧座
5—推杆　6—O 形圈　9—后盖

阀。当两边电磁铁都不通电时，阀芯 3 在两边对中弹簧 4 的作用下处于中位，P、T、A、B 油口互不相通；当右边电磁铁通电时，推杆将阀芯 3 推向左端，P 与 A 通，B 与 T 通；当左边电磁铁通电时，P 与 B 通，A 与 T 通。

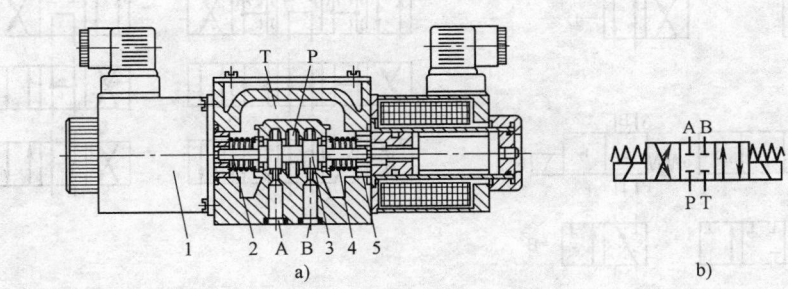

图 10.5-49　直流湿式三位四通电磁换向阀

a）结构图　b）图形符号
1—电磁铁　2—推杆　3—阀芯　4—弹簧　5—挡圈

2. WE6H 型电磁换向阀

（1）型号说明

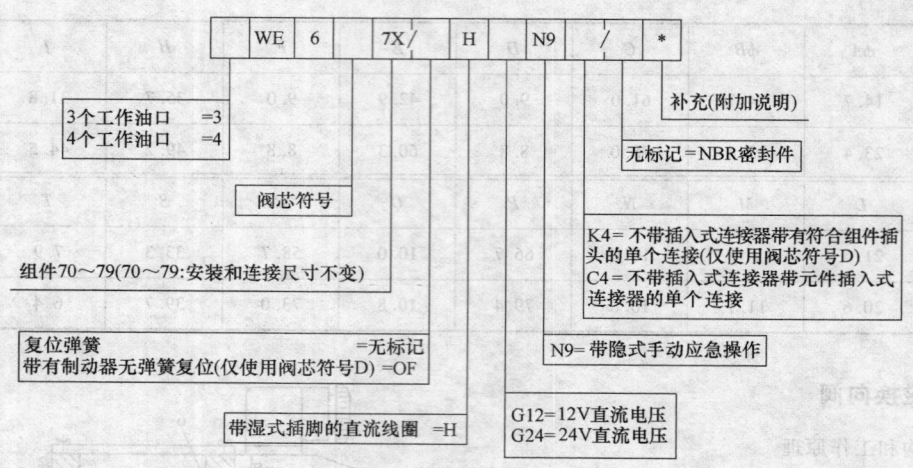

| WE | 6 | 7X/ | H | N9 | / | * |

3个工作油口 =3
4个工作油口 =4

阀芯符号

组件70～79(70～79:安装和连接尺寸不变)

复位弹簧 =无标记
带有制动器无弹簧复位(仅使用阀芯符号D) =OF

带湿式插脚的直流线圈 =H

G12=12V直流电压
G24=24V直流电压

N9= 带隐式手动应急操作

K4= 不带插入式连接器带有符合组件插头的单个连接(仅使用阀芯符号D)
C4= 不带插入式连接器带元件插入式连接器的单个连接

无标记=NBR密封件

补充(附加说明)

（2）阀芯符号　WE6H 型电磁换向阀的阀芯符号如图 10.5-50 所示。

（3）技术规格　WE6H 型电磁换向阀的技术规格见表 10.5-49。

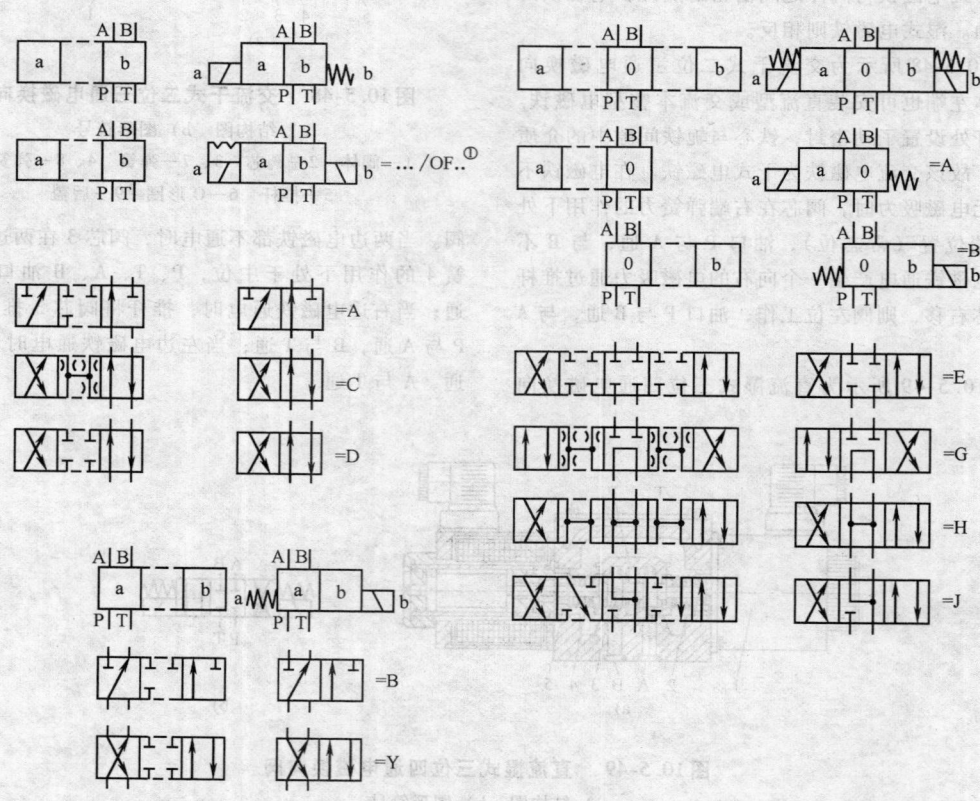

图 10.5-50　WE6H 型电磁换向阀的阀芯符号

① 仅为阀芯符号 D。

表 10.5-49 　WE6H 型电磁换向阀的技术规格

质量/kg	带一个线圈	≈1.25	电压类型		直流
	带两个线圈	≈1.6	有效电压/V		12、24
最大工作压力/MPa	油口 A、B、P	31.5	电压波动允差(%)		±10
	油口 T	16	功耗/W		26
最大流量/(L/min)		60	占空比		S1(100%)
介质		矿物质液压油、磷酸酯液压油	切换时间/ms	开	20 ~ 45
				关	10 ~ 25
介质粘度范围/(mm²/s)		2.8 ~ 500	最大切换频率/(1/h)		15000
介质温度范围/℃		–30 ~ +80	最高线圈温度/℃		150

（4）特性曲线　WE6H 型电磁换向阀的特性曲线如图 10.5-51 所示。

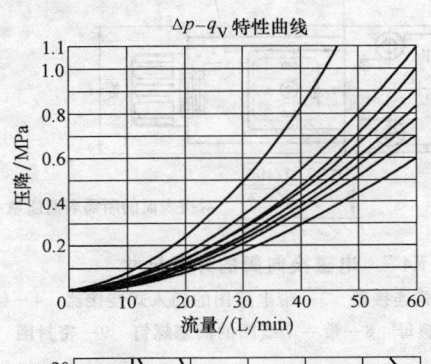

阀芯符号	流向			
	P-A	P-B	A-T	B-T
A、B	3	3	–	–
C	1	1	3	1
D、Y	4	4	3	3
E	3	3	1	1
J	1	1	2	1
G	6	6	7	7
H	3	3	2	2

7在中心位置P-T的阀芯符号"H"
8在中心位置P-T的阀芯符号"G"

直流电压线圈	
特性曲线	阀芯符号
1	A、B
2	C、Y
3	E
4	J
5	D
6	G、H
7	D/OF

图 10.5-51　WE6H 型电磁换向阀的特性曲线　[试验条件：$\nu = 46\,mm^2/s$，$t = (40 \pm 5)\,℃$]

（5）外形尺寸　WE6H 型 "K4" 电磁换向阀的外形尺寸如图 10.5-52 所示；WE6H 型 "C4" 电磁换向阀的外形尺寸如图 10.5-53 所示；其底板安装尺寸见表 10.5-50。

4.3 电液换向阀和液动换向阀

1. 结构和工作原理

（1）液动换向阀　液动换向阀是利用控制油路的压力油在阀芯端部所产生的液压力来推动阀芯移动，从而改变阀芯位置的换向阀。对于三位阀而言，按阀芯的对中形式，液动换向阀可分为弹簧对中型和液压对中型两种；按其换向时间的可调性，液动换向阀可分为可调式和不可调式两

种。图 10.5-54a 所示为不可调式三位四通液动换向阀（弹簧对中型）。阀芯两端分别接通控制油口 K_1 和 K_2。当 K_1 通压力油，K_2 通回油时，阀芯右移，P 与 A 通，B 与 T 通；当 K_2 通压力油，K_1 通回油时，阀芯左移，P 与 B 通，A 与 T 通；当 K_1 和 K_2 都通回油时，阀芯在两端对中弹簧的作用下处于中位。当对液动换向阀换向平稳性要求较高时，应采用可调式液动换向阀，即在滑阀两端 K_1、K_2 控制油路中加装阻尼调节器，如图 10.5-54b 所示。阻尼调节器由一个单向阀和一个节流阀并联组成，单向阀用来保证滑阀端面进油畅通，而节流阀用于滑阀端面回油的节流。调节节流阀开口大小，即可调整阀芯的动作时间。

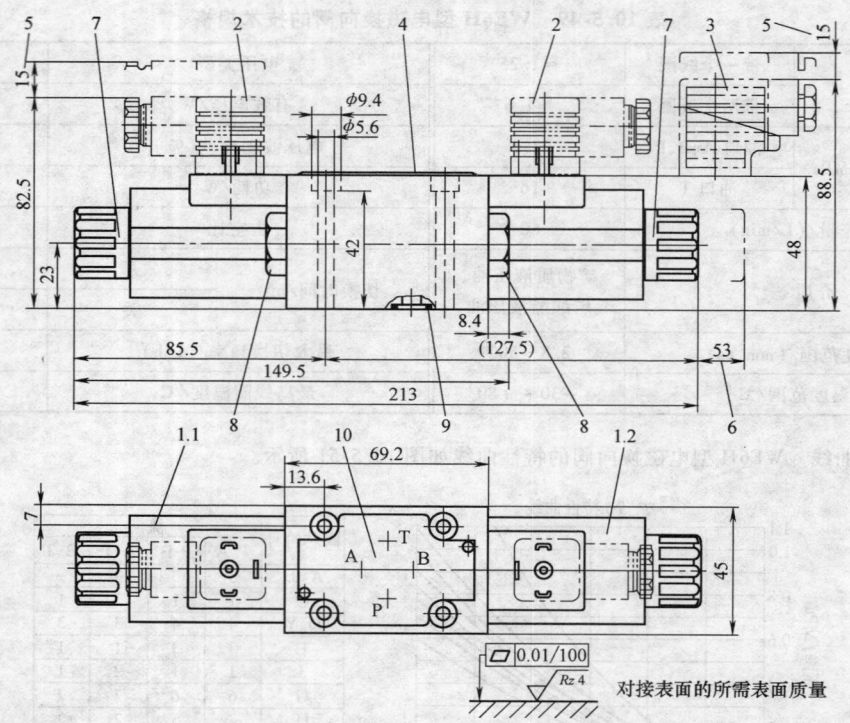

图 10.5-52　WE6H 型 "K4" 电磁换向阀的外形尺寸

1.1—线圈 "a"　1.2—线圈 "b"　2—不带电路图的插入式连接器　3—带电路图的插入式连接器　4—铭牌　5—拆卸插入式连接器所需空间　6—拆卸线圈所需空间　7—紧固螺母　8—带一个线圈的阀塞螺钉　9—密封圈　10—油口位置

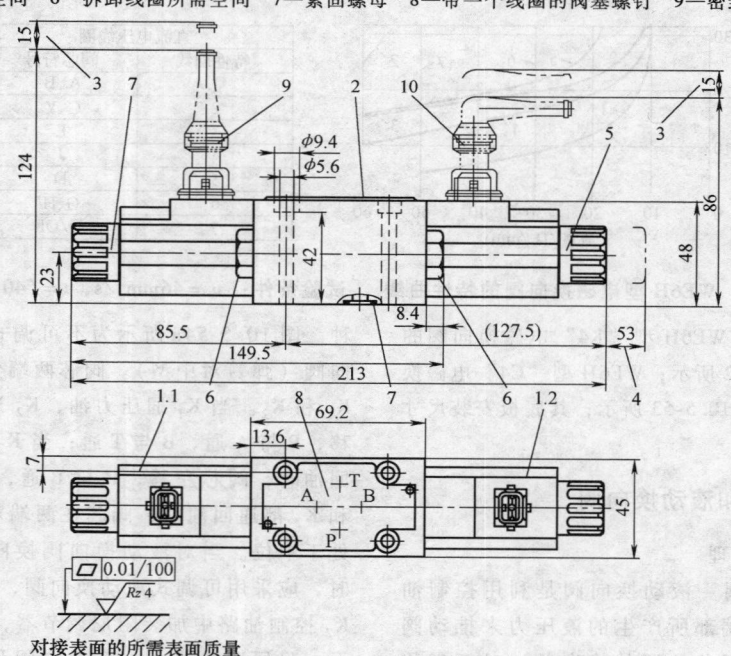

图 10.5-53　WE6H 型 "C4" 电磁换向阀的外形尺寸

1.1—线圈 "a"　1.2—线圈 "b"　2—铭牌　3—拆卸插入式连接器所需空间　4—拆卸线圈所需空间
5—紧固螺母　6—带一个线圈的阀塞螺钉　7—密封圈　8—油口位置
9—直通式插入式连接器　10—直角式插入式连接器

表 10.5-50　WE6H 型电磁换向阀的底板安装尺寸

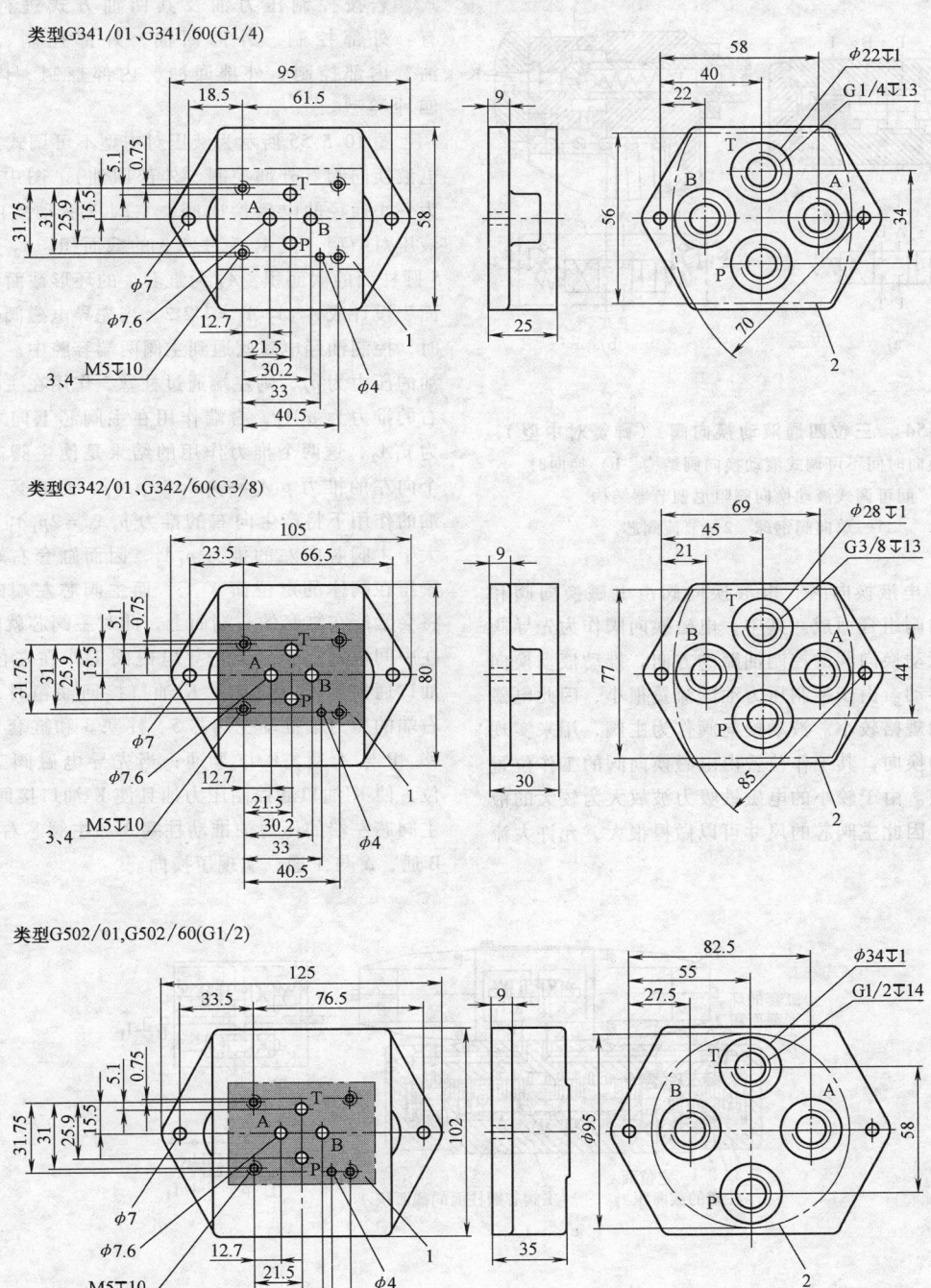

1—阀安装面　2—前面板避让区域　3—阀安装孔　4—阀安装螺钉

类型	质量/kg	类型	质量/kg
G341	0.6	G502	1.9
G342	1.1		

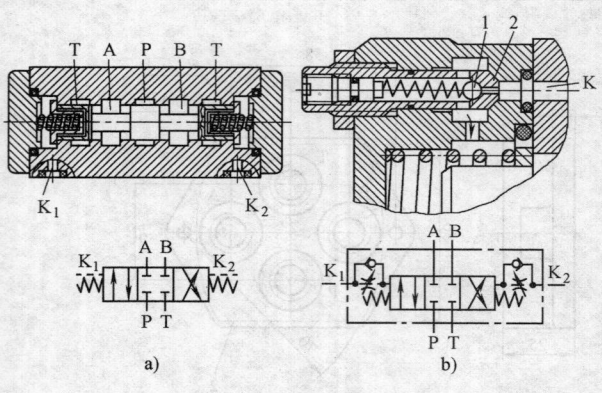

图 10.5-54 三位四通液动换向阀 （弹簧对中型）

a）换向时间不可调式液动换向阀结构 b）换向时间可调式液动换向阀阻尼调节器结构

1—单向阀钢球 2—节流阀芯

（2）电液换向阀 电液换向阀由电磁换向阀和液动换向阀组合而成。其中，电磁换向阀作为先导阀来改变液动换向阀的控制油路的方向，推动液动换向阀阀芯移动。由于控制压力油的流量很小，因此电磁换向阀的规格较小。液动换向阀作为主阀，用来实现主油路的换向，其工作位置由电磁换向阀的工作位置相应确定。由于较小的电磁铁吸力被放大为较大的液压推力，因此主阀芯的尺寸可以做得很大，允许大流量通过。

电液换向阀有弹簧对中和液压对中两种形式。若按控制压力油及其回油方式进行分类则有：外部控制、外部回油，外部控制、内部回油，内部控制、外部回油，内部控制、内部回油四种类型。

图 10.5-55 所示为液压对中型不可调式三位四通电液换向阀（外部控制、外部回油）。图中先导阀 4 为一小通径的电磁换向阀，主阀（液动换向阀）为液压对中型。设 A_1 为柱塞 3 的截面积，A_2 为主阀芯 5 圆柱面的截面积，A_3 为缸套 2 的环形截面积，且各面积设计成 $A_1:A_2:A_3 = 1:2:2$。当先导电磁阀处于中位时，控制油经电磁阀通到主阀两端容腔中。如果控制油的压力为 p_1，则左端通过柱塞 3 作用在主阀芯上向右的推力为 $p_1 A_1$，右端作用在主阀芯上向左的推力为 $p_1 A_2$，这两个推力作用的结果是使主阀芯受到一个向左的推力 $p_1 A_2 - p_1 A_1 = p_1 A_1$。而缸套 2 在控制油的作用下将产生向右的推力 $p_1 A_3 = 2p_1 A_1$，这个力大于主阀芯向左的推力 $p_1 A_1$，因而缸套右端面将会紧压在阀体的定位面 X 上，而主阀芯左端的台肩也将会紧压在缸套的右端面上，此时主阀芯就牢靠地停在中间位置上了。当先导电磁阀工作在左位，使 K'' 油口通控制压力油且使 K' 油口接回油箱时，主阀芯右端的压力油推动主阀芯 5、柱塞 3 和缸套 2 一起左移，P 与 A 通，B 与 T 通；当先导电磁阀工作在右位，使 K' 油口通控制压力油且使 K'' 油口接回油箱时，主阀芯左端的压力油推动柱塞 3 和主阀芯右移，P 与 B 通，A 与 T 通，实现了换向。

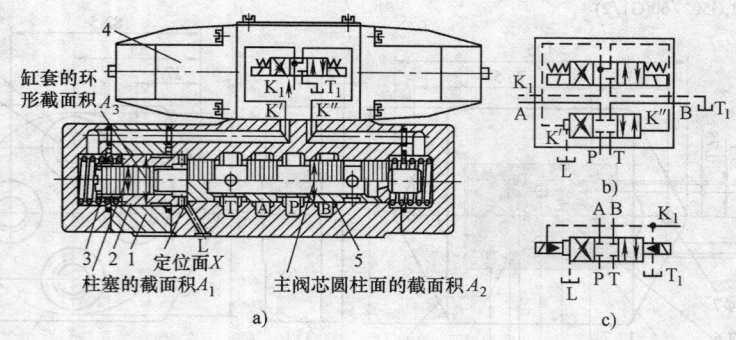

图 10.5-55 液压对中型不可调式三位四通电液换向阀

a）结构图 b）详细图形符号 c）简化图形符号

1—中盖 2—缸套 3—柱塞 4—先导阀 5—主阀芯

2. WEH/WH 型电液和液动换向阀

（1）型号说明

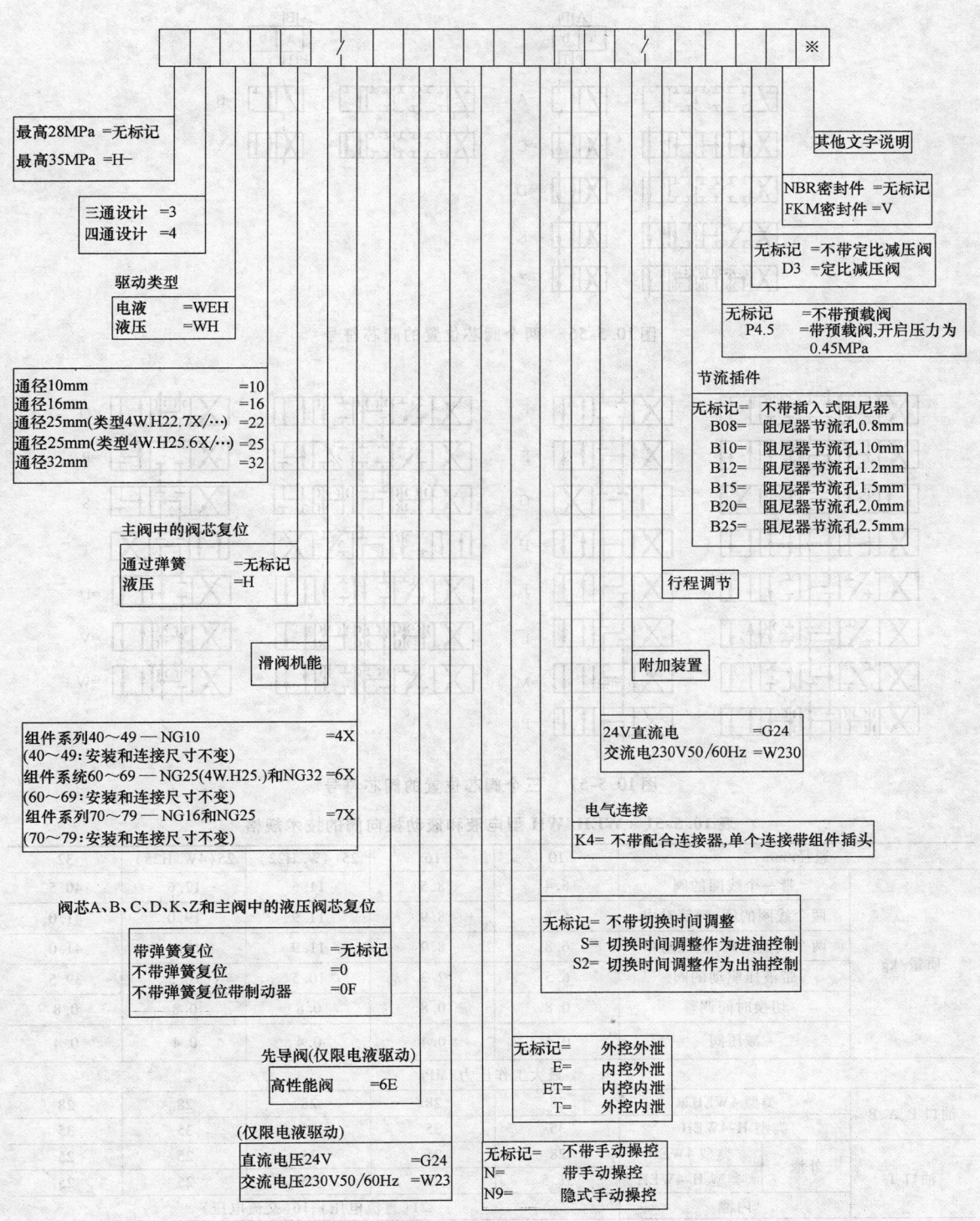

最高28MPa =无标记
最高35MPa =H-

三通设计 =3
四通设计 =4

驱动类型
电液 =WEH
液压 =WH

通径10mm =10
通径16mm =16
通径25mm(类型4W.H22.7X/…) =22
通径25mm(类型4W.H25.6X/…) =25
通径32mm =32

主阀中的阀芯复位
通过弹簧 =无标记
液压 =H

滑阀机能

组件系列40～49 — NG10 =4X
(40～49:安装和连接尺寸不变)
组件系统60～69 — NG25(4W.H25.)和NG32 =6X
(60～69:安装和连接尺寸不变)
组件系列70～79 — NG16和NG25 =7X
(70～79:安装和连接尺寸不变)

阀芯A、B、C、D、K、Z和主阀中的液压阀芯复位
带弹簧复位 =无标记
不带弹簧复位 =0
不带弹簧复位带制动器 =0F

先导阀(仅限电液驱动)
高性能阀 =6E

(仅限电液驱动)
直流电压24V =G24
交流电压230V50/60Hz =W23

其他文字说明

NBR密封件 =无标记
FKM密封件 =V

无标记 =不带定比减压阀
D3 =定比减压阀

无标记 =不带预载阀
P4.5 =带预载阀,开启压力为
0.45MPa

节流插件
无标记= 不带插入式阻尼器
B08= 阻尼器节流孔0.8mm
B10= 阻尼器节流孔1.0mm
B12= 阻尼器节流孔1.2mm
B15= 阻尼器节流孔1.5mm
B20= 阻尼器节流孔2.0mm
B25= 阻尼器节流孔2.5mm

行程调节

附加装置

24V直流电 =G24
交流电230V50/60Hz =W230

电气连接
K4= 不带配合连接器,单个连接带组件插头

无标记= 不带切换时间调整
S= 切换时间调整作为进油控制
S2= 切换时间调整作为出油控制

无标记= 外控外泄
E= 内控外泄
ET= 内控内泄
T= 外控内泄

无标记= 不带手动操控
N= 带手动操控
N9= 隐式手动操控

(2) 滑阀机能
1) 两个阀芯位置的阀芯符号如图10.5-56所示。
2) 三个阀芯位置的阀芯符号如图10.5-57所示。

(3) 技术规格　WEH/WH 型电液和液动换向阀的技术规格见表10.5-51。

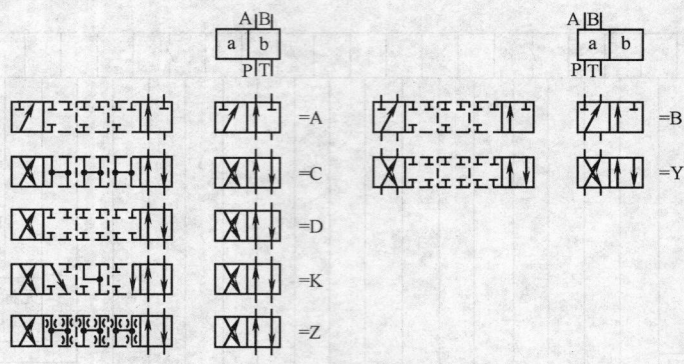

图 10.5-56   两个阀芯位置的阀芯符号

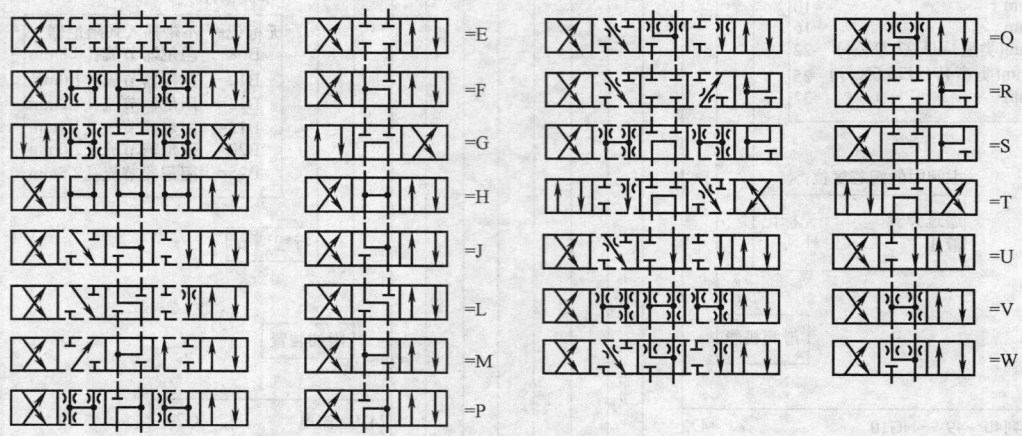

图 10.5-57   三个阀芯位置的阀芯符号

表 10.5-51   WEH/WH 型电液和液动换向阀的技术规格

			10	16	25(4W.H22)	25(4W.H25)	32
	通径/mm		10	16	25(4W.H22)	25(4W.H25)	32
质量/kg	带一个线圈的阀		6.4	8.5	11.5	17.6	40.5
	两个线圈的阀,弹簧对中		6.8	8.9	11.9	19.0	41.0
	两个线圈的阀,液压对中		6.8	8.9	11.9	19.0	41.0
	带液压驱动的阀		6.5	7.3	10.5	16.5	39.5
	切换时间调整		0.8	0.8	0.8	0.8	0.8
	减压阀		0.4	0.4	0.4	0.4	0.4
最大工作压力/MPa							
油口 P、A、B	类型 4WEH		28	28	28	28	28
	类型 H-4WEH		35	35	35	35	35
油口 T	外泄	类型 4WEH	28	25	25	25	25
		类型 H-4WEH	31.5	25	25	25	25
	内泄		21(直流电压);16(交流电压)				
油口 Y	外泄		21(直流电压);16(交流电压)				
	类型 4WEH		25	25	21	25	25
	类型 H-4WEH		31.5	31.5	27	31.5	31.5
最大先导压力/MPa			25	25	21	25	25

（续）

通径/mm			10	16	25(4W. H22)	25(4W. H25)	32
最小先导压力/MPa							
外控,内控 (D、K、E、J、L、 M、Q、R、U、W)	三位阀 弹簧对中	类型 H-4WEH…	1	1.4	1.25	1.3	0.85
		类型 4WEH…	1	1.4	1.05	1.3	0.85
	三位阀液压对中		—	1.4	—	1.8	0.85
	带弹簧偏置 的二位阀	类型 H-4WEH…	1	1.4	1.4	1.3	1
		类型 4WEH…	1	1.4	1.1	1.3	1
	带液压偏置的二位阀		0.7	1.4	0.8	0.8	0.5
内控(C、F、G、H、P、T、V、Z、S)			0.45	0.45	0.45	0.45	0.45
最短切换时间的先导油流量 （近似值)/(L/min)			35	35	35	35	45
零位置的自由通流面积(阀芯 Q、V 和 W)/mm²							
阀芯 V	阀芯 Q,A-T、B-T		13	32	78	83	78
	P-A、P-B		13	32	73	83	73
	A-T、B-T		13	32	84	83	84
阀芯 W,A-T、B-T			2.4	6	10	14	20

切换时间/ms						
先导压力/MPa		7	21	25	弹簧
		开			关
通径 10mm	不带节流插件	40～60	—	40～60	20～30
	带节流插件	60～90	—	50～70	20～30
通径 16mm	不带节流插件	50～80	—	40～60	50～80
	带节流插件	110～130	—	80～100	50～80
通径 25mm (4W. H22)	不带节流插件	40～70	40～60	—	50～70
	带节流插件	140～160	80～110	—	50～70
通径 25mm (4W. H25)	不带节流插件	70～100	—	50～70	100～130
	带节流插件	200～250	—	120～150	100～130
通径 32mm	不带节流插件	80～130	—	70～100	140～160
	带节流插件	420～560	—	230～350	140～160

介质	矿物质液压油、磷酸酯液压油
介质粘度范围/(mm²/s)	2.8～500
介质温度范围/℃	－30～＋80

（4）特性曲线　WEH/WH 型电液和液动换向阀的特性曲线见表 10.5-52。

表 10.5-52　WEH/WH 型电液和液动换向阀特性曲线 [试验条件：$\nu = 46\text{mm}^2/\text{s}$, $t = (40 \pm 5)$℃]

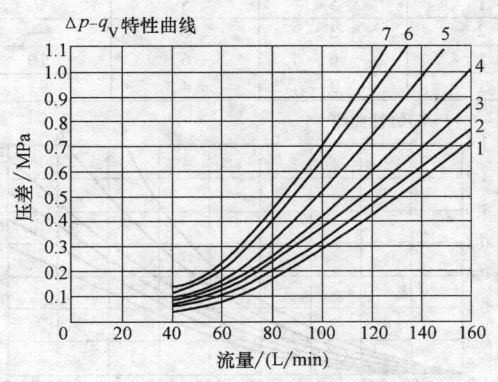

（续）

阀芯	阀芯位置				阀芯	零位置		
	P-A	P-B	A-T	B-T		A-T	B-T	P-T
E、Y、D	2	2	4	5	F	3	—	6
F	1	4	1	4				
G、T	4	2	2	6	G、T	—	—	7
H、C	4	4	1	4	H	1	2	5
J、K	1	2	1	3	L	3	—	—
L	2	3	1	4				
M	4	4	3	4	P	—	7	5
P	4	1	3	4				
Q、V、W、Z	2	2	3	5				
R	2	2	3	—	U	—	4	—
U	3	3	3	4				
A、B	2	2	—	—				

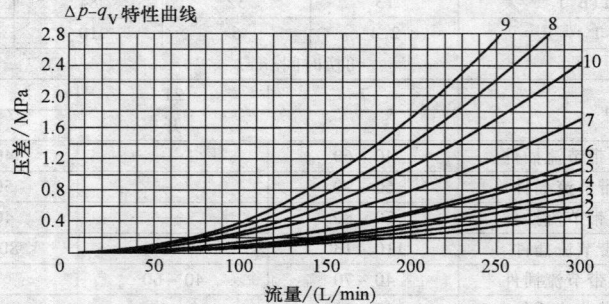

阀芯	阀芯位置				零位置		
	P-A	P-B	A-T	B-T	P-T	A-T	B-T
D、E	1	1	3	3	—	—	—
F	1	2	5	5	4	3	—
G	4	1	5	5	7	—	—
C、H	1	1	5	6	2	2	4
K、J	2	2	6	6	—	3	—
L	1	2	5	4	—	—	—
M	1	1	3	4	—	—	—
P	2	1	3	6	5	—	—
Q	1	1	6	6	—	—	—
R	2	4	7	—	—	—	—
S	3	3	3	—	9	—	—
T	4	1	5	5	7	—	—
U	2	2	3	6	—	—	—
V、Z	1	1	6	6	10	8	8
W	1	1	3	4	—	—	—

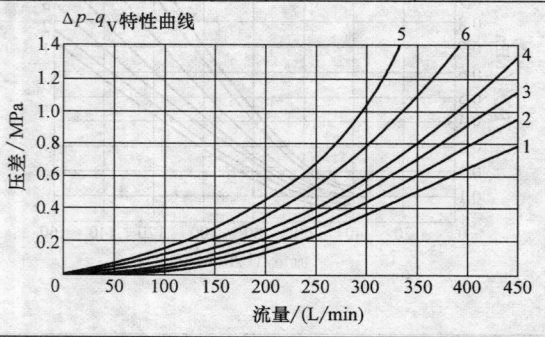

（续）

阀芯	阀芯位置					阀芯	零位置		
	P-A	P-B	A-T	B-T	B-A		A-T	B-T	P-T
E、M、P、Q、U、V、Z、C	2	2	1	4	—	F	—	—	4
F	1	2	1	2	—	G、P	—	—	6
G、T	2	2	2	4	—	H	—	—	5
H、J、W、K、D	2	2	1	3	—	L	4	—	—
L	2	2	1	2	—	T	—	—	5
R	1	2	1	—	5	U	—	6	—
A、B	2	2	—	—	—				

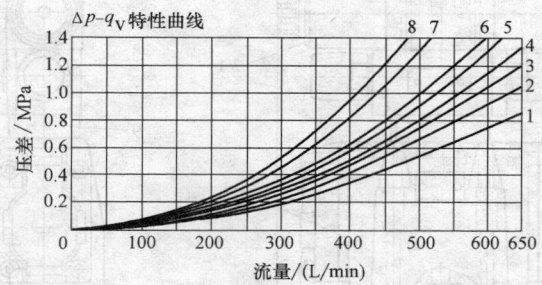

Δp-q_V 特性曲线

阀芯	阀芯位置				阀芯	阀芯位置				
	P-A	P-B	A-T	B-T		P-A	P-B	A-T	B-T	B-A
E、C	1	1	1	3	P	4	1	1	5	—
F	1	4	3	3	R	2	1	1	—	8
G	3	1	2	4	U	4	1	1	6	—
H、D	4	4	3	4	V、Z	2	4	3	6	—
J、Q、K	2	2	3	5	W	1	1	1	3	—
L	2	2	3	3	T	3	1	2	4	—
M	4	4	1	4						

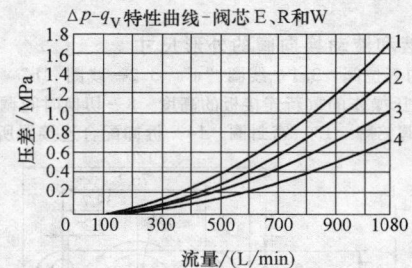

Δp-q_V 特性曲线-阀芯 E、R 和 W

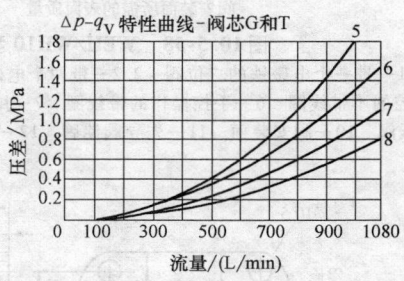

Δp-q_V 特性曲线-阀芯 G 和 T

阀芯	阀 芯 位 置				
	P-A	P-B	A-T	B-T	B-A
E	4	4	3	2	—
R	4	4	3	—	1
W	4	4	3	2	—

阀芯	阀 芯 位 置				
	P-A	P-B	A-T	B-T	P-T
G	7	8	7	5	6
T	7	8	7	5	6

（5）外形尺寸　WEH/WH 型电液和液动换向
阀的外形尺寸及其底板安装尺寸如图 10.5-58 ~

图 10.5-66 所示。

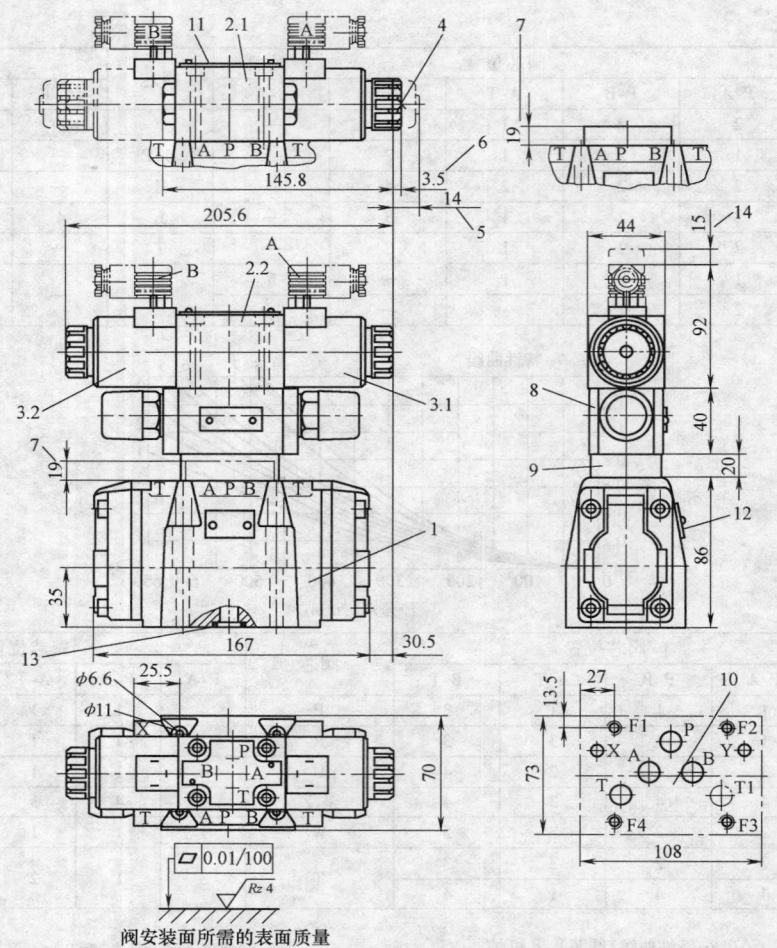

图 10.5-58   WEH/WH10 型电液和液动换向阀的外形尺寸

1—主阀   2.1—带一个电磁铁的二位阀   2.2—带两个电磁铁的三位阀   3.1—线圈 "a"   3.2—线圈 "b"   4—手动操控
5—手动操控的不带线圈   6—手控操作的带线圈   7—用于液压操作的重新连接板的高度   8—切换时间调整（6A/F）
9—减压阀   10—阀安装面   11—先导阀铭牌   12—整体阀铭牌   13—密封圈   14—拆卸配合连接器所需空间

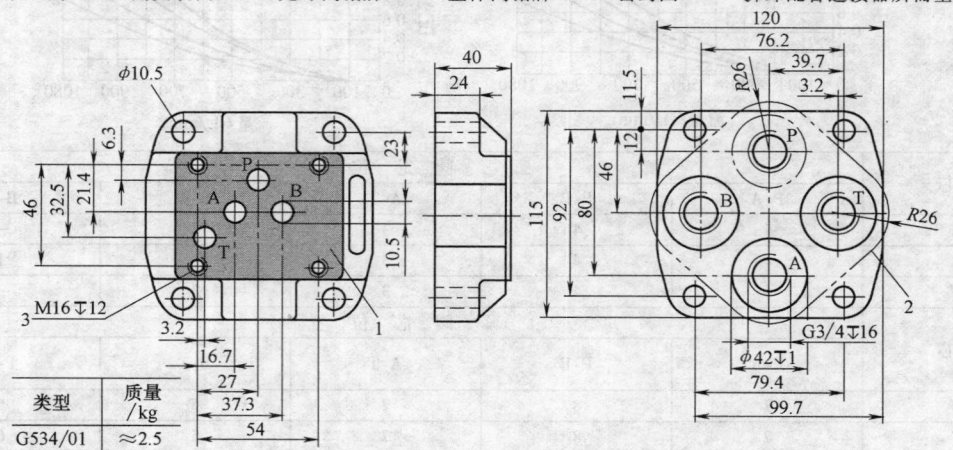

类型	质量/kg
G534/01	≈2.5

图 10.5-59   WEH/WH10 型电液和液动换向阀不带油口 X、Y 的底板安装尺寸

1—阀安装面   2—前面板开孔   3—阀固定螺纹

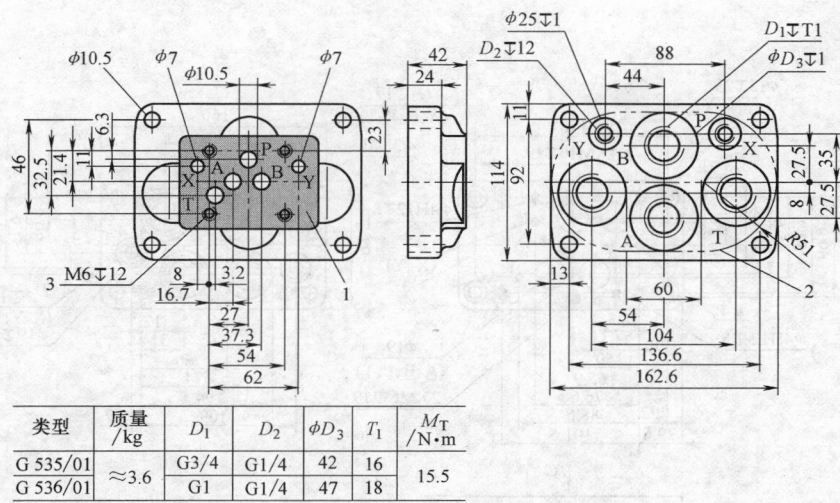

类型	质量/kg	D_1	D_2	ϕD_3	T_1	M_T/N·m
G 535/01	≈3.6	G3/4	G1/4	42	16	15.5
G 536/01		G1	G1/4	47	18	

图 10.5-60　WEH/WH10 型电液和液动换向阀带油口 X 、Y 的底板安装尺寸

1—阀安装面　2—前面板开孔　3—阀固定螺纹

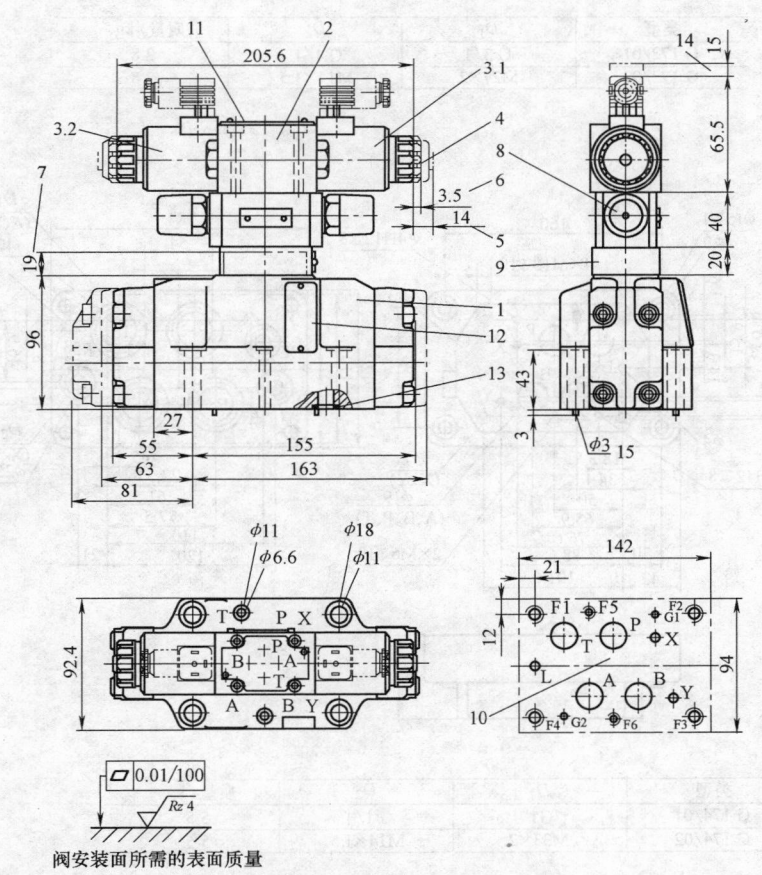

阀安装面所需的表面质量

图 10.5-61　WHE/WH16 型电液和液动换向阀的外形尺寸

1—主阀　2—带两个电磁铁的三位阀　3.1—线圈"a"　3.2—线圈"b"　4—手动操控　5—手动操控的不带线圈　6—手控操作的带线圈　7—用于液压操作的重新连接板的高度　8—切换时间调整（6A/F）　9—减压阀　10—阀安装面　11—先导阀铭牌　12—整体阀铭牌　13—密封圈　14—拆卸配合连接器所需空间　15—定位销

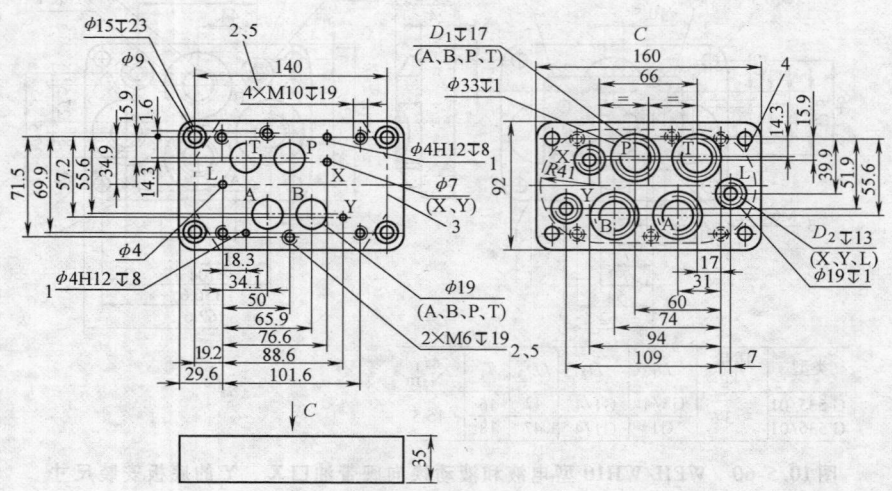

类型	D_1	D_2	质量/kg
G 172/01	G 3/4	G 1/4	2.8
G 172/02	M27×2	M14×1.5	2.8

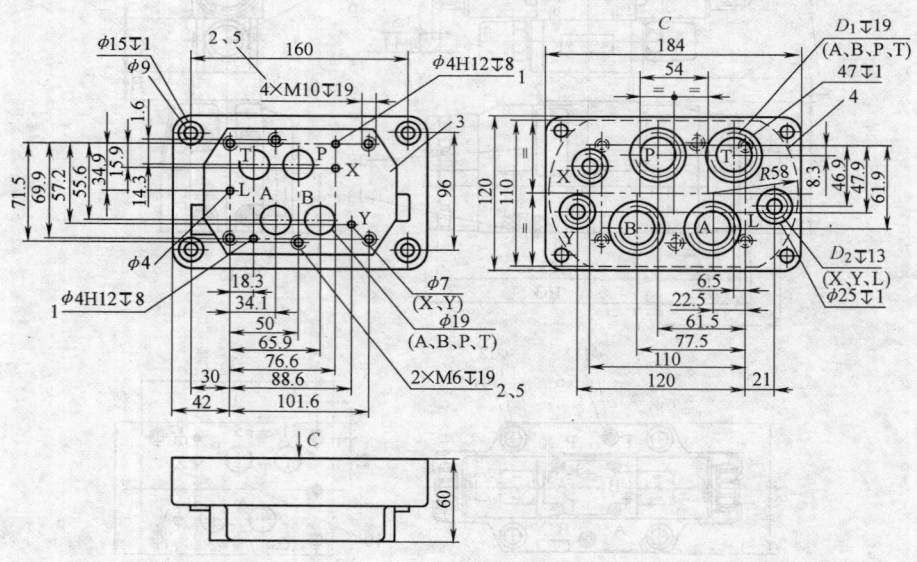

类型	D_1	D_2	质量/kg
G 174/01	G1	G 1/4	5.5
G 174/02	M33×2	M14×1.5	5.5

图 10.5-62　WHE/WH16 型电液和液动换向阀底板安装尺寸

1—定位销的孔　2—阀安装孔　3—阀安装面　4—前面板避让区域　5—阀安装螺钉

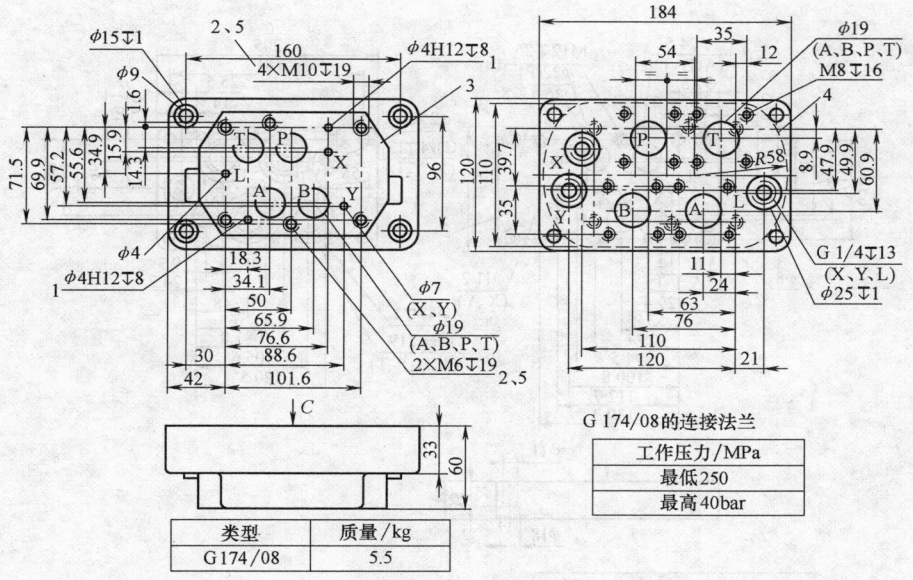

类型	质量/kg
G 174/08	5.5

G 174/08 的连接法兰

工作压力/MPa	
最低 250	
最高 40bar	

图 10.5-62　WHE/WH16 型电液和液动换向阀底板安装尺寸 （续）
1—定位销的孔　2—阀安装孔　3—阀安装面　4—前面板避让区域　5—阀安装螺钉

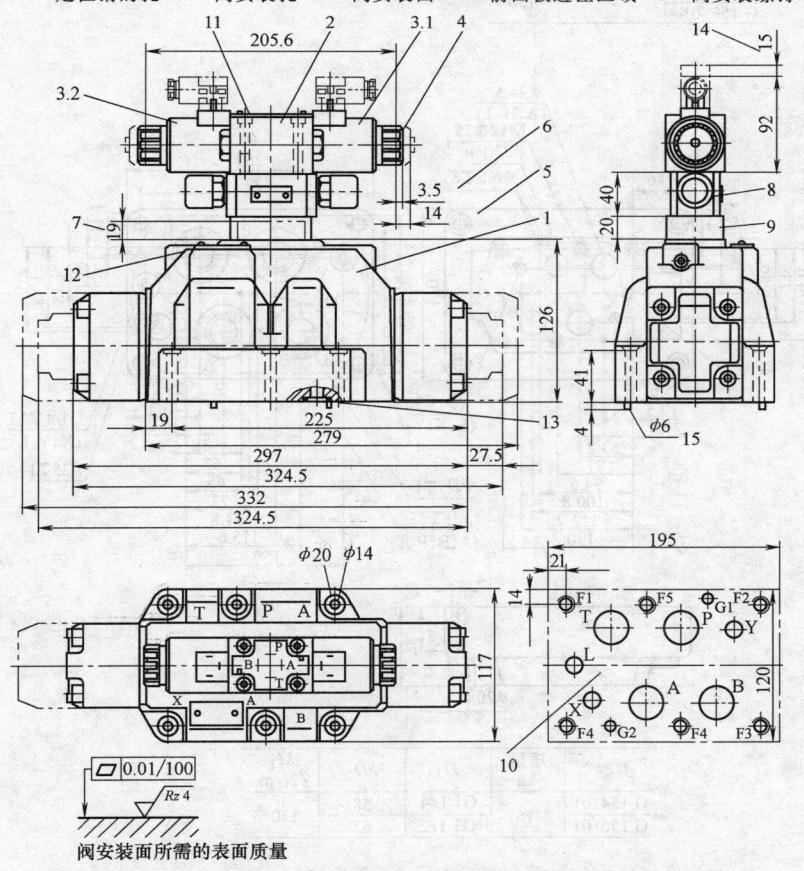

阀安装面所需的表面质量

图 10.5-63　WEH/WH25 型电液和液动换向阀的外形尺寸
1—主阀　2—带两个电磁铁的三位阀　3.1—线圈 "a"　3.2—线圈 "b"　4—手动操控　5—手动操控的
不带线圈　6—手控操作的带线圈　7—用于液压操作的重新连接板的高度
8—切换时间调整 （6A/F）　9—减压阀　10—阀安装面　11—先导阀铭牌　12—整体阀铭牌
13—密封圈　14—拆卸配合连接器所需空间　15—定位销

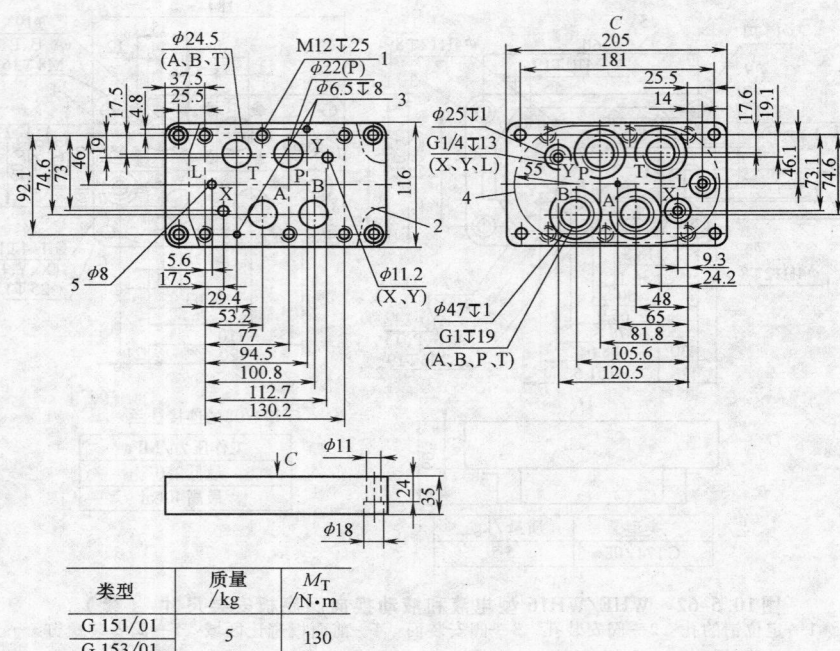

类型	质量/kg	M_T/N·m
G 151/01	5	130
G 153/01		

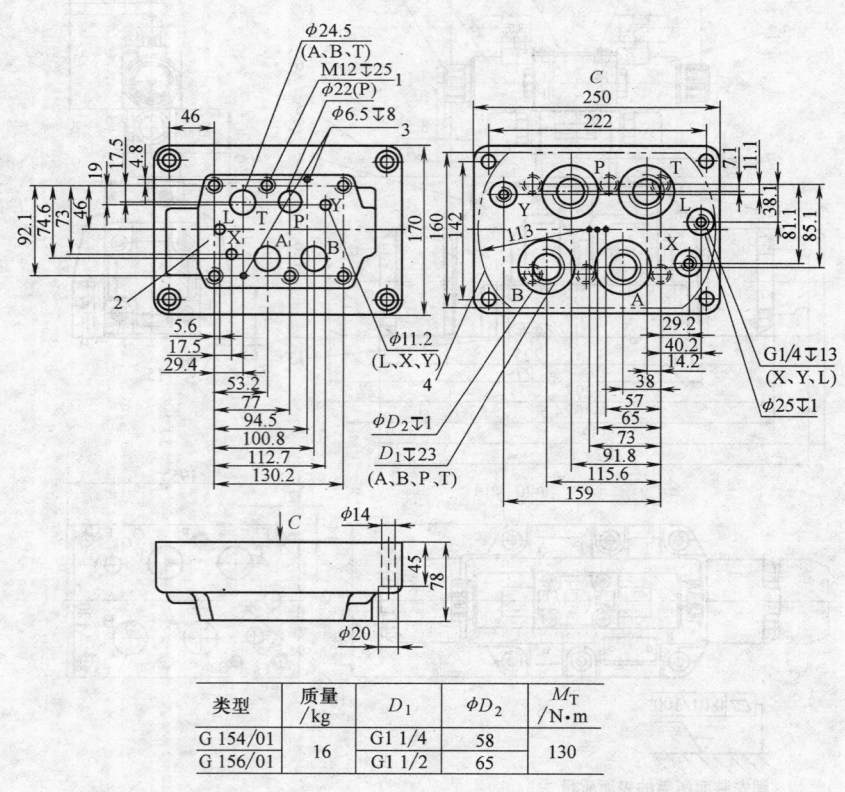

类型	质量/kg	D_1	ϕD_2	M_T/N·m
G 154/01	16	G1 1/4	58	130
G 156/01		G1 1/2	65	

图 10.5-64　WEH/WH25 型电液和液动换向阀的底板安装尺寸

1—阀固定螺钉　2—阀安装面　3—定位销的孔　4—前面板开孔

5—仅在底板 G 153/01 上钻出到油口 L 的连接孔 $\phi8$mm

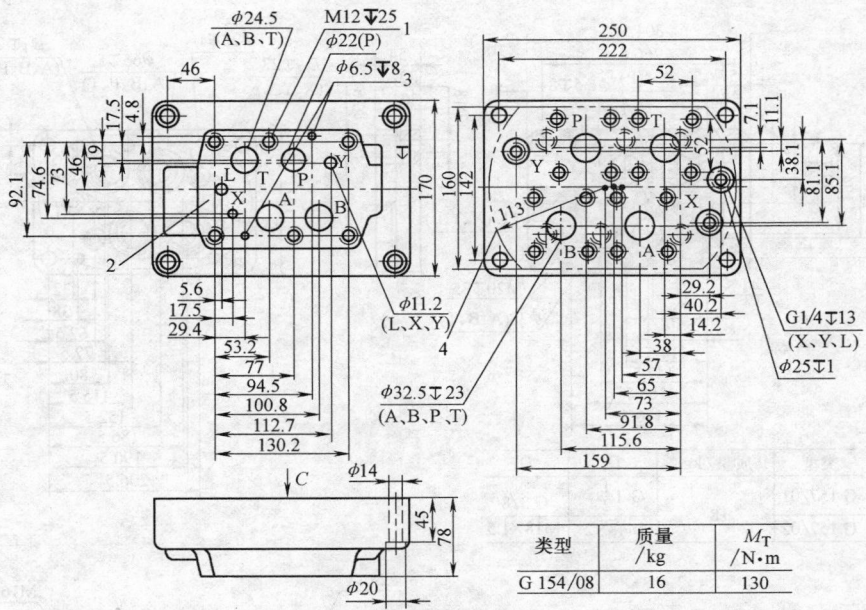

类型	质量 /kg	M_T /N·m
G 154/08	16	130

图 10.5-64　WEH/WH25 型电液和液动换向阀的底板安装尺寸 （续）

1—阀固定螺纹　2—阀安装面　3—定位销的孔　4—前面板开孔

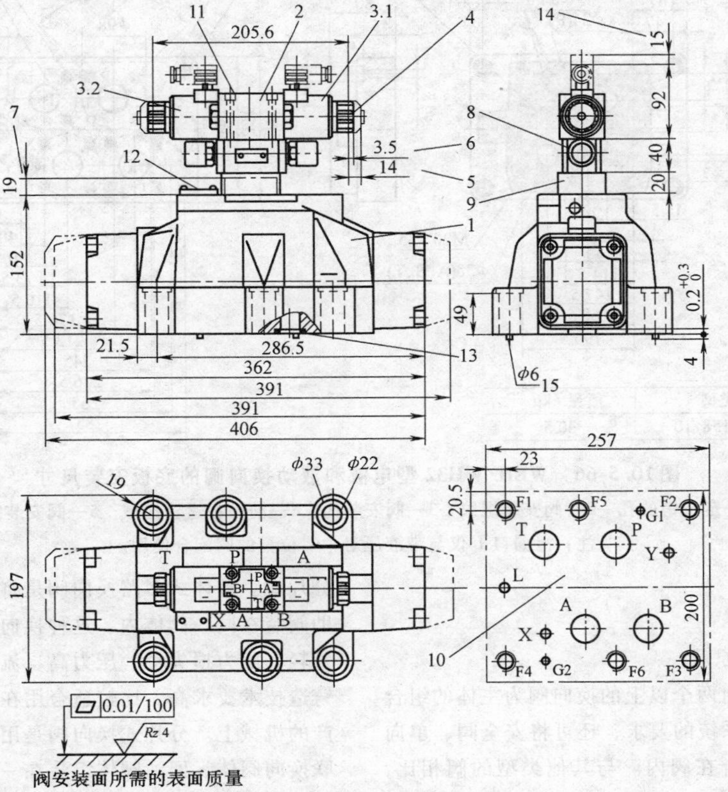

图 10.5-65　WEH/WH32 型电液和液动换向阀的外形尺寸

1—主阀　2—带两个电磁铁的三位阀　3.1—线圈"a"　3.2—线圈"b"　4—手动操控　5—手动操控的不带线圈
6—手控操作的带线圈　7—用于液压操作的重新连接板的高度　8—切换时间调整（6A/F）　9—减压阀
10—阀安装面　11—先导阀铭牌　12—整体阀铭牌　13—密封圈　14—拆卸配合连接器所需空间　15—定位销

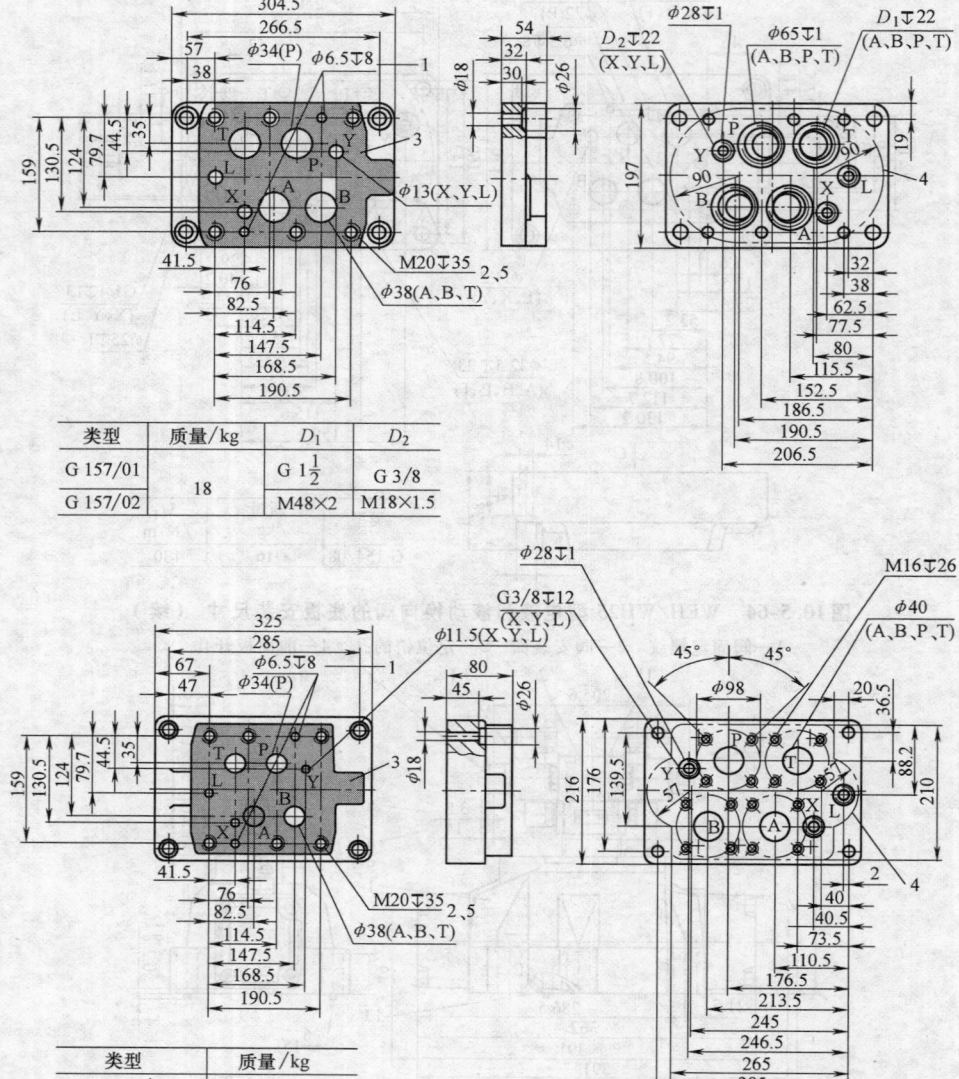

类型	质量/kg	D_1	D_2
G 157/01	18	G 1½	G 3/8
G 157/02		M48×2	M18×1.5

类型	质量/kg
G 158/10	30.5

图 10.5-66 WEH/WH32 型电液和液动换向阀的底板安装尺寸

1—定位销的孔 2—阀安装螺纹 3—阀安装面 4—前面板避让区域 5—阀安装螺钉

注：泄漏口 L 仅与带液压对中零位置的阀配合使用。

4.4 多路换向阀

1. 结构和工作原理

多路换向阀是由两个以上的换向阀为主体的组合阀。根据不同液压系统的要求，还可将安全阀、单向阀、补油阀等也组合在阀内。与其他类型的阀相比，多路换向阀具有结构紧凑、压力损失小以及安装、操作简便等优点。它主要用于各种起重运输机械、工程机械等行走机械上，进行多个执行元件的集中控制。

按照阀体的结构形式，多路换向阀分为整体式和分片式。整体式多路换向阀是将各联换向阀及某些辅助阀装在同一阀体内。这种换向阀具有结构紧凑、质量轻、压力损失小、压力高、流量大等特点。但阀体铸造技术要求高，比较适合用在相对稳定及大批量生产的机械上。分片式换向阀是用螺栓将进油阀体、各联换向阀体、回油阀体组装在一起，其中换向阀的片数可根据需要加以选择。分片式多路换向阀可按不同使用要求组装成不同的多路换向阀，其通用性较强，但加工面多，出现渗油的可能性也较大。

按照油路连接方式，多路换向阀可分为并联、串联和串并联等形式,如图 10.5-67 所示。所谓并联连接,就是从进油口来的油可以直接通到各联滑阀的进油腔,各阀的回油腔又直接通到多路换向阀的总回油口。采用这种油路连接方式后,当同时操作各换向阀时,负载小的元件先动作,并且各执行元件的流量之和等于泵的总流量。并联油路的多路换向阀的压力损失一般较小。

串联连接是每一联滑阀的进油腔都和前一联滑阀的中位回油道相通,其回油腔又都和后一联阀的中位回油道相通。采用这种油路连接方式,可使各联阀所控制的执行元件同时工作,条件是液压泵输出的油压要大于所有正在工作的执行元件两腔压差之和。该阀的压力损失一般较大。

串并联连接是每一联滑阀的进油腔均与前一联滑阀的中位回油道相通,而各联阀的回油腔又都直接与总回油道相通,即各滑阀的进油腔串联,回油腔并联。若采用这种油路连接方式,则各联换向阀不可能有任何两联阀同时工作,故也称互锁回路。

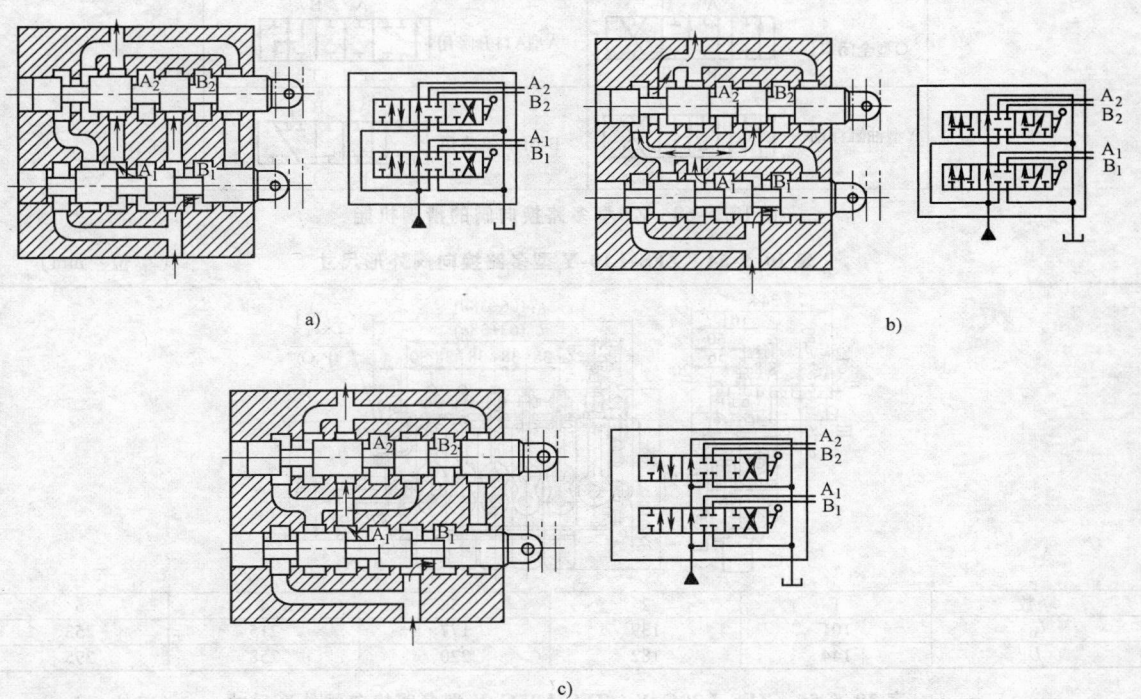

a)　　　　　　　　　　　　　　　　　　b)

c)

图 10.5-67　多路换向阀的油路连接方式

a) 并联连接　b) 串联连接　c) 串并联连接

2. ZFS 型多路换向阀

(1) 型号说明

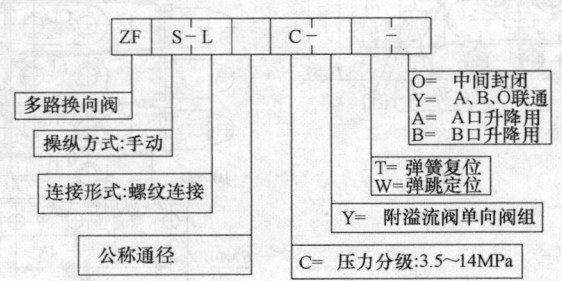

(2) 技术规格　ZF 型多路换向阀的技术规格见表 10.5-53。

表 10.5-53　ZF 型多路换向阀的技术规格

型　号	通径/mm	流量/(L/min)	压力/MPa	质量/kg			
				2 联	3 联	4 联	5 联
ZFS-L10	10	30	14	10.5	13.5	16.5	19.5
ZFS-L20	20	75	14	24	31	38	45
ZFS-L25	25	130	10.5	42	53	64	75

（3）滑阀机能　ZF 型多路换向阀的滑阀机能如图 10.5-68 所示。

（4）外形尺寸　ZFS-L10-Y 型多路换向阀的外形尺寸见表 10.5-54；ZFS-L20C-Y、ZFS-L25C-Y 型多路换向阀的外形尺寸见表 10.5-55。

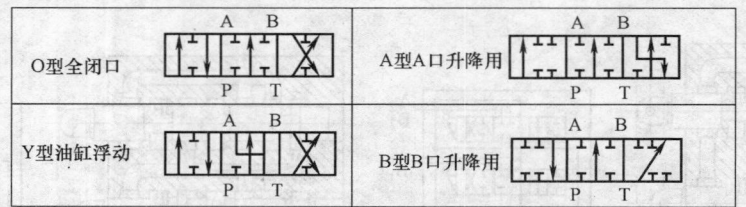

图 10.5-68　ZF 型多路换向阀的滑阀机能

表 10.5-54　ZFS-L10-Y 型多路换向阀外形尺寸　（单位：mm）

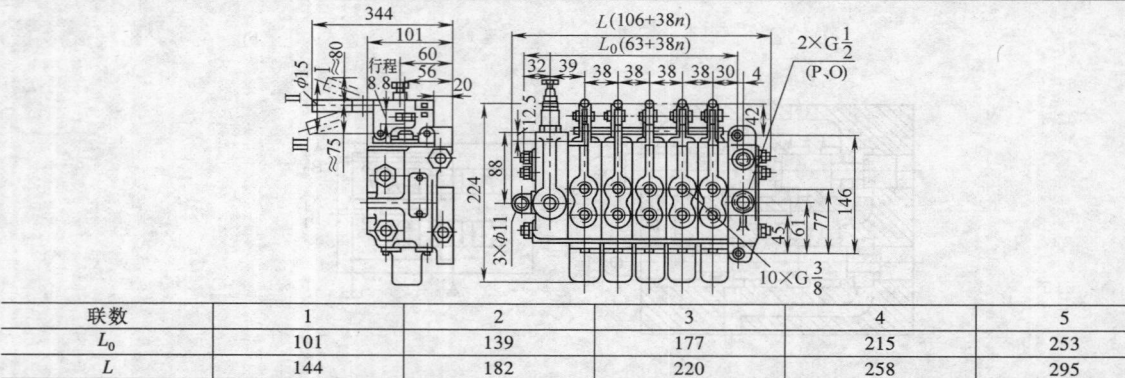

联数	1	2	3	4	5
L_0	101	139	177	215	253
L	144	182	220	258	295

表 10.5-55　ZFS-L20C-Y、ZFS-L25C-Y 型多路换向阀外形尺寸　（单位：mm）

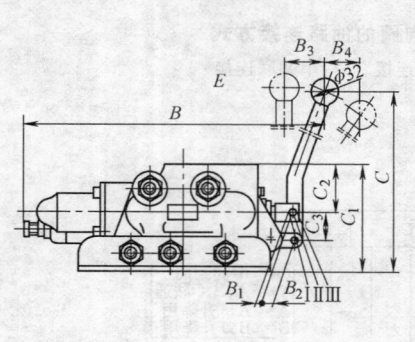
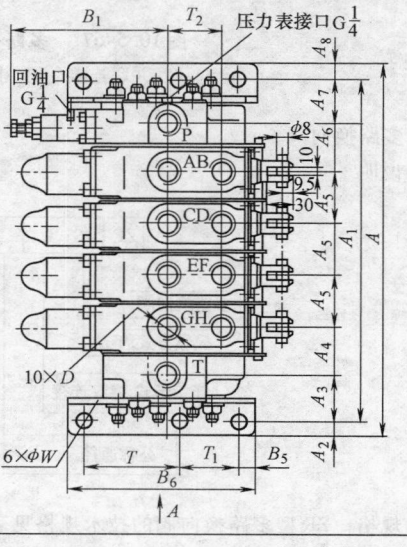

（续）

型号	联数	A	A_1	A_2	A_3	A_4	A_5	A_6	A_7	A_8	B	B_1
ZFS-L20C-Y	1	236	204	16	48	54	—	54	48	16	371.5	184.5
	2	293.5	261.5									
	3	351	319				57.5					
	4	408.5	376.5									
ZFS-L25C-Y	1	285	241	22	58	62.5		62.5	58	22	437	188
	2	347.5	303.5									
	3	410	366				57.5					
	4	472.5	428.5									

型号	联数	B_2	B_3	B_4	B_5	B_6	C	C_1	C_2	C_3	D	T	T_1	T_2	W
ZFS-L20C-Y	1	9.5	78	73	18	213	275	121	54	30	Z3/4"	110	67	60	15
	2														
	3														
	4														
ZFS-L25C-Y	1	12	107	100	25	275	391	140	60	40	Z1"	100	125	70	18
	2														
	3														
	4														

5　叠加阀

5.1　概述

　　叠加阀是指可直接利用阀体本身的叠加而不需要另外的油道连接元件而组成液压系统的特定结构的总称。叠加阀安装在板式换向阀和底板之间，由有关的压力、流量和单向控制阀组成一个集成化控制回路。阀与阀之间不需要另外的连接体，而是以叠加阀阀体作为连接体，直接叠合再用螺栓紧固而成。叠加阀的工作原理与一般阀的基本相同，但在结构和连接方式上有其特点而自成体系。同一通径的各种叠加阀的油口和螺钉孔的大小、位置、数量都与相匹配的板式换向阀相同。因此，同一通径的叠加阀，只要按一定次序叠加起来，加上电磁控制或电流控制换向阀，即可组成各种典型液压系统。通常，一组叠加阀的液压回路只控制一个执行元件，若将几个安装的板块（也都具有相互连通的通道）横向叠加在一起，可组成控制几个执行部件的液压系统。

　　我国研制的叠加阀通径有6mm、10mm、16mm、20mm和32mm五个系列。用叠加阀组成的液压系统结构紧凑，体积小，质量轻；安装简便，装配周期短。系统有变化需增减元件时，重新组装方便迅速。元件之间无管连接，消除了因油管、管接头等引起的漏油、振动和噪声。配置灵活，外观整齐，维修保养容易；但回路形式较少，不能满足较复杂和大功率的液压系统的需要。

5.2　叠加阀典型产品系列及其技术规格

1. ZDB/Z2DB型叠加式溢流阀

　　ZDB/Z2DB型叠加式溢流阀结构如图10.5-69所示。

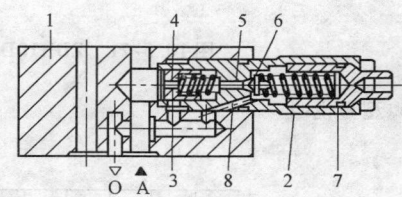

图10.5-69　ZDB/Z2DB型叠加式溢流阀结构

1—阀体　2—插入式溢流阀　3—阀芯
4、5—节流孔　6—锥阀　7—弹簧　8—孔道

（1）型号说明

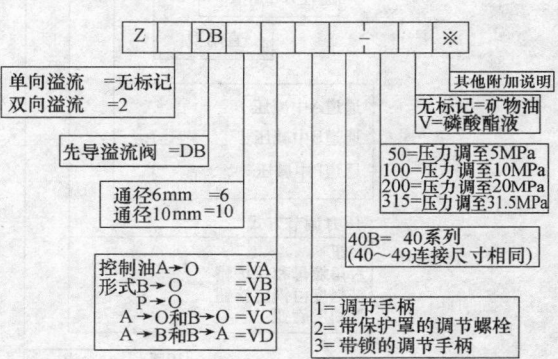

（2）图形符号　ZDB/Z2DB型叠加式溢流阀的图

形符号如图 10.5-70 所示。　　　　　　　　　　　　术规格见表 10.5-56。

（3）技术规格　ZBD/Z2DB 型叠加式溢流阀的技

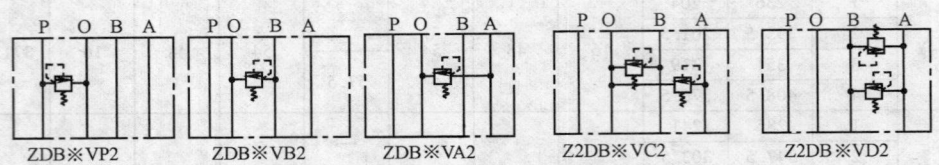

图 10.5-70　ZDB/Z2DB 型叠加式溢流阀图形符号

表 10.5-56　ZDB/Z2DB 型叠加式溢流阀的技术规格

型号	通径 /mm	流量 /(L/min)	工作压力 /MPa	调压范围 /MPa	质量/kg	
					ZDB	Z2DB
ZDB6	6	60	31.5	5	10	1.2
Z2DB6				10		
ZDB10	10	100		20	2.4	2.6
Z2DB10				31.5		

2. ZDR 型叠加式直动减压阀

ZDR10DP※40/※YM 型叠加式直动减压阀结构如图 10.5-71 所示。

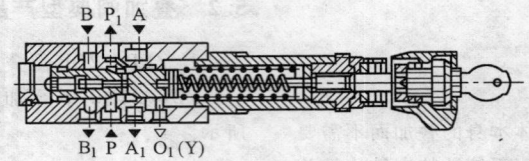

图 10.5-71　ZDR10DP※40/※YM 型叠加式直动减压阀结构

（1）型号说明

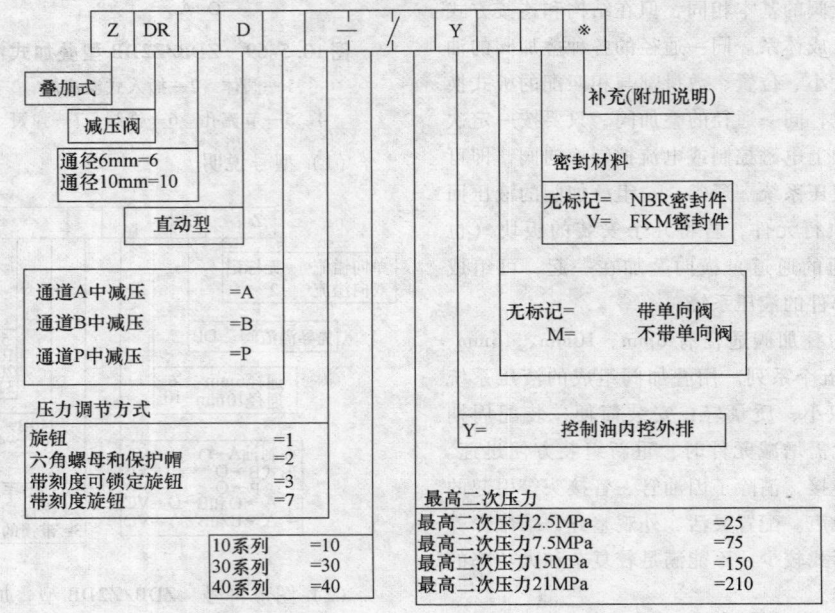

（2）图形符号　ZDR 型直动叠加式直动减压阀
的图形符号如图 10.5-72 所示。

（3）技术规格　ZDR 型直动叠加式直动减压阀
的技术规格见表 10.5-57。

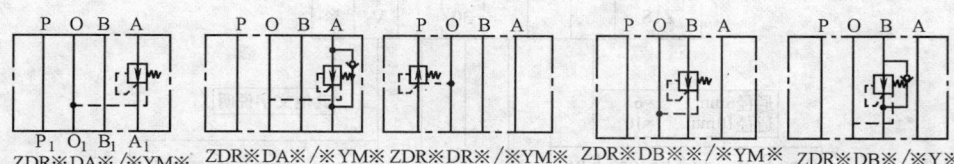

ZDR※DA※/※YM※　　ZDR※DA※/※YM※　ZDR※DR※/※YM※　　ZDR※DB※※/※YM※　　ZDR※DB※※/※Y※

图 10.5-72　ZDR 型叠加式直动减压阀的图形符号

表 10.5-57　ZDR 型叠加式直动减压阀的技术规格

型号	通径/mm	流量/(L/min)	进口压力/MPa	二次压力/MPa	背压/MPa	质量/kg
ZDR6	6	30	31.5	≤21	≤6	1.2
ZDR10	10	50	31.5	≤21（DA 和 DP 型） ≤7.5（DB 型）	≤15	2.8

3. Z2FS 型叠加式双单向节流阀

Z2FS 型叠加式双单向节流阀的结构如图 10.5-73 所示。

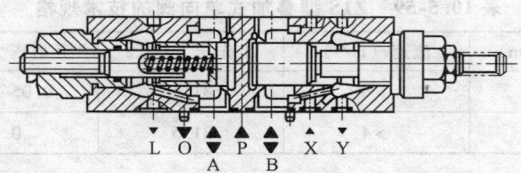

L　O　P　B　X　Y
A　　B

图 10.5-73　Z2FS 型叠加式双单向节流阀的结构

（1）型号说明

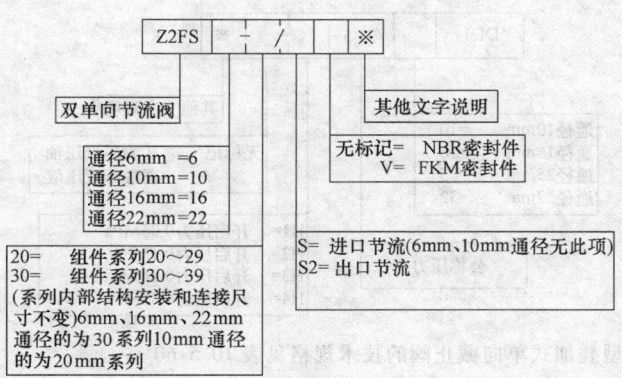

Z2FS　□　—□　/　□　※

双单向节流阀

通径6mm =6
通径10mm =10
通径16mm =16
通径22mm =22

20= 组件系列20～29
30= 组件系列30～39
（系列内部结构安装和连接尺寸不变）6mm、16mm、22mm通径的为30系列10mm 通径的为20mm 系列

其他文字说明

无标记= NBR密封件
V＝ FKM密封件

S= 进口节流(6mm、10mm通径无此项)
S2= 出口节流

（2）技术规格　Z2FS 型叠加式双单向节流阀的
技术规格见表 10.5-58。

表 10.5-58　Z2FS 型叠加式双单向节流阀的技术规格

型号	通径/mm	流量/(L/min)	工作压力/MPa
Z2FS6	6	80	31.5
Z2FS10	10	160	31.5
Z2FS16	16	250	35
Z2FS22	22	350	35

4. Z1S 型叠加式单向阀

Z1S 型叠加式单向阀的结构如图 10.5-74 所示。

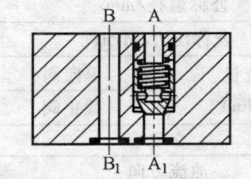

B　A

B₁　A₁

图 10.5-74　Z1S 型叠加式
单向阀的结构

（1）型号说明

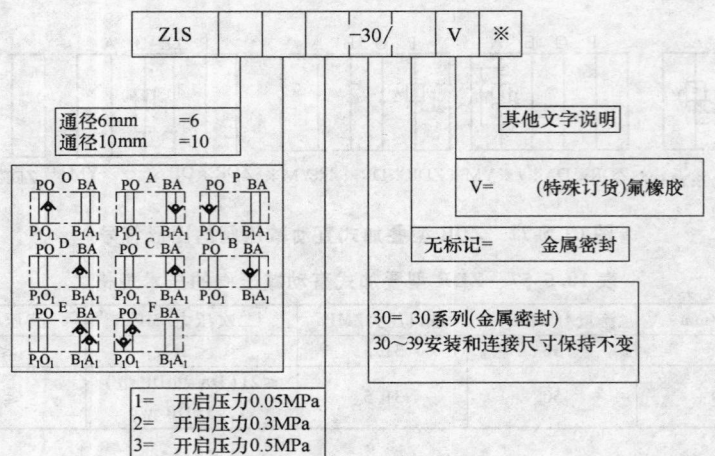

（2）技术规格　Z1S 型叠加式单向阀的技术规格见表 10.5-59。

表 10.5-59　Z1S 型叠加式单向阀的技术规格

型号	流量/(L/min)	流速/(m/s)	工作压力/MPa	开启压力/MPa	质量/kg
Z1S6	40	>6	31.5	0.05 ~ 0.3	0.8
Z1S10	100	>4	31.5	0.5	2.3

5. DDJ 型叠加式单向截止阀

（1）型号说明

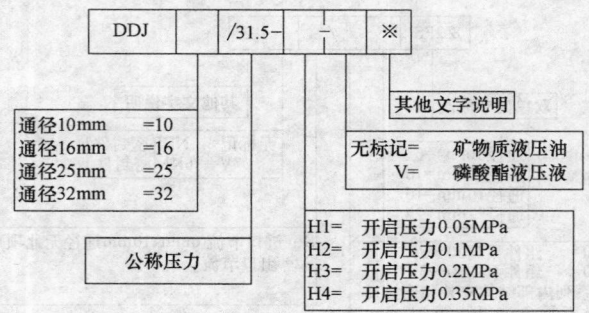

（2）技术规格　DDJ 型叠加式单向截止阀的技术规格见表 10.5-60。

表 10.5-60　DDJ 型叠加式单向截止阀的技术规格

型　　号		DDJ10	DDJ16	DDJ25	DDJ32
公称通径/mm		10	16	25	32
公称压力/MPa		31.5			
公称流量/(L/min)	单向阀	63	200	360	500
	截止阀	100	250	400	630
介质		矿物质液压油、磷酸酯液压液			
油流方向		$P\text{-}P_1$、$O_1\text{-}O$			
单向阀开启压力/MPa		H_1:0.05、H_2:0.1、H_3:0.2、H_4:0.35			
质量/kg		3.36	8.12	14.23	41.9

6. Z2S 型叠加式液控单向阀

Z2S 型叠加式液控单向阀的结构如图 10.5-75 所示。

（2）技术规格　Z2S 型叠加式液控单向阀的技术规格见表 10.5-61。

（3）外形尺寸　Z2S 型叠加式液控单向阀的外形尺寸如图 10.5-76 ～ 图 10.5-79 所示。

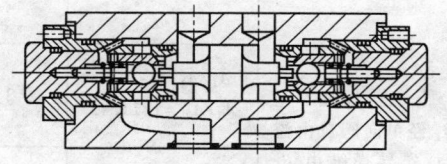

图 10.5-75　Z2S 型叠加式液控单向阀的结构

（1）型号说明

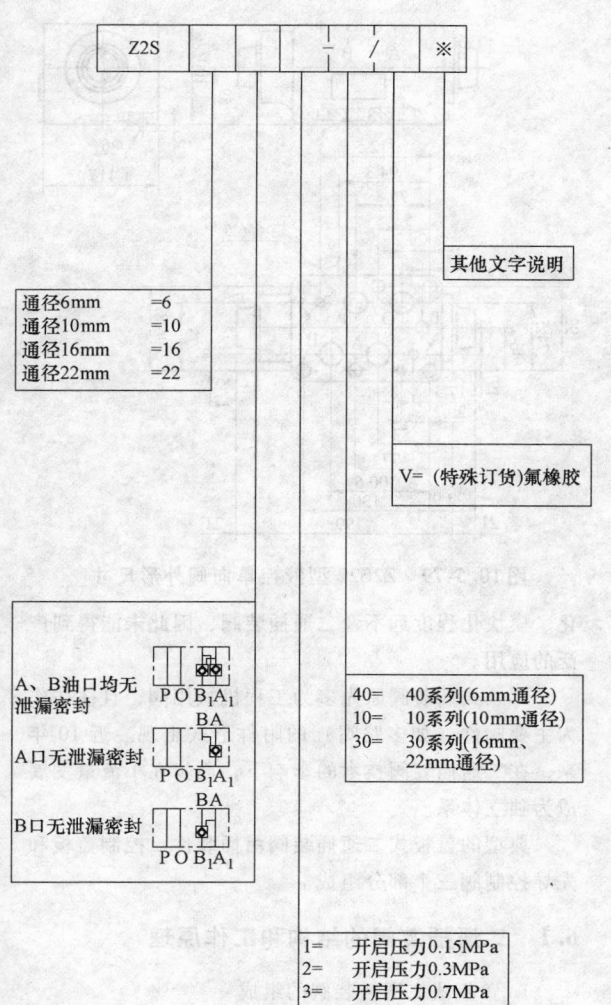

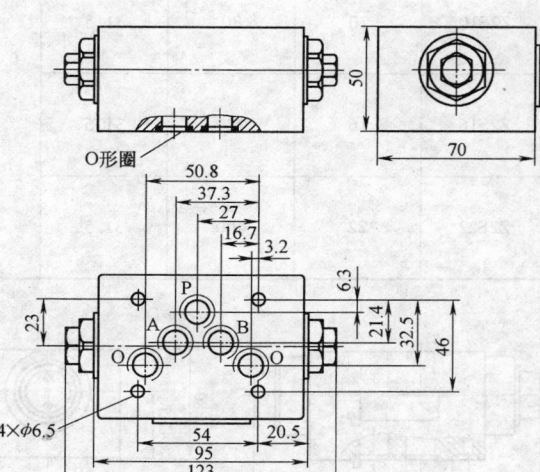

图 10.5-76　Z2S6 型液控单向阀外形尺寸

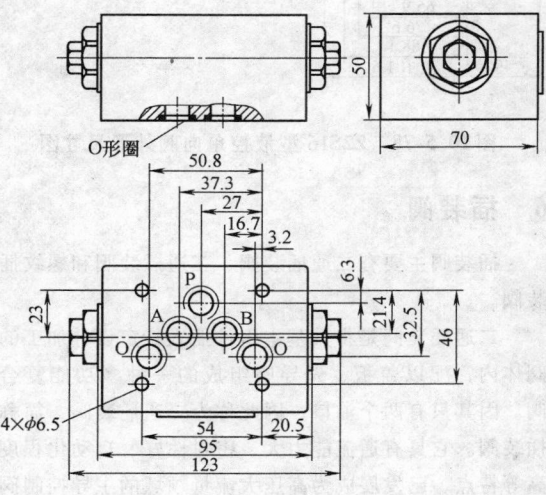

图 10.5-77　Z2S10 型液控单向阀外形尺寸

表 10.5-61   Z2S 型叠加式液控单向阀的技术规格

型号	通径/mm	流量/(L/min)	工作压力/MPa	开启压力/MPa	流动方向	面积比	质量/kg
Z2S6	6	50	31.5			$A_1/A_2 = 1/2.97$	0.8
Z2S10	10	80	31.5	0.15、03、0.7	由 A 至 A_1 或 B 至 B_1 经单向阀自由流通,先导操纵由 B_1 至 B 或由 A_1 至 A	$A_1/A_2 = 1/2.86$ $A_3/A_2 = 1/11.45$	2
Z2S16	16	200	31.5			—	11.7
Z2S22	22	400	31.5			—	11.7

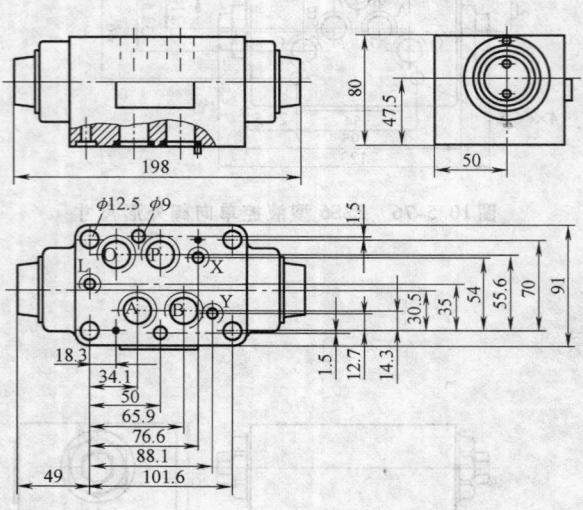

图 10.5-78   Z2S16 型液控单向阀外形尺寸图

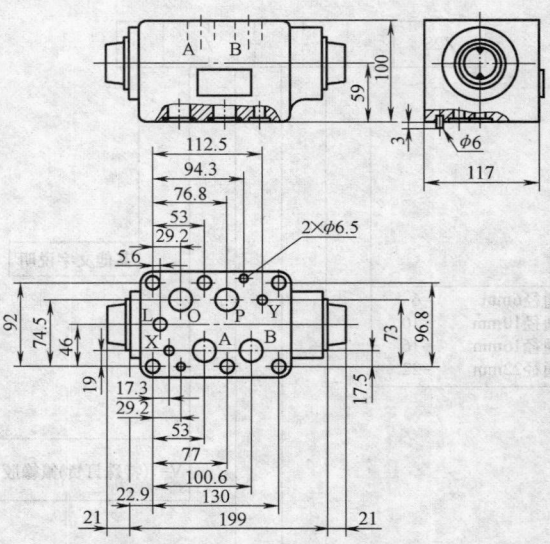

图 10.5-79   Z2S22 型液控单向阀外形尺寸

6 插装阀

插装阀主要有二通插装阀、三通插装阀和螺纹插装阀。

二通插装阀是将其基本组件插入特定设计加工的阀体内,配以盖板、先导阀组成的一种多功能复合阀。因其只有两个油口,因此称为二通插装阀,简称插装阀。它具有通流能力大、密封性好、自动化程度高等特点,已发展成为高压大流量领域的主导控制阀品种。

三通插装阀具有压力油口、负载油口和回油箱油口,可以独立控制一个负载腔。但由于结构的通用化、模块化程度远不及二通插装阀,因此未能得到广泛的应用。

螺纹式插装阀原先多为工程机械用阀,且往往作为主要阀件(如多路阀)的附件形式出现。近 10 年来,在二通插装阀技术的影响下,逐步在小流量发展成为独立体系。

典型的盖板式二通插装阀由插装件、控制盖板和先导控制阀三个部分组成。

6.1 二通插装阀的结构和工作原理

1. 盖板式二通插装阀的组成

典型的盖板式二通插装阀由插装件、控制盖板和先导控制阀三个部分组成，如图 10.5-80 所示。

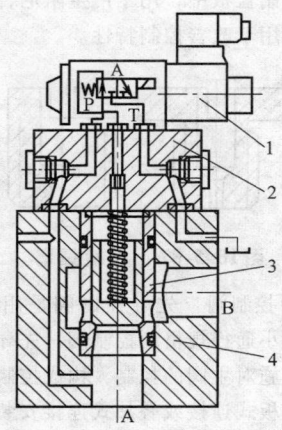

图 10.5-80　盖板式二通插装阀的结构

1—先导元件　2—控制盖板　3—插装件　4—插装块体

（1）插装件　插装件又称主阀组件或功率组件，它通常由阀芯、阀套、弹簧和密封件四个部分构成，如图 10.5-80 所示。有时根据需要，阀芯内还可设置节流螺塞或其他控制元件，阀套内可设置弹簧挡环等。将其插装在插装块体（或称集成块体）中，通过它的开启、关闭动作和开启量的大小来控制液流的通断或压力的高低、流量的大小以实现对液压执行机构的方向、压力和速度的控制。

插装件是由阀芯、阀套、弹簧和密封件等组成的，它插装在插装块体中，是二通插装阀的主阀部分。插装元件的阀芯有锥阀和滑阀两种形式，前者阀芯和阀座为线接触密封，可以做到无泄漏。而后者的阀芯和阀套为间隙密封。

常用的面积比 α_A 有 1:1、1:1.1、1:1.15 和 1:1.2（面积比指阀芯处于关闭位置时阀芯控制油腔液压作用面积和阀芯在主油口 A 的液压作用面积的比值 $\alpha_A = A_A/A_X$）等。用作压力控制时选用较小的 α_A 值，用作方向控制时选用较大的 α_A 值。

阀芯的尾部结构有多种形式。利用阀芯尾部结构的锥度，可使阀芯开关过程平稳，以便于控制流量；利用阀芯的阻尼孔，可使阀能用于安全回路或快速顺序回路。几何形状不同的阀芯和阀座的配合会使阀口的流量系数不同、液流力不同，因而直接影响阀的控制特性。

阀芯弹簧的刚度对阀的动静态特性和启闭特性有重要影响。每个规格的插装阀分别可选配三种不同刚度的弹簧，相应阀也可有三种不同的开启压力，见表 10.5-62。插装阀的典型工作曲线如图 10.5-81 所示。

表 10.5-62　不同压力级阀芯的开启压力/MPa

压力级	$A_A:A_X$	A→B	B→A
—	1:1	0.2	—
L（低）		0.03	0.34
M（中）	1:1.1	0.14	1.70
H（高）		0.27	3.40
L（低）		0.05	0.05
M（中）	1:2	0.25	0.25
H（高）		0.50	0.50

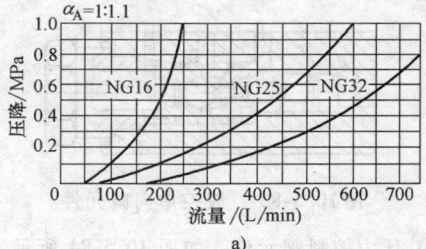

a)

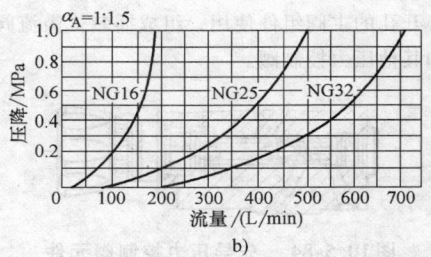

b)

图 10.5-81　插装阀的典型流量-压力曲线

（2）控制盖板　控制盖板由盖板体、节流螺塞、内嵌先导控制元件以及其他附件等构成。它主要用来固定插装件并保证密封，内嵌先导控制元件和节流螺塞，安装先导控制阀以及位移传感器、行程开关等电气附件，沟通插装块体内控制油路和主阀组件的连接并实施控制。

控制盖板的作用是为插装件提供盖板座以形成密闭空间，安装先导元件和沟通油液通道。控制盖板主要有盖板体、先导控制元件、节流螺塞等构成。按控制功能的不同，分为方向控制、压力控制和流量控制三大类。有的盖板具有两种以上控制功能，则称为复合盖板。盖板体通过密封件安装在插装元件的头端，根据嵌装的先导元件的要求有正方形的、矩形的和圆形的可供选择，通常公称通径在 63mm 以下采用正方形或矩形，公称通径大于 80mm 时常采用圆形的。

常用先导控制元件介绍如下。

1）梭阀元件，如图 10.5-82 所示。梭阀元件可用于对两种不同的压力选择，其 C 口的输出压力与 A 口和 B 口中压力较大者相同。有时，它也被称压力选择阀。

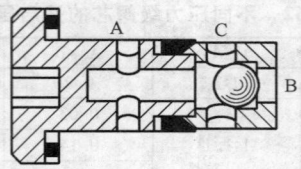

图 10.5-82 梭阀元件

2）液控单向阀元件，如图 10.5-83 所示。其工作原理与普通的液控单向阀相同。

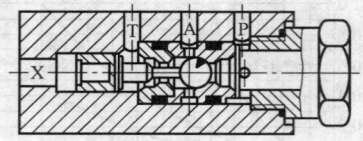

图 10.5-83 液控单向阀元件

3）压力控制阀元件，如图 10.5-84 所示。可配合中心开孔的主阀组件使用，组成插装式溢流阀、减压阀和其他压力控制阀。

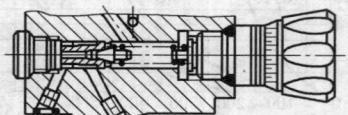

图 10.5-84 先导压力控制阀元件

4）微流量调节器，如图 10.5-85 所示。其工作原理是利用阀芯 3 和小孔 4 构成的变节流孔和弹簧 2 的调节作用，保证流经定节流孔 1 的压差为恒值，因此是一个流量稳定器，作用是使减压阀组件的入口取得的控制流量不受干扰而保持恒定。

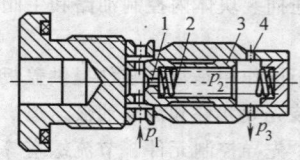

图 10.5-85 微流量调节器
1—节流孔 2—弹簧 3—阀芯 4—小孔

5）形成调节器，如图 10.5-86 所示。形成调节器嵌于流量控制盖板，可通过调节阀芯的行程来控制流量。

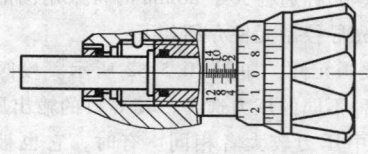

图 10.5-86 形成调节器

6）节流螺塞，如图 10.5-87 所示。它作为固定节流器嵌于控制盖板中，用于产生阻尼，形成特定的控制特性，或用于改善控制特性。

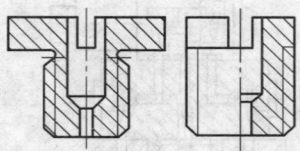

图 10.5-87 节流螺塞

（3）先导控制阀 先导控制阀是用于控制主阀组件动作的较小通径规格的控制阀。先导控制阀和控制盖板一起实施对主阀的控制，构成控制组件。先导控制阀除了以板式连接或叠加式连接安装在控制盖板上以外，还经常以插入式连接方式安装在控制盖板内部，有时也固定在阀体上。常用的先导控制阀主要有 6mm 和 10mm 通径的滑阀型电磁换向阀以及以它为基础的叠加阀组，其他还有球式电磁换向阀、手动换向阀、机动换向阀及先导比例阀等形式。先导控制阀和控制盖板一起实施对主阀的控制，构成控制组件。

螺纹插装阀是二通插装在连接方式上的改变。由于采用螺纹连接，从而使得安装简捷方便，整个体积也相对减小。在功能实现方面，螺纹式插装阀多依靠自身来提供完整的液压阀功能；二通插装阀一般多依靠先导阀来实现完整的液压阀功能。螺纹插装阀组件依靠螺纹与块体连接；二通插装阀的阀芯、阀套等插入阀体，依靠盖板连接在块体上。二通插装阀适用于 16mm 通径及以上、高压大流量系统；螺纹插装阀适用于小流量系统。

螺纹插装阀可实现几乎所有压力、流量、方向类型的阀类功能。螺纹插装阀的基本类型见表 10.5-63。

表 10.5-63 螺纹插装阀的基本类型

压力阀类	流量阀类	方向阀类
直动式溢流阀	节流阀（针阀）	二通方向控制阀
先导式溢流阀	定流量阀	三通方向控制阀
先导式比例溢流阀	二通调速阀	四通方向控制阀
直动式三通减压阀	三通调速阀	单向阀
先导式三通减压阀	分流集流阀	液控单向阀
三通型先导式比例减压阀	二位二通常闭滑式比例流量阀	梭阀
直动顺序阀	二位二通常闭锥阀式比例流量阀	
外控卸荷阀		

2. 盖板式二通插装阀的工作原理

图 10.5-88 所示的插装阀插装件由阀芯、阀套、

弹簧和密封件组成。图中 A、B 为主油路接口，X 为控制油腔。插装阀的工作状态是由作用在阀芯上的合力大小和方向来决定的。当阀芯所受的向下的合力大于零时，阀口关闭；当合力小于零时，阀口开启。由此可见，插装阀是依靠控制油腔（X 腔）的压力大小来启闭的。控制油腔压力大时，阀口关闭；压力小时，阀口开启。

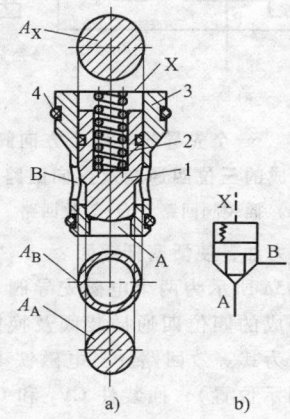

图 10.5-88　　插装件基本结构形式

a）结构图　b）图形符号

1—阀芯　2—弹簧　3—阀套　4—密封件

6.2　二通插装阀控制组件

1. 盖板式二通插装阀方向控制组件

盖板式二通插装阀方向控制组件，是在二通插装阀控制系统中应用最多，变化也最多的一种组件。这些控制组件无论在控制原理上，还是结构组成上，都完全不同于传统的换向阀。它的位置机能极其丰富，并具有一系列优良的控制性能和特点。

常用的方向控制组件有：单向阀组件、带先导控制单向阀的液控单向阀组件、带压力选择阀（梭阀）的单向阀组件、带压力选择阀（锥阀）的单向阀组件、带先导电磁换向阀（滑阀）的方向阀组件、带先导电磁换向阀和压力选择阀的方向阀组件、带先导电磁换向阀（球阀）的方向阀组件、带先导电磁换向阀和压力选择阀的方向阀组件。

概括起来，这些方向控制组件有两种基本的组成方式：由控制盖板加插装件组成的不带先导控制型，由先导控制阀加控制盖板加插装件的带先导控制型。

图 10.5-89 所示的基本型单向阀组件是典型的控制盖板加方向阀插装件。在控制盖板内含一控制通道 h，内设置一节流螺塞 f，以调节油液的液阻值。控制通道可单独接外控压力油，也可直接与主油口 A 或 B

相通。控制通道与 A 或 B 相通的图形符号如图 10.5-90 所示。

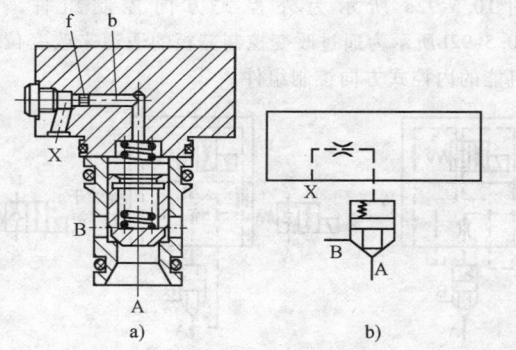

图 10.5-89　　基本型单向阀组件

a）结构　b）图形符号

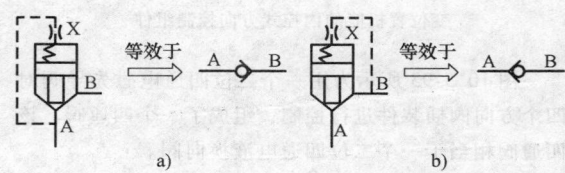

图 10.5-90　　普通单向阀符号

a）控制通道与 A 油口相连通的单向阀符号

b）控制通道与 B 油口相连通的单向阀符号

图 10.5-91 所示的方向阀组件由二位四通电磁换向阀与控制盖板、方向阀插件组成。与传统方向阀相比，其位置机能有很大的不同，它的位置机能与先导阀的先导控制方式及主油口 A、B 的流向均有关。

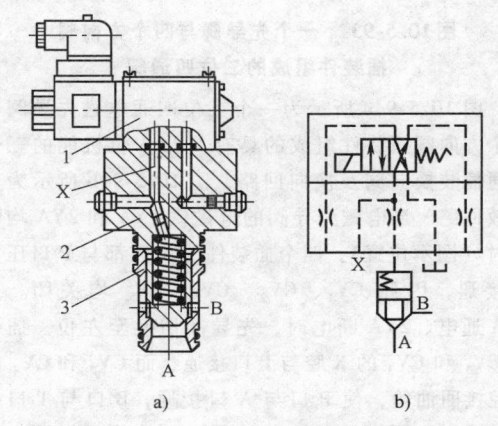

图 10.5-91　　带滑阀式先导电磁阀的方向控制组件

a）结构　b）图形符号

1—先导元件　2—控制盖板　3—插入元件

方向阀组件的位置机能可以通过先导阀的滑阀机能或者通过改变控制盖板内控制通道的布置来改变。图 10.5-92a 所示为外控式方向控制组件，图 10.5-92b所示为通过改变控制盖板的通道来改变位置机能的内控式方向控制组件。

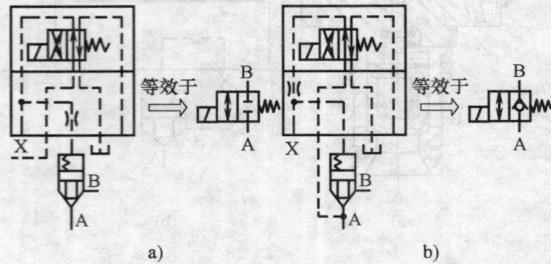

图 10.5-92　方向控制组件

a）外控式方向控制组件　b）改变控制盖板的通道来改变位置机能的内控式方向控制组件

图 10.5-93 所示为用一个二位四通电磁先导阀对四个方向阀插装件进行控制，组成了一个四通阀，该四通阀相当于一个二位四通电液换向阀。

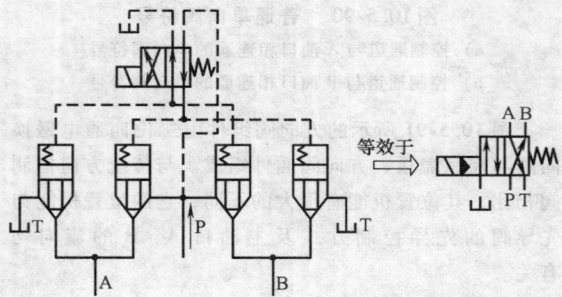

图 10.5-93　一个先导阀与四个方向阀
插装件组成的二位四通阀

图 10.5-94a 所示为一个三位四通电磁先导阀与四个方向阀插装件组成的具有 O 形中位机能的三位四通插装换向阀及换向回路，图 10.5-94b 所示为其等效回路。当电磁先导阀的电磁铁 1YA 和 2YA 均断电时（图示位置），四个插装件的 X 腔都与 P 口压力油接通，因此 CV_1、CV_2、CV_3、CV_4 均关闭。当 1YA 通电、2YA 断电时，先导阀切换至左位，插装件 CV_1 和 CV_3 的 X 腔与 P 口接通，而 CV_2 和 CV_4 的 X 腔接回油箱，使 P 口与 A 口接通，B 口与 T 口接通，液压缸无杆腔通压力油，使活塞杆伸出。当 1YA 断电、2YA 通电时，先导阀切换至右位，插装件 CV_1 和 CV_3 的 X 腔接回油箱，而 CV_2 和 CV_4 的 X 腔与 P 口接通，使 P 口与 B 口接通，A 口与 T 口接通，液压

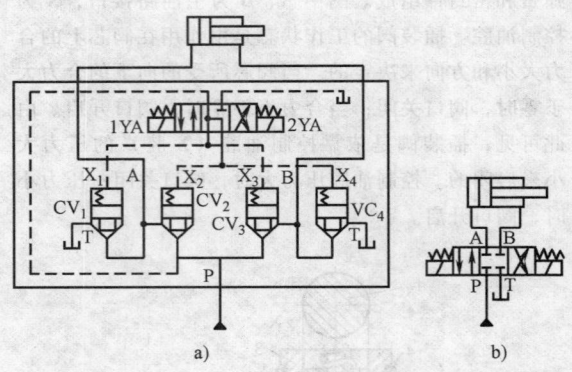

图 10.5-94　一个先导阀与四个方向阀插装件
组成的三位四通阀及换向回路

a）插装阀回路　b）等效回路

缸有杆腔通压力油，使活塞杆缩回。

图 10.5-95a 所示为两个电磁先导阀与四个方向阀插装组件组成的四位四通插装阀及换向回路，图 10.5-95b 所示为其等效回路。当电磁铁 1YA 和 2YA 均断电时（图示位置），插装件 CV_2 和 CV_3 的 X 腔与 P 口接通，CV_1 和 CV_4 的 X 腔接回油箱，则 CV_2 和 CV_3 关闭，CV_1 和 CV_4 开启，这样 P 口被封闭，A 口和 B 口均与 T 口相通，使液压缸处于浮动状态。当电磁铁 1YA 通电、2YA 断电时，插装件 CV_1 和 CV_3 的 X 腔与 P 口接通，CV_2 和 CV_4 的 X 腔接回油箱，则 CV_1 和 CV_3 关闭，CV_2 和 CV_4 开启，P 口与 A 口相通，B 口与 T 口相通，使液压缸活塞杆伸出。当电磁铁 2YA 通电、1YA 断电时，插装件 CV_2 和 CV_4 的 X 腔与 P 口相通，CV_1 和 CV_3 的 X 腔接回油箱，则 CV_2 和 CV_4 关闭，CV_1 和 CV_3 开启，P 口与 B 口相通，A 口与 T 口相通，使液压缸活塞杆收回。当电磁铁 1YA 和 2YA 均通电时，则 CV_1 和 CV_4 关闭，CV_2 和 CV_3 开启，P 口与 A 口和 B 口相通，T 口封

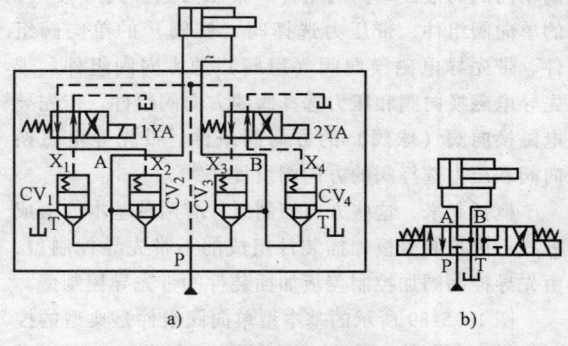

图 10.5-95　两个先导阀与四个方向阀插装件
组成的四位四通阀及换向回路

a）插装阀回路　b）等效回路

闭，压力油同时进入液压缸的有杆腔和无杆腔，实现差动快速前进。

2. 盖板式二通插装阀的压力控制组件

盖板式二通插装阀的压力控制组件有溢流控制组件、顺序控制组件和减压控制组件三类。

图 10.5-96a 所示为插装溢流阀组件构成的卸荷回路，图 10.5-96b 所示为其等效液压回路。插装溢流阀组件由压力控制插装件 CV、先导调压阀 2、二位二通电磁换向阀 3 构成。二位二通电磁阀 3 断电时，系统压力由调压阀 2 调定；二位二通电磁阀 3 通电切换至右位时，插装件因 X 腔接回油箱而开启，使 A 口与回油口 B 接通，液压泵 1 卸荷。

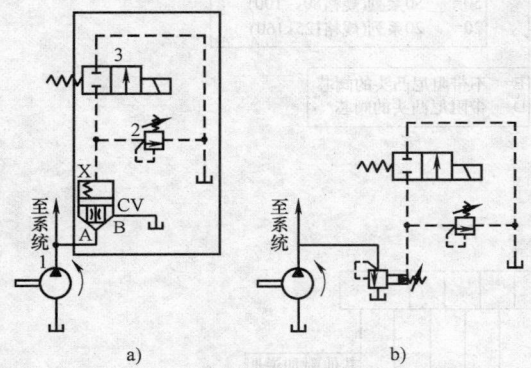

图 10.5-96　插装溢流阀组件及卸荷回路

a）插装溢流阀回路　b）等效回路

1—液压泵　2—先导调压阀　3—二位二通电磁换向阀

图 10.5-97 所示的减压控制组件由滑阀式减压阀插装件 1、先导调压元件 2、控制盖板 3 及微流量调节器 4 组成。先导调压元件的作用是调压；滑

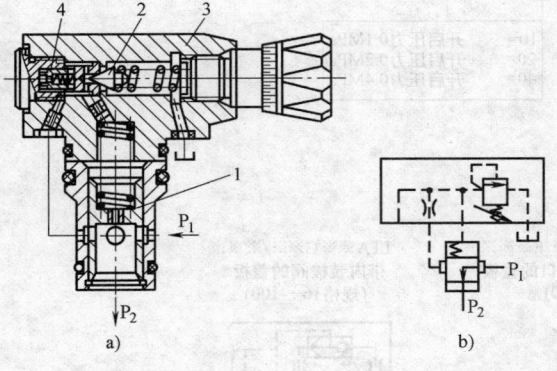

图 10.5-97　减压控制组件

a）结构　b）图形符号

1—减压阀插装件　2—先导调压元件
3—控制盖板　4—微流量调节器

阀式减压阀插装件的作用是减压；微流量调节器使控制流量不因干扰而保持恒定值，一般为 1.1～1.3L/min。

3. 盖板式二通插装阀的流量控制组件

盖板式二通插装阀的流量控制组件有节流式流量控制组件（节流阀）、二通型流量控制组件（调速阀）等。

图 10.5-98 所示的节流式流量控制组件是用行程调节器来限制阀芯行程的，以控制阀口开度而达到控制流量的目的，其阀芯尾部带有节流口。

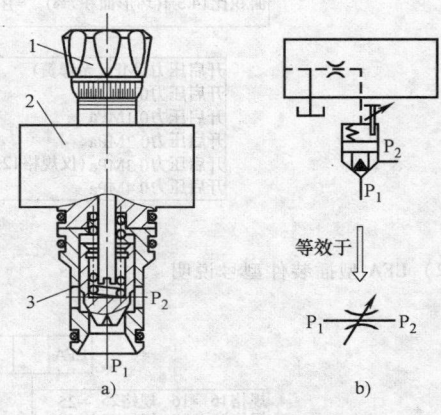

图 10.5-98　节流式流量控制组件

a）结构　b）图形符号

1—行程调节器　2—控制盖板　3—流量阀插装件

6.3　二通插装阀典型产品系列及其技术规格

1. 方向控制二通插装阀

L 系列方向控制二通插装阀包括 LC 型插装件和 LFA 型盖板，最大流量可达 20000L/min。方向控制二通插装阀结构如图 10.5-99 所示。

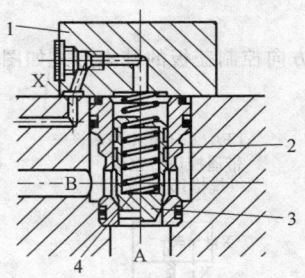

图 10.5-99　方向控制二通插装阀结构

1—控制盖板　2—插装件　3—阀芯带阻
尼凸头　4—阀芯不带阻尼凸头

（1）LC 型插装件型号说明

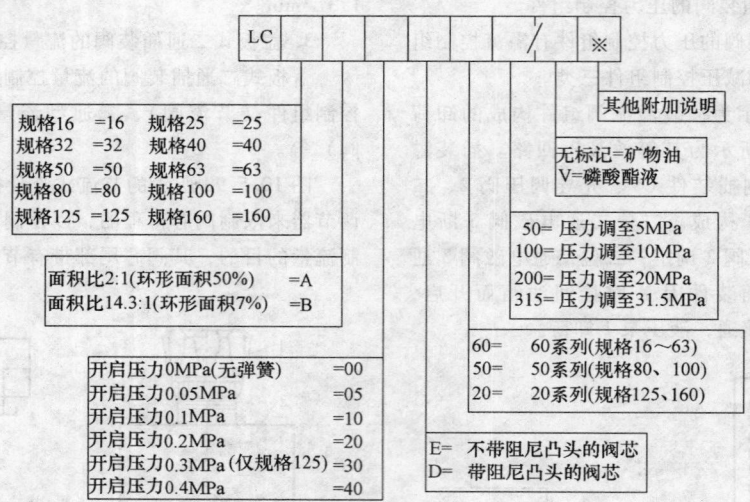

（2）LFA 型插装件型号说明

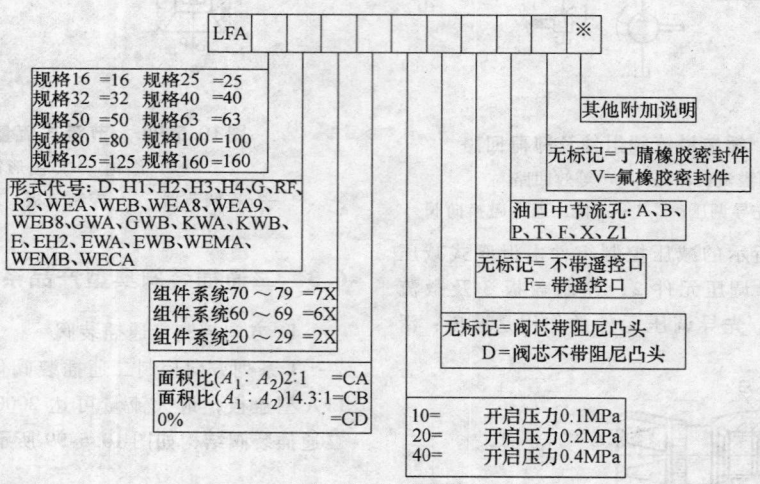

LFA 型方向控制盖板的基本形式如图 10.5-100 所示。

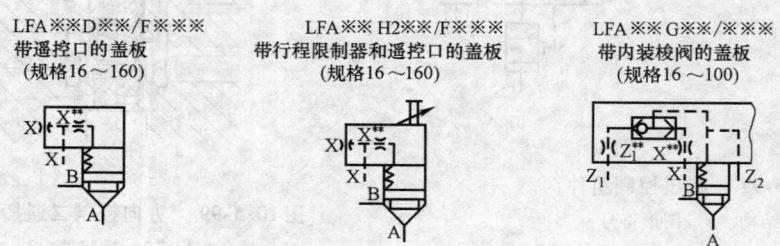

图 10.5-100　LFA 型方向控制盖板的基本形式

LFA※※※R※※/※※※
带内装液动换向座阀的盖板
（规格25～100）

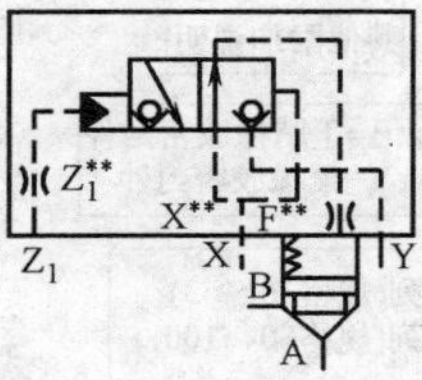

LFA※※WEA※※/※※※
承装叠加先导控制阀的盖板
（规格16～100）

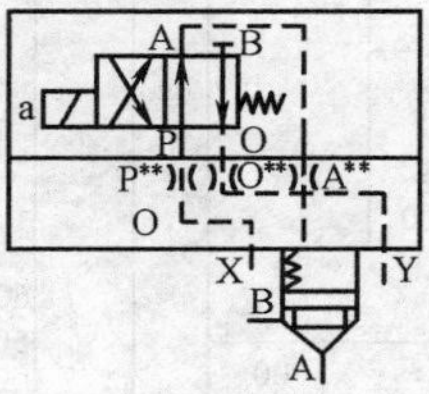

LFA※※WEA8-60/※※※
承装叠加先导控制阀
带第二阀控制口的盖板
（规格25～63）

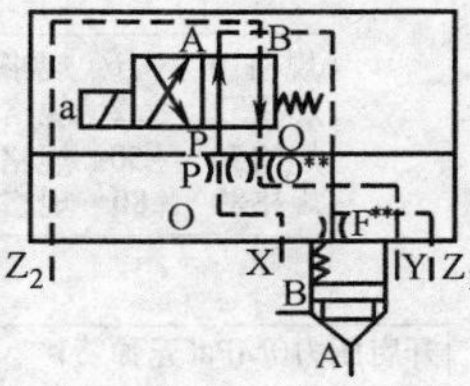

LFA※※WEA9-60/※※※
承装叠加换向滑阀
作单向阀回路的盖板
（规格25～63）

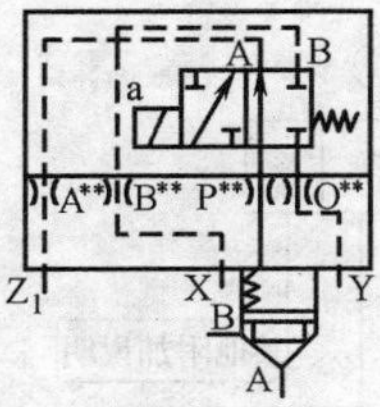

LFA※※WEA※※/※※※
承装叠加先导控制阀
带内装梭阀的盖板
（规格16～100）

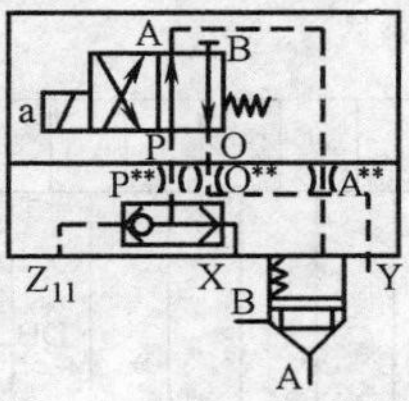

LFA※※KWA※※/※※※
承装叠加先导控制阀
带内装梭阀，作单向阀回路的盖板
（规格16～100）

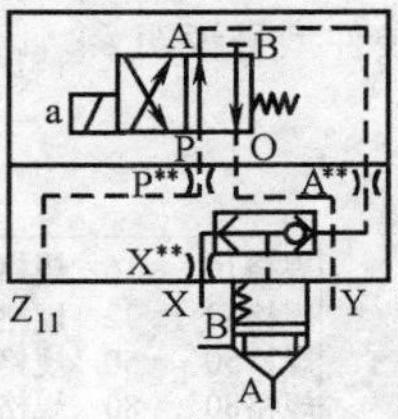

图 10.5-100　LFA 型方向控制盖板的基本形式　（续）

（3）技术规格　LC 型插装件的技术规格见表 10.5-64。

表 10.5-64　LC 型插装件的技术规格

公称通径/mm		16	25	32	40	50	63	80	100	125	160
流量（$\Delta p=$ 0.5MPa） /（L/min）	不带阻尼凸头	160	420	620	1200	1750	2300	4500	7500	11600	18000
	带阻尼凸头	120	330	530	900	1400	1950	3200	5500	8000	12800
工作压力/MPa		31.5（42）									
工作介质		矿物质液压油、磷酸酯液压液									
油温范围/℃		－20～+80									
过滤精度/μm		25									

注：（　）中压力为带叠加式换向阀座（63MPa 型）的盖板。

2. 压力控制二通插装阀

用于压力控制二通插装阀包括 LC 型插装件和 LFA 型盖板，规格从 16mm 通径～100mm 通径，压力最高可达 42MPa，流量最高可达 7000L/min。压力控制二通插装阀结构如图 10.5-101 所示。

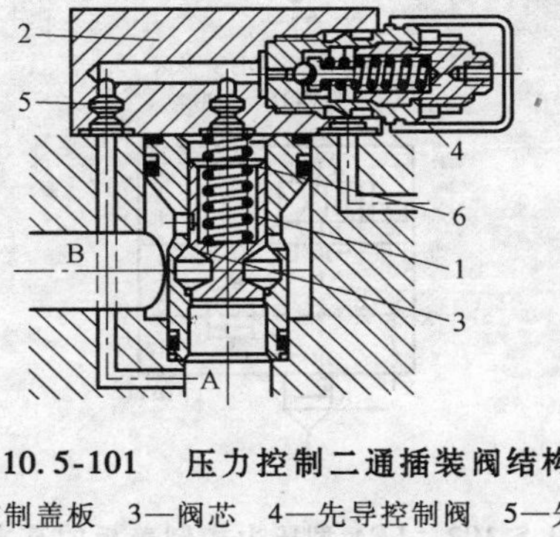

图 10.5-101　压力控制二通插装阀结构
1—插装阀主级　2—控制盖板　3—阀芯　4—先导控制阀　5—先导节流孔　6—弹簧

（1）LC 型插装件型号说明

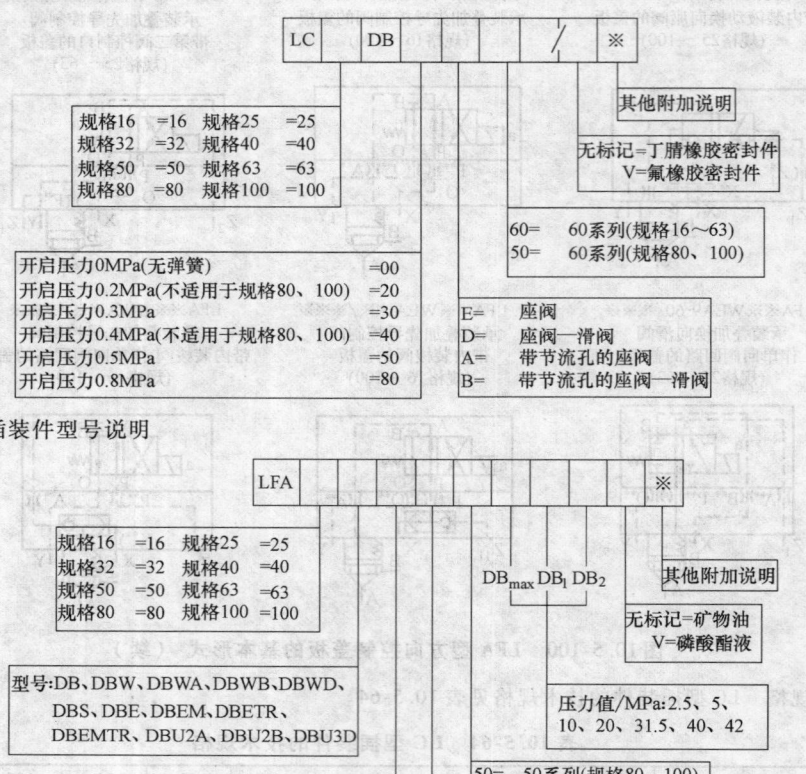

规格16　=16　规格25　=25
规格32　=32　规格40　=40
规格50　=50　规格63　=63
规格80　=80　规格100　=100

其他附加说明

无标记=丁腈橡胶密封件
V=氟橡胶密封件

60=　60系列(规格16～63)
50=　60系列(规格80、100)

开启压力0MPa(无弹簧)　　　　　　　　　=00
开启压力0.2MPa(不适用于规格80、100)　=20
开启压力0.3MPa　　　　　　　　　　　　=30
开启压力0.4MPa(不适用于规格80、100)　=40
开启压力0.5MPa　　　　　　　　　　　　=50
开启压力0.8MPa　　　　　　　　　　　　=80

E　　座阀
D　　座阀—滑阀
A　　带节流孔的座阀
B　　带节流孔的座阀—滑阀

（2）LFA 型插装件型号说明

规格16　=16　规格25　=25
规格32　=32　规格40　=40
规格50　=50　规格63　=63
规格80　=80　规格100　=100

DB_{max} DB_1 DB_2

其他附加说明

无标记=矿物油
V=磷酸酯液

型号:DB、DBW、DBWA、DBWB、DBWD、
DBS、DBE、DBEM、DBETR、
DBEMTR、DBU2A、DBU2B、DBU3D

压力值/MPa:2.5、5、
10、20、31.5、40、42

压力调节方式

手轮　　　　　　　　　=1
带保护罩的螺钉　　　　=2
带锁的刻度旋钮　　　　=3
不带锁的刻度旋钮　　　=4

50=　50系列(规格80、100)
60=　60系列(规格16～63)

—=　　标准型
N=　　不带螺纹油口
G=　　带螺纹油口(X和Y)

LFA 型压力控制盖板的基本形式如图 10.5-102 所示。

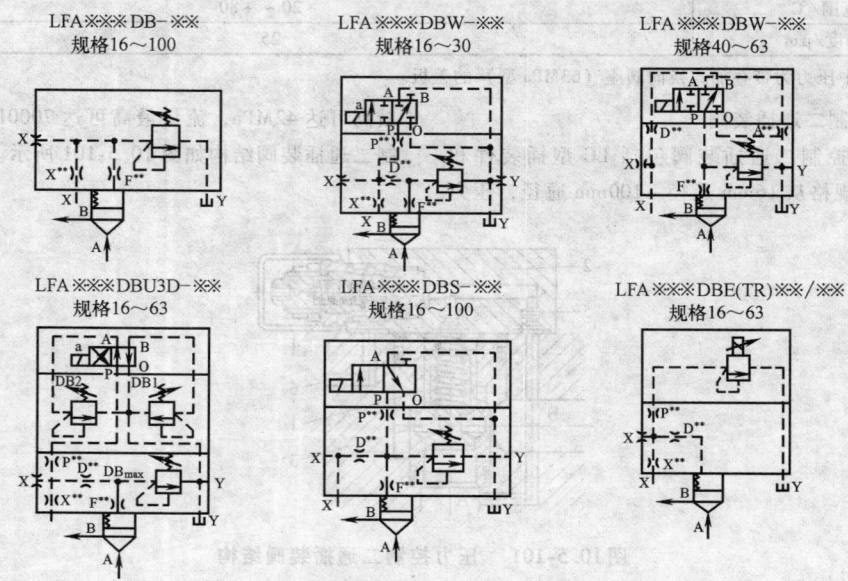

LFA※※※DB-※※
规格16～100

LFA※※※DBW-※※
规格16～30

LFA※※※DBW-※※
规格40～63

LFA※※※DBU3D-※※
规格16～63

LFA※※※DBS-※※
规格16～100

LFA※※※DBE(TR)※※/※※
规格16～63

图 10.5-102　LFA 型压力控制盖板的基本形式

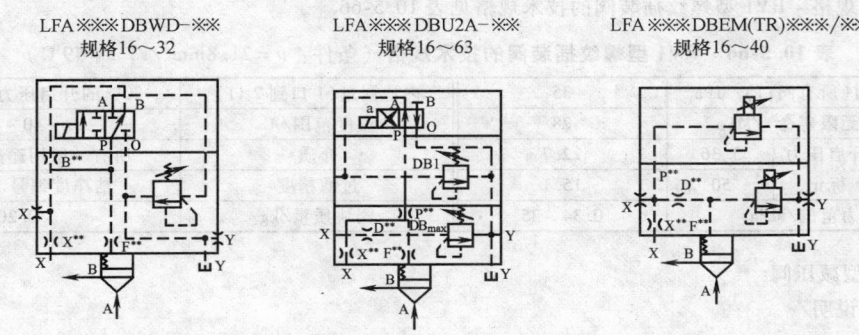

LFA※※※DBWD-※※　　LFA※※※DBU2A-※※　　LFA※※※DBEM(TR)※※※/※※
规格16～32　　　　　　规格16～63　　　　　　规格16～40

图 10.5-102　LFA 型压力控制盖板的基本形式（续）

（3）技术规格　LFA 型插装件的技术规格见表 10.5-65。

表 10.5-65　LFA 型插装件的技术规格

公称通径/mm			16	25	32	40	50	63	80	100
最大流量/(L/min)			250	400	600	1000	1600	2500	4500	7000
工作压力 /MPa	油口 A 和 B		42							
	油口 Y	LFA※※※DB ※※※-60/※※	40							
		—	31.5							
允许背压 /MPa （油口 Y）	LFA※※※DBW※※※-60/※※		31.5				31.5（带换向滑阀）			
	LFA※※※DBS※※※-60/※※		—				40（带换向滑阀）			
	LFA※※※DBU2※※※-60/※※		31.5							
工作介质			矿物质液压油、磷酸酯液压液							
油温范围/℃			−20 ～ +70							

6.4　螺纹插装阀

液压螺纹插装是继液压控制阀的管式、板式、叠加式、二通盖板插装式之后出现的一种渐进发展的新的主要连接方式。由于具有零泄漏、质量轻、集成度高、加工改型相对容易、成本低等优点，螺纹插装阀将是未来高压阀的主要发展阀种，螺纹插装阀与二通插装阀将会成为未来液压阀的主流阀种。下面介绍威格士的几种螺纹插装阀。

6.4.1　压力控制螺纹插装阀

1. RV1 型螺纹插装溢流阀

（1）型号说明

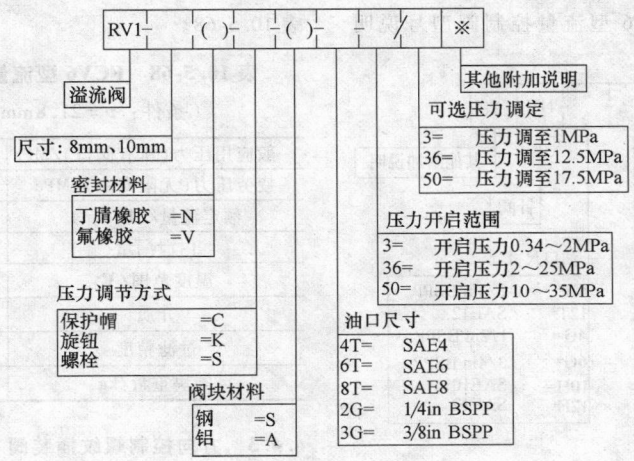

（2）技术规格　RV1 型螺纹插装阀的技术规格见表 10.5-66。

表 10.5-66　RV1 型螺纹插装阀的技术规格（条件：$\nu = 21.8\,mm^2/s$，$t = 49℃$）

一般应用压力（所有阀口）/MPa		35	内泄漏量（1 口到 2 口）	80% 的开启压力下 5 滴/min
疲劳压力（无限寿命）/MPa		28	温度范围/℃	− 40 ~ 120
额定流量 /(L/min)	开启压力 3、36	22.7	介质	所有一般用途的液压流体
	标记 50	15.1	过滤精度	洁净度编号 18/16/13
开启压力范围/MPa		0.34 ~ 35	阀块质量/kg	0.20

2. PRV2 型减压阀

（1）型号说明

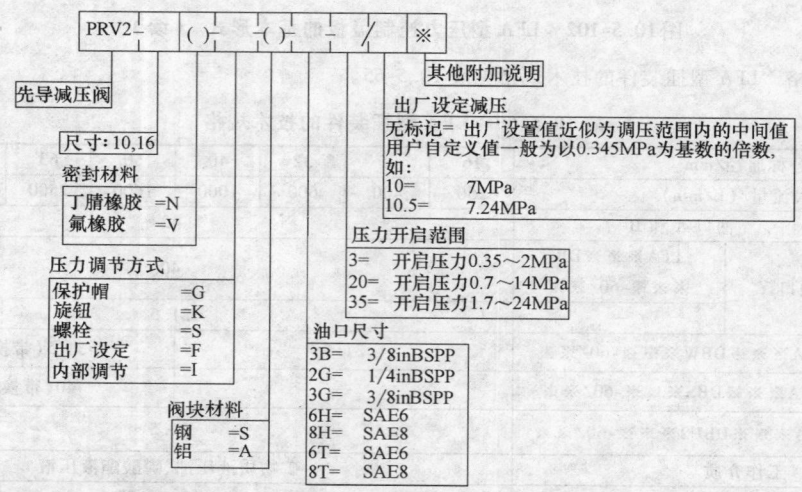

（2）技术规格　PRV2 型螺纹插装阀的技术规格见表 10.5-67。

表 10.5-67　PRV2 型螺纹插装阀技术规格（条件：$\nu = 21.8\,mm^2/s$，$t = 49℃$）

一般应用压力（所有阀口）/MPa	24	介质	所有一般用途的液压流体
疲劳压力（无限寿命）/MPa	21	过滤精度	洁净度编号 18/16/13
额定流量/(L/min)	38	阀块质量/kg	0.24
温度范围/℃	− 40 ~ 120		

6.4.2　流量控制螺纹插装阀

（1）型号说明　FCV6 型流量控制阀型号说明如下：

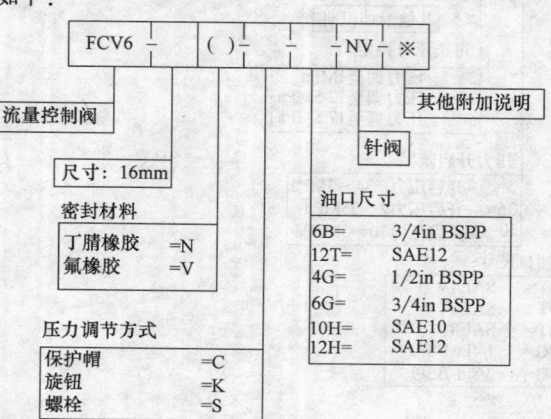

（2）技术规格　FCV6 型流量控制阀技术规格见表 10.5-68。

表 10.5-68　FCV6 型流量控制阀的技术规格
（条件：$\nu = 21.8\,mm^2/s$，$t = 49℃$）

一般应用压力（所有阀口）/MPa	21
疲劳压力（无限寿命）/MPa	21
额定流量/(L/min)	208
内泄漏量	<5 滴/min
温度范围/℃	− 40 ~ 120
介质	所有一般用途的液压流体
过滤精度	洁净度编号 18/16/13
阀块重量/kg	0.37

6.4.3　方向控制螺纹插装阀

1. MRV4 型手动换向螺纹插装阀

（1）型号说明

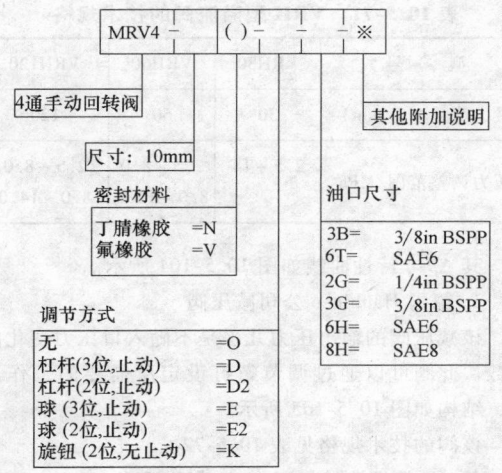

```
MRV4 － ( ) － － － ※
```

4通手动回转阀

尺寸：10mm

密封材料

| 丁腈橡胶 | =N |
| 氟橡胶 | =V |

调节方式

无	=O
杠杆(3位,止动)	=D
杠杆(2位,止动)	=D2
球 (3位,止动)	=E
球 (2位,止动)	=E2
旋钮(2位,无止动)	=K

其他附加说明

油口尺寸

3B=	3/8in BSPP
6T=	SAE6
2G=	1/4in BSPP
3G=	3/8in BSPP
6H=	SAE6
8H=	SAE8

（2）技术规格　MRV4型手动换向螺纹插装阀的技术规格见表10.5-69。

表 10.5-69　MRV4型手动换向螺纹插装阀的技术规格（条件：$\nu = 21.8\,mm^2/s$，$t = 49℃$）

一般应用压力(所有阀口)/MPa	21
疲劳压力(无限寿命)/MPa	21
额定流量/(L/min)	11
内泄漏量/(L/min)	0.164
温度范围/℃	-40～120
介质	所有一般用途的液压流体
过滤精度	洁净度编号 18/16/13
阀块质量/kg	0.17

2. SV5型电磁换向螺纹插装阀

（1）型号说明

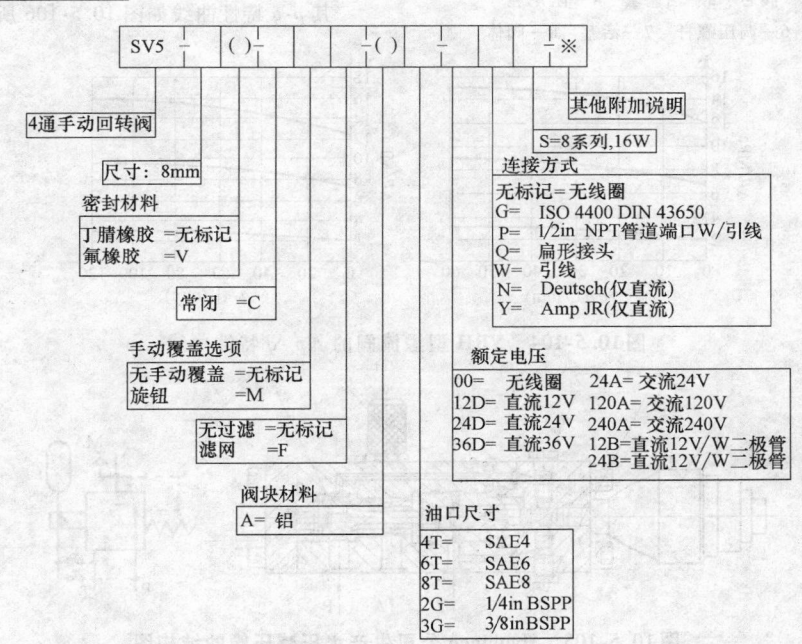

```
SV5 － ( ) － － ( ) － － － ※
```

4通手动回转阀

尺寸：8mm

密封材料

| 丁腈橡胶 | =无标记 |
| 氟橡胶 | =V |

常闭　=C

手动覆盖选项

| 无手动覆盖 | =无标记 |
| 旋钮 | =M |

| 无过滤 | =无标记 |
| 滤网 | =F |

阀块材料

| A | 铝 |

油口尺寸

4T=	SAE4
6T=	SAE6
8T=	SAE8
2G=	1/4in BSPP
3G=	3/8in BSPP

额定电压

00=	无线圈	24A=	交流24V
12D=	直流12V	120A=	交流120V
24D=	直流24V	240A=	交流240V
36D=	直流36V	12B=直流12V/W二极管
		24B=直流12V/W二极管

连接方式

无标记=	无线圈
G=	ISO 4400 DIN 43650
P=	1/2in NPT管道端口W/引线
Q=	扁形接头
W=	引线
N=	Deutsch(仅直流)
Y=	Amp JR(仅直流)

其他附加说明

S=8系列,16W

（2）技术规格　SV5型电磁换向螺纹插装阀的技术规格见表10.5-70。

表 10.5-70　SV5型电磁换向螺纹插装阀的技术规格（条件：$\nu = 21.8\,mm^2/s$，$t = 49℃$）

一般应用压力(所有阀口)/MPa		21	额定电压与电流下响应时间/ms	断电	46
疲劳压力(无限寿命)/MPa		21	温度范围/℃		-40～120
额定流量/(L/min)		23	介质		所有一般用途的液压流体
内泄漏量/(L/min)		<5滴/min	过滤精度		洁净度编号 18/16/13
线圈负载		85%～110%的额定电压	阀块质量/kg		0.28
额定电压与电流下响应时间/ms	通电	18			

7　水压控制阀

7.1　水压压力控制阀

1. 丹麦 Danfoss 公司生产的 VRH 型直动式水压溢流阀

该阀的结构图如图 10.5-103 所示。

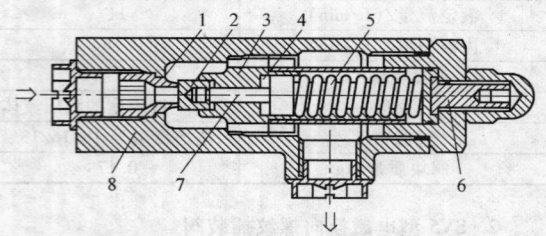

图 10.5-103　直动式水压溢流阀结构图

1—阀座　2—阀芯　3—活塞套　4—阻尼腔
5—调压弹簧　6—调压螺杆　7—活塞　8—阀体

其技术规格见表 10.5-71。

表 10.5-71　VRH 型溢流阀的技术规格

型　　号	VRH30	VRH60	VRH120
最大流量/(L/min)	30	60	120
压力调整范围/MPa	2.5 ~ 14	2.5 ~ 8.0 8.0 ~ 14.0	2.5 ~ 8.0 8.0 ~ 14.0

其 $\Delta p\text{-}q$ 特性曲线如图 10.5-104 所示。

2. 德国 Hauhinco 公司减压阀

该减压阀的输出压力几乎是不随入口压力变化的常数。此阀可以通过调节螺钉设定所需要的工作压力，结构如图 10.5-105 所示。

该阀的技术规格见表 10.5-72。

其 $p\text{-}q$ 特性曲线如图 10.5-106 所示。

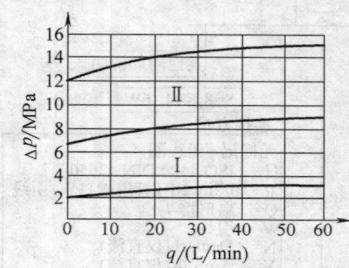

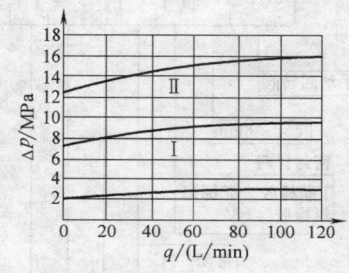

图 10.5-104　VRH 型溢流阀的 $\Delta p\text{-}q$ 特性曲线

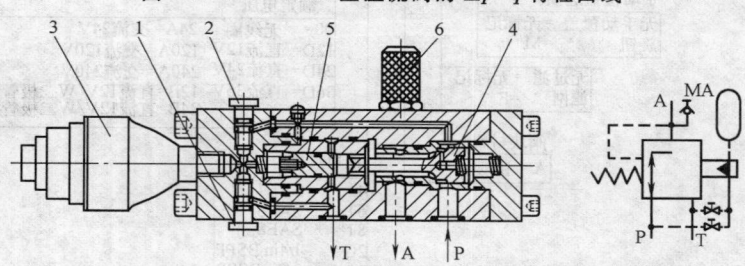

图 10.5-105　Hauhinco 公司生产水压减压阀的结构图

1、2—调节螺钉　3—蓄能器　4—活塞　5—滑阀　6—压力测试口

表 10.5-72　Hauhinco 公司生产水压减
压阀的技术规格

通径/mm	10	16
最大输入压力/MPa	35	
最大流速/(L/min)	60	200
介质	水、HFA、HFC、矿物油	
流向	P→A	
过滤精度/μm	25	
介质温度/℃	50	50
环境温度/℃	45	45

注：外形尺寸见产品样本。

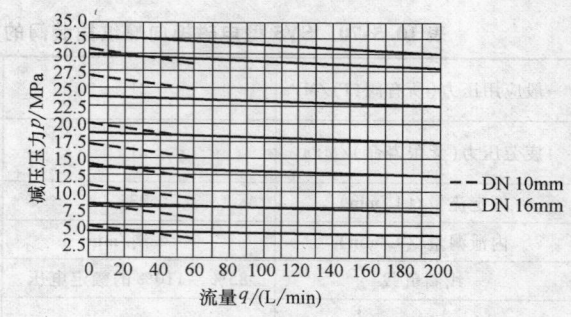

图 10.5-106　Hauhinco 公司生产水
压减压阀的 $p\text{-}q$ 特性曲线

7.2　水压流量控制阀

1. Danfoss 公司生产的 VOH30M 型节流阀

Danfoss 公司研制的水压流量控制阀有不带压力补偿的水压节流阀和带压力补偿的水压调速阀两种。其中，水压节流阀结构图如图 10.5-107 所示。

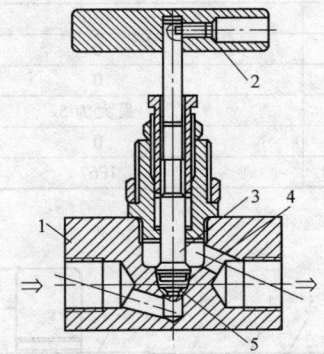

图 10.5-107　水压节流阀结构图

1—阀体　2—手柄　3—阀芯　4—两级节流阀口　5—塑料锥体

其技术规格见表 10.5-73。

表 10.5-73　VOH30M 型节流阀的技术规格

最大流量/(L/min)	30
最大工作压力/MPa	14
过滤精度/μm	10

其 Δp-q 特性曲线如图 10.5-108 所示。

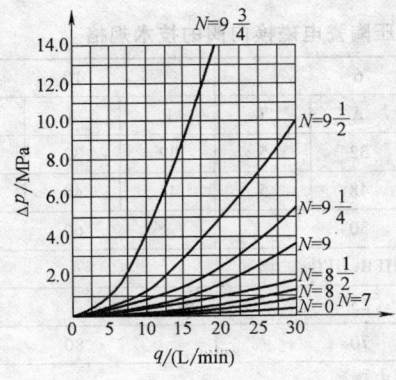

图 10.5-108　VOH30M 型节流阀的 Δp-q 特性曲线

2. 美国 Elwood 公司生产的先导型比例流量控制阀

其结构如图 10.5-109 所示。

该阀的型号意义如下：

DN - ※ - ※ - ※

① ② ③

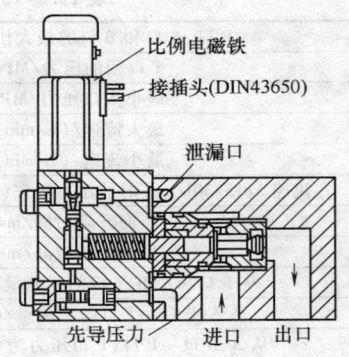

图 10.5-109　先导型比例流量控制阀

① 通径（单位为 mm）；②控制类型（PFCI 为内控型、PCFO 为外控型）；③最高工作压力。

其技术规格见表 10.5-74。

表 10.5-74　美国 Elwood 公司生产的先导型比例流量控制阀的技术规格

内件	不锈钢
最大压力/MPa	41.5
最大流速/(L/min)	1500
介质	水、98/2HWCF 等

7.3　水压方向控制阀

1. Danfoss 公司生产的 VDH30EC4/3 换向阀

VDH30EC4/3 换向阀可以以普通自来水为工作介质。它由四个相对独立的开/关逻辑阀组成，其结构图如图 10.5-110 所示。

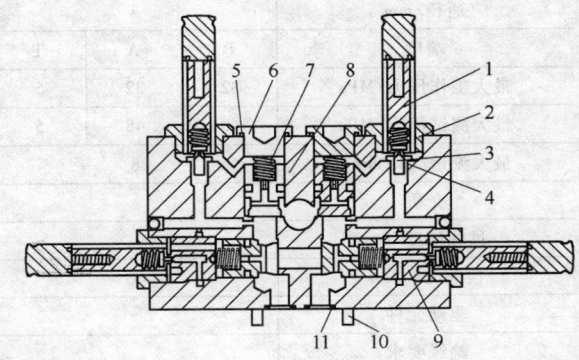

图 10.5-110　VDH30EC4/3 换向阀的结构图

1—电磁铁　2、4、5、11—O 形圈　3—过流孔　6—堵头　7—弹簧　8—阀芯　9—先导阀座　10—螺钉

其技术规格见表 10.5-75。

表 10.5-75　VDH30EC4/3 换向阀的技术规格

P 口、A 口和 B 口的最大压力/MPa	14
T 口回油压力/MPa	14
最小入口压力/MPa	0.5
最大流速/（L/min）	30
最小流速/（L/min）	11
在流速 5/15/30l/min 时的压力损失（P→A＋B→T）/MPa	0.5/0.8/2.5
换向开启时间/ms	110
换向关闭时间/ms	130
从 P 口→A、B、T 口的泄漏量/（mL/min）	0
从 A、B 口→T 口的泄漏量/（mL/min）	0
从 A、B 口→P 口（P 口压力为 0）/（L/min）	最大为 5
从 A、B 口→P 口（P 口压力等于 A、B 口压力）/（L/min）	0
绝缘等级	IP67

注：外形尺寸见产品样本。

该阀在不同流速下的压力损失如图 10.5-111 所示。

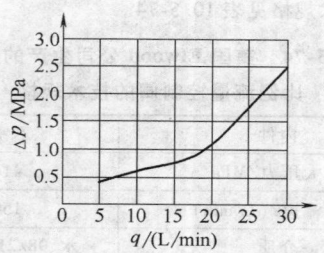

图 10.5-111　不同流速下的压力损失

2. 德国 Hauhinco 公司生产的二位三通水压陶瓷
电磁换向阀

此类型的阀体采用不锈钢，阀芯采用陶瓷。其结
构图如图 10.5-112 所示。

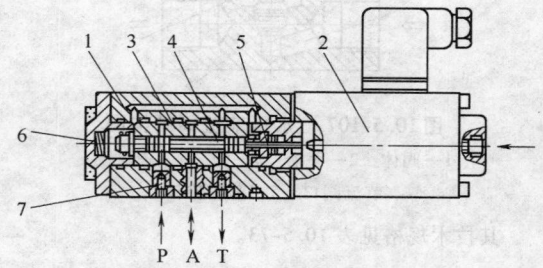

图 10.5-112　德国 Hauhinco 公司生产的二位
三通水压陶瓷电磁换向阀的结构

1—阀体　2—电磁铁　3—导套　4—活塞
5—推杆　6—弹簧　7—过滤口

其技术规格见表 10.5-76。

表 10.5-76　德国 Hauhinco 公司生产的二位三通水压陶瓷电磁换向阀的技术规格

通径/mm	3			6			10		
端口	P	A	T	P	A	T	P	A	T
最大工作压力/MPa	32	32	5	32	32	5	32	32	5
最大测试压力/MPa	48	48	5	48	48	5	48	48	5
最大流量/（L/min）	8			30			60		
介质	水、HFA、HFB、HFC、矿物油								
过滤精度/μm	25								
换向时间/ms	60			70			80		
驱动元件	电磁铁								
绝缘要求	IP65								
工作电压/V	直流 24			直流 24			直流 24		
电磁铁功率/W	30			36			55		
介质最高温度/℃	50			50			50		
环境最高温度/℃	45			45			45		

此类阀的 Δp-q 特性曲线图如图 10.5-113 所示。

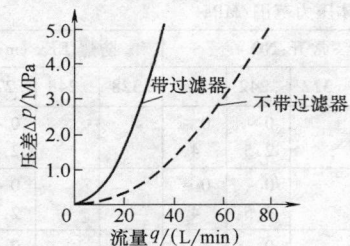

图 10.5-113　德国 Hauhinco 公司生产的二位三通水压陶瓷电磁换向阀的 Δp-q 特性曲线

3. 德国产 GSR 的水压电磁方向阀

（1）型号说明

D　※　※/※　※/※
①　②　③④　⑤⑥

①为设计；②为型号；③为尺寸；④为阀体材料；⑤为密封材料；⑥为线圈代号。

（2）49 型二位二通强制先导式电磁阀　图 10.5-114 所示为常闭型强制先导式电磁阀。在阀门入口与出口压差较小的情况下，通电时电磁线圈产生的电磁力足以提起主阀芯和先导阀芯等运动部件，阀门开启；断电时弹簧把主阀芯和先导阀芯压在阀座上，阀门关闭。

在阀门入口与出口压差很大的情况下，通电时电磁力开启先导阀，主阀芯上腔室的压力迅速下降，在主阀芯上下腔形成上低下高的压差，该压差推动主阀芯从阀座上提起，阀门开启；断电时弹簧力推动先导阀芯关闭先导座孔，阀门入口压力通过旁通孔迅速进入主阀芯上腔室，由于上端的压力作用面积大于下

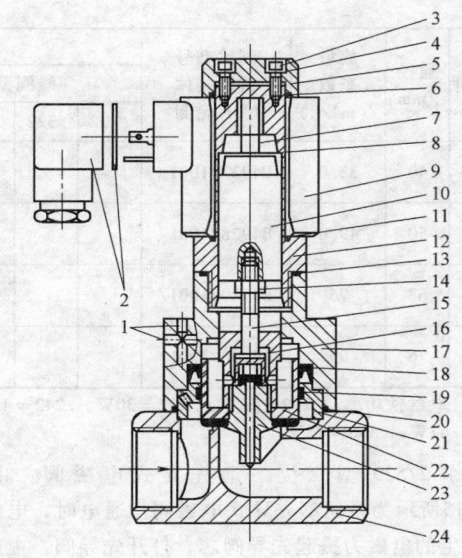

图 10.5-114　49 型二位二通强制先导式电磁阀的结构图

1—堵头　2—插头　3—内六角螺钉　4—垫圈　5—扣压螺母　6、8、11、13、20—O 形密封圈　7—弹簧　9—电磁线圈　10—动磁芯　12—电磁管　14—锁紧螺母　15—推杆　16—先导阀导向套　17—阀盖　18—密封件　19—导向环　21—导向套　22—主阀芯　23—主阀杆　24—阀体

端，主阀芯向下移动压在阀座上，阀门关闭。常开型动作方向与常闭型相反。

该阀的特点是阀门具有先导式结构，而且先导式操作部件与主阀芯连接在一起，在入口压力接近出口压力，甚至压差为 0 时阀门也能正常操作。其技术规格见表 10.5-77。

表 10.5-77　49 型二位二通强制先导式电磁阀的技术规格

连接尺寸	通径/mm	流量系数/(m³/h)	阀体型号黄铜阀体NBR 密封	流体压力范围/MPa										
				线圈型号				常开-NO				防爆 EEx em Ⅱ T4			
				.702	.322	.242	.272	.692	.322	.242	.272	.328	.248	.278	.358
G1/4	13	1.8	B4921/1001/	0~2.5	0~4			0~2.5	0~4			0~2.5	0~4		
G3/8	13	4.0	B4922/1001/	0~2.5	0~4			0~2.5	0~4			0~2.5	0~4		
G1/2	13	4.5	B4923/1001/	0~2.5	0~4			0~2.5	0~4			0~2.5	0~4		
G3/4	25	11.5	B4924/1001/		0~2.5	0~4			0~2.5	0~4			0~2.5	0~4	
G1	25	13.0	B4925/1001/		0~2.5	0~4			0~2.5	0~4			0~2.5	0~4	
G5/4	40	29.0	B4926/1001/			0~2.5	0~4			0~2.5	0~4			0~2.5	0~4

（续）

连接尺寸	通径/mm	流量系数/(m³/h)	阀体型号 黄铜阀体 NBR 密封	流体压力范围/MPa											
				线圈型号				常开-NO				防爆 EEx em Ⅱ T4			
				.702	.322	.242	.272	.692	.322	.242	.272	.328	.248	.278	.358
G6/4	40	33.0	B4927/1001/	0~2.5		0~4		0~2.5		0~4		0~2.5		0~4	
G2	50	49.0	B4928/1001/	0~2.5		0~4		0~2.5		0~4		0~2.5		0~4	
G5/2	63	75	B4929/1001/	0~1				0~1				0~1			
G3	76	95	B4930/1001/	0~1				0~1				0~1			

注：电磁铁功率：.702＝25W、.322＝30W、.242＝46W、.272＝100W、.692＝25W、.328＝23W、.248＝30W、.278＝47W、.358＝75W。

（3）2/529 型二位二通先导式电磁阀　图 10.5-115 所示为常闭型先导式电磁阀。通电时，电磁线圈产生的电磁力提起先导阀芯，打开先导阀，主阀芯上腔室的压力迅速下降，上下腔的压差推动主阀芯从阀座上提起，阀门开启；断电时，弹簧力推动先导阀芯关闭先导座孔，阀门入口压力由主阀芯上的小孔迅速进入其上腔室，由于上端的压力作用面积大于下端，主阀芯向下移动压在阀座上，阀门关闭。

常开型：动作方向与常闭型相反。

特点：阀的控制压力很高，但阀门正常操作依赖入口压力高于出口压力，因此，必须满足最小压力的操作条件。技术规格见表 10.5-78。

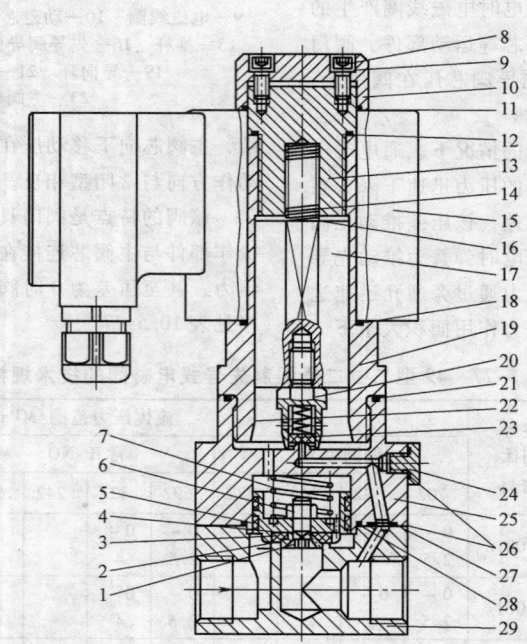

图 10.5-115　2/529 型二位二通先导式电磁阀的结构图

1—螺钉　2—密封件　3—阀板　4—主阀芯　5—导向环　6—螺母　7—弹簧　8—内六角螺钉
9—垫圈　10—承压件　11、12、16、18、21、26、28—O 形密封圈　13—定磁芯　14—弹簧
15—电磁线圈　17—动磁芯　19—电磁管　20—先导阀杆　22—弹簧
23—先导阀芯　24—螺纹堵头　25—阀盖　27—垫圈　29—阀体

表 10.5-78　2/529 型二位二通先导式电磁阀的技术规格

连接尺寸	通径 /mm	流量系数 /(m³/h)	阀体型号 不锈钢阀体 Tecapeek 密封	流体压力范围/MPa						
				线圈型号			常开-NO		防爆 EEx em Ⅱ T4	
				.322	.242	./..15/.242	.242	.272	.328	.248
G1/4	13	1.8	2/529-21-0615-	0.1~25	0.1~35		0.1~30		0.1~25	
G3/8	13	3.3	2/529-22-0615-	0.1~25	0.1~35		0.1~30		0.1~25	
G1/2	13	3.8	2/529-23-0615-	0.1~25	0.1~35		0.1~30		0.1~25	
G3/4	25	11.5	2/529-24-0615-	0.1~25	0.1~35		0.1~30		0.1~22	
G1	25	13.0	2/529-25-0615-	0.1~25	0.1~35		0.1~30		0.1~22	
			不锈钢体 NBR 密封							
G5/4	40	22.0	2/529-26-0901-		0.1~15	0.1~20		0.1~15		0.1~15
G6/4	40	24.0	2/529-27-0901-		0.1~15	0.1~20		0.1~15		0.1~15
G2	50	32.0	2/529-28-0901-		0.1~15	0.1~20		0.1~15		0.1~15

8　电液伺服阀

8.1　电液伺服阀的功用与特点

电液伺服阀是电液伺服控制系统的核心元件，它既是电液转换元件，又是功率放大元件，其功用是将微弱的模拟量电信号转换为具有相应极性和较大功率的液压信号（流量与压力），实现对液压执行机构位移（或转角）、速度（或角速度）、加速度（或角加速度）和力（或力矩）的控制。其性能参数及正确使用直接影响系统的控制精度和动态特性，也直接影响到系统工作的可靠性和寿命。

电液伺服阀是一种自动控制阀，其优点是输入信号功率很小（通常仅几十毫瓦），功率放大系数高，能够对输出流量进行双向连续控制，线性度好、死区小、控制精度高，响应速度快，体积小、结构紧凑，在快速高精度的各类机械设备的液压闭环控制系统中得到了广泛的应用。

8.2　电液伺服阀的基本组成及分类

8.2.1　电液伺服阀的基本组成

电液伺服阀通常由电气-机械转换器、液压放大器（先导级阀和功率级主阀）和反馈机构（或平衡机构）三大部分组成。电液伺服阀基本组成框图如图 10.5-116 所示。

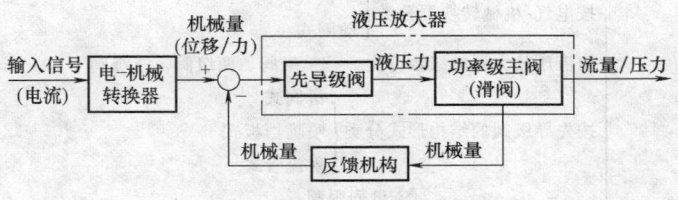

图 10.5-116　电液伺服阀的基本组成框图

电气-机械转换器的作用是把输入微弱电信号的电能转换成机械运动的机械能，进而驱动液压放大器的控制元件，使之转换成液压能。这一功能由力矩电动机（输出转角）或力电动机（输出直线位移）实现。用于电液伺服阀的力矩电动机（或力电动机）的输出力矩（或力）很小，在阀的流量比较大时，无法直接驱动功率级阀运动，此时需要增加液压先导放大级（亦称前置级），将力矩电动机（或力电动机）的输出放大，再去推动功率级阀，这就构成多级电液伺服阀。多级阀由于前置放大器的作用，可克服较大的液动力、粘性阻力和质量惯性力。因此，其输出流量大、工作稳定。应用最广泛的是两级伺服

阀，为了输出更大的功率，带动需要更大流量的负载，又出现了所谓三级电液伺服阀。三级伺服阀通常只用在 200L/min 以上大流量的场合，在其功率放大级主阀前有两级液压放大器。先导级放大器的结构形式通常有单喷嘴挡板阀、双喷嘴挡板阀、滑阀和射流管阀等。而功率放大级几乎都采用滑阀。

当液压放大器为两级或三级时，因为含有积分环节，对于给定的输入电流信号，滑阀没有确定的位置。为解决滑阀的定位问题，可采用各种形式的级间反馈来消除积分环节作用。常用的反馈机构是将输出级（功率级）的阀芯位移或输出流量或输出压力以位移、力或电信号的形式反馈到第一级或第二级的输

入端，也有反馈到力矩电动机衔铁组件或力矩电动机输入端的。由于反馈机构的存在，使伺服阀本身就构成一个闭环控制系统。伺服阀通过反馈机构实现输入输出的比较，用偏差纠偏，解决了功率级主阀的定位问题，使伺服阀的输出流量或压力与输入电信号之间成比例特性变化，从而获得所需要的压力-流量特性，提高伺服阀的控制性能。

伺服阀的输出级通常采用的反馈机构有机械反馈（位移、力反馈）、液压反馈（压力反馈、动压反馈）和电反馈等多种形式，如滑阀位置反馈、负载流量反馈和负载压力反馈等。

需要指出的是，伺服阀的用途不同，采用的反馈形式也有所不同。利用滑阀位置反馈和负载流量反馈得到的是流量控制伺服阀，阀的输出流量与输入电流成比例。利用负载压力反馈得到的是压力控制伺服阀，阀的输出压力与输入电流成比例。一般说来，负载流量与负载压力反馈伺服阀的结构比较复杂，滑阀位置反馈伺服阀容易实现一些。采用不同的反馈形式，伺服阀的稳态压力-流量特性就有所不同。图10.5-117所示为不同反馈形式伺服阀的稳态压力-流量特性曲线。必须指出，由于伺服阀的输出流量与压力之间存在一定的关系，所以并不存在理想的流量伺服阀和压力伺服阀。电液伺服阀内部之所以采用不同的反馈形式，只是为了获得满足各种被控对象所需要的压力-流量特性。实际需要是多元的，所以反馈形式也是多样的，采用负载流量反馈是为了得到不受或小受负载影响的流量伺服阀，而采用负载压力反馈则是为了得到不受或小受负载流量影响的压力伺服阀。

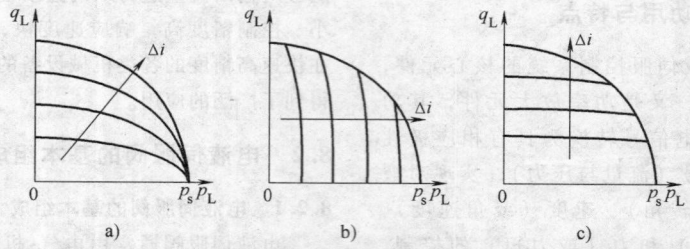

图 10.5-117   不同反馈形式电液伺服阀的稳态压力-流量特性曲线
a）滑阀位置反馈   b）负载压力反馈   c）负载流量反馈

8.2.2   电液伺服阀的分类

电液伺服阀品种繁多，可从不同的角度进行分类，其主要类型如图10.5-118所示。

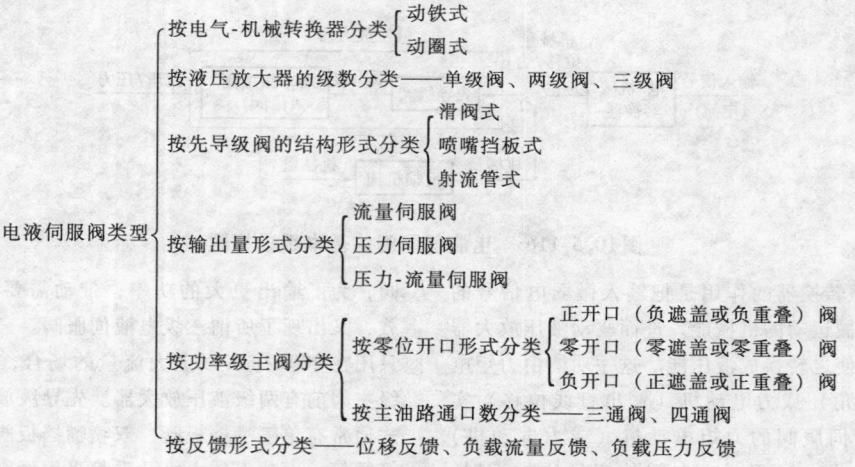

图 10.5-118   电液伺服阀的类型

8.3   常见电液伺服阀的典型结构和工作原理

8.3.1   位置反馈单级电液伺服阀

图10.5-119所示为 Moog 公司推出的一种带阀芯位置电反馈的直接驱动型（单级）电液伺服阀结构简图。

该阀直接用直线力电动机驱动，主要由三大部分组成，即直线力电动机、液压阀及放大器组件。其核心部分是直线力电动机。直线力电动机是一个永磁差动电动机，由一对高能永磁稀土磁钢，左、右导磁体，中间导磁体，衔铁，控制线圈及对中弹簧片等组成。

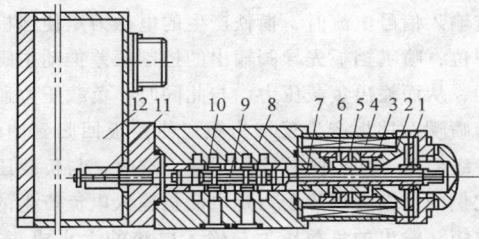

图 10.5-119　直接驱动型电液伺服阀

1—弹簧片　2—右导磁体　3—永久磁钢　4—控制线圈
5—中间导磁体　6—衔铁　7—左导磁体　8—阀体
9—阀芯　10—阀套　11—位移传感器　12—放大器

在控制线圈无输入电流时，左、右磁钢各自形成两个磁路，由于一对磁钢的磁感应强度相等，导磁体材料相同，衔铁两端的气隙磁通量相等，因此衔铁就保持在中位，直线力电动机无力输出，阀口关闭，无流量输出。当控制线圈有输入电流时，衔铁两端气隙的合成磁通量发生变化，使衔铁失去平衡，克服弹簧片的对中力而移动，此时直线力电动机输出驱动力，从而打开阀口，输出流量。

直线力电动机能在两个方向上产生力和行程，且与控制线圈的输入电流成正比，故改变控制线圈的输入电流就能改变阀的输出流量。

8.3.2　典型两级电液伺服阀

两级电液伺服阀比单级电液伺服阀多一级，即增加了先导级液压放大器（或称先导级阀）和一个内部反馈元件。根据先导级阀的结构形式分为喷嘴-挡板式、滑阀式和射流管式电液伺服阀等。

1. 喷嘴-挡板式电液伺服阀

（1）位置力反馈两级电液伺服阀　喷嘴-挡板式位置力反馈两级电液伺服阀的结构原理如图10.5-120所示。它的前置级阀由挡板8、喷嘴9及固定节流孔11等组成，而内部反馈元件为反馈弹簧杆（简称反馈杆）10。挡板8与衔铁4相互垂直并固结在一起，由弹簧管3支承，弹簧管起扭簧作用，也起隔离作用，可防止液压油进入力矩电动机。其工作原理如下：

在无控制电流输入时，衔铁由弹簧管支承在上、下导磁体2的中间位置，挡板也处于两个喷嘴的中间位置，喷嘴挡板阀输出的控制压力 $p_{c1}=p_{c2}$，阀芯5在反馈杆小球的约束下处于中位，此时阀口关闭，无流量输出。当有信号电流输入时，衔铁挡板组件在电磁力作用下一起绕弹簧管的转动中心偏转。弹簧管与反馈杆产生变形，挡板偏离中位。假设挡板向右偏离中位 x_f，则使喷嘴挡板阀右间隙小于左间隙，致使滑

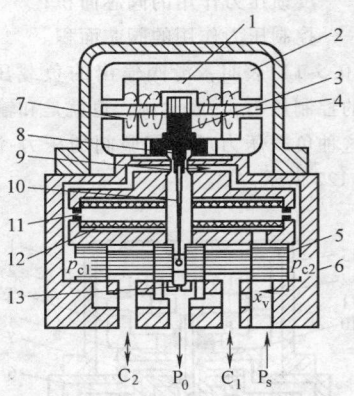

图 10.5-120　力反馈式两级伺服阀

1—永久磁铁　2—导磁体　3—弹簧管　4—衔铁
5—阀芯　6—阀体　7—控制线圈　8—挡板
9—喷嘴　10—反馈弹簧杆　11—固定节流孔
12—过滤器　13—回油节流孔

阀右腔控制压力 p_{c2} 大于左腔控制压力 p_{c1}，从而推动阀芯5左移，同时也带动反馈杆端部小球左移，使反馈杆进一步变形。当反馈杆和弹簧管变形产生的反力矩与电磁力矩平衡时，衔铁挡板组件便处于一个平衡位置。在反馈杆端部小球随阀芯左移时，挡板的偏移减少，趋向中位。这又使 p_{c2} 降低，p_{c1} 升高，当阀芯两端的液压力与反馈杆变形对阀芯产生的反作用力以及滑阀的液动力相平衡时，阀芯停止移动，其位移与控制电流成比例。在负载压差一定时，阀的输出流量与信号电流成比例。由于反馈杆的恢复力矩直接参与了力矩电动机的输入力矩和弹簧管的反力矩之间的平衡，使挡板大致回到两喷嘴的中间位置，即 $x_f \approx 0$ 时前置放大器停止工作，而阀芯5则移动了相应位移 x_v，使阀输出相应流量。由此可见，这种阀是通过反馈杆10的力矩反馈来实现阀芯5的位置反馈作用的，故称它为位置力反馈两级伺服阀，简称力反馈两级伺服阀。

（2）负载压力反馈两级电液伺服阀　负载压力反馈两级伺服阀的结构简图如图10.5-121所示。与图10.5-120所示的力反馈两级伺服阀区别是，说明没有力反馈弹簧杆，而是由反馈喷嘴7和反馈节流孔6组成的反馈压力计代替，用反馈压力计感受负载压力并对挡板产生反馈力矩。由图10.5-121可知，在稳态情况下，如果忽略功率级阀芯的液动力，阀芯5的力平衡方程为

$$p_L A_e = p_{Lp} A_v \qquad (10.5\text{-}1)$$

式中　p_L——负载压力；

p_{Lp}——喷嘴挡板的控制压力；

A_e——反馈压力作用的阀芯面积；

A_v——控制压力作用的阀芯面积。

式（10.5-1）表明，滑阀输出的负载压力 p_L 与喷嘴挡板的控制压力 p_{Lp} 成比例，也就是和输入电流 I 成比例。这种负载压力反馈伺服阀的压力-流量曲线如图 10.5-122 所示。

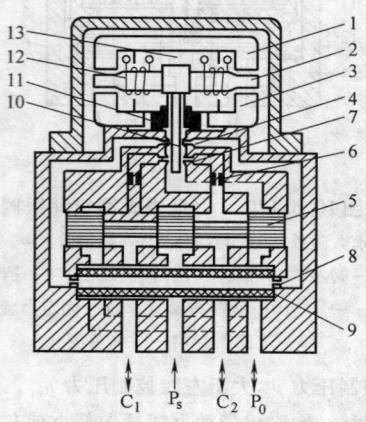

图 10.5-121　负载压力反馈两级电液伺服阀

1—上导磁体　2—衔铁　3—下导磁体　4—控制喷嘴
5—阀芯　6—反馈节流孔　7—反馈喷嘴
8—固定节流孔　9—过滤器　10—挡板　11—弹簧管
12—控制线圈　13—永久磁铁

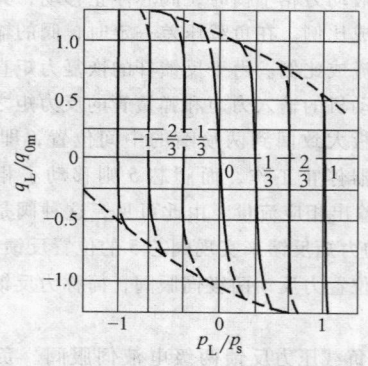

图 10.5-122　负载压力反馈伺服阀的
压力-流量特性曲线

在图 10.5-122 中，纵轴是负载流量/空载流量，横轴是负载压力/供油压力。因其输出压力要受负载流量的影响，在负载流量增大时，阀芯所受的液动力也增大，致使输出压力略有下降，反映到压力-流量曲线上就是呈现略微倾斜的形状。图中虚抛物线则对应于滑阀最大开度时的特性。

以上分析可见，将滑阀输出的压力通过一对反馈喷嘴反馈到挡板上构成的负载压力反馈伺服阀，属于

压力控制伺服阀的范畴。其工作原理是，当力矩电动机有输入信号电流时，衔铁产生的电磁力矩使挡板偏离中位，喷嘴挡板先导阀输出的控制压差推动主阀芯运动，从而输出负载压力。与此同时，负载压力通过反馈喷嘴对挡板产生反馈力矩，使挡板回归到中位，先导级停止工作，阀芯停止运动。这时，与负载压力成比例的反馈力矩等于力矩电动机输入电流产生的电磁力矩，输出的负载压力与输入电流的大小成正比。也应当指出，由于反馈喷嘴对挡板的作用力与反馈喷嘴腔感受的压力不是严格的线性关系，因此这种阀的压力特性线性度稍差。

2. 两级滑阀式直接位置反馈电液伺服阀

图 10.5-123 所示为两级滑阀式直接位置反馈电液伺服阀结构。该阀由动圈式力电动机和两级滑阀式液压放大器组成。前置级是带两个固定节流孔的双边滑阀，功率级是零开口的四边滑阀。

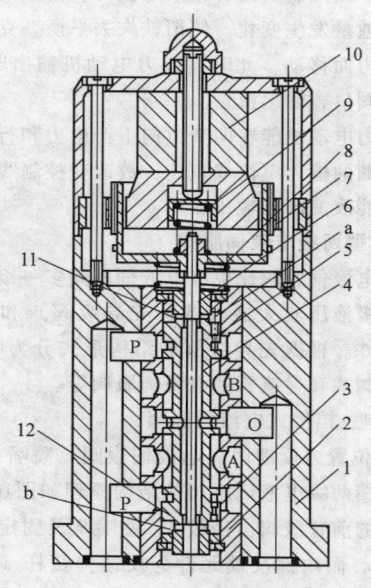

图 10.5-123　两级滑阀式直接位置
反馈电液伺服阀

1—阀体　2—阀套　3、5—固定节流孔　4—主阀芯
6—控制阀芯　7—控制线圈　8、9—弹簧　10—永久磁铁
11、12—可变节流口　a、b—上、下控制腔

在主阀芯 4 处于中位时，四个油口 P、A、B、O 均不通，进口压力油经主阀芯上的固定阻尼孔 3、5 引到上、下控制腔 a、b 后被可变节流口 11、12 封住，主阀芯上、下两腔压力相等。若动圈式力电动机的线圈输入电流信号，线圈所产生的电磁力使控制阀芯 6 向下运动，节流口 12 开启，主阀芯下端压力下

降，主阀芯跟随控制阀芯下移，油口 P 与 A 通、B 与
O 通。在主阀芯下移行程与控制阀芯下移行程相等
时，可变节流口 12 关闭，主阀芯停止位移。此时，
主阀开口大小与输入电流信号成比例，阀输出相应流
量。因功率级主阀芯也是前置级控制阀芯的阀套，因
此主阀芯的位移对控制阀的位移构成位置反馈作用。
这种直接位置反馈的两级滑阀式电液伺服阀对油液的
过滤精度要求较低，抗污染能力强，但相对其他类伺
服阀而言，其外形尺寸大，响应慢。

　　3. 射流管式力反馈两级伺服阀

　　射流管式力反馈两级伺服阀结构如图 10.5-124
所示。射流管焊接在衔铁上，由薄壁弹簧片支承，射
流管由力矩电动机带动偏转。压力油经过柔性供油管
2 进入射流管 3，从射流管喷嘴射出的液压油进入与
滑阀两端控制腔分别相通的两个射流接收孔中，由于
射流管的偏转，两接收孔接收的射流不一样，就会造
成阀芯 6 两端控制腔存在压差，从而推动阀芯移动。
射流管的侧面装有弹簧板及反馈弹簧 5，且其末端插
入阀芯 6 中间的小槽内。阀芯移动时推动反馈弹簧，
构成对力矩电动机的力反馈控制。阀芯 6 靠反馈弹簧
定位，其位移与阀芯两端的压力差成比例。

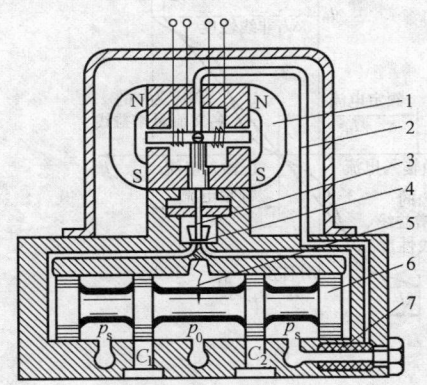

图 10.5-124　　射流管式两级电液伺服阀
1—力矩电动机　2—柔性供油管　3—射流管　4—射流
接收器　5—反馈弹簧　6—阀芯　7—过滤器

　　由于射流管阀的最小通流尺寸（喷嘴口）为
0.2mm，而喷嘴挡板阀一般为 0.025～0.05mm，因此
射流管阀最大特点就是抗污染能力强、可靠性高。缺
点是频率响应低，零位泄漏流量大，受油液粘度变化
的影响显著，低温特性差。因此，射流管伺服阀比较
适合于要求频率响应不高，但需抗污染强、高可靠性
的场合应用。

8.3.3　三级电液伺服阀

　　三级电液伺服阀通常是用一个通用型两级伺服阀

（称前置阀）加上一个滑阀式液压放大器（第三级）
构成的。第三级主滑阀依靠位置反馈定位，一般为电
反馈或力反馈。电反馈调节方便，适应性强，前置阀
通常采用双喷嘴挡板式力反馈伺服阀或射流管式力反
馈伺服阀。三级电液伺服阀的典型结构如图 10.5-125
所示。

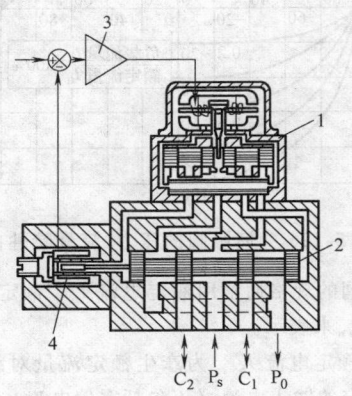

图 10.5-125　　三级电液伺服阀
1—前置阀　2—三级阀芯（主阀芯）
3—放大器　4—位移传感器

　　三级电液伺服阀只用于流量要求在 200L/min 以
上的大流量场合。

8.4　电液伺服阀的基本特性与主要性能参数

　　电液伺服阀的性能优劣对整个电液伺服系统的
工作品质有着至关重要的影响，因此其要求十分严
格。电液伺服阀的基本特性及主要性能参数在设计
电液伺服控制系统及选取电液伺服阀的过程中都将
起到非常重要作用。下面就以电流为输入的流量控
制电液伺服阀为例，对其特性及主要性能参数作简
单介绍。

8.4.1　静态特性

　　电液伺服阀的静态特性是指在稳定条件下，伺服
阀的各稳态参数（输出流量、负载压力）和输入电
流间的相互关系。电液流量伺服阀的静态特性主要包
括负载流量特性、空载流量特性、压力特性、内泄漏
特性等曲线和性能指标参数评定。

　　1. 负载流量特性（也称压力-流量特性）

　　负载流量特性曲线如图 10.5-126 所示，它完全
描述了伺服阀的静态特性。但要测得这组曲线却相当
麻烦，特别是在零位附近很难测出精确的数值，而伺
服阀又正好在零位附近工作。因此，这些曲线主要还
是用来确定伺服阀的类型和估算伺服阀的规格，以便
与所要求的负载流量和负载压力相匹配。

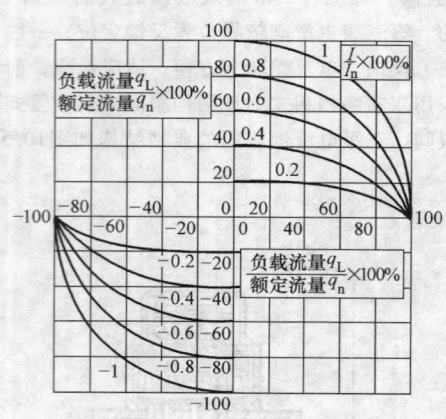

图 10.5-126　伺服阀的压力-流量特性曲线

伺服阀的规格通常用额定电流 I_n、额定压力 p_n、额定流量 q_n 来表示。

（1）额定电流 I_n　为产生额定流量对线圈任一极性所规定的输入电流（不包括零偏电流），以 A 为

单位。规定电流时，必须规定线圈的连接方式。额定电流通常是针对单线圈连接、并联连接或差动连接而言的。当串联连接时，其额定电流为上述额定电流的一半。

（2）额定压力 p_n　额定工作条件时的供油压力，或称额定供油压力，以 Pa 为单位。

（3）额定流量 q_n　在规定的阀压降下，对应于额定电流的负载流量，以 m^3/s 为单位。

通常，在空载条件下规定伺服阀的额定流量，此时阀压降等于额定供油压力；也可以在负载压降等于三分之二供油压力的条件下规定额定流量，这样规定的额定流量对应阀的最大功率输出点。

2. 空载流量特性

空载流量曲线（简称流量曲线）是输出流量与输入电流呈回环状的函数曲线，如图 10.5-127a 所示。它是在给定的伺服阀压降和负载压降为零的条件下，使输入电流在正、负额定值之间以阀的动态特性不产生影响的循环速度作一次完整的循环所描绘出来的连续曲线。

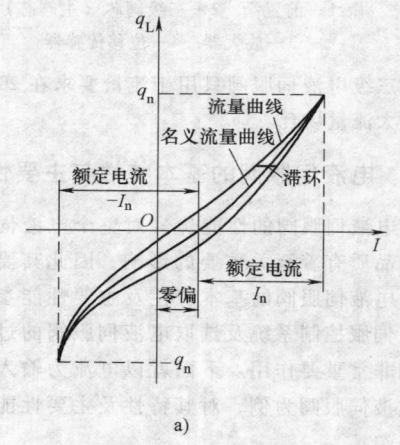

a)

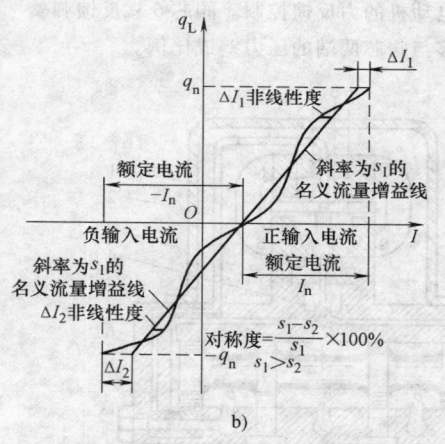

b)

图 10.5-127　流量特性曲线及名义流量增益、线性度、对称度定义

流量曲线中点的轨迹称为名义流量曲线。这是零滞环流量曲线。阀的滞环通常很小，因此可以把流量曲线的任一侧当做名义流量曲线使用。

流量曲线上某点或某段的斜率就是该点或该段的流量增益。从名义流量曲线的零流量点向两极各作一条与名义流量曲线偏差为最小的直线，这就是名义流量增益线，如图 10.5-127b 所示。两个极性的名义流量增益线斜率的平均值就是名义流量增益，以 $m^3/(s \cdot A)$ 为计量单位。伺服阀的额定流量与额定电流之比称为额定流量增益。

流量曲线非常有用，它不仅给出阀的极性、额定空载流量、名义流量增益，而且从中可以得到阀的线

性度、对称度、滞环、分辨率，并揭示阀的零区特性。

（1）线性度　流量伺服阀名义流量曲线的直线性，以名义流量曲线与名义流量增益线的最大偏差电流值与额定电流的百分比表示，如图 10.5-127b 所示。线性度通常小于 7.5%。

（2）对称度　阀的两个极性的名义流量增益的一致程度，用两者之差对较大者的百分比表示，如图 10.5-127b 所示。对称度通常小于 10%。

（3）滞环　在流量曲线中，产生相同的输出流量的往、返输入电流的最大差值与额定电流的百分比，如图 10.5-127a 所示。伺服阀的滞环一般小

于 5%。

滞环产生的原因，一方面是力矩电动机磁路的磁滞，另一方面是伺服阀中的游隙。磁滞回环的宽度随输入信号的大小而变化。当输入信号减小时，磁滞回环的宽度将减小。游隙是由于力矩电动机中机械固定处的滑动以及阀芯与阀套间的摩擦力产生的。如果油是脏的，则游隙会大大增加，还有可能使伺服系统不稳定。

（4）分辨率　使阀的输出流量发生变化所需的输入电流的最小变化值与额定电流的百分比，称为分辨率。通常分辨率规定为从输出流量的增加状态回复

到输出流量的减小状态所需的电流最小变化值与额定电流之比。伺服阀的分辨率一般小于 1%。分辨率主要由伺服阀中的静摩擦力引起。

（5）重叠　伺服阀的零位是指空载流量为零的几何零位。伺服阀经常在零位附近工作，因此零区特性特别重要。零位区域是输出级的重叠对流量增益起主要影响的区域。伺服阀的重叠用两极名义流量曲线近似直线部分的延长线与零流量线相交的总间隔与额定电流的百分比表示，如图 10.5-128 所示。伺服阀的重叠分三种情况，即零重叠、正重叠和负重叠。

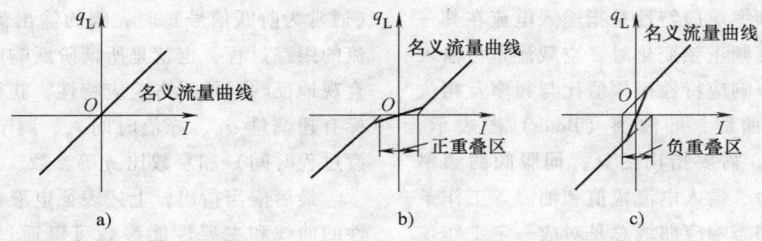

图 10.5-128　伺服阀的重叠定义
a）零重叠　b）正重叠　c）负重叠

（6）零偏　指为使阀处于零位所需的输入电流值（不计阀的滞环的影响），以额定电流的百分比表示，如图 10.5-127a 所示。零偏通常小于 3%。

3. 压力特性

压力特性曲线是输出流量为零（两个负载油口关闭）时，负载压降与输入电流呈回环状的函数曲线，如图 10.5-129 所示。负载压力对输入电流的变化率就是压力增益，以 Pa/A 为单位。伺服阀的压力增益通常规定为最大负载压降的 ±40% 之间，负载压降对输入电流曲线的平均斜率（见图 10.5-129）。压力增益指标为输入 1% 的额定电流时，负载压降应超过 30% 的额定工作压力。

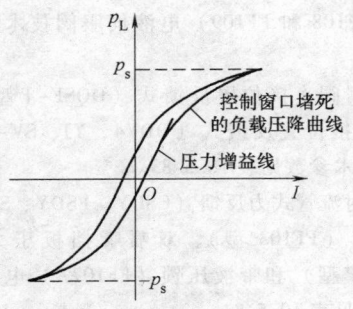

图 10.5-129　压力特性曲线

4. 内泄漏特性

内泄漏流量是负载流量为零时，从回油口流出的总流量，以 m^3/s 为单位。内泄漏流量随输入电流而变化（见图 10.5-130）。当阀处于零位时，内泄漏流量（零位内泄漏流量）最大。

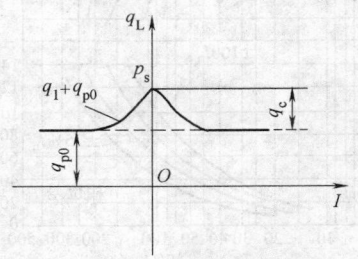

图 10.5-130　内泄漏特性曲线

对两级伺服阀而言，内泄漏流量由前置级的泄漏量 q_{p0} 和功率级斜率流量 q_1 组成。功率滑阀的零位泄漏流量 q_c 与供油压力 p_s 之比可作为滑阀的流量-压力系数。零位泄漏流量对新阀可作为滑阀制造质量的指标，对旧阀可反映滑阀的磨损情况。

5. 零漂

工作条件或环境条件所导致的零偏变化，以其对额定电流的百分比表示。按规定，通常有供油压力零漂、回油压力零漂、温度零漂、零值电流零漂等。

（1）供油压力零漂　供油压力在 70% ~ 100% 额定供油压力的范围内变化时，零漂小于 2%。

（2）回油压力零漂　回油压力在 0 ~ 20% 额定供油压力的范围内变化时，零漂应小于 2%。

（3）温度零漂　工作油温每变化 40℃ 时，零漂应小于 2%。

（4）零值电流零漂　零值电流在 0 ~ 100% 额定电流范围内变化时，零漂应小于 2%。

8.4.2　动态特性

电液伺服阀的动态特性可用频率响应特性（频域特性）或瞬态响应特性（时域特性）表示，一般用频率响应特性表示。

电液伺服阀的频率响应特性是指输入电流在其一频率范围内作等幅变频正弦变化时，空载流量与输入电流的复数比。频率响应特性用幅值比与频率及相位滞后与频率的关系曲线，即波德（Bode）图表示，如图 10.5-131 所示。需要指出的是，伺服阀的频率响应曲线随供油压力、输入电流幅值和油温等工作条件而变化。因此，动态响应曲线总是对应一定工作条件的，伺服阀产品型录通常是给出 ± 10%、± 100% 两组输入信号的试验曲线，而供油压力通常规定为 7MPa。

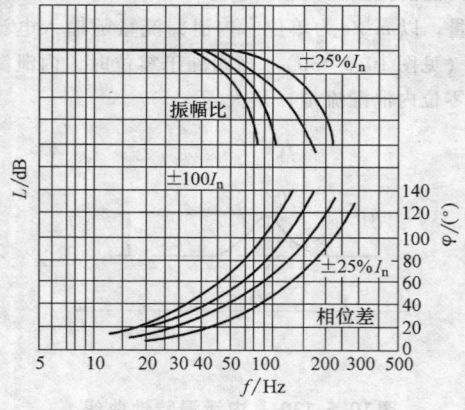

图 10.5-131　伺服阀的频率响应特性曲线

幅值比是某一特定频率下的输出流量幅值与输入电流之比，除以一指定频率（输入电流基准频率，通常为 5Hz 或 10Hz）下的输出流量与同样输入电流幅值之比。相位滞后是指某一指定频率下所测得的输入电流和与其相对应的输出流量变化之间的相位差。

伺服阀的幅值比为 – 3dB（即输出流量为基准频率时输出流量的 70.7%）时的频率定义为幅频宽，

用 ω_{-3} 或 f_{-3} 表示；以相位滞后达到 – 90° 时的频率定义为相频宽，用 $\omega_{-90°}$ 或 $f_{-90°}$ 表示。由阀的频率特性曲线可以直接查得幅频宽 ω_{-3} 和相频宽 $\omega_{-90°}$。应取其中的较小者作为阀的频宽值。频宽是伺服阀动态响应速度的度量，频宽过低会影响系统的响应速度，过高会使高频信号传到负载上去。伺服阀的幅值比一般不允许大于 + 2dB。通常力矩电动机喷嘴挡板式两级电液伺服阀的频宽在 100 ~ 130Hz 之间，动圈滑阀式两级电液伺服阀的频宽在 50 ~ 100Hz 之间，电反馈高频电液伺服阀的频宽可达 250Hz，甚至更高。

瞬态响应是指电液伺服阀施加一个典型输入信号（通常为阶跃信号）时，阀的输出流量对阶跃输入电流的跟踪过程，也就是所谓阶跃响应特性曲线，它能直观地反映阀的瞬态响应特性，获得主要时域性能指标有超调量 σ_p、峰值时间 t_p、调节时间 t_s（也称过渡过程时间）和衰减比 η 等参数。

最后应当指出，上述表征电液伺服阀静、动态特性的曲线和主要性能参数可以通过理论分析和计算（如数字仿真）获得，但工程上精确的特性及指标参数只能通过实测获得。测取电液伺服阀静、动态特性曲线和相关性能指标的试验方法，以及试验装置与参考回路图详见国家相关标准。

8.5　国内外电液伺服阀主要产品

8.5.1　国内电液伺服阀主要产品技术参数

1. 国内电液伺服阀主要产品

国内电液伺服阀主要产品概览见表 10.5-79。

2. 国内电液伺服阀主要产品型号和技术参数

1）FF 系列力矩电动机式电液伺服阀技术参数见表 10.5-80。

2）QDY、YFW 型力矩电动机式电液伺服阀技术参数见表 10.5-81。

3）双喷嘴挡板电反馈式（QDY3、QDY8、DYSF、FF108 和 FF109）电液伺服阀技术参数见表 10.5-82。

4）滑阀直接位置反馈式（DQSF- I 型）、动圈式滑阀直接位置反馈式（QDY4、YJ、SV 型）电液伺服阀技术参数见表 10.5-83。

5）射流管式力反馈（CSDY、FSDY、SSDY 型）、动压反馈（FF103 型）、双喷嘴挡板压力反馈式（DYSF-3P 型）和带液压锁（FF107A）电液伺服阀技术参数见表 10.5-84。

6）动圈式 SVA8、SVA10 型电液伺服阀技术参数见表 10.5-85。

表 10.5-79 国内电液伺服阀主要产品概览

系列	开发生产单位及类型与结构	额定供油压力/MPa	额定流量/(L/min)	型 号 说 明
FF	中国航空工业第1集团609研究所(湖北襄阳)生产,液压放大器有两级和三级两类,原理结构主要有双喷嘴挡板力反馈式、电反馈式、动压反馈式、带液压锁等	21	≤400	FF□□□-□□□□□ 型号；T—通用(如外形图所示)；Z—专用(按用户要求)；额定供油压力；额定流量；额定电流：P—插销在供油口一侧；R—插销在回油口一侧；1—插销在负载口1一侧；2—插销在负载口2一侧
YF(YFW)	航空航天工业秦峰机械厂(陕西汉中)生产,两级液压放大器,主要为双喷嘴挡板力反馈式原理结构	21	≤400	YF□□□□□□□ 型号(YF和YFW)；密封材料A—丁腈橡胶；额定流量；额定供油压力；引线长度或插座类型：A—四芯螺纹插座；C—四芯快速插头座；E—四外引线各长1m；F—四外引线各长0.4m；T—四芯英制螺纹插座。线圈连接：1—差动；2—串联；3—并联；4—单线圈。线圈电阻 A40 B70 C130 D200 E250 F500 H1100 J1600；引出方向：I—水平；II—向下；引出线位置：1—控制口1一侧；2—控制口2一侧；3—进油口一侧；4—回油口一侧
QDY	北京机床研究所精密机电公司生产,液压放大器有一级、二级和三级三类,原理结构主要有双喷嘴挡板力反馈式、电反馈式,动圈式滑阀直接反馈型等	21、25、31.5	≤500	QDY□-□□□ 流量控制；电液伺服阀；设计序号；额定工作压力/MPa 符号 C E F G H，Ps 7 16 20 25 32；额定无载流量；额定电流
SV、SVA	北京机械工业自动化研究所单位生产,两级液压放大器,主要有动圈式滑阀直接反馈型等原理结构	2.5、4、6.3、20、31.5	≤300	SV□□□□□ 电液伺服阀；设计序号；工作压力/MPa A—2.5 F—20 H—31.5；额定流量(7MPa阀压降下)/(L/min):6.3,10,16,25,31.5,40,63,100,125,160,200,250；开口形式 无标记—线性；N—非线性；D—差动；C—重叠；R—主阀带监测器;无监测器时不标记。SVA□□□/□ 电液伺服阀；设计序号；额定流量(7MPa阀压降下)/(L/min):6.3,10,16,25,31.5,40,63,80,100,125,160,200,250,300；额定电流；工作压力/MPa A—2.5 C—6.3 F—20 H—31.5

（续）

系列	开发生产单位及类型与结构	额定供油压力/MPa	额定流量/(L/min)	型号说明
DY	上海液压件一厂、上海科鑫电液设备公司生产，两级液压放大器，原理结构主要为动圈式滑阀直接反馈型	6.3	≤500	动圈滑阀式电液伺服阀 DY □□-□-□ 额定供油压力/MPa　　　　额定流量/(L/min) C—6.3　　　　　　连接形式 F—20　　　　　　B₁—直立板式 H—31.5　　　　　B₂—侧立板式 设计序号　　　　　L—管式 　　　　　　　　　T—插入式
CSDY	中船重工集团七〇四研究所及江西九江仪表厂生产，两级液压放大器，原理结构主要为射流管力反馈式	21、31.5	≤220	□ SDY □□ 代号:C—两线圈　　额定电流(8mA不表示) 　　　D—三线圈　　额定压力(21MPa不表示) 射流管电液伺服阀　额定流量/(L/min) 系列号(1、2、3、4、5……)　(指21MPa下的空载流量)
其他	D※SF 系列电液伺服阀由北京航空精密机械研究所（北京丰台）生产 CSDM 系列射流管电液伺服阀由上海船舶设备研究所生产，阀性能和接口等同于 MOOG 761 系列电液伺服阀			

表 10.5-80　FF 系列力矩电动机式电液伺服阀技术参数

	型　号	FF101	FF102	FF106-63、FF106A-103	FF106A-218、FF106A-234、FF106A-100	FF111	FF113-150	FF116-250	FF113-400
液压特性	额定流量 Q_n/(L/min)	1、1.5、2、4、6、8	2、5、10、15、20、30	63	100	6.3、15、30、63	150	250	400
	额定供油压力 p_s/MPa			21		21		21	
	供油压力范围/MPa			2~28		2~21		2~21	
电气特性	额定电流 I_n/mA	10、40		15	40	15　　40	40	15	40
	线圈电阻/Ω	50、700		200	80	200　　80	80	200	80
	电流颤振(%)			10~20		10~20		10~20	
	颤振频率/Hz			100~400		100~400		100~400	
静态特征	滞环(%)			≤4		≤4		≤4	
	压力增益/(% p_s/1% I_n)			>30		—		—	
	分辨率(%)	≤1		≤0.5		<0.5		<1.5	
	非线性度(%)			≤±7.5		≤±7.5		≤±7.5	
	不对称度(%)			≤±10		≤±10		≤±10	
	零位重叠(%)			-2.5~2.5		-2.5~2.5		-2.5~2.5	
	零位流量/(L/min)	≤0.25+5% Q_n ≤0.25+4% Q_n		≤1+3% Q_n	≤3		≤0.8+4% Q_n		
	零偏(%)			≤±3			≤±2(可调)		
	压力零漂[1](%)			≤±2			≤±2[1]		
	温度零漂[2](%)	≤±4(-30~150℃)		≤±4(每变化56℃)			≤±4[2]		
频率特性	幅频宽/Hz	>100		>50	>45	≥60	≥35	≥30	≥20
	相频宽/Hz	>100		>50	>45	≥60	≥45	≥30	≥30
其他	工作介质	YH-10		YH-12		YH-10、YH-12		YH-10、YH-12	
	工作温度/℃	-55~150		0~100	-30~100	-30~100		-30~100	
	质量/kg	0.19	0.4	1	1.2/1.43	1.3		—	

注：生产厂为中国航空工业第一集团公司第609研究所（湖北襄阳）。
[1] 供油压力变化（80%~110%）p_s。
[2] 温度变化间隔为40℃。

表 10.5-81　QDY、YFW 型力矩电动机式电液伺服阀技术参数

	型　号	QDY6	QDY9	QDY10	QDY12	QDY14	YFW06	YFW10	YFW08
液压特性	额定流量 Q_n/(L/min)	4、10、12、40、60	125、200	80、100、125	4、10、20、40		33、44、66、88、100	160、250、400	18、35、70、105
	额定供油压力 p_s/MPa	31.5	21	25			21		
	供油压力范围/MPa	1.5p_s					1~21		
电气特征	额定电流 I_n/mA	10、15、30、40、80、120、200、350、2000、3000					8、10、15、20、30、40、50		100
	线圈电阻/Ω	1000、650、220、80、22、30、4、2、2.5、5					1500、1100、500、250、130、70、40		27
	颤振频率/Hz	—					100~400		
静态特征	滞环(%)	<3					<4		
	压力增益/(%p_s/1%I_n)	30~95					>30		
	分辨率(%)	<0.5					<0.5	<1.5	
	非线性度(%)	≤±7.5					≤±7.5		
	不对称度(%)	≤±10					≤±10		
	零位重叠(%)	按用户要求					-2.5~2.5		
	零位流量/(L/min)	<1.3	<3	<2.5	<1.2	<1.3	≤3	≤10	≤4
	零偏(%)	≤±3					可外调		
	压力零漂[1](%)	≤±2					≤±2		
	温度零漂[2](%)	≤±2[3]					≤±4		
频率特性	幅频宽/Hz	>60	>30	>40	>120	>60	>60	>30	>13
	相频宽(-90°)/Hz	—			>60		>60	>30	>15
其他	工作介质	22 号汽车机油、YH-10					YH-10、YH-12 或其他矿物油		
	工作温度/℃	-40~100					-10~80	-35~100	-55~150
	质量/kg	1	—	3.4	—		1.3	4	1.2

注：QDY 阀的生产厂家是北京机床研究所精密机电公司；YFW 阀的生产厂家是陕西汉中秦峰液压有限责任公司。
① (80%~110%) p_s。
② 温度变化间隔为 56℃。
③ 温度变化间隔为 55℃。

表 10.5-82　双喷嘴挡板电反馈式电液伺服阀技术参数

	型　号	QDY3	QDY8	DYSF-3G-Ⅰ	DYSF-3G-Ⅱ	FF108	FF109P	FF109G
液压特性	额定流量 Q_n/(L/min)	125、250、300、500	20、40	200	400	60、100	150、200、300	400
	额定供油压力 p_s/MPa	21		21		21		
	供油压力范围/MPa	1.5~21	2~21	7~21		2~28	2~21	
电气特征	额定电流 I_n/mA	10、15、30、40、80、120、200	200、350	40		50	10	
	线圈电阻/Ω	1000、650、220、80、22、30、4	4、2	80		35	160	
	电流颤振(%)	—		<10		10~20		
	颤振频率/Hz	—		300~400		100~400		
静态特征	滞环(%)	<3	<3	<3		≤3	≤1	
	压力增益/(%p_s/1%I_n)	30~95	>30	>40	>30	>30	6~50	
	分辨率(%)	<0.5		<0.5	1		≤0.5	
	非线性度(%)	<±7.5		<±7.5		≤±5	≤±7.5	
	不对称度(%)	≤±10		<±10		≤±5	≤±10	
	重叠(%)	按用户要求		-2.5~2.5			-2.5~2.5	
	零位流量/(L/min)	<4	<1.5	<8		≤3.5	≤13,≤20	
	零偏(%)	—	<±2	<±2			±2(可调)	
	压力零漂(%)	<±2	<±2	<±3	<±5		≤±2	
	温度零漂(%)	<±3	<±2	<±3	<±5	<±2	≤±2.5	

（续）

型　号		QDY3	QDY8	DYSF-3G-Ⅰ	DYSF-3G-Ⅱ	FF108	FF109P	FF109G
频率特性	幅频宽	≥30	>300	>100	>70	≥250	>70	>150
	相频率/Hz	≥30	>300	>100	>80	≥250	>70	>100
其他	工作介质	YH-10、22 号汽轮机油		YH-12、N32 液压油		YH-10、YH-12		
	工作温度/℃	−40～100		0～60		20～60	−20～80	
	质量/kg	—			18	1.5	7.8	

注：QDY 阀的生产厂家是北京机床研究所精密机电公司；DYS 阀的生产厂家是北京航空精密机械研究所（北京丰台）；
FF 阀的生产厂家是中国航空工业第一集团公司第 609 研究所（湖北襄阳）。

表 10.5-83　滑阀直接位置反馈式电液伺服阀技术参数

型　号		DQSF-1	QDY4	YJ741	YJ742	YJ752	YJ761	YJ861	SV8	SV10
液压特性	额定流量 Q_n/(L/min)	100	80、100、125、250	63、100、160	200、250、320	10、20、30、40、60、80、100	10、16、25、40	400、500、600	6.3、10、16、25、31.5、40、63、80	100、125、160、200、250
	额定供油压力 p_s/MPa	21	21	6.3		6.3		6.3	31.5	20
	供油压力范围/MPa	1～28	1.5～21	3.2～6.3		3.2～6.3		4.5～6.3	2.5～31.5	2.5～20
电气特性	额定电流 I_n/mA	300	10、15、30、40、80、120、200	100	150	300			300	
	线圈电阻/Ω	59	1000、650、220、80、22、10、4	80		40			30	
	电流颤振(%)	—	—	10～25		10～25			10～25	
	颤振频率/Hz	300～400	—	50		50			50～200	
静态特征	滞环(%)	<5	<3	<5		<3		<5	<3	
	压力增益 /(%p_s/1%I_n)	>30	30～95	—						
	分辨率(%)	1	<0.5	<1		<1			<0.5	
	非线性度(%)	<±7.5								
	不对称度(%)	<±10	<±10	<±10		<±10				
	零位重叠(%)	按用户要求		—						
	零位流量 /(L/min)	<6	<4	1%Q_n		5%Q_n		1%Q_n	<3	<5
	零偏(%)	<±3				—				
	压力零漂(%)	<±3	<±2	≤±2					<±2	
	温度零漂(%)	<±3	<±2	≤±2					<±2	
频率特性	幅频宽/Hz	>70	—	>15	>10	>16	>50	>7	>100	
	相频宽/Hz	>70		—					>80	
其他	工作介质	YH-10、N32 液压油、23 号汽轮机油、液压油、乳化油、机械油							矿物油粘度为 (20～40mm²/s)	
	工作温度/℃	0～60	−40～+100						10～60	
	质量/kg		15		25	18	4	30		

注：QDY 阀的生产厂家是北京机床研究所精密机电公司；DQSF 阀的生产厂家是北京航空精密机械研究所（北京丰台）；
YJ 阀的生产厂家是北京冶金液压机械厂；SV 阀的生产厂家是北京机械工业自动化研究所、上海科星电液控制设备
有限公司。

表 10.5-84　射流管式力反馈、动压反馈、双喷嘴挡板压力反馈式和带液压锁电液伺服阀技术参数

	型号	CSDY1	CSDY3	CSDY5	FSDY	DSDY	SSDY	FF103	DYSF-3P	FF107A
液压特性	额定流量 Q_n /(L/min)	2、4、8、10、15、20、30、40	60、80、100、120、140	140、180、200、220	2、4、8、10、15、20、30、40	2、4、8、10、15、20、30、40	80	2~30	80	2、5、10、15
	额定供油压力 p_s/MPa	21					4	21		
	供油压力范围/MPa	1~31.5					1~4	2~28	—	8~28
电气特征	额定电流 I_n/mA	8					50	10、40	4	10
	线圈电阻/Ω	$10^3\pm100$					25±2.5	50、700	80	700
	电流颤振(%)	不需要颤振电流						10~20	—	10~20
	颤振频率/Hz	—						100~400	300~400	100~400
静态特征	滞环(%)	一般<3,最大<4%						≤4	≤3	≤4
	压力增益/($\%p_s/1\%I_n$)	>30						>30		>30
	分辨率(%)	<0.25						≤1	<2	≤1
	非线性度(%)	<±7.5						≤±7.5		
	不对称度(%)	<±10						≤±10		
	重叠(%)	-2.5~2.5					-2.5~2.5			-2.5~2.5
	零位流量/(L/min^{-1})	≤1	≤0.5+4%Q_n				≤0.5+4%Q_n		<15	≤0.4+4%Q_n
	零偏(%)	<±2					≤±3		≤±2	≤±3
	压力零漂(%)	<±2					≤±2		<±3	≤±2
	温度零漂(%)	<±2					≤±3		≤±3	≤±5
频率特性	幅频宽/Hz	>70	37	20	>70	>72	27	>100	>90	>100
	相频宽/Hz	>90	>65	>45	>90	>90	>40	>100	>90	>100
其他	工作介质	22号汽轮机油、YH-10						YH-10、YH-12	YH-10	YH-10、YH-12
	工作温度/℃	-40~85						-55~150	10~45	-55~150
	质量/kg	<0.4	<1.5	<3	<0.4	<0.4	<1.5	1	—	1

注：CSDY、FSDY、DSDY、SSDY 阀的生产厂家是上海船舶设备研究所（CSDY 为船用射流管电液伺服阀，FSDY 为航空射流管电液伺服阀，DSDY 是三线圈电余度射流管电液伺服阀，SSDY 是水轮机调速射流管电液伺服阀）；FF103、FF107A 阀的生产厂家是中国航空工业第一集团公司第 609 研究所（湖北襄阳）（FF103 为动压反馈式电液伺服阀，FF107A 为带液压锁的电液伺服阀）；QYSF-3P 阀的生产厂家是北京航空精密机械研究所（北京丰台）。

表 10.5-85　动圈式 SVA8、SVA10 型电液伺服阀技术参数

	型号	SVA8-□-□/□								SVA10-□-□/□					
	额定流量 Q_n/(L/min)	6.3	10	16	25	31.5	40	63	80	100	125	160	200	250	300
技术性能	工作压力 p_s/MPa	1~31.5								1~20					
	最大回油背压/MPa	≤5													
	额定电流 I_n/mA	300、1000													
	线圈电阻/Ω	30、5													
	零耗流量/(L/min)	<0.5+5%Q_n								<0.5+5%Q_n					
	滞环(%)	<3													
	线性度(%)	<7.5													
	对称度(%)	<10													
	分辨度(%)	<0.5													
	零偏(%)	<3													

（续）

型号	SVA8-□-□/□	SVA10-□-□/□
压力零漂（%）	±15% p_s 变化时 <2	
温度零漂（%）	油温每变 40℃ 时 <2	
压力增益 % p_s/1% I_n	>30	
频宽（ -3dB）/Hz	>100	>50
工作液体	矿物油（粘度为 20～40mm²/s）	
工作油温/℃	20～60	
要求系统清洁度	≤10μm	
质量/kg	4.2	14.2
配套放大器	YCF-6	
生产厂	北京机械工业自动化研究所	

（技术性能）

特性曲线

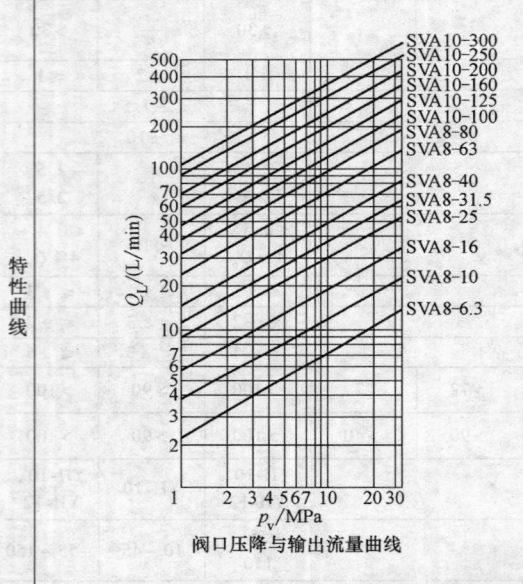

阀口压降与输出流量曲线

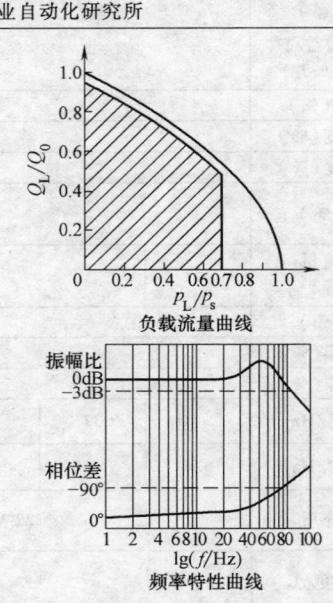

负载流量曲线

频率特性曲线

8.5.2　国外电液伺服阀主要产品技术参数

1. 国外电液伺服阀主要产品

国外电液伺服阀主要产品概览见表 10.5-86。

2. 国外电液伺服阀部分产品型号和技术参数

1）穆格（Moog）公司伺服阀产品的型号意义如图 10.5-132 所示。

2）道蒂（Dowty）公司和威格士（Vickers）公司伺服阀产品的型号意义如图 10.5-133 所示。

3）Moog 公司双喷嘴挡板力反馈式电液伺服阀技术参数（见表 10.5-87）。

表 10.5-86　国外电液伺服阀主要产品概览

系列	主要类型与原理结构	供油压力范围/MPa	额定流量/(L/min)	生产厂商
MOOG	液压放大器有两级和三级之分，主要有双喷嘴挡板力反馈式、电反馈式、阀芯力综合反馈等原理结构，多种型号系列	1～28、1.4～21、1.4～21、7～35、7～28、2～21、7～21	≤2800	美国穆格（Moog）公司
BD	两级液压放大器，主要为双喷嘴挡板力反馈式原理结构	1～21、1～31.5	≤151	美国派克（Parker）公司
DOWTY	液压放大器有两级和三级两类，原理结构主要有双喷嘴挡板力反馈式、电反馈式	1.5～28、1.5～31.5	≤900	英国道蒂（Dowty）公司

（续）

系列	主要类型与原理结构	供油压力范围 /MPa	额定流量 /（L/min）	生产厂商
SM	两级液压放大器，主要有双喷嘴挡板力反馈式原理结构	1.4 ~ 21、1.4 ~ 35	≤151	美国伊顿-威格士（Eaton-Vickers）公司
4WS	液压放大器有两级和三级两类，主要为动圈式滑阀直接反馈型等原理结构	1 ~ 31.5、2 ~ 31.5	≤1000	德国博世-力士乐（Bosch-Rexroth）公司

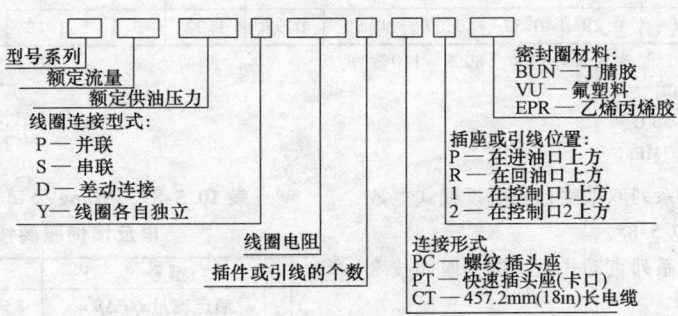

图10.5-132　Moog 公司伺服阀产品型号意义

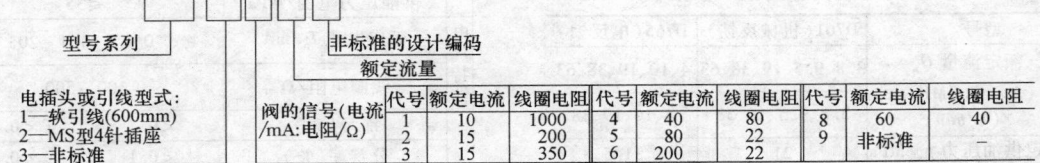

图10.5-133　DOWTY 型和SM4 型伺服阀型号意义

表 10.5-87　Moog 公司双喷嘴挡板力反馈式电液伺服阀技术参数

	型　号	MOOG 30	MOOG 31	MOOG 32	MOOG 34	MOOG 35	MOOG 62	MOOG 72	MOOG 73	MOOG 760	MOOG 780	MOOG 78
液压特性	额定流量 Q_n/（L/min）	1.2 ~ 12	6.7 ~ 26	27 ~ 54	49 ~ 73	73 ~ 170	9.5、19、38、57、76	96、159、230	3.8、9.5、19、38、57		38、45、57	76、114、151
	额定供油压力 p_s/MPa	21						7				
	供油压力范围/MPa	1 ~ 28					1.4 ~ 14	1 ~ 28	1 ~ 28		1.4 ~ 21	1.4 ~ 21
电气特性	额定电流 I_n/mA	8、10、15、20、30、40、50					30、100	8、10、15、20、30、40、50、200				
	线圈电阻/Ω	1500、1000、500、200、130、80、40					300、27	1500、1000、500、200、130、80、40、22				
	电流颤振（%）	20					—					
	颤振频率/Hz	100 ~ 400					—					
静态特性	滞环（%）	<3					<6	<4		<3		
	压力增益/（% p_s/1% I_n）	>30					>20		>30			
	分辨率（%）	<0.5					<2	<1.5		<0.5		
	非线性度（%）	< ±7						< ±7				
	不对称度（%）	< ±5						< ±10				
	重叠（%）	-2.5 ~ 2.5						-2.5 ~ 2.5				
	零位静耗流量/（L/min）	<0.35+ 4% Q_n	<0.45+ 4% Q_n	<0.5+ 3% Q_n	<0.6+ 3% Q_n	<0.75+ 3% Q_n	<2	<2% Q_n	<1.33		<1.3	<1+ 2% Q_n
	零偏（%）	< ±2						可外调				
	压力零漂[①]（%）	< ±4[供油压力为（60 ~ 100）% p_s]					< ±3	< ±2		< ±2[④]		
	温度零漂[②]（%）	< ±2[③]					< ±3[③]	< ±4[④]		< ±2[③]		

（续）

型　号	MOOG 30	MOOG 31	MOOG 32	MOOG 34	MOOG 35	MOOG 62	MOOG 72	MOOG 73	MOOG 760	MOOG 780	MOOG 78
动态特性 频率响应 幅频宽（-3dB）/Hz	>200		>160	>110	>60	>10	>50	>80	>80	>30	>15
动态特性 频率响应 相频宽（-90°）/Hz	>200		>160	>110	>80	>30	>70	>80	>80	>80	>40
其他 工作介质	MIL-H-5606、MIL-H-6083					石油基液压油（38℃时粘度为 10~97mm²/s）					
其他 工作温度/℃	-4~135					18~93	-40~135				
其他 质量/kg	0.19	0.37	0.37	0.50	0.97	1.22	3.5	1.18	1.03	0.9	2.86

① 表示供油压力变化，除注明者外均为（80%~110%）p_s。
② 表示温度每变化 50℃。
③ 表示温度变化范围 56℃。
④ 表示供油压力变化 7MPa。

4）Moog 公司 D76 系列双喷嘴挡板电反馈式电液伺服阀技术参数见表 10.5-88。

5）Moog 公司 D63 系列直动式电反馈伺服阀技术参数见表 10.5-89。

表 10.5-88　Moog 公司 D76 系列双喷嘴挡板电反馈式电液伺服阀技术参数

	型号	D761（机械反馈）	D765（电反馈）
液压特性	额定流量 Q_n（Δp=3.5MPa）/（L/min）	3.8、9.5、19、38、63 3.8、9.5、19、38	4、10、19、38、63 4、10、19、38
	额定供油压力 p_s/MPa	21	31.5
	供油压力范围/MPa	31.5	31.5
电气特性	额定电流 I_n/mA	±20~±40	0~±10
	颤振频率/Hz		
静态特性	滞环（%）	<3	<0.3
	分辨率（%）	<0.5	<0.1
	零位静耗流量/（L/min）	1.5~2.3	1.5~2.3
	零偏（%）	<2	
	压力零漂（%）	<2（70%~100%系统压力）	—
	温度零漂（%）	<2	<1
动态特性	幅频宽/Hz	标准阀>37	标准阀>46
	相频宽/Hz	标准阀>70	标准阀>90
其他	工作介质	符合 DIN51524 矿物油	
	工作温度/℃	-20~80	
	质量/kg	1.0	1.1

表 10.5-89　Moog 公司 D63 系列直动式电反馈伺服阀技术参数

	型号	D633	D634
液压特性	额定流量 Q（Δp=3.5MPa）/（L/min）	5、10、20、40、最大 75	60、100、最大 185
	额定供油压力/MPa	31.5	
	供油压力范围/MPa	≤35	
电气特性	额定电流 I_n/mA	0~±10、4~20	
	线圈电阻/Ω	300~500	
静态特性 技术性能	滞环（%）	<0.2	<0.2
	分辨率（%）	<0.1	<0.1
	零位静耗流量/（L/min）	0.15、0.3、0.6、1.2	1.2、2.0
	温度零漂（ΔT=55K）（%）	<1.5	<1.5
动态特性	频率响应由特性曲线获得 幅频宽（-3dB）/Hz	标准阀>37 高响应阀>60	标准阀>46 高响应阀>95
	频率响应由特性曲线获得 相频率（-90°）/Hz	标准阀>70 高响应阀>150	标准阀>90 高响应阀>110
其他	工作介质	符合 DIN51524 矿物油、NAS1638-6 级	
	工作温度/℃	-20~80	
	质量/kg	2.5	6.3

6）Moog 公司 D79 系列电反馈三级伺服阀技术参数见表 10.5-90。

7）Moog 公司 D791 和 D792 系列电反馈三级伺服阀技术参数见表 10.5-91。

表 10.5-90　Moog 公司 D79 系列电反馈三级伺服阀技术参数

	型　号	DO79-120	DO79-121	DO79-210	DO79-211	DO79-500	DO79-501
液压特性	额定流量 Q_n（Δp=3.5MPa）/（L/min）	113	227	756	756	1600	2800
	额定供油压力 p_s/MPa	21					
	供油压力范围/MPa	7~35				7~28	

（续）

型号		DO79-120	DO79-121	DO79-210	DO79-211	DO79-500	DO79-501
电气特性	额定电流 I_n/mA	40		15	40	40	40
	线圈电阻/Ω	80		200	80	80	80
静态特性	滞环（%）	< 1		< 1		< 0.5	< 0.6
	压力增益/（% p_s/1% I_n）	6 ~ 8		20 ~ 79	20 ~ 79	4 ~ 12	
	分辨率（%）	< 0.5		< 0.5	< 0.25	< 0.3	
	不对称度（%）	< ±5					
	重叠	—		± 0.03mm		± 0.076mm	
	零位静耗流量[1]/（L/min）	< 3	< 6	< 9.5	< 9.5	< 64	
	零偏（%）	可外调					
	压力零漂[2]（%）	< ±2	< ±2	< ±1	< ±1.5	< ±0.7	
	温度零漂[3]（%）	< ±2.5	< ±2	< ±1	< ±1.5	< ±0.7	
动态特性	频率响应由特性曲线获得 幅频宽（-3dB）/Hz	> 90		> 50	> 60	> 48	> 28
	相频率（-90°）/Hz	> 70		> 40	> 55	> 46	> 34
其他	工作介质	石油基液压油（38℃时粘度为 10 ~ 97mm²/s）					
	工作温度/℃	-20 ~ 80				-10 ~ 80	
	质量/kg	11		16		54	

① 表示阀的压降为 7MPa。
② 表示供油压力变化 3.5MPa。
③ 表示温度每变化 50℃。

表 10.5-91 Moog 公司 D791 和 D792 系列电反馈三级伺服阀技术参数

型号	D791	D792	型号	D791			D792		
液压特性 额定流量 Q_n（Δp=3.5MPa）/（L/min）	100、160、250	400、630、800、1000	静态特性 零位静耗流量/（L/min）	5	7	10	10	14	14	14
额定供油压力/MPa	31.5		温度零漂（ΔT=55K）/（%）	< 2					
供油压力范围/MPa	≤31.5		动态特性 频率响应由特性曲线获得 幅频宽（-3dB）/Hz	> 80	> 80	> 65	> 102	> 80	> 80
电气特性 额定电流 I_n/mA	(0 ~ 10)/(4 ~ 20)		相频率（-90°）/Hz	> 80	> 110	> 60	> 110	> 80	> 65
线圈电阻/Ω	10		其他 工作介质	符合 DIN51524 矿物油					
静态特性 滞环（%）	< 0.5		工作温度/℃	-20 ~ 80					
分辨率（%）	< 0.2		质量/kg	13			17		

8）美国威格士（Vickers）公司和英国道蒂（Dowty）公司双喷嘴挡板电液伺服阀技术参数见表 10.5-92。

表 10.5-92 威格士公司和道蒂公司双喷嘴挡板力反馈式电液伺服阀技术参数

型号	SM4-10	SM4-20	SM4-30	SM4-40	DOWTY30	DOWTY31	DOWTY32	DPWTY 4551 4659	DOWTY 4658
液压特性 额定流量 Q_n/（L/min）	38	76	113	151	7.7	27	54	3.8、9.6、19、38、57	
额定供油压力 p_s/MPa	21	14	21		21			7	
供油压力范围/MPa	1.4 ~ 35	1.4 ~ 21	1.4 ~ 35		1.5 ~ 28			1.5 ~ 31.5	1.5 ~ 28
电气特性 额定电流 I_n/mA	200、40、100、15				8 ~ 80			10、15、40、60、80、200	
线圈电阻/Ω	20、80、30、200				2000、30			1000、200、350、80、40、22	
静态特性 滞环（%）	< 2				< 3				
压力增益/（% p_s/1% I_n）	> 30				> 30			30 ~ 80	
分辨率（%）	< 0.5				< 0.5				
非线性度（%）	5 ~ 10				< ±7.5				

（续）

型号		SM4-10	SM4-20	SM4-30	SM4-40	DOWTY30	DOWTY31	DOWTY32	DPWTY 4551 4659	DOWTY 4658
静态特性	不对称度（%）	5				< ±5				< ±10
	重叠（%）	±5				-2.5~2.5				
	零位静耗流量/(L/min)	—				0.25+5%Q_n				<1.6[3]
	零偏（%）	—				< ±2				可外调
	压力零漂[1]（%）	<2%						< ±2		
	温度零漂[2]（%）	<1.5				< ±4（工作温度内）				< ±2
动态特性	频率响应	幅频宽（-3dB）/Hz	>70	>40	>25	25	>200		>160		>70
		相频宽（-90°）/Hz	90	100	40	60	>200		>160		>80
其他	工作介质	32~48mm²/s 抗磨液压油				石油基液压油				
	工作温度/℃					-54~177				-30~120
	质量/kg	0.68	1.05	1.9	2.8	0.185	0.34	0.34	0.8	1.18

注：SM 型阀的生产厂家是美国威格士公司（Vickers）；DOWTY 型阀的生产厂家是英国道蒂公司（Dowty）。
① 表示供油压力变化（80%~110%）p_s。
② 表示温度每变化50℃。
③ 表示供油压力为14MPa时最大内漏。

8.5.3 电液伺服阀的外形与安装尺寸

这里仅提供少数典型电液伺服阀产品的外形与安装尺寸，供设计参考。实际的尺寸还是应以产品样本为准。

1. 双喷嘴挡板式两级电液流量伺服阀

1）FF101、MOOG30 和 DOWTY30 型电液流量伺服阀的外形及安装尺寸见表10.5-93。

表 10.5-93 FF101、MOOG30 和 DOWTY30 型电液流量伺服阀的外形及安装尺寸

（单位：mm）

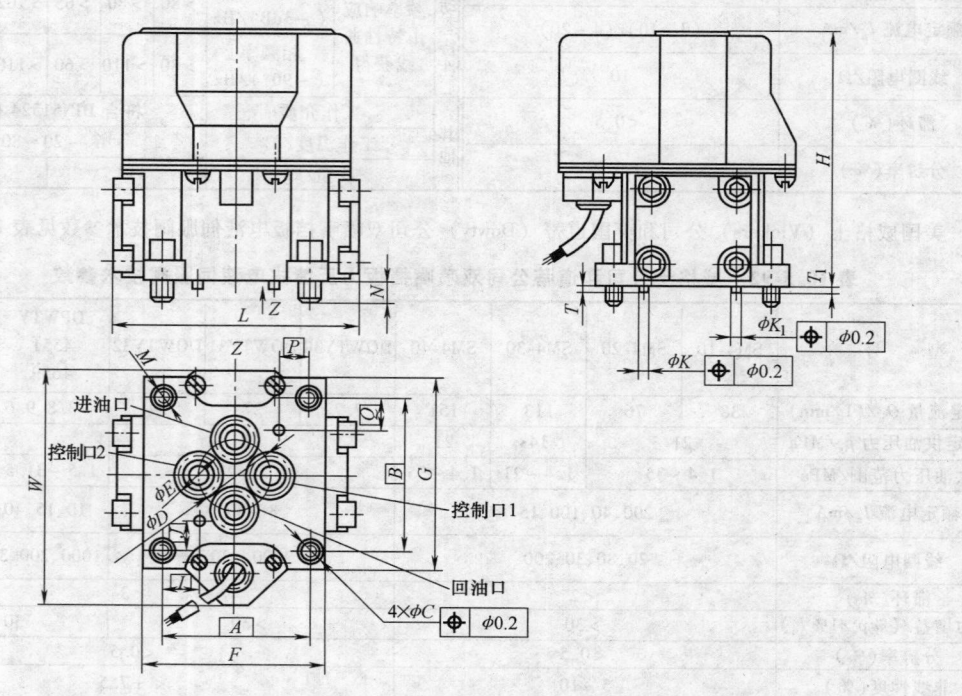

（续）

型号	A	B	C	D	E	F	G	H	I	J
FF101	24	26	4.5	12.5	8	30	32.6	40.6	5	6
MOOG30	23.8	26.2	3.9	12.2	7.9	40.6	33.6	39.1	—	—
DOWTY30	23.8	26.2	4.5	12.2	7.9	29.7	30.2	37.8	—	—

型号	K	K_1	L	M	N	P	Q	T	T_1	W	备注
FF101	1.5	—	40.8	M4	5.5	—	—	2.5	—	39.5	—
MOOG30	—	—	—	—	—	—	—	—	—	40.2	—
DOWTY30	1.6	1.6	49	—	—	—	—	1.5	1.5	30.2	电缆沿端盖方向伸出

　　2）FF102、MOOG31、MOOG32、DOWTY31、DOWTY32 型电液流量伺服阀的外形及安装尺寸，见表 10.5-94。

　　3）FF113、QDY10、YFW10、MOOG72、DOWTY4550 型电液流量伺服阀的外形及安装尺寸见表 10.5-95。

　　2. 射流管式两极电液流量伺服阀

CSDY1、CSDY3、CSDY4 型射流管式力反馈电液伺服阀的外形及安装尺寸见表 10.5-96。

　　3. 动圈滑阀式两级电液流量伺服阀

SV（A）8、SV（A）10 型电液伺服阀的外形尺寸如图 10.5-134 所示。

表 10.5-94　FF102、MOOG31、MOOG32、DOWTY31、DOWTY32 型电液流量伺服阀的外形及安装尺寸

（单位：mm）

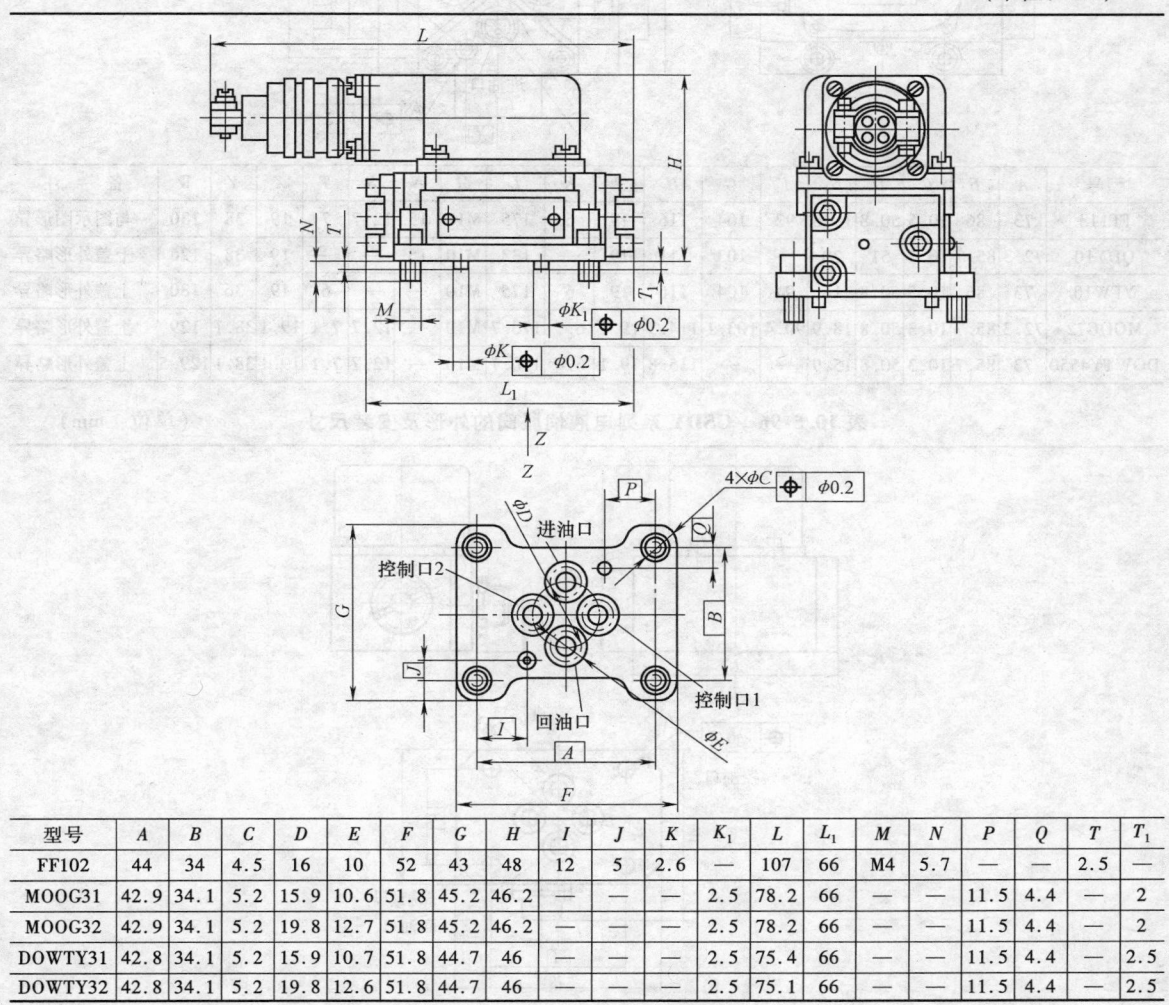

型号	A	B	C	D	E	F	G	H	I	J	K	K_1	L	L_1	M	N	P	Q	T	T_1
FF102	44	34	4.5	16	10	52	43	48	12	5	2.6	—	107	66	M4	5.7	—	—	2.5	—
MOOG31	42.9	34.1	5.2	15.9	10.6	51.8	45.2	46.2	—	—	—	2.5	78.2	66	—	—	11.5	4.4	—	2
MOOG32	42.9	34.1	5.2	19.8	12.7	51.8	45.2	46.2	—	—	—	2.5	78.2	66	—	—	11.5	4.4	—	2
DOWTY31	42.8	34.1	5.2	15.9	10.7	51.8	44.7	46	—	—	—	2.5	75.4	66	—	—	11.5	4.4	—	2.5
DOWTY32	42.8	34.1	5.2	19.8	12.6	51.8	44.7	46	—	—	—	2.5	75.1	66	—	—	11.5	4.4	—	2.5

表 10.5-95　FF113、QDY10、YFW10、MOOG72、DOWTY4550 型电液流量伺服阀的外形及安装尺寸

（单位：mm）

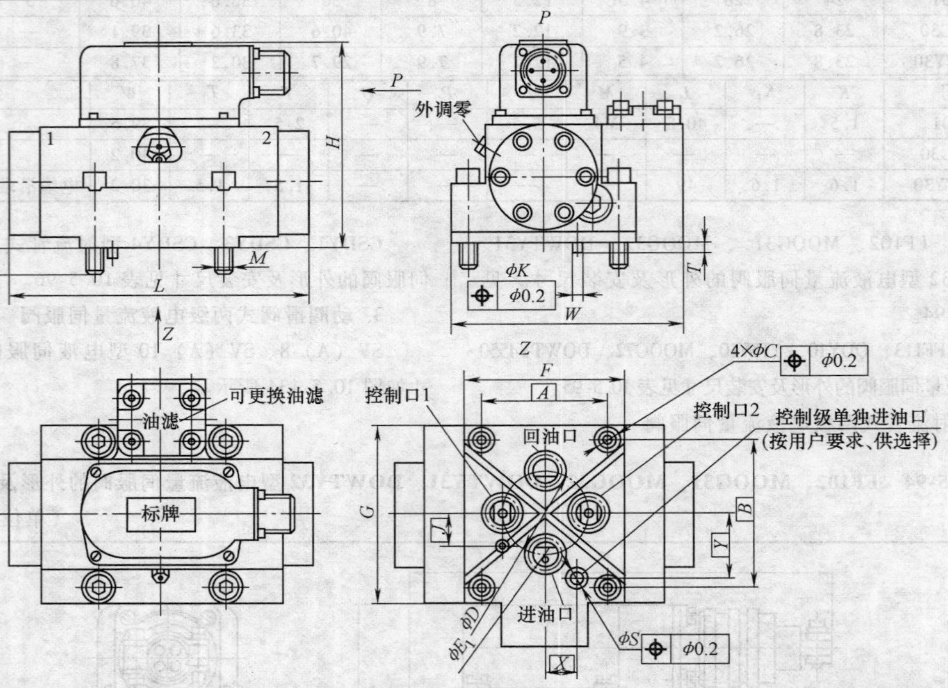

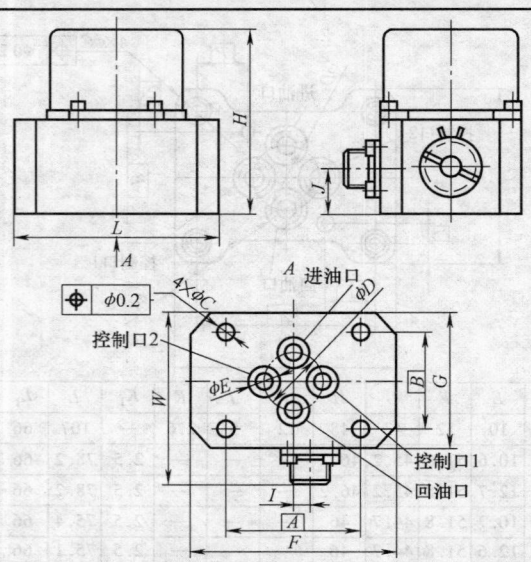

型号	A	B	C	D	E_1	F	G	H	J	K	L	M	N	S	T	X	Y	W	备　注
FF113	73	86	10.5	50.8	15.8	92	104	116	19	6	175	M10	15	12.7	7	19	38	130	与图示图形异
QDY10	72.3	85.7	10.5	51	20	—	103	111	19	—	138	M10	15	—	—	19	38	126	上盖外形略异
YFW10	73	86	10.5	50.8	16	94	104	116	19	6	175	M10	—	—	6	19	36	130	上盖外形略异
MOOG72	72.3	85.7	10.3	50.8	18.9	90.4	103.1	114.3	19.1	6.3	170.7	M10	—	12.7	7.1	19.1	38.1	129	上盖外形略异
DOWTY4550	73	85.7	10.3	50.8	15.9	—	—	115.8	19.1	6.4	170.7	M10	—	12.7	7.1	19.1	38.1	129.5	上盖外形略异

表 10.5-96　CSDY 系列电液伺服阀的外形及安装尺寸　　　（单位：mm）

（续）

型号	A	B	C	D	E	F	G	H	I	J	L	W	备　注
CSDY1	43	34	5.5	16	—	60	44	—	—	—	—	—	
CSDY3	51	44	6.5	25	—	82	64	—	—	—	—	—	实际与图示外形的差异
CSDY4	51	44	6.5	25	—	82	64	—	—	—	—	—	

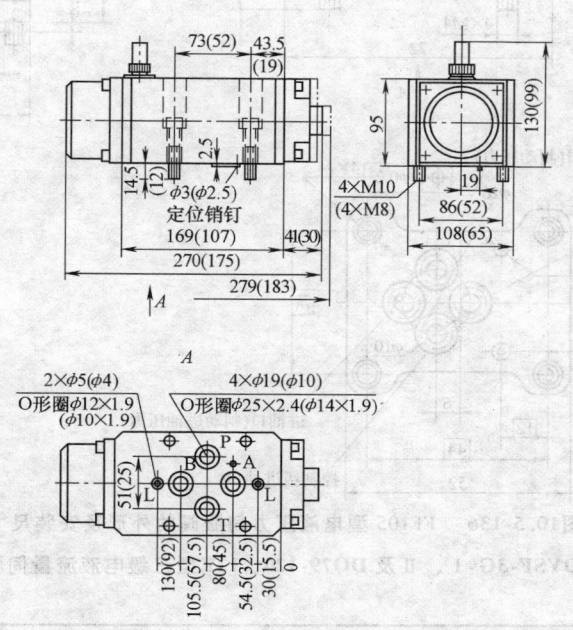

图10.5-134　SV(A)8、　SV(A)10型电液伺服阀外形尺寸图

注：1. SV8、SV10型为外泄型，SVA8、SVA10型为内泄型。

　　2. 图示尺寸为SV（A）10的尺寸，括号内尺寸为SV（A）8的尺寸。

4. 电液压力伺服阀

1）DYSF-3P型电液压力伺服阀的外形及安装尺寸如图10.5-135所示。

2）FF105型电液压力伺服阀的外形及安装尺寸如图10.5-136所示。

5. 三级电液流量伺服阀

FF109、DYSF-3G-Ⅰ、Ⅱ及DO79-120、121型三级电液流量伺服阀的外形及安装尺寸见表10.5-97。

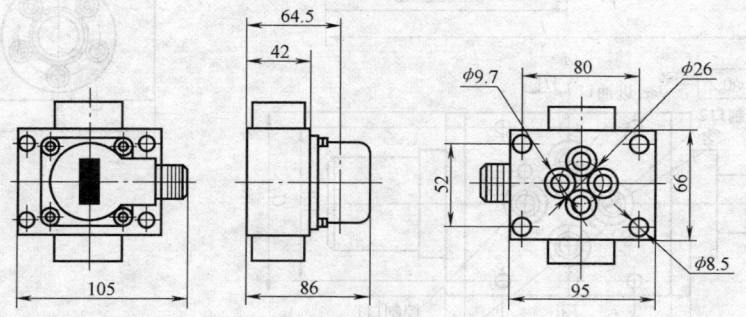

图10.5-135　DYSF-3P型电液压力伺服阀的外形及安装尺寸

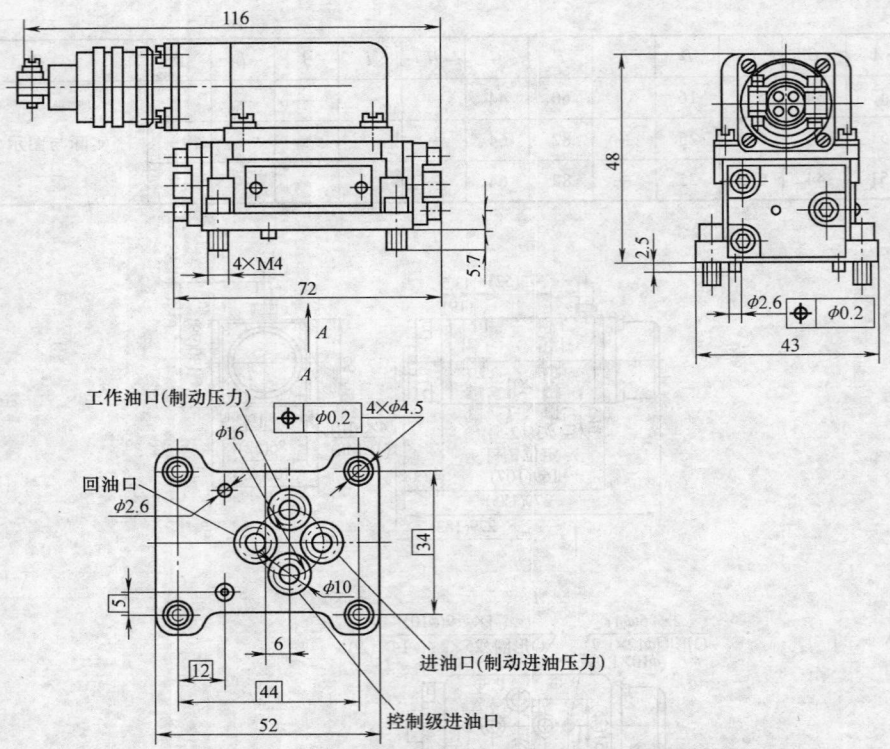

图10.5-136   FF105 型电液压力伺服阀的外形及安装尺寸

表 10.5-97   FF109、DYSF-3G-Ⅰ、Ⅱ及 DO79-120、121 型三级电液流量伺服阀的外形及安装尺寸

（单位：mm）

（续）

型号	A	B	C	D	E	F	G	H	I	J	K	L	L_1	L_2	T	W	Z	备注（外形与图示异）
FF109	76.2	80	10.5	38	25.6	143	102	118	—	—		218.1	143	133.5		102.8	—	①
DYSF-3G-Ⅰ	76.4	100	10.7	42	—	125	120	139				250	125	—	—	120		②
DYSF-3G-Ⅱ	90	105	10.7	50	—	130	130	177				268	170	168	—	130		②
DO79-120/121	73	85.7	10.5	50.8	23.8	140	110	139.8	25.4	19	6	250	140	141	6	110	170.3	③

① 配用 FF102 前置两级阀；传感器在控制口 2 的上方；功率级另一侧为平板外形，用 4 个螺钉固定。
② 配用 DYSF-3Q 前置两级阀；插座朝向控制口 1 的上方；DYSF-3G-I 的 ϕC 孔为 6 个，如虚线所示。
③ 配用 MOOG76-557 前置两级阀；可供选择的前置两级阀单独供油板的厚度为 30.5mm。

8.5.4 伺服放大器

YCF-6 型伺服放大器的主要性能参数及特点见表 10.5-98。

表 10.5-98 YCF-6 型伺服放大器的主要性能参数及特点

应用及特点	适用于驱动各种型号的伺服阀和调节器，满足其在不同系统中的控制需要，其功率输出级采用共地端电流负反馈型式，输出电流稳定，不受线圈电阻和负载的影响，且具有输出短路保护特性					

			主要性能参数			
指令信号电压 /V	反馈信号电压 /V	输出电流	等效输出阻抗 /kΩ	信号输入阻抗 /kΩ	频率响应 /kHz	外形尺寸（长×宽×高）/mm
±1~10V	±1~10；或 1~10	±30mA ~ ±1.5A	>5	>10	0~5	280×120×250

YCF-6 框图和接线图

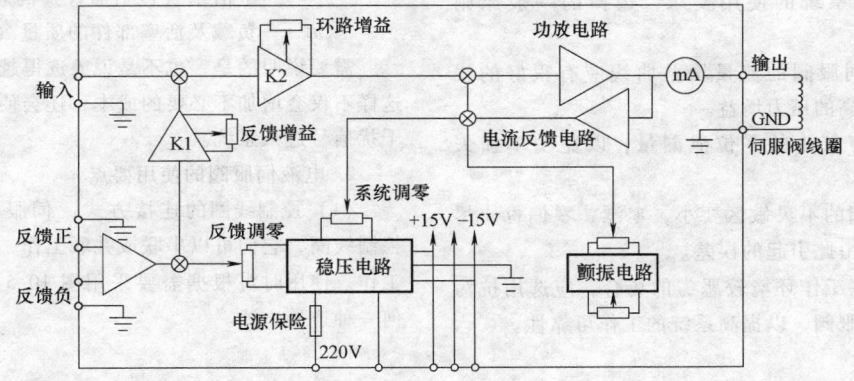

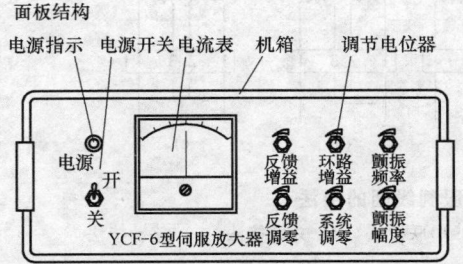

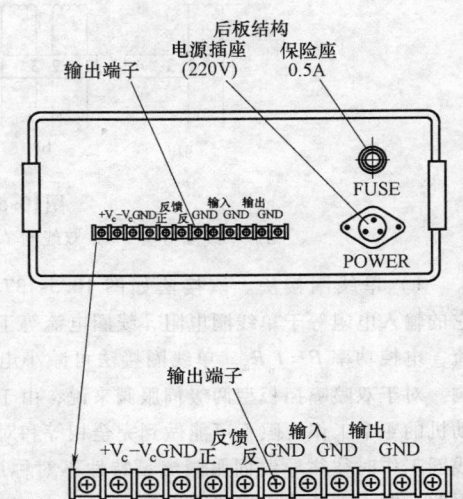

说明：交流 220V 电源由电源插头接入本机，为机内稳压电源供电。稳压电源输出为 ±15V DC，供机内使用，并有输出端子将 ±15VDC 引出，供外部传感器或基准电源使用（外部使用电源应小于 100mA）。指令信号由"输入"端接入；反馈信号由"反馈负"或相位相反的"反馈正"接入；输出到伺服阀的电流信号由"输出"端输出。放大器具有反馈信号调零、环路增益、反馈增益、系统调零、频振幅值及颤振频率调整等调节功能。电流表指示伺服阀电流的大小和方向。接线时伺服阀线圈一端接放大器的"输出"，另一端接"GND"。反馈信号一端接接线端子"反馈负"，另一端接"GND"

注：YCF-6 型伺服放大器由北京机械自动化研究所生产。

8.6 电液伺服阀的选择与使用要点

电液伺服阀因其高精度和快响应特性，在工业设备的开环或闭环电液控制系统中得到了广泛的应用，特别是在那些要求连续控制的快响应、大功率输出的场合。例如，冶金机械的轧机压下控制、纠偏机构、张力控制、电炉电极自动升降恒功率控制等；工程机械的高档挖掘机、振动压路机、推土机等；轻工业机械的吹塑和注塑机、造纸机、包装机等；汽车工业的主动悬架、转向控制等；船舶工业的舵机控制器、船舶减摇鳍随动系统、船舶运动模拟器等；电力工业的水轮机及汽轮机调速系统等；航空航天工业的飞行模拟器、模拟加载装置等；军事工业的火炮控制机构、坦克及直升机试车台、潜艇液压装置等。

1. 电液伺服阀选择的一般原则

电液伺服阀主要根据需控制的功率及动态响应指标等要求进行选择。伺服阀的额定工作压力、额定流量（对压力伺服阀为额定流量容量）和动态性能指标等必须满足系统的使用要求，选择的一般原则如下：

1）流量伺服阀的流量增益曲线应有很好的线性，并具有较高的压力增益。

2）应具有较小的零位泄漏量，以免功率损失过大。

3）伺服阀的不灵敏区要小，零漂、零偏也应尽量小，以减小由此引起的误差。

4）对某些工作环境较恶劣的场合，应选用抗污染力较强的伺服阀，以提高系统的工作可靠性。

5）伺服阀的频宽应满足系统的要求。对开环控制系统，伺服阀的相频宽比系统要求的相频宽大 3 ~ 5Hz 就足以满足一般系统的要求；但对欲获得良好性能的闭环控制系统，则要求伺服阀的相频宽（f_v）应为负载固有频率（f_L）的 3 倍以上，即

$$f_v \geqslant 3f_L \qquad (10.5-2)$$

负载固有频率 f_L 由负载质量和液压刚度等参数确定，可由式（10.5-3）计算

$$f_L = \frac{1}{2\pi}\sqrt{\frac{K_0}{m}}$$

$$\qquad (10.5-3)$$

$$= \frac{1}{2\pi}\sqrt{\frac{4\beta_e A^2}{m V_t}}$$

式中 K_0 ——液压刚度（N/cm），$K_0 = 4\beta_e A^2 / V_t$；

β_e ——液压油的体积弹性模量（MPa），一般取 β_e 为 700 ~ 1400MPa；

V_t ——伺服阀控制窗口（工作油口）到液压缸活塞（包括油管）的总容积（cm^3）；

m ——负载及活塞部件的质量（kg）。

需要说明的是，也不是说 f_v 选得越高越好，因为这样不仅会增加不必要的成本，还会使不需要的高频干扰信号进入系统。

2. 电液伺服阀的使用要点

（1）控制线圈的连接方式 伺服阀一般有两个控制线圈，它们可以串联或并联工作，也可以单线圈工作。使用时可根据需要采用图 10.5-137 所示的任何一种连接方式。

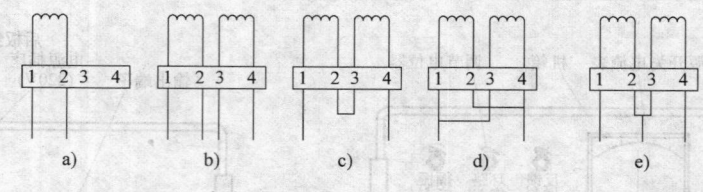

图10.5-137   伺服阀线圈的接法
a）单线圈接法 b）双线圈单独接法 c）串联接法 d）并联接法 e）差动接法

1）单线圈接法。该接法如图 10.5-137a 所示。它的输入电阻等于单线圈电阻，线圈电流等于额定电流，电控功率 $P = I_n^2 R_e$。单线圈接法可减小电感的影响。对于双喷嘴挡板型两级伺服阀来说，由于力矩电动机的 4 个工作气隙不可能做到完全相等和对称，单线圈工作时往往导致伺服阀流量特性不对称度加大，因此一般不推荐采用单线圈工作。

2）双线圈单独接法。此接法如图 10.5-137b 所示。一个线圈接输入，另一个线圈可用来调偏、接反馈或引入颤振信号。

3）串联接法。将两个控制线圈串联连接，如图 10.5-137c 所示。其输入电阻为单线圈电阻的两倍，额定电流为单线圈时的一半，电控功率 $P = \frac{1}{2}I_n^2 R_e$。串联接法的特点是额定电流和电控功率小，但易受电源电压变动的影响。

4）并联接法。将两个控制线圈并联连接，如图 10.5-137d 所示。此时输入电阻为单线圈电阻的一半，额定电流为单线圈接法时的额定电流，电控功率也是 $P = \frac{1}{2}I_n^2 R_c$。这种接法的特点是可靠性高，一个线圈坏了阀仍能继续工作，具有余度作用，但易受电源电压变动的影响。串联和并联两种接法相比，推荐采用并联接法，因并联工作时的电感也比串联接法的小得多。

5）差动接法。两个控制线圈的差动接法如图 10.5-137e 所示。当两个线圈差动连接时，要使主阀芯有最大位移，信号电流应等于额定电流的一半。其电控功率 $P = I_n^2 R_c$。差动接法的特点是不易受伺服放大器电源电压变动的影响。

还需指出，按相关标准规定，伺服阀线圈的电阻公差在额定电阻的 10% 范围内，用户也没必要提出更严格的要求。对功率级为深度电流反馈的伺服放大器而言，10% 的线圈电阻差异不会对系统工作产生任何不利影响。实际应用中，伺服阀的电阻和额定电流有多种规格，对于动态特性要求很高的伺服系统，建议选用电阻小、额定电流大的伺服阀，因为相应的力矩电动机线圈匝数少、电感小，尽管伺服放大器的功率级无例外地采用深度电流反馈型，较小的电感将减轻高频时伺服放大器功率级的负担。

（2）颤振信号的频率与幅值　为提高伺服阀的分辨率，改善系统性能，一般在伺服阀的输入信号上叠加一个高频低幅值的电信号，使伺服阀处在一个颤振状态中，以减小或消除伺服阀中由于干摩擦所产生的游隙及防止阀芯卡死。颤振频率一般取伺服阀频宽的 1.5 ~ 2 倍。例如，伺服阀的频宽为 200 ~ 300Hz，则颤振频率取 300 ~ 400Hz。要注意的是，颤振频率不应与伺服阀或执行元件及负载的谐振频率重合。颤振幅值应足以使峰间值填满游隙宽度，这相当于主阀芯运动位移约为 2.5μm 左右，幅值不能过大，要避免通过伺服阀传递到负载。颤振信号的幅值一般取 10% 左右的额定电流值。颤振信号的波形采用正弦波、三角波或方波的效果是相同的。从另一角度看，附加颤振信号也会增加滑阀节流边以及阀芯外圆和阀套内孔的磨损，也会增加力矩电动机的弹性支承元件疲劳，缩短伺服阀的使用寿命。在一般情况下，应尽可能不加颤振信号。

（3）伺服阀的安装底座

1）伺服阀的安装底座应有足够的刚度。一般可用铁磁材料，如 45、20Cr13 等结构钢制造，也可用铝合金等非铁磁性材料制造，但不允许用磁性材料制造。伺服阀不应安装在振动强烈或运动有剧变的机器部件上，周围也不允许有较强的电磁场干扰。

2）安装底座的表面粗糙度应小于 Ra 1.6μm，表面平面度不大于 0.025mm。

（4）伺服系统的连接管路　伺服系统的连接管路可用冷拔钢管、铜管和不锈钢管。伺服阀与执行元件的连接管路不能太长，太长会降低系统频宽。因此，最好将伺服阀直接安装在执行元件的壳体上，以免使用外接油管。另外，还必须注意以下事项：

1）油管通径应保证高压油的最大流速小于 3m/s，回油最大速度小于 1.5m/s。

2）伺服阀的供油口前应设置绝对过滤度 ≤10μm 的高压过滤器，为使伺服阀工作更可靠和延长使用寿命，最好采用 ≤6μm 的高压过滤器。

3）系统试安装完毕后，要用清洗板代替伺服阀循环清洗回路，避免伺服阀受污染。

9　电液比例阀

9.1　概述

电液伺服阀虽然具有响应快、控制精度高的明显优势，但由于它的制造精度要求很高，价格昂贵、功率损失（阀压降）较大，特别是对油液污染十分敏感，伺服系统的使用与维护非常苛刻，使伺服技术难以为更广泛的工业应用所接受。电液比例控制技术就是针对伺服控制在一般工业应用中存在的这些不足发展起来的。比例控制系统所具有的技术优势，在众多自动化液压设备的设计和改造中崭露头角。

电液比例阀是介于普通液压阀和电液伺服阀之间的一种控制阀，它能使其输出油液的压力、流量和方向随输入电信号指令连续地、成比例地变化。它既能用于开环电液控制系统中实现对液压参数的远程控制，也可以作为信号转换与放大元件用于闭环电液控制系统。与手动调节和开关控制的普通液压阀相比，采用比例阀能实现连续地、成比例地实时控制，可大大提高液压系统的自动控制水平。电液比例阀是电液比例控制系统的核心元件，在工业应用的许多领域，它的性价比具有一定的优势，被誉之为"廉价的伺服阀"，有着广阔的发展前景。

类似电液伺服阀，电液比例阀通常也是由 E-M（电气-机械）转换器、液压放大器（先导级阀和功率级主阀，单级阀无先导级阀）和检测反馈机构三部分组成，如图 10.5-138 所示。

电液比例阀的 E-M 转换器一般用比例电磁铁，它是电子与液压的耦合环节。其作用是将通过比例

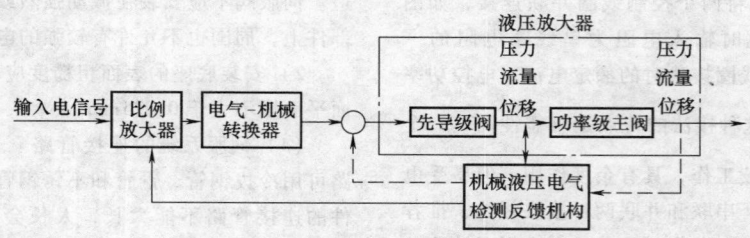

图10.5-138　　电液比例阀的组成

放大器放大后（通常为 24V 直流，800mA 或更大的额定电流）的输入电信号转换为力或位移，以产生驱动先导级阀运动的位移或转角。比例电磁铁具有结构简单、成本低廉、输出推力和位移大、维护方便等特点。比例电磁铁根据使用情况和调节参数的不同分为力控制型、行程控制型和位置调节型。其特性和工作可靠性对比例阀的性能有着十分重要的影响。

功率级主阀用于将先导级阀的液压力转换为流量或压力输出。主阀通常有滑阀式、锥阀式或插装式几种形式，结构上与普通液压阀的滑阀、锥阀或插装阀类同。

9.2　电液比例阀的基本类型与特点

1. 电液比例阀的基本类型

电液比例阀的种类也繁多，性能各异，一般参照普通液压阀的分类方法，并结合比例阀自身的特点进行分类。电液比例阀的基本类型如图 10.5-139 所示。

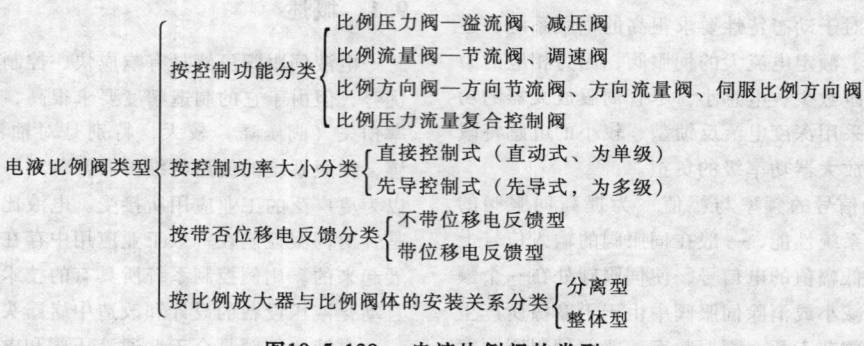

图10.5-139　　电液比例阀的类型

由于受电气-机械转换元件的输出力限制，直动式即单级比例阀的控制流量一般都在 15L/min 以下。先导式比例控制阀则是由一直动式比例阀与能输出较大功率的主阀级组成，前面的称为先导级。根据功率输出要求，先导式比例阀可以是二级或三级。二级比例阀的控制流量可以达到 500L/min。

若按电液比例阀内是否有位移闭环控制，又可分为带电反馈的电液比例阀与不带电反馈的电液比例阀。两种阀的控制性能有较大的差异，带电反馈的比例阀，其稳态误差在 1% 左右，而不带电反馈的比例阀，其稳态误差为 3%～5%。

若按电液比例控制阀的阀芯结构形式分类，有滑阀式、锥阀式和插装阀结构的比例阀。滑阀式是在普通三类阀的基础上发展起来的，而插装式是在二通或三通插装元件的基础上配以适当的比例先导控制级和级间反馈联系组合而成的。插装式比例阀具有动态性能好、集成化程度高、通流量大等优点，控制的流量可达 1600L/min。

需要指出的是，以上分类方法并不能把不同比例阀的性能、特征都详尽完整地反映出来。特别是随着科学技术的进步，机电一体化技术的发展，还会有很多新型的比例阀出现。在对新型电液比例阀产品命名时，通常是将上述分类方法组合使用，如主阀带位移-电反馈的两级比例方向控制阀等。

2. 电液比例阀的特点

电液比例阀是一种侧重一般工业应用，汇集了开关阀和电液伺服诸多优点的新型电液控制元件。它抗污染性能好，可靠性高，阀内压降小，能实现压力、流量的连续实时控制，价格适中。电液比例阀、伺服阀、开关阀的性能特点对比见表 10.5-99。

表 10.5-99　电液比例阀、伺服阀、开关阀的性能特点对比表

项　目	比例阀	伺服阀	开关阀
阀的功能	压力、流量的连续控制和流量方向控制	多为四通阀,同时控制方向和流量;也有电液压力伺服控制阀	方向、压力和流量的开关控制与压力、流量的手动控制
电气-机械转换器	用功率较大(约50W)的比例电磁铁直接驱动阀芯或压缩弹簧	用功率较小(约0.1~0.5W)的力矩电动机带动喷嘴挡板或射流管,其先导级的输出功率约为100W	用普通交流或直流通断型电磁铁驱动阀芯或压缩弹簧
频宽/Hz(-3dB)	一般为10~30	60~200 或更高	—
中位死区	有	无	有
滞环	通常<7%,性能好的<3%	0.1~1%	—
线性度	在底压降(0.8MPa)下通过较大流量时,阀体内部的阻力对线性度有影响(饱和)	在高压降(7MPa)下工作时,阀体内部的阻力对线性度影响不大	—
重复精度(%)	0.5~1	0.5~1	—
过滤要求/μm	20(推荐用10)	3~10	25
加工精度/μm	10	1	10
阀内压力降/MPa	0.5~2	7	0.25~0.5
价格比	3~6	6~10	1
适用场合	适用于各类开环系统及部分闭环系统	适用于各类高精度闭环系统	只适用于开环系统

9.3　电液比例阀的典型结构和工作原理

9.3.1　电液比例压力阀

电液比例压力阀中应用最多的有比例溢流阀和比例减压阀,它们又各分为直动式和先导式两种。

1. 直动式比例溢流阀

直动式比例溢流阀有两种基本形式,结构及工作原理如图 10.5-140 和图 10.5-141 所示。它们都是双弹簧结构,分别为不带电反馈与带电反馈的直动式比例溢流阀。

图 10.5-140 所示为不带电反馈的直动式比例溢流阀,结构与普通直动式相似,主要区别是用比例电磁铁取代了手动的弹簧力调节组件。该阀采用力控制型比例电磁铁,电信号输入时,比例电磁铁 1 产生相应的电磁力,通过弹簧 2 作用于锥阀芯 4 上。电磁力对弹簧预压缩,预压缩量则决定了溢流压力。由于预压缩量正比于输入电信号,所以溢流压力正比于输入电信号,从而实现对压力的比例控制。

普通溢流阀采用不同刚度的调压弹簧改变压力等级。由于比例电磁铁的推力是一定的,所以比例溢流阀是通过改变阀座 5 的孔径而获得不同的压力等级。阀座孔径小,控制压力高,流量小。调零螺塞 6 可在一定范围内调节溢流阀的工作零位。

在图 10.5-141 所示的带电反馈的直动式比例溢流阀中,件号 1~7 与图 10.5-140 对应。8 为位移传

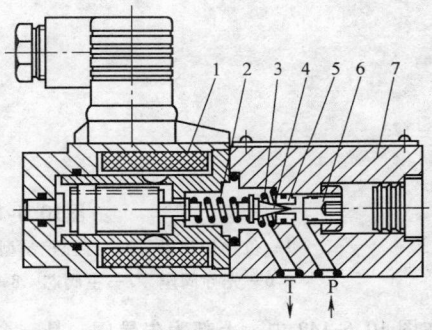

图10.5-140　不带电反馈的直动式比例溢流阀
1—比例电磁铁　2—传力弹簧　3—防撞击弹簧
4—锥阀芯　5—阀座　6—调零弹簧　7—阀体

感器,它的动杆与比例电磁铁的动铁固联,实时检测动铁位移并反馈至带 PID 控制单元的电控器,构成对动铁位移的闭环控制,使弹簧 2 得到与输入信号成比例的精确压缩量,达到阀的滞环更小、控制精度更高的目的。图 10.5-141 中的防锥阀芯撞击的弹簧 3,还可降低零电流时的卸荷压力。

直动式比例溢流阀只适合在小流量场合下单独作调压元件,更多的是作为先导式溢流阀或减压阀的先导级。

2. 先导式比例溢流阀

图 10.5-142 所示为先导式比例溢流阀的结构简图。

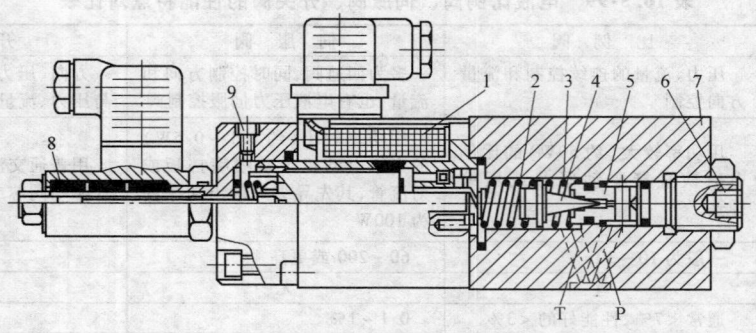

图10.5-141　带位置电反馈的直动型比例溢流阀
1—比例电磁铁　2—传力弹簧　3—防撞击弹簧　4—锥阀芯
5—阀座　6—调零弹簧　7—阀体　8—位移传感器　9—放气螺塞

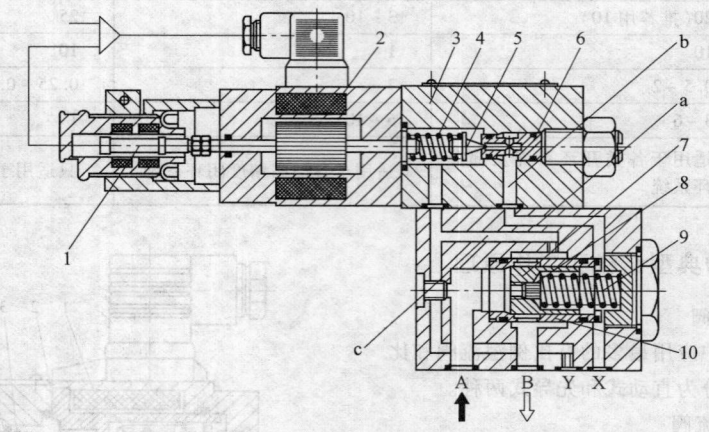

图10.5-142　先导式比例溢流阀
1—位移传感器　2—行程控制型比例电磁铁　3—阀体　4—弹簧　5—先导锥阀芯
6—先导阀座　7—主阀芯　8—节流螺塞　9—主阀弹簧　10—主阀座（阀套）

在图 10.5-142 中，上部为先导阀，是一个行程
控制型直动式比例溢流阀，下部为主阀级。当比例电
磁铁 2 输入指令信号电流时，它产生一个相应的电磁
力来压缩弹簧 4 作用于先导锥阀芯 5 上。压力油经 A
口流入主阀，并经主阀芯 7 的节流螺塞 8 到达主阀弹
簧 9 腔，又从通路 a、b 到达先导阀阀座 6，并作用在
先导锥阀芯 5 上。若 A 口压力不能打开先导锥阀芯
5，主阀芯 7 的左右两腔压力保持相等，在主阀弹簧
9 的作用下，主阀芯 7 保持关闭；当系统压力超过比
例电磁铁 2 的设定值时，先导锥阀芯 5 开启，先导油
经 c 通路从 B 口流回油箱。主阀芯右腔（弹簧腔）
的压力由于节流螺塞 8 的作用下降，导致主阀芯 7 开
启，则 A 口与 B 口接通回油箱，从而实现溢流。

主阀芯 7 是锥阀，它小而轻，行程小，响应快。
主阀座（阀套）10 上有均布的径向孔，阀开启时油
液分散流走，减小噪声。X 口为远程控制口，可接一

手调直动式安全阀，防止系统过载。也有本身就带限
压阀的先导式比例溢流阀。先导油也可经 Y 口泄回
油箱，以免回油背压引起阀误动作。

3. 先导式比例减压阀

先导式比例减压阀与先导式比例溢流阀的工作原
理基本相同。它们的先导级完全一样，只是主阀级不
同。溢流阀采用常闭式锥阀，而减压阀采用常开式滑
阀，如图 10.5-143 所示。

比例电磁铁接受指令电信号后，产生相应电磁
力，通过弹簧 4 将先导锥阀 5 压在先导阀座 6 上。由
B 进入主阀的一次压力油，经减压节流口 11 后的二
次压力油，再经主阀芯 7 的径向孔从 A 口输出，二
次压力油同时经主阀芯 7 上的节流螺塞 10 至主阀芯
弹簧腔（右腔），然后经通路 a、b 和先导阀座 6 作用
于先导锥阀芯 5 上。若二次压力不能使先导阀 5 开启，
则主阀芯左、右两腔压力相等。这时，在主阀弹簧 9

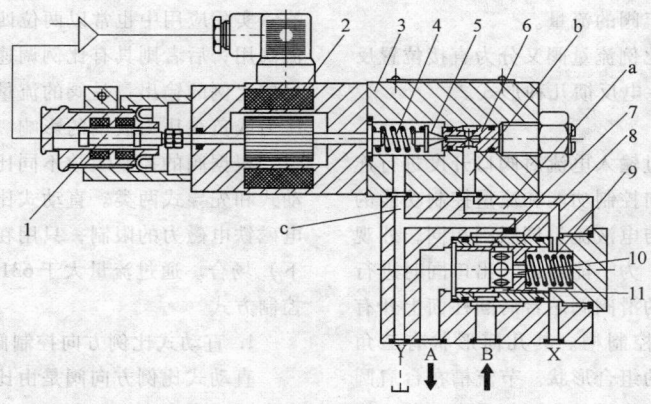

图10.5-143 先导式比例减压阀
1—位移传感器 2—行程控制型比例电磁铁 3—阀体 4—弹簧 5—先导锥阀芯
6—先导阀座 7—主阀芯 8—阀套 9—主阀弹簧 10—节流螺塞 11—减压节流口

的作用下减压阀节流口11为全开状态，B→A流向不受限制。当二次压力超过比例电磁铁设定值时，先导阀芯5开启，液流经c、Y口泄回油箱。由于节流螺塞10的作用，主阀芯弹簧腔的压力下降，主阀芯左、右两腔的压差使主阀芯克服主阀弹簧9的作用，关小减压节流口11，使二次压力降至设定值。

为防止二次压力过高可在X口接一个手动直动式溢流阀，以起保护作用。

9.3.2 电液比例流量阀

比例流量阀与普通流量阀一样，也是通过改变节流口的开度以调节流量的。主要区别是比例流量阀用某种电气-机械转换器取代了手调机构来调节节流口的通流面积，使输出流量与输入信号成正比。

比例流量控制阀分为比例节流阀和比例调速阀。按比例流量阀的控制原理又可分为直动式和先导式两类。

1. 直动式比例节流阀

最简单的比例流量控制阀是直动式比例节流阀，它是在常规节流阀的基础上利用电气-机械转换器来控制节流口的开度进而实现流量调节的，仅有一级液压放大。节流阀芯有滑阀、转阀和插装阀多种形式。通常，移动型节流阀采用比例电磁铁驱动；旋转型节流阀则采用伺服电动机驱动。前者称为电磁式，后者称为电动式。

2. 定差减压型比例调速阀

图10.5-144所示为位置反馈型直动式电液比例调速阀的结构。它由节流阀芯3、作为压力补偿器的定差减压阀4及单向阀5和位移传感器6等组成。节流阀芯3的位置通过位移传感器6检测并反馈至比例

放大器。工作时，比例电磁铁2的输出力作用在节流阀芯3上，与弹簧力、液动力、摩擦力相平衡，一定的控制电流对应一定的节流口开度。通过改变输入电流的大小，就可连续按比例地调节通过调速阀的流量。由于定差减压阀4的压力补偿作用，可保持节流口前后压差基本恒定，从而实现对流量的准确控制。当液流从B流向A油口时，单向阀开启，不起比例流量调节作用。这种比例调速阀可以克服干扰力的影响，静态、动态特性较好，主要用于较小流量液压系统。

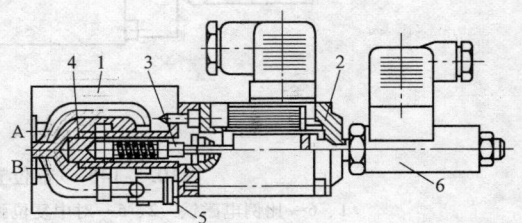

图10.5-144 位移电反馈型直动式比例调速阀的结构
1—阀体 2—比例电磁铁 3—节流阀芯
4—定差减压阀 5—单向阀 6—位移传感器

3. 先导式比例流量控制阀

由于受电气-机械转换器外形尺寸与推力的限制，直动式比例流量阀的通径都很小，只适用于较小流量场合。当通径 >10~16mm时，就要采取先导控制形式。先导式比例流量阀是利用较小的比例电磁铁驱动一个小尺寸的先导阀，再利用先导级的液压放大作用，对主节流阀进行控制的，适用于高压、大流量场合。

先导式比例流量阀按反馈量可分为位置反馈型和

流量反馈型。前者的控制量是主节流阀芯的位移，后者则直接检测和控制节流阀的流量。

先导式位置反馈型比例流量阀又分为直接位置反馈、位移-力反馈和位移-电反馈几种形式。

9.3.3　电液比例方向阀

比例方向阀可以通过输入电流对阀口开度进行连续控制，是一种兼有方向控制功能和流量控制功能的复合控制阀，它的功能与电液流量伺服阀相同，外观上与普通方向阀很类似。为了能对进、出口同时进行准确节流，比例方向阀的滑阀阀芯台肩圆柱面上开有轴向的节流槽，亦称为控制槽。其几何形状有三角形、矩形、圆形或它们的组合形状。节流槽在台肩圆周上均布、左右对称分布或成某一比例分布。节流槽轴向长度大于阀芯行程，当阀芯朝一个方向移动时，节流槽始终不完全脱离窗口，因而总有节流功能。节流槽与阀套不同的配合形式可以得到 O 型、P 型、Y 型等不同的阀机能。

根据比例方向阀的控制性能不同，可以分为比例方向节流型和比例方向流量型两种。前者具有类似比例节流阀的功能，与输入电信号成比例的输出量是阀口开度的大小，因此通过阀的流量受阀口压差的影响，实际应用中也常以两位四通比例方向阀作比例节流阀用；后者则具有比例调速阀的功能，与输入电信号成比例的输出量是阀的流量，其大小基本不受供油压力或负载压力波动的影响。

根据阀的控制级数不同比例方向控制阀也分为直动式和先导式两类。直动式比例方向控制阀因受比例电磁铁电磁力的限制，只用在较小流量（63L/min 以下）场合。通过流量大于 63L/min 时，需要采用先导控制方式。

1. 直动式比例方向控制阀

直动式比例方向阀是由比例电磁铁直接推动阀芯左右运动来实现流量方向和大小控制的。最常见的有两位和三位两种结构。两位比例方向控制阀只有一个比例电磁铁，由复位弹簧定位；而三位比例方向控制阀有两个电磁铁，阀芯由两个对中弹簧定位。

直动式比例方向控制阀有带阀芯位置控制和不带阀芯位置控制的普通型两种形式。

图 10.5-145 所示为带阀芯位置反馈控制的直动式比例方向阀。

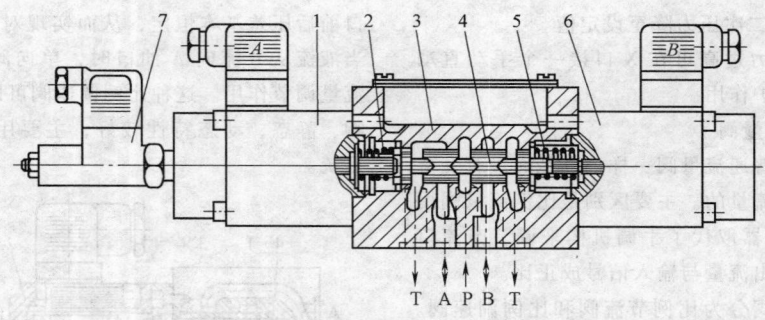

图10.5-145　带位置反馈的直动式比例方向阀
1、6—比例电磁铁　2、5—对中复位弹簧　3—阀体　4—控制阀芯　7—位移传感器

在图 10.5-145 中，阀体左、右两端各有比例电磁铁，当两电磁铁均不通电时，控制阀芯 4 在两边复位弹簧 2、5 作用下保持中位，对 O 型中位机能阀来说，油口 P、A、B、T 互不相通。如果比例电磁铁 1 通电，则控制阀芯 4 向右移动，P 与 B、A 与 T 口分别连通。来自控制器的控制信号越大，控制阀芯向右的位移也越大，即阀口的通流面积和流过的流量也越大。也就是说，阀芯的行程与输入电信号成比例。图中左边的电磁铁配有直线型差动变压器式位移传感器，可在阀芯的两个移动方向上检测其实际位移，并把与阀芯行程成比例的电压信号反馈至电放大器。在放大器中，将实际值与设定值相比较，按两者之差向电磁铁发出纠偏信号，对实际值进行修正，使阀芯达到准确的位置，构成位置反馈闭环。因此，其控制精度比无位置控制的比例方向阀高。为确保安全，用于这种阀的比例放大器应有内置的安全机构，确保反馈一旦断开阀芯能自动返回中位。

2. 先导式比例方向控制阀

用双向三通比例减压阀作先导，叠加一个液控方向阀作主阀就构成一个减压型先导级 + 主阀弹簧定位型电液比例方向控制阀，它的结构与图形符号如图 10.5-146 所示。其先导阀和主阀皆为滑阀，先导阀的外供油口为 X，回油口为 Y。在比例电磁铁无信号状态，主阀芯 11 由一偏置的对中弹簧 1 保持在中位。也有的阀采用两个对称布置弹簧实现对中的方式，比较而言，采用一个偏置弹簧对中的方法，克服了用两个弹簧对中时由于弹簧参数不尽相同或发生变化可能引起阀芯偏离中位的弊病。对图示结构来说，主阀芯控制腔 10 压力升高时，对中弹簧 1 左端不动，阀芯左移压缩弹簧；相反，弹簧腔压力高时，右端弹簧座被阀体挡住不动，阀芯右移把弹簧拉紧。

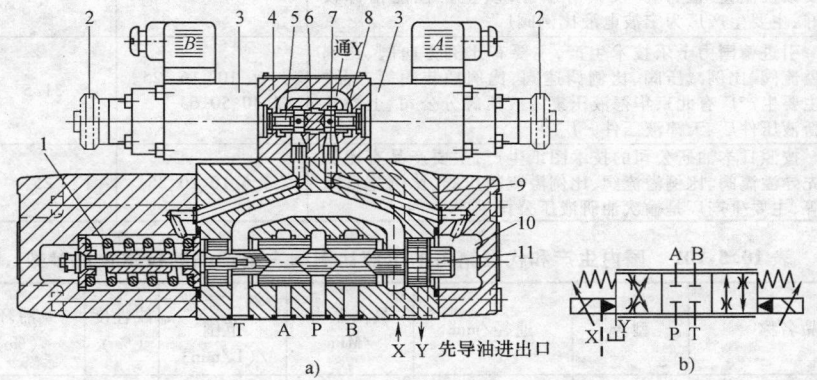

图10.5-146　先导式比例方向节流阀

a）结构图　b）图形符号

1—对中弹簧　2—手动按钮　3—比例电磁铁　4—先导阀阀体　5—左侧压柱塞　6—先导阀阀芯
7—固定节流孔　8—右侧压柱塞　9—主阀体　10—主阀芯控制腔　11—主阀芯

只有当主阀两端控制腔中的压力升高到推动阀芯移动时，方向阀才开启。移动的方向取决于哪个比例电磁铁通电，移动的位移则决定于信号电流的大小。设左边电磁铁 B 接受到控制信号，于是先导阀阀芯 6 右移，使主阀芯控制腔 10 压力升高，致使主阀向左移动，直到信号设定的位置为止。同理也可分析比例电磁铁 A 通电时的情况。在开启过程中，节流槽逐渐增大，使控制流量从口 P 到口 A 和口 B 到口 T 是渐增的。

若忽视先导阀液动力、摩擦力、阀芯自重和弹簧力的影响，则先导减压阀的控制力与电磁力成正比。若不考虑主阀液动力、阀芯自重和摩擦等影响，则该控制压力又与主阀芯位移成正比。改变输入信号的大小，可使主阀芯定位在不同的预定位置。阀芯上的三角节流槽会形成渐变的节流面积，加上两固定节流孔

的动态阻尼作用，可使阀在开启和关闭时流量不至于突变，提高换向平稳性。当然，主阀芯的移动速度还可以借助比例放大器中的斜坡信号发生电路来调整指令信号从零增加到 100% 或相反所需的时间。

应当指出，虽然功能上电液比例方向控制阀与电液流量伺服阀类似，都具有方向控制和流量控制功能，但两者的控制性能，如零位特性等，还有制造成本及控制要求等方面都存在明显差别。

9.4　电液比例阀主要产品

9.4.1　国内外电液比例阀主要产品技术参数

1）国内生产的电液比例阀主要产品概览见表10.5-100。

2）国内生产或代理销售的电液比例阀主要产品的技术性能参数见表10.5-101。

表 10.5-100　国内生产的电液比例阀主要产品概览

系列简称	开发生产单位及主要原理结构	通径/mm	最高压力/MPa	流量/(L/min)
上液二厂系列	国内最早研制成功的比例阀系列，主要有比例溢流阀、三通比例调速阀和比例方向流量阀等产品，主要生产厂为上海液压件二厂	8、10、16、20、25、32、50	32	≤500
广研系列	广州机床研究所于 20 世纪 80 年代研制成功，主要有比例方向阀（在伺服阀基础上演变而来）、比例溢流阀和比例流量阀（在常规液压阀基础上发展起来）及电液比例复合阀等产品，主要生产厂为广州机械科学研究院	6、8、10、15、20、25、32	31.5	≤600

（续）

系列简称	开发生产单位及主要原理结构	通径/mm	最高压力/MPa	流量/(L/min)
浙大系列	浙江大学于20世纪80年代初开始研制,主要产品有比例溢流阀、比例节流阀、比例二通调速阀、比例三通调速阀和比例方向阀等,应用了压力直接检测、级间动压反馈及流量-位移-力反馈等新原理,主要性能指标较好,主要生产厂为宁波电液比例阀厂	16、25	31.5	≤450
引进力士乐技术系列	引进德国力士乐技术生产,主要有比例方向阀、比例溢流阀、比例减压阀、比例调速阀、比例插装阀等产品,主要生产厂有北京华德液压集团液压阀分公司、上海立新液压件厂、天津液压件一厂等	6、10、16、25、32、40、50、63	31.5	1800
油研E系列	按照日本油研公司的技术图纸生产,主要产品有比例先导溢流阀、比例溢流阀、比例溢流减压阀、比例流量阀等,主要生产厂是榆次油研液压公司生产	3、6、10、20、25	25	500

表 10.5-101　　国内生产和代理销售的电液比例阀主要产品的技术性能参数

系列简称	产品名称	型号	通径/mm	最高压力/MPa	额定流量范围/(L/min)	线性度(%)	滞环(%)	重复精度(%)	生产厂
上海液二系列	电液比例溢流阀	BY2-H	10、20、32	31.5	63~200	5	3	—	①
		BY-G	16、25、32		100~400	6	4	—	
	电液比例节流阀	BL-G	16、25、32	25	63~320	5	3	—	
	电磁比例调速阀	BQ(A)F-B	8、10、20、32	31.5	25~200	5	<7	2	
	电磁比例调速阀	DYBQ-G	16、25、32	25	80~320	5	<7	2	
	比例方向流量复合阀	34BF	10、16、20	25	40~100	5	3	1	
广研系列	电液比例溢流阀	BYF	10、20、30	31.5	200~600	±3.5	±1.5(有颤振) ±4.5(无颤振)	≤±2	②
		BY	10、20、32		200~600		±1.5(有颤振) ±2.5(无颤振)	≤1	
	电液比例先导压力阀	BY	6	31.5	5	±3.5	±1.5(有颤振) ±2.5(无颤振)	~1	
	电液比例减压阀	BJ	6	31.5	3	±3.5	±1.5(有颤振) ±3.5(无颤振)	≤2	
	电液比例三通减压阀	3BJF	6	10	15	—	≤3	≤1	
	电液比例流量阀	BQ	8、10	20	4~100	—	±2.5	10(对检验点)	
	电液比例复合阀	※34	10、15、20、25、32	31.5	40~250	—	±2.5	≤1	
浙大系列	电液比例溢流阀	BYY	6、10、16、20、25、32	2.5~31.5	2~250	3、7.5	3	1	③
	电液比例减压阀	BJY	16、32	25	100~300	8	3	1	
	电液比例节流阀	BL	16、32	31.5	30~160	4	3	1	
	比例流量控制阀	DYBQ	16、25、32	31.5	15~320	4	3	1	
	比例换向阀	34B	6、10		16~32	—	<5	2	
		34BY	10、16、25	31.5	85~250		<5(通径10) <6	3	
	电反馈直动式比例换向阀	34BD	6、10	31.5	16~32	—	1	1	
		34BDY	10、16		85~150	—	1	1	
引进力士乐技术系列	直动式电液比例溢流阀	DBETR	6	31.5	10		<1	<0.5	④
	先导式电液比例溢流阀	DBE	10、20、30	31.5	80~600	—	<1.5、<2.5	<2	④⑤
	比例减压阀	DRE	10、20、30	31.5	80~300		<2.5	<2	
	比例调速阀	2FRE	6、10、16	31.5	2~160		±1	<1	④
	电液比例换向阀	4WR	6、10、16、25、32	32、35	6~1600		<1、<5、<6	<1、<3	

（续）

系列简称	产品名称	型号	通径/mm	最高压力/MPa	额定流量范围/(L/min)	线性度(%)	滞环(%)	重复精度(%)	生产厂
油研 E 系列	电液比例遥控溢流阀	EDG	3	25	2	—	<3	<1	⑥
	电液比例溢流阀	EBG	10、20、25	25	100～400	—	<2	<1	
	电液比例溢流减压阀	ERBG	10、25	25	100～250	—	<3	<1	
	电液比例调速阀	EFG	6、10、20、25	21	30～500	—	<7	<1	
	电液比例单向调速阀	EFCG	6、10、20、25	21	30～500	—	<7	<1	
	电液比例溢流调速阀	EFBG	6、20、25	25	125～500	—	<3（压力控制） <7（流量控制）	<1	
北部精机 ER 系列	直动式比例溢流阀	ER-G01	6	25	2	—	—	—	⑦
	先导式比例溢流阀	ER-G03 ER-G06	10、20	25	100～200	—	<2	1	
	比例式压力流量阀	EFRD-G03	10、20	25	125～160	—	<2（压力控制） <3（流量控制）	1	
		EFRD-G06		25	250	—	<2（压力控制） <3（流量控制）	1	
	比例式压力流量复合阀	EFRDC-G03	10	25	125～160	—	<2（压力控制） <3（流量控制）		
伊顿 K 系列	电液比例压力溢流阀	K(A)X 等		35	2.5～400	—	—	—	⑧
	比例方向节流阀（带单独驱动放大器）	KD 等	规格:03、05、07、08、10	31.5、35	最大流量1.5～550		<8、±4	—	
	方向和节流阀（先导式,带内装电子装置）	KAD 等	规格:03、05、06、07、08	31、35	20～720		<8、±4、<1、<2、<6、<7、<0.5	—	
	比例换向阀	DG	规格:02、03、05、07、08、10	21、25、35	30～1100				
Atos（阿托斯）系列	直动式比例溢流阀	RZMO	6	31.5	6	—	<1.5	<2	⑨
	先导式比例溢流阀	AGMZO	10、25、32		200～600	—	<1.5	<2	
	直动式比例减压阀	RZGO	6	32	12	—	<1.5	<2	
	先导式比例减压阀	AGRZO	10、20	31.5	160、300	—	<1.5	<2	
	比例流量阀	QV※ZO	6、10	21	40、70	—	<5	<1	
		QVZ※	10、20	25	60、140	—	<5	<2	
	插装式比例节流阀	LIQ	16、25、32、50	31.5	330～1500	—	<5	<0.2	
	直动式比例方向阀	D※ZO	6、10	35	30、60	—	<5	<2	
	先导式比例方向阀	DPZO	16、25	35	130、300	—	<5	<2	
	高频响比例方向阀	DLHZO	6、10	31.5	9、60	—	<0.1	<0.1	
Paeker（派克）系列	直动式比例溢流阀	RE06M※W2	6	35	5	—	<1.5	<1	⑩
	先导式比例溢流阀	RE（插装）	16～63	35	200～4000	—	<3	<2	
	先导式比例减压阀	DW	10、25、32	35	150～350	—	<2.5	<2	
	比例流量阀	DUR※06	6	21	18	—	<6	<2	
	比例流量阀（节流）	TDAEB	25	35	500	—	<4	<3	
	插装式比例节流阀	TDA	16～63	35	220～2000	—	<3	<1	
	直动式比例方向阀	D※FW	6	35	15	—	<6	<4	
		WL※※10	10	35	40	—	<4	<2	
	先导式比例方向阀	D※1F※	10、16、25、32	35	70～1000	—	<5	<2	
	高频响比例方向阀	D※6FH	10、16、25	35	38～350	—	<0.1	<0.1	

注：技术参数以生产厂产品样本为准。
① 上海液二液压件制造有限公司。
② 广州机械科学研究院。
③ 宁波高新协力机电液有限公司（宁波电液比例阀厂）。
④ 北京华德液压集团液压阀分公司。
⑤ 上海立新液压有限公司。
⑥ 榆次油研液压公司。
⑦ 北部精机（Northman）公司。
⑧ 伊顿（Eaton）流体动力（上海）有限公司。
⑨ 意大利 Atos（阿托斯）公司中国代表处。
⑩ 美国 Parker（派克）公司。

9.4.2　部分电液比例阀产品的技术性能与外形及安装尺寸

1. BY 型电液比例溢流阀的技术性能与外形及安装尺寸

BY 型比例溢流阀用来控制系统的压力。随着输入电信号的变化，系统压力随之变化，而且系统的压力大小与电信号成正比关系，用它可以实现压力遥控、程控及各种预选控制。通径为 6mm 的比例溢流阀（BY-※6B-14）为直动式，它可以直接控制小流量液压系统的压力，也可以用来控制常规溢流阀，进行压力比例控制。其他规格均为先导式，由主级、先导级、压力安全级组成。先导式比例溢流阀允许通过较大流量。

1）型号说明：

BY – ※ ※ B – 14

①　　②③④⑤

① 名称：比例溢流阀；② 调压范围：B（0.25 ~ 2.5MPa）、省略（0.5 ~ 6.3MPa）、D（0.6 ~ 10MPa）、E（0.7 ~ 16MPa）、G（0.8 ~ 25MPa）、H（1.2 ~ 31.5MPa）；③ 通径：6mm、10mm、20mm、32mm；④ 板式连接；⑤ 设计序号。

2）技术规格与性能见表 10.5-102。

表 10.5-102　BY 型电液比例溢流阀的技术规格与性能

项　　目	型　号	数　　值	项　　目	型　　号	数　　值
流量范围/(L/min)	NG6	0.5 ~ 5	分辨率(%)	NG6	≈2
	NG10	5 ~ 200		NG10、20、32	<2
	NG20	5 ~ 400	重复误差(%)	NG6	≈1
	NG32	5 ~ 600		NG10、20、32	<1
滞环误差(%)	无颤振	±2.5	频宽/Hz	NG6	15(-3dB)
	有颤振	±1.5		NG10、20、32	6(-3dB)
线性度(%)		±3.5	信号电流/mA		0 ~ 800
上升时间/(ms)	NG6	100	颤振电流/mA		约 5(50Hz)
	NG10、20 和 32	≈300	力电机电阻/Ω		26±2(在20℃时)
			电子控制器		BD-SPE-1000/20

3）BY-※6B-14 型（6mm 通径）电液比例先导压力阀的外形尺寸如图 10.5-147 所示，其安装尺寸如图 10.5-148 所示。

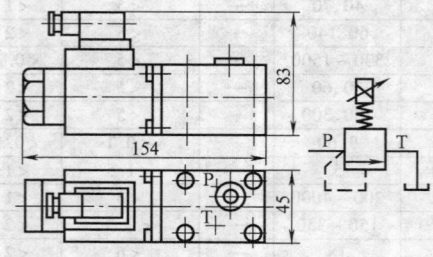

图10.5-147　BY-※6B-14 型（6mm 通径）电液比例先导压力阀的外形尺寸

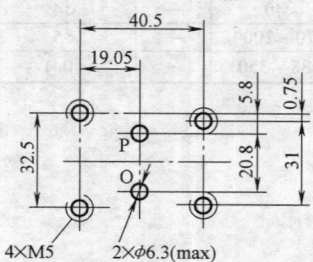

图10.5-148　BY-※6B-14 型电液比例先导压力阀的连接底板尺寸

4）10、20、32mm 通径 BY 型电液比例溢流阀的外形及安装尺寸见表 10.5-103。

2. 博世-力士乐（Bosch-Rexroth）公司电液比例阀产品

（1）DBE/DBEM 型比例溢流阀　DBE/DBEM 型阀是锥阀结构的先导式比例溢流阀。它可根据输入信号变化对系统压力进行无级调节。

DBEM 型和 DEB 型相比，只是多了一个最高压力保护装置，可使系统免受意外高压而损坏。DBE/DBEM 型比例溢流阀的重复精度高、线性度好、通流能力强，广泛用于机床、轻工、冶金等领域。

DBE/DBEM 型先导式比例溢流阀的型号意义、技术参数及特性曲线见表 10.5-104。规格 NG10 的 DBE/DBEM 型板式比例溢流阀的外形尺寸如图 10.5-149所示。

（2）DRE/DREM 型先导式比例减压阀　DRE/DREM 型是先导式锥阀结构的电磁比例减压阀，可根据电信号无级降低某一回路的压力。其型号意义、技术参数及特性曲线见表 10.5-105。

（3）2FRE※型两通比例调速阀　该阀是一种二通结构带电反馈的电磁式比例调速阀，其型号意义及技术参数见表 10.5-106。2FRE6 型比例调速阀的外形与油口连接面尺寸如图 10.5-150 所示。

表 10.5-103　BY 型电液比例溢流阀的外形及安装尺寸　　　　（单位：mm）

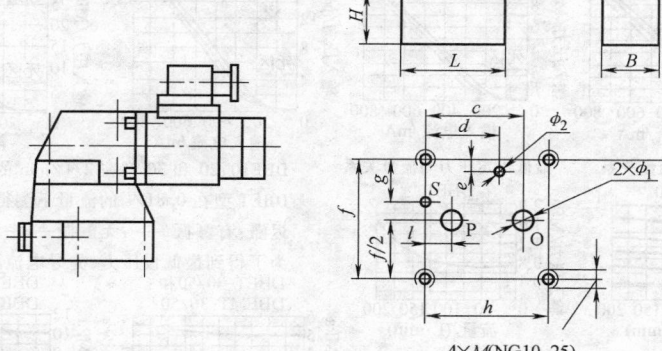

通径	L	B	H	ϕ_{1max}	ϕ_2	M	S	c	d	e	f	g	h	l
NG10	166	87	138	16	5	M10	$\phi6\overline{\vee}6$	35.7	21.4	7.1	66.7	14.3	42.9	7.0
NG20	170	103	138	23.4	5	M10	$\phi6\overline{\vee}6$	49.2	39.7	11.1	79.4	15.9	60.3	6.4
NG32	180	125	138	32	5	M10	$\phi6\overline{\vee}6$	67.5	59.6	16.7	96.8	21.4	84.1	4

注：生产单位为广州机械科学研究院（原广州机床研究所）。

表 10.5-104　DBE/DBEM 型比例溢流阀的型号意义、技术参数及特性曲线

型号意义：

DBE □□ 30B/ □□□ □

- 无标记—不带高压保护；M—带最高压力保护
- 无标记—先导式溢流阀；C—不带主阀芯的先导阀(不标明通径)；C—插入式溢流阀(标明通径10和30)；T—作为遥控阀用的先导阀
- 通径：10—10mm；20—25mm；30—32mm
- 其他说明
- M—矿物油；V—磷酸酯液
- Y—控制油内供外排；XY—控制油外供外排
- 压力级：50—5MPa；100—10MPa；200—20MPa；315—32MPa
- 30B—30系列(30～39)连接安装尺寸相同

技术性能					技术性能		
最高工作压力/MPa	油口 A、B、X		31.5		先导阀流量/(L/min)		0.7～2
回油压力/MPa	Y 口		无压回油箱		过滤精度/μm		≤20(为保证性能和延长寿命建议≤10)
最高设定压力/MPa	5、10、20、32(与压力级相同)				重复精度(%)		<±2
最低设定压力/MPa	与 Q 有关，见特性曲线				滞环		有颤振±1.5% p_{max}，无颤振±4.5% p_{max}
最高设定压力保护装置设定压力范围/MPa	设定压力/MPa				线性度(%)		±3.5
	5	10	20	32			
	1～6	1～17	1～22	1～34	切换时间/ms		30～150
阀的最高压力保护设定值/MPa	额定压力/MPa				典型的总变动(%)		±2(最高压力 p_{max} 下)
	5	10	20	32	介质		矿物油，磷酸酯
	6～8	12～14	22～24	34～36	线圈电阻/Ω	(在20℃)冷值	19.5
介电温度/℃	-20～80					最大热态值	28.8
电源	直流,24V				环境温度/℃		50
配套放大器	VT-2000BS/BK40(与阀配套供应)				生产厂		北京华德液压集团液压阀分公司、上海立新液压有限公司
控制电流/A	0.1～0.8						
最大流量/(L/min)	规格10	规格20	规格30				
	200	400	600				

（续）

特性曲线

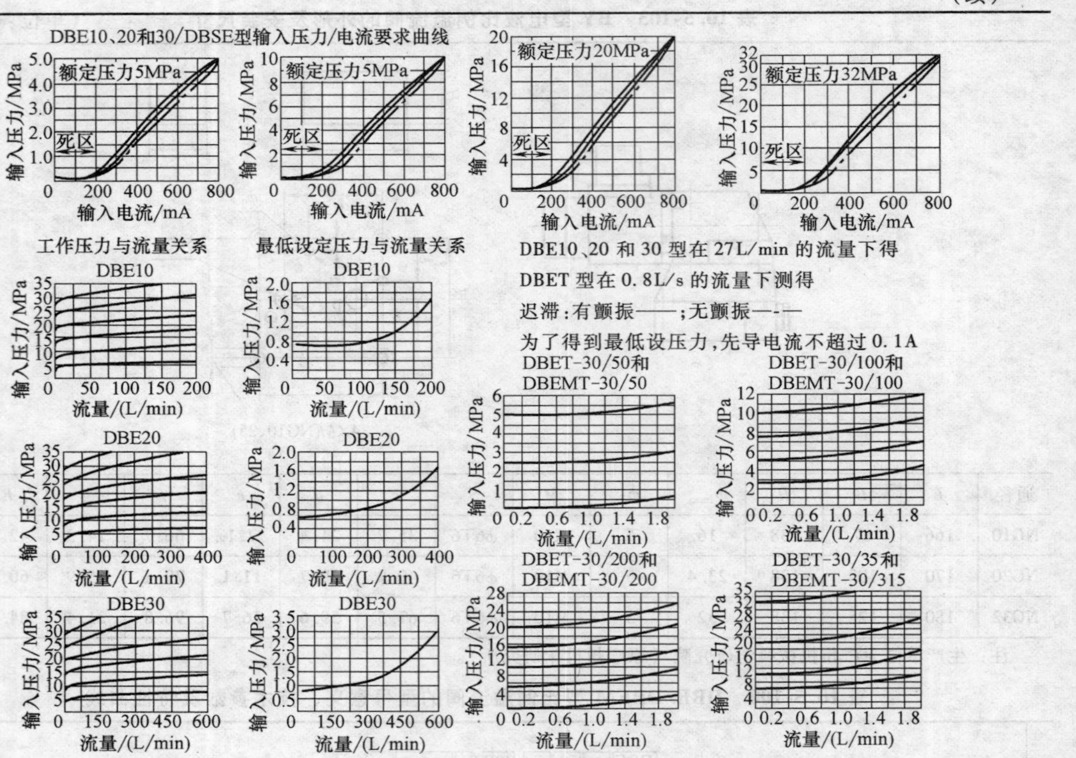

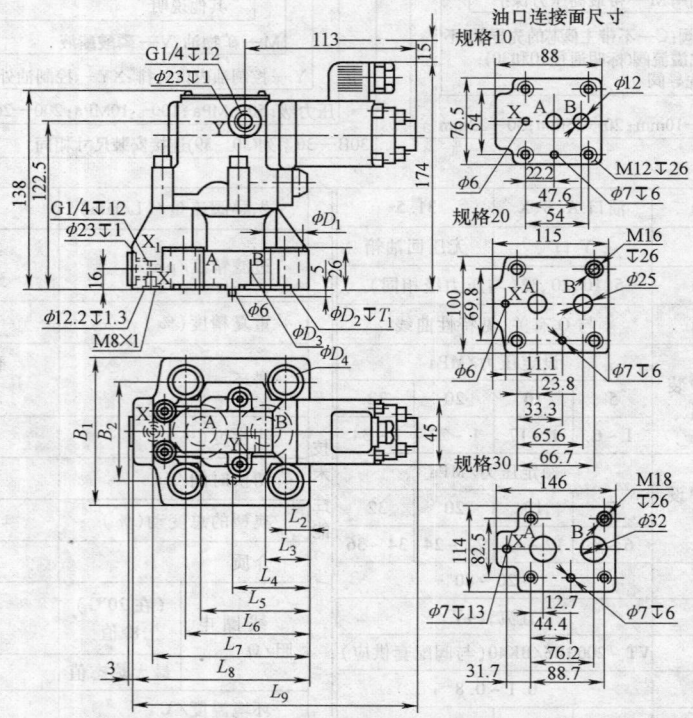

图10.5-149　DBE/DBEM 型板式比例溢流阀（规格10）外形尺寸图

连接板：规格 10—G545/01、G565/01；规格 20—G408/01、G409/01；规格 30—G410/01、G411/01

表 10.5-105　DRE/DREM 型比例减压阀的型号意义、技术性能及特性曲线

型号意义

DRE □ □ □ -30B / Y □ □ □　其他说明

无标记—无最高压力保护；M—带最高压力保护

无标记—先导比例减压阀；
CN-10—通径先导阀(不标通径)；CH-20、30—通径先导阀(不标通径)；
CN-10—通径插入式比例减压阀(标通径10)；
CH-20、300—通径插入式比例减压阀(标通径20或30)

通径：10—10mm；20—25mm；30—32mm

无标记—矿物油；V—磷酸酯液

无标记—带单向阀；M—不带单向阀

Y—先导油外排回油箱

压力级：50—5MPa　200—200MPa
100—10MPa　315—32MPa

30B—30系列(30~39)安装连接尺寸相同

技术性能

最高工作压力/MPa		A、B 腔 31.5			
		Y 口　无压回油箱			
A 腔最高	设定压力 /MPa	分别与压力级相同			
A 腔最低		与流量有关(详见特性曲线)			
最高压力保护					
在最高压力保护下的设定压力范围/MPa		压力级/MPa			
		5	10	20	31.5
		1~6	1~12	1~22	1~34
装配时最高压力保护设定值/MPa		6~8	12~14	22~24	34~36
过滤要求/μm		≤20			
电源		直流，24V			
最小控制电流/A		0.1			
最大控制电流/A		0.8			
线圈电阻/Ω		20℃下19.5，最大热态值28.8			

最大流量/(L/min)	规格	10	20	30
	流量	80	200	300
先导油	详见特性曲线			
线性度(%)	±3.5			
重复精度(%)	< ±2			
滞环	有颤振 ±2.5% p_{max}、无颤振 ±4.5% p_{max}			
典型总变动	±2% p_{max}(详见特性曲线)			
切换时间/ms	100~300			
介质	矿物油、磷酸酯液			
温度/℃	-20~70			
最高环境温度/℃	50			
绝缘要求	IP65			
生产厂	北京华德液压集团液压阀分公司、上海立新液压有限公司			

特性曲线

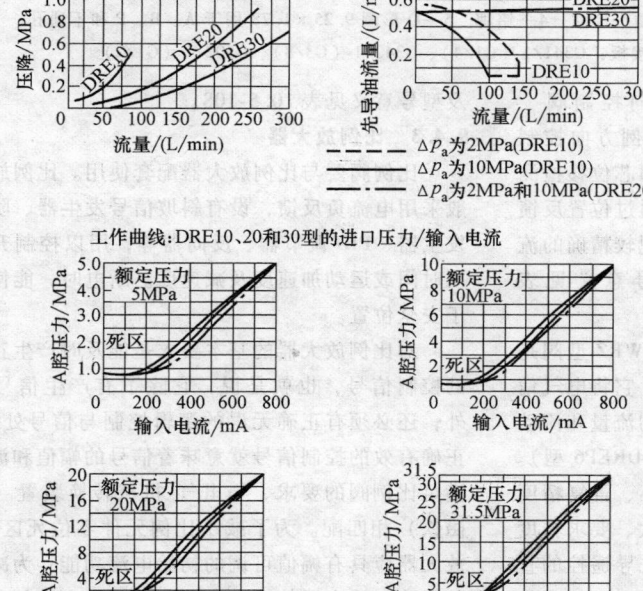

经单向阀从 A 到 B 的压降

工作曲线：DRE10、20和30型的进口压力/输入电流

---- ΔP_a为2MPa(DRE10)
—— ΔP_a为10MPa(DRE10)
—·— ΔP_a为2MPa和10MPa(DRE20、30)

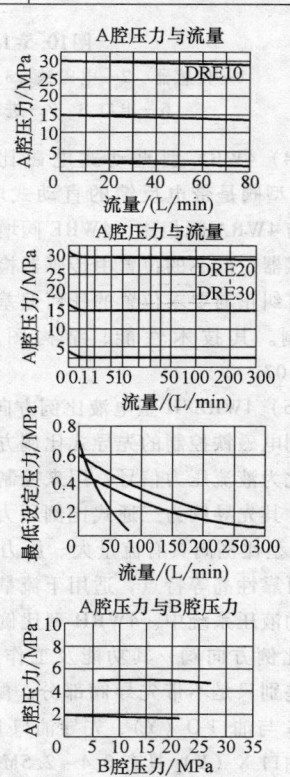

A腔压力与流量

DRE10、20 和 30 型在从 A 到 B 流量为 6L/min 下测得
迟滞：有颤振——　无颤振 --·-
为了能得到最低可设定压力，先导电流不得超过 100mA

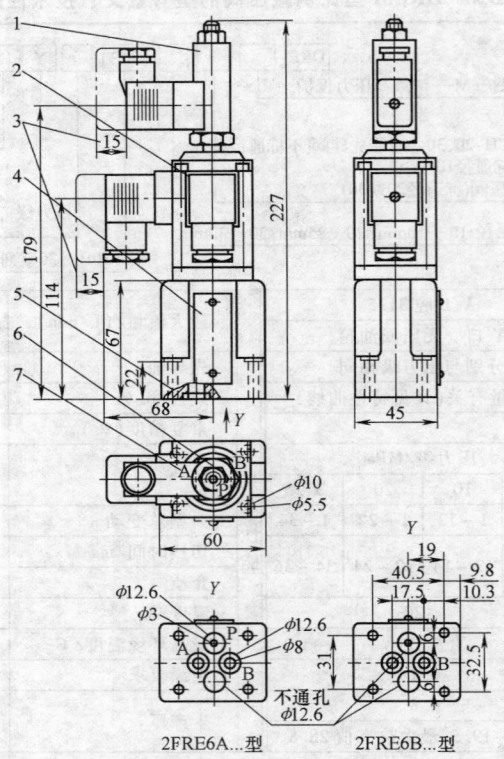

图10.5-150　2FRE6 型比例调速阀外形与油口连接面尺寸图

1—传感器　2—电磁铁　3—拔下插头尺寸　4—铭牌　5—O 形圈 9.25×1.78 用于 A、B、P 和不通孔

6—出口 B　7—进口 A 连接板：G341/1（G1/4）、G342/1（G3/8）、G502/1（G1/2）

（4）4WRE 型直动式电磁比例方向控制阀
4WRE 型阀是带电反馈的直动式电磁比例方向控制
阀。与 4WRA 阀相比，4WRE 阀增加了阀芯位移检测
的传感器，阀芯的位置由传感器检测，通过位置反馈
控制可纠正与要求位置的任何偏差，实现较精确的流
量控制。其技术性能、结构图及型号意义见表
10.5-107。

（5）4WRZ/H 型电液比例方向阀　4WRZ 型阀是
靠比例电磁铁控制的先导式比例方向阀，它将电气信
号转化为液流压力信号，用来控制系统的流量和流动
方向。其先导阀为三通式比例压力阀（3DREP6 型）。
4WRZ 型比例阀具有流量大、压力损失小、重复精度
高、可靠性高等特点，适用于流量比较大、要求精度
较高的液压系统中。4WRH 型比例阀为先导遥控的直
动型比例方向阀，其功能及工作原理与 4WRZ 型相
同，差别只是不带先导阀部分。配有盖板 10 把先导
油口 A 与油口 O（Y）、先导油口 B 与油口 P（X）连
通。油口 X（Y）具有 0.4～2.5MPa 的先导压力即可
使主阀动作，主阀芯位移与先导压力成比例。

4WRZ/H 型电液比例方向阀的技术性能、结构图
及型号意义见表 10.5-108。

9.4.3　比例放大器

比例阀要与比例放大器配套使用。比例放大器一
般采用电流负反馈，设有斜坡信号发生器、阶跃函数
发生器、PID 调节器、反向器等，用以控制升压、降
压时间或运动加速度及减速度。断电时，能使阀芯处
于安全位置。

对比例放大器的基本要求是能及时产生正确有效
的控制信号，也就是说，它除了有产生信号的装置
外，还必须有正确无误的逻辑控制与信号处理装置。
正确有效的控制信号就意味着信号的幅值和波形都应
满足比例阀的要求，与电气-机械转换装置（比例电
磁铁）相匹配。为了减小比例元件零位死区的影响，
放大器应具有幅值可调的初始电流功能；为减小滞环
的影响，放大器的输出电流中应含有一定频率和幅值
的颤振电流；为减小系统启动和制动时的冲击，对阶
跃输入信号应能生成可调的斜坡输入信号。同时，由
于控制系统中用于处理的电信号是弱电信号，而比例
电磁铁的控制功率相对较大，不能驱动比例电磁铁，
所以必须用功率放大器放大。

表 10.5-106　2FRE※型两通比例调速阀的型号意义及技术性能

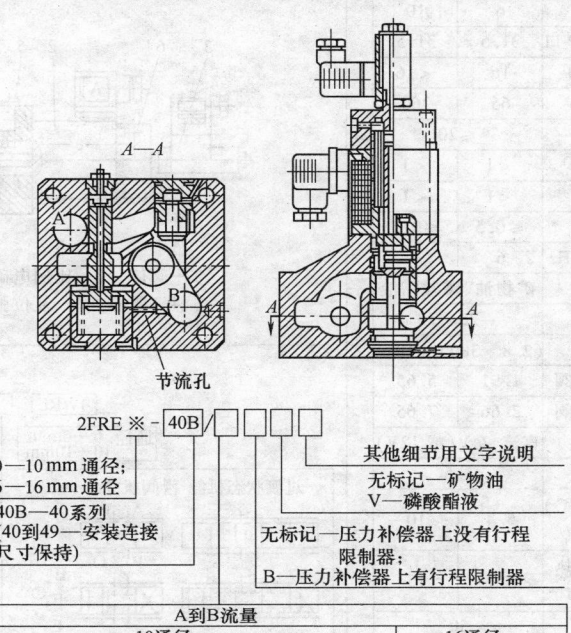

A—A

节流孔

2FRE ※ - 40B □ □ □

- 10—10 mm 通径；
- 16—16 mm 通径
- 40B—40 系列
  （40 到 49—安装连接尺寸保持）

- 无标记—压力补偿器上没有行程限制器；
- B—压力补偿器上有行程限制器

- 其他细节用文字说明
- 无标记—矿物油
- V—磷酸酯液

A 到 B 流量			
10通径			16通径
线性	递增	两级递增	线性
5L—至5L/min 10L—至10L/min 16L—至16L/min 25L—至25L/min 50L—至50L/min 60L—至60L/min	5Q—至5L/min 10Q—至10L/min 16Q—至16L/min 25Q—至25L/min	2QE—至2L/min 50QE—至5L/min	80L—至80L/min 100L—至100L/min 125L—至125L/min 160L—至160L/min

结构及型号意义										

技术性能	最高工作压力/MPa	32									
	最小压差/MPa	10mm 通径					16mm 通径				
		0.3 ~ 0.8					0.6 ~ 1				
	A 到 B 压差/MPa	节流口打开	0.1	0.12	0.15	0.2	0.3	0.35	0.16	0.19	0.24	0.31
		节流口关闭	0.17	0.2	0.25	0.3	0.5	0.6	0.3	0.36	0.45	0.6
	流量 Q_{max}/(L/min)	线性 + 递增	5	10	16	25	50	60	80	100	125	160
		2 级递增	40									
	滞环	$< ±1\% Q_{max}$									
	重复精度	$<1\% Q_{max}$									
	介质	矿物油、磷酸酯液									
	温度/℃	－ 20 ~ 70									
	过滤要求/μm	≤20									
	质量/kg	10mm 通径为 6，16mm 通径为 8.3									
	电源	直流，24V									
	线圈电阻/Ω	20℃冷态 10，最大热态值 13.9									
	最高环境温度/℃	50									
	最大功率/VA	50									
	传感器电阻/Ω	20℃ 下：Ⅰ—56；Ⅱ—56；Ⅲ—112									
	传感器阻抗/mH	6 ~ 8									
	传感器振荡频率/kHz	2.5									

表 10.5-107　4WRE 型直动式电磁比例方向控制阀的技术性能、结构图及型号意义

			6	10
技术性能	通径/mm		6	10
	工作压力/MPa	A、B、P 口	31.5	31.5
		O 口	16	< 16
	最大流量/(L/min)		65	260
	过滤要求/μm		≤20	
	重复精度(%)		< 1	< 1
	滞环(%)		< 1	< 1
	响应灵敏度(%)		≤0.5	≤0.5
	-3dB 下的频率响应/Hz		6	4
	介质		矿物油、磷酸酯液	
	介质温度/℃		-20 ~ 70	
	介质粘度/(m²/s)		(2.8 ~ 380) × 10⁻⁶	
	质量/kg	二位阀	1.91	5.65
		三位阀	2.66	7.65
	电源		直流,24V(或 12V)	
	电磁铁最大电流/A		1.5	
	线圈电阻/Ω	(在 20℃)冷值	5.4	10
		最大热态值	8.1	15
	最高环境温度/℃		50	
	线圈温度/℃		150	
	绝缘要求		IP65	
	配套放大器	有两个斜坡时间	VT-5001S20、VT-5002S20(二位四通阀用)	
		有一个斜坡时间	VT-5005S10、VT-5005S10(三位四通阀用)	
	位移传感器		—	
	电气测量系统		差动变压器	
	工作行程/mm		±4.5 直线	
	线性度(%)		1	
	线圈电阻/Ω	Ⅰ R20	56	
		Ⅱ R20	112	
		Ⅲ R20	112	
	电感/mH		6 ~ 8	
	频率/kHz		2.5	

结构图

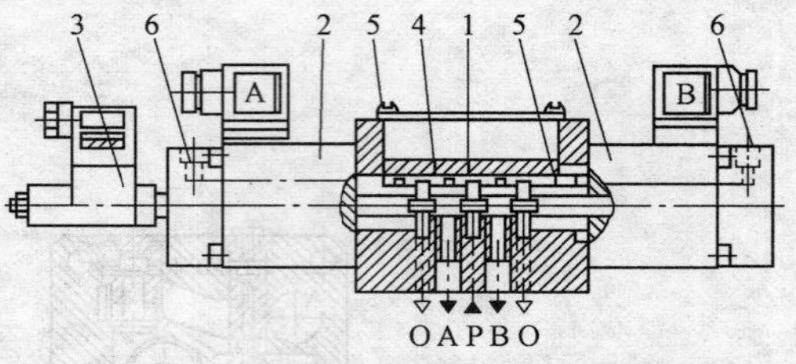

1—阀体　2—比例电磁铁　3—位置传感器
4—阀芯　5—复位弹簧　6—放气螺钉

型号意义

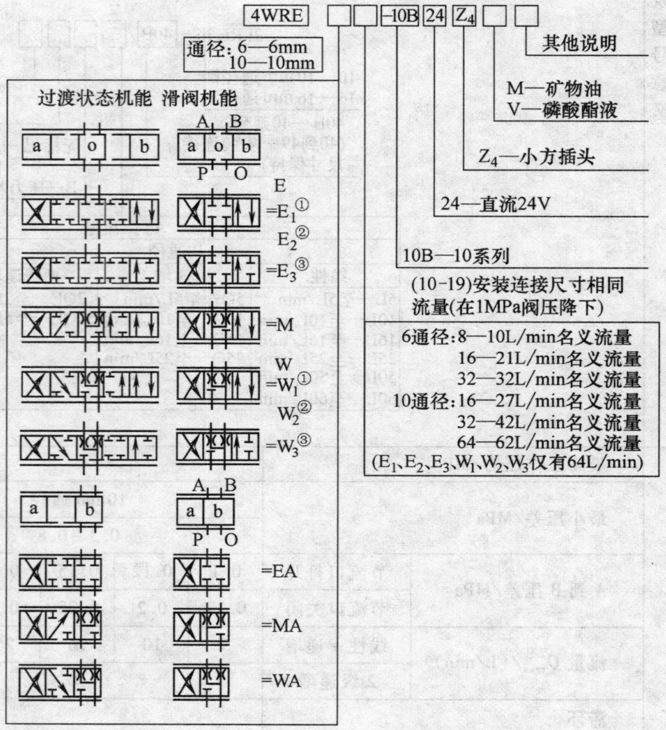

4WRE □ □ □-10B 24 Z₄ □ □

通径:6—6mm　10—10mm

其他说明

M—矿物油
V—磷酸酯液

Z₄—小方插头

24—直流 24V

10B—10 系列

(10-19)安装连接尺寸相同
流量(在 1MPa 阀压降下)

6 通径:8—10L/min 名义流量
16—21L/min 名义流量
32—32L/min 名义流量
10 通径:16—27L/min 名义流量
32—42L/min 名义流量
64—62L/min 名义流量
(E₁、E₂、E₃、W₁、W₂、W₃仅有 64L/min)

过渡状态机能　滑阀机能

注：1. 4WRE6…10B/…型无 E₁、E₂、E₃、W₁、W₂、W₃机能。

　　2. 对于再生控制,把液压缸无杆端与 A 口全通。

① P→A: Q_{max}; B→O: $\dfrac{Q}{2}$;

　P→B: $\dfrac{Q}{2}$; A→O: Q_{max}。

② P→A: $\dfrac{Q}{2}$; B→O: Q_{max};

　P→B: Q_{max}; A→O: $\dfrac{Q}{2}$。

③ P→A: Q_{max}; B→O: 不通;

　P→B: Q_{max}; A→O: Q_{max}。

表 10.5-108　4WRZ/H 型电液比例方向阀的技术性能、结构及型号意义

<table>
<tr><td colspan="2" rowspan="2"></td><td colspan="2">通径/mm</td><td>10</td><td>16</td><td>25</td><td>32</td></tr>
<tr><td colspan="2"></td><td colspan="4"></td></tr>
</table>

			通径/mm	10	16	25	32
技术性能	先导阀压力/MPa		控制油外供	3 ~ 10			
			控制油内供	<10（大于 10 时须加减压阀 ZDR6DP$_2$-30/75YM）			
	主阀工作压力/MPa			32		35	
	回油压力/MPa		O 腔（控制油外排）	32	25		15
			O 腔（控制油内排）	3			
	油口 Y			3			
	先导控制油体积（当阀芯运动 0 ~ 100%）/cm^3			1.7	4.6	10	26.5
	控制油流量（X 或 Y）（输入信号 0 ~ 100%）/(L/min)			3.5	3.5	7	15.9
	主阀流量 Q_{max}/(L/min)			270	460	877	1600
	过滤精度/μm			≤20（推荐≤10）			
	重复精度（%）			3			
	滞环（%）			6			
	介质			矿物油、磷酸酯液			
	介质温度/℃			－20 ~ 70			
	介质粘度/(m^2/s)			(2.8 ~ 380)×10^{-6}			
	质量/kg		二位阀	7.4	12.7	17.5	41.8
			三位阀	7.8	13.4	18.2	42.2
	电源			直流,24V			
	电磁铁名义电流/A			0.8			
	线圈电阻/Ω			在（20℃）下冷值 19.5,最大热态值 28.8			
	环境温度/℃			50			
	线圈温度/℃			150			
	先导电流/A			≤0.02			

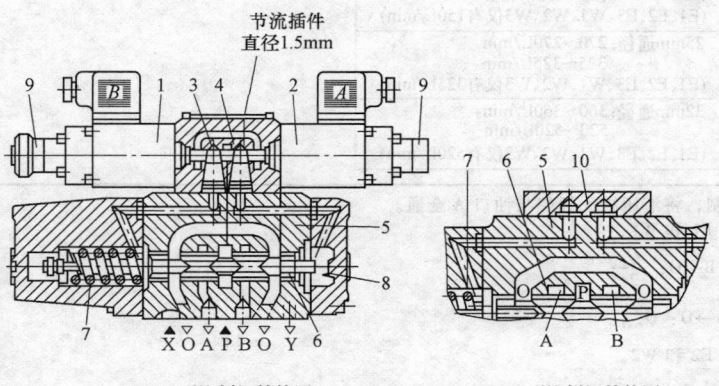

节流插件
直径1.5mm

4WRZ型比例阀结构图　　　　4WRH型比例阀结构图

1、2—比例电磁铁　3—先导阀　4—先导阀芯　5—主阀
6—主阀芯　7—弹簧　8—先导腔　9—应急手动操作按钮　10—盖板

（续）

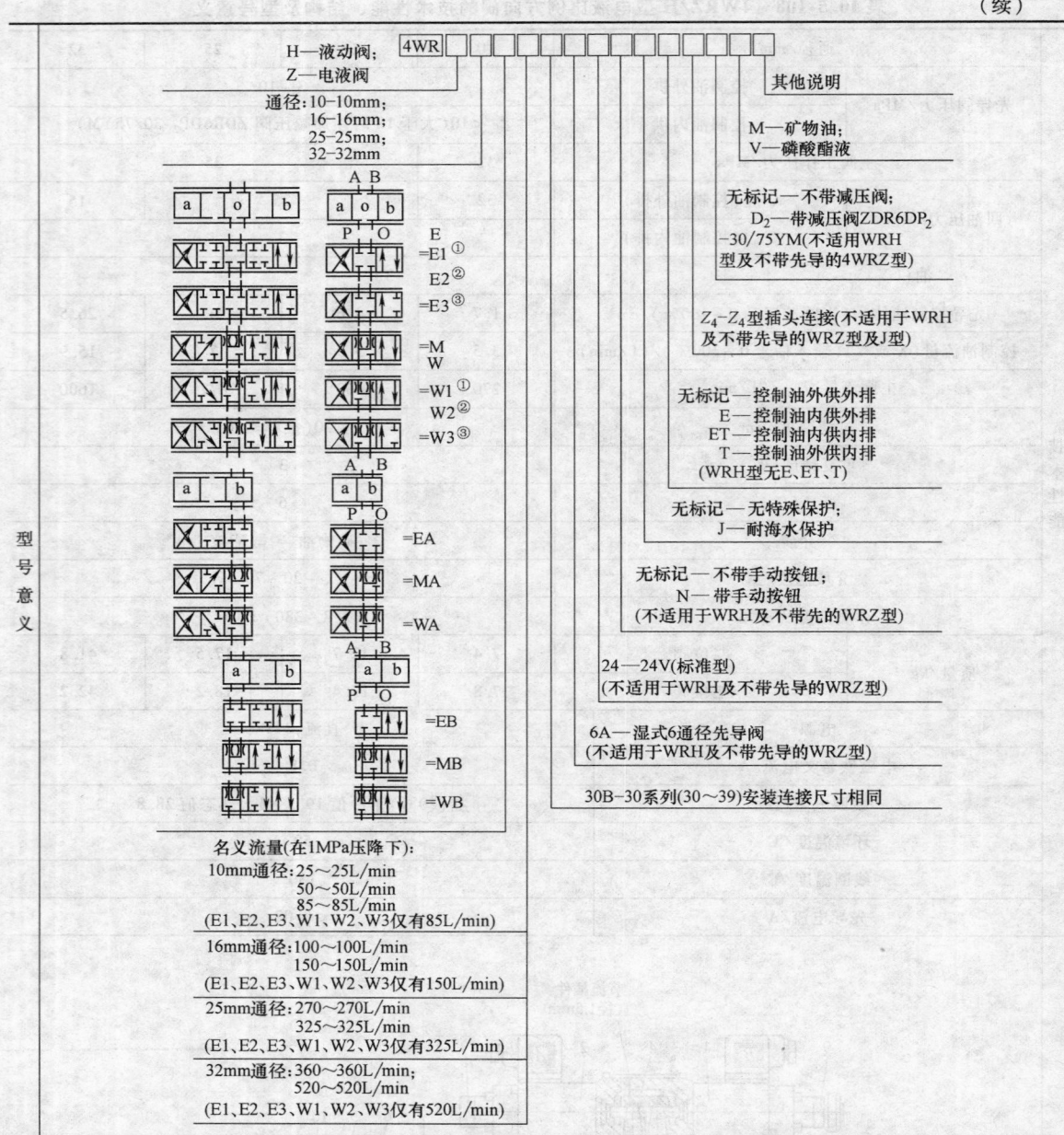

型号意义

注：对于再生控制，将液压缸无杆端与油口 A 全通。

① 对于阀芯型式 E1 和 W1，

$P \rightarrow A: Q_{max}; \quad B \rightarrow O: \dfrac{Q}{2};$

$P \rightarrow B: \dfrac{Q}{2}; \quad A \rightarrow O: Q_{max}。$

② 对于阀芯型式 E2 和 W2，

$P \rightarrow A: \dfrac{Q}{2}; \quad B \rightarrow O: Q_{max};$

$P \rightarrow B: Q_{max}; \quad A \rightarrow O: \dfrac{Q}{2}。$

③ 对于阀芯型式 E2 和 W3，

$P \rightarrow A: Q_{max}; \quad B \rightarrow O: 不通;$

$P \rightarrow B / A \rightarrow O: Q_{max}。$

根据比例电磁铁的不同，比例放大器可分为不带电反馈比例放大器和带阀芯位移电反馈的比例放大器两类。前者配用力控制型比例电磁铁，主要用于比例压力阀和比例方向阀；后者配用位移控制型比例电磁铁，主要用于比例流量阀。

力士乐（Rexroth）部分比例放大器产品及其适用的泵阀见表 10.5-109。

表 10.5-109　比例放大器及其适用的泵阀

序号	名　称	型　号	说　明	适用对象
1	比例放大器	VT2000	用于压力和流量比例阀的控制	VE/E、A7V 变量泵，DBE10、25、32，DRE32，DBET...，3DRE16，DRE10、25、3DRE10，DBE6/ZDBE6，ZDRE
2	比例放大器	VT2010		
3	比例放大器	VT-2013	用于 DBE6... 和 ZDBE6... 先导式比例溢流阀的控制	
4	比例放大器	VT-3000	1 种斜坡时间，用于比例方向阀的控制（在高温环境内）	WRZ、DREP
5	比例放大器	VT-3006	有 5 种斜坡时间，用于比例方向阀的控制（在高温环境内）	WRZ、DREP
6	比例放大器	VT-3013、VT-3014	1 种斜坡时间，用于直动式比例方向阀的控制	WRA6、WRA10
7	比例放大器	VT-3017、VT-3018	5 种斜坡时间，用于直动式比例方向阀的控制	WRA6、WRA10
8	比例放大器	VT-3024	1 个斜坡时间，用于比例方向阀的控制（在高温环境内）	WRZ
9	比例放大器	VT-5000/5009	用于电磁铁操纵的叶片泵的控制	V4 变量叶片泵
10	比例放大器	VT-5001	用于带电反馈的比例方向、压力及流量阀的控制	规格 6 的 2 位比例方向阀（WRE6）
		VT-5002		规格 10 的 2 位比例方向阀（WRE10）
		VT-5003		带位置反馈的比例压力阀（DBETR）
		VT-5004		比例流量控制阀（2FRE10、16）
		VT-5010		比例流量控制阀（2FRE6）
11	比例放大器	VT-5005、VT-5006	用于带阀芯位置反馈的直动式三位四通比例方向阀的控制	WRE6、WRE10
12	比例放大器	VT-5007、VT-5008	用于带阀芯位置反馈的直动式三位四通比例方向阀的控制	WRE6、WRE10
13	比例放大器	VT-5024/25	用于带阀芯位置反馈的直动式三位四通比例方向阀的控制	WRE6、WRE10

9.5　电液比例阀的选择和使用

选用电液比例阀的一般原则同选择普通液压阀、电液伺服阀有很多相同点：由系统的控制要求确定电液比例阀的控制机能；按照控制功率确定电液比例阀的规格参数；根据系统的精度和性能要求选择电液比例阀的静、动态品质参数；其他要考虑的因素则是阀的安装尺寸、寿命、价格、供货期、生产厂家的信誉及售后质量保证体系等。

电液比例阀的正确使用也十分重要。在使用比例阀前必须仔细阅读使用说明书，确保接线正确。比例阀使用的推荐工作油温为 25 ~ 50℃，推荐油液粘度为 20 ~ 100mm²/s 。比例阀系统油液的污染度应为 NAS1638（美国标准）的 7 ~ 9 级（相当于 ISO 的 16/13、17/14、18/15 级）。一般要求介质过滤精度为 $20\mu m$，但为延长阀的使用寿命，推荐介质过滤精度为 $10\mu m$，而且系统投产运行前要先循环冲洗。

比例阀的参数调整要由专业人员操作。比例阀在出厂前参数都已调整好，除限压阀外一般不需要用户调整。更换比例阀后的零点调整应在放大器上进行，比例阀与放大器必须配套使用。

比例阀在投入工作时，一定要先启动液压系统，待压力达到规定值并稳定后，再加电控信号。

不同的比例阀可以用来对液压系统的压力、方向和流量进行连续可变的电气遥控。比例阀与比例放大器的距离可达 60m，信号源与放大器的距离可以是任意的。用普通换向阀切换若干个预先设定的普通压力阀或节流阀实现压力或流量的多级控制回路，如果改用比例阀代替，则预先设定功能由液压回路转移到电子装置，可使液压回路简单，并能变有级为无级。当设定值超过三个时，采用比例阀方案的费用较低，而且各设定值之间的过渡可以控制（按斜坡信号），减

少切换冲击。

控制加速度和减速度的传统方法是延缓换向阀切换时间、液压缸端位加缓冲、电子控制流量阀或变量泵等。用比例方向阀和斜坡信号控制可以提供很好的解决方案。比例方向阀与压力补偿器结合，可以实现负载补偿，较准确地控制运动速度不受负载变化的影响。

9.5　电液比例阀的应用和选用

第6章 液 压 辅 件

1 液压辅件概览

液压辅件概览见表 10.6-1 ~ 表 10.6-6。

表 10.6-1 过滤器

功能及型号		通径/mm	压力/MPa	流量/(L/min)	压力损失/MPa	过滤精度/μm	备注
XU 过滤器		10 ~ 80	1.6 ~ 6.3	6 ~ 630	0.0 ~ 0.35	30 ~ 100	发讯装置电压:24V; 电流:0.2A
ZU 过滤器		10 ~ 50	1.6 ~ 31.5	10 ~ 250	0.07 ~ 0.35	10 ~ 20	发讯装置电压:24V; 电流:0.2A
SU 过滤器			2.5 ~ 20	5 ~ 125	0.06	6 ~ 100	
磁性过滤器	CXL 型箱上吸油过滤器	15 ~ 120	—	25 ~ 1600	0.01 ~ 0.03	80 ~ 180	发讯装置电压:DC,24V, C:24 ~ 220V; 电流:0.25 ~ 2.5A
	WY、GP 回油过滤器	—	1.6	300 ~ 800		3 ~ 30	发讯装置电压:DC,24V, C:24 ~ 220V
吸油过滤器	WU 滤油器	12 ~ 80	—	16 ~ 630	< 0.01	80 ~ 180	—
	NJU 式过滤器	15 ~ 90		25 ~ 800	0.007 ~ 0.01	80 ~ 180	发讯装置电压:12 ~ 220V; 电流:0.25 ~ 2.5A
	YLX 箱上滤油过滤器	15 ~ 90		25 ~ 800	0.01 ~ 0.03	80 ~ 180	发讯装置电压:12 ~ 36V; 电流:1.5 ~ 2.5A
	YCX、TF 侧置式过滤器	15 ~ 90		25 ~ 800	0.01 ~ 0.03	80 ~ 180	发讯装置电压:0 ~ 220V; 电流:0.6 ~ 2.5A
YLH 箱上回油过滤器		10 ~ 125	1.6	10 ~ 1600	0.22 ~ 0.35	3 ~ 40	发讯装置电压:DC,24V, AC,220V;电流 0.6 ~ 2.5A

表 10.6-2 蓄能器

功能及型号	通径/mm	压力/MPa	容积/L	质量/kg	安装位置	备注
NXQ 蓄能器	M27×2 ~ M60×2	10 ~ 40	1.6 ~ 40	9.8 ~ 119	垂 直	固定方式:紧固 环与支承座
HXQ 蓄能器	19.05 ~ 25.4 (3/4 ~ 1in)M27 ×2 ~ M33×2	17	1 ~ 39	18 ~ 208	—	—

表 10.6-3 冷却器

功能及型号	工作介质压力/ MPa	冷却介质压力/ MPa	压力损失/ MPa	散热面积/ m²	备注
2LQ 冷却器	1 ~ 1.6	0.5 ~ 1	< 0.1	0.2 ~ 290	传热系数:348 ~ 407 W/(m²·K)
4LQ 冷却器	1.6	0.4	< 0.1	1.3 ~ 5.3	传热系数:523 ~ 580 W/(m²·K)
BR 型板式冷却器	0.6 ~ 1.6	—	0.6 ~ 1.6	1 ~ 40	传热系数:350 ~ 810 W/(m²·K)

表 10.6-4 压力测量元件

功能及型号		压力量程/MPa	测量介质	精度	备注
压力表	Y 压力表	0 ~ 60	气体或液体	1.5 ~ 2.5 级	表面直径:60 ~ 200mm
	YN 压力表	0 ~ 60	气体或液体	1.5 ~ 2.5 级	表面直径:60 ~ 150mm
	YX 压力表	0 ~ 60	气体或液体	1.5 ~ 2.5 级	表面直径:60 ~ 150mm
	YZ 压力表	- 0.06 ~ 2.4	气体或液体	1.5 ~ 2.5 级	表面直径:60 ~ 200mm
压力传感器	应变式传感器	0 ~ 150	气体或液体	0.1% FS ~ 0.5% FS	—
	压阻式传感器	0 ~ 120	对不锈钢不腐蚀的气、液体	0.05% FS ~ 0.5% FS	—
	压电式传感器	0 ~ 60	液体和气体	0.5% FS ~ 1% FS	—

表 10.6-5 温控仪表（计）

功能及型号		分度值/℃	精度等级	温度测量范围/℃	备注
WSS 型双金属温度计	轴定向	2、5	1.5、2.5	- 80 ~ 160	表面直径:60mm
	轴定向径定向 135°角型 可调角型	2、5、10	1.5	0 ~ 500	表面直径:100mm、150mm
蒸气式指示温度计	WTZ-280	—	1.5、2.5	- 20 ~ 250	质量:1.8kg
	WTZ-288	—	1.5、2.5	- 20 ~ 250	质量:2.5kg

表 10.6-6 油箱附件

功能及型号		空气过滤精度/μm	加油流量/(L/min)	空气流量/(L/min)	备注
空气过滤器	EF 型	0.105 ~ 0.279	9 ~ 160	66 ~ 1512	质量:0.4 ~ 2.5kg
	QUQ 型	0.1 ~ 0.4	—	250 ~ 10000	
YWZ 液位油温计		螺钉中心距/ mm	适用介质	带温度计	
		80 ~ 500	水-乙醇、液压油	T	
YKJD 液位控制继电器		环境温度/℃	适用介质	动作时间/ms	
		- 20 ~ 100	水-乙醇、液压油、乳化液	1.7	
GYY 型电加热器		功率/kW	电压/V	消耗电流/(A/min)	浸入液体中的长度: 230 ~ 930mm
		1 ~ 8	220	307 ~ 1007	

2 液压过滤器

液压过滤器的功能是清除液压系统工作介质中的固体污染物，使工作介质保持清洁，延长元器件的使用寿命，保证液压元件工作性能可靠。液压系统故障的 75% 左右是由介质的污染所造成的。因此液压过滤器对于液压系统来说是不可缺少的重要辅件。

2.1 液压过滤器的主要性能参数

1）过滤精度，也称绝对过滤精度，是指油液通过过滤器时，能够穿过滤芯的球形污染物的最大直径（即过滤介质的最大孔口尺寸数值），单位为 μm。

2）过滤能力，也叫通油能力，指在一定压差下允许通过过滤器的最大流量。

3）纳垢容量，是指过滤器在压力降达到规定值以前，可以滤除并容纳的污染物数量。过滤器的纳垢容量越大，使用寿命越长。一般来说，过滤面积越大，其纳垢容量也越大。

4）工作压力。不同结构形式的过滤器允许的工作压力不同，选择过滤器时应考虑允许的最高工作压力。

5）允许压力降。油液经过过滤器时，要产生压力降，其值与油液的流量、粘度和混入油液的杂质数量有关。为了保持滤芯不破坏或系统的压力损失不致过大，要限制过滤器最大允许压力降。过滤器的最大允许压力降取决于滤芯的强度。

2.2 液压过滤器的类别、用途、安装位置、精度等级、滤材（表10.6-7）

表10.6-7 液压过滤器的类别、用途、安装位置、精度等级、滤材

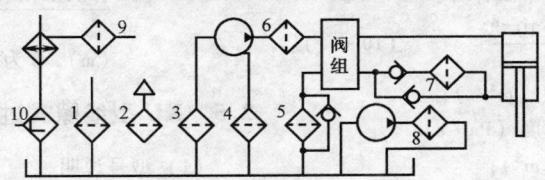

类别	用途	安装位置（见图中标号）	精度等级	滤材	注释
吸油过滤器	保护液压泵	3	粗过滤器	网式、线隙式滤芯	特精过滤器：能滤掉 1~5μm 颗粒 精过滤器：能滤掉 5~10μm 颗粒 普通过滤器：能滤掉 10~100μm 颗粒 粗过滤器：能滤掉 100μm 以上的颗粒
高压过滤器	保护泵下游元件不受污染	6	精过滤器	纸质、不锈钢纤维滤芯	
回油过滤器	降低油液污染度	5	普通过滤器	纸质、纤维滤芯	
离线过滤器	连续过滤保持清洁度	8	精过滤器	纸质、纤维滤芯	
泄油过滤器	防止污染物进入油箱	4	普通过滤器	网式滤芯	
安全过滤器	保护污染抵抗力低的元件	7	特精过滤器	纸质、纤维滤芯	
空气过滤器	防止污染物随空气侵入	2	普通过滤器	多层叠加式滤芯	
注油过滤器	防止污染物在注油时侵入	1	粗过滤器	网式滤芯	
磁性过滤器	清除油液中的铁屑	10	粗过滤器	磁性体	
水过滤器	清除冷却水中的杂质	9	粗过滤器	网式滤芯	

2.3 推荐的液压系统的清洁度和过滤精度（表10.6-8）

表10.6-8 推荐的液压系统的清洁度和过滤精度

工作类别	系统举例	油液清洁度		要求过滤精度/μm
		ISO4406	NAS1638	
极关键	高性能伺服阀、航空航天实验室、导弹、飞船控制系统	12/9	3	1
		13/10	4	1~3
关键	工业用伺服阀、飞机、数控机床、液压舵机、位置控制装置、电液精密液压系统	14/11	5	3
		15/12	6	3~5
很重要	比例阀、柱塞泵、注塑机、潜水艇、高压系统	16/13	7	10
重要	叶片泵、齿轮泵、低速液压马达、液压阀、叠加阀、插装阀、机床、油压机、船舶等中高压工业用液压系统	17/14	8	10~20
		18/15	9	20
一般	车辆、土方机械、物料搬运液压系统	19/16	10	20~30
普通保护	重型设备、水压机、低压系统	20/17	11	30
		21/16	12	30~40

2.4 液压过滤器的选择及计算

选择液压过滤器时应考虑以下几个方面：

1）根据使用目的（用途）选择过滤器的种类，根据安装位置情况选择过滤器的安装形式。

2）过滤器应具有足够大的通油能力，并且满足压力损失要求。

3）过滤精度应满足液压系统或元件所需清洁度要求。

4）滤芯使用的滤材应满足所使用工作介质的要求，并且具有足够的强度。

5）过滤器的强度及压力损失是选择时需重点考虑的因素，安装过滤器后会对系统造成局部压降或产生背压。

6）滤芯的更换及清洗应方便。

7）应根据系统需要考虑选择合适的滤芯保护附件（如带旁通阀的定压开启装置及滤芯污染情况指示器或信号器等）。

8）结构尽量简单、紧凑、安装形式合理。

9）价格低廉

液压过滤器的通油能力一般应大于实际通过流量的 2 倍。过滤器通油能力可按下式计算：

$$q_V = \frac{KA\Delta p \times 10^{-6}}{\mu} \qquad (10.6\text{-}1)$$

式中　q_V——过滤器通油能力（m³/s）；

　　　　μ——液压油的动力粘度（Pa·s）；

　　　　A——有效过滤面积（m²）；

　　　　Δp——压力差（Pa）；

K——滤芯通油能力系数（m），网式滤芯 $K = 0.34$m；线隙式滤芯 $K = 0.17$m；纸质滤芯 $K = 0.006$m；烧结式滤芯 $K = \dfrac{1.04D^2 \times 10^3}{\delta}$，其中 D 为粒子平均直径（m），δ 为滤芯的壁厚（m）。

2.5　XU 型线隙式过滤器

（1）型号说明

（2）技术规格　见表 10.6-9。

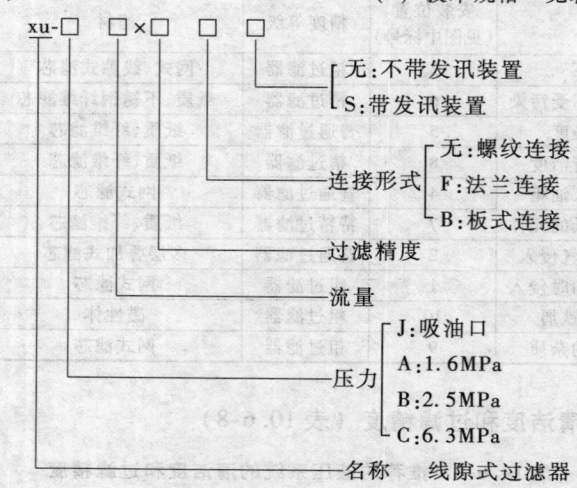

表 10.6-9　技术规格

型号	通径/mm	流量/(L/min)	压力/MPa	过滤精度/µm	压力损失/MPa 原始	压力损失/MPa 最大	发讯装置 电压/V	发讯装置 电源/A	生产厂
XU-J6×80	10	6		80					
XU-J6×100	10	6		100					
XU-J10×80	10	10		80					
XU-J10×100	10	10		100					
XU-J16×80	12	16		80					
XU-J16×100	12	16		100					
XU-J25×80	12	25		80					
XU-J25×100	15	25		100					
XU-J40×80	20	25	1.6	80					
XU-J40×100	20	40		100					
XU-J63×80	25	63		80	<0.02	—	—	—	沈阳滤油器厂、泸州液压附件厂、上海高行液压件厂、天津滤油器厂
XU-J63×100	25	63		100					
XU-J100×80	32	100		80					
XU-J100×100	32	100		100					
XU-J160×80	40	160		80					
XU-J160×100	40	160		100					
XU-J250×80F	50	250		80					
XU-J250×100F	50	250		100					
XU-J400×80F	65	400		80					
XU-J400×100F	65	400		100					
XU-J630×80F	80	630		80					
XU-J630×100F	80	630		100					

（续）

型号	通径/mm	流量/（L/min）	压力/MPa	过滤精度/μm	压力损失/MPa 原始	压力损失/MPa 最大	发讯装置 电压/V	发讯装置 电源/A	生产厂
XU-A25×30	15	25		30					
XU-A25×50	15	25		50					
XU-A40×30	20	40		30					
XU-A40×50	20	40	1.6	50	≤0.07	0.35	24	0.2	上海高行液压件厂
XU-A63×30	25	63		30					
XU-A63×50	25	63		50					
XU-A100×30	32	100		30					
XU-A100×50	32	100		50					
XU-A160×30	40	160		30					
XU-A160×50	40	160		50	≤0.12				
XU-A250×30F	50	250		30					
XU-A250×50F	50	250	1.6	50		0.35	—	—	—
XU-A400×30F	65	400		30					
XU-A400×50F	65	400		50	≤0.15				
XU-A630×30F	80	630		30					
XU-A630×50F	80	630		50					
XU-B16×100	15	16		100					
XU-B32×100	20	32		100					
XU-B50×100	22	50		100					
XU-B80×100	25	80		100	≤0.02				
XU-B166×100	40	160		100					
XU-B200×100	40	200	2.5	100		—	—	—	天津滤油器厂、沈阳滤油器厂
2XU-B32×100	20	32		100					
2XU-B160×100	50	160		100					
2XU-B400×100	65	400		100	≤0.04				
3XU-B48×100	25	48		100					
3XU-B240×100	50	240		100					
3XU-B600×100	80	600		100					
XU-C10×100		10		100					
XU-C16×100		16		100					
XU-C25×100		25		100					
XU-C32×100		32		100					
XU-C40×100	—	40	6.3	100	≤0.06	—	—	—	
XU-C50×100		50		100					
XU-C63×100		63		100					
XU-C80×100		80		100					
XU-C100×100		100		100					

（3）外形尺寸　XU-J 过滤器外形尺寸见表 10.6-10；XU-A 过滤器外形尺寸见表 10.6-11；XU-B 过滤器外形尺寸见表 10.6-12；XU-C 过滤器外形尺寸见表 10.6-13。

表 10.6-10　XU-J 过滤器外形尺寸　　　　　（单位：mm）

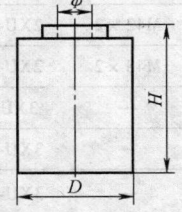

（续）

型号	H	D	φ
XU-J6X※	74	57	M18×1.5
XU-J10X※	104	57	M18×1.5
XU-J16X※	159	57	M18×1.5
XU-J25X※	121	80	M22×1.5
XU-J40X※	197	80	M27×2
XU-J63X※	184	100	M33×2
XU-J100X※	284	100	M42×2
XU-J160X※	368	120	M48×2
XU-J250X※F	445	163	50
XU-J400X※F	508	224	65
XU-J630X※F	680	253	80

表 10.6-11　XU-A 过滤器外形尺寸

（单位：mm）

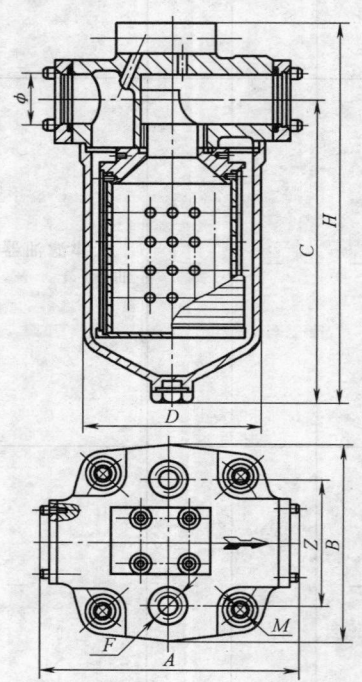

型号	A	B	C	D	H	Z	F	φ	M
XU-A25X※	120	110	182	94	240	30	M6	—	M22×1.5
XU-A40X※	120	110	242	96	299	30	M6	—	M27×2
XU-A63X※	146	131	254	114	313	55	M8	—	M33×2
XU-A100X※	150	131	358	114	406	55	M8	—	M42×2
XU-A160X※	170	148	380	134	449	65	M8	—	M48×2
XU-A250X※F	226	166	485	156	561		M10	54	—
XU-A400X※F	238	176	625	168	703		M12	70	—
XU-A630X※F	264	212	742	198	828		M12	85	—

表 10.6-12　XU-B 过滤器外形尺寸

（单位：mm）

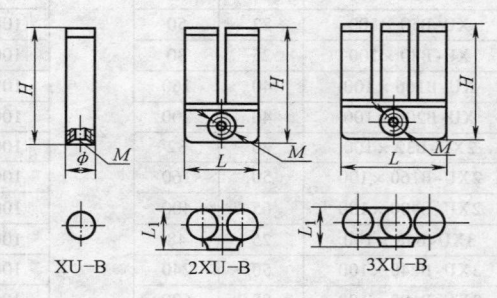

型号	H	L	L₁	φ	接口尺寸 M
XU-B16×100	100	—	—	43	M22×1.5
XU-B32×100	110	—	—	73	M33×2
XU-B50×100	170	—	—	73	M33×2
XU-B80×100	230	—	—	84	M42×2
XU-B160×100	330	—	—	113	M48×2
XU-B200×100	370	—	—	124	M48×2
2XU-B32×100	150	96	66	—	M32×2
2XU-B160×100	310	170	102	—	M66×2
2XU-B400×100	466	226	121	—	M72×2
3XU-B48×100	150	146	66	—	M33×2
3XU-B240×100	310	260	102	—	M66×2
3XU-B600×100	600	350	121	—	M90×2

表 10.6-13 XU-C 过滤器外形尺寸 （单位：mm）

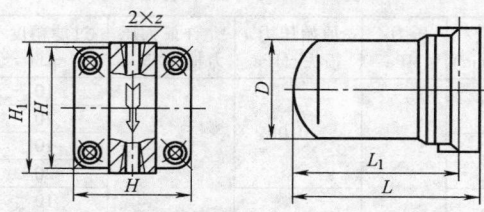

型号	L	L_1	D	H	H_1	z
XU-C10×100	105	89				
XU-C16×100	125	109	66	80	85	3/8in
XU-C25×100	150	134				
XU-C32×100	150	129				
XU-C40×100	160	139	86	100	105	3/4in
XU-C50×100	180	159				
XU-C63×100	180	155				
XU-C80×100	210	185	106	120	125	1in
XU-C100×100	235	210				

注：1in = 25.4mm。

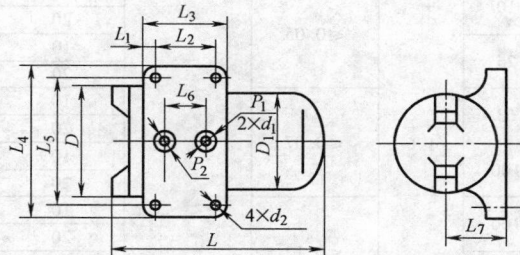

型号	L	L_1	L_2	L_3	L_4	L_5	L_6	L_7	D	D_1	d_1	d_2
XU-C10×100B	111											
XU-C16×100B	131	13	32	58	115	95	25	40	77	66	16	9
XU-C25×100B	151											
XU-C32×100B	156											
XU-C40×100B	166	15	48	78	140	117	36	50	97	86	28	11
XU-C50×100B	171											
XU-C63×100B	188											
XU-C80×100B	218	15	62	92	160	137	42	60	117	106	32	11
XU-C100×100B	238											

2.6 ZU 型纸质过滤器

（1）型号说明

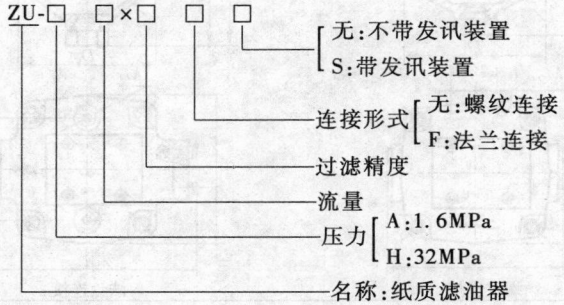

（2）技术规格　见表 10.6-14。

表 10.6-14　技术规格

型号	通径/mm	流量/(L/min)	压力/MPa	原始压力损失/MPa	允许最大压力损失/MPa	过滤精度/μm	发讯装置电压电流 电压/V	发讯装置电压电流 电流/A	质量/kg
ZU-H10×10S	15	10		≤0.08		10			4
ZU-H10×20S						20			
ZU-H25×10S	15	25				10			5
ZU-H25×20S						20			
ZU-H63×10S	20	63		≤0.1		10			10.2
ZU-H63×20S						20			
ZU-H100×10S	25	100	31.5			10			12.7
ZU-H100×20S						20			
ZU-H160×10S	32	160		≤0.15		10			18.8
ZU-H160×20S						20			
ZU-H250×10FS	40	250				10			23
ZU-H250×20FS						20			
ZU-H400×10FS	50	400		≤0.2	0.35	10	24	0.2	35
ZU-H400×20FS						20			
ZU-H630×10FS	65	630				10			42
ZU-H630×20FS						20			
ZU-A10×10S	10	10		≤0.05		10			2.6
ZU-A10×20S						20			
ZU-A25×10S	15	25				10			2.9
ZU-A25×20S						20			
ZU-A63×10S	25	63		≤0.07		10			4.5
ZU-A63×20S				1.6		20			
ZU-A100×10S	32	100				10			6
ZU-A100×20S						20			
ZU-A160×10S	40	160		≤0.12		10			7.5
ZU-A160×20S						20			
ZU-A250×10FS	50	250				10			11.7
ZU-A250×20FS						20			

（3）外形尺寸　ZU-A 过滤器外形尺寸见表 10.6-15；ZU-H 过滤器外形尺寸见表 10.6-16。

表 10.6-15　ZU-A 过滤器外形尺寸　　（单位：mm）

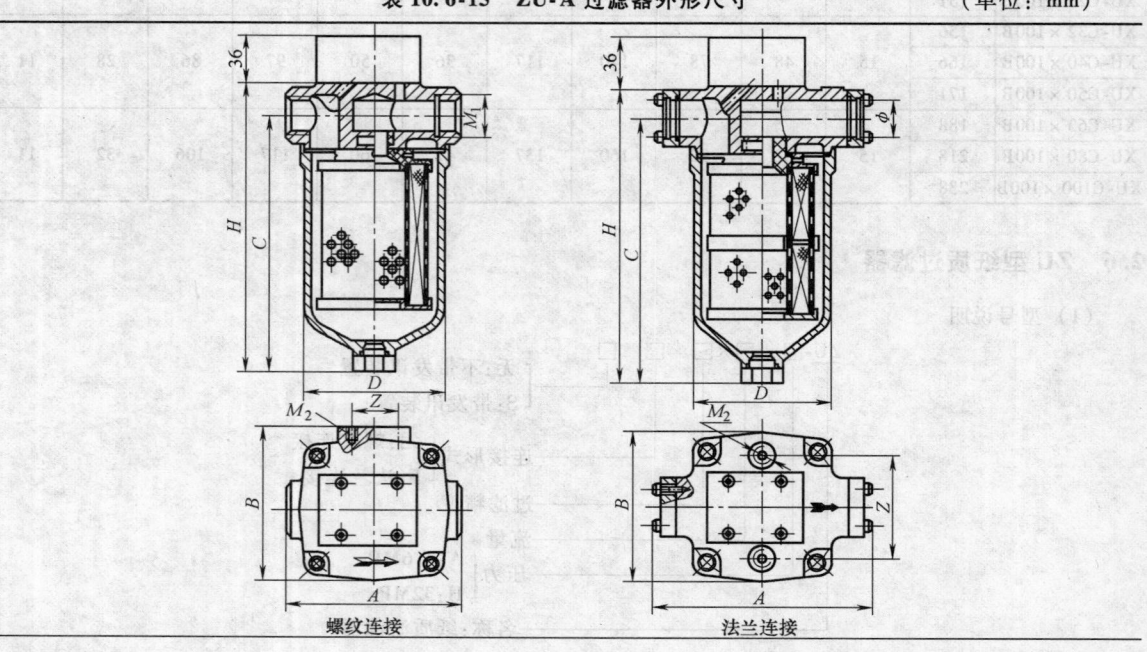

螺纹连接　　　　　　　　　法兰连接

（续）

型号	连接形式	A	B	C	D	H	Z	M_1	ϕ	M_2
ZU-A25×10 ZU-A25×20	螺纹连接	100	97	154	76	180	30	M18×1.5	—	M6
ZU-A25×10 ZU-A25×20		120	110	182	94	204	30	M22×1.5	—	M6
ZU-A40×10 ZU-A40×20		120	110	242	96	263	30	M27×2	—	M6
ZU-A63×10 ZU-A63×20		146	131	254	114	277	55	M33×2	—	M8
ZU-A100×10 ZU-A100×20		150	131	358	114	386	55	M42×2	—	M8
ZU-A160×10 ZU-A160×20		170	148	380	134	413	65	M48×2	—	M8
ZU-A250×10F ZU-A250×20F	法兰连接	226	166	485	156	525	115	—	54	M10
ZU-A400×10F ZU-A400×20F		238	176	625	168	670	140	—	70	M12
ZU-A630×10F ZU-A630×20F		264	212	742	198	795	160	—	85	M12

表 10.6-16　ZU-H 过滤器外形尺寸　（单位：mm）

P_1
P_2
2×M
H
h
d
l
4×m
D
b
L

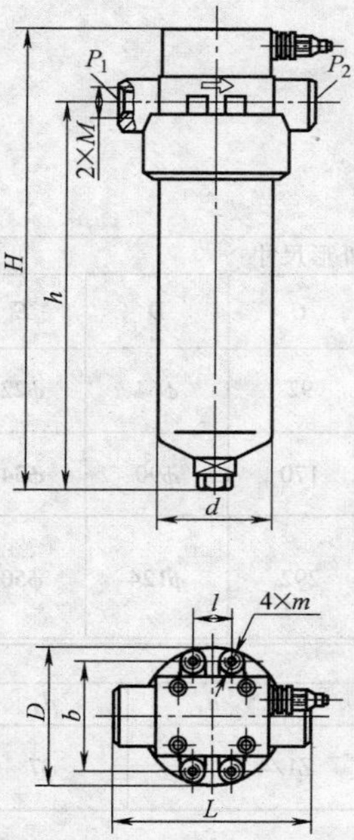

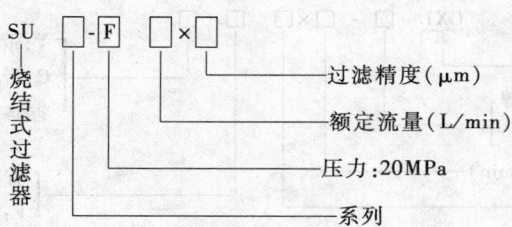

型号	H	h	L	D	d	b	l	M	m
XU-H10×10S	188	130	118	88	73	70		M18×1.5	M6
ZU-H10×20S									
ZU-H25×10S	278	220						M22×1.5	
ZU-H25×20S									
ZU-H63×10S	308	247	128	124	102	86	44	M33×2	M10
ZU-H63×20S									
ZU-H100×10S	379	314						M42×2	
ZU-H100×20S									
ZU-H160×10S	420	347	166	146	121	100	60	M48×2	
ZU-H160×20S									

注：生产厂为天津市商泰过滤设备有限公司、南宫市佳洁滤器制造厂、温州市中邦液压有限公司。

2.7　SU 型烧结式过滤器

（1）型号说明

SU □-F □×□
烧结式过滤器
过滤精度(μm)
额定流量(L/min)
压力:20MPa
系列

（2）技术规格及外形尺寸　见表 10.6-17 和表 10.6-18。

表 10.6-17　SU 型烧结式过滤器技术规格

型号（表 10.6-18 图 a）			流量（L/min）			工作压力/ MPa	过滤精度/μm			管径/in
1	2	3	1	2	3		1	2	3	
4	5	6	4	5	6		4	5	6	
SU$_1$-B10×36	SU$_1$-B10×24	SU$_1$-B10×16	10			2.5	36	24	16	1/4
SU$_1$-B10×14	SU$_1$-B6×10	SU$_1$-B4×8	10	6	4		14	10	8	
SU$_2$-F40×36	SU$_2$-F40×24	SU$_2$-F40×16	40			20	36	24	16	1/2
SU$_2$-F40×14	SU$_2$-F32×10	SU$_2$-F16×8	40	32	16		14	10	8	
SU$_3$-F125×36	SU$_3$-F125×24	SU$_3$-F125×16	125			20	36	24	16	M33 ×2
SU$_3$-F125×14	SU$_3$-F125×10	—				20	14	10		
SU$_3$-F80×8	SU$_3$-F50×6		80	50	20		8	6		

型号（表 10.6-18 图 b）	额定流量/（L/min）	额定压力/MPa	原始压力损失/MPa	过滤精度/μm
SU-5×100	5	2.5	0.06	100
SU-12×100	12			

表 10.6-18　SU 型烧结式过滤器外形尺寸　　　　（单位：mm）

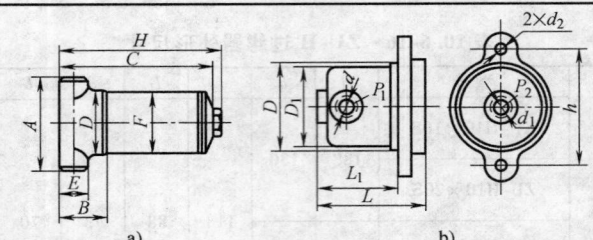

a)　　　　　　　　　　b)

型号（图 a）			外形尺寸				
1	2	3	A	B	C	D	E
4	5	6					
SU$_1$-B10×36	SU$_1$-B10×24	SU$_1$-B10×16	76	44	92	φ64	φ22
SU$_1$-B10×14	SU$_1$-B6×10	SU$_1$-B4×8					
SU$_2$-F40×36	SU$_2$-F40×24	SU$_2$-F40×16	106	65	170	φ90	φ34
SU$_2$-F40×14	SU$_2$-F32×10	SU$_2$-F16×8					
SU$_3$-F125×36	SU$_3$-F125×24	SU$_3$-F125×16	156	90	292	φ124	φ50
SU$_3$-F125×14	SU$_3$-F125×10	—					
SU$_3$-F80×8	SU$_3$-F50×6						

型号（图 b）	外形尺寸							
	L	L$_1$	D	D$_1$	h	d	d$_1$	d$_2$
SU-5×100	75	54	φ65	φ55	84	Z1/4		φ7
SU-12×100	106	84	φ95	φ74	114			

注：生产厂为图 a 北京粉末冶金二厂、图 b 沈阳滤油器厂、南京贝奇尔机械有限公司。

2.8　磁性过滤器

2.8.1　CXL 型自封式吸油磁性过滤器

（1）型号说明

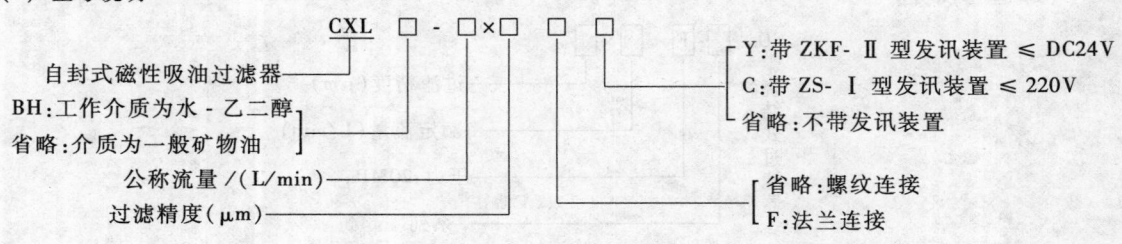

（2）技术规格　见表 10.6-19。

表 10.6-19　CXL 型自封式吸油磁性过滤器技术规格及外形尺寸

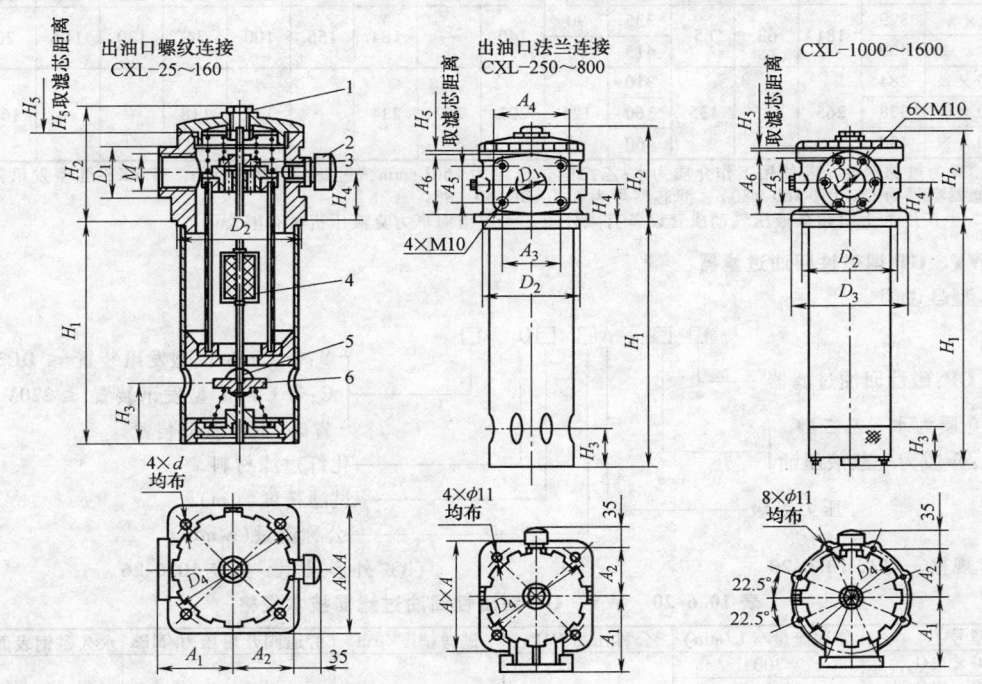

1—中心螺钉　2—发讯装置　3—旁通阀　4—永久磁铁　5—顶杆　6—自封阀

型号	通径 /mm	公称流量/(L/min)	过滤精度/μm	原始压力损失	允许最大压力损失	旁通阀开启压力	发讯装置发讯压力	发讯装置 V	发讯装置 A	连接形式	滤芯型号	生产厂
				MPa								
CXL-25×※	15	25									X-CX25×※	
CXL-40×※	20	40								螺纹	X-CX40×※	
CXL-63×※	25	63									X-CX63×※	
CXL-100×※	32	100									X-CX100×※	
CXL-160×※	40	160	80、100、180	<0.01	0.03	>0.032	0.03	12、24、36、220	2.5、2、1.5、0.25		X-CX160×※	远东液压配件厂
CXL-250×※	50	250									X-CX250×※	
CXL-400×※	65	400									X-CX400×※	
CXL-630×※	80	630								法兰	X-CX630×※	
CXL-800×※	90	800									X-CX800×※	
CXL-1000×※	100	1000									X-CX1000×※	
CXL-1250×※	110	1250									X-CX1250×※	
CXL-1600×※	120	1600									X-CX1600×※	

型号	H_1/mm	H_2/mm	H_3/mm	H_4/mm	H_5/mm	M/mm	D_1/mm	D_2/mm	D_4/mm	d/mm	A/mm	A_1/mm	A_2/mm
CXL-25×※	95	83	34	25	75	M22×1.5	40	60	85		80	45	34
CXL-40×※	115				95	M27×2				9			
CXL-63×※	140	101	40	33	115	M33×2	55	75	100		90	54	42
CXL-100×※	190			33	165	M42×2							
CXL-160×※	198	120	40	42	175	M48×2	65	90	115	11	105	62	50

型号	H_1/mm	H_2/mm	H_3/mm	H_4/mm	H_5/mm	D_1/mm	D_2/mm	D_3/mm	D_4/mm	A/mm	A_1/mm	A_2/mm	A_3/mm	A_4/mm	A_5/mm	A_6/mm
CXL-250×※	268	120	40	42	245	50	90	—	115	105	72.5	50	70	92	40	72
CXL-400×※	281	145	56	50	270	65	108	—	135	120	82	58	90	112	50	88

（续）

型号	$H_1/$ mm	$H_2/$ mm	$H_3/$ mm	$H_4/$ mm	$H_5/$ mm	$D_1/$ mm	$D_2/$ mm	$D_3/$ mm	$D_4/$ mm	$A/$ mm	$A_1/$ mm	$A_2/$ mm	$A_3/$ mm	$A_4/$ mm	$A_5/$ mm	$A_6/$ mm
CXL-630×※	329	181	63	65	335	90	140	—	184	156	100	74	120	144	70	120
CXL-800×※	409				415	90										
CXL-1000×※	284	265	135	135	310	125	203	257	234	—	135	118			164	185
CXL-1250×※	338				360											
CXL-1600×※	438				460											

注：1. ※为过滤精度，若使用工作介质为水-乙二醇，流量为 160L/min，过滤精度为 80μm，带 ZKF-Ⅱ 型发讯器，其过
滤器型号为 CXLBH-160×80Y，滤芯型号为 X-CXBH160×80。
2. 生产厂为上海超众液压气动成套设备有限公司、无锡市海卓力克液压机械有限公司

2.8.2　WY、GP 型磁性回油过滤器

（1）型号说明

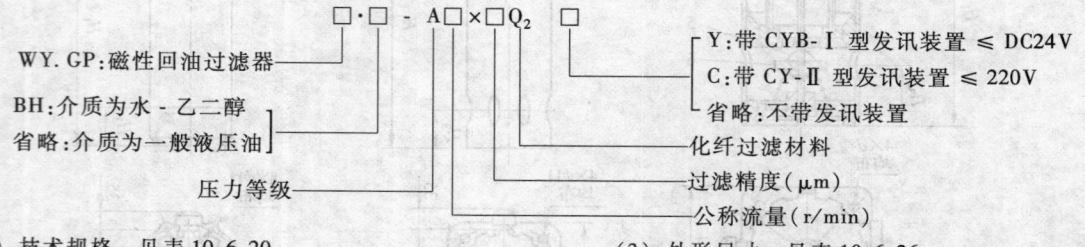

WY．GP：磁性回油过滤器
BH：介质为水-乙二醇
省略：介质为一般液压油
压力等级

化纤过滤材料
过滤精度（μm）
公称流量（r/min）

Y：带 CYB-Ⅰ 型发讯装置 ≤ DC24V
C：带 CY-Ⅱ 型发讯装置 ≤ 220V
省略：不带发讯装置

（2）技术规格　见表 10.6-20。　　　　　　　　（3）外形尺寸　见表 10.6-26。

表 10.6-20　WY、GP 型磁性回油过滤器技术规格

型号	公称流量/(L/min)	公称压力/MPa	过滤精度/μm	旁通阀开启压力/MPa	永久磁钢表面积/cm²
GP-A300×※Q₂ᶜ₋ᵧ	300				
GP-A400×※Q₂ᶜ₋ᵧ	400				
GP-A500×※Q₂ᶜ₋ᵧ	500				
GP-A600×※Q₂ᶜ₋ᵧ	600				
WY-A300×※Q₂ᶜ₋ᵧ	300	1.6	3、5、10、20、30	0.3	170
WY-A400×※Q₂ᶜ₋ᵧ	400				
WY-A500×※Q₂ᶜ₋ᵧ	500				
WY-A600×※Q₂ᶜ₋ᵧ	600				
WY-A700×※Q₂ᶜ₋ᵧ	700				
WY-A800×※Q₂ᶜ₋ᵧ	800				

表 10.6-21　WY、GP 型磁性回油过滤器外形尺寸

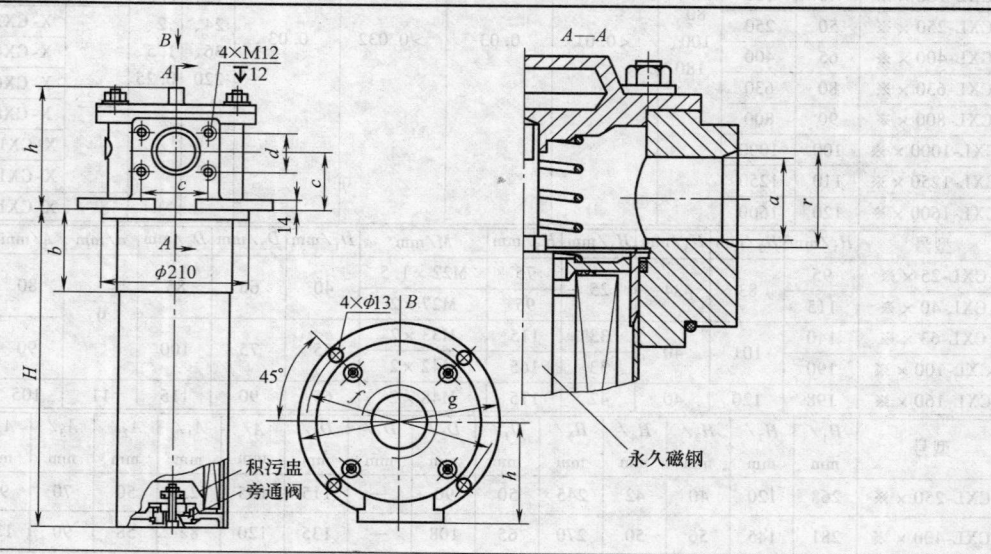

(续)

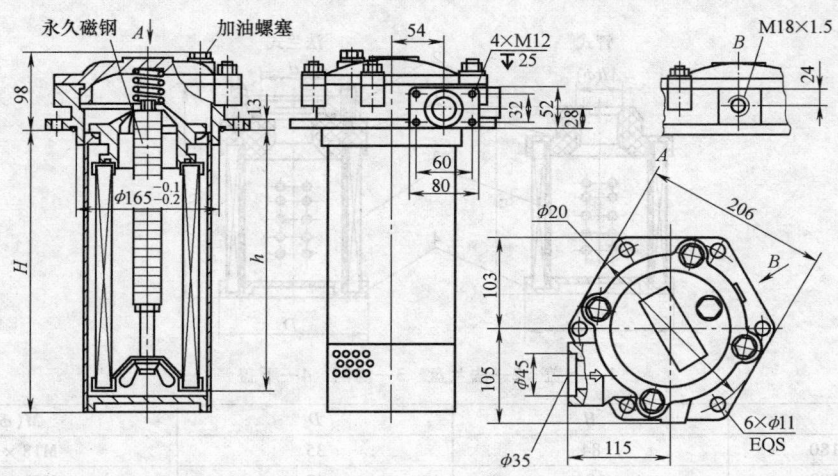

尺寸/mm									质量/kg	滤芯型号
H	h	a	b	c	d	f	g	r		
300	278									GP300 × ※ Q_2
380	358									GP400 × ※ Q_2
570	548									GP500 × ※ Q_2
590	568									GP600 × ※ Q_2
300										WY300 × ※ Q_2
410										WY400 × ※ Q_2
500	160	55	125	88.9	50.8	265	290	60		WY500 × ※ Q_2
550										WY600 × ※ Q_2
610										WY700 × ※ Q_2
716	136	50	116	90	50	283	310	50		WY800 × ※ Q_2

注：1. 为过滤精度若使用介质为水-乙二醇，带发讯装置，则过滤器型号为：GP · BH—A400 × Q_2Y；WY · BH-A400 × ※ Q_2Y。
　　2. 生产厂为温州黎明液压机电厂。

2.9 吸油过滤器

2.9.1 WU 网式过滤器

（1）型号说明

（2）技术规格　见表 10.6-22。

（3）外形尺寸　见表 10.6-23。

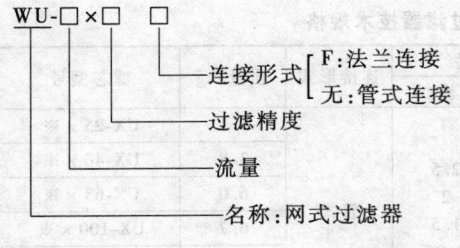

表 10.6-22　WU 网式过滤器技术规格

型号	过滤精度/μm	压力损失/MPa	流量/(L/min)	通径/mm	连接形式
WU-16 × 180			16	12	
WU-25 × 180			25	15	
WU-40 × 180			40	20	
WU-63 × 180			63	25	螺纹连接
WU-100 × 180	180	≤0.01	100	32	
WU-160 × 180			160	40	
WU-250 × 180F			250	50	
WU-400 × 180F			400	65	法兰连接
WU-630 × 180F			630	80	

表 10.6-23　WU 网式过滤外形尺寸　　　　　　　　　（单位：mm）

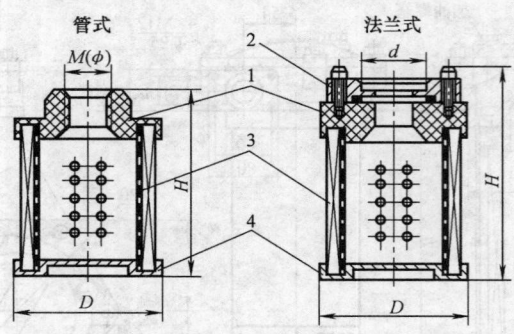

1—上盖　2—法兰盘　3—滤网　4—下盖

型号	H	D	$M(\phi)$
WU-16×180	84	35	M18×1.5
WU-25×180	104	43	M22×1.5
WU-40×180	124	43	M27×2
WU-63×180	103	70	M33×2
WU-100×180	153	70	M42×2
WU-160×180	200	82	M48×2
WU-250×180F	203	88	ϕ50
WU-400×180F	250	105	ϕ65
WU-630×180F	302	118	ϕ80

注：生产厂为温州信远液压有限公司、温州市中邦液压有限公司、温州市兴瓯液压件厂。

2.9.2　NJU 型箱外内积式吸油过滤器

（1）型号说明

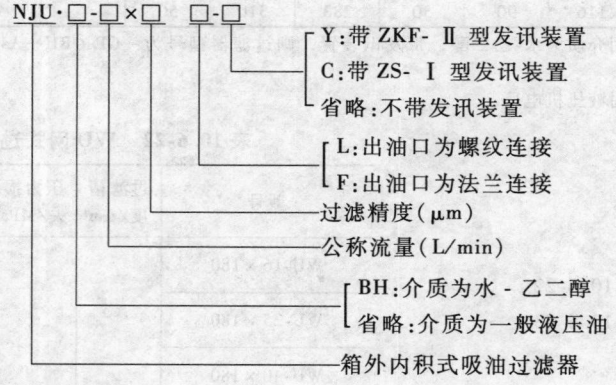

（2）技术规格　见表 10.6-24。

表 10.6-24　NJU 型箱外内积式吸油过滤器技术规格

型号	流量/ (L/min)	过滤精度/μm	通径/mm	原始压力损失 ΔP/MPa	发讯装置		连接形式	质量/kg	滤芯型号
					电压/V	电流/A			
NJU-25×*L$_{-Y}^{C}$	25	80 100 180	15	<0.007	12 24 36 220	2.5 2 1.5 0.25	管式	3.1	UX-25×※
NJU-40×*L$_{-Y}^{C}$	40		20					3.8	UX-40×※
NJU-63×*L$_{-Y}^{C}$	63		25					6.0	UX-63×※
NJU-100×*L$_{-Y}^{C}$	100		32					6.7	UX-100×※
NJU-160×*L$_{-Y}^{C}$	160		40					7.3	UX-160×※

（续）

型号	流量/(L/min)	过滤精度/μm	通径/mm	原始压力损失 ΔP/MPa	发讯装置		连接形式	质量/kg	滤芯型号
					电压/V	电流/A			
NJU-250×*L$_{-Y}^{C}$	250	80	50		12	2.5		12.8	UX-250×※
NJU-400×*L$_{-Y}^{C}$	400		60		24	2		16.0	UX-400×※
NJU-630×*L$_{-Y}^{C}$	630	100	80	<0.01	36	1.5	法兰	18.0	UX-630×※
NJU-800×*L$_{-Y}^{C}$	800	180	90		220	0.25		19.0	UX-800×※

注：*为过滤精度，若使用介质为水-乙二醇，带 ZS-1 发讯装置，则过滤器型号为 NJU·BH-160×*L-C。滤芯型号为 CX·BH-160×*。

（3）外形尺寸 见表 10.6-25。

表 10.6-25 NJU 型箱外内积式吸油过滤器外形尺寸 （单位：mm）

连接尺寸
1. NJU-25~160 型
2. NJU-250~800 型

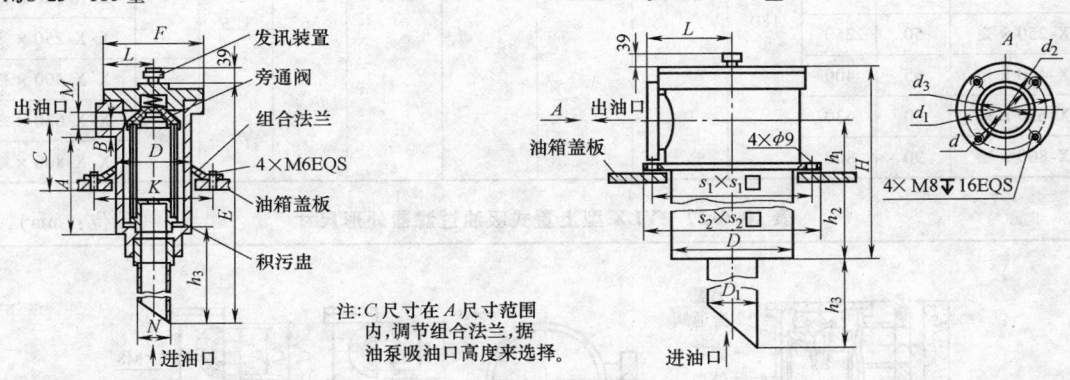

注：C 尺寸在 A 尺寸范围内，调节组合法兰，据油泵吸油口高度来选择。

NJU-25~160 螺纹连接参数

型号	出油口螺纹 M	A	B	h₃	E	F	D	K	N
NJU-25×※L$_{-Y}^{C}$	M22×1.5	123	23	255	453	102	53	72	95	25
NJU-40×※L$_{-Y}^{C}$	M27×2	153	23		482					
NJU-63×※L$_{-Y}^{C}$	M33×2	174	28		637					
NJU-100×※L$_{-Y}^{C}$	M42×2	212	33	385	687	122	65	89	115	38
NJU-160×※L$_{-Y}^{C}$	M48×2	257	35		737					

NJU-250~800 法兰连接参数

型号	d	d₁	d₂	d₃	D	S₁	S₂	h₁	h₂	h₃	H	D₁	L
NJU-250×F$_{-Y}^{C}$	50	100	84	60	122	160	180	67	256	402	392	60	98
NJU-400×F$_{-Y}^{C}$	60	115	99	70	142	180	200	75	271	407	419	70	110
NJU-630×F$_{-Y}^{C}$	80	130	114	90	162	200	220	82	279	517	440	90	120
NJU-800×F$_{-Y}^{C}$	90	140	124	104	182	240	260	90	289	534	466	102	131.5

注：1. 该产品所需的出油口法兰，密封圈，螺钉，吸油管均由温州黎明液压机电厂提供，用户只需准备 d₃ 管子焊上即可。
 2. 生产厂为温州市兴瓯液压件厂、温州黎明液压机电厂。

2.9.3 YLX 型上置式吸油过滤器

（1）型号说明

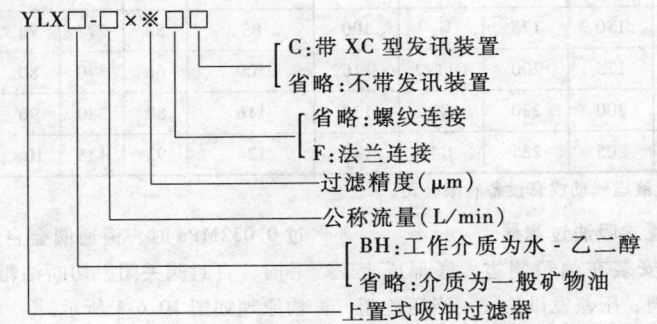

YLX□-□×※□□

- C：带 XC 型发讯装置
- 省略：不带发讯装置
- 省略：螺纹连接
- F：法兰连接
- 过滤精度（μm）
- 公称流量（L/min）
- BH：工作介质为水-乙二醇
- 省略：介质为一般矿物油
- 上置式吸油过滤器

（2）技术规格　见表 10.6-26。　　　　　　　　　（3）外形尺寸　见表 10.6-27。

表 10.6-26　YLX 型上置式吸油过滤器技术规格

型号	通径/mm	公称流量/(L/min)	过滤精度/μm	原始压力损失	允许最大压力损失	旁通阀开启压力	发讯装置发讯压力	发讯装置		连接形式	滤芯型号
				/MPa				电压/V	电流/A		
YLX-25 × ※	15	25	80 100 180	≤0.01	0.03	>0.032	0.03	12、24、36	2.5、2、1.5	螺纹	X-X-25 × ※
YLX-40 × ※	20	40									X-X-40 × ※
YLX-63 × ※	25	63									X-X-63 × ※
YLX-100 × ※	32	100									X-X-100 × ※
YLX-160 × ※	40	160									X-X-160 × ※
YLX-250 × ※	50	250									X-X-250 × ※
YLX-400 × ※	65	400								法兰	X-X-400 × ※
YLX-630 × ※	80	630									X-X-630 × ※
YLX-800 × ※	90	800									X-X-800 × ※

表 10.6-27　YLX 型上置式吸油过滤器外形尺寸　　　　　　（单位：mm）

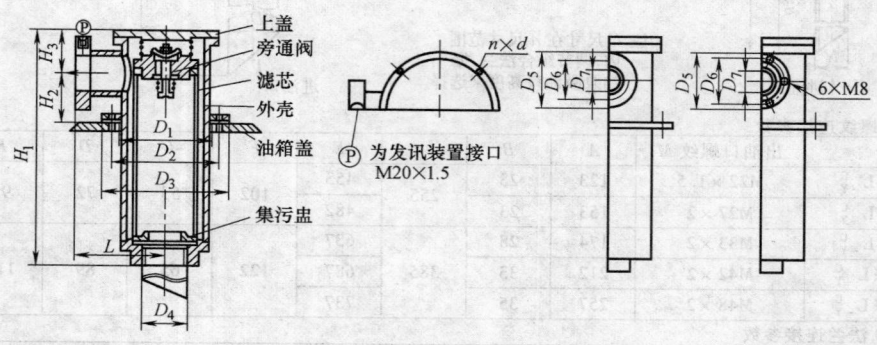

型号	D_1	D_2	D_3	D_4	D_5	D_6	D_7	H_1	H_2	H_3	L	$n \times d$
YLX-25 × ※	74	95	110	G3/4	55	M22 × 1.5	19	160		58	100	4 × 7
YLX-40 × ※				G3/4	60	M27 × 2	22					
YLX-63 × ※				G1	70	M33 × 2	27	200	60	62	125	
YLX-100 × ※	95	115	135	G11/2	80	M42 × 2	35	250				
YLX-160 × ※				G11/2	85	M48 × 2	41	306		65		4 × 9
YLX-250 × ※	120	150	175	G_2	100	85	53	277	70	74	140	
YLX-400 × ※	146	175	200	G11/2	116	100	66	340	80	78	150	
YLX-630 × ※	165	200	220	G3	130	116	80	380	90	90	160	
YLX-800 × ※	185	205	225	G4	140	124	93	435	108	130		6 × 9

注：生产厂为上海超众液压气动成套设备有限公司。

2.9.4　YCX、TF 型侧置式吸油过滤器

该类过滤器可直接安装在油箱侧边、底部或上部，设有自封阀、旁通阀、压差发讯装置。当压差超过 0.032MPa 时，旁通阀会自动开启。更换或清洗滤芯时，自封阀关闭，切断油箱油路。吸油过滤器的结构原理如图 10.6-1 所示。

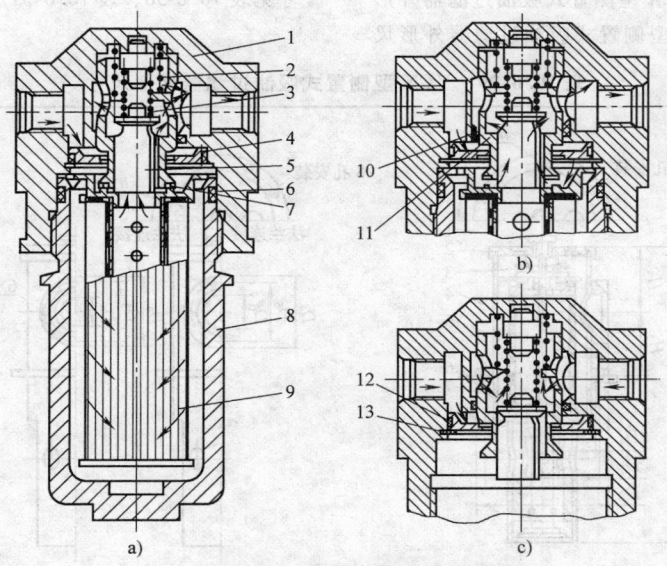

图 10.6-1　吸油过滤器的结构原理

a）过滤器正常工作状态　　b）过滤器滤芯被污染物堵塞时安全阀开启

c）更换或清洗滤芯时封闭滤油器上下游的油路

1—上壳体　2—安全阀弹簧　3—单向阀弹簧　4—阀座　5—单向阀阀芯　6、10、12—O 形
密封圈　7—安全阀　8—下壳体　9—滤芯元件　11—安全阀阀体　13—挡圈

（1）型号说明

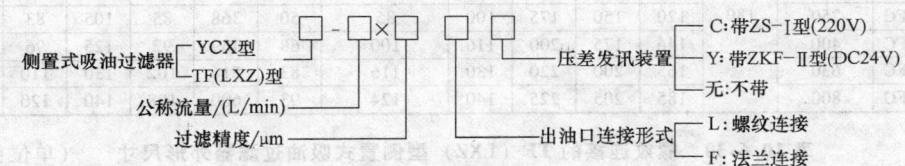

（2）技术规格　见表 10.6-28。

表 10.6-28　YCX 型侧置式吸油过滤器技术规格

型号	通径/mm	压力/MPa	流量/(L/min)	过滤精度/μm	压力损失/MPa 原始值	压力损失/MPa 允许最大值	发讯装置 电压/V	发讯装置 电流/A	旁通阀开启压差/MPa	质量/kg	生产厂
YCX-25×※LC	15		25								
YCX-40×※LC	20		40								
YCX-63×※LC	25	0.035（发信号压力）	63	80 100 180	<0.01	0.03	0~36	0.6	>0.032		远东液压配件厂
YCX-100×※LC	32		100								
YCX-160×※LC	40		160								
YCX-250×※LC	50		250								
YCX-400×※LC	65		400								
YCX-630×※LC	80		630								
YCX-800×※LC	90		800								
TF-25×※L-S	15		25							1.8	
TF-40×※L-S	20		40							2.2	
TF-63×※L-S	25		63	80 100 180	<0.01	0.02	12 14 36 220	2.5 2 1.5 0.25		2.8	黎明液压机电厂、高行液压气动总厂
TF-100×※L-S	32		100							3.6	
TF-160×※L-S	40		160							4.6	
TF-250×※L-S	50		250							5.8	
TF-400×※L-S	65		400							8.0	
TF-630×※L-S	80		630							14.5	
TF-800×※L-S	90		800							15.6	

（3）外形尺寸　YCX 型侧置式吸油过滤器外形尺寸见表 10.6-29。TF 型侧置式吸油过滤器外形尺寸见表 10.6-30、表 10.6-31。

表 10.6-29　YCX 型侧置式吸油过滤器外形尺寸　　　　（单位：mm）

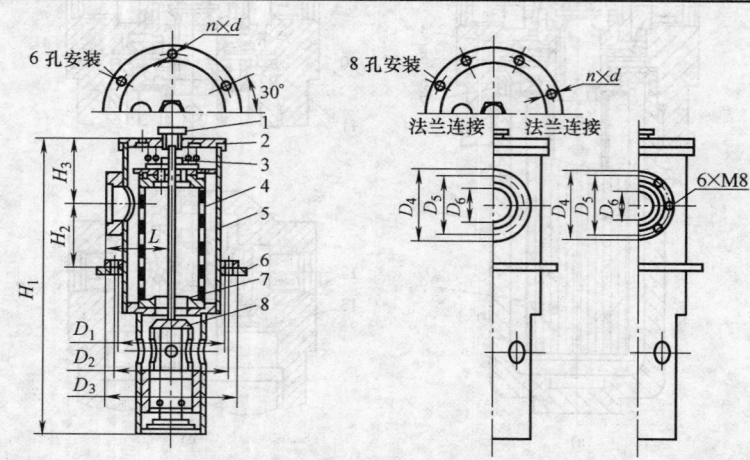

1—自封顶杆螺栓　2—过滤器上盖　3—旁通阀　4—滤芯　5—外壳　6—油箱壁　7—集污盅　8—自封单向阀

型号	公称流量 /(L/min)	过滤精度/μm	D_1	D_2	D_3	D_4	D_5	D_6	H_1	H_2	H_3	L	$n \times d$
YCX-25 × ※LC	25		70	95	110	35	M22 × 1.5	20	216	53	67	50	6 × 7
YCX-40 × ※LC	40		70	95	110	40	M27 × 2	25	256	53	67	52	6 × 7
YCX-63 × ※LC	63		95	115	135	48	M33 × 2	31	278	62	89	67	6 × 9
YCX-100 × ※LC	100	80	95	115	135	58	M42 × 2	40	328	70	89	70	6 × 9
YCX-160 × ※LC	160	100	95	115	135	65	M48 × 2	46	378	70	89	70	6 × 9
YCX-250 × ※FC	250	180	120	150	175	100	85	50	368	85	105	83	6 × 9
YCX-400 × ※FC	400		146	175	200	116	100	68	439	92	125	96	6 × 9
YCX-630 × ※FC	630		165	200	220	130	116	83	516	102	130	110	8 × 9
YCX-800 × ※FC	800		185	205	225	140	124	93	600	108	140	120	8 × 9

表 10.6-30　螺纹连接的 TF（LXZ）型侧置式吸油过滤器外形尺寸　　　　（单位：mm）

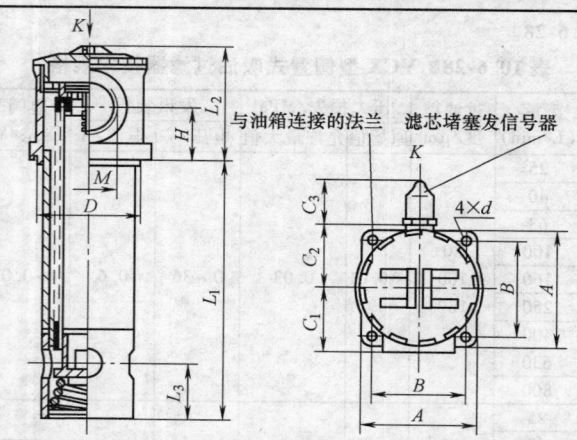

型号	L_1	L_2	L_3	H	M	D	A	B	C_1	C_2	C_3	d
TF-25 × ※L-S	93	78	36	25	M22 × 1.5	62	80	60	45	42	28	9
TF-40 × ※L-S	110				M27 × 2							
TF-63 × ※L-S	138	98	40	33	M33 × 2	75	90	70.7	54	47		
TF-100 × ※L-S	188				M42 × 2							
TF-160 × ※L-S	200	119	53	42	M48 × 2	91	105	81.3	62	53.5		11

注：生产厂见表 10.6-31。

表 10.6-31　法兰连接的 TF（LXZ）型侧置式吸油过滤器外形尺寸　　（单位：mm）

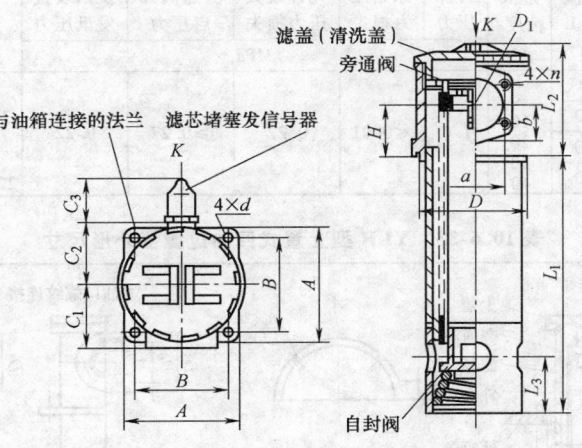

型号	L_1	L_2	L_3	H	D_1	D	a	b	n	A	B	C_1	C_2	C_3	d	Q
TF-250×※F-S	270	119	53	42	50	91	70	40		105	81.3	72.5	53.5			60
TF-400×※F-S	275	141	60	50	65	110	90	50	M10	125	95.5	82.5	61	28	11	70
TF-630×※F-S	325	184	55	65	90	140	120	70		160	130	100	81			100
TF-800×※F-S	385															

注：1. 出油口法兰所需管子直径为 Q。
　　2. 生产厂为温州市康友液压设备有限公司，温州信远液压有限公司。

2.10　YLH 型箱上回油过滤器

（1）型号说明
（2）液压原理及安装示意图　见图 10.6-2。
（3）技术规格　见表 10.6-32。
（4）外形尺寸　见表 10.6-33。

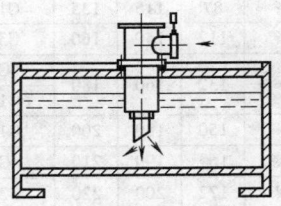

图 10.6-2

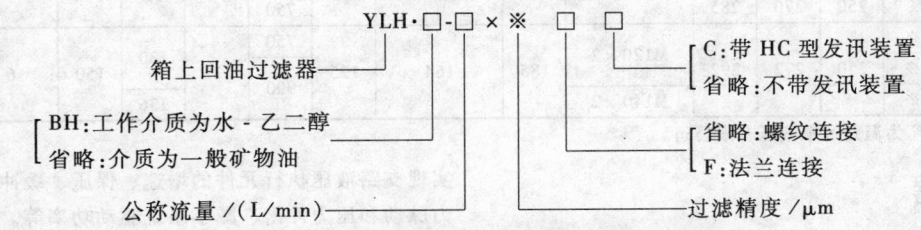

表 10.6-32　YLH 型箱上回油过滤器技术规格

参数 型号	通径/mm	公称流量/(L/min)	过滤精度/μm	公称压力	原始压力损失	允许最大压力损失	旁通阀开启压力	发讯装置发讯压力	发讯装置功率	连接形式	滤芯型号
						MPa					
YLH-10×※	10	10									H-X10×※
YLH-25×※	15	25								螺纹	H-X25×※
YLH-63×※	25	63	3 5 10 20 30 40	1.6	≤0.01	0.35	≥0.37	0.35	DC: 24V/48W AC: 220V/50W		H-X63×※
YLH-100×※	32	100									H-X100×※
YLH-160×※	40	160									H-X160×※
YLH-250×※	50	250									H-X250×※
YLH-400×※	65	400				0.22	≥0.27	0.22		法兰	H-X400×※
YLH-630×※	80	630									H-X630×※

（续）

参数 型号	通径/ mm	公称流量/(L /min)	过滤精度/ μm	公称压力	原始压力损失	允许最大压力损失	旁通阀开启压力	发讯装置发讯压力	发讯装置功率	连接形式	滤芯型号
				MPa							
YLH-800×※	90	800	3 5 10 20 30 40	1.6	≤0.01	0.22	≥0.27	0.22	DC: 24V/48W AC: 220V/50W	法兰	H-X800×※
YLH-1000×※	100	1000									H-X1000×※
YLH-1250×※	110	1250									H-X1250×※
YLH-1600×※	125	1600									H-X1600×※

表 10.6-33　YLH 型上置式回油过滤器外形尺寸　　　　　（单位：mm）

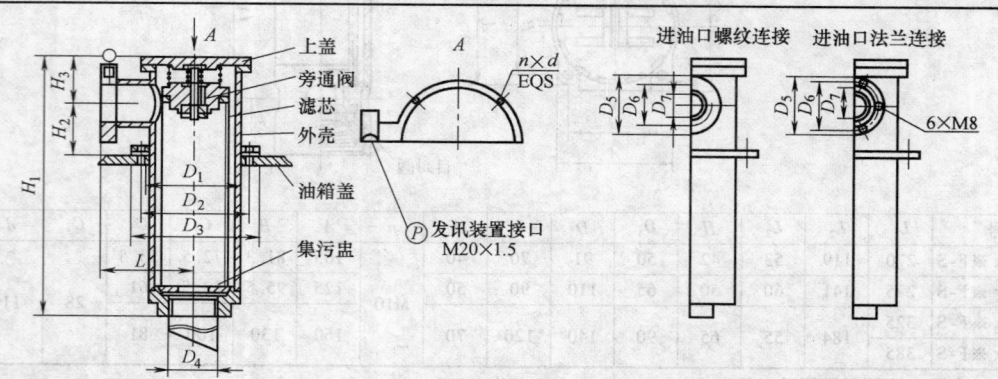

型号	D_1	D_2	D_3	D_4	D_5	D_6	D_7	H_1	H_2	H_3	L	$n×d$
YLH-10×※	87	115	135	G1/2in	55	M18×1.5	15	165	50	60	110	4×7
YLH-25×※	112	140	160	G3/4in	60	M22×1.5	19	185			120	
YLH-63×※	132	160	180	G1in	70	M33×2	27	250	60	65	135	
YLH-100×※				G1¼in	80	M42×2	35	350				
YLH-160×※	150	180	200	G1½in	85	M48×2	41	360	65	70	140	4×9
YLH-250×※	164	190	210	G2in	100	85	53	490	70	76	160	
YLH-400×※	172	200	220	G2½in	116	100	66	628	80	80	165	
YLH-630×※	198	225	245	G3in	130	116	80	730	90	90	180	
YLH-800×※	250	270	285					750				6×9
YLH-1000×※	250	272	292	M120×2	185	164	125	750	135	130	150	6×11.5
YLH-1250×※												
YLH-1600×※				M140×2				900		136		

注：生产厂为温州远东液压有限公司。

3　蓄能器

蓄能器在液压系统中是用来储存、释放能量的元件。其用途如下：可作为短时间的辅助液压油源，可实现支路液压执行元件的增速、保压、缓冲，吸收压力脉动和压力冲击、减小系统驱动功率等。

3.1　蓄能器的种类及特点　（见表 10.6-34）

表 10.6-34　蓄能器的种类及特点

种类		结构简图	特点	用途	安装要求
气体加载式	气囊式	气体	油气隔离，油不易氧化，油中不易混入气体，反应灵敏，尺寸小，质量小；气囊及壳体制造较困难，橡胶气囊要求温度范围为 -20～70℃	折合型气囊容量大，适于蓄能；波纹型气囊用于吸收冲击	一般充惰性气体（如氮气）。油口应向下垂直安装。管路之间应设置开关（充气、检查、调节时使用）

（续）

种类		结构简图	特点	用途	安装要求
气体加载式	活塞式	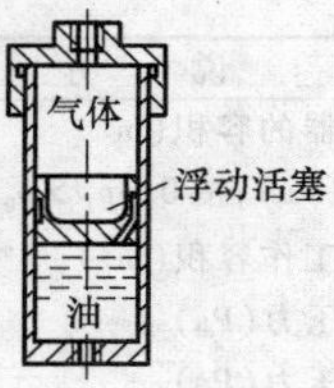	油气隔离,工作可靠,寿命长,尺寸小;但反应不灵敏,缸体加工和活塞密封性能要求较高 有定型产品	蓄能、吸收脉动	一般充惰性气体（如氮气）。油口应向下垂直安装。管路之间应设置开关（充气、检查、调节时使用）
	气瓶式		容量大,惯性小,反应灵敏,占地小,没有摩擦损失;但气体易混入油内,影响液压系统运行的平稳性,必须经常灌注新气;附属设备多,一次投资大	适用于需大流量中、低压回路的蓄能	
重锤式		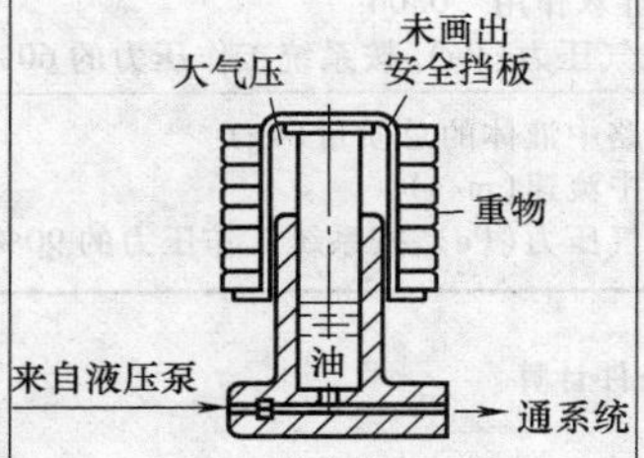	结构简单,压力稳定;体积大,笨重,运动惯性大,反应不灵敏,密封处易漏油,有摩擦损失	仅作蓄能用,在大型固定设备中采用。轧钢设备中仍广泛采用（如轧辊平衡等）	柱塞上升极限位置应设安全装置或信号指示器,应均匀地安置重物
弹簧式		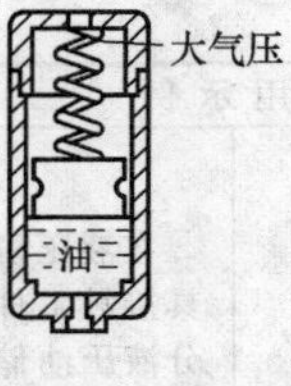	结构简单,容量小,反应较灵敏;不宜用于高压场合,不适于循环频率较高的场合	仅供小容量及低压 $p \leqslant$ 12MPa 系统作蓄能及缓冲用	应尽量靠近振动源

3.2 各种蓄能器的性能及用途（见表10.6-35）

表 10.6-35 各种蓄能器的性能和用途

型式			性能						用途		
			响应	噪声	容量的限制	最大压力/MPa	漏气	温度范围/℃	蓄能用	吸收脉动冲击用	传递异性液体用
气体加载式	隔离式	可挠型 气囊式	良好	无	有(480L左右)	35	无	-10~+120	可	可	可
		可挠型 隔膜式	良好	无	有(0.95~11.4L)	7	无	-10~+70	可	可	可
		可挠型 直通气囊式	好	无	有	21	无	-10~+70	不可	很好	不可
		可挠型 金属波纹管式	良好	无	有	21	无	-50~+120	可	可	不可
		非可挠型 活塞式	不太好	有	可作较大容量	21	小量	-50~+120	可	不太好	不可
		非可挠型 差动活塞式	不太好	有	可作成较大容量	45	无	-50~+120	可	不太好	不可
	非隔离方式		良好	无	可作成大容量	5	有	无特别限制	可	可	不可
重力加载式			不好	有	可作较大容量	45	—	-50~+120	可	不好	不可
弹簧加载式			不好	有	有	1.2	—	-50~+120	可	不太好	可

3.3　蓄能器的容量计算（见表 10.6-36）

表 10.6-36　蓄能器容量计算

应用场合	容积计算公式	说　明
作辅助动力源	$$V_0 = \frac{V_x (p_1/p_0)^{\frac{1}{n}}}{1 - (p_1/p_2)^{\frac{1}{n}}}$$	V_0——所需蓄能器的容积(m^3) p_0——充气压力(Pa)，按 $0.9p_1 > p_0 > 0.25p_2$ 充气 V_x——蓄能器的工作容积(m^3) p_1——系统最低压力(Pa) p_2——系统最高压力(Pa) n——指数：等温时取 $n=1$；绝热时取 $n=1.4$
吸收泵的脉动	$$V_0 = \frac{AkL(p_1/p_0)^{\frac{1}{n}} \times 10^3}{1 - (p_1/p_2)^{\frac{1}{n}}}$$	A——缸的有效面积(m^2) L——柱塞行程(m) k——与泵的类型有关的系数： 　　泵的类型　　　系数 k 　　单缸单作用　　0.60 　　单缸双作用　　0.25 　　双缸单作用　　0.25 　　双缸双作用　　0.15 　　三缸单作用　　0.13 　　三缸双作用　　0.06 p_0——充气压力(Pa)，按系统工作压力的 60% 充气
吸收冲击	$$V_0 = \frac{m}{2} v^2 \left(\frac{0.4}{p_0} \right) \left[\frac{10^3}{\left(\dfrac{p_1}{p_0} \right)^{0.285} - 1} \right]$$	m——管路中液体的总质量(kg) v——管中流速(m/s) p_0——充气压力(Pa)，按系统工作压力的 90% 充气

注：1. 充气压力按应用场合选用。
　　2. 蓄能器工作循环在 3min 以上时，按等温条件计算，其余均按绝热条件计算。

3.4　蓄能器在液压系统中的应用（见表 10.6-37）

表 10.6-37　蓄能器在液压系统中的应用

用途	特　点	使用示例
作辅助动力源	在液压系统工作时能补充油量，减少液压泵供油降低电动机功率，减少液压系统尺寸及重量，节约投资。常用于间歇动作，且工作时间别短，或在一个工作循环中速度差别很大，要求瞬间补充大量液压油的场合	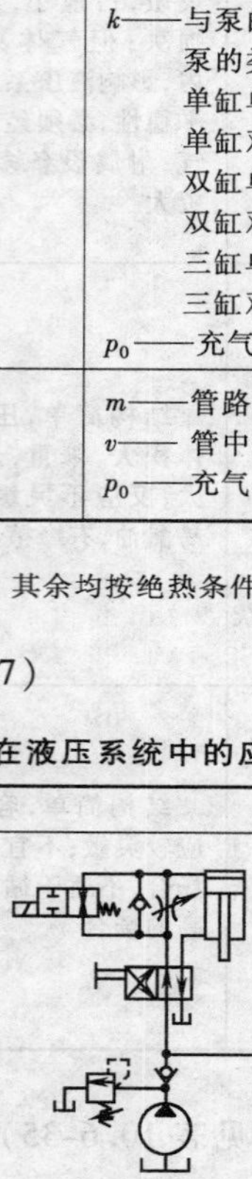 　在液压机液压系统中，当模具接触工件慢进及保压时，部分液压油储入蓄能器；而在冲模快速向工件移动及快速退回时，蓄能器与泵同时供油，使液压缸快速动作
保持恒压	液压系统泄漏（内漏）时，蓄能器向系统中补充供油，使系统压力保持恒定。常用于执行元件长时间不动作，并要求系统压力恒定的场合	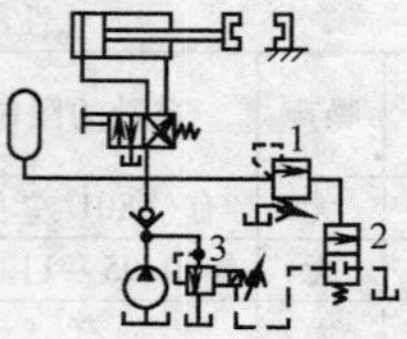 　液压夹紧系统中二位四通阀左位接入，工件夹紧，油压升高、通过顺序阀 1、二位二通阀 2、溢流阀 3 使油泵卸荷，利用蓄能器供油，保持恒压
作液体补充装置	因活塞杆占有一定的体积，蓄能器能补充供给液压缸内无杆腔与有杆腔之间体积差的油量	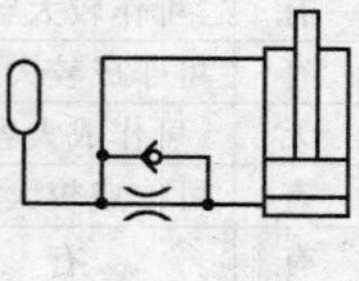 　活塞杆缩回时，油返回到有杆腔内，多余的油储到蓄能器内；活塞杆伸出时，蓄能器内的油补充到无杆腔内

（续）

用途	特　点	使用示例
作应急动力源	突然停电或发生故障时，液压泵中断供油，蓄能器能提供一定的油量作为应急动力源，使执行元件能继续完成必要的动作	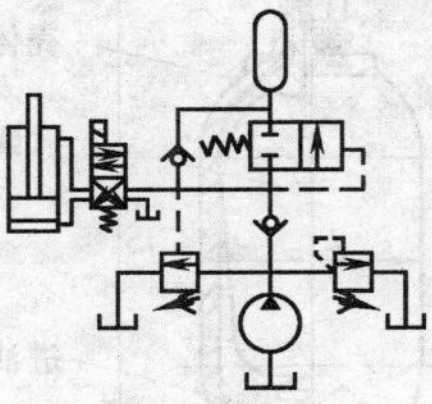 停电时，二位四通阀右位接入，蓄能器放出油量经单向阀进入油缸有杆腔，使活塞杆缩回，达到安全目的
输送异性液体	蓄能器内的隔离件（隔膜、气囊或活塞）在液压油作用下往复运动，输送被隔开的异性液体。常将蓄能器装于不允许直接接触工作介质的压力表（或调节装置）和管路之间	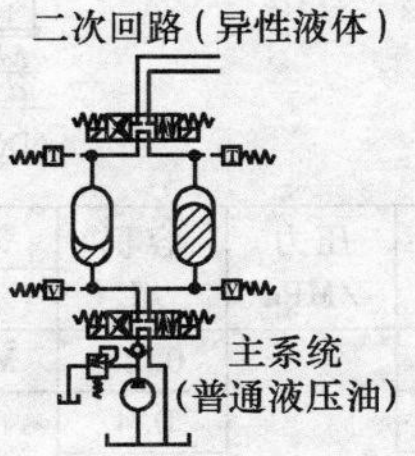 二次回路（异性液体）　主系统（普通液压油）
吸收液压冲击	蓄能器通常装在换向阀或油缸之前，可以吸收或缓和换向阀突然转向或油缸突然停止运动产生的冲击压力	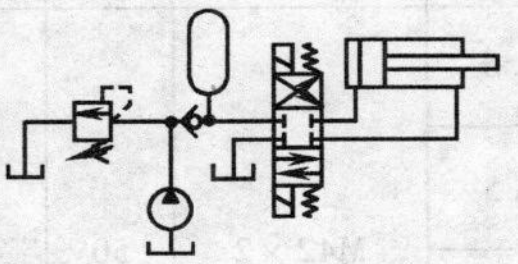 换向阀突然换向时，安全阀还没来得及反应，蓄能器便吸收了液压冲击，压力就不会升高了
作液压空气弹簧	蓄能器可作为液压空气弹簧吸收冲击压力，弹簧刚度 K_T 等于气囊压缩时的压力差产生的当量液压缸作用力除以当量液压缸的位移。即 $$K_T = \frac{(p_2 - p_1)A}{(V_1 - V_2)/A}$$ 式中　p_1、p_2——最低工作压力和最高工作压力（Pa） 　　　　A——当量液压缸的有效面积（m²） 　　　　V_1、V_2——压力为 p_1 和 p_2 时气体的体积（m²）	

注：1. 缓和冲击的蓄能器，应选用惯性小的蓄能器，如气囊式蓄能器、弹簧式蓄能器等。
　　2. 缓和冲击的蓄能器，一般尽可能安装在靠近发生冲击的地方，并垂直安装，油口向下。如实在受位置限制，垂直安装不可能时，再水平安装。
　　3. 在管路上安装蓄能器，必须用支板或支架将蓄能器固定，以免发生事故。
　　4. 蓄能器应安装在远离热源的地方。

3.5　NXQ 气囊式蓄能器

（1）型号说明

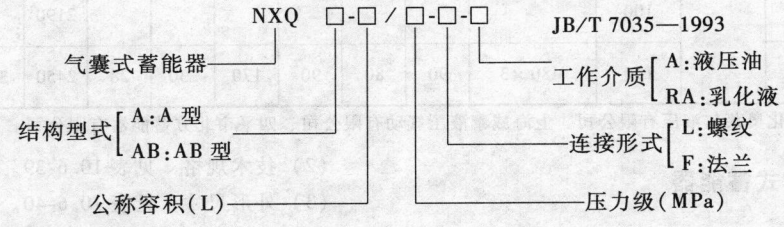

（2）技术规格　见表 10.6-38。

表 10.6-38　NXQ 气囊式蓄能器技术规格及外形尺寸　　　　　　　　（单位：mm）

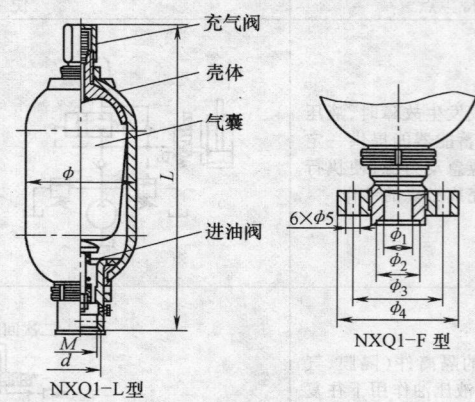

NXQ1-L型　　　　　　　　　　　　　　NXQ1-F 型

型号	压力/MPa	容积/L	基本尺寸										质量/kg
			M	d	ϕ_1	ϕ_2	ϕ_3	ϕ_4	ϕ_5	L	ϕ		
NXQ1-L0.25/※-H		0.25	M22×1.5	—						260	56		2
NXQ1-L0.4/※-H		0.4	M27×2							260	89		3
NXQ1-L0.63/※-H		0.63								320			3.5
NXQ1-L1/※-H		1								330	114		5.5
NXQΔ-$\frac{L}{F}$1.6/※-H		1.6								365			12.5
NXQΔ-$\frac{L}{F}$2.5/※-H		2.5	M42×2	50	42	50	97	130	17	430	152		15
NXQΔ-$\frac{L}{F}$4/※-H		4								540			18.5
NXQΔ-$\frac{L}{F}$6.3/※-H		6.3								710			25.5
NXQΔ-$\frac{L}{F}$10/※-H	※:10 20 31.5	10								650			42
NXQΔ-$\frac{L}{F}$16/※-H		16	M60×2	70	50	65	125	160	21	860	219		57
NXQΔ-$\frac{L}{F}$25/※-H		25								1160			77
NXQΔ-$\frac{L}{F}$40/※-H		40								1680			113
NXQΔ-$\frac{L}{F}$40/※-H		40								1050			127
NXQΔ-$\frac{L}{F}$63/※-H		63	M72×2	80	70	80	150	200	26	1470	299		167
NXQΔ-$\frac{L}{F}$80/※-H		80								1810			208
NXQΔ-$\frac{L}{F}$100/※-H		100								2190			250
NXQΔ-$\frac{L}{F}$150/※-H		150	M80×3	90	80	90	170	230	28	2450	351		445

注：生产厂为奉化奥莱尔液压有限公司、上海威泰液压气动有限公司、四平市北方蓄能器有限公司。

3.6　HXQ 活塞式蓄能器

（1）型号说明

（2）技术规格　见表 10.6-39。

（3）外形尺寸　见表 10.6-40。

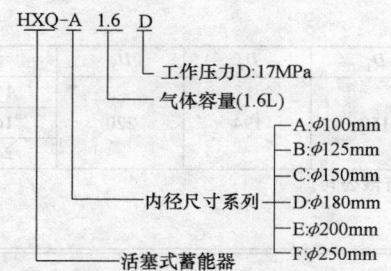

表 10.6-39　HXQ 活塞式蓄能器技术规格

型号	气体容积/ L	压力/MPa		质量/kg
		最高工作压力	耐压	
HXQ-A1.0D	1			18
HXQ-A1.6D	1.6			20
HXQ-A2.5D	2.5			24
HXQ-B4.0D	4			42
HXQ-B6.3D	6.3	17.0	25.5	51
HXQ-B10	10			67
HXQ-C16D	16			110
HXQ-C25D	25			147
HXQ-C39D	39			208
HXQ-D16Z	16			149
HXQ-D25Z	25			176
HXQ-D40Z	40			222
HXQ-E40Z	40			279
HXQ-E63Z	63	20	27	358
HXQ-F63Z	63			382
HXQ-F80Z	80			428
HXQ-F100Z	100			483

表 10.6-40　HXQ 活塞式蓄能器外形尺寸　　　　　　　　　（单位：mm）

管式连接

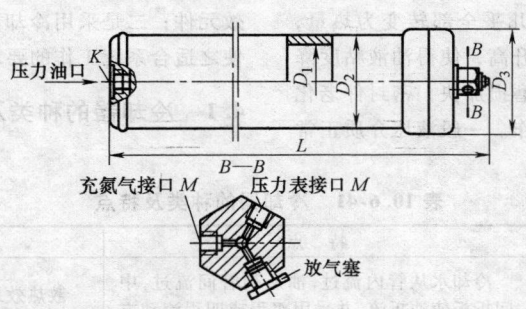

型号	公称通径	D_1	D_2	D_3	L	K	M
HXQ-A1.0D	20	100	127	145	327[1] 324[2]	3/4in[1] M27×2[2]	M12×1.25
HXQ-A1.6D					402[1] 399[2]		
HXQ-A2.5D		100	127	145	517[1] 514[2]	3/4in[1] M27×2[2]	
HXQ-B4.0D					557[1] 562[2]		
HXQ-B6.3D	25	125	152[1] 159[2]	185	747[1] 752[2]	1in[1] M33×2[2]	
HXQ-B10D					1057[1] 1062[2]		

（续）

型号	公称通径	D_1	D_2	D_3	L	K	M
HXQ-C16D	25	150	194	220	1177	1in①	M12×1.25
HXQ-C25D					1687	M33×2②	
HXQ-C39D					2480		

注：生产厂为四平液压件厂、榆次液压有限公司。
① 榆次液压有限公司的产品数据。
② 四平液压件厂的产品数据。

法兰连接

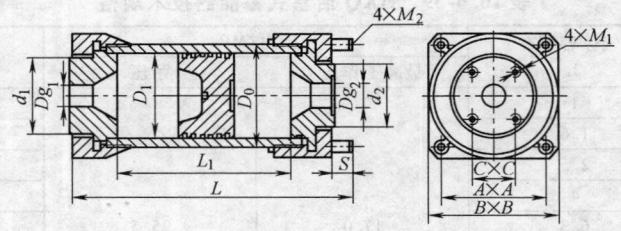

型号	D_1	D_0	L	L_1	M_1	M_2	S	A	B	C	d_1	d_2	Dg_1	Dg_2
HXQ-D16Z	80	212	948	834	M16	M24	28.2	190	260	73	145	140	30	40
HXQ-D25Z			1302	1188										
HXQ-D40Z			1892	1778										
HXQ-E40Z	200	240	1618	1494	M16	M24	33	230	290	73	150	140	50	50
HXQ-E63Z			2350	2226										
HXQ-F63Z	250	292	1668	1544	M20	M30	43	250	340	103	200	160	65	65
HXQ-F80Z			2014	1890										
HXQ-F100Z			2424	2300										80	80

注：生产厂为四平液压件厂、榆次液压有限公司、上海威泰液压气动有限公司、四平市北方蓄能器有限公司、南京福润达压力容器有限公司。

4　冷却器

液压系统中损失的能量，几乎全部转变为热量，造成液压油及液压元件的温度升高，使得油液粘度降低，液压元件内泄漏量增加，磨损加快，密封件老化等，导致液压系统不能正常工作。一般液压介质正常使用温度范围为15～65℃。为了控制液压油的工作温度，一是合理设计系统增加油箱散热面积和选用高效元件；二是采用冷却器强制散热限制油液的温升，使之适合系统工作的要求。

4.1　冷却器的种类及特点（见表10.6-41）

表 10.6-41　冷却器的种类及特点

种类		特点	冷却效果
水冷却式	列管式：固定折板式，浮头式，双重管式，U形管式，立式，卧式等	冷却水从管内流过，油从列管间流过，中间折板使油折流，并采用双程或四程流动方式，强化冷却效果	散热效果好，传热系数（散热系数）可达 350～580W/(m²·K)
	波纹板式：人字波纹式，斜波纹式等	利用板式人字或斜波纹结构叠加排列成的接触点，使液流在流速不高的情况下形成湍流，提高散热效果	散热效果好，传热系数（散热系数）可达 230～815W/(m²·K)
风冷却式	风冷式：间接式，固定式，浮动式，支撑式，悬挂式等	用风冷却油，结构简单、体积小、重量轻、热阻小、换热面积大、使用、安装方便	散热效率高，油传热系数（散热系数）可达 116～175W/(m²·K)
制冷式	机械制冷式：箱式，柜式	利用氟利昂制冷原理把液压油中的热量吸收、排出	冷却效果好，冷却温度控制较方便

4.2　冷却器的选择及计算

在选择冷却器时应首先要求冷却器安全可靠、有足够的散热面积、压力损失小、散热效率高、体积小、质量小等。然后根据使用场合、作业环境情况选择冷却器类型，如使用现场是否有冷却水源，液压站是否随行走机械一起运动，当存在以上情况时，应优先选择风冷式，而后是机械制冷式。

（1）水冷式冷却器的冷却面积计算

$$A = \frac{N_h - N_{hd}}{K \Delta T_{av}} \qquad (10.6\text{-}2)$$

式中　A——冷却器的冷却面积（m^2）；
　　　N_h——液压系统发热量（W）；
　　　N_{hd}——液压系统散热量（W）；
　　　K——散热系数，见表10.6-43；
　　　ΔT_{av}——平均温差（℃）。

$$\Delta T_{av} = \frac{(T_1 + T_2) - (t_1 + t_2)}{2} \qquad (10.6\text{-}3)$$

式中　T_1、T_2——进口和出口油温（℃）；
　　　t_1、t_2——进口和出口水温（℃）。

系统发热量和散热量的估算：

$$N_h = N_p(1 - \eta_c) \qquad (10.6\text{-}4)$$

式中　N_p——输入泵的功率（W）；
　　　η_c——系统的总效率。合理、高效的系统为70% ~ 80%，一般系统仅达到50% ~ 60%。

$$N_{hd} = K_1 A \Delta t \qquad (10.6\text{-}5)$$

式中　K_1——油箱表面传热系数 [$W/(m^2 \cdot ℃)$]，取值范围见表10.6-68。
　　　A——油箱散热面积（m^2）；
　　　Δt——油温与环境温度之差（℃）。

冷却水用量 Q_s（m^3/s）的计算如下：

$$Q_s = \frac{C\rho(T_1 - T_2)}{C_s\rho_s(t_2 - t_1)}Q \qquad (10.6\text{-}6)$$

式中　C——油的比热容 [$J/(kg \cdot ℃)$]，一般 $C = 2010J/(kg \cdot ℃)$；
　　　C_s——水的比热容 [$J/(kg \cdot ℃)$]，一般 $C_s = 1J/(kg \cdot ℃)$
　　　ρ——油的密度（kg/m^3），一般 $\rho = 900kg/m^3$；
　　　ρ_s——水的密度（kg/m^3），一般 $\rho_s = 1000kg/m^3$；
　　　Q——油液的流量（m^3/s）。

（2）风冷式冷却器的面积计算

$$A = \frac{N_h - N_{hd}}{k \Delta T_{av}}a \qquad (10.6\text{-}7)$$

式中　N_h——液压系统发热量（W）；
　　　N_{hd}——液压系统散热量（W）；
　　　a——污垢系数，一般 $a = 1.5$；
　　　k——传热系数。
　　　ΔT_{av}——平均温差（℃）。

$$\Delta T_{av} = \frac{(T_1 + T_2) - (t'_1 + t'_2)}{2} \qquad (10.6\text{-}8)$$

t'_1、t'_2——进口、出口空气温度（℃）。

$$t'_2 = t'_1 + \frac{N_p}{Q_p\rho_p c_p}$$

式中　Q_p——空气流量（m^3/s）；
　　　ρ_p——空气密度（kg/m^3），一般 $\rho_p = 1.4 kg/m^3$；
　　　c_p——空气比热容 [$J/(kg \cdot ℃)$]，一般 $c_p = 1005J/(kg \cdot ℃)$；

空气流量 Q_p（m^3/s）计算方法为

$$Q_p = \frac{N_h}{c_p\rho_p}$$

4.3　冷却回路型式的选用（见表10.6-42）

表 10.6-42　常用冷却回路的型式和特点

名称	简　图	特点与说明	名称	简　图	特点与说明
主油回路冷却回路	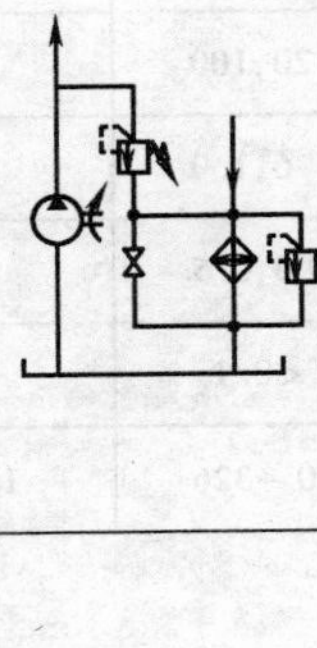	冷却器直接装在主回油路上，冷却速度快，但在系统回路有冲击压力时，要求冷却器能承受较高的压力。 除了冷却已经发热的系统回油之外，还能冷却溢流阀排出的油液。安全阀用于保护冷却器，当不需要冷却时，可打开截止阀。	主溢流阀旁路冷却回路	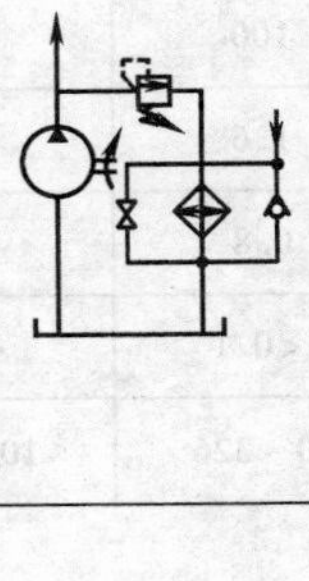	冷却器装在主溢流阀溢流口，溢流阀产生的热油直接获得冷却，同时也不受系统冲击压力影响，单向阀起保护作用，截止阀可在起动时使液压油直接回油箱

（续）

名称	简　图	特点与说明	名称	简　图	特点与说明
独立冷却回路	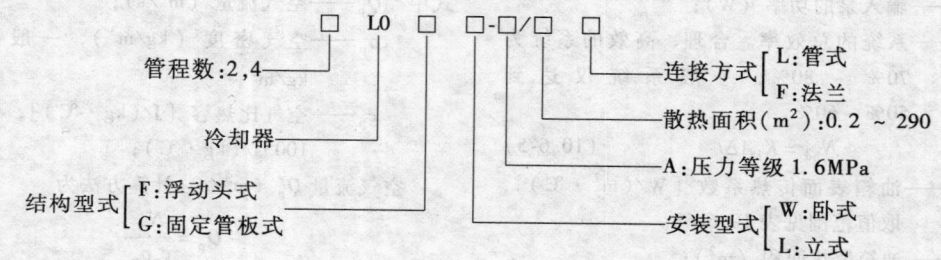	单独的油泵将热工作介质通入冷却器，冷却器不受液压冲击的影响，供冷却用的液压泵吸油管应靠近主回路的回油管或溢流阀的泄油管	闭式系统强制补油的冷却系统		一般装在热交换阀的回油油路上，也可以装在补油泵的出口上 1—补油泵；2—安全阀；3、4—溢流阀 　阀 4 的调定压力要高于阀 3 约 0.1~0.2MPa
组合冷却回路		当液压系统中有冲击载荷时，用冷却泵独立循环冷却，以延长冷却器寿命；当系统无冲击压力时，采用主回油路冷却，以提高冷却效果，多用于台架试验系统	温度自动调节回路		根据油温调节冷却水量，以使油温在很小的范围内变化，接近于恒温 1—测温头；2—进水；3—出水

4.4　LQ 型冷却器

LQ 型管式冷却器主要技术参数和外形尺寸见表 10.6-43 ~ 表 10.6-50。

（1）型号说明

$$\underset{\substack{\text{管程数}:2,4}}{\square}\ \underset{\substack{\text{冷却器}}}{L0}\ \underset{\substack{\text{结构型式}\begin{cases}\text{F}:浮动头式\\\text{G}:固定管板式\end{cases}}}{\square}\text{-}\underset{\substack{\text{安装型式}\begin{cases}\text{W}:卧式\\\text{L}:立式\end{cases}}}{\square}\ \underset{\substack{\text{A}:压力等级\ 1.6\text{MPa}\\\text{散热面积}(\text{m}^2):0.2\sim290\\\text{连接方式}\begin{cases}\text{L}:管式\\\text{F}:法兰\end{cases}}}{\square}$$

（2）技术规格

表 10.6-43　LQ 型冷却器技术规格

参数	2LQFW 2LQF6W	2LQFL	2LQF1W	2LQF2L	2LQGW 2LQG2W	4LQF3W
散热面积 /m^2	0.5 ~ 16	0.5 ~ 16	19 ~ 290	19 ~ 290	0.22 ~ 11.45 0.2 ~ 4.25	1.3 ~ 5.3
传热系数/[W/($m^2 \cdot$ K)]	348 ~ 407	348 ~ 407	348 ~ 407	348 ~ 407	348 ~ 407	523 ~ 580
设计温度/℃	100	100	120	120	120,100	80
工作介质压力/MPa	1.6	1.6	1.6	1.6	1.6,1.0	1.6
冷却介质压力/MPa	0.8	0.8	0.5	0.5	1.0,0.5	0.4
工作介质压力降/MPa	<0.1	<0.1	<0.1	<0.1	<0.1	
介质粘度/(×$10^{-6}m^2$/s)	10 ~ 326	10 ~ 326	10 ~ 326	10 ~ 326	10 ~ 326	10 ~ 50

表 10.6-44　LQ 冷却器选用表

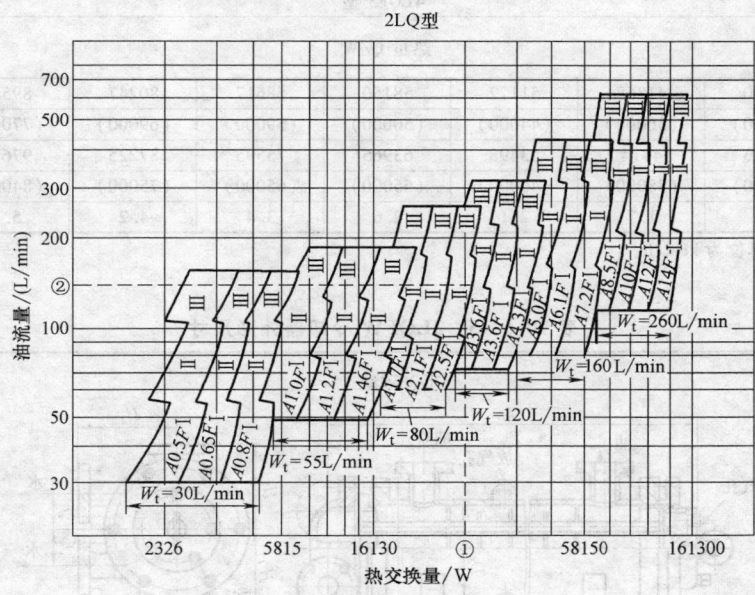

注：选定要领：

例：横轴①热交换量为 23260W，纵轴②油的流量 150L/min 的交点处，选定油冷却器为 A2.5F。

条件：油出口温度 $T_2 \leqslant 50℃$，冷却水入口温度 $t_1 \leqslant 28℃$。

W_t 为最低水流量。

4LQF3 型							
油流量/ （L/min）	热量 Q/W						油侧压力降/ MPa
58	15002.7	18142.8	21515.5	24771.5	27912	31168.4	33727	
	(12900)	(15600)	(18500)	(21300)	(24000)	(26800)	(29000)	
66	17096.1	20934	24423	28377.2	31982.5	35471.5	38379	≤0.1
	(14700)	(18000)	(21000)	(24400)	(27500)	(30500)	(33000)	
75	19189.5	23260	27563.1	31749.9	35820.4	40123.5	43496.2	
	(16500)	(20000)	(23700)	(27300)	(30800)	(34500)	(37400)	
83	20817.7	26051.2	29772.8	34308.5	38960.5	43612.5	48264.5	
	(17900)	(22400)	(25600)	(29500)	(33500)	(37500)	(41500)	
92	22445.9	28493.5	32564	36634.5	41868	47101.5	51753.5	0.11 ~ 0.15
	(19300)	(24500)	(28000)	(31500)	(36000)	(40500)	(44500)	
100	24539.3	29075	34308.5	40123.5	45822.2	51172	56405.5	
	(21100)	(25000)	(29500)	(34500)	(39400)	(44000)	(48500)	
108	25353.4	31401	36053	42216.9	48264.5	54079.5	59894.5	
	(21800)	(27000)	(31000)	(36300)	(41500)	(46500)	(51500)	
116	27330.5	31982.5	38960.5	45357	50590.5	58150	64546.5	
	(23500)	(27500)	(33500)	(39000)	(43500)	(50000)	(55500)	
125	27912	33145.5	41868	47101.5	52916.5	61057.5	68035.5	0.15 ~ 0.20
	(24000)	(28500)	(36000)	(40500)	(45500)	(52500)	(58500)	
132	28493.5	33727	42449.5	48846	56405.5	63965	70943	
	(24500)	(29000)	(36500)	(42000)	(48500)	(55000)	(61000)	
150	29656.5	36634.5	44775.5	53498	61639	69780	76758	0.2 ~ 0.3
	(25500)	(31500)	(38500)	(46000)	(53000)	(60000)	(66000)	
166	31401	40705	47683	56987	66291	75595	84899	
	(27000)	(35000)	(41000)	(49000)	(57000)	(65000)	(73000)	

（续）

4LQF3 型							
油流量/(L/min)	热量 Q/W						油侧压力降/MPa
184	34890 (30000)	41868 (36000)	51172 (44000)	58150 (50000)	68617 (59000)	80247 (69000)	89551 (77000)
200	37216 (32000)	4414 (38000)	53498 (46000)	63965 (55000)	75595 (65000)	87225 (75000)	97692 (84000)
换热面积/m²	1.3	1.7	2.1	2.6	3.4	4.2	5.3

油侧压力降 0.2～0.3（对应 184、200 两行）

注：括号内数值单位为 kcal/h。

（3）外形尺寸

表 10.6-45　2LQFW 冷却器外形尺寸　　　　　（单位：mm）

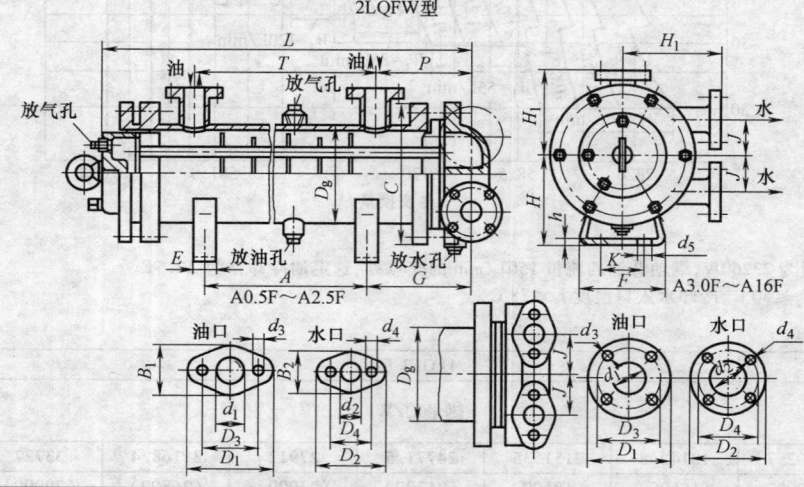

2LQFW型

型号		A0.5F	A0.65F	A0.8F	A1.0F	A1.2F	A1.46F	A1.7F	A2.1F	A2.5F	A3.0F	A3.6F	A4.3F	A5.0F	A6.0F	A7.2F	A8.5F	A10F	A12F	A14F	A16F
散热面积/m²		0.5	0.65	0.8	1.0	1.2	1.46	1.7	2.1	2.5	3.0	3.6	4.3	5.0	6.0	7.2	8.5	10	12	14	16
底部尺寸	A	345	470	595	440	565	690	460	610	760	540	665	815	540	690	865	575	700	875		
	K	90			104			120			140			170				230			
	h	5																6			
	E	40			45			50			55			60				65			
	F	140			160			180			210			250				320			
	d_5	11			14													18			
筒部尺寸	D_g	114			150			186			219			245				325			
	H	115			140			165			200			240				280			
	J	42			47			52			85			95				105			
	H_1	95			115			140			200			240				280			
	L	545	670	790	680	805	930	740	890	1040	870	995	1145	920	1070	1245	1000	1125	1300		1547
	G	100			115			140			175			205				220			
	P	93			105			120			170			190				210			
	T	357	482	607	460	585	710	500	650	800	565	690	840	570	720	895	590	715	890		1038
	C	186			220			270			308			340				406			

（续）

型号	A0.5 F	A0.65 F	A0.8 F	A1.0 F	A1.2 F	A1.46 F	A1.7 F	A2.1 F	A2.5 F	A3.0 F	A3.6 F	A4.3 F	A5.0 F	A6.0 F	A7.2 F	A8.5 F	A10 F	A12 F	A14 F	A16 F
法兰尺寸			椭圆法兰										圆形法兰							
油口 d_1		25			32			40			50			65			80			
油口 D_1		90			100			118			160			180			195			
油口 B_1		64			72			85			—									
油口 D_3		65			75			90			125			145			160			
油口 d_3		11					14			18						$8 \times \phi18$				
水口 d_2		20			25			32			40			50			65			
水口 D_2		80			90			100			145			160			180			
水口 B_2		45			64			72			—									
水口 D_4		55			65			75			110			125			145			
水口 d_4		11								18										
质量/kg	30	33	36	47	51	54	60	70	76	110	119	130	145	161	176	215	231	250	260	270

表 10.6-46　2LQFL 冷却器外形尺寸　　　　　　　（单位：mm）

2LQFL型

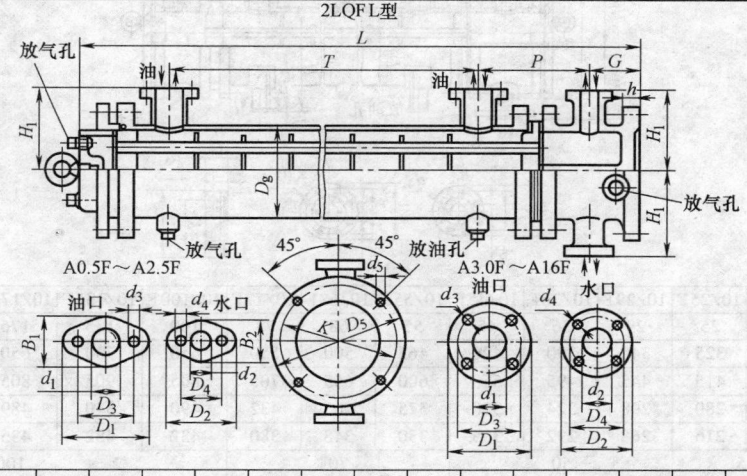

型号	A0.5 F	A0.65 F	A0.8 F	A1.0 F	A1.2 F	A1.46 F	A1.7 F	A2.1 F	A2.5 F	A3.0 F	A3.6 F	A4.3 F	A5.0 F	A6.0 F	A7.2 F	A8.5 F	A10 F	A12 F	A14 F	A16 F
散热面积/m²	0.5	0.65	0.8	1.0	1.2	1.46	1.7	2.1	2.5	3.0	3.6	4.3	5.0	6.0	7.2	8.5	10	12	14	16
底部尺寸 D_5		186			220			270			308			340			406			
底部尺寸 K		164			190			240			278			310			366			
底部尺寸 h		16						18						20						
底部尺寸 G		75			80			85			90			95			100			
底部尺寸 d_5		12						15							18					
筒部尺寸 D_g		114			150			186			219			245			325			
筒部尺寸 L	620	745	870	760	886	1010	825	975	1125	960	1085	1235	1015	1165	1340	1100	1225	1400		1547
筒部尺寸 H_1		95			115			140			200			240			280			
筒部尺寸 P		93			105			120			170			190			210			
筒部尺寸 T	357	482	607	460	585	710	500	650	800	565	690	840	570	720	895	590	715	890		1038
法兰尺寸			椭圆法兰										圆形法兰							
油口 d_1		25			32			40			50			65			80			
油口 D_1		90			100			118			160			180			195			
油口 B_1		64			72			85			—									
油口 D_3		65			75			90			125			145			160			
油口 d_3		11					14			18						$8 \times \phi18$				

（续）

型号	A0.5F	A0.65F	A0.8F	A1.0F	A1.2F	A1.46F	A1.7F	A2.1F	A2.5F	A3.0F	A3.6F	A4.3F	A5.0F	A6.0F	A7.2F	A8.5F	A10F	A12F	A14F	A16F
散热面积/m²	0.5	0.65	0.8	1.0	1.2	1.46	1.7	2.1	2.5	3.0	3.6	4.3	5.0	6.0	7.2	8.5	10	12	14	16
水口 d_2	20			25			32			40			50			65				
水口 D_2	80			90			100			145			160			180				
水口 B_2	45			64			72			—										
水口 D_4	55			65			75			110			125			145				
水口 d_4	11												18							
质量/kg	35	38	41	51	55	58	68	77	84	118	126	137	148	163	179	227	243	265	275	285

表 10.6-47　2LQF₁W 冷却器外形尺寸　　　　（单位：mm）

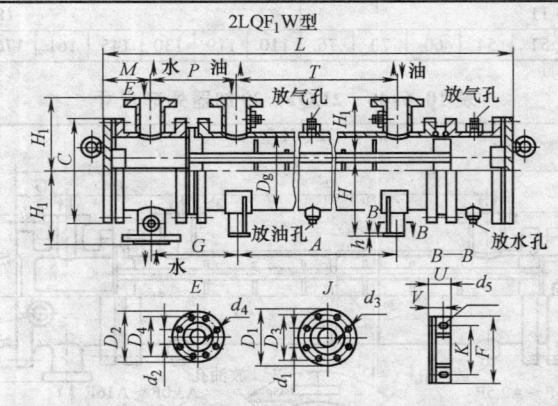

型号	10/19F	10/25F	10/29F	10/36F	10/45F	10/55F	10/68F	10/77F	10/100F	10/135F	10/176F	10/244F	10/290F
散热面积/m²	19	25	29	36	45	55	68	77	100	135	176	244	290
D_g	273	325	345	390	426	465	500	550	650	730	650	730	
C	360	415	445	495	550	600	655	705	805	905	805	908	
H_1	248	280	298	324	350	375	405	432	490	540	489	540	
H	190	216	268	292	305	330	348	380	432	482	435	485	
V	35			50			70			100			
U	60			85			100			125			
F	200	230	250	270	300	325	400		435	480	430	480	
d_5	4-16×22	4-16×32				4-19-32				4×φ22			
h	10						14						
d_1	150					200				250			
D_1	280					335				405			
D_3	240					295				355			
d_3	8×φ23					12×φ23				12×φ25			
d_2	80			100			150			200			
D_2	95			215			280			335			
D_4	160			180			240			295			
d_4	8×φ18						8×φ23						
M	140	145	160	165	190	195	200	205	240	255	201	611	
P	290	292	310	320	345	385	390	395	458	475	381	404	
K	140	165	190	215	240	265	345		380	432	382	432	
T	2690			2680		2615	2600	2595	2525	2510	4705	4993	5905
L	3460	3470	3510	3520	3580	3630	3640	3655	2730	3770	5709	6022	1059
A	2690		2670	2640	2670	2590			2690	2620	4700	4800	5800
G	240		280	285	310	345	350	355	360	375	425	450	
质量/kg	430	551	624	811	912	1108	1362	1584	2267	3170	4170	5200	5900

表 10.6-48　2LQF₆W 冷却器外形尺寸　　　　　　　　　　（单位：mm）

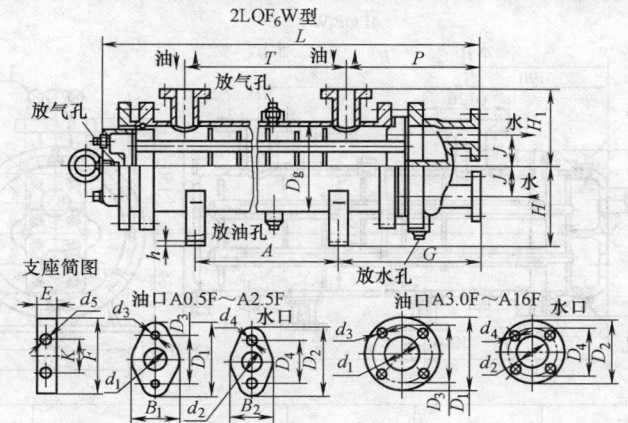

型号		A0.5F	A0.65F	A0.8F	A1.0F	A1.2F	A1.46F	A1.7F	A2.1F	A2.5F	A3.0F	A3.6F	A4.3F	A5.0F	A6.0F	A7.2F	A8.5F	A10F	A12F	A14F	A16F
散热面积/m²		0.5	0.65	0.8	1.0	1.2	1.46	1.7	2.1	2.5	3.0	3.6	4.3	5.0	6.0	7.2	8.5	10	12	14	16
底部尺寸	A	345	470	595	440	565	690	460	610	760	540	665	815	540	690	865	575	700	875		
	K	90			104			120			140			170			230				
	h	5																	6		
	E	40			45			50			55			60			65				
	F	140			160			180			210			250			320				
	d₅	11			14												18				
筒部尺寸	D_g	114			150			186			219			245			325				
	H	115			140			165			200			240			280				
	J	42			47			52			85			95			105				
	H₁	95			115			140			200			240			280				
	L	614	739	859	762	887	1012	846	996	1146	965	1090	1240	1022	1172	1347	1112	1237	1412		1547
	G	169			197			246			270			307			332				
	P	162			190			226			265			292			322				
	T	357	482	607	460	585	710	500	650	800	565	690	840	570	720	895	590	715	890		1038
法兰尺寸		椭圆法兰									圆形法兰										
油口	d₁	25			32			40			50			65			80				
	D₁	90			100			118			160			180			195				
	B₁	64			72			85			—										
	D₃	65			75			90			125			145			160				
	d₃	11						14						18			8×φ18				
水口	d₂	20			25			32			40			50			65				
	D₂	80			90			100			145			160			180				
	B₂	45			64			72			—										
	D₄	55			65			75			110			125			145				
	d₄	11									18										
质量/kg		30	33	36	47	51	54	60	70	76	110	119	130	145	161	176	215	231	250	260	270

注：生产厂为辽宁营口液压机械厂、姜堰市远翔换热设备厂、泰州市中宇换热设备制造有限公司。

表 10.6-49　4LQF₃W 冷却器外形尺寸

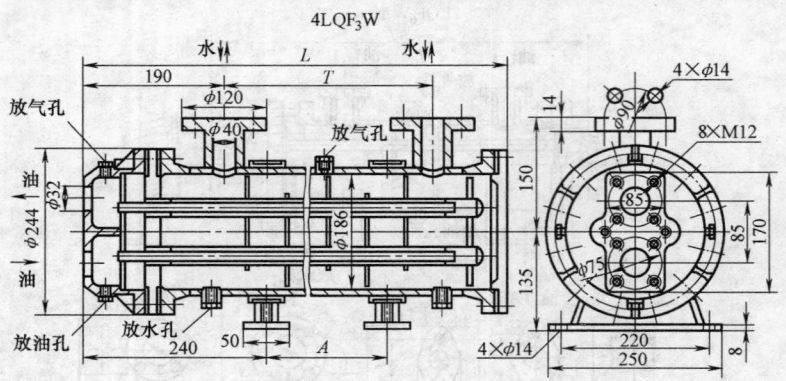

4LQF₃W

型号	换热面积/m²	L/mm	T/mm	A/mm	重量/kg	容积/L 管内	容积/L 管间
4LQF₃W-A1.3F	1.3	490	205	≤105	49	4.8	3.8
4LQF₃W-A1.7F	1.7	575	290	≤190	53	5.6	4.8
4LQF₃W-A2.1F	2.1	675	390	≤290	59	6.5	6
4LQF₃W-A2.6F	2.6	805	520	≤420	66	7.7	7.6
4LQF₃W-A3.4F	3.4	975	690	≤590	75	9.3	9.7
4LQF₃W-A4.2F	4.2	1175	890	≤790	86	11.1	12.1
4LQF₃W-A5.3F	5.3	1425	1140	≤1040	99	13.4	15.1

表 10.6-50　2LQGW 冷却器外形尺寸　　　　　　　　（单位：mm）

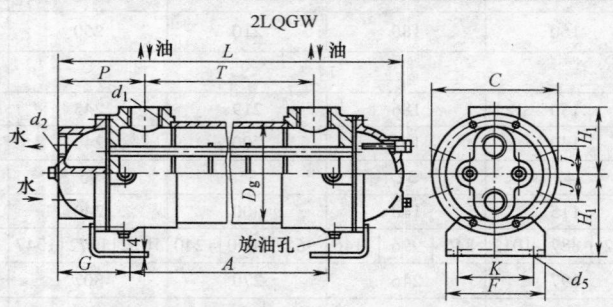

2LQGW

型号	A0.22 L	A0.4 L	A0.66 L	A1.03 L	A1.36 L	A0.86 L	A1.46 L	A2.02 L	A2.91 L	A2.11 L	A3.18 L	A4.22 L	A5.27 L	A3.82 L	A5.76 L	A7.65 L	A9.55 L	A11.45 L
D_g			80					130				155				206		
C			106					165				190				250		
L	273	433	683	993	1293	470	720	1030	1330	731	1041	1341	1646	777	1087	1387	1692	1997
T	152	312	562	872	1172	287	537	847	1147	521	831	1131	1436	483	793	1093	1398	1703
P			65					94				109				154		
H_1			62					92				108				143		
G			45					76				96				135		
A	183	343	593	903	1203	323	573	883	1183	546	856	1156	1461	520	830	1130	1435	1740
H			65					89				105				137		
F			80					130				150				210		
K			60					106				125				180		
d_5			10×10					12×18								16×22		
d_2		M33×2(1in)					M48×2(1½in)				M64×3(2in)					M80×3(2½in)		
d_1		M33×2(1in)					M48×2(1½in)				M64×3(2in)					M100×3(3in)		
J			25					38				40				59		
散热面积/m²	0.22	0.4	0.66	1.03	1.36	0.86	1.46	2.02	2.91	2.11	3.18	4.22	5.27	3.82	5.76	7.65	9.55	11.45
质量/kg	5.4	6.4	7.7	9.4	11.1	21	25	29.5	34	43	52	61	68	84	100	115	131	

4.5　BR 型板式冷却器

BR 型板式冷却器主要技术参数和外形尺寸见表 10.6-51、表 10.6-52。

（1）型号说明

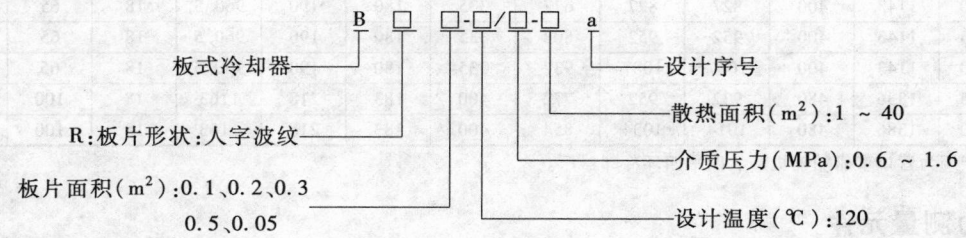

（2）技术规格

表 10.6-51　BR 型板式冷却器技术规格

散热面积/m²	介质压力/MPa	设计温度/℃	板片面积/m²	板片形状	散热面积/m²	介质压力/MPa	设计温度/℃	板片面积/m²	板片形状
1					21				
2					24	1.6		0.2	
3	1.6、1		0.1	人字形波纹形	10				
5					12				
7					14				
10		120			17				
4					20		120		人字形
6					24	1.6、1、0.6		0.3	
10	1.6		0.2	人字形	27				
13					30				
15					35				
18					40				

（3）外形尺寸

表 10.6-52　BR 型板式冷却器外形尺寸　　　　　　（单位：mm）

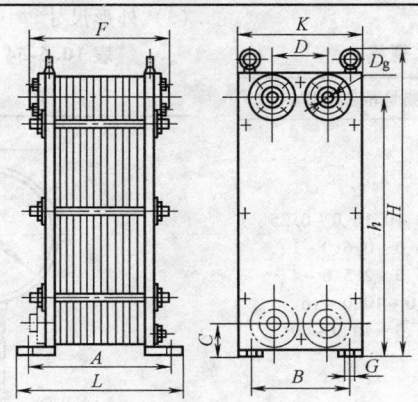

型号	H	K	L	F	A	B	C	D	H	G	D_g	质量/kg
BR0.1-2	768.5	315	260	238	230	250	190.5	142	636.5	18	50	160
BR0.1-4	768.5	315	344	346	332	250	190.5	142	636.5	18	50	192
BR0.1-5	768.5	315	386	390	382	250	190.5	142	636.5	18	50	208
BR0.1-6	768.5	315	428	441	433	250	190.5	142	636.5	18	50	223
BR0.1-8	768.5	315	512	543	535	250	190.5	142	636.5	18	50	255

（续）

型号	H	K	L	F	A	B	C	D	H	G	D_g	质量/kg
BR0. 1-10	768. 5	315	596	648	640	250	190. 5	142	636. 5	18	50	286
BR0. 2-15	1143	400	692	692	542	335	180	190	960. 5	18	65	568
BR0. 2-20	1143	400	827	827	677	335	180	190	960. 5	18	65	658
BR0. 2-25	1143	400	952	952	802	335	180	190	960. 5	18	65	742
BR0. 2-30	1143	400	1087	1087	937	335	180	190	960. 5	18	65	833
BR0. 3-35	1836	480	932	952	772	400	183	218	1163	18	100	1205
BR0. 3-40	1386	480	1014	1034	854	400	183	218	1163	18	100	1262

注：生产厂为营口市船舶辅机厂、四平四环冷却器厂。

5　压力测量元件

5.1　压力表

压力表类型、规格、尺寸等参数见表 10.6-53 ~ 表 10.6-58。

（1）型号说明

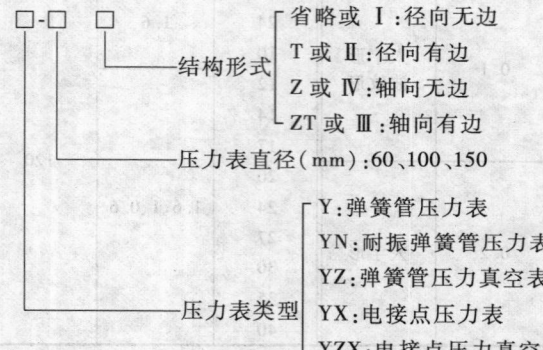

（2）技术规格

表 10.6-53　压力表技术规格

类型	型号	压力测量范围/MPa
弹簧管压力表	Y-60、Y-100、Y-150、Y-200	
耐振弹簧管压力表	YN-60、YN-100、YN-150	0 ~ 0.1、0 ~ 0.16、0 ~ 0.25、0 ~ 0.4、0 ~ 0.6、0 ~ 1、0 ~ 1.6、0 ~ 2.5、0 ~ 4、0 ~ 6、0 ~ 10、0 ~ 16、0 ~ 25、0 ~ 40、0 ~ 60
电接点压力表	YX-100、YX-150	
弹簧管压力真空表	YZ-60、YZ-100、YZ-150、YZ-200	−0.1 ~ 0.06、−0.1 ~ 0.15、−0.1 ~ 0.3、−0.1 ~ 0.5、−0.1 ~ 0.9、−0.1 ~ 1.5、−0.1 ~ 2.4

（3）外形尺寸

表 10.6-54　压力表径向无边外形尺寸

（单位：mm）

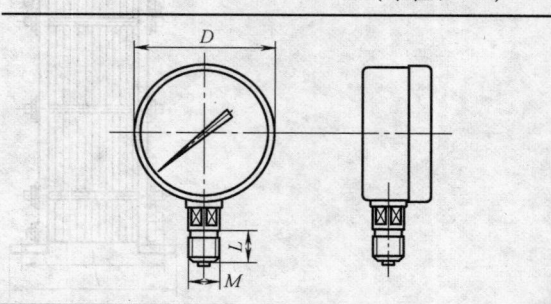

压力表直径 ϕ	D	L	M	精度等级
40	40	10	M10 × 1	2.5
60	60	14	M14 × 1.5	2.5
100	100	20	M20 × 1.5	1.5
150	150	20	M20 × 1.5	1.5
200	200	20	M20 × 1.5	1.5

表 10.6-55　压力表径向有边外形尺寸
（单位：mm）

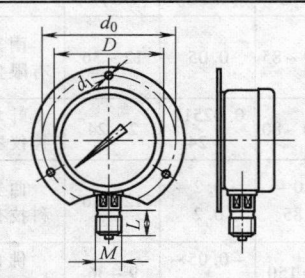

压力表直径 φ	D	d_0	d_1	L	M	精度等级
60	60	72	4.5	14	M14 × 1.5	2.5
100	100	118	5.5	20	M20 × 1.5	1.5
150	150	165	5.5	20	M20 × 1.5	1.5
200	200	215	5.5	20	M20 × 1.5	1.5

表 10.6-56　压力表轴向无边外形尺寸
（单位：mm）

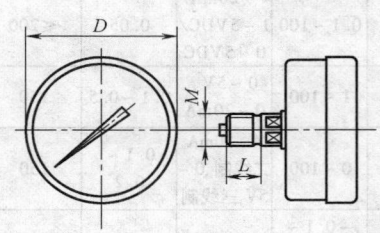

压力表直径 φ	D	L	M	精度等级
60	60	12	M10 × 1	2.5
60	60	14	M14 × 1.5	2.5

表 10.6-57　压力表轴向有边外形尺寸　（单位：mm）

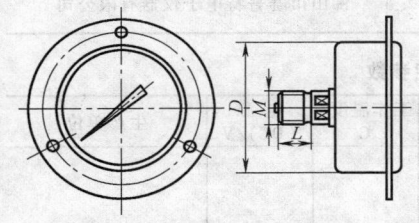

压力表直径 φ	D	L	M	精度等级
40	40	10	M10 × 1	2.5
60	60	12	M10 × 1	2.5
60	60	14	M14 × 1.5	2.5

表 10.6-58　压力表轴向有边外形尺寸　（单位：mm）

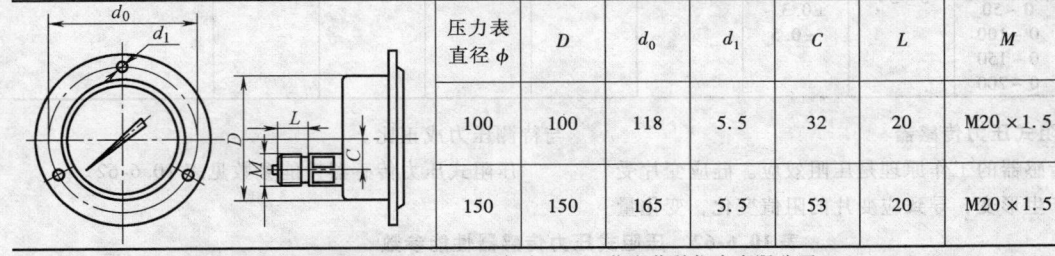

压力表直径 φ	D	d_0	d_1	C	L	M	精度等级
100	100	118	5.5	32	20	M20 × 1.5	1.5
150	150	165	5.5	53	20	M20 × 1.5	1.5

注：生产厂为杭州东亚仪表有限公司、上海江月仪表厂、江苏省苏科仪表有限公司。

5.2　压力传感器（变送器）

5.2.1　应变式压力传感器

此类传感器利用应变片的工作原理，在弹性元件上粘贴一组电阻应变片，并接成电桥。在其上引入压力时，弹性体变形，引起应变片变形，并导致应变片的阻值发生变化，使电桥平衡破坏，故输出与压力成正比的电压信号。

1. 应变片式压力传感器

性能参数表见表 10.6-59。

2. 电阻应变式压力传感器

该传感器采用应变管式膜片作为压力敏感元件，温度自补偿电阻应变片作为转换元件，适用于测量无腐蚀性气体和液体的压力。

1）电阻应变式压力传感器，其性能参数见表 10.6-60。

2）YB 系列压力传感器　该压力传感器属电阻应变式，具有结构简单、成本低、精度高、耐腐蚀、抗振等特点。它既适用于检测一般流体压力，也可用于检测有强耐腐蚀气体和酸、碱类液体的压力。其性能参数见表 10.6-61。

表 10.6-59　应变片式压力传感器的性能参数

型号	压力量程/MPa	输出	非线性度（％FS）	超载（％FS）	精度（％FS）	输出阻抗/Ω	工作温度/℃	零点温漂（％FS）	供桥电压（DC）/V	生产厂
HM20	0.1～100	4～20mA/1～5VDC/0～5VDC	0.05	≤200	−0.25～0.25	≤(U−12)/0.02	−40～85	0.05	12～36	南京宏沐科技有限公司
MCY-B※	1～100	0～5V、0～20mA	0.1～0.5	150	0.1～0.5	≤800	−20～80	0.02512～24	2～24	蚌埠市力达测控仪器有限公司
CYB13P	0～100	4～20mA二线制、0～5V三线制	0.1～0.2	150	±0.2～±0.5		−20～+85	−0.2～0.2	12～36	西安新敏电子科技有限公司
PTH502	−0.1～150	0～5V		150	0.1～1.0	≤800	20～150	−0.05～0.05	9～36	佛山市昊胜传感仪器有限公司

表 10.6-60　电阻应变式压力传感器性能参数

型号	压力量程/MPa	非线性度（％）	零位温漂（％/℃）	灵敏度温漂（％/℃）	工作温度/℃	生产单位
ZY39-BPR-2	3～35	<0.15	<0.01	<0.012	+10～50	西化仪科技有限公司
BPR-2	1～50	<1.0	<0.04	0.04	<+180(冷风)	华东电子仪器厂
BPR-4	0.02～0.4	<0.2 <0.3	<0.02	<0.02	−10～60	成都科学仪器厂
PT500※	−0.1～120	0.5	0.25	0.1	120～300(可选)	佛山市赛普特电子仪器有限公司

表 10.6-61　YB 系列压力传感器性能参数

型号	量程/MPa	输出	精度（％FS）	超载（％FS）	零位温漂（％FS）	输出阻抗/Ω	工作温度/℃	电源（DC）/V	生产单位
YB※	0～1 0～3 0～7 0～10 0～20 0～30 0～50 0～100 0～150 0～200	4～20mA或0～5V	A级±0.2～±0.5、B级±0.3～±0.5	120	≤5×10⁻⁴	≤100	0～50	24V或±15V	西南结构力学研究所

5.2.2　压阻式压力传感器

这种传感器的工作原理是压阻效应。硅应变片受力作用而产生形变，导致应变片的阻值变化，变化量与待测压力成正比。

压阻式压力传感器性能参数见表 10.6-62。

表 10.6-62　压阻式压力传感器性能参数

型号	压力量程/MPa	输出	非线性度（％FS）	超载（％FS）	精度（％FS）	工作温度/℃	零点温漂（％FS）	供桥电压（DC）/V	测量介质	生产厂
RS-YB※	1～100	4～20mA或0～5V	±0.5	200	0.1～0.5	−10～70	0.03	12～36	对不锈钢不腐蚀的气、液体	上海聚人电子科技有限公司
MCY-B	1～100	0～5V、0～20mA	0.1～0.5	150	0.1～0.5	−20～80	0.025	12～24	对不锈钢不腐蚀的气、液体	蚌埠市力达测控仪器有限公司
PT500-※	0.6～120	0～10V	±0.15	150	±0.1～±0.5	−20～300(可选)	−20～85	12～36	低腐蚀气、液体	佛山市普量电子科技有限公司
NS-※	1～100	1～10V	±0.1	200	0.05～0.3	−40～120	0.025	9～24	对不锈钢不腐蚀的气、液体	上海天沐自动化仪表有限公司
PRC-802	1～100	≥50mV	≤0.2	200	0.1～0.5	−40～125	±0.02	12	低腐蚀液、气体	杭州润辰科技有限公司

5.2.3 压电式压力传感器

压电式压力传感器利用石英、钛酸钡等物质的压电效应特性来测压力，施与外力使之几何尺寸发生变化，且内部极化，表面出现电荷形成电场。该型传感器可用于测量液体和气体的流场动态压力，其性能参数见表10.6-63。

表10.6-63 压电式压力传感器性能参数

型号	压力量程/MPa	非线性度/（%FS）	灵敏度/（%/MPa）	绝缘电阻/Ω	频率响应/kHz	生产单位
005C、005D	0~60	≤0.8	≥100 pC	10^{11}	100	成都亦洛自动化工程有限公司
QSY※	5,25	≤0.5	~100,60pC		≥120	绵阳市奇石缘科技有限公司
MYD-※	0~50	≤0.8	120~140pC		≥200	绵阳铭宇科技有限公司
HB-35C	0~150	0.5	0.2	10^{13}		佛山市赛普特电子仪器有限公司
BZ1701	0~30	≤1	120pC	10^{13}	≥400	嘉兴市振恒电子技术有限责任公司

6 温控仪表（计）

温度计产品见表10.6-64~表10.6-66。

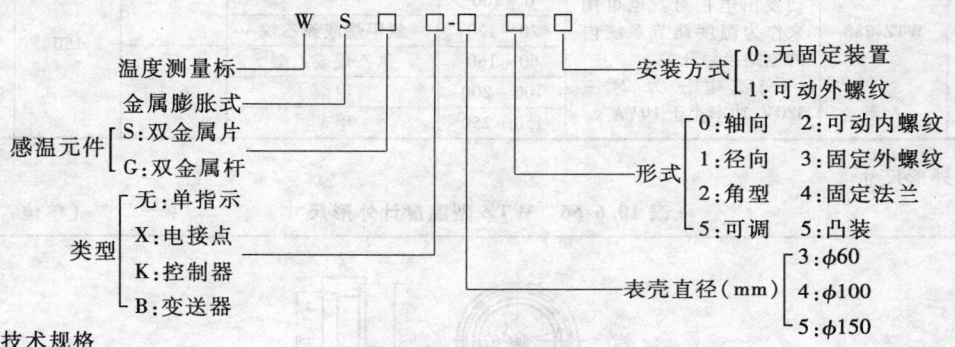

6.1 WSS型双金属温度计

（1）型号说明

感温元件
温度测量标
金属膨胀式
S：双金属片
G：双金属杆

类型
无：单指示
X：电接点
K：控制器
B：变送器

W S □ - □ □ □

安装方式
0：无固定装置
1：可动外螺纹
2：可动内螺纹
3：固定外螺纹
4：固定法兰
5：凸装

形式
0：轴向
1：径向
2：角型
5：可调

表壳直径（mm）
3：φ60
4：φ100
5：φ150

（2）技术规格

表10.6-64 WSS型双金属温度计技术规格 （单位：mm）

型号	表直径	精度等级	温度范围/℃	分度值/℃	保护管直径 d	插入长度	安装螺纹
轴向定	60		-80~40	2	6	75~300	M16×1.5
			-40~80	2			
			-40~160	5	8	75~500	
轴定向 径向定 135°角型 可调角型	100、150	1.5	0~100	2	8	75~500	M27×2
			0~150	2			
			0~200	5	10	75~1000	
			0~300	5	12	75~1000	
			0~400	5	16	75~2000	
			0~500	10			

注：生产厂为常州市瑞明仪表厂、常州双环热工仪表有限公司。

（3）外形尺寸见图10.6-3。

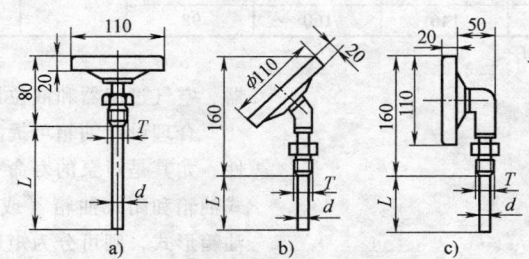

图10.6-3 WSS型双金属温度计外形尺寸

a）轴向型 b）135°角型 c）径向型

6.2　WTZ 型温度计

（1）型号及技术规格

表 10.6-65　WTZ 型温度计型号及技术规格

名称	型号	用　途	测温范围/℃	灌充介质	温包耐压/MPa	表面直径/mm	质量/kg
蒸气式指示温度计	一般 WTZ-280	利用灌充在密闭系统内流体的温度与压力间的变化，测量 20m 以内工业设备上的气体、液体和蒸气的表面温度。表面为不均匀的刻度	−20～60	氯甲烷或氟利昂 12	1.6	100、125、150	1.8
			0～50				
			0～100				
			20～120	氯甲烷或氯乙烷			
			60～160	氯乙烷或乙醚			
			100～200	甲酮	6.4		
			150～250	甲苯			
	电接点 WTZ-288	同上，并能在工作温度达到和超过给定值时，自动发出电信号。也可用来作为温度调节系统内的电路接触开关　交流电压为 24～380V，功率小于 10VA	−20～60	氯甲烷或氟里昂 12	1.6	150	2.5
			0～50				
			0～100				
			20～120	氯甲烷或氯乙烷			
			60～160	氯乙烷或乙醚			
			100～200	甲酮	6.4		
			150～250	甲苯			

（2）外形尺寸

表 10.6-66　WTZ 型温度计外形尺寸　　　（单位：mm）

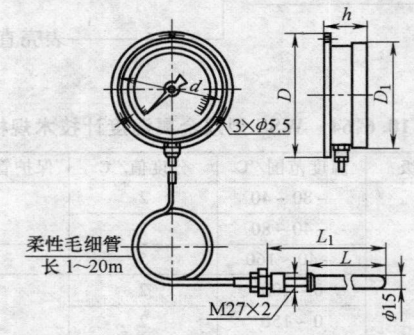

柔性毛细管 长 1～20m
3×φ5.5
M27×2
φ15

表面直径	D	D_1	d	h	毛细管长度			
					≤12000		>12000～20000	
					L	L_1	L	L_1
φ100	130	118	120	50	150	250	230	340
φ125	145	134	135	50				
φ150	172	157	160	50				
电接点 φ150	175	146	160	98				

注：生产厂为常州市新华仪表厂。

7　油箱及附件

7.1　油箱类型

1. 油箱的功用及类型

油箱的用途主要是储油、散热和分离液压油中的气泡、杂质等。油箱中或周围一般装有冷却器、加热器、空气过滤器和液位计等辅件。

合理设计油箱可提高液压元件及系统的工作可靠性，尤其是对泵的寿命有决定性的影响。油箱分为开式油箱和闭式油箱（或称增压油箱）两种。如果按油箱形式，则可分为矩形油箱和圆筒形油箱。矩形油箱是使用最普遍的一种油箱，它既便于制造，又能充分利用空间，所以一般（容量小于 2000L）都采用这种形式。圆筒形油箱通常用于容量较大的场合。最常见的圆筒形油箱为卧式，它质量小、易清洗，可按制造压力容器的方法制造，两端可选用标准化尺寸的封头。制造和焊接工艺都很成熟，刚性也较好，常在大型冶金设备中采用。

油箱的设计是保证液压系统稳定正常工作的基础，须得到足够的重视，使其能很好地满足下列要求：

1）能储存足够的油液，以满足液压系统正常工作的需要。

2）应有足够的表面面积，能散发系统工作产生的热量。

3）油箱中的油液应平缓迂回流动，以利于油液中空气的分离和污染物的沉淀。

4）应能有效地防止外界污染物的浸入。

5）应能保证液压泵的正常吸油，防止气泡的混入和气穴的产生。

6）应为清洗油箱及油箱内元部件的安装、维修提供方便，并且便于注油和排油。

7）应备有液面指示器等装置，便于观察液面的变化。

8）应使外形整齐美观，并具有一定的强度和刚度。特别是当油箱上需要安装泵、电动机等设备时，更应特别注意油箱的强度及刚度。此外，还要考虑油箱的安装及吊放的方便。

9）对油箱内表面进行防腐处理：

① 酸洗后磷化。适用于所有介质，但受酸洗磷化槽限制，油箱不能太大。

② 喷丸后直接涂防锈油。适用于一般矿物油和合成液压油，不适合含水液压油。不受处理条件限制，大型油箱较多采用此方法。

③ 喷砂后热喷涂氧化铝。适用于除水-乙二醇外所有介质。

④ 喷砂后进行喷塑。适用于所有介质。但受烘干设备限制，油箱不能过大。考虑油箱内表面的防腐处理时，不但要顾及与介质的相容性，还要考虑处理后的可加工性，制造到投入使用之间的时间间隔以及经济性，在条件允许时使用。

2. 油箱分类

（1）开式油箱 箱中液面与大气相通，为了防止外界污染物随空气进入油箱内，需要在油箱的通气孔上安装空气过滤器，过滤口兼做注油口用。开式油箱结构简单，安装维护方便，液压系统目前普遍采用这种形式。图10.6-4为开式油箱典型结构图。

（2）闭式油箱 一般用于压力油箱，如某些特

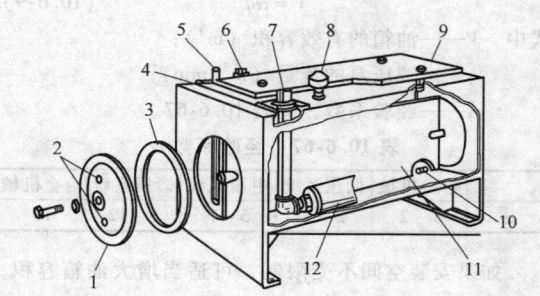

图 10.6-4   开式油箱典型结构图

1—清洗口盖板 2—油位计安装孔 3—密封垫
4—密封法兰 5—主回油管 6—泄漏油回油管
7—泵吸油管 8—空气过滤及注油口 9—安装板
10—放油口螺塞 11—隔板 12—吸油过滤器

定机械装备。在海拔高度增加和高空环境下，由于大气压力降低，会导致泵入口压力的降低，吸油不充分而引起泵的气蚀，影响液压系统的正常工作。所以对于在高空工作的液压系统（如飞机）来说，为确保其正常工作，多采用闭式油箱。内充压力可达0.05MPa惰性气体，即增加油箱油面上的压力，防止油泵产生气蚀，能有效地提高液压系统的高空性能。如图10.6-5所示为闭式加压防气油箱原理图。

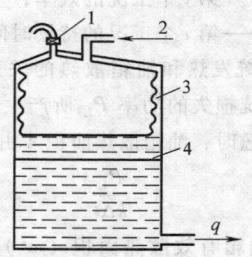

图 10.6-5   闭式加压防气油箱原理图

1—清洗口盖板 2—增压空气 3—气囊
4—带有小孔的支承板

7.2 油箱容量的确定

油箱容量的确定是设计油箱的关键。油箱的容积应能保证，当系统有大量供油而无回油时，最低液面在油泵进口过滤器之上，不会吸入空气；当系统有大量回油而无供油，或系统停止运转，油液返回油箱时，油液不致溢出。同时，要保证有足够的散热面积。

1. 按使用情况确定油箱容积

初始设计时，可依据使用情况，按下列经验公式确定油箱容积

$$V = \alpha q \qquad (10.6\text{-}9)$$

式中　V——油箱的有效容积（m^3）；

　　　q——液压泵的流量（m^3/min）；

　　　α——经验系数，见表 10.6-67。

表 10.6-67　经验系数 α

	行走机械	低压系统	中压系统	锻压系统	冶金机械
α	1 ~ 2	2 ~ 4	5 ~ 7	6 ~ 12	10

如果安装空间不受限制，可适当增大油箱容积，以提高其散热能力。

系统确定之后，应按照系统的发热与散热关系进行校核。

2. 按系统发热与散热关系确定油箱容积

对连续工作的中、高压液压系统的油箱容积，应按系统的发热量来确定。其计算步骤如下：

（1）计算液压系统的发热量　液压系统中的功率损失一般都转变为热量，每一个周期工况效率不同，因此损失也不同。一个周期的发热功率的计算公式为

$$H = \frac{1}{T} \sum_{i=1}^{n} N_i (1 - \eta_i) t_i \qquad (10.6\text{-}10)$$

式中　H——一个周期的平均发热功率（W）；

　　　T——一个周期的时间（s）；

　　　N_i——第 i 个工况的输入功率（W）；

　　　η_i——第 i 个工况的效率；

　　　t_i——第 i 个工况的持续时间。

（2）按系统发热和油箱散热的关系确定油箱容量　当液压系统损失的功率 P_L 所产生的发热量几乎全部由油箱散逸时，油箱散热面积 A 由下式计算

$$A = \frac{P_L}{k \Delta t} \qquad (10.6\text{-}11)$$

式中　A——油箱有效散热面积（m^2），一般取与油液相接触的表面积和油面以上的表面积之半；

　　　Δt——油液允许温度与环境温度之差（℃）；

　　　P_L——液压系统损失的功率（W）；

　　　k——油箱传热系数 $[W/(m^2 \cdot K)]$。

油箱传热系数 k 与油液传向油箱内壁的表面传热系数、油箱壁厚与其热导率、油箱外表面传向四周空间的表面传热系数有关。油箱传热系数选取见表 10.6-68。

表 10.6-68　油箱传热系数 k

$$[单位：W/(m^2 \cdot K)]$$

散热条件	k	散热条件	k
通风很差	8 ~ 10	风扇冷却	20 ~ 25
通风良好	14 ~ 20	循环水强制冷却	110 ~ 175

对不同的液压系统使用不同的工作介质时，其油温都必须控制在某一最高值以下。如果油温过高，解决方法是增大油箱容积，改善通风条件（如用风扇冷却），或者采用循环水强制冷却。

3. 油箱容量的标准

油箱容量的选定应符合 JB/T 7938—2010《液压泵站油箱公称容积系列》的规定，见表 10.6-69。

表 10.6-69　油箱容量

（单位：L）

			1250
—	16	160	1600
—		—	2000
2.5	25	250	2500
—		351	3150
4.0	40	400	4000
—		500	5000
6.3	63	630	6300
—		800	8000
10	100	1000	10000

注：油箱公称容积大于本系列 10000L 时，应按 GB/T 321 中 R10 数系选择。

7.3　油箱附件

7.3.1　EF 型空气过滤器

（1）型号说明

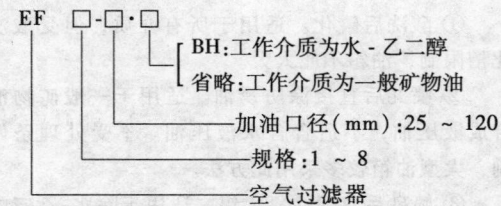

（2）技术规格　见表 10.6-70。

（3）外形尺寸　见表 10.6-71。

表 10.6-70　EF 型空气过滤器技术规格

规格	空气过滤精度/mm^2	加油流量	空气流量
		L/min	
EF_1-25	0.279	9	66
EF_2-32	0.279	14	105
EF_3-40	0.279	21	170
EF_4-50	0.105	32	265
EF_5-65	0.105	47	450
EF_6-80	0.105	70	675
EF_7-100	0.105	110	1055
EF_8-120	0.105	160	1512

注：表中所列空气流量是 15m/s 空气流速时的值。

表 10.6-71 EF 型空气过滤器外形尺寸 （单位：mm）

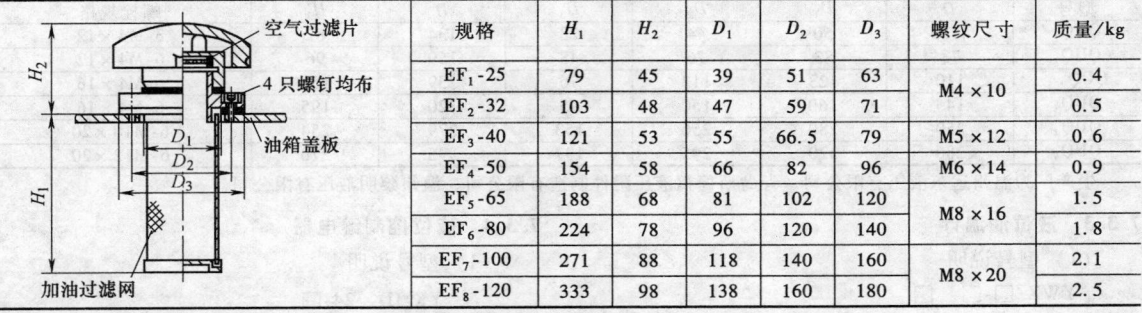

规格	H_1	H_2	D_1	D_2	D_3	螺纹尺寸	质量/kg
EF$_1$-25	79	45	39	51	63	M4×10	0.4
EF$_2$-32	103	48	47	59	71		0.5
EF$_3$-40	121	53	55	66.5	79	M5×12	0.6
EF$_4$-50	154	58	66	82	96	M6×14	0.9
EF$_5$-65	188	68	81	102	120	M8×16	1.5
EF$_6$-80	224	78	96	120	140		1.8
EF$_7$-100	271	88	118	140	160	M8×20	2.1
EF$_8$-120	333	98	138	160	180		2.5

注：生产厂为温州信远液压有限公司、中国·黎明液压有限公司。

7.3.2 QUQ 型空气过滤器

（1）型号说明

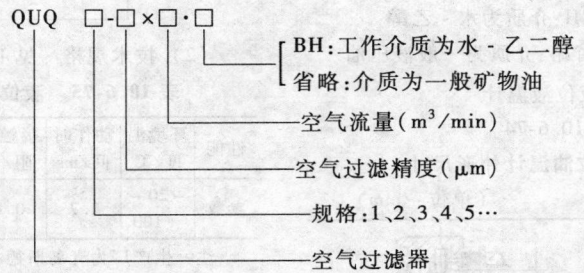

（2）技术规格 见表 10.6-72。 （3）外形尺寸 见表 10.6-73。

表 10.6-72 QUQ 型空气过滤器技术规格

型号	QUQ$_1$			QUQ$_2$			QUQ$_{2.5}$		
空气过滤精度/μm	10	20	40	10	20	40	10	20	40
空气流量/(m³/min)	0.25	0.4	1.0	0.63	1.0	2.5	1.0	2.0	3.0
油过滤网孔/mm	0.5（可根据用户要求提供其他过滤网孔）								
温度适应范围/℃	-20~100								
型号	QUQ$_3$			QUQ$_4$			QUQ$_5$		
空气过滤精度/μm	10	20	40	10	20	40	10	20	40
空气流量/(m³/min)	1.0	2.5	4.0	2.5	4.0	6.3	4.0	6.3	10
油过滤网孔/mm	0.5（可根据用户要求提供其他过滤网孔）								
温度适应范围/℃	-20~+100								

注：表中空气流量是空气阻力 $\Delta\rho=0.02$MPa。

表 10.6-73 QUQ 型空气过滤器外形尺寸 （单位：mm）

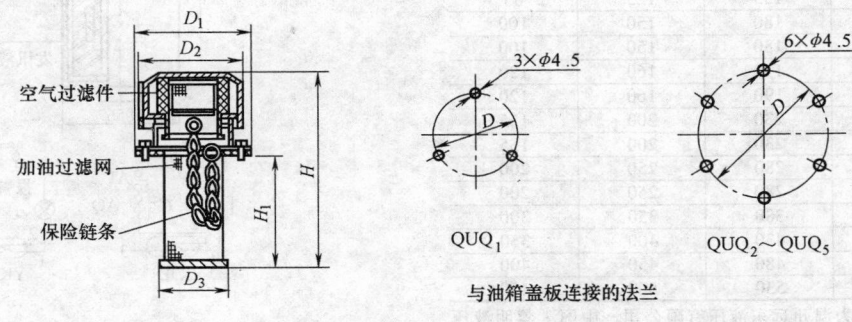

与油箱盖板连接的法兰

（续）

型号	D	D_1	D_2	D_3	H	H_1	螺栓规格
QUQ$_1$	41.3	50	44	28	134	82	3-M4×12
QUQ$_2$	73	83	76	48	159	96	6-M4×12
QUQ$_{2.5}$	110	123	113	76	239	150	6-M4×16
QUQ$_3$	145	160	150	95	320	195	6-M4×16
QUQ$_4$	250	280	256	153	379	254	6-M10×20
QUQ$_5$	280	320	295	197	395	270	6-M12×20

生产厂为温州远东液压有限公司、青岛斯德福液压附件制造有限公司、温州黎明液压有限公司。

7.3.3 液位油温计

（1）型号说明

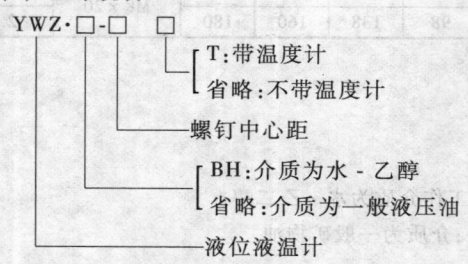

YWZ·□-□ □
- T：带温度计
- 省略：不带温度计
- 螺钉中心距
- BH：介质为水-乙醇
- 省略：介质为一般液压油
- 液位液温计

（2）外形尺寸　见表 10.6-74。

表 10.6-74　液位油温计外形尺寸

（单位：mm）

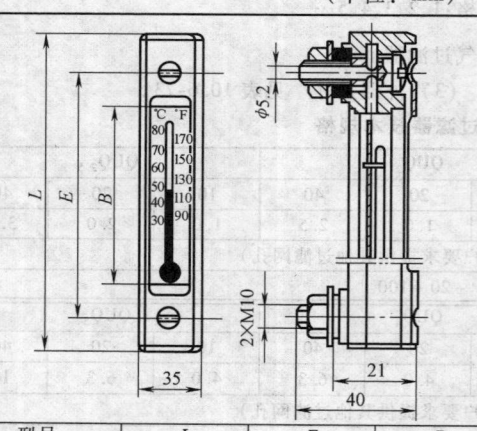

型号	L	E	B
YWZ-80	110	80	42
YWZ-80T	110	80	42
YWZ-100	130	100	60
YWZ-100T	130	100	60
YWZ-125	155	125	85
YWZ-125T	155	125	85
YWZ-150	180	150	100
YWZ-150T	180	150	100
YWZ-160	190	160	120
YWZ-160T	190	160	120
YWZ-200	230	200	155
YWZ-200T	230	200	155
YWZ-250	280	250	200
YWZ-250T	280	250	200
YWZ-350T	380	350	300
YWZ-400T	430	400	350
YWZ-450T	480	450	400
YWZ-500T	530	500	450

注：生产厂为温州远东液压有限公司、中国·黎明液压有限公司。

7.3.4 液位控制继电器

（1）型号说明

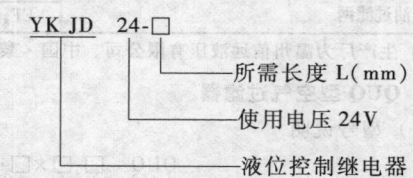

YK JD 24-□
- 所需长度 L(mm)
- 使用电压 24V
- 液位控制继电器

（2）技术规格　见 10.6-75。

表 10.6-75　液位控制继电器技术规格

性能	环境温度/℃	动作时间/ms	接触电阻/Ω	触点容量/(V×A)	寿命/次	适用介质
参数	-20～+100	1.7	0.1	24V×0.2A	10^7	油、乳化液、水-乙二醇

注：生产厂为青岛斯德福液压附件制造有限公司、新乡市佳洁宝滤器有限公司、中国·黎明液压有限公司。

（3）外形尺寸　见图 10.6-6。

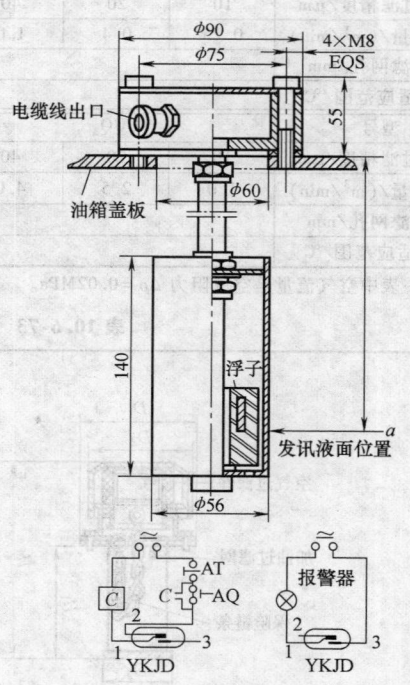

图 10.6-6　液位控制继电器外形尺寸

7.3.5　加热器

对液压系统中的油温，一般规定正常温度范围为 15 ~ 65℃，最低不应低于 10℃。油温过低使得油液粘度过大，造成泵吸油困难，引起系统工作异常。为了控制油液温度在适当的范围内工作，可采用电加热器或蒸汽加热。电加热器结构简单，易于控制。但存在油液温度局部过高的现象，所以要求加热器容量不能太大，电加热管表面功率密度不应超过 3.5W/cm²。油箱内的油液一定要循环流动，否则会由于加热器周围油温过高，加速油液变质。加热器安装要尽量靠近泵口（使油液尽快升温）和高于油箱底部 100 ~ 150mm 的侧面（便于维护）。

在没有特殊要求的情况下，液压系统尽可能不用加热器，因为系统及元件本身的功率损失会变为热能，使油温升高。

加热器的功率 P 可按下式估算：

$$P \geqslant C\rho V \Delta t / T \qquad (10.6\text{-}12)$$

式中　C——油液的比热容，取 $C = 1680 \sim 2094$ W·h/(kg·K)；

　　　ρ——油液的密度，取 $\rho = 900$（kg/m³）；

　　　V——油箱的容积（m³）；

　　　Δt——油液加热后的温升（K）；

　　　T——加热时间（h）。

电加热器的功率为

$$N = P / \eta \qquad (10.6\text{-}13)$$

式中　η——电加热器的热效率，一般取 $\eta = 0.0 \sim 0.8$。

（1）型号说明

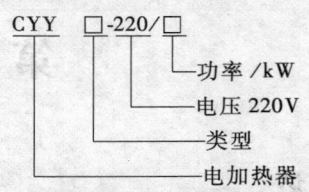

```
CYY □-220/□
         └── 功率 /kW
      └── 电压 220V
    └── 类型
  └── 电加热器
```

（2）技术规格及外形尺寸　见表 10.6-76。

表 10.6-76　GYY 型电加热器技术规格及外形尺寸

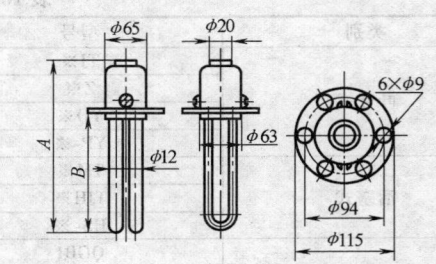

型号	功率/kW	A/mm	浸入油中长度 B/mm	电压/V
GYY2-220/1	1	307	230	
GYY2-220/2	2	507	430	
GYY2-220/3	3	707	630	
GYY2-220/4	4	922	845	220
GYY4-220/5	5	697	620	
GYY4-220/6	6	807	730	
GYY4-220/8	8	1007	930	

注：生产厂为无锡四季电加热器有限公司、无锡市东杰电热电器厂。

第 7 章　气 动 元 件

1　气马达

1.1　气马达概览（见表 10.7-1）

1.2　叶片式气马达

（1）技术规格　见表 10.7-2。

表 10.7-1　气马达概览

类别	型号	功率/W	转速/(r/min)
叶片式	TJ※	662~14710	2500~4500
	Z※	662~14710	2400~4500
	YQ※	8840~14710	2400~3200
	YP-※	662~14710	625~7000
活塞式	TM※	735.5~18388	280~1100
	TJH※	2060~7355	700~2800
	HS-※	3677.5~18388	500~1500
摆动式	QGB1	11~214	280°±3°
	QGB2	22~422	100°±3°
	QGK	56	0°~360°
		13.80~988	据需要

注：1. 表中所列摆动式气动马达 QGB1、QGB2 为叶片式摆动马达，扭矩为 1MPa 时的输出扭矩值，摆动角度为最大摆动角度；QGK 为齿轮齿条摆动马达（原称齿轮齿条缸）。

2. ※表示气马达的功率，如 TJ2 表示功率为 2 马力的叶片式气马达。

表 10.7-2　技术规格

额定功率/kW	工作压力/MPa	进排气管连接尺寸/in	额定转速/(r/min)	额定功率时耗气量/(m³/min)	型号或图号	外形尺寸/mm	质量/kg	输出轴端齿轮参数 端面模数 m_n	齿数 z	齿高系数 h^*	压力角 α/(°)	精度等级	公法线长度 W_{kn}	长齿数 k
0.662	0.5~0.7	G3/8	4500	1	TJ0.9	φ100×132	3.9	1.25	10	0.8	20	8-GJ	$5.720^{-0.048}_{-0.995}$	2
					Z0.9-0	φ100×132		—	—	—	—	—	—	—
					YP-009	φ100×132		—	—	—	—	—	—	—
1.471	0.5~0.7	G1/2	4000	2	TJ2	163×133×122	6	—	—	—	—	—	—	—
2.942	0.5~0.7	G3/4	3200	3.8	TJ4	202×φ185	12	1.5	12	—	20	8-GJ	$7.315^{+0.085}_{+0.123}$	2
4.415	0.5~0.7	G1	3400	5.5	TJ6	232×φ220	18	—	—	—	—	—	—	—
5.89	0.5~0.7	G1	2800	7.5	TJ8	215×φ230	19.5							
					Z8-0	207×φ230								
					YP-08	216×197×197								
6.62	0.5~0.7	G1	2800	8.2	TJ9	215×φ230	19.5					—		
					Z9-0	207×φ230								
					YP-09	216×197×197								
8.84	0.5~0.7	G1	3500	10.6	TJ12	290×157×157	20	2	9	—	20	9-8-8GJ	$9.511^{-0.095}_{-0.143}$	
			2400		YQ12	300×230×230	54							
10.31	0.5~0.7	G1¼	2500	12.6	TJ14	296×230×230	55							
			2400	12	ZY44	290×242×230							—	
14.71	0.5~0.7	G1¼	2500	18	TJ20	296×230×230	55							
			2550	20	ZY45	290×242×230							—	
			3200	19	YQ20	300×230×230	54							
14.71	0.5~0.7	G1¼	2500	18	TJ20A	296×205×205	46							
					YP-20	315×249×228								

（2）特性曲线　如图10.7-1 所示。　　　　　　　（3）外形尺寸　如图10.7-2 所示。

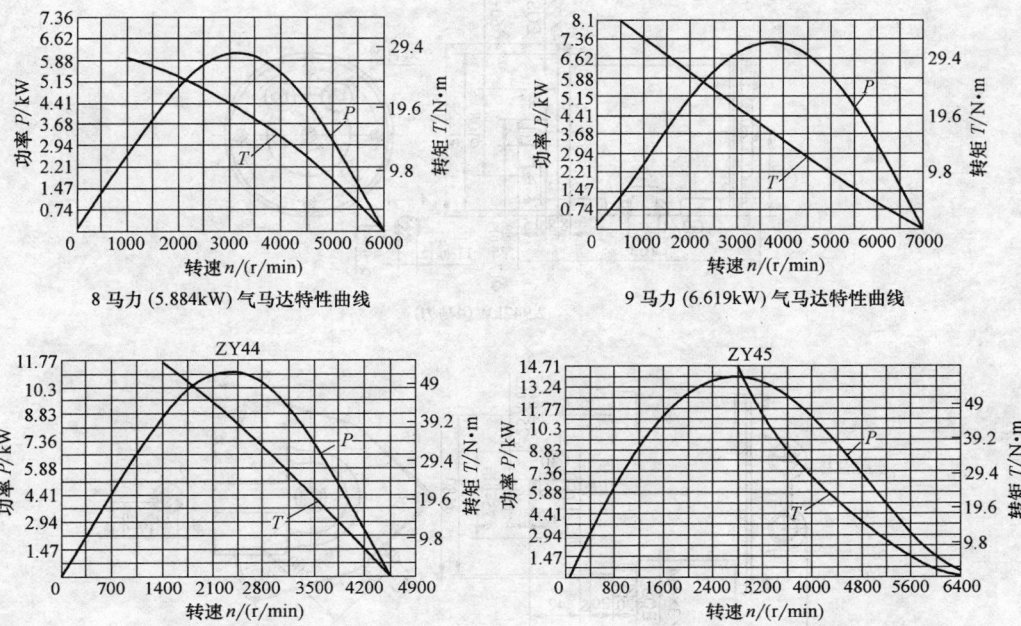

8 马力 (5.884kW) 气马达特性曲线　　　　　　　9 马力 (6.619kW) 气马达特性曲线

14 马力 (10.297kW) 气马达特性曲线　　　　　　20 马力 (14.710kW) 气马达特性曲线

图10.7-1　叶片式气马达特性曲线

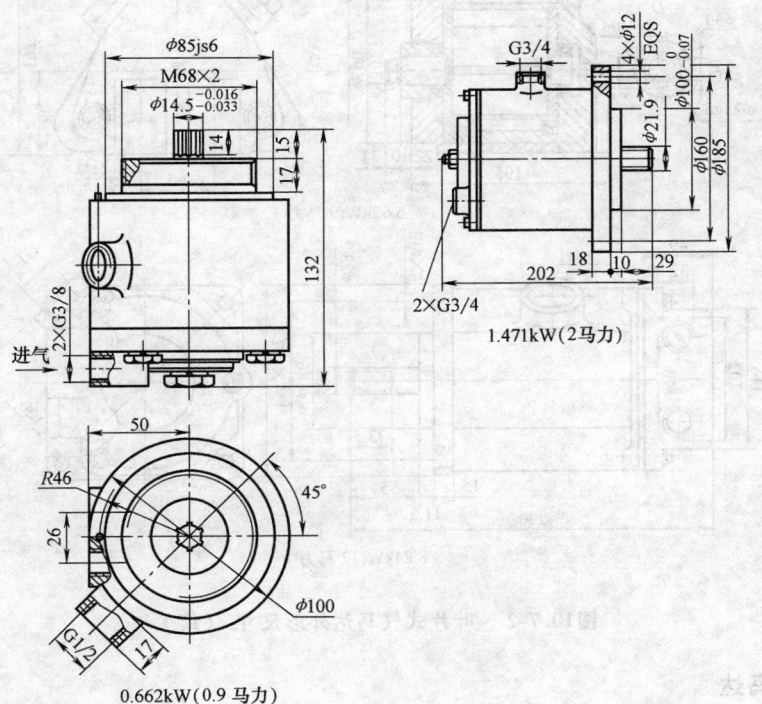

1.471kW(2马力)

0.662kW(0.9 马力)

图10.7-2　叶片式气马达外形尺寸

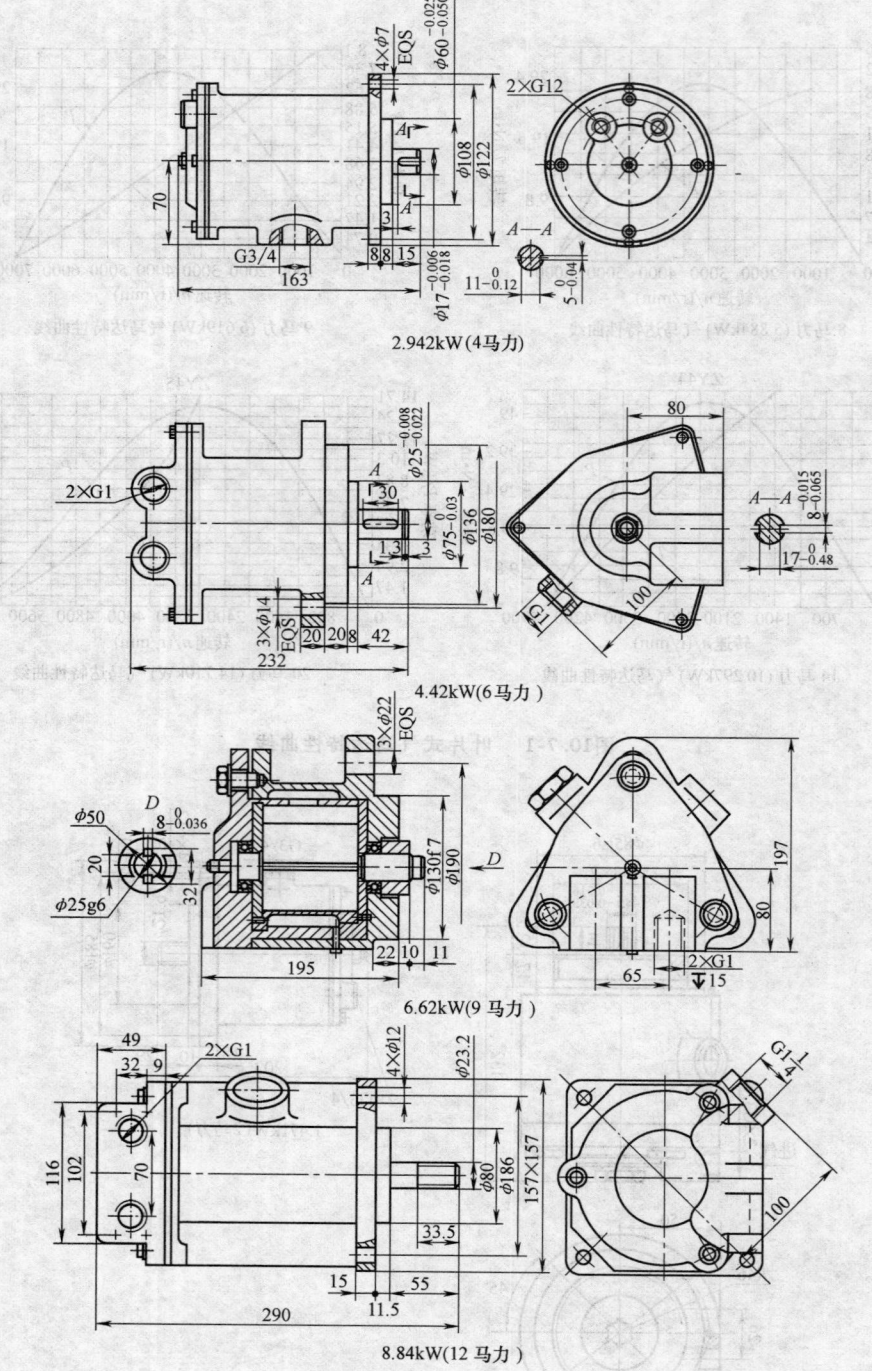

2.942kW(4马力)

4.42kW(6马力)

6.62kW(9马力)

8.84kW(12马力)

图10.7-2　叶片式气马达外形尺寸　(续)

1.3　活塞式气马达

（1）技术规格　见表 10.7-3。

表 10.7-3　技术规格

额定功率/ kW	工作压力/ MPa	进气口尺寸 /in	额定转速/ (r/min)	额定功率时耗气量/(m³/min)	型号	外形尺寸/mm	质量 /kg
0.7355	0.5~0.7	7/8	280~320	1.4	TM1-1	270×φ230	22
		3/8			TM1B-1	260×230×205.5	
2.06	0.5~0.6	7/8	1320	3.2	TM1-3	400×280×240	30
					TM1A-3	370×280×274	34
	0.5~0.7		1300	2.5	TJH3A	—	31
					TJH3B		28
2.979	0.5~0.6	3/4	2600	4~5	TM1-4	250×190×190	16
	0.5~0.7	—	2800	4	TJH4.5	265×190×190	16
4.415	0.5~0.7	—	2000	5.4	TJH6	296×232×232	25
6.258	0.5~0.6	Rc1	800~1100	4.8~9.5	TM1-8.5	360×φ390	73
	0.5~0.6	Rc1	800~1100	4.8~9.5	TM1A-8.5	420×400×379	77
5.89	0.5~0.7		800~1000	7.2	TJH8	370×442×442	85
7.355			700~800	9	TJH10	370×498×498	90
7.723	0.5~0.6	Rc1$\frac{1}{2}$	650	7.5~9	TM1-10.5	φ430×449	100
11.3	0.5~0.6	Rc1$\frac{1}{2}$	600~750	10.4~12.95	TM1-15	φ500×420	136
18.4	0.4~0.6	Rc1$\frac{1}{2}$	300	10.4~12.95	TM1-25	φ490×560	214

（2）特性曲线　如图 10.7-3 所示。

（3）外形尺寸　TM1B-1、TM1-1 气马达外形尺寸如图 10.7-4 所示；其他活塞式气马达外形尺寸见表 10.7-4。

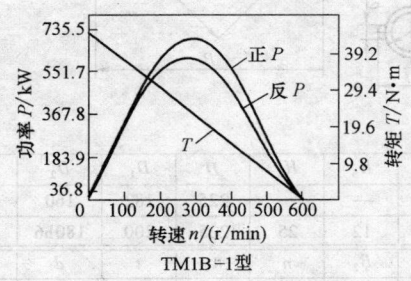

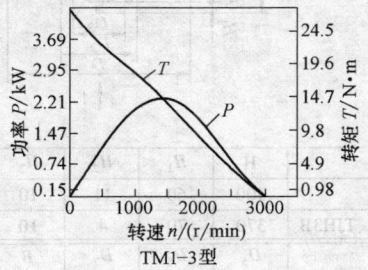

图10.7-3　活塞式气马达特性曲线

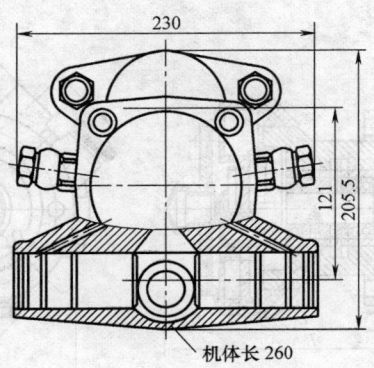

图10.7-4　TM1B-1 和 TM1-1 活塞式气马达外形尺寸

表 10.7-4 活塞式气马达外形尺寸 （单位：mm）

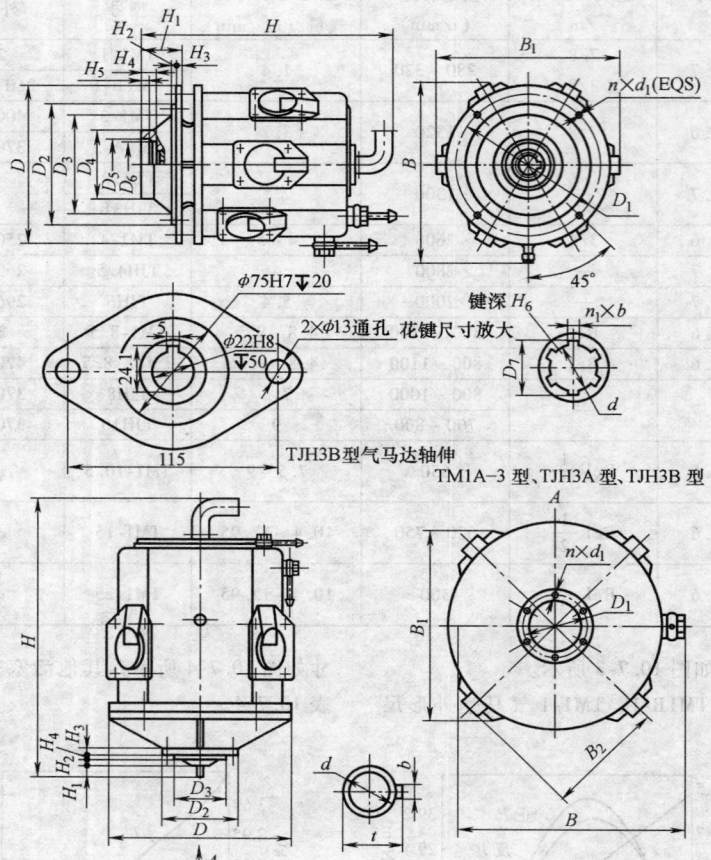

$\phi75H7\downarrow20$
2×ϕ13通孔 花键尺寸放大 键深 H_6
ϕ22H8
TJH3B型气马达轴伸
TM1A-3 型、TJH3A 型、TJH3B 型

型号	H	H_1	H_2	H_3	H_4	H_5	H_6	D	D_1	D_2	D_3	D_4
TM1-3	400	60	11	10	4	—	—	225	182	160	130h6	
TM1A-3、TJH3A、TJH3B	370	70	4	10	29	12	25	225	200	180h6	166	100
型号	D_5	D_6	D_7	B	B_1	B_2	n	n_1	t	d	d_1	b
TM1-3	—	—	—	280	240	138	6		30.6	28h6	8.5	8f9
TM1A-3、TJH3A、TJH3B	82	72K7	20	280	274		4	6		16H8	8.5	4H9

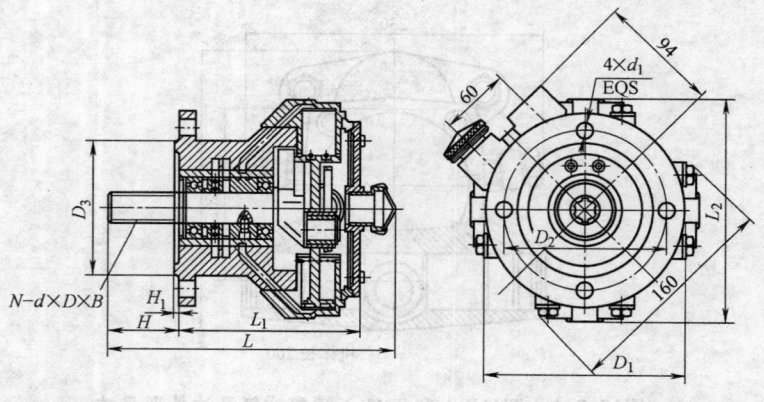

（续）

型号	N	D	d	B	H	H_1	D_1	D_2	D_3	d_1	L	L_1	L_2
TM1-4	6	28	24	6	50.5	4	160	130	110	11	250	183	190
TJH4.5	6	28	23.4	6	50.5	4	160	130	110	11	265	183	190
TJH6	6	28	23	6	52	4	115	135	110	13.5	296	244	232

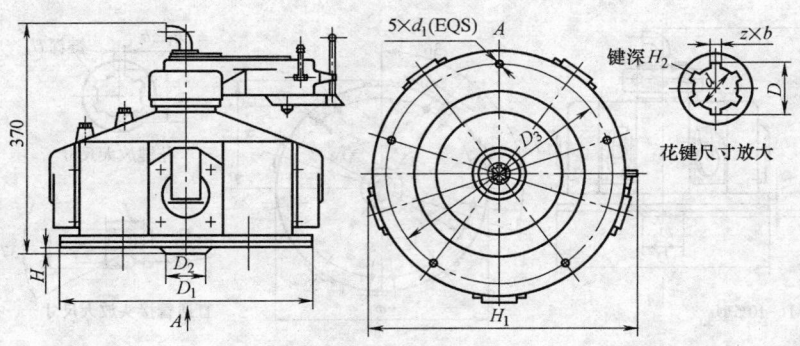

型号	z	D	d	H_1	H_2	D_1	D_2	D_3	d_1	b
TJH8	6	32H9	$25^{+0.15}_{+0.28}$	442	66	362	90	336	13	8
TJH10	6	32H9	$25^{+0.15}_{+0.28}$	498	66	418	90	395	10	8

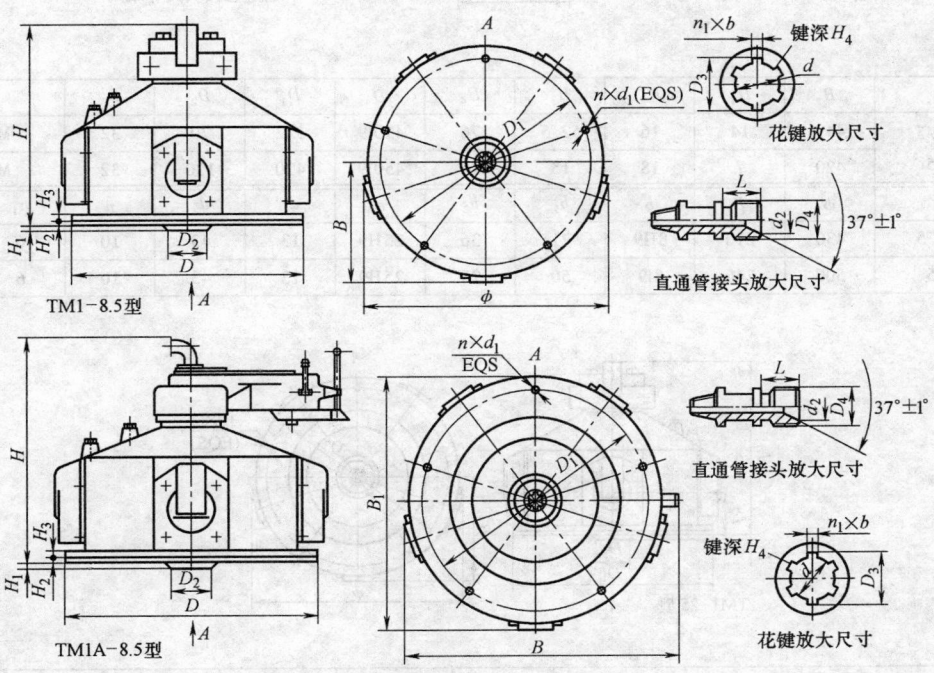

（续）

型号	H	H_1	H_2	H_3	H_4	D	D_1	D_2	D_3	D_4
TM1-8.5	360	5.5	12	11	66.5	362f9	336	90	32	M36×2
TM1A-8.5	420	5.5	12	11	66.5	362f9	336	90	32	M36×2

型号	B	B_1	d	d_1	d_2	n	n_1	b	L	ϕ
TM1-8.5	198		25H9	13	28	5	6	8H9	20	390
TM1A-8.5	400	379	25H9	13	28	5	6	8H9	24	

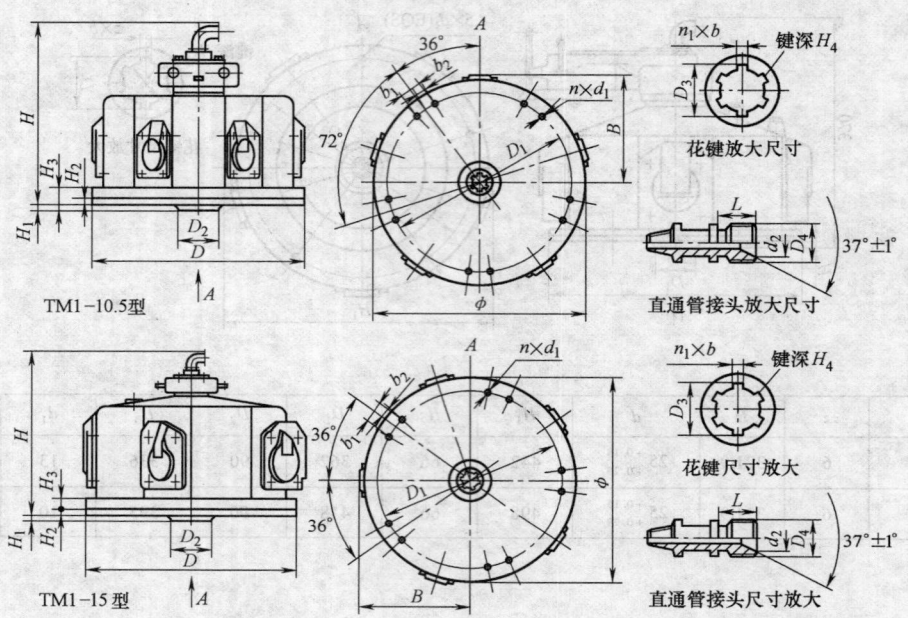

TM1-10.5型

花键放大尺寸

直通管接头放大尺寸

TM1-15型

花键尺寸放大

直通管接头尺寸放大

型号	H	H_1	H_2	H_3	H_4	D	D_1	D_2	D_3	D_4
TM1-10.5	449	14	16	52.5	76	410f9	382	70	32	M52×2
TM1-15	420	7	18	15	75	450f9	420	120	32	M52×2

型号	ϕ	B	b	b_1	b_2	d	d_1	d_2	n	n_1	L
TM1-10.5	430	210	8H9	71	36	25H9	13	43	10	6	24
TM1-15	500	246	8f9	50	25	25H9	13	43	10	6	20

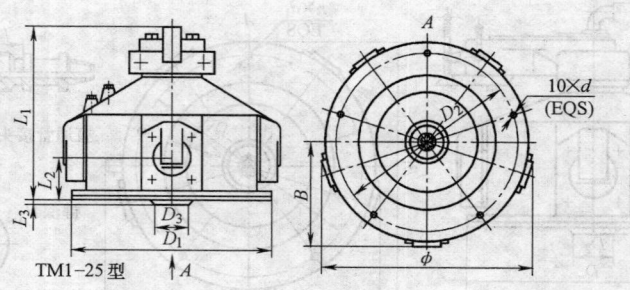

TM1-25型

D_1	D_2	D_3	B	L_1	L_2	L_3	缸径 D	d	ϕ
560	520	120	294	490	148	5	150	17	594

（续）

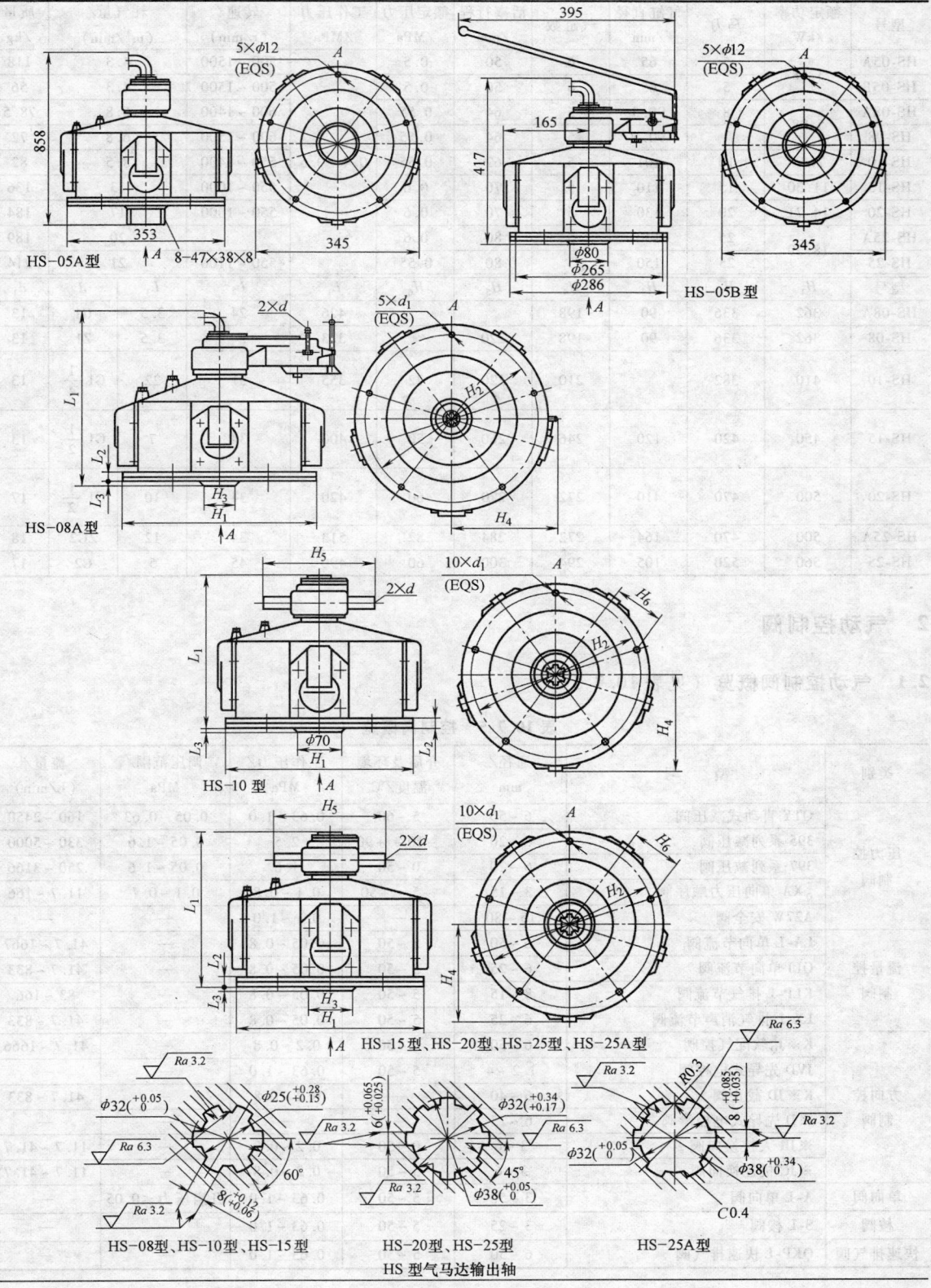

HS-05A 型

HS-05B 型

HS-08A 型

HS-10 型

HS-15型、HS-20型、HS-25型、HS-25A型

HS-08型、HS-10型、HS-15型

HS-20型、HS-25型

HS-25A型

HS 型气马达输出轴

（续）

型号	额定功率/kW	马力	气缸直径/mm	气缸数	活塞行程/mm	额定压力/MPa	工作压力/MPa	转速/(r/min)	耗气量/(m³/min)	质量/kg
HS-05A	3.68	5	65	6	50	0.5		500 ~ 1500	4.3	118
HS-05B		5	65	6	50	0.5		500 ~ 1500	4.3	56
HS-08A	5.98	8	90.5	5	64	0.55		600 ~ 1400	6.8	78.5
HS-08			90.5	5	64	0.55		600 ~ 1500	6.8	72
HS-10	7.36	10	101	5	62	0.55	0.4 ~ 0.6	550 ~ 1400	8.5	82
HS-15	11.30	15	110	5	70	0.6		550 ~ 1000	13	136
HS-20	14.71	20	130	5	70	0.6		550 ~ 1000	17	184
HS-25A	18.39	25	140	5	80	0.6			20	189
HS-25		25	150	5	80	0.55		550 ~ 1100	21	214

型号	H_1	H_2	H_3	H_4	H_5	H_6	L_1	L_2	L_3	d	d_1
HS-08A	362	336	90	198			426	24	3.5	G1	13
HS-08	362	336	90	198	220		323	24	3.5	Z1	13
HS-10	410	382		210	220	72	355	31	22	G1$\frac{1}{4}$	13
HS-15	450	420	120	246	260	50	400	34	7	G1$\frac{1}{2}$	13
HS-20	500	470	410	272	270	60	420	34	10	G1$\frac{1}{2}$	17
HS-25A	500	470	164	272	284	82	513	34	12	ZG2	18
HS-25	560	520	105	294	300	60	490	45	5	G2	17

2　气动控制阀

2.1　气动控制阀概览（见表 10.7-5）

表 10.7-5　控制阀概览

类别	型　　号	通径/mm	介质及环境温度/℃	工作压力/MPa	调压范围/MPa	流量/(L/min)
压力控制阀	QTY 直动式减压阀	6 ~ 50	5 ~ 60	0.63 ~ 1.0	0.05 ~ 0.63	160 ~ 2450
	395 系列减压阀	6 ~ 20	− 10 ~ + 90	2.5	0.05 ~ 1.6	330 ~ 5000
	397 系列减压阀	6 ~ 20	0 ~ 50	1.6	0.05 ~ 1.6	250 ~ 3166
	^K_QXA 单向压力顺序阀	3 ~ 15	− 5 ~ + 50	0.1 ~ 0.8	0.1 ~ 0.7	11.7 ~ 166
	A27W 安全阀	15 ~ 80	—	0.1 ~ 1.0	—	—
流量控制阀	LA-L 单向节流阀	6 ~ 50	5 ~ 50	0.05 ~ 0.8	—	41.7 ~ 1667
	QLI 单向节流阀	6 ~ 25	5 ~ 50	0.05 ~ 0.8	—	41.7 ~ 833
	KLP-L 排气节流阀	8 ~ 15	5 ~ 50	0.05 ~ 0.8	—	83 ~ 166
	LX-L 排气消声节流阀	6 ~ 25	5 ~ 50	0.05 ~ 0.8	—	41.7 ~ 833
方向控制阀	K※J^K_Q 软配气控阀	6 ~ 50	5 ~ 50	0.2 ~ 0.8	—	41.7 ~ 1666
	JVD 先导式电控阀	1.2 ~ 4	5 ~ 50	0.63 ~ 1.0	—	—
	K※JD 截止阀	6 ~ 40		0.2 ~ 0.8	—	41.7 ~ 833
	※D 先导式电控滑阀	6 ~ 25		0.2 ~ 0.8	—	—
	※JR 人控换向阀	3 ~ 6	0 ~ 50	0.2 ~ 0.8	—	11.7 ~ 41.7
	※JC 机控换向阀	3 ~ 6	5 ~ 50	0.2 ~ 0.8	—	11.7 ~ 41.7
单向阀	A-L 单向阀	3 ~ 50	5 ~ 50	0.63 ~ 1.0	开启压力≤0.05	—
梭阀	S-L 梭阀	3 ~ 25	5 ~ 50	0.63 ~ 1.0	—	—
快速排气阀	QKP-L 快速排气阀	6 ~ 50	5 ~ 50	0.63 ~ 1.0	—	—

2.2 压力控制阀

1. QTY 直动式减压阀

（1）型号说明

（2）技术规格 见表 10.7-6。

（3）外形尺寸 见表 10.7-7。

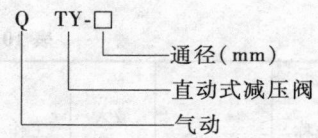

2. 395 系列减压阀

（1）技术规格 见表 10.7-8。

表 10.7-6 技术规格

型号	连接螺纹 d	介质及环境温度 /℃	公称输入压力/ MPa	最大输出压力/ MPa	调压范围/ MPa	进口压力为 1MPa，出口压力降为 0.05MPa 时，最大流量不小于下列规定[1]				减压阀的空气流量如下时，其调定后的出口压力随进口压力而变化的值不大于 0.05MPa[1]
						出口压力/MPa				空气流量/（L/min）
						0.25	0.40	0.63	0.80	
						空气流量/（L/min）				
QTY-6	—					100	120	160	190	100
QTY-8	M14 × 1.5					680	770	860	900	380
QTY-10	M18 × 1.5					720	860	1000	1100	500
QTY-15	M22 × 1.5	5 ~ 60	1	0.63	0.05 ~ 0.63	900	1100	1200	1300	640
QTY-20	M27 × 2					1650	1800	1980	2100	800
QTY-25	M33 × 2					1900	2250	2450	2650	960
QTY-40	M48 × 2					—				—
QTY-50	M60 × 2					—				—

① 表中指标均为合格品值，一等品指标高于表中值，表中的流量为标准状态的流量。

表 10.7-7 QTY 减压阀外形尺寸   （单位：mm）

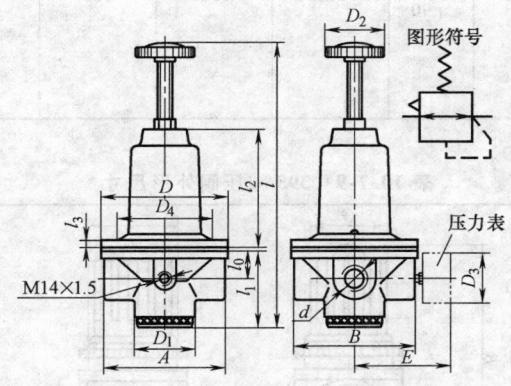

型号	连接螺纹 d	A	B	D	D_1	D_2	D_3	D_4	l_0	l_1	l_2	l_3	E	l
QTY-8	M14 × 1.5	74	64	80	34	60	58	60	16	52	69	8	80	173
QTY-10	M18 × 1.5	74	64	80	34	60	58	60	16	52	69	8	80	173
QTY-15	M22 × 1.5	74	64	80	44	60	58	60	21	58	69	8	80	181
QTY-20	M27 × 2	109	113	120	60	90	58	90	30	78	108	9	100	250
QTY-25	M33 × 2	109	113	120	60	90	58	90	30	78	108	9	100	250
QTY-40	M48 × 2	136	104	120	60	90	58	90	40	100	108	9	100	280
QTY-50	M60 × 2	150	110	120	65	110	58	120	50	119	108	9	95	285

表 10.7-8   395 系列减压阀技术规格

代号	公称通径/mm	调压范围/MPa	最大工作压力/MPa	工作温度/℃	在压降 Δp = 0.1MPa 时											
					输入压力 p_1/MPa	输出压力 p_2/MPa	输入压力 p_1/MPa	输出压力 p_2/MPa	输入压力 p_1/MPa	输出压力 p_2/MPa	输入压力 p_1/MPa	输出压力 p_2/MPa	输入压力 p_1/MPa	输出压力 p_2/MPa	输入压力 p_1/MPa	输出压力 p_2/MPa
					1	0.1	1	0.25	1	0.4	1	0.6	1.6	1	2.5	1.6
					流量(m³/min)											
395.211	6	0.05 ~ 0.3	2.5	−10 ~ +90	20		30		35		40		45		50	
395.212		0.05 ~ 0.6														
395.213		0.05 ~ 1.0														
395.214		0.05 ~ 1.6														
395.221		0.05 ~ 0.3														
395.222		0.05 ~ 0.6														
395.223		0.05 ~ 1.0														
395.224		0.05 ~ 1.6														
395.251	10	0.05 ~ 0.3			55		85		100		110		130		150	
395.252		0.05 ~ 0.6														
395.253		0.05 ~ 1.0														
395.254		0.05 ~ 1.6														
395.261		0.05 ~ 0.3														
395.262		0.05 ~ 0.6														
395.263		0.05 ~ 1.0														
395.264		0.05 ~ 1.6														
395.281	20	0.05 ~ 0.3	2.5	−10 ~ +90	110		150		185		220		260		300	
395.282		0.05 ~ 0.6														
395.283		0.05 ~ 1.0														
395.284		0.05 ~ 1.6														
395.291		0.05 ~ 0.3														
395.292		0.05 ~ 0.6														
395.293		0.05 ~ 1.0														
395.294		0.05 ~ 1.6														

（2）外形尺寸　见表 10.7-9。

表 10.7-9   395 减压阀外形尺寸　　　　　　　　　　（单位：mm）

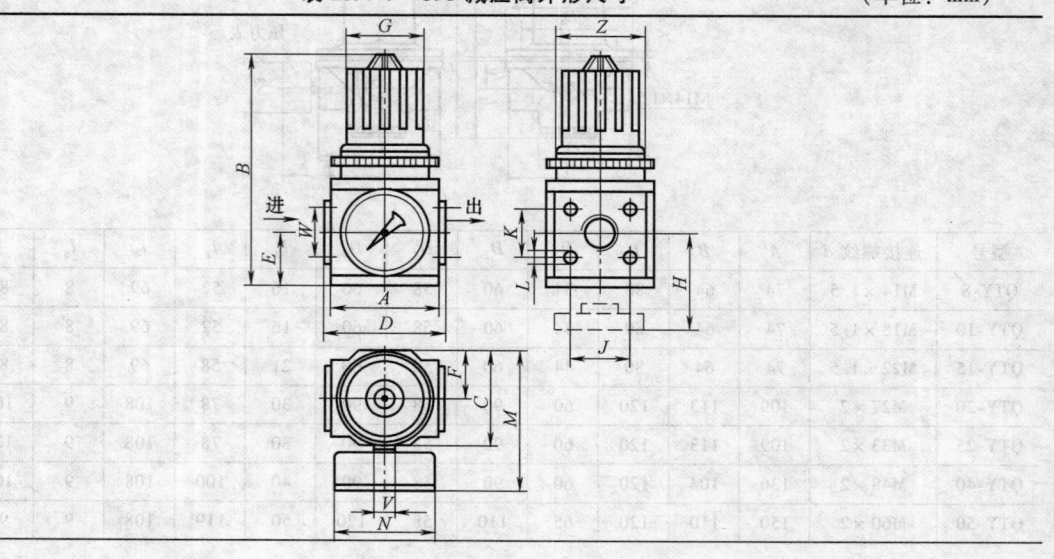

（续）

代号	连接螺纹 W /in	A	B	C	D	E	F	G	J	K	L	Z	H	V	N	M	质量/kg
395.211-214	G1/8	40	82	40	48	20	20	28	20	20	M4	M30×1.5	25	G1/4	40	70	0.39
395.221-224	G1/4				40												0.38
395.251-254	G3/8	60	125	60	68	30	30	45	35	35	M5	M50×1.5	20	G1/4	50	95	1.14
395.261-264	G1/2				60												1.12
395.281-284	G3/4	80	150	80	92	40	40	65	48	48	M6	M67×1.5	30	G1/4	63	120	1.85
395.291-294	G1				80												1.80

3. 397 系列减压阀

（1）技术规格　见表 10.7-10。

（2）外形尺寸　见表 10.7-11。

表 10.7-10　397 系列减压阀技术规格

代号	通径/mm	调压范围/MPa	可使用的容器容积/cm³	最大工作压力/MPa	工作温度/℃	过滤精度/μm	当压降 Δp=0.1MPa 时（过滤精度为 50~75μm）				
							输入压力 p1/mm 1.0　输出压力 p2/mm 0.1	输入压力 p1/mm 1.0　输出压力 p2/mm 0.25	输入压力 p1/mm 1.0　输出压力 p2/mm 0.4	输入压力 p1/mm 1.0　输出压力 p2/mm 0.6	输入压力 p1/mm 1.6　输出压力 p2/mm 1.0
							流量（m³/h）				
397.211		0.05~0.3									
397.212		0.05~0.6									
397.213		0.05~1.0									
397.214	6	0.05~1.6	25				15	25	30	35	40
397.221		0.05~0.3									
397.222		0.05~0.6									
397.223		0.05~1.0			1.6	0~+50	50~75（装配）25~40 10~20 5~10（预订）				
397.224		0.05~1.6									
397.251		0.05~0.3									
397.252		0.05~0.6									
397.253		0.05~1.0									
397.251	10	0.05~1.6	75				37	75	88	100	113
397.261		0.05~0.3									
397.262		0.05~0.6									
397.263		0.05~1.0									
397.264		0.05~1.6									
397.281		0.05~0.3									
397.282		0.05~0.6					50~75（装配）25~40 10~20 5~10（预订）				
397.283		0.05~1.0									
397.284	20	0.05~1.6	200	1.6	0~+50		80	110	135	160	190
397.291		0.05~0.3									
397.292		0.05~0.6									
397.293		0.05~1.0									
397.294		0.05~1.6									

表 10.7-11　397 减压阀外形尺寸　　　　　　　　　（单位：mm）

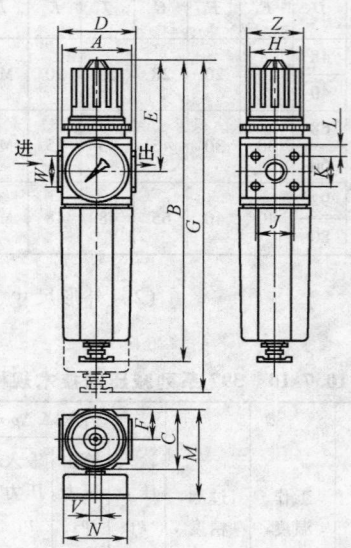

代号	连接螺纹 W /in	A	B	C	D	E	F	H	J	K	L	Z	G	V	N	M	质量 /kg
397.211-214	G1/8	40	177	40	48	62	20	28	20	20	M4	M30×1.5	202	G1/4	40	70	0.5
397.221-224	G1/4				40												0.49
397.251-254	G3/8	50	252	60	68	95	30	45	35	35	M5	M50×1.5	292	G1/4	50	95	1.41
397.261-264	G1/2				60												1.39
397.281-284	G3/4	80	310	80	92	110	40	65	48	48	M6	M67×1.5	360	G1/4	63	120	2.05
397.291-294	G1				80												2.00

4．^K_QXA 单向顺序阀

（1）型号说明

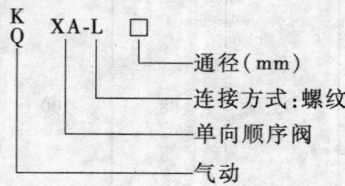

（2）技术规格　见表 10.7-12。

（3）外形尺寸　见表 10.7-13。

2.3　流量控制阀

1．QLI 单向节流阀

（1）型号说明

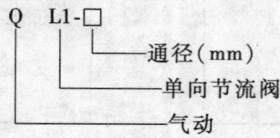

表 10.7-12　^K_QXA 单向顺序阀技术规格

通径/mm	3	8	15
工作介质	干燥空气,过滤精度≥40~60μm		
环境温度/℃	−5 ~ +50		
工作压力范围/MPa	0.1~0.8		
额定流量/(m³/h)	0.7	5	10
有效截面积 S 值/mm²	>3	>20	>16
额定流量下的压降/MPa	≤0.025	<0.02	≤0.012
调压特性　调压范围/MPa	(0.1~0.7)±0.03		
调压特性　调压精度/(δₚ%)	≤20		
单向阀开启压力/MPa	≤0.03		≤0.92
换向时间/ms	≤30		
泄漏量/(cm³/min)	≤10		≤25
耐久性/万次	≥150		

表 10.7-13　$_Q^K$XA 单向顺序阀外形尺寸　　　　　　　　　（单位：mm）

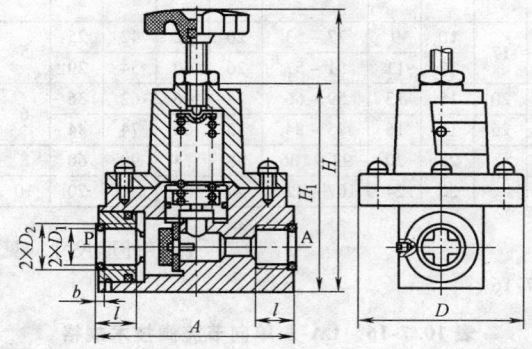

型号	公称直径	D_1	D_2	H	A	D	l	b	H_1
KXA-L3	3	M10 × 1	13	88	47	42	10	$1.4_{-0.1}^{0}$	
KXA-L8	8	M12 × 1.25	16	131.5	70	70	12	$1.8_{-0.1}^{0}$	—
KXA-L15	15	M20 × 1.5	24	186	102	95	16	$1.8_{-0.1}^{0}$	
QXA-L6	6	M10 × 1	13	117.5 ~ 130	70	—	10	$1.4_{-0.1}^{0}$	
QXA-L8	8	M12 × 1.25	16				12	$1.8_{-0.1}^{0}$	—
QXA-L10	10	M16 × 1.5	20	147 ~ 180	102	—	14	$1.8_{-0.1}^{0}$	
QXA-L15	15	M20 × 1.5	24	147 ~ 180			16		
QXA-L6	6	M10 × 1	13	102.1 ~ 108.1	69	65	15	$1.4_{-0.1}^{0}$	76.5
QXA-L8	8	M12 × 1.25	16				15	$1.8_{-0.1}^{0}$	
QXA-L10	10	M16 × 1.5	20	141.3 ~ 156.5	100	80	18	$1.8_{-0.1}^{0}$	123
QXA-L15	15	M20 × 1.5	24						

（2）技术规格　见表 10.7-14。　　　　　　　　　（3）外形尺寸　见表 10.7-15。

表 10.7-14　QLI 单向节流阀技术规格

型号	QLI-6	QLI-8	QLI-10	QLI-15	QLI-20	QLI-25
通径/mm	6	8	10	15	20	25
工作压力/MPa	0.05 ~ 0.8					
允许压降/MPa	≤0.022	≤0.02	≤0.015	≤0.012	≤0.01	≤0.009
流量/(L/min)	41.7	83.3	116.7	166.7	500	833.3

表 10.7-15　QLI 单向节流阀外形尺寸　　　　　　　　　（单位：mm）

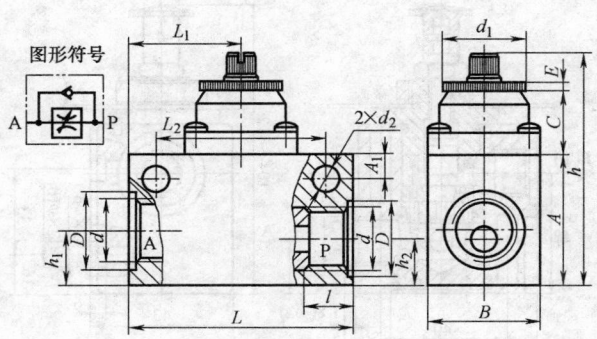

（续）

型号	连接螺纹		D	d_1	h_1	h_2	h	L_1	L_2	L	A	A_1	B	C	E	d_2	附加 O 形密封圈
	d	l															
QLI-6	M10 × 1	8	14	17	10	9	27 ~ 53	20	32	42	25	5	21	12	35	5.2	14 × 1.9
QLI-8	M14 × 1.5	12	18		12	11	51 ~ 57	26	40	54	29		24				18 × 2.4
QLI-10	M18 × 1.5		22	20	15	13	59 ~ 66	28	46	62	36	6	28	13	4	6.5	22 × 2.4
QLI-15	M22 × 1.5	14	26	26	18	16	75 ~ 84	33	60	74	44		35	19	5		26 × 2.4
QLI-20	M27 × 2	16	32	40	23	20	92 ~ 106	38	74	90	60	8	48		6	8.2	32 × 3.1
QLI-25	M33 × 2		42		30	24	107 ~ 124	44	85	105	70	10	55	24			40 × 3.1

2. LA-L 单向节流阀

（1）技术规格　见表 10.7-16。

（2）外形尺寸　见表 10.7-17。

表 10.7-16　LA-L 单向节流阀技术规格

型号	LA-L6	LA-L8	LA-L10	LA-L15	LA-L20	LA-L25	LA-L32	LA-L40	LA-L50
通径/mm	6	8	10	15	20	25	32	40	50
工作压力/MPa	0.05 ~ 0.8								
允许压降/MPa	≤0.022	≤0.02	≤0.015	≤0.012	≤0.01	≤0.009	≤0.009	≤0.008	≤0.008
流量/(L/min)	41.7	83.3	116.7	166.7	500	833.3	1166.7	1666.7	1666.7

表 10.7-17　LA-L 单向节流阀外形尺寸　　　　　　（单位：mm）

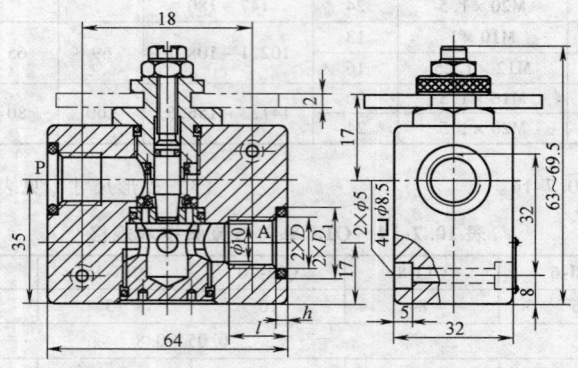

型号	公称直径	D	D_1	h	l
LA-L6	6	M10 × 1	14	1.4	10
LA-L8	8	M12 × 1.5、M14 × 1.5	18	1.8	15

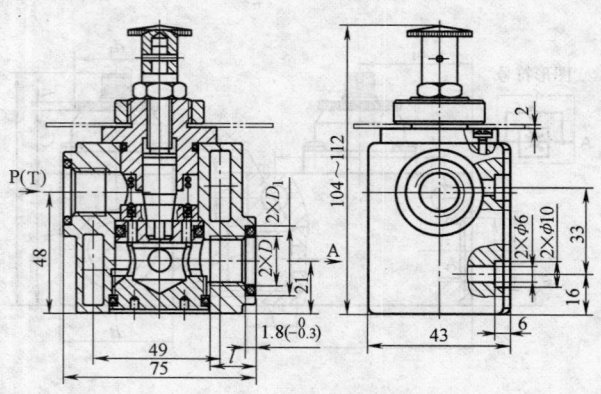

（续）

型号	D	D_1	l
LA-L10	M16×1.5、M18×1.5	22	15
LA-L15	M22×1.5	26	18

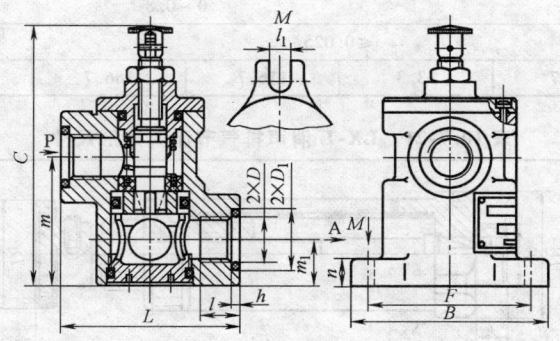

型号	公称通径	D	D_1	L	l	$h_{-0.12}^{\ 0}$	C	m	m_1	n	B	F	l_1
LA-L20	20	M27×2	32	100	20	2.4	139~151	69	28	13	120	90	8
LA-L25	25	M33×2	40	100	22	2.7	139~151	69	28	13	120	90	8
LA-L32	32	M42×2	48	160	24	2.7	207~225	110	52	12	148	124	10
LA-L40	40	M48×2	64	160	26	2.7	206~224	110	52	12	148	124	10
LA-L50	50	M60×2	70	160	28	4.5	240~222	124	54	15	178	146	12

3. KLP-L 排气节流阀

（1）型号说明

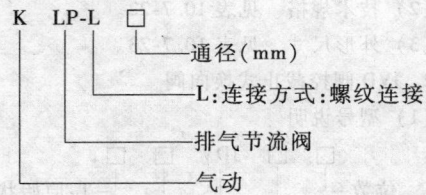

（2）技术规格　见表10.7-18。

（3）外形尺寸　见表10.7-19。

4. LX-L 消声排气节流阀

（1）型号说明

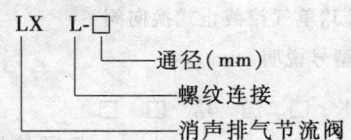

表 10.7-18　KLP-L 排气节流阀技术规格

型号	通径/mm	工作压力/MPa	流量/(L/min)	S 值
KLP-L8	8	0~0.8	83.3	10
KLP-L15	15		166.7	40

表 10.7-19　KLP-L 排气节流阀外形尺寸　　　　　　（单位：mm）

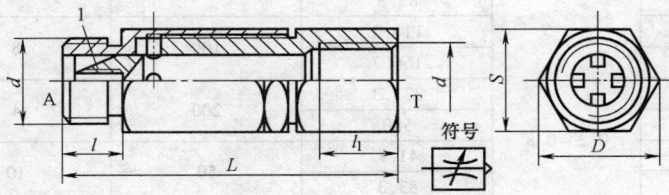

型号	公称通径	d	D	S	L	l	l_1
KLP-L8	8	M12×1.25	19.6	17	48~51	10	12
KLP-L15	15	M20×1.5	27.7	24	69~80	14	16

（2）技术规格　见表 10.7-20。　　　　　　　　（3）外形尺寸　见表 10.7-21。

表 10.7-20　LX-L 消声排气节流阀技术规格

型号	LX-L6	LX-L8	LX-L10	LX-L15	LX-L20	LX-L25
通径/mm	6	8	10	15	20	25
工作压力/MPa	0 ~ 0.8					
允许压降/MPa	≤0.025				0.02	
流量/(L/min)	41.7	83.3	116.7	166.7	500	833.3

表 10.7-21　LX-L 消声排气节流阀外形尺寸　　　　　　（单位：mm）

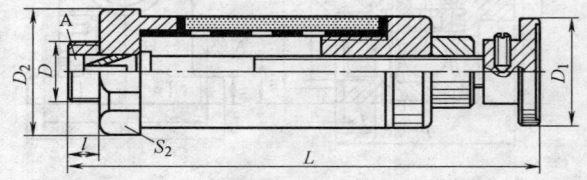

型号	公称通径	D	D_1	L	l	扳手空间	
						D_2	S_2
LX-L6	6	M10 × 1	—	50 ~ 56	8	25.4	22
LX-L8	8	M12 × 1.5	—	53 ~ 58	10	25.4	22
LX-L10	10	M16 × 1.5	—	54 ~ 58	12	27.7	24
LX-L15	15	M22 × 1.5	—	56 ~ 60	14	27.7	24
LX-L20	20	M27 × 2	$\phi32$	95 ~ 107	16	36.9	32
LX-L25	25	M33 × 2	$\phi41$	108 ~ 125	18	47.3	4

2.4　方向控制阀

1. $K^*J_Q^K$ 单气控截止式换向阀

（1）型号说明

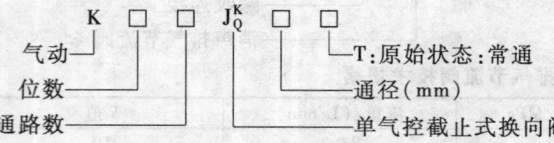

（2）技术规格　见表 10.7-22。

（3）外形尺寸　见表 10.7-23。

2. JVD 阀控截止式换向阀

（1）型号说明

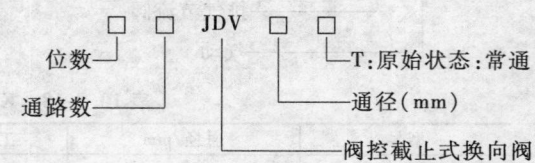

表 10.7-22　$K^*J_Q^K$ 单气控截止式换向阀技术规格

型号	通径/mm	工作压力/MPa	流量/(L/min)	泄漏量/(mL/min)	换向频率/Hz	S 值
K23JK-6	6		41.7	50	10	≥5
K23JK-8	8		83.3			≥10
K23JK-10	10		116.7	100	8	≥20
K23JK-15	15		166.7			≥40
K23JK-20	20		333.3	200	4	≥60
K23JK-25	25	0.2 ~ 0.8	500			≥110
$K23JQ\text{-}_6^6T$	6		41.7	50	10	≥5
$K23JQ\text{-}_8^8T$	8		83.3			≥10
$K23JQ\text{-}_{10}^{10}T$	10		116.7	100	8	≥20
$K23JQ\text{-}_{15}^{15}T$	15		166.7			≥40
$K23JQ\text{-}_{20}^{20}T$	20		333.3	200	4	≥60
$K23JQ\text{-}_{25}^{25}T$	25		500			≥110

（续）

型号	通径/mm	工作压力/MPa	流量/(L/min)	泄漏量/(mL/min)	换向频率/Hz	S值
K23JQ-F$_{32}^{32}$T	32		833.3		3	≥190
K23JQ-F$_{40}^{40}$T	40		1166.7	300		≥300
K23JQ-F$_{50}^{50}$T	50		1666.7		2	
K23JK-50	50		1666.7			≥400
K25JK-6	6		41.7	50	8	≥5
K25JK-8	8		83.3			≥10
K25JK-10	10		116.7	100	6	≥20
K25JK-15	15		166.7			≥40
K25JK-20	20	0.2~0.8	333.3	200	4	≥60
K25JK-25	25		500			≥110
K25JQ-6	6		41.7	50	8	≥5
K25JQ-8	8		83.3			≥10
K25JQ-10	10		116.7	100	6	≥20
K25JQ-15	15		166.7			≥40
K25JQ-20	20		333.3	200	4	≥60
K25JQ-25	25		500			≥110

表 10.7-23　K$\cdot$J$_Q^K$单气控截止式换向阀外形尺寸　　　　　　　　（单位：mm）

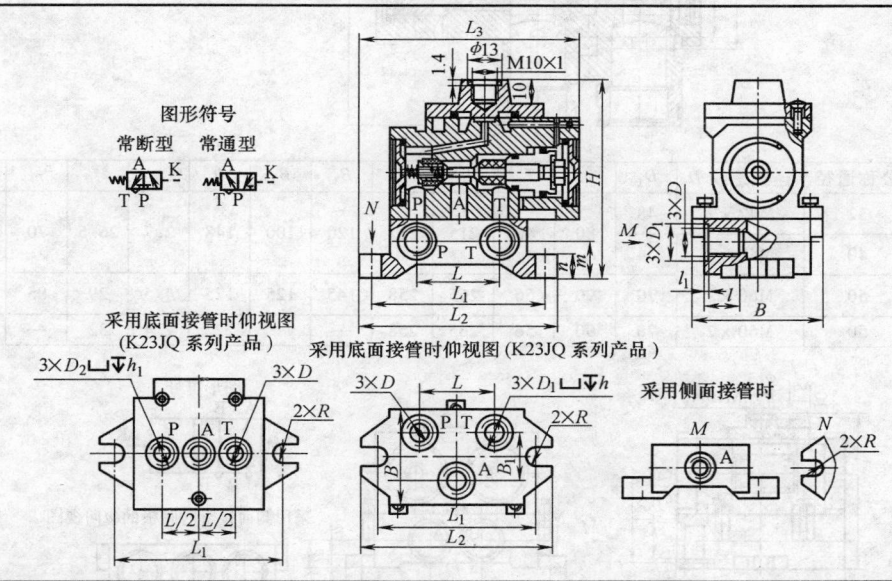

图形符号　常断型　常通型

采用底面接管时仰视图（K23JQ 系列产品）

采用底面接管时仰视图（K23JQ 系列产品）

采用侧面接管时

型号	公称通径	连接螺纹 D	D_1	D_2	L	L_1	L_2	L_3	B	B_1	H	h	h_1	l	m	n	R
K23JK-6	6	M10×1	13	8	28	68	80	88	48	—	<140	1.4	1.9	15	14	10	3.5
K23JK-8	8	M12×1.5	18									1.8					
K23JK-10	10	M16×1.5	20	15	38	86	100	123	64	—	<160	1.8	1.8	18	20	10	3.5
K23JK-15	15	M20×1.5	26														
K23JK-20	20	M27×2	32	25	60	130	150	181	95	—	<207	2.7	—	20	30	10	3.5
K23JK-25	25	M33×2	42														
K23JQ-$_{6T}^{6}$	6	M10×1	13	—	28	68	80	88	58	25	90	1.4		15	14	10	3.5
K23JQ-$_{8T}^{8}$	8	M12×1.5	18	—													
K23JQ-$_{10T}^{10}$	10	M16×1.5	20	—	38	86	100	120	64	33	100	1.8		18	20	10	3.5
K23JQ-$_{15T}^{15}$	15	M20×1.5	26	—													
K23JQ-$_{20T}^{20}$	20	M27×2	32	—	60	130	150	200	95	—	150	2.7	—	20	30	12	6.5
K23JQ-$_{25T}^{25}$	25	M33×2	40	—				(265)			(156)	(2.4)		(23)			

（续）

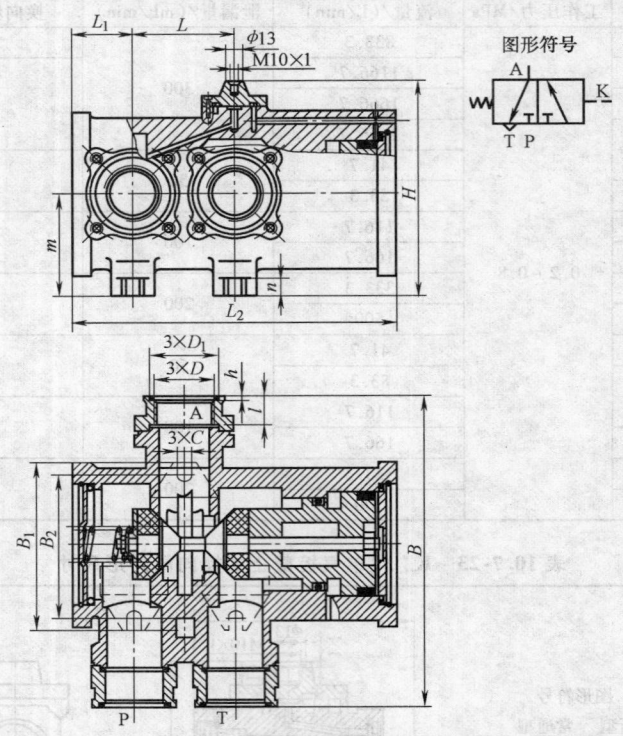

图形符号

型号	公称通径	连接螺纹 D	D_1	L	L_1	L_2	B	B_1	B_2	H	h	l	m	n	C
K23JQ-$\frac{F32}{F32T}$	32	M42×2	48	80	40	215	217	120	100	148	2.7	26.5	70	14	11
K23JQ-$\frac{F40}{F40T}$	40	M48×2	54												
K23JQ-$\frac{F50}{F50T}$	50	M60×2	70	90	56	265	258	145	125	175	4.5	29	85	14	13
K23JK-50	50	M60×2	70	90	56	265	258	—	—	222	2.4	32	—	—	—

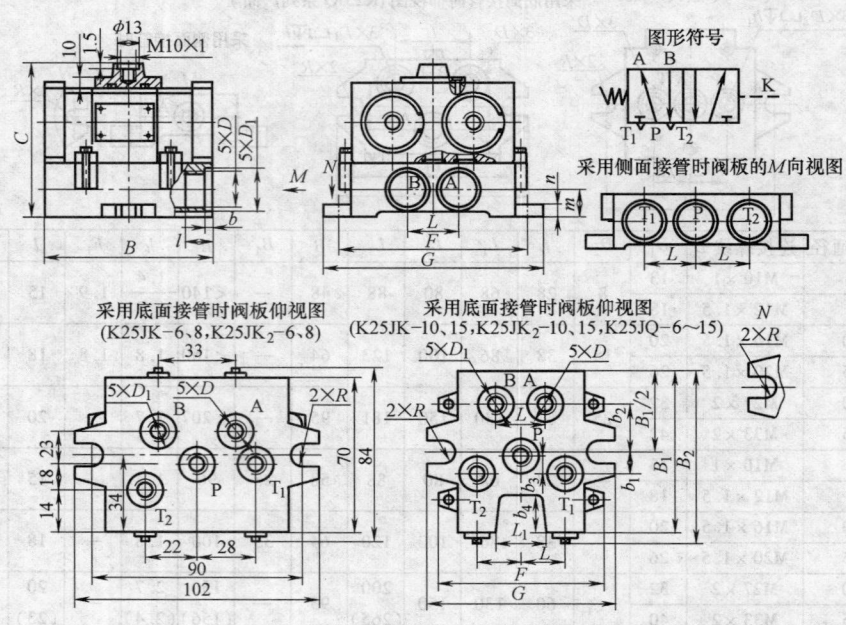

（续）

	型　号		连接螺纹 D	D_1	L	L_1	F	G	B	B_1	B_2	b_1	b_2	b_3	b_4	C 单气控	C 双气控	m	n	l	h	R
单气控	K25JK-6	双气控 K25JK₂-6	M10×1	13	28	—	90	102	75							90	116	14	6	15	1.4	3.5
	K25JK-8	K25JK₂-8	M12×1.5	18	28	—	90	102	75							90	116	14	6	15	1.8	3.5
	K25JK-10	K25JK₂-10	M16×1.5	20	38	34	120	138	108	96	103	21	29	4	24	106	132	20	10	18	1.8	5
	K25JK-15	K25JK₂-15	M22×1.5	28	38	34	120	138	108	96	103	21	29	4	24	106	132	20	10	18	1.8	5
	K25JK-20	K25JK₂-20	M27×2	32	60		180	208	160							150	176	30	12	20	2.7	6.5
	K25JK-25	K25JK₂-25	M33×2	40	60		180	208	160							150	176	30	12	20	2.7	6.5
单气控	K25JQ-6	双气控 —	M10×1	13	28		90	102	75	75	75	0	24			90	165	14	6	15	1.4	3.5
	K25JQ-8	—	M12×1.5	16	28		90	102	75	75	75	0	24			90	165	14	6	15	1.8	3.5
	K25JQ-10	—	M16×1.5	20	38		120	138	108	108	108	9	24	9	0	100	175	20	10	18	1.8	5
	K25JQ-15	—	M22×1.5	24	38		120	138	108	108	108	9	24	9	0	100	175	20	10	18	1.8	5
	K25JQ-20	—	M27×2	32	60		180	208	160	160	160				—	150	250	30	12	20	2.7	6.5
	K25JQ-25	—	M33×2	40	60		180	208	160	160	160				—	150	250	30	12	20	2.7	6.5

（2）技术规格　见表 10.7-24。　　　　　　　　　　（3）外形尺寸　见表 10.7-25。

表 10.7-24　JVD 阀控截止式换向阀技术规格

型　号	通径 /mm	工作压力 /MPa	环境温度 /℃	换向频率 /Hz	型　号	通径 /mm	工作压力 /MPa	环境温度 /℃	换向频率 /Hz
23JVD-1.2	1.2	0.63~1.0	5~50	≥15	23JVD-L1.2	1.2	0.63~1.0	5~50	≥15
23JVD-1.2T					23JVD-L1.2T				
23JVD-2	2				23JVD-L2	2			
23JVD-2T					23JVD-L2T				
23JVD-3	3				23JVD-L3	3			
23JVD-3T					23JVD-L3T				
23JVDb-4	4				23JVDb-L4	4			

表 10.7-25　JVD 阀控截止式换向阀外形尺寸　　　　　　　　（单位：mm）

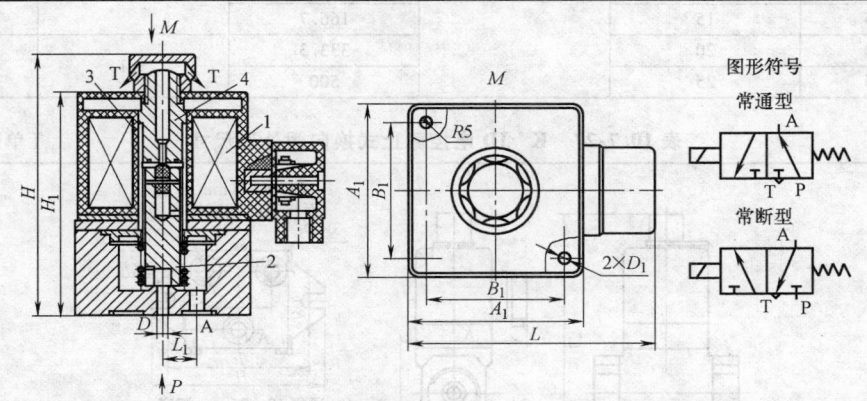

连接方式	型　号	公称通径	A_1	B_1	L	L_1	H	H_1	D_1
阀底部板接	23JVD-1.2	1.2	32	24	55	5.5	61.5	51	4
	23JVD-1.2T	1.2	32	24	55	5.5	70	50	4
	23JVD-2	2	40	30	64	8	73	62	5
	23JVD-2T	2	40	30	64	8	90	58	5
	23JVD-3	3	50	38	72.5	8	86	73	5
	23JVD-3T	3	50	38	72.5	8	100	65	5
	23JVDb-4	4	44	35	83	—	76.5	65	4.5

（续）

连接方式	型　号	公称通径	A_1	B_1	L	L_1	H	H_1	D_1
侧面接管 （接管螺纹 M10×1）	23JVD-L1.2	1.2	32	24	55	0	71.5	61	4
	23JVD-L1.2T	1.2	32	24	55	0	80	60	4
	23JVD-L2	2	40	30	64	0	83	72	5
	23JVD-L2T	2	40	30	64	0	100	68	5
	23JVD-L3	3	50	36	72.5	0	96	83	5
	23JVD-L3T	3	50	38	72.5	0	110	75	5
	23JVD$_b$-L4	4	44	22	83	0	87.5	76	3.5

3. K*JD 电控截止式换向阀

（1）型号说明

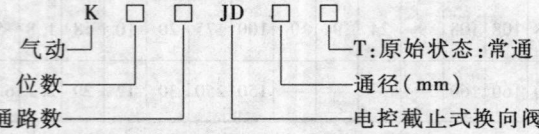

（2）技术规格　见表 10.7-26。

（3）外形尺寸　见表 10.7-27。

4. JR 人控换向阀

（1）型号说明

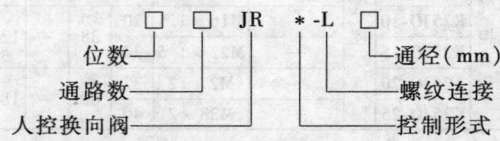

（2）技术规格　见表 10.7-28。

（3）外形尺寸　见图 10.7-5 ～ 图 10.7-9。

表 10.7-26　K*JD 电控截止式换向阀技术规格

型号	通径/mm	工作压力/MPa	流量/（L/min）	泄漏量/（L/min）	频率/Hz
K23JD-$^6_{6T}$	6		41.7		
K23JD-$^8_{8T}$	8		83.3	≤0.5	8
K23JD-$^{10}_{10T}$	10		116.7		
K23JD-$^{15}_{15T}$	15		166.7		
K23JD-$^{20}_{20T}$	20		333.3	≤1	6
K23JD-$^{25}_{25T}$	25	0.2～0.8	500		
K25JD-6	6		41.7		
K25JD-8	8		83.3	≤0.5	8
K25JD-10	10		116.7		
K25JD-15	15		166.7		
K25JD-20	20		333.3		
K25JD-25	25		500	≤1	6

表 10.7-27　K*JD 电控截止式换向阀外形尺寸　　　（单位：mm）

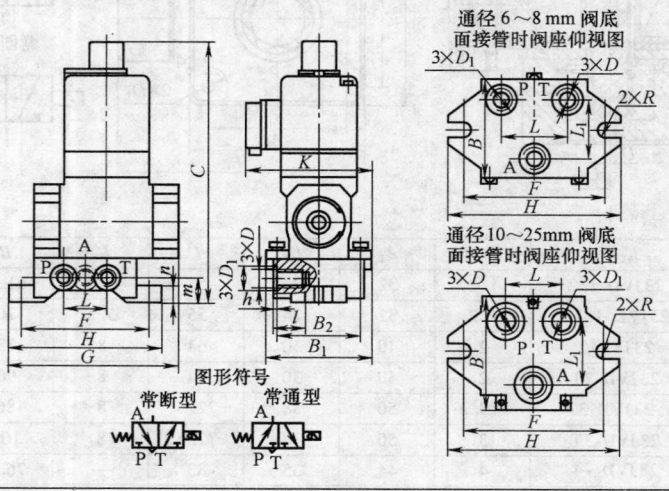

（续）

型号			F	R	H	L	D	D_1	G	B_1	l
单电控	$K23JD\text{-}\frac{6}{6T}$	电控	$K23JD_2\text{-}6$	68	3.5	80	28	M10×1	13	88	58	15
	$K23JD\text{-}\frac{8}{8T}$		$K23JD_2\text{-}8$	68	3.5	80	28	M12×1.25	16	88	58	15
	$K23JD\text{-}\frac{10}{10T}$		$K23JD_2\text{-}10$	86	3.5	100	38	M16×1.5	20	123	64	18
	$K23JD\text{-}\frac{15}{15T}$		$K23JD_2\text{-}15$	86	3.5	100	38	M20×1.5	24	123	64	18
	$K23JD\text{-}\frac{20}{20T}$		$K23JD_2\text{-}20$	130	6.5	150	60	M27×2	32	181	95	20
	$K23JD\text{-}\frac{25}{25T}$		$K23JD_2\text{-}25$	130	6.5	150	60	M33×2	40	181	95	20

型号			h	K	C	L_1	B	m	n	B_2
单电控	$K23JD\text{-}\frac{6}{6T}$	双电控	$K23JD_2\text{-}6$	1.4	<140	160	25	67	14	10(6)	48
	$K23JD\text{-}\frac{8}{8T}$		$K23JD_2\text{-}8$	1.8	<140	160	25	67	14	10(6)	48
	$K23JD\text{-}\frac{10}{10T}$		$K23JD_2\text{-}10$	1.8	<160	180	33	64	20	10	44
	$K23JD\text{-}\frac{15}{15T}$		$K23JD_2\text{-}15$	1.8	<160	180	33	64	20	10	44
	$K23JD\text{-}\frac{20}{20T}$		$K23JD_2\text{-}20$	2.7	<207	242	46	95	30	12	95
	$K23JD\text{-}\frac{25}{25T}$		$K23JD_2\text{-}25$	2.7	<207	242	46	95	30	12	95

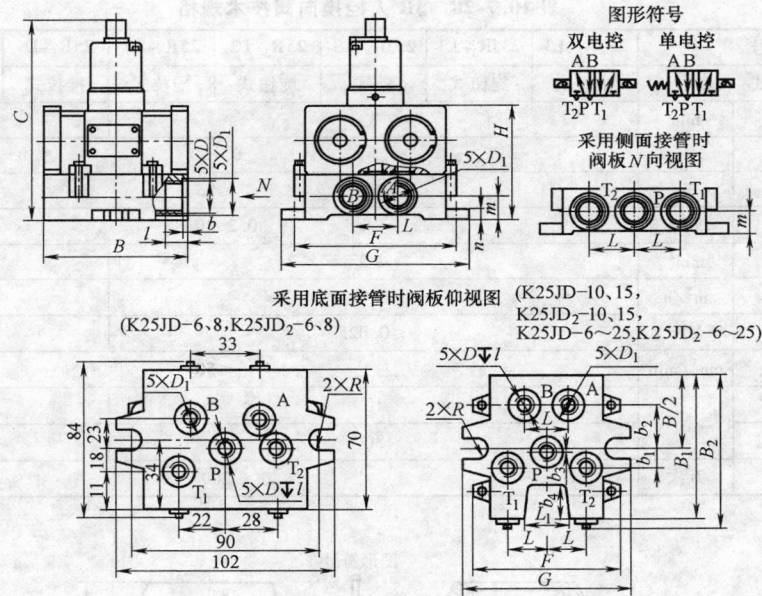

采用底面接管时阀板仰视图
(K25JD-6、8，K25JD₂-6、8)

型号		连接螺纹 D	D_1	L	L	F	G	B	B_1	B_2
单电控	K25JD-6	双电控 K25JD₂-6	M10×1	13	28		90	102	75		
	K25JD-8	K25JD₂-8	M12×1.5	18							
	K25JD-10	K25JD₂-10	M16×1.5	20	38	34	120	138	108	96	103
	K25JD-15	K25JD₂-15	M22×1.5	28							
	K25JD-20	K25JD₂-20	M27×1.5	32	60		180	208	160		
	K25JD-25	K25JD₂-25	M33×2	40							
	K25JD-6	K25JD₂-6	M10×1	13	28	0	90	102	75	75	75
	K25JD-8	K25JD₂-8	M12×1.5	16							
	K25JD-10	K25JD₂-10	M16×1.5	20	38	0	120	138	108	108	108
	K25JD-15	K25JD₂-15	M22×1.5	24							
	K25JD-20	K25JD₂-20	M27×2	32	60		180	208	160	160	160
	K25JD-25	K25JD₂-25	M33×2	40							

（续）

型 号		b_1	b_2	b_3	b_4	C		H	m	m	l	h	R
						单电控	双电控						
单电控 K25JD-6	双电控 K25JD₂-6	21	29	4	24	140	116	70	14	6	15	1.4	3.5
K25JD-8	K25JD₂-8											1.8	
K25JD-10	K25JD₂-10					156	132		20	10	18	1.8	5
K25JD-15	K25JD₂-15												
K25JD-20	K25JD₂-20					200	176		30	12	20	2.7	6.5
K25JD-25	K25JD₂-25												
K25JD-6	K25JD₂-6	0	24	0	0	145	165	70	14	6	15	1.4	3.5
K25JD-8	K25JD₂-8											1.8	
K25JD-10	K25JD₂-10	9	24	9	0	155	175	83	20	10	18	1.8	5
K25JD-15	K25JD₂-15												
K25JD-20	K25JD₂-20					210	250	130	30	12	20	2.7	6.5
K25JD-25	K25JD₂-25												

表 10.7-28 JR 人控换向阀技术规格

型 号		23JR₁-L3	23JR₃-L3	23JR₄-L3	25R₃-L3	25R₅-L3	25R₅-L6	23JR₆-L6	24JR₇-L6
操作方式		按钮式	旋钮式	锁式	旋钮式	推拉式	推拉式	长手柄	脚踏式
公称通径	mm			3				6	
环境及介质温度	℃				0 ~ 50				
相对湿度	%				≤95				
工作压力范围	MPa				0.2 ~ 0.8				
有效截面积 S 值	mm²		≥3				≥5		
额定流量	m³/h		0.7				2.5		
额定流量下压降	MPa		≤0.025				≤0.022		
泄漏量	cm³/min				≤50				
操作力 先导式	N		10				30		
直动式			30				80		
耐久性	万次				200				

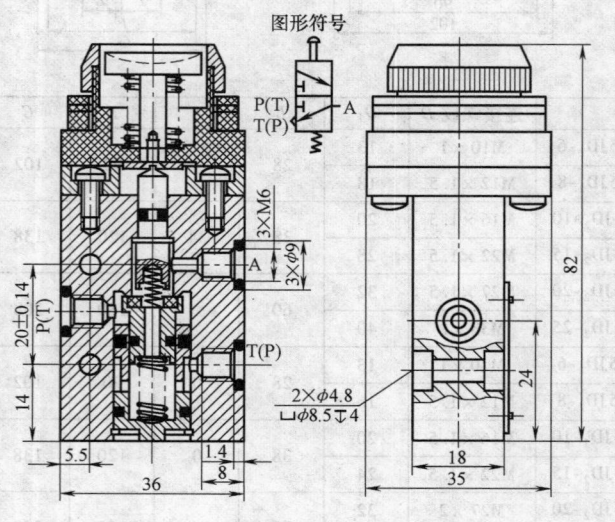

图10.7-5 JR 人控换向阀外形尺寸 1

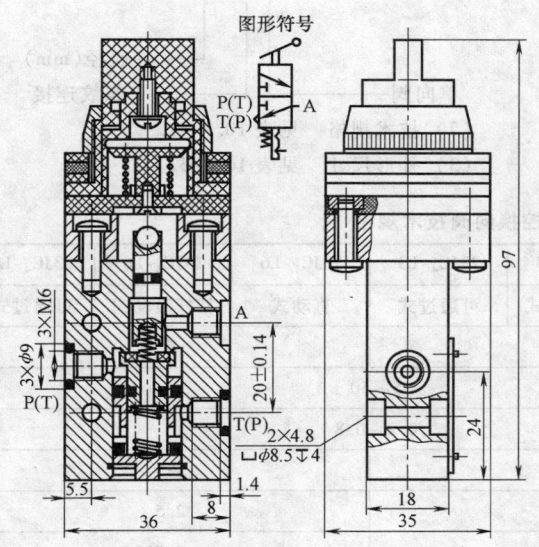

图10.7-6 JR人控换向阀外形尺寸2

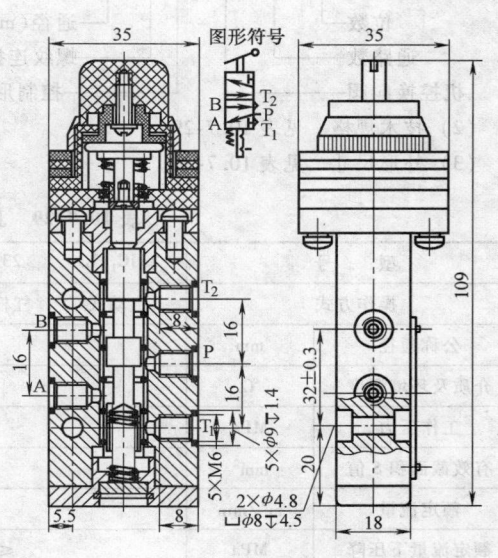

图10.7-7 JR人控换向阀外形尺寸3

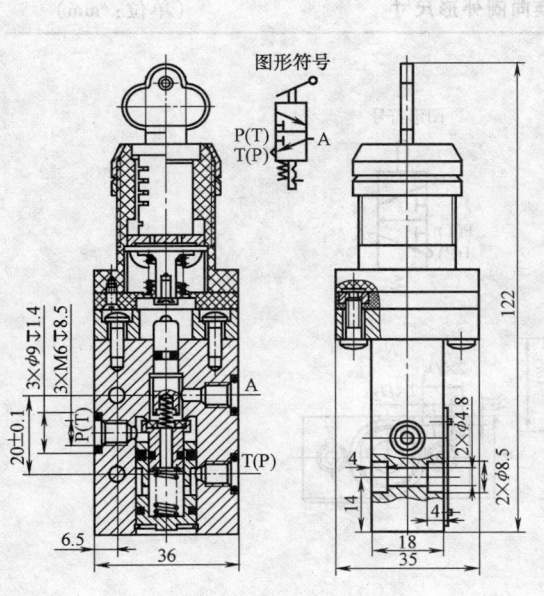

图10.7-8 JR人控换向阀外形尺寸4

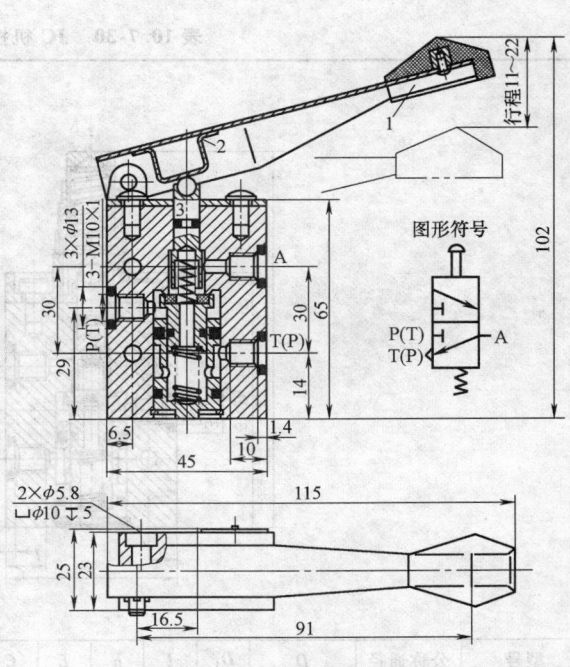

图10.7-9 JR人控换向阀外形尺寸5

5. JC 机控换向阀

（1）型号说明

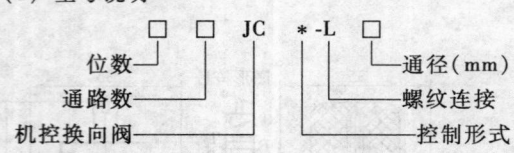

6. A 单向阀

（1）型号说明

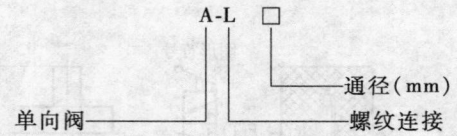

（2）技术规格 见表 10.7-29。

（3）外形尺寸 见表 10.7-30。

（2）技术规格 见表 10.7-31。

（3）外形尺寸 见表 10.7-32。

表 10.7-29 JC 机控换向阀技术规格

型号		23JC$_1$-L3	23JC$_3$-L3	23JC$_4$-L3	23JC$_1$-L6	23JC$_3$-L6	23JC$_4$-L6
操作方式		直动式	杠杆滚动式	可通过式	直动式	杠杆滚动式	可通过式
公称通径	mm	3			6		
介质及环境温度	℃	5~50					
工作压力	MPa	0.2~0.8					
有效截面积 S 值	mm^2	≥3			≥5		
额定流量	m^3/min	0.7			2.5		
额定流量下压降	MPa	≤0.025			≤0.022		
泄漏量	cm^3/min	≤50					
操作力	先导式	N	10			30		
	直动式		30			80		
耐久性	万次	200					

表 10.7-30 JC 机控换向阀外形尺寸   （单位：mm）

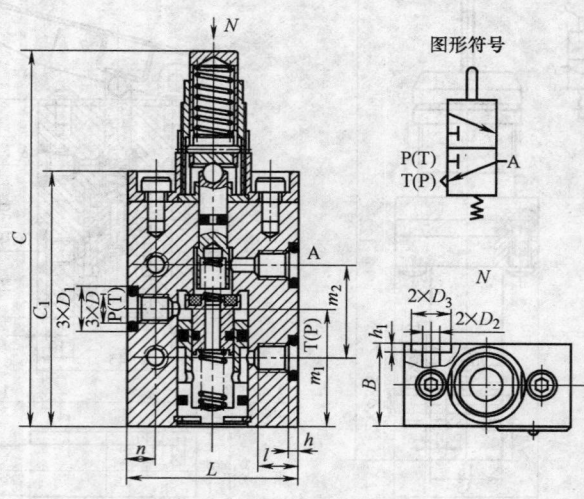

型号	公称通径	D	D$_1$	l	h	L	C	C$_1$	B	m	m$_1$	m$_2$	D$_2$	D$_3$	h$_1$	n
23JC$_1$-L3	3	M6	9	8	1.4	36	80.5	55	18	14	24	20±0.14	4.8	8.5	4	5.5
23JC$_1$-L6	6	M10×1	13	10	1.4	45	101	68	23	14	29	30±0.14	5.8	10	5	6.5

（续）

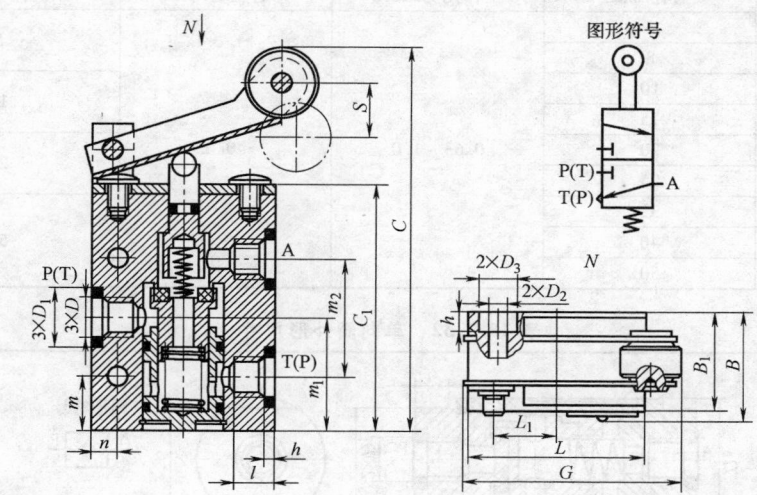

图形符号

型号	公称通径	D	D_1	l	h	G	C	C_1	B	B_1
23JC$_3$-L3	3	M6	9	8	1.4	36	76	49.5	20	18
23JC$_3$-L6	6	M10×1	13	10	1.4	55	96	62	25	23

型号	m	m_1	m_2	L	L_1	D_2	D_3	h_1	n	s
23JC$_3$-L3	14	24	20±0.14	36	12.5	4.8	8.5	4	5.5	3.5~8.5
23JC$_3$-L6	14	29	30±0.14	45	16.5	5.8	10	5	6.5	5~11.5

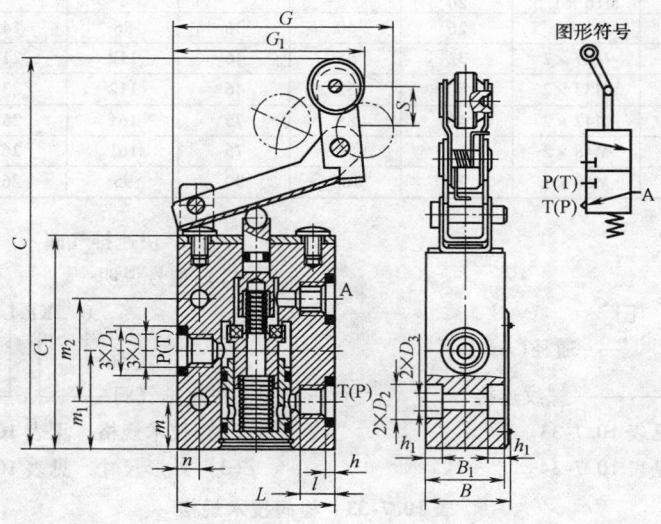

图形符号

型号	公称通径	D	D_1	l	h	L	G	G_1	C	C_1
23JC$_4$-L3	3	M6	9	8	1.4	36	49	44	90	49.5
23JC$_4$-L6	6	M10×1	13	10	1.4	45	61	54	113	62

型号	m	m_1	m_2	B	B_1	D_2	D_3	h_1	n	s
23JC$_4$-L3	14	24	20±0.14	20	18	4.8	8.5	4	5.5	4~9.5
23JC$_4$-L6	14	29	30±0.17	24.7	23	5.8	10	5	6.5	4.5~11

表 10.7-31　单向阀技术规格

型号	通径/mm	工作压力/MPa	开启压力/MPa	泄漏量/(mL/min)
A-L6	6			50 ~ 100
A-L8	8			
A-L10	10			100 ~ 250
A-L15	15			
A-L20	20	0.63 ~ 1.0	≤0.05	250 ~ 500
A-L25	25			
A-L32	32			
A-L40	40			500 ~ 700
A-L50	50			

表 10.7-32　单向阀外形尺寸　　　（单位：mm）

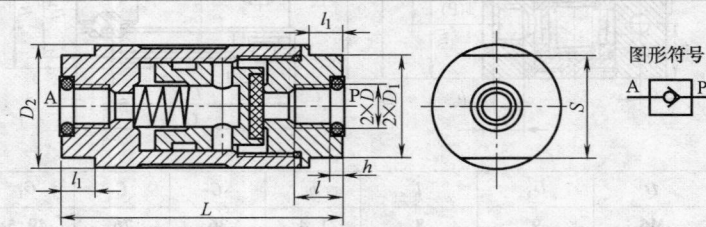

型号	公称通径	D	D_1	D_2	S	L	l	l_1	$h_{-0.1}$
A-L6	6	M10 × 1	14 13	28	24	64	10	6	1.4
A-L8	8	M14 × 1.5 M12 × 1.5	18 16	28	24	64	12	6	1.4
A-L10	10	M18 × 1.5 M16 × 1.5	22 20	40	36	86	14	10	1.8
A-L15	15	M22 × 1.5	26	40	36	86	14	10	1.8
A-L20	20	M27 × 2	32	55	46	112	21	12	1.8
A-L25	25	M33 × 2	40	55	46	112	23	12	2.7
A-L32	32	M42 × 2	48	88	75	161	25	22	2.7
A-L40	40	M48 × 2	54	88	75	161	26	26	2.7
A-L50	50	M60 × 2	70	100	90	95	26	26	4.5

7. S 梭阀

（1）型号说明

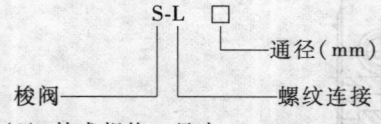

（2）技术规格　见表 10.7-33。

（3）外形尺寸　见表 10.7-34。

8. QKP 快速排气阀

（1）型号说明

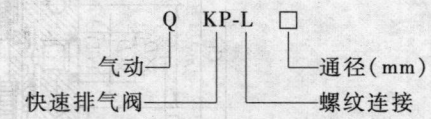

（2）技术规格　见表 10.7-35。

（3）外形尺寸　见表 10.7-36。

表 10.7-33　梭阀技术规格

型号	通径/mm	工作压力/MPa	泄漏量/(mL/min)	S 值/mm²
S-L3	3			3
S-L6	6		50 ~ 500	10
S-L8	8			20
S-L10	10	0.63 ~ 1.0	100 ~ 1000	40
S-L15	15			60
S-L20	20		200 ~ 1500	110
S-L25	25			190

表 10.7-34　梭阀外形尺寸　　　　　　　　　　　（单位：mm）

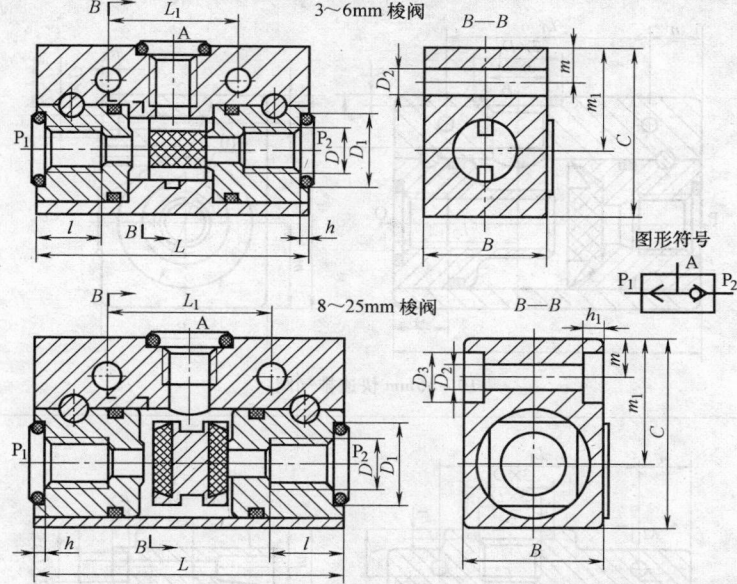

型号	公称通径	D	D_1	L	l	$h_{-0.1}$	L_1	B	D_2	D_3	h_1	C	m	m_1
S-L3	3	M6×1	9	34±0.17	8	1.4	16±0.2	16	3.4			22	4	14
S-L6	6	M10×1	13	60±0.4	10	1.4	36±0.25	25	4.5	8.5	4	42	9	28
S-L8	8	M12×1.5	16	60±0.4	15	1.8	36±0.25	25	4.5	8.5	4	42	9	28
		M14×1.5	18											
S-L10	10	M16×1.5	20	75±0.4	15	1.8	48±0.3	36	6.6	12	7	52	10	34
		M18×1.5	22											
S-L15	15	M22×1.5	26	75±0.4	18	1.8	48±0.3	36	6.6	12	7	52	10	34
S-L20	20	M27×2	32	110±0.5	22	2.4	72±0.3	55	6.6	12	7	76	12	49
S-L25	25	M33×2	40	110±0.5	22	2.7	72±0.3	55	6.6	12	7	76	12	49

表 10.7-35　快速排气阀技术规格

型　　号	通径/mm	工作压力/MPa	最低工作压力/MPa	泄漏量/（mL/min）
QKP-L6	6			50
QKP-L8	8			
QKP-L10	10			100
QKP-L15	15			
QKP-L20	20	0.63～1.0	0.12	200
QKP-L25	25			
QKP-L32	32			
QKP-L40	40			300
QKP-L50	50			

表 10.7-36　快速排气阀外形尺寸　　　　　　　　（单位：mm）

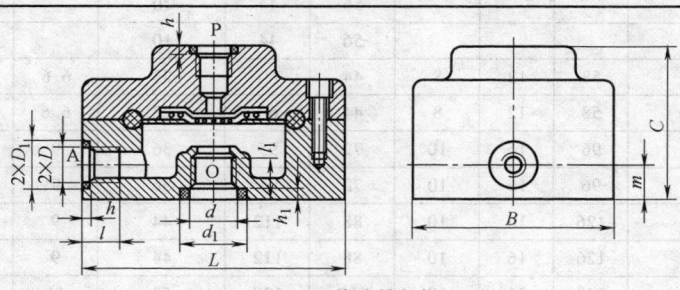

6～8mm 快速排气阀

（续）

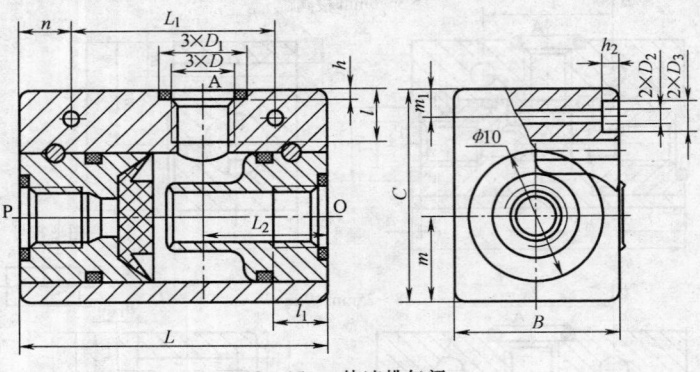

10～15mm 快速排气阀

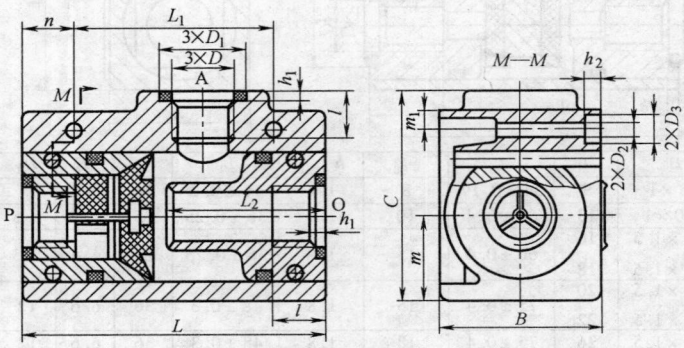

20～50mm 快速排气阀

型号	公称通径	D	D_1	l	$h_{-0.1}$	d	d_1	l_1	$h_{1-0.1}$
QKP-L6	6	M10×1	13	10	1.4	M12×1.5	18	14	1.8
QKP-L8	8	M12×1.5	16	15	1.8	M16×1.5	20	15	1.8
QKP-L10	10	M16×1.5	20	15	1.8				1.8
QKP-L15	15	M22×1.5	24	18	2.7				2.7
QKP-L20	20	M27×2	32	20	2.7				2.7
QKP-L25	25	M33×2	40	22	2.7				2.7
QKP-L32	32	M42×2	48	24	2.7				2.7
QKP-L40	40	M48×2	54	26	2.7				2.7
QKP-L50	50	M60×2	70	28	4.5				4.5

型 号	L	L_1	n	m_1	B	C	m	D_2	D_3	h_2	L_2
QKP-L6	75				56	44	10				
QKP-L8	75				56	44	10				
QKP-L10	82	58	12	8	44	60	23	6.6	12	6	34
QKP-L15	82	58	12	8	44	60	23	6.6	12	6	34
QKP-L20	128	96	16	10	72	95	36	9	15	8	45
QKP-L25	128	96	16	10	72	95	36	9	15	8	45
QKP-L32	158	126	16	10	88	112	44	9	15	8	54
QKP-L40	158	126	16	10	88	112	44	9	15	8	54
QKP-L50	190	148	21	12	102	130	52	11	18	10	70

3 气动逻辑元件

3.1 高压截止式逻辑元件

（1）型号说明

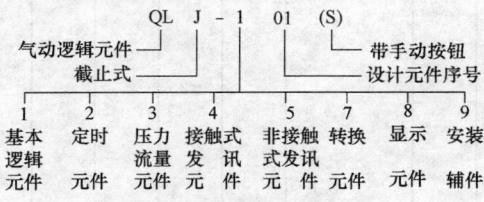

气动逻辑元件
截止式
设计元件序号
带手动按钮

1	2	3	4	5	6	7	8	9
基本逻辑元件	定时元件	压力流量元件	接触式发讯元件	非接触式发讯元件	转换元件	显示元件	安装辅件	

（2）技术规格 见表 10.7-37。

（3）外形尺寸 见图 10.7-10 ~ 图 10.7-15。

3.2 高压膜片式逻辑元件

（1）型号说明

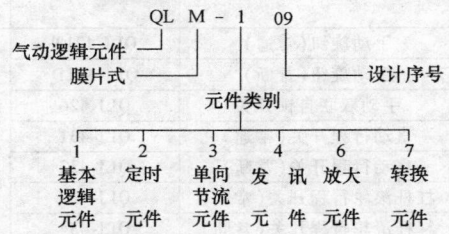

气动逻辑元件
膜片式
元件类别
设计序号

1	2	3	4	6	7
基本逻辑元件	定时元件	单向节流元件	发讯元件	放大元件	转换元件

（2）技术规格 见表 10.7-38。

（3）外形尺寸 见图 10.7-16、图 10.7-17 及表 10.7-39。

表 10.7-37 高压截止式逻辑元件技术规格

种类	元件名称	型号	有效通径/mm	工作压力/MPa	最高压力/MPa	流量（0.6MPa 时）（L/min）	响应时间/ms	滞环	寿命万次	耐振	环境温度/℃
基本逻辑元件	是门	QLJ-101									
	非门	QLJ-102									
	或门	QLJ-103									
	或非	QLJ-104									
	单输出记忆	QLJ-105									
	双稳	QLJ-106									
	与门	QLJ-107									
	禁门	QLJ-108									
	顺序与门	QLJ-107-1									
定时元件	固定延时阀（常通）	QLJ-201									
	固定延时阀（常断）	QLJ-202									
	可调延时阀（常通）	QLJ-203									
	可调延时阀（常断）	QLJ-204									
	固定脉冲阀	QLJ-205									
	可调脉冲阀	QLJ-206									
压力开关	压力开关（常通）	QLJ-301	2.5	0.2 ~ 0.6	0.8	120	6 ~ 10	返回压力是切换压力的 1/2 ~ 1/3	大于 1000	20Hz ±1mm	-5 ~ +60
	压力开关（常断）	QLJ-302									
	真空压力开关（常通）	QLJ-303									
	真空压力开关（常断）	QLJ-304									
节流元件	可调单向节流阀	QLJ-323-2.5									
	可调单向节流阀	QLJ-323-6									
	快速排气阀	QLJ-324-2.5									
	快速排气阀	QLJ-324-6									
放大元件	功率放大器（常通）	QLJ-341									
	功率放大器（常断）	QLJ-342									
	流量放大器	QLJ-343									
	泄漏传感器（常通）	QLJ-344									
	泄漏传感器（常通）	QLJ-345									
接触式发讯元件	基型微动开关（常通）	QLJ-401									
	基型微动开关（常断）	QLJ-402									
	手动按钮（常通）	QLJ-411									
	手动按钮（常断）	QLJ-412									
	手动急停开关	QLJ-413									

（续）

种类	元件名称	型号	有效通径/mm	工作压力/MPa	最高压力/MPa	流量(0.6MPa时)(L/min)	响应时间/ms	滞环	寿命万次	耐振	环境温度/℃
接触式发讯元件	手动旋钮（常通）	QLJ-421T									
	手动旋钮（常断）	QLJ-421D									
	手动双联自锁开关	QLJ-426									
	直动行程开关（常通）	QLJ-431									
	直动行程开关（常断）	QLJ-432									
	杠杆滚轮行程开关（常通）	QLJ-433									
	杠杆滚轮行程开关（常断）	QLJ-434									
	可通过式行程开关（常通）	QLJ-435									
	可通过式行程开关（常断）	QLJ-436	2.5	0.2～0.6	0.8	120	6～10	返回压力是切换压力的1/2～1/3	大于1000	20Hz ±1mm	－5～+60
	长杆滚轮行程开关（常通）	QLJ-438									
	长杆滚轮行程开关（常断）	QLJ-439									
非接触式发讯元件	背压式传感器	QLJ-501									
	反射式传感器	QLJ-502									
	遮断式传感器	QLJ-503									
	对冲式传感器	QLJ-523									
辅助元件	气电转换器	QLJ-721									
	气动显示器	QLJ-801									
	气笛	QLJ-803									
	安装底板	QLJ-901									
	管接头（三通）	QLJ-902-3									
	管接头（四通）	QLJ-902-4									
	管接头（多通）	QLJ-902-5									
微型阀	微型电磁阀（交流）		1								
	微型电磁阀（直流）										
	微型调压阀		2.5								

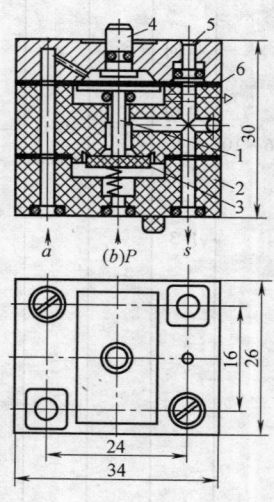

图 10.7-10　QLJ-101 是门外形尺寸

1—阀芯　2—阀体　3—阀片　4—手动按钮　5—显示活塞　6—膜片

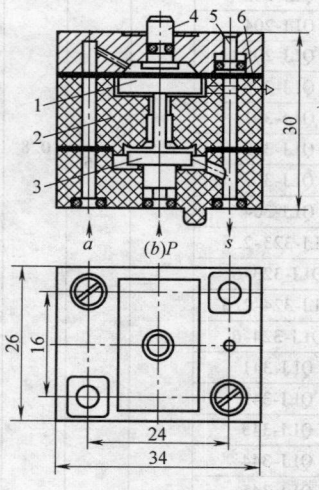

图10.7-11　QLJ-102 非门外形尺寸

1—阀杆　2—阀体　3—阀片　4—手动按钮　5—显示活塞　6—膜片

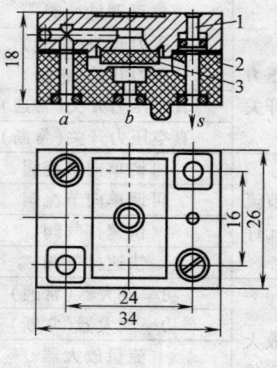

图10.7-12　QLJ-103 或门外形尺寸

1—显示活塞　2—阀体　3—阀芯

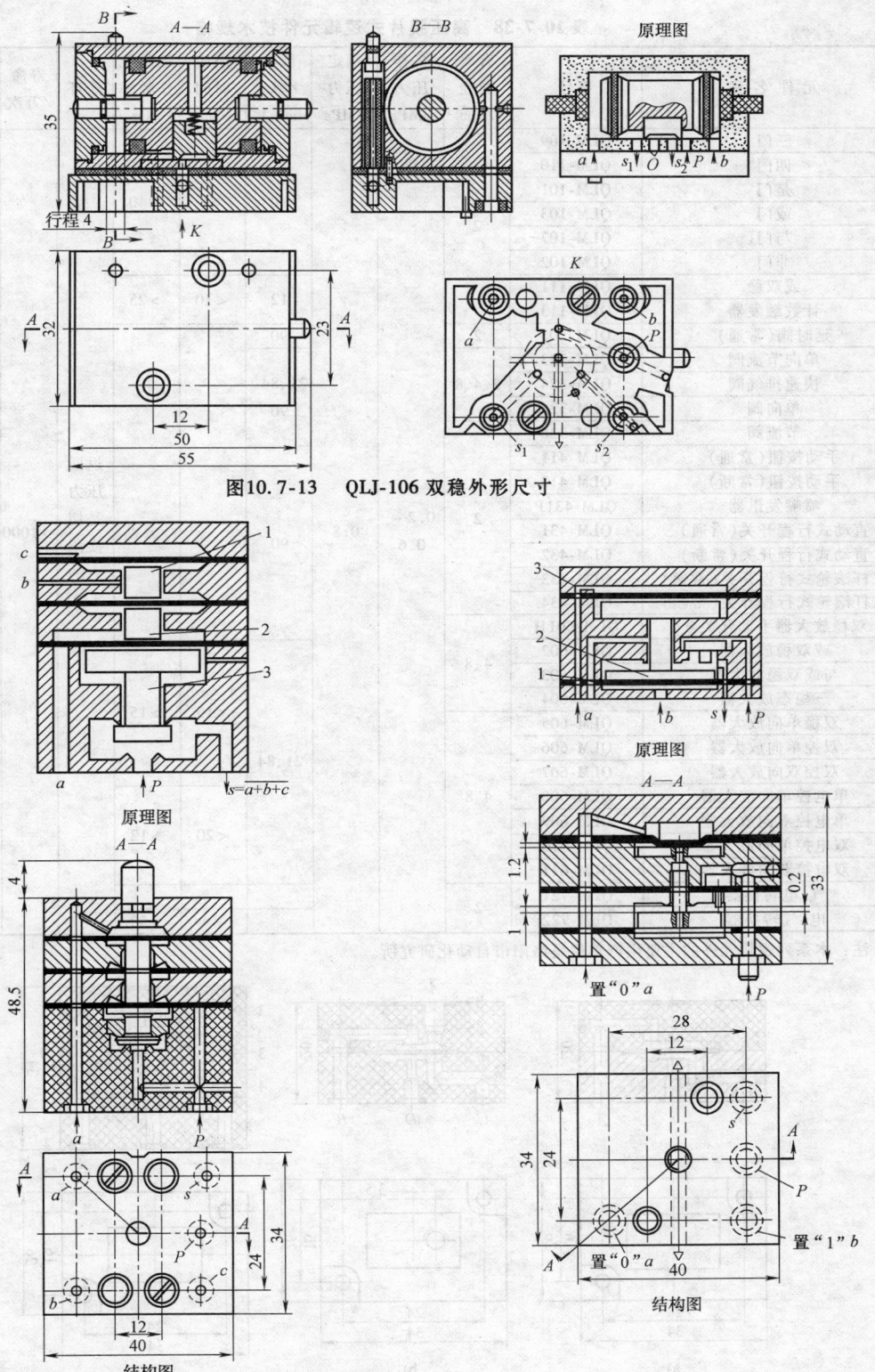

图10.7-13　QLJ-106 双稳外形尺寸

图10.7-14　QLJ-104 或非门外形尺寸（带按钮）

1—上阀柱　2—下阀柱　3—阀芯

图10.7-15　QLJ-105 单输出记忆外形尺寸

1—膜片　2—活塞　3—膜片

表 10.7-38　高压膜片式逻辑元件技术规格

元件名称	型号	有效通径/mm	工作压力/MPa	额定压力/MPa	流量/(L/min)	响应时间/ms	最高工作频率/Hz	滞环	寿命/万次	耐振	环境温度/℃
三门	QLM-109	2	0.2~0.6	0.8	90	<6	>40	返回压力是切换压力的1/2	>1000	20Hz±1mm	-5~+60
四门	QLM-110										
是门	QLM-101										
或门	QLM-103										
与门	QLM-107										
非门	QLM-102										
或双稳	QLM-111				12	<10	>25				
计数触发器	QLM-113										
延时阀（常通）	QLM-203	2			90						
单向节流阀	QLM-323										
快速排气阀	QLM-324	2、4、8			21、84、90						
单向阀	QLM-325										
节流阀	QLM-326										
手动按钮（常通）	QLM-411										
手动按钮（常断）	QLM-412										
喷嘴发讯器	QLM-431P	2			90						
直动式行程开关（常通）	QLM-431										
直动式行程开关（常断）	QLM-432										
杠杆滚轮式行程开关（常通）	QLM-433										
杠杆滚轮式行程开关（常断）	QLM-434										
双稳放大器手动开关盒	QLM-601H										
或双稳放大器	QLM-602	4、8									
与或双稳放大器	QLM-603										
三稳态放大器	QLM-604					<15	>15				
双稳单向放大器	QLM-605										
双控单向放大器	QLM-606				21、84						
双控双向放大器	QLM-607										
单电控单向放大器	QLM-608	4、8				<20	>12				
单电控双向放大器	QLM-609										
双电控单向放大器	QLM-610										
双电控双向放大器	QLM-611										
气-电转换器	QLM-721	2									
电-气转换器	QLM-722					<4	>50				

注：本系列逻辑元件的主要生产单位是洛阳市自动化研究所。

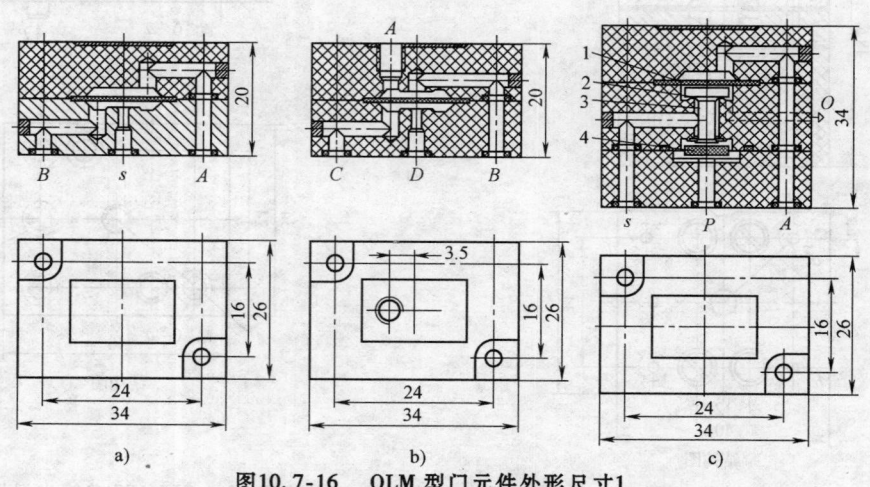

图10.7-16　QLM 型门元件外形尺寸1

a）三门元件　b）四门元件　c）是门及或门元件

1—膜片　2、4—阀片　3—顶杆

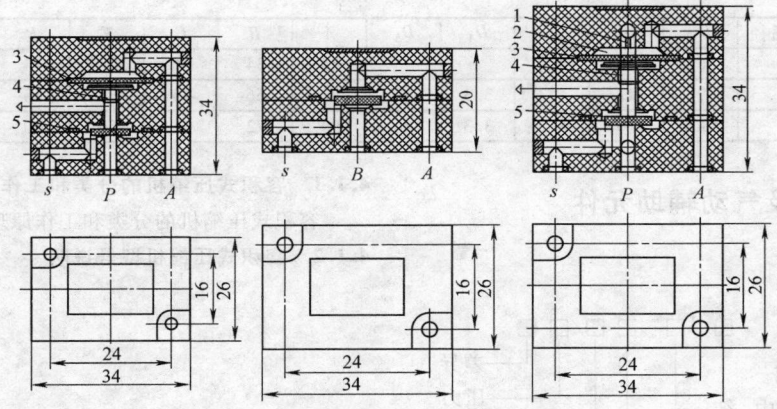

图10.7-17 QLM 型门元件外形尺寸2

1—节流小孔 2—气室 3—膜片 4—顶杆 5—阀片

表 10.7-39 高压膜片式逻辑元件外形尺寸 （单位：mm）

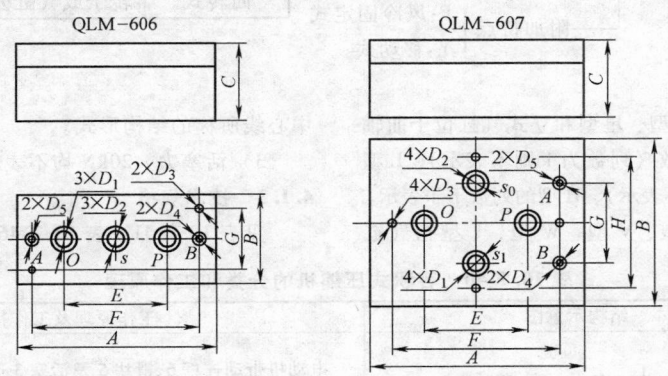

型号	公称通径	D_1	D_2	D_3	D_4	D_5	A	B	C	E	F	G	H
QLM-606-4	4	7	11	4.3	3.3	6	72	40	25	36	58	26	
QLM-606-8	8	10.7	16	4.3	3.3	6	94	43	33	50	80	29	
QLM-607-4	4	7	11	4.3	3.3	6	72	66	25	36	58	28	52
QLM-607-8	8	10.7	16	4.3	3.3	6	94	72	33	50	80	32	58

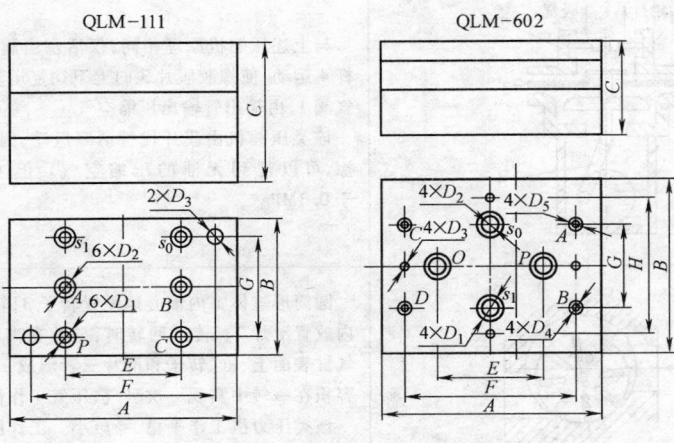

（续）

型号	公称通径	D_1	D_2	D_3	D_4	D_5	A	B	C	E	F	G	H
QLM-111	2	3.3	6	4.3			54	34	36	28	44	24	
QLM-602-4	4	7	11	4.3	3.3	6	72	66	25	36	58	28	52
QLM-602-8	8	10.7	16	4.3	3.3	6	94	72	33	50	80	32	58

4　气源装置及气动辅助元件

4.1　气源装置

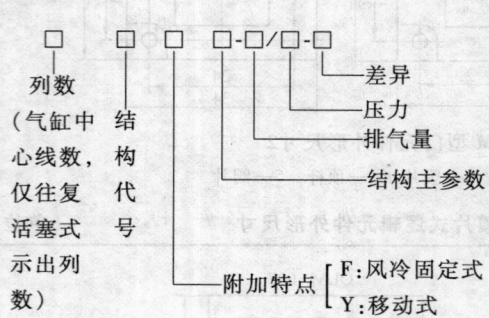

4.1.1　容积式压缩机的分类和工作原理
容积式压缩机的分类和工作原理见表 10.7-40。

4.1.2　容积式压缩机型号说明

型式	主参数	单位
往复活塞式	活塞力	N
回转式	转子或气缸公称直径	cm

1) V 型、W 型、扇型、星型和立式气缸位于曲轴同侧的卧式均应表明列数（列数为 1 则不表示）、L 型应明列数（列数为 2 则不表示）、H 型的列数不予表示。
2) 结构代号中 Z 型、V 型、W 型、L 型指气缸中心线所称的结构形式。
3) 活塞力 <20kN 均不表示。

4.1.3　技术规格
见表 10.7-41 ~ 表 10.7-46。

表 10.7-40　容积式压缩机的分类和工作原理

结构		结构示意图	工作原理及工作特点
往复式	活塞式		电动机带动连杆 6、滑块 5 及活塞 3 运动。当活塞 3 向右移动时,气缸 2 的左腔压力低于大气压,吸气阀 6 被打开,将空气吸入缸内。当活塞向左运动时,缸的左腔压力高于大气压,吸气阀 7 关闭,排气阀 1 打开,将压缩空气经输气管排出 该类压缩机流量、压力范围宽,结构较复杂。单级压力可达 1.0MPa,双极压力可达 1.5MPa
	膜片式		与上述压缩机原理相同,仅活塞由膜片代替。电动机驱动连杆 4 运动,使橡胶膜片 3 向上下往复运动,先后打开吸气阀 2、排气阀 1,由输出管输出压缩空气 该类压缩机由膜片代替活塞运动,因此消除了金属表面的摩擦,可以得到无油的压缩空气。但工作压力不高,一般小于 0.3MPa
回转式	滑片式		圆筒形缸体 1 内偏心地配置转子 3,转子上开有若干切槽,其内放置滑片 2。转子回转时,滑片在离心力作用下端部紧顶在气缸表面上,缸、转子和滑片三者形成一周期变化的容积。各小容积在一转中实现一次吸气、压气工作循环 该类压力机工作平稳,噪声小。工作压力单级可达 0.7MPa

（续）

结构		结构示意图	工作原理及工作特点
回转式	螺杆式	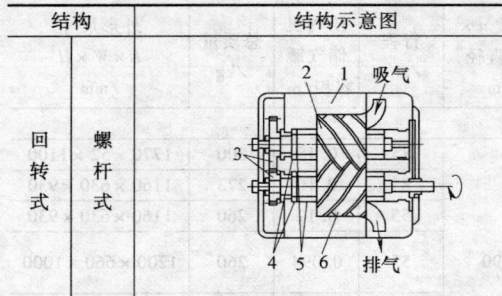	在壳体 1 内有一对大螺旋齿的螺杆 2 和 6 啮合着，两螺杆装在外壳内由两端的轴承所支撑。其轴端装有同步齿轮 3 以保证两螺杆之间形成封闭的微小间隙。当螺杆由电动机带动时，该微小间隙发生变化，完成吸、压气循环。如果轴端和转子（螺杆）腔间用油封 4、轴封 5 隔开，可以得到无油的压缩空气 该类压缩机工作平稳、效率高。单级可达 0.4MPa，二级可达 0.9MPa，三级可达 3.0MPa，多级压缩会得到更高压力。加工工艺要求较高。

表 10.7-41　V 型空气压缩机技术规格

风冷移动式

型号	额定排气量/(m^3/min)	额定排气压力/MPa	电动机功率/kW	噪声/dB	额定转速/(r/min)	气缸数 $n \times$ 气缸直径/mm	行程/mm	压气机储气罐容积/m^3	总质量/kg	外形尺寸 $L \times W \times H$ /mm
单级压缩										
VD2.2[①]	0.28	0.7	2.2	≤80	1050	2×65	60	0.12	160	1255×510×860
VD21.5[①]	0.286		1.5	≤90	720	2×65	60	0.09	150	1240×458×805
2V-0.3/7	0.3		3.0		725	2×90	55	0.075	93	1155×430×830
2V-0.3/7D	0.3		3.0	≤85	1430	2×65	55	0.12	158	1250×510×928
2V-0.4/10	0.4	1.0	4.0	80.5	840	2×90		0.26	220	
2V-0.6/7	0.6		5.5		1450	2×90	55	0.12	200	1600×600×1000
								0.10	226	1140×600×860
2VF-0.6/7	0.6	0.7	5.5	80.4	900	2×90	80	0.185	283	1540×540×960
2V-0.6/7-B	0.6		5.5		1450	2×90	55	0.12	225	1400×950×950
2V-0.6/7-C	0.6		5.5		1450	2×90	55	0.12	220	1450×550×1030
2V-0.6/7B	0.4		4.5	≤85	1250	2×90	55	0.12	220	1400×500×900
双级压缩										
2V-0.1/10	0.1	1.0	1.1	80	650	1×65　1×50	60	0.09	150	1240×458×805
V-0.1/10	0.1	1.0	1.5	82	600	1×75　1×45	55	0.063	150	1000×408×225
2V-0.225/14	0.225	1.4	2.2	80	555	1×90　1×50	85	0.12	198	1290×464×932
2V-0.25/10	0.25		2.2	77	608	1×90　1×50	85	0.15	200	
2V-0.3/10	0.30	1.0	3.0	80	1100	1×90　1×57	55	0.075	190	1200×450×880
V-0.3/10B	0.30		3.0		800	1×90　1×50	70	0.084	240	1200×600×1000
2V-0.3/15	0.30	1.5	3.0	81.4	1060	1×90　1×50	55	0.12	240	1250×560×1000
2V-0.28/14	0.38	1.4	4.0	80	949	1×90　1×50	85	0.15	200	394×510×965
2V-0.4/10	0.40	1.0	4.0	78	986	1×90　1×50	85	0.15	200	394×510×965
水冷固定式双级压缩										
1V-3/8					970			0.3	1038[②]	1600×1200×1210
V-3/8	3	0.8	22		980	1×120　1×120	110	0.5	1038[②]	1600×1200×1210
1V-3/8					980			0.3	994[②]	1600×1700×1230

① VD2.2 和 VD1.5 为长春空气压缩机厂外贸产品供货型号。
型号意义：

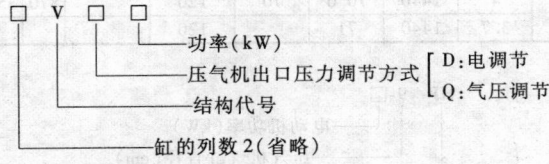

② 此重量和外形尺寸不包括储气罐。

表 10.7-42　W 型风冷移动式空气压缩机技术规格

型号	额定排气量/(m³/min)	额定排气压力/MPa	电动机功率/kW	噪声/dB	额定转速/(r/min)	气缸数 n×气缸直径/mm	行程/mm	压气机储气罐容积/m³	总质量/kg	外形尺寸 L×W×H/mm
单级压缩										
3W-0.9/7	0.9	0.7	7.5	78	855	3×90	85	0.18	300	1770×52×1100
					1450		85	0.10	273	1160×630×930
				84	1450		55	0.12	260	1160×630×930
W-0.9/7A W-0.9/7B					1450	3×90	55	0.094	260	1200×660×1000
3WC-0.9/7				86	980		75	0.30	300	1730×570×1180
3W-0.9/7B				80	1250		55	0.13	280	1300×580×1000
3WF-0.9/7				86	900		80	0.126	300	1540×560×1000
双级压缩						一级　二级				
3W-0.55/14	0.55	1.4	5.5	78	685			0.17	281	1770×510×1040
3W-0.6/10	0.60	1.0	5.5	78	740	2×90　1×65		0.18	281	1770×510×1040
3W-0.75/14	0.75	1.4	7.5	79.5	900		85	0.18	316	1770×521×1100
3W-0.8/10	0.80	1.0	7.5	81	950			0.18	316	1770×510×1040
3W-01.6/10B	1.6	1.0	13.0	90	1460	2×115　1×90	70	0.168	400	1380×825×1150

表 10.7-43　Z 型（立式）风冷移动式空气压缩机技术规格

型号	额定排气量/(m³/min)	额定排气压力/MPa	电动机功率/kW	噪声/dB	额定转速/(r/min)	气缸数 n×气缸直径/mm	行程/mm	压气机储气罐容积/m³	总质量/kg	外形尺寸 L×W×H/mm
Z-0.025/6	0.025	0.6	0.37	75	700	1×45	55	0.033	80	700×320×675
					900	1×52	40	0.035	57	700×310×670
Z-0.03/7	0.03	0.7	0.37	75	1370	1×50	55	0.04	60	850×310×600
Z-0.05/6	0.05	0.6	0.75~0.75	78	400	1×75	55	0.05	130	900×400×840
					900	1×65	55	0.0325	59	700×310×670
ZD075①	0.095	0.7	0.75	65	685	1×65	60	0.0625	100	1084×405×800
Z-0.2/7	0.20		2.2	75.8	960	1×90	55	0.065	160	1150×430×910
Z-0.2/10	0.20		2.5	85	840	1×90	55	0.066	130	1060×430×900
0.34/30BF	0.34	3.0	5.5			一级 1×108 二级 1×48			100②	421×484×726

① ZD075 的型号说明见表 10.7-41 注。

② 此值为净质量（不包括电动机和储气罐的质量）。

表 10.7-44　滑片式风冷移动式空气压缩机技术规格

型号	额定排气量/(m³/min)	额定排气压力/MPa	电动机功率/kW	额定转速/(r/min)	噪声/dB	压缩机质量/kg	机组总质量/kg 三角架式	机组总质量/kg 半移动式	三角架式 L	W	H	l	W₁	h	半移动式 L×W×H
HP9-0.15/7	0.15~0.18	0.7	1.5	950	67	32	75	85	700	325	600	400	240	300	780×430×560
HP9-0.2/7	0.2~0.22		2.2	950	70	35									
HP9-0.25/7	0.25~0.27		2.2	1430	74	32									
HP9-0.3/7	0.3~0.35		3	1440	76	35									
HP9-4	0.6		4	1440	70.6	70	120		870	350	600	570	300	340	
HP9-0.5/7	0.5		3.7	1440	71		120								

注：型号说明：

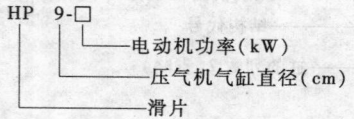

HP 9-□
　　　└── 电动机功率（kW）
　　└── 压气机气缸直径（cm）
└── 滑片

表 10.7-45 活塞式无油空气压缩机技术规格

型式	型号	额定排气量/(m³/min)	额定排气压力/MPa	电动机功率/kW	噪声/dB	额定转速/(r/min)	气缸数 n×气缸直径/mm	行程/mm	压气机储气罐容积/m³	总质量/kg①	外形尺寸 L×W×H/mm
风冷移动式	Z-0.015/5	0.015	0.5	0.18	75	1400	1×60	12	0.02	50	400×410×553
	Z-0.03/7	0.03	0.7	0.4	78	1420	1×60	20	0.03	65	658×380×655
	ZD-0.06/7	0.06	0.7	0.8	78	1380	2×60	20	0.04	72	690×426×655
水冷固定式	WZ-1.5/5	1.5	0.5	11		750			0.5		1650×680×1450
	2Z-3/8-1	3	0.8	22	85	750		120	0.3	810①	2600×2400×1450

① 该重量不包括电动机、储气罐的质量。

表 10.7-46 风冷无油膜片式空气压缩机技术规格

型号	额定排气量/(L/min)	额定排气压力/MPa	电机功率/kW	转速/(r/min)	噪声/dB	膜片直径/mm	储气罐容积/m³	机组净质量/kg	外形尺寸 L×W×H/mm
JGZ-1/3	16.7	0.3	0.18	1400	66	100	0.005	15	290×290×410
JG2Z-2/3	33.4	0.3	0.37	1400	75	100	0.01	31	548×340×410

注：型号说明：

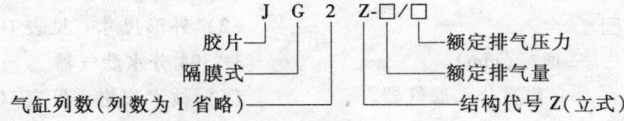

胶片
隔膜式
气缸列数（列数为 1 省略）

J G 2 Z-□/□

额定排气压力
额定排气量
结构代号 Z（立式）

4.2 气动辅助元件

4.2.1 空气过滤器

（1）型号说明

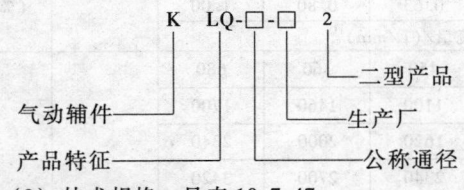

K LQ-□-□ 2

气动辅件
产品特征

二型产品
生产厂
公称通径

（2）技术规格 见表 10.7-47。

（3）外形尺寸 见表 10.7-48。

表 10.7-47 空气过滤器技术规格

型号	介质温度/℃	工作压力/MPa	空气流量/(m³/h)	滤芯① 数量	滤芯① 规格尺寸/mm	微孔径/μm
KLQ-32-L₂			25	1	φ70×500×15	
KLQ-40-L₂			75	3		
KLQ-50-L₂			125	5		
KLQ-65-L₂	0~+50	0~1	175	7		40~60
KLQ-80-L₂			350	7		
KLQ-100-L₂			650	13	φ70×1000×15	
KLQ-150-L₂			1100	22		
KLQ-200-L₂			1550	31		
KLQ-250-L₂			2400	48		

① 滤芯材质为石英质、刚玉和镁酸盐三种，用户无特殊要求为石英质。

表 10.7-48 KLQ 空气过滤器外形尺寸 （单位：mm）

图形符号 ◇

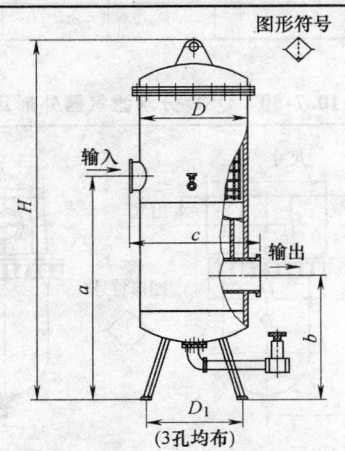

输入
输出
（3孔均布）

（续）

型号	公称直径	H	D	a	b	c	连接方式	安装尺寸	
								D_1	螺钉孔
KLQ-32-L$_2$	32	850	114	300	100	250		200	
KLQ-40-L$_2$	40	1100	220	520	260	360		300	
KLQ-50-L$_2$	50	1250	273	600	300	450		320	3-M18
KLQ-65-L$_2$	65	1350	320	600	300	500		320	
KLQ-80-L$_2$	80	1800	320	725	350	500	法兰	320	
KLQ-100-L$_2$	100	1950	420	825	400	600		450	3-M20
KLQ-150-L$_2$	150	2200	520	950	450	700		550	
KLQ-200-L$_2$	200	2300	620	1100	520	820		650	3-M22
KLQ-250-L$_2$	250	2500	720	1270	620	920		750	3-M25

4.2.2 分水滤气器

1. QSL 分水滤气器

（1）型号说明

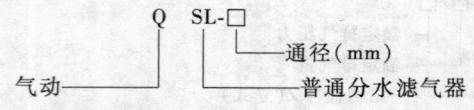

气动 —— 普通分水滤气器 —— 通径（mm）

（2）技术规格   见表 10.7-49。

（3）外形尺寸   见表 10.7-50。

2. QSL$_a$ 分水滤气器

（1）技术规格   表 10.7-51。

（2）外形尺寸   见表 10.7-52。

3. 394 分水滤气器

（1）技术规格   见表 10.7-53。

（2）外形尺寸   见表 10.7-54。

表 10.7-49   QSL 分水滤气器技术规格

型号	环境介质温度/℃	最大输入压力/MPa	公称输入压力/MPa	压力降等于进口压力5%的条件下,测得各种进口压力下的空气流量应不小于下列值					过滤精度/μm	水分离效率/(%)
				进口压力/MPa						
				0.25	0.4	0.63	0.80	1.00		
				空气流量/(L/min)[①]						
QSL-6				200	290	450	360	680		
QSL-8				450	720	1100	1460	1700		
QSL-10				760	1170	1620	2000	2340		
QSL-15	5~60	1	0.63	1170	1460	2340	2700	3420	50~70	≥65
QSL-20				1700	2800	4000	4600	5400		
QSL-25				2100	3420	5200	5800	6800		
QSL-40										
QSL-50										

① 普通滤芯 50~70μm 的流量。

表 10.7-50   QSL 分水滤气器外形尺寸   （单位：mm）

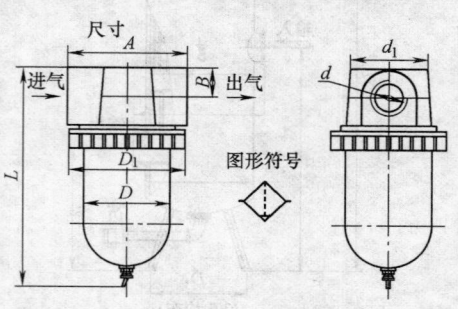

（续）

型号	公称直径	连接螺纹 d	A	B	D	L	D_1
QSL-8	8	M14 × 1.5					
QSL-10	10	M18 × 1.5	90	15	70	160	88
QSL-15	15	M22 × 1.5					
QSL-20	20	M27 × 2	115	23	90	212	110
QSL-25	25	M32 × 2					
QSL-40	40	M48 × 2	132	37.5	110	292	135
QSL-50	50	M60 × 2					

表 10.7-51 QSL$_a$ 分水滤气器技术规格

型号	通径/mm	连接螺纹 d	工作温度/℃	最高输入压力/MPa	分水效率（%）	过滤精度/μm
QSL$_a$-10 ~ QSL$_a$-25	10 ~ 25	M16 × 1.5 ~ M33 × 2	-5 ~ +50	3.0	>80	50

表 10.7-52 QSL$_a$ 分水滤气器外形尺寸 （单位：mm）

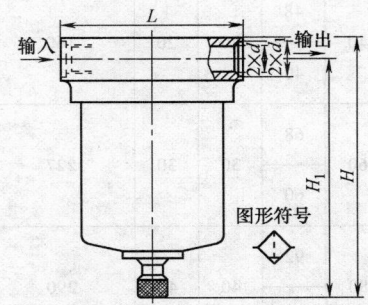

型号	通径	连接螺纹 d	L	H	H_1	d_1
QSL$_a$-L10	10	M16 × 1.5	90	182	167	20
QSL$_a$-L15	15	M20 × 1.5	90	182	167	24
QSL$_a$-L20	20	M27 × 2	112	236	214	32
QSL$_a$-L25	25	M33 × 2	112	236	214	40

表 10.7-53 394 分水滤气器技术规格

代号	公称通径/mm	可使用的容器容积/cm³	最大工作压力/MPa	工作温度/℃	过滤精度/μm	当压降 Δp = 0.1MPa（滤芯过滤精度 50~75μm）时					
						输入压力 p_1/MPa					
						0.1	0.25	0.4	0.6	1.0	1.6
						流量/（m³/h）					
394.21	6	25	1.6		5 ~ 10	26	42	55	70	90	115
394.21M					10 ~ 20						
394.22					25 ~ 40						
394.22M											
394.35	10	75	1.6	0 ~ +50	50 ~ 75	90	150	200	240	300	380
394.35M											
394.36											
394.36M											
394.48	20	200	1.6		50 ~ 75	160	300	330	450	550	660
394.48M											
394.49											
394.49M											

表 10.7-54　394 分水滤气器外形尺寸　　　　　　　　（单位：mm）

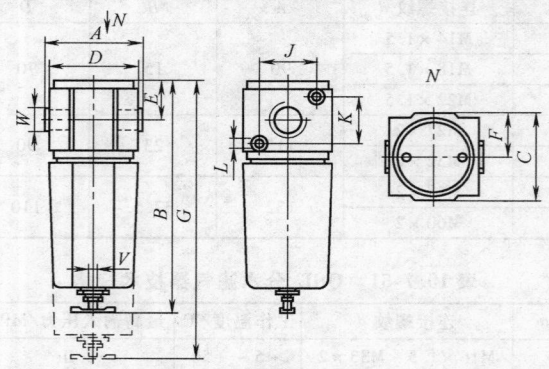

代号[2]	连接螺纹 W/in	A	B	C	D	E	F	维修保留尺寸 G	J	K	L	排泄口螺纹 V	质量 /kg
						mm							
394.21	G1/8[1]	40	135	40	48	20	20	160	20	20	4.8	G1/8	0.31
394.21M													
394.22	G1/4				40								0.30
394.22M													
394.35	G3/8[1]	60	187	60	68	30	30	227	35	35	5.7	G1/8	0.96
394.35M													
394.36	G1/2				60								0.94
394.36M													
394.48	G3/4[1]	80	240	80	92	40	40	290	48	48	7	G1/8	1.00
394.48M													
394.49	G1				80								1.00
394.49M													

① 过滤器的配管小一号时，最大流量减少约 10%。滤芯小一号时，流量减少约 7%。
② M 为金属杯容器。

4.2.3　油雾器

1. QIU 油雾器

（1）型号说明

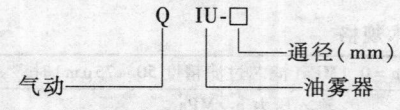

（2）技术规格　见表 10.7-55。
（3）外形尺寸　见表 10.7-56。

2. 396 油雾器

（1）技术规格　见表 10.7-57。
（2）外形尺寸　见表 10.7-58。

4.2.4　气源处理三联件

气源处理三联件包括分水滤气器、减压阀和油雾器，其概览见表 10.7-59。

4.2.5　消声器

（1）型号说明

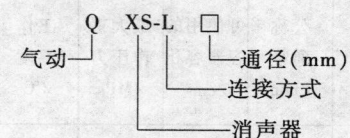

（2）技术规格　见表 10.7-60。
（3）外形尺寸　见表 10.7-61。

表 10.7-55　QIU 油雾器技术规格

技术规格	型　号							
	QIU-6	QIU-8	QIU-10	QIU-15	QIU-20	QIU-25	QIU-40	QIU-50
介质及环境温度/℃	5~60							
最大输入压力/MPa	1.0							
起雾空气流量应小于右边的值①								
进口压力[2]/MPa	空气流量/（L/min）							
0.10	70	75	120	140	350	600		

（续）

技术规格	型　　号							
	QIU-6	QIU-8	QIU-10	QIU-15	QIU-20	QIU-25	QIU-40	QIU-50
0.40	90	140	190	350	750	1200		
0.63	120	220	300	480	1100	1600		
(0.80)	180	240	400	630	1400	1800		
1.00	220	300	470	650	1500	2100		
压力降等于进口压力5%的条件下空气流量不得小于右边的值[1]								
进口压力[2]/MPa	空气流量/(L/min)							
0.10	90	140	200	270	710	1250		
0.40	250	390	590	900	2250	3250		
0.63	360	540	900	1450	3350	4950		
(0.80)	540	810	1200	1900	4050	5600		
1.0	700	1000	1650	2100	5050	6300		
油雾器的工作压力和出口流量在右边条件下,润滑油的流量应在 0~120 滴/min 之间均匀可调								
工作压力/MPa	出口流量/(L/min)							
0.4	250	390	590	900	2250	325		
不停气注油压力/MPa	≥0.1							
耐久性[1]/万次	≥100							

① 表中值为合格品指标；一等品起雾空气量低于表中值，压力降—空气流量、耐久性高于表中值。
② 进口压力为 0.8MPa 不推荐使用。

表 10.7-56　QIU 油雾器技术规格外形尺寸　　　　（单位：mm）

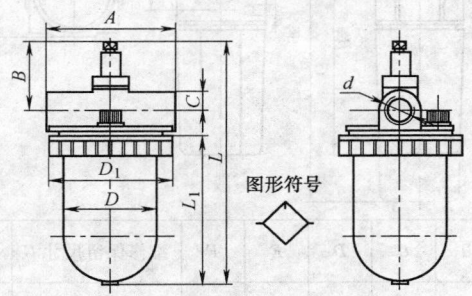

图形符号

型号	公称通径	连接螺纹 d	A	B	C	D	D_1	L	L_1
QIU-8	8	M14×1.5							
QIU-10	10	M18×1.5	90	69	13.5	70	88	200	114
QIU-15	15	M22×1.5							
QIU-20	20	M27×2	115	74	21	90	110	250	151
QIU-25	25	M33×2							
QIU-40	40	M48×2	130	58	38	90	110	247	151
QIU-50	50	M60×2							

表 10.7-57　396 油雾器技术规格

代号[1]	连接螺纹/in	公称直径/mm	油杯容积/cm³	最高工作压力/MPa	工作温度/℃	输入压力/MPa											
						0.1		0.25		0.4		0.6		1.0		1.6	
						10 滴/min 时的最小空气流量(m³/h)，当压降 $\Delta p = 0.1\text{MPa}$ 时的最大空气流量(m³/h)											
						min	max	min	max	min	max	min	max	min	max	min	max
396.21	G1/8[2]	6	40	16	0~50	2.5	20	3.5	35	4	50	5	60	7	80	10	105
396.21M																	
396.22	G1/4																
396.22M																	

（续）

代号[1]	连接螺纹/in	公称直径/mm	油杯容积/cm³	最高工作压力/MPa	工作温度/℃	输入压力/MPa											
						0.1		0.25		0.4		0.6		1.0		1.6	
						10滴/min 时的最小空气流量（m³/h），当压降 $\Delta p = 0.1$ MPa 时的最大空气流量（m³/h）											
						min	max	min	max	min	max	min	max	min	max	min	max
396.35	G3/8[2]	10	120	1.6	0~50	1.5	80	2.5	120	3	170	4	220	6	290	9	360
396.35M																	
396.36	G1/2																
396.36M																	
396.48	G3/4[2]	20	300	1.6		8.5	210	9.2	240	10	265	11	295	13	350	16	450
396.48M																	
396.49	G1																
396.49M																	

① 代号中有 M 者为金属油杯。
② 油雾器的配管小一号时，最大流量减少约 10%。

表 10.7-58　396 油雾器外形尺寸　　　　（单位：mm）

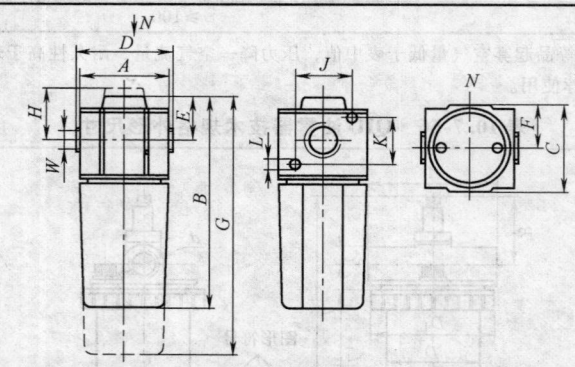

代号[2]	连接螺纹 W/in	A	B	C	D	E	F	维修保留尺寸 G	H	J	K	L	质量/kg
396.21	G1/8[1]				48								0.27
396.21M		40	130	40		30	20	156	38	20	20	4.8	
396.22	G1/4				4								0.26
396.22M													
396.35	G3/8[1]				68								0.90
396.35M		60	180	60		42	30	220	52	35	30	5.7	
396.36	G1/2				60								0.88
396.36M													
396.48	G3/4[1]				92								1.03
396.48M		80	240	80		55	40	290	67	48	48	7	
396.49	G1				80								0.98
396.49M													

① 油雾器的配管小一号时，最大流量减少约 10%。
② 订货号中有 M 者为金属杯容器。

表 10.7-59　气源处理三联件概览

三联件之间连接	螺纹连接										插入式连接		
型号或代号	QFLW-L3	QFLW-L6	QFLW-L8	QFLW-L10	QFLW-L15	398.213	398.223	398.253	398.263	398.283	398.293	QCS-8-F	QCS-10-F	QCS-15-F
通径/mm	3	6	8	10	15	6		10		20		8	10	15
接管螺纹						G1/8in	G1/4in	G3/8in	G1/2in	G3/4in	G1in			

（续）

三联件之间连接	螺 纹 连 接										插入式连接		
型号或代号	QFLW -L3	QFLW -L6	QFLW -L8	QFLW -L10	QFLW -L15	398. 213	398. 223	398. 253	398. 263	398. 283	398. 293	QCS- 8-F	QCS- 10-F	QCS- 15-F
最高输入压力/MPa	1.0					1.6						1.5		
调节范围/MPa	0 ~ 0.8					0.05 ~ 1.0						0 ~ 1.2		
压力状态下 公称流量/(m³/h)	0.7	2.5	5	7	10							5	7	10
使用温度/℃	0 ~ +50													
过滤精度①/μm	25		50			5 ~ 10,10 ~ 20,25 ~ 40,50 ~ 75						50		
分水效率(%)	≥80													
压力特性②/MPa	输入压力为 0.5MPa 和公称流量时,输入压力在(0.7 + 0.1)MPa 范围内变化,输出压力波动不大于 ±0.02MPa											输出压力为 0.6 ~ 1.2MPa 和公称流量时,输入压力在 1.0 ~ 1.3MPa 范围内变化,输出压力波动小于 ±0.05MPa		
贮油容积/cm³	30		65		245		40		120		300	254		
外形尺寸 (带压力表) 长 × 宽 × 高/mm	135 × 70 × 196		150 ×80 ×216		182 ×125 ×393		128 ×70 ×202	120 ×70 ×202	188 ×95 ×292	180 ×95 ×292	252 ×120 ×360	240 ×120 ×360	226 ×131 ×335	

① 如用户无特殊要求，过滤精度为 50 ~ 75μm。

② 流量变化引起输出压力波动值大于表中值。

表 10.7-60　消声器技术规格

型号	QXS- L3	QXS- L6	QXS- L8	QXS- L10	QXS- L15	QXS- L20	QXS- L25	QXS- L32	QXS- L40	QXS- L50
工作介质	干 燥 空 气									
工作压力范围/MPa	0 ~ 0.8									
有效截面积 S ≥ (mm²)			10	20	40	60	110	190	300	400	650
消声效果/dB	≥20									
耐压性/MPa	1.2									
机械(抗弯)强度/N	≥250									
耐久性①/万次	≥150					≥100				

① 表中值为合格品指标，一等品指标高于表中值。

表 10.7-61　消声器外形尺寸　　　　　（单位：mm）

图形符号

型号	公称通径	D①	L	L_1	A	B
QXS-L3	3	M6 ×1	14	8	16.1	10
QXS-L6	6	M10 ×1	37	8	19.6	17
QXS-L8	8	M12 ×1.5	44	10	25.4	22
QXS-L10	10	M16 ×1.5	48	12	27.7	24
QXS-L15	15	M22 ×1.5	55.5	14	34.6	30
QXS-L20	20	M27 ×2	64.5	14	41.6	36
QXS-L25	25	M33 ×2	80.5	16	57.7	50
QXS-L32	32	M42 ×2	146	18		55
QXS-L40	40	M48 ×2	190	20		65
QXS-L50	50	M60 ×2	248	22		75

① 有个别元件厂的产品尺寸 D 为寸制螺纹。

第8章 常用液压、气动基本回路

液压、气动基本回路是组成不同液压、气动系统的基本单元，用以实现某种特定功能，如控制流体介质的压力和流量（包括流量的大小和流动的方向）。液压、气动基本回路由相应的元件构成，按其作用可分为压力控制回路、流量（或速度）控制回路、方向控制回路，以及多缸控制回路、马达制动等其他综合功能回路。

1 液压基本回路

1.1 压力控制回路

压力控制回路是利用压力控制阀来控制系统及各支路的液体压力，以满足执行元件或其他液压元件对力或力矩的要求，压力控制回路种类很多，如调压回路、变压回路、保压回路、释压回路、卸荷回路、平衡回路和缓冲回路等。

1.1.1 调压回路

调压回路的功能是调定系统的压力，使系统整体或某一部分的压力保持恒定或限制它的最高压力。调压回路分单级、多级和无级 3 类，常见的调压回路见表 10.8-1。

1.1.2 变压回路

变压回路分为减压回路和增压回路两种。在液压系统中，遇到要求局部回路压力低于或高于供油压力时，通常采用变压回路即减压回路或增压回路实现。常见的减压回路和增压回路见表 10.8-2。

表 10.8-1 常见的调压回路

类别	回路原理图	说 明
单级调压回路	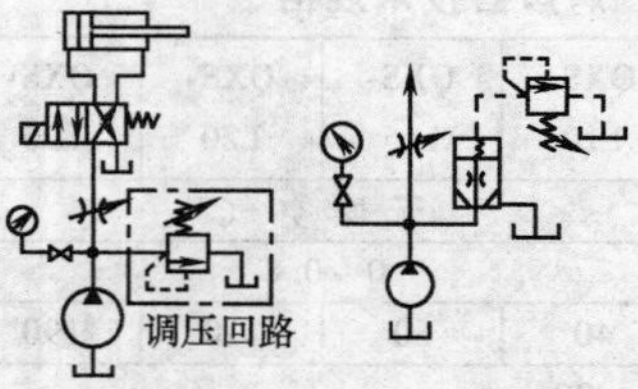 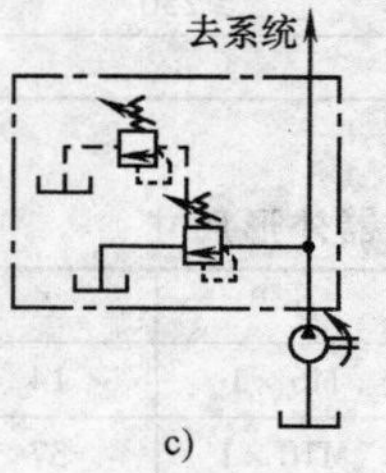	这是最基本的溢流阀直接调压回路。其中，图 a 为普通溢流阀调压；图 b 为采用插装式溢流阀调压；图 c 为采用远程调压阀遥控调压，主溢流阀 1 的工作压力由远程调压阀 2 调定。这几种调压回路只能单级调压，仅能限制系统的最高压力，当回路压力低于其调定压力时，回路对系统压力就失去了控制作用
多级调压回路	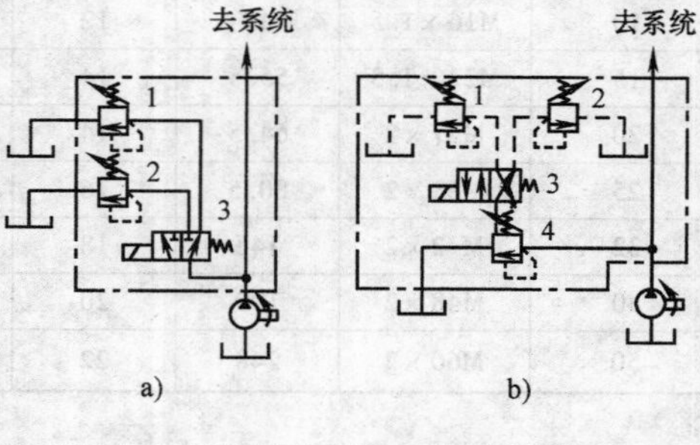	通过换向阀 3 切换设定不同压力值的溢流阀 1、2 来实现多级调压。压力等级数与溢流阀数量相同。在图 b 中，若阀 3 选用 M 型三位四通方向阀，则其处于中位时系统卸荷，在左位、右位分别接通远程调压阀 1 和 2，从而可使其获得 3 种不同压力

（续）

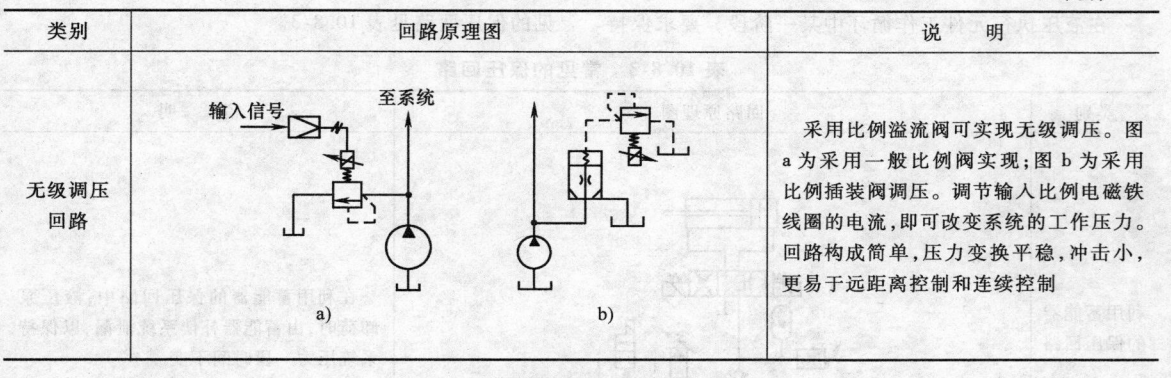

类别	回路原理图	说　明
无级调压 回路	a)　　　　　　　b)	采用比例溢流阀可实现无级调压。图 a 为采用一般比例阀实现；图 b 为采用比例插装阀调压。调节输入比例电磁铁线圈的电流，即可改变系统的工作压力。回路构成简单，压力变换平稳，冲击小，更易于远距离控制和连续控制

表 10.8-2　常见的减压回路和增压回路

类别	回路原理图	说　明
减压回路	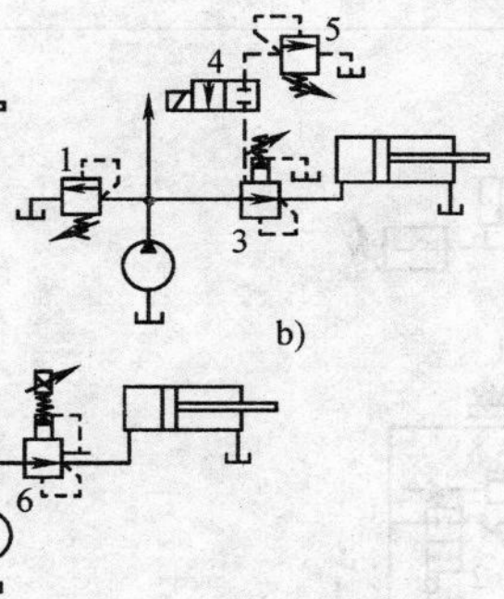 a)　　　　　　b) c) 1—溢流阀　2、3—减压阀　4—电磁换向阀 5—远程调压阀　6—比例减压阀	图 a、b 是普通手动减压阀构成的减压回路。在图 a 中，主回路压力由溢流阀 1 调定，定值减压阀 2 的出口压力低于主回路压力。在这种回路使用时，由于减压阀是常开式阀，其负载压力过低时，要防止对主回路压力的影响。图 b 是带有附加先导阀（远程调压阀）的减压回路，它可使减压阀获得两种不同的压力值，与图 a 中并无本质区别。图 c 则为采用比例减压阀组成的减压回路。它能按要求随时调整减压阀的输出压力，但成本要比用普通减压阀的高
增压回路	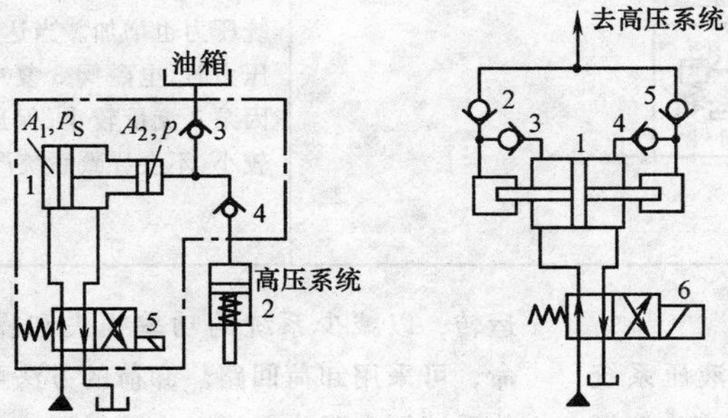 a)　　　　　　　b)	图 a 为间歇式（单作用）增压回路。在增压缸 1 的大端无杆腔与油源 p_S 接通时，活塞右移，活塞小端的压力 p 就增大 A_1/A_2 倍，增压后的压力 p 通到高压系统去推动负载。只有活塞右移时才对高压系统供油，为间歇式单作用供油方式 　　图 b 是连续式（双作用）增压回路。在增压缸 1 的活塞杆两端分别伸入两端的高压腔。高压腔与增压缸油腔之间有密封隔离。方向阀切换时活塞在油源压力作用下左右往复运动，从而迫使高压油进入高压系统。活塞左行时，左高压腔油经单向阀 2 去高压系统，而右高压腔经单向阀 4 补油；活塞右行时，右高压腔压力油经单向阀 5 去高压系统，而左高压腔经单向阀 3 补油。该回路对高压系统是连续供油方式

1.1.3　保压回路

在液压执行元件工作循环中某一阶段，要求保持

该工况规定的压力不变时，可采用保压回路实现。常见的保压回路见表 10.8-3。

表 10.8-3　常见的保压回路

类别	回路原理图	说　明
利用蓄能器的保压回路	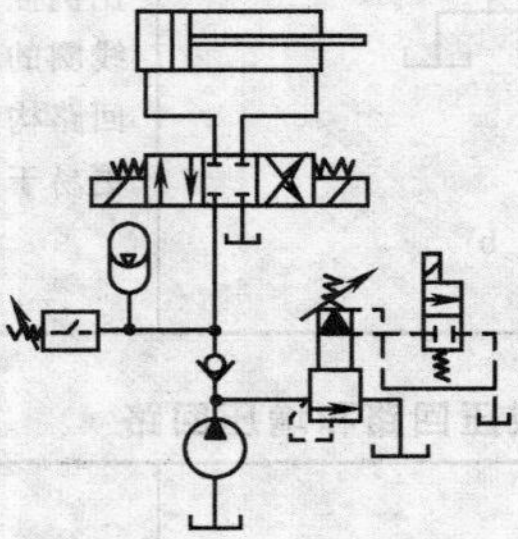	在利用蓄能器的保压回路中，液压泵卸荷时，由蓄能器补偿系统泄漏，以保持系统压力一段时间不变
采用液控单向阀的保压回路	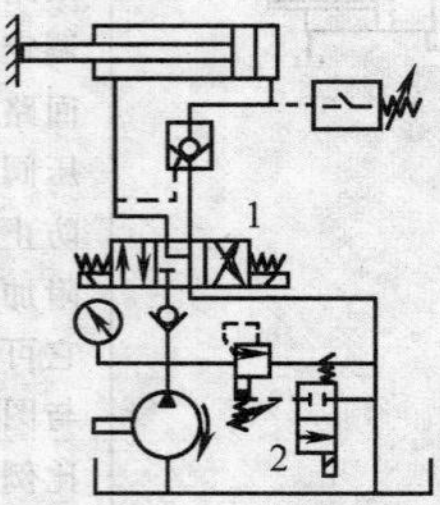	在采用液控单向阀及带压力继电器控制自动补油式保压回路中，当液压缸压制行程终了时，系统压力升高至调定的上限值后，压力继电器发讯使换向阀 1 切换成中位，电磁阀 2 使液压泵卸荷。依靠液控单向阀锥面密封对缸的无杆腔实现保压。当压力下降到设定的下限值时，压力继电器复位，使换向阀右位接入，泵给液压缸无杆腔补油，使压力上升至调定保压值
采用辅助泵的保压回路	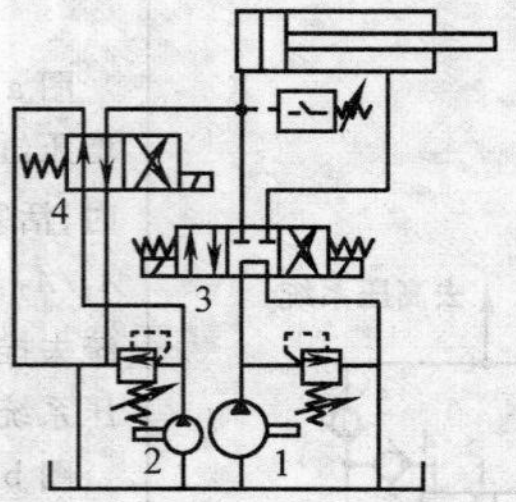	在左图采用辅助泵的保压回路中，泵 1 为大流量泵，泵 2 为辅助小流量泵。当电磁阀 3 处于左位，两位四通阀 4 通电时，泵 1 和泵 2 同时向液压缸供油，使活塞快进。随着液压缸负载的增加，系统压力也增加。当达到压力继电器设定压力时，电磁阀 3 复中位，大泵 1 卸荷。因泵 2 流量较小，保压过程中所需功率较小，不会导致系统严重发热

1.1.4　释压（泄压）回路

释压（亦称泄压）回路用于缓慢释放液压系统在保压期间储存的压力能，避免突然释放而产生液压冲击的噪声。常见的释压回路见表 10.8-4。

1.1.5　卸荷回路

当液压系统在只需很小的功率输出或不需输出功率时，为使液压泵卸荷运转或在相当低的出口压力下

运转，以减少系统的功率损失和噪声，延长泵的寿命，可采用卸荷回路。卸荷的方法可以用换向阀直接使系统压力降为零压；也可以用换向阀控制溢流阀的遥控口，使溢流阀全开而使系统卸荷。在双泵供油的系统中，利用高压油使低压泵的溢流阀打开，达到低压大流量泵卸荷的目的。几种常用卸荷回路见表10.8-5。

表 10.8-4　常见的释压回路

类别	回路原理图	说　明
先导式液控单向阀释压回路	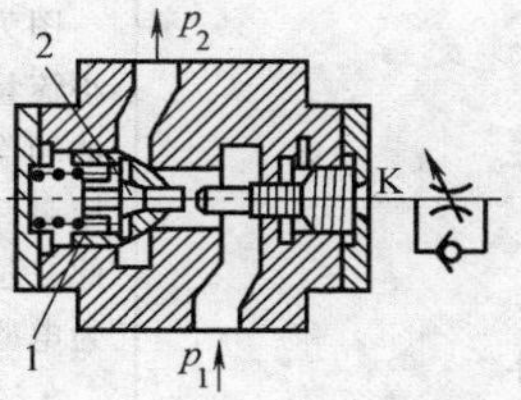	在先导式液控单向阀中主阀芯内又复合一个小单向阀芯 2,当控制油进入 K 口时,控制活塞向左行,首先推开小单向阀芯 2,使 p_2 腔内高压油泄压;活塞继续向左行,推开主阀芯 1,使主油路接通。调整控制油路上的单向阀开口量,可延长小单向阀芯的泄压时间,达到缓慢释压目的
采用节流阀的释压回路	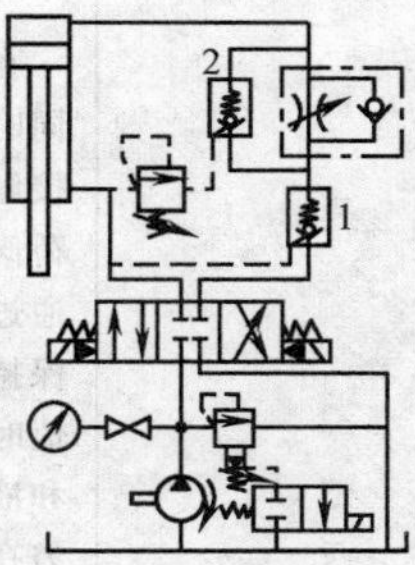	释压时先使换向阀左位接通,液压缸有杆腔升压,首先使阀 1 开启,液压缸上腔经节流阀释压,当压力达到顺序阀调定压力时,阀 2 开启。主缸活塞回程。泄压速度取决于节流阀开度大小及顺序阀调定值大小
采用顺序阀的释压回路	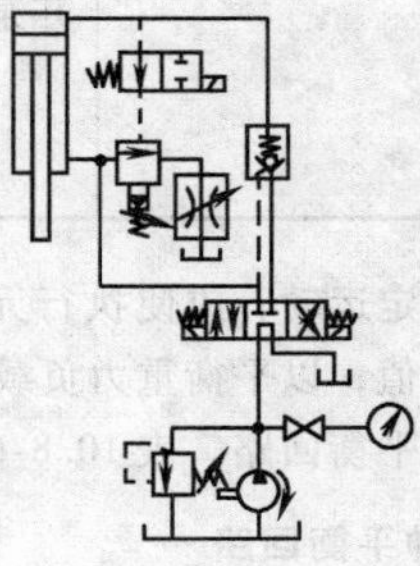	采用顺序阀的释压回路应用较广。泄压时,先是三位换向阀的左位接通,使液压油经顺序阀和节流阀回油。调整节流阀开度,使其产生的背压只能推开先导式液控单向阀的先导卸压装置,使主缸上腔泄压。当主缸上腔压力低于顺序阀设定压力时,顺序阀切断油路,系统压力升高,打开液控单向阀主阀芯,主缸活塞回程

表 10.8-5　几种常用卸荷回路

类别	回路原理图	说　明
采用电磁换向阀的卸荷回路	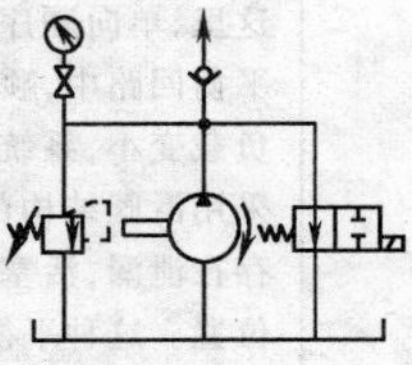 　a) 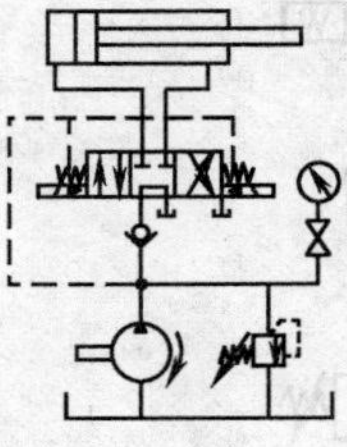　　　　b)	图 a 是用电磁换向阀直接将液压泵卸压的卸荷回路。而图 b 则是利用换向阀中位机能(M 型)使液压泵卸荷的。实际上,除了 M 型中位机能换向阀外,H 型、K 型机能亦可实现液压泵卸荷

（续）

类别	回路原理图	说　明
采用电磁溢流阀的卸荷回路	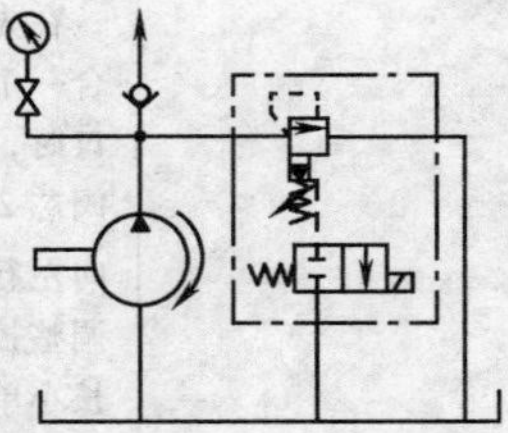	图为电磁溢流阀卸荷回路。它是通过小流量的二位二通阀将溢流阀遥控口与油箱沟通,从而使溢流阀全打开,实现液压泵卸荷。为便于安装,厂家通常把此二位二通阀与溢流阀做成一体,称之为电磁溢流阀
采用卸荷阀的卸荷回路	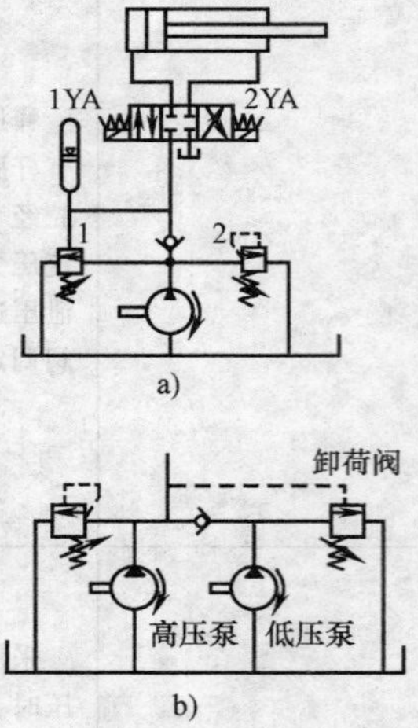 a) b)	在图 a 中,当 1YA 得电时,泵和蓄能器同时向液压缸左腔供油,推动活塞右移,接触工件后,系统压力升高。当升至卸荷阀 1 的调定值时,卸荷阀打开,液压泵通过卸荷阀卸荷,而系统压力用蓄能器保持。若蓄能器压力降低到允许的最小值时,卸荷阀关闭,液压泵重新向蓄能器和液压缸供油,以保证液压缸左腔的压力在允许范围内。溢流阀 2 作安全阀用 　　在图 b 回路中,当执行机构快速运动时,高、低压泵同时供油;当系统压力升高,慢速、加压或保压时,卸荷阀动作,低压泵卸荷

1.1.6　平衡回路

　　为了防止立式液压缸及其工作部件因自重而自行下落,或在下行运动中由于自重造成失控失速的不稳定运动,应使执行元件的回油路上保持一定的背压值,以平衡重力负载。能实现这种功能的回路就称为平衡回路。表 10.8-6 列出了 3 种平衡回路图。

表 10.8-6　3 种平衡回路

类别	回路原理图	说　明
采用单向顺序阀的平衡回路	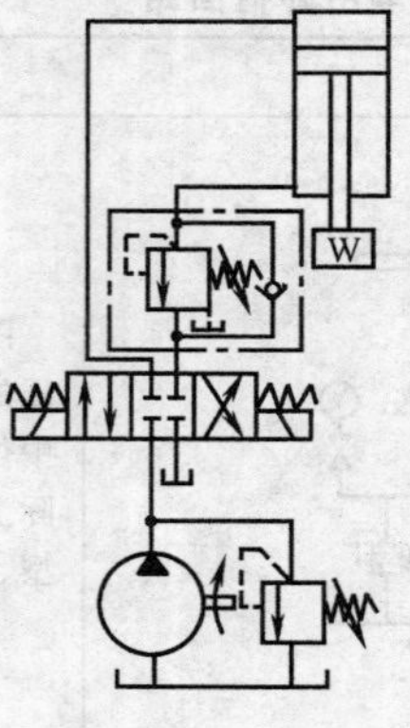	调整顺序阀,使其开启压力与液压缸下腔作用面积的乘积稍大于垂直运动部件的重力。由于回路上存在背压支承重力负载,活塞将平稳下降;当换向阀处于中位时,活塞停止运动,不再继续下行。这里,单向顺序阀作平衡阀用。在这种平衡回路中,顺序阀压力调定后,若工作负载变小,系统的功率损失将增大。若采用滑阀结构的顺序阀和换向阀,由于存在泄漏,活塞不可能长时间停在任意位置。这种平衡回路一般用在工作负载固定且对活塞闭锁要求不高的场合

（续）

类别	回路原理图	说　明
采用液控单向阀的平衡回路	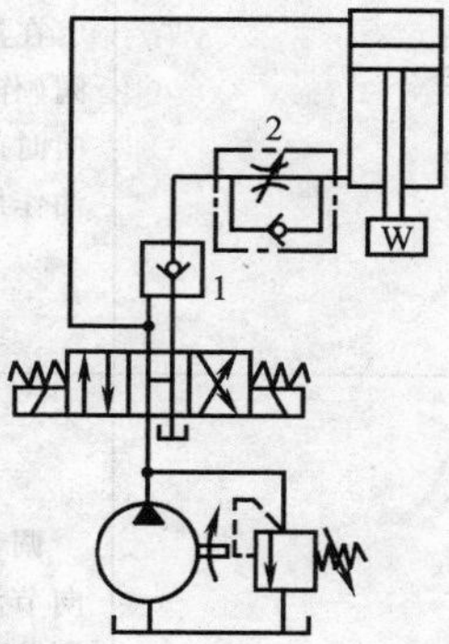	在采用液控单向阀的平衡回路中，由于液控单向阀的阀口是锥面密封，其闭锁性能好，活塞能较长时间停止不动。回油路上串联单向节流阀 2，以保证下行运动平稳。如果回油路上没有单向节流阀，活塞下行时液控单向阀 1 被进油路上的控制油打开后，回油腔没有背压，运动部件就会因自重而加速下降，造成液压缸上腔供油不足，液控单向阀 1 也会因控制油失压而关闭。阀 1 关闭后控制油路又建立起压力，阀 1 再次开启。液控单向阀时开时关，会产生振动和冲击
采用遥控平衡阀的平衡回路	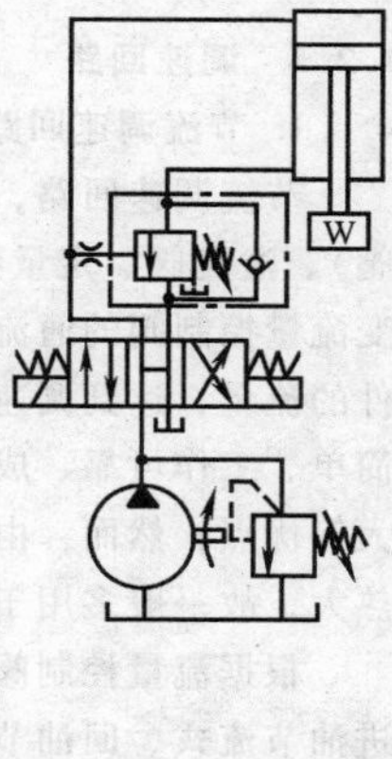	在采用遥控平衡阀（即限速阀）的平衡回路中，当背压不太高时，活塞因自重而加速下降，活塞上腔会因供油不足而压力下降，阀口就关小，回油的背压相应上升，支承和平衡重力负载的作用增强，从而使阀口的开度能自动适应不同负载对背压的要求，保证了活塞下降速度的稳定性。当换向阀处于中位时，泵卸荷，平衡阀遥控口压力为零，阀口自动关闭，由于这种平衡阀的阀芯有很好的密封性，故能起到长时间对活塞进行闭锁和定位作用

1.1.7　缓冲回路

在执行机构质量较大、运行速度较高时，若突然换向或停止，会产生很大的冲击和振动。为减少和消除冲击，除了对执行机构本身采取缓冲措施外（如液压缸设计缓冲装置），还可在液压系统中采用缓冲回路来实现，见表 10.8-7。

表 10.8-7　缓冲回路

类别	回路原理图	说　明
蓄能器缓冲回路	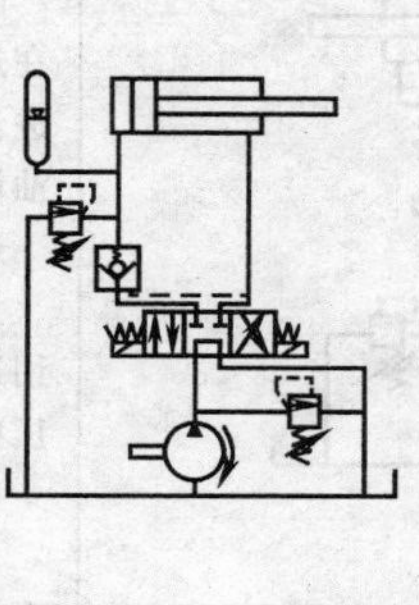	用蓄能器吸收因外负载突然变化使液压缸发生位移而产生的液压冲击。当冲击太大蓄能器吸收容量有限时，可由溢流阀消除

（续）

类别	回路原理图	说　明
溢流阀缓冲回路	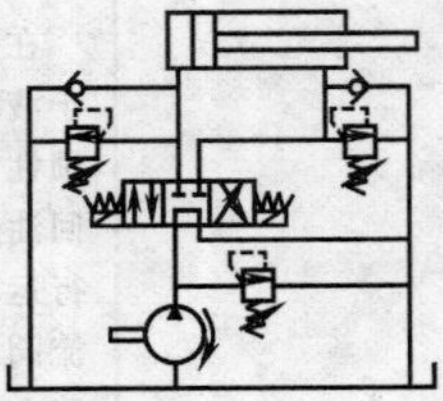	在液压缸两侧管路上设置直动式溢流阀（作安全阀用）以减缓或消除活塞换向时产生的液压冲击。图中单向阀起补油作用
电液换向阀缓冲回路	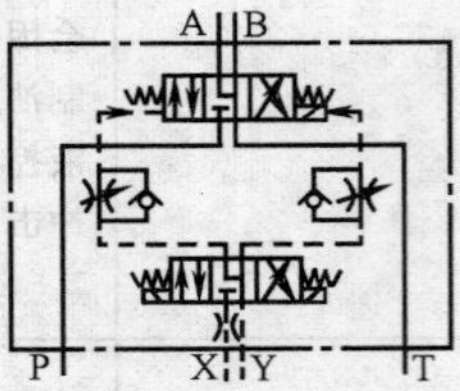	调节主阀与先导换向阀之间的两个单向节流阀开口量，控制流入主阀端部控制腔的流量。延长主阀芯换向时间，达到缓冲目的

1.2　速度控制回路

速度控制回路的功能是实现液压执行元件的速度调节和变换。液压执行元件的速度与输入流量是成正比的，虽然被控制量是流量，但反映出的效果则是执行机构的速度变化，因此液压系统的速度控制回路就是流量控制回路。对于直线运动的液压缸来说，采用流量控制阀或变量泵都可以改变输入或输出液压缸的流量实现调速；对于液压马达来说，改变输入它的流量或改变液压马达的排量均能实现调速。

速度控制回路包括有对执行元件运动速度进行调节的调速回路以及实现快速运动和速度换接的控制回路。

1.2.1　调速回路

1. 节流调速回路

节流调速回路，由流量控制阀（节流阀或调速阀）、溢流阀、定量泵和执行元件等组成。它通过改变流量控制阀的通流面积，来调节进入或流出执行元件的流量，达到调速的目的。这种调节回路具有结构简单、工作可靠、成本低、使用维护方便、调速范围大等优点；然而，由于它的能量损失大，效率低，发热大，故一般多用于功率不大的场合。

根据流量控制阀在回路中的安放位置的不同，有进油节流式、回油节流式、旁路节流式和进、回油同时节流式等多种形式。常见的节流调速回路见表10.8-8。

表 10.8-8　常见的节流调速回路

类别	回路原理图	说　明
进油节流调速回路	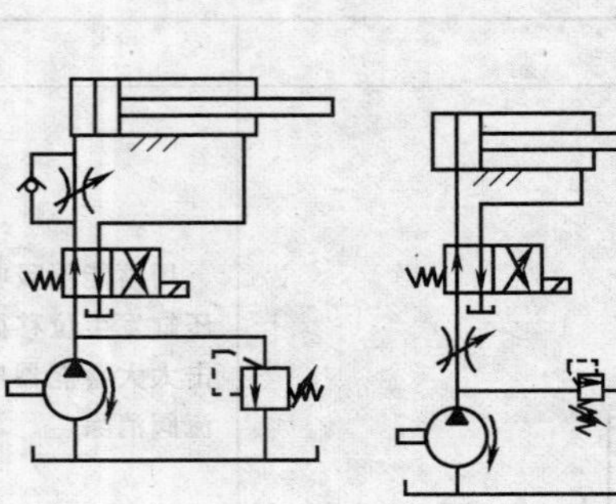 a)　　　　b)	图示为进油节流调速回路。利用安装在进油路上的节流阀调速。图 a 为单向进油调速；图 b 为用于液压缸的双向进油调速 进油节流调速不能承受负向负载 为了提高回路的综合性能，一般常采用进油节流阀调速，并在回油路上加背压阀，使其能承受负向负载

（续）

类别	回路原理图	说　明
回油节流调速回路	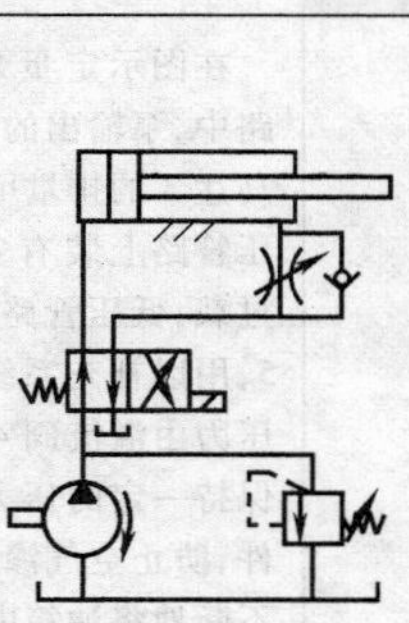 a) 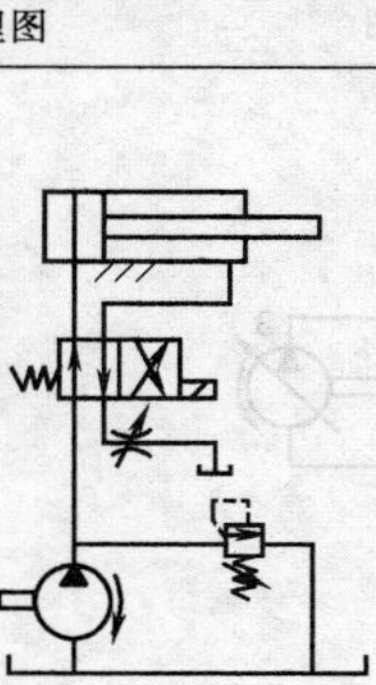　　　　b) 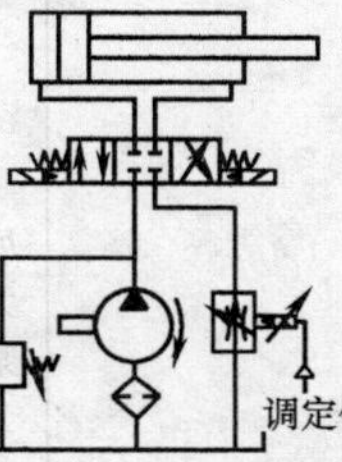 调定信号 c)	图示为回油节流调速回路。图 a 为单向回油调速；图 b 为液压缸的双向回油调速；图 c 则是采用比例流量阀的回油调速，它适用于复杂的流量控制，使回路简化，能避免速度换接时的冲击，自动控制容易 用节流阀调节液压缸的出口流量实现调速，使缸的出油口形成一定背压，因而能承受负向负载
旁路节流调速回路	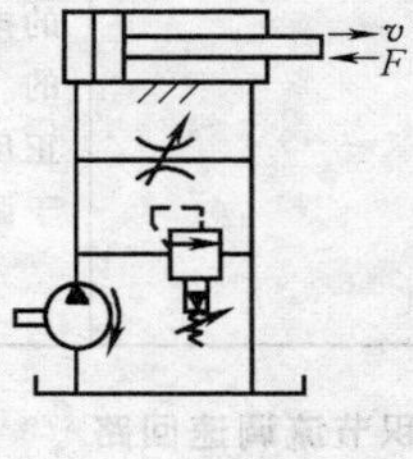	图示旁路节流回路，它与进油、回油两种串联调节控制方式不同，例如这时溢流阀是常闭的，作安全阀用，系统的工作压力将不是由溢流阀调定的恒值，而是一个受节流调节制约、随执行元件克服外载需要的变量，旁路节流调速的运动平稳性较差，适宜对运动平稳性要求不高，功率较大的场合

　　需要说明的是，采用节流阀的节流调速回路速度刚性差，主要是因为负载变化会引起节流阀前后压差的变化，从而导致流量变化，致使速度波动的缘故。在负载变化较大而又要求速度稳定性好时，用调速阀代替节流阀，回路的速度刚度特性将得到较大提高。

　　2. 容积调速回路

　　在液压传动系统中，为了达到液压泵输出流量与负载所需流量一致而没有溢流损失的目的，往往采取改变液压泵或改变液压马达的有效工作容积或同时改变两者进行调速。通过改变液压泵或液压马达的排量来调速的方法称为容积调速。这种回路称为容积调速回路。容积调速的优点是效率高、发热小，有很好的静态特性，因此常用在功率较大的系统中。常见的

容积调速回路见表10.8-9。

　　3. 容积节流调速回路

　　所谓容积节流调速回路是指由变量泵与节流阀或调速阀配合进行调速的回路。采用变量泵与节流阀或调速阀配合，可以提高速度的稳定性，即实现执行元件（液压缸或液压马达）的速度不随载荷的变化而变化，适用于对速度稳定性要求较高的场合。表10.8-10列出了两种容积节流调速回路。

　　1.2.2　快速运动回路

　　液压系统的工作机构在工作循环的各个阶段承受的负载不同，工作速度也不同。空行程时负载小，要求快速运动；而工作行程负载大，需要慢速运动。常见的快速运动回路见表10.8-11。

表 10. 8-9　常见的容积调速回路

类别	回路原理图	说　明
定量泵-变量马达容积调速回路	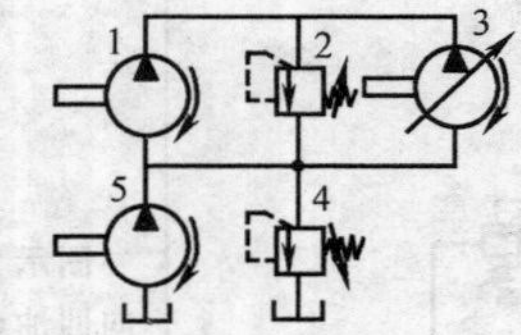	在图示定量泵-变量马达容积调速回路中,泵输出的流量一定,改变单向变量马达 3 的排量可调节其转速。回路中高压管路上装有安全阀 2,用以防止回路过载;低压管路上装有小流量的补油泵 5,用以补充系统的泄漏,补油泵的供油压力由溢流阀 4 调定,使低压管路始终保持一定的压力,改善了主泵的吸油条件,防止空气渗入和出现空穴现象,而且不断地将油箱中经过冷却的油输入回路中,迫使液压马达排出的热油一部分从溢流阀 4 流回油箱,改善散热条件
变量泵-定量马达容积调速回路	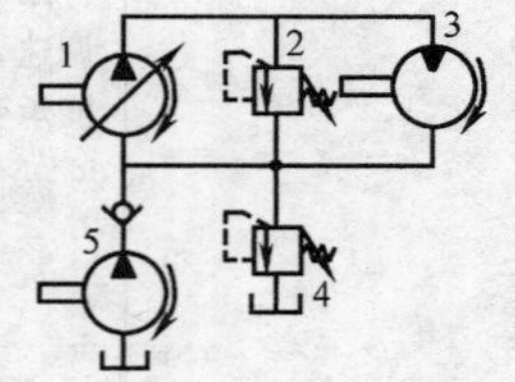	图为由变量泵 1 和定量马达 3 等所组成的变量泵-定量马达容积调速回路,2 为安全阀,4 为溢流阀。其作用与定量泵-变量马达容积调速回路的相同
变量泵-变量马达容积调速回路	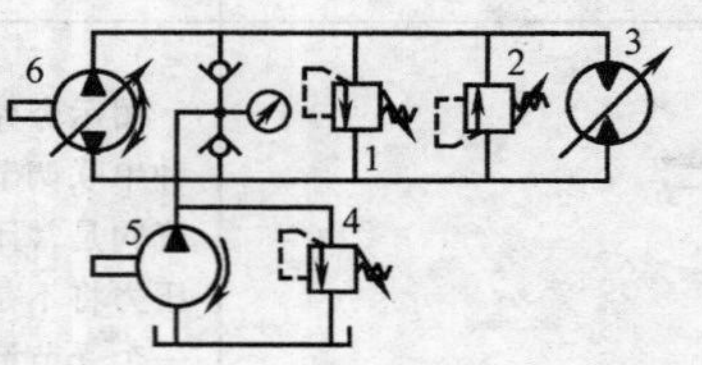	图为变量泵-变量马达组成的容积调速回路,通过调节变量泵 6、变量马达 3 的排量达到改变液压马达输出转速的目的。图中溢流阀 1、2 用于限定液压马达正反转时系统的最高压力;溢流阀 4 用于调节补油泵 5 的补油压力

表 10. 8-10　两种容积节流调速回路

类别	回路原理图	说　明
限压式变量泵-调速阀容积节流调速回路	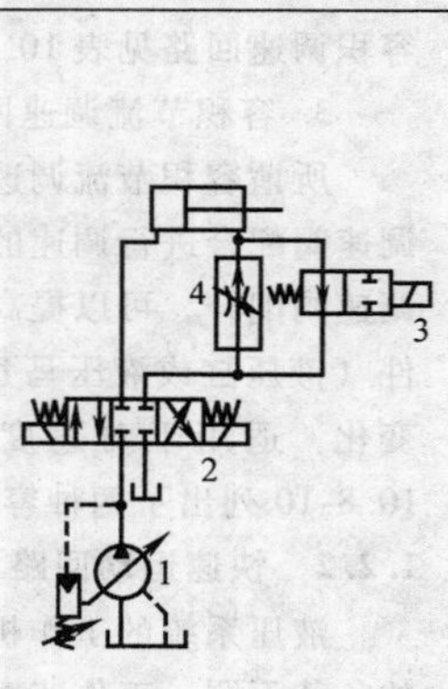	图示由限压式变量泵 1 与调速阀 4 组成的容积节流调速回路。调速阀 4 这里是安装在回油路上(也可安放在进油路上,但此时最好在回油路上加背压阀)。对图示回路,快进时阀 2 左位工作,阀 3 失电,油路接通,缸空载,泵输出最大流量。当进入工进工况时,阀 3 得电,压力油只能经调速阀回油,速度由调速阀调定。若使阀 2 换向至右位,阀 3 失电,调速阀再被短接,活塞快速退回。泵的供油压力和流量在工进和快速时能自动变换,可减少功耗和系统发热

（续）

类别	回路原理图	说　　明
差压式变量泵-节流阀容积节流调速回路	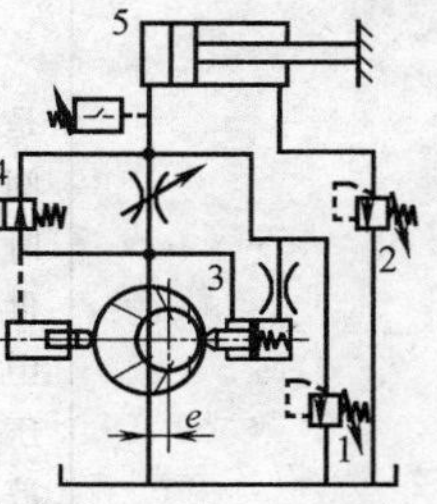	图为差压式变量叶片泵与节流阀组成的容积节流调速回路。当液压缸工进时，阀 4 得电，速度由节流阀调定。泵的输出流量随压差变化，与液压缸速度相适应，系统压力随负载而变化，该回路效率高。图中 2 为背压阀，用于提高输出速度的稳定性

表 10.8-11　常见的快速运动回路

类别	回路原理图	说　　明
差动缸快速运动回路	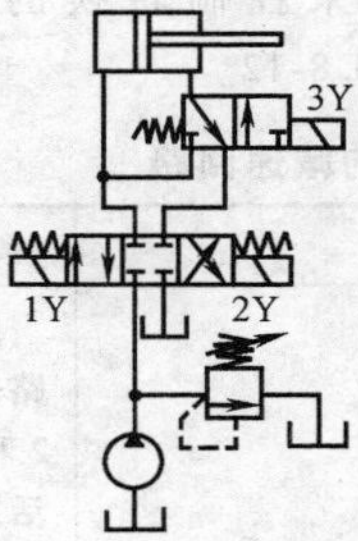	图为通过液压缸差动连接实现快速运动的回路。仅电磁铁 1Y 通电时，活塞向右运动；当 1Y、3Y 同时通电时，液压缸差动连接，实现快进。仅 2Y 通电时，活塞向左返回。差动连接是实现液压缸快速运动的一种简单而且经济的有效办法
充液法快速运动回路	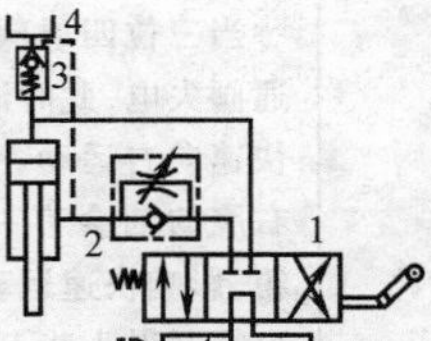 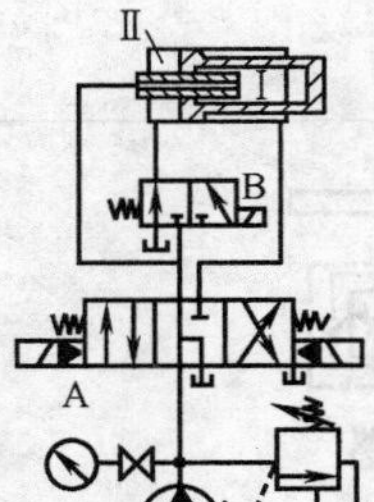 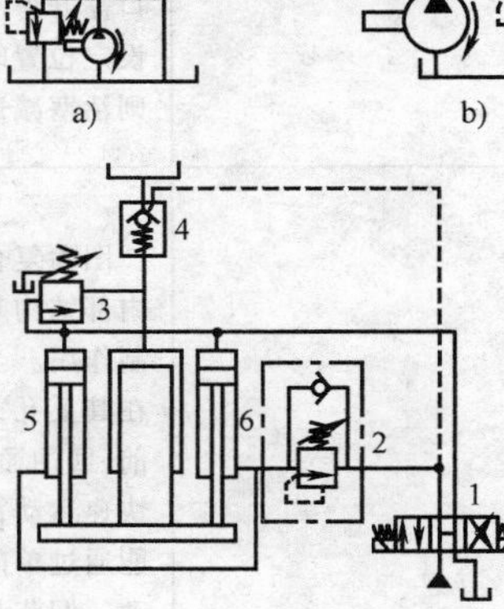	这是 3 种采用充液法实现的快速运动回路。 图 a 为自重充液快速回路，常用于垂直运动部件质量较大的液压机系统 对卧式液压缸不能利用运动部件自重充液实现快速运动的，可采用增速缸实现，见图 b。当换向阀 A 处于左位时，液压泵只向增速缸的 I 腔供油，因其有效面积小，因而活塞快速向右运动。此时，增速缸的 II 腔经电磁阀 B 从油箱自吸补油。当活塞快速运动到设定位置时，行程开关发讯，使电磁阀 B 通电，液压泵输出的油同时进入 I 、II 腔，因 II 腔作用面积大，故而实现慢进工况 图 c 回路在大中型液压机中普遍使用。当阀 1 处于右位时，压力油直接进入有效作用面积较小的辅助缸 5 和 6 的上腔（因快速时，负载压力较小，顺序阀 3 关闭）使主缸和辅助缸同时快速下降。主缸上腔经液控单向阀 4 自高位油箱自吸补油。当压头接触工件时，工作压力升高，到顺序阀 3 设定压力时打开，压力油同时进入主缸和辅助缸，因作用面积加大，故实现慢速压制工况

(续)

类别	回路原理图	说　明
采用蓄能器的快速运动回路	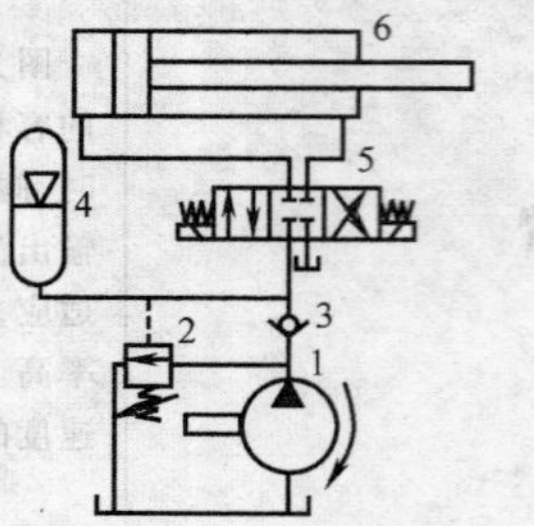	图示快速运动回路采用蓄能器的目的是可以选用较小流量的液压泵。当方向阀 5 处于左位或右位,液压缸负载较小时,就由泵 1 和蓄能器 4 同时向液压缸 6 供油。当系统停止工作时,方向阀 5 在中位,这时泵便向蓄能器充油,待蓄能器压力升高后,控制顺序阀 2 打开阀口,使液压泵卸荷。它适用于短时间需要大流量的液压系统

1.2.3 减速回路

减速回路是使执行元件快速平缓地降低速度的回路。常用的方法是靠节流阀或调速阀来减速,采用行程阀、电气行程开关控制电磁方向阀或液压缸本身结构来控制转换的位置。常见的减速回路见表 10.8-12。

表 10.8-12   常见的减速回路

类别	回路原理图	说　明
行程阀和调速阀控制的减速回路	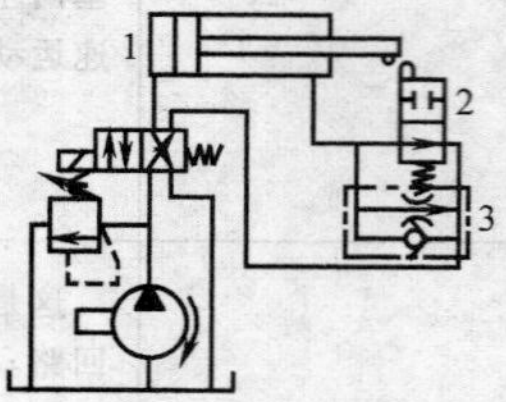	图为行程阀和调速阀控制的减速回路。液压缸的回油路上并联接入行程阀 2 和单向调速阀 3,活塞向右运动时,在活塞杆上的挡块 1 碰到行程阀 2 之前,活塞快速运动;挡块碰上并能压下行程阀 2,液压缸的回油只能通过调速阀 3 回油箱,活塞慢速运动。向左返回时,不管挡块是否压下行程阀,液压油均可通过单向阀进入液压缸有杆腔,活塞快速退回
电磁阀和调速阀控制的减速回路	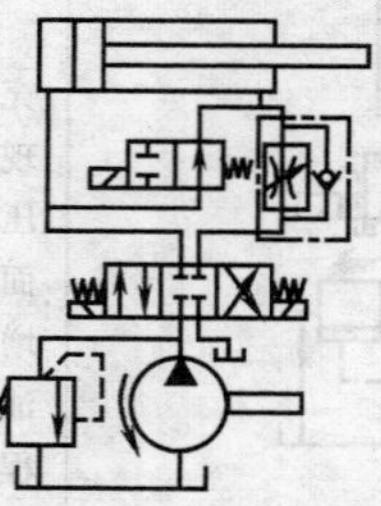	当三位四通阀处于左位时,若两位两通阀失电,此时液压缸为差动连接,活塞快速向右运动。需要说明的是,液压缸右腔的油会有一部分经调速阀流回油箱,影响快速运动。因此,调速阀的节流口需开得小些。当液压缸活塞向右进到设定位置时,发信号使两位两通阀得电,则活塞减速,变为工进速度
采用复合缸的减速回路	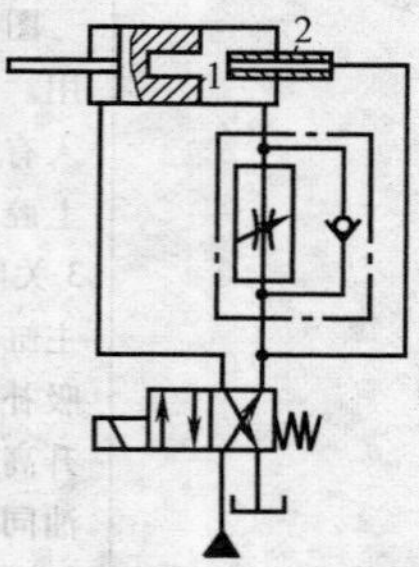	图为复合缸减速回路。它利用液压缸内部结构起活塞杆上行程挡块的外部控制作用。当复合缸的活塞向右运动时,在其上孔未插入与它配合的凸台 2 之前,回油通过凸台 2 的油孔回油箱,活塞快速运动;当孔插入凸台 2 之后,回油只能通过单向调速阀回油箱,实现慢速运动。调节凸台 2 伸入缸内的长度,可改变速度转换的行程

1.2.4　二次进给速度回路

有些机床要求工作行程中除了有快速靠近工件外还有两种进给速度，如车外圆后倒角或钻孔后锪平端面，通常第一进给速度大于第二进给速度。为实现两种进给速度的转换，常用两个调速阀串联或并联在油路上，通过方向阀进行转换。二次进给速度回路见表10.8-13。

1.3　方向控制回路

1.3.1　换向回路

换向回路是一种方向控制回路，其功能是控制执

行元件启动、停止及运动方向（即控制液流的通、断及流向）。实现方向控制的基本方法是阀控，用方向控制阀分配液流；泵控是采用双向泵改变液流的方向和流量；执行元件控制是采用双向液压马达来改变液流方向。高性能的换向控制回路要求换向迅速、换向位置准确和运动平稳、无冲击。常用的换向回路见表10.8-14。

1.3.2　锁紧回路

锁紧回路可使液压缸活塞在任意位置停止，并防止其停止后窜动。锁紧回路常见的形式见表10.8-15。

表 10.8-13　二次进给速度回路

类别	回路原理图	说　明
调速阀并联的二次进给速度回路	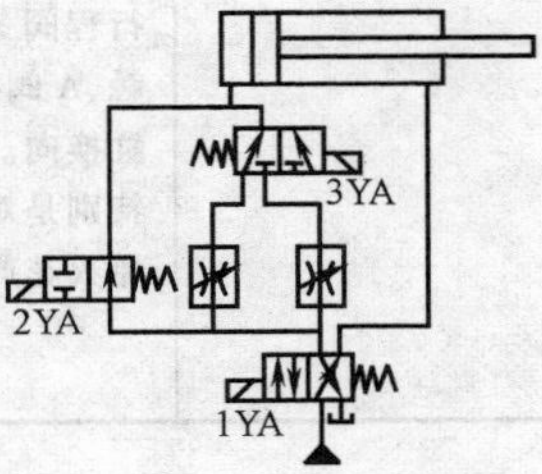	图为调速阀并联的二次进给速度回路。第一次和第二次进给速度的切换靠换向阀分别接通不同的调速阀实现。若换向阀电磁铁1YA和2YA得电，即处于左位，当电磁铁3YA失电时，液压缸活塞以一种工进速度右行；而当电磁铁3YA也得电时，活塞以另一种工进速度右行。两种进给速度可以分别调整，互不影响
调速阀串联的二次进给速度回路	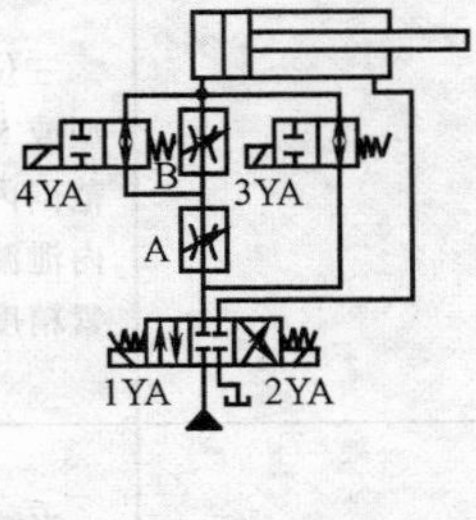	图为调速阀串联的二次进给速度回路。是通过换向阀电磁铁4YA的得失电切换实现。需要注意的是调速阀串联时，只能用于第二进给速度小于第一进给速度的场合，即调速阀B的开口应小于调速阀A的

表 10.8-14　常用的换向回路

类别	回路原理图	说　明
换向阀换向回路	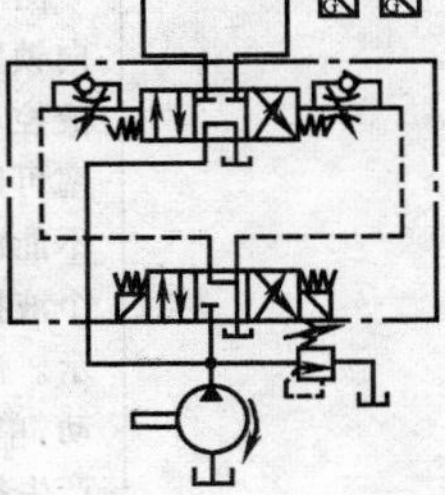	换向回路一般都采用换向阀来换向。至于换向阀的控制方式和中位机能可依据主机需要及系统组成的合理性来选择。图示回路为采用三位四通Y型中位机能的电液换向阀

（续）

类别	回路原理图	说　明
多路阀换向回路	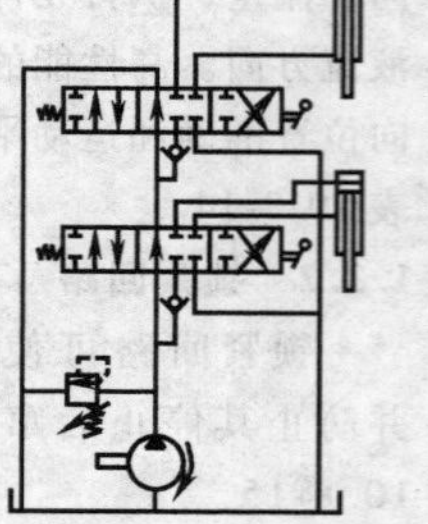	该回路为多路换向阀组成的串联换向回路,各换向阀进油路串联。上游阀不在中位时,下游阀的进油口被切断,所以这种组合阀总只有一个阀在工作,实现了阀间互锁。但若上游阀只是进行微动调节,下游阀还能进行执行元件的动作操作。很多工程机械用这种组合阀
液控阀换向回路	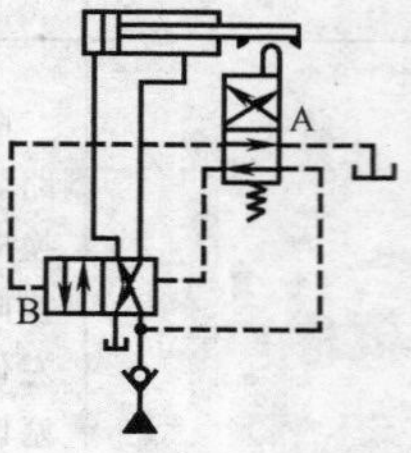	在此换向回路中,活塞移动时,当先导行程阀 A 的顶杆与活塞杆上的凸轮接触,A 阀换向,控制主阀 B 换向,使液压缸换向。其特点是可实现远距离操作,特别是对电气控制有危险的地方,可避免火花产生

表 10.8-15　锁紧回路常见的形式

类别	回路原理图	说　明
利用方向阀的中位机能锁紧	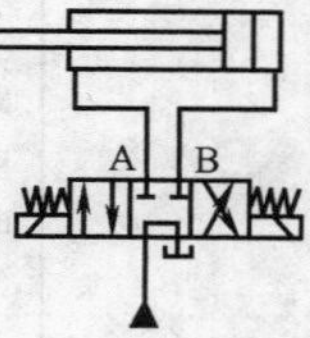	三位四通方向阀的中位滑阀机能为 O 型或 M 型时,可以使液压缸活塞在行程范围内任何位置停止,但由于滑阀存在内泄漏,能保持停止位置不动的性能(锁紧精度)不高
单向阀锁紧回路	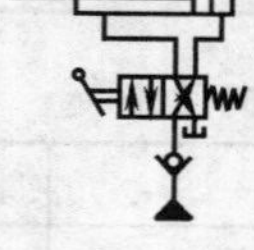	当液压泵停止工作时,液压缸活塞向右方向的运动被单向阀锁紧,向左方向则可以运动。这种锁紧回路的锁紧精度也受换向阀内泄漏的影响
液控单向阀锁紧回路	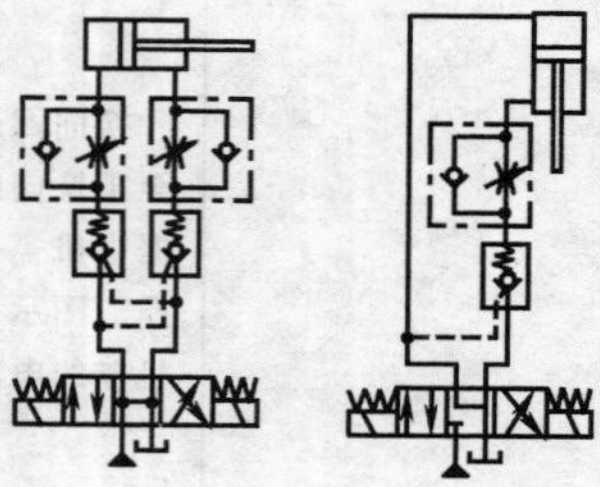 a)　　　　b)	图 a 为用液控单向阀使卧式液压缸双向锁紧回路,在液压缸两侧油路上串接液控单向阀(液压锁),方向阀中位时活塞可以在行程的任何位置锁紧,左右都不能窜动。对于立式液压缸,可以用一个液控单向阀实现单向锁紧,如图 b 所示。液控单向阀只能限制活塞向下窜动,单向节流阀防止活塞下降时超速而产生振动和冲击

需要注意的是，用液控单向阀锁紧回路中，方向阀应采用 Y 型或 H 型中位机能，因为方向阀在中位时希望液控单向阀的控制油路立即失压，单向阀才能关闭，定位锁紧精度高。同理，单向节流阀不宜安装在液控单向阀和方向阀之间。

1.4 多缸控制回路

1.4.1 多缸顺序动作回路

多缸顺序动作回路是实现多个液压缸按预定的顺序动作的液压回路。控制方式除可手动操作外，还有多种形式，较典型的见表 10.8-16。

1.4.2 同步控制回路

对需要多个执行元件同时驱动的大型液压设备工作部件，负载不均衡、摩擦阻力不等、液压缸泄漏量不同、空气的混入和制造误差等因素都会影响执行元件间的同步精度，甚至会因偏载造成整劲卡死现象。为实现多个执行元件以相同的位移或相等的速度运

动，必须采用同步控制回路。

同步控制回路按控制原理来分有节流调速同步和容积调速同步两种。

1. 节流调速同步回路

节流调速同步控制可采用普通阀和电液比例、伺服阀实现，它是通过流量控制阀控制进入或流出两液压缸的流量，使液压缸活塞运动速度相等来实现速度同步的。电液比例、伺服闭环控制可以高精度的速度同步和位置同步。采用普通阀实现节流调速同步回路见表 10.8-17。

2. 容积调速同步回路

容积调速同步是指将两相等容积的油液同时分配到尺寸相同的两液压缸，实现两液压缸的位移同步。这种回路可允许较大的偏载，偏载造成的压差不影响流量的改变，只影响油液微量的压缩和泄漏，同步精度较高，系统效率也较高。容积调速同步回路见表 10.8-18。

表 10.8-16　典型的多缸顺序动作回路

类别	回路原理图	说　明
行程阀控制的顺序动作回路	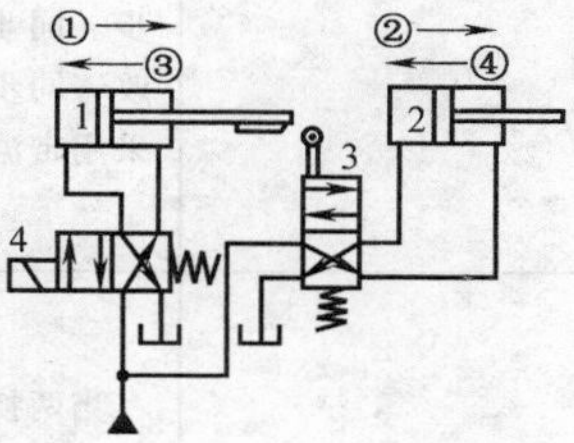	图示为采用行程阀控制的两缸顺序动作回路。当电磁方向阀 4 得电后，液压缸 1 活塞先向右运动，当活塞杆上挡块压住行程阀 3 后，液压缸 2 活塞才向右运动；电磁阀 4 失电，液压缸 1 活塞先退回，其挡块离开行程阀 3 后，液压缸 2 活塞退回。完成①—②—③—④顺序动作
电磁阀顺序动作回路	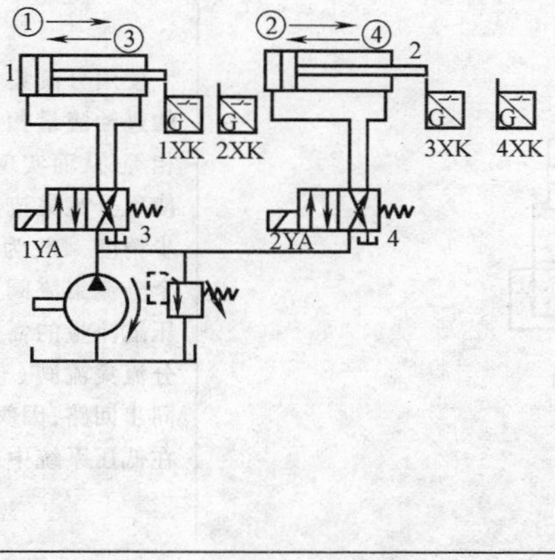	图为用电气行程开关加电磁方向阀控制的多缸顺序动作回路。工作循环开始，1YA 得电，缸 1 活塞右行，当挡块压下行程开关 2XK 时，2YA 得电，缸 2 活塞右行；当行程开关 4XK 被压下时，1YA 失电，缸 1 活塞退回；当挡块压下行程开关 1XK 时，2YA 失电，缸 2 活塞退回，挡块压下 3XK 后停止。至此，完成整个工作循环①—②—③—④。采用电气行程开关控制电磁阀的顺序回路，调整挡块的安装位置即可调整液压缸的行程，而改变继电器逻辑控制线路或 PLC 程序即可改变液压缸动作顺序，动作可靠，故在液压系统中广泛应用

（续）

类别	回路原理图	说　明
顺序阀控制的顺序动作回路	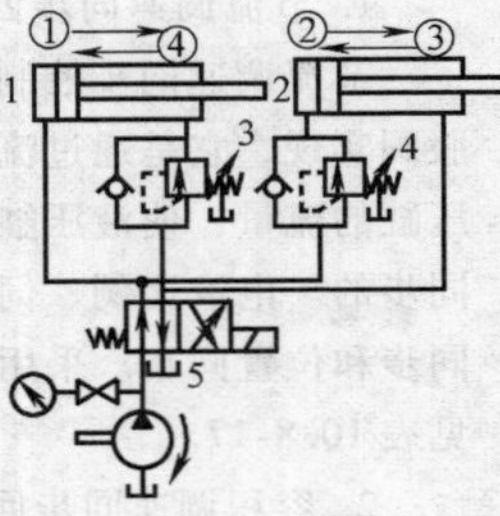	图为用单向顺序阀控制的顺序动作回路。当换向阀5未通电时,液压缸1活塞向右运动,完成动作①后,回路中压力升高,至顺序阀4打开后,缸2活塞才右移,完成动作②。退回时,换向阀5得电,其右位接入回路,先是缸2完成动作③,待缸2退到位,回路压力升高,打开顺序阀3,缸1退回完成④

表 10.8-17　采用普通阀实现节流调速同步回路

类别	回路原理图	说　明
调速阀同步回路	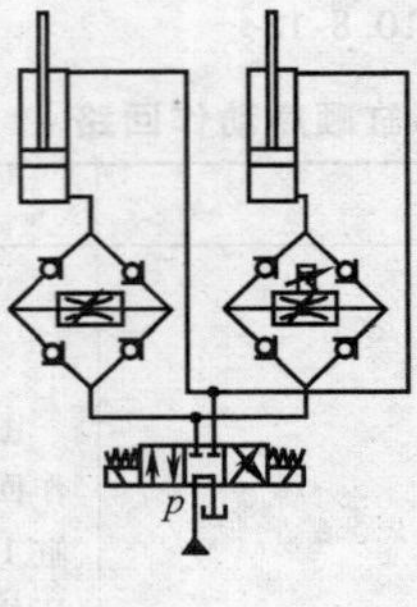	图示同步回路采用了四个单向阀组成的桥式流量整流板,使液压缸的活塞不论伸出还是缩回,液流总是单方向流经调速阀。该回路在活塞伸出时为进油节流调速,下降时为回油节流调速。调节好调速阀的开度,可使两液压缸保持同步。同步精度一般可达 5% ~ 10% ,为改善同步精度受油温和负载的影响,可采用带温度补偿的调速阀
分流阀同步回路	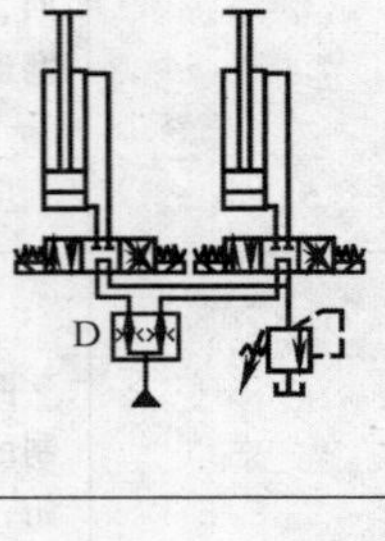	当两换向阀均处于左位时,液压泵输出的液流经分流阀 D 后,被分成两股相等的流量,使活塞作用面积相同的两液压缸同步上升。两换向阀均处于右位时,则两活塞同步下降。同步精度一般可达 2% ~ 5%
分流集流阀同步回路	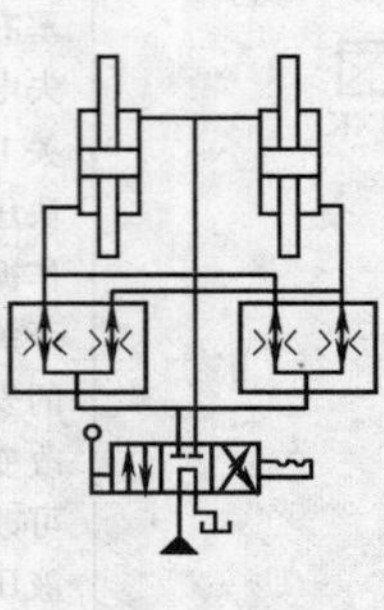	使用分流集流阀,既可以使两液压缸的进油流量相等,又可使它们回油流量相等,从而实现两液压缸往返程同步。使用分流集流阀只能保证速度同步,同步精度一般为 2% ~ 5% 。图中采用两个分流集流阀并联,是为了满足两个液压缸流量的需要。需要注意的是,使用分流集流阀(包括分流阀或集流阀)的同步回路,因阀内压降较大,一般不宜用在低压系统中

表 10.8-18　容积调速同步回路

类别	回路原理图	说　明
同步缸同步回路	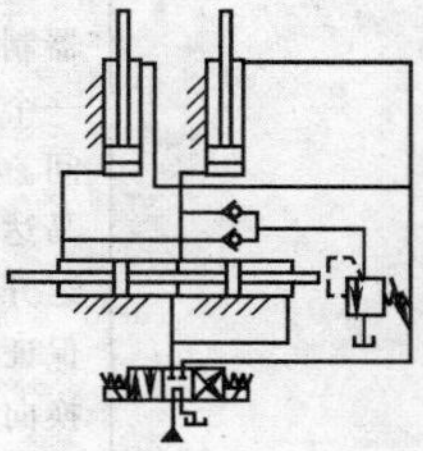	同步缸的缸径及两个活塞的尺寸完全相同，并共用一根活塞杆。当同步缸工作时，出入同步缸的流量相等，可同时向两个液压缸供油，实现位置同步。图中，同步缸容积大于液压缸容积，两个单向阀和背压阀是为了提高同步精度的放油装置，这种方式的同步精度可达 2%～5%，同步精度主要取决于缸的加工精度及密封性能
并联马达同步回路	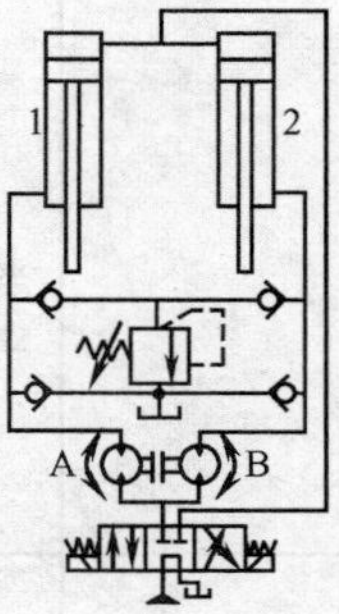	将两个同轴等排量马达分别与两个有效面积相同的液压缸相连，以实现液压缸 1 和 2 的双向位移同步。用单向阀和溢流阀组成的安全补油回路，可在行程终点消除位置误差。若两缸上升时，缸 1 先升到达终点，则流经马达 A 的压力油可经单向阀和溢流阀（作安全阀用）回油箱，使缸 2 的活塞也能到达终点；若两缸下降时，缸 1 先到终点，则马达 A 可通过单向阀从油箱吸油，缸 2 排出的油则经马达 B 回油箱，使缸 2 也能达到终点。其同步精度可达 2%～5%
串联缸同步回路	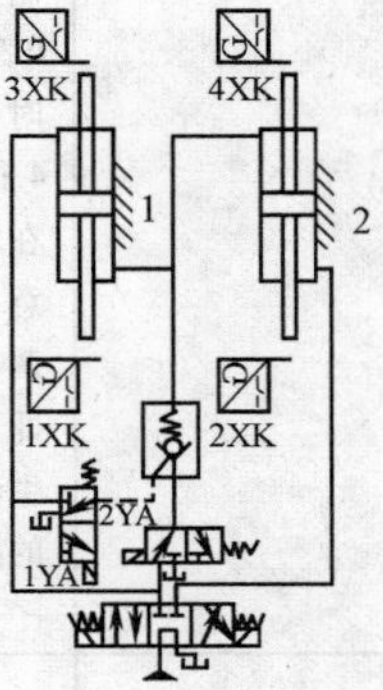	两只规格相同的双活塞杆液压缸串联相接，因缸的作用面积和工作容腔均相等。当三位四通换向阀左位工作时，缸 1 下腔排出的油液，进入缸 2 的上腔，两缸同步下行；当三位四通换向阀右位工作时，缸 1 和缸 2 同步上行；这种同步控制方式会因内外泄漏引起误差，当两缸同步产生误差时，依靠四只行程开关及电磁阀 1YA、2YA 消除积累误差

　　需要指出的是，容积调速同步回路的同步精度一般要比节流调速同步回路的高，它排除了流量控制阀压差对流量影响的因素，其同步精度主要取决于元件的制造精度、泄漏和两液压缸偏载等因素，如等量液压马达回路中，选用容积效率稳定的柱塞液压马达，可获得相当高的同步精度。伴随同步精度的提高，系统复杂程度和造价也相应提高，因此，在选择同步控制方式时应予以综合考虑。

1.5　液压马达制动回路

　　用液压马达驱动旋转机构，一般驱动功率较大，在停止时如果只是把液压泵卸荷或停止向液压马达供油，液压马达因自身和负载的惯性还要继续转动，故需要设置制动回路。液压马达的制动方式多种多样，这里列出几种，见表 10.8-19。

表 10.8-19　几种液压马达制动回路

类别	回路原理图	说　明
制动器制动回路	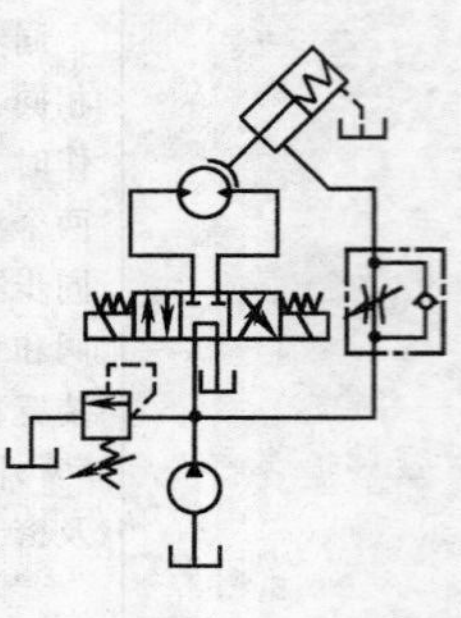	图为工程机械采用的常闭式液压制动器制动回路。回路中，在制动器前串联一个单向节流阀，控制制动器的开启时间。在换向阀电磁铁通电后开始向液压马达供油时，因节流阀的作用，制动器延迟开启，系统压力上升后，制动器松开，保证液压马达有足够大的启动转矩；当换向阀断电停止液压马达时，系统卸荷，由于单向阀的作用，制动器在弹簧作用下立即复位制动
远程调压阀制动回路	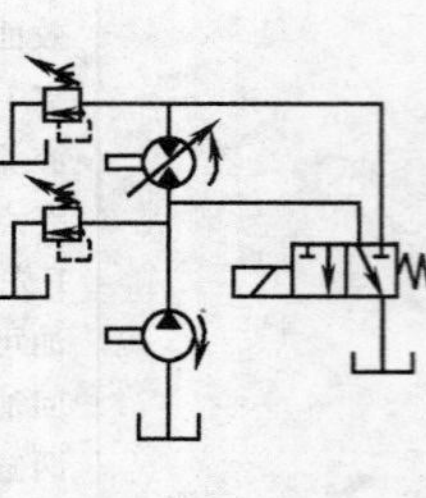	当电磁换向阀得电时，液压马达工作；当电磁换向阀失电时，液压马达制动
溢流阀制动回路	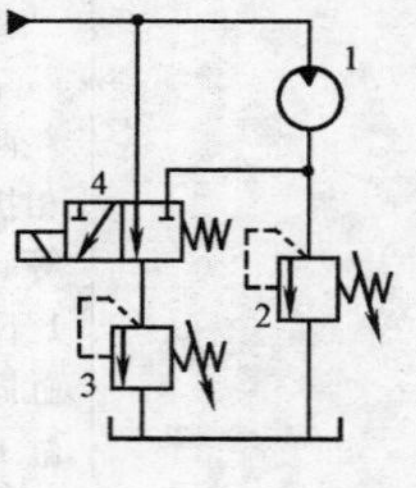	图为液压马达采用溢流阀的制动回路。高压溢流阀 2 作制动阀，低压溢流阀 3 作背压阀。阀 4 失电，液压马达 1 制动，系统在背压阀压力（0.3 ~ 0.7MPa）下卸荷，并保证液压马达制动时有一定的补油压力，防止马达吸空；阀 4 得电，系统向液压马达供油，液压马达在不高的背压力下运行，运转平稳。注意，用溢流阀制动时，溢流阀 2 压力不宜调得过高，一般等于系统额定工作压力即可，制动背压过高，会因制动太急而产生较大液压冲击，甚至造成马达和管路的损坏
溢流桥制动回路	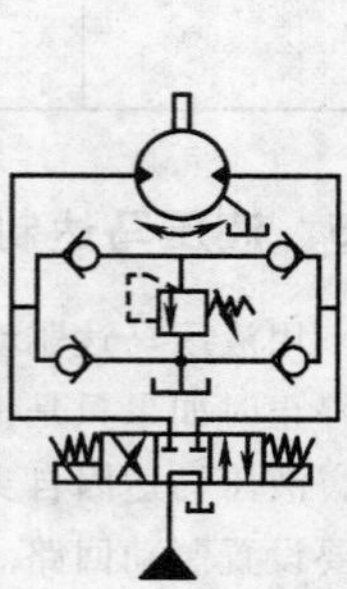	采用溢流桥可实现马达的制动。当换向阀回中位时，液压马达在惯性作用下所排出的高压油有继续转动的趋势，经单向阀由溢流阀限压，另一侧靠单向阀从油箱吸油。该回路中的溢流阀既限制了换向阀回中位时引起的液压冲击，又可使马达平稳制动。还需指出，图中溢流桥出入口的四个单向阀，除构成制动油路外，还起到对马达的自吸补油作用

1.6　液压油源回路

　　液压油源回路也就是动力源回路，是液压系统不可缺少的部分。液压油源回路一般由油箱、液压泵组（包含电动机或发动机）、液压阀、过滤器及各种辅件组成。在设计构成油源时要考虑系统所需流量和压力，以及输出流量的均匀性、压力的稳定性、工作的可靠性、传动介质的抗污染性与温升、节能等问题。表 10.8-20 列出了几种常用的液压油源回路。

表 10.8-20　几种常用的液压油源回路

类别	回路原理图	说　　明
定量泵-溢流阀油源	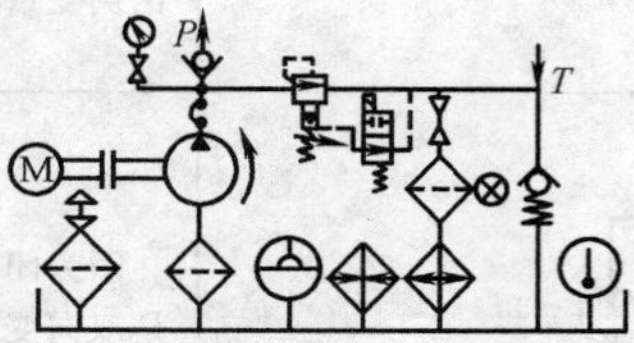	它结构简单，使用广泛，是开式液压系统中常见的液压油源回路。液压泵的出口压力近似恒压，正常工作时有溢流损失，采用电磁溢流阀，可方便实现液压泵的无负荷启动及卸荷等功能。回路中的单向阀是为了防止负载变化和停机时引起压力油倒流反冲；设置液位计及空气滤清器是液压源必备的。也可根据需要增设加热器和冷却器调节油温，冷却器一般设在回油路上，图示回路还在回油过滤器旁设置了旁通阀，以防过滤器堵塞、回油压力升高而损坏元件
高低压双泵油源	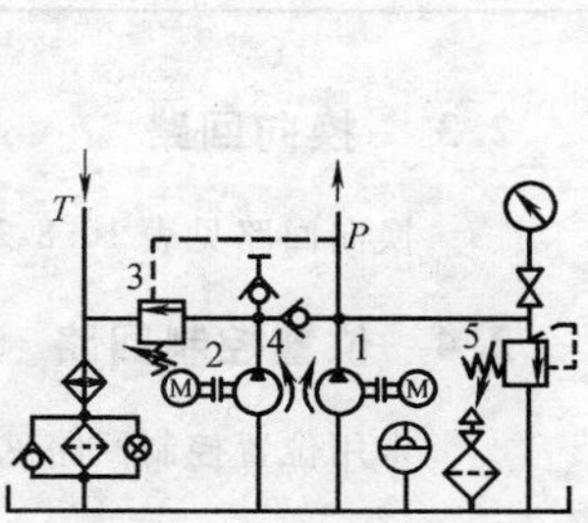	图 a 为双泵供油液压源。1 是高压小流量泵，2 是低压大流量泵。溢流阀 5 控制泵 1 的供油压力，由系统所需最高工作压力调定。卸荷阀 3 的调定压力比溢流阀 5 的调定压力低，但要比系统所需的最低工作压力高。当系统中执行机构所克服的负载较小而要求运动速度较快时，大小两泵同时向系统供油；当外负载增加，要求执行机构慢速运行时，随着系统压力升高，卸荷阀打开，泵 2 卸荷，系统由小流量泵 1 单独供油
多泵并联供油液压源	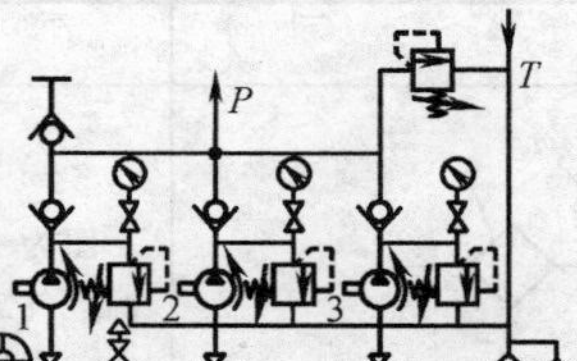	图示多泵并联供油液压源回路中，泵的数量根据系统流量需要确定，也有依据系统长期连续运行工况及安全需要，要求系统设置备用泵而采用多泵液压源的情况。各泵出口的溢流阀也可选用电磁溢流阀，使泵具有卸荷功能，其中，单向阀可使不工作的泵不受压力油的作用或使停机时泵不受反向压力冲击。系统压力由主油路溢流阀设定，各泵的溢流阀调定压力应高于系统压力

（续）

类别	回路原理图	说　明
变量泵-安全阀油源	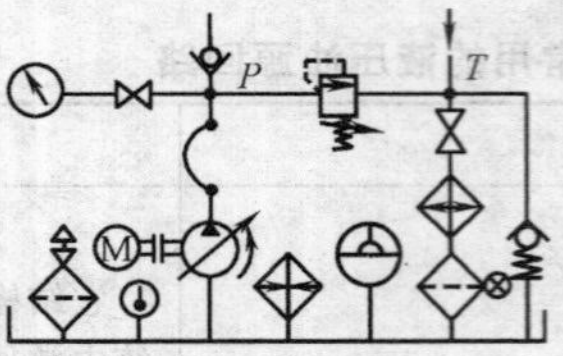	图为变量泵-安全阀液压油源回路的一般形式。由于变量泵在运行过程中能调节排量，使用变量泵液压油源可实现无溢流或少溢流损失，为安全起见，一般都在泵出口安装溢流阀作为安全阀。这种液压油源具有性能好，效率高，发热减少的特点，缺点是成本提高。变量泵-安全阀液压油源回路所用的变量泵有限压式、恒功率式、恒压式、恒流量式，伺服或比例变量式等
闭式液压系统油源	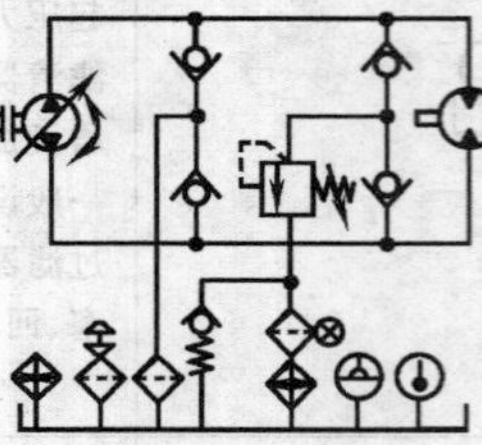	图为闭式液压系统油源回路。采用的是双向变量泵，其输出流量供给执行机构，来自执行机构的回油直接连到泵的吸油口，高压侧压力由溢流阀调定，设有两个单向阀向吸油侧补油；也可设值低压补油泵向吸油侧进行升压补油

2　气动基本回路

　　同液压系统一样，气动系统一般也都是由最简单的基本回路组成的。这里介绍常见的气动基本回路，以及人们在长期生产实践中总结出的一些典型回路。

2.1　压力和力控制回路

　　常见的压力和力控制回路见表 10.8-21。

2.2　速度控制回路

　　气动系统的功率一般都不大，其主要的调速方式是节流调速，见表 10.8-22。

2.3　换向回路

　　换向回路见表 10.8-23。

2.4　位置控制回路

　　常用位置控制回路见表 10.8-24。

2.5　其他回路

　　其他回路包括起安全保护作用的过载保护回路、互锁回路、双手操作回路，自动循环的往复动作回路等，见表 10.8-25。

表 10.8-21　常见的压力和力控制回路

类别	回路原理图	说　明
一次压力控制回路	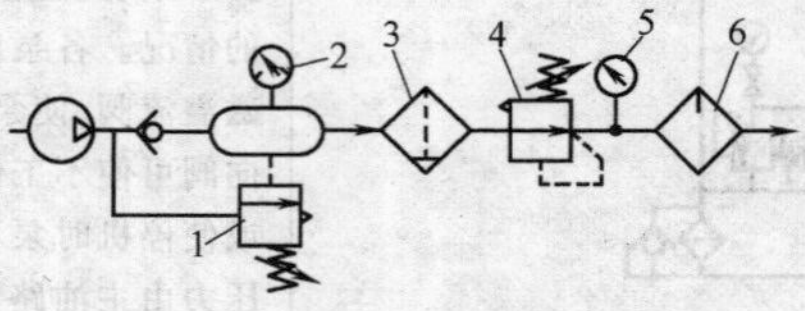 1—溢流阀　2—电接点压力表　3—分水滤气器 4—减压阀　5—压力表　6—油雾器	图为一次压力控制回路，用于控制气源贮气罐的压力，使之稳定在一定范围内。常用外控溢流阀或电接点压力表来控制空压机的起、停，使贮气罐压力不超过设定值

（续）

类别	回路原理图	说　明
二次压力控制回路	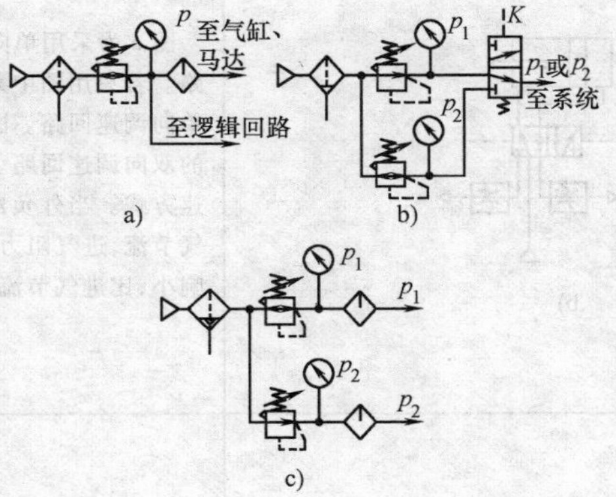 a)　b) c)	图为提供二次压力的减压回路，主要用于对气动系统气源压力的控制。其中图 a 也称为气动三联件，来自气站的压缩空气经分水滤气器、减压阀和油雾器供给气动系统使用，调节溢流式减压阀就能得到气动系统所需的工作压力。图 b 是由减压阀和换向阀构成的高、低压切换回路，它利用换向阀的切换可对同一气动系统实现高压或低压输出。图 c 为同时提供高、低两级压力的控制回路
串联气缸增力回路	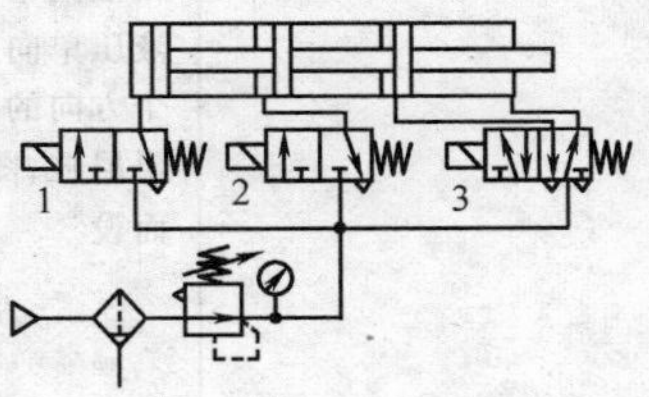	图为采用三段式活塞缸串联的增力回路。通过控制电磁阀通电的个数实现对活塞杆输出推力的控制。串联活塞缸越多，输出的力越大。该回路活塞杆最大输出力是单缸工作时的 3 倍
气液增压缸增力回路	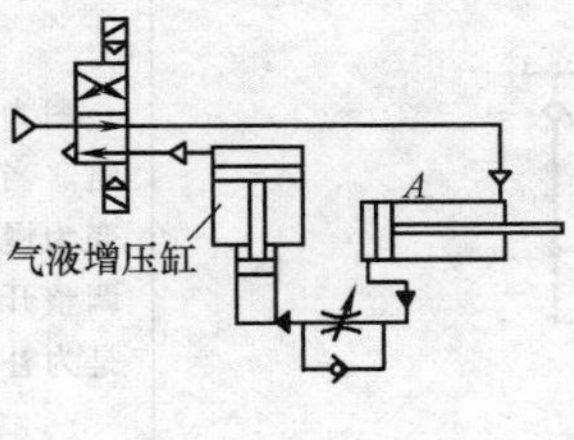	图为气液增压缸增力回路。气液增压缸把较低压力的气压增为较高压力的液压去驱动气液缸 A，使其输出力增大，并实现气液缸 A 的单向节流调速

表 10.8-22　速度控制回路

类别	回路原理图	说　明
单作用气缸调速回路	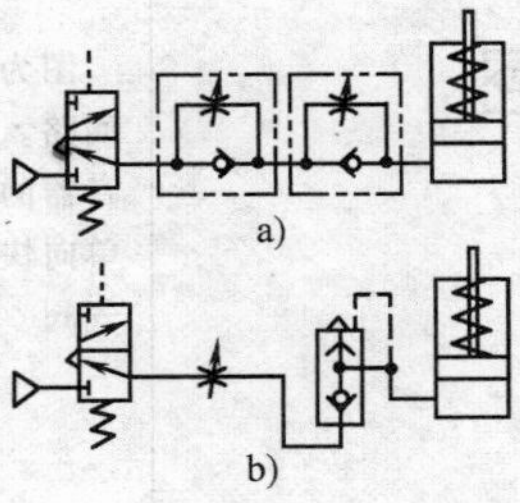 a) b)	图 a 为单作用气缸双向调速回路。由两个反接的单向节流阀构成，可对单作用缸活塞杆的伸出和缩回速度进行控制。在图 b 中，气缸活塞杆上升时可通过节流阀调速，下降时则通过快速排气阀排气，活塞杆在弹簧力作用下快速返回

（续）

类别	回路原理图	说　明
双作用气缸调速回路	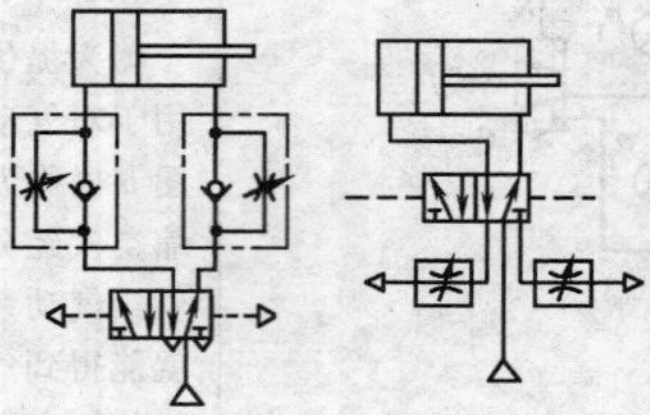 a)　　　　b)	图 a 为采用单向节流阀的双向调速回路。若只用图中某一个单向节流阀便是单向调速回路。图 b 为采用排气节流阀的双向调速回路。它们都属排气节流调速方式。当外负载变化不大时，采用排气节流，进气阻力小，负载变化对速度影响小，比进气节流调速效果好
气液缸调速回路	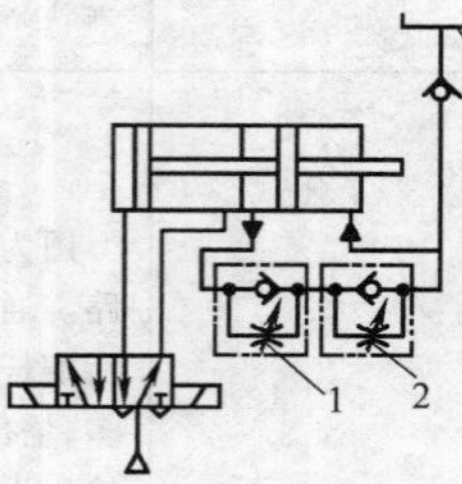	图为气液缸调速回路。该回路利用液压油基本不可压缩性的特点，通过两个液压单向节流阀 1、2 控制，实现气缸两个方向的无级调速。右边油缸实际上为阻尼缸，图中油杯 3 为补充油液的泄漏而设
气液缸变速回路	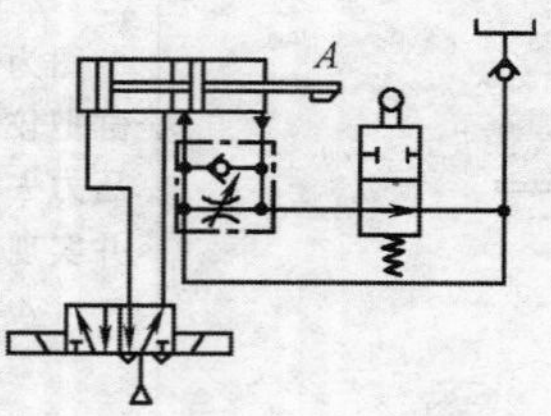	图为用行程阀实现的气液缸变速回路。当活塞右行至撞块，碰到行程阀后，变为慢速工进；改变撞块的安装位置可调整开始变速的位置。图中上置油杯也是为补充油液的泄漏
快速往复动作回路	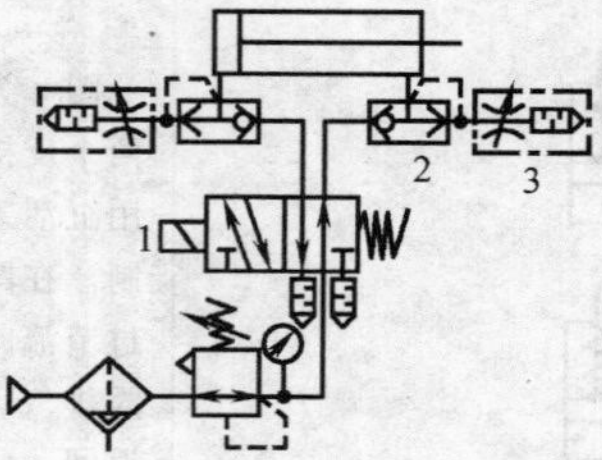	图为采用快速排气阀的快速往复动作回路。图中，2 为快速排气阀；3 为带消音器的排气节流阀。若只要求实现气缸单向快速运动，可省去图中一只快速排气阀

（续）

类别	回路原理图	说　明
缓冲回路	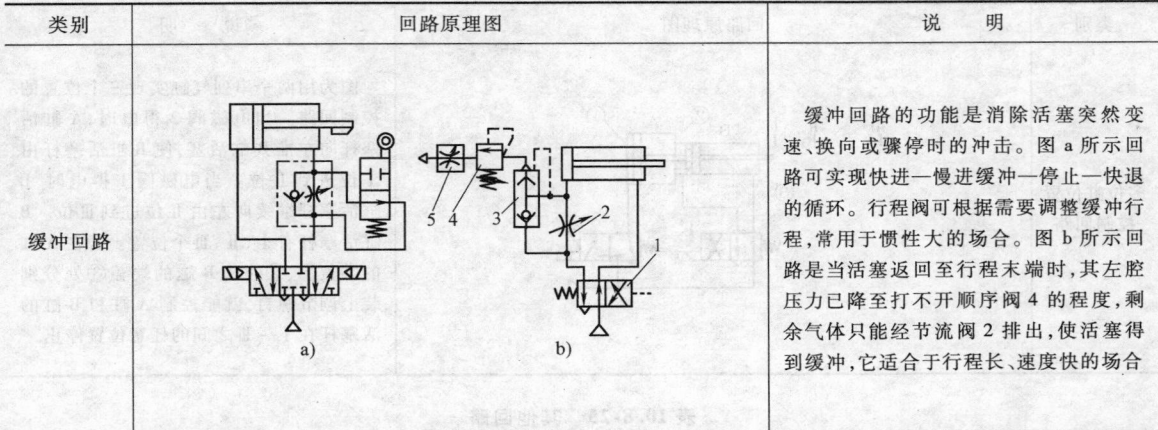	缓冲回路的功能是消除活塞突然变速、换向或骤停时的冲击。图 a 所示回路可实现快进—慢进缓冲—停止—快退的循环。行程阀可根据需要调整缓冲行程，常用于惯性大的场合。图 b 所示回路是当活塞返回至行程末端时，其左腔压力已降至打不开顺序阀 4 的程度，剩余气体只能经节流阀 2 排出，使活塞得到缓冲，它适合于行程长、速度快的场合

表 10.8-23　换向回路

类别	回路原理图	说　明
单作用气缸换向回路	a)　　　b)	图 a 为采用一个二位三通电磁阀控制单作用弹簧复位气缸升降的二位运动换向回路；图 b 为采用三位五通阀电-气控制的换向回路，该阀具有自动对中功能，可实现气缸的三位运动（伸、缩和任意位置停止），但定位精度不高，定位时间不能太长
双作用气缸换向回路	a)　　　b)	图为双作用气缸换向回路。图 a 为采用二位五通电磁阀控制气缸伸、缩的二位运动控制回路；图 b 为采用三位五通阀电-气控制的换向回路，除控制双作用气缸伸、缩以外，还可在任意位置停止，实现气缸的三位运动

表 10.8-24　位置控制回路

类别	回路原理图	说　明
可以任意位置停止回路	a)　　　b)	图为采用气控阀实现可任意位置停止的回路。当气缸负载小时，可选择图 a 所示回路；负载较大时，应选择图 b 所示回路

（续）

类别	回路原理图	说　明
多位缸位置控制回路	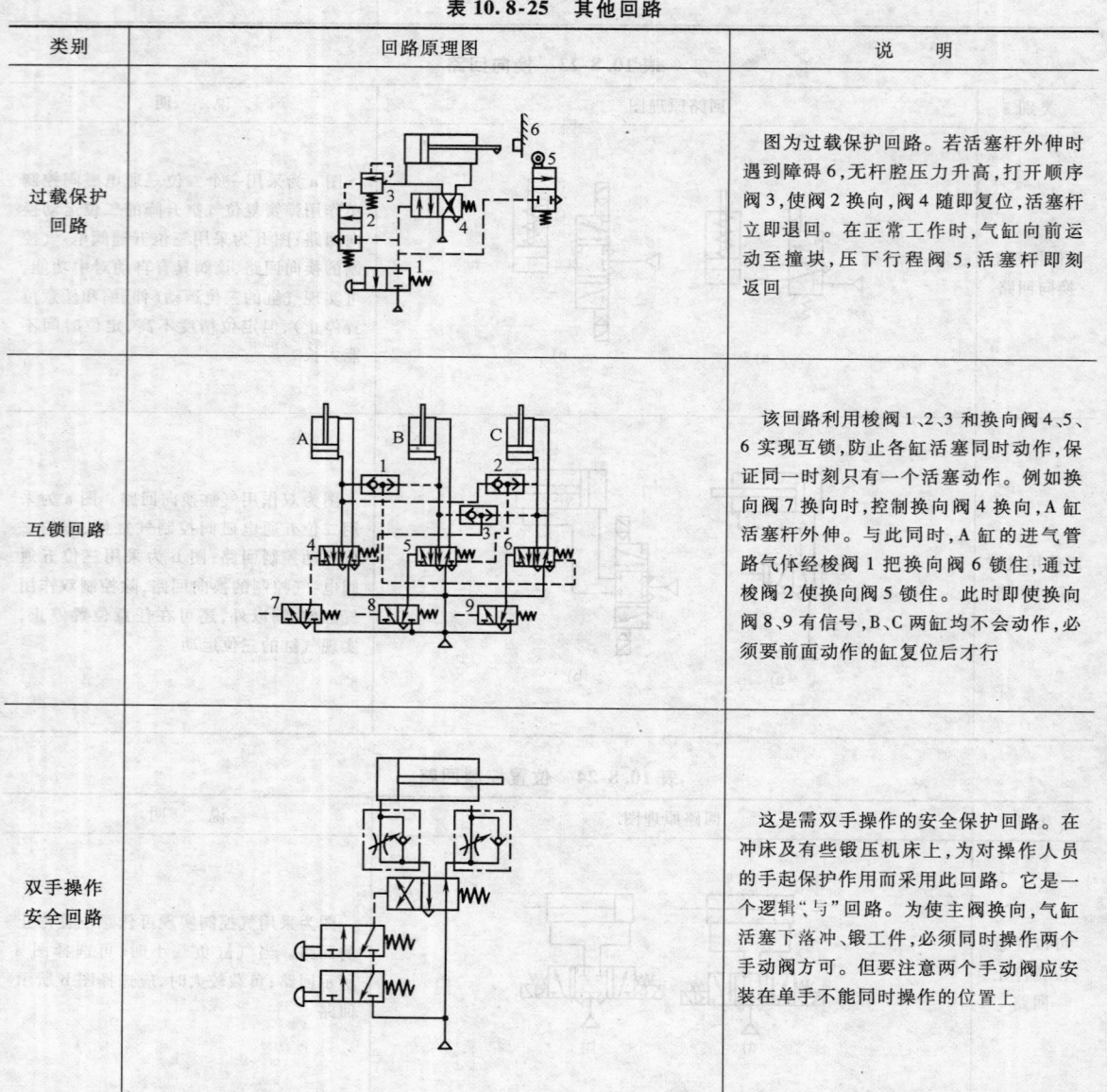	图为用两个串列气缸实现三个位置的控制回路。当电磁阀 2 得电时,A 缸活塞杆向左推 B 缸活塞,使 B 缸活塞杆由 Ⅰ 位进到 Ⅱ 位。当电磁阀 1 得电时,B 缸活塞杆继续向左由 Ⅱ 位进到 Ⅲ 位。B 缸活塞杆有 Ⅰ、Ⅱ、Ⅲ 个位置。若在 A 缸的端盖①、②处及 B 缸的端盖③处分别装上调节螺钉,就能控制 A 缸和 B 缸的活塞杆在 Ⅰ ~ Ⅲ 之间的任意位置停止

表 10.8-25　其他回路

类别	回路原理图	说　明
过载保护回路		图为过载保护回路。若活塞杆外伸时遇到障碍 6,无杆腔压力升高,打开顺序阀 3,使阀 2 换向,阀 4 随即复位,活塞杆立即退回。在正常工作时,气缸向前运动至撞块,压下行程阀 5,活塞杆即刻返回
互锁回路		该回路利用梭阀 1、2、3 和换向阀 4、5、6 实现互锁,防止各缸活塞同时动作,保证同一时刻只有一个活塞动作。例如换向阀 7 换向时,控制换向阀 4 换向,A 缸活塞杆外伸。与此同时,A 缸的进气管路气体经梭阀 1 把换向阀 6 锁住,通过梭阀 2 使换向阀 5 锁住。此时即使换向阀 8、9 有信号,B、C 两缸均不会动作,必须要前面动作的缸复位后才行
双手操作安全回路		这是需双手操作的安全保护回路。在冲床及有些锻压机床上,为对操作人员的手起保护作用而采用此回路。它是一个逻辑"与"回路。为使主阀换向,气缸活塞下落冲、锻工件,必须同时操作两个手动阀方可。但要注意两个手动阀应安装在单手不能同时操作的位置上

（续）

类别	回路原理图	说　明
往复动作回路	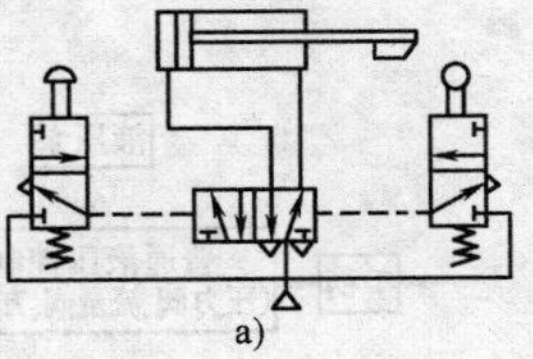 a) 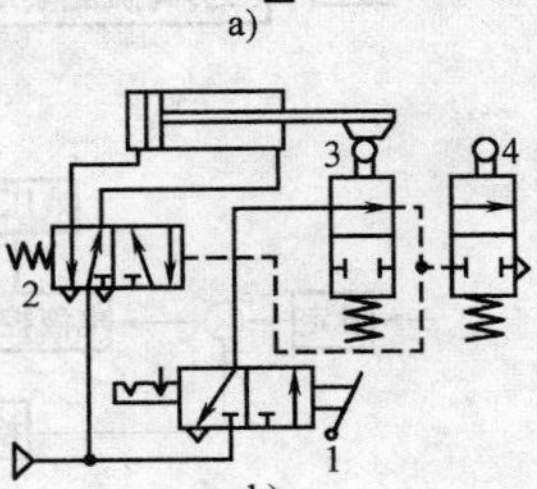 b)	图 a 是由行程阀和手动阀组成的单往复运动回路。按下左边手动阀,二位五通换向阀处于左位,气缸外伸;当活塞杆撞块压下行程阀后,二位五通阀换至右位,气缸缩回,完成一次往复运动 　图 b 为连续往复运动回路。手动阀 1 换向,高压气体经阀 3 使阀 2 换向,气缸活塞杆外伸,阀 3 复位,活塞杆撞块压下行程阀 4 时,阀 2 换至左位,活塞杆缩回,阀 4 复位。当活塞杆缩回压下行程阀 3 时,阀 2 再次换向,如此循环往复动作
延时回路	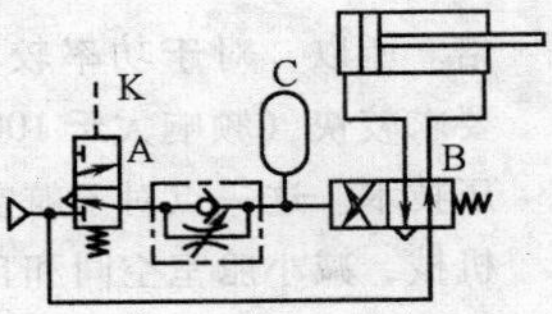 a) 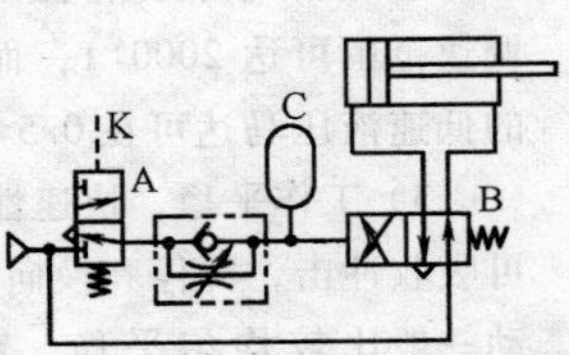 b)	图 a 为延时接通回路。当有控制信号 K 输入时,阀 A 换向,压缩空气经节流阀缓慢向气容 C 充气,经一段时间 t 延时后,气容压力升高到预定值,使主阀 B 换向,活塞开始右行。当控制信号 K 消失后,气容内气体经单向阀迅速排出,主阀 B 立即复位,活塞快速返回。调节节流口的开度,即可改变延时换向时间的长短 　将单向节流阀反接,就得到延时断开回路,如图 b 所示

第9章 液压系统设计及实例

1 液压系统的分类及特点

1.1 液压系统的基本类型

液压系统是指由液压元件（包括动力元件、执行元件、控制元件、辅助元件）和工作介质两大部分组成的总体。它以液体为工作介质，利用液体的静压能来实现信息、运动和动力的传动及控制。液压系统种类繁多，可按介质的循环方式分类，也可按工作特征、执行元件的速度控制方式及采用的液压控制阀类别等分类，其基本类型如图 10.9-1 所示。

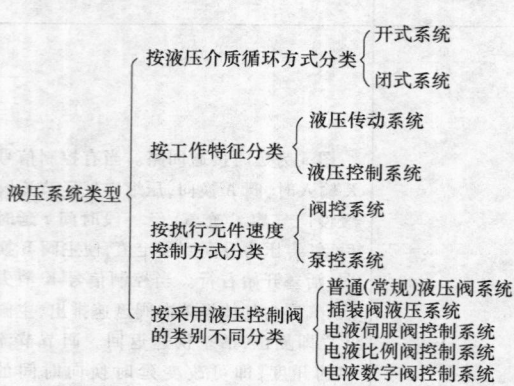

图 10.9-1 液压系统的基本类型

从设计角度考虑，通常按工作特征不同进行分类，将液压系统分为传动系统和控制系统两大类型。两者的工作原理、组成环节和细分类别都基本相同，但由于采用的技术手段不一样，它们也必然存在差别。液压传动系统和液压控制系统的工作原理如图 10.9-2 所示。

1.2 液压系统的特点

1.2.1 液压系统的优点

1）单位功率的重量轻，力-质量比（或力矩-惯量比）大，可以组成结构紧凑、体积小、重量轻、加速性好的系统，有利于机器设备及其控制系统的小型化和微型化。如一般轴向柱塞泵的质量仅是同功率直流电动机质量的 10% ~ 20%，尺寸约为后者的 12% ~ 13%。液压马达的功率-质量比一般为相同容量电动机的 10 倍，而力矩-惯量比为电动机的 10 ~ 20

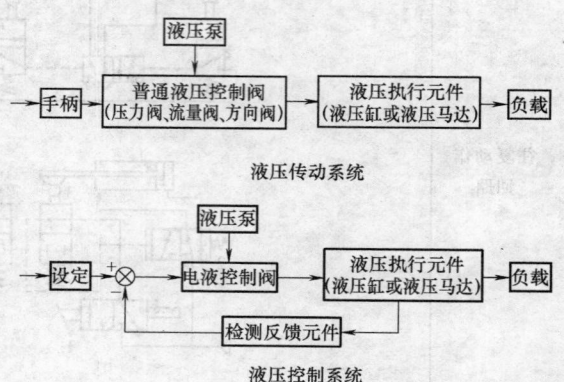

图 10.9-2 液压传动系统和液压控制
系统的工作原理

倍。所以，对于功率较大（大于 10kW）、响应速度要求较快（频响大于 100Hz）的设备，一般都采用液压技术。这一点对于航空航天装置、船舶及行走工程机械，减小舱室空间和自重，提高承载和作业能力尤为有利。

2）液压系统操作控制方便，容易实现无级调速，调速范围可达 2000:1，而且低速性能好。例如，有的低速液压马达可在 0.5 ~ 1r/min 下平稳运转。

3）工作平稳，快速性好。因液压介质具有弹性，可吸收冲击，骤停和换向产生的液压冲击可控，故运动一般比较均匀平稳，容易实现快速制动和频繁换向。

4）布局安置灵活方便。液压元件的布置不受严格的空间位置限制，可以根据机器需要通过管道实现系统中各部分的连接，布局安装具有很大柔性，灵活方便。

5）易于实现过载保护，工作安全性好。液压系统的工作压力很容易通过压力控制元件调节，用溢流阀限制系统压力在规定范围内，达到过载保护，避免事故的目的，使工作安全可靠。

6）能兼有润滑、散热作用，改善工作条件。用矿物油作工作介质时，元件的相对运动面可自行润滑，有利于散热和延长元件的使用寿命。

7）能简便地与电控部分结合，实现遥控、机器的自动化、机电液一体化和更高程度的自动控制过程。

8）易于实现标准化、系列化和通用化，便于设计、制造和推广使用。

还需要特别指出的是，对于电液控制系统来说，由于引入了电气、电子技术，因而集结了电控和液压技术两方面的特长。系统中偏差信号的检测、校正和初始放大采用电气、电子元件来实现，系统的能源用液压油源，能量转换和控制用电液控制阀完成。它能最大限度地发挥流体动力在大功率动力控制方面的长处和电气系统在信息处理方面的优势，从而构成了一种被誉之为"电子大脑和神经＋液压肌肉和骨骼"的控制模式，在很多工程应用领域，特别是对中、大型功率，要求控制精度高，响应速度快的工程系统保持着有利的竞争地位。

1.2.2　液压系统的不足之处

由于液压系统自身固有的特点，也有以下不足之处：

1）传动效率偏低。液压系统的能量从原动机到执行机构需经三次转换，存在机械摩擦损失、流体流动阻力带来的压力损失及泄漏损失，因而液压传动的效率偏低。

2）不能保证定比传动。因液压系统泄漏不可避免，液体介质的可压缩等因素，使得液压传动不能保证定比传动。油液的泄漏不仅污染环境，而且浪费石油资源。

3）工作性能易受温度变化的影响。液压系统的性能对温度较为敏感，因此不宜在很高或很低的温度条件下工作，采用石油基作介质时还需要注意防火、防爆。

4）成本造价较高。为了保证工作特性，减少泄漏，液压元件的制造精度要求较高，因而价格较贵。使用和维护也要有一定的代价。

5）故障诊断及排除较困难。有的液压系统元件封闭在系统内工作，其内部状态不可见，通常容易因介质污染、温度过热等原因造成系统故障。而且故障征兆难以及时发现，出现故障后也不易找出原因。要求使用和维护人员具有一定的专业知识和较高的技术水平。

1.3　液压传动系统与液压控制系统的比较

液压传动系统一般为开环模式，它的工作特性由各个组成液压元件的特性和它们之间的相互作用确定，工作性能受工作条件变化的影响大。液压传动系统应用较为普遍，大多数工业设备液压系统属于此类。

液压控制系统多为包含采用伺服阀或比例阀等电液控制阀组成的带反馈的闭环系统，其工作性能受工作条件变化的影响小。液压控制系统广泛用于冶金、船舶、航空、航天等领域和高精数控机床及加工中心、负载模拟器等设备中。

液压传动系统与液压控制系统两者在工作任务、控制原理、控制元件、控制功能和性能要求等诸多方面稍有不同。两者的主要差别见表10.9-1。

表 10.9-1　液压传动系统与液压控制系统的比较

系统类别 对比内容	液压传动系统	液压控制系统
工作任务	以传递动力为主，信息传递为辅。基本任务是驱动和调速	以传递信息为主、传递动力为辅。主要任务是使被控制量（如位移、速度或输出力等参数）能够自动、稳定、快速而准确地跟踪输入指令变化
控制原理	一般为开环系统	多为带反馈的闭环控制系统
控制元件	采用调速阀或变量泵手动调节流量	采用液压控制阀，如伺服阀、电液比例阀或电液数字阀自动调节流量
控制功能	只能实现手动调速、加载功能和简单的顺序自动控制功能。难以实现任意规律、连续的自动调节	能利用各种测量传感器对被控制量进行检测和反馈，从而实现对位置、速度、加速度、力和压力等各种物理量的自动控制
性能要求	追求的是传动特性的完善，侧重于静态特性要求。主要性能指标为调速范围、低速稳定性、速度刚度和效率等	追求的目标是控制特性的完善，性能指标要求应包括稳态性能和动态性能两个方面

必须明白，这两种系统同属液压系统，大体相同，但也存在上述差异。这种不同，使它们的设计目标、设计方法和分析研究的侧重点也有所不同。传动系统侧重于静态特性方面，只在有特殊需要时才考虑动态特性，而且，即使研究动态特性，一般也只需讨论外负载变化对速度的影响。而对于控制系统来说，

除了要满足以一定的速度对被控对象进行驱动等基本要求外，更侧重于保证系统的动态特性，包括稳定性、快速性和准确性等指标。

1.4 电液伺服系统与电液比例系统的比较

液压控制系统根据使用的控制元件的不同，又分为伺服控制系统、比例控制系统和数字控制系统。在当前工程应用中，主要是电液伺服系统和电液比例系统。两者同属液压控制系统，但采用的控制元件不同，电液伺服系统和电液比例系统的比较见表10.9-2。

表 10.9-2   电液伺服系统和电液比例系统的比较

名称	共　性	差　别
电液伺服系统	1. 输入为小功率的电气信号 2. 输出与输入呈线性关系 3. 可连续控制	1. 多为闭环控制 2. 输出为位置、速度、力等各种物理量 3. 控制元件为伺服阀（可零遮盖、死区极小、滞环小、动态响应高、介质的清洁度要求高） 4. 控制精度高、响应速度高 5. 用于高性能的场合
电液比例系统		1. 一般为开环控制，性能要求高时亦有闭环控制 2. 一般输出为速度或压力，闭环时可以是位移等 3. 控制元件为比例阀（正遮盖、死区较大、滞环较大、动态响应较低、介质的清洁度要求不高） 4. 控制精度较低、响应速度较低 5. 用于一般工业自动化场合

2 液压传动系统设计

2.1 液压传动系统设计的内容和一般步骤

液压传动系统的设计是指为了完成某项特定的任务，组成一个新的能量传递系统。它与主机的设计是紧密联系的，当从必要性、可行性和经济性几方面对机械、电气、气动和液压等传动方式进行综合比较与论证，决定应用液压传动方式后，两者往往同时进行。所设计的液压传动系统首先应符合主机的拖动、循环要求，其次要满足结构组成简单、工作可靠、操纵维护方便、经济性好等基本设计原则。液压传动系统的设计迄今为止还未确立一个公认的统一步骤。在实际设计工作中，应将追求效能和追求安全两者结合起来，通常按图 10.9-3 所示的内容和流程进行。由于主机设备对系统的要求是千差万别的，设计背景及设计者的经验和技术水平也不一样，其中有些内容与步骤可以省略和从简，或者合并、交叉进行。

当然，对于较简单的系统，可以适当简化设计流程；而对于重大工程的大型复杂液压系统，往往还要在初步设计的基础上进行计算机仿真或半实物仿真，或局部实物试验、中间试验，要经反复改进，充分论证等步骤。

应当指出，虽然这里介绍的是液压传动系统设

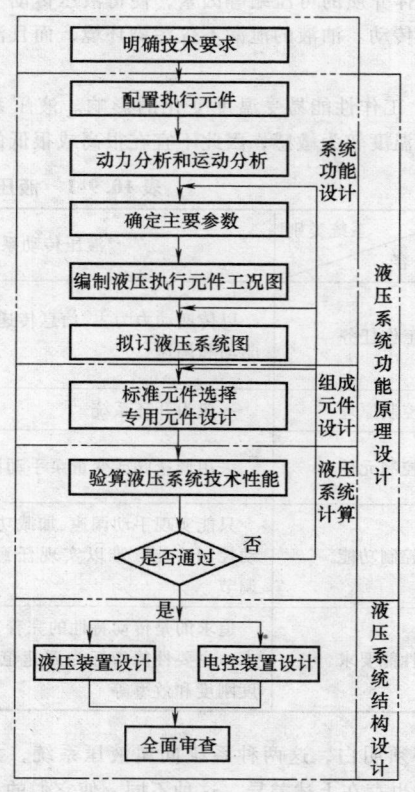

图 10.9-3   常规设计方法的一般流程

计，实际上，很多方面与液压控制系统设计是一样的。其设计内容与方法只要稍作调整，也基本适用于液压控制系统设计。

2.2　液压系统功能原理设计

2.2.1　明确设计要求

设计要求是进行工程设计的主要依据和出发点。在制订基本方案和着手液压系统各部分设计之前，必须把主机的技术要求以及与设计有关的情况了解清楚。

1. 主机概况

了解主机的用途、主要技术参数与性能特点、总体布局、工艺流程与作业环境等。

2. 液压系统的任务与要求

液压系统要完成哪些动作，各工作机构的动作循环及周期，各动作的载荷大小及载荷性质，各动作的运动形式（直线或回转运动）及速度高低，各动作的顺序要求及联锁关系，各动作的同步要求及同步精度；对液压系统的性能要求，如运动的平稳性、调速范围、定位精度、转换精度、控制方式（用继电器触点控制，还是微机控制）及自动化程度（手动、半自动还是全自动）等方面要求。

3. 限制条件

对防尘、防爆、防寒、压力脉动、振动、冲击与噪声及安全可靠性的要求。

4. 效率与经济成本等方面要求

包括节能与温升要求，经济成本要考虑投资费用、运作能耗和维护保养费用等。

2.2.2　确定液压系统的主要参数

通过工况分析，可以看出液压执行元件在工作过程中速度和载荷的变化情况，为确定系统及各执行元件的参数提供依据。

液压系统的主要参数是压力和流量，它们是液压系统设计及选择液压元件的主要依据。压力决定于外负载，流量取决于液压执行元件的运动速度和结构尺寸。通常，首先初定执行元件的设计压力，并按此设计压力和最大外负载计算执行元件的主要结构尺寸，然后根据对执行元件的速度要求，确定其输入流量。压力和流量一经确定，即可确定功率，并绘出液压执行元件的工况图，亦即在一个工作循环内，执行元件的工作压力、输入流量及输入功率对时间（或位移）的变化曲线图。

1. 初选执行元件的设计压力

设计压力的选取，主要应考虑载荷大小和设备类型，此外，还应考虑执行元件的装配空间、加工工艺性、成本、货源等。在负载一定的情况下，工作压力低，势必加大执行元件的结构尺寸和重量，对某些机械，比如航空器，其尺寸就要严格限制，从材料消耗角度看尺寸大也不经济；反之，压力选取太高，对液压元件的材质、密封及制造精度也要求很高，必然会提高成本。一般来说，对于固定的、尺寸不太受限制的设备，压力可以选低一些；对于行走机械、重载设备，压力可选取高一些。具体可参考表 10.9-3 按负载大小选取，或用类比法按主机类型来确定，见表 10.3-38。

表 10.9-3　按负载选择设计压力

负载/kN	< 5	5 ~ 10	10 ~ 20	20 ~ 30	30 ~ 50	> 50
设计压力/MPa	< 0.8 ~ 1	1.5 ~ 2	2.5 ~ 3	3 ~ 4	4 ~ 5	≥ 5

2. 计算和确定液压缸尺寸或液压马达排量

液压缸的缸筒内径、活塞杆直径及有效面积或液压马达的排量这几个量是液压缸或马达的主要结构参数。计算方法是先由最大负载和选取的设计压力及估计的机械效率求出有效面积或排量，然后再检验是否满足在系统最小稳定流量下的最低运行速度要求。

（1）液压缸的主要结构尺寸　按第 4 章讲述的方法确定液压缸的内径、活塞杆直径等液压缸的主要结构尺寸。需要注意的是，液压缸直径 D 和活塞杆直径 d 的计算值要按国家标准规定的液压缸内径和活塞杆外径尺寸系列进行圆整。若与标准液压缸参数相近，最好选用标准液压缸，免于自行设计加工。

（2）液压马达的排量（m^3/r）

$$V_m = 2\pi T_{max} / \Delta p \qquad (10.9\text{-}1)$$

式中　T_{max}——液压马达的最大负载力矩（N·m）；

Δp——液压马达的进出口压差（Pa）。

计算液压马达的排量也应考虑其机械效率的影响，齿轮马达和柱塞式马达 η_{mm} 取 0.9 ~ 0.95，叶片式马达取 0.8 ~ 0.9；还应满足最低转速要求

$$V_m \geq q_{min} / n_{min} \qquad (10.9\text{-}2)$$

式中　q_{min}——通过马达的最小流量；

n_{min}——液压马达工作时的最低转速。

液压马达排量 V_m 的最后确定值，应按 GB/T 2347—1980《液压泵及马达公称排量系列》标准圆整，以便马达选型。

（3）液压缸或液压马达所需流量

1）液压缸的最大流量（m^3/s）

$$q_{max} = A\nu_{max} \qquad (10.9\text{-}3)$$

式中　A——液压缸的有效面积（A_1 或 A_2）（m^2）；

　　　ν_{max}——液压缸的最大速度（m/s）。

2）液压马达的最大流量（m^3/s）

$$q_{max} = V_m n_{max} \qquad (10.9\text{-}4)$$

式中　V_m——液压马达排量（m^3/r）；

　　　n_{max}——液压马达的最高转速（r/s）。

（4）绘制液压缸或液压马达的工况图　工况图包括压力循环图（p-t 图或 p-L 图）、流量循环图（q-t 图或 q-L 图）和功率循环图（P-t 图或 P-L 图）。它们反映了一个循环周期内液压系统对压力、流量及功率的需求、变化规律及峰值所在位置，是调整系统参数、选择液压元件、拟订液压系统方案的基础。

1）p-t 图（或 p-L 图）　根据实际负载的大小，用最后确定的执行元件的结构尺寸值，倒求出液压执行元件在其动作循环各阶段的工作压力，然后绘制成 p-t 图（或 p-L 图）。

2）q-t 图（或 q-L 图）根据已确定的液压缸有效面积或液压马达的排量，结合其运动速度算出它在工作循环中每一阶段的实际流量，将它绘制成 q-t 图（或 q-L 图）。若系统中有多个执行元件同时工作，则应将各执行元件的 q-t 图（或 q-L 图）叠加起来，绘出系统总的 q-t 图（或 q-L 图）。

3）P-t 图（或 P-L 图）　绘出 p-t 图（或 p-L 图）和 q-t 图（或 q-L 图）后，再根据 $P = pq$ 绘出功率循环图。

液压缸的工况示例如图 10.9-4 所示。

2.2.3　拟订液压系统原理图

液压系统原理图的拟订是整个液压系统设计中最重要的一环。拟订时应注意以下几点：

1）整机液压系统原理图由不同基本回路（如速度控制、方向控制和压力控制回路，配以辅助性回路

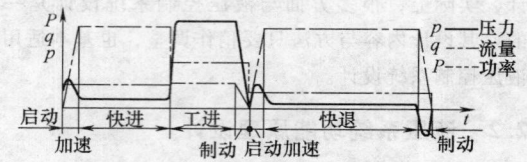

图 10.9-4　液压缸的工况示例

如锁紧、平衡、保压、缓冲等回路）及液压油源组成。各回路合成时重点考虑如下几点：

①　防止回路间的相互干扰，避免误动作发生。

②　防止液压冲击。

③　力求控制油路可靠。

④　去掉多余的元件，将作用或功能相近的元件尽量合并，力求结构简单、紧凑。

⑤　尽量减少能量损失环节，提高系统效率。

2）为便于液压系统的维护和监测，在系统的主要路段要安装必要的检测元件，如压力表和温度计等。

3）液压元件应尽量采用畅销定型产品，原理图应按国标规定的液压元件图形符号的常态位置绘制；对于自行设计的非标准元件可用结构简图表示。

4）拟订的液压系统原理图中应注明各液压执行元件的名称和动作，标注各液压元件的序号以及各电磁阀的代号，并附有电磁铁、行程阀及其他控制元件的动作表。

2.2.4　液压元件的选择

1. 液压执行元件的选择

液压执行元件是液压系统的输出部分，必须满足机器设备的运动功能、性能要求及结构、安装方面的限制条件。根据所要求的负载运动形式（直线往复运动、回转运动或往复摆动运动），选择不同的液压执行元件配置。液压执行元件的类型、特点及适用场合见表 10.9-4。

表 10.9-4　液压执行元件的类型、特点及适用场合

类　型		特　点	适　用　场　合	获得方法
液压缸	活塞缸 双杆	两杆直径相等时，往返速度和出力相同；两杆直径不等时，往返速度和出力不同	磨床；往返速度相同或不同的机构	自行设计
	活塞缸 单杆	一般连接，往返方向的速度和出力不同；差动连接，可以实现快进；$d = 0.71D$（D 为活塞直径，d 为活塞杆直径）时，差动连接，往返速度和出力相同	各类机械	选型或自行设计
	柱塞缸 单杆	结构简单，制造容易；靠自重或外力回程	液压机、千斤顶、小缸用于定位和夹紧等	

（续）

类　型		特　　点	适 用 场 合	获得方法
液压缸	柱塞缸　双杆	结构简单,杆在两处有导向,可做得细长	液压机、注塑机动梁回程缸、各类热压机等	自行设计
	复合增速缸	可获得多种出力和速度,结构紧凑,制造较难,成本较高	液压机、注塑机、试验机和数控机床换刀机构等	
	复合增压器	体积小、出力大、行程小	模具成型挤压机、金属成型压力机、六面顶、液压试验台等	选型或自行设计
	伸缩式	行程是缸长的数倍,节省安装空间	汽车车厢举倾缸、起重机臂伸缩缸等	
液压马达	齿轮式	转速高、转矩小、结构简单、价廉	钻床、风扇传动、工程机械	选型
	叶片式	转速高,转矩小,转动惯量小,动作灵敏,脉动小,噪声低	磨床回转工作台、机床操纵机构、多作大排量用于船舶锚机	
	轴向柱塞式	速度大,可变速,转矩中等,低速平稳性好	起重机、绞车、装载机、内燃机车、数控机床	
	内曲线径向柱塞式	转矩很大,转速低,低速平稳性很好	挖掘机、拖拉机、冶金机械、起重机、采煤机牵引部件	
摆动液压马达	叶片式	单叶片式转角 <360°;双叶片式转角 <180°;体积小,密封较难	机床夹具、机械手、流水线转向调头装置、装载机翻斗	
	活塞齿杆式	转角 0°～360°或 720°。密封简单可靠,工作压力高,转矩大	船舶舵机、大转矩往复回转机构等	

注：选型是指按使用要求,从生产厂商的产品样本或设计手册所列产品中选用合适的型号、技术规格并确定其安装连接尺寸。

2. 液压泵的选择

(1) 确定液压泵的最大工作压力 p_p (MPa) 为

$$p_p \geqslant p_1 + \sum \Delta p \qquad (10.9\text{-}5)$$

式中　p_p——液压泵的最大工作压力 (MPa);

　　　p_1——液压缸或液压马达最大工作压力 (MPa);

　　$\sum \Delta p$——从液压泵出口到液压缸或液压马达入口之间总的管路损失 (包括沿程损失、局部损失和阀口损失)。$\sum \Delta p$ 的准确计算要待元件选定并绘出管路图后才能进行, 初算时可按经验数据选取; 管路简单、流速不大的, 取 $\sum \Delta p = (0.2 \sim 0.5)$ MPa; 管路复杂, 进口有调速阀的, 取 $\sum \Delta p = (0.5 \sim 1.5)$ MPa。

(2) 确定液压泵的流量 q_{max}　液压泵的流量确定因系统形式不同而异。

1) 单泵单执行元件系统, 液压泵的流量(m³/s)为

$$q_p \geqslant k q_{max} \qquad (10.9\text{-}6)$$

式中　k——系统泄漏修正系数, 一般取 $k = 1.1 \sim 1.3$;

　　q_{max}——液压执行元件所需最大流量 (m³/s)。

2) 单泵多执行元件系统, 液压泵的流量(m³/s)为

$$q_p \geqslant k (\sum q_i)_{max} \qquad (10.9\text{-}7)$$

式中　$(\sum q_i)_{max}$——多个执行元件同时工作时所需最大总流量 (m³/s), 可从 $q\text{-}t$ 图上查得, 对于用节流调速的系统, 还需要加上溢流阀的最小溢流量, 通常取 $(0.33 \sim 0.5) \times 10^{-4}$ m³/s (或 $2 \sim 3$L/min)。

3) 对采用蓄能器作辅助动力源的系统, 液压泵的流量 (m³/s) 为

$$q_p \geqslant k \sum_{i=1}^{z} \frac{V_i}{T_t} \qquad (10.9\text{-}8)$$

式中　k——意义同上, 一般取 $k = 1.2$;

　　V_i——每个液压执行元件在一个工作周期中的总耗油量 (m³);

　　T_t——工作周期时间 (s);

　　z——液压执行元件个数。

(3) 选择液压泵的规格　根据以上求得的 p_p 和 q_p 值, 以及按系统要求选取的液压泵的形式, 从相关手册或产品样本中选择合适的液压泵。为使液压泵有一定的压力储备, 所选泵的额定压力一般要比最大工作压力高 25%～60%。

（4）确定液压泵的驱动功率 P　在系统的工作循环中，若液压泵的压力和流量比较恒定，反映在 p-t 图、q-t 图中曲线变化较平缓，则

$$P = \frac{p_p \cdot q_p}{\eta_p} \text{（W）} \qquad (10.9\text{-}9)$$

式中　p_p——液压泵的最大工作压力（MPa）；

q_p——液压泵的流量（m^3/s）；

η_p——液压泵的总效率，参考表 10.3-4 选取。

在工作循环中，若液压泵的流量和压力变化较大，即 p-t 图、q-t 图曲线起伏变化较大，则需分别计算出各个动作阶段内所需功率，电动机功率取其平均功率

$$P = \sqrt{\frac{\sum\limits_{i=1}^{z} p_i^2 t_i}{\sum\limits_{i=1}^{z} t_i}} \qquad (10.9\text{-}10)$$

式中　p_i——整个工作周期中每个动作阶段内所需功率（W）；

t_i——整个工作周期中每个动作阶段所需的时间（s）。

按平均功率选出电动机功率后，还要验算每个阶段内电动机的超载量是否都在允许范围内，电动机允许短时间超载量通常为 25% 左右。

3. 液压阀的选择

液压阀品种与规格繁多，选定液压阀时要考虑的因素很多。值得注意的事项如下：

（1）类型　应根据系统的工作特征选择阀的类型，对于以动力传动为主的液压传动系统，通常选用普通液压阀，有的也选用叠加阀或插装阀。

（2）规格型号　各种液压阀的规格型号，应以系统的最高压力和通过阀的实际流量为依据并考虑阀的控制特性、稳定性及油口尺寸、外形尺寸、安装连接方式、操纵方法等，从产品样本或手册中选取。选择时，阀的规格要参考制造厂样本上的最大流量及压力损失值来确定。样本上没有给出压力损失曲线时，可用额定流量时的压力损失，按下式估算在其他流量下的压力损失。

$$\Delta p_v = \Delta p_r (q/q_r)^2 \qquad (10.9\text{-}11)$$

式中　q——阀的实际流量；

q_r——阀的额定流量；

Δp_v——流量为 q 时的压力损失；

Δp_r——额定流量 q_r 时的压力损失。

另外，如果介质粘度不同，还要乘以相应的粘度修正系数，见表 10.9-5。

表 10.9-5　粘度修正系数

运动粘度/（mm^2/s）	14	32	43	54	65	76	87
系数	0.93	1.11	1.19	1.26	1.32	1.27	1.41

各液压阀的额定压力和额定流量一般应与其使用压力和流量相接近。对可靠性要求较高的系统，阀的额定压力应高出其使用压力较多。如果额定压力和额定流量小于使用压力和流量，则容易引起液压卡紧和液动力，并对阀的工作品质产生不良影响；对顺序阀和减压阀，使用时其通过流量不应远小于额定流量，否则，易产生振动或其他不稳定现象。对流量阀，应注意其最小稳定流量指标。

（3）安装连接方式　阀的安装连接有管式、板式、插装式和叠加式多种形式。板式连接阀更换时不用拆卸油管，便于系统集成化和液压装置设计合理化。对高压大流量系统，可考虑用插装式；控制回路有很多液压阀时，采用叠加式控制阀，具有配管少、漏油少、结构紧凑的优点。

4. 液压辅件的选择

（1）蓄能器的结构容积计算及类型选择　要依据它在系统中的作用，是为补充泄漏、吸收压力冲击，还是作应急油源的用途来确定，具体可参考第 6 章第 3 节的相关内容，在此不再复述。

（2）过滤器的选用　主要考虑其通流能力、过滤精度和承压能力。过滤器的通流能力，一般应大于要求实际通过流量的两倍以上。过滤精度主要取决于液压系统所用元件的类型、系统工作压力的高低以及过滤器安装的位置，也可参考第 6 章第 2 节关于过滤器的论述。

（3）确定油箱容量　初始设计时，先按经验公式，即式（10.6-8）确定油箱容量，待系统确定后，再按散热的要求进行校核。

注意，在确定油箱尺寸时，不但要满足系统供油容量的要求，还要考虑到执行元件全部排油回油箱时也不会溢出，油面高度一般不超过油箱高度的 80%。

（4）管道的选择　管道内径的计算见式（10.11-1）。需要说明的是，管道内径大小受其允许流速的限制，不同类型管道有不同的允许推荐值，见表 10.9-6。

表 10.9-6 允许流速推荐值

管道类型	吸油管道	压油管道	回油管道	控制油管道	泄油管道
允许流速/（m/s）	0.5~1.5,通常<1	3~6	1.5~2.5	2~3	1

求出管道内径 d 后，再按标准系列选择相应内径的压力管。至于管道壁厚 δ 的计算，见式（10.11-2）。

2.2.5 液压系统性能验算

液压系统初步设计是在某些估计参数情况下进行的。当各回路形式、液压元件及连接管道等基本确定后，应针对实际情况对所设计的系统进行性能分析计算。对于一般液压传动系统来说，主要是验算系统各段的压力损失、系统的效率及发热温升等情况。然后根据分析计算发现的问题，重新调整某些不合理的设计，使之完善。

1. 系统压力损失验算

验算的目的是为了确认系统压力能否满足执行元件所需的工作压力。压力损失 $\sum \Delta p$ 包括管道的沿程压力损失 $\sum \Delta p_\lambda$、局部压力损失 $\sum \Delta p_\zeta$ 和阀类元件的局部压力损失 $\sum \Delta p_v$ 三部分组成，即

$$\sum \Delta p = \sum \Delta p_\lambda + \sum \Delta p_\zeta + \sum \Delta p_v \quad (10.9-12)$$

（1）管道的沿程压力损失和局部压力损失 $\sum \Delta p_\lambda$ 和 $\sum \Delta p_\zeta$ 的计算公式见第 1 章 4.4 节。

（2）液体流经液压阀的局部压力损失 Δp_v 计算 液压阀的局部压力损失可从产品样本获得。若样本上没有给出压力损失曲线，只给出额定流量时的压力损失，可按前面列出的式（10.9-11）估算阀通过其他流量时的压力损失。

液压系统在各个工作阶段的流量是不同的，故压力损失要分别计算。在管道布置尚未确定前，只有 $\sum \Delta p_v$ 可以估算出来，而且这部分损失通常在 $\sum \Delta p$ 中所占比例较大，所以由此基本上可知系统压力损失的大小，如果计算得到的 $\sum \Delta p$ 和初选系统设计压力时选定的压力损失相差较大，则必须对原设计进行适当的修改或调整。否则，将对系统效率和某些性能产生不利影响。

2. 系统效率 η 估算

液压系统的效率 η，主要应考虑液压泵的总效率 η_p、液压回路的效率 η_c 及液压执行元件的总效率 η_A，即

$$\eta = \eta_p \eta_c \eta_A \quad (10.9-13)$$

其中，液压泵的总效率 η_p 和液压执行元件的总效率 η_A 可从产品样本查得，而液压回路效率 η_c 的计算式为

$$\eta_c = \frac{\sum p_l q_l}{\sum p_p q_p} \quad (10.9-14)$$

式中 $\sum p_l q_l$——系统中各执行元件的负载压力和负载流量乘积之总和（W）；

$\sum p_p q_p$——系统中各液压泵供油压力和输出流量乘积之总和（W）。

系统在一个完整循环周期内的平均回路效率 $\overline{\eta_c}$ 为

$$\overline{\eta_c} = \frac{\sum \eta_{ci} t_i}{T} \quad (10.9-15)$$

式中 η_{ci}——各工作阶段的液压回路效率；

t_i——各个工作阶段的持续时间（s）；

T——整个工作周期的时间（s），$T = \sum t_i$。

液压回路效率是检验设计质量，测试应用水平和评估运行可靠性和费用的一个重要的综合指标。

3. 发热和温升估算

（1）液压系统的发热功率估算 液压系统总的能量损失包括压力、容积和机械损失几部分，这些能量损失都将转化为热量，使系统温度升高，产生诸多不良影响。为此，在进行系统设计时，必须对系统进行发热及温升估算，以便对系统温升加以控制。

对于较为简单的液压系统，可分别计算系统中各发热部位的发热功率，然后求和，计算方法见表 10.9-7。

考虑到液压系统发热的主要原因是由液压泵、液压执行元件的功率损失以及溢流阀的溢流损失所造成，因此，系统的总发热功率可按下式估算

$$P_h = P_{pi} - P_{Ao} \quad (10.9-16)$$

式中 P_{pi}——液压泵的输入功率（W）；

P_{Ao}——执行元件的输出功率（W）。

如果已经算出液压系统的总效率，也可用下式估算系统的总发热功率

$$P_h = P_{pi}(1 - \eta) \quad (10.9-17)$$

式中 η——液压系统总效率，计算方法见式（10.9-13）。

（2）液压系统的散热功率估算 液压系统中产生的热量，由系统中各个散热面散发至空气中，其中油箱散热面是主要的。因为管道的散热面积相对较小，且与其自身的压力损失产生的热量基本平衡，所以一般略去不计。在只考虑油箱散热时，系统的散热功率

表 10.9-7　液压系统发热功率计算方法之一

项　　目		计算公式	单位	符号意义
各部位的发热功率	液压泵的发热功率	$P_{hp} = P_{pi}(1 - \eta_p)$	kW	P_{pi}——液压泵的输入功率（kW） η_p——液压泵的总效率，由产品样本查取 P_A——执行元件的有效功率（kW） η_A——执行元件的效率，液压马达的效率可从其产品样本中查取，液压缸的效率一般按 0.90～0.95 计算 Δp_V——液流通过液压阀的压力降（MPa） q_V——液流通过液压阀的流量（m³/s）
	液压执行元件的发热功率	$P_{hA} = P_A(1 - \eta_A)$		
	阀孔损失发热功率	$P_{hv} = \Delta p_v q_v \times 10^3$		
	管路及其他损失产生的发热功率	$P_{hl} = (0.03 \sim 0.05)P_p$		
系统总发热功率		$P = P_{hp} + P_{hA} + P_{hv} + P_{hl}$		

P_{ho} 为

$$P_{ho} = KA\Delta t \qquad (10.9\text{-}18)$$

式中　K——散热系数［W/(m·℃)］，计算时可选用如下推荐值，通风很差（空气不循环）时，$K = 8 \sim 9$ W/(m·℃)，通风良好（空气流速为 1m/s 左右）时，$K = 14 \sim 20$ W/(m·℃)，用风扇冷却时，$K = 20 \sim 25$ W/(m·℃)，用循环水冷却时，$K = 110 \sim 175$ W/(m·℃)；

　　A——油箱散热面积（m²）；

　　Δt——系统的温升，即系统达到热平衡时，油温与环境温度之差（℃），对固定式设备 $\Delta t \leqslant 55$℃，对移动式小型装置，如车辆与工程机械 $\Delta t \leqslant 65$℃，数控机床 $\Delta t \leqslant 25$℃。

当系统达到热平衡，即 $P_h = P_{ho}$ 油温不再升高时，此时最大温升为

$$\Delta t = P_h/(KA) \qquad (10.9\text{-}19)$$

2.3　液压系统结构设计

在液压传动系统的功能原理设计初步完成后，则可根据拟定的液压系统原理图及所选择或设计的液压元件与辅件和电磁铁动作顺序表进行液压装置和电气控制装置的结构设计。液压装置结构设计包括选择确定各元件的连接装配方案、具体结构，设计和绘制工作图样，并编制技术文件，为液压系统的制造、组装和调试提供依据。电气控制装置是实现液压装置工作控制的重要部分，其设计就是按液压系统的工作循环要求或电磁铁动作顺序表，选择确定硬件并集成和编制相应的软件。这里介绍液压装置的结构设计。

应该明白，一个液压系统能否可靠有效地运行，在很大程度上还取决于液压装置的结构设计质量，它是功能原理设计的延续，是整个液压系统设计过程的归宿，必须给予足够重视。

2.3.1　总体配置形式

液压装置有集中配置和分散配置两种形式。

（1）集中配置　是将液压油源、控制调节装置等集中组成独立于主机的液压动力站，与主机之间靠管道和电气控制线路连接。有利于消除动力源振动以及温升对主机的影响，装配、维修方便，但增大占地面积。主要用于本身结构较紧凑的固定式液压设备。

（2）分散配置　是将液压油源、控制调节装置等合理布局分散安装在主机本体上。这种配置主要适用于工程机械、起重运输机械等行走式液压设备上，如液压泵安装在发动机附近、操纵机构汇总在驾驶台，阀类控制元件为了便于检测、观察和维修，相对集中安装在主机设计预留部位。虽然结构紧凑，但布管、安装、维修均较复杂，且振动、温升等因素均会对主机产生不利影响。

2.3.2　元件配置形式

用弯头、二通、三通、四通等附件和管道把各个元件连接起来构成系统，但难以保证在使用中不松、不漏。为减少纯管式连接，可采用以下元件配置方式。

（1）板式配置　把标准元件与其底板固定在同一块平板上，背面再用接头和管道连接起来。这种配置方式只是便于元件合理布置，缩短管长，但仍有管道连接的麻烦。只在教学用演示板或元件连接少时局部应用。

（2）无管板式配置　采用分体或整体加工形成的通油槽或孔道替代管道连接。分体结构加工后需用粘合剂胶合和螺钉夹固才能应用。不易察觉由于粘合剂失效或遭压力冲击造成的油路间串油而破坏系统正常工作。

整体结构是通过钻孔或精密铸造孔道连接，只要铸造质量保证，工作十分可靠，故应用增多，但工艺性较差。

（3）箱式配置　与无管板式配置差别只是缩小

面积、增加了厚度，有利于改善孔道加工工艺，并增加了三个安装面。图 10.9-5 所示为只用了一个主安装面的箱式配置。

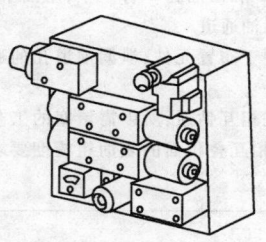

图 10.9-5　液压元件的箱式配置

（4）集成块式配置　它是按组成液压系统的各种基本回路，设计成通用化的长方形集成块，上下面作为块与块间的叠加结合面，除背面留作进出管连接用外，其余三个面均可固定标准元件用。根据需要，数个集成块经螺栓连接就可构成一个液压系统。这种配置方式具有一定程度的通用性和灵活性，如图 10.9-6 所示。

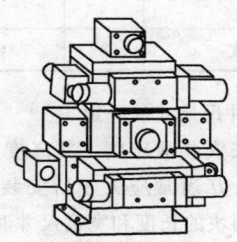

**图 10.9-6　液压元件的
集成块式配置**

（5）叠加阀配置　如图 10.9-7 所示，它是在集成块式配置基础上发展形成的。用阀体自身兼作叠加连接用，即取消了作过渡连接作用的集成块，仅保留与外界进出油管连接用的底座块。不仅省去了连接块，使结构更加紧凑，而且还缩短了流道，系统变动、增减元件较方便。缺点是现有品种较完善的管式和板式标准元件皆不能用，必须使用叠加式元件。

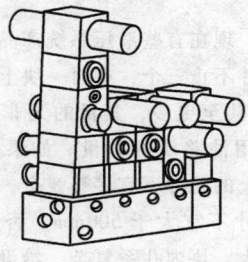

图 10.9-7　液压元件的叠加阀式配置

上述五种配置方式反映了一个不断改进的过程。设计时应根据阀的数量、额定流量、加工条件、批量等因素合理选用。

2.3.3　液压集成块设计

一个液压系统中有很多控制阀，在进行结构设计时，这些控制阀可用不同方式进行连接或集成。块式集成是液压系统目前应用最为普遍的一种集成方式。尽管目前已有多种集成块及其单元回路产品销售，但往往还是不能满足用户的要求。工程实际中仍有不少回路集成块需要自行设计。

由于集成块的孔系结构复杂，要求设计者具有一定的阀块设计经验。本节介绍液压集成块的设计要点。

1. 确定公用油道孔的数目

集成块体的公用油道孔，应用较为广泛的有两孔式和三孔式设计方案，其结构及特点见表 10.9-8。

2. 制作液压元件样板

为实现液压阀在集成块四周面上合理布置及正确安排其通油孔道（这些孔将与公用油道孔相连），可按照所选液压阀的轮廓尺寸及油口位置制作元件样板，放在集成块各有关视图上，安排合适的位置。对简单回路就不必制作样板，直接摆放即可。

3. 确定孔道直径及通油孔间壁厚

集成块上的孔道可分为三类：第一类是通油孔道，其中包括贯通上下面的公用孔道，安装液压阀的三个侧面上直接与阀的油口相通的孔道，另一侧面安装管接头的孔道，不直接与阀的油口相通的中间孔道，即四种工艺孔；第二类是连接孔，其中包括固定液压阀的定位销孔和螺钉孔（螺孔），成摆连接各集成块的螺栓孔（光孔）；第三类是质量在 30kg 以上的集成块的起吊螺钉孔。

（1）通油孔道的直径　与阀的油口相通孔道的直径，应与液压阀的油口直径相同。与管接头相连接的孔道，其直径 d 一般应按通过的流量和允许流速，用式（10.11-1）计算，但孔口需按管接头螺纹小径钻孔并攻螺纹。

工艺孔应当用螺塞或球胀堵头堵死。

公用孔道中，压力油孔和回油孔的直径可以类比同压力等级的系列集成块中的孔道直径确定，也可通过式（10.11-1）计算得到。泄油孔的直径一般由经验确定，例如对低、中压系统，当 $q = 25$L/min 时，可取 $\phi6$mm，当 $q = 63$L/min 时，可取 $\phi10$mm。

（2）连接孔的直径　固定液压阀的定位销孔的直径和螺钉孔（螺孔）的直径，应与所选定的液压阀的定位销直径和螺钉孔的螺纹直径相同。

表 10.9-8   二孔式和三孔式集成块的结构及特点

公用油道孔	结 构 简 图	特 点
二孔式	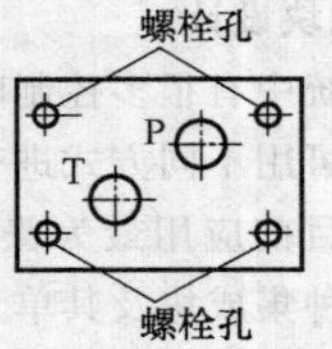 螺栓孔 / 螺栓孔	在集成块上分别设置压力油孔 P 和回油孔 T 各一个,用四个螺栓孔使块组连接,螺栓间的环形孔来作为泄漏油通道 优点:结构简单,公用通道少,便于布置元件;泄漏油道孔的通流面积大,泄漏油的压力损失小 缺点:在基块上需将四个螺栓孔相互钻通,所以需堵塞的工艺孔较多,加工麻烦,为防止油液外漏,集成块间相互叠积面的表面粗糙度要求较为严格,一般应小于 0.8μm
三孔式	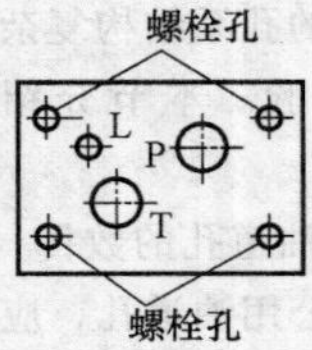 螺栓孔 / 螺栓孔	在集成块上分别设置压力油孔 P、回油孔 T 和泄油孔 L 共三个公用孔道 优点:结构简单,公用油道孔数较少 缺点:因泄漏油孔 L 要与各元件的泄漏油口相通,故其连通孔道一般细($\phi5 \sim 6$mm)而长,加工较困难,且工艺孔较多

连接集成块组的螺栓规格可类比相同压力等级的系列集成块的连接螺栓确定,也可以通过强度计算得到。单个螺栓的螺纹小径 d 的计算公式为

$$d \geqslant \sqrt{\frac{4F}{\pi N[\sigma]}} \qquad (10.9\text{-}20)$$

式中　F——块体内部最大受压面上的推力（N）;

N——螺栓个数;

$[\sigma]$——螺栓的材料许用应力（Pa）。

螺栓直径确定后,其螺栓孔（光孔）的直径也就随之而定,系列集成块的螺栓直径为 M8 ~ M12,其相应的连接孔直径为 $\phi9 \sim 13$mm。

（3）起吊螺钉孔的直径　单个集成块质量在 30kg 以上时,应按质量和强度确定螺钉孔的直径。

（4）油孔间的壁厚及其校核　通油孔间的最小壁厚的推荐值不小于 5mm。当系统压力高于 6.3MPa,或孔间壁厚较小时,应进行强度校核,以防止在使用中被击穿。孔间壁厚 δ 可按式（10.9-21）进行校核。但考虑到集成块上的孔大多细而长,钻孔加工时可能会偏斜,实际壁厚应在计算基础上适当取大一些。

$$\delta = \frac{pdn}{2\sigma_b} \qquad (10.9\text{-}21)$$

式中　δ——压力油孔间壁厚（m）;

p——孔道内最高工作压力（MPa）;

d——压力油孔道直径,其计算方法见式（10.11-1）（m）;

n——安全系数（钢件的取值见表 10.9-9）;

σ_b——集成块材料抗拉强度（MPa）。

表 10.9-9　安全系数（钢件）

孔道内最高工作压力 /MPa	<7	7 ~ 17.5	>17.5
安全系数	8	6	4

4. 中间块外形尺寸的确定

中间块用来安装液压阀,其高度 H 取决于所安装元件的高度。H 通常应大于所安装的液压阀的高度。在确定中间块的长度和宽度尺寸时,应在已确定公用油道孔的基础上,首先确定公用油道孔在块间结合面上的位置。如果集成块组中有部分采用标准系列通道块,则自行设计的公用油道孔位置应与标准通道块上的孔一致。中间块的长度和宽度尺寸均应大于安放元件的尺寸,以便于设计集成块内的通油孔道时调整元件的位置。一般长度方向的调整尺寸为 40 ~ 50mm,宽度方向为 20 ~ 30mm。调整尺寸留得较大,孔道布置方便,但将加大块的外形尺寸和质量;反之,则结构紧凑、体积小、重量轻,但孔道布置困难。最后确定的中间块长度和宽度应与标准系列块的一致。

应当指出,现在有些液压系统产品中,一个集成块上安装的元件不止三个,有时一块上所装的元件数量达到 5 ~ 8 个甚至更多,其目的无非是减少整个液压控制装置所用油路块的数量。如果采用这种集成块,通常每块上的元件不宜多于 8 个,块在三个尺度方向的最大尺寸不宜大于 500mm。否则,集成块的体积和质量较大,块内孔系复杂,给设计和制造带来诸多不便。

5. 布置集成块上的液压元件

在确定了集成块中公用油道孔的数目、直径及在块间连接面中的位置与集成块的外形尺寸后，即可逐块布置液压元件。液压元件在通道块上的安装位置合理与否，直接影响集成块体内孔道结构的复杂程度、加工工艺性的好坏及压力损失的大小。元件安放位置不仅与典型单元回路的合理性有关，还要受到元件结构、操纵调整的方便性等因素的影响。即使单元回路完全合理，若元件位置不当，也难于设计好集成块体。因此，它往往与设计者的经验多寡、细心程度有很大关系。

（1）中间块　中间块的侧面安装各种液压控制元件。当需与执行装置连接时，三个侧面安装元件，一个侧面安装管接头。安装注意事项如下：

1）应给安装液压阀、管接头、传感器及其他元件的各面留有足够的空间。

2）集成块体上要设置足够的测压点，以便调试时和工作中使用。

3）需要经常调节的控制阀，如各种压力阀和流量阀等应安放在便于调节和观察的位置，应避免与相邻侧面的元件发生干涉。

4）应使与各元件相通的油孔尽量安排在同一水平面内，并在公用通油孔道的直径范围内，以减少中间连接孔（工艺孔）、深孔和斜孔的数量。互不相通的孔间应保持一定壁厚，以防工作时击穿。

5）在集成块间的叠积面上（块的上平面），公用油道孔出口处要安装 O 形密封圈，以实现块间的密封。应在公用油道孔出口处按选用的 O 形密封圈的规格加工出沉孔，O 形圈沟槽尺寸应满足相关标准（GB/T 3452.3—2005）的规定。

（2）基块（底块）　基块的作用是将集成块组件固定在油箱顶盖或专用底座上，并将公用通油孔道通过管接头与液压泵和油箱相连接，有时需在基块侧面上安装压力表开关。设计时要留有安装法兰、压力表开关和管接头等的足够空间。当液压泵出油口经单向阀进入主油路时，可采用管式单向阀，并将其装在基块外。

（3）顶块（盖板）　顶块的作用是封闭公用通油孔道，并在其侧面安装压力表开关以便测压，有时也可在顶块上安装一些控制阀，以减少中间块数量。

（4）过渡板　为了改变阀的通油口位置或为了在集成块上追加、安装较多的元件，可按需要在集成块上采用过渡板。过渡板的高度应比集成块高度至少小 2mm，其宽度可大于集成块，但不应与相邻两侧元件相干涉。

（5）集成块专用控制阀　为了充分利用集成块空间，减少过渡板，可采用嵌入式和叠加式两种集成块专用阀，前者将油路上串接的元件，如单向阀、背压阀等直接嵌入集成块内；后者通常将叠加阀叠积在集成块与换向阀之间。

6. 集成块油路的压力损失

油液在流经集成块孔系后要产生一定的压力损失，其数值是反映块式集成装置设计质量与水平的重要标志之一。显然，集成块中的工艺孔越少，附加的压力损失越小。

集成块组的压力损失，是指贯通全部集成块的进油、回油孔道的压力损失。在孔道布置已定后，压力损失随流量增加而增加。经过一个集成块的压力损失 Δp（包括孔道的沿程压力损失 $\sum \Delta p_\lambda$、局部压力损失 $\sum \Delta p_\zeta$ 和阀类元件的局部压力损失 $\sum \Delta p_v$ 三部分），可利用有关公式（见表 10.1-9）逐孔、逐段详细算出后叠加。通常，经过一个块的压力损失值约为 0.01MPa。

对于采用系列集成块产品的系统，也可以通过查有关曲线图得到不同流量时经过集成块组的进油、回油通道的压力损失。

7. 绘制集成块加工图

（1）加工图的内容　为了便于读图、加工和安装，集成块的加工图通常包括四个侧面视图及顶面视图、各层孔道剖面图与该集成块的单元回路图，并将块上各孔编号列表，注明孔的直径、深度及与之相通的孔号，当然，加工图还应包括集成块所用材料及加工技术要求等。

在绘制集成块的四个侧面和顶面视图时，往往是以集成块的底边和任一邻边为坐标，定出各元件基准线的坐标，然后绘制各油孔和连接液压阀的螺钉孔及块间连接螺栓孔，以基准线为坐标标注各尺寸。

目前，在有些液压企业，所设计的集成块加工图、各层孔道的剖视图，常略去不画，而只用编号列表来说明各种孔道的直径、深度及与之相通的孔号，并用绝对坐标标注各孔的位置尺寸等，以减少绘图工作量。但为了避免出现设计失误，最后必须通过人工或计算机对各孔的所有尺寸及孔间阻、通情况进行仔细校验。

（2）集成块的材料和主要技术要求　制造集成块的材料因液压系统压力高低和主机类型不同而异，可以参照表 10.9-10 选取。通常，对固定机械、低压系统的集成块，宜选用 HT250 或球墨铸铁；高压系统的集成块宜选用 20 钢和 35 钢锻件。对有质量限制要求的行走机械等设备的液压系统，其集成块可采用铝合金锻件，但要注意强度设计。

集成块的毛坯不得有砂眼、气孔、缩松和夹层等缺陷，必要时需对其进行探伤检查。毛坯在切削加工前应进行时效处理或退火处理，以消除内应力。

(3) 表面粗糙度和形位公差要求　不可忽视集成块的加工精度要求，各部位的表面粗糙度和公差要求可参考表 10.9-11。为了美观，机械加工后的铸铁和钢质集成块表面可以镀锌。

表 10.9-10　集成块的常用材料

种类	工作压力/MPa	厚度/mm	工艺性	焊接性	相对成本
热轧钢板	约35	<160	一般	一般	100
碳钢锻件	约35	>160	一般	一般	150
灰口铸铁	约14	—	好	不可	200
球墨铸铁	约35	—	一般	不可	210
铝合金锻件	约21	—	好	不可	1000

表 10.9-11　集成块各部位的表面粗糙度和公差要求

项目	部位	数值/μm	项目	部位		数值
表面粗糙度 Ra	各表面和安装嵌入式液压阀的孔	<0.8	公差	定位销孔直径		H12
	末端管接头的密封面	<3.2		安装面的表面平面度		每100mm距离上0.01mm
	O形圈沟槽	<3.2		沿 X 和 Y 轴计算孔位置尺寸	定位销孔	±0.1mm
	一般通油孔道	<12.5			螺纹孔	±0.1mm
备注	①块间结合面不得有明显划痕 ②为了美观,机械加工后的铸铁和钢质集成块表面可镀锌				油口	±0.2mm
				块间结合面的平行度		0.03μm
				四个侧面与结合面的垂直度		0.1mm

2.3.4　全面审核及整理和编写技术文件

在完成设计交付生产之前，要对系统的各部分，从功能原理、结构进行认真全面的审核，查找失误之处并及时纠正，完善设计。

技术文件，一般包括设计任务书，设计计算说明书，设计图纸（如液压系统图，非标元件、辅件的装配图和零件图等），标准件、通用件及易损备件汇总明细表，使用说明书等。技术文件应尽量完整，编写要符合规范标准，力求明晰美观。

2.4　液压传动系统设计计算实例——250g 塑料注射成型机液压系统设计计算

塑料注射成型机（简称注塑机）的基本工作原理是，颗粒状塑料通过料斗进入螺旋推进器中，螺杆转动，将料向前推进，同时，因螺杆外装有电加热器而将料熔化成粘液状态，在此之前，合模机构已将模具闭合，当物料在螺旋推进器前端形成一定压力时，注射机构开始将粘液状料高压快速注射到模具型腔之中，经一定时间保压冷却后开模，把成型的塑料制品顶出，便完成一个动作循环。注塑机的工作循环如图 10.9-8 所示。

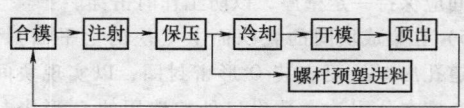

图 10.9-8　注塑机的工作循环

250g 注塑机的一次注塑量为 250g，现以此型号注塑机为例，进行液压系统设计计算。

2.4.1　设计要求及设计参数

(1) 设计要求

1) 合模运动要平稳，两片模具闭合时不应有冲击。

2) 合模后，合模机构应保持闭合压力，防止注射时冲开模具；注射后，注射机构应保持注射压力，使塑料充满型腔。

3) 预塑进料时，螺杆转动，物料被推至前端，这时，螺杆同注射机构一起向后退，为使螺杆前端的塑料有一定的密度，注射机构必须有一定的后退阻力。

4) 系统应设有安全联锁装置，以保证安全生产。

(2) 设计参数　250g 注塑机液压系统的设计参数见表 10.9-12。

表 10.9-12　250g 注塑机液压系统的设计参数

项　目		参数	单位	项　目	参数	单位
螺杆	直径	40	mm	动模板最大行程	350	mm
	行程	200	mm	快速闭模速度	0.1	m/s
	最大注射力	153	MPa	慢速闭模速度	0.02	m/s
	转速	60	r/min	快速开模速度	0.13	m/s
	驱动功率	5	kW	慢速开模速度	0.03	m/s
注射座	行程	230	mm	注射速度	0.07	m/s
	最大推力	27	kN	注射座前进速度	0.06	m/s
最大合模力(锁模力)		900	kN	注射座后退速度	0.08	m/s
开模力		49	kN			

2.4.2　选择液压执行元件

本注塑机动作机构除螺杆为单向旋转外,其他机构均为直线往复运动。因此,各直线运动机构均采用单活塞杆双作用液压缸直接驱动;因螺杆不要求反转,故采用单向液压马达驱动。从给定的设计参数可知,锁模时所需的力最大,为 900kN。为此,可设置增压器,以获得锁模时的局部高压来保证锁模力。

2.4.3　液压执行元件工况分析与计算

各执行机构的运动速度要求见表 10.9-12。

1. 各液压缸负载力计算

(1) 合模缸的负载力　合模缸在模具闭合过程为轻载,此时外负载主要是动模及其联动部件的启动惯性力和导轨的摩擦力。锁模时,动模已停止运动,其外负载就是要给定的锁模力。开模时,液压缸要给定开模力和克服运动部件的摩擦阻力。

(2) 注射座移动缸的负载力　注射座移动缸在推进和退回注射座的过程中,同样要克服摩擦阻力和惯性力,只有当喷嘴接触模具时,才需满足注射座最大推力。

(3) 注射缸负载力　注射缸的负载力在整个注射过程是变化的,计算时,只需根据螺杆直径 d 和喷嘴处最大注射压力 p(由表 10.9-12 可知,$d = 40$mm,$p = 153$MPa)求出最大负载力 F_e;算得 $F_e = p \cdot \pi d^2 / 4 = 192$kN。

各液压缸的外负载计算结果列于表 10.9-13。考虑液压缸的机械损失,取液压缸的机械效率为 0.9,求得相应液压缸活塞上的负载力,并列于表 10.9-13 中。

2. 预塑进料液压马达负载转矩计算

负载转矩为

$$T_e = P/(2\pi n) = [5 \times 10^3 / (2 \times \pi \times 60/60)] \text{N} \cdot \text{m}$$
$$= 796 \text{N} \cdot \text{m}$$

表 10.9-13　各液压缸负载力

名称	工况	液压缸外负载 F_e/kN	液压缸活塞外负载 F_0/kN
合模缸	合模	90	100
	锁模	900	1000
	开模	49	55
注射座移动缸	移动	2.7	3
	顶紧	27	30
注射缸	注射	192	213

取液压马达的机械效率为 $\eta_{mm} = 0.95$,则其驱动转矩为

$$T_0 = T/\eta_{mm} = (796/0.95) \text{N} \cdot \text{m} = 838 \text{N} \cdot \text{m}$$

2.4.4　确定液压系统主要参数

1. 预选系统设计压力

250g 注塑机属小型液压机类型,最大负载发生在锁模工况,其他工况负载都不大。参考表 10.3-38,预选系统工作压力为 6.5MPa。对锁模工况,可采用增压器提供高压油,以满足最大负载需要。

2. 各液压缸的主要结构尺寸确定

(1) 合模缸　合模缸在锁模工况负载最大,达 1000kN,工作在活塞杆受压状态。为了节能,并不需要提高系统工作压力,可采用增压器即增压缸增压。初选增压缸的增压比为 5,则工作压力可达 $p_1 = 6.5 \times 5$MPa $= 32.5$MPa;考虑到锁模工况时的回油量很小,背压 $p_2 \approx 0$,从而求得合模缸的内径(即活塞直径)为

$$D_h = \sqrt{\frac{4F_0}{\pi p_1}} = \sqrt{\frac{4 \times 1000 \times 10^3}{3.14 \times 32.5 \times 10^6}} \text{m} = 0.198 \text{m}$$

依据 GB/T 2348—1993 (见表 10.4-6) 规定,取标准值 $D_h = 200$mm。

又参考表 10.4-3，选取速比 $\varphi = \nu_2 / \nu_1 = 2$，则 $d_h / D_h = 0.7$，由此求得活塞杆直径 $d_h = 0.7 \times 0.2\text{m} = 140\text{mm}$。

为设计、制造简单方便，将增压缸与合模缸做成一体，见图 10.9-9。可知，增压缸的活塞直径也为 $D_h = 200\text{mm}$。由增压比为 5，求得增压缸的活塞杆直径为

$$d_z = \sqrt{\frac{D_h^2}{5}} = \sqrt{\frac{200^2}{5}}\text{mm} = 89.4\text{mm}$$

圆整，取 $d_z = 90\text{mm}$。

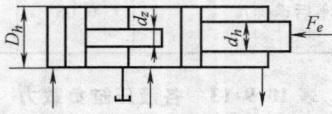

图 10.9-9　共用缸体的合模缸与增压缸

（2）注射座移动缸　注射座移动缸的最大负载发生在其顶紧时，此时缸的回油流量虽经节流阀，但流量极小，故背压近似为零，则其活塞直径为

$$D_y = \sqrt{\frac{4F_0}{\pi p_1}} = \sqrt{\frac{4 \times 3 \times 10^4}{3.14 \times 6.5 \times 10^6}}\text{m} = 0.076\text{m}$$

依据 GB/T 2348—1993 规定，取标准值 $D_y = 80\text{mm}$。

由表 10.9-12 给定设计参数可知，注射座往复速比为 $0.08 : 0.06 = 1.33$，查表 10.4-3 得 $d_y / D_y = 0.5$，则活塞杆直径为 $d_y = 0.5 \times D_y = 0.5 \times 80\text{mm} = 40\text{mm}$。

（3）注射缸　当粘状塑料充满模具型腔时，注射缸的负载达到最大值 213kN，此时，注射活塞速度也近似为零，回油量极小，故背压也忽略不计，从而得到注射缸的内径

$$D_s = \sqrt{\frac{4F_0}{\pi p_1}} = \sqrt{\frac{4 \times 21.3 \times 10^4}{3.14 \times 6.5 \times 10^6}}\text{m} = 0.2043\text{m}$$

取标准值 $D_s = 220\text{mm}$。

注射缸的活塞杆直径一般与螺杆外径相同，取 $d_s = 40\text{mm}$。

由上求得各液压缸的结构尺寸，算出它们无杆腔和有杆腔的有效作用面积，列入表 10.9-14 中。

3. 确定液压马达排量

单向旋转液压马达的回油直接回油箱，视其出口压力为零，取机械效率为 0.95，则液压马达的排量应为

$$V = \frac{2\pi T_e}{p_1 \eta_{mm}} = \frac{2\pi \times 796}{6.5 \times 10^6 \times 0.95}\text{m}^3/\text{r} = 0.0008\text{m}^3/\text{r}$$
$$= 0.8\text{L/r}$$

表 10.9-14　各液压缸的结构尺寸

名称	缸径 /mm	杆径 /mm	无杆腔作用 面积 A_1/m^2	有杆腔作用 面积 A_2/m^2
合模缸	200	140	31.4×10^{-3}	16×10^{-3}
增压缸	200	90	31.4×10^{-3} （低压大腔）	6.36×10^{-3} （高压小腔）
注射座移动缸	80	40	5.02×10^{-3}	3.76×10^{-3}
注射缸	220	40	38×10^{-3}	36.73×10^{-3}

4. 液压执行元件工况（实际工作压力和实际所需流量）计算

按最后确定的液压缸结构尺寸和液压马达的排量，计算出各工况液压执行元件实际工作压力和实际所需流量分别见表 10.9-15 和表 10.9-16。

2.4.5　拟订液压系统原理

1. 制订系统方案

（1）合模缸动作回路　要求合模缸实现快速、慢速、锁模、开模动作。合模缸的运动方向采用三位四通电液换向阀直接控制。快速运动时，需要有较大流量。慢速合模只要有小流量即可。锁模负载力大，靠增压缸供压。

（2）液压马达动作回路　由于单向液压马达转速要求较高，而对速度平稳性无过高要求，故采用旁路节流方式。

（3）注射缸动作回路　注射缸运动速度较快，但平稳性要求不高，因此也采用旁路节流方式。由于预塑时有背压要求，故在缸的无杆腔出口油路串联一个背压阀。注射缸的运动方向控制也采用三位四通电液换向阀。

（4）注射座移动缸动作回路　注射座移动缸采用回油节流调速回路。工艺上要求其不工作时处于浮动状态，所以采用 Y 型中位机能的三位四通电磁换向阀。

（5）液压油源的选择　由表 10.9-16 可知，该液压系统在整个工作循环中所需流量变化较大，另外，闭模和注射后又要求有较长时间的保压，故选择双泵供油回路。液压缸快速动作时，双泵同时供油，慢速动作或保压时则单独由小泵供油，以利减少功率损耗，提高效率、节能。

（6）安全联锁措施　为了保证安全生产，设置一个安全门，在安全门下端装一个行程阀，用来控制合模缸的动作。将行程阀串在控制合模缸换向的液动阀控制油路上，安全门没有关闭时，行程阀没被压下，液动换向阀不能进控制油，电液换向阀不能换向，合模缸也不能合模。只有操作者离开，将安全门关闭，压下行程阀，合模缸才能合模，从而保障人身

表 10.9-15　各液压执行元件实际工作压力

工况	执行元件名称	负载	计算公式	背压/MPa	工作压力/MPa
合模	合模缸	100kN		0.3	3.19
锁模	增压缸	1000kN		—	6.96
注射座前进	注射座	3kN	$p_1 = (F + p_2 A_2)/A_1$	0.5	0.6
注射座顶紧	移动缸	30kN		—	5.97
注射	注射缸	213kN		0.3	5.9
预塑进料	液压马达	838N·m	$p_1 = (2\pi T_0)/V$	—	6.58

表 10.9-16　各液压执行元件实际所需流量表

工况	执行元件名称	运动速度	结构参数	计算公式	流量 L/s	流量 L/min
慢速合模	合模缸	0.02m/s		$q = A_1 v$	0.628	37.68
快速合模		0.1m/s			3.14	188.4
注射座前进	注射座移动缸	0.06m/s	见表 10.9-14		0.3	18
注射座后退		0.08m/s		$q = A_2 v$	0.3	18
注射	注射缸	0.07m/s		$q = A_1 v$	2.7	162
预塑进料	液压马达	60r/min	$V = 0.837$L/r	$q = nV$	0.87	52.2
慢速开模	合模缸	0.03m/s	合模缸缸径 200mm，活塞杆直径 140mm	$q = A_2 v$	0.48	28.8
快速开模		0.13m/s	$A_2 = 16 \times 10^{-3} \text{m}^2$		2.08	124.8

安全。

2. 拟订液压系统原理图

各液压执行元件的基本回路方案确定后，把它们组合起来，并去掉多余重复的元件，例如，把控制液压马达的换向阀与泵的卸荷阀合并，使一阀两用；考

虑到注射缸与合模缸之间有顺序动作的要求，两回路结合部串联一个单向顺序阀。再加上其他必需的辅助元件如过滤器、压力表之类，便可得到如图 10.9-10 所示的 250g 注塑机液压系统原理图。系统的电磁铁动作顺序表见表 10.9-17。

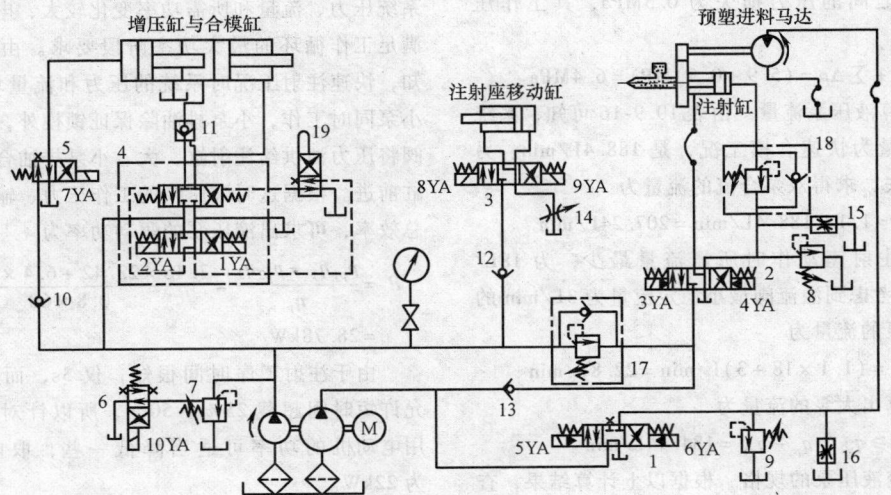

图 10.9-10　250g 注塑机液压系统原理图

1、2、4—三位四通电液动换向阀　3—三位四通电磁换向阀　5、6—二位四通电磁换向阀　7—先导式溢流阀
8、9—直动式溢流阀　10、12、13—单向阀　11—液控单向阀　14—节流阀
15、16—调速阀　17、18—单向顺序阀　19—二位四通行程换向阀

表 10.9-17　250g 注塑机液压系统电磁铁动作顺序表

工况动作	电磁铁状态									
	1YA	2YA	3YA	4YA	5YA	6YA	7YA	8YA	9YA	10YA
快速合模	+				+					+
慢速合模	+									+
增压锁模	+						+			+
注射座前进							+		+	+
注射				+	+		+		+	+
注射保压				+			+			+
减压(放气)		+								
再增压	+									
预塑进料						+	+		+	+
注射座后退								+		
慢速开模		+								+
快速开模		+								+
系统卸荷										

2.4.6　选择和设计液压元件

1. 液压泵的选择

(1) 计算液压泵压力　由前面计算可知，本系统液压执行元件的最大工作压力为增压缸锁模工况时压力，$p_1 = 6.96$MPa（见表 10.9-15）；另外，从系统图可知，在小泵和增压缸之间串接有一个单向阀 10 和一个换向阀 5，预估从泵到执行元件总的压力损失 $\sum \Delta p = 0.5$MPa。从而算得小泵的最大工作压力为

$$p_{p1} = p_1 + \sum \Delta p = (6.96 + 0.5)\text{MPa} = 7.46\text{MPa}$$

对于大泵而言，最大工作压力为 5.9MPa，计大泵与注射缸之间的压力损失为 0.5MPa，其工作压力为

$$p_{p2} = p_2 + \sum \Delta p = (5.9 + 0.5)\text{MPa} = 6.4\text{MPa}$$

(2) 计算液压泵流量　由表 10.9-16 可知，系统所需最大流量为快速合模工况，是 188.4L/min。另考虑泄漏损失，求得双泵合流的流量为

$$q_p \geqslant q_v = 1.1 \times 188.4\text{L/min} = 207.24\text{L/min}$$

系统在注射座动作时所需流量最少，为 18L/min，同时，考虑到溢流阀最小稳定流量为 3L/min 的要求，故小泵的流量为

$$q_{p1} \geqslant q_{v1} = (1.1 \times 18 + 3)\text{L/min} = 22.8\text{L/min}$$

由此可算出大泵的流量为

$$q_{p2} \geqslant q_{v2} = q_p - q_{p1} = 184.44\text{L/min}$$

(3) 确定液压泵的规格　根据以上计算结果，查阅产品样本，选用规格相近的 PV2R14 型双联叶片泵，泵的最高使用压力为 16MPa，后泵为小泵，排量为 $V_1 = 19$mL/r；前泵为大泵，排量为 $V_2 = 153$mL/r；泵的转速范围 600～1800r/min。初选转速 1450r/min

的驱动电动机，取泵的容积效率 $\eta_v = 0.85$，总效率 $\eta_p = 0.8$。可算出该双联泵的大泵和小泵的额定流量分别为

$$q_{p1} = V_1 n \eta_v = 19 \times 1450 \times 0.85\text{L/min} = 23.42\text{L/min}$$

$$q_{p2} = V_2 n \eta_v = 153 \times 1450 \times 0.85\text{L/min} = 188.57\text{L/min}$$

双泵合流的流量为

$$q_p = q_{p1} + q_{p2} = (23.42 + 188.57)\text{L/min} = 211.99\text{L/min}$$

比实际要求的流量稍大，额定压力和流量都满足设计要求。

(4) 选择电动机　注塑机在整个工作循环中，系统压力、流量和所需功率变化较大，电动机功率应满足工作循环的最大功率阶段要求。由前面计算可知，快速注射工况时系统的压力和流量均较大。大、小泵同时工作，小泵排油除保证锁模外，还通过顺序阀将压力油供给注射缸，大、小泵排油合流驱动注射缸前进。根据这时液压泵的工作压力、输出流量及其总效率，可求出液压泵的驱动功率为

$$P = \frac{p_{p1}q_1 + p_{p2}q_2}{\eta_p} = \frac{7.46 \times 23.42 + 6.4 \times 188.57}{0.8 \times 60}\text{kW}$$
$$= 28.78\text{kW}$$

由于注射工序时间很短，仅 3s，而电动机一般允许短时间超载 25%～50%，所以针对本系统，选用电动机的功率可适当降低一些，取电动机功率为 22kW。

查样本，选用 Y 系列（IP44）中 Y180L-4 封闭式三相异步电动机，其额定功率为 22kW，额定转速为 1470r/min。用此转速驱动液压泵时，大、小泵的实际输出流量分别为 191.17L/min 和 23.74L/min，双泵

合流为 214.91L/min；注射座动作时的溢流量为 23.74 − 18L/min = 5.74L/min，能满足系统各工况的需求。

2. 液压马达的选择

前面算得液压马达的排量应为 0.8L/r，正常工作时，输出转矩 796N·m，系统工作压力为 7.46MPa。选用规格相近的 1QJM21-08 型内曲线径向

球塞式轴转定量液压马达，其排量为 0.808L/r，额定压力 16MPa，最高工作压力 20MPa，额定转速为 2 ~ 200r/min，额定输出转矩 1913N·m。

3. 液压阀的选择

根据本系统工作压力为中压 7MPa 左右及通过阀的流量，所选定液压阀的型号规格见表 10.9-18。

表 10.9-18　250g 注塑机液压系统所选定液压阀的型号规格

序号	名　称	通过流量/ (L/min)	额定流量/ (L/min)	额定压力 /MPa	型号规格
1	三位四通电液换向阀	191.17	300	16	34DYF3M-E20B
2	三位四通电液换向阀	214.91	300	16	34DYF3Y-E20B
3	三位四通电磁换向阀	18	25	16	34DF3Y-E6B
4	三位四通电液换向阀	214.91	300	16	34DYF3P-E20B
5	二位四通电磁换向阀	<37.68	60	16	24DF3B-E10B
6	二位四通电磁换向阀	<10	25	16	34DF3B-E6B
7	先导式溢流阀	23.74	250	31.5	DB10
8	直动式溢流阀	191.17	250	31.5	DBD15P
9	直动式溢流阀	191.17	250	31.5	DBD15P
10	单向阀	37.68	80	16	AF3-Ea10B
11	液控单向阀	214.91	250	25	CPG-10-35-50
12	单向阀	18	80	16	AF3-Ea10B
13	单向阀	191.17	200	32	AJ-Ha32B
14	节流阀	24	25	16	LF3-E6B
15	调速阀	<31	50	16	AQF3-E10B
16	调速阀	<96.31	160	21	MSA30EF
17	单向顺序阀	23.74	63	6.3	AXF3-10B
18	单向顺序阀	191.17	150	3 ~ 7	HC-G-10-C-1-22
19	二位四通行程换向阀	<30	60	31.5	4WMU6C

注：1. 表中所选液压元件的型号规格并非唯一，供参考。
　　2. 表中序号与图 10.9-10 中元件标号相同。

4. 油箱容量的确定

已知所选泵的总流量约为 215L/min，按式 (10.6-9) 经验公式和表 10.6-67 经验系数 α 计算油箱的容量，取 $\alpha = 6$，求得油箱的有效容积为

$$V = \alpha \cdot 60q = 6 \times 215L = 1290L = 1.29m^3$$

完成液压元件的选型和管道设计后，还应对系统的压力损失、效率和发热温升等进行性能验算，可按本章 2.2.5 节中介绍的内容和方法进行计算，本例题从略。

还需说明的是，这里是采用普通液压阀设计的注塑机。随着科学技术的发展，已出现了很多新的形式，如宁波通用 TF-1600A-Ⅱ型采用电液比例压力阀实现各种压力无级调节的单比例阀注塑机；还如使用电液比例压力阀和比例流量阀的宁波海天 HFT150 型注塑机等。新型注塑机是在采用传统液压传动与控制系统基础上的进步。

3　电液伺服控制系统设计

3.1　电液伺服控制系统设计的一般步骤

由于大多数工业用电液控制系统属于单输入-单输出系统，而且可近似看成线性、定常系统，因此一般采用频域法设计。这里，简要说明用频域法设计电液伺服控制系统的设计步骤和要点。图 10.9-11 为液压伺服控制系统设计的一般流程图。

3.1.1　明确设计要求

电液伺服控制系统只是控制对象-主机中的一部分。它服务于主机，必须满足主机的工作要求。主机工作要求内容大致如下：

(1) 负载工况　包括控制对象的受力情况及运动规律，如负载性质、负载类型等，据此绘出负载工况图。

(2) 确定被控制物理量的性质和变化规律　判

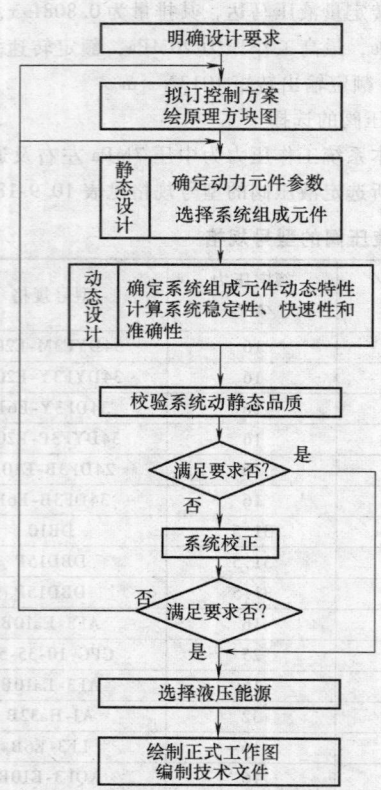

**图 10.9-11　液压伺服控制系统
设计的一般流程**

定系统是位置控制、速度控制还是力控制等，并确定
被控物理量的变化规律，如恒值、恒速、等加速等，
以及最大拖动力、最大位移、最大速度、最大加速
度、功率、传动比和效率等传动方面的要求。

（3）确定控制方式　确定是采用模拟控制还是
数字控制，并确定控制系统输入量。

（4）确定系统的稳态品质　主要是确定在给定
负载下所能允许的最大稳态误差，可用系统开环频率
特性的幅值裕量、相位裕量或系统闭环频率特性的峰
值来表示。包括指令输入、负载干扰输入以及零漂、
死区等引起的稳态误差。

（5）确定系统的动态品质　系统响应速度指标
可用系统开环频率特性的穿越频率或用系统闭环频率
特性的频宽来表示。

（6）环境条件　包括环境温度、湿度的变化、
抗振及耐冲击要求、外形尺寸及总重量等限制条件。

（7）能源　包括电源和液压油源。

（8）成本　包括设计、制造和维护等成本。

设计电液伺服控制系统需要具有电气、机械、液
压等方面的知识，实际设计时需根据具体情况，确定

几项主要的控制要求及其性能指标，因为过多的要求
和过高的指标，不仅难以实现，而且使成本大大提
高，没有必要。

3.1.2　拟定控制系统方案

拟定控制系统方案包括如下内容：

1）根据系统的类型、输出功率的大小、动态指
标的高低等决定采用泵控式还是阀控式。阀控系统的
控制精度和响应速度高，但效率低。泵控系统的效率
较高，可用于大功率控制场合，但控制精度和响应速
度相对较低，且成本较高。

2）绘制系统原理图，确定系统中的各元件以及
各个元件之间的相互关系，是采用开环控制还是闭环
控制。一般来说，开环系统不具有抗干扰能力，其精
度取决于各元件或环节的校准精度。闭环系统具有抗
干扰、抗内变能力，对系统的参数变化不太敏感，只
要检测环节的精度和响应速度足够高，便可采用精度
并不很高的控制元件构成精确的控制系统，但引入闭
环后将带来稳定性问题。因此，控制精度要求高的系
统一般都采用闭环控制。对控制精度要求不太高，闭
环稳定性难以解决、输入量预知、外扰很小、功率较
大、要求成本较低的场合，则宜采用开环控制，但需
搞好电路和油路的合理设计。

3.1.3　静态计算

（1）负载计算　系统设计计算的第一步主要是
确定负载数据及负载工作循环图。根据负载工况，按
最佳匹配设计液压动力元件，确定液压执行元件主要
参数（液压缸活塞面积或液压马达排量）及液压放
大元件主要参数。如果用阀控方式，主要参数就是阀
的节流口面积 Wx_v 及空载流量；如果是泵控式，主要
参数就是变量泵的最大流量。

（2）设计或选择各液压元件　各液压元件设计
或选择的主要依据是最大流量值及最大压力值。

（3）其他元件如电子放大器、反馈元件、传感
器等元件的选择　除合理选择规格型号外，还要注意
各元件的精度、零漂等。根据系统所允许的误差合理
分配给各个元件，在同一个系统中的各元件，其精度
等级应尽量相同。

3.1.4　动态计算

1）分析各元件的动特性，绘制系统方框图，求
出系统传递函数，画出开环波德图。

2）分析稳定性，确定系统开环增益及计算稳定
性裕量。

3）分析精度，计算各种稳态误差并决定系统各
部分的增益分配。

4）分析响应速度，确定开环穿越频率或计算闭

环频宽。

5）校正。一般电液伺服系统很难全面满足精度、稳定性及频宽等要求，故需要校正。包括选定校正方式、设计校正元件等。校正装置的传递函数形式（即参数），必须根据系统分析的结果来确定。

3.1.5 选择合适油源

电液伺服系统对液压油源的要求比较高，因为油液清洁程度、空气含量等对系统的工作性能有很大影响。一般要求有 $5 \sim 10 \mu m$ 的过滤精度，油中空气含量不应超过 $2\% \sim 3\%$。油源压力波动的频率也必须远高于系统的谐振频率，否则将严重影响系统的动特性。选择油源的主要依据是系统所需的供油压力及最大流量。油源流量应大于负载最大流量和总泄漏流量之和，且留有一定的余量。阀控系统一般采用恒压油源，控制阀的压力流量特性的线性度好，系统的控制精度和响应速度都较高，但效率低；在控制精度和响应速度要求不高的系统中常采用恒流油源。

3.1.6 绘制正式工作图，编制技术文件

完成了上述功能原理设计之后，如果结果能满足要求，则可进行系统的结构设计，绘制正式工作图，编制有关技术文件。

3.2 电液伺服控制系统设计中伺服阀规格的确定

与其他阀类的确定方法相同，伺服阀的额定压力应大于或等于使用压力。当然，也不是选额定压力越高的伺服阀就越好。因为同一个阀，使用压力不同，其特性也是有差异的。伺服阀在使用压力降低后，不但影响伺服阀的输出流量，还使阀的不灵敏区增加、频宽降低等，所以在将额定压力高的伺服阀用于低压系统时也要慎重。

计算阀的流量规格，要根据伺服系统动力机构执行元件所需的最大负载流量 q_{Lm} 与最大负载压力 p_{Lm} 计算伺服阀的阀压降，再根据伺服阀产品样本提供的参数进行。具体计算方法如下：

1）伺服阀的输出流量要满足最大负载流量 q_{Lm} 的要求，而且应留有余量（流量储备），这是考虑系统管路及执行元件流量损失的需要。通常取余量为负载所需最大流量的 $15\% \sim 30\%$，对要求快速性高的系统取大些，即

$$q_v = (1.15 \sim 1.30)q_{Lm} \qquad (10.9\text{-}22)$$

式中 q_v——伺服阀的输出流量。

2）考虑到伺服阀应尽可能工作在线性区这一基本要求，一般选择油源的供油压力为

$$p_s = \frac{3}{2}p_{Lm} \qquad (10.9\text{-}23)$$

式中 p_s——伺服系统油源供油压力；需要注意的是，p_s 不得超过系统中选用液压元件的额定压力。

3）计算阀压降

$$\Delta p_v = p_s - p_{Lm} \qquad (10.9\text{-}24)$$

4）由于制造厂样本提供的额定流量 q_n 是在规定阀压降 Δp_{vs}（7MPa）下的数值，而阀在实际应用中的压降为 Δp_v，故要将 q_v 折算成伺服阀样本所给定额定压降 Δp_{vs} 下的流量，即

$$q_n = q_v \sqrt{\frac{\Delta p_{vs}}{\Delta p_v}} \qquad (10.9\text{-}25)$$

5）再根据参数 Δp_{vs} 及这里算出的 q_n 选择伺服阀的规格。

以上是通过计算来选择伺服阀的规格，也可从图 10.9-12 阀的压降-流量关系曲线查得。比如某电液速度伺服控制系统，供油压力为 7MPa，计算得到负载压力为 4.8MPa，负载流量为 16L/min。可知，不计管道压力损失，阀压降为

$$\Delta p_v = p_s - p_{Lm} = (7 - 4.8)\text{MPa} = 2.2\text{MPa}$$

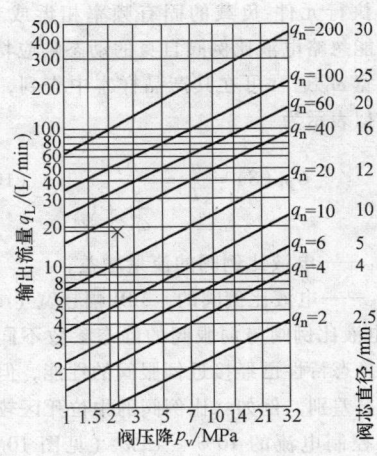

图 10.9-12 阀压降-流量关系曲线

为留有余量，阀的输出流量取负载流量的 1.2 倍，为

$$q_v = 1.2 \times 16\text{L/min} = 19.2\text{L/min}$$

即要求阀在压为 2.2MPa 时输出流量为 19.2L/min。该点对应阀压降-流量关系曲线图中 × 号处，查得选用额定流量（即阀压降为 7MPa 时的输出流量）$q_n = 40$L/min 规格的伺服阀可以满足要求。

4　电液比例控制系统设计

4.1　电液比例控制系统的设计特点及注意事项

1. 电液比例控制系统的设计特点

电液比例控制系统的设计应针对不同工况采取不同的对策。对高性能要求的比例控制系统设计，应参照伺服控制系统的设计方法。对一般控制精度的比例控制系统，可以在考虑到动态性能的基础上，按普通液压传动系统的设计方法进行。对动态特性没有特殊要求的比例控制系统，其动态特性可暂不作特别考虑，待实际调试时通过斜坡时间的调整获得满意的动态特性。当然，随着伺服比例阀的出现，在对采用包括一般比例阀在内的闭环比例控制系统进行设计时，最好也参照伺服控制系统的方法进行动态特性计算。

2. 电液比例控制系统设计的注意事项

要设计好一个电液比例控制系统，除了要掌握元器件性能方面的知识外，还应注意由于采用电液比例元件不同于伺服阀和普通液压阀给系统设计带来的以下一些特殊问题：

1）电液比例阀的频率响应范围较窄，不及电液伺服阀。多数电液比例阀的频宽约为 10 ~ 25Hz，该频率值与执行元件-负载的固有频率相近或者更低。因此，不能忽略电液比例阀自身的动态响应特性。比例阀的幅宽 ω_b 通常可在其产品样本中查到，其传递函数可近似表示为

$$G_{PV}(S) = \frac{q}{I} = \frac{K_{PV}}{\frac{S}{\omega_b} + 1} \qquad (10.9\text{-}26)$$

式中　K_{PV}——电液比例阀的流量增益；

　　　ω_b——电液比例阀的 $-3dB$ 幅频宽（rad/s）。

2）电液比例阀与伺服阀的静态参数不同。虽然比例阀的静态特性已经接近伺服阀的性能，但有些指标仍有明显差别。例如：比例阀的中位死区较大，一般为额定控制电流的 10% ~ 15%（见图 10.9-13）。又因为电液比例阀往往在较大的参数调节范围内工作，故控制回路中的非线性因素通常也不能忽略。在运用线性化理论分析和计算其频率特性时，理论与实际特性之间误差较大。为了减小死区影响，可在模拟电路组成的比例放大器内，设置相应的电路以消除死区，这就要求比例放大器的特性曲线如图 10.9-14 所示。

3）比例控制系统和伺服系统的阻尼比不同。由于比例阀和伺服阀的加工精度不同，其径向间隙的数

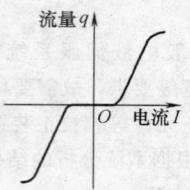

图 10.9-13　电液比例阀的死区特性

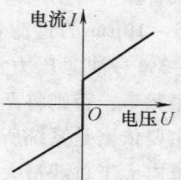

图 10.9-14　具有消除死区功能

值就不同，从而使阀的流量-压力系数值也不同。在计算系统阻尼比时，比例阀的流量-压力系数可根据产品样本所提供的负载特性曲线估算。有些产品样本中未给出此曲线，则可直接取阻尼比 $\zeta_h = 0.1 \sim 0.2$。

4）比例放大器和伺服放大器的输出功率不同。比例放大器和伺服放大器的电路原理基本相同，两者有所不同的是伺服放大器输出的电流较小，仅几十mA，而比例放大器输出的电流一般为 0.8 ~ 1A。通常，电液比例阀都有与之配套的比例放大器（或称比例电控器）供选用。

5）电液比例阀和伺服阀的使用要求不同。电液比例阀的抗污染能力强，对油液的过滤精度要求与普通液压阀系统相近，低于伺服控制系统。

4.2　电液比例控制系统设计的方法和步骤

如前所述，电液伺服系统设计比较关注的是系统的动态特性。因此，对性能要求较高的闭环电液比例控制系统设计可参照伺服系统的设计方法，或直接采用计算机数值仿真的方法，进行精确的设计计算。而对一般要求的电液比例控制系统，更注重它的稳态特性，对动态特性只作一种保证性验算。这是电液比例控制系统设计的通常方法。

一般要求的电液比例控制系统设计的步骤大体分为以下五步：

1）进行工况分析，明确设计依据。准确地对设计任务进行分析和描述，是确定最佳方案和搞好设计十分重要的第一步。

2）确定传动与控制系统的方案。

3）进行设计计算，确定系统的性能参数及元件的性能规格参数。

4）根据计算结果选择比例元件，并对重要的技术性能和参数进行验算。

5）绘制工作图。

综上可知，电液比例控制系统设计的核心步骤是设计计算和性能、参数验算。对一般要求的比例控制系统，可按以下步骤进行设计计算和参数验算。它是一种尽可能考虑比例控制特点并经过实践考验的经验设计方法，实际上就是一种考虑了系统动态性能的静态计算方法。计算内容包括以下四点：

① 估算液压缸面积与系统压力。

② 按系统的工况要求核算液压缸面积与系统压力。

③ 确定比例阀的规格参数。

④ 核算系统的固有频率。

4.3　电液比例阀的选用原则

在电液比例控制系统设计时，由于它与伺服系统和普通液压传动系统的控制目标和控制特性上的差异，因此，电液比例元件的选用原则也有所不同。

1. 比例压力阀的选用原则

比例压力阀的选择与工况（如压力等级和流量范围）密切相关，可掌握如下原则：

（1）压力等级选择　应该按能满足工况中的额定压力来选择比例阀的压力等级，而不是按工况中的最高压力来选择。这样可使阀在较大的电信号范围内调节压力，以便尽可能获得较好的分辨率。推荐所选比例阀的压力等级为系统额定压力的 1.2～1.5 倍。

（2）通径选择　比例压力阀的最大调定压力与通过该阀的流量有关，为使阀的调定压力具有较高的稳定性，推荐比例压力阀的额定流量为系统流量的 1.2～1.5 倍，然后根据比例阀样本查出该流量所对应的阀通径。

（3）调压时间选择　比例放大器控制的比例压力阀的最短斜坡调压时间受阀本身的转换时间（阶跃响应时间）制约，推荐比例放大器输出的最短斜坡时间应大于 2 倍比例阀本身的转换时间（此值可从产品样本查得）。

2. 比例流量阀的选用原则

（1）通径选择　应按工作要求选定比例流量阀的流量调节范围，以获得较好的流量调节分辨率。推荐比例流量阀的额定流量为系统最大调节流量的 1.2～1.5 倍，并根据比例阀样本查出所对应的通径。

（2）流量调节时间　比例放大器控制的比例流量阀的最短流量调节时间受阀本身的转换时间制约，推荐比例放大器输出的最短斜坡时间应大于 2 倍比例流量阀本身的转换时间（此值可从产品样本查得）。

3. 比例方向阀的选用原则

（1）通径选择　比例方向阀控制的流量与其压降有关，亦即与阀的进口压力及负载压力的变化有关，选择多大规格的比例方向阀与其工况密切相关。确定它的基本原则是，最大流量尽量接近对应于 100% 额定电流值时的流量值。同样，所选比例方向阀应有较大的流量调节范围，以提高其分辨率。

（2）阀机能选择　常见的比例方向阀机能见表 10.9-19。不同机能的阀，控制执行元件所得到的效果是不同的，不同机能的比例方向阀与液压执行元件的配用见表 10.9-20。

表 10.9-19　常见的比例方向阀机能

滑阀机能图	代号	通流状态	
 A B P T	O	$P \to A = q_{max}$；$B \to T = q_{max}$	$P \to B = q_{max}$；$A \to T = q_{max}$
	O_1	$P \to A = q_{max}$；$B \to T = q/2$	$P \to B = q/2$；$A \to T = q_{max}$
	O_2	$P \to A = q/2$；$B \to T = q_{max}$	$P \to B = q_{max}$；$A \to T = q/2$
 A B P T	O_3	$P \to A = q_{max}$；$B \to T = 封闭$	$P \to B = q_{max}$；$A \to T = q_{max}$
 A B P T	YX	$P \to A = q_{max}$；$B \to T = q_{max}$	$P \to B = q_{max}$；$A \to T = q_{max}$
	YX_1	$P \to A = q_{max}$；$B \to T = q/2$	$P \to B = q/2$；$A \to T = q_{max}$
	YX_2	$P \to A = q/2$；$B \to T = q_{max}$	$P \to B = q_{max}$；$A \to T = q/2$
 A B P T	YX_3	$P \to A = q_{max}$；$B \to T = 封闭$	$P \to B = q_{max}$；$A \to T = q_{max}$

注：1. 对 O_1、YX_1 型阀芯，$P \to A$ 的节流面积是 $P \to B$ 的 2 倍。

　　2. 对 O_2、YX_2 型阀芯，$P \to B$ 的节流口面积是 $P \to A$ 的 2 倍。

表 10.9-20 不同机能的比例方向阀与执行元件的配用

液压执行元件	配用阀芯机能	控制回路示例
双出杆液压缸、液压马达 单出杆液压缸（面积比接近 2:1）	O 型阀芯 YX 型阀芯	
单出杆液压缸（面积比接近 2:1）	O_1、O_2 型阀芯 YX_1、YX_2 型阀芯	
单出杆液压缸（面积比接近 2:1，实现差动控制）	O_3 型阀芯 YX_3 型阀芯	

4. 其他应注意的问题

除了要考虑上述选择比例阀的特殊性外，还应注意开环比例控制系统设计方面的一些重要原则问题，比如以下五点：

1）系统的固有频率。

2）最短加速或减速时间。

3）正确选择阀芯机能和控制阀口的压降。

4）速度控制范围。

5）压力控制范围。

系统的固有频率是衡量系统品质及最短加速或减速时间的尺度。系统的固有频率太低时，加速和减速过程就不好。除此之外，在低速时还可能出现爬行现象。

5 液压系统设计中应重视的几个问题

液压系统容易出现泄漏、冲击、振动、噪声、温升过快过高等不利现象，它会影响系统正常工作，耗能、污染环境。不论是液压传动系统设计，还是液压控制系统设计，都应着力于减少、抑制和防止一些不利现象的发生。本节就针对泄漏与进气、液压冲击、振动与噪声、温升过快等问题的产生原因及其防治与控制对策，阐述液压系统设计中应重视的几个问题。液压介质的污染控制已在第 2 章论述，液压系统设计时也必须足够重视。

5.1 泄漏与进气

5.1.1 泄漏

泄漏分内泄漏和外泄漏两类。内泄漏是指液压元件内部有少量油液从高压腔泄漏到低压腔。外泄漏是指少量油液从元件（包括管道、接头）内部向体外泄漏。如液压缸两腔通过活塞与缸体结合面的泄漏为内泄漏，而通过缸两腔油口管接头处往缸体外的泄漏为外泄漏。单位时间内漏出的油液容积数就称为泄漏量。泄漏会引发设备故障，例如系统压力调不高；执行机构速度上不去，也不稳定；系统控制失灵；油温升高快，系统效率低，污染环境等。

为防止泄漏，密封部位的沟、槽、面加工尺寸、精度和表面粗糙度都应符合规定要求，装配时应十分注意各密封部位及密封件的清洁度，并严格执行操作规程，正确地安装，防止密封件在装配时破损。对于外泄漏而言，管道连接件是产生的主要部位，因此，设计时应尽量减少管接头等连接部位的数量。采用油路集成块结构是简化管路布置、减少管接头数的有效方法。对内泄漏的防治，则应关注密封形式的选择及严格控制液压元件中运动部位的配合间隙。

密封是解决液压系统内、外泄漏的有效手段之一。正确合理地选用密封件对防漏十分重要。密封件的选型原则是，首先根据密封部位的工况条件和对密封件的要求，如最高使用压力、最大运动速度及负载变化，作业环境、使用寿命要求等，选择适合与之相匹配的密封件结构形式，然后再根据所用工作介质的种类和最高使用温度，正确选择密封件的材料，可参考表 10.9-21 选取。

表 10.9-21　常用密封材料与工作介质的适应性和使用温度范围

密封材料	石油基液压油和矿物基润滑脂	抗燃烧性液压油			使用温度范围/℃	
		水—油乳化液	水—乙二醇基	磷酸酯基	静密封	动密封
丁腈橡胶（NBR）	○	○	○	×	– 40 ~ 100	– 40 ~ 80
聚氨酯橡胶（U）	○	△	×	×	– 30 ~ 80	– 20 ~ 60
氟橡胶（FPM）	○	○	○	○	– 30 ~ 150	– 30 ~ 100
硅橡胶（Q）	○	○	×	△	– 60 ~ 260	– 50 ~ 260
聚四氟乙烯（PTFE）	○	○	○	○	– 100 ~ 260	– 100 ~ 260

注：○—好，△—不太好，×—不好。

5.1.2 进气

空气进入液压系统中，混在油液里会使系统工作不正常，产生振动、噪声、爬行、动作迟缓等现象，液压系统设计时应有相应预防措施。

封闭的液压系统内部进气有两种来源，一是从外界吸入到系统内，这叫混入空气；二是由于气穴现象产生的来自液压油中溶解空气的分离。

1. 混入空气对系统的影响和危害

1）混入空气会使油液的可压缩性增大（约 1000 倍），或说油液的体积弹性模量显著减小，从而导致执行元件动作误差，产生爬行现象，破坏工作平稳性，甚至使液压设备工作失常。

2）大大增加了液压泵的振动和噪声，气泡在高压区成了"气弹簧"，系统刚度下降，当气泡被压力油击破时，会产生强烈振动和噪声，使元件的动作响应性大为降低，动作迟滞。

3）压力油中气泡被压缩时放出大量热量，局部氧化液压油，加速液压油的劣化变质。

4）气泡进入润滑部位，会切破油膜，导致滑动面的烧伤与磨损，增大摩擦阻力。

5）气泡会导致气穴现象发生。

2. 空气进入系统的主要途径

混入空气的原因很多，如负压区管路密封不严，系统设计不合理，油箱配置不当，系统维护不善等，都会使空气进入系统内。主要途径如下：

1）油箱中油面过低或吸油管未浸入油面以下，造成吸油不充分而吸入空气。

2）油泵吸油管处的滤油器被污物堵塞，或滤油器的容量不够，网孔太密，使吸油不畅形成局部真空，吸入空气。

3）油箱设计不当，吸油管与回油管相距太近，回油飞溅搅拌油液产生气泡，气泡来不及消泡就被吸入泵内。

4）回油管在油面以上，停机时，空气从回油管逆流而入（缸内有负压时）。

5）个别油管接头，阀与阀安装板的连接处密封不严，或因振动致松等原因，吸入空气。

6）因密封破损、老化变质或密封件质量差，密封槽加工不同心等原因，在有负压的部位（例如油缸两端活塞杆处、泵轴油封处、阀调节手柄及阀工艺堵头等处），因密封失效，吸入空气。

3. 防止系统内进气的方法

1）在系统设计阶段就要采取对策堵住或减少进气渠道，如注意油箱的布管，设置油箱液位计，吸油管和回油管不要相距太近，回油管端末要插入油面之下，回油应有一定背压，避免停机时液压缸两腔同时通油箱，对运动平稳性要求高的液压设备，应在系统最高部位处设置放气阀等，重视预防进气设计。

2）在使用过程中妥善维护：

① 加足油液，油箱液面要保持不低于液位计低位指示线，特别是对装有大型油缸的液压系统，除第一次加入足够的油液外，当启动液压泵，油进入油缸后，油面会显著降低，甚至使吸油滤油器露出液面，此时需再向油箱加油，油箱内总的加油量应确保执行元件充满后液位不低于液位计下限，执行元件复位后液位不高于液位计上限。为此，要合理确定液位计观察口安装位置，必要时增设液位报警功能。

② 定期清除附着在滤油器滤网或滤芯上的污物。如滤油器的容量不够或网纹太细，应更换合适的滤油器。

③ 回油管的背压，一般为 0.3 ~ 0.5MPa。

④ 注意各种液压元件和管中的外漏情况及系统运转声音的变化，往往漏油处也是进气处，噪声加剧就有可能涉及进气。

⑤ 拧紧各管接头，特别是硬性接头，要注意密封面的情况。

⑥ 采取措施，提高油液本身的抗泡性能和消泡性能，必要时添加消泡剂等添加剂，以利于油中气泡的悬浮与破泡。

⑦ 对设有排气装置的油缸要定期或不定期排气，也可在需要时松开设备最高部位的管接头排气。

5.2　液压冲击、振动与噪声控制

5.2.1　液压冲击产生的原因及防止措施

在液压系统中，由于某种原因引起液体压力交替升降的波动过程，形成很大的压力峰值，这就是所谓液压冲击。压力峰值可能高达正常工作压力的 3～4 倍，会致使系统中的液压元件、管道、仪表等损坏，或者使压力继电器等控制元件误发信号，干扰系统正常运行。

1. 产生液压冲击的主要原因

（1）阀门骤然关闭或启动造成　当液体在管道中流动时，如果阀门骤然关闭，流速将随之突然降为零，在这一瞬间液体的动能转换为压力能，使系统压力突然升高，并形成冲击波。反之，当阀门骤然开启，则会出现压力突然降低，使压力产生波动。

（2）执行元件的惯性力造成　高速运动的液压执行机构突然换向或制动，其惯性力也会引起液压冲击。

（3）元件反应动作不灵敏造成　液压系统中某些元件反应动作不灵敏，也是造成液压冲击的原因。例如限压式变量泵，当压力升高时不能及时减小排量而造成压力冲击；溢流阀不能迅速打开而引起压力超调等。

2. 防止液压冲击的措施

（1）液压泵采用卸荷、空载启动方式。

（2）对液压缸到达行程终点因惯性引起的冲击，可在液压缸端部设缓冲装置或采用行程节流阀回路设置背压阀；对负载突然发生变化（如工作负载突然降至零）时产生的冲击，可在回路上加背压阀。

（3）为防止由于换向阀换向过快而引起冲击，可采用切换速度可调的电液换向阀等。

（4）限制管道中液流的流速，不超过允许流速的推荐值（见表 10.9-6）。

（5）变量泵系统加安全阀，存在冲击载荷的执行元件进出口处设动作敏捷的超载安全阀。

（6）在液压冲击源附近设置蓄能器。

（7）防止系统混入空气，进气后应及时排除。

（8）对大型液压机等，由于因在液压缸内的大量高压油突然释压而引起的冲击，可采用节流阀以及带卸压阀的液控单向阀等元件控制高压油逐渐卸压（见表 10.8-4 常见的释压回路）的办法来防止冲击，等等。

5.2.2　液压系统的振动与噪声控制

振动与噪声是液压系统工作过程中常见故障之一，通常会同时出现。振动影响系统的工作性能，加剧元件磨损、缩短使用寿命，致使元件或管道的损坏。噪声的影响和危害也是多方面的，不但影响人们的正常工作和休息还危害身体健康。噪声污染已成为现代世界性的问题，与空气污染和水污染一起构成对当今环境的三大污染。

振动是弹性体的固有特性，液压系统的传动介质、机械构件都具有弹性，整个液压系统可以说是由众多弹性体组成的。每一个弹性体在受到冲击力、转动不平衡力、变化的摩擦力、变化的惯性力等的作用下，便会产生振动和共振，伴之以噪声。这就是液压系统为什么会经常出现振动与噪声现象的原因。

振动包括受迫振动和自激振动两种形式。对于液压系统来说，受迫振动来源于电动机、液压泵和液压马达等高速运动件的转动不平衡力，液压缸、液压阀等的换向冲击力及流量、压力的脉动。自激振动也称颤振，它产生于设备运行过程中。它并不是由强迫振动能源引起的，而是由于系统内部的压力、流量、作用力及质量等参数相互作用的结果。不论这种振动多么剧烈，只要运动停止，自激振动便立即消失。比如伺服阀的滑阀经常产生的自激振动，其振动就是滑阀的轴向液动力与管路及容腔油液的相互作用产生的。

另外，液压系统中众多弹性体的振动，可能产生单个元件的振动，也可能产生两个或两个以上元件的共振。产生共振的原因是由于他们的振动频率相同或相近，产生共振时，振幅增大很多。

由于产生振动的根本原因是系统存在激振力，振动的大小取决于激振力的大小和系统的固有参数，因此，防振和减振的主要途径是消除或减小激振源（力），合理选择和匹配系统参数。

应当明白，振动与噪声虽是两种现象，但两者相互关联，互为因果。噪声源于振动，因此，对噪声的控制主要归结为对振动的控制。

由于现代液压系统的高压、高速及大功率化，使振动与噪声随之加剧。所以降低振动与噪声已成为当今液压技术必须考虑的一个重要问题。从液压系统设计和使用维护的角度，振动与噪声控制的措施汇总于表 10.9-22。

表 10.9-22 液压系统振动与噪声控制的措施汇总

着眼点	方法	采用措施
从元件本身着手	降低单个元件噪声	1. 选用低噪声液压泵 2. 选用低噪声溢流阀、单向阀、油浸型电磁铁阀等 3. 降低液压泵转速
从系统着手	防止气穴噪声	1. 防止空气侵入系统,可采用措施包括 ①液压元件和管接头要密封良好 ②液压泵的吸油和回油管末端要处于油位下限以下 ③减少液压油中的固体杂质颗粒,因为这些颗粒表面往往附有一层薄的空气 ④避免液压油与空气的直接接触而增加空气在油液中的溶解量 2. 及时排除已混入系统的空气,应采取的措施有 ①油箱设计要合理,使油在油箱中有足够的分离气泡的时间 ②液压泵的吸油和回油口之间要有足够距离,或在两者之间设置隔板 ③在系统的最高部位设置排气阀,以便排出积存于油液中的空气 ④在油箱内倾斜(与水平方向成30°角)安装一个 60～80 目(最佳为 60 目)的消泡网,能十分有效地使油液中的气泡分离出来 3. 防止液压系统产生局部低压,主要措施有 ①液压泵的吸油管要短而粗 ②吸油滤油器阻力损失要小,并需及时清洗 ③液压泵的转速不应太高 ④液压控制阀及孔口等的进出口压差不能太大(进出口压力比一般不要大于 3.5)
	降低冲击噪声	见本章 5.2.1 介绍
	降低压力脉动噪声	1. 改进泵的结构及其参数,提高泵排出流量的均匀性 2. 在负载方面采取措施降低压力脉动,如设置蓄能器,安装消声器等
防振	减小本体振动及其传播	1. 泵组安装采用隔振体、防振垫 2. 油箱采用防噪声措施,如加强油箱刚度,增设隔振板等 3. 泵的进、出油口使用软管段连接 4. 液压元件尽量采用无管化集成油路块连接,以减小管道振动激发的噪声 5. 如果空间尺寸允许,可将液压泵与电动机采用同一基础安装,并与油箱分开,以隔离泵组振动对油箱的影响
	避免谐振	1. 合理设计管道,在满足使用要求的情况下,通过改变管道长度,避开外界激振频率和共振点 2. 安装管道时配置一定数量的管夹,提高管道的连接刚度,防止振动,尤其是共振
隔振,吸声	阻止噪声在空气中传播和吸收噪声	1. 用隔声罩把噪声源罩起来 2. 液压泵浸在油中 3. 将整个液压站隔离 4. 在必要时,可在管道上缠绕一层粘弹性阻尼材料,通过阻尼材料的内耗,吸收管道的振动能量,达到减小振动、减小噪声辐射强度的目的

5.3 温升与节能技术

5.3.1 温升过高的危害

液压系统是以油液作为工作介质传递和转换能量的,在其工作过程中的机械能损失、压力损失和容积损失必然转变成热量放出,从而导致油温升高。温升过快和过高都是系统设计时就应精心预防的。温升过高会对系统产生不良影响,引发设备故障。其危害表现如下:

1) 油温升高,会使油的粘度降低,泄漏增大,泵的容积效率和整个系统的效率会显著降低。由于油的粘度降低,滑阀等移动部位的油膜会变薄和被切破,摩擦阻力增大,导致磨损加剧,系统发热加重,带来更高的温升。

2) 油温过高,使机构产生热变形,影响液压设备的工作性能,甚至使液压元件中热膨胀系数不同的运动部件之间的间隙变小而卡死，引起动作失灵。

3）油温过高，也会使橡胶密封件变形，提早老化失效，降低使用寿命，丧失密封性能，造成泄漏，泄漏又会进一步发热产生温升。

4）油温过高，会加速油液氧化变质，并产生油渣、析出沥青物质，降低液压油使用寿命。析出物会堵塞阻尼小孔和缝隙式阀口，导致压力阀调定失灵、流量阀流量不稳定、方向阀卡死不换向等诸多故障。

5）油温升高，油的空气分离压降低，油中溶解的空气容易逸出，引发气穴，致使液压系统工作性能降低，等等。

一般认为，工业用液压系统的油温最好不要超过 65℃，最佳工作油温范围是 40~50℃。有研究表明，如果液压系统的油温在高于 60℃ 以上运行，温度每升高 15℉（约 8.33℃），介质的使用寿命将减少 50%。

不同的液压设备，其允许的油温也略有不同，表 10.9-23 为不同类型液压设备允许的油温表。

表 10.9-23　不同类型液压设备的允许油温

液压设备类型	正常工作温度/℃	最高允许温度/℃
数控机床	30~50	55~70
一般机床	30~55	55~70
机车车辆	40~60	70~80
船舶	30~60	80~90
冶金机械、液压机	40~70	60~90
工程机械、矿山机械	50~80	70~90

5.3.2　油温过高的原因及防止措施

1. 油温过高的原因

液压系统油温过高的原因可归纳为两类，一是系统设计不合理，包括传动与控制形式、元件选用、油箱设计和冷却器的设置等；二是使用与维护保养不当，如液压油选用不合适、污染控制不当，元件与系统安装质量不好等。

（1）因设计不合理而造成系统散热先天不足的因素

1）油箱容量设计太小，冷却散热面积不够，而又未设计安装油冷却装置，或者虽设有冷却装置但其容量过小。

2）选用的阀类元件规格过小，造成阀的流速过高而使压力损失增大导致发热，例如差动回路中如果仅按泵流量选择换向阀的规格，便会出现这种情况。

3）系统的溢流量大，如按快进速度选择油泵容量的定量泵供油系统，在工进时会有大部分多余的流量在高压（工进压力）下从溢流阀回油箱而发热。

4）系统中未设计卸荷回路，停机时液压泵不卸荷，泵的全部流量在高压下溢流，产生溢流损失发热，导致温升。

5）液压系统背压过高，例如在采用电液换向阀的回路中，为了保证其换向可靠性，阀的中位也要保证系统有一定的背压，以确保有一定的控制压力使电液阀可靠换向，如果系统为大流量，则这些流量会以控制压力的形式从溢流阀溢流，造成温升。

6）系统管路太细太长，弯曲过多，局部压力损失和沿程压力损失大，系统效率低等。

（2）因使用与维护不当造成液压系统温升过快过高的原因

1）油液粘度选择不当，粘度大粘性阻力也大，而粘度太小又泄漏增大，两种情况都会导致发热温升。

2）液压系统的工作压力调整比实际需要高出很多。有时也是由于密封过紧，或是密封件损坏，泄漏增大，不得不调高压力系统才能运行。

3）运动副的配合间隙太大，或因使用磨损后致使间隙过大，内、外泄漏量大，造成流量损失大，系统效率降低，促使温升快。

4）元件加工精度和装配质量不良，润滑条件欠佳，相对运动件之间的摩擦力增大，机械摩擦损引起发热。

5）工作环境通风不好，周围环境温度高，工作时间超长，也是温升高的客观原因。

2. 防止温升过高的措施

液压系统从接近室温开始运行，经一段时间的工作，油温升高这是不可避免的。如果通过油箱、管道及机体表面散热，或增设油冷却器散热，系统在运行一定时间后，油温不再升高，能稳定在允许的温度范围内达到热平衡，这是液压系统对温升要求的正常状态。欲达到这一目标，就应以系统设计和使用与维护规范两个方面采取防止温升过高的措施，常用的措施如下：

1）运用液压节能技术，合理设计液压回路，提高系统效率，降低能耗。

2）选用高效节能液压元件，如采用变量泵，采用摩擦系数小的密封材料制作的低启动压力油缸等。

3）尽量简化设计方案，减少元件数量。

4）管路设计时，在满足要求的前提下，管长尽量短，适当加大管径，减少管道口径突变和弯头数。限制管路和通道的流速，减少沿程和局部压力损失，推荐采用油路集成块方式和叠加阀方式。

5）合理选择液压回路的某些调整参数。如在保证液压系统能正常工作的条件下，泵的输出流量余量调小一点，输出压力调低一点，可调背压阀的开启压力调低点，以减少能量损失。

6）提高机构的加工精度和装配质量，尽可能减少不平衡力，严格控制相配件的配合间隙，改善润滑条件，以降低由于机械摩擦损失所产生的热量。

凡此种种，不一一列举。倘若系统在运行不久后油温就超出了系统所允许的范围，且仍有上升趋势，这时就必须停机检查，诊断是系统设计不合理，还是使用与维护不当所产生的问题。具体问题具体分析，有的放矢地采取整改措施，排除温升过快、过高的故障。

5.3.3　节能技术

如上所述，液压系统的温升是由无功损耗转变成热能引起的，而工作介质的性能与温度有着密切关系，高温会加速油液的老化变质，诱发诸多故障，影响液压元件的使用寿命和系统工作的可靠性。为防止油液温升过高而采用冷却装置强制冷却，又会额外增加能耗和成本。因此，在液压系统设计时，为预防油温上升过快，运用液压节能技术十分重要。合理地设计液压回路，在满足系统功能要求的前提下，尽量用最少的能量输入保证系统所需的能量输出，实现低耗高效，这是防止液压系统温升过快、过高的治本方法，也是当代社会追求文明，践行绿色环保理念和实现可持续发展的需要。下面主要介绍如何从根本上提高系统效率，实现液压系统节能的方法。

1. 液压系统的能耗分析与节能设计原理

液压系统要驱动执行元件做功，就需要能量。能耗是伴随调速、调压过程而发生的。在液压系统中，流量和压力的乘积等于传输的能量，它除了为实现传动与控制所必须付出的流量或压降损失外，其他都属于无功能耗，但做功和无功能耗两者很难明确划分，故常用效率来评价系统的功率特性。液压装置作为一个用能设备，从原动机到液压执行元件（液压缸、液压马达）的能量传动过程中要进行三次能量转换，如图 10.9-15 所示。能量的转换、能量的传输和能量的匹配都会伴随能量损失。所以能量损失可分为四类：一是原动机本身的能耗；二是能量转换元件的能量转换损失（包括摩擦、泄漏和压力损失）；三是由液压控制元件和辅件的结构布局决定的传输损失（主要是流体流动损失）；四是液压源和负载特性不适应而造成的匹配损失。

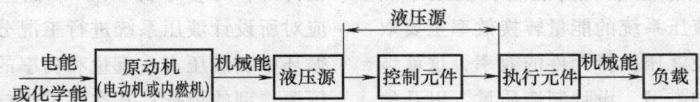

图10.9-15　液压系统的能量转换过程

整个液压系统的总效率 η 可表示为

$$\eta = \eta_e \eta_p \eta_c \eta_A \qquad (10.9\text{-}27)$$

式中　η_e——原动机的效率；

η_p——液压泵总效率；

η_c——液压回路效率；

η_A——液压执行元件总效率。

若用 η_n 表示液压系统的能量转换效率，可知 $\eta_n = \eta_e \eta_p \eta_A$，于是有

$$\eta = \eta_n \eta_c \qquad (10.9\text{-}28)$$

η_n 表征能量转换元件即原动机、液压泵、液压缸或液压马达等元件本身的效率。而液压回路效率 η_c 亦称液压系统的匹配效率，则反映了液压系统由于动力源提供的能量往往不能恰好与该系统负载所需能量相适应，造成能量供大于求而引起的匹配过剩损失。液压回路效率或称匹配效率可表示为

$$\eta_c = \frac{p_L q_L}{p_p q_p} = \frac{p_L q_L}{(p_L + \Delta p)(q_L + \Delta q)} = \eta_{cp} \eta_{cq}$$

$$\eta_{cp} = \frac{p_L}{p_p} = \frac{p_L}{(p_L + \Delta p)} \qquad (10.9\text{-}29)$$

$$\eta_{cq} = \frac{q_L}{q_p} = \frac{q_L}{(q_L + \Delta q)}$$

式中　η_{cp}——回路压力效率；

η_{cq}——回路容积效率；

p_L、q_L——负载压力、负载流量；

p_p、q_p——液压泵的供油压力、流量；

Δp、Δq——过剩压力、流量。

由式（10.9-28）可知，液压系统的总效率是其能量转换效率与匹配效率的乘积，要提高总效率，就要提高能量转换效率和匹配效率。因此，为减少无功能耗、实现液压系统节能的主要途径就是从提高这两项效率入手：

1）选择高效的原动机、液压泵和液压执行元件并合理应用，以提高液压系统的能量转换效率。

2）设法提高液压系统的匹配效率，使液压泵（油源）的供油压力 p_p 和流量 q_p 与液压执行元件的负载压力 p_L、负载流量 q_L 合理匹配。我们知道，液压系统要实现信号转换、检测及调节等控制功能，合理

的过剩压力 Δp 和过剩流量 Δq 是液压系统正常运行的基本条件。过剩压力 Δp，包括沿程压力损失、局部压力损失之和及"过高供油压力"两大部分；而过剩流量 Δq 包括系统的各种泄漏和"过多供给流量"两部分。由式（10.9-29）可见，过剩压力越高和过剩流量越大，液压系统的匹配效率越低，当然，液压系统总效率也越低。如果匹配不当，过小就会影响系统正常运行，过大会降低系统效率。当流量不匹配时，q_p 大于 q_L 很多，就会产生过大溢流；当压力不匹配时，p_p 高于 p_L 很多，则会产生过大压力损失，增加无功能耗。可以说，功率不匹配是液压系统能量损失大的主要原因。减小压力过剩，使系统的供油压力最大限度地接近负载压力，以提高压力效率；减少流量过剩，使系统的供给流量最大限度地接近负载流量，以提高容积效率；这是通过功率匹配提高系统效率的有效方法，也是液压系统节能的基本原理。

应当指出，在进行系统压力和流量合理匹配时，对负载流量较大的系统设法提高压力效率；对重载（高压）系统设法提高容积效率，可取得明显的节能效果。

2. 液压系统的节能设计方法

（1）从改善和提高液压系统的能量转换效率入手　上面已经论及，液压系统的能量转换效率主要取决于原动机、液压泵及液压执行元件的效率，这就涉及这些能量转换元件的类型、设计制造质量，以及使用情况。为此，可通过合理选型，正确安装调试与使用维护，改进系统设计、调整液压泵的工作点等来改善和提高。

在液压泵选型时，不宜将大容量泵降低规格使用。这是因为当泵的工作压力、工作流量小于公称值时，其总效率会下降。还有一种习惯的选型观念，认为选高压泵降低工作压力使用、可延长工作寿命和提高可靠性，但要明白，高压泵长期在低机械效率工况下运行，从能耗控制考虑是不妥的。一般来说，液压泵的容积效率比机械效率更重要，这是因为泵的机械摩擦损失可从原动机得到的功率补偿，但泵内出现的泄漏损失则不能用增加功率输入来补偿。此外，也要注意泵的转速不宜过高或过低，否则，泵的机械效率会降低。通常，液压泵在 1000～1800r/min 转速范围工作时，对总效率影响不大。

对于液压缸来说，它的容积效率和机械效率是一对矛盾，节能潜力不是很大。由于液压缸一般都设置了可靠的密封，其泄漏导致的容积损失能耗通常较小。因此，在液压缸的选型或自行设计时，就应更多地考虑在保证可靠密封的前提下如何提高机械效率。

液压缸的运动副摩擦阻力与密封形式、材质、缸体的加工质量及安装状况有关。对于一般液压缸来说，克服摩擦阻力的启动压力 ≤0.5～1.0MPa，运行时还要低一些。在理论计算时，可取液压缸的总效率为 90%～95%，单出杆液压缸的双向工作效率是不同的，有杆端效率可低至 80%。从节能角度考虑，液压缸的选型，主要是处理好泄漏损失与摩擦能耗的矛盾。为此，可选用低阻力材质的密封件，使各运动摩擦副间保持良好的润滑等。

（2）从改善和提高液压系统的匹配效率入手　主要通过合理选择和设计液压源，使其供油压力、流量和功率与负载压力、流量和功率合理匹配，尽可能减小过剩压力或过剩流量，或两者同时都减小。液压源与负载件匹配程度越高，回路效率越高，节能效果越显著。

液压源大体可分为四类，即恒压油源、压力适应液压源、流量适应液压源和功率适应液压源。它们各具特色，各有适用场合。

表 10.9-24 列出了上述四种液压源的特性比较。从节能角度来看，有压力适应液压源、流量适应液压源和功率适应液压源多种形式，在进行液压系统节能设计时，可参考表 10.9-24 选型。具体选用时，首先应对所设计液压系统进行工况分析，弄清楚一个工作循环中负载压力、流量和功率的分布及要求，这是液压源选型的依据；其次要进行技术经济分析，从传动效率和综合效益（如投资成本、维护要求和费用、寿命及其他性能等）两个方面对不同可行性方案进行比较，最后合理取舍。

这四类液压源中，功率适应液压源匹配效率最高，能量可得到充分的利用，节能效果最好，但是需要质量高且昂贵的功率适应变量泵，这种液压源适用于负载多变的中等功率系统。

压力适应和流量适应两种液压源的匹配效率也有所提高，但是其节能效果决定于负载特性，以及按照负载特点的合理调整程度，所以对使用者的技术水平要求高。尤其是流量适应液压源，也需要价格较贵的变量泵才能实现。泵的调节远比阀的调节麻烦，最低稳定流量更加难以控制，此类液压源适用于流量多变而压力变化小的系统。

压力适应液压源可借助定量泵实现，具有定量泵所具有的优势。由于泵不是总处于高压下运行，故运行条件得到改善，有利于延长寿命，是一种较有发展前途的动力源。

定量泵恒压源的缺点是匹配效率最低，但是简单实用，不少场合也有其应用优势。

表 10.9-24　不同类型液压源的性能比较

类型	功率特性	匹配效率	主 要 特 点	适 用 场 合
恒压源	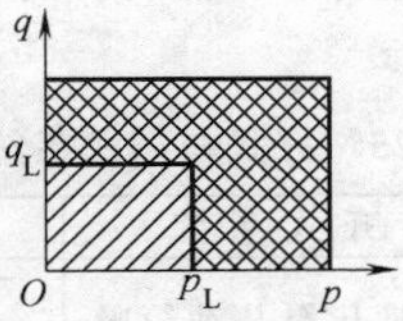	$\eta_c = \dfrac{p_L q_L}{p_p q_p}$	定量泵加溢流阀控制,结构简单,投资费用少。存在压力和流量过剩,能耗大、效率低。低速稳定性能好,可靠性高,维护技术要求低	负载和速度基本恒定的系统
压力适应液压源	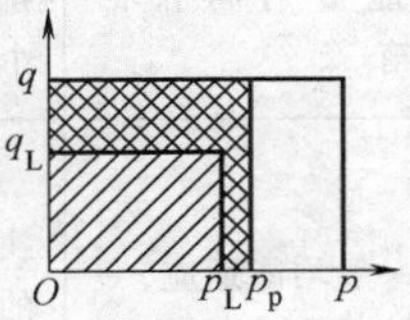	$\eta_c = \dfrac{p_L q_L}{p_p q_p} \approx \dfrac{q_L}{q_p}$	用定量泵就能实现,无压力过剩,效率较高。但性能指标受到影响不如恒压源工作可靠、寿命长	负载变化频繁、负载流量较大的系统
流量适应液压源	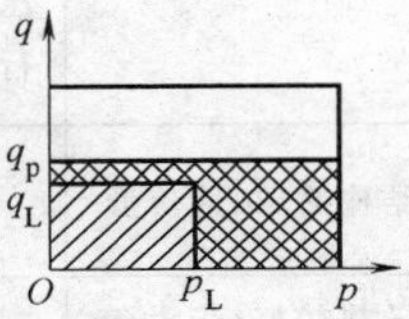	$\eta_c = \dfrac{p_L q_L}{p_p q_p} \approx \dfrac{p_L}{p_p}$	一般要用变量泵实现,但不复杂。无流量过剩,效率较高。维护技术要求高,最低稳定流量只能达到 0.1 ~ 0.3L/min	速度变化频繁的重载系统
功率适应液压源	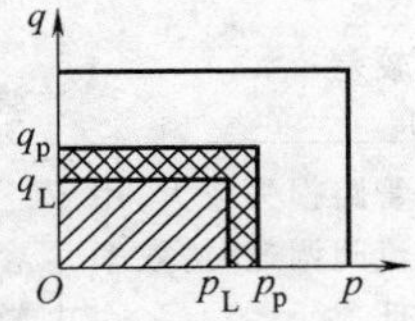	$\eta_c = \dfrac{p_L q_L}{p_p q_p} \approx 1$	一般要用功率适应泵实现,要求高、价稍贵。无压力和流量过剩,节能效果最好	工况复杂、压力流量较大且变化大,自动化程度较高的系统

注:▨ 表示有用功率;▨ 表示损失功率;□ 表示节省功率。

在节能方面,除了合理选择液压源形式外,还有利用蓄能器储存或回收能量,对某些快慢速交替工作的工况运用复合液压缸,大幅度地降低液压泵的流量规格和运行能耗,对某些局部或短时间需要较高压力但行程较小或无行程保压的场合采用增压器,以避免在非高压工况压力过剩的措施等,都能收到良好的节能效果。根据负载具体情况,选用插装阀和复合传动方式,如机械-液压复合传动、气液复合传动也是一种值得考虑的节能技术措施。

6　液压系统设计与运行禁忌

在实际工作中,有时会出现一些因设计考虑不周和运行参数调节不当而导致系统达不到设计要求或不能正常运行的情况。本节将重点从另一个侧面即禁忌角度,阐述液压系统设计和运行中容易疏忽的问题,提请读者,特别是初涉液压工程领域的设计师注意,从中得到启迪,掌握液压系统设计和运行参数调节的正确方法。

6.1　液压系统功能原理设计禁忌

1. 传动方案拟订禁忌

一台机器是否采用液压传动,是整机,还是部分采用液压传动,必须根据机器的工作要求,对各种传动方案进行全面、细致的比较论证,正确估计应用液压传动的必要性、可行性和经济性后再作决定。

要正确认识液压传动的优势和不足之处。由于工作介质液压油的可压缩性和泄漏难以避免,加之传动过程中能量需经三次转换,传动效率偏低等因素,液压传动并非是一种万能的传动方式,切忌不看对象,不问场合就草率采用液压传动方案。液压传动只是传动方式之一,其实很多场合采用别的传动方案更合适。每种传动方式都有其特有的优势,多种传动方式联合使用也是一种不错的选择。例如,将液压传动与气压传动、电力传动、机械传动合理地联合使用,构成气液、电液（气）、机液（气）等联合传动系统，发挥各自特点，相辅相成，优势互补，就是一种颇具竞争力的传动方式，而且已有广泛应用。

2. 确定液压系统主要参数禁忌

压力、流量和液压执行元件的几何尺寸是液压系统的三类主要参数，它们是拟订液压系统和选择液压元件的基础。其确定的方法一般是首先按类比法预选适宜的系统设计压力，然后根据液压执行元件的最大负载，计算出液压执行元件的几何尺寸，最后根据执行元件的运行速度要求确定流量。

（1）设计压力选择禁忌　提高系统压力，可以减小执行元件的几何尺寸、重量与所需流量，但是压力过高，一般会带来成本增加、元件寿命缩短、内泄漏加大、油温升高等实际问题。在实际设计工作中，系统压力应综合考虑以下因素：

1）成本（价格）。液压元件（包括泵、阀、执行元件和辅件等）的价格一般取决于压力等级、功能和性能。需要注意的是，由于在确定压力时尚需考虑维修及牵连元器件的成本，因此，不能认为采用低压力，成本低；压力高，成本高。应根据具体使用条件全面核算。

2）重量和尺寸。功率相同的液压系统的一般情况是，工作压力高，则系统所占空间尺寸小且重量轻。在一般工业机械液压系统设计中，重量因素通常不必过多考虑，但对于飞机和导弹甚至行走机械系统，就是一个主要考虑的因素，因为系统过重，会直接影响主机的承载能力。研究表明，就目前的技术水平而言，对于大多数载重或移动式机械设备的液压系统来说，22～35MPa 是一个可以获得较小系统重量的压力范围。而 55MPa 对于飞机液压系统来说，所占空间尺寸最小。

3）液压元件的货源。

4）效率和安全可靠性。一般情况下，压力增高，系统容积效率会降低，但总效率要视元件的效率曲线而定。此外，由于油液的弹性模量较大，压力过高就会强化振动和冲击。

5）加工工艺性。

（2）确定液压执行元件几何尺寸禁忌　根据所选设计压力和液压执行元件的最大负载，计算得到的液压执行元件的几何尺寸（液压缸缸筒内径 D 及活塞杆直径 d 以及液压马达排量 V），均应按相应标准 GB/T 2348—1993《液压气动系统及元件缸内径及活塞杆外径》和 GB/T 2347—1980《液压泵及马达公称排量系列》进行圆整，以便选型或制造加工。

3. 拟订液压系统图禁忌

（1）油路循环方式禁忌　液压系统的油路循环方式分开式和闭式系统两种。两者特性比较见表 10.9-25。

表 10.9-25　开式与闭式系统特性比较

循环方式	开式系统	闭式系统
特征	液压泵从油箱吸油，压力油经系统释放能量后再排回油箱	液压泵的吸油口直接与执行元件的排油口相通，形成一个封闭的循环回路
适应工况	一般均能适应，一台液压泵可向多个执行元件供油	限于换向平稳性、换向速度要求较高的一部分容积调速系统。一般一台液压泵只能向一个执行元件供油
结构特点与造价	结构简单，造价低	结构复杂，造价高
散热	散热较好，但油箱较大	较差，需用辅助泵补油、换油冷却
抗污染能力	较差	较好，但油液的过滤精度要求较高
管路损失及效率	管路损失较大，用节流阀调速时，效率较低	管路损失较小，用容积调速时，效率较高

开式系统油箱容积较大，散热条件好，空气、污物与工作介质油液接触的机会较多，抗污染能力较差，大多数机械设备的液压系统采用这种方式。

闭式系统结构复杂，散热条件差，抗污染能力较好，但对油液的清洁度要求较高，一般应避免采用闭式循环方式。

（2）避免回路间可能存在的相互干扰　在组合基本回路时，应特别注意组合后回路中是否存在相互干扰情况，致使不能按最初所设计的要求来动作。例如在常见的单泵供油多支路系统中，要求两个缸同时动作，由于两缸负载所需压力的不同，压力要求低的缸会用去全部油液，但压力要求高的缸则不动，甚至使高举的负荷掉下来发生危险。若发现此种情况，可以将两缸放在两个相互独立的回路中，即各缸用一个单泵供油（可以是两个独立单泵，也可以是双联泵）（见图 10.9-16）；或者采用单向阀、背压阀、减压阀、顺序阀等加以控制，使之能按既定的要求动作。

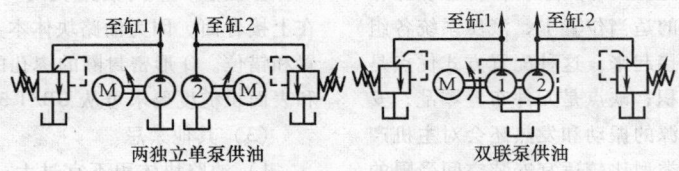

图10.9-16　防止回路相互干扰示例1

再如图 10.9-17a 所示顺序控制液压回路，要求液压缸 1 先动作，夹紧工件后，液压缸 2 才能动作。初看起来，该回路能实现所要求的动作。但是仔细分析，可知此回路并非完善。因为缸 1 夹紧工作后，缸 2 工作时，顺序阀 4 的进、出口压力相同，此时如果换向阀 3 瞬时换向，则由于顺序阀芯的瞬时不平衡会造成缸 1 瞬时失压而引起工件松夹。解决的办法是在阀 4 与阀 5 之间加一单向阀 6，起保压作用，见图10.9-17b。

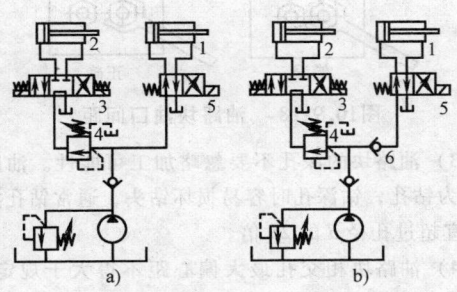

图10.9-17　防止回路相互干扰示例2
1、2—液压缸　3—三位四通方向阀　4—顺序阀
5—二位四通方向阀　6—单向阀

（3）避免系统中存在多余回路和元件　多个基本回路组合而成的系统，应避免其中存在多余回路和元件。应避免过于理想化，导致元件数量或特殊要求装置的增加。在能完成传动控制功能的前提下，应力求油路简单。因为系统越复杂，元件数量越多，不仅增加成本，而且元件与回路间的相互影响及发生故障的几率增大，可靠性降低，消耗的功率加大。

（4）禁忌忽略经济性和制造周期　液压元件是一种精密元件，对制造、装配人员和加工设备等要求都较高。由于液压技术的一般用户不具备这些条件，自行设计很难保证元件的制造质量和系统的安全可靠性，且制造成本高，周期长，互换性差。因此应尽量采用标准化、系列化和通用化元件，尽量避免自行设计。

（5）重视系统的安全可靠性　液压系统运行中的不安全因素多种多样。例如异常负载、停电、外部

条件的急剧变化，操作人员的误动作等，对这些问题都必须有相应的安全回路或应对措施，以确保人身和设备安全。一般要在系统中设置溢流阀控制最大载荷，要有防止突然过载以及过热的措施。当执行元件发生故障时，应能使回路复位，以确保机器的安全。对于重要的机械及其系统，为了避免发生故障和便于维修，可考虑冗余配置，即增加备用液压泵（油源）及其他液压元件。根据不同情况，增设行程限制器、联锁开关和缓冲器。为了防止由于操作者误动作或由于液压元件失灵而产生误动作，应设有误动作防止回路，等等。

（6）提高系统效率，防止系统过热　这就要求在拟订回路方案及组成系统的整个设计过程中，力求减少系统的过剩压力和流量，即减少系统压力损失和容积损失。例如，合理选择液压阀，减少其数量；合理选择供油液压源；注意选用高效率液压元件、辅件，正确选用液压工作介质，合理选择油管内径，尽量减少油管长度和弯曲，采用效率较高的液压回路等。在系统经过发热计算后，如发现油液温升过高，则必须采取相应措施或在系统中增设冷却器。

（7）注意辅助回路的设计　在拟订液压系统图时，就应在需要检测系统压力、流量等参数的地方，设置工艺接头或截止阀（或开关）等，以便于安装检测仪表。禁忌压力表直接接入压力管道，而应通过压力表开关来连接，这样可保护压力表或减少系统中压力表的数量。

6.2　液压系统结构设计禁忌

液压系统结构设计是指液压系统中需要自行设计的那些零部件的设计，亦称液压装置设计。它是液压系统功能原理设计的延续和结构实现，内容包括确定元器件的连接、装配方案、具体结构，设计和绘制液压系统产品工作图样，并编制相关技术文件，是整个液压系统设计过程中的一个重要环节。

1. 液压装置的结构类型选择禁忌

液压装置按其总体配置形式分为分散配置型和集中配置型两种主要结构类型。分散配置型液压装置是将液压泵及其驱动电动机（或内燃机）、执行元件、

控制阀和辅助元件按照主机的布局、工作特性和操作要求等分散布置在主机的适当位置上，液压系统各组成元件通过管道逐一连接起来。这种配置方式优点是节省安装空间和占地面积；缺点是元件布置零乱，安装维护复杂，液压动力源的振动和发热还会对主机产生不利影响。这种结构类型比较适宜安装空间受限的移动式机械设备采用，如车辆、工程机械等。

集中配置型通常是将系统的执行元件安放在主机上，而将液压泵及其驱动电动机、辅助元件等独立安装在主机之外，即集中设置所谓液压站。集中配置型液压装置的优点是外形整齐美观，便于组装维护，便于采集和检测电液信号以利于实现自动化，也可隔离液压系统振动、发热等对主机的影响。但其占地面积大，这是采用该配置型要考虑的。集中配置型主要适合于固定机械设备或安装空间较为宽裕的其他各类主机设备的液压系统，通常也是各类机械设备首选的液压装置结构方案。

需要指出的是，选择液压装置的结构类型主要应根据主机的具体工况条件合理选择，切忌生搬硬套。

2. 液压控制阀组中油路集成块设计禁忌

工程设计实践证明，整个液压装置设计的大部分工作量集中在液压阀组的集成化设计。液压阀组的集成分为有管集成和无管集成两类。有管集成是液压技术中最早采用的一种集成方式。无管集成则是将板式、叠加式等非管式液压阀固定在某种专用或通用的辅助连接件即所谓油路集成块上。油路集成块内开有一系列通油孔道，实现液压阀之间相应油口的连接。油路集成块省去了大量连接管，具有结构紧凑、组装方便、外形美观、安装位置灵活、油路通道短、液阻损失小、防泄漏性能好等突出优点，是目前应用最为广泛的集成方式。油路集成块的设计、制造应注意如下问题：

（1）加工图样及其尺寸标注禁忌 由于油路块的图样一般较为复杂，应尽可能少用虚线表达。

油路块加工图中的尺寸标注可以采用基面式、坐标式两种方法中的一种：结构较复杂的油路块宜采用坐标式，即在块体上选一角（通常以主视图左下角）作为坐标原点，以 xyz 坐标形式标出各孔的中心坐标，其安装面上只用坐标法标出基准螺钉孔的位置，其余相关的尺寸以基准螺钉孔为基准标注。这样，既便于实现 CAD、CAM，也便于手工绘图。

（2）禁忌中间油路块的上接合面不锪 O 形密封圈的沉孔 下层油路块与上层油路块接合面之间的密封性由 O 形密封圈保证。如果不锪制 O 形密封圈的沉孔，则工作时产生的外泄漏可能导致系统根本无法

工作。注意，中间油路块的 O 形密封圈的锪孔应开在上接合面，因为油路块体本身具有方向性，不能倒置和错位。O 形密封圈的锪孔的直径、深度及其公差和表面粗糙度要求可从 GB/T 3452.3—2005 查得。

（3）其他禁忌

1）油路块体积不宜过大。在油路间厚度允许的情况下，应尽量减小集成块体积，以使液压系统紧凑。否则，除增加生产成本外，还相应增加了孔道深度，工艺性变差，且控制孔道位置精度的难度提高，会增加废品率。

2）油路块安装管接头的外表面油口间的间距应注意管接头旋转空间。如图 10.9-18 所示。油路块油口应为内螺纹，而拧入的管接头为外六角，这样就应有接头旋转和扳手活动空间，应避免油口之间距离太小而发生干涉。

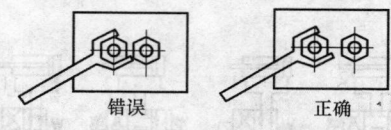
图10.9-18 油路块油口间距

3）油路块的深孔不要忽略加工可能性。油路块孔道为钻孔，钻深孔时容易损坏钻头，通常钻孔深度 h 不宜超过孔径 d 的 25 倍。

4）油路块相交孔最大偏心距不得大于规定值。油路块钻孔多为直角相交（见图 10.9-19），有时两个直角相交孔的轴线不完全重合。偏心距 e 与孔径 D 之比称为相对偏心率，即 $E = e/D$。由实验及回归分析得到局部阻力系数 ζ 的经验公式 $\zeta = 1.60 + 0.16E^{0.04}$，当 E 小于 30% 时，阻力系数 ζ 可以接受。

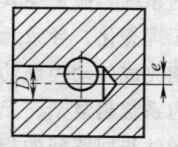
图10.9-19 油路块相交孔的偏心距

5）油路块孔道应尽量避免斜孔。为了钻孔容易，应尽量避免斜孔（见图 10.9-20）。必要时可通过工艺孔沟通两个连接孔道。

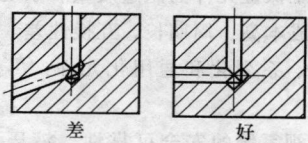
图10.9-20 油路块孔道应尽量避免斜孔

6) 油路块孔间距壁厚不宜小于5mm。油路集成块钻孔时，两个孔道间的壁厚应有足够的强度，以免油压击穿孔壁，通常设计壁厚 $\delta > 5mm$（见图10.9-21）。

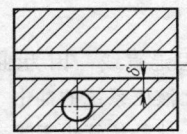

图10.9-21　油路块孔间壁厚

3. 液压泵组设计禁忌

液压泵组是指液压泵与驱动泵的原动机和联轴器及安装底座组件。

（1）禁忌液压泵传动轴与电动机传动轴之间采用硬性连接　通常应采用弹性联轴器，大型液压泵组的液压泵与原动机之间还可采用特殊的带内花键孔的电动机或钟形法兰等连接。若原动机振动较大，则液压泵与原动机之间建议采用带轮或齿轮进行连接（例如车辆上的动力转向泵大多由内燃机通过带传动间接驱动），泵轴上的径向负载不得超过泵制造厂的规定，否则应加一对带轴承的支座来安装带轮或齿轮（参见图10.9-22），由轴承来承受径向负载，该支座与泵轴的同轴度误差应不大于 $\phi0.05mm$；泵的安装支架与原动机的公共基座要有足够的刚度，以保证运转时始终同轴。

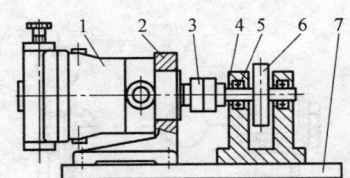

图10.9-22　液压泵与原动机之间用齿轮或皮带轮连接

1—液压泵　2—泵支架　3—联轴器　4—支座
5—轴承　6—带轮或齿轮　7—公共支座

（2）禁忌液压泵传动轴与原动机轴同轴度超差　若同轴度超差，极易损坏液压泵轴封、使泵内构件受力情况恶劣，导致液压泵过早损坏。

（3）禁忌用普通电动机的前端盖悬臂支撑液压泵　避免电动机前端盖被损坏。

（4）禁忌液压泵的安装支架刚度不足　若刚度不足，运行时无法保证原动机与液压泵连接时的同轴度，将会产生振动或变形，甚至造成事故。

（5）禁忌壳体涂油漆的液压泵置于油箱内液面之下　壳体涂油漆的液压泵置于油箱内液面之下，时间久了，往往会引起液压油与油漆之间的化学变化，导致油漆变质或脱落，污染油液，造成液压系统故障。

（6）禁忌泵组的传动底座刚度或强度不足　当泵站为上置式时，由于液压泵组置于油箱顶盖上，故要求油箱顶盖要有足够的厚度，一般为油箱侧板厚度的4倍左右；对大功率液压系统的较大油箱顶盖，则应设置加强强度的辅助结构。泵组底座与油箱顶盖之间最好装设橡胶减振垫。

（7）液压泵安装姿态禁忌　要使泵的泄油口朝上，以保证壳体内始终充满油液。

（8）避免联轴器无轴向定位装置　液压泵与原动机之间的联轴器工作过程中可能出现轴向偏移。若联轴器与泵的端面发生摩擦，会降低机械效率，摩擦产生的局部高温直接影响液压泵的工作性能和寿命。若联轴器与液压泵的密封圈直接发生摩擦，会引起油液外泄，故应在联轴器上设置轴向定位机构。

（9）禁忌液压泵吸油口的截止阀通径过小和高压油管的截止阀耐压能力不足　为了便于维修，在液压泵吸油管装设截止阀时，该截止阀的通径必须足够大，通常要求比吸油管通径大一档，以免造成泵入口真空度过大，引起气穴、振动和噪声。高压管路上的截止阀除了要考虑系统的最高压力外，还要估计到瞬时压力冲击，以防损坏。

（10）避免大功率液压泵组与油箱采用硬管连接　大功率液压泵组的电动机功率大，泵的压力和流量也很大，会产生较大机械振动。为了阻止泵组振动直接传递到油箱而引起共振和噪声，应采用软管来连接泵组吸油口与油箱（见图10.9-23）。但应注意，禁忌吸油软管过软。太软的软管作吸油管时，在外围大气压作用下，吸油管可能变形而使实际通流面积减小，增大吸油阻力，影响泵正常工作。

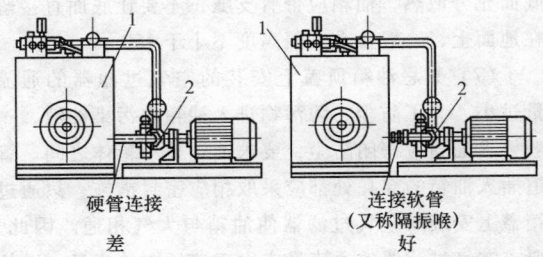

图10.9-23　大功率泵组与油箱间应采用软管连接

1—油箱　2—液压泵组

4. 油箱设计禁忌

油箱实际上是一个功能组件，它具有存贮液压油液、散发油液热量、逸出空气及消除泡沫、沉淀污物的功用，对中小型设备液压系统的油箱，还将液压泵组及一些液压元件安装在油箱顶盖上。油的设计、制造、使用和维护都应实施以上功能要求，禁忌忽视油箱设计，把油箱视为一个容污纳垢的场所。油箱结构设计的禁忌如下：

（1）禁忌油箱底设计为平底或双层底 为了更换液压油时能够排尽并带走底部的沉淀物，故油箱底应设计为斜坡状；油箱底也不能做成双层底，否则不利于散热。

（2）禁忌将放油螺塞设计在不宜操作的位置 放油螺塞应安置在易于操作的位置并距油箱安放面有一定高度，以便收集放油孔排出的残油。

（3）液压泵的吸油管口不可离油箱底太近 应尽量避免吸油管口太低而将沉淀杂质吸入泵内，一般吸油管口最低处与油箱底面距离应大于 3 倍的管径。

（4）系统回油管出口应浸入油箱液面以下 油箱中的系统回油管应伸至液面以下，如图 10.9-24 所示。这样可避免回油飞溅而产生气泡和噪声。

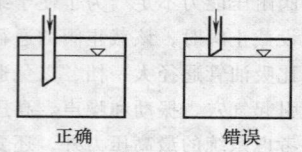

正确　　　　　错误

图10.9-24　回油管出口应浸在液压以下

（5）禁忌油箱不加设隔板将吸油区和回油区隔开 对油液容量超过 100L 的油箱，一般应设置内部隔板，把吸油管和回油管分别置于隔板两侧，可以有效挡住回油杂粒进入吸油侧，又可增加液流循环途径，提高散热和逸出空气效果。隔板的高度应适当，过低不起作用，过高可能造成液压泵吸空。

（6）禁忌油箱底面直接落地安装 考虑到油箱底面充分散热，油箱应带有支腿，不要让底面直接落在地面上，一般要求支腿高度不小于 150mm。

（7）禁忌油箱顶盖上安装的空气过滤器的通流量过小 为了防尘、防污物进入油箱内污染油液，一般要求油箱应密闭防尘，要求油箱盖与箱体之间、管道插入油箱的穿孔处都应采取相应密封措施，只通过箱盖上安装的空气过滤器使油箱与大气相通。因此，要求空气过滤器的通流量应大于液压泵的流量，以便空气能及时补充液位的下降。

（8）油箱内壁不宜采用喷塑之外的其他处理工艺来防锈 油箱内壁一般需用酸洗磷化清洗、除锈或用喷丸处理除锈。在内壁除锈后涂耐油漆、涂树脂、喷涂氧化铝、镀锌和喷塑等处理工艺中，对于多数钢板制作的油箱，为防止内壁生锈及对油液的污染，目前以采用内壁喷塑工艺效果最佳。塑料具有耐酸碱、附着力好、抗冲击强、光亮美观等特点，可优先选用。

5. 配管禁忌

（1）配管禁忌走直线 因为油管会随着油温变化热胀冷缩，加之液压系统的冲击、振动，短距离的油管不要走直线，就是长管也不推荐。配管至少要有一个松弯，如图 10.9-25 所示。

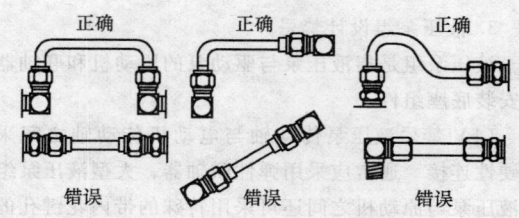

正确　　　　正确　　　　正确

错误　　　　错误　　　　错误

图10.9-25　直管段的松弯

（2）禁止使用有明显凹痕及压扁缺陷的油管 配管时，管子弯曲处应圆滑，不应有明显的凹痕及压扁缺陷，压扁的短长轴比要求不得小于 0.75。

（3）液压泵吸油口禁忌采用铰接式管接头 图 10.9-26a 铰接式管接头，由于结构限制，吸油阻力远远大于图 10.9-26b 所示直通式管接头，它会造成泵吸油不充分而引起噪声，降低液压泵的使用寿命。

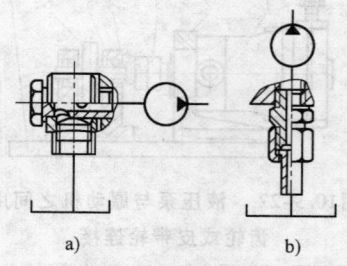

a)　　　　　　b)

图10.9-26　液压泵吸油口不宜采用铰接式管接头

a）差　b）好

（4）禁忌将液压泵的吸油管与溢流阀的排油管相连 若将液压泵的吸油管与溢流阀的排油管相连（见图 10.9-27），因溢流阀排出的是热油，将使液压泵乃至整个液压系统温升加快，造成恶性循环，最终导致元件或整个系统故障。

（5）液压泵泄油管配管禁忌 为保证泵内运动件有良好的润滑条件，要求泵在运行时泵体内充满油液。因此，泵壳体要承受一定的油压力。由于轴封（回转油封）承压能力的限制，泵壳体内的压力一般

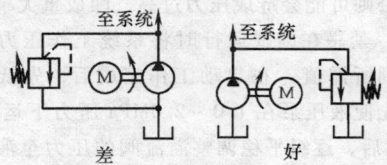

图10.9-27　液压泵与溢流阀的连接

不得超过 0.16～0.2MPa，故要求泵壳的泄油管不能和其他回油管相连，要单独接至油箱。具体而言，泄油管的配管禁忌如下：

1）禁忌将液压泵的泄油管与系统的总回油管相连（见图10.9-28）　液压系统的总回油管内油压力一般都高于液压泵的泄油压力，并且有时还伴有压力冲击。若将液压泵的泄油管与系统的总回油管并联在一起，则泵壳内的压力会升高，同时还要受系统总回油管压力波动的影响。

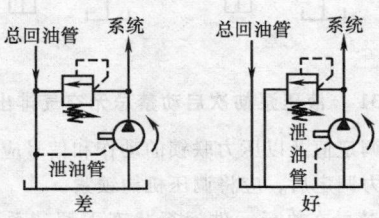

图10.9-28　避免将液压泵的泄油管
与系统的总回油管相连图

2）禁忌将几台液压泵的泄油管并联成一根等直径管后再通往油箱　这种接管方式在液压泵工作时，泵壳体内油压力会比较高，在几台泵同时工作时更是如此。泵壳体内压力高会导致轴封损坏，同时也会给液压泵的吸油带来不利影响。故要求并联各液压泵泄油管的管径适当加大，且将其单独通往油箱。

3）禁忌液压泵体上泄油口的连接管的最高部分也低于泵的轴线　泵壳体内所容纳的泄漏油起着对泵体内运动副的润滑作用。若泄油口接管的最高部分也低于泵的轴线，则壳体内的泄漏油会完全排空，从而使润滑作用失效。

4）禁忌将液压泵泄油管与该泵的吸油管相连（见图10.9-29）　泄油管排出的是热油，与泵吸油口连通后，泵很快吸入，会加快泵体温升，这对泵的使用寿命不利。另外，在有些情况下，还会造成泵壳体内不能充满油液，这对泵的使用寿命更不利。

6.3　液压系统运行禁忌

运行是指保证液压泵向系统正常输送压力油，以

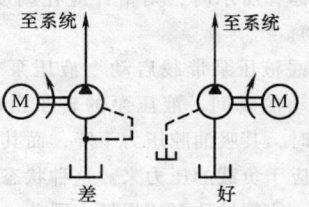

图10.9-29　不要将液压泵的泄油管与吸油管相连

及液压执行元件驱动工作机构正常运转的一种工作状态。要保持液压系统的正常运行状态，就必须严格遵守操作规程。这里不论及液压系统操作规程细则，只是介绍一般液压系统运行通常要遵守的禁忌，从反面即不能干、不要干的角度指明一般液压系统运行禁忌。

1. 启动禁忌

（1）禁忌对液压元件的安装情况未作检查就随意启动系统　运转前应检查液压泵、液压执行元件、液压控制元件等是否安装正确、可靠；确认有无调压、调速元件和显示装置及其所在位置和调节方法；油箱液位是否在规定高度等。用手转动各联轴器，检查泵和马达的传动轴状态，禁忌不理会在旋转中感觉到的力量不均匀、安装有卡涩或松动、不同轴。

（2）禁忌未向泵和马达的壳体内注油就启动系统　液压系统初始使用或长期存放后运转时，必须在启动前按说明书的要求通过壳体上的泄油口向泵和马达的壳体内注满清洁的工作油液，否则不准启动。注油时将上方泄油管接头拆下，见到有油液流出后拧紧此接头（见图10.9-30）。

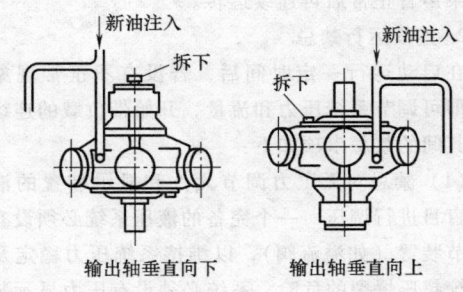

图10.9-30　通过壳体上的泄油口注油

（3）原动机的转向与泵的规定方向不符时，禁止启动　泵壳上一般都有旋向标志牌（从轴端看指示箭头），可通过点动来观察是否相符。对于油流可换向的双向液压泵（例如伺服变量泵），应检查其刻度盘指示方向是否与进出油口方向相符合（当进出

油按泵壳上标牌所示时，则指针应在刻度盘的正向，反之为反向）。

（4）禁忌液压泵带载启动　液压泵带负载启动意味着在启动的瞬间，液压泵的转子由静止变为转动，与此同时，其吸油腔压力下降，而其排油腔又必须建立起相应于负载的压力来。这种状态对液压泵是相当不利的，往往导致泵的损坏。因此，应将系统中溢流阀等调节到最低值，再启动。

在有的液压系统中，液压泵带载启动是不可避免的，在这种情况下，应采取相应措施，如通过适当设计液压回路，可使泵在启动前用另外的非带负载启动的液压泵建立起相应的压差来平衡外负载，之后再启动该泵。并且在液压泵启动且正常运转后，再平稳地将非带负载启动的泵的工作压力过渡到该泵上来。也可以设置空载循环回路。

（5）禁忌内燃机马上进入工作状态　对于内燃机作原动机的液压泵，在启动内燃机时，一定要保证液压泵控制手柄在中位，应使发动机急速转动 3～5min 后，再进入工作状态。

（6）液压系统初次启动禁忌液压泵内空气无排出通道　有些液压泵，如车辆用叶片泵，因泵的内泄漏较大，在初次启动时，系统内的空气较难排出，造成液压泵的吸油不良，尤其是液压泵出口所接的是 Y 型中位机能等换向阀时更是如此。把 Y 型换向阀改为液压泵出口可以排出空气的 M 型换向阀即可，如图 10.9-31 所示。当然，也可以通过放松液压泵出口的有关管接头来解决。

（7）禁忌启动一次即连续运转　启动时应先点动，即先将启动按钮启停数次，确认油流方向正确与液压泵声音正常后再连续运转。

2. 连续运行禁忌

在启动运行一定时间后，若没有不正常现象发生，即可调节系统压力和流量，开始带载的连续运行。其间的禁忌事项如下：

（1）禁忌对无压力调节元件和显示装置的液压系统盲目进行调压　一个完备的液压系统必须设有压力调节装置（如溢流阀），以维持系统压力稳定及防止系统超压爆裂的危险，系统必须设有压力显示装置（如压力表）以观测系统压力，指导压力设定值，防止超压溢流。对未设压力表的系统，切不可轻易进行

调压，否则可能会造成压力过高、酿成重大事故。

（2）禁忌在调试运行时将系统工作压力和流量一次调到所需值　在启动工作完成后，先低负载运转，即先使液压泵在 1.0～2.0MPa 压力下运转 10～20min 之后，逐级平稳调整溢流阀的压力至液压系统的最高压力，满负载运转 15min，检查系统是否工作正常，如是否漏油、液压泵和液压系统声音是否正常等。泵壳上的最高温度一般比油箱内液压泵入口处的油温高 10～20℃。负载运行完毕后，即可分别调节各回路及执行元件运动方向、速度及循环，满足要求后进入连续运行阶段。

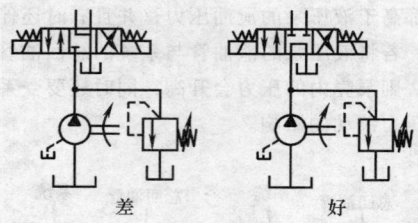

差　　　　　　好

图10.9-31　液压泵初次启动禁忌无空气排出通道

压力调定值及以压力联锁的动作和信号应与设计相符。压力调定后，应将调压机构锁紧。

（3）禁忌在执行元件运行状态下调节系统工作压力　由于执行元件在无工作负载而只有摩擦负载下运动时，表只能反映克服摩擦力所需的压力，不能反映调整所需求的工作压力，因此应在执行元件处于缩回位置的一侧或停止运动时，调定系统溢流阀来确定系统工作压力。

（4）系统运行中禁忌锤击、拆卸元件和管路　系统运行中压力高、流量大，锤击或拆卸元件和管路，会造成压力突然释放，使元件和管件崩裂，油液外泄，给人身设备造成危害。

（5）禁忌停用较长时间后重新使用时突然满载运转　液压系统停用三个月以上而重新使用时，应首先使系统空运转半小时。运转中若发现液压泵有异常升温、泄漏、振动和噪声，应立即停车进行检查。

3. 停机禁忌

液压系统的正常停机操作，应该事先使系统卸荷（通过溢流阀或电磁溢流阀），再停机。

第 10 章　气动系统设计及实例

1　气动系统的分类与特点

1.1　气动系统的基本类型

气动系统按所用控制元件的分类如图 10.10-1 所示。

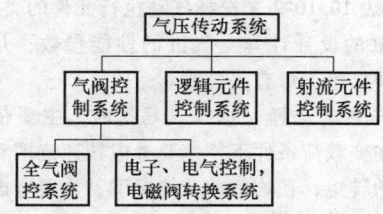

图10.10-1　气动系统的基本类型

1.2　气动系统的特点

1. 气动系统的优点

1）以空气为工作介质，工作压力低（一般在 0.3~0.8MPa），工作介质来得比较容易，用后的空气排到大气中，处理方便，与液压传动相比不必设置回收油的油箱和管道。

2）因空气的粘度很小，其损失也很小（一般仅为油路的千分之一），所以便于集中供应、远距离输送。外泄漏不会像液压传动那样，使压力降低明显、污染严重。

3）相对液压传动来说，气动动作迅速，反应快、维护简单、工作介质清洁、管道不易堵塞、不存在介质变质及补充等问题。

4）工作环境适应性好，特别在易燃、易爆、多尘埃、强磁、辐射、振动等恶劣环境中，比液压、电子、电气控制优越。

5）成本低、过载能自动保护。

2. 气动系统的缺点

1）由于空气具有可压缩性，因此工作速度的稳定性稍差。但采用气液联动装置会得到满意的效果。

2）因为工作压力低，又因结构尺寸不宜过大，因而气动装置总输出力不会很大。

3）气动装置中的气信号传递速度比电子及光速慢（仅限于声速以内），因此，气信号传递不适用于高速传递复杂的回路。

气动控制与其他控制的性能比较见表 10.10-1。

表 10.10-1　几种控制方式的性能比较表

控制方式＼比较项目		操作力	动作快慢	环境要求	构造	负载变化影响	远距离操纵	无级调速	工作寿命	维护	价格
气压控制		中等	较快	适应性好	简单	较大	中距离	较好	长	一般	便宜
液压控制		最大（可达几十吨）	较慢	不怕振动	复杂	有一些	短距离	良好	一般	要求高	稍贵
电控制	电气	中等	快	要求高	稍复杂	几乎没有	远距离	良好	较短	要求较高	稍贵
	电子	最小	最快	要求特高	最复杂	没有	远距离	良好	短	要求更高	最贵
机械控制		较小	一般	一般	一般	没有	短距离	较困难	一般	简单	一般

2　气动系统设计计算的一般步骤

气动系统设计步骤大致为，明确设计依据和要求，设计气动回路，选择、设计气动元件，对气动系统压降进行验算，选择空压机。

2.1　明确设计依据和要求

设计要求是进行气动系统设计的主要依据。主机对气动系统的设计要求主要包括，工艺动作要求，气动系统的工作环境和结构条件，气动系统的经济性和工作可靠性等。

1）工艺动作要求。主机对气动系统执行机构的工艺动作要求、动作程序配合要求主要如下：

① 运动要求：应明确气动系统执行机构运动速度的大小，运动速度的可调性和平稳性，定位精度的高低，顺序动作要求及动作时间等。

② 动力要求：作用在气动系统执行机构上载荷的大小，载荷性质，对冲击、振动等特性的要求。

③ 自动化要求：气动控制系统的控制方式，对气动程序、信号变换、联锁及急停等要求。

2）气动系统的工作环境和结构条件。气动系统的工作环境，如温度的高低及其变化范围，湿度大小与防潮要求，粉尘的多少与防尘要求，防腐与防爆性能要求等。同时，对主机和气动系统工作场地的空间大小，位置限制和重量限制等条件也应了解清楚。

3）对气动系统工作可靠性与经济性方面的要求。

2.2　气动回路的设计

气动回路的设计方法，主要取决于回路要求及回路的复杂程度。

当气动回路程序要求比较简单时，可选用基本回路和常用回路以及急停、循环选择、自动手动选择等附加条件，组合成气动控制系统。当气动回路程序要求复杂时，则应采用逻辑设计法设计气动回路。其设计步骤如下：

1）根据设计要求，绘制气动执行元件的工作程序图（用于 X/D 线图法）或动作状态时序图（用于卡诺图法），并明确运动要求。

2）根据气动执行元件的工作程序，绘制信号状态图（用于 X/D 线图法）或卡诺图（用于卡诺图法）、扩大卡诺图。

3）进行逻辑化简，确定执行信号，绘出逻辑原理图。

4）利用所设计的行程程序控制回路的逻辑原理图，绘制气动回路原理图。

2.3　选择、设计气动元件

2.3.1　气动执行元件的选择与设计

（1）气动执行元件类型的选择　根据气动执行元件的运动形式（直线往复运动、回转运动、往复摆动），参照表 10.10-2 来选择气动执行元件的类型。

（2）气缸的设计计算　气缸的性能参数、几何参数的计算详见第 4 章有关公式。

（3）气马达的选择　选择气马达时，主要依据载荷状态。在变载荷条件下，主要考虑转速范围和工作机构所需的转矩；在均衡载荷情况下，主要考虑工作转速要求。

表 10.10-2　气动执行元件类型

气缸类型	特　点	适用场合
柱塞式气缸	结构简单	单项运动
双杆活塞式气缸	双向对称	双向工作的往复运动
单杆活塞式气缸	双向不对称	往复不对称的直线运动
齿轮式气马达	结构简单,价格便宜,噪声大,振动大,效率低	高转速、低转矩的回转运动
叶片式气马达	结构简单,维修方便,效率不高	高、低转速,小转速的回转运动
摆动式气马达	结构简单	单叶片摆角280°,双叶片摆角100°,活塞式摆角大于360°
轴向活塞式气马达	结构紧凑,效率高	大转矩回转运动
径向活塞式气马达	输出功率大,效率较高	低速大转矩回转运动

2.3.2　控制阀的选择

（1）控制元件类型的选择　选择气动控制元件时，主要考虑控制元件的工作环境、工作可靠性、耗气量大小等条件，可参照表 10.10-3 选择。

（2）控制元件通径的确定　气动控制元件通径的确定，主要依据阀的工作压力和最大流量，各种通径下阀的额定流量见表 10.10-4。同时，还应考虑控制阀的压力调节范围。

表 10.10-3　气动控制元件类型

控制元件类型	电磁气阀控制	气控气阀控制	气控逻辑元件控制	气控射流元件控制
安全可靠性	较好	较好	较好	一般
恶劣环境适应性	较差	较好	较好	好
气源净化要求	一般	一般	一般	高
远距离控制性	好	一般	一般	较好
速度传递快慢	快	>10ms	<10ms	1ms
体积	一般	大	较小	小
无功耗气量	很小	很小	小	大
带载能力	高	高	较高	有限
经济性	较贵	较便宜	便宜	便宜

表 10. 10-4　标准控制阀的额定流量

通径/mm	3	6	8	10	15	20	25	32	40	50
额定流量/(L/min)	11.66	41.67	83.34	116.67	166.68	213.36	500	833.4	1166.7	1666.8

2.3.3　气动辅件的选择

（1）分水滤气器的选择　选择分水滤气器时，主要根据气动系统或元件所要求的过滤精度，参见表 10. 10-5。

表 10. 10-5　气动系统及元件要求的过滤精度

元件类型	气动回路、截止阀、气缸	气马达	气控阀、射流元件、检测气路
过滤精度/μm	≤50 ~ 75	≤25	≤10

（2）油雾器的选择　选择油雾器时，主要根据油雾颗粒大小和流量来进行。

（3）消声器的选择　选择消声器时，主要考虑通过消声器的流量和工作场合。

2.3.4　气罐容积计算

（1）储存气体用气罐的体积　根据工作要求所需的耗气量和工作压力来确定气罐容积 V（m^3），为

$$V = 1.15 \times 10^5 \frac{QT}{p - p_1} \qquad (10.10\text{-}1)$$

式中　Q——系统所需耗气量（m^3/s）；

　　　T——储气最小工作时间（s）；

　　　p——储气罐内压力（Pa）；

　　　p_1——工作压力（Pa）。

（2）减少周期脉动用气罐的容积　为了减少活塞式空压机排气时间的周期性脉动气流，储气罐容积可按表 10. 10-6 选择。

表 10. 10-6　储气罐容积

压缩机生产能力 Q'/(m^3/s)	<0.1	0.1 ~ 0.5	>0.5
储气罐容积/m^3	0.2Q'	0.15Q'	0.1Q'

2.4　气动系统压降验算

2.4.1　管道计算

（1）管道内径　管道内径 d（mm）主要根据流量、流速和允许的压力损失确定，即

$$d = \frac{1}{3} \times 10^2 \sqrt{\frac{Q}{\pi v}} \qquad (10.10\text{-}2)$$

式中　Q——压缩空气流量（m^3/h）；

　　　v——管内压缩空气流速（m/s）。通常，厂区管道取 8 ~ 10m/s；车间管道取 10 ~ 15m/s；一般管道应在 25m/s 以下。

（2）管道壁厚　气动系统的管道壁厚 δ（mm），均按薄壁筒公式来计算：

$$\delta = \frac{pd}{2[\sigma]} \qquad (10.10\text{-}3)$$

式中　p——管道压力（Pa）；

　　　d——管道内径（mm）；

　　　$[\sigma]$——管道材料的许用应力（Pa），$[\sigma] = \frac{\sigma_b}{n}$；

　　　σ_b——管道材料的抗拉强度（Pa）；

　　　n——安全系数，一般取 $n = 6 ~ 8$。

2.4.2　压降验算

对于输气管道长度小于 100m 的气动系统，其压降验算按下式进行：

$$K\Sigma\Delta p_r \leq [\Sigma\Delta p] \qquad (10.10\text{-}4)$$

式中　K——压降简化修正系数，通常取 $K = 1.05 ~ 1.3$；

　　　$\Sigma\Delta p_r$——压缩空气流经气动元件时的压降总和（Pa），通过各类气动元件、辅件的压降值见表 10. 10-7；

　　　$[\Sigma\Delta p]$——系统的允许压降（Pa），一般流水线范围 $[\Sigma\Delta p] < 10kPa$，车间范围 $[\Sigma\Delta p] < 50kPa$，工厂范围 $[\Sigma\Delta p] < 100kPa$。

2.5　空压机的选择和计算

（1）空压机供气量 Q_g（m^3/s）计算

$$Q_g = (1.2 ~ 1.5) \sum_{j=1}^{n} (Q_z - Q_0)_j \qquad (10.10\text{-}5)$$

式中　Q_z——一台用气设备的用气量（m^3/s）。对于气缸类执行元件，可以把一个周期中各缸的平均耗气量作为一台用气设备的用气量。

故

$$Q_z = \frac{1}{T}\left[\sum_{j=1}^{n} (\alpha V)_j\right] \qquad (10.10\text{-}6)$$

或

$$Q_z = \frac{1}{T}\left[\sum_{j=1}^{n} (\alpha Q't)_j\right] \qquad (10.10\text{-}7)$$

式中　T——工作循环时间（s）；

　　　α——气缸一次往复动作的次数，单作用气缸 $\alpha = 1$、双作用气缸 $\alpha = 2$；

　　　V——气缸容积（m^3）；

　　　Q'——气缸一个行程的用气量（m^3/s）；

t——气缸一个行程所需的时间（s）；

n——气缸数量；

Q_0——用气设备漏气量（m^3/s）。通常 $Q_0 = (0.1 \sim 0.2) Q_z$。

表 10.10-7 通过各类气动元件、辅件的压降值 （单位：kPa）

元、辅件名称			公称通径/mm									
			3	6	8	10	15	20	25	32	40	50
单向阀	换向阀	截止阀	24.5	24.5	21.6	14.7	14.7	9.8	9.8	8.8	8.8	8.8
		滑阀	—	24.5	21.6	14.7	14.7	9.8	8.8	—	—	—
	单向型控制阀	单向阀、梭阀、双压阀	24.5	21.6	19.6	14.7	11.8	9.8	9.8	8.8	8.8	7.85
		快排阀 $P \rightarrow A$	—	21.6	19.6	11.8	11.8	9.8		8.8		7.85
		快排阀 $A \rightarrow O$	—	19.6	11.8	9.8	9.8	9.8		7.85		
	脉冲阀、延时阀		24.5	—	—	—	—	—	—	—	—	—
流量阀	节流阀、单向节流阀	$P \rightarrow A$			24.5				11.8			
		$A \rightarrow P$	24.5	21.6	19.6	14.7	11.8	9.8	9.8	8.8	8.8	7.85
	排气节流阀		24.5	21.6	19.6	14.7	11.8	9.8	9.8	8.8	8.8	7.85
	消声节流阀			19.6	11.8	9.8	9.8	8.8	8.8			
压力阀	单向压力顺序阀		24.5	21.6	19.6	14.7	11.8	—	—	—	—	—
附件	油雾器					14.7				—		
	分水过滤器	25μm			14.7				24.5			
		75μm			9.8				19.6			
	消声器		21.6	19.6	11.8	9.8	9.8	8.8			7.85	6.9

注：其他元、辅件可通过实验或按本表所列各件压降值类比选用。

（2）空压机的排气压力 p_g （Pa）计算

$$p_g = p + \sum \Delta p \qquad (10.10\text{-}8)$$

式中 p——用气设备使用的额定压力（Pa）；

$\sum \Delta p$——气动系统的总压力损失（Pa）。

（3）选择空压机 根据计算的空压机供气量 Q_g 和排气压力 p_g，考虑气动系统的具体工作条件，选择空压机的类型和规格。

3 气动系统设计计算实例

【例】：设计某厂鼓风炉钟罩式加料装置气动系统。加料结构如图 10.10-2 所示。图 10.10-2a 中，Z_A、Z_B 分别为鼓风炉上、下两个料钟（即顶料钟、底料钟），W_A、W_B 分别为顶、底钟的配重，使料钟平时处于关闭状态。图 10.10-2b 中，A 与 B 分别为操纵顶、底两个料钟开、闭的气缸。

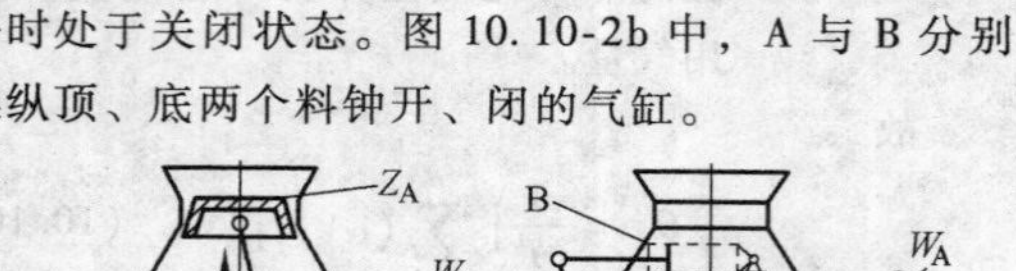

（1）工作要求及环境条件

1）工作要求：具有自动与手动加料两种方式。自动加料：加料时，吊车把物料运过来，顶钟 Z_A 开启，卸料于两钟之间；然后延时发信号，使顶钟关闭，底钟打开，卸料到炉内，再延时（卸完料）关闭底钟，循环结束。顶、底料钟开闭动作必须联锁，可全部关闭但不许同时打开。

2）运动要求：料钟开或关一次时间 $t_2 \leqslant 6s$，缸行程 s 均为 600mm。所以气缸活塞杆平均速度 $v = \dfrac{s}{t_2} = \dfrac{600}{6}$ mm/s = 100mm/s = 0.1m/s；要求行程末端平缓些。

3）动力要求：顶部料钟的操作力（打开料钟的气缸推力）为 $F_{ZA} \geqslant 5.10$kN；底部料钟开启作用力为 $F_{ZB} \geqslant 24$kN。

4）工作环境：环境温度 30 ~ 40℃，灰尘较多。

（2）回路设计

1）列出气动执行元件的工作程序，见图 10.10-3。

2）画信号-动作状态线，见图 10.10-4。

3）画气控逻辑原理图，见图 10.10-5。

4）画系统回路原理图，见图 10.10-6。

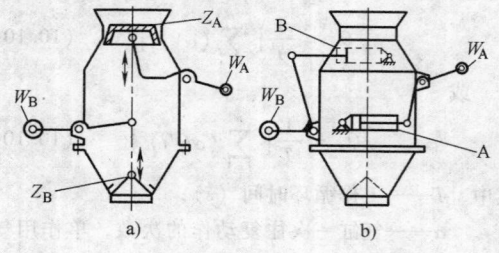

图10.10-2 鼓风炉加料装置气动机构示意图

a) 剖视图 b) 外形示意图

加料吊车 x_0 放罐压 x_0 → 顶钟开 →（延时）顶钟闭 → 底钟开 →（延时）底钟闭

$\xrightarrow{x_0} A_1 \xrightarrow[\text{延时}]{a_1} A_0 \xrightarrow{a_0} B_0 \xrightarrow[\text{延时}]{b_0} B_1$

图10.10-3 气动执行元件工作程序

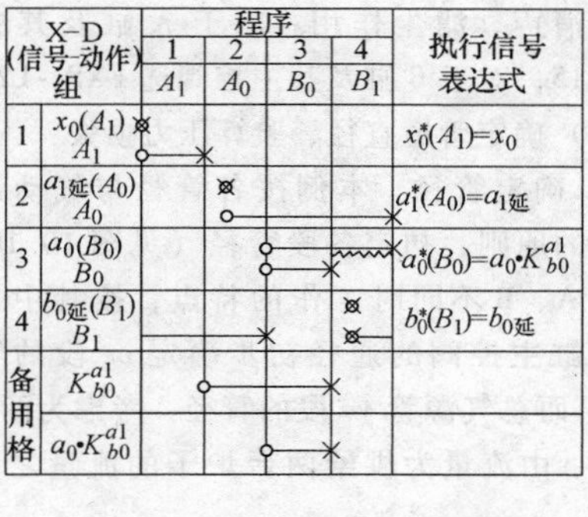

X-D
(信号-动作)
组
程序
1 A_1
2 A_0
3 B_0
4 B_1
执行信号
表达式
1 $x_0(A_1)$ A_1
$x_0^*(A_1)=x_0$
2 $a_{1延}(A_0)$ A_0
$a_1^*(A_0)=a_{1延}$
3 $a_0(B_0)$ B_0
$a_0^*(B_0)=a_0 \cdot K_{b0}^{a1}$
4 $b_{0延}(B_1)$ B_1
$b_0^*(B_1)=b_{0延}$
备用格
K_{b0}^{a1}
$a_0 \cdot K_{b0}^{a1}$

图10.10-4　信号-动作状态线

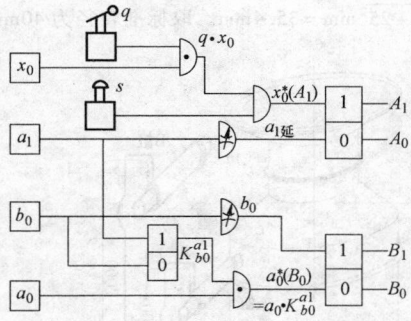

q
$q \cdot x_0$
x_0
s
$x_0^*(A_1)$
1
A_1
a_1
$a_{1延}$
0
A_0
b_0
b_0
1
K_{b0}^{a1}
0
1
B_1
$a_0^*(B_0)$
$=a_0 \cdot K_{b0}^{a1}$
0
B_0
a_0

图10.10-5　气控逻辑原理图

b_0
B_0
B_1
a_0^*
QF_B
YA_2
b_0
a_1
QF_1
$a_0^*(B_0)=a_0 \cdot K_{b0}^{a1}$
b_0
A_1
A_0
a_0
a_1
x_0
q
QF_A
s
QF_2
YA_1
$(\xrightarrow{x_0} A_1 \xrightarrow{a_1} A_0 \xrightarrow{a_0} B_0 \xrightarrow{b_0} B_1)$
延时
延时

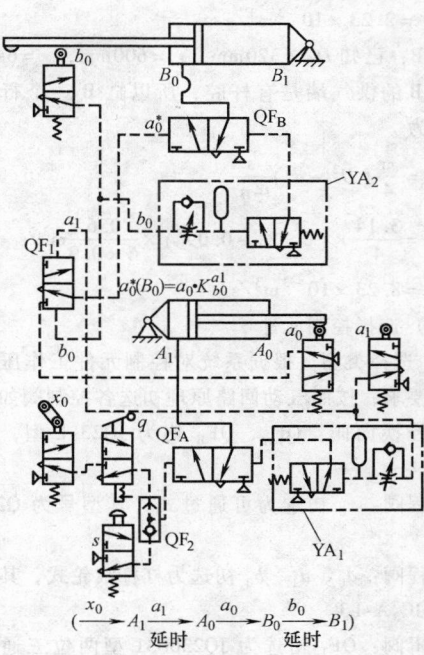

图10.10-6　系统回路原理图

回路图中 YA_1 和 YA_2 为延时换向阀（常断延时通型），由该阀延时经主控阀 QF_A、QF_B 放大去控制缸 A_1 和缸 B_0 状态。料钟的关闭靠自重。

（3）选择执行元件

1）确定执行元件的类型。根据料钟开闭（升降）行程较小，炉体结构限制（料钟中心线上下方不宜安装气缸）及安全性要求（机械动力有故障时，两料钟处于封闭状态），故采用重力封闭方案，如图10.10-2所示。同时，在炉体外部配上料钟开启（即配重抬起）的传动装置，由于行程小，故采用摆块机构，即相应地采用尾部铰接式气缸做执行元件。

考虑料钟的开启动作是开启靠气动，关闭靠配重，所以选用单作用缸；但又考虑开闭平稳，可采用缓冲型的气缸。因此，初步选择执行元件为两台标准缓冲型、尾部铰接式气缸。

2）主要参数尺寸。气缸内径 D

顶部料钟气缸，其内径由下式计算：

$$D=\sqrt{\frac{4F_1}{\pi p\eta}}$$

式中　工作推力 $F_1=F_{ZA}=5.1\times10^3\text{N}$，当 $v\leqslant0.2\text{m/s}$ 时，$\eta=0.8$，有 $p=0.4\text{MPa}$，则

$$D_A=\sqrt{\frac{4}{3.14}\times\frac{5.1\times10^3}{4\times10^5\times0.8}}\text{m}=0.142\text{m}$$

查有关手册，如选择冶金用气缸，取标准缸径 $D_A=160\text{mm}$，行程 $s=600\text{mm}$。

底钟气缸，由于炉体总体布置限制，气缸的操作力为拉力，由下式计算：

$$D_B=(1.01\sim1.09)\sqrt{\frac{4F_2}{\pi p\eta}}$$

考虑缸径较大，取上式前边的系数为 1.03，且当 $v\leqslant0.2\text{m/s}$ 时，$\eta=0.8$，有 $F_2=2.4\times10^4\text{N}$，$p=4\times10^5\text{Pa}$，则

$$D_B=1.03\sqrt{\frac{4\times2.4\times10^4}{3.14\times4\times10^5\times0.8}}\text{m}=0.318\text{m}$$

查手册，也选冶金用气缸，取标准缸径 $D_B=320\text{mm}$，行程 $s=600\text{mm}$。

综上，选取顶钟气缸 A 为气缸 JB160×600；选取底钟气缸 B 为气缸 JB320×600，活塞杆直径 $d=90\text{mm}$。

3）耗气量计算。

缸 A：已知缸径 $D_A=160\text{mm}$，$s=600\text{mm}$，全行程需要时间 $t_1=6\text{s}$，压缩空气量为

$$Q_A = \frac{\pi}{4} D^2 \frac{s}{t_1 \eta_v} = \frac{3.14}{4} \times 0.16^2 \times \frac{0.6}{6 \times 0.9} \text{m}^3/\text{s}$$

$$= 2.23 \times 10^{-3} \text{m}^3/\text{s}$$

缸 B：已知 $D_B = 320\text{mm}$，$s = 600\text{mm}$，$t_2 = 6\text{s}$，由于气缸 B 的供气端是有杆腔，所以缸 B 一个行程的耗气量为

$$Q_B = \frac{\pi}{4}(D^2 - d^2)\frac{s}{t_2 \eta_v}$$

$$= \frac{3.14}{4} \times (0.32^2 - 0.09^2) \times \frac{0.6}{6 \times 0.9} \text{m}^3/\text{s}$$

$$= 8.23 \times 10^{-3} \text{m}^3/\text{s}$$

（4）选择控制元件

1）选择类型。根据系统对控制元件工作压力及流量的要求，按照气动回路原理初选各控制阀如下：

主控换向阀：QF_A、QF_B 均为 JQ23-L 型，通径待定。

行程阀：x_0 初选为可通过式，其型号为 Q23JC$_4$A-L3。

行程阀：a_0、a_1、b_0 初选为杠杆滚轮式，其型号为 Q23 JC$_3$ A-L3。

逻辑阀：QF_1 初选为 JQ230631 型两位三通双气控阀。

梭阀：QF_2 初选为 QS-L3 型。

手动阀：s 初选为推拉式，其型号为 Q23R$_5$-L3。

手动阀：q 初选为按钮式，其型号为 Q23R$_1$A-L3。

2）选择主控阀。

对 A 缸主控换向阀 QF_A 的选择如下：

因 A 缸要求压力 $P_A = 0.4\text{MPa}$，流量 $Q_A = 2.23 \times 10^{-3} \text{m}^3/\text{s}$，查表 10.10-4 初选 QF_A 的通径为 $\phi 15\text{mm}$，其额定流量 $Q_A = 2.78 \times 10^{-3} \text{m}^3/\text{s}$。故初选型号为 Q25Q$_2$C-L15（堵死两个不用的气口）。

对 B 缸主控换向阀 QF_B 的选择如下：

因 B 缸要求工作压力 $P_B \leqslant 0.4\text{MPa}$，流量 $Q_B = 8.23 \times 10^{-3}\text{m}^3/\text{s}$，故初选其型号为 Q25Q$_2$C-L25（堵死两个不用的气口）。

3）选择减压阀。

根据系统所要求的压力、流量，同时考虑 A、B 缸因联锁关系不会同时工作的特点，即按其中流量、压力消耗最大的一个缸（B 缸）选择减压阀。由供气压力为 0～0.7MPa、额定流量为 $8.33 \times 10^{-3}\text{m}^3/\text{s}$，选择减压阀订货号为 395、291～294。

（5）选择气动辅件　辅件的选择要求与减压阀相适应。

分水滤气器：394、49。

油雾器：396、49。

消声器：配置于两主控阀排气口、气缸排气口处，起消声、滤尘作用。对于 A 缸及其主控阀选 FXS$_2$-L15，对于 B 缸及其主控阀选 FXS$_2$-L25。

（6）确定管道直径、验算压力损失

1）确定管径。本例按各管径与气动元件通径相一致的原则，初定各段管径（见图 10.10-7）。同时考虑 A、B 不同时工作的特点，按其中用气量最大的 B 缸主控阀的通径初步确定 oe 段的管径也是 25mm。而总气源管 yo 段的管径，考虑为两台炉子同时供气、由流量为供给两台炉子的流量之和的关系

$$Q = \frac{\pi}{4}d^2 v = \frac{\pi}{4}d_1^2 v + \frac{\pi}{4}d_2^2 v$$，可导出：$d = \sqrt{d_1^2 + d_2^2} = $

$\sqrt{25^2 + 25^2}\text{mm} = 35.4\text{mm}$。取标准管径为 40mm。

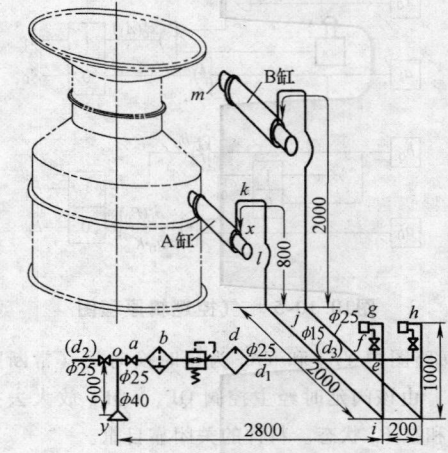

图10.10-7　管道的布置示意图

2）验算压力损失。如图 10.10-7 所示，本例中验算供气管 y 处到 A 缸进气口 x 处的损失（因 A 缸的管路较细，损失要比 B 缸管路大）是否在允许范围内，即：

$$\Sigma\Delta p \leqslant [\Delta p]$$

① 沿程压力损失

y-o 段的沿程压力损失

沿程压力损失由下式计算（见表 10.1-9）：

$$\Delta p_l = \lambda \frac{l}{d} \frac{v^2}{2g} \gamma$$

式中　Δp_l——沿程压力损失（Pa）；

d——管内径（m），$d = 0.04\text{m}$；

l——管长（m），$l = 0.6\text{m}$；

v——管中流速（m/s），$v = \frac{Q}{A} = \frac{2 \times 8.23 \times 10^{-3}}{\frac{\pi}{4} \times 0.04^2}$

m/s $= 13.1\text{m/s}$

λ——沿程阻力系数，由雷诺数 Re 和管壁相

对粗糙度 $\frac{\varepsilon}{d}$ 确定；

γ——压缩空体的比重（N/m^3）。

30℃时空气的运动粘度为 $\nu = 1.66 \times 10^{-5} m^2/s$

$$Re = \frac{\nu \times d}{\nu} = \frac{13.1 \times 0.04}{1.66 \times 10^{-5}} = 3.16 \times 10^4$$

$$\frac{\varepsilon}{d} = \frac{0.04}{40} = 0.001$$

根据 Re、$\frac{\varepsilon}{d}$ 查有关手册得 $\lambda = 0.0265$，温度

30℃、压力 0.4MPa 时比重 γ 值可由下式（见表 10.1-6）算出：

$$\gamma = \rho g = 9.81 \times 1.293 \times \frac{273}{273+30} \times \frac{0.4+0.1013}{0.1013} N/m^3$$

$$= 56.5 N/m^3$$

$$\Delta p_l = 0.0265 \times \frac{0.6}{0.04} \times \frac{13.1^2}{2 \times 9.81} \times 56.5 N/m^2$$

$$= 196 N/m^2 = 1.96 \times 10^{-4} MPa$$

o-e 段的沿程压力损失

$$v_1 = \frac{Q_1}{A_1} = \frac{8.23 \times 10^{-3}}{\frac{\pi}{4} \times 0.025^2} m/s = 16.8 m/s$$

$$Re_1 = \frac{v_1 d_1}{\nu} = \frac{16.8 \times 0.025}{1.66 \times 10^{-5}} = 2.53 \times 10^4$$

由 $\frac{\varepsilon}{d_1} = \frac{0.04}{25} = 0.0016$ 和 $Re_1 = 2.53 \times 10^4$ 可查得

$\lambda_1 = 0.029$，有

$$\Delta p_{l1} = \lambda_1 \frac{l_1}{d_1} \frac{v_1^2}{2g} \gamma = 0.029 \times \frac{2.8}{0.025} \times \frac{16.8^2}{2 \times 9.81} \times 56.5 N/m^2$$

$$= 2640 N/m^2 = 2.64 \times 10^{-3} MPa$$

e-x 段的沿程压力损失

$$v_3 = \frac{Q_3}{A_3} = \frac{2.23 \times 10^{-3}}{\frac{\pi}{4} \times 0.015^2} m/s = 12.6 m/s$$

$$Re_3 = \frac{v_3 d_3}{\nu} = \frac{12.6 \times 0.015}{1.66 \times 10^{-5}} = 1.14 \times 10^4$$

由 $\frac{\varepsilon}{d_3} = \frac{0.04}{15} = 0.0027$、$Re_3 = 1.14 \times 10^4$ 可查得

$\lambda_3 = 0.035$，有

$$\Delta p_{l3} = 0.035 \times \frac{3.8}{0.015} \times \frac{12.6^2}{2 \times 9.81} \times 56.5 N/m^2$$

$$= 4053 N/m^2 = 4.05 \times 10^{-3} MPa$$

由 y-x 的总沿程压力损失

$$\Sigma \Delta p_l = \Delta p_l + \Delta p_{l1} + \Delta p_{l3}$$

$$= (1.96 \times 10^{-4} + 2.64 \times 10^{-3} + 4.05 \times 10^{-3}) MPa$$

$$= 6.89 \times 10^{-3} MPa$$

② 局部压力损失

流经管道中的局部压力损失

$$\Sigma \Delta p_{\xi 1} = \Sigma \xi \frac{v^2}{2g} \gamma$$

$$\Sigma \xi = \xi_y + \xi_o + \xi_a + \xi_e + \xi_f + \xi_g + \xi_h + \xi_i + \xi_j + \xi_l + \xi_k + \xi_x$$

式中 ξ_y——入口局部阻力系数 $\xi_y = 0.5$；

ξ_o、ξ_e——分别为三通管局部阻力系数 $\xi_o = 2$，$\xi_e = 1.2$；

ξ_a、ξ_f——流经截止阀处局部阻力系数 $\xi_a = \xi_f = 3.1$；

ξ_h、ξ_i、ξ_j、ξ_k——弯头局部阻力系数，分别为 $\xi_h = \xi_i = \xi_j = 0.29$，$\xi_k = 2 \times 0.29 = 0.58$；

ξ_l——软管处局部阻力系数，近似计算 $\xi_l = 2 \times \left(0.16 \times \frac{45°}{90°}\right) = 0.16$；

ξ_x——出口局部阻力系数，$\xi_x = 1$；

$$\Sigma \Delta p_{\xi 1} = \left[0.5 \times \frac{13.1^2}{2 \times 9.81} + (2+3.1) \times \frac{16.8^2}{2 \times 9.81} \right.$$

$$+ (1.2 + 3.1 + 0.29 + 0.29 + 0.29 + 0.16$$

$$\left. + 2 \times 0.29 + 1) \times \frac{12.6^2}{2 \times 9.81}\right] \times 56.5 N/m^2$$

$$= 7750 N/m^2 = 7.75 \times 10^{-3} MPa。$$

流经元、辅件的压力损失

流经减压阀的压力损失较小可以忽略不计，其余损失如下：

$$\Sigma \Delta p_{\xi 2} = \Delta p_b + \Delta p_d + \Delta p_g$$

式中 Δp_b——流经分水滤气器的压力损失；

Δp_d——流经油雾器的压力损失；

Δp_g——流经截止式换向阀的压力损失。

查表 10.10-7 得 $\Delta p_b = 0.02 MPa$，$\Delta p_d = 0.015 MPa$，$\Delta p_g = 0.015 MPa$。

$$\Sigma \Delta p_{\xi 2} = (0.02 + 0.015 + 0.015) MPa = 0.05 MPa$$

总局部压力损失

$$\Sigma \Delta p_\xi = \Sigma \Delta p_{\xi 1} + \Sigma \Delta p_{\xi 2} = (7.75 \times 10^{-3} + 0.05) MPa$$

$$= 0.058 MPa$$

③ 总压力损失

$$\Sigma \Delta p = \Sigma \Delta p_l + \Sigma \Delta p_\xi = (6.89 \times 10^{-3} + 0.058) MPa$$

$$= 0.065 MPa$$

考虑排气口消声器等未计入的压力损失：

$$\Sigma \Delta p_j = K_{\Delta p} \Sigma \Delta p$$

$K_{\Delta p} = 1.05 \sim 1.3$，取 $K_{\Delta p} = 1.1$，则

$$\Sigma \Delta p_j = 1.1 \Sigma \Delta p = 1.1 \times 0.065 MPa = 0.072 MPa$$

从 $\Sigma \Delta p$ 的计算可知，压力损失主要在气动元、辅件上，所以在不要求精确计算的场合，可不细算，只在安全系数 $K_{\Delta p}$ 中取较大值即可。

$$\sum \Delta p_j = 0.072 \text{MPa} < [\sum \Delta p] = 0.1 \text{MPa}$$

执行元件需要工作压力 $p = 0.4 \text{MPa}$，压力损失 $\sum \Delta p_j = 0.072 \text{MPa}$。供气压力为 $0.5 \text{MPa} > p + \sum \Delta p_j = 0.472 \text{MPa}$，说明供气压力满足执行元件的工作压力要求。故以上选择的元件通径、管径合理。

（7）选择空压机　在选择空压机之前，必须算出自由空气流量（一个标准大气状态下的流量）Q'，

$$Q'_A = Q_A \frac{p + 0.1013}{0.1013} = 2.23 \times 10^{-3} \times \frac{0.4 + 0.1013}{0.1013} \text{m}^3/\text{s}$$
$$= 11.0 \times 10^{-3} \text{m}^3/\text{s}$$

$$Q'_B = Q_B \frac{p + 0.1013}{0.1013} = 8.23 \times 10^{-3} \times \frac{0.4 + 0.1013}{0.1013} \text{m}^3/\text{s}$$
$$= 4.07 \times 10^{-2} \text{m}^3/\text{s}$$

气缸的理论用气量由下式计算：

$$\sum_{i=1}^{n} Q_z = \sum_{i=1}^{n} \left\{ \left[\sum_{j=1}^{m} (aQ_z t) \right] / T \right\}$$

式中　Q_z——一台用气设备上的气缸总用气量；

n——用气设备台数，本例中考虑左右两台炉子有两组同样的气缸，故 $n = 2$；

m——一台设备上用气执行元件个数，本例中一台炉子上有 A 和 B 两个缸用气，故 $m = 2$；

a——气缸在一个周期内单程作用次数，本例中，每个气缸一个周期内单程作用一次，$a = 1$；

Q_z——一台用气设备中某一气缸在一个周期内的平均用气量，本例中 $Q'_A = 1.1 \times 10^{-2}$ m^3/s，$Q'_B = 4.07 \times 10^{-2} \text{m}^3/\text{s}$；

t——某个气缸一个单行程的时间，本例中 $t_A = t_B = 6\text{s}$；

T——某设备的一次工作循环时间，本例中 $T = 2t_A + 2t_B = 24\text{s}$。

若考虑左右两台炉子的气缸都由一台空压机供气，则气缸的理论用气量为

$$\sum_{i=1}^{n} Q_z = 2[(1 \times Q'_A t_A + 1 \times Q'_B t_B)/24]$$
$$= 2[(1 \times 11.0 \times 10^{-3} \times 6 + 1 \times 4.07 \times 10^{-2} \times 6)/24] \text{m}^3/\text{s}$$
$$= 2.59 \times 10^{-2} \text{m}^3/\text{s}$$

取设备的利用系数 $\phi = 0.95$；漏损系数 $K_1 = 1.2$；备用系数 $K_2 = 1.4$。则两台炉子气缸的理论用气量为

$$Q_j = 0.95 \times 1.2 \times 1.3 \sum_{i=1}^{n} Q_z$$
$$= 3.84 \times 10^{-2} \text{m}^3/\text{s} = 2.3 \text{m}^3/\text{min}$$

如无气源系统而需单独供气时，可按供气压力 $\geqslant 0.5 \text{MPa}$、流量 $Q_j = 2.3 \text{m}^3/\text{min}$，查有关手册选用 4S-2.4/7 型空压机，该空压机的额定排气压力为 0.7MPa，额定排气为 2.4 m^3/min（自由空气量）。

第11章 液压气动管件

管件主要指管道和管接头，用以连接液压（气压）元件组成液压（气压）系统传送液体（气体）的管路。用于液压系统的管路主要有金属硬管和耐压软管。为保证液压系统工作可靠，管路和管接头应有足够的强度，良好的密封性能，较小的阻尼损失，并且要装拆方便。管内也不允许有锈蚀和污物。

1 液压管路

1.1 概述

液压管路按其在液压系统中的作用分为：

主管路——包括吸油管路、压油管路和回油管路，用来实现压力能的传递。

泄油管路——将液压元件泄漏的油液导入回油管或油箱。

控制管路——用来实现液压元件的控制或调节以及与检测仪表连接的管路。

旁通管路——将压油管路中的部分或全部压力油直接引入油箱的管路。

1.2 管路的材料

液压系统常用的管路按材料划分，有金属管、胶管、尼龙管及耐油塑料管等。

1. 金属管

（1）无缝钢管 无缝钢管耐压高、变形小、耐油、抗腐蚀，虽然装配时不易弯曲，但装配后能长期保持原形，因此广泛用于中高压系统中。无缝钢管有冷拔和热轧两种，液压系统的高压管路一般采用10钢、15钢冷拔无缝钢管，这种钢管的尺寸准确、质地均匀、强度高、可焊性好。焊接式管接头一般采用普通无缝钢管（GB/T 8162—2008、GB/T 8163—2008），卡套式管接头最适合选用精密无缝钢管（GB/T 3639—2009）。无缝钢管公称通径、外径、壁厚、连接螺纹和推荐流量见表10.11-1。

表 10.11-1 无缝钢管公称通径、外径、壁厚、连接螺纹和推荐流量 （单位：mm）

公称通径 DN	钢管外径	管接头 连接螺纹	公称压力/MPa					推荐管路通过流量	
			≤2.5	≤8	≤16	≤25	≤31.5	cm³/s	(L/min)
			管子壁厚						
3	6		1	1	1	1	1.4	10.5	0.63
4	8		1	1	1	1.4	1.4	41.7	2.5
5、6	10		1	1	1	1.6	1.6	105	6.3
8	14		1	1	1.6	2	2	417	25
10、12	18		1	1.6	1.6	2	2.5	668	40
15	22	M10×1、M14×1.5、	1.6	1.6	2	2.5	3	1050	63
20	28	M18×1.5、M22×1.5、	1.6	2	2.5	3.5	4	1670	100
25	34	M27×2、M33×2、	2	2	3	4.5	5	2670	160
32	42	M42×2、M48×2、	2	2.5	4	5	6	4170	250
40	50	M60×2	2.5	3	4.5	5.5	7	6680	400
50	63		3	3.5	5	6.5	8.5	10500	630
65	75		3.5	4	6	8	10	16700	1000
80	90		4	5	7	10	12	20880	1250
100	120		5	6	8.5			41700	2500

注：压力管道推荐用15、20号冷拔无缝钢管，在公称压力为8～31.5MPa时，选用15号钢；对卡套式管接头用管，采用高级精度冷拔钢管；对焊接式管接头用管，采用普通级精度的钢管。

（2）有缝钢管 液压系统的吸油管和回油管可采用有缝钢管，其最高工作压力不大于1MPa，但价格便宜。

（3）铜管 纯铜管容易弯曲，安装方便，管壁光滑，摩擦阻力小，但耐压能力低，抗振性能差，一般仅用于压力低于5MPa的管路。由于铜与液压油接触易使油氧化，且价格贵，应尽量少用或不用。黄铜管可承受比纯铜管更高的压力，但不如纯铜管容易弯曲。铜管现仅用作仪表和控制装置的小直径油管。

2. 橡胶管

橡胶管是用于连接两个相对运动部件之间的管道。它装配方便，能吸收液压系统的部分冲击和振动。但制造困难，成本高，寿命短，刚性差。橡胶管分高、低压两种。高压胶管是具有一层或多层钢丝编织层或钢丝缠绕层的耐油橡胶管，用于压力油路，其最高工作压力可达 40MPa。低压胶管是以麻线或棉线编织体为骨架的胶管，用于压力较低的回油路或气动管路，工作压力不大于 1.5MPa。

钢丝编织液压胶管由内胶层、钢丝编织层、中间胶层和外胶层组成。一般钢丝编织层有 1~3 层，钢丝层数越多，管径越小，其耐压能力越高，表 10.11-2 为钢丝增强液压橡胶软管规格参数。表 10.11-3 为钢丝编织液压胶管的规格参数。

钢丝缠绕液压胶管由内胶层、钢丝缠绕层、中间胶层和外胶层组成。钢丝缠绕层有 2 层、4 层和 6 层，层数越多，管径越小，耐压越高，如表（10.11-2）钢丝增强液压橡胶软管。表（10.11-4）和表（10.11-5）为钢丝缠绕液压胶管的规格参数。

3. 尼龙管

尼龙管是一种很有发展前途的非金属油管，可用于低压系统。目前小直径尼龙管使用压力可达 8MPa 甚至更高。

4. 耐油塑料管

耐油塑料管价格便宜，装配方便，但耐压能力低，一般不超过 0.5MPa，可用作泄漏油管和某些回油管。

表 10.11-2　钢丝增强液压橡胶软管　　　　（单位：mm）

公称内径①	所有型别		R1ATS,1SN,1ST 型		1ST 型		1SN,R1ATS 型			R2ATS,2SN,2ST 型		2ST 型		2SN,R2ATS 型		
	内径		增强层外径		软管外径		软管外径	外覆层厚度		增强层外径		软管外径		软管外径	外覆层厚度	
	最小	最大	最小	最大	最小	最大	最大	最小	最大	最小	最大	最小	最大	最大	最小	最大
5	4.6	5.4	8.9	10.1	11.9	13.5	12.5	0.8	1.5	10.6	11.7	15.1*	16.7	14.1	0.8	1.5
6.3	6.1	7.0	10.6	11.7	15.1	16.7	14.1	0.8	1.5	12.1	13.3	16.7	18.3	15.7	0.8	1.5
8	7.7	8.5	12.1	13.3	16.7	18.3	15.7	0.8	1.5	13.7	14.9	18.3	19.9	17.3	0.8	1.5
10	9.3	10.1	14.5	15.7	19.0	20.6	18.1	0.8	1.5	16.1	17.3	20.6	22.2	19.7	0.8	1.5
12.5	12.3	13.5	17.5	19.1	22.2	23.8	21.5	0.8	1.5	19.0	20.6	23.8	25.4	23.1	0.8	1.5
16	15.5	16.7	20.6	22.2	25	27.0	24.7	0.8	1.5	22.2	23.8	27.0	28.6	26.3	0.8	1.5
19	18.6	19.8	24.6	26.2	29.4	31.0	28.6	0.8	1.5	26.2	27.8	31.0	32.6	30.2	0.8	1.5
25	25.0	26.4	32.5	34.1	36.9	39.3	36.6	0.8	1.5	34.1	35.7	38.5	40.9	38.9	0.8	1.5
31.5	31.4	33.0	39.3	41.7	44.4	47.6	44.8	1.0	2.0	43.2	45.7	49.2	52.4	49.6	1.0	2.0
38	37.7	39.3	45.6	48.0	50.8	54.0	52.1	1.3	2.5	49.6	52.0	55.6	58.8	56.0	1.3	2.5
51	50.4	52.0	58.7	61.9	65.1	68.3	65.9	1.3	2.5	62.3	64.7	68.2	71.4	68.6	1.3	2.5
63②	63.1	65.1								74.6	77.8			81.8	1.3	2.5

① 公称内径与 GB/T 9575 中的内径相对应。

② 此公称内径仅适用于 R2ATS。

表 10.11-3　钢丝编织液压胶管　　　　（单位：mm）

内径		外径								工作压力/MPa			最小弯曲半径		
		钢丝层				外胶层									
尺寸	公差	一层	二层	三层	公差	一层	二层	三层	公差	一层	二层	三层	一层	二层	三层
6	+0.4、 −0.2	12	13.5	15	±0.6	15	17	19	±1.0、 −0.8	18	28	40	100	120	140
8		14	15.5	17		17	19	21		17	25	33	110	140	160
10		16	17.5	19		19	21	23		15	21	28	130	160	180
13	±0.5	20	21.5	23	±0.8	23	25	27	±1.2、 −1.0	14	18	25	190	190	240
16		23	24.5	26		26	28	30		11	17	21	220	240	300
19		26	27.5	29		29	31	33		10	15	18	260	300	330
22		29	30.5	32		32	34	36		9	13	16	320	350	380
25		32	33.5	35		36	37.5	39		8	11	14	350	380	400

（续）

内径		外径								工作压力/ MPa			最小弯曲半径		
		钢丝层			公差	外胶层			公差						
尺寸	公差	一层	二层	三层		一层	二层	三层		一层	二层	三层	一层	二层	三层
32		39.5	41	42.5		43.5	45	47		6	9	11	420	450	450
38	±0.7	45.5	47	48.5	±0.8	49.5	51	53	+1.5、 −1.2	5	8	10	500	500	500
45		—	54	55.5		—	58	60		—	8	9	—	550	550
51		—	60	61.5		—	64	66		—	6	8	—	600	600

注：1. 胶管长度由使用者提出，经供需双方协商确定。

2. 胶管定压试验压力为工作压力的 1.5 倍；爆破压力不低于工作压力的 3 倍。

3. Ⅰ、Ⅱ、Ⅲ型是指一层、二层、三层钢丝编织液压胶管。

表 10.11-4　A 型钢丝缠绕液压胶管（合股丝）　　　　（单位：mm）

胶管代号	内径		钢丝层外径		胶管外径		工作压力/ MPa	最小弯曲半径	胶管长度	
	尺寸	公差	尺寸	公差	尺寸	公差			尺寸/ m	公差
A6×2S-27			14.6		17.5		27	120		
A6×4S-42	6	+0.4、 −0.2	18	±0.6	21	+1.0、 −0.8	42	160	3	±70
A6×6S-49			21.4		24.5		49	190		
A8×2S-24			16.6		19.5		24	130		
A8×4S-35	8	+0.4、 −0.2	20	±0.6	23	+1.0、 −0.8	35	180	3	±70
A8×6S-42			23.4		26.5		42	210		
A10×2S-20			18.6		21.5		20	160		
A10×4S-30	10	+0.4、 −0.2	22	±0.6	25	+1.0、 −0.8	30	190	5	±70
A10×6S-35			25.4		28.5		35	230		
A13×2S-17			21.6		24.5		1.7	190		
A13×4S-27	13	±0.5	25	±0.8	28	+1.2、 −1.0	27	230	5	±70
A13×6S-30			28.4		31.5		30	260		
A16×2S-15			26.5		29.5		15	240		
A16×4S-23	16	±0.5	31	±0.8	34	+1.2、 −1.0	23	290	5	±70
A16×6S-27			36		39.5		27	340		
A19×2S-14			29.5		32.5		14	280		
A19×4S-20	19	±0.5	34	±0.8	37	+1.2、 −1.0	20	320	5	±70
A19×6S-23			39		42		23	370		
A22×2S-13			32.5		35.5		13	300		
A22×4S-21	22	±0.5	37	±0.8	40	+1.2、 −1.0	21	350	5	±70
A22×6S-24			42		45		24	400		
A25×2S-12			35.5		38.5		12	330		
A25×4S-19	25	±0.5	40	±0.8	43	+1.2、 −1.0	19	370	5	±70
A25×6S-22			45		48		22	430		
A32×2S-14			44		47.5		14	430		
A32×4S-22	32	±0.7	50	±0.8	53.5	+1.5、 −1.2	22	510	5	±70
A32×6S-26			56		59.5		26	580		
A38×2S-12			50		53.5		12	510		
A38×4S-18	38	±0.7	56	±0.8	59.5	+1.5、 −1.2	18	580	5	±70
A38×6S-21			62		65.5		21	640		
A45×2S-10			57		60.5		10	590		
A45×4S-16	45	±0.7	63	±0.8	66.5	+1.5、 −1.2	16	650	5	±70
A45×6S-19			69		72.5		19	720		
A51×2S-9.5			63		66.5		9.5	650		
A51×4S-15	51	±0.7	69	±0.8	72.5	+1.5、 −1.2	15	720	5	±70
A51×6S-17			75		78.5		17	780		

表 10.11-5　B 型钢丝缠绕液压胶管（单丝）　　　　　　（单位：mm）

胶管代号	内径		钢丝层外径		胶管外径		工作压力/	最小弯曲
	尺寸	公差	尺寸	公差	尺寸	公差	MPa	半径
B16×2S-21			25.1		28.5		21	225
B16×4S-38	16	±0.5	28.3	±0.8	32	+1.2、−1.0	38	265
B16×6S-48			31.5		35.5		43	310
B19×2S-18			28.1		31.5		18	265
B19×4S-34.5	19	±0.5	31.3	±0.8	35	+1.2、−1.0	34.5	310
B19×6S-43			34.5		38.5		43	330
B22×2S-17			31.1		34.5		17	280
B22×4S-30	22	±0.5	34.3	±0.8	39	+1.2、−1.0	30	330
B22×6S-40			37.5		41.5		40	360
B25×2S-16			34.1		37.5		16	310
B25×4S-27.5	25	±0.5	37.3	±0.8	41	+1.2、−1.0	27.5	350
B25×6S-34.5			40.5		44.5		34.5	400
B32×4S-21	32	±0.7	45.4	±0.8	50	+1.5、−1.2	21	420
B32×6S-26			49.2		53.8		26	490

注：1. 上两表中的胶管长度，除规定值之外，可由供需双方协商确定。

　　2. 胶管代号中的"S"表示钢丝缠绕层，"S"前的数字表示钢丝缠绕层的层数。

　　3. 胶管定压试验压力为工作压力的 1.5 倍，爆破压力不低于工作压力的 3 倍。

1.3　金属管的参数计算

（1）管路内径　管路内径大小取决于管路的类别及管内液流的流速大小。在流量一定的情况下，内径小，则流速高，压力损失大，易产生振动和噪声；内径大，则难于弯曲安装，而且将使系统结构庞大。所以，必须合理选择管径。管路内径 d（mm）可按下式计算

$$d \geqslant 4.61 \sqrt{\frac{q}{v}} \qquad (10.11\text{-}1)$$

式中　q——通过管路流量（L/min）；

　　　v——流体在管路内的允许流速（m/s）。

允许流速 v 可参考下列数据选取：

压油管路流速，当压力 $p \leqslant 2.5$ MPa 时，取 $v = 2$ m/s；当 $p = 2.5 \sim 10$ MPa 时，取 $v = 3 \sim 5$ m/s；当 $p > 10$ MPa 时，取 $v = 5 \sim 7$ m/s。

回油管路流速：$v \leqslant 1.5 \sim 4.5$ m/s。

吸油管路流速：$v = 0.6 \sim 1.3$ m/s。

对于矿物油，取较小的流速；对于粘度较小的难燃液体或水，可取较大的流速。对于橡胶软管，允许的最大流速 $v = 5$ m/s。

（2）金属管壁厚的计算

$$\delta \geqslant \frac{pd}{2[\sigma]} \qquad (10.11\text{-}2)$$

式中　δ——壁厚（mm）；

　　　p——管内液体的最大压力（MPa）；

　　　d——管子内径（mm）；

　　　$[\sigma]$——许用应力（MPa），对于钢管 $[\sigma] = \sigma_b/$

n（σ_b——抗拉强度 MPa，n——安全系数。当 $p < 7$ MPa 时，取 $n = 8$；当 $p \leqslant 17.5$ MPa 时，取 $n = 6$；当 $p \leqslant 17.5$ MPa 时，取 $n = 4$）。对于铜管，取许用应力 $[\sigma] \leqslant 25$ MPa。

1.4　管路安装

1. 硬管的安装

1）管子长度要适中，管径及壁厚要合适。

2）两固定点之间的直管连接，应避免紧拉直管，要有一个松弯部分，这样不仅便于装拆，而且不会因热胀冷缩造成严重的拉应力。

3）管子的弯曲半径应尽可能大，最小弯曲半径约为管子外径的 2.5 倍，管端应有部分直管，其长度为管接头螺母高度的两倍以上。

4）管路的安装连接必须牢固。当管路较长时，须加支撑，见表（10.11-6）。在有弯管管路的两端直管段处，要加管夹固定，在与软管连接的硬管端也应加管夹支撑，见图 10.11-1。

2. 软管的工作压力与内径的确定

（1）软管的最高工作压力　一般规定软管的爆破压力 p_b，其最高工作压力 p_n 可根据软管的使用要求确定。如主要承受静压，取 $p_n = (0.3 \sim 0.5)p_b$；如需承受冲击压力，则取 $p_n = (0.25 \sim 0.3)p_b$。

软管的内径可参照式（10.11-1）确定，但是软管的允许流速应低于硬管的允许值。软管可根据最高工作压力及内径选择产品样本中相应的型号。

（2）软管的安装

表10.11-6　推荐的管夹间距

（单位：mm）

管子外径/mm	管夹间距/m	管子外径/mm	管夹间距/m
6～12.7	0.9	141.3	4.9
15.9～22.2	1.2	168.3	5.2
25.4	1.5	219.1	5.8
31.8～38.1	2.1	273	6.7
48.3	2.7	323.9	7
60.3	3	355.6	7.6
73	3.4	406.4	8.2
88.9	3.7	457.2	8.5
101.6	4	508	9.1
114.3	4.3	558.8	9.8

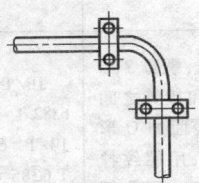

图10.11-1　弯管段两端用管夹固定

1）软管的弯曲半径不应小于软管外径的10倍。耐油橡胶软管弯曲时，弯曲处距管接头的距离至少为外径的6倍。

2）安装软管时不能扭曲连接，因在高压下软管有扭直的趋势，会使接头螺母旋松，严重时软管会在应变点破裂。

3）耐油橡胶软管用于固定件的直线安装时要有一定的长度余量，以满足软管在压力、温度等因素的作用下软管长度变化的需要，其变化幅度为－4%～2%。

4）耐油橡胶软管不能靠近热源，要避免软管之间或与相邻物体之间的接触摩擦。

2　管接头

在液压系统中，管子与元件或管子与管子之间，除外径大于50mm的金属管一般采用法兰连接外，对小直径的油管普遍采用管接头连接方式。对管接头的主要要求是安装、拆卸方便，抗振动，密封性能好。

目前用于硬管连接的管接头主要有卡套式、扩口式、焊接式、锥密封焊接式；用于软管连接的主要是软管接头。当被连接件之间存在旋转或摆动时，可选用中心回转接头或活动铰接式管接头。

2.1　管接头的类型及特点

管接头的类型及特点见表10.11-7、表10.11-8。

2.2　管接头的品种规格

2.2.1　卡套式管接头

卡套式管接头规格见表10.11-9～表10.11-22。

表10.11-7　管接头类型及特点

类型	结构示意图	特点	表及标准号
卡套式管接头	1　2　3	卡套式管接头主要由带有24°锥形孔的接头体1、带尖锐内刃的卡套3和螺母2组成。螺母拧紧时，卡套被推进24°锥形孔，并随之变形，使卡套的刃口切入钢管，从而起到密封作用；由于卡套具有弹性，因此可防止螺母2松动。广泛应用于液压系统中。工作压力可达31.5MPa，要求管子尺寸精度高，需用冷拔钢管，卡套精度也要高。适用于油、气及一般腐蚀性介质的管路系统	表10.11-9～22，GB/T 3733～3757—2008，GB/T 3760为管接头用锥密封堵头
扩口式管接头	1　2　3	扩口式管接头有A型和B型两种，左图为A型，是由带74°外锥面的接头体1、螺母2和带有60°内锥孔的管套3组成的。利用管子端部扩口进行密封，不需要其他密封件，结构简单，适用于薄壁管件连接。允许使用压力碳钢管为5～16MPa，纯铜管为3.5～16MPa。适用于油、气为介质的压力较低的管路系统	表10.11-23～35，GB/T 5625～5645—2008

（续）

类型	结 构 示 意 图	特　点	表及标准号
焊接式管接头	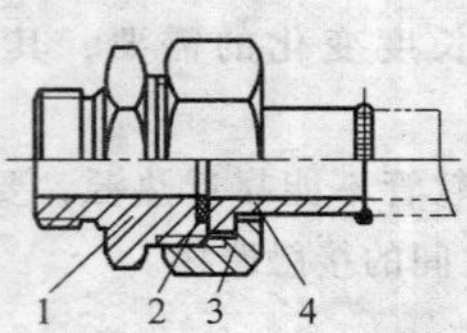	焊接式管接头由接头体 1，O 形密封圈 2，螺母 3，接管 4 组成。接头体和接管之间用 O 形密封圈端面密封。结构简单，易制造，密封性好，对管子尺寸要求不高。要求焊接质量高，装拆不便。工作压力可达 31.5MPa，工作温度为 - 25 ~ + 80℃，适用于以油为介质的管路系统	表 10.11-36，JB/ZQ 4773 ~ 4782—2006
插入焊接式管接头	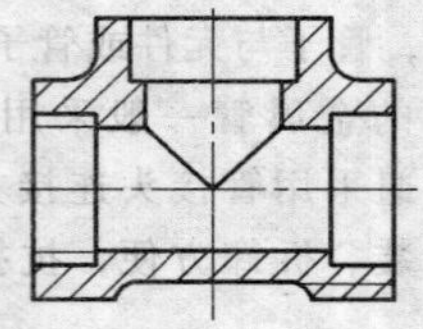	将需要一定长度的管子插入管接头直至管子端面与管接头内端接触，将管子与管接头焊接成一体，可省去接管，但对管子尺寸要求严格。适用于以油、气为介质的管路系统	GB/T 14383—2008
锥密封焊接式管接头	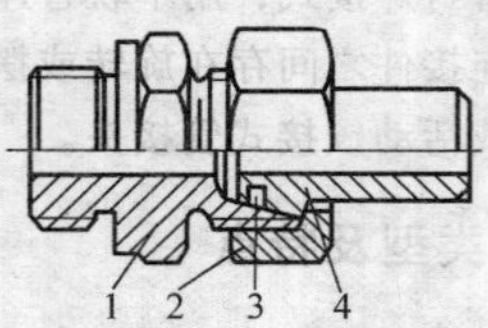	锥密封焊接式管接头由接头体 1，螺母 2，O 形密封圈 3，接管 4 组成。接头体和接管之间用 O 形圈密封，接管一端为外锥表面加 O 形密封圈与接头体的内锥表面相配，用螺纹拧紧，密封面可自位调节，密封更可靠。工作压力可达 16 ~ 31.5MPa，工作温度为 - 25 ~ 80℃。适用于以油为介质的管路系统。目前国内外多采用这种接头	JB/T 6381.1 ~ 4，JB/T 6382.1 ~ 4，JB/T 6383.1 ~ 3，JB/T 6384.1 ~ 2，JB/T 6385 生产厂家：上海微莎液压流体设备有限公司；宁波市银兴液压附件厂等

表 10.11-8　软管接头类型及特点

类型	结 构 图	特　点	表及标准号
扣压式胶管接头	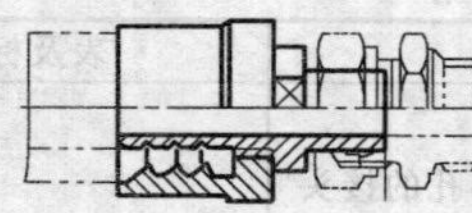	安装方便，但增加了一道收紧工序，胶管损坏后，接头外套不能重复使用，与钢丝编织管配套组成总成。可与带 O 形圈密封的焊接管接头连接使用，适用于以油、水、气为介质的管路系统。介质温度：油，- 30 ~ + 80℃；水，+ 80℃ 以下；空气，- 30 ~ + 50℃	表 10.11-37 ~ 39，JB/ZQ 4427—1986
快换接头（两端开闭式）	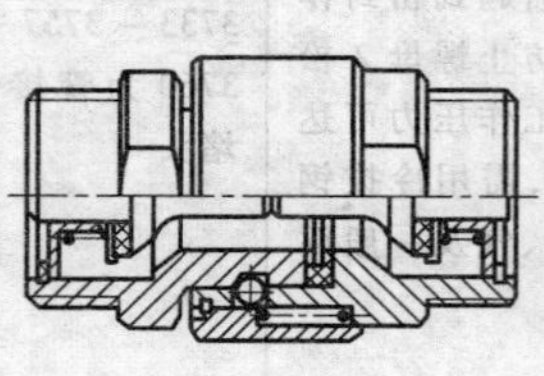	由于接头体内腔两端各有一个单向阀，管子拆开后分别关闭两端通路自行密封，管道内液体不会流失，两个接头连接时，单向阀被顶开即成通路。因此适用于经常拆卸的场合。结构比较复杂，局部压力损失较大。适用于以油、气为介质的管路系统，工作压力低于 31.5MPa，介质温度为 - 20 ~ + 20℃	表 10.11-40，GB/T 8606—2003
快换接头（两端开放式）	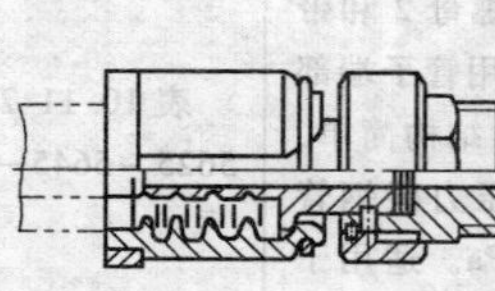	由于接头体内腔没有自封装置，当两个接头分开时，不能封闭通路。此型接头适用于以油、气为介质的管路系统，其工作压力介质温度按连接的胶管限定	表 10.11-41，JB/ZQ 4079—1997

表 10.11-9　卡套式端直通管接头（Ⅰ）A，B 型（Ⅱ）E，F 型　　　　（单位：mm）

A、B 型

标记示例：
　　接头系列为 L,管子外径为 10mm,普通螺纹(M)A 型柱端,表面镀锌处理的钢制卡套式端直通管接头标记为
　　管接头 GB/T 3733　L10

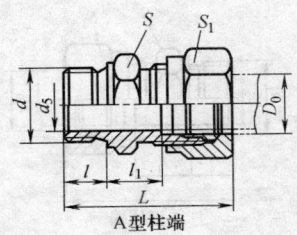
A 型柱端

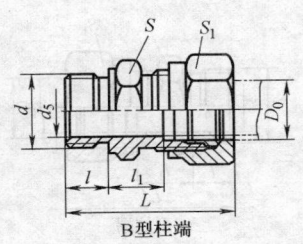
B 型柱端

系列	最大工作压力/MPa	管子外径 D_0	S	普通螺纹柱端（M）						55°非密封管螺纹柱端（G）					
				d	d_5	l	l_1	L	S_1	d/in	d_5	l_1	l	L	S_1
LL	10	4	10	M8×1	3	8	9.5	27.5	12	G1/8	3	9.5	8	27.5	14
		5	12	M8×1	3	8	8	27.5	12	G1/8	3	8	8	27.5	14
		6	12	M10×1	4	8	8	27.5	14	G1/8	4	8	8	27.5	14
		8	14	M10×1	4.5	8	9	28.5	14	G1/8	4.5	9	8	28.5	14
L	25	6	14	M10×1	4	8	8.5	31.5	14	G1/8	4	8.5	8	31.5	14
		8	17	M12×1.5	6	12	10	37	17	G1/4	6	10	12	37	19
		10	19	M14×1.5	7	12	11	38	19	G1/4	6	11	12	38	19
		12	22	M16×1.5	9	12	12.5	39.5	22	G3/8	9	12.5	12	39.5	22
		(14)	24	M18×1.5	10	12	12.5	39.5	24	G1/2	11	12.5	12	42	27
		15	27	M18×1.5	11	12	13.5	40.5	24	G1/2	11	13.5	12	43	27
		(16)	30	M20×1.5	12	14	13.5	44	27	G1/2	12	13.5	14	44	27
	16	18	32	M22×1.5	14	14	14.5	45	27	G1/2	14	14.5	14	45	27
		22	36	M26×1.5	18	16	16.5	49	32	G3/4	18	16.5	16	49	32
		28	41	M33×2	23	18	17.5	52	41	G1	23	17.5	18	52	41
	10	35	50	M42×2	30	20	17.5	59	50	G1¼	30	17.5	20	59	50
		42	60	M48×2	36	22	19	64	55	G1½	36	19	22	64	55
S	63	6	17	M12×1.5	4	12	13	40	17	G1/4	4	13	12	40	19
		8	19	M14×1.5	5	12	15	42	19	G1/4	5	15	12	42	19
		10	22	M16×1.5	7	12	15	43.5	22	G3/8	7	15	12	43.5	22
		12	24	M18×1.5	8	12	17	45.5	24	G3/8	8	17	12	45.5	22
										G1/2	8	17.5	14	48	27
		(14)	27	M20×1.5	9	14	18	48.5	27	G1/2	10	18	14	48.5	27
	40	6①	17	M12×1.5	4	12	13	40	17	—					
		8①	19	M12×1.5	5	12	15	42	19						
		10①	22	M16×1.5	7	12	15	43.5	22						
		12①	24	M8×1.5	8	12	15	45.5	24						
		(14)①	27	M20×1.5	9	14	18	48.5	27						
		16	30	M22×1.5	12	14	18.5	51	27	G1/2	12	18.5	14	51	27
										G3/4	12	20.5	16	55	32
		20	36	M27×2	15	16	20.5	58	32	G3/4	15	20.5	16	58	32
		25	46	M33×2	20	18	23	65	41	G1	20	23	18	65	41
	25	25①	41	M33×2	20	18	23	55	41	—					
		30	50	M42×2	25	20	23.5	70	50	G1¼	25	23.5	20	70	50
		38	60	M48×2	32	22	26	79	55	G1½	32	26	22	79	55

（续）

E、F 型

标记示例：

接头系列为 L,管子外径为 10mm,普通螺纹(M)E 型柱端,表面镀锌处理的钢制卡套式端直通管接头标记为

管接头 GB/T 3733　L10

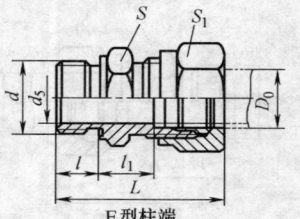 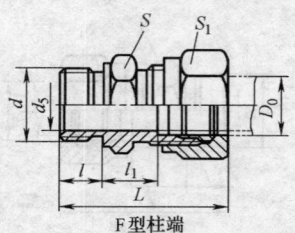

E 型柱端　　　　　　　　　　F 型柱端

系列	最大工作压力/MPa	管子外径 D_0	d	d_5	l	l_1	L	S_1	S
L	25	6	M10×1	4	8 Ⓕ8.5	8.5	31.5 33	14	14
		8	M12×1.5	6	12 Ⓕ11	10	37 36	17	17
		10	M14×1.5	7	12 Ⓕ11	11	38 37	19	19
		12	M16×1.5	9	12 Ⓕ11.5	12.5	39.5 39	22	22
		(14)	M18×1.5	10	12 Ⓕ12.5	12.5	39.5 40	24	24
		15	M18×1.5	11	12 Ⓕ12.5	13.5	40.5 41	27	24
		(16)	M20×1.5	12	14 Ⓕ12.5	13.5	44 42.5	30	27
	16	18	M22×1.5	14	14 Ⓕ14	14.5	45 44	32	27
		22	M26×1.5	18	24 Ⓕ24	16.5	49 49	36	32
	10	28	M33×2	23	18 Ⓕ16	17.5	52 50	41	41
		35	M42×2	30	20 Ⓕ16	17.5	59 55	50	50
		42	M48×2	36	22 Ⓕ17.5	19	64 59.5	60	55
S	63	6	M12×1.5	4	12 Ⓕ11	13	40 39	17	17
		8	M14×1.5	5	12 Ⓕ11	15	42 41	19	19
		10	M16×1.5	7	12 Ⓕ12.5	15	43.5 44	22	22
		12	M18×1.5	8	12 Ⓕ14	17	45.5 47.5	24	24
		(14)	M20×1.5	9	14 Ⓕ14	18	48.5 48.5	27	27

（续）

系列	最大工作压力/MPa	管子外径 D_0	d	d_5	l	l_1	L	S_1	S
S	40	16	M22×1.5	12	14 Ⓕ15	18.5	51 52	30	27
		20	M27×2	15	16 Ⓕ18.5	20.5	58 60.5	36	32
		25	M33×2	20	20 Ⓕ18.5	23	65 65.5	46	41
	25	30	M42×2	25	20 Ⓕ19	23.5	70 69	50	50
		38	M48×2	32	22 Ⓕ21.5	26	79 78	60	55

注：1. 尽可能不采用括号内规格。

　　2. 带 B 型柱端无 55°管螺纹。

　　3. Ⓕ表示为 F 型柱端。

生产厂为上海微莎液压流体设备有限公司、宁波市银兴液压附件厂、建湖县油管厂，表序中卡套式管接头上述厂家均在生产。

① 只有 B 型柱端有此规格。

表 10.11-10　卡套式锥螺纹直通管接头、卡套式锥螺纹长管接头　　（单位：mm）

标记示例：

接头系列为 L，管子外径为 10mm，55°密封管螺纹（R），表面镀锌处理的钢制卡套式锥螺纹直通管接头标记为

管接头　GB/T 3734　L10/R1/4

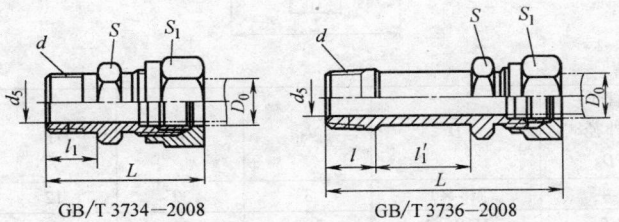

GB/T 3734—2008　　　　　　GB/T 3736—2008

系列	最大工作压力/MPa	管子外径 D_0	d		d_5	l	L	l_1'	L'	S	S_2
LL	10	4	R1/8	NPT1/8	3	8.5	26.5	22	48.5	10	14
		5	R1/8	NPT1/8	3	8.5	26.5	23	49.5	12	14
		6	R1/8	NPT1/8	4	8.5	26.5	25	51.5	12	14
		8	R1/8	NPT1/8	4.5	8.5	27.5	27	54.5	14	14
L	25	6	R1/8	NPT1/8	4	8.5	30.5	25	55.5	14	14
		8	R1/4	NPT1/4	6	12.5	35.5	27	62.5	17	19
		10	R1/4	NPT1/4	7	12.5	36.5	29	65.5	19	19
		12	R3/8	NPT3/8	9	13	38.5	30	68.5	22	22
		(14)	R1/2	NPT1/2	11	17	42	31	73	24	27
		15	R1/2	NPT1/2	11	17	43	32	75	27	27
		(16)	R1/2	NPT1/2	12	17	44.5	32	76.5	30	27
	16	18	R1/2	NPT1/2	14	17	45	33	78	32	27
		22	R3/4	NPT3/4	18	18	48	38	86	36	32
	10	28	R1	NPT1	23	21.5	52.5	41	93.5	41	41
		35	R1¼	NPT1¼	30	24	60	45	105	50	50
		42	R1½	NPT1½	36	24	63	46	109	60	55

（续）

系列	最大工作压力/MPa	管子外径 D_0	d		d_5	l	L	l_1'	L'	S	S_2
S	40	6	R1/4	NPT1/4	4	12.5	38.5	29	67.5	17	19
		8	R1/4	NPT1/4	5	12.5	40.5	31	71.5	19	19
		10	R3/8	NPT3/8	7	13	42.5	32	74.5	22	22
		12	R3/8	NPT3/8	8	13	44	33	77	24	22
		(14)	R1/2	NPT1/2	10	17	49	33	82	27	27
		16	R1/2	NPT1/2	12	17	51	36	87	30	27
		20	R3/4	NPT3/4	15	18	57	37	94	36	32
	25	25	R1	NPT1	20	21.5	65.5	44	109.5	46	41
	16	30	R1¼	NPT1¼	25	24	71	45	116	50	50
		38	R1½	NPT1½	32	24	78	46	124	60	55

注：尽可能不采用括号内的规格。

表 10.11-11　卡套式直通管接头　　　　　　　　　　　（单位：mm）

标记示例：

接头系列为 L，管子外径为 10mm，表面镀锌处理的钢制卡套式直通管接头标记为

管接头　GB/T 3737　L10

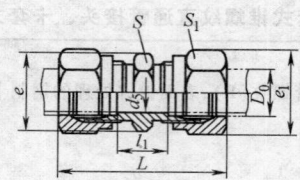

系列	最大工作压力/MPa	管子外径 D_0	D	d_3	L	l_1	S_1	S
LL	10	4	M8 × 1	3	32	12	10	9
		5	M10 × 1	3.5	32	9	12	11
		6	M10 × 1	4.5	32	9	12	11
		8	M12 × 1	6	35	12	14	12
L	25	6	M12 × 1.5	4	40	10	14	12
		8	M14 × 1.5	6	41	11	17	14
		10	M16 × 1.5	8	43	13	19	17
		12	M18 × 1.5	10	44	14	22	19
		(14)	M20 × 1.5	11	44	14	24	22
		15	M22 × 1.5	12	46	16	27	24
		(16)	M24 × 1.5	14	49	16	30	27
	16	18	M26 × 1.5	15	49	16	32	27
		22	M30 × 2	19	53	20	36	32
	10	28	M36 × 2	24	54	21	41	41
		35	M45 × 2	30	63	20	50	46
		42	M52 × 2	36	67	21	60	55
S	63	6	M14 × 1.5	4	46	16	17	14
		8	M16 × 1.5	5	48	18	19	17
		10	M18 × 1.5	7	50	17	22	19
		12	M20 × 1.5	8	52	19	24	22
		(14)	M22 × 1.5	9	54	21	27	24

（续）

系列	最大工作压力/MPa	管子外径 D_0	D	d_3	L	l_1	S_1	S
S	40	16	M24×1.5	12	58	21	30	27
		20	M30×2	16	66	23	36	32
		25	M36×2	20	74	26	46	41
	25	30	M42×2	25	80	27	50	46
		38	M52×2	32	91	29	60	55

注：尽可能不采用括号内的规格。

表 10.11-12　卡套式可调向端弯通管接头、卡套式可调向端三通管接头、卡套式可调向端弯通三通管接头

（单位：mm）

标记示例：

接头系列为 L，管子外径为 10mm，普通螺纹（M）可调向螺纹柱端，表面镀锌处理的钢制卡套式直通管接头标记为

管接头　GB/T 3741　L10

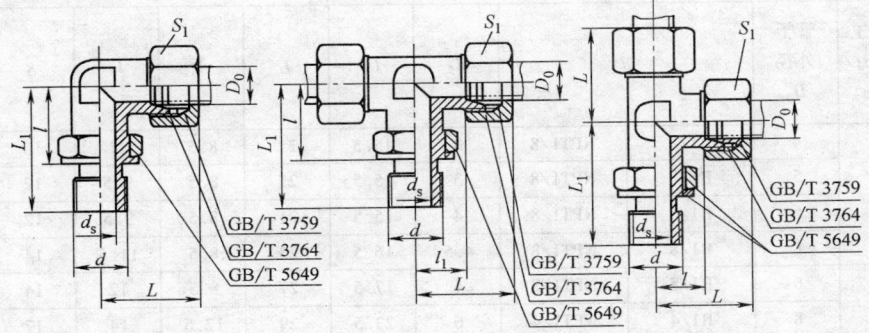

系列	最大工作压力/MPa	管子外径 D_0	d	d_5	L	L_1	L'	L'_1	l	l_1	S_1	S 锻制 min	S 机械加工 max
L	25	6	M10×1	4	27	25	27	25	16.4	12	14	12	12
		8	M12×1.5	6	29	31	29	31	19.9	14	17	12	14
		10	M14×1.5	8	30	31	30	31	19.9	15	19	14	17
		12	M16×1.5	10	32	33.5	32	33.5	21.9	17	22	17	19
		(14)	M18×1.5	11	33	35.5	33	35.5	22.9	18	24	19	—
		15	M18×1.5	12	36	37.5	36	37.5	24.9	21	27	19	—
	16	(16)	M20×1.5	14	39	40.5	39	40.5	27.8	22.5	30	22	—
		18	M22×1.5	15	40	41.5	40	41.5	28.8	23.5	32	24	—
		22	M27×2	19	44	48.5	44	48.5	32.8	27.5	36	27	—
	10	28	M33×2	24	47	51.5	47	51.5	35.8	30.5	41	36	—
		35	M42×2	30	56	56.5	56	56.5	40.8	34.5	50	41	—
		42	M48×2	36	63	64	63	64	46.8	40	60	50	—
S	63	6	M12×1.5	4	31	32	31	32	20.9	16	17	12	14
		8	M14×1.5	5	32	33	32	33	21.9	17	19	14	17
		10	M16×1.5	7	34	36	34	36	23.4	17.5	22	17	19
		12	M18×1.5	8	35	40	35	40	25.9	18.5	24	17	22
		(14)	M20×1.5	9	38	43.5	38	43.5	28.8	21.5	27	22	—
	40	16	M22×1.5	12	43	46.5	43	46.5	31.8	24.5	30	24	—
		20	M27×2	16	48	54.5	48	54.5	36.3	26.5	36	27	—
		25	M33×2	20	57	60.5	57	60.5	42.3	33	46	36	—
	25	30	M42×2	25	62	63.5	62	63.5	44.8	35.5	50	41	—
		38	M48×2	32	72	73	72	73	51.8	41	60	50	—

注：尽可能不采用括号内的规格。

表 10.11-13　卡套式锥螺纹弯通管接头、卡套式锥螺纹三通管接头、卡套式锥螺纹弯通三通管接头

（单位：mm）

标记示例:

接头系列为 L,管子外径为 10mm,55°密封管螺纹(R),表面镀锌处理的钢制卡套式锥螺纹弯通管接头标记为

管接头　GB/T 3739　L10/R1/4

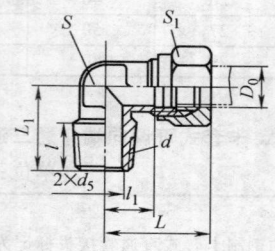 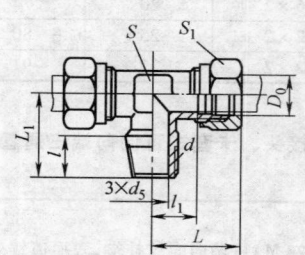 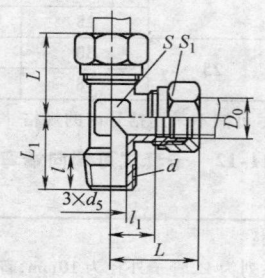

系列	最大工作压力/MPa	管子外径 D_0	d		d_5	L_1	L	l	l_1	S	S_2 锻制 min	S_2 机械加工 max
LL	10	4	R1/8	NPT1/8	3	15.5	21	8.5	11	10	9	6
		5	R1/8	NPT1/8	3	15.5	21	8.5	9.5	12	9	6
		6	R1/8	NPT1/8	4	15.5	21	8.5	9.5	12	9	6
		8	R1/8	NPT1/8	4.5	16.5	23	8.5	11.5	14	12	7
L	25	6	R1/8	NPT1/8	4	17.5	27	8.5	12	14	12	7
		8	R1/4	NPT1/4	6	23.5	29	12.5	14	17	12	7
		10	R1/4	NPT1/4	6	23.5	30	12.5	15	19	14	7
		12	R3/8	NPT3/8	9	26	32	13	17	22	17	8
		(14)	R1/2	NPT1/2	11	31	33	17	18	24	19	8
		15	R1/2	MPT1/2	11	33	36	17	21	27	19	9
		(16)	R1/2	NPT1/2	12	35	39	17	22.5	30	22	9
	16	18	R1/2	NPT1/2	14	36	40	17	23.5	32	24	9
		22	R3/4	NPT3/4	18	39	44	18	27.5	36	27	10
	10	28	R1	NPT1	23	45.5	47	21.5	30.5	41	36	10
		35	R1¼	NPT1¼	30	53	56	24	34.5	50	41	12
		42	R1½	NPT1½	36	59	63	24	40	60	50	12
S	40	6	R1/4	NPT1/4	4	23.5	31	12.5	16	17	12	9
		8	R1/4	NPT1/4	5	24.5	32	12.5	17	19	14	9
		10	R3/8	NPT3/8	7	26	34	13	17.5	22	17	9
		12	R3/8	NPT3/8	8	27	35	13	18.5	24	17	9
		(14)	R1/2	NPT1/2	10	33	38	17	21.5	27	22	10
		16	R1/2	NPT1/2	12	36	43	17	24.5	30	24	11
		20	R3/4	NPT3/4	15	39	48	18	26.5	36	27	12
	25	25	R1	NPT1	20	48.5	57	21.5	33	46	36	14
	16	30	R1¼	NPT1¼	25	53	62	24	35.5	50	41	—
		38	R1½	NPT1½	32	59	72	24	41	60	50	—

注：尽可能不采用括号内的规格。

表 10.11-14 卡套式弯通管接头、卡套式三通管接头、卡套式端四通管接头

（单位：mm）

标记示例：

接头系列为 L，管子外径为 10mm，表面镀锌处理的钢制卡套式弯通管接头标记为

管接头 GB/T 3740 L10

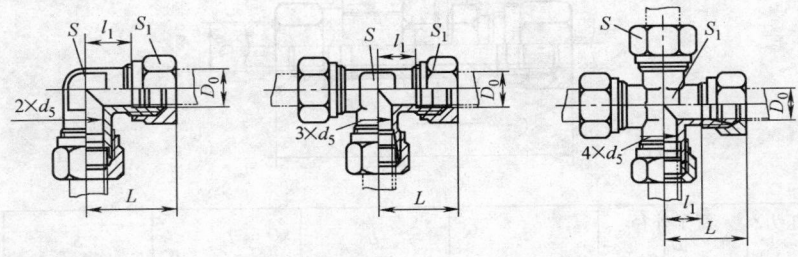

系列	最大工作压力/MPa	管子外径 D_0	d_5	L	l_1	S_1	S 锻制 min	机械加工 max
LL	10	4	3	21	11	10	9	9
		5	3.5	21	9.5	12	9	11
		6	4.5	21	9.5	12	9	11
		8	6	23	11.5	14	12	12
L	25	6	4	27	12	14	12	12
		8	6	29	14	17	12	14
		10	8	30	15	19	14	17
		12	10	32	17	22	17	19
		(14)	11	33	18	24	19	—
		15	12	36	21	27	19	—
		(16)	14	39	22.5	30	22	—
	16	18	15	40	23.5	32	24	—
		22	19	44	27.5	36	27	—
		28	24	47	30.5	41	36	—
	10	35	30	56	34.5	50	41	—
		42	36	63	40	60	50	—
S	63	6	4	31	16	17	12	14
		8	5	32	17	19	14	17
		10	7	34	17.5	22	17	19
		12	8	35	18.5	24	17	22
		(14)	9	38	21.5	27	22	—
	40	16	12	43	24.5	30	24	—
		20	16	48	26.5	36	27	—
		25	20	57	33	46	36	—
	25	30	25	62	35.5	50	41	—
		38	32	72	41	60	50	—

注：尽可能不采用括号内的规格。

表 10.11-15　卡套式过板直通管接头 （单位：mm）

标记示例：
接头系列为 L，管子外径为 10mm，表面镀锌处理的钢制卡套式过板直通管接头标记为
管接头　GB/T 3748　L10

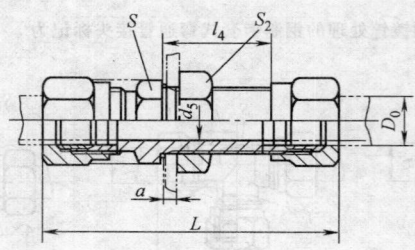

$a \leqslant 16$mm

系列	最大工作压力/MPa	管子外径 D_0	d_5	L	l_4	S	S_2
L	25	6	4	64	34	14	17
		8	6	65	35	17	19
		10	8	67	37	19	22
		12	10	69	39	22	24
		(14)	11	70	40	24	27
		15	12	72	42	27	27
		(16)	14	75	42	30	30
	16	18	15	77	44	32	32
		22	19	81	48	36	36
	10	28	24	83	50	41	41
		35	30	94	51	50	50
		42	36	98	52	60	60
S	63	6	4	70	40	17	19
		8	5	72	42	19	22
		10	7	75	42	22	24
		12	8	78	45	24	27
		(14)	9	80	47	27	27
	40	16	12	84	47	30	32
		20	16	94	51	36	41
		25	20	103	55	46	46
	25	30	25	111	58	50	50
		38	32	122	60	60	65

注：尽可能不采用括号内的规格。

表 10.11-16　卡套式过板弯通管接头 （单位：mm）

标记示例：
接头系列为 L，管子外径为 10mm，表面镀锌处理的钢制卡套式过板弯通管接头标记为
管接头　GB/T 3749　L10

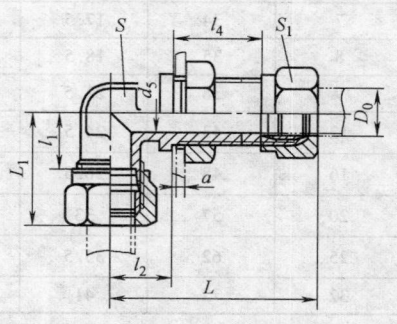

$a \leqslant 16$mm

（续）

系列	最大工作压力/MPa	管子外径 D_0	d_5 参考	l_1 参考	l_2 ±0.2	L ≈	L_1 ≈	L_4 参考	S_1	S
L	25	6	4	12	14	56	27	41	14	12
		8	6	14	17	59	29	44	17	12
		10	8	15	18	61	30	46	19	14
		12	10	17	20	64	32	49	22	17
		(14)	11	18	20	65	33	50	24	19
		15	12	21	23	69	36	54	27	19
		(16)	14	22.5	24	71	39	54.5	30	22
	16	18	15	23.5	24	73	40	56.5	32	24
		22	19	27.5	30	81	44	64.5	36	27
		28	24	30.5	34	86	47	69.5	41	36
	10	35	30	34.5	39	97	56	75.5	50	41
		42	36	40	43	102	63	79	60	50
S	63	6	4	16	17	61	31	46	17	12
		8	5	17	18	62	32	47	19	14
		10	7	17.5	20	66	34	49.5	22	17
		12	8	18.5	21	68	35	51.5	24	17
		(14)	9	21.5	23	71	38	54.5	27	22
	40	16	12	24.5	24	74	43	55.5	30	24
		20	16	26.5	30	85	48	63.5	36	27
		25	20	33	34	93	57	69	46	36
	25	30	25	35.5	39	103	62	76.5	50	41
		38	32	41	43	111	72	80	60	50

注：尽可能不采用括号内的规格。

表 10.11-17　卡套式铰接管接头　　　　　　　　　（单位：mm）

标记示例：

接头系列为 L，管子外径为 10mm，普通螺纹（M）F 型柱端，表面镀锌处理的钢制卡套式铰接管接头标记为

管接头　GB/T 3750　L10

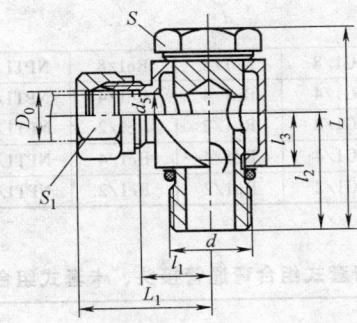

系列	最大工作压力/MPa	管子外径 D_0	d	d_5	l_1	l_3	l_2	L	L_1	S_1	S
L	25	6	M10 × 1	4	11.5	10	18.5	33.5	26.5	14	14
		8	M12 × 1.5	6	12.5	11.5	22.5	39	27.5	17	17
		10	M14 × 1.5	7	15	13	24	42	30	19	19
		12	M16 × 1.5	9	17.5	15.5	27	49	32.5	22	22
		(14)	M18 × 1.5	10	19	17.5	30	53.5	34	24	24
		15	M18 × 1.5	11	20	17.5	30	53.5	35	27	24
		(16)	M20 × 1.5	12	20.5	18.5	31	56	37	30	27

（续）

系列	最大工作压力/ MPa	管子外径 D_0	d	d_5	l_1	l_3	l_2	L	L_1	S_1	S
L	16	18	M22 × 1.5	14	22.5	21	34	62	39	32	27
		22	M26 × 1.5	18	27	23.5	39.5	70	43.5	36	32
	10	28	M33 × 2	23	29.5	26	42	76	46	41	41
		35	M42 × 2	30	33	30.5	46.5	86	54.5	50	50
		42	M48 × 2	36	40	38	55.5	104.5	63	60	55
S	40	6	M12 × 1.5	4	16	13	24	43	31	17	17
		8	M14 × 1.5	5	17	14	25	47	32	19	19
		10	M16 × 1.5	7	18	15.5	28	52	34.5	22	22
		12	M18 × 1.5	8	19.5	17.5	31.5	59	36	24	24
		(14)	M20 × 1.5	9	23.5	20.5	34.5	65	40	27	27
		16	M22 × 1.5	12	23.5	21	36	67	42	30	27
		20	M27 × 2	15	28.5	26	44.5	82.5	50	36	32
	25	25	M33 × 2	20	31	28	46.5	88.5	55	46	41
	16	30	M42 × 2	25	36.5	33	52	99	63	50	50
		38	M48 × 2	32	41	38	59.5	114	72	60	55

注：尽可能不采用括号内的规格。

表 10.11-18　卡套式压力表管接头　　（单位：mm）

标记示例：
　接头系列为 L，管子外径为 8mm，表面镀锌处理的钢制卡套式端直通管接头标记为
　管接头　GB/T 3751　L8

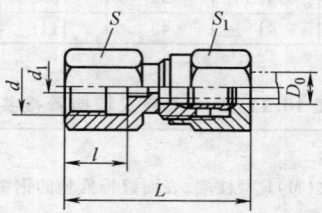

系列	最大工作 压力/MPa	管子 外径 D_0	d					d_1	S	S_1	L	l
L	250	6	M10 × 1	G1/8	Rp1/8	Rc1/8	NPT1/8	4.5	14	14	30	10
		8	M14 × 1.5	G1/4	Rp1/4	Rc1/4	NPT1/4	6	19	17	36	15
		14	M20 × 1.5	G1/2	Rp1/2	Rc1/2	NPT1/2	11	27	24	41	18
S	630	6	M14 × 1.5	G1/4	Rp1/4	Rc1/4	NPT1/4	5.5	24(19①)	17	40	15
		12	M20 × 1.5	G1/2	Rp1/2	Rc1/2	NPT1/2	8	36(27①)	24	47	18

注：尽可能不采用括号内的规格。
① 适用于连接圆柱螺纹的压力表。

表 10.11-19　卡套式组合弯通管接头、卡套式组合三通管接头　　（单位：mm）

标记示例：
　接头系列为 L，管子外径为 10mm，表面镀锌处理的钢制卡套式组合弯通管接头标记为
　管接头　GB/T 3752　L10

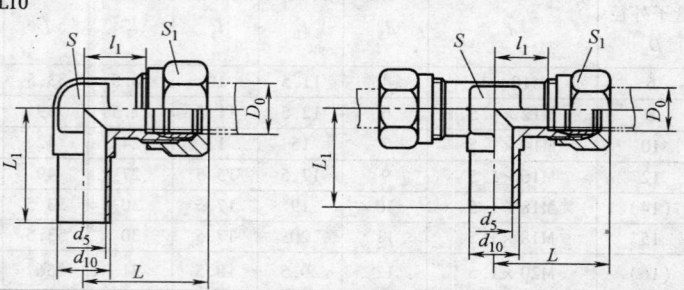

（续）

系列	最大工作压力/MPa	管子外径D_0	d_5	d_{10}	L	L_1	l_1	S_1	S 锻制 min	S 机械加工 max
L	25	6	4	6	27	26	12	14	12	—
		8	6	8	29	27.5	14	17	12	14
		10	8	10	30	29	15	19	14	17
		12	10	12	32	29.5	17	22	17	19
		(14)	11	14	33	31.5	18	24	19	—
		15	12	15	36	32.5	21	27	19	—
		(16)	14	16	39	33.5	22.5	30	22	—
	16	18	15	18	40	35.5	23.5	32	24	—
		22	19	22	44	38.5	27.5	36	27	—
	10	28	24	28	47	41.5	30.5	41	36	—
		35	30	35	56	51	34.5	50	41	—
		42	36	42	63	56	40	60	50	—
S	63	6	4	6	31	27	16	17	12	14
		8	5	8	32	27.5	17	19	14	17
		10	7	10	34	30	17.5	22	17	19
		12	8	12	35	31	18.5	24	17	22
		(14)	9	14	38	34	21.5	27	22	—
	40	16	12	16	43	36.5	24.5	30	24	—
		20	16	20	48	44.5	26.5	36	27	—
		25	20	25	57	50	33	46	36	—
	25	30	25	30	62	55	35.5	50	41	—
		38	32	38	72	63	41	60	50	—

注：尽可能不采用括号内的规格。

表 10.11-20 卡套式焊接管接头   （单位：mm）

标记示例：
接头系列为 L,管子外径为 10mm,表面氧化处理的钢制卡套式焊接管接头标记为
管接头 GB/T 3747 L10·O

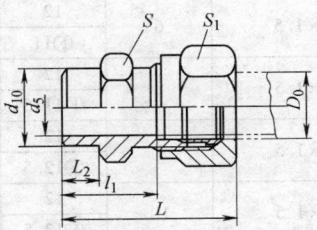

系列	最大工作压力/MPa	管子外径D_0	d_5	d_{10}	L_2	L	S_1	S	l_1 参考
L	25	6	4	10	7	29	14	12	14
		8	6	12	8	31	17	14	16
		10	8	14	8	32	19	17	17
		12	10	16	8	33	22	19	18
		(14)	11	18	8	33	24	22	18
		15	12	19	10	36	27	24	21
		(16)	14	20	10	38	30	27	21.5
	16	18	15	22	10	38	32	27	21.5
		22	19	27	12	42	36	32	25.5
	10	28	24	32	12	43	41	41	26.5
		35	30	40	14	50	50	46	28.5
		42	36	46	16	55	60	55	32

（续）

系列	最大工作压力/MPa	管子外径D_0	d_5	d_{10}	L_2	L	S_1	S	l_1 参考
S	63	6	4	11	7	33	17	14	18
		8	5	13	8	36	19	17	21
		10	7	15	8	37	22	19	20.5
		12	8	17	10	41	24	22	24.5
		(14)	9	19	10	42	27	24	25.5
	40	16	12	21	10	44	30	27	25.5
		20	16	26	12	51	36	32	29.5
		25	20	31	12	56	46	41	32
	25	30	25	36	14	61	50	46	34.5
		38	32	44	16	70	60	55	39

注：尽可能不采用括号内的规格。

表 10.11-21　卡套式锥密封组合直通管接头　　　（单位：mm）

标记示例：
接头系列为 L，管子外径为 10mm，普通螺纹（M）E 型柱端，表面镀锌处理的钢制卡套式端直通管接头标记为
管接头 GB/T 3756　L10

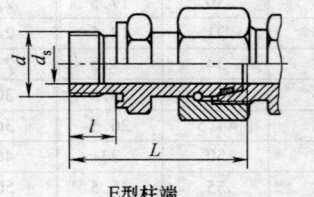
E型柱端

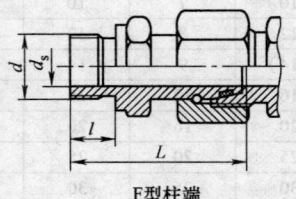
F型柱端

系列	最大工作压力/MPa	管子外径D_0	d	d_S	l	l_1	L	S_1	S
L	25	6	M10×1	2.5	8 / (F)8.5	8.5	32.5 / 33	14	14
		8	M12×1.5	4	12 / (F)11	10	38.5 / 37.5	17	17
		10	M14×1.5	6	12 / (F)11	11	39.5 / 38.5	19	19
		12	M16×1.5	8	12 / (F)11.5	12.5	42.5 / 42	22	22
		(14)	M18×1.5	9	12 / (F)12.5	12.5	43 / 43.5	24	24
		15	M18×1.5	10	12 / (F)12.5	13.5	43.5 / 44	27	24
		(16)	M20×1.5	12	14 / (F)12.5	13.5	43.5 / 44	30	27
	16	18	M22×1.5	13	14 / (F)14	14.5	45.5 / 44.5	32	27
		22	M26×1.5	17	24 / (F)24	16.5	48.5 / 48.5	36	32
	10	28	M33×2	22	18 / (F)16	17.5	53 / 51	41	41
		35	M42×2	28	20 / (F)16	17.5	62.5 / 58.5	50	50
		42	M48×2	34	22 / (F)17.5	19	68.5 / 64	60	55

（续）

系列	最大工作压力/MPa	管子外径 D_0	d	d_S	l	l_1	L	S_1	S
S	63	6	M12×1.5	2.5	12 / Ⓕ11	13	39 / 38	17	17
		8	M14×1.5	4	12 / Ⓕ11	15	41.5 / 40.5	19	19
		10	M16×1.5	6	12 / Ⓕ12.5	15	44 / 44.5	22	22
		12	M18×1.5	8	12 / Ⓕ14	17	46 / 48	24	24
		(14)	M20×1.5	9	14 / Ⓕ14	18	50 / 50	27	27
	40	16	M22×1.5	11	14 / Ⓕ15	18.5	51 / 52	30	27
		20	M27×2	14	16 / Ⓕ18.5	20.5	59 / 61.5	36	32
		25	M33×2	18	20 / Ⓕ18.5	23	66 / 66.5	46	41
	25	30	M42×2	23	20 / Ⓕ19	23.5	71 / 70	50	50
		38	M48×2	30	22 / Ⓕ21.5	26	82 / 81.5	60	55

注：1. 尽可能不采用括号内的规格。
　　2. Ⓕ表示为 F 型柱端。

表 10.11-22　卡套式过板焊接管接头　　　　（单位：mm）

标记示例：
接头系列为 L，管子外径为 10mm，表面镀锌处理的钢制卡套式过板焊接管接头标记为
管接头　GB/T 3757　L10

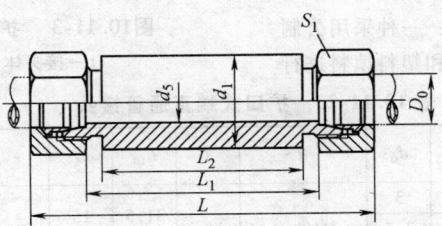

系列	最大工作压力/MPa	管子外径 D_0	d_5	d_1	L	L_1	L_2	S_1
L	25	6	4	18	86	56	50	14
		8	6	20	86	56	50	17
		10	8	22	88	58	50	19
		12	10	25	88	58	50	22
		(14)	11	28	88	58	50	24
		15	12	28	100	70	60	27
		(16)	14	30	102	69	60	30
	16	18	15	32	102	69	60	32
		22	19	36	106	73	60	36
	10	28	24	40	106	73	60	41
		35	30	50	114	71	60	50
		42	36	60	116	70	60	60

（续）

系列	最大工作压力/MPa	管子外径 D_0	d_5	d_1	L	L_1	L_2	S_1
S	63	6	4	20	90	60	50	17
		8	5	22	90	60	50	19
		10	7	25	92	59	50	22
		12	8	28	92	59	50	24
	40	(14)	9	28	104	71	60	27
		16	12	35	108	71	60	30
		20	16	38	114	71	60	36
		25	20	45	120	72	60	46
	25	30	25	50	126	73	60	50
		38	32	60	134	72	60	60

注：尽可能不采用括号内的规格。

2.2.2　扩口式管接头

扩口式管接头结构简单，性能良好，加工和使用方便，适用于薄壁钢管和铜管中以油、气为介质的中低压管路系统，其工作压力取决于管材的许用压力，一般为 3.5～16MPa。管接头本身的工作压力没有明确规定。广泛应用于飞机、汽车及机床行业的液压管路系统。

扩口式管接头有 A 型和 B 型两种结构型式，如图 10.11-2 和图 11.11-3 所示。A 型由具有 74°外锥面的管接头体、起压紧作用的螺母和带有 66°内锥孔的管套组成；B 型由具有 90°外锥面的管接头体和带有 90°内锥孔的螺母组成。将已冲入了喇叭口的管子置于接头体的外锥面和管套（或 B 型的螺母）的内锥孔之间，旋紧螺母使管子的喇叭口受压，挤贴于接头体外锥面和管套（或 B 型的螺母）内锥孔所产生的缝隙中，从而产生了密封作用。

接头体和机体的连接有两种形式：一种采用公制锥螺纹，此时依靠锥螺纹自身的结构和塑料填料进行密封；另一种采用普通细牙螺纹，此时接头体和机件端的连接处需加密封垫圈。垫圈形式推荐按 GB/T 3452.1、JB/T 982 和 JB/T 966 的规定选取。扩口式管接头规格见表 10.11-23～表 10.11-35。

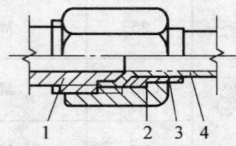

图10.11-2　扩口式 A 型管接头的结构

1—接头体　2—螺母　3—管套　4—管子

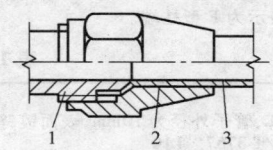

图10.11-3　扩口式 B 型管接头的结构

1—接头体　2—螺母　3—管子

表 10.11-23　扩口式端直通管接头　　　　（单位：mm）

标记示例：
管子外径 D_0 为 10mm 的扩口式端直通管接头为
管接头 10 GB/T 5625—2008

管子外径 D_0	d_0	d	l	L_{10}	e_1	e	S_1	S	质量（钢）/（kg/100 件）
4	3	M10×1	8	31.5	15	17.3	13	15	2.99
5	3.5								3.50
6	4			35.5	17.3		15		4.82
8	6	M12×1.5		44	20.8	18.5	18	16	5.95
10	8	M14×1.5	12	45	24.2	20.8	21	18	7.86
12	10	M16×1.5		45.5	27.7	24.2	24	21	9.95
14	12	M18×1.5			31.2	27.7	27	24	13.0
16	14	M22×1.5	14	49	34.6	31.2	30	27	17.1
18	15								17.8
20	17	M27×2	16	58.5	41.6	39.3	36	34	29.2
22	19			59.5					31.7
25	22	M33×2	18	64	47.3	47.3	41	41	42.5
28	24			66.5	53.1		46		50.0
32	27	M42×2	20	71	57.7	57.7	50	50	67.7
34	30			71.5					68.3

注：生产厂为上海微莎液压流体设备有限公司、宁波市银兴液压附件厂、建湖县液压油管厂，表序中扩口式管接头均为上述厂家生产。

表 10.11-24　扩口式锥螺纹直通管接头　　（单位：mm）

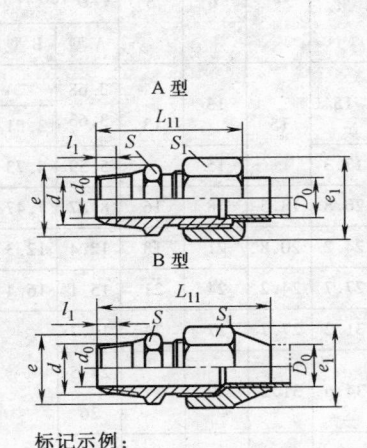

D_0	d_0	d	l_1	A型	B型	e_1	e	S_1	S	A型	B型
		公制锥管尺寸		$L_{11} \approx$		e_1	e	S_1	S	质量(钢)/(kg/100件)	
4	3	ZM10	4.5	33.5	—	15	15	13	13	2.68	—
5	3.5				38					2.63	2.57
6	4	ZM14		37.5	42	17.3		15		3.53	3.10
8	6			46	54	20.8	18.5	18	16	6.12	5.42
10	8			47	56	24.2	20.8	21	18	7.38	7.33
12	10	ZM18	7	48	59.5	27.7	24.2		21	9.96	10.6
14	12				—	31.2	27.7	27	24	12.3	—
16	14	ZM22		49.5	—	34.6	31.2	30	27	15.8	—
18	15				—					16.6	—
20	17	ZM27	9	61.5	—	41.6	39.3	36	34	29.3	—
22	19			62.5	—					29.6	—
25	22	ZM33		65	—	47.3	47.3	41	41	40.1	—
28	24			67.5	—	53.1		46		47.2	—
32	27	ZM42	10	71	—	57.7	53.1	50	46	61.1	—
34	30				—					57.7	—

标记示例：

管子外径 D_0 为 10mm 的 A 型扩口式锥螺纹直通管接头为

管接头 A10　GB/T 5626—2008

表 10.11-25　扩口式锥螺纹长管接头　　（单位：mm）

D_0	d_0	d	l_1	a	c	f	g	e_1	e	S_1	S	a	c	f	g
管子外径	d_0	公制锥管螺纹		$L_{11} \approx$				e_1	e	S_1	S	质量(钢)/(kg/100件)			
4	3	ZM10	4.5	38.5	53.5	—	—	15	15	13	13	2.79	3.30	—	—
5	3.5			38.5	53.5	—	—					2.73	3.20	—	—
6	4	ZM14		43.5	58.5	—	—	17.5		15		3.78	4.66	—	—
8	6			61.5	91.5	131.5		20.8	18.5	18	16	6.94	8.51	10.6	
10	8			62.5	92.5	132.5		24.2	20.8	21	18	8.72	10.7	13.2	
12	10	ZM18	7	63.5	93.5	133.5		27.7	24.2	24	21	11.4	13.6	16.7	
14	12							31.2	27.2	27	24	14.2	18.2	23.5	
16	14	ZM22		65	95	135		34.6	31.2	30	27	18.3	22.8	23.9	
18	16											20.4	26.9	35.6	
20	17	ZM27		72.5	102.5	142.5		41.6	39.3	36	34	33.6	41.7	52.6	
22	19			73.5	103.5	143.5						32.6	42.6	55.7	
25	22	ZM33	9	76	108	146		47.3	47.3	41	41	44.4	55.7	70.6	
28	24			78.5	108.5	148.5		53.1				51.9	65.2	83.0	
32	27	ZM42		81	111	151		57.7	53.1	50	46	68.0	82.6	102	
34	30		10									62.8	78.8	100	

标记示例：

管子外径 D_0 为 10mm，长度 L_{11} 为 a 的扩口式锥螺纹长管接头为

管接头 10(a)　GB/T 5627—2008

表 10.11-26　扩口式直通管接头　　（单位：mm）

A 型

B 型

标记示例为
管子外径 D_0 为 10mm 的 A 型扩口式直通管接头为
管接头 A10　GB/T 5628—2008

D_0	d_0	d_1	$L_{13}\approx$ A型	$L_{13}\approx$ B型	e_1	e	S_1	S	质量(钢)/(kg/100件) A型	质量(钢)/(kg/100件) B型
4	3	M10×1	40	—	15	.	13	13	3.68	—
5	3.5			49		15			3.63	3.51
6	4	M12×1.5	47.5	57.5	17.3		15		5.59	4.73
8	6	M14×1.5	55.5	71	20.8	18.5	18	16	8.87	7.47
10	8	M16×1.5	57.5	75.5	24.2	20.8	21	18	12.4	12.3
12	10	M18×1.5	58	81	27.7	24.2	24	21	15.1	16.4
14	12	M22×1.5			31.2	27.7	27	24	19.7	—
16	14	M24×1.5	60		34.6	31.2	30	27	24.5	
18	15	M27×1.5							26	
20	17	M30×2	75.5	—	41.6	39.3	36	34	45.6	—
22	19	M33×2	76.5						48.6	
25	22	M36×2	78		47.3	47.3	41	41	59.5	
28	24	M39×2	83.5		53.1		46		74.2	
32	27	M42×2	86		57.7	53.1	50	46	81.8	
34	30	M45×2							83.3	

表 10.11-27　扩口式锥螺纹弯通管接头、扩口式锥螺纹三通管接头　　（单位：mm）

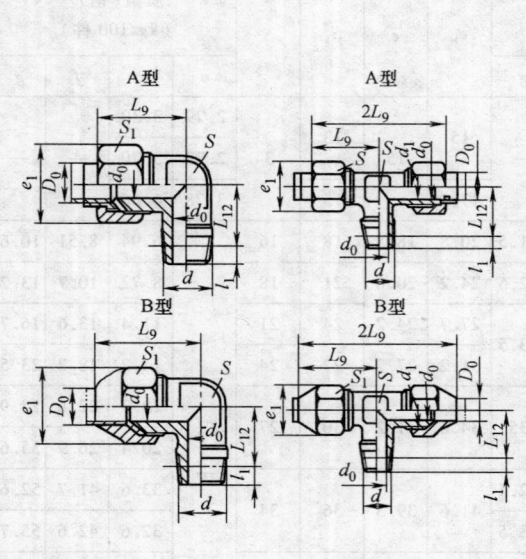

A 型　　　　　A 型

B 型　　　　　B 型

标记示例：
管子外径 D_0 为 10mm 的扩口式锥螺纹弯通管接头为
管接头 10　GB/T 5632—2008

管子外径 D_0	d_0	公制锥管螺纹 d	公制锥管螺纹 l_1	L_{12}	$L_9\approx$ A型	$L_9\approx$ B型	e_1	S_1	S
4	3	ZM10	4.5	16	25.5	—	15	13	8
5	3.5					30			
6	4	—		19.5	29.5	34.5	17.3	15	10
8	6			21.5	35.5	43	20.8	18	11
10	8			23.5	37.5	46.6	24.2	21	13
12	10	ZM18	7	24.5	38	49.5	27.7	24	15
14	12			27	39.5		31.2	27	19
16	14	ZM22		28.5	41.5		34.6	30	21
18	15			30.5	43				24
20	17	ZM27	9	34	50	—	41.6	36	27
22	19			36.5	53				30
25	22	ZM33		38	55		47.3	41	33
28	24			41	58.5		53.1	46	36
32	27	ZM42	10	42.5	61		57.7	50	39
34	30			44	62.5				42

表 10.11-28　扩口式可调向端弯通管接头、扩口式可调向端三通管接头、扩口式可调向端弯通三通管接头
（单位：mm）

标记示例：

管子外径 D_0 为 10mm 的扩口式可调向端弯通管接头为

管接头 10　GB/T 5631.1—2008

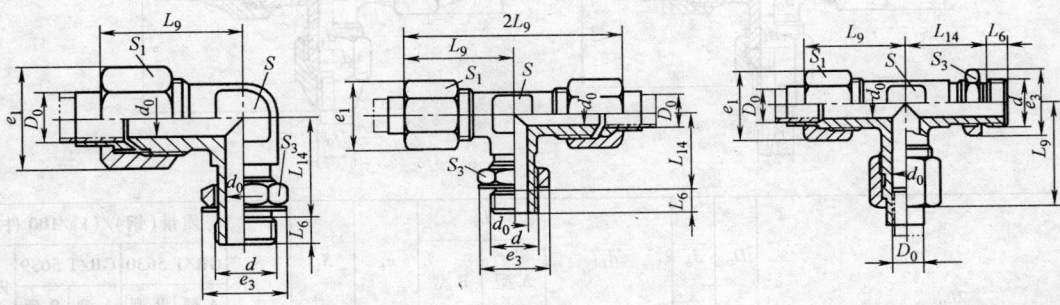

管子外径 D_0	d_0	d	L_9	l_6	L_{14}	e_2	e_1	S_3	S_1	S	质量（钢）/（kg/100 件）	
											GB/T 5631	GB/T 5633 GB/T 5637
4	3		25.5	5.5	19	15	15	13	13	8	3.31	4.85
5	3.5	M10×1									3.38	4.97
6	4		29.5		20		17.3		15	10	4.70	7.30
8	6	M12×1.5	35.5		26.5	18.5	20.8	16	18	11	7.52	11.3
10	8	M14×1.5	37.5	8	27.5	20.8	24.2	18	21	16	9.99	14.9
12	10	M16×1.5	38		29	24.2	27.7	21	24		12.7	15.1
14	12	M18×1.5	39.5		31	27.7	31.2	24	27	21	17.8	26.0
16	14	M22×1.5	41.5	10	32.5	31.2	34.6	27	30	24	23.0	32.6
18	15		43		34						26.6	37.3
20	17	M27×2	50	11	36	39.3	41.6	34	36	27	42.0	60.4
22	19		53		38.5					30	46.8	67.7
25	22	M33×2	55	13	42.5	47.3	47.3	41	41	34	57.4	85.5
28	24		58.5		44		53.1		46	36	73.3	105
32	27	M42×2	61	15	45.5	57.7	57.7	50	50	41	95.8	129
34	30		62.5		47					46	96.8	132

表 10.11-29　扩口式弯通管接头、扩口式三通管接头、扩口式四通管接头（单位：mm）

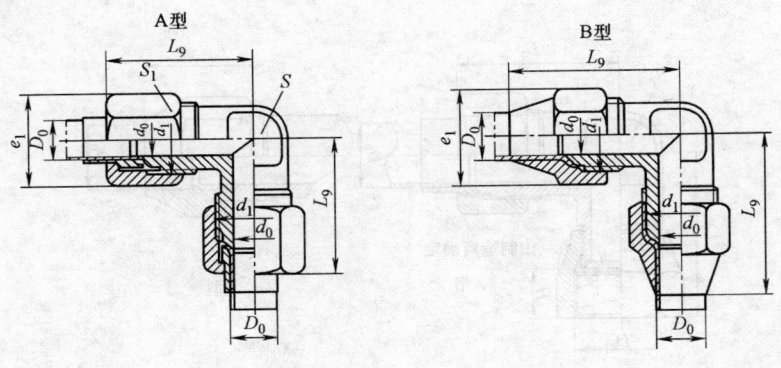

（续）

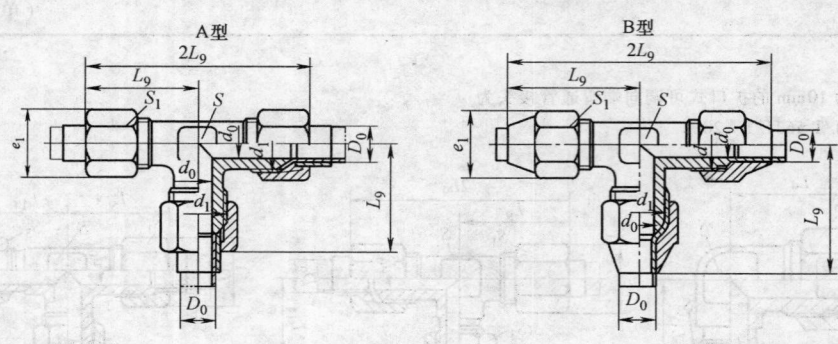

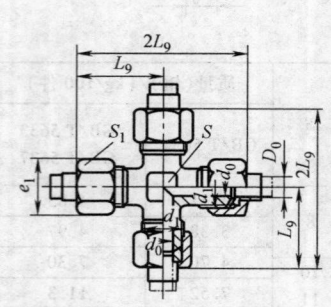

标记示例：

管子外径 D_0 为 10mm 的 A 型扩口
式直角管接头为

管接头 A10   GB/T 5630—2008

D_0	d_0	d_1	L_9		e_1	S_1	S	质量（钢）/（kg/100 件）				
			A 型	B 型				GB/T 5630		GB/T 5639		四通
								A 型	B 型	A 型	B 型	
4	3	—	—	—	15	13	8	3.66	—	5.25	—	6.73
5	3.5	M10×1	25.5	30	—	—		3.58	3.46	5.36	5.07	6.88
6	4	M12×1.5	29.5	34.5	17.3	15	10	5.91	5.05	8.61	7.32	11.2
8	6	M14×1.5	35.5	43	20.8	18	11	8.83	7.43	13.2	16.3	17.3
10	8	M16×1.5	37.5	46.5	24.2	21	16	12.0	11.9	18.0	22.9	23.5
12	10	M18×1.5	38	49.5	27.7	24		15.1	16.5	22.1	24.2	29.0
14	12	M22×1.5	39.5	—	31.2	27	21	21.2		30.7		40.2
16	14	M24×1.5	41.5		—	—		26.0		39.6		49.3
18	15	M27×1.5	43		34.6	30	24	29.3		46.3		56.8
20	17	M30×2	50		—	—	27	48.2		71.5		84.0
22	19	M33×2	53		41.6	36	30	54.6		82.2		96.2
25	22	M36×2	55		47.3	41	33	64.2		95.9		113
28	24	M39×2	58.5		53.1	46	36	81.1		126		140
32	27	M42×2	61		—	—	41	97.3		148		182
34	30	M45×2	62.5		57.7	50	46	97.5		150		185

表 10.11-30   扩口式组合弯通管接头、扩口式组合弯通三通管接头、扩口式组合三通管接头

（单位：mm）

标记示例：

管子外径 D_0 10mm 的扩口式组合直角管接头为

管接头 10   GB/T 5632—2008

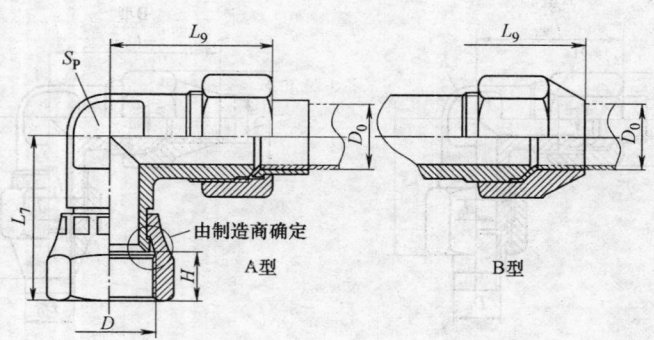

（续）

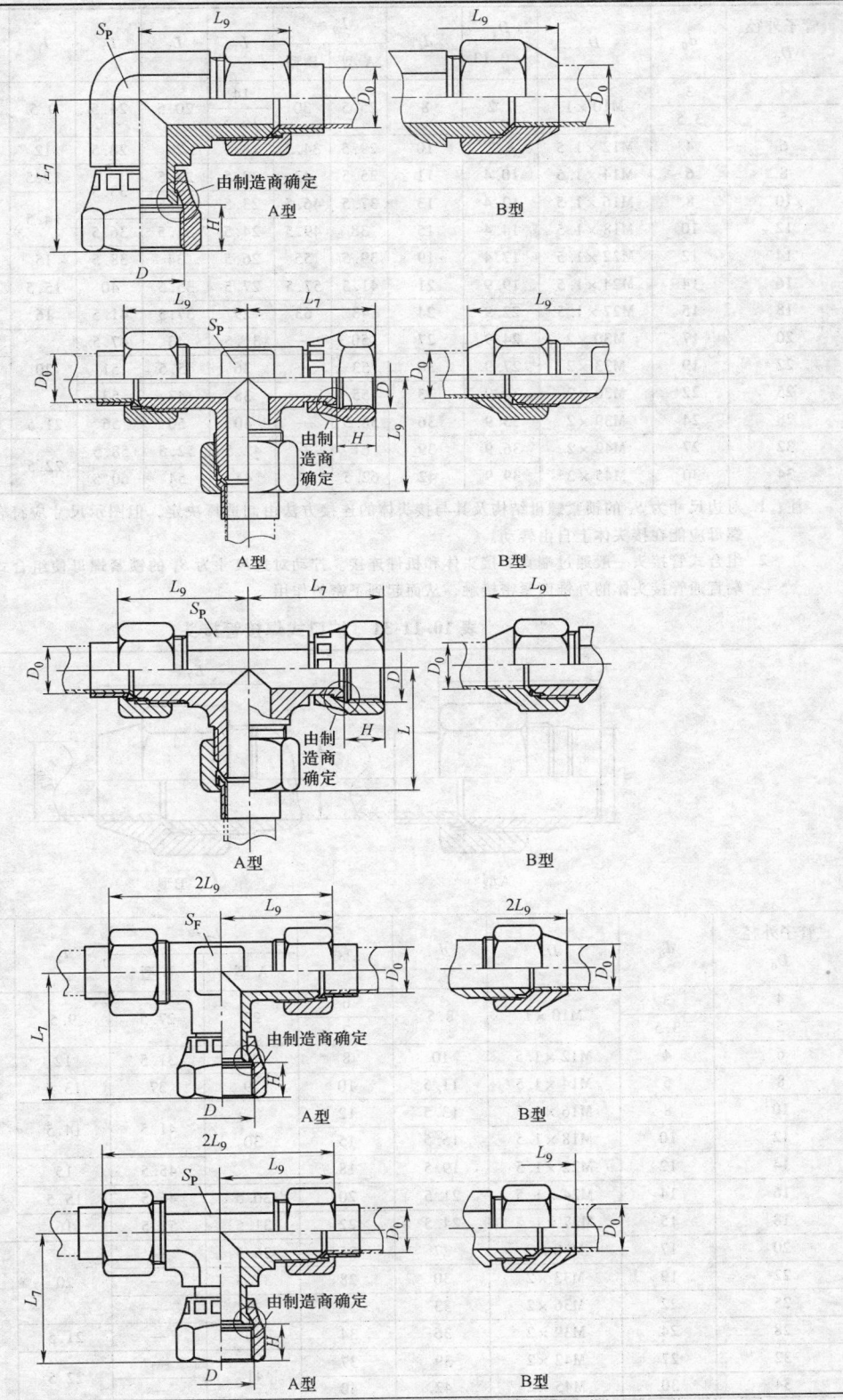

（续）

管子外径 D_0	d_0	D	D_1 ±0.13	d_4	$L_9 \approx$ A型	$L_9 \approx$ B型	L_1	L_3	L_7	l_1	H	S S_F	S S_P
4	3	M10×1	7.2	8	25.5	30	14	20.5	24.5	9.5	7.5	8	10
5	3.5	M10×1	7.2	8	25.5	30	16.5	20.5	24.5	9.5	7.5	8	10
6	4	M12×1.5	8.7	10	29.5	34.5	18.5	24	28.5	12	9.5	10	12
8	6	M14×1.5	10.4	11	35.5	43	22.5	28.5	33.5	13.5	10.5	12	14
10	8	M16×1.5	12.4	13	37.5	46.5	23.5	30.5	33.5	14.5	10.5	14	17
12	10	M18×1.5	14.4	15	38	49.5	24.5	31.5	36.5	14.5	10.5	17	19
14	12	M22×1.5	17.4	19	39.5	55	26.5	34	38.5	15	10.5	19	22
16	14	M24×1.5	19.9	21	41.5	57.5	27.5	35.5	40	15.5	11	22	24
18	15	M27×1.5	22.9	24	43	63	29	37.5	41.5	16	11	24	27
20	17	M30×2	24.9	27	50	—	31.5	43	47.5	20	13.5	27	30
22	19	M33×2	27.9	30	53	—	36	45.5	51	20	14	30	34
25	22	M36×2	30.9	33	55	—	38	47	53	20	14.5	34	36
28	24	M39×2	33.9	36	58.5	—	40	50	56	21.5	15	36	41
32	27	M42×2	36.9	39	61	—	42.5	52.5	58.5	22.5	15.5	41	46
34	30	M45×2	39.9	42	62.5	—	44	54	60.5	22.5	16	46	46

注：1. 对边尺寸为 S_4 的锁紧螺母结构及其与接头体的连接方法由制造厂决定，但图示尺寸应符合上表的规定，并且该螺母应能在接头体上自由转动。

2. 组合式管接头一般通过端直通接头体和机件连接。拧动对边尺寸为 S_4 的锁紧螺母使组合式管接头体的内锥孔与端直通管接头体的外锥面紧密接触，从而起到了密封作用。

表 10.11-31　扩口式焊接管接头　　　　　　（单位：mm）

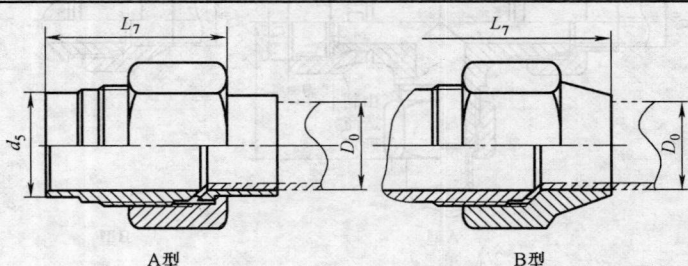

A型　　　　　　　　　　　　　B型

管子外径 D_0	d_0	D	d_2	d_5	$L_7 \approx$ A型	$L_7 \approx$ B型	l_2	l_1	L
4	3	M10×1	8.5	6	23	27.5	9.5	3	18
5	3.5	M10×1	8.5	7	23	27.5	9.5	3	18
6	4	M12×1.5	10	8	27	31.5	12	3	20.5
8	6	M14×1.5	11.5	10	29	37	13.5	3	22.5
10	8	M16×1.5	13.5	12	30	41.5	14.5	3	23.5
12	10	M18×1.5	15.5	15	30	41.5	14.5	3	23.5
14	12	M22×1.5	19.5	18	30	45.5	15	3	24
16	14	M24×1.5	21.5	20	30.5	46.5	15.5	3	24.5
18	15	M27×1.5	24.5	22	31.5	51.5	16	3	26
20	17	M30×2	27	25	36.5	—	20	4	30
22	19	M33×2	30	28	37.5	—	20	4	30
25	22	M36×2	33	31	38	—	20	4	30
28	24	M39×2	36	34	40	—	21.5	4	31.5
32	27	M42×2	39	37	41	—	22.5	4	32.5
34	30	M45×2	42	40	41	—	22.5	4	32.5

表 10.11-32　扩口式变径锥螺纹三通管接头、扩口式三通变径管接头　　（单位：mm）

标记示例：

管子外径 D_0 为 10mm 的扩口式变径锥螺纹三通管接头为

管接头 10　GB/T 5636—2008

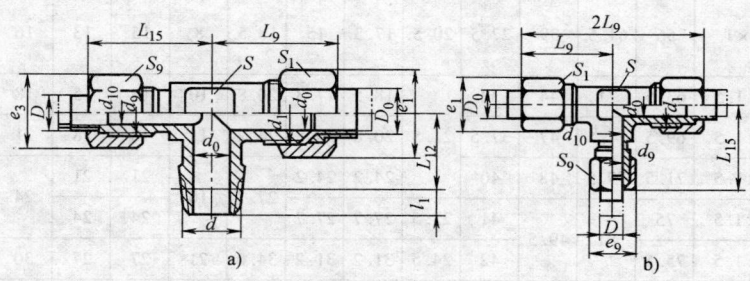

a)　　　　　　　b)

管子外径													a)扩口式变径锥螺纹三通管接头；b)扩口式三通变径管接头			a)	b)

管子外径		d	d_{10}	d_1	d_9	$L_9 \approx$	$L_{15} \approx$	e_9	e_1	S_9	S_1	S	公制锥管螺纹		L_{12}	质量（钢）/（kg/100 件）	
D_0	D												d	l_1		a)	b)
6	4	4	3	M12×1.5	M10×1	29.5	25.5	15	17.3	13	15	10	ZM10	4.5	19.5	6.14	8.17
8	6	6	4	M14×1.5	M12×1.5	35.5	29.5	17.3	20.8	15	18	11	ZM14		21.5	9.92	12.4
10	8	8	6	M16×1.5	M14×1.5	37.5	35.5	20.8	24.2	18	21	16			23.5	12.8	18.0
12	10	10	8	M18×1.5	M16×1.5	38	37.5	24.2	27.7	21	24		ZM18	7	24.5	16.9	21.2
14	12	12	10	M22×1.5	M18×1.5	39.5	38	27.7	31.2	24	27	21			27	22.5	29.4
16	14	14	12	M24×1.5	M22×1.5	41.5	39.5	31.2	34.6	27	30	24	ZM22		28.5	28.7	36.8
18	16	15	14	M27×1.5	M24×1.5	43	41.5	34.6							30.5	32.0	44.1
20	18	17	15	M30×2	M27×1.5	50	43		41.6	30	36	27	ZM27		34	52.7	64.2
22	20	19	17	M33×2	M30×2	53	50	41.6				30		9	36.5	58.2	78.8
25	22	22	19	M36×2	M33×2	55	53		47.3	36	41	33	ZM33		38	80.5	91.1
28	25	24	22	M39×2	M36×2	58.5	55	47.3	53.1	41	46	36			41	92.2	116.0
32	28	27	24	M42×2	M39×2	61	58.5	53.1	57.7	46	50	41	ZM42	10	42.5	116.0	141.0
34	32	30	27	M45×2	M42×2	62.5	61	57.7		50		46			44	120.0	147.0

表 10.11-33　扩口式过板直通管接头、扩口式过板弯通管接头　　（单位：mm）

标记示例：

管子外径 D_0 为 10mm 的扩口式隔壁直通管接头为

管接头 10　GB/T 5643—2008

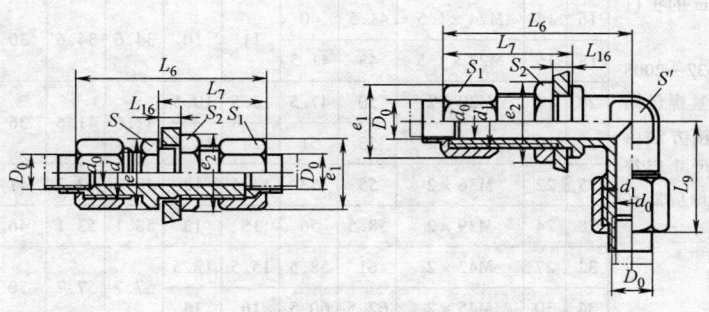

（续）

管子外径 D_0	d_0	d_1	$L_6' \approx$	$L_6 \approx$	$L_7 \approx$	L_9	$L_{16} \approx$ 最大	e	e_1	e_2	S'	S	S_1	S_2	质量/(kg/100 件) GB 5643	GB 5644
4	3	M10×1	56	61.5	39	27.5	20.5	17.3	15	18.5	8	15	13	16	5.63	5.89
5	3.5														5.74	6.03
6	4	M12×1.5	63.5	71	44	32		18.5	17.3	20.8	10	16	15	18	9.14	9.61
8	6	M14×1.5	69.5	77.5	47	37.5	21.5	20.8	20.8	24.2	11	18	18	21	13.0	13.6
10	8	M16×1.5	71.5	79.5	48	40		24.2	24.2	27.7	16	21	21	24	17.4	18.1
12	10	M18×1.5	75	81	49.5	41	23.5	27.7	27.7			24	24		21.5	22.4
14	12	M22×1.5	75.5			42	24.5	31.2	31.2	34.6	21	27	27	30	30.1	32.4
16	14	M24×1.5	79	85	51	44	25	31.2	34.6	39.3	24	27	30	34	35.8	38.7
18	15	M27×1.5	83	87.5	53.5	45.5	28	34.6		41.6		30		36	42.7	48.9
20	17	M30×2	84.5	101.5	60	52	28.5	39.3	41.6	47.3	27	34	36	41	65.7	71.2
22	19	M33×2	96.5	105	62.5	56	29.5	41.6		53.1	30	36		46	76.4	87.0
25	22	M36×2	102	109	64	58	30	47.3	47.3	57.7	33	41	41	50	91.4	101.0
28	24	M39×2	105	114	66.5	61	30.5		53.1		36		46		109	119.0
32	27	M42×2	112	117.5	68	64		57.7	57.7	63.5	41	50	50	55	136	147.0
34	30	M45×2	113.5	120	69	66	31			69.3	46	50	50	60	140	153.0

表 10.11-34　扩口式组合弯通管接头　　　　（单位：mm）

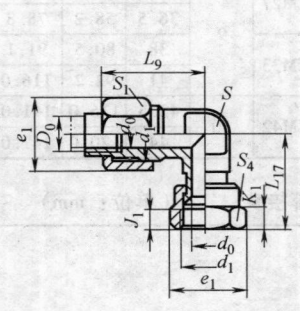

D_0	d_0	d_1	L_9	L_{17}	K_1	J_1	e_1	e_4	S_1	S_4	S	质量（钢）/(kg/100 件)
4	3	M10×1	25.5	24.5	7.5	6.5	15	15	13	13	8	3.27
5	3.5											3.30
6	4	M12×1.5	29.5	28.5	9.5	7.5	17.3	17.3	15	15	10	5.30
8	6	M14×1.5	35.5	33.5		8.5	20.8	20.8	18	18	11	8.28
10	8	M16×1.5	37.5		10.5		24.2	24.2	21	21	16	11.3
12	10	M18×1.5	38	36.5		9.5	27.7	27.7	24	24		14.1
14	12	M22×1.5	39.5	38.5			31.2	31.2	27	27	21	19.3
16	14	M24×1.5	41.5	40	11	10	34.6	34.6	30	30	24	23.8
18	15	M27×1.5	43	41.5								32.5
20	17	M30×2	50	47.5	13.5	10.5	41.6	41.6	36	36	27	37.8
22	19	M33×2	53	51	14	11.5					30	47.8
25	22	M36×2	55	53	14.5	12	47.3	47.3	41	41	34	59.7
28	24	M39×2	58.5	56	15	13	53.1	53.1	46	46	36	77.9
32	27	M42×2	61	58.5	15.5	13.5	57.7	57.7	50	50	41	91.0
34	30	M45×2	62.5	60.5	16	14					46	92.4

标记示例:

管子外径 D_0 为 10mm 的扩口式组合直角管接头为

管接头 10　GB/T 5632—2008

对边尺寸为 S_4 的锁紧螺母结构及其与接头体的联接方法由制造厂决定。但图示尺寸应符合表的规定，并且该螺母应能在接头体上自由转动

表 10.11-35　扩口式压力表管接头　　　　　　（单位：mm）

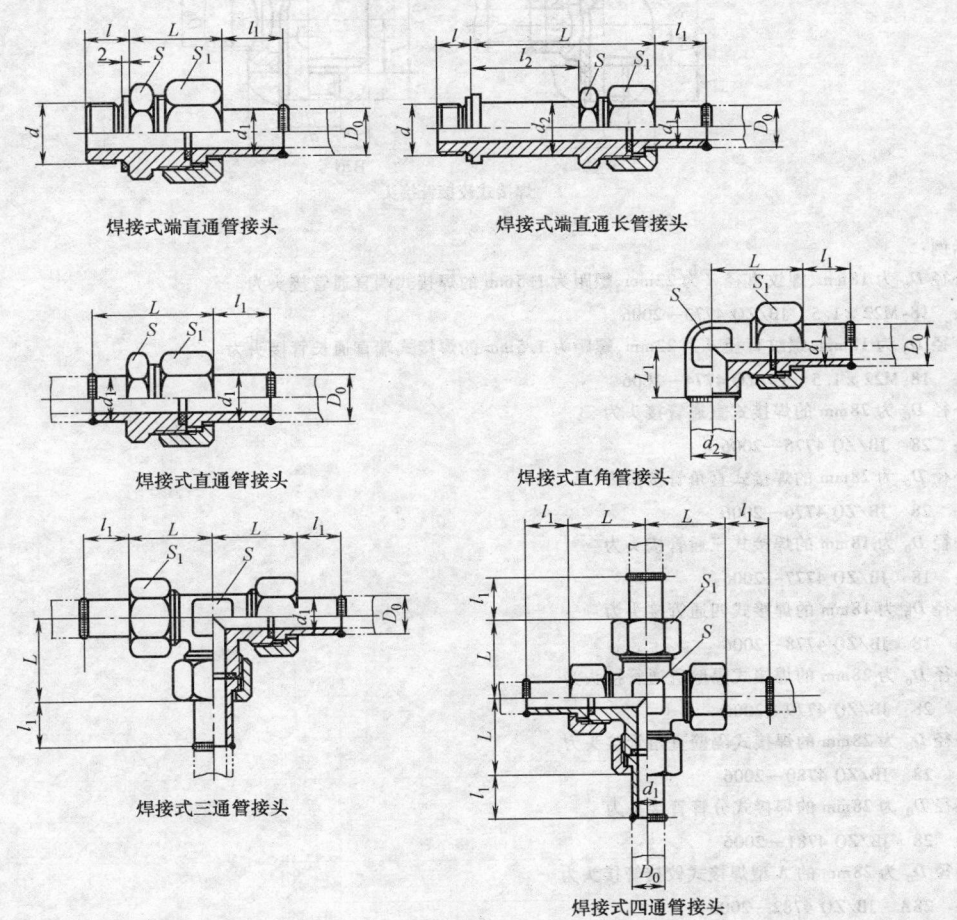

D₀	d₀	d	d₁	l_3	l_9	L_{12}	$L_{10}\approx$ A型	B型	e_1	e	S_1	S	质量(钢)/(kg/100件) A型	B型
6	4	M10×1		5.5	10.5	14.5	36	41		15		13	3.50	3.31
		M14×1.5	M12×1.5	8.5	13.5	17.5	39	44	17.3	20.8	15	18	4.72	4.53
		M20×1.5	M22×1.5	12	19	24	45.5	50		27.7		24	7.19	6.9
14	12						49.5	54	31.2		27		12.6	—

标记示例：
管子外径 D_0 为 10mm 的 A 型扩口式压力表管接头为
管接头 A10　GB/T 5645—2008

2.2.3　焊接式管接头

焊接式管接头规格见表 10.11-36。

表 10.11-36　焊接式管接头　　　　　　　　　　（单位：mm）

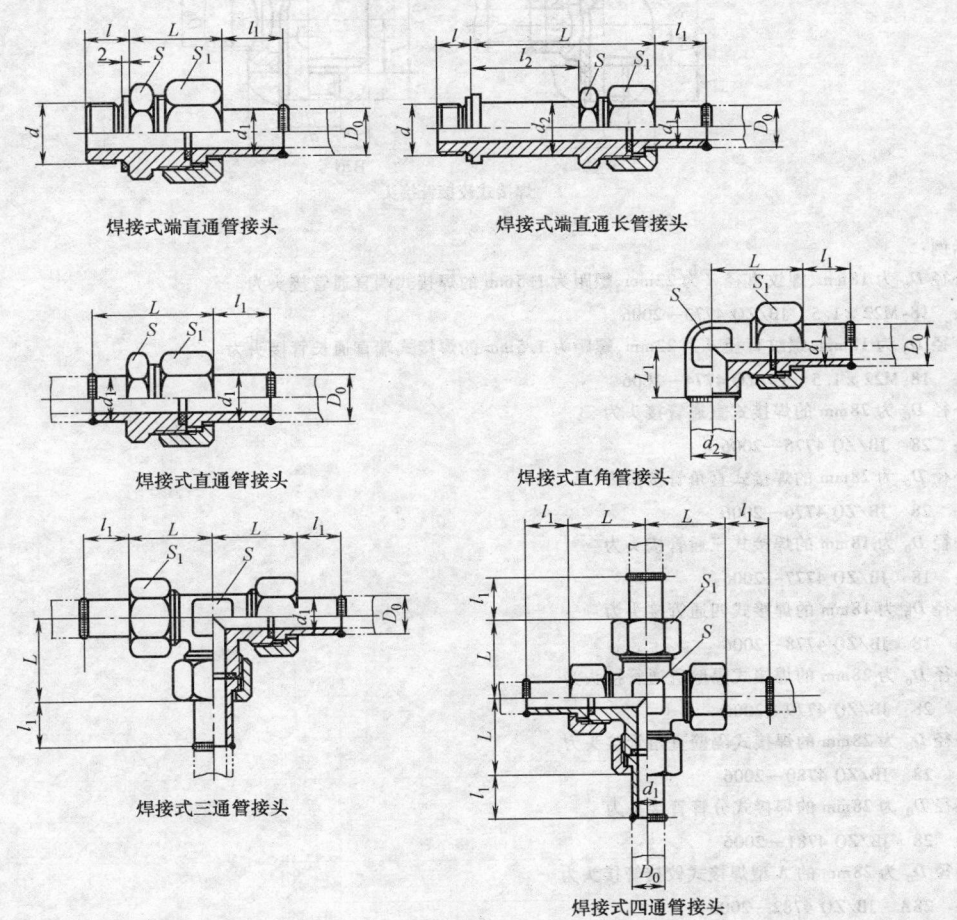

焊接式端直通管接头　　　　　　　焊接式端直通长管接头

焊接式直通管接头　　　　　　　　焊接式直角管接头

焊接式三通管接头

焊接式四通管接头

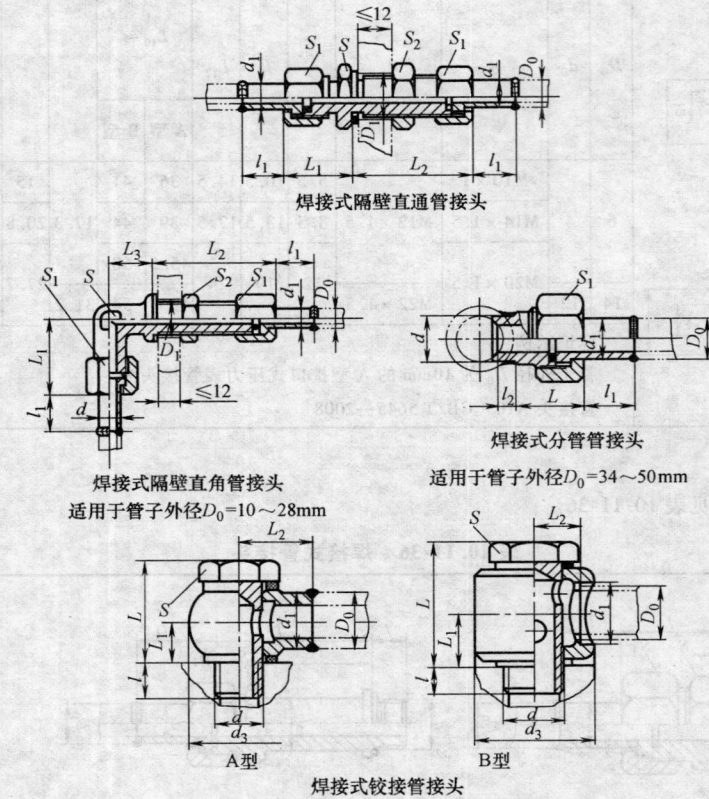

焊接式隔壁直通管接头

焊接式隔壁直角管接头
适用于管子外径D_0=10～28mm

焊接式分管管接头
适用于管子外径D_0=34～50mm

A型　　　B型
焊接式铰接管接头

标记示例：

管子外径D_0为 18mm、螺纹直径d为 22mm、螺距为 1.5mm 的焊接式端直通管接头为

管接头　18-M22×1.5　JB/ZQ 4773—2006

管子外径D_0为 18mm、螺纹直径d为 22mm、螺距为 1.5mm 的焊接式端直通长管接头为

管接头　18-M22×1.5　JB/ZQ 4774—2006

管子外径D_0为 28mm 的焊接式直通管接头为

管接头　28　JB/ZQ 4775—2006

管子外径D_0为 28mm 的焊接式直角管接头为

管接头　28　JB/ZQ 4776—2006

管子外径D_0为 18mm 的焊接式三通管接头为

管接头　18　JB/ZQ 4777—2006

管子外径D_0为 18mm 的焊接式四通管接头为

管接头　18　JB/ZQ 4778—2006

管子外径D_0为 28mm 的焊接式隔壁直通管接头为

管接头　28　JB/ZQ 4779—2006

管子外径D_0为 28mm 的焊接式隔壁直角管接头为

管接头　28　JB/ZQ 4780—2006

管子外径D_0为 28mm 的焊接式分管管接头为

管接头　28　JB/ZQ 4781—2006

管子外径D_0为 28mm 的 A 型焊接式铰接管接头为

管接头　28A　JB/ZQ 4782—2006

（续）

管子外径 D_0	公称通径 D_N	d	d_1	d_2	d_3	d_4 $\left(\dfrac{H12}{h12}\right)$	d_5	$D^{+0.6}_{+0.4}$	l	l_1	l_2	l_3	l_4	L	L_1	L_2	L_3	L_4	L_5	L_6	L_7	L_8
6	3	M10×1	7.5	10	6.5	7	—	12	8	14	32	3	—	22	54	30	24	12	22	41	26	20
10	6	M10×1	11	10	10.5	11	22	16	8	16.5	35	4	8	24.5	59.5	32.5	28.5	15	25.5	44.5	30.5	21.5
10	6	M14×1.5	11	14	—	—	—	—	12	16.5	35	—	—	25.5	60.5	—	—	—	—	—	—	—
14	8	M14×1.5	16	14	14.5	16	28	22	12	19	43	5	10	29	72	41	35	20	29	49	38	27
14	8	M18×1.5	16	19	—	—	—	—	12	19	43	—	—	29	72	—	—	—	—	—	—	—
18	10	M18×1.5	19	19	18.5	19	36	27	12	21	45	7	12	33	78	45	39	22	33	51	42	29
18	10	M22×1.5	19	24	—	—	—	—	14	21	45	—	—	33	78	—	—	—	—	—	—	—
22	15	M22×1.5	22	24	22.5	22	46	30	14	21	48	8	14	34	82	48	43	26	35	55	46	30
22	15	M27×2	22	28	—	—	—	—	16	21	48	—	—	35	83	—	—	—	—	—	—	—
28	20	M27×2	28	28	28.5	28	56	36	16	24	54	9	15	37	91	53	48	30	39	57	51	32
28	20	M33×2	28	34	—	—	—	—	16	24	54	—	—	39	93	—	—	—	—	—	—	—
34	25	M33×2	34	34	34.5	34	64	42	16	26	65	10	16	46	111	62	57	36	46	62	61	37
34	25	M42×2	34	44	—	—	—	—	16	26	65	—	—	48	113	—	—	—	—	—	—	—
42	32	M42×2	42	44	42.5	42	78	52	18	28	72	12	17	50	122	68	64	40	48	68	68	39
42	32	M48×2	42	50	—	—	—	—	20	28	72	—	—	52	124	—	—	—	—	—	—	—
50	40	M48×2	50	50	50.5	50	90	60	20	30	72	15	19	56	134	76	74	48	54	74	78	43

管子外径 D_0	L_9	L_{10}	L_{11}	L_{12}	S	S_1	S_2	S_3	S_4	S_5	S_6	S_7	O 形圈 JB/ZQ 4224	垫圈	质量/kg JB/ZQ 4773	JB/ZQ 4774	JB/ZQ 4775	JB/ZQ 4776	JB/ZQ 4777	JB/ZQ 4778	JB/ZQ 4779	JB/ZQ 4780	JB/ZQ 4781	JB/ZQ 4782
6	—	—	—	15	17	14	14	14	10	17	17	—	8×1.9	10	0.039	0.052	0.028	0.032	0.064	0.087	0.077	0.096	0.021	—
10	23	8.5	15	18	17	19	17	17	14	22	22	17	11×1.9	10	0.060	0.082	0.055	0.068	0.145	0.190	0.158	0.183	0.040	0.059
10	—	—	—		19	19	19	—	—	—	—	—	11×1.9	14	0.071	0.103	—	—	—	—	—	—	—	—
14	29	11	20	23	22	27	22	22	19	30	27	19	16×2.4	14	0.143	0.210	0.150	0.160	0.370	0.500	0.344	0.366	0.120	0.103
14	—	—	—		24	27	24	—	—	—	—	—	16×2.4	18	0.155	0.235	—	—	—	—	—	—	—	—
18	34	13	25	25	27	32	27	27	24	36	32	24	20×2.4	18	0.199	0.325	0.190	0.250	0.510	0.680	0.505	0.53	0.160	0.190
18	—	—	—		30	32	30	—	—	—	—	—	20×2.4	20	0.236	0.356	—	—	—	—	—	—	—	—
22	43	17	30	28	30	36	30	30	27	41	36	30	24×2.4	20	0.320	0.436	0.240	0.310	0.650	0.880	0.60	0.67	0.210	0.342
22	—	—	—		36	36	36	—	—	—	—	—	24×2.4		0.320	0.480	—	—	—	—	—	—	—	—
28	50	20	35	32	36	41	36	36	32	50	41	36	30×3.1	27	0.390	0.620	0.370	0.470	0.920	1.250	0.95	1.02	0.280	0.660
28	—	—	—		41	41	41	—	—	—	—	—	30×3.1	33	0.450	0.640	—	—	—	—	—	—	—	—
34	66	27	24	38	46	50	46	46	41	55	50	41	35×3.1	33	0.600	1.000	0.630	0.760	1.530	2.180	1.68	1.97	0.470	1.320
34	—	—	—		55	50	55	—	—	—	—	—	35×3.1	42	0.850	1.224	—	—	—	—	—	—	—	—
42	82	34	30	44	55	60	55	55	50	65	60	42	40×3.1	42	1.060	1.624	1.050	1.220	2.400	3.800	2.03	2.53	0.670	2.140
42	—	—	—		60	60	60	—	—	—	—	—	40×3.1	48	1.170	1.730	—	—	—	—	—	—	—	—
50	94	38	33	52	65	70	65	65	60	75	70	60	45×3.1	48	1.670	2.430	1.570	2.050	3.900	5.300	3.34	3.84	1.050	3.330

注：1. 对隔壁间无密封要求时，JB/ZQ 4784 可省略。

2. 应用无缝钢管的材料为 15、20 号钢，精度为普通级。

2.2.4　扣压式软管接头总成

扣压式钢丝编织胶管接头总成主要由接头外套和接头芯组成。接头外套的内壁有环形切槽，接头芯的外壁呈圆柱形，上有径向切槽。当剥去胶管的外胶层，将其套入接头芯时，拧紧接头外套并在专用设备上扣压，以达到紧密连接。这种接头有 A、B、C 三种型式，适用于专业和大量生产，具有结构紧凑，外径尺寸小，密封可靠等优点。扣压式软管接头规格见表 10.11-37～表 10.11-39。

表 10.11-37　A 型扣压式胶管接头及总成　　　　　　　（单位：mm）

标记示例：

胶管内径 16mm，Ⅱ 层钢丝，胶管长度 1000mm 的 A 型扣压式胶管接头为

胶管接头 16Ⅲ-1000　JB/ZQ 4427—86

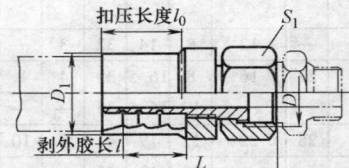

胶管内径	公称通径	工作压力/MPa			增强层外径						D	扳手尺寸	l_0	l	D_1			介质温度
					Ⅰ		Ⅱ		Ⅲ									
		Ⅰ	Ⅱ	Ⅲ	min	max	min	max	min	max		S_1			Ⅰ	Ⅱ	Ⅲ	
10	10	16	28	31	14.5	15.7	16.1	17.3	17.9	19.1	(M18×1.5)	21	27	22	21	22.7	24.5	
12.5	10	14	25	27	17.5	19.1	19.1	20.7	20.9	22.5	M22×1.5	27	31	25	25.2	28	29.5	油：−30～+80℃
16	15	10.5	20	22	20.6	22.2	22.2	23.8	24.0	25.6	M27×1.5	30	31	25	28.2	31	32.5	
19	20	9	16	18	24.6	26.2	26.2	27.8	28.0	29.6	M30×1.5	36	35	28.5	31.2	34	35.5	水：+80℃ 以下；
22	20	8	14	16	27.8	29.4	29.4	31.0	31.2	32.8	M36×2	41	35	28.5	34.2	37	38.5	
25	25	7	13	15	31.2	33.0	33.0	34.8	34.8	36.6	(M39×2)	46	39	31.5	38.2	40	41.5	空气：−30～+50℃
31.5	32	4.4	11	13	37.7	39.7	39.5	41.5	41.3	43.3	(M45×2)	55	42	34.5	46.5	48	49.5	
38	40	3.5	9	—	44.1	46.1	45.9	47.9			M52×2	60	46	37.5	52.5	54		
51	50	2.6	8	—	57.0	59.0	58.8	62.8			(M64×2)	75	62	50	65.5	69.5		

胶管内径		10	12.5	16	19	22	25	31.5	38	51
胶管长度	公差	$L\approx$								
280		333	341	346	352	356	—	—	—	—
320		373	381	386	392	396	400	—	—	—
360	+20、−10	413	421	426	432	436	440	448	—	—
400		453	461	466	472	476	480	488	492	
450		503	511	516	522	526	530	538	542	
500		553	561	566	572	576	580	588	592	616
560		613	621	626	632	636	640	648	652	676
630	+25、−10	683	691	696	702	706	710	718	722	746
710		763	771	776	782	786	790	798	802	826
800		853	861	866	872	876	880	888	892	916
900		953	961	966	972	976	980	988	992	1016
1000	+30、−20	1053	1061	1066	1072	1076	1080	1088	1092	1116
1120		1173	1181	1186	1192	1196	1200	1208	1212	1236
1250		1303	1311	1316	1322	1326	1330	1338	1342	1366
1400		1453	1461	1466	1472	1476	1480	1488	1492	1516
1600		1653	1661	1666	1672	1676	1680	1688	1692	1716
1800		1853	1861	1866	1872	1876	1880	1888	1892	1916
2000		2053	2061	2066	2072	2076	2080	2088	2092	2116
2240	+40、−25	2293	2301	2306	2312	2316	2320	2328	2332	2456
2500		2553	2561	2566	2572	2576	2580	2588	2592	2616
2800		2853	2861	2866	2872	2876	2880	2888	2892	2916
3000		3053	3061	3066	3072	3076	3080	3088	3092	3116

注：1. 括号内为焊接式接管头标准中缺少的螺纹，由使用者自行配制或协商订货。

　　2. D_1 为接头外套扣压后直径；Ⅰ、Ⅱ、Ⅲ 为胶管得钢丝层层数。

　　3. 生产厂家为上海微莎液压流体设备有限公司、宁波市银兴液压附件厂、建湖县液压油管厂，表序中扣压式胶管接头均为上述厂家生产。

表 10.11-38　B 型扣压式胶管接头　　　　（单位：mm）

标记示例：
胶管内径 16mm，Ⅲ层钢丝，胶管长度 1000mm 的 A 型扣压式胶管接头为
胶管接头 16Ⅲ-1000　JB/ZQ 4427—86

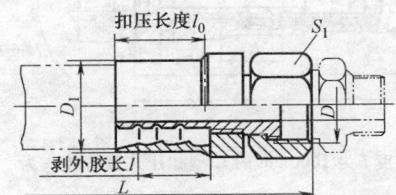

胶管内径	公称通径	工作压力/MPa			增强层外径						D	扳手尺寸 S_1	l_0	l	D_1			介质温度
		Ⅰ	Ⅱ	Ⅲ	Ⅰ min	Ⅰ max	Ⅱ min	Ⅱ max	Ⅲ min	Ⅲ max					Ⅰ	Ⅱ	Ⅲ	
10	10	16	28	31	14.5	15.7	16.1	17.3	17.9	19.1	(M18×1.5)	21	27	22	21	22.7	24.5	
12.5	10	14	25	27	17.5	19.1	19.1	20.7	20.9	22.5	M22×1.5	27	31	25	25.2	28	29.5	油：−30~+80℃
16	15	10.5	20	22	20.6	22.2	22.2	23.8	24.0	25.6	M27×1.5	30	31	25	28.2	31	32.5	水：+80℃以下；
19	20	9	16	18	24.6	26.2	26.2	27.8	28.0	29.6	M30×1.5	36	35	28.5	31.2	34	35.5	空气：−30~+50℃
22	20	8	14	16	27.8	29.4	29.4	31.0	31.2	32.8	M36×2	41	35	28.5	34.2	37	38.5	
25	25	7	13	15	31.2	33.0	33.0	34.8	34.8	36.6	(M39×2)	46	39	31.5	38.2	40	41.5	
31.5	32	4.4	11	12	37.7	39.7	39.5	41.5	41.3	43.3	(M45×2)	55	42	34.5	46.5	48	49.5	
38	40	3.5	9	—	44.1	46.1	45.9	47.9			M52×2	60	46	37.5	52.5	54		
51	50	2.6	8	—	57.0	59.0	58.8	62.8			(M64×2)	75	62	50	65.5	69.5		

型式	胶管长度	公差	胶管内径 5	6.3	8	10	12.5	16	19	22	25	31.5	38	51
			胶管接头全长 L≈											
B 型扣压式胶管接头	280	+20、−10	338	346	350	356	362	362	372	382	—	—	—	
	320		378	386	390	396	402	402	412	422	428	—	—	
	360		418	426	430	436	442	442	452	462	468	480	—	
	400		458	466	470	476	482	482	492	502	508	520	526	
	450		508	516	520	526	532	532	542	552	558	570	576	
	500		558	566	570	576	582	582	592	602	608	620	626	
	560	+25、−10	618	626	630	686	642	642	652	662	668	680	686	
	630		688	696	700	706	712	712	722	732	738	750	756	
	710		768	776	780	786	792	792	802	812	818	880	836	
	800	+30、−20	858	866	870	876	882	882	892	902	908	920	926	如需本表以外的长管长度，由双方协商订货，在订单中注明
	900		958	966	970	976	982	982	992	1002	1008	1020	1026	
	1000		1058	1066	1070	1076	1082	1082	1092	1102	1108	1120	1126	
	1120		1178	1186	1190	1196	1202	1202	1212	1222	1228	1240	1246	
	1250		1308	1316	1320	1326	1332	1332	1342	1352	1358	1370	1376	
	1400		1458	1466	1470	1476	1482	1482	1492	1502	1508	1520	1526	
	1600	+40、−25	1658	1666	1670	1676	1682	1682	1692	1702	1708	1720	1726	
	1800		1858	1866	1870	1876	1882	1882	1892	1902	1908	1920	1926	
	2000		2058	2066	2070	2076	2082	2082	2092	2102	2108	2120	2126	
	2240		2298	2306	2310	2316	2322	2322	2332	2342	2348	2360	2366	
	2500		2558	2566	2570	2576	2582	2582	2592	2602	2608	2620	2626	
	2800		2858	2866	2870	2876	2882	2882	2892	2902	2908	2920	2926	
	3000		3058	3066	3070	3076	3082	3082	3092	3102	3108	3120	3126	

注：括号内为焊接式接管头标准中缺少的螺纹，由使用者自行配制或协商订货。

表 10.11-39   C 型扣压式胶管接头   （单位：mm）

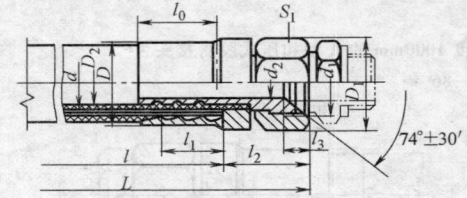

标记示例：

胶管内径 d 为 16mm，Ⅲ 层钢丝，胶管长度 l 为 1000mm 的 C 型扣压式胶管接头为

胶管接头 16Ⅲ-1000

胶管内径 d	公称通径	工作压力/MPa			D_2				d_1	D			l_0	l_1	l_2	l_3	S_1	D_1
		Ⅰ	Ⅱ	Ⅲ	Ⅰ	Ⅱ	Ⅲ	公差		Ⅰ	Ⅱ	Ⅲ						
4	4	20	—	—	10	—	—		M12 × 1.25	15	—	—	18	12.5	21	8	14	16.2
6	6	20	25	40	12	13.5	15		M14 × 1.5	17	18.7	20.5	27	22	23.5	8	17	19.6
8	8	16	25	32	14	15.5	17	± 0.6	M16 × 1.5	19	20.7	22.5	27	22	25	8	19	21.9
10	10	16	25	25	16	17.5	19		M18 × 1.5	12	22.7	24.5	27	22	26.5	8	22	25.4
13	10	12.5	20	25	20	21.5	23		M22 × 1.5	25.2	28	29.5	31	25	30.5	10	27	31.2
16	15	10	16	26	23	24.5	26		M27 × 1.5	28.2	31	32.5	31	25	33	10	32	36.9
19	20	10	16		26	27.5	29		(M30 × 1.5)	31.2	34	35.5	35	28.5	36	11	36	41.6
22	20	10	12.5	16	29	30.5	32	± 0.8	(M36 × 2)	34.2	37	38.5	35	28.5	38	13	41	47.3
25	25	8	10	12.5	32	33.5	35		M39 × 2		38	41.5	39	31.5	40	13	46	53.1
32	32	6.3	10	10	39.5	41	42.5		M45 × 2	46.5	48	49.5	42	34.5	44	15	55	63.5

注：1. C 型扣压式胶管接头与扩口式管接头连接使用。

2. 附录表中 d_1 括号内尺寸为扩口式管接头标准中所缺少的螺纹，由使用者自己配制。尺寸 $L = l + 2l_1$。

2.2.5   快速接头规格

快速接头规格见表 10.11-40 和表 10.11-41。

表 10.11-40   液压快速接头螺纹连接尺寸及技术要求（两端开闭式）   （单位：mm）

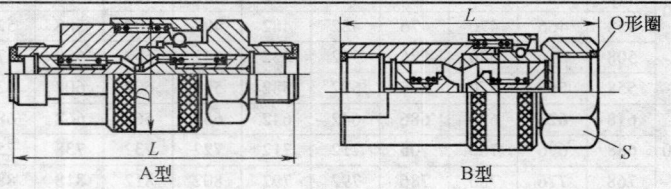

标记示例：

公称通径为 15mm 的 A 型快换接头为

快换接头   15   JB/ZQ 4078—1997

公称通径为 15mm 的 B 型快换接头为

快换接头   B15   JB/ZQ 4078—1997

公称通径	连接型式			最大工作压力/MPa	最低爆破压力/MPa	L	D	S	质量/kg
	A 型	B 型	O 形圈						
6.3	M14 × 1.5	M12 × 1.5	12.5 × 1.8	31.5	126	78	29	21	0.3
10	M18 × 1.5	M18 × 1.5	18 × 1.8	31.5	126	80	31	24	0.3
12.5	M27 × 1.5	M22 × 1.5	25 × 1.8	25	100	100	38	34	0.5
20	M30 × 1.5	M27 × 2	28 × 1.8	25	100	110	46	36	0.8
25	M39 × 2	M33 × 2	33.5 × 2.65	20	80	128	53	46	1.4
31.5	M52 × 2	M42 × 2	42.5 × 2.65	20	80	160	68	60	2.8
40	M60 × 2	M50 × 2	50 × 2.65	16	64	190	81	70	4.8
50	—	M60 × 2	60 × 2.65	10	40	204	97	80	7

‎

表 10.11-41　快速接头及总成（两端开放式）　　　　　（单位：mm）

标记示例：

公称通径为 15mm 的 A 型快换接头为

快换接头　15　JB/ZQ 4079—1997

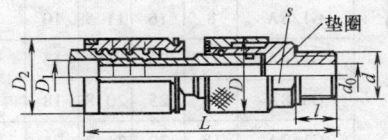

公称通径	公称流量/ (L/min)	软管内径 D_1	工作压力/MPa		D_2	D	d_0	d (6g)	s	l	L	质量/kg
			软管层数									
			I	II、III								
6	6.3	8	17.5	32	32	29	5	M10×1	21	8	114	0.36
8	25	10	16	28	35	34	7	M14×1.5	27	12	120	0.45
10	40	12.5	14	25	40	39	10	M18×1.5	30	12	132	0.67
15	63	16	10.5	20	45	43	13	M22×1.5	34	14	140	0.85
20	100	22	8	16	51	55	17	M27×2	46	16	155	1.21
25	160	25	7	14	58	59	21	M33×2	50	16	160	1.75
32	250	31.5	4.4	11	66	70	28	M42×2	60	18	180	2.65
40	400	38	3.5	9	72	73	33	M48×2	70	20	205	3.50
50	630	51	2.6	8	86	90	42	M60×2	80	24	230	5.12

注：1. 适用于介质温度为 -20~80℃，以油、气为介质的管路系统。

　　2. 生产厂为焦作市液压附件厂、湖北迅雷液压技术有限公司、盐城市锦东液压机械有限公司、滕州市鑫宏机械有限公司。

3　螺塞及堵头

3.1　外六角螺塞规格

外六角螺塞规格见表 10.11-42。

表 10.11-42　外六角螺塞、管螺纹外六角螺塞　　　（单位：mm）

外六角螺塞

材料 35

标记示例：

a）d 为 M10/1，P_N 为 31.5MPa 外六角螺塞为

螺塞 M10×1

b）d 为 G1/2A，P_N 为 1.6MPa 的管螺纹外六角螺塞为

螺塞 G1/2A

技术要求：表面发蓝处理

d	d_1	D	e	S	S 的极限偏差	L	h	b	b_1	R	C	质量/kg
M8×1	6.5	14	12.7	11	0 -0.24	18	10	2	2	0.5	0.7	0.013
M10×1	8.5	18				20						0.019
M12×1.25	10.2	22	15	13		24	12	3			1.0	0.032
M14×1.5	11.8	23	20.8	18		25						0.048
M18×1.5	15.8	28	24.2	21		27	15	3				0.078
M20×1.5	17.8	30				30						0.090
M22×1.5	19.8	32	27.7	24	0 -0.28							0.110
M24×2	21	34	31.2	27		32	16	4		1		0.145
M27×2	24	38	34.6	30		35	17				1.5	0.196
M30×2	27	42	39.3	34		38	18					0.252
M33×2	30	45	41.6	36	0 -0.34	42	20	4				0.342
M42×2	39	56	53.1	46		50	25	5				0.656
M48×2	45	62	57.7	50	0	56	28					0.907
M60×2	57	78	75	65	-0.40	68	34					1.775

$D_1 \approx 0.95S$

（续）

	d/in	d_1	D	e	S	S 的极限偏差	L	h	b	b_1	C	质量/kg
管螺纹外六角螺塞	G1/8A	8	16	11.5	10	0 −0.20	18	8	3	2	1.5	0.014
	G1/4A	11	20	15	13	0 −0.24	21	9				0.025
	G3/8A	14	25	20.8	18		22	10				0.044
	G1/2A	18	30	24.2	21	0 −0.28	28	13	4	3	2	0.086
	G3/4A	23	38	31.2	27		33	15				0.159
	G1A	29	45	39.3	34		37	17				0.272
	G1¼A	38	55	47.3	41	0 −0.34	48	23	5	4	2.5	0.553
	G1½A	44	62	53.1	46		50	25				0.739
	G1¾A	50	68	57.7	50		57	27				1.013
	G2A	56	75	63.5	55	0 −0.40	60	30	6			1.327

材料 35

标记示例:

a) d 为 M10/1, P_N 为 31.5MPa 外六角螺塞为

螺塞 M10 × 1

b) d 为 G1/2A, P_N 为 1.6MPa 的管螺纹外六角螺塞为

螺塞 G1/2A

技术要求: 表面发蓝处理

$D_1 \approx 0.95S$

3.2　内六角螺塞规格

内六角螺塞规格见表 10.11-43。

表 10.11-43　内六角螺塞　　　　（单位: mm）

标记示例:

d = M20 × 1.5, P_N 为 31.5MPa 的内六角螺塞

螺塞 M20 × 1.5 JB/ZQ 4444—1997

d = G3/8in, P_N 为 1.6MPa 的内六角螺塞

螺塞 G3/8inA JB/ZQ 4444—1997

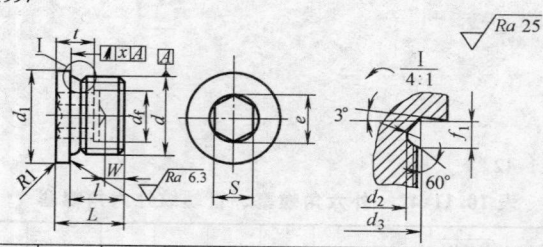

d 公制螺纹	d 管螺纹/in	d_1 h14	d_2 0 −0.2	d_3 0 −0.3	e ≥	l ±0.2	L ≈	S D12	t ≥	W ≥	f_1 +0.3 0	z	质量/(kg/1000 件)
M8 × 1	—	14	6.4	8.3	4.6	8	11	4	3.5	3	2		6.4
M10 × 1	G1/3A	14	8.3	10	5.7	8	11	5	5	3	2		6.34
M12 × 1.5	—	17	9.7	12.3	6.9	12	15	5.5	7	3	3		11.3
—	G1/4A	18	11.2	13.4	6.9	12	15	5.5	7	3	3		14.6
M14 × 1.5	—	19	11.7	14.3	6.9	12	15	5.5	7	3	3		16.0
M16 × 1.5	—	21	13.7	16.3	9.2	12	15	8	7.5	3	3	0.1	19.0
—	G3/8A	22	14.7	17	9.2	12	15	8	7.5	3	3		21.4
M18 × 1.5	—	23	15.7	18.3	9.2	12	16	8	7.5	3	3		28.3
M20 × 1.5	—	25	17.7	20.3	11.4	14	18	10	7.5	4	3		37.5
—	G1/2A	26	18.4	21.3	11.4	14	18	10	7.5	4	4		40.8
M22 × 1.5	—	27	19.7	22.3	11.4	14	18	10	7.5	4	3		47.5
M24 × 1.5	—	29	21.7	24.3	13.7	14	18	11	7.5	4	3		53.5
M26 × 1.5	—	31	23.7	26.3	13.7	16	20	11	9	4	3		68.7

（续）

d 公制螺纹	d 管螺纹/in		d_1 h14	d_2 0 −0.2	d_3 0 −0.3	e ≥	l ±0.2	L ≈	S D12	t ≥	W ≥	f_1 +0.3 0	z	质量/(kg/1000件)
—	M27×2	G3/4A	32	23.9	27	13.7	16	20	11	9	4	4		73.5
M30×1.5	M30×2	—	36	27.7	30.3	19.4	16	20	16	9	4	4		84.0
—	M33×2	G1A	39	29.9	33.3	19.4	16	21	16	9	4	4		111
M36×1.5	M36×2	—	42	33	36.3	21.7	16	21	18	10.5	4	4		134
M38×1.5	—	G1⅛A	44	35	38.3	21.7	16	21	18	10.5	4	4		149
—	M39×2	—	46	36	39.3	21.7	16	21	18	10.5	4	4		163
M42×1.5	M42×2	G¼A	49	39	42.3	25.2	16	21	21	10.5	4	4		187
M45×1.5	M45×2	—	52	42	45.3	25.2	16	21	21	10.5	4	4	0.2	215
M48×1.5	M48×2	G1½A	55	45	48.1	27.4	16	21	21	10.5	4	4		246
M52×1.5	M52×2	—	60	49	52.3	27.4	16	21	24	10.5	4	4		302
—	—	G1¾A	62	50.4	54	36.6	20	25	32	14	4	5		320
—	M56×2	—	64	53	56.3	36.6	20	25	32	14	4	4		386
—	M60×2	G2A	68	56.3	60.3	36.6	20	25	32	14	4	4		445
—	M64×2	—	72	61	64.3	36.6	20	25	32	14	4	4		530

3.3　密封垫规格

密封垫规格见表 10.11-44 和表 10.11-45。

表 10.11-44　组合密封垫圈　　　（单位：mm）

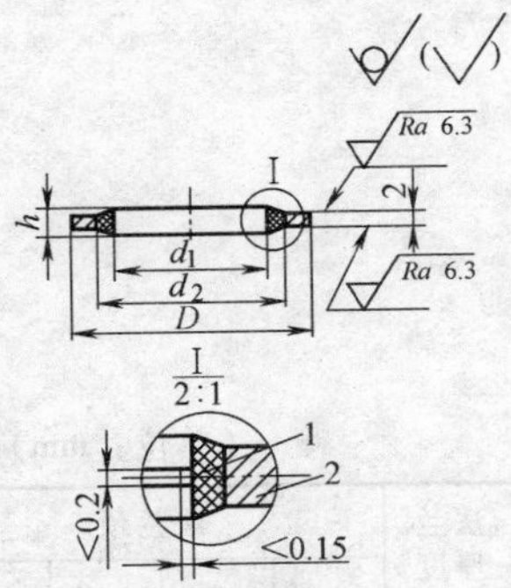

材料:件 1—耐油橡胶
件 2—Q235
件 1 和件 2 在硫化压胶时胶住
标记示例:
公称直径为 27mm 的组合密封垫圈为
垫圈 27 JB/T 982—1977

公称直径	d_1 尺寸	d_1 公差	d_2 尺寸	d_2 公差	D 尺寸	D 公差	h ±0.1	孔 d_2 允许同轴度	适用螺纹尺寸
8	8.4		10		14	0 −0.24			M8
10	10.4		12		16				M10(G⅛)
12	12.4	±0.12	14	+0.24 0	18				M12
14	14.4		16		20			0.1	M14(G¼)
16	16.4		18		22		2.7		M16
18	18.4		20		25	0 −0.28			M18(G⅜)
20	20.5		23		28				M20
22	22.5		25	+0.28 0	30				M22(G½)
24	24.5	±0.14	27		32				M24
27	27.5		30		35				M27(G¾)
30	30.5		33		38	0 −0.34			M30
33	33.5		36		42				M33(G1)
36	36.5		40	+0.34 0	46				M36
39	39.6		43		50			0.15	M39
42	42.6	±0.17	46		53				M42(G1¼)
45	45.6		49		56		2.9		M45
48	48.7		52		60	0 −0.40			M48
52	52.7		56	+0.40 0	66				M52
60	60.7	±0.20	64		75				M60(G2)

表 10.11-45　螺塞用密封垫　　　　　　　　（单位：mm）

标记示例：

内径 d 为 27.7mm，外径 D 为 31.9mm，厚度 H 为 2mm 的密封垫圈为

垫圈 27 JB/T 1002—1977

公称直径	d		D		$H_{-0.2}^{0}$	允许同轴度	配用螺纹	
	尺寸	公差	尺寸	公差			螺栓上	螺孔内
4	4.2		7.9					M10 × 1
5	5.2		8.9					M12 × 1.25
7	7.2		10.9				M8、M10	M14 × 1.5
8	8.2		11.9	0 −0.24	1.5	0.1		—
10	10.2		12.9					—
12	12.2	± 0.24	15.9					M18 × 1.5
13	13.2		16.9					M20 × 1.5
14	14.2		17.9				M14	
15	15.2		18.9					M22 × 1.5
16	16.2		19.9				M16	
18	18.2		22.9					M27 × 2
20	20.2	± 0.28	24.9	0 −0.28			M20	
22	22.2		26.9				M22	
24	24.2		28.9			0.15		M33 × 2
27	27.2	−0.28 0	31.9				M27、M30	
30	30.2		35.9					
32	32.2		37.9					M42 × 2
33	33.2		38.9				M33	
36	36.2		41.9	0 +0.34	2		M36	M48 × 2
39	39.2	+0.34 0	45.9			0.20	M39	
40	40.2		46.9				M40	
42	42.2		48.9				M42	
45	45.2		51.9				M45	
48	48.2		54.9	0 −0.40		0.25	M48	M60 × 2
52	52.2	+0.40 0	59.9				M52	
60	60.2		67.9				M60	—

注：适用于焊接、卡套、扩口式管接头及螺塞的密封。材料为纯铝或纯铜（退火后 32 ~ 45HBW）。

4　法兰

4.1　整体钢制管法兰

4.1.1　平面整体钢制管法兰

平面整体钢制管法兰规格见表 10.11-46。

表 10.11-46　平面整体钢制管法兰　　　　　　　　（单位：mm）

公称压力/MPa	公称通径	法兰外径 D	螺栓孔中心圆直径 K	螺栓孔径 L	螺栓		法兰厚度 C	法兰颈			
					数量 n	螺纹 Th.		N	R	S_{min}	S_{1max}
1.6	10	90	60	14	4	M12	14	28	3	6	10
	15	95	65	14	4	M12	14	32	3	6	11
	20	105	75	14	4	M12	16	40	4	6.5	12
	25	115	85	14	4	M12	16	50	4	7	14
	32	140	100	18	4	M16	18	60	5	7	14
	40	150	110	18	4	M16	18	70	5	7.5	15
	50	165	125	18	4	M16	20	84	5	8	17
	65	185	145	18	4	M16	20	103	6	8	19
	80	200	160	18	8	M16	20	120	6	8.5	20
	100	220	180	18	8	M16	22	140	6	9.5	20
	125	250	210	18	8	M16	22	165	6	10	20
	150	285	240	22	8	M20	24	190	8	11	20

（续）

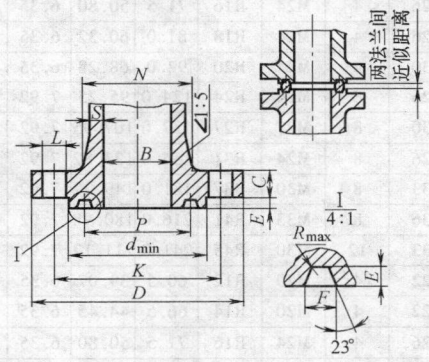

	公称压力/MPa	公称通径	法兰外径 D	螺栓孔中心圆直径 K	螺栓孔径 L	螺栓 数量 n	螺栓 螺纹 Th.	法兰厚度 C	法兰颈 N	R	S_{min}	S_{1max}
		25	110	79.5	16	4	M14	11.5	49			4.0
		32	120	89.0	16	4	M14	13.0	59			4.8
		40	130	98.5	16	4	M14	14.5	65			4.8
		50	150	120.5	20	4	M18	16.0	78			5.6
	2.0	65	180	139.5	20	4	M18	17.5	90			5.6
		80	190	152.5	20	4	M18	19.5	108			5.6
		100	230	190.5	20	8	M18	24.0	135			6.3
		125	255	216.0	22	8	M20	24.0	164			7.1
		150	280	241.5	22	8	M20	25.5	192			7.1

注：生产厂为上海定乐法兰制造有限公司、巩义市汇通管道设备厂、瑞安市速腾法兰厂、上海通阳管件有限公司。

4.1.2　环连接面整体钢制管法兰

环连接面整体钢制管法兰规格见表 10.11-47。

表 10.11-47　环连接面整体钢制管法兰　　　　（单位：mm）

公称压力/MPa	公称通径	法兰内径 B	连接尺寸					槽号	密封面					法兰厚度 C	法兰颈		两法兰间近似距离
			法兰外径 D	螺栓孔中心圆直径 K	螺栓孔径 L	螺栓 n	螺栓 Th.		d_{min}	P	E	F	R_{max}		N	S_{min}	
	25	25	110	79.5	16	4	M14	R15	63.5	47.62	6.35	8.74	0.8	11.5	49	4.0	4
	32	32	120	89.0	16	4	M14	R17	73.0	57.15	6.35	—	—	13.0	59	4.8	4
	40	38	130	98.5	16	4	M14	R19	82.5	65.67	6.35	—	—	14.5	65	4.8	4
	50	51	150	120.5	20	4	M18	R22	102.0	32.55	6.35	—	—	16.0	78	5.6	4
2.0	65	64	180	139.5	20	4	M18	R25	121.0	101.60	6.35	—	—	17.5	90	5.6	4
	80	76	190	152.5	20	4	M18	R29	133.0	114.30	6.35	—	—	19.5	108	5.6	4
	100	102	230	190.5	20	8	M18	R30	171.0	149.22	6.35	—	—	24.0	135	6.3	4
	125	127	255	216.0	22	8	M20	R40	194.0	171.45	6.35	—	—	24.0	164	7.1	4
	150	152	280	241.5	22	8	M20	R43	219.0	193.68	6.35	—	—	25.5	192	7.1	4
	25	25	125	89.0	20	4	M18	R16	70.0	50.80	6.35	8.74	0.8	17.5	54	4.7	4
	32	32	135	98.5	20	4	M18	R18	79.5	60.32	6.35	8.74	0.8	19.5	64	5.5	4
	40	38	155	114.5	22	4	M20	R20	90.5	68.28	6.35	8.74	0.8	21.0	70	5.5	4
	50	51	165	127.0	20	4	M18	R23	108.0	82.55	7.92	11.91	0.8	22.5	84	6.3	6
5.0	65	64	190	149.0	22	4	M20	R26	127.0	101.60	7.92	11.91	0.8	25.5	100	6.3	6
	80	76	210	168.5	22	4	M20	R31	146.0	123.82	7.92	11.91	0.8	29.0	118	7.1	6
	100	102	255	200.0	22	8	M20	R37	175.0	149.22	7.92	11.91	0.8	32.0	146	7.9	6
	125	127	280	235.0	22	8	M20	R41	210.0	180.98	7.92	11.91	0.8	35.0	178	9.5	6
	150	152	320	270.0	22	12	M20	R45	241.0	211.12	7.92	11.91	0.8	37.0	206	9.5	6

（续）

公称压力/MPa	公称通径	法兰内径 B	连接尺寸					槽号	密封面					法兰厚度 C	法兰颈		两法兰间近似距离
			法兰外径 D	螺栓孔中心圆直径 K	螺栓孔径 L	螺栓			d_{min}	P	E	F	R_{max}		N	S_{min}	
						n	Th.										
10	15	13	95	66.5	16	4	M14	R11	51.0	34.14	5.56	7.14	0.8	14.5	38	4.0	3
	20	19	120	82.5	20	4	M18	R13	63.5	42.88	6.35	8.74	0.8	16.0	48	4.0	4
	25	25	125	89.0	20	4	M18	R16	70.0	50.80	6.35	8.74	0.8	17.5	54	4.8	4
	32	32	135	98.5	20	4	M18	R18	79.5	60.32	6.35	8.74	0.8	21.0	64	4.8	4
	40	38	155	114.5	22	4	M20	R20	90.5	68.28	6.35	8.74	0.8	22.5	70	5.6	4
	50	51	163	127.0	20	8	M18	R23	108.0	82.55	7.92	11.91	0.8	25.5	84	6.3	5
	65	64	190	149.0	22	8	M20	R26	127.0	101.60	7.92	11.91	0.8	29.0	100	7.1	5
	80	76	210	168.5	22	8	M20	R31	146.0	123.82	7.92	11.91	0.8	32.0	117	7.9	5
	100	102	275	216.0	26	8	M24	R37	175.0	149.22	7.92	11.91	0.8	38.5	152	9.5	5
	125	127	330	267.0	30	8	M27	R41	210.0	180.98	7.92	11.91	0.8	44.5	189	11.1	5
	150	152	355	292.0	30	12	M27	R45	241.0	211.12	7.92	11.91	0.8	48.0	222	12.7	5
15	15	13	120	82.5	22	4	M20	R12	60.5	39.67	6.35	8.74	0.8	22.5	38	4.1	4
	20	17	130	89.0	22	4	M20	R14	66.5	44.45	6.35	8.74	0.8	25.5	44	4.8	4
	25	22	150	101.5	26	4	M24	R16	71.5	50.80	6.35	8.74	0.8	29.0	52	5.6	4
	32	29	160	111.0	26	4	M24	R18	81.0	60.32	6.35	8.74	0.8	29.0	64	6.3	4
	40	35	180	124.0	30	4	M27	R20	92.0	68.28	6.35	8.74	0.8	32.0	70	7.1	4
	50	48	215	165.0	26	8	M24	R24	124.0	95.25	7.92	11.91	0.8	33.5	105	7.9	3
	65	57	245	190.5	30	8	M27	R27	137.0	107.95	7.92	11.91	0.8	41.5	124	8.8	3
	80	73	240	190.5	26	8	M24	R31	156.0	123.82	7.92	11.91	0.8	38.5	127	10.3	4
	100	98	295	235.0	33	8	M30	R37	181.0	149.22	7.92	11.91	0.8	44.5	159	12.7	4
	125	121	350	279.5	36	8	M33	R41	216.0	180.98	7.92	11.91	0.8	51.0	190	15.1	4
	150	146	380	317.5	33	12	M30	R45	241.0	211.12	7.92	11.91	0.8	56.0	235	18.3	4
25	15	13	120	82.5	22	4	M20	R12	60.5	39.07	6.35	8.74	0.8	22.5	38	4.7	4
	20	17	130	89.0	22	4	M20	R14	66.5	44.45	6.35	8.74	0.8	25.5	44	5.6	4
	25	22	150	101.5	26	4	M24	R16	71.5	50.80	6.35	8.74	0.8	29.0	52	6.3	4
	32	29	160	111.0	26	4	M24	R18	81.0	60.32	6.35	8.74	0.8	29.0	64	7.9	4
	40	35	180	124.0	30	4	M27	R20	92.0	68.28	6.35	8.74	0.8	32.0	70	9.5	4
	50	48	215	165.0	26	8	M24	R24	124.0	95.25	7.92	11.91	0.8	38.5	105	11.7	3
	65	57	245	190.5	30	8	M27	R27	137.0	107.95	7.92	11.91	0.8	41.5	124	12.7	3
	80	76	270	203.0	33	8	M30	R35	168.0	136.52	7.92	11.91	0.8	48.0	133	15.9	3
	100	92	310	241.5	36	8	M33	R39	194.0	161.92	7.92	11.91	0.8	54.0	162	19.0	3
	125	111	375	292.0	42	8	M39	R44	229.0	193.68	7.92	11.91	0.8	73.5	197	23.2	3
	150	137	395	317.5	39	12	M36	R46	248.0	211.12	9.52	13.49	1.5	83.0	229	27.8	3
42	15	11	135	89.0	22	4	M20	R13	65.0	42.88	6.35	8.74	0.8	30.5	43	6.3	4
	20	14	140	95.0	22	4	M20	R16	73.0	50.80	6.35	8.74	0.8	32.0	51	7.1	4
	25	19	160	108.0	26	4	M24	R18	82.5	60.32	6.35	8.74	0.8	35.0	57	8.7	4
	32	25	185	130.0	30	4	M27	R21	102.0	72.24	7.92	11.91	0.8	38.5	73	11.1	3
	40	29	205	146.0	33	4	M30	R23	114.0	82.55	7.92	11.91	0.8	44.5	79	12.7	3
	50	38	235	171.5	30	8	M27	R24	133.0	101.60	7.92	11.91	0.8	51.0	95	15.8	3
	65	48	270	197.0	33	8	M30	R28	149.0	111.12	9.52	13.49	0.8	57.5	114	19.0	3
	80	57	305	228.5	36	8	M33	R32	168.0	127.00	9.52	13.49	1.5	67.0	133	22.2	3
	100	73	355	273.0	42	8	M39	R38	203.0	157.18	11.13	16.66	1.5	76.5	165	27.7	4
	125	92	420	324.0	48	8	M45	R42	241.0	190.50	12.70	19.84	1.5	92.5	203	34.1	4
	150	111	485	368.5	56	8	M52	R47	279.0	228.60	12.70	19.84	1.5	108.0	235	40.4	4

注：1. 凸出部分高度与梯形槽尺寸 E 相同，但不受尺寸 E 公差限制。允许采用如虚线所示轮廓的全平面。

2. 生产厂为上海定乐法兰制造有限公司、巩义市汇通管道设备厂、瑞安市速腾法兰厂、上海通阳管件有限公司。

4.2　对焊钢制管法兰

对焊钢制管法兰规格见表 10.11-48 和表 10.11-49。

表 10.11-48　平面突面对焊钢制管法兰　　　　　　（单位：mm）

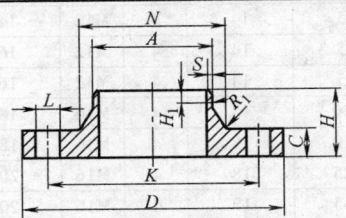

公称压力/MPa	公称通径	法兰焊端外径（管子外径）A	法兰外径 D	螺栓孔中心圆直径 K	螺栓孔径 L	螺栓 数量 n	螺栓 螺纹 Th.	法兰厚度 C	法兰高度 H	法兰颈 N	法兰颈 S	法兰颈 H_1	法兰颈 R
0.25	10	17.2	75	50	11	4	M10	2	28	26	1.6	6	3
	15	21.3	80	55	11	4	M10	12	30	30	1.8	6	3
	20	26.9	90	65	11	4	M10	14	32	38	1.8	6	4
	25	33.7	100	75	11	4	M10	14	35	42	2.0	6	4
	32	42.4	120	90	14	4	M12	16	35	55	2.3	6	5
	40	48.3	130	100	14	4	M12	16	38	62	2.3	7	5
	50	60.3	140	110	14	4	M12	16	38	74	2.3	8	5
	65	76.1	160	130	14	4	M12	16	38	88	2.6	9	6
	80	88.9	190	150	18	4	M16	18	42	102	2.9	10	6
	100	114.3	210	170	18	4	M16	18	45	130	3.2	10	6
	125	139.7	240	200	18	8	M16	20	48	155	3.6	10	6
	150	168.3	265	225	18	8	M16	20	48	184	4.0	12	8
0.6	10	17.2	75	50	11	4	M10	12	28	26	1.6	6	3
	15	21.3	80	55	11	4	M10	12	30	30	1.8	6	3
	20	26.9	90	65	11	4	M10	14	32	38	1.8	6	4
	25	33.7	100	75	11	4	M10	16	35	42	2.0	6	4
	32	42.4	120	90	14	4	M12	16	35	55	2.3	6	5
	40	48.3	130	100	14	4	M12	16	38	62	2.3	7	5
	50	60.3	140	110	14	4	M12	16	38	74	2.3	8	5
	65	76.1	160	130	14	4	M12	16	38	88	2.6	9	6
	80	88.9	190	150	18	4	M16	18	42	102	2.9	10	6
	100	114.3	210	170	18	4	M16	18	45	130	3.2	10	6
	125	139.7	240	200	18	8	M16	20	48	155	3.6	10	6
	150	168.3	265	225	18	8	M16	20	48	184	4.0	12	8
1.0	10	17.2	90	60	14	4	M12	14	35	28	2.0	6	3
	15	21.3	95	65	14	4	M12	14	35	32	2.0	6	3
	20	26.9	105	75	14	4	M12	16	38	39	2.0	6	4
	25	33.7	115	85	14	4	M12	16	38	46	2.3	6	4
	32	42.4	140	100	18	4	M16	18	40	56	2.6	6	5
	40	48.3	150	110	18	4	M16	18	42	64	2.6	7	5
	50	60.3	165	125	18	4	M16	20	45	74	2.9	8	6
	65	76.1	185	145	18	4	M16	20	45	92	2.9	10	6
	80	88.9	200	160	18	8	M16	20	50	110	3.2	10	6
	100	114.3	220	180	18	8	M16	22	52	130	3.6	12	6
	125	139.7	250	210	18	8	M16	22	55	150	4.0	12	6
	150	168.3	285	240	22	8	M20	24	55	184	4.5	12	8

（续）

公称压力/MPa	公称通径	法兰焊端外径(管子外径) A	法兰外径 D	螺栓孔中心圆直径 K	螺栓孔径 L	螺栓 数量 n	螺纹 Th.	法兰厚度 C	法兰高度 H	法兰颈 N	S	H₁	R
	10	17.2	90	60	14	4	M12	14	35	28	2.0	6	3
	15	21.3	95	65	14	4	M12	14	35	32	2.0	6	3
	20	26.9	105	75	14	4	M12	16	38	39	2.0	6	4
	25	33.7	115	85	14	4	M12	16	38	46	2.3	6	4
	32	42.4	140	100	18	4	M16	18	40	56	2.6	6	5
1.6	40	48.3	150	110	18	4	M16	18	42	64	2.6	7	5
	50	60.3	165	125	18	4	M16	20	45	74	2.9	8	5
	65	76.1	185	145	18	4	M16	20	45	92	2.9	10	6
	80	88.9	200	160	18	4	M16	20	50	110	3.2	10	6
	100	114.3	220	180	18	8	M16	22	52	130	3.6	12	6
	125	139.7	250	210	18	8	M16	22	55	158	4.0	12	6
	150	168.3	285	240	22	8	M20	24	55	184	4.5	12	8
	25	21.5	90	60.5	16	4	M14	11.5	48	30			
	20	26.5	100	70.0	16	4	M14	13.0	52	38			
	25	33.5	110	79.5	16	4	M14	14.5	56	49			
	32	42.0	120	89.0	16	4	M14	16.0	57	59			
	40	48.5	130	98.5	16	4	M14	17.5	62	65			
2.0	50	60.5	150	120.5	20	4	M18	19.5	64	78			
	65	73.0	180	139.5	20	4	M18	22.5	70	90			
	80	89.0	190	152.5	20	4	M18	24.0	70	108			
	100	114.5	230	190.5	20	8	M18	24.0	76	135			
	125	141.5	255	216.0	22	8	M20	24.0	89	164			
	150	168.5	280	241.5	22	8	M20	25.5	89	192			

表 10.11-49　环连接面对焊钢制管法兰　　　　（单位：mm）

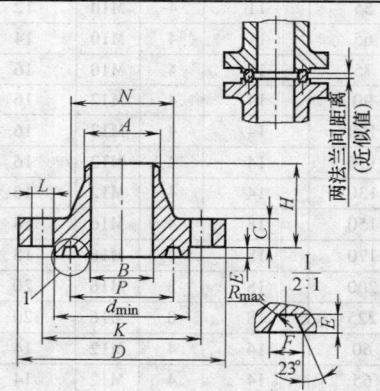

公称压力/MPa	公称通径	法兰焊端外径(管子外径)A	连接尺寸					密封圈						法兰厚度 C	法兰高度 H	法兰颈 N	法兰内径 B	两法兰距离(近似值)
			法兰外径 D	螺心栓圆孔直中径 K	螺栓孔径 L	螺栓 数量 n	螺纹 Th.	槽号	d_min	P	E	F	R_max					
	25	33.5	110	79.5	16	4	M14	R15	63.5	47.62	6.35	8.74	0.8	14.5	56	49	26.5	4
2.0	32	42.0	120	89.0	16	4	M14	R17	73.0	57.15	6.35	8.74	0.8	16.0	57	59	35.0	4
	40	48.5	130	98.5	16	4	M14	R19	82.5	65.07	6.35	8.74	0.8	17.5	62	65	41.0	4
	50	60.5	150	120.5	20	4	M18	R22	102.0	82.55	6.35	8.74	0.8	19.5	64	78	52.5	4

（续）

公称压力/MPa	公称通径	法兰焊端外径（管子外径）A	连接尺寸					密封圈						法兰厚度C	法兰高度H	法兰颈N	法兰内径B	两法兰间距离（近似值）
			法兰外径D	螺心栓圆孔直中径K	螺栓孔径L	螺栓		槽号	d_{min}	P	E	F	R_{max}					
						数量n	螺纹Th.											
2.0	65	73.0	180	139.5	20	4	M18	R25	121.0	101.60	6.35	8.74	0.8	22.5	70	90	62.5	4
	80	89.0	190	152.5	20	4	M18	R29	133.0	114.30	6.35	8.74	0.8	24.0	70	108	78.0	4
	100	114.5	230	190.5	20	8	M18	R36	171.0	149.22	6.35	8.74	0.8	24.0	76	135	102.5	4
	125	141.5	255	216.0	22	8	M20	R40	194.0	171.45	6.35	8.74	0.8	24.0	89	164	128.0	4
	150	168.5	280	241.5	22	8	M20	R43	219.0	193.68	6.35	8.74	0.8	25.5	89	192	154.0	4
5.0	15	21.5	95	66.5	16	4	M14	R11	51.0	34.14	5.56	7.14	0.8	14.5	52	38	16.0	3
	20	26.5	120	82.5	20	4	M18	R13	63.5	42.88	6.35	8.74	0.8	16.0	57	48	21.0	4
	25	33.5	125	89.0	20	4	M18	R16	70.0	50.80	6.35	8.74	0.8	17.5	62	54	26.5	4
	32	42.0	135	98.5	20	4	M18	R18	79.5	60.32	6.35	8.74	0.8	19.5	65	64	35.0	4
	40	48.5	155	114.5	22	4	M20	R20	90.5	68.28	6.35	8.74	0.8	21.0	68	70	41.0	4
	50	60.5	165	127.0	20	8	M18	R23	108.0	82.55	7.92	11.91	0.8	22.5	70	84	52.5	6
	65	73.0	190	149.0	22	8	M20	R26	127.0	101.60	7.92	11.91	0.8	25.5	76	100	62.5	6
	80	89.0	210	168.5	22	8	M20	R36	146.0	123.82	7.92	11.91	0.8	29.0	79	118	78.0	6
	100	114.5	255	200.0	22	8	M20	R37	175.0	149.22	7.92	11.91	0.8	32.0	86	146	102.5	6
	125	141.5	280	235.0	22	8	M20	R41	210.0	180.98	7.92	11.91	0.8	35.0	98	178	128.0	6
	150	168.5	320	270.0	22	12	M20	R45	241.0	211.12	7.92	11.91	0.8	37.0	98	206	154.0	6
10	15	21.5	95	66.5	16	4	M14	R11	51.0	34.14	5.56	7.14	0.8	14.5	52	38	由用户规定	3
	20	26.5	120	82.5	20	4	M18	R13	63.5	42.88	6.35	8.74	0.8	16.0	57	48		4
	25	33.5	125	89.0	20	4	M18	R16	70.0	50.80	6.35	8.74	0.8	17.5	62	54		4
	32	42.0	135	98.5	20	4	M18	R18	79.5	60.32	6.35	8.74	0.8	21.0	67	64		4
	40	48.5	155	114.5	22	4	M20	R20	90.5	68.28	6.35	8.74	0.8	22.5	70	70		5
	50	60.5	165	127.0	20	8	M18	R23	108.0	82.55	7.92	11.91	0.8	25.5	73	84		5
	65	73.0	190	149.0	22	8	M20	R26	127.0	101.60	7.92	11.91	0.8	29.0	79	100		5
	80	89.0	210	168.5	22	8	M20	R31	146.0	123.82	7.92	11.91	0.8	32.0	83	117		5
	100	114.5	275	216.0	26	8	M24	R37	175.0	149.22	7.92	11.91	0.8	38.5	102	152		5
	125	141.5	330	267.0	30	8	M27	R41	210.0	180.98	7.92	11.91	0.8	44.5	114	189		5
	150	168.5	355	292.0	30	12	M27	R45	241.0	211.12	7.92	11.91	0.8	48.0	117	222		5
15	15	21.5	120	82.5	22	4	M20	R12	60.5	39.67	6.35	8.74	0.8	22.5	60	38	由用户规定	4
	20	6.5	130	89.0	22	4	M20	R14	66.5	44.45	6.35	8.74	0.8	25.5	70	44		4
	25	33.5	150	101.5	26	4	M24	R16	71.5	50.80	6.35	8.74	0.8	29.0	73	52		4
	32	42.0	160	111.0	26	4	M24	R18	81.0	60.32	6.35	8.74	0.8	29.0	73	64		4
	40	48.5	180	124.0	26	4	M27	R20	92.0	68.28	6.35	8.74	0.8	32.0	83	70		4
	50	60.5	215	165.0	26	8	M24	R24	124.0	95.25	7.92	11.91	0.8	38.5	102	105		3
	65	73.0	245	190.5	30	8	M27	R27	137.0	107.95	7.92	11.91	0.8	41.5	105	124		3
	80	89.0	240	190.5		8	M24	R31	156.0	123.82	7.92	11.91	0.8	38.5	102	127		3
	100	114.5	295	235.0	33	8	M30	R37	181.0	149.22	7.92	11.91	0.8	44.5	114	159		4
	125	141.5	350	279.5	36	8	M33	R41	213.0	180.08	7.92	11.91	0.8	51.0	127	190		4
	150	168.5	380	317.5	33	12	M30	R45	241.0	211.12	7.92	11.91	0.8	56.0	140	235		4
25	15	21.5	120	82.5	22	4	M20	R12	60.5	39.67	6.35	8.74	0.8	22.5	60	38	由用户规定	4
	20	26.5	130	89.0	22	4	M20	R14	66.5	44.45	6.35	8.74	0.8	25.5	70	44		4
	25	33.5	150	101.5	26	4	M24	R16	71.5	50.80	6.35	8.74	0.8	29.0	73	52		4
	32	42.0	160	111.0	26	4	M24	R18	81.0	60.32	6.35	8.74	0.8	29.0	73	64		4
	40	48.5	180	124.0	30	4	M27	R20	92.0	68.28	6.35	8.74	0.8	32.0	83	70		4
	50	60.5	215	165.0	26	8	M24	R24	124.0	95.25	7.92	11.91	0.8	38.5	102	105		3
	65	73.0	245	190.5	30	8	M27	R27	137.0	107.95	7.92	11.91	0.8	41.5	105	124		3

（续）

公称压力/MPa	公称通径	法兰焊端外径(管子外径)A	连接尺寸 法兰外径D	螺心栓圆孔直中径K	螺栓孔径L	螺栓 数量n	螺纹Th.	密封圈 槽号	d_{min}	P	E	F	R_{max}	法兰厚度C	法兰高度H	法兰颈N	法兰内径B	两法兰间距离(近似值)
25	80	89.0	270	203.0	33	8	M30	R35	168.0	136.52	7.92	11.91	0.8	48.0	118	133		3
	100	114.5	310	241.5	36	8	M33	R39	194.0	161.92	7.92	11.91	0.8	54.0	124	165		3
	125	141.5	375	292.0	42	8	M39	R44	229.0	193.68	7.92	11.91	0.8	7.5	155	197		3
	150	168.5	395	317.5	39	12	M36	R46	248.0	211.12	9.52	13.49	1.5	83.0	171	229		3
42	15	21.5	135	89.0	22	4	M20	R13	65.0	42.88	6.35	8.74	0.8	30.5	73	43	由用户规定	4
	20	26.5	140	95.0	22	4	M20	R16	73.0	50.80	6.35	8.74	0.8	32.0	79	51		4
	25	33.5	160	108.0	26	4	M24	R10	82.5	60.32	6.35	8.74	0.8	35.0	89	57		4
	32	42.0	185	130.0	30	4	M27	R21	102.0	72.24	7.92	11.91	0.8	38.5	95	73		3
	40	48.5	205	146.0	33	4	M30	R23	114.0	82.55	7.92	11.91	0.8	44.5	111	79		3
	50	60.5	235	171.5	30	4	M27	R26	133.0	101.60	7.92	11.91	0.8	51.0	127	95		3
	65	73.0	270	197.0	33	8	M30	R28	149.0	111.12	9.52	13.49	0.8	57.5	143	114		3
	80	89.0	305	228.5	36	8	M33	R32	168.0	127.00	9.52	13.49	1.5	67.0	168	133		3
	100	114.5	355	273.0	42	8	M39	R38	203.0	157.18	11.13	16.66	1.5	76.5	190	165		4
	125	141.5	420	324.0	48	8	M45	R42	241.0	190.50	12.70	19.84	1.5	92.5	229	203		4
	150	168.5	485	368.5	56	8	M52	R47	279.0	228.60	12.70	19.84	1.5	108.0	273	235		4

4.3　其他法兰规格

4.3.1　直角法兰

直角法兰规格见表 10.11-50。

4.3.2　直通法兰

直通法兰规格见表 10.11-51。

表 10.11-50　直角法兰　　　　　　（单位：mm）

标记示例：

公称通径为 20mm 的直角法兰为

直角法兰 20　JB/ZQ 4487—2006

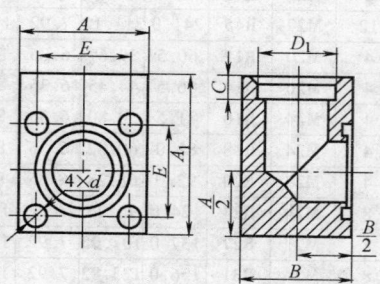

公称通径	钢管 $D_0 \times S$	A	A_1	B	C	D_1	E	d	O形圈 (JB/ZQ 4224)	质量/kg
15	22 × 3	55	70	45	11	22.5	40	11	30 × 3.1	1.12
20	28 × 4	55	70	45	12	28.5	40	11	35 × 3.1	1.08
25	34 × 5	75	92	65	14	35	56	13	40 × 3.1	2.35
32	42 × 6	75	92	65	16	43	56	13	45 × 3.1	2.10
40	50 × 6	100	125	85	18	52	73	18	55 × 3.1	6.75
50	63 × 7	100	125	85	20	65.5	73	18	65 × 3.1	6.10

表 10.11-51　直通法兰　　　　　　　　　（单位：mm）

标记示例：

公称直径为 20mm 的直通法兰为

直通法兰 20　JB/ZQ 4486—2006

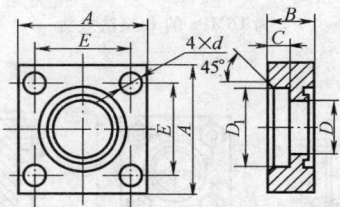

公称通径	钢管 $D_0 \times S$	A	B	C	E	D	D_1	d	O 形圈 （JB/ZQ 4224）	质量 /kg
10	18×2	55	22	9	36	12	18.5	11	30×3.1	0.40
15	22×3	55	22	11	40	16	22.5	11	30×3.1	0.45
20	28×4	55	22	12	40	20	28.5	11	35×3.1	0.40
25	34×5	75	28	14	56	24	35	13	40×3.1	0.94
32	42×6	75	28	16	56	30	43	13	45×3.1	0.84
40	50×6	100	36	18	73	38	52	18	55×3.1	2.10
50	63×7	100	36	20	73	48	65.5	18	65×3.1	1.85

4.3.3　中间法兰

中间法兰规格见表 10.11-52。

4.3.4　高压法兰

高压法兰规格见表 10.11-53。法兰盖规格见表 10.11-54。

表 10.11-52　中间法兰（摘自 JB/ZQ 4488—2006）　　　（单位：mm）

标记示例：

公称通径为 20mm 的中间法兰为

中间法兰 20　JB/ZQ 4488—2006

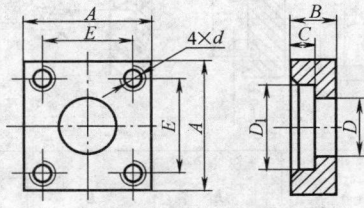

公称直径	钢管 $D_0 \times S$	A	B	C	D	D_1	d	E	质量/kg
10	18×2	55	22	9	12	18.5	M10	36 ± 0.4	0.41
15	22×3	55	22	11	16	22.5	M10	40 ± 0.4	0.46
20	28×4	55	22	12	20	28.5	M10	40 ± 0.4	0.41
25	34×5	75	28	14	24	35	M12	56 ± 0.4	0.95
32	42×6	75	28	16	30	43	M12	56 ± 0.4	0.85
40	50×6	100	36	18	38	52	M16	73 ± 0.4	2.12
50	63.5×7	100	36	20	48	65.5	M16	73 ± 0.4	1.87

表 10.11-53　高压法兰（摘自 JB/ZQ 4485—2006）　　　　　　（单位：mm）

标记示例：

公称通径为 50mm，管子外径 76mm，公称压力 P_N 为 25MPa 的 A 型法兰为

法兰 A50/76—25 JB/ZQ 4485—2006

公称通径为 40mm，管子外径 48mm，公称压力 P_N 为 16MPa 的 B 型法兰为

法兰 B40/48—16　JB/ZQ 4485—2006

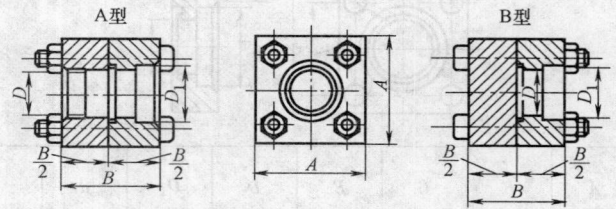

公称通径	公称压力 P_N/MPa	D	D_1	A	B	管子尺寸 外径 × 壁厚	质量/kg	
							A 型	B 型
40	10、16	40	49	100	80	48 × 5	5.4	5.8
	25		61	110	90	60 × 10	6.5	8.7
50	10、16	50	61	110	90	60 × 5	6.6	7.6
	25		77	140	110	76 × 12	14.0	16.0

表 10.11-54　法兰盖　　　　　　　　　　　　（单位：mm）

适用于公称压力为 20MPa，介质温度为 -25～80℃ 的法兰盖。

标记示例：

公称通径为 20mm 的法兰盖为

法兰盖 20　JB/ZQ 4489—2006

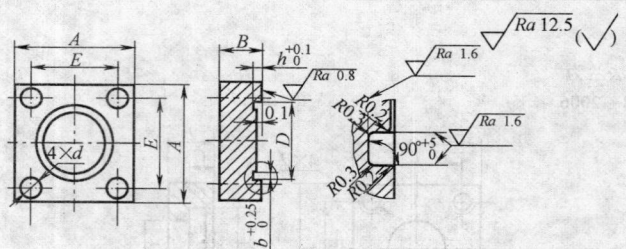

公称通径	A	B	D	d	b	h	E	法兰盖 用螺钉	O 形圈 GB/T 3452.1	质量/ kg
10	55	22	30.3	11	3.8	1.97	36	M10	25.0 × 2.65G	0.45
15	55	22	30.3	11	3.8	1.97	40	M10	25.0 × 2.65G	0.50
20	55	22	30.3	11	3.8	1.97	40	M10	30.0 × 2.65G	0.50
25	75	28	42.6	13	5.0	2.75	56	M12	35.5 × 3.55G	1.00
32	75	28	47.1	13	5.0	2.75	56	M12	40.0 × 3.55G	1.00
40	100	36	57.1	18	5.0	2.75	73	M16	50.0 × 3.55G	2.80
50	100	36	67.1	18	5.0	2.75	73	M16	60.0 × 3.55G	2.80
65	140	45	78.1	24	5.0	2.75	103	M22	71.0 × 3.55G	6.60
80	140	45	92.1	24	5.0	2.75	103	M22	85.0 × 3.55G	6.60

（b 栏公差 $^{+0.25}_{0}$，h 栏公差 $^{+0.1}_{0}$，E 栏公差 ±0.4）

注：1. 法兰配用的螺钉按 GB/T 3098.1，强度等级为 8.8。

　　2. 法兰材料为 20 号钢。

5 气压管接头

气压管接头的类型及规格见表（10.11-55）。

表 10.11-55 气压管接头的类型及规格

类型		结构示意图	工作原理及特点	型号及规格	生产单位
有色金属管接头	卡套式	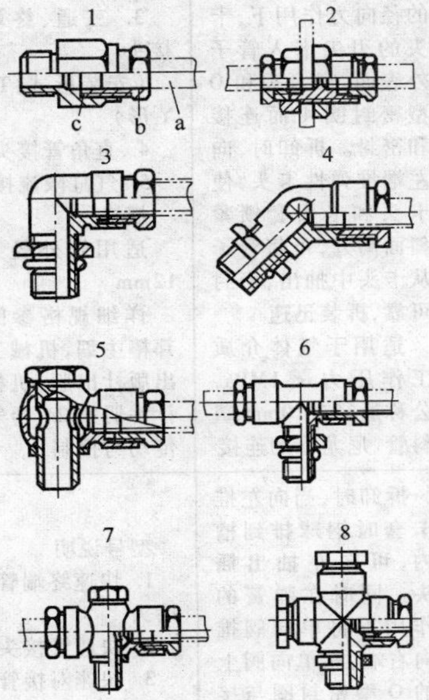	卡套式管接头（图1）由有色金属，主要是由纯铜管及铝管制成 利用拧紧卡套式接头螺母 b 而产生的径向力，使卡套 c 和管子 a 同时变形而卡住管子起连接和密封作用 结构简单，密封可靠 适用气体介质工作压力 <1MPa 的薄壁金属管件的连接	型号说明 1. 直通管接头 2. 穿板直通管接头 3. 直角管接头 4. 弯角管接头 5. 铰接直通管接头 6. 三通管接头 7. 铰接三通管接头 8. 四通管接头 规格 公称通径（mm）3，4，6，8，10，15，20，25 管子外径（mm）4，6, 8, 10, 12, 18, 22,28 详细规格请参阅闻邦椿主编，机械工业出版社出版，机械设计手册第 24 卷气压传动与控制	辽宁阜新通用气动附件厂、江苏江都气动附件厂、无锡气动技术研究所、浙江余姚市机械部件厂、上海市液压气动技术研究所、诸暨市店口永汇气动附件厂
	对接式	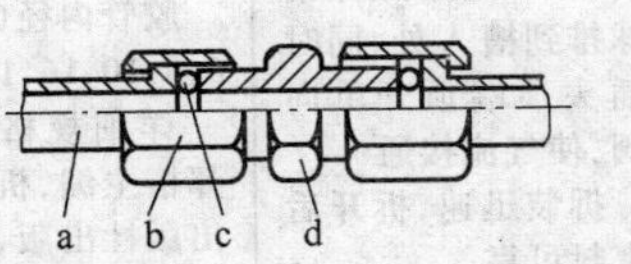	拧紧螺帽 b 使杆状体 a 与接头体 d 的端面互相压紧，靠 O 形密封圈 c 的变形实现密封 所连接的管子要与杆状体用卡套式管接头连接或焊接连接 对管子的尺寸精度要求不高，密封可靠。适用条件同上	规格 公称通径（mm）4，6,8,10,15,20,25 管子外径（mm）4，6, 8, 10, 12, 18, 22,28 详细规格参阅闻邦椿主编，机械工业出版社出版，机械设计手册第 24 卷气压传动与控制	
PU管尼龙管接头	快拧式	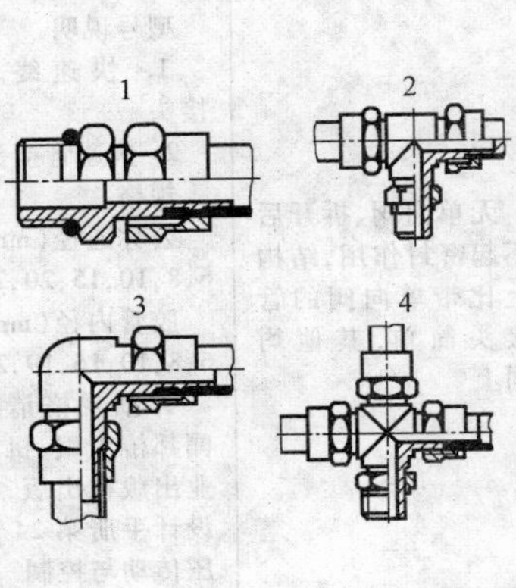	安装时，先将卡套套在接头体上，再套上塑料管，然后向右拉卡套，靠卡套和接头体上的压紧力将塑料管压紧，密封。拆卸时，将卡套向左推塑料管可被抽出。密封可靠、拆装迅速、造价低廉 适用于气体介质工作压力 ≤0.8MPa，公称通径 ≤8mm 的塑料管的连接	型号说明 1. 直通管接头 2. 三通管接头 3. 直角管接头 4. 四通管接头 规格 公称通径（mm）JSM-Z3～10 管子外径（mm）（D×d）4×3,6×4,8×6,10×8,12×10 详细规格参阅闻邦椿主编，机械工业出版社出版，机械设计手册第 24 卷气压传动与控制	

（续）

类型		结构示意图	工作原理及特点	型号及规格	生产单位
PU管尼龙管接头	快插式	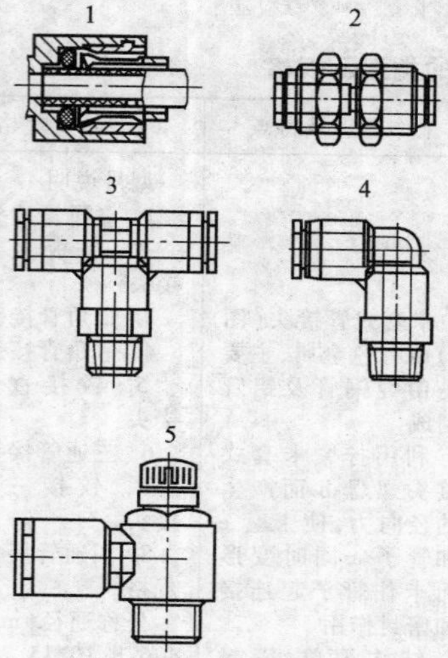	塑料管插入弹性卡头顶端后（图1），向外拉塑料管，在使弹性头和卡头套在斜面处压紧而产生的径向力作用下，卡头的刃尖卡入管子外表面，靠卡头和O型密封圈4而连接和密封。拆卸时，向左端推弹性卡头，使卡头和卡头套锁紧斜面离开，可将管子从卡头中抽出，密封可靠，拆装迅速 适用于气体介质工作压力＜1MPa，公称通径＜10mm塑料管、尼龙管的连接	型号说明 1. 直通管接头（安装形式：内螺纹；外螺纹） 2. 穿板管接头 3. 三通、终端管接头（安装形式：T，G，Y形） 4. 直角管接头 5. 气缸限流接头 规格 适用管外径：4～12mm 详细规格参阅闻邦椿主编，机械工业出版社出版，机械设计手册第24卷气压传动与控制	江苏江都气动附件厂、沈阳盛达气动液压器材有限公司，乐清市欣源气动元件厂
快换管接头	带单向阀的	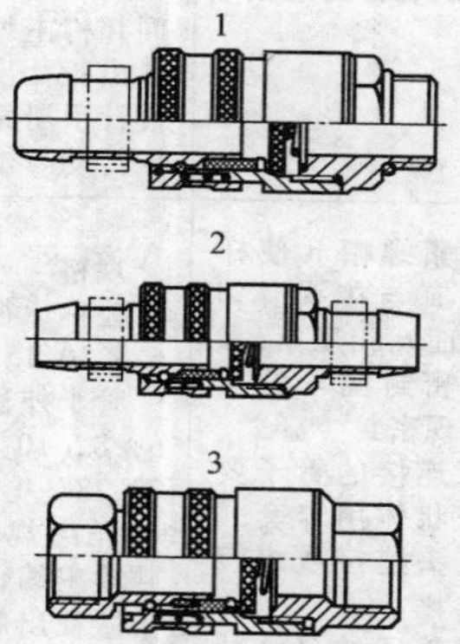	拆卸时，当向左推卡套时钢球排到槽内，可向左抽出插头。同时在弹簧的作用下将单向阀推向右端，靠单向阀上的O型密封圈与接头体上的内锥面紧密贴合，封住气源 安装时，向左推卡套，插入插头，将钢球排到槽A处，同时插头顶端顶开单向阀，使气流接通 拆装迅速，拆开后密封可靠 适用于工作压力＜1MPa的气体管路连接	型号说明 1. 快速终端管接头 2. 快速管接头 3. 快速对接管接头 规格 公称通径(mm)4，6,8,10,15,20,25 胶管内径(mm)4，6,8,10,16,19,25 详细规格参阅闻邦椿主编，机械工业出版社出版，机械设计手册第24卷气压传动与控制	辽宁阜新通用气动附件厂、江苏江都气动附件厂、无锡气动技术研究所
	不带单向阀的	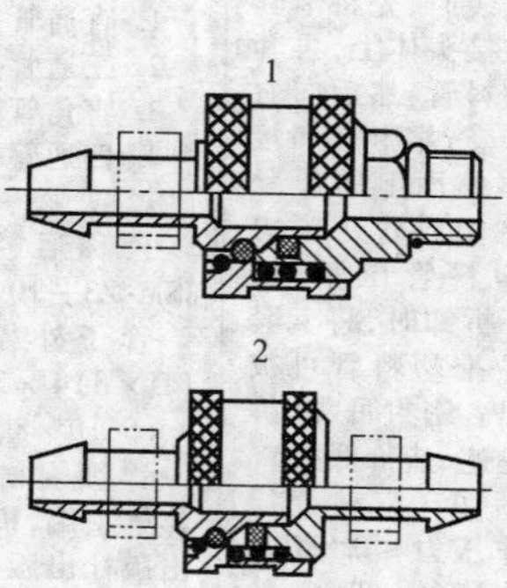	无单向阀、拆开后不起密封作用，结构上比带单向阀的管接头简单，其他均同上	型号说明 1. 快速终端管接头 2. 快速管接头 规格 公称通径(mm)4，6,8,10,15,20,25 胶管内径(mm)4，6,8,10,16,19,25 详细规格请参阅闻邦椿主编，机械工业出版社出版，机械设计手册第24卷气压传动与控制	江苏江都气动附件厂、无锡气动技术研究所

（续）

类型	结构示意图	工作原理及特点	型号及规格	生产单位
组合式管接头	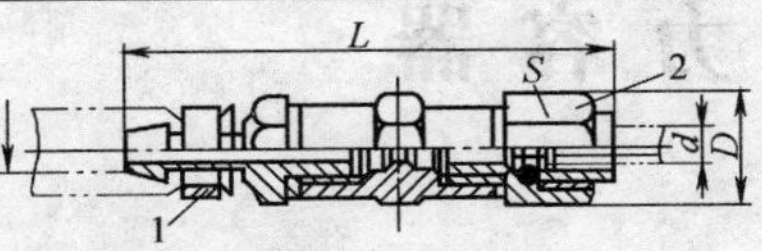 1—卡箍式接头　2—插入式接头 组合式直角管接头 （卡套式、插入式接头的组合）　　组合式弯角管接头 （卡套式、卡箍式接头的组合） 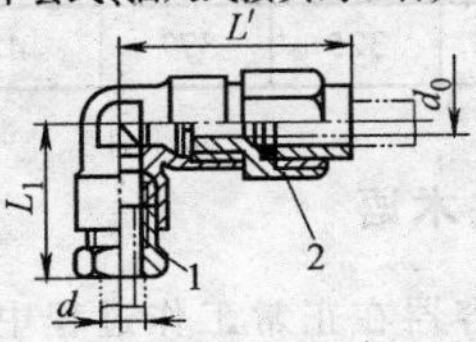 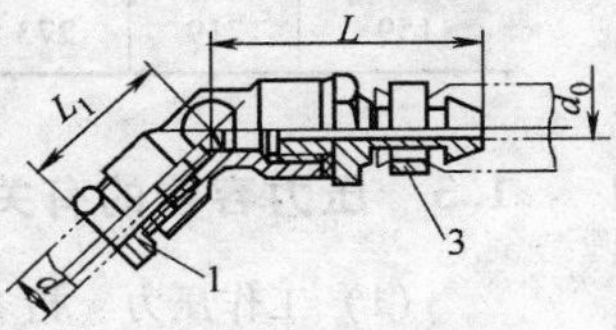 1—卡套式接头　2—插入式接头　3—半箍式接头 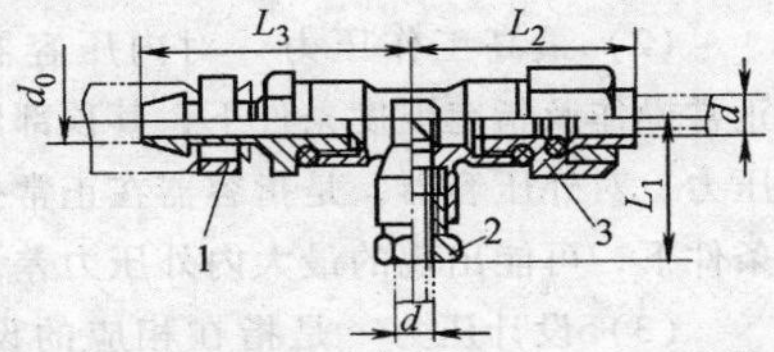 1—卡箍式接头　2—卡套式接头　3—插入式接头 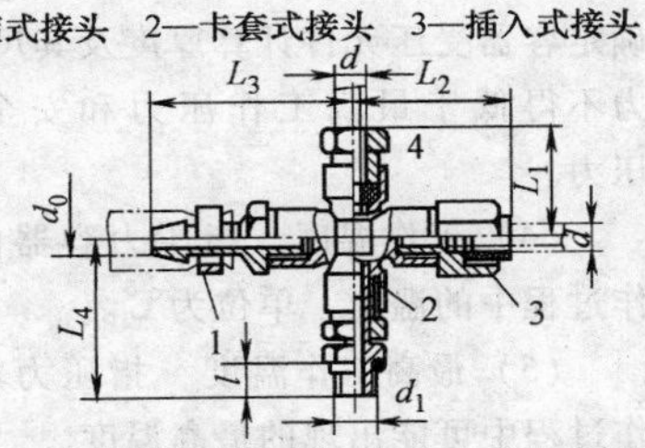 1—卡箍式接头　2、4—卡套式管接头　3—插入式管接头 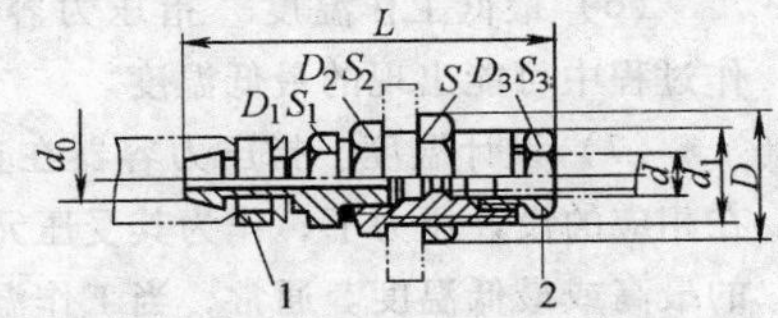 1—卡箍式管接头　2—卡套式管接头	由一个管接头体连接几种不同的管接头（卡箍式，卡套式，插入式）实现对不同材质管的连接 　互换性强，密封可靠 　适用于气体介质工作压力 <1MPa（棉线纺织管、有色金属管、塑料管、尼龙管的连接）	型号说明 　1. 组合式直通管接头 　2. 组合式直角、弯通管接头 　3. 组合式三通管接头 　4. 组合式四通管接头 　5. 组合式穿板直通管接头 　规格 　公称通径（mm）3，4，6，8，10，15 　胶管内径（mm）5，6，8，10，16 　接头外径（mm）4，6，8，10，12，18 　详细规格参阅闻邦椿主编，机械工业出版社出版，机械设计手册第 24 卷气压传动与控制	辽宁阜新通用气动附件厂、无锡气动技术研究所、江苏江都气动附件厂

第12章 压 力 容 器

1 概述

1.1 压力容器的种类和压力等级的划分

压力容器可分为内压容器与外压容器；按形状分有圆筒形压力容器和球形压力容器；按其在生产中的作用分有反应压力容器（代号 R）、换热压力容器（代号 E）、分离压力容器（代号 S）和储存压力容器（代号 C，其中球罐代号 B）；按安装方式分有固定式压力容器和移动式压力容器；按安全技术管理分有第三类压力容器、第二类压力容器和第一类压力容器。内压容器有如下四个压力等级：低压（代号 L）容器，$0.1MPa \leqslant p < 1.6MPa$；中压（代号 M）容器，$1.6MPa \leqslant p < 10.0MPa$；高压（代号 H）容器，$10.0MPa \leqslant p < 100MPa$；超高压（代号 U）容器，$p \geqslant 100MPa$。

1.2 压力容器的基本参数

压力容器的基本参数有公称压力和公称直径，公称压力是指在规定温度下的最高工作压力，用符号 p_n 表示，35MPa 以下的公称压力系列如表 10.12-1；公称直径通常是指定容器的内径，用符号 D_n 表示，常用压力容器的公称直径系列见表 10.12-2；如果采用钢管做压力容器筒体时，其公称直径系指钢管外径，按表 10.12-3 选取。

表 10.12-1 35MPa 以下的公称压力系列

（单位：MPa）

0.1	0.25	0.4	0.6	1.0	1.6	2.5	4.0	6.4	10	16	20	25	32

表 10.12-2 常用压力容器的公称直径系列

（单位：mm）

300	350	400	450	500	550	600	650	700	750
800	850	900	950	1000	1100	1200	1300	1400	1500
1600	1700	1800	1900	2000	2100	2200	2300	2400	2500
2600	2700	2800	2900	3000	3100	3200	3300	3400	3500
3600	3700	3800	3900	4000	4100	4200	4300	4400	4500
4600	4700	4800	4900	5000	5100	5200	5300	5400	5500
5600	5700	5800	5900	6000					

表 10.12-3 钢管制压力容器的公称直径系列

（单位：mm）

159	219	273	325	377	426

1.3 压力容器的有关术语

（1）工作压力 指容器在正常工作过程中其顶部的表压力，单位为 Pa 或 MPa。

（2）最高工作压力 对内压容器，是指容器在正常操作及指定温度条件下，其顶部所允许的最高表压力；对外压容器，是指容器在正常操作及指定温度条件下，可能出现的最大内外压力差。

（3）设计压力 是指在相应的设计温度下用以确定容器受压元件计算厚度及其尺寸的压力。设计压力不得低于最高工作压力和安全泄压装置的调定压力。

（4）工作温度 指压力容器内部介质在正常工作过程中的温度，单位为℃。

（5）最高工作温度 指压力容器内部介质在工作过程中可能出现的最高温度。

（6）最低工作温度 指压力容器内部介质在工作过程中可能出现的最低温度。

（7）设计温度 指压力容器在正常操作过程中，在相应的设计压力下，作为其受压元件金属可能达到的最高或最低温度。通常，当工作温度低于或等于零摄氏度时，设计温度取为最低工作温度；当工作温度高于零摄氏度时，设计温度取为最高工作温度。

（8）计算厚度 指容器受压元件满足强度及刚度要求时，按公式计算所得到的不包括厚度附加量的厚度。

计算厚度与厚度附加量之和，称为设计厚度。附加量是指压力容器受压元件设计时所考虑的附加厚度。厚度附加量 C（mm）按下式计算：

$$C = C_1 + C_2 \qquad (10.12\text{-}1)$$

式中 C_1——钢板或钢管厚度的负偏差（mm），通常按表 10.12-4、表 10.12-5 选取；

C_2——根据介质的腐蚀性和容器使用寿命而定的腐蚀裕量（mm），通常按表 10.12-6 选取。

表 10.12-4　钢板厚度负偏差 C_1 值 （单位：mm）

钢板厚度	2.0	2.2	2.5	2.8~3.0	3.2~3.5	3.8~4.0	4.5~5.5
C_1	0.18	0.19	0.20	0.22	0.25	0.30	0.50
钢板厚度	6~7	8~25	26~30	32~34	36~40	42~50	52~60
C_1	0.60	0.80	0.90	1.0	1.1	1.2	1.3

表 10.12-5　钢管厚度负偏差 C_1 值

（单位：mm）

钢管种类	碳素钢	低合金钢	不锈钢	
壁厚/mm	≤20	>20	≤10	>10~20
负偏差(%)	15	12.5	15	20

表 10.12-6　腐蚀裕量 C_2 值

（单位：mm）

钢材种类	碳素钢，低合金钢			不锈钢
腐蚀速度/ (mm/a)	≤0.05	0.05~0.1	>0.1	很小
C_2	1	2	视情况而定	0

2　圆筒形内压容器的设计计算

圆筒形压力容器设计包括结构设计和强度设计两方面。结构设计是在满足生产需要的基础上力求结构简单，制造方便。强度设计是根据强度要求确定压力容器各零部件的结构尺寸。

2.1　圆筒设计计算

2.1.1　内压圆筒厚度

内压下的圆筒厚度 δ(mm)：

$$\delta = \frac{pD_i}{2[\sigma]'\phi - p} \qquad (10.12-2)$$

式中　p——设计压力（MPa）；

D_i——圆筒内径（mm）；

$[\sigma]'$——设计温度下材料的许用应力（MPa）；见表 10.12-7；

ϕ——焊缝系数，按表 10.12-8 选取。

表 10.12-7　不同温度下材料的许用应力 $[\sigma]'$ 值 （单位：MPa）

	钢 牌 号	使用状态	特征尺寸[8]/mm	不同温度下的许用应力[1]									
				≤20℃	100℃	150℃	200℃	250℃	300℃	350℃	400℃	425℃	450℃
钢板	Q235-A、F[2][3]	热轧	3~16	113	113	113	105	94					
	Q235-A[2][4]	热轧	3~16	113	113	113	105	94	86	77			
			>16~40	113	113	107	99	91	83	75			
	Q235-B[2][5]	热轧	3~16	113	113	113	105	94	86	77			
			>16~40	113	113	107	99	91	83	75			
	Q235-C[2][6]	热轧	3~16	125	125	125	116	104	95	86			
			>16~40	125	125	119	110	101	92	83			
	20R	热轧或正火	6~16	133	133	132	123	110	101	92	86	83	61
		热轧或正火	17~25	133	132	126	116	104	95	86	79	73	61
	16MnR	热轧或正火	4	170	170	170	170	158	145	135	125	—	—
		—	6~16	170	170	170	170	156	144	135	125	93	66
		—	17~25	163	163	163	159	147	135	126	119	93	66
	18MnMoNbR	正火加回火	30~60	197	197	197	197	197	197	197	197	197	177
	15CrMoR	退火或回火	6~30	143	138	129	123	116	108	101	95	93	92
		正火加回火	6~30	150	150	150	148	141	131	125	118	115	112
	0Cr13		2~60	129	118	115	113	111	109	105	102	—	—
	0Cr18Ni11Ti[7]		2~60	137	137	137	130	122	114	111	108	106	105
钢管	10		≤16	112	112	108	101	92	83	77	71	69	61
	20		≤16	130	130	130	120	110	101	92	86	83	61
	20Cr		≤16	137	137	132	120	110	101	92	86	83	61
	16Mn		≤16	163	163	163	159	147	135	126	119	93	66
			17~40	163	163	163	153	141	129	119	116	93	66

（续）

钢牌号		使用状态	特征尺寸[⑧]/mm	不同温度下的许用应力[①]									
				≤20℃	100℃	150℃	200℃	250℃	300℃	350℃	400℃	425℃	450℃
钢管	12CrMo	—	≤16	128	113	108	101	95	89	83	77	75	74
	09Mn2V[②]	—	≤16	150	150	—	—	—	—	—	—	—	—
	0Cr13	—	≤15	124	118	115	113	111	109	105	102	—	—
	0Cr18Ni9Ti[③]	—	≤45	137	137	137	130	122	114	111	108	106	105
	00Cr18Ni10[③]	—	≤45	118	118	118	110	103	98	94	91	89	—
螺栓	35	正火	<M24	117	105	98	91	82	74	69	—	—	—
	40MnB	调质	<M24	196	176	171	165	162	154	143	126	—	—
	40Cr	调质	<M24	196	176	171	165	162	157	148	134	—	—
	35CrMoA	调质	<M24	210	190	185	179	176	174	165	154	147	140
	15CrMoVA	调质	<M24	210	190	185	179	176	174	168	160	156	151
	2Cr13	—	<M24	126	—	—	—	—	—	—	—	—	—
	0Cr19Ni9	—	<M24	129	107	97	90	84	79	77	74	—	71

① 中间温度的许用应力采用内插法求出。
② 表中许用应力值已乘质量系数0.9。
③ Q235-A、F的使用范围限制为：容器设计压力≤0.6MPa，使用温度为0～250℃。
④ Q235-A的使用范围限制为：容器设计压力≤1MPa，使用温度为0～350℃。
⑤ Q235-B的使用范围限制为：容器设计压力≤1.6MPa，使用温度为0～350℃。
⑥ Q235-C的使用范围限制为：容器设计压力≤2.5MPa，使用温度为0～350℃。
⑦ 许用应力值仅适用于产生微量永久变形之元件。
⑧ 特征尺寸：钢板指板厚、钢管指壁厚、螺栓指直径。

表 10.12-8　焊缝系数 ϕ

接头型式	射线或超声波探伤率		
	全部探伤	局部探伤	不探伤
双面焊或双面成形焊透、单面焊	1.00	0.85	0.70
带垫板的单面焊	0.9	0.8	0.65
不带垫板的单面焊	—	0.7	0.6

2.1.2　圆筒筒壁应力校核

内压圆筒筒壁应力 σ^t（MPa）为

$$\sigma^t = \frac{p(D_i + \delta)}{2\delta} \leqslant [\sigma]^t \phi \qquad (10.12\text{-}3)$$

式中　δ——圆筒的计算厚度（mm）。

2.1.3　单层圆筒热应力

单层圆筒内壁热应力 σ_{it}（MPa）为

$$\sigma_{it} = \frac{\alpha E(t_o - t_i)}{2(1 - \mu)}\left(\frac{2K^2}{K^2 - 1} - \frac{1}{\ln K}\right) \qquad (10.12\text{-}4)$$

式中　α——平均壁温下材料的线膨胀系数 [mm/(mm·℃)]；

E——平均壁温下材料的弹性模量（MPa）；

μ——平均壁温下材料的泊松比，通常取 $\mu = 0.3$；

t_o——圆筒外壁温度（℃）；

t_i——圆筒内壁温度（℃）；

K——圆筒的外径内径比，即：$K = D_o/D_i$；

D_o——圆筒外径（mm）。

单层圆筒外壁热应力 σ_{ot}（MPa）为

$$\sigma_{ot} = \frac{\alpha E(t_i - t_o)}{2(1 - \mu)}\left(\frac{1}{\ln K} - \frac{2}{K^2 - 1}\right) \qquad (10.12\text{-}5)$$

2.1.4　圆筒内外壁的组合应力

圆筒内壁的组合应力按下式校核：

$$\sigma_E = \frac{\sqrt{3}K^2 p}{K^2 - 1} + \sigma_{it} \leqslant 2[\sigma]^t \phi \qquad (10.12\text{-}6)$$

圆筒外壁的组合应力按下式校核：

$$\sigma_E = \frac{\sqrt{3}p}{K^2 - 1} + \sigma_{ot} \leqslant 2[\sigma]^t \phi \qquad (10.12\text{-}7)$$

式中　σ_E——圆筒内壁或外壁的组合应力（MPa）。

当外壁壁温高于内壁壁温时，校核其内壁的组合应力；当内壁壁温高于外壁壁温时，则校核其外壁的组合应力。

2.2　封头设计计算

2.2.1　受内压椭圆形封头的计算

（1）椭圆形封头的计算厚度　椭圆形封头（见图10.12-1）的计算厚度 δ（mm）为

$$\delta = \frac{pD_i K}{2[\sigma]^t \phi - 0.5p} \qquad (10.12\text{-}8)$$

式中　D_i——封头内直径（mm）；

K——椭圆形封头形状系数，其值为（见表 10.12-9）

$$K = \frac{1}{6}\left[2 + \left(\frac{D_i}{2h_i} \right)^2 \right]$$

h_i——封头内壁曲面高度（mm）。

表 10.12-9 形状系数 K

$D_i/2h_i$	1.0	1.1	1.2	1.3	1.4	1.5	1.6	1.7	1.8
K	0.5	0.53	0.57	0.61	0.66	0.71	0.76	0.81	0.87
$D_i/2h_i$	1.9	2.0	2.1	2.2	2.3	2.4	2.5	2.6	—
K	0.93	1.00	1.07	1.14	1.21	1.29	1.37	1.46	—

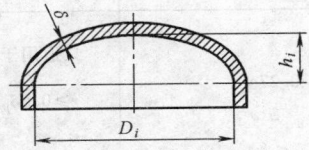

图10.12-1 椭圆形封头

椭圆形封头的计算厚度应不小于封头内径的 0.3%。

标准型椭圆形封头（其长短轴比值为2）的计算厚度 δ（mm）为

$$\delta = \frac{pD_i}{2[\sigma]^t\phi - 0.5p} \qquad (10.12\text{-}9)$$

标准椭圆形封头的计算厚度应不小于其封头内径的 0.15%。

（2）椭圆形封头的许用应力 受内压椭圆形封头的许用应力 $[p]$（MPa）为

$$[p] = \frac{2\delta[\sigma]^t\phi}{KD_i + 0.5\delta} \qquad (10.12\text{-}10)$$

式中 δ——椭圆形封头的计算厚度（mm）。

2.2.2 碟形封头的计算

（1）碟形封头的计算厚度 碟形封头（见图 10.12-2）的计算厚度 δ（mm）为

$$\delta = \frac{MpR_i}{2[\sigma]^t\phi - 0.5p} \qquad (10.12\text{-}11)$$

式中 M——碟形封头形状系数，其值为（见表 10.12-10）

$$M = \frac{1}{4}\left(3 + \sqrt{\frac{R_i}{r}} \right)$$

R_i——碟形封头球面部分的内半径（mm）；

r——碟形封头过渡区转角半径（mm）。

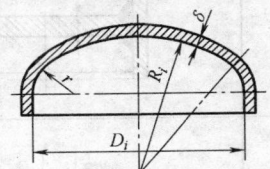

图10.12-2 碟形封头

表 10.12-10 形状系数 M

R_i/r	1.00	1.25	1.50	1.75	2.00	2.25	2.50	2.75	3.00	3.25	3.50	4.00
M	1.00	1.03	1.06	1.08	1.10	1.13	1.15	1.17	1.18	1.20	1.22	1.25
R_i/r	4.50	5.00	5.50	6.00	6.50	7.00	7.50	8.00	8.50	9.00	9.50	10.0
M	1.28	1.31	1.34	1.36	1.39	1.41	1.44	1.46	1.48	1.50	1.52	1.54

碟形封头的计算厚度应不小于其内径的 0.3%；标准型碟形封头（$R_i = 0.9D_i$，$r = 0.17D_i$）的计算厚度应不小于封头内径的 0.15%。

（2）碟形封头的许用应力 碟形封头的许用应力 $[p]$（MPa）为

$$[p] = \frac{2\delta[\sigma]^t\phi}{MR_i + 0.5\delta} \qquad (10.12\text{-}12)$$

式中 δ——封头的计算厚度（mm）。

2.3 平盖

2.3.1 平盖结构

平盖的几何形状有圆形、椭圆形、长圆形、矩形以及正方形等几种。平盖结构及其与筒体的连接型式见表 10.12-11。

2.3.2 平盖厚度计算

（1）圆形平盖厚度 对于表 10.12-11 中所示序号 1～12 的圆形平盖，其计算厚度 δ_p 为

$$\delta_p = D_c\sqrt{\frac{Kp}{[\sigma]^t\phi}} \qquad (10.12\text{-}13)$$

式中 D_c——平盖的有效直径（mm）；

　　　K——结构特征系数，由表 10.12-11 选取。

对于表 10.12-11 中所示序号 13、14 的圆形平盖，应分别用以下两式计算，并取其中较大值作为计算厚度值。

$$\delta_p = D_c\sqrt{\frac{178WS_Gp}{pD_c^3[\sigma]^t\phi}} \qquad (10.12\text{-}14)$$

$$\delta_p = D_c\sqrt{\left(0.3 + \frac{178WS_G}{pD_c^3} \right)\frac{p}{[\sigma]^t\phi}}$$

$$(10.12\text{-}15)$$

式中 W——预紧状态时或操作状态时的螺栓设计载荷（N）；

　　　S_G——螺栓中心至垫片压紧力作用中心线的径向距离（mm）。

表 10.12-11　平盖结构

固定方法	序号	简　图	系数 K	备　注
与筒体成一体或与筒体对焊	1	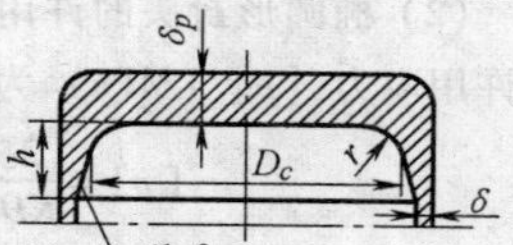 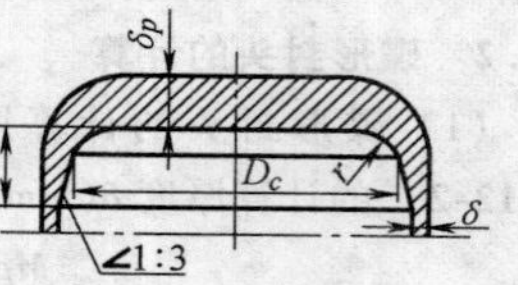	$K=\dfrac{1}{4}\left[1-\dfrac{r}{D_c}\left(1+\dfrac{2r}{D_e}\right)\right]^2$ 且 $K\geqslant0.16$	只适用于圆形平盖 $r\geqslant\delta$ $h\geqslant\delta_p$
	2	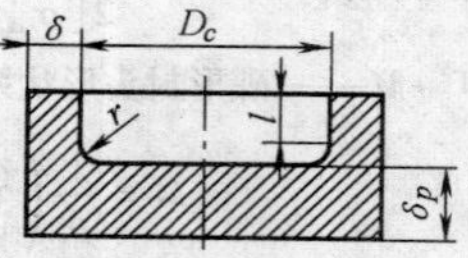	0.27	只适用于圆形平盖 $r\geqslant0.5\delta_p$ 且 $r\geqslant\dfrac{D_e}{6}$
	3	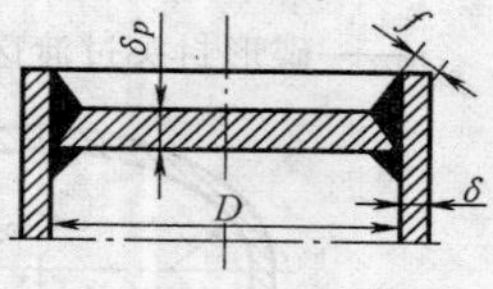	圆形平盖 $0.44m[m=\delta/(\delta_n-C)]$ 且不小于 0.2 非圆形平盖 0.44	
	4	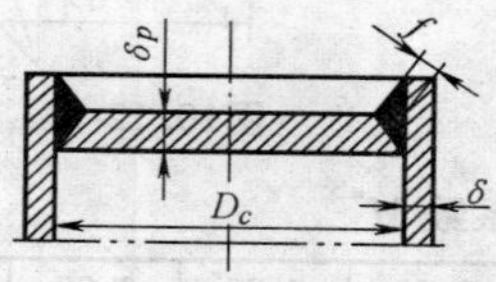	圆形平盖 $0.44m[m=\delta/(\delta_n-C)]$ 且不小于 0.2 非圆形平盖 0.44	
与筒体角焊或其他焊接	5	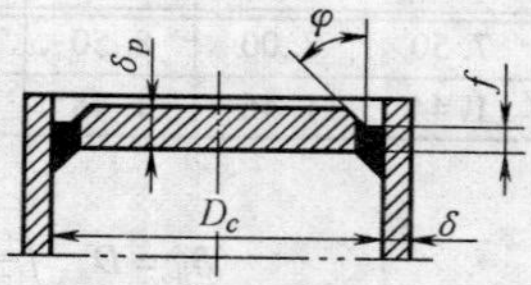	圆形平盖 $0.44m[m=\delta/(\delta_n-C)]$ 且不小于 0.2 非圆形平盖 0.44	需采用全熔透结构
	6	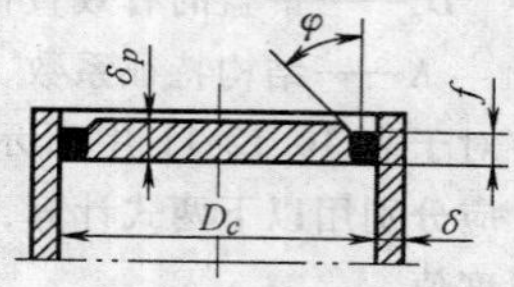		
	7	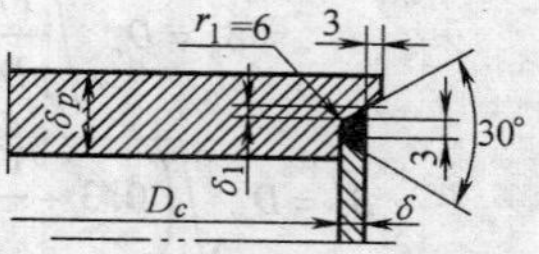	0.35	只适用于圆形平盖 $\delta_1\geqslant\delta_e+3mm$
	8	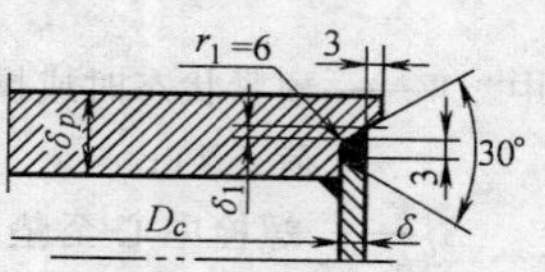		

（续）

固定方法	序号	简　图	系　数　K	备　注
与筒体角焊或其他焊接	9	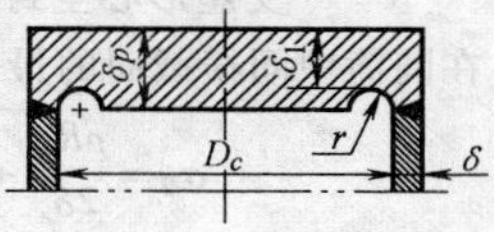	0.30	只适用于圆形平盖 $r \geqslant 1.5\delta$ $\delta_1 \geqslant \dfrac{2}{3}\delta_p$ 且 $\geqslant 5\text{mm}$
	10	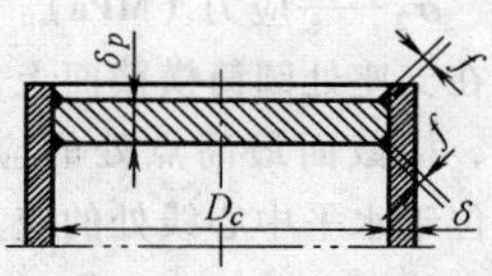	圆形平盖 $0.44m\left[m = \delta/(\delta_n - C)\right]$ 且不小于 0.2 非圆形平盖 0.44	$f \geqslant 0.7\delta$
	11	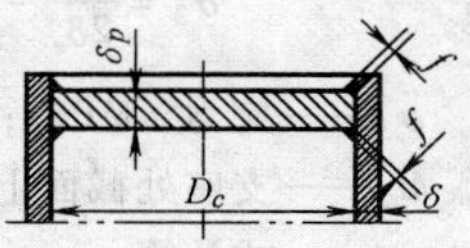		
螺栓联接	12	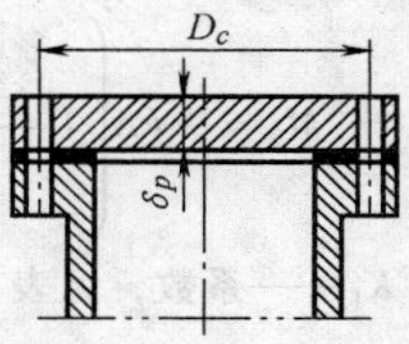	圆形平盖或非圆形平盖 0.25	
	13	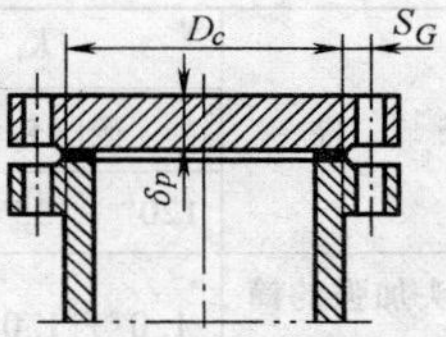	圆形平盖 操作时 $0.3 + \dfrac{1.78WS_G}{pD_c^3}$ 预紧时 $\dfrac{1.78WS_G}{pD_c^3}$	
	14	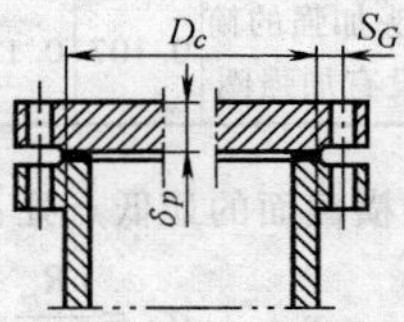	非圆形平盖 操作时 $0.3z + \dfrac{6WS_G}{pLa^2}$ 预紧时 $\dfrac{6WS_G}{pLa^2}$	

　　式（10.12-14）为预紧状态，式（10.12-15）为工作状态。

　　（2）非圆形平盖厚度　对于表 10.12-11 中所示序号 3～6、10～12 的非圆形平盖，其计算厚度为

$$\delta_p = a\sqrt{\frac{KZp}{[\sigma]^t\phi}} \qquad (10.12\text{-}16)$$

式中　a——非圆形平盖的短轴长度（mm）；

　　　　Z——非圆形平盖的形状系数，其为 $Z = 3.4 - 2.4\dfrac{a}{b}$，且 $Z \leqslant 2.5$；

　　　　b——非圆形平盖的长轴长度（mm）。

　　对于表 10.12-11 中所示序号 13、14 的非圆形平盖，其计算厚度为

$$\delta_p = a\sqrt{\left(0.3Z + \frac{600WS_G}{pLa^2} - \frac{p}{[\sigma]^t\phi}\right)} \qquad (10.12\text{-}17)$$

式中　L——非圆形平盖螺栓中心联线周长（mm）。

2.4　支座设计

　　容器支座用于支承容器重量。支座的结构型式有卧式支座和直立式支座两种。

2.4.1　卧式支座

　　卧式容器支座主要有鞍式支座、圈座和支腿式支

座三种，如图 10.12-3 所示。

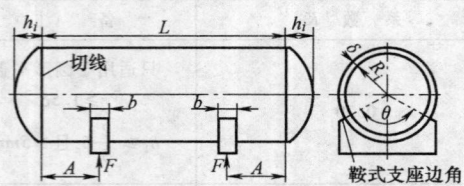

鞍式支座

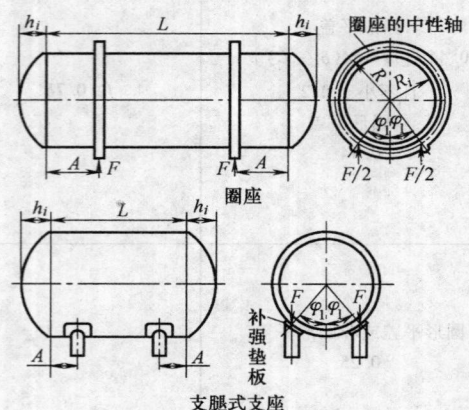

圈座

支腿式支座

图10.12-3　卧式容器典型支座

2.4.2 鞍式支座

（1）支座反力　鞍式支座的支座反力 F（N）为

$$F = \frac{W}{Z} \qquad (10.12\text{-}18)$$

式中　W——容器重量载荷（N），包括容器自重、所容介质重量、所有附件配件重量及保温层重量等。

　　　Z——支座数。

（2）圆筒的轴向应力　在圆筒中间横截面的最高点处，有

$$\sigma_1 = \frac{pR_m}{2\delta} - \frac{M_1}{\pi R_m^2 \delta} \qquad (10.12\text{-}19)$$

式中　σ_1——应力（MPa）；

　　　R_m——圆筒的平均半径（mm），按下式计算：

$$R_m = R_i + \frac{\delta}{2}$$

　　　R_i——圆筒内半径（mm）；

　　　δ——圆筒计算厚度（mm）；

　　　M_1——圆筒中间处弯矩（N·mm）；按下式计算：

$$M_1 = \frac{FL}{4} \left[\frac{1 + \dfrac{2(R_m^2 - h_i^2)}{L^2}}{1 + \dfrac{4h_i}{3L}} - \frac{4A}{L} \right]$$

　　　L——圆筒长度，即两封头切线间距离（mm）；

　　　h_i——封头曲面深度（mm）；

　　　A——支座形心至封头切线的距离（mm）。

在圆筒中间横截面的最低点处，有

$$\sigma_2 = \frac{pR_m}{2\delta_e} + \frac{M_1}{\pi R_m^2 \delta_e} \qquad (10.12\text{-}20)$$

式中　σ_2——应力（MPa）。

在支座处圆筒横截面上，当有加强圈或被封头加强时，横截面最高点处的应力，及当圆筒未被加强时，位于水平中心线处的应力为

$$\sigma_3 = \frac{pR_m}{2\delta_e} - \frac{M_2}{K_1 \pi R_m^2 \delta_e} \qquad (10.12\text{-}21)$$

式中　σ_3——应力（MPa）；

　　　M_2——支座处截面上的弯矩（N·mm）；按下式计算：

$$M_2 = -FA \left(1 - \frac{1 - \dfrac{A}{L} + \dfrac{R_m^2 - h_i^2}{2AL}}{1 + \dfrac{4h_i}{3L}} \right)$$

　　　K_1——系数，见表 10.12-12。

表 10.12-12　系数 K_1、K_2

条　　件	K_1			K_2		
	鞍座包角 θ			鞍座包角 θ		
	120°	135°	150°	120°	135°	150°
被封头加强的筒体，或有加强圈	1.0	1.0	1.0	1.0	1.0	1.0
未被封头加强的筒体，且没有加强圈	0.107	0.132	0.161	0.192	0.234	0.279

在横截面的最低点处：

$$\sigma_4 = \frac{pR_m}{2\delta_e} + \frac{M_2}{K_2 \pi R_m^2 \delta_e} \qquad (10.12\text{-}22)$$

式中　σ_4——应力（MPa）；

　　　K_2——系数，见表 10.12-12。

计算得到的拉应力，不得超过材料在设计温度下的许用拉应力 $[\sigma]'$；压应力不得超过材料的许用压应力 $[\sigma]_{er}$。

（3）圆筒切向应力　圆筒在鞍座平面上有加强圈时，横截面水平中心线处有最大切应力，按下式计算：

$$\tau = \frac{K_3 F}{R_m \delta_e} \left[\frac{L - 2A}{L + \dfrac{4}{3} h_i} \right] \qquad (10.12\text{-}23)$$

式中　τ——切应力（MPa）；

　　　K_3——系数，见表 10.12-13。

表 10.12-13   系数 K_3、K_4

条　件	K_3			K_4		
	鞍座包角 θ			鞍座包角 θ		
	120°	135°	150°	120°	135°	150°
鞍体在鞍座平面上有加强圈	0.319	0.319	0.319	—	—	—
筒体未被封头加强,且在鞍座平面上无加强圈或靠近鞍座处有加强圈	1.171	0.958	0.799			
筒体被封头加强	0.880	0.654	0.485	0.401	0.344	0.295

当圆筒被封头加强时,在靠近鞍座边角处有最大切应力,筒体中为

$$\tau = \frac{K_3 F}{R_m \delta_e} \qquad (10.12\text{-}24)$$

封头中为

$$\tau = \frac{K_4 F}{R_m \delta_{he}} \qquad (10.12\text{-}25)$$

式中　τ——切应力(MPa);

$\quad K_4$——系数,见表 10.12-13;

$\quad \delta_{he}$——封头有效厚度(mm)。

圆筒的切应力不得超过材料在设计温度下许用拉应力的 0.8 倍,即 $\tau \le 0.8\,[\sigma]^t$。

封头的切应力不得超过下述规定值:

$$\tau_h \le 1.25[\sigma]^t - \sigma_h \qquad (10.12\text{-}26)$$

式中　σ_h——封头中由内压引起的应力(MPa)。对于椭圆形封头,有

$$\sigma_h = \frac{KpD_i}{2\delta_{he}}$$

对于碟形封头,有

$$\sigma_h = \frac{MpR_h}{2\delta_{he}}$$

式中　K——系数,由表 10.12-9 查得;

$\quad M$——系数,由表 10.12-10 查得;

$\quad R_h$——碟形封头球面部分的内半径(mm)。

(4) 圆筒周向应力 圆筒无加强圈时,在横截面的最低点处,周向应力为

$$\sigma_5 = -\frac{kK_5 F}{\delta_e b_2} \qquad (10.12\text{-}27)$$

式中　σ_5——应力(MPa);

$\quad k$——系数,容器不焊在支座上时,取 $k = 1$;

　　　容器焊在支座上时,取 $k = 0.1$;

$\quad K_5$——系数,见表 10.12-14。

表 10.12-14   系数 K_5、K_6

包　角		120°	132°	135°	147°	150°	162°
K_5		0.7600	0.7196	0.7110	0.6799	0.6733	0.6501
K_6	$A/R_m \le 0.5$	0.0132	0.0108	0.0103	0.0083	0.0079	0.0063
	$A/R_m \ge 1$	0.0528	0.0434	0.0413	0.0334	0.0316	0.0252

注:当 $0.5 < \dfrac{A}{R_m} < 1$ 时,$K_6 = \left(1.5\dfrac{A}{R_m} - 0.5\right)K_7$,$K_7$ 值由表 10.12-15 查得。

表 10.12-15   系数 C_4、C_5、K_7、K_8

系　数			C_4	C_5	K_7	K_8
位于鞍座平面上的内加强圈	鞍座包角	120°	−1	+1	0.0529	0.3405
		132°	−1	+1	0.0434	0.3272
		135°	−1	+1	0.0413	0.3234
		147°	−1	+1	0.0335	0.3067
		150°	−1	+1	0.0317	0.3021
		162°	−1	+1	0.0252	0.2825
靠近鞍座的加强圈	内加强圈	鞍座包角				
		120°	+1	−1	0.0581	0.2710
		135°	+1	−1	0.0471	0.2480
		150°	+1	−1	0.0355	0.2190
	外加强圈	鞍座包角				
		120°	−1	+1	0.0581	0.2709
		135°	−1	+1	0.0471	0.2474
		150°	−1	+1	0.0355	0.2191

在鞍座边角处，若 $\dfrac{L}{R_m} \geqslant 8$ 时，周向应力为

$$\sigma_6 = -\frac{F}{4\delta_e b_2} - \frac{3K_6 F}{2\delta_e^2} \qquad (10.12\text{-}28)$$

式中 σ_6——应力（MPa）；

K_6——系数，由表 10.12-14 查得；

b_2——圆筒的有效宽度（mm），取 $b_2 = b + 1.56\sqrt{R_m \delta_e}$；

b——支座的轴向宽度（mm）。

若 $\dfrac{L}{R_m} < 8$ 时，周向应力为

$$\sigma_6 = -\frac{F}{4\delta_e b_2} - \frac{12K_6 F R_m}{L\delta_e^2} \qquad (10.12\text{-}29)$$

圆筒有加强圈时，若加强圈位于鞍座平面上，鞍座边角处圆筒周向应力为

$$\sigma_7 = \frac{K_8 F}{A_0} + \frac{C_4 K_7 F R_m e}{I_0} \qquad (10.12\text{-}30)$$

式中 σ_7——应力（MPa）；

K_8、C_4、K_7——系数，由表 10.12-15 查得；

A_0——一个支座上，加强圈与圆筒有效段的组合截面积（mm²）；

I_0——一个支座上，加强圈与圆筒有效段组合截面对其形心轴 $x-x$ 的惯性矩（mm⁴）

e——加强圈与圆筒组合截面形心距圆筒外表面的距离（mm）。

加强圈内缘表面的周向应力为

$$\sigma_8 = -\frac{K_8 F}{A_0} + \frac{C_5 K_7 F R_m d}{I_0} \qquad (10.12\text{-}31)$$

式中 σ_8——应力（MPa）；

C_5——系数，由表 10.12-15 查得；

d——加强圈与圆筒组合截面形心到加强圈内缘表面的距离（mm）。

当支座与圆筒相焊时，周向应力 σ_5 的计算值不得超过设计温度下圆筒材料的许用应力。

当支座不与圆筒相焊时，σ_5 不得超过设计温度下材料的许用应力和轴向许用应力 $[\sigma]_{er}$。σ_6、σ_7 和 σ_8 的计算值不应超过设计温度下圆筒材料许用应力的 1.25 倍。

（5）鞍式支座设计 卧式容器在一般情况下多采用鞍座支座支承。鞍座包角通常在 120°～150° 范围内，钢制鞍式支座宽度 b 一般可取 $\geqslant 8\sqrt{R_m}$。

（6）标准鞍式支座型式、尺寸和选用 按 JB/T 4712.1—2007，根据容器的公称直径不同选用标准鞍式支座。

2.4.3 直立式支座

直立式支座主要有耳式支座、支承式支座和裙式支座等。

耳式支座广泛用于中、小型直立式容器的支承中，根据设备尺寸和重量，按 JB/T 4712.3—2007 选用。

支承式支座主要用于高度不大的中小型设备上，依 JB/T 4712.4—2007 选用。

2.4.4 裙式支座

（1）裙座计算 裙座一般为圆筒形，当设备 H/P 较大，或风载等弯矩较大时，裙座体可作成圆锥体。

对于圆筒形裙座，若基底为危险截面时，其应力应满足下列条件：

$$\frac{M_{max}^{0-0}}{Z_{sb}} + \frac{9.8G_0}{A_{sb}} \leqslant \begin{cases} B \\ [\sigma]_s^t \end{cases} \text{取其中较小者}$$

$$(10.12\text{-}32)$$

$$\frac{0.3M_W^{0-0} + M_e}{Z_{sb}} + \frac{9.8G_{max}}{A_{sb}} \leqslant \begin{cases} 0.8\sigma_s \\ B \end{cases} \text{取其中较小者}$$

$$(10.12\text{-}33)$$

式中 M_{max}^{0-0}——基底截面的最大弯矩（N·mm）；

M_W^{0-0}——基底截面的风弯矩（N·mm）；

M_e——偏心重量所引起的弯矩（N·mm）；

G_0——操作时设备的总质量（kg）；

G_{max}——设备最大质量（kg）；

Z_{sb}——基底截面的截面系数（mm³），按下式计算：$Z_{sb} = \dfrac{\pi}{4}D_{si}^2\delta_s$；

D_{si}——裙座基底截面的内径（mm）；

δ_s——裙座壁厚（mm）；

A_{sb}——基底截面的截面积（mm²），按下式计算：$A_{sb} = \pi D_{si}\delta_s$；

$[\sigma]_s^t$——设计温度下裙座材料的许用应力（MPa）；

B——系数（MPa），按下式计算：$B = \dfrac{2}{3}AE$；

A——系数，按下式计算：$A = \dfrac{0.094\delta_s}{R_{si}}$；

R_{si}——裙座基底截面的内半径（mm）；

E——设计温度下裙座材料的弹性模量（MPa）。

若裙座上人孔或较大管线引出孔处为危险截面

时，其应力应满足下列条件：

$$\frac{M_{max}^{1-1}}{Z_{sm}} + \frac{9.8 G_0^{1-1}}{A_{sm}} \leqslant \begin{cases} B \\ [\sigma]_s^t \end{cases} \quad 取其中较小者$$

$$(10.12\text{-}34)$$

$$\frac{0.3 M_W^{1-1} + M_e}{Z_{sm}} + \frac{9.8 G_{max}^{1-1}}{A_{sm}} \leqslant \begin{cases} B \\ 0.8 \sigma_s \end{cases} \quad 取其中较小者$$

$$(10.12\text{-}35)$$

式中　M_{max}^{1-1}——人孔或较大管线引出孔处的最大弯
矩（N·mm）；

M_W^{1-1}——人孔或较大管线引出孔处的风弯矩
（N·mm）；

G_0^{1-1}——人孔或较大管线引出孔处以上设备
的操作重量（kg）；

G_{max}^{1-1}——人孔或较大管线引出孔处以上设备
液压试验时重量（kg）；

Z_{sm}——人孔或较大管线引出孔处截面系数
（mm³），按下式计算：

$$Z_{sm} = \frac{\pi}{4} D_{mi}^2 \delta_s - \varepsilon \left(d_{sm} D_{mi} \frac{\delta_s}{2} - Z_m \right)$$

其中

$$Z_m = 2\delta_s l \sqrt{\left(\frac{D_{mi}}{2}\right)^2 - \left(\frac{d_i}{2}\right)^2}$$

D_{mi}——人孔或较大管线引出孔处裙座截面的内
径（mm）；

d_{sm}——人孔或较大管线引出孔处水平方向的最
大直径（mm）；

d_i——人孔或较大管线引出接管的内径（mm）；

l——人孔或较大管线引出接管的长度（mm）；

A_{sm}——人孔或较大管线引出孔处的截面积
（mm²），按下式计算：

$$A_{sm} = \pi D_{mi} \delta_s - \varepsilon (d_{sm} \delta_s - A_m)$$

其中

$$A_m = 2l\delta_s$$

B——系数（MPa），其值为 $B = \frac{2}{3} AE$；

A——系数，其值为 $A = \frac{0.094 \delta_s}{R_{mi}}$；

R_{mi}——人孔或较大管线引出孔处裙座截面的内
半径（mm）。

对于圆锥形裙座，若基底为危险截面时，其应力
应满足下列条件：

$$\frac{M_{max}^{0-0}}{Z_{sb}} + \frac{9.8 G_0}{A_{sb}} \leqslant \begin{cases} B\cos^2\alpha \\ [\sigma]_s^t \end{cases} \quad 取其中较小者$$

$$(10.12\text{-}36)$$

$$\frac{0.3 M_W^{0-0} + M_e}{Z_{sb}} + \frac{9.8 G_{max}}{A_{sb}} \leqslant \begin{cases} 0.8 \sigma_s \\ B\cos^2\alpha \end{cases} \quad 取其中较小者$$

$$(10.12\text{-}37)$$

式中　Z_{sb}——锥体底部截面的截面系数（mm³），其
值为：$Z_{sb} = \frac{\pi}{4} D_{ei}^2 \delta_s$；

D_{ei}——锥体底部的截面内径（mm）；

A_{sb}——锥体底部截面积（mm²），其值为：$A_{sb} = \pi D_{ei} \delta_s$；

α——锥体半顶角（°）；

B——系数（MPa），其值为：$B = \frac{2}{3} AE$；

A——系数，其值为：$A = \frac{0.094 \delta_e}{R_i}$；

R_i——锥体小端曲率半径（mm）。

（2）基础环设计　基础环（见图 10.12-4）内外
直径可参考下式选取：

$$D_{bo} = D_{so} + (200 \sim 400)$$

$$D_{bi} = D_{so} - (200 \sim 400)$$

式中　D_{bo}——基础环外径（mm）；

D_{bi}——基础环内径（mm）；

D_{so}——裙座底截面的内径（mm），其值为：
$D_{so} = D_{si} + 2\delta_s$；

D_{si}——裙座底截面的内径（mm）；

δ_s——裙座壁厚（mm）。

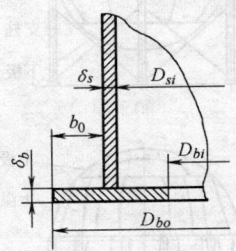

图10.12-4　基础环

基础环上无肋板时，其厚度为

$$\delta_b = 1.73 b \sqrt{\frac{\sigma_{bmax}}{[\sigma]_b}} \qquad (10.12\text{-}38)$$

式中　$[\sigma]_b$——基础环材料的许用应力（MPa），对
于低碳钢，取 $[\sigma]_b = 137.2$MPa。

若基础环上有肋板时，其厚度为

$$\delta_b = \sqrt{\frac{6 M_g}{[\sigma]_b}} \qquad (10.12\text{-}39)$$

式中　M_g——计算力矩（N·mm）。

3   球形容器的设计计算

3.1   球形容器的基本参数、结构及适用范围

3.1.1   球形容器基本参数

球形容器的基本参数见表 10.12-16。

3.1.2   球形容器结构

球形容器通常有三带式、四带式、五带式、混合四带式、混合五带式等多种结构型式，结构示意图见图 10.12-5。

3.1.3   球形容器适用范围

给出的基本参数适用于壁厚小于或等于 50mm 的钢制焊接球形容器，主要用于石油、化工、冶金、城市煤气等工业中储存气体或液体介质的球形容器，也可用于其他工业部门中类似用途的球形容器。

表 10.12-16   球形容器的基本参数

公称容积/m³	50	120	200	400	650	1000	1500	2000	3000	4000	5000
内径 φ/mm	4600	6100	7100	9200	10700	12300	14200	15700	18000	20000	21200
几何容积/m³	52	119	188	408	640	975	1499	2025	3054	4189	4989
支柱型式	赤道正切柱式支柱										
支柱根数	4	5	6	8	8	10	10	10	10	10	12	12	12
分带数	3	4	4	5	4	5	4	5	4	4	4	5	5	5

各带球心角/各带分块数：

		50	120	200	400	650	1000	1500	2000	3000	4000	5000
各带球心角/各带分块数	上极	90°/1	60°/1	60°/3	45°/1	60°/3	38°/1	60°/3	45°/3	90°/7	90°/7	90°/7	75°/7	75°/7	75°/7
	上温带	—	55°/10	55°/12	45°/16	55°/16	46°/16	55°/16	45°/20	40°/20	40°/20	40°/20	30°/24	30°/24	30°/24
	赤道带	90°/8	65°/10	65°/12	45°/16	65°/16	50°/16	65°/16	50°/20	50°/20	50°/20	50°/20	45°/24	45°/24	45°/24
	下温带	—	—	—	45°/16	—	46°/16	—	45°/20	—	—	—	30°/24	30°/24	30°/24
	下极	90°/1	60°/1	60°/3	45°/1	60°/3	38°/1	60°/3	45°/3	90°/7	90°/7	90°/7	75°/7	75°/7	75°/7

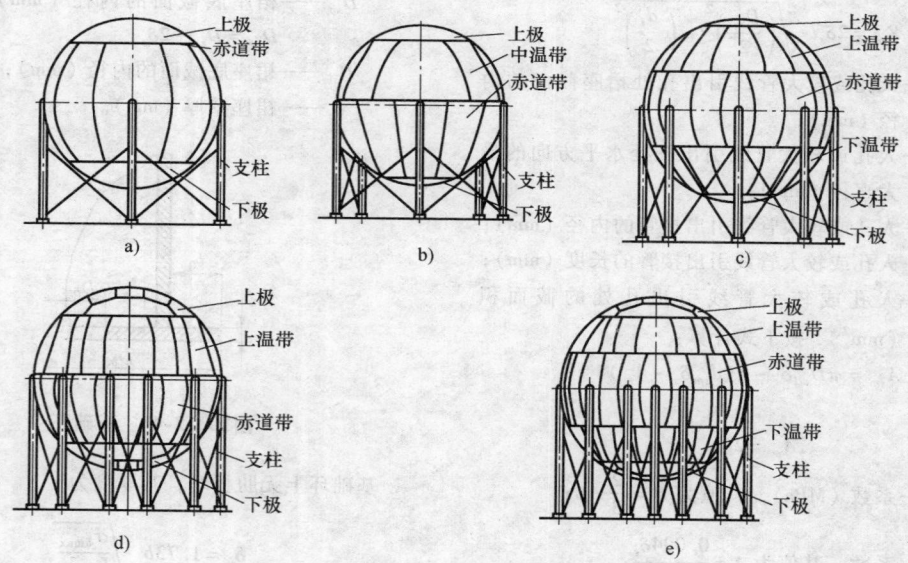

图10.12-5   结构示意图

a）三带储罐   b）四带储罐   c）五带储罐   d）混合式四带储罐   e）混合式五带储罐

3.2   球壳设计计算

3.2.1   球壳计算

球壳壁厚的计算公式是基于壳体的薄膜理论，采用弹性失效准则，并且考虑材料、制造、防腐蚀等实际因素而推导出来的。

（1）球壳壁厚计算   球壳计算壁厚 δ（mm）为

$$\delta = \frac{p_c D_i}{4[\sigma]^t \phi - p_c} + c \qquad (10.12\text{-}40)$$

式中 p_c——计算压力（MPa），即设计压力 p 加上相

应部位的液柱静压力。当液柱静压力达到 5% 的设计压力时，该部位的计算压力应计入液体静压力值；

D_i——球壳内径（mm）；

$[\sigma]^t$——球壳材料的许用应力（MPa）；

ϕ——焊缝系数；

c——壁厚附加量。

（2）球壳允许承受的压力　球壳允许承受的压力 p_a（MPa）为

$$p_a = \frac{4[\sigma]^t\phi(\delta-C)}{D_i+(\delta-C)} \qquad (10.12\text{-}41)$$

3.2.2　支柱和拉杆计算

1. 载荷计算

（1）重量载荷计算

1）单项重量载荷计算。

球壳重量载荷 G_1（N）为

$$G_1 = \pi D_{cp}^2 \delta\rho_1 g \times 10^{-3} \qquad (10.12\text{-}42)$$

式中　D_{cp}——球壳平均直径（m）；

δ——球壳计算壁厚（mm）；

ρ_1——球壳材料密度（kg/m³）；

g——重力加速度（m/s²）。

物料重量载荷 G_2（N）为

$$G_2 = \frac{1}{6}\pi D_i^3 \rho_2 g K \qquad (10.12\text{-}43)$$

式中　D_i——球壳内径（m）；

ρ_2——物料密度（kg/m³）；

K——装料系数。

水压试验时，水重量载荷 G_3（N）为

$$G_3 = \frac{1}{6}\pi D_i^3 \rho_3 g \qquad (10.12\text{-}44)$$

式中　ρ_3——水的密度（kg/m³）。

积雪重量载荷 G_4（N）为

$$G_4 = \frac{1}{4}\pi D_{io}^2 q C \qquad (10.12\text{-}45)$$

式中　D_{io}——球壳保温层外径（m）；

q——基本雪压值（Pa），由表 10.12-17 查得；

C——球面积雪系数，通常取 $C=0.4$。

保温层重量载荷 G_5（N）为

$$G_5 = \frac{1}{6}\pi(D_{io}^3 - D_i^3)\rho_4 g \qquad (10.12\text{-}46)$$

式中　ρ_4——保温材料密度（kg/m³）。

2）组合重量载荷计算。

操作状态下的重量载荷 G_0（N）为

$$G_0 = G_1 + G_2 + G_4 + G_5 + G_6 + G_7$$
$$(10.12\text{-}47)$$

式中　G_6——支柱与拉杆重量（N）；

G_7——附件重量（N），包括：人孔、接管、液面计、内件、喷淋装置、安全阀、梯子和平台等；梯子和平台无实际重量时，可取梯子重量载荷为 800N/m；钢制平台重量载荷为 100N/m²。

水压试验时的重量载荷 G_T（N）为

$$G_T = G_1 + G_3 + G_6 + G_7 \qquad (10.12\text{-}48)$$

最小重量载荷 G_{min}（N）为

$$G_{min} = G_1 + G_6 + G_7 \qquad (10.12\text{-}49)$$

（2）风载荷与地震载荷计算

1）风载荷计算。

球形容器的水平风载荷为

$$F_d = \frac{1}{4}\pi D_{io}^2 K_1 K_2 q_0 f_1 f_2 \qquad (10.12\text{-}50)$$

式中　K_1——风载体形系数，取 $K_1=0.4$；

K_2——风振系数，按下式计算：$K_2 = 1+0.35\zeta_1$；

ζ_1——系数，根据球形容器自振周期由表 10.12-18 查得；

q_0——10m 高处的基本风压值（Pa），由表 10.12-19 查得；

f_1——风压高度变化系数，由表 10.12-20 查得；

f_2——球形容器附件增大系数，通常取 $f_2=1.1$。

表 10.12-17　基本雪压值（Pa）

地区	基本雪压值	地区	基本雪压值
北京	294	大同	245
天津	245	合肥	490
上海	196	蚌埠	441
哈尔滨	441	南京	441
长春	343	南通	196
吉林	735	徐州	245
四平	294	武汉	392
沈阳	392	长沙	343
抚顺	441	杭州	392
大连	392	宁波	245
丹东	392	衢县	392
呼和浩特	294	温州	147
包头	245	西安	196
石家庄	196	延安	196
保定	245	兰州	147
郑州	245	西宁	245
洛阳	245	乌鲁木齐	588
济南	196	南昌	294
青岛	245	拉萨	147
太原	196		

注：一般计算时，基本雪压值可取 294Pa。

表 10.12-18　系数 ζ_1 值

自振周期 T/s	<0.25	0.5	1.0	1.5	2.0	2.5	3.0	4.0	≥5.0
系数 ζ_1	1.0	1.4	1.7	2.0	2.3	2.5	2.7	3.0	3.2

表 10.12-19　基本风压值（Pa）

地　区	基本风压值	地　　区	基本风压值
北京	343	长沙	343
天津	343	杭州	294
上海	441	宁波	490
哈尔滨	392	衢县	392
长春	490	福州	588
吉林	392	温州	539
四平	539	成都	245
沈阳	441	重庆	294
抚顺	441	西安	343
大连	490	延安	245
呼和浩特	490	银川	490
包头	441	兰州	294
石家庄	294	西宁	343
保定	392	乌鲁木齐	588
郑州	343	南昌	392
洛阳	294	昆明	196
济南	392	贵阳	245
青岛	490	株洲	343
太原	294	广州	490
大同	441	茂名	539
蚌埠	294	湛江	834
南京	245	金山卫	441
南通	392	南宁	392
扬州	343	拉萨	343
徐州	343	台北	1177
武汉	245		

表 10.12-20　风压高度变化系数 f_1

球心离地面高度/m	≤5	10	12	14	16	18	20
变化系数 f_1	0.78	1.0	1.06	1.12	1.19	1.21	1.25

2）球形容器自振周期计算。

球形容器可看成单自由度体系。其自振周期 T（s）为

$$T = 2\pi \sqrt{\frac{G_0 \delta_m}{g}} \qquad (10.12\text{-}51)$$

式中　δ_m——球形容器中心处受到单位水平力时所产生的水平位移（mm/N），按下式计算：

$$\delta_m = \zeta \frac{H_0^3 \times 10^{-2}}{12NE'I}$$

H_0——支柱底板底面至球形容器中心的高度

（mm），见图 10.12-6；

ζ——拉杆影响系数，由表 10.12-21 查得；

N——支柱数目；

E'——常温下支柱材料的弹性模量（MPa）；

I——支柱横截面惯性矩（mm⁴）。

表 10.12-21　拉杆影响系数 ζ

l/H_0	0.90	0.85	0.80	0.70	0.60	0.50
ζ	0.028	0.06	0.104	0.216	0.352	0.50

注：1. 中间值用内插法计算；

　　2. l 为支柱底板底面至拉杆与支柱中心线交点处的距离。

3）地震载荷计算。

球形容器的水平地震载荷 F_e（N）为

$$F_e = C_Z \alpha G_0 \qquad (10.12\text{-}52)$$

式中　C_Z——综合影响系数，一般取 $C_Z = 0.45$；

α——相当于自振周期 T 的地震影响系数，按图 10.12-7 选取；图中地震影响系数的最大值 α_{max} 由表 10.12-22 查得。

表 10.12-22　地震影响系数的最大值 α_{max}

设计烈度	7	8	9
α_{max}	0.23	0.45	0.90

Ⅰ类场地土：微风化和中等风化的基岩；Ⅱ类场地土：除Ⅰ、Ⅲ类场地土外的一般稳定土；Ⅲ类场地土：饱和松砂淤泥和淤泥质土，冲填土，杂填土等。

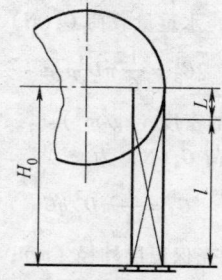

图10.12-6　支柱底板底面至球形容器中心的高度

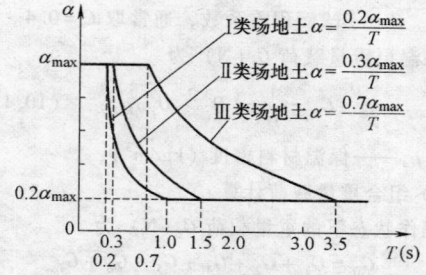

图10.12-7　地震影响系数

2. 支柱计算

支柱与球壳的联接采用赤道正切型式，支柱可以是分段支柱或整体支柱。分段支柱的上段长度通常为支柱总长的三分之一。

（1）单个支柱的垂直载荷

1）单项载荷计算。

操作状态下，重量载荷 q_0（N）为

$$q_0 = \frac{G}{N} \qquad (10.12\text{-}53)$$

水压试验时，重量载荷 q_T（N）为

$$q_T = \frac{G_T}{N} \qquad (10.12\text{-}54)$$

由于水平风载荷或水平地震载荷所引起的推倒弯矩对支柱产生的垂直载荷 f_i（N）为

$$f_i = \frac{2\cos\theta_i}{N} \cdot \frac{M}{R} \qquad (10.12\text{-}55)$$

式中 θ_i——支柱的方位角（°），见图 10.12-8。

如果拉杆的相邻两支柱连接，且球形容器 A 向受力时，方位角 θ_i 为

$$\theta_i = \frac{i}{N} \times 360°$$

球形容器 B 向受力时，方位角 θ_i 为

$$\theta_i = \left(i - \frac{1}{2}\right) \times \frac{360°}{N}$$

若拉杆隔一支柱与支柱连接，且球形容器 A 向受力时（见图 10.12-9），方位角 θ_i 为

$$\theta_i = \frac{i}{N} \times 360°$$

球形容器 B 向受力时，方位角 θ_i 为

$$\theta_i = (i - 1) \times \frac{360°}{N}$$

式中 i——支柱顺序号，顺序号从俯视图的水平中心线开始，在 180° 范围内顺时针编号，见图 10.12-8；

     M——推倒弯矩（N·m），按下式计算：

$$M = F_{max}L \times 10^{-2}$$

     F_{max}——取风载荷 F_d 与地震载荷 F_e 中较大者；

     L——等于 $H_0 - l$，见图 10.12-6；

     R——支柱中心圆半径（m），即支柱中心线与球壳外壁交点平分支柱与球壳连接弧者，按下式计算：

$$R = \frac{1}{4}\left(R_o + \sqrt{R_o(9R_o - 8r_o)}\right)$$

     R_o——球壳外半径（m）；

     r_o——支柱外半径（m），见图 10.12-10。

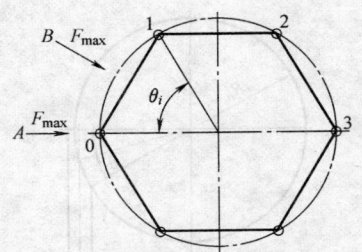

图10.12-8   支柱顺序号和方位角

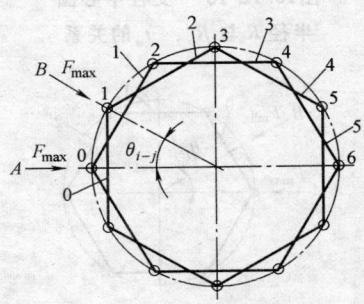

图10.12-9   拉杆顺序号和方位角

拉杆、支柱构架平面载荷在支柱上产生的垂直载荷，当拉杆与相邻两支柱连接时，其垂直载荷 C_{i-j}（N）：

$$C_{i-j} = \frac{lF_{max}\sin\theta_{i-j}}{2NR\sin\dfrac{180°}{N}} \qquad (10.12\text{-}56)$$

式中 θ_{i-j}——拉杆的方位角（°），见图 10.12-11。

当球形容器 A 向受力时，方位角 θ_{i-j}（°）为

$$\theta_{i-j} = \left(j + \frac{1}{2}\right)\frac{360°}{N}$$

当球形容器 B 向受力时，方位角 θ_{i-j}（°）为

$$\theta_{i-j} = \frac{j}{N} \times 360°$$

如果拉杆隔一支柱和支柱连接，则垂直载荷为

$$C_{i-j} = \frac{lF_{max}\sin\theta_{i-j}}{NR\sin\dfrac{360°}{N}} \qquad (10.12\text{-}57)$$

当球形容器 A 向受力时，方位角 θ_{i-j}（°）为

$$\theta_{i-j} = \frac{j}{N} \times 360°$$

当球形容器 B 向受力时，方位角 θ_{i-j} 为

$$\theta_{i-j} = (j - i) \times \frac{360°}{N}$$

式中 j——拉杆的顺序号。顺序号从俯视图的水平中心线开始，在 180° 范围内顺时针编号。

计算垂直载荷时，应注意：

当拉杆和相邻支柱连接时，若支柱数为 $6 + 4n$

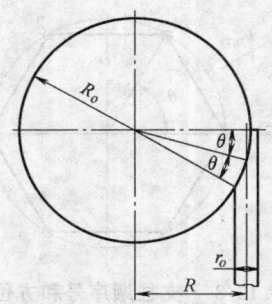

图 10.12-10　支柱中心圆
半径 R 与 R_o、 r_o 的关系

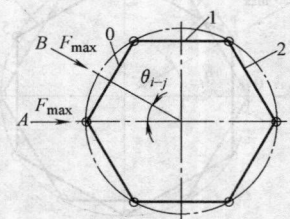

图 10.12-11　拉杆顺序号和方位角

时，只需按图 10.12-8 和图 10.12-11 中 A 向受力计算支柱中的最大垂直载荷；若支柱数为 $4+4n$ 时，则需按图 10.12-8 和图 10.12-11 中 A、B 两个受力方向计算支柱中的最大垂直载荷。

当拉杆隔一支柱和支柱连接时，若支柱数为 $4+4n$ 时，只需按图 10.12-9 中 A 向受力计算支柱中的最大垂直载荷；若支柱数为 $6+4n$ 时，要按图 10.12-9 中 A、B 两个受力方向计算支柱中的最大垂直载荷。其中 $n=0、1、2、\cdots$。

2）组合载荷计算。

操作状态下，支柱承受的最大垂直载荷 q_{0max}（N）为

$$q_{0max} = q_0 + (f_i + C_{i-j})_{max} \qquad (10.12\text{-}58)$$

水压试验状态下，支柱承受的最大垂直载荷 q_{Tmax}（N）为

$$q_{Tmax} = q_T + 0.3(f_i + C_{i-j})_{max} \qquad (10.12\text{-}59)$$

当式（10.12-56）、（10.12-57）中的 $F_{max} = F_e$ 时，式（10.12-59）中的 f_i 和 C_{i-j} 按下式计算：

$$f_i = \frac{2\cos\theta_i}{N} \cdot \frac{M_d}{R}$$

$$C_{i-j} = \frac{lF_d\sin\theta_{i-j}}{NR\sin\dfrac{180°}{N}}$$

式中　M_d——由水平风载荷引起的推倒弯矩（N·m）。

当拉杆隔一支柱与支柱连接时，上式中的 $\sin\dfrac{180°}{N}$ 用 $\sin\dfrac{360°}{N}$ 代替。

（2）支柱弯矩及偏心率计算

1）偏心弯矩计算。

操作状态下，偏心弯矩 M_{01}（N·m）为

$$M_{01} = \frac{\sigma_0 R_i}{E}(1-\mu)q_{0max} \qquad (10.12\text{-}60)$$

式中　σ_0——操作状态下球壳的应力（MPa）；

　　　　R_i——球壳内半径（m）；

　　　　E——常温下球壳材料的弹性模量（MPa）；

　　　　μ——球壳材料的泊松比。

水压试验状态下，偏心弯矩 M_{T1}（N·m）为

$$M_{T1} = \frac{\sigma_T R_i}{E}(1-\mu)q_{Tmax} \qquad (10.12\text{-}61)$$

式中　σ_T——水压试验下球壳的应力（MPa）。

2）附加弯矩。

操作状态下的附加弯矩 M_{02}（N·m）为

$$M_{02} = \frac{6E'I\sigma_0 R_i}{H_0^2 E}(1-\mu) \qquad (10.12\text{-}62)$$

水压试验状态下的附加弯矩 M_{T2}（N·m）为

$$M_{T2} = \frac{6E'I\sigma_T R_i}{H_0^2 E}(1-\mu) \qquad (10.12\text{-}63)$$

3）总弯矩。

操作状态下的总弯矩 M_0（N·m）为

$$M_0 = M_{01} + M_{02} \qquad (10.12\text{-}64)$$

水压试验状态下的总弯矩 M_T（N·m）为

$$M_T = M_{T1} + M_{T2} \qquad (10.12\text{-}65)$$

4）偏心率。

操作状态时的偏心率 ε_0 为

$$\varepsilon_0 = \frac{AM_0}{Zq_{0max}} \qquad (10.12\text{-}66)$$

式中　A——单根支柱的金属横截面积（m²）；

　　　　Z——单根支柱截面模数（m³）。

水压试验时的偏心率 ε_T 为

$$\varepsilon_T = \frac{AM_T}{Zq_{Tmax}} \qquad (10.12\text{-}67)$$

（3）支柱稳定性验算

1）应力计算。

操作状态下的应力 σ_{0c}（MPa）为

$$\sigma_{0c} = \frac{q_{0max} \times 10^{-6}}{\phi_{p0}A} \qquad (10.12\text{-}68)$$

式中　ϕ_{p0}——操作状态下的稳定系数，按偏心率 ε_0 和长细比 λ 由表 10.12-23 选取。长细比 λ 为 $\lambda = \dfrac{KH_0}{i}$；

　　　　K——计算长度系数，通常取 $K=1$；

i——支柱的惯性半径（mm），其值为 $i = \sqrt{\dfrac{I}{A}} \times 10^3$。

水压试验状态下的应力 σ_{TC}（MPa）为

$$\sigma_{TC} = \frac{q_{T\max} \times 10^{-6}}{\phi_{pT}A} \quad (10.12\text{-}69)$$

式中 ϕ_{pT}——水压试验状态下的稳定系数，按偏心率 ε_T 和长细比 λ 由表 10.12-23 选取。

2）稳定计算。

支柱稳定性由下式计算：

$$\sigma_{c\max} \leqslant [\sigma]_c \quad (10.12\text{-}70)$$

式中 $\sigma_{c\max}$——取 σ_{0c} 与 σ_{TC} 中较大值（MPa）；

$[\sigma]_c$——支柱材料的许用应力（MPa），$[\sigma]_c = \dfrac{\sigma_s}{1.5}$

σ_s——支柱材料的屈服限（MPa）。

表 10.12-23 稳定系数 ϕ_{p0} 或 ϕ_{pT} 值表

λ	ε_0 或 ε_T								
	0	0.2	0.4	0.6	0.8	1.0	1.2	1.4	1.6
0	1.000	0.865	0.763	0.682	0.610	0.563	0.517	0.479	0.446
10	0.995	0.848	0.743	0.666	0.601	0.548	0.503	0.467	0.434
20	0.981	0.831	0.725	0.645	0.582	0.529	0.488	0.452	0.419
30	0.958	0.812	0.705	0.623	0.560	0.509	0.469	0.433	0.402
40	0.927	0.788	0.679	0.598	0.537	0.487	0.448	0.414	0.385
50	0.888	0.760	0.650	0.571	0.512	0.465	0.426	0.395	0.367
60	0.842	0.730	0.619	0.543	0.486	0.442	0.406	0.375	0.349
70	0.789	0.693	0.586	0.513	0.461	0.419	0.385	0.356	0.332
80	0.731	0.651	0.553	0.485	0.434	0.396	0.363	0.338	0.316
90	0.669	0.602	0.515	0.455	0.409	0.373	0.344	0.320	0.299
100	0.604	0.549	0.474	0.423	0.383	0.350	0.325	0.302	0.283

注：1. 表中数值为实腹式偏心受压构件在弯矩作用平面内的稳定系数。

2. 对 3 号钢应取实际长细比；对其他钢材应取假定长细比 $\lambda \times \sqrt{\dfrac{\sigma_s}{245}}$ 代替实际长细比 λ。

（4）地脚螺栓计算　当拉杆、支柱构架平面的水平载荷 F_{i-j} 与支柱基础板和基础间的摩擦力之差的最大值小于零时，不必进行地脚螺栓计算，只需设置适当直径的定位地脚螺栓即可。反之，球形容器必须用地脚螺栓固定。地脚螺栓直径 d_t（mm）为

$$d_t = \sqrt{\frac{4(F_{i-j} - f_s F_i)_{\max}}{\pi n [\tau]_t}} + c \quad (10.12\text{-}71)$$

式中 F_{i-j}——拉杆、支柱构架平面的水平载荷（N）；其值为 $F_{i-j} = (c_{i-j})_{\max}\tan\alpha$；

α——拉杆与支柱间的夹角（°）；

f_s——支柱基础板与基础间的摩擦系数，一般取 $f_s = 0.4$；

F_i——支柱所承受的最小垂直载荷（N），其值为 $F_i = \dfrac{G_{\min}}{N} + f_s + C_{i-j}$；

n——地脚螺栓数量；

$[\tau]_t$——地脚螺栓材料的许用切应力（MPa），其值为 $[\tau]_t = 0.6 [\sigma]$；

$[\sigma]$——地脚螺栓材料的许用应力（MPa），

其值为 $[\sigma] = \dfrac{\sigma_s}{1.5}$；

c——地脚螺栓的腐蚀裕量（mm）；

σ_s——地脚螺栓材料的屈服极限（MPa）。

（5）基础板尺寸的确定

1）基础板直径 D_b（mm）的确定：

$$D_{b1} = \sqrt{\frac{4q_{\max}}{\pi [\sigma]_{bc}}} \quad (10.12\text{-}72)$$

$$D_{b2} = (0.8 - 1.0)d_t + d_o \quad (10.12\text{-}73)$$

式中 $[\sigma]_{bc}$——支柱基础材料的许用压应力（MPa）；

d_o——支柱外径（mm）；

D_b 取 D_{b1}、D_{b2} 中的较大者，$q_{\max}$ 取 $q_{0\max}$、$q_{T\max}$ 中的较大者。

2）基础板厚度 δ_b（mm）的确定：

$$\delta_b = \sqrt{\frac{3\sigma_{bc}l_b^2}{[\sigma]_b}} + c \quad (10.12\text{-}74)$$

式中 σ_{bc}——基础板底面上的压应力（MPa），按下式计算：

$$\sigma_{bc} = \frac{4q_{max}}{\pi D_b^2} \times 10^{-2}$$

l_b——基础板外边缘至支柱外表面的距离

（mm），见图 10.12-12；

$[\sigma]_b$——基础板材料的许用弯曲应力（MPa）；

c——基础板的腐蚀裕量（mm）。

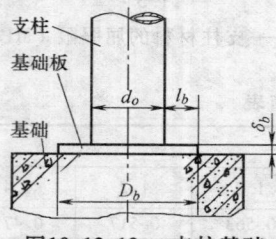

图10.12-12　支柱基础

3. 拉杆计算

拉杆一般用圆钢，并采用可调节松紧的结构型式。两根拉杆的交叉处应为立体交叉，不许焊死；各拉杆最高点、最低点的安装位置应分别在同一标高上。

（1）拉杆强度计算　拉杆承受的最大载荷 T_{max}（N）为

$$T_{max} = \frac{(c_{i-j})_{max}}{\cos\alpha} \qquad (10.12-75)$$

拉杆螺纹根径 d_T（mm）为

$$d_T = 2\sqrt{\frac{T_{max}}{\pi[\sigma]_T}} + c \qquad (10.12-76)$$

式中　$[\sigma]_T$——拉杆材料的许用应力（MPa），其值为 $[\sigma]_T = \dfrac{\sigma_s}{1.5}$；

　　　σ_s——拉杆材料的屈服限（MPa）；

　　　c——拉杆的腐蚀裕量（mm）。

（2）拉杆连接部位的计算　当拉杆采用图 10.12-13所示的结构型式时，其连接部位的计算应按下列方法进行。

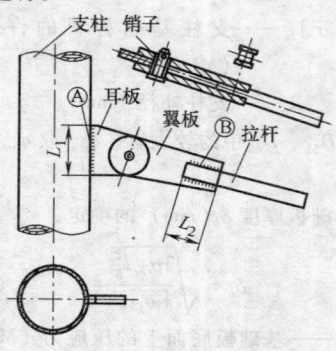

图10.12-13　拉杆结构

1）销子直径 d_p（mm）的确定：

$$d_p = \sqrt{\frac{2T_{max}}{\pi[\tau]_p}} \qquad (10.12-77)$$

式中　$[\tau]_p$——销子材料的许用切应力（MPa），其值为 $[\tau]_p = 0.6[\sigma]$；

　　　$[\sigma]$——销子材料的许用应力（MPa），其值为 $[\sigma] = \dfrac{\sigma_s}{1.5}$；

　　　σ_s——销子材料的屈服限（MPa）。

2）耳板厚度或翼板总厚度的确定：

$$\delta_c = \frac{T_{max}}{d_p[\sigma]_s} \qquad (10.12-78)$$

式中　δ_c——耳板厚度或翼板总厚度（mm）；

　　　$[\sigma]_s$——耳板或翼板材料的挤压许用应力（MPa），其值为 $[\sigma]_s = \sigma_s/1.1$；

　　　σ_s——耳板或翼板材料的屈服限（MPa）。

3）焊缝强度验算。

焊接部位 A 处，焊缝所承受的切应力为

$$\tau_{w1} = \frac{T_{max}}{\sqrt{2}L_1\delta_1} \leqslant [\tau]_w \qquad (10.12-79)$$

式中　τ_{w1}——焊缝所承受的切应力（MPa）；

　　　L_1——单边焊缝长度（mm）；

　　　δ_1——焊缝较小直边的高度（mm）；

　　　$[\tau]_w$——焊缝许用切应力（MPa），其值为 $[\tau]_w = 0.6\phi\sigma_s$；

　　　ϕ——角焊缝系数，一般取 $\phi = 0.6$；

　　　σ_s——焊缝材料的屈服限（MPa）。

焊缝部位 B 处，焊缝所承受的切应力

$$\tau_{w2} = \frac{T_{max}}{\sqrt{2}L_2\delta_2} \leqslant [\tau]_w \qquad (10.12-80)$$

式中　L_2——单边焊缝长度（mm）；

　　　δ_2——焊缝较小直边的高度（mm）。

3.2.3　支柱与球壳连接最低处 a 点的应力验算

见图 10.12-14。

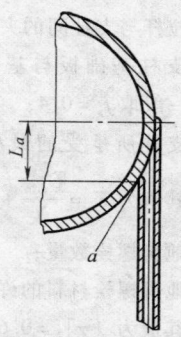

图10.12-14　支柱与球壳连接

（1）单项应力计算

1）球壳 a 点处的切应力计算。

操作状态下的切应力 τ_0（MPa）为

$$\tau_0 = \frac{q_0 + (f_i)_{\max}}{2L_w(\delta_a - c)} \qquad (10.12\text{-}81)$$

式中　L_w——支柱与球壳连接焊缝单边长度（mm）；

　　　δ_a——球壳 a 点处的壁厚（mm）；

　　　c——壁厚附加量（mm）。

水压试验状态下的切应力 τ_T（MPa）为

$$\tau_T = \frac{q_T + 0.3(f_i)_{\max}}{2L_w(\delta_a - c)} \qquad (10.12\text{-}82)$$

2）球壳 a 点处的径向应力。

操作状态下的径向应力 σ_{0l0}（MPa）为

$$\sigma_{0l0} = \frac{(p + p_{0a})[D_i + (\delta_a - c)]}{4(\delta_a - c)} + \frac{(G_s + G_{0l}) \times 10^{-2}}{A_a}$$

$$(10.12\text{-}83)$$

式中　p_{0a}——操作状态下，介质在 a 点处的静压力（MPa）；

　　　D_i——球壳内径（cm）；

　　　G_s——a 点以下球壳重量载荷（N），其值为 $G_s = 2\pi R_{cp}(R_{cp} - L_a)\delta\rho_1 g \times 10^{-9}$；

　　　R_{cp}——球壳平均半径（cm）；

　　　L_a——a 点至球形容器中心水平线的垂直距离（mm）；

　　　G_{0l}——a 点以下介质重量载荷（N），其值为 $G_{0l} = \frac{1}{3}\pi(R_i - L_a)^2(2R_i + L_a)\rho_2 g \times 10^{-9}$；

　　　A_a——通过 a 点的水平面截得球壳金属横截面积（mm^2），其值为

$$A_a = 2\pi\delta_a\sqrt{\frac{D_{cp}^2}{4} - L_a^2}$$

　　　D_{cp}——球壳的平均直径（mm）。

水压试验状态下的径向应力 σ_{Tl0}（MPa）为

$$\sigma_{Tl0} = \frac{(p_T + p_{Ta})[D_i + (\delta_a - c)]}{4(\delta_a - c)} + \frac{(G_s + G_{Tl}) \times 10^{-2}}{A_a}$$

$$(10.12\text{-}84)$$

式中　p_{Ta}——水压试验状态下，水在 a 点处的静压力（MPa）；

　　　G_{Tl}——a 点以下水的重量载荷（N），其值为

$$G_{Tl} = \frac{1}{3}\pi(R_i - L_a)^2(2R_i + L_a)\rho_3 g \times 10^{-9}$$

3）球壳 a 点处的纬向应力。

操作状态下的纬向应力 σ_{0la}（MPa）为

$$\sigma_{0la} = \frac{(p + p_{0a})[D_i + (\delta_a - c)]}{4(\delta_a - c)}$$

$$(10.12\text{-}85)$$

式中　p——设计压力（MPa）。

水压试验状态下的纬向应力 σ_{Tla}（MPa）为

$$\sigma_{Tla} = \frac{(p_T + p_{Ta})[D_i + (\delta_a - c)]}{4(\delta_a - c)}$$

$$(10.12\text{-}86)$$

（2）合成应力计算　操作状态下的合成应力 σ_{0c}^a（MPa）为

$$\sigma_{0c}^a = \frac{\sigma_{0l0} + \sigma_{0la}}{2} + \sqrt{\left(\frac{\sigma_{0l0} - \sigma_{0la}}{2}\right)^2 + \tau_0^2}$$

$$(10.12\text{-}87)$$

水压试验状态下的合成应力 σ_{Tc}^a（MPa）为

$$\sigma_{Tc}^a = \frac{\sigma_{Tl0} + \sigma_{Tla}}{2} + \sqrt{\left(\frac{\sigma_{Tl0} - \sigma_{Tla}}{2}\right)^2 + \tau_T^2}$$

$$(10.12\text{-}88)$$

（3）强度验算

$$\sigma_{0c}^a \leqslant [\sigma]$$

$$\sigma_{Tc}^a \leqslant 0.9\sigma_s$$

式中　σ_s——常温下球壳材料的屈服限（MPa）。

3.2.4　支柱与球壳连接焊缝强度验算

支柱与球壳连接焊缝承受切应力，最大切应力发生在角焊缝45°的横截面上。该截面承受的切应力 τ_w（MPa）为

$$\tau_w = \frac{P_{\max}}{\sqrt{2}L_w\delta} \qquad (10.12\text{-}89)$$

$$\tau_w \leqslant [\tau]_w$$

式中　$P_{\max}$——用 $q_0 + (f_i)_{\max}$ 和 $q_T + 0.3(f_i)_{\max}$ 中的较大值（N）；

　　　δ——焊缝较小直角边的高度（cm）；

　　　$[\tau]_w$——焊缝许用切应力（MPa），其值为 $[\tau]_w = 0.6\phi[\sigma]$；

　　　$[\sigma]$——焊缝材料的许用应力（MPa），其值为 $[\sigma] = \dfrac{\sigma_s}{1.5}$；

　　　σ_s——焊缝材料的屈服限（MPa）。

第 11 篇 机电控制装置及系统

主　编　朱宏辉　刘有源

编写人　朱宏辉（第 1 章）

　　　　朱宏辉　周涛（第 2 章）

　　　　朱　轶　陈杰　朱宏辉（第 4 章）

　　　　刘有源（第 3、5 章）

　　　　曹小华（第 6 章）

　　　　朱宏辉　万山龙（第 7 章）

　　　　朱宏辉　李斌（第 8 章）

　　　　周　勇（第 9 章）

审稿人　常恒毅　张文桥　陈万诚

本篇内容与特色

第 11 篇机电控制装置及系统，全篇分为 9 章。第 1 章机电控制系统的基本类型，介绍了现代机电控制系统的基本分类和主要体系结构；第 2 章常用电气设计标准，给出了常用电气设计标准目录；第 3 章常用电动机的选择，给出了交流电动机、直流电动机、控制微电机的结构数据及选型参考；第 4 章电动机的常规控制，系统介绍了电动机常规控制装置、功率元件选择，给出了功能电路、技术参数和选型参考；第 5 章直流闭环控制及其控制单元选择，介绍了直流电动机调速系统、直流传动恒速系统及电气传动最优控制规律等内容；第 6 章交流调速传动系统，介绍了交流电气传动闭环控制、变频调速等内容；第 7 章可编程序控制器，介绍了 PLC 的主要硬件结构、工作原理、编程语言和结构化编程；第 8 章工业通信网络，给出了基于 PLC 的各种通信接口规范和应用范例；第 9 章数控系统及计算机控制，系统介绍了数控加工程序编制、数控伺服系统、数控检测装置和计算机数控装置的功能结构和特点。

本篇具有以下特色：

（1）系统性 考虑到现代机械系统多为大型复杂的机电一体化系统，系统设计应体现出机电系统设计的特点，应从系统集成的角度，既要考虑系统的机械结构，更要注重控制系统的整体设计。手册从控制系统的总体框架、各种实用控制电路，到各种新型控制元件都进行了系统编排。

（2）实用性 手册从机电系统设计人员的角度考虑，合理安排内容和编排体系。

（3）准确性 手册所选数据、资料主要来自标准、规范和其他权威资料，设计方法、公式、参数选用经过长期实践检验，设计举例来自工程实践。

（4）先进性 手册增加了具有广阔应用前景的新器件、新方法和新技术，采用了最新的标准、规范。

第 1 章　机电控制系统的基本类型

机电控制系统一般由 8 个部分组成，如图 11.1-1 所示。图中，"⊗"代表比较元件，它将测量元件检测到的被控量与输入量进行比较；"－"号表示两者符号相反，即负反馈；"＋"号表示两者符号相同，即正反馈。信号从输入端沿箭头方向到达输出端的传输通路称为前向通路；系统输出量经测量元件反馈到输入端的传输通路称为主反馈通路。前向通路与主反馈通路共同构成主回路。此外，还有局部反馈通路以及由它构成的内回路。只包含一个主反馈通路的系统称单回路系统，有两个或两个以上反馈通路的系统称多回路系统。各个部分的功能和作用如下。

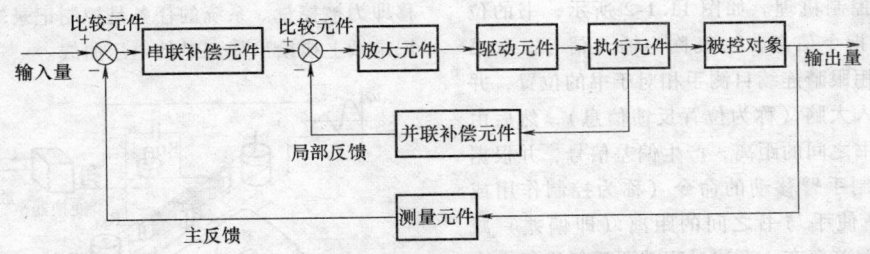

图11.1-1　机电控制系统的组成框图

测量元件的职能是检测被控制的物理量，如执行机构的运动参数、加工状况等。这些参数通常有位移、速度、加速度、转角、压力、流量、温度等。如果这个物理量是非电量，一般再转换为电量。

比较元件的职能是把测量元件检测的被控量实际值与给定元件的输入量进行比较，求出它们之间的偏差。常用的比较元件有差动放大器、机械差动装置、电桥电路等。

放大元件的职能是将比较元件给出的偏差信号进行放大，用来推动执行元件去控制被控对象。电压偏差信号可用电子管、晶体管、集成电路、晶闸管组成的电压放大级和功率放大级加以放大。

执行元件的职能是直接推动被控对象，使其被控量发生变化，完成特定的加工任务，如零件的加工或物料的输送等。执行机构直接与被加工对象接触。根据不同的用途，执行机构具有不同的工作原理、运作规律、性能参数和结构形状，如车床、铣床、送料机械手等，其结构千差万别。

驱动元件与执行机构相连接，为执行机构提供动力，并控制执行机构起动、停止和换向。驱动元件的作用是完成能量的供给和转换，如用来作为执行元件的有阀电动机、液压马达等。

补偿元件也叫校正元件，它是使结构或参数便于调整的元件，用串联或反馈的方式连接在系统中，其作用是完成加工过程的控制，协调机械系统各部分的运动，具有分析、运算、实时处理功能，以改善系统的性能。最简单的校正元件是由电阻、电容组成的无源或有源网络，复杂的则由 STD 总线工业控制机、工业微机（PC）、单片微机等组成。

控制对象是控制系统要操纵的对象。它的输出量即为系统的被调量（或被控量），如机床、工作台、设备或生产线等。

机电控制系统各组成部分之间的连接匹配部分称为接口。接口分为两种，机械与机械之间的连接称为机械接口，电气与电气之间的连接称为接口电路。如果两个组成部分之间相匹配，则接口只起连接作用。如果不相匹配，则接口除起连接作用外，还需起某种转换作用，如连接机床主轴和电动机的减速箱、连接传感器输出信号和模数转换器的放大电路，这些接口既起连接又起匹配的作用。

机电控制系统的基本工作原理是，操作人员将加工信息（如尺寸、形状、精度等）输入到控制计算机，计算机发出起动命令，起动驱动元件运转，带动执行机构进行加工。测量元件实时检测加工状态，将信息反馈到计算机，经计算机分析、处理后，发出相应的控制指令，实时地控制执行机构运动，如此反复进行，自动地将工件按输入的加工信息完成加工。

机电控制系统的基本控制方式有如下三种：

（1）反馈控制方式　反馈控制是机电控制系统

最基本的控制方式，也是应用最广泛的一种控制系统。在反馈控制系统中，控制装置对被控对象施加的控制作用，是取自被控量的反馈信息，用来不断修正被控量的偏差，从而实现对被控对象进行控制的任务，这就是反馈控制的原理。

其实，人的一切活动都体现出反馈控制的原理，人本身就是一个具有高度复杂控制能力的反馈控制系统。例如：人用手拿取桌上的书、汽车驾驶人操纵方向盘驾驶汽车沿公路平稳行驶等，这些日常生活中习以为常的平凡动作都渗透着反馈控制的深奥原理。下面，通过解剖手从桌上取书的动作过程，透视一下它所包含的反馈控制机理。如图 11.1-2 所示，书的位置是手运动的指令信息，一般称为输入信号。取书时，首先人要用眼睛连续目测手相对于书的位置，并将这个信息送入大脑（称为位置反馈信息），然后由大脑判断手与书之间的距离，产生偏差信号，并根据其大小发出控制手臂移动的命令（称为控制作用或操纵量），逐渐使手与书之间的距离（即偏差）减小。只要这个偏差存在，上述过程就要反复进行，直到偏差减小为零，手便取到了书。可以看出，大脑控制手取书的过程，是一个利用偏差（手与书之间距离）产生控制作用，并不断使偏差减小直至消除的运动过程。显然，反馈控制实质上是一个按偏差进行控制的过程，因此，它也称为按偏差的控制，反馈控制原理就是按偏差控制的原理。

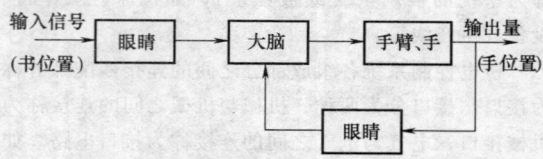

图11.1-2　人取书的反馈控制系统框图

通常，我们把取出的输出量送回到输入端并与输入信号相比较产生偏差信号的过程称为反馈。若反馈的信号是与输入信号相减，使产生的偏差越来越小，则称为负反馈；反之，则称为正反馈。反馈控制就是采用负反馈并利用偏差进行控制的过程。而且，由于引入了被控量的反馈信息，整个控制过程成为闭合的，因此反馈控制也称为闭环控制。其特点是不论什么原因使被控量偏离期望值而出现偏差，必定会产生一个相应的控制作用去减小或消除这个偏差，使被控量与期望值趋于一致。可以说，按反馈控制方式组成的反馈控制系统，具有抑制任何内、外扰动对被控量产生影响的能力，有较高的控制精度。但这种系统使用的元件多，线路复杂，特别是系统的性能分析和设计也较麻烦。尽管如此，它仍是一种重要的并被广泛

应用的控制方式，自动控制理论主要的研究对象就是用这种控制方式组成的系统。

采用反馈控制方式的一个例子是函数记录仪。函数记录仪是一种通用的自动记录仪，它可以在直角坐标系中自动描绘两个电量的函数关系。同时，记录仪还带有走纸机构，用以描绘一个电量对时间的函数关系。

函数记录仪通常由变换器、测量元件、放大元件、伺服电动机-测速机组、齿轮系及绳轮等组成，采用负反馈控制原理工作，其原理如图 11.1-3 所示。系统的输入是待记录电压，被控对象是记录笔，其位移即为被控量。系统的任务是控制记录笔的位移，在记录纸上描绘出待记录的电压曲线。

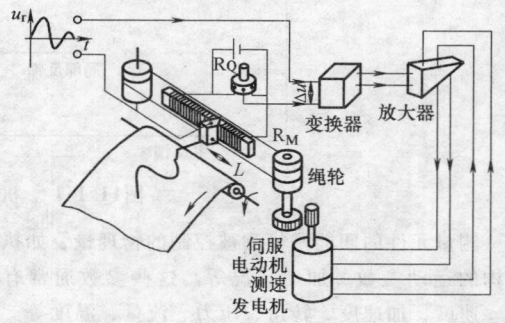

图11.1-3　函数记录仪原理示意图

在图 11.1-3 中，测量元件是由电位器 R_Q 和 R_M 组成的桥式测量电路，记录笔就固定在电位器 R_M 的滑臂上，因此，测量电路的输出电压 u_p 与记录笔位移成正比。当有变化的输入电压 u_r 时，在放大元件输入口得到偏差电压 $\Delta u = u_r - u_p$，经放大后驱动伺服电动机，并通过齿轮系及绳轮带动记录笔移动，同时使偏差电压减小。当偏差电压 $\Delta u = 0$ 时，电动机停止转动，记录笔也静止不动。此时 $u_p = u_r$，表明记录笔位移与输入电压相对应。如果输入电压随时间连续变化，记录笔便描绘出随时间连续变化的曲线。函数记录仪结构图如图 11.1-4 所示，图中测速发电机反馈的信号是与电动机速度成正比的电压，用以增加阻尼，改善系统性能。

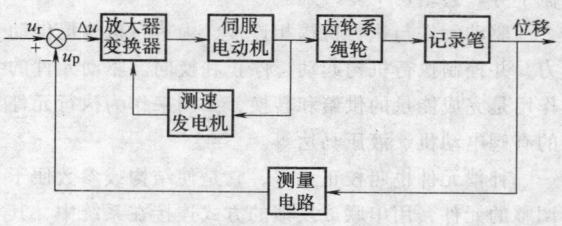

图11.1-4　函数记录仪结构图

（2）开环控制方式　开环控制方式是指控制装置与被控对象之间只有顺向作用而没有反向联系的控制过程，按这种方式组成的系统称为开环控制系统，其特点是系统的输出量不会对系统的控制作用产生影响。开环控制系统可按给定量控制方式组成，也可以按扰动控制方式组成。

按给定量控制的开环控制系统，其控制作用直接由系统的输入量产生，给定一个输入量，就有一个输出量与之相对应，控制精度完全取决于所用的元件及校准的精度。因此，这种开环控制方式没有自动修正偏差的能力，抗扰动性较差，但由于其结构简单、调整方便、成本低，在精度要求不高或扰动影响较小的情况下，这种控制方式还有一定的实用价值。目前，用于国民经济各部门的一些自动化装置，如自动售货机、自动洗衣机、产品生产自动线、数控车床以及指挥交通的红绿灯的转换等，一般都是开环控制系统。

按扰动控制的开环控制系统是利用可测量的扰动量，产生一种补偿作用，以减小或抵消扰动对输出量的影响，这种控制方式也称为顺馈控制或前馈控制。例如：在一般的直流速度控制系统中，转速常常随负载的增加而下降，且其转速的下降与电枢电流的变化有一定的关系，如果我们设法将负载引起的电流变化测量出来，并按其大小产生一个附加的控制作用，用以补偿由它引起的转速下降，就可以构成按扰动控制的开环控制系统。这种按扰动控制的开环控制方式是直接从扰动取得信息，并以此来改变被控量，其抗扰动性好，控制精度也较高，但它只适用于扰动是可测量的场合。

（3）复合控制方式　反馈控制在外扰影响出现之后才能进行修正工作，在外扰影响出现之前则不能进行修正工作。按扰动控制方式在技术上比按偏差控制方式简单，但它只适用于扰动是可测量的场合，而且一个补偿装置只能补偿一个扰动因素，对其余扰动均不起补偿作用。因此，比较合理的一种控制方式是把按偏差控制与按扰动控制结合起来，对于主要扰动采用适当的补偿装置实现按扰动控制，同时，再组成反馈控制系统实现按偏差控制，以消除其余扰动产生的偏差。这样，系统的主要扰动已被补偿，反馈控制系统就比较容易设计，控制效果也会更好。这种按偏差控制和按扰动控制相结合的控制方式称为复合控制方式。

尽管机电控制系统有不同的类型，而且每个系统也都有不同的特殊要求，但对于各类系统来说，在已知系统的结构和参数时，我们感兴趣的都是系统在某种典型输入信号下，其被控量变化的全过程。例如：

对恒值控制系统是研究扰动作用引起被控量变化的全过程，对随动系统是研究被控量如何克服扰动影响并跟随参考量的变化过程；但对每一类系统中被控量变化全过程提出的基本要求都是一样的，且可以归结为稳定性、快速性和准确性，即稳、准、快的要求。

稳定性是保证控制系统正常工作的先决条件。一个稳定的控制系统，其被控量偏离期望值的初始偏差应随时间的增长逐渐减小或趋于零。具体来说，对于稳定的恒值控制系统，被控量因扰动而偏离期望值后，经过一段过渡过程的时间，被控量应恢复到原来的期望值状态；对于稳定的随动系统，被控量应能始终跟踪参考量的变化。反之，不稳定的控制系统，其被控量偏离期望值的初始偏差将随时间的增长而发散，因此，不稳定的控制系统无法实现预定的控制任务。

线性自动控制系统的稳定性由系统结构所决定，与外界因素无关。这是因为控制系统中一般含有储能元件或惯性元件，如绕组的电感、电枢转动惯量、电炉热容量、物体质量等，储能元件的能量不可能突变，因此，当系统受到扰动或有输入量时，控制过程不会立即发生，而是有一定的延缓，这就使得被控量恢复期望值或跟踪参考量有一个时间过程，称为过渡过程。例如：在反馈控制系统中，由于被控对象的惯性，会使控制动作不能及时纠正被控量的偏差，控制装置的惯性则会使偏差信号不能及时转化为控制动作。具体来说，在控制过程中，当被控量已经回到期望值而使偏差为零时，执行机构本应立即停止工作，但由于控制装置的惯性，控制动作仍继续向原来方向进行，致使被控量超过期望值又产生符号相反的偏差，导致执行机构向相反方向动作，以减小这个新的偏差；另一方面，当控制动作已经到位时，又由于被控对象的惯性，偏差并未减小为零，因而执行机构继续向原来方向进行，使被控量又产生符号相反的偏差，如此反复进行，致使被控量在期望值附近来回摆动，过渡过程呈现振荡形式。如果这个振荡过程是逐渐减弱的，系统最后可以达到平衡状态，控制目的得以实现，我们称为稳定系统；反之，如果振荡过程逐步增强，系统被控量将失控，则称为不稳定系统。

为了很好地完成控制任务，控制系统仅仅满足稳定性要求是不够的，还必须对其过渡过程的形式和快慢提出要求。例如：对用于高射炮射角随动系统，虽然炮身最终能跟踪目标，但如果目标变动迅速，而炮身跟踪目标所需过渡过程时间较长，就不可能击中目标；对自动驾驶仪系统，当飞机受阵风扰动而偏离预定航线时，具有自动使飞机恢复预定航线的能力，但在恢复过程中，如果机身摇晃幅度过大，或恢复速度过快，就会使乘客感到不适；函数记录仪记录输入电压时，如果记录笔移动很慢或摆动幅度过大，不仅使记录曲线失真，而且还会损坏记录笔，或使电器元件承受过大电压。因此，对控制系统过渡过程的时间（即快速性）和最大振荡幅度（即超调量）一般都有具体要求。

理想情况下，当过渡过程结束后，被控量达到的稳态值（即平衡状态）应与期望值一致。但实际上，由于系统结构、外作用形式以及摩擦、间隙等非线性因素的影响，被控量的稳态值与期望值之间会有误差存在，称之为稳态误差。稳态误差是衡量控制系统控制精度的重要标志，在技术指标中一般都有具体要求。

在同一机电控制系统中，稳、准、快是相互制约的，快速性好，可能会有强烈的振荡；改善稳定性，控制过程可能又减慢，精度也可能降低。这些问题是机电控制所必须解决的重要课题。基本指标以能满足用户的使用要求为度，以能加工制造出合格的工件为标准，不是越高越好，因为有时基本指标的提高，将导致投资的增加。

1　继电器接触器控制系统

用继电器、接触器、按钮、行程开关等电器元件，按一定的接线方式组成的机电传动（电力拖动）控制系统称为继电器接触器控制系统。其目的和任务是实现对机电传动系统的起动、调速、反转、制动等运行性能的控制和保护，从而实现生产机械各种生产工艺的要求。继电器接触器控制系统结构简单，价格便宜，能满足一般生产工艺要求。

1.1　单方向连续运行控制电路

图11.1-5所示为单方向连续运行控制电路图，

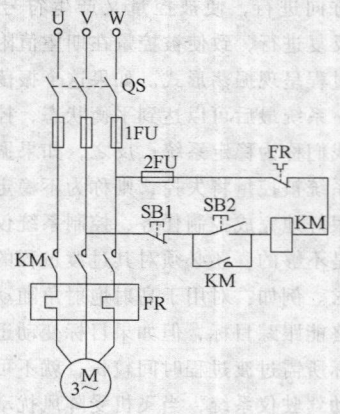

图11.1-5　单方向连续运动控制电路

合上电源开关 QS 之后，按下起动按钮 SB2，接触器 KM 得电，主触头闭合，电动机 M 全压起动运行。同时，KM 与起动按钮 SB2 并联的辅助触头闭合，对 SB2 形成了自锁，保证了起动按钮 SB2 松开后 KM 线圈不断电，使电动机连续运行。按下停车按钮 SB1，KM 线圈断电，其主触头断开，电动机断电、停车。

1.2　可逆点动控制电路

可逆点动控制电路图如图 11.1-6 所示。当按下正转点动按钮 SB1 时，接触器 KM1 得电，其主触头闭合，电动机正转，同时 KM1 的常闭触点打开，使 KM2 无法得电，防止同时按下反转点动按钮 SB2 时 KM2 得电，形成人为的短路故障。松开 SB1，按下反转点动按钮 SB2，接触器 KM2 得电，其主触头 KM2 闭合，电源的相序改变，电动机 M 反转，同时 KM2 的辅助常闭触点打开，使 KM1 无法得电。我们把这种将常闭触点分别串入控制电路的方式称为电气互锁。当松开 SB1 和 SB2 时，接触器线圈断电，主触头均打开，电动机停转。

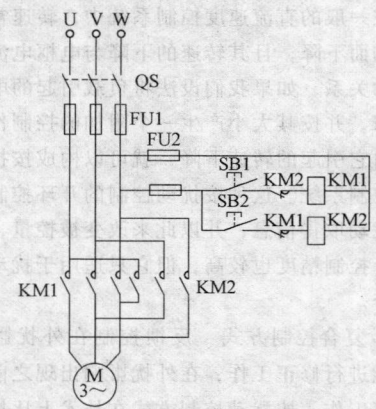

图11.1-6　可逆点动控制电路

1.3　可逆连续运行控制电路

图 11.1-7 所示为可逆连续运行控制电路图，它与可逆点动控制电路的区别在于正、反转起动按钮的两端分别并联、反转接触器 KM1、KM2 的常开辅助触点起到自锁作用。按下 SB2，KM1 得电，其主触头闭合，电动机正转运行，同时 KM1 的常开辅助触点闭合，进行自锁，KM1 的常闭触点打开，防止反转接触器 KM2 同时获电，实现电气互锁。本电路为了防止因常闭触点熔焊，而不能实现电气互锁，增加了一个机械互锁，即当按下起动按钮时，与其同轴的常闭触点打开，断开另一支路，使 KM1 和 KM2 不能同时得电。

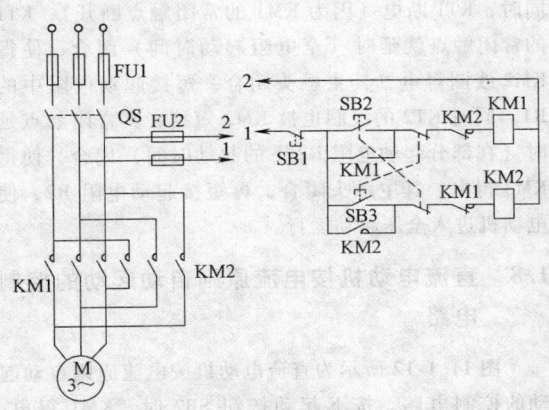

图11.1-7　可逆连续运行控制电路

1.4　可逆全波他励式能耗制动控制电路

图 11.1-8 所示为可逆全波他励式能耗制动控制
电路，由可逆电路、时间原则控制电路和全波整流电
路组成，可逆电路有电气和机械互锁功能。按下正转
按钮 SB2 或反转按钮 SB3，使 KM1 或 KM2 得电，进
行全压起动运行。由于 KM1 和 KM2 的电气和机械互
锁，这时若按下另一个方向起动按钮 SB 就不会反向
起动。欲要反转，首先必须按下停止按钮 SB1，使
KM1 或 KM2 断电，同时使能耗制动接触器 KM3 得
电，接通能耗制动整流变压器和能耗制动励磁回路，
电动机进入能耗制动。同时时间继电器 KT 有电，开
始能耗制动计时，当延时时间到时，其常闭触点断
开，使 KM3 断电，电动机失去直流励磁，能耗制动
结束。这时电动机快速停车，反转起动按钮才起作
用，进行反向起动运行。这时电路具有快速反转功

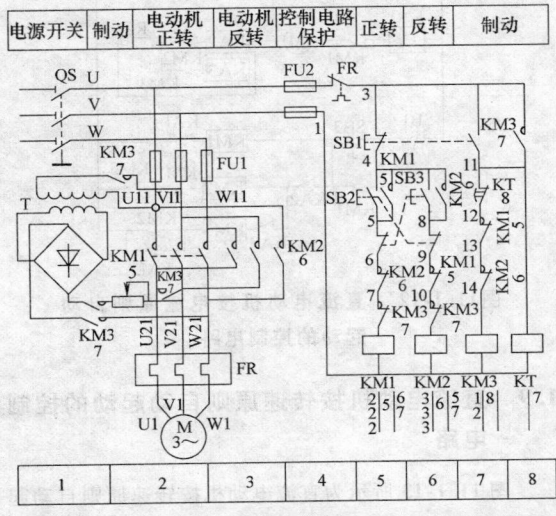

图11.1-8　可逆全波他励式能耗制动控制电路

能，而且反转起动电流要比没有能耗制动的电路小很
多，特别适用于机械设备转动惯量比较大的可逆运行
系统。

1.5　转子回路串频敏变阻器的自动控制电路

由于转子回路串电阻起动时，在起动电阻切换过
程中存在着冲击电流，且控制电路比较复杂，起动电
阻本身较笨重、能耗大、维修麻烦，因此对大容量的
电动机常常串接一频敏电阻器来控制起动。频敏变阻
器是将铸铁片或钢板叠压成铁心、外面套上绕组的三
相电抗器，接在转子回路中，由绕组电抗和铁心耗损
决定的等效阻抗随着转子电流的频率变化而变化。在
电动机起动过程中，随着转速的上升（即转子电流
频率下降），其阻抗值自动平滑地减小。这样在刚起
动时，起动力矩比较大，使得电动机能够在重载下起
动，另一方面又可限制起动电流。图 11.1-9 所示为
转子回路串频敏变阻器的自动起动控制电路。控制开
关 SA 在自动位置时，频敏变阻器的切除是靠时间继
电器 KT 来控制的。热继电器 FR 的发热元件不串联
在主电路中，而是接在电流互感器二次回路中。这是
因为电动机容量大，主电路电流大，为了提高热继电
器 FR 的灵敏度和可靠性，可将其接入电流互感器。
在起动期间，KA 的常闭触点将发热元件短接，防止
起动的大电流引起 FR 误动作。进入运行期间，KA
得电，其常闭触点断开，FR 的热元件接入电流互感
器二次回路进行过载保护。

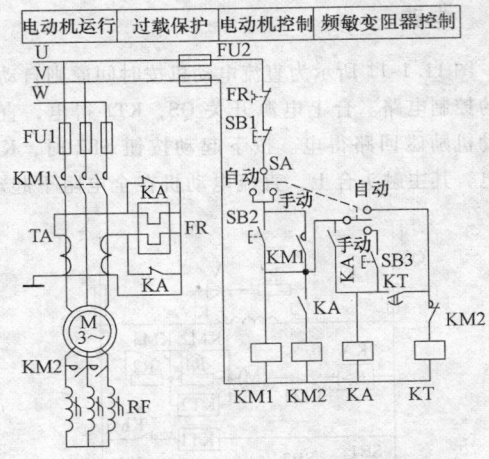

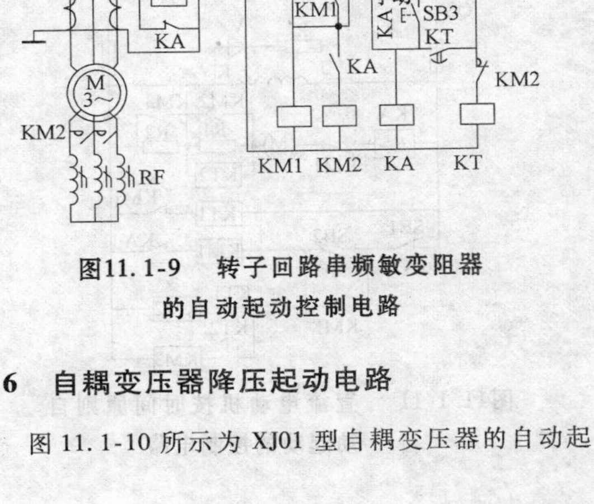

图11.1-9　转子回路串频敏变阻器
的自动起动控制电路

1.6　自耦变压器降压起动电路

图 11.1-10 所示为 XJ01 型自耦变压器的自动起

动控制电路,由主电路、控制电路和指示灯三部分组成。按下 SB3(或 SB4,用于两地控制),使 KM1、KT 得电,自耦变压器接成星形,由低压端接入电动机,进行降压起动。KM1 的常开辅助触点闭合,进行自锁。经延时(即降压起动时间)后,KT 的常开延时闭合触点闭合,中间继电器 KA 得电。KA 的常闭触点断开,使 KM1 失电;而其常开触点闭合,其中一对用于自锁,另一对使 KM2 得电,主触头闭合,进行全压起动运行。这时指示灯 14 亮。而在降压起动期间,指示灯 16 亮;停车期间,指示灯 15 亮,表示控制电路有电源。

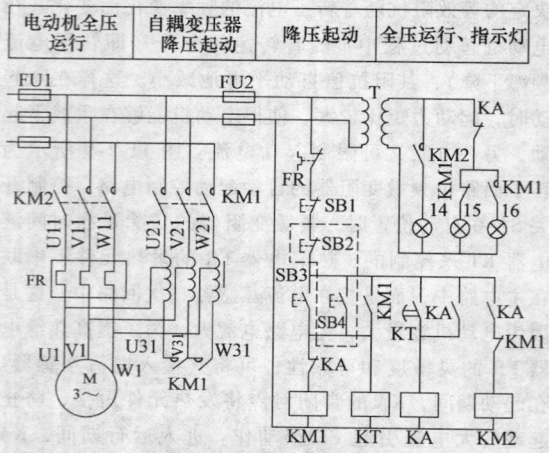

电动机全压运行	自耦变压器降压起动	降压起动	全压运行、指示灯

图11.1-10　XJ01 型自耦变压器自动起动控制电路

1.7　直流电动机按时间原则自动起动的控制电路

图 11.1-11 所示为直流电动机按时间原则自动起动的控制电路。合上电源开关 QS,KT1 得电,直流电动机励磁回路得电。按下起动按钮 SB2 时,KM1 得电,其主触头合上,直流电动机在全电阻下起动。

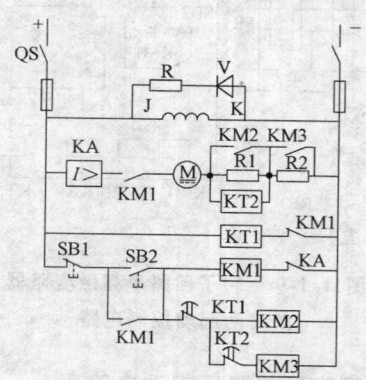

图 11.1-11　直流电动机按时间原则自动起动的控制电路

同时,KT1 断电(因为 KM1 的常闭触点断开),KT1 的常闭触点就延时(全电阻起动时间)闭合,使得 KM2 线圈得电,其主触头闭合,短接起动电阻中的 R1。同时 KT2 的线圈也被 KM2 短接,其常闭触点延时(在部分起动电阻 R2 下的起动时间)闭合,使得 KM3 得电,其主触头闭合,再短接起动电阻 R2,使电动机进入全压起动运行。

1.8　直流电动机按电流原则自动起动的控制电路

图 11.1-12 所示为直流电动机按电流原则自动起动的控制电路。按下起动按钮 SB2 时,KM1 得电,其主触头闭合,电动机串入全电阻起动。这时起动电流比较大,电流继电器 KA2 动作,其常闭触点断开,使 KM2、KM3 无法得电。随着电动机转速的提高,电枢电流逐渐减小,当电枢电流减小到 KA2 的释放值时,KA2 释放,其常闭触点闭合,使得 KM2 获电。KM2 的常开触点闭合,短接一端起动电阻 R1,这时起动电流通过 KA3 使其常闭触点断开。随着转子转速的进一步上升,起动电流逐渐减小,当减小到 KA3 的释放值时,KA3 释放。KA3 的常闭触点闭合,使 KM3 得电,其常开触点闭合,短接另一端起动电阻 R2,使电动机在固有特性曲线上起动运行。当发生过载时,KA1 动作,使 KM1 线圈断电,其主触头断开,电动机通车。按下停车按钮 SB1 也会使 KM1 断电,电动机停车。

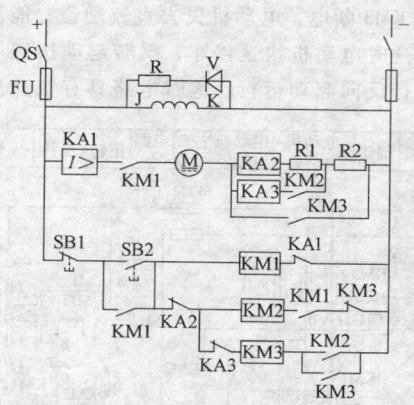

图11.1-12　直流电动机按电流原则自动起动的控制电路

1.9　直流电动机按转速原则自动起动的控制电路

图 11.1-13 所示为直流电动机按转速原则自动起动的控制电路。合上电源开关 QS,电动机励磁线圈

JK 得电，同时 KA2 得电，使其常开触点闭合，为起动作准备。按下起动按钮 SB2，使 KM1 得电，其主触头闭合，电动机串合电阻起动。随着转子转速的上升，其电枢两端的反电动势 E 也不断增加。当 E 增加到 KV1 电压继电器的动作值时（即达到起动切换第一段电阻值的转速时，因为 $E = k_e \Phi_n$，所以称之为转速原则），KV1 的常开触点闭合，使得 KM2 得电，短接第一段起动电阻 R1，电动机继续起动。随着转速的进一步提高，反电动势 E 达到 KV2 的动作值，其常开触点闭合，使得 KM3 得电。KM3 的常开触点闭合，短接起动电阻 R1 和 R2，使电动机在固有特性曲线下起动运行。同时 KM3 的常闭触点断开，使 KM2 断电，KM2 常开触点断开，R4 串入 KM3 回路，减少 KM3 线圈回路的电流，减少线圈发热。同时 KM3 的常闭触点断开，使 R3 串入 KM1 线圈回路中。KA1 是过流保护继电器。

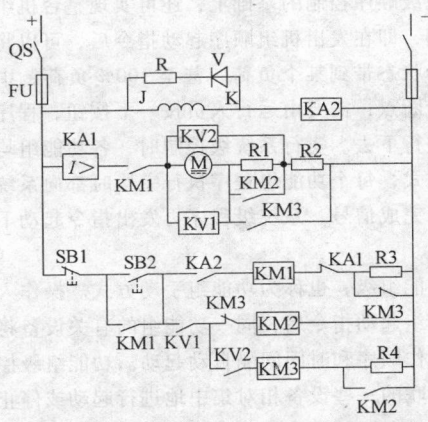

图11.1-13　直流电动机按转速原则自动起动的控制电路

2　顺序控制系统

2.1　顺序控制系统概述

在生产过程控制中，有两种类型的控制：一种称为模拟量控制，另一种称为开关量控制。

在模拟量控制系统中，被控制量、设定值、控制器的输入及输出均为模拟量。这种系统将被控制量反馈值与设定值进行比较，然后根据比较的结果，改变控制量，最终使被控制变量维持在设定值，如水位调节系统、汽温调节系统等。在模拟量控制系统中，由于控制器、被控制对象以及反馈通道构成了一个闭合回路，所以这种系统又称为闭环控制系统（Closed Control System，简称 CCS）。

在开关量控制系统中，检查、运算和控制信息全部是"存在"或"不存在"两种信息。系统输入的往往是设备状态信号，如设备的运行或停止、阀门的开或关，系统输出的是起停命令或开关命令。例如：引风机的起动、停止控制系统，在这类控制系统中，为了使设备 A 起动，往往要检测多个其他设备如 B、C、D 等的状态，判断它们的状态是否满足 A 设备起动的要求，若不满足，要由相应的命令控制 B、C、D 等设备的开关或起停，直到所有条件满足后，再发出命令使 A 起动。这种控制系统的特点是按照预先规定的顺序进行检查、判断（逻辑运算）、控制、再检查、判断、控制的过程，所以开关量控制又称为顺序控制系统（Sequence Control System，简称 SCS）。

下面以火电厂为例来说明顺序控制系统。火电厂 SCS 系统的任务是实现对单元机组的辅机（如各种电动机、阀门挡板）的起动或停止、开或关控制。随着机组容量的增大和参数的提高，辅机数量和辅机系统的复杂程度大大增加，一台 300MW 的机组约有辅机、电动门、气动门近 400 台套。对如此众多且相互间具有复杂联系的辅机设备，依靠运行人员进行手工操作是难以胜任的，必须采用安全可靠的自动控制装置，实现对辅机的顺序控制。自动控制技术及计算机技术的发展，特别是可编程序控制器（PLC）和微机分散控制系统（DCS）的发展，为实现完善的辅机顺序控制创造了条件。火电机组辅机实现顺序控制，标志着机组的自动控制达到了一个新的水平。

SCS 采用的顺序控制策略是机组及相关设备运行的客观规律的要求，也是长期运行经验的结晶，它相当于将辅机运行规程用一逻辑控制系统来实现。采用顺序控制后，对于大型辅机，操作人员只需按一个按钮，则与这个辅机有关的附属设备就会按照安全起停规定的顺序和时间间隔自动动作，运行人员只需要监视各程序步骤执行的情况，减少了大量繁琐的操作。同时，由于顺序控制系统设计中各个设备的动作都设置了严密的安全联锁条件，无论是自动顺序操作还是单台设备手动操作，只要设备动作条件不满足，设备将被闭锁，从而避免运行人员误操作，保证了设备的安全运行。

火电厂 SCS 的控制范围包括与炉、机、电主设备运行关系密切的所有辅机及阀门和挡板，如送风机、引风机、空气预热器、电动给水泵、凝结水泵、真空泵、EH 油泵、润滑油泵、送风机出口挡板、引风机进出口挡板、加热器入口门、出口门、旁路门、抽汽截止门、逆止门等。对于一台 300MW 机组，SCS 系统控制的设备多达 400 多项。顺序控制系统将整个辅机系统划分为若干个功能组（Function Group）。所谓功能组（或称为子组）就是将属于同一系统的相关联的设备组合在一起，一般是以某一台重要辅机为中心，如引风机功能组就包括了引风机、引风机轴承冷却风机、润滑油泵、引风机进口挡板、出口挡板等。

对于相对独立的子系统，如输煤、除灰、化水、吹灰等，一般都另作设计，所以一般也不在电厂SCS系统中进行介绍。

2.2　顺序控制系统的构成

顺序控制系统由三部分构成：状态检测设备、控制设备、驱动设备。

（1）状态检测设备　检测被控设备的状态，如设备是否运行、是否全开或全关等。这些检测设备包括继电器触点、位置开关、压力开关、温度开关等。

（2）控制设备　用来实现状态检查、逻辑判断（即进行逻辑运算）、产生控制命令。控制设备有下列几种：

1）机电型：机械凸轮式时序控制器。

2）继电器型：由继电器构成。

3）固态逻辑型：由半导体分立元件和集成电路构成。

4）矩阵电路型：由二极管矩阵电路组成。

5）PLC型：由可编程序控制器组成。

6）DCS型：由计算机分散控制系统构成。

在这六种类型中，目前在电厂顺序控制中用得最多的是继电器型、PLC型和DCS型。

继电器型由于是由一个个继电器组成的装置，所以接线较复杂，适用于简单的、独立的、小规模的顺序控制。由于继电器型的触点较多，可靠性低，逻辑修改困难，维护工作量大，目前大型的、复杂的顺序控制系统中已很少采用。

可编程序控制器具有可靠性高、逻辑修改方便、维护工作量小等优点，大小规模的顺序控制系统均可使用。例如：北仑港发电厂600MW机组、吴泾电厂300MW机组的SCS系统均采用美国哥德电子公司的984可编程序控制器实现，再通过门电路与MOD300计算机分散控制系统进行通信；马鞍山第二发电厂300MW机组的SCS也采用PLC实现，目前其电站中输煤、除灰、化水等顺序控制系统一般均采用PLC实现。

当电厂采用计算机分散控制系统时，SCS系统可以直接采用计算机分散控制系统实现，作为整个分散控制系统的一部分。计算机分散控制系统不仅具备可编程序控制器的所有优点，而且可以与数据采集系统、模拟量控制系统有机结合起来，实现数据共享，从而节省大量的检测元件和信号转换装置。目前，在国内大部分采用计算机分散控制系统的机组中，SCS都直接采用分散控制系统实现。

（3）驱动设备　如电动机的驱动及控制电路、电动头驱动的阀门/挡板的驱动及控制电路、电磁阀等。

2.3　顺序控制系统的自动化水平

目前单元机组的顺序控制一般分为三级，即系统级、功能组级和设备级。

系统级是较高级的顺序控制，也称为功能组自动方式。它能在少量人工干预下自动实现一个较大系统的起停，甚至整台机组的起停。SCS系统级程序在接受系统起动指令后，可以按照一定的顺序，将一个系统（如风烟通道系统）中的若干台设备安全地起动；在系统级顺序控制的基础上，还可实现整台机组的顺序控制，即在发出机组顺序起动指令后，可以将机组从起始状态带到某个负荷，甚至100%负荷，中间只有少量断点，需要由运行人员按一下按钮，程序才能继续进行下去。实行系统级控制时，各功能组均处在自动方式，每个功能组程序执行完毕时都向系统级程序发出完成信号，系统级程序再发出指令起动下一个功能组。

功能组级，也称为功能组手动方式。操作人员发出功能组起动指令后，同一功能组的有关设备将按预定的操作顺序和时间间隔自动起动。功能组级控制是将相关联的一些设备相对集中地进行起动或停止的顺序控制。它以某一台重要的辅机为中心进行顺控。例如：某台引风机的功能组级顺控，该功能组就包括了引风机及其相对应的冷却风机、烟风道挡板等设备，并按预先设计好的程序，在起动或停止时，自动地完成整个起动或停止过程。又如电动泵的功能级顺控，就包括电动泵、辅助润滑油泵、电动泵出口门、电动泵进口门等的控制。一个完整的功能组，包含三种操作。第一种操作是功能组起、停和自动/手动切换，在用功能组级控制时，应将开关先切换到"手动"位置，然后再进行起停操作。第二种操作是"暂停HALT"和"释放RELEASE"操作。当将控制顺序置于"释放"状态时，可对功能组随意进行起、停操作。当功能组在执行起、停指令时，若将控制方式置于"暂停"状态时，则控制程序停止执行。第三种操作是有两台以上的冗余设备时，选择某一台设备作为起动操作的"首台设备"，并有自动/手动切换开关。一般说来，当选择好"首台设备"之后，应将开关切换到"自动"位置。这样，当第一台设备起动完成之后，便会自动选择第二台设备作为"首台设备"为备用设备起动做好准备。

设备级是 SCS 的基础级。操作人员通过 CRT 键盘或 BTG 盘上的按钮对各台设备分别进行操作，实现单台设备的起停。

我国近几年成套引进的采用计算机分散控制系统的机组，大多设计有机组级顺控，但实际投入运行的不多，使用较少。因此，针对机组可控性水平实际情况，顺序控制系统一般只设计功能组级顺控和设备级控制两种模式。

淮北二电厂引进的 300MW 机组 SCS 系统设计了这两种控制方式。当系统置于功能组级顺控时，运行人员启动功能组程序后，系统即按设计好的顺序自动地控制各项设备的运行。在运行过程中各步序的回报信号和各步序的运行时间信号都能在 CRT 画面上受到监视，当收到正确的回报信号以后，程序就进入下一步，如果在预定的时间内没有收到正确的回报信号，则认为该步有故障，并发出报警信号，要求操作员进行干预，直到故障排除以后程序仍按原步序进行。

当系统处于设备级控制时，操作员可通过操作台的 CRT 画面完成每一个驱动级设备的单独操作。

例如，美国 BAILEY 公司为每个顺序控制系统设计了两幅画面：第一种画面为系统流程模拟图画面，第二种画面为文字形式的画面。

第一种画面表示了工艺参数和各被控设备的符号、编号，操作人员可以通过 CRT 画面激活需要操作的被控对象，然后通过键盘上的操作键对设备进行起、停或开、关的操作。画面中各设备符号的颜色随着设备状态的不同而不同：当电动机处于起动状态或电动门、电磁阀处于打开状态时，设备符号呈红色；当电动机处于停止状态或电动门、电磁阀处于关闭状态时，设备符号呈绿色；当电动机、电动门、电磁阀在动作过程中故障时，设备符号呈橘红色并闪光；当电动机状态和操作指令不对应时，设备符号呈红色闪光或绿色闪光；当电动阀门在关闭过程中，设备符号呈蓝色。画面的右上角有该机组的实发功率显示，以及顺序起/停状态顺序的步序号和步序时间的显示。步序时间的显示表示了本步序的运行时间还剩多少，如果在规定时间内顺序不能完成，就会发出故障信号。画面的下方有相关画面编号的提示。当被控对象或顺序控制被激活以后，画面的右下角将出现被控对象或顺序控制回报信号显示画面。

第二种表示了某一功能组启动程序及停止程序的步序表、各步的执行条件以及各步序的执行情况，该画面主要为操作员提供操作时的指导，画面的右上角有顺序状态、步序号及步序时间的显示，画面的下方有相关画面编号的提示。

2.4　顺序控制系统中的现场设备

在顺序控制系统中，顺序控制装置根据开关量变送器提供的信息和运行人员发出的操作指令进行逻辑运算，然后根据运算结果驱动执行机构，完成特定的控制任务。顺序控制系统的现场设备是提供开关量信息的检测变送器以接受并执行开关量命令的执行机构及其控制电路。

2.4.1　开关量变送器

开关量变送器指的是直接把热工参量或机械量转化为开关量电信号输出的测量设备。它为顺序控制装置提供操作条件和回报信号。

开关量变送器的基本工作原理是，将被测参数的限定值转换为触头信号，并按顺序控制系统的要求给出规定电平（也可由顺序控制装置的输入部分转换为规定电平），其电源通常由顺序控制装置供给。

开关量变送器检测的是压力、温度等物理量，输出的是开关量电平信号。一般来说，变送器的触头闭合或断开是在瞬间完成的，具有继电特性，因此也可称它为继电器，如压力继电器、温度继电器等。实质上开关量变送器就是一种受控于压力或温度等参数的开关，因而也称为压力开关、温度开关等。

当被测参数上升（或下降）到达某一规定值时，开关量变送器输出触头原状态发生改变，这个规定值称为它的动作值。输出触头的状态改变后，在被测参数重又下降（或上升）到比原动作值稍小（或稍大）的另一个数值时触头恢复原来的状态，这个值可调整。但是，有些变送器的这两个参数在制作时被固定了，不能调。有的变送器不设动作值，如液流变送器只发出液流有无的开关量信息。

开关量变送器主要的品种有：位置开关、压力开关和压差开关、流量开关、液位开关、温度开关等。它们被接到 DCS 的数字量输入卡，如 WDPF 的 QCI 卡件等，作为状态输入。

2.4.2　开闭式阀门的操作及其控制电路

火电厂中使用得最为广泛的执行部件是电动执行器。在顺序控制系统中，控制装置输出的开关量操作命令有相当大一部分是通过电动执行器去控制各种开闭式阀门的。能够接受开关量信号的控制，直接操作阀门自动开闭的执行器称为阀门电动装置，或称为电动头。

1. 发电厂使用的开闭式阀门概况

在火电厂中，由电动装置进行操作的阀门种类主要有闸阀、截止阀、蝶阀和球阀等。

闸阀的启闭件是闸板形的，闸板沿着与流体流向相垂直的方向做直线运动，截断或开启流体流动的通道，它是火电厂中大口径管道上（D_t 大于 100mm）使用的主要阀门。

截止阀的启闭件是塞形的阀瓣，阀瓣上下做直线运动，去截断或开启流体流动的通路。它是火电厂中使用得较多的一种阀门，D_t 在 100mm 以下的管道上几乎全部使用截止阀。

蝶阀的启闭件是一个圆盘形的阀板，它通过围绕座内的轴旋转来开启与关闭阀门，阀板从全开到全关的旋转角度通常小于 90°，蝶阀不适用于高温高压介质。

球阀是一种较新型的阀门，它的启闭件是一个有孔的球体，球体以阀体中心线为轴做旋转运动来截断或开启流体流动的通道。阀门从全开到全关，阀杆的旋转角为 90°。球阀适用于高压介质，但工作温度有一定限制。

各类阀门开启和关闭位置的定位方式（即开启到位和关闭到位）对于阀门电动装置的选用以及控制电路的功能设计有很大影响。通常，开启位置的定位全部采用行程整定。对于关闭位置的定位，采用转矩整定的阀门有强制密封闸阀、截止阀和密封式蝶阀；采用行程整定的阀门有自动密封闸阀、球阀和非密封式蝶阀。

2. 电动阀门的主要组成部分及功能

电动阀门是由阀门电动装置和阀门共同构成的统一体，它既是管道部件，又是自动化部件。为了使阀门电动装置和阀门之间配合完全协调，以组成一个完善的电动阀门，必须保证阀门电动的技术特性完全满足阀门的操作特性，为此对阀门电动装置有以下要求：其最大输出转矩与阀门所需的最大操作转矩相适应；应能保证开阀的操作转矩大于关阀的操作转矩；应能保证阀门操作时要求的行程；应具有合适的操作速度，即小口径阀门的全行程时间为 30～40s，大口径阀门的全行程时间为 140～200s；应能适应阀门动作的总转圈数；应具有手动操作的机构；应能适应生产过程的环境条件；应能脱离阀门安装等。

电动阀门的种类、系列很多，它的结构和主要组成部分随其本身各个部件的不同而有差别。图 11.1-14 所示为电动阀门典型结构的框图，现将它的主要组成部分功能叙述如下：

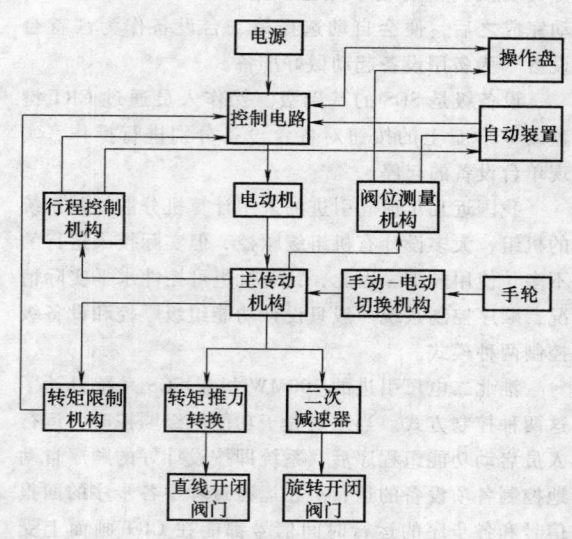

图11.1-14   电动阀门典型结构框图

（1）电动机   采用专门设计的三相异步电动机，它的起动力矩较大，按 10～15min 短时工作制设计，电动机的功率一般从 40W 到 10kW。

（2）主传动机构   电动机通过主传动机构减速后带动阀门的启闭件，最常见的是正齿轮传动和蜗杆传动相结合的结构形式。

（3）转矩推力转换   对于启闭件做线运动的阀门（闸阀或截止阀），主传动机构输出转矩通过阀杆螺母转换为推力，带动启闭件动作，通常阀杆螺母都作为阀门的一个部件。

（4）二次减速器   对于启闭件做旋转运动的阀门（蝶阀和球阀），转动角度仅有 90°，所以主传动机构的输出轴还要加装机械传动二次减速器才能去带动阀门启闭件动作。

（5）行程控制机构   用来整定阀门的启闭位置。当阀门开度达到行程控制机构的整定值时，它将推动位置开关动作。

（6）转矩限制机构   用来限制阀门电动装置的输出转矩。当阀门关严，转矩增大达到转矩限制机构的整定值时，它将推动转矩开关，把转矩转换为微动开关的动作，发出信号给控制电路去切断电动机电源。

（7）阀位测量机构   阀位测量机构以模拟量的形式提供阀门的开关信号，在阀门电动装置本体上有机械式指示信号，也可利用电位器远传电气信号。

（8）手动—电动切换机构   常见的机构是一种机械离合器。当人工把切换机构切换到手动侧时，主传动机构与手轮结合，同时脱离或切断电动回路，就可以使用手轮操作电动门；电动时，电动机一开始旋转，切换机构自动切回电动侧，这种为半自动切换方式；而仍需要通过手动电动切换机构人工切回电动侧的称为手动切换方式。此外，对于双向均为自动切换的则称为全自动切换方式，但由于机构复杂，使用较少。

（9）操作手轮　电动操作发生故障时，用操作手轮进行手动操作，对于手动切换和半自动切换方式的电动阀门必须先由运行人员将手动电动切换机构从电动侧切换到手动，对于全自动切换方式的电动阀门则不需要这步操作。

（10）控制电路　阀门电动装置的电气控制箱内装有电气控制电路，用以接受运行人员从中央操作盘发来的操作命令或顺序控制装置发出的操作命令，自动地操作阀门的开闭。也可利用电气控制箱上的按钮，就地操作阀门的开闭，在现场对电动阀门进行调整。

当阀门开闭到位时，控制电路能接受行程控制机构或转矩限制机构送来的信号，切断电动机的电源，停止阀门电动装置的工作。并且，控制电路具有保护功能，当电动机发生过载短路或断相等故障时，能自动切断电源。

2.5　与 DCS 相配的电动机和阀门控制电路

（1）电动机控制电路　下面介绍一种引进机组上的电动机起停控制电路。如图 11.1-15 所示，对电动机电源电路说明如下：

1）开关箱到位后，52 常开触头闭合。

2）42 即断路器，它由控制电路的 42 继电器控制，42 得电则接通电动机电源，电动机运行。42 断电，则电动机断电。

3）49 继电器为自保持继电器。例如：当过载

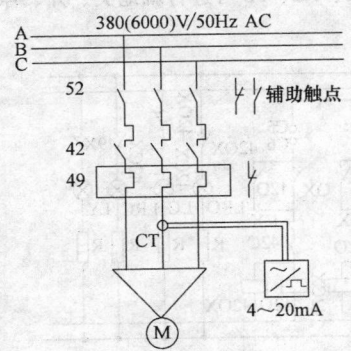

图11.1-15　电动机电源电路

时，49 常闭触头断开，继而使继电器 42 失电，电动机停止（称为跳闸）。

4）CT 电流变送器。

电动机控制电路如图 11.1-16 所示。对该控制电路说明如下：

1）一旦开关箱推到位，52 开关闭合，其常开触点闭合，49X 得电。

2）49X 的常开触点闭合。

3）假定 22 号、23 号端子接 DCS 输出卡件（如 WDPF 的数字输出卡）输出的起动命令，一旦起动命令发出，数字输出卡上的一副触点闭合，也就是 22、23 之间导通，则 CX 得电，其常开触点闭合，结果使 42 继电器得电，使图 11.1-15 中的 42 开关吸合，从而使电动机起动。

42 继电器提供一副常开触点，用于构成自保持电路，这样即使 CX 继电器失电，也仍然能保持电动机运行，所以 CX 无需长期得电，也就是说 DCS 只需要短暂导通（其输出电路），然后就可以释放，这有利于延长 DCS 输出卡件的寿命。

二极管电路可以释放继电器断电时产生的电压，从而保护 DCS 卡件。

4）假定 24、25 端子接 DCS 的停止命令，当 DCS 输出停命令时，OX 将得电，其常闭触点断开，从而使 42 继电器失电，电动机停止。

此外，当在运行中发生电气保护时，49 常闭触点断开，也使 42 继电器断电，使电动机停止。

5）若 DCS 不能控制电动机的起停，还可以在 MCC（电动机控制中心）的开关柜上用手动按钮控制电动机的起停（PC、PO）。

6）49X、42、42X 继电器提供的辅助触点信号被送回 DCS。49X 的常开触点闭合，说明开关箱已推到位，即设备可控。42 常开触点闭合说明断路器已闭合，电动机已运行，否则电动机停止；或者用其常闭触点说明电动机停止。

7）42 得电，42X 也得电，42X 的常开触点闭合，开关盒上的 LR 红灯亮，LG 绿灯灭。反之，绿灯亮，红灯灭。而当开关箱推到位后，49X 常闭触点断开，黄灯灭，否则黄灯亮。

（2）阀门控制电路（可反转电动机控制电路）电厂中有许多阀门或挡板是用电动头驱动的，所以这些电动机可以正反转。

可反转电动机的电源电路如图 11.1-17 所示。电源盒推到位，则 52 闭合，其常开触点闭合。42C 继电器得电，则关闭门（或挡板）。42O 继电器得电，开阀门（或挡板）。49 过载保护。49M 力矩保护。

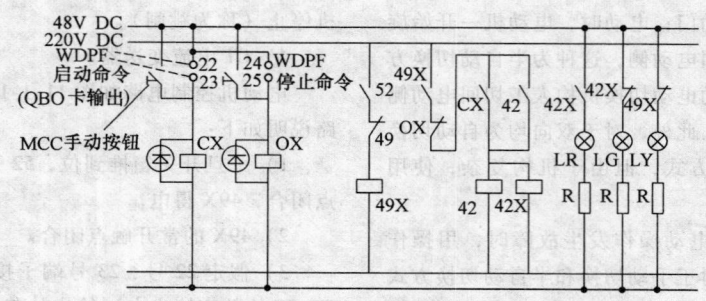

图11.1-16　　电动机控制电路

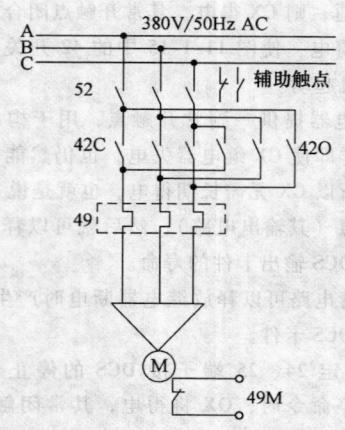

图11.1-17　可反转电动机的电源电路

可反转电动机的控制电路如图 11.1-18 所示，说明如下：

1）DCS（如 WDPF）输出关闭命令，使 CX 得电，其常开触点闭合。若 49M 未动作，开关盒已推到位，即 52 常开触点闭合，则 49X 继电器得电，其常开触点闭合，表示该阀门是可控的。

C3、C4 端子接限位开关，若阀门未关到位，则限位开关处于闭合状态，所以 CX 得电，使 42C 及 42CX 得电，42C 得电后，使开关 42C 吸合，阀门开

始关，42C 的常开触点被用于自保持。

在阀门关到位以后，C3、C4 之间的限位开关断开，42C 失电，电动头停止运转。

2）DCS 的开阀指令，使 OX 得电，若电动头可控，同时阀门也没有开到位，（C5、C6 通）那么 42O、42OX 将得电，从而使 42O 开关合上，电动头转动，直到阀门全开，限位开关动作（C5、C6）断开，42O 失电，电动头停。

3）OX 的常闭触点接到了"关闭"电路中，CX 的常闭触点接到了"打开"电路中，从而确保了不可能出现两路都通。

同样，42O 接到"关闭"电路，42C 接到"打开"电路，也是此目的。

有些阀门或挡板需要停在中间位置，通过 SX 继电器，可实现中间停功能。当 DCS 发出停命令时，SX 得电，其常闭触点断开，从而使 42O 或 42C 断电，电动头将停止运转，阀门将停在中间位置。

当开阀，即 42OX 得电时，LRO 亮（红灯）。

当关阀，即 42CX 得电时，LRC 亮（绿灯）。

当电动头停止转动时，42OX、42CX 都失电，其常闭触点闭合，LG 灯亮。

当开关盒未推到位时，LY 灯亮（黄）。

4）PC、PO、PS 可进行就地关、开、停。

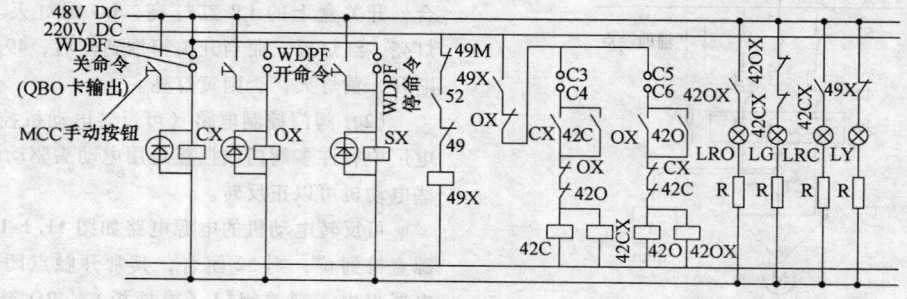

图11.1-18　可反转电动机控制电路

（3）对于气动开关阀　通过控制电磁阀，控制进入阀腔室中的压缩空气使阀门开或关。若要保持阀门的开（或关）状态，电磁阀需持续供电，所以 DCS 输出命令必须保持。

3　伺服传动系统

3.1　伺服系统基本概念

伺服传动系统（伺服控制、伺服技术）是指在控制指令的指挥下，控制驱动执行机构，使机械系统的运动部件按照指令要求进行运动，实现执行机构对给定指令的准确跟踪，即使输出变量的某种状态能够自动、连续、精确地复现输入指令信号的变化规律。

3.2　伺服系统的结构

从基本结构来看，伺服系统主要由五部分组成：比较元件、控制器、执行元件、被控对象和测量、反馈元件，如图 11.1-19 所示。

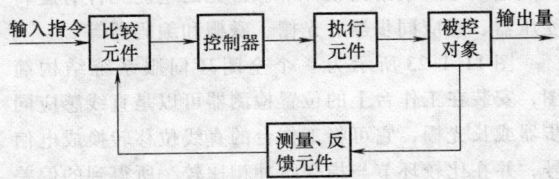

图11.1-19　伺服系统的结构框图

比较环节是将输入的指令信号与系统的反馈信号进行比较，以获得输出与输入间的偏差信号的环节，通常由专门的电路或计算机来实现。

控制器通常是计算机或 PID 控制电路，其主要任务是对比较元件输出的偏差信号进行变换处理，以控制执行元件按要求动作。

执行环节的作用是按控制信号的要求，将输入的各种形式的能量转化成机械能，驱动被控对象工作。机电一体化系统中的执行元件一般指各种电机或液压、气动伺服机构等。

被控对象是指被控制的机构或装置，是直接完成系统目的的主体。被控对象一般包括传动系统、执行装置和负载。

检测环节是指能够对输出进行测量并转换成比较环节所需要的量纲的装置，一般包括传感器和转换电路。

在实际的伺服控制系统中，上述每个环节在硬件特征上并不成立，可能几个环节在一个硬件中，如直流测速发电机既是执行元件又是检测元件。

3.3　伺服系统基本要求

（1）精度高　指输出量复现输入指令信号的精确程度，通常用稳态误差表示。

影响伺服系统精度的因素：

1）组成元件本身的因素，包括传感器的灵敏度和精度、伺服放大器的零点漂移和死区误差、机械装置反向间隙和传动误差、各元器件的非线性因素等。

2）系统本身的因素包括结构形式、输入指令信号的形式等。

（2）响应速度快　响应速度是衡量伺服系统动态性能的重要指标。

（3）调速范围大　调速范围一般用伺服系统提供的最高速与最低速之比来表示，即

$$R_n = \frac{n_{max}}{n_{min}}$$

调速范围要求如下：

1）R_n 要大，并且在该范围内，速度稳定。

2）无论高速低速下，输出力或力矩稳定，低速驱动时，能输出额定的力或力矩。

3）在零速时，伺服系统处于"锁定"状态，即惯性小。

（4）应变能力和过载能力大　应变能力指能承受频繁地起动、制动、加速、减速的冲击；过载能力指在低速大转矩时，能承受较长时间的过载而不致损坏。

（5）其他要求　体积小、质量轻、可靠性高、成本低。

3.4　伺服系统的分类

伺服系统目前主要有三种控制：简单位置控制、伺服复杂控制、直接驱动控制。

1. 简单位置控制

简单位置控制系统的系统构建比较简单，成本比较低，运转速度快。不足是系统无反馈，控制精度低，反应特性差，如图 11.1-20 所示。

2. 伺服复杂控制

按不同的控制原理，伺服系统可分为开环、闭环和半闭环等伺服系统。

（1）开环伺服系统（open loop）　若控制系统没有检测反馈装置则称为开环伺服系统。它主要由驱动电路、执行元件和被控对象三大部分组成。常用的执行元件是步进电动机。通常，以步进电动机作为执行元件的开环系统是步进式伺服系统。在这种系统中，如果是大功率驱动时，用步进电动机作为执行元件。驱动电路的

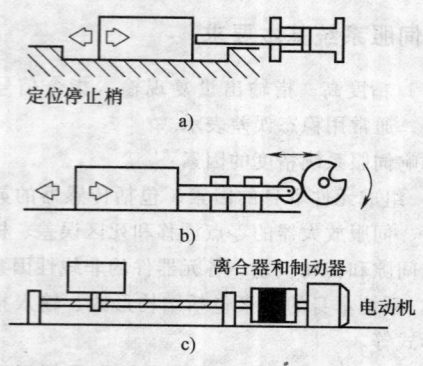

图11.1-20　简单控制系统

a）气动控制　b）凸轮控制　c）离合器/制动系统

主要任务是将指令脉冲转化为驱动执行元件所需的信号。开环伺服系统结构简单，但精度不是很高。

目前，大多数经济型数控机床采用这种没有检测反馈的开环控制结构。近年来，老式机床在数控化改造时，工作台的进给系统更是广泛采用开环控制，这种控制的结构简图如图 11.1-21 所示。

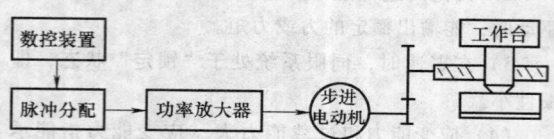

图11.1-21　开环伺服系统结构简图

数控装置发出脉冲指令，经过脉冲分配和功率放大后，驱动步进电动机和传动件的累积误差。因此，开环伺服系统的精度低，一般可达到 0.01mm 左右，且速度也有一定的限制。虽然开环控制在精度方面有不足，但其结构简单、成本低、调整和维修都比较方便。另外，由于被控量不以任何形式反馈到输入端，所以其工作稳定、可靠，在一些精度、速度要求不很高的场合，如线切割机、办公自动化设备中还是获得了广泛应用。

（2）半闭环伺服系统（Semi-closed loop）　通常把安装在电动机轴端的检测元件组成的伺服系统称为半闭环系统，由于电动机轴端和被控对象之间传动误差的存在，半闭环伺服系统的精度要比闭环伺服系统的精度低一些。

图 11.1-22 所示为一个半闭环伺服系统的结构简图。

工作台的位置通过电动机上的传感器或是安装在丝杆轴端的编码器间接获得，它与全闭环伺服系统的区别在于其检测元件位于系统传动链的中间，故称为半闭环伺服系统。显然，由于有部分传动链在系统闭

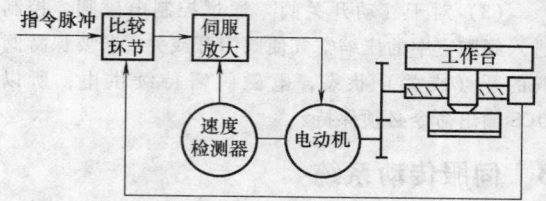

图11.1-22　半闭环伺服系统结构简图

环之外，故其定位精度比全闭环的稍差。但由于测量角位移比测量线位移容易，并可在传动链的任何转动部位进行角位移的测量和反馈，故结构比较简单，调整、维护也比较方便。由于将惯性质量很大的工作台排除在闭环之外，这种系统调试较容易、稳定性好，具有较高的性价比，被广泛应用于各种机电一体化设备。

（3）全闭环伺服系统（Full-closed loop）　全闭环伺服系统主要由执行元件、检测元件、比较环节、驱动电路和被控对象五部分组成。在闭环系统中，检测元件将被控对象移动部件的实际位置检测出来并转换成电信号反馈给比较环节。常见的检测元件有旋转变压器、感应同步器、光栅、磁栅和编码器等。

图 11.1-23 所示为一个全闭环伺服系统结构简图，安装在工作台上的位置检测器可以是直线感应同步器或长光栅，它可将工作台的直线位移转换成电信号，并在比较环节与指令脉冲相比较，所得到的偏差值经过放大，由伺服电动机驱动工作台向偏差减小的方向移动。若数控装置中的脉冲指令不断地产生，工作台就随之移动，直到偏差等于零为止。

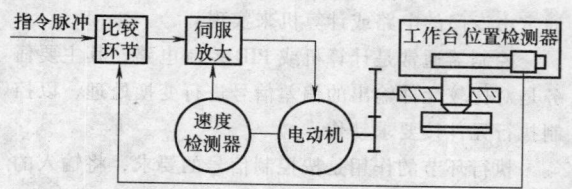

图11.1-23　全闭环伺服系统结构简图

全闭环伺服系统将位置检测器直接安装在工作台上，从而可获得工作台实际位置的精确信息，定位精度可以达到亚微米量级。从理论上讲，其精度主要取决于检测反馈部件的误差，而与放大器、传动装置没有直接的联系，是实现高精度位置控制的一种理想的控制方案。但实现起来难度很大，机械传动链的惯量、间隙、摩擦、刚性等非线性因素都会给伺服系统造成影响，从而使系统的控制和调试变得异常复杂，制造成本也会急速攀升。因此，全闭环伺服系统主要用于高精密和大型的机电一体化设备。

3. 直接驱动控制

直线进给伺服驱动是采用直线交流伺服电动机实现。如图 11.1-24 所示为直接驱动控制系统，直线交流伺服电动机可视为将旋转电动机定子沿径向剖开，并将圆周展开成直线作为初级，用导电金属平板代替转子作为次级，就构成了直线电动机。在初级中嵌入三相绕组制成转子，与机床移动工作台相连，次级作为定子固定在机床导轨上，两者之间保持约 1mm 的气隙。目前已开始应用于数控机床上的直线电动机主要有感应式直线交流伺服电动机和永磁式直线交流伺服电动机。

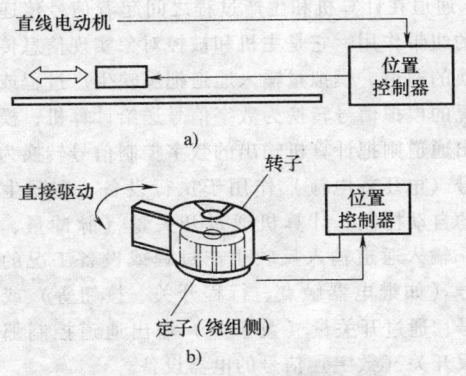

图11.1-24　直接驱动控制系统

a）直线电动机　b）直接驱动

（1）感应式直线交流伺服电动机　感应式直线交流伺服电动机通常由正弦脉宽调制（SPWM）变频供电，采用次级磁场定向的矢量变换控制技术，对其运动位置、速度、推力等参量进行快速而又准确地控制。由于感应式直线伺服电动机的初级铁心长度有限，纵向两端开断，在两个纵向边缘形成"端部效应"（end effect），使得三相绕组之间互感不相等，引起电动机的运行不对称。消除这种不对称的方法有三种：

1）同时使用三台相同的电动机，将其绕组交叉串联，这样可获得对称的三相电流。

2）对于不能同时使用三台电动机的场合，可采用增加极数的办法来减小各相之间的差别。

3）在铁心端部外面安装补偿线圈。

（2）永磁式直线伺服电动机　永磁式直线伺服电动机的次级是采用高能永磁体，电动机采用矩形波或正弦波电流控制，由绝缘栅双极型晶体管（IGBT）组成的电压源逆变器供电，脉冲宽度调制（PWM）进行调制。当向转子绕组中通入三相对称正弦电流后，直线电动机产生沿直线方向平移并呈正弦分布的行波磁场，与永磁体的励磁磁场相互作用产生电磁推力，推动转子沿行波磁场运动的相反方向作直线运

动。其控制系统的基本结构是比例积分微分（PID）组成的速度—电流双闭环控制，直接受控的是电流，通常采用 $I_d = 0$ 的控制策略，使电磁推力与 I_d 具有线性关系。

直线进给伺服驱动技术最大的优点是具有比旋转电动机大得多的加、减速度（可达 10～30 倍），能够在很高的进给速度下实现瞬时达到设定的高速状态和在高速下瞬时准确停止运动。加减速过程的缩短，可改善加工表面质量，提高刀具使用寿命和生产效率；减少了中间环节，使传动刚度提高，有效地提高了传动精度和可靠性，而且进给行程几乎不受限制。

3.5　国内伺服产品市场情况

中国伺服驱动发展之迅速、市场潜力之巨大、应用之广泛越来越毋庸置疑了。国内不断有新的企业进入到这一行业来，那些具有步进、变频、运动控制器（或控制卡）方面的厂家要进入伺服控制市场，将会非常迅速，也将会非常有竞争力。

目前国内伺服产品市场以日本品牌为主，占到40% 以上，占据了国内市场的半壁江山。其次是欧美伺服产品，再者才是中国自产的伺服产品。这些厂家的伺服产品各有特色：日本伺服进入中国市场较早，产品性能、质量较好，价位较高；而欧美的伺服产品性能和功能最好，价格最高；国产伺服产品在性能和功能方面暂时逊色很多，只能跟在欧美日的后面走，但是具有明显的价格优势。

（1）国内广泛采用的通用伺服品牌

1）日系：三菱、安川、松下、山洋、富士、欧姆龙、日立、日机、多摩川、LG 等。

2）欧美系：Lenze、AMK、Rexroth、KEB、CT、ABB、Danaher、Baldor、Parker、Rockwell（AB）等。

3）数控和高端运控伺服品牌：Siemens、Fanuc、三菱、Rexroth 等。

4）数控伺服情况与数控系统状况相当，Siemens 和 Fanuc 为主，三菱次之。

（2）国外目前在中国设有代表处、公司的品牌

西门子（德国）、施耐德（德国）、Danaher、罗克韦尔自动化、Fanuc（美国—日本）、松下、ELMO（以色列）、安川（日本）、富士（日本）、欧姆龙（德国）、Lenze（德国）、KB（德国）、LUST（德国）、三菱（日本）、B&R、艾默生、CT、OMRON、瑞诺（瑞士）、迈克斯（德国）、Trio（英国）、Bosch Rexroth（德国）、maxon、麦特斯（韩国）、SEW、baldor、OEMAX、斯德博（德国）、Beckhoff（德国）、美国贝赛德、NORD、SHINKO（日本）、SSD、PPD

（瑞典）、西班牙玛威诺、阿尔法、华纳（美国）、MOOG、台湾大内、Aurotek、DASATECH、PARKER（美国）、士林、罗兰（美国）、SEEK、PITTMAN、贺尔碧格（德国）、STOEBER。

（3）国产通用伺服品牌　主要有台达、埃斯顿、珠海运控、星辰伺服、深圳步进科技、时光、和利时、浙江卧龙、兰州电机、雷赛机电、宁波甬科、固高科技、大连普传、武汉登奇、贝能科技、鄂尔多斯、海蓝机电、北京宝伦、南京晨光、北京首科凯奇、西安微电机、南京高士达、中国电子集团 21 所。

（4）国产数控伺服品牌　主要有华中数控、广州数控、大森数控、北京航天数控、凯奇数控、开通数控、众为兴数控、苏强数控、绵阳圣维数控、北京凯恩帝数控、南京华兴数控、南京新方达数控、高金数控。

（5）国产伺服电动机品牌　主要有东元、华大、登奇、强磁（苏强）、中源、海顿（直线电机）、大族（直线电机）、先川电机、硕阳电机、南京思展、上海蒂凯艾姆、上海赢双、北京贝赛德、博山华兴（直流伺服）、博山微电机（直流伺服）、亚博微电机（直流伺服）、上海三意电机。

4　数字控制系统

4.1　数字控制系统概述

　　数字控制系统即采用数字技术实现各种控制功能的自动控制系统。

　　数字控制系统的特点是系统中一处或几处的信号具有数字代码的形式。它的主要类型是计算机控制系统，包括计算机监督控制系统、直接数字控制系统、计算机多级控制系统和分散控制系统。数字控制系统是在 1970 年左右为了满足当时广泛出现的复杂、精确和多功能的控制要求而发展起来的。早期的数字控制系统采用射流元件等逻辑控制元件和可编程序控制器来构成。这种数字控制系统由于设计简单、使用上可靠、且控制器的通用性好，很快得到了广泛的应用。20 世纪 70 年代后期，各类性能好、功能多、价格低的小型计算机和微型计算机的迅速发展，促进了以计算机为基础的数字控制系统的广泛应用。

4.2　数字控制系统组成

4.2.1　硬件部分

　　计算机控制系统的硬件部分包括主机、接口电路、过程输入/输出通道、外部设备、操作台等。

　　（1）主机　它是过程计算机控制系统的核心，由中央处理器（CPU）和内存储器组成。主机根据输入通道送来的被控对象的状态参数，按照预先确定的控制算法编好的程序，自动进行信息处理、分析、计算，并做出相应的控制决策，然后通过输出通道发出控制命令，使被控对象按照预定的规律工作。

　　（2）接口电路　它是主机与外部设备、输入/输出通道进行信息交换的桥梁。在过程计算机控制系统中，主机接收数据或者向外发布命令和数据都是通过接口电路进行的，接口电路完成主机与其他设备的协调工作，实现信息的传送。

　　（3）过程输入/输出通道　过程输入/输出（I/O）通道在计算机和生产过程之间起着信号传递与变换的纽带作用，它是主机和被控对象实现信息传送与交换的通道。模拟量输入通道把反映生产过程或设备工况的模拟信号转换为数字信号送给计算机；模拟量输出通道则把计算机输出的数字控制信号转换为模拟信号（电压或电流）作用于执行设备，实现生产过程的自动控制。计算机通过开关量（脉冲量、数字量）输入通道输入反映生产过程或设备工况的开关信号（如继电器触点、行程开关、按钮等）或脉冲信号；通过开关量（数字量）输出通道控制那些能接收开关（数字）信号的电器设备。

　　1）模拟量输入（AI）通道：生产过程中各种连续的物理量（如温度、流量、压力、液位、位移、速度、电流、电压以及气体或液体的 pH 值、浓度、浊度等），只要由在线仪表将其转换为相应的标准模拟量电信号，均可送入模拟量输入通道进行处理。

　　2）模拟量输出（AO）通道：模拟量输出通道一般是输出 4～20mA（或 1～5V）的连续的直流电流信号，用来控制各种直行程或角行程电动执行机构的行程，或通过调速装置（如各种变频调速器）控制各种电动机的转速，也可通过电-气转换器或电-液转换器来控制各种气动或液动执行机构，如控制气动阀门的开度等。

　　3）开关量输入（DI）通道：用来输入各种限位（限值）开关、继电器或电磁阀门连动触点的开、关状态；输入信号可以是交流电压信号、直流电压信号或干触点信号。

　　4）开关量输出（DO）通道：用于控制电磁阀门、继电器、指示灯、声报警器等只具有开、关两种状态的设备。输出形式一般为无源触点和有源 OC 门两种。

　　5）脉冲量输入（PI）通道：现场信号中的转速计、涡街流量计及一些机械计数装置等输出的测量信号均为脉冲信号，脉冲量输入通道既可检测该类信号。

（4）外部设备　外部设备按功能可分成三类：输入设备、输出设备和外存储器。一个过程控制系统外部设备的配置是根据系统的功能决定的。

（5）操作台　操作台是过程控制系统人—机联系设备，专供操作人员使用。一般操作台有 CRT 显示器或 LED 数字显示器，用以显示系统运行的状态；有功能键盘，以便操作人员输入或修改控制参数和发送命令。

4.2.2　软件部分

为使过程计算机控制系统正常运行，并充分发挥硬件功能，完成预定的任务，必须有软件的支持。软件是指计算机中使用的所有程序的总称。软件通常又可分为系统软件和应用软件。

系统软件是用来使用和管理计算机的程序。过程计算机控制系统的系统软件应根据控制系统的规模和要求的功能选配。

应用软件是为了解决具体任务的用户程序，如在过程计算机控制系统中，各种数据采集程序、数字处理程序以及各种控制程序等，它由用户按需要而编制。

4.3　数字控制器的设计

4.3.1　间接设计方法

间接设计方法，即为离散与连续等效设计方法，其流程图如图 11.1-26 所示，先利用比较成熟的连续控制系统（结构图如图 11.1-25 所示）设计方法，设计出连续控制器 $G(s)$，再采用不同的离散化方法把 $G(s)$ 离散化为 $G(z)$，用差分方程近似微分方程，保证两者有相似的特性——时间响应和频率响应逼真度。两者的逼真度与具体的离散化方法和采样周期有关，采样频率越高，逼真度越高。不改变被控对象的连续性，可充分利用模拟控制器成熟的设计方法。

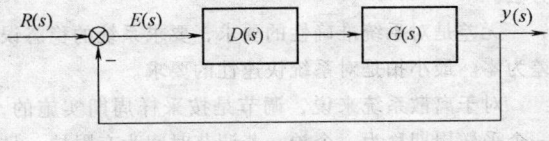

图11.1-25　连续系统结构图

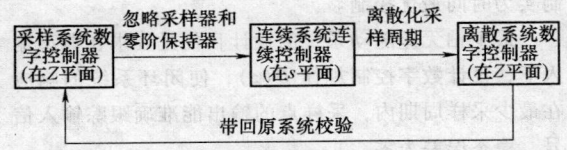

图11.1-26　数字控制器的间接设计方法流程图

离散化方法有以下一些：

差分方法（反向差分法、正向差分法）

$$s = \frac{1 - z^{-1}}{T} = \frac{z - 1}{Tz}; s = \frac{1 - z^{-1}}{Tz^{-1}} = \frac{z - 1}{T}$$

双线性变换法（频率域双线性法为其改进）

$$s = \frac{2}{T} \frac{1 - z^{-1}}{1 + z^{-1}} = \frac{2}{T} \frac{z - 1}{z + 1} \quad (11.1\text{-}1)$$

这些离散化方法的采样频率要求满足：$\omega_s \geq 10\omega_c$，否则系统达不到好的性能指标。

（1）离散化控制器的实现　把 $D(s)$ 离散化为 $D(z)$ 后，整理为形式

$$D(z) = \frac{U(z)}{E(z)}$$

$$= \frac{b_0 + b_1 z^{-1} + \cdots + b_{m-1} z^{-(m-1)} + b_m z^{-m}}{1 + a_1 z^{-1} + \cdots + a_{n-1} z^{-(n-1)} + a_n z^{-n}} \quad (n \geq m)$$

$$\quad (11.1\text{-}2)$$

则控制器的输出量为

$$U(z) = (-a_1 z^{-1} - \cdots - a_{n-1} z^{-(n-1)} - a_n z^{-n}) U(z) +$$
$$(b_0 + b_1 z^{-1} + \cdots + b_{m-1} z^{-(m-1)} + b_m z^{-m}) E(z)$$

$$\quad (11.1\text{-}3)$$

得时域输出为

$$u(k) = -a_1 u(k-1) - \cdots - a_{n-1} u(k-(n-1)) -$$
$$a_n u(k-n) + b_0 e(k) + b_1 e(k-1) +$$
$$\cdots + b_m e(k-n) \quad (11.1\text{-}4)$$

即第 k 采样时刻的控制量可由过去的控制量与当前及过去的误差值递推得到，计算机编程可方便实现，此即控制算法。

（2）PID 控制作用　在连续生产控制过程中，模拟 PID 控制已是一种非常成熟、应用极为广泛的控制方式。模拟 PID 调节器的执行机构有电动、气动、液压等多种类型，用硬件实现 PID 调节规律，把系统输出值和给定值比较后所得偏差值经 PID 运算后送入到执行机构，改变进给量，以达到自动调节的目的。PID 控制示意图如图 11.1-27 所示。

PID 控制的特点有以下一些：

1）PID 控制结构简单灵活，可根据系统要求采用各种 PID 变种实现。

2）在 PID 控制中，可根据系统状态和经验方便地对系统参数进行整定，且在大多数工业生产过程中效果比较好。

3）PID 控制能很好地适应被控对象难以精确建模以及系统参数时变等情况。

4）易于被生产技术人员和操作人员熟练掌握，并可在时间中累丰富经验。

5）易于实现数字化。

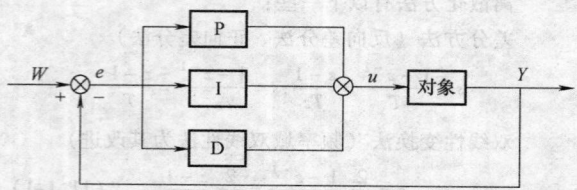

图 11.1-27   PID 控制示意图

（3）数字 PID 控制   随着计算机技术进入控制领域以来，特别是面向控制的单片机的问世，用计算机软件可以容易地实现数字 PID 控制算法，由计算机按一定的控制算法对输入数字量进行运算处理，得到一定输出通过执行机构去控制生产，并能得到比较满意的效果，具有很大的灵活性和可靠性。

这种用数字调节器代替模拟调节器，称为数字 PID 控制。两类控制系统的数学工具见表 11.1-1。

表 11.1-1   两类控制系统的数字工具

分类	连续系统	离散系统
输入量与输出量之间的关系	微分方程	差分方程
数学工具	拉氏变换	Z 变换
常用函数	传递函数	脉冲传递函数
现代控制理论	状态方程	离散时间状态方程

数字 PID 算法即对 PID 控制算法的模拟表达式数字化，即用数字形式的差分方程来近似连续系统的微分方程。

已知 PID 控制模拟表达式为

$$y = K_P\left[e(t) + \frac{1}{T_I}\int e(t)\,dt + T_D\frac{de(t)}{dt}\right]$$

$$(11.1-5)$$

对积分项和微分项分别用求和及增量式来表示，即

$$\int_0^{nT} e(t)\,dt \approx \sum_{j=0}^{n} e(j)\Delta t = T\sum_{j=0}^{n} e(j)$$

$$(\Delta t = T \text{ 为采样周期})$$

$$\frac{de(t)}{dt} \approx \frac{e(n) - e(n-1)}{\Delta t} = \frac{e(n) - e(n-1)}{T}$$

$$(11.1-6)$$

代换入模拟表达式可得到离散 PID 表达式：

$$y(n) = K_P\left\{e(n) + \frac{T}{T_I}\sum_{j=0}^{n} e(j) + \frac{T_D}{T}[e(n) - e(n-1)]\right\}$$

$$(11.1-7)$$

从该表达式上能看到，有求历次偏差采样值的累加和，计算繁琐，而且占用内存很大。下面可推导出递推形式算法。

由式（11.1-7），可写出（$n-1$）时刻的 PID 输出表达式：

$$y(n-1) = K_P\left\{e(n-1) + \frac{T}{T_I}\sum_{j=0}^{n-1} e(j) + \frac{T_D}{T}[e(n-1) - e(n-2)]\right\}$$

$$(11.1-8)$$

式（11.1-7）－式（11.1-8），可得

$$\Delta y(n) = y(n) - y(n-1)$$
$$= K_P[e(n) - e(n-1)] + K_I e(n) +$$
$$K_D[e(n) - 2e(n-1) + e(n-2)]$$

$$(11.1-9)$$

式中，$K_I = K_P\dfrac{T}{T_I}$，$K_D = K_P\dfrac{T_D}{T}$。

进一步写成为

$$\Delta y(n) = d_0 e(n) + d_1 e(n-1) + d_2 e(n-2)$$

$$(11.1-10)$$

式中，$d_0 = K_P\left(1 + \dfrac{T}{T_I} + \dfrac{T_D}{T}\right)$，$d_1 = -K_P\left(1 + 2\dfrac{T_D}{T}\right)$，$d_2 = K_P\dfrac{T_D}{T}$。

可见，增量型 PID 控制算法只需保留当前时刻之前三个时刻的误差即可。与位置型 PID 算法相比有很大的优点，应用更为广泛。

对于需要控制变量绝对值而非增量的执行机构，仍可采用增量式计算，而输出则采用位置式的形式：

$$y(n) = y(n-1) + \Delta y(n) \qquad (11.1-11)$$

4.3.2   直接设计方法

直接设计方法从对象特性出发，将被控对象以离散模型表示，直接基于采样系统理论对离散系统进行分析和综合，寻求各种控制规律，保证所要求的系统性能。设计中不做任何的假设和近似，不忽略零阶保持器的存在，比间接设计法具有更高的精度。

下面以最小拍无差系统为例来了解直接设计方法。

无差是对系统准确性的要求，要求系统的稳态误差为零。最小拍是对系统快速性的要求。

对于离散系统来说，调节是按采样周期实施的，一个采样周期称为一个拍，若调节时间为有限拍，且拍数或步数是最少的，则称为最少拍系统。最少拍控制实为时间最优控制。

最少拍无差随动系统的设计目的是要求在典型输入下，设计数字控制规律 $D(z)$，使闭环系统的响应在最少采样周期内，采样点的输出能准确跟踪输入信号，稳态误差为零。

直接设计法就是采用解析方法对系统进行分析。

最少拍系统数字控制器的结构形式和参数的设计，

计算机控制系统结构如图 11.1-28 所示。

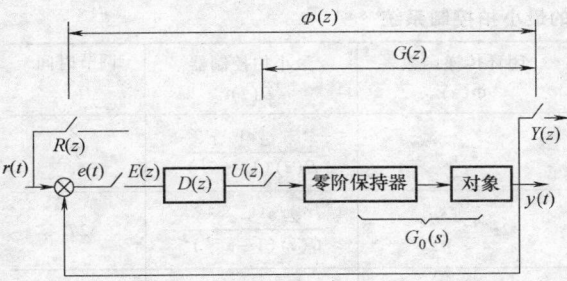

图11.1-28　计算机控制系统的结构图

广义对象 Z 传递函数为

$$G(z) = (1 - z^{-1}) Z \left[\frac{G_0(s)}{s} \right]$$

闭环系统的 Z 传递函数为

$$\Phi(z) = \frac{Y(z)}{R(z)} = \frac{G(z)D(z)}{1 + G(z)D(z)}$$

误差 Z 传递函数为

$$\Phi_\varepsilon(z) = \frac{E(z)}{R(z)} = 1 - \Phi(z) = \frac{1}{1 + G(z)D(z)}$$

当 $\Phi(z)$ 已由输出响应性能指标及其他约束条件确定后，则可唯一确定数字控制器的解析表达式，则可反求出：

$$D(z) = \frac{1}{G(z)} \frac{\Phi(z)}{1 - \Phi(z)}$$

或 $D(z) = \frac{1}{G(z)} \frac{1 - \Phi_\varepsilon(z)}{\Phi_\varepsilon(z)}$、$D(z) = \frac{1}{G(z)} \frac{\Phi(z)}{\Phi_\varepsilon(z)}$

$$(11.1-12)$$

其中的 $G(z)$ 确定时，则 $D(z)$ 完全取决于 $\Phi(z)$，以下可根据稳定性、准确性和快速性等指标进行 $\Phi(z)$ 的设计。

系统需满足如下一些约束条件。

1) 根据物理可实现条件，把广义被控对象和数字控制器的脉冲传递函数 $G(z)$、$D(z)$ 均化为分子、分母关于 z^{-1} 的有理多项式次幂相除的形式。如：

$$D(z) = \frac{U(z)}{E(z)}$$

$$= \frac{\beta_m z^{-m} + \beta_{m-1} z^{-(m-1)} + \cdots + \beta_1 z^{-1} + \beta_0}{z^{-n} + \alpha_{n-1} z^{-(n-1)} + \cdots + \alpha_1 z^{-1} + \alpha_0}$$

$$(11.1-13)$$

$D(z)$ 可物理实现的条件是 $m < n$，则 $D(z)$ 的幂级数展开式的最低幂次项为 z^{-1}，则 $\Phi(z)$ 也应有对应的最低幂次项 z^{-1}。

2) 根据系统的无静差度要求，即要求系统在采样点的稳态误差为零。

一般取的典型输入有

单位阶跃输入：

$$r(t) = 1(t) , R(z) = \frac{z}{z-1} = \frac{1}{1 - z^{-1}}$$

单位速度输入：

$$r(t) = t \cdot 1(t) , R(z) = \frac{Tz}{(z-1)^2} = \frac{Tz^{-1}}{(1 - z^{-1})^2}$$

单位加速度输入：

$$r(t) = \frac{t^2}{2} \cdot 1(t) ,$$

$$R(z) = \frac{T^2 z(z+1)}{2(z-1)^3} = \frac{T^2 (z^{-1} + z^{-2})}{2(1 - z^{-1})^3}$$

可写作统一形式为

$$r(t) = \frac{t^{q-1}}{(q-1)!} \quad R(z) = \frac{C(z)}{(1 - z^{-1})^q}$$

式中，$C(z)$ 为不含 $(1 - z^{-1})$ 因子的 z^{-1} 的多项式，阶次为 $q-1$。上述三种典型输入信号分别对应于 $q = 1, 2, 3$。

由

$$E(z) = R(z) \Phi_\varepsilon(z)$$

在系统稳定条件下，由终值定理，

$$e_{ss} = e(\infty)$$

$$= \lim_{z \to 1} \left[(1 - z^{-1}) E(z) \right]$$

$$= \lim_{z \to 1} \left[(1 - z^{-1}) \frac{\Phi_\varepsilon(z) C(z)}{(1 - z^{-1})^q} \right]$$

欲满足 $e_{ss} = 0$，需要求 $\Phi_\varepsilon(z)$ 至少包含一个因子 $(1 - z^{-1})^q$，

可令

$$\Phi_\varepsilon(z) = (1 - z^{-1})^q F(z)$$

而

$$\Phi(z) = 1 - \Phi_\varepsilon(z) = 1 - (1 - z^{-1})^q F(z)$$

$F(z)$ 展开式的首项为 1。

则误差

$$E(z) = R(z) \Phi_\varepsilon(z)$$

$$= \frac{C(z)}{(1 - z^{-1})^q} (1 - z^{-1})^q F(z)$$

$$= C(z) F(z)$$

$$(11.1-14)$$

3) 根据系统的快速性要求，过渡过程只有有限拍（或说在有限拍结束）的必要条件为：系统的所有极点均位于 z 平面的原点。由 $E(z) = C(z) F(z)$，在 $C(z)$、$F(z)$ 的有限项数分别为 q、p 时，则系统的过渡过程为 $(q + p)$ 拍。为使 $e(t)$ 尽快为 0，即拍数最少，则选取 $p = 0$，即 $F(z) = 1$。此时的

$$\Phi_\varepsilon(z) = (1 - z^{-1})^q \quad \Phi(z) = 1 - (1 - z^{-1})^q$$

则最少拍控制器为

$$D(z) = \frac{1}{G(z)} \frac{\Phi(z)}{\Phi_\varepsilon(z)} = \frac{1 - (1 - z^{-1})^q}{G(z)(1 - z^{-1})^q}$$

$$(11.1-15)$$

控制器的表达式与输入信号有关,某种控制算法只针对指定的输入信号。

典型输入下的最少拍控制系统的特性讨论见表 11.1-2。

表 11.1-2　典型输入的最小拍控制系统

输入函数 $r(t)$ 或 $r(nt)$	输入函数 Z 变换 $R(z)$	误差传递函数 $\Phi_e(z)$	闭环传递函数 $\Phi(z)$	最小拍控制器 $D(z)$	调节时间 t_s
$l(t)$ 或 $l(nt)$	$\dfrac{1}{1-z^{-1}}$	$1-z^{-1}$	z^{-1}	$\dfrac{z^{-1}}{G(z)(1-z^{-1})}$	T
t 或 nt	$\dfrac{Tz^{-1}}{(1-z^{-1})^2}$	$(1-z^{-1})^2$	$2z^{-1}-z^{-2}$	$\dfrac{2z^{-1}-z^{-2}}{G(z)(1-z^{-1})^2}$	$2T$
$\dfrac{1}{2}t^2$ 或 $\dfrac{1}{2}(nT)^2$	$\dfrac{T^2(1+z^{-1})}{2(1-z^{-1})^3}$	$(1-z^{-1})^3$	$3z^{-1}-3z^{-2}+z^{-3}$	$\dfrac{3z^{-1}-3z^{-2}+z^{-3}}{G(z)(1-z^{-1})^3}$	$3T$

5　计算机控制系统

5.1　直接数字控制(DDC)系统的结构及特点

DDC(Direct Digital Control)直接数字控制,通常称为 DDC 控制器。它一般为在线实时系统,结构如图 11.1-29 所示。计算机通过模拟量输入通道及接口 AI,数字开关量输入通道及接口 DI 进行实时数据采集,然后按已定的控制规律进行实时控制决策,最后通道模拟量输出通道及接口 AO、数字开关量输出通道及接口 DO 输出控制信号,实现对生产过程的直接控制。DDC 属于计算机闭环控制系统,是计算机在工业生产过程中最普通的一种应用方式。为提高利用率,一台计算机有时要控制几个或几十个回路。

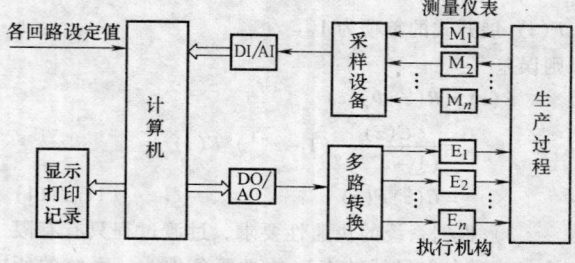

图11.1-29　直接数字控制(DDC)系统结构示意图

DDC 系统通常被用于实现单机或简单生产过程的直接控制,其主要技术特点如下:

1)实时控制。DDC 控制计算机对生产过程的控制采用"边看边做"的方式进行工作,即计算机不断检测生产过程及其相关环境的各种状态参数,根据预先设定的控制规律进行过程控制。控制速度高,控制精度好。

2)系统结构简单,可靠性较高。DDC 通常为功能或过程较简单的小型自动化系统专门设计,其控制计算机可以根据被控对象的控制任务和要求灵活选用可编程序控制器(PLC)、工业计算机(IPC)或嵌入式控制器(EC)等,系统构造成本较低,但系统运行可靠性较高。

3)DDC 系统一般不适用于复杂的控制任务和多变的生产过程的控制,系统多为专用系统,因而缺乏柔性。

5.2　监督计算机控制(SCC)系统的结构及特点

计算机监督(Supervisory Computer Control)系统简称 SCC 系统。在 SCC 系统中计算机根据工艺参数和过程参量检测值,按照所设计的控制算法进行计算,计算出最佳设定值直接传送给常规模拟调节器或者 DDC 计算机,最后由模拟调节器或 DDC 计算机控制生产过程。

5.2.1　SCC 系统的结构

SCC 系统有两种结构:一种是 SCC + 模拟调节器,另一种是 SCC + DDC 控制系统。

(1)SCC + 模拟调节器控制系统　这种类型的系统中,计算机对各过程参量进行巡回检测,并按一定的数学模型对生产工况进行分析、计算后得出被控对象各参数的最优设定值送给调节器,使工况保持在最优状态。当 SCC 计算机发生故障时,可由模拟调节器独立执行控制任务。该系统原理图如图 11.1-30 所示。

(2)SCC + DDC 控制系统　这是一种二级控制系统,SCC 可采用较高档的计算机,它与 DDC 之间通过接口进行信息交换。SCC 计算机完成工段、车间等高一级的最优化分析和计算,然后给出最优设定值,送给 DDC 计算机执行控制。SCC + DDC 控制系统原理图如图 11.1-31 所示。

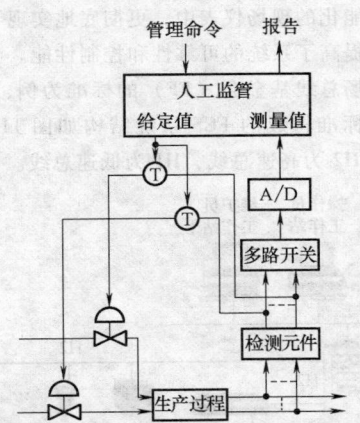

图11.1-30　SCC + 模拟调节器控制系统原理图

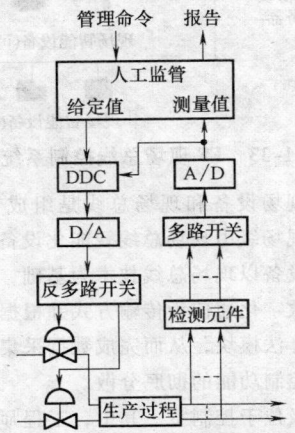

图11.1-31　SCC + DDC 控制系统原理图

5.2.2　SCC 系统的特点

通常在 SCC 系统中，选用具有较强计算能力的计算机，其主要任务是输入采样和计算设定值。由于它不参与频繁的输出控制，可有时间进行具有复杂规律的控制算式的计算。因此，SCC 能进行最优控制、自适应控制等，并能完成某些管理工作。SCC 系统的优点是不仅可进行复杂控制规律的控制，而且其工作可靠性较高，当 SCC 出现故障时下级仍可继续执行控制任务。

5.3　分布式控制系统（DCS）的结构及特点

DCS 是分布式控制系统（Distributed Control System）的英文缩写，也称为集散控制系统，是相对于集中式控制系统而言的一种新型计算机控制系统，是在集中式控制系统的基础上发展、演变而来的。它是一个由过程控制级和过程监控级组成的以通信网络为纽带的多级计算机系统，综合了计算机、通信、显示和控制等 4C 技术，其基本思想是分散控制、集中操作、分级管理、配置灵活、组态方便。

5.3.1　DCS 的结构

从结构上划分，DCS 包括过程级、操作级和管理级三个层次。过程级主要由过程控制站、I/O 单元和现场仪表组成，是系统控制功能的主要实施部分。操作级包括操作员站和工程师站，完成系统的操作和组态。管理级主要是指工厂管理信息系统（MIS 系统），作为 DCS 更高层次的应用。

1) DCS 的控制程序。DCS 的控制决策是由过程控制站完成的，所以控制程序是由过程控制站执行的。

2) 过程控制站的组成。DCS 的过程控制站是一个完整的计算机系统，主要由电源、CPU（中央处理器）、网络接口和 I/O 组成。

3) I/O。控制系统需要建立信号的输入和输出通道，这就是 I/O。DCS 中的 I/O 一般是模块化的，一个 I/O 模块上有一个或多个 I/O 通道，用来连接传感器和执行器（调节阀）。

4) I/O 单元。通常，一个过程控制站是有几个机架组成，每个机架可以摆放一定数量的模块。CPU 所在的机架被称为 CPU 单元，同一个过程站中只能有一个 CPU 单元，其他只用来摆放 I/O 模块的机架就是 I/O 单元。

典型的分布式控制系统结构如图 11.1-32 所示。

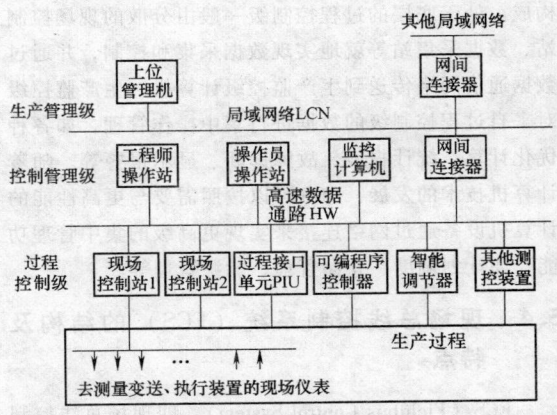

图11.1-32　分布式控制系统（DCS）结构示意图

5.3.2　DCS 的特点

（1）高可靠性　由于 DCS 将系统控制功能分散在各台计算机上实现，系统结构采用容错设计，因此某一台计算机出现的故障不会导致系统其他功能的丧失。此外，由于系统中各台计算机所承担的任务比较单一，可以针对需要实现的功能采用具有特定结构和软件的专用计算机，从而使系统中每台计算机的可靠性也得到提高。

（2）开放性 DCS采用开放式、标准化、模块化和系列化设计，系统中各台计算机采用局域网方式通信，实现信息传输，当需要改变或扩充系统功能时，可将新增计算机方便地连入系统通信网络或从网络中卸下，几乎不影响系统其他计算机的工作。

（3）灵活性 通过组态软件根据不同的流程应用对象进行软硬件组态，即确定测量与控制信号及相互间连接关系，从控制算法库选择适用的控制规律以及从图形库调用基本图形组成所需的各种监控和报警画面，从而方便地构成所需的控制系统。

（4）易于维护 功能单一的小型或微型专用计算机，具有维护简单、方便的特点，当某一局部或某个计算机出现故障时，可以在不影响整个系统运行的情况下在线更换，迅速排除故障。

（5）协调性 各工作站之间通过通信网络传送各种数据，整个系统信息共享，协调工作，以完成控制系统的总体功能和优化处理。

（6）控制功能齐全 控制算法丰富，集连续控制、顺序控制和批处理控制于一体，可实现串级、前馈、解耦、自适应和预测控制等先进控制，并可方便地加入所需的特殊控制算法。DCS的构成方式十分灵活，可由专用的管理计算机站、操作员站、工程师站、记录站、现场控制站和数据采集站等组成，也可由通用的服务器、工业控制计算机和可编程序控制器构成。处于底层的过程控制级一般由分散的现场控制站、数据采集站等就地实现数据采集和控制，并通过数据通信网络传送到生产监控级计算机。生产监控级对来自过程控制级的数据进行集中操作管理，如各种优化计算、统计报表、故障诊断、显示报警等。随着计算机技术的发展，DCS可以按照需要与更高性能的计算机设备通过网络连接来实现更高级的集中管理功能，如计划调度、仓储管理、能源管理等。

5.4 现场总线控制系统（FCS）的结构及特点

FCS（Fieldbus Control System），即现场总线控制系统。根据IEC标准和现场总线基金会的定义，现场总线是连接智能现场设备和自动化系统的数字式、双向传输、多分支结构的通信网络。FCS实质上是一种开放的、具有互操作性的、彻底分散的分布式控制系统。

5.4.1 FCS的结构

FCS是一个两级系统，即工作站级和现场级。与

DCS相比，其单独的控制级已经不存在，控制功能被分散到智能化的现场仪表中，更彻底地实现了控制分散，从而提高了系统的可靠性和控制性能。

以现场总线基金会（FF）的标准为例，基于FF现场总线标准构成的FCS系统结构如图11.1-33所示，其中H2为高速总线，H1为低速总线。

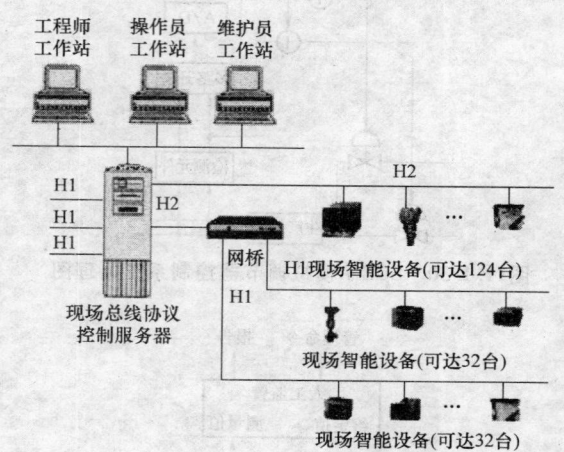

图11.1-33 FF现场总线控制系统结构

智能化现场设备和现场总线是组成FCS的两个重要部分。现场级由现场总线智能化设备组成，现场总线智能化设备以现场总线技术为基础，以微处理器为核心，以数字化通信为传输方式并根据实际情况内置各种控制算法模块，从而完成数据采集、回路控制功能，实现控制功能的彻底分散。

工作站级位于控制室。其中，工程师工作站用于组态操作、系统仿真和调试；操作员工作站用于工艺操作和系统监视报警、报表打印等；维护员工作站用于掌握现场设备的详细信息，查找和确认故障，进行预测性维护。

现场总线协议控制服务器是FCS的通信控制器，它连接现场总线网络和工作站的局域网，完成现场设备和工作站之间的通信。网桥用于连接高速总线H2和低速总线H1。

FCS用现场总线在控制现场建立一条高可靠性的数据通信线路，实现各现场智能化设备之间及其与主控机之间的数据通信，把单个分散的现场设备变成网络节点。现场智能设备中的数据处理有助于减轻主控站的工作负担，使大量信息处理就地化，减少了现场设备与主控站之间的信息往返，降低了对网络数据通信容量的要求。经过现场设备预处理的数据通过现场总线汇集到主机上，进行更高级的处理（主要是系统组态、优化、管理、诊断、容错等），使系统由面到点、再由点到面对被控对象进行分析判断，提高了

系统的可靠性和容错能力。这样，FCS 把各现场设备连接成了可以互通信息，共同完成控制任务的网络型控制系统，更好地体现了 DCS 系统"信息集中、控制分散"的设计理念，提高了信号传输的准确性、实时性和快速性。

5.4.2　FCS 的特点

现场总线控制系统是在现场总线的基础上发展起来的，它所带来的改进首先体现在现场通信网络方面，其次在结构、装置、功能等方面也有优势。概括地说，它具有以下技术特点：

（1）现场通信网络　现场总线是用于过程自动化和制造自动化的现场仪表或现场设备互连的现场通信网络，是 CIPS/CIMS（Computer Integrated Producing System/Computer Integrated Manufacturing System，计算机集成生产系统/计算机集成制造系统）的最底层，而 DCS 的通信网络截止于控制站或输入输出单元。在 FCS 中，各现场设备之间通过现场总线相连，彼此可以相互通信联络，从而解决了 DCS 的信息孤岛这一技术难题。

（2）一对 N 的结构　一对传输线（现场总线）可以挂接 N 台现场设备，双向传输多个数字信号，N 取决于现场控制回路的性质。这种结构与 DCS 一对一的单向模拟信号传送相比，结构布线简单，安装费用低，维护方便。

（3）彻底的分散控制功能模块　由于采用了具有综合功能的智能仪表，现场总线将控制功能由传统的控制站下放到现场仪表设备中，实现了彻底分散控制功能，提高了系统的灵活性和自治性。

（4）完全开放式系统　现场总线的技术和标准是公开的，因此现场总线为开放式互连网络系统，既可以与同层网络互连，也可以与不同层网络互连。不同厂家的网络产品可以集成在同一 FCS 中，只要他们遵守相同的通信协议，就可以实现各层网络之间的信息交流。

（5）更好的兼容性与互操作性　用户可以自由地选择符合自己要求的不同生产厂家按同一标准生产的不同性能价格比的产品，将不同产品集成到自己的控制系统中，由于不同厂家的仪表在组态方式与功能结构上相同，因此具有完全的兼容性、可替代性和互操作性，即使某个仪表发生故障，也能随时选择其他厂家的产品予以更换，真正实现"即插即用"。

（6）更高的可靠性　现场总线采用全数字化处理和数字通信技术，大大提高了现场装置的信号测控精度，以及信号传输的抗干扰能力，从而可提高系统测控的可靠性和稳定性。

第2章　常用电气设计标准

1　常用标准目录

1.1　机械电气常用标准目录

1.1.1　机械电气标准（表 11.2-1）

1.1.2　石油标准（表 11.2-2）
1.1.3　冶金标准（表 11.2-3）

1.2　电气简图常用标准目录（表 11.2-4）

表 11.2-1　机械电气标准

标准号	标准名称
JB/T 2739—2008	工业机械电气图用图形符号
JB/T 2740—2008	工业机械电气设备　电气图、图解和表的绘制
JB/T 3022—2004	微动开关
GB/T 24342—2009	工业机械电气设备　保护接地电路连续性试验规范
GB/T 24343—2009	工业机械电气设备　绝缘电阻试验规范
GB/T 24344—2009	工业机械电气设备　耐压试验规范
GB/T 26675—2011	机床电气、电子和可编程电子控制系统　绝缘电阻试验规范
GB/T 26676—2011	机床电气、电子和可编程电子控制系统　耐压试验规范
GB/T 26677—2011	机床电气控制系统　数控平面磨床辅助功能 M 代码和宏参数
GB/T 26678—2011	机床电气控制系统　数控平面磨床的加工程序要求
GB/T 26679—2011	机床电气、电子和可编程电子控制系统　保护联结电路连续性试验规范
GB 18209.1—2010	机械电气安全　指示、标志和操作　第 1 部分:关于视觉、听觉和触觉信号的要求
GB 18209.2—2010	机械电气安全　指示、标志和操作　第 2 部分:标志要求
GB 18209.3—2010	机械电气安全　指示、标志和操作　第 3 部分:操动器的位置和操作的要求
GB/T 18569.1—2001	机械安全　减小由机械排放的危害性物质对健康的风险　第 1 部分:用于机械制造商的原则和规范
GB/T 18569.2—2001	机械安全　减小由机械排放的危害性物质对健康的风险　第 2 部分:产生验证程序的方法学
GB/T 18759.3—2009	机械电气设备　开放式数控系统　第 3 部分:总线接口与通信协议
GB/T 18755.2—2003	工业自动化系统与集成　制造自动化编程环境（MAPLE）第 2 部分:服务与接口
GB/T 18755.1—2002	工业自动化系统　制造自动化编程环境（MAPLE）　功能体系结构
GB/T 18759.2—2006	机械电气设备　开放式数控系统　第 2 部分:体系结构
GB/T 18759.1—2002	机械电气设备　开放式数控系统　第 1 部分:总则
GB 19436.3—2008	机械电气安全　电敏防护装置　第 3 部分:使用有源光电漫反射防护器件（AOPDDR）设备的特殊要求
GB/T 19436.1—2004	机械电气安全　电敏防护装置　第 1 部分:一般要求和试验
GB/T 19436.2—2004	机械电气安全　电敏防护装置　第 2 部分:使用有源光电防护器件（AOPDs）设备的特殊要求
CB * 3250—1986	船舶辅机电气控制设备通用技术条件
CB/T 3606—1993	机电设备安装质量要求

表 11.2-2　石油标准

标准号	标准名称
GB/T 4988—2002	船舶和近海装置用电工产品的额定频率　额定电压　额定电流
Q/CNPC 74—2002	石油化工电气检修劳动定额

（续）

标 准 号	标 准 名 称
SH 3071—1995	石油化工企业电气设备抗震鉴定标准
SH/T 3131—2002	石油化工电气设备抗震设计规范
SY/T 10010—2012	非分类区域和 I 级 1 类及 2 类区域的固定及浮式海上石油设施的电气系统设计与安装推荐作法
SY/T 10041—2002	石油设施电气设备安装一级一类和二类区域划分的推荐作法
SY/T 4089—1995	滩海石油工程电气技术规范
SY 4206—2007	石油天然气建设工程施工质量验收规范 电气工程
SY 6560—2011	海上石油设施电气安全规程
SY/T 6671—2006	石油设施电气设备安装区域一级、0 区、1 区和 2 区区域划分推荐作法

表 11.2-3　冶金标准

标 准 号	标 准 名 称
GB 20294—2006	隔爆型起重冶金和屏蔽电机安全要求
GB 50397—2007	冶金电气设备工程安装验收规范
YBJ 239—1992	冶金电气设备安装质量检验评定标准

表 11.2-4　电气简图常用标准目录

标 准 号	标 准 名 称
GB/T 4728.1—2005	电气简图用图形符号　第 1 部分:一般要求
GB/T 4728.2—2005	电气简图用图形符号　第 2 部分:符号要素、限定符号和其他常用符号
GB/T 4728.3—2005	电气简图用图形符号　第 3 部分:导体和连接件
GB/T 4728.4—2005	电气简图用图形符号　第 4 部分:基本无源元件
GB/T 4728.5—2005	电气简图用图形符号　第 5 部分:半导体管和电子管
GB/T 4728.6—2008	电气简图用图形符号　第 6 部分:电能的发生与转换
GB/T 4728.7—2008	电气简图用图形符号　第 7 部分:开关、控制和保护器件
GB/T 4728.8—2008	电气简图用图形符号　第 8 部分:测量仪表、灯和信号器件
GB/T 4728.9—2008	电气简图用图形符号　第 9 部分:电信　交换和外围设备
GB/T 4728.10—2008	电气简图用图形符号　第 10 部分:电信　传输
GB/T 4728.11—2008	电气简图用图形符号　第 11 部分:建筑安装平面布置图
GB/T 4728.12—2008	电气简图用图形符号　第 12 部分:二进制逻辑元件
GB/T 4728.13—2008	电气简图用图形符号　第 13 部分:模拟元件
GB/T 4776—2008	电气安全术语
GB/T 18135—2008	电气工程 CAD 制图规则
GB/T 19045—2003	明细表的编制
GB/T 19529—2004	技术信息与文件的构成
GB/T 19678—2005	说明书的编制—构成、内容和表示方法
GB/T 19679—2005	信息技术—用于电工技术文件起草和信息交换的编码图形字符集

1.3　电子设备用机电开关常用标准目录（表 11.2-5）

表 11.2-5　电子设备用机电开关常用标准目录

标　准　号	标　准　名　称
GB/T 9536—2012	电气和电子设备用机电开关　第 1 部分:总规范
GB/T 17209—1998	电子设备用机电开关　第 2 部分:旋转开关分规范
GB/T 17210—1998	电子设备用机电开关　第 2 部分:旋转开关分规范　第一篇　空白详细规范
GB/T 15462—1995	电子设备用机电开关　第 3-1 部分:成列直插封装式开关　空白详细规范
GB/T 15461—1995	电子设备用机电开关　第 3 部分:成列直插封装式开关分规范
GB/T 18496—2001	电子设备用机电开关　第 4 部分:钮子(倒扳)开关分规范
GB/T 18496.2—2005	电子设备用机电开关　第 4-1 部分:钮子(倒扳)开关空白详细规范
GB/T 16514—1996	电子设备用机电开关　第 5 部分:按钮开关分规范
SJ/T 10697—1996	电子设备用机电开关　第 5 部分:按钮开关分规范　第一篇:空白详细规范
GB/T 16514.2—2005	电子设备用机电开关　第 5-1 部分:按钮开关　空白详细规范
GB/T 13419—1998	电子设备用机电开关　第 6 部分:微动开关分规范
GB/T 13420—1998	电子设备用机电开关　第 6 部分:微动开关分规范　第 1 篇:空白详细规范
SJ/T 10487—1994	电子设备用机电开关详细规范　KN1 型钮子开关
SJ/T 10488—1994	电子设备用机电开关详细规范　KN2 型钮子开关
SJ/T 10489—1994	电子设备用机电开关详细规范　KN3 型钮子开关
SJ/T 10490—1994	电子设备用机电开关详细规范　KN4 型钮子开关
SJ/T 10491—1994	电子设备用机电开关详细规范　KN6 型钮子开关
SJ/T 10492—1994	电子设备用机电开关详细规范　KND1 型波动开关
SJ/T 10493—1994	电子设备用机电开关详细规范　KND2 型波动开关

1.4　低压开关设备和控制设备常用标准目录（表 11.2-6）

表 11.2-6　低压开关设备和控制设备常用标准目录

标　准　号	标　准　名　称
GB 14048.1—2006	低压开关设备和控制设备　第 1 部分:总则
GB/T 14048.10—2008	低压开关设备和控制设备　第 5-2 部分:控制电路电器和开关元件　接近开关
GB/T 14048.11—2008	低压开关设备和控制设备　第 6-1 部分:多功能电器　转换开关电器
GB/T 14048.12—2006	低压开关设备和控制设备　第 4-3 部分:接触器和电动机起动器-非电动机负载用交流半导体控制器和接触器
GB/T 14048.13—2006	低压开关设备和控制设备　第 5-3 部分:控制电路电器和开关件-在故障条件下具有确定功能的接近开关(PDF)的要求
GB/T 14048.14—2006	低压开关设备和控制设备　第 5-5 部分:控制电路电器和开关件-具有机械锁闩功能的电气紧急制动装置
GB/T 14048.15—2006	低压开关设备和控制设备　第 5-6 部分:控制电路电器和开关件-接近传感器和开关放大器的 DC 接口(NAMUR)
GB/T 14048.16—2006	低压开关设备和控制设备　第 8 部分:旋转电机用装入式热保护(PTC)控制单元
GB/T 14048.17—2008	低压开关设备和控制设备　第 5-4 部分:控制电路电器和开关元件　小容量触头的性能评定方法　特殊试验
GB/T 14048.18—2008	低压开关设备和控制设备　第 7-3 部分:辅助器件　熔断器接线端子排的安全要求
GB 14048.2—2008	低压开关设备和控制设备　第 2 部分:断路器
GB 14048.3—2008	低压开关设备和控制设备　第 3 部分:开关、隔离器、隔离开关以及熔断器组合电器

（续）

标　准　号	标　准　名　称
GB 14048.4—2010	低压开关设备和控制设备　第4-1部分:接触器和电动机起动器　机电式接触器和电动机起动器（含电动机保护器）
GB 14048.5—2008	低压开关设备和控制设备　第5-1部分:控制电路电器和开关件　机电式控制电路电器
GB 14048.6—2008	低压开关设备和控制设备　第4-2部分:接触器和电动机起动器　交流半导体电动机控制器和起动器(含软起动器)
GB/T 14048.7—2006	低压开关设备和控制设备　第7-1部分:辅助器件　铜导体的接线端子排
GB/T 14048.8—2006	低压开关设备和控制设备　第7-2部分:辅助器件　铜导体的保护导体接线端子排
GB 14048.9—2008	低压开关设备和控制设备 第6-2部分:多功能电器(设备)控制与保护开关电器(设备)(CPS)
GB/T 18858.1—2012	低压开关设备和控制设备　控制器　设备接口(CDI)　第1部分：总则
GB/T 18858.2—2012	低压开关设备和控制设备　控制器　设备接口(CDI)　第2部分:执行器传感器接口(AS-i)
GB/T 18858.3—2012	低压开关设备和控制设备　控制器　设备接口(CDI)　第3部分:DeviceNet
GB/T 19334—2003	低压开关设备和控制设备的尺寸　在成套开关设备和控制设备中作电器机械支承的标准安装轨
GB/T 21207—2007	低压开关设备和控制设备　入网工业设备描述的基本原则
GB/T 21208—2007	低压开关设备和控制设备　固定式消防泵驱动器的控制器
GB/T 22195—2008	船舶电气设备　设备　低压开关设备和控制设备组合装置
GB/Z 25842.1—2010	低压开关设备和控制设备　过电流保护电器　第1部分:短路定额的应用
GB/T 7061—2003	船用低压成套开关设备和控制设备

1.5　低压电器环境设计导则常用标准目录（表11.2-7）

表 11.2-7　低压电器环境设计导则常用标准目录

标　准　号	标　准　名　称
GB/T 24975.1—2010	低压电器环境设计导则　第1部分:总则
GB/T 24975.2—2010	低压电器环境设计导则　第2部分:隔离器
GB/T 24975.3—2010	低压电器环境设计导则　第3部分:断路器
GB/T 24975.4—2010	低压电器环境设计导则　第4部分:接触器
GB/T 24975.5—2010	低压电器环境设计导则　第5部分:熔断器
GB/T 24975.6—2010	低压电器环境设计导则　第6部分:按钮信号灯
GB/T 24975.7—2010	低压电器环境设计导则　第7部分:接线端子
GB/T 24976.1—2010	电器附件环境设计导则　第1部分:总则
GB/T 24976.2—2010	电器附件环境设计导则　第2部分:电缆管理用导管系统和槽管系统
GB/T 24976.3—2010	电器附件环境设计导则　第3部分:家用和类似用途电缆卷盘
GB/T 24976.4—2010	电器附件环境设计导则　第4部分:工业用插头插座和耦合器
GB/T 24976.5—2010	电器附件环境设计导则　第5部分:家用和类似用途插头插座
GB/T 24976.6—2010	电器附件环境设计导则　第6部分:家用和类似用途的器具耦合器
GB/T 24976.7—2010	电器附件环境设计导则　第7部分:家用和类似用途低压电器用连接器件
GB/T 24976.8—2010	电器附件环境设计导则　第8部分:家用和类似用途固定式电气装置的开关

1.6　电机常用标准目录

1.6.1　直流电机常用标准目录（表 11.2-8）

1.6.2　交流电机常用标准目录（表 11.2-9）

表 11.2-8　直流电机常用标准目录

标　准　号	标　准　名　称
GB/T 3529—1993	船用交流电动直流三输出发电机技术条件
GB/T 1311—2008	直流电机试验方法
GB 13633—1992	永磁式直流测速发电机　通用技术条件
GB/T 18487.3—2001	电动车辆传导充电系统 电动车辆交流/直流充电机（站）
GB/T 20114—2006	普通电源或整流电源供电直流电机的特殊试验方法
GB/T 22716—2008	直流电机电枢绕组匝间绝缘试验规范
GB/T 22717—2008	电机磁极线圈及磁场绕组匝间绝缘试验规范
GB/T 25292—2010	船用直流电机技术条件
GB/T 4997—2008	永磁式低速直流测速发电机通用技术条件
JB/T 10100—1999	直流架线式准轨工矿电机车　基本技术条件
JB/T 1271—2002	交、直流电机轴锻件技术条件
JB/2661—1999	ZCF 系列直流测速发电机技术条件
JB/T 3114—1997	直流工矿电机车　试验方法
JB/T 6518—2005	轧机用大型直流电机 基本技术条件
JB/T 8992—1999	交、直流电机用背包式空-水冷却装置
JY 21—1979	手摇交直流发电机技术条件（试行）
TB/T 1704—2001	机车电机试验方法　直流电机

表 11.2-9　交流电机常用标准目录

标　准　号	标　准　名　称
AQ 1075—2009	煤矿低浓度瓦斯往复式内燃机驱动的交流发电机组通用技术条件
CB/T 3529—1993	船用交流电动直流三输出发电机技术条件
GB/T 14824—2008	高压交流发电机断路器
GB/T 18487.3—2001	电动车辆传导充电系统　电动车辆交流/直流充电机（站）
GB/T 22714—2008	交流低压电机成型绕组匝间绝缘试验规范
GB/T 22715—2008	交流电机定子成型线圈耐冲击电压水平
GB/T 22719.1—2008	交流低压电机散嵌绕组匝间绝缘　第 1 部分:试验方法
GB/T 22719.2—2008	交流低压电机散嵌绕组匝间绝缘　第 2 部分:试验限值
GB/T 23640—2009	往复式内燃机（RIC）驱动的交流发电机
GB/T 25123.1—2010	电力牵引　轨道机车车辆和公路车辆用旋转电机　第 1 部分:除电子变流器供电的交流电动机之外的电机
GB/T 26672—2011	道路车辆　带调节器的交流发电机试验方法
GB/T 2820.1—2009	往复式内燃机驱动的交流发电机组　第 1 部分:用途、定额和性能
GB/T 2820.2—2009	往复式内燃机驱动的交流发电机组　第 2 部分:发动机
GB/T 2820.3—2009	往复式内燃机驱动的交流发电机组　第 3 部分:发电机组用交流发电机
GB/T 2820.4—2009	往复式内燃机驱动的交流发电机组　第 4 部分:控制装置和开关装置
GB/T 2820.5—2009	往复式内燃机驱动的交流发电机组　第 5 部分:发电机组
GB/T 2820.6—2009	往复式内燃机驱动的交流发电机组　第 6 部分:试验方法
GB/T 2820.7—2002	往复式内燃机驱动的交流发电机组　第 7 部分:用于技术条件和设计的技术说明

（续）

标　准　号	标　准　名　称
GB/T 2820. 8—2002	往复式内燃机驱动的交流发电机组　第 8 部分:对小功率发电机组的要求和试验
GB/T 2820. 9—2002	往复式内燃机驱动的交流发电机组　第 9 部分:机械振动的测量和评价
GB/T 2820. 10—2002	往复式内燃机驱动的交流发电机组　第 10 部分:噪声的测量(包面法)
GB/T 2820. 12—2002	往复式内燃机驱动的交流发电机组　第 12 部分:对安全装置的应急供电
GB/T 7344—1997	交流伺服电动机通用技术条件
JB/T 10134—1999	带真空泵交流发电机　技术条件
JB/T 2650—2000	大型交流电机集电环与刷架
JB/T 5811—2007	交流低压电机成型绕组匝间绝缘　试验方法及限值
JB/T 6204—2002	高压交流电机定子线圈及绕组绝缘耐电压试验规范
JB/T 6700—2007	机动车及内燃机用交流发电机　安装尺寸
JB/T 6709—2006	机动车及内燃机用交流发电机　电子式电压调节器　技术条件
JB/T 6710—2006	机动车及内燃机用交流发电机　技术条件
JB/T 7608—2006	测量高压交流电机线圈介质损耗角正切试验方法及限值
JB/T 7784—2006	透平同步发电机用交流励磁机　技术条件
JB/T 8439—2008	使用于高海拔地区的高压交流电机防电晕技术要求
JB/T 9844—1999	拖拉机用永磁式交流发电机
JY 23—1988	手摇三相交流发电机
QC/T 29099—1992	摩托车用硅整流交流发电机通用技术条件
QC/T 424—1999	汽车用交流发电机电气特性试验方法
QC/T 729—2005	汽车用交流发电机技术条件
QC/T 774—2006	汽车交流发电机用电子电压调节器技术条件
SC/T 8100—2000	渔船轴带交流发电机组安装技术要求
SN/T 1621. 2—2005	进出口电力设备检验规程　第 2 部分:往复式内燃机驱动的交流发电机组

1.7　电气设计常用标准目录（表 11.2-10）

表 11.2-10　电气设计常用标准目录

标　准　号	标　准　名　称
03D603	住宅小区建筑电气设计与施工
05SD604	小城镇住宅电气设计与安装
07D706-1	体育建筑电气设计安装
08D800-1	民用建筑电气设计要点
08D800-2	民用建筑电气设计与施工-供电电源
08D800-3	民用建筑电气设计与施工-变配电所
08D800-4	民用建筑电气设计与施工-照明控制与灯具安装
08D800-5	民用建筑电气设计与施工-常用电气设备安装与控制
08D800-6	民用建筑电气设计与施工-室内布线
08D800-7	民用建筑电气设计与施工-室外布线
99X601	住宅智能化电气设计施工图集
D800-1 ~ 3	民用建筑电气设计与施工（上册·2008 年合订本）
D800-4 ~ 5	民用建筑电气设计与施工（中册·2008 年合订本）
D800-6 ~ 8	民用建筑电气设计与施工（下册·2008 年合订本）

（续）

标 准 号	标 准 名 称
FD01~02	防空地下室电气设计(2007年合订本)
JGJ 16—2008	民用建筑电气设计规范(附条文说明[另册])
JGJ 242—2011	住宅建筑电气设计规范
JGJ 243—2011	交通建筑电气设计规范
JTJ 310—2004	船闸电气设计规范(附条文说明)
ZBBZH/GJ 11	电气设计规范

2 电气图形符号和代码

2.1 常用电器元件图形符号

电气控制线路的图形符号，我国已统一制定了图形符号标准。下面根据国家现行标准，结合机械自动化常用元器件摘录所需部分，见表 11.2-11 ~ 表 11.2-18所示。

表 11.2-11 符号要素、限定符号和其他常用符号（摘自 GB/T 4728.2—2005）

图形符号	说 明	图形符号	说 明	图形符号	说 明
形式1 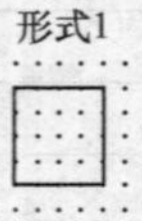	物件,别名:设备;器件;功能单元;元件;功能	———	直流电压可标注在符号右边,系统类型可标注在左边示例:2/M ⎓ 220/110V	⁝~⁝	相对低频(工频或亚音频)
形式2 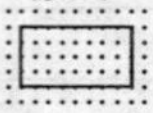	符号轮廓内应填入或加上适当的符号或代号以表示物件的类别	⁝∿⁝	交流频率值或频率范围可标注在符号的右边	≋	中频(音频)
		~50Hz	示例:交流50Hz	⁝≋⁝	相对高频(超音频,载频或射频)
形式3 	如果设计需要可以采用其他形状的轮廓	~100···600kHz	交流,频率范围100~600kHz 电压值也可标注在符号右边相数和中性线存在时可标注在符号左边(仅供参考)	⁝≈⁝	具有交流分量的整流电流(当需要与整流并滤波的电流相区别时使用)
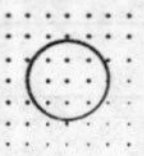  形式1	外壳(球或箱)罩,如果设计需要,可以采用其他形状的轮廓,如果罩具有特殊的防护功能,可加注以引起注意,若肯定不会引起混淆,外壳可省略。如果外壳与其他物件有连接,则必须示出外壳符号,必要时,外壳可断开画出	3/N~400/230V 50Hz	交流,三相带中性线,400V(相线和中性线间的电压为230V),50Hz(也可见 IEC 1293)。如需要按 IEC 364-3 的规定标志系统,则要在符号上加上相应标志(仅供参考)	⫽	预调
形式2				/	连续可变性
		3/N~ 50Hz/TN-S	交流,三相,50Hz,具有一个直接接地点且中性线与保护导体全部分开的系统(仅供参考)	⁝⁝⁝	屏蔽护罩 例如:为了减弱电场或电磁场的穿透程度。屏蔽符号可以画成任何方便的形状
⁝⁝⁝	边界线	不同的频率范围的交流,当需要用一个给定的画法来区分不同的频率范围时,可使用下述符号:		⁝[★]⁝	防止无意识直接接触,一般符号
⁝⫽ I=0⁝	预调			+	正极性
				−	负极性
				N	中性
				M	中间线

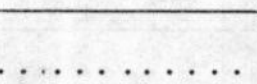

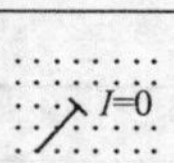

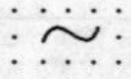

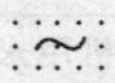

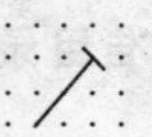

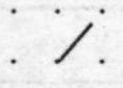

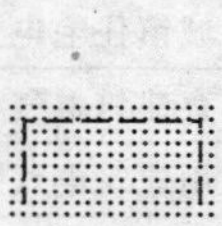

（续）

图形符号	说　明	图形符号	说　明	图形符号	说　明
	非线性可调		同时双向传送 同时发送和接收		材料,固体
	可调节性,一般符号		发送		材料,气体
	可变性,非线性		材料,未规定类型		材料,半导体
	可变性,一般符号		材料,液体		延时(延迟)
	步进动作		材料,驻极体		非电离的双向相干辐射
	表示可步进调节5步		磁致伸缩效应		脱开自锁
	能量从母线(汇流排)输出		非电离的相干辐射(如相干光)		能量向母线(汇流排)输入
	双向能量流动		传真	>	特征量值大于整定值时动作
	自动控制 被控制量可标注在符号旁		示例:连续可变的预调	<	特征量值小于整定值时动作
	示例:自动增益控制放大器		按箭头方向的单向力,单向直线运动	> <	特征量值大于高整定值或小于低整定值时动作
	双向力双向直线运动示例:滑臂3向端子2移动时频率增加		按箭头方向的单向环形运动,单向旋转,单向扭转	≈0	特征量值近似等于零时动作
			两个方向均受到限制的双向环形运动,双向旋转,双向扭转	=0	特征量值等于零时动作
			单向传送 单向流动 例如:能量,信号,信息		电磁效应
					磁场效应或磁场相关性
	双向环形运动 双向旋转 双向扭转		非同时双向传送 交替发送和接收		热效应
					半导体效应
					具有电隔离的耦合效应
	振动(摆动)		接收		绝缘材料

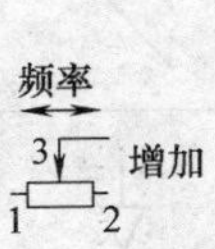

（续）

图形符号	说　明	图形符号	说　明	图形符号	说　明
	非电离的双向电磁辐射		操作件（滚子操作）		故障
形式1	延时动作 当运动方向是从圆弧指向圆心时动作延时		操作件（仿形凸轮操作）		
			保护接地	形式2	延时动作
	连接		进人自锁		自动复位 三角指向复位方向
	处于阻塞状态的阻塞器件		两器件间的机械联锁		自锁
	离合器 机械联轴器		脱扣的闭锁器件		单向作用的气动或液压操作
	脱开的机械联轴器		锁扣的闭锁器件		双向作用的气动或液压操作
	连接着的机械联轴器		阻塞器件		借助电磁效应操作
	旋转用的单向联轴器		手动控制操作件，一般符号		理想电流源
	制动器		带有防止无意操作的手动控制操作件		理想电压源
	示例：带制动器并被制动的电动机		拉拔操作		动（如滑动）触点
	带制动器未制动的电动机		旋转操作		测试点指示符
	齿轮啮合		紧急开关，"蘑菇头"式的		变换器，一般符号
	脚踏式操作		手轮操作		转换，一般符号
			操作件（用可拆卸手柄操作）		等电位
	操作件（杠杆操作）		操作件（凸轮操作）		模拟
	操作件（钥匙操作）		理想回转器		数字
			接地		

表 11.2-12　导线和连接件（摘自 GB/T 4728.3—2005）

图形符号	说　明	图形符号	说　明	图形符号	说　明
	连线，一般符号		柔性连接		示例：五根导线，其中箭头所指的两根在同一电缆内
	示例：三根导线 导线数后面标其截面积，并用"×"号隔开		屏蔽同轴对		电缆中的导线示出三根
	若截面积不同时，应用"＋"号分别将其隔开		导线或电缆的终端，未连接		直通接线盒，表示带有三根导线（多线表示）
	同轴对		导线或电缆的终端，未连接，并有专门的绝缘	3　　3	直通接线盒（单线表示）
	示例：连接到端子上的同轴对		电缆密封终端，表示带有三根单芯电缆		连接连接点
	电缆密封终端，表示带有一根三芯电缆		电缆气闭套管，表示带有三根电缆		端子
	电缆接线盒，表示带 T 型连接的三根导线（多线表示）	形式1 ... 形式2	T 型连接		端子板 可加端子标志
3　　3	电缆接线盒（单线表示）				阴接触件（连接器的）插座
形式1	导线的双重连接		连接器，组件的固定部分		阳接触件（连接器的）插头
形式2	形式 2 仅在设计认为必要时使用		连接器，组件的可动部分		插头和插座
	支路 10 个并联且等值的电阻 10 ... 10			6	插头和插座，多极（单线表示法）
	中性点		电话型插塞和塞孔		插头和插座，多极（多线表示法）
	导体的换位 相序变更 极性转换		配套连接器		对接连接器
		L1 ... L3	示例：相序变更		同轴的插头和插座
=110V 2×120mm²Al	示例：直流电路，110V，两根 120mm² 的铝导线		屏蔽导体		断开的连接片
3N～400/230V 50Hz 3×120mm²+1×50mm²	三相电路，400/230V，50Hz，三根 120mm 的导线，一根 50mm² 的中性线		绞合导线（两股）		插头和插座式连接器如 U 型连接：阳—阳
					阳—阴
					有插座的阳—阳

表 11.2-13　电阻器、电容器和电感器（摘自 GB/T 4728.4—2005）

图形符号	说　明	图形符号	说　明	图形符号	说　明
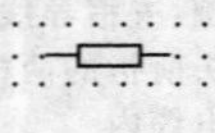	电阻器，一般符号	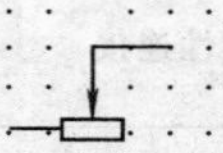	带滑动触点的电阻器	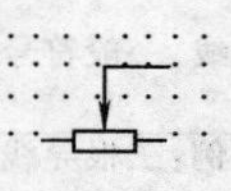	带滑动触点的电位器
	碳柱电阻器	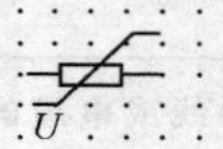	压敏电阻器变阻器	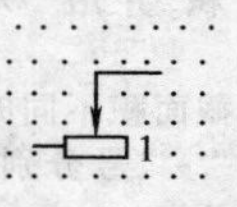	带滑动触点和断开位置的电阻器
	可调电阻器	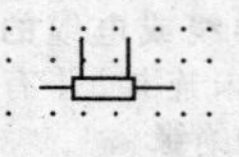	带固定抽头的电阻器 符号示出两个抽头	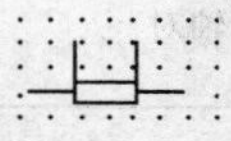	分路器 带分流和分压端子的电阻器
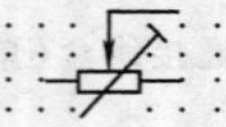	带滑动触点和预调的电位器	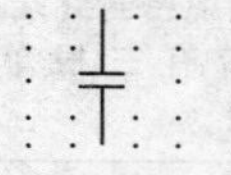	电容器，一般符号		穿心电容器 旁路电容器
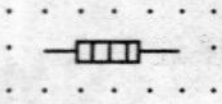	加热元件		可调电容器	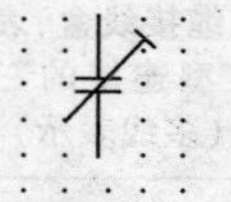	预调电容器
	极性电容器	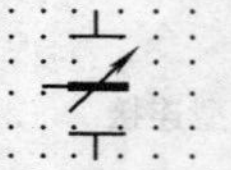	定片分离可调电容器	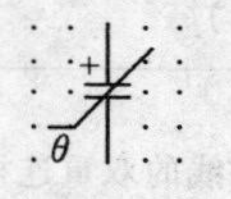	
	差动可调电容器		穿心电容器		热敏极性电容器
	压敏极性电容器		线圈，绕组，一般符号		带磁芯的电感器
	磁芯有间隙的电感器		带磁芯连续可变的电感器		带固定抽头的电感器，本符号示出两个抽头
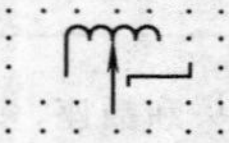	步进移动触点可变电感器	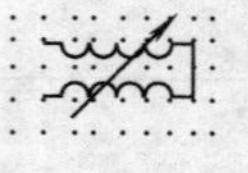	可变电感器		带磁芯的同轴扼流圈
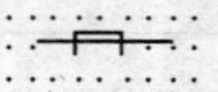	穿在导线上的铁氧体磁珠				
	压电效应				

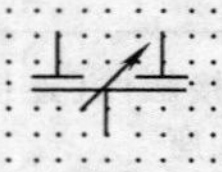

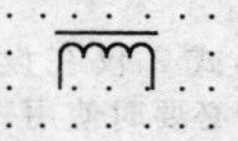

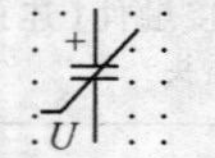

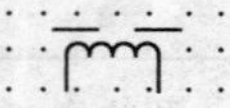

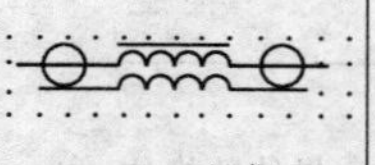

表 11.2-14　半导体管和电子管（摘自 GB/T 4728.5—2005）

图形符号	说　明	图形符号	说　明	图形符号	说　明
	三级闸流晶体管，未规定类型	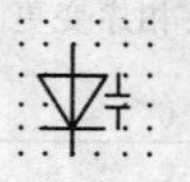	变容二极管		反向阻断二级闸流晶体管
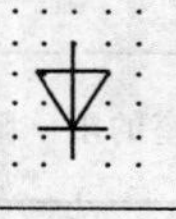	半导体二极管，一般符号	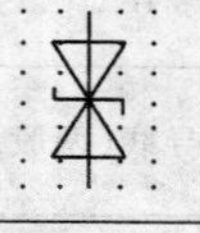	双向击穿二极管	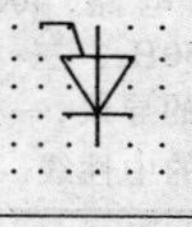	反向阻断三级闸流晶体管，N 栅（阳极侧受控）

（续）

图形符号	说　明	图形符号	说　明	图形符号	说　明
	反向阻断四级闸流晶体管		逆导二级闸流晶体管		双向二极管
	PNP 晶体管		反向阻断三级闸流晶体管，P 栅（阴极侧受控）		光电二极管 具有非对称导电性的光电器件
	直热式阴极三极管		双向三级闸流晶体管		双向二级闸流晶体管双向二级晶闸管
	间热式阴极充气三极管		NPN 雪崩晶体管		可关断三级闸流晶体管，未指定栅极
	整流结		光电管 光电发射二极管		逆导三级闸流晶体管，未指定栅极
	发光二极管（LED），一般符号		五级管		集电极接管壳的 NPN 晶体管
	隧道二极管		热敏二极管		引燃管
	反向二极管（单隧道二极管）		单向击穿二极管		三级—六级管

表 11.2-15　电机类（摘自 GB/T 4728.6—2008）

图形符号	说　明	图形符号	说　明	图形符号	说　明
	直线电动机		单相串励电动机		三相并励同步旋转变流机
	具有公共磁场绕组的直流/直流旋转变流机		单相同步发电机		三相绕线转子异步电动机
	单相推斥电动机				步进电动机

（续）

图形符号	说　明	图形符号	说　明	图形符号	说　明
	直流并励电动机	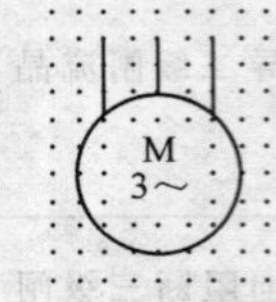	三相笼型异步电动机		三相永磁同步发电机
	三相串励电动机	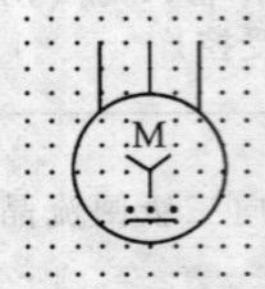	三相星形连接的异步电动机	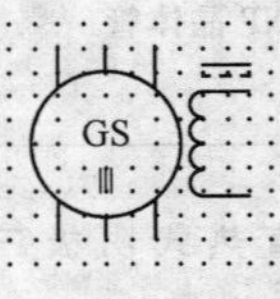	每相绕组两端都引出的三相同步发电机
	具有公共永久磁场的直流/直流旋转变流机		直流串励电动机	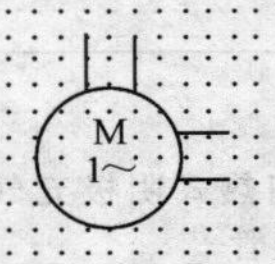	单相笼型异步电动机
	中性点引出的星形连接的三相同步发电机	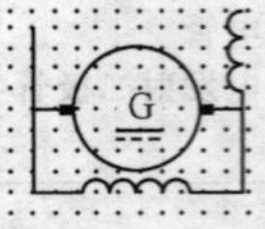	短分路复励直流发电机	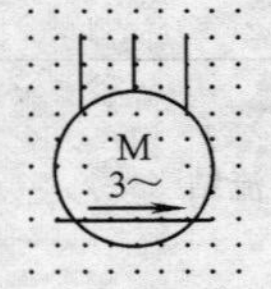	三相直线异步电动机

表 11.2-16　变压器、电池类（摘自 GB 4728.6—2008）

图形符号	说　明	图形符号	说　明	图形符号	说　明
形式1 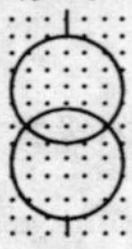 / 形式2	双绕组变压器瞬时电压的极性可以在形式 2 中表示	形式1 / 形式2 	一个绕组上有中间抽头的变压器	形式1 / 形式2	三绕组变压器
形式3	示例：示出瞬时电压极性的双绕组变压器　流入绕组标记端的瞬时电流产生助磁通	形式1 / 形式2	中性点引出的星形—曲折形连接的三相变压器	形式1 / 形式2	具有 4 个抽头的星形—星形连接的三相变压器，每个初级绕组除其端头外还示出 4 个可用的连接点
形式1 / 形式2	绕组间有屏蔽的双绕组变压器	形式1 / 形式2	扼流圈电抗器	形式1 / 形式2	单相变压器组成的三相变压器星形—三角形连接

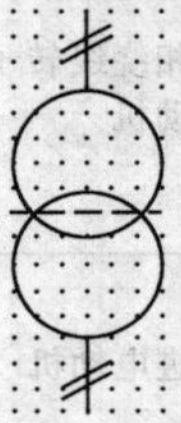

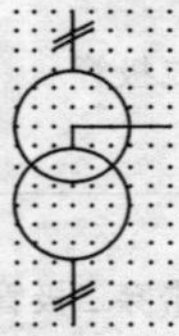

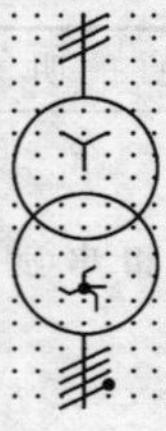

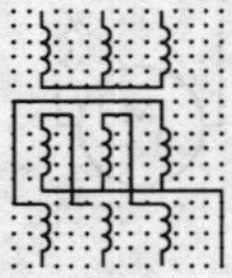

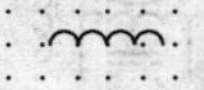

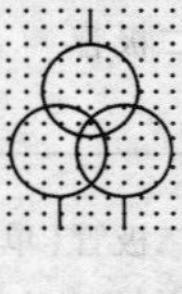

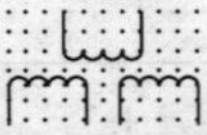

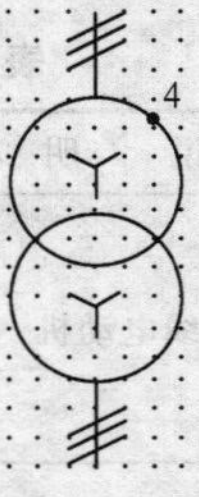

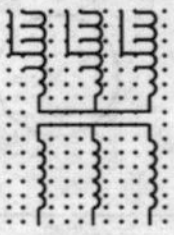

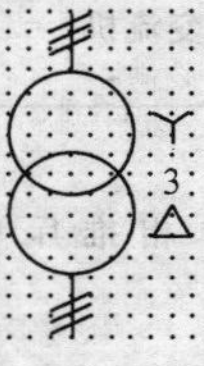

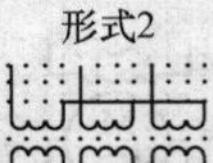

（续）

图形符号	说　明	图形符号	说　明	图形符号	说　明
形式1 形式2	星形—三角形连接的三相变压器	形式1 形式2	单相自耦变压器	形式1 形式2	三相感应调压器
形式1 形式2	电流互感器脉冲变压器	形式1 形式2	三相自耦变压器星形连接	形式1 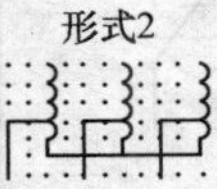 	具有三条穿线一次导体的脉冲变压器或电流互感器 形式2 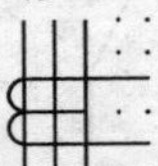
形式1 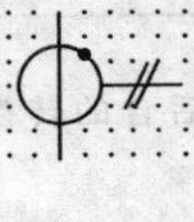 形式2	自耦变压器	形式1 形式2	电压互感器	形式1	一个次级绕组带一个抽头的电流互感器 形式2 
形式1 形式2	具有有载分接开关的三相变压器星形—三角形连接		直流/直流变换器		原电池
形式1 形式2	耦合可变的变压器		逆变器	形式1 	具有两个铁心,每个铁心有一个次级绕组的电流互感器 形式2 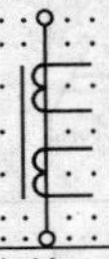
形式1 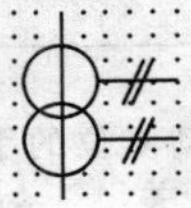 形式2	三相变压器星形—星形—三角形连接		桥式全波整流器	形式1	在一个铁心上具有两个次级绕组的电流互感器 形式2 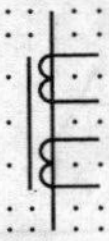
			光电发生器		
		形式1  形式2	可调压的单相自耦变压器	形式1 N=5	初级绕组为5匝导体贯穿的电流互感器 形式2  N=5

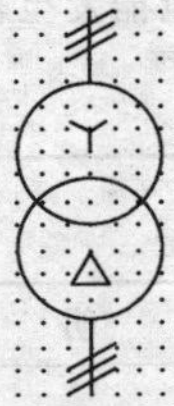

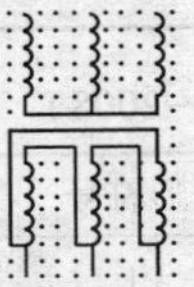

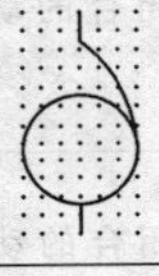

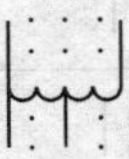

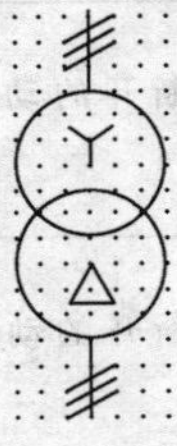

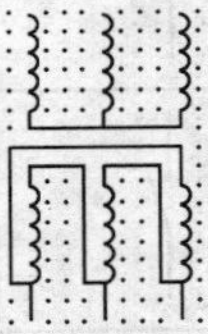

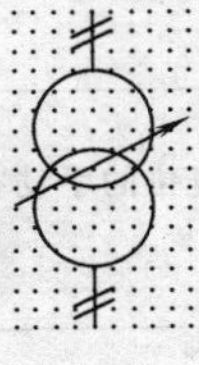

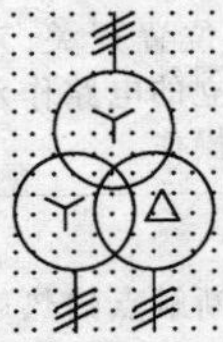

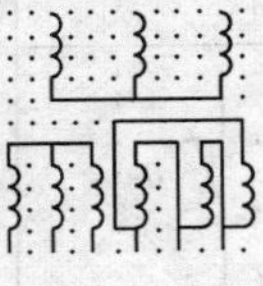

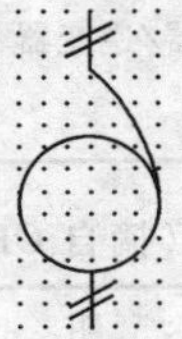

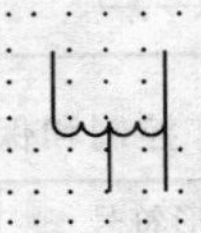

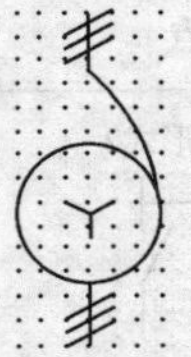

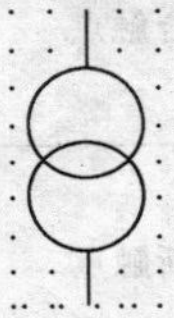

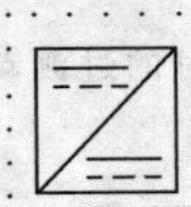

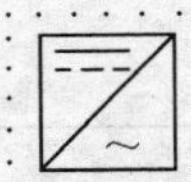

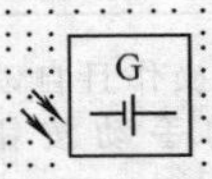

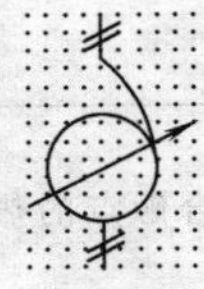

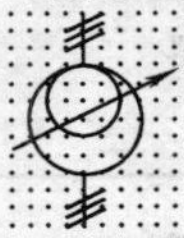

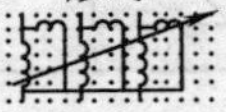

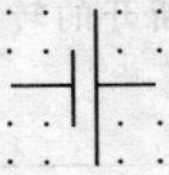

（续）

图形符号	说　明	图形符号	说　明	图形符号	说　明
	整流器		整流器/逆变器	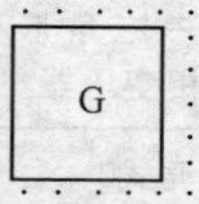 G	静止电能发生器，一般符号

表 11.2-17　开关、控制和保护装置（摘自 GB 4728.7—2008）

图形符号	说　明	图形符号	说　明	图形符号	说　明
形式1 	动合（常开）触点开关的一般符号	形式1 　　　先合后断的双向转换触点　形式2	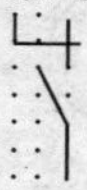		释放时的过渡动合触点
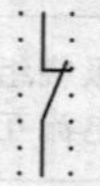	动断（常闭）触点		双动合触点	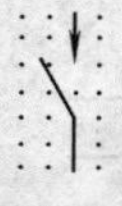	过渡动合触点
	先断后合的转换触点		双动断触点		提前闭合的动合触点
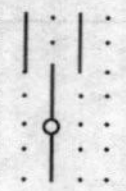	中间断开的转换触点		吸合时的过渡动合触点	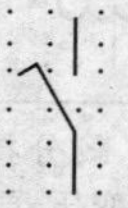	滞后闭合的动合触点
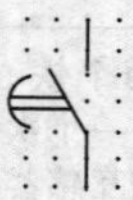	延时闭合的动合触点		延时断开的动断触点		滞后断开的动断触点
	延时断开的动合触点		延时闭合的动断触点	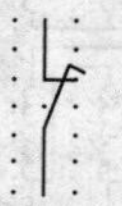	提前断开的动断触点
	手动操作开关，一般符号		自动复位的手动按钮开关		延时动合触点
	无自动复位的手动旋转开关		正向操作且自动复位的手动按钮开关		自动复位的手动拉拨开关
	带动合触点的位置开关		带动断触点的位置开关	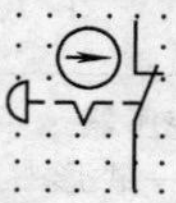	应急制动开关
	能正向操作带动断触点的位置开关	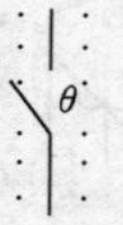 θ	带动合触点的热敏开关	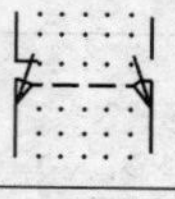 θ	组合位置开关，对两个独立的电路作双向机械操作
				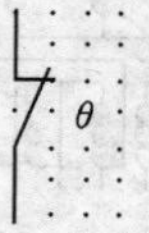	带动断触点的热敏开关

（续）

图形符号	说　明	图形符号	说　明	图形符号	说　明
	具有热元件的气体放电管，荧光灯起动器		接触器 接触器的主动合触点		复合开关的一般符号（仅供参考）
	多位置开关（示出6个位置）		接触器 接触器在主动断触点		断路器
	带自动释放功能的接触器		具有中间断开位置的双向隔离开关		隔离开关（负荷隔离开关）
	隔离开关		带有手工操作的闭锁装置的隔离开关		自由脱扣机构
	带自动释放功能的负荷隔离开关		步进起动器		调节—起动器
	电动机起动器，一般符号				带自耦变压器的起动器
	可逆式电动机直接在线接触器式起动器		星—三角起动器		缓慢吸合继电器线圈
	带可控硅整流器的调节—起动器		缓慢释放继电器线圈		快速继电器线圈
	继电器线圈，一般符号		延时继电器线圈		交流继电器线圈
	驱动器件，继电器线圈（组合表示法）		对交流不敏感继电器线圈		机械保持继电器线圈
	多位置开关，使用少数位置（示出4个位置）		机械谐振继电器线圈		剩磁继电器线圈

表 11.2-18　测量仪表、灯和信号器件（摘自 GB 4728.8—2008）

图形符号	说　明	图形符号	说　明	图形符号	说　明
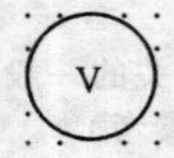 V	电压表	 A $I\sin\varphi$	无功电流表	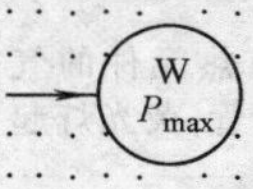 W P_{max}	最大需量指示器
 Var	无功功率表	 $\cos\varphi$	功率因数表	 φ	相位表
 Hz	频率计		同步指示器	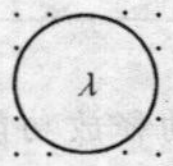 λ	波长计
	示波器		检流计	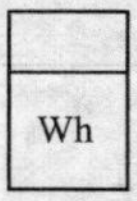 Wh	电度表（瓦时计）
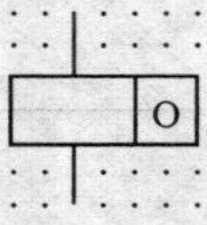 O	脉冲计		热电偶,示出极性符号	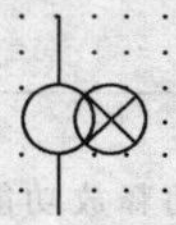	由内置变压器供电的信号灯
	灯,一般符号		带有绝缘加热元件的热电偶		闪光型信号灯
	音响信号装置,一般符号		报警器		蜂鸣器

2.2　电气图的代号

电气图的代号主要包括项目代号、端子代号、信号代号、产品图样和设计文件代号等。本手册重点介绍项目、端子和信号代号。

2.2.1　电气技术中的项目代号

参照代号系统的基本要求和必要性是构成参照代号系统的基础。它分别由 GB/T 5094.1—2002（等同 IEC 61346-1: 1996）《工业系统、装置与设备以及工业产品结构原则与参照代号　第1部分：基本规则》的引言和附录 A 中给出。

GB/T 5094.1—2002 中附录 E 的表 E1 项目种类的字母代码，见表 11.2-19。它是国内电气领域已普遍应用 20 多年的项目种类字母代码。

表 11.2-19　项目种类的字母代码表

字母代号	项目种类	举　例
A	组件、部件	分立元件放大器、磁放大器、激光器、微波激射器、印制电路板
B	换能器（从非电量到电量或相反）	热电传感器、热电池、光电池、测功计、晶体换能器、送话器、拾音器、扬声器、耳机、自整角机、旋转变压器
C	电容器	
D	二进制元件、延迟器件、存储器件	数字集成电路和器件、延迟线、双稳态元件、单稳态元件、磁芯存储器寄存器、磁带记录机、盘式记录机
E	杂项	光器件、热器件;本表其他地方未提及的器件
F	保护器件	熔断器、过电压放电器件、避雷器

（续）

字母代号	项目种类	举例
G	发电机、电源	旋转发电机、旋转变频机、电池、振荡器、石英晶体振荡器
H	信号器件	光指示器、声指示器
J	—	—
K	继电器、接触器	
L	电感器、电抗器	感应线圈、线路陷波器、电抗器（并联和串联）
M	电动机	
N	模拟集成电路	运算放大器、模拟/数字混合器件
P	测量设备、试验设备	指示、记录、计算、测量器件、信号发生器、时钟
Q	电力电路的开关	断路器、隔离开关
R	电阻器	可变电阻器、变阻器、电位器、热敏电阻、分流器
S	控制电路的开关、选择器	控制开关、按钮、限位开关、选择开关、拨号接触器、连接级
T	变压器	变压互感器、电流互感器
U	调制器、变换器	鉴频器、解调器、变频器、编码器、逆变器、变换器、电报译码器
V	电真空器件、半导体器件	电子管、气体放电管、二极管、晶体管、晶闸管
W	传输通道、波导、天线	导线、电缆、母线、波导、波导定向耦合器、偶极天线、抛物面天线
X	端子、插头、插座	插头和插座、测试塞孔、端子板、焊接端子片、连接片、电缆封端和接头
Y	电气操作的机械装置	制动器、离合器、气阀
Z	终端设备、混合变压器、滤波器、均衡器、限幅器	电缆平衡网络、压缩扩展器、晶体滤波器、网络

表 11.2-20 给出了 GB/T 5094.2—2003 中的表 1 按用途或任务划分的项目类别及字母代码。按 GB/T 5094.1—2002 和 GB/T 5094.2—2003 版规定，它是代替 1985 版的新的字母代码表。

表 11.2-21 是 GB/T 5094.2—2003 中的表 2（基础设施项目的类别）。

表 11.2-22 是 GB/T 5094.2—2003 中的表 3（即表 2 中类别 B～U 一些可能的相关分支应用示例）。

表 11.2-23 给出了 GB/T 5094.2—2003 中附录 D 的表 D.1（测量或初始变量的字母）。

上述提及的众多表格内容都可以看做是广义的产品类型（项目）代号的标识，其应用范围见表 11.2-24。

表 11.2-20　按用途或任务划分的项目类别及字母代码（摘自 GB/T 5094.2—2003）

代码	项目的用途或任务	描述项目或功能件的用途或任务的术语举例	典型的机械/液压、气动产品举例	典型的电气产品举例
A	两种或两种以上的用途或任务 注：此类别仅供不能鉴别主要用途或任务的项目使用	—	—	解屏
B	把某一输入变量（物理性质、条件或事件）转换为供进一步处理的信号	探测、监控、感知、测量（值的采集）、加重（值的采集）	孔板（供测量用）、传感器	气体（测量、保护、过热载）继电器、测量变换器、送话器、光电池、检波器、气体（火灾、运动）探测器、测量元件（分路器）、监控（位置、接近）开关、传感器、接近（温度、烟雾）传感器、测速发电机、视频摄像机

（续）

代码	项目的用途或任务	描述项目或功能件的用途或任务的术语举例	典型的机械/液压、气动产品举例	典型的电气产品举例
C	材料、能量或信息的存储	记录、存储	桶、缓冲器、贮水器、容器、蓄热水器、蓄压（汽）器、纸卷座、箱、罐	电容器、硬盘、存储器、RAM、蓄电池、缓冲器电池，主要存储的缓冲器、电压（事件）记录器、磁带机、录像机
D	为将来标准化备用	—	—	—
E	提供辐射能或热能	冷却、加热、发光、辐射	锅炉、冷冻机、冰箱、加热器、热交换器、散热器、核反应堆、煤气（油）灯	锅炉、微波激射器、辐射器、激光器、发光设备、灯、灯泡、荧光灯、电热器
F	直接防止（自动）能量流、信号流、人身或设备发生危险的或意外的情况，包括用于防护的系统和设备	吸收、防护、防止、保护、保安、隔离	气囊、减振器、栅栏、护板、防护罩、管道安全阀、安全隔膜（带、阀）、真空阀	熔断器、小型断路器、浪涌保护器、热过载释放器、阴极保护阳极、法拉第罩
G	启动能量流或材料流，产生用做信息载体或参考源的信号，生产一种新能源、材料或产品	装配、破碎、拆卸、磨（粉）碎、生（成）、产、分馏、混合、材料移动	鼓风机、通风机、风扇、插元件机、破碎机、（被驱动）传送带、混合器、泵、真空泵	电动机、发电机、旋转发电机、发生器、信号（波）发生器、干电池组、燃料（太阳能）电池
H	为将来标准化备用	—	—	—
I	不用	—	—	—
J	为将来标准化备用	—	—	—
K	处理（接收、加工和提供）信号或信息（用于防护的物体除外，见 F 类）	连续控制、控制电路的闭合、切换和断开、同步、延迟、搁置	流体回流控制器、引导阀、阀定位器	模拟（数字）集成电路、晶体管、电子管（阀）、CPU、微处理、过程计算机、可编程序控制器、同步（自动并联）装置、滤波器、反馈控制器、时间（接触器）继电器、延迟（线）元件、感应搅拌器
L	为将来标准化备用	—	—	—
M	提供驱动用机械能（旋转或线性机械运动）	激励、驱动	内燃（涡轮、水轮、风轮、热）机、液压（机械、弹簧承载）执行器、液压马达（缸）	电动机、直线电动机、励磁线圈、执行器
N	为将来标准化备用	—	—	—
O	不用	—	—	—
P	提供信息	指示、显示、测量（量的显示）、打印、呈现、通知（信）、告（报）警、警告	机械指示器、流量（气量、水、压力）表、显示器、音响信号装置、称重用衡器、打印机、钟、铃、温度计、玻璃量具、窥视孔	机电指示器、事件（盖氏）计数器、连续行记录器、显示器、同步示波器、LED（发光二极管）、打印机、扬声器、信号灯（振动器）、钟、铃、音响信号（光信号）装置、安培（伏特、瓦特、瓦时）表、记录式伏特表

（续）

代码	项目的用途或任务	描述项目或功能件的用途或任务的术语举例	典型的机械/液压、气动产品举例	典型的电气产品举例
Q	受控切换或改变能量流、信号流或材料流（对于控制电路中的信号，请参见 K 类和 S 类；若主要用途为防护，可见 F 类）	断开（能量、信号和材料流）、闭合（能量、信号和材料流）、切换（能量、信号和材料流）、连接	制动器、离合器、控制（关闭）阀、门、水闸（闸、大）门、百叶窗、锁	断路器、熔断器（隔离、熔断体隔离器式、电力）开关、电力接触器、电动机起动器、集电环短路器、功率晶体
R	限制或稳定能量、信息或材料的运动或流动	阻断、阻尼、限制、限定、稳定	阻断（阻尼、互锁、闭锁）装置、压力控制（单向止回）阀、限制（减振、消音）器、小孔板限流、自动脱扣机构、棘爪	电阻器、电感器、二极管、限定器
S	把手动操作转变为进一步处理的信号	影响、手动控制、选择	按钮阀、选择开关	控制（按钮、选择、差值）开关、键盘、光笔、鼠标、设定点调节器
T	保持能量性质不变的能量变换、已建立的信号保持信息内容不变的变换、材料形态或形状的变换	放大、调制、变换、压缩、转变、铸造、切割、膨胀、锻造、磨削、镦削、碾压、尺寸放大（缩小）、材料变形	射流放大器、压力增强器、测量（力矩）变换器、测量发送器、齿轮箱、铸造机、锤锻、锯、车床、磨床（尺寸缩小）	AC/DC（测量、信号）变换器、变换器、变频器、解调（调制）器、放大器、电力变压器、整流器（站）、电话机、信号变换器、测量发射机、天线
U	保持物体在一定的位置	支承、承载、保持、支持	横梁、轴承、滚动轴承、安装板、安装（支、托、固定、吊、塔）架、电缆梯架（托盘）、阻塞块、隔离体、地基	绝缘子
V	材料或产品的处理（包括预处理和后处理）	涂覆、清洗、脱水、除锈、干燥、过滤、热（预、表面）处理、封装、密封、恢复、分（离）选、再精饰、搅拌、包装	离心（表面处理研磨、封装、自动喷涂、真空清洗、洗涤）机、脱脂（水）设备、过滤（分离、加湿）器、搅拌棒	过滤器
W	从一地到另一地导引或输送能量、信号、材料或产品	传导、分配、导引（向）、安置、输送	无驱动输送器、导（软）管、梯、机械链、镜、无驱动滚动台、管道、传动轴、往复式输送机	汇流排、电缆、导体、信息总线、光纤、波导、穿墙套管
X	连接物	连接（结）、啮合	软管（管线）配件、钩、法兰、快脱扣连接器、联轴器、端子板	连接器、插头、端子板（排）、端子
Y	为将来标准化备用	—	—	—
Z	为将来标准化备用	—	—	—

表 11.2-21 **基础设施项目的类别和对应代码** (摘自 GB/T 5094.2—2003)

名称	代码	项目类别界定	举 例
有共同任务的项目	A	类别 B 至 Z 的基础设施中涉及两类或两类以上的项目	监控系统
主过程设施项目	B～U	为相关分支类别界定预留,注:字母 I 和 O 不应采用	参见表 11.2-22 的举例
与主过程无关的项目	V	材料或货物贮存用的项目	成品库、废料库、油罐区、原材料库、生水箱站
	W	用于管理或社会目的或任务的项目	小吃部、办公室、展厅、车库、娱乐休息场所
	X	用于完成过程以外的辅助目的或任务的项目(如在工地、工厂或建筑物内)	空调系统、告(报)警系统、时钟系统、防火系统、安全系统、照明装置、配电、供气、供水、污水处理厂、起重系统
	Y	用于通信和信息工作的项目	天线系统、计算机网络、扬声器系统、寻呼系统、铁路信号系统、标尺定位系统、电话系统、电视系统、视频监视系统、交通信号灯系统
	Z	放置或封存技术系统或成套装置的项目(如场地和建筑物)	建筑物、施工设施、厂区、围栏、铁路线、道路、围墙

表 11.2-22 **表 11.2-21 中类别 B～U 的相关分支应用示例** (摘自 GB/T 5094.2—2003)

代码	炼油厂	配电站	小吃部
A	见表 11.2-21 所规定	见表 11.2-21 所规定	见表 11.2-21 所规定
B	催化裂化厂	>420kV 的成套装置	—
C	催化重整炉	380～420kV 成套装置	厨房
D	—	220～380kV 以下成套装置	—
E	脱硫厂	110～220kV 以下成套装置	计算器
F	蒸馏厂	60～110kV 以下成套装置	—
G	—	45～60kV 以下成套装	收款台
H	气分离厂	30～45kV 以下成套装置	—
J	润滑油提炼厂	20～30kV 以下成套装置	洗碟机设施
K	—	10～20kV 以下成套装置	—
L	—	6～10kV 以下成套装置	—
M	—	1～6kV 以下成套装置	—
N	—	<1kV 装置	—
P	—	—	—
Q	—	—	—
R	电力和蒸汽发生站	—	—
S	配电站	—	—
T	—	变压器区	—
U	—	—	—
V…Z	见表 11.2-21 所规定	见表 11.2-21 所规定	见表 11.2-21 所规定

表 11.2-23 测量或初始变量的字母符号（摘自 GB/T 5094.2—2003）

符号	流量或初始变量	符号	流量或初始变量	符号	流量或初始变量
A	—	J	功率	S	速度、频率
B	—	K	时间	T	温度
C	—	L	物位	U	多变量
D	密度	M	潮湿、湿度	V	使用者选择
E	电气变量	N	使用者选择	W	重量、力
F	流速	O	使用者选择	X	不分类的
G	量器、位置、长度	P	压力、真空	Y	使用者选择
H	手	Q	质量	Z	事件数、量
I	—	R	辐射		

表 11.2-24 不同用途的标识系统及其应用范围（摘自 GB/T 5094.1—2002）

范　围	类　型①	类型事件②	个体③
一般技术领域	通用类型字母代码	不用④	不用
制造公司	型号、件（零件）号	参照代号	序号
成套设备/系统工程	特有的标识 No.	参照代号	序号、订单号、目录号
运营公司	内部零件号	参照代号	目录号（序号）

① 类型：特征相同的一类项目。
② 事件：类型在成套设备或系统特定位置中的应用。
③ 个体：类型（即项目）的一个样本，不考虑它用于何处。
④ 按本表范围栏知，标准适用于一切技术领域，故此栏也可能采用参照代号。

2.2.2 系统内端子的标识

GB/T 18656—2002（IEC 61666：1997）标准描述了系统内端子的标识。

1. 端子标识

与项目（物体）相关的端子可能有很多个。设置端子能便于与不同的网络相连接，如与电网络、逻辑功能网络和软件中的逻辑网络等相连接。为了有可能唯一地描述这样的网络，对每个使用的端子应相对于所关注的项目本身和项目所属的系统标以唯一的标记。在一个系统内，端子的标识应是唯一的。唯一的标识应符合 GB/T 18656—2002 标识的规定。

2. 端子代号标识方法

GB/T 18656—2002 规定包含如下内容：

1）相对于所关注的项目应有唯一的标识端子的代号。

2）端子代号前为"："。

3）冒号前为明确描述所关注项目的参照代号，如图 11.2-1 所示。

4）参照代号的构成应按照 GB/T 5094.1—2002 规定的规则。

5）如参照代号和端子代号两部分靠得很近，冒号"："应示出，但若不可能发生混淆，如在表格形式中，则冒号可以省略。

6）在编制文件时，应按照 GB/T 6988.1—2008 的规定示出端子标识。如需要区分或强调端子代号是根据哪一方面给定的，则可在冒号"："后直接加上"－"（产品）或"＝"（功能）或"＋"（位置）符号。

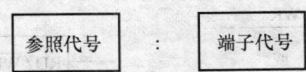

图 11.2-1 系统内端子的标识

3. 产品面的端子代号示例

产品面的端子代号应由实际的端子代号组成，它可能是以下一些代号：

1）标在产品上的代号。

2）制造厂商给定的代号。

3）根据惯例熟知的代号。

4）若无制造厂商对装置实际端子给定的代号，则应给予任意的端子代号，并应在文件或支持文件中加以说明；由于某些原因，当制造厂商给定的端子代号不全时，可以补充给出所需端子任意代号，并应在文件或支持文件中说明之。

5）如实际端子的代号采用图形符号的形式或颜色，则可在文件中采用等效的标准字母符号，如用 PE 代替保护接地图形符号 ＿ S00202（02-15-03），BU 代替蓝色。颜色的字母代码应按照 GB/T 13534—2009《颜色标志的代码》。图 11.2-2 所示为电动机端子代号的例子。

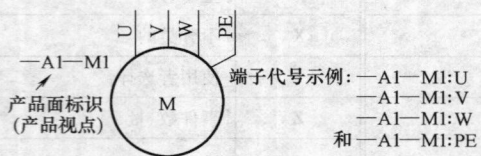

图11.2-2　三相笼型电动机端子代号示例

注：—A1—M1 是作为系统组成部分的电动机 M 的参照代号；U、V、W 是与电动机上的标志相同的端子代号；PE 是保护接地端子的端子代号，在电动机上可用图形符号 ⏚，S00202（02-15-03）。

4. 功能面的端子代号示例

有关功能的端子代号，即功能端子代号、功能标号，应以端子功能或内部与端子有关功能的信号名为依据。其功能端子代号应由数据单或类似的有关文件中规定的端子名称构成。这样的端子代号的确定要符合 GB/T 4728.12—2008 中应用注释 A00317 中的 2）输入和输出标记、3）否定的引出端名称（见图 11.2-3）和 4）单行否定符号（见图 11.2-4）。GB/T 4728.12—2008 中的举例未必提供了唯一的端子代号的标号，但作为端子代号的标号都必须是唯一的。

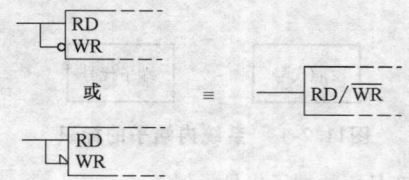

图11.2-3　输入输出两种功能的概念图解

$$\neg \text{RASEN} \equiv \overline{\text{RASEN}} \qquad (\neg \text{RAS})\text{EN} \equiv \overline{\text{RAS}} \cdot \text{EN}$$
$$(\neg \text{RAS})\neg \text{EN} \equiv \overline{\text{RAS}} \cdot \overline{\text{EN}} \qquad \neg(\neg \text{RAS})\text{EN} \equiv \overline{\overline{\text{RAS}} \cdot \text{EN}}$$
$$\neg \text{RAS/EN} \equiv \overline{\text{RAS/EN}} \qquad \neg(\text{RAS/EN}) \equiv \overline{\text{RAS/EN}}$$
$$\neg(\neg \text{RAS/EN/CAS}) \equiv \overline{\overline{\text{RAS/EN/CAS}}}$$

图11.2-4　GB/T 4728.12—2008 中规定的单行否定符号的概念图解

5. 位置面的端子代号

位置端子代号表示端子的位置（为端子的位置代码），如器件引出端或在机架槽缝中的位置。位置端子代号应由标在端子位置旁的代号或表示所在位置或位置名称的相对位置的其他字母数字代号构成。用做位置面端子代号的系统应在文件或支持文件中说明。

6. 端子代号集

由于可以从不同方面来研究项目，因此也可以从不同方面来研究项目的端子，也就可以根据所考虑的不同方面来标识端子，故可能一个端子有多个端子代号。如需要示出这些端子代号，则可提供该端子的端子代号集。端子代号集有如下两个要求：

1）每个端子代号的构成应按照 GB/T 18656—2002 中 4.1（总则）、4.2（产品面的端子代号）、4.3（功能面的端子代号）和 4.4（位置面的端子代号）规定的规则。

2）每个端子代号应明显地区别于其余的代号。

7. 标准 GB/T 18656—2002

按标准总则等规定，对端子所属项目来说，端子代号应是唯一的。为了正确解释这一表述，需要研究在特定情况下，项目是什么。而一旦明确，往往会遇到这样的情况，由制造商提供的标志或可能制作的标志，不足以标识端子在系统中的应用。

3　机电控制系统的制图

3.1　电气制图的一般要求

3.1.1　电气制图标准中使用的基本术语

电气制图标准中使用的基本术语有以下三种：

（1）媒体（medium）　用以记录信息的材料，如纸张、缩微胶片、磁盘或光盘。

（2）文件（document）　媒体上的信息。通常，文件按照信息的种类和表达方式来命名，如概略图、接线表、功能表图。

（3）图（drawing）　用图形表达信息的文件，它可以包含注释。

上述各类信息、表达形式、数据媒体形式和文件分类之间的相互关系如图 11.2-5 所示。

3.1.2　电气制图中信息的表达方式

（1）图样（pictorial form）　通常按比例描述零件或组件的形状、尺寸等的图示形式。

（2）平面图（plan）　表示水平、断面或剖面的图。

（3）简图（diagram）　采用图形符号和带注释的框来表示包括连接线在内的一个系统或设备的多个部件或零件之间关系的图示形式。

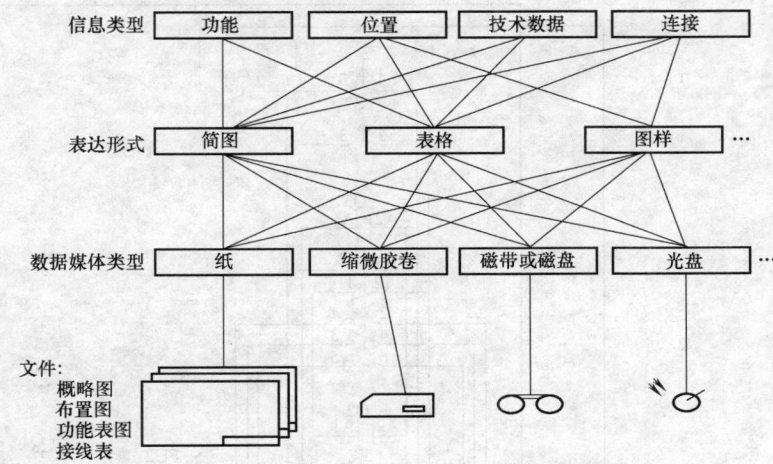

图11.2-5 数据媒体形式和文件分类之间的相互关系

（4）地图（map） 一个设施与其周围地形关系的图示形式。

（5）表图（chart，graph） 描述系统的特性（如两个或多个可变量、操作或状态之间关系）的图示形式。

（6）表格（table，list） 采用行和列的表达形式。

（7）文字形式（textual form） 一种应用文字的表达形式，如说明书和说明中的文字。

3.1.3 简图中元件和连接线的表达方法

1. 元件中功能相关各部分的表示方法

（1）集中表示法 这是一种把一个复合符号的各部分分列在一起的表示法，如图 11.2-6、图 11.2-7和图 11.2-10a 所示。例如：图 11.2-7 中的刀开关"—Q1"、接触器"—Q2"、"—Q3"和热继电器"—K1"等，为了能表明不同的部件属于同一个元件，每一个元件的不同部件都集中画在一起，并用虚线把他们连接起来。这种画法的优点是能一目了然地了解到电气图中任何一个元件的所有部件。但与图 11.2-8 的半集中表示法和图 11.2-9 的分开表示法相比，这种表示法不易理解电路的功能原理。所以在绘制以表示功能为主的电路图等的电气图时，除非原理很简单，否则很少采用集中表示法。

（2）半集中表示法 这是一种把同一个元件不同部件的符号（通常用于具有机械的、液压的、气动的、光学的等方面功能联系的元件）在图上展开的表示方法。它通过虚线把具有以上联系的各元件或属于同一元件的各部件连接起来，以清晰表示电路布局，如图 11.2-6 和图 11.2-8 所示。例如：图 11.2-8 图中的接触器"—Q3"的不同部件，根据电气功能要求分别画在不同的电路中，但用虚线把它们连接起来，表明同属—Q3。与图 11.2-7 的集中表示法相比，这种画法的优点是易于理解电路的功能原理，而且也能通过虚线一目了然地找到电气图中任何一个元件的所有部件。但和图 11.2-9 的分开表示法相比，这种表示法不宜用于很复杂的电气图。

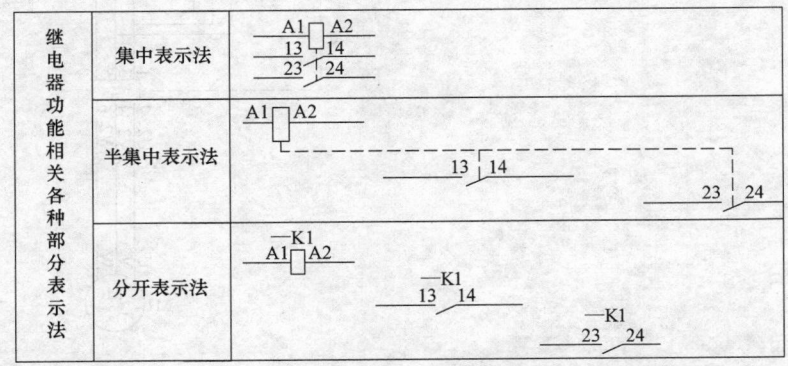

图11.2-6 元件中功能相关各部分集中、半集中和分开表示法符号

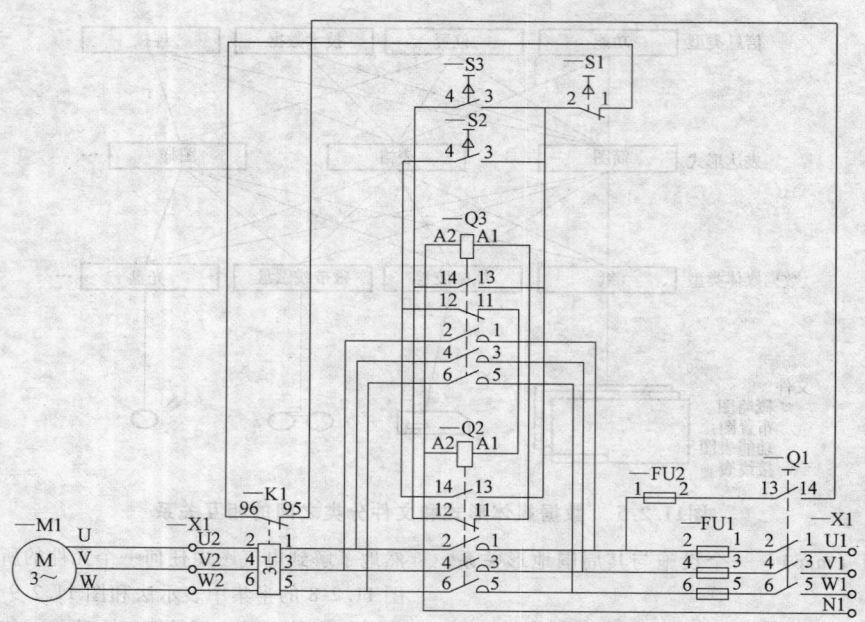

图11.2-7　集中表示法表示的三相异步电动机正、反转控制电路图

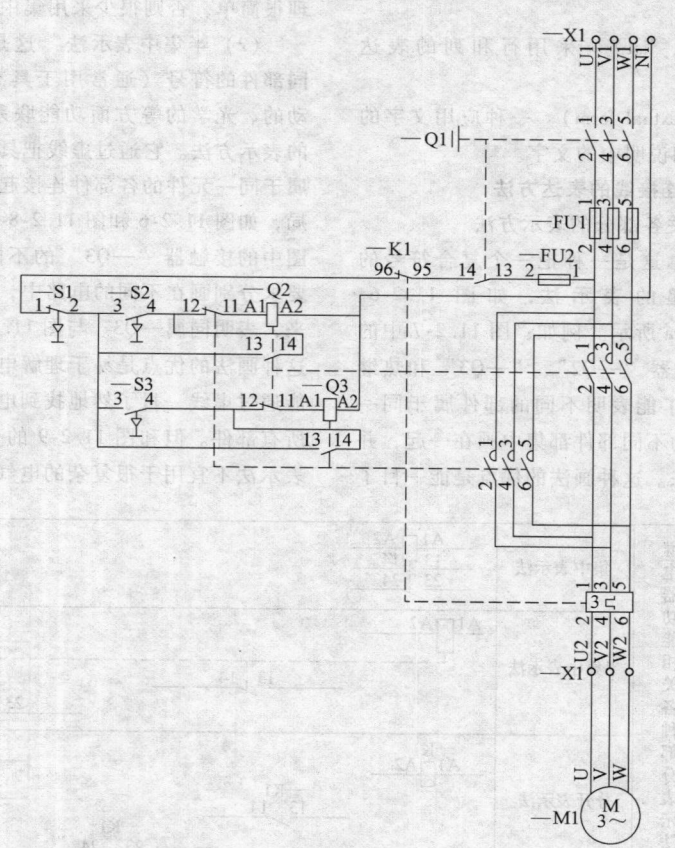

图11.2-8　半集中表示法表示的三相异步电动机正、反转控制电路图

（3）分开表示法 这是一种把同一个元件不同部件的图形符号（用于有功能联系的元件）分散于图上的表示方法，采用其同一个元件的项目代号表示元件中各部件之间的关系，以清晰表示电路布局，如图 11.2-6 和图 11.2-9 所示。与图 11.2-7、图 11.2-8 相比，虽然图 11.2-9 也是表示同样的异步电动机正、反转控制电路，但其电路图要简明得很多。同样的 "—Q3"，不需通过虚线把它的不同部件连接起来或集中起来，而且只要通过在其每一个部件（如线圈、

主触头和控制触头）附近注上 "—Q3" 即可。显然，这种画法对读图来讲，最容易理解电路的功能。

（4）重复表示法 这是一种把一个复杂符号（通常用于有功能联系的元件，如用含有公共控制框或公共输出框的符号表示的二进制逻辑元件）示于图上的两处或多处的表示方法，同一项目代号只代表同一个元件，如图 11.2-10a、b 所示（图 11.2-10 表示的是二进制逻辑元件多路选择器）。

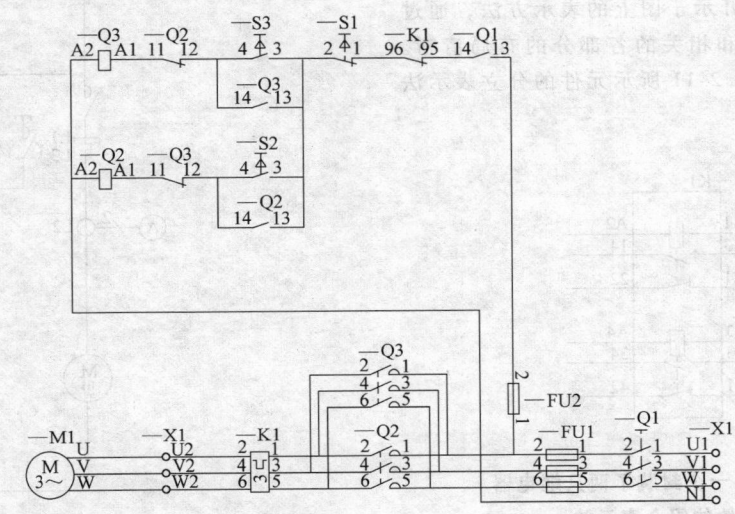

图11.2-9 分开表示法表示的三相异步电动机正、反转控制电路图

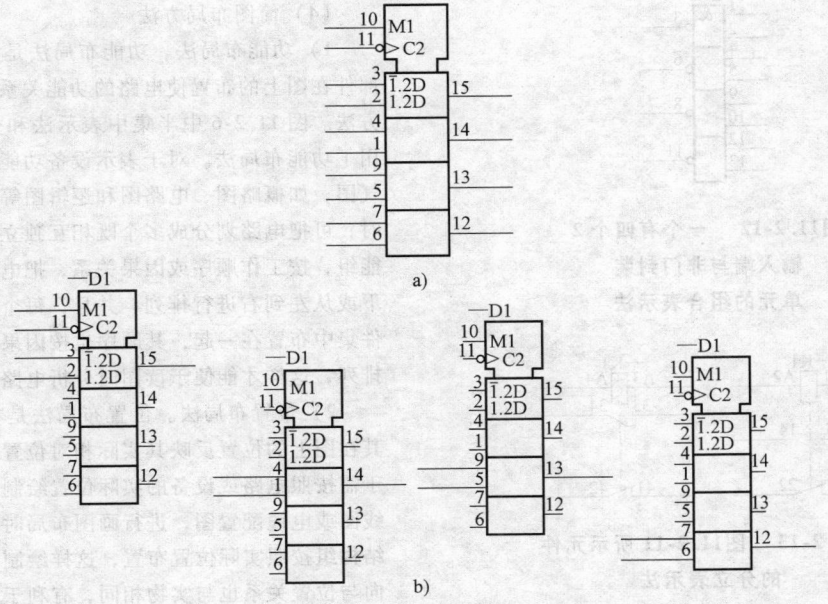

图11.2-10 元件中功能相关各部分集中表示法和重复表示法符号

a) 集中表示法 b) 重复表示法

2. 元件中功能无关的各部分的表示方法

（1）组合表示法 这种表示法可按以下两种方式中的一种表示元件中功能无关的各部分：

1）符号的各部分画在点画线框内，图 11.2-11 表示一个封装了两只继电器的元件的组合表示法。

2）符号的各部分（通常是二进制逻辑元件或模拟元件）连在一起。图 11.2-12 表示了一个有四个 2 输入端与非门封装单元的组合表示法。

（2）分立表示法 这是一种把在功能上独立的符号的各部分分开示于图上的表示方法，通过其项目代号使电路和相关的各部分的布局清晰。图 11.2-13 是图 11.2-11 所示元件的分立表示法示例。

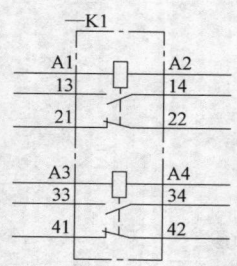

图11.2-11 一个封装了两只继电器的元件的组合表示法

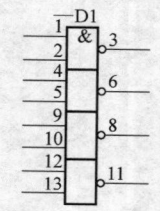

图11.2-12 一个有四个 2 输入端与非门封装单元的组合表示法

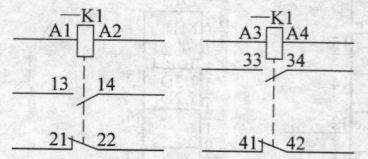

图11.2-13 图11.2-11 所示元件的分立表示法

（3）电路的表示方法

1）多线表示法：电路中的每根连接线各用一条

图线表示的方法称为多线表示法。

2）单线表示法：电路中的两根或多根连接线只用一条线表示的方法，如图 11.2-14 所示。

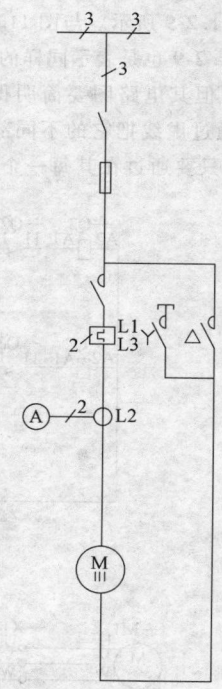

图11.2-14 Y-△起动电路的主电路部分

（4）简图布局方法

1）功能布局法。功能布局法是元件或元件的各部件在图上的布置使电路的功能关系易于理解的布局方法。图 11.2-6 中半集中表示法和分开表示法均采用了功能布局法。对于表示设备功能和工作原理的电气图，如概略图、电路图和逻辑图等，进行画图布局时，可把电路划分成多个既相互独立又相互联系的功能组，按工作顺序或因果关系，把电路功能组从上到下或从左到右进行排列，并且，每个功能组内的元器件集中布置在一起，其顺序也按因果关系或工作顺序排列，这样才能便于读图时分析电路的功能关系。

2）位置布局法。位置布局法是在元件布置时使其在图上的位置反映其实际相对位置的布局方法。对于需按照电路或设备的实际位置绘制的电气图，如接线图或电缆配置图，进行画图布局时，可把元器件和结构组按照实际位置布置，这样绘制的导线接线的走向与位置关系也与实物相同，有利于装配接线及维护时的读图。图 11.2-15 所示为采用位置布局法的接线图示例。

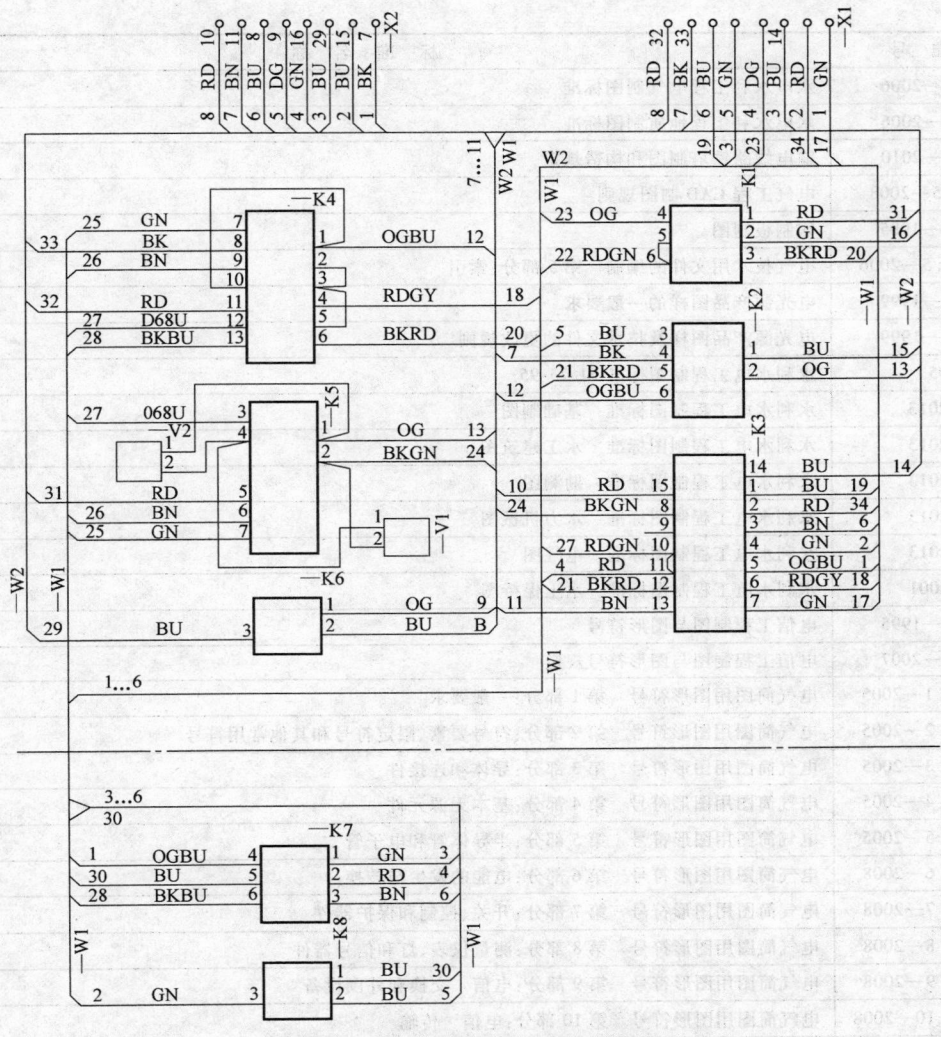

图 11.2-15　采用位置布局法的接线图

3.2　电气制图常用标准目录（表 11.2-25）

表 11.2-25　电气制图常用标准目录

标 准 号	标 准 名 称
DL 5028—1993	电力工程制图标准
DL/T 5127—2001	水力发电工程 CAD 制图技术规定
DL/T 5156.1—2002	电力工程勘测制图　第 1 部分：测量
DL/T 5156.2—2002	电力工程勘测制图　第 2 部分：岩土工程
DL/T 5156.3—2002	电力工程勘测制图　第 3 部分：水文气象
DL/T 5156.4—2002	电力工程勘测制图　第 4 部分：水文地质
DL/T 5156.5—2002	电力工程勘测制图　第 5 部分：物探
DL/T 5347—2006	水电水利工程基础制图标准
DL/T 5348—2006	水电水利工程水工建筑制图标准
DL/T 5349—2006	水电水利工程水力机械制图标准

（续）

标　准　号	标　准　名　称
DL/T 5350—2006	水电水利工程电气制图标准
DL/T 5351—2006	水电水利工程地质制图标准
DL/T 5442—2010	输电线路铁塔制图和构造规定
GB/T 18135—2008	电气工程 CAD 制图规则
GB/T 5489—1985	印制板制图
GB/T 6988.5—2006	电气技术用文件的编制　第5部分:索引
QB/T 3573—1999	电光源产品图样的一般要求
QB/T 3576—1999	电光源产品图样及技术文件的更改规则
SL 73—1995	水利水电工程制图标准 SL 73-95
SL 73.1—2013	水利水电工程制图标准　基础制图
SL 73.2—2013	水利水电工程制图标准　水工建筑图
SL 73.3—2013	水利水电工程制图标准　勘测图
SL 73.4—2013	水利水电工程制图标准　水力机械图
SL 73.5—2013	水利水电工程制图标准　电气图
SL 73.6—2001	水利水电工程制图标准　水土保持图
YD/T 5015—1995	电信工程制图与图形符号
YD/T 5015—2007	电信工程制图与图形符号规定
GB/T 4728.1—2005	电气简图用图形符号　第1部分:一般要求
GB/T 4728.2—2005	电气简图用图形符号　第2部分:符号要素、限定符号和其他常用符号
GB/T 4728.3—2005	电气简图用图形符号　第3部分:导体和连接件
GB/T 4728.4—2005	电气简图用图形符号　第4部分:基本无源元件
GB/T 4728.5—2005	电气简图用图形符号　第5部分:半导体管和电子管
GB/T 4728.6—2008	电气简图用图形符号　第6部分:电能的发生与转换
GB/T 4728.7—2008	电气简图用图形符号　第7部分:开关、控制和保护器件
GB/T 4728.8—2008	电气简图用图形符号　第8部分:测量仪表、灯和信号器件
GB/T 4728.9—2008	电气简图用图形符号　第9部分:电信　交换和外围设备
GB/T 4728.10—2008	电气简图用图形符号　第10部分:电信　传输
GB/T 4728.11—2008	电气简图用图形符号　第11部分:建筑安装平面布置图
GB/T 4728.12—2008	电气简图用图形符号　第12部分:二进制逻辑元件
GB/T 4728.13—2008	电气简图用图形符号　第13部分:模拟元件
GB/T 19045—2003	明细表的编制
GB/T 19529—2004	技术信息与文件的构成
GB/T 19678—2005	说明书的编制—构成、内容和表示方法
GB/T 19679—2005	信息技术—用于电工技术文件起草和信息交换的编码图形字符集

4　机电控制设备的安全设计标准（含防护、绝缘、电磁干扰等方面的标准）

4.1　基本规定（表 11.2-26）

表 11.2-26　基本规定

标　准　号	标　准　名　称
GB/T 156—2007	标准电压(IEC 60038:2002,MOD)

（续）

标　准　号	标　准　名　称
GB 4208—2008	外壳防护等级（IP 代码）（IEC 60529:2001,IDT）
GB/T 17045—2008	电击防护　装置和设备的通用部分（IEC 61140:2001,IDT）
GB 14050—2008	系统接地的型式及安全技术要求
GB/T 16935.1—2008	低压系统内设备的绝缘配合　第 1 部分:原理、要求和试验（IEC 60664-1:2007,IDT）
GB/T 23686—2009	电子电气产品的环境意识设计导则（IEC 62430 CDV:2007,IDT）

4.2　变压器和旋转电机安全设计标准（表 11.2-27）

表 11.2-27　变压器和旋转电机安全设计标准

标　准　号	标　准　名　称
GB 19212.1—2008	电力变压器、电源、电抗器和类似产品的安全　第 1 部分:通用要求和试验（IEC 61558-1:2005,IDT）
GB 19212.7—2012	电源电压为 1100V 及以下的变压器、电抗器、电源装置和类似产品的安全　第 7 部分:安全隔离变压器和内装安全隔离变压器的电源装置的特殊要求和试验（IEC 61558-2-6:2009,MOD）
GB 755—2008	旋转电机　定额和性能（IEC 60034-1:2004,IDT）
GB/T 4772.1—1999	旋转电机尺寸和输出功率等级　第 1 部分:机座号 56～400 和凸缘号 55～1080（IEC 60072-1:1991）
GB/T 4772.2—1999	旋转电机尺寸和输出功率等级　第 2 部分:机座号 355～1000 和凸缘号 1180～2360（IEC 60072-2:1990）
GB/T 4942.1—2006	旋转电机整体结构的防护等级（IP 代码）分级（IEC 60034-5:2000,IDT）
GB/T 13002—2008	旋转电机　热保护（IEC 60034-11:2004,IDT）

4.3　低压电气设备安全设计标准（表 11.2-28）

表 11.2-28　低压电气设备安全设计标准

标　准　号	标　准　名　称
GB 7251.1—2005	低压成套开关设备和控制设备　第 1 部分:型式试验和部分型式试验成套设备（IEC 60439-1:1999,IDT）
GB 7251.2—2006	低压成套开关设备和控制设备　第 2 部分:对母线干线系统（母线槽）的特殊要求（IEC 60439-2:2000,IDT）
GB 7251.3—2006	低压成套开关设备和控制设备　第 3 部分:对非专业人员可进入场地的低压成套开关设备和控制设备——配电板的特殊要求（IEC 60439-3:2001,IDT）
GB 7251.4—2006	低压成套开关设备和控制设备　第 4 部分:对建筑工地用成套设备（ACS）的特殊要求（IEC 60439-4:2004,IDT）
GB 7251.5—2008	低压成套开关设备和控制设备　第 5 部分:对公用电网动力配电成套设备的特殊要求（IEC 60439-5:2006,IDT）
GB 14048.2—2008	低压开关设备和控制设备　第 2 部分:断路器（IEC 60947-2:2006,IDT）
GB 14048.3—2008	低压开关设备和控制设备　第 3 部分:开关、隔离器、隔离开关以及熔断器组合电器（IEC 60947-3:2005,IDT）
GB/T 12668.1—2002	调速电气传动系统　第 1 部分:一般要求　低压直流调速电气传动系统额定值的规定（IEC 61800-1:1997,IDT）

（续）

标　准　号	标　准　名　称
GB/T 12668.2—2002	调速电气传动系统　第 2 部分:一般要求　低压交流变频电气传动系统额定值的规定(IEC 61800-2:1998,IDT)
GB/T 12668.4—2006	调速电气传动系统　第 4 部分:一般要求 交流电压 1000V 以上但不超过 35 kV 的交流调速电气传动系统额定值的规定(IEC 61800-4:2002,IDT)

4.4　电线电缆、连接器件和保护装置安全设计标准 （表 11.2-29）

表 11.2-29　电线电缆、连接器件和保护装置安全设计标准

标　准　号	标　准　名　称
GB/T 3956—2008	电缆的导体(IEC 60228:2004,IDT)
GB/T 11918—2001	工业用插头插座和耦合器　第 1 部分:通用要求(IEC 60309-1:1999,IDT)
GB/T 9089.3—2008	户外严酷条件下的电气设施　第 3 部分:设备及附件的一般要求(IEC 60621-3:1986,IDT)
GB 16754—2008	机械安全　急停　设计原则(ISO 13850:2006,IDT)
GB/T 19671—2005	机械安全　双手操纵装置　功能状况及设计原则(ISO 13851:2002,MOD)
GB 13539.1—2008	低压熔断器　第 1 部分:基本要求(IEC 60269-1:2006,IDT)

4.5　建筑物电气装置安全设计标准 （表 11.2-30）

表 11.2-30　建筑物电气装置安全设计标准

标　准　号	标　准　名　称
GB 16895.3—2004	建筑物电气装置　第 5-54 部分:电气设备的选择和安装　接地配置、保护导体和保护联结导体(IEC 60364-5-54:2002,IDT)
GB 16895.21—2011	低压电气装置　第 4-41 部分:安全防护 电击防护(IEC 60364-4-41:2005,IDT)
GB 16895.22—2004	建筑物电气装置　第 5-53 部分:电气设备的选择和安装　隔离、开关和控制设备　第 534 节:过电压保护电器(IEC 60364-5-53:2001 A1:2002,IDT)
GB/T 16895.23—2012	低压电气装置　第 6 部分:检验(IEC 60364-6:2006,IDT)

4.6　电磁兼容标准 （表 11.2-31）

表 11.2-31　电磁兼容标准

标　准　号	标　准　名　称
GB/T 4365—2003	电工术语　电磁兼容(IEC 60050(161):1990,IDT)
GB/T 17799.1—1999	电磁兼容　通用标准　居住、商业和轻工业环境中的抗扰度试验(IEC 61000-6-1:1997,IDT)
GB/T 17799.2—2003	电磁兼容　通用标准　工业环境中的抗扰度试验(IEC 61000-6-2:1999,IDT)
GB 17799.3—2012	电磁兼容　通用标准　居住、商业和轻工业环境中的发射(IEC 61000-6-3:2011(Ed2.1),IDT)
GB 17799.4—2012	电磁兼容　通用标准　工业环境中的发射(IEC 61000-6-4:2011,IDT)

4.7　风险评价标准（表 11.2-32）

表 11.2-32　风险评价标准

标　准　号	标　准　名　称
GB 5226.1—2008	机械电气安全　机械电气设备　第 1 部分：通用技术条件（IEC 60204-1:2005,IDT）
GB/T 15706-2012	机械安全　设计通则　风险评估与风险减小（ISO 12100:2010）
GB/T 16856.2—2008	机械安全　风险评价　第 2 部分：实施指南和方法举例（ISO/TR 14121-2:2007,IDT）

第3章 常用电动机的选择

1 交流电动机

交流电动机分为异步电动机和同步电动机两大类。

异步电动机结构简单，制造、使用和维护方便，运行可靠，并具有接近恒速的负载特性，能满足大多数生产机械的使用要求，因而是使用最广泛的一种电动机。

同步电动机电源频率固定时，其转子转速也固定不变，因此同步电动机广泛适用于拖动不要求调速和功率较大的生产机械，如空压机、球磨机以及各种泵类和变流机组的原动机等。

1.1 异步电动机的类型及用途

异步电动机种类繁多，用途各异。按转子绕组型式分为笼型和线绕型；按电动机尺寸分为大型电动机（电动机中心高 $H > 630mm$）、中型电动机（H 为 $350 \sim 630mm$）和小型电动机（H 为 $80 \sim 315mm$）；按防护型式有开启式（IP11）、防护式（IP22、IP23）和封闭式（IP44）；代号"IP××"中第一位数字表征防止进入电动机的固体异物大小，第二位数字表征水量、压力和水与电动机接触的方式；按通风冷却方式，国家标准规定了在额定运行条件下温升限度及需要采用的冷却方式和通风系统；按安装结构分为卧式、立式、带底脚、带凸缘等类型。按绝缘等级，电动机绝缘材料按其耐热性能分为 A、E、B、F、H 五种等级；按工作定额分为长时恒定负载运行的连续定额，经常起动、制动的正反转运行（重复短时运行）的断续定额以及短时工作的间歇定额三类。

在笼型转子异步电动机中，根据转子的槽形及转子导体的材料不同又可分为普通笼型电动机，基本用于小型电动机，适用于转速变化率较小，不必调速的普通用途的机械中。深槽型转子的电动机，转子槽形较深，多数用于功率较大一些的电动机，与普通笼型电动机有着相同的用途。双笼型电动机，转子槽内导体是用电阻较小的铜或铝制成，特点是起动转矩较大，但最大转矩随着起动转矩增大而变小，这类电动机适用于输送机、压缩机、粉碎机和搅拌机以及往复泵等要求起动转矩大，而转速不变的负载。另外一种双笼型电动机，转子槽内导体采用高电阻材料，这类

电动机起动转矩相当大，最大转矩较小，但电动机的转差率很大，因此这类电动机可用来进行速度调节，适用于剪板机或冲床等类负载。

绕线转子异步电动机，如 YR（IP23、IP44、中型高压）、YZR 等三相异步电动机，因绕线转子电动机可以进行速度调节，与笼型电动机相比起动性能也较好，适用于具有较大起动转矩的输送机、压缩机等机械，起动后恒速运行的负载以及变速运行的负载场所等，但其转速调节范围很有限。

异步电动机广泛应用于国民经济的各个部门，特别是工业部门中各种生产机械。例如：各种机床、水泵、鼓风机、胶带运输机械、吊车、起重运输机械、冶金、轧钢、轻工和农副加工业等设备及其他通用的机械动力等。它是各类电动机中应用最广、需求最多的一类电动机。

选用电动机时除了需要了解电动机的类型、特点及其用途外，还需要了解电动机的防护等级和安装方式，常用异步电动机的类型、特点及其用途见表 11.3-1，电动机整体结构的防护等级表征数字见表 11.3-2，电动机结构和安装型式代号见表 11.3-3。

1.2 异步电动机基本系列产品及其用途

异步电动机基本系列包括通用的 Y 系列笼型异步电动机，YR 系列绕线转子异步电动机，通用的高效、高转差率的 YX、YH 系列异步电动机，还有家用电器等方面的通用单相微型 AO、BO、CO、DO 系列的异步电动机等。表 11.3-1 中列举了基本系列异步电动机的产品类型、特点及其用途。

基本系列异步电动机广泛用于一般通用的机械上。

1.3 异步电动机派生系列产品及其用途

派生系列电动机是在基本系列电动机的基础上略作改动后的派生产品，使异步电动机具有某种不同的性能和特点，以适应各行各业的不同工作环境、不同负载性质的要求。如改变定子绕组的接线方法以改变极对数的变极多速异步电动机，某些特殊的防护能力隔爆型电动机和防化学耐腐蚀型的异步电动机，转子电阻采用高电阻铝合金的高转差率异步电动机，适应某些特殊电源条件的非标准电源电压、频率的异步电

动机等, 这些类型的异步电动机均为派生系列产品。派生系列电动机的大部分零部件与基本系列电动机有高度的通用性和一定程度的统一性。此外, 还有一类特殊的异步电动机必须经专门设计, 如石油井下用潜油电动机或水下用的潜水电动机, 这类电动机称为专用异步电动机产品。

表 11.3-1　常用异步电动机基本系列产品类型、特点及用途

类别	系列名称	结构特点	用途及使用范围	主要性能及特点	使用条件及工作方式	安装型式及其他	型号及含义
通用异步电动机	Y 系列 (IP44) 封闭式三相笼型异步电动机	结构为全封闭、自扇冷式, 能防止灰尘、铁屑、杂物侵入电动机内部。冷却方式为: IC0141, B 级绝缘	除一般用途外, 还适用于灰尘多、土扬飞溅的场合, 如农业机械、矿山机械、搅拌机、碾米机、磨粉机等, 660V 电动机的使用范围在逐步扩大	效率高, 耗电少, 性能好, 噪声小, 振动小, 体积小, 质量轻, 运行可靠, 维修方便	1) 海拔不超过 1000m　2) 环境温度不超过 40℃, 最低温度为 –15℃, 轴承允许温度 (温度计法) 不超过 95℃	B3: 机座带底角, 端盖上无凸缘　B5: 机座不带底角, 端盖上带大于机座的凸缘　B35: 机座带底角, 端盖上带大于机座的凸缘	Y132S2-2　Y: 异步电动机　132: 中心距离 (mm)　S2: 机座长 (短机座, 2 号铁心长)　2: 极数
	Y 系列 (IP23) 三相防护式笼型异步电动机	为一般用途防滴式电动机, 可防止直径大于 12mm 的小固体异物进入机壳内, 并防止沿与垂直线成 60° 角或小于 60° 角的淋水对电动机的影响。同样机座号 IP23 比 IP44 提高一个功率等级。定子绕组为 △接法, 冷却方式为 IC01, B 级绝缘	适用于驱动无特殊要求的各种机械设备, 如金属切削机床、鼓风机、水泵、运输机械等。660V 电动机的使用范围在逐步扩大		3) 最湿月的月平均最高相对湿度为 90%, 同时该月月平均最低温度不高于 25℃　4) 额定电压为 380V, 额定频率为 50Hz　5) 3kW 以下为 Y 接法, 4kW 及以上为 △接法　6) 工作方式为连续使用 (S1)		Y160L 2-2　Y: 异步电动机　160: 中心高 (mm)　L2: 机座长 (长机座, 2 号铁心长)　2: 极数
	YX 系列高效率三相异步电动机	Y 系列 (IP44) 派生的新型节能产品	广泛用于化工、冶金、煤炭、纺织、机械、电力等行业内的各种机械。最适于长期连续运行, 载荷率高, 消耗电能相对较多的场合	损耗低, 效率高, 运行温度低, 运行可靠, 寿命长	—	同 Y 系列 (IP44)	—
	YR 系列 (IP44) 绕线转子三相异步电动机	Y (IP44) 系列派生, 具有良好的密封性, 自扇冷却方式 IC0141, B 级绝缘	广泛用于机械工业粉尘多、环境较恶劣的场所。用途同 YX 系列。660V 电动机的使用范围在逐步扩大	起动电流小、起动转矩大	1) 定子绕组为 △接法 (3kW 时为 Y 接法), 转子绕组 Y 接法　2) 其他同 Y 系列 (IP44)	B3、B35、V1	YR250M2-8　Y: 绕线转子

（续）

类别	系列名称	结构特点	用途及使用范围	主要性能及特点	使用条件及工作方式	安装型式及其他	型号及含义
通用异步电动机	YR 系列（IP23）绕线转子三相异步电动机	Y（IP23）系列派生，防滴式，转子采用绕线转子绕组，冷却方式为 IC01，B 级绝缘	适用于不含易燃、易爆或腐蚀性气体的场所，如压缩机、卷扬机、拔丝机、传物带、印刷机等；660V 电动机的使用范围在逐步扩大	能在较小的起动电流下提供较大的转矩，并能在一定范围内调速	1）定子绕组为△接法，转子绕组为 Y 接法 2）其他同 YR 系列（IP44）	B3	YR160L1-4 R：绕线转子
	YH 系列高转差率三相异步电动机	Y 系列（IP44）派生系列，电动机转子采用高电阻铝合金制造。冷却方式为 IC0141，B 级绝缘	适用于传动转动惯量较大和冲击负荷以及反转次数较多的金属加工机床，如锤击机、剪切机、冲击机、锻冶机等	转差率高，起动转矩大，起动电流小，机械特性软，能承受冲击负荷	1）为 S3 工作方式，负载持续率为 15%、25%、40%、60%（每个工作周期为 10min） 2）其他同 Y 系列（IP44）	B3、B5、B35	H：高转差率
	YEJ 系列电磁铁制动三相异步电动机	Y 系列（IP44）派生系列，为全封闭、自扇冷、笼型转子。具有附加圆盘型直流电磁铁制动的三相异步电动机，是 Y 系列电动机加上直流电磁铁制动器组合而成的产品，可使配套主机快速停机和准确定位。电动机约加长 20 %	适用于要求快速停止、准确定位的场合，如起重运输、食品、轻工、包装、印刷、水泥、建筑、木工、化工、机床等方面，广泛用于自动生产线上，不用于各种单机配套	制动快，定位准确可靠，并且具有较高的起动转矩和最大转矩	同 Y 系列（IP44）但电磁制动防护等级为 IP23，电磁制动器的额定电压为直流 170V（中心高 112mm 及以上者）、直流 90V（中心高为 100mm 及以下者） 工作方式 S1	B3、B5、B6、B7、B8、B35	YEJ100L2-4 EJ：电磁制动器 L2：铁心长度代号 4：极数
	YEP 系列旁磁制动三相异步电动机	是在 Y 系列电动机基础上附加一个制动器。电动机接通三相交流电源，产生一个旋转磁场，由于分磁铁结构限制，转子部分磁通产生轴向磁拉力，使制动盘与制动圈脱离，电动机运转。断电后，在弹簧力作用下制动，电动机停转	同 YEJ 系列	—	1）工作方式 S3，负载持续率为 25%（每个工作周期为 10min） 2）其他同 Y 系列（IP44）	B3、B5、B6、B7、B8、B35	YEP132S-4 EP：旁磁制动

（续）

类别	系列名称	结构特点	用途及使用范围	主要性能及特点	使用条件及工作方式	安装型式及其他	型号及含义
变速和减速异步电动机	YD 系列变极多速三相异步电动机	改变 Y 系列（IP44）电动机定子绕组的接线方法，以改变极对数，得到多种转速。对简化变速系统和节约能源有意义。B 级绝缘，冷却方式同 Y 系列	适用于机床、矿山、冶金、纺织等需变速的各种传动	—	1）工作方式 S1 2）其他同 Y 系列（IP44）	B3、B5、B6、B7、B8、B35、V1、V3、V5、V6、V15	YD200L2-8/4/2 D：多速 8/4/2：极数比
	YCJ 系列齿轮减速三相异步电动机	Y 系列（IP44）的派生系列，由同轴式减速器和全封闭自冷式电动机构成一个整体，IC0141 冷却方式，B 级绝缘	适用于驱动低转速传动机械，可供矿山、冶金、制糖、造纸、化工、橡胶等行业设备配套使用	输出转速低，转矩大，体积小，噪声小，运行可靠	1）工作方式 S1 2）其他同 Y 系列（IP44）	B5、B6、B7、B8、V1、V5	YCJ132-1.5-35 CJ：齿轮减速 132：输出轴中心高（mm） 35：输出转速（r/min） 1.5：电动机额定功率（kW）
	YC、YCTD 系列电磁调速三相异步电动机	由电磁转差离合器、拖动电动机、测速发电机组成，配上专用控制器调节离合器的励磁电流可进行恒转矩或风机型负载设备无级调速，并有速度负反馈的自动调节系统；在最高转速时传递效率较高，转速低时效率低。拖动电动机为 4 极笼型 Y 系列电动机，借端盖装在离合器机座上。YCTD 系列与 YCT 系列相比，相同功率的电动机要缩小 1~2 个机座号，额定最高转速平均提高 4.2%，B 级绝缘，空气冷却。由于变频器的普及，此类电动机逐渐被变频调速电动机代替	适用于装载机械、化纤、电线电缆、造纸、印刷、水泥、橡胶、电力、水泵、风机等要求无级变速的机械设备上	—	1）户内使用 2）介质中不含有铁磁性物质、尘埃或腐蚀金属、破坏绝缘的气体 3）控制器电源为 200V、50Hz 4）环境温度 -15~40℃ 5）海拔 1000m 以下	B3	YCTD112-4A（B） C：电磁 T：调速 D：低电阻端环 112：中心高（mm） 4：拖动电动机极数 A（B）：拖动电动机功率等级

（续）

类别	系列名称	结构特点	用途及使用范围	主要性能及特点	使用条件及工作方式	安装型式及其他	型号及含义
起重冶金电动机	YZR，YZ 系列起重及冶金用三相异步电动机	YZR 系列为绕线转子电动机，YZ 系列为笼型转子电动机。绝缘等级为 F、H 级，冷却方式 IC410、IC411	适用于室内外多尘环境及起动、逆转次数频繁的起重机械和冶金设备等	有较高的机械强度及过载能力，转动惯量小，适用于频繁快速起动及反转频繁的制动场合	1）工作方式 S3 2）户外电动机 3）海拔不超过 1000m 4）环境温度不超过 40℃（F 级）、60℃（H 级） 5）轴承允许温升 95℃（F 级）、115℃（H 级）	IM1001、IM1003、IM1002、IM1004、IM3001、IM3003、IM3011、IM3013	YZRI32M1-6 Z：起重及冶金用 R：绕线转子（笼型转子无 R）
隔爆异步电动机	YB 系列隔爆型异步电动机	是 Y 系列（IP44）派生系列，全封闭自扇冷式隔爆笼型电动机，它的外壳、端盖、接线盒座、接线盒盖等零件组成外部防爆外壳，接线盒具有良好的防爆性能，位于电动机顶部。改变接线盒的位置可从四个方向进线。电动机冷却方式为 IC0141，绝缘等级为 F 级	广泛用于有爆炸性气体混合物存在的场所（如石油、化工、煤矿井下）作一般用途驱动电动机	—	1）环境温度不超过 40℃ 2）海拔不超过 1000m 3）频率 50Hz，电压 380V、220V、660V 或 380V/660V、220V/380V 4）工作方式 S1	B3、V1	YB355S2-2-W B：隔爆 W：气候防护（W：户外，F：防腐，TH：湿热带）
通用单相异步电动机	AO2 系列微型三相异步电动机	全封闭型结构，能防止灰砂及其他飞扬杂物侵入电动机内部，电动机冷却方式分夹道通风、带散热冷却及自冷三种。笼型转子。绝缘为 E 级	广泛应用在机械传动设备上，如小型机床、冶金、纺织、化工、医疗器械及家用电器等	体积小、质量轻、材料省、结构简单，运行可靠，维护方便	1）海拔不超过 1000m 2）环境温度不超过 40℃ 3）额定频率 50Hz 4）额定电压：AO2；380V；BO2、CO2、DO2：单相 220V 5）工作方式为连续使用。转向：可逆	—	—
	BO2 系列微型单相分相起动异步电动机		适用于不需较高的起动转矩而起动电流允许较大的一般机械传动设备，如小型机床、鼓风机、医疗器械、工业缝纫机、排风扇等	除同 AO2 系列外，起动转矩小，起动电流较大，单相分相起动，绝缘为 E 级		B3、B5、B14、B44	BO、CO、DO：系列代号 2：第 2 次改型设计
	CO2 系列微型单相电容起动异步电动机		通用于满载起动、起动电流不易过大的机械传动设备，如空压机、泵、冰箱、医疗机械等	除同 AO2 系列外，起动转矩小，起动电流小，绝缘为 E 级			

（续）

类别	系列名称	结构特点	用途及使用范围	主要性能及特点	使用条件及工作方式	安装型式及其他	型号及含义
通用单相异步电动机	DO2 系列微型单相电容运转异步电动机	全封闭型结构,能防止灰砂及其他飞扬杂物侵入电动机内部,电动机冷却方式分夹道通风、带散热冷却及自冷三种。笼型转子。绝缘为 E 级	适用于要求运转平稳及起动转矩小的机械传动设备上,如录音机、风扇、记录仪表以及各种空载起动的机械	除同 AO2 系列外,起动转矩小,起动电流小,绝缘为 E 级	1）海拔不超过 1000m 2）环境温度不超过 40℃ 3）额定频率 50Hz 4）额定电压:AO2;380V;BO2、CO2、DO2:单相 220V 5）工作方式为连续使用。转向:可逆	— B3、B5、B14、B44	— BO、CO、DO:系列代号 2:第 2 次改型设计

表 11.3-2　电动机整体结构的防护等级表征数字（摘自 GB/T 4942.1—2006）

表征数字		简　述	含　义
第一位表征数字	0	无防护电动机	无专门防护
	1	防护大于 50mm 固体的电动机	能防止大面积的人体(如手)偶然或意外地触及或接近壳内带电或转动部件(但不能防止故意接触);能防止直径大于 50mm 的固体异物进入壳内
	2	防护大于 12mm 固体的电动机	能防止手指或长度不超过 80mm 的类似物体触及或接近壳内带电或转动部件;能防止直径大于 12mm 的固体异物进入壳内
	3	防护大于 2.5mm 固体的电动机	能防止直径大于 2.5mm 的工具或导线触及或接近壳内带电或转动部件;能防止直径大于 2.5mm 的固体异物进入壳内
	4	防护大于 1mm 固体的电动机	能防止直径或厚度大于 1mm 的导线或片条触及或接近壳内带电或转动部件;能防止直径大于 1mm 的固体异物进入壳内
	5	防尘电动机	能防止触及或接近壳内带电或转动部件,进尘量不足以影响电动机的正常运行
	6	尘密电动机	完全防止尘埃进入
第二位表征数字	0	无防护电动机	无专门防护
	1	防滴电动机	垂直滴水应无有害影响
	2	15°防滴电动机	当电动机从正常位置向任何方向倾斜至 15°以内任一角度时,垂直滴水应无有害影响
	3	防淋水电动机	与垂直线成 60°角范围内的淋水应无有害影响
	4	防溅水电动机	承受任何方向的溅水应无有害影响
	5	防喷水电动机	承受任何方向的喷水应无有害影响
	6	防海浪电动机	承受猛烈的海浪冲击或强烈喷水时,电动机的进水量应不达到有害的程度
	7	防浸水电动机	当电动机浸入规定压力的水中经规定时间后,电动机的进水量应不达到有害的程度
	8	持续潜水电动机	电动机在制造厂规定的条件下能长期潜水,电动机一般为水密型,但对某些类型电动机也可允许水进入,但应不达到有害的程度

注：电动机外壳防护等级的代号由字母"IP"及附在后面的两位数字构成,如 IP44 表示电动机外壳能防护大于 1mm 固体异物进入电动机壳内,任何方向的溅水对电动机应无有害影响。

表 11.3-3　电动机结构和安装型式代号（摘自 GB/T 997—2008）

代号	示意图	轴承	机座	轴伸	结构特点	安装型式
IM B3	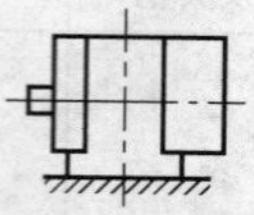	两个端盖式	有底脚	有轴伸	—	安装在基础构件上
IM B5	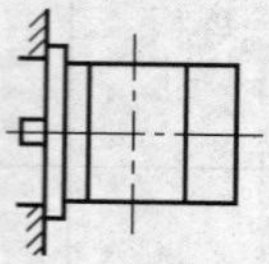	两个端盖式	无底脚	有轴伸	端盖上带凸缘，凸缘有通孔，凸缘在 D 端	借凸缘安装
IM B6	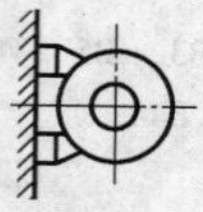	两个端盖式	有底脚	有轴伸	与 IM B3 同。但端盖需转 90°（如系套筒轴承）	借底脚安装，从 D 端看底脚在左边
IM B7	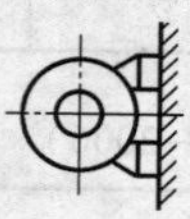	两个端盖式	有底脚	有轴伸	与 IM B3 同。但端盖需转 90°（如系套筒轴承）	借底脚安装，从 D 端看底脚在右边
IM B8		两个端盖式	有底脚	有轴伸	与 IM B3 同。但端盖需转 180°（如系套筒轴承）	借底脚安装，底脚在上
IM B9	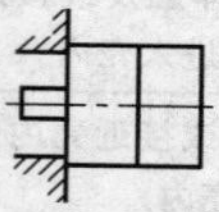	1 个端盖	无底脚	有轴伸	无凸缘	借底端的机座面安装
IM B14	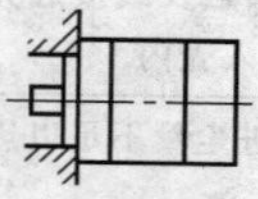	两个端盖式	无底脚	有轴伸	端盖上带凸缘；凸缘有螺孔并有止口，凸缘在 D 端	借凸缘平面安装
IM B34	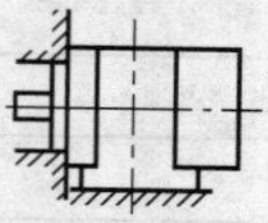	两个端盖式	有底脚	有轴伸	端盖上带凸缘，凸缘有螺孔并有止口，凸缘在 D 端	借底脚安装在基础构件上，并附用凸缘平面安装
IM B35	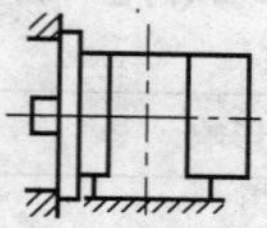	两个端盖式	有底脚	有轴伸	端盖上带凸缘，凸缘有通孔，凸缘在 D 端	借底脚安装在基础构件上，并附用凸缘安装
IM V1	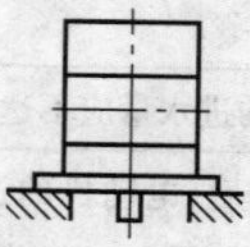	两个端盖式	无底脚	轴伸向下	端盖上带凸缘，凸缘有通孔，凸缘在 D 端	借凸缘在底部安装
IMV15	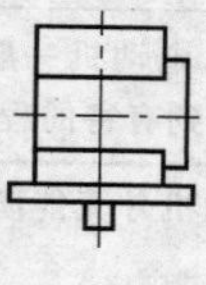	两个端盖式	有底脚	轴伸向下	端盖上带凸缘，凸缘有通孔或螺孔并有或无止口，凸缘在 D 端	安装在墙上并附用凸缘在底部安装

（续）

代号	示意图	轴承	机座	轴伸	结构特点	安装型式
IM V3	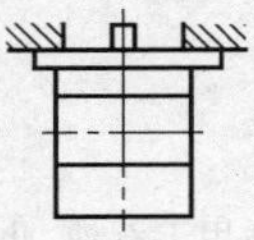	两个端盖式	无底脚	轴伸向上	端盖上带凸缘，凸缘有通孔，凸缘在 D 端	借凸缘在顶部安装
IM V36	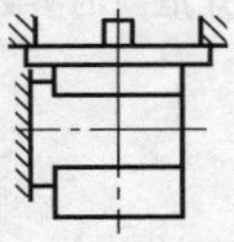	两个端盖式	有底脚	轴伸向上	端盖上带凸缘，凸缘有通孔，凸缘在 D 端	安装在墙上或基础构件上并附用凸缘在顶部安装
IM V5	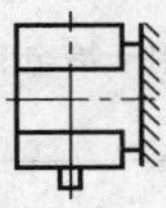	两个端盖式	有底脚	轴伸向下	—	安装墙上或基础构件上
IM V6	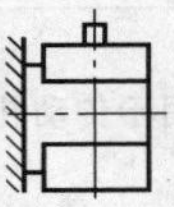	两个端盖式	有底脚	轴伸向上	—	安装墙上或基础构件上
IM V18	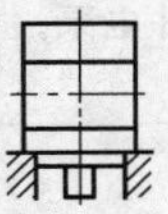	两个端盖式	无底脚	轴伸向下	端盖上带凸缘，凸缘有螺孔并有止口，凸缘在 D 端	借平面在底部安装
IM V19	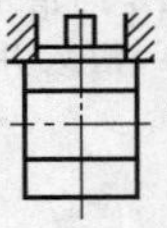	两个端盖式	无底脚	轴伸向上	端盖上带凸缘，凸缘有螺孔并有止口，凸缘在 D 端	借平面在底部安装

注：D 端，一般指电动机的传动端和发电机的从动端。

常见的派生方法如下：

（1）电气派生系列电动机　电气派生系列电动机中有 YX 系列高效率三相异步电动机，YD 系列变极多速异步电动机，YH 系列高转差率电动机，Y 系列（IP44）60Hz 电动机。

（2）结构派生系列电动机　结构派生系列电动机中有 YR 系列绕线转子三相异步电动机，YCJ 系列齿轮减速电动机，YCT 系列电磁调速电动机，YEP 系列旁磁制动电动机，YEJ 系列电磁制动电动机，YLB 系列深井水泵用电动机和 YZC 系列低振动低噪声异步电动机。

（3）特殊环境派生系列电动机　特殊环境派生的系列电动机有 Y-W 系列户外型及 Y-WF 系列户外化工防腐蚀型电动机，Y-F 系列化工防腐型电动机，YA 系列增安型电动机，YB 系列隔爆型电动机和 Y-H 系列船用电动机。

三相异步电动机的主要派生和专用系列产品及其适用范围见表 11.3-4。

表 11.3-4　主要派生和专用异步电动机的特点和适用范围

序号	产品名称	性能和结构特点	适用范围
1	YA 系列隔爆安全型异步电动机	在正常运行时不产生火花、电弧或危险温度，在这种电动机中采取适当措施，如降低各部分的温升限度，增强、提高导体连接的可靠性，以及提高对固体异物与水的防护等级等，以提高防爆安全性	适用于 1 区和 2 区有爆炸危险的场所

（续）

序号	产 品 名 称	性 能 和 结 构 特 点	适 用 范 围
2	YB 系列隔爆型异步电动机	封闭自扇冷式。增强外壳的机械强度，并保证组成外壳的零部件之间的各结合面上具有一定额间隙参数，一旦电动机内部爆炸，也不致引起周围环境的爆炸物的混合性爆炸	适用于石油、化工、煤矿井下有爆炸危险的参数
3	YF 系列防爆通风充气型异步电动机	电动机与通风装置组合成为一个整体，在包括电动机在内的整个系统内，连续通入不含有爆炸性混合物的新鲜空气或充以惰性（不燃性）气体，内部保持有一定的正压，以阻止爆炸性混合物从外部进入电动机	
4	YZ 系列起重及冶金用笼型异步电动机	断续定额，封闭自扇冷式。采用高电阻铝合金浇注的笼型转子。起动转矩大，能频繁起动，过载能力大，转差率极高	适用于冶金和一般起重设备
5	YZR 系列起重冶金用绕线转子异步电动机	转子均为绕线式，其余与 YZ 电动机相同	适用于冶金和一般起重设备
6	YG 系列辊道用三相异步电动机	外表面有环型散热筋，自然冷却，定子绕组为 H 级，耐高温，采用高电阻铝合金转子导条，起动转矩大	适用于传动轧钢辊道
7	YLB 系列立式深井泵用异步电动机	立式，自扇冷，空心轴。泵轴穿过电动机的空心轴在顶端以键相连，带防逆转装置，不允许逆转	专用于与长轴深井泵配套组成深井电泵，供工农业灌溉提水用
8	YQS 系列井用潜水异步电动机	电动机外径因受井径限制，其外形细长，内腔充满清水、密封，下部有压力调节装置，轴伸端有防砂密封装置	专用于与潜水泵配套组成潜水电泵，潜入井下供灌溉提水之用
9	YQSY 系列井用潜水异步电动机	电动机结构基本上与潜水电动机相同，但内腔充以绝缘油，另有保护装置，以调节、平衡电动机内腔与外腔内部压力，并作为贫油保护之用	
10	QY 系列河流泵用异步电动机	电动机密封，内腔充油	与河流泵配套组成一个整体，潜入 0.5~3m 浅水中提水，广泛用于农田、城建
11	YQY 系列井用潜水异步电动机	电动机特别细长，内腔充油密封，定子、转子、铁心分为若干块，定子各段之间用非导磁材料作轴承支座，绕组绝缘整体密封，机座为无缝钢管、电动机	专用于与深井油泵配套组成潜油电泵，潜入石油井中直接提油
12	YZT 系列钻井用异步电动机	按用途不同分为外通水、内通水、引流管等结构型式，电动机通过减速器、防振器与钻头相接，电动机的外形、定子和转子铁心、轴承及绝缘结构与潜油电动机相似，内部亦充油保压，电动机过载能力大	作为钻井动力直接驱动钻头克取岩心，适用于陆海各种地层勘探
13	YP 系列屏蔽异步电动机	电动机较细长，定子转子分别用屏蔽套保护，机座与接线盒间相互密封隔开，轴承为滑动轴承，一般用石墨制成，并以被输液的一部分作为冷却和润滑用。电动机与泵组合成为一密封整体，能在一定的压力和温度下保证无泄漏地输送液体	适用于核能、化工、石油等部门，传送不含有颗粒的剧毒、易燃、放射性、腐蚀性液体

（续）

序号	产品名称	性能和结构特点	适用范围
14	YH 系列高转差率异步电动机	结构和外形尺寸与基本系列相同,转子采用高阻铝合金浇注	适用于惯性矩较大且具有冲击性负荷机械的传动,如剪床、压力机、锻压机等
15	YQ 系列高起动转矩异步电动机	结构和外形尺寸与基本系列相同,转子采用双笼或深槽,起动力矩大	适用于静止负荷或惯性矩较大的机械,如压缩机、柱塞式水泵、粉碎机等
16	YLJ 系列力矩异步电动机	机械特性很软;能在堵转矩下接近同步转速的范围内稳定运行,转子导条采用高电阻黄铜条,一般装有独立的鼓风机	适用于恒张力恒线速(卷筒)传动和恒转矩(导辊)传动
17	YCT 系列电磁调速异步电动机	由异步电动机和电磁转差离合器组合而成。通过控制器控制离合器的励磁电流来调节转速	适用于恒转矩和风机类型设备的无级调速
18	YT 系列变极多速异步电动机	改变定子绕组的接线方法以改变极对数,得到多种转速。结构和外形尺寸与基本系列相同	适用于机床、EP 染机
19	YHT 系列换向器变速异步电动机	相当于反装的绕线转子异步电动机。转子上有换向器、调剂绕组和防电绕组,并有特殊的移刷机构;装有独立的鼓风机	可作恒转矩无级调速,调速范围较广,适用于印刷机、印染机以及试验设备
20	YCJ 系列齿轮减速异步电动机	由通用的异步电动机与两级圆柱齿轮减速器合成一整体	适用于矿山、轧钢、造纸、化工等部门需要低速、大转矩的各种机械设备,电机可用联轴器或直齿轮与传动机构连接
21	YXJ 系列摆线针轮减速异步电动机	由通用的异步电动机和摆线针轮减速器直接合成一体,结构紧凑、体积小,质量转速比大,一级减速比有 9 种,范围为 11 ~ 87	同 YCJ 系列
22	YEP 系列旁磁制动异步电动机	带有断电的机构;通电时转子端部的分磁块吸合导磁环压缩弹簧,打开制动装置	用于单梁吊车,或机床进给系列
23	YEC 系列杠杆制动异步电动机	带有断电的机构;通电时,定子吸合其内圆处的衔铁,通过杠杆压缩弹簧,打开制动装置	同 YEP 系列
24	YEZ 系列锥形转子制动异步电动机	带有断电制动的机构;定子内圆、转子外圆都呈锥形,有单机式和双速双机组合式。通电时,定子、转子间的轴向吸力压缩弹簧,打开制动装置	同 YEP 系列
25	YJ 系列精密机床异步电动机	振动小,对转动部分要求精密平衡;采用低噪声轴承,提高轴承定位精度,用噪声较低的槽配合,以降低噪声	适用于精密机床
26	YM 系列木工异步电动机	电动机较细长,转动惯量较小;机座用钢板或铝壳制成。轴伸有多种形状和尺寸以配合配套需要,电动机的过载能力大	与各种木工机械配套使用
27	YDF 系列电动阀门异步电动机	短时工作制,机座无散热肋,无外风扇及端面出线结构,转子较细长,具有高起动转矩、低转动惯量。电动机与阀门组合为一个整体	适用于电站、石油、化工等部门,作为自动开闭输油输气管线上阀门用,调节管内介质流量

（续）

序号	产品名称	性能和结构特点	适用范围
28	YUD 系列振捣器异步电动机	封闭式结构,无轴伸,转子两端加偏心块,机壳较厚,结构坚固	混凝土振捣用
29	YTD 系列电梯异步电动机	短时工作制,开启式、双转速(一般为 6/24 极)笼型转子导条采用高电阻合金、起动电流较低、起动转矩较高,转差率高。为了降低噪声,采用滑动轴承、合适的槽配合及较大气隙、无外风扇	用于电梯作为升降动力

1.3.1　防爆异步电动机

防爆电动机是一种可以在易燃易爆场所使用的电动机,运行时不产生电火花。防爆电动机主要用于煤矿、石油天然气、石油化工和化学工业。此外,在纺织、冶金、城市煤气、交通、粮油加工、造纸、医药等部门也被广泛应用。防爆电动机作为主要的动力设备,通常用于驱动泵、风机、压缩机和其他传动机械。

具有爆炸气体或蒸汽与空气混合物的危险场所,按其危险程度分为 0 区、1 区和 2 区三级。各级的定义和所能适用的防爆电动机类型见表 11.3-5。

爆炸性混合物按其自燃温度高低可分为 T1 ~ T6 六组,见表 11.3-6。按其试验最大不传爆间隙的大小(即传爆能力的强弱)分为 1、2、3、4 四级,见表 11.3-7。各类型防爆电动机均按其所适用场所(见表 11.3-5)中所存在爆炸性混合物的级别与组别进行设计和制造,并在产品上表明。例如:标记为 B2d 的电动机,即指石油、化工用的隔爆型电动机,适用于最大不传爆间隙为 2 级,自然温度为 T4 组的气体环境。

表 11.3-5　具有爆炸气体或蒸汽与空气混合物的危险场所级别表

级别	定义	防爆安全型	隔爆型	防爆通风充气型
0 区	正常情况下即能形成爆炸性混合物的场所	不适用	适用	适用
1 区	仅在不正常情况下才能形成爆炸性混合产物的场所	适用	适用	适用
2 区	即使在不正常情况下,形成爆炸性混合物的可能性也较小的场所	适用	适用	适用

表 11.3-6　爆炸性混合物按自燃温度 T 的分组（各类防爆电动机）

组别	T1	T2	T3	T4	T5	T6
自燃温度/℃	$450 \leq T$	$300 < T \leq 450$	$200 < T \leq 300$	$135 < T \leq 200$	$100 < T \leq 135$	$85 < T \leq 100$

表 11.3-7　爆炸性混合物按试验最大不传爆间隙 δ 的分级（隔爆型电动机）

级别	1	2	3	4
试验最大不传爆间隙 δ/mm	$1.0 < \delta$	$0.6 < \delta \leq 1.0$	$0.4 < \delta \leq 0.6$	$\delta \leq 0.4$

根据其结构和防爆原理,防爆电动机可分为增安型(YA 系列)、隔爆型(YB 系列)、防爆通风充气型(YF 系列)和正压型、无火花型、粉尘防爆电动机(YFB 系列)等多种类型。

凡按低自然温度组别设计制造的电动机均可用于较高自然温度组别的环境中。同样,按传爆能力强(如 4 级)设计的电动机均可用于传爆能力弱(如 1 级)的气体环境中。

防爆安全型电动机一般按 T3 组设计制造,可用于 T1、T2 和 T3 任一组爆炸性混合物环境中。考虑到制造上的经济性,对 T4 组和 T5 组环境所需的电动机,不采用防爆安全型而选用其他防爆类型。

对隔爆型电动机,除小型电动机有 4 级隔爆型电动机外,一般只做到 3 级。4 级爆炸性混合物环境所需的大、中型电动机可选用通风充气型。对小型电动机一般不制造防爆通风充气型。

YA、YB 防爆电动机主要用于石油、化工、煤矿等有爆炸危险的场所。

1.3.2　起重及冶金用异步电动机

起重及冶金用电动机为笼型转子电动机可满足频繁起动、制动、过载、逆转、超速、冲击和振动工作场合的需要,还可满足变频器控制下运行的需要,实现软起动、四象限运行等，从而减少对设备的冲击，并节约能源。

起重机械及冶金轧机的工作环境温度分别为 40℃ 和 60℃。为了简化生产和配套方便，两种电动机的设计除绝缘等级外，其余都相同。一般起重机用电动机为 E、B 或 F 级绝缘，冶金用电动机为 H 级绝缘。

冶金及起重用电动机大多数采用绕线转子。对于 30kW 以下的电动机在起动不很频繁而电网容量又许可全电压起动的场所，也可采用笼型转子。绕线转子和笼型电动机的定子通用。对单轴伸的电动机，二者的安装尺寸也相同。

电动机的工作方式分为 S2（短时）、S3（断续）、S4（带起动的断续）和 S5（带电制动的断续）四种，常用的为 S3 工作方式。

S3 工作方式是起重电动机的基准工作方式，即其载荷持续率为 25%，且处于断续状态工作。而 S3 冶金电动机其基准工作方式为 S3-40%，即其载荷持续率为 40%。

起重及冶金用电动机常见系列为 YZ、YZR 系列，适用于驱动各种起重机械及冶金辅助设备，具有较高的过载能力和机械强度。

1.3.3　辊道异步电动机

三相辊道异步电动机适用于轧钢机前后工作辊道和传送辊道，其工作环境温度较高，金属粉尘较多，它能承受频繁起动、制动，经常正反转和反接制动以及较大的振动和冲击。为了适应这种工作条件和工作环境，辊道电动机的结构采用自然冷却方式，其防护等级为 IP44。机座和端盖均用铸铁制成，机座呈八角形并具有与转轴垂直的若干平行环状散热肋。散热肋同时也起加强机座机械强度的作用。端盖外表面上也有散热肋，内表面上还有加强肋。

为适应环境和工作条件的需要，绕组为 H 级绝缘，轴承以二硫化钼润滑脂润滑。

YG 系列辊道用异步电动机是 JG2 系列辊道电动机更新换代产品，具有堵转转矩大、耐高温、堵转电流小、动态常数高、机械特性软等特点，同时具有体积小、运行可靠、维修方便等优点。能够在频繁起动、制动和反转运行的恶劣环境下工作，适用于单独驱动冶金工业的工作辊道辊子，也可用于拖动其他机械。可配用变频器，通过变频实现调速使用和自动控制，并有助于节能。

YG 系列辊道电动机按用途分为 YGa 和 YGb 两种形式。YGa 型辊道电动机主要用于单独拖动冶金工业的工作辊道辊子。其机械特性较软，具有堵转转矩大、堵转电流小、动态常数高等特点。能够频繁起动、制动及反转，主要以 S5 工作制运行。YGb 型辊道电动机，主要用于单独拖动冶金工业的传送辊道辊子。其机械特性较硬，调速性能好，主要以 S1 工作制运行。

YG 系列辊道电动机配用变频器，可实现调速运行，其中 50Hz 以下为恒转矩，50Hz 以上为恒功率。YGa 型可以在 40～70Hz 范围内运行，YGb 型可以在 10～70Hz 范围内运行。

YG 系列辊道电动机额定电压为 380V/220V 接法为 Y/△，额定频率为 50Hz，绝缘等级为 H 级，防护等级为 IP54，安装型式为 B3、B5、B35，冷却方式为 IC0041，电动机可满压直接起动。

1.3.4　深井泵用异步电动机

这种电动机主要用于城市、企业工厂用水以及农田灌溉。深井泵置于 100m 左右的深水井中，通过机械传动轴与地面电动机连接进行提水。常用的 YLB2 深水泵电动机系列有 5.5～22kW（2 极）、17～100kW（4 极）共 14 个规格。深井泵电动机为立式空心轴，传动轴通过电动机空心轴可伸到电动机顶端，然后用键连接，用调整螺母加以固定。

1.3.5　潜水异步电动机

潜水异步电动机是电动机与潜水泵的组合产品，或由潜水电动机输出轴直接装上泵部件组成机泵合一的产品。它可潜入井下水中或江河、湖泊、海洋水中以及其他场合水中工作，具有体积小、质量轻、起动前不需引水、不受吸程限制、不需要另设泵房、安装使用方便、性能可靠、效率较高、价格低廉、可节约投资等优点，广泛应用于从井下或江河、湖泊中取水，农业灌溉、城市供水，工矿企业排水，城乡建筑排水，居民生活用水，城市或工厂污水污物处理等。

根据其内部结构，潜水电动机可分为充水式、充油式、屏蔽式和干式四种基本类型。

充水式潜水电动机内腔充满洁净水或防锈润滑液，主要有 YQS 系列、YQS2 系列、JQS1 系列、YQSH 系列井用充水式潜水电动机及 YQSG 系列高压充水式潜水电动机等。

充油式潜水电动机为充油密封结构，内腔充满绝缘润滑油，主要有 YSQY 系列井用充油式潜水三相异步电动机、YQSYD 系列井用潜水单相异步电动机和 QY 型充油式潜水电泵等。

屏蔽式潜水电动机定子由非磁性不锈钢制作的薄壁屏蔽套、端环和机壳组成的密封室严密封闭，内充填固体填充物。主要有 YQSP 型井用屏蔽式潜水电动机、热水循环用屏蔽电泵和供化工、化纤等行业使用的屏蔽电泵等。

干式潜水电动机内腔充满空气，与陆用电动机相似，结构简单，主要有 QX 型、QDX 型和 Q 型潜水电泵，QW 型和 BQW 型、QBK 型、QWK 型矿用潜污水电泵等。

1.3.6　井用潜油异步电动机

井用潜油异步电动机用于石油油田斜井采油，一般分为立式、三相、两极笼型电动机。它与多级离心泵组成潜油电泵，可潜入几百米至 3000m 深的油井中，连续可靠地抽取井下原油层井液。井液温度约为 45 ~ 90℃，其压力在井的底层可高达 10 ~ 20MPa。井液中除原油外，还含有大量的水、天然气、硫、蜡，并含有一定数量的腐蚀性物质，如碳酸氢钠、氯化钠等。与其他型式的机械采油装置相比，潜油电泵具有排油量大、效率高等优点。

常用的 YQY 潜油电动机系列有 17kW 和 40kW 两种规格，适用于 φ140mm 油井中。电动机非常细长，这是制造大容量潜油电动机的困难所在。

1.3.7　屏蔽异步电动机

在核能、化工、石油、轻工等部门，常采用屏蔽异步电动机与泵组成泵合一的密封整体，输送不含颗粒的带有危险性（有剧毒、放射性、腐蚀性或易燃易爆等）或昂贵液体。这种电动机在一定的压力、温度下运行时，具有高度的密封性，保证被输送液体不外泄。

常用的屏蔽电动机功率范围为 0.75 ~ 132kW（2极）和 0.75 ~ 37kW（4极）共 34 个规格。

1.3.8　高转差率异步电动机

高转差率三相异步电动机是基本系列的一种派生产品。它的转子采用高电阻率铝合金铸造而成，而其他零部件与基本系列通用，其外形及安装尺寸也完全与基本系列一致。该类电动机具有较高的转差率，约 8% ~ 12%；具有较大的起动转矩，约为额定转矩的 2.2 ~ 2.5 倍；较低的起动电流，一般为额定电流的 4 ~ 6 倍。它的机械特性较软，因此，这种电动机在拖动冲击负载时电动机的转速下降较大，使飞轮所储存的动能容易释放。这种电动机适用于压力机械、锻压机械以及类似的机械，也适于频繁起动和反转的生产机械。

高转差率异步电动机一般用于断续工作制，在额定负载下负载持续率有 25%、40% 和 60% 三种，但也可以在 15% 或连续定额的长时工作制下工作，电动机在非额定持续率工作时，其允许输出功率应当相应改变。

常用 YH02 系列高转差异步电动机的功率范围为

0.6 ~ 100kW，共有 18 个功率等级。

1.3.9　三相力矩异步电动机

力矩电动机的机械特性如图 11.3-1 所示。由于特性软，稍大负载其转速就有较大的变化，如果增加其所串接的转子电阻，则其特性将更软。

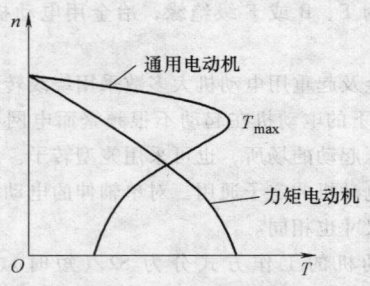

图11.3-1　力矩电动机与一般
电动机的机械特性比较

由于转子电阻高，损耗大，所产生的热量也大，特别是在低速运行或堵转运行时更为严重。因此，输出转矩较大的电动机均装有独立的鼓风机，作为强迫通风用。

力矩电动机广泛应用于造纸、电线电缆、纺织等部门作为卷绕、堵转、调速等设备的动力。按其用途和相应的机械特性分为两类，即近似卷绕特性（恒功率）和近似导辊特性（恒转矩）两类。这两种类型的机械特性如图 11.3-2 所示。

在金属加工、造纸、化工和电线、电缆工业中，常需将产品卷绕在辊筒上。当卷筒直径随着卷绕物加厚而逐步增大时，要求被卷绕物的张力和线速度保持恒定，这时卷筒的转速必须适应卷筒直径的加大而降低，来保证张力恒定。

当卷绕的产品规格改变时，可通过改变电动机端电压来满足不同的张力要求。

在某些生产过程中，需要用力矩电动机来传送产品而不作卷绕，这称为导辊传动。这种装置要求张力 F 恒定。由于导辊直径 D 始终不变，所以转矩 $T = FD$ 为一常数，即导辊特性为一垂直线，如图 11.3-2b 所示。

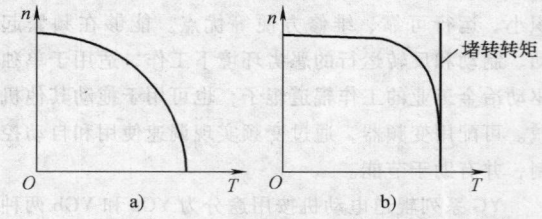

图11.3-2　力矩电动机的两种机械特性
a）卷绕特性　b）导辊特性

1.3.10　电磁调速异步电动机

这种电动机也称电磁转差离合器电动机或滑差电动机，它由通用笼型异步电动机和电磁转差离合器（以下简称离合器）组成，是一种交流无级调速电动机。它通过负载反馈自动调节励磁电流的控制器可进行较广范围的平滑调速（调速比 10∶1）。这种电动机结构简单、运行可靠、维修方便，适用于纺织、化工、造纸、水泥和制糖等部门的恒转矩负载，也适用于风机、水系类载荷。

电磁离合器本身的机械特性很软，转速随载荷有明显的变化，励磁电流越小，其机械特性越软，其固有机械特性如图 11.3-3 所示。随励磁电流 I_f 减小，特性变软。但为了提高特性硬度，采用载荷负反馈自动调节励磁的方法，可以改变离合器的机械特性，其人工机械特性如图 11.3-4 所示。

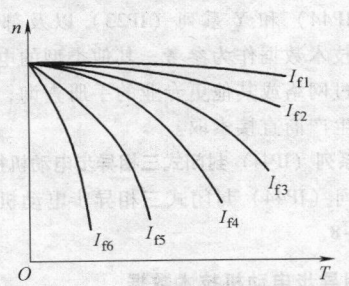

图11.3-3　离合器的固有机械特性

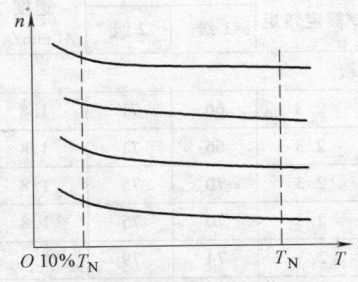

图11.3-4　离合器人工机械特性

电磁调速异步电动机又称滑差电动机，它是一种利用直流电磁滑差恒转矩控制的交流无级变速电动机。由于它具有调速范围广、速度调节平滑、起动转矩大、控制功率小、有速度负反馈、自动调节系统时机械特性硬度高等一系列优点，因此在印刷机及其订书机、无线装订、高频烘干联动机、链条锅炉炉排控制中都得到广泛应用。

一般常用的控制方式是闭环反馈调节励磁电流，可以获得较满意的调速效果。这种电动机的调速范围和调速精度是设计人员选择此种电动机时需要主要考虑的条件。此外，在多粉尘环境中使用时，应有必要措施防止电枢表面积尘，导致电枢与磁极间的间隙堵塞而影响调速。还有，由于离合器存在摩擦转矩和剩磁，当负载小于 10% 额定转矩时，控制特性将变坏，甚至会发生失控。离合器的效率近似地等于 $1\sim s$（s 为转差率）。因此，这类电动机在低速运行时，效率是较低的。

1.3.11　变极多速异步电动机

这种电动机是利用改变电动机绕组的极对数而获得两种或两种以上转速的。电动机具有可随负载的不同要求而有级地变化功率和转速的特性，从而可达到与负载的合理匹配，这对简化变速系统和节约能源有很大意义。变更绕组极对数的方法如下：

1）改变定子绕组的接法来实现变更极对数。这种方法多用于倍极比（2∶1），非倍极而速比较近的双速电动机或三速电动机。

2）在定子槽内嵌有两个不同极对数的独立绕组。这种方法一般只用于非倍极而速比较远的双速电动机。

3）在定子槽内嵌有两个不同极对数的独立绕组，而且每个绕组又可以有不同的连接，取得不同的极对数。这种方法用于三速或四速电动机。

在这三种方法中以第一种比较经济，其应用也较多。这种多速电动机大都为笼型电动机，其结构与基本系列异步电动机基本相似。

变极对数电动机广泛应用于机床、矿山、冶金、纺织等工业部门的各式万能、组合、专用金属切削机床以及需要变速的各种传动机构。

电动机的电压、频率、安装及外形尺寸、绝缘等级、防护等级、冷却方式均与 Y 系列相同，安装尺寸符合 IEC 标准要求。电动机具有体积小、重量轻、性能优良、运行可靠、控制系统简单等特点。

1.3.12　机械减速异步电动机

此类电动机是由笼型电动机和机械减速装置组成的集成体。这种集成体通常也可称为齿轮马达或齿轮电动机，通常由专业的减速机生产厂进行集成组装好后成套供货，能输出低速大转矩，可用于需要低速传动的生产机械。

机械减速电动机按照类型可分为齿轮减速器、蜗杆减速器、行星齿轮减速器和摆线针轮减速器；按照传动级数不同可分为单级和多级减速器；按照齿轮形状可分为圆柱齿轮减速器、锥齿轮减速器和圆锥—圆柱齿轮减速器；按照传动的布置形式又可分为展开式、分流式和同轴式减速器。

齿轮减速异步电动机由齿轮减速器与封闭自扇冷式异步电动机组成。常用的 YCJ-A 系列齿轮减速异步电动机的减速器有两对齿轮，为二级减速；有15种减速比，配4极电动机，其输出转速分别为48r/min、53r/min、59r/min、61r/min、75r/min、88r/min、97r/min、102r/min、114r/min、129r/min、150r/min、171r/min、184r/min、219r/min。如果需要更低转速时，可用6极电动机与减速器配合得到。

摆线针轮减速电动机的摆线针轮行星传动由太阳轮、转臂和摆线轮等基本构件组成。具有较大的减速比，一级减速比范围为 11 ~ 87，共分 9 种。多级组合时，其减速比为各级减速比乘积。此外，摆线针轮减速电动机还具有以下特点：

1）效率高，一级减速时平均效率为 90% 左右。

2）体积小，质量轻，与圆柱减速器相比体积小1/2，质量轻 2/3。

3）性能好，运转平稳，噪声小，能承受过载冲击。

机械减速电动机一般用于低转速大转矩的传动设备，把电动机、内燃机或其他高速运转的动力通过减速机的输入轴上的齿数少的齿轮啮合输出轴上的大齿轮来达到减速的目的。广泛应用于钢铁行业、机械行业等。使用减速电动机的优点是简化设计、节省空间。

1.3.13 自制动异步电动机

自制动异步电动机是一种自身带制动机构的电动机。这种电动机广泛用做单梁吊车及行走机构的拖动电动机，也适用于其他要求快速、准确停车的机械，如橡胶化工机械、木工机械以及机床的进给系统等。

常用的自制动异步电动机结构型式有旁磁式、杠杆式和锥形转子式三种。

这种用机械齿轮产生制动的异步电动机使用方便，操作简单。此外也可以采用电制动的方法获得停车的功能，如能耗制动。当断电时电动机转速迅速降至零，然后把闸定位。不仅结构简单，使用时还可以减少磨损。

1.4 异步电动机产品及其技术数据

异步电动机种类繁多，本节无法一一列举，而且随着技术的发展，新型电动机不断涌现，本节仅列举Y系列（IP44）和Y系列（IP23）以及部分较常用的电动机技术数据作为参考，其他类型的电动机技术数据可通过网络或其他更专业的手册查询，也可向各大电动机生产商直接索取。

1.4.1 Y系列（IP44）封闭式三相异步电动机技术数据

Y系列（IP44）封闭式三相异步电动机技术数据见表 11.3-8。

表 11.3-8 Y系列（IP44，380V）封闭式三相异步电动机技术数据

型号	额定功率/kW	额定电流/A	转速/(r/min)	效率(%)	功率因数cosφ	堵转转矩/额定转矩	堵转电流/额定电流	最大转矩/额定转矩	噪声/dB(A) 1级	2级	振动速度/(mm/s)	质量/kg
同步转速 3000r/min 2级											
Y80M1-2	0.75	1.8	2830	75.0	0.84	2.2	6.5	2.3	66	71	1.8	17
Y80M2-2	1.1	2.5	2830	77.0	0.86	2.2	7.0	2.3	66	71	1.8	18
Y90S-2	1.5	3.4	2840	78.0	0.85	2.2	7.0	2.3	70	75	1.8	22
Y90L-2	2.2	4.8	2840	80.5	0.86	2.2	7.0	2.3	70	75	1.8	25
Y100L-2	3	6.4	2880	82.0	0.87	2.2	7.0	2.3	74	79	1.8	34
Y112M-2	4	8.2	2890	85.5	0.87	2.2	7.0	2.3	74	79	1.8	45
Y132S1-2	5.5	11.1	2900	85.5	0.88	2.0	7.0	2.3	78	83	1.8	67
Y132S2-2	7.5	15	2900	86.2	0.88	2.0	7.0	2.3	78	83	1.8	72
Y160M1-2	11	21.8	2930	87.2	0.88	2.0	7.0	2.3	82	87	2.8	115
Y160M2-2	15	29.4	2930	88.2	0.88	2.0	7.0	2.3	82	87	2.8	125
Y160L-2	18.5	35.5	2930	89.0	0.89	2.0	7.0	2.2	82	87	2.8	145
Y180M-2	22	42.2	2940	89.0	0.89	2.0	7.0	2.2	87	92	2.8	173
Y200L1-2	30	56.9	2950	90.0	0.89	2.0	7.0	2.2	90	95	2.8	232
Y200L2-2	37	69.8	2950	90.5	0.89	2.0	7.0	2.2	90	95	2.8	250
Y225M-2	45	84	2970	91.5	0.89	2.0	7.0	2.2	90	95	2.8	312
Y250M-2	55	103	2970	91.5	0.89	2.0	7.0	2.2	92	97	4.5	387
Y280S-2	75	139	2970	92.0	0.89	2.0	7.0	2.2	94	99	4.5	515

（续）

型号	额定功率 /kW	额定电流 /A	转速 /(r/min)	效率 (%)	功率因数 cosφ	堵转转矩 /额定转矩	堵转电流 /额定电流	最大转矩 /额定转矩	噪声/dB(A)		振动速度 /(mm/s)	质量 /kg
									1 级	2 级		
同步转速　3000r/min　　2 级												
Y280M-2	90	166	2970	92.5	0.89	2.0	7.0	2.2	94	99	4.5	566
Y315S-2	110	203	2980	92.5	0.89	1.8	6.8	2.2	99	104	4.5	922
Y315M-2	132	242	2980	93.0	0.89	1.8	6.8	2.2	99	104	4.5	1010
Y315L1-2	160	292	2980	93.5	0.89	1.8	6.8	2.2	99	104	4.5	1085
Y315L2-2	200	365	2980	93.5	0.89	1.8	6.8	2.2	99	104	4.5	1220
Y355M1-2	220	399	2980	94.2	0.89	1.2	6.9	2.2	109		4.5	1710
Y355M2-2	250	447	2985	94.5	0.90	1.2	7.0	2.2	111		4.5	1750
Y355L1-2	280	499	2985	94.7	0.90	1.2	7.1	2.2	111		4.5	1900
Y355L2-2	315	560	2985	95.0	0.90	1.2	7.1	2.2	111		4.5	2105
同步转速　1500r/min　　4 级												
Y80M1-4	0.55	1.5	1390	73.0	0.76	2.4	6.0	2.3	56	67	1.8	17
Y80M2-4	0.75	2	1390	74.5	0.76	2.3	6.0	2.3	56	67	1.8	17
Y90S-4	1.1	2.7	1400	78.0	0.78	2.3	6.5	2.3	61	67	1.8	25
Y90L-4	1.5	3.7	1400	79.0	0.79	2.3	6.5	2.3	62	67	1.8	26
Y100L1-4	2.2	5	1430	81.0	0.82	2.2	7.0	2.3	65	70	1.8	34
Y100L2-4	3	6.8	1430	82.5	0.81	2.2	7.0	2.3	65	70	1.8	35
Y112M-4	4	8.8	1440	84.5	0.82	2.2	7.0	2.3	68	74	1.8	47
Y132S-4	5.5	11.6	1440	85.5	0.84	2.2	7.0	2.3	70	78	1.8	68
Y132M-4	7.5	15.4	1440	87.0	0.85	2.2	7.0	2.3	71	78	1.8	79
Y160M-4	11	22.6	1460	88.0	0.84	2.2	7.0	2.3	75	82	1.8	122
Y160L-4	15	30.3	1460	88.5	0.85	2.2	7.0	2.3	77	82	1.8	142
Y180M-4	18.5	35.9	1470	91.0	0.86	2.0	7.0	2.2	77	82	1.8	174
Y180L-4	22	42.5	1470	91.5	0.86	2.0	7.0	2.2	77	82	1.8	192
Y200L-4	30	56.8	1470	92.2	0.87	2.0	7.0	2.2	79	84	1.8	253
Y225S-4	37	70.4	1480	91.8	0.87	1.9	7.0	2.2	79	84	1.8	294
Y225M-4	45	84.2	1480	92.3	0.88	1.9	7.0	2.2	79	84	1.8	327
Y250M-4	55	103	1480	92.6	0.88	2.0	7.0	2.2	81	86	2.8	381
Y280S-4	75	140	1480	92.7	0.88	1.9	7.0	2.2	85	90	2.8	535
Y280M-4	90	164	1480	93.5	0.89	1.9	7.0	2.2	85	90	2.8	634
Y315S-4	110	201	1480	93.5	0.89	1.8	6.8	2.2	93	98	2.8	912
Y315M-4	132	240	1480	94.0	0.89	1.8	6.8	2.2	96	101	2.8	1048
Y315L1-4	160	289	1480	94.5	0.89	1.8	6.8	2.2	96	101	2.8	1105
Y315L2-4	200	361	1480	94.5	0.89	1.8	6.8	2.2	96	101	2.8	1260
Y355M1-4	220	407	1488	94.4	0.87	1.4	6.8	2.2	106		4.5	1690
Y355M3-4	250	461	1488	94.7	0.87	1.4	6.8	2.2	108		4.5	1800
Y355L2-4	280	515	1488	94.9	0.87	1.4	6.8	2.2	108		4.5	1945
Y355L3-4	315	578	1488	95.2	0.87	1.4	6.9	2.2	108		4.5	1985
同步转速　1000r/min　　6 级												
Y90S-6	0.75	2.3	910	72.5	0.7	2.0	5.5	2.2	56	65	1.8	21
Y90L-6	1.1	3.2	910	73.5	0.7	2.0	5.5	2.2	56	65	1.8	24
Y100L-6	1.5	4	940	77.5	0.7	2.0	6.0	2.2	62	67	1.8	35

（续）

型号	额定功率/kW	额定电流/A	转速/(r/min)	效率(%)	功率因数 cosφ	堵转转矩/额定转矩	堵转电流/额定电流	最大转矩/额定转矩	噪声/dB(A) 1级	噪声/dB(A) 2级	振动速度/(mm/s)	质量/kg
同步转速 1000r/min 6级												
Y112M-6	2.2	5.6	940	80.5	0.7	2.0	6.0	2.2	62	67	1.8	45
Y132S-6	3	7.2	960	83.0	0.8	2.0	6.5	2.2	66	71	1.8	66
Y132M1-6	4	9.4	960	84.0	0.8	2.0	6.5	2.2	66	71	1.8	75
Y132M2-6	5.5	12.6	960	85.3	0.8	2.0	6.5	2.2	66	71	1.8	85
Y160M-6	7.5	17	970	86.0	0.8	2.0	6.5	2.0	69	75	1.8	116
Y160L-6	11	24.6	970	87.0	0.8	2.0	6.5	2.0	70	75	1.8	139
Y180M-6	15	31.4	970	89.5	0.8	1.8	6.5	2.0	70	78	1.8	182
Y200L1-6	18.5	37.7	970	89.8	0.8	1.8	6.5	2.0	73	78	1.8	228
Y200L2-6	22	44.6	980	90.2	0.8	1.8	6.5	2.0	73	78	1.8	246
Y225M-6	30	59.5	980	90.2	0.9	1.7	6.5	2.0	76	81	1.8	294
Y250M-6	37	72	980	90.8	0.9	1.8	6.5	2.0	76	81	2.8	395
Y280S-6	45	85.4	980	92.0	0.9	1.8	6.5	2.0	79	84	2.8	505
Y280M-6	55	104	980	92.0	0.9	1.8	6.5	2.0	79	84	2.8	56
Y315S-6	75	141	980	92.8	0.9	1.6	6.5	2.0	87	92	2.8	850
Y315M-6	90	169	980	93.2	0.9	1.6	6.5	2.0	87	92	2.8	965
Y315L1-6	110	206	980	93.5	0.9	1.6	6.5	2.0	87	92	2.8	1028
Y315L2-6	132	246	980	93.8	0.9	1.6	6.5	2.0	87	92	2.8	1195
Y355M1-6	160	300	990	94.1	0.9	1.3	6.7	2.0	102		4.5	1590
Y355M2-6	185	347	990	94.3	0.9	1.3	6.7	2.0	102		4.5	1665
Y355M4-6	200	375	990	94.3	0.9	1.3	6.7	2.0	102		4.5	1725
Y355L1-6	220	411	991	94.5	0.9	1.3	6.7	2.0	102		4.5	1780
Y355L3-6	250	466	991	94.7	0.9	1.3	6.7	2.0	105		4.5	1865
同步转速 750r/min 8级												
Y132S-8	2.2	5.8	710	80.5	0.7	2.0	5.5	2.0	61	66	1.8	66
Y132M-8	3	7.7	710	82.0	0.7	2.0	5.5	2.0	61	66	1.8	76
Y160M1-8	4	9.9	720	84.0	0.7	2.0	6.0	2.0	64	69	1.8	105
Y160M2-8	5.5	13.3	720	85.0	0.7	2.0	6.0	2.0	64	69	1.8	115
Y160L-8	7.5	17.7	720	86.0	0.8	2.0	5.5	2.0	67	69	1.8	140
Y180L-8	11	24.8	730	87.5	0.8	1.7	6.0	2.0	67	72	1.8	180
Y200L-8	15	34.1	730	88.0	0.8	1.8	6.0	2.0	70	72	1.8	228
Y225S-8	18.5	41.3	730	89.5	0.8	1.7	6.0	2.0	70	75	1.8	265
Y225M-8	22	47.6	730	90.0	0.8	1.8	6.0	2.0	70	75	1.8	296
Y250M-8	30	63	730	90.5	0.8	1.8	6.0	2.0	73	75	1.8	391
Y280S-8	37	78.2	740	91.0	0.8	1.8	6.0	2.0	73	78	2.8	500
Y280M-8	45	93.2	740	91.7	0.8	1.8	6.0	2.0	73	78	2.8	562
Y315S-8	55	114	740	92.0	0.8	1.6	6.5	2.0	82	87	2.8	875
Y315M-8	75	152	740	92.5	0.8	1.6	6.5	2.0	82	87	2.8	1008
Y315L1-8	90	179	740	93.0	0.8	1.6	6.5	2.0	82	87	2.8	1065
Y315L2-8	110	218	740	93.3	0.8	1.6	6.3	2.0	82	87	2.8	1195
Y355M2-8	132	264	740	93.8	0.8	1.3	6.3	2.0	99		4.5	1675
Y355M4-8	160	319	740	94.0	0.8	1.3	6.3	2.0	99		4.5	1730

（续）

型号	额定功率/kW	额定电流/A	转速/(r/min)	效率(%)	功率因数cosφ	堵转转矩/额定转矩	堵转电流/额定电流	最大转矩/额定转矩	噪声/dB(A)		振动速度/(mm/s)	质量/kg
									1 级	2 级		
同步转速　750r/min　8 级												
Y355L3-8	185	368	742	94.2	0.8	1.3	6.3	2.0	99		4.5	1840
Y355L4-8	200	398	743	94.3	0.8	1.3	6.3	2.0	99		4.5	1905
同步转速　600r/min　10 级												
Y315S-10	45	101	590	91.5	0.7	1.4	6.0	2.0	82	87	2.8	838
Y315M-10	55	123	590	92.0	0.7	1.4	6.0	2.0	82	87	2.8	960
Y315L2-10	75	164	590	92.5	0.8	1.4	6.0	2.0	82	87	2.8	1180
Y355M1-10	90	191	595	93.0	0.8	1.2	6.0	2.0	96		4.5	1620
Y355M2-10	110	230	595	93.2	0.8	1.2	6.0	2.0	96		4.5	1775
Y355L1-10	132	275	595	93.5	0.8	1.2	6.0	2.0	96		4.5	1880

注：数据来源于西安电机厂，仅供参考。

1.4.2　Y 系列（IP23）防护式三相异步电动机技术数据

Y 系列（IP23）防护式三相异步电动机技术数据　　见表 11.3-9。

表 11.3-9　Y 系列（IP23，380V）防护式三相异步电动机技术数据

型　号	额定功率/kW	额定转速/(r/min)	额定电流/A	效率(%)	功率因数cosφ	堵转电流/额定电流	堵转转矩/额定转矩	最大转矩/额定转矩	质量/kg
Y200L-2	55	2970	103	91.5	0.89	7.0	1.9	2.2	310
Y225M-2	75	2970	140	91.5	0.89	6.8	1.8	2.2	380
Y2505-2	90	2970	167	92.0	0.89	6.8	1.8	2.2	420
Y250M-2	110	2970	201	92.5	0.90	6.8	1.7	2.2	380
Y280M-2	132	2970	241	92.5	0.90	6.8	1.7	2.2	615
Y315S-2	160	2970	292	92.5	0.90	6.8	1.4	2.0	900
Y315M1-2	185	2965	338	92.5	0.90	6.8	1.4	2.0	900
Y315M2-2	200	2970	363	93.0	0.90	6.8	1.4	2.0	950
Y315M3-2	220	2965	397	93.5	0.90	6.8	1.4	2.0	950
Y315M4-2	220	2965	460	93.8	0.88	6.8	1.2	2.0	1000
Y355M2-2	280	2970	514	94.0	0.88	6.5	1.0	1.8	1330
Y355M3-2	315	2970	572	94.0	0.89	6.5	1.0	1.8	1390
Y355L1-2	355	2970	643	94.3	0.89	6.5	1.0	1.8	1420
Y200L-4	45	1480	86	91.5	0.87	7.0	2.0	2.2	310
Y225M-4	55	1480	100	91.5	0.88	7.0	1.8	2.2	380
Y250S-4	75	1480	141	92.0	0.88	6.8	2.0	2.2	440
Y250M-4	90	1480	168	92.5	0.88	6.8	2.2	2.2	400
Y280S-4	110	1480	205	92.5	0.88	6.8	1.7	2.2	590
Y280M-4	132	1480	245	93.0	0.88	6.8	1.8	2.2	660
Y315S-4	160	1480	297	93.0	0.88	6.8	1.4	2.0	950
Y315M1-4	185	1480	342	93.5	0.88	6.8	1.4	2.0	990
Y315M2-4	200	1480	368	93.8	0.88	6.8	1.4	2.0	1040
Y315M3-4	220	1480	404	94.0	0.88	6.8	1.4	2.0	1060
Y315M4-4	250	1480	458	94.3	0.88	6.8	1.2	2.0	1100
Y355M2-4	280	1480	567	94.3	0.89	6.5	1.2	1.8	1420

（续）

型　　号	额定功率 /kW	额定转速 /(r/min)	额定电流 /A	效率 （%）	功率因数 cosφ	堵转电流 /额定电流	堵转转矩 /额定转矩	最大转矩 /额定转矩	质量 /kg
Y355M3-4	315	1480	564	94.3	0.90	6.5	1.0	1.8	1485
Y355L1-4	355	1480	634	94.5	0.90	6.5	1.0	1.8	1600
Y200L-6	30	985	60	89.5	0.85	6.5	1.7	2.0	295
Y225M-6	37	985	71	90.5	0.87	6.5	1.8	2.0	360
Y250S-6	45	985	86	91.0	0.86	6.5	1.8	2.0	420
Y250M-6	55	985	106	91.0	0.87	6.5	1.8	2.0	380
Y280S-6	75	985	143	91.5	0.87	6.5	1.8	2.0	555
Y280M-6	90	985	169	92.0	0.88	6.5	1.8	2.0	645
Y315S-6	110	985	207	93.0	0.87	6.5	1.3	1.8	1000
Y315M1-6	132	985	247	93.5	0.87	6.5	1.3	1.8	1050
Y315M2-6	160	985	298	93.8	0.87	6.5	1.3	1.8	1100
Y355M1-6	185	985	344	94.0	0.87	6.0	1.1	1.8	1400
Y355M2-6	200	985	372	94.0	0.87	6.0	1.1	1.8	1450
Y355M3-6	220	985	404	94.0	0.88	6.0	1.1	1.8	1500
Y355M4-6	250	985	458	94.3	0.88	6.0	1.1	1.8	1570
Y355L1-6	280	985	513	94.3	0.88	6.0	1.1	1.8	1650
Y200L-8	22	740	48	89.0	0.78	6.0	1.8	2.0	——
Y225M-8	30	740	63	89.5	0.81	6.0	1.7	2.0	——
Y250S-8	37	740	78	90.0	0.80	6.0	1.6	2.0	430
Y250M-8	45	740	94	90.0	0.80	6.0	1.8	2.0	380
Y280S-8	55	740	115	91.0	0.80	6.0	1.8	2.0	555
Y280M-8	75	740	154	91.5	0.81	6.0	1.8	2.0	645
Y315S-8	90	740	183	92.2	0.81	6.0	1.3	1.8	1000
Y315M1-8	110	740	222	92.8	0.81	6.0	1.3	1.8	1060
Y315M2-8	132	740	265	93.3	0.81	6.0	1.3	1.8	1140
Y355M2-8	160	740	286	93.5	0.81	5.5	1.1	1.8	1400
Y355M3-8	185	740	371	93.5	0.81	5.5	1.1	1.8	1440
Y355M4-8	200	740	401	93.5	0.81	5.5	1.1	1.8	1520
Y355L1-8	220	740	439	94.0	0.81	5.5	1.1	1.8	1620
Y355L2-8	250	740	511	94.0	0.79	5.5	1.1	1.8	1690
Y315S-10	55	590	123	91.5	0.74	5.5	1.2	1.8	950
Y315M1-10	75	590	165	92.0	0.75	5.5	1.2	1.8	1030
Y315M2-10	90	590	196	92.0	0.76	5.5	1.2	1.8	1080
Y355M2-10	110	590	232	92.5	0.78	5.5	1.0	1.8	1450
Y355M3-10	132	590	274	92.8	0.79	5.5	1.0	1.8	1550
Y355L1-10	160	590	332	92.8	0.79	5.5	1.0	1.8	1600
Y355L2-10	185	590	383	93.0	0.79	5.5	1.0	1.8	1660
Y355M4-12	90	492	201	92.0	0.74	5.5	1.0	1.8	1600
Y355L1-12	110	492	241	92.3	0.75	5.5	1.0	1.8	1620
Y355L2-12	132	492	289	92.5	0.75	5.5	1.0	1.8	1690

注：数据来源于山东联创电机有限公司，仅供参考。

1.4.3　YX 系列高效率三相异步电动机技术数据　　　　典型 YX 系列电动机型号及技术参数见表 11.3-10。

表 11.3-10　YX 系列电动机技术数据（380V, 50Hz, *H* 为 80～280mm）

型　　号	额定功率/kW	转速/(r/min)	电流/A	效率（输出功率/额定功率）			功率因数 cosφ	堵转转矩/额定转矩	堵转电流/额定电流	最大转矩/额定转矩	质量/kg
				100%	75%	50%					
YX100L-2	3	2880	5.9	86.5	—	—	0.89	2	8	2.2	36
YX112M-2	4	2910	7.7	86.3	—	—	0.89	2	8	2.2	48
YX132S1-2	6.5	2920	10.6	88.6	86.8	86.3	0.89	1.8	8	2.2	65
YX132S2-2	7.5	2920	14.3	89.7	88.6	88	0.89	1.8	8	2.2	70
YX160M1-2	11	2950	20.9	90.8	89	88.2	0.89	1.8	8	2.2	115
YX160M2-2	15	2950	27.8	92	90.2	89.4	0.88	1.8	8	2.2	125
YX160L-2	18.5	2950	34.3	92	91.2	90.4	0.89	1.8	8	2.2	138
YX180M-2	22	2950	40.1	92.5	92.4	91.6	0.90	1.8	8	2.2	165
YX200L1-2	30	2960	54.5	93	92.4	91.7	0.90	1.8	7.5	2.2	225
YX200L2-2	37	2950	67.0	93.2	92.5	92.1	0.90	1.8	7.5	2.2	230
YX225M-2	45	2970	80.8	94	93	92.7	0.90	1.8	7.5	2.2	315
YX250S-2	55	2980	99.7	94.2	93.4	93	0.89	1.8	7.5	2.2	400
YX280S-2	75	2970	135.8	94.2	—	—	0.89	1.8	7.5	2.2	535
YX280M-2	90	2980	162.6	94.5	—	—	0.89	1.8	7.5	2.2	590
YX100L1-2	2.2	1440	4.7	86.3	—	86.5	0.82	2	8	2.2	—
YX100L2-2	3	1440	6.4	86.5	—	86.6	0.82	2	8	2.2	—
YX112M-2	4	1460	8.3	88.3	87	88.5	0.83	2	8	2.2	—
YX132S-4	5.5	1460	11.2	89.5	87.2	89.5	0.83	2	8	2.2	69
YX188M-4	7.5	1460	14.8	90.3	89	90.8	0.85	2	8	2.2	84
YX160M-4	1.1	1470	20.9	91.3	90.2	91.6	0.87	2	8	2.2	130
YX160L-4	15	1470	28.5	91.8	90.7	91.7	0.87	2	8	2.2	141
YX180M-4	16.5	1480	35.2	93	92	92.6	0.86	1.8	8	2.2	180
YX180L-4	22	1480	41.7	93.2	92.2	93	0.86	1.8	8	2.2	198
YX200L-4	30	1480	56	93.6	93.2	93.5	0.87	1.8	7.5	2.2	255
YX225S-4	37	1480	68.9	93.8	93.6	—	0.87	1.7	7.5	2.2	303
YX250M-4	45	1480	83.1	94.1	93.8	—	0.87	1.7	7.5	2.2	338
YX250M-4	55	1490	101.3	94.5	—	—	0.87	1.7	7.5	2.2	425
YX280S-4	75	1490	138.4	94.7	—	—	0.88	1.7	7.5	2.2	550
YX280M-4	90	1490	162.7	95	—	—	0.89	1.7	7.5	2.2	650
YX100L-6	1.5	960	3.8	82.4		82	0.72	2	7	2	—
YX112M-6	2.2	970	5.3	85.3	—	84.8	0.74	2	7	2	—
YX132S-6	3	980	6.9	87.2	82.8	86.6	0.76	2	7	2	65
YX132M1-6	4	970	9	88	85.8	87.6	0.77	2	7	2	76
YX132M2-6	5.5	970	12.1	88.5	87.5	88.3	0.78	2	7	2	85
YX160M-6	7.5	980	16	90	88.4	89.6	0.79	2	7	2	125
YX160L-6	11	980	23.4	90.4	88.8	90.2	0.81	2	7	2	140
YX180L-6	15	980	30.7	91.7	90.4	91.5	0.83	2	7	2	185
YX200L1-6	18.5	980	38.9	91.7	91	91.5	0.84	1.8	7	2	235
YX200L2-6	22	980	43.2	92.1	92.2	91.8	0.85	1.8	7	2	250

（续）

型　号	额定功率 /kW	转速 /(r/min)	电流 /A	效率（输出功率/额定功率）			功率因数 cosφ	堵转转矩 /额定转矩	堵转电流 /额定电流	最大转矩 /额定转矩	质量 /kg
				100%	75%	50%					
YX225M-6	30	990	57.7	93	92.2	—	0.85	1.8	7	2	303
YX250M-6	37	990	70.8	93.4	92.5	—	0.85	1.8	7	2	403
YX280S-6	45	990	84	93.6	—	—	0.87	1.8	7	2	525
YX280M-6	55	990	102.8	93.8	—	—	0.87	1.8	7	2	535

注：1. 型号中 Y 代表异步电动机，X 代表高效率，其后面三位阿拉伯数字代表中心高，如 160 指中心高 160mm，再后面的英文字母 S 代表机座长（S 短，M 中，L 长）；最后-2 表示极对（分 2、4、6 三种）。

2. 数据来源于减速机信息网，仅供参考。

1.4.4　YR 系列（IP23）防护式绕线转子三相异步电动机技术数据

YR 系列（IP23）防护式绕线转子三相异步电动机技术数据见表 11.3-11。

表 11.3-11　YR 系列（IP23）防护式绕线转子三相异步电动机技术数据

型　号	功率 /kW	转速 /(r/min)	电流 380V 时 /A	效率 (%)	功率因数 cosφ	最大转矩 /额定转矩	转子		噪声（声功率级） /dB(A)	转子转动惯量 /kg·m²	质量 /kg
							电压 /V	电流 /A			
同步转速 1500r/min											
YR160M-4	7.5	1421	16.0	84	0.84	2.8	260	19	83	0.395	—
YR160L1-4	11	1434	22.6	86.5	0.85	2.8	275	26	83	0.486	100
YR160L2-4	15	1444	30.2	87	0.85	2.8	260	37	85	0.597	—
YR180M-4	18.5	1426	36.1	87	0.88	2.8	191	61	85	1.0	—
YR180L-4	22	1434	42.5	88	0.88	3.0	232	61	85	1.09	—
YR200L-4	30	1439	57.5	89	0.88	3.0	255	76	89	1.82	—
YR200M-4	37	1448	70.2	89	0.88	3.0	310	74	89	2.21	335
YR225M1-4	45	1442	86.7	89	0.88	2.5	240	120	92	2.60	—
YR225M2-4	55	1448	104.7	90	0.88	2.5	288	121	92	2.90	420
YR250S-4	75	1453	141.1	90.5	0.89	2.6	449	105	92	5.35	—
YR250M-4	90	1457	167.9	91	0.89	2.6	524	107	92	6.0	590
YR280S-4	110	1458	201.3	91.5	0.89	3.0	349	190	92	9.10	—
YR280M-4	132	1463	239.0	92.5	0.89	3.0	419	194	92	10.39	630
同步转速 1000r/min											
YR160M-6	5.5	949	12.7	82.5	0.77	2.5	279	13	79	0.572	—
YR160L-6	7.5	949	16.9	83.5	0.78	2.5	260	19	80	0.655	160
YR180M-6	11	940	24.2	84.5	0.78	2.8	146	50	80	1.25	—
YR180L-6	15	947	32.6	85.5	0.79	2.8	187	53	83	1.48	—
YR200M-6	18.5	949	39	86.5	0.81	2.8	187	65	83	2.17	—
YR200L-6	22	955	45.5	87.5	0.82	2.8	224	63	83	2.55	315
YR225M1-6	30	955	59.4	87.5	0.85	2.2	227	86	86	3.237	—
YR225M2-6	37	964	72.1	89	0.85	2.2	287	82	86	3.736	400
YR250S-6	45	966	88	89	0.85	2.2	307	95	89	0.61	—
YR250M-6	65	967	105.7	89.5	0.86	2.2	359	97	89	1.52	575
YR280S-6	75	969	141.8	90.5	0.88	2.3	392	121	92	11.52	—
YR280M-6	90	972	166.7	91	0.89	2.3	481	118	92	14.05	880

（续）

型　　号	功率 /kW	转速 /(r/min)	电流 380V 时 /A	效率 (%)	功率因数 cosφ	最大转矩 /额定转矩	转子		噪声(声功率级) /dB(A)	转子转动惯量 /kg·m²	质量 /kg
							电压 /V	电流 /A			
同步转速 750r/min											
YR160M-8	4	705	10.5	81	0.71	2.2	262	11	71	0.567	—
YR160L-8	5.5	705	14.2	81.5	0.71	2.2	243	15	77	0.648	160
YR180M-8	7.5	692	18.4	82	0.73	2.2	105	49	80	1.236	—
YR180L-8	11	699	26.3	83	0.73	2.2	140	53	80	1.47	—
YR200M-8	15	706	36.1	85	0.73	2.2	156	64	83	2.142	—
YR200L-8	18.6	712	44	86	0.73	2.2	187	64	83	2.52	315
YR225M1-8	22	710	48.6	86	0.78	2.2	161	90	83	5.164	—
YR225M2-8	30	713	65.3	87	0.79	2.2	200	97	86	5.624	400
YR250S-8	37	715	78.9	87.5	0.79	2.2	218	110	86	6.42	—
YR250M-8	45	720	95.5	88.5	0.79	2.2	204	109	88	7.53	515
YR280S-8	55	723	114	89	0.82	2.2	219	125	88	10.35	—
YR280M-8	75	725	152.1	90	0.82	2.2	359	133	91	13.71	850

注：1. 振动速度有效值：H160～200m 为 2.8mm/s；H225～280mm 为 4.5mm/s。
　　2. 数据来源于减速机信息网，仅供参考。

1.4.5　YR 系列（IP44）封闭式绕线转子三相异步电动机

YR 系列（IP44）封闭式绕线转子三相异步电动机技术数据见表 11.3-12。

表 11.3-12　YR 系列（IP44）封闭式绕线转子三相异步电动机技术数据

型　　号	功率 /kW	转速 /(r/min)	电流 380V 时 /A	效率 (%)	功率因数 cosφ	最大转矩 /额定转矩	转子		噪声(声功率级) /dB(A)	转子转动惯量 /kg·m²	质量 /kg
							电压 /V	电流 /A			
同步转速 1500r/min											
YR132M1-4	4	1440	9.3	84.5	0.77	3.0	230	11.5	82	3.58	80
YR132M2-4	5.5	1440	12.6	86.0	0.77	3.0	272	13.0	82	4.17	95
YR160M-4	7.5	1460	15.7	87.5	0.83	3.0	250	19.5	86	9.51	130
YR160L-4	11	1460	22.5	89.5	0.83	3.0	276	25.0	86	11.74	155
YR180L-4	15	1465	30.0	89.5	0.85	3.0	278	34.0	90	19.70	205
YR200L1-4	18.5	1465	36.7	89.0	0.86	3.0	247	47.5	90	31.99	263
YR200L2-4	22	1465	43.2	90.0	0.86	3.0	293	47.0	90	34.47	290
YR225M2-4	30	1475	57.6	91.0	0.87	3.0	360	51.5	92	63.14	380
YR250M1-4	37	1480	71.4	91.5	0.86	3.0	289	79.0	92	86.60	440
YR250M2-4	45	1480	85.9	91.5	0.87	3.0	340	81.0	94	94.68	490
YR280S-4	55	1480	103.8	91.5	0.88	3.0	485	70.0	94	163.6	670
YR280M-4	75	1480	140.0	92.5	0.88	3.0	354	128.0	98	201.7	800
同步转速 1000r/min											
YR132M1-6	3	955	8.2	80.5	0.69	2.8	206	9.5	81	5.08	80
YR132M2-6	4	955	10.7	82.0	0.69	2.8	230	11.0	81	5.92	95
YR160M-6	5.5	970	13.4	84.5	0.74	2.8	244	14.5	81	12.01	135
YR160L-6	7.5	970	17.0	86.0	0.74	2.8	266	18.0	85	14.39	155
YR180L-6	11	975	23.6	87.5	0.81	2.8	310	22.5	85	27.04	205

（续）

型 号	功率 /kW	转速 /(r/min)	电流 380V 时 /A	效率 (%)	功率因数 cosφ	最大转矩 /额定转矩	转子		噪声（声功率级）/dB(A)	转子转动惯量 /kg·m²	质量 /kg
							电压 /V	电流 /A			
同步转速 1000r/min											
YR200L1-6	15	975	31.8	88.5	0.81	2.8	198	48.0	88	42.99	280
YR225M1-6	18.5	980	38.3	88.5	0.83	2.8	187	62.5	88	64.67	335
YR225M2-6	22	980	45.0	89.5	0.83	2.8	224	61.0	88	70.70	365
YR250M1-6	30	980	60.3	90.0	0.84	2.8	282	66.0	91	120.1	450
YR250M2-6	37	980	73.9	90.5	0.84	2.8	331	69.0	91	129.8	490
YR280S-6	45	985	87.9	91.5	0.85	2.8	362	76.0	94	217.9	680
YR280M-6	55	985	106.9	92.0	0.85	2.8	423	80.0	94	241.4	730
同步转速 750r/min											
YR160M-8	4	715	10.7	82.5	0.69	2.4	216	12.0	79	11.91	135
YR160L-8	5.5	715	14.2	83.0	0.71	2.4	230	15.5	79	14.26	155
YR180L-8	7.5	725	18.4	85.0	0.73	2.4	255	19.0	82	24.95	190
YR200L-8	11	725	26.6	86.0	0.73	2.4	152	46.0	82	42.66	280
YR225M1-8	15	735	34.5	88.0	0.75	2.4	169	56.0	85	69.83	365
YR225M2-8	18.6	735	42.1	89.0	0.75	2.4	211	54.0	85	79.09	390
YR250M1-8	22	735	48.1	88.0	0.78	2.4	210	65.5	85	118.4	450
YR250M2-8	30	735	66.1	89.5	0.77	2.4	270	69.0	88	133.1	500
YR280S-8	37	735	78.2	91.0	0.79	2.4	281	81.5	88	214.8	680
YR280M-8	45	735	92.9	92.0	0.80	2.4	350	76.0	90	262.4	800

注：1. JR 系列已经淘汰，可选用 YR 系列（IP44）代替。
  2. 数据来源于减速机信息网，仅供参考。

1.4.6 YH 系列高速转差率三相异步电动机技术数据

YH 系列高速转差率三相异步电动机技术数据见表 11.3-13 和表 11.3-14。

表 11.3-13 YH 系列高速转差率三相异步电动机技术数据

型 号	额定功率 /kW	在额定功率时						堵转转矩 /额定转矩	堵转电流 /额定电流	最大转矩 /额定转矩	转动惯量 /kg·m²	质量 /kg
		转速 (r/min)	电流 /A	负载持续率 (%)	转差率 (%)	效率 (%)	功率因数					
YH801-2	0.75	2670	1.87	60	11	71	0.86	5.5	2.7	2.7	0.00076	16
YH802-2	1.1	2670	2.63	60	11	73	0.87	5.5	2.7	2.7	0.00092	17
YH90S-2	1.5	2070	2.67	40	11	73	0.85	5.5	2.7	2.7	0.0012	22
YH90L-2	2.2	2670	5.15	40	11	75.5	0.86	5.5	2.7	2.7	0.0014	25
YH100L-2	3.0	2700	6.89	40	10	76	0.87	5.5	2.7	2.7	0.0030	33
YH112M-2	4.0	2730	8.81	40	9	77.5	0.80	5.5	2.7	2.7	0.0056	45
YH132S1-2	5.5	2730	11.9	40	9	78	0.90	5.5	2.7	2.7	0.011	64
YH132S2-2	7.5	2730	16.0	25	9	18.5	0.91	5.5	2.7	2.7	0.0129	70
YH160M1-2	11	2760	22.9	25	8	81	0.90	5.5	2.7	2.7	0.0384	117
YH160M2-2	15	2760	30.5	25	8	82	0.91	5.5	2.7	2.7	0.0458	125
YH160L-2	18.5	2760	37.4	25	8	82.5	0.91	5.5	2.7	2.7	0.0561	147
YH801-4	0.55	1305	1.65	60	13	66.5	0.76	5.5	2.7	2.7	0.0018	17
YH802-2	0.75	1305	2.18	60	13	68	0.77	5.5	2.7	2.7	0.0021	18

（续）

型　号	额定功率/kW	在额定功率时						堵转转矩/额定转矩	堵转电流/额定电流	最大转矩/额定转矩	转动惯量/kg·m²	质量/kg
		转速(r/min)	电流/A	负载持续率(%)	转差率(%)	效率(%)	功率因数					
YH90S-4	1.1	1305	2.88	60	13	70	0.80	5.5	2.7	2.7	0.0021	22
YH90L-4	1.5	1305	3.96	60	13	72	0.80	5.5	2.7	2.7	0.0028	27
YH100L1-4	2.2	1305	5.52	40	13	73	0.83	5.5	2.7	2.7	0.0055	34
YH100L2-4	3.0	1305	7.24	40	13	74	0.83	5.5	2.7	2.7	0.0068	38
YH112M-4	4.0	1335	9.51	40	11	77	0.83	5.5	2.7	2.7	0.0097	43
YH132S-4	5.5	1350	12.5	40	10	77.5	0.86	5.5	2.7	2.7	0.0218	86
YH132M-4	7.5	1350	17.0	40	10	78	0.87	5.5	2.7	2.7	0.0302	81
YH160M-4	11	1365	24.3	25	9	80	0.86	5.5	2.6	2.6	0.0762	123
YH160L-4	15	1380	32.3	25	8	82	0.86	5.5	2.6	2.6	0.0937	144
YH180M-4	18.5	1380	38.5	25	8	82	0.89	5.5	2.6	2.6	0.142	182
YH180L-4	22	1380	45.2	25	8	83	0.89	5.5	2.6	2.6	0.161	190
YH200L-4	30	1380	61	25	8	84	0.89	5.5	2.6	2.6	0.266	270
YH225S-4	37	1395	74.4	25	7	84	0.90	5.5	2.6	2.6	0.414	284
YH225M-4	45	1395	88.9	25	7	84.5	0.91	5.5	2.6	2.6	0.479	320
YH250M-4	55	1395	108	25	7	86	0.90	5.5	2.6	2.6	0.673	427
YH280S-4	75	1395	144	15	7	85	0.92	5.5	2.6	2.6	1.14	562
YH280M-4	90	1395	172	15	7	86.5	0.92	5.5	2.6	2.6	1.49	667
YH90S-6	0.75	870	2.48	60	13	66.5	0.69	5.0	2.7	2.7	0.00296	23
YH90L-6	1.1	870	3.46	60	13	67	0.72	5.0	2.7	2.7	0.00357	25
YH100L-6	1.5	880	4.28	40	12	70	0.76	5.0	2.7	2.7	0.00704	33
YH112M-6	2.2	880	6.02	40	12	73	0.76	5.0	2.7	2.7	0.0141	45
YH132S-6	3.0	900	7.69	40	10	76	0.78	5.0	2.7	2.7	0.0292	63
YH132M1-6	4.0	900	10	40	10	77	0.79	5.0	2.7	2.7	0.0364	73
YH132M2-6	5.5	900	13.6	40	10	78	0.79	5.0	2.7	2.7	0.0458	84
YH160M-6	7.5	890	17.8	25	11	79	0.81	5.0	2.5	2.5	0.0899	119
YH160L-6	11	890	25.8	25	11	80	0.81	5.0	2.5	2.5	0.118	147
YH180L-6	15	910	33.5	25	9	82	0.83	5.0	2.5	2.5	0.211	195
YH200L1-6	18.5	920	.9.8	25	9	82	0.86	5.0	2.5	2.5	0.321	220
YH200L2-6	22	920	46.6	25	9	82.5	0.87	5.0	2.5	2.5	0.367	250
YH225M-6	30	920	62.7	25	8	85	0.87	5.5	2.5	2.5	0.558	292
YH250M-6	37	930	75.2	25	7	84	0.89	5.5	2.5	2.5	0.851	408
YH280S-6	45	930	90.9	25	7	84.5	0.89	5.5	2.5	2.5	1.42	536
YH280M-6	55	930	110	25	7	85	0.89	5.5	2.5	2.5	1.68	539
YH132S-8	2.2	660	6.27	60	12	73	0.73	4.5	2.6	2.6	0.0317	63
YH132M-8	3.0	660	8.21	60	12	74	0.75	4.5	2.6	2.6	0.0403	79
YH160M-8	4.0	670	10.2	60	11	77	0.75	4.5	2.4	2.4	0.0768	118
YH160M-8	5.5	670	13.9	60	11	78	0.77	4.5	2.4	2.4	0.095	119
YH160L-8	7.5	670	18.5	60	11	79	0.78	4.5	2.4	2.4	0.129	145
YH180L-8	11	675	27.3	25	10	76.5	0.80	4.5	2.4	2.4	0.207	184
YH200L-8	15	683	36.6	25	9	77.5	0.80	4.5	2.4	2.4	0.346	250

（续）

型　号	额定功率/kW	在额定功率时						堵转转矩/额定转矩	堵转电流/额定电流	最大转矩/额定转矩	转动惯量/kg·m²	质量/kg
		转速(r/min)	电流/A	负载持续率(%)	转差率(%)	效率(%)	功率因数					
YH225S-8	18.5	683	45	25	9	80	0.78	4.5	2.4	2.4	0.501	266
YH225M-8	22	683	51.6	25	9	81	0.80	4.5	2.4	2.4	0.560	292
YH250M-8	30	690	67.4	25	8	81.5	0.83	4.5	2.4	2.4	0.851	405
YH280S-8	37	690	84.6	25	8	82	0.81	4.5	2.4	2.4	1.42	520
YH280M-8	45	690	99.8	25	8	82.5	0.83	4.5	2.4	2.4	1.68	592

注：数据来源于减速机信息网，仅供参考。

表 11.3-14　YH 系列电机在不同 FC 下输出功率技术数据

型　号	在下列 FC 下的输出功率/kW					型　号	在下列 FC 下的输出功率/kW				
	15%	25%	40%	60%	100%		15%	25%	40%	60%	100%
YH801-2	1.0	0.9	0.8	0.75	0.65	YH160M-4	12.5	11	9.8	8.8	7.6
YH802-2	1.5	1.3	1.2	1.1	1.0	YH160L-4	16	15	13	11.5	10
YH90S-2	1.8	1.6	1.5	1.3	1.1	YH180M-4	21	18.5	16.5	14.8	13
YH90L-2	2.7	2.4	2.2	2.0	1.8	YH180L-4	25	22	20	17.8	15.8
YH100L-2	3.8	3.3	3.0	2.7	2.4	YH200L-4	34	30	27	24	21
YH112M-2	5.0	4.4	4.0	3.6	3.2	YH225S-4	42	37	33	29	25
YH132S1-2	7.0	6.0	5.5	5.0	4.4	YH225M-4	51	45	40	35	30
YH132S2-2	8.5	7.5	6.7	6.0	5.3	YH250M-4	62	55	49	43	37
YH160M1-2	12.5	11	9.8	8.8	7.8	YH280S-4	75	66	59	52	45
YH160M2-2	17	15	13.5	12	10.6	YH280M-4	90	79	70	62	54
YH160I-2	21	18.5	16.5	14.5	13	YH90S-6	1.0	0.9	0.8	0.75	0.6
YH801-4	0.75	0.65	0.6	0.55	0.48	YH90L-6	1.5	1.3	1.2	1.1	0.9
YH802-4	1.0	0.9	0.8	0.75	0.55	YH100L-6	1.9	1.7	1.5	1.3	1.1
YH90S-4	1.5	1.4	1.2	1.1	1.0	YH112M-6	2.7	2.4	2.2	1.9	1.7
YH90L-4	2.0	1.8	1.6	1.5	1.3	YH132S-6	3.7	3.2	3.0	2.6	2.3
YH100L1-4	2.8	2.5	2.2	2.0	1.8	YH132M1-6	5.0	4.3	4.0	3.5	3.0
YH100L2-4	3.8	3.3	3.0	2.7	2.4	YH132M2-6	6.5	6.0	5.5	4.5	4.0
YH112M-4	5.0	4.5	4.0	3.6	3.2	YH160M-6	8.5	7.5	7.0	6.0	5.0
YH132S-4	7.0	6.0	5.5	5.0	4.3	YH160L-6	12.5	11	10	8.5	7.5
YH132M-4	9.5	8.4	7.5	6.6	6.0	YH180L-6	17	15	13.5	11.5	10
YH200L1-6	21	18.5	17	14.5	12.5	YH160M2-8	8.1	7.1	6.5	5.5	4.7
YH200L2-6	25	22	20	17	15	YH160L-8	10.1	8.7	8.5	7.5	6.5
YH225M-6	34	30	27	23	20	YH180L-8	12.5	11	10.5	8.5	7.2
YH250M-6	42	37	34	29	25	YH200L-8	17	15	14	11.5	10
YH280M-6	51	45	41	35	31	YH225S-8	21	18.5	18	14.5	12.5
YH280S-6	62	55	50	42	37	YH225M-8	25	22	21	17	14.5
YH132S-8	3.2	2.8	2.7	2.2	1.9	YH250M-8	34	30	29	23	20
YH132M-8	4.4	3.8	3.7	3.0	2.5	YH280S-8	42	37	35	28	24
YH160M-8	6.0	5.1	5.0	4.0	3.4	YH280M-8	52	45	43	34	29

注：表中各 FC 下的输出功率为近似计算值；FC 为 100% 表示电动机为连续工作制（S1）运行。

1.4.7　YEJ 系列电磁制动三相异步电动机技术数据

YEJ 系列电磁制动三相异步电动机技术数据见表 11.3-15。

表 11.3-15　YEJ 系列电磁制动三相异步电动机技术数据

型　号	额定功率		满　载　时				堵转电流/额定电流	堵转转矩/额定转矩	最大转矩/额定转矩	空载起动次数	转动惯量/kg·m²	质量/kg
	/kW	/hp	转速/(r/min)	电流/A	效率(%)	功率因数						
YEJ801-2	0.75	1.0	2825	1.9	75.0	0.84	7.0	2.2	2.3	1400	0.00128	20
YEJ802-2	1.1	1.3	2825	2.6	77.0	0.86	7.0	2.2	2.3	1400	0.00196	21
YEJ90S-2	1.5	2.0	2840	3.4	78.0	0.85	7.0	2.2	2.3	1100	0.0074	26
YEJ90L-2	2.2	3.0	2840	4.7	80.5	0.86	7.0	2.2	2.3	1100	0.00933	29
YEJ100L-2	3.0	4.0	2880	6.4	82.0	0.87	7.0	2.2	2.3	800	0.01504	39
YEJ112M-2	4.0	5.5	2890	8.2	85.5	0.87	7.0	2.2	2.3	600	0.033	53
YEJ132S1-2	5.5	7.5	2900	11.1	85.5	0.88	7.0	2.2	2.3	400	0.06434	85
YEJ132S2-2	7.5	10	2900	15.0	86.2	0.88	7.0	2.2	2.3	400	0.0724	90
YEJ160M1-2	11	15	2930	21.8	87.2	0.88	7.0	2.2	2.3	300	0.22853	146
YEJ160M2-2	15	20	2930	29.4	88.2	0.88	7.0	2.2	2.3	300	0.26623	153
YEJ160L-2	18.5	25	2930	35.5	89.0	0.89	7.0	2.2	2.3	300	0.316	175
YEJ180M-2	22	30	2940	42.2	89.0	0.89	7.0	2.2	2.2	200	0.37637	212
YEJ200L1-2	30	40	2950	56.9	90.0	0.89	7.0	2.2	2.2	150	0.739	290
YEJ200L2-2	37	50	2950	69.8	90.5	0.89	6.5	2.4	2.2	150	0.8181	302
YEJ225M-2	45	60	2970	83.9	91.5	0.89	6.5	2.3	2.2	100	1.269	380
YEJ801-4	0.55	0.75	1390	1.6	73.0	0.76	6.5	2.3	2.2	2500	0.00886	20
YEJ802-4	0.75	1.0	1390	2.1	74.5	0.76	6.5	2.3	2.3	2500	0.01073	21
YEJ90S-4	1.1	1.5	1400	2.7	78.0	0.78	7.0	2.2	2.3	2000	0.001132	27
YEJ90L-4	1.5	2.0	1400	3.7	79.0	0.79	7.0	2.2	2.3	2000	0.0143	30
YEJ100L1-4	2.2	3.0	1420	5.0	81.0	0.82	7.0	2.2	2.3	1500	0.02733	39
YEJ100L2-4	3.0	4.0	1420	6.8	82.5	0.81	7.0	2.2	2.3	1500	0.03506	44
YEJ112M-4	4.0	5.5	1440	8.8	84.5	0.82	7.0	2.2	2.3	1000	0.04969	55
YEJ132S-4	5.5	7.5	1440	11.6	85.5	0.84	7.0	2.2	2.3	600	0.11584	80
YEJ132M-4	7.5	10	1440	15.4	87.0	0.85	7.0	2.2	2.3	600	0.15404	95
YEJ160M-4	11	15	1460	22.6	88.0	0.84	7.0	2.2	2.3	450	0.3986	150
YEJ160L-4	15	20	1460	30.3	88.5	0.85	7.0	2.2	2.3	450	0.68228	170
YEJ180M-4	18.5	25	1470	35.9	91.0	0.86	7.0	2.0	2.3	350	0.68667	210
YEJ180L-4	22	30	1470	42.5	91.5	0.86	7.0	2.0	2.2	350	0.7677	215
YEJ200L-4	30	40	1470	56.8	92.2	0.87	7.0	2.0	2.2	200	1.3693	325
YEJ225S-4	37	50	1480	69.8	91.8	0.87	7.0	1.9	2.2	120	2.158	560
YEJ225M-4	45	60	1480	84.2	92.3	0.88	7.0	1.9	2.2	120	2.463	390
YEJ90S-6	0.75	1.0	910	2.3	72.5	0.70	6.0	2.0	2.2	3500	0.15142	27
YEJ90L-6	1.1	1.5	910	3.2	73.5	0.72	6.0	2.0	2.2	3500	0.01811	28
YEJ100L6	1.5	2.0	940	4.0	77.5	0.74	6.0	2.0	2.2	2500	0.03573	37
YEJ112M-6	2.2	3.0	940	5.6	80.5	0.74	6.0	2.0	2.2	2000	0.07639	51
YEJ132S-6	3.0	4.0	960	7.2	83.0	0.76	6.5	2.0	2.2	1200	0.15434	81
YEJ132M1-6	4.0	5.5	960	9.4	84.0	0.77	6.5	2.0	2.2	1200	0.1906	90
YEJ132M2-6	5.5	7.5	960	12.6	85.3	0.78	6.5	2.0	2.2	1200	0.2384	100

（续）

型　号	额定功率		满　载　时				堵转电流 /额定电流	堵转转矩 /额定转矩	最大转矩 /额定转矩	空载起动次数	转动惯量 /kg·m²	质量 /kg
	/kW	/hp	转速 /(r/min)	电流 /A	效率 (%)	功率 因数						
YEJ160M-6	7.5	10	970	17.0	86.0	0.78	6.5	2.0	2.0	800	0.45813	150
YEJ160L-6	11	15	970	24.6	87.0	0.78	6.5	2.0	2.0	800	0.59078	170
YEJ180L-6	15	20	970	31.4	89.5	0.81	6.5	1.8	2.0	600	0.9919	225
YEJ200L1-6	18.5	25	970	37.7	89.8	0.83	6.5	1.8	2.0	400	1.6609	280
YEJ200L2-6	22	30	970	44.6	90.2	0.83	6.5	1.8	2.0	200	1.839	300
YEJ225M-6	30	40	980	59.5	90.2	0.85	6.5	1.7	2.0	200	2.639	370
YEJ132S-8	2.2	3.0	710	5.8	81.0	0.71	5.5	2.0	2.0	1300	0.15334	82
YEJ132M-8	3.0	4.0	710	7.7	82.0	0.72	5.5	2.0	2.0	1300	0.19184	95
YEJ160M1-8	4.0	5.5	720	9.9	84.0	0.73	6.0	2.0	2.0	1000	0.37563	135
YEJ160M2-8	5.5	7.5	720	13.3	85.0	0.74	6.0	2.0	2.0	1000	0.47143	145
YEJ160L-8	7.5	10	720	17.7	86.0	0.75	5.5	2.0	2.0	1000	0.60838	175
YEJ180L-8	11	15	730	25.1	86.5	0.77	6.0	1.7	2.0	800	0.9676	220
YEJ200L-8	15	20	730	34.1	88.0	0.76	6.0	1.8	2.0	600	1.694	293
YEJ225S-8	18.5	25	730	41.0	89.5	0.76	6.0	1.7	2.0	300	2.299	340
YEJ225M-8	22	30	730	47.6	90.0	0.78	6.0	1.8	2.0	300	2.736	465

注：数据来源于减速机信息网，仅供参考

1.4.8　AO2 系列三相异步电动机技术数据

AO2 系列三相异步电动技术数据见表 11.3-16。

1.4.9　BO2、CO2、DO2 系列异步电动机技术数据

BO2、CO2、DO2 系列异步电动机技术数据见表 11.3-17。

表 11.3-16　AO2 系列三相异步电动机技术数据

型　号	功率 /W	电流 /A	电压 /V	频率 /Hz	转速 /(r/min)	效率 (%)	功率因数 cosφ	起动转矩 /额定转矩	起动电流 /额定电流	最大转矩 /额定转矩
AO2-4512	16	0.09	380	50	2800	46	0.57	2.2	6	2.4
AO2-4522	25	0.12	380	50	2800	52	0.60	2.2	6	2.4
AO2-4514	10	0.12	380	50	1400	28	0.45	2.2	6	2.4
AO2-4524	16	0.16	380	50	1400	32	0.49	2.2	6	2.4
AO2-5012	40	0.17	380	50	2800	55	0.65	2.2	6	2.4
AO2-5022	60	0.23	380	50	2800	60	0.66	2.2	6	2.4
AO2-5014	25	0.17	380	50	1400	42	0.58	2.2	6	2.4
AO2-5024	40	0.22	380	50	1400	54	0.54	2.2	6	2.4
AO2-5612	90	0.32	380	50	2800	62	0.68	2.2	6	2.4
AO2-5622	120	0.38	380	50	2800	67	0.71	2.2	6	2.4
AO2-5614	60	0.28	380	50	1400	56	0.58	2.2	6	2.4
AO2-5624	90	0.38	380	50	1400	58	0.61	2.2	6	2.4
AO2-6312	180	0.53	220/380	50	2800	69	0.75	2.2	6	2.4
AO2-6322	250	0.67	220/380	50	2800	72	0.78	2.2	6	2.4
AO2-6314	120	0.48	220/380	50	1400	60	0.63	2.2	6	2.4
AO2-6324	180	0.65	220/380	50	1400	64	0.66	2.2	6	2.4
AO2-7112	370	0.95	220/380	50	2800	73.5	0.80	2.2	6	2.4
AO2-7122	550	1.35	220/380	20	2800	73.5	0.82	2.2	6	2.4

（续）

型　号	功率/W	电流/A	电压/V	频率/Hz	转速/(r/min)	效率(%)	功率因数 $\cos\varphi$	起动转矩/额定转矩	起动电流/额定电流	最大转矩/额定转矩
AO2-7114	250	0.83	220/380	50	1400	67	0.68	2.2	6	2.4
AO2-7124	370	1.12	220/380	50	1400	69.5	0.72	2.2	6	2.4
AO2-8012	750	1.75	220/380	50	2800	76.5	0.85	2.2	6	2.4
AO2-8014	550	1.55	220/380	50	1400	73.5	0.73	2.2	6	2.4
AO2-8024	750	2.01	220/380	50	1400	75.5	0.75	2.2	6	2.4

注：外壳防护等级为 IP44。

表 11.3-17　BO2、CO2、DO2 系列异步电动机技术数据

型　号	功率/W	电流/A	电压/V	频率/Hz	转速/(r/min)	效率(%)	功率因数 $\cos\varphi$	起动转矩/额定转矩	起动电流/A	最大转矩/额定转矩
BO2-6312	90	1.09	220	50	2800	56	0.67	1.5	1.2	1.8
BO2-6322	120	1.36	220	50	2800	58	0.69	1.4	1.4	1.8
BO2-6314	60	1.23	220	50	1400	39	0.57	1.7	9	1.8
BO2-6324	90	1.64	220	50	1400	43	0.58	1.5	12	1.8
BO2-7112	180	1.89	220	50	2800	60	0.72	1.3	17	1.8
BO2-7122	250	2.40	220	50	2800	64	0.74	1.1	22	1.8
BO2-7114	120	1.88	220	50	1400	50	0.58	1.5	14	1.8
BO2-7124	180	2.49	220	50	1400	53	0.62	1.4	17	1.8
BO2-8012	370	3.36	220	50	2800	65	0.77	1.1	30	1.8
BO2-8014	250	3.11	220	50	1400	58	0.63	1.2	22	1.8
BO2-8024	370	4.24	220	50	1400	62	0.64	1.2	30	1.8
CO2-7112	180	1.89	220	50	2800	60	0.72	3	12	1.8
CO2-7122	250	2.40	220	50	2800	64	0.74	3	15	1.8
CO2-7114	120	1.88	220	50	1400	50	0.58	3	9	1.8
CO2-7124	180	2.49	220	50	1400	53	0.62	3	12	1.8
CO2-8012	370	3.36	220	50	2800	55	0.77	2.8	21	1.8
CO2-8022	550	5.7	220	50	1400	65	0.69	2.5	29	1.8
CO2-8014	250	3.11	220	50	1400	58	0.63	2.8	15	1.8
CO2-8024	370	4.24	220	50	1400	62	0.64	2.5	21	1.8
CO2-90S2	750	5.94	220	50	2800	70	0.82	2.5	37	1.8
CO2-90S4	550	5.7	220	50	1400	65	0.69	2.5	29	1.8
CO2-90L4	750	6.77	220	50	1400	69	0.73	2.5	27	1.8
DO2-4512	10	0.20	220	50	2800	28	0.80	0.6	0.8	1.8
DO2-4522	16	0.26	220	50	2800	35	0.80	0.6	1.0	1.8
DO2-4514	6	0.20	220	50	1400	17	0.80	1.0	0.5	1.8
DO2-4524	10	0.24	220	50	1400	24	0.80	0.6	0.8	1.8
DO2-5012	25	0.33	220	50	2800	40	0.85	0.6	1.5	1.8
DO2-5022	40	0.42	220	50	2800	42	0.50	0.5	2.0	1.8
DO2-5014	16	0.28	220	50	1400	33	0.80	0.6	1.0	1.8
DO2-5024	25	0.36	220	50	1400	38	0.82	0.5	1.5	1.8
DO2-5612	60	0.57	220	50	2800	53	0.90	0.5	2.5	1.8
DO2-5622	90	0.81	220	50	2800	56	0.90	0.35	3.2	1.8

（续）

型　　号	功率/W	电流/A	电压/V	频率/Hz	转速/(r/min)	效率(%)	功率因数cosφ	起动转矩/额定转矩	起动电流/A	最大转矩/额定转矩
DO2-5814	40	0.49	220	50	1400	45	0.82	0.5	2.0	1.8
DO2-5624	60	0.64	220	50	1400	50	0.85	0.5	2.5	1.8
DO2-6312	120	0.91	220	50	2800	63	0.95	0.35	5.0	1.8
DO2-6322	180	1.29	220	50	2800	67	0.95	0.35	7.0	1.8
DO2-6314	90	0.94	220	50	1400	51	0.85	0.35	3.2	1.8
DO2-6324	120	1.17	220	50	1400	55	0.85	0.35	5.0	1.8
DO2-7112	250	1.73	220	50	2800	69	0.95	0.35	10	1.8
DO2-7114	180	1.58	220	50	1400	59	0.88	0.35	7.0	1.8
DO2-7124	250	2.04	220	50	1400	62	0.90	0.35	10	1.8

1.4.10　YA 系列防爆安全型三相异步电动机技术数据

Y 系列防爆安全型电动机也称防爆增安型电动机，其三相异步电动机属于 Y 系列电动机的派生产品，YA 系列增安型三相异步电动机技术数据见表 11.3-18。

表 11.3-18　YA 系列增安型三相异步电动机技术数据

型　　号	额定功率/kW		额定电流/A		额定转速/(r/min)	效率(%)		功率因数		堵转电流/额定电流	堵转转矩/额定转矩		最大转矩/额定转矩		质量/kg
	T1、T2	T3	T1、T2	T3	T1～T3	T1、T2	T3	T1、T2	T3	T1～T3	T1、T2	T3	T1、T2	T3	
YA801-2	0.75		1.8		2825	75.0		0.84		6.5	2.2	2.2	2.3	2.3	15
YA802-2	1.1		2.5		2825	77.0		0.86		7.0	2.2	2.2	2.3	2.3	16
YA90S-2	1.5		3.5		2840	78.0		0.84		7.0	2.2	2.2	2.3	2.3	21
YA 90L-2	2.2		4.8		2840	80.5		0.86		7.0	2.2	2.2	2.3	2.3	24
YA100L-2	3		6.4		2880	82.0		0.87		7.0	2.2	2.2	2.3	2.3	32
YA112M-2	4		8.2		2890	85.0		0.87		7.0	2.2	2.2	2.3	2.3	44
YA132S1-2	5.5		11.1		2900	85.5		0.88		7.0	2.0	2.0	2.3	2.3	63
YA132S2-2	7.5		15.0		2900	86.7		0.88		7.0	2.0	2.0	2.3	2.3	69
YA160M1-2	11		21.8		2930	87.2	88.0	0.88	0.90	7.0	2.0	1.8	2.3	2.3	116
YA160M2-2	15		29.4		2930	88.2	89.0	0.88	0.90	7.0	2.0	1.8	2.3	2.2	123
YA160L-2	18.5		35.4		2930	89	88.5	0.89	0.91	7.0	2.0	1.8	2.2	2.2	146
YA180M-2	22	18.5	42.2	34.9	2940	89	88.5	0.89	0.91	7.0	2.0	1.5	2.2	2.2	180
YA200L1-2	30	22	56.9	41.5	2950	90	89.5	0.89	0.91	7.0	2.0	1.5	2.2	2.2	240
YA200L2-2	37	30	69.8	56.0	2950	90.5	90.5	0.89	0.91	7.0	2.0	1.5	2.2	2.2	255
YA225M-2	45	37	84.4	68.3	2960	91	90.5	0.89	0.91	7.0	2.0	1.5	2.2	2.2	309
YA250M-2	55	45	102.6	83	2970	91.5	91	0.89	0.91	7.0	2.0	1.5	2.2	2.2	403
YA280S-2	75	55	137	100	2970	91	91	0.91	0.91	7.0	1.9	1.5	2.2	2.2	544
YA280M-2	90	75	162	137	2970	92.5	—	0.91	—	7.0	1.9	—	2.2	—	620
YA801-4	0.55		1.6		1400	73.0		0.74		6.0	2.4		2.3		16
YA802-4	0.75		2.1		1400	74.5		0.74		6.0	2.3		2.3		17
YA90S-4	1.1		2.8		1400	77.5		0.76		6.5	2.3		2.3		21
YA90L-4	1.5		3.7		1400	78.5		0.78		6.5	2.3		2.3		26
YA100L1-4	2.2		5.1		1420	81		0.815		7.0	2.2		2.3		33
YA100L2-4	3		6.9		1430	82.5		0.800		7.0	2.2		2.3		37

（续）

型 号	额定功率 /kW		额定电流 /A		额定转速 /r/min	效率 (%)		功率因数		堵转电流 /额定电流	堵转转矩 /额定转矩		最大转矩 /额定转矩		质量 /kg
	T1、T2	T3	T1、T2	T3	T1~T3	T1、T2	T3	T1、T2	T3	T1~T3	T1、T2	T3	T1、T2	T3	
YA112M-4	4		8.9		1440	84.5		0.810		7.0	2.2		2.3		42
YA132S1-4	5.5		11.8		1440	85.5		0.830		7.0	2.2		2.3		67
YA132S2-4	5.5		11.8		1440	85.5		0.830		7.0	2.2		2.3		68
YA132M1-4	7.5		15.6		1440	87		0.880		7.0	2.2		2.3		80
YA132M2-4	7.5		15.6		1440	87		0.880		7.0	2.2		2.3		80
YA160M1-4	11		—	22.6	1460	88		0.88		7.0	2.2		2.3		123
YA160M2-4	11		—	22.6	1460	88		0.88		7.0	2.2		2.3		123
YA160L-4	15		—	30.3	1460	88.5		0.850		7.0	2.2		2.3		144
YA180M-4	18.5	—	35.5	—	1470	91	—	0.87	—	7.0	2.0	—	2.2	—	182
YA180L-4	22	18.5	42.7	35.7	1470	90	90.5	0.87	0.87	7.0	2.0	1.9	2.2	2.2	190
YA200L-4	30	22	56.8	41.8	1470	92.2	91.2	0.87	0.87	7.0	2.0	1.9	2.2	2.2	270
YA225S-4	37	30	69.6	57.5	1480	91.8	92	0.88	0.88	7.0	1.9	1.8	2.2	2.2	284
YA225M-4	45	37	84.2	69.4	1480	92.3	92	0.88	0.88	7.0	1.9	1.7	2.2	2.2	320
YA250M-4	55	45	102.5	84.4	1480	92.6	93	0.88	0.89	7.0	2.0	1.7	2.2	2.2	427
YA280S-4	75	55	139	101	1480	92.7	93	0.88	0.90	7.0	1.9	1.7	2.2	2.2	562
YA280M-4	90	75	164	136	1480	93.5		0.89		7.0	1.9	—	2.2	2.3	667
YA90S-6	0.75		2.3		910	72		0.68		5.5	2.0		2.2		22
YA90L-6	1.1		3.3		910	73		0.70		5.5	2.0		2.2		24
YA100L1-6	1.5		4		938	77.5		0.73		6.0	2.0		2.2		32
YA100L2-6	1.5		4		938	77.5		0.73		6.0	2.0		2.2		44
YA112M-6	2.2		5.7		940	80		—		6.0	2.0		2.2		62
YA132S1-6	3		7.3		960	83		0.75		6.5	2.0		2.2		72
YA132S2-6	3		7.3		960	83		0.75		6.5	2.0		2.2		83
YA132M1-6	4		9.3		960	84		0.78		6.5	2.0		2.2		118
YA132M2-6	5.5		12.6		960	85.3		0.78		6.5	2.0		2.2		146
YA160M1-6	7.5		17.2		970	86		0.77		6.5	2.0		2.2		194
YA160M2-6	7.5		17.2		970	86		0.77		6.5	2.0		2.0		220
YA160L-6	11		25.3		970	87		0.76		6.5	2.0		2.0		240
YA180L-6	15		31.8		970	88.5		0.81		6.5	1.8		2.0		291
YA200L1-6	—	18.5	—	37.7	970	89.8		0.83		6.5	1.8		2.0		220
YA200L2-6	—	22	—	44.6	970	90.2		0.83		6.5	1.8		2.0		250
YA225M-6	—	30	—	60.2	910	90.2		0.84		6.5	1.7		2.0		292
YA250M-6	—	37	—	72	985	90.8		0.86		6.5	1.8		2.0		408
YA280S-6	—	45	—	85	980	92		0.87		6.5	1.8		2.0		536
YA280M-6	—	55	—	104	980	92		0.87		6.5	1.8		2.0		595
YA132S1-8	2.2		5.8		710	80.5		0.71		5.5	2.0		2.0		62
YA132S2-8	2.2		5.8		710	80.5		0.71		5.5	2.0		2.0		62
YA132M1-8	3		7.8		710	81.5		0.72		5.5	2.0		2.0		78
YA132M2-8	3		7.8		710	81.5		0.72		6.0	2.0		2.0		78
YA160M1-8	4		10.2		720	84		0.71		6.0	2.0		2.0		116

（续）

型号	额定功率/kW		额定电流/A		额定转速/r·min	效率（%）		功率因数		堵转电流/额定电流	堵转转矩/额定转矩		最大转矩/额定转矩		质量/kg
	T1、T2	T3	T1、T2	T3	T1～T3	T1、T2	T3	T1、T2	T3	T1～T3	T1、T2	T3	T1、T2	T3	
YA160M2-8	5.5		13.3		720	85		0.74		6.0	2.0		2.0		118
YA160L-8	7.5		17.9		720	86		0.74		5.5	2.0		2.0		145
YA180L-8	11		24.8		730	87.5		0.77		6.0	1.7		2.0		146
YA200L1-8	—	15	—	34.1	730	88.0		0.76		6.0	1.8		2.0		250
YA225S-8	—	18.5	—	41.3	735	89.5		0.76		6.0	1.7		2.0		266
YA225M-8	—	22	—	47.6	735	90.0		0.79		6.0	1.8		2.0		292
YA250M-8	—	30	—	63.0	740	90.5		0.80		6.0	1.8		2.0		405
YA280S-8	—	37	—	78.0	740	91.0		0.79		6.0	1.8		2.0		520
YA280M-8	—	45	—	93.0	740	91.7		0.80		6.0	1.8		2.0		592

注：数据来源于减速机信息网，仅供参考。

1.4.11　YB 系列隔爆型三相异步电动机技术数据

YB 系列隔爆型三相异步电动机技术数据见表 11.3-19。

表 11.3-19　YB 系列隔爆型三相异步电动机技术数据

型号	功率因数/kW	额定电流（380V）/A	额定转速/(r/min)	堵转转矩/额定转矩	堵转电流/额定电流	最大转矩/额定转矩	效率（%）	功率因数	质量/kg
同步转速 3000 r/min，50Hz									
YB801-2	0.75	1.8	2825	2.2	6.5	2.3	75.0	0.84	22
YB802-2	1.1	2.5	2825	2.2	7.0	2.3	77.0	0.86	24
YB90S-2	1.5	3.4	2840	2.2	7.0	2.3	78.0	0.85	33
YB90L-2	2.2	4.7	2840	2.2	7.0	2.3	80.5	0.86	37
YB100L-2	3	6.4	2880	2.2	7.0	2.3	82.0	0.87	43
YB112M-2	4	8.2	2890	2.2	7.0	2.3	85.5	0.87	54
YB132S1-2	5.5	11.1	2900	2.0	7.0	2.3	85.5	0.88	79
YB132S2-2	7.5	15.0	2900	2.0	7.0	2.3	86.2	0.88	87
YB160M1-2	11	21.8	2930	2.0	7.0	2.3	87.2	0.88	134
YB160M2-2	15	29.4	2930	2.0	7.0	2.3	88.2	0.88	149
YB160L-2	18.5	35.5	2930	2.0	7.0	2.2	89.0	0.89	167
YB180M-2	22	42.2	2940	2.0	7.0	2.2	89.0	0.89	210
YB200L1-2	30	56.9	2950	2.0	7.0	2.2	90.0	0.89	290
YB200L2-2	37	69.8	2950	2.0	7.0	2.2	90.5	0.89	304
YB225M-2	45	83.9	2970	2.0	7.0	2.2	91.5	0.89	380
YB250M-2	55	102.7	2970	2.0	7.0	2.2	91.5	0.89	449
YB280S-2	75	140.1	2970	2.0	7.0	2.2	92.0	0.89	640
YB280M-2	90	167	2970	2.0	7.0	2.2	92.5	0.89	710
YB315S-2	110	203.0	2980	1.8	6.8	2.2	92.5	0.89	970
YB315M-2	132	242.3	2980	1.8	6.8	2.2	93.0	0.89	1080
YB315L1-2	160	292.1	2980	1.8	6.8	2.2	93.5	0.89	1080
YB315L2-2	200	364.0	2980	1.8	6.8	2.2	93.5	0.89	1300

（续）

型　号	功率因数/kW	额定电流（380V）/A	额定转速/(r/min)	堵转转矩/额定转矩	堵转电流/额定电流	最大转矩/额定转矩	效率（%）	功率因数	质量/kg
同步转速 1500r/min,50Hz									
YB801-4	0.55	1.5	1390	2.4	6.0	2.3	73.0	0.76	22
YB802-4	0.75	2.0	1390	2.3	6.0	2.3	74.5	0.76	24
YB90L-4	1.1	2.7	1400	2.3	6.5	2.3	78.0	0.78	33
YB90L1-4	1.5	3.7	1400	2.3	6.5	2.3	79.0	0.79	37
YB100L2-4	2.2	5.0	1420	2.2	7.0	2.3	81.0	0.82	43
YB100M-4	3	6.8	1420	2.2	7.0	2.3	82.5	0.81	47
YB112M-4	4	8.8	1440	2.2	7.0	2.3	84.5	0.82	58
YB132S-4	5.5	11.6	1440	2.2	7.0	2.3	85.5	0.84	80
YB132M-4	7.5	15.4	1440	2.2	7.0	2.3	87.0	0.85	95
YB160M-4	11	22.6	1460	2.2	7.0	2.3	88.0	0.84	148
YB160L-4	15	30.3	1460	2.2	7.0	2.3	88.5	0.85	166
YB180M-4	18.5	35.9	1470	2.0	7.0	2.2	91.0	0.86	210
YB180L-4	22	42.5	1470	2.0	7.0	2.2	91.5	0.86	234
YB200L-4	30	56.8	1470	2.0	7.0	2.2	92.2	0.87	320
YB225S-4	37	69.8	1480	1.9	7.0	2.2	91.8	0.87	360
YB225M-4	45	84.2	1480	1.9	7.0	2.2	92.3	0.88	388
YB250M-4	55	102.5	1480	2.0	7.0	2.2	92.6	0.88	530
YB280S-4	75	139.5	1480	1.9	7.0	2.	92.7	0.88	650
YB280M-4	90	164.3	1480	1.9	7.0	2.2	93.5	0.89	780
YB315S-4	110	200.8	1485	1.8	6.8	2.2	93.5	0.89	965
YB315M-4	132	239.7	1485	1.8	6.8	2.2	94.0	0.89	1150
YB315L1-4	160	289.1	1485	1.8	6.8	2.2	94.5	0.89	1240
YB315L2-4	200	260.3	1485	1.8	6.8	2.2	94.5	0.89	1450
同步转速 1000r/min,50Hz									
YB90S-6	0.75	2.3	910	2.0	5.5	2.2	72.5	0.70	33
YB90L	1.1	3.2	910	2.2	5.5	2.2	73.5	0.72	38
YB100L	1.5	4.0	940	2.0	6.0	2.2	77.5	0.74	44
YB112M	2.2	5.6	940	2.0	6.0	2.2	80.5	0.74	53
YB132S	3	7.2	960	2.0	6.5	2.2	83.5	0.76	76
YB132M1	4	9.4	960	2.0	6.5	2.2	84.0	0.77	86
YB132M2	5.5	12.6	960	2.0	6.5	2.2	85.3	0.78	101
YB160M	7.5	17.0	970	2.0	6.5	2.0	96.0	0.78	141
YB160L	11	24.6	970	2.0	6.5	2.0	87.0	0.78	165
YB180L	15	31.6	970	1.8	6.5	2.0	89.5	0.81	260
YB200L	18.5	37.7	970	1.8	6.5	2.0	89.8	0.83	265
YB200M	22	44.6	970	1.8	6.5	2.0	90.2	0.83	287
YB225M	30	59.5	980	1.7	6.5	2.0	90.2	0.85	405
YB250S	37	72	980	1.8	6.5	2.0	90.8	0.86	505
YB280M	45	85.4	980	1.8	6.5	2.0	92.0	0.87	620

（续）

型　号	功率因数 /kW	额定电流 (380V) /A	额定转速 /(r/min)	堵转转矩/额定转矩	堵转电流/额定电流	最大转矩/额定转矩	效率 (%)	功率因数	质量 /kg
同步转速 1000r/min,50Hz									
YB280S	55	104.9	980	1.8	6.5	2.0	92.0	0.87	690
YB315M	75	141.8	985	1.6	6.5	2.0	92.8	0.87	960
YB315LM	90	168.1	988	1.6	6.5	2.0	93.2	0.87	1070
YB315L1	110	204.4	988	1.6	6.5	2.0	93.5	0.87	1150
YB315L2	132	245.2	989	1.6	6.5	2.0	93.8	0.87	1310
同步转速 750r/min 50Hz									
YB132S-8	2.2	5.8	710	2.0	5.5	2.0	81.0	0.71	77
YB132M-8	3	7.7	710	2.0	5.5	2.0	82.0	0.72	87
YB160M1-8	4	9.9	720	2.0	6.0	2.0	84.0	0.73	123
YB160M2-8	5.5	13.3	720	2.0	6.0	2.0	85.0	0.74	141
YB160L-8	7.5	17.7	720	2.0	5.5	2.0	86.0	0.75	165
YB180L-8	11	25.1	730	1.7	6.0	2.0	86.5	0.77	255
YB200L-8	15	34.1	730	1.8	5.5	2.0	88.0	0.76	265
YB225S-8	18.5	41.3	730	1.7	6.0	2.0	89.5	0.76	353
YB225M-8	22	47.6	730	1.8	6.0	2.0	90.0	0.78	402
YB250M-8	30	63.0	730	1.8	6.0	2.0	90.5	0.80	470
YB280S-8	37	78.7	740	1.8	6.0	2.0	91.0	0.79	610
YB280M-8	45	93.2	740	1.8	6.0	2.0	91.7	0.80	690
YB315S-8	55	114.0	740	1.6	6.5	2.0	92.0	0.80	940
YB315M-8	75	152.1	742	1.6	6.5	2.0	92.5	0.81	1120
YB315L1-8	90	179.3	741	1.6	6.5	2.0	93.0	0.82	1210
YB315L2-8	110	218.5	741	1.6	6.5	2.0	93.3	0.82	1350
同步转速 600r/min 50Hz									
YB315S-10	45	101.0	590	1.4	6.0	2.0	91.5	0.74	960
YB315M-10	55	123.0	586	1.4	6.0	2.0	92.0	0.74	1110
YB315L2-10	75	164.3	586	1.4	6.0	2.0	92.5	0.75	1290

注：数据来源于减速机信息网，仅供参考。

1.4.12　YZR、YZ 系列冶金、起重三相异步电动机技术数据

YZR、YZ 系列电动机的机座号与转速、功率及负载持续率的对应关系见表 11.3-20，YZR（绕线）系列电动机技术数据见表 11.3-21，电动机安装型式及结构见表 11.3-22。

表 11.3-20　电动机的机座号与转速、功率及负载持续率的对应关系

同步转速/(r/min)	1500				1000				750				600			
极数	4				6				8				10			
负载持续率(%)	25	40	60	100	25	40	60	100	25	40	60	100	25	40	60	100
机座号	功率/kW															
100L	2.5	2.2	1.9	1.6	—											
112M1	3.3	3.0	2.6	2.0	1.7	1.5	1.3	1.1								
112M2	4.5	4.0	3.5	3.0	2.5	2.2	1.9	1.6								
132M1	6.3	5.5	4.8	4.0	3.3	3.0	2.6	2.2	—							
132M2	7.0	6.3	5.3	4.8	4.5	4.0	3.5	3.0	—							

（续）

同步转速/(r/min)	1500				1000				750				600			
极数	4				6				8				10			
负载持续率(%)	25	40	60	100	25	40	60	100	25	40	60	100	25	40	60	100
机座号	功率/kW															
160M1	8.5	7.5	6.3	5.0	6.3	5.5	4.8	4.0	—	—	—	—				
160M2	13	11	9.5	8.0	8.5	7.5	6.3	5.05	—	—	—	—				
160L	17	15	13	11	13	11	9.5	8.0	8.5	7.5	6.3	5.5				
180L	25	22	19	16	17	15	13	11	13	11	9.5	8.0				
200L	35	30	26	22	25	22	19	16	17	15	13	11				
225M	42	37	32	27	35	30	25	22	26	22	19	16				
250M1	52	45	39	33	42	37	32	27	35	30	26	22				
250M2	63	55	47	40	52	45	39	33	42	37	32	27				
280S1	70	63	53	46	63	55	47	40	52	45	39	33	42	37	32	27
280S2	85	75	63	55	70	63	53	46	—	—	—	—				
280M	100	90	75	65	85	75	63	55	63	55	47	40	52	45	39	33
315S1	125	110	92	80	100	90	75	65	70	63	53	46	63	55	47	40
315S2	—	—	—	—	—	—	—	—	85	75	63	55	70	63	53	46
315M	150	132	110	95	125	110	92	80	100	90	75	65	85	75	63	55
355M1	—	—	—	—	—	—	—	—	125	110	92	80	100	90	75	65
355M2	—	—	—	—	—	—	—	—	150	132	110	95	125	110	92	80
355L	—	—	—	—	—	—	—	—	185	160	132	115	150	132	110	95
400L1	—	—	—	—	—	—	—	—	230	200	170	145	185	160	132	115
400L2	—	—	—	—	—	—	—	—	390	250	210	180	230	200	170	145

表 11.3-21　YZR 系列电动机技术数据

工作方式	S3　6 次/h										转动惯量/kg·m²	转子开路电压/V
FC(%)	25	40							60	100		
型　号	额定功率/kW	额定功率/kW	定子电流/A	转子电流/A	最大转矩/额定转矩	转速/(r/min)	效率(%)	功率因数	额定功率/kW	额定功率/kW		
YZR2-280S1-4	70	63	113.29	164.9	2.8	1468	91.0	0.91	53	46	1.85	230
YZR2-280S1-6	63	55	105.08	123.3	2.8	973	91.5	0.885	47	40	2.2	280
YZR2-280S-8	52	45	93.41	93.3	2.8	725	90.5	0.795	39	33	2.3	305
YZR2-280S-10	42	37	85.25	151.9	2.8	579	87.9	0.751	32	27	3.2	150
YZR2-280S2-4	85	75	134.08	203.6	2.8	1467	91.0	0.941	63	55	2.0	240
YZR2-280S2-6	70	63	122.0	128.2	2.8	976	91.5	0.885	53	46	2.4	300
YZR2-280M-4	100	90	159.58	182.4	2.8	1468	91.0	0.941	75	65	2.2	310
YZR2-280M-6	85	75	139.8	147.3	2.8	975	91.5	0.885	63	55	2.8	310
YZR2-280M-8	63	55	114.87	108.5	2.8	728	90.5	0.795	47	40	2.8	310
YZR2-280M-10	52	45	102.06	173.1	2.8	582	87.9	0.751	39	33	3.7	172
YZR2-315S-4	125	110	192.74	242.3	2.8	1463	93.0	0.92	92	80	4.2	290
YZR2-315S-6	100	90	168.65	212.7	2.8	979	92.0	0.88	75	65	5.4	255
YZR2-315S1-8	70	63	127.01	159.4	2.8	730	80.0	0.80	53	46	5.4	250

（续）

工作方式					S3 6次/h						转动惯量 /kg·m²	转子开路电压 /V
FC(%)	25				40				60	100		
型 号	额定功率 /kW	额定功率 /kW	定子电流 /A	转子电流 /A	最大转矩 /额定转矩	转速 /(r/min)	效率 (%)	功率因数	额定功率 /kW	额定功率 /kW		
YZR2-315S1-10	63	55	119.4	157.2	2.8	582	89.0	0.78	47	40	6.8	225
YZR2-315S2-8	85	75	152.37	165.6	2.8	731	80.0	0.80	63	55	5.8	285
YZR2-315S2-10	70	63	136.08	161.7	2.8	583	90.0	0.78	53	46	7.3	242
YZR2-315M-4	150	132	229.54	215.7	2.8	1472	93.0	0.93	110	95	4.9	375
YZR2-315M-6	125	110	200.99	222.9	2.8	978	92.0	0.88	92	80	6.4	305
YZR2-315M-8	100	90	182.41	169.5	2.8	732	90.0	0.80	75	65	6.4	330
YZR2-315M-10	85	75	158.1	171.3	2.8	582	89.0	0.78	63	55	8.1	280
YZR2-355M-8	125	110	216.72	242.4	2.8	734	920	0.87	92	80	14.1	285
YZR2-355M-10	100	90	184.18	181.4	2.8	587	90.0	0.81	75	65	14.2	310
YZR2-355L1-8	150	132	255.17	254.4	2.8	734	92.0	0.84	110	95	15.8	325
YZR2-355L1-10	125	110	218.47	189.9	2.8	586	91.0	0.82	92	80	16.4	335
YZR2-355L2-8	185	160	308.12	263.2	2.8	735	92.0	0.86	132	115	17.3	380
YZR2-355L2-10	150	132	265.7	188.6	2.8	587	92.0	0.82	110	95	18.0	435
YZR2-400L1-8	230	200	381.98	316.4	2.8	739	92.0	0.83	170	145	22.8	390
YZR2-400L1-10	185	160	322.26	252.5	2.8	591	92.2	0.79	132	115	23.6	395
YZR2-400L2-8	300	250	489.79	314.4	2.8	749	80.0	0.80	210	180	25.8	480
YZR2-400L2-10	230	200	403.9	262.6	2.8	891	92.2	0.79	170	145	25.2	460
YZR2-100L-4	2.5	2.2	5.53	18.6	2.4	1358	77.0	0.725	1.9	1.6	0.012	85
YZR2-112M1-4	3.3	3.0	7.67	19.8	2.4	1379	75.0	0.768	2.6	2.0	0.025	110
YZR2-112M1-4	1.7	1.5	4.27	10.8	2.4	1379	69.0	0.645	1.3	1.1	0.023	100
YZR2-112M2-4	4.5	4.0	9.77	19.1	2.4	1379	78.0	0.798	3.5	3.0	0.026	145
YZR2-112M2-4	2.5	2.2	6.07	12.1	2.4	1379	69.0	0.645	1.9	1.6	0.026	132
YZR2-132M1-4	6.3	5.5	12.36	36.1	2.4	1398	82.9	0.844	4.8	4.0	0.042	140
YZR2-132M1-6	3.3	3.0	8.15	18.7	2.4	923	75.8	0.733	2.6	2.2	0.045	110
YZR2-132M2-4	7.0	6.3	13.92	25.8	2.4	1399	82.9	0.844	5.3	4.8	0.044	170
YZR2-132M1-6	4.5	4.0	10.35	14.7	2.4	923	76.8	0.763	3.5	3.0	0.051	185
YZR2-160M1-4	8.5	7.5	16.07	27.7	2.6	1419	84.5	0.842	6.3	5.0	0.11	180
YZR2-160M1-6	6.3	5.5	13.59	26.4	2.4	949	80.0	0.76	4.8	4.0	0.12	138
YZR2-160M2-4	13	11	22.79	39.8	2.8	1423	84.5	0.862	9.5	8.0	0.13	180
YZR2-160M2-6	8.5	7.5	18.45	26.3	2.6	958	80.0	0.77	6.3	5.5	0.149	185
YZR2-160L-4	17	15	30.9	38.6	2.8	1437	85.5	0.862	13	11	0.15	260
YZR2-160L-6	13	11	25.23	29.1	2.8	954	82.0	0.79	9.5	8.0	0.19	250
YZR2-160L-8	8.5	7.5	21.01	24.2	2.6	712	78.0	0.69	6.3	5.5	0.19	205
YZR2-180L-4	25	22	44.02	52.1	2.8	1442	87.0	0.89	19	16	0.25	270
YZR2-180L-6	17	15	32.94	45.2	2.8	964	85.0	0.81	13	11	0.37	218
YZR2-180L-8	13	11	26.84	43.3	2.8	715	83.0	0.74	9.5	8.0	0.37	172
YZR2-200L-4	35	30	57.91	70.4	2.8	1453	89.0	0.88	26	22	0.41	270
YZR2-200L-6	25	22	43.84	74.3	2.8	963	88.0	0.84	19	16	0.63	200
YZR2-200L-8	17	15	33.24	56.6	2.8	719	85.0	0.75	13	11	0.63	178

（续）

工作方式					S3　6次/h						转动惯量 /kg·m²	转子开路电压 /V
FC(%)	25				40				60	100		
型　号	额定功率 /kW	额定功率 /kW	定子电流 /A	转子电流 /A	最大转矩/额定转矩	转速 /(r/min)	效率 (%)	功率因数	额定功率 /kW	额定功率 /kW		
YZR2-225M-4	42	37	70.83	75.9	2.8	1461	89.0	0.88	32	27	0.51	325
YZR2-225M-6	35	30	60.89	77.0	2.8	971	88.0	0.84	25	22	0.78	250
YZR2-225M-8	26	22	49.04	60.5	2.8	722	85.0	0.75	19	16	0.77	232
YZR2-250M1-4	52	45	82.44	157.7	2.8	1458	84.0	0.90	39	33	0.89	185
YZR2-250M1-6	42	37	71.89	96.6	2.8	947	88.0	0.86	32	27	1.41	250
YZR2-250M1-8	35	30	61.66	69.7	2.8	725	88.0	0.785	26	22	1.39	272
YZR2-250M2-4	63	55	98.93	157.4	2.8	1457	91.0	0.91	47	40	1.03	230
YZR2-250M2-6	52	45	85.54	100.4	2.8	974	88.0	0.86	39	33	1.63	290
YZR2-250M2-8	42	37	77.67	81.2	2.8	728	88.0	0.785	32	27	1.61	290

注：数据来源于减速机信息网，仅供参考。

表 11.3-22　电动机安装型式及结构

安装型式及代号			轴伸	冷却方式	传动方式
安装型式	代号	制造范围（机座号）			
	IM1001	112～160	圆柱轴伸	112～132 机座号为自然冷却，160～355 机座号为自扇冷却，400号机座号为具有内循环通风的外扇冷却	采用联轴器或正齿轮传动，若采用正齿轮传动时，其齿轮节圆直径不小于轴伸直径的 2 倍
	IM1003	180～400	圆锥轴伸		
	IM1002	112～160	圆柱轴伸		
	IM1004	180～400	圆锥轴伸		
	IM3001	112～160	圆柱轴伸		
	IM3003	180～250	圆锥轴伸		
	IM3011	112～160	圆柱轴伸		
	IM3013	180～315	圆锥轴伸		

1.4.13　YLJ 系列力矩电动机技术数据

　　力矩电动机又称卷绕特性力矩电动机，当载荷增加时，电动机转速自动下降，保持卷绕时张力不变，用于造纸、电线、电缆等设备，YLJ 系列力矩电动机技术数据见表 11.3-23。

表 11.3-23　YJL 系列力矩电动机技术数据

型　号	堵转转矩 /N·m	堵转电流 /A	空载转速 /(r/min)	堵转时间 /min	外形尺寸/mm			质量 /kg
					长	宽	高	
YLJ80-2-4	2.0	1.0	1400	15	290	232.5	175	16
YLJ80-2-5-4	2.5	1.2	1400	15	290	232.5	175	—
YLJ90S2-5-4	2.5	1.2	1400	15	315	250	195	20

（续）

型　号	堵转转矩 /N·m	堵转电流 /A	空载转速 /(r/min)	堵转时间 /min	外形尺寸/mm			质量 /kg
					长	宽	高	
YLJ90S-3-4	3.0	1.4	1400	15	315	250	195	—
YLJ90L-3-4	3.0	1.15	1400	25	340	250	195	22.9
YLJ90L-4-4	4.0	1.8	1400	15	340	250	195	—
YLJ100L-3.5-4	3.5	1.3	1400	20	380	282.5	245	32
YLJ100L-5-4	5	2.0	1400	20	380	282.5	245	
YLJ112M-6-4	6	2.5	1400	17	460	332.5	476	80
YLJ112M-10-4	10	4.0	1400	17	460	332.5	476	81
YLJ132M-16-4	16	6.0	1400	12	556	360	518	100
YLJ132M-25-4	25	9.0	1400	12	556	360	518	101.5
YLJ132M-40-4	40	14.5	1400	12	556	360	518	102
YLJ160L-60-4	60	25	1400	7	—	—	—	160
YLJ160L-80-4	80	34	1400	7	—	—	—	
YLJ160L-100-4	100	44	1400	7	—	—	—	162
YLJ180L-125-4	125	60	1400	3	—	—	—	
YLJ180L-160-4	160	72	1400	3	—	—	—	
YLJ180L-200-4	200	80	1400	3	—	—	—	
YLJ80-2.5-6	2.5	1.0	950	30	290	232.5	175	17.5
YLJ90S-3-6	3	1.4	950	15	315	250	195	21
YLJ90S-4-6	4	1.7	950	15	315	250	195	
YLJ90L-4-6	4	1.35	950	25	340	250	195	24
YLJ90L-5-6	5	2.0	950	15	340	250	195	
YLJ100L-5-6	5	1.6	950	20	380	282.5	245	31
YLJ100L-6-6	6	2.0	950	20	380	282.5	245	—
YLJ112M-10-6	10	4.0	950	17	460	332.5	476	81.5
YLJ132M-16-6	16	4.5	950	12	556	360	518	101
YLJ132M-25-6	25	7.0	950	12	556	360	518	102.5
YLJ132M-40-6	40	11	950	12	556	360	518	
YLJ160L-60-6	60	19	950	7	—	—	—	161
YLJ160L-80-6	80	26	950	7	—	—	—	
YLJ160L-1000-6	100	32	950	7	—	—	—	163
YLJ180L-125-6	125	36	950	3	—	—	—	
YLJ180L-160-6	1160	46	950	3	—	—	—	
YLJ180L-200-6	200	62	950	3	—	—	—	

1.4.14　YCJ 系列齿轮减速电动机技术数据

YCJ 系列齿轮减速电动机是由 Y 系列电动机与齿轮减速器耦合而成，其额定频率、额定电压、防护等级、工作方式、使用条件、接线方式以及额定功率与电动机机座号均与 Y 系列电动机相应规格一致。

功率为 0.55~3kW 的 YCJ 齿轮减速三相异步电动机技术参数见表 11.3-24。

1.4.15　YD 系列变极多速三相异步电动机技术数据

YD 系列变极多速三相异步电动机是 Y 系列（IP44）三相异步电动机主要派生系列之一，YD 系列变极多速电动机技术数据见表 11.3-25。

表 11.3-24　YCJ齿轮减速三相异步电动机技术参数（0.55~3kW）

额定功率 0.55kW

输出转速/(r/min)	输出转矩/N·m	产品代码机座号	配用电动机
583	8.6	YCJ71	801F1-4
517	9.7		
455	11		
396	12.7		
342	14.7		
290	17.3		
241	20.9		
218	23.1		
183	27	YCJ132	801F2-4
162	30.5		
145	34		
128	38.5		
112	44		
99	50		
96	51.4		
87	57		
82	60		
75	66		
68	73		
57	86.6		
52	95		
47	105		
43	115		
37	130		
29	167	YCJ160	801G3-4
23.5	206		
17.4	277		
15.4	314		

额定功率 0.75kW（左）

输出转速/(r/min)	输出转矩/N·m	产品代码机座号	配用电动机
583	11.8	YCJ71	801F1-4
517	13.3		
455	15.1		
396	17.4		
342	20.1		
290	23.7		
241	28.5		
218	31.5		

额定功率 0.75kW（续）

输出转速/(r/min)	输出转矩/N·m	产品代码机座号	配用电动机
183	36.8	YCJ132	802F2-4
162	41.5		
145	46.4		
128	52.6		
112	60		
99	68		
96	70		
87	77		
82	82		
75	90		
68	99		
57	118		
52	129		
47	143		
43	156		
37	178		
29	227		
23.5	280		
17.4	378	YCJ160	802F3-4
14	470		90SF3-6

额定功率 1.1kW（中）

输出转速/(r/min)	输出转矩/N·m	产品代码机座号	配用电动机
585	17.2	YCJ71	90SF1-4
519	19.4		
456	22.1		
398	25.3		
343	29.4		
291	34.6		
243	41.5		
219	46		
184	53.7	YCJ132	90SF2-4
162	61		
150	65.8		
128	77.1		
112	88.1		
100	98.7		
97	102		
89	111		

额定功率 1.1kW（右）

输出转速/(r/min)	输出转矩/N·m	产品代码机座号	配用电动机
82	120	YCJ132	90SF2-4
75	131		
70	141		
58	170		
52	190		
48	205		
43.5	227		
35	276		
26	371	YCJ160	90SF3-4
21.5	449		
17.5	552		
14.5	666	YCJ180	90LF4-6

额定功率 1.5kW

输出转速/(r/min)	输出转矩/N·m	产品代码机座号	配用电动机
585	23.5	YCJ71	90LF1-4
519	26.5		
456	30.1		
398	34.5		
343	40.1		
291	47.2		
243	56.6		
219	62.8		
184	73.1		
162	83.1		
150	89.7		
128	105		
112	120		
100	134		
97	139	YCJ132	90LF2-4
89	151		
82	164		
75	179		
70	192		
58	232		
52	259		
47	280		
44	306	YCJ160	90LF3-4
40	336		

（续）

额定功率 1.5kW

输出转速/(r/min)	输出转矩/N·m	产品代码机座号	配用电动机
32	412	YCJ160	90LF3-4
26	507		
21.5	613		
18	732	YCJ180	100LF5-6
14	941	YCJ200	100LF6-6

额定功率 2.2kW

输出转速/(r/min)	输出转矩/N·m	产品代码机座号	配用电动机
587	34.4		
520	39		
458	44		
399	50.5	YCJ71	100L1F1-4
344	58.6		
292	69		
244	82.6		
223	90	YCJ80	100L2F1-4
196	101		
171	115	YCJ132	100L1F3-4
151	131		
129	153		
115	171		
105	188		
97	203		
89	222	YCJ132	100L1F3-4
83	238		
75	263		
70	282		
59	334		
53	372		
48	411	YCJ160	100L1F4-4
43	449		
35	552		
27.5	703		
22.5	859	YCJ180	100L1F5-4
18.8	1028	YCJ200	100MF5-6
15.1	1280	YCJ225	100MF6-6

额定功率 3kW

输出转速/(r/min)	输出转矩/N·m	产品代码机座号	配用电动机
587	47	YCJ71	100L2F1-4
520	53		
458	60		
399	69	YCJ71	100L2F1-4
344	80		
292	94		
247	111	YCJ80	100L2F2-4
223	123		
196	137		
171	157		
151	178		
129	209	YCJ132	100L2F3-4
115	235		
97	277		
88	306		
75	351		
70	356		
59	446	YCJ160	100L2F4-4
52	507		
48	549		
43	613		
36	732		
32.5	811	YCJ180	100L2F5-4
28	941		
23.5	1121	YCJ200	100L2F6-4
18.5	1424	YCJ225	132SF7-6
13.8	1910	YCJ250	132SF8-6

注：数据来源于减速机信息网，仅供参考。

表 11.3-25　YD 系列变极多速电动机技术数据

型　号	极数	额定数据				堵转电流/额定电流	堵转转矩/额定转矩	最大转矩/额定转矩	质量/kg
		功率/kW	电压/V	电流/A	转速/(r/min)				
YD801-4/2	4	0.45	380	1.4	1420	6.5	1.5	1.8	17
	2	0.55		1.5	2860	7.0	1.7		
YD802-4/2	4	0.55	380	1.7	1420	6.5	1.6	1.8	18
	2	0.75		2.0	2860	7.0	1.8		
YD90S-4/2	4	0.85	380	2.3	1430	6.5	1.8	1.8	22
	2	1.1		2.8	2850	7.0	1.9		
YD90L-4/2	4	1.3	380	3.3	1430	6.5	1.8	1.8	27
	2	1.8		4.3	2850	7.0	2.0		
YD100L1-4/2	4	2	380	4.8	1430	6.5	1.7	1.8	34
	2	2.4		5.6	2850	7	1.9		
YD100L2-4/2	4	2.4	380	5.6	1430	6.5	1.6	1.8	38
	2	3		6.7	2850	7	1.7		
YD112M-4/2	4	3.3	380	7.4	1450	6.5	1.9	1.8	43
	2	4		8.6	2890	7	2		

（续）

型　号	极数	额 定 数 据				堵转电流 额定电流	堵转转矩 额定转矩	最大转矩 额定转矩	质量 /kg
		功率/kW	电压/V	电流/A	转速/(r/min)				
YD132S-4/2	4	4.5	380	9.8	1450	6.5	1.7	1.8	68
	2	5.5		11.9	2860	7	1.8		
YD132M-4/2	4	6.5	380	13.8	1450	6.5	1.7	1.8	81
	2	8		17.1	2880	7	1.8		
YD160M-4/2	4	9	380	18.5	1460	6.5	1.6	1.8	123
	2	11		22.9	2920	7	1.8		
YD160L-4/2	4	11	380	22.3	1470	6.5	1.7	1.8	144
	2	14		28.8	1940	7	1.9		
YD180M-4/2	4	15	380	29.4	1470	6.5	1.8	1.8	182
	2	18.5		36.7	2940	7	1.9		
YD180L-4/2	4	18.5	380	35.9	1470	6.5	1.6	1.8	190
	2	22		42.7	2950	7	1.8		
YD200L-4/2	4	26	380	49.9	1480	6.5	1.4	1.8	270
	2	30		58.3	2960	7	1.6		
YD225S-4/2	4	32	380	60.7	1480	6.5	1.4	1.8	318
	2	37		71.1	2960	7	1.6		
YD225M-4/2	4	37	380	69.4	1480	6.5	1.6	1.8	354
	2	45		86.4	2960	7	1.6		
YD250M-4/2	4	45	380	84.4	1480	6.5	1.6	1.8	427
	2	55		104.4	2960	7	1.6		
YD280S-4/2	4	6	380	111.3	1490	6.5	1.4	1.8	597
	2	72		135.1	2970	7	1.5		
YD280M-4/2	4	72	380	133.6	1480	6.5	1.4	1.8	667
	2	82		152.2	2970	7	1.5		
YD90S-6/4	6	0.65	380	2.2	920	6	1.6	1.8	23
	4	0.85		2.3	1420	6.5	1.4		
YD90L-6/4	6	0.85	380	2.8	930	6.0	1.6	1.8	25
	4	1.1		3.0	1400	6.5	1.5		
YD100L1-6/4	6	1.3	380	3.8	940	6.0	1.7	1.8	34
	4	1.8		4.4	1440	6.5	1.4		
YD100L2-6/4	6	1.5	380	4.3	940	6.0	1.6	1.8	38
	4	2.2		5.4	1440	6.5	1.4		
YD112M-6/4	6	2.2	380	5.7	960	6.0	1.8	1.8	49
	4	2.8		6.7	1440	6.5	1.5		
YD132S-6/4	6	3	380	7.7	970	6.0	1.8	1.8	65
	4	4		9.5	1440	6.5	1.7		
YD132M-6/4	6	4	380	9.8	970	6.0	1.6	1.8	84
	4	5.5		12.3	1440	6.5	1.4		
YD160M-6/4	6	6.5	380	15.1	970	6.0	1.5	1.8	119
	4	8		17.4	1460	6.5	1.5		
YD160L-6/4	6	9	380	20.6	970	6.0	1.6	1.8	147
	4	11		23.4	1460	6.5	1.7		

（续）

型　号	极数	额定数据				堵转电流 额定电流	堵转转矩 额定转矩	最大转矩 额定转矩	质量 /kg
		功率/kW	电压/V	电流/A	转速/(r/min)				
YD180M-6/4	6	11	380	25.9	980	6.0	1.6	1.8	192
	4	14		29.8	1470	6.5	1.7		
YD180L-6/4	6	13	380	29.4	980	6.0	1.7	1.8	224
	4	16		33.6	1470	6.5	1.7		
YD200L-6/4	6	18.5	380	41.4	980	6.5	1.6	1.8	250
	4	22		44.7	1460	7.0	1.5		
YD225S-6/4	6	22	380	44.2	980	6.5	1.8	1.8	330
	4	28		56.2	1470	7.0	1.8		
YD225M-6/4	6	26	380	52.2	980	6.5	1.8	1.8	344
	4	34		66.0	1470	7.0	1.8		
YD250M-6/4	6	32	380	62.1	980	6.5	1.5	1.8	479
	4	42		80.6	1480	7.0	1.3		
YD280S-6/4	6	42	380	81.5	980	6.5	1.5	1.8	614
	4	55		106.7	1480	7.0	1.3		
YD280M-6/4	6	55	380	106.7	990	6.5	1.6	1.8	710
	4	72		139.7	1480	7.0	1.3		
YD90L-8/4	8	0.45	380	1.9	700	5.5	1.6	1.8	25
	4	0.75		1.82	1420	6.5	1.4		
YD100L-8/4	8	0.85	380	3.1	700	5.5	1.6	1.8	38
	4	1.5		3.5	1410	6.5	1.4		
YD112M-8/4	8	1.5	380	5.0	700	5.5	1.7	1.8	49
	4	2.4		5.3	1410	6.5	1.7		
YD132S-8/4	8	2.2	380	7.0	720	5.5	1.5	1.8	63
	4	3.3		7.1	1440	6.5	1.7		
YD132M-8/4	8	3	380	9.0	720	5.5	1.5	1.8	80
	4	4.5		9.4	1440	6.5	1.6		
YD160M-8/4	8	5	380	13.9	730	5.5	1.5	1.8	119
	4	7.5		15.2	1450	6.5	1.6		
YD160L-8/4	8	7	380	19	730	6	1.5	1.8	147
	4	11		21.8	1450	7	1.6		
YD180L-8/4	8	11	380	26.7	730	6	1.5	1.8	254
	4	17		32.3	1470	7	1.5		
YD200L1-8/4	8	14	380	33	740	6	1.8	1.8	261
	4	22		41.3	1470	7	1.7		
YD200L2-8/4	8	17	380	40.1	740	6	1.5	1.8	301
	4	26		48.8	1470	7	1.7		
YD225M-8/4	8	24	380	53.2	740	6	1.5	1.8	340
	4	34		66.7	1470	7	1.5		
YD250M-8/4	8	30	380	64.9	740	6	1.6	1.8	479
	4	42		78.8	1480	7	1.7		
YD280S-8/4	8	40	380	83.5	740	6	1.6	1.8	585
	4	55		102	1480	7	1.7		

（续）

型　号	极数	额定数据				堵转电流 额定电流	堵转转矩 额定转矩	最大转矩 额定转矩	质量 /kg
		功率/kW	电压/V	电流/A	转速/(r/min)				
YD280M-8/4	8	47	380	96.9	740	6	1.6	1.8	730
	4	67		122.9	1480	7	1.7		
YD90S-8/6	8	0.35	380	1.6	700	5	1.8	1.8	23
	6	0.45		1.4	930	6	2		
YD90L-8/6	8	0.45	380	1.9	700	5	1.7	1.8	25
	6	0.65		1.9	920	6	1.8		
YD100L-8/6	8	0.75	380	2.9	710	5	1.8	1.8	38
	6	1.1		3.1	950	6	1.9		
YD112M-8/6	8	1.3	380	4.5	710	5	1.7	1.8	51
	6	1.8		4.8	950	6	1.9		
YD132S-8/6	8	1.8	380	5.8	730	5	1.6	1.8	63
	6	2.4		6.2	970	6	1.9		
YD132M-8/6	8	2.6	380	8.2	730	5	1.9	1.8	84
	6	3.7		9.4	970	6	1.9		
YD160M-8/6	8	4.5	380	13.3	730	5	1.6	1.8	119
	6	6		14.7	980	6	1.9		
YD160L-8/6	8	6	380	17.5	730	5	1.6	1.8	147
	6	8		19.4	980	6	1.9		
YD180M-8/6	8	7.5	380	21.9	730	5	1.9	1.8	195
	6	10		24.2	980	6	1.9		
YD180L-8/6	8	9	380	24.8	730	5	1.8	1.8	224
	6	12		28.3	980	6	1.8		
YD200L1-8/6	8	12	380	32.6	730	5	1.8	1.8	250
	6	17		39.1	980	6	2		
YD200L1-8/6	8	15	380	40.3	730	5	1.8	1.8	301
	6	20		45.4	980	6	2		
YD160M-12/6	12	2.6	380	11.6	480	4	1.2	1.8	119
	6	5		11.9	970	6	1.4		
YD160L-12/6	12	3.7	380	16.1	480	4	1.2	1.8	147
	6	7		15.8	970	6	1.4		
YD180L-12/6	12	5.5	380	19.6	490	4	1.3	1.8	224
	6	10		20.5	980	6	1.3		
YD200L1-12/6	12	7.5	380	24.5	490	4	1.2	1.8	270
	6	13		26.4	970	6	1.3		
YD200L2-12/6	12	9	380	28.9	490	4	1.2	1.8	301
	6	15		30.1	980	6	1.3		
YD225M-12/6	12	12	380	35.2	490	4	1.2	1.8	292
	6	20		39.7	980	6	1.3		
YD250M-12/6	12	15	380	42.1	490	4	1.2	1.8	408
	6	24		47.1	990	6	1.3		
YD280S-12/6	12	20	380	54.8	490	4	1.2	1.8	536
	6	30		58.9	990	6	1.3		

（续）

型　号	极数	额定数据				堵转电流 额定电流	堵转转矩 额定转矩	最大转矩 额定转矩	质量 /kg
		功率/kW	电压/V	电流/A	转速/(r/min)				
YD280M-12/6	12	24	380	63.7	490	4	1.2	1.8	585
	6	37		72.6	990	6	1.3		
YD100L-6/4/2	6	0.75	380	2.6	950	5.5	1.8	1.8	38
	4	1.3		3.7	1450	6	1.6		
	2	1.8		4.5	2900	7	1.6		
YD112M-6/4/2	6	1.1	380	3.5	960	5.5	1.7	1.8	43
	4	2		5.1	1450	6	1.4		
	2	2.4		5.8	2920	7	1.6		
YD132S-6/4/2	6	1.8	380	5.1	970	5.5	1.4	1.8	70
	4	2.6		6.1	1460	6	1.3		
	2	3		7.4	2910	7	1.7		
YD132M1-6/4/2	6	2.2	380	6.0	970	5.5	1.3	1.8	74
	4	3.3		7.5	1460	6	1.3		
	2	4		8.8	2910	7	1.7		
YD132M2-6/4/2	6	2.6	380	6.9	970	5.5	1.5	1.8	86
	4	4		9.0	1460	6	1.4		
	2	5		10.8	2910	7	1.7		
YD160M-6/4/2	6	3.7	380	9.5	980	5.5	1.5	1.8	129
	4	5		11.2	1470	6	1.3		
	2	6		13.2	2930	7	1.4		
YD160L-6/4/2	6	4.5	380	11.4	980	5.5	1.5	1.8	152
	4	7		15.1	1470	6	1.2		
	2	9		18.8	2930	7	1.3		
YD112M-8/4/2	8	0.65	380	2.7	700	5.5	1.4	1.8	45
	4	2		5.1	1450	6	1.3		
	2	2.4		5.8	2920	7	1.2		
YD132S-8/4/2	8	1	380	3.6	720	5.5	1.4	1.8	68
	4	2.6		6.1	1460	6	1.2		
	2	3		7.1	2910	7	1.4		
YD132M-8/4/2	8	1.3	380	4.6	720	4.5	1.5	1.8	81
	4	3.7		8.4	1460	6	1.3		
	2	4.5		10	2910	7	1.4		
YD160M-8/4/2	8	2.2	380	7.6	720	4.5	1.4	1.8	124
	4	5		11.2	1440	6	1.3		
	2	6		13.2	2910	7	1.4		
YD160L-8/4/2	8	2.8	380	9.2	720	4.5	1.3	1.8	145
	4	7		15.1	1440	6	1.2		
	2	9		18.8	2910	7	1.3		

注：数据来源于减速机信息网，仅供参考。

1.5　同步电动机的类型和用途

同步电动机包括同步发电机和同步电动机两大类。同步电动机的转速 n 与电网频率 f 之间保持严格的正比关系，即：$n=60f/p$。例如：当电动机磁极对数 $p=2$ 时，电动机的转速 $n=1500\text{r/min}$。

同步电动机有旋转电枢（磁极固定）和旋转磁场（电枢固定）两种结构型式，一般多采用旋转磁场式。而根据磁路结构又可分为凸极式、隐极式、感应子式、爪极式、磁阻式、开关磁阻式和永磁式。大多数同步电动机为卧式安装，但拖动立式轴流泵的同步电动机则为立式安装结构，冷却方式通常为空气冷却。

与异步电动机相比，同步电动机的特点有：功率因数可以是超前的、运行稳定性高、转速不随负载改变而保持恒定和运行效率高等。

同步异步电动机兼有绕线转子异步电动机优良的起动性能（起动电流小、起动转矩高、起动平稳等）和良好的运行特性（功率因数可调）。当负载要求起动转矩高达额定转矩的 2 ~ 2.5 倍以上时，要求牵入转矩很高。在电网容量不够大，或负载机械 GD^2 很大的情况下，可以采用同步异步电动机。

同步调相机：同步调相机就是接在电网上，但不带机械负载运行的同步电动机，调相机过励磁时，相当于电容器，吸收超前无功功率，电网供给它的是超前电网电压 90°的电流。调相机欠励磁时，相当于电抗器，吸收滞后的无功功率，电网供给它的是滞后于电网电压 90°的电流。调相机用于电网或电力系统可以改善功率因数，用于钢铁企业可以控制母线电压的波动。

同步电动机用于拖动系统不要求调速和功率较大的生产机械设备。例如：不经常调速的轧钢机、涡轮压缩机、鼓风机、各种泵类和变流机组等；或者用于拖动功率虽不大，但转速较低的球磨机和往复式压缩机；大型船舶推进器等。近年来，利用晶闸管变频装置可使同步电动机作调速运行，其运行特性与直流电动机相近。

1.6　同步电动机的起动

同步电动机定子绕组通入交流电流后，产生同步转速的旋转磁场，它与转子励磁绕组通入直流励磁电流产生的恒定磁场之间所产生的转矩是交变的，不能使转子起动。为了起动同步电动机，一般其转子上装有与笼型转子异步电动机相似的笼型绕组（或称起动绕组、阻尼绕组），它与定子同步旋转磁场相感应产生电势与电流和平均转矩，是和异步电动机工作原理相似的。

同步电动机具有几种起动方法，如全压异步起动、减压异步起动、调频同步起动等。实际应综合考虑电网容量、电动机的特性和负载特性选择起动方法。一般多采用异步起动方式。异步起动时，先在励磁绕组中串入起动电阻器，其值约为励磁绕组电阻的 5 ~ 10 倍，然后予以短接。起动时，在定子加上电压后电动机转速增加，当电动机达到亚同步转速时（同步转速的 95% 左右）瞬间切除转子所串电阻，同时通入励磁电流，此时电动机转子在同步转速附近作周期性振荡几个周期后自动牵入同步，起动完毕。

1.7　TD 系列同步电动机的技术数据

TD 系列同步电动机为户内工作的卧式机构，具有一端轴伸或两端轴伸，定子铁心外径约在 1m 以上，属大型电动机，适用于拖动通风机、水泵、空压机以及变流机组的原动机等。电动机的励磁装置一般采用静态晶闸管励磁装置或直流励磁机组。

TD 系列同步电动机冷却方式有开启式自冷通风、管道冷却通风以及封闭自循环通风三种方式。

TD 系列同步电动机技术数据见表 11.3-26。

表 11.3-26　TD 系列同步电动机技术数据

序号	型号	型式	额定值				功率因数 $\cos\varphi$	效率 (%)	起动电流额定电流 $\dfrac{I_{ST}}{I_N}$	起动转矩额定转矩 $\dfrac{T_{NS}}{T_N}$	牵入转矩额定转矩 $\dfrac{T_{NB}}{T_N}$	最大转矩额定转矩 $\dfrac{T_{MAX}}{T_N}$	飞轮力矩 GD^2 /N·m²	额定工况下	
			功率 /kW	电压 /V	电流 /A	转速 /(r/min)								励磁电压 /V	励磁电流 /A
1	TD116/25-6	1	425	6000/3000	49/96	1000	0.9	92	7.5	1.2	0.5	2.5	0.35	32	265
2	TD116/29-6	1	560	6000	64	1000	0.9	92	6.5	0.8	0.5	1.8	—	40	192
3	TD116/41-6	1	800	6000	102	1000	0.8	93	7	0.8	0.7	2.5	—	45	240
4	TD116/59-6	1	1000	6000	114	1000	0.9	94	7	0.8	0.6	1.5	—	46	192
5	TD140/50-6	1	1600	6000	180	1000	0.9	94	7	0.8	0.8	1.8	—	46	249
6	TD140/50-6	2	3000	6000	180	1000	0.9	94	7	0.8	0.8	1.8	—	46	249
7	TD173/48-6	2	3000	6000	356	1000	0.9	95	6.5	0.8	0.9	1.5	2.8	77	257

（续）

序号	型号	型式	额定值				功率因数 $\cos\varphi$	效率（%）	起动电流额定电流 $\dfrac{I_{ST}}{I_N}$	起动转矩额定转矩 $\dfrac{T_{NS}}{T_N}$	牵入转矩额定转矩 $\dfrac{T_{NB}}{T_N}$	最大转矩额定转矩 $\dfrac{T_{MAX}}{T_N}$	飞轮力矩 GD^2 /N·m²	额定工况下	
			功率/kW	电压/V	电流/A	转速/(r/min)								励磁电压/V	励磁电流/A
8	TD173/54-6	2	3400	6000	379	1000	0.9	95	6.5	0.8	0.9	1.5	3.3	66	253
9	TD118/44-8	1	800	6000	90.5	750	0.9	94	6	0.8	1	1.8	—	61	174
10	TD143/42-8	1	1250	6000/3000	140	750	0.9	94	6	1	1	1.8	—	58	261
11	TD143/54-8	1	1600	6000	178	750	0.9	95	6	1	0.8	2	—	64	253
12	TD143/54-8	3	1600	6000	178	750	0.9	95	6	1	0.8	2	—	64	253
13	TD173/54-8	2	2500	6000	278	750	0.9	95	6	0.7	0.6	1.7	4	58	343
14	TD118/44-10	1	630	6000	71.5	600	0.9	93	6	0.9	1	1.8	—	59	181
15	TD116/49-40	1	800	380	1470	600	0.9	93	7	1.7	0.5	1.8	0.713	59	188
16	TD116/64-10	1	800	6000	92	600	0.9	93	6	1	1	2	—	76	179
17	TD143/44-10	1	1000	6000	113	600	0.9	94	6	1	1	1.8	—	54	286
18	TD143/44-10	2	1000	6000	113	600	0.9	94	6	1	1	1.8	—	54	286
19	TD143/55-10	1	1250	6000	140.5	600	0.9	95	6.5	1	1	1.8	—	55	256
20	TD143/66-10	1	1600	6000	180	600	0.9	95	7	1	1	1.8	2.23	66	284
21	TD173/35-12	1	1250	3000	284	500	0.9	94	6	0.7	1	1.8	3.5	86	267
22	TD173/41-12	1	1250	6000	142	500	0.9	94	6	0.7	1	1.8	3.9	89	245
23	TD173/51-12	1	1600	6000	180	500	0.9	94	6	1	1	1.8	—	97	242
24	TD118/32-16	3	250	6000	29.7	375	0.9	90	6	1	0.6	2.0	—	83	103
25	TD173/51-16	3	1250	6000	141.5	375	0.9	93.5	6	1	1	1.8	4.56	89	193
26	TD143/24-20	1	250	3000	59	300	0.9	92	5	1	0.5	1.8	1	63	140
27	TD215/39.5-20	1	1000	6000	130	300	0.9	92	6.5	0.7	0.8	2.5	10.3	90	267
28	TD173/47-28	3	630	6000	73	214.3	0.9	92	6	0.7	0.7	1.8	3.9	92	157

2　直流电动机

　　直流电动机是将直流电能转变为机械能的旋转机械。它的特点是：调速性能优良，过载能力大，可实现频繁的无级快速起动、制动和反转，能满足生产过程自动化系统各种不同的特殊运行要求。因此，直流电动机在宽调速的场合和要求有特殊运行性能的自动控制系统中占有重要地位。

2.1　直流电动机的用途和分类

　　直流电动机按励磁方式分为永磁直流电动机、他励直流电动机、并励直流电动机、稳定并励直流电动机、复励直流电动机以及串励直流电动机六种类型，其特性和用途见表 11.3-27。此外，还可按转速、电流、电压、工作定额、防护型式、安装结构型式和通风冷却方式等来分类。

　　直流发电机能提供平滑无脉动的直流电压，其输出电压便于精确地调节和控制，直流发电机过去曾广泛应用于直流电动机的电源，随着晶闸管整流电源的发展，在许多领域取代了直流发电机，但在某些场合中，如真空冶炼工业和无交流电网而又需要直流电源时，仍有它的一定重要性，直流发电机的特性和用途见表 11.3-28。

2.2　直流电动机的主要技术参数

　　直流电动机在规定的使用环境和运行条件下，主要技术参数有：额定功率、额定电压、额定转速、额定电流、励磁方式和励磁电压等。

　　直流电动机额定功率和额定转速的比值相当于电动机的转矩，电动机转矩的大小决定了电动机的几何尺寸。所以通常以额定功率和额定转速来划分直流电动机的大小。例如：转速 1500r/min，功率为 200kW 以下的电动机称为小型直流电动机；转速为 1500r/min、功率为 200kW 到转速为 1000r/min、功率为 1250kW 的称为中型直流电动机，转速为 1000r/min 以下、功率为 1250kW 以上的称为大型直流电动机。

表 11.3-27 直流电动机的特性和用途

励磁方式	永磁	他励	并励	稳定并励②	复励	串励
励磁特征图	 （励磁特征图）	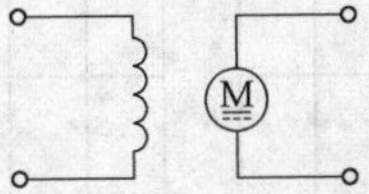 （励磁特征图）	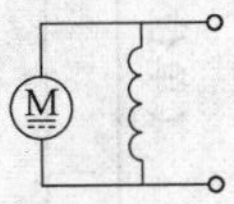 （励磁特征图）	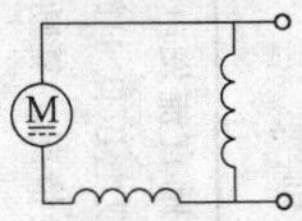 （励磁特征图）	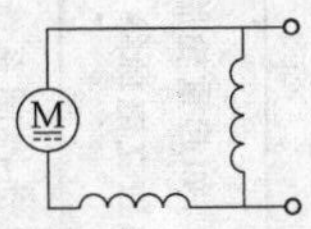 （励磁特征图）	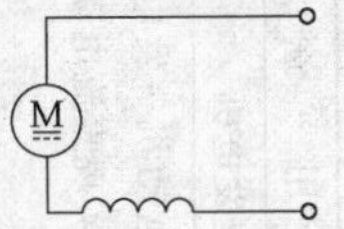 （励磁特征图）
起动转矩	起动转矩约为额定转矩的 2 倍，也可制成为额定转矩的 4～5 倍	由于起动电流一般限制在额定电流的 2～2.5 倍		由于起动电流一般限制在额定电流的 2.5 倍以内，起动转矩约为额定转矩的	起动转矩较大，约可达额定转矩的 4 倍，由复励程度决定	起动转矩很大，约可达额定转矩的 5 倍
短时过载转矩	一般为额定转矩的 1.5 倍，也可制成为额定转矩的 3.5～4 倍	一般为额定转矩的 1.5 倍，带补偿绕组时，可达额定转矩的 2.5～2.8 倍			比并励电动机大，约可达额定转矩的 3.5 倍左右	可达额定转矩的 4 倍左右
转速变化率	3%～15%	5%～20%			由复励程度来决定，可达 25%～30%	转速变化率很大，空载转速极高
调速范围	转速①与电枢电压是线性关系，有较好的调速特性，调速范围较大	削弱磁场恒功率调速，转速比可达 1:2 至 1:4，特殊设计可达 1:8，他励约 1:4，恒转矩向下调，范围较宽		削弱磁场调速，可达额定转速的 2 倍	削弱磁场调速，可达额定转速的 2 倍	用外接电阻串联或并联；或将串励绕组串联或并联连接来实现调速，调速范围较宽
用途	自动控制系统中作为执行元件又一般作驱动力用，如力矩电动机	用于起动转矩稍大的恒速负载和要求调速的传动系统，如离心泵、风机、金属切削机床、纺织印染、造纸和印刷机械等			用于要求起动转矩大、转速变化不大的负载，如拖动空气压缩机、冶金辅助传动机械等	用于要求很大的起动转矩，转速允许有较大变化的负载，如电池供电车、起货机、电力传动机车等

① 直流电动机从实际冷却状态下开始运转，到绕组为工作温度时，由于温度变化引起了磁通变化和电枢电阻压降的变化，因此产生直流电动机的转速变化，一般约为 15%～20%，而永磁直流电动机的磁通与温度无关，仅电枢电阻随温度变化，所以由于温度变化引起的转速变化约为 1%～2%。

② 稳定并励电动机的主极励磁绕组由并励磁绕组和稳定绕组组成，稳定绕组实质上是少量匝数的串励绕组，在并励或他励直流电动机中采用稳定绕组的目的，在于使转速不致随负载增加而上升，而是略为降低，即使电动机运行稳定。

表 11.3-28　直流发电机的特性和用途

励磁方式		电压变化率	特　性	用　途
永磁		1%～10%	输出端电压与转速呈线性关系	用作测速发电机
他励		5%～10%	输出端电压随负载电流增加而降低 能调节励磁电流使输出端电压有较大 幅的变化	常用于电动机—发电机—电动 机系统中，实现直流电动机的恒转 矩宽广调速
并励		20%～40%	输出端电压随负载电流增加而降低， 降低的幅度较他励时为大。其外特性 稍软	充电、电镀、电解、冶炼等用直流 电源
复励[1]	积复励	不超过 6%	输出端电压在负载变动时变化较小， 电压变化率由复励程度即串、并励的安 匝比决定	直流电源，如起重轮胎吊和用柴 油机带动的独立电源等
	差复励	电压变化率较大	输出端电压随负载电流增加而迅速 下降，甚至降为零	如用于自动控制系统中作为执 行直流电动机的电源
串励		—	有负载时，发电机才能输出端电压， 输出电压随负载电流增大而上升	用做升压机

[1] 串励绕组和并励绕组的极性同向的，称为积复励；极性反向的，称为差复励，通常所谓的复励直流发电机是指积复
励。在复励直流发电机中，串励绕组使其空载电压和额定电压相等的，称为平复励；使其空载电压低于额定电压的，
称为过复励；使其空载电压高于额定电压的，称为欠复励。根据串励绕组在发电机接线中连接情况，复励直流发电机
接线有短复励和长复励之分。

直流电动机的额定功率、额定电压和额定转速都　　　　表 11.3-31。
有规定的标准等级，分别参见表 11.3-29、表 11.3-30、

表 11.3-29　直流电动机的功率等级　　　　（单位：kW）

直流电动机							
0.37	0.55	0.75	1.1	1.5	2.2	3	4
6.5	7.5	10	13	17	22	30	40
55	75	100	125	160	200	250	320
400	500	630	800	1000	1250	1600	2050
2000	3000	4300	5350	6700			
直流发电机							
0.7	1.0	1.4	1.9	2.5	3.5	4.8	6.5
9	11.5	14	19	20	35	48	67
90	115	145	185	240	300	370	470
580	730	920	1150	1450	1900	2400	3000
3000	4000	5700	7000				

表 11.3-30　直流电动机的电压等级　　　　（单位：V）

直流电动机							
110	160	220	（330）440	630（660）	800	1000	
直流发电机							
6	12	24	36	48	72	115	230
（330）	460	630（660）	800	1000			

注：表中有括号的电压不常使用。

表 11.3-31　直流电动机的转速等级　　　　　　（单位：r/min）

直流电动机							
3000	1500	1000	750	600	500	400	320
250	200	160	125	100	80	63	50
40	32	25					
直流发电机							
3000	1500	1000	750	600	500	427	375
333	300						

2.3　直流电动机的结构型式

直流电动机结构型式分为安装结构型式、防护结构型式及通风冷却方式三种类型。直流电动机常用的防护型式见表 11.3-32，通风冷却方式见表 11.3-33。

表 11.3-32　直流电机常用防护结构型式

防护类型	开启式	防滴式	
防护等级	00	01	21
图例	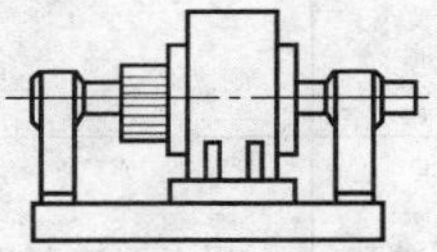	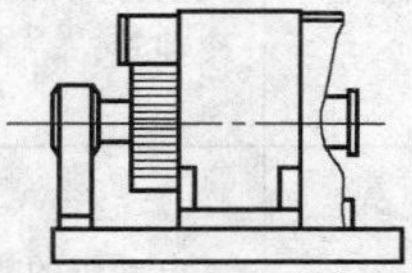	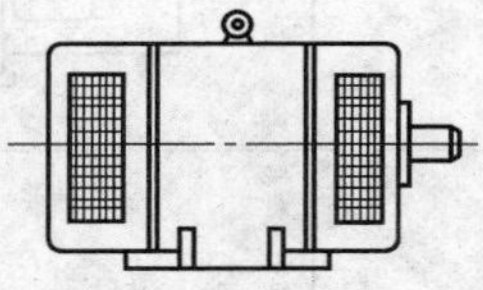
防护范围	除必要的支承结构外，对转动部分和带电部分不设专门的防护装置	可防止垂直下落的固体异物和液体进入电动机内部	可防止直径大于 12mm 的异物和垂直下落的液体进入电动机内部
防护类型	防滴式	全封闭式	封闭防水式
防护等级	22	54	56
图例	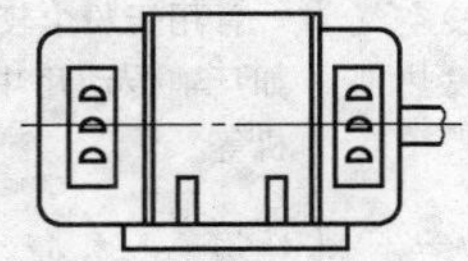	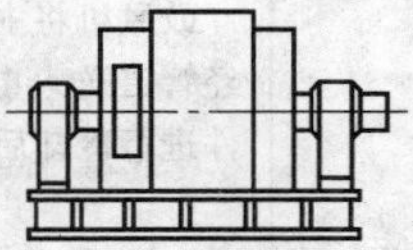	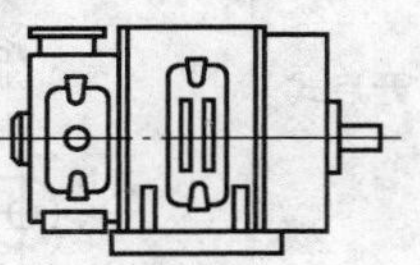
防护范围	可防止直径大于 12mm 固体和垂直成 15°方向的滴水	可防止灰尘和任何方向的溅水进入电动机内部或不致产生有害的影响	可防止灰尘和猛烈的海浪或强力喷水进入电动机内部

表 11.3-33　常见的直流电动机通风冷却方式

冷却方式		简　图	特　征	适　用　范　围
自冷式	开启型	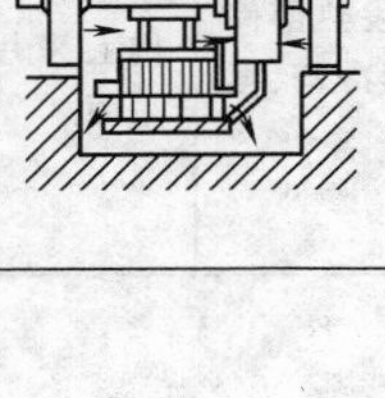	电动机依靠表面的热辐射和空气的自然对流散发热量	一般用于断续定额的低速直流电动机，使用环境较洁净，如电梯用直流电动机

（续）

冷却方式		简　图	特　征	适用范围
自冷式	封闭型	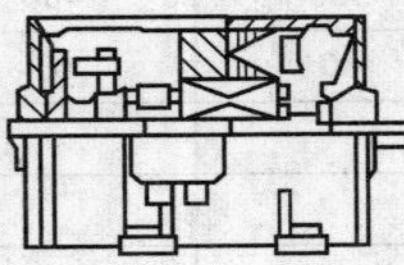	除电动机表面热辐射和空气的自然对流外,电动机可装有风扇,机壳为密闭防护式	20kW 以下小型直流电动机及起重、冶金用直流电动机,有连续和断续定额两种,电动机可使用于粉尘较多的工作环境
自扇冷式	防滴型	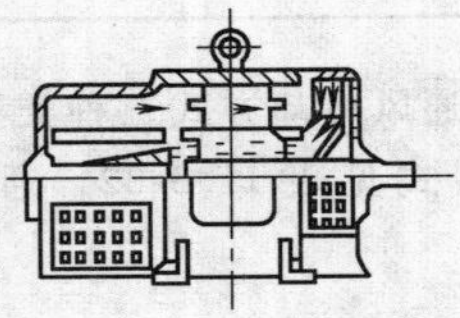	有安装在电枢压圈上的或电枢轴上的离心式风扇供给冷却空气,以轴向或径向、轴向组合方式冷却电动机的内部或表面	广泛用于中小型直流电动机
	封闭型	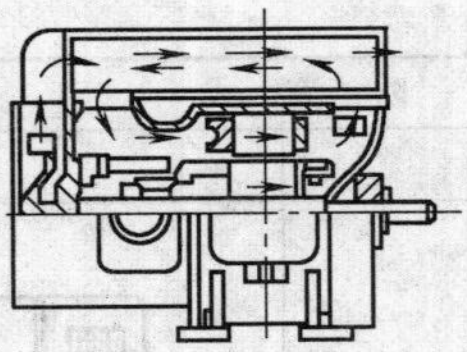	热空气经机座上的冷却器冷却后再由风扇吸入电动机内部,形成循环冷却。并在电枢另一端安装轴向风扇打风,冷却电动机的外表面和冷却管	小型直流电动机
他扇冷式	防滴型	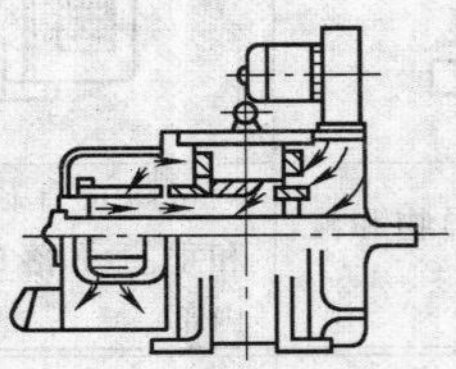	电动机的热量由独立驱动的鼓风机供给冷却空气冷却,或由鼓风机抽出热空气,使冷却空气从进风口吸入	用于调速范围较广的中小型直流电动机,如金属切削机床、挖土机、造纸机和煤矿卷扬机用直流电动机
管道直通冷却	开启式	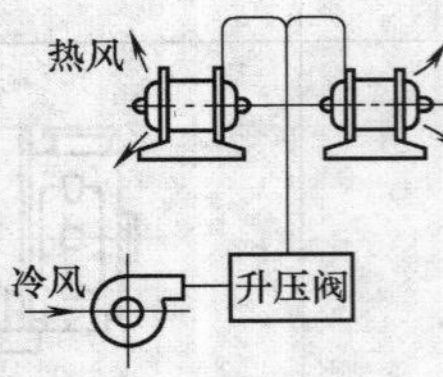	鼓风机将主电室地下室的冷空气经管道送入电动机内部,对发热部件进行冷却后排至车间内	常用于粉尘较多的工作环境,如厂辅传动用中小型直流电动机等
	封闭式	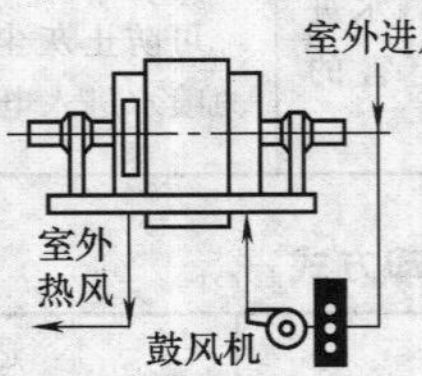	鼓风机将主电室外冷空气吸入,经过滤器和管道,送入电动机内部,对发热部件进行冷却后再经管道排至室外,这种通风系统不需冷却器,维修方便,电动机内部清洁,但不能调节冷却空气的温度和湿度	一般用于冷却水源不足和缺乏低温水源地区的中大型直流电动机
循环冷却式	开启式	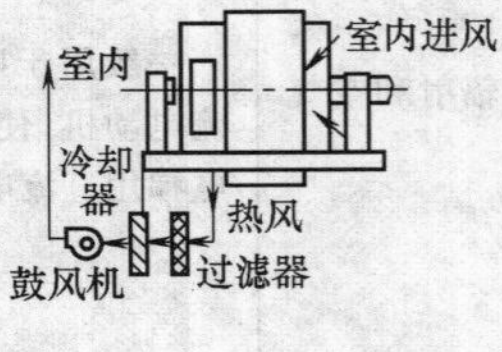	由管道内鼓风机将主电室冷却空气吸进电动机内部。冷却发热部件后,热空气经管道由冷却器冷却,再送进主电室	用于中大型直流电动机,当结构上采用密闭循环有困难时采用

（续）

冷却方式		简　图	特　征	适用范围
	密闭式	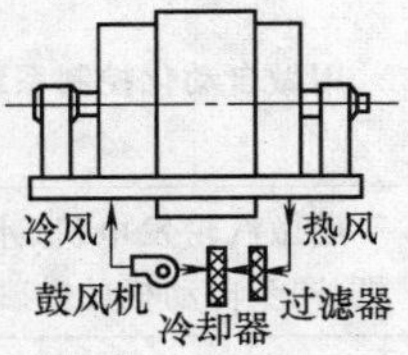	由管道内鼓风机将电动机内热空气自电动机出风口吸出,并流经过滤器、冷却器,再将冷却空气送至电动机内	广泛用于大型直流电动机
循环冷却式	换向器独立通风	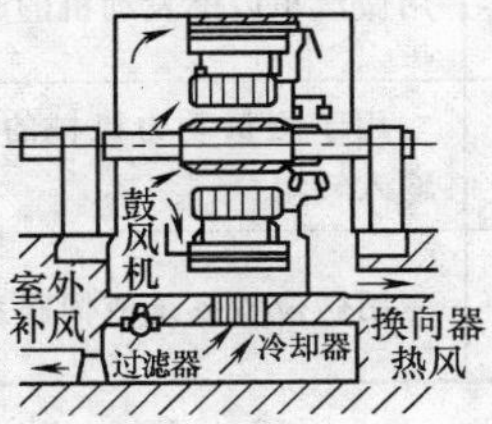 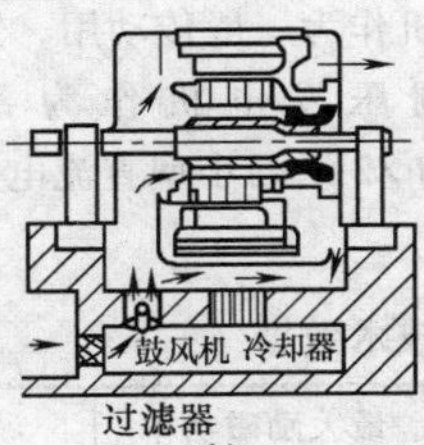 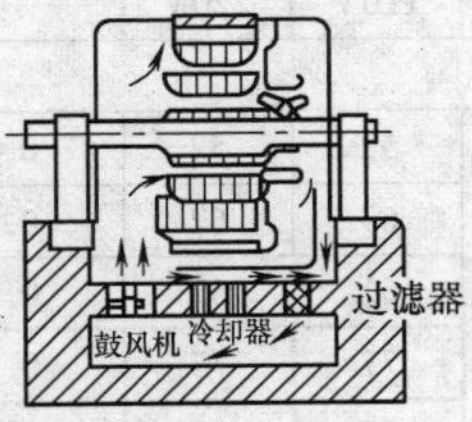	用挡风板使换向器部分和电动机其余部分隔开,分成两个风路,各有冷却空气循环通风。有三种通风系统: 1)上部进风,下部排风至室外,见图 a 2)侧部进风,热风排向主电室内,见图 b 3)下部进风,密闭循环,见图 c,这种通风系统具有密闭式循环通风的优点,还解决了电刷碳粉进入电动机内部的问题	常用于大型轧钢直流电动机

2.4　直流电动机的派生产品及其用途

在通用的基本系列直流电动机的基础上,稍加改动后形成直流电动机的派生系列产品。此外,不能按派生产品简单改动,而须专门设计的电动机称为专用产品,直流电动机的派生产品和专用产品的特点及适用范围见表 11.3-34。

表 11.3-34　直流电动机派生、专用产品特点及应用

序号	产品名称	性能和结构的特点	应用范围
1	起重、冶金用直流电动机	结构坚固、耐冲击、频繁起、制动正反转工作,GD^2 小,过载能力大,响应速度快,定额有断续周期、短时、连续三种	用于轧钢机、压下装置、工作辊道、推床、翻钢机、起重机、装卸桥、运输机械、矿山挖掘机等设备
2	直流牵引电动机	为封闭式直流串励电动机,起动转矩大,机械特性软,短时定额	用做城市无轨电车、工矿电机车、电力机车、短途运输车辆
3	船用直流电动机	使用环境为冲击、振动、多堵、潮湿	用做海洋、内河船舶上拖动各种辅助机械,如锚机及舵机的动力,船上水泵、风机等

（续）

序号	产品名称	性能和结构的特点	应用范围
4	无槽直流电动机	电枢铁心无槽，导线均匀分布在电枢表面，电动机惯性小，过载能力大，响应快，测速范围广	用做自动化控制系统中执行元件
5	励磁机	励磁的参数须满足主机要求，结构也与主机配合，励磁机轴与主机采用弹性连接	用做汽轮发电机、水轮发电机、同步调相机、同步电动机的励磁电源
6	汽车起动机	起动机为短时工作制，由蓄电池供电，功率在 0.6~9kW	用做汽车内燃发动机的起动动力
7	直流测功机	具有测量范围广，调节方便，运行稳定，精度高，误差小等特点	用于测量动力机械的输入转矩及载荷的输入转矩
8	直流力矩电动机	具有低转速、大转矩，长期工作在堵转状态下、反应快，调节特性好等特点	用做位置系统或伺服系统中的执行元件

2.5 直流电动机产品及其技术数据

2.5.1 Z2 系列小型直流电动机技术数据

Z2 系列小型直流电动机共分 11 个机座号，每个机座号有两种铁心长度，制造有直流电动机、直流发电机、直流调压发电机三种，适用于一般正常的工作环境。电动机作为一般传动用，发电机作为一般直流电源用，调压发电机作为蓄电池组充电用。表 11.3-35 为 Z2 系列小型直流电动机的技术数据。

表 11.3-35 Z2 系列小型直流电动机技术数据

型号	额定功率 /kW	额定电流/A 110V	额定电流/A 220V	效率（%）110V	效率（%）220V	最高转速 /(r/min) 110V	最高转速 /(r/min) 220V	最大励磁功率 /W 110V	最大励磁功率 /W 220V	GD^2 /N·m²	质量 /kg
					额定转速 3000r/min						
Z2-11	0.8	9.82	4.85	74	75			52	52	0.12	32
Z2-12	1.1	13	6.41	75.5	76.5			63	62	0.15	36
Z2-21	1.5	17.5	8.64	77	78			61	62	0.45	48
Z2-22	2.2	24.5	12.2	79	80			77	77	0.55	56
Z2-31	3	33.2	16.52	78.5	79.5			80	83	0.85	65
Z2-32	4	43.8	21.65	80	81			98	94	1.05	76
Z2-41	5.5	61	30.3	81.5	82.0	3000		97	108	1.5	88
Z2-42	7.5	81.6	40.3	82	82.5			120	141	1.8	101
Z2-51	10	(107.5)	53.5	(84.5)	83			—	222	3.5	125(144)
Z2-52	13	—	68.7	—	83.5			—	365	4	148
Z2-61	17	—	88.9	—	84			—	247	5.6	175
Z2-62	22		113.7		85			—	232	6.5	196
Z2-71	30		155		85.5			—	410	10	280
Z2-72	40	—	205.6	—	86.5			—	500	12	320
					额定转速 1500r/min						
Z2-11	0.4	5.47	2.715	66.5	67			39	43	0.12	32
Z2-12	0.6	7.74	3.84	70.5	71			60	62	0.15	36
Z2-21	0.8	9.96	4.94	13	73.5	3000	3000	65	68	0.45	48
Z2-22	1.1	13.15	6.53	16	76.5			88	101	0.55	56
Z2-31	1.5	17.6	8.68	11.5	78.5			103	94	0.85	65

（续）

型　号	额定功率/kW	额定电流/A		效率(%)		最高转速/(r/min)		最大励磁功率/W		GD^2/N·m²	质量/kg
		110V	220V	110V	220V	110V	220V	110V	220V		
额定转速 1500r/min											
Z2-32	2.2	25	12.34	80	81			131	105	1.05	76
Z2-41	3	34.3	17	19.5	80	3000	3000	116	134	1.5	88
Z2-42	4	44.8	22.3	81	81.5			170	170	1.8	101
Z2-51	5.5	61	30.3	82	82.5			154	165	3.5	126
Z2-52	7.5	82.2	40.8	83	83.5	2400	2400	242	260	4	148
Z2-61	10	108.2	53.8	84	84.5			160	260	5.6	175
Z2-62	13	140	68.7	84.5	86			146	264	6.5	196
Z2-71	17	155	90	85.5	86	2250	2250	400	430	10	280
Z2-72	22	232.6	115.4	86	86.5			370	370	12	320
Z2-81	30	315.5	156.9	86.5	87			450	540	28	393
Z2-82	40	—	208	—	87.5		2000	—	770	32	443
Z2-91	55	—	284	—	88			—	770	59	630
Z2-92	75	—	385	—	88.5		1800	—	870	70	730
Z2-101	100	—	511	—	89	—		—	1070	103	970
Z2-102	125	—	635	—	89.5			—	940	120	1130
Z2-111	160	—	810	—	90		1500	—	1300	204	1350
Z2-112	200	—	1010	—	90			—	1620	230	1410
额定转速 1000r/min											
Z2-21	0.4	5.59	2.755	65	66			60	67	0.45	48
Z2-22	0.5	7.69	3.875	71	71.5			64	70	0.55	56
Z2-31	0.8	10.02	4.94	72.5	73.5			88	88	0.85	65
Z2-32	1.1	13.32	6.58	75	76			83	100	1.05	76
Z2-41	1.5	18.05	8.9	75.5	76.5			123	130	1.5	88
Z2-42	2.2	25.8	12.73	77.5	78.5			172	160	1.8	101
Z2-51	3	34.5	17.2	79	79.5			125	165	3.5	126
Z2-52	4	45.2	22.3	80.5	81.5			230	230	4	148
Z2-61	5.5	61.3	30.3	81.5	82.5	2000	2000	190	283	5.6	175
Z2-62	7.5	82.6	41.3	82	82.5			325	193	6.5	196
Z2-71	10	111.5	54.8	81.5	83			300	370	10	280
Z2-72	13	142.3	70.7	83	83.5			430	420	12	320
Z2-81	17	185	92	83.5	84			460	510	28	393
Z2-82	22	236	118.2	84	84.5			460	500	32	443
Z2-91	30	319	158.5	85.5	86			570	540	59	630
Z2-92	40	423	210	86	86.5			650	620	70	730
Z2-101	55	—	285.5	—	87.5			—	670	103	970
Z2-102	75	—	385	—	88.5			—	820	120	1130
Z2-111	100	—	511	—	89	—		—	1150	204	1350
Z2-112	125	—	635	—	89.5			—	1380	230	1410
额定转速 750r/min											
Z2-31	0.6	7.9	3.9	69	70	1500	750	90	85	0.85	65
Z2-32	0.8	10.02	4.94	72.5	73.5			83	81	1.05	76

（续）

型　号	额定功率 /kW	额定电流/A		效率(%)		最高转速 /(r/min)		最大励磁功率 /W		GD^2 /N·m²	质量 /kg
		110V	220V	110V	220V	110V	220V	110V	220V		
额定转速 750r/min											
Z2-41	1.1	14.18	6.99	70.5	71.5			121	122	1.5	88
Z2-42	1.5	18.8	9.28	72.5	73.5			174	180	1.8	101
Z2-51	2.2	26.15	13	76.5	77			148	162	3.5	126
Z2-52	3	35.2	17.5	77.5	78.5			172	176	4	148
Z2-61	4	46.6	23	78	79			176	190	5.6	175
Z2-62	5.5	62.9	31.25	79.5	80	1500	750	197	293	6.5	196
Z2-71	7.5	85.2	42.1	80	81			310	350	10	280
Z2-72	10	112.1	55.8	81	81.5			340	440	12	320
Z2-81	13	145	72.1	81.5	82			460	480	28	393
Z2-82	17	187.2	93.2	82.5	83			500	560	32	443
Z2-91	22	239.5	119	83.5	84			580	590	59	630
Z2-92	30	323	160	84.5	85			620	770	70	730
Z2-101	40	425	212	85.5	86	—		820	900	103	970
Z2-102	55		289		86.5				920	120	1130
Z2-111	75		387		88				1000	204	1350
(Z2-112)	(100)	—	(514)	—	(88.5)			—	—	(230)	(1510)
额定转速 600r/min											
Z2-91	17	193	95.5	80	81			560	570	59	630
Z2-92	22	242.5	119.7	82.5	83.5			610	650	70	730
Z2-101	30	324.4	161.5	84	84.5	1200		640	810	103	970
Z2-102	40	431	214	84.5	85			930	1020	120	1139
Z2-111	55	—	280	—	86			—	980	204	1350
(Z2-112)	(75)	—	(387)	—	(88)			—	—	(230)	(1510)

注：数据来源于西安电机厂，仅供参考。

2.5.2　Z4 系列直流电动机技术数据

Z4 系列直流电动机：中心高 100～450mm 是 JB/T 6316—2006《Z4 系列直流电动机技术条件（机座号 100～450）》所规定的标准系列小型直流电动机；本系列电动机可广泛应用于冶金工业轧机、金属切削机床、造纸、染织、印刷、水泥、塑料挤出机械等各类工业部门。

Z4 系列直流电动机比 Z2、Z3 系列具有更大的优越性，它不仅可用直流机组电源供电，更适用于静止整流电源供电。而且转动惯量小，具有较好的动态性能，并能承受较高的负载变化率，特别适用于需要平滑调速、效率高、自动稳速、反应灵敏的控制系统。

电动机的定额为连续工作连续定额，在海拔不超过1000m、环境空气温度不超过40℃的地区，电动机能按技术数据表中的数据额定运行。本系列电动机采用 F 级绝缘。

Z4 系列直流电动机的功率范围为 1.5～840kW，额定转速有 3000r/min、1500r/min、1000r/min、750r/min、600r/min、500r/min、400r/min、300r/min、200r/min 共九种，励磁方式为他励，励磁电压为180V。

额定电压为 160V 的电动机，在单相桥式整流器供电的情况下，一般需带电抗器工作，外接电抗器的电感数值在电动机铭牌上注明。额定电压440V 的电动机，均不需外接电抗器。

本系列电动机性能不仅符合 GB 755—2008《旋转电机　定额和性能》，也基本符合德国 DIN VDE 0530 标准。

型号含义：Z4-280-11B，Z 表示直流电动机，4 表示 4 系列，280 表示电动机中心高（mm），第一个 1 表示铁心长度序号，第二个 1 表示前端盖序号，1 为短端盖，2 为长端盖，B 表示有补偿绕组。表 11.3-36 为 Z4 系列直流电动机的技术数据。

表 11.3-36　Z4 系列直流电动机技术数据

型　号	额定功率/kW	额定电压/V	额定电流/A	弱磁转速/(r/min)	最高转速/(r/min)	励磁功率/W	电枢回路电阻/Ω(20°C)	电枢电感/mH	磁场电感/H	效率(%)	转动惯量/kg·m²	质量/kg
Z4-100-1	4	220	21.6	3000	3600	280	0.437	6.5	18	79.9	0.044	60
	2.2	220	13.1	1500	3000		1.43	21.4	18	70.1		
	1.5	220	9.7	1000	2000		2.73	40.5	22	63.3		
	4	400	11.8	3000	3600		1.43	21.4	18	79.8		
	2.2	400	7	1550	3000		4.39	66	18	71.5		
	1.5	400	5.1	1060	2000		7.69	12.5	18	64.6		
Z4-112/2-1	5.5	220	29.4	3070	3600	310	0.267	4.15	18	81.2	0.072	78
	3	220	17.5	1520	3000		0.99	14.1	17	72.3		
	2.2	220	14.2	1000	2000		1.89	26.5	17	64.4		
	5.5	400	16.2	3010	3600		0.99	44.1	18	80.7		
	3	400	9.5	1500	3000		3.18	49.5	18	73		
	2.2	400	7.7	1010	2000		6.11	88	17	65.1		
Z4-112/2-2	7.5	220	39.5	3100	3600	390	0.189	3.2	19	83.2	0.088	86
	4	220	23	1500	3000		0.716	11.5	19	74.5		
	3	220	18.4	1020	2000		1.19	21.5	19	68.8		
	7.5	400	21.8	3000	3600		0.716	11.5	19	82.9		
	4	400	12.4	1500	3000		2.23	39	19	75.8		
	3	400	10.1	1000	2000		4.14	70	14	67.7		
Z4-112/4-1	11	220	58.2	3000	3600	470	0.117	2.25	9.3	83.5	0.128	84
	5.5	220	31.2	1520	3000		0.39	7.7	9.3	75.8		
	4	220	24.6	1000	2000		0.77	15.4	9.2	69.1		
	11	400	31.8	3030	3400		0.373	7	6.8	83.3		
	5.5	400	17	1540	2000		1.2	24.6	9.3	76.4		
	4	400	13.3	1070	1400		2.33	45	9.2	69.9		
Z4-112/4-2	7.5	220	41.4	1530	3000	580	0.13	5.7	7.8	78.2	0.156	94
	5.5	220	32.1	1040	2000		0.466	11	7.8	72.9		
	15	400	42.4	3090	3400		0.225	5.1	5.8	85.5		
	7.5	400	22.6	1520	2000		0.86	19.2	7.8	78.6		
	5.5	400	17.6	1050	1400		1.62	35.5	7.8	73.1		
Z4-132-1	11	220	59.9	1500	3000	660	0.155	4.75	9	80.2	0.32	123
	7.5	220	42.6	1000	2000		0.33	99	6.4	75		
	18.5	400	51.9	3000	3600		0.158	4.15	6.5	86.2		
	11	400	32.4	1510	2000		0.592	14.5	6.4	80.8		
	7.5	400	23.4	1000	1500		1.18	29.5	6.4	75		
Z4-132-2	15	220	79.6	1500	3000	670	0.121	3.65	9.8	82.9	0.4	142
	11	220	60.9	1040	2000		0.214	6.5	7.8	78.3		
	22	400	60.9	3000	3600		0.0959	3.1	8.1	87.7		
	15	400	43.5	1500	2000		0.366	11.2	7.9	82.9		
	11	400	33.7	1000	1500		0.736	22.9	7.8	77.9		
Z4-132-3	30	400	82.3	3080	3600	810	0.0629	2.16	7.2	88.8	0.48	162
	18.5	400	52.6	1500	2500		0.249	8.6	7.1	84.7		

（续）

型　号	额定功率/kW	额定电压/V	额定电流/A	弱磁转速	最高转速	励磁功率/W	电枢回路电阻/Ω(20℃)	电枢电感/mH	磁场电感/H	效率(%)	转动惯量/kg·m²	质量/kg
				/(r/min)								
Z4-160-12	37	400	103	3000	3600		0.1	2.6	10	87.9		
Z4-160-11	18.5	220	98.1	1510	3000	760	0.1	2.6	10	83.2	0.64	202
	15	220	84.6	1000	2000		0.19	5.1	7.8	77.5		
	22	400	64.5	1520	2200		0.314	8.4	10	93.1		
	15	400	46.2	1020	1500		0.628	16.2	7.8	78		
Z4-160-22	22	220	117	1500	3000	830	0.087	2.7	9.5	83.3	0.76	224
	18.5	220	100	1040	2000		0.122	4.05	8.2	80.7		
	45	400	124	3000	3600		0.068	2.14	10	89.2		
Z4-160-21	18.5	400	55.7	1030	1500		0.444	13.4	8.1	80		
Z4-160-32	30	220	157	1500	3000		0.0581	2.07	7.7	84.8		
	22	220	119	1020	3000		0.175	3.4	8.5	81.5		
	55	400	151	3010	3400	900	0.0434	1.52	8.7	89.7	0.88	250
Z4-160-31	30	400	85.3	1500	2500		0.173	6.1	8.3	85.7		
	22	401	64.8	1000	1500		0.324	12.2	8.5	82.1		
Z4-180-11	37	220	192	1500	300		0.0386	1.1	7.91	85.63		
	18.5	220	103	750	2250		0.137	4.1	7.76	78.4		
	15	220	88.1	600	1750	990	0.217	7.1	9.4	74.02	1.52	305
	37	400	105	1500	3000		0.137	4.1	10	88.36		
	18.5	400	56.3	750	2000		0.466	14.8	9.93	82.18		
Z4-180-22	30	220	160	1000	2000		0.0695	2.3	9.75	82.82		
	75	400	204	3000	3600		0.0293	1.1	9.43	92.01		
Z4-180-21	22	220	122	750	2250	1070	0.111	3.7	9.71	79.3	1.72	335
	18.5	220	105	600	2000		0.149	5	8.31	76.48		
	22	400	66.2	750	1500		0.378	12.7	9.72	83.07		
	15	400	47	600	1500		0.611	21.6	12.3	79.84		
Z4-180-32	45	220	229	1500	3000		0.0193	0.8	4.53	86.31		
Z4-180-31	45	400	127	1500	3000		0.0912	2.9	10.4	88.89		
	30	400	86.4	1000	3000	1380	0.165	5.6	6.45	86.77	1.92	370
	18.5	400	56.7	600	1500		0.418	13.8	6.49	81.63		
Z4-180-42	37	220	195	1000	2000		0.0362	1.4	6.15	83.2		
	30	220	161	750	2250		0.06	2.3	6.12	81.04		
	90	400	244	3000	3600		0.0197	0.67	8.25	92.38		
Z4-180-41	22	220	122	600	2000		0.102	3.4	6.18	77.3		
	55	400	154	1500	3000	1535	0.0624	2	6.34	89.39	2.2	395
	37	400	106	1000	2000		0.137	5.1	11.4	87.04		
	30	400	88.2	750	2000		0.217	7.3	6.24	85.01		
	22	400	67.1	600	1500		0.375	14.7	10.8	81.95		
Z4-200-11	22	220	124	500	2000		0.126	5.7	12	77.92		
	22	400	68.2	500	1200	1065	0.446	21.1	11.6	80.67	3.68	470
	37	400	108	750	2000		0.194	9	10.3	85.58		

（续）

型　号	额定功率/kW	额定电压/V	额定电流/A	弱磁转速	最高转速	励磁功率/W	电枢回路电阻/Ω(20°C)	电枢电感/mH	磁场电感/H	效率(%)	转动惯量/kg·m²	质量/kg
				/(r/min)								
Z4-200-21	45	220	232	1000	2000	1180	0.0298	1.5	9.52	86.36	4.2	515
	37	220	197	750	2250		0.0561	2.7	14.5	83.66		
	30	220	165	600	2000		0.0889	4.5	13.9	80.76		
	110	400	295	3000	3600		0.017	0.65	12.5	93.11		
	45	400	127	1000	2000		0.108	5.2	14.9	88.37		
	30	400	88.7	600	1200		0.239	11.9	9.77	84.55		
Z4-200-32	30	220	169	500	200		0.0968	4.9	7.84	78.1		
Z4-200-31	45	220	238	750	2250	1375	0.0443	2	8.42	83.9	4.8	565
	37	220	200	600	2000		0.0611	2.9	8.58	81.4		
	75	400	206	1500	3000		0.0374	1.8	8.6	91.18		
	55	400	155	1500	2000		0.0761	3.6	8.85	88.85		
	45	400	129	750	1400		0.129	6.6	8.59	86.9		
	37	400	109	600	1500		0.198	9.4	8.71	84.72		
	30	400	90.6	500	750		0.264	13.2	8.68	82.78		
Z4-225-11	132	400	357	3000	3400	1910	0.0108	0.48	11.4	92.4	5	680
	90	400	247	1500	3000		0.0356	1.5	6.36	91.12		
	37	400	109	600	1200		0.226	9.5	11.6	84.88		
Z4-225-21	45	220	245	600	2000	2140	0.0524	2.9	13.4	81.8	5.6	735
	37	220	201	500	2000		0.0662	3.1	7.75	80.3		
	110	400	302	1500	2000		0.0315	1.5	10.3	91.11		
	75	400	210	1000	2000		0.0652	3.5	10.5	89.36		
	55	400	157	750	1200		0.104	5.1	7.66	87.47		
	45	400	131	600	1500		0.157	7.3	5.76	85.57		
	37	400	111	500	1200		0.224	10.7	10.6	83.5		
Z4-225-31	45	220	244	500	2000	2380	0.053	2.6	9.87	81.3	6.2	810
	132	400	360	1500	3000		0.0217	1.1	5.55	91.68		
	90	400	250	1000	2000		0.0469	2.7	9.61	89.87		
	55	400	161	600	1500		0.125	7.8	9.14	85.62		
	45	400	133	500	1200		0.171	8.7	5.5	84.45		
Z4-250-22	160	400	435	1500	2000		0.0181	0.93	7.02	91.98	10	960
Z4-250-21	110	400	306	1000	2000	2010	0.0398	1.6	7.58	90		
	75	400	212	750	2000		0.0772	3.1	46.6	88.62		
Z4-250-32	185	400	502	1500	2000		0.0144	0.72	7.09	92.19	11.2	1060
Z4-250-31	132	400	364	1000	2000		0.0297	1.5	5.38	90.67		
	90	400	252	750	2000	2655	0.0564	2.8	9.15	89.45		
	75	400	214	600	1500		0.0837	3.6	9.65	87.79		
	55	400	159	500	1000		0.113	5.2	9.63	86.62		
Z4-250-42	200	400	540	1500	2000		0.0117	0.57	9.07	92.56	12.8	1170
Z4-250-41	132	400	361	1000	2000	2440	0.0246	1.2	9.22	91.38		
	110	400	307	750	1600		0.0412	2.2	8.92	89.71		

（续）

型　号	额定功率/kW	额定电压/V	额定电流/A	弱磁转速/(r/min)	最高转速/(r/min)	励磁功率/W	电枢回路电阻/Ω(20°C)	电枢电感/mH	磁场电感/H	效率/(%)	转动惯量/kg·m²	质量/kg
Z4-250-41	90	400	255	600	1500	2440	0.0615	3.1	6.98	88.14	12.8	1170
	75	400	216	500	1200		0.0913	4.1	7.08	86.63		
Z4-280-12	220	400	593	1500	2000	2550	0.0114	0.57	6.16	92.67	16.4	1230
	160	400	441	1000	1600		0.028	1.4	10.2	90.7		
Z4-280-22	250	400	671	1500	1800	2890	0.00914	0.45	5.9	93.19	18.4	1350
	185	400	508	1000	1600		0.0228	1.3	5.31	91.09		
Z4-280-21	132	400	365	750	1500		0.0324	1.9	7.6	90.42		
	110	400	313	600	1500		0.0578	3.2	9.53	87.84		
Z4-280-32	280	400	750	1500	1800	3185	0.00781	0.4	7.3	93.31	21.2	1500
	200	400	542	1000	2000		0.0161	0.92	7.11	92.27		
Z4-280-31	160	400	442	750	1800		0.0272	1.7	5.39	90.49		
	90	400	254	500	1200		0.0627	3.6	9.55	88.61		
Z4-280-42	315	400	841	1500	1800	3590	0.00704	0.43	8.4	93.59	24	1650
	185	400	510	750	2000		0.0222	1.4	6.74	90.75		
Z4-280-41	220	400	595	1000	2000		0.012	0.77	5.18	92.5		
	132	400	365	600	1500		0.0333	1.8	7.18	90.32		
	110	400	310	500	1200		0.0467	3	6.78	88.82		

注：数据来源于西安电机厂，仅供参考。

2.5.3　ZZY 系列起重及冶金用直流电动机技术数据

ZZY 系列直流电动机技术数据见表 11.3-37。

表 11.3-37　ZZY 系列直流电动机技术数据

载荷持续率	转速分类	型　号	串励 功率/kW	串励 转速/(r/min)	串励 电流/A	复励 功率/kW	复励 转速/(r/min)	复励 电流/A	并励 功率/kW	并励 转速/(r/min)	并励 电流/A	GD^2/N·m²	质量/kg
FC=15%	低速	ZZY-12	4	800	25.5	4	1050	25	4	1150	25	2.16	90
		ZZY-21	6	770	38	6	1000	37	6	1050	37	4.94	130
		ZZY-22	8	700	50	8	870	50	8	950	50	5.47	160
		ZZY-31	12	620	73	12	800	72	12	830	71	28.2	240
		ZZY-32	15	580	87.5	15	700	85.5	15	730	85	32.4	320
		ZZY-41	22	550	127	21	650	115	21	680	117	37.5	430
		ZZY-42	28	550	155	27	620	148	26	650	141	48.5	520
	高速	ZZY-12	4.5	1170	28	4.5	1420	28	4.5	1500	28	2.16	90
		ZZY-21	7	1060	43.5	7	1250	43	7	1400	42.5	4.94	130
		ZZY-22	10	1050	61.5	10	1250	61	10	1300	61	5.47	160
		ZZY-31	15	900	86.5	15	1250	88.5	15	1270	88.5	28.2	240
		ZZY-32	22	910	125	22	1100	125	22	1130	120	32.4	320
		ZZY-41	28	930	155	28	1070	155	28	1100	153	37.5	430
		ZZY-42	41	820	221	40	960	216	40	980	215	48.5	520
FC=25%	低速	ZZY-12	3	1000	20	3	1200	19.5	3	1200	19.5	同 FC=15%	同 FC=15%
		ZZY-21	4.5	900	28	4.5	1100	27	4.5	1100	27		
		ZZY-22	6	850	36	6	950	34	6	1000	36		

（续）

载荷持续率	转速分类	型 号	串励			复励			并励			GD^2/N·m²	质量/kg
			功率/kW	转速/(r/min)	电流/A	功率/kW	转速/(r/min)	电流/A	功率/kW	转速/(r/min)	电流/A		
FC=25%	低速	ZZY-31	9	750	53	9	850	52	9	850	51		
		ZZY-32	12	650	68	12	750	66	12	750	65		
		ZZY-41	17	620	94	16	700	87	16	700	86		
		ZZY-42	23	600	125	21	650	112	21	650	110		
FC=25%	高速	ZZY-12	3.5	1300	21	3.5	1550	21	3.5	1550	21		
		ZZY-21	5.5	1200	33	5.5	1410	31.5	5.5	1450	31		
		ZZY-22	8	1180	46	8	1300	44	8	1350	43		
		ZZY-31	12	1130	67	12	1300	65	12	1300	64		
		ZZY-32	17	1000	92	17	1170	93	17	1170	85		
		ZZY-41	22	960	120	22	1130	115	22	1130	114		
		ZZY-42	32	900	170	31	1000	165	30	1000	155		
FC=40%	低速	ZZY-12	2.2	1180	13.5	2.2	1250	13	2.2	1250	13	同 FC=15%	同 FC=15%
		ZZY-21	3.5	1040	21	3.5	1100	21	3.5	1150	21		
		ZZY-22	4.5	950	25.5	4.5	1000	25.5	4.5	1000	25.5		
		ZZY-31	7	850	40	7	900	39.5	7	850	39.5		
		ZZY-32	9.5	740	52.5	9.5	780	52	9.5	760	55		
		ZZY-41	13	710	75	12	715	65	12	700	68		
		ZZY-42	17	700	91.5	16	630	84.5	16	655	84		
	高速	ZZY-12	2.6	1500	15.5	2.6	1600	15.5	2.6	1550	15.5		
		ZZY-21	4	1350	24	4	1500	23.5	4	1480	23		
		ZZY-22	6	1350	34	6	1400	34	6	1400	33		
		ZZY-31	9	1250	49	9	1400	50.5	9	1400	50.5		
		ZZY-32	13	1140	70.5	13	1200	70.5	13	1150	70.5		
		ZZY-41	17	1040	91	17	1150	91	17	1130	91		
		ZZY-42	25	1000	129	24	1030	125	23	1050	119		
FC=60%	低速	ZZY-12	1.9	1250	11.5	1.9	1300	11.5	1.9	1250	11.5		
		ZZY-21	2.9	1150	17.5	2.9	1180	17	2.9	1170	17		
		ZZY-22	3.8	1050	22	3.8	1050	21.5	3.8	1030	21.5		
		ZZY-31	6	900	34	6	880	34	6	850	33.5		
		ZZY-32	7.5	840	42	7.5	820	41.5	7.5	760	44		
		ZZY-41	10	830	56	10	745	55	10	720	59		
		ZZY-42	14	820	78	13	670	68	13	660	68		
	高速	ZZY-12	2.2	1650	13	2.2	1750	13	2.2	1600	13		
		ZZY-21	3.5	1450	20.5	3.5	1550	20.5	3.5	1500	20		
		ZZY-22	5	1430	28	5	1450	28	5	1450	28		
		ZZY-31	7.5	1350	42	7.5	1420	42	7.5	1420	42		
		ZZY-32	11	1250	61	11	1190	60	11	1180	59.5		
		ZZY-41	14	1240	75	14	1200	75.5	14	1150	75		
		ZZY-42	20	1100	108	20	1100	108	20	1050	107		

（续）

载荷持续率	转速分类	型　号	串励			复励			并励			GD^2 /N·m²	质量 /kg
			功率 /kW	转速 /(r/min)	电流 /A	功率 /kW	转速 /(r/min)	电流 /A	功率 /kW	转速 /(r/min)	电流 /A		
短时工作方式 30min	低速	ZZY-12	3	1000	20	3	1200	19.5	3	1200	19.5	同 FC = 15%	同 FC = 15%
		ZZY-21	5	850	31	5	1050	31	5	1080	31		
		ZZY-22	7	800	42	7	930	41.5	7	970	41.5		
		ZZY-31	10	700	59	10	880	62	10	860	58.5		
		ZZY-32	13.5	610	78.2	13.5	740	78	13.5	740	78		
		ZZY-41	23	540	126	22	640	121	22	680	121		
		ZZY-42	30	540	165	28	600	153	28	640	153		
	高速	ZZY-12	3.5	1300	21	3.5	1550	21	3.5	1550	21		
		ZZY-21	6	1120	37	6	1370	36.5	6	1420	36		
		ZZY-22	9	1150	53	9	1250	52.5	9	1350	52.5		
		ZZY-31	13.5	1060	77.5	13.5	1280	80	13.5	1280	80		
		ZZY-32	20	960	113	20	1150	113	20	1180	120		
		ZZY-41	23	920	155	23	1070	155	28	1100	154		
		ZZY-42	43	830	225	42	930	220	41	950	220		
短时工作方式 60min	低速	ZZY-12	2.6	1070	16	2.6	1210	16	2.6	1210	16		
		ZZY-21	4.2	930	26	4.2	110	26	4.2	1100	26		
		ZZY-22	6	850	36	6	950	34	6	1000	34		
		ZZY-31	8	780	47	8	850	46.5	8	840	45.5		
		ZZY-32	11	680	62.5	11	780	60.5	11	750	63		
		ZZY-41	17	620	94	17	690	92.5	17	690	94		
		ZZY-42	24	590	130	24	640	128	24	640	128		
	高速	ZZY-12	3.3	1200	20	3.3	1600	20	3.3	1600	20		
		ZZY-21	5.5	1200	32	5.5	1410	31.5	5.5	1450	31		
		ZZY-22	8	1180	46	8	1300	44	8	1350	44		
		ZZY-31	12	1130	67	12	1300	66.5	12	1300	64		
		ZZY-32	18	980	99	18	1170	98.5	18	1170	98.5		
		ZZY-41	25	950	135	25	1100	131	25	1100	131		
		ZZY-42	35	850	188	35	1000	186	35	1000	188		

注：1. 额定电压 220V。

　　2. 表内功率、转速和电流均为额定值。

　　3. 载荷持续率的计算方法同于起重及冶金用异步电动机部分，且以 FC =25% 为铭牌数据。

2.5.4　ZD 系列大型直流电动机技术数据

大型直流电动机是指电枢直径超过 100cm 的直流电动机。大型直流电动机广泛适用于要求调速的动力机械，例如：冶金轧钢机械、矿山竖井提升机、炼铁高炉上料机械等。

大型直流电动机分为可逆转电动机和不可逆转电动机两大类。

可逆转电动机的转矩为 20 ~ 140t·m，功率为 550 ~ 1600kW，通常变速比为 1:1.6 ~ 1:2.6；不可逆转电动机的转矩为 2.5 ~ 80t·m，功率为 550 ~ 800kW，通常变速比为 1:1.6 ~ 1:30。电动机根据需要可制成双电枢结构。

大型直流电动机起动时，采用逐渐增高电动机端电压到额定值的起动方法，注意，起动时电流不应超过额定电流的 2.5 ~ 3.0 倍。

ZD 系列大型直流电动机技术数据见表 11.3-38。

表 11.3-38 ZD 系列大型直流电动机技术数据

型号	功率/kW	电压/V	电流/A	转速(基速/高速)/(r/min)	基速 最大	基速 切断	高速 最大	高速 切断	励磁电压/V	飞轮力矩(GD²)/N·m²	总重	最重部件	风压/Pa	风量/(m³/s)	备注
ZD-120/51.5	2060	750	2910	667/750	2.25	2.5	1.6	1.8	220	3.6	19	6.1	750	5.83	不可逆转
ZD-120/60	2050	630	3460	500	1.5	1.7	—		220	4.4	23	7	750	5.83	不可逆转
ZD-150/55	150	440	440	25	3.7	4.2	—		115	9.2	32	9.6	300	3.33	可逆转
ZD-180/40	1250	1000	1345	200/360	2	2.25	1.1	1.25	220	15	28	9.5	450	5.0	不可逆转
ZD-180/76	1600	700	2450	125/250	2.5	2.75	1.7	1.9	40	25	50	17.5	600	7.8	不可逆转
ZD-180/91	1250	550	2480	80/160	2.5	2.75	1.7	1.9	60	28	56	19.5	600	7.7	不可逆转
ZD-215/66	1800	750	2600	100/200	2.5	2.75	2	2.5	100	40	63	19.6	600	10	不可逆转
ZD-215/69	2600	700	4000	160/400	2.5	2.75	2	2.5	27	38	56	19	700	17.4	不可逆转
ZD-215/85	1600	630	2800	63/120	2.5	2.75	1.7	1.9	60	48	70.7	13.4	400	9.0	可逆转
ZD-215/93	2600	700	4000	115/290	2.5	2.75	2	2.5	35	49.5	68.7	23.2	750	11.7	不可逆转
ZD-250/83	2050	800	2800	60/120	2.5	2.75	1.7	1.9	75/37.5	72	88	29	450	10	可逆转
ZD-250/105	320	630	5520	75/150	2.5	2.75	2	2.25	80	100	120	41.5	600	14	可逆转
ZD-250/145	4600	860	5800	70/120	2.35	2.75	1.9	2.25	140	140	140	50	1200	17	可逆转
ZD-250/150	2500	800	3445	40/80	2.5	2.75	2	2.25	95/47.5	140	133	48	1000	15	可逆转
ZD-380/64	4600	860	5800	80/160	2.5	2.75	1.8	2	80	240	105	40	600	19	可逆转
ZD-250/37	720	780	1020	58	2	2.2	—		220	46	16.3	43	开启制冷		卷扬机
2ZD-120/42	2*1800	750	2*2550	620/885	2	—	2	—	2*55	2*55	38	12.5	750	2*5.38	双电枢 FS=15%
2ZD-180/59	2*2000	800	2*2670	180/400	1.8	2	1.7	2	2*55	2*20	90	33	800	2*10	非逆转, 双电枢
2ZD-250/90	2*2650	800	2*3580	70/110	2.5	2.75	2	2.5	2*90	2*90	200	80.5	580	2*12	可逆转, 双电枢
2ZD-285/64	2*3250	1000	2*3480	90/180	2.5	2.75	2	2.5	2*90	2*110	177	78.5	580	2*15.6	非逆转, 双电枢

3 电气传动用控制微电机

电气传动用控制微电机可分为传递信息的信号元件和传递能量的功率元件两大类。常用控制微电机的特点、用途见表 11.3-39。

表 11.3-39 常用控制微电机特点及用途

类别	系列名称	结构特点	用途及使用范围	主要性能及特点	使用条件及工作方式
测速发电机	CK 系列异步测速发电机	为空心杯转子结构	用于反馈系统将机械转速变为电气信号	测速精度高,输出斜率大	1)环境温度: -40 ~ +50℃ 2)相对湿度: ≤95% (25℃) 3)冲击: 80 ~ 100 次/min

（续）

类别	系列名称	结构特点	用途及使用范围	主要性能及特点	使用条件及工作方式
测速发电机	90CY 型直流测速发电机	采用稀土永磁材料的磁极结构	可供旋转机械速度检测机控制系统中作转速反馈元件	精度高,质量轻、尺寸小	1)环境温度:－25 ～+40℃ 2)相对湿度:≤90%（25℃）
直流伺服电动机及机组	SZ 系列直流伺服电动机	为封闭自冷式直流电动机	为自动控制系统中具有特殊用途的直流电动机,是将电信号转换成轴上的角位移或角速度,并带动控制对象运动	过载能力强,调速范围宽,损耗小。机械特性、调节特性的线性度好,体积小,质量轻,产品结构牢固	1)海拔高度不超过 2500mm 2)环境温度:－40 ～+60℃ 3)相对湿度:≤95%（25℃） 4)工作方式 S1
	160ZS-C01 型直流伺服—测速机组	由一台永磁式电枢控制的环形转子直流伺服电动机和一台永磁式高精度直流测速发电机组成	在控制系统中作执行元件	过载能力大,调速范围宽,反应速度快线性度好,可提高系统的稳定性和精度	1)环境温度:－25 ～+40℃ 2)相对湿度:≤95%（25℃）
交流伺服电动机及机组	SL 系列交流伺服电动机	为两相交流伺服电动机,转子为笼型,定子为两相绕组,一相为励磁绕组,一相为控制绕组	在自动控制统中作执行元件,是将电信号（控制电压或相位）转变为转轴的转角或转速	结构简单,维护方便,运行可靠	
	SA 型交流伺服电动机	为笼型转子式带有齿轮减速机构的低压交流伺服电动机		体积小,质量轻,温升低,性能好	
	SC 系列交流伺服—测速机组	由交流伺服电动机和交流测速发电机组合而成	在自动控制系统中作为速度反馈的执行元件	结构紧凑,体积小,质量轻	
步进电动机	BF 系列 SB 系列 43BY4-7.5 型永磁式 43BTG/J450 型感应子式永磁步进电动机	步进电动机（脉冲电动机）	为数字控制系统中的执行元件（把脉冲信号变换成直线位移或角位移）	定位精度高,同步运行特性好,调度范围宽,能快速起动、反转和制动	

3.1　测速发电机

测速发电机是用于测量旋转机械转速的微型发电机,分为交流测速发电机和直流测速发电机两大类。

3.1.1　交流测速发电机

交流测速发电机是一种测量转速的信号元件,它的输出电压与转速成正比。交流测速发电机用直流励磁时,直流输出电压与转子加速度成正比,可作加速度计用。

交流测速发电机分为同步测速发电机和异步测速发电机。

同步测速发电机有永磁式、感应子式和脉冲式。虽然其输出电压与转速成正比,但其频率也随转速变化,致使负载阻抗和测速发电机本身的阻抗均随转速变化,所以前两种仅作指示用。将感应子的输出电压经整流后也可以作为直流测速发电机使用。脉冲式测速发电机是以脉冲频率作为输出信号,多用于鉴频锁相的稳速系统。

异步测速发电机按其结构可分为笼型转子和杯型转子两种。笼型转子异步测速发电机其输出斜率大,但线性度差,相位误差大,剩余电压较高,一般用在精度要求不高的系统中。杯形转子异步测速发电机的精度要高得多，也是目前应用最多的一种。

3.1.2　CK 系列空心杯转子异步测速发电机技术数据

用 "CK" 字母产品代号表示空心杯转子异步测速发电机，它具有测速精度高、输出特性斜率大、体积小、质量轻等特点。其输出电压与转速呈线性关系，常用于反馈稳速系统中，将机械转速变换为电气信号。

1）发电机使用条件：

① 环境温度：－40 ～ ＋55℃；

② 相对湿度：≤95%（25℃）

③ 海拔高度：≤4000m；

④ 振动：双振幅（1.5±0.2）mm，频率 10Hz；

⑤ 冲击：80 ～ 100 次/min，加速度 7g。

2）技术数据见表 11.3-40，安装及外形尺寸见表 11.3-41。

表 11.3-40　CK 系列异步测速发电机技术数据

机座号	型　号	励磁电压 /V	频率 /Hz	励磁电流 /A	输出斜率 /[V/(kr/min)]	剩余电压 /mV	最大线性误差（%）	最大线性工作转速 /(r/min)	质量 /g ≤
20	20CK4E0.25	36	400	0.12	0.25	20	0.5	3600	60
	20CK4E0.4	36	400	0.12	0.4	25	0.5	3600	60
28	28CK4B0.8	115	400	0.075	0.8	30	0.1	3600	140
	28CK4E0.8	36	400	0.14	0.8	30	0.5	3600	140
	28CK4B2.5	115	400	0.075	2.5	60	0.3	3600	140
	28CK4B2.5	115	400	0.075	1.5	40	0.2	3600	140
36	36CK4B2	115	400	0.075	2	60	0.2	3600	170
	36CK4E1	36	400	0.24	1	25	0.2	3600	170
	36CK4B3	115	400	0.075	3	70	0.3	3600	170
	36CK4B2	115	400	0.075	2	60	0.2	3600	170
45	45CK	115	400	0.1	4	8	0.5	3600	380
	45CK	110	50	0.045	4	50	1	1800	380
	45CK	110	50	0.045	3	50	0.5	1800	380
	45CK	115	400	0.1	3	70	0.2	3600	380
	45CK	110	50	0.045	2	50	0.5	1800	380
55	45CK	110	50	0.05	5	70	1	1800	—

注：数据来源于天津安全电机有限公司，仅供参考。

表 11.3-41　CK 系列异步测速发电机外形及安装尺寸　　　（单位：mm）

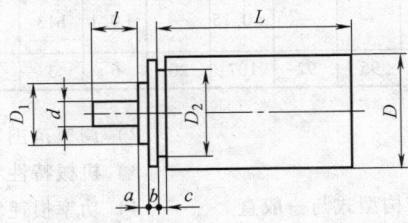

尺寸		D	D_1	D_2	d	l	a	b	c	L≤
公差		h10	h6	－0.1	f7	—	—	—	—	—
机座号	20	φ20	φ13	φ18.5	φ2.5	10	1.2	1.2	1.2	40
	28	φ28	φ26	φ26.5	φ3	12	3	1.5	1.5	50
	36	φ36	φ32	φ33.5	φ4	14	4	2	2	55
	45	φ45	φ41	φ41.5	φ4	14	4	2	2	70

3.1.3　直流测速发电机

直流测速发电机在自动控制系统中用做检测元件。它的基本任务是将机械转速转换为电气信号,其输出电压与转速成正比,此外它还可以作为测速元件、阻尼元件或结算元件。

直流测速发电机在结构上与普通小型直流发电机相同。按励磁方式可分为电磁(他励)式和永磁式。永磁式的定子用永久磁铁构成。按电枢结构不同可分为普通有槽电枢、无槽电枢、空心电枢和圆盘式印制绕组电枢等。应用较多的是他励式和永磁式有槽电枢

的直流测速发电机。

3.1.4　90CY型永磁式直流测速发电机技术数据

90CY型永磁直流测速发电机是采用稀土磁铜作为磁极,代替铝镍钴永磁磁铁,这种发电机性能较优。产品代号"CY"表示永磁发电机。90表示发电机外径为90mm。使用环境温度: $-40 \sim +55℃$;相对湿度: $\leqslant 95\%(25℃)$;海拔高度$\leqslant 2500m$。

90CY型永磁式直流测速发电机技术数据见表11.3-42,发电机外形与安装尺寸见表11.3-43。

表11.3-42　测速发电机技术数据

型　号	输出斜率/[V/(kr/min)]	额定转速/(r/min)	功率/W	转速范围/(r/min)	线性误差≥(%)	正反转不对称度≥(%)	纹波系数≥(%)	负载电阻/Ω	质量/kg
90CY01	10	1000	0	10~2500	2	1	3	525	3.5
90CY02	55	2000	0	10~2500	2	1	3	5.5	3.5
90CY03	60	2000	0	10~2500	2	1	3	1333	3.5

注:数据来源于天津安全电机有限公司,仅供参考。

表11.3-43　90CY型永磁式直流测速发电机外形及安装尺寸　　　　(单位:mm)

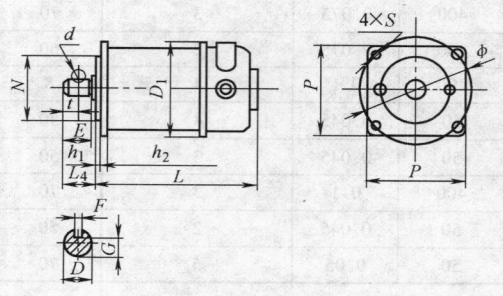

代号 / 型号	d	S	N	D_1	P	ϕ	E	h_2	h_1	L_4	L	F	G	D	t
公差	h11	k16	h7	—	—	±0.15	—	±0.1	h13	—	—	N9	0 -0.1	f7	—
90CY	10	6.6	70	95	92	107	20	6	1	82	155	3	5.2	9	10

3.2　直流伺服电动机及机组

直流伺服电动机的工作原理和结构型式与一般直流电动机基本相同。通常用在系统中的直流伺服电动机输出功率可从几十瓦到数千瓦,电压有6V、9V、12V、24V、27V、48V、110V、220V等多个级别。

在自动控制系统中,应根据系统所采用的电源功率和系统对电动机的要求来选用直流伺服电动机。

· 直流伺服电动机的主要优点如下:

1)转矩过载能力强。

2)调速范围宽,不受频率和极对数的限制。

3)机械特性和调节特性的线性度较好。

4)功率损耗较小。输出功率达数千瓦时,经济技术指标也不会下降。

主要缺点如下:

1)结构复杂,电刷与换向器要经常维护。

2)由于电刷和换向器间接触产生火花,造成无线电干扰。

3)由于磁滞回线的影响,增加了系统稳定性处理问题。

4）摩擦转矩较大。

3.2.1　SZ 系列直流伺服电动机技术数据

SZ 系列直流伺服电动机是具有换向器的他励直流伺服电动机。电枢控制的优点是机械特性和调节特性的线性度较好，特性曲线簇是一簇平行线；而且调速范围广，起动转矩大。

本系列产品的特点是体积小、质量轻、力学性能指标高、产品结构牢固。广泛用于自动控制系统中作为执行元件，也可作为小功率驱动元件。

按励磁方式本系列电动机分为他励（并励）、串励、复励三种，按使用环境条件本系列电动机分为普通型和湿热带型两类。

机座号表示外形尺寸（mm），SZ 系列直流伺服电动机共有 7 个机座号：36 号、45 号、55 号、70

号、90 号、110 号、130 号。

SZ 系列直流伺服电动机为封闭自冷式，轴伸端可制成单轴伸和双轴伸，双轴伸电动机的换向器端不可作为传递额定转矩之用。

SZ 系列直流伺服电动机的技术数据见表 11.3-44，各种机座电动机轴伸型式见表 11.3-45，采用外圈安装型式的 36 号、45 号机座电动机外形及安装尺寸见表 11.3-46；55 号、70 号、90 号、110 号、130 号机座电动机的外形及安装尺寸见表 11.3-47；采用凸缘安装结构型式的 36 号、45 号机座电动机外形及安装尺寸见表 11.3-48；55 号、70 号、90 号、110 号、130 号机座电动机的外形及安装尺寸见表 11.3-49；采用底脚安装型式 90 号、110 号、130 号机座电动机外形及安装尺寸见表 11.3-50。

表 11.3-44　SZ 系列直流伺服电动机的技术数据

型　号	转矩 /mN·m	转速 /(r/min)	功率 /W	电压 /V		电流/A 不大于		允许正反转速差 /(r/min)	转动惯量 不大于 /g·m²
				电枢	励磁	电枢	励磁		
55SZ01	65	3000	20.0	24	24	1.55	0.430	200	0.014
55SZ02	65	3000	20.0	27	27	1.37	0.420	200	0.014
55SZ03	65	3000	20.0	48	48	0.79	0.220	200	0.014
55SZ04	65	3000	20.0	110	110	0.34	0.090	200	0.014
55SZ05	55	6000	35.0	24	24	2.70	0.430	300	0.014
55SZ06	55	6000	35.0	27	27	2.30	0.420	300	0.014
55SZ07	55	6000	35.0	48	48	1.34	0.220	300	0.014
55SZ08	55	6000	35.0	110	110	0.54	0.090	300	0.014
55SZ51	91	3000	29.0	24	24	2.25	0.490	200	0.019
55SZ52	91	3000	29.0	27	27	2.00	0.440	200	0.019
55SZ53	91	3000	29.0	48	48	1.15	0.240	200	0.019
55SZ54	91	3000	29.0	110	110	0.46	0.097	200	0.019
55SZ55	78	6000	50.0	24	24	3.45	0.490	300	0.019
55SZ56	78	6000	50.0	27	27	3.10	0.440	300	0.019
55SZ57	78	6000	50.0	48	48	1.74	0.240	300	0.019
55SZ58	78	6000	50.0	110	110	0.74	0.097	300	0.019
55SZ60	66	4200	29.0	48	48	1.25	0.490	250	0.019
70SZ01	127	3000	40.0	24	24	3.00	0.500	200	0.058
70SZ02	127	3000	40.0	27	27	2.60	0.440	200	0.058
70SZ03	127	3000	40.0	48	48	1.60	0.250	200	0.058
70SZ04	127	3000	40.0	110	110	0.60	0.110	200	0.058
70SZ05	108	6000	68.0	24	24	4.80	0.500	300	0.058
70SZ06	108	6000	68.0	27	27	4.40	0.440	300	0.058
70SZ07	108	6000	68.0	48	48	2.40	0.250	300	0.058
70SZ08	108	6000	68.0	110	110	1.00	0.110	300	0.058
70SZ51	176	3000	55.0	24	24	4.00	0.570	200	0.070

（续）

型 号	转矩 /mN·m	转速 /(r/min)	功率 /W	电压 /V 电枢	电压 /V 励磁	电流/A 不大于 电枢	电流/A 不大于 励磁	允许正反 转速差 /(r/min)	转动惯量 不大于 /g·m²
70SZ52	176	3000	55.0	27	27	3.50	0.500	200	0.070
70SZ53	176	3000	55.0	48	48	1.90	0.310	200	0.070
70SZ54	176	3000	55.0	110	110	0.80	0.130	200	0.070
70SZ55	147	6000	92.0	24	24	6.00	0.570	300	0.070
70SZ56	147	6000	92.0	27	27	5.40	0.500	300	0.070
70SZ57	147	6000	92.0	48	48	3.00	0.310	300	0.070
70SZ58	147	6000	92.0	110	110	1.20	0.130	300	0.070
90SZ01	323	1500	50.0	110	110	0.66	0.200	100	0.180
90SZ02	323	1500	50.0	220	220	0.33	0.110	100	0.180
90SZ03	294	3000	92.0	110	110	1.20	0.200	200	0.180
90SZ04	294	3000	92.0	220	220	0.60	0.110	200	0.180
90SZ05	294	3000	92.0	24	24	6.10	0.800	200	0.180
90SZ10	294	3000	92.0	180	220	0.75	0.110	200	0.180
90SZ11	294	3000	92.0	36	36	4.00	0.520	200	0.180
90SZ51	510	1500	80.0	110	110	1.10	0.230	100	0.250
90SZ52	510	1500	80.0	220	220	0.55	0.130	100	0.250
90SZ53	480	3000	150.0	110	110	2.00	0.230	200	0.250
90SZ54	480	3000	150.0	220	220	1.00	0.130	200	0.250
90SZ55	510	1500	80.0	24	24	5.00	1.000	100	0.250
90SZ57	480	15000	500.0	220	220	3.70	0.130	700	0.250
90SZ58	480	15000	500.0	55	56	16.00	0.470	700	0.250
90SZ60	824	1500	130.0	60	60	4.00	0.520	100	0.250
90SZ64	510	1000	54.0	180	200	0.48	0.140	70	0.250
90SZ65	510	1500	80.0	180	200	0.68	0.140	100	0.250
90SZ66	480	2250	113.0	180	200	0.90	0.140	150	0.250
90SZ67	480	3000	150.0	180	200	1.25	0.140	200	0.250
110SZ01	784	1500	123.0	110	110	1.80	0.270	100	0.560
110SZ02	784	1500	123.0	220	220	0.90	0.130	100	0.560
110SZ03	637	3000	200.0	110	110	2.80	0.270	200	0.560
110SZ04	637	3000	200.0	220	220	1.40	0.130	200	0.560
110SZ07	477	10000	500.0	110	110	7.20	0.420	500	0.560
110SZ51	1177	1500	185.0	110	110	2.50	0.320	100	0.760
110SZ52	1177	1500	185.0	220	220	1.25	0.160	100	0.760
110SZ53	980	3000	308.0	110	110	4.00	0.320	200	0.760
110SZ54	980	3000	308.0	220	220	2.00	0.160	200	0.760
110SZ55	980	3000	308.0	24	24	16.50	1.300	200	0.760
110SZ56	1177	1000	123.0	110	110	1.70	0.320	100	0.760
110SZ57	824	1450	125.0	54	54	3.24	0.540		0.760
110SZ57	824	2000	172.0	54	54	4.50	0.540		0.760
110SZ59	1274	3000	400.0	96	96	5.50	0.270	200	0.760

（续）

型　号	转矩 /mN·m	转速 /(r/min)	功率 /W	电压 /V 电枢	电压 /V 励磁	电流/A 不大于 电枢	电流/A 不大于 励磁	允许正反 转速差 /(r/min)	转动惯量 不大于 /g·m²
130SZ01	2256	1500	355.0	110	110	4.40	0.280	100	1.960
130SZ02	2256	1500	355.0	220	220	2.20	0.180	100	1.960
130SZ03	1912	3000	600.0	110	110	7.60	0.280	200	1.960
130SZ04	1912	3000	600.0	220	220	3.80	0.180	200	1.960
130SZ06	2256	750	177.0	110	110	2.30	0.280	75	1.960
130SZ11	2256	1500	355.0	180	180	3.00	0.140	100	1.960
130SZ12	1912	3000	600.0	180	200	5.00	0.140	200	1.960

注：数据来源于淄博浩聪电机电器有限公司和天津安全电机有限公司，仅供参考。

表 11.3-45　SZ 系列电动机轴伸型式

机座号	轴伸形式 驱动槽	轴伸形式 换向器槽	机座号	轴伸形式 驱动槽	轴伸形式 换向器槽
36	光轴伸	光轴伸	90	半圆键轴伸	半圆键轴伸
45	光轴伸	光轴伸	110	半圆键轴伸	半圆键轴伸
55	半圆键轴伸	半圆键轴伸	130	平键轴伸	半圆键轴伸
70	半圆键轴伸	半圆键轴伸			

表 11.3-46　采用外圈安装型式的 36 号、45 号机座电动机外形及安装尺寸（单位：mm）

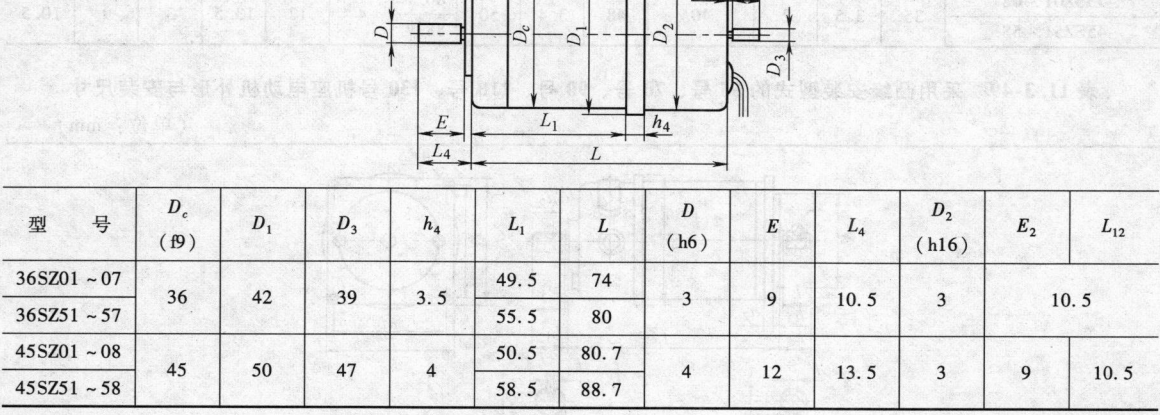

型　号	D_c (f9)	D_1	D_3	h_4	L_1	L	D (h6)	E	L_4	D_2 (h16)	E_2	L_{12}
36SZ01～07	36	42	39	3.5	49.5	74	3	9	10.5	3	10.5	
36SZ51～57	36	42	39	3.5	55.5	80	3	9	10.5	3	10.5	
45SZ01～08	45	50	47	4	50.5	80.7	4	12	13.5	3	9	10.5
45SZ51～58	45	50	47	4	58.5	88.7	4	12	13.5	3	9	10.5

表 11.3-47　采用外圈安装型式的 55 号、70 号、90 号、110 号、130 号机座电动机的外形与安装尺寸

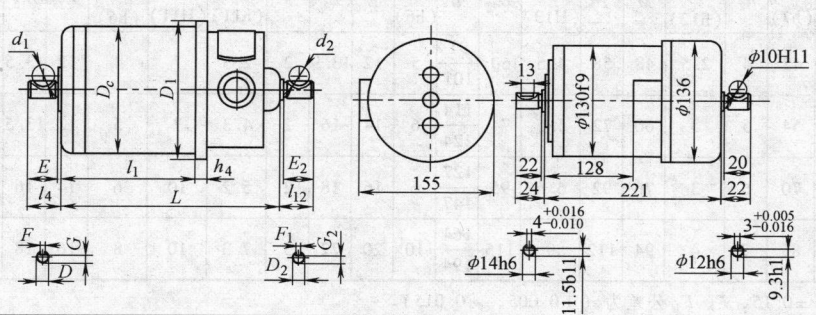

（续）

型　号	D_c (f9)	D_1	h_4	l_1	L	D (h6)	E	l_4	F	G (h11)	d_1 (H11)	D_2 (h8)	E_2	l_{12}	F_1	G_2 (h11)	d_2 (H11)
55SZ01～08	55	60	4.5	54.9	91	5	12	13.5	2	3.3	7	4	12	13.5	光　轴		
55SZ51～58				64.5	101												
70SZ01～08	70	74	5	72	114	6	14	16	2	4.3	7	4	12	13.5	2	2.3	7
70SZ51～58				82	124												
90SZ01～04	90	95	6.5	79.5	127	8	16	18	2	5.2	10	6	14	16	2	4.3	7
90SZ51～54				99.5	147												
110SZ01～04	110	115	7	109	164	10	20	22	3	7.3	10	8	16	18	2	5.2	10
110SZ51～54				139	194												

注：F_1、F 公差为（+0.005、－0.015）。

表 11.3-48　采用凸缘安装结构型式的 36 号、45 号机座电动机外形与安装尺寸　（单位：mm）

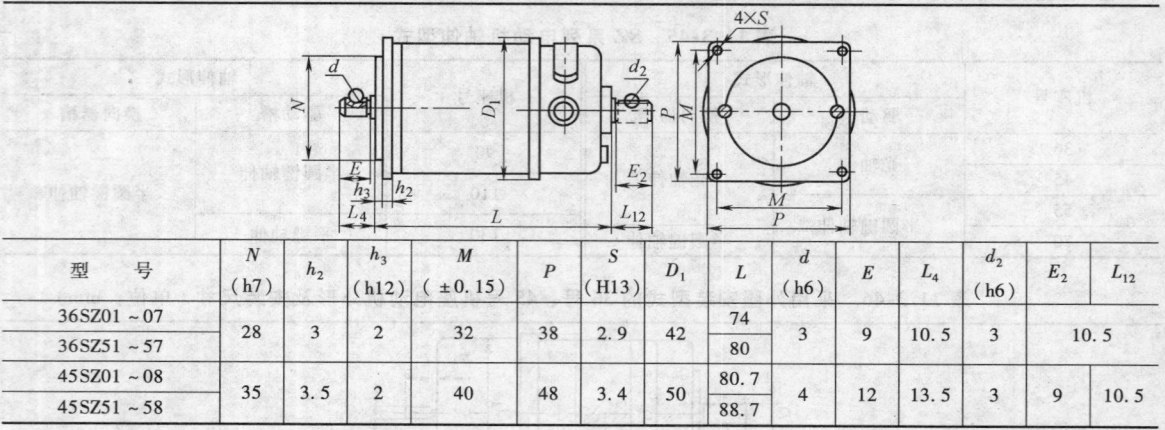

型　号	N (h7)	h_2	h_3 (h12)	M (±0.15)	P	S (H13)	D_1	L	d (h6)	E	L_4	d_2 (h6)	E_2	L_{12}
36SZ01～07	28	3	2	32	38	2.9	42	74	3	9	10.5	3		10.5
36SZ51～57								80						
45SZ01～08	35	3.5	2	40	48	3.4	50	80.7	4	12	13.5	3	9	10.5
45SZ51～58								88.7						

表 11.3-49　采用凸缘安装型式的 55 号、70 号、90 号、110 号、130 号机座电动机外形与安装尺寸

（单位：mm）

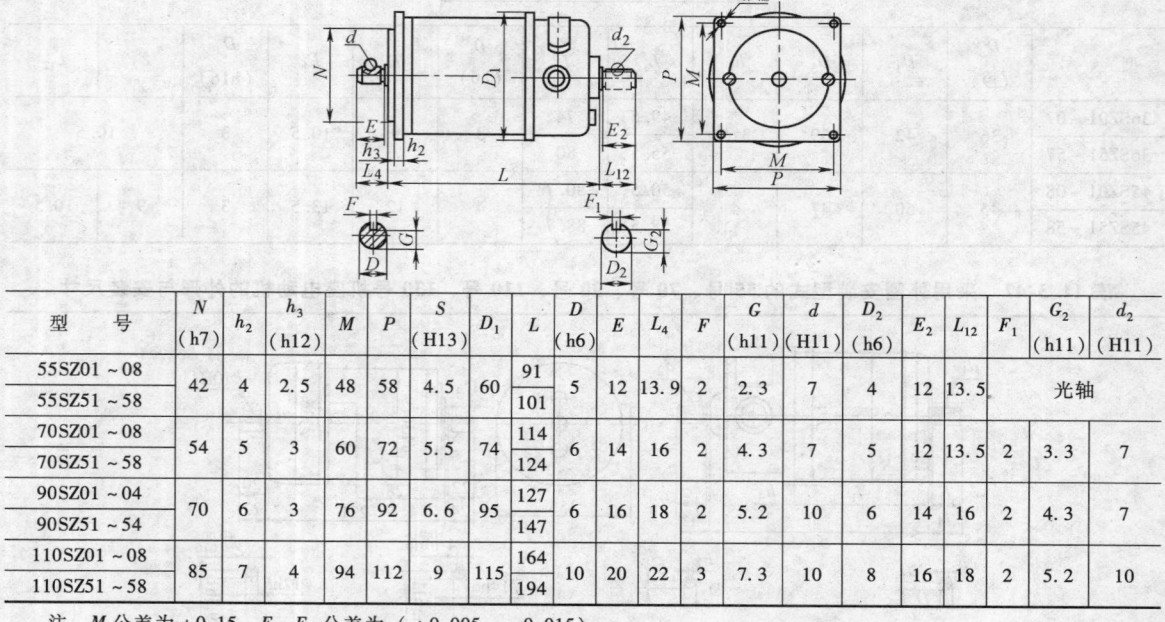

型　号	N (h7)	h_2	h_3 (h12)	M	P	S (H13)	D_1	L	D (h6)	E	L_4	F	G (h11)	d (H11)	D_2 (h6)	E_2	L_{12}	F_1	G_2 (h11)	d_2 (H11)
55SZ01～08	42	4	2.5	48	58	4.5	60	91	5	12	13.9	2	2.3	7	4	12	13.5	光　轴		
55SZ51～58								101												
70SZ01～08	54	5	3	60	72	5.5	74	114	6	14	16	2	4.3	7	5	12	13.5	2	3.3	7
70SZ51～58								124												
90SZ01～04	70	6	3	76	92	6.6	95	127	6	16	18	2	5.2	10	6	14	16	2	4.3	7
90SZ51～54								147												
110SZ01～08	85	7	4	94	112	9	115	164	10	20	22	3	7.3	10	8	16	18	2	5.2	10
110SZ51～58								194												

注：M 公差为 ±0.15，F、F_1 公差为（+0.005、－0.015）。

表 11. 3-50　采用底脚安装型式 90 号、110 号、130 号机座电动机外形与安装尺寸

（单位：mm）

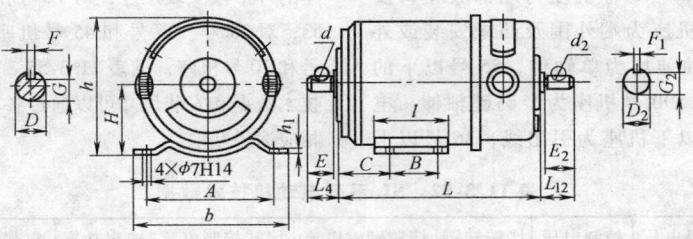

型　号	H (h7)	h	h_1	A	b	C	B	l	L	D (h6)	E	L_4	F	G (h11)	d (H11)	D_2 (h6)	E_2	L_{12}	F_1	G_2 (h11)	d_2 (H11)
90SZ01 ~ 04	50- 0. 4	97.5	3	110	116	26.5	44	64	127	8	16	18	2	5.2	10	6	14	16	2	4.3	7
90SZ51 ~ 54						40.5			147												
110SZ01 ~ 04	68- 0. 5	120.5	4	115	130	32	70	85	164	10	20	22	3	7.3	10	8	16	18	2	5.2	10
110SZ51 ~ 54						47			194												

注：A、B 公差为 ± 0. 25，F、F_1 公差为 （ + 0. 005、 - 0. 015）。

3.2.2　160ZS- C01 型直流伺服—测速机组

直流伺服—测速机组由一台永磁式电枢控制的环形转子直流伺服电动机和一台永磁式高精度直流测速发电机组成。在自动控制系统中用做执行元件，测速范围宽，过载能力强、反应速度快、线性度好，可以提高系统的稳定性和精度。

160ZS- C01 型直流伺服—测速机组外形及安装尺寸和技术数据见表 11.3-51。

表 11. 3-51　160ZS- C01 型直流伺服—测速机组的外形及安装尺寸和技术数据

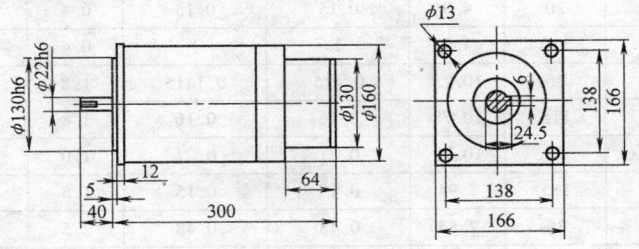

外形及安装尺寸

型　号	电　动　机					测　速　机			
	额定电压 /V	额定转速 /(r/min)	额定功率 /W	机电时间常数 /ms	过载倍数	输出斜率 /[V/(kr/min)]	线性误差 (%)	输出电压不对称度 (%)	波纹系数 10r/min (%)
160ZS- C01	160	1500	500	< 20	> 5	> 12	< 1	< 1	< 5

3.3　交流伺服电动机及机组

交流伺服电动机较直流伺服电动机结构简单、运行可靠、维护方便，但交流伺服电动机的机械特性是非线性的，电容移相时机械特性的非线性度更加严重，且其机械特性斜率随电压不同而变化，低速段更

严重。交流伺服电动机转子电阻较大，效率低，所以只适用于功率为 0.5 ~ 100W 的小功率控制系统。

3.3.1　SL 系列交流伺服电动机

SL 系列交流伺服电动机是由笼型转子和隐极式定子两部分组成。定子槽内嵌以两相绕组，一相为励磁绕组，另一相为控制绕组，其作用是将电信号

（控制电压或其相位）转变为转轴的转角或转速，在控制系统中用做执行元件。

本系列电动机皆为封闭式、12～20 号机座为端部止口及凹槽安装，28～45 号机座为端部大止口及凹槽安装；50～90 号机座为端外围及凸缘安装或外圈套筒安装。电动机轴伸均为单轴伸，55 号以下的机座为光轴伸，70 号、90 号机座为半圆键轴伸。电动机出线方式：28 号以下机座为引出线，36 号以上机座采用接线板。

3.3.2　SL 系列交流伺服电动机技术数据

SL 系列交流伺服电动机数据见表 11.3-52。各类机座的外形及安装尺寸：对 12 号和 20 号机座，见表 11.3-53；对 28 号、36 号和 45 号机座，见表 11.3-54；对 55 号和 70 号机座，见表 11.3-55，其他型号伺服电动机的技术数据和安装尺寸可以通过各电动机专业生产厂商或相应途径获取。

表 11.3-52　SL 系列电动机技术数据

型号	频率 /Hz	励磁电压 /V	控制电压 /V	堵转转矩 /mN·m	堵转励磁电流 ≥/A	堵转控制电流 ≥/A	输出功率 /W	空载转速 /(r/min)	时间常数 ≥/s	质量 ≥/g
12SL4G4	400	20	20	0.637	0.13	0.13	0.16	9000	0.012	20
20SL4E6	400	36	36	1.96	0.15	0.15	0.32	5600	0.012	50
20SL4E4	400	36	36	1.764	0.15	0.15	0.50	9000	0.025	50
20SL5F2	50	26	26	1.764	0.15	0.15	0.12	2700	0.015	50
20SL4G6	400	20	20	1.96	0.25	0.25	0.32	5600	0.012	50
20SL4G4	400	20	20	1.764	0.25	0.25	0.50	9000	0.025	50
28SL4B6	400	115	115	5.39	0.09	0.09	1.2	6000	0.015	100
28SL4E6	400	36	36	5.39	0.28	0.28	1.2	6000	0.015	100
28SL5E2	50	36	36	4.9	0.12	0.12	0.4	2700	0.008	100
28SL4E8	400	36	36	5.88	0.28	0.28	1.0	4800	0.020	100
28SL4I8	400	115	36	5.39	0.09	0.28	1.2	6000	0.015	100
28SL4B8	400	115	115	5.83	0.09	0.09	1.0	4800	0.020	100
28SL4I6	400	115	36	5.39	0.09	0.28	1.2	6000	0.015	100
28SL5G2	50	20	20	4.9	0.15	0.15	0.4	2700	0.008	100
28SL5C2	50	110	110	4.9	1	1	0.4	2700	0.008	100
36SL4E8	400	36	36	10.73	0.415	0.1415	1.8	4800	0.015	170
36SL4B8	400	115	115	10.78	0.16	0.16	1.8	4800	0.015	170
36SL5E2	50	36	36	10.78	0.21	0.21	1.0	2700	0.008	170
36SL4B4	400	115	115	7.94	0.15	0.15	1.5	9000	0.035	170
36SL4E4	400	36	36	7.84	0.48	0.48	2.5	9000	0.035	170
36SL4I8	400	115	36	10.78	0.16	0.415	1.8	4800	0.015	170
36SL4I4	400	115	36	7.84	0.15	0.48	2.5	9000	0.035	170
36SL5C2	50	110	110	10.78	0.07	0.07	1.0	2700	0.008	170
36SL5J2	50	110	20	10.78	0.07	0.385	1.0	2700	0.008	170
45SL4B8	400	115	115	21.66	0.3	0.3	4.0	4800	0.020	350
45SL4E4	400	36	36	15.68	1.02	1.02	6.0	9000	0.040	350
45SL4I8	400	115	36	21.56	0.3	1.0	4.0	4800	0.020	350
45SL5E2	50	36	36	44.1	0.54	0.54	4.0	2700	0.015	450
45SL5C2	50	110	110	44.1	0.18	0.18	4.0	2700	0.006	450
45SL5C4	50	110	110	53.9	0.18	0.18	2.5	1250	0.015	450
45SL4E8	400	36	36	21.56	1.0	1.0	4.0	4800	0.020	450
45SL4B4	400	115	115	15.68	0.32	0.32	6.0	9000	0.040	450
45SL4I4	400	115	36	15.68	0.32	1.02	6.0	9000	0.040	450

（续）

型　号	频率/Hz	励磁电压/V	控制电压/V	堵转转矩/mN·m	堵转励磁电流 ≯/A	堵转控制电流 ≯/A	输出功率/W	空载转速/(r/min)	时间常数 ≯/s	质量 ≯/g
45SL5J2	50	110	20	44.1	0.18	0.99	4.0	2700	0.015	450
55SL5C2	50	110	110	83.3	0.30	0.30	8.0	2700	0.015	850
55SL5K2	50	110	36	88.2	0.25	0.75	6.0	2700	0.015	850
55SL5A2	50	220	220	83.3	0.15	0.15	8.0	2700	0.015	850
55SL4B8	400	115	115	53.9	0.60	0.60	9.2	4800	0.025	850
55SL54	50	110	110	39.2	0.18	0.18	1	2700	1	850
55SL54A	50	220	220	39.2	0.09	0.09	1	2700	1	850
55SL5A4	50	220	220	66.64	0.13	0.13	2.5	1250	0.015	850
55SL4B4	400	115	115	39.2	0.75	0.75	16	9000	0.050	850
55SL4I8	400	115	36	53.9	0.60	1.92	9.2	4800	0.025	850
55SL5C2G	50	110	110	98	0.32	0.32	10	2700	0.015	850
70SL4B4	400	115	115	68.6	1.2	1.2	28	9000	0.10	1000
70SL5A2	50	220	220	176.4	0.3	0.3	16	2700	0.30	1500
70SL5C2	50	110	110	176.4	0.6	0.6	16	2700	0.015	1500
90SL55	50	220	220	294	0.55	0.55	25	2700	0.03	1

注：数据来源于天津安全电机有限公司，仅供参考。

表 11.3-53　12 号和 20 号机座电动机外形和安装尺寸　　　　　（单位：mm）

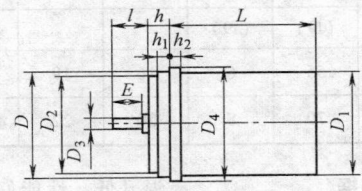

机座号	尺寸和公差										
	D	D_1	D_2	D_3	D_4	E	l	h_1	h_2	h	L
	h10	h11	h6	f7				±0.1	±0.1	±0.2	≤
12	12	11	10	2	14	10	11	1	1	1.5	30
20	20	18.5	13	2.5	23	9	10	1.2	1.2	2.0	30

表 11.3-54　28 号、36 号和 45 号机座电动机外形和安装尺寸　　　（单位：mm）

（续）

机座号	尺寸和公差												
	D	D_1	D_2	D_3	D_4	E	h_1	h_2	h_3	h_4	ϕ	S	L
	(h10)	(h10)	(h8)	(f7)	(h6)	—	±0.1	±0.1	±0.1	±0.2	±0.1	—	≤
28	28	26.5	18	3	26	10	1.5	1.5	1.5	1.5	22	M2.5	45
36	36	34.0	22	4	32	12	1.5	2.5	2.0	2.0	27	M3	50
45	45	42.0	25	4	41	12	1.5	2.5	2.0	2.0	33	M3	60

表 11.3-55　55 号和 70 号机座电动机外形和安装尺寸

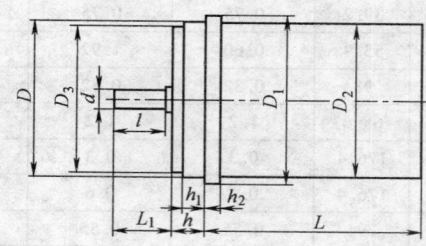

机座号	尺寸和公差										
	D	D_3	D_1	D_2	d	l	L_1	h	h_1	h_2	L
	(h11)	(h10)	(h10)	(f9)	(f9)			(h12)	±0.1		≤
55	55	54	60	55		16	19	12	8	5	73.5
70	70	69	76	70	8	20	22	19	12	6	90

3.3.3　SA 系列交流伺服电动机技术数据

SA 型交流伺服电动机为笼型转子带有齿轮减速机构的低压交流伺服电动机，具有体积小、质量轻、温升低、性能好的特点。在控制系统中用做执行元件。SA 型系列交流伺服电动机技术数据，见表 11.3-56。

表 11.3-56　SA 型系列交流伺服电动机技术数据

型号	额定功率/Hz	额定励磁电压/V	额定控制电压/V	空载励磁电流≤/A	空载控制电流≤/A	堵转转矩≤/μN·m	空载转速/(r/min)	外形尺寸/mm		
								总长	机壳外径	轴径
SA15	50	110	15	0.055	0.25	3000	15	92.8	55	47
SA20	50	110	15	0.055	0.25	3000	20	92.8	55	47
SA30	50	110	15	0.055	0.25	2000	30	92.8	55	47
SA60	50	110	15	0.055	0.25	1000	60	92.8	55	47
SA170	50	110	15	0.055	0.25	500	170	92.8	55	47

3.3.4　SC 系列交流伺服—测速机组技术数据

SC 系列交流伺服—测速机组是由交流伺服电动机和交流测速发电机组组合而成，它体积小、质量轻、可以避免两电机轴连接不良造成的影响，适于在控制系统中作为带有速度反馈的执行部件，SC 系列交流伺服—测速机组技术数据见表 11.3-57。

表 11.3-57　SC 系列交流伺服—测速机组技术数据

型　号	伺服电动机								测速发电机			质量 /g
	励磁电压/V	频率/Hz	控制电压/V	堵转转矩 ≮ /mN·cm	空载转速/(r/min)	额定转速/(r/min)	额定正反转速差 ≥ /(r/min)	输出功率 ≮/W	输出斜率/[V/(kr/min)]	同相线性误差/(%)	剩余电压/mV	
20SC4E6-0.25	36	400	36/18	15	5500	4000	200	0.24	0.25	0.5	20	66
20SC4E6-0.4	36	400	36/18	20	5500	4000	200	0.32	0.4	0.3	30	66
20SC4E4-0.4	36	400	36/18	18	8500	6000	200	0.5	0.4	0.3	30	66
24SC4L4-0.5	115	400	26	25	9000	6000	100	0.7	0.5	0.5	25	
28SC4I6-2.5	115	400	36/18	55	8500	4000	100	1.2	2.5	0.3	60	254
28SC4B6-0.8	115	400	115/57.5	55	8500	4000	100	1.2	0.8	0.1	30	254
28SC4E6-0.8	36	400	36/18	55	6000	4000	100	1.2	0.8	0.5	30	254
28SC4B6-2.5	115	400	115/57.5	55	6000	4000	100	1.2	2.5	0.3	60	254
28SC4I6-0.8	115	400	36/18	55	8500	4000	100	1.2	0.8	0.1	30	254
28SC4B6-1.5	115	400	115/57.5	55	8500	4000	100	1.2	1.5	0.2	40	254
28SC4I6-1.5	115	400	36/18	55	8500	4000	100	1.2	1.5	0.2	40	254
36SC4B8-2	115	400	115/57.5	110	4800	3000	100	1.8	2	0.2	60	335
36SC4E8-1	36	400	36/18	110	4800	3000	100	1.8	1	0.2	25	335
36SC4B8-3	115	400	115/57.5	110	4800	3000	100	1.8	3	0.3	70	335
36SC4B4-2	115	400	115/57.5	80	9000	6000	100	2.5	2	0.2	60	335
36SC4I4-2	115	400	36/18	80	8500	6000	100	2.5	2	0.2	60	335
36SC4I8-2	115	400	36/18	110	4500	3000	100	1.8	2	0.3	60	335
36SC4I8-3	115	400	36/18	110	4500	3000	100	1.8	3	0.3	70	335
45/36SC4B8-3	115	400	115/57.5	220	4800	3000	100	4	3	0.3	70	500
45/36SC4I8-3	115	400	36/18	220	4800	3000	100	4	3	0.3	70	500
45/36SC4E4-1	36	400	36/18	160	8500	6000	100	6	1	0.2	25	500
45SC5H2-4	110	50	20/10	450	2500	1500	100	4	4	0.5	50	500
45SC4B8-4	115	400	115/57.5	220	4500	3000	100	4	4	0.5	80	500
45SC5C2-4	110	50	110/55	450	2500	1500	100	4	4	1	50	500
45/36SC4E8-1	36	400	36/18	220	4500	3000	100	4	1	0.2	25	500
45/36SC4B4-3	115	400	115/57.5	160	8500	6000	100	6	3	0.3	70	500
45/36SC4B8-2	115	400	115/57.5	220	4500	3000	100	4	2	0.2	60	500
45/36SC4I8-2	115	400	36/18	220	4500	3000	100	4	2	0.2	60	500
55/45SC5C2-3	110	50	110	850	2500	1500	50	8	3	0.5	50	1200
55/45SC4B8-3	115	400	115	850	4800	3000	50	9.2	3	0.5	70	1200
55/45SC5K2-2	110	50	36/18	850	2500	1500	50	8	3	0.5	50	1200
55/45SC5K2-3	110	50	36/18	850	2500	1500	50	8	3	0.5	50	1200
55/45SC5N2-3	110	50	150	850	2500	1500	50	8	3	0.5	50	1200
55/45SC5C2-4	110	50	110	850	2500	1500	50	8	4	1	50	1200
70/55SC5C2-5	110	50	110	1800	2500	1500	50	16	5	1	70	2100
70/55SC4B4-1	115	400	115	700	8500	6000	100	28	1	0.8	35	2100
90/55SC51	100	50	100	3000	2500	1500	50	30	5	1	70	

注：数据来源于天津安全电机有限公司，仅供参考。

3.4　步进电动机及驱动系统

步进电动机是一种专门用于位置和速度精确控制的特种电动机。步进电动机的最大特点是其"数字性"，对于控制器发过来的每一个脉冲信号，步进电动机在其驱动器的推动下运转一个固定角度（简称一步），所以也称其为脉冲电动机。步进电动机的线位移或角位移量与脉冲数成正比。它的转速或线速度与脉冲频率成正比。在负载能力允许范围内，不因电源电压、负载、环境条件的波动而变化。因此，可通过控制脉冲频率，直接对电动机转速进行控制，实现步进电动机的调速，快速起动、制动和反转。由于步进电动机工作原理易学易用，成本低（相对于伺服电动机）、电动机和驱动器不易损坏，非常适合于微电脑和单片机控制，随着数字控制系统的发展，步进电动机近年来在各行各业的控制设备中获得了越来越广泛的应用。例如：数控机床、绘图机、卫星天线以及压下装置等，此外，在自动记录仪表和数—模转换器等也有应用。

3.4.1　步进电动机分类

步进电动机按运行原理和结构型式可分为反应式、永磁式和混合式以及直线式步进电动机等。

（1）反应式　定子上有绕组、转子由软磁材料组成。结构简单、成本低、步距角小，可达 1.2°、但动态性能差、效率低、发热大，可靠性难保证。

（2）永磁式　永磁式步进电动机的转子用永磁材料制成，转子的极数与定子的极数相同。其特点是动态性能好、输出力矩大，但这种电动机精度差，步矩角大（一般为 7.5°或 15°）。

（3）混合式　混合式步进电动机综合了反应式和永磁式的优点，其定子上有多相绕组、转子上采用永磁材料，转子和定子上均有多个小齿以提高步距精度。其特点是输出力矩大、动态性能好，步距角小，但结构复杂、成本相对较高。

步进电动机的分类及代号见表 11.3-58。

表 11.3-58　步进电动机的分类和代号

类　型	代　号	含　义
永磁式步进电动机	BY	步、永
混合式（永磁感应子式）步进电动机	BH（BYG）	步、混（步、永、感）
磁阻式（反应式）步进电动机	BC（BF）	步、磁（步、反）
电磁式步进电动机	BD	步、电
盘式永磁步进电动机	BPY	步、盘、永
直线步进电动机	BX	步、线

按定子上绕组来分，步进电动机共有两相、三相和五相等系列。最受欢迎的是两相混合式步进电动机，约占 97% 以上的市场份额，其原因是性价比高，配上细分驱动器后效果良好。该种电动机的基本步距角为 1.8°/步，配上半步驱动器后，步距角减少为 0.9°，配上细分驱动器后其步距角可细分达 256 倍（0.007°/微步）。由于摩擦力和制造精度等原因，实际控制精度略低。同一步进电动机可配不同细分的驱动器以改变精度和效果。

3.4.2　两相、三相步进电动机技术数据

表 11.3-59 和表 11.3-60 分别为常用两相、三相步进电动机技术数据。

表 11.3-59　两相步进电动机技术数据

相数	机座号	型　号	静转矩/N·m	步距角/(°)	引线数	相电流/A 串联	相电流/A 并联	电阻/Ω	电感/mH	长度 L/mm	转子转动惯量/g·cm²	质量/kg	适配驱动器
2	35	35HS01	0.07	1.8	4	0.4		35	8.0	28	12	0.17	M415B/DM320/M325
	39	39HS02	0.065	1.8	4	0.4		15	16	34	20	0.18	M415B/DM320/M325
	42	42HS02	0.22	1.8	4	0.4		12.5	21	40	57	0.24	DM320/DM422C/DM432C/DM556/DM856/M542V2.0/ND556/M415B/M325
		42HS03	0.34	1.8	8	0.7	1.4	4.6	4.0	48	82	0.34	
	57	57HS06	0.6	1.8	8	1.4	2.8	1.35	1.8	55	145	0.6	DM422C/DM432C/DM556/DM856/M752/M542/M860/M880A/MA550/MA860/H850/ND556/ND882/M415B/M325
		57HS09	0.9	1.8	8	2.1	4.2	0.8	1.2	54	260	0.6	
		57HS13	1.3	1.8	8	2.0	4.0	1.0	2.1	76	460	1.0	
		57HS22	2.2	1.8	8	2.8	5.6	0.67	1.8	76	480	1.1	

（续）

相数	机座号	型　号	静转矩 /N·m	步距角 /(°)	引线数	相电流/A 串联	相电流/A 并联	电阻 /Ω	电感 /mH	长度 L/mm	转子转动惯量 /g·cm²	质量 /kg	适配驱动器
2	86	86HS35	3.0	1.8	8	2.0	4.0	1.4	3.9	65	800	2.0	DM556/DM856/M752/ M860/M880A/MA550/ MA860/H850/MA860H/ ND882/ND1182/ND2282/ M535/MD2278
		86HS38	3.8	1.8	8	3.0	6.0	0.6	2.7	71	1200	2.6	
		86HS45	4.5	1.8	8	3.0	5.9	0.8	3.5	79.5	1400	2.3	
		86HS85	8.5	1.8	8	3.5	7.0	0.95	5.2	118	2800	3.8	
	110	110HS12	12	1.8	4	5.0		0.95	15	99	5500	5.0	MA860H/ND1182/ND2282/MD2278
		110HS20	20	1.8	4	6.5		1.15	18.9	150	11000	8.4	MA860H/ND1182/ND2282/MD2278
	130	130HS27	27	1.8	4	6.0		0.65	13.8	227	35000	13	ND2282/MD2278
		130HS45	45	1.8	4	7.0		0.9	9.5	283	48400	19	ND2282/MD2278

注：数据来源于深圳市雷赛智能控制股份有限公司。

表 11.3-60　三相步进电动机技术数据

相数	机座号	型　号	静转矩 /N·m	步距角 /(°)	引线数	相电流/A 串联	相电流/A 并联	电阻 /Ω	电感 /mH	长度 L/mm	转子转动惯量 /g·cm²	质量 /kg	适配驱动器
3	57	573S05	0.6	1.2	6	5.2		1.3	1.7	50	110	0.6	3DM683/3ND583/3ND883
		573S09	0.9	1.2	6	3.5		0.7	1.7	56	300	1.0	3DM683/3ND583/3ND883
		573S15	1.5	1.2	6	5.8		0.7	1.35	76	480	1.0	3DM683/3ND583/3ND883
	86	863S22	2.26	1.2	6	5.0		0.96	2.4	71	1100	1.7	3DM683/3ND583/3ND883/ 3ND1183/3ND2283
		863S42	4.26	1.2	6	5.0		1.2	4.2	103	2320	2.85	
		863S68H	6.78	1.2	6	2.3		7.6	33	135	3300	4.0	

注：数据来源于深圳市雷赛智能控制股份有限公司。

3.4.3　BF 系列步进电动机技术数据

BF 系列步进电动机系反应式步进电动机，其角位移与输入的脉冲数严格成正比，其速度与输入的脉冲信号频率成正比。它具有定位精度高、同步运行特性好、调速范围宽，能快速起动、制动和反转。广泛运用于数控开环系统作为执行元件和驱动元件。

BF 系列步进电动机技术数据见表 11.3-61。

表 11.3-61　BF 系列步进电动机技术数据

型　号	相数	步距角 /(°)	电压 /V	静态电流 /A	额定载荷转矩 /μN·m	静态力矩 /μN·m	空载起动频率 /(步/s)	载荷起动频率 /(步/s)	外形尺寸/mm 总长	外形尺寸/mm 外径	外形尺寸/mm 轴径
45BF3-3	3	3/1.5	27	0.35		500	400		62	45	4
45BF3-3A	3	3/1.5	27	2		1000	1500		43	45	4
45BF3-3	3	3/1.5	60	3		13000	3000		43	45	
45BF3-3P	3	3/1.5	60	0.5		800	1900		43	45	
45BF3-3A	3	3/1.5	60	3		2000	3000		53	45	
45BF3-3AP	3	3/1.5	60	0.5		1100			53	45	
70BF3-3	3	3/1.5	60/12	5		5000	2000		107	70	6
70BF3-3A	3	3/1.5	60/12.27	5		9000	1500		127	70	6
70BF3-3B	3	3/1.5	27	3		4000	1800		107	70	6
70BF3-3C	3	3/1.5	27	3		9000	1500		127	70	6

（续）

型　号	相数	步距角 /(°)	电压 /V	静态电流 /A	额定载荷转矩 /μN·m	静态力矩 /μN·m	空载起动频率 /(步/s)	载荷起动频率 /(步/s)	外形尺寸/mm		
									总长	外径	轴径
70BF5-3	3	3/1.5	60/12.60	3.5.4		3000	3000		107	70	6
70BF1-3	3	3/1.5	27	3	1000			1000	112	70	8
70BF1-5	3	3/1.5	27	5	1000			1500	112	70	8
70BF2-3	3	3/1.5	27	3	1500			1000	127	70	8
70BFP-4.5	6	0.75/1.5	60/12	4.5	1000			3500	122	90	
70BF5-4.5	5	4.6/1.5	60/12	3/5					105	90	
90BF3-3	3	3/1.5	60/12	5		20000			90	90	7
90BF5-1.5	5	1.5/0.75	60/12	5		16000			130	90	9
90BF4-1.8		1.8/0.9	60/12	7		27000	1560		113	90	
90BF1-3	5	1/2	27	3	4000			1200	105	90	
90BF1-5	5	1/2	60/12	5	4000			1200	105	90	
90BF2-2	5	1/2	27	3	6000			1200	120	90	
90BF2-5	5	1/2	60/12	5	6000			1200	182	90	
90BF05-1.125	4	1/25	60/12	4	5000	10000	10000		161	90	
90BF-0.75	6	0.75	60/12	4	6000	10000	2000		186	90	
110BF5-1.5	5	1.5/0.75	80/12.80	8		30000	2000		162		
110BF4-1.5A	5	1.5/0.75	80/12.80	8		50000	1800		186		
110BF4-0.30	4	0.36	60/12	2.5		20000	1000		162		
130BF1-5	3	1.5/3	27	5	10000			400	151		
130BF1-7	3	1.5/3	60	7	10000			700	151		
130BF1-5	6	0.75/1.5	110	5	10000			1000	209		
130BF1-7	6	0.75/1.5	110	7	10000			200	209		
130BF02		0.75	380/12			10000	2000		330		
160BF01-1.5	6	1.5	300/12	13	60000	10000	1200		340	160	
160BF02-1.5	6	1.5	300/12	15	100000	20000	1200		340	160	
160BF03-1.5	6	1.5	300/12	18	150000	30000	1100		340	160	
200BF01		1.5/0.75	300/15	18		30000	800		301	200	28
200BF02		1.5/0.75	300/15	20		40000	800		329	200	28
200BF03		1.5/0.75	300/15	25		50000	800		365	200	28

3.4.4　SB 系列步进电动机技术数据

SB 系列步进电动机技术数据见表 11.3-62。

3.4.5　43BY4-7.5 型步进电动机技术数据

43BY4-7.5 型步进电动机技术数据见表 11.3-63。

3.4.6　43BYG/J450 型步进电动机技术数据

43BYG/J450 型步进电动机技术数据见表 11.3-64。

表 11.3-62　SB 系列步进电动机技术数据

型　号	相数	步距	电压 /V	静态电流 /A	载荷转矩 /μN·m	载荷起动频率 /(步/s)	外形尺寸/mm		
							总长	外径	轴径
SB2	3	3/6	28	2	50	500	64.5	50	3.5
SB2A	3	3/6	24	0.2	50	280	64.5	50	3.5
SB2B	3	3/6	28	0.5	50	200	64.5	50	3.5
SB2P	3	3/6	24	0.2	50	280	75	42	3.5

（续）

型　号	相数	步距	电压/V	静态电流/A	载荷转矩/μN·m	载荷起动频率/(步/s)	外形尺寸/mm		
							总长	外径	轴径
SB3A-3D	3	15	28	1	150	160	102	60	6
SB3-6D	6	0.75/1.5	28	2.5	2000	2000	139	78	6
SB3-3B	3	1.5/3	28	5	1000	1000	138	85	6
SB3-3P	3	1.5/3	28	5	2000	400	138	85	6

表 11.3-63　43BY4-7.5 型步进电动机技术数据

型　号	额定电压/V	额定相电流/mA	相数	步距角/(°)	最大静力矩/μN·m	空载起动频率/(步/s)	外形尺寸/mm		
							总长	外径	轴径
43BY4-7.5	24	63	4	7.5	60	320	70	43	

表 11.3-64　43BYG/J450 型步进电动机技术数据

型　号	额定电压/V	额定相电流/A	相数	步距角/(°)	最高起动频率/(步/s)	工作转矩/(μN·m)	减速比	外形尺寸/mm		
								总长	外径	轴径
43BYG/J450	24	0.13	2	18	80	1800	1/450	62	43	

4　机电传动系统动力学计算

机电传动系统的转矩平衡方程式、功率平衡方程式是机械运动形式的普遍客观规律，是研究机电传动系统各种运转状态的基础，是具体运转状态的设计计算依据。

4.1　生产机械的传动型式分类

实际生产当中，存在着大量的各种各样的生产机械。但从其机械运动形式来分类，生产机械及其电力拖动系统大约可以归纳为如表 11.3-65 所示几种类型。

表 11.3-65　生产机械传动型式分类

生产机械典型运动型式	简单说明
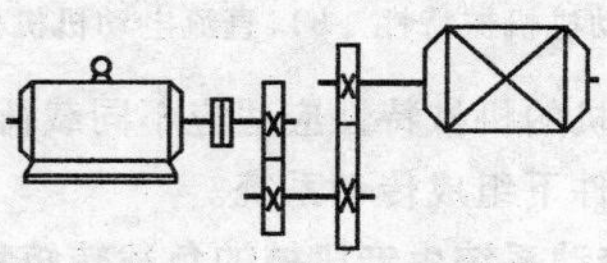	这类生产机械属于多轴传动组成的传动系统，其负载类型属于摩擦阻转矩。例如：机床主轴传动系统和带有变速机构的吊车走行机构
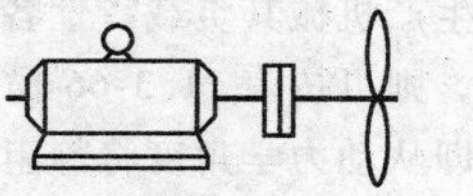	这类生产机械属于单轴传动系统，其负载类型属于鼓风机类，它的特点是阻转矩随转速升高不断增大，如水泵、鼓风机生产机械
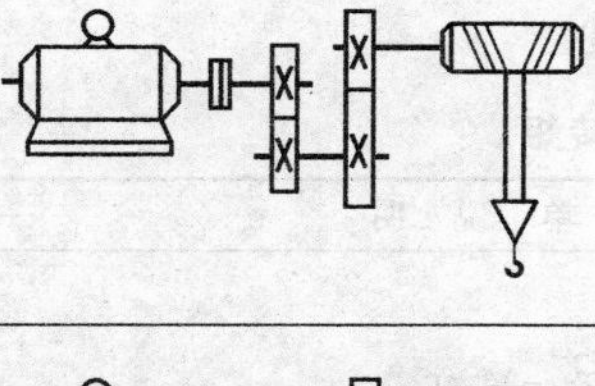	这类生产机械从运动型式看是多轴旋转加上负载平移运动的一类。负载性质主要是位能负载，但还有摩擦负载分量，如起重机的提升机构、矿井卷扬机械等
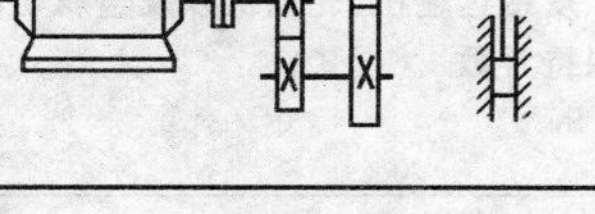	生产机械是把旋转运动转化为直线往复运动的曲柄连杆机构。这种生产机械的负载转矩随曲柄轴转角而变化，如剪断机、冲压机以及活塞式空压机等

4.2　单轴机电传动系统运动方程式

图 11.3-5 所示为一根轴的单轴传动系统，也可以看成是多轴传动系统折算成等效的单轴传动系统，它概括了千千万万生产机械运动的共性。当电动机的转矩 T 作用于此系统时，依照动力学定理知，除克服系统静阻转矩 T_Z 外，还要克服由系统飞轮转矩 GD^2 和加速度 $\mathrm{d}n/\mathrm{d}t$ 构成的动态转矩 T，把这个关系用方程式表示时，得出最基本的转矩平衡方程式：

$$T - T_Z = \frac{GD^2}{375}\frac{\mathrm{d}n}{\mathrm{d}t} \qquad (11.3\text{-}1)$$

式中　T——电动机的拖动转矩（N·m）；

　　　T_Z——负载静阻转矩（N·m）；

　　　GD^2——单轴旋转系统的飞轮力矩（N·m^2）；

　　　n——单轴旋转系统的转速（r/min）；

　　　t——时间（s）。

注意：系数 $375 = \dfrac{(4g \cdot 60)}{2\pi}$ 是带有加速度量纲的系数。

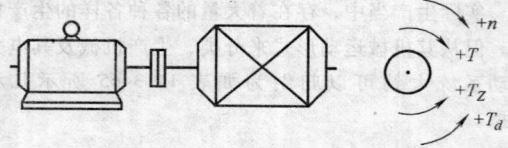

**图11.3-5　单轴电力传动系统及
转矩、转速正方规定**

机电传动系统运动方程式（11.3-1）是实用表达式。T 是电动机拖动转矩，T_Z 是静阻转矩，它们构成运动系统一对主要矛盾。当 $T > T_Z$ 时，$T_d > 0$，系统处于加速过程。随着时间增加转速也增加，动态转矩 $T_d = (GD^2/375)(\mathrm{d}n/\mathrm{d}t)$ 与系统各转矩之和平衡。当 $T < T_Z$ 时，$T_d < 0$，此时加速度是负的，即随着时间增加，转速下降，此时动态转矩阻碍系统减速，但它仍与系统其他转矩之和平衡。当 $T = T_Z$，$T_d = 0$，此时即系统转速不随时间变化，系统转速不变，以恒速运转或静止不动。

T、T_Z、n 都是时间 t 的变量，而在相同时间 t 的条件下，T 和 n 的关系是各类电动机的一个重要特性，即电动机的机械特性。

4.2.1　机电传动系统电动机的机械特性

机电传动系统用电动机，包括交流电动机和直流电动机。交流电动机中又分异步电动机和同步电动机，异步电动机中又分为绕线型和笼型；直流电动机又分为他励、并励和串励等，他们的固有机械特性如图 11.3-6 所示，图 11.3-6a 为交流电动机的固有机械特性曲线，图 11.3-6b 为直流电动机的固有机械特性曲线。

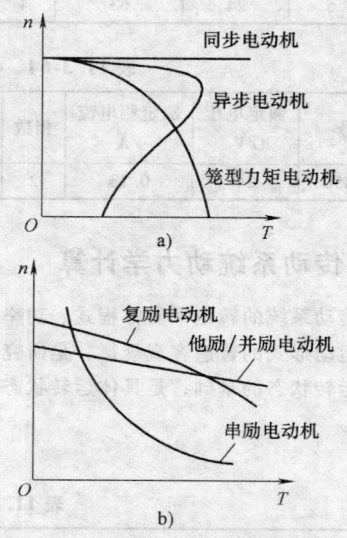

图11.3-6　电动机的机械特性

a) 交流电动机机械特性　b) 直流电动机机械特性

各类电动机的机械特性应适应不同载荷特性，相互合理配合条件下组成传动系统。

4.2.2　机电传动系统生产机械的负载转矩特性

不同类型的生产机械其负载特性各不相同，如果按工艺参数分类，则可按表 11.3-66 描述；如果按动力学性质分类，即从动力学角度将静阻力矩分为反抗负载（摩擦类）和位能负载两大类，则可按表 11.3-67 描述。

表 11.3-66　各类生产机械载荷静阻转矩

静阻转矩特性	简　单　说　明
n O　　　T_Z　　T	$T_Z =$ 常数 属于这类的生产机械，如提升机、皮带运输机、轧钢机以及金属切削机床等，它们的静阻转矩不随转速变化而保持常数

（续）

静阻转矩特性	简 单 说 明
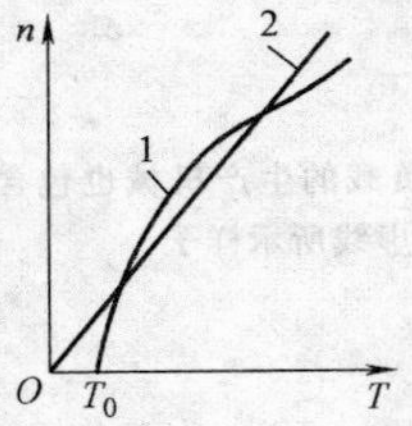 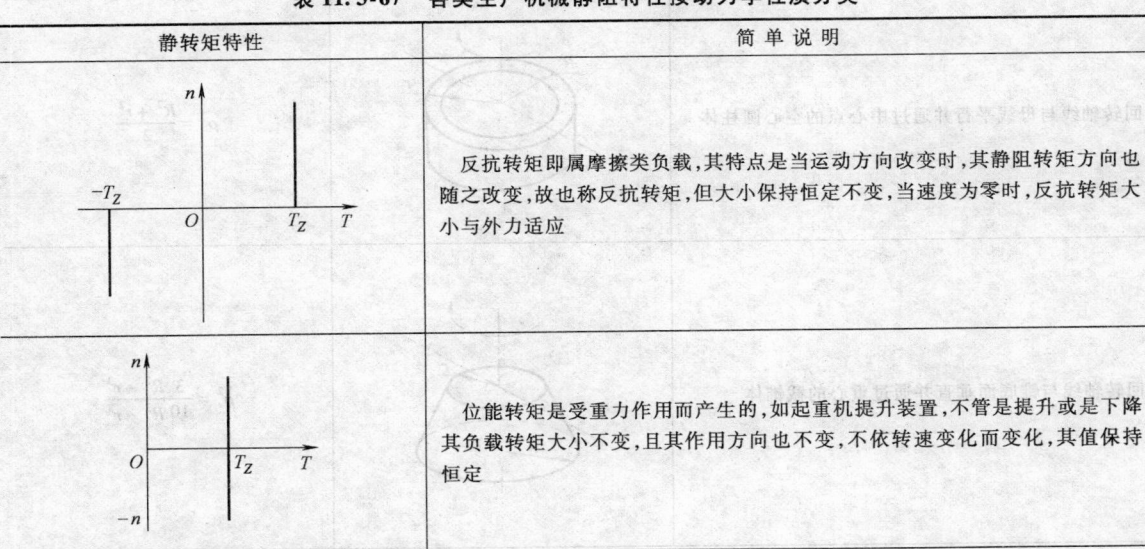	$T_Z = f(n)$ 　　属于这类的生产机械,如离心机、鼓风机如图中曲线1,当转速为零时,仍存在静摩擦阻力矩 T_0。实验室模拟负载发电机的特性也是转速的函数,如图中曲线2
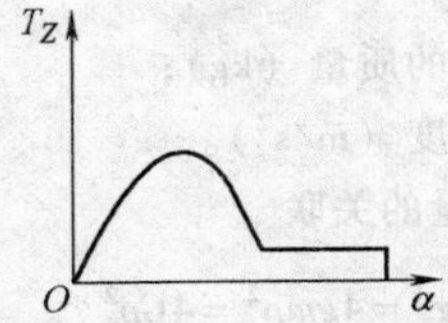	$T_Z = f(\alpha)$ 　　负载转矩是转角 α 的函数,曲柄连杆机构属于这类,如剪断机、活塞式空压机、冶金轧钢的摆动台、翻钢机等,其静阻转矩随曲柄轴转角 α 而变化
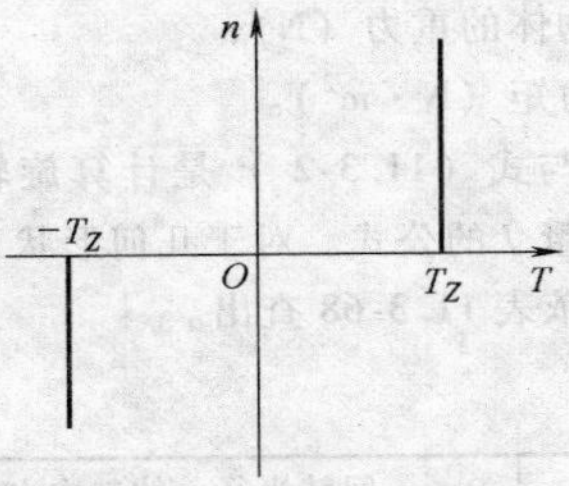	T_Z 属摩擦类负载,也称为反作用转矩。其特点是转矩方向总是反抗运动方向,故也称为反抗负载,但其大小不随转速变化
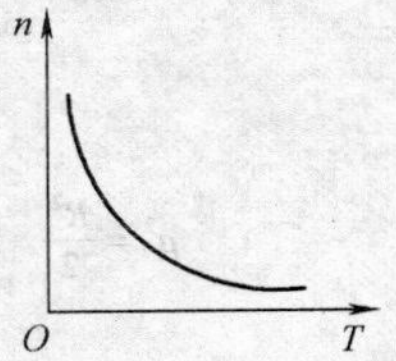	$T_Z = \dfrac{1}{n}$ 恒功率载荷,负载转矩和转速呈双曲线关系,属于这类负载的生产机械,如张力卷取机、端面车床加工阻转矩等

表 11. 3-67　各类生产机械静阻特性按动力学性质分类

静转矩特性	简 单 说 明
	反抗转矩即属摩擦类负载,其特点是当运动方向改变时,其静阻转矩方向也随之改变,故也称反抗转矩,但大小保持恒定不变,当速度为零时,反抗转矩大小与外力适应
	位能转矩是受重力作用而产生的,如起重机提升装置,不管是提升或是下降其负载转矩大小不变,且其作用方向也不变,不依转速变化而变化,其值保持恒定

（续）

静转矩特性	简单说明
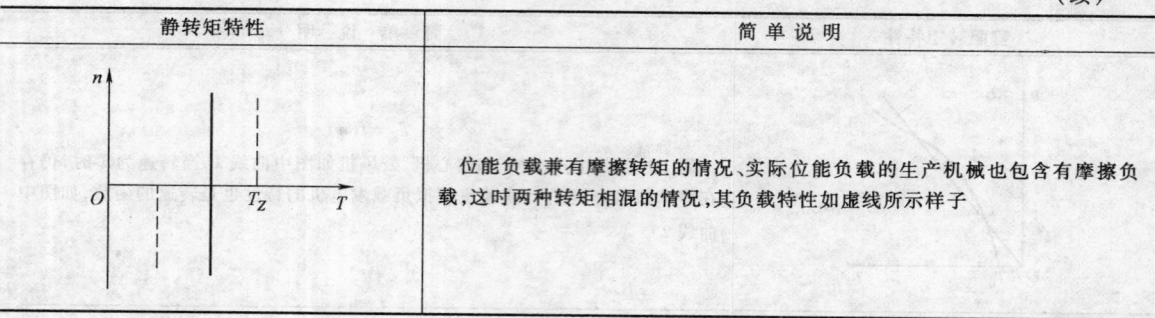	位能负载兼有摩擦转矩的情况、实际位能负载的生产机械也包含有摩擦负载,这时两种转矩相混的情况,其负载特性如虚线所示样子

4.2.3　机电传动系统的飞轮力矩

当使用式（11.3-1）时,除应知道电动机机械特性、负载特性以外,还应知道系统各旋转部件的飞轮力矩 GD^2 或转动惯量 J 的具体数值。GD^2 或 J 的值依机械部件形状不同而异,设计时常从手册查找,在实际当中形状比较复杂的元件也可采用实验方法确定 GD^2 的数值,简单的旋转元件则可以用解析法计算,其关系为

$$J = \rho^2 m = \frac{G}{g}\rho^2 \qquad (11.3\text{-}2)$$

式中　ρ——回转半径（m）;

m——旋转物体的质量（kg）;

g——重力加速度（m/s^2）。

而转动惯量与飞轮惯量的关联

$$GD^2 = 4gJ = 4gm\rho^2 = 4G\rho^2 \qquad (11.3\text{-}3)$$

式中　G——旋转物体的重力（N）;

GD^2——飞轮力矩（N·m^2）。

式（11.3-3）与式（11.3-2）是计算旋转部件飞轮力矩及转动惯量 J 的公式。对于几何形状规则的部件回转半径 ρ 可依表 11.3-68 查出。

表 11.3-68　规则几何图形的回转半径 ρ

物体名称与回转轴	几何图形	回转半径 ρ 的二次方
回转轴线与母线平行并通过重心的圆柱体		$\rho^2 = \dfrac{R^2}{2}$
回转轴线与母线平行并通过中心点的空心圆柱体		$\rho^2 = \dfrac{R^2 + r^2}{2}$
回转轴线与锥底面垂直并通过重心的截锥体		$\rho^2 = \dfrac{3}{10}\dfrac{R^5 - r^3}{R^3 - r^3}$

（续）

物体名称与回转轴	几 何 图 形	回转半径 ρ 的二次方
回转轴线通过重心并与长方体的一棱平行		$\rho^2 = \dfrac{b^2 + c^2}{12}$

对于一些常见的齿轮、抱闸轮和飞轮等，也可以根据它的外径和质量进行估算，常用的经验公式如下：

齿轮的飞轮力矩 GD_c^2：

$$GD_c^2 \approx 0.6 \times G_c \times D_c$$

式中 G_c——齿轮的重力（N）；

D_c——齿轮的节圆直径（m）。

飞轮的飞轮力矩 GD_f^2：

$$GD_f^2 \approx 0.65 \times G_f \times D_f^2$$

式中 G_f——齿轮的重力（N）；

D_f——齿轮的节圆直径（m）。

【例】 试求图 11.3-7 所示齿轮的飞轮力矩 GD_f^2，齿轮的尺寸如图所示，其单位为 mm，齿轮材料的密度为 7.8t/m³。

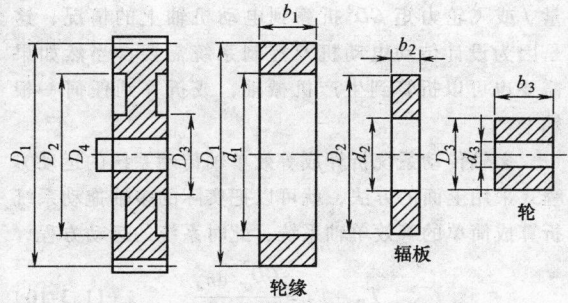

图11.3-7 齿轮的图形及其分解

$D_1 = 400\text{mm}$，$D_2 = d_1 = 340\text{mm}$，$D_3 = d_2 = 80\text{mm}$，

$D_4 = d_3 = 30\text{mm}$，$b_1 = b_3 = 60\text{mm}$，$b_2 = 15\text{mm}$

【解】 可把复杂的齿轮几何形状分解成三个几何形状简单的部分，如图 11.3-7 所示的轮缘、辐板、轮三部分。为了简单起见，假设轮缘无齿，其外径为齿轮的节圆直径。这样每部分均可看成是空心圆柱体，由表 11.3-68 可以查出回转轴线与母线平行并通过重心的空心圆柱体图形的回转半径的计算公式：

$$\rho^2 = \frac{R^2 + r^2}{2}$$

而各相应空心圆柱体的重力

$$G = \pi(R^2 - r^2)b\gamma \times 10^3$$

式中 R、r 和 b——空心圆柱体的外径、内径和厚度（m）；

γ——齿轮材料的密度（t/m³）。

计算出各部分的飞轮力矩，见表 11.3-69。

依照表 11.3-69 的结果，齿轮的飞轮力矩等于各分解部分飞轮力矩的总和

$$GD^2 = 0.0074 + 0.61 + 2.25 = 2.87\text{N} \cdot \text{m}^2$$

表 11.3-69   各部分 GD^2 计算表

尺寸 \ 各分部	轮	辐板	轮缘
$R = \dfrac{D}{2}/\text{m}$	$\dfrac{80}{2} \times 10^{-3}$	$\dfrac{340}{2} \times 10^{-3}$	$\dfrac{400}{2} \times 10^{-3}$
$r = \dfrac{d}{2}/\text{m}$	$\dfrac{30}{2} \times 10^{-3}$	$\dfrac{80}{2} \times 10^{-3}$	$\dfrac{340}{2} \times 10^{-3}$
b/m	60×10^{-3}	15×10^{-3}	60×10^{-3}
$GD^2/\text{N} \cdot \text{m}^2$	0.00738	0.611	2.25

4.3   多轴机电传动系统运动方程式

实际生产中，更多的生产机械都是多轴机电传动系统，因此在电动机和生产机械之间必须装设减速机构，如减速齿轮箱或蜗轮、蜗杆、胶带等减速装置。

研究多轴机电传动系统，理论上应把每根轴的运动方程都写出来，但这样过于麻烦，通用的方法是将多轴机电传动系统等效为单轴机电传动系统，写出等效为单轴机电传动系统的运动方程式。注意，所谓等效是指机电传动系统在折算前的多轴系统与折算后的单轴系统其动力学性能保持不变。

4.3.1   多轴传动系统折算成等效的单轴传动系统

图 11.3-8 所示的多轴传动系统折算为等效单轴传动系统。此时单轴系统的动力学性能与多轴系统相同。

折算的原则是折算前的多轴系统同折算后的单轴

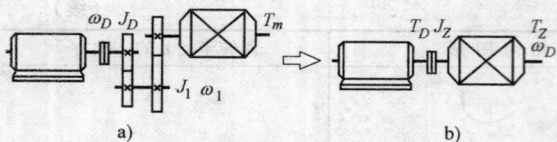

图11.3-8　多轴传动系统折算成单轴传动系统

a）多轴传动系统　b）等效的单轴传动系统

系统在能量关系和功率上保持不变。

（1）静态转矩折算　折算原则是等效的单轴系统静态功率与折算前多轴系统静态功率相等，折算到电动机轴上的等效静转矩。

$$T_Z = T_m \frac{1}{j\eta_c} \qquad (11.3-4)$$

式中　T_Z——折算到电动机轴上的负载静转矩（N·m）；

T_m——生产机械的静转矩（N·m）；

j——传动比，电动机轴转速 n_D 与生产机械轴转速 n_m 比，$j = \omega_D/\omega_m = n_D/n_m$；

η_c——传动机构的效率。

如果电动机处在制动状态，传动机构的损耗就不像电动状态那样由电动机负担，而是由生产机械的负载负担，此时折算到电动机轴上的等效转矩将为

$$T_Z = T_m \eta_c \frac{1}{j} \qquad (11.3-5)$$

（2）转动惯量 J 或飞轮力矩 GD^2 的折算　折算原则是其折算前后系统的动能不变，因此有

$$J_Z = J_D + J_1 \frac{1}{j_1^2} + \cdots + J_n \frac{1}{j_n^2} + J_m \frac{1}{j_m^2} \qquad (11.3-6)$$

式中　J_Z——折算到电动机轴上的系统转动惯量（kg·m²）；

J_D——电动机转子轴的转动惯量（kg·m²）；

J_1——第1根减速轴的转动惯量（kg·m²）；

J_n——第 n 根减速轴的转动惯量（kg·m²）；

J_m——生产机械轴的转动惯量（kg·m²）；

j_1——电动机轴转速 n_D 对第1个减速轴的转速比，$j_1 = \frac{n_D}{n_1}$；

j_n——电动机轴对第 n 根轴的转速比，$j_1 = \frac{n_D}{n_n}$；

j_m——电动机对生产机械轴的转速比，$j_m = \frac{n_D}{n_m}$。

折算到电动机轴上的系统等效飞轮力矩

$$GD_Z^2 = GD_D^2 + GD_1^2 \frac{1}{j_1^2} + \cdots + GD_n^2 \frac{1}{j_n^2} + GD_m^2 \frac{1}{j_m^2} \qquad (11.3-7)$$

式中　$j_1 \cdots j_n$, j_m——电动机轴对中间传动轴及生产机械轴的传动比；

GD_Z^2——折算到电动机轴上系统的飞轮力矩（N·m²）；

GD_D^2, GD_1^2, $\cdots$, GD_n^2, GD_m^2——电动机轴及中间传动轴以及生产机械轴上的飞轮力矩（N·m²）。

常规情况下，传动机构的转动惯量 J 或飞轮力矩 GD^2，在折算后占整个系统的比重不大。所以实际工作中为了计算方便起见，多用经验公式，如

$$J_Z = \delta J_D + J_m \frac{1}{j_m^2} \qquad (11.3-8)$$

$$GD_Z^2 = \delta GD_D^2 + GD_m^2 \frac{1}{j_m^2} \qquad (11.3-9)$$

式中　$\delta = 1.1 \sim 1.25$。

应当注意，上述均是将系统的静转矩和转动惯量 J 或飞轮力矩 GD^2 折算到电动机轴上的情况，这是因为设计传动电动机及控制系统需要，当然如果需要也可以折算到生产机械轴，或折算到任何一根轴上。

多轴传动系统折算成等效单轴传动系统的运动方程式采用上面的方法，就可以把实际的多轴拖动系统折算成简单的等效单轴系统，此时系统的运动方程

$$T_D - T_Z = \frac{GD_Z^2}{375} \frac{\mathrm{d}n_d}{\mathrm{d}t} \qquad (11.3-10)$$

式中　T_Z, GD_Z^2——折算到电动机轴上的系统等效静转矩和等效飞轮力矩。

转矩折算式（11.3-4）和式（11.3-5）所用的机械传动效率值如表11.3-70所示。

表11.3-70　机械传动效率平均值

机械传动装置		效　　率
齿轮传动（圆锥形、圆柱形、锥形）一般数据		0.96 ~ 0.98
圆柱形齿轮传动	磨削过的直齿轮	0.99
	车削过得直齿轮	0.98
	粗加工的直齿轮	0.96
	人字齿轮	0.985

（续）

机械传动装置			效 率
锥齿轮减速机			0.97 ~ 0.98
链传动			0.98
摩擦传动			0.7 ~ 0.8
蜗轮传动（$\mu = 0.1$）	螺纹角为 4°~6°		0.41
	螺纹角为 8°~10°		0.55
	螺纹角为 15°~20°		0.66
钢绳传动			0.90
带传动			0.94 ~ 0.98
V 带传动			0.90
包括支座的摩擦损耗	绳索及链条卷筒		0.96
	绳索及链条滑车		0.94 ~ 0.96
	复式滑车		0.92 ~ 0.98
	支承轴承	滚动轴承	0.99
		滑动轴承	0.97
		滑动轴承但润滑不良	0.94
		带油环润滑	0.98

【例】 如图 11.3-9 所示的三轴传动系统，电动机轴上的参数：$J_D = 2.5\text{kg} \cdot \text{m}^2$，$n_D = 900\text{r/min}$；中间传动轴的参数：$J_1 = 2\text{kg} \cdot \text{m}^2$，$n_1 = 300\text{r/min}$；生产机械轴的参数：$J_m = 16\text{kg} \cdot \text{m}^2$，$n_m = 60\text{r/min}$；试求折算到电动机轴上的等效转动惯量以及折算到生产机械轴上的等效转动惯量。

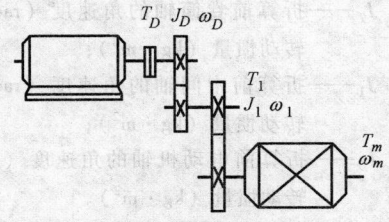

图11.3-9 三轴传动系统

【解】 依式（11.3-6），折算到电动机轴上的转动惯量

$$J_Z = J_D + \left(\frac{n_1}{n_D}\right)^2 J_1 + \left(\frac{n_m}{n_D}\right)^2 J_m$$

$$= 2.5 + 0.222 + 0.071 = 2.793\text{kg} \cdot \text{m}^2$$

同理，如果求折算到生产机械轴上的等效转动惯量

$$J'_Z = J_m + \left(\frac{n_1}{n_m}\right)^2 J_1 + \left(\frac{n_D}{n_m}\right)^2 J_D$$

$$= 16 + 50 + 562.5 = 628.5\text{kg} \cdot \text{m}^2$$

4.3.2 平移运动系统与旋转系统相互折算方法

1. 平移运动系统折算成单轴旋转系统

带有平移运动部件的机电传动系统如图 11.3-10 所示，将其折算成单轴旋转系统的方法如下。

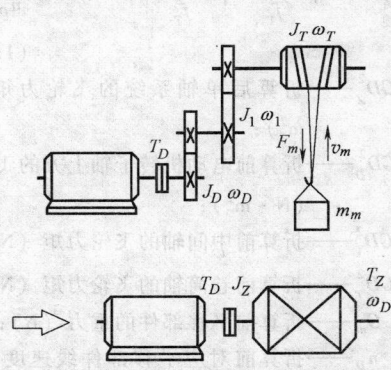

图11.3-10 带有旋转部件和平移部件
传动系统折算成单轴传动系统

1）静态力 F_m 折算到电动机轴上的转矩 T_Z，也是依照功率不变原则：

$$T_Z = \frac{60 v_m}{2\pi n_D} \cdot \frac{1}{\eta_c} F_m \qquad (11.3\text{-}11)$$

式中 v_m ——平移重物的速度（m/min）；

       n_D ——被折算电动机轴转速（r/min）；

       η_c ——传动机构效率；

       F_m ——提升重物的静态力（N）。

2）平移运动部件质量折算成单轴系统的转动惯量如图 11.3-10 所示，此折算也遵循整个系统折算前后动能不变原则：

$$J_Z = J_D + \frac{1}{\frac{1}{2}J_1}J_1 + \frac{1}{\frac{1}{2}J_T}J_T + \left(\frac{v_m}{\omega_D}\right)m_m \qquad (11.3\text{-}12)$$

式中　J_Z——折算后等效单轴系统的折算转动惯量
（kg·m^2）；

J_D——折算前电动机轴上的转动惯量（kg·m^2）；

J_1——折算前系统中间轴上的转动惯量（kg·m^2）；

J_T——折算前系统卷筒上的转动惯量（kg·m^2）；

m_m——折算前系统平移部件的质量（kg）；

v_m——折算前系统平移部件移动线速度（m/s）；

ω_D——折算后单轴系统电动机轴角速度（rad/s）；

j_1——折算前系统中间轴角速度 ω_1 对电动机角速度 ω_D 之比；

j_T——折算前卷筒轴角速度 ω_T 对电动机轴角速度 ω_D 之比。

同理，也可以求折算后单轴传动系统的飞轮力矩

$$GD_Z^2 = GD_D^2 + \frac{1}{\frac{1}{2}J_1}GD_1^2 + \frac{1}{\frac{1}{2}J_T}GD_T^2 + 364G_m\left(\frac{v_m}{n_D}\right)^2$$

$$(11.3\text{-}13)$$

式中　GD_Z^2——折算后单轴系统的飞轮力矩（N·m^2）；

GD_D^2——折算前电动机转子轴上方的飞轮力矩（N·m^2）；

GD_1^2——折算前中间轴的飞轮力矩（N·m^2）；

GD_T^2——折算前卷筒轴的飞轮力矩（N·m^2）；

G_m——折算前平移部件的重力（N）；

n_D——折算前对应平移部件线速度 v_m 时电动机的转速（r/min）；

v_m——折算前平移部件移动的线速度（m/s）。

2. 多轴旋转系统折算成平移运动系统

多轴系统各旋转部件折算到平移部件的系统如图11.3-11所示。

1）将电动机转矩折算到平移部件上的静态力，这种折算也是遵循折算前后系统功率不变原则，得

$$F_Z = \frac{2\pi}{60}\left(\frac{n_D}{v_m}\right)T_D\eta_c \qquad (11.3\text{-}14)$$

式中　F_Z——折算后平移系统的等效静态力（N）；

T_D——折算前电动机轴的转矩（N·m）；

n_D——折算前电动机轴的转速（r/min）；

v_m——折算前平移部件线速度（m/s）；

η_c——多轴旋转系统折算到简单平移机构的

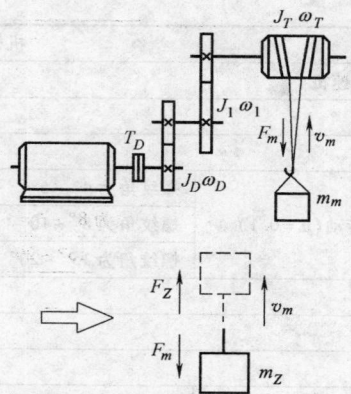

图11.3-11　带有旋转兼平移部件的系统折算成平移运动系统

效率。

2）多轴旋转部件的转动惯量折算到平移部件的等效质量 m_Z，这种折算所遵循的原则也是折算前后系统动能不变，即

$$m_Z = m_m + \left(\frac{\omega_T}{v_m}\right)^2 J_T + \left(\frac{\omega_1}{v_m}\right)^2 J_1 + \left(\frac{\omega_D}{v_m}\right)^2 J_D$$

$$(11.3\text{-}15)$$

式中　m_Z——折算后简单平移系统的等效质量（kg）；

m_m，v_m——折算前平移部件的线速度（m/s）及质量（kg）；

ω_T，J_T——折算前卷筒轴的角速度（rad/s）及转动惯量（kg·m^2）；

ω_1，J_1——折算前中间轴的角速度（rad/s）及转动惯量（kg·m^2）；

ω_D，J_D——折算前电动机轴的角速度（rad）及转动惯量（kg·m^2）。

按照上述方法，就可以把多轴带有旋转运动部件和平移部件的传动系统，折算成等效的单轴旋转系统或者简单的平移系统，其运动方程式

$$T_D - T_Z = \frac{GD_Z^2 \, \mathrm{d}n_D}{375 \, \mathrm{d}t} \qquad (11.3\text{-}16)$$

或

$$F_Z - F_m = m_Z \frac{\mathrm{d}v_m}{\mathrm{d}t} \qquad (11.3\text{-}17)$$

【例】　设一提升机构，其传动系统如图 11.3-12 所示，电动机转速 950r/min，齿轮减速箱的传动比 $j_1 = j_2 = 4$，卷筒直径 $D = 0.24$m；滑轮的减速比 $j_3 = 2$；空钩重力 $G_0 = 200$N；起重负载 $G = 1000$N；电动机的飞轮力矩 $GD_D^2 = 1.05$N·m^2。

试求提升速度 v_m 和折算到电动机上的静转矩 T_Z

以及折算到电动机轴上整个拖动系统的飞轮力矩 GD_Z^2。

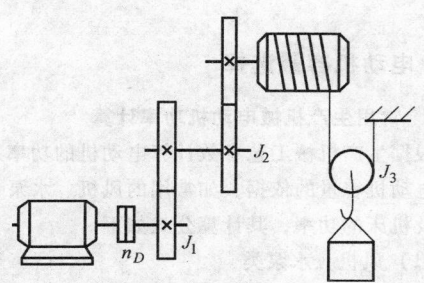

图11.3-12　带减速器提升机构传动系统图

【解】

1）提升速度 v_m：

根据电动机转速 n_D，再经过三级减速，转换成直线速度，得

$$v_m = \frac{\pi D}{j_1 j_2 j_3} n_D$$

$$= \frac{3.14 \times 0.24 \times 950}{4 \times 4 \times 2}$$

$$= 22.37 \text{m/min}$$

2）折算到电动机轴上的静转矩 T_Z：

假设每对齿轮的传动效率为 0.95，并取滑轮及卷筒效率为 0.92，依功能平衡原则得

$$T_Z = \frac{(G + G_0)\frac{D}{2}}{j_1 j_2 j_3 n_c}$$

$$= \frac{(1000 + 400) \times 0.12}{4 \times 4 \times 2 \times 0.95 \times 0.95 \times 0.92}$$

$$= 5.42 \text{N} \cdot \text{m}$$

3）折算到电动机轴上的系统总飞轮力矩 GD_Z^2：

系统中间传动轴和卷筒的飞轮力矩，题中未给，用系数 δ 近似估计，取 $\delta = 1.2$，则依式（11.3-13）求出折算到电动机轴上的系统飞轮力矩 GD_Z^2 为

$$GD_Z^2 = \delta \cdot GD_D^2 + 364(G + G_0)\left(\frac{v_m}{n_D}\right)^2$$

$$= 1.2 \times 1.05 + 364(1000 + 200)\left(\frac{22.37}{60 \times 950}\right)^2$$

$$= 1.32 \text{N} \cdot \text{m}^2$$

5　电动机的选择

生产机械传动用电动机选择的内容和步骤如图 11.3-13 所示。

5.1　电动机类型选择

5.1.1　根据电动机工作环境选择电动机类型

1）在正常环境下工作的电动机，一般选用开启

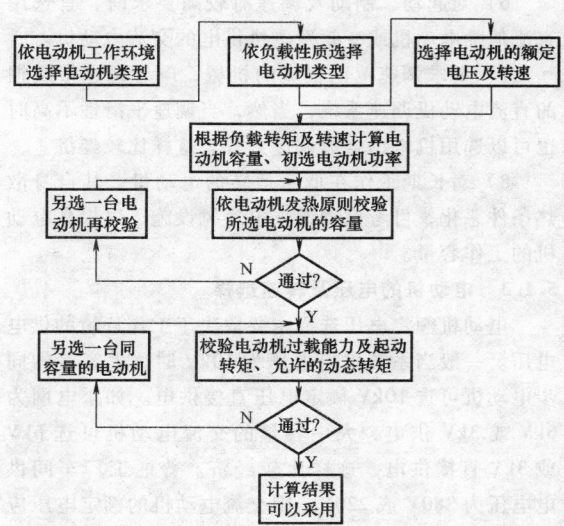

图11.3-13　电动机选择内容和步骤

式电动机，当然为了安全也可以选用防护式电动机。

2）在湿热或湿度较大的地区，应选用湿热带型电动机，如选用一般型电动机，则应适当地采取防潮措施。

3）在多粉尘或有腐蚀性气体的环境工作的电动机，则应采用封闭式电动机。

4）在露天工作的电动机应采用户外型或防护型电动机。

5）在高温环境工作的电动机，应依照环境温度选择相应绝缘等级的电动机，在高温且多尘的环境应采用封闭式或密闭通风型的电动机。

6）在有爆炸危险的环境工作的电动机，应选用防爆型电动机。

5.1.2　根据生产机械负载性质选择电动机类型

1）不需要调速的生产机械应首先考虑采用交流电动机，负载平稳长期稳定工作的生产机械，应选用一般笼型异步电动机，如需重载起动时，小容量可考虑采用高起动转矩的笼型异步电动机，容量大时则应采用绕线转子异步电动机。

2）带周期性波动负载的长期工作的生产机械，一般采用带飞轮的高转差率的笼型电动机，或在容量较大时选用绕线转子异步电动机。

3）如需要保持恒定转速或为了补偿电网无功功率时，应考虑选用同步电动机。

4）如要求调速，只要求几种转速且不连续调节的生产机械，可用多速笼型电动机。

5）如需较大起动转矩和恒功率调速的生产机械，常采用直流串励电动机。

6）对起动、制动及调速有较高要求时，宜选用直流他励电动机或变频发电机供电的交流电动机。

7）要求调速范围很宽的机械，应考虑选带反馈的直流电动机调速系统，当然，当调速平滑性不高时也可以选用机电结合的调速方式，这样比较经济。

8）对长期工作在低速运转的电动机，其自身散热条件恶化，可考虑增设强迫通风设施，以提高电动机的工作容量。

5.1.3　电动机的电压及转速选择

电动机额定电压选择主要取决于工作环境的供电电压。一般当系统供电电压为 10kV 时，大容量的同步电动机可选 10kV 额定电压直接供电。如果电网为 6kV 或 3kV 供电，大中容量的交流电动机可选 6kV 或 3kV 直接供电，这样比较经济。普通工厂车间供电电压为 380V 或 220V，则交流电动机的额定电压应选对应的额定电压。

直流电动机额定电压普通的多为 440V、220V 或 110V 几种，也应与直流电源配合。当直流电动机由单独的直流发电机供电时，其额定电压也是相互配合选用，如牵引电机车的直流电动机多在 600 ~ 800V，甚至有的在 1000V 左右。

电动机转速选择也是应当全面考虑，从经济条件及技术条件出发。

1）对不调速的高转速、中转速的生产机械，如风机、水泵、压缩机等，选用与生产机械相应转速的电动机直接与生产机械相连接，而尽量不用减速装置。

2）对低转速的生产机械，如球磨机、某些轧机等，一般选用适当偏低转速的电动机再通过减速器传动，大容量的电动机，其额定转速有低转速的，注意不要选用高转速电动机，减速器的损耗、维修也应考虑。

3）对于要求调速的生产机械，电动机的额定转速选择应考虑和生产机械转速相配合，选择合适传动比的减速装置，特别是直流电动机的额定转速选择，还要考虑改变励磁与调速的关系。故应从充分利用电动机功率角度出发，合理、全面考虑来决定。

4）对于重复、短时、正反转的生产机械，此时电动机的转速除满足工艺要求之外，还要保证生产机械达到最大的加、减速度的要求而选择最合适的传动比（指减速装置），以达到生产机械生产率最高或能量消耗最小的目标。

5）对于一些低速重复、短时工作的生产机械趋向于选择低速电动机直接传动的方式，也即不用减速机构。这样对于提高生产机械的生产率，提高传动系统时动态性能，提高效率，节省能量消耗、减少机械维修费用，减少初投资及运行噪声等方面均是有利的。

5.2　电动机容量选择

5.2.1　常用生产机械电动机功率计算

根据生产机械工艺参数计算电动机的功率，作为初选电动机容量的依据，如常用的风机、水泵、起重机以及机床的功率，其计算公式如下。

（1）风机、水泵类

1）离心式通风机。

$$P = \frac{KQH}{\eta\eta_c} \times 10^{-3}$$

式中　P——电动机功率（kW）；

Q——送风量（m³/s）；

H——空气压力（Pa）；

η——风机效率，约为 0.4 ~ 0.75；

η_c——传动效率，直接传动时为 -1；

K——裕量系数，参见表 11.3-71。

表 11.3-71　离心式风机裕量系数

功率/kW	≤1	1 ~ 2	2 ~ 5	>5
裕量系数	2	1.5	1.25	1.15 ~ 1.10

2）离心式泵及活塞泵。

$$P = \frac{K\gamma Q(H + \Delta H)}{\eta\eta_c}$$

式中　P——电动机功率（kW）；

Q——泵的出水量（m³/s）；

γ——液体密度（kg/m³）；

H——水头（m）；

ΔH——主管损失水头（m）；

η——泵的效率，约为 0.6 ~ 0.84；

η_c——传动效率，与电动机直接连接时为 $\eta_c = 1$；

K——裕量系数（为所选电动机功率应大于计算功率的附加值），请参考表 11.3-72。

表 11.3-72　离心泵电动机容量裕量系数

功率/kW	≤2	2 ~ 5	5 ~ 50	50 ~ 100	>100
裕量系数	1.7	1.5 ~ 1.3	1.15 ~ 1.10	1.08 ~ 1.05	1.05

3）离心机压缩机。

$$P = \frac{Q}{\eta} \cdot \frac{A_d + A_r}{2} \times 10^{-3}$$

式中　P——电动机功率（kW）；

Q——压缩机生产功率（m³/s）；

η——压缩机总效率，约为 0.62 ~ 0.82；

A_d——压缩 $1m^3$ 空气至绝对压力 p_1 的等温功（N·m）；

A_r——压缩 $1m^3$ 空气至绝对压力 p_1 的等热功（N·m）。

A_d 及 A_r 与终点压力 p_1 的关系见表 11.3-73。

表 11.3-73　A_d 及 A_r 与终点压力 p_1 的关系

p_1/MPa	0.152	0.2027	0.3040	0.4053	0.5066	0.6080	0.7093	0.8106	0.9119	1.0133
A_d/N·m	39717	67666	107873	136312	157887	175539	191230	203978	215746	225553
A_r/N·m	42169	75511	126506	167694	201036	230456	255954	280470	301064	320677

（2）起重机各机构　起重机各机构，按其工作繁忙的程度，分为轻级、中级、重级和特重级四种工作类型，见表 11.3-74。

表 11.3-74　通用桥式起重机各机构工作类型

类别及用途	各机构常用工作类型			
	提升		行走	
	主钩	副钩	小车	大车
电站安装检修吊钩起重机	轻	轻	轻	轻
车间仓库一般用途吊钩起重机	中	中	中	中
繁重工作车间和仓库吊钩起重机	重	中	中	重
间断装卸用抓斗起重机	重		重	重
连续装卸用抓斗起重机	特重		特重	特重
电磁起重机	重		中	重

起重机各机构工作类型与其传动电动机负载持续率 FC% 的选用，可依起重机工作类型的不同选择，例如轻级工作类型选配 15% 持续率，中级工作类型选配 25% 持续率，重级工作类型选配 40% 的持续率，而特重级工作类型则选配 60% 的持续率。

起重机各机构传动电动机功率，如下式计算：

$$P = \frac{Fv}{\eta} \times 10^{-3}$$

式中　P——电动机功率（kW）；

　　　F——对于提升机构，以额定重量带入（N）；

$$F = G_\Sigma(C + 7v)(N)$$

　　　G_Σ——运动部分总重力（N）；

　　　C——行走阻力系数，滚动轴承时 $C = 10 ~ 12$，滑动轴承时 $C = 20 ~ 25$；

　　　v——各机构运动速度（m/s）；

　　　η——机械传动效率。

5.2.2　生产机械负载图及电动机负载图

选择电动机容量时，应首先计算所需电动机功率，有些生产机械的电动机功率可依生产机械的工艺参数直接计算，如 5.2.1 节所述内容。但对那些重复起、制动的生产机械则应根据其工作的负载图，即 $T_L = f(t)$ 或 $P_L = f(t)$ 估计出电动机所需功率，然后初步预选一台电动机。其次是根据生产机械负载图

及预选的电动机参数，计算相关数据绘制出电动机工作的负载图 $T = f(t)$，$P = f(t)$，$I = f(t)$，最后依据电动机工作时发热的观点，根据电动机工作情况按电动机的负载图校验所选电动机的容量是否满足要求，再校验电动机的过载能力，可见生产机械负载图及电动机的负载图是电动机容量选择和校验所必需的。

绘制电动机负载图时，除了知道生产机械转矩负载图 $T_Z = f(t)$ 外，还要根据电力传动系统运动方程（参见 4.3.1 节）的有关计算和参数。

绘制电动机负载图步骤生产机械转矩负载图 $T_Z = f(t)$ 基础上，据生产机械工艺参数计算所需电动机功率，初选电动机，再依电动机的参数计算系统动态转矩 $T_d = f(t)$ 和起、制动时间 t_1、t_3，最后依照总的周期时间算出稳定的工作时间 t_2，以及停歇时间 t_4，再依运动方程求出电动机转矩负载图 $T = f(t)$ 和电动机电流负载图 $I = f(t)$、功率负载图 $P = f(t)$、传动电动机的转速，如图 11.3-14 所示。

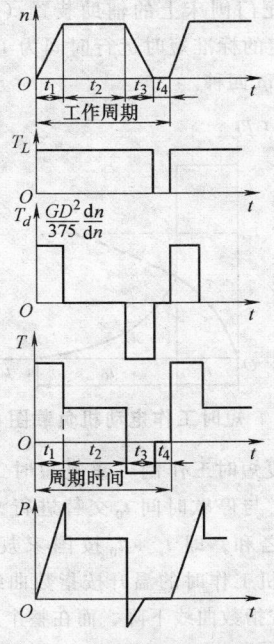

图11.3-14　生产机械及电动机负载图

$n = f(t)$、$T_L = f(t)$、$T = f(t)$、$P = f(t)$

5.2.3　电动机容量发热校验

1. 依发热观点规定的电动机工作制

电动机工作时产生各种损耗，转变成温升，负载持续时间长短对电动机的发热情况影响很大，温升也将有较大变化。按电动机发热的不同，电动机工作制分为三种：

（1）长期工作制　长期工作制的电动机即连续工作的电动机。允许按其铭牌规定的数据长期连续运行，电动机各部分的温升均达到其稳定值而不会超过允许值，这种长期工作制电动机负载图和温升曲线，如图11.3-15所示。属于这类生产机械的有水泵、风机、机床主轴等。

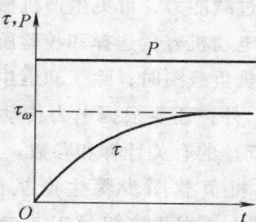

图11.3-15　长期工作制电动机负载图与温升曲线

（2）短时工作制　短时工作制电动机其工作时间很短，由周围介质温度开始短时运行，其温升达不到稳定温升，运行后，电动机停车时间长，使电动机的温升完全降到周围介质的温度。其负载图和温升曲线如图11.3-16所示，属于这类生产机械的有管道闸门、车床或龙门刨床上的辅助装置（如夹紧装置）等。我国规定的标准短时运行时间为15min、30min、60min及90min四种。

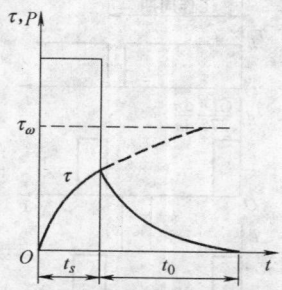

图11.3-16　短时工作电动机负载图与温升曲线

（3）重复短时工作制　重复短时工作制即电动机工作时间 t_s 与停歇时间 t_0 交替进行，而且都比较短，且两者之和，即 $t_s + t_0$ 按国家规定不得超过10min，电动机工作时的温升按指数曲线上升，而停歇时温升又按指数曲线下降，而在整个工作过程中温升不断地上下波动，其最高温升 τ_{max} 应小于长期运行时的稳定温升 τ_ω，重复短时工作制的负载图及温升曲线如图11.3-17所示。属于这类工作状态的生产机械有起重运输机、电梯、轧钢机及其辅助机械、矿山提升机等。

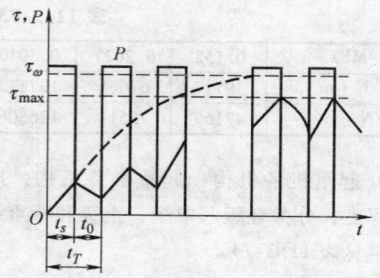

图11.3-17　重复短时工作制电动机负载图与温升曲线

实际工作中重复短时工作制每次工作时间 t_s 不一定相同，停歇时间 t_0 也不会一样，从统计观点引入负载持续率 $FC\%$ 概念，即

$$FC\% = \frac{t_0}{t_s + t_0} \times 100\%$$

式中　$t_s + t_0 = t_T$——周期时间，国家规定不超过10min，我国规定负载持续率 $FC\%$ 为 15%、25%、40%、60%四种。

2. 长期工作制电动机容量选择

长期工作制的电动机依照其负载是否变动，还可分为两类：

（1）负载恒定或基本恒定时长期工作制的电动机容量选择　这类生产机械的电动机容量选择比较简单，不需按发热观点校验电动机，只要在电动机样本中，依照工作环境选一台额定容量等于或略大于生产机械需要的容量，转速又合适的电动机就可以了。

（2）变动负载下长期工作制的电动机容量选择　由于工作时负载变化，其损耗也变化，因此电动机的发热和温升也变化。因此电动机温升的变化取决于电机负载图，图11.3-18所示为变动负载长期工作的电动机负载图，依照电动机发热观点应绘制

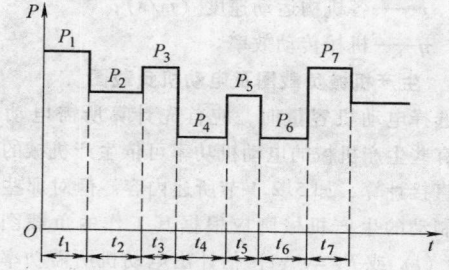

图11.3-18　变动负载长期工作制电动机负载图

温升曲线，但实际工作中绘制温升曲线是比较困难的，而是采用各种间接的方法，或等值的方法进行温升和电动机发热的校验，最直接的方法就是平均损耗法。

因为电动机发热是电动机内部损耗所决定，所以电动机损耗大小直接反映了电动机的温升情况，根据负载图和电动机的效率曲线 $\eta = f(p)$ 可求出电动机各段损耗，其平均损耗

$$p_{p_j} = \frac{p_1 t_1 + p_2 t_2 + p_3 t_3 + \cdots}{t_1 + t_2 + t_3 + \cdots}$$

$$= \frac{\sum p_i t_i}{\sum t_i}$$

式中　p_{p_j}——平均损耗（W）；

　　　p_i——在 t_i 时间内，输出功率 P_i 时的损耗（W）；

　　　t_i——每段负载 P_i 所对应的时间（s）。

如果

$$p_{p_j} \leqslant p_e$$

则预选电动机的发热即通过，p_e 是所选电动机额定载荷时的损耗。

平均损耗法可以适用各种电动机，t_i 越短 $\sum t_i$ 越长的负载图，此法精确度越高。但其不足之处是计算复杂，而且电动机的效率曲线不易得到。故在实用中多采用等值方法校验电动机容量。

3. 长期工作制变动负载电动机发热校验的等值方法

等值方法有：等值电流法、等值转矩法和等值功率法。

（1）等值电流法　等值电流法（也称等效电流法）是基于平均损耗法导出来的，它是略去电动机的铁损耗条件下，铜损正比于电流二次方关系而得到等值电流。

$$I_{av} = \sqrt{\frac{\sum I_i^2 t_i}{\sum t_i}}$$

式中　I_{av}——等效电流（A）；

　　　I_i——负载图中各分段的电流值（A）；

　　　t_i——对应各分段负载电流 I_i 的时间（s）；

　　　$\sum t_i$——负载图中的周期时间（s）。

如果

$$I_{av} \leqslant I_e$$

则预选电动机发热通过，式中 I_e 为电动机的额定电流（A）。

除深槽式和双笼型异步电动机外，等值电流法适用于各种类型的交直流电动机，是较常用的方法。

对电动机自通风的系统，在起动、制动与停车时间，电动机的散热条件变坏，电动机的温升比强迫通风时要高些。采用等值电流法时在起动、制动时间和停车时间上乘以修正系数，即

$$I_{av} = \sqrt{\frac{I_1^2 t_1 + I_2^2 t_2 + \cdots + I_n^2 t_n}{\alpha t_1 + t_2 + \cdots + \alpha t_n + \beta t_0}}$$

式中　t_1、t_n——电动机的起动、制动时间（s）；

　　　t_0——电动机停车时间（s）；

　　　α、β——散热恶化系数　直流电动机 $\alpha = 0.75$，$\beta = 0.5$，交流电动机 $\alpha = 0.5$，$\beta = 0.25$。

（2）等值转矩法　等值转矩法是由等值电流法导出来的，当电动机的电流与转矩成正比时，由等值电流公式可得

$$T_{av} = \sqrt{\frac{\sum T_i^2 t_i}{\sum t_i}}$$

式中　T_{av}——等值转矩（N·m）；

　　　T_i——对应每一个负载段的转矩（N·m）；

　　　t_i——每一个负载段的时间（s）。

当

$$T_{av} \leqslant T_e$$

电动机发热校验通过。

等值转矩法比较方便，只要有电动机转矩负载图即可，但它的应用范围较窄，它只适用磁通不变的他励直流电动机或当负载接近额定负载且功率因数变化不大的异步电动机。

（3）等值功率法　当转矩与功率成比例时，由等值转矩法可以变为等值功率法（当 n = 常数）

$$P_{av} = \sqrt{\frac{\sum P_i^2 t_i}{\sum t_i}}$$

式中　P_{av}——等值功率（kW）；

　　　P_i——对应负载每段的功率值（kW）；

　　　t_i——负载图每段的时间值。

当

$$P_{av} \leqslant P_e$$

则电动机发热校验通过，式中 P_e 为预选电动机的额定功率。

等值功率法应用范围更窄，只有在电动机转速不变时才能应用，负载图中起动及制动阶段不能使用。

4. 短时工作制电动机容量选择

短时工作制电动机容量选择有三种情况：

（1）直接选用短时工作制电动机　我国电动机制造部门，专门为短时工作制的生产机械制造了短时工作制的电动机，其时间规格有：15min、30min、60min 和 90min 四种，在每种短时工作时间内又有许多功率等级和不同转速，依生产机械的功率，短时工作时间及工作转速，可直接由产品样本上选取，最后

要校验电动机过载能力。

（2）采用重复短时工作制电动机　我国电动机制造部门，专门为重复短时工作的生产机械设计制造了重复短时工作制的电动机，依负载持续率 $FC\%$ 有 15%、25%、40% 和 60% 四种。当没有合适的短时工作制电动机时，可用重复短时工作制电动机交替。它们之间的换算关系是 30min 相当于 $FC\% = 15\%$，60min 相当于 $FC\% = 25\%$，90min 相当于 $FC\% = 40\%$，依此即可直接选用，最后也要进行过载校验。

（3）选用长期工作制电动机　长期工作制的电动机用于短时工作的生产机械，由于电动机发热时间常数较大，所以在短时工作时温升远远达不到稳定值，这样就可用较小容量的电动机带动较大的短时负载，其关系为：.

$$P = P_e \sqrt{\frac{\mathrm{e}^{\frac{t}{T}} + \alpha}{\mathrm{e}^{\frac{t}{T}} - 1}}$$

式中　P_e——电动机长时工作时的额定功率（kW）；

$\quad\quad P$——电动机短时工作时允许使用的容量（kW）；

$\quad\quad \alpha$——电动机在额定负载工作时，定耗与变耗的比例常数，对普通电动机，$\alpha = 0.6$；

$\quad\quad t$——短时工作时，电动机的工作时间（s）；

$\quad\quad T$——电动机的发热时间常数（min）。

注意，长时工作制的电动机用于短时工作，其容量可以加大，因此更应注意过载校验。

【例】　两台长期工作制的电动机，其发热时间常数分别为 $T_1 = 20\mathrm{min}$，$T_2 = 30\mathrm{min}$，但额定容量均为 14kW，如果用于 15min 短时工作，问这两台电动机最大容量是多大？

【解】

$$P_1 = P_e \sqrt{\frac{\mathrm{e}^{\frac{t}{T}} + \alpha}{\mathrm{e}^{\frac{t}{T}} - 1}} = 14 \sqrt{\frac{\mathrm{e}^{\frac{15}{20}} + 0.6}{\mathrm{e}^{\frac{15}{20}} - 1}} = 21.75\mathrm{kW}$$

$$P_2 = P_e \sqrt{\frac{\mathrm{e}^{\frac{t}{T}} + \alpha}{\mathrm{e}^{\frac{t}{T}} - 1}} = 14 \sqrt{\frac{\mathrm{e}^{\frac{15}{30}} + 0.6}{\mathrm{e}^{\frac{15}{30}} - 1}} = 26\mathrm{kW}$$

通过此例可见长时工作制的电动机，用于短时工作，其容量可加大，热时间常数 T 越大，其容量也越大，但要注意过载能力的校验。

5. 重复短时工作制的电动机容量选择

重复短时工作制的电动机容量选择方法也分三种：

（1）直接选用重复短时工作制电动机　当生产机械的功率、转速以及负载持续率均已知时，便可在产品样本中直接选择某一标准负载持续率的电动机

即可。

但实际生产机械负载图的负载持续率并不是正好为标准的负载持续率，这时首先计算出生产机械的负载持续率

$$FC_x\% = \frac{t_1 + t_2 + t_3}{\alpha t_1 + t_2 + \alpha t_3 + \beta t_0} \times 100\%$$

式中　t_1，t_2，t_3——电动机起动、稳定运转和制动时间（s）；

$\quad\quad \alpha$、β——散热恶化系数，开启式电动机 $\alpha = 0.75$、$\beta = 0.5$，异步电动机 $\alpha = 0.5$、$\beta = 0.25$。

计算结果，如 $FC_x\% > 70\%$ 时，应采用长时工作制电动机，$FC_x\% < 10\%$ 时，应采用短时工作制电动机。

若负载图中每一个工作循环，其工作时间 t_s 和停歇时间 t_0 都不相等，这时负载持续率的计算应取其统计的平均值

$$FC_x\% = \frac{\sum t_s}{\sum t_s + \sum t_0} \times 100\%$$

其次是将非标准负载持续率 $FC_x\%$ 条件下的电动机功率 P_x，折算到标准负载持续率 $FC\%$ 条件下的电动机功率，以便在重复短时工作制电动机产品样本选择合适的电动机。

这种不同负载持续率条件下电动机功率互算关系

$$P = P_x \sqrt{(\alpha + 1)\frac{FC_x}{FC} - \alpha}$$

式中　P——标准负载持续率条件下电动机功率（kW）；

$\quad\quad P_x$——非标准负载持续率条件下电动机功率（kW）；

$\quad\quad \alpha$——重复短时工作制下定耗和变耗的比例系数；

$\quad\quad FC$——标准负载持续率；

$\quad\quad FC_x$——非标准负载持续率。

实际工作中简化关系为

$$P = P_x \sqrt{\frac{FC_x}{FC}}$$

或

$$P_x = P \sqrt{\frac{FC}{FC_x}}$$

最后，在标准负载持续率的电动机样本中选择比 P 功率稍大的电动机即可，但要进行过载校验。

【例】　某生产机械工作时间 15s，间歇时间 35s，工作时平均功率是 25kW，问选标准负载持续率 25% 时的电动机容量 P 等于多少？

【解】　实际生产机械的负载持续率

$$FC_x\% = \frac{t_s}{t_s + t_0} \times 100\%$$

$$= \frac{15}{15 + 35} \times 100\%$$

$$= 30\%$$

折算到标准负载持续率 25% 时的功率

$$P = \sqrt{\frac{FC_x}{FC}} P_x = \sqrt{\frac{0.30}{0.25}} \times 25 = 27.4 \text{kW}$$

从标准为 25% 负载持续率的样本中，选一台大于 27.4kW 的电动机即可，当然还须进行过载校验。

（2）采用短时工作制的电动机　在某些情况下，可以用短时工作制电动机代用重复短时工作制的电动机。其负载持续率与短时工作时间的换算关系，可以近似认为 $FC\% = 15\%$ 相当于 30min；$FC\% = 25\%$ 相当于 60min；$FC\% = 40\%$ 相当于 90min。根据这样换算关系可以直接应用短时工作制电动机，另外还要考虑过载能力的校验。

（3）选用长时间工作制电动机　在重复短时工作时，也可以选用长时工作制的电动机来工作，但所选长时工作制电动机的功率比负载所需功率小，它们的关系

$$P = P_e \sqrt{\frac{(\alpha + 1)(1 - e^{-(t_s + t_0)/T})}{1 - e^{-t_s/T}} - \alpha}$$

式中　P_e——长时工作条件下电动机额定功率（kW）；

　　　P——长时工作制电动机工作在重复短时状态时的电动机功率（kW）；

　　$t_s + t_0$——工作时间与停歇时间（s）；

　　　T——电动机发热时间常数（min）；

　　　α——定耗与变耗比例系数。

如果生产机械实际所需功率小于算出的折算功率 P，认为电动机发热校验通过，然后再进行过载校验。

【例】　14kW 长期工作制电动机，用于重复短时负载，若负载持续率 $FC\% = 15\%$，工作周期时间 $t_T = 5$min，试求该电动机允许使用容量。

【解】

$$t_T = t_s + t_0 \approx 5 \text{min}$$

$$t_s = t_T FC\% = 5 \times 0.15 = 0.75 \text{min}$$

取 $\alpha = 0.6$

电动机发热时间常数 $T = 20$min

$$P = P_e \sqrt{\frac{(\alpha + 1)(1 - e^{-(t_s + t_0)/T})}{1 - e^{-t_s/T}} - \alpha}$$

$$= 14 \sqrt{\frac{1.6(1 - e^{-0.38})}{1 - e^{0.0375}} - 0.6}$$

$$= 42.1 \text{kW}$$

可见，此台电动机在上述条件下工作可承担 42.1kW 容量。

6. 笼型电动机允许接通次数校验

用三相笼型异步电动机传动频繁起、制动的生产机械，有时每小时可达 600 次以上，只根据负载图一个工作周期所求的电动机容量，不能满足经常起、制动过程消耗的过大能量，往往使电动机过热而提早损坏。因此，还应对笼型电动机允许接通次数进行校验，实际接通次数低于电动机允许接通次数才算通过。

笼型电动机允许接通次数 N

$$N = 3700 \frac{\beta P_e (1 - FC\%)}{Q_q + Q_n}$$

式中　N——每小时允许接通次数；

　　　β——停歇时散热恶化系数；

　　　P_e——电动机额定损耗功率（kW）；

　　$FC\%$——负载持续率；

　Q_q、Q_n——电动机起动、制动时能量损耗。

当校验所得允许接通次数低，必须提高时，可采取下列办法或者另选电动机。

1）采用他冷通风，可以提高 β 值。

2）选用绝缘等级高的电动机，因为绝缘高，额定损耗 P_e 大。

3）减少起、制动过程中能量损耗 $Q_q + Q_n$，合理选择起、制动方法。

5.2.4　带冲击负载时电动机容量选择

具有冲击负载的生产机械，其负载在工作过程有剧增及剧减的变化，并周期性重复。带飞轮的电力传动系统，由于飞轮起到平衡负载的作用，致使电动机损耗降低，从而降低了电动机的功率。其电动机容量选择及校验的步骤及方法为：

1）预选电动机额定转矩

$$T_e = (1.1 \sim 1.3) T_{zd}$$

式中　T_e——预选电动机的额定转矩（N·m）；

　　　T_{zd}——一个工作循环的平均转矩（N·m）。

2）依生产机械负载图，绘制电动机的负载图，其中要考虑生产机械及所选飞轮的转动惯量，所绘制的负载图，由于飞轮转矩较大，其转矩 $T = f(t)$ 皆是一些指数曲线，可以近似为直线。形成三角形负载图，然后再用等值转矩法校验电动机的发热。

若　　　　　　　　　　$T_{ax} \leqslant T_e$

则电动机发热校验通过。

3）最后再进行过载校验。

5.2.5　用统计法与类比法确定电动机容量

电动机容量选择是由多种因素决定，不易得到准确的结果。因此，在实际工作中统计不同生产机械已使用的电动机容量而得出的统计法或类比法选择电动机容量。

（1）统计法　所谓统计法，就是对各种不同类型的机床主轴传动电动机，分别进行统计、分析，找出电动机容量与机床主要数据的关系，依此选择新机床电动机的容量，表 11.3-75 所示给出了用统计法确定各类机床电动机功率的计算式。

（2）类比法　类比法就是与相同生产机械所用电动机容量相比较，即通过主要参数和工作环境作为类比的条件，选择与之相近的电动机容量。

5.2.6　电动机过载校验与平均起动转矩

（1）电动机的过载能力　电动机瞬时过载一般对电动机的发热与温度影响甚微，故可以不必考虑发热问题。但交流电动机瞬时过载能力受电动机的临界转矩限制，直流电动机过载能力受换向器火花的限制。各类电动机的过载允许倍数一般是根据电动机制造厂提供的数据，见表 11.3-76 及表 11.3-77。而冶金起重型直流电动机的短时允许过载电流，见表 11.3-78。

大中型直流电动机，在额定转速附近，其电流过载倍数，对有补偿绕组的直流电动机一般为 2.5 倍，允许持续时间为 15s；无补偿绕组的一般为 1.5 倍，允许持续 1min。而转速超过额定值时，电流过载倍数还要相应降低。

一般电动机过载倍数校验公式为：

直流电动机　$I_{max} = K\lambda_I I_N$

异步电动机　$T_{max} \le KK_u^2 \lambda_T T_N$

表 11.3-75　用统计法确定机床电动机功率计算式

机床类型	统计计算式	说　明
车床	$P = 36.5D^{1.54}$（kW）	D—工件最大直径（m）
立式车床	$P = 20D^{0.88}$（kW）	D_ϕ—最大钻孔直径（m）
摇臂车床	$P = 0.00646D_\phi^{1.19}$（kW）	K—轴承系数 0.8～1.3
外圆车床	$P = 0.1KB_0$（kW）	D_d—镗杆直径（mm）
卧式车床	$P = 0.004D_d^{1.7}$（kW）	B—工作台宽度（mm）
龙门车床	$P = 1/166B^{1.15}$（kW）	

表 11.3-76　普通电动机允许的过载倍数

电动机类型	工　作　制	过载倍数 $\lambda = \dfrac{T_{Max}}{T_N}$
笼型异步电动机	长期工作制（普通型）	≥1.65
	重复短时工作制（冶金起重）10kW 以下	≥2.5
	重复短时工作制（冶金起重）10kW 以上	≥2.8
绕线转子异步电动机	长期工作制（普通型）	≥1.65
	重复短时工作制（冶金起重）10kW 以下	≥2.5
	重复短时工作制（冶金起重）10kW 以上	≥2.8
同步电动机	$\cos\varphi = 0.8$（超前）强励时	≥1.65
		3～3.5
直流电动机	长期工作制（普通型）（额定励磁条件下）	1.5

表 11.3-77　重复短时工作制直流电动机转矩过载倍数（200V/FC = 25%）

电动机类型	额定电压		停转及转速≤20% n_N	
	≤50kW	>50kW	≤50kW	>50kW
串励电动机	4.0	4.5	5.0	5.5
复励电动机	3.5	4.0	4.5	5.0
他励电动机（额定励磁）	2.5	2.8	3.0	3.3
他励电动机（2 倍强励）	3.0	3.3	3.6	4.0

表 11.3-78　冶金起重型直流电动机短时允许的过载电流倍数

励磁方式	自然冷却式过载电流倍数 λ_I		励磁方式	自然冷却式过载电流倍数 λ_I	
	220V	440V		220V	440V
串励	3.2	2.55	并励	2.8	2.25
复励	3.0	2.4			

同步电动机 $T_{max} \leqslant K\lambda_T T_N$

式中 I_{max}——瞬时最大载荷电流（A）；

$\quad$ T_{max}——瞬时最大载荷转矩（N·m）；

$\quad$ λ_I——允许电流过载倍数；

$\quad$ λ_T——允许转矩过载倍数；

$\quad$ I_N——电动机额定电流（A）；

$\quad$ T_N——电动机额定转矩（N·m）；

$\quad$ K——裕量系数，直流电动机取 0.9～0.95，交流电动机取 0.9；

K_u——最小起动电压与额定电压之比，电压波动系数一般取 0.85。

（2）电动机平均起动转矩 笼型异步电动机和同步电动机异步起动过程中，其机械特性为非线性，加速转矩是变化的，因此平均起动转矩计算比较困难，一般皆依估算的经验公式计算，见表 11.3-79，可供选择电动机时使用，表中系数偏大者用于要求快速起动的情况。

表 11.3-79　电动机平均起动转矩

电动机类型	平均起动转矩	符　号
直流电动机	$T_{sav} = 1.3 \sim 1.4 T_s$	
同步电动机 $T_s > T_{pi}$ 时 $T_s \leqslant T_{pi}$ 时	$T_{sav} = 0.5(T_s + T_{pi})$ $T_{sav} = 1.0 \sim 1.1 T_s$	T_{sav}——平均起动转矩（N·m） T_s——初始起动转矩（N·m）（s=1 时）
笼型电动机 普通型 冶金起重型	$T_{sav} = 0.45 \sim 0.5(T_s + T_{cr})$ $T_{sav} = 0.9 T_s$	T_{pi}——牵入转矩（N·m） T_{cr}——临界转矩（N·m）
冶金起重型 绕线转子 异步电动机	$T_{sav} = 1.0 \sim 2.0 T_{N.25}$	$T_{N.25}$——当 $FC\% = 25\%$ 时的额定转矩（N·m）

一般情况，对那些起动条件繁重的生产机械，需要进行起动转矩校验。如果交流电动机直接起动时，则按下式进行校验

$$K_u^2 K_{min} T_N \geqslant K_s T_s$$

式中 T_N——电动机额定转矩（N·m）；

$\quad$ T_s——起动时电动机轴上的静阻转矩（N·m）；

$\quad$ K_u——电压波动系数，一般取 0.85；

$\quad$ K_{min}——电动机最小起动转矩与额定转矩之比；

$\quad$ K_s——起动时加速系数，一般取 1.2～1.5。

5.2.7　电动机容量选择举例

1. 长期工作制恒定负载

一台与电动机直接连接的离心式水泵，流量 $Q = 120m^3/h$，总扬程 $H = 30m$，转速 $n = 2900r/min$，泵的效率 $\eta = 0.78$，试选择电动机。

由题意知，负载为恒值长期工作制，因此，可按前述的长期工作制电动机容量选择方法进行选择电动机。

1）计算离心式水泵，满足工艺要求所需功率，依前述计算离心式水泵的公式

$$P = \frac{K\gamma QH}{\eta \eta_c} \times 10^{-3}$$

式中 K——裕量系数，参照表 11.3-71 预选 1.1；

$\quad$ γ——液体密度，取 $\gamma = 981kg/m^3$；

Q——泵的流量，$Q = 120m^3/h$；

H——水扬程，$H = 30m$；

η——泵的效率，题给 $\eta = 0.78$；

η_c——传动效率，因是电动机与水泵直接连接 $\eta_c = 1$，将这些数据带入上式，计算后得

$$P = \frac{1.1 \times 9810 \times 120 \times 30}{0.78 \times 1 \times 3600} \times 10^{-3} = 13.83kW$$

2）从电动机产品样本选 Y 系列防护式三相异步电动机，Y160M-2 三相异步电动机，$P_N = 15kW$，$U_N = 380V$，$n_N = 2928r/min$。

3）校验。因 $P_N > P$，则电动机容量通过；又因水泵与电动机同轴，$n_N = 2928r/min$，接近水泵转速 2900r/min，故可长时运转。

2. 短时工作制电动机选择

今有大型车床刀架快速移动机构、移动部件重力 $G = 5300N$，移动线速度 $v = 15m/min$，传动比 $j = 100$，动摩擦系数 $\mu = 0.1$，静摩擦系数 $\mu_0 = 0.2$，传动效率 $\eta = 0.1$，试选择电动机的功率。

（1）计算移动刀架时所需的传动效率

$$P_z = \frac{G\mu v}{\eta} \times 10^{-3}$$

式中 G——刀架移动重力，$G = 5300N$；

μ——摩擦系数，$\mu = 0.1$；

v——刀架移动速度，$v = 15\text{m/min} = 0.25\text{m/s}$；

η——传动效率，题给 $\eta = 0.1$。

将这些数据带入上式

$$P_z = \frac{5300 \times 0.1 \times 0.25}{0.1 \times 1000} = 1.325\text{kW}$$

（2）选电动机功率　因短时工作，主要依允许过载能力选电动机功率 $\lambda_T = 2$，考虑普通异步电动机，再考虑交流电网电压波动系数 0.9，则所选电动机功率

$$P_N = \frac{P_z}{0.9^2 \lambda_T} = \frac{1.325}{0.9^2 \times 2} = 0.82\text{kW}$$

（3）电动机应具有的转速

$$n_N \approx jv = 100 \times 15 = 1500\text{r/min}$$

（4）选择电动机　选重复短时工作制普通型异步电动机，YH90S-4 型，$P_N = 1.1\text{kW}$，$V_N = 380\text{V}$，$I_N = 2.88\text{A}$，$n_N = 1305\text{r/min}$，起动转矩倍数 $K_T = 2.7$，过载倍数 $\lambda_T = 2.7$。

（5）校验电机起动能力　由于静摩擦系数为动摩擦系数的两倍，所以起动时负载功率

$$P_{z0} = 2P_z = 2 \times 1.325 = 2.65\text{kW}$$

电动机的起动功率

$$P_q = K_T P_N = 2.7 \times 0.82 = 2.214\text{kW}$$

由于 $P_q < P_{z0}$，故起动能力校验不通过。

改选电动机为 YH90L-2 型异步电动机，其额定数据 $P_N = 1.5\text{kW}$，$V_N = 380\text{V}$，$I_N = 3.96\text{A}$，$n_N = 1305\text{r/min}$，起动转矩倍数 $K_T = 2.7$，转矩过载倍数 2.7。此时

$$P_q = K_T P_N = 2.7 \times 1.5 = 4.05\text{kW}$$

可见 $P_q > P_{z0}$，电动机过载校验通过。

3. 重复短时工作制电动机选择

今有一台如图 11.3-19 所示的有平衡尾绳的矿井提升机传动示意图。电动机拖动摩擦轮同速旋转，靠摩擦力使罐笼提升或下降，提升机利用双电动机拖动，试选择电动机。

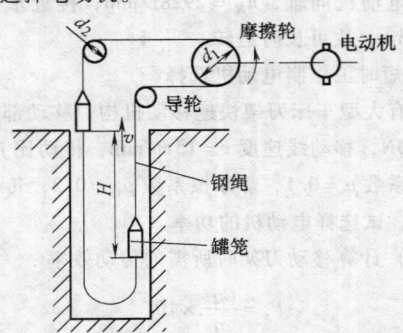

图11.3-19　矿井提升机传动示意图

矿井提升机的数据如下：

矿井的提升深度 $H = 915\text{m}$

钢丝绳总长 $L = 2H + 90\text{m}$

运载重力 $G_1 = 58800\text{N}$

空罐笼重力 $G_2 = 77150\text{N}$

钢丝绳每米重力 $G_3 = 106\text{N/m}$

摩擦轮直径 $d_1 = 6.44\text{m}$

摩擦轮飞轮力矩 $GD_1^2 = 2730000\text{N} \cdot \text{m}^2$

导轮直径 $d_2 = 5\text{m}$

导轮飞轮力矩 $GD_2^2 = 584000\text{N} \cdot \text{m}^2$

额定提升速度 $v_N = 16\text{m/s}$

提升加速度 $a_1 = 0.89\text{m/s}^2$

提升减速度 $a_2 = 1\text{m/s}^2$

工作周期 $t_z = 89.2\text{s}$

罐笼及导轨的摩擦阻力使负载增大 20%。

由题可知矿井提升机是属重复短时工作制的生产机械，它的电动机选择步骤计算如下：

（1）计算生产机械负载　由于两个罐笼与钢丝绳及尾绳重力都自相平衡，所以计算负载功率时，只需考虑负载重力和摩擦力即可，所以负载力为

$$G = (1 + 20\%)G_1 = 1.2 \times 58800 = 70560\text{N}$$

负载功率

$$P_z = \frac{Gv_N}{1000} = \frac{70560 \times 16}{1000} = 1129\text{kW}$$

（2）预选电动机　取电动机功率

$$P_N \geq 1.2P_z = 1.2 \times 1129 = 1355\text{kW}$$

选 ZD 系列大型直流电动机两台，每台额定功率 $P_N = 700\text{kW}$、$n_N = 47.5\text{r/min}$、飞轮力矩 $GD_D^2 = 1065000\text{N} \cdot \text{m}^2$、双电动机飞轮力矩 $2GD_D^2 = 2130000\text{N} \cdot \text{m}^2$

（3）绘制电动机负载图

1）负载图中各段运行时间：

加速时间 t_1

$$t_1 = \frac{v_N}{a_1} = \frac{16}{0.89} = 18\text{s}$$

加速阶段罐笼运行高度

$$h_1 = \frac{1}{2}a_1 t_1^2 = 0.5 \times 0.89 \times 18^2 = 144.2\text{m}$$

减速时间 t_2

$$t_2 = \frac{v_N}{a_2} = \frac{16}{1} = 16\text{s}$$

减速阶段罐笼运行高度

$$h_2 = \frac{1}{2}a_2 t_2^2 = 0.5 \times 1 \times 16^2 = 128\text{m}$$

稳速阶段罐笼运行高度

$$h_3 = H - h_1 - h_2 = 915 - 144.2 - 128 = 642.8m$$

稳速运行阶段的时间 t_3

$$t_3 = \frac{h_3}{v_N} = \frac{642.8}{16} = 40.2s$$

停歇时间 t_0

$$t_0 = t_z - t_1 - t_2 - t_3$$
$$= 89.2 - 18 - 16 - 40.2 = 15s$$

2）折算到电动机轴上系统的飞轮力矩。整个系统的飞轮力矩可以归纳为三部分：电动机电枢的飞轮力矩 GD_D^2，摩擦轮及导轮的飞轮力矩 GD_2^2 以及直线运动的罐笼、负载、钢丝绳的飞轮力矩 GD_1^2。

系统转动部分的飞轮力矩 GD_a^2

$$GD_a^2 = 2GD_D^2 + GD_1^2 + 2(GD_2^2)'$$

两个导轮折算到电动机轴上的飞轮力矩为 GD_b^2

$$2(GD_2^2)' = 2GD_2^2 (\frac{n_2}{n_N})^2 = 2GD_2^2 (\frac{60v_N}{\pi d_2 n_N})^2$$
$$2(GD_2^2)' = 2 \times 584000 (\frac{60 \times 16}{3.14 \times 5 \times 47.5})^2$$
$$= 1926000N \cdot m^2$$

则系统转动部分的飞轮力矩为

$$GD_a^2 = 2 \times 1065000 + 2730000 + 1926000$$
$$= 6786000N \cdot m$$

系统直线运动部分的飞轮力矩为

$$GD_b^2 = \frac{365G'v_N^2}{n_N^2}$$

式中　G'——直线运动部分的总重力，即

$$G' = G_1 + 2G_2 + G_3(2H + 90)$$
$$= 53800 + 2 \times 77150 + 106 \times 1920$$
$$= 416620N$$

则

$$GD_b^2 = \frac{365 \times 416620 \times 16^2}{47.5^2}$$
$$= 17254000N \cdot m^2$$

总的系统飞轮力矩

$$GD^2 = GD_a^2 + GD_b^2$$
$$= 6786000 + 17254000$$
$$= 24040000N \cdot m$$

3）转矩计算：

加速转矩

$$T_{a1} = \frac{GD^2}{375}(\frac{dn}{dt_1})_1$$
$$= \frac{GD^2}{375} \times \frac{n_N}{t_1}$$
$$= \frac{24040000}{375} \times \frac{47.5}{18}$$
$$= 169170N \cdot m$$

减速转矩

$$T_{a2} = \frac{GD^2}{375}(\frac{dn}{dt})_3$$
$$= -\frac{GD^2}{375} \times \frac{n_N}{t_2}$$
$$= -\frac{24040000}{375} \times \frac{47.5}{16}$$
$$= -190300N \cdot m$$

稳速转矩

$$T_z = 1.2G_1 \frac{d_1}{2} = 1.2 \times 58800 \times \frac{6.44}{2}$$
$$= 227200N \cdot m$$

负载图上各段的转矩

$$T_1 = T_z + T_{a1} = 227200 + 169170$$
$$= 396370N \cdot m$$
$$T_2 = T_z = 227200N \cdot m$$
$$T_3 = T_z - T_{a3} = 227200 - 190300$$
$$= 36900N \cdot m$$

根据上述计算数据可绘制出电动机转速 $n = f(t)$ 和转矩 $T = f(t)$ 的负载图，如图11.3-20所示。

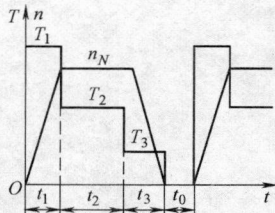

图11.3-20　矿井提升机的
电动机的负载图

（4）电动机发热和过载能力的校验　由负载图求等效转矩：

$$T_{dx} = \sqrt{\frac{T_1^2 t_1 + T_2^2 t_2 + T_3^2 t_3}{C_\alpha t_1 + t_2 + C_\alpha t_3 + C_\beta t_0}}$$

取散热恶化系数 $C_\alpha = 0.75$，$C_\beta = 0.50$，则

$$T_{dx} = \sqrt{\frac{396370^2 \times 18 + 227200^2 \times 40.2 + 39600^2 \times 16}{0.75 \times 18 + 40.2 + 0.75 \times 16 + 0.50 \times 15}}$$
$$= 260000N \cdot m$$

而所预选的电动机，其额定转矩

$$T_N = \frac{P_N}{n_N} = \frac{9550 \times 2 \times 700}{47.5} = 281470 \mathrm{N \cdot m}$$

可见　　　$T_N > T_{dx}$

所选电动机温升通过。

下面进行电动机的过载能力校验：

根据电动机数据其转矩过载倍数 $\lambda_m = 1.5$，则电动机最大转矩

$$T_{max} = \lambda_m T_N = 1.5 \times 281470 = 422205 \mathrm{N \cdot m}$$

而起动时转矩 $T_1 = 396370 \mathrm{N \cdot m}$，显然

$$T_1 < T_{max}$$

且　　　$\dfrac{T_{max}}{T_1} = \dfrac{422205}{396370} = 1.065$

可见转矩过载校验通过，且有 6.5% 的裕量，可以安全工作。

第4章 电动机的常规控制

1 电动机的起动方法和特性

1.1 笼型异步电动机起动

1.1.1 直接起动

直接起动就是在全压状态下，电动机从转速为零的状态直接投入全压电网，电动机转速达到额定转速的起动方法。这是最简单的起动方法，但是笼型电动机起动电流可达到 $6 \sim 8$ 倍额定电流，甚至更大。这对电动机本身和供电电网均产生不利影响，为此一般是有条件限制的直接起动。

对电动机来说，电动机容量小于 7.5kW 的可以直接起动，而电动机容量大于 7.5kW，电网容量较大时，且满足下列条件的，也可直接起动。

$$K_I = \frac{I_{1Q}}{I_{1N}} \leq \frac{1}{4}\left[3 + \frac{\text{电源总容量(kVA)}}{\text{起动电动机容量(kVA)}}\right]$$

式中 K_I——起动电流倍数；

I_{1Q}——定子起动电流；

I_{1N}——定子额定电流。

如果电动机满足不了上式要求，电动机不能直接起动。

对供电变压器来说，它可允许直接起动的电动机功率，见表 11.4-1。

表 11.4-1 6(10)/0.4kV 变压器允许直接起动的笼型电动机最大功率

变压器供电其他负载	起动允许电压降（%）	供电变压器容量 S_b/KVA					
		100	180	320	560	750	1000
		起动笼型并步电动机最大容量/KW					
$S_t = 0.5S_b, \cos\varphi = 0.7$	10	22	40	75	115	155	215
	15	30	55	100	185	240	280
$S_t = 0.6S_b$	10	17	30	75	100	130	185
$\cos\varphi = 0.8$	15	30	55	100	185	240	280

1.1.2 降压起动

笼型电动机常用降压起动方法，有定子串电阻降压起动方法，定子串电抗降压起动方法、星—三角降压起动方法、自耦变压器降压起动方法四种，他们的起动接线、起动过程参数计算与起动特点的说明详见表 11.4-2。

表 11.4-2 笼型电动机降压起动方法

起 动 方 法	电阻(抗)降压起动	星—三角起动	自耦变压器起动
接线图	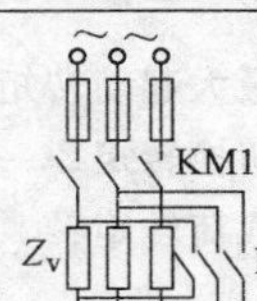	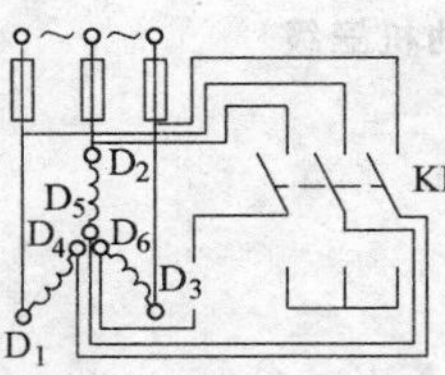	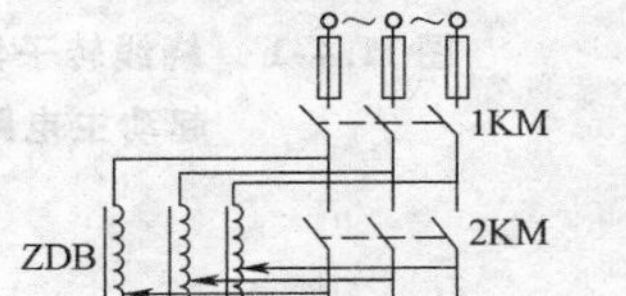
参数计算与线路说明	$r_q = \sqrt{\dfrac{r_k^2 + x_k^2}{a^2} - x_k^2} - r_k$ $X_q = \sqrt{\dfrac{r_k^2 + x_k^2}{a^2} - r_k^2} - x_k$ r_q——起动电阻 X_q——起动电抗 a——起动电流降低倍数 r_k、x_k——短路电阻电抗	KM——双投开关，下面为 Y 结线，起动过程；上面为 △结线，正常运转 U_N——电动机额定电压 I_S——直接起动电流 T_S——直接起动转矩	a——降压倍数，对自耦变压器为降压比 1KM,2KM,3KM——高压或低压开关 ZDB——自耦变压器

（续）

起 动 方 法	电阻(抗)降压起动	星—三角起动	自耦变压器起动
电动机起动电压	aU_N	$\dfrac{1}{\sqrt{3}}U_N$	aU_N
电动机起动电流	aI_S	$\dfrac{1}{3}I_S$	a^2I_S
电动机起动转矩	a^2T_S	$\dfrac{1}{3}T_S$	a^2T_S
特点	起动转矩小,电阻消耗大	一般适于低压电动机,起动电流,转矩小,设备简单、价廉,但电动机有 6 个出线头	起动转矩相对起动电流来说较大,设备价格高

1.2　绕线转子异步电动机起动

1.2.1　转子串电阻起动

　　绕线转子异步电动机转子接三级起动电阻的线路图, 如图 11.4-1 所示, 起动时机械特性曲线, 如图 11.4-2 所示。起动过程, 开始串入全部电阻 $r_1 + r_2 + r_3$ 起动, 最初的起动转矩 T_1, 由于 $T_1 > T_2$, 有加速转矩 $T_1 - T_2$, 电动机沿机械特性 1 加速, 随着速度增高转矩 T 减小, 当接近 T_2 (切换转矩时) 接触器 KM1 闭合将电阻 r_1 切掉, 特性换到 2 上又以较大的动态转矩继续加速, 同理, 当转矩接近 T_2 切换转矩时, 接触器 KM2 闭合, 将电阻 r_2 又切掉, 这时特性

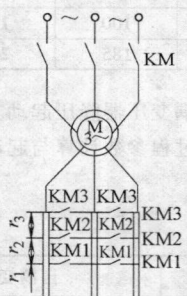

**图 11.4-1　绕线转子异步电动机三级
起动主电路图**

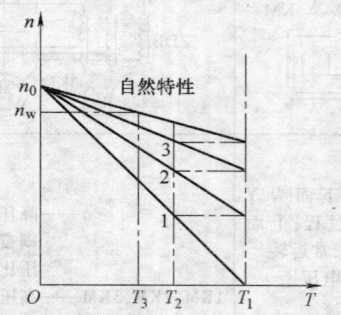

**图 11.4-2　绕线转子异步电动机三级
电阻起动机械特性曲线**

过渡到 3 上, 再以较大的加速转矩升速, 当转矩达到 T_2 时, 接触器 KM3 闭合, 将所串入的最后一段电阻 r_3 也切掉, 电动机就在自然特性上起动, 最后到 T_3 对应的 n_w 转速稳定运行。

　　(1) 解析法计算起动电阻

　　1) 首先确定起动电阻级数 q, 起动级数一般与电动机容量和载荷大小有关, 参见表 11.4-3。

表 11.4-3　起动级数 q

电动机容量 /KW	继电接触控制起动级数	
	全载荷	半载荷
0.75 ~ 7.5	1	1
10 ~ 20	2	2
22 ~ 35	2 ~ 3	2
35 ~ 55	3	2 ~ 3
60 ~ 95	4 ~ 5	3
100 ~ 200	4 ~ 5	3
220 ~ 370	6	4

　　2) 已知起动级数求 $\lambda = \sqrt[q]{\dfrac{1}{S_N T_1^*}}$。

式中　λ——最大起动转矩与切换转矩之比值, $\lambda = \dfrac{T_1}{T_2}$;

　　　　T_1——最大起动转矩, 一般 $T_1 \leqslant 0.9 T_{cv}$;

　　　　T_2——切换转矩, 一般 $T_2 \approx 1.2 T_j$;

　　　　T_j——载荷转矩;

　　　　T_1^*——$T_1^* = \dfrac{T_1}{T_N}$ 最大起动转矩与额定转矩比值;

　　　　S_N——电动机额定转差率。

　　3) 求异步电动机额定电阻 $r_N = S_N \dfrac{U_{2N}}{\sqrt{3}I_{2N}}$。

式中　U_{2N}——转子额定电压;

　　　　I_{2N}——转子额定电流。

　　4) 最后确定各级起动电阻。

$$r_1 = r_N(\lambda - 1)$$
$$r_2 = \lambda r_1$$

$$r_3 = \lambda r_2$$
$$\vdots$$
$$r_n = \lambda r_{n-1}$$

（2）起动电阻计算举例

某台绕线转子电动机，其数据为：$P_N = 30\text{kW}$，$n_N = 570\text{r/min}$，$n_0 = 600\text{r/min}$，$U_{2N} = 132\text{V}$，$I_{2N} = 147\text{A}$，$T_j = 343\text{N} \cdot \text{m}$，求三级起动电阻（$q = 3$）各级电阻值。

$$T_N = 9550 \frac{P_N}{n_N} = 9565 \frac{30}{570} = 530.42\text{N} \cdot \text{m}$$

$$S_N = \frac{n_0 - n_N}{n_0} = \frac{600 - 570}{600} = 0.05$$

设 $T_1 = 1.8 T_N$

$$T_1^* = 1.8$$

$$\lambda = \sqrt[q]{\frac{1}{S_N T_1^*}} = \sqrt[3]{\frac{1}{0.05 \times 1.8}} = 2.23$$

切换转矩　$T_1^* = \dfrac{T_1^*}{\lambda} = \dfrac{1.8}{2.23} = 0.8$

$$T_2 = 0.8 T_N = 0.8 \times 530.42 = 424.34\text{N} \cdot \text{m}$$

可见 $T_2 = 1.24 T_j$，即 $\dfrac{T_2}{T_j} = 1.24$

转子电阻 $r_N = S_N \dfrac{U_{2N}}{\sqrt{3} I_{2N}} = 0.05 \times \dfrac{132}{\sqrt{3} \times 147} = 0.026\Omega$

各级加速电阻：

$$r_1 = 0.026(2.23 - 1) = 0.032\Omega$$
$$r_2 = 0.032 \times 2.23 = 0.071\Omega$$
$$r_3 = 0.071 \times 2.23 = 0.168\Omega$$

1.2.2　转子串频敏变阻器起动

频敏变阻器的结构和三相电抗器类似：但是其铁心是用厚钢板或铁板叠成，工作时其阻抗是随频率变化，当频率高时，铁心的涡流损耗很大，即其等效电阻很大，而当频率低时，其涡流损耗小，等效电阻减小，这种随频率变化，电阻也在变化的特性被称为频敏变阻器。

将频敏变阻器串入绕线转子异步电动机转子中，当电动机起动，在低转速时频率大，等效电阻大，随着转速增高，频率减小，其等效电阻也随之减少，相当于整个起动过程，起动电阻自动减小，其起动过程的机械特性如图 11.4-3 所示。

频敏变阻器结构简单，占用地面积小，运行可靠，维修简单；但其起动转矩小，精确程度差，不适于在低速、大转矩情况下运转，适于在经常起动、反转的生产机械。

频敏变阻器的选用，可参见本章常用电器元件选择。

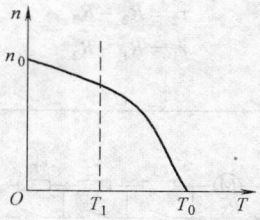

图 11.4-3　异步机频敏变阻器起动特性

1.3　直流电动机起动

对直流电动机起动的基本要求：起动电阻应当满足起动条件的要求，即首先保证起动转矩，如果要求起动时间短，必增大起动转矩，但最大也不应超过电动机允许的最大电流，一般情况最大允许的起动电流为 $(1.8 \sim 2.5) I_N$。其次是要求起动设备简单、经济、可靠。具体是起动段数少些，但过少将影响起动快速性和平滑性。起动电阻段数，一般为 3～4 段。

1.3.1　直流他励电动机起动电阻计算

直流他励电动机起动电阻线路图，如图 11.4-4 所示，其起动机械特性如图 11.4-5 所示，起动电阻计算式

$$R_1 = \frac{U_N}{I_1}$$

式中　R_1——最大起动电阻（Ω）；

U_N——额定电压（V）；

I_1——最大起动电流（A）$I_1 = (2 \sim 2.5) I_N$；

I_N——额定电流（A）；

$$\lambda = \frac{I_1}{I_2}$$

I_2——切换电流（A）$I_2 = (1.1 \sim 1.2) I_j$；

I_j——负载电流（A）；

$$m = \frac{\ln\left(\dfrac{R_1}{R_S}\right)}{\ln\lambda}$$

m——起动电阻段数；

R_S——电枢电阻；

$$R_S = \frac{1}{2}\left(\frac{U_N}{I_N} - \frac{P_N}{I_N^2} \times 10^3\right)\Omega$$

P_N——额定功率（kW）；

$$\lambda = \sqrt[m]{\frac{R_1}{R_S}}$$

$$R_3 = \lambda R_S$$
$$R_2 = \lambda R_3$$
$$R_1 = \lambda R_2$$
$$r_3 = R_3 - R_S$$

$$r_2 = R_2 - R_3$$
$$r_1 = R_1 - R_2$$

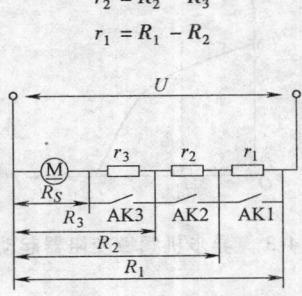

图 11.4-4　起动电阻线路图

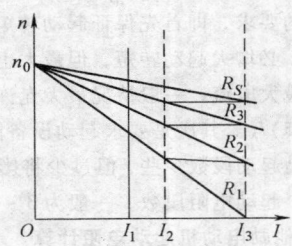

图 11.4-5　计算起动电阻机械特性

1.3.2　直流他励电动机起动电阻计算举例

今有一台直流他励电动机 $P_N = 46\text{kW}$，$U_N = 220\text{V}$，$I_N = 231\text{A}$，$n_N = 580\text{r/min}$，静阻转矩 $T_j = 529.2\text{N}\cdot\text{m}$，求起动电阻。

（1）电枢电阻 R_S

$$R_S = 0.5 \times \left(\frac{U_N}{I_N} - \frac{P_N}{I_N^2} \times 10^3 \right) = 0.5\left(\frac{220}{231} - \frac{46}{(231)^2} \times 10^3 \right)$$
$$= 0.045\Omega$$

（2）选最大起动电流 I_1　$I_1 = 2I_N = 2 \times 231 = 462\text{A}$

（3）算最大起动电阻　$R_1 = \frac{U_N}{I_1} = \frac{220}{462} = 0.476\Omega$

（4）选起动段数，采用三级起动　$m = 3$

（5）计算比值 λ

$$\lambda = \sqrt[m]{\frac{R_1}{R_S}} = \sqrt[3]{\frac{0.476}{0.045}} = 2.2$$

（6）选切换电流 I_2　$I_2 = 1.2I_j = 1.2 \times 154 = 185\text{A}$

其中，$I_j = \frac{T_j}{C_M\phi} = \frac{529.3}{3.43} = 154\text{A}$

（7）电流比值 λ　$\lambda = \frac{I_1}{I_2} = \frac{462}{185} = 2.48$　取整数 $\lambda = 3$

（8）修改系数 λ　$\lambda = \sqrt[m]{\frac{R_1}{R_S}} = \sqrt[3]{\frac{0.476}{0.045}} = 2.2$　根据 λ 修改 I_2

$$I_2 = \frac{I_1}{\lambda} = \frac{462}{2.2} = 210\text{A}$$

（9）计算起动电阻

$$R_3 = \lambda R_S = 2.2 \times 0.045 = 0.099\Omega$$
$$R_2 = \lambda R_3 = 2.2 \times 0.099 = 0.218\Omega$$
$$R_1 = \lambda R_2 = 2.2 \times 0.218 = 0.470\Omega$$

（10）计算每段起动电阻

$$r_3 = R_3 - R_S = 0.099 - 0.045 = 0.054\Omega$$
$$r_2 = R_2 - R_3 = 0.218 - 0.099 = 0.199\Omega$$
$$r_1 = R_1 - R_2 = 0.470 - 0.218 = 0.252\Omega$$

1.4　软起动器

1.4.1　软起动器概述

软起动器是一种集电动机软起动、软停车、轻载节能和多种保护功能于一体的新颖电动机控制装置，国外称为 Soft Starter。它的主要构成是串接于电源与被控电动机之间的三相反并联闸管交流调压器。改变晶闸管的触发角，就可调节晶闸管调压电路的输出电压。在整个起动过程中，软起动器的输出是一个平滑的升压过程（且可具有限流功能），直到晶闸管全导通，电动机在额定电压下工作。

运用不同的方法，控制三相反并联闸管的导通角，可以使被控电动机的输入电压按不同的要求而变化，就可实现不同的功能。软起动的外形如图 11.4-6 所示。

PSTB1050带集成旁路接触器

图 11.4-6　软起动器的外形

现在传动工程中最常用的就是三相异步电动机。在许多场合，由于其起动特性，这些电动机不可以直接连接电源系统。如果直接在线起动，将会产生电动机额定电流 6 倍的浪涌电流，该电流可以使供电系统和串联开关设备过载。如果直接起动，也会产生较高的峰值转矩，这种冲击不但对驱动电动机有冲击，而且也会使机械装置受载。例如：辅助动力传动部件。为了降低起动电流，应使用起动辅助装置，如起动用电抗器或自耦变压器。但是该方法只可以逐步降低电压，而软起动器通过平滑的升高端子电压，可以实现无冲击起动。可以最佳的保护电源系统以及电动机。

同时软起动器可以实现软停车，它的过程和起动过程相反，晶闸管在得到停机指令后，从全导通逐渐地减小导通角，经过一定时间过渡到全关闭的过程。停车的时间根据实际需要可在 0~120s 调整。电动机停机时，传统的控制方式都是通过瞬间停电完成的。但有许多应用场合，不允许电动机瞬间关机。例如：高层建筑、大楼的水泵系统，如果瞬间停机，会产生巨大的"水锤"效应，使管道，甚至水泵遭到损坏。为减少和防止"水锤"效应，需要电动机逐渐停机，

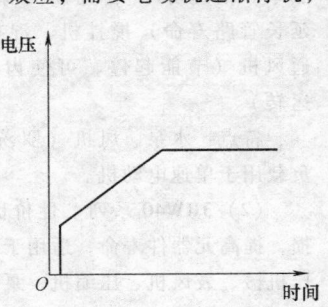

即软停车，采用软起动器能满足这一要求。在泵站中，应用软停车技术可避免泵站的"拍门"损坏，减少维修费用和维修工作量。

1.4.2　软起动的起动方式

（1）斜坡升压软起动　这种起动方式最简单，不具备电流闭环控制，仅调整晶闸管导通角，使之与时间成一定函数关系增加，见图 11.4-7。其缺点是，由于不限流，在电动机起动过程中，有时要产生较大的冲击电流使晶闸管损坏，对电网影响较大，实际很少应用。

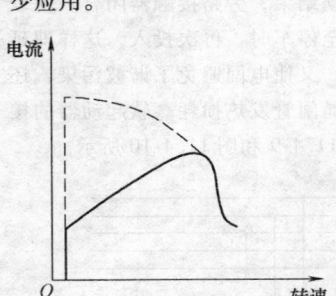

图 11.4-7　带有电压斜坡的软起动器

（2）斜坡恒流软起动　这种起动方式是在电动机起动的初始阶段起动电流逐渐增加，当电流达到预先所设定的值后保持恒定，直至起动完毕。起动过程中，电流上升变化的速率可以根据电动机负载调整设定。电流上升速率大，则起动转矩大，起动时间短。

（3）阶跃起动　该起动方式是应用最多的起动方式，尤其适用于风机、泵类负载的起动。开机，即以最短时间使起动电流迅速达到设定值，即为阶跃起动。通过调节起动电流设定值，可以达到快速起动效果。

（4）脉冲冲击起动　该起动方法，在一般负载中较少应用，适用于重载并需克服较大静摩擦的起动场合。在起动开始阶段，让晶闸管在极短时间内，以较大电流导通一段时间后回落，再按原设定值线性上升，进入恒流起动。

如何实现软起动器的一拖二，示意图如图 11.4-8 所示。

工作原理为：

（1）起动过程　首先选择一台电动机在软起动器拖动下按所选定的起动方式逐渐提升输出电压，达到工频电压后，旁路接触器接通。然后，软起动器从该回路中切除，去起动下一台电动机。

（2）停止过程　先起动软起动器与旁路接触器并联运行，然后切除旁路，最后软起动器按所选定的停车方式逐渐降低输出电压直到停止。

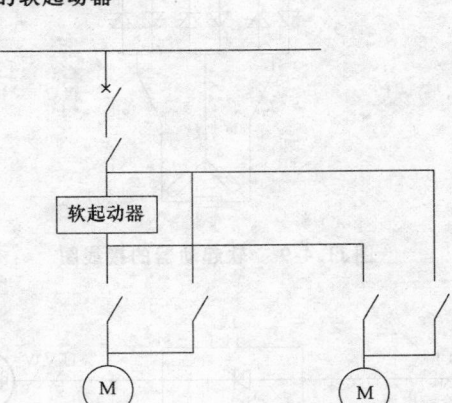

图 11.4-8　软起动的一拖二原理

1.4.3　软起动器和变频器的区别

变频器是用于需要调速的地方，其输出不但改变电压而且同时改变频率；软起动器实际上是个调压器，用于电动机起动时，输出只改变电压并没有改变频率。变频器具备所有软起动器功能，但它的价格比软起动器贵得多，结构也复杂得多。变频器同时改变输出频率与电压，也就是改变了电动机运行曲线上的 n_0，使电动机运行曲线平行下移。因此变频器可以使电动机以较小的起动电流，同时使电动机起动转矩达到其最大转矩，即变频器可以起动重负载。软起动只改变输出电压，不改变频率，也就是不改变电动机运行曲线上的 n_0，而是加大该曲线的陡度，使电动机

特性变软。当 n_0 不变时，电动机的各个转矩（额定转矩、最大转矩、堵转转矩）均正比于其端电压的二次方，因此用软起动大大降低电动机的起动转矩，所以软起动并不适用于重载起动的电动机。

1.4.4　软起动器工作原理和接线图

软起动器的工作原理：控制其内部晶闸管的导通角，使电动机输入电压从零以预设函数关系逐渐上升，直至起动结束，赋予电动机全电压，即为软起动，在软起动过程中，电动机起动转矩逐渐增加，转速也逐渐增加。软起动结束，旁路接触器闭合，使软起动器退出运行，直至停车时，再次投入，这样即延长了软起动器的寿命，又使电网避免了谐波污染，还可减少软起动器中的晶闸管发热损耗。软起动器的接线图和原理框图如图 11.4-9 和图 11.4-10 所示。

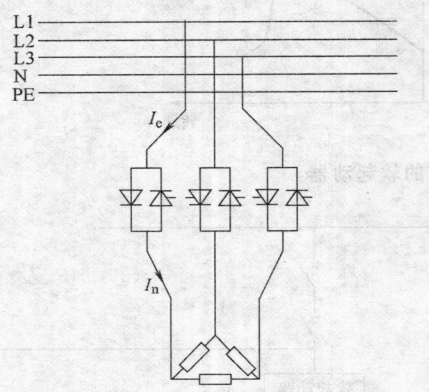

图 11.4-9　软起动器的接线图

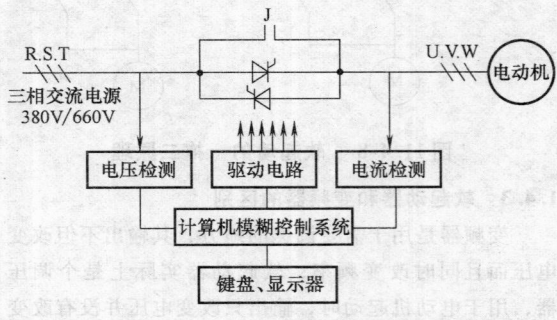

图 11.4-10　软起动器原理框图

1.4.5　西门子 3RW 系列软起动器

这里针对西门子软起动器的 3RW 系列，说明其特性。西门子 3RW 系列主要包括 3RW30、3RW40、3RW22 等，技术参数见表 11.4-4。

（1）3RW30 系列　3RW30 系列软起动器结构紧凑，使用方便，适用于带式、链式传输装置、泵及风机节能起停。

应用范围：带式传送装置，运输系统（无振动起动、无振动减速、使用低成本的皮带材料）离心泵、活塞泵（避免压力聚变，防止水锤效应，延长管路寿命）搅拌机、混料机（降低起动电流）通风机（节能起停，可使齿轮和 V 型传送带平稳运转）。

特点：水泵、风机（罗茨风机除外）等变转矩负载用于单速电动机。

（2）3RW40 系列　性价比较优异，减少冲击磨损，提高元器件寿命，适用于变速机构的带式机、冲压机械、鼓风机、压缩机，泵等。

应用范围：用三相交流异步电动机来驱动的鼓风机、泵、压强机的软起动和软制动；控制带有变速机构、皮带或链带传动装置，如传送带、磨床、刨床、锯床、包装机和冲压机械。

特点：能显示起动和制动过程中各项参数并具有故障识别能力，减少负载的冲击，显著降低变速机构中的撞击，使磨损降到最轻微程度，提高机械传动元件的使用寿命。抑制起动时尖峰电流平稳的负载加速度，可防止生产事故及产品的损坏。

（3）3RW22 系列　功能强大，直流制动，带通信接口，适用于恒转矩、大惯性力矩，如重载皮带机、恒力提升、切割等。

应用范围：对猛推、拉感受灵敏和带来影响的物料的电气驱动装置，泵驱动装置，长期空载运行的驱动装置，带机械传动装置和工作机械以及胶带或链条传动装置，带有大惯性力矩的驱动装置，负载力矩为恒定不变，如恒阻力、恒力切割、恒力提升风扇、压缩机、泵；胶带运输机、提升机、升降机；泵类、研磨机、切割机、拉丝机、纺织机械、塑料注模机；压力机、研光机；破碎机、滚轧机等。

表 11.4-4　3RW 系列技术参数

系列号	额定电流/A	工作电压/V	功率范围/kW	延时范围/s	频率范围/Hz
3RW30	6 ~ 100	220 ~ 575	1.1 ~ 55	0 ~ 20	45 ~ 66
3RW40	57 ~ 1720	220 ~ 575	55 ~ 100	0.5 ~ 60	45 ~ 66
3RW22	7 ~ 1200	200 ~ 690	2.2 ~ 710	0.3 ~ 180	45 ~ 66

1.4.6　ABB 软起动器

1. 简介

　　ABB 软起动器是由瑞士 ABB 公司提供，该类软起动器待电动机达到额定转速时，起动过程结束，软起动器自动用旁路接触器取代已完成任务的晶闸管，为电动机正常运转提供额定电压，以降低晶闸管的热损耗，延长软起动器的使用寿命，提高其工作效率，又使电网避免了谐波污染。瑞士 ABB 软起动器同时还提供软停车功能，软停车与软起动过程相反，电压逐渐降低，转速逐渐下降到零，避免自由停车引起的转矩冲击。ABB 软起动器的选用见表 11.4-5，软起动器负载举例和说明见表 11.4-6。

表 11.4-5　ABB 软起动器的选用

电动机功率 /KW 380～415V	电动机电流 I_e/A	负载性质				
		水泵类负载	压缩机类负载	风机类负载	运输类负载	碾机类负载
15	30	PSS-30/52	PSS-30/52	PSS-37/64	PSS-37/64	—
18.5	37	PSS-37/64	PSS-37/64	PSS-44/76	PSS-44/76	—
22	44	PSS-44/76	PSS-44/76	PSS-50/85	PSS-50/85	—
25	50	PSS-50/85	PSS-50/85	PSS-60/105	PSS-60/105	PSS-60/105
30	60	PSS-60/105	PSS-60/105	PSS-72/124	PSS-72/124	PSS-72/124
37	72	PSS-72/124	PSS-72/124	PSS-85/147	PSS-85/147	PSS-85/147
45	85	PSS-85/147	PSS-85/147	PSS-105/181	PSS-105/181	PSS-105/181
55	105	PSS-105/181	PSS-105/181	PSS-142/185	PSS-142/185	PSS-142/185
75	142	PSS-142/185	PSS-142/185	PSDH-145	PSDH-145	PSDH-145
90	175	PSD-175(PSS-175/300)	PSD-175(PSS-175/300)	PSDH-175	PSDH-175	PSDH-175
110	210	PSD-210	PSD-210	PSDH-210	PSDH-210	PSDH-210
132	250	PSD-250(PSS250/430)	PSD-250(PSS250/430)	PSDH-250	PSDH-250	PSDH-250
160	300	PSD-300(PSS-300/515)	PSD-300(PSS-300/515)	PSDH-300	PSDH-300	PSDH-300
200	370	PSD-370	PSD-370	PSDH-370	PSDH-370	PSDH-370
250	470	PSD-470	PSD-470	PSDH-470	PSDH-470	PSDH-470
315	570	PSD-570	PSD-570	PSDH-570	PSDH-570	PSDH-570
400	720	PSD-720	PSD-720	PSDH-720	PSDH-720	PSDH-720
450	840	PSD-840	PSD-840	—	—	—

　　注：1. PSS 型软起动器具有"内接"和"外接"功能，以上均按"外接"选用。

　　　　2. PSS 型和 PSD-370～480 软起动器均有 690V 等级。

　　　　3. 软起动器的选用也应考虑到环境温度、通风条件等因素，详情请接洽销售人员。

　　　　4. 若想选择 PST/PSTB 软起动器，请接洽销售人员。

表 11.4-6　软起动器负载举例和说明

负载举例	总折合惯性矩/电动机惯性矩	起动转矩/额定负载转矩	负载归类
离心风机	15	40%	风机类负载
离心泵	1	40%	水泵类负载
离心过滤(分离)机	30	20%	风机类负载
皮带运输机	10	100%	皮带运输类负载
粉碎机	10	100%	碾轧机类负载
热泵	0.5	40%	水泵类负载
提升机	10	100%	碾轧机类负载
碾磨(滚轧)机	15	120%	碾轧机类负载
活塞式压缩机	1	50%	压缩机类负载
切料机	10	100%	碾轧机类负载
螺旋式输送机	5	100%	皮带运输类负载
搅拌机	10	120%	碾轧机类负载
拉丝机	10	20%	压缩机类负载
螺旋式压缩机	1	10%	压缩机类负载

2. ABB 软起动器节能原理

电动机属感性负载，电流滞后电压，大多数用电器都属此类软起动器。为了提高功率因数须用容性负载来补偿，并电容或用同步电动机补偿。降低电动机的励磁电流也可提高功率因数（HPS2 节能功能，在轻载时降低电压，使励磁电流降低，使 $\cos\varphi$ 提高）。ABB 软起动器节能运行模式：轻载时降低电压减少了励磁电流，电动机电流分为有功分量和无功分量（励磁分量）提高 $\cos\varphi$。

3. 运行模式

当电动机负载轻时，软起动器在选择节能功能的状态下，PF 开关热拨至 Y 位，在电流反馈的作用下，ABB 软起动器自动降低电动机电压。减少了电动机电流的励磁分量。从而提高了电动机的功率因数（$\cos\varphi$）。（国产软起动器多无此功能）在接触器旁路状态下无法实现此功能。TPF 开关提供了节能功能的两种反应时间：正常、慢速。节能运行模式：自动节能运行。（正常、慢速两种反应速度）空载节能 40%，负载节能 5%。

4. ABB 软起动器保护功能

（1）过载保护功能　软起动器引进了电流控制环，因而随时跟踪检测电动机电流的变化状况。通过增加过载电流的设定和反时限控制模式，实现了过载保护功能，使电动机过载时软起动器关断晶闸管并发出报警信号。

（2）ABB 软起动器缺相保护功能　工作时，软起动器随时检测三相线电流的变化，一旦发生断流，即可作出缺相保护反应。

（3）过热保护功能　通过软起动器内部热继电器检测晶闸管散热器的温度，一旦散热器温度超过允许值后自动关断晶闸管，并发出报警信号。

（4）其他功能　通过电子电路的组合，还可在系统中实现其他种种联锁保护。

1.4.7　施耐德 ATS48 系列软起动器

该系列是施耐德软起动器里面的代表产品，其命名规则如下：

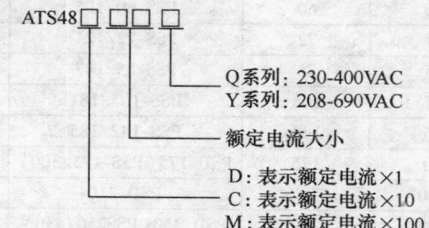

在标准应用场合的一些说明见表 11.4-7。

表 11.4-7　施耐德 ATS48 系列软起动器标准应用

电动机		起动器 230/415 V-50/60 Hz				
电动机功率①		额定电流②（I_{cL}）	出厂设置电流③	额定负载下的耗散功率	型号	质量
230 V	400 V					
kW	kW	A	A	W		kg
4	7.5	17	14.8	59	ATS48D17Q	4.900
5.5	11	22	21	74	ATS48D22Q	4.900
7.5	15	32	28.5	104	ATS48D32Q	4.900
9	18.5	38	35	116	ATS48D38Q	4.900
11	22	47	42	142	ATS48D47Q	4.900
15	30	62	57	201	ATS48D62Q	8.300
18.5	37	75	69	245	ATS48D75Q	8.300
22	45	88	81	290	ATS48D88Q	8.300
30	55	110	100	322	ATS48C11Q	8.300
37	75	140	131	391	ATS48C14Q	12.400
45	90	170	162	479	ATS48C17Q	12.400
55	110	210	195	580	ATS48C21Q	18.200
75	132	250	233	695	ATS48C25Q	18.200
90	160	320	285	902	ATS48C32Q	18.200
110	220	410	388	1339	ATS48C41Q	51.400
132	250	480	437	1386	ATS48C48Q	51.400
160	315	590	560	1731	ATS48C59Q	51.400
—	355	660	605	1958	ATS48C66Q	51.400
220	400	790	675	2537	ATS48C79Q	115.000
0250	500	1000	855	2865	ATS48M10Q	115.000
355	630	1200	1045	3497	ATS48M12Q	115.000

① 电动机铭牌上所示的值。

② 对应于 10 级中的最大持续电流。I_{cL} 对应于起动器额定值。

③ 出厂设置电流对应于标准 4 极、400V 10 级电动机的额定电流值（标准应用场合）。应根据电动机额定电流调整该设定值。

2　电动机的制动方法和特性

2.1　电动机能耗制动

2.1.1　直流电动机能耗制动

1) 特点及用途。这种制动方法比较经济、简单，制动过程与电源断开，故当断电时，可以自然接通制动状态进行停车，不消耗电能，只是消耗系统本身的动能。但是制动转矩随转速降低而减小，拖长了制动时间。一般多用在断电停车，或事故停车情况。

2) 直流电动机能耗制动的主电路图如图 11.4-11 所示。当能耗制动时，电源线路接触器断开，然后能耗制动接触器接通，电动机电枢电流 I_{ZD} 方向改变，大小受 R_{NX} 决定，产生制动转矩。

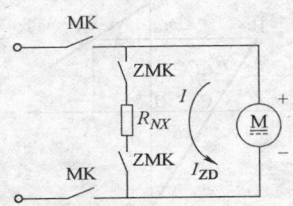

图 11.4-11　直流电动机能耗制动电路图

3) 直流电动机能耗制动机械特性如图 11.4-12 所示，原在电动状态以 n_w 转速带动 T_j 负载稳定运行，当转入能耗制动状态，将沿 BO 机械特性制动，降速到零。

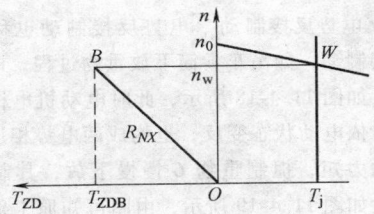

图 11.4-12　直流电动机能耗制动机械特性

4) 直流电动机能耗制动电阻计算能耗制动机械特性

$$n = -\frac{R_S + R_{NX}}{C_e\phi \cdot C_M\phi} T_{ZD}$$

式中　　R_S——电枢电阻（Ω）；

R_{NX}——能耗制动电阻（Ω）；

n——电动机转速（r/min）；

T_{ZD}——能耗制动转矩（N·m）；

$C_e\phi$，$C_M\phi$——电动机电势常数及转矩常数；

$$C_e\phi = \frac{U_N - I_N R_S}{n_N} V/(r/min)$$

$$C_M\phi = \frac{C_e\phi}{0.105} N \cdot m/A$$

当已知电动机制动起始转速 n_w 及对应起始制动转矩 T_{ZDB}，可求所需能耗制动电阻 R_{NX}。

5) 能耗制动电阻计算举例（某台直流电动机，数据如下：$P_N = 100kW$，$U_N = 220V$，$n_N = 475r/min$，$I_N = 475A$，$R_S = 0.02\Omega$，试求在 n_N，T_{ZDB} 条件下能耗制动，求所串电阻 R_{NX}。

$$C_e\phi = \frac{U_N - I_N R_S}{n_N} = \frac{220 - 475 \times 0.02}{475} = 0.443$$

$$C_M\phi = \frac{C_e\phi}{0.105} = \frac{0.443}{0.105} = 4.22$$

$$R_{NX} = \frac{n_N C_e\phi \cdot C_M\phi}{T_{ZDB}} - R_S = \frac{475 \times 0.443 \times 4.22}{2010.5} - 0.02 = 0.42\Omega$$

式中　$T_{ZDB} = 9550 \dfrac{P_N}{n_N} = 2010.5 N \cdot m$

所求结果需要串入 0.42Ω 的能耗制动电阻。

2.1.2　绕线转子异步电动机能耗制动

1) 特点及用途。绕线转子异步电动机能耗制动和直流电动机相同，也是适用停车制动、不从电网消耗能量而是消耗旋转机构的动能，是一种经济的制动方法。

2) 绕线转子异步电动机能耗制动电路图，如图 11.4-13 所示。当进行能耗制动时，将交流电源切掉 KM 断开，然后合上直流电源 KMB 接触器闭合，同时将转子电阻 R_{NZ} 接入转子，通过接触器 KMA 闭合，电动机进行能耗制动。

3) 机械特性。这时，电动机旋转磁场变为静止磁场，电动机转子绕组产生较大电势和电流，但由于频率高、电抗大，电流有功分量不大，转矩不大，其能耗制动机械特性如图 11.4-14 所示。当改变直流励磁电流 I_Z 时，其机械特性如图 11.4-15a 所示。当改变转子所串电阻 R_{NZ} 时，其机械特性如图 11.4-15b 所示。

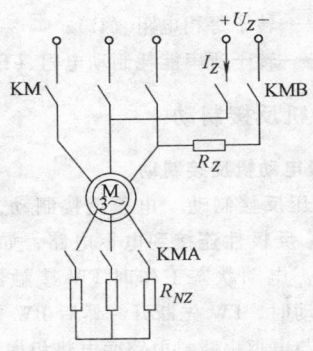

图 11.4-13　绕线转子异步电动机能耗制动电路图

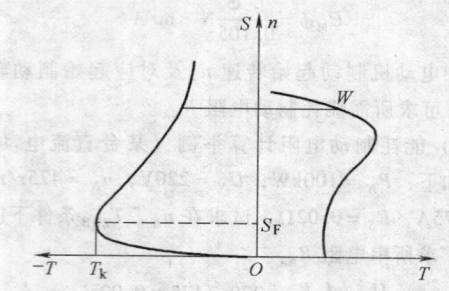

图 11.4-14　能耗制动机械特性

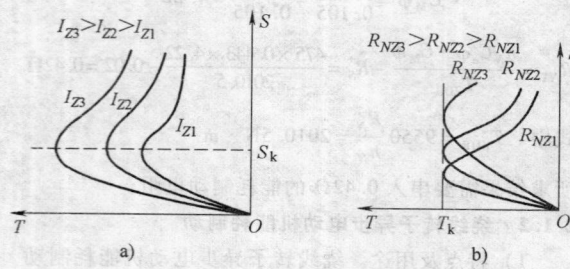

图 11.4-15　改变 I_Z 和 R_{NZ} 时异步电动机能耗制动机械特性

a）改变 I_Z　b）改变 R_{NZ}

4）异步电动机能耗制动参数计算，依经验公式

$$I_Z = (2 \sim 3) I_0$$

$$I_0 = (0.2 \sim 0.5) I_{1N}$$

式中　I_{1N}——定子额定线电流（A）；

　　　I_0——空载电流（A）；

　　　I_Z——能耗制动时直流励磁电流（A）。

$$R_{NZ} = \left(\frac{0.2 \sim 0.4}{S_N} - 1 \right) r_2$$

$$r_2 = \frac{S_N E_{2N}}{\sqrt{3} I_{2N}}$$

式中　E_{2N}——转子额定线电压（V）；

　　　I_{2N}——转子额定线电流（A）；

　　　S_N——额定转差率；

　　　r_2——转子每相电阻（Ω）；

　　　R_{NZ}——转子所串能耗制动电阻（Ω）。

2.2　电动机反接制动

2.2.1　直流电动机反接制动

（1）电压反接制动　电压反接制动，就是把电源端电压 U_N 反极性连接到电枢电路，如图 11.4-16 所示电路图。电动状态工作时 FW 接触器接通，当电压反接制动时，FW 先断开，然后 BW 接通，即将电源反极性与电枢串联，电路两电势相加，为了限制反接制动电流，瞬时将反接制动电阻 R_{FZ} 串入电路，

电枢电流反向，产生制动转矩。其机械特性如图 11.4-17 所示，原在 A 点电动状态稳定工作，今电压反接制动过渡到 B 点，由 B 点到 C 点这个阶段，电动机进行反接制动，如果不停机，则电动机又自动转向反方向起动状态，即电动机反转运行。

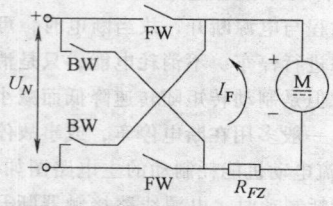

图 11.4-16　直流电动机反接制动电路图

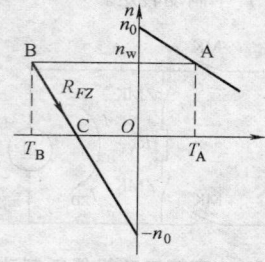

图 11.4-17　直流电动机电压反接机械特性

反接制动的特点是制动转矩长时间保持较大的值，制动效果显著，制动快，但消耗能量较大，多用在经常正反转工作的生产机械，如轧机辅助设备、龙门刨床刨台传动系统。

（2）电势反接制动　电势反接制动也称转速反向的反接制动，如吊车卷筒下放重物过程，即电势反接制动，如图 11.4-18 所示，此时电动机电枢的反电势极性，依电动状态变反，也构成两电势相加，产生较大制动力矩，扼制重物 G 慢慢下放，其制动过程机械特性如图 11.4-19 所示，由图可知原工作在电动状态 A 点，提升重物 G，今欲下放重物 G，将电枢串入反接制动电阻 R_{FZ}，特性过渡到 B 点，速度减慢，过 C 点，速度暂时为零，这时负载转矩大于电动机转矩，重物开始下放，电枢电势极性变反，转速变

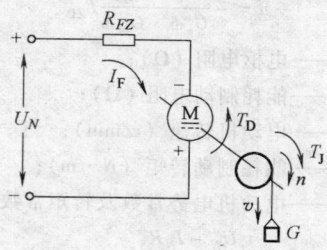

图 11.4-18　电势反接制动电路图

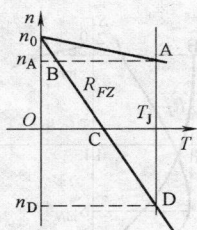

图 11.4-19　电势反接制动机械特性

反，但电动机转矩起到反对重物下放的制动作用，特性曲线 CD 段为电势反接制动区间，最后稳定在 D 点以 n_D 速度运行。

电势反接制动应用于位能负载下放重物的卷扬机构。

（3）反接制动电阻计算　计算电阻公式

$$R_F + R_S = \frac{U_N + E}{I}$$

式中　R_F——反接制动电阻（Ω）；

R_S——电枢电阻（Ω）；

U_N——电枢两端外加电压（V）；

E——电枢反电势（V），此电势与转速有关；

I——制动时的电流（A）。

（4）反接制动电阻计算举例

1）今有直流电动机，铭牌数据，$P_N = 28kW$，$U_N = 220V$，$n_N = 570r/min$，$I_N = 140A$，$R_S = 0.1Ω$，要求从额定转速开始反接制动，最大制动电流为额定电流的 2.2 倍，试求反接制动电阻 R_F，假定已知 $C_e\phi = 0.362$。

依式

$$R_F = \frac{U_N + E}{I} - R_S$$

式中　$E = C_e\phi n_N = 0.362 \times 570 = 206V$

$I = 2.2I_N = 2.2 \times 140 = 308A$

所以　$R_F = \dfrac{220 + 206}{308} - 0.1 = 1.28Ω$

2）如仍是上例的一台直流电动机，其数据也相同，只是用于电势反接制动以 200r/min 转速下放重物其静转矩 $T_j = 0.9T_N$，试求反接制动电阻 R_F。

先求　$I_j = 0.9I_N = 0.9 \times 140 = 126A$

依式　$R_F + R_S = \left(\dfrac{U_N}{C_e\phi} + n\right)\dfrac{C_e\phi}{I_j} = \left(\dfrac{220}{0.362} + 200\right)\dfrac{0.362}{126}$

$R_F = 2.32 - R_S = 2.32 - 0.1 = 2.22Ω$

2.2.2　绕线转子异步电动机反接制动

（1）电压反接制动　绕线转子异步电动机的电压反接制动实质上是改变电动机定子旋转磁场的方向，从而在转子绕组中感生的电势大约是两倍转子电势的相加，产生与转子旋转方向相反的转矩进行制动，从而减低电动机的旋转转速。如何改变定子旋转磁场的方向，只要改变定子电源相序即可，如图 11.4-20 所示，由图可知，电动状态时 FW 接触区接通，定子电压相序为 A、B、C，而当反接制动时，FW 断开，然后 BW 接通，此时定子电压相序为 C、B、A，电动机处于电压反接制动状态。此时的机械特性如图 11.4-21 所示。由图可知，原电动状态稳定工作在 A 点，当过渡到电压反接制动时，工作点过渡到 B 点，BC 段为反接制动段，电动机以较大的制动转矩迅速降速到零转速，然后马上自动过渡反方向起动，最后过渡到 D 点稳定运转。

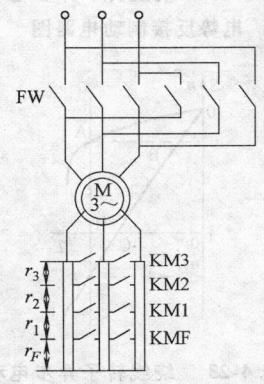

图 11.4-20　绕线转子异步电动机反接制动电路图

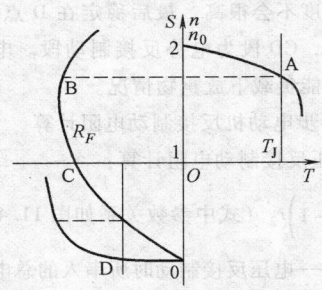

图 11.4-21　绕线转子异步电动机反接制动机械特性

（2）电势反接制动　也称转速反向的反接制动，多在位能负载传动中应用，其电路图如图 11.4-22 所示，由图可知，当线路接触器 KM 接通时，电动机工作在电动状态，重物提升，当进入电势反接制动状态，转于反接制动接触器 KMF 打开，电阻 R_F 串入转子，使电动机转矩小于负载转矩，电动机转速减小，一直到转速为零，然后转速反向，其机械特性曲线，如图 11.4-23 所示。由图可见，由 A 点过渡到电势反接制动特性曲线，如 BCD，开始处于电动状态。由于负载转矩 $T_j > T_D$ 转速下降到 C 点转速为零，此时 $T_D < T_j$ 转速反向，电动机转矩起到制动作用，使下

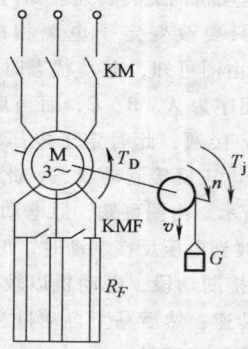

图 11.4-22　绕线转子异步电动机

电势反接制动电路图

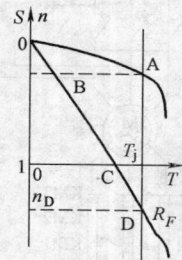

图 11.4-23　绕线转子异步电动机

反接制动机械特性

降重物的速度不会很高，最后稳定在 D 点，以 n_D 转速稳速下放，CD 段为电势反接制动段。电势反接制动应用于位能负载下放重物情况。

（3）异步电动机反接制动电阻计算

1）电压反接制动电阻计算：

$$R_F = \left(\frac{S_{mB}}{S_{mN}} - 1 \right) r_2 \quad （式中参数关系如图 11.4-24 所示）$$

式中　R_F——电压反接制动时所串入的总电阻（Ω）；

　　　r_2——转子绕组每相电阻（Ω）；

$$r_2 = \frac{S_N E_{2N}}{\sqrt{3} I_{2N}}$$

　　　S_{mB}——反接制动特性曲线的临界转差率；

$$S_{mB} = S_B \left[\frac{\lambda_M T_N}{T_B} + \sqrt{\left(\frac{\lambda_M T_N}{T_B} \right)^2 - 1} \right]$$

　　　S_{mN}——自然机械特性曲线的临界转差率；

$$S_{mN} = S_N (\lambda_m + \sqrt{\lambda_m^2 - 1})$$

式中　　$\lambda_m = \frac{T_m}{T_N}$

$$T_N = 9550 \frac{P_N}{n_N} \text{N} \cdot \text{m}$$

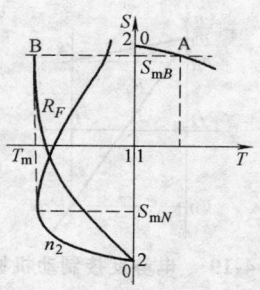

图 11.4-24　电压反接制动时

特性与参数的关系

$$S_N = \frac{n_0 - n_N}{n_N}$$

S_B——反接制动开始时的转差率；

T_N——额定转矩（N·m）；

S_N——额定转差率；

T_m——最大转矩（临界转矩）（N·m）；

λ_m——转矩过载倍数。

2）电势反接制动电阻计算：

电阻计算公式

$$R_F = \left(\frac{S_B}{S_A} - 1 \right) r_2$$

式中参数关系如图 11.4-25 所示。

式中　R_F——电势反接制动所串入的电阻（Ω）；

　　　r_2——转子每相电阻（Ω）$r_2 = \frac{S_N E_{2N}}{\sqrt{3} I_{2N}}$；

　　　S_B——反接制动特性稳定运转时的转差；

　　　S_A——自然特性 T_j 负载时的转差率；

$$S_B = \frac{n_0 - n_B}{n_0}$$

$$S_A = \frac{n_0 - n_A}{n_0}$$

n_A、n_B 为对应负载 T_j 条件下自然特性与电势反接特性上稳定运转转速。

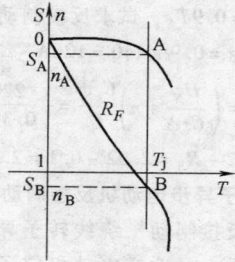

图 11.4-25　电势反推制动电阻计算

参数与特性曲线关系

（4）异步机反接制动电阻计算举例　异步电动机铭牌数据 $P_N = 22\text{kW}$，$n_N = 723\text{r/min}$，$E_{2N} = 197\text{V}$，$I_{2N} = 70.5\text{A}$，$\lambda_m = 3$，如果拖动额定负载，电动状态稳定运行，采用电压反接制动停车，要求制动开始时最大制动转矩为 $2T_N$，求转子每相应串入的制动电阻 R_F 值。

依计算电压反接制动电阻 R_F 公式

$$R_F = \left(\frac{S_{mB}}{S_{mN}} - 1\right)r_2$$

下面计算所需参数：

额定转差率

$$S_N = \frac{n_0 - n_N}{n_N} = \frac{750 - 723}{750} = 0.036$$

转子每相电阻

$$r_2 = \frac{S_N E_{2N}}{\sqrt{3}I_{2N}} = \frac{0.036 \times 197}{\sqrt{3} \times 70.5} = 0.058\Omega$$

反接制动开始瞬间电枢转差率

$$S_B = \frac{750 + 723}{750} = \frac{n_0 + n_N}{n_0} = 1.964$$

反接制动特性的临界转差率

$$S_{mB} = S_B\left[\frac{\lambda_m T_N}{T_B} + \sqrt{\left(\frac{\lambda_m T_N}{T_B}\right)^2 - 1}\right]$$

$$= 1.964\left[\frac{3}{2} + \sqrt{\left(\frac{3}{2}\right)^2 - 1}\right] = 5.142$$

自然机械特性的临界转差率

$$S_{mN} = S_N(\lambda_m + \sqrt{\lambda_m^2 - 1}) = 0.036(3 + \sqrt{3^2 - 1}) = 0.21$$

转子串入的反接制动电阻

$$R_F = \left(\frac{S_{mB}}{S_{mN}} - 1\right)r_2 = \left(\frac{5.142}{0.21} - 1\right) \times 0.058 = 1.365\Omega$$

2.3　电动机的再生发电制动

2.3.1　直流他励电动机再生发电制动

1）电车下坡时再生发电制动如图 11.4-26 所示。图 11.4-26a 上面电车以 n_A 转速在电动状态稳速运转，其特性曲线如图 11.4-26b 的 A 点，当电车下坡时，由于位能负载 T_W 作用，使转速 n 增加，当 $n > n_0$ 时，电动机反电势 $E > U$，电动机电流方向改变，电动机转矩 T_D 反向起制动作用，当 T_D 与位能转矩 T_W 和摩擦转矩平衡，即 $T_D = T_W - T_j$ 而稳定于 B 点工作，电能输向电网。电动机处于再生发电制动状态，也称回馈制动。

【例】　计算电动机处于发电制时的转速。下坡时位能负载转矩 $T_W = 9.81\text{N} \cdot \text{m}$，电动机铭牌数据 $P_N = 1.75\text{kW}$，$U_N = 110\text{V}$，$I_N = 17.5\text{A}$，

$$n_N = 1500\text{r/min}，R_F = 0.5\Omega$$

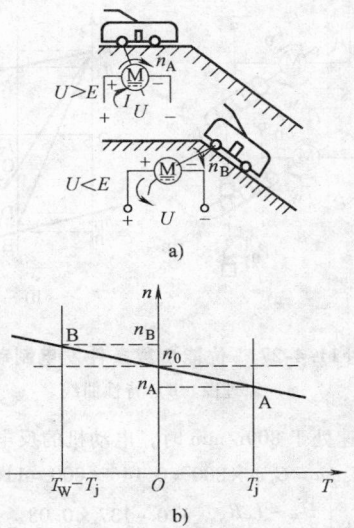

图 11.4-26　电车下坡时再生发电制动

a）示意图　b）特性曲线

依直流他励电动机机械特性

$$n = \frac{U}{C_e\phi} + \frac{R_S}{C_e\phi C_M\phi}T_D$$

式中　$C_e\phi = \frac{U_N - I_N R_S}{n_N} = \frac{110 - 175 \times 0.5}{1500} = 0.0676$ 为电势常数；

$$C_M\phi = \frac{C_e\phi}{0.105} = \frac{0.0676}{0.105} = 0.644\text{N} \cdot \text{m/A}$$ 为转矩常数；

所以 $n = \frac{U}{C_e\phi} + \frac{R_S}{C_e\phi \cdot C_M\phi}T_D = \frac{110}{0.0676} + \frac{0.5}{0.0676 \times 0.644} \times$

$9.81 = 1740\text{r/min}$

所求电动机在高于理想空载转速的 1740r/min 条件发电制动，控制电车不再增高转速而稳定运转。

2）位能负载时高速下放重物发电制动如图 11.4-27 所示。

图 11.4-27a 所示吊车以 n_A 转速提升重物，电动机工作在电动状态，如图 11.4-27b 特性曲线 A 点稳速工作。当下放重物时，电动机先工作在电势反接制动状态如 C、D 点，过渡到 B 点，下放速度 $n_B > n_0$，电动机工作在再生发电制动状态，如图 a 这时电动机的反电势 $E > U$，电流方向反流，产生制动转矩，扼制下放速度不超过 n_B，安全下放。

【例】　直流电动机铭牌数据 $P_N = 13\text{kW}$，$I_N = 137\text{A}$，$U_N = 110\text{V}$，$n_N = 680\text{r/min}$，$R_S = 0.08\Omega$。如今欲令电动机以 800r/min 转速放落重物，试求该台电动机处于发电制动状态条件下的转矩和电流。

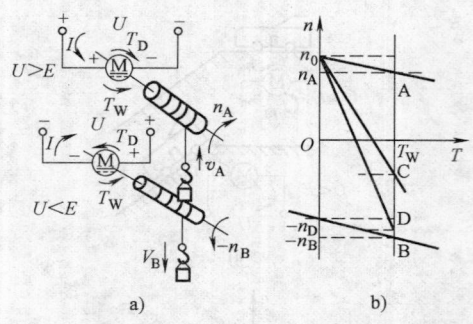

图 11.4-27　位能负载条件发电制动

a) 原理图　b) 特性曲线

当转速处于 800r/min 时，电动机的反电势

$$E = C_e \phi n = C_e \phi \times 800 = 0.146 \times 800 = 116.5V$$

式中　$C_e \phi = \dfrac{U_N - I_N R_S}{n_N} = \dfrac{110 - 137 \times 0.08}{680} = 0.146V \cdot min/r$

处于 800r/min 时，电动机的电枢电流

$$I_S = I_j = \frac{E - U_N}{R_S} = \frac{116.5 - 110}{0.08} = 81.25A$$

处于 800r/min 时，电动机带动的负载转矩

$$T_D = T_j = C_M \phi I_S = 1.39 \times 81.25 = 112.93 N \cdot m$$

式中　$C_M \phi = \dfrac{C_e \phi}{0.105} = \dfrac{0.146}{0.105} = 1.39 N \cdot m/A$

3) 当电源电压下降，低于工作中的电动机反电势时也会发生再生发电制动状态，如发电机—电动机组工作，当发电机电压低于电动机电势时也出现发电制动状态，或可控硅反并联供电的直流电动机工作时，可控硅电压下降也使电动机工作在发电制动状态。

2.3.2　绕线转子异步电动机再生发电制动

1) 电车类负载异步电动机的再生发电制动如图 11.4-28 所示，原电动机工作在电动状态，电动机转矩 T_{DK} 克服电车的摩擦阻转矩 T_j 稳定运行在 A 点。当电车下坡而增加位能负载 T_W，它除克服摩擦阻转矩 T_j 外，还帮助电动机加速，速度增加，当超过理想空载转速 n_0 时进入发电制动状态，这时电动机的

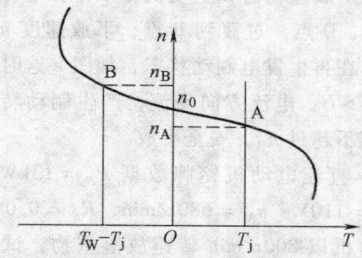

图 11.4-28　异步电动机再生发电制动状态

转矩方向变反，与位能转矩平衡于 B 点，扼制电车不再继续增速，起制动作用，这称为再生发电制动，也称为回馈制动。

2) 位能负载下放重物时异步电动机的再生发电制动。这种情况的工作过程如图 11.4-29 所示。原电动机在 A 点以 n_A 速度稳定工作，处于电动状态，提升重物。现欲下放重物，先以 n_B 速度下放，使电动机工作在电势反接制动状态，进而改变电动机定子相序，使电动机从 B 点过渡到 B′ 点，工作在反向自然特性的电动状态，这时电动机转矩方向改变是促成重物下放加速。当转速超过理想空载转速 n_0 之后进入再生发电制动状态，最后稳定在 C 点，电动机转矩扼制重物继续加速，起制动作用。

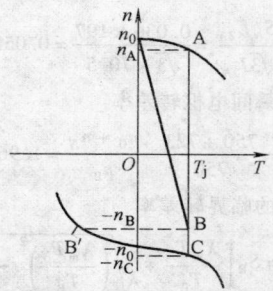

图 11.4-29　异步电动机位能负载再生发电制动

发电制动状态电动机将位能转变为电能，回馈给电源，在位能负载的生产机械中常常使用。

发电制动状态还出现在电动机由高速降至低速的情况，如直流电动机降压调速时，异步电动机变极对数调速，从高转速降至低转速时也出现发电制动。

3　开环控制调速方法和特性、参数计算

3.1　生产机械对调速的要求及调速性能指标

选择和评价各种调速方法主要是按下列指标：

1) 机械特性的静差度，指电动机在额定负载时的转速降落 Δn_N 和其特性的理想空载转速 n_0 之比

$$S = \frac{\Delta n_N}{n_0}$$

有些生产机械要求低转速时静差度要小。

2) 调速范围，指电动机在额定负载时最高转速 n_{max} 与最低转速 n_{min} 之比

$$D = \frac{n_{max}}{n_{min}}$$

而最低转速 n_{min} 指转矩 $T = 2T_N$ 时，$n = 0$；而 $T = 0$ 时 $n = 2n_{min}$ 的机械特性上对应于 T_N 的转速 n_{min}。根据生产机械工艺条件调速范围在很大范围内变化。

3）调速平滑性，指两个最靠近转速 n_i 和 n_{i-1} 之比

$$K = \frac{n_i}{n_{i-1}}$$

这个比值 K 越接近于 1 调速平滑性越好。

4）调速的经济性，指调速装置初投资和能量消耗与维修费用和所换得的经济效益之比。

5）调速时电动机长时间输出转矩的性质是恒功率调速或是恒转矩调速。

3.2　直流电动机调速方法

从直流电动机机械特性表达式

$$n = \frac{U}{C_e \phi} + \frac{R_S}{C_e \phi \cdot C_M \phi} T_D$$

可知，改变串入电枢电路电阻 R_S，改变电枢两端外加电压以及改变磁极磁通 ϕ 都可以获得不同的机械特性，在相同负载时可以改变电动机转速，以达到调节转速的要求。

3.2.1　改变电枢串电阻调速

这种调速方法的主电路图和机械特性如图 11.4-30 所示。

如图 11.4-30 所示电枢串入不同电阻 $R_S < R_3 < R_2 < R_1$，对应的机械特性 1、2、3、4，可见在额定负载 T_N 时其对应转速为 $n_A > n_C > n_D > n_S$，根据不同负载和要求的转速可以算出其所串外加电阻（依机械特性公式）。

这种调速方法属于恒转矩调速，工作稳定性差，调速范围小，长时间工作时很多能量消耗在调速电阻上。

所以只在小容量的设备上，具有特殊条件下才使用。

例：直流电动机铭牌数据：$P_N = 29\text{kW}$，$U_N = 440\text{V}$，$I_N = 76\text{A}$，$n_N = 1000\text{r/min}$，$R_S = 0.06\Omega$。试求电动机工作在 657r/min，$\frac{1}{2} T_N$ 时，须串入的调速电阻，已知 $C_e \phi = 0.41$，$C_M \phi = 3.9$，$T_N = 296\text{N} \cdot \text{m}$。

依电动状态机械特性

$$n = \frac{U}{C_e \phi} + \frac{R_S}{C_e \phi \cdot C_M \phi} T_D$$

将数据代入

$$657 = \frac{440}{0.41} - \frac{0.06 + R_C}{0.41 \times 3.9} \times \frac{1}{2} \times 296$$

从此式求 $R_C = 4.44\Omega$。

3.2.2　改变电枢供电电压调速

这种方法属于恒转矩调速，用得最广泛，因其特性硬度大，调速范围宽，调速平滑性好，但需可变压的电源，以前设备多用发电机组，近年多用可控硅整流电源，其供电线路和机械特性如图 11.4-31 所示。电动机 M 由可控硅可调整电源供电，图 11.4-30a 获得任意平滑可调的供电电压，其电动机机械特性如图 11.4-31b 所示，是一组随供电电压改变的平行机械特性。若电力传动系统稳定在 A 点以 n_A 运转，依工艺要求需降速到 n_B 运转，只需将可控硅整流电压由 $U_{SCR \cdot A}$ 降到 $U_{SCR \cdot B}$ 即可。在降速开始，电动机过渡到 C 点，转矩方向变反，处于发电制动状

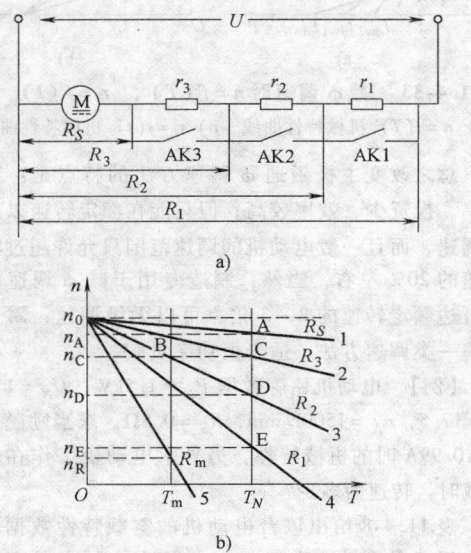

图 11.4-30　直流他励电动机串电阻调速
a）主电路图　b）机械特性曲线

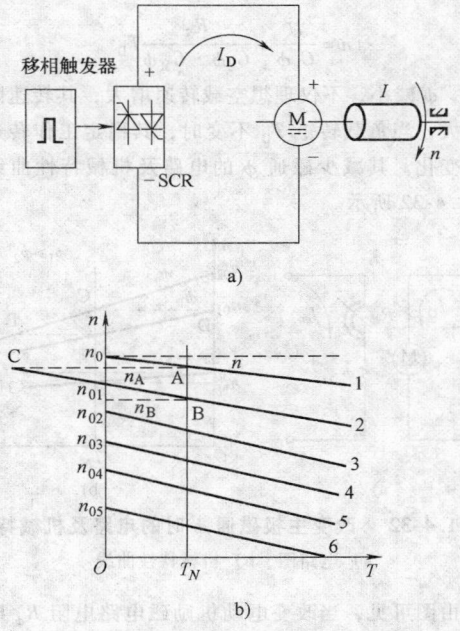

图 11.4-31　直流他励电动机改变电枢电压调速
a）供电线路　b）机械特性曲线

态，使转速迅速下降，达到 B 点稳定运行。
其机械特性方程

$$n = \frac{U}{C_e\phi} + \frac{R_S}{C_e\phi \cdot C_M\phi}T_D$$

式中　U——可控硅电源电压（V）；

　　　R_S——电动机电枢电阻（Ω）；

　　$C_e\phi$——电动机电势常数（V·min/r）；

　　$C_M\phi$——电动机转矩常数（N·m/A）；

　　　n——电动机转速（r/min）；

　　　T_D——电动机转矩（N·m）。

这种调速方法属恒转矩调速，虽初投资较大，但消耗少，维护方便，是一种广泛应用的调速方法。

【例】　电动机数据：$P_N = 1.5\text{kW}$，$U_N = 110\text{V}$，$I_N = 17.5\text{A}$，$n_A = 1500\text{r/min}$，$R_S = 0.5Ω$，$R_{SCR} = 0.1Ω$，试求额定负载时，转速 1000r/min 时，电源电压应调多大？

$$C_e\phi = \frac{U_N - I_N R_S}{n_N} = \frac{110 - 17.5 \times 0.5}{1500} = 0.067$$

在额定负载和 1000r/min 时应加电源电压

$$\begin{aligned} U_{SCR} &= C_e\phi n + I_N(R_S + R_{SCR}) \\ &= 0.067 \times 1000 + 17.5 \times (0.5 + 0.1) \end{aligned}$$

所以 $U_{SCR} = 78.1\text{V}$

3.2.3　改变电动机主极磁通 φ 的调速

所谓改变磁通 φ 指磁通 φ 令从额定磁通 ϕ_e 减小，根据机械特性方程

$$n = \frac{U}{C_e\phi} + \frac{R_S}{C_e\phi \cdot C_M\phi}T_D$$

可知，φ 减小，不仅理想空载转速增大，其转速降落也增大，当负载转矩 T_D 不变时，其稳定工作转速发生了变化。其减少磁通 φ 的电路及机械特性曲线如图 11.4-32 所示。

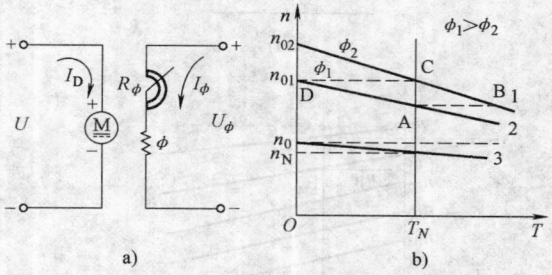

图 11.4-32　改变主极磁通 φ 时的电路及机械特性
a）电路图　b）机械特性曲线

由图可见，当改变电动机励磁电路电阻 R_ϕ 时改变励磁电流 I_ϕ 即改变励磁磁通 φ，如图 11.4-32b 机械特性所示，如果 $\phi_1 > \phi_2$，若电动机在 ϕ_1 特性曲线

2 中 A 点稳定工作，当负载 T_N 不变，减少磁通为 ϕ_2 时，电动机工作通过 B 点稳定在特性 1 上的 C 点，转速升高。当转速从 C 点降低时，通过磁通由 ϕ_2 增大为 ϕ_1，特性曲线由 1 变为 2，转速由 C 点经过 D 点稳定到 A 点工作，转速降低。

减 φ 将影响电动机转矩变小，但当负载不变时，势必增大电枢电流，如果长时间工作，电流受电动机发热限制，那么减 φ 也降低长时间允许的输出转矩，如图 11.4-33 所示。减 φ 时依机械特性图 11.4-33b，$n = f(I)$ 可知理想转速与 φ 成反比，而堵转电流 I_{dw} 与 φ 无关。而 $n = f(T)$ 机械特性（见图 11.4-33a）的理想空载转速也与 φ 成反比，但其堵转转矩却随 φ 越小而也越小，这是因为在相同电流 I_{dw} 条件下 φ 越小，转矩也越小，正因为这样，假定在额定电流 I_N 负载下长时间运转，电动机发热允许，但此时电动机的转矩允许长时间工作的值却是随磁通 φ 的减小也减小，他显出双曲线的规律，即转速越高，转矩越小，如图 11.4-33a 中的虚线所示。在虚线左边各点工作，电动机容量没有充分利用；在虚线右边各点工作，电动机电流超过额定值 I_N，电动机过热不能长时间运转，所以减 φ 调速属于恒功率调速一类，适于恒功率负载调速。

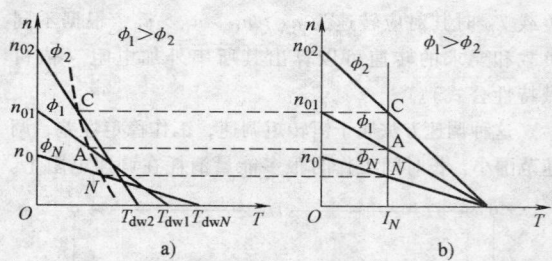

图 11.4-33　减 φ 调速时 $n = f(T)$，$n = f(I)$ 曲线
a）$n = f(T)$ 机械特性曲线　b）$n = f(I)$ 机械特性曲线

总之改变主极磁通 φ 调速方法的特点是：装置简单、投资少、效率较高；但只能在额定转速以上范围调速，而且一般电动机的调速范围只允许超过额定转速的 20% 左右，当然，制造专用于减 φ 调速电动机可达额定转速的 2 ~ 3 倍，可以无级调速，属于恒功率一类调速方法，适于恒功率负载。

【例】　电动机铭牌数据 $P_N = 1.5\text{kW}$，$U_N = 110\text{V}$，$I_N = 17.5$，$n_N = 1500\text{r/min}$，$R_S = 0.5Ω$，求当励磁电流 $I_\phi = 0.99\text{A}$ 时的机械特性，另外求电动机工作在额定负载时，转速为多少？

表 11.4-8 给出该台电动机的空载特性数据，空载电压 E 是在转速为额定 $n_N = 1500\text{r/min}$ 条件下测出的，而 $C_e\phi$ 是依 $C_e\phi = \frac{E}{n}$ 求出。

表 11.4-8　电动机空载特性数据

空载电压 E/V	101.25	91	85	75	59	37	19	7
励磁电流 I_ϕ/A	0.99	0.85	0.61	0.42	0.24	0.125	0.05	0
$\cos\phi$	0.007	0.06	0.057	0.05	0.039	0.025	0.013	0.0046

依式

$$n = \frac{U}{C_e\phi} + \frac{R_S}{C_e\phi \cdot C_M\phi}T_D$$

$$n_0 = \frac{U_N}{C_e\phi}$$

$$T_{du} = \frac{U_N C_M\phi}{R_S}$$

当 $I_\phi = 0.99$A 时，从表 11.4-8 可知 $C_e\phi = 0.067$，

$C_M\phi = \dfrac{C_e\phi}{0.105} = 0.637$ 因此理想空载转速

$$n_0 = \frac{U_N}{C_e\phi} = \frac{110}{0.067} = 1640\text{r/min}$$

堵转转矩

$$T_{du} = \frac{U_N C_M\phi}{R_S} = \frac{110 \times 0.637}{0.5} = 140.14\text{N} \cdot \text{m}$$

依 n_0 及 T_{du} 两点，绘一条直线，即为所求的机械特性，如图 11.4-34 所示。

另外电动机额定转矩

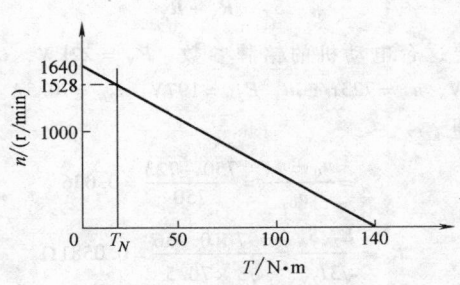

图 11.4-34　例题的弱磁特性

$$T_N = 9550\frac{P_N}{n_N}\text{N} \cdot \text{m} = 9550\frac{1.5}{1500} = 9.55\text{N} \cdot \text{m}$$

依机械特性

$$n = \frac{U}{C_e\phi} + \frac{R_S}{C_e\phi \cdot C_M\phi}T_D = 1640 - \frac{0.5}{0.067 \times 0.637} \times 9.55$$

$$= 1528\text{r/min}$$

3.2.4　直流电动机各种调速方法比较

直流电动机各种调速方法比较见表 11.4-9。

表 11.4-9　直流电动机调速方式及调速指标比较

调速方法	调速装置		调速范围	静差率	平滑性	效率	适应负载
	投资	维修					
改变电枢电阻调速方法	不多	复杂	2:1	大	差	低	恒转矩
改变电枢电压调速方法	多	一般	1:10 ~ 1:20	小	好	60% ~ 70%	恒转矩
改变主极磁通调速方法	少	简单	1:3 ~ 1:5	小	较好	80%	恒功率

3.3　异步电动机调速方法

3.3.1　异步电动机转子串电阻调速方法

这种方法只适用于绕线转子异步电动机，其电路图与机械特性如图 11.4-35 所示，由图可见，这种调速方法，同步转速不变，最大转矩不变，转子串的电阻越大，机械特性越软，调速范围与负载大小有关，负载越小，其调速范围也越小，空载时，不能调节转速，一般情况调速范围约在 2 ~ 3 左右。调速平滑性不高，由于在电枢中串入电阻长时间运行损耗能量大、效率低，特别是功率较大的电动机尤为突出，这种调速方法，属恒转矩调速性质。目前多不采用这种方式调速，除非特殊条件下小容量电动机还在采用这种调速方法外，在起重、运输机械中也还有应用，但所选用的电阻器因是长期工作，体积较大，占地面积也大，维护工作量也较多。

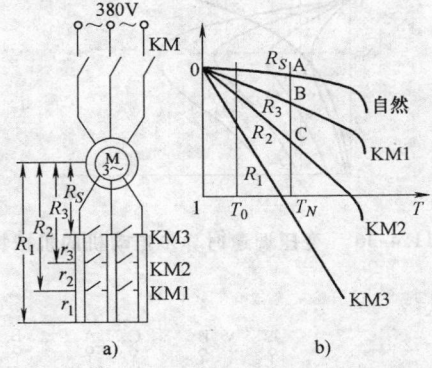

图 11.4-35　三相绕线转子异步电动机串电阻调速

a）电路图　b）机械特性曲线

【例】　计算调速电阻，假定电动机稳定工作在自然特性，当额定负载时，在 A 点工作转速 n_A 为额定转速 n_N，今欲降速工作在相同负载条件转速为 $\frac{1}{2}n_N$

时，试求这时转子应串入的电阻值为多少。

依转子电阻在相同负载条件下与转差成比例的原则知

$$\frac{S_N}{S_X} = \frac{R_S}{R_S + R_X}$$

假定这台电动机的铭牌参数：$P_N = 22\text{kW}$，$U_{1N} = 380\text{V}$，$n_N = 723\text{r/min}$，$E_{2N} = 197\text{V}$，$I_{2N} = 70.5\text{A}$。可知

$$S_N = \frac{n_0 - n_N}{n_0} = \frac{750 - 723}{750} = 0.036$$

$$R_S = \frac{E_{2N} S_N}{\sqrt{3} I_{2N}} = \frac{197 \times 0.036}{\sqrt{3} \times 70.5} = 0.0581\Omega$$

降速 $\frac{1}{2} n_N$ 时的转差率

$$S_N = \frac{n_0 - n_N}{n_0} = \frac{750 - 361.5}{750} = 0.518$$

则 $R_X = R_S \left(\frac{S_X}{S_N} - 1 \right) = 0.0581 \left(\frac{0.518}{0.036} - 1 \right) = 0.77\Omega$

所串的外加电阻为 0.77Ω。

3.3.2 异步电动机改变定子电压调速

三相异步电动机的定子电压改变时，其机械特性的同步转速 n_0 不变，临界转差率 S_m 也不变，但其转矩 T（包括临界转矩 T_m）随电压的减少而呈平方倍的减少。其调压时的机械特性如图 11.4-36 所示。由图可见，这种调速的特性适于通风机、水泵类负载特性，而用普通笼型电动机带动恒转矩负载时，调速范

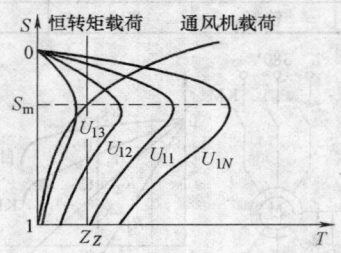

图 11.4-36   变压调速时异步电动机的机械特性

围太窄，但如果采用高转差率笼型电动机改变定子电压调速时，带动恒转矩负载却可以得到较宽的调速范围，如图 11.4-37 所示。但在低转速时，静差率太低，转速波动过大。

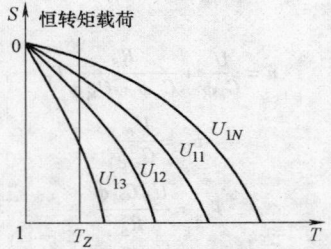

图 11.4-37   高转差率异步电动机改变电压调速机械特性

改变定子电压调速方法，在低速工作时，功率因数低，电流过大，而有功电流不大。长时间工作电动机会过热。一般适用于通风机负载，如风机、水泵、液压泵、纺织、印染等生产机械。

3.3.3 异步电动机改变定子绕组极对数调速

变极调速电动机的定子绕组可以分成多组，通过不同连接可改变电动机极对数，从而改变电动机的转速。这种电动机一般称为多速电动机，目前生产的变极调速电动机有 J、JQ、JD2、JDQ2 等型号，有双速、三速、四速，电动机容量约从 3.5kW 左右开始，最大约达 40kW 左右。

最常采用的为双速变极电动机，其中 △—人人 接法为恒功率调速特性，而人—人人 接法是属恒转矩调速特性，其接法电路图及机械特性如图 11.4-38 及图 11.4-39 所示。

由图 11.4-38 可知，△ 接法时极对数为 $2p$，同步转速 n_0，而改为 人人 接法时，极对数为 p，同步转速 $2n_0$，由 △→人人，其额定转矩 T_N 大约减少一半，可见他是恒功率调速一类调速方法；而由图 11.4-39 可知，Y 接法时极对数为 $2p$，同步转速 $2n_0$，当由 人→人人 接线后，其极对数为 p，同步转速为 $2n_0$，其额定转矩不变，因为他是恒转矩调速方法。

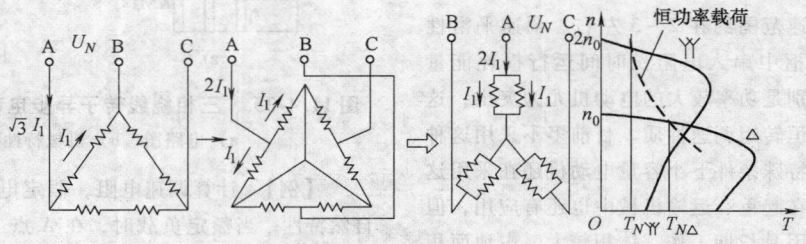

图 11.4-38   变极调速 △—人人 接法线路图及机械特性

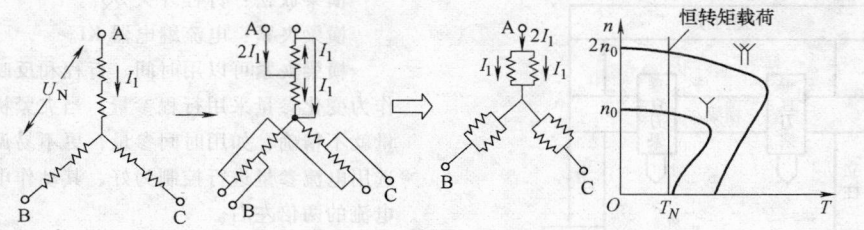

图 11.4-39 变极调速Υ—ΥΥ接法电路图及机械特性

变极对数调速方法简单，控制操作只需转换开关或接触器即可，初投资少、维护方便，但调节平滑性差，多用在机床主轴与机械齿轮配合调速。

3.3.4 异步电动机电磁转差离合器调速

电磁转差离合器由电枢和磁极组成，电枢上面有笼型绕组，而磁极上绕有励磁绕组，由集电环引入直流电流 I_L，这两部分分别与异步电动机轴和负载轴连接，如图 11.4-40 所示。当改变励磁电流 I_L，即可调节电磁离合器的转速，即连接在负载轴与异步电动机

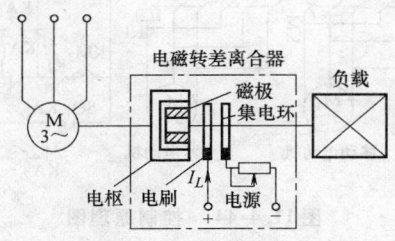

图 11.4-40 电磁转差离合器

轴间的转速，即实现生产机械转速的调节。电磁转差离合器转速调节的机械特性如图 11.4-41 所示。

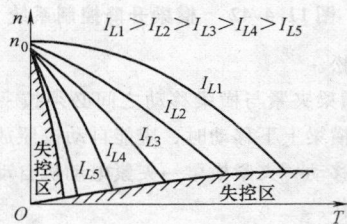

图 11.4-41 异步电动机电磁转差离合器机械特性

电磁转差离合器的异步电动机生产厂已经成套供应，一般称为电磁电动机，容量可达 100kW 左右，它 的特点是设备简单、控制方便、调速平滑性好，适用于木材加工及造纸、印染等工业的生产机械。

3.3.5 异步电动机各种调速方法比较

异步电动机开环调速的性能指标比较见表 11.4-10。

表 11.4-10 异步电动机开环调速方式比较

调速方法	调速装置	投资维修	调速范围	静差率	平滑性	效率	适应负载
转子串电阻调速方法	不多	复杂	2 ~ 3	低	差	低	恒转矩负载
改变定子电压调速	稍多	一般	1 ~ 2	低	差	低	通风机负载
变极对数调速	不多	简单	1 ~ 2	低	差	一般	恒功率负载、恒转矩负载
电磁转差离合器调速	多	一般	2 ~ 3	低	平滑	一般	通风机负载、恒转矩负载

4 继电器接触器控制电路设计实例

4.1 设计方法

电气控制电路的设计方法主要有两种：分析设计法和逻辑设计法。

分析设计法（一般设计法）：根据生产工艺的要求去选择适当的基本控制环节（单元电路）或经过考验的成熟电路，按各部分的联锁条件组合起来并加以补充和修改，综合成满足控制要求的完整电路。

逻辑设计法：利用逻辑代数这一数学工具来进行电路设计，即根据生产机械的拖动要求及工艺要求，将执行元件需要的工作信号以及主令电器的接通与断开状态看成逻辑变量，并根据控制要求将它们之间的关系用逻辑函数关系式来表达，然后再运用逻辑函数基本公式和运算规律进行简化，使之成为需要的与或关系式，根据最简式画出相应的电路结构图，最后再作进一步的检查和完善，即能获得需要的控制电路。

4.2 控制系统的工艺要求

试设计龙门刨床的横梁升降控制系统如图 11.4-42 所示。

横梁机构对电器控制系统的要求：

1）保证横梁能上下移动，夹紧机构能实现横梁

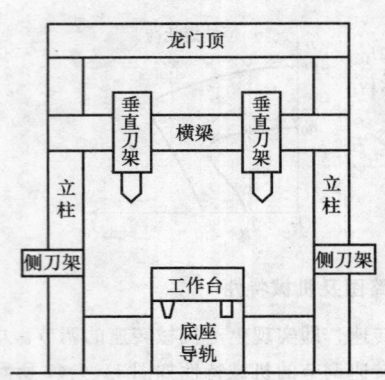

图 11.4-42 横梁升降控制系统

夹紧或放松。

2）横梁夹紧与横梁移动之间必须按一定的顺序操作：当横梁上下移动时，应能自动按照放松横梁→横梁上下移动→夹紧横梁→夹紧电动机自动停止运动的顺序动作。

3）横梁在上升与下降时应有限位保护。

4）横梁夹紧与横梁移动之间及正反向之间应有必要的联锁。

4.3 控制电路的设计步骤

1）设计主电路。

横梁升降：横梁升降电动机 M_1——正反转（KM_1、KM_2）。

夹紧放松电动机 M_2——正反转（KM_3、KM_4）。

2）设计基本控制电路。横梁移动为点动控制，通过两个中间继电器 KA_1 和 KA_2 实现，控制电路如图 11.4-43 所示。

3）选择控制参量，确定控制方案。

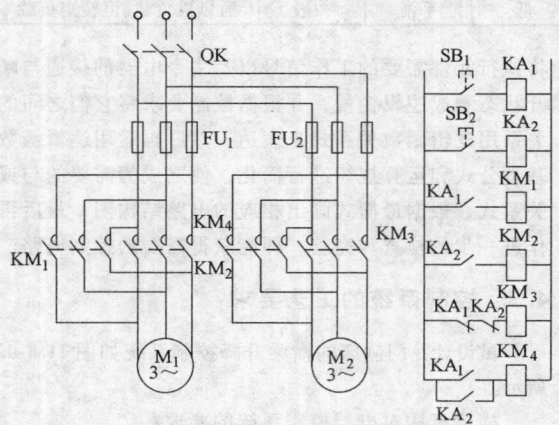

图 11.4-43 基本控制电路

横梁放松：行程开关 SQ_1。

横梁夹紧：电流继电器 KI。

横梁夹紧可以用时间、行程和反映夹紧力的电流作为变化参量采用行程参量，当夹紧机构磨损后，测量就不精确，如用时间参量，更不易调整准确，所以选用电流参量进行控制为好，其动作电流整定在额定电流的两倍左右。

当横梁移动停止，如上升停止，点动按钮 SB_1 松开（行程开关 SQ_1 压合）KM_3 得电，夹紧电动机立即自动起动。当夹紧力电流达到 KI 的整定值时，KM_3 失电，自动停止夹紧电动机的工作。

根据此方案绘制的原理图如图 11.4-44 所示。

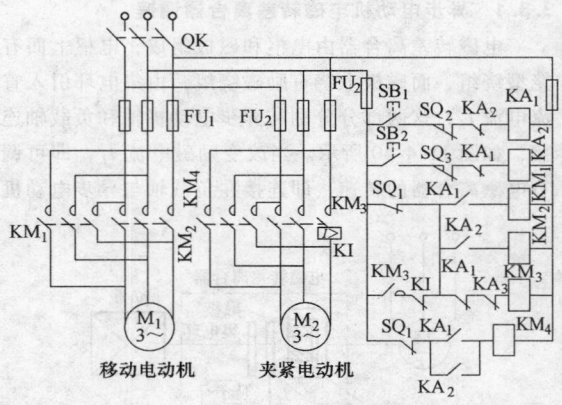

图 11.4-44 控制原理图

4）设计联锁保护环节。KA_1、KA_2 常闭触点实现横梁移动电动机和夹紧电动机正反向工作的联锁保护。

5）横梁上下的限位保护。行程开关 SQ_2 和 SQ_3 分别实现向上或向下限位保护。SQ_1 除了反映放松信号外，还起到了横梁移动和横梁夹紧间的联锁控制。

6）电路的完善和校核。

5 常用低压电器

5.1 低压供电电器

5.1.1 空气断路器（空气自动开关）

断路器主要用于保护交、直流电路内的电气设备，使之免受过电流、逆电流、短路或欠电压等不正常的危害。断路器有油浸式断路器、空气式断路器、真空式断路器。油浸式断路器已趋淘汰，真空式断路器主要用于 3～6kV 高压设备，低压主要应用空气式断路器。空气断路器分为框架式和塑料外壳式两类。

自动空气开关又称自动空气断路器，是低压配电网络和电力拖动系统中非常重要的一种电器，它集控制和多种保护功能于一身。除了能完成接触和分断电路外，尚能对电路或电气设备发生的短路、严重过载及欠电压等进行保护，同时也可以用于不频繁地起动电动机。

DZ101 系列塑料外壳式限流断路器（以下简称断路器），俗称空气开关，适用于交流 50Hz，在正常情况下，断路器可分别作为线路不频繁转换及电动机的不频繁起动之用，它能保证用户和电源完全断开，确保安全，从而解决其他任何断路器不可克服的中性极电流不为零的弊端。配电用断路器，在配电网络中用来分配电能，且可作为线路及电源设备的过载、短路和欠电压保护。保护电动机用断路器在配电网络中用做笼型电动机的起动和运转中分断以及作为电动机的过载、短路和欠电压保护。

产品脱扣器类别及附件代号见表 11.4-11。

表 11.4-11　脱扣器类别及附件代号

代号 附件种类 类别	不带附件	分励脱扣器	辅助触头	欠电压脱扣器	分励脱扣器 辅助触头	分励脱扣器欠 电压脱扣器	二组辅助触头	辅助触头欠 电压脱扣器
无脱扣器	00	—	02	—	—	—	0.6	—
热脱扣器	10	11	12	13	14	15	16	17
电磁扣器	20	21	22	23	24	25	26	27
复式脱扣器	30	31	32	33	34	35	36	37

5.1.2　低压断路器

低压断路器主要用于 600V 以下，频率 50Hz，功率 50kW 以下的电动机或线路的过载及短路保护用。剩余电流断路器也是低压断路器的一类，主要用做漏电保护，可以迅速断开漏电故障的电流，保护设备的安全。DZ15LE 系列剩余电流断路器技术数据见表 11.4-12，额定短路分断能力见表 11.4-13，额定剩余接通分断能力见表 11.4-14。DZS3（3VE）系列低压断路器技术数据见表 11.4-15，LBK16-30C 剩余电流断路器技术数据见表 11.4-16。

表 11.4-12　DZ15LE 系列剩余电流断路器规格与参数

型号	额定电压 U_n/V	壳架等级 额定电流/A	极数	额定电流/A	额定剩余动作 电流 $I_{\Delta n}$/mA	额定剩不动作 电流 $I_{\Delta no}$/mA
DZ15LE-40	220	40	2	6,10,16,20,25,32,40	30	15
	380	40	3		50	25
			4		75	40
			3N		100	50
DZ15LE-100	220	100	2	10,16,20,25,32,40, 50,63,80,100	30	15
	380	100	3		50	25
			4		75	40
			3N		100	50

表 11.4-13　DZ15LE 系列剩余电流断路器额定短路分断能力

壳架等级额定电流/A	试验电流有效值/kA	试验电压/V	功率因素（cosφ）	飞弧距离/mm
40	3	$1.05U_n$	0.95	≤50
100	5	$1.05U_n$	0.95	≤70

表 11.4-14　DZ15LE 系列剩余电流断路器额定剩余接通分断能力

壳架等级额定电流/A	试验电流有效值/kA	试验电压/A	功率因素（cosφ）
40	3	$1.05U_n$	0.95
100	5	$1.05U_n$	0.95

表 11.4-15　DZS3（3VE）系列低压断路器技术数据

型　号		3VE1	3VE3	3VE4	生产厂
极数			3		
额定电流/A		20	32	63	
额定电压/V			660		
额定绝缘电压/V		660	750	750	
脱扣器电流整定范围/A		0.1~0.16、0.16~0.25、0.25~0.4、0.4~0.63、0.63~1、1~1.6、1.6~2.5、2~3.2、2.5~4、3.2~5、4~6.3、5~8、6.3~10、8~12.5、10~16、14~20	1~1.6、1.6~2.5、2.5~4、4~6.3、6.3~10、8~12.5、10~16、12.5~20、16~25、22~32	6.3~10、10~16、16~25、22~32、28~40、36~50、45~63、45~56	北京机床电器有限责任公司
通断能力（有效值）	220V	1.5/0.95	10/0.5	20/0.3	
	380V	1.5/0.95	10/0.5	20/0.3	
	660V	1.0/0.95	3/0.9	5/0.7	
控制电动机功率/kW	220V	5.5	9	18	
	380V	10	16	32	
	660V	13	26	58	
保护特性	1.05Ie	≥2h 不动作	≥2h 不动作	≥2h 不动作	
	1.2Ie	<2h 动作	<2h 动作	<2h 动作	
	12Ie	瞬动	瞬动	瞬动	
外形尺寸/mm		82×54×87.5	110×54×106	160×70×115.5	
安装尺寸/mm		75×45　2　长圆孔 5.5×4.2 或标准卡轨 35	100　2×φ4.5 或标准卡轨 35	150　2×φ4.5 或标准卡轨 35	

表 11.4-16　LBK16-30C 剩余电流断路器技术数据

型号	额定电压/V	额定电流/A	极数	过电流脱扣器额定电流/A	额定漏电动作电流/mA	额定漏电不动作电流/mA	用　途	生产厂
LBK16-30C	220	16	2	16	30	15	适用于交流 50Hz，电压 220V，最大电流不超过 16A 的电路中作人身触电或回路泄露保护	长沙第二机床电器厂

5.2　接触器

5.2.1　交流接触器

　　交流接触器种类较多，主要任务是供远距离闭合及断开电路之用，也可供断开和起动、控制交流异步电动机。表 11.4-17 介绍了 CJX1 系列交流接触器技术数据。

5.2.2　直流接触器

　　直流接触器的线圈电压用直流，主要供远距离分、合电路用，也适用于频繁起动，控制交流电动机。CZ0 系列直流接触器主要适用于额定电压为 220V，额定电流为 600A 的直流线路中用于远距离地

接通与分断直流电路，并适用于直流电动机的频繁起动、停止换向及反接制动。其触头在额定电压时的分断能力见表 11.4-18，主触头通断能力及电动、热稳定性见表 11.4-19，直流接触器选用原则见表 11.4-20。

　　型号及含义：

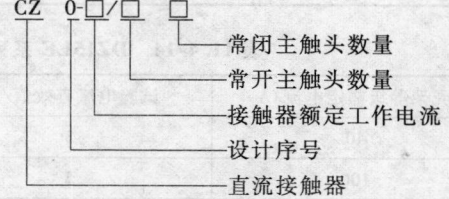

表 11.4-17　CJX1 系列交流接触器技术数据（沈阳二一三电器有限公司）

型　号			CJX1-9	CJX1-12	CJX1-16	CJX1-22	CJX1-32
额定绝缘电压/V			690	690	690	690	690
额定工作电流（A）（380V）		AC-1	20	20	30	30	45
		AC-3	9	12	16	22	32
		AC-4	3.3	4.3	7.7	8.5	15.6
可控电动机功率/kW	AC-3	230/220V	2.4	3.3	4	6.1	8.5
		400/380V	4	5.5	7.5	11	15
		690/660V	5.5	7.5	11	11	23
	AC-4	400/380V	1.4	1.9	3.5	4	7.5
		690/660V	2.4	3.3	6	6.6	13
	AC-1	400/380V	13	13	19	19	29
		690/660V	22	22	34	34	51
机械寿命/万次			500	500	500	500	500
电寿命/万次		AC-3	60	60	60	60	60
		AC-4	12	12	12	12	12
操作频率/(1/h)		AC-3	1200	1200	1200	1200	1200
		AC-4	300	300	300	300	300
控制线圈工作电压范围（AC）　　　　（0.85 ~ 1.1）Us							
线圈控制电压	交流（AC）		50Hz:20V、24V、36V、42V、48V、92V、100V、110V、127V、183V、200V、220V、367V、380V、415V、500V				
			60Hz:24V、29V、42V、50V、58V、110V、120V、132V、152V、220V、240V、264V、440V、460V、500V、600V				
			50Hz/60Hz:24V、42V、110V、120V、220V、240V、440V				
	直流（DC）		12V、21.5V、24V、30V、36V、42V、48V、60V、110V、123V、180V、220V、230V				
控制线圈功率消耗	交流（AC）	保持/VA	10	10	10	10	10
		起动/VA	68	86	86	86	86
	直流（DC）	保持/W	6.5	6.5	6.5	6.5	—
		起动/W	6.5	6.5	6.5	6.5	—
约定发热电流/A			20	20	30	30	45
辅助触头约定发热电流/A			10	10	10	10	10
辅助触头额定工作电流/A	AC-15 380/220V		6/10	6/10	6/10	6/10	4/6
	DC-13 110/220V		0.9/0.45	0.9/0.45	0.9/0.45	0.9/0.45	1.14/0.48
相配热过载继电器型号			JRS2-12.5 (3UA50)	JRS2-12.5 (3UA50)	JRS2-25 (3UA52)	JRS2-25 (3UA52)	JRS2-12.5 (3UA52)
质量/kg			0.43	0.43	0.49	0.49	0.7

表 11.4-18　触头在额定电压时的分断能力

接触器型号	极数	常开主触头	常闭主触头	分断电流（A）	常开辅助触头	常闭辅助触头	飞弧距离 mm
CZ0-40C	双	2	—	100	—	—	50
CZ0-40CA	双	2	—	160	2	2	50
CZ0-40/20	双	2	—	160	2	2	50
CZ0-40/02	双	—	2	160	2	2	50
CZ0-100/10	单	1	—	400	2	2	70
CZ0-100/01	单	—	1	250	2	2	70
CZ0-100/20	双	2	—	400	2	2	70
CZ0-150/10	单	1	—	600	2	2	100
CZ0-150/01	单	—	1	375	2	2	100
CZ0-150/20	双	2	—	600	2	2	100

（续）

接触器型号	极数	常开主触头	常闭主触头	分断电流（A）	常开辅助触头	常闭辅助触头	飞弧距离 mm
CZ0-250/10	单	1	—	1000	3	3	120
CZ0-250/20	双	2	—	1000	3	3	120
CZ0-400/10	单	1	—	1600	3	3	150
CZ0-400/20	双	2	—	1600	3	3	150
CZ0-600/10	单	1	—	2400	3	3	180

表 11.4-19 主触头通断能力及电动、热稳定性

通断能力 主触头 形式	接通			分断			通电时间/ms	试验间隔/s	通断次数/次	电动稳定/倍数	热稳定/倍数
	时间常数			时间常数							
	I/I_e	U/U_e	$T\pm15\%$/ms	I/I_e	U/U_e	$T\pm15\%$/ms					
常开主触头	4	1.05	15	4	1.05	15	>47	5~10	20	$20I_e$	$7I_e$ 10s
常闭主触头	2.5	1.05	7.5	2.5	1.05	7.5					
常开及常闭触头 临界分断能力	0.2	1.05	7.5	0.2	1.05	7.5					

注：CZ0-100/01 临界分断能力为 $0.3I_e$。

表 11.4-20 直流接触器选用原则

回路类别	负载性质	选用产品类别	产品容量
主回路	DC-1,DC-3,DC-5	具有二常开或二常闭主触头产品	按产品额定工作电流选用 按产品额定工作电流的30%~50%选用
能耗回路	DC-3,DC-5	具有一常闭主触头产品	按产品额定工作电流选用
起动回路	DC-3,DC-5	具有一常闭主触头产品	按产品额定工作电流选用
动力制动回路	AC-2~AC-4	具有二常开主触头产品	按产品额定工作电流选用
高电感回路	电磁铁	具有二常开主触头产品	选用比回路电流大一级电流等级的产品

5.3 起动器

5.3.1 星—三角起动器

LC3-D 型星—三角减压起动器适于交流 50Hz、电压 660V、电流 80A 以下的异步电动机带负载起动之用，起动时降低电压以减小起动电流，技术数据见表 11.4-21。

QJX2 系列"星三角"减压起动器主要用于交流 50Hz 或 60Hz，额定工作电压为 380V，在 AC-3 使用类别，额定工作电流为 95A 的电路中，作为电动机的起动之用，起动器设有空气延时头，可自动进行"星三角"转换，以降低电动机起动电流。其技术数据见表 11.4-22，产品组成见表 11.4-23。

型号及含义：

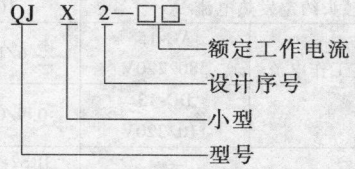

注：1. 组成"星三角"减压起动器的 CJX2 接触器、延时头及辅助触头请查阅有关产品性能介绍页项。

2. 在 32A 以下"星三角"减压起动器，应加一对辅助触头。

表 11.4-21 LC3-D 型星—三角减压起动器技术数据

型号	控制功率/kW AC3				额定工作电流/A AC3、380V	配用热键电器型号	外形尺寸/mm	安装尺寸/mm	生产厂
	220V	380V	415V	440V					
LC3-D123	5.5	11	11	11	20	JRS4-12	140×124×127	90×110 4×φ6.2	天水二一三电器有限公司
LC3-D163	7.5	15	15	15	27	JRS4-16			
LC3-D403	18.5	37	37	37	69	JRS4-40	169×143×281	263×100(60) 4×φ7	
LC3-D503	30	55	59	59	86	JRS4-63			
LC3-D803	37	75	75	75	138	JRS4-80			

表 11. 4-22　主要技术参数

型　　号	额定工作电流/A（AC-3）	三相电动机容量/kW（AC-3）		质量/kg
		220V	380V	
QJX2-09	9	4	7.5	1.5
QJX2-12	12	5.5	10	1.5
QJX2-18	18	11	15	1.7
QJX2-25	25	11	18.5	1.8
QJX2-32	32	15	25	2
QJX2-40	40	18.5	33	4.36
QJX2-50	50	25	45	4.36
QJX2-65	65	30	55	4.36
QJX2-80	80	37	63	5.2
QJX2-95	95	45	80	5.2

表 11. 4-23　产品组成

380V 三相笼型电动机额定电流 I_e 功率/kW			产品型号	与"星三角"减压起动器相配热继电器	电流整定范围/A	相配熔断器
/kW	/A	/A(0.58I_e)				
7.5	15.5	8.99	QJX2-09	NR2-11.5	7 ~ 10	20
9	18.5	10.7	QJX2-12	NR2-11.5	9 ~ 13	20
10	20	11.6	QJX2-12	NR2-11.5	9 ~ 13	20
11	22	12.8	QJX2-18	NR2-25	12 ~ 18	32
15	30	17.4	QJX2-18	NR2-25	12 ~ 18	32
18.5	37	21.5	QJX2-25	NR2-25	17 ~ 25	50
22	44	25.5	QJX2-32	NR2-36	23 ~ 32	63
25	52	30.2	QJX2-32	NR2-36	23 ~ 32	63
30	60	34.8	QJX2-40	NR2-93	30 ~ 40	80
33	68	39.5	QJX2-40	NR2-93	37 ~ 50	80
37	72	41.8	QJX2-50	NR2-93	37 ~ 50	100
40	79	45.8	QJX2-50	NR2-93	37 ~ 50	100
45	85	49.3	QJX2-50	NR2-93	48 ~ 65	100
51	98	56.3	QJX2-65	NR2-93	48 ~ 65	125
55	105	60.9	QJX2-65	NR2-93	48 ~ 65	125
59	112	65	QJX2-80	NR2-93	63 ~ 80	125
63	117	67.9	QJX2-80	NR2-93	63 ~ 80	125
75	138	80	QJX2-95	NR2-93	80 ~ 93	160
80	147	85.3	QJX2-95	NR2-93	80 ~ 93	160

5.3.2　磁力起动器

　　QC36 系列电磁起动器（以下简称起动器），主要适用于交流 50Hz（或 60Hz）、额定工作电压为 380V、额定工作电流为 100A 的电路中，用做控制三相笼型异步电动机，使其直接起动、停止和正反向运转，带有热过载继电器的起动器能对电动机的过载或断相起保护作用。其主要参数及技术性能见表 11.4-24。

型号及含义：

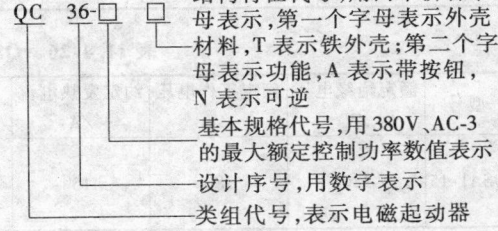

QC 36-□ □

结构特征代号，用两个拼音字母表示，第一个字母表示外壳材料，T 表示铁外壳；第二个字母表示功能，A 表示带按钮，N 表示可逆

基本规格代号，用 380V、AC-3 的最大额定控制功率数值表示

设计序号，用数字表示

类组代号，表示电磁起动器

表 11.4-24　主要参数及技术性能

配装的热过载 继电器型号	整定电流 范围/A	额定工作 电流 I_e/A	最大额定功率/kW AC-3		吸引线圈的消耗功率		连接导线 截面 /mm²	接地螺钉 最小尺寸 /mm
			380V	220V	起动	吸持		
JR36-20	0.25~0.35 0.32~0.5 0.45~0.72 0.68~1.1 1~1.6 1.5~2.4 2.2~3.5 3.2~5 4.5~7.2 6.8~11	10	4	2.2	65VA	11VA-5W	1.5	M4
JR36-20 （JR36-32）	6.8~11 10~16	20	10	5.8	140VA	22VA-9W	2.5	M4
JR36-63	14~22 20~32 28~45	40	20	11	230VA	32VA-12W	10	M6
JR36-63	28~45 40~63	60	30	17	485VA	95VA-26W	16	M6
JR36-160	40~63 53~85 75~120	100	50	28	760VA	105VA-27W	35	M6

5.3.3　手动起动器

手动起动器即用手直接操作起动、停止三相异步电动机（接通、分断电路）。表 11.4-25 所示为 KA0-5 型按钮式起动器技术数据。表 11.4-26 所示为 QSA1-15 手动起动器技术数据。

5.4　继电器

5.4.1　中间继电器

中间继电器主要用来使控制信号扩大、传给有关控制元件。JZ7 系列中间继电器主要用于交流 50Hz（派生后可用于 60Hz）、额定工作电压为 380V 或直流额定电压为 220V 的控制电路中，用来控制各种电磁线圈，以使信号扩大或将信号同时传给有关控制元

件。继电器触头组合形式见表 11.4-27，其主要参数及技术性能指标见表 11.4-28。

线圈额定控制电源电压 U_s 为：交流（50Hz）：12V、24V、36V、110V、127V、220V、380V 等。

动作范围：吸合电压为（85%～110%）U_s；释放电压为（20%～75%）U_s。

型号及含义：

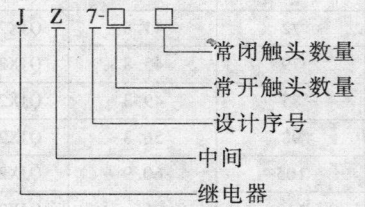

表 11.4-25　KA0-5 型按钮式起动器技术数据

型号	额定电压/V		额定电流 /A	触头数量		操作频率 /(次/h)	外形尺寸 /mm	安装尺寸 /mm		结构形式	生产厂
	交流	直流		常开	常闭						
KA0-5K	380	220	5	3	0	300	88×54×64	78	2×φ4.5	开启式	宁波银鸡 机床电器 有限公司
KA0-5H							100×54×69	78	2×φ4.5	保护式	
KA0-5B							74×48×64	62	2×φ4.5	开合式	

表 11.4-26　QSA1-15 手动起动器技术数据

型号	额定绝缘电压 /V	额定工作电压 /V	约定发热电流 /A	额定控制功率/kW （380V 电动机负载）	额定操作频次 /(次/10)	外形尺寸 /mm	安装尺寸 /mm	生产厂
QSA1-15	380	380	15	2.2	120	102×58×59	76×40 2×φ4.5	苏州机床 电器厂有 限公司

表 11.4-27　JZ7 系列继电器触头组合形式

型号	JZ7-44	JZ7-53	JZ7-62	JZ7-71	JZ7-80
常开触头数	4	5	6	7	8
常闭触头数	4	3	2	1	0

表 11.4-28　JZ7 系列继电器的主要参数及技术性能指标

使用类别	约定自由空气发热电流/A	额定工作电压/V	额定工作电流/A	控制容量	线圈消耗功率/VA	操作频率/(次/h)	电寿命次数×10	机械寿命次数×104
AC-15	5	380	0.47	180 VA	起动:75	1200	50	300
DC-13		220	0.15	33 W	吸持:13			

5.4.2　时间继电器

时间继电器用做延时元件按预定时间接通或分断电路之用，种类较多。NJS3 系列时间继电器主要用于交流频率 50Hz，额定控制电源电压为 220V 的控制电路中作为时间控制元件，按预定的时间接通或分断电路。其技术参数及主要性能见表 11.4-29。

型号及含义：

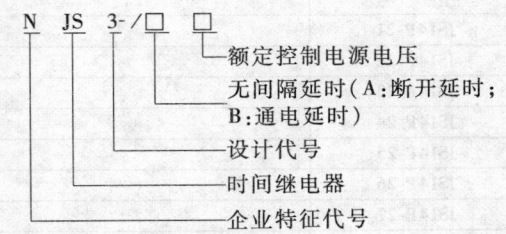

表 11.4-29　NJS3 系列时间继电器的主要参数及技术性能指标

型号	NJS3	NJS3-A	NJS3-B
工作方式	间隔延时	断开延时	通电延时
触头数量	延时 1 常开		
额定控制电源电压	AC 220V、AC 110V		
触头容量	U_e/I_e:AC-15 220V/3A，380V/1.9A；DC-13 24V/1.1A；Ith:16A		
电寿命	1×10^5 次		
机械寿命	1×10^6 次		
环境温度	$-5 \sim +40℃$		
延时范围	0.5～20min	5s、10s、30s、60s、120s、180s、360s、480s、5min、10min、30min、60min、120min、180min、360min、480min	
功耗	≤3VA		
安装方式	导轨式		
复位时间	≤1s		

JS14P 系列时间继电器适用于交流 50Hz，额定控制电源电压为 380V 及直流额定控制电源电压为 240V 的控制电路中的自动控制电路，作为延时元件，按所预定时间接通或分断电路。其技术参数见表 11.4-30，延时时间范围见表 11.4-31。

型号及含义：

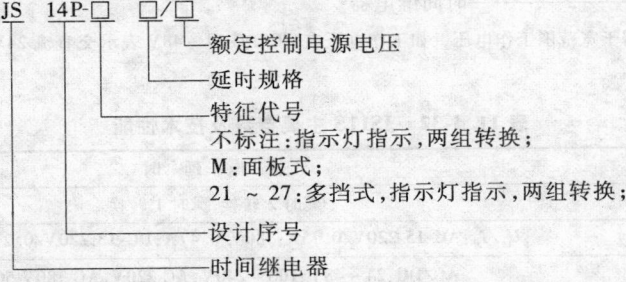

注：本产品部分型号适用于宽范围工作电压，如工作电压在 AC/DC 24～48V 表示交直流 24V 至 48V 的电压范围内都可以正常工作。

表 11.4-30　JS14P 系列时间继电器技术参数

工作方式	通 电 延 时
触头数量	延时 2 转换
触头容量	U_e/I_e：AC-15 220V/0.75A，380V/0.47A；DC-13 220V/0.27A；Ith：5A
工作电压	AC/DC：24 ~ 48V、100 ~ 240V，AC 220V，AC 380V 50Hz
电寿命	1×10^5
机械寿命	1×10^6
延时精度	≤1%
环境温度	− 5 ~ + 40℃
安装方式	装置式

表 11.4-31　延时范围

型　号	延　时　范　围
JS14P-21	0.1 ~ 9.9s、1 ~ 99s
JS14P-22	0.1 ~ 9.9s、10 ~ 990s
JS14P-23	1 ~ 99s、10 ~ 990s
JS14P-24	10 ~ 990s、1 ~ 99min
JS14P-25	0.1 ~ 99.9s、1 ~ 999s
JS14P-26	1 ~ 999s、10 ~ 9990s
JS14P-27	10 ~ 9990s、1 ~ 999min
JS14P JS14P-M	0.1 ~ 9.9s、0.1 ~ 99.9s、1 ~ 99s、1 ~ 999s、10 ~ 990s、0.1 ~ 9.9min、0.1 ~ 99.9min、1 ~ 99min、 1 ~ 999min、0.1 ~ 9.9h、0.1 ~ 99.9h、1 ~ 99h、1 ~ 999h

JS11S 系列时间继电器适用于交流 50Hz，额定控制电源电压 380V 及以下或直流额定控制电源电压 220V 及以下的控制电路中作延时元件，按预定的时间接通或分断电路。其主要参数及技术性能见表 11.4-32，延时范围见表 11.4-33。

型号及含义：

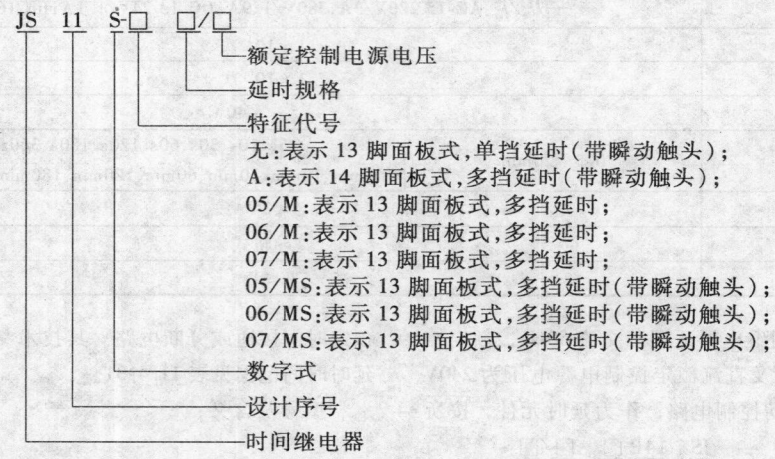

注：本产品部分型号适用于宽范围工作电压，如工作电压在 AC/DC 24 ~ 48V 表示交直流 24V 至 48V 的电压范围内都可以正常工作。

表 11.4-32　JS11S 主要参数及技术性能

工作方式	通 电 延 时
触头数量	延时 2 转换 瞬时 1 转换
触头容量	U_e/I_e：AC-15 220V/0.75A，380V/0.47A；DC-13 220V/0.27A；Ith：5A
工作电压	AC/DC：24 ~ 48V、100 ~ 240V，AC 220V，AC 380V 50Hz
电寿命	1×10^5

（续）

工作方式	通 电 延 时
机械寿命	1×10^6
延时精度	≤1%
环境温度	$-5 \sim +40℃$
功耗	≤3VA
安装方式	面板式

表 11.4-33 延时范围

型 号	延 时 范 围
JS11S	0.1～9.9s,0.1～99.9s,1～99s,1～999s,1～9999s,1s～9min59s,1s～99min59s,1～99min,1～999min, 1min～9h59min,1min～99h 59min,0.01～99.99s
JS11S-A	0.01～99.99s,1s～99min99s,1min～99h99min
JS11S-05/M	0.1～99.9s,1～999s
JS11S-06/M	1～999s,10～9990s
JS11S-07/M	10～9990s,1～999min

5.4.3 热继电器

热继电器在交流电动机中用来保护电动机断相及长时间过载。热继电器类型很多，JRS1 系列热过载继电器主要用于交流 50Hz/60Hz、电压至 690V，电流（0.1～80）A 的长期工作或间断长期工作的交流电动机的过载与断相保护，其技术数据见表 11.4-34，选型与订货数据见表 11.4-35。

表 11.4-34 JRS1 型热过载继电器技术数据

型号	JRS1-09～25	JRS1-40～80		
电流等级	25	80		
额定绝缘电压/V	690	690		
断相保护	有	有		
手动与自动复位	手动	手动		
温度补偿	有	有		
脱扣指示	有	有		
测试按钮	无	无		
停止按钮	有	有		
辅助触头	1NO+1NC	1NO+1NC		
AC-15 220V 额定电流/A	1.64	1.64		
AC-15 380V 额定电流/A	0.95	0.95		
DC-13 220V 额定电流/A	0.2	0.2		
安装方式	插入式、独立式	插入式、独立式		
导线截面积 mm²	1～4 M4	4～25 M8	1～4 M4	4～25 M8
	0.5～2.5	0.5～2.5	0.5～2.5	0.5～2.5 M3.5
				M3.5

表 11.4-35 JRS1 型热继电器选型与订货数据

型号	额定电流/A	相匹配熔断器规格（A）gG	相匹配接触器型号
JRS1-09～25Z	0.1～0.16	2	NC1/CJX2-09 NC1/CJX2-12 NC1/CJX2-18 NC1/CJX2-25 NC1/CJX2-32
	0.1～0.25	2	
	0.25～0.4	2	
	0.4～0.63	2	
	0.63～1	4	
	1～1.6	4	
	1.6～2.5	6	
	2.5～4	10	
	4～6	16	
	5.5～8	20	
	7～10	20	
	10～13	25	
	13～18	35	
	18～25	50	
JRS1-40～80/Z	23～32	63	NC1/CJX2-40 NC1/CJX2-50 NC1/CJX2-65
	30～40	100	
	38～50	100	
	48～57	125	
	57～66	125	
JRS1-40～80/F	63～80	160	63～80A 规格

JR36 系列热过载继电器，适用于交流 50Hz/60Hz、电压至 690V，电流 0.25～160A 的长期工作或间断长期工作的交流电动机的过载与断相保护。具有断相保护、温度补偿、自动与手动复位、产品性能稳定可靠。只有独立安装方式。该产品可与 CJT1 接触

器组成 QC36 型的电磁起动器。其技术数据见表 11.4-36，选型与订货数据见表 11.4-37。

表 11.4-36　JR36 系列热过载继电器技术数据

	JR36-20	JR36-63	JR36-160
额定工作电流/A	20	63	160
额定绝缘电压/V	690	690	690
断相保护	有	有	有
手动与自动复位	有	有	有
温度补偿	有	有	有
测试按钮	有	有	有
安装方式	独立式	独立式	独立式
辅助触头	1NO＋1NC	1NO＋1NC	1NO＋1NC
AC-15 380V 额定电流/A	0.47	0.47	0.47
DC-15 220V 额定电流/A	0.15	0.15	0.15
导线截面积/mm² 主回路	6.0～16 M6	1.0～6.0 M5	6.0～16 M6	16～70 M8
导线截面积/mm² 辅助回路	2×(0.5～1) M3	2×(0.5～1) M3	2×(0.5～1) M3	2×(0.5～1) M3

表 11.4-37　JS36 系列热继电器选型与订货数据

产品外观	额定电流/A	熔断器符合 IEC60947-4 A "1"型配合	"2"型配合	相匹配接触器型号
JR36-20	0.25～0.35	63	1.6	
	0.32～0.50	63	1.6	
	0.45～0.72	63	2	
	0.68～1.10	63	4	CJT1-10 及其他型号
	1.0～1.6	63	6	
	1.5～2.4	63	6	
	2.2～3.5	63	10	
	3.2～5.0	63	16	
	4.5～7.2	63	16	CJT1-20 及其他型号
	6.8～11	63	25	
	10～16	63	35	CJT1-40 及其他型号
	14～22	63	50	
	20～32	100	63	
JR36-63	14～22	160	50	
	20～32	160	63	CJT1-60 及其他型号
	28～45	160	100	
	40～63	160	160	
JR36-160	40～63	250	160	CJT1-100 及其他型号
	53～85	250	160	
	75～120	315	224	CJT1-160 及其他型号
	100～160	315	224	

5.4.4　计数器与计数继电器

计数器的功能是把电脉冲的数量用数字显示出来，适用于动作次数、产量、寿命试验等次数计数或转数计数。计数继电器的功能是当输入信号的计数与预先整定的次数一致时，即发出信号，使被控元件动作。

JDM1 系列计数继电器适用于交流频率 50Hz，额定控制电源电压为 380V 及直流额定控制电源电压为 240V 的控制电路中作计数或计数控制元件。其技术数据见表 11.4-38。

型号及含义：

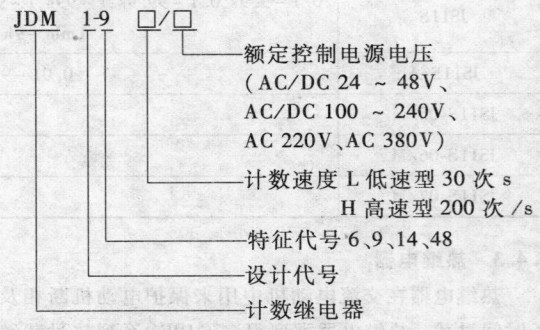

表 11.4-38　JDM1 系列计数继电器技术数据

工作电压	85%～110% 额定电压 AC 50Hz AC/DC 24～48V、AC/DC 100～240V、AC 220V、AC 380V
电寿命	$1×10^5$
机械寿命	$1×10^6$
输出方式	1 组转换触头
触头容量	U_e/I_e：AC-15 220V/0.75A，380V/0.47A；DC-13 220V/0.27A；Ith：3A
计数位数	4 位计数继电器
计数速度	30 次/s 或 200 次/s
计数方式	加（减计数可定制）
输入信号	触头输入、NPN 型传感器输入（PNP 型可定制）
输出模式	N
环境温度	－5～＋40℃
功耗	≤3VA
安装方式	面板式
外形尺寸/mm	W88×H76×L104
开孔尺寸/mm	W69×H69
停电记忆	10 年以上（可设定）

JDM1-6 电子式计数继电器适用于交流频率 50Hz，额定控制电源电压为 380V 及直流额定控制电

源电压为 240V 的控制电路中作计数或计数控制元件。其技术数据见表 11.4-39，表 11.4-40 所示为计数继电器产品参数。

型号及含义：

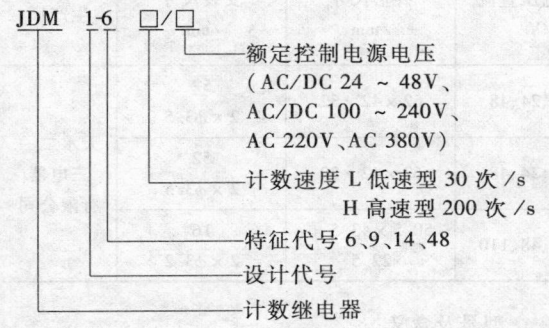

JDM 1-6 □/□

额定控制电源电压
（AC/DC 24 ~ 48V、
AC/DC 100 ~ 240V、
AC 220V、AC 380V）

计数速度 L 低速型 30 次 /s
H 高速型 200 次 /s

特征代号 6、9、14、48

设计代号

计数继电器

表 11.4-39　JDM1-6 电子式计数继电器技术数据

工作电压	85% ~ 110% 额定电压 AC 50Hz AC/DC 24 ~ 48V、AC/DC 100 ~ 240V、AC 220V、AC 380V
输出方式	无输出
计数位数	6 位计数器
计数速度	30 次 /s 或 200 次 /s
计数方式	加计数（减计数可定制）
输入信号	触头输入、NPN 型传感器输入（PNP 型可定制）
环境温度	- 5 ~ + 40℃
功耗	≤3VA
安装方式	面板式（配插座可实现导轨式安装）
外形尺寸/mm	W105 × H53 × L127
开孔尺寸/mm	W78 × H46
停电记忆	10 年以上

表 11.4-40　产品参数

产品型号		NJJ1	NJJ3	NJJ6	JDM15G	JDM1-6	JDM1-9	JDM1-14	JDM1-48
工作电压					AC 50Hz AC/DC 100 ~ 240V				
		DC 24V		DC 24V		AC 50Hz AC/DC 24 ~ 48V、AC 220V、AC 380V			
输出方式	转换触头		1 组		2 组	无		1 组	
	集电极开路输出	有		无	有		无		
	批处理输出	无	有			无			
触头容量		U_e/I_e：AC-15 220V/0.75A，380V/0.47A；DC-13 220V/0.27A；Ith：5A（NJJ1 不适用）				U_e/I_e：AC-15 220V/0.75A，380V/0.47A；DC-13 220V/0.27A；Ith：3A（-6 不适用）			
计数位数		4 位/8 位		6 位		6 位		4 位	
显示方式		双色 LED 显示		LCD 显示		LED 显示			
计数速度		1cps、30cps、1kcps			30cps、1kcps		30cps、200cps		
计数方式		加计数、减计数、加/减计数				加计数（减计数可定制）			
计数暂停		无	有			无			
输入信号		触头输入、NPN 型/PNP 型 传感器输入				触头输入、NPN 型传感器输入（PNP 型可定制）			
量值设定		0.01 ~ 9.99		0.001 ~ 99.999		无			
输出模式		N、F、C、R、K、P、Q、A			N、F、C、R	无		N	
输出时间		0.01 ~ 9.99s				无			
安装方式		面板式				面板式（-6、-14、-48 导轨式可定制）			
外形尺寸/mm		W58 × H48 × L97	W88 × H72 × L97	W58 × H48 × L97	W88 × H76 × L104	W105 × H53 × L127	W88 × H76 × L104	W54 × H106 × L118	W58 × H52 × L128
开孔尺寸/mm		W45.5 × H45.5	W69 × H69	W45.5 × H45.5	W69 × H69	W78 × H46	W69 × H69	W46 × H78	W45.5 × H45.5
停电记忆		10 年以上							

5.4.5　其他继电器

（1）JB1—12 型步进继电器　用于交、直流电路中，作为依次转换多信息的自动化元件，其技术数据见表 11.4-41。

表 11.4-41　JB1—12 型步进继电器技术数据

型号	步数	触排数	额定电压/V	额定电流/A	触头换接时间/ms	自动复位速度/(步/s)	工作电压直流/V	外形尺寸/mm	安装尺寸/mm	生产厂
JB—12/1			110	1			6、12、24、48	62×42×32	52 2×φ3.5	
JB—12/2	12	1	110	0.5	≤20	50	6、12、24、48	62×42×32	52 2×φ3.5	天水二一三电器有限公司
JB—12A			48	1			12、24、48、110	50.5×43.5×22.5	16 2×φ3.2	

（2）JZB0 系列电动机制动继电器　在三相异步电动机反接制动式能耗制动时，控制时间用。其技术数据见表 11.4-42。

（3）JW4、JW4-A/3 系列温度继电器　用于各种自动化装置中过热保护，其技术数据见表 11.4-43。

温度继电器是当外界温度达到给定值时而动作的继电器。它在电子电路图中的符号是"FC"。

JW4 温度继电器主要用于各种自动化生产中温度检测和控制及电动机、变压器、硅整流元件、轴承等的过热保护。继电器按检测温度部位数多少分为两种：JW4-1，检测一处温度部位数；JW4-3，检测三处温度部位数。其技术数据见表 11.4-44。

型号及含义：

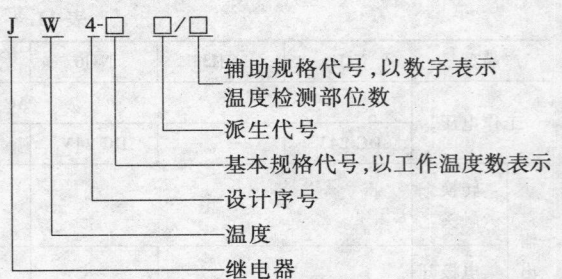

（4）YJ 系列压力继电器　可用于风动或润滑系统的压力变化检测并给出相应信息，压力调整靠放松或拧紧弹簧。其技术数据见表 11.4-45。

表 11.4-42　JZB0 系列电动机制动继电器技术数据

型号	制动时间/s	重复误差(%)	环境温度/℃	输出触头 数量 常开	输出触头 数量 常闭	输出触头 额定电压/V	输出触头 额定电流/A	输入方式	工作电压/V	外形尺寸/mm	安装尺寸/mm	生产厂
JZB0—A/1	0.1～1											
JZB0—A/3	0.3～3	±5	-30～+50	1	1	220	3	外接常开触头或外控常闭触头输入	127、220、380	85×62×92	54 2×φ4.5	沈阳二一三电器有限公司
JZB0—A/5	0.5～5											
JZB0—A/S	0.1S～S											

注：JZB0—A/S 型继电器的制动时间为：0.1s～s，其中，s≤30s，用户可以根据需要在订货时指明。

表 11.4-43　JW4、JW4-A/3 系列温度继电器技术数据

型号	检测温度部位数	整定温度/℃	整定温度误差/℃	输出触头 数量 NO	输出触头 数量 NO	输出触头 额定电压/V	输出触头 额定电流/A	工作电压/V	检测元件外形尺寸/mm	继电器外形尺寸/mm	继电器安装尺寸/mm
JW4-□A/3	3		±6			220	2.5	AC220	φ5×20	82×46×112	
JW4-□/1	1	60～150℃每隔5℃一个规格	±5	1	1	380	3	220;380	10×1.5×3	87×66×100	55 2×φ4.5
JW4-□/3	3										

注：□指工作温度，温度检测元件为热敏电阻。

表 11. 4-44　JW4 温度继电器技术数据

型号	温度检测部位数	整定温度（TFS）/℃	整定温度误差	输出方式（阻性）	寿命/次	控制电源电压	复位温度/℃	安装尺寸
JW4-1	1	60,65,70,75,80,85,90,95,100,105,110,115,120,125,130,135,140,145,150	±5℃	两对转换 AC 380V 3A	1 × 10⁵	AC 380V	−5	55 ± (0.15) 2 × φ4.5
JW4-3	3							

表 11. 4-45　YJ 系列压力继电器技术数据

型号	控制压力（大气压）①		输出触头					外形尺寸/mm	安装尺寸/mm	生产厂
	最大	最小	数量		额定电压/V	额定电流/A	分断容量/VA			
			常开	常闭						
YJ-0	2	1	1	1	380	3	80	φ80 × 153	M24 × 1.5	天津机床电器有限公司
YJ-1	6	2								

① 1 大气压 = 98066.5Pa。

5.5　功率电子开关

功率电子电路是以功率电子器件为基础的。功率电子电路的实质就是有效地控制功率电子器件合理工作，通过功率电子器件为负载提供大功率的输出。从这个角度上说，功率电子电路的核心就是功率电子器件，而电路的其余部分主要是围绕控制和保障功率电子器件正常工作而配置的。

功率器件通常工作于高电压、大电流的条件下，器件具备耐压高、工作电流大、自身耗散功率大的特点。这一要求使功率器件在器件结构、性能、工作参数和使用方法上均与普通电路使用的小功率电子器件存在一定的差别。

（1）功率器件基本分类

1）根据功率器件的开通与关断的可控性分类，可分为

不可控型器件：功率二极管。

半可控型器件：晶闸管（SCR）、双向晶闸管（TRIAC）等。

全可控型器件：双极型功率晶体管（GTR）、功率场效应晶体管（功率 MOSFET）、绝缘栅双极晶体管（IGBT）、门极关断（GTO）晶闸管、MOS 控制晶闸管（MCT）、静电感应晶体管（SIT）、集成门极换流晶闸管（IGCT）等。

2）根据功率器件开通与关断所要求的控制信号形式，可分为

电流控制型器件：双极型功率晶体管（GTR）、晶闸管（SCR）、双向晶闸管（TRIAC）、门极关断（GTO）晶闸管等。

电压控制型器件：功率场效应晶体管（功率 MOSFET）、绝缘栅双极晶体管（IGBT）、MOS 控制晶闸管（MCT）、静电感应晶体管（SIT）等。

（2）常用功率器件的性能比较　在功率电子电路的设计中，对功率器件的选择首先是考虑适用性，即功率器件能满足电路的技术要求；其次是考虑经济性，即功率器件的性价比。在此，对常用功率器件的主要性能进行比较，有利于综合比较功率器件的性能。

1）工作频率比较。常用功率器件中工作频率最高的是 SIT，其开关工作频率可达 3 ~ 10MHz，其次是功率 MOSFET，最高工作频率可达 3MHz，再次是 IGBT（50kHz）、SITH（40kHz）、GTR（30kHz）、MCT（20kHz）、GTO（10kHz）。这些数据仅是一个参考数据，功率器件在高速工作时，其开关频率除自身特性外，与驱动电路也是密切相关的，一定要在驱动电路的性能比较出色的情况下，其开关工作频率才可达到上述指标。

2）功率容量比较。目前，常用功率器件按最大可达到的功率容量从大至小排列为：GTO（6000V/6000A）、SITH（4500V/2200A）、MCT（3000V/1000A）、IGBT（2500V/1000A）、GTR（1800V/400A）、SIT（1500V/200A）、功率 MOSFET（1000V/100A）。

3）通态压降比较。按常用功率器件导通时的通态压降从大至小排列为：功率 MOSFET、SIT、SITH、

GTO、IGBT、GTR、MCT。需要说明的是，功率 MOSFET 在导通时呈电阻特性，其通态电阻与耐压值密切相关。若选择耐压值比较低的功率 MOSFET，在工作电流不太大时，其导通压降可能是上述功率器件中最低的；但当选择耐压值比较高的功率 MOSFET，在工作电流比较大时，其导通压降将是上述功率器件中比较高的。

4）控制难易程度比较。一般来说，电压控制型器件的控制比较容易，所需控制电路的控制电流比较小；电流控制型器件的控制困难一些，所需控制电路的控制电流比较大。但电压控制型器件中，SIT 属于常开型器件，需通过反向控制电压使其关断，故控制上较功率 MOSFET、IGBT 等电压控制型器件又困难一些。

功率器件的种类比较多，每种功率器件均有其长处，也有其短处，在功率电子电路设计时，要根据实际的需要多方面综合考虑，合理地进行器件选择。同一种类的器件又有很多型号，型号间的区别主要在于器件的工作参数的不同。功率器件的参数主要包括电压特性、电流容量、耗散功率、动态性能等。

进行功率电路设计，首先要熟悉每种类型功率器件的特点，在此基础上，根据负载情况和控制要求选择功率器件。一旦器件选定后，驱动电路必须在控制方式上、驱动能力上满足所选功率器件工作参数的要求，只有这样才能保证功率器件正常、可靠地工作。功率电子电路的实质就是有效地控制功率电子器件合理工作，通过功率电子器件为负载提供大功率的输出。

5.5.1 功率二极管

1. 功率二极管的结构和工作原理

功率二极管的基本结构、工作原理与普通的小功率二极管相同，都是由半导体 PN 结构成的，具有单向导电性，在电路中起正方向导通电流、反方向阻断电流的作用。功率二极管的电气符号如图 11.4-45a 所示。功率二极管的伏安特性曲线如图 11.4-45b 所示。由于功率二极管通常工作于大电流状态，在电流值达到额定电流时，工作点在伏安特性曲线的上端 A 点，其压降一般在 1.0～2.0V 之间。功率二极管所能承受的反向电压通常均比较高，为几百伏至几千伏，远高于普通二极管所能承受的反向电压。

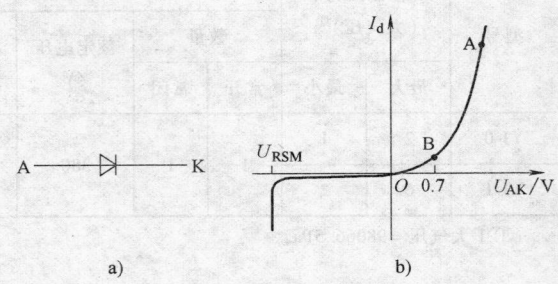

图 11.4-45　功率二极管的电气符号与伏安特性曲线
a）电气符号　b）伏安特性

2. 功率二极管的主要类型及用途

（1）普通功率二极管　普通功率二极管由于反向恢复时间 t_{rr} 比较长，$t_{rr} = 2 \sim 10 \mu s$，一般只能用于工频交流电的整流，故也称为整流二极管。例如：ZP300A 整流管，ZP200A 整流管，ZP50A 整流管等。特点：螺栓型金属陶瓷管壳封装，单面冷却。其技术数据见表 11.4-46，平板型整流二极管见表 11.4-47。

典型应用：变流器，相控整流，交直流电动机控制；有源和无源逆变，冶金，化工电解；电动机励磁，电镀，牵引及合闸电源；大功率整流器等。

表 11.4-46　螺栓型整流二极管

型号	正向平均电流 I_{FAV}/A	浪涌电流 I_{TSM}/A	正向峰值电压 V_{FM}/V	反向重复峰值电压 V_{RRM}/V	反向重复峰值电流 I_{RRM}/mA	结壳热阻 $R_{je}/(℃/W)$	工作结温 $T_j/℃$
ZP5A	5	7.9	≤1.6	100～2000	≤2	≤4.0	−40～150
ZP10A	10	16			≤5	≤2.5	
ZP20A	20	31			≤5	≤1.4	
ZP50A	50	79			≤15	≤0.6	
ZP100A	100	160	≤1.8	100～3000	≤15	≤0.3	
ZP200A	200	310			≤20	≤0.2	
ZP300A	300	470	≤2.0		≤30	≤0.11	

表 11.4-47　平板型整流二极管

型号	正向平均电流	浪涌电流	正向峰值电压	反向重复峰值电压	反向重复峰值电流	结壳热阻	工作结温
	I_{FAV}/A	I_{TSM}/A	V_{FM}/V	V_{RRM}/V	I_{RRM}/mA	$R_{jc}/(℃/W)$	$T_j/℃$
ZP200A	200	310			≤40	≤0.20	
ZP300A	300	470			≤40	≤0.11	
ZP500A	500	790			≤60	≤0.095	
ZP800A	800	1300			≤60	≤0.068	
ZP1000A	1000	1600			≤60	≤0.042	
ZP1500A	1500	2400	≤2.0	50～3000	≤70	≤0.034	−40～150
ZP2000A	2000	3100			≤80	≤0.021	
ZP2500A	2500	4000			≤100		
ZP3000A	3000	4700			≤100	≤0.020	
ZP3500A	3500	5500			≤100		
ZP4000A	4000	6200			≤100		
ZP5000A	5000	7900			≤100	≤0.011	

（2）快恢复和超快恢复二极管　快恢复二极管的反向恢复时间 t_{rr} 为几十至几百纳秒，超快恢复二极管的反向恢复时间 t_{rr} 为几纳秒。由于快恢复和超快恢复二极管的反向恢复时间很短，在功率电路中应用广泛，可用于高频开关电源的整流、功率器件的保护等方面。西门康产品的技术数据见表 11.4-48。

表 11.4-48　西门康快恢复二极管技术数据

西门康快恢复二极管模块（SKKD：二极串联；SKMD：二极管共阴；SKND：二极管共阳）			
型号（1U 快恢复二极管）	技术指标	型号（1U 快恢复二极管）	技术指标
SKKE41(12)(16)	40A/1200V(1600V)/1U	SKKE91/04	90A/400V/1U
SKKE81(12)(16)	81A/1200V(1600V)/1U	SKKE81/04	80A/400V/1U
SKKE120F16(16)	120A/1600V/1U	SKKE400F12(16)	400A/1200V(1600V)/1U
SKKE165M80	165A/800V/1U	SKKE600F12(16)	600A/1200V(1600V)/1U
SKKE301F12(16)	300A/1200V(1600V)/1U	SKN60F12	60A/1200V/1U
SKKE330F16	330A/1600V/1U	SKR60F12	60A/1200V/1U
型号（2U 快恢复二极管）	技术指标	型号（2U 快恢复二极管）	技术指标
SKKD42F12(16)	40A/1200V(1000V)/2U	SKMD42F12(16)	42A/600V(1000V)/2U
SKKD50E/04	50A/400V/2U	SKMD105F12(16)	105A/600V(1600V)/2U
SKKD60F17	60A/1700V/2U	SKMD150F12(16)	150A/1200V(1600V)/2U
SKKD75F12	75A/1200V/2U	SKMD202E/30	202A/300V/2U
SKKD90F160	90A/1600V/2U	SKND42F12(16)	42A/1200V(1600V)/2U
SKKD105F12(16)	105A/1200V(1000V)/2U	SKND50E40	50A/400V/2U
SKKD150F12(16)	150A/1200V(1000V)/2U	SKND105F12	105A/1200V/2U
SKKD170F12(16)	170A/1200V(1000V)/2U	SKND150F/12(16)	150A/1200V(1600V)/2U
SKKD160M08(16)	160A/1200V(1000V)/2U	SKND202E30	202A/300V/2U

（3）肖特基二极管　将轻掺杂的 N 型半导体与金属（如铝）紧密接触时，在接触面两边也会产生与 PN 结类似的势垒区，称为肖特基结。肖特基结同样也具有单向导电性，将金属侧作为阳极、半导体侧作为阴极，就构成了肖特基势垒二极管，简称肖特基二极管。肖特基二极管的结构如图 11.4-46 所示。

肖特基二极管仅用一种载流子（电子）参与导电，在势垒的外侧无过剩的少数载流子的积累，因此它的电荷储存效应大大降低了，其反向恢复时间 t_{rr} 可缩短至 10ns 以内。肖特基二极管正向导通时的压降

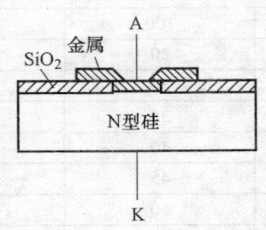

图 11.4-46　肖特基二极管结构

通常仅为普通二极管的 1/2～1/3，故小信号肖特基二极管的正向导通压降约为 0.3V，功率肖特基二极管在

以额定大电流工作时，正向导通压降也在 1V 以下，这使其在电路中的功率损耗远低于普通二极管。

但肖特基二极管的反向耐压值比较低，一般在 100V 以内。反向漏电流也比普通二极管大得多。

由于功率肖特基二极管的上述特点，它一般用于高频开关电源的整流，特别是低电压、大电流输出的开关电源，可以有效地提高开关电源的效率。其产品技术数据见表 11.4-49。

表 11.4-49   肖特基二极管技术数据

型号	最大反向峰值电压 /V	平均正向电流 $I_{F(AV)}$/A	温度 /℃	重复峰值浪涌电流 I_{FSM}/A	最高反向电流 I_R/mA	最大正向电压		封装
						I_{FM}/A	V_{FM}/V	
MBR730	30	7.5	125	150	0.1	15	0.84	TO-220AC
MBR735	35	7.5	125	150	0.1	15	0.84	
MBR740	40	7.5	125	150	0.1	15	0.84	
MBR745	45	7.5	125	150	0.1	15	0.84	
MBR760	60	7.5	125	150	0.5	7.5	0.75	
MBR1020	20	10.0	125	150	0.1	20.0	0.84	
MBR1030	30	10.0	125	150	0.1	20.0	0.84	
MBR1035	35	10.0	125	150	0.1	20.0	0.84	
MBR1040	40	10.0	125	150	0.1	20.0	0.84	
MBR1045	45	10.0	125	150	0.1	20.0	0.95	
MBR1060	60	10.0	125	150	0.15	20.0	0.95	
MBR1080	80	10.0	125	150	0.15	10.0	0.84	
MBR10100	100	10.0	125	150	0.15	10.0	0.84	
MBR1030CT	30	10.0	105	125	0.1	5.0	0.7	
MBR1035CT	35	10.0	105	125	0.1	5.0	0.7	
MBR1040CT	40	10.0	105	125	0.1	5.0	0.7	
MBR1045CT	45	10.0	105	125	0.1	5.0	0.7	
MBR1050CT	50	10.0	105	125	0.1	5.0	0.8	
MBR1060CT	60	10.0	105	125	0.1	5.0	0.8	
MBR1080CT	80	10.0	100	120	0.1	5.0	0.85	
MBR10100CT	100	10.0	100	120	0.1	5.0	0.85	
MBRB1030CT	30	10.0	95	125	0.5	5.0	0.55	D 2-PACK
MBRB1035CT	35	10.0	95	125	0.5	5.0	0.55	
MBRB1040CT	40	10.0	95	125	0.5	5.0	0.55	
MBRB1045CT	45	10.0	95	125	0.5	5.0	0.55	
MBR1520	20	15	125	150	0.2	16	0.63	TO-220AC
MBR1530	30	15	125	150	0.2	16	0.63	
MBR1535	35	15	125	150	0.2	16	0.63	
MBR1540	40	15	125	150	0.2	16	0.63	
MBR1545	45	15	125	150	0.2	16	0.63	
MBR1560	60	15	125	150	0.2	15	0.75	
MBR1580	80	15	125	150	0.2	15	0.84	
MBR15100	100	15	125	150	0.2	15	0.84	
MBR1520CT	20	15	125	150	0.1	15	0.84	TO-220AB
MBR1530CT	30	15	125	150	0.1	15	0.84	
MBR1535CT	35	15	125	150	0.1	15	0.84	
MBR1540CT	40	15	125	150	0.1	15	0.84	
MBR1545CT	45	15	125	150	0.1	15	0.84	
MBR1560CT	60	15	125	150	1.0	15	0.9	
MBRB1520CT	20	15	125	150	0.1	15	0.84	D 2-PACK
MBRB1530CT	30	15	125	150	0.1	15	0.84	
MBRB1535CT	35	15	125	150	0.1	15	0.84	
MBRB1540CT	40	15	125	150	0.1	15	0.84	

（续）

型号	最大反向峰值电压 /V	平均正向电流 $I_{F(AV)}$/A	温度 /℃	重复峰值浪涌电流 I_{FSM}/A	最高反向电流 I_R/mA	最大正向电压		封装
						I_{FM}/A	V_{FM}/V	
MBRB1545CT	45	15	125	150	0.1	15	0.84	D 2-PACK
MBRB1560CT	60	15	125	150	0.1	16	0.75	
MBRB1580CT	80	15	125	150	0.1	16	0.84	
MBRB15100CT	100	15	125	150	0.1	16	0.84	
MBR1620	20	16	125	150	0.2	16	0.63	TO-220AC
MBR1630	30	16	125	150	0.2	16	0.63	
MBR1635	35	16	125	150	0.2	16	0.63	
MBR1640	40	16	125	150	0.2	16	0.63	
MBR1645	45	16	125	150	0.2	16	0.63	
MBR1660	60	16	125	150	1.0	16	0.75	
MBR2020	20	20	135	150	0.1	20	0.63	
MBR2030	30	20	135	150	0.1	20	0.63	
MBR2035	35	20	135	150	0.1	20	0.63	
MBR2040	40	20	135	150	0.1	20	0.63	
MBR2045	45	20	135	150	0.1	20	0.63	
MBR2060	60	20	135	150	0.1	20	0.75	
MBR2080	80	20	135	150	0.1	20	0.84	
MBR20100	100	20	135	150	0.1	20	0.84	
MBR2020CT	20	20	120	150	0.1	10.0	0.7	
MBR2030CT	30	20	120	150	0.1	10.0	0.7	
MBR2035CT	35	20	120	150	0.1	10.0	0.7	
MBR2040CT	40	20	120	150	0.1	10.0	0.7	
MBR2045CT	45	20	120	150	0.1	10.0	0.7	
MBR2060CT	60	20	120	150	0.1	10.0	0.8	
MBR2080CT	80	20	120	150	0.1	10.0	0.85	
MBR20100CT	100	20	120	150	0.1	10.0	0.85	
MBRB2020CT	20	20	125	150	0.1	20.0	0.84	D 2-PACK
MBRB2030CT	30	20	125	150	0.1	20.0	0.84	
MBRB2035CT	35	20	125	150	0.1	20.0	0.84	
MBRB2040CT	40	20	125	150	0.1	20.0	0.84	
MBRB2045CT	45	20	125	150	0.1	20.0	0.84	
MBRB2060CT	60	20	125	150	0.1	10.0	0.8	
MBRB2080CT	80	20	125	150	0.1	10.0	0.77	
MBRB20100CT	100	20	125	150	0.1	10.0	0.77	
MBRF2035CT	35	20	135	150	0.1	20.0	0.84	TO-220AB
MBRF2045CT	45	20	135	150	0.15	20.0	0.95	
MBRF2050CT	50	20	135	150	0.1	20.0	0.84	
MBRF2060CT	60	20	135	150	0.15	20.0	0.95	
MBR2520	20	25	130	150	0.2	25	0.63	TO-220AC
MBR2530	30	25	130	150	0.2	25	0.63	
MBR2535	35	25	130	150	0.2	25	0.63	
MBR2540	40	25	130	150	0.2	25	0.63	
MBR2545	45	25	130	150	0.2	25	0.63	
MBR2560	60	25	130	150	0.2	25	0.75	
MBR2580	80	25	130	150	0.2	25	0.84	
MBR25100	100	25	130	150	0.2	25	0.84	

5.5.2　双极型功率晶体管

双极型功率晶体管又称巨型晶体管（Giant Transistor，GTR），一般将耗散功率为1W以上的晶体管称为功率晶体管。

1. 功率晶体管的结构和工作原理

功率晶体管的基本结构、工作原理与普通的小功率晶体管是类似的，都是三层半导体，两个PN结的三端器件，也分为NPN型和PNP型两种类型。功率晶体管的电气符号与普通晶体管也一样，如图11.4-47所示。

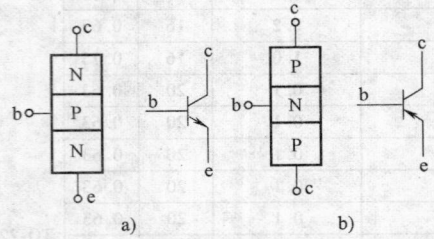

a)　　　　　　　b)

图11.4-47　双极型功率晶体管结构与电气符号

a) NPN型　b) PNP型

功率晶体管的PN结面积较大，因此过电流能力大大增强了，且可以有较大的耗散功率。功率晶体管的导通和截止均可通过对基极控制来实现，因此，功率晶体管是全可控型器件。

2. 达林顿功率晶体管

单管的功率晶体管电流放大倍数低，给驱动电路造成了很大的负担。采用达林顿结构的复合晶体管是提高器件电流增益的一种有效方法。达林顿结构的复合晶体管通常由两个或三个晶体管复合而成，由两个晶体管构成的达林顿晶体管结构如图11.4-48所示。图中，晶体管 T_1 称为驱动管，晶体管 T_2 称为输出管。达林顿晶体管内的电阻 R_1、R_2 构成泄放电路，用于在晶体管由导通转为截止时，为 T_1、T_2 的基极过剩电荷提供快速消散的通道，同时也可提高达林顿晶体管的温度稳定性。二极管 D_1 用于防止在开关动作过程中，T_1、T_2 的集电极—发射极被反向电压击穿。有些达林顿晶体管内部还加有二极管 D_2，如图11.4-48b所示，二极管 D_2 的作用为在对达林顿晶体管的基极进行反向驱动时，使 T_2 的基极过剩电荷经 D_2 快速释放，加速达林顿晶体管的整体截止速度。

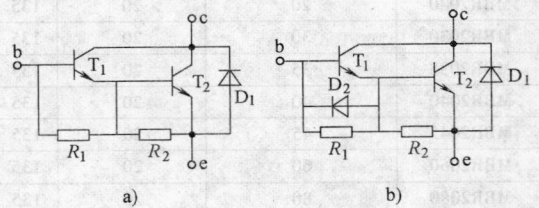

a)　　　　　　　　　b)

图11.4-48　达林顿晶体管的内部结构

a) 加二极管 D_1　b) 加二极管 D_1、D_2

达林顿晶体管的整体电流增益是其所包含的两个或三个晶体管各自增益的乘积，其电流增益 β 值一般在几十至三千之间。但在大电流情况下，β 值同样会大幅度下降，通过最大允许电流时的 β 值比通过 1/2 额定电流值时的电流增益要小很多。

三菱GTR产品技术数据见表11.4-50。

表11.4-50　三菱GTR产品技术数据

型号(1U 600V)GTR	技术指标	型号(1U 600V)GTR	技术指标
QM15HA-H	15A/600V/1U	QM200HC-M	200A/350V/1U
QM20HA-HB	20A/600V/1U	QM300HC-M	300A/350V/1U
QM30HA-H(HB)	30A/600V/1U	型号(1U 1000/1200V)/GTR	技术指标
QM50HE(HG)-H	50A/600V/1U	QM5HG-24	5A/1200V/1U
QM50HC-HE	50A/600V/1U	QM10HB-2H	10A/1000V/1U
QM50HA-H(HB)	50A/600V/1U	QM30HQ-24	30A/1200V/1U
QM75HA-H	75A/600V/1U	QM30HC-2H	30A/1000V/1U
QM100HA-H	100A/600V/1U	QM30HY-2H	30A/1000V/1U
QM75E1Y-H	75A/600V/1U	QM50HY-2H	50A/1000V/1U
QM100HY-H	100A/600V/1U	QM100HY-2H	100A/1000V/1U
QM150HY-H	150A/600V/1U	QM150HY-2H	150A/1000V/1U
QM200HA-H	200A/600V/1U	QM200HA-2H(24)(B)	200A/1000V/(1200V)/1U
QM200HH-H	200A/600V/1U	QM300HA-2H(24)(B)	300A/1000V/(1200V)/1U
QM300HA-H(HB)	300A/600V/1U	QM400HA1-2H	400A/1000V/1U
QM300HH-H	300A/600V/1U	QM400HA-2H(24)(B)	400A/1000V/(1200V)/1U
QM400HA-H	400A/600V/1U	QM600HA-2H(24)(B)	600A/1000V/(1200V)/1U
QM500HA-H	500A/600V/1U	QM800HA-2H(24)(B)	800A/1000V/(1200V)/1U
QM600HD-M	600A/400V/1U	QM1000HA-2H(24)(B)	1000A/1000V/(1200V)/1U
QM100HC-M	100A/350V/1U	型号(2U 600V)GTR	技术指标
		QM30DY-H(HB)	30A/600V/2U
		QM50DY-H(HB)	50A/600V/2U

（续）

型号（2U 600V）GTR	技术指标	型号（2U 1000/1200V）GTR	技术指标
QM75D1X-H	75A/600V/2U	QM150DY-2H（24）（B）	150A/1000V（1200V）/2U
QM75DY-H（HB）	75A/600V/2U	QM200DY-2H（24）（B）	200A/1000V（1200V）/2U
QM100DY-H（HB）	100A/600V/2U	QM200DY1-24	200A/1200V/2U
QM150DY-H（HB）	150A/600V/2U	QM300DY-2H（24）（B）	300A/1000V/（1200V）/2U
QM200DY-H（HB）	200A/600V/2U	QM10E3Y-2HB	10A/1000V/2U
QM300DY-H（HB）	300/600V/2U	QM30E2Y（E3Y）-2H（24）	30A/1000V/（1200V）/2U
QM30E2Y（E3Y）-H	30A/600V/ 单臂斩波	QM50E2Y（E3Y）-2H（24）	50A/1000V/（1200V）/2U
QM50E2Y（E3Y）-H	50A/600V	QM75E2Y（E3Y）-2H（24）	75A/1000V/（1200V）/2U
QM75E2Y（E3Y）-H	75A/600V	QM100E2Y（E3Y）-2HK（24）	100A/1000V/（1200V）/2U
QM100E2Y（E3Y）-H	100A/600V	QM150E2Y（E3Y）-2HK（24）	150A/1000V/（1200V）/2U
QM200E2Y（E3Y）-HB	200A/600V	型号（6 单元 600V）GTR	技术指标
QM150E2Y（E3Y）-H	150A/600V	QM10KD1-H	10A/600V/6U
QM15DX-H	15A/600V/2U	QM10TD-H	10A/600V/6U
QM20DX-H	20A/600V/2U	QM15TD-H（HB）（9）（9B）	15A/600V/6U
QM30DX-H	30A/600V/2U	QM20TD-H（HB）（9）（9B）	20A/600V/6U
QM50DX-H	50A/600V/2U	QM20TB-H	20A/600V/6U
QM75DX-H	75A/600V/2U	QM30TB-9	30A/600V/6U
QM100DQ-H	100A/600V/2U	QM30TF-H（HB）	30A/600V/6U
QM100DX-H	100A/600V/2U	QM30TB1-H	30A/600V/6U
QM120DX-H	120A/600V/2U	QM30TH-HB	30A/600V/6U
QM150DX-H	150A/600V/2U	QM50TF-H（HB）	50A/600V/6U
QM150DH-H	150A/600V/2U	QM75TF-H（HB）	75A/600V/6U
QM200DP-H	200A/600V/2U	QM100TF-H（HB）	100A/600V/6U
QM30CY-H	2 单元对管 30A/600V	QM50TX-H（HB）	50A/600V/6U
QM50CY-H	2 单元对管 50A/600V	QM75TX-H（HB）	75A/600V/6U
QM75CY-H	2 单元对管 75A/600V	QM100TX-H（HB）	100A/600V/6U
QM100CY-H	2 单元对管 100A/600V	QM100TX1-HB	100A/600V/6U
QM150CY-H	2 单元对管 150A/600V	型号（6U 1000/1200V）GTR	技术指标
型号（2U 1000/1200V）GTR	技术指标	QM15TB-2H（2HB）	15A/1000V（1200V）/6U
QM15DX-2H（24）	30A/1000V（1200V）/2U	QM15TB-24（24B）	15A/1200V/6U
QM30DY-2H（24）	30A/1000V（1200V）/2U	QM30TB-24（24B）	30A/1200V/6U
QM50DY-2H（24）（B）	50A/1000V（1200V）/2U	QM30TB-2H（2HB）	30A/1000V/6U
QM75DY-2H（24）（B）	75A/1000V（1200V）/2U	QM50TB-2H（2HB）	50A/1000V/6U
QM100DY-2H（24）（B）	100A/1000V（1200V）/2U	QM50TB-24（24B）	50A/12000V/6U

5.5.3　功率场效应晶体管

　　功率场效应晶体管（Power MOSFET）是在小功率场效应晶体管（Metal Oxide Semiconductor Field-Effect Transistor，MOSFET）技术基础上发展成熟的一种大功率单极型的电压控制型器件，在功率电路中占有重要的地位。

　　1. 功率 MOSFET 的结构和工作原理

　　功率 MOSFET 的工作原理与普通的小功率 MOS-FET 是类似的，也分为 N 沟道、P 沟道两大类，每个大类又有增强型和耗尽型两种，但在功率电子电路中，通常主要使用增强型的功率 MOSFET。

　　功率 MOSFET 的基本结构与小功率 MOSFET 有较大区别。小功率 N 沟道 MOSFET 的结构如图 11.4-49 所示。小功率 MOSFET 是一次扩散形成的器件，即在

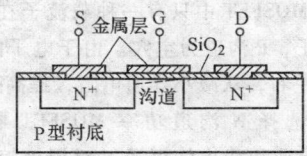

图 11.4-49　小功率 N 沟道 MOSFET 结构

P 型衬底上一次扩散出两个 N⁺型区分别作为源极 S 和漏极 D 而构成，其导电沟道平行于硅片表面，为横向导电形式，沟道窄而长，导电电阻大。

　　功率 MOSFET 采用二次扩散技术，在结构上多采用垂直导电形式，沟道截面积大而且短，导电电阻小。按结构形式的不同，功率 MOSFET 有 VVMOSFET 和 VDMOSFET 两种。N 沟道 VVMOSFET 的结构形式如图 11.4-50 所示。其二次扩散技术是在重掺杂 N⁺型硅片上衍生出一个高阻 N⁻层，N⁺型区和 N⁻型区共同作为功率 MOSFET 的漏极。N⁻型区在工作时成为高阻漂移区，该层的电阻率及外延厚度决定器件的耐压水平。在 N⁻层上通过 P 型扩散形成一个 P 型层，然后再在 P 型层上进行 N 型扩散形成一个 N⁺型区。通过 P 型和 N 型两次扩散，使硅片上形成了 N⁺N⁻PN⁺结构，扩散形成的 P 型区相当于衬底，二次扩散形成的 N⁺型区则作为源极。VVMOSFET 为充分使用硅片面积，通过 V 型栅极实现垂直沟道，以使器件具备大的电流容量。

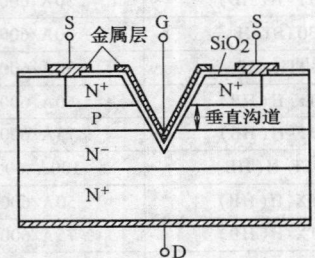

图 11.4-50　　N 沟道功率 VVMOSFET 的结构

　　VDMOSFET 采用多胞结构，即在 VDMOSFET 内部包含了众多并联的 VDMOSFET 小单元，其中一个小单元的结构型式如图 11.4-51 所示。

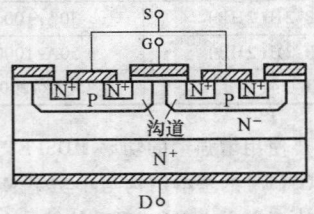

图 11.4-51　　N 沟道功率 VDMOSFET 的结构

　　在功率 MOSFET 中只有一种载流子在进行导电，N 沟道为电子，P 沟道为空穴。由于电子的迁移率比空穴高 3 倍左右，从减小导通电阻，提高速度方面考虑，应尽量选择 N 沟道功率 MOSFET 器件。功率 MOSFET 的导通和截止均可通过对栅极控制来实现，因此，称为全可控型器件。

2. 功率 MOSFET 的安全工作区

　　（1）正向偏置安全工作区　功率 MOSFET 没有二次击穿问题，因此，它的安全工作区主要由最大漏极电流 I_D、漏源击穿电压 BU_{DS} 最大耗散功率 P_D 决定。图 11.4-52 所示为功率 MOSFET 安全工作区的范围，它是由 4 条边界极限所包围的区域。其中 A 是最大漏源电压线，B 是最大耗散功率线，C 是最大漏极电流线，D 是漏源通态电阻线。图中内圈曲线所包围的区域是功率 MOSFET 在直流工作时的安全工作区，外圈曲线所包围的区域则是功率 MOSFET 在脉冲信号下的安全工作区，曲线上所标注的时间是脉冲信号的周期。

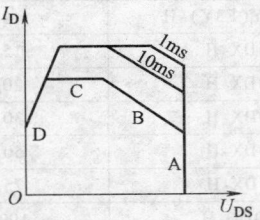

图 11.4-52　　功率 MOSFET 的安全工作区

　　（2）开关安全工作区　开关安全工作区是功率 MOSFET 在以开关方式工作时的极限范围，它由漏极最大允许电流 I_{DM}，漏极击穿电压 BU_{DS} 和最大结温 T_{JM} 决定。只要功率 MOSFET 的工作电流、电压和 PN 结的结温不超过这三个参数所限定的范围，便可安全工作。

　　此外，在由功率 MOSFET 构成开关电路时，漏源电压的上升率 dU/dt 也应加以限制，过高的漏源电压上升率将可能引起开关电路出现下列问题：

　　1）在功率 MOSFET 由开通切换至关断时，漏极上过高电压上升率 dU/dt 可通过极间电容 C_{GD} 耦合到栅极，造成功率 MOSFET 的误导通，从而使开关动作过程延长，性能变差。这种情况可通过降低栅源间阻抗来克服，特别应防止利用将栅极开路的方式来关断功率 MOSFET。

　　2）功率 MOSFET 器件上存在寄生的反向二极管，这一体内二极管与普通二极管一样存在反向恢复电流。当功率 MOSFET 由开通切换至关断时，体内二极管一方面要承受很高的反向电压，一方面又有较大的瞬间反向恢复电流，有可能使它出现瞬间过热，造成雪崩击穿。

　　因此，在电路中应根据需要配置缓冲电路，以避免过高的电压上升率 dU/dt 的出现。

3. 功率 MOSFET 的技术特点

　　通过对功率 MOSFET 的技术分析，可归纳出如下特点：

1）功率 MOSFET 是用栅极电压来控制漏极电流的电压控制型器件，因此在静态时，驱动电流很小，栅极几乎不消耗功率。但功率 MOSFET 的栅极存在一个比较大的输入电容，在作为开关器件时，为保证可对输入电容进行快速充、放电，还是要求驱动电路有足够的驱动能力。

2）功率 MOSFET 的热稳定性优于双极型功率晶体管 GTR。功率 MOSFET 具有正的温度系数，当结温升高时，通态电阻增大，有自限流的作用，而 GTR 的温度系数是负的，热稳定性较差。

3）多只同参数的功率 MOSFET 可以并联使用，通过其正的温度系数，多只管子之间具有自动均流的能力，而这是功率晶体管 GTR 不具备的。

4）功率 MOSFET 中只有多数载流子参与导电，不存在功率晶体管 GTR 中少数载流子的存储效应，因此开关速度快，工作频率高，是目前所有功率器件中工作频率最高的器件之一。

5）漏源击穿电压 BU_{DS} 低的功率 MOSFET 的通态电阻比较小，而漏源击穿电压 BU_{DS} 高的功率 MOSFET 的通态电阻也比较大，因此在高电压、大电流的工作环境下，功率 MOSFET 的使用受到了限制。功率 MOSFET 在开关工作方式下，其导通时的工作特性处于可调电阻区，器件呈现出电阻特性。这个通态电阻虽然比较小，但在大电流的条件下，依然会产生出较高的管压降，使功率 MOSFET 有较高的自身功耗。而功率晶体管 GTR 在饱和导通时，其管压降与电流的关系并不是线性的，随着电流的增长，GTR 管压降上升的幅度要低于功率 MOSFET。因此在高电压、大电流环境下，GTR 的自身功耗低于功率 MOSFET。

三菱功率 MOSFET 产品技术数据见表 11.4-51。

表 11.4-51　三菱功率 MOSFET 产品技术数据

型　　号	漏极源极间电压 V_{DSS}/V	漏极电流 I_D/A	绝缘耐压 /V	漏极损耗 P_D/W
FM200TU-07A	75	100	2500	560
FM200TU-2A	100	100	2500	560
FM200TU-3A	150	100	2500	560
FM400TU-07A	75	200	2500	880
FM400TU-2A	100	200	2500	880
FM400TU-3A	150	200	2500	880
FM600TU-07A	75	300	2500	1300
FM600TU-2A	100	300	2500	1300
FM600TU-3A	150	300	2500	1300

5.5.4　绝缘栅双极晶体管

绝缘栅双极晶体管（insulated gate bipolar transistor，IGBT）是 20 世纪 80 年代出现的一种新型复合电子器件，这些年发展非常迅速。

1. IGBT 的结构和工作原理

IGBT 是一种复合型电子器件，它以功率 MOSFET 作为输入级，双极型功率晶体管（GTR）作为输出级。功率 MOSFET 是电压控制型器件，具有开关速度快、输入阻抗高、驱动方便等特点，但耐压值高的功率 MOSFET 通态电阻较大，难以制成高电压、大电流型器件；双极型功率晶体管（GTR）是电流控制型器件，其通态压降低、可通过的电流密度高，可用于高电压、大电流工作环境，但它的电流放大倍数低，基极控制电流大，开关速度低，使用比较困难。IGBT 将二者集成在一起，以功率 MOSFET 作为输入级，双极型功率晶体管（GTR）作为输出级，充分利用了二者的优点，抑制了二者的缺点，构成了一种性能良好、使用方便的功率器件。

IGBT 的基本结构、电气符号如图 11.4-53 所示。IGBT 的结构与功率 MOSFET 十分相似，其上部就是一个功率 MOSFET，只是在硅片底部增加了一个 P_2^+ 型区，此 P_2^+ 型区与上面的 N_2^+ N_2^- 型区以及 P_1 型区构成了一个厚基区的 PNP 型双极型晶体管。IGBT 的一条引出线分别称为栅极 G、发射极 E 和集电极 C。

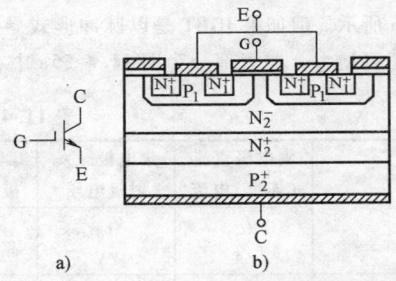

图 11.4-53　IGBT 的电气符号和内部结构

a）电气符号　b）内部结构

根据 IGBT 的结构可得出它的等效电路，如图 11.4-54 所示。IGBT 的 $N_2^+ N_2^- P_1 N_1^+$ 区构成了垂直沟道的功率 MOSFET 管 T_1，$P_2^+ N_2^+ N_2^- P_1$ 区构成了一个 PNP 型双极型功率晶体管 T_2，此晶体管的基区就是功率 MOSFET 的漏极。

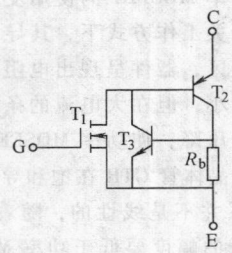

图 11.4-54 IGBT 结构

此外，$N_1^+ P_1 N_2^- N_2^+$ 区还等效为一个 NPN 型的寄生晶体管 T_3，N_2^- 区由于电阻比较大，可等效为一个小的体区电阻 R_b。

由 IGBT 的等效电路可见，当在器件的集电极 C 和发射极 E 之间加正向电压时，器件的导通情况由功率 MOSFET 管 T_1 控制：

1）若 T_1 的栅极电压 U_G 小于开启电压 $U_{GE(th)}$ 时，T_1 截止，使双极型功率晶体管 T_2 也截止，IGBT 呈正向阻断状态。

2）若 T_1 的栅极电压大于开启电压 $U_{GE(th)}$，T_1 导通，从而使 T_2 也导通，IGBT 呈正向导通状态。IGBT 中的等效体区电阻 R_b 的阻值很小，在正常情况下，它产生的压降不会使寄生晶体管 T_3 导通，因此，正常情况下 T_3 的存在对 IGBT 的工作不会产生影响。

IGBT 的导通和截止均可通过对栅极 G 的电压控制来实现，因此，称为全可控型器件。

2. IGBT 的安全工作区

（1）正向偏置安全工作区 IGBT 开通时对应的安全工作区称为正向偏置安全工作区，它由集电极最大允许电流 I_{CM}、集电极—发射极击穿电压 U_{CES} 和最大耗散功率 P_D 共同构成，正向偏置安全工作区如图 11.4-55a 所示。但如果 IGBT 是以脉冲形式导通，则此区域还可增大。增大部分为图 11.4-55a 中右上角的

虚线部分，标注的数据是脉冲的周期时间。

（2）反向偏置安全工作区 IGBT 关断时对应的安全工作区称为反向偏置安全工作区，它由集电极最大允许电流 I_{CM} 和集电极—发射极击穿电压 U_{CES} 构成。反向偏置安全工作区如图 11.4-55b 所示。值得注意的是，当截止过程中集电极电压的上升变化率 dU_C/dt 增大时，反向偏置安全工作区将会变小。减小部分为图 11.4-55b 中虚线右上角的部分，标注的数据是集电极电压的上升变化率 dU_C/dt。

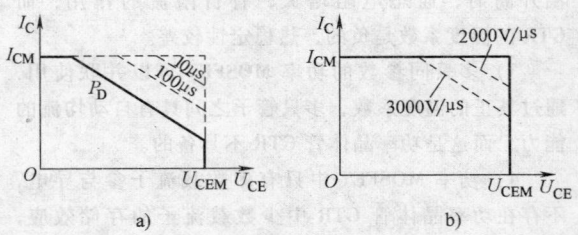

图 11.4-55 IGBT 的安全工作区
a）正向偏置安全工作区 b）反向偏置安全工作区

3. IGBT 的技术特点

通过对 IGBT 的技术分析，可归纳出如下特点：

1）IGBT 的输入级是由功率 MOSFET 构成的，因此，其输入特性与功率 MOSFET 是一致的，同属于电压控制型器件。IGBT 的输出级为双极型功率晶体管（GTR），具有通态压降低、可通过的电流密度高等特性，可用于高电压、大电流工作环境。

2）IGBT 的通态饱和压降在 I_C 电流较大时具有正的温度系数，当结温升高时，通态电阻增大，有自限流的作用，热稳定性好。在电路中可将多只 IGBT 管并联使用，器件之间具有自动均流的能力。

3）由于 IGBT 的输出级是由双极型功率晶体管构成的，因此开关速度慢于功率 MOSFET，但高于双极型功率晶体管（GTR）。

4）IGBT 存在擎住效应，使用时应注意防止集电极电流 I_C 过大和集电极电压过高的上升变化率 dU_C/dt。

IGBT 模块产品的技术数据见表 11.4-52 ~ 表 11.4-54。

表 11.4-52 IGBT 单开关型模块

型号	集电极直流（连续）电流 I_C /A	集电极—发射极电压 V_{CES} /V	集电极—发射极饱和压降 V_{CE} /V	栅极—发射极电压 V_{GES} /V	最大损耗功率 $T_C = 25℃$ /W	最大损耗功率 $T_C = 85℃$ /W	开关时间 $T_{d(on)}$ /ns	开关时间 $T_{d(off)}$ /ns	开关时间 T_{off} /ns
GA400DD60U GA400DD60UE	400	600	1.7	20	1565	812	1033	688	255

（续）

型号	集电极直流(连续)电流 I_C /A	集电极—发射极电压 V_{CES} /V	集电极—发射极饱和压降 V_{CE} /V	栅极—发射极电压 V_{GES} /V	最大损耗功率		开关时间		
					$T_C=25℃$ /W	$T_C=85℃$ /W	$T_{d(on)}$ /ns	$T_{d(off)}$ /ns	T_{off} /ns
GA600DD60U GA600DD60UE	600	600	1.8	20	2100	1100	1256	836	280
GA800DD60U GA800DD60UE	800	600	1.8	20	2700	1400	2066	1288	346
GA200DD120K GA200DD120KE	200	1200	2.5	20	1565	812	636	550	241
GA300DD120K GA300DD120KE	300	1200	2.5	20	2100	1100	828	816	324
GA400DD120K GA400DD120KE	400	1200	2.5	20	2700	1400	1260	1100	482

表 11.4-53　IGBT 的 H 桥型模块

型号	集电极直流连续电流 I_C /A	集电极—发射极电压 V_{CES} /V	集电极—发射极饱和压降 V_{CE} /V	栅极—发射极电压 V_{GES} /V	最大损耗功率		开关时间		
					$T_C=25℃$ /W	$T_C=85℃$ /W	$T_{d(on)}$ /ns	$T_{d(off)}$ /ns	T_{off} /ns
GA75HCD60U GA75HLD60U	75	600	1.7	20	350	180	110	250	180
GA100HCD60U GA100HLD60U	100	600	1.6	20	417	220	168	320	242
GA150HCD60U GA150HLD60U	150	600	1.7	20	625	325	241	336	227
GA200HCD60U GA200HLD60U	200	600	1.8	20	700	365	342	366	213
GA300HCD60U GA300HLD60U	300	600	1.8	20	1250	650	645	418	220
GA400HLD60U	400	600	1.7	20	1400	730	1033	688	225
GA50HCD120K GA50HLD120K	50	1200	2.5	20	417	217	100	287	60
GA75HCD120K GA75HLD120K	75	1200	2.5	20	625	325	100	392	70
GA100HCD120K GA100HLD120K	100	1200	2.5	20	700	365	180	405	90
GA150HCD120K GA150HLD120K	150	1200	2.5	20	1250	650	380	412	100
GA200HLD120K	200	1200	2.5	20	1400	730	420	500	170

表 11.4-54　IGBT 半桥、高端开关和低端开关型模块

型号	集电极直流(连续)电流 I_C /A	集电极—发射极电压 V_{CES} /V	集电极—发射极饱和压降 V_{CE} /V	栅极—发射极电压 V_{GES} /V	最大损耗功率		开关时间		
					$T_C=25℃$ /W	$T_C=85℃$ /W	$T_{d(on)}$ /ns	$T_{d(off)}$ /ns	T_{off} /ns
GA75TS60U GA75HS60U GA75LS60U GA75TSK60U	75	600	1.7	20	350	180	110	250	180

（续）

型号	集电极直流（连续）电流	集电极—发射极电压	集电极—发射极饱和压降	栅极—发射极电压	最大损耗功率		开关时间		
	I_C /A	V_{CES} /V	V_{CE} /V	V_{GES} /V	$T_C=25℃$ /W	$T_C=85℃$ /W	$T_{d(on)}$ /ns	$T_{d(off)}$ /ns	T_{off} /ns
GA100TS60U GA100TS60K GA100HS60U GA100LS60U GA100TSK60U	100	600	1.6	20	417	220	168	320	242
GA150TS60U GA150HS60U GA150LS60U GA150TSK60U	150	600	1.7	20	625	325	241	336	227
GA200TS60U GA200HS60U GA200LS60 GA200TSK60U	200	600	1.8	20	700	365	342	366	213
GA300TD60U GA300HD60U GA300LD60U GA300TDK60U	300	600	1.8	20	1250	650	645	418	220
GA400TD60U GA400HD60U GA400LD60 GA400TDK60U	400	600	1.7	20	1400	730	1033	688	225
GA75TS120U	75	1200	2.8	±20	605	310	72	366	45
GA100TS120U	100	1200	3.2	±20	710	360	72	366	45
GA150TD120U	150	1200	2.8	±20	1250	650	72	366	45
GA200TD120U	200	1200	3.2	±20	1400	730	72	366	45
GA50TS120K GA50HS120K GA50LS120K GA50TSK120K	50	1200	2.5	20	417	217	100	287	60
GA75TS120K GA75HS120K GA75LS120K GA75TSK120K	75	1200	2.5	20	625	325	100	392	70
GA100TS120K GA100HS120K GA100LS120K GA100TSK120K	100	1200	2.5	20	700	365	180	405	90
GA150TD120K GA150HD120K GA150LD120K GA150TDK120K	150	1200	2.5	20	1250	650	380	412	100
GA200TD120K GA200HD120K GA200LD120K GA200TDK120K	200	1200	2.5	20	1400	730	420	500	170

（续）

型号	集电极直流 (连续)电流	集电极—发射极电压	集电极—发射极饱和压降	栅极—发射极电压	最大损耗功率		开关时间		
	I_C	V_{CES}	V_{CE}	V_{GES}	$T_C = 25℃$	$T_C = 85℃$	$T_{d(on)}$	$T_{d(off)}$	T_{off}
	/A	/V	/V	/V	/W	/W	/ns	/ns	/ns
GA100TS120ST	100	1200	1.8	±20	700	365	135	490	60
GA200TS120ST	200	1200	2.5	±20	1400	730	150	500	70
GA300TD120ST	300	1200	2.5	±20	1400	730	230	539	80

5.5.5　晶闸管

晶闸管（Thyristor）的全称是晶体闸流管，也称为可控硅整流器（silicon controlled rectifier, SCR），是出现最早的一种具有开关作用的大功率半导体器件。

1. 晶闸管的结构和工作原理

晶闸管是由四层半导体构成的 PNPN 结构的器件，其结构和电气符号如图 11.4-56 所示。晶闸管内部的四层半导体构成三个 PN 结，即 J_1、J_2 和 J_3，并有三条引出线，分别为阳极 A（anode）、阴极 K（cathode）和门极 G（gate）。门极 G 对晶闸管的阳极 A 与阴极 K 的导通起控制作用，因此也称为控制极。

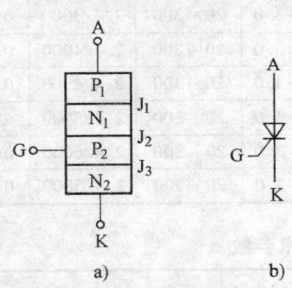

图 11.4-56　晶闸管的结构和电气符号

a) 晶闸管的结构　b) 电气符号

晶闸管在工作过程中通常将阳极 A 和阴极 K 与电源及负载相连组成开关主电路，通过加在门极 G 与阴极 K 之间的正向控制脉冲来触发开关主电路的导通。为了方便地说明晶闸管的工作原理，可将晶闸管的四层半导体 PNPN 结构等效为一个 PNP 型晶体管 T_1 与一个 NPN 型晶体管 T_2 相连接的结构型式，如图 11.4-57 所示。由图可见，这两个晶体管的连接特点是：一个晶体管的集电极电流就是另一个晶体管的基极电流。

在门极 G 不加电压的情况下，在阳极 A 与阴极 K 之间加正向电压，由于 PN 结 J_2 处于反偏状态，晶闸管不会导通；在阳极 A 与阴极 K 之间加反向电压，则 PN 结 J_1 和 J_3 均处于反偏状态，晶闸管也不会导通；因此可得出结论：当晶闸管的门极 G 不加电压

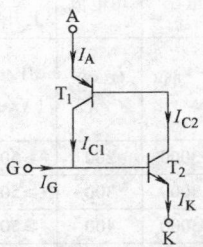

图 11.4-57　晶闸管等效电路

时，无论 A-K 极之间所加电压极性如何，晶闸管均不导通，处于截止状态。

然而，在阳极 A 与阴极 K 之间加有正向电压情况下，如果在门极 G 与阴极 K 之间加上一个正向电压或正向脉冲信号，将有一个门极电流 I_G 流入等效晶体管 T_2 的基极，从而产生出 T_2 的集电极电流 I_{C2}。而 I_{C2} 本身又是等效晶体管 T_1 的基极电流，于是又会产生出 T_1 的集电极电流 I_{C1}。I_{C1} 与 I_G 同时注入等效晶体管 T_2 的基极，将产生出更大的 T_2 集电极电流 I_{C2}。显然，这个过程是一个正反馈过程，可使等效晶体管 T_2、T_1 均迅速地进入饱和导通状态，也即晶闸管的导通状态。

晶闸管导通后，即使去掉外加的门极电流 I_G，由于等效晶体管 T_2 的基极电流会继续由 T_1 的集电极电流 I_{C1} 提供，同时，等效晶体管 T_1 的基极电流则由 T_2 的集电极电流提供，故 T_2 和 T_1 的正反馈状态仍会继续，晶闸管也继续维持导通状态。因此，晶闸管的导通是可由门极 G 控制的，但关断是不可控制的，故称为半可控型器件。

2. 晶闸管的技术特点

通过对 SCR 的技术分析，可归纳出如下特点：

1）晶闸管的导通条件是在阳极 A 与阴极 K 之间加有正向电压情况下，在门极 G 与阴极 K 之间加上一个正向脉冲信号，形成门极电流，此电流将触发晶闸管进入自锁的导通状态。

2）门极 G 无法控制晶闸管的关断。晶闸管只有在阳极电流小于维持电流时才会自然关断，因此称为半可控型器件。由于这一特点，晶闸管通常只能用于

交流电路中，利用交流电的过零实现自然关断。

3）晶闸管具有耐压能力强、通态压降低、可通过的电流密度高等特性，可用于高电压、大电流工作环境。

4）晶闸管的开关速度比较低，且在使用中应防止阳极上过高的电压上升变化率，以免出现晶闸管的误导通。

平板型普通晶闸管产品技术数据见表 11.4-55。螺旋型普通晶闸管产品技术数据见表 11.4-56。

表 11.4-55　KP 平板型普通晶闸管技术参数

型号	正反向重复峰值电压 $V_{DRM} \sim V_{RRM}$ /V	通态平均电流 $I_{T(AV)}$ /A	断态电压临界上升率 dV/dt /(V/μs)	通态电流临界上升率 dI/dt /(A/μs)	正反向重复峰值电流 I_{DRM} I_{RRM} /mA	触发电流 I_{GT} /mA	触发电压 V_{GT} /V	维持电流 I_H /mA	通态峰值电压/电流 V_{TM}/I_{TM} /(V/A)	热阻抗 $R_{TH(j\text{-}hs)}$ /(℃/W)	最高额定结温 T_{jm} /℃
KP200A	200 ~ 3000	200	≥500	100	≤20	35 ~ 250	0.8 ~ 2.0	20 ~ 150	2.4/600	0.065	125
KP300A	200 ~ 3000	300	≥500	100	≤20	35 ~ 250	0.8 ~ 2.5	20 ~ 200	2.2/900	0.055	125
KP400A	200 ~ 3000	400	≥500	100	≤20	35 ~ 250	0.8 ~ 2.5	20 ~ 200	2.4/1200	0.040	125
KP500A	200 ~ 5000	500	≥500	100	≤20	35 ~ 250	0.8 ~ 2.5	20 ~ 250	2.4/1500	0.035	125
KP600A	200 ~ 5000	600	≥500	100	≤20	40 ~ 300	0.8 ~ 2.5	20 ~ 250	1.8/1800	0.035	125
KP800A	200 ~ 5000	800	≥800	100	≤30	40 ~ 300	0.8 ~ 3.0	20 ~ 250	2.2/2400	0.032	125
KP1000A	200 ~ 5000	1000	≥800	150	≤30	40 ~ 300	0.8 ~ 3.0	20 ~ 300	2.4/3000	0.022	125
KP1200A	200 ~ 5000	1200	≥800	200	≤30	40 ~ 300	0.8 ~ 3.0	20 ~ 300	2.4/3000	0.020	125
KP1500A	200 ~ 5000	1500	≥800	200	≤50	40 ~ 300	0.8 ~ 3.0	20 ~ 300	2.4/3000	0.017	125
KP1800A	200 ~ 5000	1800	≥800	200	≤50	40 ~ 300	0.8 ~ 3.0	20 ~ 300	2.4/4000	0.016	125
KP2000A	200 ~ 5000	2000	≥800	250	≤50	40 ~ 300	0.8 ~ 3.0	20 ~ 300	2.4/4000	0.011	125
KP2500A	200 ~ 5000	2500	≥800	250	≤50	40 ~ 300	0.8 ~ 3.0	20 ~ 300	2.4/5000	0.11	125
KP3000A	200 ~ 5000	3000	≥800	250	≤50	40 ~ 300	0.8 ~ 3.0	20 ~ 300	2.4/5000	0.011	125
KP5000A	200 ~ 5000	5000	≥800	250	≤50	40 ~ 300	0.8 ~ 3.0	20 ~ 300	2.4/5000	0.010	125

表 11.4-56　KP 螺旋型普通晶闸管技术参数

型号	正反向重复峰值电压 $V_{DRM} \sim V_{RRM}$ /V	正向电流有效值 $I_{T(RMS)}$ /A	断态电压临界上升率 dV/dt /(V/μs)	通态电流临界上升率 dI/dt /(A/μs)	正反向重复峰值电流 I_{DRM} I_{RRM} /mA	触发电流 I_{GT} /mA	触发电压 V_{GT} /V	维持电流 I_H /mA	通态峰值电压 V_{TM} /V	通态平均电流 $I_{T(AV)}$ /A	工作结温 T_j /℃	结壳热阻 R_{jc} /(℃/W)
KP5A	200 ~ 2000	8	≥500	≥100	≤8.0	5 ~ 45	≤2.5	5 ~ 45	≤2.2	5	− 40 ~ + 125	≤3.0
KP10A	200 ~ 2000	16	≥500	≥100	≤8.0	5 ~ 45	≤2.5	5 ~ 45	≤2.2	10	− 40 ~ + 125	≤2.5
KP20A	200 ~ 2000	32	≥500	≥100	≤8.0	5 ~ 45	≤2.5	5 ~ 45	≤2.2	20	− 40 ~ + 125	≤1.0
KP30A	200 ~ 2000	48	≥800	≥100	≤10	5 ~ 50	≤2.5	5 ~ 50	≤2.2	30	− 40 ~ + 125	≤0.5
KP50A	200 ~ 2000	80	≥800	≥100	≤10	10 ~ 150	≤2.5	10 ~ 150	≤2.4	50	− 40 ~ + 125	≤0.14
KP100A	200 ~ 2000	160	≥800	≥100	≤10	10 ~ 200	≤2.5	10 ~ 200	≤2.4	100	− 40 ~ + 125	≤0.11
KP200A	200 ~ 2000	320	≥800	≥100	≤10	20 ~ 200	≤2.5	20 ~ 200	≤2.6	200	− 40 ~ + 125	≤0.11
KP300A	200 ~ 2000	480	≥800	≥100	≤30	20 ~ 200	≤2.5	20 ~ 200	≤2.6	300	− 40 ~ + 125	≤0.08
KP400A	200 ~ 2000	640	≥800	≥100	≤30	20 ~ 200	≤2.5	20 ~ 200	≤2.6	400	− 40 ~ + 125	≤0.08
KP500A	200 ~ 3000	800	≥800	≥100	≤30	20 ~ 200	≤2.5	20 ~ 200	≤2.6	500	− 40 ~ + 125	≤0.04

5.5.6　晶闸管的派生器件

1. 双向晶闸管

双向晶闸管（TRIAC）无论从结构上还是从特性上均可看做是一对反向并联的普通晶闸管，可以双向通过电流，其电气符号如图 11.4-58a 所示。双向晶闸管有两个主电极 T_1、T_2 和一个门极 G，触发信号加在门极 G 与主电极 T_1 之间。

双向晶闸管的伏安特性如图 11.4-58b 所示，它在第一和第三象限有对称关系的伏安特性，这与两个普通晶闸管反向并联的伏安特性是一致的。

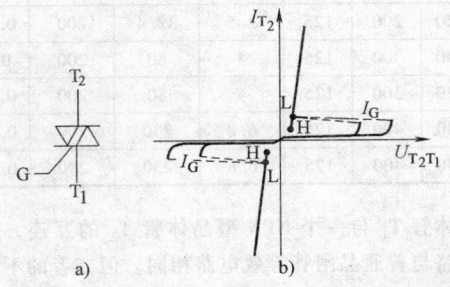

图 11.4-58　双向晶闸管的电气符号和伏安特性曲线

a）电气符号　b）伏安特性曲线

但双向晶闸管的门极触发特性与普通晶闸管有一定的区别，对门极加正向触发电流（I_G 从 G 端流入，从 T_1 端流出）和反向触发电流（I_G 从 G 端流出，从 T_1 端流入），均可导致双向晶闸管导通。根据 T_1、T_2 间电压极性的不同和门极触发信号电压极性的不同，双向晶闸管有四种触发方式。设双向晶闸管主电极 T_1 接参考电位 0，则四种触发方式为

1）主电极 T_2 电位为正，门极 G 加正触发脉冲，称 $T_2 + G +$ 方式。

2）主电极 T_2 电位为正，门极 G 加负触发脉冲，称 $T_2 + G-$ 方式。

3）主电极 T_2 电位为负，门极 G 加负触发脉冲，称 $T_2 - G-$ 方式。

4）主电极 T_2 电位为负，门极 G 加正触发脉冲，称 $T_2 - G +$ 方式。

这四种触发方式中，以 $T_2 + G +$ 方式和 T_2-G-方式的触发灵敏度最高，所对应的擎住电流最小，且导

通时的通态电流临界上升率 dI_T/dt 最高，因此在实用中常被采用。

双向晶闸管的伏安特性曲线所对应的各种主要参数与普通晶闸管也是一致的。但使用时要注意以下两个问题：

1）双向晶闸管在交流电路中是双向导通的，通过电流是全波的正弦电流。因此，其 $I_{T(RMS)}$ 就是交流电流的有效值 $I_m\sqrt{2}$。这说明通态电流有效值为 $I_{T(RMS)}$ 的双向晶闸管只能通过有效值为 $I_{T(RMS)}$ 的交流电流。而对于普通晶闸管，由于其只能通过半波正弦电流，若将两只普通晶闸管反向并联使用，将可以通过 $I_{T(RMS)}$ 的 $\sqrt{2}$ 倍的有效值电流。

2）由于双向晶闸管在交流电路中可双向导通，因此，只能利用交流电流过零点将晶闸管由导通状态转换至截止状态。如果负载是电感性的，则电流的变化滞后于电压，当双向晶闸管的正向电流下降为 0 时，其两端的电压早已反向，相当于在电流刚刚降为零的晶闸管两端瞬时加载一个阶跃反压 dU/dt，这个阶跃反压会驱动晶闸管内部尚未消散的载流子引起双向晶闸管的误导通，而失去自关断的能力。因此，双向晶闸管的断态电压临界上升率 dU_T/dt 是一个非常重要的参数，它决定了双向晶闸管在交流电路中的关断能力。此外，双向晶闸管的抗 dU/dt 能力与导通时的电流变化率 dU/dt 有关，dU/dt 大，晶闸管的抗 dU/dt 能力就会下降，dU/dt 小，晶闸管的抗 dU/dt 能力则会上升，因此，晶闸管在关断时的抗 dU/dt 能力要低于断态电压临界上升率 dU_T/dt，因为后者反映的是晶闸管关断后 $dU/dt = 0$ 时的抗 dU/dt 能力。

双向晶闸管在驱动感性负载时，常需在 T_1、T_2 两端并联 RC 吸收电路，以限制过高的电压变化率 dU/dt，保证双向晶闸管能够可靠地关断。

螺栓型双向晶闸管 KS5A—50A 技术数据见表 11.4-57。平板型双向晶闸管 KS200A—800A 技术数据见表 11.4-58。

表 11.4-57　螺栓型双向晶闸管 KS5A—50A

型号	V_{DRM} V_{RRM} /V	$I_{T(RMS)}$ @85℃ /A	V_{TM} （max） /(V/A)	I_{GT}/mA	V_{GT}/V	I_{DRM} I_{RRM} /mA	I_H （max） /mA	T_{jm} /℃	I_{TSM} @10ms /kA	I^2t @10ms /kA²s	dV/dt （min） /(V/μs)	R_{thjc} （max） /(℃/W)
KS5- KL6	600 ~ 1600	5	2.0 /15	70	2.0	≤5	60	100	40	8	100	2.5
KS10- KL10	600 ~ 1600	10	2.0 /30	100	2.0	≤8	100	115	80	32	100	1.0
KS20- KL10	600 ~ 1600	20	2.0 /60	100	2.0	≤8	100	115	160	128	100	0.4
KS50- KL12	600 ~ 1600	50	2.0 /150	150	2.5	≤20	100	115	400	800	100	0.2
KS100- KL16	600 ~ 1600	100	2.0 /150	150	2.5	≤20	100	115	800	3200	100	0.15

表 11.4-58　平板型双向晶闸管 KS200A—800A

型号	V_{DRM} V_{RRM} /V	$I_{T(RMS)}$ @85℃ /A	V_{TM} (max) /(V/A)	I_{GT} /mA	V_{GT} /V	I_{DRM} I_{RRM} /mA	I_H (max) /mA	T_{jm} /℃	I_{TSM} @10ms /kA	I^2t @10ms /kA²s	dV/dt (min) /(V/μs)	R_{thjc} (max) /(℃/W)
KS200-26KA1	600～1800	200	2.2 /600	20～200	0.8～25	≤15	200	125	1.7	14.4	200	0.12
KS300-30KA2	600～1800	300	2.2 /900	20～200	0.8～25	≤20	200	125	2.5	32.4	200	0.065
KS300-30KT1	600～1800	300	2.2 /900	20～200	0.8～25	≤20	200	125	2.5	32.4	200	0.055
KS500-35KA3	600～1800	500	2.2 /1500	20～300	0.8～25	≤30	300	125	4	80	200	0.04
KS500-35KT4	600～1800	500	2.2 /1500	20～300	0.8～25	≤30	300	125	4	80	200	0.035
KS800-40KA4	600～1800	800	2.2 /2400	20～300	0.8～25	≤40	400	125	6.8	230	200	0.035
KS800-40KT5	600～1800	800	2.2 /2400	20～300	0.8～25	≤40	400	125	6.8	230	200	0.032

2. 门极关断晶闸管

门极关断晶闸管（gate turn-off thyristor，GTO）是一种具有自关断能力的晶闸管。在阳极加正向电压时，如果给门极 G 加上正向的触发信号，使门极流入触发电流 I_G，GTO 就会导通，且导通后即使撤掉门极触发信号，GTO 也能自行维持其导通状态。在 GTO 导通的情况下，如果给门极 G 加上反向的触发信号，从门极中抽出电流（门极电流为 $-I_G$），只要抽出电流足够大，就可使 GTO 关断。因此，门极关断晶闸管 GTO 是一种全可控型器件。

GTO 的电气符号和等效电路如图 11.4-59 所示。

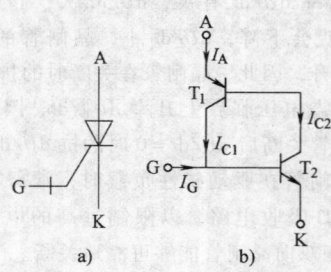

图 11.4-59　GTO 的电气符号和等效电路

a）电气符号　b）等效电路

门极关断晶闸管 GTO 与普通晶闸管 SCR 主要有以下两点不同：

1）门极关断晶闸管 GTO 也可等效为一个 PNP 型晶体管 T_1 与一个 NPN 型晶体管 T_2 的互连，其等效电路与普通晶闸管等效电路相同。但二者的不同之处在于普通晶闸管的两个等效晶体管的共基极电流放大倍数之和 $\alpha_1 + \alpha_2$ 常为 1.15 左右，而门极关断晶闸管的两个等效晶体管的共基极电流放大倍数之和 $\alpha_1 + \alpha_2$ 仅稍大于 1，且晶体管 T_1 的共基极电流放大倍数 α_1 小于晶体管 T_2 的共基极电流放大倍数 α_2。

晶闸管导通的必要条件是 $\alpha_1 + \alpha_2 > 1$。$\alpha_1 + \alpha_2 = 1$ 时的阳极电流为临界导通电流，即擎住电流 I_L。由于 GTO 的两个等效晶体管的共基极电流放大倍数之和 $\alpha_1 + \alpha_2$ 仅稍大于 1，故其导通时，处于临界饱和状态，这就为通过负的门极电流实现关断提供了有利条件。同时，等效晶体管 T_1 的共基极电流放大倍数 α_1 小于等效晶体管 T_2 的共基极电流放大倍数 α_2，这就意味着等效电路中的电流 $I_{C1} < I_{C2}$，使从门极中抽出电流关断 GTO 更为方便。

2）门极关断晶闸管 GTO 采用多胞结构，即在 GTO 的内部包含着数百个共阳极的小 GTO 单元，它们的阴极和门极也分别并联在一起。由于每个胞子的体积均很小，便于通过负向门极电流将 PN 结中存储的电荷抽取干净，使 GTO 可靠地关断。

表 11.4-59 是三菱门极关断晶闸管（GTO）FG 系列的技术数据。

表 11.4-60 是东芝门极关断晶闸管（GTO）SG 系列的技术数据。

表 11.4-59　三菱门极关断晶闸管（GTO）FG 系列技术数据

型　号	正向耐压 V_{DRM}/V	反向耐压 V_{RRM}/V	最大可关断电流 I_{TGQM}/A	均方根电流 $I_{T(RMS)}$/A	浪涌电流 I_{TSM}/kA	安装尺寸 /(mm×mm×mm)
FG1000BV-90DA	4500	17	1000	630	8.4	75×47×26
FG2000FX-50DA	2500	17	2000	1650	16	93×63×26
FG2000JV-90DA	4500	17	2000	940	13	

（续）

型　号	正向耐压 V_{DRM}/V	反向耐压 V_{RRM}/V	最大可关断电流 I_{TGQM}/A	均方根电流 $I_{T(RMS)}$/A	浪涌电流 I_{TSM}/kA	安装尺寸 /（mm × mm × mm）
FG3000DV-90DA	4500	17	3000	1490	17	108 × 70 × 26
FG3000GX-90DA	4500	17	3000	1570	20	108 × 70 × 26
FG3300AH-50DA	2500	17	3300	1570	24	108 × 70 × 26
FG4000BX-90DA	4500	19	4000	1600	20	120 × 85 × 26
FG4000CX-90DA	4500	19	4000	1880	20	120 × 85 × 26
FG4000EX-50DA	2500	17	4000	2500	24	120 × 85 × 26
FG4000GX-90DA	4500	17	4000	1800	25	120 × 85 × 26
FG6000AU-120D	6000	22	6000	3100	40	190 × 130 × 35

表 11.4-60　东芝门极关断晶闸管（GTO）SG 系列技术数据

型　号	正向耐压 V_{DRM} /V	反向耐压 V_{RRM} /V	最大可关断电流 I_{TGQM} /A	均方根电流 $I_{T(RMS)}$ /A	浪涌电流 I_{TSM} /kA
SG600R21	1300	650	600	400	5.5
SG600EX21	2500	1250	600	400	5.5
SG800R21	1300	650	800	400	5.5
SG800EX21	2500	1250	800	400	5.5
SG800EX24	2500	15	800	360	4
SG1000GXH26	4500	16	1000	500	8
SG1500EX24	2500	16	1500	750	8
SG2000EX24	2500	16	2000	1050	14
SG2000GXH26	4500	16	2000	1000	16
SG2500EX24	2500	16	2500	1050	14
SG2500GXH24	4500	16	2500	1200	16
SG3000GXH24	4500	16	3000	1200	16
SG4000EX26	2500	16	4000	2000	30
SG4000GXH26G	4500	16	4000	1200	20

3. 逆导晶闸管

逆导晶闸管（Reverse Conducting Thyristor，RCT）是将一个普通晶闸管和一个与其反并联的二极管集成在一个管芯上的集成器件。逆导晶闸管的电气符号、等效电路、伏安特性如图 11.4-60 所示。

由逆导晶闸管的伏安特性曲线可见，当逆导晶闸管承受正向电压时，其伏安特性与普通晶闸管相同；当承受反向电压时，反并联的二极管导通，反映出二极管的伏安特性。

逆导晶闸管主要用于将直流变换为交流的逆变电路中，其反向并联的二极管可对晶闸管起到保护作用。在这类电路中选用逆导晶闸管，可避免外部反向并联二极管时线路电感对二极管速度的影响，同时简

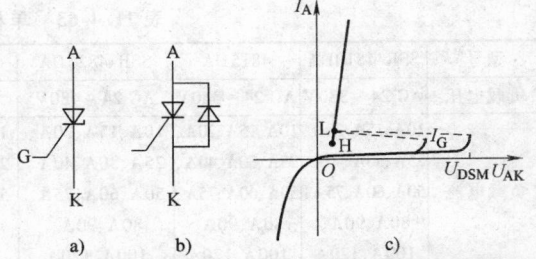

图 11.4-60　逆导晶闸管的符号、等效电路和伏安特性
a）电气符号　b）等效电路　c）伏安特性曲线

化了外部电路。但反向并联二极管的存在也限制了逆导晶闸管在交流电路中的应用。表 11.4-61 为逆导晶闸管举例产品的技术数据。

表 11.4-61　逆导晶闸管产品技术数据

型号	断态重复峰值电压 V_{DRM} /V	通态平均电流 I_{TAV} $T_C = 70℃$ /A	通态不重复浪涌电流 I_{TSM} 10ms /A	$I^2 t$ /$A^2 s$	通态峰值电压 V_{TM} /V	通态峰值电流 I_{TM} /A	反向平均电流 I_{RAV} /A	反向不重复浪涌电流 I_{RSM} 10ms /A	$I_R^2 t$ /$A^2 s$	反向峰值电压 V_{RM}/V
KN400/150C4B13	1300	400	7000	2×10^5	3.0	1200	150	2500	31×10^3	2.3
KN600/150C4B25	2500	400	7000	2.4×10^5	2.2	600	150	3500	51×10^3	4.0
KN1000/400T7B25	2500	1000	14000	9.8×10^5	2.1	1000	400	7000	2.4×10^5	4.5

4. 光控晶闸管

光控晶闸管（Light Activated Thyristor, LAT）又称为光触发晶闸管，是利用一定波长的光信号控制其导通的器件。光控晶闸管也由 $P_1 N_1 P_2 N_2$ 四层半导体构成，但中间的 $N_1 P_2$ 部分相当于一个光敏二极管，用于接收光信号。光控晶闸管的电气符号如图 11.4-61 所示。

图 11.4-61　光控晶闸管的电气符号

小功率的光控晶闸管只有阳极 A 和阴极 K 两个端子，由管身接收光信号；大功率的光控晶闸管则带有光缆，光缆上装有作为触发光源的发光二极管或半导体激光器。由于采用光触发，从而实现了与主电路、与控制电路的电气隔离，同时可避免电磁干扰，使绝缘性、可靠性大大增强。

光控晶闸管在高压大功率的场合具有重要的作用，如在高压输电系统、高压核聚变等领域中均有应用。表 11.4-62 为光控晶闸管举例产品技术数据。

5.5.7　固态继电器（SSR）

固态继电器目前已广泛应用于计算机外围接口装置、电炉加热恒温系统、数控机械、遥控系统、工业自动化装置；信号灯、闪烁器、照明舞台灯光控制系统；仪器仪表、医疗器械、复印机、自动洗衣机；自动消防、保安系统以及作为电网功率因素补偿的电力电容的切换开关等，另外在化工、煤矿等需防爆、防潮、防腐蚀场合中都有大量使用。

单相固态继电器举例产品的技术数据见表 11.4-63。三相固态继电器举例产品的技术数据见表 11.4-64。

表 11.4-62　光控晶闸管产品技术数据

型号	断态重复峰值电压 V_{DRM}/V	通态平均电流 I_{TAVM}/A @ $T_C = 85℃$	安装尺寸 /(mm × mm × mm)
T553N70TOH	7000	550	76 × 50 × 35
T1503N75-80TS07	7000	1770	150 × 100 × 40
T2563NH75-80TOH	7000	2520	172 × 115 × 40

表 11.4-63　单相固态继电器技术数据

型号	SSR-4810DA	4815DA	SSR-4825DA	SSR-4840DA	SSR-4860DA	SSR-4880DA	SSR-48100DA
负载电压	AC 24 ~ 380V	AC 24 ~ 380V	AC 24 ~ 480V	AC 24 ~ 480V	AC 24 ~ 480V	AC 24 ~ 480V	AC 24 ~ 480V
负载电流	10A、15A、20A、25A、30A、40A、50A、60A、75A、80A、90A、100A、120A	10A、15A、20A、25A、30A、40A、50A、60A、75A、80A、90A、100A、120A	10A、15A、20A、25A、30A、40A、50A、60A、75A、80A、90A、100A、120A	10A、15A、20A、25A、30A、40A、50A、60A、75A、80A、90A、100A、120A	10A、15A、20A、25A、30A、40A、50A、60A、75A、80A、90A、100A、120A	10A、15A、20A、25A、30A、40A、50A、60A、75A、80A、90A、100A、120A	10A、15A、20A、25A、30A、40A、50A、60A、75A、80A、90A、100A、120A
控制电压	DC 3 ~ 32V	AC 50 ~ 250V	AC 50 ~ 250V	DC 3 ~ 32V	AC 50 ~ 250V	AC 50 ~ 250V	DC 3 ~ 32V
控制电流	3 ~ 12mA	AC≤25mA	AC≤25mA	DC 3 ~ 12mA	AC≤25mA	AC≤25mA	DC 3 ~ 12mA
通态压降	≤1.5V	≤1.5V	≤1.5V	≤1.5V	≤1.5V	≤1.5V	≤1.5V
通态漏电流	≤1.5mA	≤1.5mA	≤2mA	≤2mA	≤2mA	≤2mA	≤2mA
断态时间	≤10ms	≤10ms	≤10ms	≤10ms	≤10ms	≤10ms	≤10ms

（续）

型号	SSR-4810DA	4815DA	SSR-4825DA	SSR-4840DA	SSR-4860DA	SSR-4880DA	SSR-48100DA
介质耐压	AC 1500V	AC 1500V	AC 2500V	AC 2500V	AC 2500V	AC 2500V	AC 2500V
绝缘电阻	DC 500MΩ /500V	DC 500MΩ /500V	DC 1000MΩ /500V	DC 1000MΩ /500V	DC 1000MΩ /500V	DC 1000MΩ /500V	DC 1000MΩ /500V
环境温度	-25 ~ +70℃	-25 ~ +70℃	-30 ~ +75℃	-30 ~ +75℃	-30 ~ +75℃	-30 ~ +75℃	-30 ~ +75℃
安置方式	印制版式	印制版式	螺栓固定	螺栓固定	螺栓固定	螺栓固定	螺栓固定
工作指示	—	—	LED	LED	LED	LED	LED
质量	32g	32g	90g(10A,25A) 135g(40A 以上)	90g(10A,25A) 135g(40A 以上)	90g(10A,25A) 135g(40A 以上)	90g(10A,25A) 135g(40A 以上)	90g(10A,25A) 135g(40A 以上)

表 11.4-64　三相固态继电器技术数据

型　　号	JGX-3-48□DA 三相固态继电器	JGX-3-48□AA 三相固态继电器
负载电流	10A,15A,20A,25A,30A,40A,50A 60A,75A,80A,90A,100A	10A,15A,20A,25A,30A,40A,50A 60A,75A,80A,90A,100A
负载电压	AC 24 ~480V	AC 24 ~480V
控制电压	DC 3 ~32V	AC 90 ~250V
控制电流	DC 4 ~30mA,AC≤30mA	DC 4 ~30mA,AC≤30mA
通态压降	≤1.8V	≤1.8V
通态漏电流	≤10mA	≤10mA
断态时间	≤10mS	≤10mS
介质耐压	AC 2500V	AC 2500V
绝缘电阻	DC 1000MΩ/500V	DC 1000MΩ/500V
环境温度	-30 ~ +75℃	-30 ~ +75℃
安置方式	螺栓固定	螺栓固定
工作指示	LED	LED
质量	450g	450g

5.6　电磁铁

5.6.1　牵引电磁铁

　　牵引电磁铁可作为操作机构远距离控制之用。

　　MQ 系列交流牵引电磁铁适用于交流 50Hz、额定工作电压为 380V 的控制电路中，作机械设备及自动化系统的各种操作机构的远距离控制之用。其技术数据见表 11.4-65。

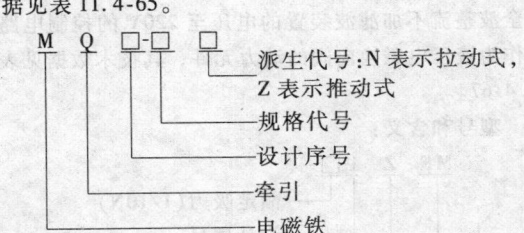

表 11.4-65　MQ 系列交流牵引电磁铁的技术数据

型　　号	额定吸力 /N	额定行程 /mm	额定工作电压 /V	通电持续率 (%)	操作频率 /(次/h)
MQ1-0.7Z	7	10			1200
MQ1-1.5N,1.5Z	15	20			600
MQ1-3N,3Z	30	25			600
MQ1-5N,5Z	50	25	110 220 380	60	600
MQ1-8N,8Z	80	25			600
MQ1-15N	150	50			300
		30			600
MQ1-25N	250	30			600

（续）

型　　号	额定吸力 /N	额定行程 /mm	额定工作电压 /V	通电持续率 （%）	操作频率 /（次/h）
MQ2-0.7N,0.7Z	7	10			600
MQ2-1.5N,1.5Z	15	20			200
MQ2-3N,3Z	30	25			200
MQ2-5N,5Z	50	25	110 220 380	60	200
MQ2-8N,8Z	80	25			200
MQ2-15N	150	50			200
		30			600
MQ2-25N	250	30			200

5.6.2　阀用电磁铁

　　MFZ1-YC 系列直流湿式阀用电磁铁，适用于在单相桥式全波整流不加滤波装置的电压至 220V 的控制电路中作为液压电磁换向阀的动力元件。其技术数据见表 11.4-66。

　　型号和含义：

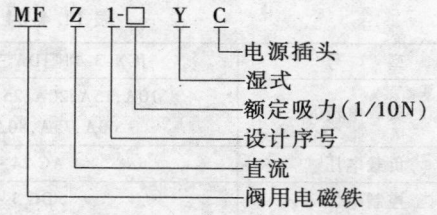

表 11.4-66　MFZ1-YC 系列直流湿式阀用电磁铁技术数据

型　　号	MFZ1-1.5YC	MFZ1-2.5YC	MFZ1-3YC	MFZ1-4YC	MFZ1-5.5YC	MFZ1-7YC
额定电压/V	12、24	12、24	12、24、110、220	12、24、110	12、24、110	12、24、110
额定吸力/N	≥15	≥25	≥30	≥40	≥55	≥70
额定行程/mm	3	3	5	6	4	7
全行程/mm	≥5.5	≥6	≥7	≥8.5	≥8.5	≥10.5
消耗功率/W	≤20	≤20	≤20	≤40	≤40	≤40
承受油压/MPa	6.3	6.3	6.3	6.3	6.3	6.3
操作频率/（次/h）	12000	12000	12000	12000	12000	12000

　　MFZ 系列直流干式阀用电磁铁，用于在单相桥式全波整流不加滤波装置的电压至 220V 的控制电路中作为液压电磁换向阀的动力元件，其技术数据见表 11.4-67。

　　型号和含义：

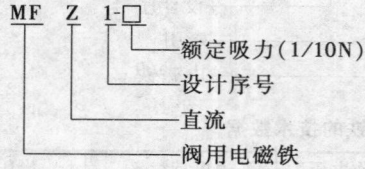

　　MFJ1 系列交流干式阀用电磁铁适用于在交流单相 50Hz、电压到 380V 的控制电路中作为液压电磁换向阀的动力元件，其技术数据见表 11.4-68。

　　型号和含义：

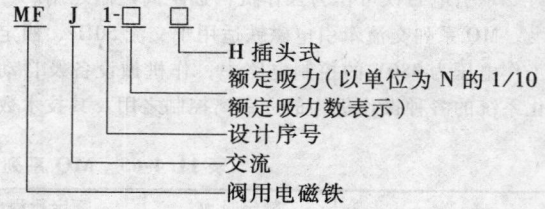

表 11.4-67　MFZ 系列直流干式阀用电磁铁技术数据

型　　号	MFZ1-0.7	MFZ1-1.5	MFZ1-2	MFZ1-2.5	MFZ1-4.5	MFZ1-4D	MFZ1-7
额定电压/V	12、24、110、220	12、24、110、220	12、24、110、220	12、24、110、220	12、24、110、220	12、24、110、220	12、24、110、220
额定吸力/N	≥7	≥15	≥20	≥25	≥45	≥38	≥70
额定行程/mm	4	4	5	4	6	7	7
全行程/mm	≥5	≥6	≥6.5	≥6.5	≥8.5	≥8.5	≥10.5
操作频率/（次/h）	12000	12000	12000	12000	12000	12000	12000

表 11.4-68 MFJ1 系列交流干式阀用电磁铁技术数据

型 号	MFJ1-3	MFZ1-2.5YC	MFZ1-3YC	MFZ1-4YC	MFZ1-5.5YC	MFZ1-7YC
额定电压/V	110、220、380	110、220、380	110、220、380	110、220、380	110、220、380	110、220、380
额定吸力/N	≥30	≥40	≥45	≥55	≥70	≥45
额定行程/mm	5	6	8	8	7	8
全行程/mm	≥7.5	≥8	≥8.5	≥8.5	≥10	≥8.5
起动伏安/VA	≤420	≤660	≤660	≤660	≤770	≤660
吸持伏安/VA	≤85	≤110	≤110	≤110	≤160	≤110
操作频率/(次/h)（通电持续率60%时）	—	—	—	2000	—	—

MFJ6—YC 系列交流湿式阀用电磁铁适用于在交流 50Hz、电压至 380V 的控制电路中接电磁换向阀的动力元件，其技术数据见表 11.4-69。

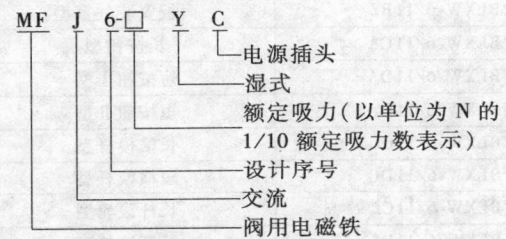

5.7 微型电磁离合器

微型电磁离合器主要用于精密机械中，可在主动部分运转的条件下，使从动部分与主动部分结合或分离，从而实现起动、制动、换向、变速以及定位等自动控制。

1）DLD4 系列微型单片电磁离合器，其技术数据见表 11.4-70。

2）DLD3-0.45N·m 微型单片电磁离合器，其技术数据见表 11.4-71。

表 11.4-69 MFJ6—YC 系列交流湿式阀用电磁铁技术数据

型 号	MFJ6-18YC	MFJ6-27YC	MFJ6-54YC
额定电压/V	110、220、380	110、220、380	110、220、380
额定吸力/N	18	27	54
额定行程/mm	2.8	2.8	3.6
全行程/mm	≥6.1	≥6.1	≥7.8
承受油压/MPa	16	21	21
起动伏安/VA	≤154	≤200	≤480
吸持伏安/VA	≤55	≤46	≤65
操作频率/(次/h)	12000	12000	12000

表 11.4-70 DLD4 系列微型单片电磁离合器技术数据

型号	额定电压 DC/V	额定静力矩 /N·m	接通时间 /ms	断开时间 /ms	允许最大相对转速 /(r/min)	外形尺寸 /mm	生产厂
DLD4-0.5	24	0.5	40	35	8000	φ40×34	上海第三机床电器厂有限公司
DLD4-2		2	60	55	5000	φ54×44	
DLD4-4		4	80	65	5000	φ61×53	
DLD4-8		8	90	80	5000	φ70×56	

表 11.4-71 DLD3-0.45N·m 微型单片电磁离合器技术数据

额定静力矩 /N·m	空载力矩不大于 /N·m	接通时间 /ms	断开时间 /ms	额定电压 /V	允许最大相对转速 /(r/min)	外形尺寸 /mm	生产厂
0.45	0.01	20±15	50±30	24	200	φ35.5×40	上海第三机床电器厂有限公司

5.8 位置开关

5.8.1 微动开关

　　YBLXW-6 系列微动开关适用于交流 50～60Hz，AC 380V，DC 220V 的控制电路中。广泛地用于机械、纺织、轻工、电子仪器等各种机器设备的行程控制、限位保护和切换电路元件使用等。产品正常工作在海拔不高于 2000m；环境温度 −5～40℃；湿度 85%（20℃）；操作频率 40 次/min，防护等级 IP52。YBLXW-6 系列微动开关技术数据见表 11.4-72，推荐型号的操作方式见表 11.4-73，动作特性见表 11.4-74。

型号和含义：

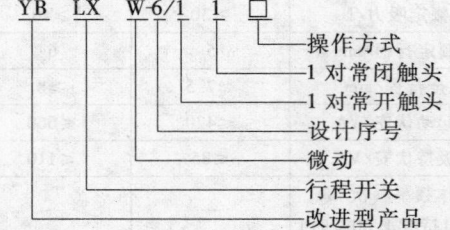

表 11.4-72　YBLXW-6 系列微动开关的技术数据

防护等级	IP52
额定电压	AC 380V　DC 220V
额定电流	AC 0.79A　DC 0.14A
机械寿命	60×10^4 次
电气寿命	30×10^4 次
操作频率	40 次/min
操作速度	0.1～0.5mm/s
环境温度	−5～40℃
相对湿度	≤85%（20℃）
海拔高度	≤2000m
耐电压	同极端子间（AC 1140V）
	带电金属部件对地（AC 1890V）
	各端子与不带电金属部件间（AC 2500V）
应用范围	机床、机械自动控制、限制运动、传动机构动作或程序控制
符合标准	GB 14048.5—2008（IEC 60947-5-1：2003）

表 11.4-73　推荐型号的操作方式

型号（推荐采用）	操作方式
YBLXW-6/11	元件
YBLXW-6/11BZ	面板安装柱塞型
YBLXW-6/11CA	长按钮型
YBLXW-6/11DA	短按钮 I 型
YBLXW-6/11DA2	短按钮 II 型
YBLXW-6/11CG	长横模杆型
YBLXW-6/11DG	短横模杆型
YBLXW-6/11CL	长杆滚轮型
YBLXW-6/11DL	短杆滚轮型
YBLXW-6/11CDL	长杆单向滚轮型
YBLXW-6/11DDL	短杆单向滚轮型
YBLXW-6/11HL	横装滚轮型
YBLXW-6/11ZL	直装滚轮型
YBLXW-6/11W1	万向式 I 型
YBLXW-6/11W2	万向式 II 型
YBLXW-6/11W3	万向式 III 型

表 11.4-74　YBLXW-6 系列微动开关的动作特性

型号	动作力 /N	复位力 /N	动作行程	超行程 /mm	差距 /mm	自由位置 /mm	动作位置 /mm
YBLXW-6/11BZ	6	1	2.5mm	2.5	1.2	—	21.8±1.2
YBLXW-6/11CA	6	1	2.5mm	2.5	1.2	—	21.8±1.2
YBLXW-6/11DA	6	1	2.5mm	2.5	1.2	—	44±1.2
YBLXW-6/11DA2	6	1	2.5mm	1	0.8	—	30±1
YBLXW-6/11CG	2	0.25	5mm	4	3	36	25±1
YBLXW-6/11DG	3	0.35	4mm	2.5	1.5	32	25±1
YBLXW-6/11CL	2	0.4	5mm	5	2.4	51	40±1.2
YBLXW-6/11DL	3	0.4	4mm	2	1.5	47	40±1.2
YBLXW-6/11CDL	2	0.4	5mm	5	2.4	57	50±1.2
YBLXW-6/11DDL	3	0.4	4mm	2	1.5	55	50±1.2
YBLXW-6/11HL	6	1	1.6mm	3	1.2	—	33.4±1.2
YBLXW-6/11ZL	6	1	1.6mm	3	1.2	—	33.4±1.2
YBLXW-6/11W1	2	—	35°	—	—	—	—
YBLXW-6/11W2	2	—	35°	—	—	—	—
YBLXW-6/11W3	2	—	35°	—	—	—	—

YBLXW-5 系列微动开关适用于交流 50 ～ 60Hz，AC 380V，DC 220V 的控制电路中。该开关广泛地用于机械、纺织、轻工、电子仪器等各种机器设备的行程控制、限位保护和联锁等。其技术数据见表 11.4-75，其不同型号的操作方式见表 11.4-76，其动作特性见表 11.4-77。产品正常工作在海拔不高于 2000m；环境温度 -5 ～ 40℃；湿度 85%（20℃）；操作频率 40 次/min，防护等级 IP52。

型号和含义：

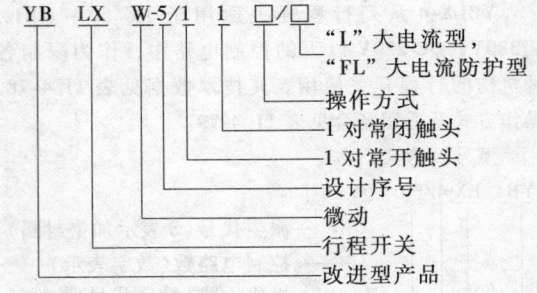

表 11.4-75　YBLXW-5 系列微动开关技术数据

机械寿命	100×10^4 次	
电气寿命	30×10^4 次	
操作频率	机械 240 次/min	
	电气 20 次/min	
负荷	普通型	AC 380V 0.79A
		DC 220V 0.14A
	大电流型	AC 660V 1.5A
		DC 220V 0.45A
操作速度	$0.1 \sim 0.5$mm/s	
绝缘电阻	$\geqslant 1$MΩ	
接触电阻	$\leqslant 100$mΩ	
环境温度	$-5 \sim 40$℃	
相对湿度	$\leqslant 90\%$（20℃）	
海拔高度	$\leqslant 2000$m	
耐电压	同极端子间（AC 1140V）	
	带电金属件和地间（AC 1890V）	
	端子和非带电金属件间（AC 2500V）	

表 11.4-76　YBLXW-5 系列微动开关不同型号的操作方式

型 号	操作方式
YBLXW-5/11Z	推杆柱塞型
YBLXW-5/11N2	压杆型
YBLXW-5/11GL2	滚轮压杆型
YBLXW-5/11GS	细推杆柱型
YBLXW-5/11D	短弹簧柱塞型
YBLXW-5/11M	面板安装柱塞型
YBLXW-5/11Q1	面板安装滚轮柱塞型
YBLXW-5/11Q2	面板安装横向滚轮柱塞型
YBLXW-5/11N1	铰链横杆型
YBLXW-5/11G1	铰链滚轮长横杆型
YBLXW-5/11G2277	铰链单向滚轮长横杆型
YBLXW-5/11G2	铰链滚轮横杆型

表 11.4-77　YBLXW-5 系列微动开关的动作特性

动作特性 ＼ 型号	YBLXW-5/11Z YBLXW-5/11Z/F YBLXW-5/11Z/L YBLXW-5/11Z/FL	YBLXW-5/11D YBLXW-5/11D/F YBLXW-5/11D/L YBLXW-5/11D/FL	YBLXW-5/11M YBLXW-5/11M/F YBLXW-5/11M/L YBLXW-5/11M/FL	YBLXW-5/11Q1 YBLXW-5/11Q1/F YBLXW-5/11Q1/L YBLXW-5/11Q1/FL	YBLXW-5/11Q2 YBLXW-5/11Q2/F YBLXW-5/11Q2/L YBLXW-5/11Q2/FL
动作力（OF）/N	$\leqslant 8.5$	$\leqslant 8.5$	$\leqslant 8.5$	$\leqslant 8.5$	$\leqslant 8.5$
复位力（RF）最大/N	1	1	1	1	1
重复精度误差/mm	± 0.5	± 0.5	± 0.5	± 0.5	± 0.5
动作行程/mm	$\leqslant 2.5$	$\leqslant 2.5$	$\leqslant 2.5$	$\leqslant 2.5$	$\leqslant 2.5$
超程/mm	$\geqslant 0.6$	$\geqslant 0.6$	$\geqslant 3$	$\geqslant 3$	$\geqslant 3$
动作特性 ＼ 型号	YBLXW-5/11N1 YBLXW-5/11N1/F YBLXW-5/11N1/L YBLXW-5/11N1/FL	YBLXW-5/11N2 YBLXW-5/11N2/F YBLXW-5/11N2/L YBLXW-5/11N2/FL	YBLXW-5/11G1 YBLXW-5/11G1/F YBLXW-5/11G1/L YBLXW-5/11G1/FL	YBLXW-5/11G2 YBLXW-5/11G2/F YBLXW-5/11G2/L YBLXW-5/11G2/FL	YBLXW-5/11G3 YBLXW-5/11G3/F YBLXW-5/11G3/L YBLXW-5/11G3/FL
动作力（OF）/N	$\leqslant 4$	$\leqslant 5$	$\leqslant 4$	$\leqslant 5$	$\leqslant 4$
复位力（RF）最大/N	0.15	0.25	0.15	0.25	0.2
重复精度误差/mm	± 0.5	± 0.5	± 0.5	± 0.5	± 0.5
动作行程/mm	$\leqslant 12$	$\leqslant 9$	$\leqslant 10$	$\leqslant 6$	$\leqslant 7.5$
超程/mm	$\geqslant 3$	$\geqslant 2$	$\geqslant 3$	$\geqslant 2$	$\geqslant 2.5$

5.8.2　行程开关

YBLX-4 系列行程开关适用于 AC 50 ~ 60Hz，U_e380V，DC 220V 以下的控制电路中，作为限制各种机构的行程开关使用。其技术数据见表 11.4-78，操作方式及适用场合见表 11.4-79。

型号及含义：

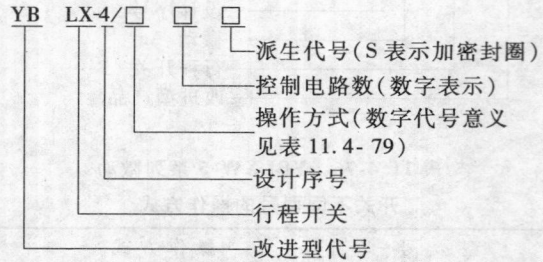

表 11.4-78　YBLX-4 系列行程开关

约定发热电流	20A
额定电压	AC 380V　DC 220V
额定控制电流	AC 2.63A DC 0.82A
操作频率	2.5 次/min
海拔高度	≤2000m
环境温度	- 5 ~ 40℃
相对湿度	≤85%

表 11.4-79　YBLX-4 系列行程开关
操作方式及适用场合

数字代号	操作方式	适用场合
1	用带有滚子的单臂操动	惯性行程不甚大的平移机构
2	用带有滚子的叉形臂操动 2 个转位装置	惯性行程较大的平移机构
3	用带有平衡重锤的荷重杠杆操动	提升机构
4	用三叉形臂操动 3 个转换位置	需要三个操作位置的平移机构
6	用带有滚子的双臂操动 2 个转换位置	速度较大的平移机构

YBLX-1 行程开关（以下简称开关）主要用于交流 50Hz/60Hz，380V 及以下，直流 220V 及以下的电气线路中，作运动机构的行程控制、运动方向或速度的变换、机床的自动控制、运动机构的限位动作及控制行程或程序之用。其技术数据见表 11.4-80。

型号及含义：

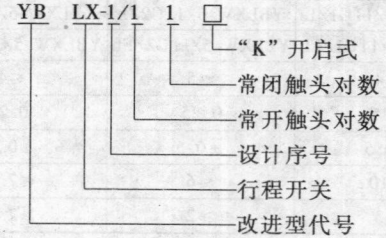

表 11.4-80　YBLX-1 行程开关的技术数据

约定发热电流	5A
额定电压	AC 380V　DC 220V
额定控制容量	AC 200VA　DC 50W
操作频率	3 次/min
机械寿命	60×10^6 次
电气寿命	30×10^6 次
环境温度	- 5 ~ 40℃
相对湿度	≤90%
海拔高度	≤2500m
动作行程	(7 ± 2)mm
超行程	≥1mm
操动力	≤30N
耐电压	同极端子间 (1140V)
	带电部件与地间 (1890V)
	端子和非带电金属件间 (2500V)
应用范围	控制速度 ≥0.1m/s 的运动机构行程或变换其运动方向式速度
符合标准	GB 14048.5—2008 (IEC 60947-5-1:2003)

YBLX-WL 行程开关（以下简称开关）主要用于交流 50/60Hz，380V，直流 220V 及以下的电气线路中，作运动机构的行程控制、运动方向或速度的变换、机床的自动控制、运动机构的限位动作及控制行程或程序之用。其技术数据见表 11.4-81，其操作方式见表 11.4-82，其动作特性见表 11.4-83。

型号及含义：

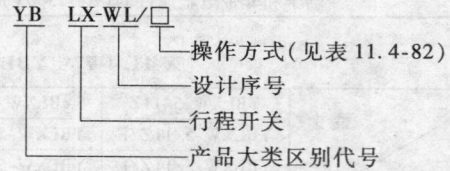

表 11.4-81　YBLX-WL 行程开关的技术数据

防护等级	IP52
操作频率	机械:120 次/min
	电气:30 次/min
操作速度	0.001 ~ 1m/s
机械寿命	60×10^4 次
电气寿命	30×10^4 次
绝缘电阻	5MΩ
接触电阻	200mΩ (初始值)
环境温度	- 5 ~ 40℃
相对湿度	≤95%
耐电压	同极端子间 (1140V)
	带电部件对地间 (1890V)
	端子与不带电金属件间 (2500V)
额定电压	AC 380V　DC 220V
额定控制电流	AC 0.79A　DC 0.15A

表 11.4-82　YBLX-WL 行程开关的操作方式

型号(推荐采用)	操作方式
YBLX-WL/CA2	单滚轮转动臂
YBLX-WL/CA12	单滚轮可调转动臂
YBLX-WL/D	压柱塞式
YBLX-WL/D2	柱塞滚轮式
YBLX-WL/D3	圆柱头压柱塞式
YBLX-WL/NJ	万向式Ⅰ型
YBLX-WL/NJ/2	万向式Ⅱ型
YBLX-WL/NJ/S2	万向式Ⅲ型
YBLX-WL/CL	可调直杆式
YBLX-WL/HAL4	可调弯杆式
YBLX-WL/HAL5	可调弹簧式(万向式Ⅳ型)
YBLX-WL/CA32/41	双滚轮转动臂

表 11.4-83　YBLX-WL 行程开关的动作特性

型号 ＼ 动作特性	动作力/N	动作行程	超行程
YBLX-WL/CL	≤20	≤45°	≥15°
YBLX-WL/CA2	≤20	≤45°	≥15°
YBLX-WL/CA12	≤20	≤45°	≥15°
YBLX-WL/D	≤30	≤6mm	≥2mm
YBLX-WL/D2	≤30	≤6mm	≥2mm
YBLX-WL/D3	≤30	≤6mm	≥2mm
YBLX-WL/NJ	≤16	≤45°	—
YBLX-WL/NJ/2	≤16	≤45°	—
YBLX-WL/NJ/S2	≤16	≤45°	—
YBLX-WL/HAL4	≤30	≤45°	≥15°
YBLX-WL/HAL5	≤30	≤45°	≥15°

5.8.3　接近开关

接近开关又称无触点行程开关接近开关，是当运动的金属物体接近开关的感应面达到动作距离之内时，自动发出检测信号驱动继电器，在控制系统中作位置检测、尺寸控制、自动计数、液面控制等。LXJ7 系列交流二线式接近开关用于交流 50 ~ 60Hz。电压 100 ~ 240V 的线路中作机床及自动线的定位或检测信号之用。其技术数据见表 11.4-84。

LXJ0 接近开关的作用是在机床及其他设置中作无接触、无压力的行程监测和控制及转数控制中作位置检测器。其技术数据见表 11.4-85。

5.9　手动开关

5.9.1　主令开关

主令开关在电器线路中，作为不频繁地接通或断开电路的手动开关。LS2 型主令开关，其技术数据见表 11.4-86。LS3 型主令开关，其技术数据见表 11.4-87。

5.9.2　十字开关

十字开关在交、直流电路中作为控制多回路的手动接开关之用。LS1-1 型、JLSS1 型十字开关，其技术数据见表 11.4-88。LSS1 系列十字开关，其技术数据见表 11.4-89。

表 11.4-84　LXJ7 系列交流二线式接近开关技术数据

型号	动作距离 S_a /mm	复位行程差 /mm	额定工作电压 AC/V	输出能力 /mA	温度误差 (%)	重复定位精度 /mm	开关压降 AC/V	电压误差 (%)
LXJ7-20	20 ± 2.5	<20% S_a	100 ~ 250	30 ~ 200	±15	0.5	≤9	±10

表 11.4-85　LXJ0 接近开关的技术数据

型号	作用距离	复位行程差	重复定位精度	操作频率	输出方式	额定电压
LXJ0-1A	<4mm	<2mm	±0.2mm	2s/次	有接点输出 一开一闭	AC:24V、110V、220V、380V DC:24V

表 11.4-86　LS2 型主令开关技术数据

型号	额定电压 /V	额定电流 /A	手柄位置数	外形尺寸/mm 旋钮式	外形尺寸/mm 手柄式	安装尺寸 /mm	生产厂
LS2-2	380	10	2	42 ×45 ×78	55 ×45 ×80	1 × M30	天津市第五机床电器厂
LS2-2			3				

表 11-4-87　LS3 型主令开关技术数据

型号	额定电压/V 交流	额定电压/V 直流	额定电流 /A	手柄位置数	外形尺寸 /mm	安装尺寸 /mm	生产厂
LS3-2	380	220	5	2	48.5 ×29 ×47	40　2 × M4	天津市第五机床电器厂

表 11.4-88　LS1 型、JLSS1 型十字开关技术数据

型号	额定电压/V	额定电流/A	操作方位数	每一操作方位触头数量		操作频率/(次/h)	外形尺寸/mm	安装尺寸/mm	操作手柄复零方式	生产厂
				常开	常闭					
LS1-1	380	5	4	1	1	600	$\phi82 \times 81$	$\phi72$ $4 \times \phi4.5$	手动复零	北京第一机床电器厂有限公司
JLSS1									自动复零	营口市机床电器厂

表 11.4-89　LSS1 系列十字开关技术数据

型号	额定电压/V		额定控制容量		操作方位数	触头数量		操作频率/(次/h)	外形尺寸/mm	安装尺寸/mm	结构特征	生产厂
	交流	直流	交流/VA	直流/W		常开	常闭					
LSS1-21					2	2					手动复位	
LSS1-21/Z											自动复位	
LSS1-31					3	3					手动复位	
LSS1-31/Z	380	220	300	60			0	600	$\phi45 \times 115$	$\phi30$	自动复位	营口市机床电器厂
LSS1-41					4	8					手动复位	
LSS1-41/Z											自动复位	
LSS1-42					4	4					手动复位	
LSS1-42/Z											自动复位	

5.9.3　按钮开关

按钮开关在控制系统中作为接触器、继电器或磁力起动器远距离操作开关之用。

NP4 系列按钮适用于交流 50Hz 或 60Hz、电压至 380V，直流工作电压至 220V 的电路控制系统中，作为电磁起动器、接触器、继电器及其他电气线路的控制之用。带指示灯式按钮还适用于灯光信号指示的场合。其技术数据见表 11.4-91，按钮寿命见表 11.4-92。

型号和含义：

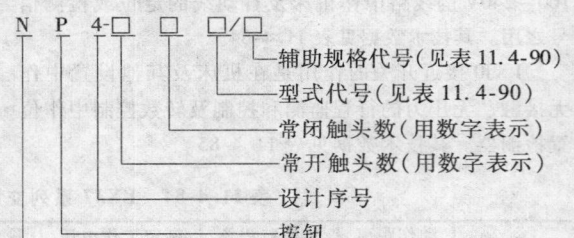

表 11.4-90　NP4 系列按钮型式代号及含义

型式代号	含　义	辅助规格代号	
BN	平钮	1、白 3、绿 5、黄 2、黑 4、红 6、蓝	
GN	高钮		
BNZS	自锁平钮		
GNZS	自锁高钮		
M	蘑菇头复位钮	扭头直径：$\phi40$	1、白 2、黑 3、绿 4、红 5、黄 6、蓝
ZS*	蘑菇头自锁转动复位钮		4、红
MD	带灯蘑菇头复位钮		3、绿 4、红 5、黄
MZSD	带灯蘑菇头自锁转动复位钮		4、红
X	旋钮	旋钮形式：21、二位置锁定31、三位置锁定22、二位置复位33、三位置复位	2、黑 3、绿 4、红
XB	旋柄		
XD	带灯旋钮		1、白 3、绿 4、红 5、黄 6、蓝
Y	钥匙		
DN	带灯高钮	1、白 3、绿 4、红 5、黄 6、蓝	
DZS	带灯自锁高钮		

表 11.4-91　NP4 系列按钮技术数据

额定绝缘电压 U_i/V	660		
约定自由空气发热电流 I_{th}/A	10		
额定工作电压 U_e/V	380	220	110
额定工作电流 I_e/A　AC-15	2.5	4	—
DC-13	—	0.3	0.6

表 11.4-93　LA19 系列按钮技术数据

额定绝缘电压 U_i	380V		
约定自由空气发热电流 I_{th}/A	5A		
额定工作电压 U_e/V	380V	220V	110V
额定工作电流 I_e/A　AC-15	2.5	4.5	—
DC-13	—	0.3	0.6

表 11.4-92　NP4 系列按钮寿命

触点电阻	≤50mΩ(初始值)
机械寿命	瞬动型:100 万次;其他:10 万次
电寿命	瞬动型:AC 50 万次、DC 25 万次,其他:10 万次
防护等级	IP40

LA19 系列按钮适用于交流 50Hz 电压至 380V 及直流电压至 220V 的电磁起动器、接触器、继电器及其他电气线路中,作遥控之用。其技术数据见表 11.4-93。

型号及含义:

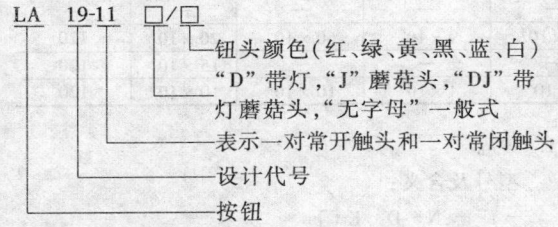

5.9.4　组合开关

组合开关在电路中供手动、作不频繁地接通或断开电路或控制小型异步电动机正、反转之用。

HZ10 系列组合开关主要适用于交流 50～60Hz,电压 380V 及以下,直流电压 220V 及以下的电路中,作不频繁地接通或分断电路,换接电源或负载,测量电路之用,也可控制小容量电动机。其技术数据见表 11.4-94。

型号及含义:

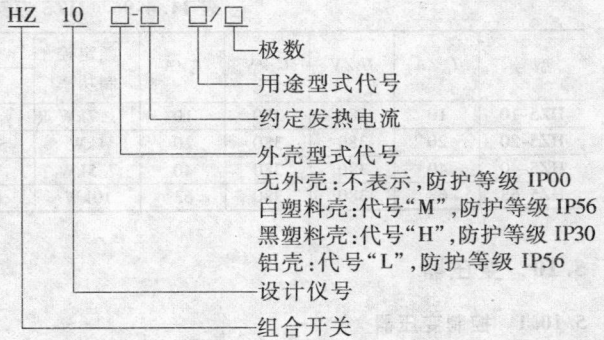

表 11.4-94　HZ10 系列组合开关技术数据

型　　号	I_{th}/A	U_i/V	AC-22A		DC-21A		AC-3	
			U_e/V	I_e/A	U_e/V	I_e/A	U_e/V	I_e/A
HZ10-10	10			10		10	380	3
HZ10-25	25			25		25	380	6.3
HZ10-40	40			40		40		
HZ10-60	60	380	380	60	220	60		
HZ10-60/E119	60			60		60		
HZ10-100	100			100		100		
HZ10-100/E119	100			100		100		

HZ12 系列电源切断开关适用于交流 50Hz(或 60Hz)、电压至 550V 电路中,作为电源的切断和接通之用,也可用于开、关交流电动机及变压电感性负载。其技术数据见表 11.4-95。

型号及含义:

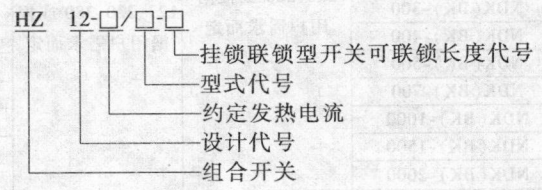

表 11.4-95　HZ12 系列电源切断开关技术数据

型号	I_{th}/A	U_i/V	U_e/V	I_e/A	机械寿命/次	电寿命/次	操作频率/(次/h)
HZ12-16	16	550	380	10			
			550	6			
HZ12-25	25	550	380	25	3×10^4	1×10^4	300
			550	12			
HZ12-40	40	550	380	40			
			550	16			

注：门锁寿命为 0.1×10^4。

HZ5 系列组合开关主要用于交流 50～60Hz，电压 380V 及以下的电气线路中作电源开关和笼型异步电动机的起动、换向、变速开关，也可作控制线路的换接之用。其技术数据见表 11.4-96。

型号及含义：

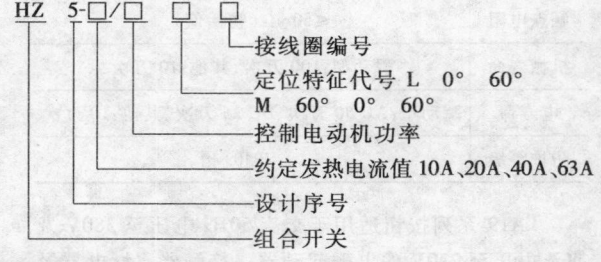

表 11.4-96　HZ5 系列组合开关技术数据

型号	I_{th}/A	U_i/V	U_e/V	I_e/A	额定控制功率	AC-23 时操作循环数			AC-3 时电寿命	操作频率/(次/h)
						空载	有载	总载		
HZ5-10	10	380	380	10	1.7kW	—	—	—	—	—
HZ5-20	20	380	380	20	4kW	51×10^4	9×10^4	60×10^4	20×10^4	120
HZ5-40	40	380	380	40	7.5kW	—	—	—	15×10^4	120
HZ5-63	63	380	380	63	10kW	6×10^4	4×10^4	10×10^4	10×10^4	120

5.10　变压器

5.10.1　控制变压器

控制变压器一般用于控制系统各类电源变压器或信号灯、照明灯等电源变压器。

NDK（BK）系列控制变压器适用于 50/60Hz 的交流电路中，作为机床和机械设备中一般电器的控制电源、局部照明及指示灯电源。其技术数据见表 11.4-97。

型号及含义：

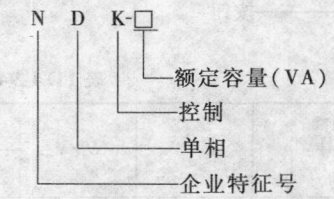

表 11.4-97　NDK（BK）系列控制变压器技术数据

型号	初级电压/V	次级电压/V	安装尺寸 $(A \times C)$/mm	安装孔 $(K \times J)$/mm	外形尺寸 $(B_{max} \times D_{max} \times E_{max})$/mm
NDK(BK)-25			62.5×50	5×8	$80 \times 80 \times 82$
NDK(BK)-50			70×58	6×10	$85 \times 83 \times 84$
NDK(BK)-100			85×64	6×10	$103 \times 87 \times 99$
NDK(BK)-150			85×72	6×10	$103 \times 93 \times 99$
NDK(BK)-200			85×83	6×10	$103 \times 105 \times 99$
NDK(BK)-250	220、380 或根据用户需求而定	6、12、24、36、110、127、220、380 或根据用户需求而定	100×80	8×11	$130 \times 120 \times 150$
NDK(BK)-300			100×84	8×11	$130 \times 125 \times 150$
NDK(BK)-400			110×114	8×11	$148 \times 155 \times 153$
NDK(BK)-500			110×114	8×11	$148 \times 155 \times 153$
NDK(BK)-700			125×99	8×11	$173 \times 158 \times 174$
NDK(BK)-1000			125×123	8×11	$173 \times 186 \times 174$
NDK(BK)-1500			160×120	10×20	$265 \times 195 \times 265$
NDK(BK)-2000			160×130	10×20	$265 \times 205 \times 275$

（续）

型 号	初级电压/V	次级电压/V	安装尺寸 $(A \times C)$/mm	安装孔 $(K \times J)$/mm	外形尺寸 $(B_{max} \times D_{max} \times E_{max})$/mm
NDK(BK)-3000	220、380 或根据用户需求而定	6、12、24、36、110、127、220、380 或根据用户需求而定	160×140	10×20	265×220×305
NDK(BK)-4000			190×180	10×20	315×260×305
NDK(BK)-5000			190×180	10×20	315×260×305
NDK(BK)-6k			220×175	10×20	360×320×390
NDK(BK)-7k			220×175	10×20	360×320×390
NDK(BK)-10k			220×215	10×20	360×360×390
NDK(BK)-15k			280×218	10×20	410×380×460
NDK(BK)-20k			280×230	10×20	410×405×490
NDK(BK)-25k	220、380 或根据用户需求而定	220、380 或根据用户需求而定	310×300	12.5×25	560×420×600
NDK(BK)-30k			310×300	12.5×25	560×420×600
NDK(BK)-40k			310×300	12.5×25	570×460×660
NDK(BK)-50k			310×310	12.5×25	610×460×630
NDK(BK)-60k			310×310	12.5×25	630×480×630
NDK(BK)-80k			420×330	12.5×25	670×500×690
NDK(BK)-100k			420×350	12.5×25	730×520×750

JBK 系列机床控制变压器适用于频率 50/60Hz 的交流电路中，作为各类机床、机械设备中一般电器的控制电源、局部照明及指示灯的电源。其产品的电压型式见表 11.4-98。

型号及含义：

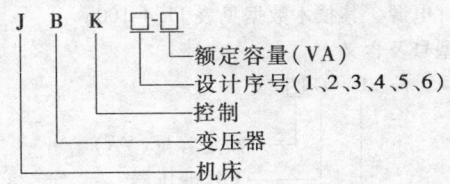

表 11.4-98　JBK 系列产品的电压型式

规　格	初级电压/V	次级电压/V		
		控制	照明	指示信号
40VA	220V 或 380V	110(127)(220)	24(36)(48)	6(12)
63VA	220V 或 380V	110(127)(220)	24(36)(48)	6(12)
100VA	220V 或 380V	110(127)(220)	24(36)(48)	6(12)
160VA	220V 或 380V	110(127)(220)	24(36)(48)	6(12)
250VA	220V 或 380V	110(127)(220)	24(36)(48)	6(12)
400VA	220V 或 380V	110(127)(220)	24(36)(48)	6(12)
630VA	220V 或 380V	110(127)(220)	24(36)(48)	6(12)
1000VA	220V 或 380V	110(127)(220)	24(36)(48)	6(12)
1600VA	220V 或 380V	110(127)(220)	24(36)(48)	6(12)
2000VA	220V 或 380V	110(127)(220)	24(36)(48)	6(12)
2500VA	220V 或 380V	110(127)(220)	24(36)(48)	6(12)

NDKG、NDKR、NDKS 系列控制变压器适用于 50/60Hz 的交流电路中，作为机床和机械设备中一般电器的控制电源、局部照明及指示灯电源。NDKG 安装尺寸及型号见表 11.4-99。

型号及含义：

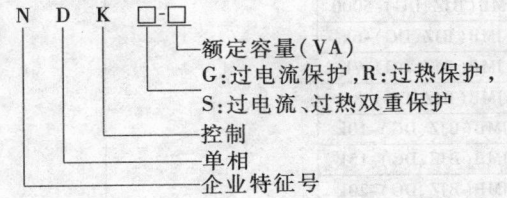

表 11.4-99　NDKG 安装尺寸及型号　　　　　（单位：mm）

型　号	安装尺寸($A \times C$)	安装孔($K \times J$)	外形尺寸($B_{max} \times D_{max} \times E_{max}$)
NDKG -25	62.5×50	5×8	$80 \times 94 \times 98$
NDKG-50	70×58	6×10	$86 \times 95 \times 103$
NDKG-100	85×64	6×10	$104 \times 100 \times 118$
NDKG-150	85×72	6×10	$104 \times 107 \times 118$
NDKG-200	85×83	6×10	$104 \times 119 \times 118$
NDKG-250	100×80	8×11	$130 \times 120 \times 150$
NDKG-300	100×84	8×11	$130 \times 125 \times 150$
NDKG-400	110×114	8×11	$148 \times 155 \times 153$
NDKG-500	110×114	8×11	$148 \times 155 \times 153$
NDKG-700	125×100	8×11	$173 \times 158 \times 174$
NDKG-1000	125×124	8×11	$173 \times 186 \times 174$

注：NDKR、NDKS 系列中，产品外形尺寸及安装尺寸与 NDKG 系列中同一容量的产品外形尺寸及安装尺寸相同。

5.10.2　照明变压器

　　DG、JMB、BJZ 型系列照明变压器适用于频率 50/60Hz 的交流电路中，作为机床及其他设备的局部照明灯电源。其技术数据见表 11.4-100。

　　型号及含义：

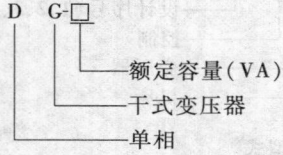

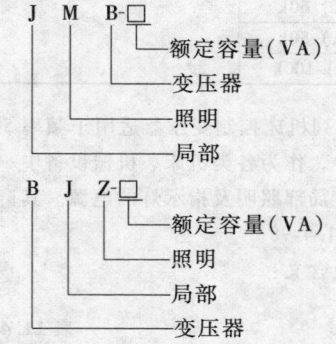

表 11.4-100　JMB 型系列照明变压器技术数据

型　号	初级电压/V	次级电压/V	外形尺寸/mm		
			B_{max}	D_{max}	E_{max}
JMB(BJZ、DG)-25			148	165	125
JMB(BJZ、DG)-50			148	165	125
JMB(BJZ、DG)-100			148	165	125
JMB(BJZ、DG)-150			165	175	135
JMB(BJZ、DG)-200			165	175	135
JMB(BJZ、DG)-250			178	210	155
JMB(BJZ、DG)-300			178	210	155
JMB(BJZ、DG)-400			205	245	175
JMB(BJZ、DG)-500			205	245	175
JMB(BJZ、DG)-700	220、380 或根据用户需求而定	6、12、24、36、110、127、220、380 或根据用户需求而定	230	295	185
JMB(BJZ、DG)-1000			230	295	185
JMB(BJZ、DG)-1500			325	380	280
JMB(BJZ、DG)-2000			325	380	280
JMB(BJZ、DG)-3000			325	380	310
JMB(BJZ、DG)-5000			365	375	315
JMB(BJZ、DG)-6k			530	470	610
JMB(BJZ、DG)-7k			530	470	610
JMB(BJZ、DG)-8k			530	470	610
JMB(BJZ、DG)-10k			530	470	610
JMB(BJZ、DG)-15k			570	510	710
JMB(BJZ、DG)-20k			570	510	710

5.10.3 电源装置

BKZ 系列硅整流电源装置适用于交流 50/60Hz、电压 500V 以下的交流电源改变为直流 24V 的装置。其安装尺寸见表 11.4-101。

型号及含义：

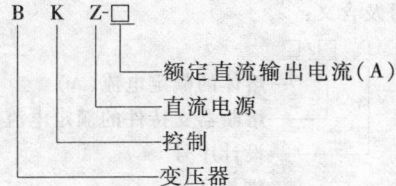

B K Z-□
- 额定直流输出电流（A）
- 直流电源
- 控制
- 变压器

表 11.4-101 BKZ 系列硅整流电源装置安装尺寸

（单位：mm）

型号	外形尺寸 ($B_{max} \times D_{max} \times E_{max}$)	安装尺寸 ($A \times C$)	安装孔 ($K \times J$)
BKZ-5A	$220 \times 145 \times 135$	130×150	6×9
BKZ-10A	$270 \times 180 \times 175$	165×170	6×9
BKZ-20A	$330 \times 180 \times 180$	165×210	6×9

5.11 其他电器元件

5.11.1 电阻片

ZB1、ZB2 系列电阻片用于电动机起动、调速、制动时限制电流，实现所要求的机械特性，其技术数据见表 11.4-102。

5.11.2 电抗器

XD1 型限流电抗器（也称阻尼电抗器）是采用不饱和树脂浇注成型的干式电抗器，适用于频率 50Hz、额定电压 0.4kV 的交流电路中，用于低压无功功率成套装置中作为限制电容器组在交流网络上开关操作时产生的涌流和增加开关的开断能力。其技术数据见表 11.4-103。

型号及含义：

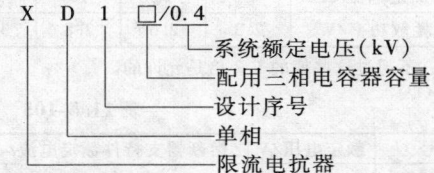

X D 1 □/0.4
- 系统额定电压（kV）
- 配用三相电容器容量
- 设计序号
- 单相
- 限流电抗器

表 11.4-102 ZB1、ZB2 系列电阻片技术数据

型号	+20℃时的电阻值/Ω	电阻值的误差（%）	额定电流/A	康铜丝直径/mm	匝数	外形尺寸/mm	外形尺寸/mm	生产厂
ZB1-0.2	0.2		42	10×1				
ZB1-0.25	0.25		37	10×0.8				北京第一机床电器厂有限公司
ZB1-0.33	0.33		32	10×0.6	15	$308 \times 152 \times 38$	275 $2 \times \phi17$	
ZB1-0.4	0.4		29	10×0.5				
ZB1-0.5	0.5		26	10×0.4				
ZB1-0.66	0.66		23	10×0.3				
ZB2-0.7	0.7		22.3	2	36×2			
ZB2-0.9	0.9		19.9	1.8	36×2			
ZB2-1.1	1.1		17.7	1.6	36×2			
ZB2-1.26	1.26		16.7	1.5	36×2			
ZB2-1.45	1.45		15.4	1.4	36×2	$308 \times 155 \times 24$	275 $2 \times \phi17$	西安机床变压器厂
ZB2-1.95	1.95		13.8	1.18	36×2			
ZB2-2.8	2.8		11.2	2	74			
ZB2-3.5	3.5		10.1	1.8	74			
ZB2-4.4	4.4		8.9	1.6	74			
ZB2-5	5	±10	8.4	1.5	74			
ZB2-5.8	5.8		7.7	1.4	74			
ZB2-8	8		6.6	1.18	74			
ZB2-12	12		5.4	1.18	112			
ZB2-14	14		5	1.12	112			
ZB2-18	18		4.4	1	112			
ZB2-21.6	21.6		4	0.9	112			
ZB2-27.6	27.6		3.5	0.8	112			安阳机床电器有限公司
ZB2-37	37		3.1	0.8	150	$308 \times 155 \times 24$	275 $2 \times \phi17$	
ZB2-48	48		2.7	0.71	150			
ZB2-68	68		2.3	0.6	150			
ZB2-96	96		1.9	0.5	150			
ZB2-140	140		1.6	0.4	150			
ZB2-188	188		1.4	0.35	150			
ZB2-260	260		1.2	0.31	150			

表 11.4-103　XD1 型限流电抗器技术数据

产品型号	额定电流/A	额定电感/mH	配用三相电容器容量/kVar
XD1-12	22.5	0.032	12
XD1-14	26.3	0.026	14
XD1-15	28.2	0.025	15
XD1-16	30	0.023	16
XD1-18	33.8	0.021	18
XD1-20	37.6	0.019	20
XD1-25	46.9	0.015	25
XD1-30	56.3	0.012	30
XD1-35	65.7	0.011	35
XD1-40	75	0.009	40

5.11.3　熔断器

RL1 螺旋式熔断器（以下简称熔断器）适用于交流额定电压为 400V（380V），额定电流为 200A 的电路中作保护之用。熔体额定电流与耗散功率关系见表 11.4-104，其各型号的技术数据见表 11.4-105。

型号及含义：

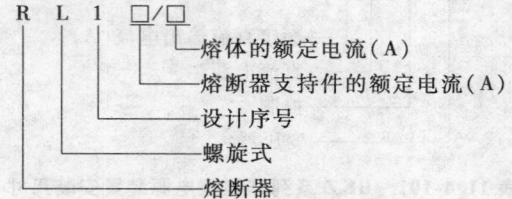

表 11.4-104　RL1 螺旋式熔体额定电流与耗散功率的关系

熔体额定电流/A	≤6	10	15	20	25	32	50	60	80	100	200
熔体耗散功率/W	2.3	2.6	2.8	3.3	4	5.2	6.5	7	8	9	13.6

注：不超过这些值的 1.2 倍是允许的。

表 11.4-105　RL1 螺旋式熔断器技术数据

型号	额定电压/V	熔断器支持件额定电流/A	熔体额定电流/A	额定分断能力/kA	cosφ
RL1-15	380	15	2、4、6、10、15	50	0.1～0.2
RL1-60	380	60	20、25、30、35、40、50、60	50	0.1～0.2
RL1-100	400	100	60、80、100	50	0.1～0.2
RL1-200	400	200	100、150、200	50	0.1～0.2

RX1-1000 信号熔断器适用于交流 50Hz、额定电压为 1000V 的电气线路中作为熔体的熔断信号（报警）之用，熔断信号器一般并联在熔体两端盖板固定螺钉下，当熔体熔断时，熔断撞击体动作，弹出撞针，推动微动开关发出信号。底座上下两回定端之间距离可在一定范围内调节，以适应不同高度的熔体并联之用。其技术数据见表 11.4-106。

型号及含义：

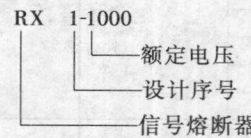

表 11.4-106　RX1-1000 信号熔断器技术数据

型号	产品名称	额定电压/V	质量/g
RX1-1000	信号熔断器体	1000	17
RX1-1000	信号熔断器座	1000	42

RT36 系列刀型触头熔断器适用于交流 690V 或直流 440V，额定电流为 1000A，额定分断能力至 120kA 的配电线路中，此型熔断器是浙江正泰电器股份有限公司针对通信行业自行设计的一种新型熔断器。具有体积小、质量轻、功耗小、分断能力高等特点，广泛

用于电气设备的过载保护和短路保护。其技术数据见表 11.4-107。

型号及含义：

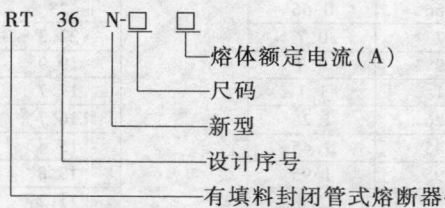

RT28 型圆筒形帽熔断器适用于交流 50Hz、额定电压为 500V，额定电流为 63A 的配电装置中作为过载和短路保护之用（此型熔断器不推荐用于电容柜中，若用于电容柜建议用 RT36-00 替之）。其熔体技术数据见表 11.4-108。

型号和含义：

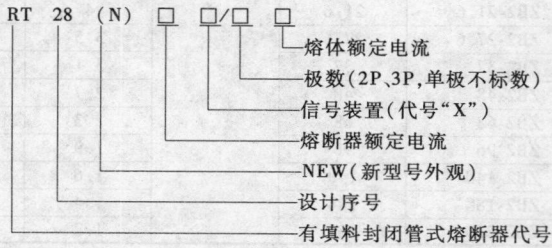

表 11.4-107　RT36 系列刀型触头熔断器技术数据

规格	额定电流/A	额定电压/V	额定功率/W	质量/kg	分断能力/kA
RT36N-00	4	AC500/AC690/DC250	1.5	0.155	120/50/100
	6	AC500/AC690/DC250	1.6	0.15	120/50/100
	10	AC500/AC690/DC250	1.7	0.15	120/50/100
	16	AC500/AC690/DC250	2	0.15	120/50/100
	20	AC500/AC690/DC250	2.5	0.15	120/50/100
	25	AC500/AC690/DC250	3.1	0.15	120/50/100
	32	AC500/AC690/DC250	3.5	0.15	120/50/100
	36	AC500/AC690/DC250	3.8	0.15	120/50/100
	40	AC500/AC690/DC250	4	0.15	120/50/100
	50	AC500/AC690/DC250	5.3	0.15	120/50/100
	63	AC500/AC690/DC250	6.1	0.15	120/50/100
	80	AC500/AC690/DC250	6.9	0.15	120/50/100
	100	AC500/AC690/DC250	10	0.15	120/50/100
	125	AC500/AC690/DC250	9.6	0.15	120/50/100
	160	AC500/AC690/DC250	12	0.2	120/50/100
RT36N-1	80	AC500/AC690/DC440	8.35	0.2	120/50/100
	100	AC500/AC690/DC440	12.05	0.2	120/50/100
	125	AC500/AC690/DC440	13.46	0.2	120/50/100
	160	AC500/AC690/DC440	16.53	0.36	120/50/100
	200	AC500/AC690/DC440	20.8	0.36	120/50/100
	224	AC500/AC690/DC440	22.69	0.36	120/50/100
	250	AC500/AC690/DC440	23	0.36	120/50/100
RT36N-2	125	AC500/AC690/DC440	21.7	0.36	120/50/100
	160	AC500/AC690/DC440	22.7	0.36	120/50/100
	200	AC500/AC690/DC440	26.8	0.36	120/50/100
	250	AC500/AC690/DC440	28.9	0.85	120/50/100
	300	AC500/AC690/DC440	32	0.85	120/50/100
	315	AC500/AC690/DC440	32.45	0.85	120/50/100
	355	AC500/AC690/DC440	33.66	0.85	120/50/100
	400	AC500/AC690/DC440	34	0.85	120/50/100
RT36N-3	315	AC500/AC690/DC440	34.45	0.85	120/50/100
	355	AC500/AC690/DC440	35.96	0.85	120/50/100
	400	AC500/AC690/DC440	38.09	0.85	120/50/100
	425	AC500/AC690/DC440	40.2	0.85	120/50/100
	500	AC500/AC690/DC440	45.23	0.85	120/50/100
	630	AC500/AC690/DC440	48	0.85	120/50/100
RT36-4	800	AC500	75.08	1.95	120
	1000	Ac500	90	1.95	120

表 11.4-108　RT28 型圆筒形帽熔体技术数据

型号	国内外同类产品	尺码 (G×K) /(mm×mm)	额定电压 /V	额定电流 /A	耗散功率 /W	分断能力 /kA	质量 /kg
RT28-32	RT18-32、RT14-20、RT19-32、R015	10×38	500	2,4,6,8,10,16,20,25,32	≤3	20	0.009
RT28-63	RT18-63、RT14-32、RT19-63、R016	14×51	500	10,16,20,25,32,40,50,63	≤5	20	0.022

5.11.4　信号灯

ND9 信号灯适用于交流 50/60Hz、电压至 230V，直流电压至 230V 控制系统中，作为电信、电气等线路的指示信号、预置信号、事故信号及其他信号指示之用。

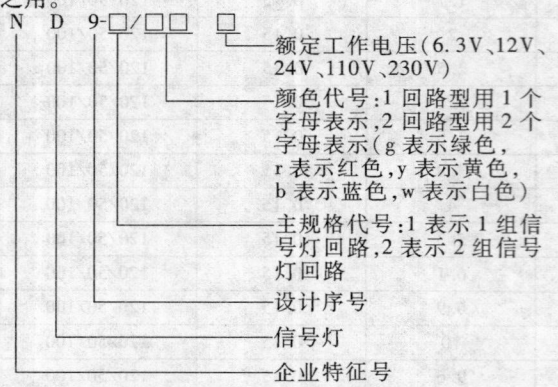

- 额定工作电压(6.3V、12V、24V、110V、230V)
- 颜色代号:1 回路型用 1 个字母表示,2 回路型用 2 个字母表示(g 表示绿色,r 表示红色,y 表示黄色,b 表示蓝色,w 表示白色)
- 主规格代号:1 表示 1 组信号灯回路,2 表示 2 组信号灯回路
- 设计序号
- 信号灯
- 企业特征号

ND9 信号灯主要参数及技术性能:

额定绝缘电压（U_i）：500V

额定工作电压（U_e）：AC/DC 6.3V、AC/DC 12V、AC/DC 24V、AC/DC 110V、AC/DC 230V

额定工作电流 ≤20mA

工作寿命 ≥30000h

防护等级 IP20

ND16 系列信号灯适用于交流 50Hz（或 60Hz）、额定电压 380V 及以下或直流工作电压 380V 及以下的电信、电气等线路中作指示信号、预告信号、事故信号及其他指示信号之用。其技术数据见表 11.4-110。

型号和含义:

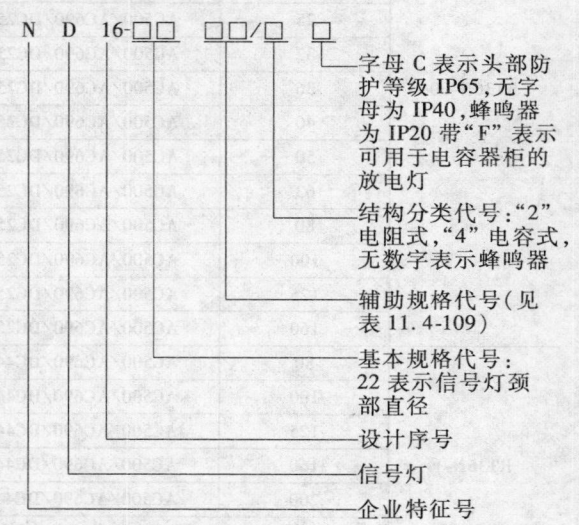

- 字母 C 表示头部防护等级 IP65,无字母为 IP40,蜂鸣器为 IP20 带"F"表示可用于电容器柜的放电灯
- 结构分类代号:"2"电阻式,"4"电容式,无数字表示蜂鸣器
- 辅助规格代号(见表 11.4-109)
- 基本规格代号:22 表示信号灯颈部直径
- 设计序号
- 信号灯
- 企业特征号

表 11.4-109　ND16 系列信号灯辅助规格代号意义

辅助规格代号	含　　义	辅助规格代号	含　　义
A	平面梅花圆形灯罩	AS	超短型平面梅花圆形灯罩
B	平面圆台形灯罩	BS	超短型平面圆台形灯罩
C	弧面波纹圆形灯罩	CS	超短型弧面波纹圆形灯罩
D	弧面圆形灯罩	DS	超短型弧面圆形灯罩
S	双色灯	BK	快速接线型
FS	蜂鸣器(断续闪烁式)	LC	蜂鸣器(连续长亮式)
F	蜂鸣器(断续式)	L	蜂鸣器(连续式)

表 11.4-110　ND16 系列信号灯技术数据

额定工作电压 U_e/V	AC/DC6	AC/DC12	AC/DC24	AC/DC36	AC/DC48	AC/DC110	AC/DC220	AC/DC380
额定工作电流 I_e/mA				≤20				
基色				绿、黄、红、蓝、白				
工作寿命/h				≥30000				
光亮度/(cd/m)				≥60				

ND1 系列信号灯适用于交流 50Hz（或 60Hz）380V 及以下，直流 380V 及以下的电信、电气等线路中的指示信号、预告信号、事故信号及其他指示信号之用。其技术数据见表 11.4-111。

型号及含义:

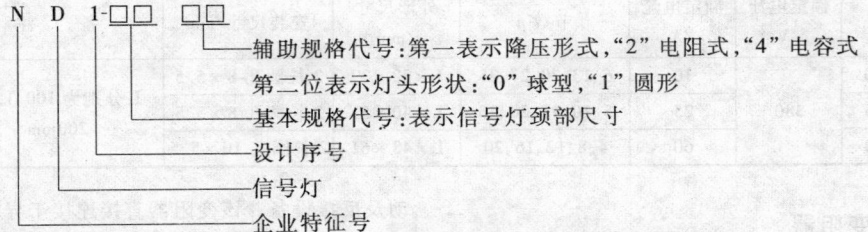

ND1 系列信号灯主要参数及技术性能:

灯头的颜色分为红、黄、绿、蓝、白;

信号灯的基本参数见表 11-4-111;

信号灯的使用寿命 ≥30000h;

头部防护等级 IP40。

5.11.5　插销

C1、C2、C3、C4、C5 插销。作为各类用电设备与电源连接用,其技术数据见表 11.4-112。

表 11.4-111　ND1 系列信号灯基本参数

适用电源	交　直　流								交　流		
额定工作电压/V	6	12	24	36	48	110	220	380	110	220	380
工作电流/mA	≤20										

表 11.4-112　C1、C2、C3、C4、C5 插销技术数据

型号	额定电压 /V	额定电流 /A	插销头数	外形尺寸 /mm	安装尺寸 /mm		生产厂
C1-6/4		6	4	$\phi76 \times 75$	$\phi66$	$3 \times \phi5.5$	
C2-15/4		15	4	$\phi102 \times 108$	$\phi80$	$2 \times \phi5$	
C2-15/7		15	7	$\phi102 \times 108$	$\phi80$	$2 \times \phi5$	
C2-15/12	380	15	12	$\phi102 \times 108$	$\phi80$	$2 \times \phi5$	朝阳机床电器厂
C3-10/3		10	3	$90 \times 90 \times 85$	70×70	$4 \times \phi4.5$	
C4-6/4		6	4	$85 \times 127 \times 110$	70×70	$4 \times \phi4.5$	
C5-15/4		15	4	$90 \times 90 \times 98$	70×70	$4 \times \phi4.5$	

5.11.6　接线端子板及端子

接线端子板及端子均作为导线端连接之用。

1) JX2 系列接线板,其技术数据见表 11.4-113。

2) JD0 系列接线端子的技术数据见表 11.4-114。

表 11.4-113　JX2 系列接线板技术数据

型号	额定电压 /V	额定电流 /A	最多节数 n	外形尺寸/mm		安装尺寸/mm		生产厂
				节数　≤n	节数　>n	节数　≤n	节数　>n	
JX2-10□		10	25	$(45.5 + 16n) \times$ 35×33	$(61.5 + 16n) \times$ 35×33	$(25.5 + 16n) \times 23$, 2 长圆孔 10×5.5	$(41.5 + 16n) \times 23$, 2 长圆孔 10×5.5	
JX2-25□	380	25	20	$(42.5 + 20n) \times$ 45×40	$(42.5 + 20n) \times$ 45×40	$(25.5 + 20n) \times 23$, 2 长圆孔 10×5.5	$(45.5 + 20n) \times 23$, 2 长圆孔 10×5.5	朝阳机床电器厂
JX2-60□		60	15	$(43.5 + 25n) \times$ 55×45	$(43.5 + 25n) \times$ 55×45	$(26.5 + 25n) \times 23$, 2 长圆孔 10×5.5	$(51.5 + 25n) \times 23$, 2 长圆孔 10×5.5	

表 11.4-114　JD0 系列接线端子技术数据

序号	型号	额定电压/V	额定电流/A	节数 n	外形尺寸/mm	安装尺寸/mm	备　　注	生产厂
1	JD0-10		10	6、13、20、27、35	L×32×37	2 长圆孔 8×5.5		
2	JD0-25	380	25	5、10、15、20、25	L×40×51	2 长圆孔 8×5.5	L 分别为 100、150、200mm	朝阳机床电器厂
3	JD0-60		60	4、8、12、16、20	L×48×61	2 长圆孔 10×5.5		

5.12　频敏变阻器

频敏变阻器是由铸铁片或钢板叠成的铁心，外面再套上绕组组成的三相电抗器。将其接于绕线转子异步电动机转子电路，当电动机起动时频敏变阻器的阻抗随转子频率而变化，转子起动开始频率大，其阻抗大，转子转速升高后转子频率减小，其阻抗也减小。用以限制起动过程异步电动机转子电流。生产机械负载性质，见表 11.4-115。

BP8Y 系列频敏变阻器（以下简称变阻器）专用于电动机功率 1.5～200kW，频率为 50Hz 的 YZR 系列起重及冶金用三相异步电动机频繁操作条件下的起动及反接设备。该变阻器直接连接于异步电动机的转子回路中，无需另装接触器等短接设备；能使电动机获得接近恒转矩的机械特性，是极为理想的起动元件。BP8Y 系列频敏变阻器选型见表 11.4-116。

型号和含义：

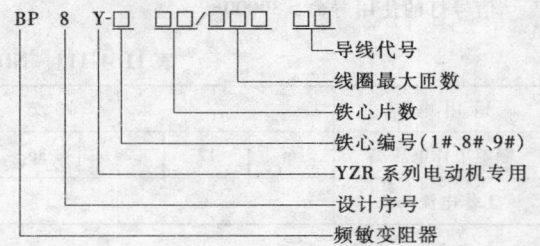

表 11.4-115　依生产机械起动转矩，阻转矩选择负载性质表

拖动负载性质		特　　　　性	传动设备举例
偶尔起动	轻载	起动转矩 $T_1 \geq (0.6 \sim 0.8)T_N$，阻转矩 $T_1 < 0.5T_N$，折算至电动机轴上的飞轮力矩 GD^2 较小，起动时间 $t_1 \leq 20s$	空压机、水泵、交流机等
	重轻载	起动转矩 $T_1 \leq (0.9 \sim 1.1)T_N$，阻转矩 $T_1 < 0.8T_N$，折算至电动机轴上的飞轮力矩 GD^2 较大，起动时间 $t_1 \leq 20s$	锯床、真空泵、带飞轮的轧钢主电动机
	重载	起动转矩 $T_1 \leq (1.2 \sim 1.4)T_N$，阻转矩 $T_1 < 0.8T_N$，折算至电动机轴上的飞轮力矩 GD^2 不太大，起动时间介于轻载和重载之间	胶带运输机、轴流泵、排气阀打开起动的鼓风机
重复短时工作制动起动	第一类	起动次数 250 次/h 一下，t_1Z 值 <400s	推钢机、拉钢机及轧线定尺移动
	第二类	起动次数 <400 次/h 一下，t_1Z 值 <630s	出炉辊道、延伸辊道、检修吊车大小车
	第三类	起动次数 <630 次/h 一下，t_1Z 值 <1000s	轧机前后升降台及真辊道、生产吊车大小车
	第四类	起动次数 >630 次/h 一下，t_1Z 值 <1600s	拔钢机、定尺辊道、翻钢机、压下

注：t_1Z 值为每小时起动次数 Z（起动一次算一次，反制动一次算三次，动力制动一次算一次）与每次起动时间 t_1 的乘积。无规则操作或操作极频繁的电动机，由于每次起动不一定升至额定转速，在设计中一般可取 $t_1 = 1.5 \sim 2s$。

注（重复短时工作制动起动栏特性中）：$T_1 \leq 1.5T_N$

表 11.4-116　BP8Y 系列频敏变阻器选型表

YZR 电动机规格	电动机极数	电动机功率/kW	电动机转子电流/A	每小时起动 100～400 次		每小时起动 400～600 次		每小时起动 600～1000 次	
				变阻器规格	每组台数	变阻器规格	每组台数	变阻器规格	每组台数
112M	6	1.6	12	103/8003	1	103/7103	1	105/4504	1
132MA	6	2.2	12	103/8003	1	105/6303	1	108/5004	1
132MB	6	3.7	13	103/8003	1	108/6303	1	112/4004	1
160MA	6	5.8	27	108/4005	1	112/2805	1	108/2008	2 串
160MB	6	7.5	28	112/6305	1	808/6306	1	812/6308	1

（续）

YZR 电动机规格	电动机极数	电动机功率/kW	电动机转子电流/A	每小时起动 100~400 次		每小时起动 400~600 次		每小时起动 600~1000 次	
				变阻器规格	每组台数	变阻器规格	每组台数	变阻器规格	每组台数
160L	6	11	28	806/6305	1	810/6306	1	808/6308	2 串
180L	6	15	44	810/6308	1	812/5012	1	908/5612	1
200L	6	22	70	812/5012	1	812/3216	2 串	810/4510	2 串 2 并
225M	6	28	75	808/3612	2 串	910/3616	1	908/3620	2 串
250MA	6	37	91	908/3216	1	912/3220	1	910/2825	2 串
250MB	6	45	95	908/3216	1	908/3220	2 串	912/2825	2 串 2 并
280S	6	55	120	908/2225	1	908/2225	2 串	908/4016	2 串 2 并
280M	6	75	124	910/4025	2 串	910/5012	2 串 2 并	910/3616	2 串 2 并
160L	8	7.5	25	110/5004	1	808/10005	1	812/8006	1
180L	8	11	41	808/6308	1	810/5010	1	808/4012	2 串
200L	8	15	54	808/5010	1	908/5016	1	908/4516	2 串
225M	8	22	59	808/4510	1	908/5016	1	912/4516	2 串
250MA	8	30	69	906/4512	1	910/4016	1	908/3620	2 串
250MB	8	37	70	906/4512	1	910/4016	1	910/3625	2 串
280S	8	45	90	912/5616	1	910/3225	2 串	910/4016	2 串 2 并
280M	8	55	92	912/5616	1	910/3225	2 串	910/4016	2 串 2 并
315S	8	75	159	908/2225	2 串	910/3216	2 并	912/2820	2 串 2 并
315M	8	90	160	908/3616	2 并	908/4516	2 串 2 并	912/3220	2 串 2 并
280S	10	37	153	908/2225	1	912/1832	1	912/3220	2 并
280M	10	45	165	910/2230	1	908/3625	2 并	908/3625	2 串 2 并
315S	10	55	138	910/2225	1	908/4016	2 并	910/3620	2 串 2 并
315M	10	75	149	908/2525	2 串	912/1832	2 串	912/2825	2 串 2 并
355M	10	90	166	908/1832	2 串	912/3216	2 串	912/2825	2 串 2 并
355LA	10	110	172	910/1832	2 串	908/3616	2 串 2 并	910/2825	3 串 2 并
355LB	10	132	167	912/1832	2 串	910/3216	2 串 2 并	912/2825	3 串 2 并
400LA	10	160	244	910/4520	2 串 2 并	912/2825	3 串 2 并	912/1832	5 串 2 并
400LB	10	200	252	912/3620	2 串 2 并	912/2225	4 串 2 并	912/1832	6 串 2 并

BP8R3 系列频敏变阻器（以下简称变阻器）适用于电动机功率 22~2240kW，频率为 50Hz 的绕线转子三相异步电动机不频繁操作条件下的偶尔短时起动。该变阻器不能直接连接于异步电动机的转子回路中，需和接触器或其他短接设备并联后，再连接于异步电动机的转子回路中；是轧钢机和空压机等设备的理想起动元件。

由于该变阻器是不频繁的偶尔短时起动工作制，则在起动完毕后务必用接触器或其他短接设备予以切除；保证在电动机运行后变阻器不工作（短接设备由用户自备）。BP8R3 系列频敏变阻器选型表见表 11.4-117。

型号和含义：

```
BP  8  R  3-□  □□/□□□  □□
                         ├─导线代号
                         ├─线圈最大匝数
                         ├─铁心片数
                    ├─铁心编号（2#、3#）
                ├─轻、中、重载偶尔短时起动工作制
             ├─绕线转子异步电动机用
          ├─设计序号
       ├─频敏变阻器
```

表 11.4-117　BP8R3 系列频敏变阻器选型表

电动机功率 /kW	电动机转子 电流/A	负载形式					
		轻载起动		中载起动		重载起动	
		变阻器规格	每组台数	变阻器规格	每组台数	变阻器规格	每组台数
22 ~ 28	51 ~ 63	204/16003	1	205/10005	1	205/8006	1
	64 ~ 80	204/12504	1	205/8006	1	205/6308	1
	81 ~ 100	204/10005	1	205/6308	1	205/5010	1
	101 ~ 125	204/8006	1	205/5010	1	205/4012	1
29 ~ 35	51 ~ 63	204/16003	1	206/10005	1	206/8006	1
	64 ~ 80	204/12504	1	206/8006	1	206/6308	1
	81 ~ 100	204/10005	1	206/6308	1	206/5010	1
	101 ~ 125	204/8006	1	206/5010	1	206/4012	1
36 ~ 45	51 ~ 63	204/16003	1	208/10005	1	208/8006	1
	64 ~ 80	204/12504	1	208/8006	1	208/6308	1
	81 ~ 100	204/10005	1	208/6308	1	208/5010	1
	101 ~ 125	204/8006	1	208/5010	1	208/4012	1
46 ~ 55	64 ~ 80	205/12504	1	210/8006	1	210/6308	1
	81 ~ 100	205/10005	1	210/6308	1	210/5010	1
	101 ~ 125	205/8006	1	210/5010	1	210/4012	1
	126 ~ 160	205/6308	1	210/4012	1	210/3216	1
56 ~ 70	126 ~ 160	206/6308	1	212/4012	1	212/3216	1
	161 ~ 200	206/5010	1	212/3216	1	212/2520	1
	201 ~ 250	206/4012	1	212/2520	1	212/2025	1
	251 ~ 315	206/3216	1	212/2025	1	212/1632	1
71 ~ 90	161 ~ 200	208/5010	1	305/5016	1	305/4020	1
	201 ~ 250	208/4012	1	305/4020	1	305/3225	1
	251 ~ 315	208/3216	1	305/3225	1	305/2532	1
	316 ~ 400	208/2520	1	305/2532	1	305/2040	1
91 ~ 115	161 ~ 200	210/5010	1	306/5016	1	306/4020	1
	201 ~ 250	210/4012	1	306/4020	1	306/3225	1
	251 ~ 315	210/3216	1	306/3225	1	306/2532	1
	316 ~ 400	210/2520	1	306/2532	1	306/2040	1
120 ~ 140	201 ~ 250	212/4012	1	308/4020	1	308/3225	1
	251 ~ 315	212/3216	1	308/3225	1	308/2532	1
	316 ~ 400	212/2520	1	308/2532	1	308/2040	1
	401 ~ 500	212/2025	1	308/2040	1	308/1650	1
145 ~ 180	201 ~ 250	305/6312	1	310/4020	1	310/3225	1
	251 ~ 315	305/5016	1	310/3225	1	310/2532	1
	316 ~ 400	305/4020	1	310/2532	1	310/2040	1
	401 ~ 500	305/3225	1	310/2040	1	310/1650	1
185 ~ 225	201 ~ 250	306/6312	1	312/4020	1	312/3225	1
	251 ~ 315	306/5016	1	312/3225	1	312/2532	1
	316 ~ 400	306/4020	1	312/2532	1	312/2040	1
	401 ~ 500	306/3225	1	312/2040	1	312/1650	1

（续）

电动机功率/kW	电动机转子电流/A	负载形式					
		轻载起动		中载起动		重载起动	
		变阻器规格	每组台数	变阻器规格	每组台数	变阻器规格	每组台数
230~280	201~250	308/6312	1	316/4020	1	316/3225	1
	251~315	308/5016	1	316/3225	1	316/2532	1
	316~400	308/4020	1	316/2532	1	316/2040	1
	401~500	308/3225	1	316/2040	1	316/1650	1
285~355	251~315	310/5016	1	310/6312	2并	310/5016	2并
	316~400	310/4020	1	310/5016	2并	310/4020	2并
	401~500	310/3225	1	310/4020	2并	310/3225	2并
	501~630	310/2532	1	310/3225	2并	310/2532	2并
360~450	251~315	312/5016	1	312/6312	2并	312/5016	2并
	316~400	312/4020	1	312/5016	2并	312/4020	2并
	401~500	312/3225	1	312/4020	2并	312/3225	2并
	501~630	312/2532	1	312/3225	2并	312/2532	2并
460~560	316~400	316/4020	1	316/5016	2并	316/4020	2并
	401~500	316/3225	1	316/4020	2并	316/3225	2并
	501~630	316/2532	1	316/3225	2并	316/2532	2并
	631~800	316/2040	1	316/2532	2并	316/2040	2并
570~710	316~400	310/4020	2串	310/5016	2串2并	310/4020	2串2并
	401~500	310/3225	2串	310/4020	2串2并	310/3225	2串2并
	501~630	310/5016	2并	310/3225	2串2并	310/2532	2串2并
	631~800	310/4020	2并	310/2532	2串2并	310/2040	2串2并
720~900	401~500	312/3225	2串	316/5016	3并	316/4020	3并
	501~630	312/2532	2串	316/4020	3并	316/3225	3并
	631~800	312/4020	2并	316/3225	3并	316/2532	3并
	801~1000	312/3225	2并	316/2532	3并	316/2040	3并
910~1120	401~500	316/3225	2串	316/4020	2串2并	316/3225	2串2并
	501~630	316/2532	2串	316/3225	2串2并	316/2532	2串2并
	631~800	316/4020	2并	316/5016	4并	316/4020	4并
	801~1000	316/3225	2并	316/4020	4并	316/3225	4并
1130~1400	631~800	310/4020	2串2并	316/6312	5并	316/5016	5并
	801~1000	310/3225	2串2并	316/5016	5并	316/4020	5并
	1001~1250	310/2532	2串2并	316/4020	5并	316/3225	5并
	1251~1600	310/2040	2串2并	316/3225	5并	316/2532	5并
1410~1800	801~1000	316/4020	3并	316/3225	2串3并	316/2040	2串3并
	1001~1250	316/3225	3并	316/2532	2串3并	316/1650	2串3并
	1251~1600	316/2532	3并	316/2040	2串3并	316/2532	6并
	1601~2000	316/2040	3并	316/1650	2串3并	316/2040	6并
1810~2240	801~1000	316/3225	2串2并	316/4020	2串4并	316/3225	2串4并
	1001~1250	316/2532	2串2并	316/3225	2串4并	316/2532	2串4并
	1251~1600	316/4020	4并	316/2532	2串4并	316/4020	8并
	1601~2000	316/3225	4并	316/2040	2串4并	316/3225	8并

第5章 直流闭环控制及其控制单元选择

1 直流电动机调速系统的类型和指标

1.1 直流电动机调速系统的类型

在直流调速系统的主电路中，直流电动机稳态机械特性的表达式为

$$n = \frac{U - I_d R}{K_e \Phi} = \frac{U}{K_e \Phi} - \frac{R}{K_e \Phi} I_d = n_0 - \Delta n \qquad (11.5\text{-}1)$$

式中　n——转速（r/min）；

　　　U——电枢电压（V）；

　　　I_d——电枢电流（A）；

Φ——励磁磁通（Wb）；

K_e——由电动机结构决定的电动势常数；

R——电枢回路总电阻（Ω），它包括电枢电阻、可控直流电源内阻以及主电路中所有其他部件的电阻。

式（11.5-1）表明，直流电动机调速系统可以分成三类：①改变电枢回路电阻的调速系统；②调节电枢电压的调速系统；③减弱磁通的调速系统。

1.1.1 各类调速系统的特点和性能

常用的直流电动机调速系统以调压调速系统为主，只有需要基速以上恒功率调速时才辅以弱磁升速，见表11.5-1。

表 11.5-1　直流电动机调速系统的特点和性能

类型	措施	机械特性	特点	性能
改变电阻	保持电枢电压与励磁磁通为额定值不变，改变电枢回路的串接电阻	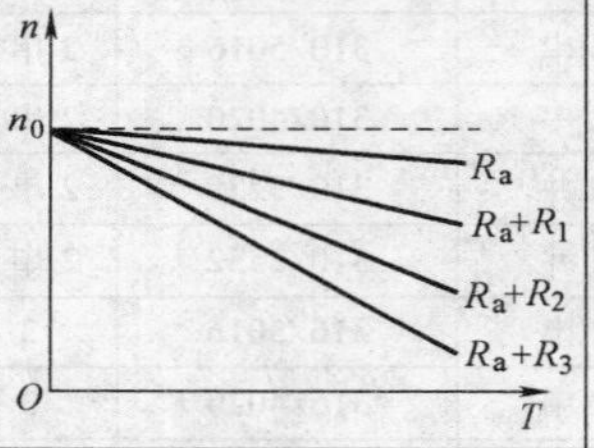	理想空载转速不变，在相同的转矩下，转速降落随串接电阻的增加而增大，机械特性的斜率变陡	设备简单，但只能作有级调速，转速稳定性差，低速时效率低
调节电压	保持磁通为额定值不变，电枢回路不接外接电阻，仅改变电枢电压	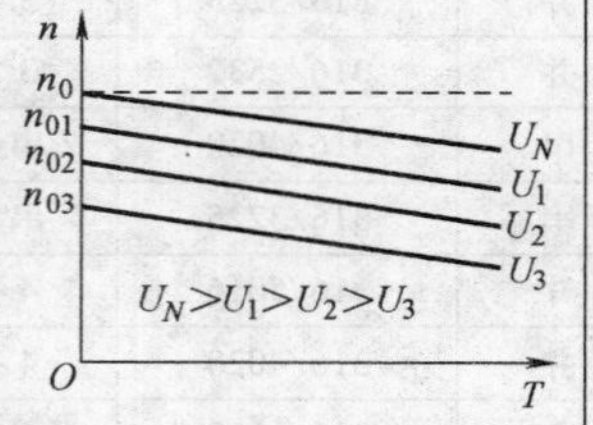	理想空载转速随电压的减少而成比例的降低，机械特性平行下移，同样转矩下的转速降落相同，与电压大小无关	能在基速（额定转速）以下实现恒转矩的平滑调速，转速稳定性好，系统效率高，调速范围宽，但需要可控直流电源
减弱磁通	保持电枢电压为额定值，电枢回路不接外接电阻，靠减弱磁通来调速	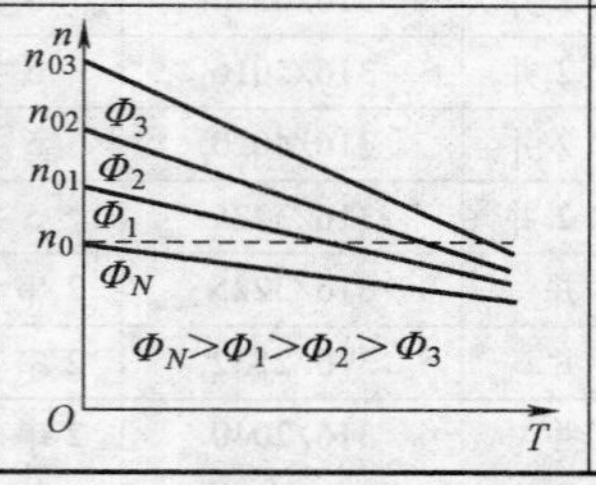	减弱磁通时理想空载转速增大，而速降与磁通的平方成反比，即减弱磁通时的转速降落更大	只能在基速（额定转速）以下的范围内实现恒功率的平滑调速，转速稳定性好，效率高，但调速范围较窄

1.1.2 可控直流电源供电的调压调速系统

调压调速系统需要可控直流电源供电。常用的可控直流电源有：①旋转交流机组；②静止式晶闸管变流器；③直流斩波器和脉宽调制变换器。由这些可控直流电源供电的调压调速系统是：①直流发电机—电动机系统；②晶闸管变流器—电动机系统；③直流脉宽调制（斩波）调速系统。其中，晶闸管供电的直流调速系统和直流脉宽调速系统得到广泛应用，而直流发电机供电的调速系统因其机组设备多、体积大、费用高、效率低、维护不方便等缺点正逐渐被电力电

子器件所取代。

1. 晶闸管变流器—电动机系统

晶闸管变流器—直流电动机调速系统（简称 V-M 系统）的原理图如图 11.5-1 所示。图中，VT 为晶闸管变流器；GT 为相控触发装置；M 为直流电动机。调节 GT 的控制电压 U_c 以移动触发脉冲的相位，即可改变可控整流器的平均输出直流电压 U_d，从而实现直流电动机的平滑调速。

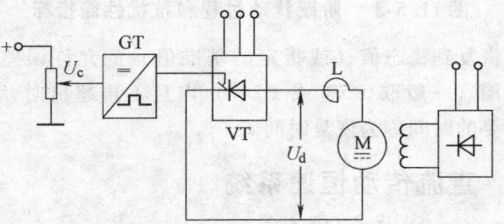

图 11.5-1　晶闸管变流器—直流电动机调速系统 （V-M 系统） 原理图

（1）晶闸管变流器—电动机系统优点

1）晶闸管变流器的功率放大倍数在 10^4 以上，而且工作可靠、效率高，在现有的电力电子器件中晶闸管能够承受最高的电压和电流，因此在大容量应用场合具有重要的地位。

2）晶闸管的门极电流可以直接用电子控制，控制作用是毫秒级的，和旋转变流机组相比动态性能有了很大的改善。

3）晶闸管变流器是静止装置，占地少、噪声低、维护方便。

（2）晶闸管变流器—电动机系统的不足

1）晶闸管是单向导电的，给电动机可逆运行带来困难。

2）晶闸管采用门极移相触发控制，低速运行时，晶闸管的导通角很小，使系统的功率因数低，谐波电流较大，引起电网电压畸变，需要增设无功补偿装置和谐波滤波装置。

3）晶闸管对过电压、过电流和过高的 $\mathrm{d}U/\mathrm{d}t$ 与 $\mathrm{d}I/\mathrm{d}t$ 都十分敏感，其中任一项指标超过允许值都可能在很短的时间内损坏晶闸管。不过，现代的晶闸管应用和保护技术已经成熟，装置的运行十分可靠。

2. 直流脉宽调制（斩波）调速系统

在全控型电力电子器件问世以后，直流斩波器和脉宽调制（PWM）变换器便逐渐取代晶闸管变流器。作为调速系统的可控直流电源，只有全控器件所不能及的大功率系统除外。

直流脉宽调制调速系统的优点：

1）变换器主电路简单，需用的功率器件少。

2）全控型器件开关频率高，因此电流容易连续、谐波少、电动机损耗和发热都较小。

3）调速系统低速性能好、稳速精度高、调速范围宽。

4）若与快速响应的电动机配合，则系统频带宽、动态响应快、动态抗扰能力强。

5）电力电子器件在开关状态下工作，导通损耗小，当开关频率适当时，开关损耗也不大，因而系统效率较高。

6）直流电源采用不控整流，电网功率因数比相控整流器高。

常用的直流闭环控制系统都是晶闸管供电的直流传动系统，其特点是体积小、重量轻、占地面积小。在技术上惯性小、效率高、因此被广泛地应用在各技术领域。

1.2　调速系统的性能指标

1.2.1　静态性能指标

（1）调速范围　生产机械要求电动机在额定负载情况下提供的最高转速 $n_{\max}$ 和最低转速 $n_{\min}$ 之比称作调速范围 D，即

$$D = n_{\max} / n_{\min} \tag{11.5-2}$$

（2）静差度　当系统在某一转速下运行，负载由理想空载增加到额定值时，电动机转速的变化率称作静差度 s，即

$$s = \frac{\Delta n_N}{n_0} = \frac{\Delta n_N}{n_0} \times 100\% \tag{11.5-3}$$

调速范围 D 和静差度 s 这两项指标不是彼此孤立的。调速系统的静差度指标应以最低速时所能达到的数值为准。一个调速系统的调速范围，是指在最低速时还能满足所需静差度的转速可调范围。二者之间的约束关系是

$$D = \frac{n_N s}{\Delta n_N (1 - s)} \tag{11.5-4}$$

（3）稳速精度　一般调速系统的稳态精度可以用静差来衡量。若 $s > 0$，称为有静差系统；若 $s = 0$，则称为无静差系统。对于高精度的调速系统，即使是无静差系统，还要考虑环境温度、供电电压以及其他因素的变化。这时，以电动机的额定转速为基准，转速给定值 n^* 与在各种变化条件下的实际值 n 之差的相对值称为稳速精度，即

$$稳速精度 = \frac{|n^* - n|}{n_N} \times 100\% \tag{11.5-5}$$

1.2.2　动态性能指标

1. 跟随性能指标

系统的跟随性能指标是在零初始条件下，以系统的输出量 $C(t)$ 对输入量 $R(t)$ 的动态响应特性来衡量的，通常以单位阶跃信号下的过渡过程作为典型的跟随过程，如图 11.5-2 所示，图中的是输出的稳态值。

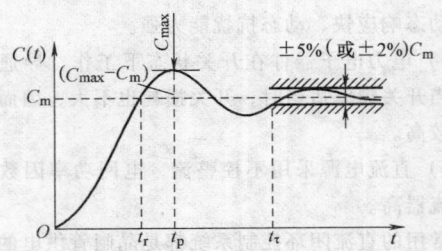

图 11.5-2　阶跃响应过程和跟随性能指标

（1）上升时间（或称响应时间）t_r　对于有振荡的系统，定义输出量 $C(t)$ 从 0 开始第一次上升到 C_m 所需要的时间为上升时间；对于无振荡系统，则定义为从 0 上升到 C_m 的 90% 时所经历的时间。上升时间反映系统动态响应的快速性。

（2）超调量 σ 与峰值时间 t_p　对于有振荡的系统，在超过 t_r 以后，输出量将继续升高，到达最大值 C_{max} 后回落。定义 C_{max} 超过 C_m 的百分数为超调量 σ。

$$\sigma = \frac{C_{max} - C_m}{C_m} \times 100\% \qquad (11.5\text{-}6)$$

到达 C_{max} 的时间 t_p，称作峰值时间，一般为响应达到超过 C_m 的第一峰值需要的时间。对于无振荡系统，$\sigma = 0$。超调量反映系统的相对稳定性。

（3）调节时间 t_τ　调节时间又称过渡过程时间，它衡量输出量整个调节过程的快慢。为了在线性系统阶跃响应特性上表示调节时间。取稳态值 ±5%（或 ±2%）为允许的误差带，当输出量 $C(t)$ 到达并不再超出允许误差带时所经历的时间称作调节时间。调节时间既反映系统的快速性，也反映其稳定性。

（4）振荡次数 k　输出量的实际值在调节时间 t_τ 内围绕给定值上下摆动的次数。

2. 抗扰性能指标

在给定值不变时，突加某一使输出量变化的阶跃扰动 F 后，输出量的变化过程被称作扰动过程，如图 11.5-3 所示。

（1）动态波动量 ΔC_{max}　在阶跃扰动下，输出量的实际值 C 与稳态值 C_m 的最大偏差 ΔC_{max}，称为动态波动量，一般用 ΔC_{max} 占 C_m 的百分数（$\Delta C_{max}/C_m$）×100% 来表示。在调速系统中，把突加额定负载扰动时的转速降落称为动态速降 Δn_{max}。

（2）恢复时间 t_c　由阶跃扰动作用开始，到输

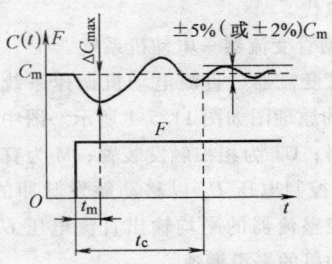

图 11.5-3　阶跃扰动过程和抗扰性能指标

出恢复到稳态值（或指定的基准值）的允许误差带范围（一般取 ±5% 或 ±2%）内且不再超出时，所需要的时间称为恢复时间 t_c。

2　直流传动恒速系统

2.1　典型晶闸管供电不可逆双环控制系统

晶闸管整流器供电直流不可逆双环传动控制系统的结构图如图 11.5-4 所示。这种系统应用面最宽，是晶闸管供电直流传动系统的基础电路，其控制性能好、装置轻便，应用最广。

系统电路包括晶闸管整流器 SCR、直流电动机 M、三相变压器 BY 及电抗器 L。而控制电路由两个闭环组成，内环是电流闭环，通常采用 PI（比例、积分）调节，在起、制动过程，维持恒定的动态电流，保证快速起、制动。当负载电流过大时还起限制电流的作用。外环是速度环，通常也都是 PI 调节，有时也用 PID 调节。速度环起着保持恒定的给定速度，当电网电压突变或负载有较大波动时通过速度反馈，可保持速度维持不变，调速精度可达 1%~2%。

图 11.5-4 中 GI 是给定积分器，其输出电压是具有一定斜率的电压，使起动过程平稳，保持恒加速度特性。

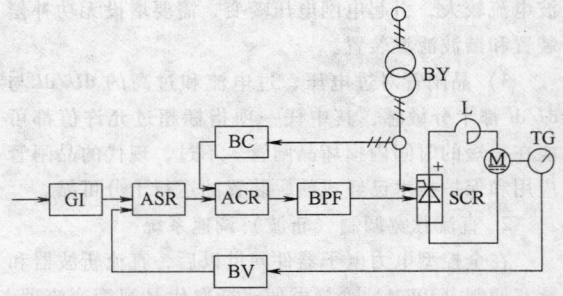

图 11.5-4　典型直流不可逆双环传动控制系统结构图
GI—给定积分器　ASR—速度调节器　ACR—电流调节器
BPF—触发器　BV—速度变换器　BC—电流变换器
TG—测速发电机　BY—三相变压器　L—电抗器
SCR—晶闸管整流器

在不可逆系统中，由于晶闸管整流桥具有单向导电性，故在制动时不能提供反向电流通路，因而不具备电气制动特性。如欲加快制动效果，可在主电路增设能耗制动环节。

如调速范围不大，也可用电压负反馈代替转速负反馈。只用单环调速，不用电流环，但在起、制动过程或负载扰动时容易引起系统动态响应时间过长，而降低系统的快速响应特性。

上述这种不可逆双环控制系统，当晶闸管在小电流工作时，电流断续，引起机械特性变软，系统放大倍数降低，降低动态响应性能。

2.2　典型晶闸管供电调压、调磁控制系统

很多生产机械要求很大的调速范围，这时多采用既调压又调磁的控制系统。调压调磁控制分为调压调磁独立控制系统和调压调磁非独立系统。独立控制即电动机的励磁不受电动机电枢电压的影响，分别独立控制；而非独立控制即电动机的励磁电流与电枢电压之间有一定联系，并受电枢电压的控制。在工程应用上大多采用非独立控制方案。

图 11.5-5 所示为晶闸管供电调压调磁非独立控制系统。

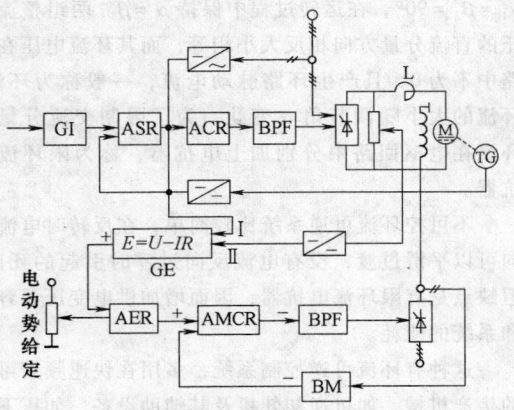

图 11.5-5　晶闸管供电调压调磁非独立控制系统

GI—给定积分器　ASR—速度调节器　ACR—电流调节器
BPF—触发器　GE—电动势运算器　AER—电动势调节器
AMCR—励磁电流调节器　BM—磁通变换器
TG—测速发电机

这种系统基速以下调速是在恒磁通条件下调压实现的。此时励磁电流给定值为额定励磁电流值。而在基速以上调速是在额定电压不变条件下调磁通实现的，系统调速给定信号是统一的。基速以下电动势给定值大于电动势运算器 GE 的输出值，此时电动势调节器 AER 处于饱和状态，其限幅值就是满磁给定值，输给励磁电流调节器 AMCR 上，靠 AMCR 来保证额

定励磁电流不变。当电动机转速升高到 95% 额定转速时，电动势运算器 GE 的输出值增加到使 AER 退出饱和，从而减小了励磁电流的给定值，实现弱磁调速，在弱磁调速阶段内，电动势环起调节作用。只要电动机的转速还没有达到给定值，电枢电流中仍有加速电流，电动势就要上升，再经过 AER 使励磁电流继续减小，使转速继续上升，同时维持电动势值恒定，直到稳态。这种系统电动势和励磁电流可以分别控制，容易调整，应用较多。

这两种恒速系统多用在调速范围宽、稳速长时间运行的生产机械，如造纸机、风洞、橡胶压延机或轧辊磨床进给机构等。稳速精度为 0.2% ~ 1%，高速纸机、超音速风洞等其稳速精度为 0.1% ~ 0.01%。

3　直流传动可逆调速系统

3.1　典型晶闸管供电切换开关可逆双环控制系统

电枢由不可逆晶闸管整流器供电，电动机反向由切换开关实现的双环控制系统，如图 11.5-6 所示。切换开关（也就是电动机的旋转方向）由速度调节器输出电压极性和电流方向（转矩方向）来控制，实现 KMF 或 KMR 接通。切换时为了防止电流的冲击，选择电流为 0 时进行。这时根据逻辑指令单元 AL 发出的指令，向电流调节器 ACR 发出一个 β_{min} 信号，将触发脉冲推到最小 β 角处，这时再进行极性开关切换。

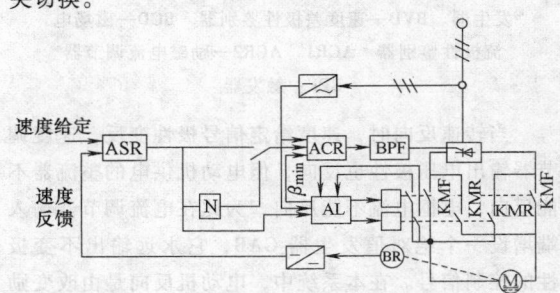

**图 11.5-6　晶闸管供电带反向切换开关可逆
双环控制系统**

N—反号器　AL—逻辑开关　ASR—速度调节器
ACR—电流调节器　BPF—触发器

这种系统节省了一套逆变的整流器，但因为利用了触头切换，触头寿命短且增加维修工作量，故只适于小功率不频繁换向的生产机械。

3.2　磁场反向的晶闸管供电可逆控制系统

电动机由不可逆晶闸管整流器电源供电，电动机

的励磁电路是由可逆晶闸管整流电源供电,电动机可逆运转是靠励磁反向实现的,由于励磁电路容量小,可逆整流器容量小,可以节省初投资。磁场反向可逆控制系统结构图如图 11.5-7 所示。这种系统的原理是依靠改变电动机励磁电流的方向改变电动机转矩方向,从而改变电动机转速的方向,优点是节省一套主电路晶闸管整流器,节省投资。但由于励磁电路惯性大,系统响应很慢,特别是降速制动时,电动机励磁电流先从正方向变为负方向,转速下降到预定的转速后,励磁电流方向又需从负方向再变回正方向,励磁电流方向要改变两次,这时系统响应更慢,所以这类系统应用在正、反转不频繁或调速精度不高的情况。

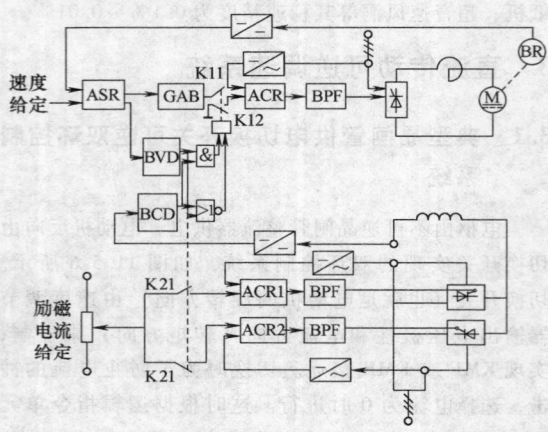

图 11.5-7　磁场反向晶闸管供电可逆控制系统
ASR—速度调节器　ACR—电流调节器　GAB—绝对值发生器　BVD—速度差极性鉴别器　BCD—磁场电流极性鉴别器　ACR1、ACR2—励磁电流调节器
BPF—触发器

　　当转速反向时,速度给定信号极性变反,速度调节器输出电压极性也反向,但电动机供电的整流器不能反向,电枢电流不能反向,为此在电流调节器输入端增设一个绝对值发生器 GAB,它永远输出不变极性的控制信号。在本系统中,电动机反向是由改变励磁电流极性完成的,它是在系统中设置一套逻辑电路,有速度差极性鉴别器 BVD,磁场电流极性鉴别器 BCD 以及与门和或非门。当速度差极性与励磁电流极性一致时,与门输出为"1",K11 闭合,反之,与门输出为"0",K12 闭合,K11 断开,电流调节器输入为 0,电枢电路电流下降为 0。同时 K21 断开,K22 闭合,磁场电流给定电压的极性也反向,磁场电流开始反向。

　　这种可逆系统由于励磁电路惯性较大,动态响应较慢,故用在精度要求不高,反转速度要求不快的可逆系统。

3.3　两组晶闸管整流器供电可逆双环有环流系统

　　图 11.5-8 所示为常用有环流可逆线路,调节线路为双闭环控制系统。

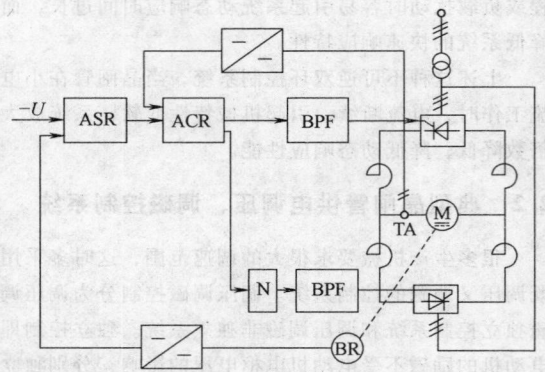

图 11.5-8　晶体管供电有环流可逆双闭环控制系统
N—反号器　ASR—速度调节器　ACR—电流调节器

　　两组整流器一组工作在整流状态,另一组工作在逆变状态,两组触发器的初始相位,最通用的方式是 $\alpha_1 = \beta_2 = 90°$,在运转过程中保持 $\alpha = \beta$。两组整流电压的直流分量方向相反大小相等,而其环流电压在环路中不为 0,且产生环路脉动电流,一般称为环流。环流的大小随调节角 α 变化。为了限制交流分量的环流在电枢回路中分别加上电抗器,称为限环流电抗器。

　　不可控环流可逆系统比较简单,在反转时电流反向可以平滑过渡,没有电流反向过零时引起的死区。但缺点是有限环流电抗器,因而增加供电变压器容量和系统的能耗。

　　这种有环流可逆控制系统,多用在快速频繁可逆的生产机械,如可逆初轧机及其辅助设备,如压下装置、推钢机、工作辊道、龙门刨床工作台的电力传动系统。

3.4　两组晶闸管供电可逆无环流控制系统

　　逻辑无环流可逆电力传动系统,有很多类型,图11.5-9 所示为带有电压内环的错位无环流可逆系统。

　　错位无环流可逆控制系统是用错开两组触发脉冲的相位,并依照电压调节器输出的极性来选择触发整流器组或逆变器组而工作的可逆系统,它是一种无环流的可逆系统。有环流可逆系统两组触发器的触发脉冲初始相位定在 $\alpha_1 = \alpha_2 = 90°$ 相位,调速时 α_1、α_2 均

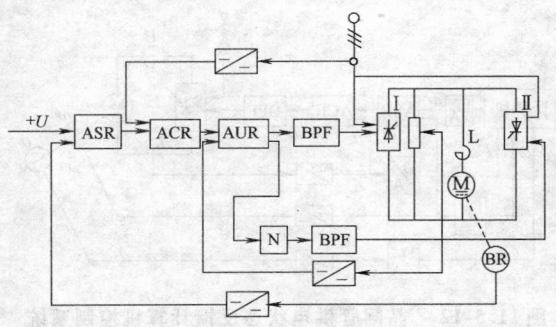

图 11.5-9　带有电压内环的错位无环流可逆系统
ASR—速度调节器　ACR—电流调节器
AUR—电压调节器　N—反号器

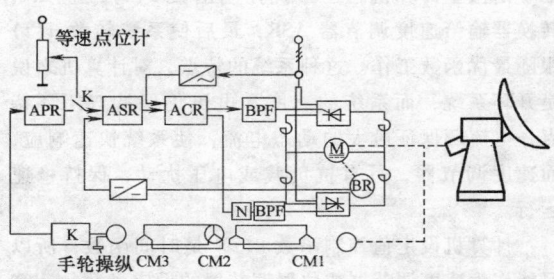

图 11.5-10　卫星天线直流传动位置随动系统结构图
APR—位置调节器　ASR—速度调节器　ACR—电流
调节器　K—全波相敏整流放大器　CM1——发送自
整角机　CM2—差动自整角机　CM3—接收自
整角机　N—反号器　BPF—触发器

做线性变化，因而在调速工作时产生环路电流。而错位无环流系统的触发脉冲初始相位定在 $\alpha_1 = \alpha_2 = 150°$ 相位，调速时就没有环流产生，因此称为错位无环流可逆系统。实际工作为了安全可靠都将初始相位定在 180° 相位处。

错位无环流控制系统为三环控制系统，它除了速度环、电流环之外，还有一个电压内环，电压环的功能是：

1）缩小电压死区，提高切换的快速性。

2）抑制动态环流，保证电流安全换向。

3）抑制电流断续引起的不稳定现象，使系统在小电流时也能较快地工作。

错位无环流可逆系统，动作迅速，工作时无环流，广泛地应用于频繁快速可逆的生产机械，例如：可逆式轧钢机、龙门刨床工作台的传动装置。

4　晶闸管整流器供电直流传动位置随动系统

有很多生产机械要求位置控制，如轧钢机压下装置移动轧辊位置要求准确定位，飞剪机剪切的钢材长度要求有一定精度，炮塔的炮口准确跟随被射击目标，地面雷达跟随天空的飞行目标等都是属于位置随动系统，也称位置伺服系统。图 11.5-10 所示为卫星地面站抛物面天线的直流传动位置跟随系统。

位置随动系统主电路是三相桥反并联供电，为可逆有环流系统，电动机轴通过减速器与天线连接。控制电路是一个三环控制系统，内环是电流闭环，负责动态转矩加速、减速，速度闭环负责在各种扰动下保持稳定的速度运行，最外环是位置环，负责天线运动时动态和稳态的位置误差在允许精度内，这些调节器均为 PID 调节规律。位置检测是由自整角机测定天线

的位置与手轮（或卫星的空间位置）给定的角差，将角差转为位置控制信号控制执行机构，保持角差在允许的精度之内。

自整角位置检测和给定装置由自整角发送机 CM1、差动自整角机 CM2 和自整角接收机 CM3 组成。工作时角差信号经全波相敏整流放大器放大后，输给位置调节器进行位置调节。

图 11.5-10 所示系统是常用系统之一，此外，也还有各种型式的位置随动系统，如用旋转变压器、感应同步器（旋转或直线）或数字脉冲发生器、数字编码盘等器件组成的位置检测系统。各类位置随动系统的性能指标主要是位置跟随精度，包括稳态精度和动态精度。

5　晶闸管整流器供电计算机设定值控制系统

在此特殊的随动系统中，系统的某一输出变量跟随某一特定的时间函数，如最优控制函数，这一最优控制函数由微型计算机的软件发生，把这个最优控制函数作为设定值加给控制系统，这种计算机设定值控制系统的结构框图，如图 11.5-11 所示。

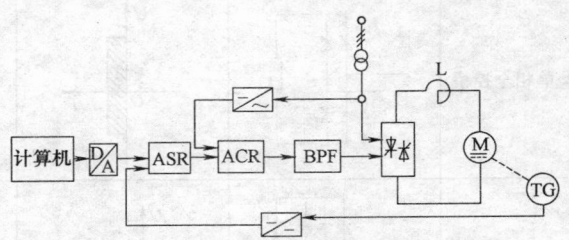

图 11.5-11　计算机设定值控制系统
ASR—速度调节器　ACR—电流调节器
D/A—数值/模拟变换器

由微型计算机输出最优控制函数 $u(t)$，经 D/A 转换器输给速度调节器 ASR，最后使系统转数 $n(t)$ 跟随最优函数工作。这种系统的特点，对计算机来说是开环系统，而系统的速度和电流仍保持双闭环特点，电流环保证最大的动态电流，使系统快速响应，而速度调节器，具有抗负载或电压扰动，保持稳速运行。

计算机设定值控制函数 $u(t)$ 是时间函数，所以只能作为速度调节器或位置调节器的设定函数，计算机处于开环状态，当被控量受到扰动而偏离最优轨迹线时，计算机的设定函数没有校正扰动所造成偏差的能力，故多用在比较稳定、扰动较少或要求不高的情况。

6　晶闸管供电状态反馈的计算机控制系统

状态反馈的最优控制函数 $u(xt)$ 应是状态量 $x(t)$ 的函数。这样，当状态量受到扰动偏离最优轨迹线时，系统经过采样将当时的状态量反馈给计算机，经计算机计算在当前状态的最优控制函数 $u(x(t))$ 去控制系统。这样就可保证系统仍按最优状态运转。

状态反馈的计算机控制系统结构图，如图11.5-12 所示。

图11.5-12 中所示的计算机输入是根据采样时刻测取的当前状态值 $\alpha(t)$、$\omega(t)$ 和 $I(t)$，适时地送入计算机，根据最优规律算出最优的 $\omega^*(t)$，直接输

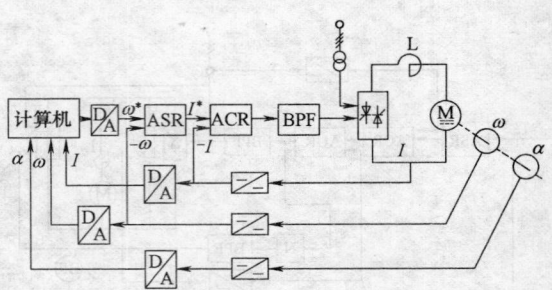

图11.5-12　晶闸管供电状态反馈计算机控制系统

出给速度调节器，使系统的速度 $\omega(t)$ 沿最优规律 $\omega^*(t)$ 运行。

显然这种状态反馈的控制系统抗干扰能力强，且简单、可靠，实际工作应用中，较时间函数设定值控制有明显的优点。

7　直流电气传动闭环系统主电路元器件计算与选择

晶闸管供电的闭环系统，其主电路是由整流变压器、晶闸管整流或逆变电路以及电抗器组成。

7.1　晶闸管整流及逆变电路的基本参数计算

7.1.1　晶闸管整流电路及有关常用系数

依据电动机容量大小和生产机械工艺要求，整流电路可有多种类型，其线路类型、性能特点和使用范围见表11.5-2。常见的整流线路及其有关基本参数的计算系数及特点见表11.5-3。

表 11.5-2　晶闸管整流电路及其性能特点

种类	接线	工作范围	特点	用途
单相半控桥			一般用于 3.7kW 以下小容量直流电动机控制，调速范围 1:10 以下，电压不能逆变	机床、泵、鼓风机、印刷机
单相全控桥			用于 3.7~5.5kW 小容量直流电动机控制，调速范围 1:10 以下，电压可以逆变	机床、纺织机、挤压机
三相半控桥			3.7~150kW 中容量直流电动机控制，调速范围 1:10，电压不能逆变	机床、印刷机、挤压机、中小容量单独传动的生产机械

（续）

种类	接线	工作范围	特点	用途
三相全控桥	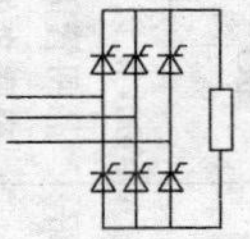 （接线图）	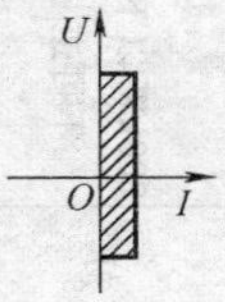 （工作范围图）	3.7～几千 kW，大容量时每个桥臂可用数个晶闸管元件并联	机床、轧钢机、造纸机、塑料压延机、挤压机等速度控制场合
三相反并联	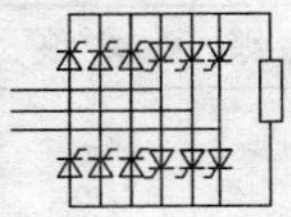 （接线图）	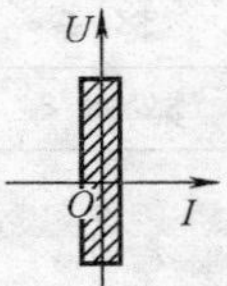 （工作范围图）	用于电动机可逆运行场合，切换线路采用逻辑无环流控制，确保任何时候只有一套整流器组工作，但切换有死区	轧钢机、机床、造纸机、各种试验机等
三相交叉连接	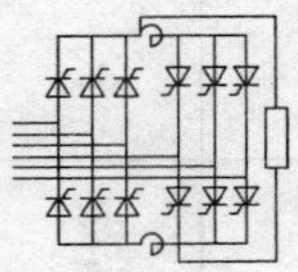 （接线图）	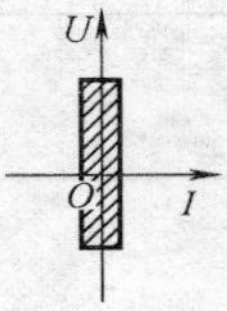 （工作范围图）	需两组变压器阀侧绕组，用于有环流可逆线路。主回路要设电抗器限制环流，正反向切换无死区	轧钢机、机床、造纸机以及各种试验机
主回路接触器切换	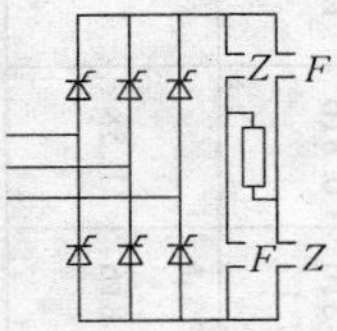 （接线图）	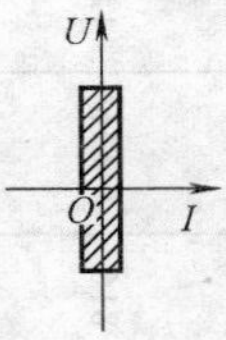 （工作范围图）	开关切换用逻辑线路控制，切换有死区，为改善控制性能要求有快速动作的接触器	金属切削机床以及各种试验机等
不可控整流桥与可控整流桥串联	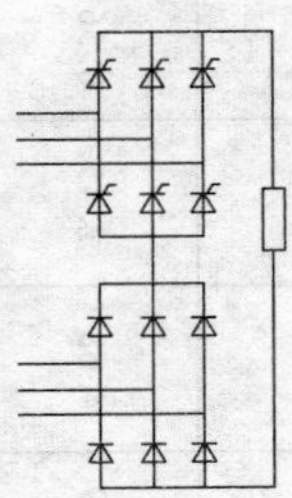 （接线图）	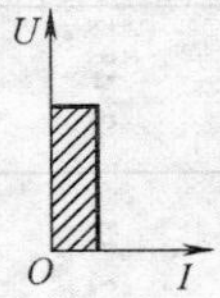 （工作范围图）	整流器电压和晶闸管变流器电压加，使电压有零到最大平滑控制，这种线路可以改善功率因数	金属切削机床、造纸机、纺织机、塑料压延机等

7.1.2　重叠角 u 计算

由于整流器交流变压器存在漏感 L_T，因此晶闸管元件电流换相时不能瞬时完成，而存在两元件同时导通时间，称此时间为重叠角。

处于整流状态的重叠角为

$$u = \cos^{-1}\left(\cos\alpha - 2K_Z \frac{e}{100} \frac{I_d}{I_{dN}}\right) - \alpha$$

处于逆变状态的重叠角为

$$u = \beta - \cos^{-1}\left(\cos\beta + 2K_Z \frac{e}{100} \frac{I_d}{I_{dN}}\right)$$

式中　e——变压器短路电压百分值；

　　　I_d——直流侧电流（A）；

　　　I_{dN}——额定直流电流（A）；

　　　K_Z——换相电抗压降计算系数（见表 11.5-3）；

　　　α——滞后移相角，电角度；

　　　β——超前移相角，电角度；

表 11.5-3　常用整流线路有关的计算系数及特点

接法	电路图	换相电抗压降计算系数 K_Z	整流电压计算系数 K_{UV}	晶闸管电压计算系数 K_{UT}	晶闸管电流计算系数 K_{IT}	变压器(二次侧)阀相电流计算系数 K_{IV}	变压器(一次侧)相电流计算系数 K_{IL}	变压器容量计算系数 K_{iT}	变压器漏感计算系数 K_{TL}	变压器电感折算系数 K_L	变压器电阻折算系数 K_R	整流线路最后滞后时间 T_{dm}/ms	线路组成	电压脉动	能否逆变	变压器利用率	应用范围	备注
单相全波	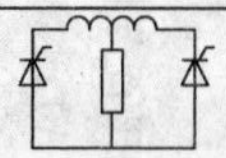	0.707	0.9	2.83	0.45	0.707	1	1.34	2	1	1	10	简单	最大	能	较差	10kW以下容量	
单相半桥	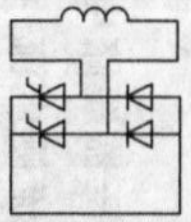	0.707	0.9	1.41	0.45	1	1	1.11	1	0	1	20	简单	大	不能	较好	10kW以下容量,不可逆	
单相全桥	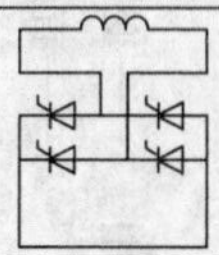	0.707	0.9	1.41	0.45	1	1	1.11	1	1	1	10	简单	最大	能	较好	10kW以下容量	
三相零式	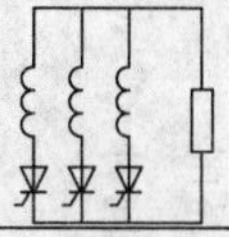	0.866	1.17	2.45	0.367	0.577	0.472	1.35	2.12	1	1	6.6	较简单	较大	能	差	50kW以下传动及电动机励磁	有不平衡磁通
三相半桥		0.5	2.34	2.45	0.367	0.816	0.816	1.05	1.22	1	2	6.6	较复杂	较小	不能	好	200kW以下,不可逆	
三相全桥	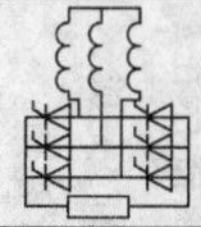	0.5	2.34	2.45	0.367	0.816	0.816	1.05	1.22	2	2	3.3	较复杂	小	能	好	应用范围较广	
双桥串联①	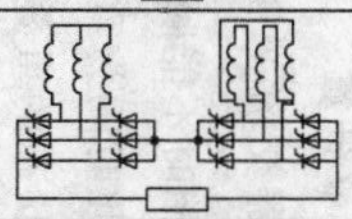	0.259	4.68	2.45	0.367	0.816	1.58	1.03	0.634	4	4	3.3	复杂	最小	能	最好	1000kW以上,晶闸管需串联之处	
双桥并联①		0.259	2.34	2.45	0.183	0.408	0.79	1.03	1.268	4	4	3.3	复杂	最小	能	最好	1000kW以上,晶闸管不需串联处	需增加平衡电抗器

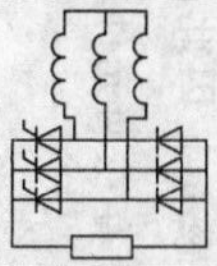

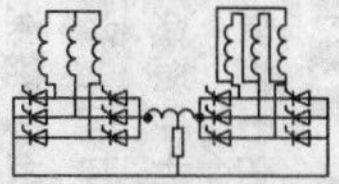

① 双桥串联或并联是指变流变压器有两组阀侧绕组(或两台变压器)分别接成y(Y)和d(△)组成两组三相桥式整流后再串联或通过平衡电抗器构成十二相整流的线路。

e 值（变压器短路电压百分值）无法准确知道时，可依变压器容量，按表 11.5-4 大约选用。

表 11.5-4　变压器短路电压百分比 e

变压器容量/kVA	e
100 以下	5
100 ~ 1000	5 ~ 7
1000 以上	7 ~ 10

7.1.3　换相电抗压降 ΔU_Z

在重叠时间内，由于有电流转换，因此在转换回路的电抗上造成电抗电压降，这个电压降的平均值称为换相电抗压降。

只考虑变压器漏抗、其电抗压降

$$\Delta U_Z = K_Z \frac{e}{100} \frac{I_d}{I_{dN}} K_{UV} K_{U\phi}$$

式中　K_Z——换相电压降计算系数（见表 11.5-3）；

K_{UV}——整流电压计算系数（见表 11.5-3）；

$K_{U\phi}$——变流变压器阀侧相电压（V）。

变压器的漏抗能限制交流侧的短路电流，能降低 $\dfrac{di}{dt}$、$\dfrac{du}{dt}$ 波形的前沿陡度，减少逆变晶闸管的误导通，如果为了安全工作，还可以增加交流进线电抗或晶闸管阳极电抗。

7.1.4　最小超前角 β_{min} 和最小滞后角 α_{min}

在逆变状态运行时，必须保证超前角 β 永远大于最小超前角 β_{min}，否则将导致换相失败，逆变颠覆的严重事故状态。

β_{min} 的确定应满足下述条件：

在电感性载荷时

$$\beta_{min} \geq u + \gamma_{tq} + \Delta\gamma + \theta$$

在应用变压器供电或经过电抗器供电时

$$\beta_{min} \geq \cos^{-1}\left(\cos(\gamma_{tq} + \Delta\gamma + \theta) - 2K_x \frac{e}{100} \frac{I_d}{I_{dN}} \right)$$

式中　e——变压器短路电压百分值；

γ_{tq}——与元件关断时间相当的电角度（°）；

$\Delta\gamma$——触发器相角误差（°）；

θ——安全裕量角（°）。

γ_{tq} 一般用 5° ~ 10°，$\Delta\gamma$ 一般小于 10°，重叠角 u 依 7.1.2 节的内容计算，安全裕量角 θ 可取 5° ~ 10°，一般情况下 β_{min} 大致在 30° ~ 45° 之间。

最小滞后角 α_{min} 是一个比较重要的参数，α_{min} 取得太大，会使变压器及晶闸管元件的容量得不到充分利用，使功率因数降低；如果 α_{min} 选得过小，会使得整流电压的调节裕量减小，影响系统的调节快速性和调节精度。

最小滞后角 α_{min} 的选择应依下列原则：

1）简单的不可逆整流装置 α_{min} 可按 5° ~ 10° 范围选取。

2）可逆运行带有逆变装置，选取 α_{min} 时，应注意与 β_{min} 的配合，在有环流系统中可取 $\alpha_{min} = \beta_{min}$，或 α_{min} 稍大于 β_{min}；在无环流系统中，α_{min} 取 15° ~ 30° 范围内。

3）考虑系统调节功能，不希望在 $\alpha = 0$ 附近工作，应留有调节裕量，一般选取 α_{min} 大于 15°。

7.2　整流变压器的选择

计算整流变压器主要参数，假定回路电感很大，并略去变压器绕组电阻。

（1）整流变压器输出电压方程

$$U_d = K_{UV} U_{V\phi} \left(b\cos\alpha_{min} - K_Z \frac{e}{100} \frac{I_{Tmax}}{I_{TN}} \right) - nU_{df}$$

式中　U_d——整流器输出电压平均值（V）；

K_{UV}——整流电压计算系数（见表 11.5-3）；

K_Z——换向压降计算系数（见表 11.5-3）；

b——电网电压波动系数，一般取 $b = 0.95$；

α_{min}——最小滞后角，$\cos\alpha_{min}$ 一般取 0.85 ~ 1.0；

e——变压器短路电压百分比值（见表 11.5-4）；

I_{Tmax}/I_{TN}——变压器过载允许系数；

$U_{V\phi}$——整流变压器阀侧向电压（二次相电压）（V）；

U_{df}——晶闸管正向压降，取 1.5V；

n——电流通过晶闸管的元件数。

（2）整流变压器的二次（阀侧）相电压 $U_{V\phi}$　整流器输出电压等于电动机额定电压，即 $U_d = U_{MN}$。对电压调节系统，则整流变压器的阀侧（二次）相电压为

$$U_{V\phi} = \frac{U_{MN} + nU_{df}}{K_{UV}\left(b\cos\alpha_{min} - K_Z \dfrac{e}{100} \dfrac{I_{Tmax}}{I_{TN}} \right)}$$

（3）系统为转速反馈的转速调节系统时，其变压器二次相电压

$$U_{V\phi} = \frac{U_{MN} + \left(\dfrac{I_{Mmax}}{I_{MN}} - 1 \right) I_{MN} R_{Ma} + \dfrac{I_{Mmax}}{I_{MN}} I_{MN} R_{ad} - nU_{df}}{K_{UV}\left(b\cos\alpha_{min} - K_Z \dfrac{e}{100} \dfrac{I_{Tmax}}{I_{TN}} - d_f \right)}$$

式中　U_{MN}——电动机额定电压（V）；

I_{MN}——电动机额定电流（A）；

R_{Ma}——电动机电枢回路电阻（Ω）；

R_{ad}——电动机电枢回路附加电阻（Ω）；

I_{Mmax}/I_{MN}——电动机电流过载倍数；

d_f——考虑动态特性的调节裕度，一般 d_f 在

0.05～0.1 范围内。

（4）晶闸管励磁系统时，变压器二次相电压

$$U_{V\phi} = \frac{U_{fN} + L_f \dfrac{\mathrm{d}I_f}{\mathrm{d}t}}{K_{UV}\left(b\cos\alpha_{\min} - K_Z \dfrac{e}{100}\right)}$$

式中　U_{fN}——额定励磁电压（V）；

　　　　L_f——励磁绕组电感（H）；

　　$\mathrm{d}I_f/\mathrm{d}t$——励磁电流变化率（A/s）；

　　$\alpha_{\min}$——最小滞后角，对于电动机励磁，通常取 $\alpha_{\min} = 10° \sim 20°$。

注意，上述整流变压器二次相电压计算式均是从不利条件出发，如果实际不需要同时考虑各种不利条件，也可依照实际条件决定。

（5）整流电路为三相桥式，转速闭环系统变压器二次相电压，变压器内侧为 Y 结线时，其二次相电压与电动额定电压 U_{MN} 的关系

不可逆系统　$\sqrt{3}U_{V\phi} = (0.95 \sim 1.0)U_{MN}$

可逆系统　$\sqrt{3}U_{V\phi} = (1.05 \sim 1.1)U_{MN}$

通常标准系列整流器的阀侧（二次）相电压值均已规定，见表 11.5-5，表中为三相全控桥线路时的情况。

表 11.5-5　中小功率标准系列阀侧电压

（单位：V）

不可逆系统		可逆系统	
二次线电压 $\sqrt{3}U_{V\phi}$	电动机额定电压 U_{MN}	二次线电压 $\sqrt{3}U_{V\phi}$	电动机额定电压 U_{MN}
210	220	230	220
380	400	380	360
420	440	460	440

（6）整流变压器一次相电流

$$I_{L\phi} = K_{IL}\frac{I_{dN}}{K}$$

式中　K_{IL}——一次相电流计算系数（见表 11.5-3）；

　　　　K——变压器变压比。

如果考虑变压器的励磁电流，可在一次电流基础上增加 3%～5%。

（7）整流变压器二次相电流

$$I_{V\phi} = K_{IV}I_{dN}$$

式中　K_{IV}——二次相电流计算系数（见表 11.5-3）；

　　I_{dN}——对晶闸管供电时 $I_{dN} = I_{MN}$，对晶闸管励磁时 $I_{dN} = I_{fN}$。

（8）变压器的二次容量、一次容量和等值容量变压器一次电流 $I_{L\phi}$ 和二次电流 $I_{V\phi}$ 的比值不等于绕组的匝数比 K，也即二次容量不等于一次容量，因此用一次容量和二次容量的平均值表示整流变压器的容量，称为等值容量，也称折算容量或标称容量。

一次容量

$$S_1 = m_1 \frac{K_{IL}}{K_{UV}} U_{d0} I_{dN} \quad (\text{VA})$$

二次容量

$$S_2 = m_2 \frac{K_{IV}}{K_{UV}} U_{d0} I_{dN} \quad (\text{VA})$$

等值容量

$$S_r = \frac{1}{2}(S_1 + S_2) = \frac{1}{2K_{UV}}(m_1 K_{IL} + m_2 K_{IV})I_{d0}I_{dN} \quad (\text{VA})$$

式中　U_{d0}——空载整流电压（V）；

　　m_1，m_2——变压器一次，二次绕组相数。

在设计和选择变压器时，应注意下列问题：

1）由于整流变压器的电流冲击或短路条件多，故变压器结构应加强，它比同容量的普通变压器体积大。

2）整流变压器过电压机会多，故其绝缘强度也应高。

3）整流变压器漏抗不易过大，过大不仅使电抗压降增大，还恶化功率因数，当然也不能过小，如过小又不能有效限制短路电流和平滑电网的电流波形，故应适中地选取短路电压的 5%～10% 范围内。

4）整流变压器的一次或二次绕组中应有一个接成三角形，为了防止电压波形畸变和负载不平衡时中点浮动。

7.3　阳极电抗器的选择

晶闸管元件阳极电抗或交流侧进线电抗器的作用，主要是限制由单台变压器供电给多套可逆整流电路时，在电源中由晶闸管开、关过程中引起的陡尖脉冲干扰，导致 $\dfrac{\mathrm{d}I}{\mathrm{d}t}$ 过大而使晶闸管误导通，另外也限制短路电流的上升速率和改善电源电压的干扰杂波。

阳极电抗器的电感量计算式为

$$L = \frac{0.04 U_{V\phi}}{2\pi f \times 0.816 I_{dN}} \times 10^3 \quad (\text{mH})$$

式中　$U_{V\phi}$——供电电网相电压有效值（V）；

　　I_{dN}——整流器输出的额定电流（A）；

　　　f——电网频率（Hz）。

设计中阳极电抗计算依据就是，当整流器输出额定电流 $0.816I_{dN}$ 时，在阳极电抗器上的电压降 ΔU_K 不低于供电电源额定相电压的 4%，而电抗器上额定电流时的电压降为 $\Delta U = 2\pi f \times 0.816 I_{dN}$。

一般当输入线电压 $\sqrt{3}\,U_{V\phi}$ 为 230V、380V、460V 时，电抗器上的电压降 ΔU_K 相应为 5V、8.8V、10V，依此进行电抗器电感值计算。

7.4　晶闸管整流元件的选择

7.4.1　晶闸管额定电压的选择

晶闸管额定电压，即反向重复峰值电压 U_{RRM}，主要取决于变压器的输出电压，但还应考虑由各类情况产生的过电压，故在选择时应留有足够的裕度，一般要增加 2～3 倍，如

$$U_{RRM} \geqslant (2\sim3)\frac{K_{UT}U_{V\phi}}{nK_U}\ (\text{V})$$

式中　K_{UT}——晶闸管元件电压计算系数（见表 11.5-3）；

$\quad\quad n$——元件串联数；

$\quad\quad K_U$——均压系数，一般取 0.8～0.9；

$\quad\quad U_{V\phi}$——电源进相电压有效值（V）。

例如：三相桥式整流线路，当晶闸管元件不串联时，其依据电源进线电压有效值，所选晶闸管元件的额定电压值见表 11.5-6，以供参考。

表 11.5-6　三相桥式电路晶闸管额定电压

（单位：V）

电源进线线电压	380	440	500	610	660	750	850	1000
空载整流电压	513	594	675	824	891	1012	1148	1350
晶闸管额定电压	1350	1500	1650	2000	2200	2500	2800	3200

7.4.2　晶闸管元件额定电流

由于晶闸管元件热惯性小，所以应按最大整流电流来选择晶闸管元件，如给电动机供电时，应按电动机最大过载电流来选择晶闸管元件的额定电流，为了考虑一些随机影响因素，再留有 1.0～2.0 的电流储备系数，当电流连续时，依下式选取晶闸管的额定电流 I_{FAV}（正向半波平均值）

$$I_{FAV} \geqslant (1.0\sim2.0)\frac{K_{IT}I_{d\max}}{K_In_p}\ (\text{A})$$

式中　K_{IT}——晶闸管电流计算系数（见表 11.5-3）；

$\quad\quad n_p$——晶闸管元件并联数；

$\quad\quad K_I$——均流系数，一般取 0.8～0.9；

$\quad\quad I_{d\max}$——最大整流电流。

7.5　直流电路电抗器的选择

在整流的直流电路中，由于电流脉冲分量对电动机换向恶化，增大损耗；另外也要防止由电流断续而引起的不良影响；还有就是环流必须用电抗限制到允许值等问题，都需要用直流电路的电抗器予以解决。

7.5.1　限制电流脉动的电感

$$L_{md} = K_{md}\frac{K_{UV}U_{V\phi}}{\delta I_{MN}} - L_M - K_L L_T$$

式中　L_M——电动机电枢电路电感（mH）；

$\quad\quad L_T$——变压器折算到二次侧的漏电感（mH）；

$\quad\quad \delta$——允许的电流脉动率，一般 δ 取 5%～10%；

$\quad\quad K_L$——变压器电感值折算系数（见表 11.5-3）；

$\quad\quad K_{md}$——限制电流脉动率电感计算系数（ms），此值可由图 11.5-13～图 11.5-17 查得（U_d 为整流器输出直流电压）。

电枢电路电感 L_M 和变压器折算到二次侧的漏电感值 L_T，如果手头没有该项数据，还可依下列两计算式求得，电动机电枢的电感值

$$L_M = 19.1\frac{CU_{MN}}{pn_{MN}I_{MN}}\times10^3\ (\text{mH})$$

式中　p——电动机极对数；

$\quad\quad L_M$——电动机电枢电感；

$\quad\quad U_{MN}$——电动机额定电压（V）；

$\quad\quad n_{MN}$——电动机额定转速（r/min）；

$\quad\quad I_{MN}$——电动机额定电流（A）；

$\quad\quad C$——计算系数，有补偿组电动机 $C = 0.1$；无补偿组电动机 $C = 0.4$。

整流变压器漏感（折算到二次侧）值

$$L_T = K_{TL}\frac{e}{100}\frac{U_{V\phi}}{\omega I_{dN}}\times10^3\ (\text{mH})$$

式中　K_{TL}——变压器漏感计算系数（见表 11.5-3）；

$\quad\quad e$——变压器短路电感百分比；

$\quad\quad \omega$——电源角频率（rad/s）；

$\quad\quad U_{V\phi}$——变压器二次相电压（V）；

$\quad\quad I_{dN}$——整流器额定电流（A）。

7.5.2　电流连续的电感

要求整流器输出电流能在最小载荷电流时仍保持电流连续所需的电感值，依下式计算

$$L_{ls} = K_{ls}\frac{K_{UV}U_{V\phi}}{I_{\min}} - L_M - K_L L_T\ (\text{mH})$$

式中　K_{ls}——电感计算系数，如图 11.5-18 所示。

7.5.3　限环流的电感值

在有环流可逆系统中，且触发角 $\alpha = \beta$，其限环流电感值为

$$L_K = K_K\frac{10U_{V\phi}}{\pi I_K}\ (\text{mH})$$

式中　L_K——每条环流回路的电感值（mH）；

$\quad\quad I_K$——环流平均值，$I_K = (5\%\sim10\%)I_{dN}$；

$\quad\quad K_K$——电感计算系数，由图 11.5-19 和图 11.5-20 查得。

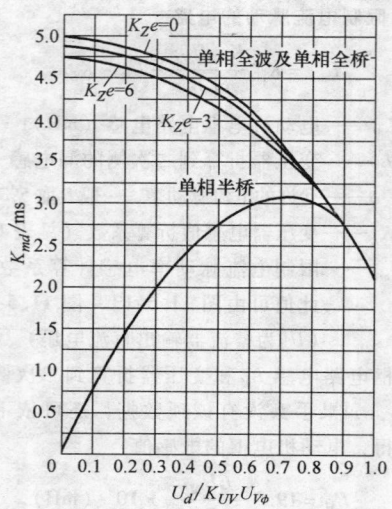

图 11.5-13　单相全波、单相全桥及
单相半桥的电感计算系数 K_{md} 曲线

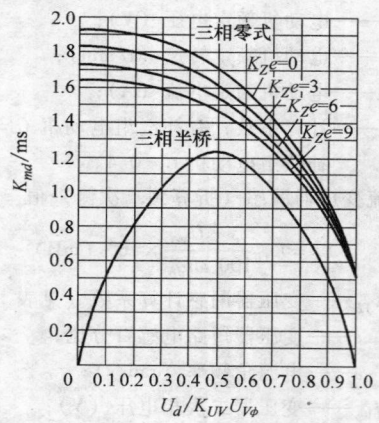

图 11.5-14　三相零式及三相半桥的
电感计算系数 K_{md} 曲线

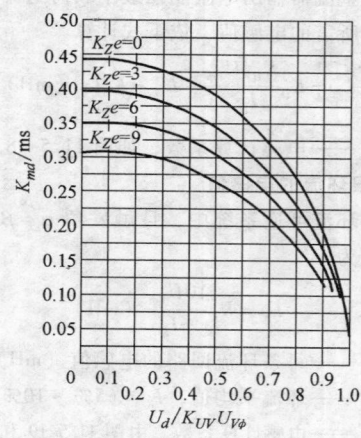

图 11.5-15　三相全桥的电感计算系数 K_{md} 曲线

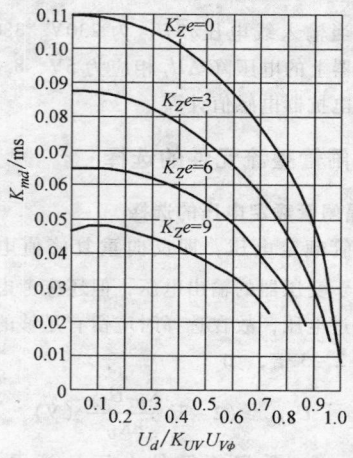

图 11.5-16　双桥串联或并联的电感
计算系数 K_{md} 曲线

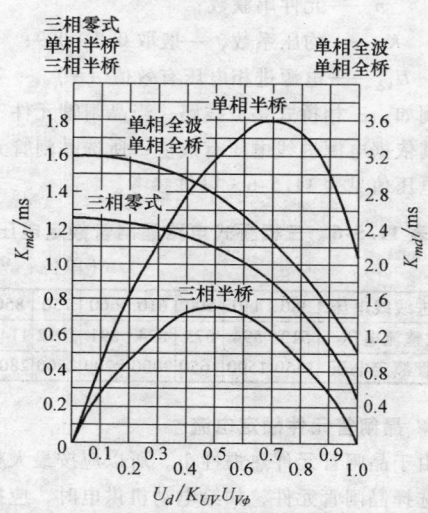

图 11.5-17　单相全波、单相半桥、单相全桥、
三相零式、三相半桥的电感计算系数 K_{md} 曲线

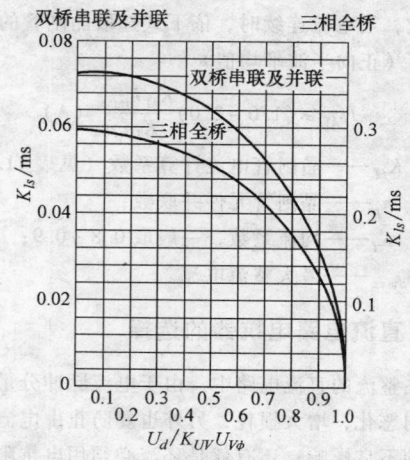

图 11.5-18　三相全桥、双桥串联及并联
的电感计算系数 K_{ls} 曲线

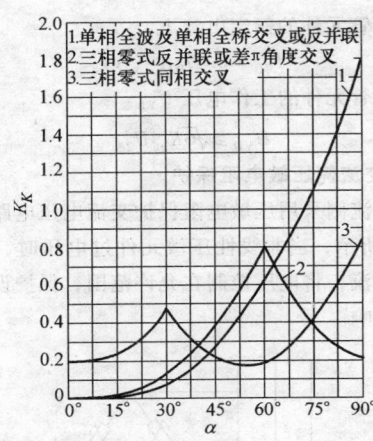

图 11.5-19　限制均衡电流电感的
计算系数 K_K 曲线之一

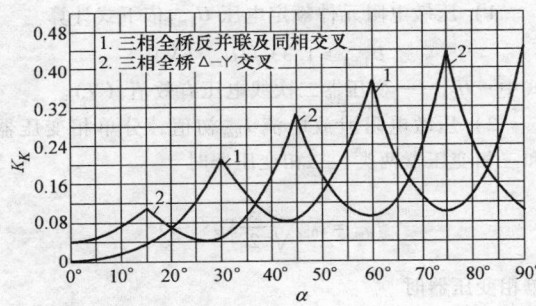

图 11.5-20　限制均衡电流电感的
计算系数 K_K 曲线之二

7.6　晶闸管整流电路的保护装置

由于晶闸管整流器承受过电压及过电流的能力非常敏感，所以通常采用各种保护装置。如：

1）交流阻容保护电路。

2）整流式阻容保护电路。

3）交流侧压敏电压保护电路。

4）静电感应过电压保护电路。

5）换向过电压阻容保护电路。

以上是接于交流侧的保护电路，此外还有直流电路的过电流与过电压保护。

对单相全波、单相全桥当 $U_d/K_{UV}U_{V\phi} = 0$ 时，

$$K_{md} = 5\left[1 - \frac{\sqrt{2}}{2}\frac{e}{100}\right] \text{（ms）}$$

对三相零式，当 $U_d/K_{UV}U_{V\phi} = 0$ 时，$K_{md} = \dfrac{20}{3\sqrt{3}}$

$$\left\{\cos\left[\cos^{-1}\left(\frac{\sqrt{3}}{2}\frac{e}{100}\right) + \frac{\pi}{6}\right] + 1\right\} \text{（ms）}$$

当 $U_d/K_{UV}U_{V\phi} = 0$ 时，$K_{md} = \dfrac{10}{3}\left\{\cos\left[\cos^{-1}\right.\right.$

$$\left.\left.\left(0.5\frac{e}{100}\right) + \frac{\pi}{3}\right] + 1\right\} \text{（ms）}$$

当 $U_d/K_{UV}U_{V\phi} = 0$ 时，$K_{md} = \dfrac{5(1+\sqrt{3})}{3\sqrt{2}}\left\{\cos\left[\cos^{-1}\right.\right.$

$$\left.\left.\left(\frac{\sqrt{3}-1}{2\sqrt{2}}\frac{e}{100}\right) + \frac{5\pi}{12}\right] + 1\right\} \text{（ms）}$$

7.6.1　交流侧阻容式保护

主要保护变压器接通或空载断路时产生的尖峰瞬变过电压，此值可达正常值的 8～10 倍。

单相变压器的阻容保护电路，如图 11.5-21 所示。出现过电压最严重的时刻，是发生在励磁电流最大值时切断电路产生的过电压。

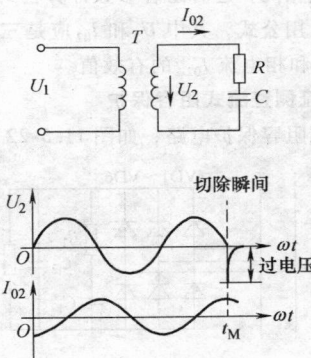

图 11.5-21　单相变压器保护

保护电路的电容值

$$C = K_C\frac{I_{02}}{fU_2} \text{（µF）}$$

式中　K_C——计算系数，$K_C = \dfrac{1}{2\pi}\dfrac{K_Z}{K_{gu}^2}\times 10^4$；

　　K_Z——能量转换系数，空气断路器 $K_Z = 0.3\sim 0.5$；油断路器 $K_Z = 0.1\sim 0.3$；

　　f——电源频率（Hz）；

　　I_{02}——折算到二次侧的空载电流有效值（A）；

　　U_2——二次电压有效值（V）；

　　K_{gu}——允许的过电压倍数，一般 $K_{gu}\leqslant 2$。

所串电阻值及电阻容量

$$R = K_R\frac{U_2}{I_{02}} \text{（Ω）}$$

$$P_R = (2\sim 3)(K_pI_{02})^2 R \text{（W）}$$

式中　K_R、K_p——计算系数，见表 11.5-7。

表 11.5-7　保护回路计算系数

接线方式		K_C	K_R	K_P
变压器	保护电路			
单相	跨接	10.000	1.83	0.0625
三相丫接线	丫连接	10.000	1.83	0.0625
	Δ连接	3300	5.5	0.036
	整流	6500	1.8	
三相Δ接线	丫连接	30.000	0.31	0.108
	Δ连接	10.000	1.83	0.0625
	整流	20.000	0.60	

　　三相变压器的阻容保护电路,可以接成丫或者接成Δ连接。当变压器二次连接方式和保护电路连接方式相同时,阻容参数计算公式与单相变压器保护时相同。当变压器二次连接方式与阻容保护电路连接方式不同时,应将变压器二次连接方式折算成与保护电路连接方式相同,这时阻容参数计算公式仍可采用单相变压器所用公式,其中 U_2 和 I_{02} 应是三相变压器的相电压 $U_{V\phi}$ 和相电流 $I_{02\phi}$ 的有效值。

7.6.2　交流侧整流式阻容保护

　　整流式阻容保护电路,如图 11.5-22 所示。

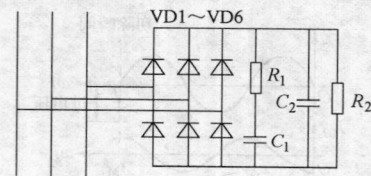

图 11.5-22　整流式阻容保护电路

　　阻容参数 C_1 和 R_1 以及 R_1 的容量 P_1 计算如下:

$$C_1 = K_c \frac{I_{02\phi}}{fU_{2\phi}} \quad (\mu F)$$

式中　K_c——计算系数,$K_c = \frac{1}{4\pi} \frac{K_Z}{(k_{gu}^2-1)} \times 10^4$。

$$R_1 = K_R \frac{U_{2\phi}}{I_{02\phi}} \quad (\Omega)$$

$$P_1 = (0.02 \sim 0.05 I_{02\phi})^2 R \quad (W)$$

以上三式中的系数和变量说明与 7.6.1 节相同。

　　阻容参数 C_2、R_2 和 P_2 的计算如下:

$$C_2 \approx 0.1 C_1 \quad (\mu F)$$

它主要是保护高频过电压用,电容量较小。

$$R_2 = \frac{\tau}{C_1} \quad (\Omega)$$

式中　τ——过电压出现的最小间隔时间,$\Delta t = 4r$。

$$P_2 = (10 \sim 15) \frac{U_{2\phi}}{R_2} \quad (W)$$

整流桥二极管元件 VD1 ~ VD6

　　二极管元件的额定电流 I_{VD}

$$I_{VD} = 0.1 I_{02\phi} \quad (A)$$

　　二极管元件的工作电压 U_{VD}

$$U_{VD} \geqslant \sqrt{6} K_{gu} U_{2\phi}$$

7.6.3　交流侧压敏电阻保护

　　在交流侧采用压敏电阻保护交流电压电路,如图 11.5-23 所示,当非线性压敏元件过电压时,瞬时通过很大电流,将电压控制在允许范围,保护设备免受过电压影响。

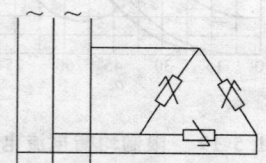

图 11.5-23　压敏保护电路

　　1)压敏电阻元件额定电压 U_{1mA} 依下式计算

$$U_{1mA} \geqslant 1.33\sqrt{2} U_{2e} \quad (V)$$

式中　U_{2e}——变压器二次线电压有效值(V)。

　　2)压敏电阻泄放电流 I_{Rm} 初值,分单相变压器和三相变压器两类,三相变压器时

$$I_{Rm} = I_{02e} \sqrt{\frac{3}{2} K_Z} \quad (A)$$

单相变压器时

$$I_{Rm} = I_{02e} \sqrt{2K_Z} \quad (A)$$

式中　K_Z——能量转换系数,参见 7.6.1 节;

　　　I_{02e}——三相变压器空载线电流有效值(A)。

　　3)压敏电阻最大电压 U_{Rm} 计算

$$U_{Rm} = K_R I_{Rm}^{\frac{1}{\alpha}}$$

式中　K_R——压敏元件特性系数,一般取 $K_R = 1.4 U_{1mA}$;

　　　α——压敏元件非线性系数,一般取 $\alpha = 20 \sim 25$ 之间。

　　4)计算压敏元件过电压倍数 K_{gu}

$$K_{gu} = \frac{U_{Rm}}{\sqrt{2} U_{2e}}$$

计算的 K_{gu} 应小于晶闸管元件的电压裕量系数。

7.6.4　晶闸管元件换向过电压保护

　　如图 11.5-24 所示,晶闸管元件在电压换向关断时,在元件两端出现过电压,一般用跨接在元件两端的 RC 电路吸收。在中小容量变流装置中电阻 R 和电容 C 参数依下列经验式选取。

$$C = (0.5 \sim 1.0) \mu F$$

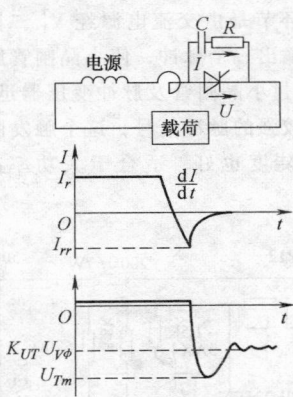

图 11.5-24　换向过电压保护

$$R = (10 \sim 40)\ \Omega$$

7.6.5　直流侧过电压保护

直流侧过电压的保护电路方式有：

1）阻容吸收回路：在工程上一般选取 $C = 8\ \mu F$，$R = 13\ \Omega$。

2）压敏电阻回路：参数计算参照 7.6.3 节内容。

3）在断路器主触头两端并联续流电阻，当断路器分断时，可以抑制电弧电压的增高。

7.6.6　桥臂电感参数选择

整流桥的桥臂电抗器主要作用是抑制晶闸管元件导通和断开时出现的 $\dfrac{dI}{dt}$ 和 $\dfrac{dU}{dt}$。此外，当多个晶闸管并联时，可起到均衡并联元件导通时的电流。

桥臂电抗器的电感量

$$\frac{dI}{dt} = K_1 \frac{U_M}{L_s}$$

$$\frac{dU}{dt} = K_2 \frac{U_M R}{L_s}$$

式中　U_M——晶闸管元件允许的最大峰值电压，三相桥时 $U_M = \sqrt{6}\,U_{V\phi}$（V）；

L_s——桥臂电抗器的电感值（μH）；

R——晶闸管元件并联回路均衡电阻（Ω）；

K_1、K_2——与主回路型式有关的系数。

一般的晶闸管元件 $\dfrac{dI}{dt}$ 的值在 $10 \sim 20\,A/\mu s$ 以下，$\dfrac{dU}{dt}$ 的值在 $20 \sim 30\,V/\mu s$ 以下。

一般情况桥臂电感的数值，大容量整流装置约为 $15 \sim 25\,\mu H$，对中小容量的变流装置其值稍大些约为 $18 \sim 30\,\mu H$。

7.6.7　过电流保护

一般在晶闸管整流电路中常用的过电流保护方案有：

（1）串接电抗器方案　在交流进线回路串接电抗器，或采用漏抗较大的变压器，以限制由短路造成的短路电流增长速率，从而保护晶闸管元件，但在正常工作时，电抗器引起电压降落。

（2）设置过电流检测装置方案　当过电流时，由过电流检测装置给触发器信号，使触发脉冲后移，到最小逆变角，迅速降低整流器电压，抑制过载电流。

（3）设置电流调节器　当电流过大时，通过反馈自动调节，使电流保持正常工作范围。

（4）设置快速开关　当出现较大电流过载时，迅速切断电路，保护晶闸管元件。

7.7　快速熔断器的选择

一般情况多采用臂接快速熔断器，其额定电压 U_{FN}、额定电流 I_{FN} 按下式选取

$$U_{FN} \geqslant 1.1 U_{VL}\ （V）$$

式中　U_{VL}——整流变压器二次线电压有效值。

$$I_{FN} \geqslant 1.3 K_1 I_{DN}\ （A）$$

式中　I_{DN}——负载电流均方视值；

K_1——电流计算系数，三相桥式电路 $K_1 = 1/\sqrt{3}$。

按此式算出的电流往往偏大，故实际选择熔断器额定值时，应稍偏小些为宜。

8　直流电气传动闭环控制系统控制元器件选择

直流闭环控制系统的主要元器件包括触发器、传感器和调节器三大部分。目前多数仍采用晶体管器件，有的采用集成块电路，用计算机控制的系统，这些元器件有的也由计算机软件来完成。

8.1　触发器

在晶闸管电路中，触发器产生移向脉冲，控制晶体管整流电路的输出电压，因此，它是非常重要的器件。触发器应满足下列特性要求：

1）工作稳定、可靠，抗干扰能力强。

2）触发脉冲前沿陡度要陡，脉冲形状有单脉冲、脉冲列及矩形脉冲等类型，脉冲功率要满足晶闸管元件要求。

3）触发脉冲的移相范围满足电路要求。

8.1.1　单结晶体管触发器

触发器的类型相当多，常用触发器电路一般采用单结晶体管触发电路，如图 11.5-25 所示，这种触发电路的特点是控制晶体管 3DX1B 与电容器 C 并联的

接法，又称并联式单结晶体管触发电路，也有串联式电路，即控制晶体管与电容器串联。控制晶体管依据控制信号，改变电容器充电电压上升率，从而调节脉冲发生的相位。

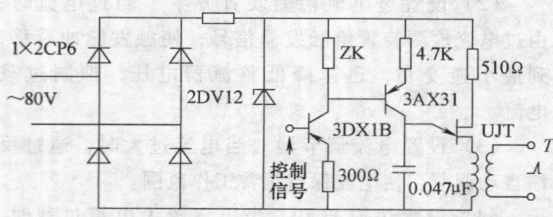

图 11.5-25　单结晶体管触发电路

这类触发器比较简单，有一定的抗干扰能力，可靠性较高，脉冲前沿较陡。但这类触发器输出功率小，脉冲波形较窄。适用于小型晶闸管电路，单相及三相零式或三相半控桥式整流电路，负载电流 50A 以下的设备。

8.1.2　带小功率晶闸管单结晶体管触发电路

为了增大触发脉冲输出功率，采用带小功率晶闸管的单结晶体管的触发电路，如图 11.5-26 所示。脉冲功率放大环节是由交流电源经 V_1 二极管给 $50\mu F$ 电容充电，输出一个脉冲，使小晶闸管触发导通后，$50\mu F$ 电容通过小晶闸管及脉冲变压器迅速放电，因此输出一个较强的脉冲信号，这个触发脉冲功率大，且脉冲前沿陡度也好，适合于大功率晶闸管整流电路。

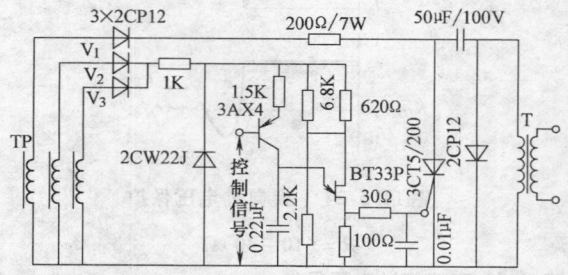

图 11.5-26　带小功率晶闸管的单结晶体管的触发电路

8.1.3　同步电压为锯齿波的晶体管触发电路

这一类触发装置的电路原理图如图 11.5-27 所示。整个电路分成锯齿波形成环节、移相控制环节以及触发脉冲输出环节三部分。

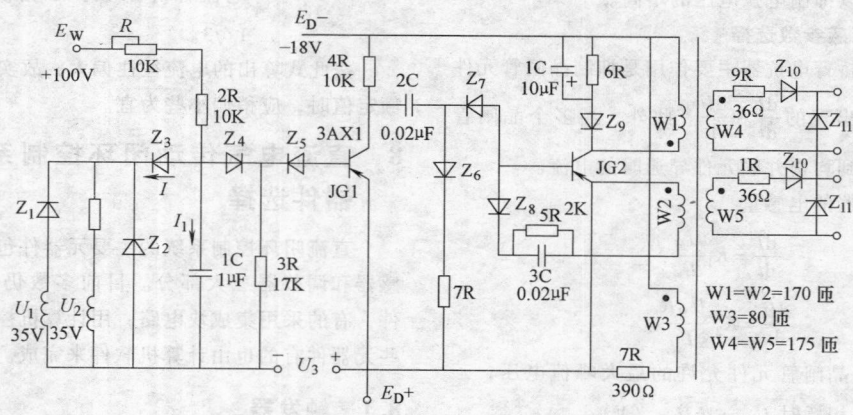

图 11.5-27　锯齿波移相触发器电路原理图

（1）锯齿波形成环节　图中 U_1 和 U_2 为相互差 $60°$ 电角度的同步电压，E_W 是经稳压的直流 100V 充电电源电压，当电容 1C 上的充电电压低于同步电压时，一直保持向电容 1C 上的充电，一旦 $U_{1C} > U_2$ 时，Z_3 导通，1C 放电，但由于 Z_1 同步电压变负时，不能像电容 1C 反向充电，因而形成锯齿波电压 U_{1C}。

（2）移相控制环节　主要是在电容 1C 上形成的锯齿波电压 U_{1C} 和控制电压 U_r 相比较控制晶体管 JG1 的通断而实现的。当 $U_{1C} > U_r$ 时，JG1 不导通，在 JG1 关断瞬间，其集电极出现负电位，从而使 JG2 导通。当 $U_{1C} = U_r$ 时，JG1 导通，使 2C 放电，并使 JG2 关断。由此可知，控制电压 U_r 的大小，直接控制了 JG1 的通断时刻，间接影响了 JG2 的导通和关断，从而调节导通相位角 α 的大小，因而起到移相控制作用。

（3）输出脉冲形成环节　主要是晶体管 JG2 控制脉冲变压器 T。当 JG2 导通时，其集电极电流通过脉冲变压器 T 的初级绕组 W1，在脉冲变压器未饱和之前，各绕组均感应出平顶的脉冲电压波形。W2 是电流正反馈绕组，在 JG2 导通瞬间，W2 绕组中的电流加强 JG2 的基极电流，从而增加脉冲波形的前沿陡度，一方面经过 5R、3C 微分回路，维持 JG2 继续导通，增大脉冲宽度。当脉冲变压器铁心饱和时，JG2集电极电流剧增，W2 绕组感应电势降低，瞬间 JG2关断，因此脉冲波形后沿也较陡。与 W1 绕组并联的阻容和二极管电路，是为防止 JG2 关断瞬间感生过高的电感反电动势，绕组 W3 和 7R 电路是产生负向磁动势，以提高脉冲变压器铁心利用率，防止过早饱和。

这种触发电路选择时注意下列问题：

1）锯齿波电源经过稳压，不受电源波动影响，从而脉冲相位比较稳定，具有调节多相位触发脉冲对称性的移相微调电位计 R，便于调试定相。

2）脉冲移相范围宽，约达到 210°～220° 电角度，移相特性是线性的。

3）脉冲前沿陡度好，在脉冲的 10% ～90% 幅值范围内，不大于 10μs。

4）输出脉冲为方波，其宽度约为 110°～120°电角度。但脉冲变压器铁心的磁化特性具有差异，因之各相触发脉冲宽度也有差别，环境温度引起 JG2 的漏电流，从而也影响脉冲宽度，故一般环境温度不应高于 40℃。

5）由于有电流正反馈作用，带来抗干扰能力降低的后果。所以应对电磁干扰等因素注意加强屏蔽，以免引起误触发。

这种触发器的技术数据如下：

1）输出脉冲幅值（空载）6V。

2）输出脉冲宽度 110°～120° 电角度。

3）输出脉冲的前沿陡度不大于 10μs。

4）移相范围不小于 200° 电角度。

这种触发器适用于快速可逆的轧钢、机床、高炉上料、矿井提升的大型整流逆变电路。

8.2　传感器

电力传动闭环控制系统中常用的传感器，有电压、电流、转速和角行程等量的传感器，传感器也称变换器，实质上是对物理量检测后变换为电量的一种变换装置。

8.2.1　主回路电流测量单元

它主要提供电流信号，作为电流负反馈之用，对它的要求主要是线性特性，简单可靠。

（1）控制用交流电流互感器电流检测电路　对大功率系统多采用交流互感器，它检测交流侧进线电流，再经整流，输出一个正比于直流侧的电流信号，如图 11.5-28 所示。交流互感器可选用 LZK-1 型控制用交流互感器。这种交流互感器线性度为 1.5% ～3%，当负载电压达 50V 时仍不饱和。图 11.5-28 所

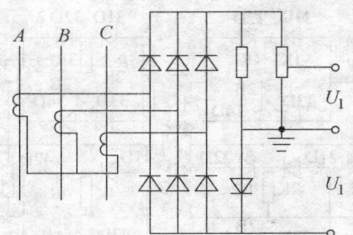

图 11.5-28　交流互感器电流检测电流

示为 Y 型接法，也可以接成 △ 连接。

（2）直流电流互感器电流检测电路　这种检测电路，如图 11.5-29 所示。这种电路的特点是电路均有隔离，输出功率大、精度高和线性度高，线路简单可靠。图中所示电路是串联式直流互感器电路，两个铁心的一次绕组 N_1 同极性连接，而二次绕组 N_2 反极性串联。在电源电压的半周波时，一个铁心中的交、直流磁动势相加处于饱和状态，另一铁心中的交、直流磁动势处于相减状态而铁心不饱和，根据安匝平衡原理必在二次回路产生一个电流 $I_2 = \frac{N_1}{N_2} I_1$。在电源电压的另一半波，铁心工作状态交换，由此便得到一个与一次回路电流成比例的电流信号 I_2，通过电阻 R 得到一个 U_1 信号。

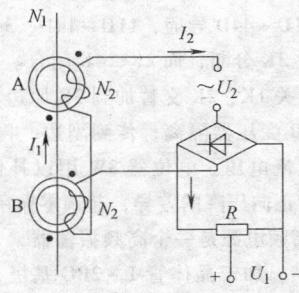

图 11.5-29　直流互感器电流检测电路

直流互感器型号为 BLZ-1K 和 BLZ-2K，根据直流主电路电流等级，选择相应的直流电流互感器。

8.2.2　直流电压测量单元

图 11.5-30 所示为直流电压检测装置。它的输入是直流电压，输出也是一个直流电压，而且与输入在电性质上隔离，极性相同，大小成比例。这种装置也可以用来检测直流电流在电阻上的压降，再通过此电压降隔离输出一个与被检测电流成比例的电压信号。

如图 11.5-30 所示，这种电路由 4000Hz 高频电源（图 11.5-30b）和隔离器（图 11.5-30a）组成。隔离器由四组二极管开关（1K ～4K）和隔离变压器 3B 组成。二极管开关由 2B 的 4 个副绕组控制。正半

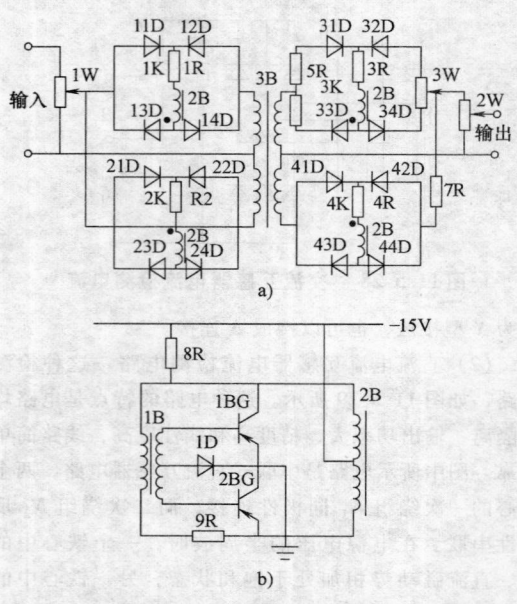

图 11.5-30　　直流电压检测装置电路图

a) 电压隔离器　b) 高频电源

周，这时 2B 副绕组标有 "·" 侧为正，二极管 11D～14D 和 31D～34D 导通，21D～24D 和 41D～44D 阻断。这样，开关 1K、3K 闭合，而 2K、4K 分断。当负半周时，2B 副绕组标有 "·" 侧为负，此时，二极管 21D～24D、41D～44D 导通，11D～14D、31D～34D 阻断，开关 1K、3K 分断，而 2K、4K 闭合。被检测的直流电压通过开关 1K、2K 交替加到 3B 原边，调制成交流方波，经 3B 变压器隔离，传到副边，再经 3K、4K 相敏整流成直流电压。电位器 3W 用以补偿二极管开关中各二极管正向压降的差异，起调零作用。

4000Hz 高频电源是一个高频振荡器，它依变压器 1B 获得正反馈，加于晶体管 1～2BG 基极，使其轮流导通，将 15V 电源交替加在变压器 2B 原边，输出 4000Hz 方波。电阻 8R 和二极管 1D 是帮助起振用的。

最大变换电压受变压器 2B 副边电压限制。因为每一组二极管开关所断开的电压是 2 倍输入电压。当它超过副边电压时，二极管开关便不能很好分断，所以最大变换电压应小于 2B 副边电压的一半。这种电压检测装置中，2B 副边电压为 36V。因此最大变换电压只能是 18V，若被检测电压是整流器输出电压，由于其交流分量大，故必须使整流电压峰值小于 18V，由此，输入整流电压平均值只能取 10V 左右。

最大输出电流受电阻 1R～4R 限制，因为在导通状态下二极管开关能通过最大电流等于 2B 副边电压除以电阻 1R～4R（即开关闭合时流过 1R～4R 的电流）。所以在变换整流电压时，它的输出不能直接被

电容滤波，否则在电压突变时，电容的充放电电流会超过开关允许值，造成检测失真（输出电压降低）。如一定要滤波，可用 Γ 型或 T 型滤波，以限制电容充、放电电流。

8.2.3　转速测量单元

一般转速测量单元分模拟式和数字式两种。模拟式转速测量单元输出的转速信号是转速的连续信号，一般最常用的就是直流测速发电机或交流测速发电机。而数字式转速测量单元输出的信号是频率不同的脉冲，其脉冲峰值间隔的时间与转速成正比。模拟式转速测量单元与被测轴之间采用机械连接，而数字式转速传感器多为非接触式的。近年来采用数字式转速测量单元的逐渐增多。

测速发电机包括直流测速发电机和交流测速发电机。直流测速发电机还可以分为永磁式和电磁式两种。交流测速发电机还可分为同步测速发电机和异步测速发电机两种。直流测速发电机与交流测速发电机的技术数据参见本篇第 3 章 3.1 节。

8.2.4　角位移测量单元

角位移测量单元目前常用的有旋转变压器以及光电码盘等。详细技术参数可查阅相关资料和手册。

8.3　调节器

调节器是闭环控制系统的重要部件，运算放大器是组成各种功能调节器的核心。调节器的功能表现在将输入量经过某种规律运算后输出，对系统进行调节。其种类常见的有比例，微分，比例微分，比例积分以及比例、积分、微分调节器等。各种类型的调节器原理电路图、传递函数、时间响应以及频率响应特性见表 11.5-8。

设计选用调节器时，除满足系统要求之外，调节器本身的放大系数、输入阻抗和输出电压都是互相影响的，环境温度变化也会影响输出电压。这些因素都会影响调节器工作偏离理想情况，而有一定的误差。

为了提高调节器的精度，应当选用高放大倍数和低温漂的运算放大器，选用高精度的输入元件和反馈元件。一般情况选用放大器的放大倍数在 10^3～10^5 左右，温漂低于 $100\mu V/℃$，运算放大器的输入电阻应 $50～100k\Omega$，而输入网络的电阻取 $10～50k\Omega$。希望放大器偏置电流小，从而减少零漂电压。调节器的输出电压通常限制在一定范围，必要时采用限幅电路保证输出电压的限幅。为了保护放大器的输入级不受较大的信号干扰，可在放大器输入端反并联两只二极管。采用线性集成块的放大器组成调节器时，输出功率较小，为了提高输出功率可增加功率放大器的输出级。

表 11.5-8　常用电子调节器性能表

序号	名称	原理图	传递函数	时间特性	频率特性	说　明
1	比例调节器(P)	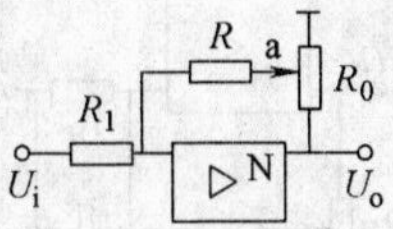	$$F_r(s) = \frac{R}{aR_1} = K_r$$ K_r——比例调节放大系数 a——R_0电位计的中间抽头对电源零之间的电压与U_o之比,$a \leq 1$ 标幺化传递函数 $$K_r^* = K_r$$ 考虑电位计R_0的影响后传递函数 $$K_{ra} = \frac{R + a(1-a)R_0}{aR_1}$$ $$= K_r\left[1 + (a - a^2)\frac{R_0}{R}\right]$$	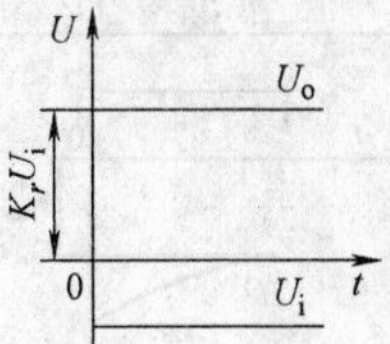	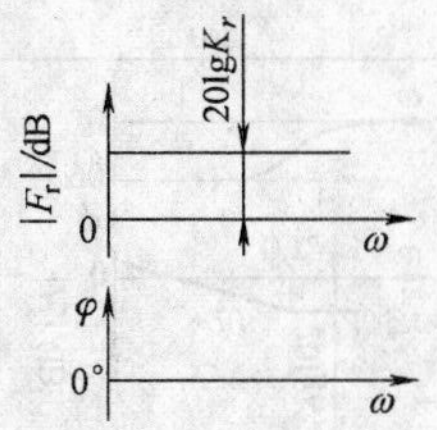	1. 反馈电位计R_0的引入使K_r^{*a} < K_r^*。当选择$R_0 < 0.5R$时,可不考虑R_0的影响 2. 调节器的传递函数已于前指出,调节器的标幺化节传递函数在该文中均以K^*表示: $$K_r^* = \frac{U_o(s)/U_i(s)}{U_a(s)/U_a(s)} = K_r$$ $U_a(s)$——调节器的基准输出电压 由上式可知调节器的放大系数 $K_r = K_r^*$
2	积分调节器	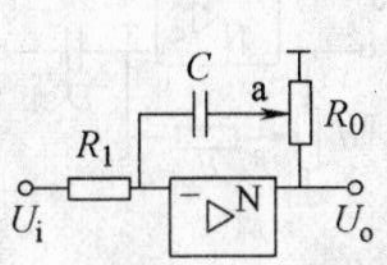	$$F_r(s) = \frac{1}{aR_1Cs} = \frac{1}{\tau_i s}$$ τ_i——积分时间常数,在阶跃输入情况下,输出调节值的绝对值等于干输入量绝对值时所需的时间	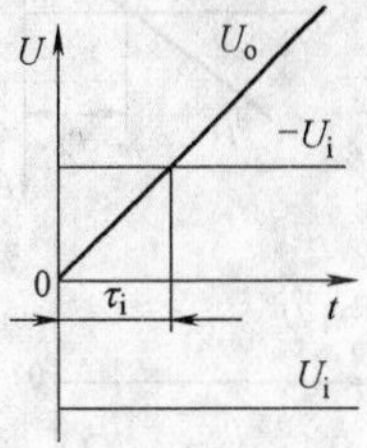	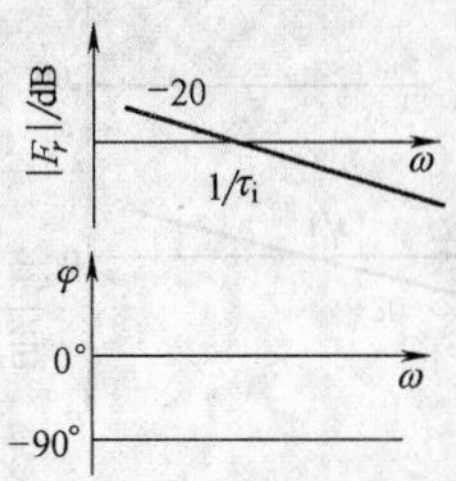	反馈电位器R_0的引入相对在积分调节器中串入了一个比例微分修正项,选择$R_0 < R_1$或在积分滤波环节前加入可消除微分项影响
3	比例积分调节器(PF)	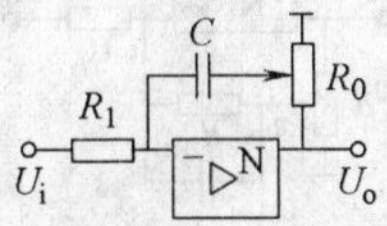	$$F_r(s) = K_r\frac{\tau s + 1}{\tau s} = K_r + \frac{1}{\tau_i s}$$ K_r——积分调节放大系数 $$K_{po}^* = \frac{R}{aR_1}$$ τ——强制积分时间常数或超前时间常数,$\tau = RC$ τ_i——积分时间常数,$\tau_i = aR_1C$	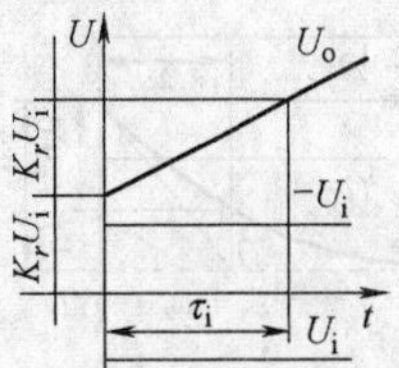	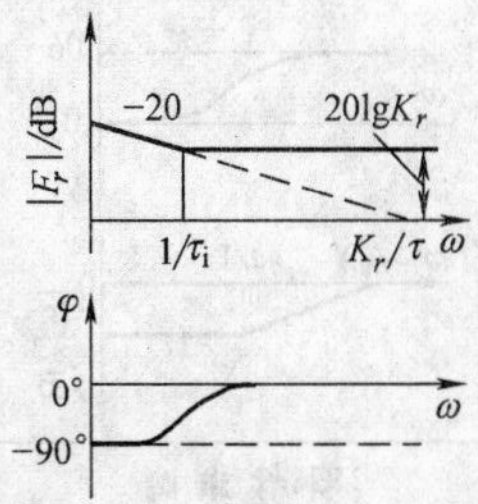	为了尽可能减小R_0电位计的影响应仍使$R_0 < 0.5R$

（续）

序号	名称	原理图	传递函数	时间特性	频率特性	说　明
4	惯性调节器 (PT)	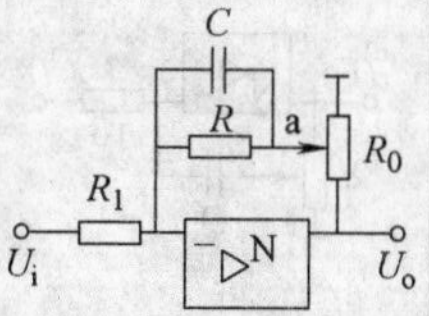	$F_r(s)=K_r\dfrac{1}{\tau s+1}$ K_r——比例系数, $K_r=\dfrac{R}{aR_1}$ τ——惯性时间常数, $\tau=RC$ 惯性时间常数为调节器在阶跃 $U_i(s)$ 作用下,其输出电压 $U_o(s)$ 等于 $0.63K_r U_i$ 所用的时间	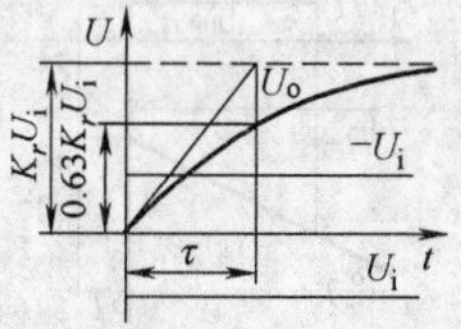	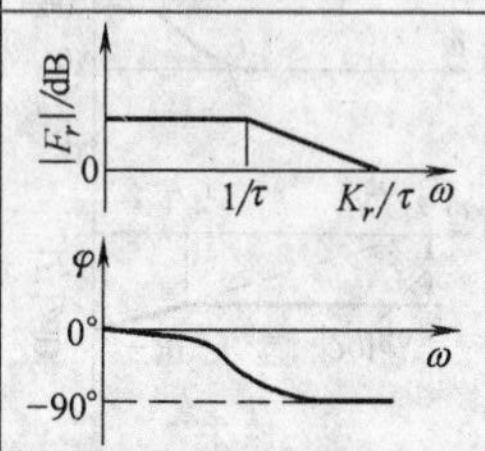	
5	微分调节器 (D)	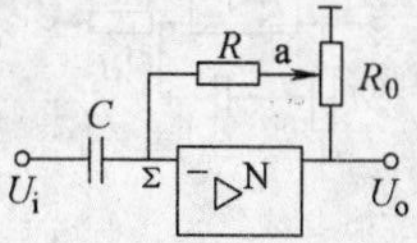	$F_r(s)=\dfrac{1}{a}RGs=\tau_d s$ τ_d——微分时间常数, $\tau_d=\dfrac{RC}{a}$ 微分时间常数定义为当输入为线性增量时,输入量渐增到与输出量相等所经历的时间	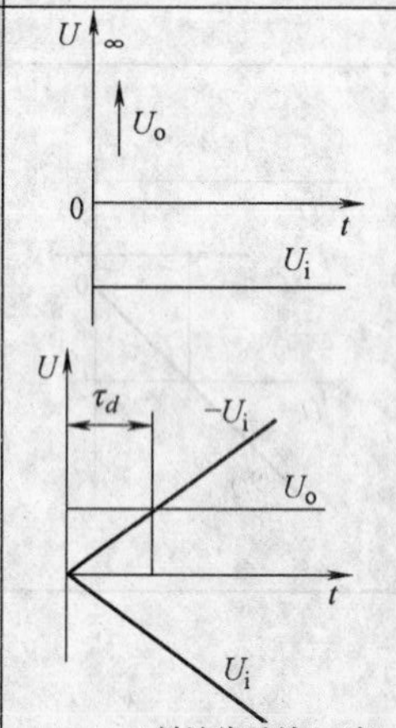	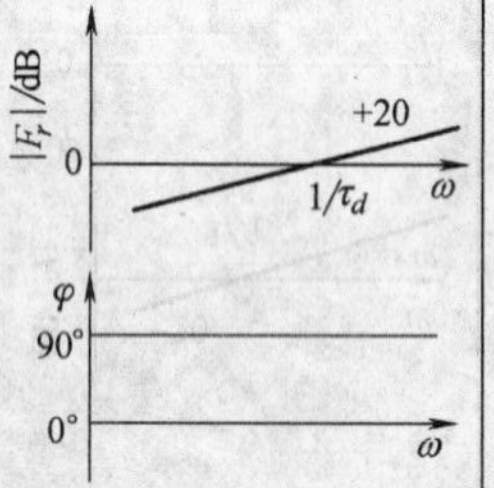	一般电源均存在内阻,所以纯微分调节器都是难实现的
6	工程上实用的微分惯性调节器 (DT)	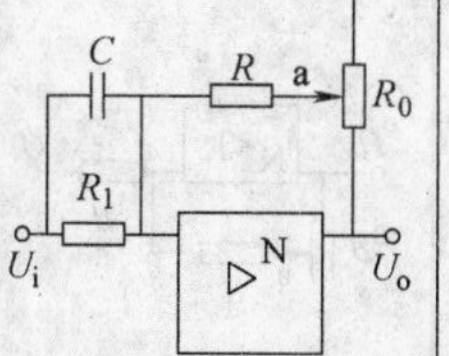	$F_r(s)=\dfrac{R/a}{R_1+\dfrac{1}{Cs}}=K_r\dfrac{\tau_d s}{\tau_d s+1}$ K_r——比例系数, $K_r=\dfrac{R}{aR_1}$ τ_d——微分时间常数, $\tau_d=R_1C$ （斜坡信号输入时）	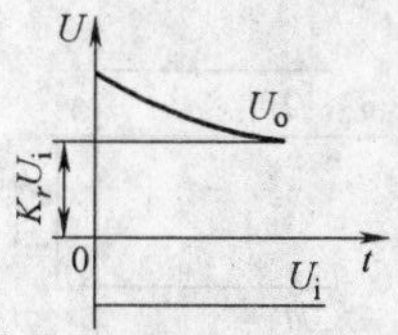	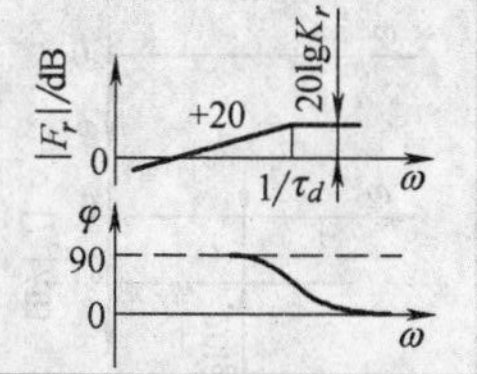	
7	比例、积分、微分调节器 (PID)	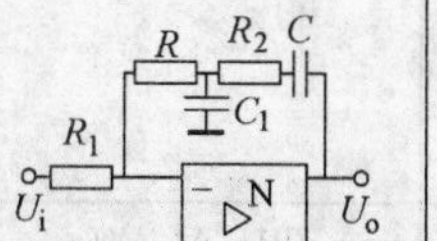	$F_r(s)=K_r\dfrac{(\tau s+1)(\tau_d s+1)}{\tau s}$ K_r——比例系数, $K_r=\dfrac{R+R_2}{R_1}$ τ_d——微分时间常数, $\tau_d=C_1\dfrac{RR_2}{R+R_2}$ τ——超前时间常数, $\tau=(R+R_2)C$	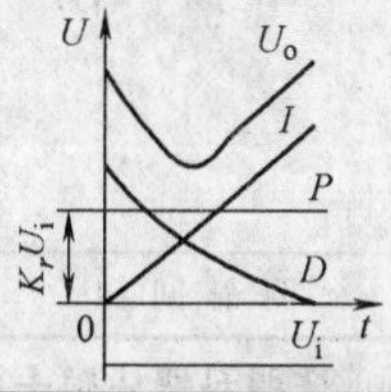	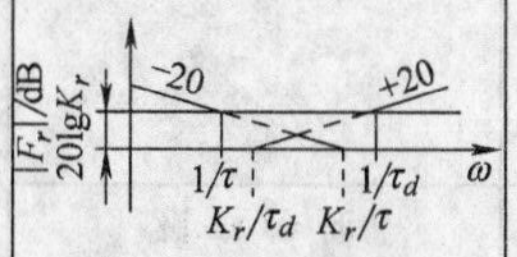	

9　直流电气传动闭环控制系统工程设计方法

闭环控制系统工程设计方法包括确定预期典型系统、选择调节器型式、计算调节器系数三个步骤。设计结果应满足生产机械工艺要求提出的静态与动态性能指标。

精确设计一个高阶的实际控制系统是比较复杂的，且工作量太大。常用的既简便又实用且具有一定精确性的工程设计方法受到工程界的普遍欢迎。

工程设计方法的步骤：根据被控对象及其控制要求确定预期的典型系统，根据典型系统选择调节器型式和工程最佳参数。

9.1　控制系统性能指标

控制系统的性能指标，对阶跃给定情况（见图11.5-31a），一般的控制系统主要是起跳时间 t_r，超调量 σ_{max}，振荡次数 Z、静态误差 Δn 和起动时间 t_s。而对阶跃扰动响应情况（见图11.5-31b），一般是动态速度降 Δn_{max} 和恢复时间 t_{rs}，如图11.5-31所示。而对具体生产机械、依其不同的工艺条件，性能指标也有所不同。例如可逆轧机要求快速起、制动、响应时间短，而对超调量、静态误差不放在主要位置；而连轧机则不然，它不仅要求快速响应，而且要求在冲击负载（咬钢）时动态速降小，恢复时间快。又如电梯生产机械要求起制动快速还得平稳，否则给乘客带来不适感，另外平层精度要求较高，即能准确定位。

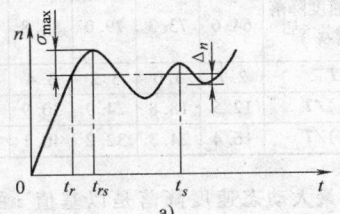

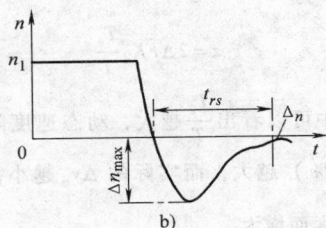

图 11.5-31　调速系统性能指标
a）阶跃给定情况　b）对阶跃扰动响应情况

满足上述要求，主要是调节系统的调节器选择和参数计算。

9.2　二阶典型系统

二阶典型系统如图11.5-32所示，它由一个积分环节和一个惯性环节组成闭环反馈控制系统。这种二阶典型系统的参数主要有对象的时间常数和系统的放大倍数。

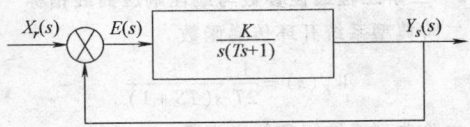

图 11.5-32　二阶典型系统

9.2.1　系统放大倍数 K 与响应特性关系

二阶典型系统的闭环传递函数的标准型为

$$W_B(s) = \frac{W_K(s)}{1 + W_K(s)}$$
$$= \frac{K/T}{s^2 + \dfrac{s}{T} + \dfrac{K}{T}}$$
$$= \frac{\omega_n^2}{s^2 + 2\xi\omega_n s + \omega_n^2}$$

式中　ω_n——自然振荡角频率，$\omega_n = \sqrt{\dfrac{K}{T}}$；

ξ——阻尼比，$\xi = \dfrac{1}{2\sqrt{K/T}}$。

当阻尼比 $0 < \xi < 1$ 时，二阶典型系统在单位阶跃给定时的输出响应为

$$y_c(t) = 1 - \frac{1}{\sqrt{1-\xi^2}} e^{-\xi\omega_n t}(\sqrt{1-\xi^2}\cos \sqrt{1-\xi^2}\omega_n t + \xi\sin \sqrt{1-\xi^2}\omega_n t)$$

系统的性能指标与系统的放大倍数 K 和阻尼比 ξ 等性能指标的关系见表11.5-9。

表 11.5-9　二阶典型系统阶跃响应性能指标

放大倍数 K	$\dfrac{1}{4T}$	$\dfrac{1}{3.24T}$	$\dfrac{1}{2.56T}$	$\dfrac{1}{2T}$	$\dfrac{1}{1.44T}$	$\dfrac{1}{T}$
阻尼比 ξ	1.0	0.9	0.8	0.707	0.6	0.5
超调量 $\sigma\%$	0	0.15	1.5	4.3	9.5	16.3
峰值出现时间 $\dfrac{t_m}{T}$	—	13.14	8.33	6.28	4.71	3.62
上升时间 $\dfrac{t_r}{T}$	—	11.12	6.67	4.72	3.33	2.42
响应时间 $\dfrac{t_s(5\%)}{T}$	9.5	7.2	5.4	4.2	6.3	5.3
$\dfrac{t_s(2\%)}{T}$	11.7	8.4	6.0	8.4	7.1	8.1
相位余量 $\gamma(w_c)$	76.3°	73.5°	69.9°	65.5°	59.2°	51.8°

表 11.5-9 的数据表明，随着开环放大倍数 K 增加，超调量 $\sigma\%$ 增大，调节响应时间 t_s 减小，但 K 过大，调节时间 t_s 反而增加。因此，欲获得超调量既不大，响应时间又小的最佳参数，可选择 $K = \dfrac{1}{2T}$（$\xi = 0.707$）为二阶典型系统的最佳参数。

9.2.2 二阶工程最佳参数与最佳响应曲线指标

二阶典型系统开环传递函数

$$W_K(s) = \frac{1}{2T} \frac{1}{s(TS+1)}$$

二阶典型系统闭环传递函数

$$W_B = \frac{1}{2T^2 s^2 + 2Ts + 1}$$

单位阶跃输入时，系统的输出响应为

$$y_c(t) = 1 - \sqrt{2}\, e^{-\frac{t}{2T}} \sin\left(\frac{t}{2T} + 45°\right)$$

其输出响应曲线如图 11.5-33 所示，达到的最佳性能指标：$\sigma\% = 4\%$，$t_r = 4.7T$，$t_s(2\%) = 8.4T$，无静差。

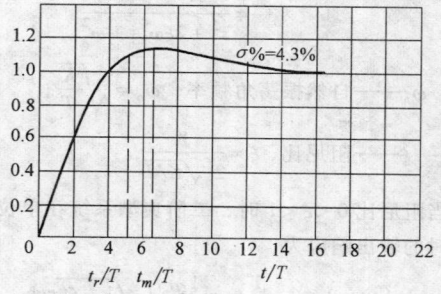

图 11.5-33   二阶典型系统 $K = 2/T$ 时单位阶跃响应曲线

系统等效小时间常数 T 是系统固有参数，不能改变，系统调节器的最佳参数 $K = \dfrac{1}{2T}$，这是二阶典型系统的最佳调节器参数。

9.2.3 二阶典型系统扰动响应曲线

系统扰动性能是又一个重要指标，二阶典型系统在扰动输入时的系统结构图，如图 11.5-34 所示。

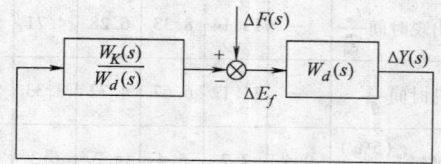

图 11.5-34   扰动输入时系统结构图

扰动输入 $\Delta F(s)$ 作用于调节系统对象 $W_d(s)$ 的输入端，其闭环传递函数

$$W_{BF}(s) = \frac{\Delta Y(s)}{\Delta F(s)} = \frac{1}{1 + W_K(s)} W_d(s)$$

式中 $W_K(s)$——二阶典型系统的开环传递函数；

$W_d(s)$——调节对象传递函数；

$\Delta Y(s)$——由扰动 $\Delta F(s)$ 引起的输出响应。由于调节对象的参数不同，也将有不同的输出响应。

假定调节对象为一个大惯性环节的情况，其传递函数为

$$W_d(s) = \frac{\Delta Y(s)}{\Delta E_f(s)} = \frac{K_d}{T_e s + 1}$$

假如二阶典型系统，依工程最佳参数选取 $K = \dfrac{1}{2T}$ 时，阶跃扰动的输出响应为

$$\Delta y(t) = 2\Delta F K_d \frac{T}{T_e} \frac{1}{2m^2 - 2m + 1}\left[(1-m)e^{-\frac{t}{T_e}} - \right.$$
$$\left. (1-m)e^{-\frac{t}{2T}}\cos\frac{t}{2T} + m e^{-\frac{t}{2T}}\sin\frac{t}{2T}\right]$$

式中 m——两个时间常数比值，$m = \dfrac{T}{T_e}$。

取 $\dfrac{T}{T_e}$ 为不同变量，对上式计算，得出二阶典型系统在最佳参数 $K = \dfrac{1}{2T}$ 条件下的抗扰性能，见表 11.5-10。

表 11.5-10   二阶典型系统抗扰响应

$\dfrac{T_e}{T}$	4	6	8	10	20	30
最大动态速度降落 $\Delta y_m/z(\%)$	64.6	73.3	79.0	82.8	92.7	96.7
t_m/T	2.7	3.0	3.2	3.4	3.8	4.0
$t_f(5\%)/T$	12.5	18.8	24.9	30.9	60.9	90.9
$t_f(2\%)/T$	16.4	24.3	32.2	40.1	79.2	118.4

表中最大动态速度降落是以基值 z 的百分数表示，基值 z 为

$$z = 2\Delta F K_d \frac{T_e}{T}$$

从表中可以看出 $\dfrac{T_e}{T}$ 越大，动态速度降落的百分数 $\Delta y_m/z(\%)$ 越大，而实际的 Δy_m 越小，恢复时间随着 $\dfrac{T_e}{T}$ 增大而增大。

取 $\dfrac{T_e}{T}$ 为变量，$\Delta y(t)/2\Delta F K_d$ 为响应的扰动过程曲线如图 11.5-35 所示。从图可见 T_e 越大，扰动动态速度降落 $\Delta y_m(t)$ 越小，而恢复时间 t_f 越长。反之，

T_e 越小，Δy_m 越大，但恢复时间 t_f 越短。可见输出响应在 $K = \dfrac{1}{2T}$ 条件下，与 T_e 有关。

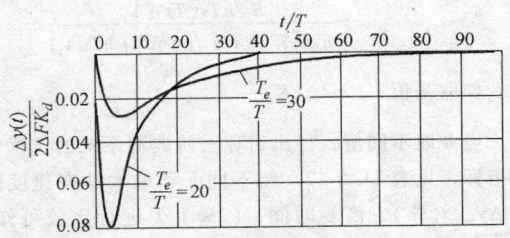

图 11.5-35　二阶典型系统不同 $\dfrac{T_e}{T}$ 的扰动响应

9.2.4　二阶典型系统调节器参数选择举例

【例】　二阶典型电流控制系统结构如图 11.5-36 所示，电流输出回路总电阻 $R_x = 5\Omega$，电磁时间常数 $T_1 = 0.3\text{s}$，系统小时间常数 $T \approx 0.01\text{s}$，额定电流 $I_{ed} = 44\text{A}$。该系统要求阶跃给定的电流超调量 $\sigma\% < 5\%$，试求直流电压突降 $\Delta U = 32\text{V}$（扰动量）时的电流最大动态速度降落（以额定电流百分数表示）$\Delta I_w / I_{ed}$（%）和恢复时间 t_f（按基值 z 的 5% 计算）

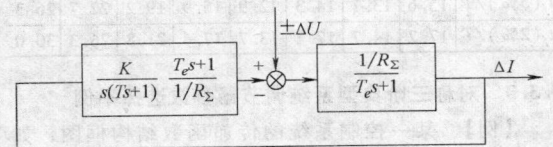

图 11.5-36　电压扰动时电流控制系统框图

【解】　查二阶典型系统阶跃响应表 11.5-9，若超调量 σ 小于 5% 时，应选最佳参数 $K = 1/2T$。根据系统时间常数比 $\dfrac{T_e}{T} = \dfrac{0.3}{0.01} = 30$，以此查二阶典型系统抗扰响应表 11.5-10 得出最大动态速度降落 $\Delta y_m / z$（%）$= 96.7\%$，恢复时间 $t_f(5\%)/T = 90.9$。已知系统扰动量 $\Delta F = \Delta U = 32\text{V}$，$R_\Sigma = 50\Omega$，得出：

调节对象放大系数：$K_d = 1/R_\Sigma = 1/5 = 0.2$

抗扰指标基值：$z = 2\Delta F K_d T_e / T = 2 \times 32 \times 0.2 \times 0.01/0.3 = 0.427$

最大电流降落：$\Delta I_m = \Delta y_m = (\Delta y_m / z\%)z = 0.967 \times 0.427 = 0.413\text{A}$

所以 $\dfrac{\Delta I_m}{I_{ed}} = \dfrac{0.413}{44} \times 100\% = 0.939\%$

恢复时间 $t_f = (t_f / T)T = 90.9 \times 0.01 = 0.909\text{s}$

9.3　三阶典型系统

三阶典型系统如图 11.5-37 所示，其开环传递函数为

$$W_K(s) = K\frac{hTs + 1}{s^2(Ts + 1)}$$

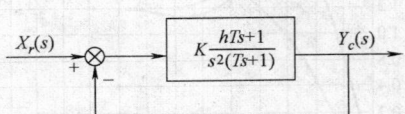

图 11.5-37　三阶典型系统结构框图

三阶典型系统的结构是由两个积分环节、一个惯性环节和一个一阶微分环节组成，典型三阶系统所需确定的参数有系统放大系数 K 和频率特性的中频宽度 h。

9.3.1　对称三阶典型系统的最佳参数与动态响应

对称三阶典型系统的开环放大倍数 K 为

$$K = \frac{1}{h\sqrt{h}T^2}$$

用放大倍数（包括中频宽度 h）表示的开环传递函数

$$W_K(s) = \frac{1}{h\sqrt{h}T^2}\frac{hTs + 1}{s^2(Ts + 1)}$$

系统的闭环传递函数

$$W_B(s) = \frac{hTs + 1}{h\sqrt{h}T^3 s^3 + h\sqrt{h}T^2 s^2 + hTs + 1}$$

当选不同 h 值时，对称三阶典型系统在零初始条件和阶跃输入时的响应特性指标，见表 11.5-11。从表中数据可以看到，当中频宽 h 增大时，超调量 $\sigma\%$ 下降，但当 h 增大到一定数值以后，$\sigma\%$ 下降量就不那么明显，当频宽 h 过小，超调很大，另外振荡次数也增加，调节时间反而增大。因此，公认取 $h = 4$ 为典型三阶系统最佳参数，或称"对称最佳"参数。

表 11.5-11　h 为不同值是对称三阶典型系统阶跃响应性能指标

h	3	4	5	6	7	8	9	10
$\sigma(\%)$	52.5	43.4	37.3	32.9	29.6	27.0	24.9	23.2
t_m/T	5.1	5.8	6.5	7.1	7.8	8.4	9.0	9.6
t_r/T	2.7	3.1	3.5	3.9	4.2	4.6	4.9	5.2
$t_f(5\%)/T$	13.5	14.7	12.1	14	15.9	17.8	19.7	21.5
$t_f(2\%)/T$	19	16.6	17.5	15.4	18.1	20.9	23.7	26.4

按对称最佳参数 $h = 4$，系统的开环传递函数为

$$W_K(s) = \frac{1}{8T^2}\frac{4Ts + 1}{s^2(Ts + 1)}$$

此时的闭环传递函数

$$W_B(s) = \frac{4Ts + 1}{8T^3 s^3 + 8T^2 s^2 + 4Ts + 1}$$

在这种条件下，单位阶跃响应曲线如图 11.5-38 所示。

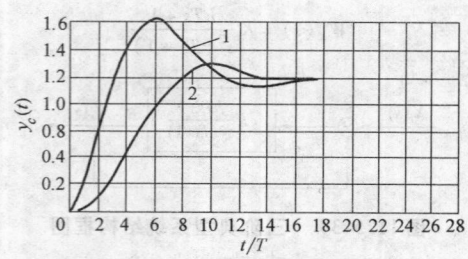

图 11.5-38　三阶对称最佳系统阶跃响应

1—不带给定滤波器　2—带给定滤波器

其不带滤波器时的响应特性曲线 1 指标为

$$\sigma\% = 43.4\%, \quad t_r = 3.1T, \quad t_s(2\%) = 16.6T$$

这时的特性响应速度较迅速，但超调量太大。

为了限制超调量，在给定输入端加一个给定滤波器，其系统结构图如图 11.5-39 所示。如果给定滤波的时间常数取为 $T_s = 4T$，用此对消原最佳系统闭环传递函数的微分项，减小超调。因此，带有滤波器系统的闭环传递函数为

$$W_B(s) = \frac{Y_c(s)}{X_r(s)} = \frac{1}{8T^3 s^3 + 8T^2 s^2 + 4Ts + 1}$$

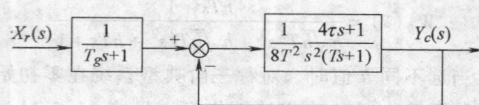

图 11.5-39　带有给定滤波器的对称最佳控制系统

在这种条件下，"对称最佳"三阶典型系统的单位阶跃响应曲线如图 11.5-38 中曲线 2，其响应曲线的性能指标为

$$\sigma\% = 8.1\%, \quad t_r = 7.6T, \quad t_s(2\%) = 13.3T$$

加入给定滤波器后，明显使超调量减小，这样的"对称最佳参数"被广为应用。但跟随误差变大，所以在随动系统中不宜采用给定滤波器。

采用给定积分器来限制起动、制动加速度，同时也减小了系统的超调量。

9.3.2　对称三阶典型系统扰动响应曲线

扰动作用时的系统结构图，如图 11.5-40 所示。

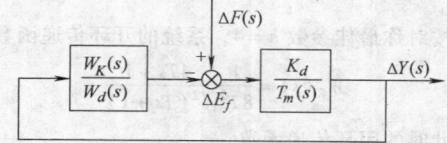

图 11.5-40　扰动作用时的三阶典型系统

系统中　$W_d(s) = \dfrac{K_d}{T_m s}$　$W_K(s) = \dfrac{1}{h\sqrt{h}\,T^2}\dfrac{hTs + 1}{s^2(Ts + 1)}$

扰动 $\Delta F(s)$ 作用下的闭环传递函数

$$W_{BF}(s) = \frac{\Delta Y(s)}{\Delta s(s)} = K_d \frac{T}{T_m}$$

$$= \frac{h\sqrt{h}\,Ts(Ts + 1)}{h\sqrt{h}\,T^3 s^3 + h\sqrt{h}\,T^2 s^2 + hTs + 1}$$

如取基值　$z = 2\Delta F K_d \dfrac{T}{T_m}$

当 h 取不同值，得出对称三阶典型系统的抗扰性能指标，见表 11.5-12。将不同 h 和最大动态速度降落 $\Delta y_m / z(\%)$、恢复时间 $t_f(2\%)/T$ 进行比较可知：h 增大，动态速度降落增大、恢复时间减小，但当 $h > 6$ 以后，恢复时间反而增大，显然 h 值有一个最佳值，"对称最佳"三阶系统推算选择 $h = 4$ 为工程最佳参数，此时各项指标均较理想。虽然此时超调量达 43.4%，但加入给定滤波器后，超调量 $\sigma\%$ 下降到 8.1%。

表 11.5-12　h 为不同值时对称三阶系统抗扰性能表

h	3	4	5	6	7	8	9	10
$\Delta y_m / z(\%)$	78.5	88.5	97.5	105.3	112.6	119.5	126	132.2
t_m / T	2.7	3.1	3.5	3.9	4.2	4.6	4.9	5.2
$t_f(5\%)/T$	15.6	13.7	14.3	12.9	15.9	19.2	22.7	26.3
$t_f(2\%)/T$	17.2	14.7	17.1	13.7	17.4	21.8	26.3	30.0

9.3.3　对称三阶典型系统调节器参数选择举例

【例】　某一控制系统的传递函数结构框图，如图 11.5-41 所示，已知系统参数 $K_1 \approx 30$，$K_d \approx 0.0128$，$T_m \approx 0.1\text{s}$，$T \approx 0.013\text{s}$。

设计要求：抗扰性能好，且阶跃给定时 $\sigma\% < 10\%$，计算比例积分调节器参数 K_p、τ。

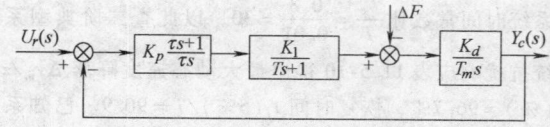

图 11.5-41　例题控制系统框图

【解】　为使抗扰性能好，应选三阶典型系统。为使超调量小于 10%，应加给定滤波器，按"对称最佳参数"选 $h = 4$，带给定滤波器时其性能指标：超调量 $\sigma\% \le 8.1\% < 10\%$。

系统调节器及给定滤波器参数计算如下：

"对称最佳"（$h = 4$）三阶典型系统的开环传递函数为

$$W_K(s) = \frac{1}{8T^2}\frac{4Ts + 1}{s^2(Ts + 1)}$$

而本例图 11.5-41 所示系统的开环传递函数

$$W_K(s) = K_p \frac{\tau s + 1}{\tau s}\frac{K_1}{Ts + 1}\frac{K_d}{T_m s}$$

根据上两式相等，得出调节器参数 τ、K_p

$$\tau = 4T = 4 \times 0.013 = 0.052s$$

$$K_p = \frac{1}{8T^2}\frac{\tau T_m}{K_1 K_d} = \frac{0.052 \times 0.1}{8 \times 0.013^2 \times 30 \times 0.0128} = 10$$

给定滤波器，其时间常数 T_s 为

$$T_s = 4T = 4 \times 0.013 = 0.052s$$

9.4　工程设计的近似处理

上面介绍的二阶、三阶系统都是典型系统，而实际工程系统与典型系统不完全相同。但在实际工程中都可用近似处理的方法，将工程实际系统近似处理成典型二阶或三阶系统。然后就可依工程典型最佳参数设计工程系统中的调节器最佳参数。

9.4.1　高频段小惯性环节的近似处理

例如：晶闸管供电电流闭环的工程实际系统传递函数框图如图 11.5-42 所示。

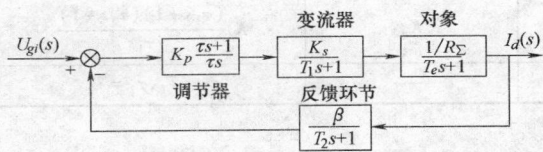

图 11.5-42　实际电流闭环传递函数框图

从实际系统可知，变流器时间常数 T_1 检测元件和反馈滤波器时间常数 T_2 都是小时间常数，它们与调节对象的时间常数 T_s 相比都是小参数，将图 11.5-42 系统写为开环传递函数

$$W_K(s) = K_p\frac{\tau s + 1}{\tau s}\frac{K_s}{T_1 s + 1}\frac{1/R_\Sigma}{T_e s + 1}\frac{\beta}{T_2 s + 1}$$

如按二阶典型系统进行校正，取调节器参数 $\tau = T_1$，将大时间常数抵消掉，则系统的开环传递函数为

$$W_{KA}(s) = K\frac{1}{s(T_1 s + 1)}\frac{1}{(T_2 s + 1)}$$

式中　$K = \dfrac{K_p K_s \beta}{\tau R_\Sigma}$。

如果将小惯性 T_1 与 T_2 之和再等效为 T，成为一个惯性环节，等效后的系统开环传递函数为

$$W_{KB}(s) = K\frac{1}{s(Ts + 1)}$$

这个等效后的系统就是二阶典型系统。

如果，系统高频段小时间常数 T_1、T_2、T_3 … 为多个惯性环节，可以等效为一个小时间常数 T_Σ 的惯性环节，即

$$T_\Sigma = T_1 + T_2 + T_3 + \cdots,$$

虽然这种等效是近似的，但在工程允许范围之内。

9.4.2　低频段大惯性环节的近似处理

把系统校正为三阶典型系统时，有时需要将系统中的大惯性环节近似处理为积分环节。

如图 11.5-42 所示系统，如按三阶典型系统进行校正，这时，首先将两个小惯性环节等效成一个小惯性环节外，再将大惯性环节近似等效成积分环节，即等效积分环节之前的系统开环传递函数

$$W_{KA}(s) = K\frac{\tau s + 1}{s(T_1 s + 1)(T_\Sigma s + 1)}$$

式中　$K = \dfrac{K_p K_s \beta}{\tau R_\Sigma}$，并且 $T_1 > \tau > T_s$。

再将大惯性环节等效成积分环节，即 $\dfrac{1}{T_e s + 1} \approx \dfrac{1}{T_e s}$，则系统开环传递函数成为三阶典型系统，即

$$W_{KB}(s) = \frac{K}{T_e}\frac{\tau s + 1}{s^2(T_\Sigma s + 1)}$$

此式为三阶典型系统。

9.4.3　将非单位反馈系统近似处理为单位反馈系统

如图 11.5-42 所示系统，在其反馈通道有惯性环节。为了消去反馈通道的惯性环节，须在输入通道设一个与反馈通道的惯性环节相等的给定滤波器，如图 11.5-43a 所示；根据结构图交换原则，将信号综合点向前移，就可以抵消反馈惯性，如图 11.5-43b 所示；这时给定信号小 β 倍，经过变换 $W_f(s) = \dfrac{\beta}{T_2 s + 1}$ 进入闭环内正向通道，如图 11.5-43c 所示。

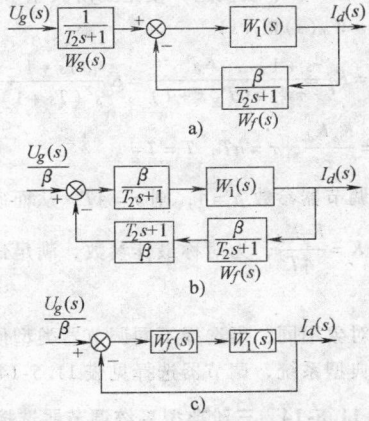

图 11.5-43　将非单位反馈系统处理成单位反馈系统

a) 输入通道设置滤波器　b) 信号综合点前移的等效变换　c) 变换结果为单位反馈系统

9.4.4　调速系统的调节器选择和参数计算

电气传动控制系统中绝大多数的调节对象，经过工程近似处理，选择适当的调节器都可化成典型系统。

1. 校正成二阶典型系统

如果调节对象 $W_d(s)$ 是由一个大惯性环节和一组小惯性群组成，其传递函数为

$$W_d(s) = \frac{K_d}{(T_1 s + 1)(T_2 s + 1)(T_3 s + 1)}$$

式中 K_d——调节对象放大系数；

T_1、T_2——小惯性环节，且 $T_1 \geqslant T_2 + T_3$。

先将两个小惯性环节近似等效成一个小惯性环节，即 $T_\Sigma = T_2 + T_3$，调节对象传递函数简化为

$$W_d(s) = \frac{K_d}{(T_1 s + 1)(T_\Sigma s + 1)}$$

为了校正成二阶典型系统，应选用 PI 调节器，其传递函数为

$$W_T(s) = K_p \frac{\tau s + 1}{\tau s}$$

此时，用调节器一阶微分项消掉大惯性环节，取 $\tau = T_1$，最后系统的开环传递函数为二阶典型系统

$$W_K(s) = W_T(s) \cdot W_d(s)$$

$$= K_p \frac{\tau s + 1}{\tau s} \cdot \frac{K_d}{(T_1 s + 1)(T_\Sigma s + 1)} = K \frac{1}{s(T_\Sigma s + 1)}$$

式中 $K = \frac{K_p K_d}{\tau}$。

系统放大倍数 K，根据工程最佳参数确定，系统响应指标即得最佳指标。

系统对象不同，如欲校正成二阶典型系统，其调节器选择，见表 11.5-13。

表 11.5-13   校正成二阶典型系统调节器选择

调节对象 $W_d(s)$	$\dfrac{K_d}{(T_1 s + 1)(Ts + 1)}$ $T_1 > T$	$\dfrac{K_d}{Ts + 1}$	$\dfrac{K_d}{s(Ts + 1)}$	$\dfrac{K_d}{(T_1 s + 1)(T_2 s + 1)(Ts + 1)}$
调节器 $W_T(s)$	$K_p \dfrac{\tau s + 1}{\tau s}$	$\dfrac{K_p}{s}$	K_p	$K_p \dfrac{(\tau_1 s + 1)(\tau_2 s + 1)}{\tau_1 s}$
参数配合	$\tau = T$	—	—	$\tau_1 = T_1, \tau_2 = T_2$

2. 校正成三阶典型系统

如果调节对象为一个积分环节加一小惯性群组成，其传递函数为

$$W_d(s) = \frac{K_d}{s(T_\Sigma s + 1)}$$

选 PI 调节器串联校正，便是三阶典型形式

$$W_K(s) = W_T(s) W_d(s)$$

$$= K_p \frac{\tau s + 1}{\tau s} \cdot \frac{K_d}{s(T_\Sigma s + 1)} = K \frac{\tau s + 1}{s^2(Ts + 1)}$$

式中 $K = \frac{K_p K_d}{\tau}$，$\tau = hT$，$T = T_\Sigma$。

选择调节器参数 $h = 4$，则 $\tau = 4T$，从而确定系统放大倍数 $K = \frac{K_p K_d}{4T}$，为对称最佳参数，满足最佳响应指标。

系统对象不同，可选择不同调节器类型使系统校正成三阶典型系统，调节器选择见表 11.5-14。

表 11.5-14   三阶典型系统调节器选择

调节对象 $W_d(s)$	$\dfrac{K_d^{①}}{s(T_1 s + 1)}$	$\dfrac{K_d^{①}}{(T_1 s + 1)(Ts + 1)}$	$\dfrac{K_d}{s(T_1 s + 1)(Ts + 1)}$
调节器 $W_T(s)$	$K_p \dfrac{\tau s + 1}{\tau s}$	$K_p \dfrac{\tau s + 1}{\tau s}$	$K_p \dfrac{(T_1 s + 1)(T_2 s + 1)}{\tau_1 s}$
参数配合	—	—	$\tau_1 = T_1$

① 大惯性近似处理 $\dfrac{1}{T_1 s + 1} \approx \dfrac{1}{T_1 s}$。

9.5   双闭环调速系统的串联校正

工程最佳设计，先从内环开始，依内环的调节对象及调节器确定典型系统选择最佳参数，然后将内环等效成一个惯性环节，再作为外环的一个组成环节。其次再对外环进行校正为所需的典型系统，再计算最佳参数。

9.5.1   双环系统电流环的设计

电流内环的控制对象由电枢回路的大惯性环节与晶闸管变流装置、触发器、电流检测以及反馈滤波等一些小惯性群组成。电流环的控制要求希望以超调小、快速为主，则应选择二阶典型系统。

电流环的结构图如图 11.5-44 所示。图中 $\dfrac{1/R_\Sigma}{T_e s + 1}$ 是由电回路电磁惯性形成的大惯性环节，$\dfrac{K_s}{T_s s + 1}$ 是晶闸管整流滞后引起的等效惯性环节，$\dfrac{\beta}{T_{fi} s + 1}$ 是电流检测和滤波环节组成的小惯性环节，$\dfrac{R_\Sigma}{T_m s}$ 是由机电时间常数 T_m 形成的积分环节。

为了按典型系统设计电流环，需要对图 11.5-44 做如下工程近似和等效处理。

（1）略去反电动势的影响   因电流影响比速度影响快得多，因此，在做动态设计时可不考虑电动势

$U_{gi}(s)$
$\frac{1}{T_{gi}s+1}$
$W_{Ti}(s)$
$\frac{K_s}{T_ss+1}$
$U_{do}(s)$
$\pm\Delta U(s)$
$I_d(s)$
$I_f(s)$
$\frac{1/R_\Sigma}{T_es+1}$
$\frac{R_\Sigma}{T_ms}$
$E(s)$
$\frac{\beta}{T_{fi}s+1}$

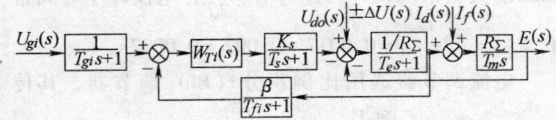

图11.5-44　双闭环调速系统的电流环结构图

变化（也即速度变化）的影响，近似认为 $\Delta E=0$，因此图11.5-44中电动势反馈线可以去掉，$\frac{R_\Sigma}{T_m s}$环节省略。

（2）将电流环变成单位反馈　图11.5-44中给定滤波器$\frac{1}{T_{gi}s+1}$，目的是补偿反馈滤波器$\frac{\beta}{T_{fi}s+1}$，故可令 $T_{gi}=T_{fi}$，在经过结构图的等值变换，即可成为单位反馈系统。

（3）小惯性群的近似处理　电流环的正向通道含有的反馈环节$\frac{\beta}{T_{fi}s+1}$（因经与给定滤波抵消后，结构图的等值变换后移入正向通道）和晶闸管环节$\frac{K_s}{T_s s+1}$的时间常数都是小惯性，故可用一个小时间常数 $T_{\Sigma i}$等效，即

$$T_{\Sigma i}=T_s+T_{fi}$$

做了如上的近似处理后，电流闭环的结构图，如图11.5-45所示。

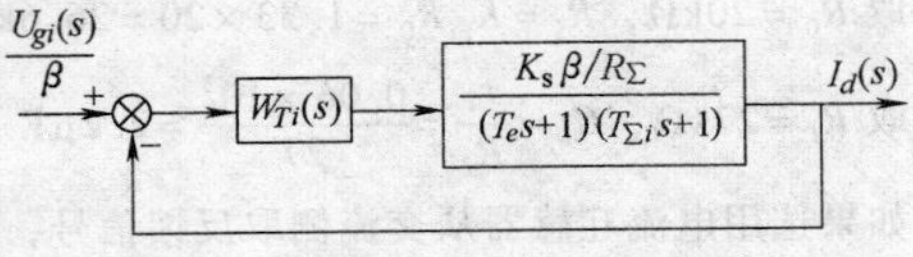

$\frac{U_{gi}(s)}{\beta}$
$W_{Ti}(s)$
$\frac{K_s\beta/R_\Sigma}{(T_es+1)(T_{\Sigma i}s+1)}$
$I_d(s)$

图11.5-45　经等效处理后的电流环框图

选调节器类型。依表11.5-13校正成二阶典型系统，可知当选比例积分调节器，即

$$W_{Ti}(s)=K_{pi}\frac{\tau_i s+1}{\tau_i s}$$

为了抵消对象的大时间常数 T_e，选调节器时间常数

$$\tau_i=T_e$$

此时系统成二阶典型系统形式，其结构图如图11.5-46所示。

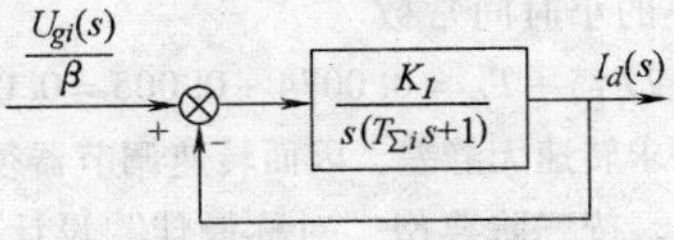

$\frac{U_{gi}(s)}{\beta}$
$\frac{K_I}{s(T_{\Sigma i}s+1)}$
$I_d(s)$

图11.5-46　校正成二阶典型系统的电流环

依照二阶工程最佳参数设计调节器参数，即系统开环放大倍数

$$K_I=\frac{K_{pi}K_s\beta}{\tau_i R_\Sigma}=\frac{1}{2T_{\Sigma i}}$$

调节器时间常数　$\tau_i=T_e$

放大器放大倍数　$K_{pi}=\frac{1}{2}\frac{R_\Sigma}{K_s\beta}\frac{T_e}{T_{\Sigma i}}$

这时电流 I_d的时间响应指标将满足工程最佳指标：$\sigma\%=4.3\%$，$t_r=4.7T_{\Sigma i}$，$t_s(2\%)=8.4T_{\Sigma i}$。

9.5.2　双环系统转速环的设计

电流环是双环系统的内环，设计转速环的时候，要将电流环处理成一个等效的简单环节。然后再对转速环按典型系统设计。

（1）电流环的等效传递函数　因为电流环是按二阶典型系统设计的，且依工程最佳参数 $K_I=\frac{1}{2T_{\Sigma i}}$，其闭环传递函数当为

$$\frac{I_d(s)}{U_{gi}(s)}=\frac{1/\beta}{2T_{\Sigma i}s^2+2T_\Sigma s+1}$$

根据小惯性环节近似处理方法。可以省略上式分母中的高次项。因而得到简化后的电流环传递函数

$$\frac{I_d(s)}{U_{gi}(s)}\approx\frac{1/\beta}{2T_{\Sigma i}s+1}$$

（2）转速环的传递函数框图　如图11.5-47所示，反馈滤波环节滤波时间常数 T_{fn}依赖测速机质量，其值约在10～20ms之间。

U_{gn}
$\frac{1}{T_{gn}s+1}$
$W_{Tn}(s)$
$\frac{1/\beta}{2T_{\Sigma i}s+1}$
$-I_f(s)$
$\frac{R_\Sigma/C_e}{T_ms}$
$n(s)$
$\frac{\alpha}{T_{fn}s+1}$

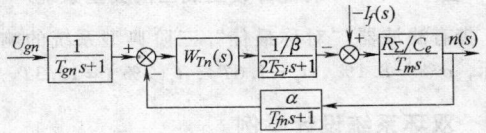

图11.5-47　转速外环的传递函数框图

（3）将转速闭环化为单位反馈结构　即将反馈环节移到正向通道，然后再把小惯性群近似处理为等效小惯性环节，其等效小时间常数为　$T_{\Sigma n}=2T_{\Sigma i}+T_{fn}$，此时转速单位反馈闭环的传递函数结构图如图11.5-48所示。

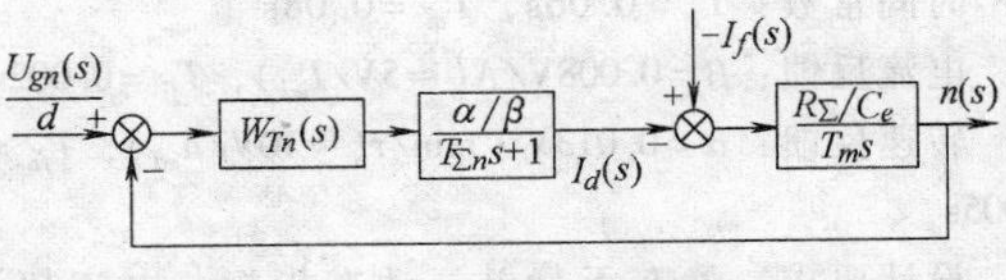

$\frac{U_{gn}(s)}{d}$
$W_{Tn}(s)$
$\frac{\alpha/\beta}{T_{\Sigma n}s+1}$
$I_d(s)$
$-I_f(s)$
$\frac{R_\Sigma/C_e}{T_ms}$
$n(s)$

图11.5-48　转速环等效处理后的结构图

（4）转速调节器的选择和参数计算　速度环节应按三阶典型系统设计，因对象是由一个小惯性群和一个积分环节组成，其调节器的选择按表11.5-13选

调节器为比例积分器，则其传递函数为

$$W_{Tn}(s) = K_{pn}\frac{\tau_n s + 1}{\tau_n s}$$

则调速系统的开环传递函数为

$$W_{kn}(s) = \frac{K_{pn}\alpha R_\Sigma}{\tau_n \beta C_e T_m} \frac{\tau_n s + 1}{s^2(T_{\Sigma n} s + 1)}$$

$$= K_n \frac{\tau_n s + 1}{s^2(T_{\Sigma n} s + 1)}$$

式中 $K_n = \frac{K_{pn}\alpha R_\Sigma}{\tau_n \beta C_e T_m}$。

调速系统的开环放大倍数 K_n 和转速调节器参数，将取决于调速系统的动态指标和所选参数的原则。如果选用"对称最佳"的设计原则，系统开环放大倍数：

$$K_n = \frac{1}{8T_{\Sigma n}^2}$$

调节器的积分时间常数：$\tau_n = 4T_{\Sigma n}$

调节器的比例放大倍数：$K_p = \frac{K_n \tau_n \beta C_e T_m}{\alpha R_\Sigma} = \frac{1}{2}\frac{\beta C_e}{\alpha R_\Sigma}\frac{T_m}{T_{\Sigma n}}$

校正后转速环结构图，如图 11.5-49 所示。

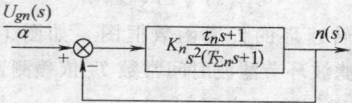

图 11.5-49 转速环校正成三阶典型系统

带有滤波器"对称最佳"三阶典型系统的响应指标，$\sigma\% = 8.1\%$，$t_r = 7.6T_X$，$t_s(2\%) = 13.3T_X$。

9.6 双环系统设计举例

某晶闸管供电的双闭环调速系统，变流装置采用三相全控整流电路，基本数据如下：

直流电动机：$U_{ed} = 220V$，$I_{ed} = 624A$，$n_{ed} = 750r/min$，$C_e = 0.278$，$\lambda_f = 1.5$。

变流装置：$K_s = 38$，$T_s = 0.0017s$。

电枢电路总电阻：$R_\Sigma = 0.05\Omega$。

时间常数：$T_e = 0.06s$，$T_m = 0.08s$。

电流反馈：$\beta = 0.008V/A(\approx 5V/I_{ed})$，$T_{fi} = 0.002s$。

转速反馈：$\alpha = 0.013V \cdot min/r(\approx 10V/n_{ed})$，$T_{fn} = 0.005s$。

设计要求：静态无静差；动态指标：电流超调量 $\sigma\% \leqslant 5\%$，起动到额定转速时，转速超调量 $\sigma\% \leqslant 10\%$

9.6.1 电流环的设计

根据设计要求：$\sigma\% \leqslant 5\%$，无静差，电流环应

按二阶典型系统设计，此时 $K = \frac{1}{2T}$，电流环小时间常数 $T_{\Sigma i} = T_s + T_{fi} = 0.0017 + 0.002 = 0.0037s$。

电流调节器选用比例积分（PI）调节器，其传递函数为 $K_p\frac{\tau_i s + 1}{\tau_i s}$。

电流环放大倍数：$K_I = \frac{1}{2T_{\Sigma i}} = \frac{1}{2 \times 0.0037} = 135.1$

电流调节器参数选择：

积分时间常数：$\tau_i = T_e = 0.06s$

比例放大倍数：$K_{pi} = K_I\frac{\tau_i R_\Sigma}{\beta K_s} = \frac{1}{2}\frac{R_\Sigma}{\beta K_s}\frac{T_e}{T_{\Sigma i}}$

$$= \frac{1}{2}\frac{0.05 \times 0.06}{0.008 \times 38 \times 0.0037}$$

$$= 1.33$$

电流调节器为运算放大器，其具体电路如图 11.5-50 所示。

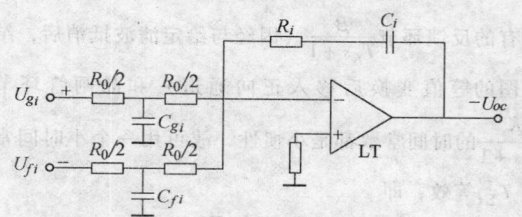

图 11.5-50 电流调节器电路图

如果选择 F007 运算放大器，其输入电阻 $r_{io} = 500k\Omega$

取 $R_0 = 20k\Omega$，$R_i = K_{pi}R_0 = 1.33 \times 20 = 26.6k\Omega$

取 $R_i = 27k\Omega$，$C_i = \frac{\tau_i}{R_i} = \frac{0.06 \times 10^3}{27} = 2.2\mu F$

如果选用电流互感器从交流侧取反馈信号，存在 1ms 惯性时，滤波器参数为

$$C_{fi} = \frac{4(T_{fi} - 0.001)}{R_0} = \frac{4 \times (0.002 - 0.001) \times 10^3}{20} = 0.2\mu F$$

$$C_{gi} = \frac{4T_{fi}}{R_0} = \frac{4 \times 0.002 \times 10^3}{20} = 0.4\mu F$$

采用上面所设计参数，系统动态响应指标 $\sigma\% \leqslant 4.3\%$，满足设计要求 $\sigma\% \leqslant 5\%$。

9.6.2 转速环的设计

二阶典型电流系统的等效传递函数为一个惯性环节，其等效的小时间常数

$$2T_{\Sigma i} = 2 \times 0.0037 = 0.0074s$$

转速环的小时间常数

$$T_{\Sigma n} = 2T_{\Sigma i} + T_{fn} = 0.0074 + 0.005 = 0.0124s$$

设计要求转速无静差，因而转速调节器须选用比例积分调节器，按三阶典型"对称最佳"设计，（$h = 4$）转速调节器传递函数

$$W_{Tn}(s) = K_{pn}\frac{\tau_n s + 1}{\tau_n s}$$

转速系统开环放大倍数

$$K_n = \frac{1}{8T_{\Sigma n}^2} = \frac{1}{8 \times 0.0124^2} = 813$$

转速调节器的电路如图 11.5-51 所示。

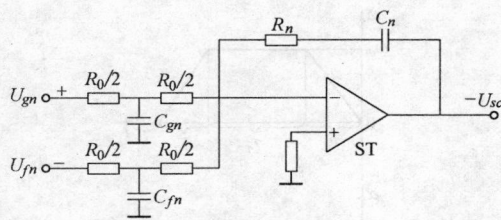

图 11.5-51　转速调节器电路图

转速调节器参数：

积分时间常数：

$$\tau_i = hT_{\Sigma n} = 4 \times 0.0124 = 0.0496s$$

比例放大倍数：

$$K_{pn} = K_n\frac{\tau_n \beta C_e T_m}{\alpha R_{\Sigma}}$$

$$= 813 \times \frac{0.0496 \times 0.008 \times 0.278 \times 0.08}{0.013 \times 0.05} = 11.03$$

选 F007 运算放大器，取 $R_0 = 20k\Omega$，则

$R_n = K_{pn}R_0 = 11.03 \times 20 = 220.6k\Omega$，取 $220k\Omega$

$$C_n = \frac{\tau_n}{R_n} = \frac{0.0496 \times 10^3}{220} = 0.225\mu F$$

$$C_{gn} = C_{fn} = \frac{4T_{fn}}{R_0} = \frac{4 \times 0.005 \times 10^3}{20} = 1\mu F$$

采用"对称最佳"方法计算的转速调节器参数 $(h=4)$（带滤波器），其系统动态响应指标为 $\sigma\% = 8.1\%$，$t_r = 7.6T$，满足设计指标 $\sigma\% \leqslant 10\%$ 的要求。

10　电气传动最优控制规律

为满足生产优质、高效、低耗的要求，电气传动系统必须提高控制质量，加快系统过渡过程、降低系统的能量消耗。为此，应当运用新的控制理论研究新的控制技术。

电气传动最优控制系统，即是应用现代控制理论分析、设计由计算机控制的电气传动系统。它是由控制相互关联的元器件或装置组成的一个统一的整体，从功率传递、能量变换角度使电能转变为机械能而做功，完成工艺要求；从信息传递、满足控制要求角度使系统按某一最优规律运动，达到某项指标最大或最小的最优控制。

10.1　时间最小最优控制规律

时间最小最优控制规律是指在电动机、传动机构以及生产机械允许条件下，完成某一给定位移量所需时间为最小。对于那些重复短时正、反转的生产机械电气传动系统，加快起动、制动和反转的过渡过程时间，借以提高生产效率，一直是电气传动系统追求的方向。

适用于加快过渡过程的生产机械，如可逆轧机、热锯机、推床、翻钢机、工作辊道等。

根据最优控制理论分析直流电气传动系统的时间最小最优控制规律如下。

10.1.1　电枢电流受限、转速不受限时的时间最小最优控制规律

时间最小最优控制规律如图 11.5-52 所示。起动过程最优控制规律

$$I_D = +I_M$$
$$\omega(t) = K_m(I_m - I_j)t$$
$$\alpha(t) = \frac{K_M}{2}(I_m - I_j)t^2$$

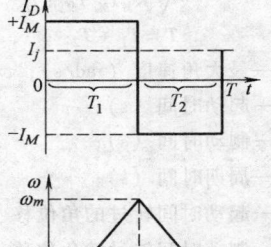

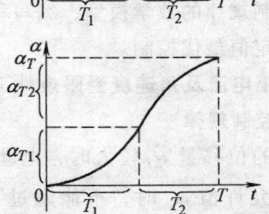

图 11.5-52　时间最小最优控制规律

制动过程最优控制规律

$$I_D = -I_M$$
$$\omega(t) = K_M(I_M + I_j)(T - t)$$
$$\alpha(t) = \alpha_T - \frac{1}{2}K_M(I_M + I_j)(T - t)^2$$

式中　I_D——电枢电流（A）；

$+I_M$——电动机允许正向最大电流（A）；

$-I_M$——电动机允许反向最大电流（A）；

K_M——设备常数，$K_M = \dfrac{C_{M\phi}}{J}$；

$C_{M\phi}$——电动机转矩系数（N·m/A）；

J——系统折算到电动机轴上的转动惯量（kg·m²）；

I_j——负载电流（A）；

ω——电动机角速度（rad/s）；

α——电动机轴角速度（rad/s）；

α_i——在规定的周期时间 T 内转过的给定角位移量（rad）；

T——周期时间（s）。

最优控制规律的中间参量（见图 11.5-52）

$$\omega_m = K_M(I_M - I_j)T_1$$

$$\alpha_{T_1} = \frac{K_M}{2}(I_M - I_j)T_2^2$$

$$\alpha_{T_2} = \frac{K_M}{2}(I_M + I_j)T_3^2$$

$$T_1 = \sqrt{\frac{\alpha_T}{K_M I_M} \frac{I_M + I_j}{I_M - I_j}}$$

$$T_2 = \sqrt{\frac{\alpha_T}{K_M I_M} \frac{I_M - I_j}{I_M + I_j}}$$

$$T = T_1 + T_2$$

式中　ω_m——最大角速度（rad/s）；

T_1——起动时间（s）；

T_2——制动时间（s）；

T——周期时间（s）；

α_{T_1}——起动时间转过的角位移（rad）；

α_{T_2}——制动时间转过的角位移（rad）。

根据上面系统给定的原始参数 I_M、I_j、K_M、α_T 即可写出控制规律的数学模型，编写程序存于计算机中，实现设定值最优控制。

10.1.2　电枢电流及角速度受限条件下的时间最小最优控制规律

当给定的位移量 α_T 较大时，电动机起动过程转速达到最大允许值 ω_m 时，不能超过 ω_m，而只能在 ω_m 值运行，在电枢电流不超过 $+I_m$，角速度不超过 ω_m 条件下的时间最小最优控制规律如图 11.5-53 所示。由图可见，整个工作过程分起动加速、稳速运行和减速制动三个阶段，每段的最优控制规律，均依控制理论算出。

（1）起动段　$0 \leqslant t \leqslant T_1$

$$I_D = +I_M$$

$$\omega(t) = K_M(I_M - I_j)t$$

$$\alpha(t) = \frac{1}{2}K_M(I_M - I_j)t^2$$

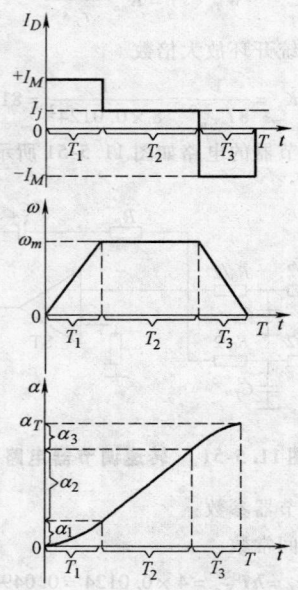

图 11.5-53　速度、电流均受限时时间最小最优控制规律

$$\omega_m = K_m(I_M - I_j)T_1$$

$$\alpha_1 = \frac{1}{2}K_M(I_M - I_j)T_1^2$$

式中　ω_m——受限角速度（rad/s）；

α_1——起动达到规定转速的角位移（rad）。

（2）稳速运转段　$T_1 \leqslant t \leqslant (T_1 + T_2)$

$$I_D = I_j$$

$$\omega = \omega_m$$

$$\alpha = \alpha_1 + \omega_m(t - T_1)$$

$$\alpha_2 = \omega_m T_1$$

式中　α_2——为稳速段所转过的角位移（rad）。

（3）制动段　$(T_1 + T_2) \leqslant t \leqslant T$

$$I_D = -I_M$$

$$\omega(t) = \omega_m - K_M(I_M + I_j)[t - (T - T_2)]$$

$$\alpha(t) = \alpha_T - \omega_m(T - t)^2[(T - t) - 2T_3]$$

上述公式中 T_1、T_2、T_3、T 以及 α_1、α_2、α_3 为中间变量，仍须用原始参量表示，已知原始参量为 α_T、I_M、I_j、K_M，而中间变量经计算为

$$T_1 = \frac{\omega_m}{K_M(I_M - I_j)}$$

$$T_2 = \frac{\alpha_T}{\omega_m} - \frac{I_M \omega_m}{K_M(I_M^2 - I_j^2)}$$

$$T_3 = \frac{\omega_m}{K_M(I_M + I_j)}$$

$$T = T_1 + T_2 + T_3$$

$$\alpha_1 = \frac{\omega_m{}^2}{2K_M(I_M - I_j)}$$

$$\alpha_2 = \alpha_T - \frac{\omega_m{}^2}{K_M(I_M{}^2 - I_j{}^2)}$$

$$\alpha_3 = \frac{\omega_m{}^2}{2K_M(I_M + I_j)}$$

最后，根据原始已知参量 α_T、K_M、ω_m、I_M、I_j 即可将各段的最优规律算出，编写程序存入计算机中，实现最优控制。

10.2 平稳快速最优控制规律

在很多生产机械中要求起、制动过程平稳，如城市电车、地铁高速电车、高炉上料装置、矿井提升机械、乘客高速电梯，特别是医院患者电梯；还有一类准确停车的设备，在停车之前为了停车定位精度的要求也须平稳降速，如轧机压下装置、点位控制的数控机床等。除了平稳的要求，还必须满足快速工艺要求。例如：不能过慢，否则将影响生产效率，所以正确的做法应当是在满足平稳条件下尽量加快起、制动的过程，这就是所谓的平稳快速最优控制规律。

10.2.1 电枢电流和角速度均不受限时的平稳快速最优控制规律

根据控制理论分析结果，电流及角速度均不受限时的最优控制规律，如图 11.5-54 所示。由图可见，控制规律分为三段，第一段是起动的初始阶段，第二

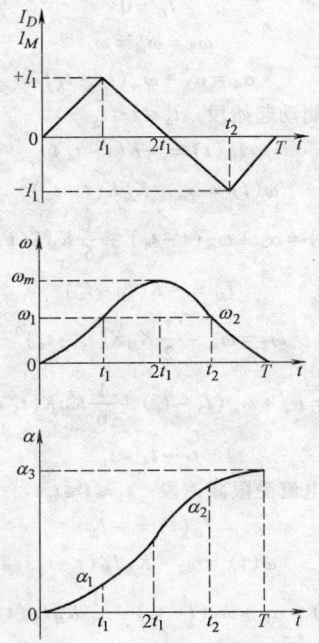

图 11.5-54 平稳快速最优控制规律

段是起动的终了阶段和制动的初始阶段，第三段为制动的终了阶段。每段的电枢电流变化率有一定限制，因而速度的变化都是平滑的，这就是这种控制规律的主要特点。

（1）起动的开始阶段 $0 \le t \le t_1$

$$I_D = K_t$$

$$\omega(t) = \frac{1}{2}K_M K t^2$$

$$\alpha(t) = \frac{1}{6}K_M K t^3$$

$$I_1 = K t_1$$

$$\omega_1 = \frac{1}{2}K_M K t_1$$

$$\alpha(t) = \frac{1}{6}K_M K t_1{}^3$$

式中 K——由工艺条件所决定的电流变化率，$\dfrac{\mathrm{d}I}{\mathrm{d}t} = K$。

（2）起动终了和制动开始阶段 $t_1 \le t \le t_2$

$$I_D = K(2t_1 - t)$$

$$\omega(t) = K_M K t_1{}^2 - \frac{1}{2}K_M K(2t_1 - t)^2$$

$$\alpha(t) = \alpha_1 - \frac{1}{2}K_M K t_1 t(t_1 - t) + \frac{1}{6}K_M K(t_1 - t)^3$$

$$- I_1 = -K t_1$$

$$\omega_2 = \frac{1}{2}K_M K t_1{}^2 = \omega_1$$

$$\omega_m = K_M K t_1{}^2$$

$$\alpha_2 = 11\alpha_1$$

式中 α_2——制动终了所走过的角位移（rad）；

α_1——起动初始段走过的角位移（rad）；

ω_m——最大角速度（rad/s）；

ω_1、ω_2——对应 t_1、t_2 时刻的角速度（rad/s）；

I_1——最大电枢电流（A）。

（3）制动的终了阶段 $t_2 \le t \le T$

$$I_D(t) = K(t - 4t_1)$$

$$\omega(t) = \frac{1}{2}K_M K(t - 4t_1)^2$$

$$\alpha(t) = \alpha_T + \frac{1}{6}K_M K(t - 4t_1)^3$$

$$t_1 = \frac{T}{4}, t_2 = \frac{3}{4}T$$

当已知原始参数 K_M、K、α_T、T（$I_1 \approx 0$ 略去）可求出中间变量 t_1、t_2、α_1、α_2、ω_1、ω_2、ω_m，最后将三段最优控制规律曲线的表达式均可获得，编写程序存于计算机中，实现最优控制。

10.2.2 电枢电流和角速度均受限时的平稳快速最优控制规律

实际工程系统中，运行的角位移量可能很大，这

时的电枢电流在起动阶段上升到最大允许的受限值，另外，当加速段结束，系统已经达到允许的受限速度 ω_m，系统只好在受限速度 ω_m 上稳速工作，因此这种规律，实际上是工作在电流、角速度均受限情况。其最优控制规律如图 11.5-55 所示。

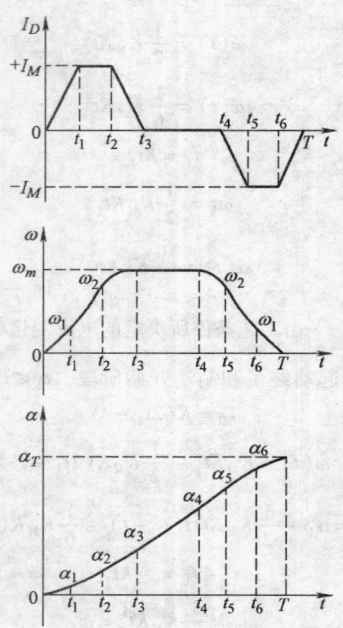

图 11.5-55　电流速度受限平稳快速最优控制规律

整个工作过程分为 7 段，第一段为起动的开始阶段，第二段为电枢电流受限条件下的起动升速阶段，第三段是起动终了阶段，第四段为稳速阶段，第五段是制动的开始阶段、第六段是反向电枢电流受限的制动降速阶段，第七段是制动的终了阶段。整个运行过程的控制规律依控制理论计算，其结果如下：

（1）起动开始段　$0 \leqslant t \leqslant t_1$

$$I_D(t) = Kt$$

$$\omega(t) = \frac{1}{2}K_M K t^2$$

$$\alpha(t) = \frac{1}{6}K_M K t^2$$

$$I_M = Kt_1$$

$$\omega_1 = \frac{1}{2}K_M K t_1^{\,2}$$

$$\alpha_1 = \frac{1}{6}K_M K t_1^{\,3}$$

$$t_1 = \frac{I_M}{K}$$

式中　K——电流斜率。

（2）电流受限加速段　$t_1 \leqslant t \leqslant t_2$

$$I_D(t) = +I_M$$

$$\omega(t) = \omega_1 + K_M I_M (t - t_1)$$

$$\alpha(t) = \alpha_1 + \omega_1 (t - t_1) + \frac{K_M}{2}I_M (t - t_1)^2$$

$$I_D = I_M$$

$$\omega_2 = \omega_1 + K_M I_M (t_2 - t_1)$$

$$\alpha_2 = \alpha_1 + \omega_1 (t_2 - t_1) + \frac{K_M}{2}I_M (t_2 - t_1)^2$$

（3）起动结束段　$t_2 \leqslant t \leqslant t_3$

$$I_D(t) = I_M - K(t - t_2)$$

$$\omega(t) = \omega_2 + K_M I_M (t - t_2) - \frac{1}{2}K_M K (t - t_2)^2$$

$$\alpha(t) = \alpha_1 + \omega_1 (t - t_2) + \frac{1}{2}K_M I_M (t - t_2)^2 - \frac{1}{6}K_M K (t - t_2)^3$$

$$I_M = K(t_3 - t_2)$$

$$\omega_m = \omega_2 + K_M I_M (t_3 - t_2) - \frac{1}{2}K_M K (t_3 - t_2)^2$$

$$\alpha_3 = \alpha_2 + \omega_2 (t_3 - t_2) + \frac{1}{2}K_M I_M (t_3 - t_2)^2 - \frac{1}{6}K_M K (t_3 - t_2)^3$$

$$t_2 = \frac{\omega_m}{K_M I_M}$$

$$t_3 = \frac{I_M}{K} + \frac{\omega_m}{K_M I_M}$$

（4）稳速段　$t_3 \leqslant t \leqslant t_4$

$$I_D = 0$$

$$\omega(t) = \omega_m$$

$$\alpha(t) = \alpha_3 + \omega_m (t - t_3)$$

$$I_D = 0$$

$$\omega_3 = \omega_m = \omega_4$$

$$\alpha_4 = \alpha_3 + \omega_m (t_4 - t_3)$$

（5）制动起始段　$t_4 \leqslant t \leqslant t_5$

$$I_D(t) = -K(t - t_4)$$

$$\omega(t) = \omega_m - K_M K (t - t_4)^2$$

$$\alpha(t) = \alpha_4 + \omega_m (t - t_4) - \frac{1}{6}K_M K (t - t_4)^3$$

$$I_M = -K(t_5 - t_4)$$

$$\omega_2 = \omega_m - \frac{1}{2}K_M K (t_5 - t_4)^2$$

$$\alpha_5 = \alpha_4 + \omega_m (t_5 - t_4) - \frac{1}{6}K_M K (t_5 - t_4)^3$$

$$t_5 - t_4 = t_1$$

（6）电流受限减速段　$t_5 \leqslant t \leqslant t_6$

$$I_D(t) = -I_M$$

$$\omega(t) = \omega_2 - K_M I_M (t - t_5)$$

$$\alpha(t) = \alpha_5 + \omega_2 (t - t_5) - \frac{1}{2}K_M I_M (t - t_5)^2$$

$$\omega_1 = \omega_2 - K_M I_M (t_6 - t_5)$$

$$\alpha_6 = \alpha_5 + \omega_2(t_6 - t_5) - \frac{1}{2}K_M I_M(t_6 - t_5)^2$$

$$t_6 - t_5 = t_2 - t_1$$

（7）制动终了阶段　$t_6 \leqslant t \leqslant T$

$$I_D(t) = -I_M + K(t - t_6)$$

$$\omega(t) = \omega_1 - K_M I_M(t - t_6) + \frac{1}{2}K_M K(t - t_6)^2$$

$$\alpha(t) = \alpha_6 + \omega_1(t - t_6) - \frac{1}{2}K_M I_M(t - t_6)^2 + \frac{1}{6}K_M K(t - t_6)^3$$

$$\omega_1 = \frac{K_M}{2K}I_M^2$$

$$t_6 = \frac{KT - I_M}{K}$$

$$\alpha_6 = \alpha_T - \frac{1}{6}\frac{K_M I_M^2}{K^2}$$

　　综合以上各段的最优控制规律的表达式中均含有中间变量，如 ω_1、ω_2、α_1、α_2、α_3、α_4、α_5、α_6 以及 t_1、t_2、t_3、t_4、t_5、t_6 均应由原始已知参量 K_M、K、I_M、ω_m、α_T、T 表示，则各段最优控制规律均可求出，然后编写计算机程序储存在计算机中，实现设定值的最优控制。

10.3　能耗最小最优控制规律

　　在满足工艺条件下，使消耗的能量最小，这是电力传动系统运行的主要目标之一，也即各类生产机械在固定的机电设备条件下，从转速为零的状态起动，经过角行程 α_T 和周期时间 T，运行到停止，选用什么样的控制规律能使所消耗的能量为最小。

10.3.1　电枢电流和转速均不受限时的能耗最小最优控制规律

　　经控制理论计算所得能耗最小的控制规律如图 11.5-56 所示。由图可见，系统起动以较大电流 $+I_0$ 起动，经过 $T/2$ 后系统进入制动，到 T 时刻停止。

　　控制规律数学模型为

$$I_D(t) = \frac{6\alpha_T}{K_M T^3}(T - 2t) + I_j$$

$$\omega(t) = \frac{6\alpha_T}{T^3}(T - t)t$$

$$\alpha(t) = \frac{6\alpha_T}{T^3}\left(\frac{T}{2} - \frac{t}{3}\right)t^2$$

$$-I_0 = \frac{6\alpha_T}{K_M T^3} + I_j$$

$$-I_0 = -\frac{6\alpha_T}{K_M T^2} + I_j$$

$$\omega_m = \frac{3\alpha_T}{2T}$$

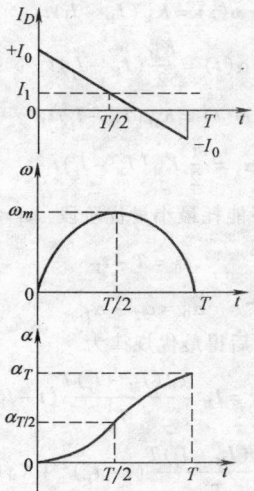

图 11.5-56　能耗最小最优控制规律

　　给定系统原始参量 α_T、T、I_j、K_M 依上述表示即完全求出最优控制规律，编出程序储存在计算机中，即可实现最优控制。

10.3.2　电枢电流单独受限时的能耗最小最优控制规律

　　如果周期时间 T 不变，增大角行程 α_T 时，势必增加动态电流，当正向电流达到允许最大电流 I_M 时，不能超过 I_M，而受限于 I_M，此时角速度仍不受限，这时的最优控制规律如图 11.5-57 所示。如图所示，分为两个阶段，第一阶段，电流受限；第二阶段，能耗最小最优控制规律。

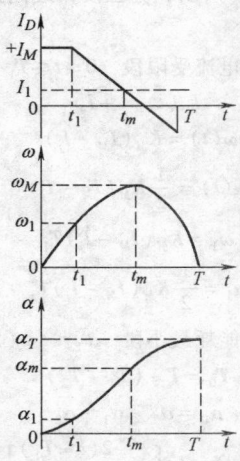

图 11.5-57　正向电流受限能耗最小控制规律

　　经控制理论计算得：
　　（1）电流受限阶段　$0 \leqslant t \leqslant t_1$

$$I_D(t) = +I_M$$

$$\omega(t) = K_M(I_M - I_j)t$$

$$\alpha(t) = \frac{K_M}{2}(I_M - I_j)t^2$$

$$\omega(t) = K_M(I_M - I_j)t_1$$

$$\alpha_1 = \frac{1}{2}K_M(I_M - I_j)t_1^2$$

（2）不受限能耗最小最优阶段　$t_1 \leqslant t \leqslant T$

$$T_0 = T - t_1$$

$$\alpha_0 = \alpha_T - \alpha_1$$

经过演算最后得最优规律为

$$I_D(t) = I_M - \frac{2(I_M - I_j)T}{T_0^2}(t - t_1)$$

$$\omega(t) = -\frac{K_M(I_M - I_j)T}{T_0^2}(t - t_1)^2 + K_M(I_M - I_j)t$$

$$\alpha(t) = -\frac{K_M(I_M - I_j)T}{3T_0^2}(t - t_1)^3 + \frac{K_M}{2}(I_M - I_j)t^2$$

$$t_1 = \frac{3\alpha_T}{K_M T(I_M - I_j)} - \frac{T}{2}$$

$$\omega_m = K_M(I_M - I_j)\left(\frac{T_0^2}{4T} + t_1\right)$$

$$t_m = \frac{T_0^2}{2T} + t_1$$

用原始参数 K_M、T、α_T、I_M、I_j 求 t_1、T_0，然后可求最优控制规律。

10.3.3　正、反向电流均受限而速度不受限时的能耗最小最优控制规律

如图 11.5-58 所示，分三段，最优控制曲线表达式如下：

（1）第一段电流受限段　$0 \leqslant t \leqslant T_1$

$$I_D(t) = +I_M$$

$$\omega(t) = K_M(I_M - I_j)t$$

$$\alpha(t) = \frac{1}{2}K_M(I_M - I_j)$$

$$\omega_1 = K_M(I_M - I_j)T_1$$

$$\alpha_1 = \frac{1}{2}K_M(I_M - I_j)T_1^2$$

（2）第二段能耗最小段　$T_1 \leqslant t \leqslant (T - T_2)$

$$T_0 = T - (T_1 + T_2)$$

$$\alpha_0 = \alpha_T - \alpha_1 - \alpha_2$$

$$I_D(t) = I_M\left[1 - \frac{2(t - T_1)}{T_0}\right]$$

$$\omega(t) = -\frac{K_M I_M}{T_0}(t - T_1)^2 + K_M(I_M - I_j)t$$

$$\alpha(t) = -\frac{K_M I_M}{3T_0}(t - T_1)^3 + \frac{K_M}{2}(I_M - I_j)t^2$$

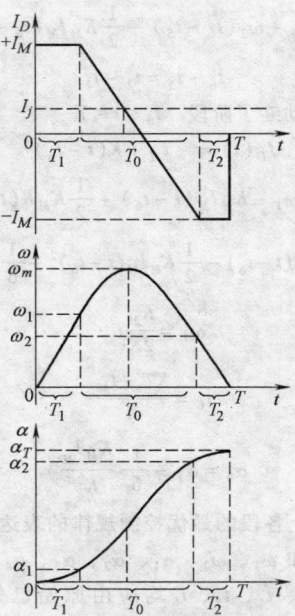

图 11.5-58　电流双向受限最优控制规律

（3）第三段反向电流受限制动段　$(T - T_2) \leqslant t \leqslant T$

$$I_D(t) = -I_M$$

$$\omega(t) = K_M(I_M + I_j)(T - t)$$

$$\alpha(t) = \alpha_T - \frac{K_M}{2}(K_M + I_j)(T - t)^2$$

$$T_1 = \frac{T}{2}\left(1 - \frac{I_j}{I_M}\right) - \sqrt{\frac{3}{4}T^2 - \frac{3}{4}\left(\frac{I_j}{I_M}\right)^2 T^2 - \frac{3\alpha_T}{K_M I_M}}$$

$$T_2 = \frac{T}{2}\left(1 + \frac{I_j}{I_M}\right) - \sqrt{\frac{3}{4}T^2 - \frac{3}{4}\left(\frac{I_j}{I_M}\right)^2 T^2 - \frac{3\alpha_T}{K_M I_M}}$$

已知基本变量 T、I_M、I_j、K_M、α_T 即可求中间变量，从而求出各段的最优控制规律表达式，编写控制程序存于计算机中，用于计算机设定值控制。

10.3.4　速度单独受限时的能耗最小最优控制规律

实际工程中，如果给定角行程很大，周期时间也很长，起动转速上升到 ω_m 时，转速受限于 ω_m，稳速工作，其控制规律如图 11.5-59 所示，其最优规律表达式如下：

$$T_0 = \frac{3}{\omega_m}(\omega_m T - \alpha_T)$$

$$\alpha_0 = 2(\omega_m T - \alpha_T)$$

（1）起动段　$0 < t < \frac{T_0}{2}$

$$I_D(t) = \frac{6\alpha_0}{K_M T_0^3}(T_0 - 2t) + I_j$$

$$\omega(t) = \frac{6\alpha_0}{T_0^3}(T_0 - t)t$$

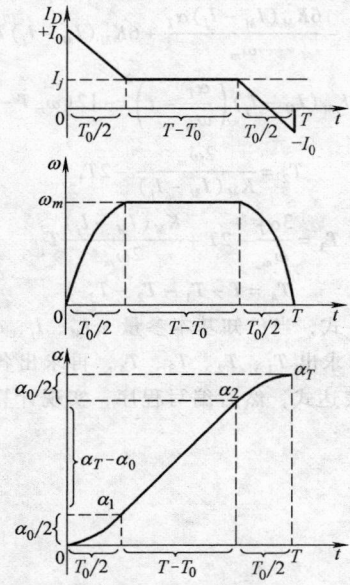

图 11.5-59　速度单独受限时能耗最小控制规律

$$\alpha(t) = \frac{6\alpha_0}{T_0^3}\left(\frac{T_0}{2} - \frac{t}{3}\right)t^2$$

（2）稳速段　$\dfrac{T_0}{2} \leqslant t \leqslant \left(T - \dfrac{T_0}{2}\right)$

$$I_D(t) = I_j$$

$$\omega(t) = \omega_m$$

$$\alpha(t) = \omega_m\left(t - \frac{T_0}{2}\right) + \frac{\alpha_0}{2}$$

（3）制动段　$\left(T - \dfrac{T_0}{2}\right) \leqslant t \leqslant T$

$$I_D(t) = I_j - \frac{12\alpha_0}{K_M T_0^3}\left[t - \left(T - \frac{T_0}{2}\right)\right]$$

$$\omega(t) = \omega_m - \frac{6\alpha_0}{T_0^3}\left[t - \left(T - \frac{T_0}{2}\right)\right]^2$$

$$\alpha(t) = \alpha_2 + \omega_m\left[t - \left(T - \frac{T_0}{2}\right)\right] - \frac{2\alpha_0}{T_0^3}\left[t - \left(T - \frac{T_0}{2}\right)\right]^3$$

$$\alpha_2 = \frac{\alpha_0}{2} + \omega_m(T - T_0)$$

已知基本参量 T、α_T、K_M、I_j、ω_m 求出中间变量 T_0、α_0、α_2 即可将最优规律表达式全部求出，然后编程序存入计算机中，进行计算机控制。

10.3.5　正向电流及角速度受限时的能耗最小最优控制规律

当实际工程中 α_T 较长，T 也较长，且载荷 I_j 相对较大时会出现这种控制规律。经控制理论计算得到，其结果如图 11.5-60 所示。由图可见，它分四段，每段的最优控制规律数学模型如下：

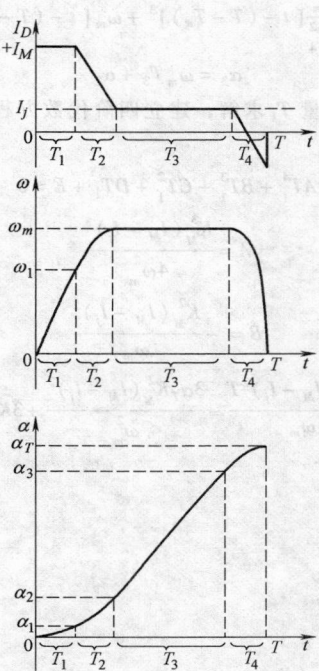

图 11.5-60　电流、转速同时受限最优控制规律

（1）电流受限起动初始段　$0 \leqslant t \leqslant T_1$

$$I_D(t) = +I_M$$

$$\omega(t) = K_M(I_M - I_j)t$$

$$\alpha(t) = \frac{1}{2}K_M(I_M - I_j)t^2$$

（2）起动末了段　$T_1 \leqslant t \leqslant (T_1 + T_2)$

$$I_D(t) = I_M - \frac{I_M - I_j}{T_2}(t - T_1)$$

$$\omega(t) = \frac{K_M}{2}(I_M - I_j)\left[2t - \frac{(t - T_1)^2}{T_2}\right]$$

$$\alpha(t) = \frac{K_M}{2}(I_M - I_j)\left[t^2 - \frac{(t - T_1)^3}{3T_2}\right]$$

（3）稳速段　$(T_1 + T_2) \leqslant t \leqslant (T_1 + T_2 + T_3)$

$$I_D(t) = I_j$$

$$\omega(t) = \omega_m$$

$$\alpha(t) = \alpha_2 + \omega_m\left[t - (T_1 + T_2)\right]$$

$$\alpha_2 = \frac{K_M}{2}(I_M - I_j)\left[(T_1 - T_2)^2 - \frac{1}{3}T_2^2\right]$$

（4）制动段　$(T_1 + T_2 + T_3) \leqslant t \leqslant T$

$$I_D(t) = I_j - \frac{2\omega_m}{K_M T_4^2}\left[t - (T - T_4)\right]$$

$$\omega(t) = \omega_m - \frac{\omega_m}{T_4^2}\left[t - (T - T_4)\right]^2$$

$$\alpha(t) = -\frac{\omega_m}{3T_4^2}[t - (T - T_4)]^3 + \omega_m[t - (T - T_4)] + \alpha_3$$

$$\alpha_3 = \omega_m T_3 + \alpha_2$$

中间变量 T_1 求解，建立四阶代数方程，用牛顿数值法求 T_1

$$AT_1^4 + BT_1^3 + CT_1^2 + DT_1 + E = 0$$

$$A = \frac{K_M^3(I_M - I_j)^3}{4\omega_m^2}$$

$$B = -\frac{K_M^2(I_M - I_j)^2}{\omega_m}$$

$$C = -\frac{3K_M^2(I_M - I_j)^2 T}{\omega_m} - \frac{3\alpha_T K_M^2(I_M - I_j)^3}{\omega_m^2} + 3K_M(I_M - I_j)$$

$$D = -\frac{6K_M(I_M - I_j)\alpha_T}{\omega_m} + 6K_M(I_M - I_j)T$$

$$E = +9K_M(I_M - I_j)\left(\frac{\alpha_T}{\omega_m} - T\right)^2 - 12(\omega_m T - \alpha_T)$$

而

$$T_2 = \frac{2\omega_m}{K_M(I_M - I_j)} - 2T_1$$

$$T_3 = \frac{3\alpha_T}{\omega_m} - 2T + \frac{K_M(I_M - I_j)}{2\omega_m}T_1^2$$

$$T_4 = T - T_1 - T_2 - T_3$$

综上各式，当已知基本参量 $+I_M$、I_j、ω_m、α_T、K_M、T 后，求出 T_1、T_2、T_3、T_4，再求出各阶段的控制规律表达式，然后编写程序，实现计算机在线控制。

第6章 交流调速传动系统

1 交流电气传动闭环控制分类及特点

交流调速系统可分为同步电动机调速系统和异步电动机调速系统。同步电动机的调速靠改变供电电压的频率来改变其同步转速；对异步电动机而言，调速的方法很多，但利用晶闸管控制技术的调速方法主要有控制加于电动机定子绕组的电压—调压调速、控制附加在转子回路的电动势—串级调速、控制定子的供电电压与频率—变频调速、无换向器电动机调速系统和电磁转差离合器调速系统等几种方法。

现代交流调速系统通常由交流电动机、电力电子功率变换器、控制器和电量检测器四大部分组成。将电力电子功率变换器与控制器及电量检测器集于一体称为变频器。

1.1 串级调速

线绕转子异步电动机转子串联电阻调速时，转差功率全部损耗在转子电路的电阻上。电动机的转速越低，转差功率就越大。利用串级调速的方法就可有效回收利用转差功率，串级调速实质上在绕线转子异步电动机转子电路中，串联外加电动势调速。在引入外加电动势后，转子电流将减小，电磁转矩将小于负载转矩，电动机减速，经历一个短暂的过渡过程后，电动机将在较大的转差率 s_2 下稳定运行，而且外加电动势越大，转差率 s_2 就越大，转速就越低。改变与转子电动势相反的外加电动势的大小，就能够在基速以下调节转速，这种情况称为低同步串级调速。

当绕线转子异步电动机在固有特性上运行时，如果在转子电路中引入与转子电动势同相位的外加电动势，则转子电流增大，电磁转矩将大于负载转矩，电动机加速至一个更小的转差率 s_2 下稳定运行。如果外加电动势越大，转速就越高。调节外加电动势的大小，就可以在同步转速以上调节转速，这种情况称为超同步串级调速。

综上所述，串级调速可分为以下四类：

（1）谢尔比奥斯方式　这种串级调速方式是最原始的，由谢尔比奥斯提出，其控制系统结构如图11.6-1所示。其主异步电动机 MA 的转子电流经整流器变为直流，给直流电动机 M 供电，带动交流发电机 G 发电；同时将转差功率回馈，调节直流电动机

M 的励磁电流，进而调节主异步电动机 MA 的转速。

这种方式利用了机组回馈转差能量，因为机组效率较低，设备笨重，维修量较大，目前用得较少。这种调速特性属于恒转矩调速特性。

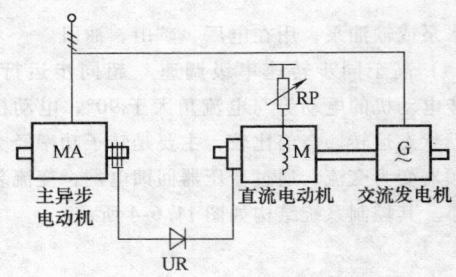

图11.6-1　谢尔比奥斯方式控制系统结构图

（2）克莱玛方式　这种串级调速方式也是早期属于机组调速的一种，其控制系统结构如图11.6-2所示。它是将转子电流经整流后供给直流电动机 M，经电动机 M 的转轴给主异步电动机 MA 施加转矩来调速，且实现转差能量的回馈。这种方式是通过调节 M 的励磁电流来调节主异步电动机的转速。

这种方式也是机组结构体积大，设备笨重，维修工作量较大，目前应用也较少。这种调速特性属于恒功率调速特性。

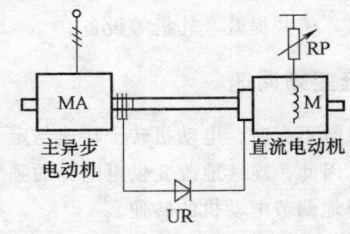

图11.6-2　克莱玛方式控制系统结构图

（3）低于同步转速串级调速　它的工作原理是将转子电流经整流后，再逆变为与电源同频的交流，再经变压器返回电源，也是将转子的转差功率回馈电源的方式，调节有源逆变器晶闸管触发电路即可进行调速。其控制系统结构如图11.6-3所示。

由于没有机组，效率高，维修量小，这种方式是目前应用较普遍的一种方式，只是被调电动机转速不能超过同步转速。主要用在大中容量电动机，适于风

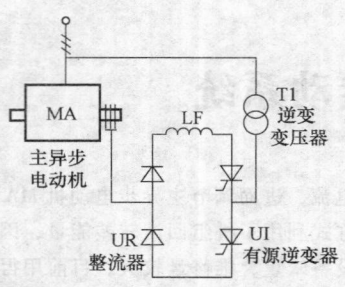

图 11.6-3　低于同步转速串级调速控制系统结构图

机、水泵或输油泵，用在电厂、矿山、油田。

（4）高于同步转速串级调速　超同步运行时，主异步电动机的电动势与电流角大于 90°，电动机处于制动状态运转。与前比较，主要是转子功率经交—交变频器变为交流，通过变压器回馈电网，变流装置体积小。其控制系统结构如图 11.6-4 所示。

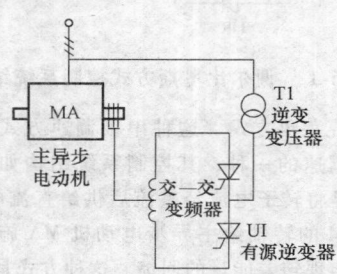

图 11.6-4　高于同步转速串级调速控制系统结构图

这种方式的特点是电动机可以在同步转速以上调速，可以再生制动，快速性能好，系统装置容量小，效率较高，功率因数好，对电网谐波影响小，主要用于泵、风机、矿井提升、轧机等设备。

1.2　交流变频调速

当极对数不变时，电动机转子转速与定子电源频率成正比，因此，连续地改变供电电源的频率，就可以连续平滑地调节电动机的转速。

变频调速是以变频器向交流电动机供电，并构成开环或闭环系统。变频器是把固定电压、固定频率的交流电变换为可调电压、可调频率的交流电的变换器，是异步电动机变频调速的控制装置。从变频器主电路的结构上看，可分为交—直—交变频器和交—交变频器；从变频电源的性质来看，可分为电压型变频器和电流型变频器；交—直—交变频器根据 VVVF 调制技术的不同，可分 PAM 和 PWM 两种。因此相应的交流变频调速系统可分为下列几种：

（1）电压型变频调速　在电压型交—直—交变频调速系统中，进线交流电压经整流后，再经电感、电容滤波具有恒压特性，再经逆变后获得方波电压，供给电动机以可调电压与频率成比例的电源。其系统结构如图 11.6-5 所示。

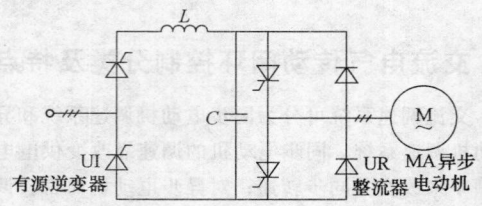

图 11.6-5　电压型交—直—交变频调速系统结构图

电压型变频器一般做单方向供电，电动机不反向，不能实现再生制动。一般用在不要求快速调节及多台电动机协调运转的普通异步电动机。

（2）电流型变频调速　在电流型交—直—交变频调速系统中，它的交流进线电压经整流后只有电抗滤波，具有恒流源特性，也供给异步电动机方波电压，可调频率变速。其系统结构如图 11.6-6 所示。

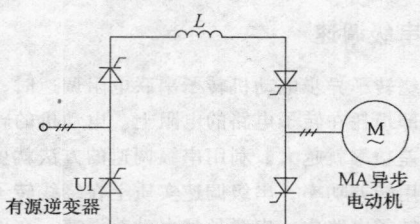

图 11.6-6　电流型交—直—交变频调速系统结构图

电流型变频器可以四象限运行，因此可用于快速逆转的调速系统，如可逆式轧机以及矿井提升机等设备，当然也适于风机、水泵等调速系统。

（3）脉宽调制变频调速　在 PWM 变频调速系统中，整流器是二极管，逆变器用 SCR、GTR 或 GTO 器件，它的输出是脉宽可调的方波脉冲，改变脉宽或脉冲多少即可实现调速。其系统结构图如图 11.6-7 所示。

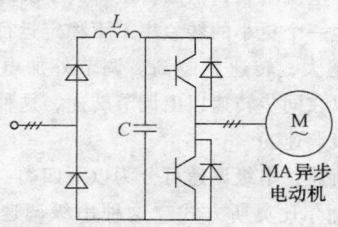

图 11.6-7　PWM 变频调速系统结构图

这种电源变频器具有谐波分量少、调速范围宽的特点，另外系统具有效率高、响应快、电源侧功率因数好、所需元器件少和换向频率低等特点。

（4）交—交变频调速　交—交变频调速电源由交流电源控制，输出不同频率的交流电供给异步电动机进行调速的一种方法。其系统结构图如图11.6-8所示。

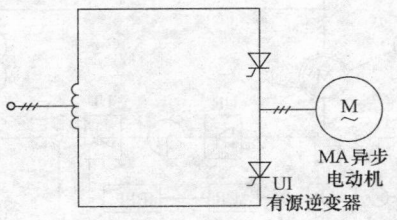

图11.6-8　交—交变频调速系统结构图

这种调速频率仅为电源频率的1/2至1/3，因此这种系统不能高速运转，但交—交变频效率高，输出波形较好。主要应用在中低速的电力设备，特别是中大容量的风机、泵类的调速系统。

1.3　无换向器电动机调速

无换向器电动机的构造和交流同步电动机相同，没有换向器。但工作原理和特性与直流电动机相似，直流电动机的电刷和换向器相当于它的位置检测器和晶闸管逆变器，因此称为无换向器电动机。其控制特性本质上与直流电动机相同。其系统结构图如图11.6-9所示。

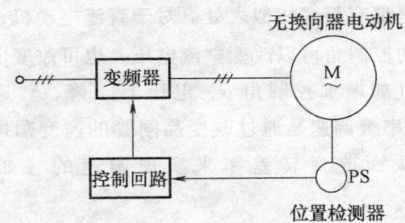

图11.6-9　无换向器电动机调速系统结构图

无换向器电动机兼有直流电动机的控制性能和同步电动机易于维护的优点，被用于风机、泵等调速装置，作为无齿轮传动而用于矿井卷扬机、轧钢机等调速装置，又因无换向火花而具有防爆性能好，又适于用在化工、水泥、纺织、煤矿等易爆环境。

2　晶闸管串级调速控制系统

2.1　晶闸管串级调速主电路方案及选择

2.1.1　转速低于同步转速的主电路

常用的晶闸管串级调速主电路，大致可分为下列

三种类型。图 11.6-10 所示为三相桥式电路。图 11.6-11 所示为三相零式电路。这类电路的特点是比较简单，但整流波形脉动较大，谐波分量较严重，适用于中、小容量的电气传动装置。

图 11.6-12 所示为十二相桥式电路，电路较复杂，但谐波分量较小，整流脉动率小，功率因数较高，适用于大、中容量的通风机、水泵或液压泵设备。

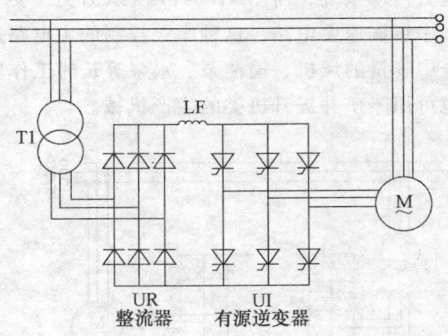

图11.6-10　三相桥式电路

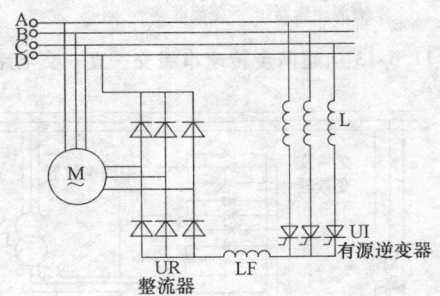

图11.6-11　三相零式电路

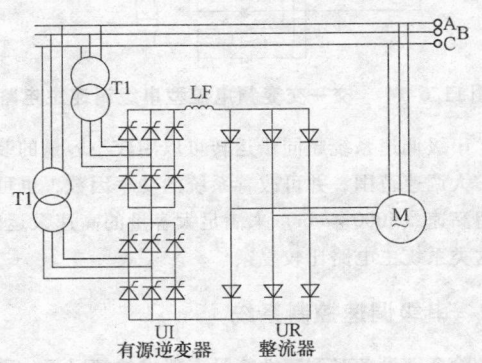

图11.6-12　十二相桥式电路

2.1.2　转速超同步转速的主电路

转速低于同步转速的电路将异步电动机转子输出的转差功率，经有源逆变电路转换为电网频率的交流

电动率输向电网，不仅可以调节转速还节约了大量能量，所以广泛应用在大功率的风机、水泵设备中。如果想超同步转速运行或工作在发电制动状态，由于转子的整流电路是二极管整流电路，不能逆变，所以转速超同步运转必将转子整流电路的二极管换为晶闸管整流电路，这样转差能量才可以从电网输向异步电动机转子电路，如图 11.6-13 所示的超同步转速串级交—直—交串联二极管的换相电路，这种电路适于中、小容量电力传动系统，而图 11.6-14 所示为交—交变频电流型串级调速主电路，这种串级控制的主电路适用于大、中容量的风机、输油泵、水泵等长时工作电动机，也可用于矿井提升机类的生产机械。

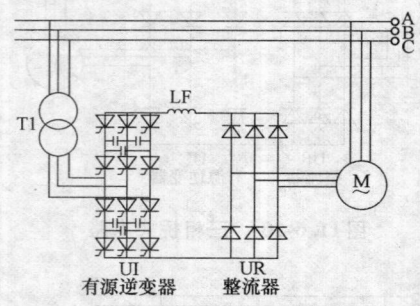

图 11.6-13　超同步转速串级交—直—交电路

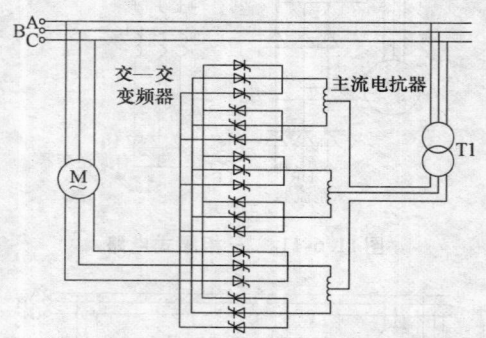

图 11.6-14　交—交变频电流型串级调速主电路

串级调速系统超同步运转可以用较小容量的装置来扩大调速范围，并可改善系统的功率因数，也可以以超高速（5000r/min）来满足大容量的高速泵运转，但这类系统主电路比较复杂。

2.2　串级调速控制系统

除个别设备对调速性能没有要求的情况下，采用开环控制，一般情况均采用带有电流和转速反馈的双闭环控制系统。串级调速双环控制系统的框图，如图 11.6-15 所示。图中所用的控制单元均可采用直流控制系统中所用单元，其控制原理基本与直流控制系统

相当。

除电流、速度反馈的双环控制外，对水泵类生产机械也可以采用相应的参量反馈控制，如压力或流量的反馈控制，这称为参量控制系统。

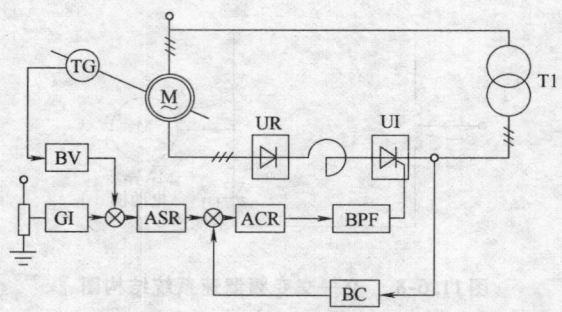

图 11.6-15　低同步串级调速系统双环控制框图
GI—给定积分器　　ASR—速度调节器　　ACR—电流调节器
BPF—触发器　　BC—电流变换器　　BV—速度
变换器　　TG—测速发电机

由于采用串级调速的电动机具有他励直流电动机的较硬的机械特性，因此，在调速精度要求不高的场合，可以直接采用开环控制。如果想要得到高精度的调速，则应采用带速度负反馈的自动调速系统。其典型结构与 VS—M 自动调速系统相似，它也包括电流调节器、速度调节器及电流和速度反馈环节。异步电动机的晶闸管串级调速与直流电动机晶闸管直流调速相比，无论从机械特性上或者从动态特性以及调速系统组成上都有很多相似之处。对于直流电动机，改变晶闸管的控制角可以改变整流电压，也可改变电动机的转速（如增加控制角 α，电压 U 下降，转速 n 降低），而串级调速是通过改变晶闸管的逆变角即逆变电压，从而改变转差率来实现调速的（如逆变角增加）。

晶闸管串级调速具有调速范围宽、效率高（因转差功率可反馈电网）、便于向大容量发展等优点，是很有发展前途的线绕转子异步电动机的调速方法。它的应用范围很广，适用于通风机负载，也适用于恒转矩负载。其缺点是功率因数较差，采用直流斩波器、电容补偿等措施可使功率因数有所提高。串级调速系统的另一缺陷是调速装置的容量随着调速范围的扩大一同增大。由于 $P_s = SP_{em} \approx SP_1$，调速范围 D 越大，转速 n 越低，转差率 S 越大，转差功率 P_s 就越大。当 $D = 2$，即最大转差率为 0.5 时，P_s 回馈装置的容量至少应为 $0.5P_N$，此处 P_N 为电动机的额定容量；当要求 $D = 10$，最大转差率为 0.9 时，P_s 回馈装置的容量应不小于 $0.9P_N$。基于此，串级调速系统调

速范围的推荐值为 $D = 2 \sim 3$。

2.3 设计串级调速系统应注意的问题

2.3.1 串级调速系统的功率因数

由于电动机定子电流有高次谐波分量，比正常接线时功率因数低。在额定转矩负载条件下工作时，串级调速的转子电流较正常情况增加 10% 左右，串级调速的转子电流较正常情况增加 10% 左右，串级调速装置总的功率因数很低，特别是在低速运行时，功率因数更低，因此电流很大，特别是远离变电所的电路，应注意电压损失和电路导线容量。要改善串级调速功率因数，可装设电容器补偿。

异步电动机的功率因数为 0.8 ~ 0.9，而串级调速系统若不采取措施，其总的功率因数会很低，即使高速满载时也只有 0.6 左右，低速时总功率因数更低，这是晶闸管串级调速的主要缺点。

造成晶闸管串级调速系统总功率因数低的主要原因可归纳为以下两个方面：

其一，由于逆变变压器和异步电动机在工作时都要从电网吸收无功功率，故串级调速系统比自然接线下异步电动机从电网吸收的无功功率多得多，且串级调速系统把转差功率的大部分又回馈给电网，使系统从电网吸收的有功功率并不多（特别是低速运行时，情况更严重），这是造成串级调速系统总功率因数降低的主要原因。

其二，由于串级调速系统接入转子整流器，不仅出现换相重叠现象，造成转子电流滞后转子电压 $\gamma/2$ 角度（γ 为换向重叠角），而且使转子电流发生畸变，这些因素将使异步电动机本身的利用系数和功率因数都降低，这是造成串级调速系统总功率因数降低的另一个原因。

改善串级调速系统总功率因数的方法主要有两大类，一类是利用电力电容器补偿，另一类是改变串级调速系统的结构，即利用高功率因数的串级调速系统。

利用电力电容器改善功率因数方便易行，所以应用较广。这种方法的原理是：利用电容器产生相位超前的电流，以补偿串级调速装置中电流相位过大的滞后。电容器的接入方式有三种：第一种是接在进线电网处；第二种是接在逆变变压器的原边；第三种是接在逆变变压器的副边。

2.3.2 串级调速装置的效率

由于串级调速系统的电动机在调速时，其转差功率可以回馈到电网，故其效率高，在高速满负载下运行时，可高达 90% 左右，这是串级调速系统的主要优点。

2.3.3 串级调速系统的起动方式

串级调速系统是依靠逆变器提供附加电动势而工作的，为了使系统工作正常，对系统的起动和停车控制必须有合理的措施予以保证。总的原则是再起动时必须使逆变器先于电动机接上电网，停机时则比电动机后脱离电网，以防止逆变器交流侧断电，而使晶闸管无法关断，造成逆变器的短路事故。

串级调速系统的起动方式分为直接起动及串电阻或频敏电阻器起动方式两种。

（1）直接起动方式 直接起动是利用串级调速控制装置本身来直接起动电动机，而不用任何附加起动设备的起动方式。起动时，要先将晶闸管逆变器的逆变角 β 置于 β_{min}，再逐渐增大 β 值，使逆变电压逐渐减小，电动机平稳加速，直到所需的转速。这种起动方式主要用于要求调速范围很大的生产机械，或者生产机械对起（制）动的加（减）速度有一定要求的场合。

由于转子回路的主要设备如整流器、逆变器、逆变变压器的容量，亦即串级调速装置的容量都是按要求的调速范围确定的，对于调速范围较小的系统，不应该单纯为了直接起动而选择大容量的串级调速装置，而应该采用间接起动方式。

（2）串起动电阻或频敏变阻器起动方式 这种方式，从零速开始利用所串电阻或频敏变阻器起动，此时串调断开，当达到设计所接入串调装置的转速时，断开电阻或频敏变阻器，马上接通串调，这时逆变器的电压最大，同时转子转速逐渐减小达到所需转速值并起动。这种起动方式适于风机、水泵类负载，不经常起动、调速范围又不大的设备。这种起动方式虽然增加了电阻或频敏变阻器，但串调系统的容量可以减小。

应注意，串调系统起动或停车时，必须严格遵守操作合闸或跳闸的顺序进行，否则将会引起故障。

2.3.4 系统保护

晶闸管元件有许多优点，但与其他电气设备相比，过载能力很差，往往由于短时的过电压或过电流，都会导致元件的永久损坏，使设备不能正常运行。因此，为了使调速装置能长期可靠的工作，除对元件正确计算和合理选择外，还必须针对元器件的工作条件配置必需的保护装置。

1. 过电流保护

过电流是晶闸管电路经常发生的故障，是造成元件损坏的主要原因之一，因此，过电流保护应当首先考虑。由于晶闸管承受过电流能力比一般电气元件差得多，故必须在极短的时间内把电源断开或把电流值降下来。造成晶闸管过电流的主要因素有：电网电压波动太大，电动机轴上负载超过允许值，电路中管子误导通以及管子击穿短路。通常选用的过电流保护方案有：

（1）快速熔断器保护　快速熔断器是最简单有效的过电流保护器件，也是应用最普遍的保护器件。它与普通熔断器相比，熔断时间小于 20ms，具有快速熔断的特性。当电路一旦出现短路故障，能保证在装置损坏之前，快速切断短路电流，可以采用与晶闸管和整流元件串联快速熔断器的方法，实现对元器件和系统的过电流保护。

（2）电子电路控制的过电流保护　电子电路控制的过电流保护电路形式很多，图 11.6-16 所示电路能够在过电流时实现对触发脉冲移相控制，使 $\beta = \beta_{\min}$，降低直流回路总电压，减小直流值。另外，也可以切断主回路电源，达到保护的目的。

（3）交流侧保护　为了使系统的保护特性协调，满足串联运行的起动操作顺序和停车操作顺序，在逆变变压器及电动机电源侧均采用 DW 型自动开关实现电路保护。

（4）直流快速断路器保护　为了防止交流装置逆变失败及直流侧短路，实现过载保护，采用快速断路器接在被保护的直流电路内（如图 11.6-16 所示），快速开关动作时间 2～3ms，分断时间不超过 30ms。

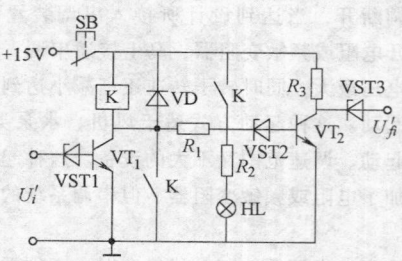

图 11.6-16　电子电路控制过电流保护电路

2. 过电压保护

晶闸管对过电压很敏感。过电压产生的原因有很多，主要是因供给的电功率或系统的储能器件发生了激烈的变化，使得系统能量来不及转换，或者是系统中原来集聚的电磁能量不能及时消散而造成的。主要表现为两种：一是操作过电压，由开关的开闭引起的冲击电压；另一种是浪涌过电压，由雷击或其他外来冲击与干扰引起的。

针对形成过电压的不同原因，可以采取不同的抑制方法，使出现过电压时真正加到晶闸管两端的电压被限制在安全范围之内。设计中采用的过电压保护方案有：

（1）交流侧过电压保护　交流侧过电压保护措施如图 11.6-17 所示。

（2）阻容吸收保护　阻容吸收保护通常采用在变压器一、二次侧并接电阻 R 和电容 C 构成串联支路的方式。变压器一次侧阻容吸收装置参数计算：

逆变变压器采用 △/Y 接法。变压器每相伏安数为

$$S_\phi = \frac{S}{3}$$

阻容保护采用 △ 接法，则电容值 C_1 为

$$C_1 = \frac{1}{3} \times 6 \times I_{em} \frac{S_\phi}{U_{1\phi}^2} (\mu F)$$

式中　I_{em}——变压器励磁电流百分比，对于 10～100kVA 的变压器，一般为 4%～10%。

电容的耐压值 $U_{C1} \geqslant 1.5 U_{C1m}$

电阻 R_1 按下式计算：

$$R_1 = 3 \times 2.3 \times \frac{U_{1\phi}^2}{S_\phi} \sqrt{\frac{U_k\%}{I_{em}}}$$

式中　$U_k\%$——变压器的短路比，对于 10～100kVA 的变压器，一般为 5%～10%。

通过电阻的电流 I_{R1} 为

$$I_{R1} = 2\pi f C U_C^2 \times 10^{-6}$$

式中　U_C——阻容元件两端正常工作时交流电压峰值。

（3）压敏电阻保护　压敏电阻是过压保护浪涌抑制保护的器件，是一种以氧化锌为主要成分的金属氧化物半导体非线性的限压型电阻。压敏电阻器是一种具有瞬态电压抑制功能的元件，可以用来代替瞬态抑制二极管、齐纳二极管和电容器的组合。

（4）直流侧过电压保护　直流侧过电压保护可以用阻容或压敏电阻进行保护，但采用阻容保护容易影响到系统的快速性，并造成 dI/dt 加大。因此，一般只用压敏电阻做过压保护。

（5）变流器件换相侧过电压保护　为了抑制变流器件（晶闸管和整流二极管）的关断过电压，采用在变流器件两端并联阻容保护电路的方法（如图 11.6-17 所示）。根据计算已知变流器件的额定电流 I_{TN}，查手册得阻容保护的元件参数 C、R。

电容的耐压值 $\geqslant (1.1～1.5) U_{Tm}$

式中　U_{Tm}——晶闸管两端工作电压峰值。

电阻功率 P_R 为

$$P_R = f C U_{Tm}^2 \times 10^{-6}$$

式中　f——电源频率（Hz）。

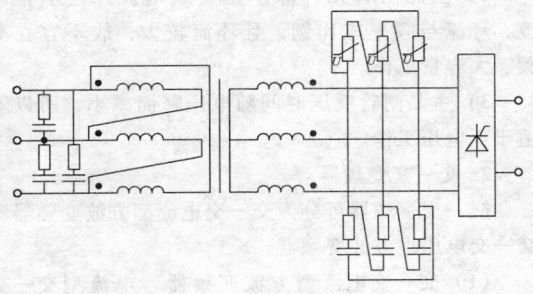

图11.6-17 交流侧过电压保护

2.3.5 逆变变压器

逆变变压器为常用标准电力变压器,通常选用 Ｙ/△ 接线方式。逆变变压器的作用有以下几个方面:

1) 使电网电压与最低转速时转子电压相适应。
2) 把转子回路与交流电网隔离开。
3) 限制短路电流。
4) 抑制晶闸管的电流上升率。
5) 减少对电网的干扰。

如果串调装置容量比电源容量小很多,而且电动机处于最低转速时,转子电压与电网电压接近,这时也可以不用逆变变压器。

对于不同的异步电动机转子额定电压和不同的调速范围,要求有不同的逆变变压器二次侧电压;同时为使有源变压器与电网隔离、减少逆变器对电网波形畸变的影响,一般需配置逆变变压器。

(1) 逆变变压器原副边接线方式 在三相桥式有源逆变器中,由于晶闸管的非线性开关作用,在变压器副边电路中,将产生高次谐波电流,而且由于变压器原副边绕组的耦合紧密,变压器原边电流中也有丰富的高次谐波存在,以致使供电网电压发生畸变。当串级调速系统的容量很大时,可能使网压波形严重畸变,从而影响其他用户的正常用电。所以,为减少电流中的高次谐波成分,应合理选择逆变变压器的接线方式,一般应尽量选用 △/Ｙ 或 Ｙ/△,而不采用 Ｙ/Ｙ 或 △/△。

(2) 逆变变压器二次电压的计算 逆变变压器的二次电压,可以根据使最低转速下转子最大整流电动势与逆变器最大逆变电动势相等的原则来确定。调速系统最低转速对应的最大转差率 s_{max} 为

$$s_{max} = \frac{n_0 - n_{min}}{n_0} \approx 1 - \frac{1}{D}$$

式中 D——调速范围,$D = \frac{n_{max} - n_N}{n_{min} - n_N} \approx \frac{n_0}{n_{min}}$。

电动机工作在调速系统最大转差时,转子整流器的输出电压也最高,按三相桥式整流接线时,转子最大整流电压为 $U_{dmax} = 2.34 s_{max} E_{2D} = 1.35 s_{max} E_{2N}$。为使串调装置容量尽量小、功率因数尽量高,当电动机工作在调速范围最低速时,逆变器应工作在最小逆变角 β_{min},通常取 $\beta_{min} = 30$。在忽略直流回路电阻及换相过程影响时,变压器二次侧最大线电压为

$$U_2 = \frac{s_{max} E_{2N}}{\cos \beta_{min}} \approx \frac{\left(1 - \frac{1}{D}\right) E_{2N}}{\cos \beta_{min}}$$

选择逆变变压器一次侧电压和电动机定子额定电压同为380V,故实际连线时,应将逆变变压器一次侧及电动机定子接在同一电压等级的电网上。

(3) 逆变变压器容量和参数的计算

1) 逆变变压器容量的计算:

逆变变压器可以按计算要求设计专用变压器,也可以选用参数和计算要求相近的标准变压器,变压器容量可根据下式确定

$$S = \sqrt{3} U_2 I_2 \times 10^{-3} \, (\text{kVA})$$

逆变变压器二次侧电流可由电动机转子额定电流 I_{2N} 确定,其有效值可近似表示为

$$I_{2T} = 1.05 I_{2N}$$

根据逆变变压器的容量选择其型号。

2) 逆变变压器参数的计算:

折算至直流侧的变压器等效电阻 R_T

$$R_T = 0.01 \frac{U_2}{\sqrt{3} I_{2T}}$$

折算至二次侧的变压器漏抗 X_T

$$X_T = 0.05 \frac{U_2}{\sqrt{3} I_{2T}}$$

2.3.6 关于抗干扰问题

逆变器的控制极易受到干扰引起误触发,主要原因:

1) 晶闸管元件换向时产生 $\frac{dI}{dt}$,过大时易产生误触发。

2) 电感线圈(接触器)瞬时断电产生干扰等。

消除干扰的方法:

1) 触发器电源应设屏蔽。

2) 脉冲变压器原副边应有静电屏蔽层。

3) 导线应与大电流电力线分开,保证足够距离。

4) 强电零线应接大地。

注意:抗干扰的措施只是一般常用的办法,实际情况还须依据具体情况灵活处理。

3　交流电气传动系统变频调速

3.1　变频调速系统中变频器的选择

常用变频器分为交—直—交变频器和交—交变频器两大类。此外还有 PWM（脉宽调制型）变频器等。

1. 交—直—交变频器

交—直—交变频器可分为电流型串联二极管式和电压型串联电感式两种。

（1）电流型串联二极管式　电流型变频器用电感滤波，其直流电流脉动率小，电路比较简单，容易实现四象限运行，且设计制作方便。这种变频器广泛使用在电力传动系统，特别适于大中容量电动机、频繁起制动和动态特性要求较高的生产机械。

（2）电压型串联电感式　这种变频器的主要特点：

1）主晶闸管元件承受 $\frac{dU}{dt}$ 值较低。

2）主晶闸管元件除承担负载电流外还承担环流，环流与频率成比例，且环流较大，故不宜在高频、大容量工作。

3）主晶闸管反压时间随电压降而减小，所以不适于低电压工作。

2. 交—交变频器

交—交变频器可分为交—交电流型方波变频器和交—交电压型方波变频器。

（1）交—交电流型方波变频器　电流型交—交变频器主要控制输出电流的幅值和波形，适用于中、大功率的设备。

（2）交—交电压型方波变频器　电压型方波分矩形电压波、锯齿形电压波和正弦电压波，它们的输出电压与控制角度 α 保持正弦关系，从而输出电压为正弦形。

在交—直—交变频器中分电压型变频器和电流型变频器，它们的主要特点见表 11.6-1。而交—直—交变频器与交—交变频器主要特点见表 11.6-2 所示。

表 11. 6-1　电流型变频器与电压型变频器主要特点比较

比较项目	电流型变压器	电压型变压器
直流回路滤波环节	电抗器滤波	电容器滤波
输出电压波型	三相桥式逆变器，电动机负载，近似正弦波	矩形波
输出电流波型	三相桥式逆变器，电动机负载，矩形	有较大谐波分量
输出动态阻抗	大	小
再生制动	方便，不需附加设备	需要附加电源侧反并联逆变器
过电流及短路保护	容易	困难
动态特性	快	较慢，用 PWM 时则快
对晶闸管元件要求	耐压高，对关断时间无严格要求	一般耐压低，关断时间要求短
电路结构	较简单	较复杂
使用范围	单机、多机拖动	多机拖动、变频或稳频电源

表 11. 6-2　交—直—交变频器与交—交变频器主要特点

比较项目	交—交变频器	交—直—交变频器
换能形式	一次换能、效率较高	两次换能，效率较低
换相方式	电源电压换相	强迫换相或负载换相
装置元件数量	元件较多，利用率低	元件较少，利用率高
调频范围	最高频率为电源频率 1/3 ~ 1/2	频率调节范围宽，不受电源频率限制
电网功率因数	较低	移相调压，低频低压时功率因数低，用 PWM 调压，则功率因数高

交流电动机调速控制时，除了应选择合适的变频器类型，使其调速范围、调速精度等主要技术性能指标满足要求外，变频器的容量选择及与使用有关的一些事项的合理运用，也是电动机调速控制装置安全可靠运行的重要前提。

随着电力电子器件的自关断化、复合化、模块化，变流电路开关模式的高频化，控制手段的全数字化，变频装置的灵活性和适应性的不断提高。目前，中小容量（600kVA 以下）、一般用途的变频器已实现了通用化。现代通用变频器大都是采用二极管整流器和全控型开关器件 IGBT 或功率模块 IPM 组成的 PWM 逆变器，构成交—直—交电压源型变压变频器。它们已经占据了全世界 0.5 ~ 500kVA 中、小容量变频调速装置的绝大部分市场。所谓"通用"，包括两方面的含义：一是可以和通用型交流电动机配套使用，而不一定使用专用变频电动机；二是通用变频器具有各种可供选择的功能，能适应许多不同性质的负载机械。此外，通用变频器是相对于专用变频器而言的，专用变频器是专为某些有特殊要求的负载而设计的，如电梯专用变频器。

3.1.1 变频器类型的选择

根据控制功能，又可将通用变频器分为三种类型：普通功能型 U/f 控制变频器、具有转矩控制功能的 U/f 控制变频器和矢量控制变频器。通常根据负载的要求来选择变频器的类型。

1）恒转矩类负载。如挤压机、搅拌机、传送带、起重机、机床进给、压缩机等，均属恒转矩类负载。目前，国内外大多数变频器厂家都提供应用于恒转矩负载的通用变频器。例如：日本富士公司的 G11、安川电机公司的 G5、G7 系列，ABB 的 ACS600 系列等。这类变频器的主要特点是：过电流能力强，控制方式多样化；开环、闭环既有 U/f 控制也有矢量控制和转矩控制，低速性能好，控制参数多。选择了恒转矩负载的变频器后，还要根据调速系统的性能指标要求，选择适当的控制方式。一般有两种情况：一是调速范围要求不大、速度精度要求不高的多电动机传动（如轧机辊道变频调速等），宜采用带有低频补偿的普通功能型变频器，但为了实现恒转矩调速及速度精度高，常用增加电动机和变频器的容量的办法来提高起动和低速时的转矩；二是对要求调速范围宽、速度精度高的设备，采用具有转矩控制功能的高功能型变频器与矢量控制变频器，这对实现恒转矩负载的调速运行比较理想。因为这种变频器起动与低速转矩大，静态机械特性硬度大，能承受冲击性负载，而且具有较好的过载截止特性。

2）风机、泵类负载。它们的阻力转矩与转速的二次方成正比，起动及低速运转时阻力转矩较小，通常可以选择普通功能型 U/f 控制变频器（如安川公司的 P5、西门子公司的 Eco 等），它们与标准电动机的组合使用是十分经济的。但不要用 U/f 为常数的控制方式，而是用二次方递减转矩 U/f 控制模式。值得注意的是，传动这类负载时速度不能提高到工频所对应的速度以上，因为风机、泵的轴功率与速度的二次方（或三次方）成正比，速度提高会使功率急剧增加，可能超过电动机、变频器的容量，导致生产机械过热，甚至不能工作。

3）恒功率负载和对一些动态性能要求较高的生产机械，如轧机、塑料薄膜加工线、机床主轴等，可采用矢量控制型变频器。

3.1.2 变频器容量的选择

1. 变频器容量的表示方法

变频器容量通常以适用电动机容量（kW）表示。

2. 选择变频器容量的基本依据

对于连续恒载运转机械所需的变频器，其容量可用下式近似计算：

$$P_{CN} \geq \frac{kP_N}{\eta\cos\varphi}$$

$$I_{CN} \geq kI_N$$

式中　P_N——负载所要求的电动机的轴输出额定功率（kW）；

η——电动机额定负载时的效率，通常 $\eta = 0.85$；

$\cos\varphi$——电动机额定负载时的功率因数，通常 $\cos\varphi = 0.75$；

I_N——电动机额定电流（有效值）（A）；

k——电流波形的修正系数，PWM 方式时取 $k = 1.05 \sim 1.1$；

P_{CN}——变频器的额定容量（kVA）；

I_{CN}——变频器的额定电流（A）。

3. 选择变频器容量时还需考虑的几个主要问题

（1）同容量不同级数电动机的额定电流不同　不同生产厂家的电动机，有不同系列和不同级数的电动机。即使同一容量等级，其额定电流也不尽相同。

变频器生产厂家给出的数据都是对 4 极电动机而言的。如果选用 8 极电动机或多级电动机传动，不能单纯以电动机容量为准选变频器，要根据电动机额定电流选择变频器容量。同样，采用变极电动机时也要注意：因为变极电动机采用变频器供电，可以在要求更宽的调速范围内使用。变极电动机在变极与变频同时使用时，同容量变极电动机要比标准电动机机座号大、电流大，所以要特别注意应按电动机额定电流选变频器，其容量可能要比标准电动机匹配的容量大几个档次。

（2）多电动机并联运行时要考虑追加电动机的起动电流　用一台变频器使多台电动机并联运转且同时加速起动时，决定变频器容量的是

$$I_{CN} \geq \sum_n KI_N$$

式中　I_{CN}——变频器的额定输出电流（A）；

I_N——电动机的额定输出电流（A）；

K——系数，一般 $K = 1.1$，由于变频器输出电压、电流中所含高次谐波的影响，电动机的效率、功率因数降低，电流增加 10% 左右；

n——并联电动机的台数。

（3）经常出现大过载或过载频度高的负载时变频器容量的选择　因通用变频器的过电流能力通常为在一个周期内允许 125% 或 150% 、60s 的过载，超过过载值就必须增大变频器容量。例如：对于 150% 、60s 的过载能力的变频器，要求用于 200% 、60s 过载时，必须算出总额定电流的倍数（200/150 = 1.33），按其选择变频器容量。

另外，通用变频器规定 125% 、60s 或 150% 、60s 的过载能力的同时，还规定了工作周期。有的厂家规定 300s 为一个过载工作周期，而有的厂家规定 600s 为一个过载工作周期。严格按规定运行时变频器就不会过热。

虽过电流能力不变，但如要缩短工作周期，则必须加大变频器容量。频繁起动、制动的生产机械，如高炉料车、电梯、各类吊车等，其过载时间虽短，但工作频率却很高，一般选用变频器的容量应比电动机容量大一两个等级。

3.2　PWM（脉宽调制）变频器

3.2.1　功率晶体管 PWM 变频器

脉宽调制是通过晶体管开关的作用，将整流后的直流电压变换为一系列等幅脉冲的方法。改变开关的通断时间比和脉冲数，就可改变逆变器输出电压和频率的大小。

采用大功率晶体管作为开关器件，主电路简单，二极管提供换相滞后分量的通路，防止突然切断电流时引起过高的感应电动势。功率晶体管 PWM 变频器如图 11.6-18 所示。

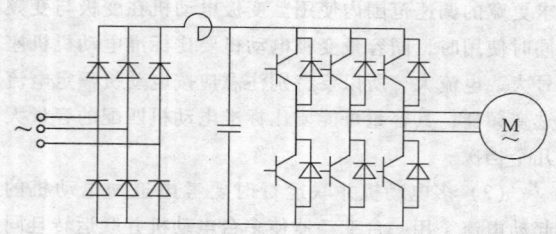

图 11.6-18　功率晶体管 PWM 变频器

3.2.2　门极关断（GTO）晶闸管 PWM 变频器

这类变频器的主回路如图 11.6-19 所示。图中 GTO1 ~ GTO6 为开关断晶闸管，C1 ~ C3 为过电压吸收电容同时可以滤波。为使 GTO 元件不受过高电压冲击，采用对 GTO 补给直通脉冲的办法来降低过电压的影响。这种 PWM 变频器可以输出接近正弦形的电压和电流。

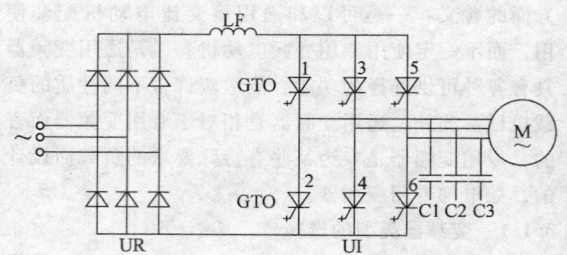

图 11.6-19　GTO 电流型 PWM 变频器

脉冲调制（PWM）变频器较其他型式变频器（交—交变频器、交—直—交变频器）有下列优点：

1）主回路简单，系统的功率因数与效率较高。

2）输出电压直接与电动机连接，电压调节速度快，动态响应好。

3）电源侧功率因数高，电动机侧谐波分量少、调速范围宽和响应速度快。

4）采用高频调制，可以得到高质量的输出波形，抑制了降低次的高频谐波，电动机工作稳定性好，谐波损耗也小。

5）可以把多个逆变器接到一个公用整流电源上，易于实现多电动机传动。

因此被广泛用在中小容量的交流电力传动系统中。

3.3　异步电动机变频控制系统

3.3.1　变频控制方式分类与特点

异步电动机变频调速控制方式大体上可分为三类：压频比恒定控制方式、转差频率控制方式和矢量控制方式。

（1）压频比恒定控制方式，也称恒磁通控制方式　如果供电电压 U 不变，则电动机磁通 Φ 随 f 增大而减小或随 f 减小而增大，这将会引起很多问题，故在调频时必须保持磁通不变，也即保证 U/f = 常数。

另外电动机的转矩 $T = C_M \Phi I_2 \cos\varphi_2$，当负载一定，其不同转速时的转矩也保持恒定，所以 U/f = 常数控制方式属恒转矩调速一类。但电动机的最大转矩将随频率的降低而减少。其调速的机械特性如图 11.6-20 所示。

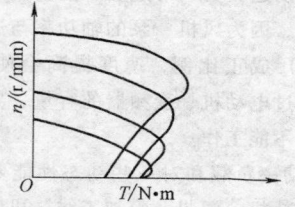

图 11.6-20　U/f = 常数机械特性

由图可见速度降低时最大转矩减少，其主要原因是定子电阻所引起的压降所致。如果采用 $\frac{E}{f}$＝常数的控制原则，其机械特性如图 11.6-21 所示，则可保证 T_M 恒定。但实际工作中电动势 E 不易测量，而采用补偿定子压降的办法来保持电动机最大转矩恒定。图 11.6-22 所示为函数发生器的补偿特性。

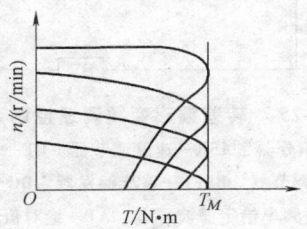

图 11.6-21　$\frac{E}{f}$＝常数机械特性

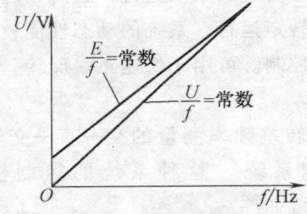

图 11.6-22　保持恒磁通调速时的补偿特性

（2）转差频率控制方式，也称恒流控制方式　因为异步电动机在高速稳定工作时，功率因数近似为1，其转矩与转子电流成正比，且转子电流近似与电阻成反比（略去很小的转子电抗）即

$$I_2 \approx \frac{sE}{r_2} = \frac{f_r}{f_0}\frac{E}{r_2}$$

式中　f_r——转差频率，$f_r = sf_0$；

　　　f_0——定子电源频率；

　　　E——电动机反电动势；

　　　r_2——转子电阻。

因为磁通 $\Phi \propto \frac{E}{f_0}$，所以 $I_2 \propto \Phi f_r$，可见如果 I_2 与 f_r 成比例变化，则可保持 Φ 恒定。因此，用转差频率作为转矩或 I_2 的给定量，则可得到与恒磁通时一样的机械特性。

（3）矢量控制方式，也称矢量变换控制　它是近几年提出的一种新的控制思想和控制结构。矢量变换控制的基本思想是模仿直流电动机的控制思想，直流机的转矩为

$$T = C_M \Phi I$$

可见控制直流机的主要是变量磁通和电流，但异步电动机的转矩为

$$T = C_M \Phi_M I_2 \cos\varphi_2$$

其气隙磁通 Φ_M 是由定子电流和转子电流共同磁化的结果。

矢量控制方式是将异步电动机定子电流分解成产生磁通 Φ 的定子磁场电流分量 $I_{1\phi}$ 和产生转矩电流分量 I_{1T}，并使二者互成直角，相互独立，然后分别进行控制。这样，异步电动机的转矩、转速控制从原理上和特性上就都和直流电动机相似。这就是矢量控制方式的基本思想。

3.3.2　压频比恒定（U/f＝常数）控制系统

（1）交—直—交电压型变频调速控制系统　这类系统的典型控制系统框图，如图 11.6-23 所示。

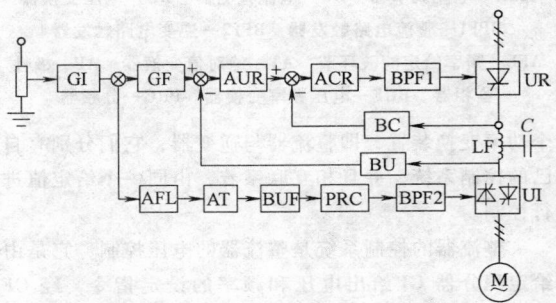

图 11.6-23　交—直—交电压型变频调速控制系统框图

GI—给定积分器　GF—U/f 变换器　AUR—电压调节器
ACR—电流调节器　BC—电流检测器　BU—电压变换器
BPF1—整流电路触发器　BPF2—逆变电路触发器
AFL—频率给定滤波环节　BUF—电压频率变换器
PRC—环形计数器　AT—绝对值变换器

图中所示控制系统有电压控制回路和频率控制回路。前者控制整流器，后者控制逆变器，调压和调频是分别进行的，但有一个统一的给定，它是由阶跃给定经给定积分器 GI 变为斜坡电压。经 GF 产生 U/f＝常数协调输出电压，然后经电压和电流调节器控制整流器的电压。频率控制是根据恒磁通协调控制的原则给 AFL 协调电压频率相一致，再经电压频率变换器 BUF 将输入电压大小转变为频率脉冲列，再经分频器 PRC 将频率信号分成六路，在时间上差 60°，送入逆变器的触发电路分别控制各晶闸管元件。

电压变频传动系统多用于不经常起动的恒速运转生产机械，如辊道、通风机、泵类设备。

（2）交—直—交电流型恒压频比变频调速控制系统　这类典型控制系统框图，如图 11.6-24 所示。

这种控制系统与交—直—交电压型一样也是有两

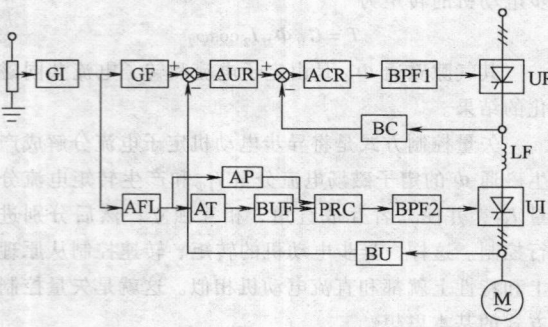

图 11.6-24 交—直—交电流型变频调速控制系统框图

GI—给定积分器 GF—U/f 变换器 AUR—电压调节器

ACR—电流调节器 BC—电流检测器 BU—电压变换器

BPF1—整流电路触发器 BPF2—逆变电路触发器

AFL—频率给定滤波环节 AT—绝对值变换器 AP—极性

鉴相器 BUF—电压频率变换器 PRC—分频器

个功率变换装置，即整流器与逆变器，它们分别有自己的控制系统，并且相互联系着，由同一个给定值进行控制。

整流器的控制系统是整流器的电压控制，它是由给定积分器 GI 给出电压和频率的设定指令，经 GF 补偿电阻压降保持 E/f 恒定的关系，再经电压外环和电流内环控制整流器的电压。

逆变器的控制主要是频率控制，依据 U/f 保持恒定原则，从 GI 出来的信号经 AFL 变成与给定电压成比例的脉冲信号，再经绝对值变换器 AT 和极性鉴相器检测输入信号极性，控制环形分配器的输出电压相序，实现可逆控制。

这种电流型变频器，带有 U/f 恒值补偿的控制系统，电路简单、实现四象限运行，故适用于快速加减速，调速范围宽的设备，如矿井提升机、轧钢机等生产机械。

3.3.3 转差频率（电流）控制变频调速系统

（1）交—直—交恒磁通转差率变频调速控制系统 图 11.6-25 所示为电流型转差率变频调速控制系统的典型框图。

图中 GF 为电流给定值的函数发生器，I_2 为 ASR 的输出，相应于给定的电动机转子电流，I_1 为电动机定子电流的给定值，产生恒定的电流源。速度调节器 ASR 的另一输出作为转差频率 f_r 与速度反馈 f_n 之和，构成所需逆变器信号 f_0，AFL 产生相应频率控制信号，从而保持磁通恒定的关系，由 AP 保证电动机正、反转运转。

这种系统属转差频率控制方式。它可以方便地实

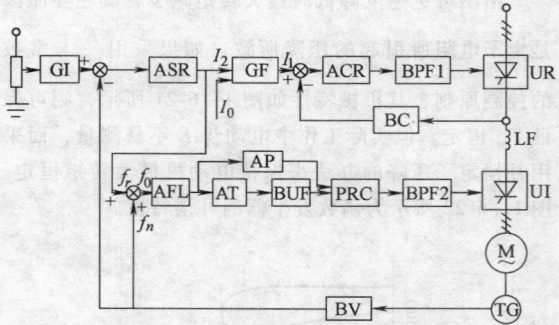

图 11.6-25 转差频率变频调速控制系统框图

GI—给定积分器 ASR—速度调节器 GF—函数发生器

ACR—电流调节器 BPF1—整流触发器 BC—速度变换器

AFL—频率给定滤波环节 AT—绝对值发生器

AP—相位鉴别器 BUF—电压频率变换器

PRC—可逆环形计数器 BPF2—逆变触发器

现正、反转，实现四象限运行，且可在起、制动过程以最大动态转矩运行，系统的动态性能较好。适于高性能的转速控制。可用于快速正、反转，调速范围宽的生产机械。

（2）带转差频率测量的交—直—交转差频率变频调速控制系统 这种系统的控制框图，如图 11.6-26 所示。

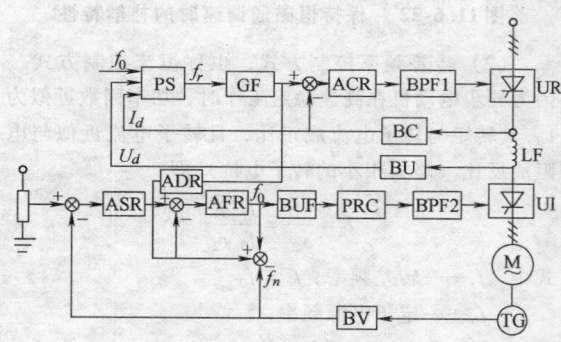

图 11.6-26 带转差频率测量的转差频率变频调速控制系统框图

PS—转差频率测量环节 GF—函数发生器 ACR—电流调节器 BC、BU、BV—电流、电压及速度变换器

ASR—速度调节器 ADR—微分调节器 AFR—频率调节器 BUF—电压频率变换器 PRC—环形计算器

这种控制系统的电流控制回路，由测量环节 PS 输出的转差频率 f_r 作为电流调节器的给定值。系统中 ADR 环节为微分调节器，用以改善系统的动态性能。AFR 为频率调节器，PS 是转差频率测量环节。

电子式模拟转差频率测量装置的原理示意图，如图 11.6-27 所示。其运算的输出为

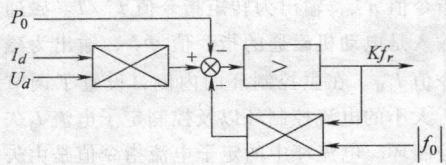

图 11.6-27　电子式模拟转差频率测量装置简图

$$Kf_r = \frac{U_d I_d - P_0}{|f_0|}$$

它的输出与转差频率成比例，它与转子电流 I_2 成比例，因此它成为电流调节器的给定值。其频率控制系统与前面所述的转差频率控制系统基本相似，只是前面多一个速度调节的环节，经 ASR 的输出即为频率给定值，经 AFR 的输出频率的 f_0 为频率控制的设定值。

3.4　异步电动机 PWM 变频调速控制系统

PWM 型变频调速控制系统，根据不同生产机械的工艺要求可以有各种结构，控制方式也是多种多样，现就常用的几种 PWM 变频调速系统说明。

3.4.1　晶闸管整流器调压的变幅脉宽调制（PWM）变频调速系统

图 11.6-28 所示为变幅 PWM 型变频调速系统框图。

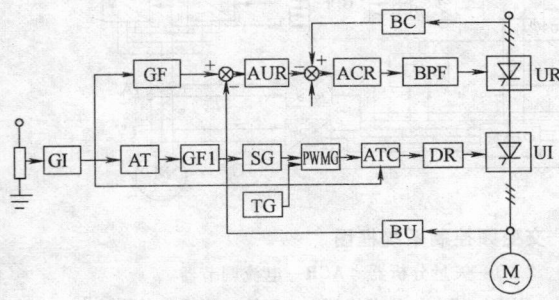

图 11.6-28　晶闸管供电调压功率晶体管逆变器变频调速控制系统框图

GI—给定积分器　AT—绝对值放大器　GF1—U/f 变换器
SG—三相正弦波发生器　TG—三角波发生器
PWMG—PWM 变换器　ATC—正反转控制器　DR—驱动器
GF—函数发生器　AUR—电压调节器　ACR—电流调节器
BPF—触发器　BC—电流变换器　BU—电压变换器

图中所示频率给定信号通过定积分器输出分别控制整流电压、逆变器频率和正反转。电压控制回路，首先经过函数发生器，保证电阻压降补偿，然后经过电压调节器和电流调节器正常工作，触发器给整流器 UR 触发控制电压。变频控制电路，首先变频控制信

号绝对值放大器 AT，因为给定信号有正、负，而 PWM 需要极性不变的信号，再由经 U/f 变换器控制三相正弦波发生器 SG 产生频率可变的三相正弦波。PWM 调制信号是由恒幅变幅正弦波与三角波比较产生的。根据给定信号的正、负，经逻辑切换电路改变相序以实现正、反转控制。如果调速精度要求高，还可以加入转速负反馈，实行速度的闭环控制。

由于 PWM 采用高频脉宽调制，谐波分量较小，效率高，又可实现低速运转。PWM 变频调速系统主要应用于风机、水泵。

3.4.2　晶闸管供电恒幅脉宽调制（PWM）变频调速系统

图 11.6-29 所示为一种晶闸管近似正弦波 PWM 型变频调速系统，图 11.6-30 所示为其控制电路各点的单相波形图。图中频率给定的信号 U/f 变换器输出恒定幅值的占空比为 50% 的脉冲列，其频率受控于频率给定的信号，脉冲列波形见图 11.6-30 的①。载频信号发生器输出载频信号②与其输入的脉冲列同

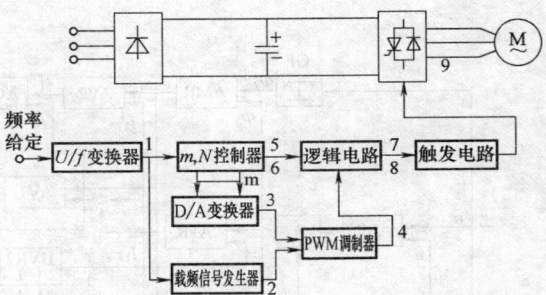

图 11.6-29　晶闸管 SPWM 变频调速系统

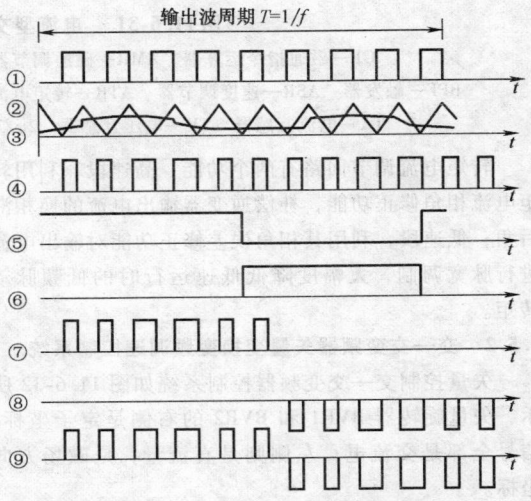

图 11.6-30　控制电路各点的单相波形图

步，③是阶梯波，④是由②、③波形比较后产生的脉宽调制波形，⑤、⑥为鉴相波形，⑦、⑧为最后调制结果的波形，⑨为逆变器输出波形，逆变器输出的基波幅值与调制系数 m 成正比。

这种逆变器是由于采用高速电子开关元件，所以调节速度快，系统的动态性能好，效率较高。

3.5 矢量变换变频调速控制系统

3.5.1 磁场定向式矢量变换变频调速控制系统

磁场定向式矢量变换变频调速控制系统的框图如图 11.6-31 所示。该系统为用电流型交—直—交逆变器做电源的异步电动机矢量变换控制系统框图。图中磁通检测是以电流模型法为主，附加电压模型法校正，由磁通运算回路完成运算。主控制环中，有速度控制环和磁通控制环。速度调节器的输入是电动机的

速度指令值 n^*，输出为转矩指令值 I^*/T。磁通调节器的输入是电动机磁通的指令值 Φ_2^*，输出为磁化电流指令值 I_{1M}^*。在主控制环的内侧，设置了调节定子电流 I_1 大小的电流控制环以及控制定子电流 I_1 矢量的角度控制环。电流环中的定子电流指令值是由矢量分析器 AV2 根据 $I_1^* = \sqrt{I_{1M}^{*2} + I_{1T}^{*2}}$ 的关系求得的。在角度控制环中，磁场定向坐标分量有直流量 I_{1M}^*、I_{1T}^*，它们经矢量分析器 AV1 分析后由矢量变换器 BVR1 变换成定子坐标分量的交流量。矢量变换器 BVR1 的输出，经二相/三相变换器（$2\varphi/3\varphi$）坐标变换后送至脉冲分配器 BPF。逆变器的控制极信号是由定子电流矢量 I_1 所要求的角度来决定。在角度控制环中还设有转矩电流调节器 ATR，由 BVR2 输出的转矩电流 I_{1T}，是为使与指令值 I_{1T}^* 无偏差而进行角度补偿。

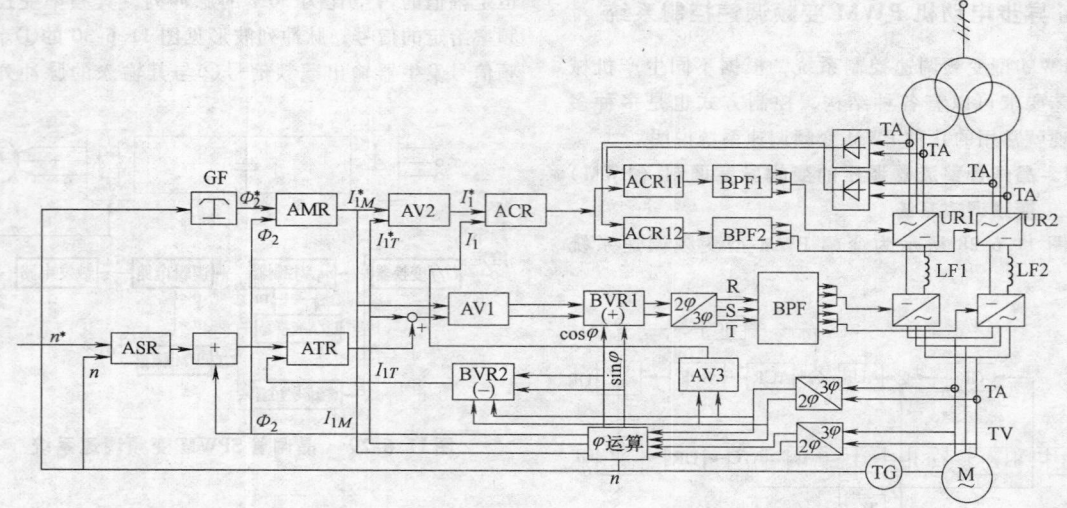

图 11.6-31 电流型交—直—交变频控制系统框图

GF—磁通指令运算器　AMR—磁通调节器　AV1、2、3—矢量分析器　ACR—电流调节器
BPF—触发器　ASR—速度调节器　ATR—转矩电流调节器　BVR1、2—矢量变换器　φ 运算—磁通运算电路
TA—电流互感器　TV—电压互感器　$2\varphi/3\varphi$—二相/三相变换器　$3\varphi/2\varphi$—三相/二相变换器

转矩电流调节回路有两个功能：高速段，利用转矩电流相角修正功能，补偿逆变器输出电流的换相滞后角；低速段，利用其相角误差修正功能对输出电流进行脉宽调制，大幅度降低低速运行时的低频脉动转矩。

3.5.2 交—交变频器矢量变换变频调速控制系统

矢量控制交—交变频器控制系统如图 11.6-32 所示，矢量旋转器 BVR1 和 BVR2 的右侧是定子坐标，信号全部是交流电；左侧则是直流量，是磁场方向坐标。

用三相/二相变换器检测出定子电流 $I_{1\alpha}$、$I_{1\beta}$，

用矢量旋转器 BVR1 将其分解为磁场方向坐标分量 I_{1M}、I_{1T}。I_{1M} 和 I_{1T} 反馈至励磁调节器和转矩调节器，求出产生磁通和转矩的电流。用 BVR2 矢量控制器将求得的电流同定子坐标分量 $I_{1\alpha}$、$I_{1\beta}$ 合成，经二相/三相变换器变换成交—交变频器的电流给定值。

图 11.6-32 中电压型、电流型方框，是用来检测磁通的，电压型是通过电动机端电压求得反电动势，再由反电动势求磁通，方法简单而精度高，但不适于低速段使用。电流型是由 I_{1M}^* 和 I_{1T}^* 经电路运算求磁通矢量，可在全速范围内使用。

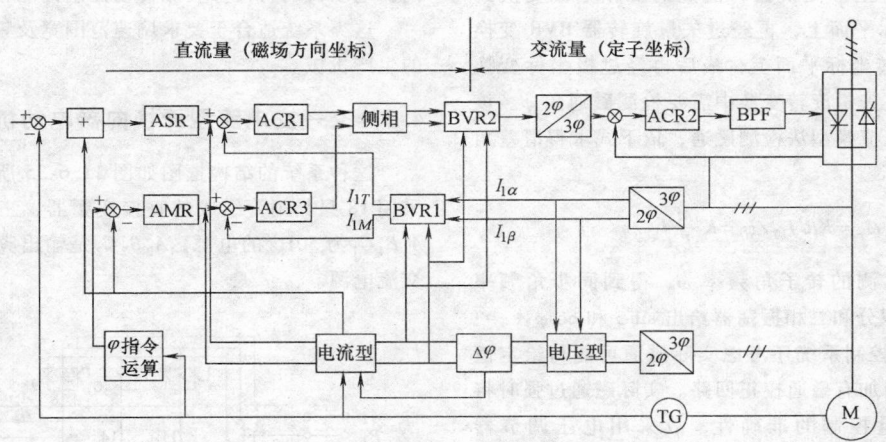

图 11.6-32　矢量控制交—交变频器控制系统

3.5.3　滑差频率矢量变换变频调速控制系统

当磁通恒定，在控制系统中可以用滑差频率 f_s 作为转矩的控制指令，这就是滑差频率控制的原则。图 11.6-33 所示为滑差频率矢量变换控制系统结构图。图中主回路采用电流型逆变器给异步电动机供电。

1）晶闸管整流器的控制回路，是由电流调节器 ACR 控制电动机定子电流的幅值 I_1^*。

2）在逆变器控制回路中是由角度调节器 AφR 来控制所需的角度 $\beta + \varphi$，由此，通过两个控制回路完成了定子电流 I_1 矢量的幅值及相角的综合控制。

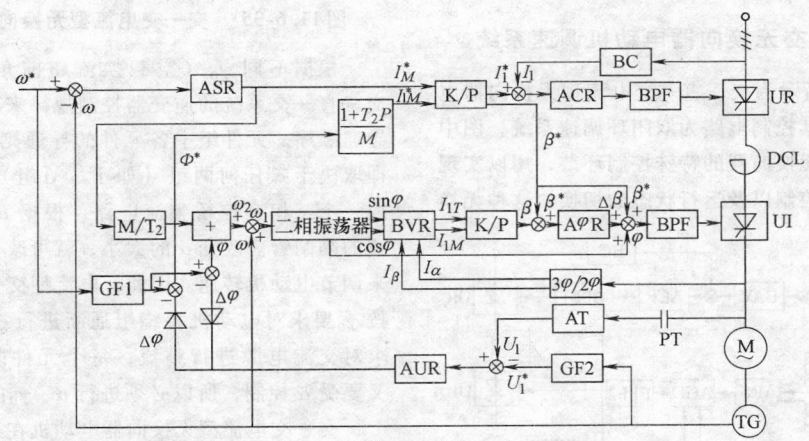

图 11.6-33　滑差频率矢量变换交流调速控制系统结构图

ASR—速度调节器　K/P—坐标变换器　ACR—电流调节器　BC—电流变换器　M/T_2—系数　BVR—矢量旋转器
AφR—角度 φ 调节器　BPF—触发器　3φ/2φ—三相/二相变换器　AT—绝对值变换器
GF1—ω-φ 函数发生器　AUR—电压调节器　GF2—ω-U_1 函数发生器

3）在定子电流 I_1^* 幅值控制回路中，速度调节器 ASR 输出的转矩 T^* 设定值正比于转矩电流分量 I_{1T}^*。磁通给定信号 Φ^* 是根据给定速度 ω^* 通过磁通调节规律的函数发生器给出的，即基速以下的恒磁，基速以上的弱磁。由于励磁电流分量 I_{1M}^* 与磁通给定值 Φ^* 间的关系可视为一阶滞后环节

$$\Phi^* = \frac{M}{1 + T_2 P} I_{1M}^*$$

故　　　$$I_{1M}^* = \frac{1 + T_2 P}{M} \Phi^*$$

式中　M——异步电动机定、转子绕组互感系数；

　　　T_2——异步电动机转子电路的时间常数。

经过坐标变换器变换（K/P）得出定子电流的幅值给定量 I_1^*，从而可以方便地对整流器进行控制。

4）在角度控制回路中，给定的 β^* 与实际的 β 通过角度调节器 AφR 给出偏差调节角 $\Delta\beta$。实际的 β 角

是通过 $3\varphi/2\varphi$ 坐标变换器将测定的三相电流变换到直角固定坐标平面上,再经过矢量旋转器 BVR 变换到 *M-T* 轴旋转坐标平面上,最后再经过极坐标变换而得出的。在矢量旋转变换中需要检测磁通角 φ。该系统是采用电流模型法检测磁通,依下式求得滑差角频率 ω_r:

$$\omega_r = KR'I_{1T}/\varphi = K\frac{M}{T_2}I_{1T}/\varphi$$

再加上实测的转子角频率 ω,得到同步角频率 ω_1,再经过积分和二相振荡器给出 $\sin\varphi$ 和 $\cos\varphi$。

5) 这个控制系统还考虑实际磁通可能与给定值不符,因而附加有磁通校正回路。实际磁通过强时将严重影响矢量控制的准确性,故采用电压调节器 AUR 产生 $\Delta\varphi$ 信号来校正 I_{1M}^* 给定值,同时校正逆变器的控制量。电压调节器的给定电压 U_l^* 是由实测转速经函数发生器 GF2 得到的,反馈电压 U_l 来自电压传感器 PT,将两者电压相比较,来校正相应的给定控制量。

4　无换向器电动机变频调速系统

4.1　交—直—交无换向器电动机调速系统

图 11.6-34 所示为交—直—交电流型无换向器电动机调速系统,其控制电路为双闭环调速系统,图中实线框内部分是无换向器的特殊控制环节,用以实现变频器的自同步控制以及运行状态的切换。这种无换

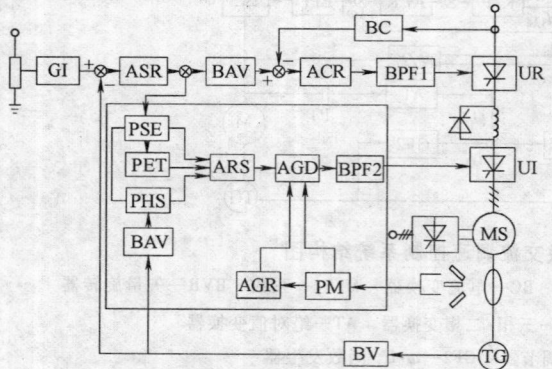

图 11.6-34　交—直—交电流型无换向器电动机调速系统

GI—给定积分器　ASR—转速调节器　BAV—绝对值变换器　BC—电流检测变换环节　ACR—电流调节器　BPF1—整流移相触发器　BPF2—逆变触发器　PSE—转速差及正反转状态检测环节　PET—电、制动检测　PHS—高、低速检测环节　ARS—运转状态合成环节　AGD—γ_0 脉冲分配器　AGR—γ_0 调节器　PM—最大需用量,调相

向器电动机的特性和直流传动控制性能相同。

这类系统适合于要求调速范围宽及频繁可逆运转的生产机械。

4.2　交—交电流型无换向器电动机调速系统

这种系统的结构框图如图 11.6-35 所示。主回路采用 18 只晶闸管组成的直接变频器,三相交流电源 $A_1B_1C_1$ 为 50Hz 的电源,$A_2B_2C_2$ 是输出频率 f_1 的三相交流电源。

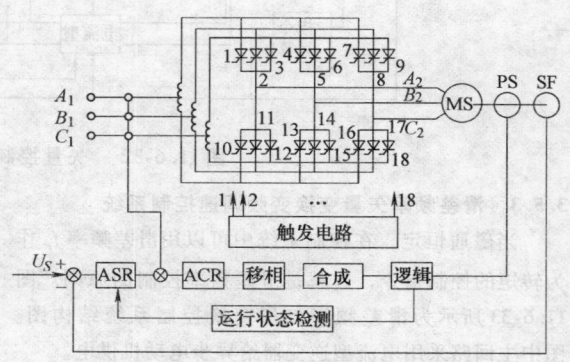

图 11.6-35　交—交电流型无换向器调速系统

根据不同 γ_0(空载换流超前角)的要求,以交—直—交系统的逆变器控制规律来决定各元件组的导通顺序。元件组中各元件的导通则由电源端判断,即取决于 α 任何两组(如 Ⅰ、Ⅵ 组)导通时都将形成一个三相全控桥整流电路,根据 α 信号选择应导通的晶闸管。改变 α 的大小,就可改变输出整流电压来调节电动机转速。因此,电流型交—交变频器不仅按 γ_0 要求对电动机各绕组通断进行控制,又按 α 要求对交流电源进行整流,每个元件既要受 γ_0 控制,又要受 α 控制,所以必须进行 α、γ_0 的合成。

交—交电流型无换向器电动机在运行原理、特性和四象限运行等方面,与交—直—交型类似,但其低速时可用电源换相而无需辅助起动环节。

4.3　无换向器电动机适用范围

由于无换向器电动机结构简单,便于维修,且适应恶劣环境和易燃易爆场合,容易做到大容量、低转速和高电压。无换向器电动机起动力矩大,起动方便,运行稳定,可方便实现四象限运行,与直流传动有相似的调速特性,故应用很广泛。

交—直—交高速大容量无换向器电动机多用于风机、泵类及压缩机类调速和大型同步电动机。

交—交电压型大容量低速无换向器电动机多用于

轧钢机、矿井卷扬机，它具有可以直接传动（不用减速机）、过载能力强、快速性好、效率和功率因数高等优点。

5　富士电机 FRENIC 5000G7/P7 系列逆变器技术数据

5.1　基本技术数据

5.1.1　FRENIC5000 G7 系列

G7 系列包括200V 系列和400V 系列两种，其技术数据见表 11.6-3 和表 11.6-4。

5.1.2　FRENIC5000 P7 系列

P7 系列产品也包括 200V 系列见表 11.6-5，400V 系列见表 11.6-6。

5.2　运行特性及参数、数据

运行特性和参数、数据见表 11.6-7。

表 11.6-3　FRENIC5000 G7 200V 系列技术数据

项　目		规　格					
逆变器型号		FRN30 G7-2	FRN037 G7-2	FRN045 G7-2	FRN055 G7-2	FRN075 G7-2	FRN090 G7-2
使用电动机功率/kW		30	37	45	55	75	90
输出额定值	额定容量[1]/kVA	44	55	69	82	108	132
	额定电压[2]/V	三相三线系统 220～230					
	额定频率/Hz	50～400					
	额定电流/A	115	145	180	215	283	346
	电流过载倍数	150%，1min(反时特性)					
电源	电压额定值	三相三线系统 200V/50Hz		200～230V/60Hz			
	电压允许波动范围	电压：+10%～－15%；不平衡率：小于3%[3]；相频率：±5%					
估计质量/kg		30	40	53	58	55	140

①　按额定输出电压，额定容量列为 200V 系列，额定输出电压为 400V 用于 400V 系列。
②　不能输出超过额定电压的电压。
③　当电源电压不平衡超过3%时，使用电源协作交流电抗器，电源电压不平衡率（%）=（最大电压（V）－最小电压（V））/三相平均电压（V）×100%。

表 11.6-4　FRENIC5000 G7 400V 系列技术数据

项　目		规　格											
逆变器型号		FRN030 G7-4	FRN030 G7-4	FRN030 G7-4	FRN030 G7-4	FRN030 G7-4	FRN030 G7-4	FRN030 G7-4	FRN030 G7-4	FRN030 G7-4	FRN030 G7-4	FRN030 G7-4	FRN030 G7-4
使用电动机功率/kW		30	37	45	55	75	90	100	137	160	200	220	230
输出额定值	额定容量[1]/kVA	46	57	69	65	114	134	160	193	232	287	316	400
	额定电压[2]/V	三相三线系统 380～460											
	额定频率/Hz	50～400											
	额定电流/A	60	75	91	112	150	176	210	253	304	372	115	520
	电流过载倍数	120%，1min(反时特性)											
电源	电压额定值	三相三线系统 400～4200V/50Hz,380～400V/500Hz[3],400～460V/60Hz											
	电压允许波动范围	电压：+10%～－15%；不平衡率：小于3%[4]；相频率：±5%											
估计质量/kg		30	32	43	43	56	100	100	120	150	150	190	190

①　同表 11.6-3 注①。
②　同表 11.6-3 注②。
③　额定输入交流电压若列于 380V～400V/60Hz 情况下，请在订货时提出说明。
④　同表 11.6-3 注③。

表 11.6-5　FRENIC5000 P7 200V 系列技术数据

项　目		规　格						
逆变器型号		FRN030 P7-2	FRN037 P7-2	FRN045 P7-2	FRN055 P7-2	FRN075 P7-2	FRN090 P7-2	FRN110 P7-2
使用电动机功率/kW		30	37	45	55	75	90	110
输出额定值	额定容量[①]/kVA	44	55	69	82	108	132	158
	额定电压[②]/V	三相三线系统 220～230						
	额定频率/Hz	50～400						
	额定电流/A	115	145	180	215	283	346	415
	电流过载倍数	120%，1min（反时特性）						
电源	电压额定值	三相三线系统 200～230V/60Hz						
	电压允许波动范围	电压：+10%～-15%；不平衡率：小于 3%[③]；相频率：±5%						
估计质量/kg		30	40	45	53	65	140	140

① 同表 11.6-3 注①。
② 同表 11.6-3 注②。
③ 同表 11.6-3 注③。

表 11.6-6　FRENIC5000 P7 400V 系列技术数据

项　目		规　格											
逆变器型号		FRN030 P7-4	FRN030 P7-4	FRN030 P7-4	FRN030 P7-4	FRN030 P7-4	FRN030 P7-4	FRN030 P7-4	FRN030 P7-4	FRN030 P7-4	FRN030 P7-4	FRN030 P7-4	FRN030 P7-4
使用电动机功率/kW		30	37	45	55	75	90	100	137	160	200	220	230
输出额定值	额定容量[①]/kVA	46	57	69	65	114	134	160	193	232	287	316	400
	额定电压[②]/V	三相三线系统 380～460											
	额定频率/Hz	50～400											
	额定电流/A	60	75	91	112	150	176	210	253	304	372	115	520
	电流过载倍数	120%，1min（反时特性）											
电源	电压额定值	三相三线系统 400～4200V/50Hz，380～400V/500Hz[③]，400～460V/60Hz											
	电压允许波动范围	电压：+10%～-15%；不平衡率：小于 3%[④]；相频率：±5%											
估计质量/kg		30	32	43	43	56	100	100	120	150	150	190	190

① 同表 11.6-3 注①。
② 同表 11.6-3 注②。
③ 同表 11.6-4 注③。
④ 同表 11.6-3 注③。

表 11.6-7　逆变器运行特性及参数、数据

项　目		内　容	
控制	控制系统	具有正常控制的正弦波 PWM	
	输出频率	0.5～400Hz（起动频率 0.5～50Hz 可调）	
	频率稳定性	模拟量设定值	最大频率的 0.2%（25±10℃）
		数字量设定值	最大频率的 0.01%（-10～+50℃）
	频率设定值分辨率	模拟量设定值	最大频率的 0.1%（0.05～50Hz）
		数字量设定值	0.1Hz 可选；0.01Hz/50Hz
	电压/频率特性（V/f）	200V 系列	电压：160～230V 频率：50～400Hz
		400V 系列	电压：320～460V 频率：50～400Hz
	转矩提升	21 种可选模式加上节能方式	
	加速/减速时间	加速和减速时间：0.2～3600s，线性，有 4 种模式设定。曲线加速和减速：有 2 种模式	
	控制转矩	标准	再生制动：10%～15%；能耗制动：起动频率 0～60Hz；时间 0～10s；电压 0～10%
		选择	暂态制动：100%（载荷系数 5% ED）
	附加功能	转矩限定控制，自动加速和减速运行，转差补偿控制，再生跳槽控制，电源限制、多频率设定、上升下降控制，短时电源故障时运行连续，商用切换运行，用频率设定信号特性反向运行，输出频率上、下限定器，转差频率设定以及频率跳跃	

注：电压和频率特性（V/f）行的右侧标注「电压和频率可独立进行连续调整」。

（续）

项　目		内　容
保护		失速保护、过电流、过电压、欠电压[①]，瞬时电源故障、逆变器过载、电机过载（电子继电器动作），外部故障（外部热继电器动作等）、CPU异常、输出短路、逆变器保护继电器故障（选择）以及输入浪涌
运行	频率设定信号	频率设定器投入或电压投入、DC 0～±10V（DC 0～±5V），电流输入：DC 4～20mA
	输入信号	正转命令、反转命令、自保持选择、电流输入选择、多频率设定，上升、下降控制、加速/减速时间切换、空转命令、商用逆变器切换命令、输出开关反馈选择、外部报警输入，报警复位输入以及接地保护输入
	外部输出信号	触点输入：电源侧电磁接触器输入命令（1a）、物体报警（1c）；开集电报输出
指示	频率表输出信号	模拟量：DC 0～±10V 脉冲频率：（6～100）×输出频率
	触摸面板发光二极管指示	运行指示：输出频率、设定频率、同步速度、输出电流、输出电压、负载转速以及输入和输出信号
		故障指示：故障指示 DC1、加速时过电流 DC2、减速时过电流 DVC3、正常运转时过电流 OU、过电压 LU、欠电压 UL1、逆变器过载 OH1、逆变器过热 OL2，电动机过载 OH2、外部故障，CPU异常和故障情况下的运行条件（如输出频率 O 点等），故障历史（过去的三个故障条件）等
	发光二极管指示	普通电容充电电压存在时亮
环境	安装位置	室内，高度≤1000m，避免曝光直晒、腐蚀性气体和灰尘
	周围温度	－10～50℃
	湿度	20%～90%RH（不集结）
	电动	≤0.5G（符合 JISC0911）
	环境温度	－25～+65℃
	安装	外部冷却方式
保护及冷却系统		保护外设（IP00 型 JEM1030，如果使用电动机为 200V 系列，任选 75kW 以下单元；对 IP20 型 JEM1030，如果电动机为 400V 系列，可任选 132kW 以下单元）强制冷却
选择		逆变器保护接地单元[②]、继电器输出单元、触摸面板扩充电缆设备、控制单元、控制电器、无线电噪声减少零相电抗器、电源协作电抗器、功率因数改善直流电抗器、噪声降低交流电抗器、频率设定器、频率表以及浪涌抑制器

注：以下单元具有直流电抗器作为标准设备用于功率因素改善（机外提供）：G7 系列 75kW 以上标准电动机；P7 系列 200V 系列；75kW 以上标准电动机；P7 系列 400V 系列；90kW 以上标准电动机。

① 即使拉掉电源电动机仍能在满负载条件下持续 15ms（轻负载条件下运行时间将会大大延长），当主电路直流电压低于欠电压水平时，逆变器将立即停止输出，这时保持跳闸条件，但当逆变器控制电源恢复下降后，仍将自动复位。

② 接地检测单元作为一个可选部件是为了保护逆变器自身，对人身事故、火灾、外部设备等的保护由漏电保护设备提供。

第7章　可编程序控制器

1　概述

1. 可编程序控制器的名称演变

1969 年时被称为可编程逻辑控制器，简称 PLC（Programmable Logic Controller）。20 世纪 70 年代后期，随着微电子技术和计算机技术的迅猛发展，称其为可编程序控制器，简称 PC（Programmable Controller）。但由于 PC 容易和个人计算机（Personal Computer）相混淆，故人们仍习惯地用 PLC 作为可编程序控制器的缩写。

2. 可编程序控制器定义

国际电工委员会（IEC）于 1987 年颁布了可编程序控制器标准草案第三稿。在草案中对可编程序控制器定义如下：

可编程序控制器是一种数字运算操作的电子系统，专为在工业环境下应用而设计。它采用可编程序的存储器，用来在其内部存储执行逻辑运算、顺序控制、定时、计数和算术运算等操作的指令并通过数字式和模拟式的输入和输出，控制各种类型的机械或生产过程。可编程序控制器及其有关外围设备，都应按易于与工业系统联成一个整体，易于扩充其功能的原则设计。

3. PLC 的功能

PLC 作为一种专为工业环境应用而设计的数字控制系统，具有以下主要功能。

（1）逻辑控制功能　逻辑控制功能是 PLC 最基本功能之一，是 PLC 最基本的应用领域，可取代传统的继电器控制系统，实现逻辑控制和顺序控制。在单机控制、多机群控和自动生产线控制方面都有很多成功的应用实例。例如：机床电气控制、起重机、皮带运输机和包装机械的控制、注塑机控制、电梯控制、饮料灌装生产线、家用电器（电视机、冰箱、洗衣机等）自动装配线控制、汽车、化工、造纸、轧钢自动生产线控制等。

（2）定时控制功能　PLC 中有许多可供用户使用的定时器，功能类似于继电器电路中的时间继电器。定时器的设定值（定时时间）可以在编程时设定，也可以在运动过程中根据需要进行修改，使用方便灵活。同时 PLC 还提供了高精度的时钟脉冲，用于准确实时控制。

（3）计数控制功能　PLC 为用户提供许多计数器，计数器计数到某一数值时，产生一个状态信号（计数值到），利用该状态信号实现对某个操作的计数控制。计数器的设定值可以在编程时设定，也可以在运行过程中根据需要进行修改。

（4）数据处理功能　大部分 PLC 都具有数据处理功能，可以实现算术运算、数据比较、数据传送、数据移位、数制转换、译码编码等操作。中、大型 PLC 数据处理功能更加齐全，可完成开方、PID 运算、浮点运算等操作，还可以和 CRT、打印机相连，实现程序、数据的显示和打印。

（5）监控功能　PLC 设置了较强的监控功能。利用编程器或监视器，操作人员可以对 PLC 有关部分的运行状态进行监视。利用编程器，可以调整定时器、计数器的设定值和当前值，并可以根据需要改变 PLC 内部逻辑信号的状态及数据区的数据内容，为调整和维护提供了极大的方便。

（6）停电记忆功能　PLC 内部的部分存储器所使用的 RAM 设置了停电保持器件（备用电池等），以保证断电后这部分存储器中的信息能够长期保存。利用某些记忆指令，可以对工作状态进行记忆，以保持 PLC 断电后的数据内容不变。PLC 电源恢复后，可以在原工作基础上继续工作。

（7）故障诊断功能　PLC 可以对系统构成、某些硬件状态、指令的合法性等进行自诊断，发现异常情况，发出报警并显示错误类型，如属严重错误则自动中止运行。PLC 的故障自诊断功能，大大提高了 PLC 控制系统的安全和可维护性。

2　PLC 的硬件结构和工作原理

2.1　PLC 的硬件结构

通常 PLC 主要由机架、CPU 模块、信号模块、功能模块、接口模块、通信处理器、电源模块和编程设备组成。PLC 控制系统的硬件结构如图 11.7-1 所示。

1. 中央处理单元（CPU）

CPU 按系统程序赋予的功能，指挥 PLC 有条不紊地进行工作。归纳起来主要有以下五个方面：

1）诊断 PLC 电源、内部电路的工作状态及编制

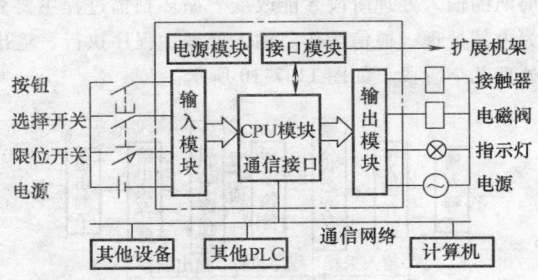

图 11.7-1　PLC 控制系统的硬件构成

程序中的语法错误。

2）采集现场的状态或数据，并送入 PLC 的寄存器中。

3）逐条读取指令，完成各种运算和操作。

4）将处理结果送至输出端。

5）响应各种外部设备的工作请求。

2. 数字输入接口电路

数字输入接口电路采用光电耦合电路，将限位开关、手动开关、编码器等现场输入设备的控制信号转换成 CPU 所能接受和处理的数字信号。图 11.7-2 所示为 PLC 的直流输入型接口电路，图 11.7-3 所示为 PLC 的交流输入型接口电路。

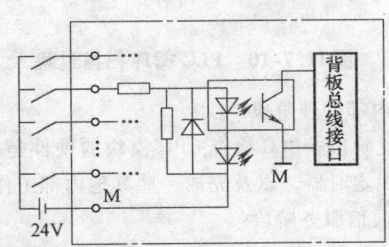

图 11.7-2　PLC 直流输入型接口电路

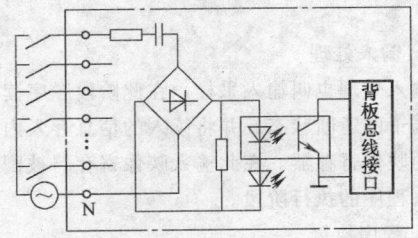

图 11.7-3　PLC 交流输入型接口电路

3. 数字输出接口电路

数字输出接口电路采用光电耦合电路，将 CPU 处理过的信号转换成现场需要的强电信号输出，以驱动接触器、电磁阀等外部设备的通断电。

数字输出接口电路有以下三种类型：

1）继电器输出型：为有触头输出方式，用于接通或断开开关频率较低的直流负载或交流负载回路。其内部结构原理如图 11.7-4 所示。

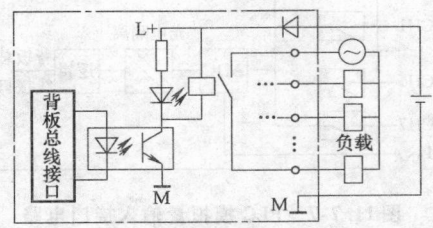

图 11.7-4　PLC 继电器输出型接口电路

2）晶闸管输出型：为无触头输出方式，用于接通或断开开关频率较高的交流电源负载。其内部结构原理如图 11.7-5 所示。

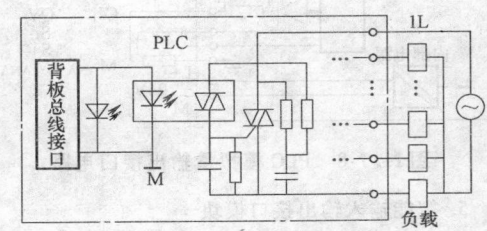

图 11.7-5　PLC 晶闸管输出型接口电路

3）晶体管输出型：为无触头输出方式，用于接通或断开开关频率较高的直流电源负载。其内部结构原理如图 11.7-6 所示。

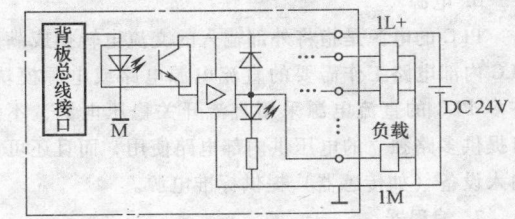

图 11.7-6　PLC 晶体管输出型接口电路

4. 模拟量接口电路

（1）模拟量输入接口　用于把现场连续变化的模拟信号转换成适合 PLC 内部处理的由若干位二进制数字表示的数字信号。输入的模拟信号通常有两种形式，如 4～20mA 的电流信号，或 1～10V 的电压信号。PLC 模拟量输入接口电路如图 11.7-7 所示。

（2）模拟量输出接口　将 PLC 运算处理的若干位数字信号转换为相应的模拟量信号输出，以满足生产过程现场连续控制要求。PLC 模拟量输出接口电路如图 11.7-8 所示。

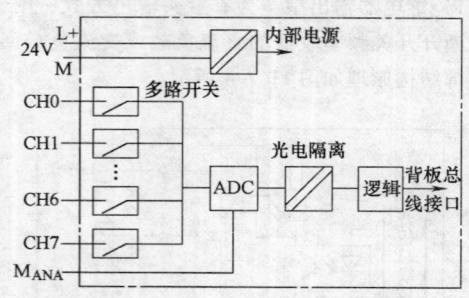

图 11.7-7   PLC 模拟量输入接口电路

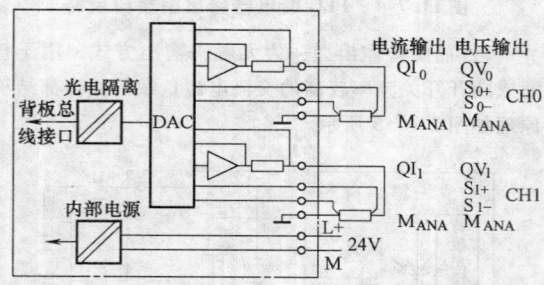

图 11.7-8   PLC 模拟量输出接口电路

5. 智能输入输出接口模块

自带 CPU，具有特定的处理能力，与主 CPU 配合共同完成控制任务的各种专用模块。智能模块可以减轻主 CPU 工作负担，提高控制系统的工作效率。如高速计数模块、位置控制与位置检测模块、闭环控制模块、称重模块等。

6. 电源

PLC 的电源是指将外部输入的交流电转换成满足PLC 内部电路工作需要的直流电源电路或电源模块。许多 PLC 的直流电源采用直流开关稳压电源，不仅可提供多路独立的电压供内部电路使用，而且还可为输入设备（如传感器）提供标准电源。

7. 编程器

编程器用于为 PLC 的程序存储器输入系统控制用户程序。既可以使用专用的手持式、台式编程器，也可使用通用计算机和专业编程软件。

2.2　PLC 的工作原理

PLC 采用顺序扫描、不断循环的工作方式，这个过程可分输入采样、程序执行、输出刷新三个阶段，如图 11.7-9 所示。整个过程扫描并执行一次所需的时间称为扫描周期。需要注意的是：由于 PLC 是扫描工作过程，在程序执行阶段即使输入发生了变化，输入状态映像寄存器的内容也不会变化，要等到下一

周期的输入处理阶段才能改变。循环扫描过程主要分为内部处理、通信操作、输入处理、程序执行、输出处理几个阶段，如图 11.7-10 所示。

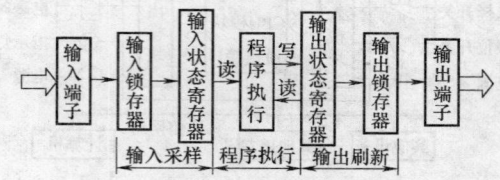

图 11.7-9   PLC 工作方式

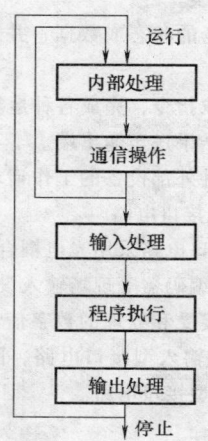

图 11.7-10   PLC 循环扫描过程

1. 内部处理阶段

在此阶段，PLC 检查 CPU 模块的硬件是否正常，复位监视定时器，以及完成一些其他内部工作。

2. 通信服务阶段

在此阶段，PLC 与一些智能模块通信、响应编程器键入的命令，更新编程器的显示内容等，当 PLC 处于停机状态时，只进行内容处理和通信操作等内容。

3. 输入处理

输入处理也叫输入采样。在此阶段顺序读入所有输入端子的通断状态，并将读入的信息存入内存中所对应的映像寄存器。在此输入映像寄存器被刷新，接着进入程序的执行阶段。

4. 程序执行

根据 PLC 梯形图程序扫描原则，按先左后右、先上后下的步序，逐句扫描，执行程序。但遇到程序跳转指令，则根据跳转条件是否满足来决定程序的跳转地址。若用户程序涉及输入输出状态时，PLC 从输入映像寄存器中读出上一阶段采样输入的对应输入端子状态，从输出映像寄存器读出对应映像寄存器的当

前状态，根据用户程序进行逻辑运算，运算结果再存入有关寄存器中。

5. 输出处理

程序执行完毕后，将输出映像寄存器，即映像寄存器中的输出寄存器的状态，在输出处理阶段转存到输出锁存器，通过隔离电路驱动功率放大电路，使输出端子向外界输出控制信号，从而驱动外部负载。

图 11.7-11 所示为应用 PLC 控制三相交流异步电动机的电路原理，图 11.7-12 所示为其等效电路。

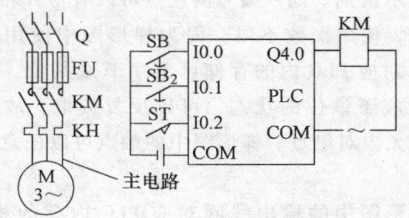

图 11.7-11　PLC 控制三相交流电动机实例

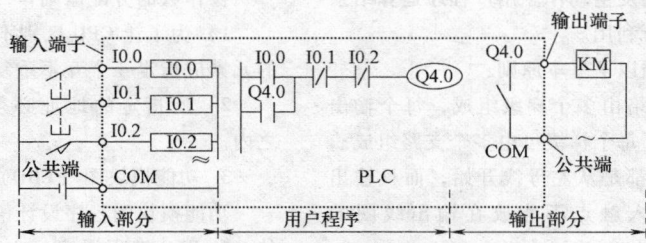

图 11.7-12　图 11.7-11 的等效电路

3　PLC 的编程语言

3.1　PLC 编程语言的种类

根据国际电工委员会制定的工业控制编程语言标准（IEC 61131-3：1993），PLC 的编程语言包括以下五种：梯形图（Ladder Diagram，LD）语言、指令表（Instruction List，IL）语言、功能模块图（Function Block Diagram，FBD）语言、顺序功能表图（Sequential Function Chart，SFC）语言及结构化文本（Structured Text，ST）语言。

不同型号的 PLC 编程软件对以上五种编程语言的支持种类是不同的，早期的 PLC 仅仅支持梯形图编程语言和指令表编程语言。目前的 PLC 对梯形图、指令表、功能模块图编程语言都可以支持。例如，SIMATIC STEP7，MicroWIN V4.0。

在 PLC 控制系统设计中，要求设计人员不但要了解 PLC 的硬件性能，也要了解 PLC 对编程语言支持的种类。

1. 梯形图（LD）编程语言

梯形图程序设计语言是用梯形图的图形符号来描述程序的一种程序设计语言。这种程序设计语言采用因果关系来描述事件发生的条件和结果，每个梯级是一个因果关系。在梯级中，描述事件发生的条件表示在左面，事件发生的结果表示在右面。梯形图程序设计语言是最常用的一种程序设计语言，它来源于继电器逻辑控制系统的描述。在工业过程控制领域，电气技术人员对继电器逻辑控制技术较为熟悉。因此，由这种逻辑控制技术发展而来的梯形图受到欢迎，并得到广泛的应用。梯形图程序设计语言的特点是：

1）与电气操作原理图相对应，具有直观性和对应性。

2）与原有继电器逻辑控制技术相一致，易于掌握和学习。

3）与原有的继电器逻辑控制技术的不同点是：梯形图中的能流（Power Flow）不是实际意义的电流，内部的继电器也不是实际存在的继电器，因此应用时需与原有继电器逻辑控制技术的有关概念区别对待。

4）与指令表程序设计语言有一一对应关系，便于相互转换和程序检查。

需特别注意的是，梯形图表示的并不是一个实际电路，而只是一个控制程序，其间的连线表示的是它们之间的逻辑关系，即所谓"软接线"。

梯形图从上至下按行编写，每一行则按从左至右的顺序编写。CPU 将按自左到右，从上而下的顺序执行程序。梯形图的左侧竖直线称为母线（源母线）。梯形图的左侧安排输入触点（如果有若干个触点相并联的支路应安排在最左端）和辅助继电器触点（运算中间结果），最右边必须是输出元素。

梯形图中的输入触点只有两种：常开触点和常闭触点。这些触点可以是 PLC 的外接开关对应的内部映像触点，也可以是 PLC 内部继电器触点，或内部定时、计数器的触点。每一个触点都有自己特殊的编号，以示区别。同一编号的触点可以有常开和常闭两种状态，使用次数不限。因为梯形图中使用的"继电器"对应 PLC 内的存储区某字节或某位，所用的触点对应于该位的状态，可以反复读取，故人们称PLC 有无限对触点。梯形图中的触点可以任意串联或并联。

梯形图中的输出线圈对应 PLC 内存的相应位，输出线圈包括输出继电器线圈、辅助继电器线圈以及计数器、定时器线圈等，其逻辑动作只有线圈接通后，对应的触点才可能发生动作。用户程序运算结果可以立即为后续程序所利用。

梯形图编程应遵循以下基本原则：

1）每个梯形图网络由多个梯级组成，每个输出元素可构成一个梯级，每个梯级可由多个支路组成。

2）梯形图每一行都是从左母线开始，而且输出线圈接在最右边，输入触点不能放在输出线圈的右边。

3）输出线圈不能直接与左母线连接。

4）多个输出线圈可以并联输出。

5）在一个程序中各输出处同一编号的输出线圈若使用两次，称为"双线圈输出"。双线圈输出容易引起误动作，禁止使用。

6）在梯形图中，外部输入/输出继电器、内部继电器、定时器、计数器等器件的触点可多次重复使用。

7）梯形图中串联或并联的触点的个数没有限制，可无限次使用。

8）在用梯形图编程时，只有在一个梯级编制完整后才能继续后面的程序编制。

9）梯形图程序运行时其执行顺序是按从左到右、从上到下的原则。

梯形图编程技巧是："上重下轻，左重右轻，避免混联"，即

1）梯形图应把串联触点较多的电路放在梯形图上方。

2）梯形图应把并联触点较多的电路放在梯形图最左边。

3）为了输入程序方便操作，可以把一些梯形图的形式作适当变换。

2. 指令表（IL）编程语言

指令表编程语言是与汇编语言类似的一种助记符编程语言，和汇编语言一样由操作码和操作数组成。在无计算机的情况下，适合采用 PLC 手持编程器对用户程序进行编制。同时，指令表编程语言与梯形图编程语言图一一对应，在 PLC 编程软件下可以相互转换。指令表编程语言的特点是：

1）采用助记符来表示操作功能，容易记忆，便于掌握。

2）在手持编程器的键盘上采用助记符表示，便于操作，可在无计算机的场合进行编程设计。

指令表编程语言的格式：操作码＋操作数。

操作码用来指定要执行的功能，告诉 CPU 该进行什么操作；操作数内包含为执行该操作所必需的信息，告诉 CPU 用什么地方的数据来执行此操作。

操作数的分配原则：

1）为了让 CPU 区别不同的编程元素，每个独立的元素应指定一个互不重复的地址。

2）所指定的地址必须在该型机器允许的范围之内。

3. 功能模块图（FBD）编程语言

功能模块图程序设计语言是与数字逻辑电路类似的一种 PLC 编程语言。它采用功能模块来表示模块所具有的功能，不同的功能模块有不同的功能。它有若干个输入端和输出端，通过软连接的方式，分别连接到所需的其他端子，完成所需的控制运算或控制功能。功能模块可以分为不同的类型，在同一种类型中，也可能因功能参数的不同而使功能或应用范围有所差别，例如：输入端的数量、输入信号的类型等的不同使它的使用范围不同。由于采用软连接的方式进行功能模块之间及功能模块与外部端子的连接，因此控制方案的更改、信号连接的替换等操作可以很方便地实现。功能模块图程序设计语言的特点是：

1）以功能模块为单位，从控制功能入手，使控制方案的分析和理解变得容易。

2）功能模块是用图形化的方法描述功能，它的直观性大大方便了设计人员的编程和组态，有较好的易操作性。

3）对控制规模较大、控制关系较复杂的系统，由于控制功能的关系可以较清楚地表达出来，因此，编程和组态时间可以缩短，调试时间也能减少。

4）由于每种功能模块需要占用一定的程序内存，对功能模块的执行需要一定的执行时间，因此，这种设计语言在大中型 PLC 和集散控制系统的编程和组态中才被采用。

4. 顺序功能表图（SFC）编程语言

顺序功能表图程序设计语言是用功能表图来描述程序的一种程序设计语言。它是近年来发展起来的一种程序设计语言。采用功能表图的描述，控制系统被分为若干个子系统，从功能入手，使系统的操作具有明确的含义，便于设计人员和操作人员设计思想的沟

通，便于程序的分工设计和检查调试。顺序功能表图程序设计语言的特点是：

1）以功能为主线，条理清楚，便于对程序操作的理解和沟通。

2）对大型的程序，可分工设计，采用较为灵活的程序结构，可节省程序设计、调试时间。

3）常用于系统规模较大、程序关系较复杂的场合。

4）只有在活动步的命令和操作被执行，对活动步后的转换进行扫描，因此整个程序的扫描时间较其他程序编制的程序扫描时间要短得多。

顺序功能表图来源于 Petri 网，由于它具有图形表达方式，能比较简单清楚地描述并发系统和复杂系统的所有现象，并能对系统中存在的像死锁、不安全等反常现象进行分析和建模，在模型的基础上可以直接编程，因此得到了广泛的应用。近几年推出的可编程序控制器和小型集散控制系统中也已提供了采用功能表图描述语言进行编程的软件。

5. 结构化文本（ST）编程语言

结构化文本程序设计语言是用结构化的描述语句来描述程序的一种程序设计语言。它是一种类似于高级语言的程序设计语言。在大中型的可编程序控制器系统中，常采用结构化文本程序设计语言来描述控制系统中各个变量的关系。它也被用于集散控制系统的编程和组态。

结构化文本程序设计语言采用计算机的描述语句来描述系统中各种变量之间的运算关系，完成所需的功能或操作。大多数制造厂商采用的结构化文本程序设计语言与 BASIC 语言、PASCAL 语言或 C 语言等高级语言相类似，但为了应用方便，在语句的表达方法及语句的种类等方面都进行了简化。结构化程序设计语言具有下列特点：

1）采用高级语言进行编程，可以完成较复杂的控制运算。

2）需要有一定的计算机高级程序设计语言的知识和编程技巧，对编程人员的技能要求较高，普通电气人员难以完成。

3）直观性和易操作性等较差。

4）常被用于采用功能模块等其他语言较难实现的一些控制功能的实施。

部分 PLC 的制造厂商为用户提供了简单的结构化文本程序设计语言，它与助记符程序设计语言相似，对程序的步数有一定的限制。同时，提供了与 PLC 间的接口或通信连接程序的编制方式，为用户的应用程序提供了扩展余地。

3.2 PLC 的基本指令系统

本小节介绍 S7-300 PLC 的指令系统，并结合简单应用示例分析指令的使用方法。

1. 指令及其结构

（1）操作数

1）标识符及表示参数

一般情况下，指令的操作数在 PLC 的存储器中，此时操作数由操作数标识符和参数组成。操作数标识符由主标识符和辅助标识符组成。主标识符表示操作数所在的存储区，辅助标识符进一步说明操作数的位数长度。若没有辅助标识符，则操作数的位数是一位。主标识符有：I（输入过程映像存储区），Q（输出过程映像存储区），M（位存储区），PI（外部输入），PQ（外部输入），T（定时器），C（计数器），DB（数据块），L（本地数据）。辅助标识符有：X（位），B（字节），W（字—2 字节），D（双字—4 字节）。表 11.7-1 所示为西门子 S7 PLC 存储区及其功能描述。

PLC 物理存储器是以字节为单位的，所以存储单元规定为字节单元。位地址参数用一个点与字节地址分开。例如：M 10.1。

当操作数长度是字或双字时，标识符后给出的标识参数是字或双字内的最低字节单元号。图 11.7-13 所示为字节、字、双字的相互关系及表示方法。当使用宽度为字或双字的地址时，应保证没有生成任何重叠的字节分配，以免造成数据读写错误。

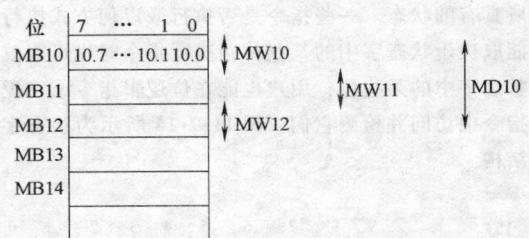

图 11.7-13 以字节单元为基准标记存储器存储单元

表 11.7-1 存储区及其功能

名 称	功 能	标识符	最 大 范 围
输入过程映像存储区（I）	在循环扫描的开始，从过程中读取输入信号存入本区域，供程序使用	I、IB IW、ID	0 ~ 65535.7、0 ~ 65535 0 ~ 65534、0 ~ 65532

（续）

名　称	功　能	标识符	最　大　范　围
输入过程映像存储区（Q）	在循环扫描期间、程序运算得到的输出值存入本区域。在循环扫描的末尾传送至输出模板	Q、QB QW、QD	0 ~ 65535.7、0 ~ 65535 0 ~ 65534、0 ~ 65532
位存储器（M）	本区域存放程序的中间结果	M、MB MW、MD	0 ~ 255.7、0 ~ 255 0 ~ 254、0 ~ 252
外部输入（PI） 外部输出（PQ）	通过本区域，用户程序能够直接访问输入和输出模板（即外部输入和输出信号）	PIB、PIW PID、PQB PQW、PQD	0 ~ 65535、0 ~ 65534 0 ~ 65532、0 ~ 65535 0 ~ 65534、0 ~ 65532
定时器（T）	访问本区域可得到定时剩余时间	T	0 ~ 255
计数器（C）	访问本区域可得到当前计数器值	C	0 ~ 255
数据块（DB）	本区域包含所有数据块的数据	DBX、DBB DBW、DBD DIX、DIB DIW、DID	0 ~ 65535.7、0 ~ 65535 0 ~ 65534、0 ~ 65532 0 ~ 65535.7、0 ~ 65535 0 ~ 65534、0 ~ 65532
本地数据（L）	本区域存放逻辑块（OB、FB 或 FC）中使用的临时数据。当逻辑块结束时，数据丢失	L、LB LW、LD	0 ~ 65535.7、0 ~ 65535 0 ~ 65534、0 ~ 65532

2）操作数的表示法

在 STEP7 中，操作数有两种表示方法：一是物理地址（绝对地址）表示法；二是符号地址表示法。

用物理地址表示操作数时，要明确指出操作数的所在存储区，该操作数的位数具体位置。例如：Q 4.0。

STEP7 允许用符号地址表示操作数，如 Q4.0 可用符号名 MOTOR_ON 替代表示，符号名必须先定义后使用，而且符号名必须是唯一的，不能重名。

定义符号时，需要指明操作数所在的存储区，操作数的位数、具体位置及数据类型。

（2）状态字　状态字用于表示 CPU 执行指令时所具有的状态。一些指令是否执行或以何方式执行可能取决于状态字中的某些位；执行指令时也可能改变状态字中的某些位；用户也能在位逻辑指令或字逻辑指令中访问并检测它们。图 11.7-14 所示为状态字的结构。

15		9	8	7	6	5	4	3	2	1	0
			BR	CC1	CC0	OS	OV	OR	STA	RLO	FC

图 11.7-14　状态字的结构

1）首次检测位（$\overline{FC}$）

状态字的位 0 称为首次检测位。若 FC 位的状态为 0，则表明一个梯形逻辑网络的开始，或指令为逻辑串第一条指令。

2）逻辑操作结果（RLO）

逻辑操作结果（Result of Logic Operation，RLO），该位存储位逻辑指令或算术比较指令的结果。

3）状态位（STA）

状态位不能用指令检测，它只是在程序测试中被 CPU 解释并使用。

4）或位（OR）

状态字的位 3 称为或位（OR）。在先逻辑"与"后逻辑"或"的逻辑串中，OR 位暂存逻辑"与"的操作结果，以便进行后面的逻辑"或"运算。其他指令将 OR 位清 0。

5）溢出位（OV）

溢出位被置 1，表明一个算术运算或浮点数比较指令执行时出现错误（错误：溢出、非法操作、不规范格式）。

6）溢出状态保持位（OS）

OV 被置 1 时 OS 也被置 1；OV 被清 0 时 OS 仍保持。只有下面的指令才能复位 OS 位：JOS（OS = 1 时跳转）；块调用和块结束指令。

7）条件码 1（CC1）和条件码 0（CC0）

状态字的位 7 和位 6 称为条件码 1 和条件码 0。这两位结合起来用于表示在累加器 1 中产生的算术运算或逻辑运算结果与 0 的大小关系；比较指令的执行结果或移位指令的移出位状态。详见表 11.7-2 和表 11.7-3。

表 11.7-2 算术运算后的 CC1 和 CC0

CC1	CC0	算术运算无溢出	整数算术运算有溢出	浮点数算术运算有溢出
0	0	结果 = 0	整数加时产生负范围溢出	平缓下溢
0	1	结果 < 0	乘时负溢出；加、减、取负时正溢出	负范围溢出
1	0	结果 > 0	乘、除时正溢出；加、减时负溢出	正范围溢出
1	1	—	在除时除数为 0	非法操作

表 11.7-3 比较、移位和循环移位、字逻辑指令后的 CC1 和 CC0

CC1	CC0	比较指令	移位和循环移位指令	字逻辑指令
0	0	累加器 2 = 累加器 1	移出位 = 0	结果 = 0
0	1	累加器 2 = 累加器 1	—	—
1	0	累加器 2 = 累加器 1	—	结果 < > 0
1	1	不规范（只用于浮点数比较）	移出位 = 1	—

8）二进制结果位（BR）

它将字处理程序与位处理联系起来，用于表示字操作结果是否正确（异常）。将 BR 位加入程序后，无论字操作结果如何，都不会造成二进制逻辑链中断。在 LAD 的方块指令中，BR 位与 ENO 有对应关系，用于表明方块指令是否被正确执行：如果执行出现了错误，BR 位为 0，ENO 也为 0；如果功能被正确执行，BR 位为 1，ENO 也为 1。

在用户编写的 FB 和 FC 程序中，必须对 BR 位进行管理，当功能块正确运行后使 BR 位为 1，否则使其为 0。使用 STL 指令 SAVE 或 LAD 指令——（SAVE），可将 RLO 存入 BR 中，从而达到管理 BR 位的目的。当 FB 或 FC 执行无错误时，使 RLO 为 1 并存入 BR，否则，在 BR 中存入 0。

2. 位逻辑指令

位逻辑指令主要包括：位逻辑运算指令、位操作指令和位测试指令，逻辑操作结果（RLO）用以赋值、置位、复位布尔操作数，也控制定时器和计数器的运行。

（1）位逻辑运算指令 位逻辑运算指令是"与"（AND）、"或"（OR）、"异或"（XOR）指令及其组合。它对"0"或"1"这些布尔操作数扫描，经逻辑运算后将逻辑操作结果送入状态字的 RLO 位。

1）"与"和"与非"（A，AN）指令

逻辑"与"在梯形图里是用串联的触点回路表示的，如果串联回路里的所有触点皆闭合，该回路就通"电"了，如图 11.7-15 所示的回路。

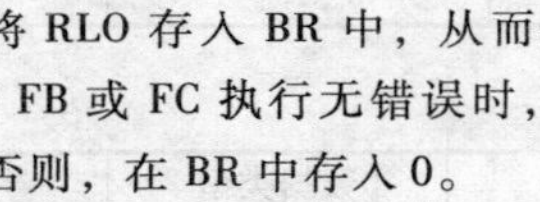

I0.0 Q4.1 M10.1 Q4.0
－| |－| |－|/|－( )

图 11.7-15 "与"逻辑梯形

上述梯形逻辑图，可用语句表指令完全表示，对应的语句表为：A I0.0；A Q4.1；AN M10.1；= Q4.0。

2）"或"和"或非"（O，ON）指令

逻辑"或"在梯形图里是用并联的触点回路表示的，被扫描的操作数标在触点上方。图 11.7-16 中，只要有一个触点闭合，输出 4.1 的信号状态就为"1"。

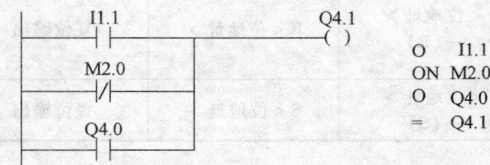

O   I1.1
ON M2.0
O   Q4.0
=   Q4.1

图 11.7-16 "或"逻辑梯形图及语句表

3）"异或"和"异或非"（X，XN）指令

图 11.7-17 所示为"异或"逻辑梯形图，下面是与梯形图对应的语句表。在语句表中，使用了"异或"和"异或非"指令，分别用助记符"X"和"XN"来标识。它类似"或"和"或非"指令，用于扫描并联回路能否"通电"。

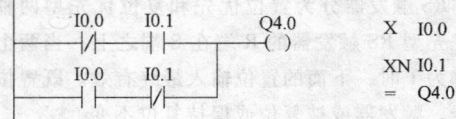

X   I0.0
XN I0.1
=   Q4.0

图 11.7-17 "异或"逻辑梯形图及语句表

（2）位操作指令

1）输出指令

逻辑串输出指令又称为赋值操作指令，该操作把状态字中 RLO 的值赋给指定的操作数（位地址）。表 11.7-4 所示为操作数的数据类型和所在的存储区。

表 11.7-4　输出指令

LAD 指令	STL 指令	功能	操作数	数据类型	存储区
<位地址> —( )	= <位地址>	逻辑串赋值输出	<位地址>	BOOL	Q、M、D、L
<位地址> —(#)—	—	中间结果赋值输出	<位地址>	BOOL	Q、M、D、L

一个 RLO 可被用来驱动几个输出元件。在 LAD 中，输出线圈是上下依次排列的。在 STL 中，与输出信号有关的指令被一个接一个地连续编程，这些输出具有相同的优先级。图 11.7-18 所示为多重输出梯形图和与之对应的语句表。

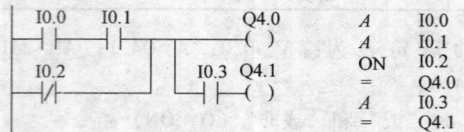

图 11.7-18　多重输出梯形图及语句表

2）置位/复位指令

置位/复位指令根据 RLO 的值，来决定被寻址位的信号状态是否需要改变。若 RLO 的值为 1，被寻址的信号状态被置 1 或清 0；若 RLO 是 0，则被寻址位的信号保持原状态不变。置位/复位指令有关内容见表 11.7-5。

3）RS 触发器

RS 触发器梯形图方块指令表示见表 11.7-6。方块中标有一个置位输入（S）端，一个复位输入（R）端，输出端标为 Q。触发器可以用在逻辑串最右端，结束一个逻辑串，也可用在逻辑串中，影响右边的逻辑操作结果。

表 11.7-5　置位/复位指令

LAD 指令	STL 指令	功能	操作数	数据类型	存储区
<位地址> —(R)	R <位地址>	复位输出	<位地址>	BOOL TIMER COUNTER	Q、M、D、L T C
<位地址> —(S)	S <位地址>	置位输出	<位地址>	BOOL	Q、M、D、L

表 11.7-6　RS 触发器

置位优先 RS	复位优先型 RS	参　数	数据类型	存储区
<位地址> RS R　Q S	<位地址> SR S　Q R	<位地址> 需要置位、复位的位 S 允许置位输入 R 允许复位输入 Q <地址> 的状态	BOOL	Q、M、D、L

RS 触发器分为置位优先和复位优先型两种，置位优先型 RS 触发器的 R 端在 S 端之上，当两个输入端都为 1 时，下面的置位输入最终有效。既置位输入优先，触发器或被复位或保持复位不变。

4）对 RLO 的直接操作指令

这一类指令直接对逻辑操作结果 RLO 进行操作，改变状态字中 RLO 位的状态。有关内容见表 11.7-7。

表 11.7-7　对 RLO 的直接操作指令

LAD 指令	STL 指令	功能	说　明
—|NOT|—	NOT	取反 RLO	在逻辑串中,对当前的 RLO 取反
—	SET	置位 RLO	把 RLO 无条件置 1 并结束逻辑串;使 STA 置 1,OR、FC 清 0
—	CLR	复位 RLO	把 RLO 无条件清 0 并结束逻辑串;使 STA、OR、FC 清 0
—(SAVE)	SAVE	保存 RLO	把 RLO 存入状态字的 BR 位,该指令不影响其他状态位

（3）位测试指令　当信号状态变化时就产生跳变沿。当从 0 变到 1 时，产生一个上升沿（或正跳沿）；若从 1 变到 0，则产生一个下降沿（或负跳沿）。S7 中有两类跳变沿检测指令，一种是对 RLO 的跳变沿检测的指令，另一种是对触点跳变沿直接检测的梯形图方块指令。具体内容见表 11.7-8。

图 11.7-19 所示为使用 RLO 正跳沿检测指令的例子。这个例子中，若 CPU 检测到输入 I1.0 有一个正跳沿，将使得输出 Q4.0 的线圈在一个扫描周期内通电。对输入 I1.0 常开触点扫描的 RLO 值存放在存储位 M1.0 中。

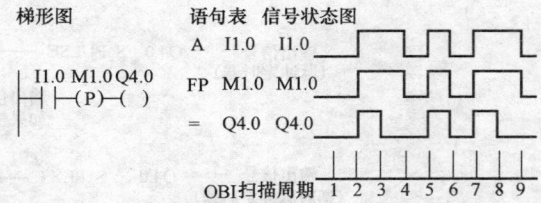

图 11.7-19　RLO 正跳沿检测

表 11.7-8　跳变沿检测指令

LAD 指令	STL 指令	功　能	操作数	数据类型	存储区
<位地址> —（P）—	FP <位地址>	RLO 正跳沿检测	<位地址>	BOOL	I、Q、M、D、L
<位地址> —（N）—	FN <位地址>	RLO 负跳沿检测	<位地址>	BOOL	I、Q、M、D、L
触点正跳沿检测	触点负跳沿检测		参数	数据类型	存储区
<位地址1> POS Q <地址2> M_BIT	<位地址1> NEG Q <地址2> M_BIT		<位地址 1> 被检测的位（触点）	BOOL	I、Q、M、D、L
			M_BIT 存储被检测位上一个扫描周期的状态	BOOL	Q、M、D
			Q 单稳输出	BOOL	I、Q、M、D、L

3. 定时器与计数器指令

（1）定时器指令　定时器是 PLC 中的重要部件，它用于实现或监控时间序列。定时器是一种由位和字组成的复合单元，定时器的触点由位表示，其定时时间值存储在字存储器中。S7-300/400 提供的定时器有：脉冲定时器（SP）、扩展定时器（SE）、接通延时定时器（SD）、带保持的接通延时定时器（SS）和断电延时定时器（SF）。

1）定时器的组成

定时器的第 0 位到第 11 位存放二进制格式的定时值，第 12、13 位存放二进制格式的时基（见图 11.7-20）。表 11.7-9 所示为可能出现的组合情况。

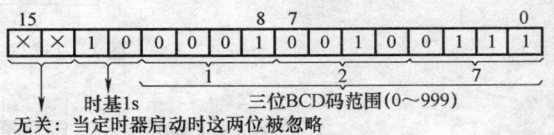

图 11.7-20　累加器 1 低字的内容
（定时值 127，时基 1s）

表 11.7-9　时基与定时范围

时　基	时基的二进制代码	分辨率	定　时　范　围
10ms	0　0	0.01s	10MS 至 9S_990MS
100ms	0　1	0.1s	100MS 至 1M_39S_900MS
1s	1　0	1s	1S 至 16M_39S
10s	1　1	10s	10S 至 2H_46M_30S

2）定时器的启动与运行

S7 中的定时器与时间继电器的工作特点相似，对定时器同样要设置定时时间，也要启动定时器（使定时器线圈通电）。除此之外，定时器还增加了一些功能，如随时复位定时器、随时重置定时时间（定时器再启动）、查看当前剩余定时时间等。S7 中的定时器不仅功能强，而且类型多。图 11.7-21 所示

为定时作业如何正确选择定时器的示意图。以下将以 LAD 方块图为主详细介绍定时器的运行原理及使用方法。

3）定时器梯形图方块指令

① 脉冲定时器（见图 11.7-22 和图 11.7-23）。

② 延时接通定时器（见图 11.7-24 和图 11.7-25）。

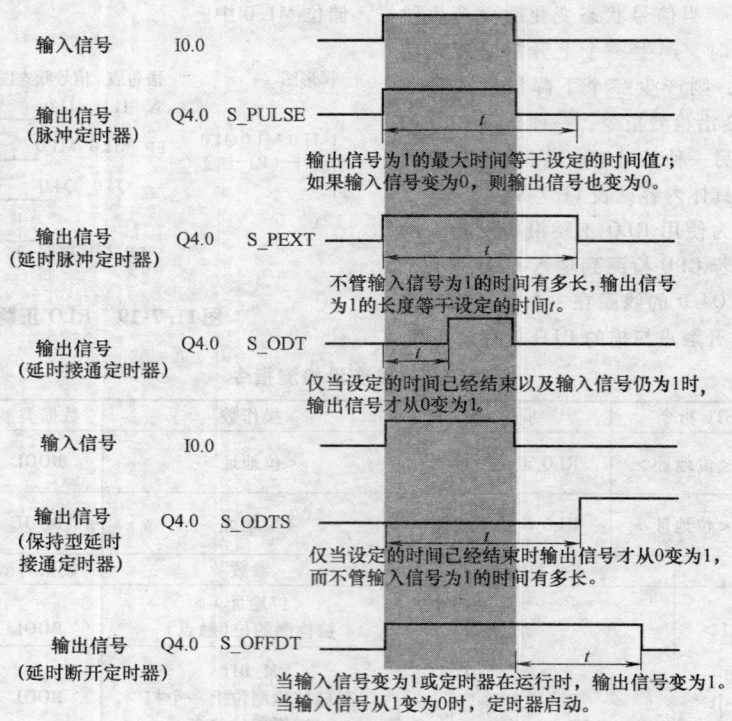

图 11.7-21　　五种类型定时器总览

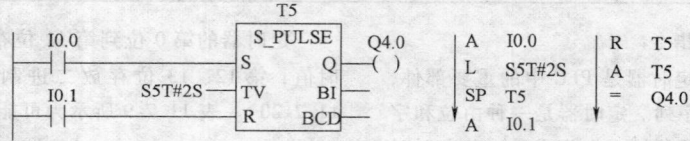

图 11.7-22　脉冲定时器指令

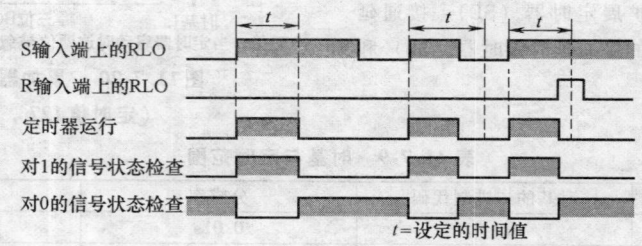

$t=$设定的时间值

图 11.7-23　脉冲定时器时序

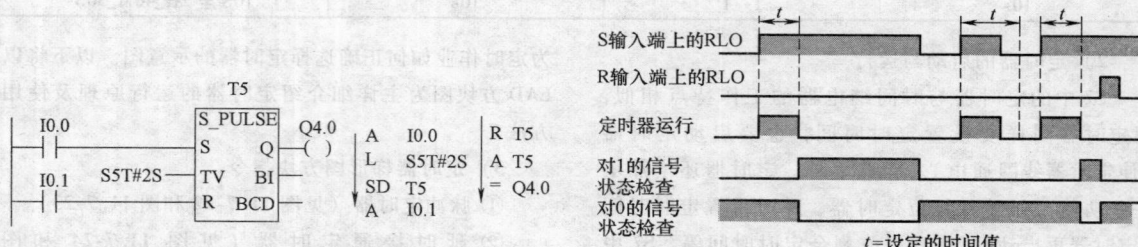

图 11.7-24　延时接通定时器指令

$t=$设定的时间值

图 11.7-25　延时接通定时器时序

4）定时器线圈指令（见表 11.7-10）

表 11.7-10　定时器线圈指令

LAD 指令	STL 指令	功　　能
T　no. —（SP） 时间值	SP　T no.	启动脉冲定时器 时间值的数据类型为：　S5TIME
T　no. —（SE） 时间值	SE　T no.	启动扩展脉冲定时器
T　no. —（SD） 时间值	SD　T no.	启动接通延时定时器
T　no. —（SS） 时间值	SS　T no.	启动保持型接通延时定时器
T　no. —（SF） 时间值	SF　T no.	启动关断延时定时器
	FR　T no.	允许再启动定时器

（2）计数器指令　S7 中的计数器用于对 RLO 正跳沿计数。计数器是由表示当前计数值的字及状态的位组成。S7 中有三种计数器：加计数器（S_CU）、减计数器（S_CD）、可逆计数器（S_CUD）。

1）计数器组成

在 CPU 中保留一块存储区作为计数器计数值存储区，每个计数器占用两个字节，计数器字中的第 0 ～ 11 位表示计数值（二进制格式），计数范围是 0 ～ 999，如图 11.7-26 所示。

无关：当计数器置数时这四位被忽略

图 11.7-26　S7 中计数器格式

2）计数器梯形图方块指令（见表 11.7-11）

表 11.7-11　计数器梯形图方块指令

可逆计数器	加计数器	减计数器
C　no. S_CUD CU　　Q CD S PV CV_BCD R　　CV	C　no. S_CU CU　　Q S PV　CV CV_BCD R	C　no. S_CD CD　　Q S PV　CV CV_BCD R

参数	数据类型	存储区	说明
no.	COUNTER	C	计数器标识号
CU	BOOL	I、Q、M、D、L	加计数输入
CD	BOOL	I、Q、M、D、L	减计数输入
S	BOOL	I、Q、M、D、L	计数器预置输入
PV	WORD	I、Q、M、D、L	计数初始值输入（BCD 码）
R	BOOL	I、Q、M、D、L	复位输入端
Q	BOOL	Q、M、D、L	计数器状态输出
CV	WORD	Q、M、D、L	当前计数值输出（整数格式）
CV_BCD	WORD	Q、M、D、L	当前计数值输出（BCD 格式）

3）计数器线圈指令（见表 11.7-12）

表 11.7-12　计数器线圈指令

LAD 指令	STL 指令	功　　能
C　no. —（SC） ＜预置值＞	S　C no.	计数器置初始值
C　no. —（CU）	CU　C no.	加记数
C　no. —（CD）	CD　C no.	减记数
	FR　C no.	允许计数器再启动

4. 数据处理功能指令

（1）装入和传送指令　装入（L）和传送（T）指令可以在存储区之间或存储区与过程输入、输出之间交换数据。CPU 执行这些指令不受逻辑操作结果 RLO 的影响。

L 指令将源操作数装入累加器 1 中，而累加器原有的数据移入累加器 2 中，累加器 2 中原有的内容被覆盖。

T 指令将累加器 1 中的内容写入目的存储区中，累加器的内容保持不变。

梯形图方块传送指令见表 11.7-13。使用 MOVE 方块指令如图 11.7-27 所示。

表 11.7-13 梯形图方块传送指令

LAD 方块	参数	数据类型	存储区	说 明
MOVE EN ENO IN OUT	EN	BOOL	I、Q、M、D、L	允许输入
	ENO	BOOL	Q、M、D、L	允许输出
	IN	8、16、32 位长的所有数据类型	I、Q、M、D、L	源数值 （可为常数）
	OUT	8、16、32 位长的所有数据类型	Q、M、D、L	目的操作数

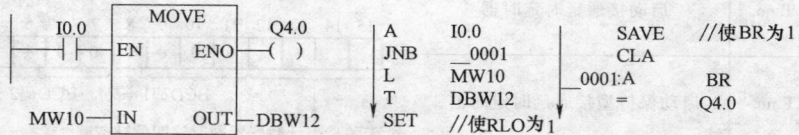

图 11.7-27 使用 MOVE 方块指令

（2）转换指令 转换指令首先将源数据按照规定的格式读入累加器，然后在累加器中对数据进行类型转换，最后再将转换的结果传送到目的地址。能够实现的转换操作有：

BCD 码和整数及长整数间的转换 （ BTI , ITB , ITD , BTD , DTB , DTR ）。

实数和长整数间的转换 （ RND , TRUNC , RND + , RND − ）。

数的取反、取负等 （ INVI , INVD , NEGI , NEGD , NEGR ）。

1）BCD 和整数间的转换（见表 11.7-14）

2）实数和长整数间的转换（见表 11.7-15）

3）数的取反、取负（见表 11.7-16）

（3）比较指令

1）比较指令（见表 11.7-17 和表 11.7-18）

表 11.7-14 BCD 和整数间的转换

LAD 方块	STL 指令	参数	数据类型	存储区	说 明
BCD_I EN ENO IN OUT	BTI 将 3 位 BCD 码转换 为 16 位整数	EN	BOOL	I、Q、M、D、L	使能输入
		ENO	BOOL	Q、M、D、L	使能输出
		IN	WORD	I、Q、M、D、L	BCD 码
		OUT	INT	Q、M、D、L	整数
I_BCD EN ENO IN OUT	ITB 将 16 位整数转换 为 3 位 BCD 码	EN	BOOL	I、Q、M、D、L	使能输入
		ENO	BOOL	Q、M、D、L	使能输出
		IN	INT	I、Q、M、D、L	整数
		OUT	WORD	Q、M、D、L	BCD 码
I_DINT EN ENO IN OUT	ITD 将 16 位整数转换 为 32 位整数	EN	BOOL	I、Q、M、D、L	使能输入
		ENO	BOOL	Q、M、D、L	使能输出
		IN	INT	I、Q、M、D、L	要转换的值
		OUT	DINT	Q、M、D、L	转换的结果值
BCD_DI EN ENO IN OUT	BTD 将 7 位 BCD 码数转 换为 32 位整数	EN	BOOL	I、Q、M、D、L	使能输入
		ENO	BOOL	Q、M、D、L	使能输出
		IN	DWORD	I、Q、M、D、L	BCD 码
		OUT	DINT	Q、M、D、L	由 BCD 码转换成的双整数

（续）

LAD 方块	STL 指令	参数	数据类型	存储区	说　明
DI_BCD EN ENO IN OUT	DTB 将 32 位整数转换为 7 位 BCD 码数	EN	BOOL	I、Q、M、D、L	使能输入
		ENO	BOOL	Q、M、D、L	使能输出
		IN	DINT	I、Q、M、D、L	双整数
		OUT	DWORD	Q、M、D、L	BCD 码的结果
DI_REAL EN ENO IN OUT	DTR 将 32 位整数转换为 32 位实数	EN	BOOL	I、Q、M、D、L	使能输入
		ENO	BOOL	Q、M、D、L	使能输出
		IN	DINT	I、Q、M、D、L	要转换的值
		OUT	REAL	Q、M、D、L	转换的结果值

表 11.7-15　实数和长整数间的转换

LAD 方块	STL 指令	参数	数据类型	存储区	说　明
ROUND EN ENO IN OUT	RND 将实数化整为 最接近的整数	EN	BOOL	I、Q、M、D、L	使能输入
		ENO	BOOL	Q、M、D、L	使能输出
		IN	REAL	I、Q、M、D、L	要舍入的值
		OUT	DINT	Q、M、D、L	舍入后的结果
TRUNC EN ENO IN OUT	TRUNC 取实数的整数部分 （截尾取整）	EN	BOOL	I、Q、M、D、L	使能输入
		ENO	BOOL	Q、M、D、L	使能输出
		IN	REAL	I、Q、M、D、L	要取整的值
		OUT	DINT	Q、M、D、L	IN 的整数部分
CEIL EN ENO IN OUT	RND + 将实数化整为大于或等于 该实数的最小整数	EN	BOOL	I、Q、M、D、L	使能输入
		ENO	BOOL	Q、M、D、L	使能输出
		IN	REAL	I、Q、M、D、L	要取整的值
		OUT	DINT	Q、M、D、L	上取整后的结果
FLOOR EN ENO IN OUT	RND − 将实数化整为小于或等 于该实数的最大整数	EN	BOOL	I、Q、M、D、L	使能输入
		ENO	BOOL	Q、M、D、L	使能输出
		IN	REAL	I、Q、M、D、L	要取整的值
		OUT	DINT	Q、M、D、L	下取整后的结果

表 11.7-16　数的取反、取负

LAD 方块	STL 指令	参数	数据类型	存储区	说　明
INV_I EN ENO IN OUT	INVI 对 16 位整数求反码	EN	BOOL	I、Q、M、D、L	使能输入
		ENO	BOOL	Q、M、D、L	使能输出
		IN	INT	I、Q、M、D、L	输入值
		OUT	INT	Q、M、D、L	整数的二进制反码
INV_DI EN ENO IN OUT	INVD 对 32 位整数求反码	EN	BOOL	I、Q、M、D、L	使能输入
		ENO	BOOL	Q、M、D、L	使能输出
		IN	DINT	I、Q、M、D、L	输入值
		OUT	DINT	Q、M、D、L	双整数的二进制反码

（续）

LAD 方块	STL 指令	参数	数据类型	存储区	说　明
NEG_I EN ENO IN OUT	NEGI 对16位整数求补码（取反码再加1），相当于乘 −1	EN	BOOL	I、Q、M、D、L	使能输入
		ENO	BOOL	Q、M、D、L	使能输出
		IN	INT	I、Q、M、D、L	输入值
		OUT	INT	Q、M、D、L	整数的二进制补码
NEG_DI EN ENO IN OUT	NEGD 对32位整数求补码	EN	BOOL	I、Q、M、D、L	使能输入
		ENO	BOOL	Q、M、D、L	使能输出
		IN	DINT	I、Q、M、D、L	输入值
		OUT	DINT	Q、M、D、L	双整数的二进制补码
NEG_R EN ENO IN OUT	NEGR 对32位实数的符号位求反码	EN	BOOL	I、Q、M、D、L	使能输入
		ENO	BOOL	Q、M、D、L	使能输出
		IN	REAL	I、Q、M、D、L	输入值
		OUT	REAL	Q、M、D、L	对输入值求反的结果

表 11.7-17　比较指令 1

LAD 方块	STL 指令	方块上部的符号	比较类型
CMP ==I IN1 IN2	= = I	= =	IN1 等于 IN2
	< > I	< >	IN1 不等于 IN2
	> I	>	IN1 大于 IN2
	< I	<	IN1 小于 IN2
	> = I	> =	IN1 大于等于 IN2
	< = I	< =	IN1 小于等于 IN2
CMP >D IN1 IN2	= = D	= =	IN1 等于 IN2
	< > D	< >	IN1 不等于 IN2
	> D	>	IN1 大于 IN2
	< D	<	IN1 小于 IN2
	> = D	> =	IN1 大于等于 IN2
	< = D	< =	IN1 小于等于 IN2
CMP >=R IN1 IN2	= = R	= =	IN1 等于 IN2
	< > R	< >	IN1 不等于 IN2
	> R	>	IN1 大于 IN2
	< R	<	IN1 小于 IN2
	> = R	> =	IN1 大于等于 IN2
	< = R	< =	IN1 小于等于 IN2

表 11.7-18　比较指令 2

参数	数据类型	存储区	说　明
IN1	INT、DINT、REAL	I、Q、M、D、L	参与比较的数可以是整数、长整数、实数，但数据类型必须一致
IN2	INT、DINT、REAL	I、Q、M、D、L	

2）比较指令应用实例

如图 11.7-28 所示，包括两台传送带的系统，在两台传送带之间有一个仓库区。传送带 1 将包裹运送至临时仓库区。传送带 1 靠近仓库区一端安装的光电传感器确定已有多少包裹运送至仓库区。传送带 2 将临时库区中的包裹运送至装货场，在这里货物由货车运送至顾客。传送带 2 靠近库区一端安装的光电传感器确定已有多少包裹从库区运送至装货场。含 5 个指示灯的显示盘表示临时仓库区的占用程度。图 11.7-29 所示为启动显示盘上指示灯的梯形逻辑程序。

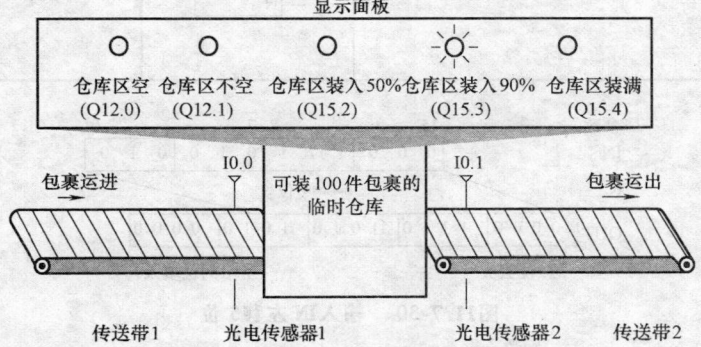

图11.7-28 装有计数器和比较器的仓库区

程序段1：MW200中保存计数器C1当前值的BCD码，Q12.1 指示"仓库区不空"

程序段2：Q12.0指示"仓库区空"

程序段3：如果50小于等于计数器值(即如果计数器值大于等于50)，则"仓库区装入50%"指示灯亮

程序段4：如果计数器值大于等于90，则"仓库区装入90%"指示灯亮

程序段5：如果计数器值大于等于100，则"仓库区装满"指示灯亮。用输出Q4.4将传送带1联锁

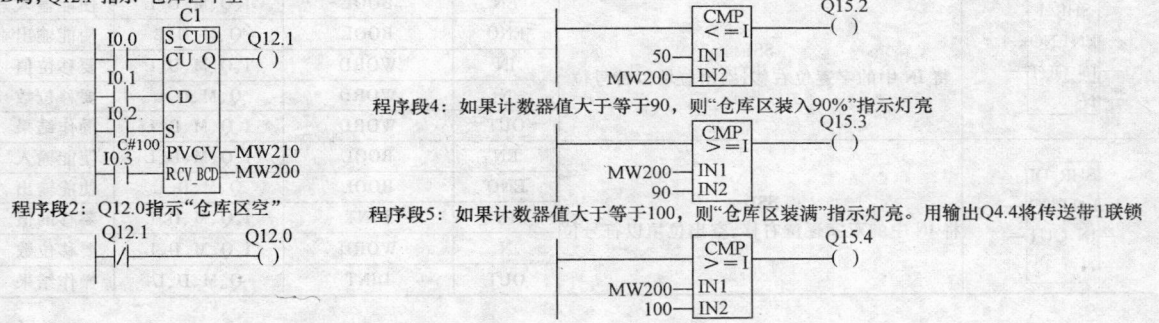

图11.7-29 启动显示盘上指示灯的梯形逻辑

与图 11.7-29 对应的语句表程序如下：

A	I12.0		=	Q12.0		< = I			L	C1
CU	C1		A	C1		=	Q15.2		L	+ 100
A	I12.1		=	Q12.1		L	+ 90		> = I	
CD	C1		L	+ 50		> = I			=	Q15.4
AN	C1		L	C1		=	Q15.3			

（4）移位和循环移位指令 移位指令将输入 IN 中的内容向左或向右逐位移动。循环移位指令与一般移位指令的差别是：循环移位指令的空位填以从 IN 中移出的位。

1）无符号数移位指令（见表 11.7-19 和图 11.7-30）

表 11.7-19 无符号数移位指令

LAD 方块	STL 指令	LAD 方块	STL 指令
SHL_W EN ENO IN OUT N	SLW 将 IN 中的字逐位左移，空出位填以 0	SHL_DW EN ENO IN OUT N	SLD 将 IN 中的双字逐位左移，空出位填以 0

（续）

LAD 方块	STL 指令	LAD 方块	STL 指令
SHR_W EN ENO IN OUT N	SRW 将 IN 中的字逐位右移，空出位填以 0	SHR_DW EN ENO IN OUT N	SRD 将 IN 中的双字逐位右移，空出位填以 0

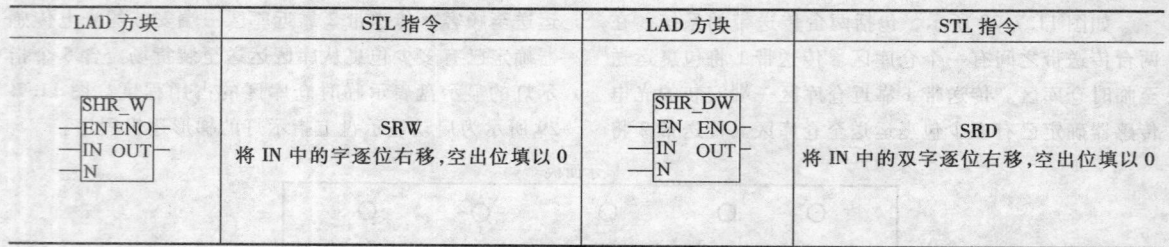

图11.7-30　输入IN 左移5 位

2）有符号数移位指令（见表 11.7-20）　　　3）循环移位指令（见表 11.7-21）

表 11.7-20　有符号数移位指令

LAD 方块	STL 指令	参数	数据类型	存储区	说明
SHR_I EN ENO IN OUT N	SSI 将 IN 中的字逐位右移，空出位填以符号位	EN	BOOL	I、Q、M、D、L	使能输入
		ENO	BOOL	Q、M、D、L	使能输出
		IN	WORD	I、Q、M、D、L	要移位值
		N	WORD	Q、M、D、L	要移位数
		OUT	WORD	I、Q、M、D、L	操作结果
SHR_DI EN ENO IN OUT N	SSD 将 IN 中的双字逐位右移，空出位填以符号位	EN	BOOL	I、Q、M、D、L	使能输入
		ENO	BOOL	Q、M、D、L	使能输出
		IN	DINT	I、Q、M、D、L	要移的值
		N	WORD	I、Q、M、D、L	要移位数
		OUT	DINT	Q、M、D、L	操作结果

表 11.7-21　循环移位指令

LAD 方块	STL 指令	参数	数据类型	存储区
ROL_DW EN ENO IN OUT N	RLD 将 IN 中的双字逐位左移，空出位填以移出的位	EN	BOOL	I、Q、M、D、L
		ENO	BOOL	Q、M、D、L
		IN	WORD	I、Q、M、D、L
		N	WORD	I、Q、M、D、L
		OUT	WORD	Q、M、D、L
ROR_DW EN ENO IN OUT N	RRD 将 IN 中的双字逐位右移，空出位填以移出的位	EN	BOOL	I、Q、M、D、L
		ENO	BOOL	Q、M、D、L
		IN	WORD	I、Q、M、D、L
		N	WORD	I、Q、M、D、L
		OUT	WORD	Q、M、D、L

（5）累加器操作和地址寄存器指令

1）累加器操作指令（见表 11.7-22）

2）地址寄存器指令（见表 11.7-23）

3）数据块指令（表 11.7-24）

4）显示和空操作指令（见表 11.7-25）

5. 数据运算指令

（1）算术运算指令　在 STEP 7 中可以对整数、长整数和实数进行加、减、乘、除算术运算。算术运算指令在累加器 1 和 2 中进行，累加器 2 中的值作为被减数或被除数。算术运算的结果保存在累加器 1 中，累加器 1 中原有的值被运算结果覆盖，累加器 2 中的值保持不变。算术运算指令对状态字的某些位将产生影响,这些位是 CC1 和 CC0、OV、OS。可以用位操作指令或条件跳转指令对状态字中的标志位进行判断操作。

1) 整数算术运算 (见表 11.7-26)

表 11.7-22　累加器操作指令

指令	说　明
TAK	累加器 1 和累加器 2 的内容互换
PUSH	把累加器 1 的内容移入累加器 2,累加器 2 原内容被丢掉
POP	把累加器 2 的内容移入累加器 1,累加器 1 原内容被丢掉
INC	把累加器 1 低字的低字节内容加上指令中给出的常数,常数范围:0~255;指令的执行是无条件的,结果不影响状态字
DEC	把累加器 1 低字的低字节内容减去指令中给出的常数,常数范围:0~255;指令的执行是无条件的,结果不影响状态字
CAW	交换累加器 1 低字中的字节顺序
CAD	交换累加器 1 中的字节顺序

表 11.7-23　地址寄存器指令

指　令	操作数	说　明
+ AR1		把累加器 1 低字的内容加至地址寄存器 1
+ AR2		把累加器 1 低字的内容加至地址寄存器 2
+ AR1	P#Byte. Bit	把一个指针常数加至地址寄存器 1
+ AR2	P#Byte. Bit	把一个指针常数加至地址寄存器 2

表 11.7-24　数据块指令

LAD 指令	STL 指令	说　明
—(OPEN)	OPEN	打开一个数据块作为共享数据块或背景数据块
	CAD	交换共享数据块和背景数据块
	DBLG	将共享数据块的长度(字节数)装入累加器 1
	CBNO	将共享数据块的块号装入累加器 1
	DILG	将背景数据块的长度(字节数)装入累加器 1
	DINO	将背景数据块的块号装入累加器 1

表 11.7-25　显示和空操作指令

指　令	说　明
BLD	该指令控制编程器显示程序的形式,执行程序时不产生任何影响
NOP 0	空操作 0:不进行任何操作
NOP 1	空操作 1:不进行任何操作

表 11.7-26　整数算术运算

LAD	STL 指令	方块上部的符号	说　明
ADD_I —EN ENO— —IN1 —IN2 OUT—	+ I	ADD_I	将 IN1 和 IN2 中的 16 位整数相加,结果保存到 OUT 中
	– I	SUB_I	IN1 整数减去 IN2,结果在 OUT 中
	* I	MUL_I	IN1 和 IN2 整数相乘,结果以 32 位整数存到 OUT 中
	/I	DIV_I	将 IN1 中 16 位整数除以 IN2 中的 16 位整数,商保存到 OUT 中
SUB_DI —EN ENO— —IN1 —IN2 OUT—	+ D	ADD_DI	IN1 和 IN2 的双字相加,存到 OUT
	– D	SUB_DI	IN1 减去 IN2,结果保存到 OUT 中
	* D	MUL_DI	将 IN1 和 IN2 中的 32 位整数相乘,结果保存到 OUT 中
	/D	DIV_DI	将 IN1 中 32 位整数除以 IN2 中的 32 位整数,商保存到 OUT 中
	MOD	MOD	将 IN1 中 32 位整数除以 IN2 中的 32 位整数,余数保存到 OUT 中

2）实数算术运算（见表 11.7-27）　　　　（2）字逻辑运算指令（见表 11.7-28）

表 11.7-27　实数算术运算

LAD 方块	STL 指令	方块上部的符号
MUL_R EN ENO IN1 IN2 OUT	+ R	ADD_R
	－ R	SUB_R
	* R	MUL_R
	/R	DIV_R
ABS EN ENO IN OUT	ABS	ABS
	SQR	SQR
	SQRT	SQRT
	LN	LN
	EXP	EXP
SIN EN ENO IN OUT	SIN	SIN
	COS	COS
	ASIN	ASIN
	ACOS	ACOS
	TAN	TAN
	ATAN	ATAN

表 11.7-28　字逻辑运算指令

LAD 方块	STL 指令	方块上部的符号
WAND_W EN ENO IN1 OUT IN2	AW	WAND_W
	OW	WOR_W
	XOW	WXOR_W
WAND_W EN ENO IN1 OUT IN2	AD	WAND_DW
	OD	WOR_DW
	XOD	WXOR_DW

6. 控制指令

（1）逻辑控制指令

1）无条件跳转指令（JU）

无条件跳转指令（JU）将无条件中断正常的程序逻辑流，使程序跳转到目标处继续执行，见图11.7-31。

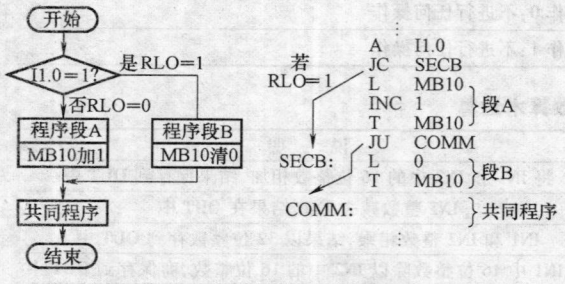

图11.7-31　使用跳转指令控制程序流

2）条件跳转指令（见表 11.7-29 和表 11.7-30）。

3）循环指令

使用循环指令（LOOP）可以多次重复执行特定的程序段，重复执行的次数存在累加器 1 中，即以累加器 1 为循环计数器。

图 11.7-32 所示为使用 LOOP 指令的例子。在本例中，考虑到循环体（程序段 A）中可能用到累加器 1，特设置了循环计数暂存器 MB10。

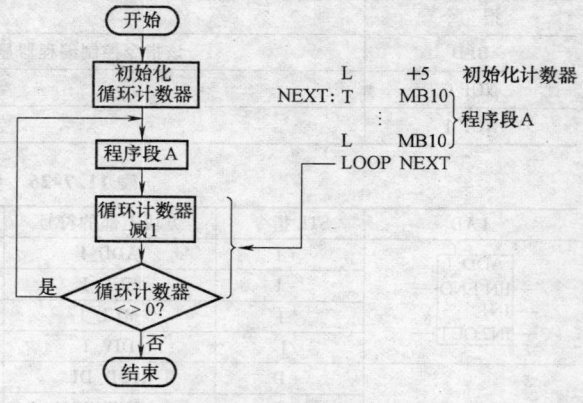

图11.7-32　使用 LOOP 指令

4）梯形图逻辑控制指令

梯形逻辑控制指令只有两条，可用于无条件跳转或条件跳转控制。由于无条件跳转时对应 STL 指令

JU，因此不影响状态字；由于在梯形图中目的标号只能在梯形网络的开始处，因此条件跳转指令会影响到状态字。在图 11.7-33 和图 11.7-34 中给出了梯形跳转指令的用法及其对应的语句表。状态位常开/常闭触点见表 11.7-31。

表 11.7-29　条件跳转指令

指令	说　明	指令	说　明
JC	当 RLO＝1 时跳转	JCN	当 RLO＝0 时跳转
JCB	当 RLO＝1 且 BR＝1 时跳转，将 RLO 保存在 BR 中	JNB	当 RLO＝0 且 BR＝0 时跳转，将 RLO 保存在 BR 中
JBI	当 BR＝1 时跳转，指令执行时，OR、FC 清 0，STA 置 1	JNBI	当 BR＝0 时跳转，指令执行时，OR、FC 清 0，STA 置 1
JO	当 OV＝1 时跳转	JOS	当 OS＝1 时跳转，指令执行时，OS 清 0
JZ	累加器 1 中的计算结果为零跳转	JN	累加器 1 中的计算结果为非零跳转
JP	累加器 1 中的计算结果为正跳转	JM	累加器 1 中的计算结果为负跳转
JMZ	累加器 1 中的计算结果小于等于零（非正）跳转	JPZ	累加器 1 中的计算结果大于等于零（非负）跳转
JUO	实数溢出跳转		

表 11.7-30　条件跳转指令与 CC0、CC1 的关系

状　态		计 算 结 果	触发的跳转指令
CC1	CC0		
0	0	＝0	JZ
1 或 0	0 或 1	＜＞0	JN
1	0	＞0	JP
0	1	＜0	JM
0 或 1	0	＜＝0	JMZ
0	1 或 0	＞＝0	JPZ
1	1	UO（溢出）	JUO

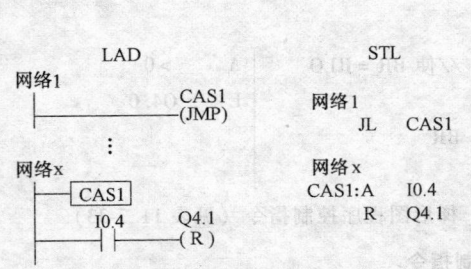

图11.7-33　无条件跳转

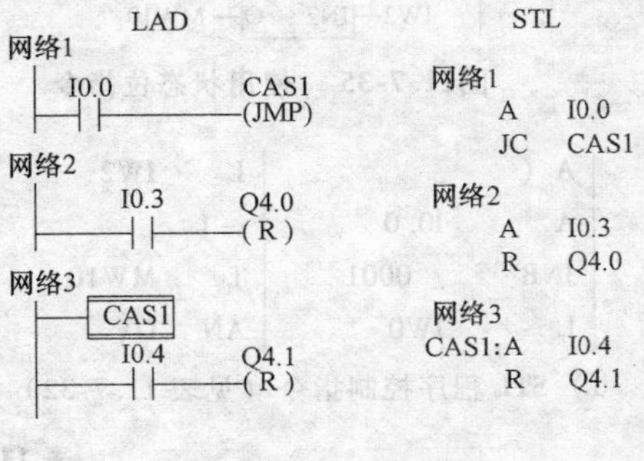

图11.7-34　条件跳转

表 11.7-31　状态位常开/常闭触点

LAD 单元		说　明
＞0	＞0	算术运算结果大于 0，则常开触点闭合、常闭触点断开
＜0	＜0	算术运算结果小于 0，则常开触点闭合、常闭触点断开
＞＝0	＞＝0	算术运算结果大于等于 0，则常开触点闭合、常闭触点断开
＜＝0	＜＝0	算术运算结果小于等于 0，则常开触点闭合、常闭触点断开

（续）

LAD 单元		说　明
—||—0	—|/|—0	算术运算结果等于 0,则常开触点闭合、常闭触点断开
—||—<>0	—|/|—<>0	算术运算结果不等于 0,则常开触点闭合、常闭触点断开
—||—OV	—|/|—OV	若状态字的 OV 位(溢出位)为 1,则常开触点闭合、常闭触点断开
—||—OS	—|/|—OS	若状态字的 OS 位(存储溢出位)为 1,则常开触点闭合、常闭触点断开
—||—UO	—|/|—UO	浮点算术运算结果溢出,则常开触点闭合、常闭触点断开
—||—BR	—|/|—BR	若状态字的 BR 位(二进制结果位)为 1,则常开触点闭合、常闭触点断开

这些 LAD 单元可以用在梯形图程序中,影响逻辑运算结果 RLO,最终形成以状态位为条件的跳转操作。图 11.7-35 所示为使用状态位的一个例子。

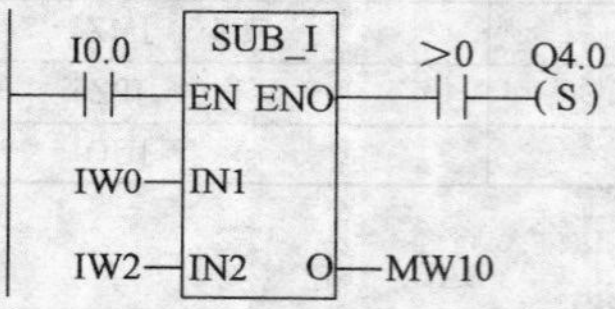

图11.7-35　使用状态位指令

A　(	L　　IW2	SAVE　//使 BR = RLO	A　　>0
A　　I0.0	- I	CLR	L　　Q4.0
JNB　_ 0001	T　　MW10	_ 0001:A　　BR
L　　IW0	AN　OV	)

1) STL 程序控制指令（见表 11.7-32）

在图 11.7-35 中,如果输入位 I0.0 为 1,则执行整数减操作方块指令。如果输入字 IW0 大于输入字 IW2,〔(IW0) — (IW2)〕的值大于 0,则输出端 Q4.0 被置位。其相应的语句表程序如下:

（2）程序控制指令　程序控制指令是指功能块（FB、FC、SFB、SFC）调用指令和逻辑块（OB、FB、FC）结束指令。调用块或结束块可以是有条件的或是无条件的。STEP 7 中的功能块实质上就是子程序。

2) 梯形图程序控制指令（见表 11.7-33）

表 11.7-32　STL 程序控制指令

指令	说　明
CALL	该指令在程序中无条件执行,调用 FB、FC、SFB、SFC
UC	该指令在程序中无条件调用功能块(一般是 FC 或 SFC),但不能传递参数
CC	RLO = 1,调用功能块(一般是 FC),但不能传递参数
BEU	该指令无条件结束当前块的扫描,将控制返回给调用块
BEC	若 RLO = 1,则结束当前块的扫描,将控制返回给调用块; 若 RLO = 0,则将 RLO 置 1,程序继续在当前块内扫描

表 11.7-33　梯形图程序控制指令

LAD 指令	参数	数据类型	存储区	说　明
< FC/SFC no. > —(CALL)	FC/SFC no.	BLOCK_FC	—	no. 为被调用的不带参数的 FC 或 SFC 号数

（续）

LAD 指令	参数		数据类型	存储区	说明
	方块上部符号	参数			
<DB no.> FB no. EN ENO	FB no.	DB no.	BLOCK_DB	—	调用 FB 时背景数据块号
	FC no.	Block no.	BLOCK_FB/ BLOCK_FC	—	被调用的功能块号
	SFB no.	EN	BOOL	I、Q、M、D、L	允许输入
	SFC no.	ENO	BOOL	Q、M、D、L	允许输出
—（RET）	—	—	—	—	块结束

（3）主控继电器指令　主控继电器（MCR）是一种美国梯形图逻辑主控开关，用来控制信号流（电流路径）的通断，如图 11.7-36 所示。主控继电器指令表见表 11.7-34。

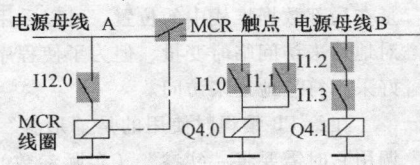

图11.7-36　主控继电器及相应的语句表程序

表 11.7-34　主控继电器指令表

STL 指令	LAD 指令	说　明
MCRA	—（MCRA）	激活 MCR 区，表明一个 MCR 区域的开始
MCRD	—（MCRD）	表明一个按 MCR 方式操作区域的结束
MCR(	—（MCR <）	主控继电器，并产生一条母线（子母线）
)MCR	—（MCRA >）	恢复 RLO，结束子母线，返回主母线

4　PLC 的结构化编程

4.1　模块化编程

模块化编程是将程序分为不同的逻辑块，每个块中包含完成某部分任务的功能指令。组织块 OB1 中的指令决定块的调用和执行，被调用的块执行结束后，返回到 OB1 中程序块的调用点，继续执行 OB1，该过程如图 11.7-37 所示。模块化编程中 OB1 起着主程序的作用，功能（FC）或功能块（FB）控制着不同的过程任务，如电动机控制、电动机相关信息及其运行时间等，相当于主循环程序的子程序。模块化编程中被调用块不向调用块返回数据。

模块化编程中，在主循环程序和被调用的块之间没有数据的交换。同时，控制任务被分成不同的块，易于几个人同时编程，而且相互之间没有冲突，互不影响。此外，将程序分成若干块，将易于程序的调试和故障的查找。OB1 中的程序包含有调用不同块的指令，由于每次循环中不是所有的块都执行，只有需要时才调用有关的程序块，这样，将有助于提高 CPU 的利用效率。

建议用户在编程时采用模块化编程，程序结构清晰、可读性强、调试方便。

4.2　结构化编程

结构化编程是通过抽象的方式将复杂的任务分解成一些能够反映过程的工艺、功能或可以反复使用的可单独解决的小任务，这些任务由相应的程序块（或称逻辑块）来表示，程序运行时所需的大量数据和变量存储在数据块中。某些程序块可以用来实现相同或相似的功能。这些程序块是相对独立的，它们被 OB1 或其他程序块调用。

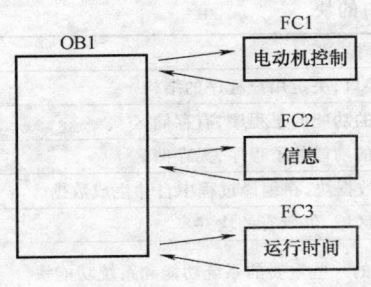

图11.7-37　模块化编程示意图

在块调用中，调用者可以是各种逻辑块，包括用户编写的组织块（OB）、FB、FC 和系统提供的 SFB 与 SFC，被调用的块是 OB 之外的逻辑块。调用 FB 时需要为它指定一个背景数据块，后者随 FB 的调用而打开，在调用结束时自动关闭，如图 11.7-38 所示。

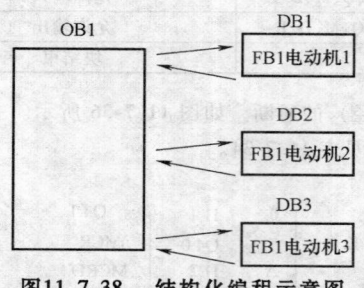

图11.7-38　结构化编程示意图

与模块化编程不同，结构化编程中通用的数据和代码可以共享。结构化编程具有如下一些优点：

1）各单个任务块的创建和测试可以相互独立地进行。

2）通过使用参数，可将块设计得十分灵活。例如：可以创建一个钻孔程序块，其坐标和钻孔深度可以通过参数传递进来。

3）块可以根据需要在不同的地方以不同的参数数据记录进行调用。

4）在预先设计的库中，能够提供用于特殊任务的"可重用"块。

建议用户在编程时，根据实际工程特点可以采用结构化编程方式，通过传递参数使程序块重复调用，结构清晰，调试方便。

结构化编程中用于解决单个任务的块使用局部变量来实现对其自身数据的管理。它仅通过其块参数来实现与"外部"的通信，即与过程控制的传感器和执行器，或者与用户程序中的其他块之间的通信。在块的指令段中，不允许访问如输入、输出、位存储器或 DB 中的变量这样的全局地址。

局部变量分为临时变量和静态变量。临时变量是当块执行时，用来暂时存储数据的变量，局部变量可以应用于所有的块（OB、FC、FB）中。那些在块调用结束后还需要保持原值的变量则必须存储为静态变量，静态变量只能用于 FB 中。

当块执行时，临时变量被用来临时存储数据，当退出该块时这些数据将丢失，这些临时数据都存储在局部数据堆栈（L Stack）中。

临时变量的定义是在块的变量声明表中定义的，在"temp"行中输入变量名和数据类型，临时变量不能赋初值。当块保存后，地址栏中将显示该临时变量在局部数据堆栈中的位置。可以采用符号地址和绝对地址来访问临时变量，但为了使程序可读性强，最好采用符号地址来访问。

在给 FB 编程时使用的是"形参"（形式参数），调用它时需要将"实参"（实际参数）赋值给形参。形式参数有 3 种类型：输入参数 In 类型，输出参数 Out 类型和输入/输出参数 In_Out 类型参数可读可写。在一个项目中，可以多次调用同一个块，例如：在调用控制电动机的块时，将不同的实参赋值给形参，就可以实现对类似但是不完全相同的被控对象（如水泵1，水泵2等）的控制。

4.3　系统功能和系统功能块

现以 STEP 7 为例来说明 PLC 编程的程序结构。STEP 7 编程采用块的概念，即将程序分解为独立的、自成体系的各个部件，块类似于子程序的功能，但类型更多、功能更强大。在工业控制中，程序往往是非常庞大和复杂的，采用块的概念便于大规模程序的设计和理解，可以设计标准化的块程序进行重复调用，程序结构清晰明了，修改方便，调试简单。采用块结构显著地增加了 PLC 程序的组织透明性、可理解性和易维护性。

STEP 7 程序提供了多种不同类型的块，见表 11.7-35。

表 11.7-35　STEP 7 用户程序中的块

块（Block）	简要描述
组织块（OB）	操作系统与用户程序的接口，决定用户程序的结构
功能块（FB）	用户编写的包括经常使用的功能的子程序，有存储区
功能（FC）	用户编写的包括经常使用的功能的子程序，无存储区
背景数据块（DI）	调用 FB 和 SFB 时用于传递参数的数据块，在编译过程中自动生成数据
共享数据块（DB）	存储用户数据的数据区域，供所有的块共享
系统功能块（SFB）系统功能（SFC）	存储在 CPU 操作系统中，由用户调用的一些重要的系统功能和系统功能块
系统数据块（SDB）	用于配置数据和参数的数据块

从块的功能、结构及应用角度来看，块是用户程序的一部分。根据其内容，可以将 STEP 7 提供的块划分为两类：

（1）用户块　用户块包括组织块（OB）、功能块（FB）、功能（FC）及数据块（DB）。

用户将用于进行数据处理或过程控制的程序指令存储在 OB、FB 和 FC 中，将程序执行期间产生的数据保存在 DB 中，以备后来使用。

用户块是在编程设备中创建的，并从编程设备中下载到 CPU 中去。

（2）系统块　系统块包括系统功能块（SFB）、系统功能（SFC），以及系统数据块（SDB）。SFB 和 SFC 集成到 CPU 的操作系统中，可以用于解决 PLC 需要频繁处理的标准任务。

系统数据块（SDB）包含用做参数分配的数据，这些数据只能由 CPU 进行处理。SDB 是在将装载参数分配数据期间由硬件组态编辑器或 NETPRO 等工具创建编写的，用户程序不能创建编写。SDB 的下载操作只能在 STOP（停机）模式下进行。

STEP 7 采用块的思想除了便于结构化编程外，还便于在 CPU 运行期间修改 STEP 7 中的用户块（OB、FB、FC 及 DB）并在运行期间将其下载到 CPU 中去。例如：可在运行期间升级系统软件，或者清除所发生的（软件方面的）错误等。

OB、FB、FC、SFC、SFB 也称为逻辑块。每个 CPU 中所包含的上述各种块的数量以及块的长度由 CPU 类型决定，表 11.7-36 所示为 S7-300 不同类型 CPU 所包含各种块的数量。

表 11.7-36　S7-300 不同类型 CPU 所包含各种块及数量

CPU 类型	FC	FB	DB	OB
CPU312C	64	64	63	OB1,10,20,35,40,100,102,80…82,85,87,121,122
CPU313C	128	128	127	OB1,10,20,35,40,100,102,80…82,85,87,121,122
CPU313C-2 PtP	128	128	127	OB1,10,20,35,40,100,102,80…82,85,87,121,122
CPU313C-2 DP	128	128	127	OB1,10,20,35,40,100,102,80…82,85,86,87,121,122
CPU314C-2 PtP	128	128	127	OB1,10,20,35,40,100,102,80…82,85,87,121,122
CPU314C-2 DP	128	128	127	OB1,10,20,35,40,100,102,80…82,85,121,122
CPU312 IFM	32	32	63	OB1,40,100
CPU313	128	128	127	OB1,40,35,10,100
CPU314	128	128	127	OB1,40,35,10,100
CPU314 IFM	128	128	127	OB1,40,35,10,100
CPU315	192	192	255	OB1,40,35,10,100
CPU315-2 DP	192	192	255	OB1,40,35,10,100
CPU316-2 DP	512	256	511	OB1,40,35,10,100
CPU318-2 DP	1024	1024	2047	OB10,11,20,21,32,35,40,41,90,100,80,81,82,84,87,121,122

1. 组织块

组织块（OB）是 CPU 中操作系统与用户程序的接口，由操作系统调用，用于控制用户程序扫描循环和中断程序的执行、PLC 的启动和错误处理等。

OB1 是用于扫描循环处理的组织块，相当于主程序，操作系统调用 OB1 来启动用户程序的循环执行，每一次循环中调用一次组织块，OB1。在项目中插入 PLC 站并进行硬件组态后，OB1 自动在 STEP 7 项目管理器的 S7 Program 目录中生成，双击鼠标左键打开即可编写程序。

组织块中除 OB1 作为用于扫描循环处理主程序的组织块以外，还包括启动组织块，如 OB100、OB101、OB102，定期的程序执行组织块，如日期时间中断 OB10～OB17 和循环中断 OB30～OB38 等，以及事件驱动的程序组织块，包括延时中断组织块 OB20～OB23、硬件中断组织块 OB40～OB47，异步

错误组织块 OB80～OB87、同步错误组织块 OB121～OB122 等。

2. 功能

功能（Function，FC）是属于用户编程的块，是一种不带"存储区"的逻辑块。FC 的临时变量存储在局域数据堆栈中，当 FC 执行结束后，这些临时数据就丢失了；要将这些数据永久存储，FC 可以使用共享数据块。

FC 类似于子程序，子程序仅在被其他程序调用时才执行，可以简化程序代码和减少扫描时间。用户可以将不同的任务编写到不同的 FC 中去，同一 FC 可以在不同的地方被多次调用。

由于 FC 没有自己的存储区，所以必须为其指定实际参数，不能为一个 FC 的局域数据分配初始值。

调用功能时，需要用实际参数（实参）代替形式参数（形参），如将实参 I0.0 赋值给形参 Start。形

参是实参在逻辑块中的名称，FC不需要背景数据块。FC用输入（IN）、输出（OUT）和输入/输出（IN-OUT）参数做指针，指向调用它的逻辑块提供的实参。FC被调用后，可以为调用它的块提供一个数据类型为RETURN的返回值。

3. 功能块

功能块（Function Block，FB）也属于用户编程的块，与FC一样，类似于子程序，但FB是一种带"存储功能"的块。数据块（DB）作为存储器（DI，背景数据块）被分配给FB。传递给FB的参数和静态变量都保存在背景数据块中，临时变量存在本地数据堆栈中。

当FB执行结束后，存在DI中的数据不会丢失。但是，当FB的执行结束后，存在本地数据堆栈中的数据将丢失。

在编写调用FB的程序中，必须指定DI的编号，调用时DI被自动打开。在编译FB时自动生成DI中的数据，可以在用户程序中或通过人机接口访问这些背景数据。

一个FB可以有多个DI，使FB用于不同的被控对象，称为多重背景模型。用户可以在FB的变量声明表中给形参赋初值，它们被自动写入相应的DI中。在调用FB时，CPU将实参分配给形参的值存储在DI中。如果调用FB时没有提供实参，将使用上一次存储在DI中的参数。

与FC一样，FB可以直接在S7 Program目录中Blocks文件夹下进行插入。

4. 数据块

数据块（DB）是用于存放执行用户程序时所需的变量数据的数据区。用户程序以位、字节、字或双字操作访问数据块中的数据，可以使用符号或绝对地址。数据块与临时数据不同，当逻辑块执行结束时或数据块关闭时，数据块中的数据不被覆盖。数据块同逻辑块一样占用用户存储器的空间，但不同于逻辑块的是，数据块中没有指令而只是一个数据存储区，STEP 7按数据生成的顺序自动地为数据块中的变量分配地址。数据块分为共享数据块和背景数据块。

（1）共享数据块　共享数据块（Share Block）存储的是全局数据，所有逻辑块都可以对共享数据块进行数据的读取和写入操作。CPU可以同时打开一个共享数据块和一个背景数据块。如果某个逻辑块被调用，它可以使用它的临时局域数据区（即L堆栈）。逻辑块执行结束后，其局域数据区中的数据丢失，但是共享数据块中的数据不会被删除。当建立一个共享数据块时，需要输入在DB中要保存的变量

（名称和数据类型），所输入的数据的顺序决定了DB中的数据结构。

（2）背景数据块　背景数据块（Instance Data Block）总是分配给特定的FB，仅在所分配的FB中使用。背景数据块中的数据是自动生成的，它们是FB的变量声明表中的数据（临时变量TEMP除外）。背景数据块用于传递参数，FB的实参和静态数据存储在背景数据块中。调用FB时，应同时指定背景数据块的编号或符号，背景数据块只能被指定的FB访问。

编程时，应首先生成FB，然后生成它的背景数据块。在生成背景数据块时，应指明它的类型为背景数据块（Instance），并指明它的功能块的编号。

背景数据块为FB提供了数据传递的存储器空间。当数据块关闭时，所存储的数据并不清除（和功能或功能块中的局部数据不同，当数据块关闭时，功能或功能块中的局部数据要清除）。一个功能块可以分配几个背景数据块。

5. 系统功能块、系统功能和系统数据块

系统功能块（SFB）和系统功能（SFC）是集成在S7 CPU的操作系统中已编好程序的逻辑块，可以在用户程序中调用，但用户不能修改。SFB和SFC作为操作系统的一部分，不占用程序空间。SFB有存储功能，其变量保存在指定给它的背景数据块中，SFB需要分配背景数据块，数据块必须作为用户程序的一部分下装到CPU；而SFC没有存储功能。

S7 CPU提供以下功能的SFB：计数功能、脉冲、延时、数据的接收发送、对远程装置的操作、高速计数器、频率计、顺序控制器、与块相关的报文、定时功能、PID控制器、从DP从站读写数据并组态连接用于通信及其他特殊功能等。

S7 CPU提供以下功能的SFC：复制，块功能，检查程序，处理时钟和运行时间计数器，数据传送，在多CPU模式的CPU之间传送事件，处理日期时间中断、延时中断，处理同步错误、中断错误和异步错误，有关静态和动态系统数据的信息，过程映像刷新和位域处理，模块寻址，分布式I/O，全局数据通信，非组态连接的通信，生成与块相关的信息等。

系统数据块（SDB）是由STEP 7产生的程序存储区，包含系统组态数据，例如：硬件模块参数和通信连接参数等用于CPU操作系统的数据。

4.4　块的调用

块调用即子程序调用，调用者可以是OB、FB、FC等各种逻辑块和系统提供的SFB、SFC，被调用的

块是除 OB 之外的逻辑块。调用 FB 时需要制定背景数据块。块可以嵌套调用，即被调用的块又可以调用别的块，允许嵌套调用的层次（嵌套深度）与 CPU 的型号有关。块嵌套调用的层次还受到 L 堆栈大小的限制。每个 OB 需要至少 20B 的 L 内存。当块 A 调用块 B 时，块 A 的临时变量将压入 L 堆栈。

图 11.7-39 中，OB1 调用了 FB1，FB1 又调用了 FC1，应创建块的顺序是：先创建 FC1，然后创建 FB1 及其背景数据块 IDB1，也就是说在编程时要保证被调用的块已经存在了。图 11.7-39 中，OB1 还调用了 FB2，其背景数据块为 IDB2，FB2 调用了 FB3，

其背景数据块为 IDB3，FB3 调用了 SFC1，SFC1 中访问了全局数据块 DB1，这些都是嵌套调用的例子。

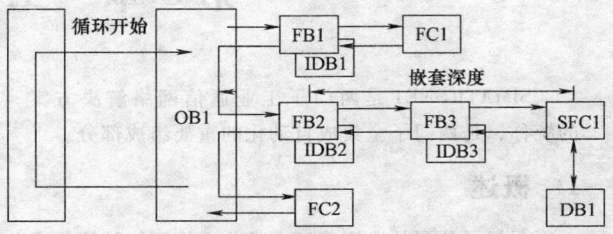

图11.7-39　块调用的分层结构示意图

第8章　工业通信网络

SIMATIC NET 是西门子工业通信网络解决方案的统称，是西门子全集成自动化的重要组成部分。

1　概述

西门子公司的典型工厂自动化系统网络结构示意图，如图 11.8-1 所示，主要包括现场设备层、车间监控层和工厂管理层。

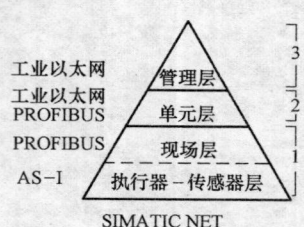

图11.8-1　西门子公司的网络结构示意图

（1）现场设备层（现场层）　现场设备层的主要功能是连接现场设备，如分布式 I/O、传感器、驱动器、执行机构和开关设备等，主要完成现场设备控制及设备间的联锁控制。主站（如 PLC、PC 或其他控制器）负责总线通信管理及与从站的通信。总线上所有设备的生产工艺控制程序存储在主站中，并由主站执行。

西门子的 SIMATIC NET 网络系统将执行器和传感器单独分为一层，主要使用 AS-I（执行器—传感器接口）网络。

（2）车间监控层（单元层）　车间监控层又称为单元层，用来完成车间主生产设备之间的连接，实现车间级设备的监控。车间级监控包括生产设备状态的在线监控、设备故障报警及维护等。通常还具有诸如生产统计、生产调度等车间级生产管理功能。车间级监控通常要设立车间监控室，有操作员工作站及打印设备。车间级监控网络可采用 PROFIBUS-FMS 或工业以太网等。

（3）工厂管理层（管理层）　车间操作员工作站可以通过集线器与车间办公管理网连接，将车间生产数据送到车间管理层。车间管理网作为工厂主网的一个子网，通过交换机、网桥或路由器等连接到厂区骨干网，将车间数据集成到工厂管理层。

工厂管理层通常采用符合 IEC802.3 标准的以太网，即 TCP/IP 标准。厂区骨干网可以根据工厂实际情况，采用 FDDI 或 ATM 等网络。

1.1　S7-300/400 的通信方式与接口

1. 通信方式

（1）并行通信与串行通信　并行通信是以字（16 位）或字节（8 位）为单位的数据传输方式。串行通信是以二进制的位（bit 即 1 位）为单位的数据传输方式。在控制中计算机之间一般采用串行通信方式。

（2）同步通信与异步通信　串行通信可分为同步通信和异步通信。异步通信的格式如图 11.8-2 所示。

图11.8-2　异步通信的格式

同步通信的格式：同步通信以字节为单位，每次传送 1~2 个同步字符、多个数据字节和校验字符。用同步字符通知接收方开始接收。

（3）单工与双工通信　单工通信：只能沿单一方向传送数据。双工通信：可以沿两个方向传送数据。双工方式又可以分为全双工和半双工方式，如图 11.8-3 所示。

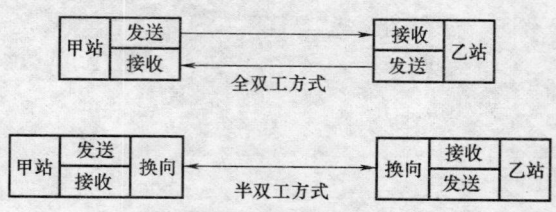

图11.8-3　全双工和半双工通信方式

（4）传输速率（波特率）　S7-300/400 的通信传输速率一般为 300~38400bit/s。

2. 串行通信接口

（1）RS-232C 通信接口　RS-232C 广泛地用于计算机与终端或外设之间的近距离通信，其通信方式示意图如图 11.8-4 所示，RS-232C 采用共地传送方式，容易引起共模干扰。

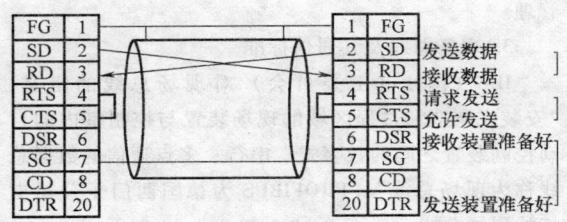

RS－232C 无握手信号

图 11.8-4　RS-232C 通信方式示意图

（2）RS-422 通信接口　全双工操作，两对平衡差分信号线分别用于发送和接收。最大传输速率为 10Mbit/s，最大距离为 1200m，一台驱动器可以连接 10 台接收器。RS-422 通信接口广泛地用于计算机与终端或外设之间的远距离通信，其通信方式示意图如图 11.8-5 所示。

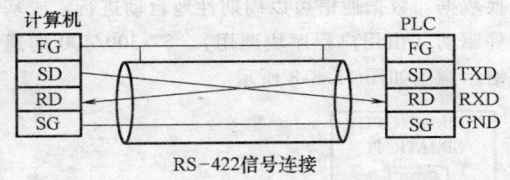

RS－422 信号连接

图 11.8-5　RS-422 通信方式示意图

（3）RS-485 通信接口　RS-485 是 RS-422 的变形，采用半双工四线操作，一对平衡差分信号线不能同时发送和接收。使用 RS-485 接口和双绞线可以组成串行通信网络，构成分布式系统，系统中可以有 32 个站，新的接口器件已允许连接多达 128 个站，其通信方式示意图如图 11.8-6 所示。

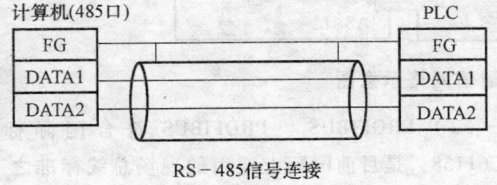

RS－485 信号连接

图 11.8-6　RS-485 通信方式示意图

1.2　S7-300/400 的通信标准

1. 开放系统互连模型

国际化标准组织 ISO 提出的开放系统互连模型 OSI，其作为通信网络国际标准化的参考模型，详细描述了软件功能的 7 个层次。一类为面向用户的第 5～7 层，另一类为面向网络的第 1～4 层。开放系统互连模型如图 11.8-7 所示。

（1）物理层　为用户提供建立、保持和断开物

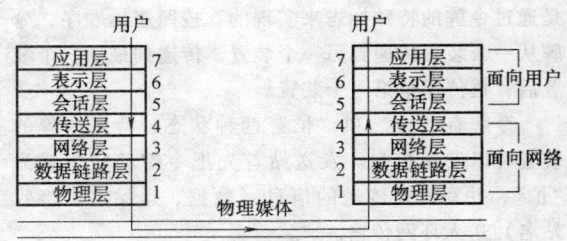

开放系统互连模型

图 11.8-7　开放系统互连模型

理连接的功能（如 RS-232C、RS-422、RS-485）。

（2）数据链路层　数据是以帧为单位传送。数据链路层负责在两个相邻节点间的链路上，实现差错控制、数据成帧、同步控制等。

（3）网络层　网络层的功能是报文包的分段、报文包的阻塞处理和通信子网络的选择。

（4）传输层　传输层的单位是报文。它的功能是流量控制、差错控制、连接支持、向上一层提供端到端的数据传送服务。

（5）会话层　支持通信管理和实现最终用户应用进程的同步，按正确的顺序收发数据。

（6）表示层　表示层用于应用层信息内容的形式变换。例如：数据的加密/解密，信息的压缩/解压和数据兼容。把应用层提供的信息变成能够共同理解的形式。

（7）应用层　应用层作为 OSI 的最高层，为用户的应用服务提供信息交换，为应用接口提供操作标准。

注意：不是所有的通信协议都需要 OSI 参考模型中的全部 7 层。例如：有的现场总线通信协议只采用了 7 层协议中的第 1 层、第 2 层和第 7 层。

2. IEEE 802 通信标准

IEEE（国际电工与电子工程师学会）于 1982 年颁布了计算机局部网分层通信协议标准草案，IEEE 802 通信标准。它把 OSI 参考模型的底部两层分解为逻辑链路控制层（LLC）、媒体访问层（MAC）和物理传送层。

数据链路层是一条链路（LINK）两端的两台设备进行通信时所共同遵守的规则和约定。IEEE 802 的媒体访问控制层对应于三种已建立的标准（CSMA/CD、令牌总线、令牌环）。

（1）CSMA/CD 协议　CSMA/CD 协议是带冲突检测的载波侦听多路访问技术。允许各站平等竞争，实时性好，适用于工业自动控制计算机网络。

（2）令牌总线　在令牌总线中，媒体访问控制

是通过令牌的特殊标志来实现的。按照逻辑顺序,令牌从一个装置传递到另一个装置。传递到最后一个装置后,再传递给第一个装置。

令牌有"空"和"忙"两种状态,持有令牌的装置可以发送信息。发送站首先把令牌的状态置为"忙",并写入要传送的信息(数据、送站名、接收站名)送入环网传输。

令牌沿环网一周后返回发送站时,信息已被接收站复制,发送站把令牌的状态置为"空",送入环网继续传输,以供其他站使用。令牌传递总线能在重负荷下提供实时同步操作,传送效率高,适于频繁、较短的数据传送。因此它更适合于需要进行实时通信的工业控制网络系统。

(3)令牌环   令牌环传递类似于令牌总线,在令牌环上只能有一个令牌绕环运动,不允许两个站同时发送数据。

令牌环从本质上看是一个集中控制式的环,环上需要有一个中心控制站负责网上的工作状态的检测和管理。

3. 现场总线及其通信标准

IEC(国际电工委员会)对现场总线的定义:"安装在制造和过程区域的现场装置与控制室内的自动控制装置之间的数字式、串行、多点通信的数据总线称为现场总线"。PROFIBUS 为德国西门子公司支持的现场总线。

1.3   S7-300/400PLC 的通信功能

S7-300/400 有很强的通信功能,CPU 模块集成有 MPI 和 DP 通信接口,有 PROFIBUS-DP、工业以太网的通信模块,以及点对点通信模块。通过 PROFIBUS-DP 或 AS-I 现场总线,CPU 与分布式 I/O 模块之间可以周期性地自动交换数据。在自动化系统之间,PLC 与计算机和 HMI(人机接口)站之间,均可以交换数据。数据通信可以周期性地自动进行,或基于事件驱动(由用户程序块调用)。S7-300/400 的通信网络示意图如图 11.8-8 所示。

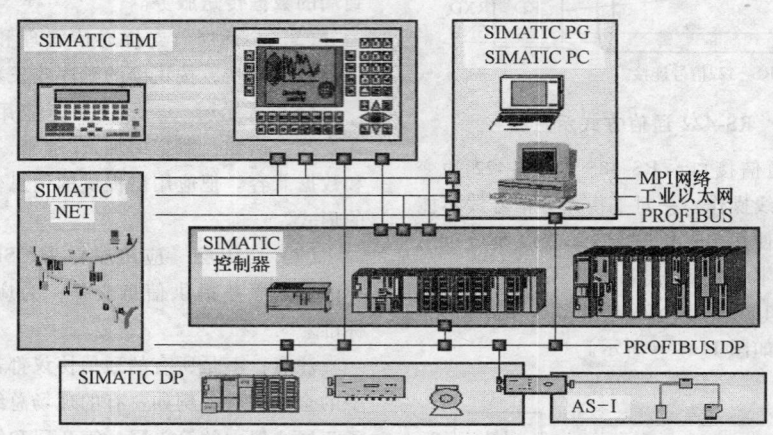

图11.8-8   S7-300/400 的通信网络示意图

S7-300/400 支持的通信方式主要包括以下几种:

(1)MPI   MPI(Multi-Point Interface,多点接口)通信用于小规模、小点数的现场通信。S7-300/400 CPU 都集成了 MPI 通信协议,MPI 的物理层 RS-485 接口,最大传输速率为 12Mbit/s。PLC 通过 MPI 能同时连接运行 STEP 7 的编程器、计算机、人机界面(HMI)及其他 SIMATIC S7、M7 和 C7。STEP 7 用户界面提供了 PLC 硬件组态功能,使得 PLC 硬件组态很简单。STEP 7 用户界面还提供了通信组态功能,使通信组态也变得简单。联网的 CPU 可以通过 MPI 接口实现全局数据(GD)服务,周期性地相互进行数据交换。每个 CPU 可以使用的 MPI 连接总数与 CPU 的型号有关,为 6～64 个。

(2)PROFIBUS   PROFIBUS 符合国际标准 IEC61158,是目前国际上通用的现场总线标准之一,是网络连接节点最多的现场总线。PROFIBUS 协议包括 PROFIBUS-DP、PROFIBUS-PA 和 PROFIBUS-FMS 三个主要部分。

工业现场总线 PROFIBUS 是用于车间级监控和现场层的通信系统。S7-300/400 PLC 可以通过通信处理器或集成在 CPU 上的 PROFIBUS-DP 接口连接到 PROFIBUS-DP 网上。带有 PROFIBUS-DP 主站/从站接口的 CPU 能够实现高速和使用方便的分布式 I/O 控制。PROFIBUS 的物理层是 RS-485 接口,最大传输速率为 12Mbit/s,最多可以与 127 个节点进行数据交换。网络中最多可以串接 10 个中继器来延长通信距离，使用光纤作为通信介质，通信距离可达 90km。可以通过 CP342/343 通信处理器将 S7-300 与 PROFI-BUS-DP 或工业以太网系统相连。

主站设备包括带有 PROFIBUS-DP 接口的 S7-300/400 的 CPU、CP443-5 和 IM467，CP342-5，CP343-5，带有 DP 接口或 DP 处理器的 C7，以及西门子某些老型号 PLC、PG 和 OP。

从站设备包括分布式 I/O 设备 ET200，通过通信处理器 CP342-5 的 S7-300，带有 DP 接口的 S7-300、S7-400（只能通过 CP443-5），带有 EM277 通信模块的 S7-200 等。

（3）工业以太网 工业以太网符合国际标准 IEEE802.3，是功能强大的区域和单元网络，用于工厂管理层和单元层的通信系统，主要用于对时间要求不太严格且需要传送大量数据的场合。西门子的工业以太网的传输速率为 10M/100Mbit/s，最多可以达到 1024 个网络节点，网络的最大范围为 150km。西门子的 S7 和 S5 PLC 通过 PROFIBUS（FDL 协议）或工业以太网 ISO 协议，可以利用 S7 和 S5 的通信服务进行数据交换。

CP 通信处理器不会加重 CPU 的通信服务负担，S7-300 最多可以使用 8 个通信处理器，每个通信处理器最多能建立 16 条链路。

（4）PROFINET PROFINET 将成熟的 PROFIBUS 现场总线技术的数据交换技术和基于工业以太网的通信技术整合到一起，是一种开放的工业以太网标准。

（5）AS-I 接口 AS-I（Actuator-Sensor Interface，执行器—传感器接口）是用于自动控制系统最底层的网络，专门设计用来连接二进制的传感器和执行器，只能传送少量的数据，如开关的状态等。CP342-2 通信处理器是用于 S7-300 和分布式 I/O ET200M 的 AS-I 主站，它最多可以连接 62 个数字量或 31 个模拟量 AS-I 从站。通过 AS-I 接口，每个 CP 最多可访问 248 个数字量输入和 184 个数字量输出。通过内部集成的模拟量处理程序，可以像处理数字量值那样非常容易地处理模拟量值。

1.4 S7 通信的分类

S7 通信可以分为全局数据通信、基本数据及扩展通信三类。

（1）全局数据通信 全局数据（GD）通信通过 MPI 接口在 CPU 间循环交换数据，用全局数据表来设置各 CPU 之间需要交换的数据存放的地址区和通信的速率，通信是自动实现的，不需要用户编程。当过程映像被刷新时，在循环扫描检测点进行数据交

换。S7-400 的全局数据通信可以通过 SFC 来启动。全局数据可以是输入、输出、标志位（M）、定时器、计数器和数据区。

S7-300 CPU 每次最多可以交换 4 个含有 22B 的软件包，最多可以有 16 个 CPU 参与数据交换。全局数据通信用 STEP 7 中的 GD 表进行组态，对 S7 和 C7 的通信服务可以用系统功能块来建立。MPI 默认的传输速率为 187.5kbit/s，与 S7-200 通信时只能指定为 19.2kbit/s 的传输速率。通过 MPI，CPU 可以自动广播其总线参数组态（如波特率），然后 CPU 可以自动检索正确的参数，并连接至一个 MPI 子网。全局数据通信的示意图如图 11.8-9 所示。

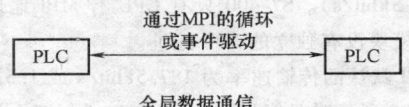

图 11.8-9 全局数据通信的示意图

（2）基本通信（非配置的连接） 这种通信可以用于所有的 S7-300/400 CPU，通过 MPI 或站内的 K 总线（通信总线）来传送最多 76B 的数据。在用户程序中用系统功能（SFC）来传送数据。在调用 SFC 时，通信连接被动态地建立，CPU 需要一个自由的连接。基本通信的示意图如图 11.8-10 所示。

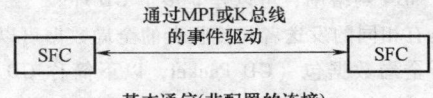

图 11.8-10 基本通信的示意图

（3）扩展通信（配置的连接） 这种通信可以用于所有的 S7-300/400 CPU，通过 MPI，PROFIBUS 和工业以太网最多可传递 64KB 的数据。在用户程序中用系统功能块（SFB）来传送数据，支持应答的通信。在 S7-300 中可以用 SFB 15 "PUT" 和 SFB 14 "GET" 来读写远端 CPU 的数据。这种方式需要用连接表配置连接，被配置的连接在站启动时建立并一直保持。扩展通信的示意图如图 11.8-11 所示。

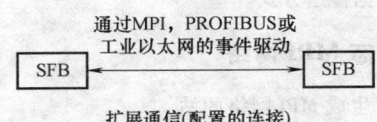

图 11.8-11 扩展通信的示意图

2 MPI 网络

每个 S7-300/400CPU 都集成了 MPI 接口通信协

议，MPI 的物理层是 RS-485。每个 CPU 可以使用的 MPI 连接总数与 CPU 的型号有关，例如：CPU312 为 6 个，CPU418 为 64 个。联网的 CPU 可以通过 MPI 接口实现全局数据（GD）服务，周期性地相互交换少量的数据，还可以与 15 个 CPU 建立全局数据通信。

每个 MPI 节点都有自己的 MPI 地址（0～126），编程设备、人机接口和 S7 CPU 的默认地址分别为 0、1、2。在 S7-300 中，MPI 总线在 PLC 中与 K 总线（通信总线）连接在一起，S7-300 机架上 K 总线的每一个节点（功能模块 FM 和通信处理器 CP）也是 MPI 的一个节点，也有自己的 MPI 地址。在 S7-400 中，MPI（187.5kbit/s）通信模式被转换为内部 K 总线（10.5kbit/s）。S7-400 只有 CPU 有 MPI 地址，其他智能模块没有独立的 MPI 地址。

MPI 默认的传输速率为 187.5kbit/s 或 1.5kbit/s，与 S7-200 通信时只能指定为 19.2kbit/s。两个相邻节点间的最大传送距离为 50m，加中继器后为 1000m，使用光纤和星形连接时为 23.8km。

2.1　全局数据包

参与全局数据包交换的 CPU 构成了全局数据环（GD circle，以下简称 GD 环）。同一个 GD 环中的 CPU 可以向环中其他的 CPU 发送数据或接收数据。在一个 MPI 网络中，可以建立多个 GD 环。

具有相同的发送者和接收者的全局数据可以集合成一个全局数据包（GD Packet，以下简称 GD 包）。每个 GD 包有 GD 包的编号，GD 包中的变量有变量的编号。例如：GD 1.2.3 表示 1 号 GD 环、2 号 GD 包中的 3 号数据。

S7-300 CPU 可以发送和接收的 GD 包的个数（4 个或 8 个）与 CPU 型号有关，每个 GD 包最多 22B 数据，最多 16 个 CPU 参与全局数据交换。

S7-400 CPU 可以发送和接收的 GD 包的个数与 CPU 型号有关，可以发送 8 个或 16 个 GD 包，接收 16 个或 32 个 GD 包，每个 GD 包最多 64B 数据。S7-400 CPU 具有对全局数据交换的控制功能，支持事件驱动的数据传送方式。

2.2　组态 MPI 网络

（1）生成 MPI 网络的站

1）在 STEP 7 中生成 MPI 网络项目。

2）在 MPI 网络项目中生成 SIMATIC 300（1），左键单击"HARDWARE"→ SIMATIC300 → RAIL→CPU314。

3）左键单击"OPTION"选项"CONFIGUR

NETWORK"，生成 SIMATIC300（2）和生成 SIMATIC300（3）。MPI 网络的站的建立如图 11.8-12 所示。

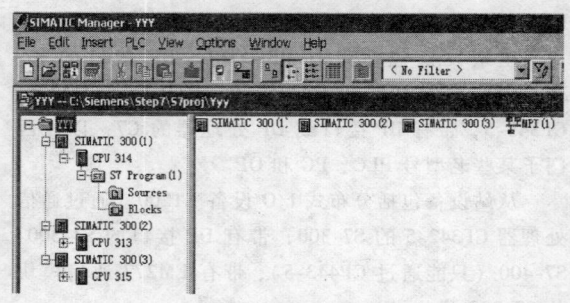

图11.8-12　MPI 网络的站的建立

（2）MPI 网络组态

1）在 MPI 网络项目中用鼠标左键双击"MPI 图标"打开"NETPRO"组态 MPI（1）。

2）在一条黑线（MPI 网线）和三个互不相连的网站上建立连接，用鼠标左键压住站的黑点，并拖到 MPI 网线建立了一个连接。用同样方法建立其他站的连接。

3）用鼠标右键单击各站，打开"PROPERTIES-MPI INTERFACE"设置修改通信参数（注意存盘）。MPI 网络组态的建立如图 11.8-13 所示。

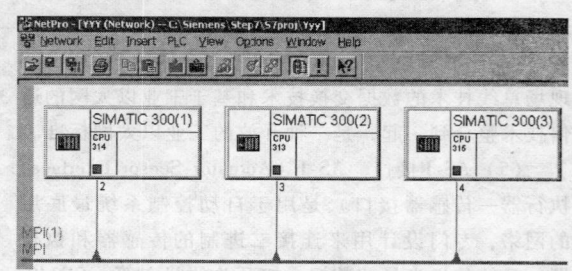

图11.8-13　MPI 网络组态的建立

2.3　组态全局数据表

联成 MPI 网络的 CPU 可以通过全局数据通信实现周期性的数据交换。全局数据通信用全局数据表（GD 表）来设置。全局数据通信的组态步骤如下：

1. 生成和填写 GD 表

（1）生成空 GD 表　在"NETPRO"窗口选中 MPI 网络线（变粗）。执行"OPTIONS"中 DEFINE GLOBAL DATA（定义全局数据）命令。生成空 GD 表，如图 11.8-14 所示。

（2）填写 CPU　鼠标左键双击"GD ID"右边的方格，在出现的"SELECT CPU"对话框中用鼠标左键双击站 1 的 CPU 图标，该 CPU 就出现在"GD ID"右边的方格中。用同样方法将站 2 的 CPU 和站 3 的

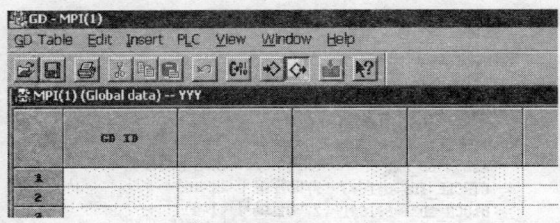

图11.8-14 生成空GD表

CPU 放到对应的方格中。CPU 的填写，如图 11.8-15 所示。

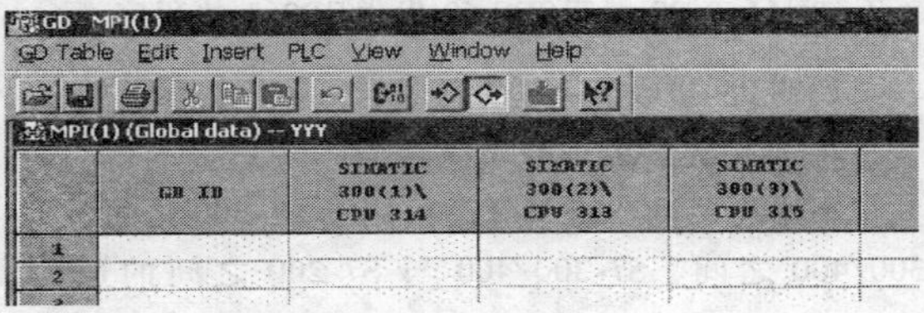

图11.8-15 CPU 的填写

（3）填写 GD 包 在 CPU 下面的一行中生成 1 号 GD 环 1 号 GD 包中的 1 号数据。用鼠标右键单击 CPU314 下面的方格，在出现的菜单中选择"SENDER（发送者）"，该方格变深色，且在左端出现" > "符号。这时输入要发送的全局数据的地址 MW0。

左键单击 CPU313 下面的方格单元，输入要接收的全局数据的地址 QW0。该方格的背景为白色，表示在该行中 CPU313 是接收站。用同样方法可以填写其余的 GD 数据。GD 包的填写如图 11.8-16 所示。

注意：每行中应定义一个并且只能有一个 CPU 作为数据的发送方，要输入数据的绝对地址，变量的复制因子是用来定义数据区的长度。例如：MB20：8 表示数据区是从 MB20 开始的连续 8 个字节，加上两个说明字节，共占 10 个字节的区域。MW0：11 表示数据区是从 MW0 开始的连续 11 个字，加上两个说明字节，共占 24 个字的区域。

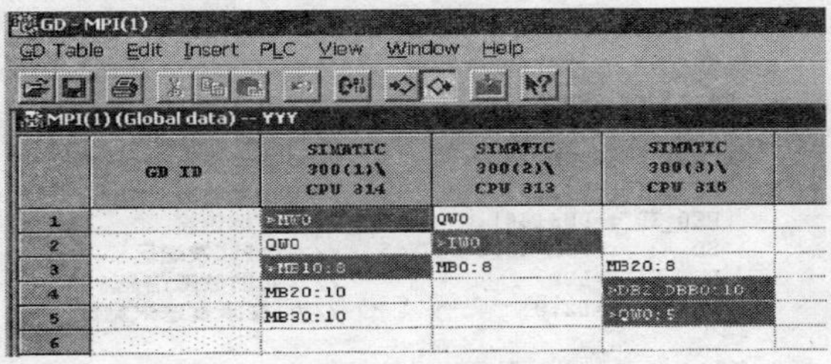

图11.8-16 GD 包的填写

2. 第一次编译 GD 表

（1）执行菜单命令 "GD TABLE" → "COMPILE…"对它进行第一次编译。

（2）生成 GD 环 例如：GD 1.2.1 表示 1 号 GD 环 2 号 GD 包中第 1 组变量。第一次编译的 GD 表，如图 11.8-17 所示。

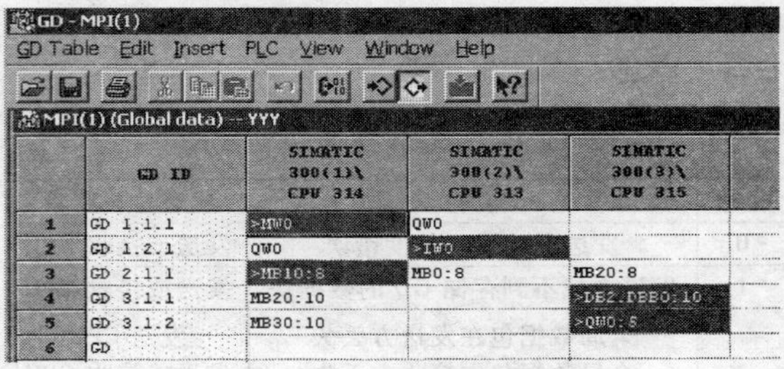

	GD ID	SIMATIC 300(1)\ CPU 314	SIMATIC 300(2)\ CPU 313	SIMATIC 300(3)\ CPU 315
1	GD 1.1.1	>MW0	QW0	
2	GD 1.2.1	QW0	>IW0	
3	GD 2.1.1	>MB10:8	MB0:8	MB20:8
4	GD 3.1.1	MB20:10		>DB2.DBB0:10
5	GD 3.1.2	MB30:10		>QW0:5
6	GD			

图11.8-17 第一次编译 GD 表

3. 设置 GD 包状态双字的地址和扫描速率并下载

（1）设置扫描速率 第一次编译 GD 以后，执行"VIEW"的"SCANRATES"。每个数据包将增加标有"SR"的行，用来设置该数据包的扫描速率（1～255）。S7-300 默认值为 8，S7-400 默认值为 22。S7-400CPU 扫描速率设置为 0，表示是事件驱动的 GD 发送和接收。扫描速率的设置，如图 11.8-18 所示。

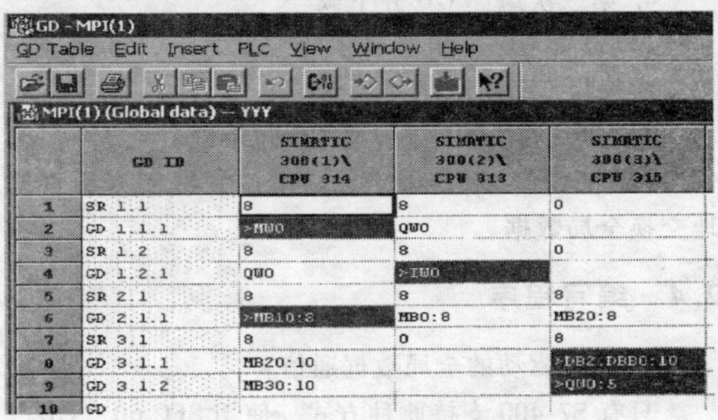

	GD ID	SIMATIC 300(1)\ CPU 314	SIMATIC 300(2)\ CPU 313	SIMATIC 300(3)\ CPU 315
1	SR 1.1	8	8	0
2	GD 1.1.1	>MW0	QW0	
3	SR 1.2	8	8	0
4	GD 1.2.1	QW0	>IW0	
5	SR 2.1	8	8	0
6	GD 2.1.1	>MB10:8	MB0:8	MB20:8
7	SR 3.1	8		0
8	GD 3.1.1	MB20:10		>DB2.DBB0:10
9	GD 3.1.2	MB30:10		>QW0:5
10	GD			

图11.8-18 扫描速率的设置

（2）设置 GD 包状态双字的地址 第一次编译 GD 以后，执行"VIEW"的"STATUS"。在出现的 GDS 行中可以给每个数据包指定一个用于状态双字的地址。其中 GST 是各 GDS 行中的状态双字相"与"的结果。状态双字使用户程序能及时了解通信的有效性和实时性，增强了系统的诊断能力。GD 包状态双字的地址的设置，如图 11.8-19 所示，注意：

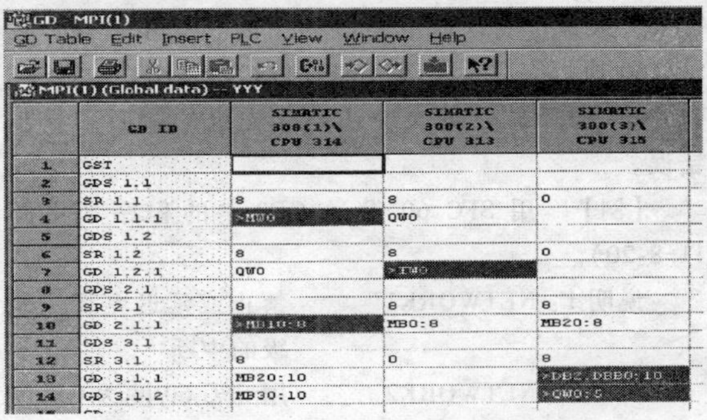

	GD ID	SIMATIC 300(1)\ CPU 314	SIMATIC 300(2)\ CPU 313	SIMATIC 300(3)\ CPU 315
1	GST			
2	GDS 1.1			
3	SR 1.1	8	8	0
4	GD 1.1.1	>MW0	QW0	
5	GDS 1.2			
6	SR 1.2	8	8	0
7	GD 1.2.1	QW0	>IW0	
8	GDS 2.1			
9	SR 2.1	8	8	0
10	GD 2.1.1	>MB10:8	MB0:8	MB20:8
11	GDS 3.1			
12	SR 3.1	8		0
13	GD 3.1.1	MB20:10		>DB2.DBB0:10
14	GD 3.1.2	MB30:10		>QW0:5

图11.8-19 GD 包状态双字的地址的设置

图中还没有给状态双字赋予地址。

状态双字中各位的使用意义见表 11.8-1，被置位的位将保持其状态不变，直到它被用户程序复位。

表 11.8-1　GD 通信状态双字

位号	说明	状态位设定者
0	发送方地址区长度错误	发送或接收 CPU
1	发送方找不到存储 GD 的数据块	发送或接收 CPU
3	全局数据包在发送方丢失 全局数据包在接收方丢失 全局数据包在链路上丢失	发送 CPU 发送或接收 CPU 接收 CPU
4	全局数据包语法错误	接收 CPU
5	全局数据包 GD 对象遗漏	接收 CPU
6	接收方发送方数据长度不匹配	接收 CPU
7	接收方地址区长度错误	接收 CPU
8	接收方找不到存储 GD 的数据块	接收 CPU
11	发送方重新启动	接收 CPU
31	接收方接收到新数据	接收 CPU

4. 第二次编译 GD 并下载

1）设置 GD 包状态双字的地址之后，可以进行第二次编译 GD 并保存。

2）CPU 在 STOP 下，将 GD 包下载。

3）当 CPU 转为 RUN 时，各 CPU 之间开始自动地交换全局数据。

2.4　编写程序

1. 事件驱动的全局数据通信

只有 S7-400 支持此种方式，使用 SFC 60 "GD_SND" 和 SFC 61 "GD_ RCV" 用事件驱动的方式发送和接收 GD 包，实现全局通信。在全局数据表中，必须要对传送的数据包组态，并将扫描速率设置为 0。

SFC 60 和 SFC 61 可以在用户程序任何位置被调用。SFC 60 和 SFC 61 能够被更高优先级的块中断。为了保证全局数据交换的连续性，在调用 SFC 60 之前，应调用 SFC 39 "DIS_ IRT" 或 SFC 41 "DIS_AIRT" 来禁止或延迟更高级的中断和异步错误。在 SFC 60 执行完后，应调用 SFC 40 "EN_ IRT" 或 SFC 42 "EN_ AIRT"，再次确认高优先级的中断和异步错误。

【例】　用 SFC 60 发送 GD3.1 的程序（见图 11.8-20）。

说明 1：NETWORK1　　禁止或延迟更高优级的中断

　　　　NETWORK2　　用 SFC 60 发送 GD 包

　　　　NETWORK3　　允许或延迟更高优先

级的中断

```
Network 1: Title:
   CALL  "DIS_AIRT"        //调用SFC41延迟处理高优先级中断
   RET_VAL:=MW100          //返回的故障信息

Network 2: Title:
   CALL  "GD_SND"          //调用SFC60发送全局数据
   CIRCLE_ID:=B#16#3       //GD环编号（1~16）
   BLOCK_ID:=B#16#1        //GD包编号（1~4）
   RET_VAL :=MW200         //返回的故障信息

Network 3: Title:
   CALL  "EN_AIRT"         //调用SF42允许处理高优先级中断
   RET_VAL:=MW104          //返回的故障信息
```

图11.8-20　用 SFC 60 发送 GD3.1 的程序

说明 2：接收 GD 包的程序也可仿照编写。

2. 不用连接组态的 MPI 通信

不用连接组态的 MPI 通信用于 S7-300 之间、S7-300/400 之间、S7-300/400 与 S7-200 之间的通信，是一种应用广泛、经济的通信方式。此时需要调用 SFC 65 ~ SFC 69，但是，一些老式 S7-300/400 CPU 不含有 SFC 65 ~ SFC 69，只能用全局数据包的方式来通信。

（1）需要双方编程的 S7-300/400 之间的通信

1）首先要建立一个项目，对两个 PLC 的 MPI 网络组态。假设 A 站和 B 站的 MPI 地址分别为 2 和 3。

2）使用 SFC 65 "X_ SEND" 和 SFC 66 "X_RCV" 发送和接收数据。

3）发送程序可以放于循环中断组织块 OB35 中，接收程序可以放于循环组织块 OB1 中。

【例】　说明 1：在 A 站（2 号站）的 PLC 的定时循环中断组织块 OB35 中编写发送程序（见图 11.8-21），把 A 站中的 MB20 ~ MB24 发送到 B 站（3 号站）中的 MB30 ~ MB34 中。

说明 2：在 PLC 的 OB1 中编写接收程序（见图 11.8-22），把 A 站（2 号站）发送的数据存入 B 站（3 号站）的 MB30 ~ MB34 中。

```
Network 1: 通过MPI发送数据
   CALL  "X_SEND"          //调用SFC65
   REQ   :=TRUE            //激活发送请求
   CONT  :=TRUE            //发送完成后保持连接
   DEST_ID:=W#16#3         //接收方的MPI地址
   REQ_ID :=DW#16#1        //任务标识符
   SD     :=P#M 20.0 BYTE 5 //本地PLC发送区
   RET_VAL:=LW0            //返回的故障信息
   BUSY   :=L2.0           //为1表示发送未完成
```

图11.8-21　A 站（2 号站）PLC 的 OB35 中的发送程序

（2）只需要一个站编程的 S7-300/400 之间的通信

1）首先要建立一个项目，对两个 PLC 的 MPI 网

```
Network 1: 从MPI接收数据
   CALL  "X_RCV"              //调用SFC66
   EN_DT :=TRUE               //激活接收功能
   RET_VAL:=LW0               //返回的错误代码, =W#16#7000
   REQ_ID:=LD2                //SFC 65"X_SEND"的任务标识符
   NDA   :=L6.0               //为0 没有新的排队数据
   RD    :=P#M 30.0 BYTE 5    //本地PLC数据接收区
```

图11.8-22　B 站 (3 号站) PLC 的OB1
中的接收程序

络组态。假设 A 站和 B 站的 MPI 地址分别为 2 和 3。

2) 使用 SFC68 "X_PUT" 和 SFC67 "X_GET" 发送和接收数据。

3) 发送和接收程序可以放于循环中断组织块 OB35 中。

【例】 功能: 在 A 站 (2 号站) 的 PLC 的定时循环中断组织块 OB35 中编写发送程序和接收程序, 如图 11.8-23 所示。

```
Network 1: 用SFC 68 从MPI发送数据
   CALL  "X_PUT"             //调用SFC68
   REQ    :=TRUE             //激活发送请求
   CONT   :=TRUE             //发送完成后保持连接
   DEST_ID:=W#16#3           //接收方的MPI地址
   VAR_ADDR:=P#M 50.0 BYTE 10 //对方的数据接收区
   SD     :=P#M 40.0 BYTE 5  //本地的数据发送区
   RET_VAL:=LW0              //返回的故障信息
   BUSY   :=L2.1             //为1发送未完成
Network 2: 用SFC 67 从MPI读取对方的数据到本地PLC的数据区
   CALL  "X_GET"             //调用SFC67
   REQ    :=TRUE             //激活请求
   CONT   :=TRUE             //接受完成后保持连接
   DEST_ID:=W#16#3           //对方的MPI地址
   VAR_ADDR:=P#M 60.0 BYTE 10 //要读取的对方的数据
   RET_VAL:=LW4             //返回的故障信息
   BUSY   :=L2.2             //为1发送未完成
   RD     :=P#M 70.0 BYTE 10 //本地的数据接收区
```

图11.8-23　OB35 中的程序

步骤 1:
调用 SFC 68 把 A 站中的 MB40 ~ MB49 中的 10B 数据发送到 B 站 (3 号站) 中的 MB50 ~ MB59 中。

步骤 2:
调用 SFC 67 把 B 站中的 MB60 ~ MB69 中的 10B 数据读入到 A 站 (1 号站) 中的 MB70 ~ MB79 中。

注意: SFC 69 "X_ABORT" 可以中断一个由 "X_PUT"、"X_GET" 建立的连接。如果 SFC 68、SFC 67 的工作已经完成 (BURY = 0), 调用 SFC 69 "X_ABORT" 后, 通信双方的连接资源被断开。

3　PROFIBUS 网络

PROFIBUS 是目前国际上通用的现场总线标准之一, 是不依赖生产厂家的、开放式的现场总线, 各种自动化设备均可以通过同样的接口交换信息。PRO-FIBUS 可以用于分布式 I/O 设备、传动装置、PLC, 以及基于 PC 的自动化系统等。目前, 全球自动化和流程自动化应用系统所安装的 PROFIBUS 节点设备已

远远超过其他现场总线。

3.1　PROFIBUS 协议

PROFIBUS 由三部分组成, 即 PROFIBUS-DP (Decentralized Periphery, 分布式外围设备)、PROFI-BUS-PA (Process Automation, 过程自动化) 和 PRO-FIBUS-FMS (Fieldbus Message Specification, 现场总线报文规范), 其协议结构如图 11.8-24 所示。可以看出, 三种 PROFIBUS 使用一致的总线存取协议。在 PROFIBUS 中, 第 2 层称为现场总线数据链路层 (FDL, Fieldbus Data Link)。

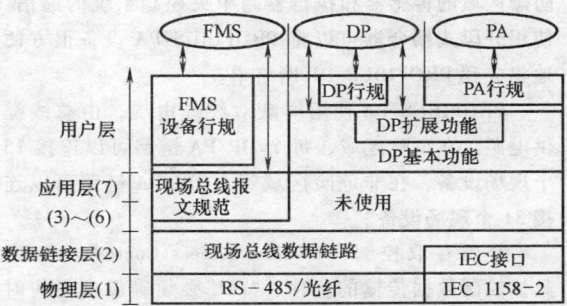

图11.8-24　PROFIBUS 协议结构

1. PROFIBUS-FMS

PROFIBUS-FMS 定义了主站与主站之间的通信模型, 它使用了 OSI7 层模型的第 1 层、第 2 层和第 7 层。应用层 (第 7 层) 包括现场总线报文规范 (FMS) 和底层接口 (Lower Layer Interface, LLI)。

FMS 包括应用层协议, 并向用户提供功能强大的通信服务。LLI 协调不同的通信关系, 并提供不依赖于设备的第 2 层访问接口。第 2 层 (总线数据链路层) 提供总线存取控制和保证数据的可靠性。

FMS 主要用于系统级和车间级的不同供应商的自动化系统之间传输数据、处理单元级 (PLC 和 PC) 的多主站数据通信, 为解决复杂的通信任务提供了很强的灵活性。

2. PROFIBUS-DP

PROFIBUS-DP 用于自动化系统中单元级控制设备与分布式 I/O 的通信, 可以取代 4 ~ 20mA 的模拟信号传输。

PROFIBUS-DP 使用第 1 层、第 2 层和用户接口层, 第 3 ~ 7 层未使用, 这种精简的结构确保了高速数据传输。直接数据链路映像 (DDLM) 提供对第 2 层的访问。用户接口规定了设备的应用功能、PRO-FIBUS-DP 系统和设备的行为特征。PROFIBUS-DP 特别适合于 PLC 与现场级分布式 I/O 设备之间的通信。

主站之间的通信为令牌方式，主站与从站之间为主从方式，另外还有两种方式的混合。S7-300/400 系列 PLC 有的配有集成的 PROFIBUS-DP 接口，S7-300/400 也可以通过通信处理器（CP）连接到 PROFIBUS-DP。

3. PROFIBUS-PA

PROFIBUS-PA 用于过程自动化的现场传感器和执行器的低速数据传输，使用扩展的 PROFIBUS-DP 协议，此外还描述了现场设备行为的 PA 行规。由于传输技术采用 IEC61158-2 标准，确保了本质安全和通过总线对现场设备供电，PROFIBUS-PA 可以用于防爆区域的传感器和执行器与中央控制系统的通信。使用分段式耦合器可以将 PROFIBUS-PA 设备很方便地集成到 PROFIBUS-DP 网络中。

PROFIBUS-PA 使用屏蔽双绞线电缆，由总线提供电源。在危险区域，每个 DP/PA 链路可以连接 15 个现场设备，在非危险区域每个 DP/PA 链路可以连接 31 个现场设备。

介质存取控制（Medium Access Control，MAC）具体控制数据传输的程序，MAC 必须确保在任何时刻只有一个站点发送数据。

PROFIBUS 协议的设计满足介质控制的两个基本要求：

1）在复杂的自动化系统（主站）间的通信，必须保证在确切限定的时间间隔中，任何一个站点有足够的时间来完成通信任务。

2）在复杂的 PLC 或 PC 和简单的 I/O 外围设备（从站）间的通信，应尽可能简单快速地完成数据的实时传输，因通信协议增加的数据传输时间应尽量少。

PROFIBUS 现场总线中，PROFIBUS-DP 的应用最广。DP 主要用于 PLC 与分布式 I/O 和现场设备的高速数据通信。典型的 DP 配置是单主站结构，也可以是多主站结构。DP 的功能包括 DP-V0、DP-V1 和 DP-V2 三个版本。

3.2　PROFIBUS 的硬件

1. PROFIBUS 的物理层

PROFIBUS 可以使用多种通信介质，包括电、光、红外、导轨以及混合方式等。传输速率 9.6kbit/s ~ 12Mbit/s，每个 DP 从站的输入数据和输出数据最大为 244B。使用屏蔽双绞线电缆时最长通信距离为 9.6km，使用光缆时最长通信距离为 90km，最多可以接 127 个从站。

PROFIBUS 可以使用灵活地拓扑结构，支持线

性、树形、环形结构，以及冗余的通信模型。支持基于总线的驱动技术和符合 IEC61508 的总线安全通信技术。

（1）DP/FMS 的 RS-485 传输　PROFIBUS-DP 和 PROFIBUS-FMS 使用相同的传输技术和统一的总线存取协议，可以在同一根电缆上同时运行。DP/FMS 符合 EIA RS-485 标准（也称为 H2），采用价格便宜的屏蔽双绞线电缆，电磁兼容性（EMC）条件较好时也可以使用不带屏蔽的双绞线电缆。一个总线段的两端各有一套有源的总线终端电阻。传输速率为 9.6kbit/s ~ 12Mbit/s，所选的传输速率适用于连接到总线段上的所有设备，每个网段电缆的最大长度与传输速率有关。一个总线段最多可以接 32 个站，带中继器最多可以接 127 个站，串联的中继器一般不超过 3 个。中继器没有站地址，但是被计算在每段的最大站数中。DP/FMS 的 RS-485 传输示意图如图 11.8-25 所示。

RS-485 采用半双工、异步的传输方式，1 个字符帧由 8 个数据位、1 个起始位、1 个停止位和 1 个奇偶校验位组成（共 11 位）。

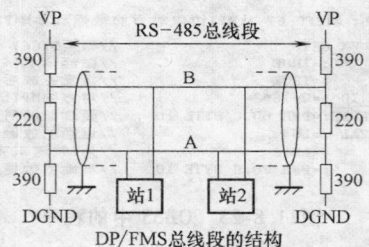

图 11.8-25　DP/FMS 的 RS-485 传输示意图

（2）D 型总线连接器　PROFIBUS 标准推荐站与总线的相互连接使用 9 针 D 型连接器。D 型连接器的插座与总线站相连接，而 D 型连接器的插头与总线电缆相连接。在传输期间，A、B 线上的波形相反。信号为 1 时 B 线为高电平，A 线为低电平。各报文间的空闲（Idle）状态对应于二进制"1"信号。

（3）总线终端器　在数据线 A 和 B 的两端均应加接总线终端器。总线终端器的下拉电阻与数据基准电位相连，上拉电阻与供电正电压相连。总线上没有站发送数据时，这两个电阻确保总线上有一个确定的空闲电位。几乎所有标准的 PROFIBUS 总线连接器上都集成了总线终端器，可以由跳接器或开关来选择是否使用它。

（4）DP/FMS 的光纤电缆传输　PROFIBUS 另一种物理层通过光纤中光的传输来传送数据。单芯玻璃光纤的最大连接距离为 15km，价格低廉的塑料光纤

为 80m。光纤电缆对电磁干扰不明显，并能确保站之间电气隔离。近年来，由于光纤的连接技术已大大简化，这种传输技术已经广泛地用于现场设备的数据通信。许多厂商提供专用总线插头来转换 RS-485 信号和光纤导体信号。

（5）PA 的 IEC 1158-2 传输　PROFIBUS-PA 采用符合 IEC 1158-2 标准的传输技术，这种技术确保本质安全，并通过总线直接给现场设备供电，能满足石油化工业的要求。传输速率为 31.25kbit/s。传输介质为屏蔽或非屏蔽的双绞线，允许使用线性、树形和星形网络。总线段的两端用一个无源的 RC 线终端器（100Ω 电阻与 1μF 电容的串联电路）来终止。在一个 PA 总线段上最多可以连接 32 个站，总数最多为 126 个，最多可以扩展 4 台中继器。最大的总线段长度取决于供电装置、导线类型和所连接的站的电流消耗。

2. PROFIBUS-DP 设备

PROFIBUS-DP 设备可以分为以下三种不同类型的设备。

（1）Ⅰ类 DP 主站　Ⅰ类 DP 主站（DPM1）是系统的中央控制器 DPM1 在预定的周期内与从站循环地交换信息，并对总线通信进行控制和管理。下列设备可以做 Ⅰ类 DP 主站：

1）集成了 DP 接口的 PLC，如 CPU 315-2DP、CPU 313C-2DP 等。

2）没有集成 DP 接口的 CPU 加上支持 DP 主站功能的通信处理器（CP）。

3）IE/PB 链路模块。

（2）Ⅱ类 DP 主站　Ⅱ类 DP 主站（DPM2）是 DP 网络中的编程、诊断和管理设备。DPM2 除了具有 Ⅰ类主站的功能外，在与 Ⅰ类 DP 主站进行数据通信的同时，可以读取 DP 从站的输入/输出数据和当前的组态数据，可以给 DP 从站分配新的总线地址。下列设备可以做 Ⅱ类 DP 主站：①以 PC 为硬件平台的 Ⅱ类主站；②操作员面板/触摸屏（OP/TP）。

（3）DP 从站　DP 从站是进行输入信息采集和输出信息发送的外围设备，只与组态它的 DP 主站交换用户数据，可以向该主站报告本地诊断中断和过程

中断。

（4）PROFIBUS 网络部件　网络部件包括通信介质（电缆）、总线部件（总线连接器、中继器、耦合器、链路）和网络转接器，后者包括 PROFIBUS 与串行通信、以太网、AS-I 和 EIB 通信网络的转接器等。

3. PROFIBUS 通信处理器

（1）CP 342-5 通信处理器　CP 342-5 是将 S7-300 连接到 PROFIBUS-DP 总线的低成本的 DP 主站接口模块，减轻了 CPU 的通信负担，通过 FOC 接口可以直接连接到光纤 PROFIBUS 网络。通过接口模板 IM360/361，CP 342-5 可在主机架和扩展机架上。

CP 342-5 提供下列通信服务：PROFIBUS-DP、S7 通信、S5 兼容通信功能和 PG/OP 通信，通过 PROFIBUS 进行配置和编程。

CP 342-5 作为 DP 主站自动处理数据传输，通过它将 DP 从站连接到 S7-300 上。通过 STEP 7 的网络组态编辑器 NCM 对 CP 342-5 进行配置，CP 模块的配置数据存放在 CPU 中，CPU 启动后自动地将配置参数传送到 CP 模块。

（2）CP 342-5 FO 通信处理器　CP 342-5 FO 是带光纤接口的 PROFIBUS-DP 主站或从站模块，用于将 S7-300 连接到 PROFIBUS。通过内置的 FOC 光纤电缆接口直接连接到光纤 PROFIBUS 网络，即使有强烈的电磁干扰也能正常工作。模块的其他性能与 CP 342-5 相同。

（3）CP 443-5 通信处理器　CP 443-5 是 S7-400 用于 PROFIBUS-DP 总线的通信处理器，它提供下列通信服务：S7 通信，S5 兼容通信，与计算机、PG/OP 的通信和 PROFIBUS-FMS。可以通过 PROFIBUS 进行配置和远程编程，实现实时时钟的同步，在 H 系统中实现冗余的 S7 通信或 DP 主站通信，通过 S7 路由器在网络间进行通信。

（4）用于 PC/PG 的通信处理器　用于 PC/PG 的通信处理器将计算机/编程器连接到 PROFIBUS 网络中，见表 11.8-2，支持标准 S7 通信、S5 兼容通信、PG/OP 通信和 PROFIBUS-FMS，OPC 服务器随通信软件供货。

表 11.8-2　用于 PC/PG 的通信处理器

	CP5613/CP 5613FO	CP5614/CP 5614FO	CP5611
可以连接的 DP 从站数	122	122	60
可以并行处理的 FDL 任务数	120	120	100
PG/PC 和 S7 的连接数	50	50	8
FMS 的连接数	40	40	

4. GSD 电子设备数据文件

GSD 是可读的 ASCII 码文本文件，包括通用的和与设备有关的通信的技术规范。为了将不同厂家生产的 PROFIBUS 产品集成在一起，生产厂家必须以 GSD 文件（电子设备数据库文件）方式提供这些产品的功能参数，例如：I/O 点数、诊断信息、传输速率、时间监控等。标准的 GSD 数据将通信扩大到操作员控制级。

在 STEP 7 硬件组态编辑器中通过菜单"选项"→"安装 GD 文件"安装制造商提供的 GSD 电子设备数据文件，之后在硬件目录中将会找到相应的设备。

5. PROFIBUS 网络的配置方案

根据现场设备是否具有 PROFIBUS 接口可以分为三种类型：

1）现场设备不具备 PROFIBUS 接口，通过分布式 I/O 连接到 PROFIBUS 上。如果现场设备可以分为相对集中的若干组，将可以更好地发挥现场总线技术的优点。

2）现场设备都有 PROFIBUS 接口，可以通过现场总线技术实现完全的分布式结构。

3）只有部分现场设备有 PROFIBUS 接口，应采用有 PROFIBUS 接口的现场设备与分布式 I/O 混合使用的办法。

由上，PROFIBUS-DP 网络的配置方案通常有下列结构类型：

1）PLC 做 I 类主站，不设监控站，在调试阶段配置一台编程设备。

2）PLC 做 I 类主站，监控站通过串口与 PLC 一对一的连接。

3）用 PLC 或其他控制器做 I 类主站，监控站（II 类主站）连接在 PROFIBUS 总线上。

4）用配备了 PROFIBUS 网卡的 PC（个人计算机）做 I 类主站，监控站与 I 类主站一体化。

3.3 PROFIBUS-DP 的应用

1. PROFIBUS-DP 网络的组态

（1）生成一个 STEP 7 项目 打开 SIMATIC MANAGER（管理器）建立一个新的项目，选择第一个站的 CPU（CPU 416-2DP）。

在管理器中选择已经生成的"SIMATIC 400 STA-TION"对象，用鼠标左键双击"HARDWARE"图标，进入"HW CONFIG"（硬件组态）窗口。在 CPU 416-2DP 的机架中添加相应的模块（PS405 4A、CPU 416-2DP、DI16XAC 和 DO16XAC）。生成的一个

STEP 7 项目如图 11.8-26 所示。

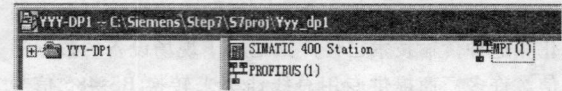

图11.8-26 STEP 7 项目的生成

（2）设置 PROFIBUS 网络

1）组态网络：

用鼠标右键单击管理器左上方的"项目"对象，选择命令"Insert New Object"→"PROFIBUS"。在网络组态工具 NETPRO 中，利用 MPI 网络线 PROFI-BUS 网络线和 CPU 416-2DP 的图标，可以对 MPI 和 PROFIBUS 网络组态，如图 11.8-27 所示。

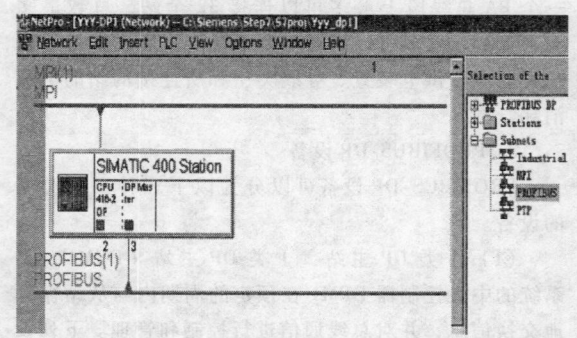

图11.8-27 MPI 和 PROFIBUS 网络组态

2）设置网络参数：

用鼠标左键双击 PROFIBUS 网络线，打开"Network Settings"选项卡，设定参数，如图 11.8-28 所示。例如设置：传输速率 = 1.5Mbit/s、总线行规（PROFILE）= DP、最高站地址 = 126（单主站）等。

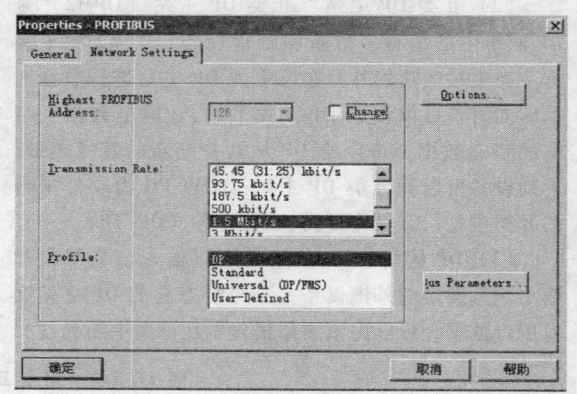

图11.8-28 设置网络参数

（3）设置主站通信属性 返回"SIMATIC MAN-AGER"。选择"SIMATIC 400 站"→鼠标左键双击"HARDWARE"（硬件）对象，打开"HW CONFIG"工具，生成网络组态图，如图 11.8-29 所示。

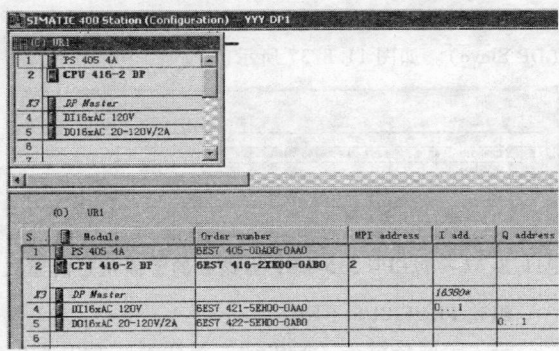

图11.8-29　网络组态图的生成

用鼠标左键双击 DP 所在的行，打开 DP 接口对话框。利用 "General" 设置 Name，如图 11.8-30 所示。

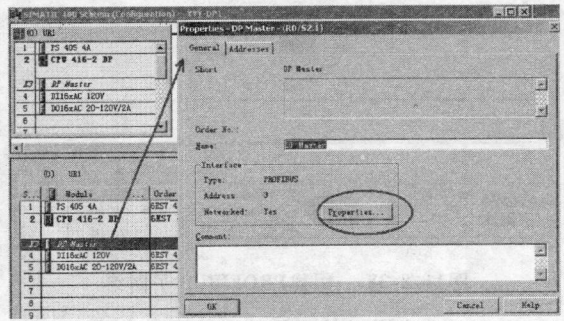

图11.8-30　Name 设置

利用 "General" → "Properties" 打开参数设置，如图 11.8-31 所示。用 New 建立新子网络，用 Delete 删除子网络，按 "确定" 返回网络组态图。

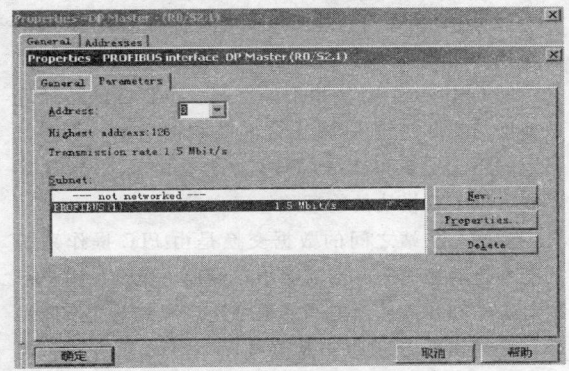

图11.8-31　参数设置

（4）组态 DP 从站 ET200B　回到网络组态（NETPRO）窗口，激活主站 CPU 416-2DP 图标。打开 PROFIBUS-DP 文件夹，用鼠标左键双击 ET200B 中的 "B-16DI/16DO"。相应的操作如图 11.8-32 所示。

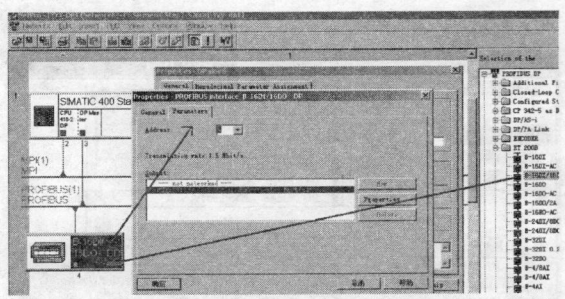

图11.8-32　组态DP从站ET200B操作一

设置好参数，按确定，则 ET200B 从站被接入网络。相应的操作如图 11.8-33 所示。

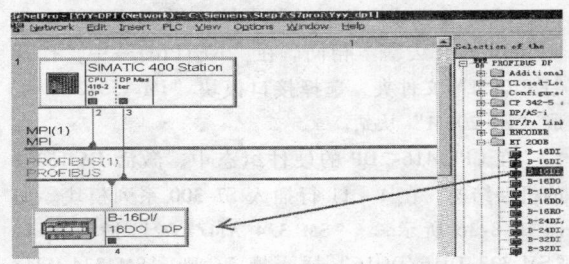

图11.8-33　组态DP从站ET200B操作二

右键单击 "B-16DI/16DO DP" 图标，选择属性项，打开 "B-16DI/16DO" 属性页，可以查阅或修改参数，如图 11.8-34 所示。

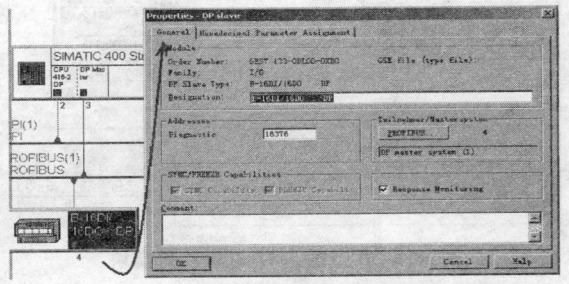

图11.8-34　组态DP从站ET200B操作三

其中 "SYNC/FREEZE Capabilities" 可以指出，DP 从站是否执行了由 DP 主站发出的 SYNC（同步）和 FREEZE（锁定）控制命令。用于 OB 86 的诊断地址为 "Diagnostic Address"，通过该地址可以读出诊断信息。监控定时器可以设置在预定时间内没有数据通信，同时 DP 从站将切换到安全状态以及所有输出被置为 0。

在 PROFIBUS 网络系统中，各站的输入/输出自动统一编址。例如：在图 11.8-35 中，CPU416-2DP 的 16 点 DI 模块的输入地址为 IB0 和 IB1，16 点 DO 模块的输出地址为 QB0 和 QB1。而 ET200B 16DI/16DO 模块的输入地址为 IB4 和 IB5，16 点 DO 模块的输出地址为 QB4 和 QB5。

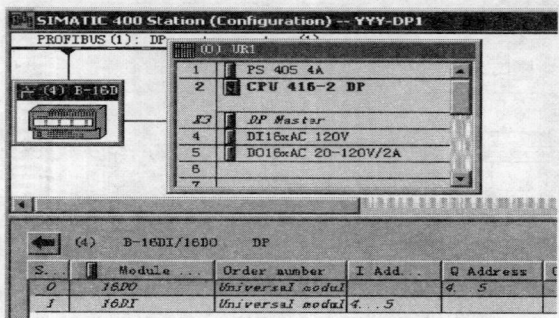

图11.8-35　各站的输入/输出自动统一编址

（5）组态 DP 从站 ET200M　组态 ET200M 与 ET200B 的方法基本相同。在"NETPRO"中，打开"ET200M"文件夹，选择接口模块"IM 153-2"，生成"ET 200M"从站。

在 CPU 416-2DP 的硬件组态中，激活 IM 153-2 的机架结构，在 4～11 行插入 S7-300 系列模块。如图 11.8-36 所示，"SM 334 AI4/AO2"插入槽 4，"SM 323 DI16/DO16"插入槽 5，则"SM 334 AI4/AO2"的地址是 512～519 和 512～515，SM 323 的地址为 B8～B9。

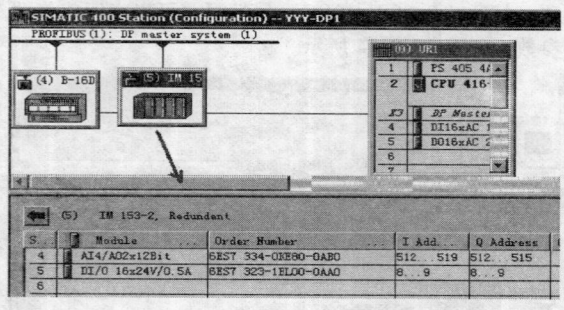

图11.8-36　插入S7-300 系列模块

（6）组态一个带 DP 接口的智能 DP 从站　下面将建立一个以 CPU 315-2DP 为核心的智能从站，其相应的步骤如下：

1）建立一个 S7-300 站对象：进入 SIMATIC 管理器，用鼠标右键单击项目对象，在打开的菜单中选择"Insert New Object"→"SLMATIC 300 Station"，插入新的站。

2）对站的硬件组态：用鼠标左键双击新站的"HW CONFIG"图标，对站进行硬件组态。"生成机架"→"插入 CPU 315-2DP（V0～V2）"→"PS 307 5A"→"SM 334 AI 4/AO 2（第 4 槽），SM 323 DI 16/DO 16（第 5 槽）"。

3）修改站的属性：用鼠标左键双击 DP 所在的

行，在打开的"Operating Mode"中将该站设为从站（DP Slave）。如图 11.8-37 所示。

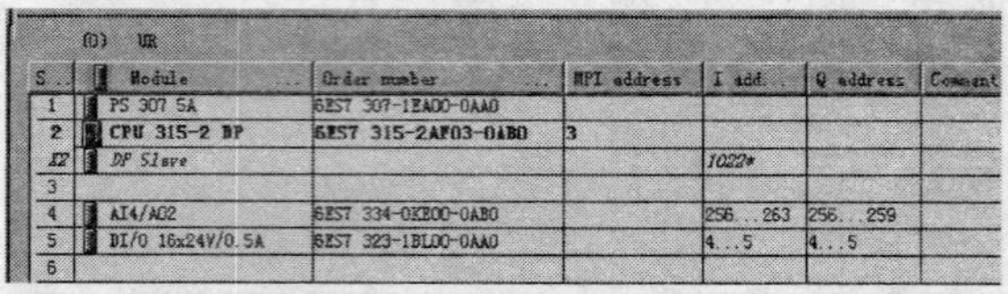

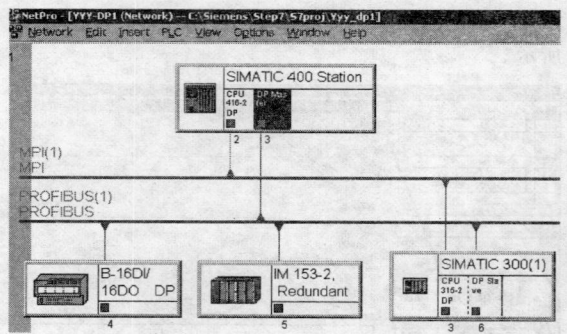

图11.8-37　以CPU 315-2DP 为核心的智能从站的建立

组建 PROFIBUS 子网络：

进入子网络组态（NetPro），激活主站 CPU 416-2DP，将从站 CPU 315-2DP 接入 PROFIBUS 子网络。如图 11.8-38 所示。

图11.8-38　组建PROFIBUS 子网络

2. 主站与智能从站主从通信方式的组态

（1）DP 主站与"标准"的 DP 从站的通信　DP 主站可以直接访问"标准"的 DP 从站（如紧凑型 DP 从站 ET 200B 和模块式 DP 从站 ET 200M）的分布式输入/输出地址区。

（2）DP 主站与智能 DP 从站的通信　DP 主站不能直接访问智能 DP 从站的输入/输出地址空间，而是访问 CPU 的输入/输出地址空间。由智能从站处理该地址与实际的输入/输出之间的数据交换。组态时指定的用于主站和从站之间交换数据的输入/输出区不能占据 I/O 模块的物理地址区。

主站与从站之间的数据交换是由 PLC 操作系统周期性自动完成的，不需要用户编程。但是，用户必须对主站和智能从站之间的通信连接和数据交换区组态。这种通信方式叫主从（Master/Slave）方式，简称 MS 方式。

（3）DP 主站与智能 DP 从站的通信的组态　打开网络组态（NETPRO）并激活主站，打开配置站文件夹（Configured Stations），用鼠标左键单击"CPU 31x-2 DP"图标，弹出从站属性对话框。

1）主从通信的连接：

选择"Connection"选项卡，单击"Connect"按

钮,实现从站与主站的通信连接,如图 11.8-39所示。

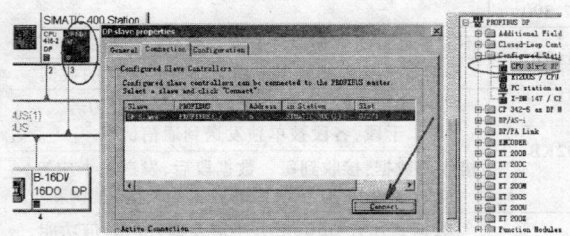

图11.8-39　主从通信的连接

2)主从通信的组态:

选择"Configuration"选项卡,进行主从通信的组态,如图 11.8-40 所示。

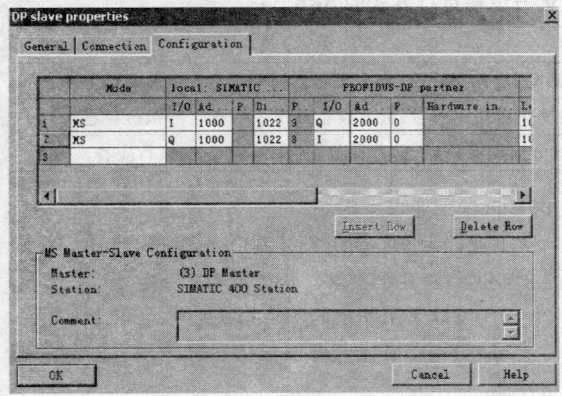

图11.8-40　主从通信的组态

3. 直接数据交换通信方式的组态

直接数据交换(Direct Data Exchange)简称为 DX,又称为交叉通信。在直接数据交换通信的组态中,智能 DP 从站或 DP 主站的本地输入地址区被指定为 DP 通信伙伴的输入地址区。智能 DP 从站或 DP 主站利用它们来接收从 PROFIBUS-DP 通信伙伴发送给它的 DP 主站的输入数据。在选型时应注意某些 CPU 没有直接数据交换功能。

直接数据交换的应用场合包括:

(1)单主站系统中 DP 从站发送数据到智能从站(I 从站)　如图 11.8-41 所示,通过此种组态,来自 DP 从站的输入数据可以迅速地传送到 PROFIBUS-DP 网络的智能从站。所有的 DP 从站或其他智能从站原则上都能提供用于 DP 从站之间的直接数据交换的数据,只有智能 DP 从站才能接收这些数据。

(2)多主站系统中从站发送数据到其他主站　如图 11.8-42 所示,同一个 PROFIBUS-DP 网络中有至少两个 DP 主站的系统称为多主站系统。智能 DP 从站或简单的 DP 从站发送的输入数据,可以被

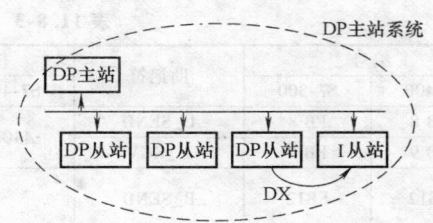

图11.8-41　单主站系统中 DP 从站发送数据到智能从站

同一 PROFIBUS-DP 网络中不同 DP 主站系统的主站直接读取。这种通信方式也叫做"共享输入",因为输入数据可以跨 DP 主站系统使用。

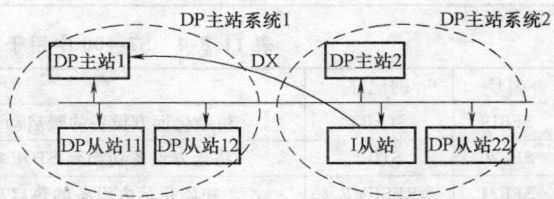

图11.8-42　多主站系统中从站发送数据到其他主站

(3)多主站系统中从站发送数据到智能从站

如图 11.8-43 所示,在这种组态下,DP 从站来的输入数据可以被同一 PROFIBUS-DP 网络的智能从站读取,这个智能从站可以在同一个主站系统或其他主站系统中。在这种方式下,来自不同主站系统的 DP 从站的输入数据可以直接传送到智能 DP 从站的输入数据区。

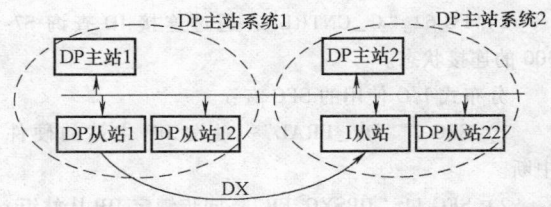

图11.8-43　多主站系统中从站发送数据到智能从站

原则上所有 DP 从站都可以提供用于 DP 从站之间进行直接数据交换的输入数据,这些输入数据只能被智能 DP 从站使用。

3.4　SFC 和 SFB 在 PROFIBUS 通信中的应用

西门子公司提供了丰富的系统功能(SFC)和系统功能块(SFB),用于 PROFIBUS 的通信。用于数据交换的 SFB/FB 见表 11.8-3。

S7-400 中用于改变远方设备运行方式的 SFB 见表 11.8-4。

表 11.8-3　用于数据交换的 SFB/FB

编号		助记符	传输的字节数		描　述
S7-400	S7-300		S7-400	S7-300	
SFB 8	FB 8	U_SEND	440B	160B	不对等地发送数据给远方通信伙伴,不需对方应答
SFB 9	FB 9	U_RCV			不对等地异步接收对方用 U_SEND 发送的数据
SFB12	FB12	B_SEND	64KB	32KB	发送段数据:要发送的数据区被划分为若干段,各段被单独发送到通信伙伴
SFB13	FB13	B_RCV			接收段数据:接收到每一数据段后,发送一个应答,同时参数 LEN(接收到的数据的长度)被刷新
SFB15	FB15	PUT	400B	160B	写数据到远方 CPU,对方不需要额外的通信功能,接收到后发送执行应答
SFB14	FB14	GET			读取远方 CPU 的数据,对方不需要额外的通信功能
SFB16	—	PRINT			发送数据和指令格式到远方打印机(S7-400)

表 11.8-4　S7-400 中用于改变远方设备运行方式的 SFB

编号	助记符	描　述
SFB19	START	初始化远方设备的暖启动或冷启动,启动完成后,远方设备发送一个肯定的执行应答
SFB20	STOP	将远方设备切换到 STOP 状态,操作成功完成后,远方设备发送一个肯定的执行应答
SFB21	RESUME	初始化远方设备的热启动。远方启动完成后,远方设备发送一个肯定的执行应答

查询远方 CPU 操作系统状态的 SFB 包括:

1) SFB 22 "STATUS":查询远方通信伙伴的状态,接收到应答用来判断它是否有问题。

2) SFB 23 "USTATUS":接收远方通信设备的状态发生变化时主动提供的状态信息。

查询连接的 SFC 包括:

1) SFC 62 "CONTROL":查询 S7-400 本地通信 SFB 的背景数据块的连接的状态。

2) FC 62 "C_CNTRL":通过连接 ID 查询 S7-300 的连接状态。

分布式 I/O 使用的 SFC 有:

1) SFC 7 "DP_PRAL":触发 DP 主站的硬件中断。

2) SFC 11 "DPSYC_FR":同步锁定 DP 从站组。

3) SFC 12 "D_ACT_DP":取消或激活 DP 从站。

4) SFC 13 "DPNRM_DG":读 DP 从站的诊断数据(从站诊断)。

5) 用系统功能 SFC 14 和 SFC 15 访问 DP 标准从站中的连续数据。

4　工业以太网

以太网是指遵循 IEEE802.3 标准,可以在光缆和双绞线上传输的局域网络。工业以太网是为工业应用专门设计的局域网,已经广泛地应用于工业网络的管理层,并且有向中间层和现场层发展的趋势。工业以太网有两种类型,分别为 10Mbit/s 工业以太网和 100Mbit/s 工业以太网。

工业以太网产品的设计制造必须充分考虑,并满足工业网络应用的需要。以太网有以下优点:

1) 可以采用冗余的网络拓扑结构,可靠性高。

2) 通过交换技术可以提供实际上没有限制的通信性能。

3) 灵活性好,现有的设备可以不受影响地扩张。

4) 在不断发展的过程中具有良好的向下兼容性,保证了投资的安全。

5) 易于实现管理控制网络的一体化。

6) 以太网可以接入广域网(WAN)或互联网,可以在整个公司范围内通信或实现公司之间的通信。

4.1　工业以太网的交换技术

1. 交换技术

在共享局域网(LAN)中,所有的站点共享网络性能和数据传输带宽,所有的数据包都经过所有的网段,在同一时间只能传送一个报文。

在交换式局域网中,每个网段都能达到网络的整体性能和数据传输速率,在多个网段中可以同时传输多个报文。本地数据通信在本网段进行,只有指定的数据包可以超出本地网段的范围。

2. 全双工模式

在全双工模式下,一个站能同时发送和接收数据。如果网络采用全双工模式,不会发生冲突。全双工模式需要采用发送通道和接收通道分离的传输介质，以及能够存储数据包的部件。

由于在全双工连接中不会发生冲突，支持全双工的部件可以同时以额定传输速率发送和接收数据，因此以太网和高速以太网的传输速率分别提高到20Mbit/s 和 200Mbit/s。

3. 电气交换模块与光纤交换模块

电气交换模块（ESM）与光纤交换模块（OSM）用来构建 10Mbit/s、100Mbit/s 交换网络，能低成本、高效率地在现场建成具有交换功能的线性结构或星形结构的以太网。

利用 ESM 或 OSM 中的网络冗余管理器，可以构建环形冗余工业以太网。最大的网络重构时间为0.3s。环形网中的数据传输速率为 100Mbit/s，每个环最多可以用 50 个 ESM 或 50 个 OSM。

4. 自适应与自协商功能

具有自适应功能的网络站点（终端设备和网络部件）能自动检测出信号传输速率（10Mbit/s 或100Mbit/s），自适应功能可以实现所有以太网部件之间的无缝互操作性。

自协商是高速以太网的配置协议，该协议使有关站点在数据传输开始之前就能协商，以确定他们之间的数据传输速率和工作方式，如全双工或半双工。也可以不使用自协商功能，以保证各网络站点使用某一特定的传输速率和工作方式。

5. 冗余网络

冗余软件包 S7-REDCONNECT 用来将 PC 连接到高可靠性的 SIMATIC S7-H 系统。S7-H 冗余系统可以避免设备停机。万一出现子系统故障或断线，系统交换模块会切换到双总线，或者切换到冗余环的后备系统或后备网络，以保证网络的正常通信。

6. SIMATIC NET 的快速重新配置

网络发生故障后，应尽快对网络进行重构。重新配置的时间对于工业应用是至关重要的，否则网络上连接的终端设备将会断开连接，从而引起工厂生产过程的失控或紧急停机。

SIMATIC NET 采用了专门为此开发的冗余控制程序，对于有 50 个交换模块（OSM/ESM）的100Mbit/s 环形网络，重新配置时间不超过 0.3s。

7. SNMP-OPC 服务器

使用 SNMP-OPC 服务器（Server），用户可以通过 OPC 客户端软件，如 SIMATIC NET OPC Scout、WinCC、OPC Client、MS Office、OPC Client 等，对支持 SNMP 的网络设备进行远程管理。SNMP-OPC Server 可以读取网络设备参数，如交换模块的端口状态、端口数据流量等；可以修改网络设备的状态，如关闭/开启交换模块的某个端口等。

4.2 S7-300/400 PLC 的工业以太网组成方案

SIMATIC NET 工业以太网网络部件包括工业以太网链路模板 OLM、ELM、工业以太网交换机 OSM/ESM 和 ELS，以及工业以太网链路模块 OMC。

1. 用于 PC 的工业以太网卡

1）CP1612 PCI 以太网卡和 CP 1512 PCMCIA 以太网卡提供 RJ-45 接口，与配套的软件包一起支持以下的通信服务：传输协议 ISO 和 TCP/IP、PG/OP 通信、S7 通信、S5 兼容通信，支持 OPC 通信。

2）CP1515 是符合 IEEE 802.11b 的无线通信网卡，应用于 RLM（无线链路模块）和可移动计算机。

3）CP1613 是带微处理器的 PCI 以太网卡，使用AUI/ITP 接口或 RJ-45 接口，可以将 PG/PC 连接到以太网网络。

2. S7-300/400 的工业以太网通信处理器

S7-300/400 工业以太网通信处理器通过 UDP 连接或群播功能可以向多用户发送数据；CP 443-1 和CP 443-1 IT 可以用网络时间协议（NTP）提供时钟同步；使用 TCP/IP 的 WAP 功能，通过电话网络（如 ISDN），CP 可以实现远距离编程和对设备进行远程调试；可以实现 OP 通信的多路转换，最多连接 16个 OP；使用集成在 STEP 7 中的 NCM，提供范围广泛的诊断功能，包括显示 OP 的操作状态，实现通用诊断和统计功能，提供连接诊断和 LAN 控制器统计及诊断缓冲区。常用的通信处理器有以下三种：

1）CP 343-1/CP 443-1 通信处理器。

2）CP 343-1 IT/CP 443-1 IT 通信处理器。

3）CP 444 通信处理器。

3. 工业以太网的拓扑结构

SIMATIC NET 工业以太网的拓扑结构包括总线型、环形以及环网冗余型等。

4. 工业以太网的方案

工业以太网可以采用下面的三种方案：

1）同轴电缆网络。

2）双绞线和光纤网络。

3）高速工业以太网。

5. 以太网的地址

（1）MAC 地址　MAC 地址是以太网包头的组成部分，以太网交换机根据以太网包头中的 MAC 源地址和 MAC 目的地址实现包的交换和传递。使用 ISO 协议必须输入模块的 MAC 地址。

（2）IP 地址　IP 地址通常用十进制数表示，用"."号分隔，如 192.168.0.117。同一个 IP 地址可以使用具有不同 MAC 地址的网卡。更换网卡后可以使用原来的 IP 地址。

（3）子网掩码　子网掩码（Subnet Mask）是一个 32 位地址，用于将网络分为一些小的子网。IP 地址由子网地址和子网内节点的地址组成，子网掩码用于将这两个地址分开。由子网掩码确定的两个 IP 地址段分别用于寻址子网 IP 和节点 IP。

6. 西门子支持的网络协议和服务

工业以太网上可以运行的服务有标准通信、S5 兼容通信、S7 通信和 PG/OP 通信等，服务独立于网络，可以在不同网络中运行，在服务中包含不同的网络协议，以适应不同的网络。工业以太网上可以网络通信，但需要遵循一定的协议。

（1）标准通信　标准通信（Standard Communication）是运行于 OSI 参考模型第 7 层的协议，包括 MMS ~ MAP3.0 协议。MAP（Manufacturing Automation Protocol，制造业自动化协议）提供 MMS 服务，主要用于传输结构化的数据。MMS 是一个符合 ISO/IEC9506-4 的工业以太网通信标准，MAP3.0 的版本提供了开放统一的通信标准，可以连接各个厂家的产品，现在很少应用。

（2）S7 通信　S7 通信（S7 Communication）集成在每一个 SIMATIC S7 和 C7 的系统中，属于 OSI 参考模型第 7 层应用层的协议，独立于各个网络，可以应用于多种网络（MPI、PROFIBUS、工业以太网）。

在 STEP 7 中，S7 通信需要调用功能块 SFB（S7-400）或 FB（S7-300），见表 11.8-5，最大的通信数据可达 64KB。

表 11.8-5　S7 通信功能块

功能块	名称	功能描述
SFB 8/9 FB 8/9	USEND URCV	无确认的高速数据传输，不考虑通信接收方的通信处理时间，因而有可能会覆盖接收方的数据
SFB 12/13 FB 12/13	BSEND BRCV	保证数据安全性的数据传输，当接收方确认收到数据后，传输才完成
SFB 14/15 FB 14/15	CET PUT	读、写通信对方的数据而无需对方编程

（3）S5 兼容通信　SEND/RECEIVE 是 SIMATIC S5 通信的接口，在 S7 系统中，将该协议进一步发展为 S5 兼容通信（S5-compatible Communication）。该服务包括的协议有 ISO 传输协议、TCP、ISO-on-TCP 和 UDP 等。

除了上述协议，FETCH/WRITE 还提供一个接口，使得 SIMATIC S5 或其他非西门子公司的控制器可以直接访问 SIMATIC S7 CPU。

4.3　S7-300/400 PLC 的工业以太网通信组态与编程举例

工业以太网通信用于管理层和车间层控制器之间或控制器与 PC 之间的通信，一般数据量较大，传输距离较远，传输速度快，可以适应环境恶劣和抗干扰要求高的工业场合。工业以太网采用屏蔽双绞线或光缆实现通信。

西门子工业以太网的通信方式很多，此处以两个例子进行说明。

1. 基于以太网的 S7 通信

新建一个项目，插入一个 S7-300 站，CPU 为 CPU315-2 DP，注意有些较低版本的 CPU 不支持 S7 通信。硬件组态编辑器中，将 CP343-1 插入到机架

上，将自动打开"属性-Ethernet 接口"对话框，如图 11.8-44 所示，在"参数"选项卡中设置 CP 的 MAC 地址、IP 地址和子网掩码等，可以使用默认的 IP 地址和子网掩码。MAC 地址可以在 CP 模块的外壳上找到。不使用 ISO 和 ISO-on-TCP 通信服务时，MAC 地址可以不设。

鼠标左键单击图 11.8-44 中的"新建"按钮，生成一条名为"Ethernet（1）"的以太网，选中"子网"列表框中的该网络，鼠标左键单击"确定"按钮，将 CP 连接到网上，返回 CP 属性对话框。

插入第二个 S7-300 站，硬件组态编辑器中将 CP 343-1 插入机架，设置它的 IP 地址、子网掩码和 MAC 地址，注意项目中两个 CP 的 IP 地址必须在同一个网段内。将 CP 连接到前面生成的以太网"Ethernet（1）"上。

组态好两个 S7-300 站后，在 SIMATIC 管理器选中左侧项目，双击右侧的"Ethernet（1）"打开网络组态编辑器，如图 11.8-45 所示，可以看到两个 S7-300 站都连接到以太网上了。选中某个站的 CPU 所在的小方框，在下面的窗口出现连接表，双击连接表第一行的空白处打开"插入新连接"对话框，如图 11.8-46 所示，选择连接伙伴为与本站通信的

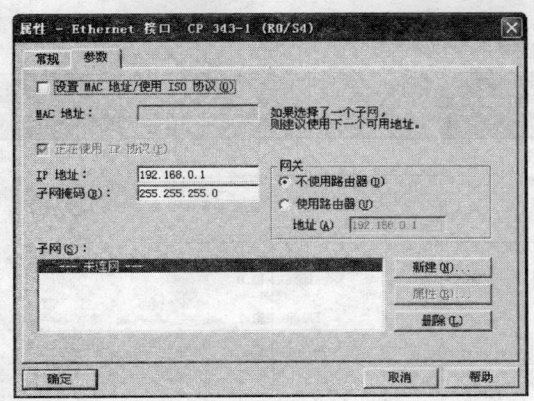

图11.8-44　"属性-Ethernet 接口"对话框

CPU315-2 DP，连接类型为"S7 连接"，建立一个新连接，单击"应用"按钮将出现"属性-S7 连接"对话框，如图 11.8-47 所示。完成后，单击工具栏中的"保存编译"按钮。

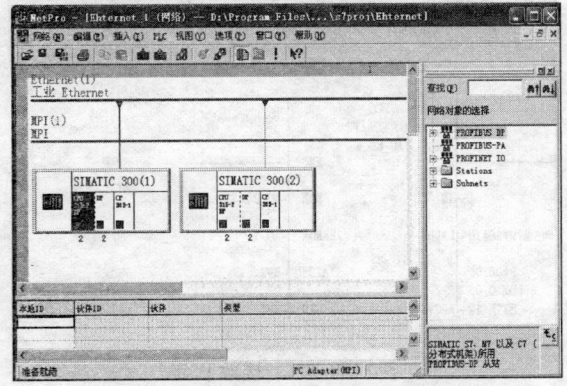

图11.8-45　网络组态编辑器

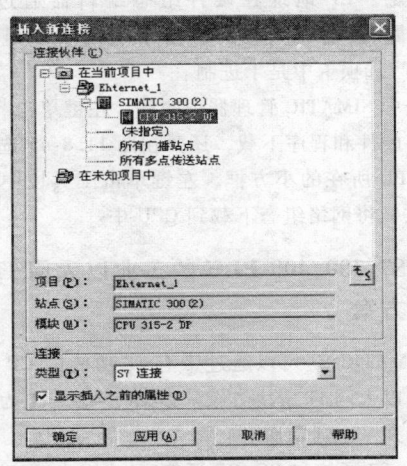

图11.8-46　"插入新连接"对话框

硬件组态和网络组态完成之后，就要进行编程了。MPI、PROFIBUS 和以太网的 S7 通信使用相同的

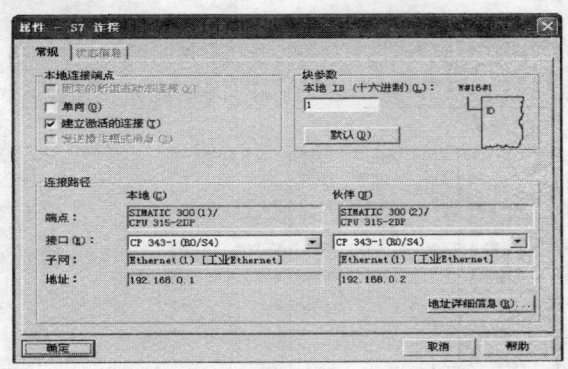

图11.8-47　"属性-S7 连接"对话框

编程方法。下面以 BSEND 和 BRCV 为例，介绍基于以太网的 S7 通信的编程。

第一个 S7-300 站 OB35 中编写的发送程序如图 11.8-48 所示，第二个 S7-300 站 OB1 中编写的接收程序如图 11.8-49 所示，通信块 FB12 和 FB13 位于"/库/SIMATIC-NET_ CP \ CP300"中。再将要发送的数据送到相应的数据存储区，从接收区取用需要的数据即可。

程序段 1：调用FB12发送数据

DB1为FB12的背景数据块；参数"REQ"为通信请求，上升沿时启动数据发送，参数"ID"为S7的连接ID号；参数"DW#16#1"为发送和接收的表号；参数"DONE"任务被正确执行时为1；参数"ERROR"为错误标志位，参数"STATUS"为通信状态字；参数"SD_1"为本地数据发送区地址指针；参数"LEN"要发送的数据的字节长度

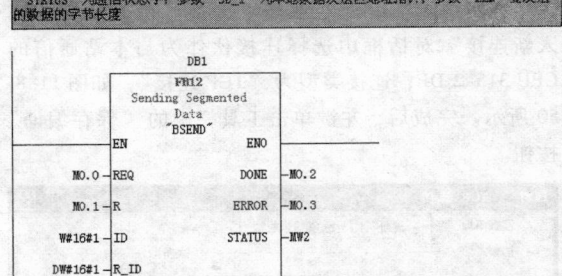

图11.8-48　发送程序

选中 SIMATIC 管理器中的站，左键单击"下载"按钮将硬件和程序下载，还要在图 11.8-45 选中某个站的 CPU 所在的小方框，左键单击工具栏中的"下载"按钮将网络组态下载到 CPU 中。

2. 基于以太网的 S5 兼容通信

基于以太网的 S5 兼容通信包括 ISO 传输协议、TCP、ISO-on-TCP 和 UDP 通信，它们的组态和编程方法基本相同。下面以 S7-300 之间通过 CP 343-1 IT 和 CP 343-1 建立的 TCP 连接为例，介绍 S5 兼容通信的组态和编程方法。

程序段 1：调用FB13接收数据

DB2为FB13的背景数据块，参数"EN_R"为接收启动信号，为1时允许接收，参数"ID"为S7的连接ID号，参数"R_ID"为发送与接收请求ID号，参数"NDR"在任务被正确执行时为1，参数"ERROR"为错误标志位，参数"STATUS"为通信状态字，参数"RD_1"为本地数据接收区地址指针，参数"LEN"为已接收的数据字节长度

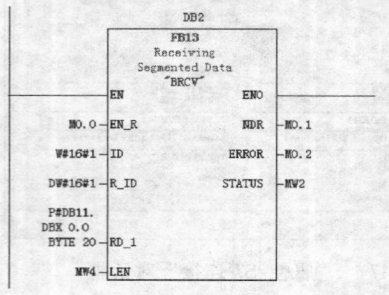

图11.8-49　接收程序

新建一个项目，插入一个 S7-300 站，与 S7 通信的组态步骤类似，硬件组态编辑器中，将 CP343-1 插入到机架上，在"属性-Ethernet 接口"对话框的"参数"选项卡中设置 CP 的 MAC 地址、IP 地址和子网掩码等。生成一条以太网，将 CP 连接到网上。插入第二个 S7-300 站，在硬件组态编辑器中将 CP 343-1 插入机架，设置它的 IP 地址、子网掩码和 MAC 地址，注意项目中两个 CP 的 IP 地址必须在同一个网段内。

在网络组态编辑器中建立连接。在打开的"插入新连接"对话框中选择连接伙伴为与本站通信的 CPU 315-2 DP，连接类型为"TCP 连接"，如图 11.8-50 所示。完成后，左键单击工具栏中的"保存编译"按钮。

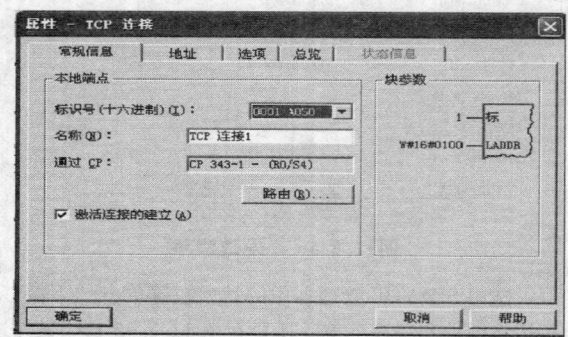

图11.8-50　"TCP 连接"属性对话框

硬件组态和网络组态完成后，接下来就要进行编程了。第一个 S7-300 站 OB1 中编写的发送程序如图 11.8-51 所示，第二个 S7-300 站 OB1 中编写的接收程序如图 11.8-52 所示，通信块 FC5 和 FC6 位于"\ 库 \ SIMATIC-NET_ CP \ CP300"中。再将要发送的数据送到相应的数据存储区，从接收区取用需要的数据即可。

程序段 1：发送程序

参数"ACT"为发送使位；参数"ID"为连接ID号；参数"LADDR"为十六进制的CP地址；参数"SEND"为数据发送缓冲区地址指针；参数"LEN"为发送数据长度；参数"DONE"为每次发送成功产生一个脉冲，参数"ERROR"为错误标志位，参数"STATUS"为错误状态字

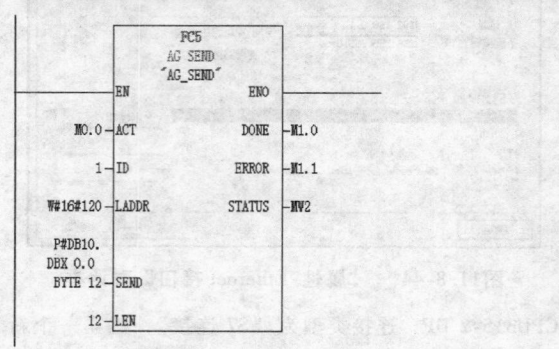

图11.8-51　发送程序

程序段 1：接收程序

参数"ID"为组态时指定的连接ID号；参数"LADDR"为十六进制的CP地址；参数"RECV"为数据接收缓冲区地址指针；参数"NDR"为每次接收新数据产生一个脉冲；参数"ERROR"为错误标志位，参数"STATUS"为错误状态字；参数"LEN"为实际接收的数据长度

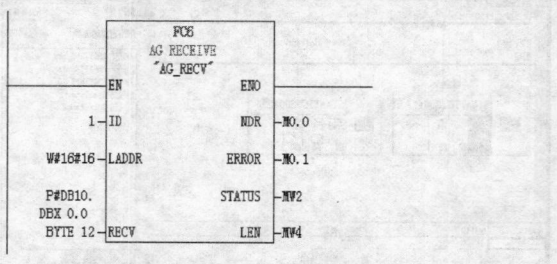

图11.8-52　接收程序

注意：CP 地址在硬件组态编辑器通过 CP 的"对象属性-地址"查看，程序中是十六进制，而"地址"选项卡中是十进制。

选中 SIMATIC 管理器中的站，左键单击"下载"按钮将硬件和程序下载，还要在图 11.8-45 选中某个站的 CPU 所在的小方框，左键单击工具栏中的"下载"按钮将网络组态下载到 CPU 中。

4.4 S7-300/400 PLC 的工业以太网 IT 解决方案

SIMATIC S7 可以通过带有 IT 功能的 CP 模块提供工业以太网 IT 解决方案。以 CP 343-1 IT 为例，它支持下列基本通信服务：

1）S7 通信和 PG/OP 通信。

2）PG 功能（包括路由），利用 PG 功能，一些模板（如 FM354）可以通过 CP 进行访问。

3）操作和监控功能（HMI），支持多个 TD/OP

连接。

4）在 Server 和 Client 端同时调用 S7 功能块（BSEND FB12、BRCV FB13、PUT FB14、GET FB15、USEND FB8、URCV FB9、C_ CNTRL FC62），建立 S7 连接，进行数据交换。

5）S5 兼容通信，包括 ISO 连接上的 SEND/RECEIVE 服务，TCP 和 UDP 连接上的 SEND/RECEIVE 服务以及 UDP 连接上可以通过在组态连接时选择特定的 IP 地址来完成的组播通信等。

6）在 ISO、ISO-on-TCP 和 TCP 连接上建立的 FETCH/WRITE 服务。

7）与 FETCH/WRITE 服务相应的 LOCK/UN-LOCK 服务。

8）工业以太网上的时钟同步功能。

9）可以通过出厂设置的 MAC 地址访问 CP，直接通过以太网进行初始化。

除了以上的基本功能外，CP 343-1 IT 模板还支持下列 IT 通信功能：

1）发送 Email。

2）通过 HTML 语言编辑网页，以 Web 方式监控设备和处理数据。

3）FTP（File Transfer Protocol）功能，可以作为 FTP Server 和 Client 端进行文件管理，访问 CPU 的数据块。

5　PROFINET

PROFINET 是新一代基于工业以太网技术的自动化总线标准，兼容工业以太网和现有的现场总线（PROFIBUS）技术，由 PROFIBUS 现场总线国际组织（PI）推出。

PROFINET 明确了 PROFIBUS 和工业以太网之间数据交换的格式，使跨厂商、跨平台的系统通信问题得到了彻底解决。该技术为当前的用户提供了一套完整、高性能、可伸缩的、升级至工业以太网平台的解决方案。

PROFINET 提供了一种全新的工程方法，即基于组件对象模型（Component Object Model，COM）的分布式自动化技术；PROFINET 规范以开放性和一致性为主导，以微软公司的 OLE/COMA/DCOM 为技术核心，最大限度地实现了开放性和可扩展性，向下兼容传统工控系统，使分散的智能设备组成的自动化系统模块化。PROFINET 指定了 PROFIBUS 与国际 IT 标准之间的开放和透明的通信；提供了一个独立于制造商，包括设备层和系统层的完整系统模型，保证了 PROFIBUS 和 PROFINET 之间的透明通信。

5.1　PROFINET 技术

1. PROFINET 的通信机制

PROFINET 的基础是组件技术，在 PROFINET 中，每个设备都被看做是一个具有组件对象模型（COM）接口的自动化设备，同类设备都具有相同的 COM 接口，系统通过调用 COM 接口来实现设备功能。组件模型使不同的制造商能遵循同一原则，它们创建的组件能在一个系统中混合应用，并能极大地减少编程的工作量。同类设备具有相同的内置部件，对外提供相同的 COM 接口，使不同厂家的设备具有良好的互换性和互操作性。

PROFINET 用标准以太网作为连接介质，使用标准的 TCP/UDP/IP 和应用层的 RPC/DCOM 来完成节点之间的通信和网络寻址。

2. PROFINET 的技术特点

PROFINET 的开放性基于以下的技术：微软公司的 COM/DCOM 标准、OLE、ActiveX 和 TCP/UDP/IP。

PROFINET 定义了一个运行对象模型，每个 PROFINET 都必须遵循这个模型。该模型给出了设备中包含的对象和外部都能通过 OLE 进行访问的接口和访问的方法，对独立的对象之间的联系也进行了描述。

在应用程序中，将可以使用的功能组织成固定功能，可以下载到物理设备中。软件的编制严格独立于操作系统，PROFINET 的内核经过改写后可以下载到各种控制器和系统中，并不要求一定是 Windows 操作系统。

由图 11.8-53 可以看出，PROFINET 技术的核心是代理服务器，它负责将所有的 PROFIBUS 网段、以太网设备和 PLC、变频器、现场设备等集成到 PROFINET 中，代理设备完成的是 COM 对象中的交互，它将挂接的设备抽象为 COM 服务器，设备之间的交互变为 COM 服务器之间的相互调用。只要设备能够提供符合 PROFINET 标准的 COM 服务器，该设备就可以在 PROFINET 网络中正常运行。

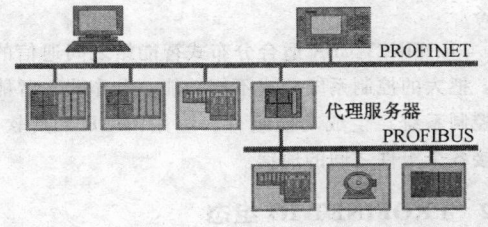

图11.8-53　PROFINET 系统结构图

3. PROFINET 的实时性

为了保证通信的实时性，需要对信号的传输时间进行计算。不同的现场应用对通信系统的实时性要求不同，根据响应时间的不同，PROFINET 支持 3 种通信方式。

（1）TCP/IP 标准通信　PROFINET 基于工业以太网技术，使用 TCP/IP 和 IT 标准。TCP/IP 的响应时间大概为 100ms，对于工厂控制级是足够的。

（2）实时（RT）通信　对于传感器和执行器设备之间的数据交换，系统对响应时间的要求更为严格，大概需要 5 ~ 10ms 的响应时间。目前，可以使用现场总线技术达到这个响应时间，如 PROFIBUS-DP。

PROFIBUS 提供了一个优化的、基于以太网第 2 层的实时通信通道，通过该实时通道，极大地减少了数据的处理时间，因此，PROFINET 获得了等同、甚至超过传统现场总线系统的实时性能。

（3）等时同步实时（IRT）通信　运动控制对通信实时性的要求很高。伺服运动控制对通信网络提出了极高的要求，在 100 个节点下，其响应时间要小于 1ms，抖动误差要小于 1μs，以此来保证及时、确定的响应。

PROFINET 使用等时同步实时（Isochronous Real-Time, IRT）技术来满足上述响应时间。为了保证高质量的等时通信，所有的网络节点必须很好地实现同步。这样才能保证数据在精确相等的时间间隔内被传输，网络上的所有站点必须通过精确的时钟同步以实现等时同步实时。通过规律的同步数据，其通信循环同步的精度可以达到微秒级。该同步过程精确地记录其所控制的系统的所有时间参数，因此能够在每个循环的开始时间实现非常精确地时间同步。

4. PROFINET 的主要应用

PROFINET 主要有两种应用方式：PROFINET IO 和 PROFINET CBA。

PROFINET IO 适合模块化分布式的应用，与 PROFIBUS-DP 方式类似，PROFIBUS-DP 中分为主站和从站，而 PROFINET CBA 中有 IO 控制器和 IO 设备。

PROFINET CBA 适合分布式智能站之间通信的应用。把大的控制系统分成不同功能、分布式、智能的小控制系统，生成功能组件，利用 IMAP 工具软件，连接各个组件之间的通信。

5.2　PROFINET IO 组态

使用 PROFINET IO 就像在 PROFIBUS 中使用非智能从站一样，不用编写任何编程语言，只需要根据实际的硬件连接，在硬件组态编辑器中组态好 PROFINET 网络系统即可。组态时系统自动统一分配 PROFINET IO 的地址，编程时就像访问中央机架中的 I/O 一样访问 PROFINET IO。

下面通过如图 11.8-54 所示的例子说明 PROFINET IO 的组态步骤。图中，CPU317-2 PN/DP 的集成 PN 口、ET 200S PN 和计算机分别通过网线连接到工业网络管理型交换机 SCALANCE X400 上。

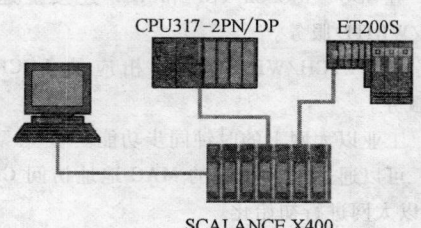

图11.8-54　PROFINET IO 组态示意图

新建一个项目，插入一个 S7-300 站，在硬件组态编辑器中，插入机架、电源和 CPU 317-2 PN/DP，在自动出现的"属性-Ethernet 接口 PN-IO"对话框"参数"选项卡中，新建一个名为"Ethernet（1）"的以太网，并将 CP 连接到网上，设置 IP 地址为 192.168.0.1，子网掩码为 255.255.255.0。这样 PROFINET IO 控制器就组态好了。下面组态 ET 200S PN。

在硬件组态编辑器的硬件目录 PROFINET IO/IO/ET 200S 下选择 IM151-3 PN，将其拖放到以太网上，如图 11.8-55 所示，在"对象属性"对话框中设置 IP 地址为 192.168.0.2。选中刚生成的 IM151-3 PN 站，将刚才拖放的子文件夹 IM121-3 PN/PM 中的电源模块 PM-E DC24-48V/AC24-230V 插入下面表格窗口的 1 号槽，子文件夹 IM151-3 PN/DI 中的数字量输入模块 2DI DC24V HF 插入 2 号槽，子文件夹 IM151-3 PN/DO 中的数字量输出模块 2DO DC24V/2A ST 插入 3 号槽。

工业以太网交换机用来连接网络中的各个站。在硬件组态编辑器硬件目录"PROFINET IO"→"Network Components"中选择 X400 系列以太网交换机，将其拖放到以太网上，如图 11.8-55 所示，在"对象属性"对话框中设置 IP 地址为 192.168.0.3。

PN-IO 网络组态完毕，左键单击硬件组态编辑器工具栏上的"下载"按钮，将硬件组态进行下载。然后，需要给 I/O 设备分配设备名称。注意：此时要确保"PG/PC 接口"设置为 TCP/IP 接口网卡。

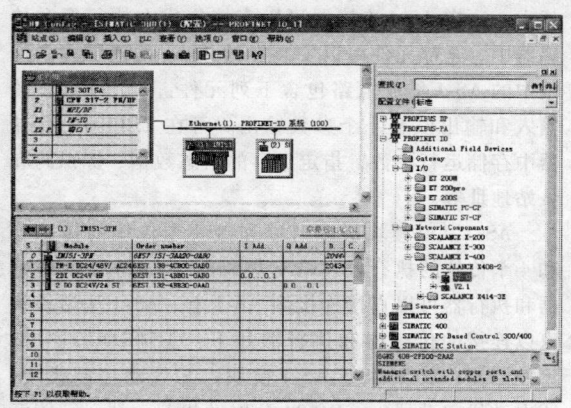

图11.8-55　硬件组态

在硬件组态编辑器中通过菜单命令"PLC"→"Ethernet"→"分配设备名称"打开"分配设备名称"对话框，在"设备名称"选项中，给出了STEP7 已组态的设备名称。在"可用设备"列表中，列出了以太网上所有的可用设备及其 IP 地址（如果可用）、MAC 地址和在线获得的设备类型，MAC 地址是自动生成的。

要为可用设备列表中的某个 I/O 设备分配设备名称，首先选中该设备，然后左键单击"分配名称"按钮，STEP7 将"设备名称"选项中选择的名称分配给可用设备列表中选择的 I/O 设备。已分配的设备名称将会显示在可用设备列表中。如果不能确认可用设备列表中的 MAC 地址对应的硬件 I/O 设备，选中该表中某台设备后，左键单击"闪烁"按钮，对应的硬件设备上的 LED 指示灯将会闪烁。

分配完设备名称后，通过菜单命令"PLC"→"Ethernet"→"验证设备名称"，可以确认分配的设备名称是否正确。

在硬件组态编辑器中可以不组态以太网交换机，但是组态后可以查看网络的运行情况。在硬件组态编辑器中，左键单击工具栏中的"在线离线"按钮，显示在线窗口，左键双击"SCALANCE"模块，弹出"模块信息"对话框，可以查看相关的信息。还可以通过 IE 浏览器查看以太网交换机的使用情况。

6　AS-I 网络

AS-I 是执行器传感器接口（Actuator Sensor Interface）的缩写，是用于现场自动化设备的双向数据通信网络，位于工厂自动化网络的最底层。AS-I 特别适用于连接需要传送开关量的传感器和执行器，例如：读取各种接近开关、光电开关、压力开关、温度开关、物料位置开关的状态，控制各种阀门、声光报警器、继电器和接触器等，AS-I 也可以传送模拟量数据。

6.1　AS-I 网络结构

AS-I 属于主从式网络，每个网段只能有一个主站，如图 11.8-56 所示。主站是网络通信的中心，负责网络的初始化以及设置从站的地址和参数等，具有错误校验功能，发现传输错误将重发报文。传输的数据很短，一般只有 4 位。

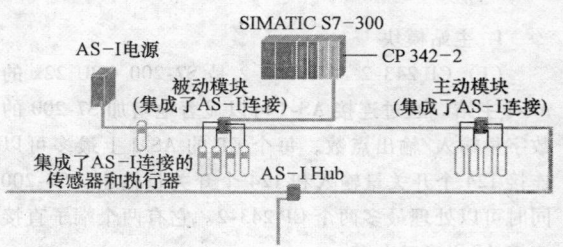

图11.8-56　AS-I 网络示意图

AS-I 从站是 AS-I 系统的输入/输出通道，仅在被 AS-I 主站访问时才被激活。接到命令时，它们触发动作或将现场信息传送给主站。

AS-I 网络的电源模块的额定电压为 DC 24V，最大输出电流为 2A。AS-I 所有分支电路的最大总长度为 100m，可以通过中继器延长。传输介质可以是屏蔽的或非屏蔽的两芯电缆，支持总线供电，即两根电缆同时可以作信号线和电源线。网络的树形结构允许电缆中的任意点作为新分支的起点。

6.2　AS-I 寻址模式

1. 标准寻址模式

AS-I 的节点（从站）地址为 5 位二进制数，每个标准从站占一个 AS-I 地址，最多可以连接 31 个从站，地址 0 仅供产品出厂时使用，在网络中应改用其他地址。每一个标准 AS-I 从站可以接收 4 位数据或发送 4 位数据，所以一个 AS-I 总线网段最多可以连接 124 个二进制输入点和 124 个输出点，对 31 个标准从站的典型轮询时间为 5ms，因此 AS-I 适用于工业过程开关量输入/输出的场合。

用于 S7-200 的通信处理器 CP 242-2 和用于 S7-300、ET200M 的通信处理器 CP 342-2 属于标准 AS-I 主站。

2. 扩展的寻址模式

在扩展的寻址模式中，两个从站分别作为 A 从站和 B 从站，使用相同的地址，这样使可寻址的从站的最大个数增加到 62 个。由于地址的扩展，使用扩展的寻址模式的每个从站的二进制输出减少到 3 个，每个从站最多 4 点输入和 3 点输出。一个扩展的 AS-I 主站可以操作 186 个输出点和 248 个输入点。使用扩展的寻址模式时，对从站的最大轮询时间为 10ms。

用于 S7-200 的通信处理器 CP 243-2 和用于 S7-300、ET200M 的通信处理器 CP 343-2 属于扩展的 AS-I 主站。

6.3　AS-I 硬件模块

1. 主站模块

（1）CP 243-2　CP 243-2 是 S7-200 CPU 22x 的 AS-I 主站。通过连接 AS-I 可以显著地增加 S7-200 的数字量输入/输出点数，每个 CP 的 AS-I 上最多可以连接 124 个开关量输入和 124 个开关量输出。S7-200 同时可以处理最多两个 CP 243-2。它有两个端子直接连接 AS-I 接口电缆。

（2）CP 343-2　CP 343-2 通信处理器是用于 S7-300 PLC 和分布式 I/O ET 200 的 AS-I 主站，它具有以下功能：最多连接 62 个数字量或 31 个模拟量 AS-I 从站。CP 343-2 占用 PLC 模拟区的 16 个输入字节和 16 个输出字节。通过他们来读写从站的输入数据和设置从站的输出数据。

（3）CP 142-2　AS-I 主站 CP 142-2 用于 ET 200X 分布式 I/O 系统。CP 142-2 通信处理器通过连接器与 ET 200X 模块相连，并使用其标准 I/O 范围。AS-I 网络无需组态，最多 31 个从站可以由 CP 142-2（最多 124 点输入和 124 点输出）寻址。

（4）DP/AS-I 接口网关模块　DP/AS-I 网关（Gateway）用来连接 PROFIBUS-DP 和 AS-I 网络。DP/AS-Interface Link 20 和 DP/AS-Interface Link 20E 可以作为 DP/AS-I 的网关，后者具有扩展的 AS-I 功能。

（5）SlMATIC C7 621 AS-I　SlMATIC C7 621 AS-I 把 AS-I 主站 CP 342-2、S7-300 的 CPU 以及 OP3 操作面板结合在一个外壳内，适合于高速方便地执行自动化任务，自带人机界面。

（6）用于个人计算机的 AS-I 通信卡 CP 2413　CP 2413 是用于个人计算机的标准 AS-I 主站，一台计算机可以安装 4 块 CP 2413。因为在 PC 中还可以运行以太网和 PROFIBUS 总线接口卡，AS-I 从站提供的数据也可以被其他网络中其他的站使用。

2. AS-I 从站模块

从站所有的功能都集成在一片专用的集成电路芯片中，这样 AS-I 连接器可以直接集成在执行器和传感器中，全部元件可以安装在约 2cm^2 的范围内。从站中的 AS-I 集成电路包含下列元件：4 个可组态的输入和输出以及 4 个参数输出。可在 EEPROM 存储器中存储运行参数，指定 I/O 的组态数据、标识码和从站地址等。

AS-I 从站模块最多可以连接 4 个传统的传感器和 4 个传统的执行器。带有集成的 AS-I 连接的传感器和执行器可以直接连接到 AS-I 上。AS-I 从站模块可以连接的传感器和执行器如下：① "LOGO!" 微型控制器；②紧凑型 AS-I 模块；③气动控制模块；④电动机起动器；⑤DC 24 V 电动机起动器；⑥能源与通信现场安装系统；⑦接近开关；⑧按钮和 LED。

6.4　AS-I 通信方式

AS-I 是单主站系统，AS-I 通信处理器（CP）作为主站控制现场的通信过程。主从通信过程中，主站一个接一个地轮流询问每一个从站，询问后等待从站的响应。地址是 AS-I 从站的标识符。可以用专用的地址（Addressing）单元或主站来设置各从站的地址。AS-I 的报文主要有主站呼叫发送报文和从站应答（响应）报文，主站的请求帧由 14 个数据位组成，如图 11.8-57 所示。

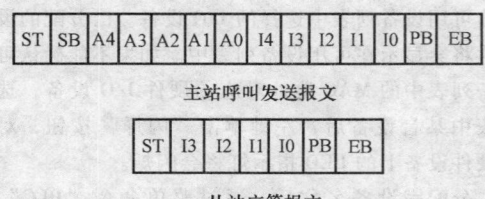

图11.8-57　AS-I 的通信报文

在主站呼叫发送报文中，ST 是起始位，其值为 0。SB 是控制位，为 0 或为 1 时分别表示传送的是数据或命令。A4 ~ A0 是从站地址，I4 ~ I0 为数据位。PB 是奇偶校验位，在报文中不包括结束位在内的各位中 1 的个数应为偶数。EB 是结束位，其值为 1。在 7 个数据位组成的从站应答报文中，ST、PB 和 EB 的意义和取值与主站呼叫发送报文的相同，I3 ~ I0 是数据位。

AS-I 的工作阶段包括如下几个阶段：①离线阶段；②起动阶段；③激活阶段；④工作模式。

6.5　AS-I 通信举例

下面通过一个例子说明 AS-I 通信的组态步骤及编程方法。本例包括的硬件有 S7-300 CPU315-2 DP、CP343-2 6GK7343-2AH10-0XA0、电源单元 3RX 9300-

1AA00、数字量 4 输入 3 输出模块 3RK2400-1FQ03-0AA3（地址 9B）、数字量 8 输入模块 3RK1200-0DQ00-0AA3（地址 5/7）、数字量 2 输入 2 输出模块 3RK1400-1BQ20-0AA3（地址 10）。

1. 硬件组态

使用手持编址单元对从站模块进行编址或在 STEP 7 中调用通信功能块 FC AS-I-3422，利用命令接口（命令代码 0DH）分配从站地址。将编好地址的从站模块连接到 AS-I 总线上。

AS-I 总线上的所有使能的从站都可以被 CP343-2P 读取，CP 上的 LED 指示 AS-I 总线上从站的站地址，站地址是滚动显示的。

下面开始软件组态。新建项目，插入一个 S7-300 站，硬件组态编辑器中，插入 CP343-2P 模块。左键双击 CP343-2P 模块打开其属性对话框，在"地址"选项卡中组态通信区，选择开始地址，通信区为 16B 输入和 16B 输出，可以直接访问标准类型和 A 类型数字量从站，如图 11.8-58 所示。

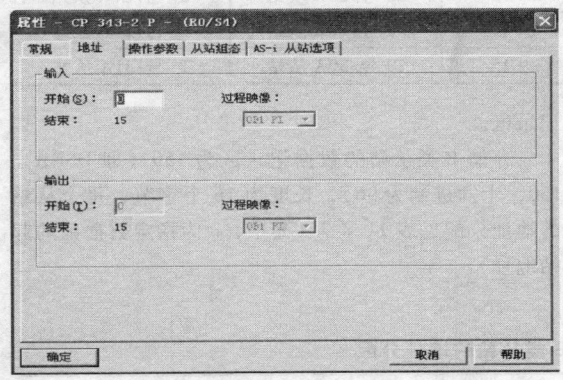

图11.8-58　CP343-2P 模块属性对话框

选择图 11.8-58"从站组态"选项卡组态从站信息，左键双击需要组态的从站地址栏，如标准从站 10，将打开图 11.8-59 所示的组态对话框。10 号站为标准从站，只能在 10A 栏组态，而且 10B 地址栏不能再插入 B 类从站。

左键单击图 11.8-59"模块"项后的下拉列表或"选择"按钮选择相应的模块，根据需要可以修改 ID、ID1 和 ID2 等。左键单击"确定"按钮后，插入了一个标准从站。按照相同的步骤可以插入其他从站。

2. 使用命令接口

通过命令接口，可以利用用户程序完全控制 AS-I 主站的响应，如控制 AS-I 主站的操作模式或者通过 AS-I 主站修改从站地址、参数以及读取参数等。在 CPU 程序中调用 FC7 通信功能，建立 CPU 与 AS-I 主

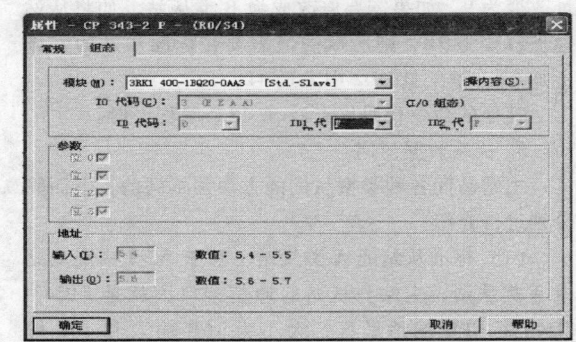

图11.8-59　组态对话框

站 CP343-2P 的通信。

下面通过例子介绍命令接口的使用。例如：新的 AS-I 从站地址为 0，可以使用命令接口初始化从站地址。修改从站地址发送的数据请求为 3 个字节：字节 0——命令代码；字节 1——原有从站地址；字节 2——需要修改后的从站地址。示例程序如图 11.8-60 所示。

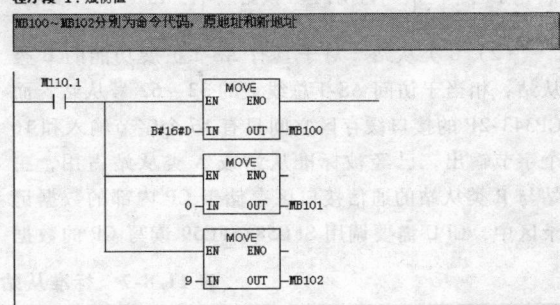

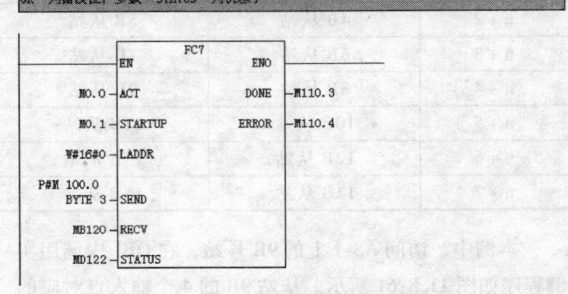

图11.8-60　示例程序

本例中发送的数据请求命令包含在 MB100 ～ MB102 中，MB100 中命令代码为 0DH，表示修改从站地址，MB101 为原有从站地址 0，MB102 为需要修改后的从站地址 9，当 M110.1 为 1 时，从站的站地

址改变为 9。如果需要修改成为 B 类从站，如将从站地址改变为 9B，则所赋的值需要在标准从站的基础上加 32，即在 MB102 中发送 41。

其他的命令代码请查看 S7 PLC 编程手册。

3. 从站数据访问

主站访问各种类型从站的方法是不同的，下面将分别进行介绍。

(1) 标准从站或 A 类从站　对于 AS-I 标准从站或 A 类从站，主站与从站的通信接口区就是 CP343-2P 占用 CPU 的地址区，大小为 16B 输入和 16B 输出，每个从站最多占用 4 个数字量输入和 4 个数字量输出，每个从站的地址分配见表 11.8-6（其中，n 为主站 CP 的起始地址）。

本例中，主站 CP 的初始地址为 0，10 号从站的输入地址为 15.4 ~ 15.7，输出地址为 Q5.4 ~ Q5.7。如果 CP 的起始地址在过程映像区以外，如地址为 256，则不能直接进行位操作，必须先将输入数据（如 PIW256 ~ PIW270）传送到 M 或 DB 区，然后进行位逻辑运算，运算结果再传送到输出区（如 PQW256 ~ PQW270）。

表 11.8-6　标准从站和 B 类从站的地址分配

I/O 字节号	7-4 位	3-0 位	I/O 字节号	7-4 位	3-0 位
n +0	状态位	1 号/1A 从站	n +8	16 号/16A 从站	17 号/17A 从站
n +1	2 号/2A 从站	3 号/3A 从站	n +9	18 号/18A 从站	19 号/19A 从站
n +2	4 号/4A 从站	5 号/5A 从站	n +10	20 号/20A 从站	21 号/21A 从站
n +3	6 号/6A 从站	7 号/7A 从站	n +11	22 号/22A 从站	23 号/23A 从站
n +4	8 号/8A 从站	9 号/9A 从站	n +12	24 号/24A 从站	25 号/25A 从站
n +5	10 号/10A 从站	11 号/11A 从站	n +13	26 号/26A 从站	27 号/27A 从站
n +6	12 号/12A 从站	13 号/13A 从站	n +14	28 号/28A 从站	29 号/29A 从站
n +7	14 号/14A 从站	15 号/15A 从站	n +15	30 号/30A 从站	31 号/31A 从站

(2) B 类从站　对于具有 AS-I 扩展功能的 B 类从站，相当于访问 AS-I 总线上的 32 ~ 62 号从站，而 CP343-2P 的接口缓存区空间只有 16 个字节输入和 16 个字节输出，已经被标准从站或 A 类从站占用，主站与 B 类从站的通信接口区存储于 CP 内部的数据记录区中，CPU 需要调用 SFC58/SFC59 读写 CP 的数据记录区。

存储 B 类从站的数据记录区为 150（即 DSNR = 150，十六进制为 96），长度为 16 个字节，每个从站的地址分配见表 11.8-7（其中，n 为指定数据区的起始地址）。

表 11.8-7　标准从站和 B 类从站的地址分配

I/O 字节号	7-4 位	3-0 位	I/O 字节号	7-4 位	3-0 位
n +0	保留位	1B 从站	n +8	16B 从站	17B 从站
n +1	2B 从站	3B 从站	n +9	18B 从站	19B 从站
n +2	4B 从站	5B 从站	n +10	20B 从站	21B 从站
n +3	6B 从站	7B 从站	n +11	22B 从站	23B 从站
n +4	8B 从站	9B 从站	n +12	24B 从站	25B 从站
n +5	10B 从站	11B 从站	n +13	26B 从站	27B 从站
n +6	12B 从站	13B 从站	n +14	28B 从站	29B 从站
n +7	14B 从站	15B 从站	n +15	30B 从站	31B 从站

本例中，访问 AS-I 上的 9B 号站，在 OB1 中调用实例程序如图 11.8-61 所示。从站 9B 的 4 个输入点对应的地址区为 DB20. DBX20. 0 ~ DB20. DBX20. 3，3 个输出点对应的地址区为 DB20. DBX52. 0 ~ DB20. DBX52. 2。

(3) 模拟量从站　AS-I 主站 CP343-2P 与符合规范 7.3/7.4 的模拟量从站模块通信，与访问 B 类从站的方法类似，数据存储于主站 CP 的数据记录区中，

在 CPU 中需要调用 SFC58/SFC59 访问 CP 数据记录区中从站数据。

数据记录区 140 包含 1 ~ 16 号从站的数据，数据记录区 141 包含 5 ~ 20 号从站的数据。为了更方便从站的访问，从站数据在不同的数据记录区中会重叠。

每个从站最多有 4 路模拟量通道，每个通道占用 1 个字（2B），访问具体某路通道请参考表 11.8-8。

4. AS-I 从站的诊断

使用 CP343-2P 作为 AS-I 系统的主站，通过读取主站的数据记录区获得故障从站的站地址。通过 CP343-2 不断更新数据记录区，可以实时地获得从站的故障信息。故障从站包括：未组态、丢失以及组态不正确的从站。根据表 11.8-9 所示对应字节的位状态可以判断故障从站的站地址，其中 0 为无故障，1 为有故障。

表 11.8-8　模拟量访问通道

字节号（起始地址 + 偏移量）	模拟量通道	字节号（起始地址 + 偏移量）	模拟量通道
起始地址 +0	通道 1/高位字节	起始地址 +4	通道 3/高位字节
起始地址 +1	通道 1/低位字节	起始地址 +5	通道 3/低位字节
起始地址 +2	通道 2/高位字节	起始地址 +6	通道 4/高位字节
起始地址 +3	通道 2/低位字节	起始地址 +7	通道 4/低位字节

表 11.8-9　故障从站对应的地址区

字节	位	含义	字节	位	含义
7	0~7	从站 0~7 字节有故障	12	0~7	从站 8~15 字节有故障
8	0~7	从站 8~15 字节有故障	13	0~7	从站 16~23 字节有故障
9	0~7	从站 16~23 字节有故障	14	0~7	从站 24~31 字节有故障
10	0~7	从站 24~31 字节有故障	15	0~7	保留
11	0~7	从站 0~7 字节有故障			

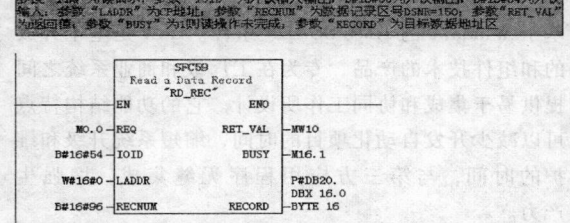

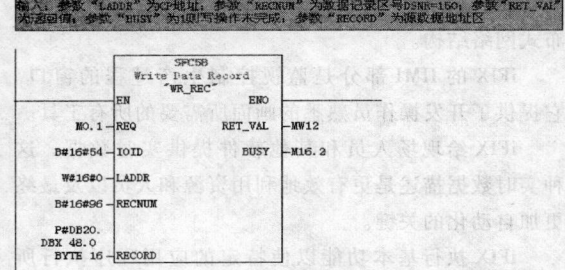

图 11.8-61　读写 B 类从站数据实例程序

在 OB1 中调用系统功能块 SFC 59 "RD-REC"，读取数据记录区为 DS1，长度为 16B。

7　常用组态软件

组态软件，又称组态监控系统软件。译自英文 SCADA，即 Supervisory Control and Data Acquisition（数据采集与监视控制）。它是指一些数据采集与过程控制的专用软件。它们处在自动控制系统监控层一级的软件平台和开发环境，使用灵活的组态方式，为用户提供快速构建工业自动控制系统监控功能的、通用层次的软件工具。组态软件的应用领域很广，可以应用于电力系统、给水系统、石油、化工等领域的数据采集与监视控制以及过程控制等诸多领域。

随着工业自动化水平的迅速提高，计算机在工业领域的广泛应用，人们对工业自动化的要求越来越高，种类繁多的控制设备和过程监控装置在工业领域的应用，使得传统的工业控制软件已无法满足用户的各种需求。在开发传统的工业控制软件时，当工业被控对象一旦有变动，就必须修改其控制系统的源程序，导致其开发周期长；已开发成功的工控软件又由于每个控制项目的不同而使其重复使用率很低，导致它的价格非常昂贵；在修改工控软件的源程序时，倘若原来的编程人员因工作变动而离去时，则必须同其他人员或新手进行源程序的修改，因而更是相当困难。通用工业自动化组态软件的出现为解决上述实际工程问题提供了一种崭新的方法，因为它能够很好地解决传统工业控制软件存在的种种问题，使用户能根据自己的控制对象和控制目的任意组态，完成最终的自动化控制工程。

组态（Configuration）为模块化任意组合。通用组态软件主要特点：

1）延续性和可扩充性。用通用组态软件开发的应用程序,当现场(包括硬件设备或系统结构)或用户需求发生改变时,不需作很多修改而方便地完成软件的更新和升级。

2)封装性(易学易用)。通用组态软件所能完成的功能都用一种方便用户使用的方法包装起来,对于用户,不需掌握太多的编程语言技术(甚至不需要编程技术),就能很好地完成一个复杂工程所要求的所有功能。

3)通用性。每个用户根据工程实际情况,利用通用组态软件提供的底层设备(PLC、智能仪表、智能模块、板卡、变频器等)的 I/O Driver、开放式的数据库和画面制作工具,就能完成一个具有动画效果、实时数据处理、历史数据和曲线并存、具有多媒体功能和网络功能的工程,不受行业限制。

7.1 常用国外组态软件

1. InTouch

Wonderware 的 InTouch 软件是最早进入我国的组态软件。在 20 世纪 80 年代末、90 年代初,基于 Windows3.1 的 InTouch 软件曾让我们耳目一新,并且 InTouch 提供了丰富的图库。但是,早期的 InTouch 软件采用 DDE 方式与驱动程序通信,性能较差,最新的 InTouch10.1 版已经完全基于 64 位的 Windows 平台,并且提供了 OPC 支持。

一个完整的 InTouch 软件包包含 3 个部分:软件开发环境 WindowMaker、软件运行环境 WindowViewer 和运行记录本 Wonderwareloger,软件开发环境 WindowMaker 用于制作所需要的应用软件。应用软件是一组特定的文件,运行时由一个可运行文件加以解释,产生所设计的目的。这个可运行文件就是软件运行环境 WindowViewer。而 Wonderwareloger 用于记录 InTouch 应用软件一次运行过程中所发生的一切事件。

用 InTouch 开发的实时监控应用软件可以实现下列功能:

1)色彩多样、形态逼真的二维动态效果的实物体和画面。InTouch 具有很强的绘图功能,利用 InTouch 绘图工具箱可以方便地绘出工艺流程控制图,并用调色板对所画图进行着色,再把绘制好的图形与预先定义标记过的参数进行"连接",就可形成色彩多样、形态逼真的动态画面。

2)具有数据报警功能。这种报警功能包括数据报警、偏差报警和速率报警等多种报警方式。

3)绘图工具提供的制作实时曲线图、历史趋势图的功能,为实时数据、历史数据的显示、存储、利用提供了在线帮助。用于生成生产报表、查询生产状况等。

4)多种用户数据输入方式。

InTouch 应用软件的编制过程应包括以下步骤:

1)了解用户需要,熟悉控制对象。设计显示界面,列出控制过程中的所有状态变量,以及生产过程中可能出现的情况及处理方法。

2)定义标记。根据列出的状态变量定义所需标记。

3)绘制界面。包括全厂工艺流程控制图、局部工艺控制图和单台设备控制图等。

4)定义动画连接。把所定义标记的状态变量和图形"连接"上。

5)编写"逻辑"。

6)用其他语言编写与之联系的扩展功能的软件。

InTouch 是一个非常实用的人机接口软件,编程工作量非常小,而且强大的绘图能力可节省不少时间,它的动画连接功能方便地实现了动态数据监测、显示、报警等功能。

2. iFIX

iFIX 是 Intellution 自动化软件产品家族中的一个基于 Windows 的 HMI/SCADA 组件。iFIX 是基于开放的和组件技术的产品,专为在工厂级和商业系统之间提供易于集成和协同工作所设计。它的功能结构特点可以减少开发自动化项目的时间,缩短系统升级和维护的时间,与第三方应用程序无缝集成,增强生产力。

iFIX 的 SCADA 部分提供了监视管理、报警和控制功能。它能够实现数据的绝对集成和实现真正的分布式网络结构。

iFIX 的 HMI 部分是监视控制生产过程的窗口。它提供了开发操作员熟悉的画面所需要的所有工具。

iFIX 给现场人员和其他软件提供实时数据。这种实时数据描述是更有效地利用资源和人员以及最终更加自动化的关键。

iFIX 执行基本功能以使特定的应用程序执行所赋予的任务。它两个基本的功能是数据采集和数据管理。

iFIX5.1 具有以下新的功能和特点:

1)可分析的 SCADA(Historian 数据源直接用于画面)。

2)强大的制图、表功能(①提高制作趋势图表功能,如对数指标图、SPC 图表、柱状图;②可以将图表导出到 CSV 与 TXT 文件或其他图形格式文件;③具有打印图表快照的能力)。

3）增强的故障切换能力。

4）增强的故障切换配置窗口及工具。

5）容错能力提高（①通过客户端远程暂停/复位数据同步；②Troubleshooting System 标签可以诊断 SCADA 切换过程；③120s 内自动完成通过过程中的数据传输）。

3. WinCC

西门子的 WinCC 也是一套完备的组态开发环境，西门子提供类 C 语言的脚本，包括一个调试环境。WinCC 内嵌 OPC 支持，并可对分布式系统进行组态。但 WinCC 的结构较复杂，用户最好经过西门子的培训以掌握 WinCC 的应用。

WinCC 的作用：用于实现过程的可视化，并为操作员开发图形用户界面。WinCC 的基本功能和特点如下：

1）WinCC 允许操作员对过程进行观察。过程以图形化的方式显示在屏幕上，每次过程中的状态发生改变，都会更新显示。

2）WinCC 允许操作员控制过程。例如：操作员可以从图形用户界面操作和控制现场设备。

3）一旦出现临界过程状态，将自动发出报警信号。例如：如果现场的过程值超出了预定义的限制值，屏幕上将显示一条消息。

4）在使用 WinCC 进行工作时，既可以打印过程值，也可以对过程值进行电子归档。这使得过程的文档编制更加容易，并允许以后访问过去的生产数据。

基本 WinCC 系统由下列子系统组成：图形系统、报警记录、归档系统、报表系统、通信、用户管理。

WinCC V7.0 具有以下功能和特点：

1）通用的应用程序，适合所有工业领域的解决方案。

2）内置所有操作和管理功能，可简单、有效地进行组态。

3）集成的 Historian（过程管理）系统作为 IT 和商务集成的平台。

4）可用选件和附加件进行扩展。

5）可基于 Web 持续延展，采用开放性标准，集成简便。

6）多语言支持，全球通用。

7.2 常用国内组态软件

1. 组态王

组态王是国内第一家较有影响的组态软件开发公司（更早的品牌多数已经湮灭）。组态王提供了资源管理器式的操作主界面，并且提供了以汉字作为关键字的脚本语言支持。组态王也提供多种硬件驱动程序。

组态王开发监控系统软件，是新型的工业自动控制系统，它以标准的工业计算机软、硬件平台构成的集成系统取代传统的封闭式系统。

它具有适应性强、开放性好、易于扩展、经济、开发周期短等优点。通常可以把这样的系统划分为控制层、监控层、管理层三个层次结构。其中监控层对下连接控制层，对上连接管理层，它不但实现对现场的实时监测与控制，且在自动控制系统中完成上传下达、组态开发的重要作用。尤其考虑三方面问题：画面、数据、动画。通过对监控系统要求及实现功能的分析，采用组态王对监控系统进行设计。组态软件也为试验者提供了可视化监控画面，有利于试验者实时现场监控。而且，它能充分利用 Windows 的图形编辑功能，方便地构成监控画面，并以动画方式显示控制设备的状态，具有报警窗口、实时趋势曲线等，可便利的生成各种报表。它还具有丰富的设备驱动程序和灵活的组态方式、数据链接功能。

1）使用组态王实现控制系统实验仿真的基本方法：

① 图形界面的设计。

② 构造数据库。

③ 建立动画连接。

④ 运行和调试。

2）使用组态王软件开发具有以下两个特点：

① 实验全部用软件来实现，只需利用现有的计算机就可完成自动控制系统课程的实验，从而大大减少购置仪器的经费。

② 该系统是中文界面，具有人机界面友好、结果可视化的优点。对用户而言，操作简单易学且编程简单，参数输入与修改灵活，具有多次或重复仿真运行的控制能力，可以实时地显示参数变化前后系统的特性曲线，能很直观地显示控制系统的实时趋势曲线，这些很强的交互能力使其在自动控制系统的实验中可以发挥理想的效果。

3）在采用组态王开发系统编制应用程序过程中要考虑以下三个方面：

① 图形，是用抽象的图形画面来模拟实际的工业现场和相应的工控设备。

② 数据，就是创建一个具体的数据库，并用此数据库中的变量描述工控对象的各种属性，如水位、流量等。

③ 连接，就是画面上的图素以怎样的动画来模拟现场设备的运行，以及怎样让操作者输入控制设备

的指令。

2. Controx（图灵开物）

华富计算机公司的 Controx2000 是全 32 位的组态开发平台，为工控用户提供了强大的实时曲线、历史曲线、报警、数据报表及报告功能。作为国内最早加入 OPC 组织的软件开发商，Controx 内建 OPC 支持，并提供数十种高性能驱动程序。提供面向对象的脚本语言编译器，支持 ActiveX 组件和插件的即插即用，并支持通过 ODBC 连接外部数据库。Controx 同时提供网络支持和 WebServer 功能。

图灵开物（Controx）是运行于 Windows2000/NT/XP/7 系统的工控软件，采用真正的 Client/Sever 体系结构，支持实时数据共享和分布式历史数据库；提供方便、高性能的 I/O 驱动；轻松地实现复杂的控制画面和控制策略的构造，并得到及时准确的报表。它是生产商及系统集成商的有力工具。

基于 Windows NT/2000/XP/7 操作系统的图灵开物（Controx）监控软件内部采用真正的 Client/Sever 体系结构，用户可以在企业所有层次的各个位置上都可以及时获得系统的实时信息，无论是在控制现场还是在办公室内，都可以进行交互式的操作，令操作者和管理人员作出快捷有效的决策。通过采用图灵开物（Controx），会使用户极大地增强其生产线能力，提高工厂的生产力和效率，提高产品的质量和减少成本及原材料的消耗。

图灵开物（Controx）具有以下功能和特点：

（1）操作简单、所见即所得　集成管理器可以完成几乎所有的组态功能。简单明了和所见即所得的风格特别适合工程技术人员应用。

（2）内存量不算点　只有真正的 I/O 点才计算点数，方便用户工程规划，真正让利于用户。

（3）高速标签扫描，可以满足一般高速测控试验系统的需要　提供最小 10ms 标签扫描周期，使用普通的板卡设备可以达到 25ms 采集 16 路模拟量采集点（或 50ms 采集 48 路模拟量采集点）的速度；配合图灵开物软件可以满足一般的实验测试要求。

（4）支持工程加密，保护工程商权益　根据不同的加密强度，支持两种工程加密方式：密码方式和加密锁方式。

（5）条件存储，想存就存　一般的软件只支持周期存储，即设定了存储周期后，不管是否需要都要进行存储。而图灵开物 2000 支持条件和周期两种方式。可以根据用户的需求，在条件满足的情况下进行存储。

（6）支持设备冗余和数据库冗余　支持设备冗余和数据库冗余，完全可以满足重要场合应用。

（7）界面美观，支持流动效果　不但支持直线流动，而且支持曲线、圆弧的流动效果，支持三种流速。快速构建用户工程。

（8）分布式网络环境　只需在工程中添加节点，轻松构建网络工程。

（9）开放的编程接口　通过开放的编程接口，用户可以编写驱动程序、自定义插件、自定义函数。不但功能灵活，而且可以达到信息隐蔽的作用，保护用户的算法和思想。用户可以方便地制作功能强大的插件，满足特定行业的需求。也可以由厂商为用户定制开发，支持的自定义函数为二进制代码，保密性强，执行速度快，特别适合编写需要保密的算法，并可提供一对一加密锁保密方式。

（10）强大的设备支持　作为系统自带驱动功能，支持目前主流的 PLC（可编程序控制器）、数据采集板卡、采集模块、智能仪表、控制器和变频器。支持的方式有 TCP/IP、现场总线、GPIB、串口、总线等。同时公开数据接口，用户可以编写自定义的驱动程序。

（11）强大的标准接口　OLE、ActiveX、OPC、ODBC、DDE 接口，使用户毫无困难地和其他系统集成。可以将应用范围扩展到工厂级，为 MES（Manufacturing Execution System，制造执行系统）或 ERP 提供管理数据。

（12）可灵活裁剪、配置　用户可以灵活配置系统的历史、报警、校时、冗余等服务功能，可以应用在从简单采集应用到复杂的分布式系统。

3. ForceControl（力控）

作为民族产业的大型 SCADA、DCS 软件，力控软件支持控制设备冗余、控制网络冗余、监控服务器冗余、监控网络冗余、监控客户端冗余等多种系统冗余方式，可以适应对安全性要求比较高的工艺装置，解决了一般国内外软件在数据吞吐、安全性和容错性上的问题，使软件在大数据量吞吐、网络切换上得到了很大的提高，达到了国际水平。力控软件支持控制设备冗余，支持普通的 232、485、以太网等控制网络的冗余，支持控制硬件的软冗余切换和硬冗余切换。

力控 6.0 监控组态软件是北京三维力控科技有限公司根据当前的自动化技术的发展趋势，总结多年的开发、实践经验和大量的用户需求而设计开发的高端产品，是三维力控全体研发工程师集体智慧的结晶，该产品主要定位于国内高端自动化市场及应用，是企业信息化的有力数据处理平台。

力控 6.0 在秉承力控 5.0 成熟技术的基础上，对历史数据库、人机界面、I/O 驱动调度等主要核心部分进行了大幅提升与改进，重新设计了其中的核心构件，力控 6.0 面向 .NET 开发技术，开发过程采用了先进软件工程方法——"测试驱动开发"，产品品质将得到充分保证。

与力控早期产品相比，力控 6.0 产品在数据处理性能、容错能力、界面容器、报表等方面产生了巨大飞跃。

力控 6.0 具有以下功能和特点：

1）方便、灵活的开发环境，提供各种工程、画面模板、大大降低了组态开发的工作量。

2）高性能实时、历史数据库，快速访问接口在数据库 4 万点数据负荷时，访问吞吐量可达到 20000 次/s。

3）强大的分布式报警、事件处理，支持报警、事件网络数据断线存储，恢复功能。

4）支持操作图元对象的多个图层，通过脚本可灵活控制各图层的显示与隐藏。

5）强大的 ActiveX 控件对象容器，定义了全新的容器接口集，增加了通过脚本对容器对象的直接操作功能，通过脚本可调用对象的方法、属性。

6）全新的、灵活的报表设计工具：提供丰富的报表操作函数集、支持复杂脚本控制，包括脚本调用和事件脚本、可以提供报表设计器、可以设计多套报表模板。

第 9 章　数控系统及计算机控制

1　数控技术概述

1.1　基本概念

数控技术（Numerical Control Technology）是利用数字化信息对机床或其他机械设备的运动及工作过程进行控制的一种技术。由于现代数控技术都是以计算机为核心进行控制的，因此，数控技术也被称为计算机数控（Computer Numerical Control，CNC）。

数控系统（Numerical Control System）是一种程序控制系统，它能逻辑地处理输入到系统中的数控加工程序，控制数控机床运动并加工出零件。

数控机床的工作流程：数控加工程序的编制→程序输入→译码→刀具补偿→插补→位置控制和机床加工。

（1）数控加工程序的编制　零件加工前，首先根据被加工零件图样所规定的零件形状、尺寸、材料及技术要求等，确定零件的工艺过程、工艺参数、几何参数以及切削用量等，然后根据数控机床编程手册规定的代码和程序格式编写零件加工程序单。早期的数控机床还需将零件加工程序清单由穿孔机制成穿孔带以备加工零件用。较简单的零件，采用手工编程；形状复杂的零件，用自动编程。

（2）输入　输入的任务是把零件程序、控制参数和补偿数据输入到数控装置中去。输入的方法因输入设备而异，有纸带阅读机输入、键盘输入、磁带和软盘输入以及通信方式输入。输入的工作方式通常有两种，一种是边输入边加工，即在前一个程序段加工时，输入后一个程序段的内容；另一种是一次性地将整个零件加工程序输入到数控装置的内部存储器中，加工时再把一个个程序段从存储器中调用进行处理。

（3）译码　数控装置接受的程序是由程序段组成，程序段中包含零件轮廓信息（如直线还是圆弧、线段的起点和终点等）、加工进给速度（F 代码）等加工工艺信息和其他辅助信息（M、S、T 代码等）。计算机不能直接识别它们，译码程序就像一个翻译，按照一定的语法规则将上述信息解释成计算机能够识别的数据形式，并按一定的数据格式存放在指定的内存专用区域。在译码过程中对程序段还要进行语法检查，有错则立即报警。

（4）刀具补偿　零件加工程序通常是按零件轮廓轨迹编制的。刀具补偿的作用是把零件轮廓轨迹转换成刀具中心轨迹运动，加工出所要求的零件轮廓。刀具补偿方式有刀具半径补偿和刀具长度补偿。

（5）插补　插补是在已知曲线的种类、起点、终点和进给速度的条件下，在曲线的起点、终点之间进行"数据点的密化"。在每个插补周期内运行一次插补程序，形成一个个微小的直线数据段。插补的目的是控制加工运动，使刀具相对于工件做出符合零件轮廓轨迹的相对运动。具体地说，插补就是数控装置根据输入零件轮廓数据，通过计算，把零件轮廓描述出来，边计算边根据计算结果向各坐标轴发出运动指令，使机床在相应的坐标方向上移动一个单位位移量，将工件加工成所需的轮廓形状。

（6）位置控制和机床加工　插补的结果是产生一个周期内的位置增量。位置控制的任务是在每个采样周期内，将插补计算出的指令位置与实际反馈位置相比较，用其差值去控制伺服电动机，电动机使机床的运动部件带动刀具相对于工件按规定的轨迹和速度进行加工。在位置控制中通常还应完成位置回路的增益调整、各坐标方向的螺距误差补偿和反向间隙补偿，以提高机床的定位精度。

1.2　数控系统的组成

数控系统主要由操作面板、输入输出装置、计算机数控装置、PLC、机床 I/O 电路和装置、主轴伺服单元、主轴驱动装置、进给伺服单元、进给驱动装置以及检测装置等组成，如图 11.9-1a 所示，图 11.9-1a 通常被简化为图 11.9-1b 所示的框图形式。

（1）输入输出设备　输入输出设备是数控系统与外部设备进行交互的装置，主要实现程序编制、程序和数据的输入以及显示、存储和打印等。硬件配置视需要而定，功能简单的机床可能只配键盘和发光二极管（LED）显示器；功能普通的机床则可能加上纸带阅读机和纸带穿孔机、磁带和软盘读入器、人机对话编程操作键盘和视频信号显示器（CRT，LCD）；功能较高的可能还包含有一套自动编程机或计算机辅助设计/计算机辅助制造系统。

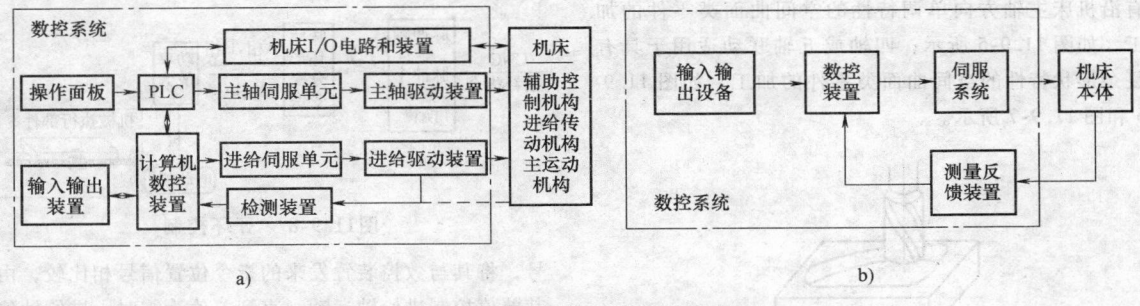

图11.9-1 数控系统的组成图
a) 组成图 b) 简化形式

现代的数控系统除采用输入输出设备进行信息交换外，一般都具有用通信方式进行信息交换的能力。它们是实现 CAD/CAM 的集成、FMS 和 CIMS 的基本技术。采用的方式有：串行通信（RS-232 等串口），自动控制专用接口和规范（DNC（直接数字控制）方式、MAP（制造自动化协议）协议等），网络技术（Internet，LAN）等。

（2）数控装置 数控装置是数控机床的核心。其作用是接收来自输入设备的程序和数据，并按输入信息的要求完成数值计算、逻辑判断和输入输出控制等功能。数控装置由计算机系统、输入输出接口板、机床控制器（PLC）以及相应的控制软件等组成。

（3）伺服系统 伺服系统是接受数控装置的指令、驱动机床执行机构运动的驱动部件（如主轴驱动、进给驱动）。伺服系统由伺服控制电路、功率放大电路和伺服电动机等组成。常用的伺服电动机有步进电动机、电液马达、直流伺服电动机和交流伺服电动机等。

（4）测量反馈装置 测量反馈装置由测量部件和相应的测量电路组成，其作用是检测速度和位移，并将信息反馈给数控装置，构成闭环控制系统。常用的测量部件有脉冲编码器、旋转变压器、感应同步器、光栅和磁尺等。没有测量反馈装置的系统称为开环控制系统。

1.3 数控系统控制形式的分类

1.3.1 按机械加工的运动轨迹分类

（1）点位控制 控制刀具或工件从某一位置向另一位置移动时，不管其中间运动轨迹，只控制刀具或工件能准确到达的目标位置。该方式通常控制单坐标或两坐标同时快移，运动过程中不进行任何加工。采用此类控制形式的数控机床主要有数控钻床、数控镗床、数控冲床和数控测量机等。点位控制加工如图11.9-2 所示。

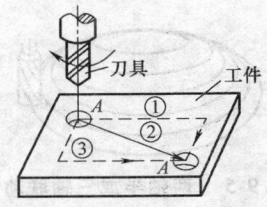

图11.9-2 点位控制加工

（2）直线控制 控制刀具或工件移动时，不仅要保证点与点之间的准确定位，而且要控制两相关点之间的位移、速度和路线。能实现平行于坐标轴的直线进给运动或控制两个坐标轴实现斜线进给运动。刀具移动过程中要进行切削。采用此类控制形式的数控机床主要有简易的数控车床和铣床。直线控制加工如图 11.9-3 所示。

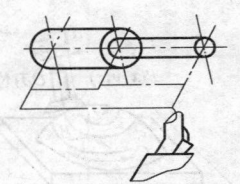

图11.9-3 直线控制加工

（3）轮廓控制 可同时控制两个和两个以上的轴，对位置和速度进行严格的不间断控制，以加工任意斜率的直线、圆弧、抛物线或其他函数关系的曲线。数控系统一般具有直线和圆弧插补功能、刀具补偿功能、螺距误差补偿和反向间隙误差补偿等功能。采用此类控制形式的数控机床主要有数控车床、数控铣床、加工中心等用于加工曲线和曲面的机床。根据同时控制坐标轴的数目，轮廓控制的数控机床还可分为两轴联动、两轴半（两个轴为联动控制，另一个轴作周期进给）或三轴联动、四轴联动或五轴联动等。其中，两轴联动控制适用于平面曲线类零件的加工，如图 11.9-4 所示；两轴半或三轴联动适用于具有沿机床主轴方向单调特性的空间曲面类零件的加工，如图11.9-5所示；四轴或五轴联动适用于具有复杂形状特性的空间曲面类零件的加工，如图11.9-6和图11.9-7所示。

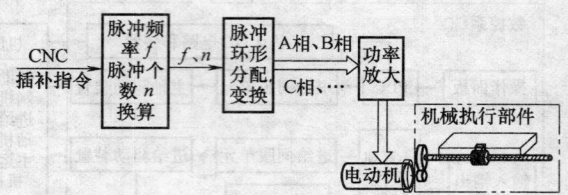

图11.9-8　开环控制

号，将其与数控装置发来的指令位置信号相比较，由其差值控制进给轴运动，直到差值为零时，进给轴停止运动。理论上可以消除包括工作台在内的传动环节误差，具有很高的定位精度。其缺点是系统稳定性差、调试困难，且结构复杂、价格昂贵。适合精度要求很高的数控铣床、超精车床和超精铣床等。

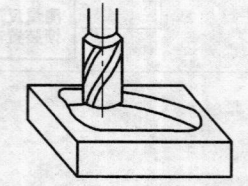

图11.9-4　两轴联动加工

图11.9-5　两轴半或三轴联动加工

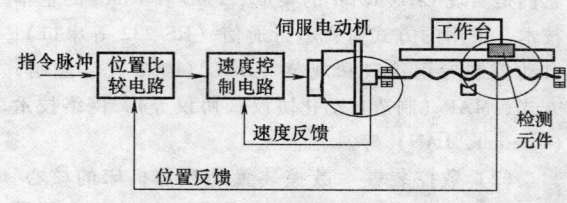

图11.9-9　闭环控制

（3）半闭环控制的数控机床（见图11.9-10）带有位置检测装置，常安装在伺服电动机上或丝杠的端部。该控制方式不包括丝杠螺母副及机床工作台导轨副等大惯量环节，因此可以获得稳定的控制特性，而且调试比较方便，价格也较全闭环系统便宜，在数控机床上得到广泛应用。

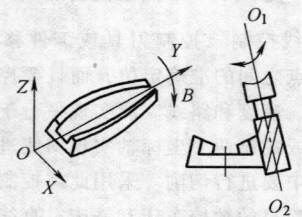

图11.9-6　四轴联动加工

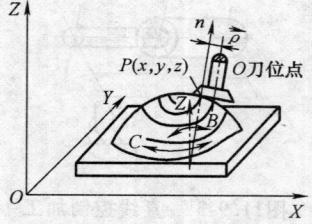

图11.9-7　五轴联动加工

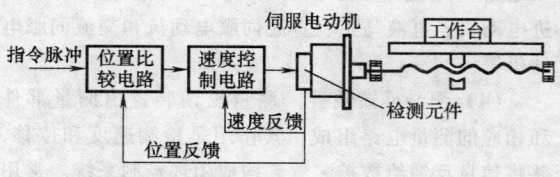

图11.9-10　半闭环控制

1.3.2　按伺服系统的控制原理分类

（1）开环控制　不带有位置检测装置，数控装置将零件程序处理后，输出数字指令信号给伺服系统，驱动机床运动。指令信号的流程是单向的，如图11.9-8所示。开环控制的优点是结构简单、稳定、成本低、调试维修方便，缺点是速度、精度低（受步进电动机的步距精度和工作频率以及传动机构传动精度的影响）。适合精度不高的中小型数控机床。

（2）闭环控制　（见图11.9-9）带有位移检测与反馈，安装在机床刀架或工作台等运动执行部件上。它随时接受在刀架或工作台端测得的实际位置反馈信

1.3.3　按功能水平分类

（1）经济型　用步进电动机实现的开环驱动，功能简单、价格低廉、精度中等，能满足加工形状比较简单的直线、圆弧及螺纹加工。一般控制轴数在3轴以下，脉冲当量（分辨率）多为0.01mm，快移进给速度在10m/min以下。

（2）普及型　采用交流或直流伺服电动机实现半闭环驱动，能实现4轴或4轴以下联动控制，脉冲当量为1μm，进给速度为15~24m/min。一般采用16位或32位处理器，具有RS232C通信接口、DNC接口和内装PLC，具有图形显示功能及面向用户的宏程序功能。

（3）高档型　采用交流伺服电动机形成半闭环或闭环驱动，能实现 5 轴以上联动，脉冲当量（分辨率）为 0.1～1μm，进给速度可达 100m/min 以上。一般采用 32 位以上微处理器，形成多 CPU 结构。编程功能强，具有智能诊断、联网、通信以及多种补偿功能。

2　数控加工程序编制

在数控机床上加工零件时，要根据零件图样，按规定的代码及程序格式将零件加工的全部工艺过程、工艺参数、位移数据和方向以及操作步骤等以数字信息的形式记录在控制介质上（如软盘、电子盘等），然后输入给数控装置，从而指挥数控机床加工。

2.1　数控编程的基础知识

2.1.1　零件加工程序的结构

一个完整的零件加工程序由程序号（名）和若干个程序段组成，每个程序段由若干个指令字组成，每个指令字由字母、数字、符号组成。

每一个独立的程序都应有程序名，它可作为识别、调用该程序的标志。如程序名"%1000"，其中，"1000"为程序号，"%"为程序号的地址码。不同的数控系统，程序号地址码所用的字符不同。如 FANUC 系统用"O"，SINUMERIK 和华中数控用"%"，必须根据说明书的规定使用，否则系统不接受。

程序段格式指一个程序段中字的排列顺序和表达方式。程序段格式有三种形式：①固定顺序程序段格式；②带分隔符的固定顺序（也称表格顺序）程序段格式；③字地址程序段格式。目前广泛使用的是字地址程序段格式。

字地址程序段格式的主要特点为：①程序段中的每个指令字均以字母（地址符）开始，其后再跟符号和数字；②指令字在程序段中的顺序没有严格的规定，即可以任意顺序书写；③不需要的指令字或者与上段相同的续效代码可以省略不写。因此，这种格式具有程序简单、可读性强、易于检查等优点。

程序段可以认为是由若干个程序字（指令字）组成，而程序字又由地址码和数字及代数符号组成。如程序段"N20 G01 X25 Y-36 Z64 F100 S300 T02 M03；"，其中，"N"、"G"、"X"、"Y"、"Z"、"F"、"S"、"T"和"M"即地址码，"；"为程序段的结束符号，也有系统用"LF"、"CR"、"EOB"等作为结束符。常用地址码及其含义见表 11.9-1。

表 11.9-1　常用地址码及其含义

机能	地址码	说明
程序段号	N	程序段顺序编号地址
坐标字	X、Y、Z、U、V、W、P、Q、R	直线坐标轴
	A、B、C、D、E	旋转坐标轴
	R	圆弧半径
	I、J、K	圆弧中心坐标
准备功能	G	指令机床动作方式
辅助功能	M	机床辅助动作指令
补偿值	H 或 D	补偿值地址
切削用量	S	主轴转速
	F	进给量或进给速度

2.1.2　数控机床的坐标系

1. 坐标轴及运动方向的规定

统一规定数控机床坐标轴及其运动的方向，可使编程方便，并使编出的程序对同类型机床有通用性。同时也给维修和使用带来极大的方便。我国制定了 GB/T 19660—2005《工业自动化系统与集成　机床数值控制坐标系和运动命名》标准，该标准与 ISO 标准等效。

数控机床的运动轴分为直线进给轴和圆进给轴，每个进给轴定义为机床坐标系中的一个坐标轴。机床各坐标轴的运动，有的是使刀具产生运动，有的则是使工件产生运动。因此，对于机床坐标系作以下规定：

1）不论机床的具体运动结果如何，机床的运动统一按工件静止而刀具相对于工件运动来描述。

2）以右手笛卡儿坐标系表达，其坐标轴用 X、Y、Z 表示，用来描述机床的主要平动轴，称为基本坐标轴。

3）若机床有转动轴，标准规定绕 X、Y 和 Z 轴转动的轴分别用 A、B、C 表示，其正向按右手螺旋定则确定。

4）如刀具不动，工件运动的坐标用加"'"的字母表示。

5）以增大工件与刀具之间距离的方向（即增大工件尺寸的方向）为坐标轴的正方向。

采用右手定则的笛卡儿坐标系如图 11.9-11 所示。

2. 机床坐标轴的确定方法

（1）Z 坐标　Z 坐标为平行于主轴轴线的进给轴。取刀具远离工件的方向为正方向（+Z）；若没有主轴（牛头刨床）或者有多个主轴，则选择垂直于工件装夹面的方向为 Z 坐标；若主轴能摆动，在摆动的范围内只与标准坐标系中的某一坐标平行时，则这个坐标便是 Z 坐标；若在摆动的范围内与多个

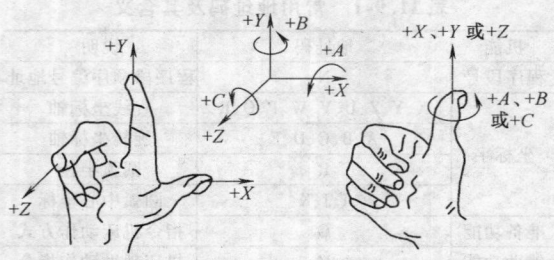

图11.9-11　采用右手定则的笛卡儿坐标系

坐标平行，则取垂直于工件装夹面的方向为 Z 坐标。

(2) X 坐标　在工件旋转的机床上（车床、外圆磨床等），X 轴的运动方向是工件的径向并平行于横向拖板，且刀具离开工件旋转中心的方向是 X 轴的正方向；在刀具旋转的机床上（铣床、钻床、镗床等），若 Z 轴水平（卧式），则从主轴向工件看时，X 坐标的正方向指向右边；若 Z 轴垂直（立式），则从刀具向立柱看时，X 的正方向指向右边；对于 Z 轴垂直的双立柱机床（龙门机床），从刀具向左立柱看时，X 轴的正方向指向右边。

(3) Y 坐标　Y 坐标垂直于 X、Z 坐标。在确定了 X、Z 坐标的正方向后，按右手定则确定。

(4) C 坐标　A、B、C 坐标分别为绕 X、Y、Z 坐标的回转进给运动坐标，确定了 X、Y、Z 坐标的正方向后，按右手螺旋定则来确定 A、B、C 坐标的正方向。

(5) 附加运动坐标　X、Y、Z 为机床的主坐标系或第一坐标系，主坐标系外平行于主坐标系的其他坐标系称为附加坐标系。附加的第二坐标系命名为 U、V、W，附加的第三坐标系命名为 P、Q、R。

以上均为刀具运动方向，工件方向与其相反，用 X′、Y′、Z′、A′、B′、C′等表示。数控编程时，为了方便，一律假定工件不动，全部用刀具的运动坐标编程。

图 11.9-12 和图 11.9-13 所示分别为卧式车床坐标系和立式铣床坐标系。

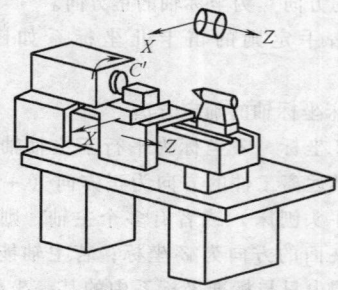

图11.9-12　卧式车床坐标系

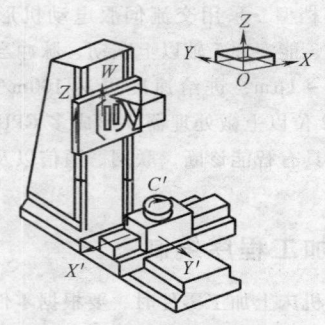

图11.9-13　立式铣床坐标系

3. 机床坐标系与工件坐标系

机床坐标系是机床上固有的坐标系，确定被加工零件在机床中的坐标、机床运动部件的位置（如换刀点、参考点）以及运动范围（如行程范围、保护区）等。

(1) 机床原点　即机床坐标系的原点，对某一具体的机床来说，机床原点是固定的，是机床制造商设置在机床上的一个物理位置。

(2) 机床参考点　也叫机床零点，是用于对机床工作台、滑板以及刀具相对运动的测量系统进行定标和控制的点。参考点相对于机床原点来讲是一个固定值，一般设在机床各轴正向极限的位置。采用增量式测量系统的数控机床开机后，都必须做回零操作。

工件坐标系是编程人员在编程时使用的，由编程人员以工件图样上的某一固定点位原点（也称工件原点）所建立的坐标系，编程尺寸都按工件坐标系中的尺寸确定。工件坐标系的各坐标轴与机床坐标系相应的坐标轴平行。工件原点可用程序指令来设置和改变，根据编程需要，在一个加工程序中可一次或多次设定或改变工件原点。

工件坐标系的各坐标轴与机床坐标系相应的坐标轴平行，方向也相同，但原点不同。工件随夹具在机床上安装后，要测量工件原点与机床原点间的距离，此距离称为工件原点偏置。机床坐标系一般不作为编程坐标系，仅作为工件坐标系的参考坐标系。

4. 绝对坐标系和增量坐标系

(1) 绝对坐标系　在坐标系中，所有的坐标点均是以固定的坐标原点为起点确定坐标值的，这种坐标系称为绝对坐标系。如图 11.9-14 所示，A、B 两点的坐标值均是以固定的坐标原点计算的，其坐标值为 $X_A = 10$，$Y_A = 20$，$X_B = 30$，$Y_B = 50$。

(2) 增量（相对）坐标系　在坐标系中，运动轨迹（直线或圆弧）的终点坐标值是以起点开始计算的，这种坐标系称为增量（相对）坐标系。增量

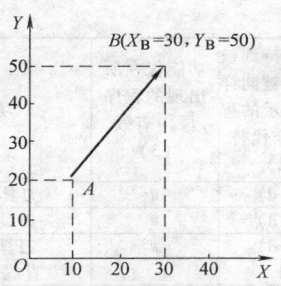

图11.9-14 绝对坐标系

坐标系的坐标原点是移动的，坐标值与运动方向有关。增量坐标常用 U、V、W 代码表示，U、V、W 轴分别与 X、Y、Z 轴平行且同向。如图 11.9-15 所示，B 点的坐标值以增量坐标表示，其坐标值为 $X_B = 20$，$Y_B = 30$。

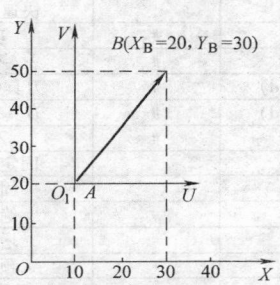

图11.9-15 增量坐标系

编程中，绝对坐标和相对坐标均可使用。主要根据具体机床的坐标系，考虑加工精度及编程的方便（如图样尺寸标注方式等）等要求合理选用。

5. 最小设定单位与编程尺寸的表示法

机床的最小设定单位，又称为脉冲当量，即数控系统能实现的最小位移量，是机床的一个重要指标。一般为 0.0001～0.01mm，根据具体的机床而定。编程时，所有的编程尺寸都应转换成与最小设定单位相对应的数量。

编程尺寸有两种表示法，一种以最小设定单位为最小单位；一种以毫米为单位，以有效位小数来表示。例如：某坐标点尺寸为 x = 125.30mm，z = 405.247mm，最小设定单位为 0.01mm，则第一种方法表示为：x12530 z40525；第二种方法表示为：x123.30 z405.247。

2.2 功能代码简介

零件加工程序主要是由一个个程序段构成的，程序段又是由程序字构成的。程序字可分为尺寸字和功能字。各种功能字是程序段的主要组成部分，功能字又称为功能指令或功能代码。常用的功能代码有准备功能 G 代码和辅助功能 M 代码，另外，还有进给功能 F 代码，主轴速度功能 S 代码，刀具功能 T 代码等。各代码又被分为模态代码和非模态代码。模态代码表示在程序中一经被应用就一直有效，直到被同组代码取代为止。同一组模态代码在同一程序段不能同时出现，否则只有最后的代码有效。而非模态指令则只在本程序段中有效。

2.2.1 准备功能 G 代码

准备功能 G 代码简称 G 功能、G 指令或 G 代码，是使机床或数控系统建立起某种加工方式的指令，规定机床运动线型、坐标系、坐标平面、刀具补偿、暂停等操作。G 代码由地址码 G 后面带两位数字组成，从 G00～G99 共 100 种，见表 11.9-2。

2.2.2 辅助功能 M 代码

辅助功能 M 代码简称 M 功能、M 指令或 M 代码。主要用于数控机床加工时的工艺性指令，如主轴的正反转，切削液的开关等。M 代码由地址码 M 后面带两位数字组成，从 M00～M99 共 100 种，见表 11.9-3。

2.2.3 F、S、T 代码

F 代码为进给速度功能代码，用于指定机床进给速度。有两种表示方法：

1）编码法 F×× —进给速度数列序号（二位）。这些数字不直接表示进给速度的大小，而是机床进给速度数列的序号（编码号），具体的进给速度需查表确定。

2）直接指定法 F××× —进给速度值（mm/min 或 mm/r），即 F 后面跟的数字就是进给速度的大小。该方法较常用。

当工作在 G01、G02 或 G03 方式下，编程的 F 一直有效，直到被新的 F 值所取代，而工作在 G00 方式下，快速定位的速度是各轴的最高速度，与所编 F 无关。借助机床控制面板上的倍率按键，F 可在一定范围内进行倍率修调。当执行攻螺纹循环、螺纹切削时，倍率开关失效，进给倍率固定在 100%。

S 代码为主轴转速功能代码，用于指定主轴的转速。由 S 后带若干位数字组成，即 S××× –主轴转速值（r/min）或转速序列号。S 所编程的主轴转速可以借助机床控制面板上的主轴倍率开关进行修调。

T 代码为刀具功能代码。在有自动换刀功能的数控机床上，该指令用以选择所需的刀具号和刀补号。如 T0101 表示 1 号刀选用 1 号刀补值，T0102 表示 1 号刀选用 2 号刀补值。通过修改刀补值，可在不修改程序的情况下对刀具进行偏移和补偿。

F、S、T 代码都是模态代码。

表 11.9-2　准备功能 G 代码表

代码 (1)	功能保持到被取消或被同样字母表示的程序指令代替 (2)	功能仅在所出现的程序段内有效 (3)	功能 (4)	代码 (1)	功能保持到被取消或被同样字母表示的程序指令代替 (2)	功能仅在所出现的程序段内有效 (3)	功能 (4)
G00	a		点定位	G50	# (d)	#	刀具偏置 0/ −
G01	a		直线插补	G51	# (d)	#	刀具偏置 +/0
G02	a		顺时针方向圆弧插补	G52	# (d)	#	刀具偏置 −/0
G03	a		逆时针方向圆弧插补	G53	f		直线偏移，注销
G04		*	暂停	G54	f		直线偏移 X
G05	#	#	不指定	G55	f		直线偏移 Y
G06	a		抛物线插补	G56	f		直线偏移 Z
G07	#	#	不指定	G57	f		直线偏移 XY
G08		*	加速	G58	f		直线偏移 XZ
G09		*	减速	G59	f		直线偏移 YZ
G10 ~ G16	#	#	不指定	G60	h		准确定位 1（精）
G17	c		XY 平面选择	G61	h		准确定位 2（中）
G18	c		ZX 平面选择	G62	h		快速定位（粗）
G19	c		YZ 平面选择	G63			攻螺纹
G20 ~ 32	#	#	不指定	G64 ~ G67	#	#	不指定
G33	a		螺纹切削，等螺距	G68	# (d)	#	刀具偏置，内角
G34	a		螺纹切削，增螺距	G69	# (d)	#	刀具偏置，外角
G35	a		螺纹切削，减螺距	G70 ~ G79	#	#	不指定
G36 ~ G39	#	#	永不指定	G80	e		固定循环注销
G40	d		刀具补偿/刀具偏置注销	G81 ~ G89	e		固定循环
G41	d		刀具补偿-左	G90	j		绝对尺寸
G42	d		刀具补偿-右	G91	j		增量尺寸
G43	# (d)	#	刀具偏置-正	G92		*	预置寄存
G44	# (d)	#	刀具偏置-负	G93	k		时间倒数，进给率
G45	# (d)	#	刀具偏置 +/+	G94	k		每分钟进给
G46	# (d)	#	刀具偏置 +/−	G95	k		主轴每转进给
G47	# (d)	#	刀具偏置 −/−	G96	I		恒线速度
G48	# (d)	#	刀具偏置 −/+	G97	I		每分钟转速（主轴）
G49	# (d)	#	刀具偏置 0/+	G98 ~ G99	#	#	不指定

注：1. #号，如选作特殊用途，必须在程序格式说明中说明。

2. 如在直线切削控制中没有刀具补偿，则 G43 ~ G52 可指定作其他用途。

3. 在表中左栏括号中的字母（d）表示：可以被同栏中没有括号的字母 d 所注销或代替，也可被有括号的字母（d）所注销或代替。

4. G45 ~ G52 的功能可用于机床上任意两个预定的坐标。

5. 控制机上没有 G53 ~ G59、G63 功能时，可以指定作其他用途。

6. *号表示功能仅在所出现的程序段内有效。

表 11.9-3　辅助功能 M 代码表

代码 (1)	功能开始时间		功能保持到被注销或被适当程序指令代替 (4)	功能仅在所出现的程序段内有效 (5)	功能 (6)
	与程序段指令运动同时开始 (2)	在程序段指令运动完成后开始 (3)			
M00		*		*	程序停止
M01		*		*	计划停止
M02		*		*	程序结束
M03	*		*		主轴顺时针方向
M04	*		*		主轴逆时针方向
M05		*	*		主轴停止
M06	#	#		*	换刀
M07	*		*		2 号切削液开
M08	*		*		1 号切削液开

（续）

代码 （1）	功能开始时间		功能保持到被 注销或被适当 程序指令代替 （4）	功能仅在所出现 的程序段内有效 （5）	功能（6）
	与程序段指令 运动同时开始 （2）	在程序段指令 运动完成后开始 （3）			
M09		*	*		切削液关
M10	#	#	*		夹紧
M11	#	#	*		松开
M12	#	#	#	#	不指定
M13	*		*		主轴顺时针方向,切削液开
M14	*		*		主轴逆时针方向,切削液开
M15	*			*	正运动
M16	*			*	负运动
M17～M18	#	#	#	#	不指定
M19		*	*		主轴定向停止
M20～M29	#	#	#	#	永不指定
M30		*		*	纸带结束
M31	#	#		*	互锁旁路
M 32～M35	#	#	#	#	不指定
M36	*		*		进给范围1
M37	*		*		进给范围2
M38	*		*		主轴速度范围1
M39	*		*		主轴速度范围2
M40～M45	#	#	#	#	如有需要作为齿轮换挡,此外不指定
M46～M47	#	#	#	#	不指定
M48	*		*		注销M49
M49	*		*		进给率修正旁路
M50	*		*		3号切削液开
M51	*		*		4号切削液开
M52～M54	#	#	#	#	不指定
M55	*		*		刀具直线位移,位置1
M56	*		*		刀具直线位移,位置2
M57～M59	#	#	#	#	不指定
M60		*		*	更换工件
M61	*		*		工件直线位移,位置1
M62	*		*		工件直线位移,位置2
M63～M70	#	#	#	#	不指定
M71	*		*		工件角度位移,位置1
M72	*		*		工件角度位移,位置2
M73～M89	#	#	#	#	不指定
M90～M99	#	#	#	#	永不指定

注：1. #号表示：如选作特殊用途,必须在程序说明中说明。
　　2. M90～M99可指定为特殊用途。
　　3. *号表示功能仅在所出现的程序段内有效。

2.3　数控车床的程序编制

2.3.1　数控车床的编程特点

1）在一个程序段中,可以采用绝对坐标编程、增量坐标编程或二者混合编程。

2）用绝对坐标编程时,坐标值 X 取工件的直径；增量坐标编程时,用径向实际位移量的 2 倍值表示,并附上方向符号。

3）为提高工件的径向尺寸精度, X 向的脉冲当量取 Z 向的一半。

4）由于车削加工的余量较大，因此，为简化编程数控装置常具备不同形式的固定循环。可进行多次重复循环切削。

5）为了提高刀具寿命和工件表面质量，车刀刀尖常磨成一个半径不大的圆弧，当编制圆头刀程序时，需要对刀具半径进行补偿。

6）许多数控车床用 X、Z 表示绝对坐标指令，用 U、W 表示增量坐标指令。而不用 G90、G91 指令。

7）第三坐标指令 I、K，在不同的程序段中作用也不相同。I、K 在圆弧切削时表示圆心相对圆弧的起点的坐标位置。而在有自动循环指令的程序中，I、K 坐标则用来表示每次循环的进给量。

8）车削加工多为大余量多次进给切除，设置不同形式的固定循环功能可简化编程，提高编程质量。循环指令与程序段格式由各数控系统自行定义，不同系统格式往往不同。

2.3.2　数控车床编程实例

如图 11.9-16 所示工件，需要进行精加工，其中 $\phi 85$ mm 外圆不加工。编制其精加工程序。

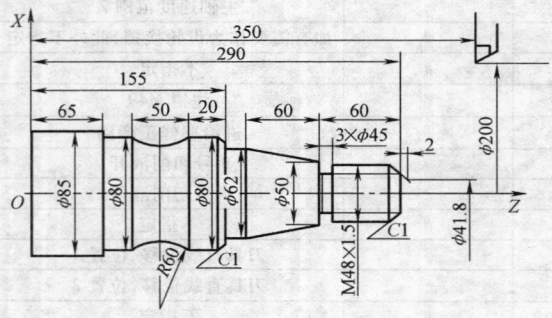

图 11.9-16　车削零件图

```
O0123
N010　G92　X200.0　Z350.0;
N020　G00　X41.8　Z292.0　S630　M03　T0101　M08;
N030　G01　X47.8　Z289.0　F150;
N040　U0　W-59.0;
N050　X50.0　W0;
N060　X62.0　W-60.0;
N070　U0　Z155.0;
N080　X78.0　W0;
N090　X80.0　W-1.0;
N100　U0　W-19.0;
N110　G02　U0　W-50.0　I54.54　K-30.0;
N120　G01　U0　Z65.0;
N130　X90.0　W0;
```

（1）工艺分析，定工艺方案　①先从右至左切削外轮廓面，其加工路线为：倒角→切削螺纹的实际外圆→切削锥度部分→车削 $\phi 62$ mm 外圆→倒角→车 $\phi 80$ mm 外圆→切削 $R 60$ 圆弧部分→车削 $\phi 80$ mm 外圆；②切 3 mm $\times \phi 45$ mm 的槽；③车 $M48 \times 1.5$ 的螺纹。

（2）选择刀具并绘制刀具布置图　根据加工要求需选用三把刀具，如图 11.9-17 所示。取 T01 号外圆车刀、T02 号切槽刀、T03 号螺纹车刀，并根据各刀的实际安装位置确定其刀补值。

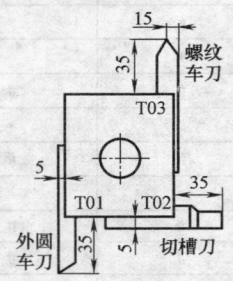

图11.9-17　刀具布置图

（3）选择切削用量　切削用量应根据工件材料、硬度、刀具材料及机床等因素来考虑，一般由经验确定。这里，精车外轮廓时取 $S = 630$ r/min，$F = 150$ mm/min；切槽时 $S = 315$ r/min，$F = 100$ mm/min；车螺纹时，$S = 200$ r/min，$F = 1.5$ mm/r。

（4）建立编程坐标系并作必要的数值计算　取卡盘端面与工件中心线交点 O 为坐标原点，建立编程坐标系。取起刀点坐标为（200，350），计算出 $R 60$ 圆弧圆心相对圆弧起点的坐标为（54.54，-25）（用圆心 I、K 编程法加工圆弧）。

（5）编制加工程序

程序名
设定工件坐标系
快移至切入点附近,设定主轴、刀具等指令
倒角
精车 $\phi 47.8$ mm 螺纹大径
X 向进至 $X = 50$ mm（退刀）
精车锥面
精车 $\phi 62$ mm 外圆
X 向进至 $X = 78$ mm（退刀）
倒角
精车 $\phi 80$ mm 外圆
精车圆弧（顺圆）
精车 $\phi 80$ mm 外圆
X 向进至 $X = 90$ mm（退刀）

N014	G00 X200.0 Z350.0;		返回起刀点
N015	M05 M09	T0100;	主轴停,关切削液,取消刀补
N016	X51.0 Z230.0 M03 S315 T0202 M08;		换切槽刀
N017	G01 X45.0 W0 F100;		切 φ45mm 槽
N018	G04 U5;		暂停进给 5S
N019	X51.0 W0;		退刀
N020	G00 X200.0 Z350.0 M05 T0200 M09;		返回起刀点,取消刀补
N021	X52.0 Z296.0 S200 M03 T0303;		快进至车螺纹起始位置
N022	G33 X47.2 Z231.5 F1.5;		车螺纹,螺距为 1.5mm
N023	X46.6;		
N024	X46.1;		
N025	X45.8;		
N026	G00 X200.0 Z350.0 T0300;		返回起刀点,取消刀补
N027	M09 M05;		关切削液,主轴停
N028	M30;		程序结束

2.4 数控铣床及加工中心的程序编制

2.4.1 数控铣床的编程特点

1) 铣削是机械加工中最常用的方法之一,包括平面铣削和轮廓铣削。使用数控铣床的目的在于:解决复杂的和难加工的工件的加工问题;把一些用普通机床可以加工 (但效率不高) 的工件,改用数控铣床加工,可以提高加工效率。

2) 数控铣床的数控装置有多种插补方式,一般都具有直线插补和圆弧插补,有的还具有极坐标插补、抛物线插补、螺旋线插补等多种插补功能。

3) 程序编制时要充分利用数控铣床齐全的功能,如刀具位置补偿、刀具长度补偿、刀具半径补偿和固定循环、对称加工等功能。

4) 由直线、圆弧组成的平面轮廓铣削的数学处理较简单。非圆曲线、空间曲线和曲面的轮廓铣削加工,数学处理比较复杂,一般要采用计算机辅助计算和自动编程。

2.4.2 数控铣床编程实例

一盖板零件:毛坯是一块 180mm × 90mm × 12mm 板料,要求铣削成图 11.9-18 所示刀具布置图中粗实线所示外形。由图可知,各孔已加工完,各边都留有 5mm 的铣削留量。铣削时以其底面和孔定位,从直径 60mm 孔对工件进行夹紧。

(1) 分析图样,确定工艺方案 工件坐标系原点定在工件左下角 A 点,对刀点在工件坐标系中的位置为 (−25, 10, 40),刀具的切入点为 B 点,刀具中心的进给路线为:对刀点 1—下刀点 2—b…c…c′—下刀点 2…对刀点 1。

(2) 选择刀具 选 φ10mm 立铣刀。

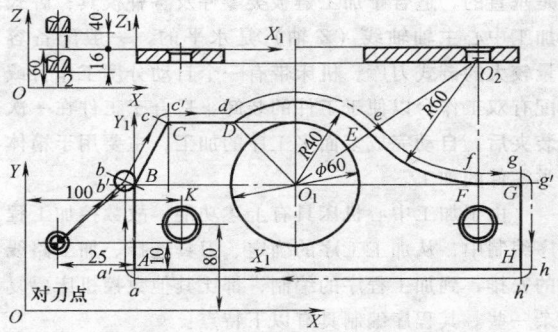

图11.9-18 铣削零件刀具布置图

(3) 选择切削用量 主轴转速取 300r/min,进给速度取 100mm/min。

(4) 数值计算 按轮廓编程,根据盖板零件图和坐标计算简图计算各基点及圆心坐标:$A(0, 0)$,$B(0, 40)$,$C(14.96, 70)$,$D(43.54, 70)$,$E(102, 64)$,$F(150, 40)$,$G(170, 40)$,$H(170, 0)$,$O_1(70, 40)$,$O_2(150, 100)$。

(5) 编制加工程序 (按绝对坐标编程)

O0001

N010	G92	X-25.0	Y10.0	Z40.0;	
				对刀点,设定工件坐标系	
N020	G90	G00	Z-16.0	S300	
				M03;快移至下刀点	
N030	G41	G01	X0	Y40.0	F100 D01 M08;
				左刀补,至 B 点	
N040		X14.96	Y70.0;	至 C 点	
N050		X43.54;		至 D 点	
N060	G02	X102.0	Y64.0	I26.46	J-30.0;
				顺圆插补至 E 点	

N070　G03　X150.0　Y40.0　I48.0　J36.0;

　　　　　　　　　　逆圆插补至 F 点

N080　G01　X170.0;

　　　　　　　　　　直线插补至 G 点

N090　Y0;　　　　　　　至 H 点

N100　X0;　　　　　　　至 A 点

N110　Y40.0;　　　　　　至 B 点

N120　G00　G40　X-25.0　Y10.0　Z40.0

M09;　　　　　　　　　回对刀点

N130　M02;　　　　　　程序结束

2.4.3　加工中心的编程特点

加工中心是一种带有刀库并能自动更换刀具，对工件能够在一定的范围内进行多种加工操作的数控机床。加工中心按主轴在空间的位置可分为立式加工中心与卧式加工中心。立式加工中心主轴轴线（Z 轴）是垂直的，适合于加工盖板类零件及各种模具；卧式加工中心主轴轴线（Z 轴）是水平的，一般配备容量较大的链式刀库，机床带有一个自动分度工作台或配有双工作台以便于工件的装卸，适合于工件在一次装夹后，自动完成多面多工序的加工，主要用于箱体类零件的加工。

由于加工中心机床具有上述功能，故数控加工程序编制中，从加工工序的确定、刀具选择、加工路线的安排，到加工程序的编制，都比其他数控机床要复杂一些。其程序编制具有以下特点：

1）首先应进行合理的工艺分析。由于零件加工的工序多，使用的刀具种类多，甚至在一次装夹下，要完成粗加工、半精加工和精加工。

2）根据加工批量等情况，决定采用自动换刀还是手工换刀。

3）自动换刀要留出足够的换刀空间。有些刀具直径较大或尺寸较长，自动换刀时要注意避免发生撞刀事故。

4）为提高机床利用率，尽量采用刀具机外预调，并将测量尺寸填写到刀具卡片中，以便于操作者在运行程序前，及时修改刀具补偿参数。

5）对于编好的程序，必须进行认真检查，并于加工前安排好试运行。

6）尽量把不同工序内容的程序，分别安排到不同的子程序中。

7）一般应使一把刀具尽可能担任较多的表面加工，且进给路线的设计应合理。

2.4.4　加工中心的编程实例

编写在立式加工中心（配 Fanuc 0i 系统）上加工如图 11.9-19 所示零件上的 12 个孔的程序。

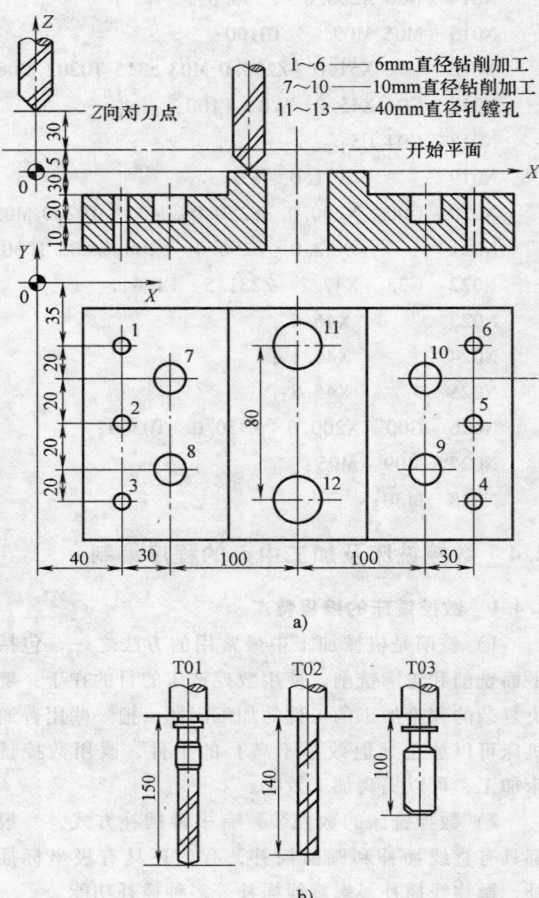

图11.9-19　加工中心编程实例

a）零件图　b）刀具图

（1）分析零件图样，进行工艺处理　该零件孔加工中，有通孔、盲孔，需进行钻、扩和镗加工。故选择钻头 T01、扩孔刀 T02 和镗刀 T03，加工坐标系原点在零件上表面处。由于有三种孔径尺寸的加工，按照先小孔后大孔加工的原则，确定加工路线为：从编程原点开始，先加工 6 个 $\phi6$ 的孔，再加工 4 个 $\phi10$ 的孔，最后加工两个 $\phi40$ 的孔。

T01、T02 的主轴转数 $S = 600$ r/min，进给速度 $F = 120$ mm/min；T03 主轴转数 $S = 300$ r/min，进给速度 $F = 50$ mm/min。

（2）加工调整　T01、T02 和 T03 的刀具补偿号分别为 H01、H02 和 H03。对刀时，以 T01 刀为基准，按图 11.9-19 所示的方法确定零件上表面为 Z 向零点，则 H01 中刀具长度补偿值设置为零，该点在 G53 坐标系中的位置为 Z-35。对 T02，因其刀具长度与 T01 相比为（140 - 150）mm = - 10mm，即短了

10mm，所以将 H02 的补偿值设置为 -10。对 T03 同样计算，H03 的补偿值设置为 -50。换刀时，调用 O9000 子程序实现换刀。

根据零件的装夹尺寸，设置加工原点 G54：$X = -600$，$Y = -80$，$Z = -30$。

（3）数学处理　在多孔加工时，为了简化程序，采用固定循环指令。这时的数学处理主要是按固定循环指令格式的要求，确定孔位坐标、快进尺寸和工作进给尺寸值等。固定循环中的开始平面为 $Z = 5$，R 点平面定为零件孔口表面 $+Z$ 向 3mm 处。

（4）编写零件加工程序

```
N10 G54 G90 G00 X0 Y0 Z30
                    //进入加工坐标系 G54
N20 T01 M98 P9000   //换用 T01 号刀具
N30 G43 G00 Z5 H01  //选用 T01 号刀具
N40 S600 M03        //主轴起动
N50 G99 G81 X40 Y-35 Z-63 R-27 F120
                    //加工 1 孔（回 R 平面）
N60 Y-75            //加工 2 孔（回 R 平面）
N70 G98 Y-115       //加工 3 孔（回起始平面）
N80 G99 X300        //加工 4 孔（回 R 平面）
N90 Y-75            //加工 5 孔（回 R 平面）
N100 G98 Y-35       //加工 6 孔（回起始平面）
N110 G49 Z20        //Z 向抬刀，撤销刀补
N120 G00 X500 Y0    //回换刀点
N130 T02 M98 P9000  //换用 T02 号刀
N140 G43 Z5 H02     //T02 刀具长度补偿
N150 S600 M03       //主轴起动
N160 G99 G81 X70 Y-55 Z-50 R-27 F120
                    //加工 7 孔（回 R 平面）
N170 G98 Y-95       //加工 8 孔（回起始平面）
N180 G99 X270       //加工 9 孔（回 R 平面）
N190 G98 Y-55       //加工 10 孔（回起始平面）
N200 G49 Z20        //Z 向抬刀，撤销刀补
N210 G00 X500 Y0    //回换刀点
N220 M98 P9000 T03  //换用 T03 号刀具
N230 G43 Z5 H03     //T03 号刀具长度补偿
N240 S300 M03       //主轴起动
N250 G76 G99 X170 Y-35 Z-65 R3 F50
                    //加工 11 孔（回 R 平面）
N260 G98 Y -115     //加工 12 孔（回起始平面）
N270 G49 Z30        //撤销刀补
N280 M30            //程序停
```

换刀子程序如下：

O9000

```
N10 G90             //选择绝对方式
N20 G53 Z -124.8    //主轴 Z 向移动到换刀点位置（即与刀库在 Z 方向上相应）
N30 M06             //刀库旋转至其上空刀位对准主轴，主轴准停
N40 M28             //刀库前移，使空刀位上刀夹夹住主轴上刀柄
N50 M11             //主轴放松刀柄
N60 G53 Z -9.3      //主轴 Z 向上，回设定的安全位置（主轴与刀柄分离）
N70 M32             //刀库旋转，选择将要换上的刀具
N80 G53 Z -124.8    //主轴 Z 向向下至换刀点位置（刀柄插入主轴孔）
N90 M10             //主轴夹紧刀柄
N100 M29            //刀库向后退回
N110 M99            //换刀子程序结束，返回主程序。
```

参数设置：

H01 = 0，H02 = -10，H03 = -50；

G54：$X = -600$，$Y = -80$，$Z = -35$。

2.5　数控自动编程系统

手工编程对于编制形状不太复杂的或计算量不大的零件的加工程序，通常可以胜任，而且简便易行。但是，对于一些形状复杂的零件（如冲模、凸轮、非圆齿轮等）或由空间曲面构成的零件，手工编程的周期长、精度差、易出错、计算烦琐、有时甚至无法编程。借助计算机编制数控加工程序，能够完成复杂零件的编制，而且效率高，修改方便。根据编程信息的输入与计算机对信息的处理不同，可分为以编程语言式自动编程和图形交互式自动编程。语言式自动编程直观性差，编程过程比较复杂，使用不够方便，现在广泛使用的是图形交互式自动编程。

2.5.1　图形交互式自动编程的特点

目前 CAD/CAM 系统集成技术已经很成熟，一体化集成形式的 CAD/CAM 系统已成为数控加工自动编程的主流，其大大减少了编程出错率，提高了编程效率和编程可靠性。通常对于简单的零件加工可一次调试成功。

1）这种编程方法既不像手工编程那样需要用复杂的数学手工计算算出各节点的坐标数据，也不需要像 APT 语言编程那样用数控编程语言去编写描绘零件几何形状加工走刀过程及后置处理的源程序，而是在计算机上直接面向零件的几何图形以光标指点、菜单选择及交互对话的方式进行编程，其编程结果也以

图形的方式显示在计算机上。所以该方法具有简便、直观、准确、便于检查的优点。

2) 图形交互式自动编程软件和相应的 CAD 软件是有机地连在一起的一体化软件系统，既可用来进行计算机辅助设计，又可以直接调用设计好的零件图进行交互编程，对实现 CAD/CAM 一体化极为有利。

3) 这种编程方法的整个编程过程是交互进行的，简单易学，在编程过程中可以随时发现问题并进行修改。

4) 编程过程中，图形数据的提取、节点数据的计算、程序的编制及输出都是由计算机自动进行的。因此，编程的速度快、效率高、准确性好。

5) 此类软件都是在通用计算机上运行的，不需要专用的编程机，所以非常便于普及推广。

2.5.2　图形交互式自动编程的基本步骤

从总体上讲，其编程的基本原理及基本步骤大体上是一致的，归纳起来可分为五大步骤：

（1）几何造型　几何造型就是利用三维造型 CAD 软件或 CAM 软件的三维造型、编辑修改、曲线曲面造型功能把要加工工件的三维几何模型构造出来，并将零件被加工部位的几何图形准确地绘制在计算机屏幕上。与此同时，在计算机内自动形成零件三维几何模型数据库。它相当于 APT 语言编程中，用几何定义语句定义零件的几何图形的过程，其不同点就在于它不是用语言，而是用计算机造型的方法将零件的图形数据输送到计算机中。这些三维几何模型数据是下一步刀具轨迹计算的依据。自动编程过程中，交互式图形编程软件将根据加工要求提取这些数据，进行分析判断和必要的数学处理，形成加工的刀具位置数据。

（2）加工工艺决策　选择合理的加工方案以及工艺参数是准确、高效加工工件的前提条件。加工工艺决策内容包括定义毛坯尺寸、边界、刀具尺寸、刀具基准点、进给率、快进路径以及切削加工方式。首先按模型形状及尺寸大小设置毛坯的尺寸形状，然后定义边界和加工区域，选择合适的刀具类型及其参数，并设置刀具基准点。CAM 系统中有不同的切削加工方式供编程中选择，可为粗加工、半精加工、精加工各个阶段选择相应的切削加工方式。

（3）刀位轨迹的计算及生成　图形交互式自动编程的刀位轨迹的生成是面向屏幕上的零件模型交互进行的。首先在刀位轨迹生成菜单中选择所需的菜单项；然后根据屏幕提示，用光标选择相应的图形目标，指定相应的坐标点，输入所需的各种参数；交互式图形编程软件将自动从图形文件中提取编程所需的信息，进行分析判断，计算出节点数据，并将其转换成刀位数据，存入指定的刀位文件中或直接进行后置处理生成数控加工程序，同时在屏幕上显示出刀位轨迹图形。

（4）后置处理　由于各种机床使用的控制系统不同，所用的数控指令文件的代码及格式也有所不同。为解决这个问题，交互式图形编程软件通常设置一个后置处理文件。在进行后置处理前，编程人员需对该文件进行编辑，按文件规定的格式定义数控指令文件所使用的代码、程序格式、圆整化方式等内容，在执行后置处理命令时将自行按设计文件定义的内容，生成所需要的数控指令文件。另外，由于某些软件采用固定的模块化结构，其功能模块和控制系统是一一对应的，后置处理过程已固化在模块中，所以在生成刀位轨迹的同时便自动进行后置处理生成数控指令文件，而无需再进行单独后置处理。

（5）程序输出　图形交互式自动编程软件在计算机内自动生成刀位轨迹图形文件和数控程序文件，可采用打印机打印数控加工程序单，也可在绘图机上绘制出刀位轨迹图，使机床操作者更加直观地了解加工的走刀过程，还可使用计算机直接驱动的纸带穿孔机制作穿孔纸带，提供给有读带装置的机床控制系统使用，对于有标准通信接口的机床控制系统可以和计算机直接联机，由计算机将加工程序直接送给机床控制系统。

2.5.3　常用的图形交互式自动编程系统简介

常用的 CAD/CAM 图形交互式自动编程系统简介见表 11.9-4。

表 11.9-4　常用的 CAD/CAM 图形交互式自动编程系统简表

CATIA	CATIA 是法国达索公司（Dassault System）的产品。CATIA 是最早实现曲面造型的软件，它开创了三维设计的新时代，它的出现，首次实现了计算机完整描述产品零件的主要信息，使 CAM 技术的开发有了现实的基础。作为一个完全集成化的软件系统，CATIA 将机械设计、工程分析及仿真、数控加工和 CATweb 网络应用解决方案有机地结合在一起。它广泛应用于航空航天、汽车制造、造船、机械制造、电子/电器、消费品行业，它的集成解决方案覆盖所有的产品设计与制造领域，已经成为航空航天业的主流软件、汽车工业的事实标准
UG（Unigraphics NX）	UG 是 Unigraphics Solutions 公司的产品，最早应用于美国麦道飞机公司。20 世纪 90 年代初，美国通用汽车公司选中 UG 作为全公司的 CAD/CAM/CAE 主导系统，这进一步推动了 UG 的发展。2007 年 UGS 公司被西门子公司收购，从此将更名为"UGS PLM 软件公司"（UGS PLM Software），并作为西门子自动化与驱动集团（Siemens A&D）的一个全球分支机构展开运作。该软件不仅具有强大的实体造型、曲面造型、虚拟装配和产生工程图等设计功能；而且，在设计过程中可进行有限元分析、机构运动分析、动力学分析和仿真模拟，提高设计的可靠性；同时，可用建立的三维模型直接生成数控代码，用于产品的加工，其后处理程序支持多种类型数控机床。此外，该软件具有较好的二次开发环境和数据交换能力

（续）

Pro/E (Pro/Engineer)	Pro/E 是美国 PTC 公司的数字化产品设计制造系统。于 1986 年由原 CV 公司的技术人员开发创建,不仅最先将"参数化"技术融入 CAD 系统,并且借助 PC(个人计算机)的快速崛起,率先将高端 CAD 系统从航空、航天、国防尖端领域推广到民用制造行业。该软件是全方位的 3D 产品开发软件,将零件设计、模具开发、NC加工、钣金设计、铸造件设计、造型设计、逆向工程、自动测量、机构模拟、应力分析、产品数据库管理等功能集于一体。其中,具有强大的参数化特征造型功能尤其受到业界的一致认同和广泛地应用
Master CAM	Master CAM 是美国 CNC 公司开发的基于 PC 平台的 CAD/CAM 软件,Master CAM 提供了设计零件外形所需的理想环境,其强大稳定的造型功能可设计出复杂的曲线、曲面零件。Master CAM 具有强劲的曲面粗加工及灵活的曲面精加工功能。可模拟零件加工的整个过程,模拟中不但能显示刀具和夹具,还能检查刀具和夹具与被加工零件的干涉、碰撞情况。使用 Master CAM 可实现 DNC 加工,利用 RS-232 串行接口,将计算机和数控机床连接起来。利用 Master CAM 的 Communic 功能进行通信,而不必考虑机床的内存不足问题
Cimatron	Cimatron 是以色列 Cimatron 公司提供的 CAD/CAM/CAE 软件,较早在计算机平台上实现三维造型、生成工程图、数控加工等功能,具有各种通用和专用的数据接口及产品数据管理(PDM)等功能。Cimatron NC 支持从 2.5 到 5 轴高速铣削,提供了完全自动基于特征的 NC 程序以及基于特征和几何形状的 NC 自动编程。该软件较早在我国得到全面汉化,已积累了一定的应用经验
Solid CAM	Solid CAM 由以色列 Solid CAM 公司出品。Solid CAM 是专业多轴数控加工软件,其提供了 2.5 轴铣削、3轴铣削、多面体 4/5 轴定位铣削、高速铣削(HSM)、5 轴联动铣削、车削和高达 5 轴的车铣复合加工、线切割等编程模块。Solid CAM 提供基于 Windows 的数据加工系统并与 SolidWorks 完全集成,是 SolidWorks 最紧密集成的 CAM 黄金伙伴之一
CAMWorks	CAMWorks 是总部位于印度孟买的 Geometric Technologies 公司的产品,是一款基于直观的实体模型的 CAM软件,CAMWorks 为 SolidWorks 设计软件提供了先进的加工功能,是 SolidWorks 的第一款 CAM 软件。CAM-Works 提供了真正的基于知识的加工能力。CAMWorks 在自动可加工特征识别（AFR）以及交互特征识别（IFR）方面处于国际领先地位。CAMWorks 提供真正跟随设计模型变化的加工自动关联,消除了设计更新后重新进行编程上的时间浪费
HyperMILL	HyperMILL 是德国 OPENMIND 公司开发的一款集成化 NC 编程 CAM 软件,它完全整合在 hyperCAD 和 Pro/E Wildfire 中,向用户提供完整的集成化 CAD/CAM 解决方案。主要接口有 Unigraphics、CATIA、Solid-Works 和 ParaSolid 等。HyperMILL 的最大优势表现在五轴联动方面
Edgecam	Edgecam 是由英国 Planit 公司开发研制的自动化数控编程软件。Edgecam 可与当今主流 CAD 软数据件集成,并且实现无障碍的数据传输。充分发挥了实体与刀具路径之间的关联,如实体的几何特征(如高度、深度、直径)在三维软件中被修改,只需将刀具路径进行更新即可,而无须重新编辑。Edgecam 针对铣切、车削、车铣复合等加工方式可提供完整的解决方案
WorkNC	WorkNC 是法国 Sescoi 公司出品的从 2 轴到 5 轴的自动化刀具路径生成软件,应用于铸塑模、冲模等模具加工行业的表面模型和实体模型。WorkNC 是具有超强自动化功能的新一代 CAD/CAM 软件。它在可靠性和易用性方面作了极大改善,使设计和制造系统得到了全面提升,WorkNC 的自动化功能可让 CAM 新手在短时间内自动完成刀具路径的设置
Delcam	Delcam 是英国 Delcam PLC 软件公司的产品。Delcam 软件的研发起源于世界著名学府剑桥大学,经过三十多年的发展,Delcam 软件系列横跨产品设计、模具设计、产品加工、模具加工、逆向工程、艺术设计与雕刻加工、质量检测和协同合作管理等应用领域。Delcam 最新的软件研发在英国和美国同时进行,客户超过三万五千多家,遍布世界八十多个国家和地区
CAXA－ME	CAXA-ME 制造工程师由我国北京北航海尔软件有限公司开发的全中文、面向数控铣床和加工中心的三维CAD/CAM 软件。既具有线框造型、曲面造型和实体造型的设计功能,又具有生成 2～5 轴的加工代码的数控加工功能。其主要特点是易学易用,价格低廉
Space-E	Space-E 是由日本日造造船信息系统株式会社开发的、专用于模具设计和制造的数控加工软件,是知名的模具设计与加工系统之一,特别适合于模具企业使用

2.5.4　图形交互式自动编程示例

下面以 UG 为例,说明图形交互式自动编程的基本过程。

UG CAM 主要由 5 个模块组成,即交互工艺参数输入模块、刀具轨迹生成模块、刀具轨迹编辑模块、三维加工动态仿真模块和后置处理模块。

（1）交互工艺参数输入模块　它通过人机交互的方式,用对话框和过程向导的形式输入刀具、夹具、编程原点、毛坯和零件等工艺参数。

（2）刀具轨迹生成模块　它具有非常丰富的刀具轨迹生成方法,主要包括铣削（2.5 轴～5 轴）、车削、线切割等加工方法。

（3）刀具轨迹编辑模块　刀具轨迹编辑器可用于观察刀具的运动轨迹,并提供延伸、缩短和修改刀具轨迹的功能。同时，能够通过控制图形和文本的信息编辑刀具轨迹。

（4）三维加工动态仿真模块　它是一个无须利用机床、成本低、高效率的测试 NC 加工的方法。可以检验刀具与零件和夹具是否发生碰撞、是否过切以及加工余量分布等情况。

（5）后置处理模块　它包括一个通用的后置处理器（GPM），用户可以方便地建立用户定制的后置处理。通过使用加工数据文件生成器（MDFG），一系列交互选项提示用户选择定义特定机床和控制器特性的参数。

UG 自动编程系统的操作流程如图 11.9-20 所示。

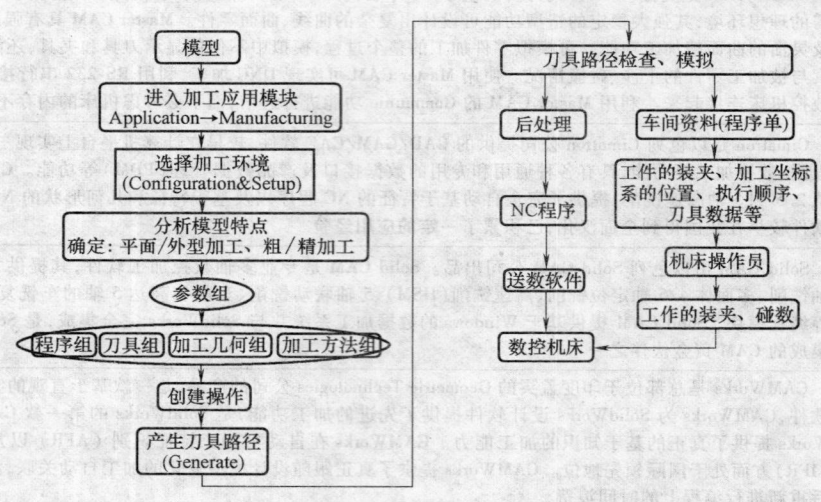

图11.9-20　UG 自动编程系统的操作流程图

对图 11.9-21 中的零件模型进行 UG 平面铣加工，具体操作步骤如下：

1）建好要加工的零件模型后，进入 UG 的"加工"（Manufacturing）功能模块。

2）创建刀具。左键单击"创建刀具"按钮，分别创建刀具 D16、D10、D8 及 D6 立铣刀。

3）创建几何体。①编辑加工坐标系 MCS：左键单击"几何视图"按钮，左键单击"创建几何体"，选择"MCS"，左键单击"指定 MCS"后面"CSYS 对话框"，按照图 11.9-22 设置，左键单击"确定"。②编辑 WORKPIECE：左键单击"创建几何体"，选择"几何体子类型"中的"WORK-PIECE"，左键单击"确定"，弹出图 11.9-23 所示"工件"对话框，左键单击"指定部件"，选中部件，左键单击"确定"。左键单击"指定毛坯"，左键单击"自动阻止"，连续左键单击"确定"。③定义边界：左键单击"创建几何体"，选择"几何体子类型"中的"MILL_ BND"，左键单击"确定"，弹出"铣削边界"对话框，左键单击"指定部件边界"，按照图 11.9-24 中指定边界，然后左键单击"创建下一个边界"，同样设置。④定义底平面：左键单击"铣削边界"对话框中的"指定底面"，按图 11.9-25 设置。

图11.9-21　UG 平面铣加工零件模型

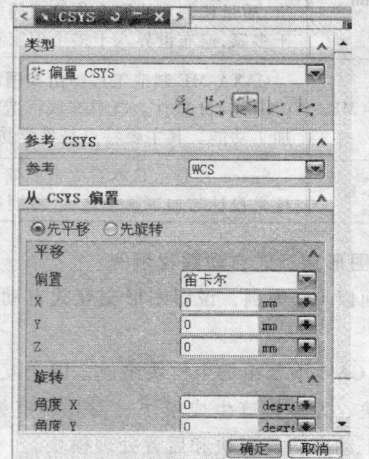

图11.9-22　编辑MCS

图11.9-23　工件对话框

图11.9-24　指定边界

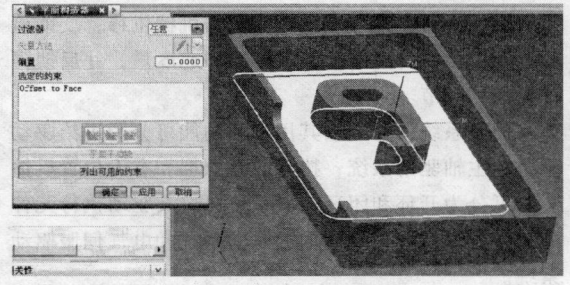

图11.9-25　指定底平面

4）创建操作。①创建粗加工操作：左键单击
"创建操作"按钮，选择操作子类型为"ROUGH_
FOLLOW"，分别左键单击"切削层"、"切削参数"、
"非切削移动"、"角控制"等进行设置。左键单击
"生成"按钮，即可生成图11.9-26所示刀轨。左键
单击"确认"按钮，可进行加工仿真，如图11.9-27
所示。②创建拐角加工操作：左键单击"机床视
图"，复制ROUGH_FOLLOW，右键单击"D10"，
左键单击"内部粘贴"，重命名为"CORNER"，左
键双击毛坯边界，出"边界几何体"，分别选"外
部"、"内部"，选中拐角边界，确定。左键单击
"生成"，生成刀轨。③创建窄槽粗加工操作。左键
单击"创建操作"按钮，左键单击"指定部件边

界"，选"曲线/边"，左键单击"成链"，选中边界，
连续确定。左键单击指定底面，选中底面，左键单击
"确定"按钮。左键单击"切削层"，选"固定深
度"0.3。左键单击"切削参数"，选"余量"→
"部件余量"，改0.1。选"切削模式"为"摆线"，
再左键单击"切削参数"，不改参数，左键单击"确
定"按钮。左键单击"非切削运动"，改"沿形状斜
进刀"，斜角为3。左键单击"生成刀轨"，左键单击
"确定"按钮。④创建窄槽精加工操作。左键单击
"机床视图"，复制"PLANAR_MILL"，右键单击
D6，左键单击"内部粘贴"进行设置，左键单击
"生成"，左键单击"确定"按钮。⑤创建侧面精加
工操作。左键单击"机床视图"，复制ROUGH_
FOLLOW，右键单击D8，左键单击"内部粘贴"，改
名为SIDE_FINISH，进行设置后，左键单击"生
成"，左键单击"确定"按钮。⑥创建底面精加工操
作。左键单击"创建操作"，选择操作子类型为

图11.9-26　粗加工刀轨

图11.9-27　粗加工仿真

FACE_ MILLING，确定，左键单击"指定面边界"，选中底面。改切削模式为"跟随周边"，百分比为 70。左键单击"非切削运动"，改为"沿形状斜进刀"，"倾斜角"为 10。左键单击"生成"，左键单击"确定"按钮。

5）后处理，生成 NC 程序。左键单击"后处理"，选择 MILL_3_AXIS，左键单击"确定"按钮，即可输出 NC 程序。

3　数控伺服系统

3.1　伺服系统的定义及组成

数控机床的伺服驱动系统又称为位置随动系统、驱动系统、伺服机构或伺服单元，是指以位置和速度作为控制对象的自动控制系统。它接受来自数控装置的进给指令信号，经变换、调节和放大后驱动执行机构，转化为直线或旋转运动。伺服系统是数控装置和机床本体之间的联系环节，是数控机床的重要组成部分。如果把数控装置比作数控机床的"大脑"，是发布"命令"的指挥机构，那么伺服系统就是数控机床的"四肢"，是执行"命令"的机构，它是一个不折不扣的跟随者，在很大程度上决定了数控机床的性能。

3.1.1　数控机床对伺服系统的要求

（1）精度高　伺服系统的精度是指输出量跟随输入量的精确程度。一般来说，脉冲当量越小，机床的精度越高。脉冲当量通常为 0.01~0.001mm，有的要求达到 0.1μm。在数控加工过程中，对机床的定位精度、重复定位精度和轮廓加工精度要求都比较高。轮廓加工精度与速度控制和联动坐标的协调控制有关，这种协调控制，对速度调节系统的抗负载干扰能力和静动态性能指标都有较高的要求。

（2）快速响应特性好　快速响应是伺服系统动态品质的重要指标，它反映了系统跟踪精度。为了提高生产率和保证加工质量，在起动、制动时，要求加、减速加速度足够大，以缩短伺服系统的过渡过程时间，减小轮廓过渡误差。一般来说，系统增益大，时间常数小，响应快，但是加大系统增益将增大超调量，延长调节时间，使过渡过程性能指数下降，甚至造成系统不稳定。若减小系统增益，又会增加稳态误差。这就要求伺服系统要能快速响应，但又不能超调，否则将形成过切，影响加工质量。

（3）调速范围要大　在数控机床中，由于所用刀具、加工材料及零件加工要求的不同，为保证在各种情况下都能得到最佳切削条件，就要求伺服系统具有足够宽的调速范围。既能满足高速加工要求，又能满足低速进给要求。在低速切削时，还要求伺服系统能输出较大的转矩。

（4）系统可靠性要好　要求对环境（如温度、湿度、粉尘、油污、振动、电磁干扰等）的适应性强，性能稳定，使用寿命长。系统的可靠性常用发生故障时间间隔的长短的平均值作为依据，即平均无故障时间（MTBF, Mean Time Between Failure）。这个时间越长，可靠性越好。

3.1.2　伺服系统的组成和分类

伺服系统由比较控制环节、驱动控制单元、执行元件、被控对象以及反馈检测单元组成，如图 11.9-28 所示。开环伺服系统没有比较控制环节和反馈检测单元。

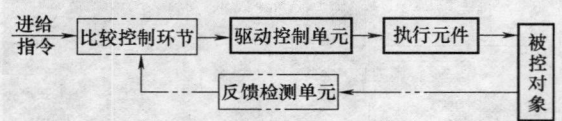

图11.9-28　伺服系统的组成

比较控制环节的作用是将输入信号和反馈信号进行比较，其输出信号为偏差信号。驱动控制单元的作用是将进给指令转化为执行元件所需的信号形式，执行元件则将该信号转化为相应的机械位移，反馈检测单元由各种传感器检测出位置和速度量，并反馈到比较控制环节。

伺服系统的分类按其用途和功能可分为进给驱动系统和主轴驱动系统；按其控制原理和有无位置反馈装置可分为开环和闭环伺服系统；按其驱动执行元件的动作原理可分为电液伺服驱动系统和电气伺服驱动系统。

3.2　进给伺服系统

3.2.1　进给伺服系统的作用及分类

进给驱动是用于数控机床工作台或刀架坐标轴的控制系统，控制机床各坐标轴的切削进给运动，并提供切削过程所需的转矩。进给伺服驱动系统一般由电动机及其控制和驱动装置组成。其中电动机为进给系统的动力部件，它提供执行部件运动所需的动力，在数控机床上目前常用的电动机有步进电动机、直流伺服电动机和交流伺服电动机。近年来，直线电动机在高性能数控机床中的应用也逐步广泛。

电动机的控制和驱动装置一般也称为伺服驱动单元。通常，驱动电动机与伺服驱动单元是相互配套供应的，其性能参数相互匹配才能获得高性能的系统指标。进给驱动系统与主运动系统比较，具有功率相对小，控制精度高，控制性能特别是动态性能要求高。

进给驱动系统按照所采用的电动机及驱动，可分为步进电动机及其驱动装置、直流伺服电动机及驱动、交流伺服电动机及驱动以及直线电动机驱动。

（1）开环步进式伺服系统　步进电动机流行于20世纪70年代，该系统结构简单、控制容易、维修方便，且控制为全数字化。随着计算机技术的发展，除功率驱动电路之外，其他部分均可由软件实现，从而进一步简化结构。因此，这类系统目前仍有相当的市场。目前步进电动机仅用于小容量、低速、精度要求不高的场合，如经济型数控，打印机、绘图机等计算机的外部设备。

（2）直流伺服电动机及驱动　20世纪80年代～90年代中期，永磁式直流伺服电动机在NC机床中广泛采用。直流大惯量伺服电动机具有良好的宽调速性能。输出转矩大，过载能力强，而且，由于电动机惯性与机床传动部件的惯量相当，构成闭环后易于调整。直流中小惯量伺服电动机及其大功率晶体管脉宽调制驱动装置，比较适应数控机床对频繁起动、制动，以及快速定位、切削的要求。直流电动机的一个最大缺点是具有电刷和机械换向器，这限制了它向大容量、高电压、高速度方向的发展。

（3）交流伺服电动机及驱动　直流伺服电动机由于存在一些固有的缺点，即电刷和换向器易磨损、维护麻烦、结构复杂、制造困难、成本高等。而交流伺服电动机则没有上述缺点，特别是在同样体积下，交流伺服电动机的输出功率比直流电动机可提高10%～70%，且可达到的转速也比直流电动机高。因此，交流伺服电动机及驱动目前在NC机床中得到广泛应用。

数控机床进给驱动系统常用永磁式交流伺服电动机及其驱动。永磁式交流伺服电动机把电枢绕组装在定子上，转子为永磁部分，由转子轴上的编码器测出磁极位置，就构成了永磁无刷电动机，同时随着矢量控制方法的实用化，使交流伺服系统具有良好的伺服特性。永磁式交流伺服电动机转子惯量比直流电动机小，动态响应好，而且容易维修，制造简单，适合于在较恶劣环境中使用，易于向大容量、高速度方向发展，其性能已达到或超过直流伺服电动机。

（4）直线电动机驱动　直线电动机实质是把旋转电动机沿径向剖开，然后拉直演变而成，利用电磁作用原理，将电能直接转换成直线运动动能的一种推力装置，是一种较为理想的驱动装置。自20世纪90年代以来，以直线电动机作为驱动与定位部件已大量应用于高速数控机床，其快移进给速度可达到240～

300m/min以上、加速度可达到8～10g以上。采用直线电动机直接驱动与旋转电动机的最大区别是取消了从电动机到工作台之间的机械传动环节，把机床进给传动链的长度缩短为零。但直线电动机价格昂贵、控制系统复杂、需解决磁铁吸引金属切屑、强磁场对人身危害以及发热等问题。

3.2.2　闭环伺服参数的调整原则

闭环伺服驱动系统通常具有典型的三环结构，即电流环、速度环和位置环。电流控制器作为最内侧的环，在入口综合电流指令信号和电流反馈信号，有效控制电枢绕组中电流的幅值和相位，完成与磁通矢量的正交高速控制。速度控制器在入口综合速度指令信号和速度反馈信号，其输出为电流指令。速度控制器的主要作用是进行稳定的速度控制，以使其在定位时不产生振荡，并且在伺服系统中，为了进行位置控制，要求速度环能有快速响应速度指令的能力，并能在稳态时具有良好的特性硬度，对各种扰动具有良好的抑制作用。位置控制器处于最外侧，其入口为位置指令信号和位置反馈信号的差值，输出为速度指令。要求具有高的增益，以减小系统的定位时间，提高控制精度，但太高的增益会导致系统不稳定。对于三个反馈环，越是内侧的环，越需要提高其响应性。如果不遵守该原则，则会产生响应性变差或产生振动。

当负载对象的特性发生变化时，整个伺服系统的特性也会发生变化。负载对象的转动惯量与伺服电动机的转动惯量之比越大，或者负载的摩擦转矩增大，系统的响应速度就会变慢，容易造成系统的不稳定，产生爬行现象。相反，惯量比越小，动态响应速度快，低速运行时转速脉动较大。为了适应不同场合的情况，就需要相应调整控制器的参数。由于通常在电流环中确保了充分的响应性，因此，一般只需对位置环和速度环进行调整即可。通常，位置环比例增益、速度环比例增益和速度环积分时间常数是对系统动态性能影响较大的几个参数。

（1）位置环增益　伺服系统的响应性能取决于位置环增益。位置环增益的设定越高，则响应性越高，定位时间越短。有利于减少摩擦力和干扰的影响，减少系统稳态误差，提高控制精度。但太高的增益可能引发振动，使系统的相对稳定性降低，甚至使闭环系统不稳定。

（2）速度环比例增益　提高速度环比例增益，可使伺服驱动系统的动态响应速度提高，改善高速定位的性能，提高表面精度和加工形状精度。但过大的速度环比例增益又会引起系统振荡。在机械系统不产生振动的范围内，速度环比例增益应尽量设较大的值。

（3）速度环积分时间常数 速度环积分时间常数对于伺服系统来说是迟延因素，因此，当时间常数设定过大时，会延长定位时间，使响应性变差。积分时间常数减小，会减慢消除稳态误差的过程，提高响应性。当负载惯量较大，机械系统内含有振动因素时，如果不在某种程度上增大积分时间常数，机械则会出现振动。

一般来说，不能使位置环的响应性高于速度环的响应性。因此，当提高位置环增益时，首先需提高速度环增益。如果只提高位置环增益，会引起速度指令振动，反而延长定位时间。当提高速度环增益，机械系统开始产生振动时，不能再继续提高增益。

3.3 主轴伺服系统

主轴伺服提供加工各类工件所需的切削功率，主要完成主轴调速和正反转功能。当要求机床有螺纹加工、准停和恒线速加工等功能时，对主轴也提出了相应的位置控制要求，因此，要求其输出功率大，具有恒转矩段及恒功率段，有准停控制，主轴与进给联动。主轴伺服系统的性能直接决定了零件加工的效率和精度。与进给伺服一样，主轴伺服经历了从普通三相异步电动机传动到直流主轴传动，并随着微处理器技术和大功率晶体管技术的进展，现在又进入了交流主轴伺服系统的时代。

（1）直流主轴伺服系统 直流主轴伺服系统由他励式直流电动机和直流主轴速度控制单元组成。直流主轴速度单元是由速度环和电流环构成的双闭环速度控制系统，用于控制主轴电动机的电枢电压，进行恒转矩调速。控制系统的主回路采用反并联可逆整流电路，因为主轴电动机的容量大，所以主回路的功率开关元件大都采用晶闸管元件。主轴直流电动机调速还包括恒功率调速，由励磁控制回路完成。因为主轴电动机为他励式电动机，励磁绕组需要有另一直流电源供电，用减弱励磁控制回路电流方式使电动机升速。采用直流主轴速度控制单元之后，只需 2~3 级机械变速，即可满足数控机床主轴调速要求。

由于直流电动机的换向限制，大多数系统恒功率调速范围都非常小。随着微处理器技术和大功率晶体管技术的发展，20 世纪 80 年代初期开始，数控机床的主轴驱动应用了交流主轴驱动系统。目前，国内外新生产的数控机床基本都采用交流主轴驱动系统，交流主轴驱动系统将完全取代直流主轴驱动系统。

（2）交流异步伺服系统 交流异步伺服通过在三相异步电动机的定子绕组中产生幅值、频率可变的正弦电流，该正弦电流产生的旋转磁场与电动机转子所产生的感应电流相互作用，产生电磁转矩，从而实现电动机的旋转。其中，正弦电流的幅值可分解为给定或可调的励磁电流与等效转子力矩电流的矢量和；正弦电流的频率可分解为转子转速与转差之和，以实现矢量化控制。

交流异步伺服通常有模拟式、数字式两种方式。与模拟式相比，数字式伺服加速特性近似直线，时间短，且可提高主轴定位控制时系统的刚性和精度，操作方便，是机床主轴驱动采用的主要形式。然而交流异步伺服存在两个主要问题：一是转子发热，效率较低，转矩密度较小，体积较大；二是功率因数较低，因此，要获得较宽的恒功率调速范围，要求较大的逆变器容量。

（3）交流同步伺服系统 近年来，随着高能低价永磁体的开发和性能的不断提高，使得采用永磁同步调速电动机的交流同步伺服系统的性能日益突出，为解决交流异步伺服存在的问题带来了希望。与采用矢量控制的异步伺服相比，永磁同步电动机转子温度低，轴向连接位置精度高，要求的冷却条件不高，对机床环境的温度影响小，容易达到极小的低限速度。即使在低限速度下，也可作恒转矩运行，特别适合强力切削加工。同时，其转矩密度高、转动惯量小、动态响应特性好，特别适合高生产率运行。较容易达到很高的调速比，允许同一机床主轴具有多种加工能力，既可以加工像铝一样的低硬度材料，也可以加工很硬很脆的合金，为机床进行最优切削创造了条件。

（4）电主轴 电主轴是电动机与主轴融合在一起的产物，它将主轴电动机的定子、转子直接装入主轴组件的内部，电动机的转子即为主轴的旋转部分，由于取消了齿轮变速箱的传动与电动机的连接，实现了主轴系统的一体化、"零传动"。因此，其具有结构紧凑、质量轻、惯性小、动态特性好等优点，并可改善机床的动平衡，避免振动和噪声，在超高速切削机床上得到了广泛的应用。

从理论上讲，电主轴为一台高速电动机，其既可使用交流异步电动机，也可使用永磁同步电动机。电主轴的驱动一般使用矢量控制的变频技术，通常内置一脉冲编码器，来实现旋转控制及与进给的准确配合。由于电主轴的工作转速极高，对其散热、动平衡、润滑等提出了特殊的要求。在应用中必须妥善解决，才能确保电主轴高速运转和精密加工。

3.4 常用伺服驱动器及电动机

常用伺服驱动器及电动机产品见表 11.9-5。

表 11.9-5　常用伺服驱动器及电动机产品类型

名称	产品外形图	主要特性
松下 A4/A5 系列伺服系统		可根据负载惯量的变化，与自适应滤波器配合，从低刚性到高刚性都可以自动调整增益。因旋转方向不同而产生不同负载转矩的垂直轴情况下，也可以自动进行调整。内置有瞬时速度观测器，可以高速、高分辨率地检测出电动机的转速，速度响应频率最高达 1kHz(A4 系列)和 2kHz(A5 系列)。内置自适应滤波器，可以根据机械共振频率不同而自动地调整陷波滤波器的频率，控制由于机械不稳定以及共振频率变化而发生的噪声。A4 系列带有两个陷波滤波器，A5 系列带有四个陷波滤波器
安川 Σ-Ⅱ 系列伺服驱动系统		整定时间短，实现了模式跟踪控制，强化了对振动的抑制。电动机最高转速达到 5000r/min(SGMAH, SGMPH, SGMSH 形)。此外，采用了高分辨率串行编码器(16,17bits)，提高了定位精度。采用了速度观测控制，使电动机的速度波动大幅度减低，低速下亦可平滑运转。使用"在线自动调整功能"，可自动测定机械特性，设置所需要的伺服增益。伺服驱动器还可自动判别伺服电动机的功率、规格，自动设定电动机参数
富士 FALDIC-W 系列伺服系统		标准配备 17 位高分辨率编码器，实现了平稳的机械运行。标准配备带减振功能伺服系统，可以最大限度抑制机械振动(独创的减振控制功能)，实现机械的高节拍运行。标准配备 RS-485 两个通信接口，上位控制器与各伺服放大器之间采用 RS-485 通信，可以一体化管理伺服放大器的参数
西门子伺服驱动系统	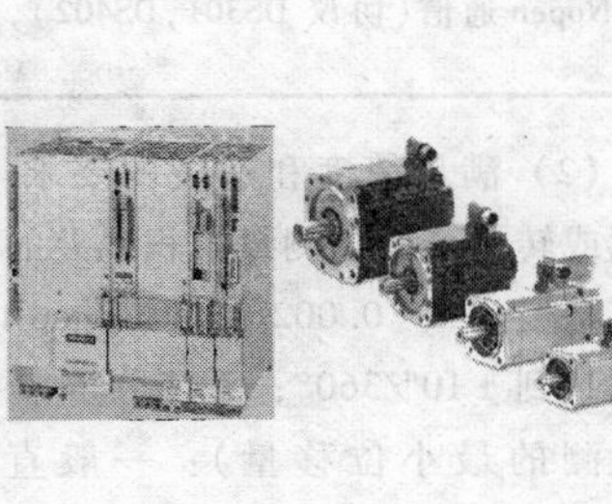	SIMODRIVE 611 驱动器包括多个独特的功能模块,电源连接是通过一排具有一定额定功率的馈电模块进行的。可对驱动器进给轴、主轴驱动器和异步电动机驱动器的类型进行组合以形成各个轴单元。转矩范围从 0.7N·m 直至超过 145N·m。对于主轴驱动器，SIMODRIVE 611 提供了 3.7～100kW 的连续额定功率。1FK7 电动机是永磁式同步电动机，分为"紧凑型"、"高动态型"和"高惯性型"等型号，具有优异的过载能力，结构坚固而紧凑，通过可旋转的连接器与预组装电缆进行连接，可灵活、快速和安全地与变频器相连。1FT6 电动机是永磁式同步电动机，转矩波动极小，具有近乎恒转矩特性，具有很宽的功率范围。1FT7 电动机是结构极为紧凑的永磁式同步电动机，满足精度、动态特性、转速设定范围以及防护等级和坚固性等方面的严格要求。
发那科 αi/βi 系列伺服系统		αi 系列伺服是具有多种规格的智能型伺服系统,适合用于各种机床。高精度的编码器和最新的伺服/主轴 HRV 控制，可实现高速、高精度以及高效率的纳米级伺服系统控制。βi 系列伺服是高可靠性和高性价比的交流伺服系统。具有足够的功能和性能指标，可用于一般机床的进给轴和主轴。此外，还可用于工业机械的定位或机床外围设备的控制，通过最新的伺服和主轴 HRV 控制，可实现高速、高精度、高效率加工

（续）

名称	产品外形图	主 要 特 性
华中数控伺服系统		HSV系列伺服驱动器采用了专用高性能电动机控制数字处理器（DSP）、现场可编程逻辑门阵列（FPGA）和三菱新一代智能化功率模块（IPM）等技术。通过修改伺服驱动单元参数，可对伺服驱动系统的工作方式（内部速度、位置控制、模拟速度控制、模拟转矩控制）、内部参数进行设置，以适应不同的应用环境和要求。设置了一系列状态显示信息，方便用户在调试、使用过程中观察伺服驱动单元的相关状态参数；对短路、过电流、过电压、欠电压、过载、过热、泵升等多种故障具有软、硬件保护功能，同时也提供了一系列的故障诊断信息。GK6三相交流永磁同步伺服电动机采用高性能稀土永磁材料形成气隙磁场。由脉宽调制变频器控制运行，具有良好的力矩性能和宽广的调速范围。电动机带有装于定子绕组内的温度传感器，具有电动机过热保护输出。GM7系列交流伺服主轴电动机可与国内外各类高、中、低档交流伺服主轴驱动模块配套，进行闭环控制运行
北京和利时伺服系统		提供"SYNTRON森创"品牌交流伺服系统，通过改进电动机结构和采用先进的制造材料，更加快速、准确、稳定地控制机械设备创造了良好的条件。在全数字控制方式下，实现了伺服控制的软件化。通过采用智能控制算法使系统响应速度、稳定性、准确性和可操作性都达到了很高的水平。适用于高动态响应、精密定位、精密调速的场合。电动机采用正弦波磁路设计，运行平稳，低噪声。采用高能密度设计和高性能永磁材料，体积小、转矩大、效率高。采用高热容技术设计，电动机温升低。起动转矩大、过载能力强。采用高分辨率编码器反馈，具有高动态响应和位置精度。提供位置/速度/转矩三种控制模式。采用位置脉冲/方向输入方式，可直接取代步进电动机达到功能升级
南京埃斯顿EDB/EDC系列伺服驱动器		伺服驱动器采用了电流前馈控制、速度观测器和惯量观测器等功能，借助于这些新的功能，使得响应性能大大提高。增加了控制模式切换功能，通过设定合理的切换调节，可以有效地减少超调量和调整时间。EDB系列功率范围从750W～5.0kW，内置功率器件容量大，驱动器过载能力强，具有惯量识别功能，支持Modbus通信协议，支持省线型增量编码器。EDC系列功率范围从200W～1.0kW，体积小，适合在有限空间的安装，可外接手持器用于显示、参数设置等，具有惯量识别功能，支持Modbus通信协议、CANopen通信（协议DS301,DS402），支持省线型增量编码器

4 数控检测装置

4.1 概述

数控检测装置是数控机床的重要组成部分，在闭环、半闭环控制系统中，它的主要作用是检测位移、速度和电流，并发出反馈信号，构成闭环或半闭环控制。其精度对数控机床的定位精度和加工精度均有很大影响，要提高数控机床的加工精度，就必须提高检测装置和检测系统的精度。

1. 数控机床对检测装置的要求

（1）工作可靠，抗干扰能力强 检测装置应能抗各种电磁干扰，抗干扰能力强，基准尺对温度和湿度敏感性低，温湿度变化对测量精度等环境因素的影响小。

（2）满足精度和速度的要求 系统精度：一定长度或转角范围内测量累积误差的最大值，一般直线位移精度为 ±（0.002～0.02）mm以内，回转角测量精度达到±10″/360°；系统分辨率（测量元件所能正确检测的最小位移量）：一般直线位移的分辨率0.1～1μm，回转分辨率可达2″；运动速度一般应满足0～20m/min。

（3）便于安装和维护 检测装置安装时要满足一定的安装精度要求，安装精度要合理，考虑到影响，整个检测装置要求有较好的防尘、防油污、防切屑等措施。

（4）成本低、寿命长 不同类型的数控机床对检测系统的分辨率和速度有不同的要求，一般情况下，选择检测系统的分辨率或脉冲当量，要求比加工精度高一个数量级。

2. 位置传感器的测量方式

位置检测装置的测量方式按工作条件和测量要求不同，有下面几种分类方法：

（1）直接测量和间接测量   位置传感器按形状可分为直线式和旋转式。用直线式位置传感器测直线位移，用旋转式位置传感器测角位移，则该测量方式称为直接测量。由于直接测量式检测装置要和行程等长，故其在大型数控机床的应用中受到限制。

如旋转式位置传感器测量的回转运动只是中间值，由它再推算出与之相关联的工作台的直线位移，那么该测量方式称为间接测量。这种检测方式先由检测装置测量进给丝杠的旋转位移，再利用旋转位移与直线位移之间的线性关系求出直线位移量。

（2）数字式测量和模拟式测量   数字式测量是以量化后的数字形式表示被测量。得到的测量信号通常是电脉冲形式，它将脉冲个数计数后以数字形式表示位移。模拟式测量是以模拟量表示被测量，得到的测量信号是电压或电流，电压或电流的大小反映位移量的大小。

由于模拟量需经 A/D 转换后才能被计算机数控系统接受，所以目前模拟式测量在计算机数控系统中应用很少。而数字式测量检测装置简单，信号抗干扰能力强，且便于显示和处理，所以目前应用非常普遍。

（3）增量式测量和绝对式测量   增量式测量的特点是只测量位移增量，即工作台每移动一个基本长度单位，检测装置便发出一个测量信号，此信号通常是脉冲形式。这样，一个脉冲所代表的基本长度单位就是分辨率，而通过对脉冲计数便可得到位移量。

检测装置测出的是被测部件在某一绝对坐标系中的绝对坐标位置，并且以二进制或十进制数码信号表示出来，一般都要经过转换成脉冲数字信号以后，才送去进行比较和显示。

常用的位置检测装置类型见表 11.9-6。

表 11.9-6   常用位置检测装置类型

	数字式		模拟式	
	增量式	绝对式	增量式	绝对式
回转型	圆光栅	脉冲编码器	旋转变压器	多极旋转变压器
	脉冲编码器		圆感应同步器	
			圆磁栅	
直线型	长光栅	编码尺	直线感应同步器	绝对值式磁尺
	激光干涉仪		磁栅	
			容栅	

4.2   感应同步器

感应同步器和旋转变压器均为电磁式检测装置，属模拟式测量，二者工作原理相同，其输出电压随被测直线位移或角位移而改变。感应同步器按其结构特点一般分为直线式和旋转式两种：直线式感应同步器由定尺和滑尺组成，用于直线位移测量；旋转式感应同步器由转子和定子组成，用于角位移测量。

（1）结构特点（直线感应同步器）   如图 11.9-29 所示，感应同步器分为定尺和滑尺两部分，定尺和滑尺的基板采用与机床热膨胀系数相近的钢板制成，钢板上用绝缘粘接剂贴有铜箔，并利用腐蚀的办法做成图 11.9-29 所示的印制绕组。长尺叫定尺，安装在相对运动的固定部件上；短尺为滑尺，安装在相对运动的移动部件上，两者平行放置，保持 0.2~0.3mm 间隙。感应同步器两个单元绕组之间的距离为节距，滑尺和定尺的节距均为 2τ，这是衡量感应同步器精度的主要参数。

图11.9-29   感应同步器结构

（2）感应同步器的工作原理   图 11.9-30a 为一

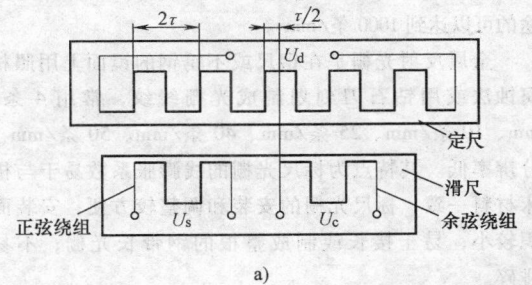

a)

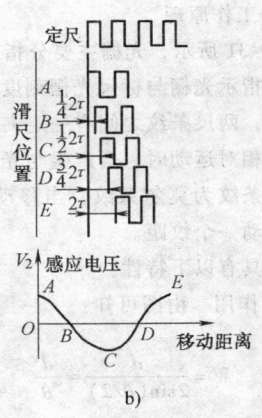

b)

图11.9-30   感应同步器的工作原理

a) 感应同步器结构示意图   b) 定尺感应电压与定、滑尺相对位置关系图感应同步器，其定尺长 250mm，滑尺长 100mm，节距为 2mm。定尺上是单向、均匀、连续的感应绕组，滑尺有两组绕组，一组为正弦绕组，另一组为余弦绕组。当正弦绕组与定尺绕组对齐时，余弦绕组与定尺绕组相差 1/4 节距。当滑尺任意一绕组加交变励磁电压时，由于电磁感应作用，在定尺绕组中必然产生感应电压，该感应电压取决于滑尺和定尺的相对位置。当只给滑尺上正弦绕组加励磁电压时，定尺感应电压与定、滑尺的相对位置关系如图 11.9-30b 所示。

4.3 光栅

1. 光栅的种类及结构

光栅种类较多。按制作原理可分为玻璃透射光栅和金属反射光栅。按形状可分为长光栅（直线光栅）和圆光栅，长光栅用于检测线位移，圆光栅用于测量角位移。

玻璃透射光栅是在玻璃表面上用真空镀膜法镀一层金属膜，再涂上一层均匀的感光材料，用照相腐蚀法制成透明与不透明间隔相等的线纹。其特点是光源可采用垂直入射，光电元件直接接受光信号，因此信号幅度大，读数头结构较简单，条纹密度一般为 25 条/mm、50 条/mm、100 条/mm、125 条/mm、250 条/mm，特殊用途的可以达到 1000 条/mm。

金属反射光栅是在钢尺或不锈钢的镜面上用照相腐蚀法或用钻石刀刻划制成光栅线纹，常用 4 条/mm、10 条/mm、25 条/mm、40 条/mm、50 条/mm，分辨率低。其特点是标尺光栅的线膨胀系数易于与机床材料一致；标尺光栅的安装和调整较方便；安装面积较小；易于接长或制成整根的钢带长光栅；不易碰碎。

2. 光栅的工作原理

如图 11.9-31 所示，光栅主要分指示光栅与标尺光栅两部分，指示光栅与标尺光栅刻度等宽，平行装配，且无摩擦，两尺条纹之间有一定夹角。当指示光栅与标尺光栅相对运动时，会产生与光栅线垂直的横向的条纹，该条纹为莫尔条纹，当移动一个栅距时，莫尔条纹也移动一个纹距。

莫尔条纹具有以下特性：

（1）放大作用   由图可知：

$$W = \frac{d}{2\sin(\theta/2)} \approx \frac{d}{\theta}$$

表明莫尔条纹的间距是栅距的 $1/\theta$。当 $d = 0.01\text{mm}$，（100 线/mm）$\theta = 0.01\text{rad}$，则纹距 $W = 1\text{mm}$，即可把光栅间距转换成放大 100 倍的莫尔条纹

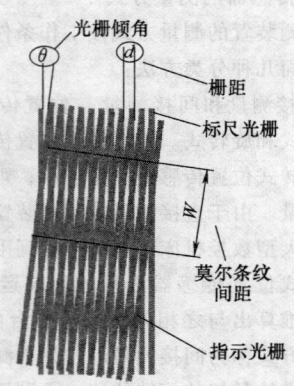

的宽度。

图11.9-31   光栅工作原理

（2）平均效应   莫尔条纹具有均化栅距误差作用。由于大量光栅线纹干涉，节距间所固有的相邻误差就平均化了，可克服个别/局部的节距误差，提高精度。但不能消除长周期的累计误差。

（3）位移测量   标尺光栅相对指示光栅移动一个栅距，对应莫尔条纹移动一个节距。利用这个特点就可测量位移：在光源对面的光栅尺背后固定安装光电元件，莫尔条纹移动一个节距，莫尔条纹"明—暗—明"变化一周。光电元件接受的光强"强—弱—强"变化一周，输出一个近似按正弦规律变化的信号，信号变化一周。根据信号的变化次数，就可测量位移量，移动了多少个栅距。标尺光栅相对指示光栅的方向改变，对应莫尔条纹的移动方向随之改变，根据莫尔条纹的移动方向可确定位移的方向：在刻线平行方向相距 1/4 节距安装两个光电元件，这是两个光电元件输出的信号有 π/2 的相位差，根据两信号的相位的超前和落后，可判断位移方向。

4.4 脉冲编码器

脉冲编码器是一种旋转式的检测角位移的传感器。通常装在被检测轴上，随被测轴一起转动，可将被测轴的角位移转换为增量脉冲形式或绝对式的代码形式。按编码的方式可分为增量式编码器和绝对式编码器；按结构可分为接触式编码器、光电式编码器和电磁式编码器。

1. 增量式编码器

增量式脉冲编码器的型号是用脉冲数/转（P/r）来区分，数控机床常用 2000P/r、2500P/r、3000P/r 等，现已有每转发 10 万个脉冲的脉冲编码器。图 11.9-32 所示为光电脉冲编码器的结构

原理图。

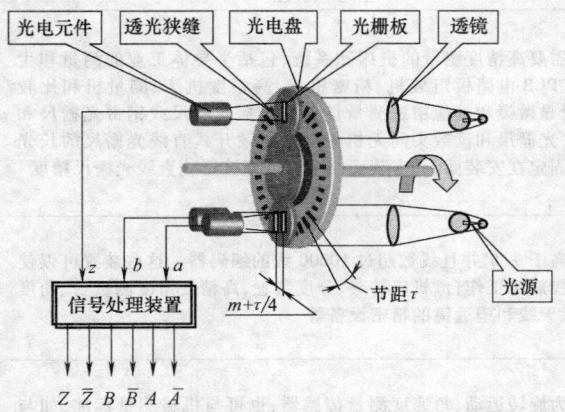

图11.9-32　光电脉冲编码器结构原理图

图 11.9-32 中，光电盘与工作轴连在一起，光电盘转动时，每转过一个缝隙就发生一次光线的明暗变化，光电元件把通过光电盘和圆盘射来的忽明忽暗的光信号转换为近似正弦波的电信号，经过整形、放大和微分处理后，输出脉冲信号。通过记录脉冲的数目，就可以测出转角。测出脉冲的变化率，即单位时间脉冲的数目，就可以求出速度。设 A 相比 B 相超前时为正方向旋转，则 B 相超前 A 相就是负方向旋转，利用 A 相与 B 相的相位关系可以判别旋转方向。

2. 绝对式编码器

绝对式编码器直接把被测转角用数字代码表示出来，且每一个角度位置均有其对应的测量代码，它能表示绝对位置，没有累积误差，电源切断后，位置信息不丢失，仍能读出转动角度。下面以接触式编码器来说明其结构和工作原理。

如图 11.9-33a 所示的码盘基片上有多圈码道，且每码道的刻线数相等。涂黑部分是导电的，其余是绝缘的，对应的各码道上装有电刷。输出信号的路数与码盘圈数成正比，检测信号按某种规律编码输出，故可测得被测轴的周向绝对位置。

用图 11.9-33a 所示的二进制编码盘做码盘，如

果电刷安装不准，会使得个别电刷错位，而出现很大的数值误差。一般称这种误差为非单值性误差。为消除这种误差，可采用葛莱码盘（见图 11.9-33b）。葛莱码盘任何两个相邻数码间只有一位是变化的，每次只切换一位数，把误差控制在最小范围内。

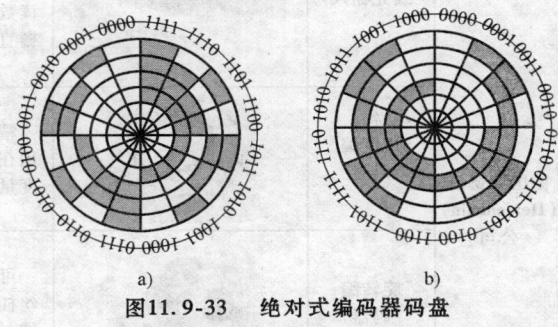

图11.9-33　绝对式编码器码盘

a）二进制码盘　b）葛莱码盘

4.5　磁尺

磁尺（又称磁栅）是一种电磁监测装置，它利用磁记录原理，将一定波长的矩形波或正弦波由信号用磁头记录在磁性标尺的磁膜上，作为测量基准。检测时，磁头将磁性标尺上的磁化信号转化为电信号，并通过检测电路将磁头相对于磁性标尺的位置或位移量用数字显示出来或转化为控制信号输入给数控机床。

磁尺是一种新型的数字式传感器，成本较低且便于安装和使用。当需要时，可将原来的磁信号（磁栅）抹去，重新录制。还可以安装在机床上后再录制磁信号，这对于消除安装误差和机床本身的几何误差，以及提高测量精度都是十分有利的。并且可以采用激光定位录磁，而不需要采用感光、腐蚀等工艺，因而精度较高，可达 ±0.01mm/m，分辨率为 $1\sim5\mu m$。

4.6　常用数控检测装置

常用数控检测装置生产企业及其主要产品见表 11.9-7。

表 11.9-7　常用数控检测装置生产企业及其主要产品

企业名称	主要产品	产品外形图	主　要　特　性
德国海德汉（Heidenhain）公司	封闭式直线光栅尺		能有效防尘、防切屑和防飞溅的切削液，是用于机床的理想选择。铝质外壳和密封软条可以保护光栅尺、扫描单元和轨道免受灰尘、切屑和切削液的影响。扫描单元的运动轨道摩擦力很小，轨道内置在光栅尺上。它通过一个联轴器与外部的安装架连接，这个联轴器可以补偿光栅尺和机器轨道之间不可避免的对正误差。封闭式光栅尺的结构有标准光栅尺外壳适用于振动频率高且最大测量长度为 30m，还有紧凑光栅尺外壳适用于安装空间小，最大测量长度为 2040mm

（续）

企业名称	主要产品	产品外形图	主 要 特 性
德国海德汉（Heidenhain）公司	敞开式直线光栅尺	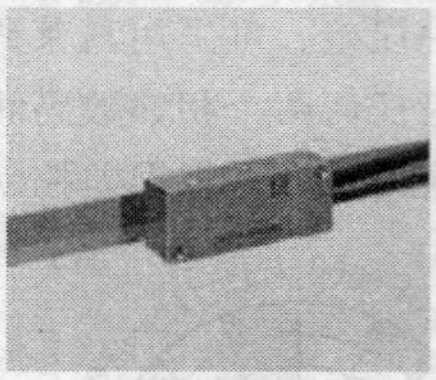	用于需要高精度测量的机床和系统,包括半导体工业的测量和生产设备、PCB 电路板组装机、精密机床、高精度机床、测量机和比较仪、测量显微镜和其他精密测量设备。包括光栅尺或钢带光栅尺和读数头,光栅尺和读数头间无机械接触。敞开式直线光栅尺的长光栅直接固定在安装面上,安装面的平面度直接影响直线光栅尺精度
	角度编码器	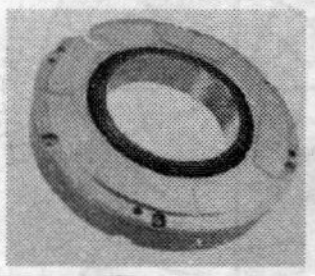	精度高于 ± 5″并且线数超过 10000 线的编码器。这些装置可以使用在数控旋转工作台、机床转头、分度装置、高精度角度测量台、角度量衡、天线和望远镜的精密设备等
	旋转编码器		可作为旋转运动、角速度测量传感器,也可与机械测量标准,如与丝杠联用,用于测量直线运动。应用领域包括电动机、机床、木工机械、纺织机械、机器人和运送设备以及各种测量、测试和检验设备
	磁栅编码器		性能优异的 ERM 磁栅编码器拥有大的内直径和精巧紧凑的头,使得他们更有效地应用在车床的 C 轴、铣床的定子定向、辅助轴、齿轮组等。大约 400μm 的信号周期和特别的 MAGNODUR 光栅应用工艺使得精度和轴速达到上述应用的需要
英国雷尼绍（Renishaw）公司	直线磁栅和磁环编码器	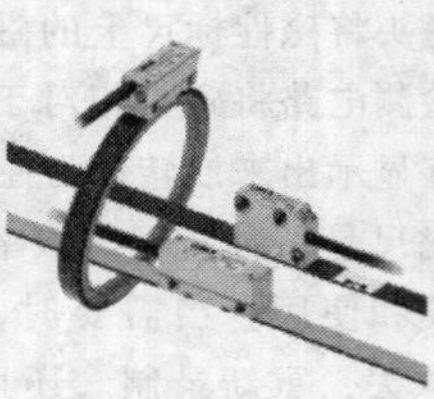	两种系统均适合用于极恶劣的工作环境,如木工、石材切割、锯切、金属切削、纺织、包装、塑料加工、自动化及装配系统、激光/火焰/水切割、电子芯片/电路板生产等。对于直线磁栅,差分磁阻传感器可检测磁化栅尺的磁场特性,当其沿着栅尺移动时,即产生正弦和余弦信号。这些模拟信号经过内部细分后产生一系列分辨率,最高可达 1 μm。同样的工作原理也适用于包括整圆或部分圆弧在内的旋转测量。对于要求整圆的测量,可以使用特殊磁环;而对于直径大于 60 mm 的部分圆弧测量,可以使用与线性测量相同的磁栅尺
	磁旋转编码器		采用霍尔效应传感器技术设计,包含一个励磁块和一个独立的编码器本体。励磁块的旋转由编码器本体内的一个用户定制的编码器芯片感应,并按要求的输出进行处理。有非接触/无摩擦及轴承式可供选择。分辨率达 13 位(每转 8192 个位置信号)。优异的抗污能力,防护等级达 IP68。工作速度达 30000r/min。工业标准的绝对式、模拟量、增量式和线性信号输出
	直线光栅		提供品种繁多的高速绝对式和增量式直线光栅系统,能够满足工业自动化领域的不同需求。直线光栅具有零机械滞后的优异测量能力。它采用具有专利的光学滤波系统,抗污(如灰尘和划痕等)能力极强,能够确保机器可靠地运行而无需过多维护。所有直线光栅读数头和接口盒均由内置 LED 安装指示灯监控,提高了安装速度,而且无需示波器及其他复杂的安装监控装置。栅尺有多种长度可供选择,背面自带不干胶的设计使得安装时无需钻孔螺钉压紧,从而节省了时间和成本
	圆光栅		绝对式和增量式圆光栅产品系列有 20 种直径(从 φ52 ~ φ550mm)可供选择,还可根据要求提供定制尺寸或更大直径,其体积轻薄,内径大,可以方便地套在大直径的转轴上,并满足其有效载荷或伺服驱动要求。圆光栅具有专利的锥面安装方式纠正了回转轴/轴的偏心,确保了极佳的精度,并可对圆光栅的形状及所有安装误差进行方便有效的精细调整。此外,由于体积简洁小巧,圆光栅的转动惯量非常低,确保无论安装在何处,系统定位都能达到最小转矩和最高速度。REXM 和 REXA 超高精度圆栅性能更高,在配用双读数头使用时可达 ±1″的总体安装精度。

（续）

企业名称	主要产品	产品外形图	主要特性
西班牙发格（Fagor）公司	直线光栅尺	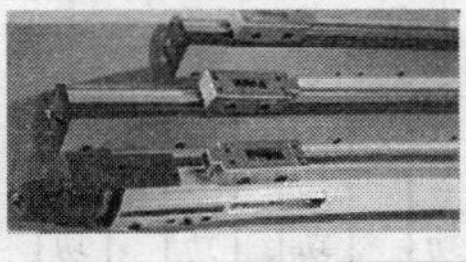	M、C、F 系列通用型直线光栅尺，适用于通用机床及大部分机电设备。全新的 S、G、L 系列高性能直线光栅尺，专门为数控机床及特殊用途设计
	旋转/角度编码器		高分辨率旋转编码器为机床分度盘、旋转轴、光学圆规、测量装置等应用设计的增量型编码器。新一代高分辨率编码器每转线数达90000 线，空心轴或连接凸轴，可选 TTL 信号及 1 Vpp 正弦波信号
长春禹衡光学有限公司	旋转/角度编码器		禹衡光学的主导产品光电编码器广泛应用于自动化领域，是控制系统构成的重要器件，是数控机床、交流伺服电动机、电梯、冶金、重大科研仪器、航空航天、自动化流水线等必不可少的关键传感器件。具有体积小、质量轻、品种多、功能全、高频响、分辨能力高、承载能力强、力矩小、耗能低、力矩小；性能稳定、可靠、使用寿命长等特点。产品按型式可分为增量式（ZKT、ZKD）、绝对式（JXW）、分度式（FZX）；按结构性能可分为空心轴型（ZKT、ZKK）、实心轴型（LEC、FZX）；按用途可分为电动机用（ZKD）、机床用（ZXF）、电梯用（ZKT）
广东万濠精密仪器股份有限公司	直线光栅尺	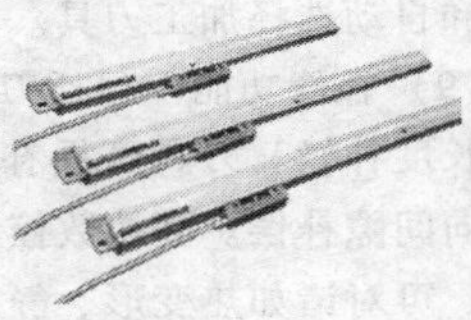	WTA/WTB 系列直线光栅尺运行速度 60m/min 以上，100m 以上长距离传输，中间不需增加任何界面。滑动部采用五只轴承，具有优异的重复定位性。信号线采用多层隔离线网及金属软外壳保护，防水及抗干扰性优良。尺身采用铝合金型材，经阳极处理，尺头部分用合金压铸，镀硬铬，耐腐蚀。防尘片采用特种塑胶，耐刮伤，耐腐蚀，摩擦阻力小。部件个体化，安装、保养、维护简易，防水、防尘性良好，使用寿命长。传感器采用玻璃精密计量光栅作为测量基准器
廊坊开发区莱格光电仪器有限公司	光栅尺/编码器		产品包括密封式光栅线位移传感器、精密数控型光栅线位移传感器、精密超长钢带光栅线位移传感器、光电增量角编码器系列（增量式与绝对式）、敞开式钢带光栅线位移传感器等

5　计算机数控装置

计算机数控装置（CNC）是数控机床的中枢，在普通数控机床中一般由输入装置、存储器、控制器、运算器和输出装置组成。CNC 装置接收输入介质的信息，并将其代码加以识别、存储、运算，输出相应的指令脉冲以驱动伺服系统，进而控制机床动作。在数控机床中，由于计算机本身即含有运算器、控制器等上述单元，因此其数控装置的作用由一台计算机来完成。

CNC 数控装置是对机床进行控制，并完成零件自动加工的专用电子计算机。它接收数字化了的零件图样和工艺要求等信息，按照一定的数学模型进行插补运算，用运算结果实时地对机床的各运动坐标进行速度和位置控制，完成零件的加工。

CNC 数控装置由硬件和软件组成，硬件为软件提供运行环境，软件在硬件的支持下运行，合理地组织、管理整个系统的各项工作。离开了软件，硬件便无法工作，二者缺一不可。

5.1　计算机数控装置的功能

CNC 装置的硬件采用模块化结构，许多复杂的功能靠软件实现。CNC 装置的功能通常包括基本功能和选择功能。不同的 CNC 装置生产厂家，其 CNC 装置功能有些差异，但主要功能是一样的。数控装置一般包括如图 11.9-34 所示的 12 个主要功能模块。

（1）控制功能　控制功能是指 CNC 装置能够控制的并且能够同时控制联动的轴数，它是 CNC 装置的重要性能指标，也是档次之分的重要依据。CNC 装置可联动控制的轴数越多，CNC 系统就越复杂，编程也越困难。数控车床一般只需 X、Z 两轴联动控制。数控铣床以及加工中心等需三轴以及三轴以上联动控制。

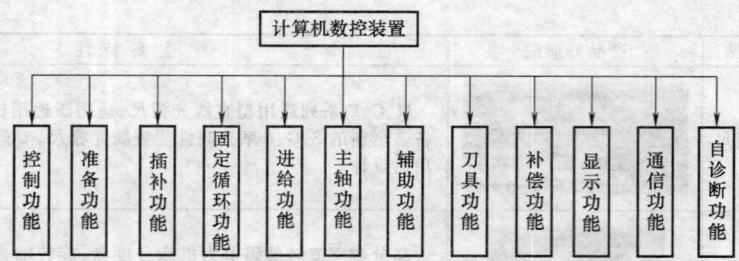

图11.9-34　计算机数控装置的主要功能模块

（2）准备功能　又称 G 功能，用来指明机床的下一步如何动作。它包括基本移动、程序暂停、平面选择、坐标设定、刀具补偿、镜像、固定循环加工、米寸制转换、子程序等指令。

（3）插补功能　插补功能用于对零件轮廓加工的控制，一般有直线插补、圆弧插补功能，特殊的还有螺旋线、二次曲线和样条曲线的插补功能。实现插补运算的方法有逐点比较法、数字积分法、直接函数法和双 DDA 法等。

（4）固定循环功能　用数控机床加工零件，一些典型的加工工序，如钻、铰孔、攻螺纹、深孔钻削、切螺纹等，所需完成的动作循环十分典型，若用基本指令编写则较麻烦，使用固定循环加工功能可以使编程工作简化。

固定循环加工指令是将典型动作事先编好程序并储存在内存中，用 G 代码进行指定。固定循环加工指令有钻孔、铰孔、攻螺纹循环、车削、铣削循环、复合加工循环、车螺纹循环等。

（5）进给功能　进给功能用 F 指令给出各进给轴的进给速度。在数控加工中常用到以下几种与进给速度有关的术语。

1）切削进给速度（mm/min）：刀具切削时的移动速度，如 F100 表示切削速度为 100mm/min。

2）同步进给速度：主轴每转一圈时进给轴的进给量，单位为 mm/r。只有主轴装有位置编码器的机床才能指令同步进给速度。

3）快速进给速度：机床的最高移动速度，用 G00 指令快速，通过参数设定。它可通过操作面板上的快速开关改变。

4）进给倍率：操作面板上设置了进给倍率开关，使用倍率开关不用修改零件加工程序就可改变进给速度。倍率可在 0 ~ 200% 之间变化。

（6）主轴功能　指令主轴转速，用 S 后跟数字表示。在车削和磨削加工中，为提高工件端面质量，可对主轴设置恒定线速度。加工中心换刀时必须有主轴准停功能，使主轴在径向的某一位置准确停止，主轴准停后实施卸刀和装刀动作。

（7）辅助功能　主要用于指定主轴的正转、反转、停止、切削液泵的打开关闭、换刀等动作，用 M 字母后跟 2 位数表示。

（8）刀具功能　包括刀具几何尺寸管理：管理刀具半径和长度，供刀具补偿功能使用；刀具寿命管理：管理时间寿命，当刀具寿命到期时，CNC 系统将提示更换刀具；刀具类型管理：用于标识刀库中的刀具和自动选择加工刀具。

（9）补偿功能　包括刀具补偿（刀具半径补偿、刀具长度补偿、刀具磨损补偿）、丝杠螺距误差补偿和反向间隙补偿。高档数控装置还有非线性误差补偿功能，可对诸如热变形、静态弹性变形以及由刀具磨损所引起的加工误差等，采用 AI、专家系统等新技术进行建模，利用模型实施在线补偿。

（10）显示功能　CNC 装置配置 CRT 显示器或液晶显示器，用作显示程序、零件图形、人机对话编程菜单、故障信息等。

（11）通信功能　主要完成上级计算机与 CNC 装置间的数据和命令传送。一般 CNC 装置带有 RS-232C 串行接口，可实现 DNC（直接数字控制）方式加工。高级一些的 CNC 装置带有 FMS 接口，按 MAP（制造自动化协议）通信，可实现车间和工厂自动化。

（12）自诊断功能　CNC 装置安装了各种诊断程序，这些程序可嵌入其他功能程序中，在 CNC 装置运行过程中进行检查和诊断。诊断程序也可作为独立的服务性程序，在 CNC 装置运行前或故障停机后进行诊断，查找故障的部位。有些 CNC 装置可以进行远程诊断。

5.2　计算机数控装置的硬件结构

CNC 装置的硬件结构按体系结构可为专用体系结构和开放式体系结构，专用体系结构又可分为单微处理机结构和多微处理机结构。按功能分可分为经济型 CNC 装置和高档型 CNC 装置。

5.2.1　单微处理机结构的 CNC 装置

采用这种结构的 CNC 装置只有一个 CPU 集中控制和管理整个系统资源，它通过分时处理实现各种 NC 功能。也有一些 CNC 装置中有两个或两个以上的 CPU，但采用主从结构形式，系统中只有一个 CPU（主 CPU）对系统资源（存储器、总线）有控制和使用权，而其他 CPU 处于从属地位的，只能接受主 CPU 的控制命令或数据，或向 CPU 发出请求信息以获得所需数据。从硬件体系结构看，主从结构与单 CPU 结构极其相似，CPU 模块与单机结构中的功能模块是等价的，只是功能更强而已。因此，主从结构也归入到单微处理机结构形式。

图 11.9-35 所示为其硬件结构框图。这类 CNC 装置的硬件是由若干功能不同的模块组成，各模块既是系统的组成部分，又有相对的独立性，属模块化结构。

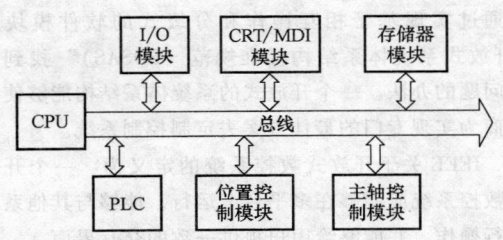

图11.9-35　单微处理机结构的CNC装置框图

CPU 主要完成控制和运算两方面的任务。控制功能包括：内部控制，对零件加工程序的输入、输出控制，对机床加工现场状态信息的记忆控制等。运算任务是完成一系列的数据处理工作：译码、刀补计算、运动轨迹计算、插补运算和位置控制的给定值与反馈值的比较运算等。在经济型 CNC 系统中，常采用 8 位微处理器芯片或 8 位、16 位的单片机芯片。中高档的 CNC 通常采用 16 位、32 位甚至 64 位的微处理器芯片。

在单 CPU 的 CNC 系统中通常采用总线结构。总线是微处理器赖以工作的物理导线，按其功能可以分为三组总线，即数据总线（DB）、地址总线（AD）、控制总线（CB）。

CNC 装置中的存储器包括只读存储器（ROM）和随机存储器（RAM）两种。系统程序存放在只读存储器 EPROM 中，由生产厂家固化。即使断电，程序也不会丢失。系统程序只能由 CPU 读出，不能写入。运算的中间结果，需要显示的数据，运行中的状态、标志信息等存放在随机存储器 RAM 中。它可以随时读出和写入，断电后，信息就消失。加工的零件

程序、机床参数、刀具参数等存放在有后备电池的 CMOS RAM 中，或者存放在磁泡存储器中，这些信息在这种存储器中能随机读出，还可以根据操作需要写入或修改，断电后，信息仍然保留。

CNC 装置中的位置控制单元主要对机床进给运动的坐标轴位置进行控制。位置控制的硬件一般采用大规模专用集成电路位置控制芯片或控制模板实现。

CNC 接受指令信息的输入有多种形式，如光电式纸带阅读机、磁带机、软盘、计算机通信接口等形式，以及利用数控面板上的键盘操作的手动数据输入（MDI）和机床操作面板上手动按钮、开关量信息的输入。所有这些输入都要有相应的接口来实现。而 CNC 的输出也有多种，如程序的穿孔机、电传机输出、字符与图形显示的阴极射线管 CRT 输出、位置伺服控制和机床强电控制指令的输出等，同样要有相应的接口来执行。

PLC 控制有两类形式，一类是内装型 PLC，与 CNC 综合起来设计的，是 CNC 装置的一部分，与 CNC 的信息交换在 CNC 内部进行，不能独立工作。可与 CNC 共用一个 CPU，也可以使用单独的 CPU。由于 CNC 的功能与 PLC 的功能在设计时统一考虑，PLC 的硬、软件整体结构合理，实用、性价比高。另一类是独立型 PLC，由专业生产厂家生产的 PLC 来实现顺序控制，独立于 CNC，具有完整的硬、软件功能，能独立完成控制任务，因生产厂家多，选择余地大，故功能扩张比较方便。

5.2.2　多微处理机结构的 CNC 装置

在多微处理机结构的 CNC 装置中，有两个或两个以上的微处理机构成的处理部件，处理部件之间采用紧耦合，有集中的操作系统，资源共享；或者有两个或两个以上的微处理机结构的功能模块，功能模块之间采用松耦合，有多重操作系统有效地实现并行处理。所以这种结构能克服单微处理机结构的不足，使 CNC 装置的性能有较大提高。

多微处理机结构的 CNC 装置的信息交换方式决定其结构形式，可分为共享总线型和共享存储器型两种结构形式。

1. 共享总线型结构

共享总线型结构如图 11.9-36 所示。以系统总线为中心，把 CNC 装置内各功能模块划分成带有 CPU 或 DMA（直接数据存取控制器）的各种主模块和从模块（RAM/ROM、I/O 模块），所有主从模块都插在严格定义的标准系统总线上，由于所有主模块都有权使用系统总线，而在任何时刻只能允许一个主模块占用总线，因此，有一个总线仲裁机构来裁定多个模

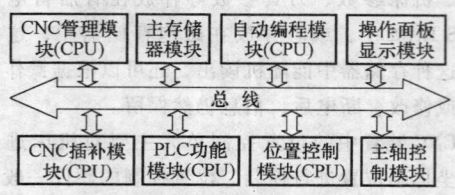

图11.9-36　共享总线型结构

块同时请求使用系统总线的竞争问题。

共享总线型结构优点是结构简单、系统组配灵活、成本相对较低、可靠性高。缺点是由于系统总线是"瓶颈"，一旦总线出故障，整个系统受影响。由于使用总线要经仲裁，使信息传输率降低。

2. 共享存储器型结构

共享存储器型结构如图 11.9-37 所示。采用多端口存储器作为公共存储器来实现各主模块之间的互连和通信。由于同一时刻只能允许有一个主模块对多端口存储器进行访问，所以，有一套多端口控制逻辑电路来解决访问冲突问题。由于多端口存储器设计较复杂，且多端口还会因争用存储器造成传输信息阻塞，故一般采用双端口存储器。

共享存储器型结构的优点是连接简单，一般不会发生冲突。缺点是存储器的端口不可能太多，限制了能够连接的处理器个数，适用于处理器数目较少的场合。

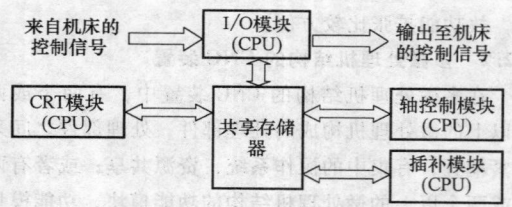

图11.9-37　共享存储器型结构

3. 多微处理机结构 CNC 装置的优点

（1）运算速度快、性价比高　多微处理机结构中每一微处理器完成某一特定功能，相互独立，且并行工作，故运算速度快。由于系统共享资源，所以性价比高。

（2）适应性强、扩展容易　多微处理机结构CNC 装置大多采用模块化结构，可将微处理器、存储器、输入输出控制分别做成插件板，甚至组成独立微计算机级的硬件模块，相应的软件也是模块结构，固化在硬件模块中。

（3）可靠性高　由于多微处理机功能模块独立完成某一任务，所有某一功能模块出现故障，其他模块照常工作，不至于整个系统瘫痪，只要换上正常的

模块就能解决问题。

（4）硬件易于组织规模化生产　一般硬件是通用的，容易配置，只要开发新的软件就可构成不同的CNC 装置，便于组织规模生产，保证质量，形成批量。

5.2.3　开放式体系结构系统

1. 开放式体系结构 CNC 系统的定义

随着数控技术的发展，数控系统变得越来越复杂，暴露出许多自身固有的缺陷。最大的问题是，这些数控系统都是专门设计的，它们具有不同的编程语言、非标准的人机接口、多种实时操作系统、非标准的硬件接口等，这些缺陷造成了数控系统使用和维护的不便，也限制了数控技术的进一步发展。

为了解决这些问题，人们提出了"开放式数控系统"的概念。这个概念最早见于 1987 年美国的NGC（Next Generation Controller）计划，NGC 控制技术通过实现基于相互操作和分级式的软件模块的"开放式系统体系结构标准规范（SOSAS）"找到解决问题的办法。一个开放式的系统体系结构能够使供应商为实现专门的最佳方案去定制控制系统。

IEEE 关于开放式数控系统的定义为：一个开放式数控系统应能够在多平台上运行，能够与其他系统进行操作，并能够给用户提供一致的交互界面。

开放式体系结构 CNC 系统的特点见表 11.9-8。

表 11.9-8　开放式体系结构 CNC 系统的特点

特点	说　明
开放性	提供标准化环境的基础平台，允许不同的功能、开发商的软、硬件模块介入
可移植性	一方面，不同的应用程序模块可以运行于不同供应商提供的 CNC 系统平台之上；另一方面，系统的软件平台可运行于不同类型、不同性能的硬件平台之上
可扩展性	增添和减少系统的功能仅仅表现为特定功能的装载与卸载
相互替代性	不同性能、可靠性和不同功能能力的功能模块可以相互替代，而不影响系统协调运行
相互操作性	提供标准化的接口、通信和交互模型

2. 常用开放式 CNC 系统的体系结构

（1）专用 NC + PC 板　这种结构将 PC 装入到NC 内部，PC 与 NC 之间用专用的总线连接。系统数据传输快，响应迅速，同时，原型 NC 系统也可不加修改就可以利用，但是不能直接地利用通用 PC，开放性受到限制。采用这种结构的主要是一些老牌的数控系统生产大厂。因为他们在数控系统方面有着深厚的基础，为使所掌握的技术优势与新的 PC 化潮流相

融合，因此走出了一条以传统数控平台为基础（完成实时控制任务），以流行 PC 为前端（完成非实时任务）的 PC 数控系统发展道路，并在商品化方面取得了显著成绩。NC＋PC 系统的典型代表有日本 FANUC 公司的 18i、16i 系统、德国西门子公司的 840D 系统、法国 NUM 公司的 1060 系统、美国 AB 公司的 9/360 系统等。

图 11.9-38 所示为 SINUMERIK 840D 系统硬件结构，该系统采用了三 CPU 结构：人机通信 CPU（MMC-CPU）、数字控制 CPU（NC-CPU）和可编程逻辑控制器 CPU（PLC-CPU）。三部分在功能上既相互分工，又互为支持。在物理结构上，NC-CPU 和 PLC-CPU 合为一体，合成在 NCU（Numerical Control Unit）中，但在逻辑功能上相互独立。

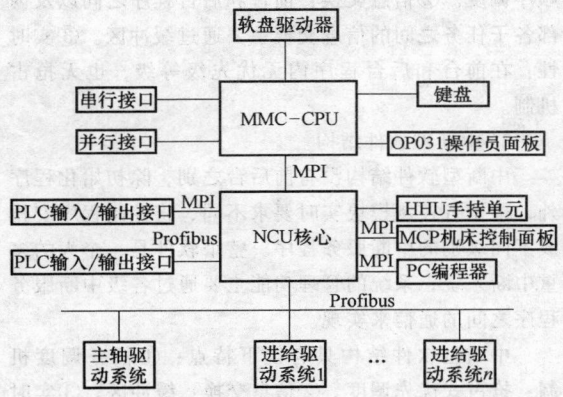

图11.9-38　SINUMERIK 840D 系统硬件结构

（2）通用 PC＋开放式运动控制器　完全以 PC 为硬件平台的数控系统。主要部件是计算机和运动控制器。机床的运动控制和逻辑控制功能由独立的运动控制器完成。这种结构能够充分地保证系统性能，软件的通用性强，并且编程处理灵活。运动控制器的主要厂商有美国 Delta TAU（PMAC）、美国 GALIL（DMC）、英国 BALDOR、英国 Trio、美国 NI、中国台湾 Advantech（研华）、深圳 Googol（固高）、雷赛、众为兴等。其中，美国 Delta TAU 公司 PMAC 在高端市场表现最好。

图 11.9-39 所示为基于 PMAC 卡的开放式数控系统硬件结构。PMAC 为多轴、多通道开放式运动控制器，本身带有 CPU。以 PC 机为基础，利用 ISA、PCI 或 USB 等总线方式与上位机交换信息。可在 Windows 平台下工作，可使用 VB、VC＋＋、Delphi 等高级语言进行编程控制。可以完成直线或圆弧插补，"S-曲线"加速和减速，样条曲线计算等。

（3）完全 PC 型的全软件形式的数控系统　这种

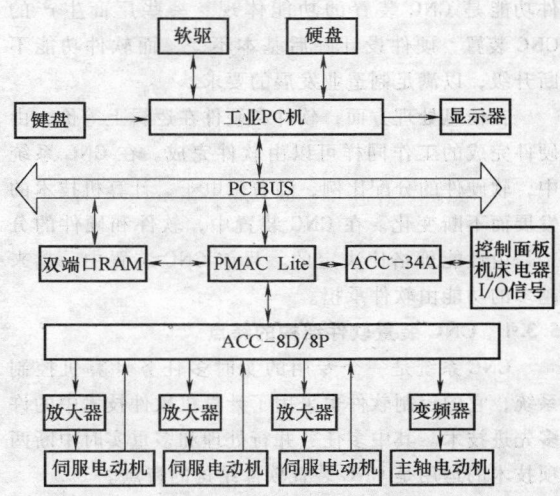

图11.9-39　采用PMAC 卡的CNC 系统硬件结构

形式的 CNC 全部功能均由 PC 进行处理，并通过装在 PC 扩展槽的伺服接口卡对伺服驱动等进行控制。其软件的通用性好，编程处理灵活。但是，实时处理的实现比较困难，并较难保证系统的性能。目前全软件型 NC 的典型产品有美国 MDSI 公司的 Open CNC、德国 Power Automation 公司的 PA8000 NT、我国的华中 Ⅰ 型数控系统等。

图 11.9-40 所示为华中 Ⅰ 型数控系统的硬件结构图，它以通用的 IPC 为基础，采用开放式的体系结构，具有多轴多通道控制能力和内装式 PLC。软、硬件采用模块式结构，便于功能和结构的扩展。

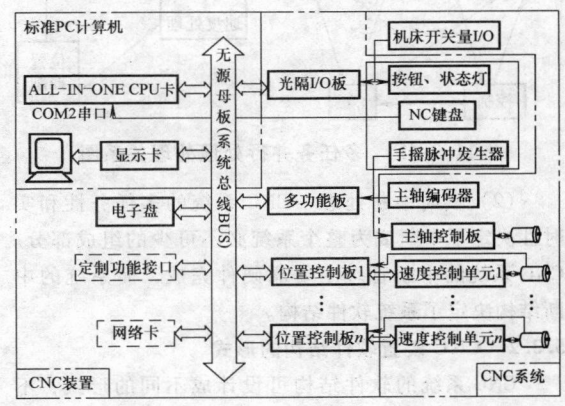

图11.9-40　华中 Ⅰ 型数控系统的硬件结构

5.3　计算机数控装置的软件结构

CNC 装置的软件是为完成数控机床的各项功能而专门设计和编制的一种专用软件。其结构取决于硬、软件的分工，也取决于软件本身的工作特点。软件功能是 CNC 装置的功能体现。一些厂商生产的 CNC 装置，硬件设计好后基本不变，而软件功能不断升级，以满足制造业发展的要求。

在信息处理方面，软件和硬件在逻辑上等价，由硬件完成的工作同样可以由软件完成。在 CNC 系统中，软硬件的分配比例，随着微电子、计算机技术的发展而不断变化。在 CNC 装置中，软件和硬件的分工是由性能价格比决定的。目前 CNC 装置中，越来越多的功能由软件承担。

5.3.1 CNC 装置软件结构的特点

CNC 系统是一个专用的实时多任务计算机控制系统，它的控制软件也采用了计算机软件技术中的许多先进技术。其中多任务并行处理和多重实时中断两项技术的运用是 CNC 装置软件结构的特点。

（1）多任务并行处理 在数控加工过程中，CNC 系统要完成许多任务，多数情况下 CNC 的管理和控制工作必须同时进行。所谓的并行处理是指计算机在同一时间间隔内完成两种或两种以上的性质相同或不同的工作。并行处理的最大好处是提高了运算速度。例如：加工控制时必须同步显示系统的有关状态、位置控制与 I/O 同步处理，并始终伴随着故障诊断功能。图 11.9-41 所示为多任务并行处理关系图，图中用双向箭头连接的两个模块之间有并行处理关系。

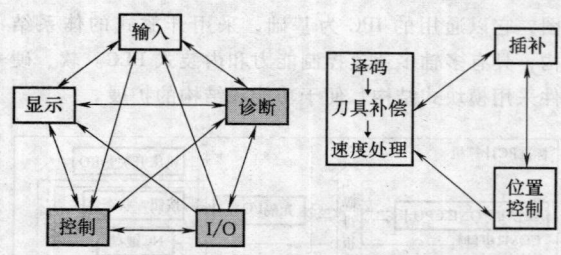

图11.9-41 多任务并行处理处理关系图

（2）实时中断处理 CNC 系统的多任务性和实时性决定了中断成为整个系统必不可少的组成部分。CNC 系统的中断管理主要靠硬件完成，而系统的中断结构决定了系统软件结构。

5.3.2 CNC 装置软件结构的形式

CNC 系统的软件结构可设计成不同的形式，不同的软件结构对各任务的安排方式、管理方式不同。常见的 CNC 软件结构模式有三种：前后台型软件结构、中断型软件结构和基于实时操作系统的软件结构。

1. 前后台型软件结构

前后台型软件结构适合于采用集中控制的单微处理器 CNC 系统。在这种软件结构中，前台程序为实时中断程序，承担了几乎全部实时功能，这些功能都与机床动作直接相关，例如：位置控制、插补、辅助功能处理、面板扫描及输出等。后台程序主要用来完成准备工作和管理工作，包括输入、译码、插补准备及管理等，通常称为背景程序。背景程序是一个循环运行程序，在运行过程中实时中断程序不断插入，前后台程序相互配合完成加工任务。程序启动后，运行完初始化程序即进入背景程序环，同时开发定时中断，每隔一个固定时间间隔发生一次定时中断，执行一次中断服务程序。就这样，中断程序和背景程序有条不紊地协同工作。

前后台型结构模式具有以下特点：①任务调度机制：优先抢占调度和循环调度。前台程序的调度是优先抢占式的；前台和后台程序内部各子任务采用的是顺序调度。②信息交换：前台和后台程序之间以及内部各子任务之间的信息交换主要通过缓冲区。③实时性：在前台和后台程序内无优先级等级，也无抢占机制。

2. 中断型软件结构

中断型软件结构没有前后台之别，除初始化程序外，根据各控制模块实时要求不同，将控制程序安排成不同级别的中断服务程序。整个软件是一个大的多重中断系统，系统的管理功能主要通过各级中断服务程序之间的通信来实现。

中断型软件结构具有以下特点：①任务调度机制：抢占式优先调度。②信息交换：缓冲区。③实时性好。由于中断级别较多（最多可达 8 级），强实时性任务可安排在优先级较高的中断服务程序中。④模块间的关系复杂，耦合度大，不利于对系统的维护和扩充。

3. 基于实时操作系统的软件结构

实时操作系统（Real Time Operating System，RTOS）是操作系统的一个重要分支，它除了具有通用操作系统的功能外，还具有任务管理、多种实时任务调度机制（如优先级抢占调度、时间片轮转调度等）、任务间的通信机制（如邮箱、消息队列、信号灯等）等功能。由此可知，CNC 系统软件完全可以在实时操作系统的基础上进行开发。相比前后台型和中断型软件结构，实时操作系统具有以下优点。

（1）弱化功能模块间的耦合关系 CNC 各功能模块之间在逻辑上存在着耦合关系，在时间上存在着时序配合关系。为了协调和组织它们，前述结构模式中，需用许多全局变量标志和判断、分支结构，致使各模块间的关系复杂。在 RTOS 中，设计者只需考虑模块自身功能的实现，然后按规则挂到实时操作系统上，而模块间的调用关系、信息交换方式等功能都由实时操作系统来实现。从而弱化了模块间的耦合关系。

（2）系统的开放性和可维护性好　从本质上讲，前述结构模式采用的是单一流程加中断控制的机制，一旦开发完毕，系统将是完全封闭的（对系统的开发者也是如此），若想对系统进行功能扩充和修改将是困难的。在 RTOS 中，系统功能的扩充或修改，只需将编写好的任务模块（模块程序加上任务控制块（TCB）），挂到实时操作系统上（按要求进行编译）即可。因而，采用该模式开发的 CNC 系统具有良好的开放性和可维护性。

（3）减少系统开发的工作量　在 CNC 系统软件开发中，系统内核（任务管理、调度、通信机制）的设计开发往往是很复杂的，而且工作量也相当大。当以现有的实时操作系统为内核时，即可大大减少系统的开发工作量和开发周期。

基于实时操作系统开发 CNC 系统有两种方法，一种方法是在商品化的实时操作系统（如 INtime）下开发 CNC 系统，国外有些 CNC 系统厂家采用了这种方式；另一种方法是将通用 PC 机操作系统（DOS、Windows、Linux）扩充扩展成实时操作系统，然后在此基础上开发 CNC 系统软件，目前国内有些 CNC 系统的生产厂家就是采用的这种方法。

5.4　DNC 网络系统

DNC 概念从"直接数控（Direct Numerical Control）"到"分布式数控（Distributed Numerical Control）"，其本质也发生了变化。"分布式数控"表明可用一台计算机控制多台数控机床，是以计算机、以太网通信技术、数控系统为基础，把数控机床与上层控制计算机连接集成在一起，以实现集中控制管理数控机床和其之间信息交换的目的。这样，机械加工从单机自动化的模式可扩展到柔性生产线及计算机集成制造系统。

在 CNC 系统增加 DNC 接口，形成制造通信网络。DNC 技术是现代化机械加工车间实现自动化的新方法，也是实现制作执行系统（MES）的重要部分。DNC 技术越来越得到广大制造企业的重视和应用，DNC 软件也逐渐由单一的程序传送功能演变成集分布式程序通信、程序编辑及管理等多种功能于一体的综合软件。

5.4.1　DNC 系统的组成和功能

DNC 系统一般由中央计算机（也称为主机）及存储设备、网络及通信接口、数控机床几部分组成。

中央计算机的任务：一是进行数据管理，从存储器中读取零件程序并把它传递给数控机床；二是控制信息的双向流动，在多台计算机间分配信息，使各机床数控系统能完成各自的操作；三是对设备运行进行监控。中央计算机与数控机床之间的互连和信息交换是 DNC 系统的核心问题。DNC 系统与柔性制造系统的主要差别是没有自动化物料输送系统，因而成本低，容易实现。

DNC 系统的主要功能包括：

1）NC 程序的上传和下传：其中 NC 程序的下传是 DNC 系统的基本功能。

2）制造数据传送：除 NC 程序的上传和下传功能之外，DNC 系统还具有 PLC 数据传送、刀具指令下传、工作站操作指令下传等功能。

3）状态数据采集和远程控制：如对机床状态、刀具信息和托盘信息等进行采集，反馈至中央计算机进行处理、统计，并报告给管理人员。数据采集、处理和报告的主要目的是对生产进行监控。

4）数据管理：如 NC 程序管理、刀具管理、生产状态数据管理等。

5）与其他系统进行通信：通过企业网络系统可方便地实现 DNC 系统与企业其他信息系统如 MRP II、CAPP 和 CAM 系统等的相互通信。

5.4.2　DNC 系统的结构及连接形式

DNC 系统一般都采用星形拓扑结构，如图 11.9-42 所示。但由于技术的发展，数控机床具有不同的通信接口，所以在企业实际应用中，DNC 系统可能采用不同的连接形式和通信方式。

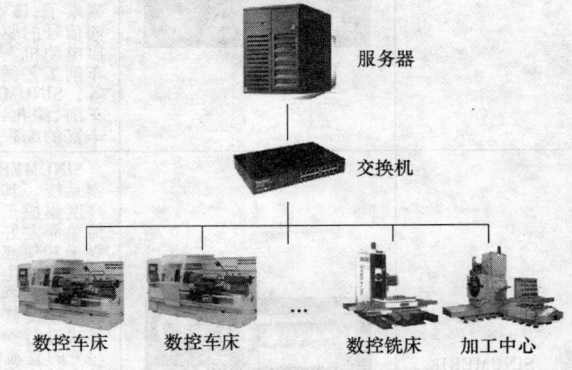

图 11.9-42　DNC 系统结构

常见的 DNC 系统连接形式如下：

（1）点到点式　数控系统中常见的物理接口是 RS-232C 串行通信接口。为了实现计算机对多台数控机床的控制，DNC 系统一般通过多串口卡将中央计算机与多台数控机床连接起来。这是一种最常见、最简便的连接方式，但存在所连设备有限、通信距离短、传输速度慢、可靠性差、通信竞争不易解决等问题。

（2）现场总线式　DNC 主机与数控系统通过现场总线连接。在 DNC 主机与数控系统之间通常要通过现场总线接口板进行接口转换。这种方式可克服点到点式连接中存在的问题，是目前底层设备连接方式的发展方向。现场总线是于 20 世纪 80 年代末发展起来的在制造现场与控制计算机之间的一种数字通信链路，能同时满足过程控制自动化和制造自动化的需要。

由于现场总线是基于数字通信的，因此在现场与控制计算机之间能进行多变量双向通信。

（3）局域网式　DNC 主机与数控系统通过局域网连接，主要有以太网（Ethernet）和 MAP（制造自动化协议）网等。这种方式要求数控系统具有网络接口，通过直接在 DNC 主机和数控系统中插上相应的 MAP 等网络通信接口卡并运行相应的软件就可实现数控系统的局域网连接方式。局域网式是一种较先进的 DNC 通信结构形式，它可以方便地与企业网相连，实现信息传递与交换，但相对现场总线方式来讲，实时性要差些。

5.5　国内外常用数控装置及运动控制器

5.5.1　SIEMENS（西门子）

西门子数控装置 SINUMERIK 是德国西门子集团旗下自动化与驱动集团的产品，以较好的稳定性和较优的性能价格比，在我国数控机床行业被广泛应用。西门子数控装置的产品类型，主要包括 802、810、840 等系列，适用于经济型数控设备到高技术高精度机床等不同层次产品。各系列性能价格比如图 11.9-43 所示。

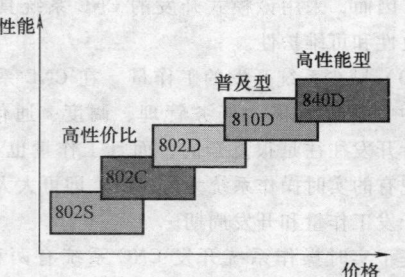

图11.9-43　西门子各数控装置性能价格比

各系列产品主要型号及其特点见表 11.9-9。

表 11.9-9　西门子主要数控装置及其特点

型号	产品外形图	主 要 特 点
SINUMERIK 801		SINUMERIK 801 数控系统是西门子公司为了满足中国客户对于经济型车床的市场需求量身打造的。SINUMERIK 801 可配备两个进给轴，一个模拟主轴。801 系统中集成了一系列数控功能与特性，使得调试过程更为简便，包括精简的机床参数集、固化的 PLC 应用程序、机床参数与用户数据的备份等。该系统具有高度集成的系统设计，采用 5.7″液晶显示器，紧凑美观的一体式机床操作面板，高可靠性的操作控制键，集成了各种丰富的机床控制功能和完整的图形轮廓支持。SINUMERIK 801 的输入/输出点为 16 个 24V 的直流输入和 16 个 24V 的直流输出。输出点的同时工作系数为 0.5，单个输出点的负载能力可达 0.5A。为了方便安装，输入输出采用可移动的螺钉夹紧端子，该端子可用普通的螺钉旋具来紧固。SINUMERIK801 提供脉冲及方向信号的驱动接口，可使用西门子 SINAMICS V60 伺服驱动器以及 1FL5 伺服电动机。丰富的带有图形支持的对刀功能，带有图形支持与中文注释的车削工艺循环，图形轮廓编程以及支持轮廓计算的断点搜索，袖珍计算器等。SINUMERIK 801 系统能够胜任多种车削工艺：开深槽、坯料去除、螺纹车削、深孔钻削、浮动攻螺纹、刚性攻螺纹等，都可以通过车削固定循环以及丰富的编程指令集来实现
SINUMERIK 802S/C		SINUMERIK 802S/C 是专门为中国数控机床市场而开发的经济型 CNC 控制系统。其结构紧凑，数控单元、操作面板、机床操作面板和输入输出单元高度集成于一体。机床调试配置数据少，系统与机床匹配更快速、更容易。简单而友好的编程界面，保证了生产的快速进行，优化了机床的使用。可独立于其他部件进行安装。坚固而又节省空间的设计，使它可以安装到最方便用户的位置。操作面板提供了完成所有数控操作，编程的按键以及 8″ LCD 显示器，同时还提供 12 个带有 LED 的用户自定义键。工作方式选择，进给速度修调，主轴速度修调，数控启动与数控停止，系统复位均采用按键形式进行操作，可以选配西门子机床操作扩展面板。输入/输出点为 48 个 24V 的直流输入和 16 个 24V 的直流输出。输出点的同时工作系数为 0.5，单个输出点的负载能力可达 0.5A。为了方便安装，输入输出采用可移动的螺钉夹紧端子，该端子可用普通的螺钉旋具来紧固。可控制三个进给轴和 1 个带 +/−10V 电压的模拟主轴。提供了脉冲及方向信号的驱动接口，系统软件已经存储在数控部分的 Flash-EPROM（闪存）上，调试所需的 Toolbox 软件工具包含在标准的供货范围内。系统采用免维护设计，不再需要电池，采用高能电容防止掉电引起的数据丢失。初始化数据面向车床和铣床应用，并可单独安装。在每一个工具盒中都包含有车床和铣床的 PLC 程序示例，以便用户能很快地调试完毕。SINUMERIK 802S base line 可使用 SINAMICS V60 伺服驱动器以及 1FL5 伺服电动机。SINUMERIK 802C base line 基本配置的驱动系统为 SIMODRIVE 611U 伺服驱动系统和带单极对旋转变压器的 1FK7 伺服电动机

（续）

型号	产品外形图	主要特点
802D solution line		SINUMERIK 802D sl 是一种将数控系统（NC，PLC，HMI）与驱动控制系统集成在一起的控制系统，可与全数控键盘（垂直型或水平型）直接连接，通过 PROFIBUS 总线与 PLC I/O 连接通信。该设计可确保以最小的布线，实现最简便、可靠的安装。系统通过 Drive-CliQ 总线与 SINAMICS S120 驱动实现简便、可靠、高速的连接通信。SINUMERIK 802D sl 系统适用于标准机床应用：车削、铣削、磨削、冲压。可使用 DIN 或 ISO 标准编程，易于操作使用。高可靠性，适用于工业环境。控制系统结构紧凑，布线简单，抗干扰能力强。模块化设计可根据需求提供各种组合。丰富的编程辅助工具：标准加工循环，轮廓编程。通过 Drive-CliQ 总线与全数字驱动 SINAMICS S120 实现高速可靠通信。系统免维护：无电池，无风扇。远程诊断（选件，只适用于 802D sl Pro）。可使用 CF 卡备份/恢复机床数据和执行大型加工程序。安装调试简便快捷。802D sl Plus/Pro 内置 6 轴数字驱动控制器，802D sl Value 内置 4 轴数字驱动控制器。支持车削、铣削、磨削、冲压加工工艺。支持一个单极性或双极性模拟主轴（通过 MCPA）。集成以太网。可根据使用工艺预制机床数据。带有 PLC 实例程序和子程序库，可实现简便的 PLC 编程。具有 216 个数字输入和 144 个数字输出。能实现标准车削、铣削、外圆磨削和平面磨削加工循环
SINUMERIK 808D	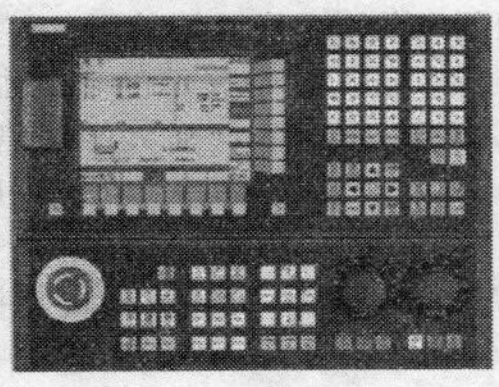	SINUMERIK 808D 是基于操作面板的紧凑型车削和铣削数控系统，极其坚固耐用，并且非常容易维护。提供了包括了 PLC 的输入和输出在内所有必要的控制或通信接口，极大地简化了系统接线。其配套的机床控制面板通过简单的即插即用的 USB 接口与控制器连接，并且还配有符合人体工学设计的旋转倍率开关。SINUMERIK 808D 数控控制器的面板前端的配有 USB 接口，可方便地在日常使用中传输零件程序、刀具数据等加工数据。SINUMERIK 808D 中全新设计的 SINUMERIK START GUIDE 在线向导功能是这款新产品的一大特色，它简洁直观，能辅助用户使用。在"快速调试向导"和"批量生产向导"的引导下，调试人员可以轻松快捷地按步骤完成机床样机的调试和机床批量生产的调试；在"操作向导"的帮助下，操作者可以掌握机床操作的基本步骤和编程方法。带有图形支持的工艺循环编辑画面和实用的轮廓计算器使零件程序编辑变得更简单。同时，SINUMERIK 808D 还兼容 ISO 编程语言，甚至可以在一个零件程序内进行 DIN/ISO 混合编程。对于中国用户，SINUMERIK 808D 不仅提供了中文版数控控制器和机床控制面板，同时在人机界面上也实现了全中文的支持——即可显示中文，也能输入中文作为零件程序名字或注释等。SINUMERIK 808D 适用于普及型车床、铣床和立式加工中心，最多配置三个进给轴和一个主轴，能实现高加工精度和高加工效率。其数控计算精度达到 80 位浮点数纳米计算精度，最大限度地减小内部舍入误差。另一方面，SINUMERIK 808D 具有带程序段预读的 MDynamics 智能路径控制功能，显著提高加工速度和表面加工质量，确保模具加工的应用。在车床应用中，手动机床（MM＋）选项为从传统普车加工向数控应用的过渡提供了便利，基于此功能数控机床可以使用手轮以传统的方式操作，同时具备数控加工的所有优势。SINUMERIK 808D 与 SINAMICS V60 驱动器和 SIMOTICS 1FL5 伺服电动机完美结合，为普及型数控机床提供了系统解决方案。数控控制器和机床控制面板的 IP65 前端防护等级、驱动器的大散热片无风扇等坚固耐用的设计和严格的质量标准，确保整个系统能够适应最严峻的工业环境
SINUMERIK 810D	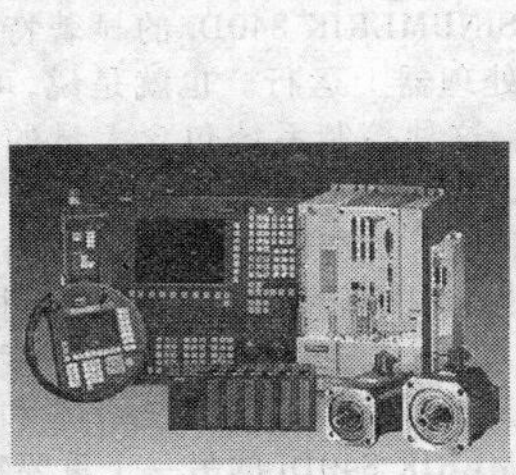	SINUMERIK 810D 第一次将 CNC 和驱动控制集成在一块板子上。样条插补功能（A、B、C 样条）用来产生平滑过渡；压缩功能用来压缩 NC 记录；多项式插补功能可以提高 SINUMERIK 810D 运行速度。系统还为提供钻、铣、车等加工循环。SINUMERIK 810D 提供了强大的 NC 功能，尤其适用于需要大内存的应用场合。SINUMERIK 810D 集成多种功能和选件，它不仅仅局限于数控机床配套，在木加工、石材处理或包装机械等行业也有广阔的应用前景。SINUMERIK 810D 最多可控 6 轴（包括 1 个主轴和 1 个辅助主轴），4 轴联动。具有样条插补、多项式插补等功能，温度补偿功能。采用 Windows 操作平台

（续）

型号	产品外形图	主要特点
SINUMERIK 828D	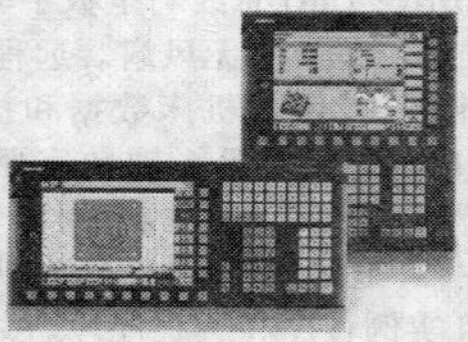	基于面板的 SINUMERIK 828D 是一款紧凑型数控系统,支持车、铣工艺应用,可选水平、垂直面板布局和两级性能,满足不同安装形式和不同性能要求的需要。完全独立的车削和铣削应用系统软件,可以尽可能多地预先设定机床功能,从而最大限度减少机床调试所需时间。SINUMERIK 828D 集 CNC、PLC、操作界面以及轴控制功能于一体,通过 Drive-CLiQ 总线与全数字驱动 SINAMICS S120 实现高速可靠通信,PLC I/O 模块通过 PROFINET 连接,可自动识别,无需额外配置。大量高档的数控功能和丰富、灵活的工件编程方法使它可以自如地应用于世界各地的各种加工场合。配置 10.4″TFT 彩色显示器和全尺寸 CNC 键盘,丰富且便捷的通信端口:前置 USB 2.0、CF 卡和以太网接口。前面板采用压铸镁合金制造,精致耐用。80 位浮点数纳米计算精度(NANOFP),组织有序的刀具管理功能和强大的坐标转换功能,满足对高级数控功能的需要。"精优曲面"控制技术,可以让模具制造获得最佳表面质量和最少加工时间。全新集成的人机界面集方便的操作、编程功能于一身,确保高效快捷的机床操作。备份管理功能,调试和维护准备充分、执行迅速。机床选项管理,轻触一个按键即可完成机床选件的安装。摒弃了电池、硬盘和风扇这些易损部件,真正做到免维护。可配置最大轴数:车床版 8 轴 / 铣床版 6 轴。刀具管理功能可以管理 256 个刀具和 512 个刀沿。具有动态前馈控制和温度补偿功能。PLC 梯形图最大步数 24,000,内置 PLC 梯形图查看器和编辑器,可在线进行简单的梯形图编辑。短信功能可随时随地获得机床的状态信息,并可以发送短消息控制机床。数控仿真不仅可以确保从最佳视角观察到加工细节,还可以计算出加工时间,保证生产率。生动的动画提示,使工艺参数的设置更加方便、直观
SINUMERIK 840D		SINUMERIK 840D 与 SINUMERIK_611 数字驱动系统和 SIMATIC 可编程序控制器一起,构成全数字控制系统,它适于各种复杂加工任务的控制,具有优于其他系统的动态品质和控制精度。标准控制系统的特征是具有大量的控制功能,如钻削、车削、铣削、磨削以及特殊控制,这些功能在使用中不会有任何相互影响。由于开放的结构,这个完整的系统也适于其他技术,如剪切、冲压和激光加工等。SINUMERIK 840D 强大的网络功能,使其实现现代化管理成为可能。另外在 SINUMERIK 840D 和 SIMODRIVE 611 的基础上,只需最少的硬件和软件投资,即可生成易于使用的仿形数字化系统。SINUMERIK 840D 集成在与 SIMODRIVE 611 控制模块相同的 50mm 宽框架中,将 SINUMERIK 840D,加上先进的 SIMATIC S7 系统,即为机床的自动化提供了全方位的解决方案:全数字化的系统、革新的结构、更高的控制品质、更高的系统分辨率以及更短的采样时间,确保了一流的工件质量。SINUMERIK 840D 采用了当今最先进的控制概念:预读、前馈,加速度平滑(Jerk)。840D 还可以实现许多特殊的 NC 功能,例如:各种同步功能、多种补偿功能、齿轮排障功能。840D 具有 10 个通道,最多可以配 31 个轴,其中可配 10 个主轴。可实现 5 轴联动加工。具有直线、圆弧、样条、多项式和螺旋、NURBS 插补等多种插补功能。采用 Windows 操作平台
SINUMERIK 840Di	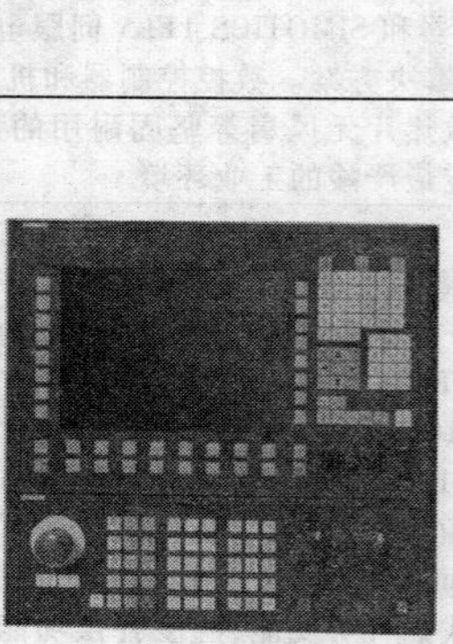	SINUMERIK 840Di 是全 PC 集成的数控系统。应用领域包括木制品、玻璃、制陶、包装、贴片机、冲压机、弯曲机,以及各种机床和类似机床的机械。除了高度的软、硬件开放性,SINUMERIK 840Di 的显著特点是,CNC 控制功能与 HMI 功能一起都在 PC 处理器上运行。也就是说,可以省略传统控制系统中所需的 NC 处理单元。这种控制系统包含大量的标准化部件:带接口卡的工业 PC 机、PROFIBUS-DP、Windows XP 操作系统、OPC(用于过程控制的 OLE)用接口和 NC 控制软件。SINUMERIK 840Di 与 SINUMERIK 840D 的 NC 和 PLC 功能,操作者功能和机床数据是兼容的,相应的 NC 程序和 PLC 程序在这两个系统上都可运行。而且由于系统高度开放,软件应用可同样适用于两个系统。SINUMERIK 840Di 是 SIMATIC 和 SIMODRIVE 自动化控制环境的一部分。SINUMERIK 840Di 的另一个重要特点就是带有位置控制的 PROFIBUS-DP。这是一种用于驱动和 I/O 的统一的现场总线。它允许数个系统实现分布式配置

（续）

型号	产品外形图	主要特点
SINUMERIK 840D sl	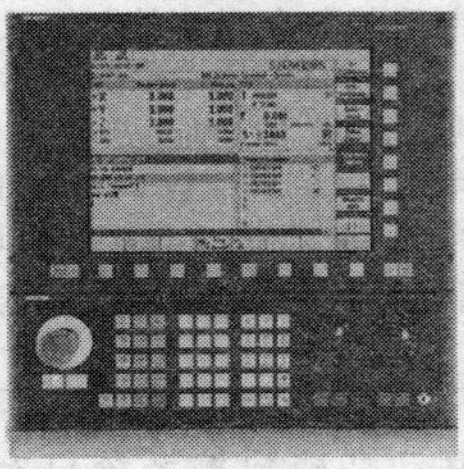	SINUMERIK 840D sl 具有模块化、开放、灵活而又统一的结构，为使用者提供了最佳的可视化界面和操作编程体验，以及最优的网络集成功能。SINUMERIK 840D sl 是一个创新的能适用于所有工艺功能的系统平台。SINUMERIK 840D sl 集成结构紧凑、高功率密度的 SINAMICS S120 驱动系统，并结合 SIMATIC S7-300 PLC 系统，可广泛适用于车削、钻削、铣削、磨削、冲压、激光加工等工艺，能胜任刀具和模具制造、高速切削、木材和玻璃加工、传送线和回转分度机等应用场合，既适合大批量生产也能满足单件小批量生产的要求。CNC、HMI、PLC、驱动闭环控制和通信模块完美集成于一个 SINUMERIK NC 单元（NCU）中，DRIVE-CLiQ 通信方式显著降低设备的布线成本，且组件间的距离可达 100m。开放的 HMI 和 NCK 使机床能满足不同客户的个性化需求，基于以太网的通信解决方案和强大的 PLC/PLC 通信功能，SINAMICS S120 驱动系统良好支持几乎所有类型的电动机。基于 DSC（动态伺服控制）闭环位置控制技术确保机床获得最佳的动态性能，可实现最优的表面加工质量，是刀具和模具制造的理想解决方案，调节型电源模块（ALM）的受控直流链路有效防止母线电压波动。支持 DIN、ISO 语言编程和 ShopMill/ ShopTurn 工步编程，一台 NCU/PCU 上可连接多达 4 个、距离远达 100 m 的分布式操作面板，具有集成、流行、友好的用户界面。支持 10 个方式组，10 个通道，31 个进给轴/主轴。

5.5.2　FANUC（发那科）

日本 FANUC 公司是世界上最大的专业生产数控装置和机器人、智能化设备的著名厂商。公司已有 50 多年的发展历史，目前在全球共有 13 家子公司。FANUC 公司的产品主要有数控机床控制系统（CNC）、智能机器人以及智能机械设备。FANUC 的产品被广泛地应用于工业制造领域的各行业，并获得了全球客户的高度青睐，其中 CNC 和机器人产品多年来在全球市场的占有率一直保持领先地位。该公司自 20 世纪 60 年代生产数控系统以来，已经开发出 40 多种的系列产品。北京机床研究所与日本 FANUC 公司于 1992 年共同组建了合资公司——北京发那科机电有限公司，专门从事机床数控装置的生产、销售与维修。发那科目前在中国市场上销售的主要数控装置有 0i-D 系列、Power Motion i-A 系列、30i/31i/32i/35i-B 系列等，各系列产品主要特点见表 11.9-10。

表 11.9-10　发那科主要数控装置及其特点

型号	产品外形图	主要特点
0i-D 系列	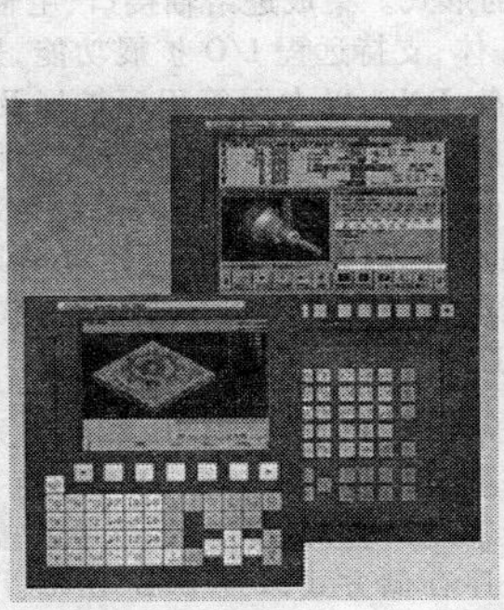	0i-D 系列采用了高速的 CPU，提高了 CNC 的处理速度；标配了以太网；控制软件根据用户的需要增加了一些控制与操作功能，特别是一些适于模具加工和汽车制造行业应用的功能，例如：纳米插补、用伺服电动机做主轴控制、电子齿轮箱、存储卡上程序编辑、PMC 的功能块等。0i-MD 是适用于加工中心的 CNC，最大总控制轴数 8，最大进给轴数 7，最大主轴数 2，联动轴数 4。0i-TD 是适用于车床的 CNC，1 路径系统最大总控制轴数 8，最大进给轴数 7，最大主轴数 3，联动轴数 4；2 路径系统最大总控制轴数 11，最大进给轴数 9，最大主轴数 4 轴，联动轴数 4。0i-PD 是适用于冲压加工的 CNC，最大总控制轴数 7，联动轴数 4，具有 RAM 轴功能。0i Mate-MD 是适用于加工中心的 CNC，最大总控制轴数 6，最大进给轴数 5，最大主轴数 1，联动轴数 4。0i Mate-TD 是适用于车床的 CNC，最大总控制轴数 6 轴，最大进给轴数 5，最大主轴数 2，联动轴数 4
Power Motion i-A 系列	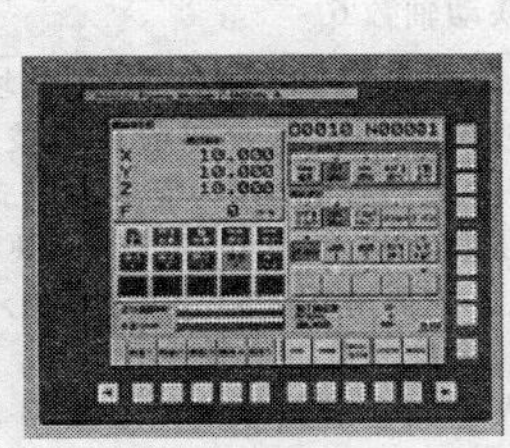	最大总控制轴数 32，进给轴数（包括 PMC 轴）32，PMC 轴（组）16，同时控制轴数 4。控制装置可选显示器一体型或显示器分离型。PMC 功能：最大 300,000 步、最大 5 系统。多轴多系统、丰富的控制功能，广泛应用于各种一般产业机械。最适合于使用大型伺服电动机，支持将液压机构伺服化

（续）

型号	产品外形图	主 要 特 点
30i/31i/32i/35i-B 系列	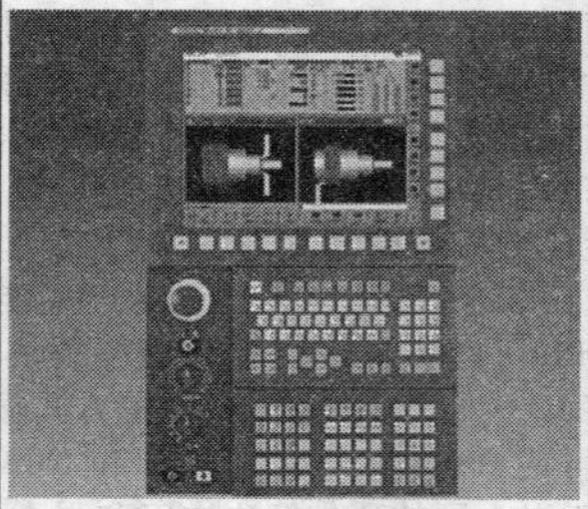	30i-B 系列是 FANUC 最先进的 CNC 系统,灵活应用于各种先进的多轴机床;丰富的控制轴数,可同时完成各种加工动作;五轴加工功能,可用于各种复杂形状的加工;最多控制路径数 10,最多控制轴数 40,其中进给轴 32,主轴 8,联动轴数 24。31i-B 系列是 FANUC 最高档 CNC 系列的核心产品,具有各种先进的控制技术;加工功能丰富,适用于各种高档、高性能的车床和加工中心;最多控制路径数 4,最多控制轴数 26,其中进给轴 20,主轴 6,联动轴数 4。32i-B 系列是 FANUC 标准的车床和加工中心 CNC 系统,包含了大量的车床和加工中心的功能;最多控制路径数 2,最多控制轴数 16,其中进给轴 10,主轴 6,联动轴数 4。35i-B 系列是 FANUC 用于传送线的 CNC 系统,具有强大的 PMC 功能基本的 CNC 功能,可高速执行简单的加工;最多控制路径数 4,最多控制轴数 20,其中进给轴 16,主轴 4,联动轴数 4

5.5.3　华中数控

华中数控（HNC）是国产数控系统行业的领先企业,具有自主知识产权的数控装置形成了高、中、低三个档次的系列产品。具有自主知识产权的伺服驱动和主轴驱动装置性能指标达到国际先进水平,自主研制的 5 轴联动高档数控系统已有 150 多台在汽车、能源、航空等领域成功应用。华中数控是国内为数不多拥有成套核心技术自主知识产权,并形成自主配套能力的企业。

华中数控各系列产品主要特点见表 11.9-11。

表 11.9-11　华中数控主要数控装置及其特点

型号	产品外形图	主 要 特 点
HNC-8AM/ BM/CM 系列	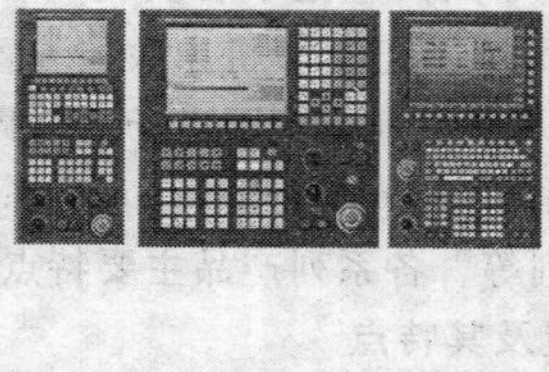	该系列产品是全数字总线式高档数控装置,采用模块化、开放式体系结构,基于具有自主知识产权的 NCUC 工业现场总线技术。支持总线式全数字伺服驱动单元和绝对值式伺服电动机,支持总线式远程 I/O 单元,集成手持单元接口,采用电子盘程序存储方式,支持 CF 卡、USB、以太网等程序扩展和数据交换功能。主要应用于数控铣削中心、车铣复合、多轴、多通道等高档数控机床。其中,8AM 最大 10 个通道,每通道最大 9 轴联动,每通道最多 4 主轴,采用 8.4″LED 液晶显示屏;8BM 最大控制 8 进给轴 +2 主轴,5 轴联动,采用 10.4″LED 液晶显示屏;8CM 最大 10 个通道,每通道最大 9 轴联动,每通道最多 4 主轴,采用 15″LED 液晶显示屏。
HNC-210AM/ BM/BMi 系列	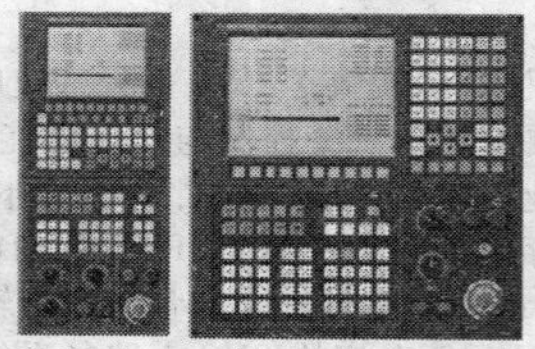	该系列产品是华中数控系统中的高端产品,采用一体化模具设计,工程操作面板采用独立安装的形式。集成进给轴接口、主轴接口、手持单元接口、内嵌式 PLC 接口于一体,支持远程 I/O 扩展功能,采用电子盘程序存储方式以及 CF 卡、USB 盘、DNC、以太网等程序扩展及数据交换功能,主要应用于数控铣床和加工中心。其中,210AM 最大控制轴数 4,最大联动轴数 4,采用 8.4″LED 液晶显示屏;210BM 最大控制轴数 8,最大联动轴数 8,采用 10.4″LED 液晶显示屏;210BMi 是专门针对模具及五轴加工的中高档数控系统,具备高速高精加工模式及五轴加工专用指令,适合空间复杂曲面多轴联动高速加工
HNC-21M/T 系列	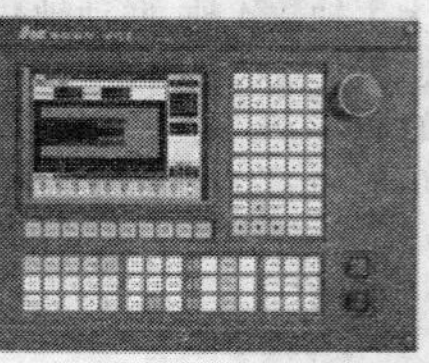	"世纪星"系列数控单元（HNC-21MD、HNC-22MD）采用先进的开放式体系结构,内置嵌入式工业 PC,配置 8.4″或 10.4″彩色 TFT 液晶显示屏和通用工程面板,集成进给轴接口、主轴接口、手持单元接口、内嵌式 PLC 接口于一体,采用电子盘程序存储方式以及 USB、DNC、以太网等程序交换功能,具有低价格、高性能、配置灵活、结构紧凑、易于使用、可靠性高等特点。主要应用于铣床、车床、加工中心等各类数控机床的控制。最大控制 36 进给轴 +1 主轴,最大联动轴数 6
HNC-8AT/BT 系列	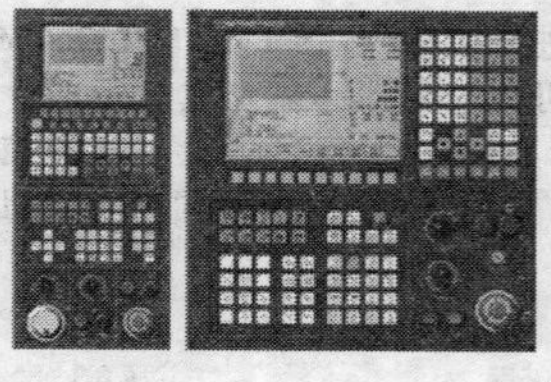	该系列产品是全数字总线式高档数控装置,采用模块化、开放式体系结构,基于具有自主知识产权的 NCUC 工业现场总线技术。支持总线式全数字伺服驱动单元和绝对值式伺服电动机,支持总线式远程 I/O 单元,集成手持单元接口,采用电子盘程序存储方式,支持 CF 卡、USB、以太网等程序扩展和数据交换功能。主要应用于数控车削中心、多轴、多通道等高档数控机床。其中,8AT 最大控制 3 进给轴 +1 主轴,三轴联动,采用 8.4″LED 液晶显示屏;8BT 最大控制 8 进给轴 +2 主轴,3 轴联动,采用 10.4″LED 液晶显示屏

（续）

型号	产品外形图	主 要 特 点
HNC-210AT/BT 系列	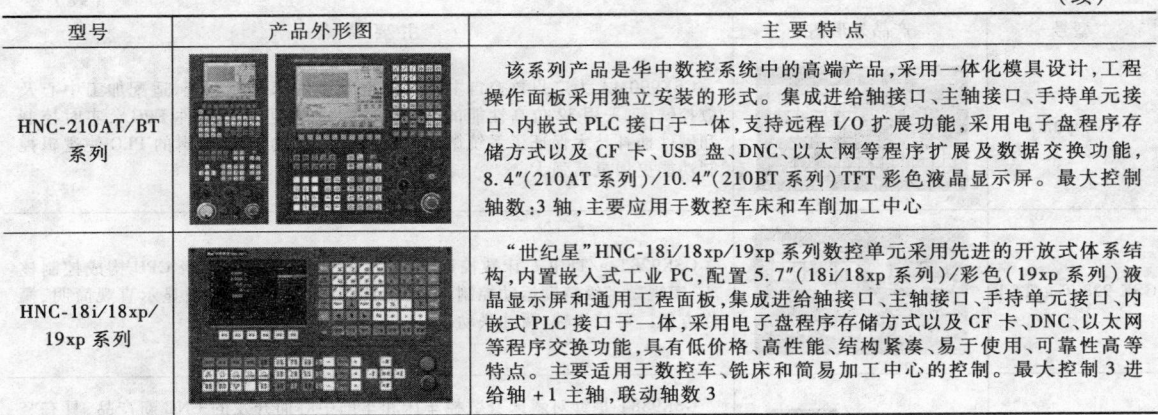	该系列产品是华中数控系统中的高端产品,采用一体化模具设计,工程操作面板采用独立安装的形式。集成进给轴接口、主轴接口、手持单元接口、内嵌式 PLC 接口于一体,支持远程 I/O 扩展功能,采用电子盘程序存储方式以及 CF 卡、USB 盘、DNC、以太网等程序扩展及数据交换功能,8.4″(210AT 系列)/10.4″(210BT 系列)TFT 彩色液晶显示屏。最大控制轴数:3 轴,主要应用于数控车床和车削加工中心
HNC-18i/18xp/ 19xp 系列		"世纪星"HNC-18i/18xp/19xp 系列数控单元采用先进的开放式体系结构,内置嵌入式工业 PC,配置 5.7″(18i/18xp 系列)/彩色(19xp 系列)液晶显示屏和通用工程面板,集成进给轴接口、主轴接口、手持单元接口、内嵌式 PLC 接口于一体,采用电子盘程序存储方式以及 CF 卡、DNC、以太网等程序交换功能,具有低价格、高性能、结构紧凑、易于使用、可靠性高等特点。主要适用于数控车、铣床和简易加工中心的控制。最大控制 3 进给轴 + 1 主轴,联动轴数 3

5.5.4　广州数控

广州数控（GSK）是中国南方数控产业基地,国内技术领先的专业成套机床数控系统供应商。广州数控拥有全国最大的数控机床连锁超市,为用户提供 GSK 全系列机床控制系统、进给伺服驱动装置和伺服电动机、大功率主轴伺服驱动装置和主轴伺服电动机等数控系统的集成解决方案。

广州数控各系列产品主要特点见表 11.9-12。

表 11. 9-12　广州数控主要数控装置及其特点

型号	产品外形图	主 要 特 点
GSK27		GSK27 加工中心数控系统是广州数控承担国家高档数控装置开发重大专项项目的结晶,是广数依托自己成熟的数控研发技术、工业现场总线技术、制造技术等的最新成果。系统采用多处理器实现纳米级控制;人性化人机交互界面,菜单可配置,根据人体工程学设计,更符合操作人员的加工习惯;采用开放式软件平台,可以轻松与第三方软件连接;高性能硬件支持最大 8 通道,64 轴控制
GSK218M/MC		GSK218M 加工中心数控系统为广州数控自主研发的普及型数控系统,采用 32 位高性能的 CPU 和超大规模可编程器件 FPGA。本系统实时控制和硬件插补技术保证了系统微米级精度下的高效率,PLC 在线编辑使逻辑控制功能更加灵活强大。本系统适用于各种铣削类机床、加工中心以及其他自动化领域机械的数控化应用。GSK218MC-H/V 是 GSK218M 的升级产品,采用高速样条插补算法,控制精度和动态性能得到大幅提升;安装结构分为横式和竖式两种,分别采用 8.4″/10.4″彩色 LCD;人机界面更加友好美观,操作更加简单易用
GSK-25i		GSK-25i 加工中心数控系统是广州数控自主研发的多轴联动的功能齐全的高档数控系统,并且配置广数自主研发的最新 DAH 系列 17 位绝对式编码器的高速高精伺服驱动单元,实现全闭环控制功能,在国内处于领先水平。25i 系统基于 Linux 的开放式系统,提供远程监控、远程诊断、远程维护、网络 DNC 功能及 G 代码运行三维仿真功能,有丰富的通信接口:具有 RS-232、USB 接口、SD 卡接口、基于 TCP/IP 的高速以太网接口,I/O 单元可以灵活扩展,开放式的 PLC,支持 PLC 在线编辑、诊断、信号跟踪。25i 系统与 DAH 系列驱动器之间采用基于 100M 工业以太网总线作为数据通信方式,实现伺服参数在线上传与下行、伺服诊断信息反馈以及伺服报警监测等功能,使安装调试维护方便、控制精度高、抗干扰能力强
GSK980Mda/MDc		GSK980MDa 钻铣床 CNC 数控系统是基于 GSK980MD 的软硬件升级而推出的新产品。本系统可控制 5 个进给轴(含 C 轴)、2 个模拟主轴,2ms 高速插补,0.1μm 控制精度,零件加工的效率、精度和表面质量得到了显著提高。同时,新增了 USB 接口,支持 U 盘文件操作和程序运行,提供刚性攻螺纹、钻、镗、铣等 26 条循环指令,支持语句式宏指令和带参数的宏程序调用,指令功能强大,编程方便、灵活。作为 GSK980MD 的升级产品,GSK980MDa 是数控钻床、数控铣床技术升级的最佳选择。GSK980MDc 是基于 GSK980MDa 升级软硬件推出的新产品,具有横式和竖式两种结构。采用 8.4″彩色 LCD,可控制 5 个进给轴(含 Cs 轴)、2 个模拟主轴,最小指令单位 0.1μm。新增软功能按键、图形化界面设计、对话框式操作,人机界面友好。PLC 梯形图在线显示、实时监控

（续）

型号	产品外形图	主 要 特 点
GSK990MA	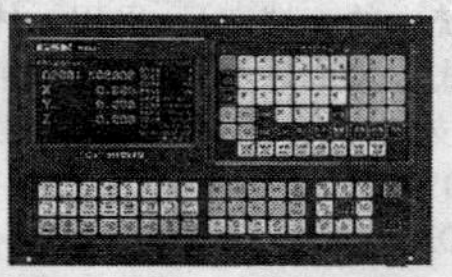	GSK990MA 为广州数控自主研发的普及型铣床数控系统,适配加工中心及数控铣床,采用 32 位高性能的 CPU 和超大规模可编程器件 FPGA,实时控制和硬件插补技术保证了系统微米级精度下的高效率,可编辑的 PLC 使逻辑控制功能更加灵活强大
GSK 928 Tea/TE II	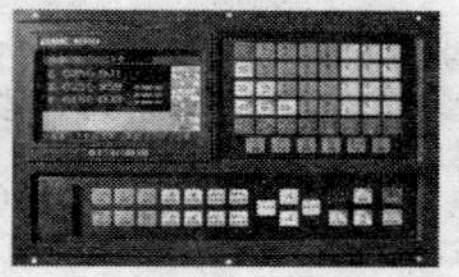	GSK928Tea/TE II 车床数控系统,采用 32 位高性能工业级 CPU 构成控制核心,实现微米级精度运动控制,系统功能强,性能稳定,界面显示直观简明、操作方便。可控 3 轴,两轴联动
GSK988T	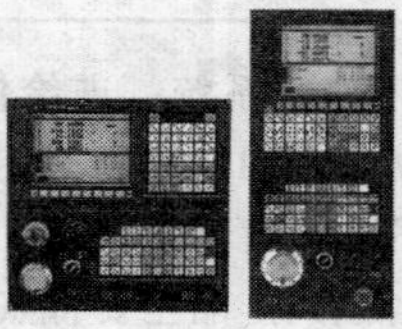	GSK988T 是针对斜床身数控车床和车削中心而开发的 CNC 新产品,具有竖式和横式两种结构。采用 400MHz 高性能微处理器,可控制 5 个进给轴(含 Cs 轴),2 个模拟主轴,通过 GSKLink 串行总线与伺服单元实时通信,配套的伺服电动机采用高分辨率绝对式编码器,实现 $0.1\mu m$ 级位置精度,可满足高精度车铣复合加工的要求。GSK988T 具备网络接口,支持远程监视和文件传输,可满足网络化教学和车间管理的要求。GSK988T 是斜床身数控车床和车削中心的最佳选择
GSK980TA1/TA2	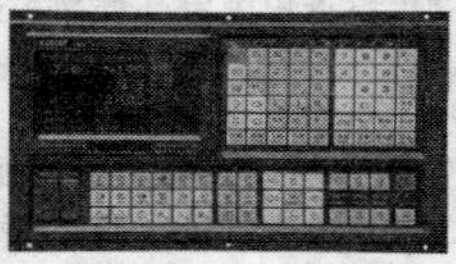	GSK980TA1/TA2 是 GSK980 系列的最新产品之一,采用了 32 位嵌入式 CPU 和超大规模可编程器件 FPGA,运用实时多任务控制技术和硬件插补技术,实现微米级精度的运动控制,确保高速、高效率加工。在保持 980 系列外形尺寸及接口不变的前提下,采用 7″彩色宽屏 LCD 及更友好的显示界面,加工轨迹实时跟踪显示,增加了系统时钟及报警日志。GSK980TA1 以最高的集成度、简易的操作、简单的编程命令,实现高速、高精及高可靠性,可匹配手脉(电子手轮)及手持单元、伺服主轴、六鑫刀架(带就近换刀)等,具有中高性能数控系统的性能和经济型数控系统的价格,是经济型数控车床的最佳选择
GSK980TB/ GSK980TB1/ TB2	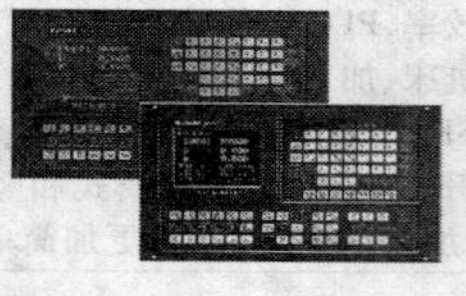	GSK980TB/GSK980TB1 为广州数控设备有限公司研制的新一代普及型车床数控系统。采用 32 位高性能的 CPU 和超大规模可编程器件 FPGA,运用实时多任务控制技术和硬件插补技术,实现了微米级精度的运动控制。GSK980TB 采用 320×240 蓝底单色液晶(LCD)显示器,GSK980TB1 采用 350×234 彩色液晶(TFT)显示器,GSK980TB2 采用了 7″彩色宽屏 LCD 及更友好的显示界面,加工轨迹能实时跟踪显示,增加了系统时钟及报警日志

5.5.5　其他数控装置

除了以上国内外典型的数控装置外,德国 Heidenhain 公司、法国 NUM 公司、西班牙 FAGOR 公司以及日本三菱公司等生产的数控系统也具有较高性能及一定的市场占有率。其代表性产品见表 11.9-13。

5.5.6　运动控制器

常用的运动控制器生产厂家及其主要产品见表 11.9-14。

表 11.9-13　其他主要数控装置生产厂家及代表性产品

企业名称	主要产品	产品外形图	主 要 特 性
德国 Heidenhain 公司	iTNC530		iTNC530 是适用于铣、钻、镗和加工中心的多功能轮廓加工数控系统,特别适合高速模具加工,可控制多达 13 个轴和控制主轴,30 GB 以上硬盘。支持海德汉对话格式编程语言,smarT.NC 操作模式和 ISO 格式。带有标准铣、钻和镗加工循环和测头探测循环,支持 FK 自由轮廓编程和高速 3-D 加工专用功能。iTNC 530 能预先计算多达 1024 个程序段。因此它能更好地调节进速适应轮廓过渡要求。iTNC 530 采用特别算法控制进给轴,确保路径控制满足速度和加速度要求。内置的过滤器能显著抑制机床各部件固有频率,同时保证所需的表面精度。具备高速五轴加工的特性;最小加速(Jerk)运动控制;表面法向矢量的 3-D 刀具补偿和刀具中心点管理(TCPM)

（续）

企业名称	主要产品	产品外形图	主 要 特 性
法国 NUM 公司	NUM1050	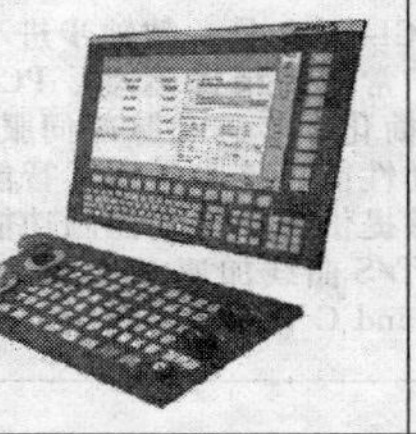	NUM1050 是一种开放式的、功能强大的数字控制系统,采用 64 位的 CPU 8040,用于数据的处理和坐标的控制,具有处理速度快、位置控制精度高等特点。系统中的图形功能管理 CNC 面板显示和键盘;内存用来存储操作程序、PLC 程序和用户文件;强大的通信功能使 CNC 既可通过 RS-232 串口又可通过网络接口与上位机进行通信;轴控板用于控制数字轴或模拟轴的运动;内置式 PLC 通过输入/输出模块管理机床;CNC 软件则管理加工程序、机床数据、计算轨迹和速度以及监控坐标轴的运动
西班牙 FAGOR 公司	CNC8070	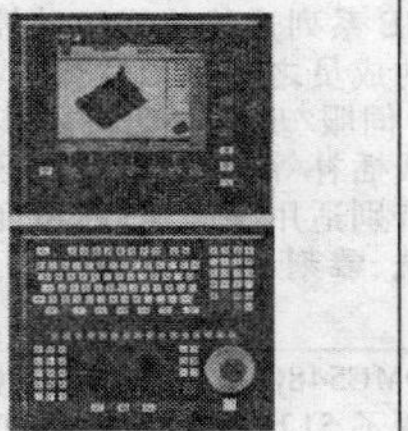	CNC8070 是发格公司目前顶级的数控系统,基于工业 PC 的硬件和以 Windows 作为操作平台。该系统最多可控进给轴 28 个,主轴 4 个,刀库 4 个以及 4 个执行通道。系统的显著特点是:运算速度快(程序段处理时间小于 1ms)、可实现 28 轴联动、功能强大、界面友好、开放性极高。适用于高速、高精零件加工和模具加工、复杂结构的机床控制,以及各种大型机床的控制
日本三菱公司	M700V 系列	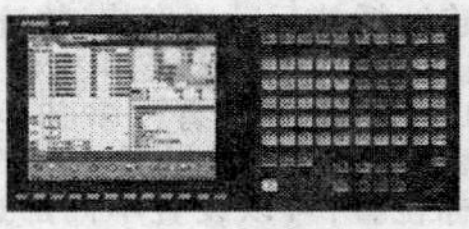	M700V 系列是三菱数控的旗舰产品。完全纳米控制系统,高精度高品位加工。支持 5 轴联动,可加工复杂表面形状的工件。多样的键盘规格(横向、纵向)支持。支持触摸屏,提高操作便捷性和用户体验。支持向导界面(报警向导、参数向导、操作向导、G 代码向导等),改进用户使用体验。标准提供在线简易编程支援功能(NaviMill、NaviLathe),简化加工程序编写。NC Designer 自定义画面开发对应,个性化界面操作,提高机床厂商知名度。标准搭载以太网接口(10BASE-T/100BASE-T),提升数据传输速率和可靠性。PC 平台伺服自动调整软件 MS Configurator,简化伺服优化手段。支持高速同步攻牙 OMR-DD 功能,缩短攻牙循环时间,最小化同期攻牙误差。全面采用高速光纤通信,提升数据传输速度和可靠性

表 11.9-14　常用运动控制器生产厂家及其主要产品

企业名称	主要产品	产品外形图	主 要 特 性
美国 Delta Tau	PMAC PCI 系列	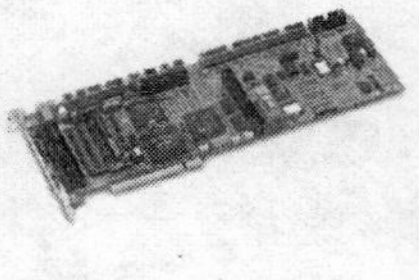	PMAC PCI 家族是 Delta Tau 最新版本的多轴板卡级控制器。设计用于插入一台 PC 的一个 PCI 插槽或作为独立式控制器脱机使用,PMAC PCI 家族控制器能够控制 1～32 轴任意组合的伺服或步进电动机,模拟量输出控制器型号有 PMAC PCI-8 轴 +/-10V 输出控制器、PMAC PCI Lite-4 轴 +/-10V 输出控制器、PMAC PCI Mini-2 轴 +/-10V 输出控制器、Turbo PMAC PCI -32 轴 +/-10V 输出控制器、Turbo PMAC PCI Lite -4 轴 +/-10V 输出控制器,数字 PWM 直接输出型控制器型号有 PMAC2 PCI-8 轴脉冲加方向和/或数字 PWM 直接输出控制器、PMAC2 PCI Lite-4 轴脉冲加方向和/或数字 PWM 直接输出控制器、Turbo PMAC2 PCI -32 轴脉冲加方向和/或数字 PWM 直接输出控制器、Turbo PMAC2 PCI Lite -4 轴脉冲加方向和/或数字 PWM 直接输出控制器、Turbo PMAC2 PCI Ultralite-带有 MACRO 接口的 32 轴控制器
美国 GALIL	DMC21 ×3/31 ×3 系列		具有工业以太网多轴智能化数字运动控制器 DMC21 ×3/31 ×3 系列可不受工业控制计算机或 PC 机插槽等物理尺寸限制而无限延伸;它将不同机种的控制器通过工业以太网进行连接,从而实现整个加工车间的网络化、信息资源共享,并且将电动机的功率驱动器部分置于其中,用户可选择的放大器子板种类有交流伺服、直流伺服、步进电动机等三种,从而省去了通常的运动控制器与驱动器之间的连接电缆。每块 DMC21 ×3/31 ×3 最多可控制 8 个运动轴,采用 32 位高速处理器,2M 闪存(Flash)、2M 动态数据存储器(DRAM)进行高速数字运算,用户程序、变量、数组存储、板上用户程序存储量可达 1000 行 ×80 字符,该控制器采用带有速度前馈、加速度前馈的 PID 补偿算法,另外具有凹陷滤波、低通滤波等功能。该运动控制卡具有 8 个坐标轴的直线插补、螺旋线插补、样条插补、独立轴定位控制、轮廓控制、圆弧插补、电子齿轮同步控制、电子凸轮表(ECAM)、龙门同步驱动等运动方式

（续）

企业名称	主要产品	产品外形图	主 要 特 性
中国台湾 Advantech（研华）	PCI-1240U		PCI-1240 是一款轴步进/脉冲型伺服电动机控制卡,专门应用于常规的精确运动。PCI-1240 为高速 4 轴运动 PCI 控制卡,简化了步进和脉冲伺服运动控制,可以显著提高电动机的运动性能。该卡是用了智能 NOVA MCX314 运动 ASIC 芯片,能够提供各种运动控制功能,如 2/3 轴线性插补、2 轴圆弧插补、T/S 曲线加速/加速等。支持 Visual C + +、Visual Basic、Borland C + + Builder、C#和 VB. NET 编程
深圳 Googol（固高）	GE 系列多轴连续轨迹运动控制器		GE 系列连续轨迹运动控制器是固高科技插卡式运动控制器的成员之一。该系列产品基于计算机 PCI 总线,可控制 2 ~ 4 个伺服/步进电动机。其具有多轴直线插补、圆弧插补、螺旋线插补等功能,带缓冲区的速度前瞻及小线段预处理功能等特别适用于高速、高精度运动控制要求的场合。例如:高速雕铣、雕刻、切割、PCB 加工等行业
深圳雷赛	DMC5480		DMC5480 是一款基于 PCI 总线的高档脉冲式运动控制卡,配置了 512 段缓冲,使得实时处理能力更强;同时在先进的轨迹规划软件支持下,实现了运动前瞻控制,使其高速轨迹控制性能十分优秀。DMC5480 的直线和圆弧插补均由硬件实现,配合 512 级缓存,使得连续运动指令间的连接没有任何间隙,因而连续插补运动速度快,轨迹非常平滑,适用于较高的控制要求。DMC5480 可接受 4 个编码器信号,并提供位置锁存函数。DMC5480 还具有许多其他高级功能,例如:在电动机运动过程中,程序可以根据不同的条件修改该运动过程的速度和目标位置;可以设置不同加速度、减速度的梯形、S 形速度曲线
深圳众为兴	ADT-8960	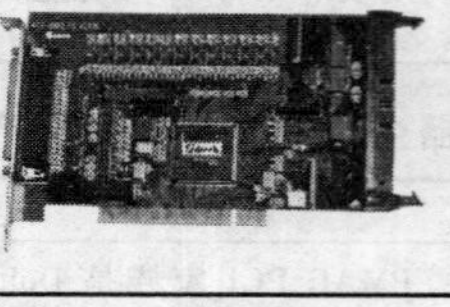	ADT-8960 卡是基于 PCI 总线的高性能六轴伺服/步进控制卡,一个系统中可支持多达 16 块控制卡,可控制 96 路伺服/步进电动机,支持即插即用。脉冲输出方式可用单脉冲(脉冲 + 方向)或双脉冲(脉冲 + 脉冲)方式,最大脉冲频率 2MHz,采用先进技术,保证在输出频率很高的时候,频率误差小于 0.1%。支持任意 2 ~ 6 轴直线插补,最大插补速度 1MHz

第 12 篇　光机电一体化设计

主　编　巫世晶　肖晓晖

编写人　巫世晶（第 1 章）

雷金（第 2 章）

王晓笋（第 3 章）

肖晓晖　吴怡（第 4、6 章）

刘照　张志强　万卉（第 5 章）

刘俊　周少华（第 7 章）

审稿人　常恒毅　尹念东

本篇内容与特色

第 12 篇 光机电一体化设计，主要介绍光机电一体化系统和微光机电系统的基本概念、设计方法和典型应用实例。全篇分为 7 章，第 1 章总论，介绍光机电一体化技术的基本概念、发展历史和组成及分类，结合不同的系统类型和技术状态转换分析了光机电系统的基本功能。第 2 章光学基础知识，介绍光的物理特性、激光原理和光纤的工业应用。第 3 章光机电一体化系统设计，概述光机电系统的典型特征与结构组成，以及光机电系统的基本分析、设计方法和设计的评价方法。第 4 章传感器，概述传感器的相关术语，以及工作原理、基本特性和应用；内容包括位移、速度和加速度、压力、力和力矩、压力、振动与谐振，光电传感器等光机电一体化系统常用传感器。第 5 章光机电一体化系统控制，介绍光机电系统控制的基本概念、分类，光机电控制系统描述，及光机电一体化系统中广泛应用的传统控制系统方法与智能控制方法。第 6 章微光机电一体化系统 （MOEMS），介绍了微光机电系统组成、设计方法与加工工艺，包括常用的微致动器和与 MOEMS 有关的传感器、微光机电系统的设计与仿真、体硅和表面微加工工艺。第 7 章光机电一体化系统应用实例，给出了数码相机、智能机器人、激光打标机等典型光机电一体化系统应用实例。

本篇的主要特色如下：

（1）先进性 本篇以包括微光机电系统在内的光机电系统为对象，概述了具有广阔应用前景的新器件、新方法和新技术，采用了最新的标准和规范。

（2）综合性和系统性强 本篇融光、机、电多学科于一体，系统地阐述了光机电系统的组成、设计理论与设计方法及其评价。

（3）实用性 本篇在介绍光机电系统的原理性知识的同时，给出了光机电系统的具体设计方法和加工工艺，并介绍了大量工程实际中的光机电一体化系统实例，帮助技术人员深入了解产品的设计流程。

第1章 总 论

1 光机电一体化技术的基本概念

现代机械系统是一门综合运用机械学、光学、电工电子学、计算机技术、信息技术、控制技术和系统科学等多学科知识与技术而形成的新的工程技术；运用光机电一体化技术形成的具有特定功能的人造实体，称为光机电一体化系统，也称为光机电系统（Optical Mechanical Electric System，OMES）。目前对光机电一体化技术有不同的定义和解释，归纳起来有如下几种定义或描述。

1）光机电一体化技术是融合了光学技术、机械技术、电工与电子技术及软件技术的综合技术。

2）光机电一体化技术是在现代光学技术和机电一体化技术基础上发展起来的一门新兴交叉学科，是综合光学、机械学、电子学、信息处理与控制等领域中的先进技术形成的群体技术。

3）光机电一体化技术是由精密机械技术、激光技术、微电子技术和计算机技术等有机结合而成的新兴技术。

4）光机电一体化技术是在机电一体化技术的基础上引入了光学传感、变换、执行和控制技术而形成的集成技术。

按系统科学的思想，"一体化"的含义包括两个方面，一是为了实现特定功能将不同学科的知识和技术有序地融合为一个整体；二是形成的系统整体涌现出构成该系统的个体及其总和所不具有的新的属性和特征。

光机电一体化技术的特征是在机电一体化概念的基础上，强调了光、光电子、激光和光纤通信等技术的作用，属于应用领域更宽阔的机电一体化技术，其主要特征有：

（1）综合性与系统性 光机电一体化技术是多学科的知识和技术有机结合而成的综合性高新技术，其产品更具有系统性和完整性。光机电一体化系统涉及如机械技术、微电子技术、自动控制技术、信息技术、传感技术、电力电子技术、接口技术、模/数与数/模转换技术，以及软件技术等诸多先进技术。在综合形成一个完整的系统时，不仅发挥出各项技术的原有性能，而且还通过结构效应和规模效应涌现出新的整体特性。

（2）体积小、重量轻、成本低、适应性强、操作方便 由于光机电一体化系统大量采用微机械、微电子、微型光学的器件和技术，使得系统的体积和重量大大降低，成本也大幅度下降，应用范围日益广泛。从家用电器、医疗设备到武器装备、航天仪器，微型的光机电系统都在其中发挥着不可替代的作用。

（3）高精度、多功能、部分硬件软件化、智能化 光机电一体化技术的信息处理能力使系统中的机械传动部件大为减少，从而使机械磨损、受力变形及配合间隙等所引起的动作误差大大减小，同时各种干扰因素造成的误差又可以通过自动控制系统的自诊断、自校正、自补偿，达到单纯机械方式所不能实现的工作精度。光机电一体化系统通过改变程序、指令等软件内容而无需改动硬件部分，就可灵活地变换系统的功能，以适应不同的工作环境和变化的功能要求。光机电一体化系统可以很方便地采用人工智能、知识工程、模糊控制、神经网络等先进理论和技术，来实现系统的智能化。

（4）高可靠性、高稳定性、长寿命 光机电一体化系统可广泛采用光电和电磁等非接触式传感器和驱动器，代替传统机械系统中的敏感装置和运动部件，可有效减小因部件磨损、运动间隙、冲击振动引起的系统工作的可靠性、稳定性，提高使用寿命。若在系统中引入智能故障诊断、排除、修复或补偿技术，则可进一步提高系统工作的可靠性、稳定性和使用寿命。

（5）知识密集性 光机电一体化技术是一类高度知识密集型的科学技术群，光机电一体化系统的设计往往涉及众多学科和专业的知识，如数学、物理学、化学、光学、声学、机械学、（微）电子学、电工学、系统工程学、控制论、信息论和计算机科学等。

2 光机电一体化系统的发展历史

光机电一体化技术的发展源于机电一体化技术和光电子技术的发展，表12.1-1是光机电一体化技术的发展历史。

表 12.1-1 光机电一体化技术的发展历史

年代	1920	1940	1950	1960	1970	1980	1990	2000	2010
典型产品	自动传送机	第一台电子计算机	数控机床	行走机器人	可编程序控制器	微机电系统	仿人形机器人	NASA 火星探测器	仿生物机器人
		全息成像	工业机器人	微电子FAB	微处理器	静电梳执行器	原子力显微镜		
			光纤内诊镜	可调激光器	个人计算机	光纤传感器	光学MEMS		
			氦氖激光器	半导体激光器	莫尔平板印刷术	光盘	CMOS传感器		
					CCD 图像传感器				

20 世纪六七十年代，半导体集成制造技术的发展和微处理器的发明，对许多技术领域产生了革命性的影响。尤其在硬件和软件技术的相互协同和融合发展中，各种技术与计算机技术，特别是嵌入式微处理器技术相结合，使机器能够把模拟信号转换为数字信号进行处理，可以通过软件和算法来计算结果，并且能够存储和积累知识、数据和信息，使机器和系统获得了更高的灵活性和适应性。20 世纪 80 年代，微机电系统（MEMS）的出现，使得器件和系统的外形更小，为微光机电系统（MOEMS）技术的发展奠定了基础。

光机电一体化技术作为一种技术变革，在过去的近 50 年中得到不断的发展。自 1960 年美国人 T-H. 梅曼研制成第一台红宝石激光器以来，在先进制造工艺（化学气相沉积技术、分子束外延技术、聚焦离子束显微机械加工技术）的支持下，光机电一体化技术的发展成为可能。这些技术保证了光学、光电和电子元件集成到单个紧凑的系统中。1974 年发明的电荷耦合摄像传感器（CCD）不仅促进了计算机图形技术的发展，也开辟了光学技术和光纤传感器发展的新时代。这些光学元件和设备提供了新的实用特性，如元器件相互独立、转换容易、感知范围大、受电噪声影响小、采用分布式的传感和通信方式。在机电一体化系统中集成这些光学特性，能够提升系统性能，拓展系统功能。用一定的方式将这些光学的、机械的和电子的元器件有序地集成在一起，就形成了光机电一体化系统。

作为一门工程学科，机电一体化技术（或称机械电子学）主要致力于机械、电子和计算机技术的优化集成，创造新的产品。随着光学和光电技术的发展，光学/光电元器件的高精确性、快速信息处理能力和灵活小巧的电路等特点，使得光学传感器、变换

器和执行器的集成化设计方法很快应用到光机电一体化系统中。

最初，光机电一体化的概念是从光学机械领域衍生出来的，光学机械设计的主要目的是保持各种精密器件（如望远镜、显微镜、度量工具和眼镜等光学部件）的准确形状和位置。事实上，光机电一体化系统设计更强调各种技术的集成，有效地利用现有技术，开发质量过硬并满足需求的产品和系统。

目前，多数的工程设备、产品、机器和系统都有运动部件，这就需要对相应的机械部件或动力机构进行操纵和控制，满足所需的性能要求，这涉及诸如机械机构、传感器、执行器、控制器、信息处理器、光学器件、软件和通信等技术的应用。

随着 20 世纪 70 年代中期微处理器在工业的应用，微处理器逐步发展为工业进步的催化剂，它带来的一个主要变化是用电子元器件替换机械零部件来完成相关任务。这个革命性的变化开启了机电一体化系统的新时代，大大提高了机器和系统的自动化程度，有效地增强了系统的工作性能和环境适应性。迄今为止，机器和系统的适应性和自主性发展的较少，机电一体化系统的机电元器件通常是为特定系统设计的，软件和硬件的发展还没有达到可以随着外部环境的变化而执行各种复杂功能的水平，信息部分也没有发展到可以实时获取并自主处理系统数据和信息的水平。

近年来，光学技术和机电一体化系统的融合速度越来越快，极大地提升了系统的性能和性价比，实现了许多传统技术无法独自实现的新功能。

3 光机电一体化系统的组成及分类

3.1 光机电一体化系统的组成

与机电一体化系统类似，光机电一体化系统一般

由五大相互关联的子系统组成,分别为机械本体系统、信息感知系统、信息处理与控制系统、驱动传动系统和任务执行系统。

3.2 光机电一体化系统的分类

通常可根据光学元件与机械元件和电子元件的集成方式的不同,将光机电一体化系统分成三大类。

(1)光机电一体化系统 在这类系统中,光学和机电元件在功能上是不能分离的,若将组成系统的光学或机电元件移走,那么系统就不能正常工作。这表明这两种元件是在功能和结构上密切关联的,这样的系统有自适应镜、可调谐激光器、光驱激光头、光学压力传感器等。

(2)光学嵌入式机电系统 这类系统基本上是由光学、机械和电子元件组成的机电系统。在这类系统中,光学元件嵌入到机电系统中,也可以从系统中分离出来,但是系统的性能会下降。大多数工程上带有光学元件的机电一体化系统都属于这种类型,如洗衣机、真空清洁器、制造工艺监测和控制系统、机器人、汽车等。

(3)机电嵌入式光学系统 这类系统基本上是光学系统,它集成了机械和电子的一些元件。很多光学系统都需要定位伺服机构来操作,以便控制光束的排列和光的极化作用。机电嵌入式光学系统的典型系统有照相机、光学放映机、检流计、串并联扫描仪、光学开关和光纤挤压式偏振控制器等。

4 光机电一体化技术的基本功能

4.1 光机电系统的功能与技术转换

从光机电系统的分类可以看出,光学元件、机械元件和电子元件的不同组合方式形成了不同的系统功能,而不同的系统类型和技术状态转换将产生不同的基本作用,进而形成不同的基本功能。表 12.1-2 给出了不同系统功能所对应的不同系统类型及其技术转换状态。

表 12.1-2 不同系统功能所对应的不同系统类型及其技术转换状态

系统功能	技术/方法	系统类型	技术状态转换
感测	基于光纤的传感器:如压力、温度、位移、加速度传感器	MO/OPME	ME→O→O
	光学传感器:三维成像、光位移获取、共焦传感器、自适应反射器		
	纳米探测系统		
光学扫描	光学扫描仪:检流计、共振扫描器、声光扫描器、多边形反射器、盘式倾斜机构	MO/OPME	OE→ME→O
	光学/视觉扫描系统:导航/监视遥控设备、图像识别系统、PCB 检查系统、晶片检查系统		
光学执行器	超敏感光驱动设备	OPME	OE→ME
视觉检查	设备:内诊镜	OPME	ME→OE→OE
	检查:PCB 图/PCB 焊接点检查、检查焊缝类型		
运动控制	视觉导引机器:焊缝跟踪器、移动机械手、导航仪	OM	OE→ME
	基于视觉的运动控制:检修磁头、自动聚焦、平版印刷术		
数据存储	光盘、DVD	MO	OE→O→ME→O
数据传输	光学开关、光学过滤器、光学调节器、光学阻尼器	MO	O→ME→O
数据显示	数据微反射阵列(DMD)	MO	O→ME→O
监控/控制/诊断	切削过程、智能结构、装配过程、半导体处理	OM/MO	O→ME→M
	监控/控制、激光材料处理、焊缝处理、金属成型处理		
三维外形重构	X 射线断层摄影术、X 射线照相术	OPME	E→O→ME→O
光学性质变异	可调谐激光、光纤回路极化、频率调制、可调波长	OPME	E→M→O
激光材料处理	激光切削、激光钻孔、激光焊接、激光铣槽、激光淬硬、激光印刷、立体印刷	OPEM	OE→O→M
光学类型识别	目标识别、目标跟踪、可视导航	MO	OE→ME→O

（续）

系统功能	技术/方法	系统类型	技术状态转换
光/视觉信息反馈控制	管道焊接处理、洗衣机、弧焊处理、激光表面硬化、SMD 镜头安装、照相机、智能汽车	OM/MO	OE→ME→M
采光控制	智能采光系统	MO	OE→ME→O
远程监控/控制	互联网传感控制、远程监视/诊断、远程视觉反馈控制	OM/MO	(O)→ME→OE→O
基于信息的光学/视觉系统控制	视觉监控、照相机变焦控制	MO	ME→ME→O

注：OM—光学嵌入式机电系统；OPME—光机电一体化系统；MO—机电嵌入式光学系统；O—光学；OE—光电；ME—机电；M—机械。

4.2　光机电系统的基本功能

光机电系统的基本功能有：

（1）采光控制　调整光线强度是为了获得高质量的图像，依靠物体表面的光学属性和几何特性，调整入射角和光源的分布及强度。

（2）传感　不同种类的光机电系统可以使用不同种类的物理属性来测量，如距离、几何尺寸、力、压力、目标运动等。这些系统的特点是它们都有光学、机械运动、伺服和电子的元件。

（3）光学驱动器　采用光敏结构（photosensitive structure）原理，光能被转化成压电材料的位移。光能作为加热器，使得如形状记忆合金发生弯曲。这些驱动器可以用来对机械元件的微位移作精确的控制。

（4）光学扫描　光学扫描是指光学元件如光基传感器和光源的连续运动。倾斜盘式仪器利用嵌入到伺服系统的光学传感器，如电荷耦合器件（CCD）照相机、光纤偏置传感器等，来扫描特定区域，在传感伺服系统的低速和中速的应用场合，倾斜盘式仪器被大量使用。由操作者设定的参数决定传感器的视场角和传感分辨率。

（5）运动控制　在运动控制的光机电系统中，光学传感器用来获取运动控制的信息，并将信息反馈给伺服控制器来实现理想的运动。有两种运动控制的形式：定位和跟踪。定位是为了控制物体的位置，把它移动到指定的位置。例如，使用视觉传感器的运动控制称为"视觉伺服定位"；跟踪是为了获得物体的运动轨迹，例如，根据光学传感器的信息跟踪运动物体和路径。

（6）视觉（光学）信息反馈控制　在对机器、过程和系统的控制中，视觉（光学）信息向控制系统提供受控对象的状态，以便形成反馈控制。这些由光学传感器获得的信息是用于改变除运动本身以外的系统操纵变化量。很多的光机电系统都需要这种反馈

控制的信息。在智能化的洗衣机中，光学传感器可以检测水的干净程度，然后将这个信息反馈到控制器中，控制器会调节洗涤时间或滚筒中水的温度。

（7）数据存储　数据的存储和获取都是由旋转光盘和受控光学单元来执行的，受控光学单元的主要功能是光束聚焦和轨道跟踪，光盘驱动器的记录密度受限于光点大小和光源的波长。

（8）数据转化　光学数据开关在光纤通信中起到网络"路由器"的作用。一个应用于光网络中的二维光学微机电开关，它由镜面、驱动器、校准镜组成，该装置可把光纤输入的多路光信息光线通过数据开关分解到各自的输出光纤中，实现光数据分配功能。

（9）检测　检测是一种综合的行为，包括测量、运动控制和测量数据的融合。检测不同于监视，正常情况下，除了联机检测外，一般检测都是脱机工作的，并在检测开始前，先确定检测对象。光学传感器提供测量的能力；位移控制提供搜寻区域的能力，其按照设定的顺序进行检测；同时，融合单元对测量到的数据进行处理，并且对处理过的信息进行分析。在利用传统算法或人工智能技术进行的类型分类和类型识别后，通常需要进行检测工作，以核对准确性。

（10）监控　监控是对设备、机械或系统的特性转变进行实时辨识或评估，是基于对它们在正常操作情况下的特征评价。执行监控时，需要完成一系列的工作，如探测、信号处理、特征提取和选择、类型分类及类型识别。

（11）基于传感反馈的光学控制系统　在很多情况下，光学或视觉系统是基于外部传感器反馈的信息来运行的。需要这些配置的系统有：

1）使用基于视觉的超声波距离检测的变焦和聚焦控制系统。

2）基于过程监控的激光材料加工系统，系统的激光能量和激光焦点可以实时控制。

3）带有力、位移和触觉传感信息的视觉支持自主系统（如仿人机器人）。

4）传感集成系统，可以把光学（视觉）传感器集成到其他传感系统中。

5）需要对声音和其他传感信息（如触觉、力、位移、速度等）作出反应的视觉（光学）系统。

（12）光学模式识别　光学模式识别系统是利用激光和摄影折射晶片作为记录介质，进行记录和读取三维全息图。摄影折射晶片存储着从三维物体和平面波基准光束反射的干涉条纹构造的光束密度。当相同位置上的原物体被需要识别的物体替换时，物体上反射的光与原先记录的全息图光发生衍射，衍射光复制了像平面上形成的图像，这个图像显示了由傅里叶变换的模板物体光束与需要比较的物体之间的相关程度。

（13）基于光学数据传输的远程操作　数据传输广泛应用于以下场合：从传感器获取承受外部电噪声的数据（或信号）、大批量数据传输、远距离执行操作等。现在，远距离地对系统进行操作是很普遍的现象，尤其是基于互联网的监控、检测和控制，在很多实际系统中应用广泛。

（14）材料激光加工　激光加工是通过激光光源和伺服机构协同实现的。此系统可以改变材料的特性或工件的切割面和热加工面。与传统的激光器相比，微型激光器由于其成本低、精度高等优点，应用广泛。MEMS 制造、在药物上钻孔和切槽、晶片干洗及陶瓷机都用到了这种微机械技术。

第2章　光学基础知识

1　光的物理特性

光学包括两大部分内容，几何光学和物理光学。几何光学又称光线光学，它是以光的直线传播性质为基础，研究光在媒介中的传播规律及其应用的学科。在几何光学中，把组成物体的物点看做是几何点，把它所发出的光束看做是无数几何光线的集合，光线的方向代表光能的传播方向。在此假设下，根据光线的传播规律，在研究物体被透镜或其他光学元件成像的过程及设计光学仪器的光学系统等方面都显得十分方便和实用。

光线的传播遵循三条基本定律：光线的直线传播定律，即光在均匀媒质中沿直线方向传播，月食、光影和针孔成像等现象都证明了这一事实，大地测量等很多光学测量工作也都以此为根据；光的独立传播定律，即两束光在传播途中相遇时互不干扰，仍按各自的途径继续传播，而当两束光会聚于同一点时，在该点上的光能量是简单的相加；反射定律和折射定律，即光在传播途中遇到两种不同媒质的光滑分界面时，一部分光被反射，另一部分光被折射，反射光线和折射光线的传播方向分别由反射定律和折射定律决定。

基于上述光线传播的基本定律，可以得出光线在光学系统中的传播路径。这种计算过程称为光线追迹，是设计光学系统时必须进行的工作。

但实际上，上述光线的概念与光的波动性质相违背，因为无论从能量的观点，还是从光的衍射现象来看，这种几何光线都是不可能存在的。所以，几何光学只是波动光学的近似，是光的波长很小时的极限情况。作此近似后，几何光学就可以不涉及光的物理本性，而能以其简便的方法解决光学仪器中的光学技术问题。

物理光学是光学中研究光的属性和光在媒质中传播时各种性质的学科。以光是一种波动为基础的物理光学，称为波动光学；以光是一种粒子为基础的物理光学，称为量子光学。在物理光学中，认为光是一种电磁波。在光的电磁场理论基础上，研究光在介质中的传播规律，如光的干涉、光的衍射、光的偏振等物理现象，进而研究这些规律和现象的应用。

1.1　光的干涉与衍射

光的干涉、衍射等现象表明光是一种波动，并且是一种不同于机械波、声波等的特殊波动。因为光不但具有波动的一切特征，如频率、波长、速度、振幅、相位等，而且还可以无需传播介质真空中传播。19世纪麦克斯韦在系统地总结了法拉第等前人对电磁现象研究成果的基础上，建立了电磁理论，从而揭示了光和电磁现象的统一性，使人们认识到光是一种电磁波。

1.1.1　光的干涉

由光的电磁理论可知，光束在传播过程中是以波动形式表现的。如果两列波相遇，它们就会在空间中进行叠加，电磁波的叠加和机械波的叠加遵循同样的原则，即叠加的结果和两列波的性质有关。在一段时间内，如果两列波叠加的结果使得空间某些点的强度得到加强，另一些点的强度反而减弱，形成固定的干涉花样，则称这两列波为相干波，相应两列波的波源称为相干波源，这种现象称为波的干涉（见图12.2-1）。相反，如果两列波在空间叠加的结果使得整个场区的强度普遍得到加强，没有明显的干涉花样，则称这两列波为非相干波。在光学中同样也有相干和非相干两种现象。例如，两盏灯同时照射到同一平面上，总照度普遍得到加强，其值等于两盏灯各自照度之和，没有一处照度减弱，故观察不到干涉花样，这种叠加称为光的非相干叠加。

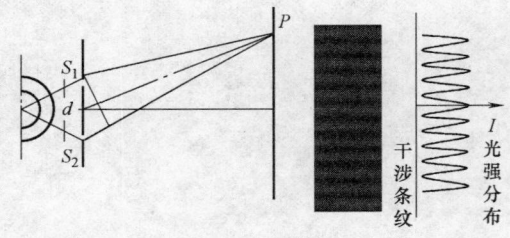

图12.2-1　光的干涉

因此，光的干涉现象的产生，是由于两束或多束光波相互作用叠加的结果。只有两列光波的频率相同，相位差恒定，振动方向一致的相干光源，才能产生光的干涉。由两个普通独立光源发出的光，不可能具有相同的频率，更不可能存在固定的相差，因此不能产生干涉现象。在现代光学中，相干光学占有十分重要的地位，激光器就是一种很好的相干光源。

产生相干光波的方法大致分为两种，一种为分波面干涉法，即从同一光源波面上分出若干个面域，使它们继续传播而发生干涉。杨氏干涉实验属于这一类。另一种为分振幅干涉，即采用一块光学媒质使入射波在其表面上发生反射和折射，然后令反射波和折射波在继续传播中相遇而发生干涉。牛顿环是经典的分振幅干涉。在牛顿环装置中，透镜与平板玻璃之间所夹的空气层就是上述的媒质，光源波（进入透镜后）在空气层的上表面发生反射和折射。反射波（经透镜）传入上方空气中为一个成员波；折射波在空气层下表面反射，然后（经透镜）传入上方空气中为另一成员波，两波发生干涉。

光的干涉可分为双光波干涉和多光波干涉。其中，双光波干涉即两个成员波的干涉。杨氏双孔和双缝干涉、菲涅耳双镜干涉及牛顿环等属于此类。双光波干涉形成的明暗条纹都不是细锐的，而是光强分布作正弦式的变化，这是双光波干涉的特征。而多光波干涉是指多于两个成员波的干涉，陆末-格尔克片干涉属于此类干涉。在接收面光强分布的条纹十分细锐，这是多光波干涉的特征。

光的干涉已经广泛地用于精密计量、天文观测、光弹性应力分析、光学精密加工中的自动控制等许多领域。例如，可以用迈克尔逊干涉仪校准块规的长度，用单色性很好的激光束（波长为 λ）作为光源，测量误差不超过 $\pm\lambda/20$。还可以检测加工过程中工件表面的几何形状与设计要求之间的微小差异。例如，要加工一个平面，则可首先用精密工艺制造一个精度很高的平面玻璃板（样板）。使样板的平面与待测件的表面接触，于是这两个表面间形成一层空气薄膜。若待测表面的确是很好的平面，则空气膜到处等厚或者是规则的楔形。当光照射时，薄膜形成的干涉光强呈一片均匀或是平行、等间隔的直条纹。如果待测表面在某些局域偏离了平面，则此处的干涉光强与别处不同或者干涉条纹在该处呈现弯曲。从条纹变异的情况可以推知待测表面偏离平面的情况。

1.1.2　光的衍射

几何光学表明，光在均匀媒质中按直线定律传播，光在两种媒质的分界面按反射定律和折射定律传播。但是，光是一种电磁波，当一束光通过有孔的屏障以后，其强度可以波及按直线传播定律所划定的几何阴影区内，也使得几何照明区内出现某些暗斑或暗纹。总之，衍射效应使得障碍物后空间的光强分布既区别于几何光学给出的光强分布，又区别于光波自由传播时的光强分布，衍射光强有了一种重新分布。衍射使得一切几何影界失去了明锐的边缘。

衍射是一切波所共有的传播行为。日常生活中声

波的衍射、水波的衍射等为人们所熟悉。但是，光的衍射现象却不易为人们觉察，这是因为可见光的波长很短，而且普通光源是非相干的面光源。

在实验室内常见的衍射装置如图 12.2-2 所示，图中 S 是高亮度的相干光源，K 是具有不同形状的开口不透明的屏（衍射屏），P 是观察屏。当观察屏的距离足够远时，各种衍射屏的衍射图样可以清晰地演示出来，如图 12.2-3 所示。仔细观察这些衍射图样，可以发现如下的特点：

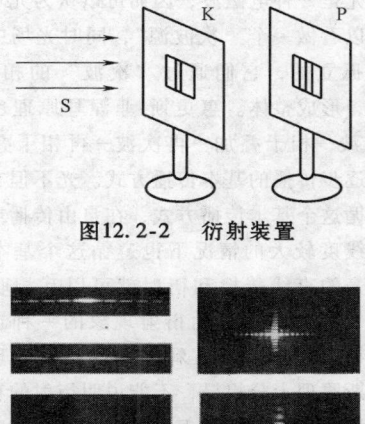

图12.2-2　衍射装置

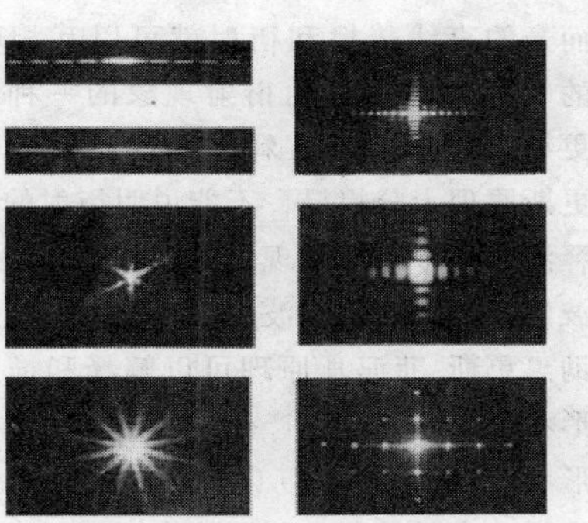

图12.2-3　衍射图样

1）衍射光波不仅能绕过障碍物，使物体的几何阴影失去了清晰的轮廓，屏上的明亮区域要比根据光的直线传播所估计的大得多，而且还在边缘附近出现了明暗不均匀分布现象。

2）光在衍射屏上的什么地方受到限制，在观察屏上的衍射图样就在该方向扩展，限制越严，扩展越厉害，衍射效应越明显。

3）改变衍射屏上障碍物的线度，发现衍射图样的清晰度发生改变，当障碍物的线度接近光波波长时，衍射现象更加明显。根据以上实验现象可以初步定义光的衍射现象：光绕过障碍物偏离直线传播而进入几何阴影，并在屏幕上出现光强不均匀的分布的现象，叫做光的衍射。

产生衍射的条件是由于光的波长很短，只有十分之几微米，通常物体都比它大得多，所以当光射向一个针孔、一条狭缝、一根细丝时，可以清楚地看到光的衍射。用单色光照射时效果更明显，如果用复色

光，则看到的衍射图案是彩色的。

惠更斯-菲涅耳原理是处理光的衍射的近似理论。为了研究光波的"绕射"现象，惠更斯提出了"次波"的假设。在光波传播时，总可以找到同位相各点的几何位置，这些点的轨迹是一个等相面，叫做波面。而任何时刻波面上的每一点都可作为次波的波源，各自发出球面次波；在以后的任何时刻，这些次波波面的包络面形成整个波在该时刻的新波面即为惠更斯-菲涅耳原理。

由于光是一种电磁波，因而可以认为光场中的每一点都可以看做一个"次波源"，同时光场中的每一点也不是孤立的，它们通过"次波"的相干叠加，互相影响，形成整体。惠更斯-菲涅耳原理也描述了一种"次波—相干叠加—再次波—再相干叠加"的空间各点逐步传播的基本传播方式。光不但在衍射的情况下遵循这个基本传播方式，在自由传播或遇到的障碍物的线度较大的情况下也遵循这个基本传播方式，因而光的直线传播和衍射就可以互相联系在一起，光的直线传播是光的衍射现象的一种近似。此外，惠更斯原理还可以解释晶体的双折射现象。但是，惠更斯原理十分粗糙，不能说明衍射的存在，更不能解释波的干涉和衍射现象，而且还会导致被认为有倒退波的存在，而倒退波并不存在。

借助惠更斯-菲涅耳原理可以解释和描述光束通过各种形状的障碍物时所产生的衍射现象。在讨论各种几何形状特殊的开孔屏（障碍物）所产生的衍射花样的光强分布时，通常可以按光源和观察屏到衍射屏距离的不同情况，把衍射现象分为两类：第一类是衍射屏（障碍物）离光源和观察屏的距离都是有限的，或其中之一的距离是有限的，即入射光和衍射光（或两者之一）不是平行光，这一类衍射称为菲涅耳衍射，又称近场衍射。其衍射图形会随观察屏到衍射屏的距离而变，情况较复杂。第二类是光源和观察屏到衍射屏（障碍物）的距离可以认为是无限远，即入射光和衍射光是平行光束，这种特殊情况下的衍射称为夫琅和费衍射，又称远场衍射，这种衍射实际上是菲涅耳衍射的极限情形。由于实验装置中经常使用平行光束，故这种衍射较菲涅耳衍射更为重要。

光的衍射决定光学仪器的分辨能力。气体或液体中的大量悬浮粒子对光的散射和衍射也起重要的作用。在现代光学乃至现代物理学和科学技术中，光的衍射得到了越来越广泛的应用。例如，衍射可用于光谱分析，如衍射光栅光谱仪。衍射用于结构分析：衍射图样对精细结构有一种相当敏感的"放大"作用，故而利用图样分析结构，如 X 射线结构学。衍射可

以成像，在相干光成像系统中，引进两次衍射成像概念，由此发展成为空间滤波技术和光学信息处理技术。光瞳衍射导出成像仪器的分辨能力。最后，衍射再现波阵面，这是全息术原理中的重要一步。

1.1.3　光的干涉与衍射的区别

光的干涉和衍射均为波的叠加行为，但是它们之间还有许多不同点。现归纳如下：

（1）现象不同　光的干涉是满足相干条件的光在空间里相互叠加而形成的明暗相间的条纹，而光的衍射是光在传播空间里偏离直线传播而形成的明暗相间的条纹。

（2）产生的条件不同　要产生光的干涉，必须满足相干条件：频率相同、相差恒定、振动方向相同。产生光的衍射需要满足的条件是：障碍物或孔的尺寸比光的波长小或差不多。

（3）产生的机理不同　干涉是双缝处发出的两列波在屏上叠加，当两列波到达屏上某点的距离差等于波长的整数倍时，该点的振动加强点，出现明条纹；当两列波到达屏上某点的距离差等于半波长的奇数倍时，该点是振动减弱点，出现暗条纹。衍射是从单缝处产生无数多个子波，这些子波到达屏时相互叠加，它们在屏上不同点叠加时，其相互减弱的程度有规律地变轻或变重，在轻微处出现明条纹，在严重处出现暗条纹。

（4）图样不同　以单色光为例：干涉图样是互相平行的且条纹宽度相同，中央和两侧的条纹没有区别；而衍射条纹是平行不等距的，中央明条纹又宽又亮，两边条纹宽度变窄，亮度也明显减弱。

1.2　光的偏振

光的干涉和衍射现象充分显示了光的波动特性，但还不能由此确定光是横波还是纵波，因为这两种波同样都能产生干涉和衍射现象。光的偏振现象从实验上证实了光是横波，这一点与光的电磁理论是完全一致的，或者说，这也是光的电磁理论的一个有力证明。

1.2.1　光的偏振性

若波的振动方向和波的传播方向相同，这种波称为纵波。若波的振动方向和波的传播方向相互垂直，这种波称为横波。在纵波的情况下，通过波的传播方向所作的所有平面内，振动情况都是一样的，都包含振动方向在内，这通常称为波的振动方向对波的传播方向具有对称性。但对横波来说，通过波的传播方向所在的诸多平面中，包含振动方向的那个平面显然和其他平面不同，这通常称为波的振动方向对传播方向

没有对称性，把振动方向对于传播方向的不对称性叫做偏振。显然，只有横波才有偏振现象，这是横波区别于纵波的最明显的标志。

1809 年，马吕斯就在实验上发现了光的偏振现象，但直到光的电磁理论建立以后，光的横波性才得以完满的说明。电磁理论指出，光波是某一波段的电磁波，光波的传播方向就是电磁波的传播方向，光波中沿横向振动着的物理量是电场强度矢量 E（称为电矢量）和磁场强度矢量 H（称为磁矢量），它们两者互相垂直且都垂直于光的传播方向，这些都已被大量实验事实所证明。因此，光是横波，它具有偏振性。同时，大量实验表明，在光和物质的相互作用过程中，主要起作用的是光波中的电矢量 E，所以讨论光的作用时，人们常以电矢量作为光波中振动矢量的代表，E 称为光矢量，E 的振动称为光振动。

1.2.2　光的偏振态

光的偏振性只表明光矢量与光的传播方向垂直，在与光的传播方向垂直的平面内，光矢量还可能有各种不同的振动状态，这种振动状态通常称为光的偏振态。最常见的光的偏振态大体可分为五种：线偏振光、自然光、部分偏振光、圆偏振光和椭圆偏振光。

（1）线偏振光　在光的传播过程中，只包含一种振动，其振动方向始终保持在光的偏振同一平面内，这种光称为线偏振光。如果在垂直于光的传播方向的平面内，随着时间的延续，光矢量只改变大小，不改变方向，也就是光矢量端点的运动轨迹是一直线，这种光称为线偏振光，如图 12.2-4a 所示。光矢量的振动方向与光的传播方向构成的平面称为振动面（见图 12.2-4b 中的 Σ 面）。由于线偏振光在传播的过程中光矢量始终保持在一个固定的平面内振动，所以线偏振光又称为平面偏振光。

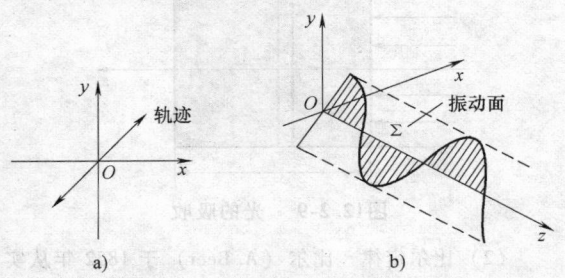

图12.2-4　线偏振光
a）传播方向不变　b）振动面

（2）自然光　在垂直于光传播方向的平面上，光矢量在各个可能方向上的取向是均匀的，光矢量的大小、方向具有无规律性变化，这种光称为自然光，也称为非偏振光。自然光可以沿着与光传播方向垂直

的任意方向上分解成两束振动方向相互垂直、振幅相等、无固定相位差的非相干光，如图 12.2-5 所示。

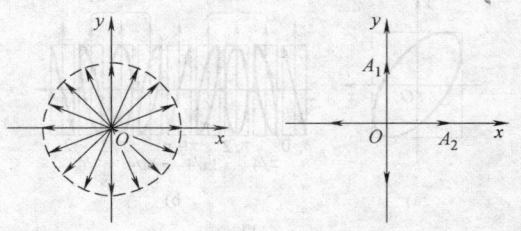

图12.2-5　自然光及其分解
a）自然光的光矢量　b）光矢量的分解

（3）部分偏振光　光波包含一切可能方向的横振动，但不同方向上的振幅不等，在两个互相垂直的方向上，振幅具有最大值和最小值，这种光称为部分偏振光。自然光和部分偏振光实际上是由许多振动方向不同的线偏振光组成。

当光线从空气（严格地说应该是真空）射入介质时，布儒斯特角的正切值等于介质的折射率 n。由于介质的折射率与光的波长有关，对同样的介质，布儒斯特角的大小也与光的波长有关。以光学玻璃折射率 1.4～1.9 计算，布儒斯特角为 54°～62°。当入射角偏离布儒斯特角时，反射光将是部分偏振光，如图 12.2-6 所示。

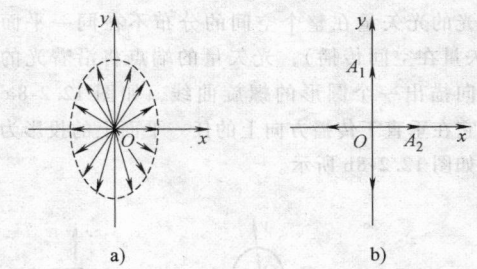

图12.2-6　部分偏振光及其分解
a）部分偏振光的光矢量　b）光矢量的分解

（4）椭圆偏振光　在光的传播过程中，空间每个点的光矢量均以光线为轴作旋转运动，且光矢量端点描出一个椭圆轨迹，这种光称为椭圆偏振光，如图 12.2-7a 所示。迎着光来方向看，凡光矢量顺时针旋转的称为右旋椭圆偏振光，凡逆时针旋转的称为左旋椭圆偏振光，如图 12.2-7b 所示。椭圆偏振光中的旋转光矢量是由两个频率相同、振动方向互相垂直、有固定相位差的光矢量振动合成的结果。椭圆偏振光的光矢量在整个空间的分布不在同一平面内，光矢量的端点将沿着光的传播方向描出一个椭圆形的螺旋曲线，如图 12.2-7c 所示，它在垂直于传播方向的任一

平面上的投影为一个椭圆。

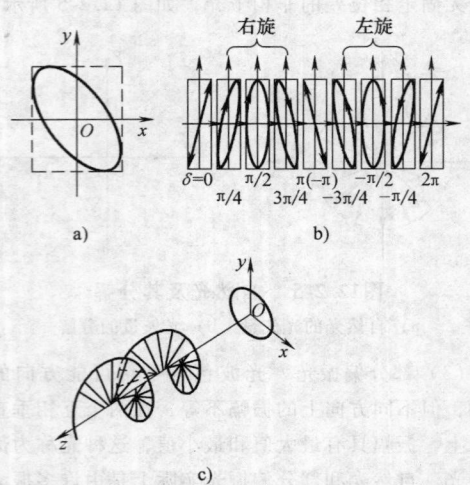

图12.2-7　椭圆偏振光

a）旋转运动　b）右旋及左旋椭圆偏振光

c）椭圆形的螺旋曲线

（5）圆偏振光　旋转光矢量端点描出圆轨迹的光称为圆偏振光，是椭圆偏振光的特殊情形。在观察时间段中平均后，圆偏振光看上去是与自然光一样的。但是圆偏振光的偏振方向是按一定规律变化的，而自然光的偏振方向变化是随机的，没有规律的。圆偏振光的光矢量在整个空间的分布不在同一平面内（光矢量在空间传播），光矢量的端点将沿着光的传播方向描出一个圆形的螺旋曲线，如图 12.2-8a 所示。它在垂直于传播方向上的任一平面上的投影为圆形，如图 12.2-8b 所示。

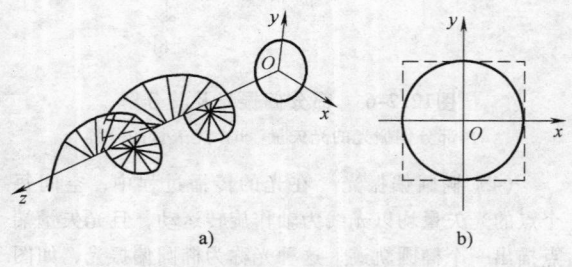

图12.2-8　圆偏振光

a）轨迹为圆形的螺旋曲线　b）投影为圆形

1.3　光的吸收、色散及散射

光波通过某种介质时，由于与介质的相互作用，其传播状态将发生变化。一方面，由于介质对光波能量的吸收与散射，光波传播距离越远，其强度减弱越多。另一方面，由于物质的色散，光波的传播速度将

减慢，且随频率高低减速程度不同。吸收、色散及散射是光在介质中传播时所发生的普遍现象，一般情况下，三者可能同时存在并相互联系。对于各向异性介质，同时还可能伴随有双折射现象。

1.3.1　光的吸收

光波在介质中传播时，其强度随传播距离而衰减的现象称为介质对光的吸收。吸收光是介质的普遍性质。除真空外，没有一种介质对任何波长的电磁波都完全透明。一般介质只能对某些波长范围内的光波透明，而对另外一些波长范围的光波不透明或部分透明。例如，纯质石英玻璃对紫外线和可见光几乎完全透明，而对波长在 3.5 ～ 5.0μm 范围的红外线却不透明。

（1）吸收定律　如图 12.2-9 所示，考虑均匀介质中相距入射表面 z 处的一个厚度为 dz 的薄层。设到达该薄层处的一束单色平面光波的强度为 I，由于吸收，透过该薄层后光强度衰减到 I – dI。实验测量结果表明，光强度的衰减幅度正比于入射光的强度 I 和介质薄层的厚度 dz，即

$$- dI = \alpha I dz \tag{12.2-1}$$

式中，α 为介质的吸收系数。对式（12.2-1）两端积分，可得透过整个介质后的光强度

$$I = I_0 e^{-\alpha l} \tag{12.2-2}$$

式中，I_0 为入射光强度；l 为光波穿过的介质总厚度。式（12.2-2）由布格尔（P. Bouger）首先于 1729 年从实验中得出，此后朗伯（J. H. Lambert）于 1760 年通过简单的理论假设推导得出，故称为布格尔-朗伯定律。布格尔-朗伯定律表明，对于给定波长的单色光，当介质的厚度以等差级数增大时，透射光的强度则以等比级数减小。

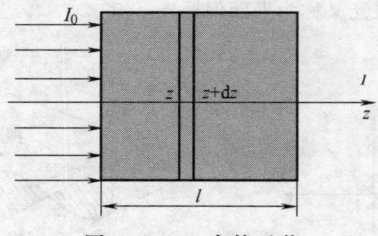

图12.2-9　光的吸收

（2）比尔定律　比尔（A. Beer）于 1852 年从实验上证明，稀释溶液的吸收系数 α 正比于溶液的浓度 C，即

$$\alpha = AC \tag{12.2-3}$$

式中，A 为与溶液浓度无关的常数，反映了溶液中吸收物质分子的特征。将式（12.2-3）带入式（12.2-2），于是有

$$I = I_0 e^{-ACl} \qquad (12.2\text{-}4)$$

式（12.2-4）称为比尔定律。根据比尔定律，对于稀释溶液，在 A 已知的情况下，可通过溶液的吸收特征来确定溶液的浓度，即溶液中吸收物质的含量。

比尔定律仅适用于稀释溶液，即只有在物质分子的吸收不受其邻近分子影响时才成立。当溶液浓度很大时，分子间的相互作用不可忽略，因而比尔定律不再成立，但布格尔-朗伯定律始终成立。其次，布格尔-朗伯定律和比尔定律仅仅描述了介质在一般光源产生的光辐射下的线性吸收，即吸收系数与入射光强大小无关。在强激光辐射下，某些介质的吸收系数开始与光强有关，此时介质的光吸收具有非线性的特点，以上吸收定律不再成立。

（3）介质吸收的特点　根据介质光吸收的强弱不同，可将一般介质的光吸收分为两类，即普遍吸收和选择吸收。普遍吸收是指介质对某些比较宽的波长范围的光辐射具有均匀的吸收特性，故又称为均匀吸收或一般吸收。普遍吸收的特点是吸收系数很小，且对于给定波段内各种波长成分具有近乎相同程度的吸收系数。如空气对各种波长的光的吸收系数均很小，属于普遍吸收。石英玻璃在紫外和可见光区具有均匀吸收特性，普通玻璃在可见光区具有均匀吸收特性。表 12.2-1 给出了一些常用光学材料的透光波段，即具有普遍吸收特性的光谱范围。选择吸收是指介质对某些较窄波长范围的光辐射具有强烈的吸收特性。由于所吸收光子的能量对应着介质某个跃迁的能级差值，故又称为共振吸收。选择吸收的特点是吸收系数很大，且随波长的不同而急剧变化。

表 12.2-1　常用光学材料的透光波段

光学材料	波长范围/nm	光学材料	波长范围/nm
冕牌玻璃	350 ~ 2000	岩盐	175 ~ 14500
火石玻璃	380 ~ 2500	氯化钾（KCl）	180 ~ 23000
石英玻璃	180 ~ 4000	氟化锂（LiF）	110 ~ 7000
萤石（CaF_2）	125 ~ 9500		

自然界中的物质既存在普遍吸收，又存在选择吸收。普遍吸收的结果导致介质的局部温度升高，而选择吸收的结果导致介质发生能级跃迁。不同物质对不同波长范围的光辐射具有不同的吸收特性。在介质的普遍吸收区域，吸收系数几乎与波长无关，只与介质本身的结构特性有关，此时布格尔-朗伯定律和比尔定律对各种波长成分的单色光或其混合色光均适用。在介质的选择吸收区域，吸收系数随波长的变化很大，同一介质对不同波长的光的吸收系数显著不同。对于可见光波段，普遍吸收意味着光波透过该介质时不变色，选择吸收则意味着光波透过该介质时的颜色将发生改变。我们之所以能够看到一个绚丽多彩的客观世界，正是由于不同物体对太阳光具有不同选择吸收特性的结果。

（4）吸收光谱及其应用　具有连续光谱分布的光源所发出的光，通过有选择吸收的物质之后，某些波段或某些波长成分的光能量被物质部分或全部吸收。剩余光信号经分光仪器进行光谱展宽后，其原来连续分布的光谱中将出现一些暗区或暗线，形成物质的吸收光谱。

一般来讲，物质分子或原子在较高温度下能够发射什么样的光谱，在较低温度下就能吸收什么样的光谱。故物质在较高温度下的发射光谱与在较低温度下的吸收光谱是相对应的。只是前者表现为暗背景下的一组亮带或亮线，而后者则表现为连续光谱下的一组暗带或暗线。

由于物质分子或原子间相互作用的影响，一般情况下，流体、固体物质的吸收波段很宽，其吸收光谱为具有一定宽度的带状分布。稀薄原子气体的吸收波段很窄，其吸收光谱为一系列明锐的暗线。图 12.2-10 为掺铬铌酸锶钡（SBN：Cr）晶体（掺铬的质量分数为 0.002）在可见光区的偏振吸收曲线。

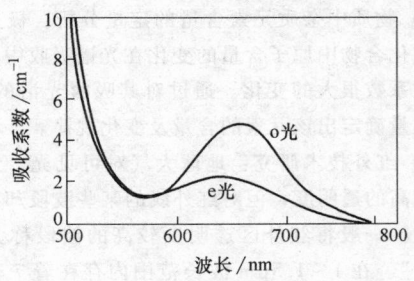

图 12.2-10　SBN：Cr 晶体在可见光区的偏振吸收光谱

太阳辐射为很宽的连续光谱，其中 99.9% 的能量集中在红外、可见光及紫外区。由于地球大气中臭氧、水汽和其他大气分子的强烈吸收，小于 295nm 和大于 2500nm 波长的太阳辐射不能到达地面，故在地面上观测的太阳辐射的波段范围为 295 ~ 2500nm。此外，在太阳辐射的连续光谱的背景上，呈现出许多暗线，属于原子气体的线状吸收光谱。夫琅禾费等人先后研究了这一现象并分析了这些吸收谱线的起因，发现太阳的吸收谱线源于其周围温度较低的太阳大气中的原子，对更加炽热的内核发射的连续光谱进行选择吸收的结果。于是又将太阳的吸收谱线称为夫琅禾费线。表 12.2-2 所示为太阳吸收光谱中较强的夫琅禾费线。表中表征谱线的符号系夫琅禾费首先使用过的标记符号，迄今一直沿用（如常用以标记介质对相应波长的折射率）。

表 12.2-2   太阳吸收光谱中较强的夫琅禾费线

标记符号	波长/nm	吸收元素
A	759.4 ~ 762.1	O
B	686.7 ~ 688.4	O
C	656.282	H
D_1	589.592	Na
D_2	588.995	Na
D_3	587.562	He
E	526.954	Fe
b1	518.362	Mg
F	486.133	H
G	430.791	Fe
G	430.774	Ca
g	422.673	Ca
H	396.849	Ca
K	393.368	Ca

基于对介质吸收光谱特性分析所形成的光谱分析技术，在很多领域都有着广泛的应用，下面列举几种典型的应用。

1）物质中杂质元素含量的定量分析：极少量混合物或化合物中原子含量的变化在光谱吸收中将反映为吸收系数很大的变化。通过对其吸收光谱的分析，可以定量确定出该元素的含量及变化规律。

2）红外技术研究：地球大气对可见光、紫外线具有较高的透明度，但对红外线的某些波段却存在选择吸收，一般将红外区透明度较高的波段称为"大气窗口"。在 1 ~ 1.5μm 波长范围内存在着 7 个大气窗口，研究大气对红外波段的光谱吸收特性，有助于红外技术在遥感、导航、跟踪及高空摄影等技术领域的有效应用。

3）气象预报与环境监测：大气中主要吸收的气体为水蒸气、二氧化碳及臭氧等，通过对这些成分光谱吸收特性的分析，可获知其含量的变化，从而为气象预报和环境保护提供必要的参考资料。

4）分子结构分析：不同分子或同一分子的不同同质异构体，具有明显不同的红外吸收光谱。通过分析分子的红外吸收光谱，可以获取分子结构的信息。

5）太阳大气分析：太阳光极为宽阔的连续谱及数以万计的吸收线和发射线，是极为丰富的太阳信息宝藏。利用太阳光谱，可以探测太阳大气的化学成分、温度、压力、运动、结构模型，以及形形色色活

动现象的产生机制与演变规律，可以认证辐射谱线和确认各种元素的丰度。太阳光谱的总体变化很小，但有的谱线具有较大的变化。在太阳发生爆发时，太阳的紫外和软 X 射线都会出现很大的变化，利用这些波段的光谱变化特征，可以研究太阳的多种活动现象。

1.3.2 光的色散

（1）色散的概念 雨过天晴或瀑布附近的天空，在阳光下往往会出现一道彩虹、镶嵌在首饰上的钻石，在阳光下或白炽灯光下会呈现出五颜六色的光芒，这些都是光的色散现象。色散的实质是介质的折射率或介质中的光速随波长不同而变化，导致不同波长的光因具有不同的折射角而在空间被分解开来。不同介质的色散特性不同。一般用介质的折射率随波长的变化率 $dn/d\lambda$ 来表征介质的色散特性，称为色散率。色散分为两类，即正常色散和反常色散。正常色散出现于介质的普遍吸收光谱区域，表现为 $dn/d\lambda < 0$，即随着波长的增大，介质的折射率减小；反常色散出现于介质的选择吸收光谱区域，表现为 $dn/d\lambda > 0$，即随着波长的增大，介质的折射率也增大。

（2）色散曲线的特征

1）正常色散曲线：图 12.2-11 给出了几种常用光学材料的正常色散曲线。可以看出，对于给定介质，在其普遍吸收区域内，波长越大，则折射率越小；对于给定波长 λ，介质的折射率 n 值大时，其色散率 $dn/d\lambda$ 亦增大。当 $dn/d\lambda$ 增大时，棱镜的角色散率 D_δ 也增大。但不同介质的色散曲线之间没有简单的相似关系。

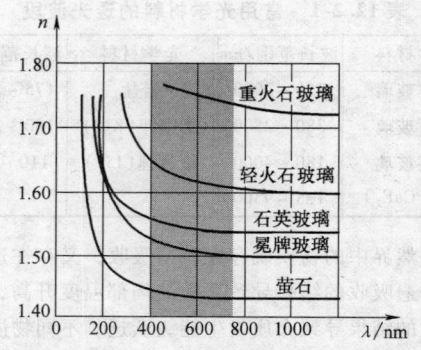

图12.2-11   几种常用光学材料的正常色散曲线

根据实验测得的正常色散曲线，柯西（A. L. Cauchy）于 1836 年总结出一个描述折射率随波长变化的经验公式——柯西色散公式，即

$$n = A + \frac{B}{\lambda^2} + \frac{C}{\lambda^4} \qquad (12.2-5)$$

当波长变化范围不太大时，柯西色散公式可近似表示为

$$n = A + \frac{B}{\lambda^2} \qquad (12.2\text{-}6)$$

式中　A，B，C——与介质有关的常数，需由实验数据确定。

实际上，只要测量出某种介质对其正常色散区内三种波长单色光的折射率，就可以按照柯西色散公式确定出这三个常数，或拟合出介质在相应光谱区的正常色散曲线。

2）反常色散曲线：图 12.2-12 给出了介质在某个光谱区域的选择吸收和反常色散曲线及两者之间的关系。它表明，在远离介质的选择吸收区域处，折射率随波长的变化表现为正常色散特征。在选择吸收区域两侧，折射率随波长变化较快，但仍然随波长的增大而减小，只是长波一侧的折射率大于短波一侧。在选择吸收区域内，折射率随波长的变化出现反常，即随波长的增大而迅速增大。可见反常色散并不反常，它反映了介质在选择吸收区域及其附近的色散特征。也就是说，如果介质在某一光谱区域出现反常色散，则一定表明介质在该波段具有强烈的选择吸收特性。

而在正常色散的光谱区域，介质则表现为均匀吸收特性。

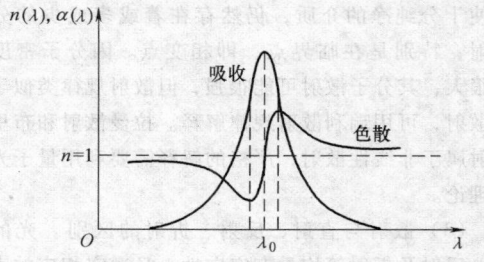

图12.2-12　介质在某个光谱区域的选择吸收和反常色散曲线

3）全部色散曲线：将某种介质在整个光谱区域各波段的正常色散曲线与反常色散曲线连接起来，就构成了该介质的全部色散曲线。图 12.2-13 所示为一种介质的全部色散曲线。其特点是折射率在相邻两个选择吸收带之间随波长增大呈单调下降。每个选择吸收带处折射率发生突变，且长波一侧折射率急剧增大。随着波长的增大，各吸收带之间的曲线呈抬高趋势——柯西公式中的 A 值增大。$\lambda = 0$ 时，对于任何介质，$n = 1$；波长较小时，如 γ 射线和 X 射线，$n < 1$。

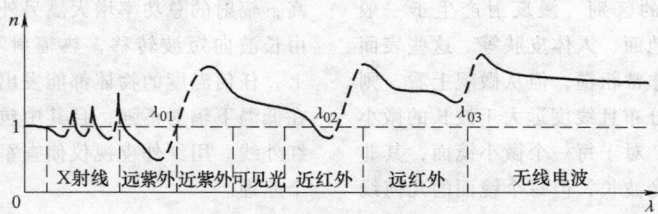

图12.2-13　一种介质的全部色散曲线

1.3.3　光的散射

（1）散射定律　通常，当光束通过均匀的透明介质时，除传播方向外，其他方向均看不到光。然而，当光束通过光学性质不均匀的介质时，其光能量将相对于传播方向向整个空间 4π 立体角内散开，甚至在垂直于传播方向上光强度也不为零，这种现象称为光的散射。所谓光学性质不均匀，是指气体中有随机运动的分子、原子或烟雾、尘埃，液体中混入小微粒，或晶体中掺入杂质及缺陷等。实验研究表明，由于散射，透射光的强度呈指数衰减，即

$$I = I_0 e^{-\alpha_S l} \qquad (12.2\text{-}7)$$

式中　α_S——散射系数，式（12.2-7）称为散射定律。

它表明介质因散射对透射光强的减弱与吸收具有类似的规律。因此，对于一般介质，如果同时存在散射和吸收，且吸收系数为 α_α，则实际透射光强度为

$$I = I_0 e^{-(\alpha_\alpha + \alpha_S) l} \qquad (12.2\text{-}8)$$

在此情况下，通过测量透射光强与入射光强的比值所得到的介质的损耗系数，同时包含了吸收和散射的贡献。

（2）散射产生的原因及散射现象分类　物质中的杂质微粒或不规则排列的物质微粒在光波作用下所产生的受迫振动，因彼此间无固定的相位关系，从而使各微粒所发出的次波在空间各点发生非相干叠加，形成散射光。

根据散射光波矢量和波长的变化与否，一般可将介质的散射分为两类：一类是散射光波矢量变化而波长不变化，如瑞利散射、米氏散射（G. Mie）和分子散射；另一类是散射光波矢量和波长同时变化，如拉曼散射（C. V. Raman）和布里渊散射（L. N. Brillouin）。瑞利散射和米氏散射属于悬浮质点散射，主要由介质中的杂质微粒引起；分子散射主要由介质分子的

热运动造成的局部密度涨落引起。悬浮质点散射与温度变化无关，分子散射则随温度的升高而增大。即使十分纯净的介质，仍然存在着或多或少的分子散射，特别是在临界点，即相变点。因分子密度涨落很大，其分子散射可能很强，但散射规律类似于瑞利散射，可用瑞利散射规律解释。拉曼散射和布里渊散射属于非线性散射，严格的解释需要利用量子光学的理论。

（3）散射与直射、反射、折射的区别　光的直射、反射及折射等均具有定向性，且遵守相应的直线传播、反射及折射定律。光的散射无定向性，故遵守统计规律。严格地讲，反射和折射定律成立的条件是介质的分界面或表面为光学光滑面。然而，任何介质的表面都不可能是理想光滑的几何面。并且，由于分子的热运动，其表面的微观结构还处于不断的变化中。这就存在两种可能情况：当表面上不规则区域的线度远小于光波长时，其不规则性可忽略，该表面可视为光学光滑表面，故光波在其上将发生反射或折射；当表面上不规则区域的线度仅略小于波长或与之大小相当时，则这种不规则性不能忽略，该表面可视为光学粗糙表面，并会引起入射光波发生散射。

（4）散射与漫反射的区别　漫反射产生于一般物体的表面，如墙壁、地面、人体皮肤等。这些表面的特征是，从宏观上看非常粗糙，但从微观上看，则可以视为许多方位随机分布且线度远大于波长的微小镜面的集合。也就是说，对于每一个微小镜面，其非均匀区域的线度远小于光波长，但每个镜面的几何线度却又远大于光波长，且方位取向随机排列。因而，尽管每个微小镜面均对入射光产生定向反射或折射，但所有镜面构成的整个物体表面的反射或折射却漫无规则。

（5）散射与衍射的区别　衍射对应于介质表面或体内个别几何线度与波长相当的非均匀区域，散射则对应于大量无规则排列且几何线度略小于波长的非均匀区域的集合。对于每个非均匀区域，一般情况下均有衍射发生，但各个非均匀区域所产生的衍射光波，因其不规则的初相位分布而发生非相干叠加，从而在整体上无衍射现象发生。也就是说，散射是无穷多微粒引起的衍射光波的非相干叠加结果。

1.4　光的量子性

到了 19 世纪，特别在光的电磁理论建立后，在解释光的反射、折射、干涉、衍射和偏振等与光的传播有关的现象时，光的波动理论非常完美。19 世纪末和 20 世纪初发现了黑体辐射规律和光电效应等另一类光学现象，在解释这些涉及光的产生及光与物质相互作用的现象时，旧的波动理论遇到了无法克服的困难。1900 年，M. 普朗克为解决黑体辐射规律问题提出了光的量子假设，并得到了黑体辐射的普朗克公式，从而很好地解释了黑体辐射规律。

光的量子性的提出，成功地解释了光电效应等现象的实验结果，促进了光电检测理论、光电检测技术和光电检测器件等学科领域的飞速发展，并最终导致了量子光学的建立。尤为重要的是，爱因斯坦在其光量子学说中所提出的有关光量子这一概念，几经发展形成了光子概念，最终导致光子学理论的建立，并由此带动了光子技术、光子工程和光子产业的迅猛发展。

1.4.1　能量子说

把铁条插在炉火中，它会被烧得通红。在温度不太高时，看不到它发光，却可感到它辐射出来的热量，当温度达到 500℃ 左右时，铁条开始发出可见的光辉。随着温度的升高，不但光的强度逐渐增大，颜色也由暗红转为橙红。以上是日常生活中熟知的现象，它们反映了热辐射的一般特征，即随着温度的升高，辐射的总功率增大。另外，强度在光谱中的分布由长波向短波转移，热辐射不一定需要高温。实际上，任何温度的物体都能发出一定的热辐射，只不过在低温下辐射不强，且其中包含的主要是波长较长的红外线。用红外夜视仪侦查军事目标，就是利用了这个原理。

为了定量描述辐射和物体之间发生能量转移的过程，下面引入一系列必要的物理量。

1）辐射场能量密度 U：单位体积内各种频率的总辐射能。

2）辐射场的谱密度 u：单位体积、单位频率内的辐射能量。

3）辐射通量 ϕ：温度为 T 时，频率 v 附近单位频率间隔 dv 内的辐射能量。

4）辐射源的辐射能力 R：物体单位表面积发出的辐射通量。

5）吸收能力 a：入射到物体上的辐射通量，一部分被物体散射或反射（对透明物体，还会有一部分透射），其余的为物体所吸收。

6）基尔霍夫定律：任何物体在同一温度 T 下的辐射能力和吸收能力成正比，这个比值是频率和温度的函数，是与物体性质无关的普适函数。吸收大，辐射也大。

为了研究不依赖于物质具体物性的热辐射规律，

物理学家们定义了一种理想物体——黑体，用它作为热辐射研究的标准物体。能够在任何温度下全部吸收所有波长辐射的物体称为绝对黑体，简称黑体，$a(v,T)=1$。黑体辐射的辐射能力与物体热辐射普适函数具有相同的形式。

绝对黑体是理想化的物体，实际中任何物质都不是真正的绝对黑体。但是在盒子上开一个小孔，再用单色光照上去，它比周围涂了墨的盒子表面显得"黑"得多，这里就不能分辨出入射光的颜色了。这说明，用任何物体做的空腔，在它很小的开口处就是一个相当理想的"绝对黑体"，如图 12.2-14 所示。这是因为当光线射进这个小孔后，需经过内壁的多次反射，只有一些光可能从小孔重新射出。这样，不管内壁的吸收能力怎样，经过多次反射，重新射出小孔的光是十分微弱的，孔越小越是这样。

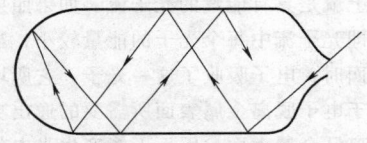

图12.2-14　"绝对黑体"

为了加强吸收效果，可以在空腔器壁上安装一些带孔的横壁。将辐射器维持在一定的温度 T 时，由此容器内壁发出的辐射也是经过多次反射才从小孔射出的。这样，在小孔处观察到的已不是器壁材料的辐射谱，按照基尔霍夫定律，它应是绝对黑体的辐射谱。实验分析表明，空腔小孔向外发射的电磁辐射是含有各种波长成分的，而且不同波长成分的电磁波强度也不同，随黑体的温度而异。如图 12.2-15 是在各种温度下实测的黑体辐射谱，曲线下的面积代表辐射能力 R，由实验结果得出两条定律。

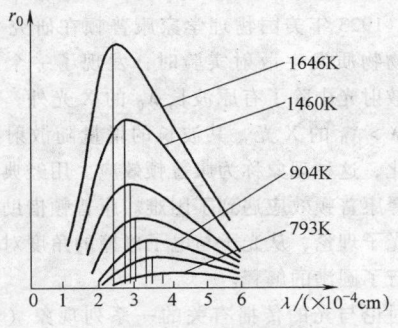

图12.2-15　黑体辐射谱

（1）斯特藩-玻耳兹曼定律　定律的内容为：黑体辐射的辐射能力 R 与绝对温度的四次方成正比，即

$$R = \sigma T^4 \tag{12.2-9}$$

式中，σ 称为斯特藩-波耳兹曼常量。

（2）维恩位移定律　在一定温度下，绝对黑体的辐射能力最大值相对应的波长和热力学温度的乘积为一常数，即

$$\lambda_m T = b \tag{12.2-10}$$

式中，b 称为维恩常量。它表明，当绝对黑体的温度升高时辐射能力的最大值向短波方向移动。维恩位移定律仅与黑体辐射实验曲线的短波部分相符合。根据维恩位移定律可以通过比较物体表面不同区域的颜色变化情况，来确定物体表面的温度分布。而根据经典物理学电动力学理论推导出的瑞利-金斯公式较好地符合黑体辐射在低频波段的实验结果，但在高频的紫外波段却与实验结果大相径庭，甚至理论上的辐射能量趋于无穷大。对于建立在牛顿自然哲学基础上的经典物理学理论来说，无疑是一场颠覆性的灾难，因此当时的科学家们称之为"紫外灾难"，如图 12.2-16 所示。

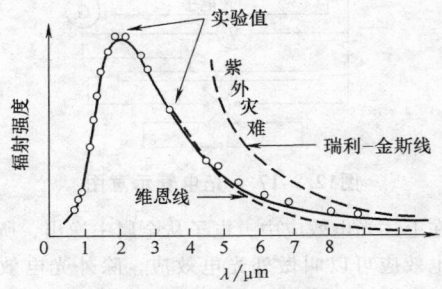

图12.2-16　"紫外灾难"

1900 年普朗克为了得到与实验曲线相一致的公式，提出了一个与经典物理概念不同的新假设：将金属空腔壁中电子的振动视为一维谐振子，它不是经典物理所认为的那样连续地吸收或发射能量，而是以与振子的频率成正比的量子吸收或发射能量，这就是说，空腔壁上带电谐振子吸收或发射的能量，只能是 $h\nu$ 的整数倍，普朗克并假设比例常数 h 对所有谐振子都相同，后来人们把 h 叫做普朗克常量。普朗克按照他的量子假设，并用经典的统计理论，得到在单位时间内，从温度为 T 的黑体单位面积上波长在范围内所辐射的能量公式

$$r_0(v,T) = \frac{2\pi h v^3}{c^2} \frac{1}{e^{\frac{hv}{kT}-1} - 1} \tag{12.2-11}$$

这就是著名的普朗克黑体辐射公式，可在理论上导出和实验结果完全相同的两个实验定律，从而证实量子假设的科学性与正确性。

1.4.2　光的粒子性和波粒二象性

金属及其化合物在光照下发射电子的现象称为光

电效应。利用光电效应做成的器件，叫做光电管，如图 12.2-17 所示。在一个不大的抽空玻璃容器中装有阴极和阳极。阴极的表面涂有感光金属层。可在两极之间加数百伏的电压，平时两极之间绝缘，电路中没有电流。当光束照射在阴极上时，电路中就出现电流（称为光电流），这是因为阴极在光束照射下发射出电子来（称为光电子）。用于不同波段的光电管，阴极涂不同材料的感光层，如用于可见光的涂碱金属 Li、K，用于紫外线的涂 Hg、Ag、Au 等。光电管中往往充有某种低压的惰性气体，由于光电子使气体电离，增大管内的导电性。所以充气光电管的灵敏度较真空光电管大。真空光电管的灵敏度约为光功率，而充气光电管的灵敏度可大 6～7 倍。

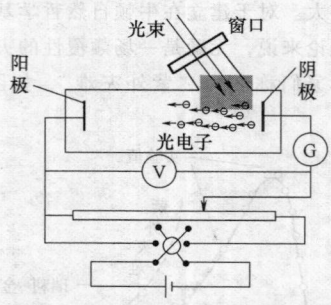

图12.2-17　光电管示意图

在上述光电效应中，电子从金属中逸出，所以这种光电效应可以叫做外光电效应，除外光电效应之外，还有另一类所谓的"内光电效应"，目前应用更为广泛。半导体材料的内光电效应较为明显，当光照射在某些半导体材料上时将被吸收，并在其内部激发出导电的载流子（电子空穴对），从而使得材料的电导率显著增加（称为"光电导"）；或者由于这种光生载流子的运动所造成的电荷积累，使得材料两面产生一定的电位差（称为"光生伏特"），这些现象统称内光电效应。硫化镉光敏电阻、硫化铅光敏电阻、硒光电池、硅光电池、硅光电二极管等就是利用这种内光电效应制成的器件。

通过大量的实验总结出光电效应具有如下实验规律：

1) 每一种金属在产生光电效应时都存在一极限频率（或称截止频率），即照射光的频率不能低于某一临界值。相应的波长被称为极限波长（或称红限波长）。当入射光的频率低于极限频率时，无论多强的光都无法使电子逸出。

2) 光电效应中产生的光电子的速度与光的频率有关，而与光强无关。

3) 光电效应的瞬时性。实验发现，只要光的频率高于金属的极限频率，光的亮度无论强弱，光子的产生都几乎是瞬时的，即几乎在照到金属时立即产生光电流。响应时间不超过 1ns。

4) 入射光的强度只影响光电流的强弱，即只影响在单位时间内由单位面积逸出的光电子数目。在光颜色不变的情况下，入射光越强，饱和电流越大，即一定颜色的光，入射光越强，一定时间内发射的电子数目越多。

1905 年，爱因斯坦把普朗克的量子化概念进一步推广。他指出不仅黑体和辐射场的能量交换是量子化的，而且辐射场本身就是由不连续的光量子组成，每一个光量子的能量与辐射场频率之间满足 $\varepsilon = h\nu$，即它的能量只与光量子的频率有关，而与强度（振幅）无关。

根据爱因斯坦的光量子理论，射向金属表面的光，实质上就是具有能量的光子流。如果照射光的频率过低，即光子流中每个光子的能量较小，当它照射到金属表面时，电子吸收了这一光子，它所增加的能量仍然小于电子脱离金属表面所需要的逸出功，电子就不能脱离开金属表面，因而不能产生光电效应。如果照射光的频率高到能使电子吸收后其能量足以克服逸出功而脱离金属表面，就会产生光电效应。此时逸出电子的动能、光子能量和逸出功之间的关系可以用光电效应方程表示。光电效应的定量实验研究由美国物理学家密立根完成，他花费了将近 10 年的时间测量铯、铍、钛、镍等金属的遏止电压随频率变化的关系曲线。用这种方法测定的普朗克常数值与用黑体辐射方法确定的相同，用这种方法测定的逸出功和与用其他方法测定的一致。因此，密立根实验完全证实了爱因斯坦光电效应公式的正确性。

除光电效应外，光量子性的另一重要表现是康普顿效应。1923 年美国物理学家康普顿在研究 X 射线通过实物物质发生散射实验时，发现了一个新的现象，即散射光中除了有原波长 λ_0 的 X 光外，还产生了波长 $\lambda > \lambda_0$ 的 X 光，其波长的增量随散射角的不同而变化，这种现象称为康普顿效应。用经典电磁理论来解释康普顿效应遇到了困难。康普顿借助于爱因斯坦的光子理论，从光子与电子碰撞的角度对此实验现象进行了圆满的解释。

在讨论与光的传播有关的一系列现象（光的干涉、衍射、偏振、双折射）中，光表现出波动本性。当光与物质相互作用并产生能量或动量的交换过程中，又表现出分立的量子化特征，这就是所谓的光的"波粒二象性"。波粒二象性并非光子所特有，伴随着所有实物粒子，如电子、质子、中子等，都有一种物质波，其波长与粒子的动量成反比，这种波称为德布洛意波。在一定的场合下，微观粒子的这种波动性就会明显地表现出来，例如，用电子束轰击晶体表面发生散射时，观察到的电子束强度分布和 X 光在晶体上发生的衍射图样十分相似。电子显微镜便是利用电子衍射的原理制成的。

2　激光

2.1　激光原理及其特性

2.1.1　激光的基本原理

物质是由一些同类微粒组成的，它们处于不同的能级上，而在这些能级中，用 E_1 及 E_2 分别表示两个能级量，E_1 所带的能量小，属低能级；E_2 所带的能量大，属高能级。由于粒子所含的能量不同，总的来说，粒子在低能级的占多数，高能级的占少数。因此在低能级（E_1）中的粒子数大于高能级中（E_2）的粒子数。

任何物质的发光，其根源都是光与物质相互作用的结果，而光与物质相互作用的内部机制主要有以下三方面：

（1）受激吸收　当低能级 E_1 的粒子吸收一定频率 ν_{21} 的外来光能时，粒子的能量就会增到 $E_2 = E_1 + h\nu_{21}$（其中 h 表示普朗克常数），粒子就从低能级 E_1 跃迁到高能级 E_2 上，如图 12.2-18 所示，这一过程叫做受激吸收。粒子进行跃迁不是自发的，要靠外来光子刺激而进行。粒子是否能吸收发来的光子，还得取决于两个能级（E_1 和 E_2）的性质和趋近于粒子的光子数的多少。

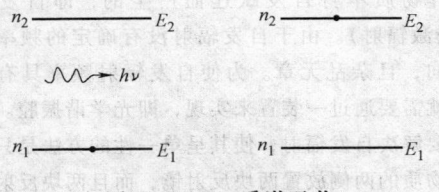

图12.2-18　受激吸收

（2）自发辐射　处于高能级的粒子很不稳定，难以长时间的停留在高能级上。以氢原子为例，在高能级停留的时间只有 8 ~ 10s（粒子在高能级停留的时间为粒子的寿命，寿命长的为亚稳态能级）。因此，在高能级 E_2 中的粒子会迅速跃迁到低能级 E_1 上，同时以光子的形式放出能量 $h\nu_{21} = E_2 - E_1$（$h\nu_{21}$ 为辐射光子频率），如图 12.2-19 所示。这一过程不受到外界的作用是完全是自发的。所产生的光没有一定的规律，相位和方向都不一致，不是单色光。在日

常生活中也可以看到的如日光灯，高压汞灯和一些充有气体的灯，其发光都是自发辐射的过程，这些光都是向各个方向传播的。这种以光的形式辐射出来的粒子，叫做自发辐射跃迁。可是在跃迁的过程中有一些不产生光辐射的跃迁，而它们主要是以热的运动形式消耗能量，即为无辐射跃迁。自发辐射的特点，即每一个粒子的跃迁都是自发的，孤立地进行，也就是相互独立，彼此无联系，产生的光子杂乱无章，无规律性。

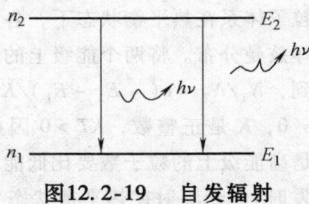

图12.2-19　自发辐射

（3）受激辐射　受激辐射与受激吸收是相反的过程。处于高能级的粒子，在某种频率 ν_{21} 光子诱发下，从原来所在的能级 E_2 上放出与外来光子完全相同的光子，此时既产生了一个光子（受激发前后共有 2 个光子），使原来的能量减少 $\Delta E = h\nu_{21}$，并把高能级上的粒子跃迁到低能级 E_1 上的这一过程称作受激辐射，如图 12.2-20 所示。受激辐射的特点本身不是自发跃迁，而是受外来光子的刺激产生，因而粒子释放出的光子与原来光子的频率、传播方向、相位及偏振等完全一样，无法区别出哪一个是原来的光子，哪一个是受激发后而产生的光子，受激辐射中由于光辐射的能量与光子数成正比例，因而在受激辐射以后，光辐射能量增大一倍。以波动观点看，设外来光子为一种波，受激辐射产生的光子为另一种波，由于两个波的相位、振动方向，传播的方向及频率相同。两个波合在一起能量就增大一倍，即通过受激辐射光波被放大。外来光子量越多，受激发的粒子数越多，产生的光束越大，能量越高，如图 12.2-21 所示。

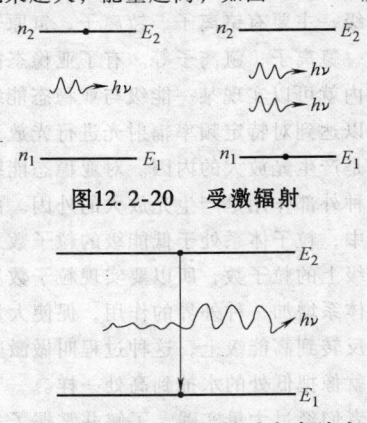

图12.2-20　受激辐射

图12.2-21　受激辐射时光束放大

可见，受激辐射和吸收同时存在于光辐射与粒子体系中，是在同一整体之中相互对立的两个方面，它们发生的可能性是同等的，这两个方面中，受激辐射与吸收哪一个占主导地位，取决于粒子在两个能级上的分布。激光器发出的激光就是利用受激辐射而实现的，也就是在基发态的粒子数尽可能多一些，以实现受激辐射。

在受激辐射中怎样把粒子数提高到高能级上。总的来说，粒子数在能级上的分布有两种：一种是热平衡分布，即粒子体系在热平衡状态下，各能级上的粒子数遵从玻耳兹曼分布。将两个能级上的粒子数进行比较可以看到，$N_1/N_2 = e^{(-E_2-E_1)/KT}$，由于 $E_2 > E_1$，而 $T \neq 0$，K 是正整数，$KT > 0$ 因此 $N_2 < N_1$。其主要原理是高能级上的粒子数要比低能级的粒子数少（在受激发时）。光辐射在热平衡状态下的粒子体系相互作用，粒子体系吸收光子的数目大于受激辐射产生的光子数，光吸收起主导作用。在一般的情况下，观察不到光的放大现象，但可以观察到光的吸收现象。要想实现光的放大作用，必须得把热平衡分布倒转过来，就可使粒子数在能级中进行另一种新的分布，即非热平行分布。这种新的分布使高能级上粒子分布的数量大于在低能级上粒子分布的数量，即 $N_2 > N_1$。这时受激辐射的过程大于吸收过程，从而实现光的放大，一般常称为粒子反转分布。所谓的"反转"，是对热平衡分布比较而言。

处于高能级被反转上去的粒子很不稳定，常会自发或在外加的刺激下辐射出能量，从高能级粒子跃迁到低能级上，促使粒子体系回到热平衡分布状态。因而可以看出，实现粒子数反转是实现受激辐射的必要条件之一。粒子数如何实现反转分布，这涉及两个方面：一是粒子体系的内部结构；二是给粒子体系施加的外部作用。粒子体系中有一些粒子的寿命很短暂，有一部分寿命相对较长，寿命较长的粒子数能级叫做亚稳态能级，主要有铬离子、钕离子、氖原子、二氧化碳分子、氪离子、氩离子等。有了亚稳态能级，在这一时间内就可以实现某一能级与亚稳态能级的粒子数反转，以达到对特定频率辐射光进行光放大，即粒子数反转是产生光放大的内因。对亚稳态能级粒子体系增加某种外部作用是产生光放大的外因。由于热平衡的分布中，粒子体系处于低能级的粒子数总是大于处在高能级上的粒子数，所以要实现粒子数反转，就得给粒子体系增加一种外界的作用，促使大量低能级上的粒子反转到高能级上，这种过程叫做激励，或称为泵浦，就像把低处的水抽到高处一样。

研究者们经过大量实践，了解并掌握了一些粒子

数反转的有效方法。对固体形的工作物质（即处于粒子数反转状态的粒子体系）常应用强光照射的办法，即为光激励。这类工作物质常应用的有：掺铬刚玉、掺钕玻璃、掺钕钇铝石榴石等。对气体形的工作物质，常应用放电的办法，促进特定储存气体物质按一定的规律经放电而激励，常应用的工作气体物质，有分子气体（如 CO_2 气体）及原子气体（如 He-Ne 原子气体），如图 12.2-22 所示。若工作物质为半导体的物质，采用注入大电流方法激励发光，常见的有砷化镓，这类注入大电流的方法叫做注入式激励法。此外，还可应用化学反应方法（化学激励法）、超音速绝热膨胀法（热激励），电子束甚至用核反应中生成的粒子进行轰击（电子束泵浦、核泵浦）等方法，都能实现粒子数反转分布。从能量角度看，泵浦过程就是外界提供能量给粒子体系的过程。激光器中激光能量的来源，是由激励装置或其他形式的能量（如光、电、化学、热能等）转换而来的。

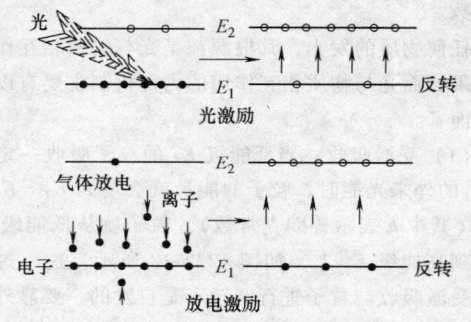

图12.2-22　光激励与放电激励

激光振荡器中工作物质发出的光不是外来的，而是工作物质本身自发跃迁而产生的，即自发辐射（非受激辐射）。由于自发辐射没有确定的频率及传播方向，且杂乱无章。为使自发辐射频率具有单一性，就需要通过一装置来实现，即光学谐振腔。

要解决自发辐射，使其呈单一性的方法是只有在工作物质的两侧放置两块反射镜，而且两块反射镜必须彼此平行，并与工作物质的光轴垂直，如图 12.2-23 所示。两个反射镜中，一个是全反射镜，反射率为 99.8%；一个是半反射镜，反射率为 40%～60%。谐振腔即指两块反射镜构成的空间。在谐振腔中，初始的光辐射来自自发辐射，即处于高能级上粒子自发辐射光子跃迁到低能级。由于这类辐射出来的光子初相位无规律地向四周射出，这种光不是激光，而是如同生炉子点火一样。

自发辐射过程中，不断产生光子，并射向工作物质，再激发工作物质产生很多新光子（受激辐射）。

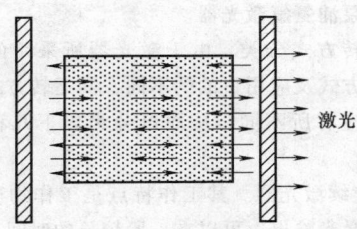

图12.2-23　激光振荡反射示意图

光子在传播中一部分射到反射镜上，另一部分则通过侧面的透明物质跑掉。光在反射镜的作用下又回到工作物质中，再激发高能级上的粒子向低能级跃迁，从而产生新的光子。在这些光子中，未沿谐振腔轴方向运动的光子就不与腔内的物质作用。沿轴方向运动的光子，经过谐振腔中的两个反射镜多次反射，会使受激辐射的强度越来越强，促使高能级上的粒子不断地发出光来。如果光放大到超过光损耗时（衍射、吸收、散射等损失）将产生光振荡，使积累在沿轴方向的光，从部分反射镜中射出来，就形成了激光。

2.1.2　激光的特性

激光器的发光是特定能级间粒子数反转体系的受激辐射发光，与普通自发辐射的发光相比具有以下鲜明的特点：

（1）**激光的单色性**　普通光源发射的光子，在频率上是各不相同的，所以包含有各种颜色。而激光发射的各个光子频率相同，因此激光是最好的单色光源。由于光的生物效应强烈地依赖于光的波长，使得激光的单色性在临床选择性治疗上获得重要应用。此外，激光的单色特性在光谱技术及光学测量中也得到了广泛的应用，已成为基础医学研究与临床诊断的重要手段。

（2）**激光的方向性**　谐振腔对光束方向的选择作用，使激光器的输出光束具有极好的方向性，光束以极小的立体角（一般为 $10^{-5} \sim 10^{-8}$ sr）向前传输。激光照射到月球上形成的光斑直径仅有 1km 左右。而普通光源发出的光射出四面八方，为了将普通光沿某个方向集中起来常使用聚光装置，但即便是最好的探照灯，如将其光投射到月球上，光斑直径将扩大到 1000km 以上。

（3）**激光的相干性**　由于受激辐射的光子在相位上是一致的，再加之谐振腔的选模作用，使激光束横截面上各点间有固定的相位关系，所以激光的空间相干性很好（由自发辐射产生的普通光是非相干光）。激光为我们提供了最好的相干光源。正是由于激光器的问世，才促使相干技术的飞跃发展，全息技术才得以实现。

（4）**激光的光强**　极好的方向性使激光束的能量可以在空间高度集中，形成高亮度的激光输出和被

照射物体表面的高照度。自然界中最强的光源要属太阳，而一台普通的激光器的输出亮度，比太阳表面的亮度大 10 亿倍。

2.2　激光器的基本结构和种类

2.2.1　激光器的基本结构

产生激光发射的器件或装置称为激光器，可分为激光振荡器和激光放大器两大类：其中振荡器的特点是具有光学谐振腔，激光在腔内多次往返形成持续振荡；而放大器的特点是不具有光学谐振腔，入射的激光信号通过增益介质获得单次或有限次数行波式放大。通常所说的激光器，一般都是指激光振荡器。在某些情况下，则是指由激光振荡器和放大器组成系统。一般激光器都是由三部分组成：增益介质、激励源及光学谐振腔，如图 12.2-24 所示。

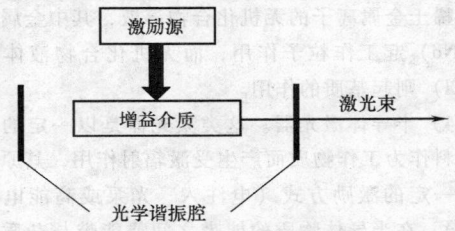

图12.2-24　激光器结构示意图

（1）**增益介质**　增益介质又称激光介质或激活介质，是激光器的核心，用以形成粒子数分布反转并产生受激辐射。激光的产生必须选择合适的增益介质，可以是气体、液体、固体或半导体，激光波长包括从紫外到远红外，非常广泛。

（2）**激励源**　激励源又称泵浦源，其作用是供给增益介质能量，以使其中处于基态的粒子获得一定能量后被抽运到高能态，形成两个能级上的粒子数分布反转。各种激励方式被形象化地称为泵浦或抽运。为了不断地得到激光输出，必须不断地泵浦增益介质，以维持其粒子数分布反转。

（3）**光学谐振腔**　光学谐振腔是能使光子在其中重复振荡并多次被放大的一种由硬质玻璃制成的谐振腔。产生激光的过程可归纳为：激励→激活介质（即工作物质）粒子数反转；被激励后的工作物质中偶然发出的自发辐射→其他粒子的受激辐射→光子放大→光子振荡及光子放大→激光产生。光学谐振腔除了使光获得正反馈外，还起着选择输出光的波长及使输出光束定向的作用。

2.2.2　激光器的种类

激光器作为所有激光应用产品的核心部件，是所有激光应用产品的重中之重，而且激光器的种类很

多。下面分别从激光工作物质、激励方式、运转方式、输出波长范围等方面进行分类介绍。

按工作物质分类，根据工作物质物态的不同可把激光器分为以下几大类：

1）固体（晶体和玻璃）激光器。这类激光器所采用的工作物质，是通过把能够产生受激辐射作用的金属离子掺入晶体或玻璃基质中构成发光中心而制成的。

2）气体激光器。它们所采用的工作物质是气体，并且根据气体中真正产生受激发射作用工作粒子性质的不同，而进一步区分为原子气体激光器、离子气体激光器、分子气体激光器、准分子气体激光器等。

3）液体激光器。这类激光器所采用的工作物质主要包括两类：一类是有机荧光染料溶液；另一类是含有稀土金属离子的无机化合物溶液，其中金属离子（如 Nd）起工作粒子作用，而无机化合物液体（如 SeOCl）则起基质的作用。

4）半导体激光器。这类激光器是以一定的半导体材料作为工作物质而产生受激辐射作用，其原理是通过一定的激励方式（电注入、光泵或高能电子束注入），在半导体物质的能带之间或能带与杂质能级之间，通过激发非平衡载流子而实现粒子数反转，从而产生光的受激辐射作用。

5）自由电子激光器。这是一种特殊类型的新型激光器，工作物质为在空间周期变化磁场中高速运动的定向自由电子束，只要改变自由电子束的速度就可产生可调谐的相干电磁辐射，原则上其相干辐射谱可从 X 射线波段过渡到微波区域，因此具有良好的应用前景。

按激励方式分类：

1）光泵式激光器。指以光泵方式激励的激光器，包括几乎是全部的固体激光器和液体激光器，以及少数气体激光器和半导体激光器。

2）电激励式激光器。大部分气体激光器均是采用气体放电（直流放电、交流放电、脉冲放电、电子束注入）方式进行激励，而一般常见的半导体激光器多是采用结电流注入方式进行激励，某些半导体激光器也可采用高能电子束注入方式激励。

3）化学激光器。这是指专门利用化学反应释放的能量对工作物质进行激励的激光器，化学反应可分别采用光照引发、放电引发、化学引发的方式进行引发。

4）核泵浦激光器。这是指专门利用小型核裂变反应所释放出的能量来激励工作物质的一类特种激光器，如核泵浦氦氩激光器。

按运转方式分类，由于激光器所采用的工作物质、激励方式及应用目的的不同，其运转方式和工作状态也相应有所不同，从而可分为以下几种主要的类型：

1）连续激光器。其工作特点是工作物质的激励和相应的激光输出，可以在一段较长的时间范围内以连续方式持续进行，以连续光源激励的固体激光器和连续电激励方式工作的气体激光器及半导体激光器，均属此类。由于连续运转过程中往往不可避免地产生器件的过热效应，因此多数需采取适当的冷却措施。

2）单次脉冲激光器。对这类激光器而言，工作物质的激励和相应的激光发射，从时间上来说均是一个单次脉冲过程，一般的固体激光器、液体激光器及某些特殊的气体激光器均采用此方式运转，此时器件的热效应可以忽略，此时可以不采取特殊的冷却措施。

3）重复脉冲激光器。这类器件的特点是其输出为一系列的重复激光脉冲，为此，器件可相应以重复脉冲的方式激励，或以连续方式进行激励，但以一定方式调制激光振荡过程，以获得重复脉冲激光输出，通常也要求对器件采取有效的冷却措施。

4）调 Q 激光器。这是指专门采用一定的开关技术以获得较高输出功率的脉冲激光器，其工作原理是在工作物质的粒子数反转状态形成后并不使其产生激光振荡（开关处于关闭状态），待粒子数积累到足够高的程度后，瞬时打开开关，从而可在较短的时间内（例如 10^{-10} 秒）形成十分强的激光振荡和高功率脉冲激光输出。

5）锁模激光器。这是一类采用锁模技术的特殊类型激光器，其工作特点是由共振腔内不同纵向模式之间有确定的相位关系，因此可获得一系列在时间上来看是等间隔的激光超短脉冲（脉宽 10^{-10} 秒）序列，若进一步采用特殊的快速光开关技术，还可以从上述脉冲序列中选择出单一的超短激光脉冲。

6）单模和稳频激光器。单模激光器是指在采用一定的限模技术后处于单横模或单纵模状态运转的激光器，稳频激光器是指采用一定的自动控制措施使激光器输出波长或频率稳定在一定精度范围内的特殊激光器，在某些情况下，还可以制成既是单模运转又具有频率自动稳定控制能力的特种激光器。

7）可调谐激光器。在一般情况下，激光器的输出波长是固定不变的，但采用特殊的调谐技术后，使得某些激光器的输出激光波长，可在一定的范围内连续可控地发生变化，这一类激光器称为可调谐激光器。

按输出波段范围分类，根据输出激光波长范围之不同，可将各类激光器分为以下几种：

1）远红外激光器。输出波长范围处于 25～1000μm 之间，某些分子气体激光器及自由电子激光器的激光输出在这一区域。

2）中红外激光器。输出激光波长处于中红外区（2.5～25μm）的激光器，典型的有 CO 分子气体激光器（波长 10.6μm）。

3）近红外激光器。输出激光波长处于近红外区（0.75～2.5μm）的激光器，典型的有掺钕固体激光器（波长 1.06μm）、CaAs 半导体二极管激光器（波长约 0.8μm）和某些气体激光器等。

4）可见激光器。指输出激光波长处于可见光谱区（400～700nm 或 0.4～0.7μm）的一类激光器，典型的有红宝石激光器（694.3nm）、氦氖激光器（632.8nm）、氩离子激光器（488nm、514.5nm）、氪离子激光器（476.2nm、520.8nm、568.2nm、647.1nm）及一些可调谐染料激光器等。

5）近紫外激光器。其输出激光波长范围处于近紫外光谱区（200～400nm），典型的有氮分子激光器（337.1nm）、氟化氙（XeF）准分子激光器（351.1nm、353.1nm）、氟化氪（KrF）准分子激光器（249nm）及某些可调谐染料激光器等。

6）真空紫外激光器。其输出激光波长范围处于真空紫外光谱区（5～200nm），典型的有分子激光器（164.4～109.8nm）、氙（Xe）准分子激光器（173nm）等。

7）X 射线激光器。指输出波长处于 X 射线谱区（0.01～50nm）的激光器系统，然而在这个区域实现激光发射的技术要求很高，因为增益随波长变短而迅速下降，谐振腔反射镜效率极低而所需泵浦功率极高。获得相干 X 射线的方法有：谐波混频法、射线激光、高温等离子体激光和自由电子激光。无论哪一种方法，目前都还处于实验室研究阶段。

2.3 激光的工业应用

2.3.1 激光在加工领域的应用

激光的方向性好，能量比较集中，如再利用聚焦装置使光斑尺寸进一步缩小，可以获得很高的功率密度，足以使光斑范围内的材料在短时间内达到熔化或气化温度。因此，激光加工是将激光作为热源，对材料进行热加工。其加工过程大体是激光束照射材料，材料吸收光能，光能转变为热能，来对材料进行加工。工程上不同的加工工艺要求采用不同的激光装

置，使材料获得不同的温度，分别进行焊接、打孔、切割、表面热处理等加工工艺。

（1）激光焊接 激光焊接通常用于精密加工的微型点焊和一般加工的缝焊。精密焊接多数利用脉冲焊接，常用红宝石或钕玻璃激光器。工业上用精密微型点焊的例子很多，如钟表游丝的焊接、微电子器件的封装焊接、调速管瓶颈的焊接、原子反应堆的燃料封装焊接等。由于固体激光器的平均功率和脉冲重复率已有显著提高，CO_2 连续激光器的功率也有增加，因此机械工业中的缝焊也可用激光焊接。激光焊接深宽比高，一般为 5:1，最高可达 10:1 以上。例如，用 4kW 的 CO_2 激光焊接机焊接汽车底盘，每小时可焊接 60 个，深宽比高达 10:1。

（2）激光打孔 激光打孔装置大致与焊接相似，与焊接相比，打孔要求获焦后激光束的功率密度更高，能把材料加热到气化温度，利用气化蒸发把加工部分的材料除去。激光打孔机用的激光器主要有红宝石、钕玻璃、Nd：YAG 和 CO_2 激光器等，一般用光学系统将光斑尺寸聚到几微米到几十微米。采用调 Q 脉冲，功率密度达 10^8～$10^{10}W/cm^2$，可将各种材料加工小孔或微孔，特别适合在熔点高、高硬度的材料上加工细小深孔。从深径比来看，用激光打出的孔，其深度与孔径之比可高达 50 以上，这是用其他加工方法难以达到的。例如用一般方法在极硬的氧化铝陶瓷上加工小孔所得到的深径比为 2，而超声波法只有 4。

激光打孔的应用很多，例如，目前生产化纤用的喷丝头是用难熔的硬质合金制成的。一般要在直径为 10cm 喷丝头上钻 1 万多个直径为 60μm 的小孔，使用激光打孔后，工序由 17 道减为 1 道，节约 2/3 的劳动力。此外，精密打孔广泛用于金刚石模具、钟表宝石轴承及陶瓷、橡胶等非金属材料，利用不同形状的光阑可以打出异形孔。不过，激光打孔的缺点是被加工孔的精度和表面粗糙度不够理想。

（3）激光切割 激光切割原理与激光打孔相似，只要移动工件或移动激光束进行连续打孔形成切缝。常用连续的或高重复率的大功率 Nd：YAG 和 CO_2 激光器。有时还用附带有气体喷口的切割机，所用的气体一般为惰性气体或氧气，喷射惰性气体主要是为了防止工件燃烧或氧化，喷射氧气可以加快切割速度，并能保护光学系统不被气化的材料所污损。

目前生产的激光切割机已能切割几个厘米厚的钢板，切割速度是线切割速度的 100 倍，而且切割无噪声，容易利用数控技术。能够进行厚度 50μm 以下的高精度切割，及对细缝、狭纹及复杂曲线进行切割。

激光也可用来切割非金属材料，如聚丙烯、纸张、木材、纺织品等。用激光束剪裁衣料是一个很好的实例，制作军服成批裁剪是很费功的，将料子叠成几十层夹紧后用锯切割，要留较大的保险间隙，衣料利用率低，速度慢。在激光切割中，运用计算机导向机床可以将切割头放在被切割的纺织物上，按一定的图形运动。裁剪既省料又迅速，而且许多纺织物在用激光切割时，切边是光滑的，不再需要拷边。

(4) 激光热处理 激光热处理包括激光淬火和激光退火。激光淬火是通过具有足够的功率密度的激光束（如连续运转的 CO_2 激光器）扫描金属表面，激光束能量以极快的速度使金属表面加热，使其局部表面温度达到或超过相变温度（或经熔化并渗入某种合金元素），然后以极快的速度自行冷却，使金属表面强化、硬化或合金化，从而达到改善和提高金属表面性能的目的。由于激光功率密度高，加热及冷却速度快，因此，可实现自行冷却淬火。激光淬火比目前通常采用的高温炉、化学和感应加热等方法有较多优势，如处理速度快、不需要淬火介质、硬化均匀、变形小、硬化深度可精确控制。而且可通过光学扫描系统和依靠增加光吸收的涂敷物（如炭黑）得到任何形状的表面淬火。激光淬火已用于铸铁活塞环的激光硬化和金属针尖激光淬火等，并取得了较好的效果。

退火是一种修复过程。在半导体器件制造过程中，用加速的高能离子去取代某些规则位置上的基质原子，其结果便产生一个浅的重掺杂层，有许多离子留在不利的位置上，甚至造成大量的晶格损伤，需要用退火的方法加以修复。通常使用的热退火方法是将掺杂后的半导体器件在 800 ~ 1000℃ 温度下，在 30 ~ 60min 内完成退火，不仅浪费能源，而且退火质量低。激光退火具有加热时间短，能有效地去除位错和堆垛层错，可以在空气中进行和可将激光束聚焦到任何需要退火的区域，甚至可对离子注入片上的任何一点进行退火等优点。此外，激光退火太阳能电池是提高太阳能电池的转换效率、降低成本和进行批量生产的有效方法。

(5) 激光动平衡 激光动平衡的最大优点是与被平衡物无机械接触。这就提供了将平衡工艺中过去一直用的"测量"和"平衡"两道工序合二为一的可能性。即在对被平衡物的偏重进行测量的同时，通过激光束照射去重，达到平衡的目的，极大地简化了操作程序，提升了平衡质量和生产效率。激光动平衡已用于平衡钟表摆轮和陀螺转子等。

(6) 激光划片 通常在一块 20mm×40mm 的半导体基板上可以制成数百个微型电路。在微型电路制成之后，必须将它们分割成单独的电路片，每块电路片包含一组微型电路。过去通常用金刚石刀进行刻线，然后再沿线分开，但这种方法容易使硅片破碎或遗留粗糙的边缘和污染微型电路，使成品率降低。聚焦后的激光点可以达微米量级，利用它在晶片上扫描移动，所划线条均匀，分割元件成品率高。激光划片速度可达 15 ~ 20 cm/s，很大地提高了效率。

(7) 电阻的微调 电子微型器件中的薄膜电阻大多采用气相淀积的方法来制造，将电阻材料淀积到基板上形成电阻，但用这种方法得到的电阻值通常都不够精确。一般采用的方法是将阻值做得比需要的阻值略低一些。然后再将它调整到精确的数值。调整的方法不止一种，但都不如激光调整来得灵活、精确和快速。激光调整的方法是将激光聚焦到电阻材料上，使它蒸发以减小电阻材料的厚度，使其阻值增加，直至达到要求值，它的精确程度可达阻值的 0.01%。

(8) 激光光刻 随着微电子工业的发展，集成电路的容量变得越来越大，体积越来越小，已经从大规模集成电路发展到了超大规模集成电路，它的线度仅 1.5 ~ 3μm。在传统的集成电路生产过程中，一般采用光刻的方法：先将电路图形放大绘制出来，然后用照相制版的方法将电路图形制版为掩模板，再用掩模板将电路图形曝光到涂有光刻胶的基片上，然后是显形、烘干、腐蚀、除胶，就得到了所需的电路图形，整个过程非常复杂。准分子激光器的输出波长很短，在紫外波段范围内，可以达到的空间分辨率为 10^{-7} m，而且更易引起许多光化学反应。用准分子激光照射放在卤素气体中的硅片，只有激光照射到的部分才发生光化学反应，产生腐蚀，其他未照射部分则不发生化学反应。这样就可以按需要在硅片上蚀刻出线度为 10^{-6} m 的超大规模集成电路的电路图形。采用激光不需要使用感光剂，而且极大地简化了传统工艺的工序。硅片在曝光的同时，腐蚀也就形成了，只需一道工序即可完成。

2.3.2 激光在精密测量领域的应用

随着工农业生产、科学技术和国防建设的飞跃发展，各种机床、加工装备等工业上的重要设备正向大型化、微型化、精密化和自动化方向发展，因此精密测量越来越重要。一般的机械测量方法已不能满足日益发展的要求。由于激光的高单色和高亮度的优越性，使它成为精密测量工作中一种十分有效的工具。下面介绍几种激光在精密测量方面的应用。

(1) 激光干涉测长 长度的精密测量主要是利用光的干涉，图 12.2-25 为激光干涉测长仪的主要结构，其中迈克耳逊干涉仪是整个仪器的核心部分，它的工作原理如下：由氦氖激光器发出的激光束到达半透半反射镜回来，另一束（光束 2）经可动反射镜 M_2 反射回来，两束光经过镜 P 后汇合产生干涉。光束 1 的光程不变，而光束 2 的光程随着与平台一起移动的 M_2 的移动而改变。根据迈克尔逊干涉仪的工作原理，在接受屏上产生一个周期的明、暗变化。这个变化由光电计数器计数，并由显示记录装置进行显示和记录。

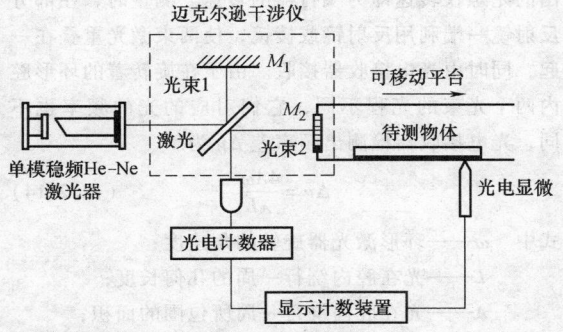

图12.2-25　激光干涉测长仪的主要结构

显然，我们记下 M_2 移动时干涉条纹变化的周期数 N 就可以得到被测长度（即 M_2 移动的距离）为

$$L = N \frac{\lambda}{2} \qquad (12.2\text{-}12)$$

激光干涉测长与普通光学测长有如下优点：

1）普通光源由于单色性差因而相干长度短，很大地限制了可测量长度。稳频氦氖激光器发出的激光的单色性好，相干长度可达几十千米，大大地增加了可测的长度范围。

2）激光的亮度极高，因此接收器产生的光电信号强度大，计数的速度便大大地提高，从而缩短了测量时间。

3）激光干涉测长的精度，除要求激光单色性以外，还要求激光波长稳定，激光输出连续。目前，氦氖激光器的频率稳定度有很大的提高，已达 2×10^{-12}，这就使干涉仪的测量精度达到前所未有的高度。

激光干涉测长仪按其结构可分为两类，即标准测量干涉仪和实用干涉仪。标准测量干涉仪的干涉部分和测量部分连成一体。激光光源和测长仪主体分开，这类干涉仪可用来测量和校验工业标准尺、块规、量块等的精度；实用干涉仪一般安装在机床上或制成便携式，以便在车间进行现场测量，用于精密丝杠的测量和校验、机床和零件加工过程的测量、数控机床的测量和校准等。

（2）激光测速　用一束单色激光照射到运动物体上，一部分激光被物体散射，由于多普勒效应，散射光的频率相对于入射光的频率偏移。测出两者的频差，就可以进而确定运动物体的速度。然而，在一般的低速下，多普勒效应造成的频率变化比单色光的频率宽度要小得多。因此，在激光出现之前，光的多普勒效应通常只是用来测量具有较高速度的发光天体的运动速率。激光具有极好的单色性，它的频率宽度不仅比普通单色光要小得多，而且比一般的低速下多普勒效应的频率变化来得小。因此，激光使得利用多普勒效应测量普通的较低速度成为可能。

激光测速仪与其他测速仪相比有下列优点：

1）激光测速精确，而且是绝对测量，原则上不必校准。

2）激光测速是非接触式，测量不会影响校测物体的运动，还可以方便地对有毒、有腐蚀性和高温的运动物体进行测量。

3）激光测速具有很高的空间分辨率，测量区域极小，可以测量流速场的速度分布和速度梯度。

4）激光测速能在两个或三个互相垂直的方向上同时测量运动物体的速度，即在二维面积内或三维空间内测量运动物体的速度，因此可以精确地辨别出物体运动的方向。

激光测速仪有多种结构，典型的有参考光束型和双散射光束型两种。前者是检测散射光与入射光之间的频差，后者是检测两束散射光之间的频差。图 12.2-26 所示为双散射光束型激光测速仪，它将激光分为两个光束，使光束 1 和光束 2 成夹角 θ 入射到被测物体上，两个光束照射在物体后都会产生散射光束。如果选择夹角 θ 的平分线方向为两个光束散射光的共同方向，并且使这个方向垂直于物体的流动方向，在光电接收器上可以测量两个散射光束之间的频差 $\Delta\nu_D$，就可以计算出液体或者气体的流动速度 v，表示为

$$v = \frac{\lambda}{2n} \frac{\Delta\nu_D}{\sin\frac{\theta}{2}} \qquad (12.2\text{-}13)$$

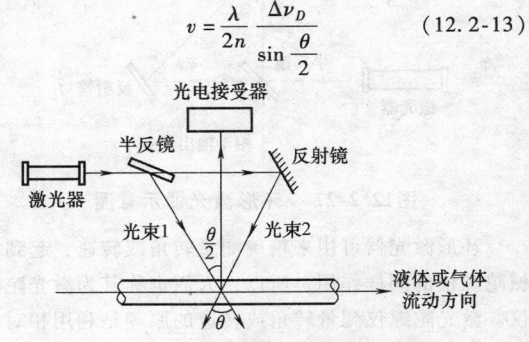

图12.2-26　双散射光束型激光测速仪

目前，已用激光测速仪测量风速、水速、研究燃烧过程、喷气过程，测量金属板材、皮革、纸张、布匹、塑料、橡胶等物体在生产加工中的移动速度，以及汽车的车速等。

（3）振动测量仪 利用多普勒原理可以用来测量物体的振动，在水利电力、建筑、机械、地震测量及科学研究中具有较广泛的应用。不论是机械振动还是地面、建筑物的振动，都伴随着振体位置的变化，即产生了速度的突变。当照射在振体的光被反射或散射后，光的频率将发生变化。从光的频率变化的大小可以得到振体振动的程度，从光的频率变化的周期可以得到振体振动的频率。目前激光测振仪测量振幅的范围从0.5μm至几米，测量频率的范围为1~50kHz，测量精度为1%左右。

（4）激光陀螺仪 陀螺仪是航海、航空、航天等领域中广泛使用的导航仪器。陀螺仪的核心是一个高速转动的转子，转速越高，质量越大，测量的精度也越高。现在陀螺仪的转速已高达每分钟十几万转，要再提高转速，滚动轴承也无法承受，因此限制了机械陀螺仪测量精度的进一步提高。此外，机械陀螺仪还易受飞行器速度、重力加速度、外界电磁场、温度等环境因素的影响。为了克服机械陀螺仪的缺点，运用激光技术能够制成精确测量转速的仪器。

在普通激光器中，光学谐振腔由两面反射镜组成。如果将激光器的谐振腔改为三面镜子组成的三角形环形腔，其中两面反射镜选用全反射镜，一面反射镜选用部分反射镜，以获得激光透射输出，就构成了环形激光器，如图12.2-27所示。在环形腔内，同时存在两束运动方向相反的激光，一束沿顺时针方向传播，一束沿逆时针方向传播。但是这两束激光不再需要满足驻波条件，各自在腔内环形绕行，并分别从部分反射镜输出，两个光束之间形成一定的夹角。

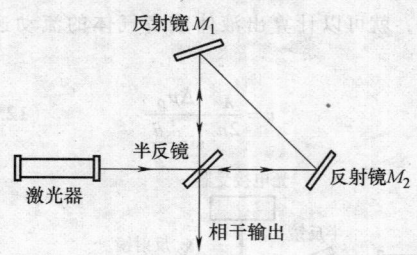

图12.2-27 环形激光器示意图

环形激光器可用来精确测量转角或转速，起到机械陀螺仪的同样作用，所以，人们也称其为激光陀螺仪。激光陀螺仪测量转角或转速的原理是利用相对性原理。当激光陀螺仪固定不动时，顺时针和逆时针运

行的两个光束具有相同的光程和频率。如果激光陀螺仪绕顺时针以一定速度旋转，那么顺时针运行的激光束与陀螺仪旋转的方向相同，它绕行一周的光程变得大一些。相反，逆时针运行的激光束与陀螺仪旋转的方向相反，它绕行一周的光程变得小一些。因此，运行方向相反的两个激光束之间产生了一定的光程差，随着激光陀螺仪转速的增加，光程差也增大。所以只要测量出两个光束之间光程差的大小，就能计算出陀螺仪转速的快慢。当陀螺仪固定在飞行器上时，计算出的陀螺仪转速即为飞行器的转速。测量时，在部分反射镜一端利用反射镜或棱镜，使两束激光重叠在一起，同时由光电接收器接收。由于在旋转着的环形腔内两个光束的光程不同，它们对应的光的频率也不同，光电接收器检测出频率差 $\Delta\nu$ 为

$$\Delta\nu = \frac{4A\omega}{\lambda L} \qquad (12.2\text{-}14)$$

式中 ω——环形激光器旋转的角速度；

    L——光在腔内绕行一周的几何长度；

    A——光在腔内绕行一周所包围的面积；

    λ——激光波长。

对于一个环形激光器来说，A、L、λ 都是固定的，只要测量出频差 $\Delta\nu$，就可计算出角速度 ω。

近年来，发展了一种用光纤传感器做成的激光陀螺仪，结构与环形激光器完全不同，但测量的原理相同，其结构示意图如图12.2-28所示。将几百米长的光导纤维像线圈那样绕制成团，两束激光分别从线圈的两头输入，沿着相反的方向传播，然后从两端输出。如果光纤线圈发生转动，根据相对性原理，一个光束的频率增加了，一个光束的频率减小了，检测出它们的频差就能计算出线圈的转速，构成了一个激光陀螺仪。这种结构比环形激光器更为简单，通常只有线圈那样大小，重量很轻，作为导航仪器十分理想。

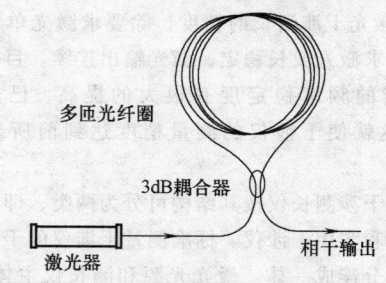

图12.2-28 光纤激光陀螺仪示意图

（5）激光准直仪 激光具有极好的方向性。一个经过准直连续输出的激光束，可以认为是一条粗细几乎不变的直线。因此，可以用激光光束作为空间基准线。这样的激光准直仪能够测量直线度、平面

度、平行度、垂直度，也可以作三维空间的基准测量。激光准直仪与平行光管、经纬仪等一般的准直仪相比较，具有工作距离长、测量精度高和便于自动控制、操作方便等优点，所以广泛地应用于开凿隧道、铺设管道、盖高层建筑、造桥、修路、开矿及大型设备的安装、定位等。

简单的激光准直仪可以直接用目测来对准，为了便于控制和提高对准精度，一般的激光准直仪都采用光电探测器来对准，这种准直仪的基本组成如图 12.2-29 所示，主要由下列几部分组成：

1）氦氖激光器。它发出波长为 6328nm 的连续单模 TEM_∞（基模工作的激光）。

2）发射光学系统。它是一个倒置的望远镜，可用来压缩激光束的发散角。

3）接收器（光电目标靶）。它把对准的激光信号转换成电信号。通常用的四象限光电探测器，它是由上、下、左、右对称装置的四块硅光电池组成。当激光束照射到光电池上时，它们分别产生电压 V_1、V_2、V_3、V_4。当光束正好对中时，$V_1 = V_2 = V_3 = V_4$；当光束向上偏时 $V_1 > V_2$；当光束向下偏时 $V_2 > V_1$。把 V_1、V_2 输入到运算电路，经差分放大后由指示电表就可指示出光束上、下的偏移量。同理，将 V_3、V_4 输入到另一个运算电路，经差分放大后，由另一组指示电表就可指示出光束的左、右偏移量。运算电路根据上、下（或左、右）偏离量的大小输出一定的电信号，驱动一个机械传动装置，使光电接收靶回到光准直方向，从而可实现自动准直或自动导向控制的目的。

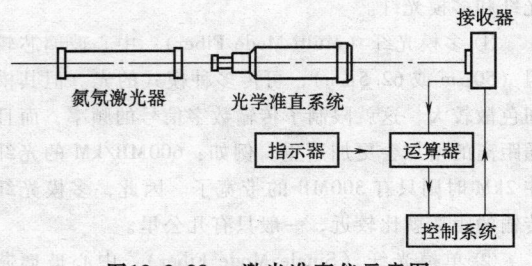

图12.2-29　激光准直仪示意图

上述的激光准直仪只是利用了激光的良好的方向性，还可以进一步利用激光良好的单色性。让激光束通过带有一定图案的波带片，产生便于对准的衍射图像，例如产生亮的细十字叉线，从而进一步提高对准精度。这种应用衍射原理的激光准直仪称为"衍射准直仪"。如果采用精密的光电接收器对准十字亮线的中心，则可以在较长的距离上（如几百米）达到只有几微米的对准精度。

（6）激光测距　激光测距仪与其他测距仪（如微波测距仪、光电测距仪等）相比，具有探测距离远、测距精度高、抗干扰性强、保密性好和体积小、重量轻、重复率高等优点。近年来，已成功地进行了月球和人造地球卫星的激光测距，各种战术测距仪也已投入实用中。激光测距是通过测量光束在待测距离上往返传播的时间来换算出距离的，其换算公式为

$$d = \frac{1}{2}ct \qquad (12.2\text{-}15)$$

式中　d——待测距离；
　　　c——激光在大气中传播的速度；
　　　t——测距离的往返传播时间。

根据传播时间 t 的测定方法区分，测距方法可分为脉冲测距法和相位测距法两类。前者是直接测量光脉冲在待测距离上的往返传播时间 t，测距精度可达米的量级。后者是通过测量连续调制的光波在待测距离上往返传播所发生的相位变化，间接测量时间 t，测距精度可达厘米量级。

图 12.2-30 所示为激光脉冲测距仪示意图，它的工作过程大致如下：当测距仪对准目标后，激光器就发出一个很强很窄的光脉冲，光脉冲经过发射望远镜压缩了它的发散角。在光脉冲发射出去的同时，其中极小一部分光立即由两块反射镜反射而进入接收望远镜，它作为发射参考信号，用来标定激光发射的时间。参考信号进入接收望远镜后，经过滤光片到达光电转换器，于是光脉冲变成电脉冲，这个电脉冲经放大整形电路后送入时间测量系统，使其开始计时，而射向目标的光脉冲，由于目标的漫反射作用，总有一部分光从原路反射回来而进入接收望远镜，它同样也经过滤光片、光电转换器、放大整形电路而进入时间测量系统，使其停止计时。时间测量系统所记录的时间，就由显示器显示出来，它通过译码后在显示器上直接给出测距仪到目标的距离。

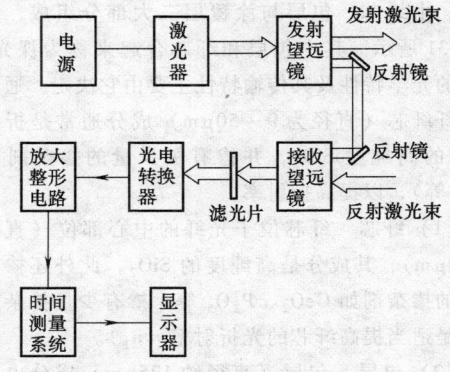

图12.2-30　激光脉冲测距仪示意图

目前，一般在远距离的测距仪中，常用的脉冲光源是红宝石激光器和钕玻璃激光器，近距离的测距仪则用半导体激光器。为了扩大测量范围，提高测量精度。测距仪对光脉冲应有以下要求：

1）光脉冲应具有足够的强度。由于光束有一定的发散度，再加上空气对光的吸收和散射，所以目标越远，反射回来的光就越弱。为了测出较远的距离，就要使光源能发射出较高功率密度的光强。

2）光脉冲的方向性要好。这有两个作用：一方面可以将光的能量集中在较小的立体角内，以射得更远一些，另一方面可以准确判断目标的方位。

3）光脉冲的单色性要好。无论是白天还是黑夜，空中总会存在着各种杂散光，如果这些杂散光和光信号一起进入接收系统，那就根本无法进行测量了。测距仪中滤光片的作用就是只允许光信号的单色光通过，而不让其他频率的杂散光通过。显然，光脉冲的单色性越好，滤光片的滤光效果也就越好，这样就越能有效地提高接收系统的信噪比，保证测量的精确性。

4）光脉冲的宽度要小。光脉冲的宽度要比光脉冲在待测距离上的往返传播时间短得多，才能避免反射回来的光与发射出去的光重叠。

激光测距尽管有许多优点，但是它对气候的依赖关系太强，在雾天或雨天，可测距离就大大缩短，甚至根本无法进行测量，这是激光测距仪的最大缺点（当然对一般的光电测距仪来说，此缺点更为突出）。所以激光测距仪并不能完全取代其他的测距仪。

3　光纤

3.1　概述

3.1.1　光纤的构造

光纤（Optical fiber）是光导纤维的简称，呈圆柱形，由纤芯、包层与涂覆层三大部分组成，如图 12.2-31 所示。其中包层和纤芯合起来称为裸光纤，光纤的光学特性及其传输特性主要由它决定。通信用的光纤纤芯（直径为 9 ~ 50μm）成分通常是折射率为 n_1 的高纯度 SiO_2，并掺有极少量的掺杂剂（如 GeO_2 等），以提高折射率。

（1）纤芯　纤芯位于光纤的中心部位（直径约 9 ~ 50μm），其成分是高纯度的 SiO_2，此外还掺有极少量的掺杂剂如 GeO_2、P_2O_5 等，掺有少量掺杂剂的目的是适当提高纤芯的光折射率（n_1）。

（2）包层　包层（直径约 125μm）成分也是折射率为 n_2（<n_1）的高纯度 SiO_2，并掺有极少量的

掺杂剂（如 B_2O_3 等）以降低折射率。包层位于纤芯的周围（其直径约 125μm），其成分也是含有极少量掺杂剂的高纯度 SiO_2。而掺杂剂（如 B_2O_3）的作用则是适当降低包层的光折射率，使之略低于纤芯的折射率。

（3）涂覆层　涂覆层（直径约 1.5cm）的材料通常是环氧树脂、硅橡胶和尼龙，其作用是增强光纤的机械强度与可弯曲性。光纤的最外层是由丙烯酸酯、硅橡胶和尼龙组成的涂覆层，其作用是增加光纤的机械强度与可弯曲性。一般涂覆后的光纤外径约 1.5cm。

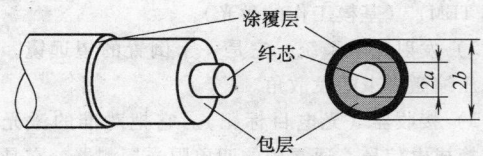

图 12.2-31　光纤的构造

3.1.2　光纤的分类

1）按照制造光纤所用的材料分，可分为：石英系光纤、多组分玻璃光纤、塑料包层石英芯光纤、全塑料光纤和氟化物光纤。塑料光纤是用高度透明的聚苯乙烯或聚甲基丙烯酸甲酯（有机玻璃）制成的。它的特点是制造成本低廉，相对来说芯径较大，与光源的耦合效率高，耦合进光纤的光功率大，使用方便。但由于损耗较大，带宽较小，这种光纤只适用于短距离低速率通信，如短距离计算机网链路、船舶内通信等。目前通信中普遍使用的是石英系光纤。

2）按光在光纤中的传输模式分，可分为：单模光纤和多模光纤。

① 多模光纤（Multi Mode Fiber）：中心玻璃芯较粗（50μm 或 62.5μm），可传多种模式的光。但其模间色散较大，这就限制了传输数字信号的频率，而且随距离的增加会更加严重。例如：600MB/kM 的光纤在 2kM 时则只有 300MB 的带宽了。因此，多模光纤传输的距离就比较近，一般只有几公里。

② 单模光纤（Single Mode Fiber）：中心玻璃芯很细（芯径一般为 9μm 或 10μm），只能传一种模式的光。因此，其模间色散很小，适用于远程通信，但还存在着材料色散和波导色散，这样单模光纤对光源的谱宽和稳定性有较高的要求，即谱宽要窄，稳定性要好。后来又发现在 1.31μm 波长处，单模光纤的材料色散和波导色散一为正、一为负，大小也正好相等。这就是说在 1.31μm 波长处，单模光纤的总色散为零。从光纤的损耗特性来看，1.31μm 处正好是光纤的一个低损耗窗口。这样，1.31μm 波长区就成了

光纤通信的一个很理想的工作窗口，也是现在实用光纤通信系统的主要工作波段。1.31μm 常规单模光纤的主要参数是由国际电信联盟 ITU-T 在 G652 建议中确定的，因此这种光纤又称为 G652 光纤。

3) 按最佳传输频率窗口分，可分为常规型单模光纤和色散位移型单模光纤。

① 常规型：光纤生产厂家将光纤传输频率最佳化在单一波长的光上，如 1300μm。

② 色散位移型：光纤生产厂家将光纤传输频率最佳化在两个波长的光上，如：1300μm 和 1550μm。色散位移光纤虽然用于单信道、超高速传输是很理想的传输媒介，但当它用于波分复用多信道传输时，又会由于光纤的非线性效应而对传输的信号产生干扰。特别是在色散为零的波长附近，干扰尤为严重。为此，人们又研制了一种非零色散位移光纤即 G655 光纤，将光纤的零色散点移到 1.55μm 工作区以外的 1.60μm 以后或在 1.53μm 以前，但在 1.55μm 波长区内仍保持很低的色散。这种非零色散位移光纤不仅可用于现在的单信道、超高速传输，而且还可适应于将来用波分复用来扩容，是一种既满足当前需要，又兼顾将来发展的理想传输媒介。还有一种单模光纤是色散平坦型单模光纤。这种光纤在 1.31 ~ 1.55μm 整个波段上的色散都很平坦，接近于零。但是这种光纤的损耗难以降低，体现不出色散降低带来的优点，所以目前尚未进入实用化阶段。

4) 按折射率分布情况分，可分为阶跃型和渐变型光纤。

① 阶跃型：光纤的纤芯折射率高于包层折射率，使得输入的光能在纤芯—包层交界面上不断产生全反射而前进。这种光纤纤芯的折射率是均匀的，包层的折射率稍低一些。光纤中心芯到玻璃包层的折射率是突变的，只有一个台阶，所以称为阶跃型折射率多模光纤，简称阶跃光纤，也称突变光纤。这种光纤的传输模式很多，各种模式的传输路径不一样，经传输后到达终点的时间也不相同，因而产生时延差，使光脉冲受到展宽。所以这种光纤的模间色散高，传输频带不宽，传输速率不能太高，用于通信不够理想，只适用于短途低速通信，比如工控。但单模光纤由于模间色散很小，所以单模光纤都采用突变型。这是研究开发较早的一种光纤，现在已逐渐被淘汰了。

② 渐变型光纤：为了解决阶跃光纤存在的弊端，人们又研制开发了渐变折射率多模光纤，简称渐变光纤。光纤中心芯到玻璃包层的折射率是逐渐变小，可使高次模的光按正弦形式传播，这能减少模间色散，提高光纤带宽，增加传输距离，但成本较高，现在的

多模光纤多为渐变型光纤。渐变光纤的包层折射率分布与阶跃光纤一样为均匀的。渐变光纤的纤芯折射率中心最大，沿纤芯半径方向逐渐减小。由于高次模和低次模的光线分别在不同的折射率层界面上按折射定律产生折射，进入低折射率层中去，因此，光的行进方向与光纤轴方向所形成的角度将逐渐变小。同样的过程不断发生，直至光在某一折射率层产生全反射，使光改变方向，朝中心较高的折射率层行进。这时，光的行进方向与光纤轴方向所构成的角度，在各折射率层中每折射一次，其值就增大一次，最后达到中心折射率最大的地方。在这以后，和上述完全相同的过程不断重复进行，由此实现了光波的传播。可以看出，光在渐变光纤中会自觉地进行调整，从而最终到达目的地，这称为自聚焦。

5) 按光纤的工作波长分，可以分为：短波长光纤、长波长光纤和超长波长光纤。短波长光纤是指工作波长为 0.8 ~ 0.9μm 的光纤，长波长光纤是指工作波长为 1.0 ~ 1.7μm 的光纤，而超长波长光纤则是指工作波长为 2μm 以上的光纤。

3.1.3 光纤标准及编号

制定光纤标准的国际组织主要有国际电工委员会 IEC（International Electrotechnical Commission）和国际电信联盟-电信标准化机构（International Telecommunication Union-Telecommunication Standardization Sector ITU-T）。按照 IEC 60793-1-1-2008）《光纤第 1 部分总规范》光纤的分类法，光纤被分为 A 和 B 两大类，A 类为多模光纤，B 类为单模光纤。光纤的类型、符号、种类和 ITU-T 编号对应关系见表 12.2-3。

表 12.2-3　光纤分类及编号

类型	符号	种类	ITU-T 编号	特点
多模光纤	A_1	A_{1a}	G.651	50/125μm 型多模型光纤
		A_{1b}		62.5/125μm 型多模型光纤
		A_{1d}		100/140μm 型多模型光纤
单模光纤	B_1	$B_{1.1}$	G.652A、B	非色散位移单模光纤
		$B_{1.2}$	G.654	截止波长位移单模光纤
		$B_{1.3}$	G.652C	低水峰单模光纤
	B_2		G.653	色散位移单模光纤 DSF
	B_4		G.655A、B	非零色散平坦单模光纤

3.2　光纤传输特性

3.2.1　光纤的损耗与色散

光纤的损耗现象是指光在光纤内传输的过程中，光功率会减少。光纤的色散现象是指输入光脉冲通过一根光纤传输时，由于光波的群速度不同，会发生时间上的分散，从而产生脉冲展宽的现象。若被展宽的

脉冲与其相邻的脉冲发生重叠，会导致信号失真。无论是单模还是多模光纤，光在其中传播的过程中，总是伴随着传输损耗与色散，二者是表征光纤传输特性的重要参数。为了实现长距离光通信及有效的光传感，需要减少光的传输损耗与色散，来提高光通信效率或测量的灵敏度，同时降低信号传输的失真度。

（1）光纤损耗 光纤损耗主要是由光纤材料本身的不纯净或光纤的不规则性等原因而造成的，它表示了输出光功率的损失程度。光纤损耗一般用 γ 表示，单位为分贝（dB），它的定义为

$$\gamma = -10\lg(P_o/P_i) \tag{12.2-16}$$

式中 P_i——光纤输入端光功率；
　　　　P_o——光纤输出端光功率。

显然，它不能反映出随光纤传输距离的增加而损耗光功率的情况。所以，通常引入光纤的衰减 γ_A 来表示光波在光纤中传输 1km 所产生的光功率损耗的分贝数。光纤的衰减 γ_A 的定义式为

$$\gamma = [-10\lg(P_o/P_i)]/L \tag{12.2-17}$$

这里，L 代表光纤长度。很显然，光纤的衰减是传输距离的函数。由此可以看出，即使两段光纤的损耗相同，也未必有相同的传输损耗特性，因为光纤的衰减还与光的传输距离相关。由此可见，光纤的衰减这个参数能够更准确反映光纤的传输特性。

光纤损耗可分为吸收损耗、散射损耗和弯曲损耗。

1）吸收损耗。吸收损耗是指传输光与光纤材料相互作用，当光子能量与材料能级间的能量差相等时，便产生光子跃迁，光子被材料吸收，从而导致光功率的损耗。由于光纤材料固有能级的存在，吸收损耗是不可避免的，只能尽量减小或相对意义上地消除。

为了减小吸收损耗，可以改变光的频率或改变材料成分，以使光子能量与光纤材料的能级差不匹配。这里，为了更好地理解吸收损耗，把它又分为本征吸收和杂质吸收两种。本征吸收是指纤芯材料的固有吸收，它包括分子振动所产生的吸收和原子跃迁所产生的吸收。这两个吸收主要分布在近红外波段和紫外波段；杂质吸收是纤芯材料中的过渡金属离子、OH^- 离子是产生杂质吸收的主要来源，它们有各自的吸收峰和吸收带。这些杂质在光纤的制造过程中虽然难以清除，但是它们的含量已基本能够控制。另外，可以选择使用的波长来减小杂质吸收。光纤的典型光谱衰减曲线如图 12.2-32 所示。从图中可以看出光纤的三个低损耗窗口，第一个窗口位于 0.85μm 附近，第二个窗口位于 1.3μm 附近，第三个窗口位于 1.55μm 附

近。目前，工作波长为 1.55μm 的超低损耗单模光纤的衰减值可以降到 0.17dB/km，它是长距离通信中最广泛使用的波长。

2）散射损耗。光纤的散射损耗起因于光纤的结构不均匀、密度不均匀或几何缺陷等因素的存在。当一束光射到上述部位后，会改变原来的传播方向，向不同方向反射，这就是散射。散射的结果会破坏纤芯包层界面的全反射条件，使部分导模变成了辐射模，发生了模式耦合，从而造成光纤中传输光功率的损耗。瑞利散射是最基本的散射形式。当散射中心的尺寸小于光波长时，产生瑞利散射。瑞利散射的特点是以相同的频率向任意方向辐射新的电磁波。散射光的光强与波长的四次方成反比。此外，还有自发喇曼散射，它包括斯托克斯散射和反斯托克斯散射。这一类散射发生于光的小功率传输，并且随着光波波长的增加，散射损耗迅速减小。

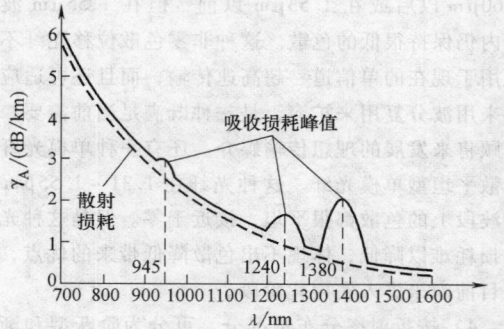

图12.2-32   光纤的典型光谱衰减图

3）弯曲损耗。光纤的弯曲损耗包括宏弯损耗和微弯损耗。宏弯损耗是指当光纤弯曲的曲率半径小于某临界值时，光能量会从光纤芯向外辐射的现象。当光纤弯曲时，纤芯与包层界面的全反射条件被破坏，小于临界角的光线被折射出纤芯，高阶导模最先转变成辐射模，部分光能辐射到包层中去，以致最后可能逃离涂覆层，最终造成光纤传输光功率的损耗。光纤的弯曲形变越大，宏弯损耗就越大。

微弯损耗是指沿光纤轴线发生微观畸变时所引起的光能从光纤芯向外辐射的现象。微弯损耗同样是因为光束碰到这些微弯畸变时会改变方向，不再满足全反射条件而致。微弯损耗会导致模式耦合，能量从导模转换到辐射模。对于微弯损耗，单模光纤比多模光纤更敏感。

4）其他原因产生的损耗。由于光纤结构的不完善，例如，纤芯和包层界面的起伏、纤芯直径的变化，以及光纤对接不良等原因，都会造成光纤的传输损耗。这些原因分别会导致波导散射损耗、辐射损耗

和对接损耗等。

（2）光纤的色散　色散是指当光脉冲通过光纤传输时，由于传输时间的延迟而导致的脉冲展宽现象。脉冲展宽会使相邻脉冲发生重叠，探测器无法分辨，产生信号失真。光纤的色散一般分为模间色散和模内色散。模内色散又包括材料色散和波导色散。

1）模间色散。模间色散是指光脉冲在光纤中传输时，不同模式的传输距离不同，造成传播时间的不同，从而产生脉冲展宽的现象。

模间色散会限制光纤中所传输信息的最大比特率。因为当光纤中传输的信息比特率很高时，每个脉冲的相对持续时间很短，当脉冲周期小到一定值后，脉冲展宽会使相邻脉冲彼此重叠，产生信号失真。

由模间色散的定义可以给出用于计算脉冲展宽的公式

$$\Delta t_{st} = t_c - t_o = \frac{L}{vn_2/n_1} - \frac{L}{v} = \frac{Ln_1}{C}\left(\frac{n_1 - n_2}{n_2}\right)$$

$$(12.2\text{-}18)$$

式中　Δt_{st}——阶跃光纤的脉冲展宽；

t_o——零阶模式的传播时间；

t_c——最高阶模式的传播时间；

v——光在介质中的传播速度，$v = C/n_1$；

C——真空中的光速。

通常多模渐变折射率光纤比多模阶跃折射率光纤的模间色散要小。用多模渐变折射率光纤代替多模阶跃折射率光纤，也是解决模间色散问题的办法之一。因为在渐变折射率光纤中，高阶模的传播距离虽然长，但传播速度也相对大，零阶模的传播距离虽然最短，但速度也最小，所以渐变折射率光纤中各模式间的传播时间接近，脉冲展宽较小，因而模间色散较小。

另外，限制多模阶跃折射率光纤中模式的数量，可以减小模间色散，用单模阶跃折射率光纤代替多模阶跃折射率光纤就不需要考虑模间色散了。

2）模内色散。模内色散是发生在单个模式中的，有时也称为色度色散。它是指由于光源光谱宽度的存在，单个模式内会包含不同波长的光波，同时由于折射率对波长的依赖性，这些光波在光纤中的传播速度会不同，从而造成模内脉冲展宽的现象。模内色散产生的脉冲展宽公式为

$$\Delta t_c = D(\lambda)L\Delta\lambda \qquad (12.2\text{-}19)$$

在光纤中，模内色散由两种机制构成，即材料色散和波导色散。材料色散在多模光纤的模内色散中起主要作用，而波导色散与模间色散和材料色散相比是

可以忽略的。但波导色散在单模光纤中起着重要作用。

材料色散是指由于材料本身的折射率依赖于波长而引起的有一定光谱宽度的光脉冲展宽的现象。也就是说虽然每个单个波长的脉冲具有相同的传播路径，但是材料的折射率对于每单个波长是不同的，因此它们在光纤中的传播速度是不同的，在输出端有不同的时间延迟，导致光脉冲展宽。

波导色散是由于光纤波导结构本身所引起的。光纤中的模场可能在纤芯和包层中同时分布，一般光功率主要集中在纤芯中传输，有很少一部分集中在包层中。因为纤芯和包层拥有不同的折射率，这样，在纤芯和包层中的光脉冲拥有不同的传播速度，从而引起脉冲展宽。

3）光纤的总色散。对于单模光纤，模间色散可以忽略，一般只考虑模内色散。在某个特殊波长下，材料色散和波导色散同时存在，一正一负，互相抵消，总色散会为零，但有时要考虑偏振色散。对于多模光纤，总色散为

$$\sigma_t = \sqrt{\sigma_c^2 + \sigma_m^2} \qquad (12.2\text{-}20)$$

式中　σ_c——模内色散；

σ_m——模间色散；

σ_t——总色散。

3.2.2　光纤的非线性效应

光纤非线性光学效应是光和光纤介质相互作用的一种物理效应。这种效应主要来源于介质材料的三阶极化率 χ，其相关的非线性效应，主要有受激拉曼散射（SRS）、受激布里渊散射（SBS）、自相位调制（SPM）、交叉相位调制（XPM）和四波混合（FWM），以及孤子（soliton）效应等。非线性效应对光纤通信系统的限制是一个不利的因素。但利用这种效应又可以开拓光纤通信的新领域，如制造各种光放大器及实现先进的孤子通信等。

（1）受激光散射　光波通过介质时将发生散射，当使用相干光时，这种散射是一种受激过程。前面提到的瑞利散射是一种弹性散射，在弹性散射中，散射光的频率（或光子能量）保持不变。相反，在非弹性散射中，散射光的频率降低，或光子能量减少。SRS 和 SBS 是非弹性散射，光波和介质相互作用时要交换能量。SRS 和 SBS 都是一个光子（泵浦）散射后成为一个能量较低的光子（斯托克斯光子），其能量差以声子（phonon）的形式出现，如图 12.2-33a 所示。此外，如果能吸收一个具有恰当能量和动量的声子，它们也可能产生有更高能量的光子，称为反斯托克斯光子，如图 12.2-33b 所示。

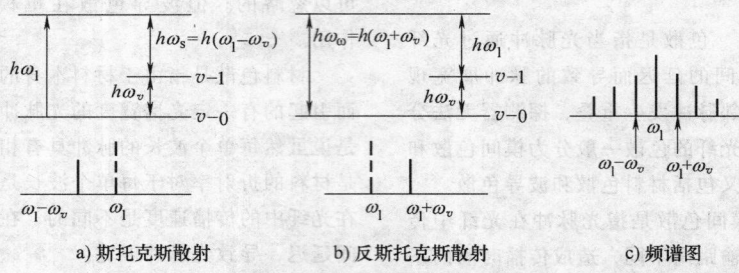

a) 斯托克斯散射　　　　b) 反斯托克斯散射　　　　c) 频谱图

图12.2-33　受激光散射原理

（2）非线性折射率　在低光功率下，纤芯的折射率可以认为是常数。但在高光功率下，三阶非线性效应使得光纤折射率成为光强的函数，可表示为

$$n = n_0 + n_2 P / A_{eff} \qquad (12.2-21)$$

式中　n_0——光纤正常的折射率；

P——传输的光功率；

n_2——光纤由于光功率密度变化引起的折射率变化系数（通常称为 Kerr 系数）。

虽然这种与功率相关的非线性折射率非常小，但它对光信号在光纤中传播过程的影响却很显著，使光信号的相位产生调制，理论上，将引起 SPM、XPM 和 FWM 等效应。

1）自相位调制（SPM）。在纤芯中，非线性折射率将使导模的传播常数与光功率有关，即

$$\beta' = \beta + \gamma P \qquad (12.2-22)$$

式中　γ——非线性系数，$\gamma = k_0 n_2 / A_{eff}$，按波长不同，其值为 $2 \sim 30 / (\mathrm{W \cdot km})$；

k_0——真空中波数；

β——不考虑非线性时的传播常数。

由此产生的非线性相移为

$$\phi_{NL} = \int_0^L (\beta' - \beta) \, \mathrm{d}z = \int_0^L \gamma P(z) \, \mathrm{d}z = \gamma P_{in} L_{eff}$$
$$(12.2-23)$$

式中　$P(z) = P_{in} \exp(-\alpha z)$，$P_{in}$ 为输入光功率。

这种由光场自身产生非线性效应引起的非线性相移称为自相位调制。时变的相移表明脉冲中心频率两侧有不同的瞬时频率，从而在光纤色散的作用下，引起脉冲展宽等效应。

2）交叉相位调制（XPM）。两个或两个以上的信道使用不同载频同时在光纤中传输时，式（12.2-21）给出的折射率与光功率的关系也可以导致另一种叫做 XPM 的效应。这样某一信道的非线性相位移不仅与本信道功率有关，而且与其他信道的功率有关，并且位移量依信道的码形变化。第 j 个信道的非线性相位移为

$$\phi_{jNL} = \gamma L_{eff} \left(P_j + 2 \sum_{m \neq j}^{M} P_m \right) \qquad (12.2-24)$$

式中　M——总的信道数；

P_j——第 j 个信道的功率（$j = 1, 2, \cdots, M$）；

2——因子，对于相同的功率，XPM 是 SPM 的两倍。

因此，交叉相位调制在多信道系统中是主要的功率限制因素。

3）四波混频（FWM）。四波混频是起源于折射率的光致调制的参量过程，需要满足相位匹配条件。从量子力学的观点来看，它就是一个或几个光波的光子湮灭，同时产生了几个不同频率的新光子，在此参量过程中，净能量和动量（波矢量）是守恒的。FWM 大致可以分为两种情况。一种是三个光子合成一个光子的情况，新光子的频率 $\omega_4 = \omega_1 + \omega_2 + \omega_3$。由于很难在光纤中满足相位匹配条件，高效地实现上述过程是十分困难的。另一种情况则是对应频率为 ω_1 和 ω_2 两光子的湮灭，产生频率为 ω_3 和 ω_4 的新光子。此过程中能量守恒和相位匹配条件分别如下，即

$$\omega_1 + \omega_2 = \omega_3 + \omega_4$$
$$\Delta k = k_3 + k_4 - k_2 - k_1 = 0 \qquad (12.2-25)$$

在 $\omega_1 = \omega_2$ 的特定条件下，光纤中满足 $\Delta k = 0$ 的条件相对容易一些。研究表明，光纤的色散系数越接近于零、系统复用波长数量越多、信道间隔越窄，越容易满足相位匹配条件。

3.3　常用光纤介绍

光纤是优良的光波传输介质，目前已广泛应用于光纤通信网络，然而它的损耗特性、色散特性及非线性效应将影响光纤通信系统的传输质量。为适应不同的光传输系统，人们开发了多种类型的光纤光缆。下面介绍几种目前常用于光纤通信网络的光纤。

3.3.1　G.652 光纤

目前世界上大多数的国家，使用得最多的光纤是 G.652 光纤，即标准单模光纤（SMF）。G.652 光纤是 20 世纪 80 年代初期就已经成熟并实用化的一种光

纤。这种光纤有以下特点:

1) 在 1310nm 波长处的色散为零。

2) 在波长为 1550nm 附近衰减系数最小,约为 0.22dB/km,但在 1550nm 附近其具有最大色散系数,为 17ps/(nm·km)。

3) 工作波长既可选在 1310nm 波长区域,又可选在 1550nm 波长区域,它的最佳工作波长在 1310nm 区域。由于工作在 1550nm 窗口的掺铒光纤放大器 (EDFA) 的实用化,1550nm 窗口已成为 G.652 光纤的主要工作窗口。

但是,G.652 光纤在 1550nm 窗口的较高色散系数限制了高速光缆系统的开通。实验证明:在 G.652 光纤上传输 10Gb/s 系统,即使采用外调制技术,其色散受限距离也只有 58km。这与未来长距离传送的目标距离 (一般在 120km 以上) 是有很大差距的。因此高速率的传输系统要求采取色散补偿的方式降低 G.652 光纤在 1550nm 处的色散系数,例如在 G.652 光纤线路中加入一段色散补偿模块。但由于采用色散补偿模块,会引入较高的插入损耗,系统必须使用光纤放大器,造成系统建设成本的提高。因此在骨干传输网上,利用 G.652 光纤开通高速、超高速系统不是今后的发展方向,人们更倾向于采用新光纤来传输 10Gb/s 的 TDM 系统。

3.3.2　G.653 光纤

G.653 即色散位移光纤 (DSF),它是通过改变光纤的结构参数、折射率分布形状,力求加大波导色散,从而将最小零色散点从 1310nm 位移到 1550nm,实现 1550nm 处最低衰减和零色散波长一致,并且在 EDFA 的 1530 ~ 1565nm 工作波长区域内。这种光纤非常适合于长距离单信道高速光放大系统,如可在这种光纤上直接开通 20Gb/s 系统,不需要采取任何色散补偿措施。

但是,随着波分复用研究的深入,发现 DSF 有一致命弱点,即工作区内的零色散点是导致非线性四波混频效应的源泉。一般来讲,四波混合的效率取决于通路间隔和光纤的色散。通路间隔越窄,光纤色散越小,四波混合的效率也就越高,而且一旦四波混合现象产生,就无法用任何均衡技术来消除。因此 DSF 在 DWDM 系统中应用较少。

3.3.3　G.655 光纤

G.655 即非零色散光纤 (NZDSF),也叫无零色散光纤,它是针对 G.652 光纤和 G.653 光纤在 DWDM 系统使用中存在的问题开发出来的,通过改变折射剖面结构的方法来使得光纤在 1550nm 波长色散不为零,并使零色散点移到 1550nm 窗口,从而与光纤的最小衰减窗口获得匹配,使 1550nm 窗口同时具有最小色散和最小衰减,它在 1530 ~ 1565nm 之间光纤的典型参数为:衰减系数 < 0.25dB/km,色散绝对值保持在 1.0 ~ 6.0ps/(nm·km),避开了零色散区,维持了一个起码的色散值,避免了严重的四波混频现象,从而可以比较方便地开通多波长 WDM 系统。另一方面,色散值又不是太大,不至于对 10Gb/s TDM 系统造成色散受限。即使单波长传输 10Gb/s TDM 系统,其色散受限距离仍可达 300km 左右,因而较好地同时满足 TDM 和 WDM 两种发展方向的要求。

由于 ITU-T G.655 建议中只要求色散的绝对值为 1.0 ~ 6.0ps/(nm·km),对于它的正负并没有明确规定,因而 G.655 光纤的工作区色散既可以为正值,也可以为负值。它的零色散点可以位于低于 1550nm 的短波长区 (相对而言),也可位于高于 1550nm 的长波长区。这两种情况都能满足光纤对色散值的要求。根据零色散点和模场直径的不同,现在市场上的 G.655 光纤主要有三种,即全波光纤、SMF-LS 光纤和大有效面积 LEAF 光纤。

(1) 全波光纤　全波光纤是 Lucent 公司生产的一种典型的工作区为正色散的光纤,它的零色散点在 1530nm 以下的短波长区。在 1530 ~ 1565nm 的光放大区,色散系数在 1.3 ~ 5.8ps/(nm·km)。在 1549 ~ 1561nm 这个最常用的 EDFA 增益平坦区,色散系数在 2.0 ~ 4.0ps/(nm·km),这个值已足以消除四波混频的相位匹配效应,从而基本避免了非线性影响;而低色散系数又不至于对系统造成色散受限。在大多数陆地传输系统应用场合 (传输距离为几百公里范围),正色散引起的 SPM 可以压缩脉冲宽度,从而有利于减轻色散的压力。但是它会带来调制不稳定性 (MI) 效应,MI 效应随光功率的提高和系统距离的延长而增长。尽管如此,到现在为止,有关全波光纤陆地 WDM 系统的应用似乎并没有出现很大的问题。

(2) SMF-LS　SMF-LS 光纤是康宁公司生产的具有负色散工作区的光纤,它的零色散点处于长波长区 1570nm 附近,在 1530 ~ 1565nm 区,光纤的色散值为负值,处于 -3.5 ~ -0.1ps/(nm·km) 之间,在 1549 ~ 1561nm 区,其色散值在 -0.1ps/(nm·km) 左右,这对于通路数多于 16 个的 DWDM 系统是不利的。SMF-LS 光纤在进行超长距离传输时,积累的色散为负值。因此,只需要采用常规 G.652 光纤就可以进行色散补偿,而全波光纤则需要价格昂贵的色散补偿光纤 DCF。SMF-LS 光纤在越洋海缆中得到了广泛的应用。

(3) 大有效面积光纤　为适应更大容量、更长距离的 DWDM 系统的应用,康宁公司开发出一种新型的大有效面积光纤（LEAF）,与普通 G.655 光纤一样,它也对光纤的零色散点进行了移动,使1530～1565nm 区间的色散值保持在 $1.0\sim6.0\mathrm{ps/(nm\cdot km)}$,色散为正值,避开了零色散区,维持了一个起码的色散值。LEAF 光纤的特殊之处在于大大增加了光纤的模场直径,从普通 G.655 光纤的 $8.4\mu\mathrm{m}$ 增长到 LEAF 光纤的 $9.6\mu\mathrm{m}$,从而增加了光纤的有效面积,即从 $55\mu\mathrm{m}^2$ 增加到 $72\mu\mathrm{m}^2$。在相同的入纤功率时,降低了

光纤中传播的功率密度,减少了光纤非线性系数,同时也减小了光纤的非线性效应。在相同的中继距离时,减少了非线性干扰,可以得到更好的光信噪比（OSNR）。从全光网络的发展来看,LEAF 光纤代表着光纤发展的方向。

但是,LEAF 的缺点是色散斜率太大,约为 $0.1\mathrm{ps/(nm\cdot km)}$,因此传输距离很长时,功率代价变大,另外其 MFD 也偏大,因此微弯和宏弯损耗需仔细控制。

第3章 光机电一体化系统设计

光机电一体化系统设计是指将光学、机械学、电子学、信息处理和控制及专用控制软件等当代新技术进行综合集成的一种技术群体概念，体现了学科融合的思想。其目的是研究怎样将机械装置、电子设备和专用软件等组成一个功能完善的柔性自动化系统，从而为人类的生产和生活等各个领域提供自动化服务。光机电一体化系统由五大要素组成，即有五个本质上不同的基本要素：动力、机构、执行器、计算机和传感器。

由于光机电一体化系统包含多种功能部件，各执行机构需要按照规定的运动规律协调运动，因而存在着多种能量转换、多重复杂的非线性耦合和深度的光机电有机结合。在设计光机电一体化产品的过程中，需要考虑光机电如何有机结合和匹配，光机电一体化系统如何进行整体优化等不同于传统机电产品设计的一些特点。

在光机电产品设计的开始阶段就将光电控制、控制系统、传感器及信号处理系统的存在作为前提来考虑，进行光学技术、电子技术、计算机技术和机械技术的结合和集成。因此，针对光机电一体化产品必然需要采用一些特有的设计方法，能够综合运用各种相关技术，使得光机电一体化的优越性充分发挥。

1 光机电系统的典型特征与结构组成

1.1 光机电一体化系统的典型特征

（1）光机电一体化系统的复杂性 光机电一体化产品在工作过程中，存在着多种能量转换和多重复杂的非线性耦合，要求各执行机构以所需的相对运动规律协调运动。但由于系统的复杂性及制造误差，很难保证足够的运动精度和稳定性。如数控机床达不到所需的加工精度、机器人手臂颤动、高速运行的汽轮机转子由于运动规律的变化造成重大设备事故，这些现象都说明，在复杂光机电一体化产品中存在着深度的光机电有机结合，归纳起来，该系统具有以下特点：

1）光机电一体化系统是高阶系统，混合在一起的多维参数对应（控制）多种物理功能。

2）光机电一体化系统是多回路的反馈系统，与执行体有关的各种信息通过各反馈回路传输到驱动体或控制体，完成实时信息处理和控制。

3）光机电一体化系统是非线性系统，主要表现在光机电单元的输入与输出非线性和滞后现象。

上述情况导致了光机电一体化系统既不同于一般纯机械系统，也不同于机电系统动力学所研究的系统。

（2）光机电一体化系统的耦合与解耦 光机电一体化系统各部分间存在"机械"上的弱联系，在"光"和"电"方面又存在联系，为解决其工程冲突提供了一个主要的途径。利用机械上弱联系的特点，根据所设计系统的功能域、主功能和辅助功能的主线，将系统降阶为多个单因素控制的、单个功能的光机电单元的组合，这个过程称为系统的解耦。其目的在于发现工程冲突，发现冗余单元，并为之后系统的耦合做好准备。解耦系统是虚拟的系统，它是解耦过程的结果。

耦合是解耦的逆过程。将多个光机电单元耦合成一个完整的系统，创造出单个光机电单元所不具备的功能，并解决工程冲突问题的过程称为耦合。耦合就是在解决工程冲突的基础上，建立各参数之间的正确耦合关系。解耦与耦合是对立的统一，是光机电一体化系统发展和进化的原动力。通过解耦发现工程冲突，通过耦合解决工程冲突，都是创造性的过程，是光机电一体化系统分析、研究、设计和开发的主要方法。

复杂的光机电一体化系统是由多个在结构和功能上相对独立的单元相互耦合组成，而每一个单元都包含机械本体、执行、传感、信息处理和功率驱动五个部分。光机电一体化系统设计的过程就是对整个系统进行解耦与耦合的过程。为此，通过对系统进行需求分析并逐级分解、细化，可以将系统的需求描述得更为完整，而且这种描述可以与设计中的单元紧密地联系起来。通过将光机电一体化系统解耦（或称为功能结构分解），可以将一个复杂的、规律不明显的光机电一体化系统的设计转化为多个较简单的、规律较明显的光机电单元的设计，大大简化系统的设计，加快开发速度，提高开发质量。

1.2 光机电系统的组成结构

光机电一体化产品是由光机电组元（Optical Mechanical Electronics Component，OMEC）通过电子计算机软件集成而得到的，而 OMEC 又是由光机电单元（Optical Mechanical Electronics Element，OMEE）耦合而成的，OMEE 是所有光机电系统中最基本的单元。对于较简单的 OMES，也可以由 OMEE 直接耦合得到，但通常认为光机电系统具有 OMEE、OMEC 和 OMES 三级结构，即既有 OMEC，又同时包含 OMEE，整个系统组成结构如图 12.3-1 所示。

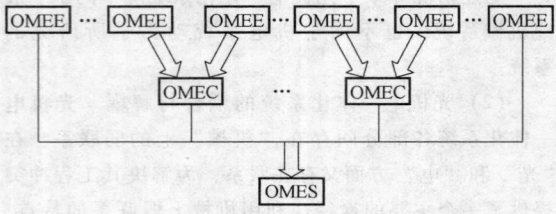

图12.3-1　光机电一体化产品的三级结构

1.2.1　光机电单元（OMEE）

（1）光机电单元的基本组成　OMEE 是构成 OMES 的最基本结构单元，其物理结构如图 12.3-2 所示，它是具有独立信息处理能力，通过自动控制完成某一特定物理功能的基础单元，包括控制部分 C、驱动部分 D、电源 E、执行部分 M 和检测部分 S。系统的检测量可以根据不同情况分别取自驱动部分、执行部分或最终输出的物理量，机械本体部分与执行部分合并为执行部分，并把电源单独提出来。

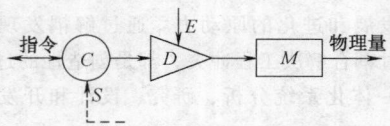

图12.3-2　OMEE 的物理结构

OMEE 控制体的典型结构如图 12.3-3 所示，它由微处理器、功能器件、控制软件和信息接口组成，实现光机电单元的输入输出控制。用户在进行 OMEE 设计时，只需要根据实际控制需求选择控制器产品即可。当实际控制需求较特殊而难以找到典型控制器产品时，也可以按照图 12.3-3 的结构自行开发。

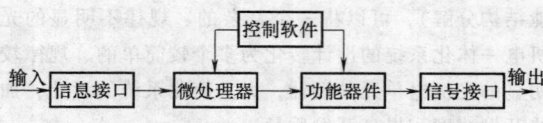

图12.3-3　OMEE 控制体的典型结构

OMEE 驱动部分从电源得到能量，驱动执行部分

实现特定物理量输出，完成特定功能。一般来说，OMEE 的驱动部分及执行部分中的执行部件均具有成熟的产品，且驱动部分与执行部件相匹配，用户很少自行开发。实际上，用户的主要设计工作体现在两个方面。一方面是进行执行部分中机械部分的设计，为获得最佳性能奠定基础，如运动精度、谐振频率、刚度、加热均匀性、光路质量等；另一方面是进行检测部分设计，包括检测元件的选择、安装位置设计及检测信号处理等。

（2）典型的 OMEE

1）位移单元（D-OMEE）。位移单元是能按照指令要求自动完成特定运动控制的光机电单元，简称 D-OMEE（displacement optical mechanical electronics element），其中运动控制可以是位移控制、速度控制或加速度控制。D-OMEE 包括角位移单元和线位移单元两类。

2）力单元（F-OMEE）。力单元是能按照指令要求自动产生一定作用力的光机电单元，简称 F-OMEE（force optical mechanical electronics element）。F-OMEE 包括力单元和转矩单元。

3）温度单元（T-OMEE）。温度单元是能按照指令要求使加热对象自动保持特定温度的光机电单元，简称 T-OMEE（temperature optical mechanical electronics element）。

4）激光功率单元（P-OMEE）。激光功率单元是能按照指令要求自动控制激光输出功率的光机电单元，简称 P-OMEE（power optical mechanical electronics element）。

1.2.2　光机电系统的总体组成

一套光机电系统一般包含多个不同类别的 OMEE，如多数快速成形设备主要包括三类单元：线位移单元（实现 x、y、z 三轴及辅助轴的运动）、激光功率单元（实现激光切割、烧结或固化等）和温度单元（实现某些对象的温度控制）。典型的 OMES 的总体构成如图 12.3-4 所示，从横向看，OMEE 中处理外界控制信息的各控制体 C_i 可以以某种形式组成 OMES 的数据处理和控制部分。D_i 组成 OMES 的驱动部分，外界的能量输入到这一部分。P_i 在支撑结构单元的支撑和约束下形成 OMES 的执行部分，OMES 的物理功能最终是通过该执行部分来实现的。外界物质（M）通过执行部分被转换（加工、处理等）、转移或储存。任何一个 OMES 都会受到外界各种形式的干扰，OMES 也一定会有废弃物输出（如烟尘、噪声、化学废弃物等），这些在总体设计时一定要注意，并认真处理。

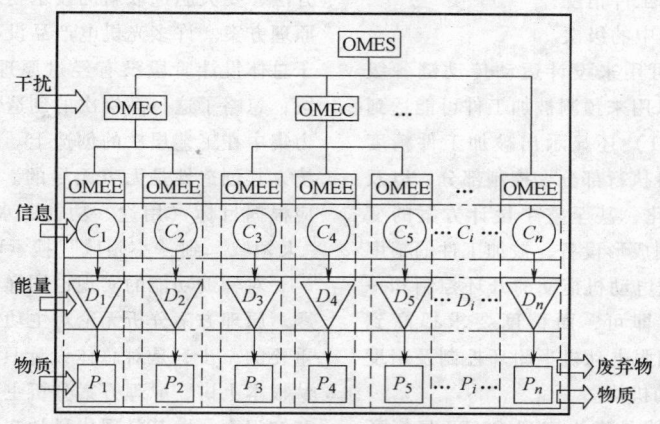

图12.3-4　光机电一体化系统总体结构图

通过 OMEE 的耦合产生新的功能，最终组成 OMES 的主功能。这种耦合可通过 C_i 来完成，也可通过 P_i 和 D_i 的相互耦合来完成，选用何种方式正是总体设计中应注意的问题。

图中纵向是强连接（实线），横向的点划线表示弱连接，这表明了一种先进的光机电总体设计思想，从最基本的 OMEE 就进行"光"、"机"和"电"的融合。每一个 OMEE 均在执行功能、控制和驱动器方面具有独立性（或自主性）。在这种思想的指导下，设计者并不刻意地追求结构和机构的巧妙，而是强调 OMEE 的功能和它们之间的耦合。

2　光机电一体化系统的基本分析

2.1　需求分析

光机电一体化系统设计的目标是面对用户需求所能达到的总体结果。目标分析的第一层次是需求分析，它应包括 OMES 的用途、水平、主功能及影响总体结构的主要参数（如系统主功能的频次和所能达到的精度）。也要对市场购买潜力、需求量做抽样研究，建立数学模型并作出判断，明确应该满足什么样的要求和规格。

（1）用途　按用途（种类）可将 OMES 分为不同类别。例如：物料输送设备包括自动导引车（AGV）、空中自动导引车（SKY-RAV）等；光学仪器类包括照相机、摄像机、热像仪等；材料加工类设备包括激光切割和激光打标设备等；医学诊断及治疗用设备包括 B 超、CT、ECT、磁共振医学诊断用设备、体外肾结石碎石机、频谱治疗仪等；集成电路加工设备包括集成电路焊接设备、封装设备、清洗设备；机器人包括危险工作用机器人、仿人机器人、军

用机器人等。

应明确所设计的 OMES 是属于哪一类的光机电一体化系统，抓住该类系统的共性问题，并学习已取得的成熟经验，摒弃错误的设计思想，避免重复已发生的问题。

（2）水平　系统具有不同的水平，水平与用途不应混淆，一般来说，低水平与产品的"简化型"、"低精度型"、"经济型"有类似之处，可以将产品分为诸如"精品"、"一般产品"和"简化型"等档次。水平是一个对总体设计影响很大的概念，对后继每一设计步骤均会产生影响。

（3）频次　OMES 的工作频次是影响到整个设计技术路线和步骤的关键参数，应将其放到目标中来讨论。如一台数控压力机，每两分钟一个工作循环（板料压制成形压力机）和每分钟 10 个工作循环（汽车覆盖件冲压成形），此差别足以使压力机的方案产生根本的改变：前者可以采用液压传动的液压机，后者采用机械传动的曲柄压力机。与此相关的另外一个概念是柔性问题，如果所设计的 OMES 是用于单件成批生产，则要求它具有很高的柔性，即在无需改变专用工装和工具的前提下，提高 OMES 对不同任务的适应性，这时频次则成为设计的次要因素。相反，如 OMES 是用于大批量生产的环境，则其柔性为次要因素。

（4）精度　OMES 主要功能所能达到精度确定的基本原则为：①最低精度原则，即能满足要求的最低精度为适宜精度；②金字塔原则。对于多级运动传递的执行体（极为常见的情况），各级的精度 δ_i 可用式（12.3-1）计算。

$$\delta_i = \frac{\delta_p}{10^i} \qquad (12.3-1)$$

式中 δ_p——执行体的加工件精度；

　　　　i——运动传递链中的级次。

式（12.3-1）不仅可用来设计运动传动链各级的精度等级，而且还可以用来预测被加工件可能达到的最高精度。式（12.3-1）还显示出被加工件精度要求的微小变化将引起各执行部分、控制部分，以及它们耦合关系的巨大变化，甚至整个设计方案的变化。如设计一台激光切割成形设备，被加工件的精度为 ±0.5mm，则采用步进电动机拖动的开环控制和一般同步齿形带传动机构即可，而精度要求提高到 ±0.1mm，则需要采用伺服电动机半闭环控制及精度较高的滚珠丝杠导轨传动机构。

（5）主功能 主功能是指为实现 OMES 目标所应具有的主要功能，如自动导引车（AGV）的主功能为根据上位机的指令在规定的时间内将物料从起始地址输送到目的地址；肾结石体外击碎机的主功能为以冲击波击碎结石且不伤害人体组织；激光切割机的主功能则为根据 CAD 所设计的图样以确定的精度和速度完成板材的分离。

任何一个 OMES 的主功能并不是独立存在的，只有在辅助功能的支持下才得以实现。例如，自动导引车跟踪轨迹的导引功能、肾结石击碎机冲击波瞄准结石的功能、激光切割机的激光功率与扫描速度匹配的功能分别是这三种设备的重要辅助功能。在总体设计时，主功能在系统中占有明显第一的位置，因为辅助功能再强、其精度再高也是无用的。另一方面，辅助功能也是总体设计的重要内容，往往也会对总体设计产生重要影响，甚至是根本性的影响。

在进行需求分析时，不宜对主功能带有方法性的限制，这种限制会影响到主功能的正确确定及实现方法的合理选择。例如：要创造一种精密齿轮加工机床，可以确定目标为"完成精密齿轮的加工"，不宜提"完成精锻齿轮的加工"。后一目标具有锻造方法的含义，这种目标显然排除了其他方法的选择，在目标确定阶段就受到这种限制对总体设计是不利的。换句话说，对主功能的描述力求回溯到它最原始的需求形态，而不对实现的过程和方法额外附加其他的限制条件，这样有利于设计者开拓思路，为完成该功能选择最佳的、很可能是前人从未采用过的方法。

2.2 方案分析

方案是指使产品拥有目标中规定的某种功能所采用的数学-物理原理的总称。原理方案的确定和选择本身就是一个创新的过程。总体设计的创新性主要体现在原理方案的选择阶段，要特别注意不受制于传统方法，要大胆选取新的技术物理效应原理，创造新的原理方案。许多光机电产品没有创新性的根本原因在于总体设计阶段没有经过原理方案分析和选择的阶段，忽略了这一高层次的创造性阶段，而过早地将精力集中在工艺层次的创造上。OMES 是复杂的产品系统，其创造性是无穷无尽的。在原理方案分析阶段，应根据目标（用途、功能、水平、精度和频次）由"大领域"到"小领域"搜索可能采用的方法。

对辅助功能的实现也同样存在原理方案分析的问题。原理方案分析无论对主功能或辅助功能都是极为重要的一步，是对总体设计具有全局性影响的步骤。从根本上讲，原理方案分析主要靠设计者的工程经验和知识面，尤其是现代科学知识的广博性及设计者的灵感。

工艺是实现主、辅功能的细化，在总体设计阶段尽管不必对工艺做出详细的分析，但一定程度的细化是必要的，有时忽略一个重要的工艺细节就会需要大量的返工，应认真加以分析。

（1）输入分析 任何一种 OMES 运行时，就必须对它输入物质、能量和信息。所谓输入分析是指从总体设计的角度，对所输入物质、能量和信息的条件、形态、格式、规范等问题进行考察和分析，以保证该设计任务总体上的可行性。

1）物质分析。以材料加工类 OMES 设计为例加以说明。对材料类加工机床，输入的物质就是要加工的材料，材料本身的发展和进步就是该类 OMES 产品产生的依据和改进的推动力。因此，根据要求获得尺寸参数稳定、价格合理的加工材料制品就成为该类机床能否为市场接受的关键问题。

2）能量输入。在总体设计阶段，需要考虑该产品使用地区所能提供的能源与产品需求的一致性。如电能，常指电压、电流、相数和频率。一般来说，可以用单相电源的情况尽量使用单相，以使该种产品便于推广使用。其他能源常存在输送与保管问题。对于水源的要求（如冷却器用水）也是某些产品需特别考虑的。如高水平的小功率 He-Cd 激光器无需冷却水，而功率较大的 Ar 离子激光器件则需用充足的冷却水冷却从激光器导入换热器的冷却液。这些在总体设计时都应加以考虑。

3）信息输入。OMES 与普通机械系统最显著的区别之一就是需要输入信息（如数据和各种参数），这就存在一个接口问题。例如，为了将 CAD 模型输入激光快速成形加工设备，通常是将 CAD 数据转换成 STL 文件，也有的用一般的 DXF、IGES 或采用 STEP 协议。在总体设计阶段，显然应考虑好信息输入的数据格式和转换标准。参数的输入往往是以人机对话的方式输入，因此应考虑设计合适的人机对话的界面，便于使用者方便地将参数输入或修改。

几种典型的文件格式如下：

① DXF（Drawing eXchange Format）：以矢量为基础的 3D 格式。

② IGES（International Graphics Exchange Specification）：为传递绘图数据的显示而设置的协议。

③ STL（Stereo Lithography Interface Format）：ASCII 或者二进制文件，允许 CAD 数据被立体测量装置阅读。

④ STEP（Standard for the Exchange of Product）：ISO10303 工业自动化系统产品的表示法和交换。

各种干扰也是可以认为是系统的一种输入，如电磁干扰、电压波动干扰、振动干扰等都是特别需要加以重点考虑的。这些干扰往往是 OMES 产品这一部分对另一部分的影响。严重时，干扰可以使整个系统瘫痪，消除干扰源或加以屏蔽则是常用的解决方法。

（2）输出分析　输出分为产品（制成品或信息）和废弃物两大类：

1）产品输出。在进行光机电系统设计时应考虑产品的输出问题，在总体设计阶段，应考虑好如何不损伤精度且方便地将制成品从 OMES 上取下和存储。

2）废弃物输出。随着生产规模的扩大，废弃物对环境的影响越来越不可忽视。总的来说，任何一种 OMES 的输入和输出都应与环境和谐统一，这是总体设计阶段应认真考虑和解决的问题。废弃物是广义的，各种噪声、振动都属于废弃物。例如，激光快速成形设备如无很好的抽排装置，将激光气化材料产生的气体直接排放在办公室或生产车间内，将会造成严重的污染。事实上，加上抽排装置就能方便地解决烟气污染。

2.3　参数种类分析

参数分析是对目标分析的量化。只有通过量化，才能将目标更具体化，并发现所存在的问题。

（1）目标参数　指有关主功能所能实现目标的参数，这是用户首先应关心的参数。如激光快速成形设备所能制造原型的轮廓尺寸（长×宽×高），AGV 所能承载的重量和体积大小，数控折弯机所能加工板料的宽度和厚度。目标参数的修改和变化对总体设计的影响是全局性的。

（2）功能参数　指主功能的参数，其中影响效率和精度的参数是功能参数的基本内容。此外还有许多参数是属于这一类的：如激光加工设备中激光管的

输出功率、频率、模式、扫描系统的扫描速度和加速度；AGV 的运行速度、停位精度（0.02～10mm）及最小转弯半径（单位为 m）；数控折弯机的行程和速度等。

（3）接口参数　指输入 OMES 信息的格式。如激光快速成形设备所能接受的被成形件的 CAD 数据格式；如 STL 文件格式或 DXF、IGES 和 STEP 等数据格式。OMES 中可以在其数据处理软件中有一个接受输入信息的模块，或是专门开发一个接口软件负责接受输入的信息。此外，输入 OMES 的电工参数（功率和频率）也属此范畴。

（4）结构参数　指反映 OMES 的结构特征的参数、外形尺寸和重量等。如激光快速成形设备的长×宽×高为 2m×0.8m×1.5m，AGV 的长×宽×高为 1.5m×1.2m×1.4m，重 500kg。结构参数便于用户设计安装空间和运输系统的调度，对于结构参数可通过虚拟装配进行干涉检查，通过强度分析进行优化设计等。

（5）影响环境参数　指有关该 OMES 对环境有影响的输出物（废弃物）的参数。例如，空调所排放的尘烟，压机增压器运行时所产生的噪声等。

2.4　参数的时变性分析

光机电一体化系统可以用一个六维空间中的函数中 Φ 来描述，如式（12.3-2）所示，即

$$\Phi = \Phi(X, Y, Z, F, H, L) \qquad (12.3\text{-}2)$$

式中　X——i 点 x 方向的几何坐标（mm）；

Y——i 点 y 方向的几何坐标（mm）；

Z——i 点 z 方向的几何坐标（mm）；

F——力（N）；

H——热能值（J）；

L——光能值（J）。

若将光机电系统中某一点空间几何位置用向量 G_i 描述，即 $G_i = G_i(X_i, Y_i, Z_i)$，则函数 Φ 变形为

$$\Phi_i = \Phi_i(G_i, F_i, H_i, L_i) \qquad (12.3\text{-}3)$$

即每一点均可能接受力、热能和光能，也可以发生几何位移。该点的速度和加速度可以通过对时间变量求导获得，如式（12.3-4a）和式（12.3-4b）所示

$$v_i = \frac{\partial G_i}{\partial t} \qquad (12.3\text{-}4a)$$

$$a_i = \frac{\partial^2 G_i}{\partial t^2} \qquad (12.3\text{-}4b)$$

系统在任意情况下所受的力、热和光也存在变化，相应受力的速率、受热和受光的功率可以描述为式（12.3-5a～c）

$$v_{Fi} = \frac{\partial F_i}{\partial t} \quad a_{Fi} = \frac{\partial^2 F_i}{\partial t^2} \qquad (12.3\text{-}5a)$$

$$v_{Hi} = \frac{\partial H_i}{\partial t} \quad a_{Hi} = \frac{\partial^2 H_i}{\partial t^2} \qquad (12.3\text{-}5b)$$

$$v_{Li} = \frac{\partial L_i}{\partial t} \quad a_{Li} = \frac{\partial^2 L_i}{\partial t^2} \qquad (12.3\text{-}5c)$$

从式（12.3-4）和式（12.3-5）中可以看出，光机电系统的所有参数都是 Φ 在 X、Y、Z、F、H 和 L 六维空间中的函数、一阶导数和二阶导数，以及这些组合量对时间变量 t 的各阶导数。

光机电一体化系统应遵循几何相容性和时序相容性原则，即 OMES 中各点在任一时刻在几何上是不互相冲突的。同时，当时间由时刻 t_1 过渡到时刻 t_2 时，对于某一点 G_i 的 F_i、H_i 和 L_i 一般只能有一个或两个元素发生变化。

3　光机电一体化系统主要的设计方法

光机电一体化产品的功能是在机械技术和光电子技术组合的基础上实现的，因而产品的设计过程中，不仅需要采用传统的机、电、液系统的设计方法，更要采用一些光机电一体化系统特有的设计方法，才能够使得设计的产品具有优越的性能。传统的设计方法，如可靠性设计方法、优化设计方法、模块化设计方法等依然适用于光机电一体化系统的设计，而解耦和耦合等光机电一体化系统所特有的分析设计方法与传统设计方法组成了光机电一体化系统的设计方法。

3.1　系统设计公理

3.1.1　公理设计基本概念

公理化设计（Axiomatic Design Theory，ADT）是美国麻省理工学院的 Nam P. Suh 教授提出的。公理化设计理论是设计领域内科学的准则，它能指导设计者在设计过程中做出正确的决策，为创新设计或改善已有设计提供了良好的思维方法。

域（Domains）是公理化设计中的一个重要概念，指的是不同设计活动的界限线，贯穿于整个设计过程。公理化设计的域是在四个不同类型设计活动之间划出界线，为公理设计奠定了基石。公理化设计将整个设计过程划分为四个不同的设计活动，设计也是由四个域构成的，分别是用户域（Customer Domain）、功能域（Functional Domain）、物理域（Physical Domain）和过程域（Process Domain）。域中的元素分别对应于用户需求（Customer Needs：CN）、功能需求（Function Requirements：FR）、过程变量（Process Variables：PV）和设计参数（Design Parame-

ters：DP）。

对于一个产品系统，需要分析用户提出的要求，准确地定义出功能需求 $\{FR\}$；在设计公理的指导下，进行设计，得到满足功能需求 $\{FR\}$ 产品的设计参数 $\{DP\}$。

1）用户需求 $\{CN\}$ 是指市场和用户对产品的要求，它包括消费者对产品的性能、用途等方面的要求，内部用户（指产品制造、销售、售后服务等部门）对产品的生产效率、生产成本和产品质量等要求，同时还包括提高产品竞争力、产品创新等方面的要求。设计开发人员分析用户需求，提出产品的基本功能需求。

2）功能需求 $\{FD\}$ 是对设计目标的描述，是设计方案所要实现的功能集合。从系统的观点出发，公理化设计将系统的功能分为总功能和分功能。对系统整体的要求就是系统的总功能，系统总功能反映了系统输入与输出的能量、物料和信息的差别和关系。一个复杂系统可以分解为一系列简单系统（子系统），复杂系统的总功能可以分解为若干个复杂程度较低的分功能，一直分解到能直接找到解法的功能元为止。

3）过程变量 $\{PV\}$ 是指实现设计参数的产品的加工制造方法，包括加工工艺、装配工艺的过程规划。在公理化设计中，设计具有广泛的概念，它除了一般的产品设计外，还包括软件设计、系统设计、组织设计、材料设计、管理设计等。

4）设计参数 $\{DP\}$ 的内容非常广泛，包含多种物理描述（如形状、位置、大小等）和物理过程（如运动、加热、切割、辐射、发声等），必须用某种物理变量来表示，否则无法准确实现。常用的物理变量有尺寸、距离、速度、温度和力等。在用这些物理变量来量化设计参数时，有些设计参数可以给出确定值，有些设计参数不能给出确定值，而只能给出一个取值范围，特别是描述物理过程的参数。在设计过程中，一些能给出确定值的设计参数，称为结构参数，用 $\{SP\}$ 表示；另一些不能给出确定值，而只能给出取值范围的设计参数，称为时域参数，用 $\{TP\}$ 表示。$\{SP\}$ 作为产品系统功能实现的基础，在设计阶段，应当是确定在产品系统的结构中，而且希望在产品制造和运行状态下，有较好的稳定性。

光机电一体化系统的功能特征主要由时域参数 $\{TP\}$ 决定，其原因是：

1）光机电一体化系统的功能特点是在系统运行时反映出来的。它与刀具、工具不同，摆放在那儿不运行是体现不出它的性能的。

2）光机电一体化系统的运行状态是有组织、有次序的协调工作的状态，是有序、低熵值的状态；一旦外界停止输入能量，系统停止运行，系统就将处于自然的、无序的、随机的、高熵值的状态；系统的运行状态对应于一个能级较高的非平衡态，它需要输入能量和信息，以维持这个非平衡态；而系统的停机状态，对应于一个能级较低的平衡态，没有能量和信息的输入和输出；在系统的启动和制动过程中，系统状态将随时间而变化。在系统的运行过程中，系统状态也会随时间成周期性或单调地变化。所以，系统状态应由一些随时间变化的参数来描述。这些时域参数决定着系统的状态及其功能实现。

3.1.2 公理设计中的两条基本公理

公理化设计理论中产品的设计过程是一个自顶向下的过程，顶层概念设计形成的框架必须经过逐层曲折分解直至设计细节。在分解和映射的过程中，要做出正确的决策必须遵循两个基本公理，即独立公理和信息公理。在公理化设计的映射过程中，要做出正确的设计决策必须用两条基本设计公理来评价设计方案的好坏和优劣。两条基本公理及其定理和推论构成了公理化设计核心内容。

（1）独立公理　独立公理：保持功能需求的独立性。

独立公理表明功能需求与设计参数之间的关系。它说明功能需求 $\{FR\}$ 必须始终保持独立，此处 $\{FR\}$ 被定义为表征设计目标的独立需求的最小集合。当有两个以上的功能需求时，设计方案必须满足每一个功能需求，而不影响其他的功能需求，这就要求选择设计参数时，既要满足功能需求，又要保持功能需求的相互独立。通过分析功能需求与对应的设计参数之间的关系来判断功能需求之间是否相互独立。保持功能需求的相互独立，可以使满足设计目标特性的功能需求最少，使设计的产品结构最简单。

公理化设计中设计域间的映射过程可以用数学方程来描述，即在层次结构的某一层上，设计目标域与设计方案域中的特性矢量间有一定的数学关系，如功能域中的功能需求与物理域中的设计参数之间的关系可表示为一个产品设计方程式，如式（12.3-6）所示

$$\{FR\}_{m \times 1} = [A]_{m \times n}\{DP\}_{n \times 1} \qquad (12.3\text{-}6)$$

式中　$\{FR\}_{m \times 1}$——功能需求向量；

$\{DP\}_{n \times 1}$——设计参数向量；

$[A]_{m \times n}$——产品设计矩阵

矩阵 $[A]_{m \times n}$ 中的元素可以具体表示为

$$A_{ij} = \frac{\partial FR_i}{\partial DP_j} \qquad (12.3\text{-}7)$$

功能需求向量 $\{FR\}_{m \times 1}$ 中各元素可表示为

$$FR_i = \sum_{j=1}^{n} A_{ij}DP_j \, (i = 1, 2, \cdots, m)$$

$$(12.3\text{-}8)$$

按设计矩阵 $[A]$ 的形式，设计可分为三种情况：非耦合设计、准耦合设计和耦合设计。

1）当 $m = n$ 时，存在理想设计的可能。以 $m = n = 3$ 为例，如果设计矩阵为对角阵，如式（12.3-9a）所示，表明功能需求通过设计参数可以满足独立公理，这样的设计是非耦合设计；如果设计矩阵为三角阵，如式（12.3-9b）所示，设计参数必须按某一适当的顺序排列才能满足独立公理这样的设计称为准耦合设计；如果设计矩阵为一般阵，如式（12.3-9c）所示，设计为耦合设计，耦合设计不满足独立公理，通常也不能保证设计系统符合规定要求，这不是理想设计。

理想设计的产品设计矩阵 $[A]$ 为对角阵或三角阵，满足独立公理的要求。在理想设计中，设计变量 $\{DP\}$ 的数目等于功能需求 $\{FR\}$ 的数目，并且与功能需求 $\{FR\}$ 之间始终保持独立。

$$A = \begin{bmatrix} A_{11} & 0 & 0 \\ 0 & A_{22} & 0 \\ 0 & 0 & A_{33} \end{bmatrix} \qquad (12.3\text{-}9a)$$

$$A = \begin{bmatrix} A_{11} & 0 & 0 \\ 0 & A_{22} & 0 \\ A_{31} & A_{32} & A_{33} \end{bmatrix} \qquad (12.3\text{-}9b)$$

$$A = \begin{bmatrix} A_{11} & 0 & A_{13} \\ A_{21} & A_{22} & 0 \\ A_{31} & A_{32} & A_{33} \end{bmatrix} \qquad (12.3\text{-}9c)$$

2）当 $m > n$ 时，设计是耦合设计。当功能需求 $\{FR\}$ 的数目大于设计参数 $\{DP\}$ 的数目时，设计或者是一个耦合设计，或者功能需求不能完全满足。

如有三个功能需求，但设计参数仅有两个，则设计方如式（12.3-10）所示

$$\begin{Bmatrix} FR_1 \\ FR_2 \\ FR_3 \end{Bmatrix} = \begin{bmatrix} A_{11} & 0 \\ 0 & A_{22} \\ A_{31} & A_{32} \end{bmatrix} \begin{Bmatrix} DP_1 \\ DP_2 \end{Bmatrix} \quad (12.3\text{-}10)$$

其中，若 A_{31} 和 A_{32} 如都为零，则 FR_3 不能满足；若 A_{31} 和 A_{32} 不为零，则是耦合设计。

对于功能需求数目大于设计参数数目的情况，可通过增加设计参数的数目，使其与功能需求数相等，使设计解耦。

3）当 $m < n$ 时，设计是一个冗余设计。当功能需求 $\{FR\}$ 数目小于设计参数 $\{DP\}$ 的数目时，设

计是冗余设计或者是耦合设计。此时，设计方程如式（12.3-11）所示

$$\begin{Bmatrix} FR_1 \\ FR_2 \end{Bmatrix} = \begin{bmatrix} A_{11} & 0 & A_{13} & A_{14} \\ A_{21} & A_{22} & A_{23} & 0 \end{bmatrix} \begin{Bmatrix} DP_1 \\ DP_2 \\ DP_3 \\ DP_4 \end{Bmatrix}$$

$$(12.3\text{-}11)$$

此设计的形式取决于将哪些设计参数固定，而由哪些设计参数变化。如果取 DP_1 和 DP_2 为变化量，而将其余 DP 固定，则设计是一个准耦合设计；若固定 DP_1 和 DP_3，则设计是非耦合冗余设计，冗余设计不一定满足独立公理。

在设计中，有时很难使各个层次的设计矩阵都是非耦合的，但应力求做到准耦合设计。在准耦合设计中，应该根据功能需求与设计参数之间的关系，按照一定的顺序确定设计参数，即首先确定不对其他功能需求产生影响的设计参数，然后确定只对本身功能需求和已经确定的设计参数对应的功能需求有影响的设计参数，这样可提高设计的合理性和成功率。

在公理设计中，首先应该应用独立公理。有时找到一个单一的满足独立公理的设计方案是很不容易的。如果只有一个方案符合要求，那它就是最终的设计方案。然而，这样的情况在工程设计中是很少见的，在一般设计过程中，可能有多个设计方案满足独立公理，这时，就需要利用信息公理。信息量是评价指标，应该选择信息量最少的设计方案作为最终的设计方案。

（2）信息公理　信息公理：使设计中的信息含量为最少。

信息公理说明在那些满足独立公理的设计中，具有最少信息含量的设计就是最好的设计，它是用来对设计方案进行评价和比较的原则。当信息含量有限时，必须通过用户或其他途径为设计提供信息。因为信息含量是由概率确定的，所以信息公理同时也说明了具有最高成功概率的设计是最佳设计。

在实际工程应用中，如果满足这些公理，产品、过程、软件、系统和组织机构的性能、可靠性和实用性将显著地得到改进。反之，工作不好的机器和过程可以通过分析，确定功能不良或失灵的原因并根据设计公理去解决问题。根据信息公理的要求，在设计中应尽量简化设计工作，减少设计中各种因素的影响，以减少设计中产生功能耦合的可能性。

对于同一个设计任务，不同的设计者可能得出不同的设计方案，而且这些设计方案也许都是满足独立

公理的。然而，这些设计方案中只有一个方案是最优的设计。信息公理提供了对给定设计的定量评价的方法，并且使从这些设计方案中选出最优方案成为可能。此外，信息公理还为设计优化和稳健设计提供理论基础。信息公理认为成功概率最高的设计是最好的设计。公理化设计中信息含量定义为

$$I_i = \log_2 \left(\frac{1}{P_i} \right) = -\log_2 P_i \qquad (12.3\text{-}12)$$

式中　P_i——设计参数 DP_i 满足功能需求的概率 FR_i 概率。

对于有 m 个功能需求的系统，其信息总量为

$$I_{\text{sys}} = \log_2 \left(\frac{1}{P_{\{m\}}} \right) = -\log_2 P_{\{m\}} \quad (12.3\text{-}13)$$

式中　$P_{\{m\}}$——满足 m 个功能需求的联合概率。

对于非耦合设计，所有功能需求相互独立，则联合概率为

$$P_{\{m\}} = \prod_{i=1}^{m} P_i \qquad (12.3\text{-}14)$$

这时系统信息总量可表示为

$$I_{\text{sys}} = \log_2 \left(\frac{1}{P_{\{m\}}} \right) = -\log_2 \prod_{i=1}^{m} P_i = -\sum_{i=1}^{m} \log_2 P_i$$

$$(12.3\text{-}15)$$

对于耦合设计，所有功能需求不相互独立，其概率可表示为

$$P_{\{m\}} = \prod_{i=1}^{m} P_{i|\{j\}} \quad j = 1, 2, \cdots, i-1$$

$$(12.3\text{-}16)$$

式中　$P_{i|\{j\}}$——条件概率，即同时满足功能需求 FR_i 和所有与 FR_i 相关的功能需求 $\{FR\}_{j=1,2,\cdots,i-1}$ 的概率。

系统的复杂性的概念是与功能需求的设计范围紧密联系在一起的，设计范围越小，选择设计方案的难度越大，系统满足功能需求的可能性就越小。大的系统一般要满足较多的功能需求，并且许多零部件组装在一起完成系统的一个功能时，每个零部件所允许设计公差很小，因此比较复杂。根据信息公理的要求，设计应该在满足功能需求的前提下尽量做到最简单。

在光机电系统的运行过程中，由于各时域参数之间，以及时域参数与环境参数之间存在着相互协同、相互配合的关系；同时，因为外界各种因素对系统产生干扰也会引起参数变化，造成系统输出改变。为此，需要对时域参数进行实时监控，保持系统的最佳状态，提高抗干扰能力。

在设计光机电系统时，遵循时域参数控制原则，用控制器将产品的时域参数控制起来，就能够设计出运行

可靠、自动化程度高、抗干扰能力强的光机电系统。

时域参数是有一个变化范围的设计参数，$TP \in [a, b]$。在实现对时域参数控制时，不可能无限精确地确定它的值，存在一定的分辨率，设为 ε。可以定义时域参数的信息量 I_{TP}

$$I_{TP} = \log_2 \frac{|a - b|}{\varepsilon} \qquad (12.3-17)$$

时域参数信息量表示在 ε 分辨率下，在区间 $[a, b]$ 上，得到某一确定值的不确定性。它在一定程度上反映出时域参数的控制复杂性。可以看出时域参数信息量的定义与信息论中对信息量的定义是一致的。控制范围越大，控制精度越高，分辨率越高，$\frac{|a - b|}{\varepsilon}$ 就越大，所需信息量 I_{TP} 就越多，设计过程就会更加复杂。

当对数的基为 2 时，即将信息量 I_{TP} 描述为 $I_{TP} = \log_2(|a - b|/\varepsilon)$ 时，其表示在 ε 分辨率下，在区间 $[a, b]$ 上确定某一值所需二进制数据的最小长度。

例如，光学精密仪器制造系统中，时域参数 TP_1 表示 y 轴直线运行，行程 $s = 530$mm，分辨率 $\varepsilon = 0.02$mm。该时域参数的信息量是 $I_{TP_1} = \log_2(530/0.02) = 14.6937$。

时域参数 TP_2 表示 x 轴直线运行，行程 $s = 700$mm，分辨率 $\varepsilon = 0.05$mm。该时域参数的信息量是 $I_{TP_2} = \log_2(700/0.05) = 13.7731$。

这两个时域参数信息量表示：y 轴直线运动上某个有效的值 y，需要 $14.6937 \approx 15$ 位二进制数；而为了表示 x 轴直线运动上某个有效的值 x，需要 $13.7731 \approx 14$ 位二进制数；由于 $I_x < I_y$，表明 x 轴控制的复杂性小于 y 轴控制的复杂性。

一个光机电产品系统，每个时域参数 TP_i，都有一个信息量 I_{TP_i}，则设计的总时域参数信息量 $M = \sum I_{TP_i}$。M 称为控制信息需求量，它表明产品在运行时的、系统总的不确定性和需要的最小信息总量。

信息公理认为信息量最少的设计是最好的设计，即要实现设计目标所需要的信息量最少。当所有的功能需求被满足而概率都等于 1 时，其需要的信息含量为零；相反，当一个或几个概率为零时，则需要的信息含量就是无穷多。信息含量是设计复杂性判断的依据。复杂系统需要更多的信息才能满足它的功能需求。如果一个设计成功的概率低，该设计为复杂的设计，它满足功能需求所需的信息量就多。结构大的系统，如果信息含量低，它就不是复杂系统；相反，结构小的系统，如果信息含量高，它就可能是一个复杂的系统，也就是说，系统的大小和复杂性是两个不同的概念。

当设计违反独立性设计公理时，时域参数之间存在耦合情况，系统需要的信息总量将大于 M。因而在公理设计中，首先应该应用独立公理，这是系统设计的基础。

一个具体的系统，其所有时域参数不一定都被控制器控制。将被控制器控制的时域参数的信息量相加称为控制信息处理量 P，表示系统运动时，控制系统提供的实际信息总量及其消除的系统不确定性，如果系统存在 k 个时域参数，则 $P = \sum_k I_{TP_k}$，显然 $P \leqslant M$。

据此，可以定义一个对于光机电一体化系统十分重要的参数——光机电化率。

对于一个系统，其控制信息处理量 P 与控制信息需求量 M 的比值 E，称为该系统的光机电化率，可以表示为

$$E = \frac{P}{M} \times 100\% = \frac{\sum_k I_{TP_k}}{\sum_i I_{TP_i}} \times 100\%$$

$$(12.3-18)$$

当系统的所有时域参数都在控制器的控制下时，$\{\sum_k I_{TP_k}\} = \{\sum_i I_{TP_i}\}$，$P = M$，则光机电化率 $E = 1$，表明系统实现了全自动控制，实现了全光机电化。当系统没有任何控制器，所有参数都需要在运行时人工调整时，$\{\sum_k I_{TP_k}\} = \Phi$，$P = 0$ 则系统的光机电化率 $E = 0$，表明该系统是纯机械系统。当有一部分时域参数在控制器控制下时，$\{I_{TP_k}\} \subset \{I_{TP_i}\}$；$P < M$，$0 < E < 1$，表明系统实现了部分光机电化，有些参数可以自动调整，有些参数需要人工调整。

光机电化率的引入使得在光机电一体化系统的研究中，能够以信息量为量化基准，对机械系统的光电子化程度、控制的自动化程度较为客观地进行评价，使原先光机电系统这个模糊的概念，有了一个量化的、可比较的指标。根据各个控制参数对应信息量 I_{TP_i} 的不同，能够识别出各个时域参数对于提高光机电化率的贡献程度，显然，I_{TP_i} 越大，光机电化率贡献度越高。而精度高、分辨率高、变化范围大的时域参数，其信息量大，所以其对光机电化率的贡献度越大；而精度低，变化范围小的参数的贡献度就相对很小。

在设计时，遵循信息量大优先原则，对时域参数进行筛选，区别对待，发现最需要设计控制器控制的参数。将重要的、关系到系统最终性能的功能物理量置于控制器的控制下，并用适当、可靠的传感器构成控制回路，这就是光机电一体化系统设计的特点。

光机电化率的差别反映了产品性能上的差别，使在不同系统之间，以及同一系统之间的不同方案之间，能够量化地比较光机电化程度，信息量大优先原则能够指导如何有效地提高光机电化率。追求高的光机电化率只是系统设计的一个方面，更重要的是光机电一体化所带来的效果。

功能信息量 I_{FR} 是定义在设计的功能需求域上的，而时域参数的信息量 I_{TP} 是定义在设计的物理域上的，两者含义有所不同，分别表示设计中的需求和实现两个方面。

由于时域参数 {TP} 与功能需求 {FR} 存在一一映射关系，因而时域参数的变化区间 $[a,b]$ 应包含功能需求的范围 L，即 $L \leq |b-a|$，而时域参数的分辨率 ε 应小于功能需求的精度，即 $\varepsilon \leq 2\Delta L$，可以得出：

$$I_{FR} = \log_2 \frac{L}{2\Delta L} \leq \log_2 \frac{|a-b|}{\varepsilon} = I_{TP} \qquad (12.3\text{-}19)$$

因而在光机电一体化系统设计时，时域参数的信息量 I_{TP} 必须不小于对应的功能需求的功能信息量 I_{FR}，这是时域参数满足功能需求的必要条件。

时域参数设计的约束条件给出了时域参数信息量的下限，而时域参数信息量的上限一方面受到控制条件、控制器选择和价格成本的限制，另一方面还受到下面将介绍的控制效率的约束。

设产品功能需求 FR 的总信息量 $R = \sum_i I_{FR_i}$，对于光机电一体化系统的某一设计方案，其功能需求 {FR} 的总信息量 R 与时域参数的总信息量 M 的比值记为 η，η 表示该方案的时域参数控制效率，它表示一定时域参数所控制的产品系统功能，可以描述为

$$\eta = \frac{R}{M} \times 100\% \qquad (12.3\text{-}20)$$

当系统的功能需求不变，即 {FR} 一定时，减少时域参数的数量或时域参数的信息量，η 值就增大，表明所选择的时域参数的控制效率高；而时域参数的设计不变，即 M 一定时，通过功能重新组合、集成，挖掘产品潜力，使功能增强，i 值增大，η 值增加，表明设计的控制效率增大。降低控制信息量需求意味着系统在运动时，控制器的负担减轻；而提高功能信息量意味着系统的功能增加。

对于一个光机电一体化系统，η 值的大小是衡量其设计好坏的一个重要标准。这样得出光机电一体化系统设计的第二条原则——最大控制效率原则：一个好的光机电一体化系统设计应满足独立性和最小信息量原则，并在满足时域参数信息量的约束条件下，追求时域参数的控制效率最大。

在光机电一体化系统的设计中，一方面要增加控制手段，提高系统的光机电化率，提高可控性和自动化水平，增加时域参数的控制信息量；另一方面又要在满足约束条件和保证系统功能需求不变的情况下，减少时域参数的控制信息量，提高控制效率，降低控制器负担，降低产品的造价。上述两方面的要求是一个问题的两个方面，一个好的设计就是在二者之间寻找到最优解。

3.2 融合设计方法

融合设计方法是把光机电一体化产品的某些功能部件或子系统设计成该产品所专用的。用这种方法可以使该产品各要素和参数之间的匹配问题考虑得更充分、更合理、更经济、更能体现光机电一体化的优越性。融合法还可以简化接口，使彼此融为一体。例如：在激光打印机中就把激光扫描镜的转轴与电机轴制作成一体，使结构更加简单紧凑。在金属切削机床中，把电动机轴与主轴部件做成一体，是驱动器与执行机构相结合的实例。

国外还有把电动机（驱动器）与控制器做成一体的产品出售。在大规模集成电路和微型计算机不断普及的今天，完全能够设计出集传感器、控制器、驱动器、执行机构与机械本体为一体的光机电一体化产品。

融合法主要用于光机电一体化新产品的设计与开发。OMES 系统中光、机、电的融合方式主要有如下几种主要的方式：

1. 机械本体上加入光电器件

机械本体包括机械传动装置和机械结构装置，为了充分发挥光机电一体化的优点，必须使机械本体部分高性能化，即使之高精度、轻量化和高可靠。原有的机械产品由于采用了电子技术，使产品在质量、功能、效率和节能等方面向更高水平发展，或使产品产生新的功能。例如，微型计算机控制的数控机床、电子式自动变速器、电子控制的汽车防滑器、微波加热炉、全自动洗衣机和工业机器人等。

工业机器人是非常典型的光机电一体化产品。它是机械机构、伺服系统和计算机软硬件有机结合的产物。自从 20 世纪 60 年代初美国制造了第一台压铸机器人以来，工业机器人技术经历了三个发展阶段：第一代机器人为示教再现机器人及主从机器人。所谓示教机器人，就是在第一次进行某一项现场操作时，由操作者通过操纵机构按工作要领操作一遍，计算机将这一过程的运行数据及其先后顺序寄存在存储器内。等再次运行时，计算机则按照已经记录的数据和程序

自动而准确地重复各个动作。所谓主从操作机器人就是在实际运行时，由操作者通过操纵机构进行模拟操作，机械手则重复人手的动作进行实际操作。第一代机器人驱动方式有气压驱动、液压驱动、电液伺服驱动和电伺服驱动，采用微机实时控制专用或通用控制系统。第二代机器人基于传感器信息的机器人。传感器主要有视觉和触觉（力觉）。此外还有非接触型声传感器、磁性装置等。第三代为智能机器人。它装有多种传感器（力觉、触觉、滑觉、接近觉等），具有推理和决策能力。

在检测、传动及工作机构中机械装置与光电子装置有机结合，如复印机。它是由传感器、微机控制器和机电负载驱动系统组成的闭环控制系统。在运行软件的控制下实现自动曝光、鼓表面电位的自动检测及调整、倍率变换、驱动系统的同步控制、快速计数复印及自动复位，以及各种故障的诊断与报警。高水平的彩色复印机不但图像清晰，而且可以达到色泽鲜明以假乱真的程度。类似的例子还有医疗器械和自动探伤机等。

2. 光电器件代替原来的机械式控制部分

在以机械结构、强电控制为基础的机器中，用适当的通用或专用电子设备取代其中某些功能部件或功能子系统。在一般的工作机中，最易采用的是可编程控制器和微型计算机等来代替原来的机械式的凸轮、离合器、脱落蜗杆等控制机构，代替插销板、拨码盘、步进开关，程序鼓、时间继电器等继电接触式强电控制器，不但能简化机械结构，而且可提高产品的性能和质量。如果采用电子式传感器，例如，光电式（光栅、光码盘、光电开关等）、电磁式（感应同步器、磁尺、旋转变压器等）或其他电动式（电阻式、电感式、电容式、压电式）的传感器作检测器时，就容易同电子式的控制器相匹配。这些传感器能把非电量的位移、压力、温度等信号转换为电信号，便于采用电子技术。用电子式检测器来取代机械挡块、刻度盘和行程开关等，在提高检测精确度和灵敏度方面，也是有利的。例如，电子缝纫机中用微处理器代替了原来的凸轮机构；打印机、自动照相机、发动机组的电子控制；加热炉的程序控制和自动信贷机等。

3. 机械式信息处理机被光电技术全部代替

石英电子钟代替了机械式钟表，全电子式电话交换机代替了机电式电话交换机，电子计算器代替了手摇机械式计算机，还有微计算机控制的电子计费器、电报传真机，磁带录像机和办公室自动化机器等。

对于机械表来说，它的动力靠手工上劲儿的发条，时针、分针和秒针的转动要靠一系列相互啮合的齿轮来带动。机械表的走时精度由发条的力学特性、齿轮的精度及装配情况来决定。而电子表则完全不同，它是靠微型电池提供的电能为动力，推动晶体振荡产生电脉冲，然后用记数电路记数或者叫分频，并通过液晶显示器把月、日、时、分、秒、星期几等用数字形式显示出来。有的电子表还具有定时报警、异地时间显示等功能。由于晶体振荡器的振荡频率稳定性很高，所以电子表的精度很高。

4. 以光、电部分为主开发的光机电产品

以光、电部分为主开发的光机电产品可使机械结构大为简化，如微电脑控制的家用电器、复印机械、光电跟踪切割机等。

3.3　模块化设计方法

光机电一体化产品或设备可设计成由相应于五大要素的功能部件或若干功能子系统组成，而每个功能部件或功能子系统又包含若干组成要素。这些功能部件或功能子系统就是具有三级结构特性的光机电系统 OMES、光机电组元 OMEC 和光机电单元 OMEE，将其标准化、通用化和系列化，就形成了功能模块。每一个功能模块可视为一个独立体，在设计时只需了解其性能规格，按其功能来选用，而无需了解其结构细节。

设计新的光机电一体化产品时，可以根据产品的功能需求，把各种功能模块组合起来，形成所需的产品。采用这种方法可以缩短设计与研制周期，节约工装设备费用，从而降低生产成本，也便于生产管理、使用和维护。例如：将工业机器人各关节的驱动器、检测传感元件、执行元件和控制器做成光机电一体化的驱动功能模块，可用来驱动不同的关节。还可以研制机器人的机身回转、肩部关节、臂部伸缩、肘部弯曲、腕部旋转、手部俯仰等各种功能模块，并进一步标准化、系列化，就可以用来组成结构和用途不同的各种工业机器人。再如，电动机、传感器和微型计算机都是光机电一体化产品功能模块的实例，交流伺服驱动模块（AMDR）就是一种以交流电动机（AM）或交流伺服电动机（ASM）为核心的执行模块。

3.4　柔性化设计方法

将光机电一体化产品或系统中完成某一功能的检测传感元件、执行元件和控制器做成光机电一体化的功能模块，因控制器具有可编程的特点，则该模块就是柔性模块。例如：采用凸轮机构可以实现位置控制，但这种控制是刚性的，一旦运动改变时，则必须改变凸轮外廓的几何形状。若采用伺服电动机驱动，则可以使机械装置简化，且利用电子控制装置可以进行复杂的运动控制以满足不同的运动和定位要求。

3.5 取代设计方法

取代设计方法又称为互补设计方法。该方法的主要特点是利用通用或专用光电子器件取代传统机械产品中的复杂机械部件，以便简化结构，获得更好的功能和特性。

用数字式、集成式（或智能式）传感器取代传统的传感器，以提高检测精度和可靠性。智能传感器是把敏感元件、信号处理电路与微处理器集成在一起的传感器。集成式传感器有集成式磁传感器、集成式光传感器、集成式压力传感器和集成式温度传感器等。

取代设计方法既适合于旧产品的改造，也适合于新产品的开发。例如：可用单片机应用系统（微控制器）、可编程序控制器（PLC）和驱动器取代机械式变速（减速）机构、凸轮机构、离合器，代替插销板、拨码盘、步进开关、时间继电器等，以弥补机械技术的不足，从而大大地减小控制模块的重量和体积，且使其柔性化，可编程序控制器还可以嵌入机械结构内部。又如采用多机驱动的传动机构代替单纯的机械传动机构，可省去许多机械传动件，如齿轮、带轮、轴等。其优点是可以在较远的距离实现动力传动，大幅度提高设计自由度，增加柔性，有利于提高传动精度和性能。因此，需要开发相应的同步控制、定速比控制、定函数关系控制及其他协调控制软件。

4 光机电一体化系统设计流程与评价分析方法

4.1 光机电一体化系统的设计流程

复杂的光机电产品通常都包括许多子系统，而每个子系统都有自己的技术要求和约束条件，这使得每个具体的开发机电一体化系统的过程都有自己的独特之处，但实际上，光机电一体化系统作为一门机械自动化综合技术系统，在其应用系统开发设计的总体规划阶段，尤其是在可行性研究阶段有一些普遍适用的规则、方法和规律应该遵循的，而且只有在开发机电一体化应用系统的过程中时刻注意按这些方法和规律去做，才可能开发出能够最大限度地体现设计者和用户意图的合格系统。图 12.3-5 为典型光机电一体化系统的设计流程图，整个流程可以分为规划阶段（概念设计）、理论设计阶段（包括初步和详细设计）、实施阶段和设计定型阶段四个主要部分。

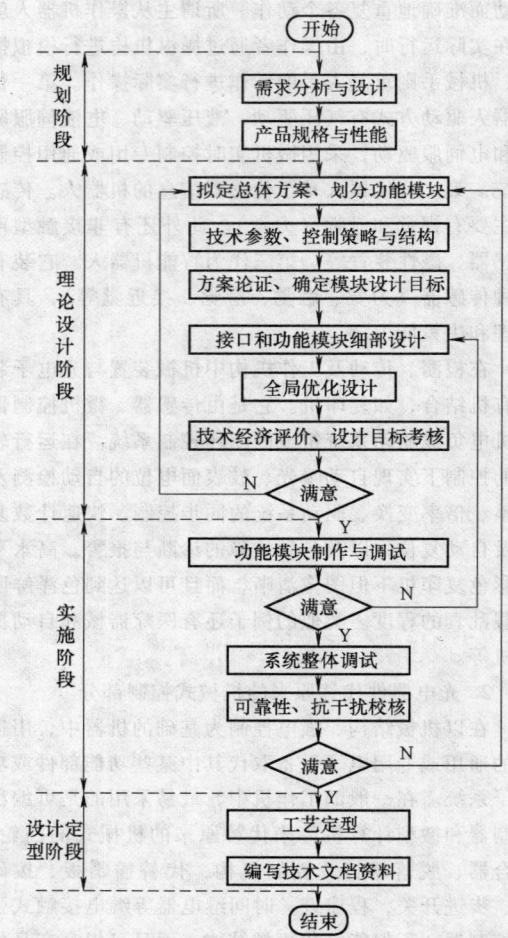

图 12.3-5 典型光机电一体化系统的设计流程图

第一阶段为设计规划阶段，处于整个产品设计周期的准备阶段。产品规划要求进行需求分析、需求设计、可行性分析，确定设计参数及制约条件，最后给出详细的设计任务书。首先对设计对象进行机理分析，对用户的需求进行理论抽象，确定产品的规格、性能参数。对设计过程最重要的两项输入就是产品的规格和性能。前者是阐述用户的技术要求，表明成品必须做成什么样，正常运行的合格程度，而后者是确定实际的限制，例如尺寸、重量、布局、使用环境及影响光机和电接口关系的资源消耗。之后，根据设计对象的要求，进行技术分析，拟定系统总体设计方案。划分组成系统的各功能要素和功能模块，最后对各种方案进行可行性研究对比，确定最佳总体方案、模块设计的目标和设计组织。

在对光机电系统提出技术要求和约束时，需要考虑的有代表性的项目列于表 12.3-1 中。下列项目不是以重要性排序，也不是囊括所有。在技术要求的一开始就清楚地表明该仪器的使用目的。

表 12.3-1　光机电系统中一般有代表性的设计指标表

诸如在规定空间频率处的分辨率、MTF、特定波长或者数值孔径时的径向能量分布,圆形区域或者方形区域的能量等技术要求
焦距、放大率(如果是无焦系统)和物像距(如果是有限远共轭系统)
角视场或者线视场(如果是宽银幕变形系统,是指子午视场)
入瞳和出瞳的大小及位置
对光谱透过的要求
已知物体的成像方向
传感器的特性,例如外形尺寸、光谱响应、像素的大小与间隔或者频率响应
尺寸、形状和重量的限制
免损和工作环境条件
界面接口(光学、机械、电器等)
热稳定性要求
占空因数和寿命要求
维修和售后服务(访问、维修、清洁、调试等)
紧急或者过载条件
重心位置(CG)和升高的条件
人机界面的要求和限制(包括安全方面)
电源方面的要求和限制(功率消耗、频率、相位、接地等)
选材方面的建议和限制
表面涂层/颜色的要求
对防浸湿、霉菌、雨水、沙子/灰尘和盐雾腐蚀的保护要求
检验和测试的规定
电磁干扰的约束和可磁化率
专用标记或标识
存储、包装和运输要求

由于仪器的使用要求千差万别,所涉及的原理、关键技术和结构等各异,所以很难找出一个统一的总体设计模式。例如,某钢厂要求研制钢锭三维尺寸在线测量仪,该仪器应能实时测量钢锭的宽、高,并控制长度在达到要求的体积时将钢锭锯断。在长度方向上的要求为：段长允差（0, ＋20mm）,分辨率4mm,摄像机允许高度4m,段长范围 4～10m。试确定该系统的设计参数。

测量系统的布置如图 12.3-6 所示。在钢锭上方用两个固体摄像机测量,摄像机采用水冷保护并用压缩空气吹拂灰尘,测量信号由光缆送到主控室和锯床操作室,两个摄像机用于监测钢锭的下边缘。参数计算如下：

1) 放大倍数,采用 TCD-106C CCD 摄像机,5000 像素,长度 35mm,像素尺寸 0.007mm,物方视场 10m。

2) 像方分辨率, $R = 4\text{mm} \times 35/10000 = 0.014\text{mm}$,可以满足要求。

3) 像距： $l' = l \times 35/10000 = 4000\text{mm} \times 35/10000 = 14\text{mm}$。

4) 焦距： $f' = 13.9\text{mm}$。

5) 视场角： $\omega = \arctan \dfrac{5000}{4000} = 51.2°$。

6) 视场边缘辐照度：与中心照度之比 $= \dfrac{E'_\omega}{E'_O} = \cos^4 \omega' = 0.152$。

像面照度不均匀是一个严重的问题,在物镜设计时,应该考虑采用光阑渐晕技术,以提高边缘视场照度。

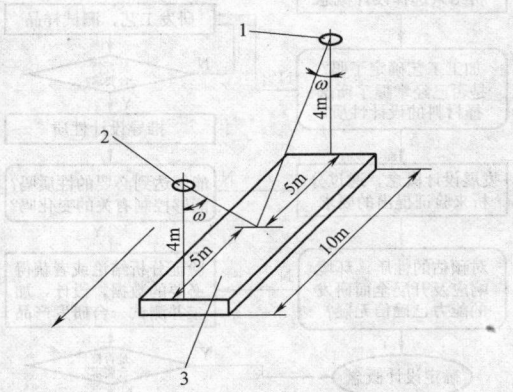

图12.3-6　测量系统布置示意图
1、2—摄像机　3—钢锭

第二阶段为理论设计阶段。理论设计大致可以分为初步设计和详细设计两个阶段。在确定了一个光机电系统的技术要求和约束及一种或者多种设计概念后,就从理想化设计阶段进入初步设计阶段。在这个阶段,光学工程师、机械工程师和电子工程师,以及其他的有关人员共同协作力争能够确定一个大概的装配方案,一旦完成研制后,完全有可能满足系统的设计目的和要求。必须给这些人员足够的时间对设计方案分类挑选,详细地查对细节,分析数据,遇到问题还需要想出新的对策。如果时间不足,在仓促中完成设计,设计队伍研制出来的仪器可能会重复以前设计的错误。

当确定了几个关键问题而将方案最终确定后,就真正地要开始初始设计工作了。图 12.3-7 给出的流程图可以作为评判的依据。起草设计概念,要从技术要求及证明该设计能够满足技术要求的判断准则开始。第一组问题的焦点涉及要有足够的加工工艺和具有合适性能的材料。如果对这些问题的回答都是"YES"，就接着继续进行初始设计。如果答案是"NO"，就填补缺少的信息，并要注明设计人员可以控制材料和工艺的可变性。随后的分析和建模就需要确认是否已经做好了开展一个完整设计的准备，如果不能确定，为了得到所需要的数据，设计人员就需要设计、制造和测试样机，如果成功了，概念设计就继续进行到详细设计阶段，不成功，要修改设计或者改变技术要求，重复上述的评估过程，直至改进后的初始设计（在初始设计评审中）被接受，然后进入详细设计阶段。

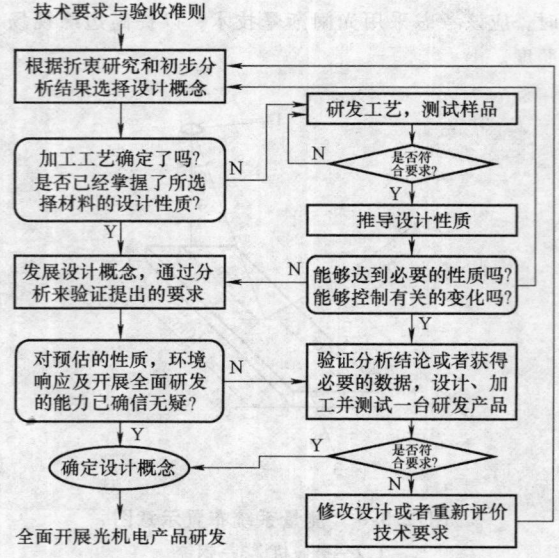

图12.3-7　初步设计阶段确认设计、材料和工艺的流程图

在详细设计阶段，对系统的各功能模块输入/输出关系进行分析，确定功能模块的技术参数、控制策略、系统的外观造型和总体结构；最后以技术文件的形式交付设计组讨论、审定。根据设计目标，对各功能模块进行设计，绘制相应的工程图；对于有过程控制要求的系统应建立各要素的数学模型，确定控制算法；计算各功能模块之间接口的输入/输出参数，确定接口设计的任务归属。然后以功能模块为单元，根据接口参数的要求对信号检测及转换、机械传动及工作机构、控制微机、功率驱动及执行元件等进行功能模块的选型、组配和设计；最后对所做的设计进行整体技术经济评价、设计目标考核和系统优化，挑选出综合性能指标最优的设计。

第三阶段为产品的设计实施阶段。在这一阶段中

首先根据机械、电气图纸和算法文件，制造、装配和编制各功能模块；然后进行模块的调试；最后进行系统整体的安装、调试，复核整个系统的可靠性及抗干扰性。

制作与调试是系统设计方案实施的一项重要内容。根据循环设计及系统设计的原理，制作与调试分为两个步骤：第一步是功能模块的制作与调试；第二步是系统整体安装与调试。

功能模块的制作与调试是由专业技术人员根据分工，完成各功能模块的硬件组配、软件编程、电路装配、机械加工和部件安装等细部物理效应的实现工作，对各功能模块的输入输出参数进行仿真（模拟）、调试和在线调试，使它们满足系统设计所规定的电气和机械规范。

系统总体调试是在功能模块调试的基础上进行的，整体调试以系统设计规定的总目标为依据，调整功能模块的工作参数及接口参数。此外由于物质流、能量流、信息流均融汇在系统中，系统中的各薄弱环节及影响系统主功能正常发挥的"瓶颈"会充分暴露出来，系统还受到内外部各种干扰的影响，因此，系统整体的调试还要进一步解决系统可靠性、抗干扰性等问题。

第四阶段为设计定型阶段。该阶段的主要任务是对调试成功的系统进行工艺定型，整理出设计图样、软件清单、零部件清单、元器件清单及调试记录等；编写设计说明书，为产品投产时的工艺设计、材料采购和销售提供详细的技术档案资料。

一旦通过分析或者模型实验使初始设计得到确认，就要开始准备、校对、审查，按照要求修订和批准所完成的详细设计。最终设计包含图样或者电子数据文件。电子文件可能是代表单个零件和组件的计算机辅助分析（CAE）文件或者计算机辅助加工（CAM）文件，以及调校文件。还应当准备一份包括有分析过程的技术报告，经过审查，并保存备查，然后确定装配和调校方法，就像系统加工过程和最终测试时需要详细确定实施方法一样。为了完成所有这些任务，需要一些专用的标准测试设备和工装夹具，必须按照计划进度及时确定、制造和获得这些设备。

光机电产品设计过程的各阶段均贯穿着围绕产品设计的目标进行基本原理、总体布局和细部结构的三次循环设计，分别以产品的规划和讨论为中心的可行性设计循环；以产品的最佳方案为中心的概念性设计循环；以产品性能和结构优化为中心的技术性设计循环。循环设计使产品设计在可行性规划和论证的基础

上求得概念上的最佳方案，在最佳方案的基础上求得技术上的优化。

4.2　光机电一体化系统的评价分析

4.2.1　可靠性分析

产品的可靠性主要取决于产品在研制和设计阶段形成的固有可靠性。在产品设计阶段，有计划地进行可靠性分析工作，是减少产品使用故障、提高产品高效性和可维修性的重要设计环节。安全性则是指保证光机电产品能够可靠地完成其规定功能，同时保证操作和维护人员的人身安全。

1. 可靠性指标

可靠性指标是对可靠性量化分析的尺度，是进行可靠性分析的依据。光机电一体化产品和系统常用的可靠性指标有：可靠度（$R(t)$）、失效率（故障率 $\lambda(t)$）、平均寿命（期望寿命 MTTF 或 MTBF）、平均维修时间（MTTR）及有效度（可用度 $A(t)$），它们一般都是时间的函数。对于不同的系统和不同的环境，应采用相应的可靠性指标来进行可靠性的设计。

（1）可靠度函数与失效概率　可靠度函数是产品在规定的条件下和规定的时间 t 内，完成规定功能的概率，以 $R(t)$ 表示；反之，不能完成规定功能的概率称为失效概率，以 $F(t)$ 表示，分别表示为

$$R(t) = \frac{N(t)}{N(0)} \qquad (12.3\text{-}21a)$$

$$F(t) = \frac{n(t)}{N(0)} \qquad (12.3\text{-}21b)$$

式中　　$N(t)$——工作到时间 t 时，尚存的有效产品数量；

$N(0)$——初始时刻产品的总数量；

$n(t)$——t 时刻已失效的产品数。

根据可靠度函数和失效概率的定义，可以得出 $R(0) = 1$，$R(\infty) = 0$，$F(0) = 0$，$F(\infty) = 1$。

即开始使用时，所有产品都是好的；只要时间充分长，全部产品都会最终失效。而失效概率 $F(t)$ 则和可靠度是相互对立的。

可靠度有条件可靠度和非条件可靠度之分。通常所说的可靠度指的是非条件可靠度。规定时间 t 是从产品投入使用时刻算起的。非条件可靠度是指在规定的条件下，已经工作了 t' 时间的产品再工作 t 时间的概率，一般记作 $R(t', t)$。

（2）失效率　产品工作到 t 时刻时，单位时间内失效数 $f(t)$ 与 t 时刻尚存的有效产品数的比值称为失效率 $\lambda(t)$，反映任一时刻失效概率的变化情况，表示为

$$\lambda(t) = \frac{\Delta n(t)}{N(t)\Delta t} = \frac{\dfrac{\Delta n(t)}{N(0)\Delta t}}{\dfrac{N(t)}{N(0)}} = \frac{f(t)}{R(t)} \qquad (12.3\text{-}22)$$

（3）寿命　产品的寿命常用平均寿命 $\overline{T}$ 表示。

对不可修复产品，$\overline{T}$ 是指从开始使用到发生故障报废的平均有效工作时间，表示为

$$\overline{T} = \frac{1}{N} \sum_{i=1}^{N} t_i \qquad (12.3\text{-}23)$$

对可修复产品，$\overline{T}$ 是指从一次故障到下一次故障的平均有效工作时间，表示为

$$\overline{T} = \frac{1}{\sum n_i} \sum_{i=1}^{n} \sum_{j=1}^{n_i} t_{ij} \qquad (12.3\text{-}24)$$

式中　t_{ij}——第 i 个产品从第 $j-1$ 次故障到第 j 次故障之间的有效工作时间；

n_i——第 i 个产品的故障次数。

2. 可靠性预测

通过预测，对新产品设计的可靠性作出估计，为方案修改、调整及优选提供依据。可靠性预测包括元件的可靠性预测和系统的可靠性预测。元件的可靠性预测一般有两种方法：

（1）试验统计法　通过模拟实验，确定元件在任何规定的使用时间内的可靠性。

（2）经验法　查可靠性手册或根据类似元件的使用经验、积累的可靠性数据，考虑在新产品设计中的专用条件，估计出元件的可靠性水平。

系统的可靠度主要取决于元件的可靠度和元件的组合方式两个因素。最基本的组合方式为串联和并联模型，更复杂的系统模型可以从这两个基本模型引出来。如果系统由若干相互独立的单元组成，其中任一个单元发生故障，都会导致系统失效，这样的系统可靠性模型就是串联模型。串联系统的可靠度 R 等于各组成单元可靠度 R_i 的乘积，即

$$R = \prod_{i=1}^{n} R_i \qquad (12.3\text{-}25)$$

并联模型也称为并联冗余系统，在系统中，所有零部件一开始就同时工作，但其中任一零部件都能单独地支持整个系统工作，因此系统的可靠度为

$$R = 1 - \prod_{i=1}^{n} (1 - R_i) \qquad (12.3\text{-}26)$$

3. 可靠性指标的分配

系统先经过论证得出一个总的可靠性指标，再把它从上到下按照一定的策略合理地分配到各个子系统和其中的元件中去，这个过程就称为可靠性分配。常

用的分配方法有

（1）等同分配法　按照各组成单元可靠性相等的原则分配。如设系统可靠度指标 R 含有 n 个单元，各单元的分配可靠度 R_i，对于串联系统 $R_i = \sqrt[n]{R}$，对于并联系统 $R_i = 1 - \sqrt[n]{1-R}$。

（2）按比例分配法　按照各组成单元的预计失效率的比例进行分配。

（3）按重要性分配法　考虑各组成单元的重要程序、复杂程序及工作时间等差别的分配方法。

（4）最优化分配法　根据系统中起主导作用的特性参数的优化目标和各种限制性约束条件选取最优化分配方案。

4.2.2　系统柔性及匹配性分析

光机电组成单元的性能参数相互协调匹配，是实现协调功能目标的合理有效技术方法。例如，系统中各组成单元的精度设计应符合协调精度目标的要求，某一组成单元的设计精度低，则系统精度将受到影响；某一单元精度过高，则将提高成本消耗，并不能保证实现提高系统精度的目标。如高速数控系统要求机床运行部件有相应的快速特性和与机械惯量的匹配性。

4.2.3　友好操作性分析

先进的光机电一体化产品设计方案，应注意建立完善的人机界面，自动显示系统工作状态和过程，通过文字和图形揭示操作顺序和内容，简化启动、关机、记录、数据处理、调节、控制、紧急处理等各种操作，并增加自检和故障诊断功能，降低操作的复杂性和劳动强度，提高使用方便性，减少人为因素的干扰，提高系统的工作质量、效率及可靠性。

4.2.4　技术经济性分析

在系统设计过程中，科学地运用量化分析方法，对多方案进行技术经济效益估算分析，选择技术上先进、经济上合理的最优化技术方案。

（1）收益率法　反映技术方案的盈利程度，从投资收益率、内部收益率、回收期进行评价。

（2）价值分析法　指产品所具有的功能与所消耗的费用之比，采用的方法较多，如最低成本法、统计趋势法、目标利润法等，要根据不同的产品和企业竞争策略，决定采用哪一种价值分析法。

4.2.5　柔性、功能扩展分析

通过方案对比，分析产品结构的模块组件化程度，以不同的模块组合满足不同功能要求的适应性，新功能扩展的可能性，通过编程完成不同工作任务的范围和方便性，从而对光机电系统设计方案的柔性优劣作出评价和选择。

4.2.6　维修性分析

产品设计时，应充分考虑产品的维修性，维修性的优劣，应从以下几个方面作综合分析评价。

1）平均修复时间短。

2）维修所需元器件或零部件易购或有备件，具有互换性。

3）有充足的维修工作空间。

4）维修工具、附件及辅助维修设备的数量和种类少，准备齐全。

5）维修的技术复杂性降低。

6）维修人员数量减少。

7）维修成本降低。

8）状态监测和自动记录指导维修。

9）某些产品采用维护性设计和无维修设计，使之投入使用到报废不需要维修。

10）以可靠性为中心的维修性设计把保持、恢复和提高产品的可靠性作为维修工作的主要目标。

以预防为主，针对产品不同环节的实际可靠性状态，确定所需的预防性工作，分别采取监测、检测或定期维修方式提高维修的有效性和产品的有效利用率。

4.2.7　安全性分析

安全性是光机电一体化系统必须认真解决的问题，它包括如下内容：

（1）光机电一体化系统本身的工作安全性　自动设置安全工作区限，设计互锁安全操作，工作环境条件的监测、监控，非正常工作状态的自动停机，对操作失误的自动安全处理等。

（2）操作人员的安全性采取各种保障人身安全的措施　如漏电保护、报警指示、急停操作和快速制动等，同时对危险工作区要设置自动光电栅栏和工作区自动防护及有害物和危险物的自动封闭等。

第4章 传 感 器

1 概述

1.1 传感器的定义

传感器是能够感受规定的被测量，并按照一定的规律转换成可用输出信号的器件或装置，通常由敏感元件和转换元件组成。传感器又称为检测器、转换器等。其组成如图 12.4-1 所示。其中，敏感元件是指传感器中能直接感受或响应被测量的部分，如热敏元件、磁敏元件、光敏元件及气敏元件等；转换元件是指将敏感元件的输出转换为适合传输与采集的电参量或电信号的部分；由于转换元件的电信号输出一般都很微弱，通常需要借助辅助电源及信号调理与转换电路，对信号进行放大、运算调制等，因此转换电路有时也作为传感器组成的一部分。

随着电子技术的迅速发展，目前的趋势是将传感器的敏感元件与信号调理电路集成在同一芯片上，甚至与 MCU 封装在一起，构成智能传感器，同时具备模拟信号的调理和数字信号处理功能。

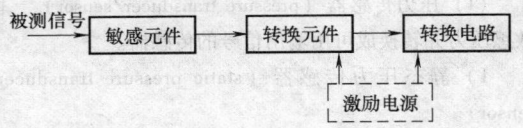

图12.4-1 传感器的组成

1.2 传感器的分类

传感器分类方式很多，按照其工作原理所属学科可分为物理、化学、生物传感器等。本书主要讨论物理传感器，并按照常用的分类方法对其进行分类。

（1）按工作原理分类 按传感器的工作原理，将传感器分为电参量式传感器（电阻、电容、电感）、磁电式传感器、压电式传感器、光电式传感器、热电式传感器、半导体式传感器及其他形式的传感器。

（2）按被测量的类型分类 按测量对象的物理属性，将传感器分为位移传感器、速度传感器、加速度传感器、温度传感器、力/力矩传感器、流量传感器及其他（如 CO 传感器、湿度传感器、接近开关等）形式的传感器。

（3）按传感器中敏感元件与被测对象之间的能量关系分类

1）有源传感器：是能量转换型传感器，如基于压电效应、热电偶的热电效应等制作的传感器，当被测量作用于传感器时，将直接产生电信号。

2）无源传感器：是能量控制型传感器，如各种电参量式传感器，当被测量作用于传感器时，仅发生电参数（如电阻）的变化，没有能量交换，要输出对应的电信号，需要外接电源和相应的信号调理电路。

1.3 传感器的分类术语

1.3.1 一般分类术语

1）无源传感器（passive transducer/sensor）：依靠外加能源工作的传感器。

2）有源传感器（active transducer/sensor）：又称自源传感器，不依靠外加能源工作的传感器。

3）数字传感器（digital transducer/sensor）：输出信号为数字量的传感器。

4）模拟传感器（analog transducer/sensor）：输出信号为模拟量的传感器。

5）结构型传感器（mechanical structure type transducer/sensor）：利用机械构件（如金属膜片等）的变形或位移检测被测量的传感器。

6）物性型传感器（physical property type transducer/sensor）：利用材料固态物理特性及其各种物理、化学效应检测被测量的传感器。

7）复合型传感器（recombination type transducer/sensor）：由结构型传感器和物性型传感器组合而成的兼有两者特征的传感器。

8）智能传感器（intelligent sensor）：对外界信息具有一定的检测、自诊断、数据处理及自适应能力的传感器。

9）生物传感器（biosensor）：利用生物活性物质的分子识别的功能，将感受的被测物质转换成可用输出信号的传感器。

10）物理量传感器（physical quantity transducer/sensor）：能感受规定的物理量并转换成可用输出信号的传感器。

11）化学量传感器（chemical quantity transducer/

sensor)：能感受规定的化学量并转换成可用输出信号的传感器。

12）生物量传感器（biological quantity transducer/sensor）：能感受规定的生物量并转换成可用输出信号的传感器。

13）电容式传感器（capacitive transducer/sensor）：将被测量变化转换成电容量变化的传感器。

14）电位器式传感器（potentiometric transducer/sensor）：利用加激励的电阻体上可动触点位置的变化，将被测量变化转换成电压比变化的传感器。

15）电阻式传感器（resistive transducer/sensor）：将被测量变化转换成电阻变化的传感器。

16）电磁式传感器（electromagnetic transducer/sensor）：在无激励条件下利用磁通量的变化，将被测量变化转换成在导体中感生的输出变化的传感器。

17）电感式传感器（inductive transducer/sensor）：将被测量变化转换成电感量变化的传感器。

18）电离式传感器（ionizing transducer/sensor）：将被测量变化转换成电离电流（如通过两电极之间气体的电离电流）变化的传感器。

19）电化学式传感器（electrochemical transducer/sensor）：利用溶液中电化学反应，将被测量变化转换成电极电位变化的传感器。

20）光导式传感器（photoconductive transducer/sensor）：利用入射到半导体材料上照射量的变化，将被测量变化转换成电阻或电导率变化的传感器。

21）光伏式传感器（photovoltaic transducer/sensor）：将被测量变化转换成光生电动势变化的传感器。

22）光纤传感器（optical fiber sensor）：利用光纤技术及有关光学原理，将被测量转换成可用输出信号的传感器。

23）热电式传感器（thermoelectric transducer/sensor）：将被测量变化转换成热生电动势变化的传感器。

24）伺服式传感器（servo transducer/sensor）：利用伺服原理，将被测量变化转换成可用输出电信号的传感器。在这种传感器中，转换元件的输出信号经放大后反馈给伺服机构，以使加到敏感元件上的力或其位移达到平衡。其输出信号与反馈信号成函数关系。

25）应变（计）式传感器（straingauge transducer/sensor）：将被测量变化转换成由于应变产生电阻变化的传感器。

26）压电式传感器（piezoelectric transducer/sensor）：将被测量变化转换成由于材料受机械力产生的

静电电荷或电压变化的传感器。

27）压阻式传感器（piezoresistive transducer/sensor）：将被测量变化转换成由于材料受机械应力产生的电阻变化的传感器。

28）磁阻式传感器（reluctive transducer/sensor）：利用磁路中磁阻的变化，将被测量变化转换成交流电压变化的传感器。

29）差动变压器式传感器（differential transformer transducer/sensor）：利用差动变压器作为转换元件将被测量变化转换成交流电压变化的传感器。

30）霍尔式传感器（Hall transducer/sensor）：利用霍尔效应，将被测量变化转换成可用输出信号的传感器。

31）激光传感器（laser sensor）：利用激光检测原理，将感受的被测量转换成可用输出信号的传感器。

32）（核）辐射传感器（nuclear radiation transducer/sensor）：利用（核）辐射检测技术，将感受的被测量转换成可用输出信号传感器。

33）超声（波）传感器（ultrasonic sensor）：利用超声波检测技术，将感受的被测量转换成可用输出信号的传感器。

1.3.2 物理量传感器分类术语

1. 力（学量）传感器

（1）压力传感器（pressure transducer/sensor） 能敏感压力并转换成可用输出信号的传感器。

1）静态压力传感器（static pressure transducer/sensor）。

2）动态压力传感器（dynamic pressure transducer/sensor）。

3）真空传感器（vacuum transducer/sensor）。

（2）力传感器（force transducer/sensor） 能感受外力并转换成可用输出信号的传感器。

（3）力矩传感器（torque transducer/sensor） 能感受力矩并转换成可用输出信号的传感器。

（4）位移传感器（displacement transducer/sensor） 能感受被测的位移量并转换成可用输出信号的传感器。

（5）速度传感器（velocity transducer/sensor）能感受被测速度并转换成可用输出信号的传感器。

1）角速度传感器（angular velocity transducer/sensor）：能感受被测角速度并转换成可用输出信号的传感器。

2）线速度传感器（linear velocity transducer/sensor）：能感受线速度并转换成可用输出信号的传

感器。

（6）加速度传感器（acceleration transducer/sensor）　能感受被测的加速度并转换成可用输出信号的传感器。

1）角加速度传感器（angular acceleration transducer/sensor）。

2）线加速度传感器（linear acceleration transducer/sensor）。

3）加加速度传感器（jerk transducer/sensor）又称微分加速度传感器。

4）振动传感器（vibration transducer/sensor，vibrationpick-up），又称拾振器。

5）冲击传感器（shock transducer/sensor）。

（7）流量传感器（flow transducer/sensor）　能感受流体流量并转换成可用输出信号的传感器。

1）差压（式）流量传感器（differential pressure flow transducer/sensor）。

2）转子流量传感器（rotor flow transducer/sensor）：利用机械转子的转率随被测流体速度变化的原理，将感受的流体流量转换成可用输出信号的传感器。

3）涡轮式流量传感器（turbine flow transducer/sensor）：利用多叶片转子为敏感元件，将感受的流量转换成可用输出信号的传感器。

4）热丝流量传感器（hot-wire flow transducer/sensor）：利用热丝对被测流体的传热效应，将感受的流体流量转换成可用输出信号的传感器。

5）电晕放电式流量传感器（corona discharge massn flow transducer/sensor）：利用电离粒子在流体内经历的时间（或从离子源到检测点的距离）将感受的流体流量转换成可用输出信号的传感器。

（8）位置传感器（position transducer/sensor）能感受被测物的位置并转换成可用输出信号的传感器。

1）姿态传感器（attitude transducer/sensor）能感受物体姿态（轴线对重力坐标系的空间位置）并转换成可用输出信号的传感器。

2）浮子式物位传感器（float level transducer/sensor）利用流体中浮子的垂直位置随物（液）位而变化的原理，将感受的被测物位转换成可用输出信号的传感器。

3）差压（式）物位传感器（differential pressure level transducer/sensor）利用被测物位的压力差，将感受的物位变化转换成可用输出信号的传感器。

4）电导式物位传感器（conductance level transducer/sensor）利用探针（电极）与电导容器壁之间的电阻随物位（介质高度）而变化的原理，将感受的物位变化转换成可用输出信号的传感器。

（9）几何尺寸传感器（dimension transducer/sensor）　感受物体的几何尺寸并转换成可用输出信号的传感器。

（10）液体密度传感器（liquid density transducer/sensor）　能感受液体密度并转换成可用输出信号的传感器。

（11）粘度传感器（viscosity transducer/sensor）能感受流体粘度并转换成可用输出信号的传感器。

2. 热（学量）传感器（thermo dynamic quantity transducer/sensor）

热（学量）传感器是能感受被测的热学量并转换成可用输出信号的传感器。

1）温度传感器（temperature transducer/sensor）：能感受温度并转换成可用输出信号的传感器。

2）晶体管温度传感器（transistor temperature transducer/sensor）：利用半导体晶体管的电流-温度输出特性，将感受的温度转换成可用输出信号的传感器。

3）辐射式温度传感器（radiation temperature transducer/sensor）：利用感受被测物体发出的热辐射量，将被测温度转换成可用输出信号的传感器。

4）热释电式温度传感器（pyroelectric temperature transducer/sensor）：利用热释电体感受红外线辐射所产生的热释电效应，将感受的温度转换成可用输出信号的传感器。

5）热流传感器（heat flux transducer/sensor）：能感受热流并转换成可用输出信号的传感器。

3. 光（学量）传感器（optical quantity transducer/sensor）

光（学量）传感器是能感受光（学量）并转换成可用输出信号的传感器。

1）可见光传感器（visible light transducer/sensor）。

2）红外光传感器（infrared light transducer/sensor）。

3）紫外光传感器（ultraviolet light transducer/sensor）。

4）照度传感器（illuminance transducer/sensor）：又称照度计。能感受表面照度并转换成可用输出信号的传感器。

5）色度传感器（chromaticity transducer/sensor）：能感受或分辨物体的色度，并转换成可用输出信号的传感器。

6）图像传感器（image transducer/sensor）：能感受光学图像信息并转换成可用输出信号的传感器。

4. 磁（学量）传感器（magnetic quantity transducer/sensor）

磁（学量）传感器是能感受磁学量并转换成可用输出信号的传感器。

1）磁场强度传感器（magnetic field strength transducer/sensor）：又称磁力传感器。能感受磁场强度并转换成可用输出信号的传感器。

2）磁通传感器（magnetic flux transducer/sensor）：能感受磁通量并转换成可用输出信号的传感器。

5. 电（学量）传感器（electric quantity transducer/sensor）

电（学量）传感器是能感受电学量并转换成可用输出信号的传感器。

1）电流传感器（electric current transducer/sensor）。

2）电压传感器（voltage transducer/sensor）。

3）电场强度传感器（electric field strength transducer/sensor）。

6. 声（学量）传感器（acoustic quantity transducer/sensor）

声（学量）传感器是能感受声学量并转换成可用输出信号的传感器。

1）声压传感器（sound pressure transducer/sensor）。

2）噪声传感器（noise transducer/sensor）。

2　位移传感器

位移测量是线位移测量和角位移测量的总称，位移测量在机电传动控制中应用得十分广泛。常用的直线位移传感器有电感传感器、差动变压器传感器、电容传感器、感应同步器、光栅传感器等。常用的角位移传感器有电容传感器、旋转变压器、光电编码盘等。

2.1　电感式传感器

电感式传感器是基于电磁感应原理，将被测非电量转换为电感量变化的一种结构型传感器。按其转换方式的不同，可分为自感型和互感型两大类型。

2.1.1　自感型电感式传感器

自感型电感式传感器可分为变磁阻式和涡流式两类。

1. 可变磁阻式电感传感器

可变磁阻式电感传感器的典型结构如图 12.4-2 所示，主要由线圈、铁心和活动衔铁所组成。在铁心和活动衔铁之间保持一定的空气隙 δ，被测位移构件与活动衔铁相连，当被测构件产生位移时，活动衔铁随着移动，空气隙 δ 发生变化，引起磁阻变化，从而使线圈的电感值发生变化。当线圈通以激磁电流时，其自感与磁路的总磁阻 R_m 有关，即

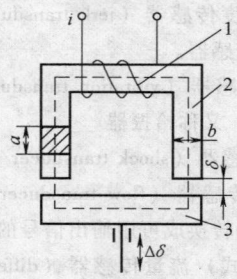

图12.4-2　可变磁阻式电感传感器
1—线圈　2—铁心　3—衔铁

$$L = \frac{W^2}{R_m} \tag{12.4-1}$$

式中　W——线圈匝数；

　　　　R_m——总磁阻。

如果空气隙 δ 较小，而且不考虑磁路的损失，则总磁阻为

$$R_m = \frac{l}{\mu A} + \frac{2\delta}{\mu_0 A_0} \tag{12.4-2}$$

式中　l——铁心导磁长度（m）；

　　　　μ——铁心磁导率（H/m）；

　　　　A——铁心导磁截面积（m^2），$A = a \times b$；

　　　　δ——空气隙（m），$\delta = \delta_0 \pm \Delta\delta$；

　　　　μ_0——空气磁导率（H/m），$\mu_0 = 4\pi \times 10^{-7}$；

　　　　A_0——空气隙导磁截面积（m^2）。

由于铁的磁阻与空气隙的磁阻相比是很小的，计算时铁心的磁阻可忽略不计，故

$$R_m \approx \frac{2\delta}{\mu_0 A_0} \tag{12.4-3}$$

得　　　　$$L = \frac{W^2 \mu_0 A_0}{2\delta} \tag{12.4-4}$$

此时，传感器的灵敏度

$$S = \frac{dL}{d\delta} = -\frac{W^2 \mu_0 A_0}{2\delta^2} \tag{12.4-5}$$

由式（12.4-5）得知，传感器的灵敏度 S 与空气隙 δ 的平方成反比，故会出现非线性误差。为了减小非线性误差，通常规定传感器应在较小间隙的变化范围内工作。在实际应用中，可取 $\Delta\delta/\delta_0 \leqslant 0.1$，适用

于较小位移的测量，一般为 $0.001 \sim 1mm$。

可通过采用差动式接法来提高传感器的灵敏度，并改善其线性特性，消除外界干扰。

图 12.4-3 是一种可变磁阻差动式传感器，可变磁阻式传感器还可做成改变空气隙导磁截面积的形式。当固定 δ，改变空气隙导磁截面积 A_0 时，自感 L 与 A_0 呈线性关系。

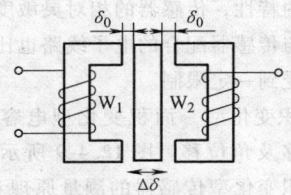

图12.4-3　可变磁阻差动式传感器

2. 涡流式传感器

涡流式传感器是利用金属导体在交流磁场中的涡电流效应。涡流式传感器可分为高频反射式和低频透射式两种。

（1）高频反射式涡流传感器　如图 12.4-4 所示，高频（>1MHz）激励电流 i_0 产生的高频磁场作用于金属板表面，由于趋肤效应（又称集肤效应），在金属板表面将形成涡电流；由涡电流产生的交变磁场又反作用于线圈，引起线圈自感 L 或阻抗 Z_L 的变化，其变化与距离 δ、金属板的电阻率 ρ 和磁导率 μ、激励电流 i_0 及角频率 ω 等有关。若只改变 δ 而保持其他参数不变，通过测量电路转换为电压输出。高频反射式涡流传感器多用于位移测量。

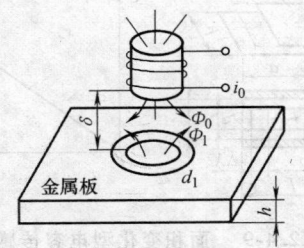

图12.4-4　高频反射式涡流传感器

（2）低频透射式涡流传感器　低频透射式涡流传感器的工作原理如图 12.4-5 所示，发射线圈 W_1 和接收线圈 W_2 分别置于被测金属板材料的上、下方。由于低频磁场趋肤效应小，渗透深，当低频（音频范围）电压 u_1 加到线圈 W_1 的两端后，所产生磁力线的一部分透过金属板材料，使线圈 W_2 产生电感应电动势 u_2。但由于涡流消耗部分磁场能量，使感应电动势 u_2 减少，当金属板材料越厚时，损耗的能量越大，输出电动势 u_2 越小。试验表明，u_2 随材料厚度 h 的增加按负指数规律减少。因此，若金属板材料的性质一定，则利用 u_2 的变化即可测量其厚度。

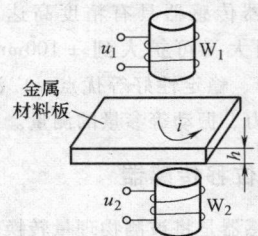

图12.4-5　低频透射式涡流传感器

2.1.2　互感型差动变压器式电感传感器

互感型电感传感器是利用互感 M 的变化来反映被测量的变化，是一个输出电压的变压器，当变压器初级线圈输入稳定交流电压后，次级线圈便产生感应电压输出，该电压随被测量的变化而变化。

差动变压器式电感传感器是常用的互感型传感器，其结构形式有多种，以螺管形应用较为普遍，其结构及工作原理如图 12.4-6a、b 所示。传感器主要由线圈、铁心和活动衔铁三个部分组成。线圈包括一个初级线圈和两个反接的次级线圈，当初级线圈输入交流激励电压时，次级线圈将产生感应电动势 e_1 和 e_2。由于两个次级线圈极性反接，因此传感器的输出电压为两者之差，即 $e_y = e_1 - e_2$。活动衔铁能改变线圈之间的耦合程度。输出 e_y 的大小随活动衔铁的位置而变。当活动衔铁的位置居中时，即 $e_1 = e_2$，$e_y = 0$；当活动衔铁向上移时，即 $e_1 > e_2$，$e_y > 0$；当活动衔铁向下移时，即 $e_1 < e_2$，$e_y < 0$。活动衔铁的位置往复变化，其输出电压 e_y 也随之变化。

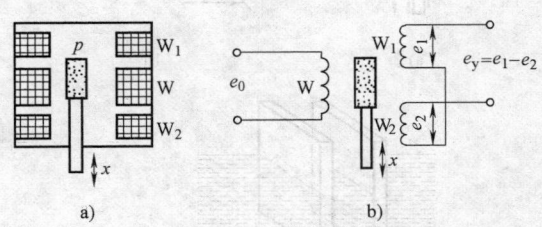

a)　　　　　　　　b)

图12.4-6　互感型差动变压器式电感传感器

a）结构示意图　b）电路原理图

差动变压器式传感器输出的电压是交流电压，如用交流电压表指示，则输出值只能反映铁心位移的大小，而不能反映移动的极性；交流电压输出存在一定的零点残余电压，零点残余电压是由于两个次级线圈的结构不对称，铁磁材质不均匀，线圈间分布电容等原因所形成。所以，即使活动衔铁位于中间位置时，输出也不为零。鉴于这些原因，差动变压器的后接电路应采用既能反应铁心位移极性，又能补偿零点残余电压的差动直流输出电路。

差动变压器传感器具有精度高达 $0.1\mu m$ 量级、线圈变化范围大（可扩大到 $\pm 100mm$，视结构而定）、结构简单、稳定性好等优点，广泛应用于直线位移及其他压力、振动等参量的测量。

2.2　电容式位移传感器

电容式传感器是将被测物理量转换为电容量变化的装置。从物理学得知，由两个平行板组成的电容器的电容量为

$$C = \frac{\varepsilon\varepsilon_0 A}{\delta} \tag{12.4-6}$$

式中　ε——极板间介质的相对介电系数，空气中 $\varepsilon = 1$；

　　　ε_0——真空中介电常数，$\varepsilon_0 = 8.85 \times 10^{-13}$ F/m；

　　　δ——极板间距离（m）；

　　　A——两极板相互覆盖面积（m^2）。

式（12.4-6）表明，当被测量使 δ、A 或 ε 发生变化时，将引起电容 C 的变化。若仅改变其中某一个参数，则可以建立起该参数和电容量变化之间的对应关系，因而电容式传感器分为极距变化型、面积变化型和介质变化型三类，如图 12.4-7 所示。前面两种应用较为广泛，都可用做位移传感器。

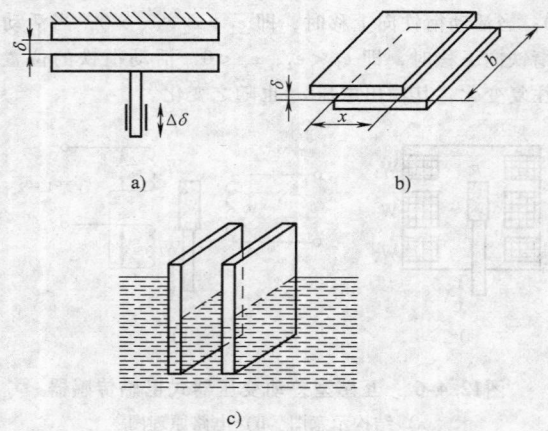

图12.4-7　电容式传感器
a）极距变化型　b）面积变化型　c）介质变化型

（1）极距变化型　根据式（12.4-6），如果两极板相互覆盖面积及间介质不变，则电容量 C 与极距呈非线性关系，如图 12.4-8 所示。其灵敏度 S 与极距平方成反比，极距越小灵敏度越高，显然，这将引起非线性误差。为了减小这一误差，通常规定传感

器只能在较小的极距变化范围内，一般取极距变化范围为 $\Delta\delta/\delta_0 \approx 0.1$，$\delta_0$ 为初始间隙。实际应用中，常采用差动式，以提高灵敏度、线性度及克服外界条件对测量精确度的影响。

极距变化型电容传感器的优点是可以用于非接触式动态测量，对被测系统影响小，灵敏度高，适用于小位移（数百微米以下）的精确测量。但这种传感器有非线性的特性，传感器的相对灵敏度和测量精度影响较大，与传感器配合的电子线路也比较复杂，使其应用范围受到一定限制。

（2）面积变化型　面积变化型电容传感器可用于测量线位移及角位移。图 12.4-9 所示为测量线位移时两种面积变化型传感器的测量原理和输出特性。对于平面型极板，当动板沿 x 方向移动时，覆盖面积变化，电容量也随之变化。面积变化型电容传感器的优点是输出与输入呈线性关系，但灵敏度较极距变化型低，适用于较大的线位移和角位移测量。

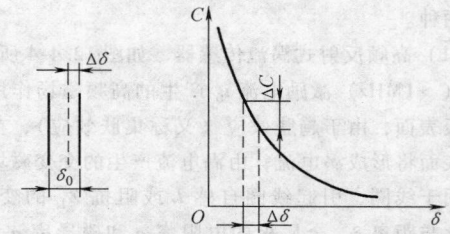

图12.4-8　极距变化型电容式位移传感器

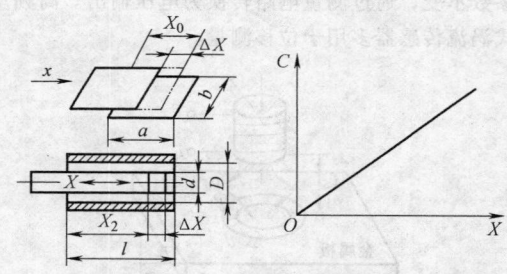

图12.4-9　面积变化型电容传感器

2.3　光栅数字传感器

光栅是一种新型的位移检测元件，它把位移变成数字量的位移，主要用于高精度直线位移和角位移的数字检测系统。其测量精确度高（可达 $\pm 1\mu m$）。

光栅是在透明的玻璃上均匀刻划明暗相间的条纹，或在金属镜面上均匀刻划许多间隔相等的条纹，通常线条的间隙和宽度是相等的。以透光玻璃为载体的称为透射光栅，以不透射光金属为载体的称为反射光栅。根据光栅外形又可分为直线光栅和圆光栅。

测量装置由标尺光栅和指示光栅组成，两者的光刻密度相同，但体长相差很多，其结构如图12.4-10所示。光栅条纹密度一般为每毫米 25、50、100、250 条等。

把指示光栅平行地放在标尺光栅上面，并使它们的刻线相互倾斜一个很小的角度 θ，在指示光栅上将出现较粗的明暗条纹，称为莫尔条纹。莫尔条纹沿与光栅条纹几乎垂直的方向排列，如图 12.4-11 所示。光栅莫尔条纹具有放大作用。当倾斜角 θ 很小时，莫尔条纹间距 B 与光栅的栅距 W 之间有如下关系

$$B = ab = \frac{bc}{\sin(\theta/2)} \approx \frac{W}{\theta} \qquad (12.4\text{-}7)$$

式中　θ——倾斜角（rad）；
　　　B——间距（mm）；
　　　W——栅距（mm）。

若 $W = 0.01\text{mm}$，把莫尔条纹的宽度调成 10mm，则放大倍数相当于 1000 倍，即利用光的干涉现象把光栅间距放大了 1000 倍。

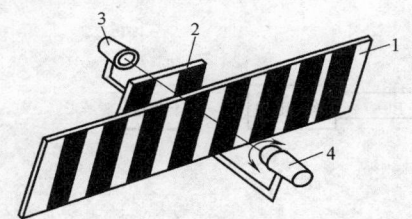

图12.4-10　光栅测量原理

1—主光栅　2—指示光栅
3—光源　4—光电器件

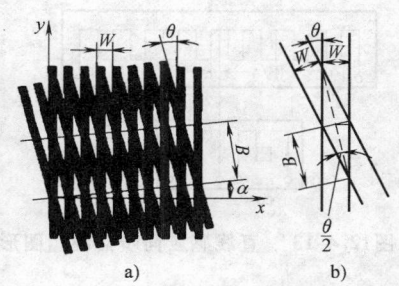

图12.4-11　莫尔条纹

a）莫尔条纹　b）放大图

光栅测量系统的构成如图 12.4-12 所示。光栅移动时产生的莫尔条纹明暗信号可用光电元件接受，图中 a、b、c、d 是四个光电元件，产生的信号相位彼此差90°，经处理可变成光栅位移量的测量脉冲。

2.4　感应同步器

感应同步器是一种应用电磁感应原理制造的高精度检测元件，有直线式和圆盘式两种，分别用做检测直线位移和转角。如图 12.4-13 所示，直线感应同步器由定尺和滑尺两部分组成：定尺一般为 250mm，其上均匀分布节距为 2mm 的绕组；滑尺长 100mm，表面布有两个绕组，即正弦绕组和余弦绕组。当余弦绕组与定子绕组相位相同时，正弦绕组与定子绕组错开 1/4 节距。

圆盘式感应同步器如图 12.4-14 所示，其转子相当于直线感应同步器的滑尺，定子相当于定尺，而且定子绕组中的两个绕组也错开 1/4 节距。

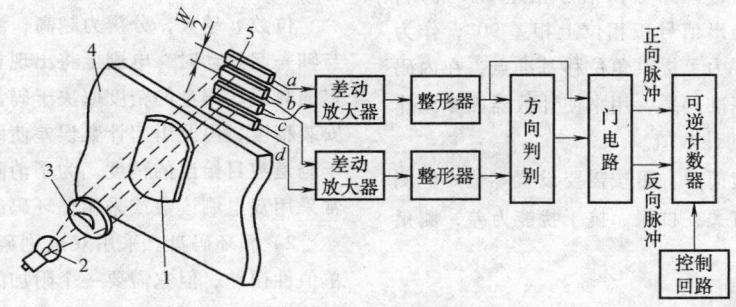

图12.4-12　光栅测量系统

1—指示光栅　2—光源　3—聚光镜　4—标尺光栅　5—光电池组

感应同步器根据其激磁绕组供电电压形式不同，分为鉴相测量方式和鉴幅测量方式。

2.5　角数字编码器

编码器是把角位移或直线位移转换成电信号的一

种装置。前者称码盘，后者称码尺。按照读出方式编码器可分为接触式和非接触式两种。接触式采用电刷输出，以电刷接触导电区或绝缘区来表示代码的状态是"1"或"0"；非接触式的接收敏感元件是光敏元件或磁敏元件，采用光敏元件时以透光区和不透光区

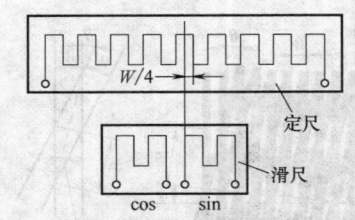

图12.4-13 直线感应同步器绕组图形

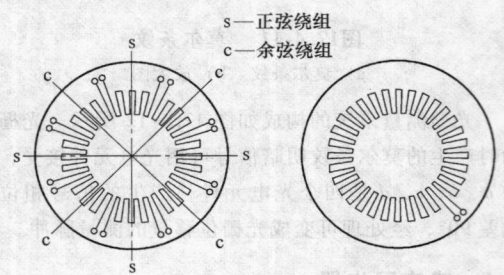

s—正弦绕组
c—余弦绕组

图12.4-14 圆盘式感应同步器绕组图

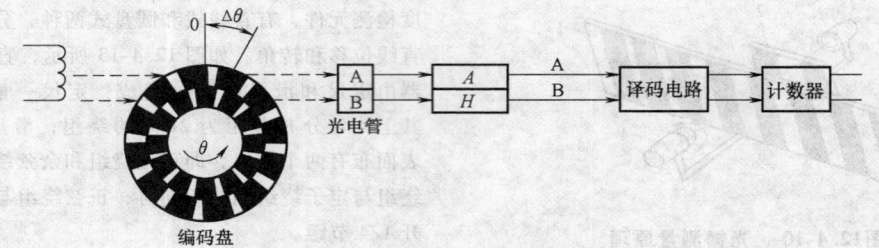

编码盘

图12.4-15 增量型回转编码原理

为了判别旋转方向,采用两套光电转换装置。一套计数,另一套辨向,回路输出信号相差1/4周期,使两个光电元件的输出信号正相位上相差90°,作为细分和辨向的基础。为了提供角位移基准点,在内码道内边再设置一个基准码道,用来使计数器归零或作为每移动过360°时的计数值。

增量式码盘制造简单,可按需要设置零位。但测量结果与中间过程有关,抗振、抗干扰能力差,测量速度受到限制。

(2)绝对式码盘

1)二进制码盘。图12.4-16所示为一个接触式四位二进制码盘,涂黑部分为导电区,空白部分为绝缘区,所有导电部分连在一起,都取高电位。每一同心圆区域为一个码道,每一个码道上都有一个电刷,电刷经电阻接地,4个电刷沿一固定的径向安装,电刷在导电区为"1",在绝缘区为"0",外圈为低位,内圈为高位。若采用n位码盘,则能分辨的角度为

表示代码的状态是"1"或"0",而磁敏元件是用磁化区和非磁化区表示"1"或"0"。

按照工作原理编码器可分为增量式和绝对式两类。增量式编码器是将位移转换成周期性变化的电信号,再把这个电信号转变成计数脉冲,用脉冲的个数表示位移的大小。绝对式编码器的每一个位置对应一个确定的数字码,因此它的示值只与测量的起始和终止位置有关,而与测量的中间过程无关。

(1)增量式码盘 增量型回转编码原理如图12.4-15所示,这种码盘有两个通道A与B(即两组透光和不透光部分),其相位差90°,对脉冲信号进行计数,单位脉冲对应的角度为

$$\Delta\theta = 360°/m \qquad (12.4-8)$$

式中 m——码盘的孔数。增加孔数 m 可以提高测量精度。

若 n 表示计数脉冲,则角位移的大小为

$$\alpha = n\Delta\theta = \frac{360°}{m}n \qquad (12.4-9)$$

$$\Delta\theta = \frac{360°}{2^n} \qquad (12.4-10)$$

位数 n 越大,分辨力越高,测量越精确。当码盘与轴一起转动时,电刷上将出现相应的电位,对应一定的数码。码盘的精度取决于码盘本身的制造精度和安装精度,由此引起计数误差使码盘实际输出精度低于码道数目给出的精度。为了消除非单值性误差,通常采用双电刷读数或采用循环码编码。

2)循环码盘。采用双电刷码盘虽然可以消除非单值性误差,但它需要一个附加的外部逻辑电路,同时使电刷个数增加一倍。当位数很多时,会使结构复杂化,并且电刷与码盘的接触摩擦降低其使用寿命,运动时电刷的跳动限制了它的最高转速,不适于在振动环境中工作。为了克服上述缺点,一般采用循环码盘。

循环码的特点是从任何数转变到相邻数时只有一位发生变化,其编码方法与二进制不同。利用循环码的这一特点编制的码盘如图12.4-17所示。由图看

出，当读数变化时只有一位数发生变化，例如电刷在 h 和 i 的交界面上，当读 h 时，若仅高位超前，则读出的是 i，h 和 i 之间只相差一个单位值。这样即使码盘制作、安装不准，产生的误差也不会超过一个最低单位数，与二进制码盘相比制造和安装更简单。

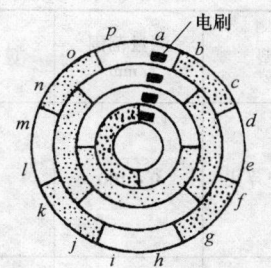

图12.4-17　　四位循环码盘

2.6　位移传感器使用特性参数

常用的位移和角位移传感器的使用特性参数分别见表 12.4-1 和表 12.4-2。

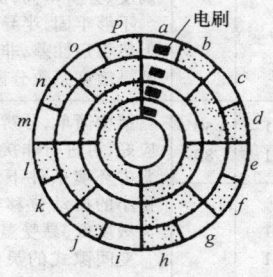

图12.4-16　　接触式四位二进制码盘

表 12.4-1　常用位移传感器的使用特性参数

传感器类型		测量范围 /mm	灵敏度	线性度/ (%F.S)	精度	分辨力 /μm	工作温度 /℃	特　点
光栅式		30～1000			0.005～ 0.01mm	0.1～10		精度高,结构较复杂
磁栅式		1～20000			±0.01mm/m	1～5		可实现连续自动测量和动态测量,量程大,精度高 需防磁和磁屏蔽
光电式		反射式:±1 反光式:±100			1%F.S	1		精度高,性能稳定,非接触测量,可对金属、非金属的直线位移进行测量 安装不方便
光纤式		0.5～5	2mV/μm	0.5～1	<1%F.S	0.01		体积小,灵敏度高,重量轻,响应快,抗电磁干扰能力强 量程小,制造工艺要求高
霍尔效应式	霍尔片	0.5～5	10～ 15mV/mm	±(0.5～ 2)	0.5%F.S	1		结构简单,紧凑,重量轻,响应速度快,寿命长 对温度敏感
	霍尔开关集成电路	2～数米		±(0.5～ 1)		1		量程大,体积小,对温度敏感
磁敏电阻	半导体磁敏电阻	3			0.5%F.S～ 1%F.S	0.3		体积小,结构简单,精度高,非接触测量
	磁性薄膜电阻	5			0.5%F.S	0.3		线性度差,量程小
电阻式	电位器	数毫米～ 数百毫米		±(0.1～ 2)	±1～±5	0.1～ 0.02	－40～ 50	体积小,输出信号大,受环境影响小 分辨率和精度低,非线性误差大,动态响应性能差

（续）

传感器类型		测量范围/mm	灵敏度	线性度/(%F.S)	精度	分辨力/μm	工作温度/℃	特　点
电阻式	应变片式	0～100		±0.5	0.1～0.5	1（微应变）		尺寸小,重量轻,成本低,精确度、分辨率高,测量范围大 不够牢固,半导体式输出大,但热稳定性差,非线性大,阻值及灵敏度系数分散性大
电容式	变面积	0～700	200～1000mV/mm	0.001～0.1	0.001～0.1	0.001～0.1	-50～80	结构简单,分辨率高,动态响应好,可进行非接触测量,可在恶劣环境条件下工作,适宜测量小的振动位移,但变面积式灵敏度低,易受温度影响
	变间隙	0～10	1		0.001～0.1	0.001～0.1		变间隙式的灵敏度高,输出非线性大,需专用的电路
电感式	差动电感（螺管型）	2000		0.1～1	0.2～1	0.01		线性度好,精度高,量程大,分辨力高 有残余电压,线性度误差随量程增大而变大,精度受限制
	变磁路气隙	0.2～0.5		1～3	1～3	1		灵敏度高 量程小,线性范围较小,制作装配也较困难
	差动变压器	1～1000	0.5～2mV	0.1～0.5	0.2～1	0.01	-40～120	精度高,分辨率高,稳定性好,湿度影响小,量程宽,可在高压油中工作,抗干扰能力强 有残余电压,不适于高频动态测量
	电感调频	1～100		0.2～1.5	0.2～1.5	1～5	-20～50	抗干扰,能接长线 线圈结构复杂
	电涡流	0.2～250	0.4～80mV/mm	0.3～3	0.4～3	0.1～10	-15～80	非接触测量,测量范围大,灵敏度高,结构简单,安装方便,不受油污等介质影响 灵敏度随被测对象材料改变
振弦式		0～±750		0.1～1	0.2～1	1		稳定性好 非线性误差大,需要温度补偿
编码式码尺		1～1000			0.5～1	±1个二进制（六位时）		可做成接触式和非接触式 量程大时,码尺相应加长,体积增大
感应同步式		0.2～40000			±0.25μm～250mm 最高0.1			量程大,精度高 安装不方便

表 12.4-2　常用的角位移感器的使用特性参数

传感器类型	测量范围	精度	线性度	分辨力/μm	工作温度/℃	特　点
滑线变阻式	0°～360°	1%F.S	0.1%	0.36～3.6″	-50～150	结构简单,测量范围广,输出信号大,抗干扰能力强,精度较高 分辨力有限,存在接触摩擦,动态响应差

（续）

传感器类型	测量范围	精度	线性度	分辨力 /μm	工作温度 /℃	特 点
非线绕电位器	0°~330°	0.2%~5%		2~6″	-40~70	分辨力高,耐磨性好,阻值范围宽 接触电阻和噪声大,附加力矩较大
光电电位器	0°~330°	3% F.S		较高	-40~70	无附加力矩,分辨力高,寿命长,响应高 接触电阻大,要求阻抗匹配变换器,线性度较差
应变计式	±180°	1% F.S				测量范围大,性能稳定可靠,应用范围广,既可测角位移和角度,经改进设计还可测量倾角
旋转变压器	360°	2″~5″	小角度 0.1%			对环境要求低,有标准系列,使用方便,抗干扰能力强,性能稳定。可在 1200r/min 下工作
电感移相器	360°	2″~5″	小角度 0.1%			精度不高,线性范围小,多极角传感电机结构复杂
电容式	70°	25″		0.1″		结构简单,重量轻,体积小,不受电磁场干扰,不产生干扰磁场,灵敏度高,分辨力高 分布参数影响较大,对外界干扰很敏感,需屏蔽
编码盘式	360°	0.7″		10⁻³		分辨力高,精度高,易数字化,非接触式,寿命长,功耗小,可靠性高 电路较为复杂
光栅式	360°	±0.5″ 最高 0.06″		0.1″ 最高 0.001″		精度高,易数字化,能动态测量 对环境要求高
感应同步器	360°	±0.5″ ~ ±1″		0.1″		精度较高,易数字化,能动态测量,结构简单,对环境要求低 电路较复杂
陀螺式	±(30°~ 70°)	漂移率 2″/min~ 0.001″/h	±2%		-40~55	能测量动坐标转角,机械陀螺精度低,采用新型结构和原理(如激光)时精度高,结构复杂,工艺要求高
激光式	±45°			$d=50\text{cm}$ 时为 0.1rad		精度高,常作为计量基准,设备复杂,成本高

3 速度传感器

3.1 直流测速机

直流测速机是一种测速元件,实际上它就是一台微型的直流发电机。根据定子磁极激磁方式的不同,直流测速机可分为电磁式和永磁式两种。如以电枢的结构不同来分,有无槽电枢、有槽电枢、空心杯电枢和圆盘电枢等。

测速机的结构有多种,但原理基本相同。图 12.4-18 所示为永磁式测速机原理电路图。恒定磁通由定子产生,当转子在磁场中旋转时,电枢绕组中即产生交变的电势,经换向器和电刷转换成与转子速度

成正比的直流电势。

直流测速机输出特性曲线如图 12.4-19 所示,当负载电阻 $R_L \to \infty$ 时,其输出电压 V_0 与转速 n 成正比;随着 R_L 变小,输出电压下降,且输出电压与转速间并不能保持严格线性关系,因此 R_L 应尽量大。

直流测速机的特点是输出斜率大、线性好;但由于有电刷和换向器,构造和维护复杂,摩擦转矩较大。直流测速机在机电传动系统中主要用于测速和校正元件。在使用中,尽可能直接连接到电动机轴上。

3.2 光电式转速传感器

光电式转速传感器是由装在被测轴上的带缝隙圆盘、光源、光电器件和指示缝隙盘组成,如图

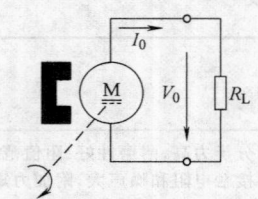

图12.4-18　永磁式测速机原理电路图

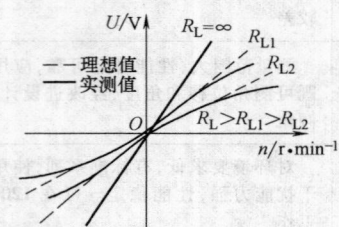

图12.4-19　直流测速机输出特性曲线

12.4-20所示。光源发生的光通过缝隙圆盘和指示缝隙盘照射到光电器件上。当缝隙圆盘随被测轴转动时，由于圆盘上缝隙间距与指示缝隙的间距相同，因此圆盘每转一周，光电器件输出与圆盘缝隙数相等的电脉冲，根据测量时间 t 内脉冲数 N，则可测出转速为

$$n = \frac{60N}{Z} \qquad (12.4\text{-}11)$$

式中　Z——圆盘上的缝隙数；

　　　n——转速（r/min）。

一般取 $Z = 60 \times 10^m$（$m = 0，1，2，\cdots$），利用两组缝隙间距 W 相同，位置相差（$i/2 + 1/4$）W（i 为正整数）的指示缝隙和两个光电器件，则可辨别出圆盘的旋转方向。

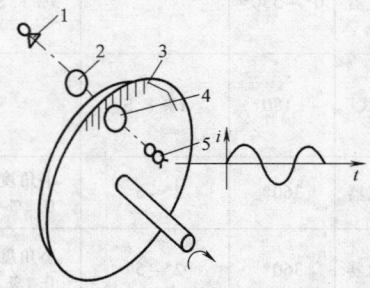

图12.4-20　光电式转速传感器原理

1—光源　2—透镜　3—带缝隙圆盘
4—指示缝隙盘　5—光电器件

3.3　速度传感器使用特性和相关产品

常用的速度传感器的使用特性见表 12.4-3。

表 12.4-3　常用速度传感器的使用特性参数

传感器类型		测量范围	灵敏度	线性度/（% F.S）	精度（% F.S）	分辨力	响应频率/Hz	特　　点
磁电动圈式		±1～±15mm	300～600 mV/cm·s^{-1}	<5	<10		10～500	灵敏度高,可测绝对运动和相对运动,输出电压与速度呈线性关系 尺寸、重量较大,测量距离小
电容式	电涡流式	2mm	8V/mm	±5	<5		10kHz	可同时测绝对运动和相对运动,频响特性好; 尺寸、重量较大,测量频率低
	磁电式	0.8mm	500V/cm·s^{-1}	±3	5			
转子陀螺		±30～120(°)/s		0.6～2 (°)/s	< ±2			测速精度不高,寿命较短,加工精度要求高
压电陀螺	双晶片	±30～300(°)/s		0.1		<0.04° /s	70	寿命长,响应快,线性好,价廉,可抑制振动和加速度干扰
	圆管形	±60%		0.3	长期漂移 <0.02°/s			结构简单,易于批量生产,成本低,可靠性高
风速测量	电晕离子式	1～20m/s				1m/s		无机械磨损,惯性小,灵敏度高,能很快反映出风速和风向变化 不能在混有导电介质的气流中使用

（续）

传感器类型		测量范围	灵敏度	线性度/(%F.S)	精度/(%F.S)	分辨力	响应频率/Hz	特 点
风速测量	射线离子式	1～20m/s						灵敏度高,能很快反映出风速和风向变化,能感受不同风速和风向的横向风量 不能在混有导电介质的气流中使用
	热敏电阻式	低速:0.04～3m/s 高速:2.5～3m/s			±4		响应时间3～10s	有风温补偿,频响好,可测瞬时风速 性能不稳定,分散性大,标定复杂
	热线式	0～20m/s			<1m/s			灵敏度高且可调理,结构简单,量程大,响应快,稳定
流速测量	旋桨式	0.02～400m/s						使用方便,适于在清水中使用 旋桨体积大,对水的扰动较大,水质较差时,影响测量准确性
	萨沃纽斯转子	3m/s				0.02m/s		结构简单,使用方便,可用于海洋遥测,浮标系统测流速
	热膜式	0～20m/s						灵敏度高,体积小,频响高,可测量气流和水流紊动流速 对流场有一定的干扰作用
离心式转速表		20000r/min			1～2		≥500	结构简单,量程大,不受电磁干扰 动态性能差,不能测量变化快的转速

4 加速度传感器

4.1 压电式加速度传感器

压电材料受压产生应变时,会在该材料上产生与应变量成正比的电荷,这种现象称为压电效应。根据压电效应原理制成的加速度传感器称为压电式加速度传感器。这是一种应用领域最为广泛的加速度传感器,它的测量范围及频率响应范围都很宽,体积小、重量轻。但由于这种传感器是以高阻电荷方式输出,因此,在使用时需按图 12.4-21 所示,在输出端接入电荷放大器。

4.2 压阻式加速度传感器

压阻式加速度传感器是利用压阻效应,通常指基

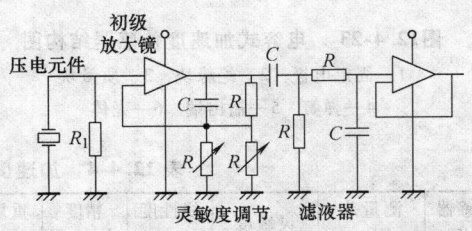

图12.4-21　压电式传感器的电荷放大电路

于半导体材料（单晶硅）在受力后电阻率发生变化的压阻效应原理制成的传感器。基于 MEMS 硅微加工技术的传感器,是利用集成电路工艺直接在硅平膜片上按一定晶向制成扩散压敏电阻,当硅膜片在加速度环境中受压力,膜片的变形使扩散电阻的阻值发生变化,硅平膜片上对称布置的扩散电阻构成桥式测量电路,输出电压与膜片所受压力成近似线性关系,压

阻式传感器的结构如图 12.4-22 所示。

压阻式传感器具有响应快、灵敏度高、精度高、体积小、低功耗等特点，尤其是它的低频响应好，并且该传感器在强辐射作用下能正常工作，常用的压阻式传感器的特性参数见表 12.4-4。

基于 MEMS 的加速度传感器易于集成在各种模拟和数字电路中，广泛应用于汽车碰撞实验、安全气囊、防抱死系统，以及地震测量、军事和空间系统、医学及生物工程等领域中。

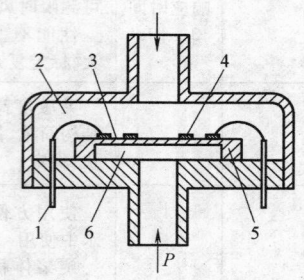

图12.4-22　压阻式传感器的结构
1—引线　2—低压腔　3—膜片　4—扩散
电阻　5—硅杯　6—高压腔

4.3　电容式加速度传感器

图 12.4-23 为一种差动结构的电容式加速度传感

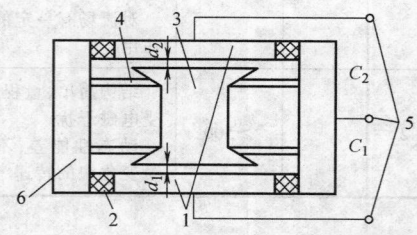

图12.4-23　电容式加速度传感器结构图
1—固定电极　2—绝缘块　3—质量块
4—弹簧　5—输出端　6—壳体

器结构图，它有两个固定极板（与壳体绝缘），中间有一个用弹簧片支撑的质量块，此质量块的两个端面经过磨平抛光后作为可动极板（与壳体电连接）。

当传感器的壳体被测对象沿垂直方向做直线加速运动时，质量块在惯性空间中相对静止，两个固定电极将相对于质量块在垂直方向产生位移，此位移使两电容的间隙发生变化，一个增加，一个减小，从而使 C_1、C_2 产生大小相等、符号相反的增量。电容式加速度传感器的主要特点是频率响应快、量程大。

电容式加速度传感器在汽车行业使用非常广泛，包括安全系统、轮胎磨损监测、惯性刹车灯、前灯水准测量、安全带伸缩、自动门锁和安全气囊。

4.4　加速度传感器的使用注意事项

（1）质量附加效应　在使用加速度传感器时，由于被测对象上附加了传感器（质量附加），因此实际的共振频率将会减小，而且还会出现衰减增加现象；当被测物体的质量较轻、振动频率较高时，上述问题将会成为影响测量精度的主要问题。

（2）接触共振问题　由于被测对象与传感器间处于接触状态，因此传感器的频率响应特性将会受到影响，特别是在高频情况下影响显著。若安装方法不当，就不能很好地发挥传感器的特点。由此可知，在实际应用时，采用的加速度传感器质量应远远小于被测对象。

4.5　加速度传感器分类及使用特性参数

常用的加速度感器的使用特性参数见表 12.4-4。

压电式传感器是最常见的加速度传感器，其中美国 ICSensors 加速度传感器 3031、3022、3052、3035、1210、1220、1230、1240 等，适用于地震监测、低频应用、测试仪器、机械控制。美国精量电子（MEAS）生产的电阻式加速度传感器的型号及特性参数见表 12.4-5。

表 12.4-4　加速度传感器的分类及使用特性参数

传感器类型	测量范围/g	灵敏度	线性度/(%F.S)	精度/(%F.S)	重复性/(%F.S)	横向灵敏度/℃	工作温度/℃	安装频率/kHz	频率范围/kHz	特点
压电式	0.2～100000	0.01～30pc/g		≤±1		3～5	−70～400	6～180	0.1～50	精度高，频响宽，动态范围大，尺寸小，寿命长，易于安装，稳定性好，耐高温受噪声影响大，需与高阻抗前置放大器配用
应变片式	±1～±5000	0.5～4mV/g	1	1		0.01～0.04g/g	−60～150		2	结构简单，低频响应好寿命稳定性差，易受温度、湿度、磁场等影响，使用频率范围窄

（续）

传感器类型	测量范围/g	灵敏度	线性度/(%F.S)	精度/(%F.S)	重复性/(%F.S)	横向灵敏度/℃	工作温度/℃	安装频率/kHz	频率范围/kHz	特点
半导体式	±2 ~ ±5000	0.005 ~ 20mV/g	<5			1 ~ 3	−60 ~ 150	0.3 ~ 14	0 ~ 8	结构简单,低频响应好
变电容式	2 ~ 10000	0.15 ~ 200mV/g	2			2	−60 ~ 120	0.15 ~ 10	0 ~ 7	灵敏度高,输出稳定,线性度高,输出阻抗低,非接触性测量 受温度、湿度及电容介质的影响大,配套仪器要求高,精度差
压阻式	0 ~ 200000	0.1 ~ 4mV/g		0.2		1	−70 ~ 150	0 ~ 180	0 ~ 30	直流电压响应输出,通带宽度大,灵敏度高,尺寸小,重量轻 易损坏,受温度影响,需电源
磁电式	0 ~ 50	20 ~ 6000mV/cm/s	1 ~ 5	3			−50 ~ 80		0 ~ 1	使用方便,灵敏度高 频响低,不宜测量冲击振动
电位计式	0 ~ 75			1			−50 ~ 80		0 ~ 60Hz	结构简单,成本低,输出功率大 分辨率有限,精度不高,动态响应差,不适宜测量快速变化量

表 12.4-5 某厂商生产的电阻式加速度传感器的型号及特性参数

厂商名称：美国精量电子（MEAS）

厂商网址：http://www.sensorway.cn/index.html

传感器类型	测量范围/g	输出	精度/(%F.S)	非线性度/(%F.S)	灵敏度/(mV/g)	使用温度/℃	响应频率/Hz	特点
201 加速度传感器	±2 ~ ±50	满量程4.5V	±1	±0.5	40	−40 ~ 125		低噪声、2级电子过滤、高过载保护、低消耗、温度补偿
4002 加速度传感器	±2 ~ ±200		0.5	±0.5	10	−20 ~ 85	0 ~ 1500	±2 ~ ±200g 测量范围、放大、过滤输出、气态阻尼、高分辨率、直流,低频响应
7264B-500 加速度传感器	±500	400mV	±1		0.8	−54 ~ 93	0 ~ 3000	机械式过程限止器,尺寸小,重量轻,结构牢固,无阻尼,直流响应,全桥式结构,环氧树脂密封
7264-2000 加速度传感器	±2000	500mV	±3		0.25	−18 ~ 66	0 ~ 4000	尺寸小,重量轻,结构牢固。全桥式结构,整体电缆。无阻尼,无相移,直流响应,环氧树脂密封
7264-200 加速度传感器	±200		±3		0.25	−18 ~ 66	0 ~ 1000	尺寸小,重量轻,结构牢固。全桥式结构,整体电缆。无阻尼,无相移,直流响应,环氧树脂密封
EGCS3 加速度计	±5 ~ ±5000	±5V	±1	±1		−40 ~ 120		高灵敏度和重型结构三轴加速度计,放大或非放大输出

（续）

传感器类型	测量范围/g	输出	精度/(%F.S)	非线性度/(%F.S)	灵敏度/(mV/g)	使用温度/℃	响应频率/Hz	特点
EGAS3 加速度计	±5 ~ ±2500	±100mV	±1	±1		−40 ~ 120		小型加强型三轴加速计，各个轴可选有不同量程，有铠包电线，内置过载保护和粘滞阻尼
EGAXT3 加速度传感器	±5 ~ ±5000	±38 ~ ±250mV	±1	±1		−40 ~ 125		小型，全程10000g，过载保护型三轴加速计
EGCS 加速度传感器	±5 ~ ±5000	±200mV	±1	±1		−40 ~ 125		同时具有高灵敏度和重型结构，在没有放大器的情况下它可以输出100mV/g的高精度数值，过载保护可达10000g，CE认证
EGAX/EGAXT 加速度传感器	±5 ~ ±2500	±50 ~ ±250mV/±38 ~ ±250mV	±1	±1		−40 ~ 120		微型超量程保护设计，它应用于剧烈行程条件下，此条件下加速传感器必须能经受住极高的初始过载，以测量低g值，如导弹级分离阶段
EGAS 加速度传感器	±5 ~ ±2500	±100mV	±1	±1		−40 ~ 120		微型坚固加速度计，只比EGA微型系列大一点点，仅1g，然而它结合了过量程停止和粘性阻尼的特点，拥有过载保护特性，频率响应达3.5kHz，多种封装形式
4603 加速度传感器	2 ~ 500	2V	1	±1		−54 ~ 121		放大输出
4610 加速度传感器	±2 ~ ±500	2000mV	0.5	0.5		−40 ~ 115	0 ~ 1.5kHz	耐高温，抗强磁干扰；高性能直流响应；信号调节输出；信噪比好；10000g过载保护
4630 加速度传感器	2 ~ 500	2000mV	1	1		−40 ~ 115	0 ~ 1.5kHz	耐高温，抗强磁干扰；高性能直流响应；信号调节输出；信噪比好；10000g过载保护
4620 加速度传感器	2 ~ 250	2000mV	1	1		−54 ~ 121	0 ~ 1.5kHz	
4602 加速度传感器	0 ~ ±200		±0.5	±0.5		−55 ~ 125		温度补偿，高过载程保护
4600 加速度传感器	0 ~ ±200		±0.5	±0.5		−40 ~ 100		
4000A/4001A 加速度传感器	0 ~ ±200		±0.5	±0.5		−20 ~ 85		低成本，放大输出，温度补偿

5　力与力矩传感器

力传感器是一种能够检测张力、转矩、材料内部应力和应变等力学量的传感器。轴的转矩也称为扭矩，以符号 M 表示，单位为 N·m。通常用轴的扭转弹性变形程度来衡量转矩的大小。

5.1　压磁效应力与力矩传感器

磁弹性传感器（也称为压磁式传感器）是一种新型传感器。这种传感器有许多优点，如输出功率大、信号灵敏度高、结构简单、牢固可靠、抗干扰性能好、过载能力强、便于制造及经济实用等，广泛应用于力学量测量、无损检测、自动控制及生物医学领域的测试。

1. 工作原理

在外力作用下，铁磁材料内部发生应变，产生应力，使各磁畴之间的界限发生移动，使磁畴的磁化强度矢量转动，因而铁磁材料的磁化强度也发生相应的变化。这种由于应力使铁磁材料磁化强度变化的现象称为逆磁致伸缩（畸变）效应或压磁效应。

磁弹性传感器大都是利用铁磁材料的这种压磁效应制作的。压磁元件的工作原理示意图如图 12.4-24 所示。压磁元件在受到外力作用时，铁磁材料内部产生应力或应力的变化，图中用硅钢片做成的压磁元件上冲有四个对称的圆孔 1、2、3、4，孔 1、2 间绕有激磁绕组（初级绕组）n12，当通过一定的交变电流时，铁心中便产生一定大小的磁场。若把孔间分成 A、B、C、D 四个部分，在不受外力的情况下，A、B、C、D 四个部分的磁导率是相同的。这时，磁力线呈轴对称分布，合成磁场强度 H 平行于测量绕组 n34 的平面，磁力线不与测量绕组 n34 交链，故不产生感应电动势，如图 12.4-24a 所示。

在压力作用下，A、B 区域将受到很大的应力 F 作用，而 C、D 区域基本上仍处在自由状态，于是 A、B 区域磁导率下降，磁阻增大，而 C、D 区域的磁导率则基本不变。这样铁心中的磁导率不再是均匀的，激磁绕组 n12 所产生的磁力线按照同磁导率的情况重新分布，磁力线分布如图 12.4-24c 所示。合成磁场强度 H 不再与测量绕组 n34 平面平行，一部分磁力线与 n34 相交链而产生感应电动势 U。被测力 F 越大，交链的磁通越多，U 值也就越大。感应电动势 U 经过处理后可用电流或电压来表示被测力 F 的大小。

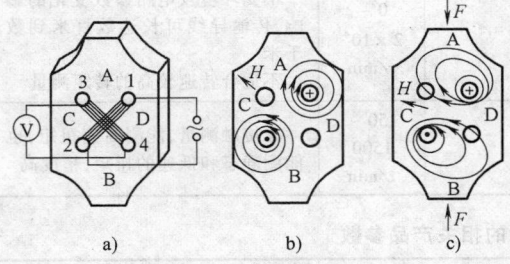

图12.4-24   压磁元件的工作原理示意图

a）压磁元件工作原理图   b）未受压力作用下磁力线分布图   c）压力作用下磁力线分布图

2. 参数特性

（1）激磁绕组的安匝特性   磁弹性元件输出电压的灵敏度和非线性在很大程度取决于铁磁材料的磁场强度。而磁场强度取决于激磁安匝数。选择激磁安匝数首先要根据所选用的铁磁材料来考虑，因为不同铁磁材料的磁致伸缩曲线是不同的，如图 12.4-25 所示。过小和过大的激励都会出现严重的非线性，并使灵敏度降低。当激磁绕组产生的磁场强度确定后，激磁绕组的匝数就可由下式得到

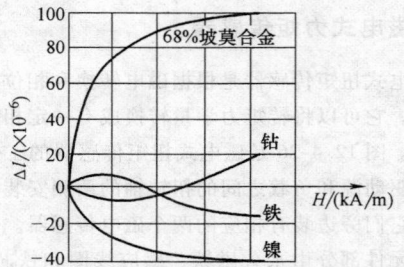

图12.4-25   各种不同材料的磁致伸缩曲线

$$N = Hl/I$$

$$U_i = Z_H I = I \sqrt{(2\pi fL)^2 + R^2}$$

$$L = \mu N^2 A/l \qquad (12.4\text{-}12)$$

式中　N——激磁绕组的匝数；

　　　H——激磁绕组所产生的磁场强度（T）；

　　　l——磁路的平均长度（m）；

　　　I——激磁电流（A）；

　　　U_i——激磁绕组的输入电压（V）；

　　　f——输入电源电压的频率（Hz）；

　　　R——激磁绕组的电阻（Ω）；

　　　L——激磁绕组的电感（H）；

　　　μ——铁磁材料的磁导率（H/m）；

　　　A——铁磁材料的截面积（m^2）。

由于激磁绕组的电阻 R 很小，一般可略去不计，故得

$$N = \frac{U_i}{2\pi \mu f H A} \qquad (12.4\text{-}13)$$

（2）输出特性   磁弹性元件的输出电压 U_{ae} 与作用在磁弹性元件上的外力 F 之间的关系，称为磁弹性元件的输出特性，可写为

$$U_{ae} = f(F) \qquad (12.4\text{-}14)$$

（3）频响特性   磁弹性传感器的频响可以按下列分析加以考虑。机械应力在固体中的传播速度为声速 C。若有一阶跃式负荷力作用在磁弹性传感器的长度为 L 的磁芯柱上，力在柱中传播所需时间为 $t = L/C$（单位为 s）。

一般情况下，在钢及大多数铁磁物质中的声速 C 约为 5000m/s，而磁芯柱的高度一般不超过 10cm，所以其传播时间为 $t \approx 2 \times 10^{-4}$ Ss。大部分传感器的磁芯柱可以看做是整块的矩形金属柱，其固有频率为

$$f = \frac{nc}{2L} \qquad (12.4\text{-}15)$$

式中　n——谐波次数（$n = 1, 2, 3, \cdots$）。

设 $L = 6$cm，则传感器共振频率（基频）约为 40kHz。若减低磁芯高度，可适当提高被测动态负荷的频率。

5.2 磁电式力矩传感器

磁电式扭矩传感器是根据磁电转换和相位差原理制成的。它可以将转矩力学量转换成一定相位差的电信号。图 12.4-26 是磁电式扭矩传感器的工作原理图。在驱动源和负载之间的扭转轴的两侧安装有齿形圆盘，它们旁边装有相应的两个磁电传感器。传感器的检测元件部分由永久磁铁、感应线圈和铁芯组成。永久磁铁产生的磁力线与齿形圆盘交链，当齿形圆盘旋转时，圆盘齿凸凹引起磁路气隙的变化，于是磁通量也发生变化，在线圈中感应出交流电压，其频率等于圆盘上齿数与转数的乘积。

当扭矩作用在扭转轴上时，两个磁电传感器输出的感应电压 u_1 和 u_2 存在相位差。这个相位差与扭转轴的扭转角成正比。这样传感器就可以把扭矩引起的扭转角转换成相位变化的电信号。这个相位电信号与转矩测量仪表配套，可直接测量各种动力机械的转矩。这种传感器可以广泛地应用于以下场合：

1）发动机的台架试验。

2）电动机扭矩及转速的测量。

3）减速器、变速器扭矩及转速的测量。

4）风机扭矩和转速的测试。

5）其他各种旋转机械扭矩及转速的测试。

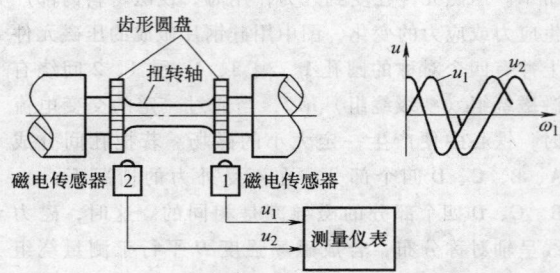

图12.4-26 磁电式扭矩传感器的工作原理图

5.3 力与力矩传感器分类及使用特性和相关产品

常用的力与力矩传感器的使用特性参数见表 12.4-6。部分力与力矩传感器的参数见 12.4-7。

表 12.4-6 常用的力与力矩传感器的使用特性参数

传感器类型	测量范围	灵敏度	线性度 /（% F.S）	重复性 /（% F.S）	工作温度 /℃	转速量程	特 点
应变计式	0.5 ~ 5000 N·m	1mV/V	0.05 ~ 1	0.05 ~ 1	−20 ~ 60		测量范围广，使用寿命长，长期稳定性好，精度高，抗干扰能力强
钢弦式	0 ~ 6×10⁴ N·m		精度 (0.5 ~ 0.1)			0 ~ 2×10⁴ r/min	不受环境及电路参数变化的影响，传输导线可长达数百米到数千米 不适合转速较高的转矩测量
磁电式	0 ~ 5×10⁶ N·m		精度 (0.2 ~ 0.5)			150 ~ 1500 r/min	非接触测量，能测高速扭矩，也能测静态和低速的扭矩，精度高

表 12.4-7 力与力矩传感器的相关产品参数

传感器类型	测量范围	非线性 /（% F.S）	精度 /（% F.S）	重复性 /（% F.S）	灵敏度	桥压 /V	过载能力 /（% F.S）	使用温度 /℃	特点	生产厂商
AKC 型扭矩传感器	0.5 ~ 3000 N·m	0.05 ~ 1		0.05 ~ 1		12	150	−20 ~ 60	用于测量扭矩、力矩、搅拌力矩、铰链力矩、舵机力矩等	中国航天 701 所
CS1120 扭矩传感器	±5 ~ ±2500 N·m		≤ ±0.25					−20 ~ 100	可选放大输出、温度稳定性好，用于测量不旋转部分扭矩、机器人和反应器、实验室和研究等	美国 MEAS 传感器集团
CS1210 反作用扭矩传感器	±160 ~ ±10000 N·m		≤ ±0.25					−40 ~150 −20 ~ 80		
8230-IEPE 力传感器	−44 ~ 44N				110 mV/N			−73 ~ 121	内置集成电路，可用于动态、短时静态和冲击力的测量	

（续）

传感器类型	测量范围	非线性/(% F. S)	精度/(% F. S)	重复性/(% F. S)	灵敏度	桥压/V	过载能力/(% F. S)	使用温度/℃	特点	生产厂商
FMT 垫圈力传感器	0 ~ 320kN	1 ~ 5	1 ~ 5		1.5 ~ 2 mV/V			-20 ~ 80	刚度高,可用于静态及动态测量,测量螺栓拧紧力、垫圈压力等	美国 MEAS 传感器集团
FC23 力传感器	250 ~ 2000lbf	≤ ±1						-40 ~ 85	尺寸小,噪声低,高过载能力,高可靠性,带负极保护	

6 压力传感器

压力传感器的用途很广,在农业生产、矿山、医学、国防、航空、航天等领域都得到了广泛的应用。

6.1 霍尔效应压力传感器

利用霍尔效应产生霍尔电势的器件成为霍尔器件。

6.1.1 工作原理

如图 12.4-27 所示,一块长为 l、宽为 w、厚为 d 的 N 型半导体薄片,位于磁感应强度为 B 的磁场中,B 垂直于 l-w 平面。沿 l 通电流 I,N 型半导体中的载流子——电子将受到洛仑兹力 F_B 的作用

$$F_B = -evB \qquad (12.4-16)$$

式中　F_B——洛仑兹力（N）；
　　　e——电子电量（C）；
　　　v——电子速度（m/s）。

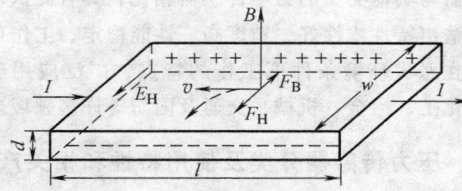

图12.4-27　霍尔效应原理图

在式（12.4-16）中,当 B 不垂直于 l-w 平面,而是与 l 方向的电流夹角 α,则 $F_B = -evB\sin\alpha$。在力 F_B 的作用下,电子向半导体片的一个侧面偏转,在该侧面上形成电子的积累,而在相对的另一侧面上因缺少电子而出现等量的正电荷。在这两个侧面上产生霍尔电场 E_H,所以电子在受到磁场作用力 F_B 的同时,在 w 方向还将受到霍尔电场 E_H 的作用力

$$F_H = -eE_H \qquad (12.4-17)$$

F_H 与 F_B 方向相反,它阻止 F_B 对电子产生的偏移运动。当霍尔电场力 F_H 增大到与 F_B 数值相等时,电

子的积累达到动态平衡,则有

$$eE_H = evB \qquad (12.4-18)$$

$$E_H = vB \qquad (12.4-19)$$

由于存在 E_H,半导体片两侧面间出现电位差 U_H,称为霍尔电势,显然

$$U_H = wE_H = wvB \qquad (12.4-20)$$

设 n 为 N 型半导体中载流子电子的浓度,则形成电流 I 的电流密度为 nev,可得

$$I = envwd \qquad (12.4-21)$$

把由式（12.4-21）得到的 v 代入 U_H 式（12.4-20）,得

$$U_H = \frac{1}{en}\frac{IB}{d} = R_H\frac{IB}{d} \qquad (12.4-22)$$

式中　R_H——霍尔系数,$R_H = 1/en$ 与材料本身的载流子浓度 n 有关。

因为 U_H 随器件的控制电流 I 而变。

由式（12.4-22）可见,霍尔电势 U_H 对磁感应强度 B 敏感,通过测量 U_H 得到 B,可得

$$U_H = \frac{R_H}{d}IB = K_H IB \qquad (12.4-23)$$

式中　I——电流（A）；
　　　B——磁感应强度（T）；
　　　U_H——霍尔电势（V）；
　　　K_H——灵敏度系数［V/(A·T 或 mV/(mA·T)］。

6.1.2 霍尔器件的主要特性参数

（1）乘积灵敏度 K_H　指单位电流,单位磁感应强度,霍尔电极为开路时的霍尔电势。

$$K_H = \frac{R_H}{d} = \frac{U_H}{IB} \qquad (12.4-24)$$

（2）额定控制电流 I_{em}　霍尔器件将因通电流而发热。使在空气中的霍尔器件产生允许温升 ΔT 的控制电流称为额定控制电流。当 $I > I_{em}$,器件温升将大

于允许温升，器件特性将变坏。

$$I_{em} = w \sqrt{2\sigma_s d\Delta T/\rho} \qquad (12.4\text{-}25)$$

式中　σ_s——器件的散热系数；

　　　　ρ——器件工作区的电阻率（$\Omega \cdot m$）。

一般 I_{em} 为几毫安到几百毫安，与器件所用材料和器件尺寸有关。

（3）磁灵敏度 K_B　当控制电流为 I_{em} 时，单位磁感应强度产生的开路霍尔电势为 K_B。此时 I_{em} 对应的开路霍尔电势

$$U_{Hm} = \mu\rho^{\frac{1}{2}} w \left(2\alpha_s \frac{\Delta T}{d}\right)^{\frac{1}{2}} B \qquad (12.4\text{-}26)$$

（4）输入电阻 R_i、输出电阻 R_o　R_i 为霍尔器件两个电流电极间电阻，R_o 为两个霍尔电极间电阻。

（5）磁非线性度 NL　在一定控制电流下，U_H 与 B 成线性的关系式具有近似性，再加上结构设计和工艺制备方面的原因，实际上对线性有一定程度的偏离。

6.1.3　霍尔器件的测量电路

霍尔器件的符号有两种表示法，如图 12.4-28a 所示。基本测量电路如图 12.4-28b 所示，调节 R 使控制电流为额定值；待测磁场 B 垂直于器件表面（转动器件，当 U_H 显示最大，则器件表面已垂直于 B）。当 I、B 都是直流磁场，则 U_H 为交流信号。当 I 为直流、B 为交变磁场；或 I 为交流，B 为直流磁场，则 U_H 为交流信号。

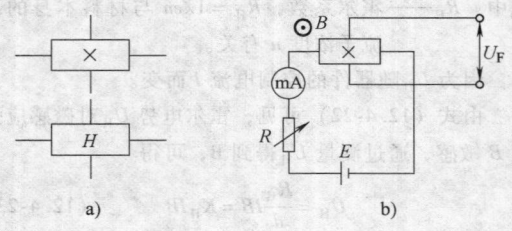

图12.4-28　霍尔器件电路符号和基本测量电路原理图

a）符号　b）基本测量电路原理图

6.1.4　霍尔器件压力传感器

当保持霍尔器件的控制电流不变，但使它在一均匀梯度的磁场中移动时，则其输出的霍尔电势 U_H 值，只决定于它在磁场中的位移量 z。根据这一原理，即可对微位移进行测量。以测微位移为基础，可以测量许多与微位移有关的非电量，如力、压力、应变、机械振动和加速度等。

压力传感器一般由两部分组成：一部分是弹性元件，用它来感受压力，并将压力转换成为位移量；另一部分是霍尔器件和磁系统。通常将霍尔器件固定在弹性元件上，这样当弹性元件产生位移时，将带动霍尔器件在具有均匀梯度的磁场中移动，从而产生霍尔电势，完成将压力转换成电量的任务。图 12.4-29 为霍尔器件压力传感器的原理图。

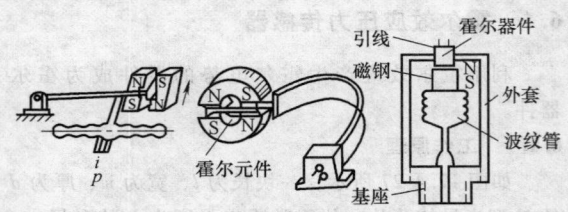

图12.4-29　霍尔器件压力传感器原理图

6.2　应变式压力传感器

由弹性元件、电阻应变片及外壳等组装而成的测量压力的装置，称为应变式压力传感器。应变式压力传感器与其他类型的力学传感器相比，具有测试范围宽、输出特性线性好、精度高、性能稳定、工作可靠并能在恶劣环境条件下工作的特点，广泛应用于煤炭、化工、冶金、机械、交通及国防等许多领域。

6.3　压力传感器分类及使用特性和相关产品

常用的压力传感器的使用特性参数见表 12.4-8。

表 12.4-8　常用的压力传感器的使用特性参数

传感器类型	测量范围/MPa	灵敏度	线性度/（% F.S）	精度/（% F.S）	重复性/（% F.S）	滞后/（% F.S）	分辨力	工作温度/℃	频率响应/kHz	过载/（%）	特　　点
压阻式	0~60	>40mV/V	0.1~0.5	0.05~0.5	0.05~0.5	0.05~0.5	0.1% F.S	-60~500	0~1000	200~2000	体积小，灵敏度高，可测直流信号，线性度高，抗过载能力强，输出稳定性高，输出阻抗低；温度系数大，需加补偿

（续）

传感器类型	测量范围/MPa	灵敏度	线性度/(%F.S)	精度/(%F.S)	重复性/(%F.S)	滞后/(%F.S)	分辨力	工作温度/℃	频率响应/kHz	过载/(%)	特 点
压电式	780	16~200pC/MPa	≤±1	0.5~2	<0.5	<0.5	6×10^{-4}~2×10^{-3}MPa	200~400	10~400	200	体积小,重量轻,结构简单,牢固,工作可靠,抗干扰性强,耐冲击,测量频率范围宽 不适于静压测量,对振动、温度和电磁场比较敏感,需采用一些抗干扰措施
电容式	0~50		0.14~0.32	0.25	0.03~0.2	0.02~0.07	4×10^{-3}~6×10^{-1}Pa	-20~120			灵敏度高,性能稳定,频率响应宽,抗过载能力强,并可在高温、低温、强辐射等恶劣环境下工作 输出阻抗高,传感器与测量电路的连接导线上寄生电容影响大,非线性严重
半导体应变片式	0~50	40~100mV/V	±0.25~±0.5	0.03~2	0.1	<0.5		<80		200	轻巧、可靠性高,线性较好,耐振性高,响应频率高,正负压均为测量,在微压范围内无蠕变现象
金属箔丝应变片式	0~10	1~0.35mV/V	0.03~0.3	0.05~0.5	0.03~0.3	0.03~0.3		-40~1500	50~300	200	精度高,体积小,重量轻,测量范围宽,固有频率高,耐冲击 输出小,受温度影响大,需温度补偿
差动变压器式	0~60	20~50mV/V		1~1.5				-10~50			灵敏度高,结构简单,测量范围大,测量电路简单,存在零点输出,体积较大
电感式（气隙式）	0~10	30~50mV/V		0.25~0.5		0.15		-40~100		150	简单可靠,输出功率大,可采用工频电源,线性范围不大,输出量与电源频率有关,要求电源频率稳定
压磁式	0~100			2~3				-45~150			负载大而变形小,能耐恶劣环境,输出功率大,信号强,抗干扰性能好,过载能力强,便于制造; 测量精度一般,频响较低
电位器式	0~60			<1.5							结构简单,抗干扰能力强,使用方便; 精度低,不耐冲击振动,寿命短
霍尔式	0~60			<1.5				-10~50			灵敏度较高,测量仪表简单,能远距离指示和记录,可配用动圈仪表指示
力平衡式	0.1~70			0.2~0.5				-30~90		120	线性度较好,位移量小,可减小弹性迟滞及回程误差

7　振动与谐振传感器

谐振式传感器是利用某种谐振子的固有频率（也有用相位和幅值的）随被测量的变化而变化来进行测量的一种装置。它的输出特性是频率信号。谐振式传感器具有下列基本特点：

1）采用谐振数字技术。

2）无活动部件，牢固的机械结构。

3）精度高、稳定性和可靠性好。

4）灵敏度高。

5）在远距离传输信号时功耗低。

7.1　工作原理

关于谐振技术的概念，用图 12.4-30 所示的单自由度理想的质量-弹簧-阻尼系统来表示最为清楚，当去掉作用在质量 M 上的力之后，系统的运动方程，即有阻尼的自由振动方程，为

$$M\ddot{x} + C\dot{x} + Kx = 0 \qquad (12.4-27)$$

由于阻尼的作用，自由振动随时间逐渐衰减而恢复原来的平衡状态，为了维持振动系统在其固有频率上等幅振动，必须在该系统上施加一激振力 $F(t)$，$F(t)$ 与系统振动速度成比例。此时

$$M\ddot{x} + C\dot{x} + Kx = F(t) \qquad (12.4-28)$$

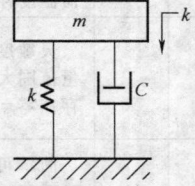

图12.4-30　单自由度振动系统

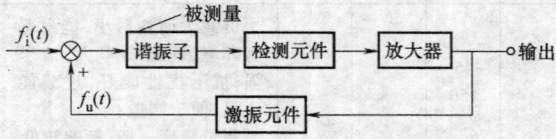

图12.4-31　谐振式传感器闭环系统框图

当 $F(t) = C\dot{x}$ 时，便可维持系统在其有频率上作等幅振动。此时无阻尼固有频率为

$$\omega_n = \sqrt{\frac{K}{m}} \quad \text{或} \quad f_0 = \frac{1}{2\pi}\sqrt{\frac{K}{m}} \qquad (12.4-29)$$

利用以上的频域技术，便可以设计成谐振式传感器。具体方法归纳如下：

1）被测物理量调整谐振器件的固有频率，谐振器件的振动是由调频放大器维持的，从而把被测物理

量转变为频率输出。至于频率放大器，又受被测物理量所控制。它们构成一个闭环调频自激振动系统，如图 12.4-31 所示。

2）尽量减低传感器系统的阻尼，便可大大提高其机械品质因数 Q。高 Q 值有许多优点，它可以降低维持系统振动的能量，从而可降低热损耗和伴随而生的任何测量误差；高 Q 值可以获得极窄的通频带，能有效地滤掉不需要的振动频率，即有很强的选频能力；维持振动的放大器设计比较简单，因为无需考虑由放大器提供高稳定的相移。

所以，设计谐振式传感器时，要努力提高传感器系统的品质因数 Q，它是设计中最重要的参数。谐振子的激振方式有四种：①电磁力激振；②静电力激振；③压电激振；④热激振（如电阻热效应、光热效应）。至于振动检测，可以用电磁、电容、电桥、压电元件、光纤等方法，可视具体应用场合选用。

7.2　谐振传感器的应用

7.2.1　谐振弦压力传感器

图 12.4-32 所示为一种谐振弦压力传感器，张紧的弦一端与支架固定并绝缘，另一端和感压元件相连。其工作原理是将张紧的金属弦丝（导电而不导磁）置于永久磁场中与磁力线相垂直，弦丝既起激振作用（电流变力），又起接收其信息的作用（速度变电压），即当电流 i 通过弦丝时，作用于弦丝的力为

$$F = Bl_b i \qquad (12.4-30)$$

式中　B——磁感应强度（T）；

l_b——磁场作用区内的弦长（mm）。

在该力作用下，弦丝在其固有频率上开始振动，弦丝在磁场中振动产生交变感应电势

$$e = Bl_b v \qquad (12.4-31)$$

式中　v——弦丝振动速度（m/s）。

当谐振弦的材料和尺寸确定后，固有频率仅是张力的函数，张力变化则正比于被测压力变化，即

$$\Delta T = F_\alpha \Delta p \qquad (12.4-32)$$

式中　F_α——膜片有效面积。

被测压力变化作用在膜片上，由膜片将其转换成 ΔT，ΔT 压缩弦丝，使弦丝松弛，固有频率下降，这样就可建立起压力和频率的对应关系。谐振弦充当测量元件，通过电路中各组成部分的平衡，检出谐振弦的频率变化，就间接测量出相应压力的变化，它既能用于测量绝对压力，又能测量相对压力。

7.2.2　金属谐振梁压力传感器

一般谐振弦压力传感器的主要缺点是时间稳定性

差，这是由于弦丝长期处于紧张状态下容易产生蠕变所致。图 12.4-33 所示为复合音叉式振动梁，采用压电激振和拾振方案。振梁的频率变化主要依靠改变梁的弯曲刚度来实现。电信号 U_A 作用于压电陶瓷片 A，由逆压电效应转换成梁的机械谐振，该振动频率由压电陶瓷片 B 接收，由正压电效应转换为另一电信号 U_B，并输出电频率信号。

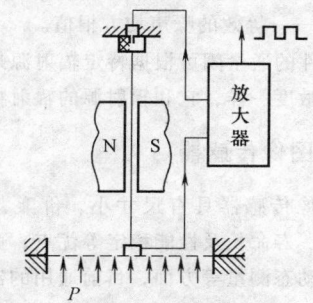

图12.4-32　谐振弦压力传感器

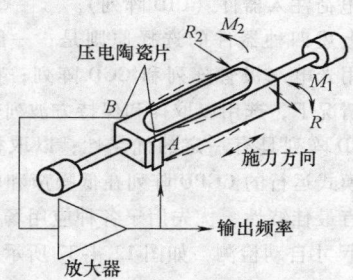

图12.4-33　复合音叉振动梁

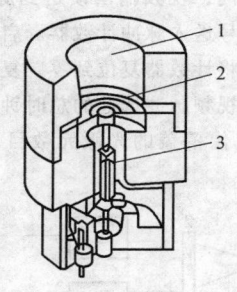

图12.4-34　复合音叉谐振动压力传感器
1—谐振腔　2—膜片　3—谐振梁

图 12.4-34 是由复合音叉为谐振子构成的一种压电谐振式压力传感器。当膜片受到压力，就变为集中力压缩谐振子，其谐振频率变化；若谐振子的空腔为真空，就构成绝对压力传感器；若与大气相通，就是相对压力传感器。设计时，应使膜片灵敏度高于谐振梁。谐振梁的优良特性将决定整个传感器的性能。

7.3　电涡流传感器的振幅测量

在汽轮机或空气压缩机主轴的径向振动、发动机涡轮叶片的振幅及主轴振动形状等都可以用电涡流式传感器来进行监侧，如图 12.4-35 所示。通过采用多个电涡流式传感器探头并列安装在轴的侧面，如图 12.4-35c 所示。在轴振动时，可以获得各个传感器所在位置的瞬时振幅。

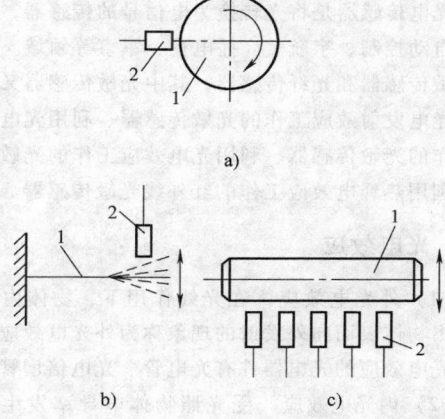

图12.4-35　振动测量
a）主轴径向振动监控　b）涡轮片振动监测
c）膜片的振动形状测量
1—被测体　2—传感器探头

7.4　电感式传感器的振动与加速度测量

图 12.4-36 所示是差动变压器振动与加速度传感

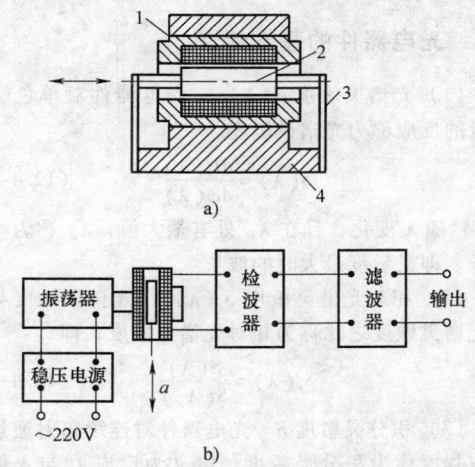

图12.4-36　差动变压器振动与加速度传感器
a）结构原理　b）测振线路框图
1—差动变压器线圈　2—衔铁　3—簧片　4—壳体

器结构原理和测振线路框图。电感式传感器与机械二阶系统结合，可用来测量振动。根据二阶系统的动态特性，当弹簧刚度小、质量大时，可用来测量振动幅度；当弹簧刚度大、质量小时，可用测振动加速度。用于测定振动物体的频率和振幅时，其激磁频率必须是振动频率的10倍以上。这种传感器的振幅测量范围为0.1～5mm，频响范围一般为0～150Hz。

8   光电传感器

光电传感器是将光转换为电信号的传感器，广泛用于自动控制、宇航、广播电视、军事等领域。它分为光敏传感器和光纤传感器，其中光敏传感器又分为利用光电发射效应工作的光敏传感器、利用光电导效应工作的光敏传感器、利用光电效应工作的光敏传感器和利用热释电效应工作的红外线光敏传感器。

8.1   光电效应

（1）外光电效应   在光线作用下，物体内的电子逸出物体表面向外发射的现象称为外光电效应。基于外光电效应的光电器件有光电管、光电倍增管等。

（2）内光电效应   受光照物体电导率发生变化或产生光电动势的效应称为内光电效应，可分为光电导效应和光生伏特效应。

光电导效应是指在光线作用下，电子吸收光子能量从键合状态过渡到自由状态而引起材料电阻率的变化。基于光电导效应的光电器件有光敏电阻（也称为光电导管）。光生伏特效应是指在光线作用下，能够使物体产生一定方向电动势的现象。又可分为两种：结光电效应和侧向光电效应。

8.2   光电器件的基本特性

（1）光谱灵敏度 $S(\lambda)$ 光电器件对单色辐射通量的反应称为光谱灵敏度。

$$S(\lambda) = \frac{\mathrm{d}U(\lambda)}{\mathrm{d}\phi(\lambda)} \qquad (12.4\text{-}33)$$

$S(\lambda)$ 随 λ 变化，且在 λ_m 处有最大值，λ_m 称为峰值波长，即灵敏度最大时的波长。

（2）相对光谱灵敏度 $S_r(\lambda)$ 光谱灵敏度与最大光谱灵敏度之比称为相对光谱灵敏度，即

$$S_r(\lambda) = \frac{S(\lambda)}{S(\lambda_m)} \qquad (12.4\text{-}34)$$

（3）积分灵敏度 S 光电器件对连续辐射通量的反应程度称为积分灵敏度，定义为反应 U 与入射到光电器件上的辐射通量 ϕ 之比，即

$$S = \frac{U}{\phi} \qquad (12.4\text{-}35)$$

（4）伏安特性 $I(U)$ 在保持入射光频谱成分不变的条件下，光电器件的电流和电压之间的关系称为光电器件的伏安特性。

（5）通量阈 ϕ_H 在光电器件输出端产生的与固有噪声电平等效的信号最小辐射通量称为通量阈 ϕ_H

$$\phi_H = \frac{\sqrt{U_z^2}}{S} \qquad (12.4\text{-}36)$$

式中 $\sqrt{U_z^2}$ ——等效的噪声均方根值。

光电器件的通量阈可根据特定辐射源来测定，而且同积分灵敏度一样，它和辐射源的辐射特性有关。

8.3   固体图像传感器

固体图像传感器具有尺寸小、价廉、工作电压低、功耗小、寿命长及性能稳定等优点，可用于图像识别和快速动态测量等方面，目前通用的器件分为四种基本类型：电荷耦合器件（CCD阵列）、光电二极管阵列（SSPD阵列）、电荷耦合光电二极管（CCPD阵列）和电荷注入器件（CID阵列）。

对于上述四种器件的选择原则是：一般应用场合，可选用光电二极管阵列和CCD阵列；在低光平背景照明情况下，选用以取样和保持方波列输出模式运行的CCD阵列具有一定的优越性；以取样和保持方波阵列模式运行的CCPD阵列在低噪声和响应的一致性方面有最佳特性，优先用于各种应用场合。

（1）尺寸自动检测   如图12.4-37所示，被测小零件成像在CCD或SSPD图像传感器的光敏阵列上，产生物体轮廓的光学边缘，时钟和扫描脉冲电路对每个光敏元顺次询问，视频输出馈送到脉冲计数器上，并把时钟选通信号送入脉冲计数器。启动阵列扫描的扫描脉冲也用来将计数器复位到零，复位之后，计数器计算和显示由视频脉冲选通的总时钟脉冲数。显示数 N 就是零件成像覆盖的光敏元数目，根据该数目来计算零件尺寸。

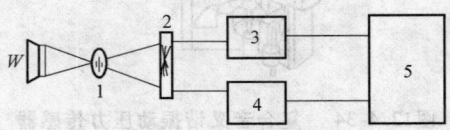

图12.4-37   小零件尺寸的测量系统
1—成像透镜   2—阵列   3—视频处理器
4—控制器   5—计数和显示装置

在光学系统放大率为1:1的装置中，图像尺寸等于工件尺寸，即

$$L = Nd \pm 2d \qquad (12.4\text{-}37)$$

式中 L——工件尺寸（m）；

N——覆盖的光敏元数；

d——相邻光敏元中心距离（m）。

在光学系统放大率为 $1:M$ 的装置中，则有

$$L = (Nd \pm 2d)M \qquad (12.4\text{-}38)$$

式中 $\pm 2d$——图像末端两个光敏元之间的最大可能误差。

（2）机器人的眼睛和安全监测 用二维阵列制作的图像传感器可作为机器人的眼睛，也可用来监测关键部位，例如门、保险柜，现场由可见光或红外光照明。辅助电路可用来计算被遮住的光敏元数目，从视频信息中能判明通过视场的闯入者的性质，即能分辨出是鸟、猫或人。

（3）光学字符识别 带有光学系统的线阵或面阵图像传感器，垂直扫过字符，产生视频信号，送入逻辑电路，以识别输出数据，随后将其编成适合于计算机接口的代码，输到计算机上去，用于以下识别。

1）标准信件识别分选。

2）贴有价格标签的商品计价。

3）文字阅读机。

8.4 红外传感器

红外传感器又称红外探测器，红外探测器是红外检测系统中最重要的器件之一，按工作原理可分为热探测器和光子探测器两类。

（1）热探测器 热探测器在吸收红外辐射能后温度升高，引起某种物理性质的变化，这种变化与吸收的红外辐射能成一定的关系。常用的物理现象有面差热电现象、金属或半导体电阻阻值变化现象、热释电现象、气体压强变化现象、金属热膨胀现象和液体薄膜蒸发现象等。因此，只要检测出上述变化，即可确定被吸收的红外辐射能大小，从而得到被测非电量值。

用这些物理现象制成的热电探测器，在理论上对一切波长的红外辐射具有相同的响应，但实际上仍存在差异。其响应速度取决于热探测器的热容量和热扩散率的大小。

（2）光子探测器 利用光子效应制成的红外探测器称为光子探测器。常用的光子效应有光电效应、光生伏特效应、光电磁效应和光电导效应。

热探测器与光子探测器比较有以下不同。

1）热探测器对各种波长都能响应，光子探测器只对一段波长区间有响应。

2）热探测器不需要冷却，光子探测器多数需要冷却。

3）热探测器响应时间比光子探测器长。

4）热探测器性能与器件尺寸、形状和工艺等有关，光子探测器容易实现规格化。

8.5 光纤传感器

（1）工作原理 光纤传感器的工作原理是通过外界信号（温度、压力、应变、位移、振动等）对光进行调制。引起光的强度、波长、频率、相位、偏振态等性质的变化，即光被外界参数调制。

光纤传感器一般分为功能型（传感型）传感器和非功能型（传光型）传感器两类。

1）功能型传感器又称为传感型传感器，利用光纤本身的特性或功能将光纤作为敏感元件。被测量对光纤内传输的光进行调制，使传输的光的强度、相位、频率或偏振态等特性发生变化，再通过对被调制过的信号进行解调，从而得到被测信号。

2）非功能型传感器又称为传光型传感器，它利用其他敏感元件感受被测量变化，光纤作为信息的传输介质。

（2）组成结构 如图 12.4-38 所示，光纤传感器由光源、敏感元件、光探测器、信号处理系统及传输光纤组成。

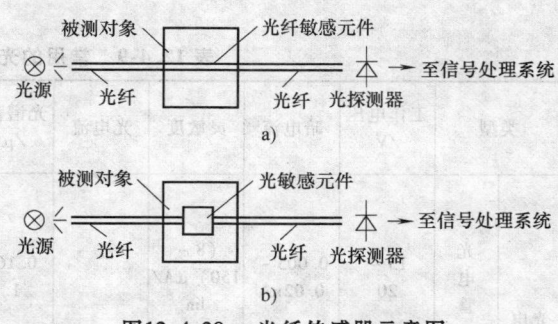

图12.4-38 光纤传感器示意图

a）传感型 b）传光型

（3）工作过程 光源发出的光，通过源光纤传到敏感元件；被测参数作用于敏感元件，在光的调制区内，光的某一性质受到被测量的调制；调制后的光经接收光纤耦合到光探测器，将光信号转换为电信号，然后进行相应的信号处理得到被测量值。

采用光纤传感器检测液位的工作原理图如图12.4-39 所示。采用两组光纤传感器，一组完成液面上限控制，另一组完成液面下限控制，分别按某一角度装在玻璃罐的两侧。当投光光纤与光纤传感器之间有液体时，由于液体对光的折射，光纤传感器接收到光信号，并由放大器内的光敏元件转换成电信号输出。无液体时，光纤传感器接收不到投光光纤发出的

光。液面的控制精度可达 ±1mm。

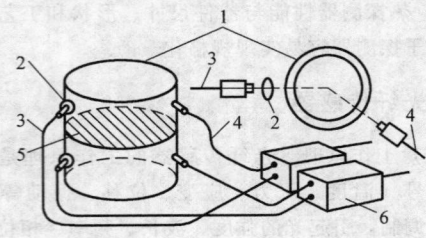

图12.4-39　液位检测原理图

1—传感型　2—透镜　3—受光光纤传感器
4—投光光纤　5—液面　6—放大器

光纤旋涡流量传感器结构示意图如图 12.4-40 所

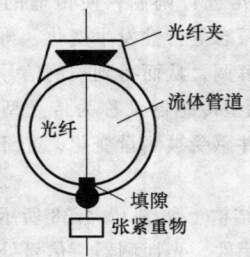

图12.4-40　光纤漩涡流量传感器示意图

示。将一根多模光纤垂直装入流体管道，当液体或气体流经与其垂直的光纤时，流体流动受到光纤的阻碍，根据流体力学原理，光纤的下游两侧将产生有规则的旋涡，旋涡的频率 f 近似与流体的流速成正比，即

$$f = S_t \frac{v}{d} \qquad (12.4\text{-}39)$$

式中　v——流体的流速（m/s）；

　　　　d——流体中物体的横向尺寸（m）；

　　　　S_t——斯特罗哈尔（Strouhal）系数，是无量纲常数。

在多模光纤的输出端，各模式的光形成干涉光斑，没有外界扰动时干涉图样是稳定的。受到外界扰动时，干涉图样的明暗相间的斑纹或斑点会发生随着振动周期而变化的移动，测得相应的频率信号 f，可推算出流体的流速。

光纤旋涡流量传感器可测量液体和气体的流量，没有活动部件，测量可靠，对流体的流动不产生阻碍作用，压力损耗非常小。

8.6　光传感器分类及使用特性和相关产品

常用的光传感器的使用特性参数见表 12.4-9。

表 12.4-9　常用的光传感器的使用特性参数

类型		工作电压/V	暗电流	灵敏度	光电流	光谱范围/μm	峰值波长/μm	响应时间/μs	工作温度/℃	特　点
光电子释放效应	光电管	15 ~ 20	0.005 ~ 0.02nA	(8 ~ 150) μA/lm		0.16 ~ 1.1	0.35 ~ 0.8		50 ~ 100	光电阴极发射的电子数目在很宽的光强范围内精确地与阴极入射光通量成正比，可用来精确地测量光强，可检测微弱光，响应速度快　增益低
	光电倍增管	阳极电压 700 ~ 1800	0.08 ~ 1000nA	阳极：1 ~ 1000A/lm　阴极：15 ~ 150μA/lm		0.17 ~ 1200	0.23 ~ 0.8	2×10^{-5} ~ 1.5×10^{-2}		灵敏度高，噪声小，线性好，工作频率范围宽，放大倍数高，光谱响应范围宽，稳定性好，工作电压范围宽
光电导效应	光敏电阻	20 ~ 150	暗电阻 0.1 ~ 100 MΩ	光电阻 1 ~ 100kΩ		0.4 ~ 0.8	0.54 ~ 0.57	4 ~ 40ms	-30 ~ 60	具有良好的灵敏度，线性度，构造简单，工作稳定性好，使用方便
	光电导摄像管	靶面直径 12 ~ 50mm	1 ~ 20nA	250 ~ 5000μA/lm	信号电流 (0.16 ~ 2.5)/ (0.5 ~ 10)μA/lx	调制度 30% ~ 65%				体积小，灵敏度高，对彩色图像敏感

（续）

类型	工作电压 /V	暗电流	灵敏度	光电流	光谱范围 /μm	峰值波长 /μm	响应时间 /μs	工作温度 /℃	特　点
光敏二极管	10 ~ 50	0.001 ~ 1μA	≥0.4μA/μW	1μA ~ 1.5mA	0.21 ~ 1.14	0.56 ~ 1	0.003 ~ 0.5	-30 ~ 120	响应速度高,噪声低,在很宽的光强范围内有很好的线性;灵敏度低
光敏三极管	10 ~ 50	0.1 ~ 0.51μA		≥0.5 ~ 5mA	0.4 ~ 1.1	0.72 ~ 0.96	1 ~ 100	-55 ~ 125	与其他光敏器件相比,灵敏度高,线性度动态范围大,光谱响应范围宽,输出阻抗低,体积小,暗电流小,温度系数小 响应速度低于光敏二极管,受温度影响大
光电池			0.13 ~ 0.35μA/μW		0.4 ~ 1.1	0.8 ~ 0.9	1 ~ 10^3	-50 ~ 100	转换效率高,寿命长,光谱响应宽,价格较便宜,能承受各种环境变化 响应时间比光电二极管长
半导体色敏器件		3×10^{-3}μA		≥4mA	0.4 ~ 1.0		≤5		可用于有色标签的判别,产品涂料的调色,彩色条码的阅读等
CCD 图像传感器	像元素一维 256 ~ 7000 二维 4096 × 4096	时钟频率 10MHz	<1lx		0.4 ~ 1.1			-20 ~ 80	体积小,重量轻,功耗低,可靠性高,寿命长。空间分辨率高,具有理想的"扫描"线性,有数字扫描能力,光敏元间距的几何尺寸精确,可获得很高的定位精度和测量精度,有很高的光电灵敏度和大的动态范围
光闸流管	正向阻断电压 200 ~ 6000V	正向电流 1.4 ~ 1500A	正向压降 2V	维持电流 15mA	0.55 ~ 1		开通时间 2 ~ 3500		与电触发相比,具有体积小,重量轻的优点,主电路与控制电路采用光耦合,易满足两个回路在绝缘方面的要求

第5章 光机电一体化系统控制

1 光机电一体化系统控制概述

本章主要介绍光机电系统控制的基本概念、分类，光机电控制系统描述，以及光机电一体化系统中广泛应用的现代控制方法与智能控制方法。

1.1 光机电控制系统的研究对象

在各种光机电设备和生产过程中，控制系统的目的是改善产品的质量和提高性能，因此控制系统设计必须在考虑干扰、噪声的前提下，提高系统控制的稳定性、速度和准确性。光机电系统控制主要研究集成了光学组件、机电组件的工业系统控制。

1.2 光机电控制系统组成

光机电控制系统是由控制器、执行机构、被控对象、传感器等环节构成的一个整体，其基本构成如图12.5-1所示。被控对象可以是一种过程（如工业生产过程），机电设备（如数控机床）或整个生产企业（如自动化工厂），它在控制器的控制和执行机构的驱动下，按照预定的规律或目的运行。

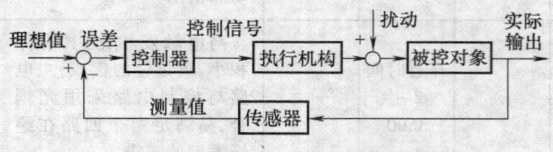

图12.5-1 光机电控制系统组成

典型光机电一体化控制系统实例如图12.5-2所示，即结合了光学传感器的机器人终端探针控制系统，此系统目的在于准确控制探针触点力。它包含一个接触探针、一个压力传感器、一个光学位移传感器和一个静态电磁传动装置。借助光学传感器，这个电磁传动装置驱动接触式探针微动，使得当探针与物件接触时，接触压力尽可能的小。可见在这类控制系统中，为了实现传感功能，光学和机电元件之间已不可分，一旦光学或机电元件从系统中移出，系统就不能正常工作。

1.3 传统控制方法与智能控制方法

像解决其他控制问题一样，在设计光机电控制系统时，首先要建立能够准确描述光机电系统性质的动

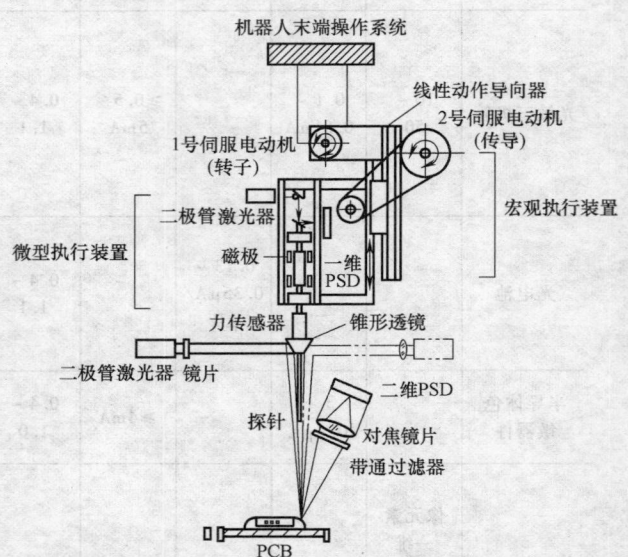

图12.5-2 结合了光学传感器的机器人终端探针控制系统

态模型。在一定情况下，由于某些光机电系统特性的不可知性，没有确定的已知方法来解决系统的动态建模问题，这样就限制了按传统的数学模型进行系统控制。根据是否需建立系统数学模型，光机电系统控制方法可分为两类，即传统控制方法与智能控制方法。

1）传统控制方法设计光机电控制系统时，需首先建立描述光机电系统动态特性的精确数学模型。但目前还没有哪一种方法适用于任何光机电动态系统的建模。因此，这种基于对象模型的控制方法受到了制约。在传统控制系统设计方法中，得到大量应用的是串联校正、反馈校正和PID控制等方法。

2）智能控制方法采用人工智能方法（如神经网络、模糊控制、专家系统、进化计算等）来实现系统控制，具有不依赖于被控对象的数学模型的独特优势，因此可以有效地应用于那些不易建立精确数学模型系统的控制场合。

2 光机电控制系统

2.1 光机电控制系统的分类

光机电控制系统可根据两个特性进行分类，第一

种是按照光学组件与机电组件的结合关系进行分类；另一种是根据与待控制系统有关的动态特点——执行机构和传感器进行分类。

2.1.1 按控制系统中光学组件与机电组件的结合关系分类

可分为光机电融合控制系统、机电嵌入式光学系统、光学嵌入式机电系统。图 12.5-3 ~ 图 12.5-5 描述了这三类不同的光机电系统。

（1）光机电融合控制系统 图 12.5-3 为光机电融合控制系统框图，在这类系统中，光学、机电组件与系统是不可分的，即如果光学、机电组件从系统中移除，系统则无法正确地实现功能。这类控制系统的典型实例包括可变镜面控制、原子力显微镜（AFM）激光波长控制和光学系统控制的感觉反馈。

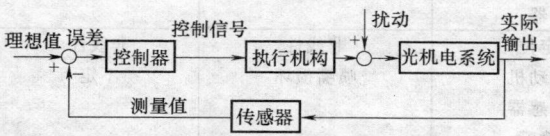

图12.5-3 光机电融合控制系统框图

（2）机电嵌入式光学系统 图 12.5-4 为机电嵌入式光学系统，这类光学系统要求定位或者伺服光学元件去操纵和产生列光束，以及控制光束的偏振程度。光学扫描系统即为这类系统的一个典型代表，为了触发光学传感器和光源有序动作如扫描，必须利用伺服电动机控制传感器或者光束的位置来达到要求。光学多面镜、激光对焦控制和激光发生控制系统等都是这类系统典型实例。

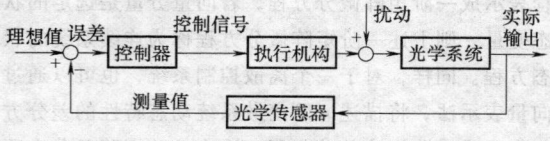

图12.5-4 机电嵌入式光学系统框图

（3）光学嵌入式机电系统 图 12.5-5 为光学嵌入式机电系统，这类系统中光学组件嵌入在机电系统中。尽管在这类系统中，在缺少光学组件的情况下系统仍可工作，但是无法达到使用光学组件时的精度。典型实例如基于光学传感器的位置控制、视频动作反馈控制和遥控机器人导航系统。

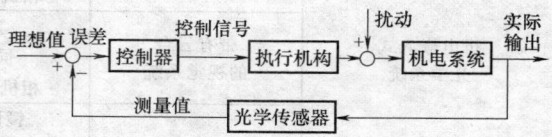

图12.5-5 光学嵌入式机电系统

表 12.5-1 列出了多种经常在现实中应用的光机电一体化控制系统、它们的控制组件及其特性。

2.1.2 按控制系统动态系统特点分类

根据动态特点，光机电控制系统还可以分为：①线性/非线性；②时变/非时变；③集中/分布；④确知/不定；⑤确定/随机；⑥单变量/多变量。

例如，具有 6 个自由度机器操纵臂的视觉反馈控制系统具有不确定非线性和时变的特点。这个控制系统中，机器人的运动具有非线性、不确定及时变的特点，由于末端执行器位置的不确定，导致整体装置的测量信息无法定义，因此系统整体不确定。

2.2 光机电系统描述

一般情况下，可用三种形式描述一个光机电系统，即传递函数形式、状态空间形式和框图形式。

2.2.1 传递函数形式

传递函数是在零初始条件下，线性定常系统输出的拉普拉斯变换与输入的拉普拉斯变换之比。传递函数描述了所研究系统的动态性能，它特别适合单变量控制系统。

表 12.5-1 各种光机电一体化控制系统中的控制组件和特性

系统类型	控制系统	控制组件	组件的物理表现	控制系统的特点
光机电融合控制系统	原子力显微镜	悬臂探针	灵活性滞后	非线性
		光学传感器	线性	不定
		压电驱动器		
	光学开关	镜面阵列	滞后	非线性
		激光器输入源	摩擦	
		压电驱动器		
	光盘存储	光束对焦系统	非线性	非线性
		音圈电动机	摩擦	时变
		光学传感器		
	光刻台	定向光束	非线性	非线性
		定位表	摩擦	
		光学传感器		

（续）

系统类型	控制系统	控制组件	组件的物理表现	控制系统的特点
光机电融合控制系统	数码相机	透镜 伺服电动机 光学传感器	摩擦 反冲	非线性
机电嵌入式 光学系统	地图生成 移动机器人	带定位机构移动机器人 伺服电动机 相机/光学传感器	摩擦 反冲	非线性 时变 不定
	带有云台 的视觉系统	定位系统 伺服电动机 相机/光学传感器	摩擦 反冲	非线性
	检流计	镜面定位系统 伺服电动机 编码器	摩擦 反冲	非线性
光学嵌入式 机电系统	光学坐标 测量机	定位台光学探针 伺服电动机、压电驱动器 编码器	台面惯性 摩擦反冲	非线性
	激光焊接	光束定位 伺服电动机 光学传感器 焊接喷嘴	非线性 喷嘴损坏	非线性 不定

2.2.2　状态空间形式

传递函数只能反映系统输入输出间的外部特性，难以反映系统内部的结构和运行状态，不能有效处理多输入多输出系统、非线性系统、时变系统等复杂系统的控制问题。而现代控制理论在引入了状态空间的概念后，不仅可以描述多输入、多输出系统，而且全面完整地反映出系统的动力学特征。

用状态空间法进行控制系统的分析和综合，比以传递函数为基础的分析设计方法更为直接和方便。为说明如何用状态空间描述控制系统，先介绍系统状态、状态变量、状态空间、状态方程等几个基本概念。

（1）系统状态　控制系统的状态是描述系统行为的最小一组变量，只要知道在 $t = t_0$ 时刻的这组变量和 $t \geq t_0$ 时刻的输入函数，便完全可以确定在任何时刻 $t \geq t_0$ 上的系统的行为，这个系统的行为称为系统状态。系统状态完整、确定地描述了系统的动态行为。

（2）状态变量　构成控制系统状态的变量称为状态变量。在控制系统中，状态变量并非是唯一的。根据不同的选择方法和从不同的角度选择系统状态变量，所得的系统状态方程及输出方程，在形式上可以是不同的。但在同一输入函数的作用下，所得的系统输出函数都是相同的。

（3）状态向量　若完全描述一个给定系统的动态行为需要 n 个状态变量，记为 $x_1(t)$，$x_2(t)$，…，$x_n(t)$，将这些状态变量看成向量 $X(t)$ 的分量，则向量 $X(t)$ 称为系统的状态向量。

（4）状态空间　以状态向量 $X(t)$ 的分量 $x_1(t)$，$x_2(t)$，…，$x_n(t)$ 为坐标轴，构成的 n 维空间称为状态空间，任意的状态 $X(t)$ 都可以用状态空间中的一个点来描述。

（5）状态方程　对于一个连续控制系统，通过向量表示法，可以将描述 n 阶系统动态特性的微分方程表示成一阶矩阵微分方程，若向量分量是选定的状态变量，则上述一阶矩阵微分方程称为连续系统的状态方程。同样，对于一个离散控制系统，也可以通过向量表示法，将描述 n 阶离散系统动态特性的差分方程表示成一阶矩阵差分方程，这个一阶矩阵差分方程称为离散系统的状态方程。下面以连续系统为例说明如何用状态空间表达式来描述一个系统。

（6）线性连续系统的状态空间表达式　系统的状态方程和输出方程综合起来，构成对一个系统动态过程的完整描述，称为系统的状态空间表达式。

设线性定常连续系统的运动方程可用下述微分方程描述，即

$$y^{(n)} + a_1 y^{(n-1)} + a_2 y^{(n-2)} + \cdots + a_{n-1}\dot{y} + a_n y = u$$

$$(12.5\text{-}1)$$

式中　y、$y^{(i)}$（$i = 1, 2, \cdots, n$）分别为系统的输出及其各阶导数；u 为系统的输入函数（即被控对象的控制输入）；a_1，a_2，…，a_n 为常系数。

对于上述线性定常系统，若已知初始条件 $y(0)$、$y^{(i)}(0)$（$i=1,2,\cdots,n-1$）及 $t\geqslant0$ 时刻的输入函数 u，则系统在任何 $t\geqslant0$ 时刻的行为便可完全确定。因此，可以选取 y 及 $y^{(i)}$（$i=1,2,\cdots,n-1$）为系统状态变量，即选取

$$\begin{cases} x_1 = y \\ x_2 = \dot{y} \\ \vdots \\ x_n = y^{(n-1)} \end{cases} \quad (12.5\text{-}2)$$

则式（12.5-2）所示的 n 阶线性定常连续系统的微分方程，可以写成 n 个一阶常微分方程，即

$$\begin{cases} \dot{x}_1 = x_2 \\ \dot{x}_2 = x_3 \\ \vdots \\ \dot{x}_n = -a_1 x_{n-1} - a_2 x_{n-2} - \cdots - a_n x_1 + u \end{cases}$$
$$(12.5\text{-}3)$$

或写成一阶矩阵微分方程形式

$$\dot{x} = Ax + Bu \quad (12.5\text{-}4)$$

$$\dot{x} = \begin{bmatrix} \dot{x}_1 \\ \dot{x}_2 \\ \vdots \\ \dot{x}_n \end{bmatrix}, A = \begin{bmatrix} 0 & 1 & 0\cdots0 \\ 0 & 0 & 1\cdots0 \\ \vdots & \vdots & \vdots \ \vdots \\ 0 & 0 & 0\cdots1 \\ -a_n & \cdots & -a_1 \end{bmatrix}, B = \begin{bmatrix} 0 \\ 0 \\ \vdots \\ 1 \end{bmatrix}$$

式中　x、$\dot{x}$——状态向量及其一阶导数，均为 n 维；

　　　A——$n\times n$ 常系数矩阵，称为系统矩阵；

　　　B——$n\times 1$ 常系数矩阵，称为输入矩阵。

式（12.5-4）称为线性定常连续系统；式（12.5-1）的状态方程。根据系统状态变量的选取，其输出方程可写成

$$y = [\,1\ 0\ 0\cdots0\,]\begin{bmatrix} x_1 \\ x_2 \\ \vdots \\ x_n \end{bmatrix} = Cx \quad (12.5\text{-}5)$$

式中，C 为输出向量。式（12.5-4）及式（12.5-5）所示的状态方程及输出方程即是应用状态空间法分析和设计线性定常连续系统时，描述系统动态特性的标准状态空间表达式。

2.2.3　框图形式

框图形式提供了一种简便直观的方法来表示系统及其连接。图 12.5-6 中所示的基本反馈系统是在控制应用中最基本的一个框图模型，而且通过一些变换，任何的单输入单输出系统都可以表示成这种形式。

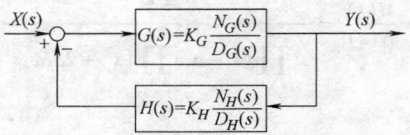

图12.5-6　基本反馈系统形式

基本反馈系统包括两个传递函数：前向开环函数 $G(s)$ 和反馈函数 $H(s)$，如图 12.5-6 所示。$N(s)$ 和 $D(s)$ 两个多项式分别为分子和分母，K 是为了建立首一多项式形式所需的额外增益比。基本反馈系统中的开环传递函数和闭环传递函数可以用以下公式计算

开环传递函数：

$$G(s)H(s) = K_G K_H \frac{N_G(s) N_H(s)}{D_G(s) D_H(s)} \quad (12.5\text{-}6)$$

闭环传递函数：

$$\frac{Y(s)}{X(s)} = \frac{G(s)}{1+G(s)H(s)} = \frac{K_G \dfrac{N_G(s)}{D_G(s)}}{1+K_G K_H \dfrac{N_G(s) N_H(s)}{D_G(s) D_H(s)}}$$
$$= \frac{K_G N_G(s) D_H(s)}{D_G(s) D_H(s) + K_G K_H N_G(s) N_H(s)}$$
$$(12.5\text{-}7)$$

往往为简化问题分析，需要把一个基本反馈系统框图转换为单位反馈系统框图。为了得到它的单位反馈系统传递函数 $G(s)$，只需知道闭环传递函数 $T(s)$。如果已知单位反馈系统传递函数 $G(s)$，则 $T(s)$ 可表示为

$$T(s) = \frac{G(s)}{1+G(s)} \quad (12.5\text{-}8)$$

根据式（12.5-8），则单位反馈系统传递函数 $G(s)$ 可表示为

$$G(s) = \frac{T(s)}{1-T(s)} \quad (12.5\text{-}9)$$

2.3　系统性能指标

对控制系统来说，首先要确保系统的稳定性，即稳定地工作，其次要求系统的稳态误差小及响应快速。同一个系统上述三项性能指标之间往往是相互制约的，必须折中考虑。

2.3.1　稳定性

一个稳定系统的定义为：在有界输入作用下，其输出也是有界的动态系统。对于线性系统，稳定性同闭环传递函数的极点位置有关。系统闭环传递函数可表示为

$$T(s) = \frac{M(s)}{N(s)} = \frac{K \prod_{i=1}^{m}(s + z_i)}{s^n \prod_{j=1}^{l}(s + \alpha_j) \prod_{k=1}^{q}\left[s^2 + 2\zeta_k \omega_k s + \omega_k^2\right]}$$

$$(12.5\text{-}10)$$

式中，$N(s) = \Delta(s) = 0$ 为特征方程，其根为闭环系统的极点。

系统的脉冲响应（当 $n = 0$ 时）为

$$y(t) = \sum_{j=1}^{l} A_j e^{-\alpha_j t} + \sum_{k=1}^{q} B_k e^{-\zeta_k \omega_k t} \sin\left(\omega_k \sqrt{1 - \zeta_k^2}\, t + \theta_k\right)$$

$$(12.5\text{-}11)$$

式中，A_j、B_k 为依赖于 z_i、α_j、ζ_k 和 ω_k 的常数。

由式（12.5-11）可知，要想获得有界的输出，闭环系统的极点必须位于 s 平面的左半平面，即反馈系统稳定的充要条件是系统传递函数的所有极点都具有负实部。如果系统传递函数的所有极点不都位于左半平面，则称系统是不稳定的。

2.3.2　稳态特性

如果一个系统是稳定的，它在外部输入作用下经过一段时间后就会进入稳态，这时的系统实际的输出与理想输出之差称为稳态偏差。控制系统的稳态精度是其重要的技术指标。

一般采用阶跃信号、斜坡信号、抛物线信号这三种理想输入信号来判断一个系统的稳定性，如图 12.5-7 所示。

系统类型可以反映出有关稳态特性的许多信息，如系统对多种类型输入信号的跟踪情况。表 12.5-2 列出了不同类型系统对不同输入信号的误差系数及稳态偏差。其中，k_P 称为位置误差常数，$k_P = \lim\limits_{s \to 0} G(s)$；$k_V$ 称为速度误差常数，$k_V = \lim\limits_{s \to 0} sG(s)$；$k_a$ 称为加速度误差常数，$k_a = \lim\limits_{s \to 0} s^2 G(s)$。

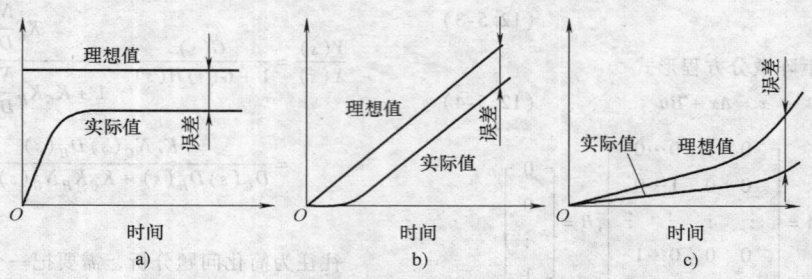

图 12.5-7　稳态误差三种测量方法

a）阶跃信号误差　b）斜坡信号误差　c）抛物线信号误差

表 12.5-2　系统类型和稳态误差关系

系统类型（积分环节数目）	输入信号		
	阶跃	斜坡	抛物线
0	$e_{ss} = \dfrac{A}{1 + k_P}$	∞	∞
I	$e_{ss} = 0$	$e_{ss} = \dfrac{A}{k_V}$	∞
II	$e_{ss} = 0$	$e_{ss} = 0$	$\dfrac{A}{k_a}$

2.3.3　过渡特性

上述的稳态偏差是衡量系统稳态性能的重要指标，过渡过程的响应特性则是衡量系统动态性能的重要指标。过渡过程是指系统从初始状态到接近稳定状态的响应过程，可用图 12.5-8 的系统单位阶跃响应特性来描述，图中有以下几个参数。

1）延迟时间 t_d　指单位阶跃响应曲线 $h(t)$ 上升到其稳态值的 50% 所需要的时间。

2）上升时间 t_r　指单位阶跃响应曲线从稳态值的 10% 上升到稳态值的 90% 所需要的时间。

3）峰值时间 t_p　指单位阶跃响应曲线超过其稳态值而达到第一个峰值所需要的时间。

4）超调量 $\sigma\%$　指单位阶跃响应曲线中，超出稳态值的最大偏离量与稳态值之比。即

$$\sigma\% = \frac{h(t) - h(\infty)}{h(\infty)} \times 100\% \quad (12.5\text{-}12)$$

5）调节时间 t_s：在单位阶跃响应曲线的稳态值附近，取 ±5% 作为误差带，响应曲线达到并不再超出该误差带的最小时间，称为调节时间（或过渡过程时间）。

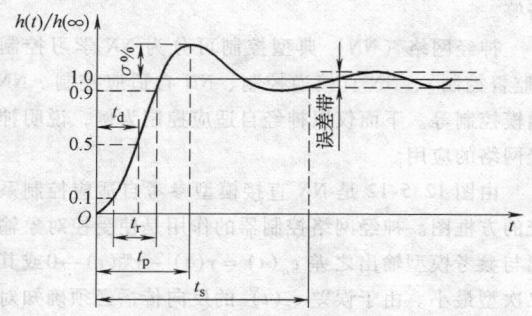

图12.5-8　单位阶跃响应及其特性参数

3　控制器设计过程和方法

3.1　控制器设计过程

控制系统的设计过程可按图 12.5-9 进行。第一步是确定系统控制目标，例如可以将精确控制工作台的位置作为控制目标。第二步是确定要控制的系统变量（如工作台位移）。第三步是拟定设计规范，明确系统各个控制变量应该达到的精度指标，如位置控制精度指标，所确定的控制精度用于选择测量受控变量的传感器。因此，控制系统设计问题的基本流程是：确定控制目标和控制变量、建立控制系统模型、设计控制器、评价控制器是否满足系统性能要求。若不满足要求，重新确定系统结构，再重新设计控制器。

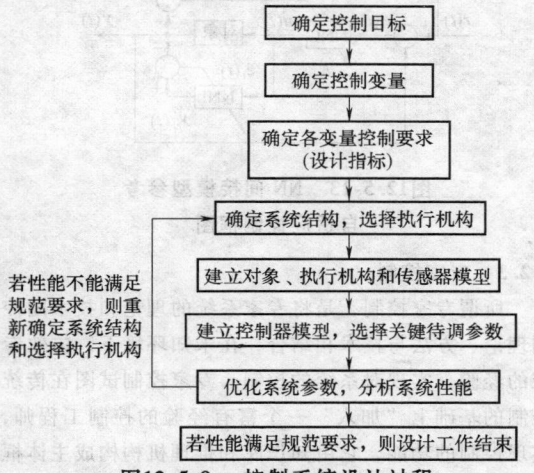

图12.5-9　控制系统设计过程

3.2　控制器设计方法

正如 1.3 节所述，控制器两种设计方法之一的传统控制方法是建立在精确的系统数学模型基础上，而实际系统往往存在复杂性、非线性、时变性、不确定性等问题，难以获得精确数学模型。另一种设计方法

即智能控制是一种先进的控制理论和技术，它主要用来解决那些用传统控制难以解决的复杂问题。由于其高度的仿人智能特性，在处理工业生产过程复杂控制时，比传统控制方法更为先进和有效。由于第 11 篇已对传统控制方法进行了详细论述，这里仅简要介绍几种光机电系统控制中最常见的智能控制方法。

3.2.1　模糊控制

作为智能控制的一个重要分支，模糊控制最大特征是能将领域专家的控制经验和知识表示成语言变量描述的控制规则，然后用这些规则去控制系统，因此模糊控制特别适用于系统数学模型难以获得的、复杂非线性系统控制。传统控制建立在精确的系统数学模型基础上，而实际系统常常存在非线性、时变性、不确定性等问题，难以获得精确数学模型。传统控制在这些场合难以奏效，而模糊控制具有较强的鲁棒性和适应性，不依赖精确数学模型，是解决复杂非线性系统控制问题的一种有效方法。

通常一个完整的模糊控制系统由模糊控制器、控制对象和传感器等几个部分组成。如图 12.5-10 所示。

其中，模糊控制器主要由以下四部分组成：

（1）模糊化　这部分的作用是将输入的精确量转换成模糊量，其中输入量包括外界的参考输入，系统的输出或状态等。模糊化的具体过程如下：

1）首先对这些输入量进行处理以变成模糊控制器要求的输入量，例如，常见的情况是计算 $e = r - y$ 和 $ec = \mathrm{d}e/\mathrm{d}t$，其中 r 表示参考输入，y 表示系统输出，e 表示误差，ec 表示误差变化率。

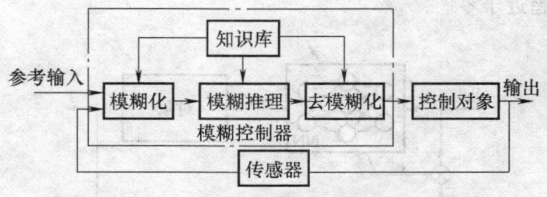

图12.5-10　模糊控制系统的基本结构

2）将上述已经处理过的输入量进行尺度变换，使其变换到各自的论域范围。

3）将已经变换到论域范围输入量进行模糊处理，使原先精确的输入量变成模糊量，并用相应的模糊集合来表示。

（2）知识库　知识库中包含了具体应用领域中的知识和要求的控制目标，它通常由数据库和模糊控制规则库两部分组成。

1）数据库主要包括各语言变量的隶属度函数、尺度变换因子及模糊空间的分级等。

2）模糊控制规则库包括了用模糊语言变量表示的一系列控制规则，它们反映了控制专家的经验和知识。基于专家知识，一组语言规则可以描述成下列语言规则集。

If $\tilde{e} = PS$ and If $\widetilde{ec} = NS$, then $\Delta \tilde{u} = ZE$

If $\tilde{e} = NB$ and If $\widetilde{ec} = PM$, then $\Delta \tilde{u} = NS$

⋮

If $\tilde{e} = PB$ and If $\widetilde{ec} = NM$, then $\Delta \tilde{u} = PS$

语言值由 NB，negative big；PB，positive big；NM，negative medium；PM，positive medium；NS，negative small；PS，positive small；ZO，zero 赋值。

（3）模糊推理　模糊推理是模糊控制器的核心，它具有模拟人的基于模糊概念的推理能力。该推理过程是基于模糊逻辑中的蕴含关系及推理规则来进行的。

（4）去模糊化　去模糊化的作用是将模糊推理得到的控制量（模糊量）变换为实际用于控制的精确量。

3.2.2　神经网络控制

神经网络具有很强的逼近非线性函数的能力，即非线性映射能力，把神经网络应用于控制正是利用它的这个独特优点。在图 12.5-11 神经网络控制系统中，实际的被控对象一般是复杂的且多具有不确定性，对象模型很难建立，因此可以利用神经网络具有逼近非线性函数的能力来模拟对象的逆模型。尽管对象模型的形式未知，但通过系统的实际输出与期望输出之间的误差来调整神经网络的连接权重，直至误差趋近于零。

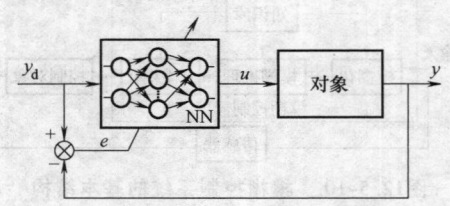

图12.5-11　神经网络控制系统

神经网络在控制中的作用分为以下几种：

1）在基于精确模型的各种控制结构中充当对象的模型。

2）在反馈控制系统中直接充当控制器的作用。

3）在传统控制系统中起优化计算作用。

4）在与其他智能控制方法和优化算法，如模糊控制、专家控制及遗传算法等相融合中，为其提供非参数化对象模型、优化参数、推理模型及故障诊断等。

神经网络（NN）典型控制可分为 NN 学习控制（监督控制）、NN 直接逆控制、NN 自适应控制、NN 内模控制等。下面仅以神经自适应控制为例，说明神经网络的应用。

由图 12.5-12 是 NN 直接模型参考自适应控制系统的方框图。神经网络控制器的作用是使受控对象输出与参考模型输出之差 $e_c(t) = y(t) - y^m(t) \rightarrow 0$ 或其二次型最小。由于误差 $e_c(t)$ 的反向传播必须确知对象的明确模型，这给 NNC 的学习控制带来了许多问题，因此必须采取如图 12.5-13 所示的间接模型参考自适应控制，神经网络辨识器 NNI 首先离线辨识被控对象的正向模型，并可由 $e_i(t)$ 进行在线学习修正。显然 NNI 可为误差 $e_c(t)$ 或其变化率提供反向传播通道。

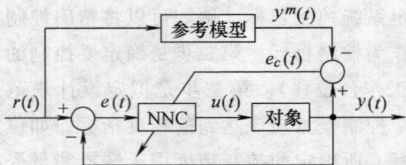

图12.5-12　NN 直接模型参考自适应控制

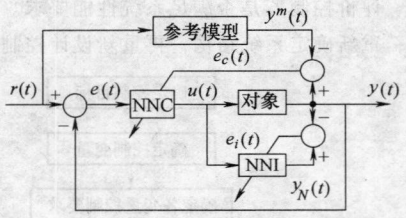

图12.5-13　NN 间接模型参考自适应控制框图

3.2.3　专家控制

所谓专家控制，是将专家系统的理论和技术同控制理论、方法与技术相结合，在未知环境下，仿效专家的经验，实现对系统的控制。专家控制试图在传统控制的基础上"加入"一个富有经验的控制工程师，实现控制的功能，它由知识库和推理机构构成主体框架，通过对控制领域知识（先验经验、动态信息、目标等）的获取与组织，按某种策略及时地选用恰当的规则进行推理输出，实现对实际对象的控制。

专家控制原理框图如图 12.5-14 所示，其特点有：

1）能够满足任意动态过程的控制需要，尤其适用于带有时变、非线性和强干扰的控制。

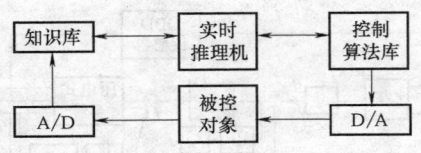

图 12.5-14　专家控制原理框图

2）控制过程可以利用对象的先验知识。

3）通过修改、增加控制规则，可不断积累知识，改进控制性能。

4）可以定性地描述控制系统的性能，如"超调小""偏差增大"等。

按专家控制在控制系统中的作用和功能，可将专家控制器分为以下两种类型：

（1）直接型专家控制器　直接专家控制器用于取代常规控制器，直接控制生产过程或被控对象，如图 12.5-15 所示。这类控制器具有模拟（或延伸和扩展）操作工人智能的功能。该控制器的任务和功能相对比较简单，但是需要在线、实时控制。因此，其知识表达和知识库也较简单，通常由几十条产生式规则构成，以便于增删和修改。

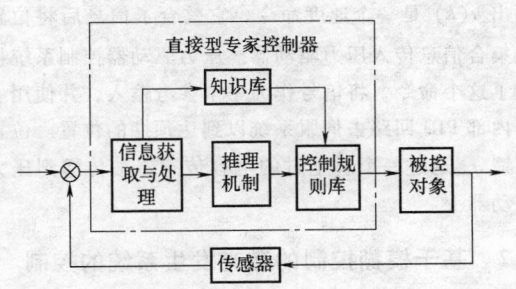

图 12.5-15　直接型专家控制器

（2）间接型专家控制器　间接型专家控制器用于和常规控制器相结合，组成对生产过程或被控对象进行间接控制的智能控制系统，如图 12.5-16 所示。这类专家控制器具有模拟（或延伸和扩展）控制工程师智能的功能。该控制器能够实现优化适应、协调、组织等高层决策的智能控制。

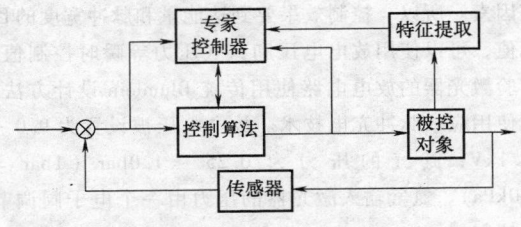

图 12.5-16　间接型专家控制器

4　光机电系统的在线控制

4.1　基于视觉伺服和动力传感的微型组件装配控制

随着如传感器、光学元件、微型药物泵、打印机喷嘴等 MEM 装置或者混合 MEM 装置的商业化，对于组装和整合这些元件的需求越来越明显。然而，由于生产 MEM 装置和组装工具维数的不确定性，商业化组装和整合这些装置复杂的流程是不可能实现的，解决这个问题的方法就是综合多个传感器的数据。

4.1.1　视觉伺服方程

图 12.5-17 给出了一个基于视觉反馈控制器的微型组件装配原理。这个控制系统的目的是控制终端机械臂的运动，将系统坐标平面固定在指定的目标位置。

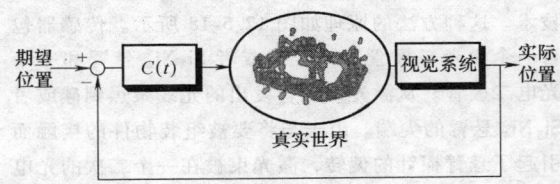

图 12.5-17　基于视觉反馈控制器的微型组件装配原理

为了建立视觉反馈系统的模型，需要关联两个并列的坐标系统——传感器空间和任务空间。为了列出它的方程，采用雅可比（Jacobian）行列式将任务空间映射到传感器空间上。针对镜头系统，雅可比行列式可以写成

$$\dot{x}_s = J_v(\phi)\dot{X}_T \qquad (12.5\text{-}13)$$

式中，$\dot{x}_s$ 是传感空间中的速度向量，$J_v(\phi)$ 是图像的雅克比矩阵，它是一个视频传感器的外部和内部参量（如被跟踪的参数和它们所在的像平面上的具体位置等）的方程；$\dot{X}_T$ 是任务空间内的一个速度向量。

视频伺服系统的状态方程由方程（12.5-13）离散化到数字域，可以得到

$$x(k+1) = x(k) + \Delta T J_v(k)u(k) \qquad (12.5\text{-}14)$$

$$u(k) = \begin{bmatrix} \dot{X}_T & \dot{Y}_T & \dot{Z}_T & \omega_{X_T} & \omega_{Y_T} & \omega_{Z_T} \end{bmatrix}^{\mathrm{T}}$$

式中　$x(k) \in R^{2M}$（M 是所跟踪参数的数量）；ΔT 为视觉系统的采样周期；$u(k)$ 为任务控制器的末端速度执行机构的速度向量；k 为第 k 个时间步。雅克比方程可以写成 $J_v(k)$ 的形式以强调由于相应的像平

面上特征坐标的变化引起的时变特性。镜头系统的内部参数是恒定不变的。

人们期望像平面的坐标可能是恒定的，也有可能是随时间变化的。为了达到控制目的，将控制策略基于目标方程的最小化，目标方程分为两部分成本：位置的误差成本和在提供控制能量上的成本

$$J(k+1) = [X(k+1) - x_D(k+1)]^T Q [X(k+1) - x_D(k+1)] u^T(k) R u(k) \quad (12.5\text{-}15)$$

式中，Q 为状态空间的评价矩阵；R 为负责控制输入的矩阵。考虑到实时控制输入 $u(k)$ 的问题，这个表达式被最小化。根据最优控制理论，得到控制输入结果可以表达为方程

$$u(k) = -T J_v^T(k) Q T J_v(R)^{-1} \Delta T J_v^T(k) Q$$
$$[x(k+1) - x_D(k+1)] \quad (12.5\text{-}16)$$

4.1.2 光学动力传感

虽然视觉反馈控制可以达到高定位精度，但是这种精度还难以达到微型组件纳米级可重复性的要求。为了提高组装系统的复用性，可以采用光学动力传感技术。这种方法的原理如图 12.5-18 所示。传感器包含一个激光二极管、一个硅或者 Si_3Ni_4 悬臂和一个光电二极管。从激光二极管发出的光线聚焦到硅或者 Si_3Ni_4 悬臂的尖端。由于与将要被组装物件的接触而引起了悬臂探针的偏转，激光束被在一个二次的光电二极管上的悬臂偏转。从光电二极管上获取的四个输出电压用于测量光束偏转变化。

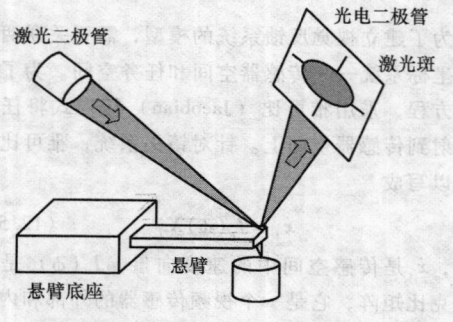

图 12.5-18 光束偏转技术

4.1.3 动力和视觉反馈

为了实现动力和视觉反馈，利用双传感器控制策略信息，其框图如图 12.5-19 所示。系统的两路输入是光学显微镜观测到的期望视觉特征 x_D 和悬臂与物件表面间的期望接触力 F_r。期望特征状态 x_D 表示预期的接触视觉特征。当视觉特征状态的误差很大时，说明悬臂和物件表面间的距离很远，控制器 $C(k)$ 根据式（12.5-17）使用纯视觉反馈控制系统。当 $|x_D - x_m|$ 小于某一个极限值时说明探头正在接近物

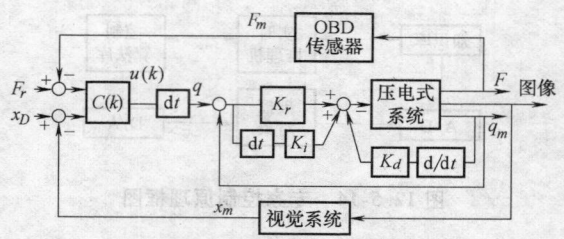

图 12.5-19 微组件装配控制中的视觉与动力反馈回路

件表面，$C(k)$ 便转为纯动力控制，准备开始接触和维持接触力 F_r。动力控制与视觉控制之间转换的控制规则可写为

$$\begin{cases} \dot{x}_{ref_v} = -[J_v^T(k) Q J_v(k) + L]^{-1} \\ J_v(k) Q [x(k) - x_D(k+1)] \\ \dot{x}_{ref_v} = G_F [F_r(k) - F_m(k)] \\ u(k) = S\dot{x}_{ref_v} + (1-S)\dot{x}_{ref_v} \end{cases} \quad (12.5\text{-}17)$$

其中，如果 $((|F_m| > F_{th}) \lor |x_D - x_m|) < \varepsilon$，则 $S = 0.0$，否则 $S = 1.0$。

F_{th}、ε 提供了一个门槛，决定系统什么时候应该在动力控制下或者视觉伺服模式下工作。控制器的输出 $u(k)$ 是一个速度命令，它整合了信息后将位置点集合信息传入压力驱动器。压力驱动器控制系统接受了这个命令，将信号作为一个参考输入，并使用一个内部 PID 回路去伺服系统以到达预期的位置。位置反馈 q_m 通过一个矫正过的电容传感器被传递到压力驱动器上。

4.2 基于模糊控制的激光发生系统的控制

对于实际应用中的激光器，维持输出的动态稳定是最重要的一点，如激光脉冲的瞬时特性在放射线透视照相、微切削加工、纹影摄影术等方面。类似地，对于一个受激准分子激光器，激光器的耐久控制在决定角膜组织的去除部分方面是十分重要的。

脉冲氮气激光器控制系统的结构框图如图 12.5-20 所示。影响激光器性能最重要的变量是脉冲能量和脉冲宽度，它们的值取决于如脉冲驱动电压和氮气压力等因素。所以，控制效果要到达能量和脉冲宽度的目标值，可以使用放电电压和氮气压力等瞬时控制值。实验激光器的放电电路使用传统 Blumlein 设计方法，并使用应求脉冲充电技术。放电电压被设置为 9.0 ~ 11.1kV，氮气的压力为 0.25 ~ 1.0bar（1bar = 100kPa）。氮气输入激光器的压力由一个电子阀调节器控制。

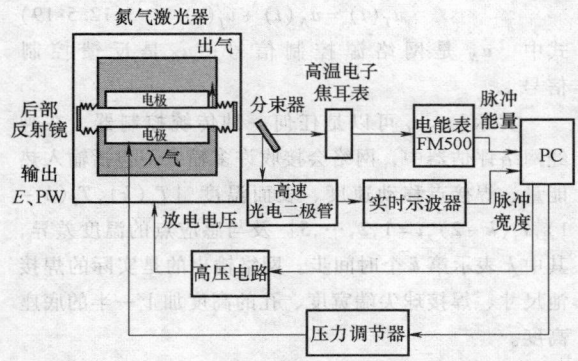

图 12-5-20　脉冲氮气激光器控制系统的结构框图

为了同时测量脉冲能量和脉冲宽度,从氮气激光器发出的光束被分为两部分。其中一个连接到能量剂的焦热电探测器,负责测量脉冲能量。脉冲能量的数字信号通过 RS232 连接器被送入计算机控制器。脉冲的宽度由光电二极管测量。由于激光发生器常常受制于参数变化和显示出的在动态特性下的非线性,简单传统的控制器如 PID,要求工作点的变化以作出适当的调整。激光系统的模糊控制器的结构框图如图 12.5-21 所示。期望输入是脉冲能量 E_d 和脉冲宽度 PW_d,为了系统的稳定性,还有两个可变的参数,控制可变变量是氮气压力 P 和放电电压 V。现在,为控制器建立了两个成员方程,一个基于能量的误差信号,另一个基于脉冲的宽度。然后,模糊逻辑控制器就可以根据 5.3.2.1 中的模糊假设规则和算法来实现。

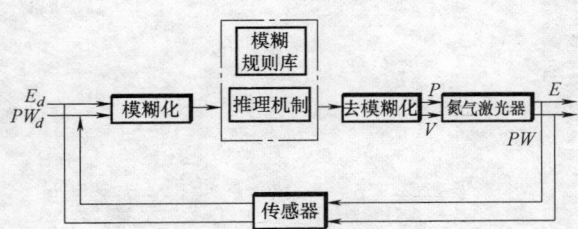

图 12-5-21　激光系统的模糊控制器的结构框图

4.3　带有光学信息反馈的电弧焊接过程神经网络控制

4.3.1　过程描述

在 GMA 过程模型中,电弧由一个电子流产生并在消耗式电极和焊接点之间维持,如图 12.5-22a 所示。供给装置负责自动供给消耗式电极并提供更多的焊接金属。在人工焊接过程中,技术人员通过调整焊

接的参数来控制焊接的质量,如电极供给、焊条的横向摆动和通过技术人员对焊接池及附近环境的观察所做出的动作。在一个自动化环境中,人工的工作已经大部分被焊接机器人所取代,它们可以进行缝隙跟踪和工作池几何形态控制。对于穿孔缝隙,成型的焊道的几何形态包括焊珠尖部的宽度和穿透深度,如图 12.5-22b 所示。焊接的质量常常由焊接池的宽度和钻孔的几何形态等体现出来。

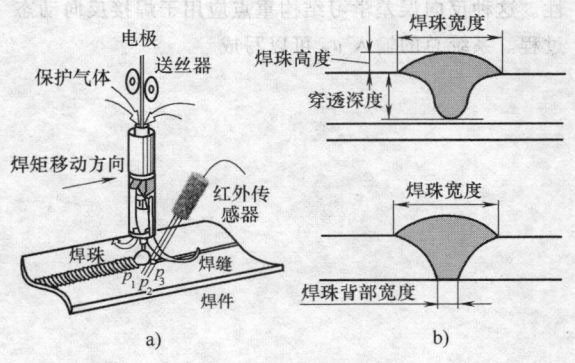

图 12.5-22　GMA 焊接过程

a) GMA 焊接过程示意图　b) 焊接的几何尺寸

对于监视器和控制部件,直接的焊接池测量是十分重要的。然而,在焊接过程中,由于恶劣的工作环境,几何变量不容易测到。实际上,显露在外面的焊接池并不是真正的焊接区域,孔内的情况是无法在线观测的。作为一个替代的办法,渗透的方法已经开始被用来进行间接测量。这种方法是利用焊接附近表面的温度,表面温度的扩散可以反映出焊接池的几何形态。图 12.5-22a 所示为一个监测和控制焊接的反馈控制系统。红外温度传感器是一种非接触式红外传感系统,用来测量物件表面顶端的温度。

4.3.2　神经网络控制器

温度的测量被用于估计实时焊接池的尺寸,否则其尺寸是难以得到的。控制系统如图 12.5-23 所示,

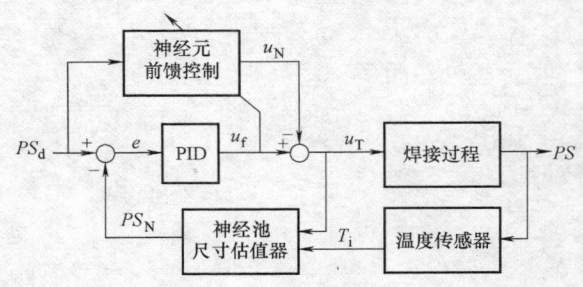

图 12.5-23　基于神经网络的 GMA 焊接过程控制系统

用以控制焊接池的尺寸。图中，PS 表示焊接池的形状，T_i 表示第 i 点的温度，PS_d 表示焊接池的理想尺寸，PS_N 是神经网络的估计尺寸，误差可以写成

$$e = PS_d - PS_N \qquad (12.5\text{-}18)$$

系统常常具有一个反馈误差学习系统以适应两个神经网络，一个是为了预计焊接池的尺寸，另一个是针对一个反馈前向控制器。网络结构是一个多层次智能感知器，利用误差反向传播方法来保证它的有效性。这种反向误差学习结构重点应用于焊接反向动态过程。系统总的输入 u_T 可以写成

$$u_T(t) = u_N(t) + u_f(t) \qquad (12.5\text{-}19)$$

式中 u_N 是网络源控制信号；u_f 是反馈控制信号。

实际上，u_f 可以是任何一种传统控制器。在神经网络评估器中，网络会接收许多输入，包括输入热能量、焊接点移动速度、表面温度 $\{T_i(k), T_i(k-1), T_i(k-2), i = 1,2,\cdots,5\}$ 及与感应点的温度差异，其中 k 表示第 k 个时间步。网络输出的是实际的焊接池尺寸、焊接球尖端宽度、孔的高度加上一半的底座高度。

第6章 微光机电一体化系统（MOEMS）

1 概述

1.1 微光机电系统的定义与特点

微光机电一体化系统，简称微光机电系统（MO-EMS），它是由微光学、微电子和微机械相结合而产生的系统。微光机电系统涉及微光学、微电子与微机械三个领域。微光学与微电子的交集为光电领域（Opto Electronics），微光学与微机械的交集则为光机领域（Opto Mechanics），而微电子与微机械的交集则是微机电系统领域（MEMS）。微光机电系统（MO-EMS）领域就是这三者的交集，或称为光学微机电系统（Optical MEMS）。

微光机电系统与常规系统相比，具有体积小、重量轻、与大规模集成电路的制作工艺兼容、易于大批量生产、成本低等优点。同时，传感器、信号处理电路与微执行器的集成，可使微弱信号的放大、校正及补偿等在同一芯片中进行，不需要经过长距离的传输，可极大地抑制噪声的干扰，提高输出信号的品质。目前，微光机电技术的应用已经深入到光通信、光数据存储、信息处理、航空航天、医疗器械、仪器仪表等应用领域。其不仅实现了小型化、集成化和智能化的光学系统，而且由此诞生了新一代的器件，如光学神经网络芯片、MOEMS 光处理芯片等。

比较成熟的 MEMS 技术为 MOEMS 的集成与微动作的实现提供了标准工艺和结构，MOEMS 能把各种 MEMS 结构件与微光学器件、光波导器件、半导体激光器、光电检测器件等完整地集成在一起，形成一种全新的功能部件或系统。微光机电系统具有以下特点：

（1）生产中的优势与特点　MOEMS 可以实现大批量生产。由于采用了集成电路芯片的生产技术，MOEMS 芯片的封装达到了高度的集成化，其生产成本也大幅度降低。

（2）结构上的优势与特点　MOEMS 体积小，尺寸小至几微米，大至几毫米；响应速度在 100ns ~ 1s 的范围内；结构可以做到相当复杂，包含元件数目可达 10^6 个。

（3）动作执行上的优势与特点　通过精确的驱动和控制，MOEMS 中的微光学元件可实现一定程度或范围的动作，这种动态的操作包括光波波幅或波长的调整、瞬态的延迟、衍射、反射、折射及简单的空间自调整。通过多个操作的结合，可对入射光形成复杂的操作，甚至实现光运算和信号处理。

1.2 MOEMS 系统应用实例

微光机电系统在光通信、数字图像获取、显示与处理、IT 外围设备、环境保护、自动化生物医疗装备、工业维护等方面有着很好的应用前景，国内外在上述领域中开展了一系列研究与应用开发。

（1）AT&T 实验室研究的集成化 MOEMS 光开关　光通信是 MOEMS 的主要应用领域之一。如图 12.6-1 所示，AT&T 实验室采用 MOEMS 技术研制了 8×8 光开关阵列，尺寸约为 10mm×10mm，每个输入端口对应一个准直微透镜，每个输出端口对应一个聚焦微透镜，光开关的主要组成部分是一个 8 行 8 列的微反射镜矩阵及每个微反射镜所对应的控制系统，镜面通过销轴连接。通过驱动器使微镜转动 90°，使输入光纤的光束反射到相应的输出光纤中。光开关的开关速度为亚毫秒级，介入损耗较大，最大可达 19.9dB。

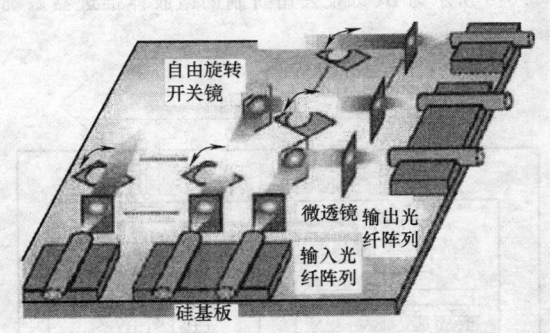

图 12.6-1　AT&T 实验室研制的微机械光开关原理图

（2）美国 TI 公司研制的 DMD 光开关　在图像处理的相关产品方面，MOEMS 技术大多应用于信息的显示、打印和处理。其中最为成熟的是数字微镜装置（DMD）。图 12.6-2 为美国 TI 公司研制的 DMD 光开关的原理图。它通过旋转 10° 的扭转镜来完成投影显示。每个微镜下都有驱动电极，在电极与微镜间加电压，静电力使微镜倾斜，输入光被反射至镜头，投影到屏幕上，未加电压的微镜处的光线反射至镜头外。

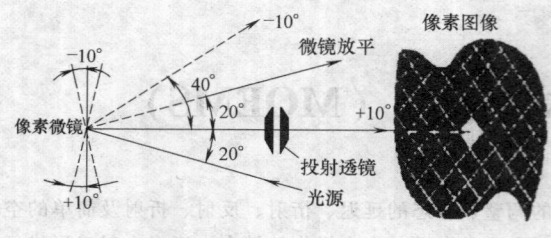

图 12.6-2 美国 TI 公司研制的 DMD 光开关的原理图

这样，微镜使每点产生明暗，投影出图像。目前，已研制出的 DMD 的像素达 2048×1152。DMD 可应用于投影仪和电视等装置上。

（3）微胶体推进器 微胶体推进器（Colloid Thruster）是电推进的一种，属于电推进中的静电推进。其原理和场发射离子推进器（FEEP）相似，利用静电场从液态推进剂中分离出带电的离子或颗粒，再用静电场将其加速喷射出去。

20 世纪 90 年代以来，随着微小卫星研究的兴起，微胶体推进器得到了广泛的应用。斯坦福大学的"EMERALD"小卫星为胶体推进器的首次搭载试验提供了平台。该推进器由斯坦福大学和 BUSEK 公司联合研究，尺寸为 10cm×10cm×20cm，重量小于 0.5kg，功率小于 4W，当比冲大于 1000s 时，推力大于 0.1mN，可通过控制中心来控制其开关和推力大小，对卫星姿态的主动控制精度要求达到 1.0°/s。图 12.6-3 所示为 BUSEK 公司研制的微胶体推进器系统构成框图。

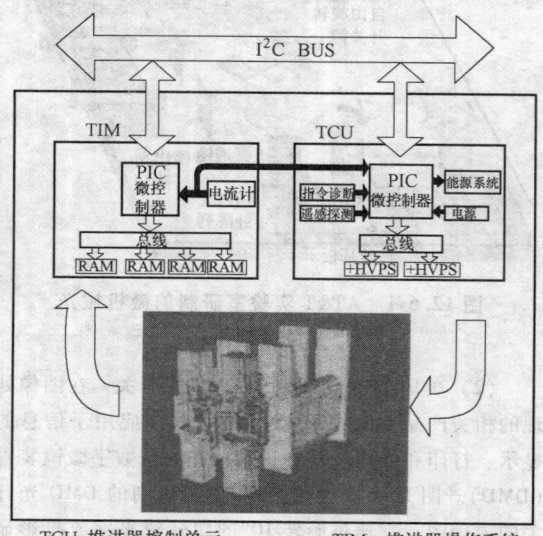

TCU：推进器控制单元　　　TIM：推进器操作系统

图 12.6-3 BUSEK 公司研制的微胶体推进器系统构成框图

英国南安普敦大学（University of Southampton）的 M. Paine 和 S. Gabriel 利用体硅加工技术对微胶体推进器的喷头阵列进行了微型化设计：采用 KOH 腐蚀和 RIE 相结合的办法在硅片上形成胶体推进器喷头的工作介质供给通道和发射极，随后在硅片上沉积 SiO_2 层，SiO_2 层上沉积并图像化的铝层构成推进器喷头的抽取极。中间的 SiO_2 层形成两极间的间距和绝缘层，单个推进器微喷头的示意图及其 SEM 照片如图 12.6-4 所示。微推进器的最大输出推力为 1mN，推力的控制精度达 0.1μN，最小单位冲量为 10^{-6}N·s。

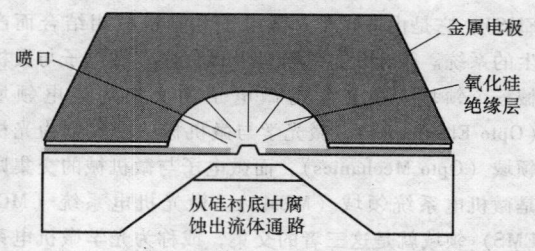

喷口　　　　　　　　　　金属电极
　　　　　　　　　　　　　氧化硅绝缘层

从硅衬底中腐蚀出流体通路

图 12.6-4 单个推进器微喷头的示意图及其 SEM 照片

2 微致动器与传感器

2.1 微致动器

2.1.1 微致动器的定义与分类

微致动器（Microactuator）又称微驱动器或微执行器，是对能够产生和执行动作的一类微机械部件或器件的总称。在制造一个完全微型化的系统时，微致动器是其中的一个关键组件。作为系统中的可动部分，其动作力和动作范围的大小、动作效率的高低、动作的可靠性等指标，直接决定整个微机电系统工作性能。

微致动器是对接收到的微传感器输出的信号（电、光、热、磁等）做出响应，并给出力、力矩、尺寸、状态的变化或各种运动。利用微致动器可以完成由微传感器控制的预先设定的各种操作。

从结构功能类型来看，微致动器可分为旋转电机、微直线运动电机、微机构（微齿轮、微轴、微梁、微轴承、微凸轮机构、微连杆、微振子等）、微夹持器、微阀门、微泵等。从驱动力来看，微致动器可分为静电力、电磁力、电致伸缩力、形状记忆合金的形状恢复力、热变形、激光、液压力、气压力、生物力驱动等。

常用的微型致动器包括静电致动器、微型热致动器、微型电磁致动器、微型压电致动器。其他的微型致动器则包括形状记忆合金致动器、气压或液压微型致动器，以及基于电化学反应的微型致动器。这些微型致动器基于不同的工作原理，其性能也各有特点，适用于不同的应用场合。

2.1.2 静电致动器

1. 基本原理

当一个电压偏置加到相邻的两个导体时，这两个导体之间的电场会产生相互吸引的静电引力。静电力属于表面短程作用力，它与导体表面积大小成正比，而随其距离的增大而很快减小。当物体的尺寸缩小到微米量级，其面积/体积（质量）比随着尺寸的减少而增大，表面作用力（如摩擦力、静电力）将起主要作用。同时，微机电系统中各部件间距离较小，所以静电力适用于微器件的致动。与其他致动器相比，静电致动器有以下特点：

1）结构简单。微静电致动器只需两个相邻电极，不需要特殊的功能材料（如磁性材料，压电材料），简化了驱动器件的结构和制作工艺。

2）低功耗。在一般的工作条件下，静电致动只需要很小的（位移）电流，能实现低功耗致动。

3）快速响应特性。微型静电致动器的响应在微秒级。

微型静电致动器的不足之处：

1）驱动电压较高。由于尺寸的限制，微型静电致动器中两电极面积一般比较小，如果采用通用集成电路的电压（5V），则不能产生足够的静电致动力。

2）驱动范围有限。静电力随着两个电极距离的增大而减小，限制了微型静电致动器的致动范围。

2. 常见的静电致动器

（1）平行板电容式微型致动器 平行板电容式微型静电致动器由两个极板组成，一个极板固定在基底上，另一个可动极板由微悬梁臂、微薄膜等结构支撑。通常采用表面牺牲层腐蚀工艺加工，材料可以是金属或掺杂多晶硅，相应的牺牲层可用氧化硅和光刻胶等材料。

如果忽略边缘效应，平行板电容式微型静电致动器的两平行极板之间的电容为

$$C = \frac{Q}{V} = \frac{\varepsilon A}{d} \qquad (12.6\text{-}1)$$

式中　Q——两平行极板存储的电荷（C）；

　　　V——加到两平行极板上的电压（V）；

　　　ε——介电常数 [C/(V·m)]；

　　　A——两极板重叠面积（m^2）；

　　　d——两极板间距（m）。

当加在两个极板上的电压增大时，极板间的静电

引力增大，使两极板的间距减小。在一定范围内，静电引力与活动极板支撑结构所提供的反作用力相互抵消，这样活动极板位置处于平衡状态。但是当两极板间距 d 减小到小于其初始值的 2/3 时，静电引力将一直大于支撑结构所提供的支持力。这导致活动极板位置失衡，这种现象称为吸附效应。吸附效应使得平行板电容式微型静电致动器有效的致动范围只有 $d/3$。

平行平板电容式微型静电致动器已应用于微型可调电容器中。由于致动器固定极板和活动极板同时用做可调电容的极板，因此静电致动的平行板可调电容器的结构比较简单，如图 12.6-5 所示。由于吸附效应，两极板间距的可调范围只有原始间距的 1/3，电容调节范围只有 50%（理论值）。另外，由于边缘效应和寄生电容的影响，实际能达到的调节范围只有 16%，通过改变可调电容器的结构，采用"U"形活动极板（E_1）和两个固定极板（E_2 和 E_3），则可以避免吸附效应对电容调节范围的限制而实现更宽的电容调节范围（>70%），如图 12.6-6 所示。

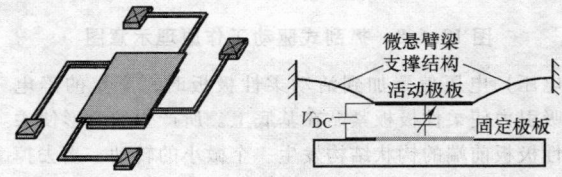

图 12.6-5　静电致动的平行板可调电容器结构示意图

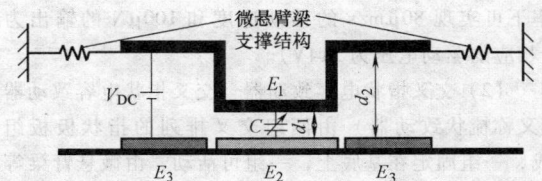

图 12.6-6　采用 U 形活动极板的平行平板可调电容器结构示意图

利用多个平行板微静电致动器还可以实现微结构的大角度扭转，在微光机电系统中得到了广泛的应用。美国德州仪器公司研制 DLP（Digital Light processing）器件中微反射镜可以实现 ±10° 的转动，以对光线进行切换，如图 12.6-7 所示。另外，利用吸附效应可以实现两平行极板的快速接触与分离，静电致动的微型射频开关就是基于这个原理。

一种被称为"抓刮式驱动"的微致动器，如图 12.6-8 所示，利用两平板间的吸附效应实现连续步进式的平动或转动。当一个（大于平行板结构吸附

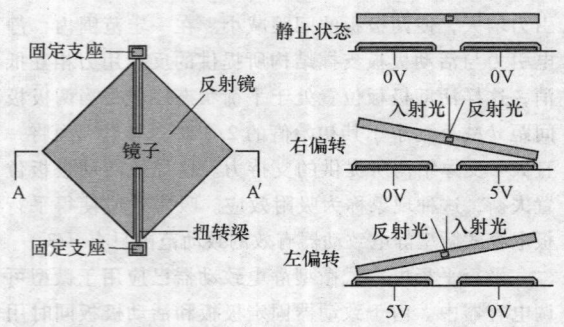

图 12.6-7　DLP 微反射镜工作原理示意图

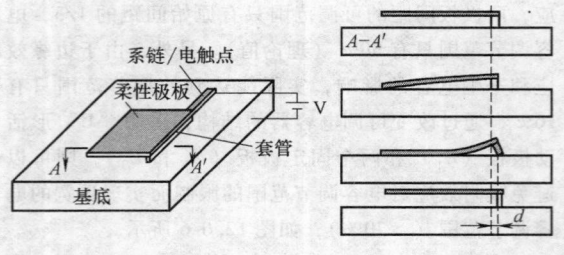

图 12.6-8　抓刮式驱动工作原理示意图

电压）电压偏置加到活动柔性极板时，产生的静电吸引力使柔性极板紧贴在基底上。所产生的变形使柔性极板前端的钩状结构发生一个微小的转动，当去掉电压偏置后，柔性极板恢复原形。钩状结构和基底之间的摩擦力使其保持在基底上位置，使整个柔性极板向前移动一个微小的位移。重复以上动作可产生连续性的运动。抓刮式驱动微致动器在 1000Hz 的驱动频率下可实现 $80\mu m/s$ 的移动速度和 $100\mu N$ 的输出力（相应的驱动电压为 114V）。

（2）交叉指状电容致动器　交叉指状电容致动器（又称梳状致动器）由两组交叉排列的指状极板组成，一组固定在基底上，一组可活动，由微悬臂梁等结构支撑，如图 12.6-9 所示，通过在它们之间施加电压来驱动。如果指状极板的厚度相对于其长度和宽度而言很薄，则其引力主要由边缘效应而非平板效应决定。交叉指状致动器能在衬底面上产生相对较大的位移，而上面的空气或真空及下面的导电基座引起的边缘效应不对称性会导致相当大的脱离衬底力或漂浮力。另外，在交叉指状致动中，电容是通过改变面积而不是极板间距来改变的。由于电容与面积呈线性关系，位移将与所施加的电压平方成比例。

2.1.3　热致动器

1. 基本原理

微型热致动器利用材料的热胀冷缩，将温度变化转化为力和位移输出。由于 MEMS 的器件尺寸小，

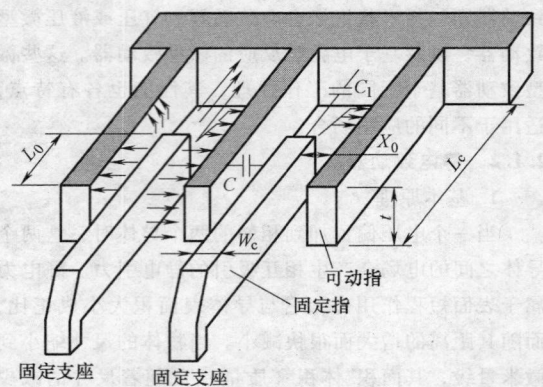

图 12.6-9　交叉指状电容致动器结构示意图

其质量和热容量也相应很小，热交换和温度变化很快，这使得微型热致动器的频率响应达几百甚至几千赫兹。

微型热致动器的优点是驱动电压低，可利用集成电路的标准电压进行驱动；缺点是功耗较大，能量转化效率低，所产生的热量的释放也是潜在问题。

微型热致动器可以利用固体的线性膨胀，也可以利用气体或液体的体积膨胀。另外，利用液体到气体的相变所产生的压力和固体到液体的相变所产生的表面张力也可以实现微型热致动。在微型机电系统中常用材料的热导率和热膨胀系数见表 12.6-1。

表 12.6-1　微型机电系统常用材料的热导率和热膨胀系数

材　　料	热导率 /[W/(cm·K)]	热膨胀系数 /(×10⁻⁶K⁻¹)
铝	2.37	25
铬	0.94	6
铜	4.01	16.5
金	3.18	14.2
镍	0.91	13
钛	0.219	8.6
硅	1.49	2.6
氧化硅	0.0138	0.35
木材	4 ~ 35	1.6
氮化硅	0.16	2.33
多晶硅	0.34	3
聚酰亚胺(Dupont PI2611D)	—	$(2 \sim 3) \times 10^{-5}$

2. 常见的热致动器

（1）利用单一材料的热致动　利用单一材料的热胀冷缩可以实现平行于器件基底表面的热致动。微型热致动器的基本结构为两端固定在基底上的弯曲

梁，如图 12.6-10 所示，其材料为多晶硅或单晶硅，在掺杂后形成电阻加热器。电流通过弯曲梁产生的热使结构膨胀，导致弯曲前端发生微小平移。位移大小与弯曲梁温度变化及输入功率有关。如：一个长 $410\mu m$、宽 $6\mu m$、厚 $3\mu m$ 的致动器在输入功率 79mW 时，能产生大约 $10\mu m$ 的静态位移或 1～10nN 的致动力。

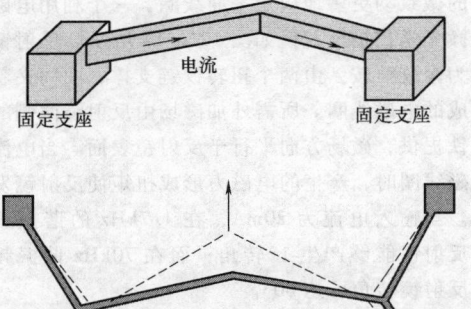

图 12.6-10　基于弯曲梁的微型致动器工作原理示意图

利用非对称的微结构热膨胀也可实现平行于器件基底表面的热致动，常见的有以下两种情形：

1）微型热致动器由两个具有相同横截面积和电阻率，但不同长度的微梁组成。长度大的梁的电阻、热阻及热膨胀都大于长度小的梁。当电流通过由这两个梁组成的回路时，长梁产生更大的热膨胀，使两个梁结合端朝短梁的一端发生弯曲，如图 12.6-11a 所示。

2）微型热致动器由两个具有相同的长度，但不同横截面积的微梁组成。当电流通过由两个梁组成的回路时，由于横截面积小的梁（热端）的电阻更大，因此产生的热量及温度变化和膨胀都将高于截面积大（冷端）的梁，使得两个梁的结合端朝面积大的梁方向发生弯曲，如图 12.6-11b 所示。

（2）双金属热致动器　固体材料的热膨胀系数小，在一般微系统允许的升温降温范围内只能产生微小的热致动。为了解决这个问题，可将两种热膨胀系数不同的材料薄层结合在一起，形成双金属结构。在温度变化时，由于热膨胀系数的差异，两层材料的膨胀和收缩不同，使双层结构产生很大的弯曲变形，从而产生较大的致动。

双金属热致动器可以采用微梁或微薄膜结构，由

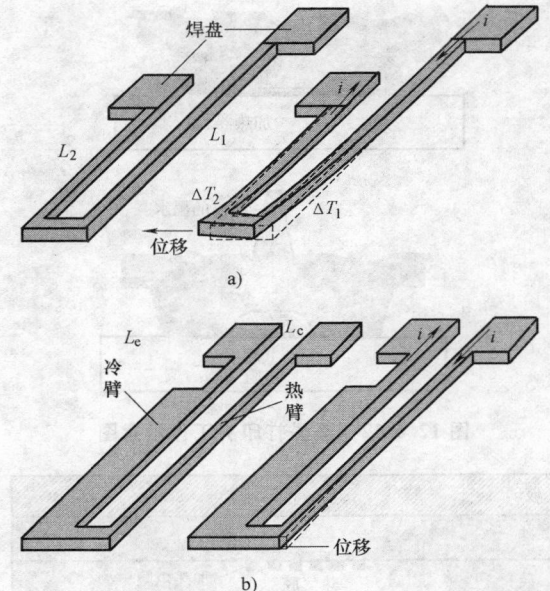

图 12.6-11　基于非对称热膨胀的微型热致动器工作原理示意图

a）不同长度的微梁　b）不同横截面积的微梁

两层热膨胀系数相差较大的结构材料和一层电阻材料构成，或直接由两层结构材料构成，一层结构材料同时作为电阻材料。电阻材料可以是金属或掺杂后的多晶硅。

1）利用物质相变的热致动。大部分喷墨打印机的打印头是利用液体到气体的相变来实现喷墨打印。喷墨打印头上有微喷嘴阵列，每个微喷嘴由微加工技术形成，如图 12.6-12 所示。每个微喷嘴包含一个微腔用于存墨水，和一个微型加热器使附近的液体汽化。喷墨时，喷嘴腔内压力达 14atm，加热器表面温度可达 330℃；随后，加热器迅速冷却，产生的气泡收缩，使喷嘴重新注满墨水。一般气泡形成需 $1\mu s$，喷嘴重新注墨需 $25\mu s$。

2）热气致动。图 12.6-13 所示为一个利用气体热膨胀致动的微型泵。在硅片中用体硅腐蚀工艺形成一个空腔和硅薄膜，再将这个硅片与另一硅片成玻璃片粘接，形成密闭的空腔。为减少热量损失，加热电阻（铝）做在另一片硅片的薄膜上，整个硅膜的面积为 $7.2mm \times 7.2mm$，厚 $150\mu m$。当输入电压为 12V（输入功率为 0.5W）时，薄膜中央的变形为 $23\mu m$，相当于 0.02atm 和 $0.5\mu L$ 的流量。热气致动的缺点是频率响应低（小于 1Hz）。

2.1.4　磁性致动器

（1）基本原理　微型电磁致动器利用磁场之间

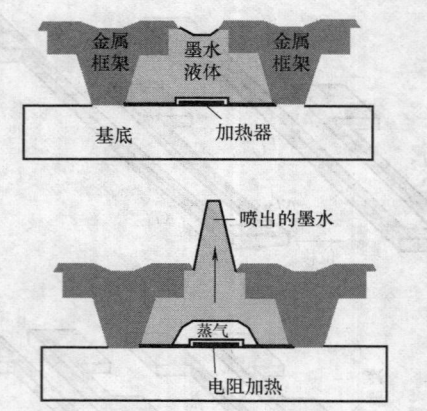

图 12.6-12 喷墨打印头工作示意图

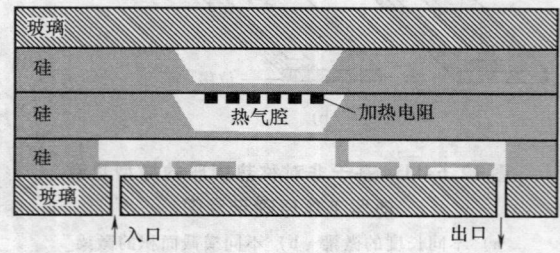

图 12.6-13 利用气体热膨胀致动的微型泵

或磁场和磁介质的相互作用，产生吸引和排斥的磁场力来实现致动。利用的磁场可以是外加的磁场，也可由集成在基底上的电磁线圈产生。而利用的磁介质一般是用微加工技术沉积在微器件上的软磁或硬磁材料。电磁致动器能实现较大幅度的非接触驱动。

（2）常见的磁性致动器

1）利用电磁场进行微致动。如果将导线或平面线圈集成到被驱动的微器件上，再将微器件置于外加磁场中，当电流流过导线或平面线圈时，所产生的磁场与外加的磁场相互作用而产生电磁致动。磁性致动器能在单一外加磁场中分别对不同微器件进行独立控制，但驱动电流和功耗比较大。

当电流流过磁场中的导线时，导线所受的洛伦兹力（F）为

$$F = ILB\sin\theta \qquad (12.6-2)$$

式中　I——电流（A）；
　　　L——导线长度（m）；
　　　B——磁场密度（T）；
　　　θ——导线和磁场的角度（rad）。

从式（12.6-2）可以看出，电磁力的大小和极性取决于电流和外加磁场的大小和方向。提高外加磁场的强度，有利于降低所需的驱动电流和致动器的功耗。

利用洛伦兹力的电磁致动已用于纳米谐振器的驱动。该谐振器由一根两端固定在基底上的单晶硅纳米线组成。纳米线处于与其垂直的外加磁场中。当通过交变电流时，所产生的垂直于纳米线的洛伦兹力使纳米线产生横向谐振。由振动引起的拉伸变形使纳米线的电阻发生变化。通过测量电阻的变化，则可知道振幅的大小，进而得知纳米线的谐振特性。

为了提高电磁力的大小和致动效率，利用电磁场进行的微致动更多地应用平面线圈。一个利用电磁致动的微光学扫描反射镜如图 12.6-14 所示。反射镜的材料为聚酰亚胺，由两个扭转铰链支撑，中间夹着由铝制成的电磁线圈。所需外加磁场由反射镜两侧的永久磁铁提供，磁场方向平行于反射镜表面。当电流流过电磁线圈时，产生的电磁力形成扭矩使反射镜发生转动。当输入电流为 20mA，在 1.7kHz 的谐振频率时，反射镜能够产生 1°转角；而在 70kHz 谐振频率时，反射镜转角可达 60°。

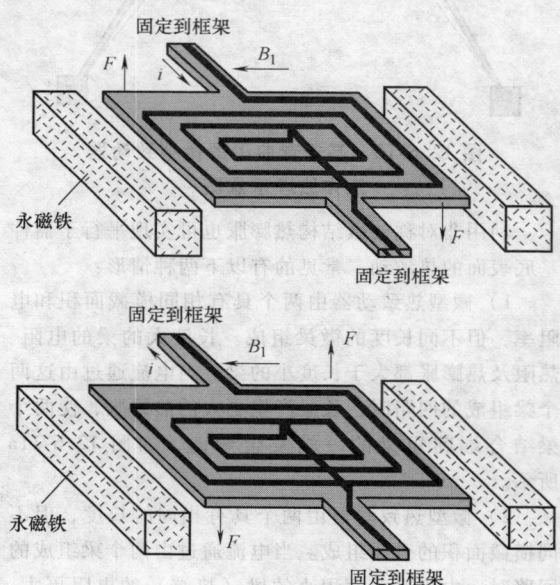

图 12.6-14 利用电磁致动的微光学扫描反射镜

2）利用微加工的磁性材料进行微致动。用电镀工艺可将硬磁或软磁材料有选择地沉积到微器件上，利用磁性材料与外加磁场的相互作用也可以实现微磁致动。致动力的大小与磁性材料的磁极化强度和体积及外加磁场的大小有关。这种方法的优点是不需要任何驱动电流和能耗，而且可以同时对基片上所有的微器件进行致动。常用的软磁材料为铁镍合金，当铁和镍所占比例不同时，相应的磁性特性也不同。常用的硬磁材料有 CoNiMnP 合金。电镀之前一般先进行光

刻工艺，用光刻胶形成电镀模具。电镀常用的种子层有铜、镍、金。另外将磁性粉末和聚合物材料（如聚酰亚胺）混合起来，用丝网印刷或光刻图形化的聚合物磁铁的情况也有应用。

图 12.6-15 所示是一个由氧化硅牺牲层腐蚀工艺制作的平面片状微磁致动器阵列，每个片状结构由 $1mm \times 1mm \times 1.8\mu m$ 的多晶硅片和 $5\mu m$ 厚的电镀铁镍合金组成，并由两根长 $100\mu m$ 或 $400\mu m$、厚 $1.8\mu m$ 的多晶硅梁支撑在基底上。当处于外加磁场中时，产生的扭矩使多晶硅梁发生弯曲，同时多晶硅和铁镍合金组成片状结构发生转动。

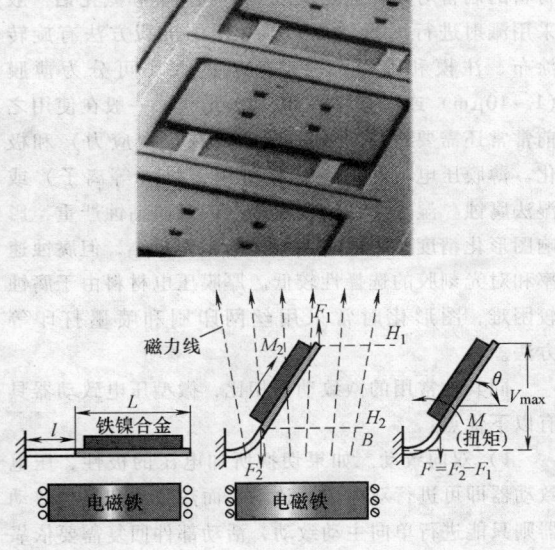

图 12.6-15　平面片状微磁致动器阵列

当外加磁场为 60kA/m 时，片状结构的转角可达 60°。这个阵列可用于模仿纤毛的运动来运送微小的物体，还可用于控制飞机三角翼迎风面的空气动力学特性。利用多晶硅扭转结构代替上述例子中的弯曲结构，可以降低变形刚度，从而实现在更小的外加磁场中产生更大的转动。这种扭转式片状微磁致动器也适用于在微光学机械系统中实现光的切换和扫描。另外，如果采用平行于基底的外加磁场，则可实现平行于基底的微磁致动。对于一个由多晶硅悬臂梁（$400\mu m$ 长、$40\mu m$ 宽、$7\mu m$ 厚）支撑的铁镍合金多晶硅双层结构（$400\mu m$ 长、$40\mu m$ 宽、$7\mu m$ 厚），当外加磁场强度为 25kA/m 时，可实现 90°摆幅。

3）利用集成电磁线圈进行磁致动。如果将电磁线圈集成到器件基底上，只需输入电流就可以产生局部性的磁场，有利于实现微器件和系统的集成和控制。集成电磁线圈一般可采用电镀工艺进行加工，这种致动模式的缺点是驱动电流和功耗比较大。

一个由集成电磁线圈驱动的微马达的转子包含 12 个磁极，直径和厚度分别为 $40\mu m$ 和 $500\mu m$。转子在加工后通过微组装工艺安装到定子的基底上。微马达的定子由 6 组电磁线圈构成。当驱动电流输入相对的两组电磁线圈时，产生的磁场使转子上的磁极和通电的电磁线圈对齐。当输入是呈一定相位关系的三相驱动电流（500mA）时，可以实现 500r / min 的连续转动，输出力矩为 $3.3nN \cdot m$。

由于直接集成带磁芯的螺旋式电感线圈很困难，微马达的定子电磁线圈采用一种独特的等效结构，如图 12.6-16 所示。定子的加工采用多层电镀工艺：

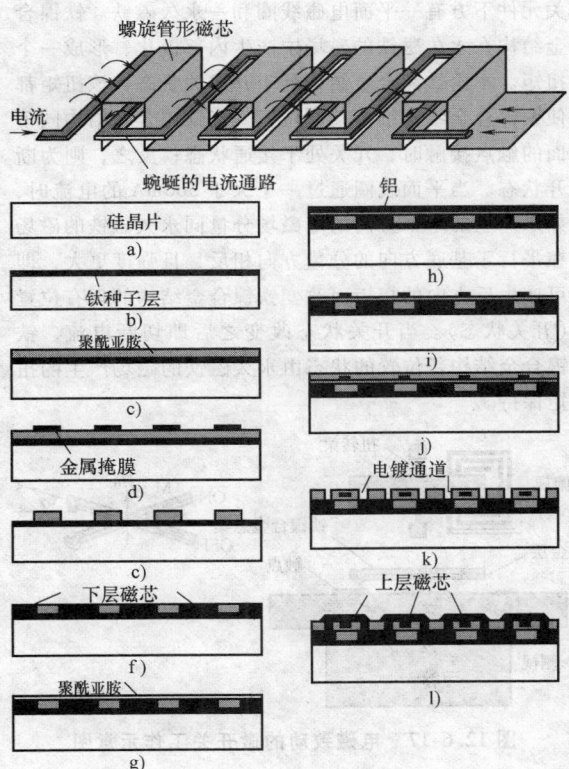

图 12.6-16　集成电磁驱动的微马达的定子结构和加工工艺示意图

① 利用物质相变的热致动在基底上沉积一层 200nm 的钛作为电镀的种子层，如图 12.6-16a 和 b 所示。

② 将 4 层聚酰亚胺（Dupont PI-2611）旋转涂布到基底上，厚度为 $12\mu m$，如图 12.6-16 c 所示。

③ 蒸发铝并用光刻进行图形化，如图 12.6-16d 所示。

④ 用氧等离子腐蚀聚酰亚胺层，如图 12.6-16e 所示。

⑤ 进行铁镍合金电镀，如图 12.6-16f 所示。

⑥ 旋转涂布另一层聚酰亚胺将电镀的铁镍合金覆盖，如图 12.6-16g 所示。

⑦ 沉积 7μm 的铝或铜并用光刻进行图形化形成线圈，如图 12.6-16h 和 i 所示。

⑧ 旋转涂布另一层聚酰亚胺将金属层覆盖，如图 12.6-16j 所示。

⑨ 重复③、④、⑤，形成完整的磁芯。

利用外加磁场和集成电磁线圈的共同作用可实现双稳态微开关，其工作原理如图 12.6-17 所示。其开关元件是一个由两个扭转梁支撑的铁镍合金结构，开关元件下方有一平面电磁线圈和一永久磁铁。铁镍合金结构在永久磁铁的磁场中产生内部极化，形成一个扭矩。不论铁镍合金结构处于开或关状态，该扭矩都使铁镍合金结构维持其原位置。当铁镍合金结构同下面的触点接触时，开关处于接通状态；反之，则为断开状态。当平面线圈通过一个大于 500mA 的电流时，如果产生的水平方向的电磁场分量同永久磁铁的磁场在平行于基底方向的分量方向相反，且强度更大，即可产生反方向的扭矩而改变铁镍合金结构的现有位置（开关状态）。当开关状态改变之后即切断电流，铁镍合金结构新位置的状态由永久磁铁的磁场产生的扭矩保持。

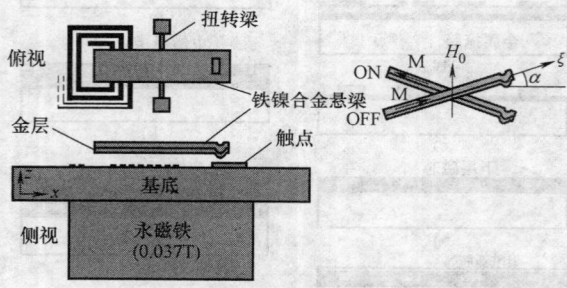

图 12.6-17　电磁致动的微开关工作示意图

4）磁致伸缩型微致动器。某些铁磁材料置于磁场中时，其几何尺寸会发生变化，这一现象称为磁致伸缩效应，这些铁磁材料称为磁致伸缩金属。根据材料几何尺寸变化形式的不同，磁致伸缩效应又可分为纵向效应、横向效应、握转效应和体积效应。磁致伸缩效应与材料性质、加工方法和预先磁化的程度有关。磁致伸缩材料都有磁致伸缩饱和现象。其效应受温度影响，随温度升高，其效应逐渐减少。磁致伸缩效应与磁场强度二次方成正比。

磁致伸缩型微致动器是通过在磁致伸缩材料外面

加一线圈，线圈通电产生磁场，使磁致伸缩材料尺寸变化而工作的。磁致伸缩型微致动器一般都是通电使其工作，因此归入电磁型微致动器。

2.1.5　压电致动器

1. 基本原理

当压电材料受到外加电场作用时，压电材料会在电场的方向或其他耦合方向产生微小的伸缩形变，这种形变可以用来实现微致动。在微型压电致动器中，常用的压电材料包括 PZT、氧化锌（ZnO）、氮化铝（AlN）等。常用的电极材料包括铂、金或铝。如果使用铂或金，常常还需增加钛或铬作为增黏层。压电材料的制备对其性能至关重要。氧化锌和氮化铝一般采用溅射进行沉积。而 PZT 常用的沉积方法有旋转涂布、注模和喷涂，根据厚度的大小可分为薄膜（1～10μm）或者厚膜（10～100μm）。一般在使用之前常常还需要进行烘干、退火（减少内应力）和极化。薄膜压电材料的图形化可用干法（等离子）或湿法腐蚀。湿法腐蚀比较简单，但横向钻蚀严重，影响图形化精度。干法腐蚀的横向钻蚀较小，但腐蚀速率和对光刻胶的选择性较低。厚膜压电材料由于腐蚀较困难，图形化时常采用丝网印刷和喷墨打印等方法。

同其他常用的微致动器相比，微型压电致动器具有以下优点：

1）双向致动。如果切换所加电压的极性，压电致动器即可进行双向主动致动。而热致动和静电致动器则只能进行单向主动致动，活动部件回复需要依靠支撑结构的反作用力或散热过程，降低致动器的响应速度。

2）较宽的频率响应范围。微压电致动器的结构一般具有较高的弹性系数和谐振频率。

3）较低的功耗和驱动电压。在一定的应用场合，微压电致动器的驱动电压可以降至 5V 以下。

4）良好的尺度性。压电致动器即使在器件尺寸缩小时仍具有良好的致动特性。相比之下，静电致动器和电磁致动器的效率随着器件尺寸的缩小而降低。

5）结构紧凑。压电致动器通常只需要一层压电材料和两层金属电极就可实现压电传感和致动。一般压电元件的制作工艺同 CMOS 器件相兼容，易于单片集成。

在通常的电压输入条件下，压电材料的形变非常小，因此微型压电致动器常采用双金属层结构。双金属层结构由压电材料和硅或氮化硅薄膜构成。这样可将压电材料微小的形变转化为双金属层结构较大的形变。根据双金属层结构的形状，微型压电致动器可分

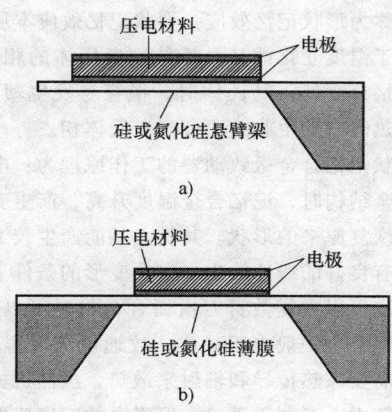

图 12.6-18   悬臂梁式和薄膜式微压
电致动器示意图

a）悬臂梁式   b）薄膜式

为悬臂梁式和薄膜式，如图 12.6-18 所示。悬臂梁式压电致动器已应用于原子力显微镜的扫描探针、微光学扫描反射镜和硬盘磁头扫描控制器。薄膜式压电致动器的应用例子包括微型泵和阀、喷墨打印头、超声液体搅拌器等。

2. 常用的压电致动器及其应用

（1）悬臂梁式微型压电致动器的应用   悬臂梁式压电致动器应用的典型例子是原子力显微镜的扫描探针的集成控制。普通的扫描探针没有集成的传感器和致动器，必须依靠外置的光学杠杆和压电控制器来调节探针在样品表面的接触状态和进行信号的读取。由于系统结构和反馈速度限制，目前原子力显微镜只能实现单个探针的低速扫描。利用集成微压电致动器来调整探针和样品表面的接触力；利用集成传感器来探测探针悬臂梁在扫描时的变形，可实现扫描探针的集成控制和多探针的并行扫描；利用微压电致动器能实现更快的动态响应，提高探针的扫描速度。

图 12.6-19 所示为一个由双探针构成的原子力显微镜。每个探针在样品表面的位置由集成的氧化锌微压电致动器控制，而探针在扫描时的变形由集成的压阻传感器来测量。扫描探针由 3.5μm 厚的单晶硅和 3.5μm 厚的氧化锌构成。探针长度为 420μm（氧化锌层覆盖 180μm），宽度为 85μm，谐振频率为 48kHz。在驱动电压为 35V 时，氧化锌压电致动器在低频和谐振条件下能使探针分别产生 4μm 和 30μm 的形变。近年来，以 PZT 为压电材料的微压电致动器也被集成到原子力显微镜的探针上，探测探针的扫描信号仍用压阻传感器来读取，或者直接将 PZT 微压电致动器同时作为传感器来对扫描探针在样品的表面位置进行反馈控制，而用光学杠杆来读取探针的扫

描信号。同氧化锌相比，PZT 具有更高的压电系数，从而能实现更高的传感和致动效率。

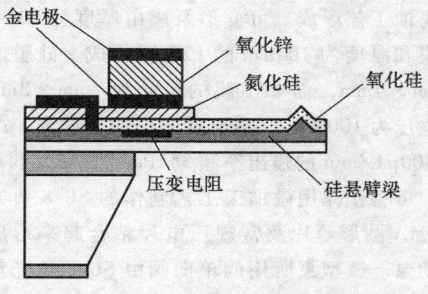

图 12.6-19   氧化锌微压电致动器控制的
原子力显微镜并行扫描探针示意图

悬臂梁式压电致动器也可用于硬盘磁头位置的控制。硬盘磁头位置控制系统一般由两极伺服控制器组成，音圈马达组成粗控制级，用于移动磁头进行低频粗磁道扫描。由微型致动器组成精控制级，进行高频磁道跟随。微型致动器包括以梳状致动器为基础的微型静电致动器和微压电致动器。微静电致动器的特点是精度高，但驱动范围小、驱动电压大；而微压电致动器能达到较大的驱动范围、较低的驱动电压，但控制精度稍低。

利用压电致动的微光学反射镜可以进行一维和二维的快速扫描。虽然目前绝大多数微光学扫描反射镜采用静电致动，但压电致动能实现更紧凑的结构和更低的驱动电压。一维扫描反射镜基本结构为悬臂梁；二维扫描反射镜由一正方形反射镜和 4 个悬臂梁支撑，如图 12.6-20 所示，每个悬臂梁由 1.8μm 厚的 SiO_2 和 1μm 厚的 PZT 组成。

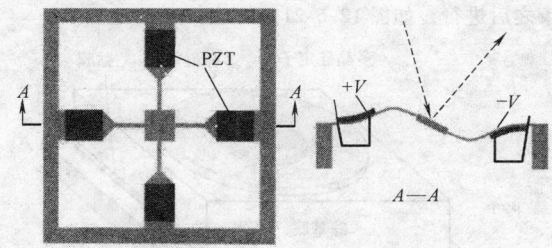

图 12.6-20   微型压电致动器控制的二维微光
学反射镜示意图

（2）薄膜式微型压电致动器的应用   薄膜式微型压电致动器的典型应用包括微型泵和阀、喷墨打印头、超声液体搅拌器等。集成的薄膜式微型压电致动器一般由体硅腐蚀工艺形成的硅薄膜和沉积的压电膜组成。在需要较大致动力的应用场合（如微型泵），沉积的压电材料的性能往往不能满足要求，需要采用

常规压电材料（压电片或压电堆）。

微型压电致动器驱动的微型泵腔和可变形泵膜由体硅腐蚀工艺形成。可变形泵膜由厚度为 $60 \sim 90 \mu m$ 的硅膜和厚度为 $100 \mu m$ 的 PZT 膜构成。硅膜的尺寸为 $8mm \times 4mm$，而 PZT 膜的尺寸为 $7mm \times 3mm$。当所加电压为 100V 时，整个膜中央的变形为 $1 \mu m$，对应于 $400 \mu L/min$ 的输出率和 35kPa 的背压。利用压膜技术，可将预先用微加工工艺制作的 SU-8 负光刻胶和 PMMA 圆形薄片及常规压电片粘合起来形成微压电致动泵。微型泵所用的单向阀由 SU-8 负光刻胶组成。当驱动电压为 150V，频率为 100Hz 时，微型泵的流量为 2.9mL/min，背压为 $1.6mH_2O$（15.69kPa）。另外，利用常规 PZT 材料（$3.5mm \times 4.5mm \times 5mm$）和镍制的波纹管（长 3.6mm，半径 2.0mm）制成的微型泵，在 2kHz 的工作频率时，泵的流量可达 $80mm^3/s$，背压可达 0.3MPa。所用的 PZT 压电致动器在 100V 电压下，可产生 $3 \mu m$ 的伸缩变形和 130nN 的致动力。

此外，以薄膜形微压电致动器为基础的超声波换能器已有广泛的应用。薄膜型 lamb 波压电致动器可用于液体或液体悬浮物的输送。压电致动的微超声搅拌器在搅拌过程中产生的热量很少，可以用于对温度敏感的材料或物质的搅拌（如 DNA）。利用超生波驱动的微马达无需连接任何电极，在低于 5V 的交流电压驱动下，可在脉冲和谐振两种状态下工作。脉冲状态下的旋转速度为 $0.5 \sim 3r/min$，而谐振状态下旋转速度可达 $10 \sim 100r/min$。马达的定子和转子由多晶硅表面牺牲层腐蚀工艺加工制成。马达基底背面装有 PZT 的压电片，压电片的安装可在所有微加工工艺结束之后进行，如图 12.6-21 所示。

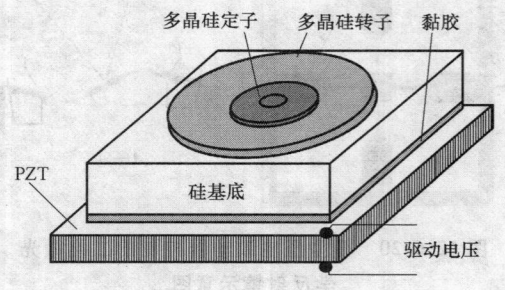

图 12.6-21　基于 PZT 的超声波驱动的微马达示意图

2.1.6　形状记忆合金致动器

（1）基本原理　形状记忆合金通常包括金/铜、铟/钛和镍/钛等合金。这些合金在一定的机械变形后，再经过加热收缩后又可恢复其原来的形状，这种

效应统称为形状记忆效应。形状记忆效应本质上是一种依赖于温度变化的从马氏体到奥氏体的相变过程。形状记忆合金处于马氏体时，很容易发生塑性变形，而当加热时会发生收缩而变到奥氏体相。

形状记忆合金微致动器的工作原理为：电流通过记忆合金结构时，记忆合金温度升高，产生变形，降温后又恢复原来的形状。其优点是能产生较大的致动力和具有良好的线性输出。在小变形的条件下，形状记忆效应可以重复数百万次而合金材料可以不损坏。形状记忆合金一般电阻较大，故通电流时温升较快，但降温需要靠热传导和辐射来散热，虽然机械的表面积相对较大，有利于散热，但降温的响应速度还不是很快，且不易控制，这是形状记忆致动器的不足之处。

（2）形状记忆致动器的应用　图 12.6-22 是一个由记忆合金制成的线性微致动器，该微致动器一端固定在基板上，另一端可自由运动，其体积为 $4mm \times 4mm \times 0.1mm$，最大应变为 1.3%，最大行程为 $570 \mu m$，在变形时可提供 110mN 的力。

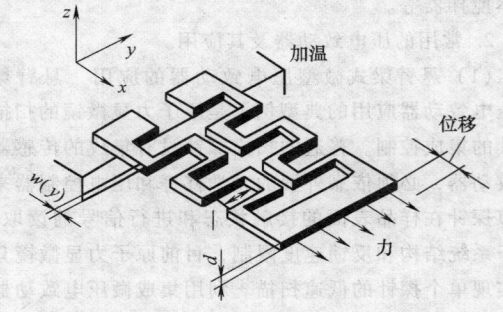

图 12.6-22　线性微致动器

图 12.6-23 是由 Ni-Ti 形状记忆合金制成的微阀。它由 SMA 梁、聚亚胺膜片、垫块、阀座和通气管等几部分组成。当给 SMA 梁通电加热后，梁的形变通过垫块传给膜片，使膜片向下凹挡住通气管，使得阀关闭。该阀的阀座内、外径分别为 0.5mm 和 1mm，膜片厚 $3 \mu m$，开关阀的响应时间为 $0.5 \sim 1.2s$。

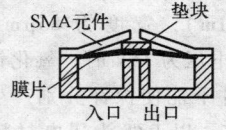

图 12.6-23　记忆合金微阀

2.2　与 MOEMS 有关的传感器

利用光学探测方法研制的微机械传感器，已经应

用在物理和化学测量领域中，包括位移传感器、化学探测传感器、荧光探测传感器、惯性（加速度计）传感器和压力传感器。这类似光学探测方法研制的传感器的主要优势体现在：较高的分辨率和精度、尺寸小、不受到电磁干扰。

2.2.1　位移传感器

以光学技术为基础的位移传感器，采用衍射光栅、几何调制波导、法布里-珀罗干涉仪、迈克逊或者马赫-曾德耳干涉仪及纤维光学反射技术，其位移分辨力可达亚微米、纳米甚至是原子数量级。

采用微加工技术安装在原子力显微镜（AFM）悬臂上的衍射光栅，可以探测 AFM 的变形。如图 12.6-24 所示，假设一个光栅是由一些叉指式的条纹组成，一列条纹固定不动，而另外一些条纹在垂直方向上可以替换。当受到照射时，这些条纹就形成一个对相位敏感的衍射光栅。图 12.6-25 所示为条纹梁置换前后光栅的相位轮廓图。可以将这种光栅简化成一个周期为 p 的无限宽的一维线性光栅。

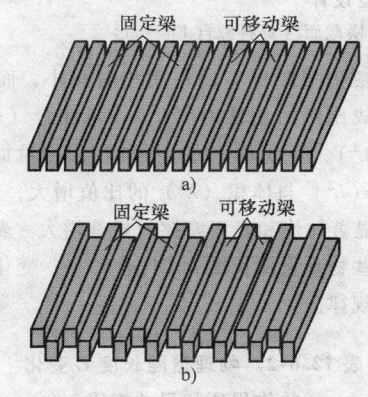

图 12.6-24　光栅由可移动梁和固定梁组成

a）没有发生偏转　b）偏转后

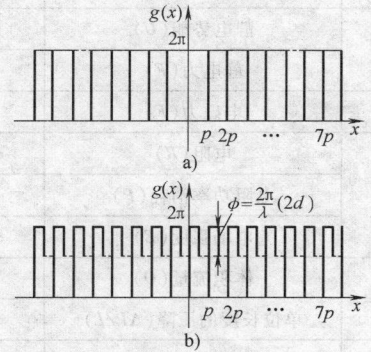

图 12.6-25　光栅的相位轮廓图

a）可移动梁发生偏转之前

b）可移动梁发生偏转之后

图 12.6-26 给出了四种 m 值的能量分布曲线。例如，如果 $\Phi = 0$，让可移动条纹仍然不发生偏转，主要的反射模式是零级，并且 $I_0 \approx 1$。随着 Φ 的增大，零级强度下降，而两个对称的第一衍射级的强度增大。当 $\Phi = \pi$，可移动梁在垂直方向偏转 $\lambda/4$，零级内的能量分布最小，第一级的能量最大。通常，偶数衍射级的能量分布可以忽略不计，奇数衍射级的能量分布随级数增大而下降。

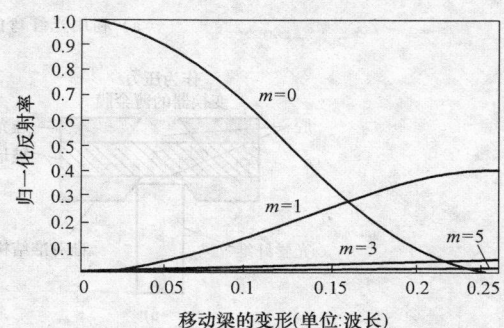

图 12.6-26　一个二元相位光栅不同衍射级的能量分布

2.2.2　惯性加速度计

常见的微加速度计有电容、压阻或压电传感器。可以将这些装置分为两类。如图 12.6-27a 所示，第一类装置是将两根光纤固定到一块带有支撑杆的基板上，一根光纤完全固定在支撑杆上，另一根是类似悬臂结构的光纤梁，两根光纤端面相连接。如果该传感器被加速，由于惯性原因使悬臂梁偏转变形，变形量正比于加速度。由于光纤之间光轴和角度的错位，会减少光从一根光纤到另一根光纤的传播。如果由于加速度作用，使一根光纤的端部偏转到另一根接受光纤端部的接受范围之外，输出信号就变成"白"信号或平信号，这表明可探测的加速度范围有限。

第二类加速度计是以可移动微型快门为基础的，图 12.6-27b 给出了一种典型设计。在这种装置中，一块物体悬吊在两个并排放置的悬臂梁上，一个快门固定在该物块的端面上，并可以在两根光纤间的光路中上下移动。利用这种技术可以调制两根光纤之间的光强度。此外，可以确定加速度的方向，并得到高的灵敏度。

2.2.3　压力传感器

微压力传感器大部分是利用电容、压阻或谐振频率传感技术，通过膜片将流体静压转换成位移或变形力。利用光学纤维技术，可以监控膜片变形产生的压力变化。图 12.6-28 所示为该类压力传感器中一种典型设计。该传感器包括一个金/铬薄膜片结构、一块

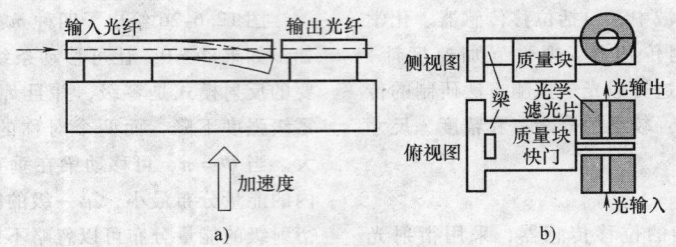

图 12.6-27 以强度调制为基础的两类加速度计

a）利用光纤弯曲 b）利用可移动快门

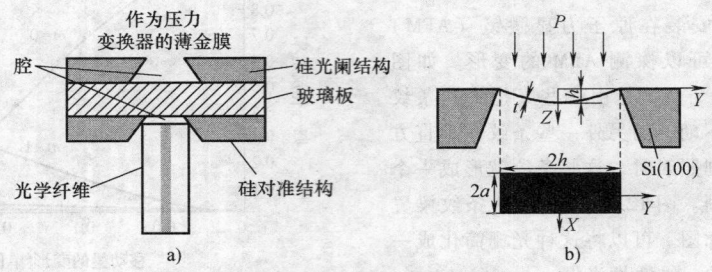

图 12.6-28 压力传感器的典型设计

a）一个光纤微压力传感器的横截面 b）膜片区放大的横截面（资料源自 Elsevier）

玻璃板、一个以硅为基底的光纤对准结构和一个多模光纤。

假设变形后的膜片仍保持与下面的玻璃板平行，形成一个法布里-珀罗结构。反射光的强度受到谐振腔间隙的调制，该间隙取决于膜片承受的压力。通过这种变化就可以确定对应的压力。

3 MOEMS 的设计与仿真

3.1 微型化系统的尺度效应问题

目前，各种微器件有机结合成真正意义上的 MOEMS 还有相当的难度，如何建立 MOEMS 等效机构的失效模型这一问题尚未得到有效解决。其原因主要是人们对微观条件下 MOEMS 器件的运动规律、物理特性和受载之下的力学行为缺乏充分的认识，没有形成基于一定理论基础的 MOEMS 设计理论方法，只能靠传统方法进行试探性研究。目前，MOEMS 基础理论研究是整个微光机电系统进一步发展的瓶颈。

MOEMS 元件及其间隔尺寸处于微米量级，呈现显著的尺寸效应。在 MOEMS 的尺度空间内，许多宏观状态下的物理量都发生了变化，相异于传统机械的特点，在微观状态下呈现出特有的规律和尺寸效应。所谓尺寸效应是指当物体的尺寸 L 改变时，各物理量比例于 L^n 而变化的现象。当系统或器件的尺寸缩小到微观领域时，与尺寸 L 的高次方成比例的惯性力

（L^3）、电磁力（L^4）等的作用相对减小，而与尺寸的低次方成比例的黏性力（L^2）、弹性力（L^2）、表面张力（L^1）、静电力（L^0）等的作用相对加强，同时表面积（L^2）与体积（L^3）的比值增大，热传导、化学反应显著加快和表面摩擦力显著增大。表 12.6-2 汇总了一些物理量随长度 L（代表尺寸）变化的作用项和尺寸规律。

表 12.6-2 物理量随长度 L 变化的作用项和尺寸规律

作用领域	作用项	尺寸规律
几何	表面积/体积（S/V）	$\propto L^{-1}$
静电力	静电势能（U）	$\propto L^3$
	静电力（F）	$\propto L^2$
电磁力	电磁力（F）	$\propto L^4$
电学	电阻（R）	$\propto L^{-1}$
	电阻功率消耗（P）	$\propto L^1$
	电场强度（E）	$\propto L^{-2}$
流体力学	体积流量（Q）	$\propto L^4$
	单位长度的压降（$\Delta P/L$）	$\propto L^{-2}$
热传导	热量（Q）	$\propto L^2$
	热传导时间（t）	$\propto L^2$
热对流	热量（Q）	$\propto L^2$

（1）几何结构学中的尺寸效应　几何尺寸效应随空间维度的不同产生的作用迥异。随着 MOEMS 一维特征尺寸的不断减小，其二维、三维的表面积、截面积和体积自然也会减小，但衰减的速率不同，该衰减速率随维数的增加而增大，因而会出现表面积和体积比增大，导致化学反应速度快、传热效率高，表面力学效应和表面物理效应起主导作用。随着 MOEMS 器件进一步减小到纳米级，相应地，介质不连续性突出，必须用量子化理论进行研究。

（2）力的尺寸效应　在 MOEMS 领域，与特征尺寸的高次方成比例的惯性力、电磁力等的作用相对减小，而与尺寸的低次方成比例的弹性力、表面张力和静电力的作用显著，因而微系统中常常采用静电力作为驱动力。

力的尺寸效应主要表现在两个方面。第一，由于从宏观到微观的尺寸变化，各种作用力的相对重要性发生了变化。第二，当物体的特征尺寸不断减小时，介质连续性等宏观假设不再成立，相关力学理论需要修正。材料的力学性能参数的数据库还未全面建立，在一定程度上制约了微系统的进一步发展，需要进一步研究介观物理和微观力学，解决尺寸效应问题。

（3）流体力学中的尺寸效应　当特征尺寸接近微米量级时，流体的流动特性与宏观相比，发生了很大变化。在微流动中，雷诺数通常都很小，然而以气体作为流动介质的微器件在其特征尺度接近平均自由程的尺度量级时，尺度已小至应对气体的粘性作用加以修正的地步。对于大克努森数流动，表面上的流动速度呈现滑移，因此表面粘性切应力也大为减小。在液体流动中，分子之间的距离是 Å（埃）数量级，无滑移条件仍可作为经验结果使用。利用分子动力学方法已建立了液体 Couette 流和 Poiseuille 流在固体表面的无滑移条件。另一方面，已观测到在边壁附近几个分子间隔厚度的范围内存在着分子序链，并导致密度分布的涨落。对于流体-流体-固体界面的运动接触面，则应放宽无滑移条件。一般微器件的长度尺度都要比简单液体的分子间距大得多，因此无滑移边界件在无运动界面时仍然成立。

微尺度流动具有以下特点：

1）克努森数（$K_n = \lambda/h$）较大，它指流体分子运动平均自由程 λ 和流体特征尺度 h 的比值。

2）雷诺数（$Re = VL/\nu$）很小，因为微尺度流动速度 V、空间尺度 L 很小，ν 是流体运动粘度。

3）空间表面积与体积的比是（$1/R$）的量级，一般很大。

4）机制复杂，多场/多相耦合。

（4）热传导中的尺寸效应　微尺度热传导的特点主要可以归结为以下两点：

1）微系统内的热流密度非常大（据报道可达 $10^7 \text{W}/\text{m}^2$ 量级），远远高出航天飞行器回归地球与大气摩擦时产生的高热流密度。微系统中可能出现的高热流密度对于电子器件来说是致命的，因为使用传统的冷却技术要使如此高的热流密度在短时间内散发出去是几乎不可能的；而且电子器件的可靠性对温度十分敏感，器件温度在 70 ~ 80℃ 水平上每增加 1℃，可靠性就会下降 5%。因此，解决微小电子器件的冷却问题十分迫切。

2）一般物体的热惯性是与 L^3 成正比，因此当系统尺寸减小时，系统的热惯性会迅速下降。微小系统中工质热惯性的减小，使得很多在常规尺度下很难实现的过程在微尺度下短时间内就可以实现。对于其他同样可以实现的过程，在微尺度条件下实现过程更快，灵敏度更高。

3.2　MOEMS 的设计过程

微系统的设计需要集成相关的制造和加工工艺。微系统元件是用大量的物理和化学方法加工出来的，这些加工和制造工艺经常包含对用于这些元件精密材料的高温和苛刻的物理与化学处理。这些工艺会对微系统的性能产生非常大的影响，所以必须在设计的同时予以考虑。通常，在微系统设计中有三个主要任务是互相关联在一起的，分别是：①工艺流程设计；②机电和结构设计；③包括封装和测试在内的设计验证。微系统设计中材料的选择也比常规产品的材料选择复杂得多。在微系统的材料选择上，不仅要考虑系统基本结构的材料，还要考虑工艺流程中的材料。

由于微系统设计的复杂性，开发和生产微系统新产品的周期长。为解决这一设计难题，通常从设计工具和设计方法两个角度进行研究。前者针对微系统设计过程的某一环节开发相应的计算机辅助设计工具（CAD），对该环节进行仿真、分析和评价；后者从更高的层次综合考虑微系统设计的各环节，安排设计流程，流畅衔接不同阶段的设计，从而达到最优设计。

微系统设计主要考虑以下几个方面：

1）设计约束。设计约束包括客户需求、环境条件、物理尺寸和重量限制、制造设备及成本上的考虑。

2）材料选择。有很多材料可以用在微系统中，因为工艺流程是设计过程不可分割的一部分，其中需要对加工材料进行精确的评价，以在设计中选择合适的材料。微系统各部件主要用到的材料有：仅用于支撑的钝性基底材料，包括聚合物、塑料、陶瓷等；活性基底材料，如硅、砷化镓、石英等；在微系统中用于传感或致动部件中的封装材料，主要包括粘接剂（焊接合金、环氧树脂、硅橡胶）、引线（金、银、铝、铜、钨）、端板和外壳（塑料、铝、不锈钢）、芯片保护装置（硅酮凝胶、硅油）等。

3）制造工艺。

4）信号转换选择。对微传感器和微致动器，信号转换是必不可少的，都需要将化学、光、热或机械能及微系统部件的其他物理行为转化成电信号或反向转换。

5）机电系统。微系统中的电路为致动器提供电流，是系统密不可分的一部分。无论选定什么样的产品电子系统，都需要对连续机械动作和电子系统的接口进行初步评估。

6）封装。微系统封装至关重要，需在设计的早期就考虑封装问题。

7）测试。任何严格要求数值精度的传感器或执行器都必须经过测试、校准或修正，使得适宜工作温度范围内的性能都能达到所要求的精度和灵敏度。

3.3　MOEMS 的仿真及其软件

MOEMS 器件的制造是采用微电子和微加工技术将零件、电路在整体考虑下，通过 MEMS 加工工艺来实现的。MOEMS 的设计涉及力学、流体力学、热学、电学和电磁学等多学科交叉问题，需要综合多学科理论分析。为了缩短研发周期，计算机辅助设计技术在器件设计中得到了广泛的应用。

MOEMS 仿真软件各部分的主要功能如下：

（1）工艺设计　MOEMS 器件的工艺设计是利用微加工技术，对要设计的 MOEMS 器件定制合理的工艺流程，同时形成加工设计完成的 MOEMS 器件的工艺信息文档。

MOEMS 器件的工艺设计是基于 MOEMS 的加工技术的，在 MOEMS 器件计算机辅助设计中，要生成设计器件的三维实体，首先必须定制器件的加工工艺。

（2）掩膜版图设计　掩膜版图设计是微电子学中一项重要的学科知识，掩膜版图设计是将逻辑设计转换成物理几何表示的一个过程，它包括版图布局规划、布线及版图后处理与版图数据输出几个阶段。版图设计的实现有很多种，基于标准单元的设计方法因高效且可靠的特点成为目前业界最流行的模式。在 MOEMS 器件的设计中，掩膜版图设计可以简单地理

解为设计器件在平面上或 XY 平面上的结构和布局。

（3）结构仿真器　结构仿真器的作用是把 MOEMS 器件结构从外围接口电路中隔离出来，根据工艺设计和掩膜版图设计来生成三维实体模型。这类似于实际的生产过程，对每一个工步，从材料特性数据库中读取相应数据，依此计算各工步的效果，并对模型的结构进行修改；同时，记录材料特性、工艺条件和几何形状，以备随后分析使用，最终的结构就是这一系列变化的结果。后续分析都基于由结构仿真器生成的实体模型。

（4）材料特性数据库　在设计传统机械时，设计手册里提供了大量诸如屈服强度、弹性模量等数据。MOEMS 的设计人员不仅缺乏上述这些数据，还缺少 MOEMS 设计中所特有的、与耦合特性有关的材料常数。

由于 MOEMS 器件的尺寸较小，给这些特性的测量带来了一定困难。因此，一般需要设计专门结构进行测量。这方面，已经初步建立了一些 MOEMS 材料的数据库，例如 SOLIDIS 的 ICMAT，CoventorWare 的 MPD 等。在建立材料数据库时面临的一个重大问题是，这些材料特别是薄膜材料与生成它们所使用的工艺条件有很大关系。

（5）器件的模拟和优化　生成器件的三维实体模型后，对器件进行网格划分，就可利用 BEM/FEM/FVM 方法对 MOEMS 器件进行模拟。其中由于 MOEMS 器件包括热、流体、电磁、机械等相互作用，使 MOEMS 的仿真与建模越来越复杂，在 MOEMS 设计中遇到的最大的挑战是多能量域的耦合分析。在进行仿真时，不仅要针对各个域的特点，寻找相应的算法，还要解决不同域的耦合问题。在分析完成后，可以对设计的器件进行优化，进一步提高器件的质量。最后可以提取器件的宏模型用于系统级的仿真。

近年来，对 MOEMSCAD 软件的开发得到了较快速的发展，CoventorWare 和 Intellisuite 是当前两大主流软件。

CoventorWare 拥有几十个专业模块，功能包含 MOEMS 系统/器件级的设计与仿真。它主要用于四大领域：传感器、RF 元件、光学器件、微流体。该软件包含四大部分：ARCHITECT™、DESIGNER™、ANALYZER™、INTEGRATOR™。

1）ARCHITECT™。ARCHITECT™ 是混合技术、混合信号技术设计和验证工具的业界标准。混合技术指该工具为机械、机电、热学、磁场、光学、流体动力学、数字电路、模拟电路、数模混合电路、控制电路、液压、电气等领域提供了完整的仿真环境；混合

信号是指可以进行数模混合电路的仿真。软件为用户提供了一个自顶向下，系统级可定制的 MOEMS 设计环境，设计人员可以对从最初的设计发案（方框图）到实际电路和机械实现的完整系统进行仿真。在顶级仿真得到所期望的响应后，可以将相应各子系统的技术指标分配给机械及电路设计人员等。这些人员可以为完成最后的详细设计独立开展工作。假设机械设计率先完成，可将它加入到最初的系统模型中进行性能验证。

ARCHITECT™ 支持所有标准模拟仿真分析，包括：直流工作点分析、直流扫描分析、瞬态分析、交流小信号分析、两端口分析、极零点分析、傅里叶分析。利用初步设计得到参数化 PEM Library 组成的系统简图，ARCHITECT™ 自动产生二维版图。

ARCHITECT™ 的 InSpecs 工具包能够帮助用户进行复杂的分析，它包括：① Monte-Carlo 统计分析，确定参数公差对系统参数的影响，进行可制造性研究；② 应力分析，评估系统中各组件的应力程度是否超过额定值；③ 参数灵敏度分析，逐个列出其他参数对目标参数的影响程度，显示设计中的关键参数；④ 参数扫描分析。

ARCHITECT™ 的 Testify 工具包用于仿真系统在故障状态下的情况。用户可以建立故障列表，仿真系统在每个故障状态下的工作状态。Testify 可以帮助验证系统运行的可靠性。

ARCHITECT™ 拥有 1000 多个通用模板和 3 万多个具体元器件模型，该模型库向用户提供了不同层次的模型，支持自上而下或自下而上的系统仿真方法。设计者可以调用 ARCHITECT™ 独有的 MOEMS 参数化的器件库，结合电路元件库，快速地描述出 MOEMS 系统，进行系统级的分析。在分钟量级的时间内，结合机械结构及外周电路，以远高于 FEM、FVM 速度进行静电力、瞬态机电行为、力学变形及频率响应等分析。

2）DESIGNER™。在 DESIGNER™ 里结合二维图、工艺流程和材料特性，Coventor-Ware™ 可生成三维模型，进行网格自动划分。

3）ANALYZER™。可以调用 ANALYZER™ 里针对 MOMES 器件分析开发的多个求解器，对 MOEMS 器件的三维模型进行结构力学、静电学、阻尼、电磁学、多物理场耦合（含电压及压阻问题）、微流体等的分析。ANALYZER™ 还可以对边界条件，材料特性、三维模型几何形状等参数分析，研究这些参数对器件性能的影响。

4）INTEGRATOR™。利用 INTEGRATOR™，设计人员可以从三维分析结果提取 MOEMS 器件宏模型，反馈回 ARCHITECT™ 进行系统性能的验证，从而完成 MOEMS 的设计。支持的格式包括：Verilog-A（Cadence）、MAST（Architect）和 MATLAB。同时，用户也可以利用 INTEGRATOR™ 建立自己 MOEMS 产品涉及的宏模型库，为新产品的开发提供技术储备。

CoventorWare 自顶向下的设计方法节省了很多时间，通过系统级仿真，可以使用 MOEMS 参数化的行为模型，连同周围的光学器件、信号处理、控制电路及封装一起来评估系统行为，以尽快达到最优设计。在微镜振动、开关速度、应力分布、光学性能、可制造性和最佳微镜性能等方面，CoventorWare 是 MOEMS 设计比较有效的工具。

IntelliSense 公司的 IntelliSuite 也提供了从概念设计到产品制造的 MOEMS 解决方案。该软件将开发工具与先进的工艺生产线相结合，用户无需进入实际生产，即可评估所设计器件的工艺可行性和工作性能，使 MOEMS 产品走向市场。IntelliSuite 所包含的模块及相应的功能见表 12.6-3。

表 12.6-3　IntelliSuite 所包含的模块及相应的功能

模　块	功　能
3D Builder	IntelliSuite 中的一种建模方法，采用堆积木的方式一步一步地将模型建立起来
AnisE	各向异性蚀刻仿真软件，可即时观看蚀刻过程的图案变化，将其存储成动画档，并测量图案上的距离和深度
Electromagnetic	用全三维的 EM solver 去分析产生 S 参数、Y 参数、Z 参数、Q 值与电流密度分布
Intellifab	制程仿真软件，用制程仿真的方式建模，并可观看每个制程步骤的三维立体图及剖面图，供设计者参考
Intellimask	针对微机电的光罩绘图软件，可输入/输出 GDS II 及 DXF 档案
MeMaterial	内含强大的材料数据库，可观察材料中参数与性质之间的图形，并可以使用自己所获得的测量资料
MicroFluidic	微流体分析模块，可分析流体的流速、电场、电压，并可做电泳（electrophoresis）电渗透（electroosmosis）分析
Thermo Electromechnical	分析组件有关机械静电和机电耦合性质，采用强大的切割运算，可更快速并更精确地得到想要的结果

3.4　MOEMS 的封装

在整个产品的开发过程中，微系统的正确封装是一个至关重要的因素，在设计分析之前应考虑以下要求：

1）在组件的制造、装配、封装中所需的成本。

2）所设计产品可预期的环境影响，如温度、湿度、化学毒性。

3）对产品封装设计中错误操作及偶然事故的充分估计。

4）正确选择材料以保证封装的可靠性。

5）尽量使电子引线和连接点减小，以便使引线断裂和产生故障的可能性达到最小。

6）微器件对材料机械性能的依赖比较强，因此，其封装必须不改变器件有源区的应力分布。

7）封装材料选择必须支持广泛的产品规范，如光学存储时的透气性和射频应用时低介电损耗等。

8）封装材料必须支持标准加工线的工艺步骤，以便为丝焊提供电接触和焊点选择自由。

微系统封装是处理或存储电信号、提供电路连接和合适操作环境的一门技术，即将具有一定功能的集成电路芯片放置在一个与之相适应的外壳容器和保护外层中，为芯片提供稳定可靠的工作环境。

微系统封装主要有两种方法：一种是将传感器、执行器和控制器都集成在硅圆片上，实现"片上系统"，然后进行封装；另一种是将执行器和控制器做成 ASIC，再与传感器组装在同一基板上，最后封装。这两种方法的共同之处在于都实现了信息的获取、传输、处理和执行功能。

微系统封装技术的分类方法很多，可以按芯片装载方式、密封方式和封装材料进行分类。

（1）按芯片的装载方式分类　按芯片上有电极的一面对于装载基板来说是否朝上来分，有正装片和倒装片（flip-chip）；按芯片的电气连接方式来分，有引线键合（WB）方式和无引线键合方式，后者包括 TAB（tape automated bonding，自动键合带）及微机械键合。

（2）按密封方式分类　半导体元件的封装方式有气密性（hermetic or seal）封装和树脂封装两大类。一般来说气密性封装可靠性较高，但价格也贵。

（3）按封装材料分类　目前，用于微系统封装的材料主要有金属、陶瓷和塑料等几种。

1）金属封装。金属封装壳和盖板广泛使用的结构材料是柯伐合金。密封时，首先将封装外壳壁孔周围金属氧化，然后将柯伐引线通过玻璃珠插入封装孔中。将封装组合体用夹具固定，加热到玻璃熔点（约 500℃），在此温度下，金属膨胀稍稍超过玻璃，冷却时保持玻璃处于受压状态。该种封装精度高，尺寸严格，金属零件以冲、挤为主，便于大量生产，而且价格低廉，散热性和电磁屏蔽性能较好，芯片放置容易，应用灵活，因此广泛应用于混合集成电路、微波器件和多芯片模式的封装中。同时，金属封装制作周期短，焊封后的密封性好，但其成本比塑料封装高。

2）陶瓷封装。陶瓷封装材料主要有 Al_2O_3、BeO、SiC、Si_3N_4 等，经成形、装配、烧结后制作管壳。

3）金属-陶瓷封装。金属-陶瓷封装是以传统的多层陶瓷工艺为基础，以金属和陶瓷材料为框架而发展起来的。这类封装由于应用于微波毫米波领域，因此对封装的电参数要求很苛刻，典型参数包括引线电感、引线电阻、输入输出电容、输入输出特性阻抗、电压驻波比、隔离度、谐振频率、插入损耗等。另外，这类封装必须把多层陶瓷和多种金属材料封接在一起，需要考虑不同膨胀系数材料的匹配问题。

4）塑料封装。塑料封装是以合成树脂和 SiO_2 微粉为主体，配入多种辅料混炼而成的。此外，还必须进行防湿包装，采用增加无机填充材料、相对减少吸湿性有机成分的含量等方法来降低树脂的粘度和弹性率。塑料封装属非气密性封装，其基本工艺是：芯片—划片—粘片—键合—塑封—去毛刺—去筋—分离—打弯成形—测试。

（4）按封装的不同阶段分类　一般来说，微系统封装可以分为三个阶段：芯片级、器件级和系统级。三级封装技术之间的关系图如图 12.6-29 所示。

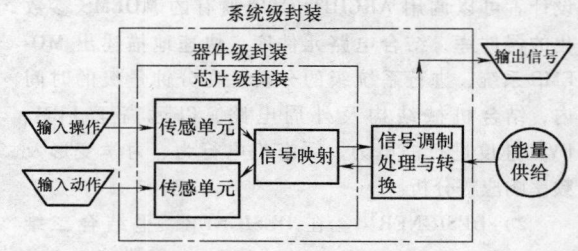

图 12.6-29　微系统封装的三个等级

1）芯片级封装。这级封装的主要目标是：①保护芯片或其他核心元件避免塑料变形或破裂；②保护系统信号转换的电路；③对元件提供必要的电隔离和机械隔离；④实现系统在正常操作和超载状态下的功能。常用的芯片级封装技术有球型栅格阵列（BGA）技术和微球栅阵列（PBGA）技术。

2）器件级封装。器件级封装常需要包含相应的信号调理和处理，如传感器的电桥调节电路。器件级封装主要使用芯片尺寸封装（CSP）技术和板上芯片（COB）工艺。

3）系统级封装。系统级封装是将不同的器件（如传感器、致动器、电子器件等）封装在一个模块中。主要是针对芯片核心元件单元与主要信号处理电路的封装。系统封装需要考虑电路的电磁屏蔽，以及力和热隔离。目前用于系统级封装的主要技术有：多芯片组件（MCM）、集成技术-系统级封装（SIP）和柔性电路板上倒装芯片（FCOB）等。

4 微机电系统加工工艺

4.1 体硅加工工艺

体硅加工工艺是一种典型的微系统加工方法，利用半导体材料的各向同性腐蚀、各向异性腐蚀等基本工艺方法，形成膜片、悬臂梁、凹槽、台面等三维微结构。硅微结构经多次掩膜、单面或双面光刻及各向异性刻蚀等工艺而成，然后将有关部件对准键合成一整体。体硅加工工艺过程比硅表面加工工艺复杂，成本高。

（1）体硅加工工艺的工艺流程 体硅溶解薄片法是体硅加工的一种方法。首先在浓硼扩散层上刻蚀硅上的结构图形，然后倒扣，与玻璃基片阳极键合，最后用乙二胺-邻苯二酚-水等湿法溶掉体硅，分离出结构。图 12.6-30 所示为典型的体硅溶解薄片法的工艺流程，它主要由硅片工艺、玻璃片工艺和组合片工艺组成。硅片工艺包括刻蚀凹槽、深扩散和刻蚀结构三步主要工艺流程。玻璃衬底上用沉积方法形成引线和电极的金属层，然后将硅片倒扣，与玻璃衬底进行静电键合。最后，腐蚀掉硅片背面未掺杂的部分，从而分离出结构。

（2）体硅加工工艺中的关键工艺 最常用的体硅微加工方法是利用硅的各向异性特点进行腐蚀，腐蚀技术分为湿法腐蚀和干法腐蚀。表 12.6-4 对这两种方法进行了比较。

表 12.6-4 干法腐蚀与湿法腐蚀的比较

参数	干法腐蚀	湿法腐蚀
方向性	对大多数材料好	适于单晶材料
掩膜层粘附特性	非关键因素	非常关键
选择比	差	非常好
临界尺寸控制	< 0.1μm	3μm
典型的腐蚀率	0.1 ~ 6 μm/min	> 1 μm/min
操作参数	多	很少
腐蚀速率控制	在缓慢腐蚀时好	困难

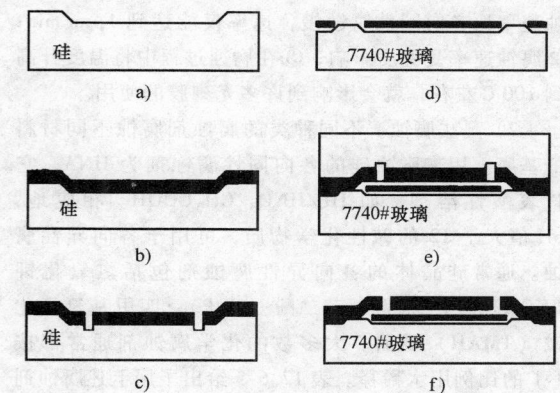

a)	d)
b)	e)
c)	f)

图 12.6-30 典型的体硅溶解薄片法的工艺流程

a）掩膜 1：刻蚀凹槽 b）扩撒硼（15μm）
c）掩膜 2：RIE 刻蚀结构 d）掩膜 3：沉积金属
e）静电键合 f）体硅腐蚀（EDP）

1）各向同性和各向异性湿法刻蚀。如果刻蚀剂从基片表面向下腐蚀速率与其他各方向基本相同，这种刻蚀是各向同性的；如果刻蚀剂在某一方向的刻蚀速率远大于其他方向时，则是各向异性的。两种刻蚀方法产生的横截面形状如图 12.6-31 所示。

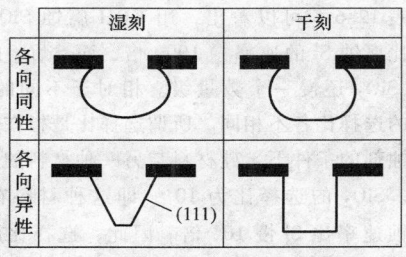

	湿刻	干刻
各向同性		
各向异性	(111)	

图 12.6-31 各向同性和各向异性刻蚀产生的横截面形状

因为缺乏对工件形状的控制手段，各向同性腐蚀在微加工生产中总是很难达到技术要求。大部分基底材料的晶体结构都不是各向同性的。例如，硅就是金刚石立体晶体结构，因此晶体的一部分要比其他部分的强度大，更抗腐蚀。硅晶体（100）、（110）和（111）三个晶面在微加工中是特别重要的，在 IC 工业中最常用的是（100）、（111）这两个晶向，而（110）是微加工中最有用处的晶向。这是因为晶体在该晶向上比在其他晶向上更容易破裂和分解。（110）是唯一可以在垂直界面上分解晶体的晶面。不一致的机械强度也反映出被腐蚀可能的不同。材料在（111）上是最难腐蚀。硅在（100）和（111）的腐蚀速率比为 400:1。各向异性腐蚀在控制腐蚀硅片的几何形状上有许多优点，但也存在几点不足：①腐蚀速率比各向同性腐蚀慢，速率仅能达到 1μm/min；②腐蚀速率受温度影响；③在腐蚀过程中将温度升高到 100℃ 左右，就会影响到许多光刻胶的使用。

2) 湿法腐蚀。不同种类的腐蚀剂腐蚀不同材料的基底。用来腐蚀硅的各向同性腐蚀剂为 HNA，它代表酸性溶剂，如 HF/HNO₃/CH₃COOH。相应地，pH 值大于 12 的碱性化学物质，可用于各向异性腐蚀。通常硅晶体的各向异性腐蚀剂包括氢氧化钾（KOH）、乙二胺和邻苯二酚（EDP）、四甲基氢氧化铵（TMAH）及肼。大多数的化学腐蚀剂通常都按 1:1 的比例用水稀释。表 12.6-5 给出了用上述腐蚀剂腐蚀一般材料基底的腐蚀速率范围。

表 12.6-5　常用腐蚀剂腐蚀速率

材料	腐蚀剂	腐蚀速率
硅在 (100) 晶向	KOH	0.25 ~ 1.4μm/min
硅在 (100) 晶向	EDP	0.75μm/min
SiO₂	KOH	40 ~ 80nm/h
SiO₂	EDP	12nm/h
氮化硅 Si₃N₄	KOH	5nm/h
氮化硅 Si₃N₄	EDP	6nm/h

从表 12.6-5 可以看出，用 KOH 腐蚀 SiO₂ 的腐蚀速率比腐蚀 Si 的速率慢 1000 倍，而 Si₃N₄ 速率比 SiO₂ 还慢一个数量级。相对于不同的基底，腐蚀剂的选择比各不相同。所谓选择比是指在使用同一种腐蚀剂的条件下，硅材料与另一种材料的腐蚀速率之比。SiO₂ 的选择比为 10^3，即这种材料在 KOH 中的腐蚀速率比 Si 慢 10^3 倍。因此，选择比越高的材料，越适合作为掩膜层。为了避免严重的侧蚀和侧削，需要控制好腐蚀的时间及基底表面腐蚀剂的搅拌流动方式。

硅基底在腐蚀过程中，也要特别注意掩膜材料的选择。为获得中等深度的凹槽，通常选择 SiO₂ 作为硅晶体在 KOH 腐蚀剂中腐蚀掩膜层。虽然腐蚀缓慢，但系统长时间置于腐蚀剂中，SiO₂ 掩膜层也会受到侵蚀。如在深层腐蚀时，就应选择 Si₃N₄ 作为掩膜层材料。

硅的湿法腐蚀是早期集成电路的主要工艺之一，但是湿法工艺存在如下缺点：①侧向腐蚀和粘附性会产生钻蚀现象，所以难以获得高精度的细线条；②使用有毒的化学药品，由此产生大量废液，不利于安全操作和环境保护；③有腐蚀和清洗两道操作步骤，效率低；④对某些材料（如 Si₃N₄ 和难熔金属）难以刻蚀。

要控制被腐蚀硅晶体形状，获得满意的清洁度及精确的临界分辨率，最有效的途径是自停止腐蚀。自停止腐蚀有两种常用的技术：掺杂控制自停止腐蚀和电化学自停止腐蚀。

① 掺杂控制自停止腐蚀。在控制腐蚀硅的过程中，会出现一种特殊的现象：无论是含硼的 P 型硅，还是含磷或砷的 N 型硅，它们的腐蚀速率与纯净硅不同。在使用 HNA 各向同性腐蚀剂时，P 或 N 掺杂区域的分解速度比非掺杂区域快得多。单晶硅中含有过量的硼，会加快腐蚀速率，从而引起硅晶格畸变，由此产生内应力。

② 电化学自停止腐蚀。这种技术适用于各向异性腐蚀。首先在硅晶片中通过扩散产生一个轻掺杂的 P-N 结，N 型硅通过磷掺杂，P 型硅通过硼掺杂，掺杂浓度为 10^{15} cm^{-3}。掺杂后的硅基底被放置在类似于蓝宝石的惰性材料制成的槽内。未被掩膜保护的 P 型基底部分浸在腐蚀剂当中。腐蚀一直到 P-N 结连接处停止，因为 P 型硅和 N 型硅的掺杂率不同，因此在掺杂硅基底的适当位置通过建立 P-N 结的界限可以简单有效地控制腐蚀深度。

3) 干法腐蚀。干法腐蚀利用气体腐蚀剂去除基底材料，常用的方法有等离子刻蚀、反应离子刻蚀法（RIE）、深层反应离子刻蚀（DRIE）等。

① 等离子刻蚀。等离子体刻蚀是一种以化学反应为主的干法刻蚀工艺。等离子体是一种携带大量自由电子和正离子的中性离子化气体，在高频电磁场作用下气体分子发生碰撞，产生由离子、自由电子、分子和中性的游离基组成的等离子体。活性中介子能够轰击侧壁和正表面，而带电离子只能轰击基底的正表面。活性中性离子与基底材料的同步化学反应及等离子体中的高能粒子的轰击一起完成对基底材料的腐蚀。这种高能反应引起局部升华，导致基底材料的去除。

常规的干法腐蚀以大约 10 ~ 100nm/min 的速率进行，等离子体刻蚀可以将腐蚀速率提高到 200nm/min。腐蚀速率的提高得益于反应气体分子在腐蚀的深度方向上平均自由程的提高。等离子体刻蚀法一般用于超真空的环境中，常用的刻蚀气体有 SF₆、CF₄、Cl₂、CClF₃、NF₃ 等 F 系和 Cl 系气体。

② 反应离子刻蚀。反应离子刻蚀（Reactive ion etching，RIE）过程兼有物理和化学两种作用，在游离基化学腐蚀外，还有带电离子的轰击作用。反应离子刻蚀的特点是使用不对称电极和低的反应室压力，使离子垂直轰击被刻蚀材料表面，其刻蚀各向异性的特性来源于加速离子的方向性。外部施加的高频磁场使等离子体进一步激发，增加了离子和游离基的浓

度，使刻蚀速率比单纯的等离子体刻蚀更高，反应离子刻蚀速率为 $0.1 \sim 0.5 \mu m/min$。

③ 深层反应离子刻蚀（DRIE）。深层反应离子刻蚀（DRIE）工艺可用于刻蚀高深宽比的垂直侧壁结构。与干法等离子体刻蚀相比，DRIE 在腐蚀过程中可以在侧壁生成几毫米厚的保护掩膜，同时利用高浓度的等离子源，使基底材料的等离子刻蚀过程与侧壁上腐蚀保护材料的沉积过程交替进行，由此产生定向刻蚀，刻蚀速率为 $1.5 \sim 4 \mu m/min$，侧壁平面度误差小于 $50nm$。

④ 感应耦合（ICP）离子刻蚀。感应耦合等离子体（Inductively coupled plasma reactive ion etching, ICP-RIE）和侧壁钝化工艺（sidewall passivation process）相结合，可对硅进行高深宽比三维微加工，其加工厚度可达几百微米，侧壁垂直度为 $90° \pm 0.3°$，刻蚀速率可达 $2.5 \mu m/min$。

（3）标准工艺　表 12.6-6 为北京大学 MEMS 国家重点实验室发布的体硅标准工艺流程。

表 12.6-6　体硅标准工艺流程

步骤	工艺参数	加工示意图（剖面）	说　　明
1	1. 4in 硅片（10.16cm） 2. 单抛或双抛 3. N 型硅或 P 型硅 4. 厚度为 525μm 或其他 5. 电阻率 $2 \sim 5 \Omega \cdot cm$ 6. KOH 腐蚀（4 ± 0.5）μm（不含 SiO_2）	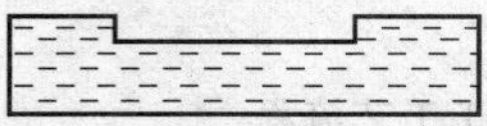	光刻、刻蚀在硅表面形成浅槽定义键合区域
2	正面,磷或硼,5E15,80KeV	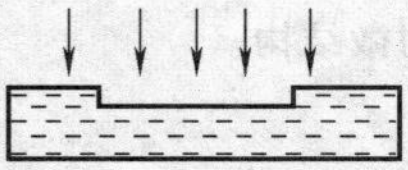	扩散掺杂形成接触区
3	1. BHF 腐蚀玻璃 $100 \sim 120$Å，约 2min； 2. 溅射 Ti/Pt/Au 电极 400/300/900Å	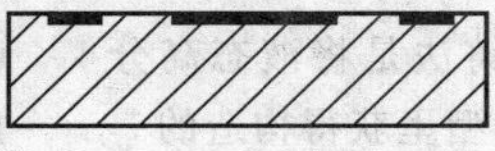	光刻、溅射 Ti/Pt/Au 金属剥离形成金属电极
4	1. 阳极键合 $360 \sim 380$℃ 2. $1200 \sim 1500$V,1atm	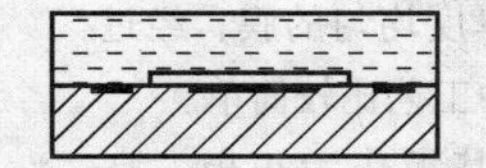	硅/玻璃键合
5	KOH 减薄,余（75 ± 5）μm 硅膜	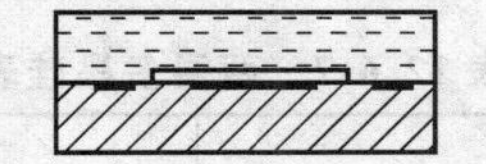	硅结构化学减薄划片
6	ASE 结构释放	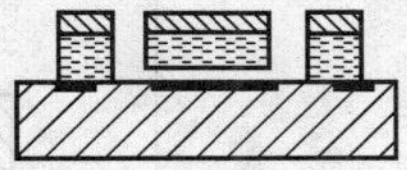	ICP 刻蚀,释放结构裂片,取得最终单元

4.2　表面微加工工艺

表面微加工工艺是在 IC 工艺基础上发展起来的一种微工艺，利用硅基片上不同材料的顺序沉积和选择腐蚀来形成各种微结构，其工艺流程是：先在基片上积淀一层结构材料，并加工成所需图形；在结构成形后，通过选择腐蚀的方法将牺牲层腐蚀掉，使结构材料悬空于基片之上，形成各种形状的二维或三维结构。表面微加工的工艺成熟，与 IC 工艺兼容性好。

1. 表面微加工工艺的工艺流程

由于硅的表面微加工与 IC 制造工艺的兼容性好，采用的工艺方法包括外延、掺杂、溅射、氧化、化学气相沉积、光刻等。为了得到 MOEMS 系统中的活动器件，在常规 IC 工艺中增加了牺牲层技术，图 12.6-32 所示为一套表面牺牲层加工工艺流程。首先，在衬底上沉积牺牲层材料 SiO_2，形成可动微结构与衬底之间的连接桩（通过 Si_3N_4 和多晶硅形成）；然后通过沉积和光刻得到所需的结构；最后通过腐蚀去除牺牲

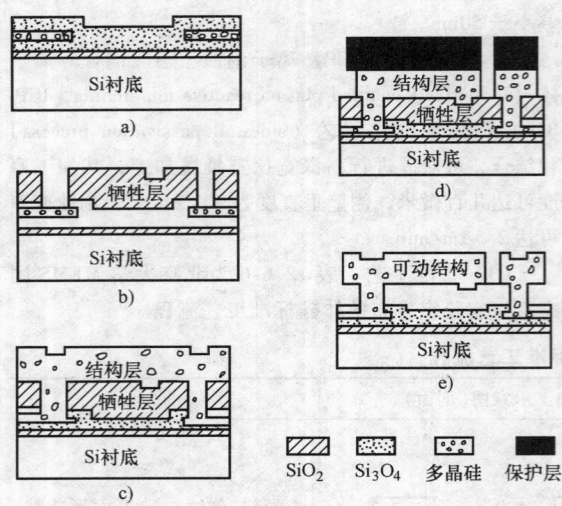

图 12.6-32　表面牺牲层加工工艺流程

a) 衬底　b) 沉积牺牲层　c) 沉积和光刻结构
d) 腐蚀去除牺牲层　e) 形成微结构

层，形成既能够活动又与衬底相连的微结构。

2. 表面工艺中的关键工艺

（1）制膜工艺

1）湿法制膜

① 浇铸法、旋转涂层法。浇铸法是将液态高分子材料或精细陶瓷的原料灌注到模型里获得构造的一种方法，如 CD 的制造。旋转涂层法是将液态材料如聚酰亚胺涂到基板上，然后旋转得到厚度均匀的膜，经过一定热处理可得到良好的薄膜，这种工艺比较简单。

② 阳极氧化。电解液中，硅基板作为正极，高浓度 HF 溶液接负极。通小电流时，可得到多孔质的

Si、SiO_2 或多孔质 Al_2O_3。如果 P 型硅作为正极，在硅表面可得到几十微米厚的多孔 SiO_2 层，可以用作牺牲层。

2）干法制膜

① CVD（化学气相沉积，Chemical Vapor Deposition）是指气相情况下让气体反应或分解，在基板上堆积生成物的一种技术。其种类有高温 CVD、常温 CVD、低压 CVD、等离子 CVD、光 CVD 等。采用 CVD 工艺的膜有多晶硅、单晶硅、非晶硅等半导体，Si_3N_4、SiO_2、PSG 等绝缘体，高分子膜和金属钨膜等。

② PVD（物理气相沉积，Physical Vapor Deposition）是指真空蒸镀、溅射等无化学反应伴随的制膜技术。真空蒸镀时，在高真空中通过加热丝将材料加热使其蒸发，常用于金属蒸镀。对于高熔点材料可使用电子束加热，与溅射相比，它的方向性好。溅射沉积时，在低真空情况下使两电极间产生等离子体，由离子轰击靶（由被堆积材料制成），使靶表面的材料飞溅到基板上。溅射技术对台阶处有较好的覆盖性，适应于非金属材料，可获得较厚的膜，但内应力较蒸镀大。

（2）牺牲层工艺　牺牲层技术（Sacrificial layer technology）是在硅基板上，用化学气相沉积方法形成微型部件，在部件周围的空隙上添加分离层材料。最后，以溶解或刻蚀法去除分离层，使微型部件与基板分离，也可以制造与基板略微连接的微结构。

3. 表面微加工标准工艺表

表 12.6-7 为北京大学 MEMS 国家重点实验室发布的两层多晶硅表面牺牲层标准工艺。

表 12.6-7　两层多晶硅表面牺牲层标准工艺

步骤	参　　　数	硅片剖面图	说明
1	1. 4in 硅片（10.16cm） 2. 单抛或者双抛 3. N 型或者 P 型 4. 厚度为 525μm 或者其他 5. 电阻率 2～5Ω·cm		选择硅片
2	厚度：3000nm ±5%		热氧生长 SiO_2 （绝缘层）
3	1. 厚度：1800nm ±8% 2. 片内均匀性：3% 3. 片间均匀性：5%		LPCVD Si_3N_4 （绝缘及抗蚀层）

（续）

步骤	参　　数	硅片剖面图	说明
4	1. 厚度：300nm ± 8% 2. 片内均匀性：3% 3. 片间均匀性：5%	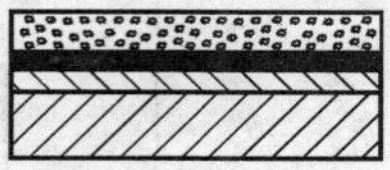	LPCVD Poly-Si 多晶硅 （底电极）
5	1. N 型掺杂 P31 + 2. 剂量：5E + 15	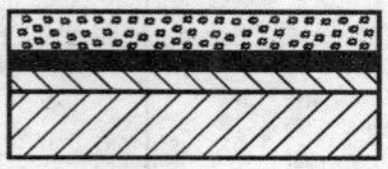	多晶硅掺杂及退火
6	1_POLY1 版	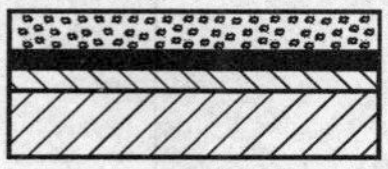	光刻并刻蚀 （图形转换） 得到 poly 图形
7	1. 厚度：2μm ± 8% 2. 片内均匀性：3% 3. 片间均匀性：5%	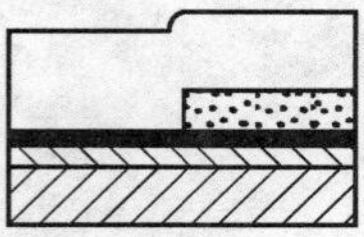	LPCVD PSG （牺牲层）
8	1. 2_BUMP 版 2. 深度 500nm ± 10%	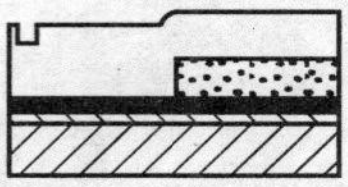	光刻及腐蚀 （图形转移得到 bump）
9	3_ANCHOR 版	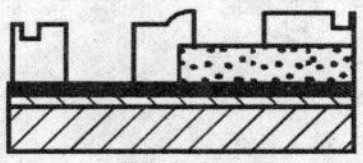	光刻及腐蚀 （图形转移得到 anchor）
10	1. 厚度：2μm ± 8% 2. 片内均匀性：3% 3. 片间均匀性：5%	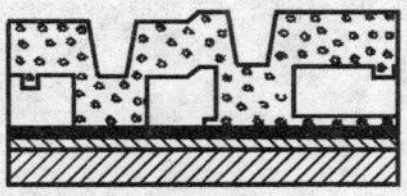	LPCVD Poly-Si 多晶硅 （结构层）
11	1. N 型掺杂型 P31 + 2. 剂量：5E + 15	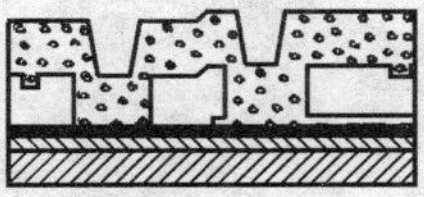	多晶硅掺杂及退火
12	4_POLY2 版		光刻及刻蚀 （图形转移得到 结构层图形）
13	1. 材料：Al 2. 厚度：15000Å		溅射

（续）

步骤	参　　数		硅片剖面图	说明
14	5_METAL 版			光刻及腐蚀 （图形转移得到 金属层图形）
15	1. BHF 2. 可划片后由用户自己释放			释放得到活动结构

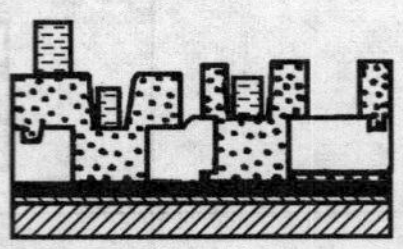

第7章　光机电一体化系统应用实例

1　数码相机

1.1　数码相机概述

数码相机（又名数字式相机，Digital Camera，DC），是一种利用电子传感器把光学影像转换成电子数据的照相机（见图12.7-1）。数码相机与普通照相机在胶卷上靠溴化银的化学变化来记录图像的原理不同，数码相机的传感器是一种光感应式的电荷耦合（CCD）或互补金属氧化物半导体（CMOS）。在图像传输到计算机以前，通常会先储存在数码存储设备中（通常是使用闪存）。

图 12.7-1　数码相机

1.2　工作原理

数码相机是集光学、机械、电子一体化的产品。它集成了影像信息的转换、存储和传输等部件，具有数字化存取模式，与电脑交互处理和实时拍摄等特点。数码相机最早出现在美国，二十多年前，美国曾利用它通过卫星向地面传送照片，后来数码摄影转为民用并不断拓展应用范围。

数码相机中的镜头将光线汇聚到感光器件CCD上，CCD代替了传统相机中胶卷的位置，它的功能是将光信号转变为电信号。这样就得到了对应于拍摄景物的电子图像，但它还不能马上送至计算机处理，还需要进行模数处理；接下来MPU对数字信号进行压缩并转化为特定的图像格式，例如JPEG格式。最后图像文件被存储在内置存储器中。至此，完成了数码相机的主要工作。

数码相机的系统工作过程涉及整机的各个部件的协同工作。如果按照操作顺序将这一过程归纳起来，可以列出以下几个主要环节。

1）开机准备。当打开相机的电源开关时，主控程序就开始检查相机的各部件是否处于可工作状态。如果有一个部分出现故障，那么LCD屏上就会给出一个错误信息，并使相机停止工作。如果一切正常，那么相机就准备好开始工作了。

2）聚焦及测光。数码相机一般都有自动聚焦和测光功能，当对准某一物体把快门按下一半时，数码相机中的主控程序MCU能通过计算确定对焦距离、快门速度及光圈大小。

3）拍照。按下快门，摄像器件（如CCD）就把从该被摄物体上反射的光捕捉住，并以红、绿、蓝三种颜色的像素储存。

4）图像处理。就是把像素一束一束地从CCD以串行方式送到相机内部的缓冲存储区，其间还要经过数码相机内部很多元器件的处理，如进行A/D转换和进行白平衡及色彩的校正。

5）图像合成。一束一束的光到达缓冲存储区后，再经过合成形成一幅完整的数字图像。

6）图像压缩。图像离开缓冲区时图像还要被压缩，压缩程度是根据拍摄前选定的拍摄模式确定的。对于标准模式，图像压缩程度较大；而对于高质量模式，图像压缩的幅度很小。

7）图像保存。主程序控制芯片MCU发出一个信息，把压缩的图像转移到存储卡中，这样就可以长期保存。

8）图片影像编修与输出。存储在数码相机内或者存储卡上的数码图片影像，可以输出到计算机中利用图像处理软件进行常规调整和特效处理，进而可以通过输出接口输出到打印机、电视机、录像机上，并可以上传到网络。

1.3　数码相机的结构组成

数码相机的组成及各组成部分的功能：镜头、图像传感器、AD转换器、CPU、存储芯片、LCD（见图12.7-2）。

各部分功能如下：

（1）镜头　数码相机镜头作用与普通相机镜头作用相同，主要包括变焦镜头和定焦镜头两类。

（2）图像传感器

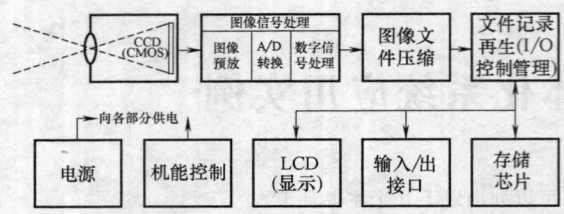

图 12.7-2　数码相机的结构组成

1）作用：将光信号转变为电信号。图像传感器是数码相机的核心部件，其质量决定了数码相机的成像质量。图像传感器的体积通常很小，但却包含了几十万个乃至上千万个具有感光特性的光电二极管。每个光电二极管即为一个像素。当有光线照射时，光电二极管就会产生电荷累积，光线越多，电荷累积得就越多，然后这些累积的电荷会被转换成相应的像素数据。

2）种类：主要有两类：电荷耦合器件（CCD）和互补金属氧化物半导体（CMOS）。其中电荷耦合器件（CCD），电路复杂，读取信息需在同步信号控制下一位一位地实地转移后读取，信息读取复杂，速度慢，需要三组电源供电，耗电量大，但技术成熟，成像质量好。互补金属氧化物半导体（CMOS），电路简单，信息直接读取，速度较快，只需使用一个电源，耗电量小，为 CCD 的 1/8 到 1/10，但由于光电传感元件、电路之间距离近，相机的光、电、磁干扰较严重，对图像质量影响很大。

由两种感光器件的工作原理可以看出，CCD 的优势在于成像质量好，但是由于制造工艺复杂，只有少数的厂商能够掌握，所以导致制造成本居高不下。在相同分辨率下，CMOS 价格比 CCD 便宜，但是 CMOS 器件产生的图像质量相比 CCD 来说要低一些。到目前为止，市面上绝大多数的消费级别及高端数码相机都使用 CCD 作为感应器。CMOS 针对 CCD 最主要的优势就是非常省电，不像由二极管组成的 CCD，CMOS 电路几乎没有静态电量消耗，只有在电路接通时才有电量的消耗。此外，CMOS 与 CCD 的图像数据扫描方法有很大的差别。

（3）A/D 转换器（模拟数字转换器）

作用：将模拟信号转换成数字信号的部件。主要技术指标是转换速度和量化精度。量化精度对应于 A/D 转换器将每一个像素的亮度或色彩值量化为若干个等级，这个等级就是数码相机的色彩深度。对于具有数字化接口的图像传感器（如 CMOS），则不需 A/D 转换器。

（4）MPU（微处理器）　其主要作用是通过对图像传感器的感光强弱程度进行分析，调节光圈和快门。一般数码相机采用的微处理器模块的结构包括图像传感器数据处理 DSP、SRAM 控制器，显示控制器、JPEG 编码器、UBS 等接口、运算处理单音频接口（非通用模块）和图像传感器时钟生成器等功能模块。

（5）存储设备　其作用是用于保存数字图像数据。种类包括用于临时存储图像的内置存储器和移动存储器，例如 SD 卡、MD 卡、软盘、CD、记忆棒等。

（6）LCD（液晶显示屏）　它相当于电子取景器并用于图片显示，包括 DSTN、LCD（双扫扭曲向列液晶显示器）、TFT、LCD（薄膜晶体管液晶显示器）等几种显示屏。

（7）输入输出接口　它的功能是数据交换，常用接口包括图像数据存储扩展设备接口、计算机通信接口、连接电视机的视频接口。

为了让数码相机系统稳定的工作，在整个系统中还需要具备一个系统状态的检测控制电路，其主要用于检测供电系统的运行状况和各部分用户接口的运行状态。

2　激光打印机

2.1　激光打印机的历史与发展

激光打印机（见图 12.7-3）产生于 20 世纪 80 年代末的激光照排技术，当时以美国、日本为代表的科研人员，在静电复印机的基础上，结合了激光技术与计算机技术，研制出了半导体激光打印机。它是将激光扫描技术和电子照相技术相结合的打印输出设备，其基本工作原理是把计算机传来的二进制数据信息，通过视频控制器转换成视频信号；再由视频接口/控制系统把视频信号转换为激光驱动信号，然后由激光扫描系统产生载有字符信息的激光束，最后由电子照相系统使激光束成像并转印到纸上。较其他打印设备，激光打印机有打印速度快、成像质量高并且无噪声等优点，所以很快得到了广泛的应用。

2.2　激光打印机基本结构与工作原理

激光打印机是由激光器、声光调制器、高频驱动、扫描器、同步器及光偏转器等组成，其作用是把接口电路送来的二进制点阵信息调制在激光束上，之后扫描到感光体上。感光体与照相机构组成电子照相转印系统，把射到感光鼓上的图文影像转印到打印纸上，其原理与复印机相同。激光打印机的机型不同，打印功能也有区别，但工作原理与过程基本相同，都

图12.7-3　激光打印机

要经过：数据转译与传递、充电、曝光、显影、转印、消电、清洁、定影八道工序，其中有五道工序是围绕感光鼓进行的。其中最重要的两个过程是激光扫描和成像转印。激光打印机的工作原理如图 12.7-4 所示。

2.2.1　激光打印机数据转译与传递系统

（1）数据转译　要打印完整的文字、图像，除激光打印机本身的功能外，还必须通过计算机把要打印内容，即文字或图像用文字处理软件或图形处理软件，编辑成具有一定格式的计算机语言。其描述的内

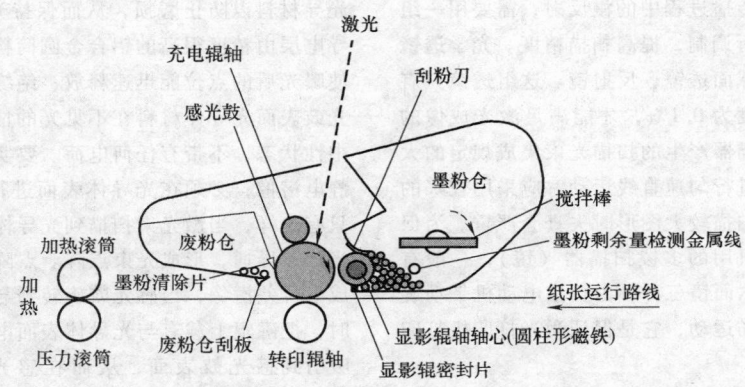

图12.7-4　激光打印机的工作原理

容都是由计算机编辑软件决定，与激光打印机没有任何关系。当选定了打印机命令，并按下确定打印按钮后，计算机把编辑好的数据通过打印机接口传送给打印机，由打印机驱动程序把打印的内容进行解释，并转换成打印机可以识别的语言（也称为打印机语言），由打印机按照自己的语言打印出已经编辑好的文字或图像。

不同型号的激光打印机，打印语言不同，所使用的驱动程序也不同。当然也有可兼容的打印机驱动程序。

（2）数据传送　打印机与计算机之间的通信传送端口有很多种，比较常见的是串口或并口。串口由于速度较慢，一般很少采用。其他如 SCSI 接口，因速度快，大都用在较高档的打印机上。还有的打印机采用视频接口（VDO）方式与计算机通信，通信方式与其他接口不同，它传送的不是数据，而是激光束流，速度更快，这种打印机的数据是由另外一块视频转换卡来完成的，但因它与计算机共享内存，要求计算机有足够的缓存空间。一般印刷排版行业采用此种接口的打印机较多。有的高档打印机带有多种接口，可同时连接多台计算机。现在生产的很多打印机都使用速度更快的 USB 接口。

2.2.2　激光扫描系统

由激光器发射出的激光束，经反射镜射入声光偏转调制器。当把要打印的文本或图像输入到计算机中，通过计算机软件对其进行预处理，然后由打印机驱动程序转换成打印机可以识别的打印命令（打印机语言）送到高频驱动电路，以控制激光发射器的开与关，形成点阵激光束，再经扫描转镜对电子显像系统中的感光鼓进行轴向扫描曝光，纵向扫描由感光鼓的自身旋转实现完成整个扫描过程。激光扫描过程中的主要参与部件如下：

1）激光器：激光器产生激光的光源，激光打印机所需要的激光光束必须具有以下特性：发出的光束在一定的距离内没有散射和漫射；必须具有方向性好、单色性强、相干性高及能量集中、便于调制和偏转的特点。现代激光打印机采用半导体激光器，半导体激光器体积小、成本低，可直接进行内部调制，是轻便型台式激光打印机的首选光源。

2）声光调制器：声光调制主要用于调制打印信息。激光器发射出激光束，光束本身带有数据信息，但要将数据信息打印出来必须经过调制转换。这一过

程就需要由声光调制器来完成，它可以将要打印的数据信息调制成激光打印机能够识别的激光打印信号。

3）扫描器：要使经过声光调制器后的激光束在感光鼓上产生文字或图像，激光束需要完成横向和纵向两个方向的运动，这个动作不能依靠激光器运动来实现，因为由光电器件运动而带来的振动会影响激光束的精度。所以激光打印机的激光器采用固定式结构，而由一个多面旋转的反射镜来完成激光束横向扫描，依靠感光鼓的旋转实现纵向扫描。

2.2.3 光学系统

为使扫描器反射产生的激光束聚集形成规定大小的光点，消除光束传播过程中的漫反射，需要用一组光学透镜对光束进行调制，提高扫描精度。光学透镜包括：弧面透镜、球面透镜、反射镜。这组透镜只有将激光束校正失真度为 0.1‰，才能满足激光成像的技术要求。为使扫描器产生的扫描光束集成规定的大小，并在感光鼓上进行匀速直线运动，应采用较好的光路系统，否则在扫描较大图形时失真会严重。为保证精度，激光打印机用的多棱扫描器（镜），一般有二面镜、四面镜、六面镜三种，由扫描电动机带动旋转，完成横向的扫描运动，它是保证激光打印机打印精度的关键部件。

为了减少多面镜旋转时产生的非线性误差，转镜的几何精度的误差及转镜驱动电动机转速不稳等，引起纵向间距和字符的轨迹不均匀等缺点，一般在扫描器中还装有一个同步信号传感器。此传感器是使用布雷格衍射产生的 0 级光，不产生偏转，从而经多面转镜反射后具有照射位置固定的特点，将其作为同步信号，用来控制高频信号发生器的起停，可保证扫描间距一致，消除上述误差。

2.2.4 扫描曝光系统

就象用笔在纸上写字一样，扫描曝光的工具是用激光束在感光鼓上进行书写曝光，这幅文字或图像是不可见的，这就是所谓的静电潜像。

扫描曝光就是利用感光鼓表面光导材料的光敏性质。当光导体受到激光束扫描照射后，被光照的部分与感光鼓导电层导通使电荷消失，没有被光照射的部分仍保持充电电荷，这样就形成一幅电位差图像，也可以理解为对感光鼓的消电过程。在消电过程中，光导体表面的电位是在变化的，这个电位变化对打印质量影响很大。

2.2.5 成像转印系统

首先，硒鼓表面先由充电极充电，使其获得一定电位，之后经载有图文影像信息的激光束的曝光，便在硒鼓的表面形成静电潜像，经过磁刷显影器显影，

潜像即转变成可见的墨粉像，在经过转印区时，在转印电极的电场作用下，墨粉便转印到普通纸上，最后经预热板及高温热滚定影，即在纸上熔凝出文字及图像。在打印图文信息前，清洁辊把未转印走的墨粉清除，消电灯把鼓上残余电荷清除，再经清洁纸系统作彻底的清洁，即可进入新的一轮工作周期。归纳起来，激光打印机的转印成像过程可分为以下六个步骤：充电、曝光、显影、转印、定影和消除残像，这些步骤都是围绕感光鼓进行的。

1）充电：感光鼓由内向外依次为导电层，光导层和绝缘层。绝缘层位于感光鼓的最外层，负责保护光导材料以防止磨损，从而保持光导体的光电特性；导电层由精度很高的铝合金圆筒构成，保证接地，以使曝光后的点位能迅速释放；绝缘层起绝缘作用。感光鼓表面光导体材料在不见光的情况下为绝缘体，呈中性状态，不带有任何电荷。要实现在光导体表面的静电潜像，必须在光导体表面进行充电使之带电荷。只有这样，当激光束扫描到光导体上时，光导体被曝光的点导通，形成光束点阵。点阵电荷与基体导通形成电位差潜像，当感光鼓旋转到与显影磁辊相切位置时，把磁辊上载有与光导体表面电荷属性相反的墨粉吸引到感光鼓表面，从而在感光鼓上显现出墨粉图像。

充电是成像转印的首要步骤，而且，现代打印机主要采用充电器充电的方式。

2）曝光：曝光的过程如前所述。

3）显影：把光导体表面形成的静电潜像，经过显影显示出墨粉图像，这个过程称为电子显影。显影工作由显影器完成，其作用是将静电潜像变成可见图像。显影是利用物质间电荷同性相斥、异性相吸的原理完成的。

显影器中装有铁粉及碳粉，经摩擦后铁粉带正电，碳粉带负电，这样铁粉被碳粉包围而吸附了碳粉的铁粉被永久磁铁吸附，形成类似于毛刷似的一层铁粉与碳粉混合物。当硒鼓表面从这层磁刷下经过时，碳墨粉因带负电而被吸引到硒鼓表面仍保持着正电的部分，形成了可见的碳粉图像。搅拌器的作用是使铁粉与碳粉摩擦带电。

感光鼓表面的静电潜像电荷与显影墨粉所带的电荷极性相反，当感光鼓与携带墨粉的磁辊靠近到一定的距离时，墨粉即被吸引，或者说是墨粉跳跃到感光鼓表面而形成墨粉图像，也称为跳动显影。

4）转印：用高压静电将感光鼓表面的墨粉图像转印到普通纸上，这一过程称为转印。当带正电的碳粉随着感光鼓转到打印纸附近时，在纸的后面放置的

电极放正电，由于电压高达 500～1000V，静电吸引力便使纸紧贴在光导板上，带负电荷的碳粉即被吸附到纸的表面上了。由于这种转印方式与纸的绝缘程度有关，当纸张因天气而受潮时，碳粉会因纸张表面的漏电而不能完全及紧密地吸附在上面，而导致打印质量不良。转印的方法有两种，一种为电晕放电转印（电极丝），另一种为放电胶辊转印。二者的工作原理是相同的。

5）定影：将打印吸附在纸上的墨粉图像，利用加压热熔的方法，使溶化的墨粉浸入打印纸中，形成固定图像的过程，称为定影。

吸附在纸上的碳粉，是由热性的树脂及碳粉混炼而成的微小颗粒，当吸附有碳粉的纸经过两个较高而间隙又不大的金属滚筒之夹缝时，碳粉中的树脂熔化而与碳粉一起被紧紧地压附在纸上，从而形成永久的图像，同时完成了激光打印的整个过程。被加热定影后的打印纸由分离爪与加热辊分离，经排纸轮导出，完成定影全过程。

6）消除残像：激光打印机清洁系统的主要功能是把感光鼓表面没有完全转移的残余墨粉清除干净，使下一个打印周期感光鼓洁净。理论上讲墨粉图像应该完全被转印，但是很难做到。激光打印机在打印的过程中，经过充电、扫描、显像、转印几道工序，由于电位迁移，墨粉转移，加上光导体光衰的影响，墨粉图像不可能完全转移到打印纸上，那么残留在感光鼓表面墨粉的多少，直接影响到打印质量的好坏。

如果感光鼓表面上的残留墨粉不能彻底的清除干净，就会被带入下一个打印周期，破坏新生成的墨粉图像。所以要对感光鼓表面进行彻底的清洁，这就需要感光鼓清洁器。激光打印机有两种清洁的方法：橡胶刮板清洁和毛刷清洁，它们的作用都是对感光鼓表面进行清洁。

2.2.6　激光打印机机械传动系统

打印过程中纸张的传送由电子控制系统控制机械装置完成传递动作。其中包括传动齿轮、光电感应器的遮挡杠杆和搓纸轮的动作。机械传动系统因机型不同结构可能有所差别，但工作原理基本一致。高档机型机械结构较为复杂一些，如中档以下的一般无打印纸对齐装置，而高档机除有此装置以外，还有进纸卷取器和出纸卷取器。多个卷取装置，可使打印纸的传输更加平稳，也会减少卡纸现象。机械传动系统主要是各部件之间的齿轮传递较为直观。下面介绍机电器件是如何完成机械传递动作的。

1）吸引式电磁离合器。惠普系列打印机的送纸装置，就是采用吸引电磁离合器控制进纸凸轮的止动

与旋转，来完成纸张输送的。当电磁铁接受控制电路的信号电压，电磁铁线圈有电流流过，产生电磁场吸合衔铁，凸轮释放，由传动齿轮带动搓纸轮一同转动，搓纸轮表面有橡胶层，随着搓纸轮旋转，凸轮前缘带动一张打印纸进入打印通道。

2）摩擦式电磁离合器。惠普、佳能，爱普生等系列高档机型打印机的送纸装置，多采用摩擦式电磁离合器，直接带动搓纸轮、纸对齐轮送纸。它的工作原理是：电流信号流过电磁离合器内部线圈产生电场，离合器中间的联动叉被推向联轴器一端，两片摩擦片产生摩擦止动，由拨叉带动搓纸轮旋转，将打印纸送入打印机内的纸对齐辊前沿并使打印纸稍微弓起，打印纸与对齐辊对齐。此时，对齐辊不转动，当对齐辊离合器接受命令旋转，就将打印纸送入打印通道（摩擦式电磁离合器的搓纸轮是圆形而不是凸轮形状）。

3）传感器与纸张传递机构。激光打印机的纸张传递机构和复印机相似，纸张由一系列轧辊送进打印机内。通常，轧辊与一系列的齿轮和电动机联系在一起，主电动机采用步进电动机，当电动机转动时通过齿轮离合器使某些轧辊独立的启动和停止，以此控制纸张的位置，而齿轮离合器的闭合由控制电动机的 CPU 控制。纸张的位置，纸张的数量及纸张的卡纸等信息均由传感器检测，把信号传送给 CPU。

2.2.7　激光打印机电子控制系统

激光打印机所有装置的运行靠一个控制系统实现，这个系统称为电子控制系统。不同机型的控制系统有所不同，但工作原理基本相同。电子控制系统主要由以下几部分组成。

1）供电电路。为打印机各部分提供控制电压。供电电路由 220V 交流电经整流、滤波、变压，为激光打印机提供 24V、5V 直流工作电压。

2）接口电路。为计算机与打印机建立通信。接收计算机数据信息，并将其转换为打印机语言，给打印机主控电路提供打印数据。接口电路还包括微处理器（CPU）和存储器（RAM/ROM）。

3）主控制电路。主控制电路是将接口电路接收的数据，按照命令方式控制打印机各个装置协同工作以完成打印过程。

4）扫描驱动电路。将接收的计算机信息经高频振荡器生成激光束，并控制扫描电动机匀速旋转，带动扫描镜，完成对感光鼓的扫描曝光，使之形成静电潜像。

5）主电动机驱动电路。按主控电路发出的指令，驱动主电动机旋转，经齿轮传动装置，传递动力

给各部分运行工作。

6）高压转印电路。该电路是将供电电路提供的低压电，经变压器变成高电压提供给感光鼓充电和转印辊转印。

3　智能机器人

3.1　智能机器人概述

智能机器人是一种自动化的机器，所不同的是这种机器具备一些与人或生物相似的智能能力，如感知能力、规划能力、动作能力和协同能力，是一种具有高度灵活性的自动化机器。自从 1959 年世界上诞生第一台机器人以来，机器人技术已取得了长足的进步和发展，至今已发展为一门集机械、电子、计算机、控制、传感器和信号处理等多学科门类为一体的综合性尖端科学。

到目前为止，在世界范围内还没有一个统一的智能机器人定义。大多数专家认为智能机器人至少要具备以下三个要素：

1）感觉要素，用来认识周围环境状态。

2）运动要素，对外界做出反应性动作。

3）思考要素，根据感觉要素所得到的信息，思考出采用什么样的动作。

感觉要素包括能感知视觉、接近、距离等的非接触型传感器和能感知力、压觉、触觉等的接触型传感器。这些要素实质上就是相当于人的眼、鼻、耳等五官，它们的功能可以利用如摄像机、图像传感器、超声波传感器、激光器、导电橡胶、压电元件、气动元件、行程开关等机电元器件来实现。对运动要素来说，智能机器人需要有一个无轨道型的移动机构，以适应诸如平地、台阶、墙壁、楼梯、坡道等不同的地理环境。它们的功能可以借助轮子、履带、支脚、吸盘、气垫等移动机构来完成。在运动过程中，要对移动机构进行实时控制，这种控制不仅要包括位置控制，而且还有力度控制、位置与力度混合控制、伸缩率控制等。智能机器人的思考要素是三个要素中的关键，也是人们要赋予机器人必备的要素。思考要素包括判断、逻辑分析、理解等方面的智力活动。这些智力活动实质上是一个信息处理过程，而计算机则是完成这个处理过程的主要手段。

3.2　系统构成

随着计算机、传感器、人工智能等相关领域的快速发展，具有自主规划和行为能力的智能机器人已经成为机器人在各个领域得以成功应用的关键。从结构

和技术来看，智能机器人的系统构成主要包括硬件系统和软件系统两个方面。比较典型的硬件系统结构如图 12.7-5 所示。

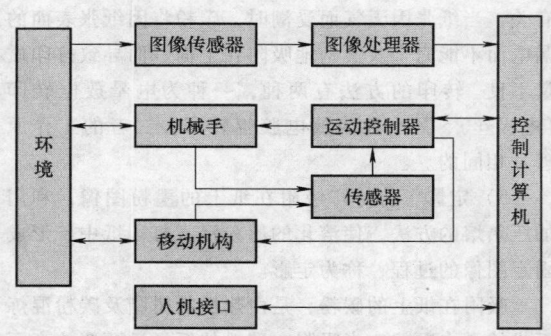

图 12.7-5　智能机器人的典型硬件系统结构

由图 12.7-5 可知，系统主要包括视觉系统、行走机构、机械手、控制系统和人机接口。

智能机器人的行走机构有轮式、履带式或爬行式及足式。目前大多数智能机器人采用轮式、履带式或爬行式行走机构，实现起来简单方便。1987 年开始出现两足机器人，随后相继研制了四足、六足机器人。让机器人像人类一样行走，是仿人型机器人追求的目标之一。

智能机器人可以借用工业机器人的机械手结构。但手的自由度需要增加，而且还要配备触觉、压觉、力觉和滑觉等传感器，以便产生柔软、灵活、可靠的动作，完成复杂作业。

多传感器信息融合、运动规划、环境建模、智能推理等需要大量的内存和高速、实时处理能力。随着高性能计算机和并行处理结构的出现，智能机器人的处理能力会更高，智能也会更高。

智能机器人的人机接口包括机器人听觉及网络接口。传声器、扬声器、语音合成和识别系统，使机器人能够听懂人类的指令、能与人以自然语言进行交流。机器人还需要具有网络接口，人可以通过网络和通信技术对机器人进行控制和操作。

下面主要介绍机器人视觉、传感器及多传感器信息融合技术和运动规划与控制技术。

3.2.1　机器人视觉系统

机器视觉系统是指用计算机来实现人的视觉功能，也就是用计算机来实现对客观的三维世界的识别。按现在的理解，人类视觉系统的感受部分是视网膜，它是一个三维采样系统。三维物体的可见部分投影到视网膜上，人们按照投影到视网膜上的二维图像来对该物体进行三维理解。所谓三维理解是指对被观察对象的形状、尺寸、离开观察点的距离、质地和运

动特征（方向和速度）等的理解。智能机器人利用人工视觉系统来模拟人的眼睛。机器人视觉系统赋予机器人一种高级感觉机构，使得机器人能以"智能"和灵活的方式对其周围环境做出反应。机器人的视觉信息系统类似人的视觉信息系统，它包括图像传感器数据传递系统，以及计算机和处理系统。机器人视觉可以定义为这样一个过程，利用视觉传感器（如摄像头）获取三维景物的二维图像，通过视觉处理器对一幅或多幅图像进行处理、分析和解释，得到有关景物的符号描述，并为特定任务提供有用的信息，用于指导机器人的动作。机器人视觉可以划分为六个主要部分：感觉、处理、分割、描述、识别、解释。根据上述过程所涉及的方法和技术的复杂性将它们归类，可分为三个处理层次：低层视觉处理、中层视觉处理和高层视觉处理。机器人视觉系统的重要特点是数据量大且要求处理速度快。机器人视觉系统由硬件和软件两部分组成。

3.2.2　机器人感知及多信息融合

机器人感知系统通常由多种机器人传感器或视觉系统组成，第一代具有计算机视觉和触觉能力的工业机器人是由美国斯坦福研究所研制成功的。目前，使用较多的机器人传感器有位移传感器、力觉传感器、触觉传感器、压觉传感器和接近觉传感器等。传感器一般由敏感元件、转换元件和基本转换电路三部分组成。

而智能机器人主要以人或动物为模仿对象，它感知环境能力的大小取决于传感器的数量、性能及对多传感器信息的综合能力。智能机器人的感觉传感器一般分为内部传感器和外部传感器两种。内部传感器主要用于检测机器人内部环境信息，如位置、速度等；外部传感器用于探测机器人所处的外部环境信息，帮助机器人完成诸如避障、抓取物体等任务。常用的外部传感器有视觉传感器、触觉传感器、接近觉传感器、力觉传感器和热觉传感器等。这些传感器组成智能机器人的感知系统，以便适应工作对象的复杂性。

3.2.3　机器人运动规划和控制技术

机器人运动规划问题主要研究机器人在三维工作空间中如何构建一条从起点到终点，或者从起始位姿到终止位姿的无碰撞、高效的运动序列。机器人运动规划包括两类：机器人整体运动规划和涉及机器人各个关节铰的运动规划。机器人整体的运动规划把机器人看做一个整体，对其实行规划，即在一个充满障碍的环境里，给定机器人的起始位置及期望的最终位置，试确定是否存在躲过障碍的运动路径，使机器

能够从给定位置安全到达期望的位置。机器人整体的运动规划一般又称为路径规划。由于机器人整体被看做是一个点或是一个固定的几何体，自由度比较小，因此路径规划问题相对比较简单。涉及机器人各个关节铰的运动规划则不再把机器人看做点或固定几何体，而看做一个由若干杆件组成的动力学链。因此，这种类型的运动规划要困难得多。

3.3　智能机器人典型结构

3.3.1　轮式智能移动机器人

轮式移动机器人（见图 12.7-6）具有运动稳定性与路面的路况有很大关系、在复杂地形如何实现精确的轨迹控制等问题，但是由于其具有自重轻、承载大、机构简单、驱动和控制相对方便、行走速度快、机动灵活、工作效率高等优点，而大量应用于工业、农业、反恐防爆、家庭、空间探测等领域。

图12.7-6　轮式移动机器人

早期的典型代表是美国卡内基-梅隆大学机器人研究所研制的单轮滚动机器人 Gyrover。Gyrover 是一种陀螺稳定的单轮滚动机器人。它的行进方式基于陀螺运动的基本原理，具有很强的机动性和灵活性。他们开发该机器人的目的是用于空间探索。英国巴斯大学的 Rhodri H Armour 对单轮滚动机器人做了系统的总结性研究。他从自然界生物存在的滚动前行方式开始论述，通过分析 11 种单轮滚动机器人，总结出了 7 种单轮滚动机器人的设计原理：弹性中心构件原理、车辆驱动原理、移动块原理、半球轮原理、陀螺仪平衡器原理、固定于质心轴上的配重块原理和移动于质心轴上的配重块原理。近年来，国内也对单轮滚动机器人进行了深入研究。香港中文大学设计了一种单轮滚动机器人。它的驱动部件是一个旋转的飞轮。飞轮的轴承上安装有双链条的操纵器和一个驱动马达。飞轮不仅可以使机器人实现稳定运行，还可以控制机

人运动的方向。哈尔滨工业大学设计了一种球形滚动机器人。在进行结构和控制系统设计时，使转向与直线行走两种运动相互独立，从而避免了非完整约束的存在，简化了动力学模型和控制算法，机器人转向灵活。

轮式移动机器人中最常见的机构就是三轮及四轮移动机器人。当在平整地面上行走时，这种机器人是最合适的选择。并且在其他领域（如汽车领域）已为其发展提供了成熟的技术。轮式移动机器人的转向结构主要有五种：艾克曼转向、滑动转向、全轮转向、轴-关节式转向及车体-关节式转向。艾克曼转向是汽车常用的转向机构，使用这种转向方式的汽车中有前轮转向前轮驱动和前轮转向后轮驱动两种运动方式。西班牙塞维利亚大学研制的 ROMEO-4R 机器人便采用了艾克曼转向机构，该机器人采用后轮驱动，前轮由电动机控制实现转向。澳大利亚卧龙岗大学研制的 Titan 机器人也采用了艾克曼转向机构，该机器人前面两轮为自由轮，采用艾克曼转向机构，后面两个车轮分别由一个电动机驱动，由差速实现转向。

3.3.2　履带式智能移动机器人

履带式移动机器人（见图 12.7-7）具有以下特点：

1）支撑面积大，接地比压小，适合于松软或泥泞场地作业，下陷度小，滚动阻力小，越野机动性能好。

2）转向半径极小，可以实现原地转向。

3）履带支撑面上有履齿，不易打滑，牵引附着性能好，有利于发挥较大的牵引力。

4）具有良好的自复位和越障能力，带有履带臂的机器人还可以像腿式机器人一样实现行走。

图12.7-7　履带式移动机器人

从 20 世纪 80 年代起，国外就对小型履带式机器人展开了系统的研究，比较有影响的是美国的 Packbot 机器人、URBOT、NUGV 和 talon 机器人。此外，英国研制的 Supper Wheel barrow 排爆机器人、加拿大

谢布鲁克大学研制的 AZIMUT 机器人、日本的 Helios VII 机器人都属于履带式机器人。我国对履带式机器人的研究也取得了一定的成果，如沈阳自动化研究所研制的 CLIMBER 机器人、北京理工大学研制的四履腿机器人、北京航空航天大学研制的可重构履腿机器人等。

综合分析国内外所研究的履带式移动机器人，大致可以分为：单节双履带式、双节四履带式、多节多履带式、多节轮履复合式及自重构式移动机器人。

1）单节双履带式移动机器人。由美国白特尔公司（Battelle）开发的 ROCOMP 机动平台，主要用于运输军用物资，可上下楼梯和斜坡，能通过窄小房间和过道，采用无线电进行控制或者沿计算机预编程路线进行行驶，行驶中能自动避开障碍。北京金吾高科技公司开发的 JW902（第 5 代）排爆机器人属国家科技部 863 计划项目。JW902 机器人的主要功能是抓取，它优于国内外同类的机器人。

2）双节双履带式移动机器人。国外开发的多为双节双履带式移动机器人，因为此种移动机器人与单节式相比较，越障功能更优。上海大学正在研制的关节式履带爬梯机器人就是属于这种结构。东华大学毛立民教授研制的高度可调的自主变位履带式管道机器人现已申请专利。美国福斯特-米勒公司开发的履带式"鹰爪"无人作战平台。最初设计用途是为了排除复杂、简易爆炸物，其重量不超过 45kg，其遥控距离达 1000m，目前该型机器人已在伊拉克和阿富汗执行了 20000 多次任务。

3）多节多履带式移动机器人。采用多节多履带式结构的机器人越障能力更强，但是其价格也较高，控制也更复杂。由我国自行生产的"灵蜥-B"型排爆机器人，利用三段履带式设计，有行走装置、机械手、云台和 3 个摄像头，最大行走速度 30m/s，能抓取 15kg 重物，爬行 40° 斜坡和楼梯，越过 40cm 高的障碍和 50cm 宽的壕沟，自带电源可连续工作 4 小时。美国 Vecan 公司日前准备研发新一代战场救援机器人 Vecna BEAR。科学家们已经对其构造进行了初步设计：上身采用液压伸缩装置，底部使用履带式驱动系统，添加动力平衡技术。

4）多节轮履复合式移动机器人。轮履复合式一般为 3 节，其中间为轮式，两端为履带臂。采用此种结构形式，既可以充分发挥轮式的快速性，又可以突出履带式良好的地面适应性。目前国内外也正在积极开发该种机器人。像 Y. Maeda 等的多功能机器人、Andros 系列机器人，以及中科院沈阳自动化所研制的 CLIMBER。最新设计的 Mini-Andros II 机器人配置了活节履带及轮盘底盘，最大触及距离达 2m。机器人采用模块化设计，能够快速拆装，更换不同工具。机身小巧，可以在大型机器人不能达到的区域进行操作。"变形金刚"是美国为战时营救行动量身定做的机器人。该机器人安装有液压驱动的双臂，可以举起重 180kg 的重物，依靠滑轮、轨道和关节系统还可以做出各种动作，它甚至可以弯腰爬上陡峭山坡，还可以紧贴地面行动。

3.3.3　足式智能移动机器人

自然环境中有约 50% 的地形，轮式或履带式车辆无法到达，而这些地方如森林、草地、湿地、山林地等地域中拥有巨大的资源，要探测和利用且要尽可能少的破坏环境，足式机器人以其固有的移动优势成为野外探测工作的首选，另外，如海底和极地的科学考察和探索，足式机器人也具有明显的优势，因而足式机器人的研究得到世界各国的广泛重视。现研制成功的足式机器人有 1 足、2 足、4 足（图 12.7-8）、6 足、8 足等系列，大于 8 足的研究很少。

图12.7-8　足式机器人

日本东京工业大学的广濑福田机器人研究实验室，从 20 世纪 80 年代开始至今已研制出 3 个系列 12 款四足机器人。第一代四足移动机器人 KUMO-I 外形似长腿蜘蛛，它是世界上第一个具有自主行走的现代足式机器人。随后研制成功世界上第一个能上下爬行楼梯的四足机器人 PV-II。之后研制成功两款 NINJA 系列爬壁系列机器人和 8 款 TITAN 系列以野外探测和挖掘地雷为使用目标的机器人。其中最有代表性的是 TITAN 系列机器人 TITAN—VIII。该款机器人的软硬件齐全，功能比较完备，具有多种运动步态选择。在该机上配套先进而完整的专门针对四足移动机器人开发的操作系统 VK-I，因而该机器人特别适合于教学研究用。其基本参数：每足具有 3 个自由度，其中大腿关节具有前后转动和上下转动 2 个自由度，膝关节具有一个上下转动自由度。采用新型的电动机驱动和绳传动，质量约 40kg，有效负载 5～7kg，行走速

度决定于负载情况，一般在 0.3～0.9m/s 之间变化。

美国的 MIT Leg Lab 实验室早在 1986 年研制完成了一款四足机器人。美国的四足机器人的典型代表是卡耐基美隆大学的 Boston dynamics 实验室研制的 Big-Dog 和 LittleDog。BigDog 是最像仿生对象的仿生机器人，外形和体特比例很像一头凶猛的猎犬，负载 52KG 的重量能够在粗糙的瓦砾地面或泥泞地面以不同步态自如行走，野外行走能力很强。最大的特点是具有较强的机体平衡能力，在剧烈的侧面冲击作用下，能保持平衡而不倒。

加拿大 McGill 大学智能机器中心（Centre for intelligent Machines McGill University）Ambulatory 机器人技术实验室（Ambulatory Robotics Lab）研制了两代四足机器人 Scout-I 和 Scout-II，Scout-I 主要用来进行行走控制，每条腿只有 1 个自由度，且髋部只有 1 个驱动器。尽管其机械结构简单，动态稳定性却很令人满意；Scout-II 是自主型奔跑机器人，每条腿的髋部仍只有 1 个驱动器，不同的是，每条腿具有两个自由度。控制器只需改变 4 个参数（前腿和后腿的触地力矩和触地角度）的设置就可以控制机器人的运动。

4　激光打标机

4.1　激光打标机简介

激光打标是激光技术在工业领域的一种典型应用。激光打标是由计算机控制的激光束在各种不同的物质表面打上永久的标记，打标的效应是通过表层物质的蒸发露出深层物质，或者是通过光能导致表层物质的化学物理变化而刻出痕迹，或者是通过光能烧掉部分物质，显出所需刻蚀的图案、文字。其标记清晰、规范、美观，标记速度快，特别适宜于作精细标记。激光打标机外观如图 12.7-9 所示。激光打标具有很多优点：加工精度高，打标痕迹清晰、持久、美观、防伪功能强；开发速度快，加工效率高；与传统打标冗长的加工设计过程相比，激光打标仅需在计算机软件上操作便可实现设计；无机械应力，热应力小，被加工材料无损伤，更不产生形变；寿命长，能耗小，维护、生产成本低、无污染。

4.2　激光打标机类型

激光打标机的设计要根据激光器的类型进行。选择的不同激光器，所设计的激光打标机是不同的，其系统组成及相应的光学器件及光路设计都有所不同的，应用领域和打标对象也会有所不同或侧重。常用的激光打标机有以下几类。

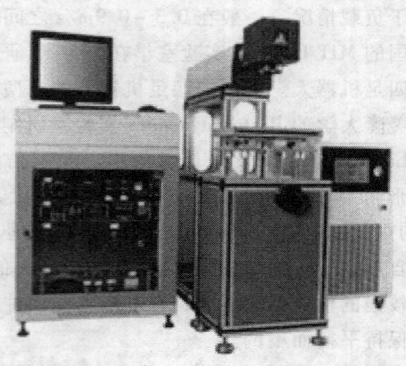

图12.7-9　激光打标机

4.2.1　灯泵浦 YAG 激光打标机

灯泵浦 YAG 激光打标机采用了稳定高效的聚光腔体、大倍数的激光扩束系统，光束质量更好，激光功率大，峰值功率高，脉冲宽度较小，能量更为集中；能量可由电流、软件控制连续可调，打标深度较深（<0.5mm）；雕刻线条宽度（<150μm）均匀、精细；雕刻深度能力强、效率高；完整的光路密封，环境适应性强；外形美观，机械结构合理。

灯泵浦 YAG 激光打标机广泛应用于五金制品、精密机械和电子元件等行业，特别适用于模具加工、印字轮雕刻及所有要求雕刻较深的金属打标需求。典型应用案例，如各种机床用圆形、伞形金属刻度盘的分度划线打印，金属尺刻度线激光标记等。

4.2.2　半导体泵浦 YAG 激光打标机

半导体泵浦激光打标机是使用波长为 0.808μm 半导体激光二极管（测面或端面）泵浦 Nd：YAG 介质，使介质产生大量的反转粒子在 Q 开关的作用下形成波长 1.064μm 的巨脉冲激光输出，电光转换效率高。半导体泵浦激光打标机与灯泵浦 YAG 激光打标机相比有较好的稳定性、省电、不用换灯等优点，但价格相对较高。可雕刻金属及多种非金属材料。特别适合应用于一些要求标刻精细、精度高的场合。典型的应用如打反白效果、除铝表面阳极化处理层、激光打码和金属标牌自动上下料激光打标等。

4.2.3　光纤激光打标机

主要由激光器、振镜头、打标卡三部分组成，采用光纤激光器生产的激光打标机，光束质量好，其输出中心为 1064nm，整机寿命在 10 万小时左右，相对于其他类型激光打标器寿命更长，电光转换效率为 28% 以上，相对于其他类型激光打标机 2% ~10% 的转换效率优势很大，在节能环保等方面性能卓著。光纤打标机体积小（只有普通计算机主机大小），用电功率 <200W，整机重量 <22kg（未含计算机和非标

电控台部分），采用内置风冷冷却方式，抛弃了笨重易出问题的水冷机组，甚至可以用 24V 的蓄电池供电，真正做到了节能和便携。

光纤打标机的光斑模式非常好，单线条更细，适合做超精细的加工，20W 光纤基本上涵盖了 50W 半导体的加工范围，加上系统集成度高，故障少，真正适合于工业加工领域的应用。

4.2.4　CO_2 激光打标机

CO_2 激光器是远红外光频段波长为 10.64μm 的气体激光器，采用 CO_2 气体充入放电管作为产生激光的介质，当在电极上加高电压，放电管中产生辉光放电，就可使气体分子释放出激光，将激光能量放大后就形成对材料加工的激光束。CO_2 激光打标机采用高速扫描振镜、高性能 RF 激光器，超高速度，精度准性能稳定，能连续 24h 工作。适用于绝大多数非金属材料的打标，如纸质包装、皮革布料、有机玻璃、树脂塑胶材料、竹木制品、有镀层的金属和 PCB 板等。

4.3　半导体泵浦激光打标机的工作原理和结构

4.3.1　工作原理

如图 12.7-10 所示，激光打标机由激光电源、激光器、冷却系统、振镜扫描系统、声光 Q 开关、聚焦透镜等组成。将需要标记的图形和文字等信息输入计算机，计算机通过接口将标记指令送给振镜扫描系统、激光系统及声光 Q 开关，激光器输出的高能激光束通过声光 Q 开关调制后，经振镜扫描系统传输，由特殊聚焦透镜汇聚到标记材料表面，在激光扫过的路径上，标记材料被迅速气化从而得到所需图形及字符。

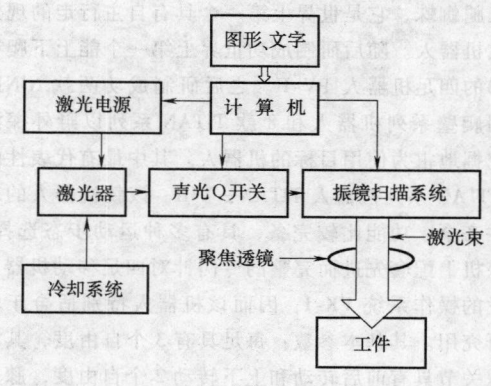

图12.7-10　激光打标机原理

4.3.2　结构

激光打标机的结构组成由其性能的应用方向决定，图12.7-11 为典型的激光打标机结构，这里简单介绍一些通用的基本组成。

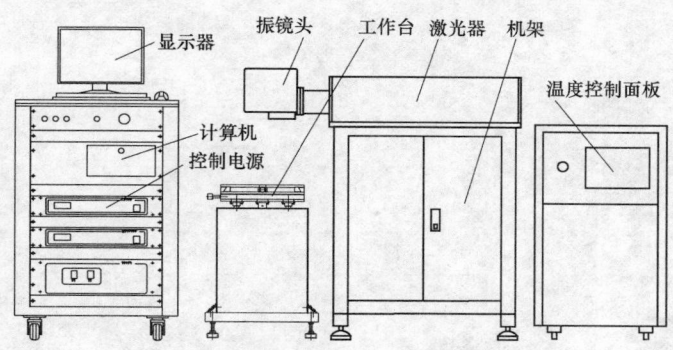

图12.7-11　激光打标机结构

（1）配电系统　配电系统的功能包括为需要用电的部件供电、系统控制及部件保护等，是激光打标机系统的基础。

（2）光学系统　激光打标机的光学系统由两部分组成：

1）物理光学部分：物理光学部分即激光产生器，是产生激光的部分，它为激光打标机提供稳定的激光。物理光学系统的搭建和激光模式的选择会影响到激光的功率、频率及脉冲宽度。

2）几何光学部分：几何光学系统的作用是将产生的激光汇聚在目标地点，是光学传输部分，其汇聚的精细程度会直接影响到打标效果。其组成一般包括扩束镜及平场透镜。

①扩束镜用途是压缩光束的发散角和增大光束直径，以减小聚焦光斑尺寸。只有通过扩束镜的调节使激光光束变为准直（平行）光束，才能利用聚焦镜获得细小均匀地高功率密度的光斑。

②平场透镜即 f-θ 镜。激光束经过振镜扫描，若用普通透镜聚焦后，扫描的焦平面将是一个扇形面，与待加工的平面不重合。只有加平场透镜加以矫正，才能使在整个扫描范围内，聚焦光斑均匀，直径不变，在焦平面内光斑进行扫描时有足够大的视场。

激光器及光路系统如图 12.7-12 所示。

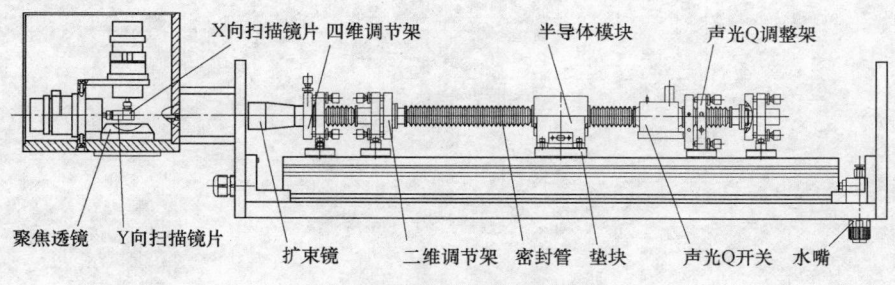

图12.7-12　激光器及光路系统

（3）打标控制系统　打标控制系统能够通过控制激光的开断和位置移动有效地控制激光的落点，从而完成打标，目前大多数打标机都由控制软件来实现最终控制。激光的开断可由激光电源来控制，而激光的位置移动则由扫描振镜控制。

扫描振镜即机械振动式反射镜。激光束入射到两振镜上，用计算机控制反射镜的反射角度，使激光束在 x、y 两个方向进行扫描合成，从而达到激光束的偏转，使具有一定功率密度的激光聚焦点在打标材料上按所需的要求运动，在材料表面上留下永久的标记，最终完成所需的加工程序。

第 13 篇 　现代机械设计方法

主　编　杨家军　石端伟

编写人　陈定方　程志毅（第 1 章）

　　　　　张争艳　阎毓杰　陈定方（第 2 章）

　　　　　吴　隽　苏阳阳　陈定方（第 3 章）

　　　　　杨家军　刘文威（第 4 章）

　　　　　刘　莹　李小兵　杨大勇（第 5 章）

　　　　　石端伟　刘先斐（第 6 章）

　　　　　陈天沛　阎毓杰　陈定方（第 7 章）

　　　　　魏国前　陈　昆（第 8 章）

　　　　　陶孟仑　陈定方（第 9 章）

　　　　　杨家军　沈婧芳（第 10 章）

　　　　　檀润华（第 11 章）

　　　　　唐秋华　胡　康　艾险峰

　　　　　王采莲　雷　鸣（第 12 章）

　　　　　郭　菁（第 13 章）

审稿人　闫朝勤　张树有　李勋祥　康青春

本篇内容与特色

第13篇现代机械设计方法，全篇分为13章。第1章现代机械设计与方法概论，包含设计的重要性、机械设计的流程与特点、设计理论与方法论发展简史、现代设计方法的内涵。第2章计算机辅助设计，包含CAD系统的组成及硬件支撑环境、CAD系统的软件、图形软件标准和几何图形变换基础、通用CAD绘图软件。第3章优化设计，包含一维优化方法、无约束优化方法、约束优化方法、多目标优化方法和工程优化设计应用实例。第4章可靠性设计，包含产品可靠性指标与特征量、可靠性设计流程、零件静强度可靠性设计、零件疲劳强度可靠性设计、机械系统可靠性设计、典型机械零件可靠性设计举例。第5章摩擦学设计，包含机械零件的弹性流体动压润滑设计、磨损及其控制、微动摩擦学设计等。第6章机械动力学，包含单自由度系统的振动、多自由度系统的振动、连续系统的振动和转子动力学。第7章虚拟设计，包含虚拟现实技术的体系结构、硬件基础、建模技术。第8章有限元分析，包含有限元的基本理论和方法、动力学分析有限元法、温度场和热应力问题、非线性问题、薄板的弯曲和稳定性问题。第9章智能设计，包含知识的表示方法、知识获取、知识的运用、智能设计系统构造方法。第10章创新设计，包含创新设计理论与方法、创新思维与技法、典型案例剖析。第11章TRIZ及冲突解决原理，包含技术冲突解决原理、物理冲突解决原理、相关案例。第12章产品设计与人机工程，包含形态设计、色彩设计、人机工程学。第13章绿色设计，包含绿色设计中的材料选择、面向拆卸的绿色设计、面向回收的设计、面向包装的绿色设计、面向节约能源的绿色设计以及绿色设计评价。

本篇具有以下特色：

1）努力反映当代机械设计的最新水平，尽力地吸取国外的先进设计理论与方法。

2）在取材和选材过程中，尽量压缩对基本原理的介绍，避免在手册中出现教科书的叙述方式，注重表格化。

3）内容先进、信息最大、取材广泛、实用性强、使用方便。

第1章　现代机械设计与方法概论

1　设计的重要性

　　人类所创造的精神财富与物质文明无不包含着广义设计的思维过程与实施过程。所谓设计是指通过分析、创造与综合，达到满足某种特定功能系统的一种活动过程。这里所指的系统是广义的系统，小至细胞、基因，大至宇宙空间。

　　系统是相互作用、相互依存的集合体，它的必要条件就是要完成规定的功能任务——输出。通常的系统具有三个要素：输入、转换、输出。在系统中，能量、物质和信息沿着一定的方向流动，形成能量流、物质流与信息流。各种系统的设计就是使这三种"流"实现经济上的合理匹配，并能可靠地达到最终的功能要求。

1.1　设计在产品开发中的重要地位

　　决定产品竞争力的因素和手段在不同的时期或阶段不尽相同，如图 13.1-1 所示，首先是产品的品种和技艺的竞争，接着是数量和制造的竞争，最终是质量和新颖设计的竞争。

　　仔细地考察产品开发的过程，可以归纳得到如图 13.1-2 所示的结果：一个新产品开发时间的比例大约是设计占 60%，制造占 40%。

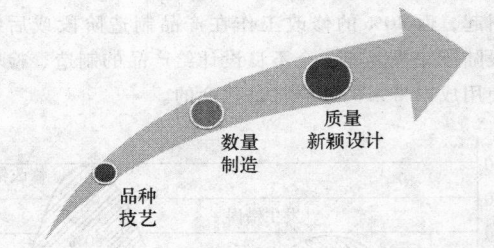

图13.1-1　决定产品竞争力的因素和手段

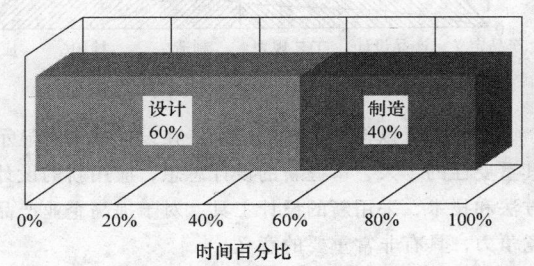

图13.1-2　一个新产品开发时间的比例

　　考察产品设计与产品开发成本，从图 13.1-3 可以清楚地看到，产品设计仅需整个产品开发过程中大约 8% 的工时成本，其他生产准备与加工、原材料准

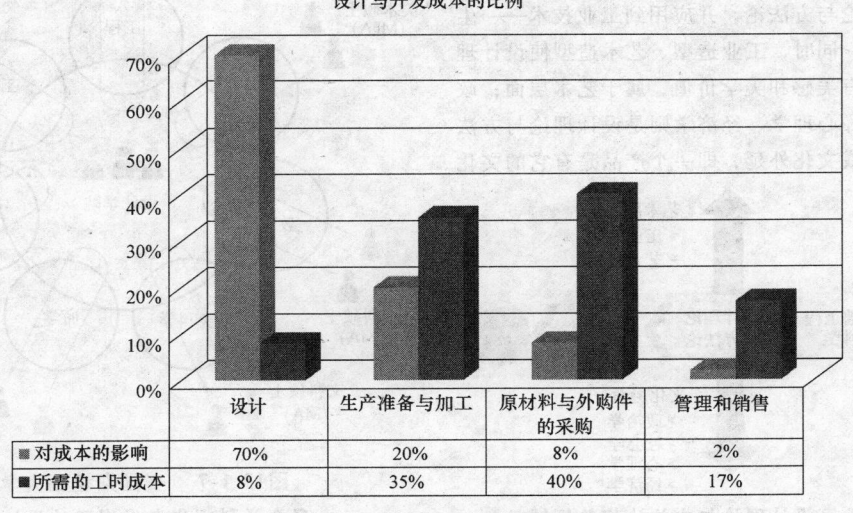

设计与开发成本的比例

	设计	生产准备与加工	原材料与外购件的采购	管理和销售
■对成本的影响	70%	20%	8%	2%
■所需的工时成本	8%	35%	40%	17%

图13.1-3　设计与产品开发成本的比例

备与外购件的采购、管理和销售环节需要耗费大量的工时成本，然而设计对产品最终成本的影响高达70%。因此，在一个产品设计完成的时候这个产品的成本就已经确定了。

从图 13.1-4 可以看到：75% 的修改工作由产品设计（包括产品定义、产品设计和工艺规划）阶段所引起，而 80% 的修改工作在产品制造阶段或后续阶段陆续完成。即一个不良设计给产品的制造、检验与使用成本带来的影响将是致命的。

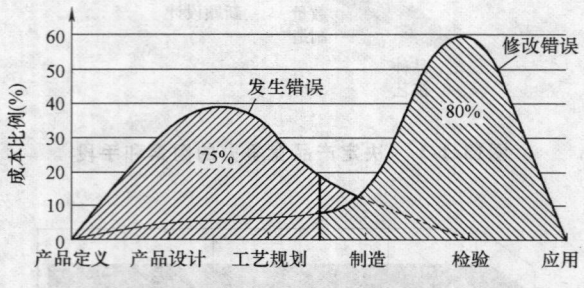

图13.1-4 设计与修改成本的比例

因此，可以得到这样的启示：在设计越来越显示其重要性的今天，掌握新的设计思想，应用新的设计方法和技术，采用新的设计工具，对于提高企业产品竞争力，具有非常重要的意义。

1.2 设计理论和方法论

设计理论与方法论是关于设计本质和设计方法的系统理论，目的在于揭示设计过程的本质规律，探索各种有效的设计方法，为实际的设计工作提供指南。

图 13.1-5 所示为设计理论与方法论相关领域。可以清晰地看到这是一个从自然科学——基础工程科学——设计理论与方法论，并应用到工业技术——生产技术的流程。同时，工业造型、艺术造型使设计理论与方法论具有美感和美学价值，属于艺术层面；政治学、社会学、心理学、经济学则是设计理论与方法论的文化内涵或文化外延，即一个产品是有它的文化

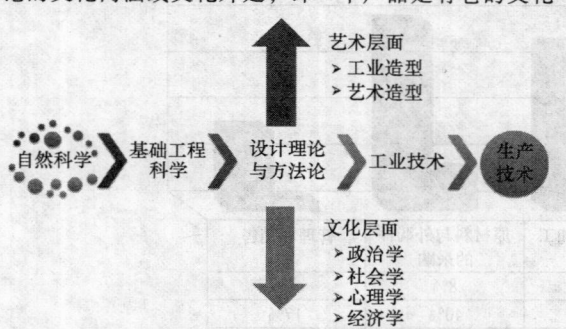

图13.1-5 设计理论与方法论相关领域

和品位的。

斯坦福大学教授蒂姆布朗（Tim Brown）对于设计思维的定义是：设计思维是一种以人为本的创新方式，它提炼自设计师积累的方法和工具，将人的需求、技术可能性以及对商业成功的需求整合在一起。

设计思维是指在设计过程中对客观素材与感受进行间接、概括、综合的反映，强调的是科学合理性。图 13.1-6 描述了设计思维的组成主题，设计主要应该思考以下三个方面：①用户的需求是什么。②技术上是否可行。③如何在市场上生存。

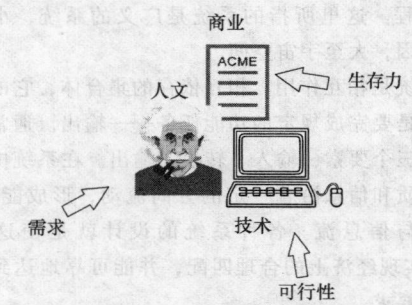

图13.1-6 设计思维的组成

创新设计需要不同的视角与观点，需要有创造的交互环境，并融合各种学科知识。成员的多样性与学科的宽泛性会为所有的参与者提供方法论和进行创新设计的环境氛围，使全新的举措和项目的建立成为可能。设计者的融合是多学科交叉合作取得成功的关键因素，也为揭开未知领域的创新提供了可能。图 13.1-7 所示为美国斯坦福大学多个学科的师生自发

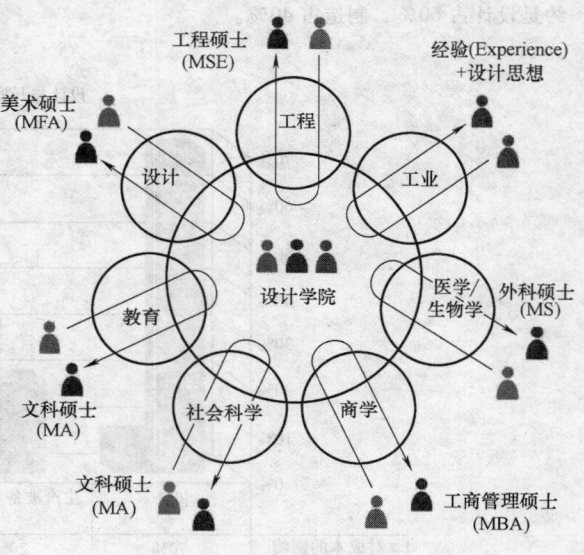

图13.1-7 美国斯坦福大学由多个学科师生自发组建的设计团体

　　　　　13 - 5

地成功组建的设计团队的构架。

设计思想是把各种设计团队结合起来的纽带，是成功的重要因素。

通过设计思想将来自工程、商业、人文科学和教育科学的人们结合在一起，以人为中心，共同解决一些大的设计问题。

从可行性的角度看设计，它是使用什么技术实现我们所需功能；从生存力的角度看设计，它是如何将产品推向市场并获得商业价值；从用户的需求看设计，它是如何最大程度地迎合用户的心理需要。综合考虑可行性及生存力的因素，设计可视为制造上的创新；综合生存力和用户需求的因素，设计可视为组织行为的创新；综合考虑可行性和用户需求的因素，设计又可视为人与产品交互形式的创新。

经验表明，只有当设计的想法中结合了人文、商业、技术等因素时，团队的合作才会最有成效。人文可以清晰地提出产品的可用性与需求，技术解决产品的可行性，商业则解决一个产品能否很好生存与发展的问题。

从图 13.1-8 可以看出设计的核心是人的需求、用户的体验。这充分说明在设计思维中以人为中心而设计的重要性，设计不再仅仅是技术上的创新或突破，而需要更多地综合各方面的因素。这些从本质上看都是建立在用户需求上的。设计已不再是一种思维，更是一种对未知领域的探究和各学科交叉综合运用的实践。

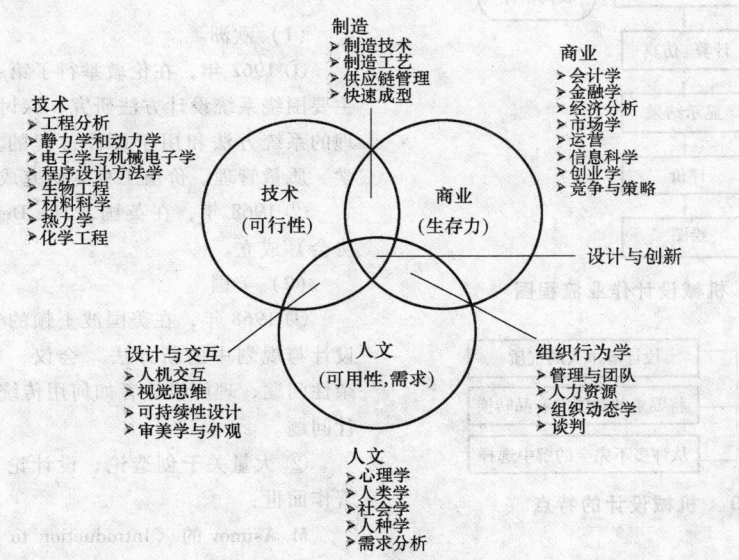

图13.1-8　技术-人文-商业组成的设计与创新

2　机械设计的流程与特点

工程技术是人类征服自然、改造世界的强大武器，而工程设计则是对工程技术系统进行构思、计划，并把设想变为现实的技术实践活动。设计是为了创造性能好、成本低，即价廉物美的产品的技术系统。设计在产品的整个生命周期内占据着极其关键的位置，从根本上决定了产品的品质和成本。

机械设计的本质是功能到结构的映射过程，是技术人员根据需求进行构思、计划，并把设想变为现实可行的机械系统的过程。图 13.1-9 以流程图的方式展示了机械设计的作业顺序。

机械设计具有个性化、抽象性、多解性的基本特征，如图 13.1-10 所示。

1）设计质量、设计效果取决于设计者的气质——他的知识、经验和思考问题的方法。

2）设计过程是将一些功能要求向实际产品进行综合和高效转移的过程；通过市场信息，分析和发掘对象所要求的功能，创造产品的概念，进行产品的构思并将抽象的概念具体化。

3）设计中不必充分地去整理设计所碰到的问题。在分析由市场信息得到的所要求的功能时，不必将条件讲得那么清楚。在设计中，不要一味地像求解数学问题那样追求唯一解。同一个设计要求往往可能得到多个解，有必要从这些解中进行选择。此外，也不可能得到绝对的最优解。也就是说，即便在某个时期是最优，也并非能与技术的进步同步地最优。

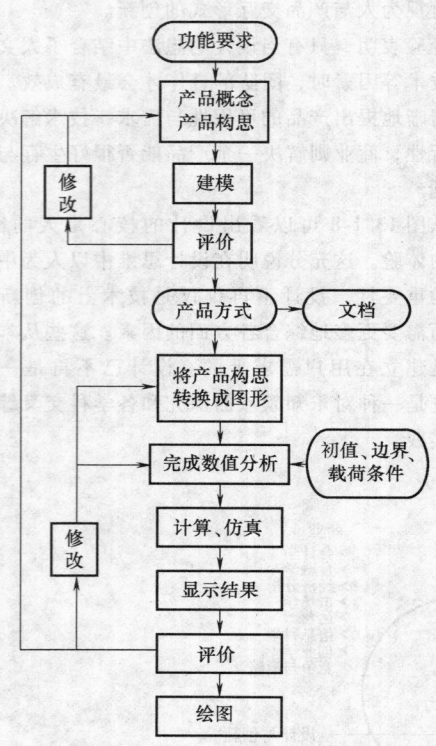

图13.1-9　机械设计作业流程图

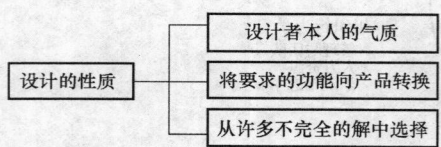

图13.1-10　机械设计的特点

3　设计理论与方法论发展简史

　　设计的历史几乎与人类的历史同样长，但自觉的"设计"开始于 15 世纪后半期的欧洲文艺复兴时期。那时，建立了科学技术与数学的密切联系。人们开始认识到以数学方式表达的结果是知识最完善、最有用的形式，也是最好的设计方法。自此，历史上人们第一次认识到，设计与数学相结合的重要性。但是，真正做到这一点的，还是 17 世纪伟大的物理学家牛顿。牛顿用数学公式表达了惯性、作用力与加速度定律、作用力与反作用力三大运动定律，从此，力学与数学并肩前进。正如爱因斯坦所说："为了给予他的体系以数学的形式，牛顿首先发现微积分的概念，并用微积分的形式来表达他的运动定律——这或许是有史以来，一个人能迈出去的一个最大的理智的步伐"。力学与数学的结合奠定了工程设计

的基础，在这一时期，出现了早期的成功的工程设计。

　　近、现代设计理论与方法论的发展经过了其萌芽期、成型期、成熟期、普及期。

3.1　萌芽期（19 世纪～20 世纪 40 年代）

　　① 1861 年，德国的 F. Reuleaux 著了《Konstruk-teur》。

　　② 1875 年，他又发表《理论机构学》一书。

　　③ 1877 年，英国的 W. C. Unwin 著了《The Elements of Machine Design》。

3.2　成型期（20 世纪 50 年代～20 世纪 60 年代）

　　（1）欧洲

　　① 1962 年，在伦敦举行了第一届设计方法会议，主要围绕系统设计方法研究，探讨设计过程的全面管理的系统方法和用于设计过程的系统技术，如运筹学、质量管理、价值工程等研究成果。

　　② 1968 年，在英国，The Design Council（设计协会）成立。

　　（2）美国

　　① 1968 年，在美国波士顿的 MIT 举行了"环境设计与规划中的新方法"会议，着重探讨设计的复杂性问题，理解设计者如何用传统的设计方法解决设计问题。

　　② 大量关于创造论、设计论，以及工程设计的著作面世：

　　M. Asimov 的《Introduction to Design》（1962）；T. T. Woodson 的《Introduction to Engineering Design》（1966）；J. R. Dixon 的《Design Engineering》（1966）；D. Morrison 的《Engineering Design》（1968）。

　　（3）日本　渡边茂所著"设计论"（Ⅰ，Ⅱ，Ⅲ）出版（1968）。

3.3　成熟期（20 世纪 70 年代）

　　（1）欧洲

　　① 德国 W. G. Rodenacker 著的《Methodisches Konstruieren》（1970）以及瑞士 V. Hubka、德国 K. Roth、G. Pahl and W. Beitz 等学者的著作相继问世，确立了以德国为代表的欧洲设计理论与方法论流派，即系统设计方法论。

　　② 20 世纪 70 年代后期，欧洲成立了设计研究组织 WDK（Workshop Design-Konstruktion）。

③ 1979 年，在英国出版发行了设计研究国际刊物《Design Studies》。

（2）美国　1978 年，美国麻省理工学院机械系的 N. Suh、A. Bell、D. Gossard 等人在《Journal of Engineering for Industry》上发表论文，提出了面向制造系统的设计公理，确立了美国流派的设计理论与方法论，即设计原理。

（3）日本

① 1971 年，由北乡薰等人编著的《设计工学系列丛书》出版发行，它比较全面地论述了设计方法和技术。

② 1979 年，日本东京大学吉川弘之在日本精密机械杂志上发表《一般设计学序说》一文，提出了一般设计学理论，从而成为日本设计理论与方法论研究的代表人物。

3.4　普及期（20 世纪 80 年代以后）

（1）欧洲

① 在欧洲设计研究组织 WDK 的组织下，1981 年在意大利罗马举行了第一届国际工程设计会议 ICED（International Conference on Engineering Design）。之后，成为隔年主要在欧洲举行的设计研究交流盛会。

② 1984 年，德国 G. Pahl 和 W. Beitz 的英文版著作《Engineering Design-A Systematic Approach》由 The Design Council 出版，成为系统设计方法论的代表作。

（2）美国

① 1985 年，美国国家科学基金委员会 NSF 正式启动设计理论与方法论研究计划。

② 1987 年，美国机械工程师协会 ASME 设计分会设立设计理论与方法论委员会。

③ 1988 年 6 月，举行了《The 1988 NSF Grantee Workshop on Design Theory and Methodology（简称 Design theory'88）》会议。

④ 1989 年，第一届国际设计理论与方法论会议举行。随后该年会成为设计理论与方法论研究交流的又一个重要会议。

⑤ 1990 年，N. P. Suh 编写的《The Principles of Design》由 Oxford University Press 出版。

（3）日本

① 1983 年，日本精密工学会设立"设计理论与 CAD（D&C）专门委员会"。

② 1991 年，日本机械学会设立"设计工程·系统部门"。

③ 从 1991 年起，每年 7 月份的第 2 周被定为"设计研究会议周"，其间连续举行三个关于设计的国内国际会议。

4　现代设计方法的内涵

多少年来，人们一直沿用在一定理论指导下的、凭借着设计者经验选择设计参数，借助图表、经验数据而进行各种设计的方法。这种半理论、半经验的设计方法，常常有一定的盲目性，很难得到客观存在的最优设计方案。随着科学技术的迅速发展，数学方法向各学科渗透，设计方法也得到了相应的发展。现在，人们已经能在数学理论的指导下，采用科学的方法进行现代设计。这种现代的设计方法，不仅缩短了设计周期，而且可以得到用传统常规的设计方法得不到的最优方案。

关于现代设计方法，国内外学者都有自己独到的见解与观点，有其范畴和侧重。有学者认为理论和方法有原则性的区别，理论是指在数学上应有严格的证明，或能揭示产品机理并为实践所验证者；方法是指至少应具备三个条件：①有理论依据；②有具体的准则、计算公式和各种系数、许用值；③能用试验再现和验证。仅有理论而未形成方法的，在设计中还不能具体应用。发展设计方法要双轨进行：①基于严格的理论；②由于理论还赶不上设计要求，基于半理论、半经验或纯经验而由实践证明行之有效的，可能在多年后才能在理论上成熟（如优化中的 DFP 方法），但最终要求在理论上突破才具有严格的科学性。

从技术的角度看，现代设计方法是在尽可能早的阶段充分地应用计算机，在各种约束条件下，构思满足所要求功能的产品，并使产品形式实体化的手段，其中应包含有设计者创造性的活动。

这样来定义现代设计就形成了如图 13.1-11 所示的设计中的三个侧面。其中，概念方面是以设计者作为信息处理的主体的部分，因而最具有创造性方面的要求。

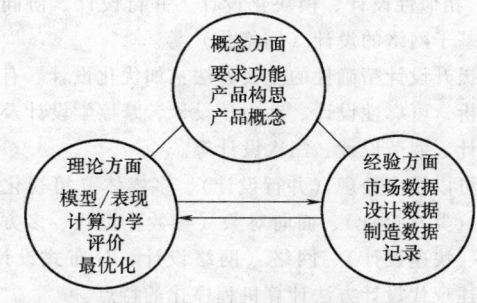

图13.1-11　设计中的三个侧面

随着大型通用计算机、工作站、高档 PC 的出现，有限元法、优化设计等现代设计方法的得以广泛应用，设计技术较之传统的设计方法得到了长足的发展。以大型通用计算机为设计计算中心的设计系统是第一代设计技术系统。从20世纪70年代初起，数据库开始建立起来并得到迅速发展和广泛应用，利用计算机网络，得以有效地利用设计数据、制造数据和市场数据等。这个阶段被认为是第二代的设计技术。到了20世纪90年代，由于人工智能的应用，已开始出现实用的辅助概念设计的工具，这个阶段可视为第三代设计技术。概念设计是设计中最具创造性的部分，这一工作绝不是计算机所能够完全胜任的。因此，在第三代设计技术中，如何充分地利用计算机辅助技术人员进行创造性活动将是重要的课题。

现代设计方法经过几十年发展，已成为一门多元综合的新兴交叉学科，成熟的方法已有不少，同时还不断有新的理论和方法出现。

现代机械设计希望能更好地控制、集成和综合材料、能源、信息产品的三大要素，不断地设计出功能强、成本低、附加值高且设计制造周期短的产品。这就需要构建良好的设计环境——需求平台、设计理念、设计文化、设计者。因此，在一定意义上，可以认为现代设计方法有三个主要的发展方向：设计思维与设计美学、设计的效率、设计的精确性。图13.1-12所示为现代设计理论与方法的组织结构图。

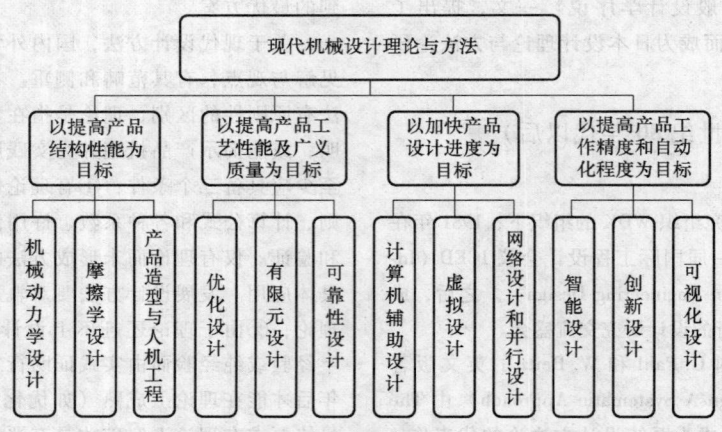

图13.1-12　现代设计理论与方法的组织结构图

设计思维与美学的主要方法：创新设计、TRIZ及冲突解决原理、绿色设计、人机工程、造型设计、系统设计、设计方法学、概念设计、反求工程设计（逆向工程）、价值工程、健壮设计、维修设计和维修保障设计等。

提升设计效率的主要方法：计算机辅助设计（自动化）、智能设计（智能化）、虚拟设计（可视化）、相似性设计、模块化设计、并行设计、协同设计、基于网络的设计（网络化）等。

提升设计精确性的主要方法：如优化设计、有限元分析、可靠性设计、动力学设计、摩擦学设计及表面设计、疲劳设计、三次设计等。

可以用多处理（并行设计）、多媒体（可视化）、开放（共享设计）、面向对象（参数化设计、多方案设计、快速设计）、网络（网络设计、分布式设计）来描述现代设计方法计算机程序化的特点。

5　现代设计方法简介

（1）计算机辅助设计（Computer Aided Design）

计算机辅助设计，简称CAD。CAD是将人与计算机的最好特性结合起来的一种方法，包括广义的科学计算、工程数据库和交互式图形系统。CAD利用计算机及其图形设备辅助人们进行设计：各种设计信息能有效存储并能快速地检索；计算机系统对不同方案进行计算、分析和比较，以决定最优方案；进行图形的交互式编辑、放大、缩小、平移和旋转等有关的图形数据加工，并能完成将设计人员的草图变为工作图以至加工代码；自动产生的设计结果可以快速地进行图形显示，使设计者能及时判断和修改。CAD能够减轻设计人员的劳动强度，缩短设计周期和提高设计质量。CAD的更高阶段是向智能设计方向发展，因为只有很好地理解人类自身的设计行为规律，才有可能开发出更为实用的CAD技术和工具。

（2）优化设计（Optimization Design）　优化设计是从多种方案中选择最佳方案的设计方法。它以数学中的最优化理论为基础，以计算机为手段。如何找到一组最合适的设计变量，在允许的范围内（即约束条件），能使所设计的产品结构最合理、性能最好、质量最高、成本最低、有市场竞争能力（即目标函数），这就是优化设计所要解决的问题。

第二次世界大战期间，在军事上首先应用了优化技术。1967 年，美国的 R. L. 福克斯等发表了第一篇有关机构最优化的论文。1970 年，C. S. 贝特勒等用几何规划解决了液体动压轴承的优化设计问题后，优化设计在机械设计中得到应用和发展。随着数学理论和计算机技术的进一步发展，优化设计已逐步形成为一门新兴的独立的工程学科，并在生产实践中得到了广泛的应用。

（3）可靠性设计（Reliability design）　可靠性问题研究是第二次世界大战期间因处理电子产品不可靠问题而发展起来的。可靠性设计用于机械产品的研究始于 20 世纪 60 年代，首先应用于军事和航天等工业部门，逐渐扩展到民用工业。

对于一个复杂的产品，为了提高整体系统的性能，一般采用提高组成产品的每个零部件的制造精度来达到。这样就使得产品的造价高昂，有时甚至难以实现（如对于由几万甚至几十万个零部件组成的很复杂的产品）。可靠性是指产品在规定的时间内和给定的条件下，完成规定功能的能力。它直接反映产品各组成部件的质量，影响整个产品质量性能的优劣。

可靠性设计是保证机械及其零部件满足给定的可靠性指标的一种机械设计方法，所要解决的问题就是如何从设计入手对系统和结构进行可靠性分析和预测，采用简化系统和结构、余度设计和可维修设计等措施以提高系统和结构可靠度；包括对产品的可靠性进行预计、分配、技术设计、评定等工作。

可靠性分为固有可靠性、使用可靠性和环境适应性。可靠性的度量指标一般有可靠度、无故障率、失效率 3 种。可靠度的分配是可靠性设计的核心。

（4）摩擦学设计（Tribology Design）　摩擦学（Tribology）是 20 世纪 60 年代发展起来的，是研究相对运动的相互作用表面及其有关理论和实践的一门科学技术。随着全球经济与社会的发展，由摩擦引起的磨损、材料与能源消耗等一系列问题的普遍存在对社会、经济的发展产生了巨大影响。摩擦学已在节能、节材、环保以及支撑和保障高新科技的发展中发挥了不可替代的作用。摩擦学是机电产品设计中关键的共性基础问题，已在很大程度上制约着产品的创新和性能的提高。

摩擦学系统的概念、摩擦学设计方法及其具体应用，包括弹性流体动压润滑设计、磨损设计及其控制（磨损的类型、磨损的计算方法、寿命预测、控制手段以及修复技术）、微动摩擦学设计以及摩擦磨损试验与评价方法（磨损预测方法、微动损伤机理以及微动磨损、微动疲劳）、摩擦学中常用的试验与评价方法。摩擦学设计在机械设计过程中具有重要的价值，已经逐渐成为整个机械设计过程中不可缺少的一个组成部分。

（5）动力学设计（Dynamic Design）　长期以来机械设计普遍采用静态设计方法，动力学设计方法是近些年提出的新的设计方法，是动态设计的基础。

静态设计方法是指在设计机械时，只考虑静态载荷和静特性，待产品试制出来以后再作动载荷和动态特性测试，发现问题再采取补救措施。

动力学设计方法是在设计、制造、管理的各阶段，采取综合性技术措施，直接地、早期考虑动力学问题。例如，高速旋转机械可以用静态方法设计，制造出来以后通过动平衡减小振动，还要使运转速度避开共振的临界转速。但是随着转速的提高和柔性转子的出现，不仅在设计时要进行动力学分析，而且在运行过程中还要进行状态监测和故障诊断，及时维护，排除故障，避免重大事故。

（6）虚拟设计（Virtual Design）　虚拟现实设计是一种新技术，它可以在虚拟环境中用交互手段对在计算机内建立的模型进行修改，模拟产品原型设计，使设计者在设计早期阶段对设计方案作重要的和决定性的分析，如机械产品的设计、制造、装配、拆卸等；它可以充分利用已有的 CAD 系统的资源，在一种自然的状态下，在一个近乎实际的环境下与设计对象交互，并可对设计对象作一个全面的评价，记录设计过程。虚拟设计可以缩短产品开发周期，提高产品设计质量和一次设计成功率。

一个虚拟设计系统具备三个功能：3D 用户界面；选择参数；数据表达与双向数据传输。虚拟设计具有以下优点：①虚拟设计继承了虚拟现实技术的所有特点（3I）；②继承了传统 CAD 设计的优点，便于利用原有成果；③具备仿真技术的可视化特点，便于改进和修正原有设计；④支持协同工作和异地设计，利于资源共享和优势互补，从而缩短产品开发周期；⑤便于利用和补充各种先进技术，保持技术上的领先优势。

（7）有限元分析（FEA，Finite Element Analysis）　有限元分析利用数学近似的方法对真实物理系统（几何和载荷工况）进行模拟。

有限元是那些集合在一起能够表示实际连续域的离散单元；利用这些简单而又相互作用的元素，就可以用有限数量的未知量去逼近无限未知量的真实系统。

对于机械产品而言，在常规设计中可依据材料力学或弹性力学原理来计算一些形状相对简单的零件，对于复杂结构则往往无能为力。有限元方法用较简单的问题代替复杂问题后再求解。

它将求解域看成是由许多称为有限元的小的互连子域组成，利用假想的线和面将连续的介质内部和边界分割成有限大小、有限数目、离散的单元来研究。其基本思想：连续系统被假想的分割成数目有限的单元，单元只在数目有限的节点处相互连接，构成一个单元集合体，来代替原来的连续系统。在节点上引进等效载荷，代替实际作用于系统上的外载荷，并以节点位移为基础，建立起各个节点的弹性力学平衡方程，对每一单元假定一个合适的（较简单的）近似解；然后，再把它们综合起来，并与外加载荷及边界条件相联系，推导求解这个域总的满足条件（结构的平衡条件），从而得到问题的解——该物体各个单元体力学分量（应力、应变、位移、速度等）的数值解。也就是说，有限元分析是"分—合"过程，即将很难求解的微分方程问题变成很大规模的方程组问题，交给"不怕繁，不易出错"的计算机去完成。

（8）智能设计（Intelligent Design）　传统设计与现代设计的区别在于其支持体系 Knowledge（知识），在现代设计中最重要的是对已有知识（经验）的创新，即新知识。我国长期以来技术大都靠引进，而在制造业更多的人是研究如何把它做出来，很少有人真正从事前期开发设计，更新知识。

智能设计系统是以知识处理为核心的 CAD 系统，将知识系统的知识处理与一般 CAD 系统的计算分析、数据库管理、图形处理等有机结合起来，协助设计者完成方案设计、参数选择、性能分析、结构设计、图形处理等不同阶段、不同复杂程度的设计任务。

（9）创新设计（Innovative design）　设计思维是在设计过程中对客观素材与感受进行间接、概括、综合的反映，强调科学合理性。创造性设计思维是一种凸现人类新思维和影响人们生活及社会发展的实际体现。

创新理念与设计实践的结合，发挥创造性的思维，将科学、技术、文化、艺术、社会、经济融汇到设计中，设计出具有新颖性、创造性和实用性的新产品。

机械创新设计是充分发挥设计者的创造力，利用人类已有的相关科学技术成果（含理论、方法、技术原理等）进行创新构思，设计出具有新颖性、创造性及实用性的机构或机械产品的一种实践活动。在这个过程中，原理方案设计是机构创新设计的关键内容，包括确定系统的总功能，进行功能分解、功能原理方案的确定、方案的评价与决策等。

创新设计可以从以下几个侧重点出发：①从用户需求出发，以人为本，满足用户的需求；②从挖掘产品功能出发，赋予老产品以新的功能、新的用途；③从成本设计理念出发，采用新材料、新方法、新技术，降低产品成本、提高产品质量、提高产品竞争力。

随着信息通信技术的发展，知识社会环境的变化，以用户为中心的、用户参与的创新设计，以用户体验为核心的设计的创新模式正在逐步形成。

（10）TRIZ 及冲突解决原理（Teorija Rezhenija Inzhenernyh Zadach）　机械创新设计依赖一定的创新技法，新产品是创新的结果。产品创新包含模糊前端、新产品开发及商品化三个阶段，每个阶段都存在诸多需要解决的问题。依据经验能够解决其中的一些问题，但不能解决难度大的问题，这些不能解决的问题成为产品或过程创新的障碍。创新方法能帮助企业研发人员解决难度大的问题，克服产品创新或过程创新中的障碍。

多年来，很多研究人员一直总结前人发明创造的经验。这种经验的总结可分为两类：适应于本领域的经验与适应于不同领域的通用经验或规律。

第一类经验主要由本领域的专家、研究人员本身总结，或与这些人员讨论并整理总结。这些经验对指导本领域的产品创新有一定的意义，但对其他领域的创新意义并不明显。第二类经验由专门研究人员对不同领域的已有创新成果进行分析、总结，得到具有普遍意义的规律，这些规律对指导不同领域的产品创新都具有重要的应用价值。

诞生于前苏联的发明问题解决理论（TRIZ，теория решения изобретательских задач，其英文全称是 Theory of the Solution of Inventive Problems）是在分析全世界大量专利的基础上提出的基于知识的、面向人类的解决发明问题的系统化方法学，包括 TRIZ 组成及其中的冲突解决原理以及相关工程实例，属于第二类经验的总结。TRIZ 研究人员发现，以往不同领域的发明中所用到的规则并不多，不同时代、不同领域的发明，反复采用这些规则。这些规则融合了物理的、化学的以及各工程领域的原理，不仅能用于产生该规则的领域，也适用于其他领域的发明创造，是实现发明创造、创新设计、概念设计的最有效方法之一。

（11）产品造型与人机工程（Product styling and ergonomics）　形态是指内在的质、组织、结构内涵等本质因素上升到外在的表象因素，进而通过视觉产生的一种生理、心理的过程，是形的物理因素经由人的心理、生理、精神作用而得出的一个对形的整体理解与把握。它与感觉构成、结构、材质、色彩、空间、功能等要素紧密联系。

"形"是事物的边界线，即轮廓所围成的呈现形式，包括外轮廓和内轮廓。外轮廓主要是视觉可以把握的事物外部边界线，内轮廓指事物内部结构的边界线。

"态"是事物的内在发展方式，它与物体在空间中占有的地位有着密切的关系。例如流线型，由弯曲程度微弱的曲线闭合成的轮廓是其形，而流线型体现出的运动感是其态。

形态由材质层、形式层和寓意层三个层次构成：材质层是设计品的物质基础；形式层是针对寓意层而言的，专指形态的外部呈现的形式，也就是人们的视觉和触觉接触到的物象；寓意层是整个形态的核心层。

人机工程学是研究人、机械及其工作环境之间相互作用的学科。设计师需要了解人机工程学的基础知识，理解与产品紧密关联的人的因素，掌握各种形式的人机工程设计的基本内容、原理和方法，从而确保人-机-环境系统总体性能的最优化。人机工程学在自身的发展中，有机地融合了工业设计、机械设计、环境设计、交互设计等相关的理论和专业知识，研究方法涉及心理学、生理学、医学、人体测量学、美学和社会学的多个领域。研究的目的则是通过各学科知识的应用，来指导工作器具、工作方式和工作环境的设计和改造，使得作业在效率、安全、健康、舒适等几个方面的特性得以提高。

（12）绿色设计（Green Design）　资源、环境问题是当今社会面临的主要问题，人们越来越关注对环境问题的研究。绿色设计概念应运而生，并成为国内外现代设计方法的研究热点和主要内容。传统的产品设计通常仅考虑产品的基本属性，而不考虑或较少考虑环境属性。与传统设计相比，产品的绿色设计体现在产品的生命周期全过程，在满足环境目标的同时，保证产品应有的功能、使用寿命和质量，在设计阶段就设计出符合要求的绿色产品。

绿色设计的主要内容包括绿色产品设计的材料选择、面向拆卸的绿色设计、面向回收的绿色设计、面向产品包装的绿色设计、面向节约能源的绿色设计、绿色设计的评价等方面。

（13）其他设计方法（Other design methods）　除上述主要方法外，现代设计方法还包括表面设计、协同设计、工业设计等。

第2章 计算机辅助设计

1 计算机辅助设计概论

1.1 计算机辅助设计的基本概念

计算机辅助设计是一个综合概念，它表示了在产品设计和开发时直接或间接使用计算机的活动总和，主要指计算机完成整个产品设计的过程。产品设计过程是指从接受产品功能定义开始到设计完成产品的材料信息、结构形状和技术要求等，并最终以图形信息（零件图、装配图）的形式表达出来的过程。

计算机辅助设计技术能充分发挥计算机高速运算和快速绘图的强大功能，为工程设计及产品设计服务，发展十分迅速，目前已得到了广泛应用。随着计算机的功能日益强大，计算机辅助设计也从单一的设计发展到分析和制造等。下面介绍几个基本概念。

CAD（Computer Aided Design）：计算机辅助设计。利用计算机快速的数值计算和强大的图文处理功能辅助工程技术人员进行产品设计、工程绘图和数据管理。

CAE（Computer Aided Engineering）：计算机辅助分析。将 CAD 设计或组织好的模型，用计算机辅助分析软件对原设计进行仿真设计和成品分析，通过反馈的数据，对原 CAD 设计或模型进行反复修正，以达到最佳效果。

CAM（Computer Aided Manufacture）：计算机辅助制造。将计算机技术应用于生产制造过程，以代替人进行生产设备的操作控制。

CAPP（Computer Aided Process Planning）：计算机辅助工艺设计。将企业产品设计数据转换为产品制造数据的一种技术。

CIMS（Computer Integrated Manufacturing System）：计算机集成制造系统。工厂的生产、经营活动中各种分散的自动化系统有机结合而成的高效益、高柔性的智能生产系统。

把 CAD、CAE、CAM 结合起来，使得产品由概念、设计、生产到成品形成，节省相当多的时间和投资成本，而且保证产品质量。这个过程如图 13.2-1 所示。

1.2 CAD 的发展历史和设计过程

1. 发展历史

CAD 技术产生于 20 世纪 60 年代，到现在只有短短的 50 多年，但它的技术发展之快、应用之广、影响之大，令人瞩目，特别是进入 20 世纪 90 年代后，计算机软硬件技术突飞猛进的发展以及互联网的广泛应用，极大地促进了 CAD 技术的发展。CAD 技术展现出广阔的应用前景，从早期的几个特殊行业的应用，到现在几乎遍及所有领域。总体而言，CAD 软件系统的发展历程经历了由单功能 CAD 系统到基于文件管理功能的多功能 CAD 系统，再到现在的基于工程数据库技术的集成化 CAD 系统的过程。

20 世纪 50 年代在美国诞生了第一台计算机绘图系统，计算机开始用于设计计算，开始出现具有简单绘图输出功能的被动式的计算机辅助设计技术。1959 年，美国麻省理工学院开始进行对 CAD 技术的研究。

60 年代初期出现了 CAD 的曲面片技术，中期推出商品化的计算机绘图设备。1962 年，美国麻省理工学院林肯实验室的 Ivan. E. Sutherland 发表了"Sketchpad：一个人机交互通信的图形系统"博士论文。Sketchpad 是最早的面向对象的应用程序，也是第一个交互式电脑程序，它被认为是现代 CAD 系统的祖先，同时也是计算机图形学发展的一个重大转折。

70 年代，完整的 CAD 系统开始形成，后期出现了能产生逼真图形的光栅扫描显示器，推出了手动游标、图形输入板等多种形式的图形输入设备，促进了 CAD 技术的发展。1973 年，匈牙利的布达佩斯召开 PROLAMT'73 会议，提出了利用计算机进行几何构型的基本思想。1974 年美国 Utah 大学召开第一届 CAGD（Computer Aided Geometric Design，计算机辅助几何设计）会议，展示了计算数学在计算机图形学中的应用。

70 年代后半期至 80 年代前半期 Applicon 公司、Computer Vision 公司、Calma 等公司推出了称为 Turn Key 式的图形处理系统。随着强有力的超大规模集成电路制成的微处理器和存储器件的出现，工程工作站

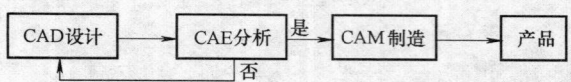

图13.2-1　计算机辅助设计过程

问世，CAD 技术在中小型企业中逐步普及。

80 年代至 90 年代实现了设计过程的全部 CAD 化。进入 80 年代后，出现了 32 位工程工作站，高档 PC 向实用化、网络化发展，形成了分布式 CAD 工作站系统，如 Apollo、Sun、HP、IBM 等。

80 年代中期以来，CAD 技术向标准化、集成化、智能化方向发展。一些标准的图形接口软件和图形功能相继推出，为 CAD 技术的推广、软件的移植和数据共享起到了重要的促进作用；系统构造由过去的单一功能变成综合功能，出现了计算机辅助设计与计算机辅助制造联成一体的计算机集成制造系统；固化技术、网络技术、多处理机和并行处理技术在 CAD 中的应用，极大地提高了 CAD 系统的性能；人工智能和专家系统技术引入 CAD，出现了基于各种知识的智能 CAD 技术，使 CAD 系统的问题求解能力大为增强，设计过程的自动化水平大大提高，对产品设计全过程的支持程度大大加强，促进了产品和工程的创新开发。

现在，CAD 已在电子和电气、科学研究、机械设计、软件开发、机器人、服装业、出版业、工厂自动化、土木建筑、地质、计算机艺术等各个领域得到广泛应用。

2. 机械产品 CAD 流程

CAD 的一般设计流程如图 13.2-2 所示。

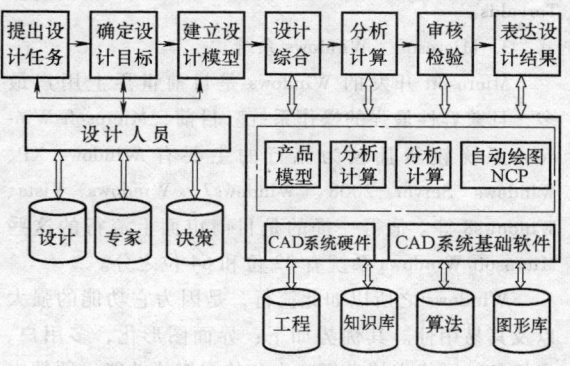

图13.2-2 机械产品CAD流程图

1.3 CAD 的基本功能及特点

1.3.1 CAD 系统的功能

CAD 系统在产品的设计制造过程中主要完成产品结构设计、工程信息描述与转化、结构分析与优化、信息管理与传输等工作。

（1）人机交互 人机交互其实就是一个输入和输出的过程。设计者通过计算机界面输入指令，交由计算机完成计算、分析、图形处理等，然后把结果输

出呈现给设计者。

（2）几何造型 几何造型技术是计算机图形学在三维空间的具体应用，是计算机辅助设计和制造的核心。

（3）计算分析 根据产品的几何模型计算物体的体积、表面积、质量、密度、重心等几何特性以及强度、应力等物理特性的能力，为系统对产品进行工程分析提供必要的基本参数和数据。在生成设计对象的模型之后，可继而对该模型进行静动态下的强度、刚度、振动和热变形等方面的分析。

（4）系统仿真 仿真就是在计算机上模拟与实际系统相一致的模型进行试验和研究，以检验设计的合理性。

（5）工程绘图 输出工程图样为后续的 CAM 准备数据。

（6）数据管理 产品数据管理系统确保跟踪设计、制造所需的大量数据和信息，并由此支持和维护产品。

1.3.2 CAD 系统的特点

（1）规范化、高质量 规范设计流程、统一文档格式、提高设计质量。

（2）高效性 缩短产品开发周期，降低生产成本费用，提高劳动生产效率，促进科技成果转化，增强技术创新能力。

（3）交互性 设计者要不断与计算机交互，反馈设计信息、输入决策。

（4）可视化 在计算机的帮助下，产品的设计成果，如几何形状、力学分布、运动仿真等是可见的，甚至可以达到所见即所得的效果。

（5）资源共享 有效集成企业资料、资源，为协同设计、异地设计创造条件。

1.4 CAD 应用范畴

CAD 在机械制造行业的应用最早，也最为广泛。目前，世界各大航空、航天及汽车等制造业巨头不但广泛采用 CAD/CAM 技术进行产品设计，而且投入大量的人力、物力及资金进行 CAD/CAM 软件的开发，以保持自己技术上的领先地位和国际市场上的优势。

CAD 在建筑方面的应用——计算机辅助建筑设计（CAAD），为建筑设计带来了一场真正的革命。CAD 技术还被用于轻纺及服装行业。采用 CAD 技术以后，大大加快了我国纺织及服装企业走向国际市场的步伐。

如今，CAD 技术已进入到人们的日常生活中，在电影、动画、广告和娱乐等领域大显身手。

2 CAD 系统的组成及硬件支撑环境

下面以 AutoCAD 2009 为例进行相关介绍

在安装 AutoCAD 2009 之前，请确保计算机满足对硬件的最低需求。

1. 处理器

32 位处理器：Intel Pentium 4 处理器或 AMD Athlon，2.2 GHz 或更高；Intel 或 AMD 双核处理器，1.6GHz 或更高。

64 位处理器：AMD 64 或 Intel EM64T。

2. 内存

32 位内存：1GB（Microsoft Windows XP SP2）或 2 GB（Microsoft Windows Vista）。

64 位内存：2GB。

3. 显示系统

图形卡：分辨率为 1280 × 1024 像素，32 位彩色视频显示适配器（真彩色），128MB 显存或更高，具有 OpenGL 或 Direct3D 功能的工作站级图形卡。对于 Microsoft Windows Vista，需要具有 Direct3D 功能的工作站级图形卡，128MB 显存或更高，1024 × 768 像素 VGA 真彩色（最低要求）需要一个支持 Windows 的显示适配器。对于支持硬件加速的图形卡，必须安装 DirectX 9.0c 或更高版本。

从 " ACAD. msi" 文件进行的安装并不安装 DirectX 9.0c 或更高版本。必须手动安装 DirectX 以配置硬件加速。

4. 硬盘

硬盘：安装需要 750MB。

除用于安装的空间外，需 2 GB 可用空间（Microsoft Windows Vista）。

3 CAD 的操作系统平台和常见 CAD 产品

3.1 常用操作系统简介

1. UNIX 系统

UNIX 是一个强大的多用户、多任务操作系统，支持多种处理器架构，按照操作系统的分类，属于分时操作系统，最早的 UNIX 系统（第一个版本）于 1969 年由贝尔实验室研究小组的 Ken Thompson 和 Dennis Ritchie 在 PDP-7 小型机上开发出来。UNIX 系统的前两个版本使用汇编语言创建，而第三个版本则使用 C 编程语言编写。随着 UNIX 系统的演变和发展，它在大学、研究机构和政府机构得到广泛使用，并最终在商业世界取得成功。UNIX 系统迅速成为最轻便的操作系统，在所有的通用计算机几乎都可操作。它可以运行在 PC、工作站、小型机、大型机和超级计算机上，现已成为许多应用程序（如图形，网络和数据库）的首选开发平台。

UNIX 操作系统也是一个程序的集合，其中包括文本编辑器、编译器和其他系统程序。其分层结构为：

内核——在 UNIX 中，也被称为基本操作系统，负责管理所有与硬件相关的功能。

常驻模块层——提供的服务包括输入/输出控制服务、文件/磁盘访问服务以及进程创建和中止服务。

工具层——UNIX 的用户接口，就是常用的 shell。

虚拟计算机——向系统中的每个用户指定一个执行环境。

进程——UNIX 通过进程向用户和程序分配资源。

2. Linux 系统

Linux 是一种自由和开放源码的类 Unix 操作系统。目前存在着许多不同的 Linux，但它们都使用了 Linux 内核。Linux 可安装在各种计算机硬件设备中。严格来讲，Linux 这个词本身只表示 Linux 内核，但实际上人们已经习惯了用 Linux 来形容整个基于 Linux 内核，并且使用 GNU 工程各种工具和数据库的操作系统。Linux 得名于计算机业余爱好者 Linus B Torvalds。

3. Microsoft Windows 系统

Microsoft 开发的 Windows 是目前世界上用户最多、且兼容性最强的操作系统。目前，Microsoft Windows 系统较新且较为流行的主要有 Windows XP、Windows Server 2008、Windows7、Windows Vista、Windows8 等。值得一提的是目前市面上流行的这些 Microsoft Windows 系统有 32 位和 64 位之分。

Windows 之所以如此流行，是因为它功能的强大以及其易用性。其优势如下：界面图形化，多用户、多任务，网络支持良好，出色的多媒体功能，硬件支持良好，众多的应用程序。

3.2 常用的 CAD 软件

（1）AutoCAD AutoCAD 是美国 Autodesk 公司首次于 1982 年生产的自动计算机辅助设计软件，用于二维绘图、详细绘制、设计文档和基本三维设计。文件格式 .dwg 成为二维绘图的标准格式。

AutoCAD 具有良好的用户界面，通过交互菜单或命令行方式便可以进行各种操作。它的多文档设计环境，让非计算机专业人员也能很快地学会使用。在不断实践的过程中更好地掌握它的各种应用和开发技巧，从而不断提高工作效率。

（2）ANSYS 有限元分析软件　ANSYS 有限元软件包是一个多用途的有限元法计算机设计程序，可以用来求解结构、流体、电力、电磁场及碰撞等问题。因此，它可应用于航空航天、汽车工业、生物医学、桥梁、建筑、电子产品、重型机械、微机电系统、运动器械等领域。

软件提供了 100 种以上的单元类型，用来模拟工程中的各种结构和材料。该软件有多种不同版本，可以运行在从 PC 到大型机的多种计算机设备上。

（3）MSC.Patran 和 MSC.Nastran　MSC.Software 公司的 MSC.Software 的产品主要有 MSC.Patran 和 MSC.Nastran。

MSC.Patran 最早由美国宇航局（NASA）倡导开发，是工业领域最著名的并行框架式有限元前后处理及分析系统，其开放式、多功能的体系结构可将工程设计、工程分析、结果评估、用户化设计和交互图形界面集于一身，构成一个完整的 CAE 集成环境。MSC.Patran 拥有良好的用户界面，既容易使用又方便记忆，只要拥有一定的 CAE 软件使用经验，就可以很快成为该软件的熟练使用者，从而帮助用户实现从设计到制造全过程的产品性能仿真。

MSC.Nastran 具有开放式的结构，全模块化的组织结构使其不但拥有很强的分析功能还保证了很好的灵活性，使用者可根据自己的工程问题和系统需求通过模块选择、组合获取最佳的应用系统。针对实际工程应用，MSC.Nastran 中有近 70 余种单元独特的单元库，所有这些单元可满足 MSC.Nastran 各种分析功能的需要，且保证求解的高精度和高可靠性。模型建好后，MSC.Nastran 即可进行分析，如动力学、非线性分析、灵敏度分析、热分析等。

（4）Pro/E　Pro/E 是美国 PTC（Parametric Technology Corporation）公司的机械设计自动化软件产品，最早较好实现了参数化设计功能，在 CAD 领域具有领先优势。Pro/E 包含 70 多个专用功能模块。如特征造型、产品数据管理 PDM、有限元分析、装配等等。Pro/E 采用了模块方式，可以分别进行草图绘制、零件制作、装配设计、钣金设计、加工处理等，保证用户可以按照自己的需要进行选择使用。目前正逐步被功能更完善的 Creo 取代。

（5）SolidWorks 及 SolidEdge

SolidWorks 是一套基于 Windows 的 CAD/CAE/CAM/PDM 桌面集成系统，是由美国 SolidWorks 公司于 1995 年 11 月研制开发的，它充分发挥了 MS Windows 系统提供的各种功能。该软件采用自顶向下的设计方法，可动态模拟装配过程，它采用基于特征的实体建模，具有中英文两种界面，其先进的特征树结构使操作简便和直观。

SolidEdge 是 Siemens PLM Software 公司旗下的三维 CAD 软件，其功能和特点与 SolidWorks 类似，采用 Siemens PLM Software 公司自己拥有专利的 Parasolid 作为软件核心，将普及型 CAD 系统与世界上最具领先地位的实体造型引擎结合在一起，是基于 Windows 平台、功能强大且易用的三维 CAD 软件。

（6）Unigraphics NX（UG）　UG 是 Siemens PLM Software 公司出品的一个产品工程解决方案，它为用户的产品设计及加工过程提供了数字化造型和验证手段。UG 针对用户的虚拟产品设计和工艺设计的需求，提供了经过实践验证的解决方案。

UG 不仅具有强大的实体造型、曲面造型、虚拟装配和产生工程图等设计功能，而且在设计过程中可进行有限元分析、机构运动分析、动力学分析和仿真模拟，提高设计的可靠性；同时，可用建立的三维模型直接生成数控代码用于产品的加工，其后处理程序支持多种类型数控机床。另外，它所提供的二次开发语言 UG/open GRIP、UG/open API 简单易学，实现功能多，便于用户开发专用 CAD 系统。

（7）ADAMS 机械动力学分析软件　ADAMS，即机械系统动力学自动分析（Automatic Dynamic Analysis of Mechanical Systems），该软件是美国 MDI 公司（Mechanical Dynamics Inc.）开发的虚拟样机分析软件。目前，ADAMS 已经被全世界各行各业的数百家主要制造商采用。

ADAMS 软件使用交互式图形环境和零件库、约束库、力库，创建完全参数化的机械系统几何模型，其求解器采用多刚体系统动力学理论中的拉格朗日方程方法建立系统动力学方程，对虚拟机械系统进行静力学、运动学和动力学分析，输出位移、速度、加速度和反作用力曲线。ADAMS 软件的仿真可用于预测机械系统的性能、运动范围、碰撞检测、峰值载荷以及计算有限元的输入载荷等。

（8）开目 CAD　开目 CAD 是武汉开目信息技术有限责任公司开发的 CAD 的一种，是纯二维平面设计软件，它面向工程实际，模拟人的设计绘图思路，操作简便，机械绘图效率高。开目 CAD 支持多种几何约束种类及多视图同时驱动，具有局部参数化的功能，能够处理设计中的过约束和欠约束的情况。开目 CAD 兼容 DWG、DXF、IGES 等多种图形格式。

（9）CAXA　CAXA 电子图板和 CAXA 三维电子图板是北京北航海尔软件有限公司依托北京航空航天大学的科研实力开发的中国第一款完全自主研发的 CAD 产品。它具有二维设计与绘图、局部参数化设计、参数化国标图库、参数化三维特征造型等功能。

（10）I-DEAS　I-DEAS 是美国 UGS 子公司 SDRC 公司开发的 CAD/CAM 软件，它集产品设计、工程分析、数控加工、塑料模具仿真分析、样机测试及产品数据管理于一体，是高度集成化的 CAD/CAE/CAM 一体化工具。I-DEASCAMAND 可以方便地仿真刀具及机床的运动，可以实现从简单的 2 轴、2.5 轴加工到以 7 轴 5 联动方式来加工极为复杂的工件表面，并可以对数控加工过程进行自动控制和优化。

4　图形软件标准和几何图形变换基础

4.1　图形软件标准

图形软件标准是指系统的各界面之间进行数据传递和通信的接口标准，称为图形界面标准；供各种应用程序调用子程序功能及格式标准，称为子程序界面标准。

为了实现可移植性要求，交互式图形系统需要在四个层次上实现界面标准化（或称接口标准化）。

1）应用程序与它所处理的数据之间的数据接口。

2）应用程序与图形软件包之间的接口。

3）图形软件包与图形硬件之间的接口。

4）数据文件接口。

这四层接口标准在交互式图形系统中的层次关系如图 13.2-3 所示。

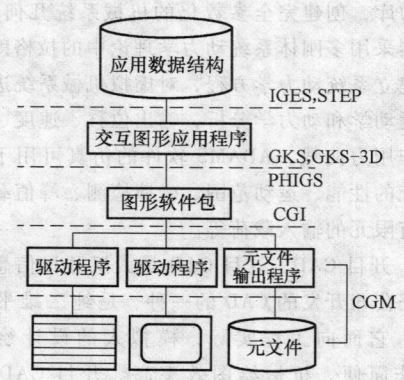

图13.2-3　四层接口标准在交互式图形系统中的层次关系

下文分别介绍相应的图形软件标准。

4.1.1　GKS 标准

GKS 是图形核心系统（Graphical Kernel System）的缩写。GKS 是德国标准化研究所（Doutsches Institut für Normung）的 NI/UA-5.9 委员会在 1977 年为低级计算机图形引入的第一个 ISO 标准。在 1979 年，国际标准化组织 ISO 的 TC97/SC5/WG2 工作小组的 100 多位来自世界各地的专家，花费了大约 50 人·年的工时对 GKS 进行了评审和修改，确定 GKS 为二维图形核心系统的国际标准。GKS 是一个独立于语言和设备的二维图形软件设计说明。

GKS 标准的基本内容包括基本输出图素及其属性、图形输入方法和方式、图形的数据组织——图段、GKS 的级别、坐标系统和变换等。

限于篇幅的关系，这里仅对其基本内容中的重点部分进行介绍，详细系统的学习可参阅 GB/T 9544—1988 信息处理系统计算机处理图形　图形核心系统（GKS）的功能描述》。

1. 基本输出原语及其属性

（1）基本输出原语　图像系统的基本任务之一是生成图像，对应于这个任务的概念是图像输出。图像所描绘的物体作为输出原语，利用一组标志（如色彩）来控制图像输出到工作站的显示设备上。

GKS 产生的图形输出由称为输出原语和图元属性的两组基本元素组成。输出原语是输出设备完成的基本动作（如画线，印字符串）的一种抽象，而图原属性控制了输出原语在设备上出现时的外表，如线型、颜色、字符高度、拾取标志符等。由 GKS 产生、并送到所有活动工作站的图形信息由称为输出原语的基本元素构成。GKS 提供了六种输出原语。

1）POLYLINE（折线）：GKS 产生由一个点的序列定义的一组相连的线（见图 13.2-4a）。

2）POLYMARKER（多点记号）：GKS 产生以一组给定位置为中心的某种符号（见图 13.2-4b）。

3）TEXT（正文）：GKS 产生一个在给定位置上由七位编码字符或汉字组成的字符串（见图 13.2-4c）；

4）FILL AREA（填充区）：GKS 产生一个可以是空的或填以单一颜色、图案和阴影线的多边形区域（见图 13.2-4d）。

5）CELL ARRAY（像元阵列）：GKS 产生一个带有各自颜色的像素的阵列（见图 13.2-4e）；

6）GENERALIZED DRAWING PRIMITIVE（GDP）（广义绘图原语）：GKS 引用一个工作站上诸如画样条曲线、圆弧、椭圆弧之类的特殊几何输出能力。该对象由标识符、一组点和附加数据来表征（见图 13.2-4f）。

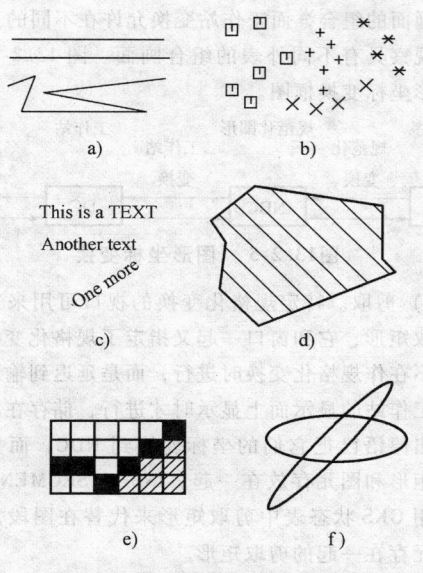

图 13.2-4　GKS 基本输出图素

GKS 只对这些点进行变换，把余下的解释工作留给工作站。

（2）输出原语属性　每个输出原语潜在地有三类属性：几何的、非几何的和标识。前两种属性类型决定了输出原语精确的外观，而第三种属性类型是用于和输入的联系。这些属性值按模态方式设置，并记录到 GKS 状态表中。为每个图元属性提供了单独的 GKS 功能。

第一种属性控制了图元的几何外表。这些外表影响到整个图元的形状和大小（如 TEXT 的 CHARACTER HEIGHT）。因此，它们有时也被称为几何属性，这类属性独立于工作站。第二种属性控制了图元的非几何外表。这些外表只影响一个图元的外观或者图元成分的形状和尺寸。每个图元只有一个第三类属性，即 PICK IDENTIFIER（拾取标识符）。在一个图段被拾取时，用来标志图段内的一个或一组图元。

GKS 规定的属性见表 13.2-1。

表 13.2-1　GKS 规定的属性

原语	三类属性			备注
	几何	非几何	标识	
折线	无	线型线宽、比例因子、折线颜色索引的 ASF 值	①	线型 1 到 4 分别是实线、虚线、点线和点画线
多点记号	无	记号类型、记号大小、比例因子、多点记号颜色索引的 ASF 值	①	记号类型 1 到 5 分别是点、加号、星号、圆圈和对角交叉
正文	CHARACTER HEIGHT（字符高度）、CHARACTER UP VECTOR（字符竖向）、TEXT PATH（正文路径）、TEXT ALIGNMENT（正文对准）、CHARACTER WIDTH（字符宽度）、CHARACTER BA-SEVECTOR（字符基向）	正文字体、准确度、字符扩展因子、字符间隔、正文颜色索引的 ASF 值	①	在工作站上的表示由 TEXT INDEX、单独指定的正文属性集或两者正文属性的某种组合来控制
填充区	PATTERN REFERENCE POINT（图案参照点）、PATTERN WIDTH VECTOR（图案宽度向量）、PATTERN HEIGHT VECTOR（图案高度向量）	填充区内部样式、填充区样式索引、填充区颜色索引的 ASF 值	①	填充区在工作站上的表示由 FILL AREA INDEX、单独指定的填充区属性的集合或者两者填充区属性的某种组合来控制
像元阵列	无	无	有	包含颜色索引阵列
广义绘图原语	没有明显的几何属性	①	①	在 GKS 中，颜色在多种不同情形下加以指定

① 表示在具体情形具体分析。

2. 工作站

（1）工作站的特征　GKS 建立在抽象的图形工作站的概念上。这些工作站提供了应用程序，通过它来控制物理设备的逻辑接口。某些特种工作站提供了储存和交换图形信息的设施。

对每个 GKS 实现中所出现的工作站类型（除了特种工作站外），都有一个描述该工作站能力和特性的工作站描述表。应用程序可以询问哪些能力可供使用，并随之调整自己的做法。如果特定工作站不提供所要求的能力，则规定了标准的出错反应。

每个工作站有一个类型。每个工作站类型将属于表 13.2-2 所列 6 个类别之一。

表 13.2-2   工作站类型表

OUTPUT	输出
INPUT	输入
OUTIN	输出和输入
WISS	独立于工作站的图段存储器
MO	GKS 元文卷（GKSM）输出
MI	GKS M 输入

（2）工作站的选择   应用程序用工作站标识符来引用一个工作站。通过 OPEN WORKSTATION（打开工作站）与一个具体工作站建立连接，它把工作站标识符和工作站类型、连接标志符（如 FORTRAN 中的通道号）连接起来。

（3）延迟画面的改变   SET DEFERRAL STATE（置延迟状态）功能允许应用程序去选择延迟状态，它将考虑工作站的能力和应用程序的要求。为此定义了两个属性，延迟方式用来控制输出功能产生视觉效果的时间，隐含用来控制产生画面改变视觉效果的时间。画面改变是指画面发生了比单纯的添加更多的改变。

延迟的概念只和 GKS 功能的视觉效果有关。对图段存储器或工作站状态的影响在概念上从不延迟。延迟方式控制了输出功能可能的延迟。

3. 坐标系及其变换

（1）坐标系种类

1）世界坐标（World Coordinate，WC）：在应用程序中定义图形输入和输出的笛卡儿坐标系。

2）规范化设备坐标（ Normalized Device Coordinate，NDC）：虚拟的设备坐标，其坐标值范围规范化为在 0 至 1 之间。

3）设备坐标（ Device Coordinate，DC）：在图形设备上定义图形用的坐标系，其单位坐标值大小与设备有关。

（2）坐标系变换

1）图形坐标规格化变换。规格化变换定义为把世界坐标系中一个区域的界限（窗口）映射到规格化设备坐标系空间中的一个矩形区域（视口）。窗口和视口的边界规定为平行于各自坐标系 WC 和 NDC 的坐标轴的矩形。这些矩形包括了它们的边界，规格化变换进行了从 WC 到 NDC 的映射，它包括了平移和在两个坐标轴上带不同正比例因子的缩放。

将图形数据从规格化设备坐标系变换至设备坐标，称为工作站变换。工作站变换是从 NDC 到 DC 的一致的映射，它完成了平移和在两个坐标轴上有相等的正比例因子的缩放。这样，可以用规格化变换来

实现画面的组合，而工作站变换允许在不同的工作站上来观察具有不同外表的组合画面。图 13.2-5 所示为图形坐标变换框图。

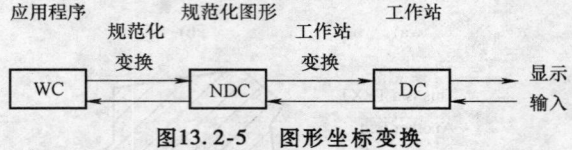

图13.2-5   图形坐标变换

2）剪取。特定规格化变换的视口可用来定义一个剪取矩形，它和窗口一起又指定了规格化变换。剪取并不在作规格化变换时进行，而是延迟到输出原语要在工作站的显示面上显示时才进行，储存在图段上的输出原语已把它们的坐标变换到 NDC，而关联的剪取矩形和图元存放在一起。INSERTSEGMENT 功能允许用 GKS 状态表中剪取矩形来代替在图段定义时和图元存在一起的剪取矩形。

需要注意的是，送到 MO 类工作站上的图元不进行剪取。

3）定位器输入的变换。应用程序要求 LOCA-TOR（定位器）输入一个用最恰当的世界坐标系定义的位置，该坐标系是当前定义的一组规格化变换中的一个。

4）笔画输入的变换。对用于 STROKE（笔画）输入的变换作类似于 LOCATOR 输入的考虑，只是它将牵涉到多个点的复杂情形。

4. 图段

（1）图段介绍   在 GKS 中，图形输出原语可以组合在图段中，也可以产生在图段外面。每个图段用一个应用程序指定的唯一的图段名加以标志。图段可以加以变换，成为可见或不可见，变得醒目；可按前后次序排列，成为可检测或不可检测；可被删除、重新命名、插入到打开的图段中或者插入到图段外的图元流中。

只有包含在图段内的图元受这些操作的影响。图段外的图元一旦产生以后，应用程序就不能再接触它们了。

（2）图段属性   图段属性影响到图段内所有图元。图段属性包括以下内容：

1）SEGMENT TRANSFORMATION。

2）VISIBILITY（可见性）：一个图段显示或不显示。

3）HIGHLIGHTING（醒目性）：一个图段醒目或不醒目。

4）SEGMENT PRIORITY（图段优先级）：不论在图段显示时还是拾取时，如果部分图段（如 FILL

AREA，CELL ARRAY）重叠，有高优先级的图段优先。

5）DETECTABILITY（可检测性）：一个图段可以被拾取输入设备选择或者不可以。

每个图段的图段属性是唯一的，而且不随工作站的改变而改变。默认的图段属性（单位变换、可见的、不醒目的、优先级 0、不可检测的）在一个图段打开时就赋给它。正打开着的图段在内的任何存在的图段的属性都可以改变。

（3）图段变换　图段变换是一个从 VDC 到 VDC 的映射。与 VDC 至设备的映射（即 VDC 空间到 DC 空间的变换）不同，它们完成了平移、定比和旋转。

图段变换表征为图段名变换矩阵，图段变换发生在规格化变换之后，但在任何剪取之前。

5. 图形输入

（1）逻辑输入设备　一个工作站标识符标识了一个属于 INPUT 或 OUTIN 类别的、打开的工作站，该逻辑输入设备是它的一部分。逻辑输入设备用工作站中的一个或多个物理输入设备来实现。

输入类决定了由该逻辑输入设备发送的逻辑输入值的类型，它们提供六个输入类和逻辑输入值。

1）LOCATOR：一个世界坐标位置和一个规格化变换号。

2）STROKE：一串世界坐标的点和一个规格化变换号。

3）VALUATOR：一个实数。

4）CHOICE：一个 CHOICE 状态和一个非负整数，它表示从若干种选择中选中的一个。

5）PICK：一个 PICK 状态，一个图段名和一个拾取标识符，不能拾取图段外的图原。

6）STRING：一个由七位编码字符或汉字组成的字符串。

（2）逻辑输入设备模型　一个逻辑输入设备包括了一个量度、一个引发器、一个初值、一个提示和应答类型、一个应答区域和一个包含了提示和应答类型细节的数据记录。逻辑输入设备的量度和引发器是含有该逻辑输入设备的工作站的实现的一部分，初值、提示和应答类型、应答区域和数据记录可以由应用程序提供。

（3）逻辑输入设备的操作方式　每个逻辑输入设备可以在三种方式下操作，称为操作方式。三种操作方式是 REQUEST（请求）、SAMPLE（采样）和 EVENT（事件）。从设备来的输入按不同方式用下述不同的方法得到。

1）REQUEST　一次特定的 REQUEST（输入类）的调用引起了企图从某个逻辑输入设备读入一个逻辑输入值。

2）SAMPLE　一次特定的 SAMPLE（输入类）的调用，使 GKS 不用等待操作员的动作，就送回逻辑输入设备的当前逻辑输入值。

3）EVENT　维持了一个包含了按时间先后次序排列的事件报告的输入队列。

逻辑输入设备的方式可以通过引用适当的 SET（输入类）MODE 功能加以改变。

6. 输入输出逻辑装置（工作站）的分类和 GKS 级别

从应用功能角度，GKS 将工作站功能进行分类，输入功能分为 a、b、c 类；输出功能分为 0、1、2 类。为适应不同环境要求，GKS 实现时可采用不同类别输入功能和输出功能的组合，组合级别称为 GKS 级别，见表 13.2-3。

表 13.2-3　GKS 的级别

输出级		输入级		
		无输入（a）	只有请求方式输入（b）	全部方式输入功能（c）
简单的输出功能	0	0a	0b	0c
包括有图段输出功能	1	1a	1b	1c
全部输出功能，包括从与装置无关的图段储存器（WISS）中取出图段插入	2	2a	2b	2c

4.1.2　PHIGS 标准

1. PHIGS 系统框架结构

图 13.2-6 所示为 PHIGS 系统的框架结构及应用关系。

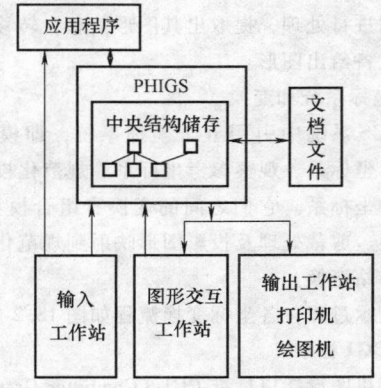

图 13.2-6　PHIGS 框架结构

2. 输出图素及其属性

PHIGS 规定的基本图素种类大体与 GKS 标准相似。PHIGS 支持三维图素数据。每种基本图素都可以赋予若干属性。

PHIGS 标准中的输出图素共有四类属性。

1）几何属性，其主要作用是用以控制图素的形状和大小尺寸。

2）非几何属性，影响其外观，如图素的颜色等。

3）观察属性，主要用于生成图形时观察视线的方位、观察坐标和屏幕显示坐标的映射关系和剪裁用参数等。

4）识别属性包括两种类型：

① 拾取识别，用以供图形输入定位器拾取。

② 相关图素名集，用以定义与其相关联的图素集，以便对相关图素集进行增强显示、不显示、检测其存在否等操作。

3. 图形输入

与 GKS 标准相同，规定有六种类型输入和三种输入工作方式。

4. 图形数据结构和模型编辑

PHIGS 中数据的基本单位是结构单元。底层的结构单元直接由图素组成，结构单元又可联合组成更高层次的结构单元，各结构单元之间的连接组成结构单元的树状层次网格。整个图形对应为根结构单元。各子图形则以各子结构单元代表。采用层次数据可以更准确定义图形的组成隶属关系。这种层次结构的数据组织与一般 CAD 应用数据结构关系一致，有利于采用模块化技术建立模型。定义结构单元过程由调用 OpenStructure 功能开始，以 Close Structure 为结束。

5. 显示表达

在工作站中生成图形是由一个称为转移（traversal）的操作来完成的，它对中央结构存储中模型的定义数据进行处理，提取出其图形信息，转移传送到工作站设备给出图形。

6. 坐标系统和变换

PHIGS 系统中引用五个坐标系统，即模型坐标系、世界坐标系、观察参考坐标系、规范化投影坐标系和设备坐标系。它们之间的变换有组合模型变换、观察变换、剪裁处理及投影图形映射到规范化设备变换和工作站变换。

在显示过程，各坐标变换流程如图 13.2-7 所示。

4.1.3　CGI 标准

计算机图形接口标准 CGI（Computer Graphics Interfare）是图形系统中与硬件设备无关部分和与硬件

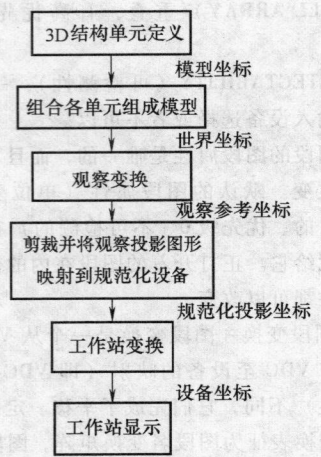

图13.2-7　坐标变换流程图

设备有关部分的程序接口标准，它的前身是 ANSI 制定的虚拟图形接口标准 VDI，1991 年被接受为国际标准（ISO/IEC 96361～6）。

CGI 标准主要是对应用软件和显示硬件装置之间的信息流格式进行了标准化，采用标准可提高图形对硬件装置的独立性及程序的移植性。

CGI 标准的内容分为六个部分。

（1）概述、轮廓和一致性　本标准建立了计算机图形接口（CGI）概念模型、功能性能力和一致性的最低要求。它规定了 CGI 编码的设计要求。GB/T 17192.1～6 定义了 CGI 功能集，这个功能集可满足计算机图形学界的下列需求：

1）为计算机图形软件包的实现者提供一个接口标准。

2）为计算机图形设备制造商和供货商提供一个接口标准。

3）为图形设备的能力、特征和状态提供一种查询和响应机制。

4）提供一种访问非标准图形设备能力的标准图形转义机制。

5）允许将来 CGI 的功能扩展。

该系列标准还定义了设备类别、基础轮廓和分区轮廓。CGI 中包括的设备类别有输出型（OUTPUT）、输入型（INPUT）以及输入/输出型（OUTIN）。轮廓允许定义 CGI 的功能和特性子集以更好地适应特定被标识的用户群的需求，也为登记分区轮廓留有余地。

（2）控制　该系列标准规定了 CGI 的虚拟设备管理功能、坐标空间控制功能及差错控制功能。该系列标准的功能能力与图形图像管理及接口图形部分和非图形部分间的相互关系有关。这些功能性能力可划分为下述五组：

1）虚拟设备管理功能，这些功能可使 CGI 客户初始化和终止一段会话并管理虚拟设备上的图形图像。

2）坐标空间控制功能，这些功能是可用来建立坐标信息（图片在绘图表面上的位置）并管理绘图表面剪取。

3）差错控制功能，这些功能可在 CGI 传输参数的同时和发送之后进行检错。

4）杂项控制功能，这些功能可确定数据流数值准确度、访问实现的具体功能性能力及 CGI 外部功能。

5）控制查询功能，这些功能可访问与功能及轮廓支持、设备描述及 CGI 控制信息有关的描述表和状态表。

（3）输出 标准规定了独立于设备的 CGI 图形对象输出功能性，包括原语功能、属性功能、对象形成、后续处理、有关控制和查询功能。这些功能分类如下：

1）图形原语功能，它描述了 CGI 的图片成分的几何形状。

2）属性功能，它设置状态表中的模态值，该模态值用于确定该几何图片成分某些特性（包括可见外貌）。

3）一般属性功能和输出控制功能，它规定了其他某些功能的操作方式，控制关于图形对象和属性功能的设备操作的外貌，并提供构造复合对象的能力。

4）获得功能，它为正文对象定位返回有用的信息。

5）输出查询功能，它访问与输出和属性有关的描述表和状态表。

（4）图段 图段是用以储存图形并可以通过指定图段来实现显示处理。CGI 中的图段模式与 GKS 相类似。

标准定义了一个生成、修改和操作图段的功能集。可将该功能性能力分为以下三组：

1）图段操作功能，包括生成、删除、重命名与复制图段。也可将图形对象增补到现存图段的末尾。

2）图段属性功能，包括对变换、可见性等图段属性的修改。

3）图段查询功能，提供对与图段相关的描述表和状态表中的信息的存取。

（5）输入和应答 标准定义了与输入和应答有关的计算机图形接口功能。该功能可分为六类：

1）输入控制功能、控制逻辑输入设备（LID）初始化和重定位，并剪取 LID 特性。

2）请求和采样功能，允许 LID 采用请求输入和采样输入两种方法。

3）应答请求输入功能，允许 LID 采用应答请求输入方法；客户可利用这种特殊的请求输入方法跟踪 LID 量值的变化。

4）事件输入功能，允许 LID 采用事件输入方法；这就使得客户在进行图形输出的同时控制一些活动的 LID。

5）应答输出功能，当这些数值的来源不是给定设备时，应答输出功能可将这些数值应答到一个给定的 CGI 虚拟设备上。

6）输入和应答查询功能，利用这些功能可以访问涉及输入和应答的描述表及状态表。

（6）光栅 光栅图形规定了一系列用以构建、修改、存取和显示光栅图像的功能。光栅图像是以像素为单位组成的图像。在上述各部分的内容中以及控制和输出部分所叙述的功能是基本功能，是 CGI 在系统中具体实现时必须包含的。

标准为生成修改检索和显示存储在作为像素数据的信息规定了一组功能。可将该功能性能力分成下面几个方面的功能：

1）光栅控制功能，包括位图的生成和删除功能、绘图和显示位图的选择功能、光栅透明性和映射位图扩展的控制功能。

2）光栅属性功能，设置与其他图形输出有意义的特殊属性，当与光栅功能、性能联用时，该功能按本标准定义执行。

3）光栅操作功能，包括像素阵列数据显示和检索及包括位图区域的移动组合和复制的位图操作的各种格式。

4）光栅查询功能，该功能提供存取本标准定义的描述表和状态表。

4.1.4 CGM 标准

（1）CGM 的概念、功能与元素 CGM 提供了一个在虚拟设备接口上存储与传输图形数据及控制信息的机制。CGM 的作用类似于 GKSM，但 CGM 不像 GKSM 只局限于 GKS 生成的图形，它具有广泛的适用性，大部分的二维图形软件都能够通过 CGM 进行信息存储和交换。

CGM 标准定义的存储和检索图形描述信息文件格式由一个元素集组成。在 CGM 标准中，一共有八类约 90 个元素，这八类元素及其在元文件格式中的主要作用如下：

1）分界，用于识别一个元文件及其图形画面的表示。

2）元文件描述，描述和解释指定元文件的实际能力。

3）画面描述，阐述了与该画面有关的元素的参数方式。

4）控制，用于画面的控制。

5）图元，CGM 标准将图元分为 Line、Marker、Text、Filled、Area、Cell Array 和 GDP 六类，每一类又细分为若干基本图元。

6）属性，CGM 标准图元的属性可以成束指定或单独指定。

7）逸出，描述 CGM 标准中与设备相关或与系统实现相关的信息。

8）外部，除了消息功能外，CGM 标准有一个应用数据（APPLICATION DATA）元素，用于用户所需要的任何非图形目标的通信。

（2）CGM 主要内容　CGM 标准是由一套标准的与设备无关的定义图形的语法和词法元素组成。它分为四部分：功能规范、字符型编码、二进制编码、清晰正文编码。

CGM 标准本身并不提供元文件生成和解释的具体方法，而利用上述三种不同的标准数据编码形式（字符型编码、二进制编码、清晰正文编码）来实现元文件的元素功能。元文件是由一系列用以描述图形表达显示的单元项组成。CGM 文件的结构如图 13.2-8 所示。

CGM 标准的四个部分的详细内容参见 ISO/IEC 8632 中的信息技术。计算机图形部分的存储和传送图片描述信息的元文卷（各部分标号依次为：ISO/IEC 8632-1—1999、ISO/IEC 8632-2—1999、ISO/IEC 8632-3—1999、ISO/IEC 8632-4—1999）。

4.1.5 IGES 标准

1980 年，由美国国家标准局主持成立了由波音公司和通用电气公司参加的技术委员会，制定了基本图形交换规范 IGES。初始图形交换规范（Initial Graphics Exchange Specification）是国际上产生最早，也是目前应用最广泛的数据交换标准。

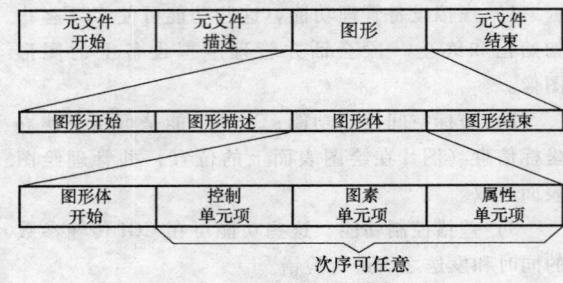

图13.2-8　CGM 文件的结构

1. IGES 标准文件中的实体单元

IGES 规范将工程图样定义为以下三类实体单元的集合：

1）几何文体（点、线、圆弧等）。

2）标记实体（文字标注、实体标注等）。

3）构造实体（子图形组成、属性定义等）。

典型实体示例如图 13.2-9 所示。括号中的数字是实体的代号。

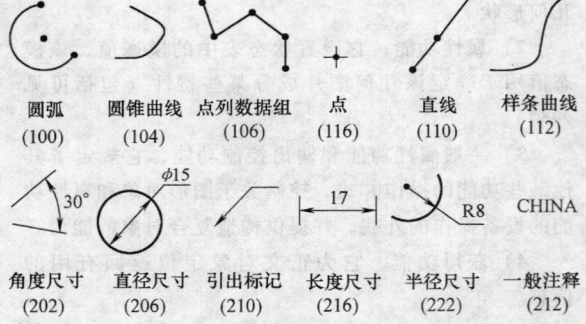

图13.2-9　IGES 规范定义的典型实体单元实例

2. IGES 文件的结构

IGES 的文件包括五个或六个段，它们必须按顺序依次出现，见表 13.2-4。

表 13.2-4　IGES 的文件结构

序号	段名称	字母标识符	功　能
1	标志段	B 或 C	只适用于二进制和压缩 ASCII 格式，通常的 ASCII 格式不用此段
2	开始段	S	对本 JC.ES 文件注解，至少一个记录
3	全局参数段	G	描述前处理器和后处理器的信息
4	目录条目段	D	为本文件包含的所有实体定义公共部分特征
5	参数数据段	P	包含每个实体的特定参数
6	结束段	T	是整个文件的最后一行记录，分别以字符 S、G、D、P 之后的数字记载各部分的总长度

3. IGES 标准中实体单元

（1）开始段　该段提供有关文件的注释和说明，至少有一个记录。第 1 ~ 第 72 列为用 ASCII 字符给出的说明，第 73 列为字母标识 S，第 74 ~ 第 80 列为记录顺序号。

（2）全局参数段　全局参数段包含描述前、后处理器所需要的信息，具体地说是对全局性的 22 个参数进行定义。全局参数以自由格式输入，需要时，前两个参数用来定义参数分界符（默认值为逗号","）和记录分界符（默认值为分号";"）。

（3）目录条目段　IGES 文件中的每个实体在目录条目段中都有一个目录条目。每个实体的条目由两个相邻的长度为 80 个字符的行组成。每行分为 10 个域，共有 20 个域，每个域占有 8 个字符。目录条目段为文件提供一个索引，并包含每个实体的属性信息。在目录条目段中，实体的定义必须先于实体的引用，各域内的数据向右对齐。

4.2　样条曲线和曲面

在 CAD 中经常要处理复杂的自由形状曲线和曲面，通常的做法是用给出一系列离散点坐标以及选定在离散点之间进行拟合（插值）的函数模式来定义曲线和曲面。一般说，离散点数目越多，分布越密，则拟合精度越高。

目前常用的几种拟合函数都是采用参变量形式的多项式函数。为了能实现二阶连续，其多项式次数应不低于三次，但次数太高又会出现不希望产生的扭曲振荡现象，并增加了拟合计算量。因此，在目前应用中最广泛采用的还是三次多项式。

4.2.1　三次样条曲线

对于给定的 n 个型值点 $P_i(x_i, y_i)$，且 $h_i = x_{i+1} - x_i > 0$，$i = 1, 2 \cdots\cdots, n$，若 $y = S(x)$ 满足下列条件：

①在 $P_i(x_i, y_i)$ 点上有 $y_i = S(x_i)$，②$S(x)$ 在 $[x_1, x_n]$ 上二阶连续且可导，③在每个子区间 $[x_i, x_{i+1}]$ 上，$S(x)$ 是 x 的三次多项式，则称 $S(x)$ 为过型值点的三次样条函数，由三次样条函数构成的曲线称为三次样条曲线。

1. 分段内的三次样条曲线

设给定 $n + 1$ 个有序离散点，$P_i(x_i, y_i, z_i)$ $(i = 0, 1, 2, \cdots, n)$，将其循序划分为 1 ~ n 个小段。在每个小段内用三次样条曲线拟合插值的参变量方程为

$$x(t) = a_x t^3 + b_x t^2 + c_x t + d_x$$
$$y(t) = a_y t^3 + b_y t^2 + c_y t + d_y$$
$$z(t) = a_z t^3 + b_z t^2 + c_z t + d_z$$

以矩阵形式表示：

$$(x(t)\,y(t)\,z(t)) = (t^3\ t^2\ t^1\ 1) \begin{pmatrix} a_x & a_y & a_z \\ b_x & b_y & b_z \\ c_x & c_y & c_z \\ d_x & d_y & d_z \end{pmatrix}$$

式中　　t——参变量，$t = 0$ 对应于每小段的始点，$t = 1$ 则对应于每小段终点；

a_x、b_x、$\cdots$、c_x、d_x——待定系数，应根据每小段端点条件解出。

若已知两端点的坐标 (x_0, y_0, z_0)，(x_1, y_1, z_1) 及其对 t 的导数，带入后可求得

$$(x(t)\,y(t)\,z(t)) =$$

$$(t^3\ t^2\ t^1\ 1) \begin{pmatrix} 2 & -2 & 1 & 1 \\ -3 & 3 & -2 & -1 \\ 0 & 0 & 1 & 0 \\ 1 & 0 & 0 & 0 \end{pmatrix} \begin{pmatrix} x_0 & y_0 & z_0 \\ x_1 & y_1 & z_1 \\ x_0' & y_0' & z_0' \\ x_1' & y_1' & z_1' \end{pmatrix}$$

x_0'、y_0'、z_0' 和 x_1'、y_1'、z_1' 分别是 $x(t)$、$y(t)$、$z(t)$ 在始点和终点处对 t 的导数，应由连续条件和端点条件求得。

2. 分段拟合衔接的连续条件

设在分段衔接处三次样条曲线二阶连续，则在相邻两小段中，前一小段终点处的二阶导数应等于后一小段始点处的二阶导数。二阶导数的计算可将上式对 t 求二阶导数而得，即

$$(x''(t)\,y''(t)\,z''(t)) =$$

$$(6t\ 2\ 0\ 0) \begin{pmatrix} 2 & -2 & 1 & 1 \\ -3 & 3 & -2 & -1 \\ 0 & 0 & 1 & 0 \\ 1 & 0 & 0 & 0 \end{pmatrix} \begin{pmatrix} x_0 & y_0 & z_0 \\ x_1 & y_1 & z_1 \\ x_0' & y_0' & z_0' \\ x_1' & y_1' & z_1' \end{pmatrix}$$

当计算小段始点处二阶导数时，以 $t = 0$ 代入；当计算终点处二阶导数时，则以 $t = 1$ 代入。由上式可见，在小段端点处的二阶导数只与两端的坐标及一阶导数有关。

$n + 1$ 个有序离散点组成 n 个小段，共有 $n - 1$ 个衔接连续条件。将 $n - 1$ 个连续条件汇总 $n - 1$ 个衔接连续条件。将 $n - 1$ 个连续条件汇总并整理成矩阵形式为

$$\begin{pmatrix} 1 & 4 & 1 & 0 & 0 & & & & & \\ 0 & 1 & 4 & 1 & 0 & \cdots & & & & 0 \\ 0 & 0 & 1 & 4 & 1 & & & & & \\ \vdots & & & & & \ddots & & & & \vdots \\ & & & & & & 1 & 4 & 1 & 0 & 0 \\ 0 & & & \cdots & & & 0 & 1 & 4 & 1 & 0 \\ & & & & & & & 0 & 0 & 1 & 4 & 1 \end{pmatrix}$$

$$\begin{pmatrix} x'_0 & y'_0 & z'_0 \\ x'_1 & y'_1 & z'_1 \\ x'_2 & y'_2 & z'_2 \\ \vdots & \vdots & \vdots \\ x'_{n-2} & y'_{n-2} & z'_{n-2} \\ x'_{n-1} & y'_{n-1} & z'_{n-1} \\ x'_n & y'_n & z'_n \end{pmatrix}$$

$$= \begin{pmatrix} 3x_2 - 3x_0 & 3y_2 - 3y_0 & 3z_2 - 3z_0 \\ 3x_3 - 3x_1 & 3y_3 - 3y_1 & 3z_3 - 3z_1 \\ \vdots & \vdots & \vdots \\ 3x_{n-1} - 3x_{n-3} & 3y_{n-1} - 3y_{n-3} & 3z_{n-1} - 3z_{n-3} \\ 3x_n - 3x_{n-2} & 3y_n - 3y_{n-2} & 3z_n - 3z_{n-2} \end{pmatrix}$$

3. 端点条件

为了求解各点处导数，应补充端点条件。经常采用的端点条件有：

1）直接给出两个边界端点处的导数（x'_0，y'_0，z'_0）和（x'_n，y'_n，z'_n），余下的其他 $n-1$ 个点的导数便可由衔接连续方程组求出。这种形式端点条件称为夹持端点条件。

2）假定在两个边界端点处的曲率为零，其二阶导数也相应为零，因而可补充两个方程式：

$$(2x'_0 + x'_1 \quad 2y'_0 + y'_1 \quad 2z'_0 + z'_1)$$
$$= 3(x_1 - x_0 \quad y_1 - y_0 \quad z_1 - z_0)$$
$$(x'_{n-1} + 2x'_n \quad y'_{n-1} + 2y'_n \quad z'_{n-1} + 2z'_n)$$
$$= 3(x_n - x_{n-1} \quad y_n - y_{n-1} \quad z_n - z_{n-1})$$

这种情况称之为自由边界端点条件。

4.2.2　Bezier 曲线

Bezier 曲线不通过给出的中间离散点，但设计人员可以容易地通过改变这些离散点的坐标位置来控制和改变拟合的 Bezier 曲线形状，因此给出的离散点又称为控制点。Bezier 曲线适用于自由形状的构形设计，但它也不具备局部修改和控制的特性。

对应于给定的 $0 \sim n$ 的 $n+1$ 个点 P_0、P_1、…、P_n，其 Bezier 曲线的一般式为

$$B(t) = \sum_{i=0}^{n} \binom{n}{i} P_i (1-t)^{n-i} t^i = P_0 (1-t)^n + \binom{n}{1}$$
$$P_1 (1-t)^{n-1} t + \cdots + P_n t^n \quad t \in [0,1]$$

写出统一的形式，有

$$B(t) = \sum_{i=0}^{n} P_i b_{i,n}(t) \quad i = 0, \cdots n$$

式中　多项式 $b_{i,n}(t) = \binom{n}{i} t^i (1-t)^{n-i}$，$i = 0, \cdots$，$n$ 又称为 n 阶的伯恩斯坦基底多项式，定义 $0^0 = 1$；

P_i 称为 Bezier 曲线的控制点，多边形以带有线

的 Bezier 点连接而成，起始于 P_0 并以 P_n 终止，称为 Bezier 多边形（或控制多边形），Bezier 多边形的凸包（convex hull）包含有 Bezier 曲线。

Bezier 曲线具有如下性质：

1）端点性质如下：

① $P(0) = P_0$，$P(1) = P_n$，即曲线通过给定点中的始点和终点。

② Bezier 曲线在两端切于控制点连线折线的起始边和终止边。

2）凸包性：将给定的控制点循序连接可组成一折线，Bezier 曲线光滑地随着折线变化。

3）对称性：由 P_i 与 P_{n-i} 组成的曲线，位置一致，方向相反。

4）包络性：$P_n(t) = (1-t)P_{n-1}(t) + tP_{n-1}(t)$

5）Bezier 曲线函数也是多项式，其次数为段控制点数目减 1。

6）当控制点数目为 4 时拟合的 Bezier 曲线函数是三次多项式函数。将 Bezier 曲线三次多项式按定义计算式展开，经整理后得

$$[x(t) \quad y(t) \quad z(t)]$$
$$= (t^3 \ t^2 \ t^1 \ 1) \begin{pmatrix} -1 & 3 & -3 & 1 \\ 3 & -6 & 3 & 0 \\ -3 & 3 & 0 & 0 \\ 1 & 0 & 0 & 0 \end{pmatrix} \begin{pmatrix} x_0 & y_0 & z_0 \\ x_1 & y_1 & z_1 \\ x_2 & y_2 & z_2 \\ x_3 & y_3 & z_3 \end{pmatrix}$$

Bezier 曲线的拟合实例如图 13.2-10 和 13.2-11 所示。

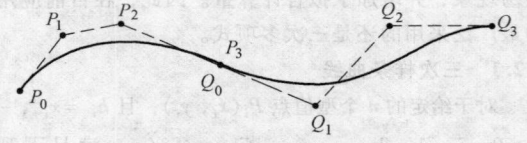

图13.2-10　Bezier 曲线衔接

4.2.3　B 样条曲线和曲面

B 样条曲线的数学定义为：$p(t) = \sum_{k=0}^{n} P_k B_{k,m}(t)$

式中各参数含义如下：

$p(t)$ 为整个拟合范围内任意插值点坐标。

$P_k (k = 0, 1, \cdots, n)$ 为 $n+1$ 个控制顶点，又称为 de Boor 点。由控制顶点顺序连成的折线称为 B 样条控制多边形，简称控制多边形。

m 为是一个阶参数，可以取 2 到控制顶点个数 $n+1$ 之间的任一整数，实际上，m 也可以取为 1，此时的"曲线"恰好是控制点本身。

t 为参变量，t 的选取取决于 B 样条节点矢量的

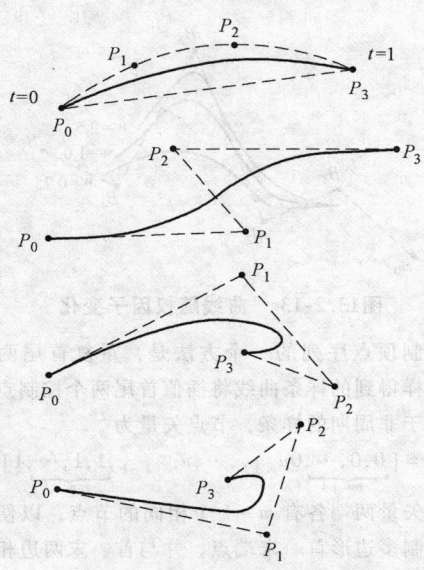

图 13.2-11   Bezier 曲线

选取。

$B_{k,m}(t)$ 为 B 样条基函数，由 Cox-de Boor 递归公式定义为

$$B_{k,1}(t) = \begin{cases} 1 & \text{若 } t_k \leq t < t_{k+1} \\ 0 & \text{其他} \end{cases}$$

$$B_{k,m}(t) = \frac{t - t_k}{t_{k+m-1} - t_k} B_{k,m-1}(t) + \frac{t_{k+m} - t}{t_{k+m} - t_{k+1}} B_{k+1,m-1}(t)$$

由于 $B_{k,m}(t)$ 的各项分母可能为 0，所以这里规定 0/0 = 0。

式中 m——曲线的阶参数，$(m-1)$ 是 B 样条曲线的次数，曲线在连接点处具有 $(m-2)$ 阶连续性；

t_k——节点值，$t = (t_0, t_1, \cdots, t_{n+m})$ 构成了 $m-1$ 次 B 样条函数的节点矢量，其中的节点是非减序列，所生成的 B 样条曲线定义在从节点值 t_{m-1} 到节点值 t_{n+1} 的区间上，而每个基函数定义在 t 的取值范围内的 t_k 到 t_{k+m} 的子区间上。

B 样条通常可以按照节点矢量分为三种类型：均匀的 B 样条曲线，开放均匀的 B 样条曲线和非均匀的 B 样条曲线。

B 样条曲线的性质有如下几点：

（1）局部支柱性   B 样条的局部支柱性对曲线和曲面的设计有两个方面的影响：一是第 k 段曲线段 $[p(t)$ 在两个相邻节点值 $[t_k, t_{k+1})$ $(m-1 \leq k \leq$ $n)$ 上的曲线段] 仅仅由 m 个控制顶点 P_{k-m+1}，P_{k-m+2}，$\cdots$，P_k 控制。若要修改该段曲线，仅修改这 m 个控制顶点即可；二是修改控制顶点 P_k 对 B 样条曲线的影响是局部的，对于均匀 m 次 B 样条曲线，调整一个顶点 P_k 的位置只影响 B 样条曲线 $p(t)$ 在区间 $[t_k, t_{k+m})$ 的部分，即最多只影响与该顶点有关的 m 段曲线。局部支柱性是 B 样条最具魅力的性质。

（2）B 样条的凸组合性质   B 样条的凸组合性和 B 样条基函数的数值均大于或等于 0，保证了 B 样条曲线的凸包性，即 B 样条曲线必处在控制多边形所形成的凸包之内。B 样条方法的凸包性使曲线更加逼近特征多边形，比 Bezier 方法优越。

（3）连续性   若一节点矢量中节点均不相同，则 m 阶 $(m-1$ 次）B 样条曲线在节点处为 $m-2$ 阶连续，比如三次 B 样条曲线段在各节点处可达到二阶导数的连续性。

（4）导数性质   B 样条曲线的导数可以用其低阶的 B 样条基函数和顶点矢量的差商序列的线性组合表示，由此不难证明 m 阶 B 样条曲线段之间达到 $m-2$ 次的连续性。

（5）几何不变性   B 样条曲线 $p(t)$ 的形状和位置与坐标系的选择无关。

（6）差变减少性   如果 B 样条曲线 $p(t)$ 的控制多边形位于一个平面之内，则该平面内的任意直线与 $p(t)$ 的交点个数不多于该直线与控制多边形的交点个数。B 样条曲面是 B 样条曲线的二维扩展，其表达式为：

$$p(u,v) = \sum_{k_1=0}^{n_1} \sum_{k_2=0}^{n_2} P_{k_1,k_2} B_{k_1,m_1}(u) B_{k_2,m_2}(v)$$

式中各参数含义如下：

P_{k_1,k_2} 为控制顶点，所有的 $(n_1+1) \times (n_2+1)$ 个控制顶点组成的空间网格称为控制网格，也称特征网格。

$B_{k_1,m_1}(u)$ 和 $B_{k_2,m_2}(v)$ 为定义在 u, v 参数轴上的节点矢量 $U = (u_0, u_1, \ldots, u_{n_1+m_1})$ 和 $V = (v_0, v_1, \ldots, v_{n_2+m_2})$ 的 B 样条基函数。

与 B 样条曲线类似，当节点矢量 U, V 沿 u, v 轴均匀等距分布时，称 $p(u, v)$ 为均匀 B 样条曲面。否则称为非均匀 B 样条曲面。

B 样条曲面具有与 B 样条曲线相同的局部支柱性、凸包性、连续性和几何不变性等性质。与 Bezier 曲面相比，B 样条曲面极为自然地解决了曲面片之间的连接问题。

4.2.4　NURBS 样条曲线

1. 定义

NURBS（Non Uniform Rational B-spline）曲线通常称为非均匀有理 B 样条曲线，其数学定义如下：

$$P(k) = \frac{\sum_{i=0}^{n} N_{i,m}(K) R_i P_i}{\sum_{i=0}^{n} N_{i,m}(K) R_i}$$

$P(k)$ 为曲线上的位置矢量，$N_{i,m}(K)$ 为 m 次样条基函数。

基函数由递推公式定义：

$$P(k) = \frac{\sum_{i=0}^{n} N_{i,m}(K) R_i P_i}{\sum_{i=0}^{n} N_{i,m}(K) R_i} N_{i,0}(K) =$$

$$\begin{cases} 1 & (K_i \leqslant K \leqslant K_{i+1}) \\ 0 & (其他) \end{cases}$$

$$N_{i,m}(K) = \frac{(K - K_i) N_{i,m-1}(K)}{K_{i+m} - K_i} +$$

$$\frac{(K_{i+m+1} - K) N_{i+1,m-1}(K)}{K_{i+m+1} - K_{i+1}} \quad m \geqslant 1$$

式中　P_i——控制点；

　　　R_i——权因子 K 为节点矢量。

NURBS 曲线由以下三个参数定义：

1）控制点：确定曲线的位置 P_i，通常不在曲线上，形成控制多边形。图 13.2-12 中 $B_i = P_i$。

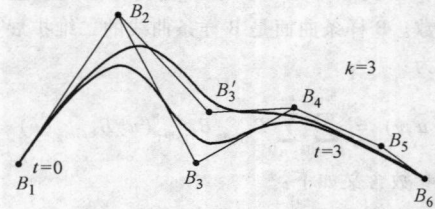

图13.2-12　控制点移动对曲线的影响

2）权因子 w_i（$w_i > 0$）：确定控制点的权值，它相当于控制点的"引力"，其值越大曲线就越接近控制点，图 13.2-13 中 B_i 为控制点。

3）节点矢量 K：NURBS 曲线随着参数 K 的变化而变化，与控制顶点相对应的参数化点 K 称为节点，节点的集合 K_i：$[K_0, K_1, \cdots, K_n, \cdots, K_{n+m+1}]$ 称为节点矢量。

2. NURBS 曲线怎样通过首末节点

多重节点序列使得样条曲线更靠近于重复节点位置。如果末端节点重复 $d+1$ 次，则 d 阶 B 样条必须插值最后一个控制点。因此，解决样条曲线不能横跨

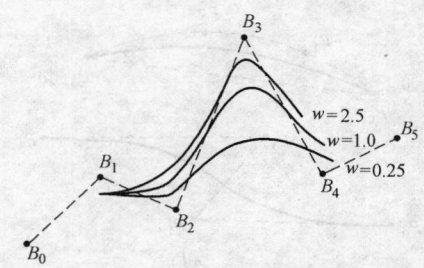

图13.2-13　曲线随权因子变化

整个控制顶点序列的一个方法是，重复首尾两个节点，这样得到的样条曲线将插值首尾两个控制点。

对于非周期的样条，节点矢量为

$$U = [\underbrace{0,0,\cdots,}_{m+1} 0 u_{m+1}, \cdots, u_{m-k-1} \underbrace{,1,1,\cdots,}_{m+1} 1]$$

即节点矢量两端各有 $m+1$ 个相同的节点，以便曲线通过控制多边形首、末端点，并与首、末两边相切。

3. NURBS 曲线轨迹的矩阵计算法及矩阵表示

因 NURBS 样条函数的节点参数沿参数轴的分布是不等距的，不同节点矢量形成的 B 样条基函数各不相同，需要单独计算，且算法中又增加了权因子，所以曲线轨迹点的计算较为复杂、费时。为了提高 NURBS 曲线插补的实时性，在实时插补前需进行必要的预处理，其主要任务是确定 NURBS 曲线轨迹计算公式的有关系数，以简化实时插补的计算量。

若曲线采用三次 NURBS 形式表示（三次与 K 次计算方法相同，表达式不同），即 $K = 3$，$t \in [0, 1]$，则第 i 段曲线可以写成下列矩阵形式：

$$P_i(t) = \frac{\sum_{j=i-3}^{i} w_i d_i N_{i,3}(u)}{\sum_{j=i-3}^{i} w_i N_{i,3}(u)}$$

$$= \frac{(1 \ t \ t^2 \ t^3) M_i \begin{pmatrix} w_{i-3} d_{i-3} \\ w_{i-2} d_{i-2} \\ w_{i-1} d_{i-1} \\ w_i d_i \end{pmatrix}}{(1 \ t \ t^2 \ t^3) M_i \begin{pmatrix} w_{i-3} \\ w_{i-2} \\ w_{i-1} \\ w_i \end{pmatrix}}$$

$$t \in [0,1], i = 3, 4, \cdots, n$$

整理可得

$$p_i(t) = \frac{C_0 + C_1 t + C_2 t^2 + C_3 t^3}{C_0' + C_1' t + C_2' t^2 + C_3' t^3} \quad t \in [0,1], i = 3, 4, \cdots, n$$

由于控制点 d_i 及权因子 W_i 均已知，而 M_i 仅与

节点矢量有关，也是确定的，C_i 与 M_i、W_i、d_i 有关，即也是确定的，故式中各项系数均已知，且与插补点的参数无关，可在插补前一次性求出，因式中 i 的取值为 3 到 n，所以对整条 NURBS 曲线，可计算出的系数共有 $n-2$ 组，在插补中根据插补点所在的位置动态选用相应的系数。

对于曲线上坐标 X、Y、Z 分别有：

$$P_x(t) = \frac{C_{Ax_1} + C_{Ax_2}t + C_{Ax_3}t^2 + C_{Ax_4}t^3}{C'_{Ax_1} + C'_{Ax_2}t + C'_{Ax_3}t^2 + C'_{Ax_4}t^3},$$

$$P_y(t) = \frac{C_{Ay_1} + C_{Ay_2}t + C_{Ay_3}t^2 + C_{Ay_4}t^3}{C'_{Ay_1} + C'_{Ay_2}t + C'_{Ay_3}t^2 + C'_{Ay_4}t^3},$$

$$P_z(t) = \frac{C_{Az_1} + C_{Az_2}t + C_{Az_3}t^2 + C_{Az_4}t^3}{C'_{Az_1} + C'_{Az_2}t + C'_{Az_3}t^2 + C'_{Az_4}t^3}$$

$$t \in [0,1], i = 3, 4, \cdots, n$$

4.2.5　双三次曲面

空间曲面上的任意点 P，如用参变量形式表示，应取双变量，即

$$P(u,w) = P[x(u,w)y(u,w)z(u,w)]$$

双三次曲面指 $p(u, w)$ 中对 u 和 w 都取三次多项式函数。双三次曲面中最常见的是 Coons 曲面。

Coons 曲面取相邻四个离散点为角点，由四条边界曲线围成的区域作为小曲面片。在曲面片内，设参变量 u、w 的变化范围为 $0 \sim 1$，四个角点之间的边界连线是以 u 和 w 分别取值为 0 或 1 时的参数曲线（见图 13.2-14）。常取三次样条曲线作为基本拟合函数。

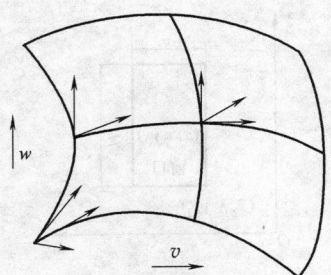

图 13.2-14　Coons 曲面

为书写和表达方便，Coons 推荐了以下简化代号：

曲面上一点为 $P(u,w) = uw$

四条边界曲面为 $u0$，$u1$，$0w$，$1w$

四个角点为 00，01，10，11

导　数：$\dfrac{\partial P(u,w)}{\partial u} = uw_u$，$\dfrac{\partial P(u,w)}{\partial w} = uw_w$，

$\dfrac{\partial^2 P(u,w)}{\partial u^2} = uw_{uu}$，$\dfrac{\partial P^2(u,w)}{\partial w^2} = uw_{ww}$，$\dfrac{\partial P^2(u,w)}{\partial u \partial w} = uw_{uw}$，

边界曲线取为三次样条曲线，它可以按照角点为短点的条件进行拟合。以 $u0$ 曲线为例，其端点为 00 和 10，按照三次样条曲线拟合关系，可拟合为

$$u_0 = (u^3 \quad u^2 \quad u \quad 1)M\begin{pmatrix} 00 \\ 10 \\ 00_u \\ 10_u \end{pmatrix}$$

$$= (u^3 \quad u^2 \quad u \quad 1)M\begin{pmatrix} 00 \\ 10 \\ 00_u \\ 10_u \end{pmatrix}$$

式中　$M = \begin{pmatrix} 2 & -2 & 1 & 1 \\ -3 & 3 & -2 & -1 \\ 0 & 0 & 1 & 0 \\ 1 & 1 & 0 & 0 \end{pmatrix}$

曲面片上任意点的坐标插值为

$$uw = (u^3 \quad u^2 \quad u \quad 1)M\left(\begin{array}{cc|cc} 00 & 01 & 00_w & 01_w \\ 10 & 11 & 10_w & 11_w \\ \hline 00_u & 01_u & 00_{uw} & 01_{uw} \\ 10_u & 11_u & 10_{uw} & 11_{uw} \end{array}\right)$$

$$M\begin{pmatrix} w^3 \\ w^2 \\ w^1 \\ 1 \end{pmatrix}$$

在上式中，分别把 $u=0$、$u=1$、$w=0$、$w=1$ 代入等式右端经过化简可推导得 $u0$、$u1$、$0w$、$1w$ 样条曲线。

因此，两邻接曲面片在邻接边界上有相同的角点，经过拟合有相同的公共边界曲线，即在邻接边界上坐标值是连续的。双三次曲面也可以采用 Bezier 三次曲线或 B 样条曲线拟合其曲面片。图 13.2-15 所示是以 Bezier 三次曲线为基础拟合的曲面片。

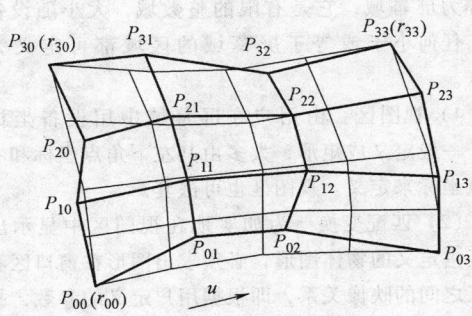

图 13.2-15　Bezier 三次曲面

4.3　图形变换基础

4.3.1　坐标系

1. 世界坐标系

世界坐标系是系统的绝对坐标系,它主要的作用是在实物所处的二维和三维空间用以协助用户定义图形所表达物体,在没有建立用户坐标系之前画面上所有点的坐标都是以该坐标系的原点来确定各自的位置的。

世界坐标系是用户定义自己的图形时所采用的坐标系。它的最常用形式是笛卡儿坐标系,坐标为实数,范围为 $(-\infty, +\infty)$。

2. 设备坐标系

设备坐标系(Device Coordinate)又称为物理坐标系(Physical Coordinate),是指输出设备上的坐标系。设备坐标系一般采用整数坐标,其坐标范围由具体设备的分辨率决定。

3. 齐次坐标系

所谓齐次坐标系是指用一个 $n+1$ 维矢量表示一个 n 维矢量。若 n 维空间中点的位置矢量用笛卡儿坐标表示为 $(p_1, p_2, \cdots, p_n)$,且是唯一的。若用齐次坐标表示时,此向量有 $n+1$ 个坐标分量 $(hp_1, hp_2, \cdots, hp_n, hp_{n+1})$,且不唯一。非齐次坐标与齐次坐标是一对多的关系,但不影响图形的形状。

4.3.2　窗口与视区的匹配变换

(1)相关的概念

1)用户域:用户用来定义设计对象的实数域统称为用户域,也称为用户空间。它是连续的、无限的。

2)窗口区:用户可以在用户域中指定任意的区域,把自己感兴趣的这部分区域内的图形输出到屏幕上,这个区域称为窗口区。它是用户域的一部分,并可以嵌套定义。

3)屏幕域:图形设备上用来输出图形的最大区域称为屏幕域,它是有限的整数域,大小随设备而异。任何小于或等于屏幕域的区域都可定义为视图区。

4)视图区:由用户在屏幕域中用设备坐标定义,一般定义成矩形,大多由其左下角点坐标和右上角点坐标来定义。视图区也可嵌套。

(2)匹配变换　为如实地在视图区中显示出窗口区内定义的物体图形,必须求出图形在窗口区和视图区之间的映像关系,即根据用户定义的参数,找到窗口区和视图之间的坐标对应关系,也即窗口和视区的匹配。通过匹配变换,可以将世界坐标中选定窗口

内的图形。输出到输出设备中指定的视区部位。

设在世界坐标系中(见图 13.2-16)选定窗口的左下角坐标为 (x_{w1}, y_{w1}),窗口高为 H_w,宽为 L_w,在设备坐标中(见图 13.2-17)视区左下角坐标为 (x_{v1}, y_{v1}),高为 H_v,宽为 L_v,则窗口内点 (x_w, y_w) 和视区内对应点 (x_v, y_v) 的相互变换关系为

$$\begin{cases} x_v = x_{v1} + \dfrac{L_v}{L_w}(x_w - x_{w1}) \\ \\ y_v = y_{v1} + \dfrac{H_v}{H_w}(y_w - y_{w1}) \end{cases}$$

$$\begin{cases} x_w = x_{w1} + \dfrac{L_w}{L_v}(x_v - x_{v1}) \\ \\ y_w = y_{w1} + \dfrac{H_w}{H_v}(y_v - y_{v1}) \end{cases}$$

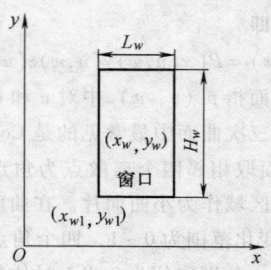

图 13.2-16　世界坐标系

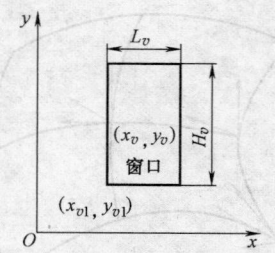

图 13.2-17　设备坐标系

当图形需要或可能在多种输出设备中输出时,宜先将窗口匹配到规范化输出设备坐标中的视区,然后按不同输出设备的分辨率再匹配到具体输出设备。

4.3.3　图形剪裁

当将图形在指定区域内显示时,需将域以外的图形去掉,这个过程叫做图形剪裁。剪裁处理的基础是图形图素与区域边界交点计算及点在区域内外的判断。裁剪时开取的窗口可以为任意多边形,但在实践工作中大多是开一个矩形窗口,这里只讨论窗口为矩

形的情况。

二维图形剪裁可分为点的剪裁、线段的剪裁、多边形剪裁，其中最常见的剪裁工作是矩形区域对直线线段的剪裁。目前关于剪裁已提出了许多剪裁算法原理，比如针对于线段剪裁的 Cohen-Sutherland 算法、梁友栋-Barsky 裁剪算法、Nicholl-Lee-Nicholl 算法等，针对于多边形剪裁的 Sutherland-Hodgman 算法、Weilerr-Atherton 算法等；

下文主要介绍针对于线段剪裁的 Cohen-Sutherland 算法。

Cohen-Sutherland 算法是最早、最流行的线段裁剪算法，也称编码算法。它通过编码测试来减少要计算的交点数目，算法过程如下：

1）将图形所在平面按矩形剪裁区域的边界延长线 $x = x_{\min}$、$x = x_{\max}$、$y = y_{\min}$、$y = y_{\max}$ 分为九个小区域（见图 13.2-18），中央小区域就是要剪裁区域。每个小区域都以一个四位二进制代码 $c_4 c_3 c_2 c_1$ 表示，其各位数字意义如下：

① 小区域在剪裁区域之左，即 $x < x_{\min}$，则 $c_1 = 1$，否则 $c_1 = 0$。

② 小区域在剪裁区域之右，即，$x > x_{\max}$，则 $c_2 = 1$，否则 $c_2 = 0$。

③ 小区域在剪裁区域之下，即 $y < y_{\min}$，则 $c_3 = 1$，否则 $c_3 = 0$。

④ 小区域在剪裁区域之上，即 $y > y_{\max}$，则 $c_4 = 1$，否则 $c_4 = 0$。

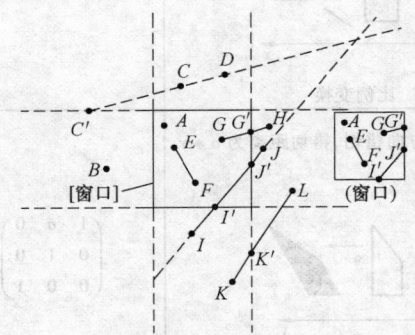

图13.2-18　图形剪裁分区示意图

2）按上述规定决定裁剪区直线线段两端点所在小区域代码（区域码生成）。每条线段的端点都赋予四位二进制码，称为区域码（见图 13.2-19），其主要作用是用来标识出端点相对于裁剪矩形边界的位置。

区域码各位的值通过将端点坐标值（x，y）与裁剪边界比较来确定：如果 $x < x_{w\min}$，则第 1 位置 1，否则置 0；其他三位依此类推。

对于可进行位操作的语言，区域码各位的值可按下列两步确定：

① 计算端点坐标和裁剪边界之间的差值。

② 用各差值符号来设置区域码各位的值：第 1 位为 $x - x_{w\min}$ 的符号位；第 2 位为 $x_{w\max} - x$ 的符号位；第 3 位为 $y - y_{w\min}$ 的符号位；第 4 位为 $y_{w\max} - y$ 的符号位。

图 13.2-19 所示的四个区为基础，四条直线代表窗口的四条边界，任何一条线段的端点，根据其坐标所在区域，都可赋予四位二进制代码，设最左边一位为第 1 位，其含义如下：第 1 位为 1，表示端点在 Y_T 上方；第 2 位为 1，端点在 Y_B 下方；第 3 位为 1，表示端点在 X_R 右边；第 4 位为 1，表示端点在 X_L 左边。否则相应位为 0。

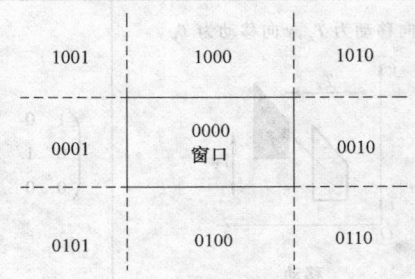

1001	1000	1010
0001	0000 窗口	0010
0101	0100	0110

图13.2-19　区域码示意图

3）内外判断：

① 根据线段端点的区域码，可快速判断线段是否完全在裁剪窗口内或外：

a. 完全在窗口边界内的线段两个端点的区域码均为 0000；则此线段为可见，应将整个线段输出。

b. 两个端点区域码同样位置都为 1 的线段完全在裁剪矩形外。

② 测试线段更好的方法是对两个端点的区域码进行逻辑与操作：

如果两端点的代码按相同位置的位进行逻辑与运算，结果不为 0000（即两代码至少有一个相同的位置的位的数字同时为 1），则此线段的两端点都在剪裁区域一个边界域的外侧，因此线段为不可见，应剪裁掉。

③ 不能判断为完全在窗口外或窗口内的线段（可能穿过或不穿过窗口内部），要与窗口边界求交：

a. 首先，对一条线段的外端点与一条裁剪边界比较来确定应裁剪掉多少线段。

b. 然后，对线段的剩下部分与其他裁剪边界比较，直到该线段完全被舍弃或者找到位于窗口内的一段线段为止。

c. 算法按左、右、上、下的顺序用裁剪边界检查线段的端点。

需要说明的是，如果能判断裁剪区线段为可见或不可见，即可决定将线段输出或剪裁去，可以结束剪裁处理。

如果两端点代码不全部由数字零组成而其按位进行逻辑与计算的结果为 0000，则此线段可能与剪裁区域相交，需进行进一步的计算和判断。

4.3.4　二维图形线性变换

图形变换是图形显示过程中不可缺少的一个环节。图形的变换可归结为对组成图形的点集变换，设变换前点的坐标为 (x, y) 变换后其坐标为 (x', y')，其线性变换的一般关系式为

$$x' = a_1 x + b_1 y + c_1$$
$$y' = a_2 x + b_2 y + c_2$$

它可以用矩阵形式表示为

$$\begin{pmatrix} x' \\ y' \\ 1 \end{pmatrix} = \begin{pmatrix} a_1 & b_1 & c_1 \\ a_2 & b_2 & c_2 \\ 0 & 0 & 1 \end{pmatrix} \cdot \begin{pmatrix} x \\ y \\ 1 \end{pmatrix} = T \begin{pmatrix} x \\ y \\ 1 \end{pmatrix}$$

T 称为变换矩阵。典型的二维图形变换为：平移、转动、缩放、反射等。其图形变换情况及相对应的变换矩阵见表 13.2-5。

表 13.2-5　基本线性变换及其变换矩阵

变换内容及说明	变换矩阵	变换内容及说明	变换矩阵
设 x 向移动为 T_x，y 向移动为 T_y 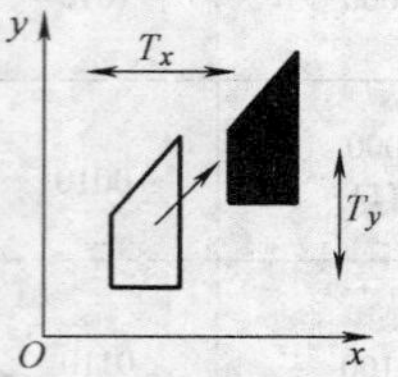 移动	$\begin{pmatrix} 1 & 0 & T_x \\ 0 & 1 & T_y \\ 0 & 0 & 1 \end{pmatrix}$	设转动角度 θ 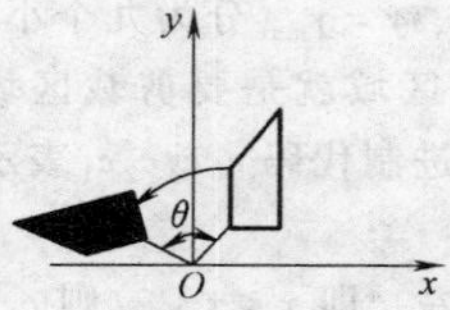 绕原点转动	$\begin{pmatrix} \cos\theta & -\sin\theta & 0 \\ \sin\theta & \cos\theta & 0 \\ 0 & 0 & 1 \end{pmatrix}$
设对称轴为 y 轴 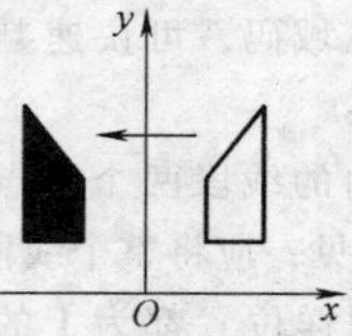 对称于坐标轴反射	$\begin{pmatrix} -1 & 0 & 0 \\ 0 & 1 & 0 \\ 0 & 0 & 1 \end{pmatrix}$	按至原点距离比例地放大，设比例因子为 S_x，S_y 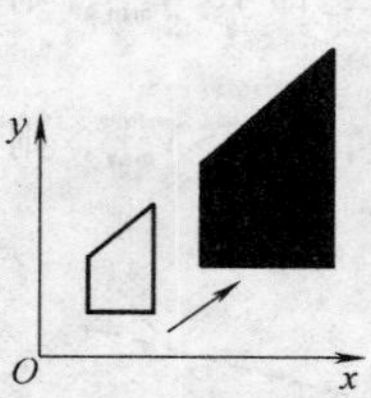 比例变换	$\begin{pmatrix} s_x & 0 & 0 \\ 0 & s_y & 0 \\ 0 & 0 & 1 \end{pmatrix}$
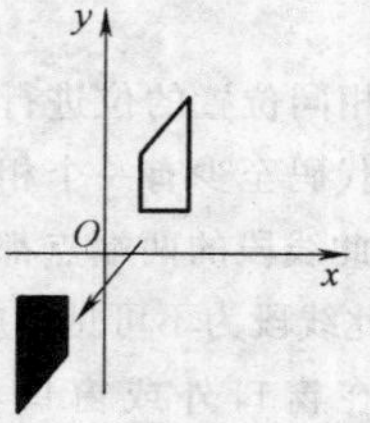 对称于原点反射	$\begin{pmatrix} -1 & 0 & 0 \\ 0 & -1 & 0 \\ 0 & 0 & 1 \end{pmatrix}$	设只沿 x 方向错切，错切距离为 $a*y$ 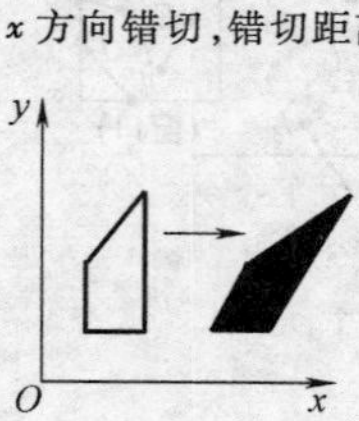 错切变换	$\begin{pmatrix} 1 & a & 0 \\ 0 & 1 & 0 \\ 0 & 0 & 1 \end{pmatrix}$

4.3.5　变换组合

任意一个变换序列均可表示为一个组合变换矩阵。组合变换矩阵可由基本变换矩阵的乘积求得。由若干基本变换矩阵相乘求得组合变换矩阵的方法称为矩阵的级联。

复杂的图形变换可以分解为由多个基本变换的顺序组合。例如，要求其图形绕某点 P_1 旋转 θ 角，可分解为以下三个基本变换的顺序组合（见图 13.2-20）。

1）平移：使 P_1 点平移至原点。

2）旋转：绕原点旋转 θ 角。

3）平移：使落在原点的点回到原来 P_1 点所在的位置。

实现上述过程必须将图中各种点坐标顺序与三个变换矩阵相乘，也可以先将三个顺序相乘的变换

矩阵合并成一个组合的变换矩阵再与各点的坐标相乘，即

$$
\begin{pmatrix} x' \\ y' \\ 1 \end{pmatrix} = \begin{pmatrix} 1 & 0 & P_{1x} \\ 0 & 1 & P_{1y} \\ 0 & 0 & 1 \end{pmatrix} \cdot \begin{pmatrix} \cos\theta & -\sin\theta & 0 \\ \sin\theta & \cos\theta & 0 \\ 0 & 0 & 1 \end{pmatrix} \cdot
$$

$$
\begin{pmatrix} 1 & 0 & -P_{1x} \\ 0 & 1 & -P_{1y} \\ 0 & 0 & 1 \end{pmatrix} \cdot \begin{pmatrix} x \\ y \\ 1 \end{pmatrix}
$$

$$
= \begin{pmatrix} \cos\theta & -\sin\theta & P_{1x}(1-\cos\theta)+P_{1y}\sin\theta \\ \sin\theta & \cos\theta & P_{1y}(1-\cos\theta)-P_{1x}\sin\theta \\ 0 & 0 & 1 \end{pmatrix} \cdot \begin{pmatrix} x \\ y \\ 1 \end{pmatrix}
$$

需要说明的是，将多个变换矩阵组合成一个组合的变换矩阵时，应注意矩阵相乘的顺序与变换顺序相符。

4.3.6　三维变换

三维变换计算也是将其齐次坐标乘以变换矩阵。典型的三维变换有：物体在三维空间平移和转动、平

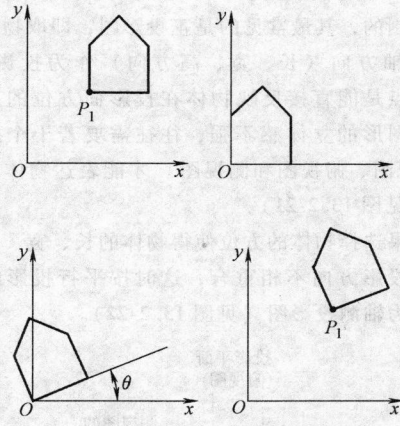

图13.2-20　变换的组合

行轴测投影和透视投影。

（1）平移和转动变换　如取参考坐标为右手坐标系，其变换矩阵见表 13.2-6。

表 13.2-6　三维平移和转动变换矩阵

变换内容及说明	变换矩阵
平移　沿 x,y,z 轴方向移动量为 T_x,T_y,T_z	$\begin{pmatrix} 1 & 0 & 0 & T_x \\ 0 & 1 & 0 & T_y \\ 0 & 0 & 1 & T_z \\ 0 & 0 & 0 & 1 \end{pmatrix}$
绕 x 轴转动，转角为 θ	$\begin{pmatrix} 1 & 0 & 0 & 0 \\ 0 & \cos\theta & -\sin\theta & 0 \\ 0 & \sin\theta & \cos\theta & 0 \\ 0 & 0 & 0 & 1 \end{pmatrix}$
绕 y 轴转动，转角为 θ	$\begin{pmatrix} \cos\theta & 0 & \sin\theta & 0 \\ 0 & 1 & 0 & 0 \\ -\sin\theta & 0 & \cos\theta & 0 \\ 0 & 0 & 0 & 1 \end{pmatrix}$
绕 z 轴转动，转角为 θ	$\begin{pmatrix} \cos\theta & -\sin\theta & 0 & 0 \\ \sin\theta & \cos\theta & 0 & 0 \\ 0 & 0 & 1 & 0 \\ 0 & 0 & 0 & 1 \end{pmatrix}$
绕过原点任意轴转动，转角为 θ，旋转轴与 x,y,z 轴夹角分别为 α,β,γ $n_1=\cos\alpha$ $n_2=\cos\beta$ $n_3=\cos\gamma$	$\begin{pmatrix} n_1^2+(1-n_1^2)\cos\theta & n_1n_2(1-\cos\theta)-n_3\sin\theta & n_3n_1(1-\cos\theta)+n_2\sin\theta & 0 \\ n_1n_2(1-\cos\theta)+n_3\sin\theta & n_2^2+(1-n_2^2)\cos\theta & n_2n_3(1-\cos\theta)-n_1\sin\theta & 0 \\ n_1n_3(1-\cos\theta)-n_2\sin\theta & n_2n_3(1-\cos\theta)+n_1\sin\theta & n_3^2+(1-n_3^2)\cos\theta & 0 \\ 0 & 0 & 0 & 1 \end{pmatrix}$

（2）平行投影变换　工程制图就是按平行投影原理绘制的，其最常见的是正投影图，即取物体的主要坐标轴方向（长、宽、高方向）作为投影方向。它的优点是能直接反映物体在投影面方位的尺寸大小，但图形的立体感不强，往往需要若干个投影图（如主视图、俯视图和侧视图）才能表达物体的立体形状（见图 13.2-21）。

如果选择物体的方位使得物体的长、宽、高主轴方向与投影方向不相重合，这时按平行投影绘得的图，称为轴测投影图（见图 13.2-22）。

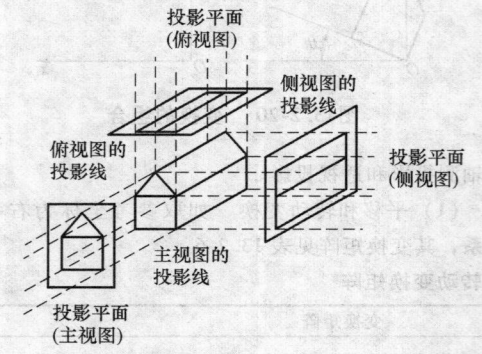

图 13.2-21　构造三种正投影

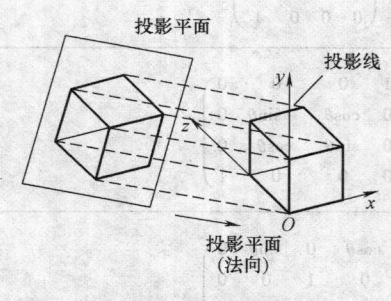

图 13.2-22　轴测投影

轴测投影图可以同时显示不同主轴方向表面形状，立体感较强。如使物体绕 y 轴旋转 φ 角，再绕 x 轴旋转 θ 角，然后向 $z=0$ 平面作平行正投影而得到轴测投影，其变换为

$$\begin{pmatrix} x' \\ y' \\ z' \\ 1 \end{pmatrix} = \begin{pmatrix} 1 & 0 & 0 & 0 \\ 0 & 1 & 0 & 0 \\ 0 & 0 & 0 & 0 \\ 0 & 0 & 0 & 1 \end{pmatrix} \begin{pmatrix} 1 & 0 & 0 & 0 \\ 0 & \cos\theta & -\sin\theta & 0 \\ 0 & \sin\theta & \cos\theta & 0 \\ 0 & 0 & 0 & 1 \end{pmatrix}$$

$$\begin{pmatrix} \cos\varphi & 0 & \sin\varphi & 0 \\ 0 & 1 & 0 & 0 \\ -\sin\varphi & 0 & \cos\varphi & 0 \\ 0 & 0 & 0 & 1 \end{pmatrix} \begin{pmatrix} x \\ y \\ z \\ 1 \end{pmatrix}$$

变换矩阵为

$$T = \begin{pmatrix} \cos\varphi & 0 & \sin\theta & 0 \\ \sin\varphi\sin\theta & \cos\theta & -\cos\varphi\sin\theta & 0 \\ 0 & 0 & 0 & 0 \\ 0 & 0 & 0 & 1 \end{pmatrix}$$

当 $\theta = 35°16'$，$\varphi = 45°$ 时，投影方向与物体三个主方向的夹角相等。这时，绘出的轴测投影图称为正等轴测投影，在物体三个主方向上长度缩短比例相等。将上述 θ、φ 值代入后，变换矩阵为

$$T = \begin{pmatrix} 0.707107 & 0 & 0.707107 & 0 \\ 0.408248 & 0.816597 & -0.408248 & 0 \\ 0 & 0 & 0 & 0 \\ 0 & 0 & 0 & 1 \end{pmatrix}$$

（3）透视投影变换　透视投影图是仿照人的视觉产生的图形，其形成原理如图 13.2-23 所示。在图中，视点取在原点，视点又称投影中心。投影平面选为与 z 轴垂直并离原点距离为 D 处。

若以齐次坐标表示并写成矩阵形式则为

$$\begin{pmatrix} X' \\ Y' \\ Z' \\ H \end{pmatrix} = \begin{pmatrix} 1 & 0 & 0 & 0 \\ 0 & 1 & 0 & 0 \\ 0 & 0 & 1 & 0 \\ 0 & 0 & \dfrac{1}{D} & 1 \end{pmatrix} \begin{pmatrix} x \\ y \\ z \\ 1 \end{pmatrix}$$

$$x' = \frac{X'}{H} \quad y' = \frac{Y'}{H} \quad z' = \frac{Z'}{H}$$

如取投影平面在 $z=0$ 处，视点取在 z 轴上 $z = -D$ 处，则变换关系为

$$\begin{pmatrix} X' \\ Y' \\ Z' \\ H \end{pmatrix} = \begin{pmatrix} 1 & 0 & 0 & 0 \\ 0 & 1 & 0 & 0 \\ 0 & 0 & 0 & 0 \\ 0 & 0 & \dfrac{1}{D} & 1 \end{pmatrix} \begin{pmatrix} x \\ y \\ z \\ 1 \end{pmatrix}$$

在透视投影图中，任何与投影平面不平行的平行线，其投影线的延长线都汇聚于一点，称为灭点。通常，物体有三个主坐标方向，即其长、宽、高方向，物体上的外形轮廓线大都是平行于这三个方向的。如果在进行透视变换时，所选择的物体位置只有一个主坐标方向和投影平面相交，则所绘出的透视投影图中只有一个灭点（见图 13.2-24），称为一点透视。可以调整物体的方位，使之有两个或三个主坐标方向与投影平面相交，所绘得的透视图称二点透视或三点透视，其图形真实感比一点透视好（见图 13.2-25）。

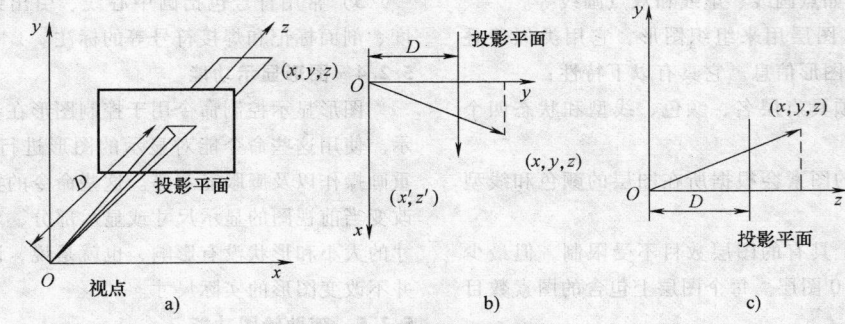

图13.2-23　透视投影

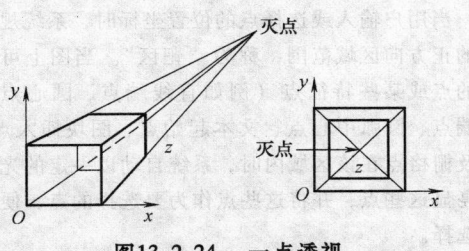

图13.2-24　一点透视

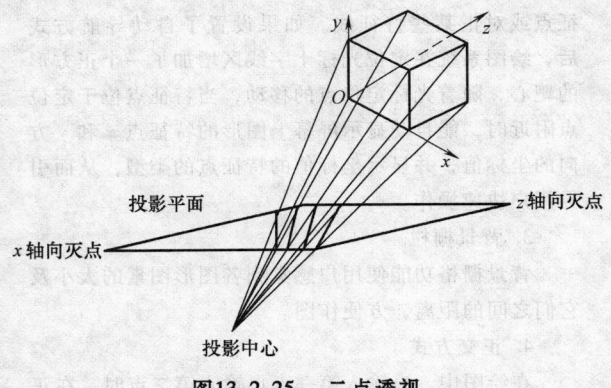

图13.2-25　二点透视

5　通用 CAD 绘图软件

5.1　CAD 绘图软件的安装与图形管理

1. 软件安装和环境配置

安装 CAD 软件前，用户应先了解有关的系统需要，以便合理配置机器。

软件环境如下：

1）操作系统可以是：Windows2000/XP/vista/7 等。

2）Web 浏览器：Internet Explorer6.0 以上。

2. 工作环境的设置

CAD 软件界面一般都包含以下内容：标题栏、菜单栏、工具栏、绘图区、命令行和状态栏等。用户可以根据自己的操作习惯自行调整其位置和大小以适应。

3. 图形文件的管理

文件的管理，包括新建图形文件，打开、保存已有的图形文件，如何退出打开的文件等。

5.2　软件基本功能

5.2.1　基本绘图功能

CAD 系统最基本的功能是利用计算机交互绘图。目前有很多种商品化的 CAD 绘图软件包，尽管这些软件具有各自的特点，但一般都具有以下基本功能。

1. 基本图素绘制

（1）点　点是组成图形的最基本的实体对象之一。可以在指定的工作界面上绘制指定形状和大小的点。其形状、大小和位置用户可以自定义。

（2）直线　通常用于在两点之间绘制直线，用户可以通过确定线段的起点和终点来绘制。

（3）圆　圆也是绘图中最常用的一种基本实体之一。圆是用于绘制没有宽度的圆形，可以通过圆心和半径、三点和两点等方式来绘制圆。

（4）圆弧　按照系统提供的绘制方式和相应的已知条件绘制圆弧。

（5）文字符号　在进行设计工作时，不仅要绘制出图形，而且还经常要标注文本，如填写标题栏内容、技术要求、明细表和对某些图形的注释等。

CAD 系统提供了强大的文本标注和表格功能，从创建文字样式、文字输入到文字的编辑、修改属性，再到使用表格功能创建、复制不同类型的表格。

2. 基本图素的属性和图形

每种基本图素除具有不同的形状外，还可以定义其具有的不同线型和图层两种属性。

（1）线型　机械制图中规定了多种线型，不仅提供了连续线型、粗实线、细实线等，还提供了大量的非连续线性，如点画线、虚线和双点画线等。

（2）图层　图层用来组织图形，它用类似于叠加的方法来存放图形信息。它具有以下特性：

1）图层必须具有层名、颜色、线型和状态四个参数。

2）图层中的图素会根据所在图层的颜色和线型被自动赋予。

3）一幅图上具有的图层数目不受限制，但最少也得保留原始的 0 图层。每个图层上包含的图素数目也不受限制。

4）图层可以是打开的（可见的）也可以是关闭的（不可见的）。

5）图层可以是解冻的（可操作）也可以是冻结的（可见但不可操作）。

6）具有相同属性的图形元素具有相同的线型、颜色和状态（可见或不可见、冻结或可操作）。采用图层可简化和减少重复性的绘图定义工作。

3. 基本图形绘制

这类绘图命令是由基本图素的绘图命令派生出来的，用于绘制常用的最基本的图形。常用的绘图命令有矩形、多边形、椭圆、多义线和图案填充等。

5.2.2　图形编辑和修改功能

图形编辑和修改就是对图形对象进行移动、旋转、缩放、复制、删除和参数修改等操作的过程。采用恰当的图形编辑和修改命令生成的工程图样，可以提高绘图的效率。

5.2.3　尺寸和工程符号标注功能

尺寸标注是工程图样的重要组成部分，是零件制造、工程施工和零部件装配的重要依据。主尺寸标注可以由尺寸界线、尺寸线、尺寸文字、箭头、指引线、中心标记等几部分组成。尺寸标注的样式设置，也就是分别对这几个组成部分进行设置，以控制标注的格式和外观。用户只需要指出尺寸标注的具体位置，系统自动计算尺寸值并标注尺寸。有些 CAD 绘图软件系统不仅包括基本类型的标注命令，而且提供了一系列方便工程绘图的辅助标注命令。

1. 尺寸标注基本类型

尺寸标注的类型有线性标注（水平、垂直和斜线）、弧长标注、基线/连续标注、圆形尺寸标注和角度标注等。

2. 工程符号标注

1）表面粗糙度的标注。

2）几何公差和基准代号的标注。

3）技术要求的标注。

4）装配图序号标注及明细表。

5）常用符号包括圆中心线、引出线、锥度、斜度、剖面标记和焊接符号等的标注。

5.2.4　图形显示功能

图形显示控制命令用于控制图形在显示器上的显示。使用这些命令能对显示的图形进行缩放、移动、重画操作以及鹰眼显示等。这些命令的共同特点是只改变当前视图的显示尺寸或显示部分，对实际视图尺寸的大小和形状没有影响，也就是说，调用此类命令并不改变图形的实际尺寸。

5.2.5　辅助绘图功能

1. 目标捕捉功能

当用户输入或选择点的位置坐标时，系统规定一定的正方向区域范围，称为"靶区"。当图上可见实体的点或某些特征点（例如直线端点、圆心点、圆弧端点、圆弧中心点、文本起始点、图块插入点等）以及栅格点在该区域内时，系统自动以一定的光标图形亮显这些点，并将这些点作为要选择的点，便于用户选择。

2. 自动导航功能

图形的绘制和编辑过程中，常常需要捕捉某些特征点或对正某些特征线。如果设置了自动导航方式后，绘图系统在定位光标十字线区增加了一个正方形的靶心，随着光标定位点的移动，当特征点位于定位点附近时，能自动显示屏幕上图形的特征点 x 和 y 方向的坐标值，并显示坐标值的特征点的类型，从而引导用户快速操作。

3. 背景栅栏

背景栅格功能使用户感觉到各图形图素的大小及它们之间的距离，方便作图。

4. 正交方式

在绘图中，当输入第一点再输入第二点时，在正交方式控制下，可以帮助用户画出一条水平或垂直的与第一点的连线，同时由第二点拉出的皮筋线总是处于正交状态。

5. 三视图导航

按照机械制图的原理，在绘制三视图时，要求"长对正、宽相等、高平齐"。为此，有些图形软件系统提供了一种三视图导航功能，引导用户快速准确地绘制三视图。

5.2.6　图块、属性及用户图形库

1. 图块及其定义

在绘图过程中，常常遇到部分图形重复出现的情况。图块是有一组图形对象组成的一个集合。一个图块可以包含多条直线、圆、圆弧等对象，但它是作为一个整体进行操作的，并被赋予一个块名保存。需要

时可将这个实体作为一个整体被调用，因此使操作更方便。可将常用的图形符号（如电子元器件、门窗构件、螺纹连接件、表面粗糙度符号、标题栏等）定义成图块。

图块有如下几个优点：

1）提高绘图效率：把经常使用的图形定义成图块，并建立一个图库，需要时直接调出，节省重复绘图时间，提高工作效率。

2）节省磁盘空间：每一组图形出现都会占用一定的磁盘空间，但对块的插入，软件只记录块的插入点，从而减少图形文件的大小，节省磁盘空间。

3）便于图形的修改：利用图块的相同性，可将插入的图块进行同时修改。

4）携带属性：属性是块中的文本信息，这些文本信息可以在每次插入块时改变，也可以隐藏起来，用户还可以从图中将属性提取出来。

2. 属性及其定义

属性指可定义的从属于绘图实体的非图形信息，绘图实体包括点、线段、圆和圆弧以及图块。所定义的属性是绘图实体的一个组成部分。

3. 用户图形库

图形管理是 CAD 应用的一个重要内容，是 CAD 应用中较为繁琐、较为困难的部分之一。不同的用户可以有不同的图形管理方案。在进行产品设计的过程中，经常会用到一些常用的图形符号，对于这些重复率极高且使用非常频繁的图形，可以将它作为图块随时插入，从而达到重复利用的目的。如果想要使一些重复的图形更好地融入 CAD 系统中，使之成为系统的一部分，可以在使用图块的基础上建立图标菜单，图标是先进的菜单选项显示形式，图标菜单作为一种图像，具有形象、直观、易于操作等特点。

具有多个实体组合而成的图块在图形文件中仅作为一个实体存在时，对于每次图块插入过程，系统只需记住一个实体，这样可以节省图形存储空间，图块越复杂效果越显著。

用户还可以为插入的图块加入属性。属性是一种文字信息。用户可以从图块中提取这些属性的文字信息，并传递到数据库或其他的应用程序处理中，还可以在每次插入时修改属性值。

5.2.7　参数化绘图

1. 参数化绘图基本概念

在机械产品中系列化的产品占有相当高的比例，对系列化的机械产品，其图形的结构形状基本相同，仅尺寸不同，若采用交互绘图，则对系列产品中每一个产品均需要重新绘制，重复的工作量极大。参数化绘图是适用于结构形状比较定型，并可以用一组参数约定尺寸关系的系列化或标注化的图形绘制方法。

2. 参数化绘图实现技术

参数化设计的本质是约束的建立和目标的求解，根据对约束和目标求解的方法不同，目前典型的参数化设计方法可归纳为以下三种。

（1）代数求解法　首先将几何图形看做一系列特征点的组合，将约束关系转换成一系列以特征坐标点为变量的非线性方程组。利用牛顿迭代法求解，从而确定出几何细节。该算法的优点是能适应大范围的约束类型，缺点是方程组整体求解的规模和速度难以有效控制，同时要求尺寸标注合理，既不多余，也无遗漏，方程组才有唯一解。

（2）构造过程法　在作图过程中同步建立图形约束，通过菜单项的设置自动记录对应几何元素之间的约束定义，修改参数后，根据所记录的次序和内容，进行几何推理，从已知元素出发，查找所有与之有约束关系的元素，调用相应的函数求解所有的未知参数，再绘制改变参数后的图形。

（3）几何推理法　基于人工智能的方法将约束关系用一阶谓词来描述并存入事实库，通过推理机记录所有成功的规则应用并提供重构的过程，从而构造出整体几何体。

5.2.8　CAD 软件二次开发

1. 二次开发定义

设计中一般都采用 CAD 设计软件，在复杂 CAD 问题或特殊用途的设计中，凭借原有软件的功能往往难以解决问题，在此情况下，只会使用软件的基本功能是不够的，根据客户的特殊用途进行软件的客户化定制和二次开发，往往能够大大提高企业的生产效率和技术水平。

这种用户和开发者采用高级编程语言对 CAD 软件本身进行扩充和修改，即二次开发，能最大限度地满足用户的特殊要求。

2. 二次开发实例

下面介绍一个基于 VC 语言对 Auto CAD2007 进行二次开发的小例子。该例子为在界面中添加一个按钮，为该按钮添加如下的代码后，实现点击按钮打开一个 CAD 文件的功能。

```
Private void button1_Click( object  sender,  EventArgs  e)
    {
        OpenFileDialog   pOpenDG = new OpenFileDialog( );
```

```
pOpenDG. ShowDialog( );
AcadApp  =  new  AcadApplication( );
AcadApp. Application. Visible  =  true;
AcadDoc  =  AcadApp. Documents. Open ( file-
Path, null, null );
}
```

程序运行结果如图 13.2-26 所示。

如果没有语句"AcadApp. Application. Visible ＝ true;"则无法显示 CAD 软件界面，只能在后台启动 CAD。通过"AcadApp ＝ new AcadApplication( );"创建一个新的 CAD 对象，但是并不是每次都需要创建 CAD 对象，如 CAD 对象已经存在时就不需要再创建 CAD 对象了。

图13.2-26　程序运行结果

第3章 优 化 设 计

1 概述

优化设计（optimal design）是从多种方案中选择最佳方案的设计方法。它以数学中的最优化理论为基础，以计算机为手段，根据设计所追求的性能目标，建立目标函数，在满足给定的各种约束条件下，寻求最优的设计方案。它从20世纪60年代逐渐发展起来，到现在，优化设计方法已广泛应用于各个工业部门，如机械、电子电气、化工、纺织、冶金、石油、航空航天、道路交通以及建筑等设计领域，特别是在机械设计中，对于机构、零件、工艺设备、部件等的基本参数，以及一个分系统的设计，都有很多优化设计方法取得良好的经济效果的实例。优化设计的数学模型如下：

首先要选取设计变量，然后列出目标函数，当给出约束条件后，即可构造优化的数学模型。任何一个优化问题均可归结为如下的描述：

设计变量

$$X = (x_1, x_2, \cdots x_n)^T$$

约束

$$R = \{ X \mid g_i(X) \leqslant 0 \quad (i=1,2,\cdots n) \}$$

$$(13.3\text{-}1)$$

目标函数

$$\min[f(X)] \text{ 或 } \max[f(X)]$$

但对优化设计进行模型化时应注意以下问题：设计变量的数目和约束条件的数目等。

在优化设计的数学模型中，如果 $f(X)$ 和 $g_i(X)$ 都是设计变量 X 的线性函数，那么这种优化问题就属于线性规划问题。如果它们不全是 X 的线性函数，那么则属于非线性规划问题，若要求设计变量 X 为整数，则称为整数规划问题。如果式（13.3-1）中 $n=0$，就称为无约束优化问题；否则称为约束优化问题。工程优化设计问题中的绝大多数问题都属于约束优化问题。

若无约束优化问题的目标函数是一元函数，则称它为一维优化问题；若是二元或二元以上函数，则称它为多维无约束优化问题。

2 一维优化方法

对一维目标函数 $f(X)$ 求最优解的过程，称之为一维优化（或一维搜索），求解时使用的方法称为一维优化方法。

一维搜索方法主要包括以下几种：分数法、黄金分割法（0.618法）、二次插值和三次插值法等。

2.1 搜索区间的确定

按照函数的变化情况，可将区间划分为单峰区间和多峰区间。若在一个区间内，函数变化只有一个峰值，则称这个区间为单峰区间，此峰值为函数的极小值，如图13.3-1所示。

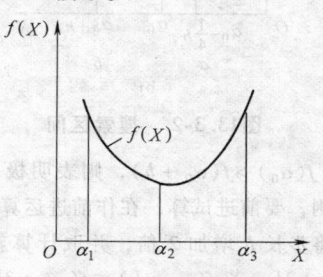

图13.3-1 单峰区间

假设区间 $[\alpha_1, \alpha_3]$ 为单峰区间，α_2 为单峰区间内的一点，若有

$$\alpha_1 < \alpha_2 < \alpha_3 \text{ 或 } \alpha_1 > \alpha_2 > \alpha_3$$

成立，则必有

$$f(\alpha_1) > f(\alpha_2) \text{ 且 } f(\alpha_2) < f(\alpha_3)$$

也就是说，在单峰区间内的极小值点 X^* 的左侧，函数呈下降趋势，而在极小值点 X^* 的右侧，函数呈上升趋势。即单峰区间的函数值是"高-低-高"的变化特征。

如果在进行一维搜索之前，可以估计到极小值点大致所在的位置，那么就可以直接给出搜索区间；否则，需采用试算法确定。这里比较常用的方法是进退试算法。

进退试算法就是首先按照一定的规律给出若干个试算点，然后依次比较各试算点的函数值的大小，直至找到相邻三点的函数值按"高-低-高"变化的单峰区间为止。

进退试算法的运算步骤如下：

1）给定初始点 α_0 和初始步长 h，设搜索区间 $[a, b]$，如图13.3-2所示。

2）将 α_0 及 $\alpha_0 + h$ 代入目标函数 $f(X)$ 进行计算并比较其函数值的大小。

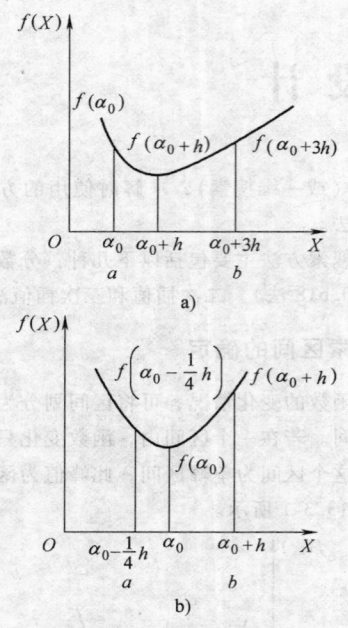

a)

b)

图13.3-2　搜索区间

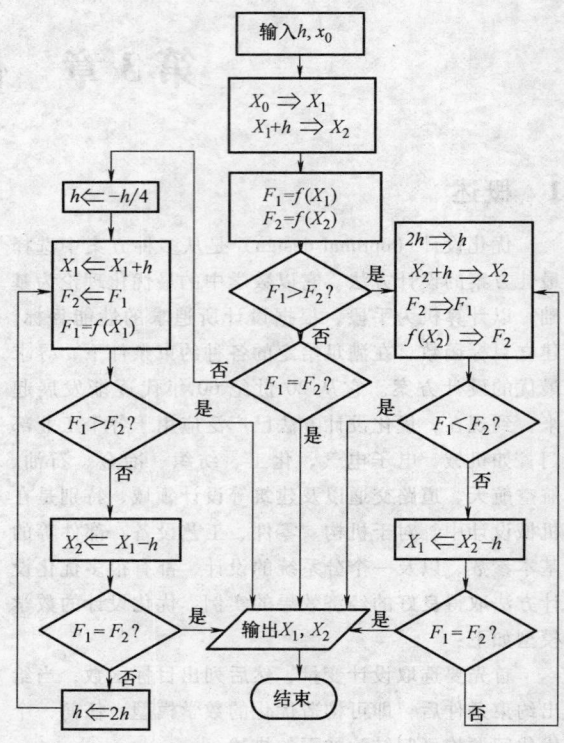

图13.3-3　进退法的程序框图

3）若 $f(\alpha_0) > f(\alpha_0 + h)$，则表明极小值点在试算点的右侧，要前进试算。在作前进运算时，为加速计算，可将步长 h 增加 2 倍，并取计算新点为 $\alpha_0 + h + 2h = \alpha_0 + 3h$。若 $f(\alpha_0 + h) \leqslant f(\alpha_0 + 3h)$，则所计算的相邻三点的函数值已符合高-低-高特征，这时可确定搜索区间为

$$a = \alpha_0, \quad b = \alpha_0 + 3h$$

否则，将步长再加倍，并重复上述运算。

4）若 $f(\alpha_0) < f(\alpha_0 + h)$，则表明极小值点在试算点的左侧，需后退试算。在作后退运算时，应将后退的步长缩短为原步长 h 的 1/4，则取步长为 $h/4$，并从 α_0 点出发，得到后退点为 $\alpha_0 - h/4$，若 $f\left(\alpha_0 - \dfrac{h}{4}\right) > f(\alpha_0)$，则搜索区间可取为

$$a = \alpha_0 - h/4, \quad b = \alpha_0 + h$$

否则，将步长再加倍，继续后退，重复上述步骤，直到满足单峰区间条件为止。

上述进退试算法的程序计算框架图如图 13.3-3 所示。

2.2　一维搜索的试探方法

在实际计算中，黄金分割法是最常用的一维搜索试探方法，也叫做 0.618 法。现在介绍一下黄金分割法的基本思想。

黄金分割法是一种等比例缩短区间的直接搜索方法。该法的基本思路是：通过比较单峰区间内两点的函数值，不断舍弃单峰区间的左端或右端一部分，使区间按照固定区间缩短率（缩小后的新区间与原区间长度之比）逐步缩短，直到极小值点所在的区间缩短到给定的误差范围内，从而得到近似最优解。

为了缩短区间，可在已确定的搜索区间（单峰区间）内，选取计算点，计算函数值，并比较它们的大小，以消去不可能包含极小值点的区间。

如图 13.3-4 所示，在已确定的单峰区间 $[a, b]$ 内任取两个内分点 α_1，α_2，并计算它的函数值 $f(\alpha_1)$，$f(\alpha_2)$，比较它们的大小，可能发生以下情况：

1）若 $f(\alpha_1) < f(\alpha_2)$，由于函数的单峰性，极小值点必位于区间 $[a, \alpha_1]$ 内，因此可以去掉区间 $[\alpha_2, b]$，从而得到缩短了的搜索区间 $[a, \alpha_2]$，如图 13.3-4a 所示。

2）$f(\alpha_1) > f(\alpha_2)$，很明显，极小点必位于 $[\alpha_1, b]$ 内，因而可去掉区间 $[a, \alpha_1]$，得到新区间 $[\alpha_1, b]$，如图 13.3-4b 所示。

3）若 $f(\alpha_1) = f(\alpha_2)$，极小点应在区间 $[\alpha_1, \alpha_2]$ 内，因而可去掉 $[a, \alpha_1]$ 或 $[\alpha_2, b]$，或者将此二段都去掉，如图 13.3-4c 所示。

对于上述缩短后的新区间，可在其内再取一个新

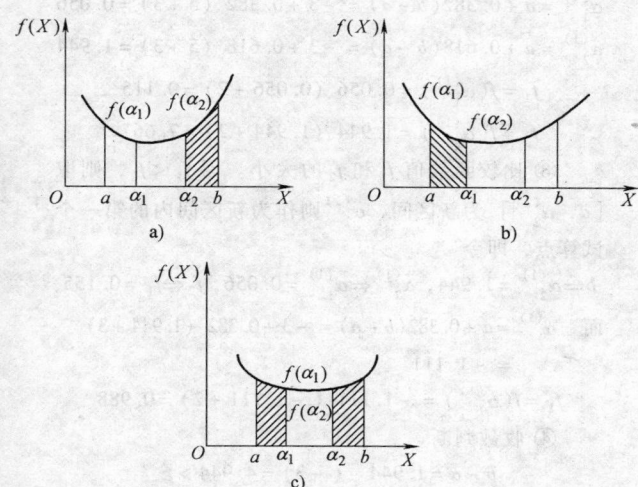

图13.3-4　序列消去原理

点 α_3，然后将此点和该区间内剩下的那一点比较其函数值的大小，再按照上述方法，进一步缩短区间，这样不断进行下去，直到所保留的区间缩小到给定的误差范围内，从而得到近似最优解。按照上述方法，就可得到一个不断缩小的区间序列，因此称之为序列消去原理。

黄金分割法的内分点选取必须遵循每次区间缩短都取相等的区间缩短率的原则。按照这一原则，其区间缩短率都是取 $\lambda = 0.618$，即该法是按区间全长的 0.618 倍的关系来选取两个对称内分点 α_1、α_2 的。

如图 13.3-5 所示，设原区间 $[a, b]$ 长度为 L，区间缩短率为 λ。为了缩短区间，黄金分割法要求在区间 $[a, b]$ 上对称地取两个内分点 α_1 和 α_2，设两个对称内分点交错离两端点距离为 l，则首次区间缩短率为

$$\lambda = l/L$$

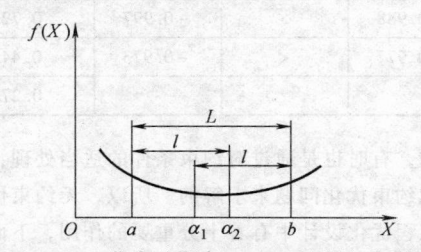

图13.3-5　黄金分割新、旧区间的几何关系

再次区间缩短率为

$$\lambda = (L - l)/l$$

根据每次区间缩短率相等的原则，则有

$$\lambda = l/L = (L - l)/l$$

由此得

$$l^2 - L(L - l) = 0$$

即 $\left(\dfrac{l}{L}\right)^2 + \dfrac{l}{L} - 1 = 0$ 或 $\lambda^2 + \lambda - 1 = 0$，解其方程，得其正根为

$$\lambda = \frac{\sqrt{5} - 1}{2} = 0.6180339887\cdots \approx 0.618$$

这就是说，只要取 $\lambda = 0.618$，就可以满足区间缩短率不变的要求。即每次缩小区间后，所得到的区间是原区间的 0.618 倍，舍弃的区间是原区间的 0.382 倍。在黄金分割法迭代过程中，除初始区间要找两个内分点外，每次缩短的新区间内，只需要再计算一个新点函数值就够了。

据以上结果，黄金分割法的两个内分点的取点规则为

$$\alpha_1 = a + (1 - \lambda)(b - a) = a + 0.382(b - a)$$
$$\alpha_2 = a + \lambda(b - a) = a + 0.618(b - a)$$

$$(13.3-2)$$

综上所述，黄金分割法的计算步骤如下：

① 给定初始单峰区间 $[a, b]$ 和收敛精度 ε；

② 在区间 $[a, b]$ 内取两个内分点并计算其函数值

$$\alpha_1 = a + 0.382(b - a)，f_1 = f(\alpha_1)$$
$$\alpha_2 = a + 0.618(b - a)，f_2 = f(\alpha_2)$$

③ 比较函数值 f_1 和 f_2 的大小。若 $f_1 < f_2$，则取 $[a, \alpha_2]$ 为新区间，而 α_1 则作为新区间内的第一个试算点，即令

$$b \Leftarrow \alpha_2，\alpha_2 \Leftarrow \alpha_1，f_2 \Leftarrow f_1$$

而另一试算点可按下式计算出来

$$\alpha_1 = a + 0.382(b - a)，f_1 = f(\alpha_1)$$

若 $f_1 \geqslant f_2$，则取 $[\alpha_1, b]$ 为新区间，而 α_2 作为新区间内的第一个试算点，即令

$$a \Leftarrow \alpha_1，\alpha_1 \Leftarrow \alpha_2，f_1 \Leftarrow f_2$$

而另一试算点可按下式计算出来：

$$\alpha_2 = a + 0.618(b - a)，f_2 = f(\alpha_2)$$

④ 如果满足迭代终止条件 $b - a \leqslant \varepsilon$，则转下一步，否则返回步骤①，进行下一次迭代计算，进一步缩短区间。

⑤ 输出最优解

$$x^* = \frac{a + b}{2}，f^* = f(x^*)$$

黄金分割法的计算框图如图 13.3-6 所示。

【例 1】　试用黄金分割法求函数 $f(x) = x(x + 2)$ 的极小点，设初始单峰区间 $[a, b] = [-3, 5]$，给定计算精度 $\varepsilon = 0.3$。

【解】　第一次迭代：

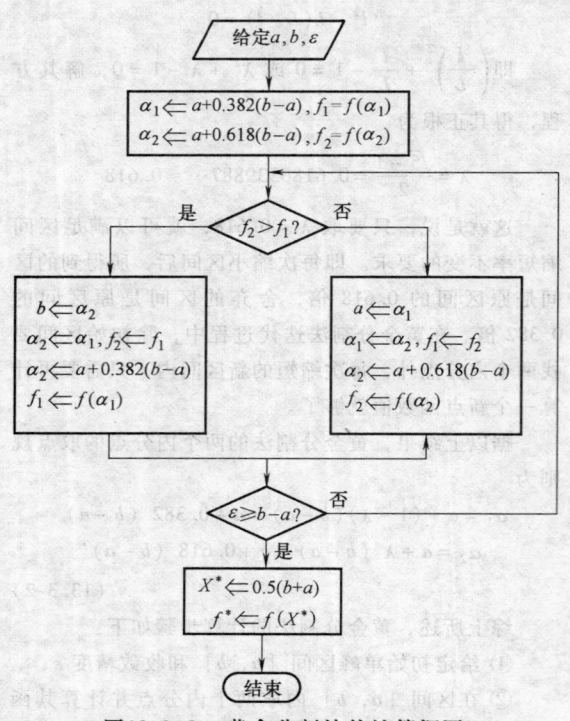

图13.3-6　黄金分割法的计算框图

① 已给定初始搜索区间 $[a, b] = [-3, 5]$。

② 在区间 $[-3, 5]$ 中取两内分点并计算其函数值。

$$\alpha_1^{(1)} = a + 0.382(b-a) = -3 + 0.382\ (5+3) = 0.056$$

$$\alpha_2^{(1)} = a + 0.618(b-a) = -3 + 0.618\ (5+3) = 1.944$$

$$f_1 = f(\alpha_1^{(1)}) = 0.056\ (0.056 + 2) = 0.115$$

$$f_2 = f(\alpha_2^{(1)}) = 1.944\ (1.944 + 2) = 7.667$$

③ 比较函数值 f_1 和 f_2 的大小。因 $f_1 < f_2$，则取 $[a, \alpha_2^{(1)}]$ 为新区间，$\alpha_1^{(1)}$ 则作为新区间内的第一个试算点，即令

$$b \Leftarrow \alpha_2^{(1)} = 1.944,\ \alpha_2^{(1)} \Leftarrow \alpha_1^{(1)} = 0.056,\ f_2 \Leftarrow f_1 = 0.155$$

而

$$\alpha_1^{(1)} = a + 0.382(b-a) = -3 + 0.382\ (1.944 + 3)$$

$$= -1.111$$

$$f_1 = f(\alpha_1^{(1)}) = -1.111\ (-1.111 + 2) = 0.988$$

④ 收敛判断

$$b - a = 1.944 - (-3) = 4.944 > \varepsilon$$

因不满足终止条件，故返回步骤②，继续缩短区间，进行第二次迭代。

各次迭代计算结果见表 13.3-1，由该表可知，经过 8 次迭代，其区间缩小为

$$b - a = -0.836 - (-1.111) = 0.275 < \varepsilon = 0.3$$

故可停止迭代，输出最优解

$$X^* = \frac{a+b}{2} = \frac{-1.111 - 0.836}{2} = -0.9735$$

$$f(X^*) = -0.9735\ (-0.9735 + 2) = -0.9993$$

表 13.3-1　例 1 的迭代计算结果

迭代次数	a	b	$\alpha_1^{(1)}$	$\alpha_2^{(1)}$	f_1	比较	f_2	$b-a$
1	-3	5	0.056	1.944	0.155	<	7.667	8.000
2	-3	1.944	-1.111	0.056	-0.988	<	0.115	4.944
3	-3	0.056	-1.833	-1.111	-0.306	>	-0.988	3.056
4	-1.833	0.056	-1.111	-0.666	-0.988	<	-0.888	1.889
5	-1.833	-0.666	-1.387	-1.111	-0.850	>	-0.988	1.167
6	-1.387	-0.666	-1.111	-0.941	-0.988	>	-0.997	0.721
7	-1.111	-0.666	-0.941	-0.836	-0.977	<	-0.973	0.445
8	-1.111	-0.836						0.275

3　无约束优化方法

多维无约束优化问题的一般数学表达式为

$$\min f(X) = f(x_1, x_2 \cdots x_n), \quad X \in R^n \qquad (13.3-3)$$

求解这类问题的方法，叫做多维无约束优化方法。它也是构成约束优化方法的基础算法。

多维无约束优化方法是优化技术中最重要和最基本的内容之一。因为它不仅可以直接用来求解无约束优化问题，而且在实际工程设计问题中的大量约束优化问题，有时也是通过对约束条件的适当处理，再转化为无约束优化问题来求解的。所以，无约束优化方法在工程优化设计中有着十分重要的作用，下面介绍几种经典的无约束优化方法。

3.1　坐标轮换法

坐标轮换法是求解多维无约束优化问题的一种直接法，它不需要求函数导数而直接搜索目标函数的最优解，该法又称降维法。

坐标轮换法的基本原理是：它将一个多维无约束优化问题转化为一系列一维优化问题来求解，即依次沿着坐标轴的方向进行一维搜索，求得极小点。当对 n 个变量 x_1，x_2，$\cdots$，x_n 依次进行过一次搜索之后，即完成一轮计算。若未收敛到极小点，则又从前一轮的最末点开始，作下一轮搜索，如此继续下去，直至收敛到最优点为止。

坐标转换法的搜索过程如图 13.3-7 所示。对于 n 维问题，是先将 $n-1$ 个变量固定不动，只对第一个变量进行一维搜索，得到极小点 $X_1^{(1)}$；然后，再保持 $n-1$ 个变量固定不动，对第二个变量进行一维搜索，得到极小值点 $X_2^{(1)}\cdots$，依次就把一个 n 维的问题转化为求解一系列一维的优化问题。当沿 x_1，x_2，$\cdots$，x_n 坐标方向依次进行一维搜索之后，得到 n 个一维极小值点 $X_1^{(1)}$，$X_2^{(1)}$，$\cdots$，$X_n^{(1)}$，即完成第一轮搜索。接着，以最后一维的极小值点为始点，重复上述过程，进行下轮搜索，直到求得满足精度的极小点 X^* 后，则可停止搜索迭代计算。

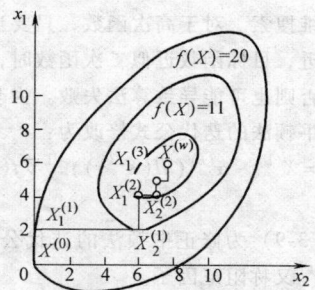

图13.3-7　坐标轮换法搜索过程

根据上述原理，对于第 k 轮计算，坐标转换法的迭代计算公式为

$$X_i^{(k)} = X_{i-1}^{(k)} + \alpha_i S_i^{(k)} \quad (i=1,2,\cdots,n) \qquad (13.3-4)$$

其中，搜索方向 $S_i^{(k)}$，是轮流取 n 维空间各坐标轴的单位矢量

$$S_i^{(k)} = e_i = 1 \quad (i=1,2,\cdots,n)$$

即

$$e_1 = \begin{pmatrix} 1 \\ 0 \\ 0 \\ \vdots \\ 0 \end{pmatrix}, e_2 = \begin{pmatrix} 1 \\ 0 \\ 0 \\ \vdots \\ 0 \end{pmatrix}, \cdots, e_n = \begin{pmatrix} 1 \\ 0 \\ 0 \\ \vdots \\ 1 \end{pmatrix}$$

也即其中第 i 个坐标方向上的分量为 1，其余均为零。其中步长 α_i 取正值或负值均可，正值表示沿坐标正方向搜索，负值表示逆坐标轴方向搜索，但无论正负，必须使目标函数值下降，即

$$f(X_i^{(k)}) < f(X_{i-1}^{(k)})$$

在坐标轮换法中选取迭代步长 α_i 主要有以下两种取法：

（1）最优步长　利用一维搜索来完成该方向上的最优步长，迭代公式为 $X_i = X_{i-1} + \lambda_i E_i$，此方法的每一步均可最大限度地减小目标函数值，故可期望收敛得更快些，但是程序比较复杂。

（2）加速步长　即在每一维搜索时，首先选择一个初始步长 α_i，如果沿该维方向第一步搜索成功（即该点函数值下降），则以倍增的步长继续沿该维向前搜索，步长的序列为

$$\alpha_i, 2\alpha_i, 4\alpha_i, 8\alpha_i, \cdots$$

直到函数值出现上升时，取前一点为本维极小值点，然后改为沿下一维方向进行搜索，依次循环继续前进，直至到达收敛精度为止。

坐标转换法的特点是：计算简单，概念清楚，易于掌握；但搜索路线较长，计算效率较低，特别当维数很高时，计算时间很长，所以坐标转换法只能用于低维（$n<10$）优化问题的求解。另外，该法的效能在很大程度上取决于目标函数的性态，即等值线的形态与坐标轴的关系。

3.2　牛顿法

牛顿法也是优化方法中一种经典的方法，是一种解析法。此法为梯度法的进一步发展，它的搜索方向是根据目标函数的负梯度和二阶偏导数矩阵来构造的。牛顿法包括原始牛顿法和阻尼牛顿法。

原始牛顿法的基本思想是：在求目标函数 $f(X)$ 的极小值时，先将它在点 $X^{(k)}$ 处展成泰勒二次近似式 $\phi(X)$，然后求出这个二次函数的极小值点，并以此点作为目标函数的极小值点的一次近似值；如果此值不满足收敛精度要求，就可以以此近似值作为下一次迭代的初始点，按照上面的做法，求出二次近似值；照此方式迭代下去，直至所求出的近似极小值点满足迭代精度要求为止。

现用二维问题来说明。设目标函数 $f(X)$ 为连续二阶可微，则在给定点 $X^{(k)}$ 展成泰勒二次近似式：

$$f(X) \approx \phi(X) = f(X^{(k)}) + [\nabla f(X^{(k)})]^T [X - X^{(k)}] + \frac{1}{2}[X - X^{(k)}] H(X^{(k)}) [X - X^{(k)}] \qquad (13.3-5)$$

为求二次近似式 $\phi(X)$ 的极小点，对式（13.3-5）求梯度，并令

$$\nabla \phi(X) = \nabla f(X^{(k)}) + H(X^{(k)})[X - X^{(k)}]$$

解之可得

$$X_{\phi}^{*} = X^{(k)} - [H(X^{(k)})]^{-1} \nabla f(X^{(k)})$$

$$(13.3-6)$$

式中　$[H(X^{(k)})]^{-1}$——海森矩阵的逆矩阵；

　　　$\nabla f(X^{(k)})$——函数 $f(X)$ 的梯度。

其中函数 $f(X)$ 在点 $X^{(k)}$ 的海森（Hessian）矩阵，经常记作 $H(X^{(k)})$。海森矩阵的组成形式如下：

$$H(X^{(k)}) = \nabla^2 f(X^{(k)}) =$$

$$\begin{pmatrix} \dfrac{\partial^2 f(X^{(k)})}{\partial x_1^2} & \dfrac{\partial^2 f(X^{(k)})}{\partial x_1 \partial x_2} & \cdots & \dfrac{\partial^2 f(X^{(k)})}{\partial x_1 \partial x_n} \\ \dfrac{\partial^2 f(X^{(k)})}{\partial x_2 \partial x_1} & \dfrac{\partial^2 f(X^{(k)})}{\partial x_2^2} & \cdots & \dfrac{\partial^2 f(X^{(k)})}{\partial x_2 \partial x_n} \\ \vdots & \vdots & \vdots & \vdots \\ \dfrac{\partial^2 f(X^{(k)})}{\partial x_n \partial x_1} & \dfrac{\partial^2 f(X^{(k)})}{\partial x_n \partial x_2} & \cdots & \dfrac{\partial^2 f(X^{(k)})}{\partial x_n^2} \end{pmatrix}$$

对于 n 元函数 $f(X)$ 的梯度为

$$\nabla f(X) = \left(\frac{\partial f(X)}{\partial x_1}, \frac{\partial f(X)}{\partial x_2}, \cdots, \frac{\partial f(X)}{\partial x_n} \right)^T$$

在一般情况下，$f(X)$ 不一定是二次函数，因而所求得的极小点 X_{ϕ}^{*} 也不可能是原目标函数 $f(X)$ 的真正极小值点。但是由于在 $X^{(k)}$ 点附近，函数 X_{ϕ}^{*} 和 $f(X)$ 是近似的，因而 X_{ϕ}^{*} 可作为 $f(X)$ 的近似极小值点。为求得满足迭代精度要求的近似极小点，可将 X_{ϕ}^{*} 点作为下一次迭代的起始点 $X^{(k+1)}$，即得

$$X^{(k+1)} = X^{(k)} - [H(X^{(k)})]^{-1} \nabla f(X^{(k)})$$

$$(13.3-7)$$

式（13.3-7）就是原始牛顿法的迭代公式。由式可知，牛顿法的搜索方向为

$$S^{(k)} = -[H(X^{(k)})]^{-1} \nabla f(X^{(k)}) \quad (13.3-8)$$

方向 $S^{(k)}$ 称为牛顿方向，可见原始牛顿法的步长因子恒取 $\alpha^{(k)} = 1$，因此，原始牛顿法是一种定步长的迭代过程。

如果目标函数 $f(X)$ 是正定二次函数，则海森矩阵 $H(X)$ 是常规矩阵，二次近似式 X_{ϕ}^{*} 变成了精确表达式。因此，由 $X^{(k)}$ 出发只需迭代一次即可求得 $f(X)$ 的极小点。

【例 2】　用原始牛顿法求目标函数 $f(X) = 60 - 10x_1 - 4x_2 + x_1^2 + x_2^2 - x_1 x_2$ 的极小值，取初始点 $X^{(0)} = [0, 0]^T$。

【解】　对目标函数 $f(X)$ 分别求点 $X^{(0)}$ 的梯度、海森矩阵及其逆矩阵，可得

$$\nabla f(X^{(0)}) = \begin{pmatrix} \dfrac{\partial f(X)}{\partial x_1} \\ \dfrac{\partial f(X)}{\partial x_2} \end{pmatrix}_{X^{(0)}}$$

$$= \begin{pmatrix} -10 + 2x_1^{(0)} & -x_2^{(0)} \\ -4 + 2x_2^{(0)} & -x_1^{(0)} \end{pmatrix} \begin{bmatrix} 0 \\ 0 \end{bmatrix} = \begin{pmatrix} -10 \\ -4 \end{pmatrix}$$

$$H(X^{(0)}) = \begin{pmatrix} \dfrac{\partial^2 f(X)}{\partial x_1^2} & \dfrac{\partial^2 f(X)}{\partial x_1 \partial x_2} \\ \dfrac{\partial^2 f(X)}{\partial x_2 \partial x_1} & \dfrac{\partial^2 f(X)}{\partial x_2^2} \end{pmatrix} = \begin{pmatrix} 2 & -1 \\ -1 & 2 \end{pmatrix}$$

$$H(X^{(0)})^{-1} = \frac{1}{\begin{vmatrix} 2 & -1 \\ -1 & 2 \end{vmatrix}} \begin{pmatrix} 2 & -1 \\ -1 & 2 \end{pmatrix}$$

$$= \frac{1}{3} \begin{pmatrix} 2 & -1 \\ -1 & 2 \end{pmatrix}$$

代入牛顿法迭代公式，求得

$$X^{(1)} = X^{(0)} - [H(X^{(0)})]^{-1} \nabla f(X^{(0)})$$

$$= \begin{pmatrix} 0 \\ 0 \end{pmatrix} - \frac{1}{3} \begin{pmatrix} 2 & -1 \\ -1 & 2 \end{pmatrix} \begin{pmatrix} -10 \\ -4 \end{pmatrix} = \begin{pmatrix} 8 \\ 6 \end{pmatrix}$$

上例表明，牛顿法对于二次函数是非常有效的，即迭代一步就可到函数的极值点，而这一步根本就不需要进行一维搜索。对于高次函数，只要当迭代点靠近极值点附近，目标函数近似二次函数时，才会保证很快收敛，否则也可能导致算法失败。为改正这一缺点，将原始牛顿法的迭代公式修改为：

$$X^{(k+1)} = X^{(k)} - \alpha^{(k)} (H(X^{(k)}))^{-1} \nabla f(X^{(k)})$$

$$(13.3-9)$$

式（13.3-9）为修正牛顿法的迭代公式。式中，步长因子 $\alpha^{(k)}$ 又称阻尼因子。

修正牛顿法的迭代步骤为：

1）给定初始点 $X^{(0)}$ 和收敛精度 ε，令 $k = 0$；

2）计算函数在点 $X^{(k)}$ 上的梯度 $\nabla f(X^{(k)})$、海森矩阵 $H(X^{(k)})$ 及其逆阵 $H(X^{(k)})^{-1}$；

3）进行收敛判断，若满足 $\| \nabla f(X^{(k)}) \| \leqslant \varepsilon$，则停止迭代，输出最优解；$X^* = X^{(k)}$，$f(X^*) = f(X^{(k)})$；否则，转下步；

4）构造牛顿搜索方向，即

$$S^{(k)} = -[H(X^{(k)})]^{-1} \nabla f(X^{(k)})$$

并从 $k \leftarrow k+1$ 出发沿牛顿方向 $S^{(k)}$ 进行一维搜索，即求出在 $S^{(k)}$ 方向上的最优步长 $\alpha^{(k)}$，使

$$f(X^{(k)} + \alpha^{(k)} S^{(k)}) = \min f(X^{(k)} + \alpha S^{(k)})$$

5）沿方向 $S^{(k)}$ 一维搜索，得迭代点

$$X^{(k+1)} = X^{(k)} + \alpha^{(k)} S^{(k)}$$

置 $k \leftarrow k+1$，转步骤 2）。

4　约束优化方法

优化设计问题大多数都属于约束优化问题，其数

学模型为

$$\min f(X) = f(x_1, x_2, \cdots, x_n)$$

s. t. $\quad g_j(X) = g_j(x_1, x_2, \cdots, x_n) \leqslant 0 \ (j = 1, 2, \cdots, m)$

$\qquad h_k(X) = h_k(x_1, x_2, \cdots, x_n) \leqslant 0 \ (k = 1, 2, \cdots, l)$

$$(13.3\text{-}10)$$

求解式（13.3-10）的方法称为约束优化方法。根据求解方式的不同，可分为直接解法、间接解法等。

4.1　遗传算法

近年来，遗传算法在机械优化领域应用得越来越广泛，它是模拟生物在自然环境中的遗传和进化过程而形成的一种自适应全局优化概率搜索算法，最早是在 1975 年由美国的 Holland 教授提出的，起源于 20 世纪 60 年代对自然和人工自适应系统的研究。遗传算法作为一种实用、高效、鲁棒性强的优化技术，发展极为迅速，在各种不同领域中得到了广泛应用，引起了许多学者的关注。

遗传算法是从达尔文进化论中得到灵感和启迪，借鉴自然选择和自然进化的原理，模拟生物在自然界中的进化过程所形成的一种优化求解方法。尽管这种自适应寻优技术可用来处理复杂的线性、非线性问题，但它的工作机理十分简单。标准遗传算法（Canonical Genetic Algorithms）的步骤如下：

1）构造满足约束条件的染色体。由于遗传算法不能直接处理解空间中的解，所以必须通过编码将解表示成适当的染色体。实际问题的染色体有多种编码方式，染色体编码方式的选取应尽可能地符合问题约束，否则将影响计算效果。

2）随机产生初始群体。初始群体是搜索开始时的一组染色体，其数量应适当选择。

3）计算每个染色体的适应度。适应度是反映染色体优劣的唯一指标，遗传算法就是要寻得适应度最大的染色体。

4）使用复制、交叉和变异算子产生子群体。这三个算子是遗传算法的基本算子，其中复制体现了优胜劣汰的自然规律，交叉体现了有性繁殖的思想，变异体现了进化过程中的基因突变。

5）重复步骤 3）、4）直到满足终止条件为止。

遗传算法与前述几种优化方法的区别在于：

1）遗传算法是多点搜索，而不是单点寻优；

2）遗传算法是直接利用从目标函数转化成的适应函数，而不采用导数等信息；

3）遗传算法采用编码方法而不是参数本身；

4）遗传算法是以概率原则指导搜索，而不是确定性的转化原则。

与传统方法相比，遗传算法比较适应于求解不连续、多峰、高维、具有凹凸性的问题，而对于低维、连续、单峰等简单问题，遗传算法不能显示其优越性，另外，比较常用的启发式算法还有粒子群算法与神经网络算法等等。

【例 3】蛋白质折叠热力学假说认为天然结构下的蛋白质的自由能是全局最小值。本例中将已有蛋白质能量函数与 HP 二维格子模型相结合，构建了一种简化的能量函数，运用遗传算法进行了结构求解。最后给出了四个计算实例，并进行了参数性能的讨论。

蛋白质结构的理论预测是当前生物信息学研究的热点之一。蛋白质结构的理论预测方法都是建立在氨基酸的一级结构决定高级结构的理论基础上，方法有同源建模法、反向折叠法和从头预测法等。

本例的工作属于从头预测法范畴。将已有蛋白质能量函数与 HP 二维格子模型相结合，构建了一种简化的能量函数，并运用遗传算法进行了结构求解。

按照 Anfisen 原理，蛋白质结构预测的任务就是找到自由能最小的自然态。从头预测法便归结为求解如下一个优化问题：

$$\begin{cases} \min E(x) \\ x \in \Omega \end{cases}$$

这里 $E(x)$ 为势能函数，Ω 为构象空间。

传统平均势能函数是利用统计方法得到的优化模型，如下式：

$$U = \sum_{i<j} U_{sc_isc_j} + \sum_{i \neq j} U_{sc_ip_j} + \omega_{el} \sum_{i<j-1} U_{p_ip_j} + \omega_{tor} \sum_i U_{tor}(\gamma_i) + \\ \omega_{loc} \sum_i [U_b(\theta_i) + U_{rot}(\alpha_{sc_i}, \beta_{sc_j})] + \omega_{corr} U_{corr}$$

其中，$U_{sc_isc_j}$ 表示联合侧链 sc_i 与 sc_j 相互作用能，包含了侧链间疏水/亲水作用的平均自由能；$U_{sc_ip_j}$ 为联合侧链 sc_i 与联合肽基 p_j 相互作用能；$U_{p_ip_j}$ 为联合肽基 p_i 与 p_j 相互作用能，主要指它们之间的静电作用；U_{tor}、U_b 和 U_{rot} 三项说明了局部性质，U_{tor} 为虚键二面角扭转能，U_b 为虚键键角变形能，U_{rot} 为侧链的旋转能；U_{corr} 表示多体相互作用；ω_{el}，ω_{tor}，ω_{loc}，ω_{corr} 为权系数。

为了减少计算量，从不同角度对分子力学模型进行不同程度的简化往往可以达到更理想的效果，上式可简化为

$$U = 2\omega_1 \sum_{i<j} U_{sc_isc_j} + \omega_2 \sum_{i \neq j} U_{sc_ip_j} + c$$

$$(13.3\text{-}11)$$

式中，$U_{sc_isc_j}$ 表示联合侧链 sc_i 与 sc_j 相互作用能（即疏水键能），$U_{sc_isc_j} = \varepsilon_{ij} x_{ij}$，$\varepsilon_{ij}$ 为能量参数，x_{ij} 为两侧链间的位置关系，当两侧链在格点上处于最近邻位置而又在序列上不相邻时 $x_{ij} = 1$，否则 $x_{ij} = 0$。若 sc_i 与 sc_j 均为疏水性时，$\varepsilon_{ij} = -2.3\text{kJ/mol}$；若 sc_i 与 sc_j 均为亲水性时，$\varepsilon_{ij} = 0\text{kJ/mol}$；若一个为亲水性，另一个为疏水性时，$\varepsilon_{ij} = -1\text{kJ/mol}$。$U_{sc_ip_j} = r_{ij} x_{ij}$ 项是为了防止一个残基的侧链与另一个残基的主链靠得太近而造成的不合理结构而加入的惩罚型。若 sc_i 与 sc_j 相邻，则 r_{ij} 忽略不计；若二者不相邻，则 $r_{ij} \approx -0.05\text{kJ/mol}$，而 $x_{ij} = 0$。故而乘积 $r_{ij} x_{ij}$ 始终为 0，所以第二项 $\sum_{i \neq j} U_{sc_ip_j} = 0$，$\omega_k$（$k = 1, 2, 3$）为权重。

HP 格子模型是一种粗粒化的模型。根据氨基酸的基本属性，可以将氨基酸分为两类：一类是疏水性的氨基酸，一类是亲水性的氨基酸。这个模型体现了蛋白质折叠过程的主要驱动力为蛋白质内部的疏水性相互作用。

可以将蛋白质中的氨基酸分别放到空间的格子中。那么这个蛋白质的氨基酸链就由在二维或者三维的正方形格子空间中的自回避行走轨迹表示。蛋白质的氨基酸链中相邻的两个氨基酸占据空间的两个格子，格子中的距离即是正方格子空间中最邻近的距离。格子模型将蛋白质分子内部的连续性空间离散化，并且分子内部的自由度减小。

HP 格子模型在序列空间与结构空间作了较大地简化，同时保留了最基本的特性，这一结果使得利用此模型可以对结构序列离散化空间进行完备的描述及简化搜索，并可以从中得到在天然状态的蛋白质结构序列中有对应意义的规律。

本例中采用了蛋白质的二维平面格子模型。

（1）编码 由于 HP 二维晶格模型是蛋白质结构的离散模型，所以，本例在基于遗传算法进行蛋白质结构求解时，就采用了二进制的编码方式。

假设蛋白质的长度为 N，以 HP 格子模型为基础，如果知道了这个蛋白质中的每两个相邻的氨基酸之间的折叠方向，那么初始化第一个氨基酸的二维空间位置，就可以得到这个蛋白质的结构。由此可知，两个氨基酸之间的折叠方向是蛋白质结构的最基本的要素，要想在计算机中以 HP 格子模型为基础来表示此蛋白质的组态，只需要表示折叠方向，然后将这些折叠方向连接起来就可以了。

每一个折叠方向可以通过 2 位的二进制数来表示，其值为：

00, 01, 10, 11

00 是表示折叠方向为 $+X$ 方向；

01 是表示折叠方向为 $+Y$ 方向；

10 是表示折叠方向为 $-X$ 方向；

11 是表示折叠方向为 $-Y$ 方向。

如果一条蛋白质序列有 N 个氨基酸组成，那么这条序列的二进制串长度等于 $2^* (N-1)$。

（2）初始化 随机的产生含有 100 个个体的初始种群。初始种群的每一个个体代表一个蛋白质的折叠序列，这个折叠序列就代表了蛋白质的一个二维组态。比如：

101100110001

从这个字符串可以得知：这个蛋白质序列有 7 个氨基酸，如果将第一个氨基酸进行定位，可以得到这条蛋白质序列的一个二维形态。

（3）选择过程

Step1：计算初始群体中个体势能［按式（13.3-11）］，并计算所有个体的能量之和；

Step2：将种群中的个体按照能量值进行排序；

Step3：分别计算每一个个体在下一代的种群中所占的个数，计算方法为这个个体的能量除以种群中的所有个体能量之和，再乘以种群的大小；

Step4：根据能量从大到小的次序和个体在下一代种群所占个数选择个体。

（4）杂交过程：

随机选择序列 i 与序列 j 进行杂交，过程如下：

Step1：假设蛋白质序列长度为 N，随机产生一个小于 $2^* (N-1)$ 的一个整数 k；

Step2：将第 i 个体的由前 k 个字符组成的子序列与第 j 个个体的后 $2^* (N-1) - k$ 个字符组成的子序列拼接起来形成一个新的个体；

Step3：将第 j 个体的由前 k 个字符组成的子序列与第 i 个个体的后 $2^* (N-1) - k$ 个字符组成的子序列拼接起来形成一个新的个体；

Step4：进行自回避检查，判断这两个新个体是否合格，如果不合格，则转 Step1，否则结束。

（5）变异过程：

Step1：随机产生一个小于种群大小的整数 m，这个整数表示对种群中的哪一个个体进行变异；

Step2：随机产生一个小于 $2^* (n-1)$ 的整数 n。这个数表示对种群中所选定的第 m 个个体中的第 n 个值进行变异；

Step3：若第 m 个个体中的第 n 个值为 1，则将它变异为 0，反之，则将它变异为 1；

Step4：进行自回避检查，判断这个新个体是否合格，如果它不合格，则转 Step1，否则结束。

本例中，初始种群大小为 100，交叉概率 Pc 取为 0.7，变异概率 Pm 取为 0.01。分别选取了序列长度为 7、10、14、19 的四个序列进行计算，其初始序列分别为：

HPPHHPH；

HPHHHPHHPH；

HHPHPPHPHPHHPH；

HPPHHPHHPHPPHHHHPHHP；

经过计算，得到的各序列二维晶格结构如图 13.3-8 所示。

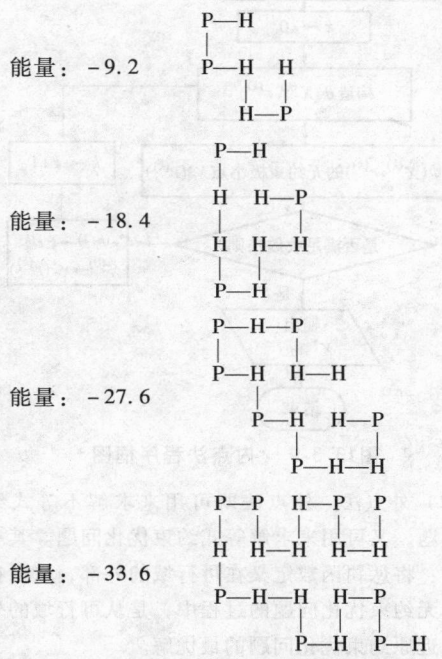

能量：-9.2

能量：-18.4

能量：-27.6

能量：-33.6

图13.3-8　能量最低时的蛋白质构象

从计算结果来看，疏水残基（H）基本在里边，亲水残基（P）倾向于在外边，这与实际情况是吻合的，表明利用遗传算法进行蛋白质结构预测是有效的。

另外，我们还比较了算法参数对计算性能的影响，经过测试，我们发现，交叉概率 Pc 取为 0.6 左右，变异概率 Pm 不大于 0.03，此时，无论是对于迭代次数，还是对于避免局部收敛都是较佳的参数。

4.2　惩罚函数法

惩罚函数法是求解约束优化问题的一种间接解法。它的基本思想是将一个约束的优化问题转化为一系列的无约束优化问题来求解。依据这一思想，对于约束优化问题式：

$$\min f(X) = f(x_1, x_2, \cdots, x_n),$$

s. t. $\quad g_j(X) = g_j(x_1, x_2, \cdots, x_n) \leq 0 \ (j=1,2,\cdots,m)$

$\quad\quad h_k(X) = h_k(x_1, x_2, \cdots, x_n) \leq 0 \ (k=1,2,\cdots,l)$

引入一个新的目标函数，即惩罚函数

$$\phi(X, r^{(k)}) = f(X) + r^{(k)} \left\{ \sum_{u=1}^{m} G[g_u(X)] + \sum_{v=1}^{p} H[h_v(X)] \right\}$$

(13.3-12)

式中，$\phi(X, r^{(k)})$ 称惩罚函数，简称惩函数；$r^{(k)}$ 称罚因子；$\sum_{u=1}^{m} G[g_u(X)]$、$\sum_{v=1}^{p} H[h_v(X)]$ 分别是由约束函数 $g_u(X)$、$h_v(X)$ 构成的复合函数，又称为与不等式约束、等式约束有关的惩罚项。

于是，对应于罚因子 $r^{(k)}$ 的序列 $\{r^{(k)}\}(k=0,1,2\cdots)$，可将约束优化问题式（13.3-10）转换成一系列无约束优化问题

$$\left. \begin{aligned} \min \phi(X, r^{(k)}) (k=0,1,2,\cdots) \\ X \in R^n \end{aligned} \right\}$$

(13.3-13)

可以证明，当惩罚项和惩罚函数满足以下条件时，

$$\lim_{k\to\infty} r^{(k)} \sum_{u=1}^{m} G[g_u(X)] = 0$$

$$\lim_{k\to\infty} r^{(k)} \sum_{v=1}^{p} H[h_v(X)] = 0$$

$$\lim_{k\to\infty} |\phi(X, r^{(k)}) - f(X^{(k)})| = 0 \ (13.3-14)$$

无约束优化问题式（13.3-13）在 $k\to\infty$ 的过程所产生的极小值点 $X^{(k)}$ 序列将逐渐逼近于原约束优化问题（13.3-10）的最优解，即有

$$\lim_{k\to\infty} X^{(k)} = X^*$$

惩罚函数法按其惩罚函数的构成形式不同，又可分为内点惩罚函数法、外点惩罚函数法和混合惩罚函数法，分别简称为内点法、外点法和混合法。

（1）内点法　内点法只可用来求解不等式约束优化问题。该法的主要特点是将惩罚函数定义在可行域的内部。这样，便要求迭代过程始终限制在可行域进行，使所求得的系列无约束优化问题的优化解总是可行解，从而从可行域内部逐渐逼近原约束优化问题的最优解。

对于不等式约束优化问题，根据惩罚函数法的基本思想，将惩罚函数定义在可行域内部，可以构造其内点惩罚函数的一般形式为

$$\phi(X, r^{(k)}) = f(X) + r^{(k)} \sum_{u=1}^{m} G[g_u(X)]$$

$$= f(X) - r^{(k)} \sum_{u=1}^{m} \frac{1}{g_u(X)} \quad (13.3-15)$$

或

$$\phi(X, r^{(k)}) = f(X) + r^{(k)} \sum_{u=1}^{m} G[g_u(X)]$$

$$= f(X) - r^{(k)} \sum_{u=1}^{m} \ln[-g_u(X)]$$

$$(13.3\text{-}16)$$

其中，惩罚项为

$$r^{(k)} \sum_{u=1}^{m} G[g_u(X)] = -r^{(k)} \sum_{u=1}^{m} \frac{1}{g_u(X)}$$

或

$$r^{(k)} \sum_{u=1}^{m} G[g_u(X)] = -r^{(k)} \sum_{u=1}^{m} \ln[-g_u(X)]$$

$$= r^{(k)} \left| \sum_{u=1}^{m} \ln|g_u(X)| \right|$$

式中，惩罚因子 $r^{(k)} > 0$，是一递减的正数序列，即 $r^{(0)} > r^{(1)} > r^{(2)} > \cdots > r^{(k)} \cdots$，且 $\lim r^{(k)} = 0$。

关于惩罚项说明如下：

当迭代点在可行域内部时，有 $g_u(X) < 0$ ($u = 1, 2, \cdots, m$)，而 $r^{(k)} > 0$，惩罚项 $-r^{(k)} \sum_{u=1}^{m} \frac{1}{g_u(X)}$ 或 $r^{(k)} \left| \sum_{u=1}^{m} \ln|g_u(X)| \right|$ 恒为正值；而迭代点对于给定的某一惩罚因子 $r^{(k)}$，当迭代点在可行域内时，两种惩罚项的值均大于零，而且当迭代点在某一约束边界上时，则惩罚项的值趋于无穷，内点惩罚函数也增至无穷大。犹如在约束边界筑起一道围墙，使迭代过程保持在可行域内进行。当 $r^{(k)}$ 越取越小，惩罚项的值亦随之减少，直至 $r^{(k)} \to 0$，无约束极小值点（迭代点）趋于原约束问题的最优点。

由于构造的内点罚函数是定义在可行域内的函数，而等式约束优化问题不存在可行域空间，因此，内点法不适用于等式约束优化问题。

内点惩罚函数法的迭代步骤如下：

1）给定初始罚因子 $r^{(0)} > 0$，允许置 $\varepsilon > 0$。

2）在可行域内确定一个初始点 $X^{(0)}$，置 $k = 0$。

3）构造惩罚函数 $\phi(X, r^{(k)})$，用无约束优化方法求解 $\min \phi(X, r^{(k)})$
$X \in R^n$ 的极值点 $X^*(r^{(k)})$。

4）检验迭代终止准则，若满足

$$\|X^{(*)}(r^{(k)}) - X^*(r^{(k-1)})\| < \varepsilon$$

或

$$\left| \frac{\phi[X^*(r^{(k)})] - \phi[X^*(r^{(k-1)})]}{\phi[X^*(r^{(k)})]} \right| \leqslant \varepsilon$$

则停止迭代计算，输出最优解 $X^* = X^*(r^{(k)})$，$f^* = f(X^*)$；否则转入下一步。

5）取 $r^{(k+1)} = Cr^{(k)}$，并令 $X^{(0)} \Leftarrow X^*(r^{(k)})$，$k \Leftarrow k + 1$ 转入步骤 3）。

内点法惩罚因子递减数列的递减关系为

$$r^{(k+1)} = Cr^{(k)} \quad (k = 0, 1, 2\cdots) \quad (0 < C < 1)$$

其中，C 称为惩罚因子递减系数。一般认为，C 的选取对迭代计算的收敛或成败影响不大。经验取值：$C = 0.1 \sim 0.5$，通常取 0.1。

内点法的程序框图如图 13.3-9 所示。

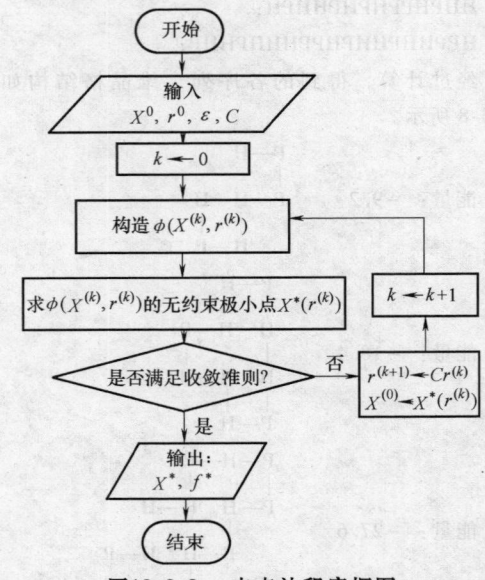

图13.3-9　内点法程序框图

（2）外点法　外点法既可用来求解不等式约束优化问题，又可用来求解等式约束优化问题。其主要特点是：将惩罚函数定义在可行域的外部，从而在求解系列无约束优化问题的过程中，是从可行域的外部逐渐逼近原约束优化问题的最优解。

对于目标函数 $f(X)$ 受约束于 $g_u(X) \leqslant 0$ ($u = 1, 2, \cdots, m$) 的不等式约束优化问题，可构造一般形式的外点惩罚函数为

$$\phi(X, r^{(k)}) = f(X) + r^{(k)} \sum_{u-1}^{m} \{\max[0, g_u(X)]\}^2$$

$$(13.3\text{-}17)$$

式中的惩罚项 $\sum_{u-1}^{m} \{\max[0, g_u(X)]\}^2$ 含义为：当迭代点 X 在可行域内，由于 $g_u(X) \leqslant 0$ ($u = 1, 2, \cdots, m$)，无论 $f(X)$ 取何值，惩罚项的值取零，函数值不受到惩罚，这时惩罚函数等价于原目标函数 $f(X)$；当迭代点 X 违反某一约束，在可行域之外，由于 $g_j(X) > 0$，无论 $r^{(k)}$ 取何正值，必定有

$$\sum_{u-1}^{m} \{\max[0, g_u(X)]\}^2 = r^{(k)} g_j(X) > 0$$

这表明 X 在可行域外时，惩罚项起着惩罚作用。

X 离开约束边界越远，$g_j(X)$ 越大，惩罚作用也越大。

对于目标函数 $f(X)$ 受约束于 $h_v(X) = 0$ （$v = 1, 2, \cdots, p$）的等式约束优化问题，可构造其外点惩罚函数为

$$\phi(X, r^{(k)}) = f(X) + r^{(k)} \sum_{v-1}^{p} [h_v(X)]^2$$

（13.3-18）

若迭代点在可行域上，惩罚项为零（因 $h_v(X) = 0$），函数值不受到惩罚；若迭代点在非可行域，惩罚项就显示其惩罚作用。

上述所构造的外点惩罚函数，就是经过转化的新目标函数，对它不再存在约束条件，成为无约束问题的目标函数，即可选用无约束优化方法求解。惩罚函数中的惩罚项所赋予惩罚因子 $r^{(k)}$，是一个递增的正实数数列

$$r^{(0)} < r^{(1)} < r^{(2)} < \cdots < r^{(k)} \cdots, \text{即} \lim_{k \to \infty} r^{(k)} = \infty$$

综合上述两种情况，可以得到一般约束优化问题的外点惩罚函数形式为

$$\phi(X, r^{(k)}) = f(X) + r^{(k)} \Big\{ \sum_{u-1}^{m} \{ \max[0, g_u(X)] \}^2 +$$

$$\sum_{v-1}^{p} [h_v(X)]^2 \Big\}$$

（13.3-19）

即外点惩罚函数由原目标函数 $f(X)$ 与惩罚项组成，在可行域内部及约束面上有 $\phi(X, r^{(k)}) = f(X)$；而在非可行域和约束面上则有 $\phi(X, r^{(k)}) > f(X)$，且当 X 离开可行域越远，外点惩罚函数 $\phi(X, r^{(k)})$ 较之原目标函数大得愈多。

外点法的迭代步骤如下：

1）给定初始点 $X^{(0)}$，收敛精度 ε，初始罚因子 $r^{(0)}$ 和惩罚因子递增系数 $C(>1)$，置 $k = 0$。

2）构造惩罚函数

$$\phi(X, r^{(k)}) = f(X) + r^{(k)} \Big\{ \sum_{u-1}^{m} \{ \max[0, g_u(X)] \}^2 +$$

$$\sum_{v-1}^{p} [h_v(X)]^2 \Big\}$$

（13.3-20）

3）求解无约束优化问题 $\min\phi(X, r^{(k)})$，得极值点 $X^\phi(r^{(k)})$；

4）检验迭代终止准则：若满足

$$\| X^\phi(r^{(k)}) - X^\phi(r^{(k-1)}) \| \leqslant \varepsilon$$

则停止迭代计算，输出最优点 $X^\phi = X^\phi(r^{(k)})$；否则，转入步骤5）；

5）取 $r^{(k+1)} = C_r^{(k)}$，$X^{(0)} \Leftarrow X^\phi(r^{(k)})$，$k \Leftarrow k + 1$，转步骤2）继续迭代。

外点法的程序框图见图13.3-10。

外点法的初始罚因子 $r^{(0)}$ 的选取，可利用经验公式：

$$r^{(0)} = \frac{0.02}{m g_u(X^{(0)}) f(X^{(0)})} \quad (u = 1, 2, \cdots, m)$$

惩罚因子的递增系数 C 的选取，通常取 $C = 5 \sim 10$。

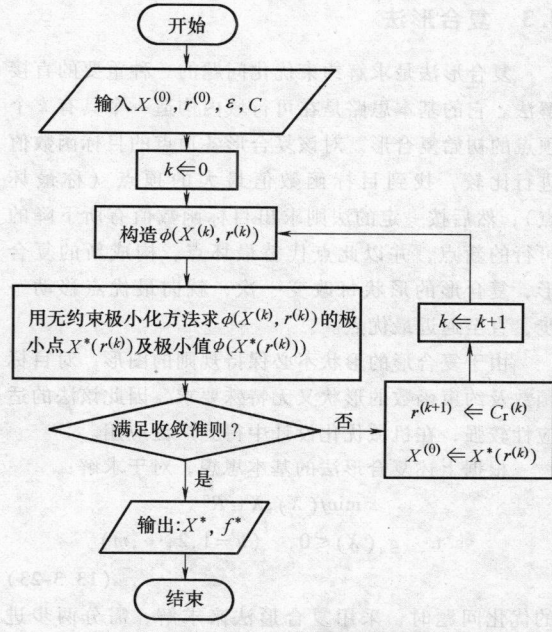

图13.3-10　外点法程序框图

（3）混合法　混合法是综合内点法和外点法的优点而建立的一种惩罚函数法。对于不等式约束按内点法来构造惩罚项，对于等式约束按外点法构造惩罚项，由此得到混合法的惩罚函数，简称混合罚函数，其形式为

$$\phi(X, r^{(k)}) = f(X) - r^{(k)} \sum_{u \subset I_i}^{m} \frac{1}{g_u(X)} + r^{(k)}$$

$$\Big\{ \sum_{u \subset I_i}^{m} G[g_u(X)] + \sum_{v-1}^{p} H[h_v(X)] \Big\}$$

（13.3-21）

式中，$\sum_{u \subset I_i}^{m}$ 表示对所有下标 u 属于 I_i（i 为1或2）的那些项求和；I_1、I_2 为约束函数的下标集合的表示符号；I_1 为所有被满足的约束条件的下标集合，I_2 为所有不被满足的约束条件的下标集合。即

$$\left. \begin{array}{l} I_1 = \{ u \mid g_u(X^k) \leqslant 0, u = 1, 2, \cdots, m \} \\ I_2 = \{ u \mid g_u(X^k) \leqslant 0, u = 1, 2, \cdots, m \} \end{array} \right\}$$

（13.3-22）

惩罚因子系列 $\{ r^{(k)} \}$ 应满足

$$r^{(0)} > r^{(1)} > r^{(2)} > \cdots > r^{(k)} \cdots$$

且
$$\lim_{k \to \infty} r^{(k)} = 0$$

使用上面的混合惩罚函数形式时，其初始点 $X^{(0)}$ 可任意选取。混合法的计算步骤和程序框图外点法相似。

4.3　复合形法

复合形法是求解约束优化问题的一种重要的直接解法。它的基本思路是在可行域内构造一个具有 k 个顶点的初始复合形。对该复合形各顶点的目标函数值进行比较，找到目标函数值最大的顶点（称最坏点），然后按一定的法则求出目标函数值有所下降的可行的新点，并以此点代替最坏点，构成新的复合形，复合形的形状每改变一次，就向最优点移动一步，直至逼近最优点。

由于复合形的形状不必保持规则的图形，对目标函数及约束函数的形状又无特殊要求，因此该法的适应性较强，在机械优化设计中得到广泛应用。

根据上述复合形法的基本思想，对于求解：

$$\min f(X), X \in R^n$$

s. t.　$g_u(X) \leqslant 0$，　$(u = 1, 2, \cdots, m)$

$$(13.3\text{-}23)$$

的优化问题时，采用复合形法来求解，需分两步进行：第一步是在设计空间的可行域 $D = \{X \mid g_u(X) \leqslant 0, \ u = 1, 2, \cdots, m\}$ 内产生 k 个初始顶点，构成一个不规则的多面体，即生成初始复合形。一般取复合形顶点数为：$n + 1 \leqslant k \leqslant 2n$。例如，对于图 13.3-11 所示的二维约束优化问题，在 D 域内可构成一个三边形或四边形。第二步进行该复合形的调优迭代计算。通过对各顶点函数值大小的比较，判断下降方向，不断用新的可行好点取代坏点，构成新的复合形，使它逐步向约束最优点移动、收缩和逼近，直到满足一定的收敛精度为止。

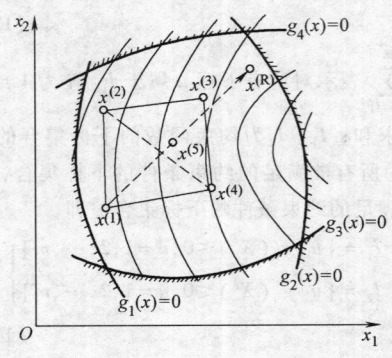

图13.3-11　复合形法原理

1. 初始复合形的生成

生成初始复合形，实际就是要确定 k 个可行点作为初始复合形的顶点。对于维数较低的约束优化问题，其顶点数少，可以由设计者试凑出来。但是对于高维优化问题，就难于试凑，可采用随机法产生。通常，初始复合形的生成方法主要采用如下两种方法：

1）人为地给定 k 个初始顶点。可由设计者预先选择 k 个设计方案，即人工构造一个初始复合形。k 个顶点都必须满足所有的约束条件。

2）给定一个初始顶点，随机产生其他顶点。

在高维且多约束条件情况下，一般是人为地确定一个初始可行点 $X^{(1)}$，其余 $k - 1$ 个顶点 $X^{(j)}$ $(j = 2, 3, \cdots, k)$ 可用随机法产生，即

$$X_i^{(j)} = a_i + r_i^{(j)}(b_i - a_i) \ (i = 1, 2, \cdots, n; j = 1, 2, \cdots, k)$$

$$(13.3\text{-}24)$$

式中　j——复合形顶点的标号，$j = 2, 3, \cdots, k$；

　　　i——设计变量的标号，$i = 1, 2, \cdots, k$，表示点的坐标分量；

　a_i, b_i——设计变量 x_i $(i = 1, 2, \cdots, n)$ 的解域或上下界值，一般可取约束边界值；

　　$r_i^{(j)}$——区间 $[0, 1]$ 内服从均匀分布伪随机数。

用这种方法随机产生的 $k - 1$ 个顶点，虽然可以满足设计变量的边界约束条件，但不一定是可行点，所以还必须逐个检查其可行性，并使其成为可行点。设已有 $q(q = 1, 2, \cdots, k)$ 个顶点满足全部约束条件，第 $q + 1$ 点 $X^{(q+1)}$ 不是可行点，则先求出 q 个顶点的中心点：

$$X_i^{(q)} = \frac{1}{q} \sum_{j=1}^{q} X_i^{(j)} \quad (i = 1, 2, \cdots, n)$$

$$(13.3\text{-}25)$$

然后，将不满足约束条件的点 $X^{(q+1)}$ 向中心点 $X^{(q)}$ 靠拢，即

$$X^{(q+1)'} = X^{(q)} + 0.5(X^{(q+1)} - X^{(q)})$$

$$(13.3\text{-}26)$$

若新得到的 $X^{(q+1)'}$ 仍在可行域外，则重复式 (13.3-26) 进行调整，直到 $X^{(q+1)'}$ 点成为可行点为止。然后，同样处理其余 $X^{(q+2)}$，$X^{(q+3)}$，$\cdots$，$X^{(p)}$ 各点，使其全部进入可行域内，从而构成一个所有顶点均在可行域内的初始复合形。

2. 复合形法的调优迭代

在构成初始复合形以后，即可按下述步骤和规则进行复合形法的调优迭代计算。

1）计算初始复合形各顶点的函数值 $f(X^{(j)})$ $(j = 1, 2, \cdots, k)$，选出好点 $X^{(L)}$、坏点 $X^{(H)}$、次

坏点 $X^{(G)}$:

$$X^{(L)}:f(X^{(L)}) = \min\{f(X^{(j)}),j=1,2,\cdots,k\}$$

$$X^{(H)}:f(X^{(H)}) = \max\{f(X^{(j)}),j=1,2,\cdots,k\}$$

$$X^{(G)}:f(X^{(G)}) = \max\{f(X^{(j)}),j=1,2,\cdots,k;j\neq H\}$$

2）计算除点 $X^{(H)}$ 外其余 $k+1$ 个顶点的几何中心点 $X^{(S)}$:

$$X^{(S)} = \frac{1}{k-1}\sum_{j=1}^{k-1}X^{(j)},j\neq H$$

并检验 $X^{(S)}$ 点是否在可行域内。如果 $X^{(S)}$ 是可行点，则执行下一步，否则转第 4）步。

3）沿 $X^{(H)}$ 和 $X^{(S)}$ 连线方向求映射点 $X^{(R)}$:

$$X^{(R)} = X^{(S)} + \alpha(X^{(S)}-X^{(H)})\quad(13.3\text{-}27)$$

式中，α 称映射系数，通常取 $\alpha=1.3$，然后，检验 $X^{(R)}$ 可行性。若 $X^{(R)}$ 为非可行点，将 α 减半，重新

计算 $X^{(R)}$，直到 $X^{(R)}$ 成为可行点。

4）若 $X^{(R)}$ 在可行域外，此时 D 可能是非凸集，如图 13.3-12，此时，利用 $X^{(S)}$ 和 $X^{(L)}$ 重复确定一个

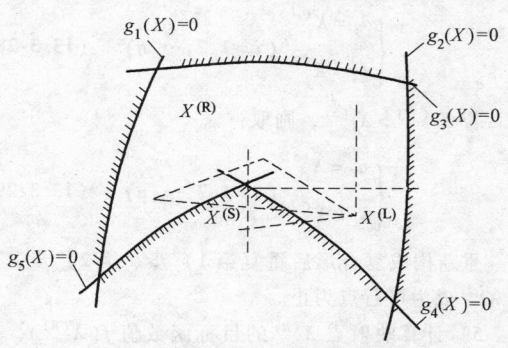

图13.3-12　　可行域为非凸集

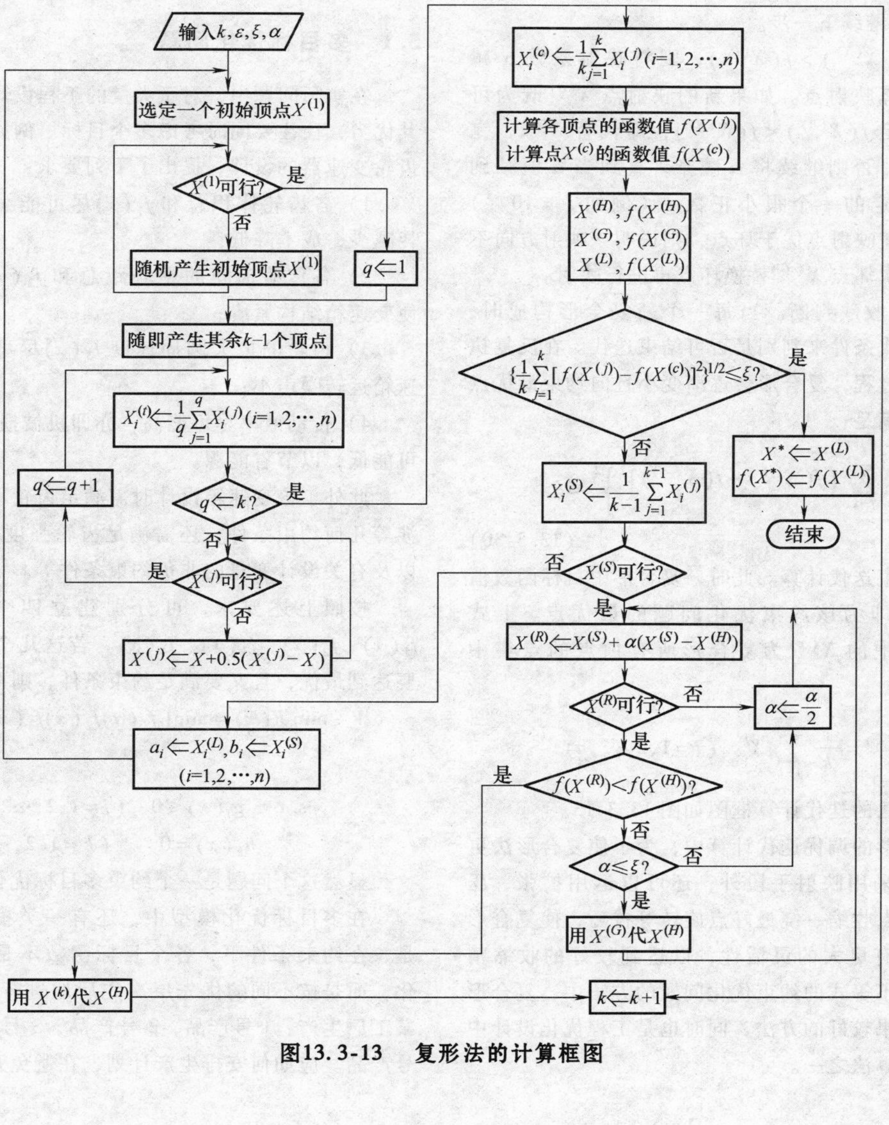

图13.3-13　　复形法的计算框图

区间，在此区间内重新随机产生 k 个顶点构成复合形。新的区间如图 13.3-12 所示，其边界值为

若 $X_i^{(L)} < X_i^{(S)}$，$(i=1, 2, \cdots, n)$，则取：

$$\begin{cases} a_i = X_i^{(L)} \\ b_i = X_i^{(S)} \end{cases} (i=1,2,\cdots,n) \quad (13.3\text{-}28)$$

若 $X_i^{(L)} > X_i^{(S)}$，则取：

$$\begin{cases} a_i = X_i^{(S)} \\ b_i = X_i^{(L)} \end{cases} (i=1,2,\cdots,n) \quad (13.3\text{-}29)$$

重新构成复合形后重复第 1）步、第 2）步，直到 $X^{(S)}$ 成为可行点为止。

5）计算映射点 $X^{(R)}$ 的目标函数值 $f(X^{(R)})$，若 $f(X^{(R)}) < f(X^{(H)})$，则用映射点 $X^{(R)}$ 替换坏点 $X^{(H)}$，构成新的复合形，完成一次调优迭代计算，并转向第 1）步；否则继续下一步。

6）若 $f(X^{(R)}) > f(X^{(H)})$，则将映射系数 α 减半，重新计算映射点。如果新的映射点 $X^{(R)}$ 既为可行点，又满足 $f(X^{(R)}) < f(X^{(H)})$，即代替 $X^{(H)}$，完成本次迭代；否则继续将 α 减半，直到当 α 值减到小于预先给定的一个很小正数 ξ（例如 $\xi = 10^{-5}$）时，仍不能使映射点优于坏点，则说明该映射方向不利，应改用次坏点 $X^{(G)}$ 替换坏点再进行映射。

7）进行收敛判断。当每一个新复合形构成时，就用终止迭代条件来判别是否可结束迭代。在反复执行上述迭代过程，复合形会逐渐变小且向约束最优点逼近，直到满足：

$$\left\{ \frac{1}{k} \sum_{j-1}^{k} [f(X^{(j)}) - f(X^{(c)})]^2 \right\}^{\frac{1}{2}} \leq \xi$$
$$(13.3\text{-}30)$$

时可结束迭代计算。此时，复合形中目标函数值最小的顶点即为该约束优化问题的最优点。上式 (13.3-30) 中的 $X^{(c)}$ 为复合形所有顶点的点集中心，即：

$$X_i^{(c)} = \frac{1}{k} \sum_{j=1}^{k} X_i^j \quad (i=1,2,\cdots,n)$$

复合形法的迭代计算框图如图 13.3-13。

在复合形的调优迭代计算中，为了使复合形法更有效，除了采用映射手段外，还可以运用扩张、压缩、向最好点收缩、绕最好点旋转等技巧，使复合形在迭代中具有更大的灵活性，以达到较好的收缩精度。在求解不等式的约束优化问题的方法中，复合形法是一种效果较好的方法，同时也是工程优化设计中较为常用的算法之一。

5　多目标优化方法

多目标优化问题的求解方法很多，其中最主要的有两大类。一类是直接求出非劣解，然后从中选择较好解。另一类是将多目标优化问题求解时作适当的处理。处理的方法可分为两种：一种处理方法是将多目标优化问题重新构造一个函数，即评价函数，从而将多目标优化问题转变为求评价函数的单目标优化问题；另一是将多目标优化问题转化为一系列单目标优化问题来求解。属于这一大类的前一种方法有：主要目标法、线性加权组合法、理想点法、平方和加权法、分目标等除法、功率系数法——几何平均法以及极大极小法等。属于后一种的方法由分层序列法等。此外，还有其他类型的方法，如协调曲线法等。下面简要介绍多目标优化问题和几种比较常用的方法。

5.1　多目标优化问题

在实际问题中，对于大量的工程设计方案要评价其优劣，往往要同时考虑多个目标。例如，对于车床齿轮变速器的设计，提出了下列要求：

1）各齿轮体积总和 $f_1(x)$ 尽可能小，使材料消耗减少，成本降低；

2）各传动轴间的中心距总和 $f_2(x)$ 尽可能小，使变速箱结构紧凑；

3）齿轮的最大圆周速度 $f_3(x)$ 尽可能低，使变速箱运转噪声小；

4）传动效率尽可能高，亦即机械损耗率 $f_4(x)$ 尽可能低，以节省能源。

此外，该变速箱设计时需满足齿轮不根切、不干涉等几何约束条件，还需满足齿轮强度等约束条件，以及有关设计变量的非负约束条件等。

按照上述要求，可分别建立四个目标函数：$f_1(x)$、$f_2(x)$、$f_3(x)$、$f_4(x)$。若这几个目标函数都要达到最优，且又要满足约束条件，则可归纳为

$$V - \min_{x \to k} F(x) = \min[f_1(x)f_2(x)f_3(x)f_4(x)]$$
$$(13.3\text{-}31)$$

$$\text{s. t.} \quad g_j(x) \leq 0 \quad (j=1,2,\cdots,p)$$
$$h_k(x) = 0 \quad (k=1,2,\cdots,q)$$

显然这个问题是一个约束多目标优化问题。

在多目标优化模型中，还有一类模型，其特点是，在约束条件下，各个目标函数不是同等地被优化，而是按不同的优先层次先后地进行优化。例如，某工厂生产：1 号产品，2 号产品，3 号产品，…，n 号产品。应如何安排生产计划，在避免开工不足的条

件下，使工厂获得最大利润，工人加班时间尽可能少。若决策者希望把所考虑的两个目标函数按其重要性分成以下两个优先层次：第一优先层次——工厂获得最大利润，第二优先层次——工人加班时间尽可能少。那么，这种先在第一优先层次极大化总利润，然后在此基础上再在第二优先层次同等地极小化工人加班时间的问题就是分层多目标优化问题。

多目标优化设计问题要求各分量目标都达到最优，如能获得这样的结果，当然是十分理想的。但是，一般比较困难，尤其是各个分目标的优化互相矛盾时更是如此。机械优化设计中技术性能的要求往往与经济性的要求互相矛盾。所以，解决多目标优化设计问题也是一个复杂的问题。

从上述有关多目标优化问题的数学模型可见，多目标优化问题与单目标优化问题的一个本质区别在于：多目标优化是一个矢量函数的优化，即函数值大小的比较，而矢量函数值大小的比较，要比标量值大小的比较复杂。在单目标优化问题中，任何两个解都可以比较其优劣，因此是完全有序的。可是对于多目标优化问题，任何两个解不一定都可以比较出优劣，因此只能是半有序的。例如，设计某一产品时，希望对不同要求的 A 和 B 为最小。一般来说这种要求是难以完美实现的，因为它们没有确切的意义。除非这些性质靠完全不同的设计变量组来决定，而且全部约束条件也是各自独立的。假设产品有 D_1 和 D_2 两个设计，$A(D_1)$ 小于全部可接受 D 的任何一个 $A(D)$，而 $B(D_2)$ 也小于任何其他一个 $B(D)$。设 $A(D_1) < A(D_2)$ 和 $B(D_1) < B(D_2)$，可见上述的 D_1 和 D_2 两个设计，没有一个是能同时满足 A 与 B 为最小的要求，即没有一个设计是所期望的。更一般的情形，设 $x^{(0)}$ 和 $x^{(1)}$ 是多目标优化问题的满足约束条件的两个方案（即设计点），要判别这两个设计方案的优劣，需先求出各目标函数的值。显然，方案 $x^{(1)}$ 肯定比方案 $x^{(0)}$ 好。但是，绝大多数的情况是：$x^{(1)}$ 和对应的某些 $f(x^{(1)})$ 的值小于 $x^{(0)}$ 对应的某些 $f(x^{(0)})$ 值；而另一些则刚好相反。因此，对多目标设计指标而言，任意两个设计方案的优劣一般是难以判别的，这就是多目标优化问题的特点。这样，在单目标优化问题中得到的是最优解，而在多目标优化问题中得到的只是非劣解。而且，非劣解往往不只一个。如何求得能接受的最好非劣解，关键是要选择某种形式的折中。

所谓非劣解是指若由 m 个目标，当要求 $(m-1)$ 个目标值不变坏时，找不到一个 x，使得另一目标函数值 $f_i(x)(i=1, 2, \cdots, m)$ 比 $f_i(x^*)$ 更好，则将此 x^* 作为非劣解。

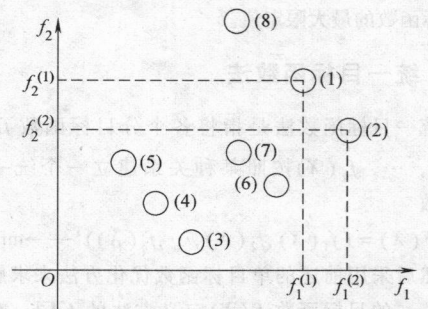

图13.3-14　多目标问题的劣解与非劣解

图 13.3-14 所示的两个目标 f_1，f_2，若希望所有的目标都是越小越好，将方案（1）、（2）进行比较，对于第一个目标，方案（1）比（2）优；而对于第二个目标，方案（1）比（2）劣。而且，对方案（1）、（2）就无法定出其优劣；但将它们与方案（3）、（5）相比，都比方案（3）、（5）劣；而方案（3）、（5）又无法比较优劣。在图中的八个方案中，除方案（3）、（4）、（5）三个方案外，其他的方案两两之间有时不可相比较，但总可以找到另一个方案比它优。例如，方案（2）比方案（6）劣，方案（6）比方案（3）劣，方案（1）比方案（7）劣，方案（7）比方案（5）劣，方案（8）比方案（4）劣……。因而，方案（1）（2）（6）（7）（8）都称为劣解；而方案（3）、（4）、（5）彼此间无法比优劣，但又没有别的方案比它们中的任一个好，因此，这三个解就称为非劣解。这种非劣解在目标优化问题中有着十分重要的作用。

5.2　主要目标法

主要目标法的基本思想为：假设按照设计准则建立了 q 个分目标函数 $f_1(X)$，$f_2(X)$，$\cdots$，$f_q(X)$，可以根据这些准则的重要程度，从中选择一个重要的作为主要设计目标，将其他目标作为约束函数处理，从而构成一个新的单目标优化问题，并将该单目标问题的最优解作为所求多目标问题的相对最优解。

对于多目标函数优化问题，主要目标法所构成的单目标优化问题数学模型如下

$$\left.\begin{array}{l} \min f_1(X), X \in R^n \\ \text{s. t.} \quad g_u(X) \leqslant 0 \quad (u=1,2,\cdots,m) \\ \quad h_v(X)=0 \quad (v=1,2,\cdots,p<n) \\ g_{m+j-1}(X)=f_j(X)-f_j^{(\beta)} \leqslant 0 \quad (j=2,3,\cdots,q) \end{array}\right\}$$

(13.3-32)

式中，$f_1(X)$ 为主要目标函数；$f_j(X)(j=2, 3, \cdots, q)$ 为次要分目标函数；$f_j^{(\beta)}(j=2, 3, \cdots, q)$ 为各个次要

分目标函数的最大限定值。

5.3　统一目标函数法

统一目标函数法是指将各个分目标函数 $f_1(X)$，$f_2(X)$，…，$f_q(X)$ 按照某种关系建立一个统一的目标函数

$$F(X) = (f_1(X), f_2(X), \cdots, f_q(X))^T \longrightarrow \min$$

然后采用前述的单目标函数优化方法来解。由于对统一的目标函数 $F(X)$ 定义方法的不同，有线性加权组合法、乘除法等，下面重点介绍线性加权组合法。

线性加权组合法是将各个分目标函数按式（13.3-33）组合成统一的目标函数

$$F(X) = \sum_{j=1}^{q} W_j f_j(X) \longrightarrow \min \quad (13.3\text{-}33)$$

式中，W_j 为加权因子，是一个大于零的数，其值用以考虑各个分目标函数在相对重要程度方面的差异以及在量级和量纲上的差异。

若取 $W_j = 1 (j = 1, 2, \cdots, q)$，则称为均匀计权，表示各项分目标同等重要；否则，可以用规格化加权处理，即取

$$\sum_{j=1}^{q} W_j = 1 \quad (13.3\text{-}34)$$

以表示该目标在该项优化设计中所占的相对重要程度。

显然，在线性加权组合法中，加权因子选择的合理与否，将直接影响优化设计的结果期望各项分目标函数值的下降率尽量调的相近，且使个变量变化对目标函数值的灵敏度尽量趋向一致。

6　工程优化设计应用

前面几节介绍了优化设计的有关理论及方法，本节介绍优化设计的工程应用。

6.1　工程优化设计的一般步骤

进行实际工程问题的优化设计，一般步骤概述如下：

1）明确设计变量、目标函数和约束条件，建立优化问题的数学模型。

2）选择合适的优化方法及计算程序。

3）编写主程序和函数子程序，上机寻优计算，求得最优解。

4）对优化结果进行分析。

求得优化结果后，应对其进行分析、比较，看其结果是否符合实际，是否满足设计要求，是否合理，

再决定是否采用。以上步骤中，建立优化设计数学模型是首要的和关键的一步，是取得正确结果的前提。优化方法的选择取决于数学模型的特点，例如优化问题规模的大小，目标函数和约束函数的形态以及计算精度等。在比较各种可供选用的优化方法时，需要考虑的一个重要因素是计算机执行这些程序所花费的时间和费用，即计算效率。正确地选择优化方法，至今还没有一定的原则。目前已经有很多成熟的优化方法程序可供选择。

6.2　工程优化设计实例

【例 4】　单级直齿圆柱齿轮传动减速器的优化设计

假设单级直齿圆柱齿轮减速器的传动比 $i = 5$，输入扭矩 $T_1 = 2674\text{N} \cdot \text{m}$，在保证承载能力的条件下，要求确定该减速器的结构参数，使减速器的重量最轻。大齿轮选用四孔辐板式结构，小齿轮选用实心轮结构，其结构尺寸如图 13.3-15 所示，图中 $\Delta_1 = 280\text{mm}$，$\Delta_2 = 320\text{mm}$。

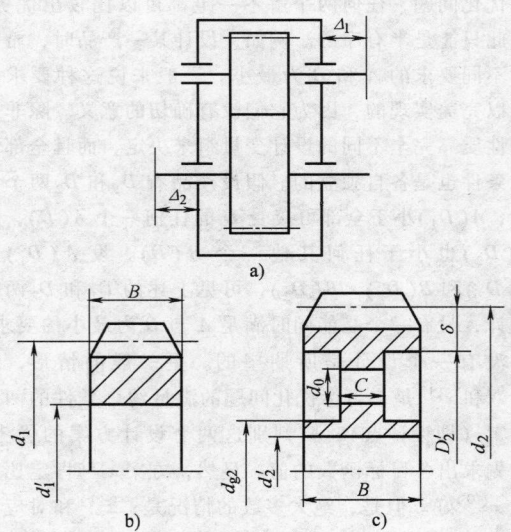

图13.3-15　单级直齿轮圆柱齿轮减速器结构图
a）传动图　b）小齿轮　c）大齿轮

【解】　（1）数学模型的建立

1）齿轮参数的计算

$$d_1 = mz_1$$
$$d_2 = mz_2$$
$$\delta = 5m$$
$$D_2' = mz_1 i - 10m$$
$$d_{g2} = 1.6d_2'$$
$$d_0 = 0.25(mz_1 i - 10m - 1.6d_2')$$

$$c = 0.2B$$

$$V_1 = \pi(d_1^2 - d_1'^2)B/4$$

$$V_2 = \pi(d_2^2 - d_2'^2)B/4$$

$$V_3 = \pi(D_2'^2 - d_{g_2}^2)(B - c)/4 + \pi(4d_0^2 c)/4$$

$$V_4 = \pi l(d_1'^2 - d_2'^2)/4 + 280\pi d_1'^2/4 + 320\pi d_2'^2/4$$

由上可得，减速器的齿轮与轴的体积之和为

$$V = V_1 + V_2 + V_3 + V_4$$

2）设计变量的确定：从上述齿轮减速器体积（简化为齿轮和轴的体积）的计算公式可知，体积 V 取决于轴的支撑跨距 l、主动轴直径 d_1'、从动轴之间 d_2'、齿轮宽度 B、小齿轮齿数 z_1、模数 m 和传动比 i 等 7 个参数。其中传动比 i 由已知条件给定，为常量。故该优化设计问题可取 6 个设计变量，如下所示

$$X = (X_1, X_2, X_3, X_4, X_5, X_6)^T = (B, z_1, m, l, d_1', d_2')^T$$

3）目标函数的建立：以减速器的重量最轻为目标函数，而此减速器的重量可以以齿轮和两根轴的重量之和近似求出。故减速器的质量 $W = (V_1 + V_2 - V_3 + V_4)\rho$，所以可取减速器的体积为目标函数。将设计变量代入减速器的体积公式，经整理后最终得目标函数为

$$\begin{aligned} f(X) &= V = V_1 + V_2 - V_3 + V_4 \\ &= 0.785398(4.75x_1x_2^2x_3^2 + 85x_1x_2x_3^3 - 85x_1x_3^3 \\ &\quad + 0.92x_1x_6^2 - x_1x_5^2 + 0.8x_1x_2x_3x_6) - 1.6x_1 \\ &\quad x_3x_6 + x_4x_5^2 + x_4x_6^2 + 280x_5^2 + 320x_6^2 \end{aligned}$$

4）约束条件的确定：

① 传递动力的齿轮，要求齿轮模数一般应大于 2mm，故得

$$g_2(X) = 2 - x_3 \leqslant 0$$

② 为了保证齿轮承载能力，且避免载荷沿齿宽分布严重不均，要求 $16 \leqslant \dfrac{B}{m} \leqslant 35$，

由此得

$$g_7(X) = \frac{x_1}{35x_3} - 1 \leqslant 0$$

$$g_8(X) = 1 - \frac{x_1}{16x_3} \leqslant 0$$

③根据设计经验，主、从动轴的直径范围取 $150\text{mm} \geqslant d_1' \geqslant 100\text{mm}$，$200\text{mm} \geqslant d_2' \geqslant 130\text{mm}$，则轴直径约束为

$$g_3(X) = 100 - x_5 \leqslant 0$$

$$g_4(X) = x_5 - 150 \leqslant 0$$

$$g_5(X) = 130 - x_6 \leqslant 0$$

$$g_6(X) = x_6 - 200 \leqslant 0$$

④ 为避免发生根切，小齿轮的齿数 z_1 z_1，不应小于最小齿数 $z_{\min}$，即 $z_1 \geqslant z_{\min} = 17$，于是得约束

条件

$$g_1(X) = 17 - x_2$$

⑤ 根据工艺装备条件，要求大齿轮直径不得超过 1500mm，若 $i = 5$，则小齿轮直径不能超过 300mm，即 $d_1 - 300 \leqslant 0$，写成约束条件为

$$g_9(X) = \frac{x_2x_3}{300} - 1 \leqslant 0$$

⑥ 按齿轮的齿面接触强度条件，有

$$\sigma_H = 670\sqrt{\frac{(i+1)KT_1}{Bd_1^2 i}} \leqslant [\sigma_H]$$

式中，T_1 取 2674000N·mm，$K = 1.3$，$[\sigma_H] = 855.5\text{N/mm}^2$。将以上各参数代入上式，整理后可得接触应力约束条件

$$g_{10}(X) = \frac{670}{855.5}\sqrt{\frac{(i+1)KT_1}{x_1(x_2x_3)^2 i}} - 1 \leqslant 0$$

⑦ 按齿轮的齿根弯曲疲劳强度条件，有

$$\sigma_F = \frac{2KT_1}{Bd_1 mY} \leqslant [\sigma_F]$$

如取 $T_1 = 2674000\text{N·mm}$，$K = 1.3$，$[\sigma_{F_1}] = 261.7\text{N/mm}^2$，$[\sigma_{F_2}] = 213.3\text{N/mm}^2$；若大、小齿轮齿形系数 Y_2，Y_1 分别按下面二式计算，即

$$Y_2 = 0.2824 + 0.0003539(ix_2) - 0.000001576(ix_2)^2$$

$$Y_1 = 0.169 + 0.006666x_2 - 0.0000854x_2^2$$

则得小齿轮的弯曲疲劳强度条件为

$$g_{11}(X) = \frac{2KT_1}{261.7x_1x_2x_3^2 y_1} - 1 \leqslant 0$$

大齿轮的弯曲疲劳强度条件为

$$g_{12}(X) = \frac{2KT_1}{213.3x_1x_2x_3^2 y_2} - 1 \leqslant 0$$

⑧ 根据轴的刚度计算公式

$$\frac{F_n l^3}{48EJ} \leqslant 0.003l$$

式中，$E = 2 \times 10^5 \text{N/mm}^2$，$\alpha = 20°$，$J = \pi d_1'^4/64 = \pi x_5^4/64$，得主动轴的刚度约束条件为

$$g_{13}(X) = \frac{F_n x_4^2}{48 \times 0.003EJ} - 1 \leqslant 0$$

⑨ 主、从动轴的弯曲强度条件

$$\sigma_w = \frac{\sqrt{M^2 + (\alpha_1 T)^2}}{W} \leqslant [\sigma_{-1}]$$

对主动轴：轴所受弯矩

$$M = F_n \cdot \frac{l}{2} = \frac{T_1 l}{mZ_1 \cos\alpha} = \frac{T_1 x_4}{x_2 x_3 \cos\alpha};$$

假设取 $T_1 = 2674000\text{N·mm}$；$\alpha = 20°$；

扭矩校正系数 $\alpha_1 = 0.58$；

对实心轴 $W_1 = 0.1d_1^3 = 0.1x_5^3$；$[\sigma_{-1}] = 55\text{N/mm}^2$。

得主动轴弯曲强度约束为

$$g_{14}(X) = \frac{\sqrt{M^2 + (\alpha_1 T)^2}}{55W_1} - 1 \leqslant 0$$

对从动轴：$W_2 = 0.1d_2'^3 = 0.1x_6^3$；$[\sigma_{-1}] = 55\text{N/mm}^2$。

可得从动轴弯曲强度约束为

$$g_{15}(X) = \frac{\sqrt{M^2 + (\alpha_1 T_i)^2}}{55W_2} - 1 \leqslant 0$$

⑩ 轴的支承跨距按结构关系和设计经验取

$$l \geqslant B + 2\Delta_{\min} + 0.25d_2'$$

其中，$\Delta_{\min}$ 为箱体内壁到轴承中心线的距离，现取 $\Delta_{\min} = 20\text{mm}$，则有 $B - 1 + 0.25d_2' + 40 \leqslant 0$，写成约束条件为　$g_{16}(X) = \dfrac{(x_1 - x_4 + 0.25x_6)}{40} + 1 \leqslant 0$

5）优化问题的数学模型：综上所述，可得该优化问题的数学模型为

$$\min f(X), X \in R^6$$
$$\text{s. t.}\quad g_u(X) \leqslant 0 \quad (u = 1, 2, \cdots, 16)$$

即本优化问题是一个具有 16 个不等式约束条件的 6 维约束优化问题。

（2）优化方法的选择及优化结果

对本优化问题，现选用内点罚函数法求解。可构造惩罚函数为

$$\phi(X, r^{(k)}) = f(X) + r^{(k)} \sum_{\mu=1}^{16} \frac{1}{g_\mu(X)}$$

参考同类齿轮减速器的设计参数，现取原设计方案为初始点 $X^{(0)}$，即

$$X^{(0)} = (x_1^{(0)}, x_2^{(0)}, x_3^{(0)}, x_4^{(0)}, x_5^{(0)}, x_6^{(0)})^T$$
$$= (230, 210, 8, 420, 120, 160)^T$$

则该点的目标函数值为

$$f(X^{(0)}) = 87139235.1\text{mm}^3$$

采用鲍威尔法求解惩罚函数 $\phi(X, r^{(k)})$ 的极小点，取惩罚因子递减系数 $C = 0.5$，其中一维搜索选用二次插值法，收敛精度 $\varepsilon_1 = 10^{-7}$；鲍威尔法及罚函数法的收敛精度都取 $\varepsilon_2 = 10^{-7}$；得最优化解

$$X^* = (x_1^*, x_2^*, x_3^*, x_4^*, x_5^*, x_6^*)$$
$$= (130.93, 18.74, 8.18, 235.93, 100.01, 130.00)^T$$
$$f(X^*) = 35334358.3\text{mm}^3$$

该方案与原方案的体积计算相比，下降了 59.4%。

上述最优解并不能直接作为减速器的设计方案，根据几何参数的标准化，要进行圆整，最后得

$$B^* = 130\text{mm}$$
$$z_1 = 19$$
$$m^* = 8\text{mm}$$
$$l^* = 236\text{mm}$$
$$d_1'^* = 100\text{mm}$$
$$d_2'^* = 130\text{mm}$$

经过验证，圆整后的设计方案 X^* 满足所有约束条件，其最优方案与原设计方案的减速器体积相比，下降了 53.9%。

第4章　可靠性设计

1　机械失效与可靠性

1.1　可靠性定义及要点

　　根据 GB/T 2900.13—2008《电工术语　可信性与服务质量》，可靠性（reliability）的定义是：产品在规定的条件下和在规定的时间区间内能完成所要求的功能的能力。

　　可靠性性能通过可靠度来度量，根据 GB/T 2900.13—2008《电工术语　可信性与服务质量》，可靠度 $R(t_1, t_2)$ 定义是：产品在给定的条件和给定的时间区间（t_1，t_2）内能完成要求的功能的概率。

1.2　失效的定义

　　根据 GB/T 2900.13—2008《电工术语　可信性与服务质量》，失效（failure）的定义是：产品完成要求的功能的能力的中断。

　　失效后，产品处于故障状态。失效与故障的区别在于，失效是一次事件，故障是一种状态。这里定义的失效不适用于仅有软件构成的产品。

1.3　产品可靠性指标

　　（1）平均寿命　在产品的寿命指标中，最常用的是平均寿命。对于不可修复的产品，平均寿命是指产品从开始使用到失效这段有效工作时间的平均值，用 MTTF 表示；对于可修复的产品，平均寿命指的是平均无故障工作时间，用 MTBF 表示。

　　（2）寿命方差与标准差　平均寿命是一批产品中各个产品寿命的平均值。它只能反映这批产品寿命分布的中心位置，而不能反映各产品寿命与此中心位置的偏离程度。寿命方差和标准差是用来反映产品寿命离散程度的特征值。

　　（3）可靠寿命、中位寿命与特征寿命　可靠寿命是指可靠度为给定值 R 时的工作寿命；中位寿命是指可靠度 $R = 50\%$ 时的工作寿命，特征寿命是指可靠度 $R = e - 1$ 时的工作寿命。

　　（4）维修度　产品的维修性可用其维修度来衡量。维修度是指对可能维修的产品在发生故障或失效后在规定的条件下和规定的时间内（0，t）内完成修复的概率。平均修复时间 MTTR 是指可修复的产品的平均修理时间。

　　（5）有效度　有效度也称可用度，是指可维修的产品在规定的条件下使用时，在某时刻 t 具有或维持其功能的概率。有效度是综合可靠度与维修度的广义可靠性尺度。

1.4　可靠性特征量

1.4.1　可靠度

　　可靠度是指产品在规定条件下和规定时间内完成规定功能的概率，一般用 R 表示。它是时间的函数，故也记为 $R(t)$，称为可靠度函数。

　　如果用随机变量 T 表示产品从开始工作到发生失效或故障的时间，其概率密度为 $f(t)$，若用 t 表示某一指定时刻，则该产品在该时刻的可靠度，如图13.4-1 所示。

$$R(t) = P(T > t) = \int_t^\infty f(t)\mathrm{d}t \quad (13.4\text{-}1)$$

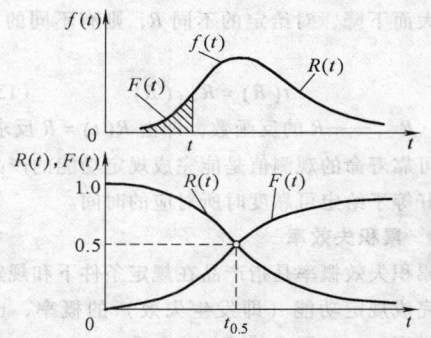

图13.4-1　可靠度、失效概率与时间关系曲线

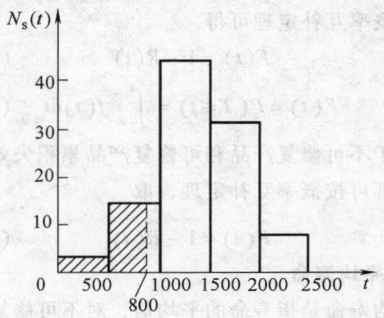

图13.4-2　可靠度观测值

　　对于不可修复的产品，可靠度的观测值是指直到规定的时间区间终了为止，能完成规定功能的产品数

与在该区间开始时投入工作产品数之比，如图 13.4-2 所示。

$$R(t) = \frac{N_S(t)}{N} = 1 - \frac{N_F(t)}{N} \qquad (13.4\text{-}2)$$

式中　N——开始投入工作产品数；

$N_S(t)$——到 t 时刻完成规定功能产品数，即残存数；

$N_F(t)$——到 t 时刻未完成规定功能产品数，即失效数。

1.4.2　可靠寿命

可靠寿命是给定的可靠度所对应的时间，一般用 $t(R)$ 表示。

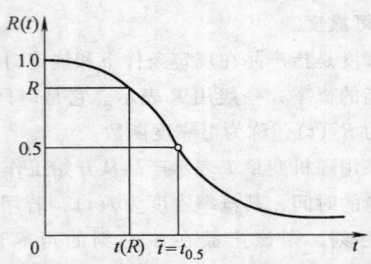

图13.4-3　可靠寿命与中位寿命

如图 13.4-3 所示，一般可靠度随着工作时间 t 的增大而下降，对给定的不同 R，则有不同的 $t(R)$，即

$$t(R) = R_{-1}(R) \qquad (13.4\text{-}3)$$

式中　R_{-1}——R 的反函数，即由 $R(t) = R$ 反求 t。

可靠寿命的观测值是能完成规定功能的产品的比例恰好等于给定可靠度时所对应的时间。

1.4.3　累积失效率

累积失效概率是指产品在规定条件下和规定时间内未完成规定功能（即发生失效）的概率，也称为不可靠度。一般用 F 或 $F(t)$ 表示。

因为完成规定功能与未完成规定功能是对立事件，按概率互补定理可得

$$F(t) = 1 - R(t) \qquad (13.4\text{-}4)$$

$$F(t) = P(T \le t) = \int_{-\infty}^{t} f(t)\,\mathrm{d}t \qquad (13.4\text{-}5)$$

对于不可修复产品和可修复产品累积失效概率的观测值都可按概率互补定理，取

$$\hat{F}(t) = 1 - \hat{R}(t) \qquad (13.4\text{-}6)$$

1.4.4　平均寿命

平均寿命是指寿命的平均值，对不可修复产品常用失效前平均时间，一般用 MTTP 表示；对可修复产品则常用平均无故障工作时间，一般用 MTBF 表示。它们都表示无故障工作时间 T 的期望 $E(T)$ 或简记

为 $\bar t$。如已知 T 的概率密度函数 $f(t)$，则

$$\bar t = E(T) = \int_0^\infty t f(t)\,\mathrm{d}t \qquad (13.4\text{-}7)$$

经分部积分后也可求得

$$\bar t = \int_0^\infty R(t)\,\mathrm{d}t \qquad (13.4\text{-}8)$$

1.4.5　失效率和失效率曲线

失效率是指工作到某时刻尚未失效的产品，在该时刻后单位时间内发生失效的概率。一般用 λ 表示，它也是时间 t 的函数，故也记为 $\lambda(t)$，称为失效率函数，有时也称为故障率函数或风险函数。

按上述定义，失效率是在时刻 t 尚未失效产品在 $t + \Delta t$ 的单位时间内发生失效的条件概率，即

$$\lambda(t) = \lim_{\Delta t \to 0} \frac{1}{\Delta t} P(t < T \le t + \Delta t \mid T > t)$$

$$(13.4\text{-}9)$$

它反映 t 时刻失效的速率，也称为瞬时失效率。

失效率的观测值是在某时刻后单位时间内失效的产品数与工作到该时刻尚未失效的产品数之比，即

$$\hat{\lambda}(t) = \frac{\Delta N_f(t)}{N_s(t)\Delta t} \qquad (13.4\text{-}10)$$

典型的失效率（或故障率）曲线反映产品总体各寿命期失效率的情况。图 13.4-4 所示为失效率曲线的典型情况，有时形象地称为浴盆曲线。失效率随时间变化可分为三段时期

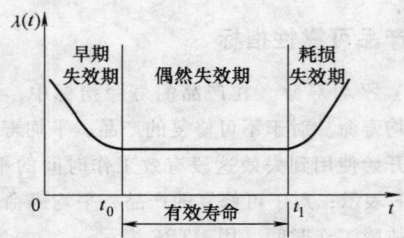

图13.4-4　浴盆曲线

（1）早期失效期　失效率曲线为递减型。产品投入使用的早期，失效率较高而下降很快。主要由于设计、制造、贮存、运输等形成的缺陷，以及调试、磨合、起动不当等人为因素所造成的。当经过这些所谓先天不良的失效后，随运转逐渐正常，则失效率也趋于稳定，到 t_0 时失效率曲线已开始变平。t_0 以前称为早期失效期。针对早期失效期的失效原因，应该尽量设法避免，争取失效率低且 t_0 短。

（2）偶然失效期　失效率曲线为恒定型，即 t_0 到 t_1 间的失效率近似为常数。失效主要由非预期的过载、误操作、意外的天灾以及一些尚不清楚的偶然因

素造成的。由于失效原因多属偶然，故称为偶然失效期。偶然失效期是能有效工作的时期，这段时间称为有效寿命。为降低偶然失效期的失效率而增加有效寿命，应注意提高产品的质量，并精心使用维护。加大零件截面尺寸可使抗非预期过载的能力增大，从而使失效率显著下降。然而过分加大零件截面尺寸，将使产品变得笨重。

（3）耗损失效期　失效率是递增型。在 t_1 以后失效率上升较快，这是由于产品的老化、疲劳、磨损、蠕变、腐蚀等原因引起的，故称为耗损失效期。针对耗损失效的原因，应该注意检查、监控、预测耗损开始的时间，提前维修，尽量减少失效率的上升，如图 13.4-4 中的虚线所示，以延长寿命。当然，若修复需要花很大的费用，而延长寿命不多，则不如报废更为经济。

2　可靠性设计流程

2.1　机械可靠性设计的基本特点

机械可靠性设计与传统设计方法不同，机械可靠性设计具有以下基本特点：

① 以应力和强度为随机变量；
② 应力概率和统计方法进行分析、求解；
③ 能定量回答产品的失效概率和可靠度；
④ 有多种可靠性指标提供选择；
⑤ 强调设计对产品可靠性的主导作用；
⑥ 必须考虑环境的影响；
⑦ 必须考虑维修性；
⑧ 从整体的、系统的观点出发；
⑨ 承认在设计期间及其以后都需要可靠性增长。

2.2　可靠性设计的主要内容

机械可靠性设计的内容最基本的有以下几个方面：

① 研究产品的故障物理和故障模型；
② 确定产品的可靠性指标及其等级；
③ 可靠性预测；
④ 合理分配产品的可靠性指标；
⑤ 以规定的可靠性指标为依据对零件进行可靠性设计。

2.3　机械可靠性设计方法

机械可靠性一般可分为结构可靠性和机构可靠性。结构可靠性主要考虑机械结构的强度以及由于载荷的影响使之疲劳、磨损、断裂等引起的失效；机构

可靠性则主要考虑的不是强度问题引起的失效，而是考虑机构在动作时由于运动学问题而引起的故障。机械可靠性设计可分为定性可靠性设计和定量可靠性设计。定性可靠性设计就是在进行故障模式影响及危害性分析的基础上，有针对性地应用成功的设计经验使所设计的产品达到可靠的目的。定量可靠性设计就是在充分掌握所设计零件的强度分布和应力分布以及各种设计参数的随机性基础上，通过建立隐式极限状态函数或显式极限状态函数的关系设计出满足规定可靠性要求的产品。机械可靠性设计方法是常用的方法，是目前开展机械可靠性设计的一种最直接有效的方法，无论结构可靠性设计还是机构可靠性设计都是大量采用的常用方法。可靠性定量设计虽然可以按照可靠性指标设计出满足要求的零件，但由于材料的强度分布和载荷分布的具体数据目前还很缺乏，加之其中要考虑的因素很多，从而限制其推广应用，一般在关键或重要的零部件的设计时采用。

机械可靠性设计由于产品的不同和构成的差异，可以采用的可靠性设计方法有：

（1）预防故障设计　机械产品一般属于串联系统，要提高整机可靠性，首先应从零部件的严格选择和控制做起。

（2）简化设计　在满足预定功能的情况下，机械设计应力求简单、零部件的数量应尽可能减少，越简单越可靠是可靠性设计的一个基本原则，是减少故障提高可靠性的最有效方法。但不能因为减少零件而使其他零件执行超常功能或在高应力的条件下工作。否则，简化设计将达不到提高可靠性的目的。

（3）降额设计　降额设计是使零部件的使用应力低于其额定应力的一种设计方法。降额设计可以通过降低零件承受的应力或提高零件的强度的办法来实现。

（4）余度设计　余度设计是对完成规定功能设置重复的结构、备件等，以备局部发生失效时，整机或系统仍不致于发生丧失规定功能的设计。当某部分可靠性要求很高，但目前的技术水平很难满足，比如采用降额设计、简化设计等可靠性设计方法，还不能达到可靠性要求，或者提高零部件可靠性的改进费用比重复配置还高时，余度技术可能成为唯一或较好的一种设计方法。

（5）耐环境设计　耐环境设计是在设计时就考虑产品在整个寿命周期内可能遇到的各种环境影响，例如装配、运输时的冲击，振动影响，贮存时的温度、湿度、霉菌等影响，使用时的气候、沙尘振动等影响。因此，必须慎重选择设计方案，采取必要的保

护措施，减少或消除有害环境的影响。

（6）人机工程设计　人机工程设计的目的是为减少使用中人的差错，发挥人和机器各自的特点以提高机械产品的可靠性。当然，人为差错除了人自身的原因外，操纵台、控制及操纵环境等也与人的误操作有密切的关系。因此，人机工程设计是要保证系统向人传达的住处的可靠性。

（7）健壮性设计　健壮性设计最有代表性的方法是日本田口玄一博士创立的田口方法，即一个产品的设计应由系统设计、参数设计和容差设计的三次设计来完成，这是一种在设计过程中充分考虑影响其可靠性的内外干扰而进行的一种优化设计。这种方法已被美国空军制定的 RM2000 年中作为一种抗变异设计以及提高可靠性的有效方法。

（8）概率设计　概率设计是以应力—强度干涉理论著基础的，应力-强度干涉理论将应力和强度作为服从一定分布的随机变量处理。

（9）权衡设计　权衡设计是指在可靠性、维修性、安全性、功能重量、体积、成本等之间进行综合权衡，以求得最佳的结果。

（10）模拟方法设计　随着计算机技术的发展，模拟方法日趋完善，它不但可用于机械零件的可靠性定量设计，也可用于系统级的可靠性定量设计。

当然，机械可靠性设计的方法绝不能离开传统的机械设计和其他的一些优化设计方法，如机械计算机辅助设计、有限元分析等。

2.4　可靠性设计流程

① 提出设计任务，规定详细指标；
② 确定有关的设计变量参数；
③ 失效模式、影响及其危害分析；
④ 确定零件的失效模式是否是相互独立的；
⑤ 确定失效模式的判据；
⑥ 得出应力公式；
⑦ 确定每种失效模式下的应力分布；
⑧ 确定强度公式；
⑨ 确定每种失效模式下的强度分布；
⑩ 确定每种致命失效模式下与应力分布和强度分布的可靠度；
⑪ 确定零件的可靠度；
⑫ 确定零件可靠度的置信水平；
⑬ 按上述步骤求出系统中所有关键零部件的可靠度；
⑭ 计算子系统和整个系统的可靠度；
⑮ 必要时可对某些设计内容进行优化。

3　零件静强度可靠性设计

机械强度可靠性设计的基础是应力-强度分布干涉理论与可靠度计算。机械零件的可靠性设计是以应力-强度分布干涉理论为基础的，从该模型可清楚地揭示机械零件产生故障而有一定故障率的原因和机械强度可靠性设计的本质。进行机械强度可靠性设计，首先要搞清楚载荷（应力）及零件强度的分布规律，合理地建立应力与强度之间的数学模型。应用应力-强度干涉理论，严格控制失效概率，以满足设计要求。整个设计过程可用图 13.4-5 表示。

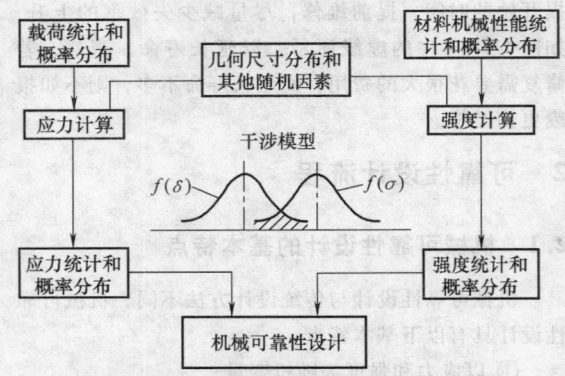

图13.4-5　机械强度可靠性设计过程框图

3.1　应力-强度干涉模型

由统计分布函数的性质可知，应力-强度两概率密度函数在一定条件下可能发生相交的区域（图 13.4-6 中的阴影部分）就是零件可能出现失效的区域，称之为干涉区，即使设计时无干涉现象，但当零部件在动载荷的长时间作用下，强度将逐渐衰减，如图 13.4-6 中的 a 位置沿着衰减退化曲线移到 b 位置，使应力、强度发生干涉，即强度降低，引起应力超过强度后造成不安全或不可靠的问题。由干涉图可以看出：①即使在安全系数大于 1 的情况下仍然存在有一

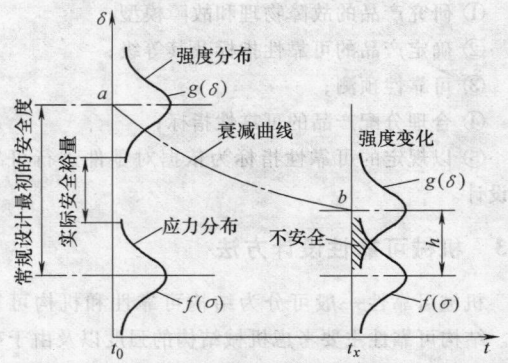

图13.4-6　应力-强度分布曲线的相互关系模型

定的不可靠度；②当材料强度和工作应力的离散程度大，干涉部分加大，不可靠度也增大；③当材质性能好、工作应力稳定时，使两分布离散度小，干涉部分相应地减小，可靠度增大。所以，为保证产品可靠性，只进行安全系数计算是不够的，还需要进行可靠度计算。

应力-强度干涉模型揭示了概率设计的本质。从干涉模型可以看到，就统计数学观点而言，任一设计都存在着失效概率，即可靠度小于1。而我们能够做到的仅仅是将失效概率限制在一个可以接受的限度之内，该观点在常规设计的安全系数法中是不明确的，因为在其设计中不考虑存在失效的可能性。可靠性设计这一重要特征，客观地反映了产品设计和运行的真实情况，同时，还定量地给出产品在使用中的失效概率或可靠度，因而受到重视与发展。

3.2 可靠度计算方法

3.2.1 应力-强度干涉模型求可靠度

由应力分布和强度分布的干涉理论可知，可靠度是"强度大于应力的整个概率"，表示为

$$R(t) = P(S > s) = P(S - s > 0) = P\left(\frac{S}{s} > 1\right)$$

$$(13.4-11)$$

如能满足上式，则可保证零件不会失效，否则将出现失效。

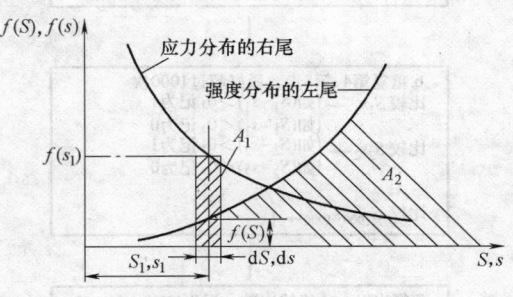

**图13.4-7 强度大于应力值时，
应力和强度的概率面积**

概率密度函数联合积分法步骤如下

在机械零件的危险位置上，当材料的强度值 S 大于应力值 s 时，不会发生失效；反之，将发生失效。由图 13.4-7 可知，应力值 s_1 存在于区间 $\left[s_1 - \dfrac{ds}{2},\ s_1 + \dfrac{ds}{2}\right]$ 内的概率等于面积 A_1，即

$$P\left(s_1 - \frac{ds}{2} \leqslant s_1 \leqslant s_1 + \frac{ds}{2}\right) = f(s_1)\,ds = A_1$$

$$(13.4-12)$$

同时，强度值 S 超过应力值 s_1 概率等于阴影面积 A_2，表示为

$$P(S > s_1) = \int_{s_1}^{\infty} f(S)\,dS = A_2 \quad (13.4-13)$$

A_1、A_2 表示两个独立事件各自发生的概率。如果这两个事件同时发生，则可应用概率乘法定理来计算应力值为 s_1 时的不失效概率，即可靠度，得

$$dR = A_1 A_2 = f(s_1)\,ds \times \int_{s_1}^{\infty} f(S)\,dS$$

因为零件的可靠度为强度值 S 大于所有可能的应力值 s 整个概率，所以

$$R(t) = \int_{-\infty}^{\infty} dR = \int_{-\infty}^{\infty} f(s)\left[\int_{s}^{\infty} f(S)\,dS\right]ds$$

$$(13.4-14)$$

此式即为可靠度的一般表达式，并可表示为更一般的形式

$$R(t) = \int_{a}^{b} f(s)\left[\int_{s}^{c} f(S)\,dS\right]ds \quad (13.4-15)$$

式中 a、b——应力在其概率密度函数中可以设想的最小值和最大值；

　　　　c——强度在其概率密度函数中可以设想的最大值。

对于对数正态分布、威布尔分布和伽玛分布，a 为位置参数，b 和 c 为无穷大，对于 β 分布，a 为位置参数，b 和 c 可能是一个有限值。

显然，应力-强度分布干涉理论的概念可以进一步延伸。零件的工作循环次数 n 可以理解为应力，而零件的失效循环次数 N 可以理解为强度。与此相应，有

$$R(t) = P(N > n) = P(N - n > 0) = P\left(\frac{N}{n} > 1\right)$$

$$(13.4-16)$$

$$R(t) = \int_{-\infty}^{\infty} f(n)\left[\int_{n}^{\infty} f(N)\,dN\right]dn \quad (13.4-17)$$

式中 n——工作循环次数；

　　　　N——失效循环次数。

3.2.2 功能密度函数积分法求解可靠度

强度 S 和应力 s 差可用一个多元随机函数表示

$$\xi = S - s = f(x_1, x_2, \cdots, x_n) \quad (13.4-18)$$

式（13.4-18）称为功能函数。

设随机变量 ξ 的密度函数 $f(\xi)$，根据二维独立随机变量知识可以通过强度 S 和应力 s 的概率密度函数 $f(S)$ 和 $f(s)$ 计算出干涉变量 $\xi = S - s$ 的概率密度函数 $f(\xi)$。因此，零件的可靠度可由式（13.4-19）求得

$$R = P(\xi > 0) = \int_{0}^{\infty} f(\xi)\,d\xi \quad (13.4-19)$$

当应力和强度为更一般的分布时，可以用辛普森（Simpson）和高斯（Gauss）等数值积分法求可靠度。当精度要求不高时，也可用图解法求解可靠度。

3.2.3　蒙特卡罗（Monte Carlo）模拟法

蒙特卡罗模拟法（Monte Carlo）可以用来综合两种不同的分布，因此，可以用它来综合应力分布和强度分布，并计算出可靠度。这种方法的实质是从一个分布（应力分布）中随机选取一（应力值）样本，并将其与取自另一分布（强度分布）的（强度值）样本相比较，然后对比较结果进行统计，并计算出统计概率，这一统计概率就是所求的可靠度。

用蒙特卡罗模拟法进行可靠度计算的流程图如图13.4-8 所示。

由图中第 4 步可知：

$$R_{Nsi} = \int_{-\infty}^{si} f(s)\,\mathrm{d}s , \quad R_{NSi} = \int_{-\infty}^{Sj} f(S)\,\mathrm{d}S$$

$$(13.4\text{-}20)$$

因此，已知 R_{Nsi} 和 R_{Nsj} 便可得出相应的 s_i 和 s_j

如果把上述第 5 步的条件，改为 $S_1 > s_1$ 或 $\dfrac{S_1}{s_1} > 1$，则可相应地得到

$$R(t) = \frac{N(S > s)}{N_T} = \frac{N\left(\dfrac{S}{s} > 1\right)}{N_T} \quad (13.4\text{-}21)$$

显然，模拟的次数越多，则所得可靠度的精度越高。

3.2.4　数值积分法

在已知应力和强度的概率函数 $f(S)$ 和 $f(s)$ 时，可进行数值积分，求出可靠度 $R(t)$。数值积分法是最理想的计算方法，它能得出精确的可靠度值，也能计算各种复杂的分布，通常采用的电子计算机，常用的方法是运用 Simpson 法则。目前，国外已经发展了许多用来计算可靠度的计算机软件。

3.3　应力和强度分布都为正态分布时的可靠度计算

当应力和强度分布都为正态分布时，可靠度的计算大大简化。可以用这里介绍的联结方程先求出联结系数 Z，然后利用标准正态分布面积表求出可靠度。

呈正态分布的应力和强度概率密度函数分别为

$$f(s) = \frac{1}{\sigma_s \sqrt{2\pi}} e^{-\frac{1}{2}\left(\frac{s-\bar{s}}{\sigma_s}\right)^2} \quad (13.4\text{-}22)$$

$$f(S) = \frac{1}{\sigma_S \sqrt{2\pi}} e^{-\frac{1}{2}\left(\frac{s-\bar{s}}{\sigma_s}\right)^2} \quad (13.4\text{-}23)$$

又知可靠度是强度大于应力的概率，表示为

$$R(t) = P[(S-s) > 0] \quad (13.4\text{-}24)$$

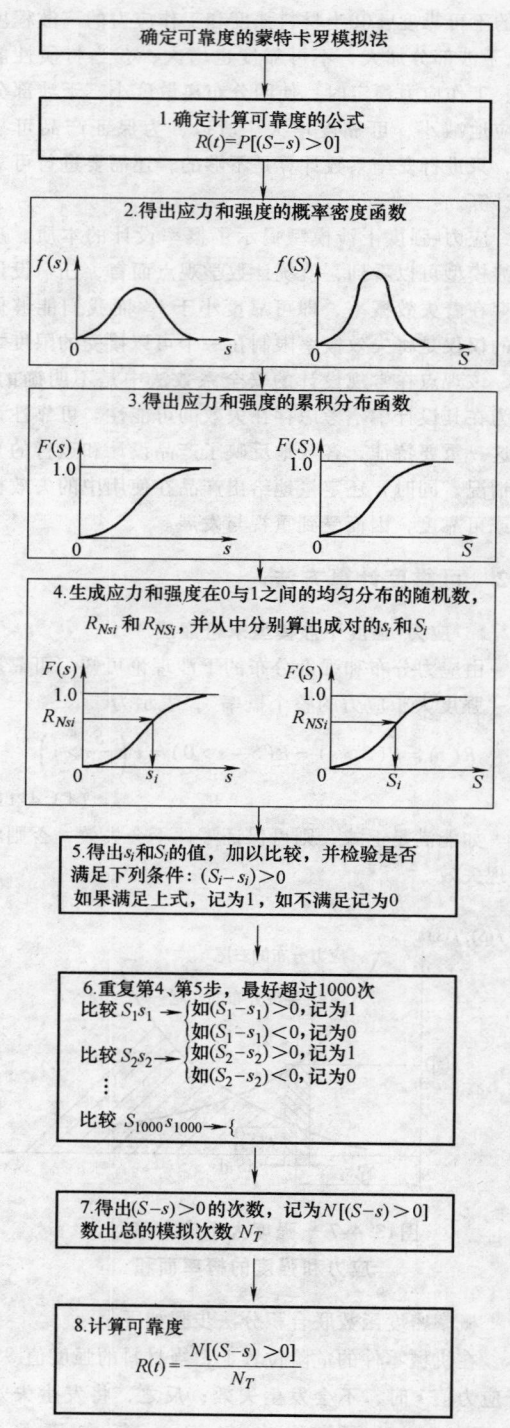

图13.4-8　蒙特卡罗模拟法计算可靠度的流程图

将 $f(\xi)$ 定义为随机变量 S 与 s 之差 ξ 的分布函数，由于 $f(S)$ 和 $f(s)$ 都为正态分布，所以根据概率统计理论，$f(\xi)$ 也为正态分布函数，表示为

$$f(\xi) = \frac{1}{\sigma_\xi \sqrt{2\pi}} e^{-\frac{1}{2}\left(\frac{\xi - \bar{\xi}}{\sigma_\xi}\right)^2} \quad (13.4\text{-}25)$$

另外，有

$$\bar{\xi} = \bar{S} - \bar{s}, \sigma_\xi = (\sigma_S^2 + \sigma_s^2)^{\frac{1}{2}} \quad (13.4\text{-}26)$$

可靠度是 ξ 为正值时的概率，可以表示为

$$R(t) = P(\xi > 0) = \int_0^\infty f(\xi)\,\mathrm{d}\xi = \frac{1}{\sigma_\xi \sqrt{2\pi}} \int_0^\infty e^{-\frac{1}{2}\left(\frac{\xi - \bar{\xi}}{\sigma_\xi}\right)^2}\,\mathrm{d}\xi$$

$$(13.4\text{-}27)$$

将 $f(\xi)$ 转化为标准正态分布 $\varphi(Z)$，则有

$$R(t) = \int_0^\infty f(\xi)\,\mathrm{d}\xi = \int_z^\infty \varphi(Z)\,\mathrm{d}Z$$

$$(13.4\text{-}28)$$

式中

$$\varphi(Z) = \frac{1}{\sqrt{2\pi}} e^{-\frac{z^2}{2}}, Z = \frac{\xi - \bar{\xi}}{\sigma_\xi} \quad (13.4\text{-}29)$$

由上面可得

$$\xi = \infty, Z = \frac{\infty - \bar{\xi}}{\sigma_\xi} = \infty \quad (13.4\text{-}30)$$

$$\xi = 0, Z = \frac{0 - \bar{\xi}}{\sigma_\xi} = -\frac{\bar{\xi}}{\sigma_\xi} = -\frac{\bar{S} - \bar{s}}{(\sigma_S^2 + \sigma_s^2)^{\frac{1}{2}}}$$

$$(13.4\text{-}31)$$

由式（13.4-31）可知，当已知 Z 值时，可按标准正态分布面积表查出可靠度 $R(t)$ 值。因此，式（13.4-31）实际上把应力分布参数、强度分布参数和可靠度三者联系起来，所以称为联结方程，这是一个非常重要的方程。

Z 也称为可靠性系数或安全指数。进行可靠性设计时，往往先规定目标可靠度；这时，可由标准正态分布表查出联结系数 Z，再利用式（13.4-31）求出所需要的设计参数（如尺寸等）。通过这些步骤，实现了"把可靠度直接设计到零件中去"。

3.4　应力和强度分布都为对数正态分布时的可靠度计算

$R(t) = R(S/s)$，意为可靠度是强度与应力的比值大于 1 的概率，如图 13.4-9。

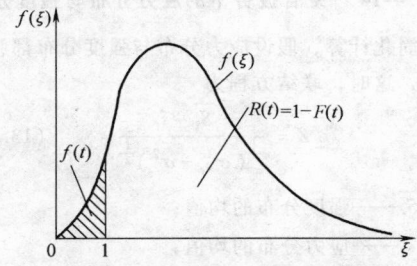

图13.4-9　强度与应力比值 ξ 的概率密度函数

如令 $\xi = \dfrac{S}{s}$，因 $R(t) = P(\xi > 1)$，由图 13.4-9 可知

$$R(t) = \int_1^\infty f\left(\frac{S}{s}\right) \mathrm{d}\left(\frac{S}{s}\right) = \int_1^\infty f(\xi)\,\mathrm{d}\xi$$

$$(13.4\text{-}32)$$

对 $\xi = \dfrac{S}{s}$ 的两边取对数，得 $\lg\xi = \lg S - \lg s$。

因 S 和 s 服从对数正态分布，所以 $\lg S$ 和 $\lg s$ 服从正态分布，其差值 $\lg\xi$ 亦服从正态分布，其分布参数为

$$\overline{\lg\xi} = \overline{\lg \frac{S}{s}} = \overline{\lg S} - \overline{\lg s} \quad (13.4\text{-}33)$$

$$\sigma_{\lg\xi} = (\sigma_{\lg S}^2 + \sigma_{\lg s}^2)^{\frac{1}{2}} \quad (13.4\text{-}34)$$

式中　$\sigma_{\lg S}$——$\lg S$ 的标准差；

$\sigma_{\lg s}$——$\lg s$ 的标准差。

令 $\lg\xi = \xi'$，其分布曲线如图 13.4-10 所示，则

$$R(t) = \int_1^\infty f(\xi)\,\mathrm{d}\xi = \int_0^\infty f(\xi')\,\mathrm{d}\xi' = \int_z^\infty \varphi(Z)\,\mathrm{d}Z$$

令

$$Z = \frac{\lg\xi - \overline{\lg\xi}}{\sigma_{\lg\xi}} \quad (13.4\text{-}35)$$

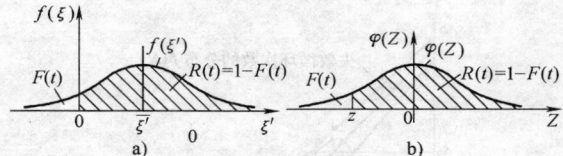

图13.4-10　概率密度函数 $f(\xi')$ 与标准正态分布函数 $\varphi(Z)$

由式（13.4-35）可知

当 $\xi = 1$ 时，有

$$Z = \frac{\lg 1 - \overline{\lg\xi}}{\sigma_{\lg\xi}} = -\frac{\overline{\lg\xi}}{\sigma_{\lg\xi}} = \frac{\overline{\lg S} - \overline{\lg s}}{(\sigma_{\lg S}^2 + \sigma_{\lg s}^2)^{\frac{1}{2}}}$$

$$(13.4\text{-}36)$$

当 $\xi = \infty$ 时，有

$$Z = \frac{\lg\infty - \overline{\lg\xi}}{\sigma_{\lg\xi}} = \infty$$

由此可见，对数正态分布与正态分布之间存在着的特殊关系，所以，当应力和强度分布都为对数正态分布时，可以用与正态分布相同的方法，即利用连接方程和标准正态分布表来计算可靠度。

工作循环次数可以理解为应力，与此相应，失效循环次数可以理解为强度。研究表明，零件的工作循环次数常呈现为对数正态分布。这时，在工作循环次数为 n_1 时的可靠度为

$$R(n_1) = \int_{n_1}^{\infty} f(n)\,dn = \int_{n_1'}^{\infty} f(n')\,dn'$$

$$= \int_{z}^{\infty} \varphi(Z)\,dZ$$

式中 n_1——工作循环次数；

$\quad n'$——工作循环次数的对数，即 $n' = \lg n$。

$$Z_1 = -\frac{\overline{N'} - n_1'}{\sigma_{N'}} \qquad (13.4\text{-}37)$$

式中 $\overline{N'}$——失效循环次数对数的均值；

$\quad \sigma_{N'}$——失效循环次数对数的标准差。

有时，在零件的工作循环次数达到 n_1 之后，希望能再运转若干工作循环次数，零件在这段增加的任务期间内的可靠度是一个条件概率，表示为

$$R(n_1,n) = \frac{R(n_1 + n)}{R(n_1)} \qquad (13.4\text{-}38)$$

3.5 已知应力幅水平、相应的失效循环次数的分布和规定的寿命要求时零件的可靠度计算

试验表明，如图 13.4-11 所示，在不同的应力幅水平下，失效循环次数的分布呈对数正态分布，应力水平越低，则失效循环次数分布的离散程度越大。

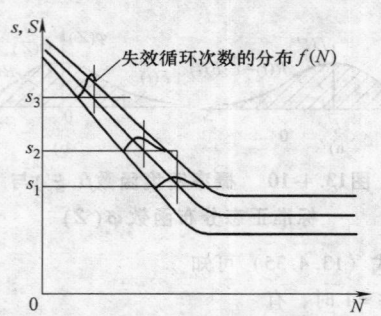

图13.4-11　应力水平与失效循环次数分布关系

如取对数坐标，并将图 13.4-11 简化，则可得图 13.4-12。由图可知，在规定的寿命 n_1 之下，如已知应力幅水平 s_1、s_2 和相应的失效循环次数分布

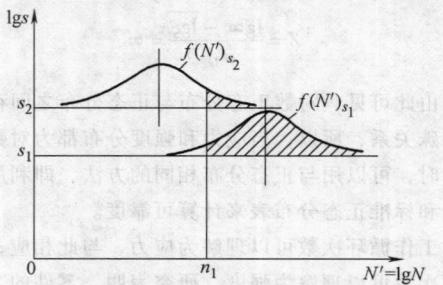

图13.4-12　与预期的寿命 n_1 有关的不同应力水平下的可靠度

$f(N')_{s_1}$、$f(N')_{s_2}$，则其可靠度为图中阴影面积，可按式（13.4-37）和式（13.4-38）求出。

3.6 已知强度分布和最大应力幅，在规定寿命下的零件可靠度计算

若已知规定寿命下的强度分布，如图 13.4-13 所示，和零件中最大应力幅 s_1，则零件的可靠度为图中阴影面积，可按下式计算：

$$R(t) = P(S > s_1) = \int_{s_1}^{\infty} f(S)\,dS = \int_{z}^{\infty} \varphi(Z)\,dZ \qquad (13.4\text{-}39)$$

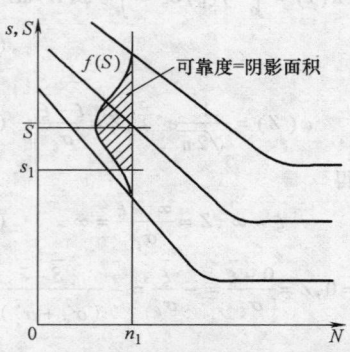

图13.4-13　最大应力幅为常数、强度为正态分布时在规定寿命下的可靠度

3.7 疲劳应力下零件的可靠度计算

当零件受应力幅 s_a 和平均应力 s_m 作用时，其应力分布和强度分布如图 13.4-14 所示。所以，零件的可靠度计算仍根据应力-强度分布干涉理论进行计算。

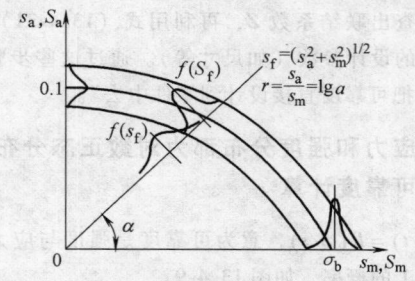

图13.4-14　复合疲劳下的应力分布与强度分布

为简化计算，假设应力分布与强度分布都服从正态分布，这时，联结方程为

$$Z = -\frac{\overline{S_f} - \overline{s_f}}{(\sigma_{S_f}^2 + \sigma_{s_f}^2)^{\frac{1}{2}}} \qquad (13.4\text{-}40)$$

式中 $\overline{S_f}$——强度分布的均值；

$\quad \overline{s_f}$——应力分布的均值；

$\quad \sigma_{S_f}$——强度分布的标准差；

σ_{s_f}——应力分布的标准差。

3.8　可靠度与安全系数的关系

传统机械设计中的安全系数被定义为强度与应力之比，表示为：$n = S/s$，如果不考虑强度和应力的离散性，那么，单值的安全系数概念已经十分陈旧。如果考虑到强度和应力都是呈分布状态的，则安全系数可以定义为强度均值与应力均值之比，即 $\bar{n} = \bar{s}/s$。

由图 13.4-15 可知，ξ 就是安全系数。因此，实际上安全系数也是呈分布状态的，可靠度 $R(t)$ 可以表示为安全系数 n 区间 $[1,\infty]$ 内的积分。

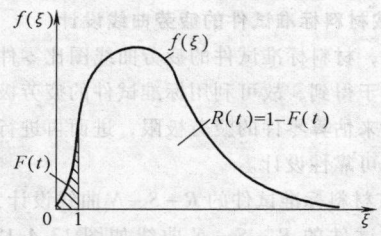

图13.4-15　强度与应力比值 ξ 的概率密度函数

$$R(t) = \int_1^\infty f\left(\frac{S}{s}\right)\mathrm{d}\left(\frac{S}{s}\right) = \int_1^\infty f(\xi)\mathrm{d}\xi$$

$$(13.4\text{-}41)$$

又

$$R(t) = \int_1^\infty f(n)\mathrm{d}n \qquad (13.4\text{-}42)$$

由联结方程，知

$$Z = \frac{\bar{n}-1}{\sigma_n} \qquad (13.4\text{-}43)$$

当

$$n = \infty,\ Z = \frac{\infty - \bar{n}}{\sigma_n} = \infty \qquad (13.4\text{-}44)$$

所以

$$R(t) = \int_Z^\infty \varphi(Z)\mathrm{d}Z \qquad (13.4\text{-}45)$$

式中

$$Z = -\frac{\bar{n}-1}{\sigma_n} \qquad (13.4\text{-}46)$$

由随机变量代数表，可得安全系数的标准差为

$$\sigma_n = \frac{1}{s}\left(\frac{\bar{S}^2\sigma_s^2 + \bar{s}^2\sigma_S^2}{\bar{s}^2 + \sigma_s^2}\right)^{\frac{1}{2}} \qquad (13.4\text{-}47)$$

当强度分布和应力分布的离散程度较大时，安全系数的均值即使选择得符合使用经验的规定，仍不能保证零件的安全和可靠。但当强度分布和应力分布的离散程度较小时，n 的大小仍能反映出零件和安全程度。

当零件的应力分布和程度公布都为正态分布时，其联结方程为

$$Z = -\frac{\bar{S}-\bar{s}}{(\sigma_S^2 + \sigma_s^2)^{\frac{1}{2}}} \qquad (13.4\text{-}48)$$

将上式右侧的分子、分母都除以 $\bar{s}$，得

$$Z = -\frac{\dfrac{\bar{S}}{\bar{s}}-1}{\left(\dfrac{\sigma_S^2}{\bar{s}^2} + \dfrac{\sigma_s^2}{\bar{s}^2}\right)^{\frac{1}{2}}} = -\frac{\bar{n}-1}{(\bar{n}^2 V_S^2 + V_s^2)^{\frac{1}{2}}}$$

$$(13.4\text{-}49)$$

式中　V_S——强度分布的变异系数，$V_S = \dfrac{\sigma_S}{\bar{S}}$ 一般可取 $V_S = 0.04 \sim 0.08$，甚至更高；

V_s——应力分布的变异系数，$V_s = \dfrac{\sigma_s}{\bar{s}}$ 根据机械的类型和具体的使用条件和环境而定，一般可取为百分之几，甚至更高。

由式（13.4-49）可知：

1）在 Z、n、V_S 和 V_s 四个参数中，如果已知其中 3 个，便可求出第四个；

2）Z（因而也是 R）与 $\bar{n}$ 之间的相互关系取决于变异系数 V_S 与 V_s 值的大小。

由式（13.4-49），移项后重新整理，可得

$$\bar{n} = \frac{1 + \left[1 - (Z^2 V_S^2 - 1)(Z^2 V_s^2 - 1)\right]^{\frac{1}{2}}}{1 - Z^2 V_S^2}$$

$$= \frac{1 + Z\sqrt{V_S^2 + V_s^2 - Z^2 V_S^2 V_s^2}}{1 - Z^2 V_S^2} \qquad (13.4\text{-}50)$$

如果把 $\bar{n} = \dfrac{\bar{S}}{\bar{s}}$ 代入（13.4-49），则可得

$$\bar{n} = \frac{\bar{S}}{\bar{S} + Z(\sigma_S^2 + \sigma_s^2)^{\frac{1}{2}}} \qquad (13.4\text{-}51)$$

由式（13.4-51）可知，当求出联结系数 Z 的同时，也就确定了在这可靠度 R 之下的安全系数均值的大小。不过只有在 V_S 和 V_s 较小时，$\bar{n}$ 才有意义。

4　零件疲劳强度可靠性设计

4.1　疲劳强度可靠性设计基础

疲劳强度可靠性设计基础主要包括下列几方面的资料：

（1）应力参数　直接测得的计算点的应力或根据实测的载荷推算出计算点的应力，经统计分析得出应力密度函数及其分布参数，为可靠性设计提供应力参数。

（2）材料疲劳强度分布资料　目前已有一些典

型材料的试验资料,可供选用。

1) 构件或零件的疲劳试验资料:如 $R-S-N$ 曲线,或等寿命曲线。这两种情况的数据中都包括了材料的性能、应力集中、表面加工状态、尺寸效应、强化等一系列因素。

2) 标准试件的疲劳试验资料,如标准试件的 $R-S-N$ 曲线及标准试件的等寿命曲线。

3) 根据经验数据或公式进行估算:实际上,根据国家的需要情况只能对部分常用的金属做疲劳试验,而不可能对所有的材料都做疲劳试验,因而也无这方面的资料,设计时只能根据已有的经验公式及数据进行估算。

(3) 结构尺寸参数 机械加工的零件一般都给出了公差,该公差一般都呈正态分布,按三倍标准差原则处理。未给出公差时也可按加工方法确定的加工精度确定公差。

(4) 强度修正系数的统计特性 实践证明,零件疲劳强度可靠性计算除了上述参数外还有一些参数应当引入计算。

4.2 稳定变应力疲劳强度可靠性计算

4.2.1 按零件实际疲劳曲线设计

零件实际疲劳曲线是根据实际零件做的疲劳试验而得到的曲线。因此,它包含了材料强度、应力集中、表面状况、尺寸等因素,甚至包括工况变化等因素,与实际状态基本一致,而且应力特性也一致。故计算简单,效果良好。如内燃机的连杆、曲轴等零件均可对实物进行试验。

1. 按零件的 $R-S-N$ 曲线设计

测得某零件实际的 $R-S-N$ 曲线如图 13.4-16 所示。纵轴为疲劳强度,横轴为应力循环次数(或寿命)。如疲劳强度的概率密度函数为 $g(\delta)$,应力为 $f(\sigma)$,其干涉图形也画在该图内。

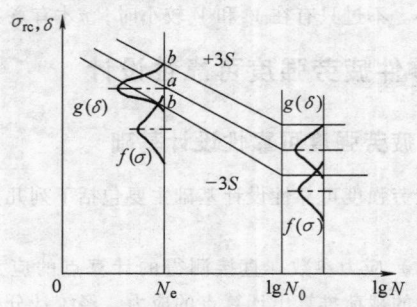

图13.4-16 零件的 $R-S-N$ 曲线

2. 按零件等寿命疲劳极限图设计

受任意循环(对称与非对称的)变应力的疲劳

强度可靠性计算,可利用等寿命疲劳极限图(如图 13.4-17)计算。

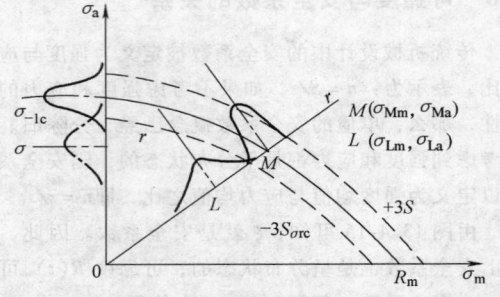

图13.4-17 零件等寿命疲劳极限图

4.2.2 按材料标准试件的疲劳曲线设计

通常,材料标准试件的疲劳曲线图比零件的疲劳曲线图易于得到,故可利用标准试件的疲劳极限图与修正系数来估算零件的疲劳极限,进而再进行零件疲劳强度的可靠性设计。

1. 按材料标准试件的 $R-S-N$ 曲线设计

标准试件的 $R-S-N$ 曲线如图 13.4-18 所示。该曲线可由试验得到。而零件的 $R-S-N$ 曲线与标准试件的曲线之间的主要差别有应力集中、尺寸效应、表面状态等因素影响,一般可用综合修正系数对标准试件的数据作必要的修正后即可。

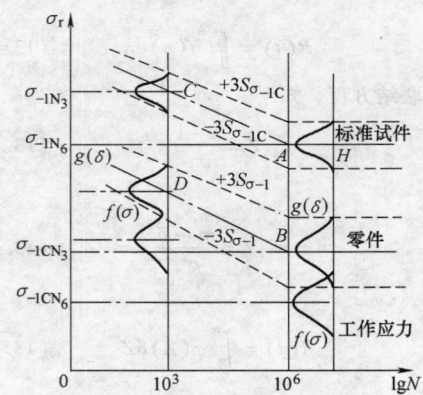

图13.4-18 标准试件的 $R-S-N$ 曲线

2. 按标准试件的等寿命疲劳极限图设计

(1) 标准试件等寿命疲劳极限图 实验表明用坐标表示的标准试件的等寿命疲劳极限曲线,近似于抛物线。经修正后可得到零件的疲劳极限(如图 13.4-19)。转化后的曲线有的可用抛物线表示,有的只能近似地用抛物线表示。但不论哪种形式,首先须将标准试件的疲劳极限图转化为零件的疲劳极限图,然后才能用于计算。

(2) 零件疲劳极限图的绘制 有了标准试件的

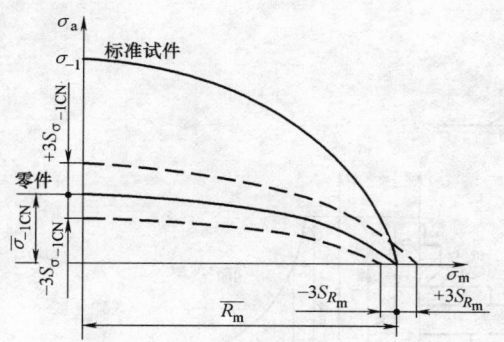

图13.4-19　试件等寿命疲劳极限图

疲劳极限图，可用转化法求得零件的疲劳极限图。

4.2.3　按经验资料设计

前述两种方法都需要作出零件的或是材料的疲劳试验曲线。但有时有的材料未作过疲劳试验而又要作计算，此时可按前人积累的经验资料进行估算零件的疲劳极限，然后再进行可靠性计算。

① 按 $R − S − N$ 曲线设计；
② 按等寿命疲劳极限图设计；
③ 按古德曼疲劳极限图进行计算。

4.3　不稳定变应力疲劳强度可靠性计算

有以下两种方法来计算可靠性。

4.3.1　规律性不稳定变应力的疲劳强度可靠性计算

设某零件受规律性不稳定变应力作用，各级应力在整个寿命期内的循环次数分别为 N'_1、N'_2、$\cdots$、N'_n。总的应力循环次数为

$$N_s = \sum_{i=1}^{n} N'_i$$

对于各级应力都低于疲劳极限时，与前述无限寿命计算相同。

如各级应力或部分应力高于疲劳极限时，则可按如下方法计算。

设各级应力单独作用至疲劳失效的应力循环次数分别为 N'_1、N'_2、$\cdots$、N'_n，按疲劳累积损伤理论，不疲劳失效的条件为

$$\sum_{i=1}^{n} \frac{N'_i}{N_1} \leqslant a \qquad (13.4\text{-}52)$$

式中　a——达到疲劳失效时的临界值，通常取 $a \approx 1$；
　　　n——应力的级数，建议取全部级数。

由 $S − N$ 曲线可知：$\sigma^m N_e = \sum \sigma_i^m n_i = C$，所以

$$N_e = \sum \left(\frac{\sigma_i}{\sigma} \right)^m n_i \qquad (13.4\text{-}53)$$

这样，由疲劳损伤等效概念，把非稳定变应力

（σ_i，n_i）转化为稳定变应力（σ，N_0）的问题进行计算，N_0 为当量循环次数。若 σ_{-1N} 为疲劳寿命 N_e 对应的对称循环有限寿命疲劳极限，σ_{-1} 为无限寿命疲劳极限，则由疲劳曲线方程 $\sigma_{-1N}^m \cdot N_e = \sigma_{-1}^m \cdot N_0$ 得

$$\left. \begin{array}{l} \sigma_{-1N} = K_N \cdot \sigma_{-1} \\[2mm] K_N = m\sqrt{\dfrac{N_0}{N_e}} \end{array} \right\} \qquad (13.4\text{-}54)$$

式中　K_N——非稳定变应力的寿命系数。

上述各式适用于任意力循环特征 r 的强度计算。σ_{rN0} 是循环特性为 r、循环次数为 N_0 的疲劳强度。一般多给出对称循环的数据，有时也有脉动循环的数据。当工作应力为对称循环时，不疲劳失效条件为

$$\sigma_1 \leqslant \sigma_{-1CNe} = \sigma_{-1C} K_N \qquad (13.4\text{-}55)$$

如工作应力为非对称循环，可将工作应力转化为等效的对称循环变应力 σ_{e1}，这时式中的 σ_1 应为 σ_{e1}。

当应力和强度为随机变量时，假定 $\dfrac{\sigma_i}{\sigma_1} = \dfrac{\sigma_i}{\sigma_1}$ 及 $K_N = \overline{K}_N$ 为常数，其强度条件为

$$\overline{\sigma}_{e1} \leqslant \frac{\overline{\sigma}_{-1CNe}}{n_R} = \frac{\overline{\sigma}_{-1C} \cdot \overline{K}_N}{n_R} \qquad (13.4\text{-}56)$$

式中，$\overline{K}_N = \left(\dfrac{\overline{N}_0}{N_e} \right)^{\frac{1}{m}}$，$\overline{N}_0 = \dfrac{N_s}{a} \sum_{i=1}^{n} \left(\dfrac{\overline{\sigma}_i}{\sigma_1} \right)^m \dfrac{N'_i}{n_R}$。

当求的 σ_{-1CNe} 及 σ_{e1} 时，也可求出此时的可靠度。

4.3.2　随机性不稳定变应力疲劳强度可靠性计算

经对其零件工作点处的随机不稳定变应力测试或推算，再经统计推断，得出概率密度函数或频率方图形式如图 13.4-20a 所示。为了进行计算，需将图 13.4-20a 逆转 90°，使其 σ 坐标与 $S − N$ 图中的 σ 相对应，如图 13.4-20b 所示。经此处理后，就可运用前节规律性不稳定变应力的算法求解。

通常经整理后得出分布密度函数形式，无论是频率直方图或是概率密度函数形式（注意此处的概率密度函数是经处理后得出的概率密度函数，与前面用过的应力概率密度因数 $f(\sigma)$ 不同），均可直接求得相应的 N_e。计算时将处理后得到的应力密度直方图逆转 90°，使其与 $S − N$ 曲线相对应，如图 13.4-20c 所示。该图右部是强度的 $S − N$ 曲线，左图是处理后得到的应力频率直方图。由频率直方图可以看出，第 i 个直方图的面积为 ΔA_i，而总面积则为 A，且 $A = \sum_{i=1}^{n} \Delta A_i$。

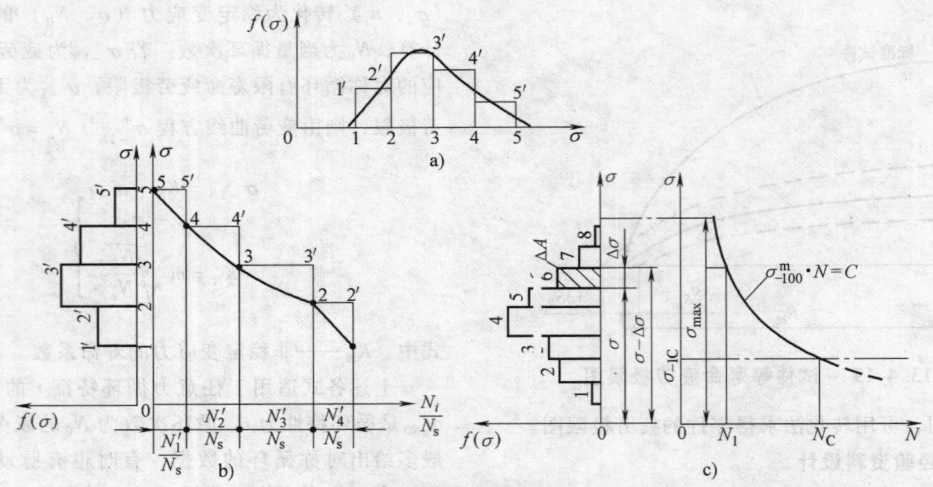

图13.4-20   随机不稳定变应力计算图

由应力频率直方图可看出，当应力 σ_i 增加 $\Delta\sigma_i$ 时，与之相对应的频率为 $\dfrac{N_i'}{N_s}=f(\sigma)$，其概率为

$$P_i = f(\sigma)\Delta\sigma = \frac{\Delta A_i}{A} = \frac{N_i'}{N_s}$$

式中，ΔA_i 为 $\Delta\sigma_i$ 处直方图的面积，$A = \sum\limits_{i-1}^{n}\Delta A_i$ 为直方图的总面积，N_s 为总的循环次数，N_i' 为 $\Delta\sigma$ 处的循环次数。

由前知 $N_e = \dfrac{N_s}{a}\sum\limits_{i=1}^{n}\left(\dfrac{\sigma_i}{\sigma_1}\right)^m\dfrac{N_i'}{N_s}$（式中的 $\dfrac{N_i'}{N_s}$ 可以换成 $\dfrac{\Delta A_i}{A}$），于是得

$$N_e = \frac{N_s}{a}\sum_{i=1}^{n}\left(\frac{\sigma_i}{\sigma_1}\right)^m\frac{\Delta A_i}{A} \qquad (13.4\text{-}57)$$

式中，$\dfrac{\Delta A_i}{A}$ 可由频率直方图确定，a 一般为 1，求得 N_e 后，就可确定 $R-S-N$ 曲线上的位置，从而可得出零件的疲劳极限分布参数，根据工作应力 σ_e 就可进行可靠性计算。

5   机械系统可靠性设计

系统是由相互作用相互依赖的若干部分组成的具有规定功能的综合体。他是由零件、部件、子系统等组成，这些组成系统的相对独立的单元统称为元件。系统的可靠性不仅取决于组成系统的元件的可靠性，而且也取决于组成元件的相互组合方式。

系统可靠性设计的目的，就是要系统满足规定的可靠性指标，同时使系统的技术性能、质量指标、成本制造及使用寿命等取得协调并达到最优化的

结果。

常用的系统可靠性分析方法是：建立系统可靠性模型，把系统的可靠性特征量（例如可靠度、失效率、MTBF 等）表示为单元可靠性特征量的函数，然后通过已知的单元可靠性特征量计算出系统的可靠性特征量。

系统的可靠性分析方法有多种，如布尔真值表法（穷举法）、贝叶斯法、故障树分析法等，在使用时应注意其适用的场合。

系统的可靠性设计主要分为以下两方面的内容：

1）可靠性预测：按照已知零部件或各单元的可靠性数据，计算系统的可靠性指标。

2）可靠性分配：按照规定的系统可靠性指标，对各组成系统单元进行可靠性分配。

5.1   可靠性预测

可靠性预测是根据各个单元的可靠度预测系统的可靠度。可靠性预计的目的在于协调设计参数及指标、发现薄弱环节、提出改进措施、进行方案比较，以选择最佳方案。它包括单元可靠性设计和系统可靠性设计。

5.1.1   单元的可靠性预测

系统的可靠性与组成该系统的各个单元的可靠性有关，因此单元的可靠性预测是进行系统可靠性预测的基础。

1. 单元基本失效率 λ_G 计算

预计单元的可靠度，首先要确定单元的基本失效率 λ_G，它们是在一定的使用条件和环境条件下测得或查取有关手册获得。表 13.4-1 给出了部分常用机械零部件的基本失效率 λ_G 值。

表 13.4-1　一些机械零部件的基本失效率 λ_G 值

零部件		$\lambda_G/10^6 h$	零部件		$\lambda_G/10^6 h$	零部件		$\lambda_G/10^6 h$
向心球轴承	低速轻载	0.03~1.7	齿轮	轻载	0.1~1	离合器	普通式	2~30
	高速轻载	0.5~3.5		普通载荷	0.1~3		摩擦式	15~25
	高速中载	2~20		重载	1~5		电磁式	1~30
	高速重载	10~80	齿轮箱体	仪表用	5~40	联轴器	挠性	1~10
滚子轴承		2~25		普通用	25~200		刚性	100~600
密封	O 形密封圈	0.02~0.06	凸轮	轻载	0.002~1	普通轴		0.1~0.5
	酚醛塑料	0.05~2.5		有载推动	10~20	螺钉、螺栓		0.005~0.12
	橡胶密封圈	0.02~1	轮毂销钉或键		0.005~0.5	拉簧、压簧		5~70

2. 单元实际失效率 λ 预测

单元的实际失效率通常是根据实际工况对基本失效率加以修正得到的，计算式为

$$\lambda = K_F \lambda_G \tag{13.4-58}$$

式中　K_F——失效率修正系数，在表 13.4-2 给出了一些环境下的 K_F 值。

表 13.4-2　失效率修正系数 K_F

环境条件	实验室设备	固定地面设备	活动地面设备	船载设备	飞机设备	导弹设备
K_F 值	1~2	5~20	10~30	15~40	25~100	200~1000

3. 单元可靠度计算

得到单元失效率后即可计算其可靠度。由于单元多为零部件，而在机械产品中的零部件都是经过磨合阶段才正常工作的，因此其基本失效率保持一定，处于偶然失效期时其可靠度函数服从指数分布，单元可靠度可写成

$$R(t) = e^{-\lambda t} = e^{-K_F \lambda_G t} \tag{13.4-59}$$

完成了更系统的单元（零部件）的可靠性预计后，即可进行系统的可靠性预测。

5.1.2　系统的可靠性预测

1. 系统可靠性模型

系统可靠性模型主要包括串联系统、并联系统、混联系统、储备系统、复杂系统等可靠性模型。

（1）串联系统　组成系统的所有单元中任一单元的失效就会导致整个系统失效的系统称为串联系统。其可靠性框图如图 13.4-21 所示。

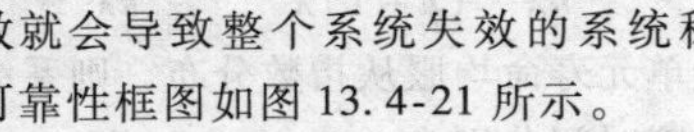

图13.4-21　串联系统可靠性框图

设系统的失效时间随机变量为 t，组成该系统的 n 个单元的失效时间随机变量为 t_i（$i=1,2,\cdots,n$），则在串联系统中，要使系统能正常工作，就必须要求 n 个单元都能同时正常工作，且要求每一个单元的失效时间 t_i 都大于失效时间 t，按可靠度的定义，系统的可靠度可表达为

$$R_S(t) = P[(t_1>t) \cap (t_2>t) \cap \cdots \cap (t_n>t)] \tag{13.4-60}$$

假定各单元的失效时间 $t_1, t_2, \cdots, t_n$ 之间相互独立，根据概率乘法定理，式（13.4-60）可写成

$$R_S(t) = R_1(t)R_2(t)\cdots R_n(t) = \prod_{i=1}^{n} R_i(t) \tag{13.4-61}$$

式中，$P(t_i>t)$：第 i 个单元的可靠度 $R_i(t)$。

即简写成

$$R_S = R_1 R_2 \cdots R_n = \prod_{i=1}^{n} R_i \tag{13.4-62}$$

即串联系统的可靠度是组成系统各独立单元可靠度的乘积。

如果单元的寿命分布为指数分布，即

$$R_i = e^{-\lambda_i t} \tag{13.4-63}$$

则系统的可靠度为

$$R_S = \prod_{i=1}^{n} e^{-\lambda_i t} = e^{-\sum_{i=1}^{n} \lambda_i t} \tag{13.4-64}$$

系统平均无故障时间

$$T_S = \frac{1}{\sum_{i=1}^{n} \lambda_i} \tag{13.4-65}$$

串联系统的可靠度比任何一个单元的可靠度都低，且随着串联单元个数的增加，可靠度明显降低。所以，减少串联单元数目，是提高串联系统可靠度的最有效措施，否则将对单元可靠度提出极高要求。

（2）并联系统　组成系统的单元仅在全部发生故障后，系统才失效，这样的系统称为并联系统。并联系统中只要有一个单元不失效就能使系统正常工作。并联系统的可靠性框图如图 13.4-22 所示。

设并联系统的失效时间随机变量为 t，系统中第 i

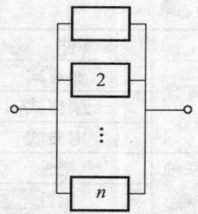

图13.4-22　　并联系统可靠性框图

个单元的失效时间随机变量为 t_i（$i=1$，2，$\cdots$，n），则对于由 n 个单元所组成的并联系统的失效率为

$$F_S(t) = P\big[(t_1 \leqslant t) \cap (t_2 \leqslant t) \cap \cdots \cap (t_n \leqslant t)\big]$$

$$(13.4\text{-}66)$$

假定各单元的失效时间 t_1，t_2，$\cdots$，t_n 之间相互独立，根据概率乘法定理，式（13.4-66）可写成

$$F_S(t) = \prod_{i=1}^{n}\big[1 - R_i(t)\big] \qquad (13.4\text{-}67)$$

式中，$P(t_i \leqslant t)$：第 i 个单元的失效概率，即

$$P(t_i \leqslant t) = F_i(t) = 1 - R_i(t) \qquad (13.4\text{-}68)$$

并联系统的可靠度

$$R_S(t) = 1 - F_S(t) = 1 - \prod_{i=1}^{n}\big[1 - R_i(t)\big]$$

$$(13.4\text{-}69)$$

简写成

$$R_S = 1 - F_S = 1 - \prod_{i=1}^{n}\big[1 - R_i\big]$$

$$(13.4\text{-}70)$$

当 $R_1 = R_2 = \cdots = R_n$ 时，则

$$R_S = 1 - (1 - R)^n \qquad (13.4\text{-}71)$$

并联系统的可靠度高于其中任何一个单元的可靠度，且随着并联单元个数的增加而增加。

若各单元的失效寿命服从指数分布，并且失效率相同，则系统的可靠度和平均无故障工作时间分别为

$$R_S(t) = 1 - \prod_{i=1}^{n}(1 - e^{-\lambda t})$$
$$= 1 - (1 - e^{-\lambda t}) \qquad (13.4\text{-}72)$$

$$T_S = \frac{1}{\lambda} + \frac{1}{2\lambda} + \cdots + \frac{1}{n\lambda} \qquad (13.4\text{-}73)$$

（3）混联系统　混联系统是由串联部分子系统和并联部分子系统组合而成。它又可分为串并联系统（将单元并联成的子系统加以串联）和并串联系统（将单元串联成的子系统加以并联）。

比较典型的串并联系统如图 13.4-23 所示。若每一单元的可靠度都为 R_t，则系统的可靠度为

$$R_S(t) = \{1 - [1 - R(t)^n]\}^m \qquad (13.4\text{-}74)$$

并串联系统如图 13.4-24 所示。若每一单元的可

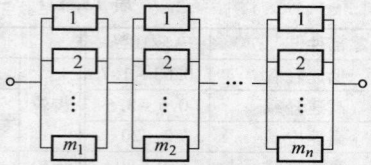

图13.4-23　　串并联系统逻辑框图

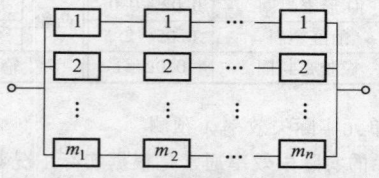

图13.4-24　　并串联系统逻辑框图

靠度为 R_t，则系统的可靠度为

$$R_S(t) = 1 - \{1 - [R(t)^m]\}^n \qquad (13.4\text{-}75)$$

（4）表决系统　如果组成系统的 n 个单元中，只要有 k 个（k 介于 1 和 n 之间）单元不失效，系统就不会失效，则称该系统为 n 中取 k 表决系统，或称 k/n 系统。串联系统是 n/n 系统，并联系统是 $1/n$ 系统。

设表决系统中每个单元的可靠度为 $R(t)$，则系统的可靠度为

$$R_S(t) = R^n(t) + nR^{n-1}(t)[1 - R(t)] + \cdots +$$

$$\frac{n!}{k!(n-k)!}R(t)[1 - R(t)]^{n-k}$$

$$= \sum_{i=k}^{n} C_n^i [R(t)]^i [1 - R(t)]^{n-1}$$

$$(13.4\text{-}76)$$

若各单元的失效寿命服从指数分布，并且失效率相同，则平均无故障工作时间为

$$\theta_S = \frac{1}{n\lambda} + \frac{1}{(n-1)\lambda} + \cdots + \frac{1}{k\lambda} \qquad (13.4\text{-}77)$$

如果各单元寿命均服从指数分布，则系统可靠度和平均无故障时间分别为

$$R_S(t) = \sum_{i=k}^{n} C_n^i e^{-i\lambda t}[1 - e^{-\lambda t}]^{n-i}$$

$$(13.4\text{-}78)$$

$$T_S = \sum_{i=k}^{n} \frac{1}{i\lambda} = \frac{1}{k\lambda} + \frac{1}{(k+1)\lambda} + \cdots + \frac{1}{n\lambda}$$

$$(13.4\text{-}79)$$

（5）储备系统　如果并联系统中只有一个单元工作，其他单元储备，当工作单元失效时，立即能有储备单元逐个地去接替，直到所有的单元均发生故障，系统才失效，这种系统称为储备系统，其逻辑框图如图 13.4-25 所示。

储备系统又分为冷储备系统和热储备系统两种情况。冷储备系统的特点是当工作单元工作时备用或待机单元完全不工作，一般认为备用单元在储备期间失效率为零，储备期长短对以后的使用寿命无影响。热储备的特点是当工作单元工作时，备用或待机单元不是完全的处于停滞状态，备用单元在储备期间也可能失效。

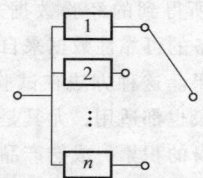

图13.4-25　储备系统逻辑框图

1）冷储备系统。由 n 个单元组成的储备系统，如果不考虑检测及转换装置可靠性对系统的影响，则在给定的时间内，只要失效单元数不多于 $n-1$ 个，系统就不会失效。若果单元寿命服从指数分布，则储备系统的可靠度及平均寿命分别为

$$R_S(t) = e^{-\lambda t}\left[1 + \lambda t + \frac{(\lambda t)^2}{2!} + \frac{(\lambda t)^3}{3!} + \cdots + \frac{(\lambda t)^{n-1}}{(n-1)!}\right]$$
(13.4-80)

$$T_S = \frac{n}{\lambda}$$ 　　(13.4-81)

2）热储备单元。热储备单元与冷储备单元的不同在于热储备系统中备用单元的失效率不能忽略，但低于工作单元的失效率，设单元寿命服从指数分布。

① 两单元（一个单元备用）系统。如果工作单元的失效率为 λ_1，备用单元的失效率为 λ_2，备用单元在储备期间的失效率为 λ_3，则储备系统可靠度及平均寿命分别为

$$R_S = e^{-\lambda_1 t} + \frac{\lambda_1}{\lambda_1 - \lambda_2 + \lambda_3}\left[e^{-\lambda_2 t} - e^{-(\lambda_1 + \lambda_3)t}\right]$$
(13.4-82)

$$T_S = \frac{1}{\lambda_1} + \frac{\lambda_1}{\lambda_2(\lambda_1 + \lambda_3)}$$ 　　(13.4-83)

② 考虑检测器和开关的可靠性的可靠度。如果失效检测器和开关的可靠度为 R_a，则

$$R_S = e^{-\lambda_1 t} + R_a \frac{\lambda_1}{\lambda_1 - \lambda_2 + \lambda_3}\left[e^{-\lambda_2 t} - e^{-(\lambda_1 + \lambda_3)t}\right]$$
(13.4-84)

$$T_S = \frac{1}{\lambda_1} + R_a \frac{\lambda_1}{\lambda_2(\lambda_1 + \lambda_3)}$$ 　　(13.4-85)

（6）复杂系统　在工程实际中，有些系统并不是由简单串、并联系统组合而成的，对这种复杂系统的可靠性计算，可采用以下几种方法。

1）布尔真值表法（状态枚举法）。真值表法又称布尔真值表法、其原理是将系统组合而成的"失效"和"能工作"的所有可能搭配的情况一一排列出来。排出来的每一种情况称为一种状态，把每一种状态都一一排列出来，因此又称状态枚举法。每一种状态都对应着系统的"实效"和"能工作"两种情况，最后把所有系统失效的状态和能工作状态分开，然后对系统进行可靠度计算。

2）卡诺图表法。

3）全概率公式法。全概率公式的原理是首先选出系统中的主要单元，然后把这个单元分成正常工作与故障两种状态，再用全概率公式计算系统的可靠度。

设被选出的单元为 x，其可靠度为 R_x，其不可靠度为 $F_x = 1 - R_x$。系统的可靠度为按照式（13.4-86）计算。

$$R_S = R_x \cdot R(S|R_x) + F_x \cdot R(S|F_x)$$
(13.4-86)

4）检出支路法（路径枚举法）。这种方法是根据系统系统的可靠性逻辑框图，将所有能使系统正常工作的路径（支路）一一列举出来，再利用概率加法定理和惩罚定理来计算系统的可靠度。

若系统能正常工作的支路有 n 条，并用 L_i 表示第 i 条支路能正常工作的这一事件，其中 $i = 1, 2, 3, \cdots, n$，则系统的可靠度按式（13.4-87）计算。

$$R_S = P\left(\bigcup_{i=1}^{n} L_i\right)$$
$$= \sum_{i=1}^{n} P(L_i) - \sum_{i \neq j}^{n} P(L_i \cap L_j) + \sum_{i \neq j \neq k}^{n} P(L_i \cap L_j \cap L_k) + \cdots + (-1)^{n-1} P\left(\bigcup_{i=1}^{n} L_i\right)$$
(13.4-87)

2. 可靠性预计流程

1）对被预计的系统作出明确定义；
2）确定分系统；
3）找出影响系统可靠度的主要零件；
4）确定各分系统中所用的零部件的失效率；
5）计算分系统的失效率；
6）确定用以修正各分系统失效率基本数值的修正系数；
7）计算系统失效率的基本数值；
8）定用以对系统失效率的基本数值进行修正的修正系数；
9）计算系统的失效率；
10）预计系统的可靠度。

3. 系统可靠性预计的一般方法

（1）数学模型法　对于能直接给出可靠性数学模型的串联、并联、混联、表决、旁联系统，可以采用相关公式进行可靠性预计，通常称为数学模型法。

（2）边值法（上下限法）　主要用于不能用前述数学模型求解的复杂系统。

1）上限法的计算。

① 只考虑系统中的串联单元。

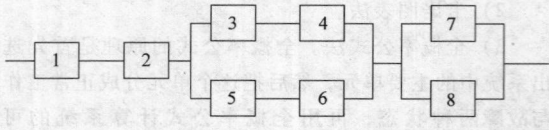

$$R_{U0} = R_1 R_2 \quad （认为并联部分可靠性很高，可靠度为 1）$$

② 只考虑系统中两个并联单元失效而引起系统失效的概率（认为有三个以上单元的并联系统可靠度为 1）

$$P_1 = R_1 R_2 (F_3 F_5 + F_3 F_6 + F_4 F_5 + F_4 F_6 + F_7 F_8)$$

此时，系统可靠性上限值为（修正为）

$$R_{U1} = R_{U0} - P_1$$

③ 考虑系统中 3 个并联单元失效而引起系统失效的概率，方法同②中所述。

2）下限法的计算。将系统中的所有单元均视为串联单元（不管实际是串、并、混）

$$\begin{array}{ccccc} \boxed{1} & \boxed{2} & \cdots\cdots & \boxed{8} \end{array}$$

$$R_{L0} = \prod_{i=1}^{n} R_i = R_1 R_2 \cdots R_8$$

而实际上系统中有些不是串联的，即有些单元失效系统是不会失效的，仍能正常工作，此时可对上式进行进一步修正。

设 P_1' 为考虑系统并联子系统中有一个单元失效，系统仍能正常工作的概率，则：

$$P_1' = R_1 R_2 (F_3 R_4 \cdots R_8 + R_3 F_4 \cdots R_8 + \cdots + R_3 \cdots R_7 F_8)$$
$$= R_1 \cdots R_8 \left(\frac{F_3}{R_3} + \frac{F_4}{R_4} + \cdots \frac{F_8}{R_8} \right)$$

则此时可靠性下限值应为

$$R_{L1} = R_{L0} + P_1'$$

考虑系统并联子系统中有 2 个单元失效，系统仍能正常工作的概率，方法同②中所述。

3）可靠性综合

$$R_S = 1 - \sqrt{(1 - R_U)(1 - R_L)}$$

注意：R_U、R_L 同级，即要么都是 R_{U0}、R_{L0}，要么都是 R_{L1}、R_{L1} 这样计算出的预计值精度较高。

（3）元件记数法　这种方法使用于方案论证和早期设计阶段且各元器件在同一环境中使用。否则要加以处理后再用。

$$\lambda_S = \sum_{i=1}^{n} \lambda_i$$

式中　n——元器件数量。

（4）相似设备法　相似设备法是利用成熟的相似设备（产品）所得到的经验数据来估计新设备的可靠性，成熟设备的可靠性数据来自现场使用评价和试验室的实验结果。这种方法在试验初期广泛应用，在研制的任何阶段也都适用，尤其是非电产品，查不到数据，全靠自身的积累，成熟产品的详细故障数据记录越权，比较的基础越好，预计的准确度越高，当然也取决于产品的相似程度。相似设备法是一种比较粗略的预计方法，但它的优点是从一开始设计就把提高系统可靠性的技术措施贯彻到工程设计中去，以免事后被迫更改设计。

4. 可靠性预计时注意事项

1）应尽早进行可靠性预计，以便当任何层次上的可靠性预计值达到可靠性分配时，能及早地在技术和管理上注意，采取必要的措施。

2）在产品研制的各个阶段，可靠性预计应反复迭代进行。

3）可靠性预计结果的相对意义比绝对值更为重要。一般地预计值与实际值的误差在一二倍之内可认为是正常的。通过可靠性预计可以找出系统易出故障的薄弱环节，加以改进；在对不同的设计方案进行优选时，可靠性预计结果是方案优选、调整的重要依据。

4）可靠性预计值应大于成熟期的规定值。

5.2　系统可靠性分配

5.2.1　可靠性分配定义及分配原则

可靠性分配（Reliability allocation）是指将工程设计规定的系统可靠度指标合理地分配给组成该系统的各个单元，确定系统各组成单元的可靠性定量要求，从而使整个系统可靠性指标得到保证。在进行可靠性分配时，利用在可靠性预计得到的公式分配已知系统的可靠度。常用的可靠性分配有如下一些方法。

在可靠性分配时，应遵循以下几条原则。

1）对于改进潜力大的分系统或部件，分配的指标可以高一些。

2）系统中的关键件，一旦发生故障，对整个系统的影响很大，可靠性指标应分配得高一些。

3）复杂度高的分系统、设备等，通常组成单元多，设计制造难度大，应分配较低的可靠性指标，以降低满足可靠性要求的成本。

4）在恶劣环境下工作的分系统或部件，产品的失效率会增加，应分配较低的可靠性指标。

5）新研制的产品，采用新工艺、新材料的产品，可靠性指标应分配的低一些。

6）易于维修的分系统或部件，可靠性指标可以分配的低一些。

5.2.2 可靠性分配方法

1. 等分配法

等分配法又称平均分配法，就是对所有单元分配以相等的可靠度。

（1）串联系统 对于串联系统，如果系统的可靠性为 R_s，各单元因分配的可靠度为 R。由式串联系统可靠度公式，可得

$$R_s = \prod_{i=1}^{n} R_i = R^n \qquad (13.4\text{-}88)$$

故应分配的单元可靠度为

$$R = (R_s)^{\frac{1}{n}} \qquad (13.4\text{-}89)$$

（2）并联系统 对并联系统，有

$$R_s = 1 - (1 - R_i)^n \qquad (13.4\text{-}90)$$

故应分配的单元可靠度为

$$R = 1 - (1 - R_s)^{\frac{1}{n}} \qquad (13.4\text{-}91)$$

采用这种方法的缺点是没有考虑单元的重要性、结构的复杂程度以及维修的难易程度。

2. 按相对失效率分配可靠度

这种方法是根据现有的可靠度水平，使每个单元分配到的容许失效率和预计失效率成正比。这种方法适用于失效率为常数的串联系统，任一元件失效都会引起系统失效。假定元件的工作时间等于系统的工作时间，这时元件与系统的失效率之间的关系式为

$$\sum_{i=1}^{n} \lambda_{ia} = \lambda_{sa} \qquad (13.4\text{-}92)$$

式中 λ_{ia}——分配给元件 i 的失效率；

λ_{sa}——系统失效率指标（即容许的失效率）。

这种方法的分配步骤如下：

1）根据统计数据或现场使用经验得到各单元的预计失效率 λ_i；

2）由单元预计失效率 λ_i 计算出每一单元分配时的权系数——相对是效率 ω_i：

$$\omega_i = \frac{\lambda_i}{\lambda_{sp}} = \frac{\lambda_i}{\sum_{i=1}^{n} \lambda_i} \quad (i = 1, 2, \cdots, n)$$

$$(13.4\text{-}93)$$

式中，ω_i 为元件 i 的失效率 λ_i 与系统的预计失效率

$\lambda_{sp} = \sum_{i=1}^{n} \lambda_i$ 的比，由式（13.4-93）可知，系统中所有单元的相对是效率 ω_i 的综合为 1，即 $\sum_{i=1}^{n} \omega_i = 1$。

3）用式（13.4-94）计算各单元的容许失效率 λ_{ia}（即分配到单元的失效率）：

$$\lambda_{ia} = \omega_i \lambda_{sa} \qquad (13.4\text{-}94)$$

3. 按复杂度与重要度来分配可靠度

这是一种综合方法，它同时考虑了各子系统的复杂度与重要度以及子系统和系统之间的失效关系。

下面以串联系统为例，说明按复杂度分配方法的具体步骤。设各单元的复杂程度为 C_i（$i = 1, 2, \cdots, n$），串联系统的可靠度为 R_s，各单元应分配到的可靠度分别为 R_1，R_2，$\cdots$，R_n，失效率分别为 F_1，F_2，$\cdots$，F_n。因为各单元的失效率 F_i 正比于其复杂程度 C_i，即 $F_i = kC_i$，则该串联系统可靠度为

$$R_s = \prod_{i=1}^{n} (1 - F_i) = \prod_{i=1}^{n} (1 - kC_i)$$

$$(13.4\text{-}95)$$

由于 C_i 和 R_s 是已知的，因此，由式（13.4-95）可求出比例系数 k。再将 k 代入下式就可以求出各单元所分配到的可靠度。

$$R_i = 1 - F_i = 1 - kC_i$$

但是，由于式（13.4-95）是 k 的 n 次方程，如果 n 较大，则很难手算求解，这时需要用迭代法求解近似解。但目前在工程上，一般用相对复杂度来求近似解。具体步骤如下：

1）计算各单元的相对复杂度

$$v_i = \frac{C_i}{\sum_{j=1}^{n} C_j} \qquad (13.4\text{-}96)$$

2）计算系统预计可靠度

$$R'_s = \prod_{i=1}^{n} (1 - R_i) = \prod_{i=1}^{n} (1 - v_i F_i)$$

$$(13.4\text{-}97)$$

式中 F_i——系统的失效概率，计算式为 $F_i = 1 - R_i$，其中 R_i 为给定的系统可靠度指标。

3）确定可靠度修正系数，若系统给定的可靠度指标 R_i 与计算得出的系统预计可靠度 R'_s 值不相吻合，则需确定可靠度修正系数，其值为 $(R_s/R'_s)^{\frac{1}{n}}$。

4）计算各单元分配到的可靠度

$$R_i = (1 - v_i F_s)(R_s/R'_s)^{\frac{1}{n}} \qquad (13.4\text{-}98)$$

5）验算系统可靠度

$$R_s = \prod_{i=1}^{n} R_i \qquad (13.4-99)$$

若验算结果大于给定的可靠度指标，则分配结束；若分配结果小于给定的可靠度指标，则应将各单元中可靠度较低的调大一些，直至满足规定的指标为止。

对按重要度分配只需将式（13.4-96）~ 式（13.4-99）中复杂度 C_i 换成重要度 E_i 即可。

4. AGREE 分配法

这种方法是美国电子设备可靠性顾问委员会（AGREE）提出的。AGREE 分配法是根据各单元的复杂性、重要性以及工作时间的差别，并假定各单元具有不相关的恒定的失效率来进行分配的。它是一种较为完善的可靠性分配方法，适用于各单元工作期间的失效率为常数的串联系统。

设系统由 k 个单元组成，n_i 为第 i 个单元的组件数，则系统的总组件数为

$$N = \sum_{i=1}^{k} n_i \qquad (13.4-100)$$

第 i 个单元的复杂程度用 $\dfrac{n_i}{N}$ 来表示。

这种分配方法考虑到各个单元在系统中的重要性不同，而引进了一个"重要度"加权因子。重要度 W_i 的定义为：因单元失效而引起系统失效的概率。如系统由 k 个单元组成，其中第 i 个单元出现故障，引起整个系统出现故障的概率为 W_i，就把 W_i 作为加权因子。

AGREE 分配法认为：单元的分配失效率 λ_i 应与重要度成反比，与复杂程度成正比。

$$\lambda_i = \lambda_s \cdot \frac{1}{t_i/T} \cdot \frac{n_i/N}{W_i} = \frac{n_i(T\lambda_s)}{t_i W_i N}$$

$$(13.4-101)$$

若各子系统寿命服从指数分布，有

$$R_i(t_i) = e^{-\lambda_i t_i}, \ R_s(T) = e^{-\lambda_i T} \qquad (13.4-102)$$

则分配给单元 i 的失效率为

$$\lambda_i = \frac{n_i[-\ln R_s(T)]}{t_i W_i N} \qquad (i=1,2,\cdots,k)$$

$$(13.4-103)$$

$$R_i(t_i) = 1 - \frac{1 - [R_s(T)]^{n_i/N}}{W_i} \qquad (i=1,2,\cdots,k)$$

$$(13.4-104)$$

式中，T 及 t_i 分别为系统及系统要求第 i 个单元的工作时间，T 时间内第 i 个单元的工作时间用 $\dfrac{t_i}{T}$ 来表示。

5.2.3　系统可靠性最优化

系统可靠性最优化是指利用最优化方法去解决系统的可靠性问题，又称为可靠性最优化设计。例如，

在满足系统、子系统或单元最低限度可靠性要求的同时，使系统的费用为最小等。

1. 花费最小的最优化分配方法

若串联系统 n 个单元的预计可靠度（现有可靠度水平）按非减序列排列为 R_1，R_2，$\cdots$，R_n，则系统的预计可靠度为

$$R_s = \prod_{i=1}^{n} R_i \qquad (13.4-105)$$

如果要求系统可靠度指标 $R_{sd} > R_s$，则系统中至少有一个单元的可靠度必须提高，即单元的分配可靠度 R_{id} 要大于单元的预计可靠度 R_i。为此，必须花费一定的研发费用。令 $G(R_i, R_{id})$，$i=1,2,\cdots,n$ 表示费用函数，即为使第 i 个单元的可靠度由 R_i 提高到 R_{id} 需要花费总量。显然，$(R_{id}-R_i)$ 值愈大，即可靠度值提高的幅度愈大，则费用函数 $G(R_i, R_{id})$ 值愈大，费用也就愈高；另外，R_i 值愈大，则提高 $(R_{id}-R_i)$ 值所需的费用也愈高。

要使系统可靠度由 R_s 提高到 R_{sd}，则总花费为 $\sum_{i=1}^{n} G(R_i, R_{id})$，$i=1,2,\cdots,n$。希望总花费为最小，于是构成一个最优化设计问题，其数学模型为

目标函数　　$\min \sum_{i=1}^{n} G(R_i, R_{id})$　　$(13.4-106)$

约束条件　　$\prod_{i=1}^{n} R_{id} \geq R_{id}$　　$(13.4-107)$

令 j 表示系统中需要提高可靠度的单元序号，显然应从可靠度最低的单元开始提高其可靠度，即 j 从 1 开始，按需要可递次增大。

令 $R_{0j} = \left[\dfrac{R_{sd}}{\prod_{i=j+1}^{n+1} R_i}\right]^{1/j}$　$(j=1,2,\cdots,n)$

$$(13.4-108)$$

式中，$R_{n+1}=1$，则有

$$R_{0j} = \left[\frac{R_{sd}}{\prod_{i=j+1}^{n+1} R_i}\right]^{1/j} > R_j \qquad (13.4-109)$$

式（13.4-109）表明，要想获得所要求的系统可靠度指标 R_{sd}，则 $j=1$，2，$\cdots$，n 各单元的可靠度均应提高到 R_{0j}。如继续增大 j，当达到某一值（例如 $j+1$）后使得

$$R_{0,j+1} = \left[\frac{R_{sd}}{\prod_{i=j+1}^{n+1} R_i}\right]^{1/j+1} < R_{j+1}$$

$$(13.4-110)$$

即第 $(j+1)$ 号单元的预计可靠度 R_{j+1} 比提高到

$R_{0,j+1}$ 值大，因此，j 为需要提高可靠度的单元的序号的最大值，则说明：为使系统可靠度指标达到 R_{sd}，令 $j=k_0$，$i=1$，2，$\cdots$，k_0 的各单元的分配可靠度 R_{id} 均应提高到

$$R_{k_0} = \left[\frac{R_{sd}}{\prod_{i=k_0+1}^{n+1} R_i} \right]^{1/k_0} = R_d \quad (13.4\text{-}111)$$

即序号为 $i=1$，2，$\cdots$，k_0 的各单元的分配可靠度皆为 R_d，而序号为 $i=k_0+1$，$\cdots$，n 的各单元的分配可靠度可各保持原预计可靠度值 R_i（$i=k_0+1$，k_0+2，$\cdots$，n）不变。即最优化问题的唯一最优解为

$$R_{id} = \begin{cases} R_d & (i \leqslant k_0) \\ R_i & (i > k_0) \end{cases} \quad (13.4\text{-}112)$$

提高有关单元的可靠度后，体统的可靠指标为

$$R_{sd} = R_d^{k_0} \prod_{i=k_0+1}^{n+1} R_i \quad (13.4\text{-}113)$$

2. 拉格朗日（Lagrange）乘子法

拉格朗日乘子法是将一种约束最优化问题转换为无约束最优化问题的求优方法。由于引进了一种待定系数—拉格朗日乘子，则可以利用这种乘子将原约束最优化问题的目标函数和约束条件组合成一个称为拉格朗日函数的新目标函数。使新目标函数的无约束最优解就是原目标函数的约束最优解。

若约束最优化问题为

$$\min f(X) = f(x_1,x_2,\cdots,x_n)$$
$$\text{s. t. } h_v(X) = 0 \quad (v=1,2,\cdots,p)$$
$$(13.4\text{-}114)$$

则可构造拉格朗日函数为

$$L(X,\lambda) = f(X) - \sum_{v=1}^{p} \lambda_v h_v(X)$$
$$(13.4\text{-}115)$$

式中
$$X = (x_1,x_2,\cdots,x_n)^T$$
$$\lambda = (\lambda_1,\lambda_2,\cdots,\lambda_n)^T$$

即把 p 个待定乘子（$\lambda_v = 1$，2，$\cdots p<n$）亦作为变量。此时拉格朗日函数 $L(X,\lambda)$ 的极值点存在的必要条件为：

$$\begin{cases} \dfrac{\partial L}{\partial x_i} = 0 & (i=1,2,\cdots,n) \\ \dfrac{\partial L}{\partial \lambda_v} = 0 & (v=1,2,\cdots,n) \end{cases} \quad (13.4\text{-}116)$$

解上式即可求得原问题的约束最优解：

$$X^* = (x_1^* x_2^* \cdots x_n^*)^T \quad (13.4\text{-}117)$$

而

$$\lambda^* = (\lambda_1^* \lambda_2^* \cdots \lambda_n^*) \quad (13.4\text{-}118)$$

是个向量，其分量为

$$\lambda_v = \frac{\partial f(X^*)}{\partial h_v(X^*)} \quad (13.4\text{-}119)$$

当拉格朗日函数为高于二次的函数时，用式（13.4-119）难于直接求解，这是拉格朗日乘子法在应用上的局限性。

3. 动态规划法

动态规划法（Dynamic Programming）求解最优解的思路完全不同于求函数极值的微分法和泛函数值的变分法，它是将多个变量的决策问题分解为只包含一个变量的一系列子问题，通过解这一系列子问题而求得此多变量的最优解。这样，n 个变量的决策问题就被构造成一个顺序求解各个单独变量的 n 级序列决策问题。由于动态规划是利用一种递推关系依此作出最优决策，构成一种最优策略，达到使整个过程取得最优。因此，其计算逻辑较为简单，适用于电子计算机计算，它在可靠性工程中已经得到了广泛的应用。

可以将上述动态规划的最优策略表达为：

若系统可靠度 R 是费用 x 的函数

$$R(x) = f_1(x_1) + f_2(x_2) + \cdots + f_n(x_n)$$
$$(13.4\text{-}120)$$

则在费用 x 为

$$x = x_1 + x_2 + \cdots + x_n \quad (13.4\text{-}121)$$

的条件下使系统可靠度 $R(x)$ 为最大的问题，就称为动态规划。式中费用 x_i（$i=1$，2，$\cdots$，n）是任意正数，n 为正整数。

因为 $R(x)$ 的最大值决定于 x 和 n，所以可以用 $\phi_n(x)$ 表达，则

$$\phi_n(x) = \max_{x \in \Omega} R(x_1,x_2,\cdots,x_n) \quad (13.4\text{-}122)$$

式中 Ω——满足式（13.4-122）解的集合。

如果在第 n 次活动中由分配到的费用 x 的量 x_n（$0 \leqslant x_n \leqslant x$）所得到的效益为 $f_n(x_n)$，则由 x 的其余部分（$x-x_n$）所能得到的效益最大值由式（13.4-122）知应为 $\phi_{n-1}(x-x_n)$，这样，在第 n 次活动中分到的费用 x_n 及在其余活动中分到的费用（$x-x_n$）所带来的总效益为

$$f_n(x_n) + \phi_{n-1}(x-x_n) \quad (13.4\text{-}123)$$

因为求使这一点总效益为最大的 x_n 是使 $\phi_n(x)$ 为最大有关，所以有

$$\phi_n(x) = \max_{0 \leqslant x_n \leqslant x} \left[f_n(x_n) + \phi_{n-1}(x-x_n) \right]$$
$$(13.4\text{-}124)$$

也就是说，虽然要对 $i=1$，2，$\cdots$，n 共 n 个进行分配，但没有必要对所有组合进行研究。在 ϕ_{n-1}（$x-$

x_n) 已为最优分配之后来考虑总体效益，只需要注意 x_n 的值就行了。另外，对 x_n 的选择所得到的可靠度分配，不仅应保证总体的效益为最大，也必须使费用 $(x - x_n)$ 所带来的效益为最大。这种方法通常称为最优性原理。

6　典型机械零件可靠性设计举例

6.1　机械零件可靠性设计概述

机械零件可靠性设计主要是基于可靠性设计原理和分析方法，对零件传统的设计内容赋予概率涵义，

在进行零部件的可靠性设计时，并不是所有的零部件都要求同样的可靠性尺度，应该根据不同的情况确定不同的目标可靠度，在缺乏经验时，表 13.4-3 所列的可靠度经验荐用值可供参考。

为判断产品的重要性及可靠性的质量指标，通常将可靠度分成 6 个等级，见表 13.4-4。0 级是不重要的产品；1 级到 4 级为可靠性要求较高的产品；5 级则为很高可靠性的产品，在规定实用寿命期是不允许发生故障的。

表 13.4-5 列出了国外 20 世纪 70 年代以来的一些机械产品的可靠性指标，可供设计时参考。

表 13.4-3　可靠度经验荐用值

故障性质	故障后果	可靠度荐用值	应用举例
灾难性	导致设备严重损坏,造成人员伤亡或巨大经济损失		飞行器、军事装备、医疗设备等
重大损失	造成重大人员伤亡和经济损失	$R(t) \geq 0.9999$	制动系统、化工设备、起重机械等
一般损失	造成一定程度损失,故障可以修复	$R(t) \geq 0.999$	工艺装备、通用机械等
不重要	后果影响不大	$R(t) \geq 0.99$	一般零部件
允许故障	修理费用在规定的标准范围	$R(t) < 0.9$	不重要零部件

表 13.4-4　产品的可靠度等级

可靠度等级	0	1	2	3	4	5
可靠度 $R(t)$	< 0.9	≥ 0.9	≥ 0.99	≥ 0.999	≥ 0.9999	≥ 0.99999

表 13.4-5　国外机械产品的可靠性指标（20 世纪 70 年代）

可靠性指标　　机械产品	可靠度	MTBF	有效度（可用率）	大修周期	备注
小客车	$R(t = 1 \text{ 年}) = 0.9967$				（美）
推土机行走机构		$4000 \sim 5000h$			（美）卡特皮勒公司
Nolvo 载重车				$600000km$	（瑞典）
汽车变速箱		$20000h$			
斯贝发动机		$800h$			（英）
自卸车发动机				$16000 \sim 23000h$	
锅炉		$1400 \sim 1700h$			（欧）
汽轮机			$97.5\% \sim 98\%$	$4 \sim 5$ 年	（日）
军用汽车		12 年	$A(1200km) = 0.92 \sim 0.95$		（美）
滚动轴承	$R(n = 10^6) = 0.90$				ISO
摩擦离合器	$R(S = 10^5 km) = 0.95$				
工业机器人		几百小时			
塔式起重机		65000 次			（法）
柴油机活塞		$2000 \sim 3000h$			（新加坡）
军用汽车				$300000km$	（前苏联）
铲土运输机	$R(t = 10000 \sim 12000h) = 0.90 \sim 0.93$				（美）
履带式液压挖掘机		$10000h$			（美）
汽车零部件底盘传动系统		$85000 \sim 120000km$			
汽轮机齿轮	$R(n = 10^{10} \text{次}) = 0.98$				
高速轧机齿轮	$R(\text{设计寿命}) = 0.99 \sim 0.995$				
航天航空主传动齿轮	$R(\text{设计寿命}) = 0.99 \sim 0.999$				
油泵	$R(n = 10^5 \text{次}) = 0.985$				
农业机械齿轮	$R(\text{设计寿命}) = 0.90$				

6.2　螺栓连接的可靠性设计

螺栓连接的可靠性设计就是考虑螺栓承受载荷、材料强度、螺栓危险截面直径的概率分布，一般在给定目标可靠性和两个参数分布的情况下，可求第三个参数分布；或者给定个参数分布求解连接的可靠性。

6.2.1　静载荷受拉松螺栓连接的可靠性设计

松螺栓连接时，螺母不需要拧紧。在承受工作载荷之前螺栓不受力。这种连接应用范围有限，例如起重吊钩、拉杆等的螺纹连接均属此类。

松螺栓在工作时只受拉力 F，常规设计时螺纹部分的强度条件为

$$\sigma = \frac{4F}{\pi d_c^2} \leqslant [\sigma] \qquad (13.4\text{-}125)$$

式中　σ——螺栓所受的拉应力（MPa）；
　　　d_c——螺栓危险截面的直径（mm）；
　　　$[\sigma]$——螺栓材料的需用拉应力（MPa）；
　　　F——螺栓所承受的轴向拉力（N）。

进行可靠性设计时，F、d_c 是互相独立的随机变量，均为正态分布。当变异系数不大时，应力亦呈近似正态分布，其均值和标准差分别为

$$\bar{\sigma} = \frac{4\bar{F}}{\pi \bar{d}_c^2}\left(1 + \frac{\sigma_{d_c}^2}{\bar{d}_c^2}\right) \approx \frac{4\bar{F}}{\pi \bar{d}_c^2} \qquad (13.4\text{-}126)$$

$$S_\sigma = \frac{4\bar{F}}{\pi \bar{d}_c^2}\left(\frac{4S_{d_c}^2}{\bar{d}_c^2} + \frac{S_F^2}{\bar{F}^2}\right) = \bar{\sigma}\sqrt{C_d^2 + C_F^2}$$

$$(13.4\text{-}127)$$

式中　C_d——螺栓直径 d_1 的变异系数，$C_d = \dfrac{S_{d_c}}{\bar{d}_c}$；

　　　C_F——工作拉力 F 的变异系数，$C_F = \dfrac{S_F}{\bar{F}}$。

承受静载荷螺栓的损坏多为螺纹部分的塑性变形和断裂。试验表明，在轴向静载作用下螺栓强度分布近于正态。螺栓强度均值及变差系数的估算值见表13.4-6。表中的变差系数与国产螺栓的试验数据相近，所以设计时可选用。

表 13.4-6　螺栓强度均值及变异系数的估计值

强度级别	抗拉强度			下屈服强度			推荐材料
	最小值/MPa	均值/MPa	变异系数	最小值/MPa	均值/MPa	变异系数	
4.6	400	475	0.053	240	272.5	0.06	20、Q235
4.8				320	387.5	0.074	10、Q215
5.6	500	600	0.055	300	341.5	0.052	30，35
5.8				400	483.7	0.074	20，Q235
6.6	600	700	0.048	360	408.8	0.051	35,45,40Mn
6.9				540	580	0.074	
8.8	800	900	0.037	640	774.9	0.075	35,35Cr,45Mn
10.9	1000	1100	0.03	900	1008	0.077	40Mn2,40Cr,30CrMnSiA
12.9	1200	1300	0.026	1080	1382	0.094	30CrMnSiA

注：强度级别数字整数位数值的 100 倍是强度极限最小值，小数位数字与强度极限值的乘积是屈服极限值。

【例1】　设计一松连接螺栓，设作用于其上的载荷 F 近似于正态分布，其均值和标准差分别为 $\bar{F} = 30000\text{N}$，$S_F = \dfrac{0.2F}{3}$。求可靠度 $R(t) = 0.995$ 时的螺栓直径 $\bar{d}_c$。

【解】　（1）螺栓材料强度的均值和标准差

因螺栓可靠度要求较高，由表 13.6-6 选螺栓 4.8 级，材料为 10 钢，下屈服强度均值 $\bar{R}_{eL} = 387.5\text{MPa}$，变异系数 $C_{R_{eL}} = 0.074$，则标准差为

$$S_{R_{eL}} = C_{R_{eL}}\bar{R}_{eL} = 0.074 \times 387.5\text{MPa} = 28.7\text{MPa}$$

（2）螺栓工作应力的均值和标准差

考虑到制造中半径的公差，螺纹当量半径公差 $\Delta r = \pm 0.02\,\bar{r}_c$，因尺寸偏差是正态分布，公差 $\Delta r =$

$3S_r$，所以

$$S_r = \frac{\Delta r}{3} = \frac{0.02\bar{r}_c}{3} = 0.0067\bar{r}_c$$

螺栓计算截面积的标准差为

$$\Delta A = \pi(\bar{r}_c + \Delta r_c)^2 - \pi \bar{r}_c^2 = 2\pi \bar{r}_c \Delta r_c$$

则有　$\Delta A = \dfrac{\Delta A}{3} = \dfrac{2\pi \bar{r}_c \Delta r_c}{3} = \dfrac{2\pi \bar{r}_c (3S_r)}{3} = 2\pi \bar{r}_c S_r$

工作应力的均值 $\bar{\sigma}$ 和标准差 S_σ 为

$$\bar{\sigma} = \frac{\bar{F}}{\pi \bar{r}_c^2} = \frac{30000}{\pi \bar{r}_c^2} = \frac{9549}{\bar{r}_c^2}$$

$$S_\sigma = \bar{\sigma}\sqrt{\frac{S_r^2}{\bar{r}_c^2} + \frac{S_F^2}{\bar{F}^2}} = \frac{9549}{\bar{r}_c^2}\sqrt{\frac{(0.0067\bar{r}_c)^2}{\bar{r}_c^2} + \frac{(0.067\bar{F})^2}{\bar{F}^2}}$$

$$= \frac{639.8}{\bar{r}_c^2}$$

（3）利用连接方程求螺栓直径

因强度、应力均为正态分布，查正态分布表，当 $R(t) = 0.995$ 时，可靠性指数 $u_R = 2.575$，则有

$$2.575 = \frac{\bar{R}_{eL} - \bar{\sigma}}{\sqrt{S_{ReL}^2 + S_\sigma^2}} = \frac{387.5 - 9594/\bar{r}_c^2}{\sqrt{28.7^2 + (639.8/\bar{r}_c^2)^2}}$$

解得

$$\bar{r}_c^4 - 51.15\bar{r}_c^2 + 611.4 = 0$$

$$\bar{r}_c^2 = 32.1\text{mm}, \quad \bar{r}_c = 5.67\text{mm}$$

螺栓直径为：$\bar{d}_c = 2\bar{r}_c = 2 \times 5.67\text{mm} = 11.34\text{mm}$

取标准直径 M12 × 2 ± 0.12mm。其实际可靠度 $R(t) > 0.995$，满足设计要求，可用。

6.2.2 变载荷受拉紧螺栓连接的可靠性设计

紧螺栓连接装配时，螺母须拧紧，在拧紧力矩作用下，螺栓除受预紧力的拉伸产生的拉应力外，还受螺纹摩擦力矩的扭转而产生的扭转切应力，使螺栓处于拉伸与扭转复合应力状态下。对于常用的 M10～M64 普通螺纹的钢制紧螺栓连接，在拧紧时同时承受拉伸和扭转的联合作用，计算时可以只按拉伸强度计算，并将所受拉力增大 30% 来考虑扭转的影响。常规设计是螺栓危险截面的强度条件为

$$\sigma = \frac{1.3F_2}{\frac{\pi}{4}d_1^2} \leq [\sigma] \tag{13.4-128}$$

或

$$d_1 \geq \sqrt{\frac{4 \times 1.3F_2}{\pi[\sigma]}} \tag{13.4-129}$$

式中　d_1——螺栓危险截面的直径（mm）；

$[\sigma]$——螺栓材料的许用拉应力（MPa）；

F_2——螺栓所受的总拉力（N）。

分析螺栓连接的受力和变形关系得知，螺栓的总拉力 F_2 和预紧力 F_0、工作拉力 F、残余预紧力 F_1、螺栓刚度 C_b 及被连接件 C_m 有关，关系式为

$$F_2 = F_1 + F = F_0 + \frac{C_b}{C_b + C_m}F \tag{13.4-130}$$

式中　$\dfrac{C_b}{C_b + C_m}$——螺栓的相对刚度，如表 13.4-7

所列。

表 13.4-7　螺栓的相对刚度

垫片材料	金属	皮革	铜皮石棉	橡胶
$\dfrac{C_b}{C_b + C_m}$	0.2～0.3	0.7	0.8	0.9

对于受轴向变载荷的紧螺栓连接（如内燃机气

缸盖螺栓连接等），除按静强度计算外，还应校核其疲劳强度。受变载荷的紧螺栓连接的主要失效形式是螺栓的疲劳断裂。应力幅及应力集中是导致螺栓疲劳断裂的主要原因。螺栓连接的疲劳试验证明。螺栓的疲劳寿命服从对数正态分布。螺栓的疲劳极限应力幅值可按式（14.5-131）确定

$$\sigma_{alim} = \frac{\sigma_{-1lim} \cdot \varepsilon_\sigma \cdot \beta \cdot \gamma}{k_\sigma} \tag{14.5-131}$$

式中　σ_{-1lim}——光滑试件的拉伸疲劳极限，常用材料见表 13.4-8；

ε_σ——尺寸系数，见表 13.4-9；

β——螺纹牙受力不均匀系数，可取为 1.5～1.6；

γ——制造工艺系数，对于钢制滚压螺纹取 1.2～1.3，对于切削螺纹取 1.0；

k_σ——有效应力集中系数，如表 13.4-10 所列。

表 13.4-8　常用螺栓材料的疲劳极限

材料	抗拉强度 R_m/MPa	屈服强度 R_{eL}/MPa	疲劳极限均值	
			σ_{-1}	σ_{-1lim}
10	340～420	210	160～200	120～150
Q235	410～470	240	170～220	120～160
35	540	320	220～300	170～220
45	610	360	250～340	190～250
40Cr	750～1000	650～900	320～440	240～340

表 13.4-9　尺寸系数

d/mm	<12	16	20	24	30	36	42	48	56	64
ε_σ	1.0	0.87	0.80	0.74	0.65	0.64	0.60	0.57	0.54	0.53

表 13.4-10　有效应力集中系数

R_m/MPa	400	600	800	1000
k_σ	3	3.9	4.8	5.2

如图 13.4-26 所示，当工作拉力在 $0 \sim F$ 之间变化时，螺栓所受的总拉力将在 $F_0 \sim F_2$ 之间变化。计算螺栓连接的疲劳强度时，主要考虑轴向力引起的拉伸变应力。在轴向变载荷作用下，由于预紧力而产生

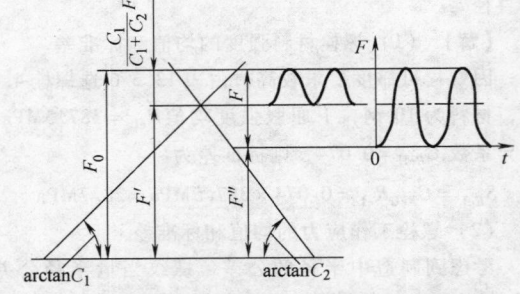

图13.4-26　承受轴向变载荷的螺栓连接

的扭转实际上完全消失，螺杆不再受扭转作用，因此可以不考虑扭转切应力。螺栓危险面的最大拉应力为

$$\sigma_{max} = \frac{F_2}{\frac{\pi}{4}d_1^2} \qquad (13.4-132)$$

最小拉应力（注意此时螺栓中的应力变化规律是 σ_{min} 保持不变）为

$$\sigma_{min} = \frac{F_0}{\frac{\pi}{4}d_1^2} \qquad (13.4-133)$$

应力幅为

$$\sigma_a = \frac{\sigma_{max} - \sigma_{min}}{2} = \frac{C_b}{C_b + C_m} \cdot \frac{2F}{\pi d_1^2} \qquad (13.4-134)$$

紧螺栓连接可靠性设计的步骤是：

1）确定设计准则。假设每个螺栓内的应力为沿剖面均匀分布，但由于载荷分布、动态应力集中系数和几何尺寸等因素的变异性，对于很多螺栓来说，每个螺栓内的应力大小是不一样的，而是呈分布状态。在没有充分的根据说明这种分布是别的类型时，通常第一个选择是假设它为正态分布。

对于有紧密性要求的螺栓连接，假设其失效模式是螺栓产生屈服。因此，设计准则为：螺栓材料的下屈服强度大于螺栓应力的概率必须大于或等于所设计所要求的可靠度 $R(t)$，表示为

$$P(R_{eL} > s) = P(R_{eL} - s > 0) \geqslant R(t) \qquad (13.4-135)$$

2）选择螺栓材料，确定其强度分布，求其均值和标准差。

根据经验，可取螺栓拉伸强度的变异系数为
$$C_S = 5.3\% \sim 7\%$$

3）确定螺栓的应力分布，求出应力的均值和标准差。

4）应用连接方程，确定螺栓直径。

【例2】　如图 13.4-27 所示，已知气缸内直径 D_2

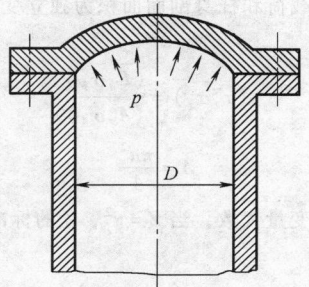

图13.4-27　受拉紧螺栓连接

$= 380mm$，缸内工作压力 $p = 0 \sim 1.7MPa$，螺栓数目 $n = 8$，采用金属垫片，试设计此缸盖螺栓。要求螺栓连接的可靠度为 0.999999。

【解】　1）螺栓材料选用 45 钢，螺栓性能等级选用 6.8 级，假设其强度分布为正态分布，则材料屈服强度的均值 $\overline{R}_{eL} = 480MPa$，屈服强度的标准差为 $S_s = 0.07 \times 480MPa = 33.6MPa$。

2）假设螺栓的应力分布为正态分布，则问题在于确定应力的均值及标准差。

气缸盖上所受的最大工作载荷的均值为 $\overline{F}_T = \overline{P}_{max}\left(\frac{\pi D^2}{4}\right) = 1.70 \times \frac{\pi \times 380^2}{4}N \approx 192700N$

每个螺栓上所受的最大工作载荷的均值为 $\overline{F} = \frac{\overline{F}_T}{n} = \frac{192700}{8}N \approx 24090N$

取工作载荷变异系数为 $C_F = 0.08$，因此工作载荷分布的标准差 $S_F = 0.08\overline{F} = 0.08 \times 24090N = 1927N$

每个螺栓内由工作载荷引起的应力的均值为

$$\overline{\sigma}_F = \frac{\overline{F}}{A} = \frac{192700}{\pi\overline{d}^2/4}N \approx \frac{30688}{\overline{d}^2}N$$

式中　d——螺栓直径。

应力分布的标准差为 $S_{\sigma_F} = 0.08\overline{\sigma}_F = 0.08 \times \frac{30688N}{\overline{d}^2} = \frac{2455N}{\overline{d}^2}$

有预紧力的受拉伸载荷的紧螺栓连接在工作时，螺栓总拉力为 $F_0 = F + F''$ 或 $F_0 = \frac{C_1}{C_1 + C_2}F + F'$

式中　　　　F——螺栓所受的工作载荷；

F'——预紧力；

F''——剩余预紧力；

C_1——螺栓刚度；

C_2——被连接件刚度；

$C_1/(C_1 + C_2)$——螺栓相对刚度。

令 $C_2/C_1 = B$，代入 $F_0 = \frac{C_1}{C_1 + C_2}F + F'$ 得

$$F_0 = \frac{1}{1 + B}F + F'$$

将上式除以螺栓断面面积 A，可得螺栓总应力分布的均值 $\overline{\sigma}_{F_0} = \frac{\overline{F}_0}{A} = \frac{1}{1 + B}\overline{\sigma}_F + \overline{\sigma}_{F'}$

$\overline{\sigma}_{F'}$ 为预紧应力均值，与螺栓的强度成一定比例时，可达到一定的可靠度。

根据经验，$\overline{\sigma}_{F'} = 0.5\overline{R}_{eL} = 0.5 \times 480MPa = 240MPa$。$S_{\sigma_{F'}} = 0.15\overline{\sigma}_{F'} = 0.15 \times 240MPa = 36MPa$。

螺栓刚度 C_1 可以较精确地算出，而被连接件的

刚度 C_2 却需要估算，一般认为 $\mu_B = 8$，$C_B = 0.10$，故 $S_B = 0.10\overline{B} = 0.10 \times 8 = 0.8$。

将有关数值代入 $\overline{\sigma}_{F_0} = \dfrac{\overline{F}_0}{A} = \dfrac{1}{1+B}\overline{\sigma}_F + \overline{\sigma}_{F'} = \dfrac{1}{1+8} \times$

$\dfrac{30688N}{\mu_d^2} + 240MPa = \dfrac{3410N}{\mu_d^2} + 240MPa$

3）应用联结方程 $u_R = \dfrac{\overline{R}_{eL} - \overline{\sigma}_{F_0}}{(S_s^2 + S_{\sigma_{F_0}}^2)^{1/2}} = \dfrac{\mu_y}{S_y}$

随机变量 y 涉及 4 个参数：R_{eL}、σ_F、B 和 $\sigma_{F'}$，对于多维随机变量，由下式可得

$$S_y^2 = \sum_{i=1}^{n}\left(\frac{\partial y}{\partial x_i}\right)^2 s_i^2$$

$$= \left(\frac{\partial y}{\partial \sigma_s}\right)^2 S_s^2 + \left(\frac{\partial y}{\partial s_F}\right)^2 S_{\sigma_F}^2 +$$

$$\left(\frac{\partial y}{\partial B}\right)^2 S_B^2 + \left(\frac{\partial y}{\partial \sigma_{F'}}\right)^2 S_{\sigma_{F'}}^2$$

其中，$\dfrac{\partial y}{\partial \sigma_s} = 1$，$\dfrac{\partial y}{\partial s_p} = -\dfrac{1}{1+B}$，$\dfrac{\partial y}{\partial B} = \dfrac{s_p}{(1+B)^2}$，$\dfrac{\partial y}{\partial \sigma_{F'}} = -1$。

代入前式后得

$$S_y^2 = 1^2 \times 33.6^2 + \left(-\frac{1}{1+8}\right)^2\left(\frac{2455}{\overline{d}^2}\right)^2 +$$

$$\left(\frac{1}{(1+8)^2}\right)^2\left(\frac{30688}{\overline{d}^2}\right)^2(0.8)^2 + 1^2 \times 36^2$$

$$= \frac{166272}{\overline{d}^4} + 2425$$

所以，$S_y^2 = \left(\dfrac{166272}{\mu_d^4} + 2425\right)^{1/2}$

由标准正态分布表，$R = 0.9^6$ 时，$u_R = 4.7$，代入联结方程得 $4.7 = \dfrac{480 - (3410/\overline{d}^2 + 240)}{(166272/\overline{d}^4 + 2425)^{1/2}}$

化简整理可得 $\overline{d}^4 - 405.95\,\overline{d}^2 + 1973 = 0$

解得 $\overline{d} = 20mm$

确定螺栓尺寸如下：公称直径 $d = 24mm$，小径 $d_1 = 20.752mm$

6.2.3　受剪切载荷螺栓连接的可靠性设计

如图 13.4-28 所示，受剪螺栓连接时利用铰制孔用螺栓抗剪切来承受载荷 F 的。螺栓杆与孔壁之间无间隙，接触表面受挤压；在连接结合面处，螺栓杆受剪切。受剪螺栓连接设计，通常对预紧力及摩擦力的影响忽略不计，且认为有关设计变量均为独立的随机变量，并呈正态分布。可靠性设计可以按照螺栓受剪切或螺栓杆受挤压设计。

可靠性设计步骤如前所述。

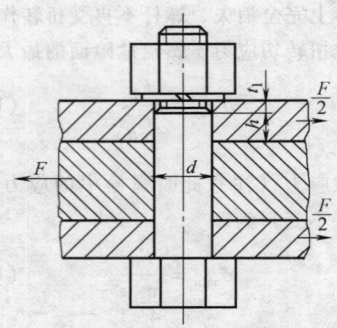

图13.4-28　受剪螺栓连接

【例 3】　一受剪切螺栓连接如图 13.4-28 所示，已知载荷 F 为等幅交变载荷，呈正态分布，其均值及标准差为 $F(\overline{F}, \sigma_F) = F(24000, 1440)N$，承剪面数 $n = 2$，预紧力忽略不计。从安全考虑，在 10000 个螺栓中，只允许有两次由于螺栓失效引起的停工。试设计此螺栓连接。

【解】　（1）按受剪切螺栓进行设计

1）确定失效判据：设所有的设计量为正态分布，失效模式是在交变载荷下螺栓的疲劳，所以，设计准则为：螺栓的切应力小于剪切疲劳强度的概率必须大于或等于设计所要求的可靠度 $R(t)$，表示为

$$P(\tau_{-1} > \tau) = P(\tau_{-1} - \tau > 0) \geqslant R(t)$$

式中　　τ_{-1}——螺栓材料的剪切疲劳极限（MPa）；

　　　　　τ——单个螺栓内的切应力（MPa）。

2）选择螺栓材料，确定其强度分布：螺栓材料选用 45 钢，螺栓性能等级选用 6.8 级，假设其强度分布为正态分布，则 $\overline{R}_m = 600MPa$，$R_{eL} = 480MPa$。

按经验公式，得

$\overline{\sigma}_{-1} = 0.23(\overline{R}_m + \overline{R}_{eL}) = 0.23(600 + 480)MPa$
$\quad = 248.4MPa$

$\overline{\tau}_{-1} = 0.577\overline{\sigma}_{-1} = (0.577 \times 248.4)MPa = 143.3MPa$

$\sigma_\tau = 0.08\overline{\tau}_{-1} = (0.08 \times 143.3)MPa = 11.5MPa$

3）确定螺栓内的应力分布：实际上只有无螺纹的杆身部分承受剪切载荷，所以承剪面积是按杆身部分算出的。载荷和杆身剖面面积为独立变量，故切应力为

$$(\overline{\tau}, \overline{\sigma}_\tau) = \frac{(\overline{F}, \overline{\sigma}_F)}{(A, \sigma_A)}$$

$$\overline{A} = \frac{\pi d^2}{4}$$

式中

由随机变量代数，当 $Z = x^2$，Z 的标准差为 $\sigma_Z = 2\mu_x\sigma_x$。

故面积 A 的标准差为 $\sigma_A = \dfrac{\pi d\sigma_d}{2}$。

式中的 $\bar{\tau}$ 和 σ_τ 为未知量，因为 $\bar{A}$ 和 σ_A 为未知量。为了求出 $\bar{A}$ 和 σ_A，必须找出另一个关系式，一般是根据螺栓直径的制造公差统计量，找出 $\bar{d}$ 和 σ_d 之间的关系式，有

$$\sigma_d = 0.002\bar{d}$$

将有关各值代入，得切应力的均值

$$\bar{\tau} = \frac{\bar{F}}{n\bar{A}} = \frac{4\bar{F}}{n\pi\bar{d}^2} = \frac{4 \times 24000}{2 \times 3.14 \times \bar{d}^2} = \frac{15287}{\bar{d}^2}$$

切应力的标准差为

$$\sigma_\tau = \frac{4}{n\pi}\left[\frac{\bar{F}^2(0.004\bar{d}^2)^2 + (\bar{d}^2)^2(\sigma_F)^2}{(\bar{d}^2)^4}\right]^{1/2}$$
$$= \frac{4}{2 \times 3.14}\left[\frac{24000^2 \times (0.004\bar{d}^2)^2 + (\bar{d}^2)^2 1440^2}{(\bar{d}^2)^4}\right]^{1/2}$$
$$= \frac{919}{\bar{d}^2}$$

4）按联结方程求螺栓直径：由标准正态分布面积表知，当 $R(t) = 0.9998$，联结系数 $Z = -3.50$，将有关各值代入联结方程，得

$$-3.50 = -\frac{143.3 - \left(\frac{15287}{\bar{d}^2}\right)}{\left[11.5 + \left(\frac{919}{\bar{d}^2}\right)^2\right]^{1/2}}$$

化简和整理后，得

$$\bar{d}^4 - 231.63\bar{d}^2 + 11808 = 0$$

解上式得 $\bar{d} = 12.5\text{mm}$

圆整后，取标准值，得螺栓公称直径 $\bar{d} = 16\text{mm}$，内径 $d_1 = 13.835\text{mm}$。

（2）按受挤压进行设计 由于受剪螺栓除在连接的接合面处受剪之外，还与被连接件的孔壁互相挤压，所以杆身或孔壁被压溃也是一种主要失效模式。特别是当被连接件的材料强度较弱（例如材料为铸铁或铝合金）时，被连接件的孔壁被压溃常是主要的失效模式。因此，应根据这一失效模式进行可靠性设计。

1）按连接件孔壁被压溃考虑，设计准则为

$$P(s_{sq} < S_{sq}) \geqslant R(t)$$

式中 S_{sq}——被连接件的挤压强度，可取 $S_{sq} = 0.5R_m$
s_{sq}——被连接件孔壁的挤压应力。

s_{sq} 与杆配合、零件变形、表面加工等有关，难以精确的确定，通常可假设其为均匀分布。于是可得

$$s_{sq} = \frac{F}{ndh}$$

式中 $\frac{F}{n}$——被连接件所受的剪切力。

2）选择被连接件的材料，确定挤压强度分布：被连接件选用灰铸铁 HT250，其抗拉强度为 $R_m = 245\text{MPa}$。

由经验公式，对于铸铁，可取 $S_{sq} = 0.5R_m = 0.5 \times 245\text{MPa} = 122.5\text{MPa}$，标准差 $\sigma_{S_{sq}} = 0.08\bar{s}_{sq} = 0.08 \times 122.5\text{MPa} = 9.8\text{MPa}$。

3）确定螺栓的应力分布：从合理的结构尺寸出发，如图 13.4-28 所示，l_1 应尽可能地小，以免尺寸 h 过小，从而使挤压应力 s_{sq} 过大。同时，尺寸 h 也不宜过大，以免因制造误差而使得杆身与孔壁配合时受力不均匀。通常，不应使 h 小于 d。

为了求 $\bar{s}_{sq}$ 和 $\sigma_{s_{sq}}$，必须求出承受挤压的计算面积 $A = dh$。为了方便，可以先找出 d 与 h 之间的关系。这里按最危险的情况考虑，取 $h = 0.5d$，于是可得

$$\bar{s}_{sq} = \frac{2\bar{F}}{n\bar{d}^2} = \frac{2 \times 24000}{2\bar{d}^2} = \frac{24000}{\bar{d}^2}$$

$$\sigma_{s_{sq}} \approx \frac{2}{n}\left[\frac{\bar{F}^2(0.004\bar{d}^2)^2 + (\bar{d}^2)^2\sigma_F^2}{(\bar{d}^2)^4}\right]^{1/2}$$
$$= \frac{2}{n}\left[\frac{24000^2 \times (0.004\bar{d}^2)^2 + (\bar{d}^2)^2 \times 1440^2}{(\bar{d}^2)^4}\right]^{1/2}$$
$$= \frac{1443}{\bar{d}^2}$$

4）应用联结方程求螺栓直径：按题意所要求的可靠度为 $R = 0.9998$，与此相应的联结系数 $Z = -3.50$，故由联结方程可得

$$-3.50 = -\frac{122.5 - \left(\frac{24000}{\bar{d}^2}\right)}{\left[9.8^2 + \left(\frac{1443}{\bar{d}^2}\right)^2\right]^{1/2}}$$

化简和整理后得

$$\bar{d}^4 - 425.17\bar{d}^2 + 39805 = 0$$

解上式得 $\bar{d} = 16.9\text{mm}$

圆整后，取螺栓的公称直径 $d = 20\text{mm}$，螺栓内径 $d_1 = 17.294\text{mm}$。

可见，当尺寸 h 较小时（$h = 0.5d$），按挤压强度所需的螺栓直径比按剪切强度所需的螺栓直径要大。

如果取尺寸 $h = 0.75d$，则

$$s_{sq} = \frac{4F}{3n\bar{d}^2} = \frac{4 \times 24000}{3 \times 2 \times \bar{d}^2} = \frac{16000}{\bar{d}^2}$$

$$\sigma_{s_{sq}} = \frac{4}{3n}\left[\frac{\bar{F}^2(0.004\bar{d}^2)^2 + (\bar{d}^2)^2\sigma_F^2}{(\bar{d}^2)^4}\right]^{1/2}$$
$$= \frac{4}{3n}\left[\frac{24000^2 \times (0.004\bar{d}^2)^2 + (\bar{d}^2)^2 \times 1440^2}{(\bar{d}^2)^4}\right]^{1/2}$$
$$= \frac{962}{\bar{d}^2}$$

代入联结方程得

$$\bar{d}^4 - 283.45\bar{d}^2 + 17691 = 0$$

解上式得 $\bar{d} = 13.9\text{mm}$

圆整后，取螺栓的公称直径 $d = 16\text{mm}$，内径 $d_1 = 13.835\text{mm}$。

可见，这一公称直径与按剪切强度求得的公称直径相同。

6.3 轴的可靠性设计

轴按所受的载荷分为传动轴（只承受扭矩）、心轴（只承受弯矩）和转轴（同时承受扭矩和弯矩）。轴的可靠性设计是考虑载荷、强度条件。轴径尺寸的概率分布，在给定目标可靠性和两个各参数分布的情况下，可求第三个参数分布；或者给定各参数分布求解轴的可靠性。

6.3.1 转轴可靠性设计

【例4】 某减速器主动轴，传递功率 $P = 13\text{kW}$，转速 $n = 200\text{r/min}$，经传统设计，结构尺寸已定（图13.4-29），危险截面 N-N 的弯曲应力均值 $\bar{\sigma} = 28.4\text{MPa}$，切应力均值 $\bar{\tau} = 7.6\text{MPa}$。轴的材料为45钢，抗拉强度均值 $\bar{R}_\text{m} = 637\text{MPa}$，疲劳极限均值 $\bar{\sigma}_{-1} = 268\text{MPa}$。如果设计要求的可靠度 $R(t) = 0.999$，试校核该轴的可靠度。

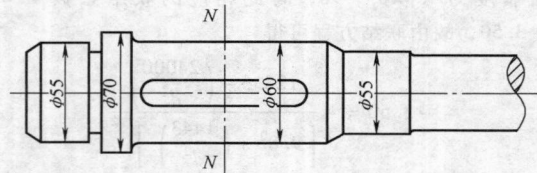

图13.4-29 轴的结构尺寸

【解】 （1）求工作应力的分布参数，假设强度与应力均为正态分布

查表，取材料疲劳极限的变异系数 $C_{\sigma_{-1}} = 0.08$，抗拉强度变异系数 $C_{R_\text{m}} = 0.05$，弯曲应力的变异系数为 $C_\sigma = 0.15$，剪应力变异系数 $C_\tau = 0.10$。故应力分布参数如下：

弯曲应力 $(\bar{\sigma}, S_\sigma) = (28.4, 4.26)(\text{MPa})$
切应力 $(\bar{\tau}, S_\tau) = (7.6, 0.76)(\text{MPa})$

应用第四强度理论，求弯扭合成应力为 $\sigma_{\max} = \sqrt{\sigma^2 + 3\tau^2}$

由疲劳极限应力线图可知，其合成应力为 $\sigma_{\max} = \sqrt{\sigma_a^2 + \sigma_m^2}$

比较以上两式，可知应力幅 $\sigma_a = \sigma$，平均应力 $\sigma_m = \sqrt{3}\tau$，即

应力幅

$$\sigma_a(\bar{\sigma}_a, S_a) = \sigma(\bar{\sigma}, S_\sigma) = \sigma(28.4, 4.26)$$

平均应力

$$\sigma_\text{m}(\bar{\sigma}_\text{m}, S_\text{m}) = \sqrt{3}\tau(\bar{\tau}, s_\tau) = \tau(13.16, 1.32)$$

工作应力的均值和标准差为

$$\bar{\sigma}_{\max} = \sqrt{\bar{\sigma}_a^2 + \bar{\sigma}_m^2} = \sqrt{28.4^2 + 13.16^2}\text{MPa} = 31.49\text{MPa}$$

$$S_{\sigma_{\max}} = \left[\frac{\bar{\sigma}_a^2 S_a^2 + \bar{\sigma}_m^2 S_m^2}{\bar{\sigma}_a^2 + \bar{\sigma}_m^2}\right]^{1/2}$$

$$= \left[\frac{28.4^2 \times 4.26^2 + 13.16^2 \times 1.32^2}{28.4^2 + 13.16^2}\right]^{1/2}\text{MPa}$$

$$= 3.88\text{MPa}$$

（2）绘分布状的疲劳极限应力图

此处绘简化的 Goodman 线图，作为设计依据。

零件疲劳强度为 $(\sigma_{-1})_d = \dfrac{\sigma_{-1}\varepsilon_\sigma\beta}{k_\sigma}$

根据该轴的结构、尺寸和加工状况，查得：有效应力集中系数 $k_\sigma = 2.62$，表面质量系数 $\beta = 0.92$，尺寸系数 $\varepsilon_\sigma = 0.93$。

取 $C_{\varepsilon_\sigma} = C_\beta = C_{k_\sigma} = 0$，$C_{(\sigma_{-1})_d} = (C_{\sigma_{-1}}^2 + C_{\varepsilon_\sigma}^2 + C_\beta^2 + C_{k_\sigma}^2)^{1/2} = C_{\sigma_{-1}} = 0.08$

零件疲劳极限标准差为

$$s_{(\sigma_{-1})_d} = \mu_{(\sigma_{-1})_d}C_{(\sigma_{-1})_d} = 87.5 \times 0.08\text{MPa} = 7\text{MPa}$$

零件强度极限标准差为

$$s_{\sigma_b} = \mu_{\sigma_b}C_{\sigma_b} = 637 \times 0.05\text{MPa} = 31.85\text{MPa}$$

运用以上数据，取适当比例，按"3σ 法则"作成分布状的 Goodman 线图，见图13.4-30。

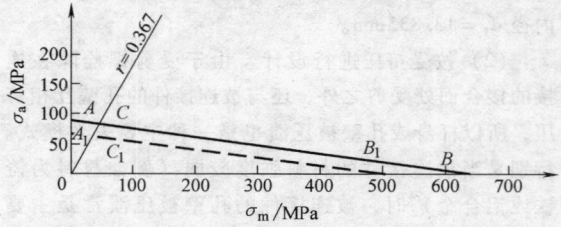

图13.4-30 钢轴的可靠性设计的 Goodman 线图

（3）确定工作应力的循环特性 r

最大应力

$$\sigma_{\max} = \sigma_\text{m} + \sigma_a = (13.16 + 28.4)\text{MPa} = 41.56\text{MPa}$$

最小应力

$$\sigma_{\min} = \sigma_\text{m} - \sigma_a = (13.16 - 28.4)\text{MPa} = -15.24\text{MPa}$$

循环特性 $r = \sigma_{\min}/\sigma_{\max} = -15.24/41.56 = -0.367$，$\tan\theta = \dfrac{\sigma_a}{\sigma_\text{m}} = \dfrac{28.4}{13.16} = 2.158$，$\theta = 65.14°$

（4）确定 $r = -0.367$ 的强度分布参数

按 $\theta = 65.14°$ 在图上作 $r = -0.367$ 的直线与疲劳极限应力线 AB 和 A_1B_1 相交于 C 和 C_1 两点，C 点的坐标为 $(45.2, 80.5)\text{MPa}$，C_1 点的坐标为

(35. 2, 60. 2) MPa

由 "3σ 法则" 可知，疲劳极限的应力幅和平均应力的标准差为

$$S'_{ae} = \frac{80.5 - 60.2}{3}\,\text{MPa} = 6.76\,\text{MPa},$$

$$S'_{me} = \frac{45.2 - 35.2}{3}\,\text{MPa}$$
$$= 3.33\,\text{MPa}$$

$r = -0.367$ 的疲劳强度的均值和标准差为

$$\overline{\sigma}_r = \sqrt{\sigma'^2_{ae} + \sigma'^2_{me}} = \sqrt{80.5^2 + 45.2^2}\,\text{MPa}$$
$$= 92.32\,\text{MPa}$$

$$S_{\sigma_r} = \left[\frac{\overline{\sigma}'^2_{ae} S^2_{\sigma_{ae}} + \overline{\sigma}'^2_{me} S^2_{\sigma_{me}}}{\overline{\sigma}'^2_{ae} + \overline{\sigma}'^2_{me}}\right]^{1/2}$$

$$= \left[\frac{80.5^2 \times 6.67^2 + 45.2^2 \times 3.33^2}{80.5^2 + 45.2^2}\right]^{1/2}\,\text{MPa}$$
$$= 6.12\,\text{MPa}$$

（5）校核可靠度

将以上求得的应力循环特性 $r = -0.367$ 时的疲劳强度与应力的分布参数，代入联结方程，求得可靠性指数为

$$u_R = \frac{\overline{\sigma}_r - \overline{\sigma}_{max}}{\sqrt{S_{\sigma_r}^2 + S_{\sigma_s}^2}} = \frac{92.32 - 31.49}{\sqrt{6.12^2 + 3.88^2}} = 8.414$$

查正态分布表可知，轴的可靠度 $R > 0.9^8$。说明原传统设计的轴非常可靠，即原传统设计的轴尺寸是较保守的。可将原设计尺寸适当减小，按照上述步骤进行计算，直到 i 周二的可靠度符合设计要求的可靠度。

6.3.2　轴的刚度可靠性设计

1. 弯曲刚度可靠性设计

在轴的刚度可靠性设计中，可将挠度曲线方程表示为

$$y = f(F, l, a, E, I, x) \qquad (13.4\text{-}136)$$

式中　F——外载荷；

l——轴的支承距离；

a——F 作用点到坐标原点的距离；

E——材料的弹性模量；

I——轴截面的极惯性矩；

x——计算截面到坐标原点的距离，如图 13.4-31 所示。

设式（13.4-136）中的各物理量为独立的随机变量，则挠度 y 的均值和标准差分别为

$$\overline{y} = f(\overline{F}, \overline{l}, \overline{a}, \overline{E}, \overline{I}, \overline{x}) \qquad (13.4\text{-}137)$$

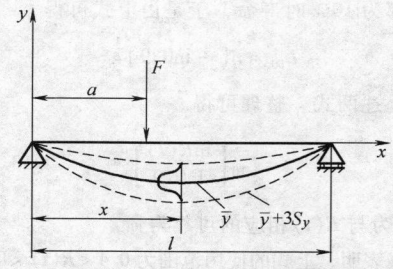

图13.4-31　轴的刚度计算模型

$$S_y = \left[\left(\frac{\partial y}{\partial F}\right)^2 S^2_F + \left(\frac{\partial y}{\partial l}\right)^2 S^2_l + \left(\frac{\partial y}{\partial a}\right)^2 S^2_a + \right.$$
$$\left.\left(\frac{\partial y}{\partial E}\right)^2 S^2_E + \left(\frac{\partial y}{\partial I}\right)^2 S^2_I + \left(\frac{\partial y}{\partial x}\right)^2 S^2_x\right]^{\frac{1}{2}} \qquad (13.4\text{-}138)$$

选择适宜的模型计算可靠度。

同理，可以计算偏转角 θ 的可靠度。

2. 扭转刚度可靠性设计

可靠性设计中，扭转角 φ 的均值和标准差分别为

$$\overline{\varphi} = 57300\frac{\overline{T}}{\overline{G}\overline{I}_p} \qquad (13.4\text{-}139)$$

$$S_\varphi = \left[\left(\frac{\partial\varphi}{\partial T}\right)^2 S^2_T + \left(\frac{\partial\varphi}{\partial G}\right)^2 S^2_G + \left(\frac{\partial\varphi}{\partial I_p}\right)^2 S^2_{I_p}\right]^{\frac{1}{2}}$$
$$(13.4\text{-}140)$$

选择适宜的模型计算可靠度。

6.4　滚动轴承的可靠性设计

滚动轴承是最早具有可靠性指标的机械零件。滚动轴承的主要失效形式为疲劳点蚀、磨损和塑性变形。现行的额定动载荷计算方法规定，在基本额定动载荷 C 的作用下，滚动轴承可以工作 10^6 转而其中 90% 不发生疲劳点蚀失效，这就意味着可靠度为 90%。

6.4.1　滚动轴承的寿命与可靠度之间的关系

大量实验表明，滚动轴承的疲劳寿命服从威尔分布，轴承寿命 t 的失效率为

$$F(t) = 1 - e^{-\left(\frac{t}{\eta}\right)^\beta}$$

式中　t——轴承寿命；

η——尺寸参数；

β——形状参数。

因 $F(t) = 1 - R(t)$，故可得与 t 对应的可靠度

$$R(t) = e^{-\left(\frac{t}{\eta}\right)^\beta}$$

上式可改写为

$$t = \eta\left[-\ln R(t)\right]^{\frac{1}{\beta}}$$

当 $R(t) = 0.90$ 时，轴承的寿命 $t = L_{10}$，L_{10} 表示

失效概率为 10% 时寿命，于是由上式可得

$$L_{10} = \eta \left[-\ln 0.9 \right]^{\frac{1}{\beta}}$$

由上述两式，整理可得

$$t = L_{10} \left[\frac{\ln R(t)}{\ln 0.9} \right]^{\frac{1}{\beta}} \qquad (13.4\text{-}141)$$

式中，t 为与 $R(t)$ 相应的可靠寿命。

实践表明，上式的使用范围为 $0.4 < R(t) < 0.93$。

按轴承的类型不同，形状参数 β 的值如下：

球轴承：$\beta = 10/9$；滚子轴承：$\beta = 3/2$；圆锥滚子轴承：$\beta = 4/3$。

β 也称为离散参数，大的 β 值对应于较小的离散寿命。

样本中所列的基本额定动载荷是在可靠度为 90% 时的数据，为了把样本中的基本额定动载荷值用于可靠度不等于 90% 的情况，需引入寿命修正系数。

将式（13.4-141）简化为

$$t = aL_{10} \qquad (13.4\text{-}142)$$

式中　L_{10}——可靠度为 90% 时的寿命，即基本额定寿命；

a——可靠度不为 90% 时的额定寿命修正系数（寿命可靠性系数），其值如表 13.4-11 所列。

$$a = \left[\frac{\ln R(t)}{\ln 0.9} \right]^{\frac{1}{\beta}} \qquad (13.4\text{-}143)$$

表 13.4-11　滚动轴承寿命可靠性系数 a 值

可靠度 $R(t)$（%）	50	80	85	90	92	95	96	97	98	99
轴承寿命 L	L_{50}	L_{20}	L_{15}	L_{10}	L_8	L_5	L_4	L_3	L_2	L_1
球轴承	5.45	1.92	1.48	1.00	0.81	0.62	0.53	0.44	0.33	0.21
滚子轴承	3.51	1.65	1.34	1.00	0.86					
圆锥滚子轴承	4.11	1.75	1.38	1.00	0.84					

【例 5】　一只 6209 号径向球轴承在某项应用中得出具有 90% 可靠度的疲劳寿命 $100 \times 10^6 \text{r}$，问如果具有 95% 的可靠度时，疲劳寿命有多大？

【解】　由式 $t = L_{10} \left[\dfrac{\ln R(t)}{\ln 0.9} \right]^{1/\beta}$ 可得

$$t = L_{10} \left[\frac{\ln 0.95}{\ln 0.9} \right]^{9/10} = 100 \times 10^6 \times 0.523 \text{r} = 52.3 \times 10^6 \text{r}$$

【例 6】　用一对滚子轴承的轴，要求在系统可靠度为 0.98 时有 1000h 的可靠寿命，如已知轴的可靠度为 $R_1(t) = 0.999$，求在选择这对轴承时应取的额定寿命值。

【解】　轴与一对轴承属于串联系统，系统的可靠度为 $R_s(t) = R_1(t) \left[R_2(t) \right]^2$

每个轴承的可靠度应为

$$R_2(t) = \left[\frac{R_s(t)}{R_1(t)} \right]^{1/2} = \left(\frac{0.98}{0.999} \right)^{1/2} = 0.990$$

查表得 $a = 0.21$，故应取的额定寿命为 $L_{10} = \dfrac{t}{a} = \dfrac{1000}{0.21} = 4762 \text{h}$

可见，选择一只可靠度为 90%、寿命为 4762h 的轴承，如果用要求可靠度为 0.99 的场合，其当量寿命仅为 1000h。所以不能随意提高目标可靠度的要求。

6.4.2　滚动轴承的额定动载荷与可靠度之间的关系

根据疲劳寿命曲线导出的轴承额定动载荷与其寿命之间的关系为

$$L_{10} = \left(\frac{C}{P} \right)^{\varepsilon} \qquad (13.4\text{-}144)$$

式中　C——轴承额定动载荷（N）；

P——当量动载荷（N）；

ε——疲劳寿命系数，对于球轴承，$\varepsilon = 3$，对于滚子和圆锥滚子轴承，$\varepsilon = 10/3$。

考虑到不同的可靠度，不同的材料和润滑条件，式（13.4-144）可以改写成

$$t = abc \left(\frac{C}{P} \right)^{\varepsilon} \qquad (13.4\text{-}145)$$

式中　a——寿命可靠性系数，见表 13.4-11；

b——材料系数，对于普通轴承钢，$b = 1$；

c——润滑系数，一般条件下，$c = 1$。

取 $b = c = 1$，则式（13.4-145）可改写为

$$C = a^{-1/\varepsilon} P t^{1/\varepsilon} = KP t^{1/\varepsilon} \qquad (13.4\text{-}146)$$

式中　K——额定动载荷可靠性系数，见表 13.4-12。

$$K = a^{-\frac{1}{\varepsilon}} = \left[\frac{\ln R(t)}{\ln 0.9} \right]^{\frac{1}{\beta\varepsilon}}$$

对于球轴承，$1/\beta\varepsilon = 3/10$；对于滚子轴承，$1/\beta\varepsilon = 1/5$；对于圆锥滚子轴承，$1/\beta\varepsilon = 9/40$。

当已知目标可靠度下的轴承寿命，即可由式（13.4-146）确定轴承的额定动载荷 C 值，然后据此选择轴承。

表 13.4-12　滚动轴承额定动载荷可靠性系数 K 值

可靠度 $R(t)$（%）	50	80	85	90	92	95	96	97	98	99
轴承寿命 L	L_{50}	L_{20}	L_{15}	L_{10}	L_8	L_5	L_4	L_3	L_2	L_1
球轴承	0.5686	0.7984	0.8781	1.00	1.073	1.155	1.209	1.282	1.391	1.60
滚子轴承	0.6861	0.8606	0.9170	1.00	1.048					
圆锥滚子轴承	0.6545	0.8446	0.9071	1.00	1.054					

【例7】　有一对圆柱滚子轴承的轴，$d = 40\text{mm}$，受径向压力 $F_r = 6000\text{N}$ 作用，要求可靠度 $R(t) = 0.95$，工作寿命 $t = 5000\text{h}$，选择此轴承。

【解】　$C = KPt^{\frac{1}{\varepsilon}} = 1.155 \times 6000 \times 5000^{\frac{1}{\varepsilon}}\text{N} = 38065\text{N}$

故可以选择 N308 轴承。

如果只要求可靠度为 $R(t) = 0.90$，工作寿命 $t = L_{10} = 5000\text{h}$，则

$$C = PL_{10}^{\frac{1}{\varepsilon}} = 6000 \times 5000^{\frac{1}{\varepsilon}}\text{N} = 32957\text{N}$$

故只需选择 N208 轴承即可。

如果只有 N208 轴承可用，又要求可靠度为 $R(t) = 0.95$，则可以允许的径向载荷便需降低。由

$$C = KPL_{10}^{\frac{1}{\varepsilon}} = 1.155 \times P \times 5000^{\frac{1}{\varepsilon}}\text{N} = 35792\text{N}$$

可得

$$P = 35792/(1.155 \times 5000)^{1/\varepsilon}\text{N} = 5642\text{N}$$

6.5　弹簧的可靠性设计

6.5.1　圆柱螺旋弹簧静强度的可靠性设计

（1）工作应力的均值和标准差　弹簧的工作应力均值可按 $\bar{\tau} = \bar{K}\dfrac{8}{\pi}\dfrac{FD}{d^3}$ 计算，标准差为 $S_\tau = C_\tau\bar{\tau}$。

（2）强度极限的均值和标准差　在静强度设计中主要的强度指标是剪切屈服极限 τ_s，一般来说他与抗拉强度极的关系为

$$\bar{\tau}_s = 0.4535\bar{R}_m$$

应用形变能理论所得到的关系，设计中常采用

$$\bar{\tau}_s = 0.452\bar{R}_m$$

常用的弹簧钢丝的抗拉强度值见表 13.4-13，设计时可以参考使用。

考虑到不同捆钢丝性能的差异，钢丝抗拉强度的变异系数

$$C_{\tau_s} = \sqrt{C_1^2 + C_2^2}$$

其中，$C_1 = \dfrac{S_{R_m}}{R_m}$；$C_2 = \dfrac{R_{m\max} - R_{m\min}}{6\bar{R}_m}$。

静强度安全系数为

$$n_s = \frac{\tau_s}{\tau_{\max}} \geqslant [n_s]$$

式中　　$[n_s]$——需用安全系数，应在 1.3~1.7之间。

表 13.4-13　常用弹簧丝的抗拉强度 R_m

弹簧丝直径 d/mm	R_m/MPa			
	65Mn	碳素钢	Cr-V 钢	Cr-Si 钢
0.8~1.2	1800~2150		1600~1800	1950~2050
1.4~2.2	1700~2000		1600~1800	1950~2050
2.2~2.5	1650~1950	1450~1600	1600~1750	1950~2050
2.6~3.4	1600~1850	1450~1600	1600~1750	1950~2050
3.5~4.0	1500~1750	1450~1600	1550~1700	1950~2050
4.2~4.5	1450~1700	1400~1550	1550~1700	1850~2050
4.8~5.0	1400~1650	1400~1550	1550~1650	1850~2000
5.3~5.5	1350~1600		1500~1650	1800~1950
6.0~7.0			1450~1600	
8.0			1400~1550	

注：同一捆钢丝的抗拉强度 R_m 的波动范围不超过 75MPa。

（3）可靠度计算　已知弹簧的强度分布和应力的均值和标准差后，即可利用正态分布的联结方程进行可靠度计算，即

$$u_s = \frac{n_s - 1}{\sqrt{n_s^2 C_{\tau_s}^2 + C_{\tau\max}^2}}$$

6.5.2　圆柱螺旋弹簧疲劳强度的可靠性设计

在实际使用中许多弹簧是在变载荷条件下工作，其主要失效形式是疲劳断裂，故应进行疲劳强度设计。

1. 工作应力的均值和标准差

如图 13.4-32 所示，对于承受变载荷的弹簧，其载荷一般是从 $F_{\min}$ 到 $F_{\max}$ 作周期变化。

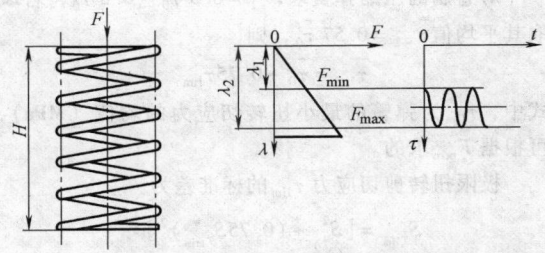

图13.4-32　弹簧的载荷变化与变形

有均值

$$\bar{\tau}_{\max} = \frac{8\bar{K}\bar{F}_{\max}\bar{D}}{\pi\bar{d}^3}, \quad \bar{\tau}_{\min} = \frac{8\bar{K}\bar{F}_{\min}\bar{D}}{\pi\bar{d}^3}$$

变异系数

$$C_{\tau_{max}} = (C_K^2 + C_{F_{max}}^2 + C_D^2 + 9C_d^2)^{1/2}$$

$$C_{\tau_{min}} = (C_K^2 + C_{F_{min}}^2 + C_D^2 + 9C_d^2)^{1/2}$$

弹簧安装载荷 F_{min} 的偏差主要有几何尺寸 d 和 D 的的偏差引起。根据普通圆柱螺旋弹簧标准，可估计其 F_{min} 的变异系数 $C_{F_{min}}$，见表 13.4-14。

表 13.4-14 弹簧的变异系数

精度等级	有效圈数		
	2～4	4～10	≥10
2	0.04	0.033	0.026
3	0.06	0.050	0.030

2. 强度极限的均值和标准差

弹簧在变载荷作用下，应力循环不对称系数 $r = \tau_{min}/\tau_{max}$ 在 0～1 之间变化，设计中常用到 τ_0-N 疲劳曲线。有试验可得到以下近似关系，见表 13.4-15。

表 13.4-15 弹簧材料的疲劳极限与循环次数的关系

载荷循环次数 N	10^4	10^5	10^6	10^7
τ_0	$0.45R_m$	$0.35R_m$	$0.33R_m$	$0.3R_m$

对于经喷丸处理和强化处理的弹簧，当 $N \geq 10^6$ 次时，其 τ_0 值可以提高 20%，当 $N \geq 10^4$ 次时，可以提高 10% 左右；对不锈钢和硅青铜制弹簧，当 $N \geq 10^4$ 时，$\tau_0 = 0.35R_m$。

计算中可以取 $C_{\tau_s} = C_{\tau_b}$，脉动载荷下疲劳极限的变异系数 C_{τ_0}，若无相应的试验数据可以应用，则可以取 $C_{\tau_0} = 0.075$（对于经喷丸处理的），$C_{\tau_0} = 0.096$（对于未经喷丸处理的）。

当疲劳极限图采用 Goodman 直线关系简化后，可得弹簧的极限扭转剪切应力 τ_{lim} 为

$$\tau_{lim} = \bar{\tau}_0 + \left(\frac{\bar{\tau}_0 - \bar{\tau}_{-1}}{\bar{\tau}_{-1}}\right)\bar{\tau}_{lim}$$

对卷制的压缩弹簧取 $\bar{\tau}_{-1} = 0.5\bar{\tau}_0 \sim 0.6\bar{\tau}_0$，若取取其平均值 $\bar{\tau}_{-1} = 0.57\bar{\tau}_0$，则

$$\bar{\tau}_{lim} = \bar{\tau}_0 + 0.75\bar{\tau}_{lim}$$

式中，$\bar{\tau}_{lim}$ 为弹簧的最小扭转切应力的均值（MPa），可根据 F_{min} 求的。

极限扭转剪切应力 τ_{lim} 的标准差为

$$S_{\tau_{lim}} = \left[S_{\tau_0}^2 + (0.75S_{\tau_{min}})^2\right]^{\frac{1}{2}}$$

由此可求的疲劳强度安全系数

$$n_R = \frac{\bar{\tau}_{lim}}{\bar{\tau}_{max}} = \frac{\bar{\tau}_0 + 0.75\bar{\tau}_{min}}{\bar{\tau}_{max}} \geq [n_R]$$

式中，$[n_R]$ 为需用安全系数，应在 1.3～1.7 之间。

当应力和强度都是正态分布时，用联结方程求其联结系数为

$$u_R = \frac{n_R - 1}{\sqrt{n_R^2 C_{\tau_{min}}^2 + C_{\tau_{max}}^2}}$$

由 u_R 查标准正态分布表得相应的可靠度。

【例 8】 预测某气门弹簧可靠度。已知弹簧钢丝直径 $d = 4.5$mm，弹簧中径 $D = 32$mm，工作圈数 $n = 8$ 圈，弹簧安装压力 $F_{min} = 200$N，最大工作压力 $F_{max} = 425(1 \pm 0.15)$N，弹簧材料为 50CrVA，$R_m = 1500 \sim 1800$MPa，凸轮轴转速为 1400r/min，要求工作寿命 $N = 10^7$。

【解】 （1）确定弹簧的指数 C 及曲度系数 K

$$C = \frac{D}{d} = \frac{32}{4.5} = 7.11$$

$$\bar{K} = \frac{4C-1}{4C-4} + \frac{0.615}{C} = \frac{4 \times 7.11 - 1}{4 \times 7.11 - 4} + \frac{0.615}{7.11} = 1.21$$

$$C_K = \frac{\sigma_K}{\bar{K}} = \frac{0.045}{1.21} = 0.037$$

（2）确定弹簧的工作应力分布

最大及最小工作应力的均值及变差系数：

$$\bar{\tau}_{max} = \frac{8\bar{K}F_{max}\bar{D}}{\pi \bar{d}^3} = \frac{8 \times 1.21 \times 425 \times 32}{\pi \times 4.5^3}\text{MPa} = 459.86\text{MPa}$$

$$\bar{\tau}_{min} = \frac{8\bar{K}F_{min}\bar{D}}{\pi \bar{d}^3} = \frac{8 \times 1.21 \times 200 \times 32}{\pi \times 4.5^3}\text{MPa} = 216.41\text{MPa}$$

$$C_{\tau_{max}} = \sqrt{C_K^2 + C_{F_{max}}^2 + C_D^2 + 9C_d^2}$$
$$= \sqrt{0.037^2 + 0.05^2 + 0.005^2 + 9 \times 0.003^2} = 0.063$$

$$C_{\tau_{min}} = \sqrt{C_K^2 + C_{F_{min}}^2 + C_D^2 + 9C_d^2}$$
$$= \sqrt{0.037^2 + 0.033^2 + 0.005^2 + 9 \times 0.003^2}$$
$$= 0.050$$

式中，$C_{F_{max}} = \frac{0.15F_{max}}{3F_{max}} = 0.05$ $C_D = 0.005$；$C_d = 0.003$；$C_{F_{min}} = 0.033$

标准差：

$$S_{\tau_{max}} = C_{\tau_{max}} \cdot \bar{\tau}_{max} = 0.063 \times 459.86\text{MPa} = 28.97\text{MPa}$$

$$S_{\tau_{min}} = C_{\tau_{min}} \cdot \bar{\tau}_{min} = 0.050 \times 216.41\text{MPa} = 10.82\text{MPa}$$

（3）确定弹簧材料的强度分析

弹簧材料为 50CrVA，其抗拉强度为

$$\bar{R}_m = \frac{R_{m\,max} + R_{m\,min}}{2} = \frac{1800 + 1500}{2}\text{MPa} = 1650\text{MPa}$$

变差系数：

$$C_{R_m} = \frac{R_{m\,max} - R_{m\,min}}{6 \times R_m} = \frac{1800 - 1500}{2}\text{MPa} = 150\text{MPa}$$

根据寿命要求为 $N = 10^7$，查表 13.4-15，得

$$\bar{\tau}_0 = 0.3R_m = 0.3 \times 1650\text{MPa} = 495\text{MPa}$$

查表得弹簧的极限应力为

$$\overline{\tau}_{\text{lim}} = \overline{\tau}_0 + 0.75\overline{\tau}_{\text{min}} = (495 + 0.75 \times 216.41)\text{MPa}$$
$$= 657.30\text{MPa}$$

极限应力 τ_{lim} 的标准差

$$S_{\tau_{\text{lim}}} = \sqrt{S_{\tau_0}^2 + (0.75 S_{\tau_{\text{min}}})^2}$$
$$= \sqrt{(C_{\tau_0} \cdot \overline{\tau}_0)^2 + (0.75 S_{\tau_0})^2}$$
$$= \sqrt{(0.096 \times 495)^2 + (0.75 \times 10.82)^2}\text{MPa}$$
$$= 48.21\text{MPa}$$

式中 C_{τ_0}——脉动循环时弹簧材料的疲劳极限 τ_0 的变差系数，当缺乏试验数据时可近似取为 0.096。

$$C_{\tau_{\text{lim}}} = \frac{\sigma_{\tau_{\text{lim}}}}{\overline{\tau}_{\text{lim}}} = \frac{48.21}{657.30} = 0.073$$

（4）计算安全系数及可靠度

疲劳强度的平均安全系数为

$$n_R = \frac{\overline{\tau}_{\text{lim}}}{\overline{\tau}_{\text{max}}} = \frac{657.30}{459.86} = 1.43 > n_{R\text{min}} = 1.3$$

设应力、强度均为正态分布，则联结系数

$$u_R = \frac{n_R - 1}{\sqrt{n_R^2 C_{\tau_{\text{lim}}}^2 + C_{\tau_{\text{max}}}^2}} = \frac{1.43 - 1}{\sqrt{1.43^2 \times 0.073^2 + 0.063^2}}$$
$$= 3.52669$$

查正态分布表，得可靠度 $R = 0.9998$。

静强度验算：

因弹簧未经强压出来处理

$$\overline{\tau}_s = 0.432\overline{R}_m = 0.432 \times 1650\text{MPa} = 712.8\text{MPa}$$

并取 $\qquad C_{\tau_s} \approx C_{R_m} = 0.03$

则静强度安全系数为：

$$n_s = \frac{\overline{\tau}_s}{\overline{\tau}_{\text{max}}} = \frac{712.8}{459.86} = 1.55 > n_{s\text{min}} = 1.3$$

计算可靠度，得

$$u_R = \frac{n_s - 1}{\sqrt{n_s^2 C_{\tau_s}^2 + C_{\tau_{\text{max}}}^2}} = \frac{1.55 - 1}{\sqrt{1.55^2 \times 0.03^2 + 0.063^2}}$$
$$= 7.024059$$

差正态分布表，得可靠度 $R \approx 1$。

第 5 章　摩擦学设计

1　概述

摩擦学（Tribology）是 20 世纪 60 年代发展起来的，是研究相对运动的相互作用表面及其有关理论和实践的一门科学技术。随着全球经济与社会的发展，由摩擦带来的磨损、润滑、材料与能源消耗等一系列问题对经济、社会的发展产生了巨大影响，成为我国走新型化工业道路和发展循环经济必须面对的科学问题，已受到科学界的高度重视。摩擦学已在节能、节材、环保以及支撑和保障高新科技的发展中发挥了不可替代的作用。摩擦学是机电产品设计中关键的共性基础问题，广泛存在于机电系统中；以汽车为例，其动力系统（发动机及机电储能装置）、传动系统（变速器）、运动系统（轮胎/路面）以及汽车零部件塑性加工系统都广泛存在摩擦学问题，摩擦学已在很大程度上制约着产品创新和性能的提高，因此，摩擦学设计在机械设计过程中具有重要的价值，可以为解决重大工程技术问题提供必要的理论和方法。至今，摩擦学设计已经逐渐成为整个机械设计过程中不可缺少的一个组成部分。

本章主要介绍摩擦学设计中的弹性流体动力润滑设计、磨损及其控制、微动摩擦学设计，而摩擦、磨损与润滑的基础内容见第 1 篇第 7 章。

1.1　摩擦学设计的概念

摩擦学设计是从摩擦学的观点来设计机械零部件和产品，使其达到正确的润滑、有控制的摩擦和预期的磨损寿命。摩擦学设计不仅是摩擦副结构的设计，而必须是摩擦学系统的设计，即同时要考虑摩擦副的表面性质、润滑等问题。

1.2　摩擦学设计的方法

由于摩擦学知识结构的特殊性，摩擦学设计与其他设计方法相比有所不同，更多依赖于经验规则，而这些规则应是简明易懂，结合各行业的实际情况，能方便地为行业设计者使用，这些规则也出现在行业设计手册和摩擦学元素部件的产品说明书中。工业界技术人员多采用规则设计，而研究人员热心于开发分析设计。摩擦学设计的正确方法应是规则设计和分析设计相结合。由于摩擦学系统规则繁多和系统分析运算冗长，因而要依赖于计算机的使用。

2　弹性流体动力润滑设计及其应用

人们应用雷诺理论，成功地解决了面接触摩擦副的润滑设计，而对于像齿轮、滚动轴承等点线接触的摩擦副是否能形成油膜润滑？经研究证明，完全可以用赫兹理论和雷诺理论统一解决点、线接触的摩擦副强度计算和润滑问题，这就是弹性流体动力润滑（Elasto-Hydrodynamic Lubrication，EHL），简称弹流润滑。弹流润滑理论研究在相互滚动或伴有滑动的滚动条件下，两弹性物体间的流体动力润滑膜的力学性质。弹流润滑是摩擦学领域内一个具有重大意义的、十分活跃的分支。从形成至今 60 余年中发展极为迅速，完成了从最初经典弹流理论到热弹流润滑、微弹流润滑、非牛顿弹流润滑、非稳态弹流润滑的飞跃。

2.1　弹性流体动力润滑的计算

弹流润滑理论研究的是一个非线性系统，需要联合求解 Reynolds 方程、膜厚方程、载荷方程、能量方程、黏度方程和密度方程等。自弹流润滑理论提出以来，各国学者经过艰苦的工作，发表了一系列的数值算法，这些数值算法的发展及电子计算机的飞速进步促进了弹流润滑数值分析的突飞猛进。弹流润滑数值分析方法的研究在弹流润滑理论的确立和发展中起到了至关重要的作用。代表性的计算方法有：直接迭代法、逆解法、共轭梯度法、多重网格方法等。在这些方法里，多重网格方法已从理论上被证明是一种优秀的算法。该算法的稳定性好，收敛速度快，时间与空间复杂度低，适用于各种工况下的计算，其计算工作量仅仅与网格节点的一次方成正比。多重网格方法的基本思想是：对于同一问题，轮流在稠密网格和稀疏网格上进行迭代，从而使高频偏差分量和低频偏差分量都能很快地消除，以最大限度地减少数值运算的工作量。多重网格方法的 V 循环图，如图 13.5-1 所示，图中的 γ_0、γ_1 分别为在该层网格上的迭代次数。多重网格法求解等温点、弹流问题的迭代过程，如图 13.5-2 所示。目前多重网格方法的程序已经有公开代码，可以应用于一般的点、线接触弹流润滑计算。

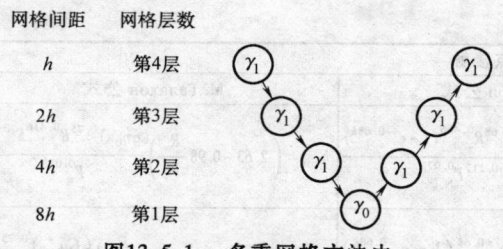

网格间距	网格层数
h	第4层
$2h$	第3层
$4h$	第2层
$8h$	第1层

图13.5-1　多重网格方法中
采用四层网格的 V 循环

2.1.1　基本公式和参数

弹流润滑计算中的 3 个基本参数，见表 13.5-1。

弹流润滑的基本公式是最小油膜厚度公式，根据考虑因素的不同可以分为以下四种类型：

1）既不考虑弹性变形，也不考虑黏度随压力变化的赫兹接触流体动力润滑基本公式，称为 Martin 方程（线接触）和 Капиц 方程（点接触）。

2）不考虑弹性变形，但计入黏度随压力变化的 Herrebrugh 方程。

3）同时考虑弹性变形和黏度随压力变化的 Dowson 方程。

4）同时考虑弹性变形和黏度随压力变化的 Moes Venner 公式。

线接触和点接触的最小油膜厚度计算公式，见表 13.5-2。

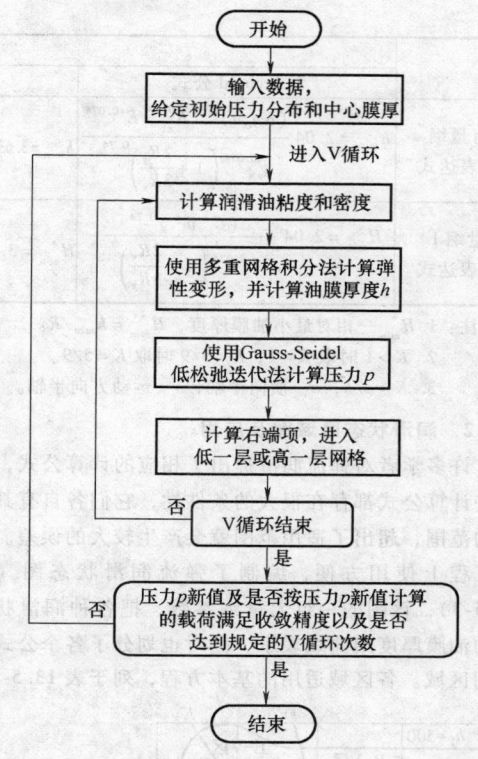

图13.5-2　多重网格方法的计算迭代过程

表 13.5-1　弹流润滑计算中的基本参数

设计参数	线接触	点接触	说　明
载荷参数	$F^* = \dfrac{F_n}{ERL}$	$F^* = \dfrac{F_n}{ER_x^2}$	E——综合弹性模量，$E = \dfrac{2E_1 E_2}{(1-\nu_1^2)E_2 + (1-\nu_2^2)E_1}$
速度参数	$u^* = \dfrac{\eta_0 u}{ER}$	$u^* = \dfrac{\eta_0 u}{ER_x}$	R——当量曲率半径，$R = \dfrac{R_1 R_2}{R_1 \pm R_2}$，" + "用于反向接触，" - "用于同向接触 u——平均速度，$u = \dfrac{u_1 + u_2}{2}$
材料参数	$G^* = \alpha E$		R_x——运动方向有效半径 L——接触线长度 η_0——常压下润滑油黏度 α——润滑油压黏指数

表 13.5-2　线接触和点接触的最小油膜厚度计算公式

	线接触		
	D. Dowson 公式	A. Грубин 公式	Moes Venner 公式
有量纲的表达式	$h_{\min} = 2.65 \dfrac{\alpha^{0.54}(\eta_0 u)^{0.7} R^{0.43}}{E'^{0.03}(F_N/L)^{0.13}}$	$h_{\min} = 1.95 \dfrac{(\alpha\eta_0 u)^{0.73} R^{0.36} E'^{0.09}}{(F_N/L)^{0.09}}$	$H_m^M = 1.56 L^{0.55} M_1^{-0.125}$ $H_m^M = \dfrac{h_m}{R\sqrt{U}}, \quad M_1 = \dfrac{W_1}{\sqrt{U}},$
量纲1的表达式	$H_{\min}^* = 2.65 \dfrac{G^{*0.54} u^{*0.7}}{F^{*0.13}}$	$H_{\min}^* = 1.95 \dfrac{(G^* u^*)^{0.73}}{F^{*0.09}}$	$L = G\sqrt[4]{U}$

（续）

	点接触		
	J. Archard 公式	D. Dowson 公式	M. Галахов 公式
有量纲的表达式	$h_{\min} = 2.04 \dfrac{(\alpha\eta_0 u)^{0.74} R_x^{0.407} E'^{0.074}}{F_N^{0.074}\left(1 + \dfrac{2R_y}{3R_x}\right)^{0.74}}$	$h_{\min} = 3.63 \dfrac{\alpha^{0.49}(\eta_0 u)^{0.68} R_x^{0.466}(1 - e^{-0.68k})}{E'^{0.117} F_N^{0.073}}$	$h_{\min} = \left(2.63 - 0.98\dfrac{R_x}{R_y}\right)\dfrac{(\alpha\eta_0 u)^{0.75} R_x^{0.416} E'^{0.083}}{F_N^{0.083}}$
量纲1的表达式	$H_{\min}^* = 2.04 \dfrac{(G^* u^*)^{0.74}}{F^{*0.074}\left(1 + \dfrac{2R_y}{3R_x}\right)^{0.74}}$	$H_{\min}^* = 3.63 \dfrac{G^{*0.49} u^{*0.68}(1 - e^{-0.68k})}{F^{*0.073}}$	$H_{\min}^* = \left(2.63 - 0.98\dfrac{R_x}{R_y}\right)\dfrac{(Gu^*)^{0.75}}{F^{*0.083}}$

注：1. $H_{\min}^*$ —相对最小油膜厚度，$H_{\min}^* = h_{\min}/R$。

    2. $K > 1$ 时取 $K = 1$；$K < 5/9$ 时取 $K = 5/9$。

    3. $K = a/b$，a—横向半轴，b—运动方向半轴。

2.1.2 润滑状态区域图及应用

许多学者对弹流润滑提出了相应的计算公式，但这些计算公式都存在很大的条件性，它们各自有其适用的范围，超出了适用范围就会产生较大的误差。为了工程上使用方便，编制了弹流润滑状态图（图13.5-3），该图的一组无量纲参数，把各种润滑状态下的油膜厚度用曲线表示，同时也划分了各个公式的适用区域。各区域适用的基本方程，列于表13.5-3。

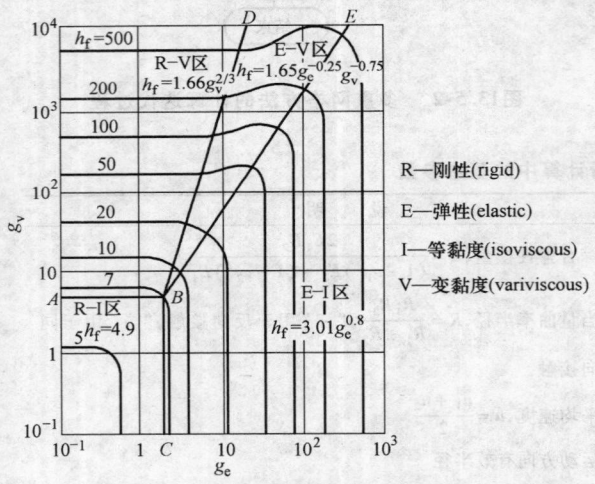

图13.5-3 线接触弹流润滑状态图

表 13.5-3 弹流润滑基本公式的适用区域

区域	R-I	R-V	E-I	E-V
公式名称	H. Martin 方程	H. Blok 方程	K. Herrebrugh 方程	D. Dowson 方程
膜厚公式	$h_f = 4.9$	$h_f = 1.66 g_v^{2/3}$	$h_f = 3.01 g_e^{0.8}$	$h_f = 1.65 g_e^{-0.25} g_v^{-0.75}$
说明	刚性接触、等黏度	刚性接触、变黏度	弹性接触、等黏度	弹性接触、变黏度

1. 3 个基本参数

（1）膜厚参数 h_f 表示实际最小油膜厚度与刚性润滑理论计算油膜厚度之比的相对大小。

$$h_f = \frac{h_{\min} W}{\eta_0 u R L} \qquad (13.5\text{-}1)$$

或

$$h_f = \frac{H^* W^*}{u^*} \qquad (13.5\text{-}2)$$

式中 $h_{\min}$ ——最小油膜厚度；

    W ——作用的载荷；

    η_0 ——润滑油黏度；

    R ——当量曲率半径；

    u ——平均速度；

    L ——接触长度；

    H^* ——量纲为 1 的膜厚参数；

    W^* ——量纲为 1 的载荷参数；

    u^* ——量纲为 1 的速度参数。

若知 h_f，求 $h_{\min}$ 时用

$$h_{\min} = \frac{h_f \eta_0 u R L}{W} \qquad (13.5\text{-}3)$$

（2）黏性参数 g_v 它代表润滑油黏度随压力变化的大小。

$$g_v = \left(\frac{\alpha^2 W^3}{\eta_0 u R^2 L^3}\right)^{1/2} \qquad (13.5\text{-}4)$$

或

$$g_v = \frac{G^* W^{*3/2}}{u^{*1/2}} \qquad (13.5\text{-}5)$$

式中 α ——黏压系数；

    G^* ——量纲为 1 的材料参数。

（3）弹性参数 g_e 用来表示弹性变形的大小。

$$g_e = \left(\frac{W^2}{\eta_0 u E R L^2}\right)^{1/2} \qquad (13.5\text{-}6)$$

或

$$g_e = \frac{W^*}{u^{*1/2}} \qquad (13.5\text{-}7)$$

式中 E ——当量弹性模量。

图 13.5-3 中 h_f 曲线是通过计算求得的量纲为 1 的膜厚曲线，划分四个区域的四条直线方程为：

$AB: g_v = 5$；$BD: g_v^{-1/3} g_e = 1$；$BC: g_e = 5$；$BE: g_v g_e^{-7/5} = 2$

2. 所划分的四个润滑状态区域情况

（1）刚性-等黏度（R-I）区　在此区域内，g_v 和 g_e 值都比较小，表明黏度随压力变化不大，弹性变形也比油膜厚度小很多，故黏压效应和弹性变形均可忽略不计。这个区域适合高速、轻载条件下使用任何润滑剂的金属摩擦副情况，可按 Martin 刚性等黏度润滑方程计算油膜厚度，即

$$h_f = 4.9 \qquad (13.5\text{-}8)$$

式（13.5-8）表明 h_f 为定值，与 g_v、g_e 无关。其量纲为 1 的膜厚公式为

$$H^* = 4.9\frac{u^*}{W^*} \qquad (13.5\text{-}9)$$

（2）刚性-变黏度（R-V）区

在此区域内，g_e 值仍然较小，即表面弹性变形很小，可近似按刚性处理，而 g_v 值很高，说明黏压效应起主要作用，这种润滑状态符合于中等载荷条件下的润滑。在此区域内可用 Blok 方程计算油膜厚度：

$$h_f = 1.66 g_v^{2/3} \qquad (13.5\text{-}10)$$

量纲为 1 的公式为

$$H_{min}^* = 1.66(G^*u^*)^{2/3} \qquad (13.5\text{-}11)$$

Blok 方程的有量纲形式为

$$h_{min} = 1.66(\eta_0 u\alpha)^{2/3}R^{1/3} \qquad (13.5\text{-}12)$$

（3）弹性-等黏度（E-I）区　在此区域内 g_v 值较低，可认为黏度基本不变，而 g_e 值增大，说明表面弹性变形起主要作用。这种状态适合于表面变形明显而黏压效应很小的工况下，如用弹性模量小的材料（如橡胶）制造的零件，用水润滑的金属摩擦副。此种状态下，可采用 Herrebrugh 公式计算：

量纲为 1 的方程为

$$H_{min}^* = 2.3\frac{u^{*0.6}}{W^{*0.2}} \qquad (13.5\text{-}13)$$

有量纲的方程为

$$h_{min} = \frac{2.32(\eta_0 uR)^{0.6}L^{0.2}}{E^{-0.4}W^{0.2}} \qquad (13.5\text{-}14)$$

Hooke 根据计算结果，建议用式（13.5-15）计算：

$$h_f = 3.01 g_e^{0.8} \qquad (13.5\text{-}15)$$

（4）弹性-变黏度（E-V）区　在此区内，由于 g_e 和 g_v 值都很高，黏压效应和弹性变形对油膜厚度都有较大影响，这种润滑状态适于重载、高速情况下的金属摩擦副。可用 Dowson-Higginson 公式计算：

量纲为 1 的方程为

$$H_{min}^* = 2.65 G^{*0.54}u^{*0.7}W^{*-0.13} \qquad (13.5\text{-}16)$$

有量纲的方程为

$$h_f = 2.65 g_v^{0.54} g_e^{0.06} \qquad (13.5\text{-}17)$$

或用 Greenwood 修正式计算

$$h_f = 1.65 g_v^{0.75} g_e^{-0.25} \qquad (13.5\text{-}18)$$

Johnson-Hooke 状态润滑区域区，在各区域内应用上述相应的油膜厚度公式计算都存在误差，一般不超过 10% ~ 20%，而在各区域边界线附近各点误差增大，但最大误差不超过 30%。

根据已知条件，用有量纲式（13.5-4）、式（13.5-6）或量纲为 1 式（13.5-5）、式（13.5-7），分别计算出图 13.5-3 中的黏性参量 g_v 和弹性参量 g_e。据计算出的 g_v 和 g_e，在图 13.5-3 中确定其坐标点的位置，查出相应的 h_f 值，可用式（13.5-3）计算出最小油膜厚度。

也可根据 g_v 和 g_e 坐标点所在区域，用该区域相应公式，计算出最小油膜厚度 h_{min}，此过程可以用有量纲或量纲为 1 的方程计算。如用公式先求出量纲为 1 的膜厚 H^*，则最小油膜厚度应为

$$h_{min} = H^*R \qquad (13.5\text{-}19)$$

2.2　齿轮传动的弹性流体动力润滑设计

由于轮齿是不断地交替进行啮合，接触情况较为复杂，接触处的几何形状和速度都在变化。除在节点处啮合两齿面无滑动外，在其余各点啮合时，齿面滑动速度的大小和方向都随时在变。显然，各啮合点处的油膜厚度也不一样，为了简化计算，同时也因为节点处是单齿啮合且油膜厚度偏小，故常选择节点作为计算油膜厚度的位置。

首先确定接触点处的当量接触圆柱和相应的当量曲率半径，其次求出作用于接触线上的载荷及接触表面对润滑油的卷吸速度，再根据齿轮材料及油品，确定当量弹性模量和润滑油黏度，黏压系数。依据上述参数用式（13.5-4）或式（13.5-5）计算黏性参数 g_v 和用式（13.5-6）或式（13.5-7）计算弹性参数 g_e。选用合适公式求出油膜厚度，通过膜厚比判定其润滑状态。

图 13.5-4 所示为一对渐开线直齿圆柱齿轮传动，轮齿在 K 点啮合。r_1、r_2 分别为两齿轮的节圆半径；n_1、n_2 分别为两齿轮的转速；α_0 为啮合角；a 为中心距；s 为任意啮合点 K 至节点 C 的距离。

在啮合点 K 处齿廓的曲率半径分别为 R_1 和 R_2

$$R_1 = r_1\sin\alpha_0 + s; R_2 = r_2\sin\alpha_0 - s$$

则当量曲率半径 R 为

$$R = \frac{R_1 R_2}{R_1 + R_2} = \frac{(r_1\sin\alpha_0 + s)(r_1\sin\alpha_0 - s)}{(r_1 + r_2)\sin\alpha_0}$$

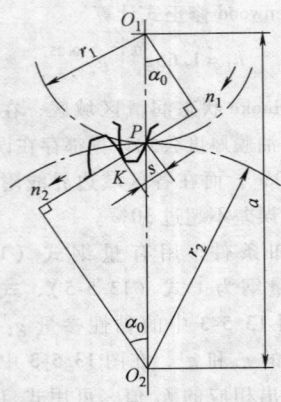

图13.5-4　渐开线齿轮

两齿廓表面相对于接触点 K 的速度为

$$u_1 = \frac{\pi n_1}{30}(r_1\sin\alpha_0 + s)\;;\quad u_2 = \frac{\pi n_2}{30}(r_2\sin\alpha_0 - s)$$

两个当量圆柱的平均速度为

$$u = \frac{1}{2}(u_1 + u_2) = \frac{\pi n_2}{30}\left[r_2\sin\alpha_0 + \frac{s}{2}(1-i)\right]$$

对于直齿圆柱齿轮，当量曲率半径为

$$R = \frac{ia\sin\alpha}{(i+1)^2} \tag{13.5-20}$$

两个当量圆柱齿轮在节点的平均速度为

$$u = \frac{\pi n_1 a\sin\alpha}{30(i+1)} \tag{13.5-21}$$

作用在轮齿单位齿宽上的载荷

$$W = \frac{F_n}{b} = \frac{F_t}{b\cos\alpha} \tag{13.5-22}$$

对于斜齿圆柱齿轮

$$R = \frac{ia\sin\alpha_n}{(i+1)^2\cos^2\beta} \tag{13.5-23}$$

$$u = \frac{\pi n_1 a\sin\alpha_n}{30(i+1)\cos\beta} \tag{13.5-24}$$

$$W = \frac{F_t\cos\beta_b}{b\cos\alpha_n\cos\beta} \approx \frac{F_t}{b\cos\alpha_n} \tag{13.5-25}$$

对于直齿锥齿轮

$$R = r_m\sin\alpha\,\frac{i}{i^2+1} \tag{13.5-26}$$

$$u = \frac{\pi n_1 r_m\sin\alpha}{30i} \tag{13.5-27}$$

$$W = \frac{F_t}{b\cos\alpha} \tag{13.5-28}$$

最后，将以上推导出的当量曲率半径 R、平均速度 u 和单位接触线长度上的载荷 W 代入线接触最小油膜厚度公式，可以推导出各种齿轮在节点啮合时最小油膜厚度公式，即

直齿圆柱齿轮和斜齿圆柱齿轮

$$h_{\min} = \frac{2.65\alpha^{0.54}}{E^{0.03}W^{0.13}}\left(\frac{\pi n_1\eta_0}{30}\right)^{0.7}\frac{(a\sin\alpha)^{1.13}}{\cos^{1.56}\beta}\frac{i^{0.43}}{(i+1)^{1.56}} \tag{13.5-29}$$

直齿圆锥齿轮

$$h_{\min} = \frac{2.65\alpha^{0.54}}{E^{0.03}W^{0.13}}\left(\frac{\pi n_1\eta_0}{30}\right)^{0.7}\frac{(r_m\sin\alpha)^{1.13}}{\cos^{1.56}\beta}\frac{i^{0.27}}{(i^2+1)^{0.43}} \tag{13.5-30}$$

【例1】　一对钢质斜齿圆柱齿轮传动，中心距 a = 500mm，法面压力角 $\alpha_n = 20°$，法面模数 m = 10mm，螺旋角 $\beta = 8°6'34''$，齿数 $z_1 = 22$，$z_2 = 77$，转速 $n_1 = 1000$r/min，输出轴 $T_2 = 10^5$N·m，齿宽 b = 200mm，齿面表面粗糙度为 $Ra0.4\mu m$，当量弹性模量 $E = 2.3\times10^{11}$Pa，润滑油黏度 $\eta_0 = 0.075$Pa·s，黏压系数 $\alpha = 2.2\times10^{-8}$m²/N，试判定齿轮在节点啮合时的润滑状态。

【解】

传动比：

$$i = \frac{n_1}{n_2} = \frac{z_2}{z_1} = \frac{77}{22} = 3.5$$

轮齿所受圆周力：

$$F_t = \frac{2T_2}{d_2} = \frac{T(i+1)}{ai} = \frac{10^5(3.5+1)}{0.5\times3.5}\text{N} = 2.57\times10^5\text{N}$$

当量曲率半径：

$$R = \frac{ia\sin\alpha_n}{(i+1)^2\cos^2\beta} = \frac{3.5\times0.5\times\sin20°}{(3.5+1)^2\cos^2 8°6'34''}\text{m} = 0.0302\text{m}$$

油的卷吸速度：

$$u = \frac{\pi n_1 a\sin\alpha_n}{30(i+1)\cos\beta} = \frac{\pi\times1000\times0.5\times\sin20°}{30(3.5+1)\cos 8°6'34''}\text{m/s}$$
$$= 4.02\text{m/s}$$

单位齿宽作用载荷：

$$W = \frac{F_t}{b\cos\alpha_n} = \frac{2.57\times10^5}{0.2\times\cos20°}\text{N/m} = 1.37\times10^6\text{N/m}$$

计算量纲为 1 的参量：

$$u^* = \frac{\eta_0 u}{ER} = \frac{0.075\times4.02}{2.3\times10^{11}\times0.0302} = 4.34\times10^{-11}$$

$$W^* = \frac{W}{ER} = \frac{1.37\times10^6}{2.3\times10^{11}\times0.0302} = 1.97\times10^{-4}$$

$$G^* = \alpha E = 2.2\times10^{-8}\times2.3\times10^{11} = 5.06\times10^3$$

$$g_e = W^* u^{*-\frac{1}{2}} = 1.97\times10^{-4}\times(4.34\times10^{-11})^{-\frac{1}{2}}$$
$$= 29.9$$

$$g_v = G^* W^{*\frac{2}{3}} u^{*-\frac{1}{2}}$$
$$= 5.06\times10^3\times(1.97\times10^{-4})^{\frac{2}{3}}\times(4.34\times10^{-11})^{-\frac{1}{2}}$$
$$= 2120$$

查图 13.5-3，$(g_v、g_e)$ 点在 E-V 区，用 Dowson-Higginson 公式计算节点处最小油膜厚度：

$$H_{\min}^* = 2.65 G^{*0.54} u^{*0.7} W^{*-0.13}$$
$$= 2.65 \times (5.06 \times 10^3)^{0.54} \times (4.34 \times 10^{-11})^{0.7} \times$$
$$(1.97 \times 10^{-4})^{-0.13} = 4.48 \times 10^{-5}$$

$$h_{\min} = H_{\min}^* R = 4.48 \times 10^{-5} \times 0.0302 \text{m} = 1.35 \times 10^{-6} \text{m}$$

取 $\sigma_1 = 1.25 Ra = 1.25 \times 0.4 \mu\text{m} = 0.5 \mu\text{m}$，$\sigma_2 = \sigma_1$

$$\sigma = \sqrt{\sigma_1^2 + \sigma_2^2} = \sqrt{2}\sigma_1 = \sqrt{2} \times 0.5 \mu\text{m} = 0.71 \mu\text{m}$$

膜厚比 $\lambda = \dfrac{h_{\min}}{\sigma} = \dfrac{1.35}{0.71} = 1.9$，$1 < \lambda < 3$，属于部分弹流润滑状态。

2.3　滚动轴承的弹性流体动力润滑设计

2.3.1　滚子轴承的弹性流体动力润滑设计

图 13.5-5 滚子轴承，内圈滚道半径 R_1，外圈滚道半径 R_2，滚子半径 r，滚子角速度 ω_r，内圈角速度 ω_1，外圈角速度 ω_2，保持架角速度 ω_c，图 13.5-5b 表示已转化为普通轮系的状况。

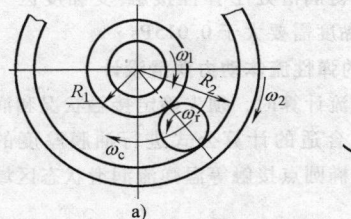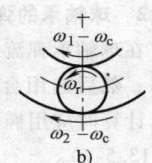

图13.5-5　滚子轴承

$$\omega_c = \frac{\omega_1 + (1 + 2\bar{r})\omega_2}{2(1 + \bar{r})}, \omega_r = \frac{(1 + 2\bar{r})(\omega_1 - \omega_2)}{2\bar{r}(1 + \bar{r})}$$
$$(13.5\text{-}31)$$

式中　$\bar{r} = r/R_1$。

如外圈固定，内圈转动，则当 $\omega_2 = 0$ 时有

$$\omega_c = \frac{\omega_1}{2(1 + \bar{r})}, \omega_r = \frac{(1 + 2\bar{r})\omega_1}{2\bar{r}(1 + \bar{r})} \quad (13.5\text{-}32)$$

若滚子与套圈的运动为纯滚动，则接触点的表面平均速度为

$$u = \omega_r r = \frac{1 + 2\bar{r}}{2(1 + \bar{r})} R_1 \omega_1 \quad (13.5\text{-}33)$$

滚子承受的最大载荷为

$$W \approx \frac{4F_r}{z}$$

式中　F_r——滚子轴承承受的径向载荷；

　　　z——滚子个数。

设 l 为滚子的有效接触长度，单位长度上的最大载荷为

$$W = \frac{4F_r}{Zl}$$

由于滚子和内圈接触处的当量曲率半径小于滚子和外圈接触处的当量曲率半径，故在计算油膜厚度时，一般只计算内圈处滚子和内圈的当量曲率半径为

$$R = \frac{1}{\dfrac{1}{R_1} + \dfrac{1}{r}} = \frac{\bar{r}}{1 + \bar{r}} R_1$$

图 13.5-6 为滚动轴承膜厚比与润滑状态的关系图，图中分三个区：Ⅰ区为边界润滑状态，Ⅱ区为部分弹流润滑区，Ⅲ区为全膜弹流润滑区。Ⅰ区内阴影区为大部分工业轴承的工况，其膜厚比 λ 的范围约为 0.8 ~ 1.5；Ⅲ区虚线部分，$\lambda > 6$，由于油膜太厚，摩擦力过小，不能保证纯滚动而发生打滑现象，寿命反而会降低。对于此种估计，只能说是一种近似，在确定润滑状态时，λ 值只能当做是一种参考。因为粗糙表面的粗糙振幅在弹流接触状态下也会发生部分变形。而 $\lambda = h/\sigma$ 中使用的 σ 是在未发生接触条件下得到的，而粗糙表面粗糙振幅的下降和载荷条件、卷吸速度及粗糙度波长均有关系，因此 λ 不能准确描述其润滑状态。

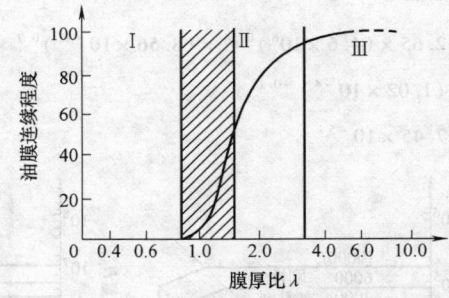

图13.5-6　滚动轴承膜厚比与润滑状态的关系图

【例 2】　某单列向心短圆柱滚子轴承，代号为 32509，内滚道直径 $D_1 = 55$mm，滚子直径 $d = 10$mm，滚子有效接触长度 $l = 13.5$mm，滚子数 $z = 15$，内圈转速 $n = 5000$r/min，外圈静止，径向载荷 $F_r = 5000$N，润滑油黏度 $\eta_0 = 0.01$Pa·s，黏压系数 $\alpha = 2.0 \times 10^{-3} \text{m}^2/\text{N}$，当量弹性模量 $E = 2.3 \times 10^{11} \text{N/m}^2$，滚子表面粗糙度为 $Ra_1 = 0.20 \mu\text{m}$，滚道表面粗糙度为 $Ra_2 = 0.10 \mu\text{m}$，确定其润滑状态。

【解】

$$\bar{r} = \frac{d}{D_1} = \frac{10}{55} = 0.18$$

$$R_1 = \frac{D_1}{2} = \frac{55}{2} \text{mm} = 27.5 \text{mm}$$

$$R = \frac{\bar{r} R_1}{1 + \bar{r}} = \frac{0.18 \times 0.0275}{1 + 0.18} \text{m} = 4.22 \times 10^{-3} \text{m}$$

$$\omega_1 = 2\pi n = 2\pi \times \frac{5000}{60}\text{rad/s} = 523.60\text{rad/s}$$

$$u = \frac{1+2\bar{r}}{2(1+\bar{r})}R_1\omega_1$$

$$= \frac{1+2\times0.18}{2(1+0.18)}\times0.0275\times523.6\text{m/s}$$

$$= 8.31\text{m/s}$$

$$W = \frac{4F_r}{zl} = \frac{4\times5000}{15\times0.0135}\text{N/m} = 9.88\times10^4\text{N/m}$$

$$W^* = \frac{W}{ER} = \frac{9.88\times10^4}{2.3\times10^{11}\times4.22\times10^{-3}} = 1.02\times10^{-4}$$

$$u^* = \frac{\eta_0 u}{ER} = \frac{0.01\times8.30}{2.3\times10^{11}\times4.22\times10^3} = 8.56\times10^{-11}$$

$$G^* = \alpha E = 2.0\times10^{-3}\times2.3\times10^{11} = 4.6\times10^8$$

$$g_e = W^*u^{*-\frac{1}{2}} = 1.02\times10^{-4}\times(8.56\times10^{-11})^{-\frac{1}{2}}$$

$$= 11.0$$

$$g_v = g_e G^* W^{*\frac{1}{2}} = 11.0\times4.6\times10^8\times(1.02\times10^{-4})^{\frac{1}{2}}$$

$$= 509$$

查图 13.5-3，$(g_e、g_v)$ 点在 E-V 区，应用相应的公式计算。

$$H_{min}^* = 2.65G^{*0.54}u^{*0.7}W^{*-0.13}$$

$$= 2.65\times(4.6\times10^8)^{0.54}\times(8.56\times10^{-11})^{0.7}\times$$

$$\quad (1.02\times10^{-4})^{-0.13}$$

$$= 7.45\times10^{-5}$$

$$h_{min} = H_{min}^* R = 7.45\times10^{-5}\times4.22\times10^{-3}\text{m}$$

$$= 0.318\times10^{-6}\text{m}$$

取 $\sigma_1 = 1.25\times0.2\mu\text{m} = 0.25\mu\text{m}$，$\sigma_2 = 1.25\times0.1\mu\text{m} = 0.125\mu\text{m}$

$$\sigma = \sqrt{\sigma_1^2 + \sigma_2^2} = \sqrt{0.25^2 + 0.125^2}\mu\text{m} = 0.28\mu\text{m}$$

膜厚比：$\lambda = \dfrac{h_{min}}{\sigma} = \dfrac{0.318}{0.28} = 1.14 > 1$

膜厚比稍大于 1，不够理想。一般希望 $\lambda > 1.5$，为了增大 λ 可适当增大润滑油黏度。

$$h_{min} > \lambda\sigma = 1.5\times0.28\times10^{-4}\text{m} = 0.42\times10^{-6}\text{m}$$

$$H_{min}^* = 2.65G^{*0.54}u^{*0.7}W^{*-0.13} > \frac{h_{min}}{R} = \frac{0.42\times10^{-6}}{4.22\times10^{-3}}$$

$$= 1.0\times10^{-4}$$

则 $u^* > 1.28\times10^{-10}$

$$\eta_0 > \frac{ERu^*}{u} = \frac{2.3\times10^{11}\times4.22\times10^{-3}\times1.28\times10^{-10}}{8.31}\text{Pa·s}$$

$$= 0.015\text{Pa·s}$$

结论：要使得润滑处于弹性接触-变黏度区（E-V 区），润滑油黏度需要大于 0.015Ps·s。

2.3.2　球轴承的弹性流体动力润滑设计

在球轴承弹流计算时，须先确定接触状况和润滑状态，然后选用合适的计算公式进行油膜厚度的计算，计算时应用椭圆点接触等温弹流润滑状态区域图（图 13.5-7）。

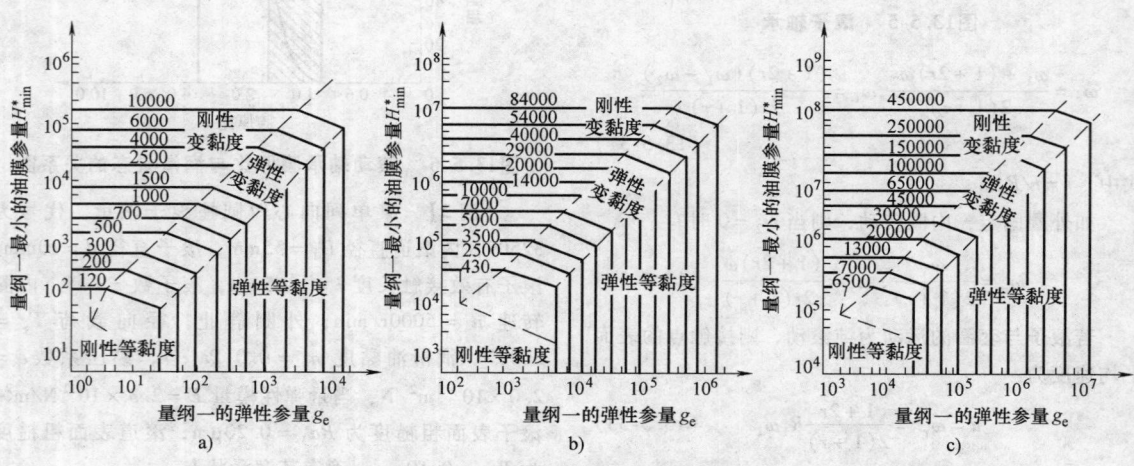

图13.5-7　点接触弹流润滑状态区域图

a) $K=1$　b) $K=2$　c) $K=6$

采用三个自变量量纲为 1 的参数：

黏性参数：

$$g_v = \frac{G^* W^{*3}}{u^{*2}} = \frac{\alpha W^3}{\eta_0^2 u^2 R_x^4} \qquad (13.5\text{-}34)$$

弹性参数：

$$g_e = \frac{W^{*\frac{8}{3}}}{u^{*2}} = \left(\frac{W^4}{\eta_0^3 u^3 E R_x^5}\right)^{\frac{2}{3}} \qquad (13.5\text{-}35)$$

椭圆率：

$$K = 1.03\left(\frac{R_y}{R_x}\right)^{0.64} \quad (13.5\text{-}36)$$

式中　R_x、R_y——当量曲率半径，如图 13.5-8 所示。

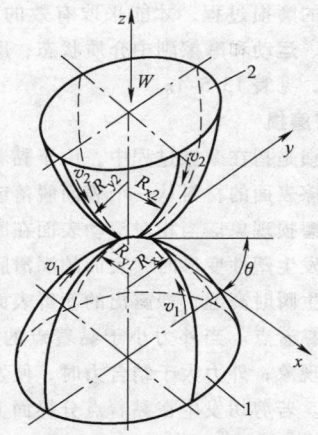

图13.5-8　椭球接触

采用一个因变量量纲 1 的参数：

$$H_{min} = H_{min}^*\left(\frac{W^{*2}}{u^*}\right) = \frac{h_{min}W^2}{R_x^2\eta_0^2u^2} \quad (13.5\text{-}37)$$

由上述四个量纲 1 的参数绘制椭圆接触四种润滑状态区域图，得出四个相应的最小油膜厚度计算公式。

刚性-等黏度区：

$$H_{min}^* = 128\frac{R_y}{R_x}\varphi^2\left(0.131\arctan\frac{R_y}{2R_x} + 1.683\right)^2 \quad (13.5\text{-}38)$$

式中　φ——考虑端泄效应的因子，$\varphi = \left(1 + \frac{2R_x}{3R_y}\right)^{-1}$。

刚性-变黏度区：

$$H_{min}^* = 1.66g_v^{\frac{2}{3}}(1 - e^{-0.68K}) \quad (13.5\text{-}39)$$

弹性-等黏度区：

$$H_{min}^* = 8.7g_e^{0.67}(1 - 0.85e^{-0.31K}) \quad (13.5\text{-}40)$$

弹性-变黏度区：

$$H_{min}^* = 3.42g_v^{0.49}g_e^{0.17}(1 - e^{-0.68K}) \quad (13.5\text{-}41)$$

润滑状态区域的应用基本上与线接触的弹流计算方法一样，根据条件按式（13.5-34）、式（13.5-35）、式（13.5-36）求出 g_v、g_e 和 K 值，然后在润滑状态区域图上找出属于何种润滑状态，再用相应的公式计算最小油膜厚度。

2.4　凸轮机构的弹性流体动力润滑设计

凸轮和其从动件是以滑动为主的点、线接触摩擦副。凸轮机构的接触应力数值很高，例如内燃机中凸轮最大接触应力一般在 0.7～1.4GPa，普遍认为凸轮和其从动件只能处于边界润滑或混合润滑状态。然而，凸轮机构是能够实现完全弹性流体动力润滑的。对于精密、高速凸轮机构，油膜厚度应该作为凸轮和从动件的磨损性能指标和设计凸轮轮廓线的依据。

在凸轮机构的工作循环中，接触处的曲率半径、速度和载荷都是变化的，因而油膜厚度也将相应地变化。在工程设计中，凸轮机构的弹性流体动力润滑计算可按准稳定状态处理。

这里介绍应用最为广泛的凸轮-挺杆摩擦副（图 13.5-9）的弹流润滑油膜厚度的计算方法。它们之间的润滑属线接触弹流润滑问题，考虑到凸轮机构通常采用钢材制作和矿物油润滑，可对线接触弹流公式作进一步简化，故 α 和 E' 可取为常数，单位长度上的载荷对油膜厚度 h_{min} 影响很小，可以忽略不计，这样可按下列简化公式进行计算弹流润滑最小油膜厚度：

$$h_{min} = 1.6 \times 10^{-5}\sqrt{\eta_0 uR} \quad (13.5\text{-}42)$$

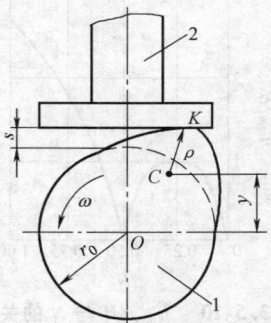

图13.5-9　凸轮-挺杆机构
1—凸轮　2—挺杆

图 13.5-9 所示，如挺杆不绕自身轴线转动，仅沿垂直方向移动，故挺杆表面与凸轮接触点 K 切线方向的绝对速度 $u_2 = 0$，凸轮表面接触点 K 沿切线方向的绝对速度为

$$u_1 = \omega(r_0 + s) = \omega(y + \rho) \quad (13.5\text{-}43)$$

式中　ω——凸轮旋转角速度；
　　　r_0——凸轮基圆半径；
　　　s——挺杆升程；
　　　y——凸轮接触点曲率中心至凸轮中心的垂直距离；
　　　ρ——接触点处凸轮轮廓曲线的曲率半径。

由于接触点 K 在移动，而形成动压效应的卷吸速度是相对于接触点 K 的表面速度。所以接触点 K 沿切线方向的绝对速度等于凸轮轮廓曲线瞬时曲率中心 C 在切线方向的速度，即 $u_c = \omega y$。故卷吸速度应为

$$u = \frac{1}{2}\left[(u_1 - u_c) + (u_2 - u_c)\right] = \frac{\omega}{2}\left[2\rho - (r_0 + s)\right]$$

凸轮与从动件接触处的当量曲率半径 $R = \rho$。

将以上关系代入式（13.5-42），可得到在 K 点接触时的最小油膜厚度计算公式

$$h_{min} = 1.6 \times 10^{-5}(r_0 + s)\sqrt{\frac{\omega\eta_0}{2}\left|2N^2 - N\right|}$$

$$(13.5-44)$$

令量纲 1 的几何参数 $N = \rho/(r_0 + s)$，它表示凸轮轮廓曲线几何关系，N 称为凸轮机构弹流润滑特性数。由式（13.5-44）可知：当 $N = 0$ 或 $N = 0.5$ 时，$h_{min} = 0$；当 $N = 0.25$ 时，$H = h_{min}$ 取极大值。

h_{min}/H 与弹性润滑特性数 N 之间的关系如图 13.5-10 所示。在 $0 < N < 0.5$ 范围内，凸轮表面处在薄油膜区，$N > 0.5$ 时，随 N 的增加油膜厚度增大。为了得到良好的润滑而降低磨损，在设计凸轮轮廓曲线时，应避开 $0 < N < 0.5$ 区域。凸轮机构能否实现弹性润滑，还是取决于膜厚比。

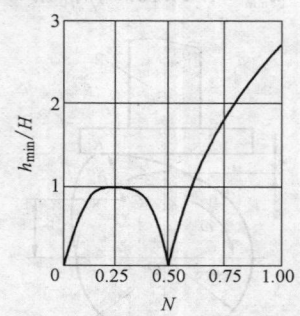

图13.5-10　h_{min}/H 与 N 的关系

3　磨损及其控制

3.1　磨损的类型

磨损可分为黏着磨损、磨粒磨损、疲劳磨损、腐蚀磨损、微动磨损、冲蚀磨损等六种类型。然而，实际的磨损现象大多数都是几种磨损形式同时存在，或磨损状态随着工况条件的变化而转化。因此，在分析和处理磨损问题时，必须善于抓住主要的磨损类型或着眼于主要的磨损过程，才能采取有效的减磨措施。按实际接触、运动和摩擦副中介质状态，磨损类型及其典型实例，见表13.5-4。

3.1.1　黏着磨损

黏着磨损是指在摩擦过程中，由于黏着点的剪切作用，使摩擦表面的材料从一个表面脱落或转移到另一个表面的磨损现象。当相对滑动表面在摩擦力的作用下，表层发生塑性变形时，表面的润滑膜、氧化膜被破坏，产生瞬时高温，裸露出的新鲜表面发生固相焊合，形成黏着点。当外力小于黏着点的结合力时，便发生咬死现象；外力大于结合力时，便发生黏着点的剪切断裂。若剪切发生在黏着点分界面上，那么就不发生磨损（称为零磨损）；若剪切断裂发生在强度较低的一方，此时，强度较高一方的表面上将粘附有较软一方的材料，这种现象即称为"材料转移"。在以后的摩擦过程中，由于摩擦和碰撞作用，附着物就会从强度较高的表面脱落下来，变成磨损产物——磨屑。黏着磨损的磨屑多为片状颗粒。

黏着磨损是一种常见的磨损形式。一般发生在干摩擦或边界摩擦表面上，如汽车、拖拉机、机床、飞机及宇航器中的许多零件都会发生黏着磨损，刀具、模具、铁轨等的失效都与黏着磨损有关。例如在航空发动机中有 30% 的零件发生黏着磨损；柴油机中则有 65% 的零件是在黏着磨损的条件下工作。

3.1.2　磨粒磨损

磨粒磨损（也称磨料磨损）是指外界硬颗粒或者对磨表面上的硬突起物或粗糙峰在摩擦过程中引起表面材料脱落的现象。例如：掘土机铲齿、犁耙、球磨机衬板等的磨损都是典型的磨粒磨损；机床导轨面由于切屑的存在也会引起磨粒磨损；水轮机叶片和船舶螺旋桨等与含泥沙的水之间的侵蚀磨损也属于磨粒磨损。

表 13.5-4　磨损类型及其典型实例

常用名称	接触	运动	磨粒	典型实例
黏着磨损	固体	滑动	无	轴瓦、密封、制动器
表面疲劳磨损	固体	滚动 滚滑	无	滚动轴承、轮轨 齿轮、凸轮
二体磨粒磨损	固体	滑动	粗糙表面	砂纸磨光、锉削
三体磨粒磨损	液体、气体、固体	滑动、滚滑	固体	润滑剂中尘埃对机器零件的磨损、泥浆泵、搅拌机、鞋底与路面、碎石机、轮胎踏面与路面的磨损
液体磨粒磨损	液体、气体	颗粒冲击、颗粒滑动	固体	载有固体颗粒的液体或气体的输送、喷砂、喷丸
冲击磨损	固体	冲击	无	电触头、锤头
气蚀磨损	液体	颗粒冲击	气体	阀、桨叶、管件
液体冲蚀磨损	液体、气体	流动、冲击	无	阀、导流板、管件
微动磨损	固体	往复运动	无	过盈配合、紧固件

3.1.3　疲劳磨损

疲劳磨损是指摩擦表面在交变载荷的作用，表层材料由于疲劳而局部剥落，形成麻点或凹坑的现象。疲劳裂纹一般是在固体有缺陷的地方最先出现。这些缺陷可能是机械加工时的毛病（如擦伤）或材料在冶金过程中造成的缺陷（如气孔，夹杂物等）。裂纹还可以在金属相之间和晶界之间形成。与黏着磨损和磨粒磨损不同，疲劳磨损无论摩擦表面是否直接接触都是不可避免的。通常，齿轮副、滚动轴承、钢轨与轮箍及凸轮副等零件比较容易出现疲劳磨损。

3.1.4　腐蚀磨损

腐蚀磨损是指摩擦过程中由于机械作用以及金属表面与周围介质发生化学或电化学反应，共同引起的表面损伤，也称为摩擦化学磨损。腐蚀磨损是一种涉及金属腐蚀和黏着磨损、磨粒磨损的复合磨损。由于介质的性质、作用于摩擦面的状态以及摩擦材料性能等的不同，腐蚀磨损可分为：氧化磨损、特殊介质腐蚀磨损、气蚀磨损和微动磨损等。

3.1.5　冲蚀磨损

冲蚀磨损（或称侵蚀磨损），是指流体或固体颗粒以一定的速度和角度对材料表面进行冲击造成的磨损。根据冲蚀流动介质的不同，可将冲蚀磨损分为两大类：气流喷砂型冲蚀及液流或水滴型冲蚀。

3.2　磨损计算方法

3.2.1　IBM 磨损计算

IBM 磨损计算方法是通过实验取得结果后，制定能直接应用于计算零件磨损的预测方法。在此方法中，将磨损分为零磨损和可测磨损。零磨损的深度不超出零件表面原始粗糙峰的高度；可测磨损是指深度超过零件表面粗糙峰高度的磨损。零件磨损寿命用行程次数表示，为沿滑动方向摩擦副相接触的长度等于一个行程的滑动距离。为了保证摩擦副在规定时间内处于零磨损状态，必须满足下列条件

$$\tau_{\max} = r\tau_s \qquad (13.5\text{-}45)$$

式中　$\tau_{\max}$——零件所受最大切应力；

　　　τ_s——剪切屈服极限；

　　　r——与材料、工作时间和润滑状态有关的系数。

若选定行程次数 $N = 2000$（在这段时间内，通常能很好地显示磨损的类型和特性）条件下确定零磨损因数，此时系数 r 以 r_0 表示，由实验得出，干摩擦状态下 $r_0 = 0.2$，边界润滑状态下 $r_0 = 0.2$，当润滑油中加入活性添加剂时，$r_0 = 0.54$，流体润滑状态下 $r_0 = 1$。

建立保证零磨损条件下，行程次数 N 和最大切应力 $\tau_{\max}$ 之间的关系：

$$\tau_{\max} = \left(\frac{2000}{N}\right)^{\frac{1}{9}} r_0 \tau_s \qquad (13.5\text{-}46)$$

据式（13.5-46）可以预测零磨损寿命，式中 τ_s 可由图 13.5-11 确定。

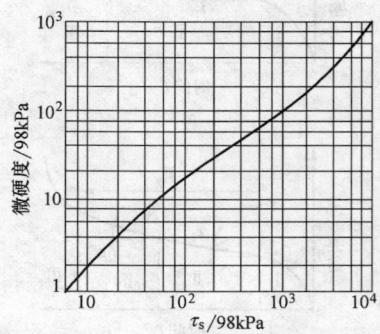

图13.5-11　剪切屈服极限

对于可测磨损，磨损量是每个行程内磨损所消耗的能量 E 和行程次数 N 这两个变量的函数计算模型。

$$dQ = \left(\frac{\partial Q}{\partial E}\right)_N dE + \left(\frac{\partial Q}{\partial N}\right)_E dN \qquad (13.5\text{-}47)$$

式中　Q——可测磨损量；

　　　E——每次行程中磨损消耗的能量；

　　　N——行程次数。

可测磨损可分为两种类型：

（1）A 型磨损　在磨损过程中，磨损能量的消耗量保持不变。如在重载荷或干摩擦条件下，出现的材料转移和黏着磨损即为 A 型磨损。对于 A 型磨损，式（13.5-47）可简化为

$$dQ = cdN \qquad (13.5\text{-}48)$$

式中　c——该磨损系统的常数，由实验测定。

（2）B 型磨损　消耗于磨损的能量随每改变一次行程而随之改变，如良好润滑条件下的疲劳磨损。对于 B 型磨损，式（13.5-47）可写为

$$d\left[\frac{Q}{(\tau_{\max}s)^{\frac{9}{2}}}\right] = cdN \qquad (13.5\text{-}49)$$

式中　s——每一行程中的滑动距离。

将式（13.5-48）或式（13.5-49）积分即可求得磨损量与行程次数之间的关系。

3.2.2　组合磨损计算

两个作相对运动的零件在磨损时相互位置发生了变化，先根据零件的工作性能确定配合表面所允许的位置变化量，即组合磨损量。通过组合磨损量来计算磨损寿命，首先按实际工作状态，确定两种典型磨损状况（图 13.5-12a、b），磨损计算只考虑上述两种状况。对于工作正常的零件，占时间最长的是稳定磨

损，因此以稳定磨损的时间 T 作为零件的磨损寿命，而在此区间内磨损率保持不变。

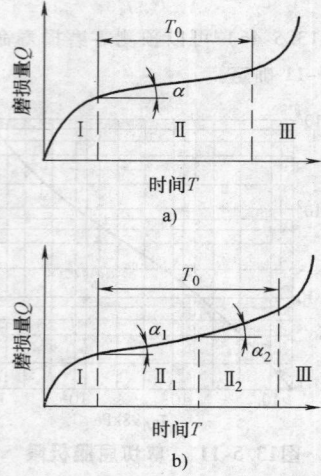

图13.5-12　磨损曲线

若磨损量以表面磨损深度 h 表示，时间为 T，则磨损率为

$$r = \frac{\mathrm{d}h}{\mathrm{d}T} = \tan\alpha = 常数 \qquad (13.5-50)$$

实验证明，磨损率 r 主要取决于表面压力 p 和滑动速度 v 以及工作条件，可用式（13.5-51）表示：

$$r = Kp^m v^n \qquad (13.5-51)$$

式中　K——工作条件系数，考虑材料、表面性质、
　　　　　　润滑状态的影响；
　　　 m——压力影响指数；
　　　 n——速度影响指数。

m、n 数值的大小取决于磨损的类型，对于磨粒磨损可取 $m = n = 1$，可得式（13.5-52）

$$r = Kpv \qquad (13.5-52)$$

确定组合磨损与两零件配合表面磨损量之间的关系，也就是确定零件配合表面磨损后引起的配合位置的变化。

现以计算圆锥面配合在磨粒磨损规律下的磨损。如图 13.5-13 所示的圆锥推力轴承，轴颈和轴承表面的磨损深度分别为 h_1 和 h_2，轴向位移为磨损后所引起的相对位置的变化，该位移即是组合磨损量 H：

$$H = \frac{h_1 + h_2}{\cos\alpha}$$

由式（13.5-52）知半径为 ρ 的任意点 P 的磨损率为

$$r_1 = K_1 p \times 2\pi n\rho, \quad r_2 = K_2 p \times 2\pi n\rho$$

式中　r_1——轴颈的磨损率；
　　　 r_2——轴承表面的磨损率；
　　　 p——表面压力；

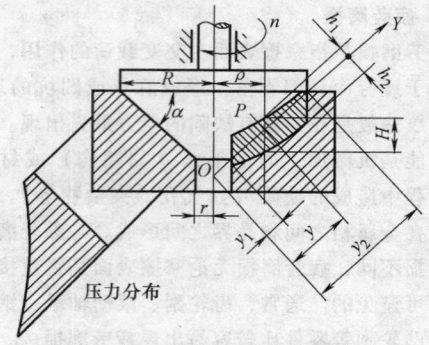

图13.5-13　圆锥推力轴承

n——轴颈转速。

组合磨损率 Γ 为

$$\Gamma = \frac{\mathrm{d}H}{\mathrm{d}T} = \frac{r_1 + r_2}{\cos\alpha} \qquad (13.5-53)$$

如图 13.5-13 所示，摩擦面上任一点 P 的滑动速度为

$$v = 2\pi n\rho = 2\pi ny\cos\alpha$$

代入式（13.5-53）整理得

$$\Gamma = 2\pi npy(K_1 + K_2), \quad p = \frac{\Gamma}{2\pi n(K_1 + K_2)} \cdot \frac{1}{y}$$

$$(13.5-54)$$

为了确定 Γ 值，需求载荷 F 与压力 p 之间的关系

$$F = \int_{y_1}^{y_2} 2\pi p\rho\cos\alpha\mathrm{d}y = 2\pi\int_{y_1}^{y_2} py\mathrm{d}y$$

其中，$y_1 = \dfrac{r}{\cos\alpha}$，$y_2 = \dfrac{R}{\cos\alpha}$，$y_3 = y\cos\alpha$。

经积分求得

$$\Gamma = \frac{Fn(K_1 + K_2)}{(R - r)\cos\alpha}$$

组合磨损量 H 与磨损时间 T 的关系为

$$H = \Gamma T = \frac{Fn(K_1 + K_2)}{(R - r)\cos\alpha}T \qquad (13.5-55)$$

当式（13.5-55）中 H 以组合磨损的极限值代入时，所求得的 T 值就是磨损寿命 T_0 的数值。

3.2.3　黏着磨损计算

Archard 发表的黏着磨损计算方法，假定摩擦表面黏结点为相同的圆形，其半径均为 r，每个黏结点的面积为 πr^2，所承受的载荷为 $\sigma_s\pi r^2$（σ_s 为抗压屈服极限），表面能完全擦过每个黏结点所滑动的距离为 $2r$（图 13.5-14），若磨粒为球状，则每个磨粒的体积为 $2/3\pi r^3$。

单位滑动距离的总磨损量 V

$$V = \sum \frac{\frac{2}{3}\pi r^3}{2r} = \frac{1}{3}\sum \pi r^2 = \frac{\pi r^2}{3} \times n$$

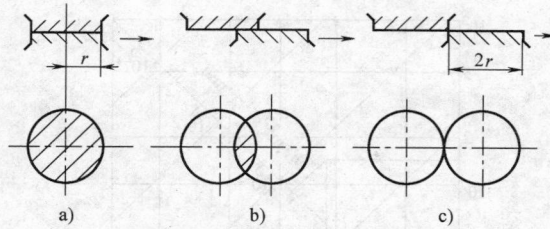

图13.5-14 黏着磨损计算模型

a)全黏着 b)部分脱离 c)全脱离

式中 n——全部接触点的数目。

总负荷：$W = \sigma_s \pi r^2 n$。

假定所有粘结点都磨去一个磨粒时，可得式（13.5-56）

$$V = \frac{W}{3\sigma_s} \qquad (13.5\text{-}56)$$

实际并不是全部接触点都会产生磨粒，因此，式（13.5-56）加以修正，引入系数 k，则

$$V = k\frac{W}{3\sigma_s} \qquad (13.5\text{-}57)$$

不同工作条件下的 k 值，见表 13.5-5。

表 13.5-5 不同工作条件下的 k 值

介质	摩擦条件	摩擦副材料	k
空气	室温清净表面	铜对铜	10^{-2}
		低碳钢对低碳钢	10^{-2}
		不锈钢对不锈钢	10^{-2}
		铜对低碳钢	10^{-3}
	清洁表面	所有的金属	$10^{-3} \sim 10^{-4}$
	润滑不良表面		$10^{-4} \sim 10^{-5}$
	润滑良好表面		$10^{-6} \sim 10^{-7}$
	磨粒磨损	钢	10^{-1}
		黄铜	10^{-2}
		各种金属	10^{-2}

由于许多因素不能精确研究，如材料特性、表面膜的状态、润滑条件等。用式（13.5-57）尚不能进行精确的定量计算，但可以归纳为三条磨损定律：①材料的磨损量与滑动距离成正比；②材料的磨损量与载荷成正比；③材料的磨损量与较软材料的屈服极限（或硬度）成反比。经实验证明：①、③条定律适用范围很广泛，②条只适用于有限的载荷范围，若超过此范围会产生急剧的磨损甚至胶合。

考虑到表面膜的影响，对式（13.5-57）进行修正得

$$V = k_m \beta \frac{W}{\sigma_s}$$

式中 k_m——与金属材料有关的特性数；

β——润滑剂特性数，润滑条件好，β 值

较小。

3.2.4 磨粒磨损计算

为了求得磨粒磨损的定量表达式，设想一个简化模型，把磨粒看成一个锥体（图 13.5-15），在载荷 F_N 作用下，锥体刺入软材料中，假定滑动距离为 dL，则软材料移去的体积 dW 为

$$dW = radL \qquad (13.5\text{-}58)$$

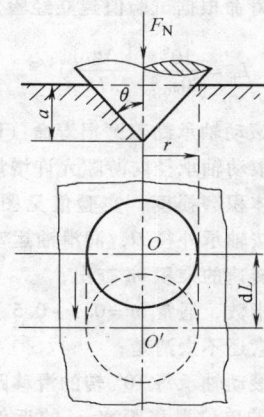

图13.5-15 磨粒磨损计算模型

因为 $a = r\cot\theta$，根据力的平衡关系知：$F_N = \frac{\pi}{2}r^2\sigma_s$，$r^2 = \frac{2F_N}{\pi\sigma_s}$（$\sigma_s$ 为软材料屈服极限）。把上述关系代入式（13.5-58）得

$$dW = r^2 dL\cot\theta = \frac{2\cot\theta}{\pi}\frac{F_N}{\sigma_s}dL$$

锥体移动单位距离的磨损量 V 为

$$V = \frac{dW}{dL} = \frac{2\cot\theta}{\pi}\frac{F_N}{\sigma_s} = K_a\frac{F_N}{\sigma_s} \qquad (13.5\text{-}59)$$

式中 K_a——磨粒磨损常数。

由于屈服极限与压痕硬度 H 有关，可引用下式

$$V = K_a\frac{F_N}{H_0} \qquad (13.5\text{-}60)$$

式中 H_0——软材料的硬度。

通过式（13.5-60）分析可知：①磨损与硬度成反比；②对于三体磨损 K_a 要小得多，因为三体磨损时，磨粒有 90% 时间是在滚动；③没有反映出磨粒的形状、分布、强度、速度和温度的影响。工程上实用时，可首先根据简化模型求出磨粒磨损常数 K_a，然后再进行计算。

3.3 典型机械零件的磨损预测

虽然上述给出了磨损的理论计算公式，但是，这

些公式距实用还有一段距离。目前，绝大多数机械零件的磨损寿命预测还是依靠试验数据，用经验公式计算。以下给出一些典型机械零件的磨损预测。

3.3.1 滚动轴承的磨损预测

滚动轴承的使用寿命应由两项指标来评价：一项是因表面接触疲劳造成工作表面的损伤，一项是由其他磨损造成轴承游隙过大，以致轴承丧失正常工作性能。

黏着磨损寿命根据试验值建立经验公式为

$$L_h = \frac{10^6}{60 s_0 n} \left(\frac{[\Delta u_t]}{7.7 K_v} \right)^{1/m} \qquad (13.5\text{-}61)$$

式中 L_h——滚动轴承黏着磨损寿命（h）；

$[\Delta u_t]$——滚动轴承径向游隙允许增量（μm）；

K_v——体积磨损度，实验值见图 13.5-16，可按轴承外径 D，润滑油运动黏度与轴承转速的乘积 vn 查出；

m——指数，通常 $m = 0.1 \sim 0.5$，影响 m 的因素还不太清楚；

s_0——滚动轴承每 10^6 转的滑移距离（μm）。

每百万转的单位滑移距离 s_0 的近似值可根据轴承的 C/P 和几何参数 $D(1 + 10\sin\beta)$ 由图 13.5-17 查出，几何参数中的 β 是轴承称接触角。

【例3】 一齿轮减速器的高速轴采用两个 6314 轴承支承，转速 $n = 1450$ r/min，轴承径向载荷 $F_r = 4800$ N，轴向载荷 $F_a = 2500$ N。若 $[\Delta u_t]_p = 10$ μm，轴承用 L-FC10 号油润滑。试计算该轴承的黏着磨损寿命。

【解】 查轴承手册，6314 轴承 $C = 105000$ N、$C_0 = 68000$ N，轴承外径 $D = 150$ mm。

根据 $F_a/C_0 = 2500/68000 = 0.037$，查得 $e \approx 0.22$。因 $F_a/F_r = 2500/4800 = 0.52 > e$，查得 $X = 0.56$；$Y = 1.97$。

当量动载荷 $P = (0.56 \times 4800 + 1.97 \times 2500)$ N $= 7613$ N，$C/P = 105000/7613 = 13.8$。

润滑油黏度：$\nu = 1.0 \times 10^{-5}$ m²/s，$\nu \cdot n = 1.0 \times 10^{-5}$ m²/s $\times 1450$ r/min $= 0.0145$ m²/s · r/min，由图 13.5-16 查出 $K_v = 2.95 \times 10^{-2}$ μm。

标称接触角 $\beta = 0°$，几何参数 $D(1 + 10\sin\beta) = 150(1 + 10 \times 0)$ mm $= 150$ mm，由图 13.5-17 查出 $s_0 = 1150$ μm。

取 $m = 0.25$，则轴承的黏着磨损寿命为

$$L_t = \frac{10^6}{60 s_0 n} \left(\frac{[\Delta u_t]}{7.7 K_v} \right)^{1/m}$$

$$= \frac{10^6}{60 \times 1150 \times 1450} \left(\frac{10}{7.7 \times 2.95 \times 10^{-2}} \right)^{1/0.25} \text{h}$$

$$= 37543 \text{h}$$

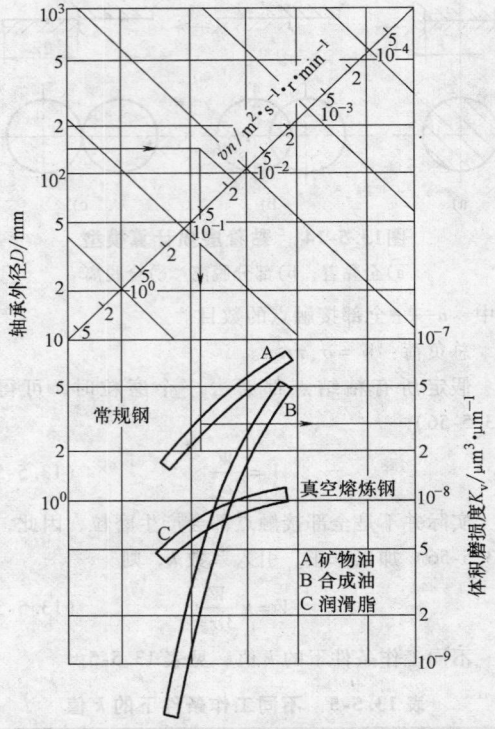

图13.5-16 体积磨损度和寿命提高因子

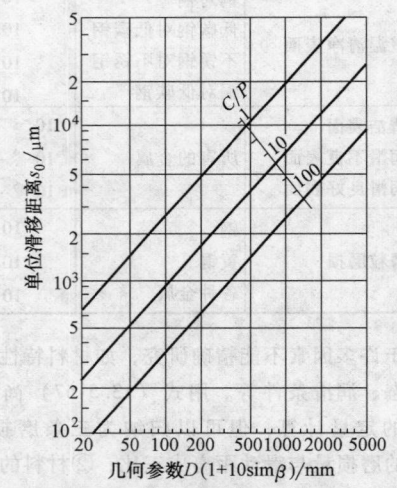

图13.5-17 单位滑移距离 s_0 的近似值

3.3.2 轴瓦的磨损预测

处于无润滑、固体润滑、边界润滑以及它们的混合润滑状态下的轴瓦（轴套），运转过程都会出现磨损，然而其磨损情况十分复杂，很难计算。因为在轴颈与轴瓦（轴套）间必定有间隙，其初始接触区很小，在载荷作用下，随着不断磨损，接触区不断增大，接触压力逐渐减小。确定接触区的接触角计算十分复杂。

以试验数据为基础的简化近似计算方法。轴瓦（轴套）在运转中不断磨损，内径不断增大，轴颈的位置精度不断下降，当内径增大到某一临界值，轴颈完全丧失其位置精度，不能再继续运转。内径增大的最大允许量决定了最大允许磨损量。内径增量与载荷 F、轴颈转速 n、轴瓦（轴套）内径 D 和运转时间 t 成正比，与轴瓦（轴套）宽度 B 成反比（见图 13.5-18），其比例系数称作磨损因数，与轴瓦（轴套）材料有关，即内径增量

$$\Delta D = \frac{K_{\mu} F n t}{B} \qquad (13.5\text{-}62)$$

式中　K_{μ}——不同材料轴瓦（轴套）的磨损系数，见表 13.5-6；

　　　F——轴瓦（轴套）上的载荷；

　　　n——轴颈转速；

　　　t——运转时间；

　　　B——轴瓦（轴套）宽度。

表 13.5-6　轴瓦（轴套）的磨损系数

材料	磨损系数 $K_{\mu}/\mathrm{m}^2 \cdot \mathrm{N}^{-1}$	摩擦因数 μ
锡青铜	1.8×10^{-16}	0.05
铅青铜	3.6×10^{-16}	0.05
铝青铜	7.3×10^{-17}	0.07
铅锑合金	$> 1.2 \times 10^{-16}$	0.05
锡锑合金	$> 1.2 \times 10^{-16}$	0.05
铍青铜	3.0×10^{-17}	0.07
多孔青铜	$> 1.8 \times 10^{-16}$	0.10
多孔铁	$> 2.4 \times 10^{-16}$	0.12
工具钢	6.0×10^{-17}	0.1～0.2
碳石墨	7.3×10^{-17}	0.1～0.2
电极石墨	3.6×10^{-17}	0.2～0.4
增强聚四氟乙烯	6.0×10^{-15}～1.2×10^{-14}	0.1
聚四氟乙烯织物	6.0×10^{-16}～1.2×10^{-15}	0.02～0.10
聚酰胺 66	2.4×10^{-13}	0.2～0.3
增强聚酰胺 66	1.8×10^{-14}	0.1～0.2
乙缩醛	2.4×10^{-12}	0.2
聚酰亚胺	3.6×10^{-13}	0.15～0.3
增强聚酰亚胺	4.8×10^{-14}	0.15～0.3
酚醛层压布板	1.2×10^{-15}	0.2～0.3
钢背聚四氟乙烯	3.6×10^{-17}	0.2～0.3
青铜涂层	3.6×10^{-17}	0.1～0.2

注：金属轴瓦有润滑，非金属轴瓦无润滑。

限定了允许的直径增量 $[\Delta D]$ 即可计算出轴瓦（轴套）的磨损寿命 L_{t}，计算公式为

$$L_{\mathrm{t}} = \frac{[\Delta D] B}{K_{\mu} F n} \qquad (13.5\text{-}63)$$

3.3.3　齿轮的磨损预测

受表面轮廓峰和外来颗粒的影响，齿面产生磨粒磨损。在开式齿轮传动中，磨损主要形式是磨粒

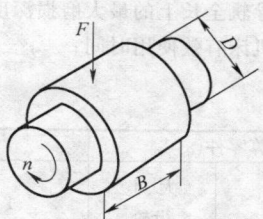

图13.5-18　轴瓦（轴套）的计算参数示意图

磨损。

小齿轮轮齿磨粒磨损的线磨损率 K_l 的计算公式为

$$K_l = 1.9 \frac{\varphi_{\mathrm{m}}^{2/3} r_{\mathrm{ar}}^{1/2} \sigma_{\mathrm{y}}^{5/2} Y_{\mathrm{t1}} n_1}{A_1 H_2 H_1^{1/3}} \times \left[\frac{m_{\mathrm{n}}(z_1 + z_2) \sin\alpha_{\mathrm{n}}}{\cos\beta(1 - \cos^2\alpha_{\mathrm{n}} \sin^2\beta)} \right]$$

$$(13.5\text{-}64)$$

式中　K_l——轮齿磨粒磨损的线磨损率（$\mu\mathrm{m/h}$）；

　　　φ_{m}——磨粒在润滑油中的体积分数（%）；

　　　r_{ar}——磨粒有效尺寸的平均半径（mm）；

　　　σ_{y}——磨粒的破坏应力（MPa）；

　　　Y_{t1}——几何常数，见表 13.5-7；

　　　n_1——齿轮转速（r/min）；

　　　A_1——齿轮材料的伸长率（%）；

　　　H——轮齿表面硬度（HBW）；

　　　m_{n}——齿轮的法向模数（mm）；

　　　z——齿轮齿数；

　　　α_{n}——齿轮法向压力角；

　　　β——齿轮螺旋角。

下标 1 代表小齿轮，2 代表大齿轮。若计算大齿轮轮齿磨粒磨损的线磨损率，将 Y_{t1}、n_1、A_1 中的下标 1 换成下标 2。

从强度考虑，硬齿面齿轮磨损量允许达齿厚的 5%，软齿面齿轮在某些情况下磨损量允许达齿厚的 20%。从振动与噪声考虑，低速齿轮磨损量允许达模数的 1/3，当 $v = 20\mathrm{m/s}$ 左右时，$m = 10\mathrm{mm}$ 的齿轮磨损量允许达 0.11mm，$v = 80\mathrm{m/s}$ 时，该齿轮允许磨损量仅为 0.05mm。

3.3.4　导轨的磨损预测

导轨有滑动导轨和滚动导轨。滑动导轨多数是不完全密封的，不能彻底防止切屑和尘土的污染。同时，工作台频繁停歇和换向，润滑条件不良，故多数滑动导轨处于混合润滑状态。因此，直线运动导轨的磨损率较高且不均匀。表 13.5-8 给出在单件和小批生产条件下运转的机床，其混合润滑滑动导轨磨损率 K_{t} 和磨损因数 K_{μ} 的平均值。它们的定义是

$$K_{\mathrm{t}} = \frac{h}{t_{\mathrm{e}}}, \quad K_{\mu} = \frac{h}{PL}$$

式中 h——导轨全长上的最大磨损深度；

t_e——机床有效使用时间；

P——导轨标称平均单位面积载荷；

L——工作台或滑板的滑动距离。

表 13.5-7 齿轮几何常数 Y_{t1}

计算零件			小 齿 轮	大 齿 轮
开式传动	润滑油供给	大、小齿轮	$Y_{t1} = \dfrac{\sqrt{r'(1-r')}\,[r'(1-r')u]}{r'}$	$Y_{t2} = \dfrac{\sqrt{r'(1-r')}\,[r'-(1-r')u]}{(1-r')u}$
闭式传动		大齿轮	$Y_{t1} = \dfrac{\sqrt{r'(1-r')}\,[r'(1-r')u]}{r'+(1-r')u} \cdot \dfrac{(1-r')u}{r'}$	$Y_{t2} = \dfrac{\sqrt{r'(1-r')}\,[r'-(1-r')u]}{r'+(1-r')u}$
		小齿轮	$Y_{t1} = \dfrac{\sqrt{r'(1-r')}\,[r'-(1-r')u]}{r'+(1-r')u}$	$Y_{t2} = \dfrac{\sqrt{r''(1-r')}\,[r'-(1-r')u]}{r'+(1-r')u} \cdot \dfrac{r'}{(1-r')u}$

注：u 为齿数比；$r' = r_1/(r_1 + r_2)$，r_1、r_2 分别为两轮齿接触点的曲率半径。

表 13.5-8 机床床身导轨的磨损率和磨损系数

机床类型	导轨面	材料	硬度	表面污染情况	介面状态	$K_\mu/\mu m \cdot m \cdot kN^{-1}$	$K_t/\mu m \cdot h^{-1}$
车床	前棱形导轨面	HT200	180HBW	显著污染	封闭	$(2.65 \sim 3.87) \times 10^{-3}$	50
车床	后平导轨面	HT200	180HBW	中等污染	不封闭	$(5.10 \sim 7.14) \times 10^{-4}$	15
单柱坐标镗床	立柱平导轨面	HT300	200HBW	轻微污染	封闭	$(1.12 \sim 1.63) \times 10^{-5}$	0.7
车床	前棱形导轨面	HT250	50HRC	显著污染	封闭	1.43×10^{-3}	30
车床	后平导轨面	HT250	50HRC	中等污染	不封闭	$(2.55 \sim 3.67) \times 10^{-4}$	10

注：1. 工作台材料 HT150 和 HT200，未硬化处理。

2. 车床床身上回转半径 400mm、床鞍滑动距离大约 17.3km/s（两班制运转）。

3. 坐标镗床工作台尺寸 280mm×560mm，滑动距离大约 1.1km/s（两班制运转）。

在大批量生产条件下，车床床身导轨的磨损率是表 13.5-8 所给值的 2～3 倍。

根据导轨的磨损系数，可以建立在混合润滑条件下由于磨粒磨损作用产生磨损量的工程计算方法，其计算公式为

$$h = K_\mu \sum_{i=1}^{n} p_i L_i \frac{h_i}{h_{0i}} \times \frac{\mu_i}{\mu} \qquad (13.5-65)$$

式中 i——运转状态（工作行程、空行程等）的顺序号；

n——运转状态的数目；

p_i——在第 i 个运转状态下导轨面上的平均压力；

L_i——在第 i 个运转状态下的行程长度；

h_i——在第 i 个运转状态下，滑动导轨长度上实际最大磨损深度；

h_{0i}——在第 i 个运转状态下，压力分布均匀滑动距离始终等于导轨长度时的磨损深度；

μ_i——在第 i 个运转状态下的摩擦因数；

μ——无润滑时的摩擦因数。

滚动导轨的形式很多，按滚动元件的形状，有球导轨、滚子导轨和滚针导轨，按滚动元件是否循环，有循环式滚动导轨和非循环式滚动导轨。本节仅限于非循环式滚动导轨。

维护良好、没有滑动的滚动导轨，主要的磨损失效形式是表面层的接触疲劳磨损。接触疲劳磨损寿命的计算公式为

$$L_h = \frac{N_0}{60nN}\left(\frac{C}{P}\right)^3, \quad N = \frac{L}{2s} \qquad (13.5-66)$$

式中 L_h——滚动导轨寿命（h）；

N_0——基本循环次数，通常取 $N_0 = 10^7$；

n——每分钟行程次数；

N——一次行程中的接触次数；

L——行程长度；

s——滚动体节距；

C——滚动导轨的额定动载荷；

P——滚动导轨的（最大）载荷。

当表面硬度为 60HRC 时，对球导轨

$$C = d^2\left(\frac{\sigma_0}{2127 \times 10^4}\right)^3 \qquad (13.5-67)$$

对于滚子导轨

$$C = dl\left(\frac{\sigma_0}{27 \times 10^4}\right)^3 \qquad (13.5-68)$$

式中 d——球或滚子的直径；

l——滚子长度。

σ_0——摩擦疲劳参数，对球，$\sigma_0 = 3236 \sim 3432$MPa；对滚子，$\sigma_0 = 2256$MPa。

滚动导轨除接触疲劳磨损外，切屑或磨粒进入摩擦表面和滚子产生滑动也将造成磨损失效。磨粒进入导轨破坏了滚动体与导轨面的正常接触，使滚动体卡住或产生滑动，在铸铁导轨面上造成划伤、擦伤或其他损伤。保持架有缺陷和采用滚针导轨也会引起滚动体滑动。在这种情况下，滚动导轨的磨损寿命将大大缩短。装配误差会极大地影响滚动导轨的工作特性。

3.4 磨损的控制

磨损的类型有磨粒磨损、黏着磨损、疲劳磨损、腐蚀磨损、冲蚀磨损、微动磨损等。图 13.5-19 反映了由于黏着、摩擦氧化、磨粒磨损和表面疲劳等不同作用机理形成松脱磨屑的顺序过程。

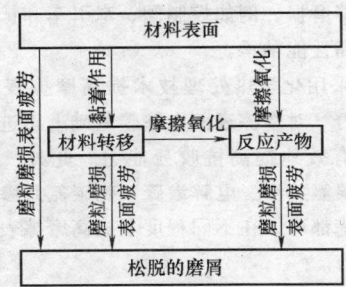

图 13.5-19 多种磨损机理的共同作用

因此，在实际摩擦副磨损过程中，磨损通常不是以单一形式出现，而是以一二种为主的多种磨损形式同时出现。例如，齿轮传动同时存在疲劳磨损、黏着磨损和磨粒磨损。滚动轴承同时存在疲劳磨损和磨粒磨损。这里只能从定性角度介绍各种磨损的控制。

3.4.1 磨粒磨损的控制

1. 从设计角度进行磨粒磨损的控制

（1）材料的选择 材料表面硬度是影响磨粒磨损的重要因素，对各向同性材料，比如金属、陶瓷和塑料，抗磨粒磨损能力与材料的硬度成正比。在设计选材时，要尽量保证表面硬度不低于磨料硬度的80%。如果磨料硬度比所有能用材料都高 25%以上，这时材料的韧性更起作用，选择高韧性材料是减少磨粒磨损的重要方式。

（2）润滑方式的选择 对摩擦面进行润滑时，应尽量采用闭式结构，防止外界灰尘进入形成磨粒。对于回流的润滑油要进行过滤，去除杂质颗粒。改善工作环境，提高空气的清洁度。在有润滑的场合，还应考虑选择的材料便于形成润滑油膜。

（3）许用载荷的确定 设计时考虑表面承载能力，尽量使单位面积上的载荷不超过许用值，防止由于载荷过大而导致磨粒磨损的迅速发展。

（4）从设计、加工角度控制磨粒磨损 大量研究表明，对于一定的磨损工况条件，表面粗糙度存在一个最优值，使其磨损量达到最小状态，可以减少表面凸峰对配合面的犁削作用，从而减少磨粒磨损；在结构设计上采用防护措施，防止外界灰尘颗粒进入摩擦表面；采用循环润滑系统，不断将产生的磨粒带出摩擦面；尽量避免不必要的相对运动，减少磨粒磨损发生的可能。

此外，摩擦表面的加工痕迹方向对磨损的影响不容忽视，如图 13.5-20 所示为两种不同工况下摩擦表面加工痕迹对磨损量的影响。

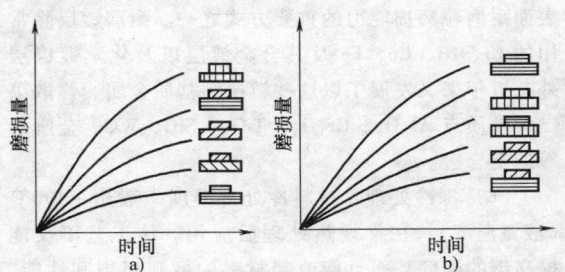

图 13.5-20 磨损量与加工痕迹的关系

a）轻微工况 b）繁重工况

2. 通过表面处理控制磨粒磨损

（1）表面机械加工 表面机械加工可以改变金属表面的组织和结构，致使表面硬度提高，并且通常使表面层产生相当大的残余应力，因而使摩擦表面的耐磨粒磨损性能提高，见表 13.5-9。

表 13.5-9 机械加工的强化性能

加工方法	表面硬度提高（%）	表面残余压应力/MPa	强化层深度/mm
切削	20～30	3～7	0.05～0.5
喷丸	20～40	4～8	0.4～1.0
滚压（柱）	20～50	6～8	1～20
滚压（球）	20～50	6～8	0.3～5
振动冲击加工	20～40	3～6	0.1～0.7
滚筒抛光	10～15	1～2	0.05～0.3
超声波强化加工	50～90	8～10	0.1～0.9
金刚石碾压	30～60	3～7	0.01～0.2

（2）采用热喷涂技术增加摩擦表面的耐磨粒磨损能力 不同类型热喷涂在遭遇硬度较低的磨粒作用时，耐磨性差异不大，但随着磨粒硬度的增加，热喷涂的耐磨性差异变大，其中 WC-Co 涂层的耐固定磨粒磨损性能最好，Mo 涂层最差。

（3）采用堆焊技术提高摩擦表面的耐磨性 堆焊被广泛应用于减少磨料磨损工况下，比如碎石机、碾石机。

　　（4）采用化学热处理技术提高摩擦表面的耐磨粒磨损能力　对摩擦表面进行渗碳、渗氮、碳氮共渗、渗硼、渗铬、渗钒或多元共渗等工艺可以很好地起到耐磨粒磨损的能力。

　　（5）采用表面淬火技术提高摩擦表面耐磨粒磨损能力　采用激光、电子束、感应加热等表面淬火可以提高摩擦表面的耐磨粒磨损的能力。

　　（6）采用化学和物理气相沉积工艺提高摩擦表面的耐磨粒磨损能力。

　　（7）采用电镀和化学镀层提高摩擦表面的耐磨粒磨损能力　采用电镀或化学镀强化金属表面是改善表面耐磨粒磨损能力的重要方式之一。耐磨镀层除常用的 Cr、Ni、Co、Fe 及其合金镀层以及化学镀镍层外，近年来又发展了以这些镀层为基质金属，弥散第二相硬质点 Al_2O_3、Cr_2O_3、TiO_2、SiC、WC、金刚石等的复合镀。

　　（8）深冷处理　材料冷处理温度一般达 −196℃（液氮温度），在常规热处理后应用。该工艺不仅能提高钢的硬度，而且能改善材料的微观组织和性能，延长工模具的使用寿命。采用深冷处理成倍乃至十几倍地提高工具的磨损寿命已成为可能，对黏着磨损、疲劳磨损、冲蚀磨损、腐蚀磨损、微动磨损均有不同程度的改善作用。

3.4.2　黏着磨损的控制

　　1. 从设计角度进行黏着磨损的控制

　　（1）材料的选择　尽量选择不同的材料（异性金属、金属与非金属）或互溶性小的材料作为摩擦副配对；塑性材料往往比脆性材料易于发生黏着磨损；硬度越高，发生黏着的真实面积越小，产生黏着磨损的可能性或程度越小，因此提高硬度可以减小黏着磨损；材料的熔点、再结晶温度、临界回火温度越高或表面能越低，越不易发生黏着磨损；多相结构的金属比单相结构的金属抗黏着磨损能力强，金属与非金属匹配时的抗黏着磨损能力强。

　　（2）润滑方式的选择　选用含有油性添加剂和极压添加剂的润滑剂进行润滑，可以大大提高抗黏着磨损的能力。

　　（3）许用载荷的确定　因为载荷大小会严重影响黏着磨损，设计时应考虑表面承载能力，尽量使单位面积上的载荷不超过许用值，防止由于载荷过大而导致黏着磨损的迅速发展。

　　（4）许用表面温度的确定　表面温度升高会导致材料表面硬度下降、润滑油黏度下降、润滑油变质，这些因素都会使黏着倾向增加。因此，在设计时应考虑确保摩擦副表面温度不超过许用值。此外，由于滑动速度过大也会导致摩擦表面的温度过高，也要在设计中加以考虑。

　　2. 通过表面处理进行黏着磨损的控制

　　（1）采用热喷涂技术增加摩擦表面的耐黏着磨损能力　等离子喷涂 Mo、Al_2O_3、Cr_2O_3 和 WC-Co 镀层，在与 Cr12Mo1V1 钢组成摩擦副时，在边界润滑条件下具有较好的抗黏着磨损作用，而且摩擦因数也较小。其中减摩效果最好的是喷钼层，但喷钼层的磨损要比其他涂层大一些；自身磨损最小的是 Al_2O_3 涂层。

　　（2）采用堆焊技术提高摩擦表面的耐黏着磨损能力　堆焊被广泛应用于减少黏着磨损工况下，它可以提供良好的抗咬合和咬死能力。因此可以用于无油润滑或润滑条件不良的工况下工作的金属滑动摩擦副以控制黏着磨损，例如控制阀、牵引车和铲土机的活动底架及高性能轴承。

　　（3）采用化学热处理技术提高摩擦表面的耐黏着磨损能力　对摩擦表面在渗碳基础上再进行其他的处理可以有效地提高抗咬死能力。此外，渗钒、渗硼、渗铬碳氮共渗、电解渗硫、硫碳氮共渗、钒氮硫共渗等工艺都可以在不同程度上提高摩擦表面的抗黏着磨损能力。

　　（4）采用化学和物理气相沉积工艺提高摩擦表面的耐黏着磨损能力　化学气相沉积技术（CVD）主要应用于提高硬质合金、高速钢等刀具、模具和工具的耐黏着磨损能力。物理气相沉积（PVD）用于沉积在较软的金属基体上实现耐磨损功能。

　　（5）采用电镀和化学镀层提高摩擦表面的耐黏着磨损能力　采用电镀或化学镀方法强化金属表面也是改善表面耐黏着磨损能力的重要方式之一。耐磨镀层除常用的铬、镍、钴、铁及其合金镀层以及化学镀镍层外，近年来又发展了以 Cr、Co、Fe、Ni 及化学镀 Ni-P、Ni-B 等为基质金属，弥散第二相硬质点 Al_2O_3、Cr_2O_3、TiO_2、SiC、WC、金刚石等的复合镀层。

3.4.3　疲劳磨损的控制

　　1. 从设计角度进行疲劳磨损的控制

　　（1）材料的选择　材料的硬度对疲劳磨损的影响很大，一般说来，材料的硬度越高，疲劳寿命越长；而材料的硬度过高、过脆，也会导致抗接触疲劳磨损能力的下降；材料的内部缺陷、夹杂物越多，越容易产生内部疲劳裂纹；表面粗糙度越低，疲劳寿命越高，并且表面硬度越高，表面粗糙度值应该越低，否则会降低寿命，因此设计时应减小零件表面粗糙度值，但是需要注意的是，表面粗糙度值降低到一定程度后，再继续降低表面粗糙度值，对疲劳寿命的影响不大。

（2）润滑方式的选择　常见的润滑方式包括边界润滑、混合润滑和流体润滑，对于前两种润滑方式来说，固体的直接接触不可避免，疲劳寿命低于流体润滑，因为流体润滑状态可以保证摩擦表面微凸体不直接发生接触。

（3）润滑剂和添加剂的选择　润滑油应尽量消除水分，因为水分的存在会促使疲劳裂纹的扩张。添加剂的类型对疲劳寿命也有很大的影响，多数极压添加剂会降低零件的疲劳寿命。

（4）许用载荷确定　载荷决定接触区接触应力的大小，因此载荷越大，疲劳寿命越短。此外，载荷越大则接触面的摩擦力也越大，而摩擦力会影响滚滑比，滚滑比会影响疲劳寿命。一般说来滚滑比增大，摩擦力增大，疲劳寿命下降。因此设计时应考虑载荷不要超过许用值。

2. 通过表面处理进行疲劳磨损的控制

（1）表面机械硬化　通过喷丸、滚压、冷作硬化等机械表面处理可以使表面硬度提高，并在表面形成残余压应力。大量疲劳磨损研究证明了表面加工硬化可以减少裂纹的形成，阻止早期裂纹的扩展，提高表面疲劳强度。

（2）采用化学热处理技术提高摩擦表面耐疲劳磨损能力　对摩擦表面进行渗碳、渗氮和碳氮共渗及复合处理，在摩擦面上形成马氏体组织硬化层，可以提高材料的疲劳磨损强度。此外，渗碳基础上进行渗硫，可以充分发挥渗碳层的高硬度和 FeS 的减摩作用，达到减摩和耐磨性的匹配，改善渗碳钢的摩擦学性能，提高使用寿命。

（3）采用表面淬火和表面合金化处理提高摩擦表面耐疲劳磨损能力　采用表面淬火处理可以提高表面硬度，同时零件内部保持良好的塑性和韧性，对提高其疲劳磨损强度有益。表面合金化处理也可以提高摩擦表面的硬度，进而提高耐疲劳磨损能力。

（4）采用深冷处理可以提高材料的抗疲劳磨损能力　根据对深冷处理后不锈钢构件疲劳寿命的研究，疲劳裂纹起裂寿命有近两倍的提高，疲劳裂纹扩展速率也显著降低，由此可见材料的抗疲劳磨损能力也将得以提高。

3.4.4　腐蚀磨损的控制

1. 从设计角度进行腐蚀磨损的控制

（1）材料的选择　只要没有导电性要求，尽量采用陶瓷或塑料，避免采用金属材料；必须采用金属材料时，则尽量选择耐腐蚀性强的材料，比如不锈钢系列的材料；镍、铬、钛等金属在特殊介质中能生成结合力强、结构致密的钝化膜，可以防止腐蚀产生。

钨、钼是抗高温腐蚀的金属，它们可以在 500℃ 以上高温生成保护膜。碳化钨和碳化钛组成的硬质合金，其抗腐蚀能力都较高。

（2）润滑方式和环境介质　采用合适的润滑可以使摩擦表面与周围的氧隔开，起到减少腐蚀磨损的作用。此外润滑剂可以将摩擦产生的热量带走，降低摩擦表面的温度，减缓氧化速度。此外，润滑剂中的许多添加剂对金属有腐蚀作用，会加大腐蚀磨损。环境介质的腐蚀性也是影响腐蚀磨损的重要因素，一般说来，介质的腐蚀性越强、温度越高，材料越易与介质起反应，使腐蚀磨损加快。因此，在设计中对介质选择和温度控制应加以考虑。

（3）载荷与速度　载荷较高时，容易使产生的表面氧化膜磨去，使纯金属面暴露于环境介质中，和氧发生充分接触，使腐蚀磨损升高。滑动速度升高时也使生成的表面膜易于磨掉，从而加速腐蚀磨损。因此，在设计时应考虑对载荷和滑动速度进行控制。

2. 通过表面处理进行腐蚀磨损的控制

对 3Cr13 电弧喷涂可使耐腐蚀性较原 45 钢锻造产品大大提高，寿命延长 3 倍；对钢材表面进行渗铬、渗钒、渗铌等扩散处理，在材料表面形成超硬碳化物层，提高抗氧化磨损作用。

3.4.5　冲蚀磨损的控制

1. 从设计角度进行冲蚀磨损的控制

（1）材料的选择　材料的强度、硬度和韧性对冲蚀磨损的影响很大，一般说来，硬度越高，耐冲蚀磨损的能力越强；韧性和强度越高，吸收冲击波和抗破损能力越强，耐冲蚀磨损的能力越强。

（2）零件的形状设计　零件外形应设计成尽量靠近流线型，减少流动死区、流场的突然变化，减少气蚀磨损。

（3）控制环境温度和介质温度的高低　一般说来，随温度的升高，冲蚀磨损量增加。因此控制温度不能太高是控制冲蚀磨损的重要因素之一。介质的性能包括含气率以及介质的腐蚀性，腐蚀性愈高，冲蚀磨损愈高。

（4）控制流体流动的速度　对于气蚀磨损来说，流体流动的速度是诱发气泡生成和构成流场中固体表面高压区的敏感因素，在多数情况下，气蚀磨损率与速度的 5 ~ 6 次方成正比，因此在设计时应加以考虑。

（5）其他因素　冲蚀颗粒对靶材的冲击角大小是一个重要因素，在设计时应考虑针对塑性及脆性材料的冲击角度不在最大冲蚀磨损的范围；冲蚀颗粒尺寸、尖锐程度、介质工作压力等也应考虑。

2. 通过表面处理进行冲蚀磨损的控制

（1）表面机械硬化　通过冷作硬化的效应提高表面硬度对冲蚀磨损强度没有提高作用。

（2）其他表面处理　采用某些化学热处理技术可以提高表面的耐冲蚀磨损能力，比如对摩擦表面进行渗碳、渗氮和碳氮共渗及其复合处理等；采用表面淬火和表面合金化处理也能提高表面耐冲蚀磨损能力；表面的合金化处理也可以提高摩擦表面的硬度，进而提高耐疲劳磨损能力。

3.5　磨损零件的修复

磨损使机械零件的尺寸改变和表面质量劣化，因此，修复磨损零件就是使零件尺寸恢复到原有值，并恢复其原有的表面质量。修复的方法有：焊、补、喷、镀、镶、胀、缩和粘等。

3.5.1　修复工艺的选择

选择修复磨损零件的工艺时要考虑下述几个方面：

1）修复工艺对零件材质的适应性，各种修复工艺对常用材料的适应性，见表 13.5-10。

2）修补层能达到的厚度，该厚度必须大于磨损深度，各种修复工艺能达到的修补层厚度和力学性能，见表 13.5-11。

3）修补层强度、修补层与零件基体材料的结合强度和修复工艺对基体材料强度的影响

4）磨损零件的结构。

5）修补层的摩擦学性能。

6）修复工艺对磨损零件非修复尺寸之精度的影响。

3.5.2　电镀

1. 镀铬

镀铬是修复磨损零件最有效的方法之一，不但能恢复零件原有的尺寸，而且还能改善零件表面的摩擦学性能。同时，铬与基体金属结合强度高，甚至超过自身结晶间的结合强度。镀铬层的硬度在温度不超过 500℃ 时几乎不受温度的影响。镀铬层与钢的摩擦因数比钢对钢约低 50%，耐磨性约高 2 ~ 50 倍，热导率约高 40%。镀铬层的物理力学性能，见表13.5-12，主要用于工具、模具、量具、卡具、切削工具以及内燃机曲轴、印花滚筒等磨损零件。

表 13.5-10　各种修复工艺对常用材料的适应性

修复工艺		镀铬	镀铁	氧乙炔焊	焊条电弧堆焊	埋弧堆焊	振动电弧堆焊	钎焊	金属喷涂	塑料粘补	利用塑性变形
材料	低碳钢	✓	✓	✓	✓	✓	✓	✓	✓	✓	✓
	中碳钢	✓	✓	✓	✓	✓	✓	✓	✓	✓	✓
	高碳钢	✓	✓	✓			✓	✓	✓	✓	✓
	合金钢	✓	✓	✓	✓	✓	✓	✓	✓	✓	✓
	不锈钢	✓	✓	✗	✓		✓	✓	✓	✓	✓
	灰铸铁	✓	✓		✗		✗	✓	✓	✓	
	铜合金							✓	✓	✓	✓
	铝							✗	✓	✓	✓

注：✓为适应，✗为不适应。

表 13.5-11　各种修复工艺能达到的修补层厚度和力学性能

修复工艺	能达到的厚度 δ/mm	抗拉强度 R_m//MPa	与45钢的结合强度 σ_j/MPa	修复后疲劳强度降低率（%）	硬度
镀铬	0.01 ~ 0.2	390 ~ 590	295	25 ~ 30	600 ~ 1000HV
低温镀铁	0.2 ~ 2.0	—	440	25 ~ 30	45 ~ 65HRC
焊条电弧堆焊	0.1 ~ 10.0	295 ~ 440	295 ~ 440	36 ~ 40	210 ~ 420HBW
埋弧堆焊	0.5 ~ 10.0	345 ~ 490	345 ~ 490	36 ~ 40	170 ~ 200HBW
振动电弧堆焊	0.03 ~ 10.0	610	550	—	25 ~ 60HRC
银钎焊	0.02 ~ 5.0	390	390		
铜钎焊	0.02 ~ 5.0	280	280		
锰青铜钎焊	0.02 ~ 5.0	345 ~ 440	345 ~ 440		217HBW
金属喷涂	0.5 ~ 10.0	78 ~ 110	40 ~ 93	45 ~ 50	200 ~ 240HBW
环氧树脂粘补	0.2 ~ 10.0	—	20(10) ~ 40(20)[①]	—	80 ~ 120HBW

① 括号外为热粘补时的值，括号内为冷粘补时的值。

表 13.5-12　镀铬层的物理力学性能

镀铬层的类别	无光泽镀铬层	光泽镀铬层	乳白色镀铬层
电镀工艺条件	低的电解液温度,较高的电流密度	中等的电解液温度和电流密度	较高的电解液温度,较低的电流密度
镀层的物理力学特性	硬度高、脆性大、结晶组织粗大、有稠密的网状裂纹、表面呈暗灰色	脆性小、结晶组织细、硬度较高(700HBW),由网状裂纹,表面光亮	孔隙率小、脆性小、硬度低(400～700HBW),能承受较大的变形,表面为烟雾状的乳白色,经抛光后可呈镜面般光泽

2. 镀镍

采用化学镀镍,镍镀层是质量分数为 5%～15% 的磷镍合金,镀层硬度可达 600HV。镍镀层化学稳定性好、耐腐蚀,在海水、氨、染料和有机酸中很稳定。

3. 刷镀

适宜在特大、结构复杂的零件上修复磨损部位,镀层硬、针孔少。刷镀设备简单,节约投资,适宜于现场修复。

3.5.3　金属喷涂

用金属喷涂枪,靠压缩空气将逐渐熔化的金属迅速地雾化,向零件磨损表面喷射,称为金属喷涂。连续不断地喷射、铺展和堆积下形成金属覆盖层。对大型或复杂零件,用金属喷涂法修复磨损部位省时省工,是一种有效的修复工艺,如用于各类轴、导轨、床鞍等修复。喷涂用材料、基体材料均可以是金属或非金属,喷涂不受材料焊接性限制,被喷涂表面须先进行清洁及毛糙处理,毛糙处理方法影响涂层抗剪强度和与基体材料的结合强度。

常用金属材料覆盖层的物理力学性能,见表 13.5-13。

表 13.5-13　常用金属材料覆盖层的物理力学性能

覆盖层材料		铝	锡基轴承合金	青铜	12Cr18Ni9	不锈钢	合金钢	碳素钢			铝硅合金 (w_{si}=6%)	铝
								10	45	80		
密度	g·cm^{-3}	2.41	6.67	7.46	6.93	6.73	6.78	6.67	6.78	6.36		
	(%)[1]	94.1	86.6	89.0	88.9	88.7	86.6	86.7	88.1	82.5		
硬度		72HBW	58HBW	50HRB	78HRB	—	—	89HRB	90HRB	38HRC		
下屈服强度 R_{eL}/MPa		134	—	—	207	275	—	207	239	190	245	52
伸长率(%)		0.23	—	—	0.27	0.50	—	0.30	0.46	0.42	0.54	0.30

① 与原来金属密度之比。

3.5.4　焊接

1. 铸铁导轨的补焊修复

补焊时焊层与基体材料结合要牢,焊后要能用手工刮削,而且不能使导轨变形。

(1) 焊条电弧焊　一般常用铸铁焊条的冷焊或是镍铜合金焊条和奥氏体铁铜焊条的混合焊。

(2) 钎焊　由于铸铁里含有大量的游离碳,它将影响熔化后的钎料对基体材料的湿润性和漫流性,妨碍钎焊。为此。应在钎焊前用快速无槽化学镀铜法,在要补焊的部位镀上厚约 0.02～0.05mm 的铜层。可用的钎料有:铜合金、银合金、锡锑轴承合金和锡铋合金等。

2. 钢制零件的补焊修复

补焊修复钢制零件要求补焊前后不经热处理就能恢复原有力学性能。硬度要求 35～62HRC 的可采用 50CrVA 的高合金耐磨焊条;硬度要求 35～45HRC 的可采用 20CrMo 钢焊条。

3.5.5　粘接

粘接法修复是将磨损零件的磨损面用切削方法去掉一层,然后用粘接法再粘上一层,以恢复原有尺寸。根据材料不同,可采用三种不同的粘接方法:①热熔粘接法,主要用于热塑性塑料之间的粘接。将被粘接件加热至熔融,然后叠合加压,直至冷却凝固。②溶剂粘接法,适用于非结晶性无定形热塑性塑料的粘接,选用的溶剂宜有中等挥发性。③胶粘剂粘接法,利用胶粘剂把两种材料粘接在一起,并要有足够的粘接力。可以将金属与金属、金属与非金属、非金属与非金属粘在一起,使用广泛。

几种导轨修复方法效果的比较,见表 13.5-14。

表 13.5-14　几种导轨修复方法效果的比较

比较项目	修 复 方 法				
	焊条电弧堆焊	钎焊	粘补	金属喷涂	镶嵌
工艺性	难掌握	按工艺难易顺序：铜焊、银焊、锡基轴承合金焊、锡铋合金焊	工艺简单	工艺复杂	工艺较简单
外观	颜色与导轨基本一致	除铜焊外，颜色与导轨基本一致	不太美观	用低碳钢丝颜色近似	颜色与导轨一致
结合强度	不脱落	不脱落	浅槽易脱落	不脱落	不脱落
使用温度	不限	铜焊最高，银焊达200℃，锡基轴承合金焊和锡铋合金焊低于200℃	无机粘接达500℃，有机粘接低于100℃	不限	不超过100℃
硬度	与导轨材料基本一致	铜焊稍高，其他不超过35HBW	硬度低	与导轨材料基本一致	与导轨材料基本一致
焊层加工性	不易刮削	可刮削	可刮削	可刮削	可刮削
变形情况	变形不超过0.03/1000	锡铋合金焊不变形，其余有少量变形	不变形	可能有少量变形	不变形
使用范围	适用于修复重型导轨及润滑情况差的导轨	适用于修复润滑条件好的中、小型导轨，锡铋合金焊特别适宜于精密导轨	一、二级保养	最好不采用	尽量不采用
成本	成本较贵	银钎焊成本稍贵	低廉	较低廉	较低廉

4　微动摩擦学设计

4.1　微动摩擦学概述

4.1.1　微动摩擦学的基本概念

微动是指两个接触表面发生极小幅度的相对运动，是区别于传统的滑动和滚动的一种运动，它通常存在于一个振动工况（如发动机运转、气流波动、热循环应力、疲劳载荷、电磁振动、传动等）下的"近似紧固"的机械配合件之中，一般其位移幅度为微米量级。相应地，微动摩擦学是研究微动运行机理、损伤、测试、监控、预防的学科。

微动可以造成相互表面摩擦磨损，引起构件咬合、松动、功率损失、噪声增加或污染源形成等，也可以加速疲劳裂纹的萌生和扩展，使构件的疲劳寿命大大降低。

实际的微动现象十分复杂，根据简单化的球、平面接触模型，按不同的相对运动方向，微动可以分为四类基本运行模式，如图13.5-21所示。

常见的微动模式是平移式微动，它们又可以分为三种模式，如图13.5-22所示。

1）微动磨损：界面表面的相对位移是由外界振动引起的微动，接触构件只受局部接触载荷，或者承受固定的预应力（如拉、压、弯曲应力等）。

2）微动疲劳：接触表面相对运动由接触体承受外界交变疲劳应力引起变形而产生微动。

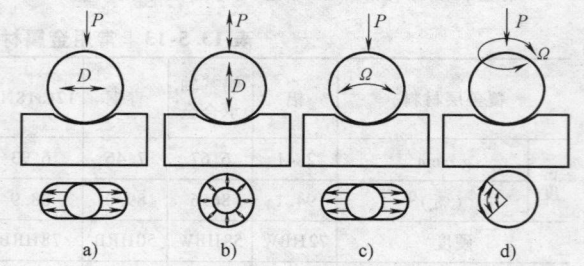

图13.5-21　四类基本微动运行模式示意图

a）切向微动　b）径向微动　c）滚动微动　d）扭动微动

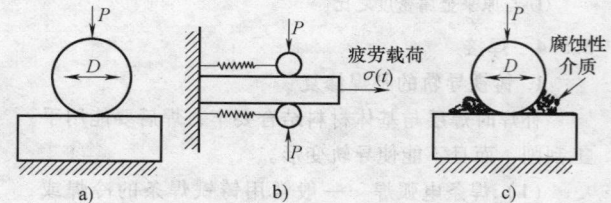

图13.5-22　常见微动模式示意图

a）微动磨损　b）微动疲劳　c）微动腐蚀

3）微动腐蚀：在腐蚀性介质（如海水、酸雨、腐蚀性气氛等）中的微动模式。

以上三种不同模式引起的破坏均可统称为微动损伤。

4.1.2　微动摩擦学的弹性接触力学分析

1．静止接触状态——Hertz弹性接触理论

关于两弹性体的接触问题，早在1882年Hertz就对其接触应力进行了计算，并提出了两种接触模型，

即球面/球面接触模型和柱面/柱面接触模型，但是 Hertz 理论必须满足几条基本假设：①两接触体在初始接触点附近的表面至少二阶连续，因此表面可用微分几何的方法分析；②接触是非共形的；③小变形；④面内无摩擦，因而切向力为零；⑤接触体材料完全弹性；⑥接触体材料绝对均匀且各向同性；⑦接触表面之间无介质存在。

2. 完全滑移状态

摩擦是接触材料相对运动时所发生的重要物理现象，它具有依赖材料性能、拓扑特征和机械条件等的系统特性。以干面摩擦现象为例，在一个平面物体顶部施加力 P 后，在与界面平行的方向上再施加切向力，开始时，施加的切向力从 0 线性地增加到 F_{tmax}，此期间相对速度为 0，物体仍处于静止，此现象为"静摩擦"；一旦切向力超过 F_{tmax}，相对速度在一很短的加速过程中沿接触面从 0 增加到一个稳定的滑动速度。物体加速所需的力超过了原来施加的切向力，此后到达相对稳定的滑动速度，切向力降到一常数值 F_{fdyn}，此现象称为"动摩擦"。Coulomb 的实验证明了最大静摩擦力在运动开始时与接触面积无关，而与法向力呈正比，所以静摩擦因数可以定义为：$\mu_s = F_{tmax}/P$；同样的，动摩擦因数可以定义为：$\mu = F_{fdyn}/P$。

3. 部分滑移状态

数值小于极限摩擦力的切向力（$T < \mu P$）作用于两个接触体时，将不产生相对滑动，但在一部分交界面上产生微滑，而交界面的其余部分没有相对滑动而只发生变形。因为球/平面的接触压力是非均匀的，可以把球/平面接触看成一系列无限小的平面单元，而法向力的大小则由压力分布确定，如图 13.5-23 所示。如果假设切向力是常数，在接触区外部的单元法向载荷小，已经处于滑动状态，而内部单元法向载荷大，仍处于黏着状态。结果，在接触区的边缘发生了微滑。即每个单元的摩擦力不同，有的单元处于静摩擦，而有的是动摩擦，但摩擦力总和与施加的切向力是平衡的。

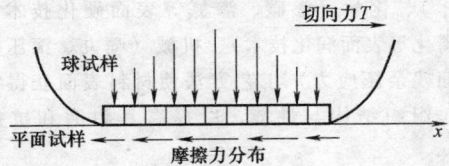

图13.5-23　球/平面接触的摩擦力分布

4.1.3　微动图

由微动的现象及基本概念可知，微动行为十分复杂，不仅受到常见的滑动摩擦、滚动摩擦所遇到的机械和材料（如位移、压力、频率、延伸率等）等影响，而且由于微动的运动幅度极小，试样的尺寸、安装刚度、夹紧机构等都可对微动产生较大影响。因此，为了研究微动损伤机理及过程，常用微动图来形象地描述。

大量不同工况下的试验表明，无论是微动磨损、微动疲劳还是微动腐蚀，接触表面间的摩擦力和位移（F_t-D）的微动图变化曲线是微动试验最基本、最重要的信息。最常见的三种类型不同的基本 F_t-D 曲线如图 13.5-24 所示。

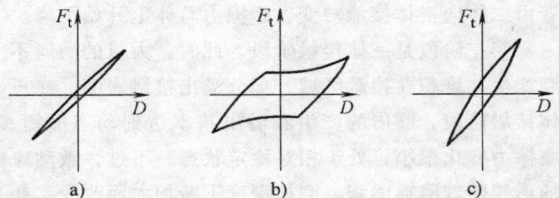

图13.5-24　F_t-D 曲线的三种基本类型

a）直线状 F_t-D 曲线　b）平行四边形状 F_t-D 曲线

c）椭圆状 F_t-D 曲线

1）直线状 F_t-D 曲线。主要发生在极小位移幅值或较大法向压力的条件下，两接触表面不发生相对滑动，其接触工况符合 Mindlin 理论，即在接触边缘发生微滑和中心处于黏着状态。

2）平行四边形状 F_t-D 曲线。与前者相反，该类 F_t-D 曲线表明两接触体在往复过程中发生相对滑移。

3）椭圆状 F_t-D 曲线。该类 F_t-D 曲线一般在微动初期很少发生，通常在一定的微动循环次数后形成，摩擦表面通常伴随着较强烈的塑性变形。

4.2　微动损伤机理

4.2.1　微动裂纹

微动磨损中，裂纹发生在微动方向的两端接触远处，总体上大致对称，不过每一段裂纹的表现形式十分复杂。从裂纹的长度上看，可以观测到从微米量级的微小裂纹到几个毫米的长裂纹。对于铝合金，在短小裂纹周围，经常能同时观察到滑移带的存在。从裂纹的数量上看，接触区域通常可观测到多条裂纹。裂纹的扩展方向不一，也可发生交叉现象。裂纹的开头一般都从接触表面或从磨屑层下开始，但并不排除无头裂纹的存在。从接触表面和剖面观测，裂纹的扩展方向一般不呈平面状，大都呈现曲面状。

4.2.2　表面磨损

滑移区微动过程的接触表面磨损总体上可以分为

三个阶段，以金属/金属接触为例如下。

第一阶段是微动初期的二体接触过程，在这一过程中，摩擦力迅速增加。主要发生表面膜（包括氧化膜、污染膜和吸附膜等）的清除，局部地区表层发生塑性变形和擦伤，沿微动方向划痕明显，金属与金属的实际接触面积增加。随着微动位移幅值或循环次数的增加，线状擦伤或划痕将连接成片。

第二阶段是过渡阶段，即二体向三体接触转变的阶段。这一阶段，周期性塑形变形以至局部地区发生强烈的冷作硬化，材料变脆。部分接触表面在摩擦过程中发生颗粒剥离或撕裂而成为磨屑，即第三体。随着由二体向三体接触转变，摩擦力总体上开始下降。

第三阶段是三体接触阶段。此时，大量的磨屑不断产生并堆积在接触区域，部分溢出接触表面。在三体接触阶段，磨屑的产生和溢出基本达到动态平衡，摩擦力变化很小，处于相对稳定状态。不过，微动斑的形貌随着磨损面积、磨损深度不断加大而改变，初始固定的压力也继续缓慢减少。

第三体的演变是一个重要阶段，借助于各种先进分析手段及进一步对表面损伤细致跟踪分析，颗粒、磨屑的演变可分为金属颗粒形成、挤压、氧化、微动调节等几个过程。正是由于接触表面磨损的机理和过程比较复杂，使得微动损伤表面难以预估和控制。

4.3　微动磨损与微动疲劳

微动磨损与微动疲劳是微动的两种模式，虽然它们引起两接触表面运动的起因不同，但联系密切。在工程实践中，微动疲劳的案例远远多于微动磨损，引起后果的严重性也往往超过微动磨损。同时，微动疲劳更为复杂。

4.3.1　微动磨损

微动磨损是指在相互压紧的金属表面间由于小振幅振动而产生的磨损。微动磨损是黏着磨损、磨粒磨损和疲劳磨损三种形式的复合，因此，微动磨损是一种典型的复合式磨损。它是在两个表面之间由于振幅很小（0.25mm 以下）的相对振动而产生的磨损。如果在微动磨损过程中两个表面之间的化学反应起主要作用时，则可称为微动腐蚀磨损。通常在静配合的轴与孔表面，某些片式摩擦离合器的内、外摩擦片的接合面上以及一些受振动影响的连接体等（花键、销、螺钉）的接合面上，都可能出现微动磨损。

微动磨损的影响因素主要包括材料性质、润滑油、载荷、振荡频率和振幅等的影响。

4.3.2　微动疲劳

微动疲劳是指因微动而萌生裂纹源，并在交变应力下裂纹扩展而导致疲劳断裂的破坏形式。微动疲劳的特征是疲劳断裂源必然出现在微动接触区或其影响区内或者裂纹扩展的阶段性，其诊断依据是只要断口具有疲劳破坏特征，裂纹源发生于微动磨痕，裂纹扩展呈现阶段性即可确认为微动疲劳破坏。

微动疲劳的影响因素主要包括法向压力、微动振幅、环境气氛等。

4.3.3　微动磨损与微动疲劳的关系

无论微动磨损还是微动疲劳，它们的接触表面都有微动，只不过对于微动磨损，这种微量的运动是外界强加的，而对于微动疲劳，是由于试件本身承受交变疲劳应力导致试件变形引起的；它们都可能存在两种破坏机制，即表面磨损和裂纹萌生与扩展，都有相似的微动图。

微动磨损与微动疲劳都存在由部分滑移区、混合区及滑移区组成的运行工况微动图和由接触磨损及疲劳裂纹萌生扩展两种破坏机制组成的材料响应微动图，表明磨损主要发生在滑移区，而疲劳裂纹最易在混合区萌生和扩展。

微动疲劳寿命的降低比例主要取决于局部疲劳的强烈程度，出现的短寿命凹区是局部疲劳最强烈的区域，从微动区域分布来看，基本上处于微动混合区域。

4.3.4　微动磨损的防护

防止微动破坏最简单的办法就是消除振动源。但是，在工业实践中，振动源通常是无法避免的，因此微动破坏也是无法避免的，只能采取措施减缓这种破坏。

（1）消除微动的滑移区和混合区　微动图理论指出，材料磨损和裂纹形成主要分别位于微动的滑移区和混合区，而在部分滑移区的微动损伤比较轻微。因此，首先应当减少接触表面间的相对运动，使微动尽量位于部分滑移区。具体办法主要有：①增加压力；②降低切向刚度；③改变结构设计。

（2）增加接触表面强度　通过各种表面处理，如物理（激光、粒子注入等改变表层微观结构的硬化技术）、化学（渗碳、渗氮等表面硬化技术，渗硫、磷化等表面润化技术）、机械（喷丸、滚压等增加表面残余压应力）工艺方法使材料表面获得特殊成分、组织结构与性能，以提高其耐磨和抗疲劳性能。

（3）减低摩擦因数　减缓微动损伤另一有效措施是减低摩擦因数，而减少摩擦因数可通过润滑实现。

（4）材料的选用和匹配　在能满足结构强度的

条件下，选择柔性较好、变形量大的材料能有效吸收相对滑动，从而产生减轻表面破坏的作用；选择硬度大、疲劳强度高的母体材料能有效地减轻微动的磨损及抑制裂纹的萌生和扩展；另外，经过材料的合理选配，利用微动初期产生的少量第三体进行自润滑也可达到减缓接触材料进一步损伤的目的。

以上介绍的四方面减缓措施中，不论是降低切向刚度、增加表面接触强度、降低表面摩擦因数，还是提供特殊的匹配材料，都可与现代表面工程技术有机结合在一起。

图 13.6-1　单自由度振动

第6章 机械动力学

1 单自由度系统的振动

1.1 单自由度系统的动力学模型

　　机械振动就是在一定的条件下，振动体在其平衡位置附近所作的往复性的机械运动。实际的振动系统是很复杂的。为了便于分析研究和运用数学工具进行计算，需要在满足工程要求的条件下，把实际的振动系统简化为力学模型。例如图 13.6-1a 是最简单的单自由度系统，m 为振动物体质量，k 为弹簧刚度；图 13.6-1b 为单自由度扭转系统，k_t 为无质量轴的扭转刚度，J 为无弹性圆盘的转动惯量；图 13.6-1c 为复摆；图 13.6-1d 为质量块-简支梁。

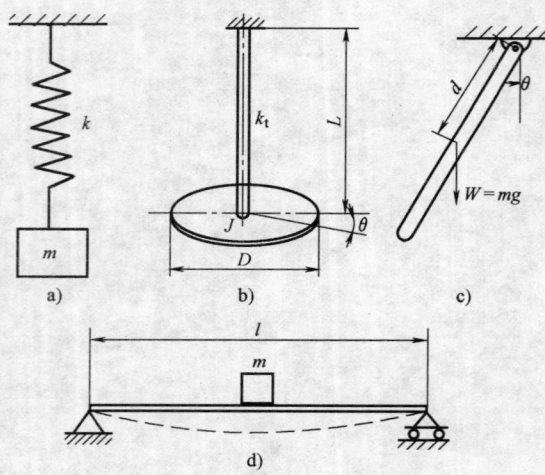

图13.6-1　单自由度系统
a) 单自由度弹簧-质量系统　b) 单自由度扭转系统
c) 复摆　d) 质量块-简支梁横向振动系统

　　振动系统和参数的动态特性，可以用常系数线性微分方程来描述的，称为线性振动。但实际工程中也有很多振动系统是不能线性化的，如果勉强线性化，就会使系统的性质改变，所得的系统只能按非线性振动系统处理。

　　机械振动分析方法很多。对于简单的振动系统，可以直接求解其微分方程的通解。由于计算机进行数值计算很方便，所以振动仿真是一种最直接的方法。

1.1.1 无阻尼自由振动

　　对图 13.6-1a 所示的单自由度振动系统可以用如下微分方程描述：

$$m\ddot{x} + kx = 0 \tag{13.6-1}$$

令 $\omega_n^2 = k/m$，方程的通解为

$$x = a\sin\omega_n t + b\cos\omega_n t \tag{13.6-2}$$

　　式（13.6-2）表示了质量块的位置随时间而变化的函数关系，反映了振动的形式与特点，称为振动函数。

　　式（13.6-2）中，a、b 为积分常数，它决定于振动的初始条件。如假定 $t = 0$ 时，质量块的位移 $x = x_0$，其速度 $\dot{x} = \dot{x}_0 = v_0$，则 $a = v_0/\omega_n$，$b = x_0$，即

$$x = \frac{v_0}{\omega_n}\sin\omega_n t + x_0\cos\omega_n t \tag{13.6-3}$$

或写成

$$x = A\sin(\omega_n t + \varphi) \tag{13.6-4}$$

式中　A——振幅，$A = \sqrt{\left(\dfrac{v_0}{\omega_n}\right)^2 + x_0{}^2}$；

　　　　φ——相位角，$\varphi = \arctan\dfrac{x_0\omega_n}{v_0}$；　(13.6-5)

　　　　ω_n——振动固有圆频率（简称固有频率）（rad/s），固有频率也可表达为 $f_n = \omega_n/(2\pi)$，单位为 Hz。

　　固有频率与外界赋予的初始条件无关，它是系统本身所具有的一种重要特性。

　　对图 13.6-1b 所示的扭转振动的微分方程与式（13.6-1）相似。

$$J\ddot{\theta} + k_t\theta = 0 \tag{13.6-6}$$

　　根据材料力学，杆扭转刚度 $k_t = \dfrac{\pi d^4 G}{32L}$，$d$ 为杆直径，G 为材料剪切模量。则系统的固有频率为 $\omega_n = \sqrt{\dfrac{k_t}{J}} = \sqrt{\dfrac{\pi d^4 G}{32JL}}$。

　　对图 13.6-1c 所示的复摆，其微分方程为

$$J_0\ddot{\theta} + mgd\sin\theta = 0 \tag{13.6-7}$$

式中　J_0——杠杆对旋转中心轴的转动惯量。

　　这是一个二阶非线性常微分方程。如果系统属于微幅摆动，则 $\sin\theta \approx \theta$，式（13.6-7）可写成

$$J_0\ddot{\theta} + mgd\theta = 0 \tag{13.6-8}$$

　　则系统的固有频率为 $\omega_n = \sqrt{\dfrac{mgd}{J_0}}$。

对图 13.6-1d 所示的质量块-简支梁的横向振动系统，其微分方程也与式（13.6-1）相似

$$m\ddot{y} + ky = 0 \qquad (13.6\text{-}9)$$

式中 y——质量块处梁的挠度。设质量块位于梁跨度的中点，不计梁的质量，根据材料力学可知，简支梁在重物作用下的中点静挠度为 $\delta_{st} = \dfrac{mgl^3}{48EI}$，$I$ 为梁的截面惯性矩，那么，梁的刚度为 $k = \dfrac{mg}{\delta_{st}}$，固有频率为

$$\omega_n = \sqrt{\frac{k}{m}} = \sqrt{\frac{48EI}{ml^3}} \, \circ$$

如图 13.6-2 所示，起重机以速度 v_0 使重物 G 下降时，突然紧急刹车，求此时提升机构所受的最大的力。已知 $v_0 = 0.6\,\text{m/s}$，$G = 20000\,\text{N}$，钢丝绳截面积 $A = 2.51\,\text{cm}^2$，钢丝绳长度为 $l = 16\,\text{m}$，钢丝绳弹性模量 $E = 1.78 \times 10^5\,\text{MPa}$。

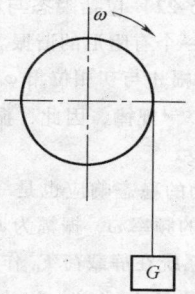

图13.6-2　起重机制动状态

紧急刹车时，钢丝绳突然停止，但此时重物具有速度 v_0，从制动的瞬间开始吊在绳上作自由振动。显然，初始位移为 $x_0 = 0$，初始速度为 v_0，由式（13.6-5）可知，最大位移为 $x_{max} = v_0/\omega_n$，由此，钢丝绳最大的拉伸量为

$$\delta_{max} = \delta_{st} + v_0/\omega_n = G/k + v_0\sqrt{m/k}$$

式中 k——钢丝绳刚度。

由材料力学可知

$$\begin{aligned} k &= EA/l = 1.78 \times 10^{11} \times 2.51 \times 10^{-4}/16\,\text{N/m} \\ &= 2.6673 \times 10^6\,\text{N/m} \end{aligned}$$

钢丝绳中最大的拉力为

$$\begin{aligned} F_{max} &= k\delta_{max} = k(G/k + v_0\sqrt{m/k}) = G(1 + v_0\sqrt{k/Gg}) \\ &= 20000 \times [1 + 0.6 \times \sqrt{2.66738 \times 10^6/(20000 \times 9.8)}]\,\text{N} \\ &= 64268\,\text{N} \end{aligned}$$

定义动拉力与静拉力之比为动力放大系数 β，则 $\beta = \dfrac{F_{max}}{G} \approx 3.2$。由此可以看出，当紧急制动时，起重机钢丝绳中的动拉力是正常提升时的 3.2 倍。

1.1.2　有阻尼自由振动

图 13.6-3 所示为考虑了阻尼的单自由度振动系统模型。其运动微分方程为

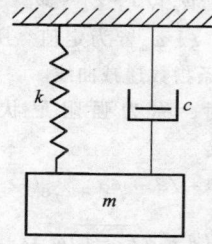

图13.6-3　有阻尼单自由度系统

$$m\ddot{x} + c\dot{x} + kx = 0 \qquad (13.6\text{-}10)$$

式中 c——阻尼系数。

令 $c/m = 2n$，$\omega_n^2 = k/m$，则

$$\ddot{x} + 2n\dot{x} + \omega_n^2 x = 0 \qquad (13.6\text{-}11)$$

其通解为

$$x = e^{-nt}(c_1 e^{t\sqrt{n^2 - \omega_n^2}} + c_2 e^{-t\sqrt{n^2 - \omega_n^2}}) \qquad (13.6\text{-}12)$$

式中 c_1、c_2——积分常数，由振动初始条件确定。

令 $n/\omega_n = \xi$，ξ 称为相对阻尼系数或阻尼率。则式（13.6-12）可写为

$$x = e^{-\xi\omega_n t}(c_1 e^{\omega_n t\sqrt{\xi^2 - 1}} + c_2 e^{-\omega_n t\sqrt{\xi^2 - 1}}) \qquad (13.6\text{-}13)$$

由此可以讨论阻尼对系统的自由振动产生的影响。当 $\xi < 1$ 时，称为弱阻尼状态。此时，$\xi^2 - 1$ 为虚数，式（13.6-13）变为

$$x = e^{-\xi\omega_n t}(c_1 e^{i\omega_n t\sqrt{1 - \xi^2}} + c_2 e^{-i\omega_n t\sqrt{1 - \xi^2}}) \qquad (13.6\text{-}14)$$

利用欧拉公式，式（13.6-14）可写为

$$x = Ae^{-\xi\omega_n t}[b\cos\omega_n\sqrt{1 - \xi^2}\,t + a\sin\omega_n\sqrt{1 - \xi^2}\,t] \qquad (13.6\text{-}15)$$

括号内为两个简谐振动相加，即式（13.6-15）可写为

$$x = Ae^{-\xi\omega_n t}\sin(\omega_n\sqrt{1 - \xi^2}\,t + \varphi) \qquad (13.6\text{-}16)$$

式中

$$A = \sqrt{\frac{(v_0 + \xi\omega_n x_0)^2 + x_0^2 \omega_n^2(1 - \xi^2)}{\omega_n^2(1 - \xi^2)}},$$

$$\varphi = \arctan\left(\frac{x_0\omega_n\sqrt{1 - \xi^2}}{v_0 + \xi\omega_n x_0}\right)$$

由式（13.6-16）可以看出，弱阻尼自由振动具有如下几种特性：它是一个简谐振动，振动的频率为

$\omega_d = \omega_n \sqrt{1 - \xi^2}$，而 ω_n 为无阻尼时系统的固有频率。一般情况下，ξ 常在 0.1 左右，因此对固有频率的影响不大，即认为 $\omega_n \sqrt{1 - \xi^2} \approx \omega_n$。振动的振幅为 $A e^{-\xi \omega_n t}$，其中 A、ξ、ω_n 皆为定值。所以振幅随时间变化的规律是一条指数递减曲线。

当 $\xi > 1$ 时，称为强阻尼状态。此时，式 (13.6-13) 可写成

$$\begin{cases} x = c_1 e^{(-\xi + \sqrt{\xi^2 - 1})\omega_n t} + c_2 e^{(-\xi - \sqrt{\xi^2 - 1})\omega_n t} \\ c_1 = \dfrac{v_0 + (\xi + \sqrt{\xi^2 - 1})\omega_n x_0}{2\omega_n \sqrt{\xi^2 - 1}} \\ c_2 = \dfrac{-v_0 + (-\xi + \sqrt{\xi^2 - 1})\omega_n x_0}{2\omega_n \sqrt{\xi^2 - 1}} \end{cases}$$

$$(13.6-17)$$

由于 $\xi^2 - 1 > 0$，故式 (13.6-17) 中二项指数皆为实数。又因为 $\xi > \sqrt{\xi^2 - 1}$，故二项指数皆为负值，所以，式 (13.6-17) 所表示的是一条指数递减曲线。这表示系统将不再产生前面所述的振动，而是一按指数规律衰减的曲线。

当 $\xi = 1$ 时，称为临界阻尼状态。由于 $\xi = n/\omega_n = 1$，$n = \omega_n$，则有

$$c_c = 2m\omega_n = 2m \sqrt{k/m} = 2 \sqrt{km} \quad (13.6-18)$$

c_c 为临界阻尼状态下的阻尼系数，称为临界阻尼系数。显然它是系统本身所具有的特性之一。

由 $\xi = n/\omega_n = c/(2m\omega_n)$ 及 $c_c = 2m\omega_n$，有 $\xi = c/c_c$。也就是说，相对阻尼系数 ξ（阻尼率）反映了系统的实际阻尼与临界阻尼的关系。

在临界阻尼状态下，有

$$x = e^{-\omega_n t}(c_1 + c_2 t) \quad (13.6-19)$$

式中，$c_1 = x_0$，$c_2 = v_0 + \omega_n x_0$。显然，在这种状态下不能形成振动。

1.1.3　有阻尼受迫振动

单自由度有阻尼受迫振动的微分方程为

$$m\ddot{x} + c\dot{x} + kx = f(t) \quad (13.6-20)$$

式中，$f(t)$ 为外加的激振力。如果 $f(t) = F_0 \sin\omega t$，则称为谐激振力，其振动称为谐迫振动，如图 13.6-4 所示。此时，式 (13.6-20) 可写成

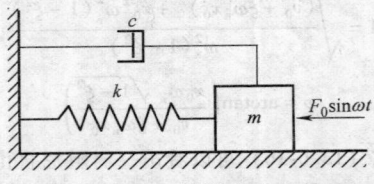

图13.6-4　谐迫振动系统

$$\ddot{x} + 2\xi\omega_n \dot{x} + \omega_n^2 x = \frac{F_0}{m}\sin\omega t \quad (13.6-21)$$

式 (13.6-21) 是一个线性非齐次方程。其响应为

$$\begin{cases} x = A e^{-\xi \omega_n t}\sin(\sqrt{1 - \xi^2}\omega_n t + \varphi) + B\sin(\omega t - \varphi) \\ \varphi = \arctan\dfrac{2\xi\lambda}{1 - \lambda^2} \\ \lambda = \dfrac{\omega}{\omega_n} \\ B = \dfrac{\omega_n^2 F_0/k}{\sqrt{(\omega_n^2 - \omega^2)^2 + (2\xi\omega_n\omega)^2}} \\ = \dfrac{F_0}{k \sqrt{(1 - \lambda^2)^2 + (2\lambda\xi)^2}} \end{cases}$$

$$(13.6-22)$$

式中，A 与 φ 仍按式 (13.6-16) 计算，λ 为频率比，B 为稳态响应的振幅。

谐迫振动的主要特性有：

1）式 (13.6-22) 包括瞬态与稳态响应两部分，其中瞬态响应是一个有阻尼的谐振。振动频率为系统固有频率 ω_n，振幅 A 与初相位角 φ 取决于初始条件，振幅的衰减按 $e^{-\xi \omega_n t}$ 规律，因此，振动持续时间决定于系统的阻尼比 ξ。

2）谐迫振动的稳态响应也是一个简谐振动，其频率等于激振力的频率 ω，振幅为 B，相位角为 φ。

3）F_0/k 是系统在静载荷 F_0 作用下产生的变形，称静态变位。而系统在 $f(t) = F_0\sin\omega t$ 作用时，产生等幅振动，这个振动实质上是一种动态变位。$H(\omega) = B/(F_0/k)$ 即为动态变位与静态变位之比，称为动力放大因子。$H(\omega)$ 随阻尼比 ξ 和频率比 λ 而变化。当 $\lambda \ll 1$ 时，$H(\omega) \approx 1$ 即 $B \approx F_0/k$，说明激振频率 ω 远小于系统固有频率 ω_n 时，系统可视为静态，振幅也等于静变位。当 $\lambda \gg 1$ 时，$H(\omega) \to 0$ 即 $B \to 0$ 这是因为激振力频率非常高，系统由于惯性而来不及随之振动。当 $\lambda \approx 1$ 时，B 急剧增大，即发生共振。

如图 13.6-5 所示，离心式自动脱水洗衣机，由于运转时不可避免的衣物偏心而常常引起剧烈振动。所以设计时要求采取严格的隔振措施，把振幅控制在一定的范围内。某洗衣机质量为 $M = 2000\text{kg}$，由 4 个垂直的螺旋弹簧支承，每个弹簧的刚度由试验测定为 $k = 83000\text{N/m}$。另有 4 个阻尼器，总的相对阻尼系数为 $\xi = 0.15$。洗衣机在脱水时以 $n = 300\text{r/min}$ 运转，此时衣物的偏心质量为 $m = 13\text{kg}$，偏心距为 $e = 0.5\text{m}$。

由于结构对称，计算洗衣机垂直方向的振幅时，可作为单自由度来处理。偏心质量的离心力在垂直方向的分量引起洗衣机机体在垂直方向的受迫振动，根

据式（13.6-21），其振动方程为

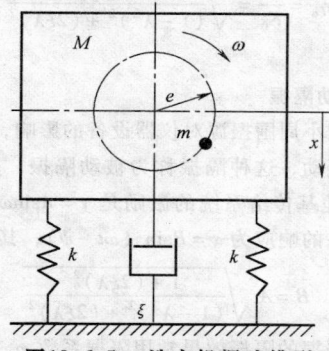

图13.6-5　洗衣机振动模型

$$\ddot{x} + 2\xi\omega_n \dot{x} + \omega_n^2 x = \frac{me\omega^2}{M}\sin\omega t$$

式中，$me\omega^2$ 为离心惯性力，ω 为激振力频率 $\omega = \frac{2\pi n}{60} = 31.4\,\mathrm{rad/s}$。系统的 4 个弹簧为并联，总刚度为

$K = 4k = 332000\,\mathrm{N/m}$，固有频率为 $\omega_n = \sqrt{\frac{K}{M}} = 12.88\,\mathrm{rad/s}$。频率比为 $\lambda = \omega/\omega_n = 2.44$。这说明此时超过共振点较多，不会发生共振。根据式（13.6-22），振幅为

$$B = \frac{F_0}{K\sqrt{(1-\lambda^2)^2 + (2\lambda\xi)^2}}$$
$$= \frac{me}{K}\frac{\omega^2}{\sqrt{(1-\lambda^2)^2 + (2\lambda\xi)^2}} = 0.0038\,\mathrm{m}$$

1.2　等效力学模型

在实际振动系统中往往有多个质量块与多个以不同形式联结的弹性元件，尽管这些系统可以用有限元方法进行动力学分析，但为了简化，需要进行等效处理。

1.2.1　等效力

作用于等效构件上的等效力（或等效力矩）所做的功应等于作用于系统上的全部外力所做的功。实用中为了方便，可根据功率相等来折算。设 F_k（$k =$

$1, 2, \cdots, m$）和 M_j（$j = 1, 2, \cdots, n$）分别为作用于机械上的外力和外力矩，根据功率相等的原则可导出等效力 F_e 或等效力矩 M_e 为

$$F_e = \sum_{k=1}^{m} F_k \frac{v_k\cos\alpha_k}{v} + \sum_{j=1}^{n} \pm M_j \frac{\omega_j}{v},$$
$$M_e = \sum_{k=1}^{m} F_k \frac{v_k\cos\alpha_k}{\omega} + \sum_{j=1}^{n} \pm M_j \frac{\omega_j}{\omega}$$

$$(13.6\text{-}23)$$

式中　ω——等效构件的角速度；
　　　ω_j——外力矩 M_j 作用的构件的角速度；
　　　v——等效构件的速度；
　　　v_k——外力 F_k 作用点的速度；
　　　α_k——F_k 与 v_k 之夹角。

1.2.2　等效质量和等效转动惯量

根据能量法原理，分布质量可简化为一个等效质量。对于离散分布的各集中质量，其等效质量为

$$m_e = \sum_{i=1}^{m} m_i\left(\frac{v_i}{v_e}\right)^2 + \sum_{j=1}^{m} J_j\left(\frac{\omega_j}{v_e}\right)^2$$

$$(13.6\text{-}24)$$

式中　v_i——质量 m_i 的运动速度；
　　　v_e——等效质量的运动速度；
　　　ω_j——转动惯量 I_j 的转动角速度。
　　等效转动惯量为

$$J_e = \sum_{i=1}^{m} m_i\left(\frac{v_i}{\omega_e}\right)^2 + \sum_{j=1}^{m} J_j\left(\frac{\omega_j}{\omega_e}\right)^2$$

$$(13.6\text{-}25)$$

式中　ω_e——等效转动惯量的转动角速度。

1.2.3　等效刚度

建立动力学模型时，需将组合弹簧系统换算成一个等效弹簧。等效刚度是在保证系统总势能不变的条件下，将各部分的刚度向一定位置转换，转换得到的假想刚度为等效刚度。机械系统中常用几个弹性元件串联或并联。组合弹性元件的等效刚度见表 13.6-1。

表 13.6-1　组合弹性元件的等效刚度

弹簧元件组合形式	等效刚度	弹簧元件组合形式	等效刚度
	$k = \dfrac{k_1 k_2}{k_1 + k_2}$		$k = \dfrac{(a+b)^2}{\dfrac{a^2}{k_2} + \dfrac{b^2}{k_1}}$
	$k = k_1 + k_2$		$k = \dfrac{k_1(k_2 + k_3)}{k_1 + k_2 + k_3}$

1.3　隔振原理

工程上通常采用两种性质不同的隔振，即主动隔振和被动隔振。两种隔振的设计思路是相同的，都是把隔振的机器或仪器安装在由弹簧与阻尼器组成的隔振器上，使大部分振动能量为隔振器所吸收。

1.3.1　主动隔振

机器本身是振源，为了减少对周围其他设备的影响，用隔振器将机器与地基隔开，这种隔振称为主动隔振。例如行走机械中，原动机底座加橡胶隔振垫等。

图 13.6-6a 是单自由度主动隔振系统的动力学模型。机器本身产生的振动激振力为 $F_0\sin\omega t$。如果没有隔振装置，设备和支承之间为刚性接触，则传递到支承上的动载荷为 $F_0\sin\omega t$。采用隔振措施后，系统作用在支承上的力将为通过弹簧 k 和阻尼器 c 传递的最大载荷 $N_{k\max}$ 和 $N_{c\max}$ 的矢量和，即

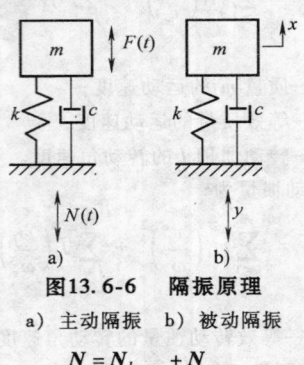

图13.6-6　隔振原理
a) 主动隔振　b) 被动隔振

$$N = N_{k\max} + N_{c\max}$$

因

$$N_k = kx = kB\sin(\omega t - \varphi)$$

$$N_c = c\dot{x} = c\omega B\cos(\omega t - \varphi)$$

上述振动为简谐振动，其振动位移与速度之间的相位差 90°，所以，最大合力为

$$N = \sqrt{(kB)^2 + (c\omega B)^2} = kB\sqrt{1 + (2\xi\lambda)^2} \tag{13.6-26}$$

由式（13.6-22），谐迫振动的振幅为

$$B = \frac{B_0}{\sqrt{(1-\lambda^2)^2 + (2\xi\lambda)^2}} = \frac{F_0}{k\sqrt{(1-\lambda^2)^2 + (2\xi\lambda)^2}}$$

将上式代入式（13.6-26），得

$$N = F_0\sqrt{\frac{1 + (2\xi\lambda)^2}{(1-\lambda^2)^2 + (2\xi\lambda)^2}}$$

主动隔振的隔振效果常用隔振系数 η_a 来表示。η_a 为设备隔振后传给地基的最大动载荷 N（幅值）与未隔振时设备传给地基的最大动载荷 F_0（幅值）之比值

$$\eta_a = \frac{N}{F_0} = \sqrt{\frac{1 + (2\xi\lambda)^2}{(1-\lambda^2)^2 + (2\xi\lambda)^2}} \tag{13.6-27}$$

1.3.2　被动隔振

为了减小周围振源对仪器设备的影响，需隔离来自地基的振动，这种隔振称为被动隔振，如图 13.6-6b 所示。地基传给系统的激励是 $y = A\sin\omega t$，经隔振后仪器设备的响应为 $x = B\sin(\omega t - \psi)$，其振幅为

$$B = A\sqrt{\frac{1 + (2\xi\lambda)^2}{(1-\lambda^2)^2 + (2\xi\lambda)^2}}$$

被动隔振的隔振效果常用隔振系数 η_p 来表示

$$\eta_p = \frac{B}{A} = \sqrt{\frac{1 + (2\xi\lambda)^2}{(1-\lambda^2)^2 + (2\xi\lambda)^2}} \tag{13.6-28}$$

当振源为简谐振动时，主动隔振与被动隔振的隔振系数的数学表达式是完全相同的。

采用不同的 ξ、λ 值，可绘制一系列隔振曲线。

当 $\lambda \ll 1$ 时，$\eta = 1$，无隔振效果；当 $1 < \lambda < \sqrt{2}$ 时，$\eta > 1$，不但不能隔振，反而会有扩振的效果；当 $\lambda \approx 1$ 时，系统共振。所以，$1 < \lambda < \sqrt{2}$ 称为扩振区。设备在起动和制动过程中必定要经过这一区域，因而，在隔振器内，应具有适当的阻尼，以减少经过共振区域的振幅。

当 $\lambda > \sqrt{2}$ 时，$\eta < 1$，这才有隔振效果，故称为隔振区，且随着 λ 的增大隔振效果增强。在工程中一般取 $\lambda = 2.5 \sim 5$ 即可满足要求。在此区域，增大阻尼会降低隔振效果。

1.4　等效黏性阻尼

在振动微分方程中，一般将阻尼假定为黏性阻尼，从而使方程容易求解。而实际系统常为非黏性阻尼，因而需要用等效黏性阻尼来进行近似计算。

当系统作简谐振动时，黏性阻尼力也是简谐力，即

$$F_c = c\dot{x} = cB\omega\cos(\omega t - \psi)$$

在一个周期中，黏性阻尼所消耗的能量等于它在一个周期中所做的功

$$W_c = \int_0^T F_c\dot{x}\mathrm{d}t = \int_0^{\frac{2\pi}{\omega}} cB^2\omega^2\cos^2(\omega t - \psi)\mathrm{d}t$$

$$W_c = \pi cB^2\omega \tag{13.6-29}$$

对于非黏性阻尼系统，根据一个周期中非黏性阻尼和等效阻尼所消耗的能量相等的原理，假设 W_e 为非黏性阻尼在一个周期内所做的功，c_e 为其等效阻尼，则

$$W_e = W_c = \pi c_e B^2 \omega$$

$$c_e = \frac{W_e}{\pi \omega B^2} \qquad (13.6\text{-}30)$$

常见的非黏性阻尼的等效阻尼有干摩擦阻尼、流体黏性阻尼和结构阻尼三种。

1.4.1 干摩擦阻尼

干摩擦阻尼力 F_c 为常数力，在系统振动过程中大小不变，其方向始终与运动方向相反，当质量从平衡位置移动到最大位移时，摩擦力做功为 $F_c B$ 在 1 个振动周期内，阻尼力所做的功为 $W_e = 4F_c B$。由式（13.6-30），则干摩擦阻尼的等效黏性阻尼系数为

$$c_e = \frac{4F_c}{\pi \omega B} \qquad (13.6\text{-}31)$$

1.4.2 流体黏性阻尼

当物体以较大速度在黏度较小的流体内运动时，其阻尼力和速度平方成正比（$F_c = a\dot{x}^2$），而方向与速度相反。流体阻尼在一个周期内所做的功为

$$W_e = 4 \int_0^{\frac{T}{4}} F_c \dot{x} dt = 4 \int_0^{\frac{T}{4}} a\dot{x}^3 dt = 4a \int_{\frac{\psi}{\omega}}^{\frac{T}{2}+\frac{\psi}{\omega}} B^3 \omega^3 \cos^3$$

$$(\omega t - \psi) dt = \frac{8}{3} aB^3 \omega^2$$

由式（13.6-30），得

$$c_e = \frac{W_e}{\pi \omega B^2} = \frac{8}{3\pi} aB\omega \qquad (13.6\text{-}32)$$

1.4.3 结构阻尼

结构材料在振动过程中，存在加载和卸载的循环。每个振动周期内形成一个应力-应变曲线，如图 13.6-7 所示。试验表明，一个周期内结构阻尼消耗的能量与振幅的平方成正比，而与振动频率无关，即

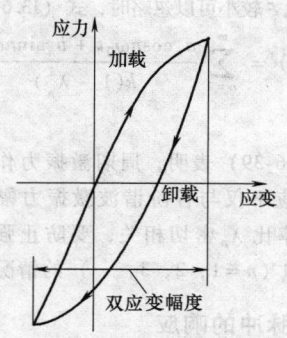

图13.6-7　材料的应力-应变曲线

$$W_e = bB^2$$

式中　b——常数。

由式（13.6-30），结构阻尼的等效黏性阻尼系数为

$$c_e = \frac{b}{\pi \omega} \qquad (13.6\text{-}33)$$

如果一个系统存在几个性质不同的阻尼时，也可以把它折算成等效阻尼

$$c_e = \frac{\sum W}{\pi \omega B^2} \qquad (13.6\text{-}34)$$

式中　$\sum W$——系统各阻尼在一个周期中消耗的能量。

1.5　非谐周期激励的响应

对于工程中常见的线性系统来说，任何周期函数均可按傅里叶级数理论展开为一系列简谐函数之和。假设系统受一周期激励 $F(t)$ 作用，其周期为 T，可表示为

$$F(t) = \frac{a_0}{2} + a_1 \cos\omega_0 t + a_2 \cos 2\omega_0 t + \cdots$$
$$+ b_1 \sin\omega_0 t + b_2 \sin 2\omega_0 t \cdots$$

$$或 \quad F(t) = A_0 + \sum_{n=1}^{\infty} A_n \sin(n\omega_0 t + \varphi_n)$$

$$(13.6\text{-}35)$$

式中

$$a_0 = \frac{2}{T} \int_0^T F(t) dt$$

$$a_n = \frac{2}{T} \int_0^T F(t) \cos n\omega_0 t dt, \quad (n = 1, 2, 3, \cdots)$$

$$b_n = \frac{2}{T} \int_0^T F(t) \sin n\omega_0 t dt, \quad (n = 1, 2, 3, \cdots)$$

$$A_0 = \frac{a_0}{2}, \quad A_n = \sqrt{a_n^2 + b_n^2}, \quad \tan\varphi_n = \frac{a_n}{b_n}$$

图 13.6-8 为给定周期函数 $F(t)$ 的频谱。

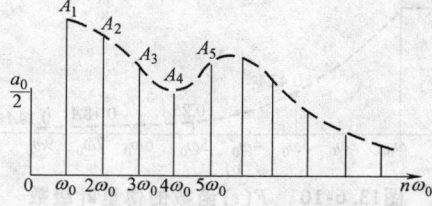

图13.6-8　周期函数 $F(t)$ 的频谱

图 13.6-9 表示常用的方波周期激励，

$$F(t) = \begin{cases} A, & 当 0 < t < \dfrac{T}{2} 时 \\ -A, & 当 \dfrac{T}{2} < t < T 时 \end{cases}, \quad 基频 \; \omega_0 = 2\pi/T。$$

不难求出傅里叶系数为

$$a_0 = \frac{2}{T} \int_0^T F(t) dt = 0$$

$$a_n = \frac{2}{T}\int_0^T F(t)\cos n\omega_0 t \mathrm{d}t$$

$$= \frac{2}{T}\left[\int_0^{\frac{T}{2}} A\cos n\omega_0 t \mathrm{d}t - \int_{\frac{T}{2}}^T A\cos n\omega_0 t \mathrm{d}t\right] = 0$$

$$b_n = \frac{2}{T}\int_0^T F(t)\sin n\omega_0 t \mathrm{d}t$$

$$= \frac{A}{n\pi}\left[1 - 2\cos n\pi + \cos 2n\pi\right]$$

$$= \begin{cases} \dfrac{4A}{n\pi}, & n = 1,3,5,\cdots \\ 0, & n = 2,4,6,\cdots \end{cases}$$

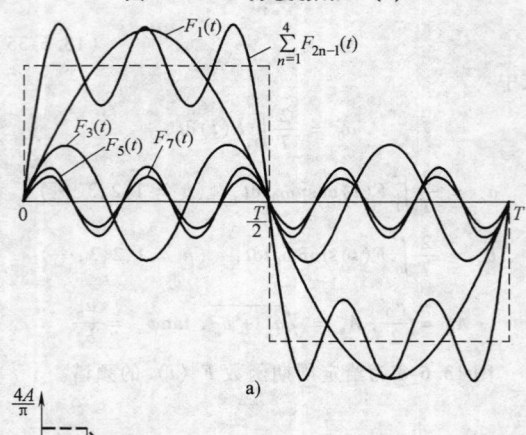

图13.6-9　方波激励 $F(t)$

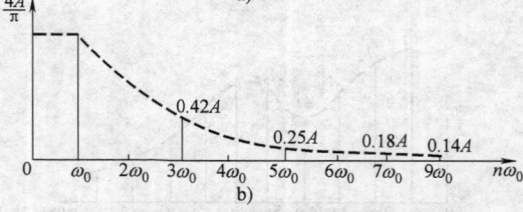

a)

b)

图13.6-10　$F(t)$ 函数的傅里叶级数
前5阶谐波合成及对应的频谱图

因此

$$F(t) = 1.27A\sin\omega_0 t + 0.42\sin 3\omega_0 t + 0.25\sin 5\omega_0 t + \cdots$$

$F(t)$ 函数的傅里叶级数如图 13.6-10a 所示。在工程中一般取前 5 阶谐波合成就能满足精度要求。图 13.6-10b 为对应的频谱图。从图中可以看出，当 $n = 9$ 时，谐波的幅值为 $0.14A$，占比重很小。因此，可以忽略高阶谐波。

下面讨论有阻尼的弹簧质量系统在周期激励

$F(t)$ 作用下的响应。其运动方程为

$$m\ddot{x} + c\dot{x} + kx = \frac{a_0}{2} + \sum_{n=1}^{\infty}(a_n\cos n\omega_0 t + b_n\sin n\omega_0 t)$$

(13.6-36)

方程右端的常数项 $a_0/2$ 相当于激振力的静力部分，若将响应曲线的坐标选在静平衡位置，此常数力不会出现在微分方程中。所以只讨论各阶简谐交变力引起的响应。

同样，这里只讨论周期激励下的稳态响应。

对于线性系统，可应用叠加原理将式（13.6-36）右端各谐波激励分别单独作用于系统，逐个求得其响应，然后将各响应叠加，即为系统在周期激励作用下的稳态响应。

在第 n 阶谐波激振力（$a_n\cos n\omega_0 t + b_n\sin n\omega_0 t$）作用下，根据式（13.6-22），其响应可表示为

$$x_n(t) = \frac{a_n}{k}\frac{\cos(n\omega_0 t - \psi_n)}{\sqrt{(1 - \lambda_n^2)^2 + (2\xi\lambda_n)^2}}$$
$$+ \frac{b_n}{k}\frac{\sin(n\omega_0 t - \psi_n)}{\sqrt{(1 - \lambda_n^2)^2 + (2\xi\lambda_n)^2}} \quad (13.6\text{-}37)$$

式中　　λ_n——第 n 阶频率比，$\lambda_n = \dfrac{n\omega_0}{\omega_n}$；

　　　　ω_n——系统固有频率，$\omega_n = \sqrt{k/m}$；

　　　　k——系统刚度。

$$\psi_n = \arctan\left(\frac{2\xi\lambda_n}{1 - \lambda_n^2}\right)$$

系统的总响应为

$$x(t) = \sum_{n=1}^{\infty}\frac{a_n\cos(n\omega_0 t - \psi_n) + b_n\sin(n\omega_0 t - \psi_n)}{k\sqrt{(1 - \lambda_n^2)^2 + (2\xi\lambda_n)^2}}$$

(13.6-38)

当阻尼比 ξ 较小可以忽略时，式（13.6-38）可写成

$$x(t) = \sum_{n=1}^{\infty}\frac{a_n\cos n\omega_0 t + b_n\sin n\omega_0 t}{k(1 - \lambda_n^2)}$$

(13.6-39)

式（13.6-39）表明，周期激振力作用下系统无阻尼稳态响应不仅与各阶谐波激振力幅值 a_n、b_n 有关，且与频率比 λ_n 密切相关，要防止强烈振动应避免出现 $\lambda_n = 1$（$n = 1$，2，3，…）的情况。

1.6　单位脉冲的响应

如第 1.1.1 节所述，一个无阻尼弹簧质量系统，在初始位移 x_0 和初始速度 v_0 下的自由振动响应为 $x = \dfrac{v_0}{\omega_n}\sin\omega_n t + x_0\cos\omega_n t$，设系统原来静止于平衡位置。从 $t = 0$ 开始，突然有冲量 $I = F\Delta t$ 作用，其中 Δt 是极

其短暂的冲击时间。由冲量定理，质量 m 的初速度 $v_0 = I/m$，初始位移 $x_0 = 0$，代入上式，则系统的运动规律为

$$x(t) = \frac{I}{m\omega_n}\sin\omega_n t \qquad (13.6\text{-}40)$$

如果冲量 $I = 1$，则称为单位脉冲，则由单位脉冲引起的系统响应为

$$h(t) = \frac{1}{m\omega_n}\sin\omega_n t \qquad (13.6\text{-}41)$$

若引入系统阻尼，则单位脉冲引起的系统响应为

$$h(t) = \frac{e^{-\xi\omega_n t}}{m\omega_n\sqrt{1-\xi^2}}\sin\omega_d t, \quad \omega_d = \omega_n\sqrt{1-\xi^2}$$

$$(13.6\text{-}42)$$

式（13.6-42）表示在 $t = 0$ 时单位脉冲引起的系统响应（图 13.6-11a）。如果单位脉冲 $I = 1$ 是在 $t = \tau$ 开始作用（图 13.6-11b），则系统的响应只要用 $(t-\tau)$ 去代替式（13.6-42）中的 t 即可，即

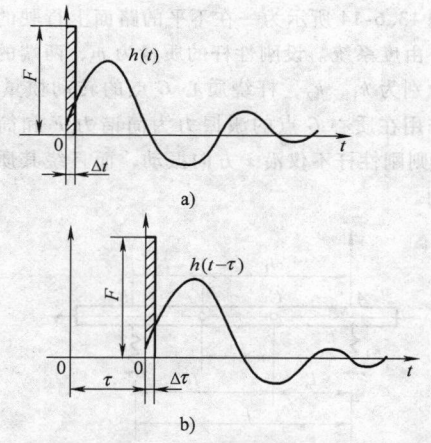

图13.6-11　单位脉冲的响应

$$h(t-\tau) = \begin{cases} \dfrac{e^{-\xi\omega_n(t-\tau)}}{m\omega_n\sqrt{1-\xi^2}}\sin\omega_d(t-\tau), & \text{当 } t > \tau \\ 0, & \text{当 } t < \tau \end{cases}$$

$$(13.6\text{-}43)$$

对于非单位脉冲 $I = F\Delta t$，则系统的响应为 $(F\Delta t)h(t-\tau)$

$$= \begin{cases} \dfrac{(F\Delta t)e^{-\xi\omega_n(t-\tau)}}{m\omega_n\sqrt{1-\xi^2}}\sin\omega_d(t-\tau), & \text{当 } t > \tau \\ 0, & \text{当 } t < \tau \end{cases}$$

$$(13.6\text{-}44)$$

1.7　任意激励的响应

对于一个任意的非周期性函数 $F(t)$（图 13.6-12），可以看成是一系列冲量 $F(\tau)\mathrm{d}\tau$ 的脉冲排列而成。对

应于每一个 τ 值都有一个宽度为 $\Delta\tau$，高度为 $F(\tau)$ 的脉冲。设 $t = \tau$ 时的微脉冲为 $F(\tau)\mathrm{d}\tau$，则此微脉冲引起系统在 $t > \tau$ 时刻的响应为

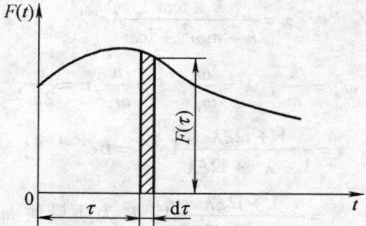

图13.6-12　任意的非周期性函数 $F(t)$

$$\mathrm{d}x(t) = F(\tau)\mathrm{d}\tau h(t-\tau)$$

系统在任意激励 $F(t)$ 作用下的响应，应是在时刻 t 之前作用于系统的所有脉冲引起的系统响应的总合，即

$$x(t) = \int_0^t F(\tau)h(t-\tau)\mathrm{d}\tau$$

则

$$x(t) = \frac{1}{m\omega_d}\int_0^t F(\tau)e^{-\xi\omega_n(t-\tau)}\sin\omega_d(t-\tau)\mathrm{d}\tau$$

$$(13.6\text{-}45)$$

当忽略阻尼时，式（13.6-45）可写成

$$x(t) = \frac{1}{m\omega_n}\int_0^t F(\tau)\sin\omega_n(t-\tau)\mathrm{d}\tau$$

$$(13.6\text{-}46)$$

式（13.6-45）、式（13.6-46）的积分形式称为杜哈美（Duhamal）积分，数学上称为卷积。

1.8　任意支承激励的响应

图 13.6-13 所示的支承激振动力模型中，设支承作简谐运动，即 $y = A\sin\omega t$。由牛顿定律，系统运动的微分方程为

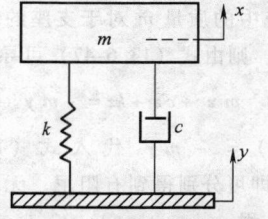

图13.6-13　支承激励动力模型

$$m\ddot{x} = -k(x-y) - c(\dot{x}-\dot{y}) \text{ 或 } m\ddot{x} + c\dot{x} + kx = c\dot{y} + ky$$

$$(13.6\text{-}47)$$

从而有

$$m\ddot{x} + c\dot{x} + kx = cA\omega\cos\omega t + kA\sin\omega t$$

$$(13.6\text{-}48)$$

该振动微分方程的稳态解可以通过线性迭加法求出。这里用复数法求解。设系统稳态解为 $x = Be^{i(\omega t - \psi)}$，将 x、y 代入式（13.6-48），有

$$x = \frac{k + ic\omega}{k - m\omega^2 + ic\omega} Ae^{i\omega t}$$

引入 $\omega_n^2 = \dfrac{k}{m}$，$\lambda = \dfrac{\omega}{\omega_n}$，$\xi = \dfrac{n}{\omega_n}$，$n = \dfrac{c}{2m}$，则有

$$x = \frac{1 + i2\xi\lambda}{1 - \lambda^2 + i2\xi\lambda} Ae^{i\omega t} = Be^{i(\omega t - \psi)}$$

式中，$Be^{-i\psi} = \dfrac{1 + i2\xi\lambda}{1 - \lambda^2 + i2\xi\lambda} A$；$B$ 为质量块 m 的振幅。

利用复数运算，得

$$\begin{cases} B = A\sqrt{\dfrac{1 + (2\xi)^2}{(1 - \lambda^2)^2 + (2\xi\lambda)^2}} \\ \psi = \arctan\left[\dfrac{2\xi\lambda^3}{1 - \lambda^2 + (2\xi)^2}\right] \quad (13.6\text{-}49) \\ \beta = \dfrac{B}{A} = \sqrt{\dfrac{1 + (2\xi)^2}{(1 - \lambda^2)^2 + (2\xi\lambda)^2}} \end{cases}$$

式中　B——振幅；

　　　ψ——相位角；

　　　β——放大因子。

如果支承作任意激励，则式（13.6-43）的右端 $ky + c\dot{y}$ 相当于激振力 $F(t)$，运用式（13.6-45）、式（13.6-46），即可得

$$x(t) = \frac{1}{m\omega_d} \int_0^t \left[ky(\tau) + c\dot{y}(\tau)\right] e^{-\xi\omega_n(t-\tau)} \sin\omega_d(t - \tau) d\tau \tag{13.6-50}$$

当忽略阻尼时，式（13.6-50）可写成

$$x(t) = \frac{1}{m\omega_n} \int_0^t ky(\tau) \sin\omega_n(t - \tau) d\tau \tag{13.6-51}$$

如果支座的运动是用加速度 $\ddot{y}(t)$ 来描述的，而所需的是系统中的质量 m 对于支座的相对运动，如果令 $z = x - y$，则由式（13.6-47）可导出

$$m\ddot{z} + c\dot{z} + kz = -m\ddot{y} \tag{13.6-52}$$

将 $F(t) = -m\ddot{y}$ 代入式（13.6-45）、式（13.6-46），即可分别得到有阻尼、无阻尼系统的相对运动微分方程

$$z(t) = -\frac{1}{\omega_d} \int_0^t \ddot{y}(\tau) e^{-\xi\omega_n(t-\tau)} \sin\omega_d(t - \tau) d\tau \tag{13.6-53}$$

$$z(t) = -\frac{1}{\omega_n} \int_0^t \ddot{y}(\tau) \sin\omega_n(t - \tau) d\tau \tag{13.6-54}$$

2　多自由度系统的振动

2.1　多自由度系统的自由振动

2.1.1　振动微分方程的建立

1. 运用牛顿第二定律推导运动微分方程

运用牛顿第二定律，可以按下面的步骤推导多自由度系统的微分方程：

1）选择适当的坐标来描述系统中各个点质量或刚体的位置，确定系统的静平衡位置。

2）以每个质量或刚体的静平衡位置为振动位移的原点，并指定质量或刚体的位移、速度和加速度的正方向。

3）对每个质量或刚体进行受力分析，标明主动力和约束反力。

4）对每个质量或刚体运用牛顿第二定律列方程。

图 13.6-14 所示为一在不平的路面上行驶的车辆的二自由度系统。设刚性杆的质量为 m，两端的支承刚度分别为 k_1，k_2，杆绕质心 G 点的转动惯量为 J。假设作用在质心 G 点的激振力为简谐力 F 和简谐转矩 T，则刚性杆不仅沿 x 方向振动，而且绕其质心扭转振动。

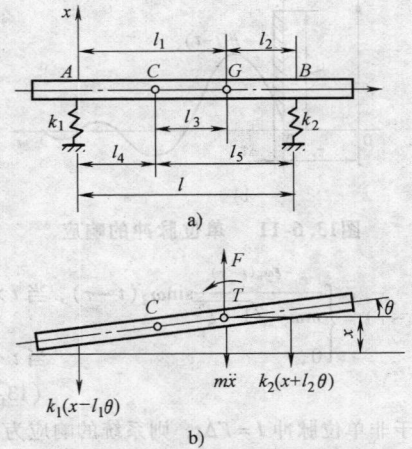

图13.6-14　路面上行驶的车辆的二自由度系统

现取广义坐标为刚性杆质心的垂直位移 x_G 和转动角度 θ_G，并分别应用牛顿定理和动量矩定理列出刚性杆的平动和转动动力学方程，有

$$m\ddot{x}_G = F\sin\omega t - (k_1 + k_2)x_G - (k_2 l_2 - k_1 l_1)\theta_G$$

$$J\ddot{\theta}_G = T\sin\omega t - (k_2 l_2 - k_1 l_1)x_G - (k_1 l_1^2 + k_2 l_2^2)\theta_G$$

整理后，写成矩阵形式其系统的振动微分方程为

$$\begin{pmatrix} m & 0 \\ 0 & J \end{pmatrix} \begin{pmatrix} \ddot{x}_G \\ \ddot{\theta}_G \end{pmatrix} + \begin{pmatrix} k_1 + k_2 & k_2 l_2 - k_1 l_1 \\ k_2 l_2 - k_1 l_1 & k_1 l_1^2 + k_2 l_2^2 \end{pmatrix} \begin{pmatrix} x_G \\ \theta_G \end{pmatrix}$$

$$= \begin{pmatrix} F \\ T \end{pmatrix} \sin \omega t \qquad (13.6\text{-}55)$$

该式可写成

$$M \begin{pmatrix} \ddot{x}_G \\ \ddot{\theta}_G \end{pmatrix} + K \begin{pmatrix} x_G \\ \theta_G \end{pmatrix} = F$$

其中质量矩阵 $M = \begin{pmatrix} m & 0 \\ 0 & J \end{pmatrix}$ 是对角矩阵；刚度矩

阵 $K = \begin{pmatrix} k_1 + k_2 & k_2 l_2 - k_1 l_1 \\ k_2 l_2 - k_1 l_1 & k_1 l_1^2 + k_2 l_2^2 \end{pmatrix}$ 是对称矩阵，静力参

数 x_G 和 θ_G 在两个方程中出现，称为静力参数耦合或

弹性耦合；力列阵 $F = \begin{pmatrix} F \\ T \end{pmatrix} \sin \omega t$。

2. 用拉格朗日方程推导运动微分方程

对于较复杂的多自由度系统用拉格朗日方程建立方程比较简便，步骤是选取广义坐标 q_i，求系统的动能 T 和势能 U，将其表示为广义坐标 q_i、广义速度 $\dot{q}_i$ 和时间 t 的函数，然后代入拉格朗日方程求解：

$$\frac{\mathrm{d}}{\mathrm{d}t} \left(\frac{\partial T}{\partial \dot{q}_i} \right) - \frac{\partial T}{\partial q_i} + \frac{\partial U}{\partial q_i} = F_i \quad (i = 1, 2, \cdots, N)$$

式中　F_i——非有势广义力，

$$F_i = \sum_{j=1}^{N} \left(F_{jx} \frac{\partial x_j}{\partial q_i} + F_{jy} \frac{\partial y_j}{\partial q_i} + F_{jz} \frac{\partial z_j}{\partial q_i} \right)$$

式中　F_{jx}，F_{jy}，F_{jz}——外力 F_j 在坐标 x，y，z 方向
　　　　　　　　　　　　　上的投影；
　　　　x_j，y_j，z_j——力 F_j 作用点的坐标；
　　　　N——系统的自由度。

对于图 13.6-14 所示系统，用拉格朗日运动方程列出系统的振动微分方程。

取广义坐标 q_1 为 C 点（G 点为质心）的位移 x_C，广义坐标 q_2 为转角 θ_C，并使 $k_1 l_4 = k_2 l_5$。此时外力 F_C 和转矩 T_C 作用在 C 点。

系统的动能为

$$T = \frac{1}{2} m (\dot{x}_C + l_3 \dot{\theta}_C)^2 + \frac{1}{2} J (\dot{\theta}_C)^2;$$

系统的势能为

$$U = \frac{1}{2} k_1 (x_C - l_4 \theta_C)^2 + \frac{1}{2} k_2 (x_C + l_5 \theta_C)^2;$$

$$\frac{\partial T}{\partial \dot{x}_C} = m (\dot{x}_C + l_3 \dot{\theta}_C),$$

$$\frac{\mathrm{d}}{\mathrm{d}t} \left(\frac{\partial T}{\partial \dot{x}_C} \right) = m (\ddot{x}_C + l_3 \ddot{\theta}_C), \quad \frac{\partial T}{\partial x_C} = 0$$

$$\frac{\partial U}{\partial x_C} = k_1 (x_C - l_4 \theta_C) + k_2 (x_C + l_5 \theta_C)$$

$$F_1 = F \sin \omega t \frac{\partial x_C}{\partial q_1} = F \sin \omega t$$

利用拉格朗日方程，并运用 $k_1 l_4 = k_2 l_5$，有

$$m \ddot{x}_C + m l_3 \ddot{\theta}_C + k_1 x_C + k_2 x_C = F \sin \omega t$$

$$(13.6\text{-}56a)$$

同理

$$\frac{\partial T}{\partial \dot{\theta}_C} = m l_3 (\dot{x}_C + l_3 \dot{\theta}_C) + J \dot{\theta}_C,$$

$$\frac{\mathrm{d}}{\mathrm{d}t} \left(\frac{\partial T}{\partial \dot{\theta}_C} \right) = m l_3 (\ddot{x}_C + l_3 \ddot{\theta}_C) + J \ddot{\theta}_C, \quad \frac{\partial T}{\partial \theta_C} = 0$$

$$\frac{\partial U}{\partial \theta_C} = -k_1 l_4 (x_C - l_4 \theta_C) + k_2 l_5 (x_C + l_5 \theta_C),$$

且 $k_1 l_4 = k_2 l_5$

$$F_2 = T \sin \omega t \frac{\partial \theta_C}{\partial q_2} = T \sin \omega t$$

故

$$m l_3 \ddot{x}_C + J \ddot{\theta}_C + m l_3^2 \ddot{\theta}_C + k_1 l_4^2 \theta_C + k_2 l_5^2 \theta_C = T \sin \omega t$$

$$(13.6\text{-}56b)$$

将式（13.6-56a）和式（13.6-56b）写成矩阵形式

$$\begin{pmatrix} m & m l_3 \\ m l_3 & J + m l_3^2 \end{pmatrix} \begin{pmatrix} \ddot{x}_C \\ \ddot{\theta}_C \end{pmatrix} + \begin{pmatrix} k_1 + k_2 & 0 \\ 0 & k_1 l_4^2 + k_2 l_5^2 \end{pmatrix} \begin{pmatrix} x_C \\ \theta_C \end{pmatrix} = \begin{pmatrix} F_C \\ T_C \end{pmatrix}$$

$$(13.6\text{-}56c)$$

与式（13.6-55）不同的是，式（13.6-56c）中刚度矩阵为对角阵，质量矩阵为对称阵，即两个微分方程中均出现 $\ddot{x}_C$、$\ddot{\theta}_C$，称为惯性耦合。

3. 影响系数法

多自由度系统的运动微分方程也可根据影响系数法来推导。这在结构工程中广泛应用。近来采用的有刚度影响系数法和柔度影响系数法。

（1）刚度影响系数法　又称为单位位移法，是把动力系统当做静力系统来处理，用静力学方法来确定系统所有的刚度影响系数（刚度矩阵中元素），借助于这些系数即可建立系统的运动微分方程。

刚度影响系数 k_{ij} 是指：在系统的 j 点产生单位位移（即 $x_j = 1$），而其余各点的位移均为零时，在系统的 i 点所需要加的力。

以图 13.6-15 所示的三自由度质量弹簧系统为例，给出其刚度影响系数。

图 13.6-15 中 k_{i1} 表示使质量 m_1 产生单位位移（$x_1 = 1$），而其余质量 m_2、m_3 的位移均为零（$x_2 = 0$，$x_3 = 0$）时，在质量 m_i 上施加的力。此时该系统

各质量的受力如图 13.6-15b 所示。由平衡方程得

质量 m_1：$k_1 = -k_2 + k_{11}$，即 $k_{11} = k_1 + k_2$

质量 m_2：$k_{21} = -k_2$

质量 m_3：$k_{31} = 0$

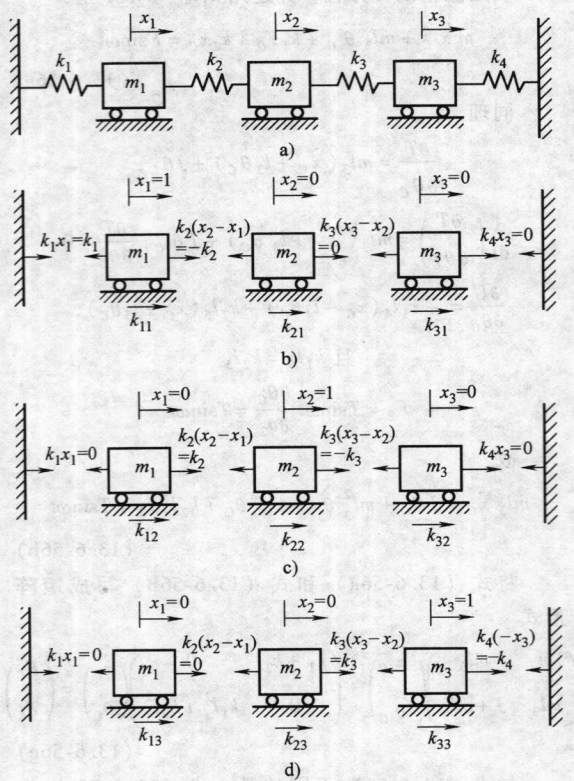

图13.6-15 刚度影响系数的确定

k_{12} 表示当 $x_2 = 1$，而 $x_1 = 0$，$x_3 = 0$ 时，在质量 m_i 上施加的力。此时该系统各质量的受力如图 13.6-15c 所示。由平衡方程得

质量 m_1：$k_{12} + k_2 = 0$，即 $k_{12} = -k_2$

质量 m_2：$k_{22} - k_3 = k_2$，即 $k_{22} = k_2 + k_3$

质量 m_3：$k_{32} = -k_3$

k_{i3} 表示当 $x_3 = 1$，而 $x_1 = 0$，$x_2 = 0$ 时，在质量 m_3 上施加的力。此时该系统各质量的受力如图 13.6-15d 所示。由平衡方程得

质量 m_1：$k_{13} = 0$

质量 m_2：$k_{23} + k_3 = 0$，即 $k_{23} = -k_3$

质量 m_3：$k_{33} - k_4 = k_3$，即 $k_{33} = k_3 + k_4$

于是可得系统的质量矩阵、刚度矩阵为

$$M = \begin{pmatrix} m_1 & 0 & 0 \\ 0 & m_2 & 0 \\ 0 & 0 & m_3 \end{pmatrix}, \quad K = \begin{pmatrix} k_1 + k_2 & -k_2 & 0 \\ -k_2 & k_2 + k_3 & -k_3 \\ 0 & -k_3 & k_3 + k_4 \end{pmatrix}$$

$$(13.6-57)$$

显然，K 是一个对称矩阵，即 $k_{ij} = k_{ji}$。M 质量矩阵是一个对角矩阵，其对角元素为质量 m_1、m_2、m_3。系统的微分方程

$$M(\ddot{X}) + K(X) = 0 \qquad (13.6-58)$$

（2）柔度影响系数法 又称为单位力法，也是把动力系统当做静力系统来处理，用静力学方法来确定系统所有的柔度影响系数（柔度矩阵中元素），借助于这些系数即可建立系统的运动微分方程。

柔度影响系数 α_{ij} 是指：在系统的 j 点作用一个单位力（即 $F_j = 1$），而其余各点均无作用力（即 $F_r = 0$，$r = 1$，2，$\cdots$，$j-1$，$j+1$，$\cdots$，n）时，在系统的 i 点产生的位移。

以图 13.6-16 所示的简支梁为例，它具有弹性而其自重可以忽略。梁上有三个集中质量 m_1、m_2、m_3。对于这类问题，如果采用刚度影响系数法求 k_{ij}，其计算量相当大且复杂。为此引入柔度影响系数法。

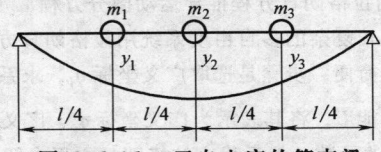

图13.6-16 三自由度的简支梁

图 13.6-16 中，α_{11} 表示在质量 m_1 上作用一个单位力 $F_1 = 1$，而质量 m_2、m_3 上无作用力（即 $F_2 = F_3 = 0$）时，梁上 m_1 处所产生的位移，这个位移可以按材料力学中的计算公式计算，得

$$\alpha_{11} = \frac{9l^3}{768EI}$$

式中 E——梁材料的弹性模量；

I——梁的截面惯性矩。

由于结构对称，$\alpha_{33} = \alpha_{11}$。

同理，α_{21} 表示 m_1 处作用一单位力 $F_1 = 1$，而 m_2、m_3 上无作用力（即 $F_2 = F_3 = 0$）时，梁上 m_2 处所产生得位移，得

$$\alpha_{21} = \frac{11l^3}{768EI}$$

用同样的方法可以求出其他柔度影响系数。将它们排列起来，就构成了柔度矩阵，得

$$\alpha = \begin{pmatrix} \alpha_{11} & \alpha_{12} & \alpha_{13} \\ \alpha_{21} & \alpha_{22} & \alpha_{23} \\ \alpha_{31} & \alpha_{32} & \alpha_{33} \end{pmatrix} = \begin{pmatrix} 9 & 11 & 7 \\ 11 & 16 & 11 \\ 7 & 11 & 9 \end{pmatrix} \frac{l^3}{768EI}$$

可以证明，柔度影响系数矩阵与刚度影响系数矩阵互为逆阵，即

$$\alpha = K^{-1}, K = \alpha^{-1}$$

则系统的动力学方程为

$$M(\ddot{X}) + \alpha^{-1}(X) = 0 \qquad (13.6-59)$$

到底采用柔度影响系数法还是刚度影响系数法，

应视具体实际问题而定。对于质量弹簧系统，应用刚度影响系数法较容易；而对于梁、多重摆系统则用柔度影响系数法容易。

2.1.2 特征值问题

对于图 13.6-17 所示的质量块 m_1 和 m_2 组成的二自由度振动系统，其微分方程的矩阵形式为

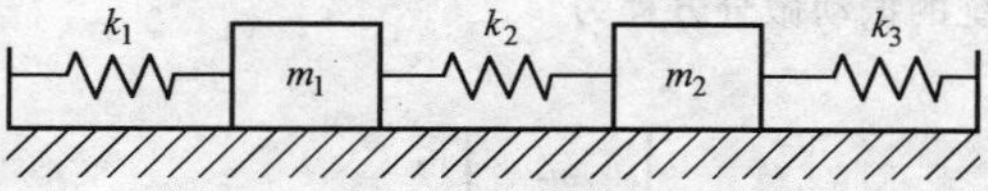

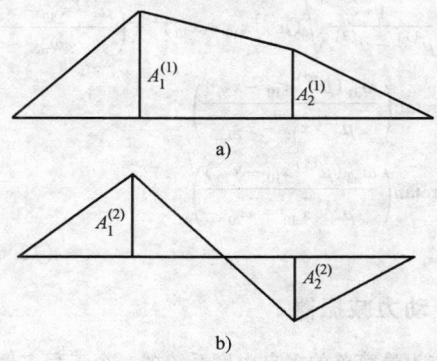

图13.6-17　二自由度振动系统

$$M(\ddot{X}) + K(X) = 0$$

设质量块作简谐振动

$$\left.\begin{array}{l} x_1 = A_1 \sin(\omega_n t + \varphi) \\ x_2 = A_2 \sin(\omega_n t + \varphi) \end{array}\right\}$$

代入上式，则

$$\left[-\omega_n^2 M \begin{pmatrix} A_1 \\ A_2 \end{pmatrix} + K \begin{pmatrix} A_1 \\ A_2 \end{pmatrix} \right] \sin(\omega_n t + \varphi) = 0$$

对于任意瞬时 t，存在

$$(-\omega_n^2 M + K)u = 0 \tag{13.6-60}$$

上式称为 n 个自由度系统的特征矩阵方程。$u = \begin{pmatrix} A_1 \\ A_2 \end{pmatrix}$ 为振幅列阵。

对于二自由度系统，其特征矩阵方程（13.6-60）的展开式为

$$\left.\begin{array}{l} (k_{11} - m_{11}\omega_n^2)A_1 + (k_{12} - m_{12}\omega_n^2)A_2 = 0 \\ (k_{21} - m_{21}\omega_n^2)A_1 + (k_{22} - m_{22}\omega_n^2)A_2 = 0 \end{array}\right\}$$
$$\tag{13.6-61}$$

该方程具有非零解的充分必要条件是系数行列式等于零，即

$$\begin{vmatrix} k_{11} - m_{11}\omega_n^2 & k_{12} - m_{12}\omega_n^2 \\ k_{21} - m_{21}\omega_n^2 & k_{22} - m_{22}\omega_n^2 \end{vmatrix} = 0 \tag{13.6-62}$$

将此行列式展开即可求出系统的固有频率 ω_n，故式（13.6-62）称为频率方程，也称为特征方程，ω_n^2 称为系统的特征值，故也可表示为

$$|K - \omega_n^2 M| = 0 \tag{13.6-63}$$

容易解出

$$\left.\begin{array}{l} \omega_{n1,2} = \sqrt{\dfrac{-b \pm \sqrt{b^2 - 4ac}}{2a}} \\ a = m_{11}m_{22} \\ b = -(m_{11}k_{22} + m_{22}k_{11}) \\ c = k_{11}k_{22} - k_{12}^2 \end{array}\right\} \tag{13.6-64}$$

式中　$\omega_{n1} < \omega_{n2}$，$\omega_{n1}$ 为一阶固有频率（或第一阶主

频率），ω_{n2} 为二阶固有频率（或第二阶主频率）。固有频率的大小仅取决于系统本身的物理性质。

将所求得的固有频率 ω_{n1}、ω_{n2} 代入式（13.6-61），即可求出两种固有频率下的振幅比值

$$\mu^{(1)} = \frac{A_2^{(1)}}{A_1^{(1)}} = \frac{k_{11} - m_{11}\omega_{n1}^2}{-k_{12}}$$

$$\mu^{(2)} = \frac{A_2^{(2)}}{A_1^{(2)}} = \frac{k_{11} - m_{11}\omega_{n2}^2}{-k_{12}} \tag{13.6-65}$$

式中　$A_1^{(1)}$、$A_2^{(1)}$——ω_{n1} 时质量块 m_1、m_2 的振幅；

$A_1^{(2)}$、$A_2^{(2)}$——ω_{n2} 时质量块 m_1、m_2 的振幅。

由于 k_{11}、k_{12}、m_{11} 都是系统的固有物理参数，这说明了系统在振动过程中各点的相对位置是确定的，因此振幅比所确定的振动形态与固有频率一样，也是系统的固有特性，所以通常称为主振型或固有振型。主振型定义为当系统按某阶固有频率振动时，由振幅比所决定的振动形态。以某一阶固有频率对应的主振型振动时，称系统作主振动。

令 $u^{(1)} = \begin{pmatrix} 1 \\ \mu^{(1)} \end{pmatrix}$，$u^{(2)} = \begin{pmatrix} 1 \\ \mu^{(2)} \end{pmatrix}$，振型可表示为

$$\{u\} = [u^{(1)}, u^{(2)}] \tag{13.6-66}$$

在二自由度系统中振型矩阵是 2×2 方阵。

质量块 m_1、m_2 以频率 ω_{n1} 振动时，始终同相位，这种振动形态为第一主振型，如图 13.6-18a 所示。质量块 m_1、m_2 以频率 ω_{n2} 振动时，相位相差 180°，这种振动形态为第二主振型，如图 13.6-18b 所示。在图 13.6-18b 中，系统中有一个点，在任何时刻位置都不改变，该点称为节点，即节点是不产生振动的点。

图13.6-18　二自由度系统的二阶主振型

对于 n 个自由度振动系统，由特征方程可求出 n 个固有频率 $\omega_{n1} \sim \omega_{nn}$，振型可表示为

$$u = (u^{(1)}, u^{(2)}, \cdots u^{(n)}) \tag{13.6-67}$$

该矩阵是 $n \times n$ 方阵。

2.1.3 初始条件和系统响应

由常微分方程理论可知，质量块 m_1 和 m_2 组成的

二自由度振动系统 $M(\ddot{X}) + K(X) = 0$ 有两组解，而其全解由这两组解叠加而成，即

$$\left.\begin{array}{l} x_1 = x_1^{(1)} + x_1^{(2)} \\ x_2 = x_2^{(1)} + x_2^{(2)} \end{array}\right\} \qquad (13.6\text{-}68)$$

式中 $x_1^{(1)}$，$x_2^{(1)}$——质量块 m_1 和 m_2 的第一阶主振动；

$x_1^{(2)}$，$x_2^{(2)}$——质量块 m_1 和 m_2 的第二阶主振动。

系统的响应为

$$\left.\begin{array}{l} x_1 = A_1^{(1)} \sin(\omega_{n1} t + \varphi_1) + A_1^{(2)} \sin(\omega_{n2} t + \varphi_2) \\ x_2 = A_2^{(1)} \sin(\omega_{n1} t + \varphi_1) + A_2^{(2)} \sin(\omega_{n2} t + \varphi_2) \end{array}\right\}$$

$$(13.6\text{-}69)$$

引入振型后，得

$$\left.\begin{array}{l} x_1 = A_1^{(1)} \sin(\omega_{n1} t + \varphi_1) + A_1^{(2)} \sin(\omega_{n2} t + \varphi_2) \\ x_2 = \mu^{(1)} A_1^{(1)} \sin(\omega_{n1} t + \varphi_1) + \mu^{(2)} A_1^{(2)} \sin(\omega_{n2} t + \varphi_2) \end{array}\right\}$$

$$(13.6\text{-}70)$$

其中，ω_{n1}、ω_{n2}、$\mu^{(1)}$、$\mu^{(2)}$ 由系统的物理参数确定，而 $A_1^{(1)}$、$A_1^{(2)}$、φ_1、φ_2 四个未知参数则由四个初始条件决定。

设初始条件 $t = 0$ 时，$x_1 = x_{10}$，$x_2 = x_{20}$，$\dot{x}_1 = \dot{x}_{10}$ 和 $\dot{x}_2 = \dot{x}_{20}$，可推导出

$$\left.\begin{array}{l} A_1^{(1)} = \dfrac{1}{\mu^{(1)} - \mu^{(2)}} \sqrt{(\mu^{(2)} x_{10} - x_{20})^2 + \left(\dfrac{\mu^{(2)} \dot{x}_{10} - \dot{x}_{20}}{\omega_{n1}}\right)^2} \\[4mm] A_1^{(2)} = \dfrac{1}{\mu^{(1)} - \mu^{(2)}} \sqrt{(\mu^{(1)} x_{10} - x_{20})^2 + \left(\dfrac{\mu^{(1)} \dot{x}_{10} - \dot{x}_{20}}{\omega_{n2}}\right)^2} \\[4mm] \varphi_1 = \arctan\left(\dfrac{\omega_{n1}(\mu^{(2)} x_{10} - x_{20})}{\mu^{(2)} \dot{x}_{10} - \dot{x}_{20}}\right) \\[4mm] \varphi_2 = \arctan\left(\dfrac{\omega_{n2}(\mu^{(1)} x_{10} - x_{20})}{\mu^{(1)} \dot{x}_{10} - \dot{x}_{20}}\right) \end{array}\right\}$$

$$(13.6\text{-}71)$$

2.2 动力减振器

作为最简单的多自由度系统的一个工程实例，这里介绍动力减振器问题。在生产实践中，为了减少机械因振动带来的危害，可以在该机械上装设一辅助的质量弹簧系统。这个辅助的装置与原机械（主系统）构成一个二自由度系统，如图 13.6-19 所示。由于这个辅助装置能使主系统避开共振区，并有减振效果，故称为动力减振器。

图 13.6-19 中，m_1、k_1 为原系统的质量和弹簧刚度，m_2、k_2 为动力减振器的质量和弹簧刚度，c 为动力减振器的阻尼，$F_0 \sin\omega t$ 是作用在系统上的激振力。系统的振动微分方程为

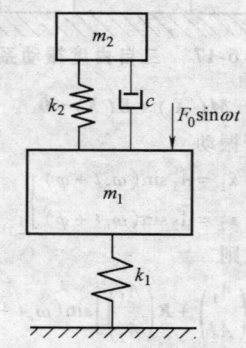

图 13.6-19   动力减振器

$$\begin{pmatrix} m_1 & 0 \\ 0 & m_2 \end{pmatrix} \begin{pmatrix} \ddot{x}_1 \\ \ddot{x}_2 \end{pmatrix} + \begin{pmatrix} c & -c \\ -c & c \end{pmatrix} \begin{pmatrix} \dot{x}_1 \\ \dot{x}_2 \end{pmatrix} +$$

$$\begin{pmatrix} k_1 + k_2 & -k_2 \\ -k_2 & k_2 \end{pmatrix} \begin{pmatrix} x_1 \\ x_2 \end{pmatrix} = \begin{pmatrix} F_0 \\ 0 \end{pmatrix} \sin\omega t$$

$$(13.6\text{-}72)$$

现采用复数法求解微分方程。设方程（13.6-72）的特解（即系统的响应）为

$$\boldsymbol{x} = \boldsymbol{B} \mathrm{e}^{\mathrm{i}\omega t} \text{ 或} \begin{cases} x_1 = B_1 \mathrm{e}^{\mathrm{i}\omega t} \\ x_2 = B_2 \mathrm{e}^{\mathrm{i}\omega t} \end{cases} \qquad (13.6\text{-}73)$$

则 $\begin{cases} \dot{x}_1 = \mathrm{i}\omega B_1 \mathrm{e}^{\mathrm{i}\omega t} = \mathrm{i}\omega x_1 \\ \dot{x}_2 = \mathrm{i}\omega B_2 \mathrm{e}^{\mathrm{i}\omega t} = \mathrm{i}\omega x_2 \end{cases}$，

$\begin{cases} \ddot{x}_1 = -\omega^2 B_1 \mathrm{e}^{\mathrm{i}\omega t} = -\omega^2 x_1 \\ \ddot{x}_2 = -\omega^2 B_2 \mathrm{e}^{\mathrm{i}\omega t} = -\omega^2 x_2 \end{cases}$，$\begin{pmatrix} F_0 \\ 0 \end{pmatrix} \sin\omega t = \begin{pmatrix} F_0 \\ 0 \end{pmatrix} \mathrm{e}^{\mathrm{i}\omega t}$

则 $\left(-\omega^2 \begin{pmatrix} m_1 & 0 \\ 0 & m_2 \end{pmatrix} + \mathrm{i}\omega \begin{pmatrix} c & -c \\ -c & c \end{pmatrix} + \begin{pmatrix} k_1 + k_2 & -k_2 \\ -k_2 & k_2 \end{pmatrix} \right)$

$\begin{pmatrix} B_1 \\ B_2 \end{pmatrix} = \begin{pmatrix} F_0 \\ 0 \end{pmatrix}$，展开后，求出 B_1，再将 B_1 的复数值求模运算，转化为实数形式，得

$$B_1 = \frac{F_0 \sqrt{(k_2 - m_2\omega^2)^2 + c^2\omega^2}}{\sqrt{[(k_1 - m_1\omega^2)(k_2 - m_2\omega^2) - k_2 m_2\omega^2]^2 + c^2\omega^2(k_1 - m_1\omega^2 - m_2\omega^2)^2}} \qquad (13.6\text{-}74)$$

为了比较安装动力减振器前后的减振效果，可用   减振后主系统的振幅 B_1 与主系统在激振力幅值 F_0 作

用下产生的静位移 δ_{st} 之比来评价。

静位移 δ_{st} 为

$$\delta_{st} = F_0/k_1 \qquad (13.6\text{-}75)$$

再令：激振力频率与主系统固有频率之比 $\lambda = \omega/\omega_{n1}$；固有频率之比 $\alpha = \omega_{n2}/\omega_{n1}$，$\omega_{n1}$、$\omega_{n2}$ 分别为主系统和减振系统的固有频率 $\omega_{n1} = \sqrt{k_1/m_1}$，$\omega_{n2} =$

$$\left(\frac{B_1}{\delta_{st}}\right)^2 = \frac{(\alpha^2 - \lambda^2)^2 + 4\xi^2\lambda^2}{[(1-\lambda^2)(\alpha^2-\lambda^2) - \mu\lambda^2\alpha^2]^2 + 4\xi^2\lambda^2(1-\lambda^2-\mu\lambda^2)^2} \qquad (13.6\text{-}76)$$

$$\frac{B_1}{\delta_{st}} = \frac{\alpha^2 - \lambda^2}{(1-\lambda^2)(\alpha^2-\lambda^2) - \mu\lambda^2\alpha^2}$$
$$(13.6\text{-}77)$$

下面仅对无阻尼动力减振器的设计计算予以讨论。

当 $\alpha = \lambda$ 时，式（13.6-77）为零。这表示当减振器的固有频率等于激振频率时，因减振器质量经弹簧作用于主系统质量上的力，和激振力大小相等，方向相反，并互相抵消，从而达到了消振的目的。

但这是理想情况，实际上经过对式（13.6-76）的幅频特性计算可知（此处略），减振器的引入消除了原有系统的共振点 λ_n，却出现了两个新的共振点 λ_1 和 λ_2。取式（13.6-76）分母为零，并令 $\alpha = 1$，计算可得

$$\lambda_{1,2}^2 = 1 + \frac{\mu}{2} \pm \sqrt{\mu + \frac{\mu^2}{4}} \qquad (13.6\text{-}78)$$

可见，在 $\alpha = 1$ 时，系统新的共振频率仅由减振器与主系统质量之比 μ 决定。对于每一个 μ 值，都对应有两个共振频率比 λ_1 和 λ_2。为使主系统能安全工作在远离新的共振点的范围内，就希望这两个值相差较大，一般在设计无阻尼动力减振器时，取 $\mu = m_2/m_1 > 0.1$。

无阻尼减振器的实质只是使系统的共振频率发生变化，并没有消除共振。因此，只适用于激振频率不变或者变化不大的场合。

2.3　多自由度系统的模态分析方法

2.3.1　方程的耦合与坐标变换

对于同一系统可以采用不同的广义坐标来建立它的振动微分方程。所选的坐标不同，微分方程的形式和耦合情况也就不同。这表明微分方程的耦合状态是由所选的坐标系统来决定的。

一般来讲，前面介绍的几种建立多自由度系统微分方程方法，得到的均为一组相互耦合的方程组（弹性耦合或惯性耦合）。要求解这些方程组，必须解耦。

如果振动微分方程组的质量矩阵 M 和刚度矩阵 K 均为对角阵，则该方程组的各方程之间不存在任何

$\sqrt{k_2/m_2}$；质量之比 $\mu = m_2/m_1$；$\xi = c/c_c = \dfrac{c}{2m_2\omega_{n2}} = \dfrac{c}{2\sqrt{k_2 m_2}}$ 为减振器的阻尼比。

由式（13.6-74）、式（13.6-75）写出

忽略阻尼，即 $\xi = 0$，则

耦合，那么各方程就可分别求解，与单自由度系统求解完全相同。

采用适当的坐标变换，可以使相互耦合的方程解除耦合，这个过程称为解耦。

对于任意的线性变换可表达为

$$X = uY \qquad (13.6\text{-}79)$$

其中 u 就是线性变换矩阵。

要找到一个怎样的变换矩阵 u 可使原来方程解耦呢？可以证明，在无阻尼线性系统中，这个矩阵 u 就是主振型矩阵。通过式（13.6-79）变换，得到的以（Y）为坐标参量的方程组就是解耦了的方程组。

2.3.2　主振型的正交性

在 2.1.2 节中，已得到 n 个自由度系统的特征矩阵方程 $(-\omega_n^2 M + K)u = 0$，该方程也可写成

$$Ku = \omega_n^2 Mu \qquad (13.6\text{-}80)$$

将两个固有频率和相应振型代入式（13.6-80），得

$$Ku^{(1)} = \omega_{n1}^2 Mu^{(1)}, Ku^{(2)} = \omega_{n2}^2 Mu^{(2)}$$

将上式两边分别前乘以 $u^{(2)T}$ 和 $u^{(1)T}$，得

$$u^{(2)T}Ku^{(1)} = u^{(2)T}\omega_{n1}^2 Mu^{(1)} \qquad (13.6\text{-}81)$$

$$u^{(1)T}Ku^{(2)} = u^{(1)T}\omega_{n2}^2 Mu^{(2)} \qquad (13.6\text{-}82)$$

由于 M 和 K 为对称矩阵，根据矩阵转置定律，式（13.6-82）两端转置后，得

$$u^{(2)T}Ku^{(1)} = u^{(2)T}\omega_{n2}^2 Mu^{(1)} \qquad (13.6\text{-}83)$$

式（13.6-83）和式（13.6-81）相减，得

$$(\omega_{n2}^2 - \omega_{n1}^2)u^{(2)T}Mu^{(1)} = 0$$

当 $(\omega_{n2}^2 - \omega_{n1}^2) \neq 0$ 时，由上式得

$$u^{(2)T}Mu^{(1)} = 0 \qquad (13.6\text{-}84)$$

代入式（13.6-81）后，得

$$u^{(2)T}Ku^{(1)} = 0 \qquad (13.6\text{-}85)$$

式（13.6-84）和式（13.6-85）分别称为主振型对质量矩阵的正交性和主振型对刚度矩阵的正交性。对于 n 个自由度振动系统，主振型的正交性则可表示为

$$u^{(i)T}Mu^{(j)} = 0, u^{(i)T}Ku^{(j)} = 0, i \neq j$$
$$(13.6\text{-}86)$$

主振型的正交性只有在 M 和 K 为对称矩阵时才成立。

主振型的正交性的物理意义：各阶主振型之间的能量不能传递，保持各自的独立性，但每个主振型内部的动能和势能是可以相互转化的。

2.3.3　模态矩阵和模态坐标

由于主振型 u 对质量矩阵 M 和刚度矩阵 K 都具有正交性，所以由主振型组成的线性变换矩阵 u 对系统的原方程进行坐标变换后，可使 M、K 变为对角矩阵，即

$$M_0 = u^{\mathrm{T}} M u$$
$$K_0 = u^{\mathrm{T}} K u \qquad (13.6\text{-}87)$$

其中 $u = (u^{(1)},\ u^{(2)})$ 称为模态矩阵或振型矩阵；M_0、K_0 分别称为模态质量矩阵和模态刚度矩阵，或称为主质量矩阵和主刚度矩阵。

设系统原方程为

$$M \ddot{X} + K X = F$$

利用模态矩阵 u 进行坐标变换：

$$X = u Y$$
$$\ddot{X} = u \ddot{Y} \qquad (13.6\text{-}88)$$

其中 Y 为模态坐标。

代入原方程，并在等号两边分别前乘以 u^{T}，得

$$M_0 \ddot{Y} + K_0 Y = Q$$

$$M_0 = u^{\mathrm{T}} M u = \begin{pmatrix} M_1 & 0 \\ 0 & M_2 \end{pmatrix}$$

$$K_0 = u^{\mathrm{T}} K u = \begin{pmatrix} K_1 & 0 \\ 0 & K_2 \end{pmatrix}$$

$$Q = u^{\mathrm{T}} F = \begin{pmatrix} Q_1 \\ Q_2 \end{pmatrix} \qquad (13.6\text{-}89)$$

式中　M_1、M_2——第一、第二阶模态质量或主质量；

　　　　K_1、K_2——第一、第二阶模态刚度或主刚度。

经线性变换后的模态方程式（13.6-89）不再耦合，成为两个独立的方程

$$\left. \begin{array}{l} M_1 \ddot{y}_1 + K_1 y_1 = Q_1 \\ M_2 \ddot{y}_2 + K_2 y_2 = Q_2 \end{array} \right\} \qquad (13.6\text{-}90)$$

从式（13.6-89）求出模态坐标 Y 后，将其转换为原坐标 $X = u Y$，即可得到原方程的解。

2.3.4　多自由度系统的模态分析方法

在二自由度振动系统模态分析方法基础上加以扩展。设多自由度系统广义坐标运动方程为

$$M \ddot{X} + K X = F$$

则其模态分析的基本步骤为：

1）求系统的固有频率与主振型，构成振型矩阵

$$u = (u^{(1)},\ u^{(2)},\ \cdots,\ u^{(n)}) = \begin{pmatrix} u_1^{(1)} & u_1^{(2)} & \cdots & u_1^{(n)} \\ u_2^{(1)} & u_2^{(2)} & \cdots & u_2^{(n)} \\ \vdots & \vdots & \vdots & \vdots \\ u_n^{(1)} & u_n^{(2)} & \cdots & u_n^{(n)} \end{pmatrix}$$
$$(13.6\text{-}91)$$

2）用振型矩阵 u 进行坐标变换

$$X = u Y,\quad \ddot{X} = u \ddot{Y} \qquad (13.6\text{-}92)$$

$$\left. \begin{array}{l} M_0 \ddot{Y} + K_0 Y = Q \\ M_0 = u^{\mathrm{T}} M u \\ K_0 = u^{\mathrm{T}} K u \\ Q = u^{\mathrm{T}} F \end{array} \right\} \qquad (13.6\text{-}93)$$

式（13.6-93）即为系统的模态方程，是一组互不耦合的方程组合而成。

3）求模态方程的解。一般可由杜哈美积分（参见第 1.7 节），或待定系数法求微分方程的特解。将广义坐标表示的初始条件变换为用模态坐标表示，并代入模态方程，求出各积分常数。

4）把模态坐标响应变换成广义坐标响应，即为系统的响应，即

$$X = u Y$$

2.3.5　模态矩阵正则化

在实际使用中，为了方便，常使模态矩阵正则化，即在坐标变换时，采用正则坐标，也就是使模态质量矩阵变为单位矩阵，即

$$M_N = I$$

第 i 个元素（第 i 阶正则模态质量）为

$$M_{Ni} = (u_N^{(i)})^{\mathrm{T}} M u_N^{(i)} = 1 \qquad (13.6\text{-}94)$$

为此，需将式（13.6-92）所采用的坐标变换加以适当修正，即

$$u_N^{(i)} = \alpha_i u^{(i)} \qquad (13.6\text{-}95)$$

式中　$u^{(i)}$——系统的 i 阶振型；

　　　　$u_N^{(i)}$——系统的 i 阶正则振型；

　　　　α_i——正则化因子。

将式（13.6-95）代入式（13.6-94）得

$$\alpha_i = \frac{1}{\sqrt{(u^{(i)})^{\mathrm{T}} M u^{(i)}}} = \frac{1}{\sqrt{M_i}} \qquad (13.6\text{-}96)$$

式中　M_i——第 i 阶模态质量。

由式（13.6-96）所进行的正则化因子排成一个对角矩阵

$$\alpha = \begin{pmatrix} \alpha_1 & 0 & 0 & 0 \\ 0 & \alpha_2 & 0 & 0 \\ 0 & 0 & \vdots & 0 \\ 0 & 0 & 0 & \alpha_n \end{pmatrix} \qquad (13.6\text{-}97)$$

经上述修正，正则模态矩阵为

$$\boldsymbol{u}_N = \boldsymbol{u}\boldsymbol{\alpha} \tag{13.6-98}$$

用式（13.6-98）正则模态矩阵进行坐标变换

$$X = \boldsymbol{u}_N Y_N, \quad \ddot{X} = \boldsymbol{u}_N \ddot{Y}_N \tag{13.6-99}$$

$$\left. \begin{aligned}
&\boldsymbol{M}_N \ddot{Y}_N + \boldsymbol{K}_N Y_N = \boldsymbol{Q}_N \text{ 或 } \ddot{Y}_N + \omega_n^2 Y_N = \boldsymbol{Q}_N \\
&\boldsymbol{M}_N = \boldsymbol{u}_N^{\mathrm{T}} \boldsymbol{M} \boldsymbol{u}_N \\
&\boldsymbol{K}_N = \boldsymbol{u}_N^{\mathrm{T}} \boldsymbol{K} \boldsymbol{u}_N \\
&\boldsymbol{Q}_N = \boldsymbol{u}_N^{\mathrm{T}} \boldsymbol{F} \\
&\omega_{ni}^2 = \frac{k_{Ni}}{m_{Ni}} = \frac{k_{Ni}}{1} = k_{Ni}
\end{aligned} \right\} \tag{13.6-100}$$

2.3.6　振型截断法

振型截断法适用于：①对于自由度很大的系统，可以进行自由度缩减（Reduced），以求解大模型的少数阶（一般为前 40 阶）模态；②对于外力随时间变化较慢，系统初始条件中包含高阶主振型分量较少的情况。

在 n 个主振型中，取 n_1 个主振型，$n_1 < n$，即

$$\boldsymbol{u}_p = (\boldsymbol{u}^{(1)}, \boldsymbol{u}^{(2)}, \cdots, \boldsymbol{u}^{(n_1)}) =$$

$$\begin{pmatrix}
u_1^{(1)} & u_1^{(2)} & \cdots & u_1^{(n_1)} \\
u_2^{(1)} & u_2^{(2)} & \cdots & u_2^{(n_1)} \\
\vdots & \vdots & \vdots & \vdots \\
u_n^{(1)} & u_n^{(2)} & \cdots & u_n^{(n_1)}
\end{pmatrix} \tag{13.6-101}$$

$$X = \boldsymbol{u}_p Y_p$$

$$\ddot{X} = \boldsymbol{u}_p \ddot{Y}_p$$

该矩阵为 $n \times n_1$ 矩阵，无逆阵。

运用式（13.6-101），对振动系统 $\boldsymbol{M} \ddot{X} + \boldsymbol{K} X = \boldsymbol{F}$ 进行坐标变换，即

$$\left. \begin{aligned}
&\boldsymbol{M}_p \ddot{Y}_p + \boldsymbol{K}_p Y_p = \boldsymbol{Q}_p \\
&\boldsymbol{M}_p = \boldsymbol{u}_p^{\mathrm{T}} \boldsymbol{M} \boldsymbol{u}_p \\
&\boldsymbol{K}_p = \boldsymbol{u}_p^{\mathrm{T}} \boldsymbol{K} \boldsymbol{u}_p \\
&\boldsymbol{Q}_p = \boldsymbol{u}_p^{\mathrm{T}} \boldsymbol{F}
\end{aligned} \right\} \tag{13.6-102}$$

该式为 n_1 个方程组成，即自由度缩减，同样是一组解耦了的方程组。

在计算模态坐标的响应时，由于 $\boldsymbol{u}_p$ 无逆阵，运用 $X = \boldsymbol{u}_p Y_p$、$\dot{X} = \boldsymbol{u}_p \dot{Y}_p$、$\ddot{X} = \boldsymbol{u}_p \ddot{Y}_p$，不能直接求出模态坐标的初始条件。运用 $X = \boldsymbol{u}_p Y_p$，则

$$\boldsymbol{u}_p^{\mathrm{T}} \boldsymbol{M}(X) = \boldsymbol{u}_p^{\mathrm{T}} \boldsymbol{M} \boldsymbol{u}_p(Y_p) = \boldsymbol{M}_p Y_p \tag{13.6-103}$$

$$Y_p = \boldsymbol{M}_p^{-1} \boldsymbol{u}_p^{\mathrm{T}} \boldsymbol{M} X \tag{13.6-104}$$

运用式（13.6-104）求出模态坐标的初始条件。

采用正则振型 $\boldsymbol{u}_N$ 进行截断处理后，得

$$\boldsymbol{M}_{pN} = \boldsymbol{I} \tag{13.6-105}$$

其中，$\boldsymbol{M}_{pN}$、$\boldsymbol{I}$ 均为 $n_1 \times n_1$ 方阵。

$$\boldsymbol{K}_{pN} = \begin{pmatrix}
\omega_{n_1}^2 & 0 & \cdots & 0 \\
0 & \omega_{n_2}^2 & \cdots & 0 \\
\vdots & \vdots & \vdots & \vdots \\
0 & 0 & \cdots & \omega_{nn_1}^2
\end{pmatrix} \tag{13.6-106}$$

$$Y_{pN} = \boldsymbol{M}_{pN}^{-1} \boldsymbol{u}_{pN}^{\mathrm{T}} \boldsymbol{M} X = \boldsymbol{u}_{pN}^{\mathrm{T}} \boldsymbol{M} X \tag{13.6-107}$$

2.4　多自由度系统固有频率与主振型的近似计算方法

2.4.1　邓克莱（Dunkerley）法

对于多圆盘轴的横向振动（见图 13.6-20），有

$$\frac{1}{\omega_{n_1}^2} \approx \frac{1}{\omega_{n_{11}}^2} + \frac{1}{\omega_{n_{22}}^2} + \frac{1}{\omega_{n_{33}}^2} + \cdots + \frac{1}{\omega_{n_{kk}}^2} \tag{13.6-108}$$

式中　$\omega_{n_1}^2$ ——系统的基频；

$\omega_{n_{11}}^2$ ——当轴上只有圆盘 1，而其余各圆盘都不存在时，这个单圆盘轴系统的固有频率；

$\omega_{n_{22}}^2 \sim \omega_{n_{kk}}^2$ 依此类推。

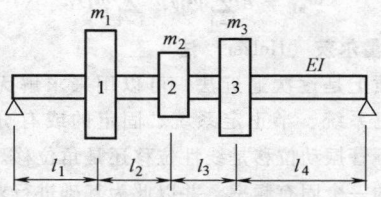

图 13.6-20　多圆盘轴模型

$\omega_{n_{11}}^2 \sim \omega_{n_{kk}}^2$ 的计算是一个单自由度问题。可以利用材料力学公式计算相应点的挠度，然后计算相应点的刚度 k_{kk}，再计算 $\omega_{n_{kk}}^2 = k_{kk}/m$。

2.4.2　瑞雷（Rayleigh）法

基本思想是先假定一个振型，然后用能量法求出与这个假定振型相应的系统固有频率。

以图 13.6-21 所示的三自由度横向振动系统为

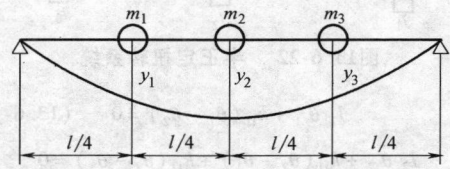

图 13.6-21　三自由度简支梁

例，在一根无质量弹性梁上，固定三个集中质量。根据经验和理论分析，这个系统的一阶振型十分接近它的静挠度曲线。因此，其振型可用各点静挠度 y_1，y_2 和 y_3 来表示。

当梁振动至极限位置，达到其振幅值 y_1，y_2 和 y_3 时，由于梁的弯曲而储存于系统中的变形能为

$$U_{\max} = \frac{1}{2}(m_1 g y_1 + m_2 g y_2 + m_3 g y_3)$$

$$(13.6\text{-}109)$$

当梁回复到平衡位置时，系统的动能为

$$T_{\max} = \frac{1}{2}(m_1 \dot{y}_1^2 + m_2 \dot{y}_2^2 + m_3 \dot{y}_3^2)$$

因 $\dot{y}_1 = \omega_n y_1$，$\dot{y}_2 = \omega_n y_2$，$\dot{y}_3 = \omega_n y_3$，故

$$T_{\max} = \frac{\omega_n^2}{2}(m_1 y_1^2 + m_2 y_2^2 + m_3 y_3^2)$$

$$(13.6\text{-}110)$$

对于保守系统（当系统作自由振动，且忽略系统的阻尼时），

$$T_{\max} = U_{\max}$$

$$\omega_{n1}^2 = \frac{(m_1 y_1 + m_2 y_2 + m_3 y_3)g}{(m_1 y_1^2 + m_2 y_2^2 + m_3 y_3^2)}$$

$$(13.6\text{-}111)$$

推广到 n 个自由度，即梁上有 n 个集中质量的系统

$$\omega_{n1}^2 = g \sum_{i=1}^{n} m_i y_i \Big/ \sum_{i=1}^{n} m_i y_i^2 \quad (13.6\text{-}112)$$

2.4.3　霍尔茨（Holzer）法

本质上是逐次逼近法，可以用来求解无阻尼系统、阻尼系统、半正定系统、固定的或有分支的系统，也不管振动位移是线性位移还是角位移。首先假设系统的一个固有频率，并以此为基础进行求解。当假设的频率满足系统的约束条件时，就可以停止计算。通常需要几次试算。此方法可求固有频率，也能求主振型。

如图 13.6-22 所示的无阻尼半正定系统，各盘的运动微分方程为

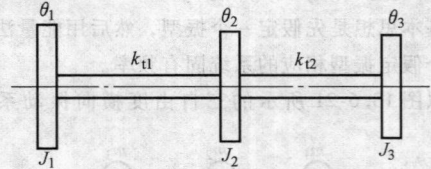

$$J_1 \ddot{\theta}_1 + k_{t1}(\theta_1 - \theta_2) = 0 \quad (13.6\text{-}113)$$

$$J_2 \ddot{\theta}_2 + k_{t1}(\theta_2 - \theta_1) + k_{t2}(\theta_2 - \theta_3) = 0$$

$$(13.6\text{-}114)$$

图13.6-22　半正定扭转系统

$$J_3 \ddot{\theta}_3 + k_{t2}(\theta_3 - \theta_2) = 0 \quad (13.6\text{-}115)$$

设系统为简谐振动，$\theta_i = A_i \cos(\omega t + \varphi)$，代入式 (13.6-113) ~ 式 (13.6-115) 得

$$\omega^2 J_1 A_1 = k_{t1}(A_1 - A_2) \quad (13.6\text{-}116)$$

$$\omega^2 J_2 A_2 = k_{t1}(A_2 - A_1) + k_{t2}(A_2 - A_3)$$

$$(13.6\text{-}117)$$

$$\omega^2 J_3 A_3 = k_{t2}(A_3 - A_2) \quad (13.6\text{-}118)$$

将式 (13.6-116) ~ 式 (13.6-118) 相加得

$$\sum_{i=1}^{3} \omega^2 J_i A_i = 0 \quad (13.6\text{-}119)$$

式 (13.6-119) 表明，半正定系统各盘的转动惯量的加权和为零。该方程可以看成是频率方程的另一种形式。显然，频率的试算值也要满足这个条件。先假定一个试算频率 ω，并令 $A_1 = 1$，由式 (13.6-119) 和式 (13.6-117) 得

$$A_1 = 1 \quad (13.6\text{-}120)$$

$$A_2 = A_1 - \frac{\omega^2 J_1 A_1}{k_{t1}} \quad (13.6\text{-}121)$$

$$A_3 = A_2 - \frac{\omega^2}{k_{t2}}(J_1 A_1 + J_2 A_2) \quad (13.6\text{-}122)$$

这组参数能满足式 (13.6-120)。如果不满足，则重新试选，并重复上述过程。

对于有 n 个圆盘的扭转系统，式 (13.6-119)、式 (13.6-121) 和式 (13.6-122) 的一般形式为

$$\sum_{i=1}^{n} \omega^2 J_i A_i = 0 \quad (13.6\text{-}123)$$

$$A_i = A_{i-1} - \frac{\omega^2}{k_{ti-1}}\left(\sum_{k=1}^{i-1} J_k A_k\right) \quad i = 1, 2, \cdots, n$$

$$(13.6\text{-}124)$$

对于不同的试算值，要不断重复使用式 (13.6-123) 和式 (13.6-124)。满足式 (13.6-123) 的试算值就是固有频率。式 (13.6-123) 左边的计算结果代表作用在最后一个圆盘上的扭矩。与某一固有频率对应的 $A_i (i = 1, 2, \cdots, n)$ 就是系统的主振型。该方法也可以通过编程在计算机上实现。

霍尔茨法也可以用于具有固定端的扭转轴。固定端的振幅必为零。

霍尔茨法同样可以用于弹簧-质量系统的转动分析，如图 13.6-23 所示。

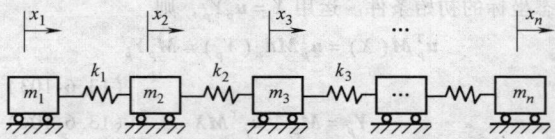

图13.6-23　弹簧-质量系统

弹簧-质量系统的微分方程为

$$\ddot{x}_1 + k_1(x_1 - x_2) = 0 \qquad (13.6\text{-}125)$$

$$m_2\ddot{x}_2 + k_1(x_2 - x_1) + k_2(x_2 - x_3) = 0$$
$$\qquad (13.6\text{-}126)$$
$$\cdots$$

设系统为简谐振动，$x_i = X_i\cos(\omega t + \varphi)$，代入式（13.6-125）和式（13.6-126）得

$$\omega^2 m_1 X_1 = k_1(X_1 - X_2) \qquad (13.6\text{-}127)$$

$$\omega^2 m_2 X_2 = k_1(X_2 - X_1) + k_2(X_2 - X_3)$$
$$= -\omega^2 m_1 X_1 + k_2(X_2 - X_3)$$
$$\qquad (13.6\text{-}128)$$
$$\cdots$$

先假定一个试算频率 ω，并令 $X_1 = 1$，由式（13.6-127）和式（13.6-128）得

$$X_2 = X_1 - \frac{\omega^2 m_1 X_1}{k_1} \qquad (13.6\text{-}129)$$

$$X_3 = X_2 - \frac{\omega^2}{k_2}(m_1 X_1 + m_2 X_2) \qquad (13.6\text{-}130)$$

$$X_i = X_{i-1} - \frac{\omega^2}{k_{i-1}}\left(\sum_{k=1}^{i-1} J_k m X_k\right) \quad i = 1, 2, \cdots, n$$
$$\qquad (13.6\text{-}131)$$

作用在最后一个质量块上的合力为

$$F = \sum_{i=1}^{n} \omega^2 m_i X_i \qquad (13.6\text{-}132)$$

对于不同的试算值，要不断重复使用式（13.6-132）。当最后一个质量块为自由端时满足 $F = 0$。实际分析时，可以作出 F 随 ω 的变化曲线，曲线上纵坐标为零的点就对应系统的固有频率。

2.4.4　李兹法

李兹法是一种缩减自由度的近似解法。设 n 自由度系统的物理坐标为 q_1，q_2，$\cdots$，q_n，记为列阵 $\boldsymbol{q}$。采用李兹法时，可以利用式（13.6-133）将系统的自由度由 n_1 缩减为 n_1（$n_1 < n$），即令

$$\boldsymbol{q} = x_1\boldsymbol{\psi}_1 + x_2\boldsymbol{\psi}_2 + \cdots + x_{n_1}\boldsymbol{\psi}_{n_1} = \boldsymbol{\psi}\boldsymbol{x}$$
$$\qquad (13.6\text{-}133)$$

式中　$\boldsymbol{\psi}_1$，$\boldsymbol{\psi}_2$，$\cdots$，$\boldsymbol{\psi}_{n_1}$——任选的 n 维列阵；

$\boldsymbol{\psi}$——以 $n \times n_1$ 矩阵；

x_1，x_2，$\cdots$，x_{n_1}——n_1 个新坐标，记为列阵 $\boldsymbol{x}$。

式（13.6-133）可理解为把系统原来 n 个独立的坐标组成的列阵 $\boldsymbol{q}$ 表示成 n_1 个列阵 $\boldsymbol{\psi}_1$，$\boldsymbol{\psi}_2$，$\cdots$，$\boldsymbol{\psi}_{n_1}$ 的线性组合，而各列阵的权系数是系统的新坐标。下面利用拉格朗日方程来建立系统的运动微分方程。系统的动能与势能为

$$T = \frac{1}{2}\dot{\boldsymbol{q}}^{\mathrm{T}}\boldsymbol{M}\dot{\boldsymbol{q}} \qquad (13.6\text{-}134)$$

$$U = \frac{1}{2}\boldsymbol{q}^{\mathrm{T}}\boldsymbol{K}\boldsymbol{q} \qquad (13.6\text{-}135)$$

式中　$\boldsymbol{M}$、$\boldsymbol{K}$——原坐标中的 $n \times n$ 维的质量矩阵和刚度矩阵。

利用式（13.6-133）进行坐标变换，有

$$\dot{\boldsymbol{q}} = \boldsymbol{\psi}\dot{\boldsymbol{x}} \qquad (13.6\text{-}136)$$

所以动能和势能的表达式变成

$$T = \frac{1}{2}\dot{\boldsymbol{x}}^{\mathrm{T}}\boldsymbol{\psi}^{\mathrm{T}}\boldsymbol{M}\boldsymbol{\psi}\dot{\boldsymbol{x}} = \frac{1}{2}\dot{\boldsymbol{x}}^{\mathrm{T}}\boldsymbol{M}^*\dot{\boldsymbol{x}}$$
$$\qquad (13.6\text{-}137)$$

$$U = \frac{1}{2}\boldsymbol{x}^{\mathrm{T}}\boldsymbol{\psi}^{\mathrm{T}}\boldsymbol{K}\boldsymbol{\psi}\boldsymbol{x} = \frac{1}{2}\boldsymbol{x}^{\mathrm{T}}\boldsymbol{K}^*\boldsymbol{x} \qquad (13.6\text{-}138)$$

其中，$\boldsymbol{M}^* = \boldsymbol{\psi}^{\mathrm{T}}\boldsymbol{M}\boldsymbol{\psi}$，$\boldsymbol{K}^* = \boldsymbol{\psi}^{\mathrm{T}}\boldsymbol{K}\boldsymbol{\psi}$ 为新坐标 $\boldsymbol{x}$ 中的 $n_1 \times n_1$ 维质量矩阵和刚度矩阵。根据拉格朗日方程，用新坐标 $\boldsymbol{x}$ 描述的系统运动微分方程为

$$\boldsymbol{M}^*\ddot{\boldsymbol{x}} + \boldsymbol{K}^*\boldsymbol{x} = 0 \qquad (13.6\text{-}139)$$

令 $\boldsymbol{x} = \boldsymbol{A}^*\cos(\omega^* t + \varphi^*)$，代入式（13.6-139）得

$$(\boldsymbol{K}^* - \omega^{*2}\boldsymbol{M}^*)\boldsymbol{A}^* = 0 \qquad (13.6\text{-}140)$$

式（13.6-140）可以求得 n_1 个固有频率 ω_1^*，ω_2^*，$\cdots$，$\omega_{n_1}^*$ 和 n_1 个主振型 $\boldsymbol{A}^{*(1)}$，$\boldsymbol{A}^{*(2)}$，$\cdots$，$\boldsymbol{A}^{*(n_1)}$。这 n_1 个固有频率 ω_1^*，ω_2^*，$\cdots$，$\omega_{n_1}^*$ 可作为原系统 n 个固有频率中前 n_1 阶的近似值，而系统的前 n_1 阶主振型可由式（13.6-141）近似

$$\boldsymbol{A}^{(i)} = \boldsymbol{\psi}\boldsymbol{A}^{*(i)} \quad i = 1, 2, \cdots, n_1 \qquad (13.6\text{-}141)$$

不难看出，若选取的各列阵 $\boldsymbol{\psi}_1$，$\boldsymbol{\psi}_2$，$\cdots$，$\boldsymbol{\psi}_{n_1}$ 恰好是系统的前 n_1 阶主振型 $\boldsymbol{A}^{(1)}$，$\boldsymbol{A}^{(2)}$，$\cdots$，$\boldsymbol{A}^{(n_1)}$，则求出的 ω_1^*，ω_2^*，$\cdots$，$\omega_{n_1}^*$ 就是系统 n 个固有频率中前 n_1 阶的精确值。用于在进行近似分析时，并不知道前 n_1 阶主振型，所以 ω_1^*，ω_2^*，$\cdots$，$\omega_{n_1}^*$ 只能是近似的。可以证明，恒有 $\omega_i^* \geqslant \omega_i$。

通常在这 n_1 个近似值 ω_1^*，ω_2^*，$\cdots$，$\omega_{n_1}^*$ 中，前面 $\frac{1}{2}n_1$ 或 $\frac{1}{2}(n_1 + 1)$ 个 ω_i^* 比较接近真实的 ω_i 值，而后面的 ω_i^* 误差比较大。所以，若要求 n 自由度系统的前 S 阶固有频率和主振型的近似值，最好保证 $n_1 \geqslant 2S$，这样才能保证结果的精度。

2.4.5　矩阵迭代法

这里仅给出矩阵迭代法的计算公式，并编程计算。

为叙述方便，特征方程式 $(-\omega_n^2\boldsymbol{M} + \boldsymbol{K})\boldsymbol{u} = 0$ 改写成

$$\boldsymbol{K}\boldsymbol{A} = p^2\boldsymbol{M}\boldsymbol{A} \qquad (13.6\text{-}142)$$

其中，K 为刚度矩阵，M 为质量矩阵，前者对称，后者对称正定；A 为振幅列阵，p 为固有频率。这是一个线性代数方程组的广义特征值问题，也可以称为矩阵 K 和 M 的广义特征值问题。

对于正定系统，式（13.6-142）可写成

$$K^{-1}MA = \frac{1}{p^2}A \qquad (13.6\text{-}143)$$

或

$$p^2A = M^{-1}KA \qquad (13.6\text{-}144)$$

运用式（13.6-143）、式（13.6-144）进行矩阵迭代运算，依次从最低或最高阶固有频率和主振型开始，最后求得全部的或一部分固有频率和主振型。通常工程上对系统的最低或较低的几阶固有频率和主振型比较重视，因此一般利用式（13.6-143）进行矩阵迭代运算，并引入动力矩阵

$$D = K^{-1}M \qquad (13.6\text{-}145)$$

则

$$DA = \frac{1}{p^2}A \qquad (13.6\text{-}146)$$

对于式（13.6-146），D 为 $n \times n$ 的方阵，A 为 $n \times 1$ 的振幅列阵，如果假设了一个迭代初始列阵 A_1，那么就可以按照如下迭代公式进行计算

$$B_k = DA_k$$
$$A_{k+1} = \frac{1}{B_{n,k}}B_k \quad k = 1,2,3,\ldots$$

$$(13.6\text{-}147)$$

其中，$B_{n,k}$ 是 B_k 中的最后一个元素。同时在每次迭代中计算 $p^2_{(k)} = \frac{1}{B_{n,k}}$，并把它和 $p^2_{(k-1)}$ 进行比较（为了在 $k=1$ 时进行比较，不妨设 $p^2_{(0)} = 0$），一旦达到了精度要求，即 $|p^2_{(k)} - p^2_{(k-1)}|/p^2_{(k)} < \delta$，则可以停止迭代。这时的 A_{k+1} 就是求得的一个主振型，而固有频率则为

$$f = \frac{1}{2\pi}\sqrt{p^2_{(k)}} \qquad (13.6\text{-}148)$$

如果上述计算中的 D 是原始的动力矩阵，那么这里得到的是最低阶（第一阶）固有频率和相应的主振型。

当迭代计算出某一阶的固有频率与主振型之后，从动力矩阵中清除与上面算出的主振型有关的部分，就可以得到用于计算下一阶固有频率和主振型的动力矩阵 D^*

$$D^* = D - \frac{1}{M_1 p^2_{(k)}}A_{(k+1)}A^T_{(k+1)}M$$

$$(13.6\text{-}149)$$

其中

$$M_1 = A^T_{(k+1)}MA_{(k+1)} \qquad (13.6\text{-}150)$$

$A_{(k+1)}$，$p^2_{(k)}$ 指的是上述迭代结束时计算出的量，M 是质量矩阵，D 是前面用于迭代计算的动力矩阵。如果前面计算的是第一阶，它就是原始动力矩阵，否则它就是已经清除了与更低阶主振型有关的量之后的 D^*。

如果整个系统允许有刚体运动的情况，则刚度矩阵 K 是半正定的，无法求逆，也就无法直接形成动力矩阵 D，不能直接使用上述算法。但是，如果把式（13.6-142）改写为

$$(K + \alpha M)A = (p^2 + \alpha)MA \qquad (13.6\text{-}151)$$

其中，α 为任意正数，$(K + \alpha M)$ 就是正定矩阵。若令

$$D = (K + \alpha M)^{-1}M \qquad (13.6\text{-}152)$$

把原问题改为

$$DA = \frac{1}{p^2 + \alpha}A \qquad (13.6\text{-}153)$$

那么这一问题的特征向量与原问题完全相同，只是把原问题中的 p^2 改为 $p^2 + \alpha$。α 的取值一般比系统估计的最低固有频率的平方 p^2 略小一些为宜。

在机械系统中，原动件通过传动系统，将运动和/或动力传递到执行系统，这就使得机械系统中必然存在刚体运动。另外，在太空中飞行的飞船具有 6 个刚体运动。

2.4.6　雅可比法

矩阵迭代法每一次只能求得矩阵 D 的一个特征值及其相应的特征向量，而利用雅可比（Jacobi）法却能够同时得到 D 的全部特征值和特征向量（$D = (d_{ij})$ 为 $n \times n$ 的实对称矩阵）。

根据线性代数理论，一个实对称矩阵 D 只有实特征值，并且存在实正交矩阵 R 使得 R^TDR 为对角阵，对角线上的元素就是矩阵 D 的特征值，而 R 的各列就是 D 的各阶特征向量。根据雅可比法，矩阵 R 可以通过下列形式的旋转矩阵的乘积得到：

$$R_{1 \atop n \times n} = \begin{pmatrix} 1 & 0 & & & & & \\ 0 & 1 & & & & & \\ & & \ddots & & & & \\ & & & \cos\theta & & -\sin\theta & \\ & & & & \ddots & & \\ & & & \sin\theta & & \cos\theta & \\ & & & & & & \ddots \\ & & & & & & & 1 \end{pmatrix}$$

式中，不在第 i，j 行和第 i，j 列的元素和单位矩阵的相应元素相同。如果 $\sin\theta$ 和 $\cos\theta$ 项出现在 (i, i)，$(i,$

j），（j，i）和（j，j）位置，则 $\boldsymbol{R}_1^{\mathrm{T}} \boldsymbol{D} \boldsymbol{R}_1$ 的相应元素为

$$d_{ii} = d_{ii}\cos^2\theta + 2d_{ij}\sin\theta\cos\theta + d_{ii}\sin^2\theta$$
$$(13.6\text{-}154)$$

$$d_{ij} = d_{ji} = (d_{jj} - d_{ii})\sin\theta\cos\theta + d_{ij}(\cos^2\theta - \sin^2\theta)$$
$$(13.6\text{-}155)$$

$$d_{jj} = d_{ii}\sin^2\theta - 2d_{ij}\sin\theta\cos\theta + d_{jj}\cos^2\theta$$
$$(13.6\text{-}156)$$

如果选择 θ，使满足

$$\tan 2\theta = \frac{2d_{ij}}{d_{ii} - d_{jj}} \qquad (13.6\text{-}157)$$

则 $d_{ij} = d_{ji} = 0$。这样，雅可比法的每一步就能够使一对非对角线元素化为零。但是，接下去的一步又会使得已经化为零的非对角线元素不再为零。不过，下列矩阵序列

$$\boldsymbol{R}_2^{\mathrm{T}} \boldsymbol{R}_1^{\mathrm{T}} \boldsymbol{D} \boldsymbol{R}_1 \boldsymbol{R}_2，\quad \boldsymbol{R}_3^{\mathrm{T}} \boldsymbol{R}_2^{\mathrm{T}} \boldsymbol{R}_1^{\mathrm{T}} \boldsymbol{D} \boldsymbol{R}_1 \boldsymbol{R}_2 \boldsymbol{R}_3，\cdots$$

将收敛于期望的对角形式，最终的矩阵 $\boldsymbol{R}$ 的各列就是特征向量，其形式如下：

$$\boldsymbol{R} = \boldsymbol{R}_1 \boldsymbol{R}_2 \boldsymbol{R}_3 \cdots \qquad (13.6\text{-}158)$$

2.4.7　子空间迭代法

将矩阵迭代法与李兹法结合起来，可以得到一种新的计算方法，即子空间迭代法。它对求解自由度数较大系统的前若干阶较低的固有频率及主振型非常有效。

计算系统的前 P 阶固有频率和主振型时，按照李兹法，可假设 s 个振型且 $s > P$。将这些假设振型排列成 $n \times s$ 阶矩阵，即

$$\boldsymbol{A}_0 = (\boldsymbol{\psi}_1 \quad \boldsymbol{\psi}_2 \quad \cdots \quad \boldsymbol{\psi}_s)$$

其中，每个 $\boldsymbol{\psi}$ 都包含有前 P 阶振型的成分，同时也包含有高阶振型的成分。为了提高李兹法求得的振型和频率的精确度，将 $\boldsymbol{A}_0$ 代入动力矩阵表达式（13.6-145）中进行迭代，并对各列阵分别归一化后得

$$\boldsymbol{\psi}_{\mathrm{I}} = \boldsymbol{K}^{-1} \boldsymbol{M} \boldsymbol{A}_0 \qquad (13.6\text{-}159)$$

这样做的目的是使 $\boldsymbol{\psi}_{\mathrm{I}}$ 比 $\boldsymbol{A}_0$ 含有较强的低阶振型成分，缩小高阶成分。但如果继续用 $\boldsymbol{\psi}_{\mathrm{I}}$ 进行迭代，所有各阶振型即 $\boldsymbol{\psi}$ 的各列都将趋于 $\boldsymbol{A}^{(1)}$。为了避免这一点，可以在迭代过程中进行振型的正交化。然后再用 $\boldsymbol{\psi}_{\mathrm{I}}$ 作为假设振型，按李兹法求解，即求广义质量矩阵和广义刚度矩阵：

$$\boldsymbol{M}_{\mathrm{I}}^* = \boldsymbol{\psi}_{\mathrm{I}}^{\mathrm{T}} \boldsymbol{M} \boldsymbol{\psi}_{\mathrm{I}} \qquad (13.6\text{-}160)$$
$$\boldsymbol{K}_{\mathrm{I}}^* = \boldsymbol{\psi}_{\mathrm{I}}^{\mathrm{T}} \boldsymbol{K} \boldsymbol{\psi}_{\mathrm{I}} \qquad (13.6\text{-}161)$$

再由李兹法求特征值问题，即求解方程

$$\boldsymbol{K}_{\mathrm{I}}^* \boldsymbol{A}_{\mathrm{I}}^* = \omega^{*2} \boldsymbol{M}_{\mathrm{I}}^* \boldsymbol{A}_{\mathrm{I}}^* \qquad (13.6\text{-}162)$$

得到 s 个 ω^2 值及对应的特征向量 $\boldsymbol{A}_{\mathrm{I}}^*$，从而由式（13.6-163）求出 $\boldsymbol{A}_{\mathrm{I}}$：

$$\boldsymbol{A}_{\mathrm{I}} = \boldsymbol{\psi}_{\mathrm{I}} \boldsymbol{A}_{\mathrm{I}}^* \qquad (13.6\text{-}163)$$

然后，再求出的 $\boldsymbol{A}_{\mathrm{I}}$ 作为假设振型进行迭代，可求得

$$\boldsymbol{\psi}_{\mathrm{II}} = \boldsymbol{K}^{-1} \boldsymbol{M} \boldsymbol{A}_{\mathrm{I}} \qquad (13.6\text{-}164)$$

根据同样的过程，由李兹法得到 s 个 ω^2 值及对应的特征向量：

$$\boldsymbol{A}_{\mathrm{II}} = \boldsymbol{\psi}_{\mathrm{II}} \boldsymbol{A}_{\mathrm{II}}^* \qquad (13.6\text{-}165)$$

不断地重复矩阵迭代法和李兹法的过程，直到某次结果与上一次结果比较接近，达到了所需精度。

子空间迭代法是对一组假设振型反复地使用矩阵迭代法和李兹法的运算。从几何观点上看，原 n 阶特征值系统有 n 个线性无关的特征向量 $\boldsymbol{A}^{(1)}$，$\boldsymbol{A}^{(2)}$，$\cdots$，$\boldsymbol{A}^{(n)}$，它们之间是正交的，张成一个 n 维空间。而假设的 s 个线性无关的 n 维向量 $\boldsymbol{\psi}_1$，$\boldsymbol{\psi}_2$，$\cdots$，$\boldsymbol{\psi}_s$ 张成的子空间靠拢。如果只迭代不进行正交化，最后这 s 个向量将指向同一方向，即 $\boldsymbol{A}^{(1)}$ 的方向。由于用李兹法作了正交处理，则这些向量不断旋转，最后分别指向前 s 个特征向量的方向，即由 $\boldsymbol{\psi}_1$，$\boldsymbol{\psi}_2$，$\cdots$，$\boldsymbol{\psi}_s$ 张成的一个 s 维子空间，经反复地迭代，正交化地旋转而逼近于由 $\boldsymbol{A}^{(1)}$，$\boldsymbol{A}^{(2)}$，$\cdots$，$\boldsymbol{A}^{(n)}$ 所张成的子空间。

在实践中发现，最低的几阶振型一般收敛很快，经过 2～3 次迭代便已稳定在某一个结果。在以后的迭代中不能使这几个低阶振型值的精度进一步提高，只是随着迭代次数的增加，将有越来越多的低阶振型值稳定下来。所以，在计算时要多取几个假设振型，如果需求前 P 个振型，则假设振型的个数 s 一般应在 $2P \sim 2P + 7$ 之间。

子空间迭代法有很大的优点，它可以有效地克服由于等固有频率或几个频率非常接近时收敛速度慢的困难。同时，在大型复杂结构的振动分析中，系统的自由度数目可达几百甚至上千，但是，实际需用的固有频率与主振型只是最低的三四十个，通常对此系统要进行坐标缩聚。与其他方法相比，子空间迭代法具有精度高和可靠的优点。因此，它已成为大型复杂结构振动分析的最有效的方法之一。

2.4.8　传递矩阵法

工程上有些结构是由许多单元一环连一环结合起来的，称为链状系统。例如连续梁、汽轮发电机转子、内燃机曲轴等，均可离散成一个无质量的弹性轴上带有若干个集中质量的圆盘的链状系统。又如，一个齿轮传动系统，经等效转换后，可转化成一个多盘转子式的扭转型链状系统。

对于链状系统，除可以采用矩阵迭代（Transfer Matrix）等方法计算系统的固有频率与主振型外，还

可采用这里介绍的传递矩阵法。除了简便、有效外，该方法还有明显的两个优点：

1）所使用的矩阵阶次不随系统的自由度多少而变。对扭转系统，其矩阵始终为 2 阶（转角和扭矩）；对横向振动系统，其矩阵始终为 4 阶（2 个位移和 2 个力，参见第 4.3.2 节）。

2）很容易采用计算机计算，用同一程序可计算出系统的各阶固有频率与主振型。

下面以扭转振动系统为例，介绍传递矩阵法的基本原理。如图 13.6-24a 所示为一多盘扭振系统，根据结构，可以把它们划分成 n 个单元，每个单元由一个无质量的弹性轴段与一个无弹性的质量圆盘所组成。

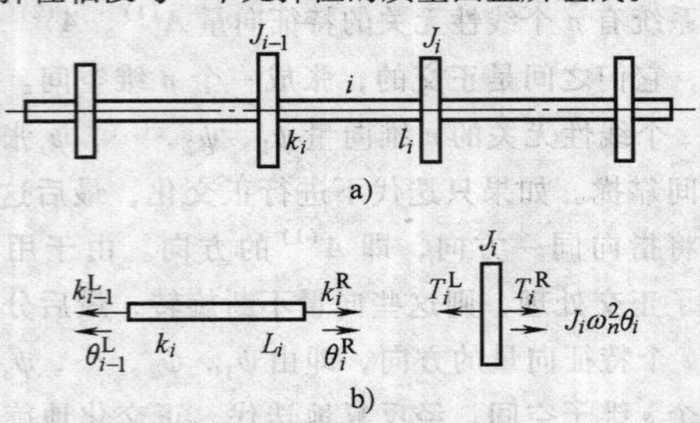

a)

b)

图13.6-24　传递矩阵法

取由第 i 个圆盘与第 i 个轴段组成的第 i 个单元来进行分析（图 13.6-24b）。上标 L 表示圆盘或轴段的左面或左端，上标 R 表示圆盘或轴段的右面或右端；转矩 T 与角位移 θ 的方向采用右手螺旋法则，且规定以右向为正。

1. 第 i 个圆盘

$$J_i \ddot{\theta}_i = T_i^R - T_i^L \qquad (13.6\text{-}166)$$

在自由振动时，此扭振系统将作简谐扭转振动，其固有频率为 ω_n，则 $\ddot{\theta}_i = -\omega_n^2 \theta_i$，代入式（13.6-166）并整理得

$$T_i^R = T_i^L - J_i \omega_n^2 \theta_i \qquad (13.6\text{-}167)$$

又，该圆盘本身只有转动惯量而无弹性，因而不可能产生扭转变形，故

$$\theta_i^R = \theta_i^L = \theta_i \qquad (13.6\text{-}168)$$

将式（13.6-167）和式（13.6-168）描述成第 i 个圆盘左右两边的力学状态。可将此二式写成矩阵形式

$$\begin{pmatrix} \theta \\ T \end{pmatrix}_i^R = \begin{pmatrix} 1 & 0 \\ -\omega_n^2 J & 1 \end{pmatrix}_i \begin{pmatrix} \theta \\ T \end{pmatrix}_i^L \qquad (13.6\text{-}169)$$

式中，$\begin{pmatrix} 1 & 0 \\ -\omega_n^2 J & 1 \end{pmatrix}_i$ 体现了轴上第 i 个点（从整个轴看，每个圆盘可视为轴上的一个点）从左边状态到右边状态的传递关系，故称为点传递矩阵，或称点矩阵（Point Matrix）。

2. 第 i 段轴

由于此轴段只具有弹性而无质量（转动惯量），其左右两端转矩应相等，即

$$T_i^L = T_{i-1}^R \qquad (13.6\text{-}170)$$

由于轴段的弹性变形，其左右两端的角位移之间有如下关系

$$\left. \begin{array}{c} (\theta_i^L - \theta_{i-1}^R) k_{ti} = T_i^L = T_{i-1}^R \\ k_{ti} = \dfrac{G I_{pi}}{l_i} \end{array} \right\} \qquad (13.6\text{-}171)$$

式中　k_{ti}——第 i 段轴的扭转刚度；

I_{pi}——第 i 段轴的极惯性矩；

l_i——第 i 段轴的长度；

G——轴材料的剪切弹性模量。

式（13.6-171）可改写成

$$\theta_i^L = \theta_{i-1}^R + \frac{T_{i-1}^R}{k_{ti}} \qquad (13.6\text{-}172)$$

将式（13.6-170）和式（13.6-172）合并写成矩阵形式

$$\begin{pmatrix} \theta \\ T \end{pmatrix}_i^L = \begin{pmatrix} 1 & \dfrac{1}{k_t} \\ 0 & 1 \end{pmatrix}_i \begin{pmatrix} \theta \\ T \end{pmatrix}_{i-1}^R \qquad (13.6\text{-}173)$$

矩阵 $\begin{pmatrix} 1 & \dfrac{1}{k_t} \\ 0 & 1 \end{pmatrix}_i$ 反映了第 i 段轴由左端状态到右端状态的传递关系，称为场传递矩阵，简称场矩阵（Field Matrix）。

将式（13.6-173）代入式（13.6-169），得

$$\begin{pmatrix} \theta \\ T \end{pmatrix}_i^R = \begin{pmatrix} 1 & 0 \\ -\omega_n^2 J & 1 \end{pmatrix}_i \begin{pmatrix} 1 & \dfrac{1}{k_t} \\ 0 & 1 \end{pmatrix}_i \begin{pmatrix} \theta \\ T \end{pmatrix}_{i-1}^R$$

$$= \begin{pmatrix} 1 & \dfrac{1}{k_t} \\ -\omega_n^2 J & 1 - \dfrac{\omega_n^2 J}{k_t} \end{pmatrix}_i \begin{pmatrix} \theta \\ T \end{pmatrix}_{i-1}^R$$

$$(13.6\text{-}174)$$

上式反映了第 i 个单元左右两边状态矢量之间的关系，其中矩阵

$$\begin{pmatrix} 1 & \dfrac{1}{k_t} \\ -\omega_n^2 J & 1 - \dfrac{\omega_n^2 J}{k_t} \end{pmatrix}_i = T_i \qquad (13.6\text{-}175)$$

称为第 i 个单元的传递矩阵。

如果将系统划分为 n 个单元，根据上述原理可求出其 n 个传递矩阵 T_1、$T_2 \cdots T_i \cdots T_n$，整个系统的左端状态矢量（即左端边界条件）与右端状态矢量

（即右端边界条件）之间有如下关系

$$\binom{\theta}{T}_n^R = T_n T_{n-1} \cdots T_i \cdots T_2 T_1 \binom{\theta}{T}_1^L$$

(13.6-176)

式中，$T = T_n T_{n-1} \cdots T_i \cdots T_2 T_1$ 称为系统的传递矩阵，等于该系统所含各单元的单元传递矩阵的乘积。由于上述每个单元的传递矩阵都是 2×2 阶方阵，因此，系统的传递矩阵也必然是 2×2 阶方阵。在整个计算中也不会出现高阶矩阵。

由于传递矩阵中含有固有频率，所以，如果将实际的边界条件 $\binom{\theta}{T}_n^R$ 与 $\binom{\theta}{T}_1^L$ 代入式（13.6-176），便可解出系统的固有频率与主振型。

2.5　多自由度系统响应的数值计算

对于单自由度系统，通过求解振动微分方程的通解的方法，往往能精确计算振动系统的响应。对于多自由度系统、非周期性激励、非线性振动，往往采用计算机仿真方法，来求解振动微分方程的数值解。

下面介绍的方法，既能适用于单自由度，又能用于多自由度系统。对于多自由度系统，各变量均用矩阵表示，M、C、K 为方阵，$x(t)$，$\dot{x}(t)$，$\ddot{x}(t)$，$f(t)$ 均为列阵。

2.5.1　线性加速度法

对于 $m\ddot{x}(t) + c\dot{x}(t) + kx(t) = f(t)$，可写成

$$m\ddot{x}(t+\Delta t) + c\dot{x}(t+\Delta t) + kx(t+\Delta t) = f(t+\Delta t)$$

(13.6-177)

所谓隐式法是不断求出新的时刻满足微分方程式的近似解。虽然计算工作量较大，但因精度和稳定性都较好，所以常被采用。另一种解法是显式解法。

解联立方程大致有直接法（代入法、消去法）和迭代法两种。这里介绍直接解法。

1. 直接解法一

$$\ddot{X}(t+\Delta t) = \left[M + \frac{\Delta t}{2}C + \frac{(\Delta t)^2}{6}K\right]^{-1} \left\{F(t+\Delta t) - C\left[\dot{X}(t) + \frac{\Delta t}{2}\ddot{X}(t)\right] - K\left[X(t) + \Delta t\dot{X}(t) + \frac{(\Delta t)^2}{3}\ddot{X}(t)\right]\right\}$$

$$\dot{X}(t+\Delta t) = \dot{X}(t) + \Delta t\frac{\ddot{X}(t) + \ddot{X}(t+\Delta t)}{2}$$

$$X(t+\Delta t) = X(t) + \Delta t\dot{X}(t) + \frac{(\Delta t)^2}{3}\ddot{X}(t) + \frac{(\Delta t)^2}{6}\ddot{X}(t+\Delta t)$$

(13.6-178)

因为式中出现的矩阵 $M + (\Delta t/2)C + \{(\Delta t)^2/6\}K$ 在各阶段都相同，可在第一次计算中预先求出逆矩阵。

2. 直接解法二

$$X(t+\Delta t) = \left\{K + \frac{3}{\Delta t}C + \frac{6}{(\Delta t)^2}M\right\}^{-1} \left\{M\left[2\ddot{X}(t) + \frac{6}{\Delta t}\dot{X}(t) + \frac{6}{(\Delta t)^2}X(t)\right] + C\left[\frac{\Delta t}{2}\ddot{X}(t) + 2\dot{X}(t) + \frac{3}{\Delta t}X(t)\right] + F(t+\Delta t)\right\}$$

$$\dot{X}(t+\Delta t) = \frac{3}{\Delta t}[X(t+\Delta t) - X(t)] - 2\dot{X}(t) - \frac{\Delta t}{2}\ddot{X}(t)$$

$$\ddot{X}(t+\Delta t) = \frac{6}{(\Delta t)^2}[X(t+\Delta t) - X(t)] - \frac{6}{\Delta t}\dot{X}(t) - 2\ddot{X}(t)$$

(13.6-179)

式（13.6-179）是由威尔逊提出，并得到广泛的采用。式中出现的 $1/\Delta t$，$1/(\Delta t)^2$ 等项并不是为了减少误差而采用的特殊方法所引入的，而是原封不动地保留消去过程中所出现的各项而已。将式（13.6-179）如下改写更为自然。

$$X(t+\Delta t)=\left[M+\frac{\Delta t}{2}C+\frac{(\Delta t)^2}{6}K\right]^{-1}\left\{M\left[X(t)+\Delta t\dot{X}(t)+\frac{(\Delta t)^2}{3}\ddot{X}(t)\right]+\right.$$
$$\left.C\left[\frac{\Delta t}{2}X(t)+\frac{(\Delta t)^2}{3}\dot{X}(t)+\frac{(\Delta t)^3}{12}\ddot{X}(t)\right]+\frac{(\Delta t)^2}{6}F(t+\Delta t)\right\}$$
$$\ddot{X}(t+\Delta t)=\frac{6}{(\Delta t)^2}\left\{X(t+\Delta t)-\left[X(t)+\Delta t\ddot{X}(t)+\frac{(\Delta t)^2}{3}\ddot{X}(t)\right]\right\}$$
$$\dot{X}(t+\Delta t)=\dot{X}(t)+\Delta t\frac{\ddot{X}(t)+\ddot{X}(t+\Delta t)}{2}$$

(13.6-180)

2.5.2　纽马克β法

$$\ddot{X}(t+\Delta t)=\left[M+\frac{\Delta t}{2}C+\beta(\Delta t)^2K\right]^{-1}F(t+\Delta t)-C\left[\dot{X}(t)+\frac{\Delta t}{2}\ddot{X}(t)\right]$$
$$-K\left[X(t)+\Delta t\dot{X}(t)+\left(\frac{1}{2}-\beta\right)(\Delta t)^2\ddot{X}(t)\right]$$
$$\dot{X}(t+\Delta t)=\dot{X}+\frac{\Delta t}{2}[\ddot{X}(t)+\ddot{X}(t+\Delta t)]$$
$$X(t+\Delta t)=X(t)+\frac{\Delta t}{1!}\dot{X}(t)+\frac{(\Delta t)^2}{2!}\ddot{X}(t)+\beta(\Delta t)^3\frac{\ddot{X}(t+\Delta t)-\ddot{X}(t)}{\Delta t}$$

(13.6-181)

纽马克β法是线性加速度法之一。β是调节公式特性的参数，一般取值范围为$0\le\beta\le1/2$。实际上往往固定采用$\beta=1/6$，因此，在多数情况下，纽马克法是线性加速度法的别名。此外也常采用$\beta=1/4$。

2.5.3　威尔逊θ法

该方法也是线性加速度法的变形。它的特点是把

线性加速度法进一步扩展。计算步骤与线性加速度法大致相同，所不同的是线性加速度法在时刻$(t+\Delta t)$使用运动方程，而威尔逊θ法则应用于更后一点的时刻$(t+\theta\Delta t)$（$\theta>1$）。

按"直接法一"的计算公式：

$$\ddot{X}(t+\theta\Delta t)=\left[M+\frac{\theta\Delta t}{2}C+\frac{(\theta\Delta t)^2}{6}K\right]^{-1}\left\{F(t+\theta\Delta t)-C\left[\dot{X}(t)+\frac{\theta\Delta t}{2}\ddot{X}(t)\right]-\right.$$
$$\left.K\left[X(t)+\theta\Delta t\dot{X}(t)+\frac{(\theta\Delta t)^2}{3}\ddot{X}(t)\right]\right\}$$
$$\ddot{X}(t+\Delta t)=[(\theta-1)\ddot{X}(t)+\ddot{X}(t+\theta\Delta t)]/\theta$$
$$\dot{X}(t+\Delta t)=\dot{X}(t)+\Delta t[\ddot{X}(t)+\ddot{X}(t+\Delta t)]/2$$
$$X(t+\Delta t)=X(t)+\Delta t\dot{X}(t)+(\Delta t)^2\ddot{X}(t)/3+(\Delta t)^2\ddot{X}(t+\Delta t)/3$$

(13.6-182)

按"直接法二"的计算公式：

$$X(t+\theta\Delta t)=\left[K+\frac{3C}{\theta\Delta t}+\frac{6}{(\theta\Delta t)^2}M\right]^{-1}\left\{M\left[2\ddot{X}(t)+\frac{6}{\theta\Delta t}\dot{X}(t)+\frac{6}{(\theta\Delta t)^2}X(t)\right]+\right.$$
$$\left.C\left[\frac{\theta\Delta t}{2}\ddot{X}(t)+2\dot{X}(t)+\frac{3}{\theta\Delta t}X(t)\right]+F(t+\Delta t)\right\}$$
$$\ddot{X}(t+\theta\Delta t)=\frac{6}{(\theta\Delta t)^2}[X(t+\theta\Delta t)-X(t)]-\frac{6}{\theta\Delta t}\dot{X}(t)-2\ddot{X}(t)$$
$$\ddot{X}(t+\Delta t)=\left(1-\frac{1}{\theta}\right)\ddot{X}(t)+\frac{1}{\theta}\ddot{X}(t+\theta\Delta t)$$
$$\dot{X}(t+\Delta t)=\dot{X}(t)+(\Delta t/2)[\ddot{X}(t)+\ddot{X}(t+\Delta t)]$$
$$X(t+\Delta t)=X(t)+\Delta t\dot{X}(t)+(\Delta t)^2[2\ddot{X}(t)+\ddot{X}(t+\Delta t)]/6$$

(13.6-183)

通常流行的是"直接法二"。

在威尔逊θ法中，只要取θ大于1.37以上，不管Δt取怎样的值都是稳定的，即这种算法是无条件稳定的。当然，Δt过大，精度要降低，但只要不发

散，就可根据经验和工程常识判断，灵活掌握。例如，Δt取结构物基本周期（最长的周期）的1%左右即可得到相当满意的结果。

因此，威尔逊θ法是实用价值很高的出色的解

法，虽然由于增加了参数 θ，看起来式子稍复杂一些，但计算工作量与线性加速度法和纽马克 β 法差不多。

θ 取值小于 1.37 意义不大。但并不是说 θ 的取值只要在 1.37 以上，不管多大都可以。实际上，θ 最好不要太大，否则精度下降。例如 $\Delta t = 0.01 s$，$\theta = 3 \times 10^{10}$，就意味着假定此后十年内加速度均为线性变化，且根据十年后的加速度来计算 0.01s 后的状态，这样的不合理情况当然精度是很差的，即使 $\theta = 2$，误差已相当显著。因此，威尔逊 θ 法的合理的 θ 值为 1.4。

威尔逊 θ 法通常取较大 Δt，用直接法为好。

2.5.4 龙格-库塔法

对于 n 自由度振动系统

$$M\ddot{X} + C\dot{X} + KX = F \qquad (13.6\text{-}184)$$

采用龙格-库塔（RK）法，既可以求解线性系统，也可以求解非线性问题。

式（13.6-184）中的每个方程可以表达为

$$\left. \begin{array}{l} \dfrac{d^2 x_i}{dt^2} = f\left(t,\ x_i,\ \dfrac{dx_i}{dt}\right) \\[2mm] x_i(0) = x_{i0},\ \dot{x}_i(0) = \dot{x}_{i0} \\[2mm] i = 1,\ 2,\ \cdots,\ n \end{array} \right\} \qquad (13.6\text{-}185)$$

将式（13.6-185）转化为一阶方程方程组

$$\left. \begin{array}{l} \dfrac{dz_i}{dt} = f(t,\ x_i,\ z_i) \\[2mm] \dfrac{dx_i}{dt} = z_i \\[2mm] x_i(0) = x_{i0},\ z_i(0) = \dot{x}_{i0} \\[2mm] i = 1,\ 2,\ \cdots,\ n \end{array} \right\} \qquad (13.6\text{-}186)$$

那么，式（13.6-184）即可转化为 $2 \times n$ 维一阶方程组。这时，四阶龙格-库塔格式为

$i = 1,\ 2,\ \cdots,\ n$

$$\left. \begin{array}{l} z_{i+1} = z_i + \dfrac{h}{6}(K_1 + 2K_2 + 2K_3 + K_4) \\[2mm] x_{i+1} = x_i + \dfrac{h}{6}(L_1 + 2L_2 + 2L_3 + L_4) \\[2mm] h \text{ 为步长} \\[2mm] K_1 = f(t_i,\ x_i,\ z_i),\ L_1 = z_i \\[2mm] K_2 = f\left(t_i + \dfrac{h}{2},\ x_i + \dfrac{h}{2}L_1,\ z_i + \dfrac{h}{2}K_1\right),\ L_2 = z_i + \dfrac{h}{2}K_1 \\[2mm] K_3 = f\left(t_i + \dfrac{h}{2},\ x_i + \dfrac{h}{2}L_2,\ z_i + \dfrac{h}{2}K_2\right),\ L_3 = z_i + \dfrac{h}{2}K_2 \\[2mm] K_4 = f(t_i + h,\ x_i + hL_3,\ z_i + hK_3),\ L_4 = z_i + hK_3 \end{array} \right\}$$

$$(13.6\text{-}187)$$

式中 x_{i+1} 表示位移，z_{i+1} 表示速度。

对照式（13.6-185）、式（13.6-186），不难理解 K_1 表示加速度。

3 连续系统的振动

实际的物理系统都是弹性体组成的系统，通常称为连续系统。具有分布物理参数（质量、刚度和阻尼）的弹性体需要无限多个坐标描述其运动，是一个无限多自由度的系统。运动不仅在时间上，而且在空间上连续分布，描述其运动的方程是偏微分方程。

在分析时，假定材料是均匀连续和各向同性的，服从 Hook 定律，运动是微幅的，是一个线性系统，不考虑系统的阻尼。

3.1 弦的振动

在工程实际中常遇到钢索、电线、电缆和皮带等柔性体构件，其共同特点是只能承受拉力，而抵抗弯曲及压缩能力很弱。这类构件的振动问题称为弦振动问题。

图 13.6-25a 所示为两端固定，用预紧张力 F_0 拉紧的弦。在初始干扰下，弦作横向自由振动，弦上各点的位移 y 是坐标 x 和时间 t 的函数，因此，位移曲线可表达为 $y = y(x,\ t)$。

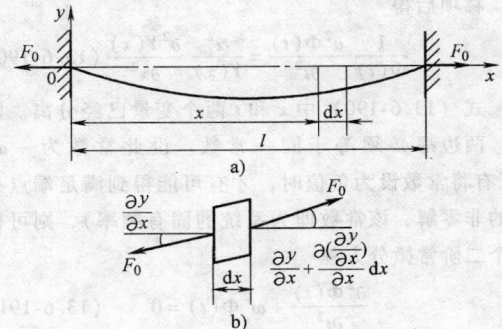

图13.6-25　弦的振动

设弦为匀质，密度为 ρ、截面积为 A。在弦上 x 处取微段 dx，其质量为 $dm = \rho A dx$。考虑到弦的张力 F_0 远大于重力，对于微振动来说，假设各截面处的张力均相等，且等于初张力 F_0。微段左右受两个大小相等但方向不同的张力，如图 13.6-25b 所示。由牛顿定律可写出沿 y 方向的运动微分方程

$$\frac{\partial^2 y}{\partial t^2} dm = \sum F_y$$

$$\frac{\partial^2 y}{\partial t^2} \rho A dx = F_0 \left[\frac{\partial y}{\partial x} + \frac{\partial^2 y}{\partial x^2} dx \right] - F_0 \frac{\partial y}{\partial x}$$

简化后得

$$\rho A \frac{\partial^2 y}{\partial t^2} = F_0 \frac{\partial^2 y}{\partial x^2}$$

设 $\alpha = \sqrt{\dfrac{F_0}{\rho A}}$，$\alpha$ 为波沿弦长度方向传播的速度，

则上式可写成

$$\frac{\partial^2 y}{\partial t^2} = \alpha^2 \frac{\partial^2 y}{\partial x^2} \qquad (13.6\text{-}188)$$

式（13.6-188）就是均质弦横向振动的微分方程，通常称为波动方程。

在多自由度系统振动分析时得知，在作主振动时，各质点将作同样频率和相位的运动，各质点同时经过静平衡位置和达到最大偏离位置，即系统具有一定的、与时间无关的振动。连续系统也应具有这样的特性，故可假设式（13.6-188）的解为

$$y(x, t) = Y(x)\Phi(t) \qquad (13.6\text{-}189)$$

式中 $Y(x)$——弦的振型函数，仅为 x 的函数，而与时间 t 无关；

$\Phi(t)$——弦的振动方式，仅为时间 t 的函数。

将式（13.6-189）分别对时间 t、x 求二阶偏导数后，代入式（13.6-188），得

$$Y(x)\frac{\partial^2 \Phi(t)}{\partial t^2} = \alpha^2 \Phi(t)\frac{\partial^2 Y(x)}{\partial x^2}$$

移项后得

$$\frac{1}{\Phi(t)}\frac{\partial^2 \Phi(t)}{\partial t^2} = \frac{\alpha^2}{Y(x)}\frac{\partial^2 Y(x)}{\partial x^2} \quad (13.6\text{-}190)$$

式（13.6-190）中 x 和 t 两个变量已经分离。因此，两边都必须等于同一常数。设此常数为 $-\omega_n^2$（只有将常数设为负值时，才有可能得到满足端点条件的非零解，该常数即为系统的固有频率），则可得两个二阶常微分方程

$$\frac{\partial^2 \Phi(t)}{\partial t^2} + \omega_n^2 \Phi(t) = 0 \qquad (13.6\text{-}191)$$

$$\frac{\partial^2 Y(x)}{\partial x^2} + \frac{\omega_n^2}{\alpha^2}Y(x) = 0 \qquad (13.6\text{-}192)$$

式（13.6-191）形式与单自由度振动微分方程相同，其解必为简谐振动形式

$$\Phi(t) = C\sin(\omega_n t + \varphi) \qquad (13.6\text{-}193)$$

由式（13.6-192）可解出振型函数 $Y(x)$，得

$$Y(x) = A_1 \sin\frac{\omega_n}{\alpha}x + B_1 \cos\frac{\omega_n}{\alpha}x$$
$$(13.6\text{-}194)$$

它描绘出弦的主振型是一条正弦曲线，其周期为 $2\pi\alpha/\omega_n$。

将式（13.6-193）、式（13.6-194）代入式（13.6-189），简化得

$$y(x, t) = \left(C_1 \sin\frac{\omega_n}{\alpha}x + C_2 \cos\frac{\omega_n}{\alpha}x\right)\sin(\omega_n t + \varphi)$$
$$(13.6\text{-}195)$$

式中，C_1、C_2、ω_n 和 φ 为四个待定系数，可以由两端点的边界条件和振动的两个初始条件来决定。

由于弦的两端固定，其边界条件为

$$x = 0, y(0, t) = 0; x = l, y(l, t) = 0$$
$$(13.6\text{-}196)$$

将式（13.6-196）代入式（13.6-195）得

$$C_2 = 0, C_1 \sin\frac{\omega_n l}{\alpha} = 0 \qquad (13.6\text{-}197)$$

显然有

$$\sin\frac{\omega_n l}{\alpha} = 0 \qquad (13.6\text{-}198)$$

式（13.6-198）即为弦振动的特征方程，即频率方程，其解为

$$\frac{\omega_{nk} l}{\alpha} = k\pi, k = 1, 2, 3, \cdots \qquad (13.6\text{-}199)$$

从而可得弦振动的固有频率为

$$\omega_{nk} = \frac{k\pi\alpha}{l} = \frac{k\pi}{l}\sqrt{\frac{F_0}{\rho A}}, k = 1, 2, 3, \cdots$$
$$(13.6\text{-}200)$$

式中 ω_{nk}——第 k 阶固有频率。该式表明有无穷多个固有频率，同时，对应有无穷阶主振型为

$$Y_k(x) = C_{1k}\sin\frac{\omega_{nk}}{\alpha}x = C_{1k}\sin\frac{k\pi}{l}x, k = 1, 2, 3, \cdots$$
$$(13.6\text{-}201)$$

对应的主振动为

$$y_k(x,t) = C_{1k}\sin\frac{\omega_{nk}}{\alpha}x \cdot \sin(\omega_{nk}t + \varphi_k), k = 1, 2, 3, \cdots$$
$$(13.6\text{-}202)$$

在一般情况下，弦的自由振动为无限多阶主振动的叠加，即

$$y(x, t) = \sum_{k=1}^{\infty} C_{1k}\sin\frac{\omega_{nk}}{\alpha}x \cdot \sin(\omega_{nk}t + \varphi_k)$$
$$(13.6\text{-}203)$$

从以上分析可以看出，作为连续系统的弦振动的特性与多自由度系统的特性是一致的。不同的是，多自由度系统主振型是以各质点之间的振幅比来表示，而弦振动中质点数趋于无穷多个，故质点振幅采用 x 的连续函数，即振型函数 $Y(x)$ 来表示。

现在求图 13.6-26a 所示的弦振动的前三阶固有频率和响应的主振型。将 k = 1, 2, 3 代入式（13.6-200）即得前三阶固有频率为

$$\omega_{n1} = \frac{\pi}{l}\sqrt{\frac{F_0}{\rho A}}, \ \omega_{n2} = \frac{2\pi}{l}\sqrt{\frac{F_0}{\rho A}}, \ \omega_{n3} = \frac{3\pi}{l}\sqrt{\frac{F_0}{\rho A}}$$

同样，将 $\omega_{n1} \sim \omega_{n3}$ 代入式（13.6-201），便可得

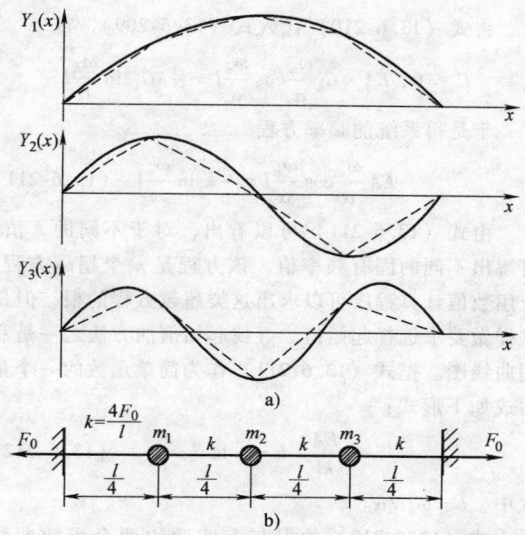

图13.6-26　弦振动的前三阶振型

前三阶主振型

$$Y_1(x) = C_{11}\sin\frac{\pi}{l}x, \quad Y_2(x) = C_{12}\sin\frac{2\pi}{l}x,$$

$$Y_3(x) = C_{13}\sin\frac{3\pi}{l}x$$

若以 x 为横坐标，$Y(x)$ 为纵坐标，并令 $C_{1k} = 1$（$k = 1，2，3$），则可作出前三阶主振型，如图 13.6-26a 所示。图 13.6-26 中振幅始终为零的点称为节点，节点数随振型阶次而增加，第 n 阶主振型有 $n-1$ 个节点。

为了将连续系统与离散系统的动力特性进行比较，现将弦离散成三自由度系统，如图 13.6-26b 所示。$m_1 = m_2 = m_3 = \frac{\rho Al}{4}$，$k_{11} = k_{22} = k_{33} = \frac{8F_0}{l}$，$k_{12} = k_{21} = k_{23} = k_{32} = -\frac{4F_0}{l}$，则三自由度系统振动微分方程为

$$\begin{pmatrix} m_1 & 0 & 0 \\ 0 & m_2 & 0 \\ 0 & 0 & m_3 \end{pmatrix}\begin{pmatrix} \ddot{y}_1 \\ \ddot{y}_2 \\ \ddot{y}_3 \end{pmatrix} + \begin{pmatrix} k_{11} & k_{12} & k_{13} \\ k_{21} & k_{22} & k_{23} \\ k_{32} & k_{32} & k_{33} \end{pmatrix}\begin{pmatrix} y_1 \\ y_2 \\ y_3 \end{pmatrix} = 0$$

其特征方程的代数形式（参见第 2.1.2 节）为

$$\Delta(\omega_n^2) = \begin{vmatrix} \dfrac{8F_0}{l} - \dfrac{\rho Al}{4}\omega_n^2 & -\dfrac{4F_0}{l} & 0 \\[2mm] -\dfrac{4F_0}{l} & \dfrac{8F_0}{l} - \dfrac{\rho Al}{4}\omega_n^2 & -\dfrac{4F_0}{l} \\[2mm] 0 & -\dfrac{4F_0}{l} & \dfrac{8F_0}{l} - \dfrac{\rho Al}{4}\omega_n^2 \end{vmatrix} = 0$$

解出的固有频率为

$$\omega_{n1} = \frac{3.059}{l}\sqrt{\frac{F_0}{\rho A}}, \quad \omega_{n2} = \frac{5.657}{l}\sqrt{\frac{F_0}{\rho A}}, \quad \omega_{n3} = \frac{7.391}{l}\sqrt{\frac{F_0}{\rho A}}$$

结果表明基频的误差约为 5%，随着阶次的增加，误差更大。所以为了得到较精确的固有频率值，应把离散系统的自由度增多，具体取多少自由度取决于对精度的要求。

将 $\omega_{n1} \sim \omega_{n3}$ 代入特征方程的矩阵形式（$-\omega_n^2 M + K$）$u = 0$，得出响应的主振型

$$u^{(1)} = \begin{pmatrix} 0.707 \\ 1.000 \\ 0.707 \end{pmatrix}, \quad u^{(2)} = \begin{pmatrix} 1 \\ 0 \\ -1 \end{pmatrix}, \quad u^{(3)} = \begin{pmatrix} 0.707 \\ -1.000 \\ 0.707 \end{pmatrix}$$

近似的三自由度系统的主振型用虚线画在图 13.6-26a 中。与连续系统的精确主振型比较，低阶的主振型是很接近的，随着阶次的增加，误差逐渐增大。

3.2　杆的轴向振动

在工程问题中，常见到以承受轴向力为主的直杆零件，如连杆机构中的连杆、凸轮机构中的挺杆等。它们同样存在着沿杆轴线方向的轴向振动问题。其简化力学模型为图 13.6-27 所示。

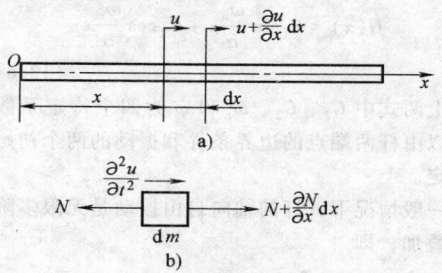

图13.6-27　杆的轴向振动示意图

设杆的密度为 ρ，截面积变化规律为 $A(x)$，截面抗拉刚度为 $EA(x)$。假设杆的截面积在轴向振动过程中始终保持平面，杆的横向变形也可以忽略，即在同一横截面上各点仅在 x 方向作相对位移，所以可用 $u(x, t)$ 表示截面的位移，是 x 与时间 t 的函数。

取微段 dx，如图 13.6-27b，其质量 $dm = \rho A dx$，左右截面的位移分别为 u 和 $u + \frac{\partial u}{\partial x}dx$，故微段的应变为

$$\varepsilon = \frac{\partial u}{\partial x}$$

两截面上的轴向内力分别为 N 和 $N + \frac{\partial N}{\partial x}dx$。对细长杆，轴向力可表示为

$$N = EA\varepsilon = EA\frac{\partial u}{\partial x} \tag{13.6-204}$$

由牛顿定律，可得该微段的运动微分方程

$$dm\frac{\partial^2 u}{\partial t^2} = \frac{\partial N}{\partial x}dx$$

将式（13.6-204）及 dm 表达式代入上式，得

$$\rho A\frac{\partial^2 u}{\partial t^2} = \frac{\partial}{\partial x}\left(AE\frac{\partial u}{\partial x}\right) \tag{13.6-205}$$

式（13.6-205）表示变截面直杆的轴向振动微分方程，如果已知截面变化规律 $A(x)$，即可求出此方程的解。

对于等截面的均质直杆，A、E 均为常数，式（13.6-205）可简化为

$$\rho \frac{\partial^2 u}{\partial t^2} = E \frac{\partial^2 u}{\partial x^2} \qquad (13.6-206)$$

令 $\alpha = \sqrt{E/\rho}$，即得到与弦振动方程式（13.6-206）完全相同的偏微分方程

$$\frac{\partial^2 u}{\partial t^2} = \alpha^2 \frac{\partial^2 u}{\partial x^2} \qquad (13.6-207)$$

式中　α——弹性纵波沿轴向的传播速度（m/s）。

用类似于上一节的分离变量方法，可直接写出式（13.6-207）的解

$$u(x,t) = U(x)\Phi(t)$$
$$= \left(C_1 \sin \frac{\omega_n}{\alpha}x + C_2 \cos \frac{\omega_n}{\alpha}x \right)\sin(\omega_n t + \varphi) \qquad (13.6-208)$$

$$U(x) = C_1 \sin \frac{\omega_n}{\alpha}x + C_2 \cos \frac{\omega_n}{\alpha}x \qquad (13.6-209)$$

上两式中 C_1、C_2、ω_n 和 φ 为四个待定系数，同样可以由杆两端点的边界条件和振动的两个初始条件来决定。

一般情况下，杆的轴向自由振动是无限多阶主振动的叠加，即

$$u(x,t) = \sum_{k=1}^{\infty} \left(C_{1k}\sin\frac{\omega_{nk}}{\alpha}x + C_{2k}\cos\frac{\omega_{nk}}{\alpha}x \right)\sin(\omega_{nk}t + \varphi_k)$$

现讨论几种常见的端点边界条件时固有频率和主振型：

1）一端固定一端连接刚度为 k 的弹簧（图13.6-28）。

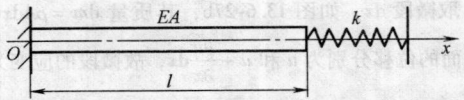

因端点边界条件仅为 x 的函数，故可用振型函数 $U(x)$ 来描述，即

$$x = 0,\ U(0) = 0$$
$$x = l,\ EA\frac{\mathrm{d}U}{\mathrm{d}x} = -kU(l) \qquad (13.6-210)$$

式（13.6-210）第二部分右边取负号是由位移为正原则来确定的，例如对于图13.6-28情况，在 $x=l$ 处轴向位移取正，该位移使弹簧缩短，因此与正位移相关的弹力是压缩力，即 $N = -ku$，因此在这种情况下 $x=l$ 处的单一边界条件是 $EA\frac{\mathrm{d}U}{\mathrm{d}x} = -kU(l)$。

将式（13.6-210）代入式（13.6-209），得

$$C_2 = 0,\ EA \cdot C_1 \frac{\omega_n}{\alpha}\cos\frac{\omega_n}{\alpha}l = -kC_1\sin\frac{\omega_n}{\alpha}l$$

于是得系统的频率方程

$$EA\frac{\omega_n}{\alpha}\cos\frac{\omega_n}{\alpha}l = -k\sin\frac{\omega_n}{\alpha}l \qquad (13.6-211)$$

由式（13.6-211）可以看出，对于不同的 k 值，可解出不同的固有频率值。该方程是一个超越方程，应用数值计算程序可以求出这类超越方程的根，但是这样做要求选择起始值。寻找起始值的方法之一是利用曲线图。把式（13.6-211）作为简单函数的一个量写成如下形式：

$$\frac{EA}{kl} \cdot b = -\tan b \qquad (13.6-212)$$

式中　$b = \omega_n l/\alpha$。

式（13.6-212）的根与上式两边两个函数曲线（一个直线函数和一个正切函数）的交点相对应，如图13.6-29所示。由图形可知，不论 k 的值如何，频率方程的根都落在 $\pi/2 < b < \pi$，$3\pi/2 < b < 2\pi$，$5\pi/2 < b < 3\pi$ 等范围之内。

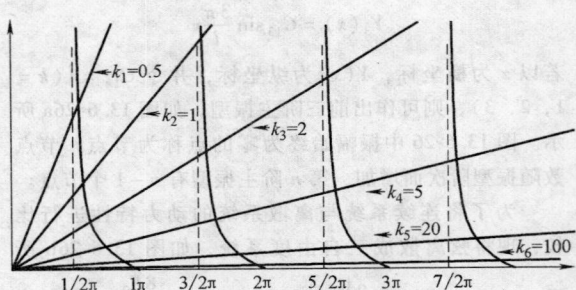

图13.6-29　两个函数曲线示意图

2）一端固定一端自由。边界条件可表达为

$$x = 0,\ U(0) = 0;\ x = l,\ \frac{\mathrm{d}U}{\mathrm{d}x} = 0$$

它相当于情况1）中 $k=0$ 的情形，由式（13.6-211）可知，其频率方程为

$$\cos\frac{\omega_n}{\alpha}l = 0$$

$$\omega_{nk} = \frac{(2k-1)\pi\alpha}{2l} = \frac{(2k-1)\pi}{2l}\sqrt{\frac{E}{\rho}},\ k=1,2,3,\cdots \qquad (13.6-213)$$

对应的主振型为

$$U_k(x) = C_{1k}\sin\frac{(2k-1)\pi}{2l}x,\ k=1,2,3,\cdots \qquad (13.6-214)$$

所以前三阶固有频率和主振型为

$$\omega_{n1} = \frac{\pi}{2l}\sqrt{\frac{E}{\rho}},\ U_1(x) = C_{11}\sin\frac{\pi}{2l}x,\ \omega_{n2} = \frac{3\pi}{2l}\sqrt{\frac{E}{\rho}},$$

$U_2(x) = C_{12}\sin\dfrac{3\pi}{2l}x$，$\omega_{n3} = \dfrac{5\pi}{2l}\sqrt{\dfrac{E}{\rho}}$，$U_3(x) = C_{13}\sin\dfrac{5\pi}{2l}x$

前三阶主振型如图 13.6-30a 所示。

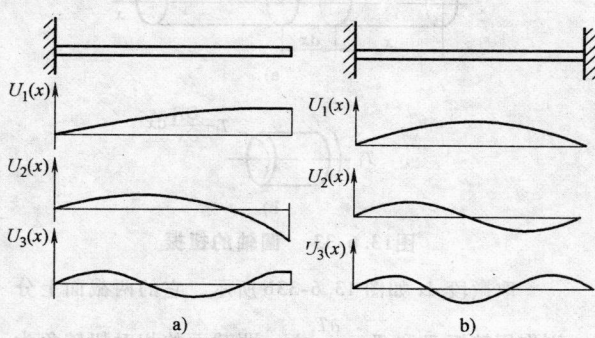

图13.6-30　梁的振动主振型示意图

3）两端均为固定端。边界条件可表示为

$$U(0) = U(l) = 0$$

它相当于式（13.6-211）中 $k = \infty$ 的情形。其相应的频率方程为

$$\sin\frac{\omega_n}{\alpha}l = 0$$

从而求得固有频率为

$$\omega_{nk} = \frac{k\pi\alpha}{l} = \frac{k\pi}{l}\sqrt{\frac{E}{\rho}},\ k = 1, 2, 3, \cdots$$

$$(13.6\text{-}215)$$

对应的主振型

$$U_k(x) = C_{1k}\sin\frac{k\pi}{l}x,\ k = 1, 2, 3, \cdots$$

$$(13.6\text{-}216)$$

所以前三阶固有频率和主振型为

$$\omega_{n1} = \frac{\pi}{l}\sqrt{\frac{E}{\rho}},\ U_1(x) = C_{11}\sin\frac{\pi}{l}x$$

$$\omega_{n2} = \frac{2\pi}{l}\sqrt{\frac{E}{\rho}},\ U_2(x) = C_{12}\sin\frac{2\pi}{l}x$$

$$\omega_{n3} = \frac{3\pi}{l}\sqrt{\frac{E}{\rho}},\ U_3(x) = C_{13}\sin\frac{3\pi}{l}x$$

前三阶主振型如图 13.6-30b 所示。

从上述分析可以看出，端部从自由端变化到固定端，随着刚性增加，各固有频率随之提高，基频提高了一倍。为了进一步说明这个结论，由图 13.6-29 可知在一端固定一端连接刚度为 k 的弹簧情况下，随着刚度 k 的增大，各阶固有频率均有增大的趋势，并且在 $k \to 0$ 时，可知 $b \approx (2k - 1)/2\pi$，因此 $\omega_n \approx (2k - 1)\pi\alpha/2l$，此时成为一端固定一端自由的情况；当 $k \to \infty$ 时，可知 $b \approx k\pi$，因此 $\omega_n \approx k\pi\alpha/l$，此时成为两端均固定的情况。另外由图 13.6-29 可以看出，当频率增大时弹簧对系统固有频率的作用将减少，因

此非常硬的弹簧可以有效地阻止低频模态的位移，而同一系统的高频模态将很少受弹簧存在的影响。这种倾向具有一般性。

例如，对于图 13.6-31 所示的等截面均质直杆，设原有一力 F 作用于自由端，当 $t = 0$ 瞬时将力 F 卸除。求杆的运动规律 $u(x, t)$。由式（13.6-213）、式（13.6-214）求出一端固定一端自由条件下杆纵向振动的固有频率和主振型，由式（13.6-208）、式（13.6-209）写出振动响应为

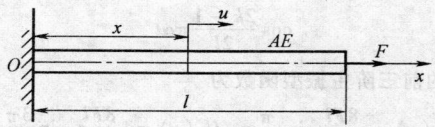

图13.6-31　等截面直杆

$$u(x, t) = \sum_{k=1}^{\infty} C_{1k}\sin\frac{2k-1}{2l}\pi x \cdot \sin\left[\frac{2k-1}{2l}\frac{\pi\alpha}{l}t + \varphi_k\right]$$

$$(13.6\text{-}217)$$

式中，C_{1k}、φ_k 可由初始条件确定。当 $t = 0$ 时，杆受 F 的静拉伸，在 x 处的位移为

$$u(x, 0) = \frac{F}{AE}x \qquad (13.6\text{-}218)$$

且在 $t = 0$ 时，外力 F 突然卸除，其初速度为零，即

$$\frac{\partial u(x, 0)}{\partial t} = 0 \qquad (13.6\text{-}219)$$

将式（13.6-217）对 t 求偏导，并将式（13.6-219）代入得 $C_{1k}\sin\dfrac{2k-1}{2l}\pi x \cdot \cos\varphi_k = 0$，$\varphi_k = \dfrac{\pi}{2}$。

将式（13.6-218）代入式（13.6-217）得

$$u(x, 0) = \sum_{k=1}^{\infty} C_{1k}\sin\frac{2k-1}{2l}\pi x \cdot \sin\frac{\pi}{2} = \frac{F}{AE}x$$

即

$$\sum_{k=1}^{\infty} C_{1k}\sin\frac{2k-1}{2l}\pi x = \frac{F}{AE}x \qquad (13.6\text{-}220)$$

式中系数 C_{1k} 可以利用三角函数的正交性来求得。即由正交公式

$$\int_0^l \sin mx \cdot \sin nx\,dx = \begin{cases} 0, & m \neq n \\ l/2, & m = n \end{cases}$$

将式（13.6-220）两边乘以 $\sin\dfrac{2k-1}{2l}\pi x$，并将 x 从 0 到 l 积分，则方程左端只剩下一项，其余皆为零，即

$$C_{1k}\int_0^l \sin^2\frac{2k-1}{2l}\pi x\,dx = \int_0^l \frac{Fx}{AE}\sin\frac{2k-1}{2l}\pi x\,dx$$

$$(13.6\text{-}221)$$

令 $b = \dfrac{2k-1}{2l}\pi$，则 $C_{1k}\dfrac{l}{2} = \displaystyle\int_0^l \dfrac{Fx}{AE}\sin bx\,\mathrm{d}x =$

$\dfrac{F}{AE}\left(\dfrac{1}{b^2}\sin bx - \dfrac{x}{b}\cos bx\right)\Big|_0^l$，可导出

$$C_{1k} = (-1)^{k-1}\dfrac{1}{(2k-1)^2}\dfrac{8Fl}{\pi^2 AE}, \quad k=1,2,3\cdots$$

$$(13.6\text{-}222)$$

代入式（13.6-217）得杆的运动规律

$$u(x,t) = \dfrac{8Fl}{\pi^2 AE}\sum_{k=1}^{\infty}\dfrac{(-1)^{k-1}}{(2k-1)^2}\sin\dfrac{2k-1}{2l}\pi x \cdot$$

$$\cos\dfrac{2k-1}{2l}\pi\alpha t$$

对应的前三阶主振型函数为

$$U_1(x) = \dfrac{8Fl}{\pi^2 AE}\sin\dfrac{\pi}{2l}x, \quad U_2(x) = \dfrac{8Fl}{9\pi^2 AE}\sin\dfrac{3\pi}{2l}x,$$

$$U_3(x) = \dfrac{8Fl}{25\pi^2 AE}\sin\dfrac{5\pi}{2l}x$$

如图 13.6-32 所示。可以看出三阶以上的振型对杆振动影响很小，因此，取前三阶足以表达杆的振动规律，即

$$u(x,t) \approx \dfrac{8Fl}{\pi^2 AE}\left[\sin\dfrac{\pi}{2l}x \cdot \cos\dfrac{\pi\alpha}{2l}t - \dfrac{1}{9}\sin\dfrac{3\pi}{2l}x \cdot\right.$$

$$\left.\cos\dfrac{3\pi\alpha}{2l}t + \dfrac{1}{25}\sin\dfrac{5\pi}{2l}x \cdot \cos\dfrac{5\pi\alpha}{2l}t\right]$$

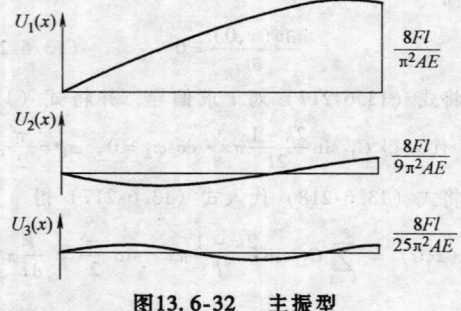

图13.6-32　主振型

3.3　圆轴的扭转振动

在各类机械中，传动轴是常见的零部件，它主要用来传递转矩而不承受弯矩，其振动可简化为细长杆的振动问题，其力学模型如图 13.6-33a 所示。

设杆的密度为 ρ，截面抗扭刚度为 $GI_t(x)$，G 为剪切弹性模量，$I_t(x)$ 为截面抗扭常数。对于工程中常见的圆截面，I_t 即为截面的极惯性矩 I_p。忽略截面的翘曲（若截面不是圆形，则必须考虑截面的翘曲），则杆扭转时，其横截面保持平面绕 x 轴作微幅振动。所以可以用 x 截面的角位移 $\theta(x,t)$ 来描述杆的扭转振动规律。

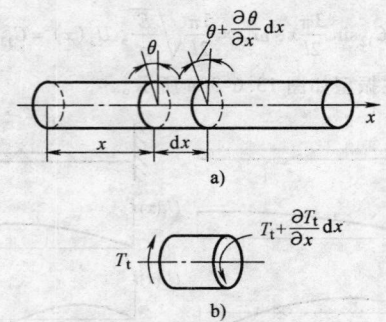

图13.6-33　圆轴的扭振

取微段 $\mathrm{d}x$ 如图 13.6-33b 所示，它的两截面上分别作用转矩 T_t 和 $T_t + \dfrac{\partial T_t}{\partial x}\mathrm{d}x$，两截面的相对扭转角为 $\dfrac{\partial\theta}{\partial x}\mathrm{d}x$。根据材料力学中扭转角与扭矩的关系，可以近似得

$$\dfrac{\partial\theta}{\partial x}\mathrm{d}x \approx \dfrac{T_t}{GI_p}\mathrm{d}x$$

$$T_t = GI_p\dfrac{\partial\theta}{\partial x} \qquad (13.6\text{-}223)$$

对微段 $\mathrm{d}x$ 建立扭转动力学方程得

$$J_p\dfrac{\partial^2\theta}{\partial t^2} = \dfrac{\partial T_t}{\partial x}\mathrm{d}x \qquad (13.6\text{-}224)$$

式中　J_p——微段的转动惯量，对于实心圆截面杆，

$$J_p(x) = \dfrac{\pi d^4}{32}\rho\mathrm{d}x;$$

I_p——截面的极惯性矩 $I_p(x) = \dfrac{\pi d^4}{32}$；

d——x 截面处圆截面直径。

可以看出

$$J_p(x) = I_p(x)\rho\mathrm{d}x \qquad (13.6\text{-}225)$$

将式（13.6-223）、式（13.6-225）代入式（13.6-224）得

$$\rho I_p(x)\dfrac{\partial^2\theta}{\partial t^2} = \dfrac{\partial}{\partial x}\left[GI_p(x)\dfrac{\partial\theta}{\partial x}\right]$$

$$(13.6\text{-}226)$$

该式表示变截面杆扭转振动的偏微分方程。若 $I_p(x)$ 已知，则可求解上述方程。

对于等截面直杆，$I_p(x)$ 为一常数，式（13.6-226）可简化为

$$\rho\dfrac{\partial^2\theta}{\partial t^2} = G\dfrac{\partial^2\theta}{\partial x^2}\text{或}\dfrac{\partial^2\theta}{\partial t^2} = \alpha^2\dfrac{\partial^2\theta}{\partial x^2} \quad (13.6\text{-}227)$$

式中　α——剪切弹性波沿 x 轴的传播速度，

$$\alpha = \sqrt{G/\rho}。$$

式（13.6-227）表示圆截面直杆作扭转振动的

偏微分方程。它与弦振动和杆纵向振动具有同一形式，此外气体压力波动和刚性管中水锤的波动也具有相同形式，数学上统称为波动方程。利用类似的分离变量方法，式（13.6-227）的解为

$$\theta(x,t) = \left(C_1 \sin \frac{\omega_n}{\alpha}x + C_2 \cos \frac{\omega_n}{\alpha}x \right)\sin(\omega_n t + \varphi)$$

$$(13.6\text{-}228)$$

式中，C_1、C_2、ω_n 和 φ 为四个待定系数，可以由两端点的边界条件和振动的两个初始条件来决定。

各阶主振型为

$$\theta_k(x,t) = \left(C_{1k}\sin\frac{\omega_{nk}}{\alpha}x + C_{2k}\cos\frac{\omega_{nk}}{\alpha}x \right)\sin(\omega_{nk}t + \varphi_k)$$

$$(13.6\text{-}229)$$

方程的一般解为

$$\theta(x,t) = \sum_{k=1}^{\infty} \left(C_{1k}\sin\frac{\omega_{nk}}{\alpha}x + C_{2k}\cos\frac{\omega_{nk}}{\alpha}x \right)\sin(\omega_{nk}t + \varphi_k) \quad (13.6\text{-}230)$$

例如，某油井钻杆，其力学模型可简化为一根长轴，其一端固定，另一端有转动惯量为 J_0 的刀头。设长度为 l 的长轴对轴线的总的转动惯量为 J_p，密度为 ρ，截面极惯性矩为 I_p，简化力学模型如图13.6-34a所示。圆杆扭转转动的解为式（13.6-228）。

上端边界条件：因长轴上部与钻机固定，故有

$$x=0,\theta(0,t)=0 \quad (13.6\text{-}231)$$

下端边界条件：因长轴下部与刀头相连接，故受到刀头的反转矩作用，如图 13.6-34b 所示。在该例中各量的正方向的规定必须一致，根据右手定则，大拇指指向 x 增加的方向，则四指所指方向定义为转动的正方向，因此如果扭转变形使转角 θ 随 x 的增加而增大，则按正 x 方向作用在杆的端截面上一个正的内扭矩，而杆施加给刀头的扭矩就是负 x 方向的。因此刀头转动方程为

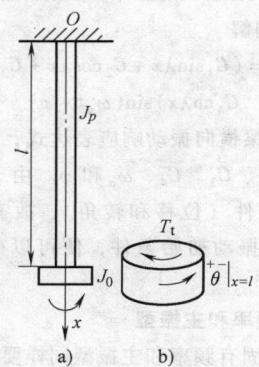

a)　　　　b)

图13.6-34　油井钻杆力学模型

$$-T_t = J_0\left(\frac{\partial^2\theta}{\partial t^2}\right)_{x=l} \quad (13.6\text{-}232)$$

式中　T_t——长轴端部的转矩，由材料力学知

$$T_t = GI_p\left(\frac{\partial\theta}{\partial x}\right)_{x=l} \quad (13.6\text{-}233)$$

故下端边界条件为

$$-GI_p\left(\frac{\partial\theta}{\partial x}\right)_{x=l} = J_0\left(\frac{\partial^2\theta}{\partial t^2}\right)_{x=l} \quad (13.6\text{-}234)$$

将式（13.6-231）代入式（13.6-228）得 $C_2 = 0$。

将式（13.6-228）分别对 x 求偏导及对 t 求二阶偏导数，得

$$\frac{\partial\theta}{\partial x} = C_1\frac{\omega_n}{\alpha}\cos\frac{\omega_n}{\alpha}x \cdot \sin(\omega_n t + \varphi),$$

$$\frac{\partial^2\theta}{\partial t^2} = -C_1\omega_n^2\sin\frac{\omega_n}{\alpha}x \cdot \sin(\omega_n t + \varphi)$$

将上两式代入式（13.6-234）化简得

$$GI_p\frac{1}{\alpha}\cos\frac{\omega_n}{\alpha}l = J_0\omega_n\sin\frac{\omega_n}{\alpha}l$$

由式（13.6-225）有 $J_p = I_p\rho l$，且有 $\alpha = \sqrt{G/\rho}$，则

$$\tan\frac{\omega_n}{\alpha}l = \frac{J_p}{J_0} \cdot \frac{\alpha}{\omega_n l} \quad (13.6\text{-}235)$$

式（13.6-235）即为扭转系统的频率方程。该方程是一个超越方程。式（13.6-235）与式（13.6-227）的求解方法相同，也是采用作图法求解。

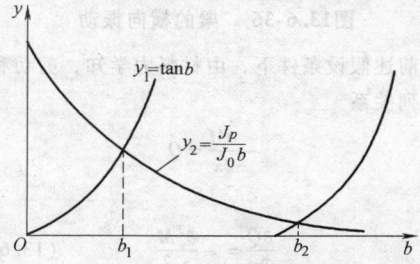

图13.6-35　两条曲线示意图

令 $b = \frac{\omega_n}{\alpha}l$，分别作出 $y_1 = \tan b$ 和 $y_2 = J_p/J_0 b$。以 b 为横坐标，y 为纵坐标，作出 y_1（b）和 y_2（b）曲线，如图 13.6-35 所示，其交点对应 b_1，b_2，…值，而固有频率分别为 $\omega_{n1} = \frac{\alpha}{l}b_1$，$\omega_{n2} = \frac{\alpha}{l}b_2$……

3.4　梁的横向振动

工程中常见的以承受弯曲为主的机械零件，可简化为梁类力学模型。当一根梁作垂直于其轴线方向振动时，称为梁的横向振动。由于其主要变形形式是弯

曲变形，所以又称为弯曲振动。下面讨论的梁振动限于这样的假设条件：梁各截面的中心主轴在同平面内，如图 13.6-36a 所示的 xOy 平面，且在此平面内作横向振动。在振动过程中，仍用材料力学中的平面假设，忽略剪切变形的影响。同时截面绕中性轴的转动比横向位移也小得多而不予考虑。

3.4.1　振动微分方程及求解

设梁轴线的横向位移用 $y(x, t)$ 表示，它同样是截面位置 x 和时间 t 的二元函数。设梁的密度为 ρ，x 处的截面抗弯刚度为 $EI(x)$，$I(x)$ 为该截面对中心轴的惯性矩，$A(x)$ 为该截面面积。

取微段 $\mathrm{d}x$ 如图 13.6-36b 所示，它的两截面上受剪切力和弯曲作用。按牛顿第二定律，该微段在 y 方向的运动微分方程为

$$\rho A \mathrm{d}x \frac{\partial^2 y}{\partial t^2} = \frac{\partial Q}{\partial x} \mathrm{d}x \qquad (13.6\text{-}236)$$

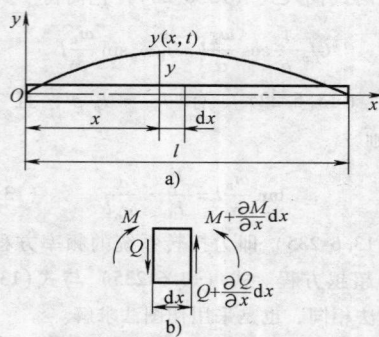

图13.6-36　梁的横向振动

在前述假设条件下，由材料力学知，剪切和弯矩存在下列关系

$$-\frac{\partial M}{\partial x} = Q$$

故

$$\frac{\partial Q}{\partial x} = -\frac{\partial^2 M}{\partial x^2} \qquad (13.6\text{-}237)$$

而弯曲和挠度之间的关系为

$$EI \frac{\partial^2 y}{\partial x^2} = M \qquad (13.6\text{-}238)$$

将式（13.6-237）、式（13.6-238）代入式（13.6-236）整理得

$$\rho A \frac{\partial^2 y}{\partial t^2} + \frac{\partial^2}{\partial x^2}\left[EI \frac{\partial^2 y}{\partial x^2} \right] = 0 \qquad (13.6\text{-}239)$$

该式为梁的横向自由振动偏微分方程。

对于均质截面直梁，E、I、A 及 ρ 均为常数，式（13.6-239）可简化为

$$\frac{\partial^2 y}{\partial t^2} + \alpha^2 \frac{\partial^4 y}{\partial x^4} = 0 \qquad (13.6\text{-}240)$$

其中，$\alpha^2 = \dfrac{EI}{\rho A}$ 是由梁的物理及几何参数确定的常数。

对于式（13.6-239）这个四阶偏微分方程，仍采用分离变量法求解。设方程的解为

$$y(x, t) = Y(x)\Phi(t)$$

其中，$\Phi(t)$ 为简谐函数，即

$$\Phi(t) = \sin(\omega_n t + \varphi)$$

故解得

$$y(x, t) = Y(x)\sin(\omega_n t + \varphi)$$

及

$$\left. \begin{array}{l} \dfrac{\partial^2 y}{\partial t^2} = -\omega_n^2 Y(x)\sin(\omega_n t + \varphi) \\[2mm] \dfrac{\partial^4 y}{\partial x^4} = \dfrac{\mathrm{d}^4 Y(x)}{\mathrm{d}x^4}\sin(\omega_n t + \varphi) \end{array} \right\} \quad (13.6\text{-}241)$$

将式（13.6-241）代入式（13.6-240），并取 $\lambda^4 = \omega_n^2 / \alpha^2$ 可得

$$\frac{\mathrm{d}^4 Y(x)}{\mathrm{d}x^4} - \lambda^4 Y(x) = 0 \qquad (13.6\text{-}242)$$

式（13.6-242）为四阶常微分方程，它的解可设为 $Y(x) = e^{sx}$，代入式（13.6-242）得

$$s^4 - \lambda^4 = 0$$

此代数方程的四个根为

$$s_{1,2} = \pm\lambda, \, s_{3,4} = \pm i\lambda$$

于是式（13.6-242）的通解为

$$Y(x) = C_1' e^{\lambda x} + C_2' e^{-\lambda x} + C_3' e^{i\lambda x} + C_4' e^{-i\lambda x} \qquad (13.6\text{-}243)$$

又因

$$e^{\pm\lambda x} = \mathrm{ch}\lambda x \pm \mathrm{sh}\lambda x$$

$$e^{\pm i\lambda x} = \cos\lambda x \pm \sin\lambda x$$

式中，$\mathrm{ch}(x)$ 和 $\mathrm{sh}(x)$ 为双曲函数。所以，式（13.6-243）可表达为常用形式

$$Y(x) = C_1 \sin\lambda x + C_2 \cos\lambda x + C_3 \mathrm{sh}\lambda x + C_4 \mathrm{ch}\lambda x \qquad (13.6\text{-}244)$$

该式即为梁的振型函数，由此可得偏微分方程式（13.6-240）的解

$$y(x, t) = (C_1 \sin\lambda x + C_2 \cos\lambda x + C_3 \mathrm{sh}\lambda x + C_4 \mathrm{ch}\lambda x)\sin(\omega_n t + \varphi) \qquad (13.6\text{-}245)$$

该式即为梁横向振动响应表达式，式中有六个待定系数 C_1、C_2、C_3、C_4、ω_n 和 φ。由于梁每个端点有两个边界条件（位移和转角），故有四个边界条件，加上两个振动初始条件，便可以确定六个待定系数。

3.4.2　固有频率和主振型

梁振动的固有频率和主振型同样要根据端点条件确定。梁的端点条件除固定端、简支端和自由端外，

还有弹性支承及集中质量等情况，现对后两种情况分别加以讨论。

图 13.6-37a 表示端部为弹性支承的情况，图中 k_t 表示端部支承扭转弹簧刚度，k 表示端部支承 y 向弹簧刚度。设端部的位移和转角分别为 $y(l, t)$ 及 $\frac{\partial y}{\partial x}(l, t)$。关于弯曲位移情况，$x = l$ 处的正位移 y 是向上的，它导致弹簧产生一个向下的弹力 ky，这就是剪切力。但在此截面上剪切力 Q 的正方向朝上，因此 $Q = -ky$；对施加弯矩的扭矩弹簧的分析与上类似，右端的正转角 $\partial y / \partial x$ 是逆时针的，因此弹簧施加的恢复扭矩 $k_t(\partial y / \partial x)$ 是顺时针的。但是由前面分析可知如果一个截面的法线指向正 x 方向，那么施加在该截面上的正弯矩是逆时针的，因此 $M = -k_t \frac{\partial y}{\partial x}$。

所以，弹性支承的端部条件为

$$x = l, M = -k_t \frac{\partial y}{\partial x}, Q = -ky \quad (13.6\text{-}246)$$

图 13.6-37b 表示端部有集中质量的情形，此时由于惯性力的存在，使梁受到一个数量上等于惯性力的剪切力 Q，如果 Q 是正的，那么它当它加于梁在 $x = l$

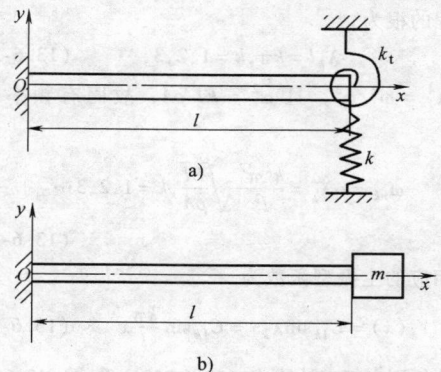

图13.6-37　端部弹性支承的梁振动

处的横截面上时，它的方向是朝上的，因此梁加给集中质量的力向下，因此集中质量的横向运动方程是 $Q = -m \frac{\partial^2 y}{\partial t^2}$；另外因集中质量的转动惯性可以忽略，作用在集中质量上的力矩必定是零。所以有集中质量存在的端部边界条件为

$$x = l, M = 0, Q = -m \frac{\partial^2 y}{\partial t^2} \quad (13.6\text{-}247)$$

几种典型端部的边界条件见表 13.6-2。

表 13.6-2　梁端部的边界条件

端部状态	位移 y	转角 $\theta = \frac{\partial y}{\partial x}$	弯矩 $M = EI \frac{\partial^2 y}{\partial x^2}$	剪切力 $Q = \frac{\partial M}{\partial x}$
固定端	0	0		
简支端	0		0	
自由端			0	0
端部状态	位移 y	转角 $\theta = \frac{\partial y}{\partial x}$	弯矩 $M = EI \frac{\partial^2 y}{\partial x^2}$	剪切力 $Q = \frac{\partial M}{\partial x}$
弹性支承			$-k_t \frac{\partial y}{\partial x}$	$-ky$
惯性载荷			0	$-m \frac{\partial^2 y}{\partial t^2}$

在上述端点边界条件中，位移与转角条件属于几何端点条件，剪切力和弯矩条件属于力端点条件。

例如，图 13.6-38 所示为一均质等截面梁，两端简支，参数 E、I、A 及 ρ 均为已知，求此梁作横向振动时的固有频率与主振型。

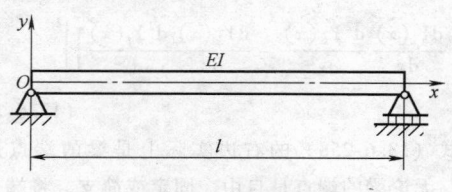

图13.6-38　等截面简支梁

该简支梁的端点条件为

$$x = 0, Y(0) = 0, \left.\frac{\partial^2 Y}{\partial x^2}\right|_{x=0} = 0;$$

$$x = l, Y(l) = 0, \left.\frac{\partial^2 Y}{\partial x^2}\right|_{x=l} = 0$$

将上述边界条件代入振型函数表达式（13.6-244）及其二阶导数式，得

$$C_2 = C_4 = 0$$

及

$$C_1 \sin \lambda l + C_3 \operatorname{sh} \lambda l = 0$$

$$-C_1 \sin \lambda l + C_3 \operatorname{sh} \lambda l = 0$$

由于 $\operatorname{sh} \lambda l \neq 0$，故得 $C_3 = 0$，并得简支梁振动频率方程

$$\sin \lambda l = 0 \quad (13.6\text{-}248)$$

此方程的根为

$$\lambda_k l = k\pi, k = 1,2,3,\cdots \qquad (13.6\text{-}249)$$

因为 $\lambda^4 = \omega^2/\alpha^2$，且 $\alpha^2 = EI/\rho A$，故固有频率表达式为

$$\omega_{nk} = \alpha\lambda_k^2 = \frac{k^2\pi^2}{l^2}\sqrt{\frac{EI}{\rho A}}, k = 1,2,3\cdots$$

$$(13.6\text{-}250)$$

相应的主振型函数为

$$Y_k(x) = C_{1k}\sin\lambda_k x = C_{1k}\sin\frac{k\pi}{l}x \qquad (13.6\text{-}251)$$

分析固有频率计算式（13.6-250）及式（13.6-249）可知，对于 A、I、l、ρ 和 E 已确定的梁，其固有频率可表达为

$$\omega_{nk} = (\lambda_k l)^2 h \qquad (13.6\text{-}252)$$

式中

$$h = \sqrt{\frac{EI}{\rho A l^4}} \qquad (13.6\text{-}253)$$

所以前三阶固有频率为 $\omega_{n1} = 9.87h$，$\omega_{n2} = 39.5h$，$\omega_{n3} = 88.9h$。

对于其他支承形式的梁，其对应的固有频率可用类似的方法导出。结果表明，各种支承形式梁振动固有频率均可用形式如式（13.6-252）的公式计算。不过对不同的支承形式，式中的 $\lambda_k l$ 值不同。表 13.6-3 中列出了不同支承梁的 $\lambda_k l$ 表达式及所计算的前三阶固有频率值。

表 13.6-3　不同支承梁的 $\lambda_k l$ 表达式及前三阶固有频率值

梁的支承形式	$\lambda_k l$ 表达式	ω_{n1}	ω_{n2}	ω_{n3}
两端简支	$k\pi$	$9.87h$	$39.5h$	$88.9h$
两端自由	$\dfrac{2k+1}{2}\pi$	$22.4h$	$61.7h$	$121.0h$
两端固定	$\dfrac{2k+1}{2}\pi$	$22.4h$	$61.7h$	$121.0h$
一端固定 一端自由	$\dfrac{2k-1}{2}\pi$	$3.52h$	$22.4h$	$61.7h$
一端固定 一端简支	$\dfrac{4k-1}{2}\pi$	$15.4h$	$50.0h$	$104.0h$

3.4.3　梁的横向受迫振动响应

在求出梁弯曲振动的固有频率和振型后，即可利用弹性体主振动的正交性和模态分析法，求出梁在外激励力作用下的受迫振动响应。

1. 主振型的正交性

前面已导出梁的振型函数关系式（13.6-242），即 $\dfrac{d^4 Y(x)}{dx^4} - \lambda^4 Y(x) = 0$。设以 $Y_j(x)$ 和 $Y_k(x)$ 分别表示对应于第 j 阶和第 k 阶固有频率 ω_{nj} 和 ω_{nk} 的两个主振型，必须满足振型函数式，即

$$\frac{d^4 Y_j(x)}{dx^4} - \lambda_j^4 Y_j(x) = 0;\quad \frac{d^4 Y_k(x)}{dx^4} - \lambda_k^4 Y_k(x) = 0$$

又因

$$\lambda_j^4 = \frac{\omega_{nj}^2}{\alpha^2}, \lambda_k^4 = \frac{\omega_{nk}^2}{\alpha^2}$$

$$\frac{d^4 Y_j(x)}{dx^4} = \frac{\omega_{nj}^2}{\alpha^2}Y_j(x) \qquad (13.6\text{-}254)$$

$$\frac{d^4 Y_k(x)}{dx^4} = \frac{\omega_{nk}^2}{\alpha^2}Y_k(x) \qquad (13.6\text{-}255)$$

用 Y_k 乘以式（13.6-254）两边，并用分部积分法对梁的全长进行积分，得

$$\int_0^l Y_k(x)\frac{d^4 Y_j(x)}{dx^4}dx = Y_k(x)\frac{d^3 Y_j(x)}{dx^3}\Big|_0^l - \int_0^l \frac{dY_k(x)}{dx}\frac{d^3 Y_j(x)}{dx^3}dx$$

$$= Y_k(x)\frac{d^3 Y_j(x)}{dx^3}\Big|_0^l - \left[\frac{dY_k(x)}{dx}\frac{d^2 Y_j(x)}{dx^2}\Big|_0^l\right.$$

$$\left. - \int_0^l \frac{d^2 Y_k(x)}{dx^2}\frac{d^2 Y_j(x)}{dx^2}dx\right]$$

$$= \frac{\omega_{nj}^2}{\alpha^2}\int_0^l Y_k(x)Y_j(x)dx \qquad (13.6\text{-}256)$$

同理，用 Y_j 乘以式（13.6-255）两边，并用分部积分法对梁的全长进行积分，得

$$\int_0^l Y_j\frac{d^4 Y_k(x)}{dx^4}dx = Y_j(x)\frac{d^3 Y_k(x)}{dx^3}\Big|_0^l$$

$$- \left[\frac{dY_j(x)}{dx}\frac{d^2 Y_k(x)}{dx^2}\Big|_0^l\right.$$

$$\left. - \int_0^l \frac{d^2 Y_j(x)}{dx^2}\frac{d^2 Y_k(x)}{dx^2}dx\right]$$

$$= \frac{\omega_{nk}^2}{\alpha^2}\int_0^l Y_j(x)Y_k(x)dx \qquad (13.6\text{-}257)$$

将上两式相减得

$$\frac{1}{\alpha^2}(\omega_{nk}^2 - \omega_{nj}^2)\int_0^l Y_k(x)Y_j(x)dx =$$

$$\left[Y_j(x)\frac{d^3 Y_k(x)}{dx^3} - Y_k(x)\frac{d^3 Y_j(x)}{dx^3}\right]\Big|_0^l -$$

$$\left[\frac{dY_j(x)}{dx}\frac{d^2 Y_k(x)}{dx^2} - \frac{dY_k(x)}{dx}\frac{d^2 Y_j(x)}{dx^2}\right]\Big|_0^l$$

$$(13.6\text{-}258)$$

式（13.6-258）的右边实际上是梁的端点边界条件，无论梁的端点是自由、固定或简支，将端点边界条件（参见表 13.6-2）代入式，右边始终为零，故有

$$\frac{1}{\alpha^2}(\omega_{nk}^2 - \omega_{nj}^2) \int_0^l Y_k(x) Y_j(x) \mathrm{d}x = 0$$

$$(13.6\text{-}259)$$

因此，只要 $j \neq k$，则 $\omega_{nk}^2 \neq \omega_{nj}^2$，即有

$$\int_0^l Y_k(x) Y_j(x) \mathrm{d}x = 0, j \neq k \quad (13.6\text{-}260)$$

将式（13.6-260）代入式（13.6-256），得

$$\int_0^l Y_k(x) \frac{\mathrm{d}^4 Y_j(x)}{\mathrm{d}x^4} \mathrm{d}x = 0, j \neq k$$

$$(13.6\text{-}261)$$

由于式（13.6-256）中也含有端点条件式，该部分也为零，即

$$Y_k(x) \frac{\mathrm{d}^3 Y_j(x)}{\mathrm{d}x^3} \Big|_0^l - \frac{\mathrm{d}Y_k(x)}{\mathrm{d}x} \frac{\mathrm{d}^2 Y_j(x)}{\mathrm{d}x^2} \Big|_0^l = 0$$

所以，由式（13.6-256）可得

$$\int_0^l \frac{\mathrm{d}^2 Y_k(x)}{\mathrm{d}x^2} \frac{\mathrm{d}^2 Y_j(x)}{\mathrm{d}x^2} \mathrm{d}x = 0 \quad j \neq k$$

$$(13.6\text{-}262)$$

式（13.6-260）和式（13.6-262）就是均质等截面梁横向振动主振型正交性的表达式。

当 $j = k$ 时，$\omega_{nk}^2 = \omega_{nj}^2$，则式（13.6-259）中的积分部分可以等于一常数，即

$$\int_0^l Y_k^2(x) \mathrm{d}x = \alpha_k \quad (13.6\text{-}263)$$

将式（13.6-263）及 $\alpha^2 = EI/\rho A$ 代入式（13.6-256），得

$$\int_0^l Y_k(x) \frac{\mathrm{d}^4 Y_j(x)}{\mathrm{d}x^4} \mathrm{d}x = \int_0^l \left[\frac{\mathrm{d}^2 Y_k(x)}{\mathrm{d}x^2} \right]^2 \mathrm{d}x = \alpha_k \frac{\rho A}{EI} \omega_{nk}^2$$

$$(13.6\text{-}264)$$

为了运算方便，常将主振型正则化，可取正则化因子 $\alpha_k = 1/\rho A$，则式（13.6-263）可化为

$$\rho A \int_0^l Y_k^2(x) \mathrm{d}x = 1 \quad (13.6\text{-}265)$$

式（13.6-264）经正则化后，得

$$EI \int_0^l Y_k(x) \frac{\mathrm{d}^4 Y_j(x)}{\mathrm{d}x^4} \mathrm{d}x = EI \int_0^l \left[\frac{\mathrm{d}^2 Y_k(x)}{\mathrm{d}x^2} \right]^2 \mathrm{d}x = \omega_{nk}^2$$

$$(13.6\text{-}266)$$

利用主振型正交性，就可将任何初始条件引起的自由振动和任意激振力引起的受迫振动，简化为类似于单自由度系统那样的微分方程，用模态分析法求解。

2. 用模态分析法求梁振动响应

设等截面梁受外界横向分布力 $f(x, t)$ 作用时，梁横向振动微分方程为

$$EI \frac{\partial^4 y}{\partial x^4} + \rho A \frac{\partial^2 y}{\partial t^2} = f(x, t) \quad (13.6\text{-}267)$$

式（13.6-267）为一四阶常系数非齐次偏微分方程，其对应的齐次方程的解就是前面讨论的梁的自由振动响应，它是瞬态响应。这里只讨论非齐次方程的特解，即梁的稳态振动。

用模态分析求梁稳态响应的步骤：

1）通过求梁的自由振动微分方程，可求出在给定端点条件下梁各阶固有频率 ω_{nk} 和相应的各阶主振型 $Y_k(x)$，$k = 1,2,3 \cdots$。

2）对原方程进行坐标变换，将梁的受迫振动微分方程变换成用模态方程来表达。梁的坐标变换表达式

$$y(x, t) = \sum_{k=1}^{\infty} Y_k(x) q_k(t) \quad (13.6\text{-}268)$$

式中 $q_k(t)$——系统的模态坐标或主坐标。

将式（13.6-268）对变量 x 和 t 分别求偏导，然后代入式（13.6-267）得

$$EI \sum_{k=1}^{\infty} \frac{\mathrm{d}^4 Y_k(x)}{\mathrm{d}x^4} q_k(t) + \rho A \sum_{k=1}^{\infty} Y_k(x) \frac{\partial^2 q_k(t)}{\partial t^2} = f(x, t)$$

$$(13.6\text{-}269)$$

或

$$\sum_{k=1}^{\infty} \left[EI q_k(t) \frac{\mathrm{d}^4 Y_k(x)}{\mathrm{d}x^4} + \rho A \frac{\partial^2 q_k(t)}{\partial t^2} Y_k(x) \right] = f(x, t)$$

$$(13.6\text{-}270)$$

将 $Y_j(x)$ 乘以上式两边，并对梁的全长积分得

$$\sum_{k=1}^{\infty} \left[EI q_k(t) \int_0^l \frac{\mathrm{d}^4 Y_k(x)}{\mathrm{d}x^4} Y_j(x) \mathrm{d}x + \right.$$

$$\left. \rho A \frac{\partial^2 q_k(t)}{\partial t^2} \int_0^l Y_k(x) Y_j(x) \mathrm{d}x \right] = \int_0^l Y_j(x) f(x, t) \mathrm{d}x$$

$$(13.6\text{-}271)$$

利用主振型的正交性，由式（13.6-260）和式（13.6-261）知，上式左端 $j \neq k$ 的各项之积分均为零，而只剩下 $j = k$ 的积分项，因此，可得

$$EI q_k(t) \int_0^l \frac{\mathrm{d}^4 Y_k(x)}{\mathrm{d}x^4} Y_k(x) \mathrm{d}x + \rho A \frac{\partial^2 q_k(t)}{\partial t^2} \int_0^l Y_k^2(x) \mathrm{d}x$$

$$= \int_0^l Y_k(x) f(x, t) \mathrm{d}x \quad (13.6\text{-}272)$$

将式（13.6-265）和式（13.6-266）代入式（13.6-272），则可得

$$\frac{\mathrm{d}^2 q_k(t)}{\mathrm{d}t^2} + \omega_{nk}^2 q_k(t) = Q_k(t), k = 1,2,3, \cdots$$

$$(13.6\text{-}273)$$

$$Q_k(t) = \int_0^l Y_k(x) f(x, t) \mathrm{d}x \quad (13.6\text{-}274)$$

式中 $Q_k(t)$——第 k 阶模态坐标上广义激振力。则式（13.6-273）为系统的模态方程。

3）求解模态方程，求模态坐标响应 $q_k(t)$。从式（13.6-273）可以看出，它是无穷多个互相独立的微分方程，每个方程形式和单自由度无阻尼受迫振动方程完全相同。因此，可以用杜哈美积分求解。利用式（13.6-46）即可得

$$q_k(t) = \frac{1}{\omega_{nk}}\int_0^t Q_k(\tau)\sin\omega_{nk}(t-\tau)\mathrm{d}\tau, k = 1,2,3,\cdots$$

(13.6-275)

该式为模态坐标表示的梁的受迫振动响应。

4）求系统在原坐标上的响应 $y(x,t)$。将求出 $q_k(t)$ 代入式（13.6-268），得

$$y(x,t) = \sum_{k=1}^{\infty} Y_k(x)\frac{1}{\omega_{nk}}\int_0^t Q_k(\tau)\sin\omega_{nk}(t-\tau)\mathrm{d}\tau$$

(13.6-276)

式（13.6-276）表明，梁在受到横向分布激振力 $f(x,t)$ 作用时的动力响应是各阶主振型的叠加。

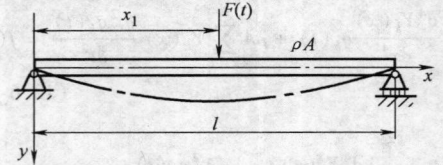

图13.6-39　施加集中力的简支梁

若梁上作用的是在 $x = x_1$ 处的一个集中力 $F(t)$ 时，如图 13.6-39 所示，则在模态坐标上的广义力 $Q_k(t)$ 为

$$Q_k(t) = F(t)Y_k(x_1) \qquad (13.6-277)$$

式中　$Y_k(x_1)$——第 k 阶主振型在 $x = x_1$ 处的值。此时，梁的振动响应在模态坐标上应表示为

$$q_k(t) = \frac{1}{\omega_{nk}}\int_0^t F(\tau)Y_k(x_1)$$
$$\sin\omega_{nk}(t-\tau)\mathrm{d}\tau, k = 1,2,3,\cdots$$

(13.6-278)

因此，在原坐标上梁的振动响应为

$$y(x,t) = \sum_{k=1}^{\infty}\frac{Y_k(x)Y_k(x_1)}{\omega_{nk}}\int_0^t F(\tau)\sin\omega_{nk}(t-\tau)\mathrm{d}\tau$$

(13.6-279)

例如，利用模态分析法，求图 13.6-40 简支梁系统对时间的响应。已知初始情况下静止，且 $\omega \ne \omega_n$。

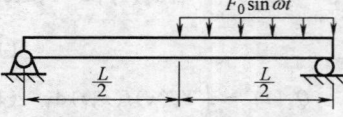

图13.6-40　简支梁力学模型

在分析图 13.6-39 等截面简支梁的横向转动时，

得出简支梁的固有频率为 $\omega_{nk} = (k\pi)^2\sqrt{EI/(\rho AL^4)}$，且 $Y_k(x) = C_{1k}\sin\frac{k\pi}{L}x$。由式（13.6-265）可求出 C_{1k}，简支梁的振型是

$$Y_k(x) = \sqrt{\frac{2}{\rho AL}}\sin\left(\frac{k\pi x}{L}\right)$$

由式（13.6-267）可建立梁的运动微分方程为

$$EI\frac{\partial^4 y}{\partial x^4} + \rho A\frac{\partial^2 y}{\partial t^2} = F_0\sin(\omega t)u\left(x-\frac{L}{2}\right)$$

(13.6-280)

式（13.6-280）中 $u(x-L/2)$ 为单位阶跃函数，可通过如下公式与单位脉冲函数相联系

$$u(x-x_0) = \int_0^x\delta(x-x_0)\mathrm{d}x \qquad (13.6-281)$$

而单位脉冲函数 $\delta(x-x_0)$ 的数学定义是

$$\delta(x-x_0) = \begin{cases} 0, x\ne x_0 \\ \infty, x = x_0 \end{cases} \qquad (13.6-282)$$

并且

$$\int_0^{\infty}\delta(x-x_0)\mathrm{d}x = 1 \qquad (13.6-283)$$

因此，通过式（13.6-281），式（13.6-282）和式（13.6-283）可推出

$$u(x-x_0) = \begin{cases} 0, x\le x_0 \\ 1, x > x_0 \end{cases}$$

单位阶跃函数满足如下公式

$$\int_0^l u(x-x_0)g(l,x)\mathrm{d}x = u(x-x_0)\int_0^l g(l,x)\mathrm{d}x$$

(13.6-284)

在离散时间点，激振力的数学表达式发生变化可用单位阶跃函数对它建立统一的数学表达式，如式（13.6-280）所示。

由式（13.6-274）得出第 k 阶模态坐标上广义激振力为

$$Q_k(t) = \int_0^L Y_k(x)f(x,t)\mathrm{d}x =$$
$$\int_0^L F_0\sin(\omega t)u\left(x-\frac{L}{2}\right)\sqrt{\frac{2}{\rho AL}}\sin\frac{k\pi x}{L}\mathrm{d}x$$

由式（13.6-284）可知

$$Q_k(t) = \int_{\frac{L}{2}}^L F_0\sin(\omega t)u\left(x-\frac{L}{2}\right)\sqrt{\frac{2}{\rho AL}}\sin\frac{k\pi x}{L}\mathrm{d}x$$
$$= \sqrt{\frac{2L}{\rho A}}\frac{F_0}{k\pi}\sin(\omega t)\left[\cos\left(\frac{k\pi}{2}\right) - \cos(k\pi)\right]$$
$$= B_k\sin\omega t$$

式中

$$B_k = \sqrt{\frac{2L}{\rho A}}\frac{F_0}{k\pi}\begin{cases} 1, k = 1,3,5,\cdots \\ -2, k = 2,6,10\cdots \\ 0, k = 4,8,12\cdots \end{cases}$$

由式（13.6-273）得出系统的模态方程为

$$\frac{\mathrm{d}^2 q_k(t)}{\mathrm{d}t^2} + \omega_{nk}^2 q_k(t) = B_k \sin\omega t$$

由 $q_k(0) = 0$，$\dot{q}_k(0) = 0$ 且 $\omega \neq \omega_{nk}$，则通过式（13.6-275）可得

$$q_k(t) = \frac{1}{\omega_{nk}}\int_0^t B_k \sin\omega\tau \sin\omega_{nk}(t-\tau)\mathrm{d}\tau$$

$$= \frac{B_k}{2\omega_{nk}}\int_0^t \big[\cos(\omega\tau - \omega_{nk}t + \omega_{nk}\tau) - \cos(\omega\tau + \omega_{nk}t - \omega_{nk}\tau)\big]\mathrm{d}\tau$$

$$= \frac{B_k}{\omega_{nk}^2 - \omega^2}\Big(\sin\omega t - \frac{\omega}{\omega_{nk}}\sin\omega_{nk}t\Big)$$

最后通过式（13.6-268）即可求得系统在原坐标上的响应 $y(x, t)$。

3.5　连续系统固有频率的其他求解方法

3.5.1　瑞雷（Rayleigh）商

对于由波动方程决定的自由振动的连续系统，令 $f(x)$ 为满足几何边界条件（对波动方程的零阶导数和对梁的方程的零阶和一阶导数）的任意连续函数，则瑞雷商函数由式（13.6-285）决定

$$R(f) = \frac{\displaystyle\int_0^L g(x)\Big(\frac{\mathrm{d}f}{\mathrm{d}x}\Big)^2\mathrm{d}x}{\displaystyle\int_0^L m(x)f(x)^2\mathrm{d}x + \sum_{i=1}^n m_i f(x_i)^2}$$

$$(13.6-285)$$

其中，L 为杆的长度；$g(x)$ 和 $m(x)$ 是关于系统几何的弹性特征和惯性特征的已知函数，对于杆的纵向振动，$g(x) = EA(x)$，$m(x) = \rho A(x)$；对于轴的扭转振动，$g(x) = GJ(x)$ 和 $m(x) = \rho J(x)$。

瑞雷商满足的条件是，当且仅当 $f(x)$ 是系统的模态时，在这种情况下

$$R[Y_i(x)] = \omega_{ni}^2 \qquad (13.6-286)$$

则 $R(f)$ 的最小值是 ω_{n1}^2（证明过程从略）。由瑞雷商满足的条件可知，与任何一个试探函数 $f(x)$ 相对应的瑞雷商的平方根是系统基频的上限；只有当这个试探函数实际上是基频模态时等号才成立。这就是瑞雷商上界定理。

关于梁的振动问题的瑞雷商是

$$R(f) = \frac{\displaystyle\int_0^L EI\Big(\frac{\mathrm{d}f}{\mathrm{d}x}\Big)^2\mathrm{d}x}{\displaystyle\int_0^L \rho A f(x)^2\mathrm{d}x + \sum_{i=1}^n m_i f(x_i)^2}$$

$$(13.6-287)$$

由以上分析即可知，$f(x)$ 的选择至关重要。一般情况下，可选择与系统相对应的典型问题的第一阶主振型作为 $f(x)$ 的基本形式，这样选择可使计算的收敛速度更快，且计算精度更高。

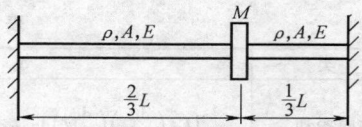

图13.6-41　两端都固定的杆的轴向振动

例如，利用瑞雷商法，求图 13.6-41 两端都固定的杆的轴向振动系统的第一阶固有频率的近似值。

该系统对应的是典型问题是两端都固定的杆的轴向振动，由式（13.6-216）可知其第一阶主振型为 $C_1\sin\frac{\pi}{l}x$，因此选择 $f(x) = B\sin\frac{\pi x}{L}$。

图 13.6-41 中系统的瑞雷商的形式为

$$R(f) = \frac{\displaystyle\int_0^L EA\Big(\frac{\mathrm{d}f}{\mathrm{d}x}\Big)^2\mathrm{d}x}{\displaystyle\int_0^L \rho A f^2(x)\mathrm{d}x + Mf^2\Big(\frac{2}{3}L\Big)}$$

$$= \frac{\displaystyle\int_0^L EA\Big[B\frac{\pi}{L}\cos\Big(\frac{\pi x}{L}\Big)\Big]^2\mathrm{d}x}{\displaystyle\int_0^L \rho AB^2\sin^2\Big(\frac{\pi x}{L}\Big)\mathrm{d}x + MB^2\sin^2\Big(\frac{2\pi}{3}\Big)}$$

$$= \frac{\dfrac{\pi^2 EAB^2}{2L}}{\dfrac{\rho AB^2 L}{2} + \dfrac{3MB^2}{4}}$$

因此，系统的第一阶固有频率即为上边界，即 $\omega_{n1} \leqslant$

$$\sqrt{\frac{\pi^2 E}{\rho L^2 + \dfrac{3ML}{2A}}}。$$

3.5.2　瑞雷-李兹法

瑞雷-李兹法是用能量的方法求连续系统固有频率、模态和关于力的响应的近似解，该法是有限元法的理论基础。令 ϕ_1，ϕ_2，$\cdots$，ϕ_n 满足系统几何边界条件（对波动方程的零阶导数和对梁的方程的零阶和一阶导数）的 n 维线性无关的函数，这些函数可以被统称为基函数。对于自由振动问题，近似模态可表示为如下形式：

$$Y(x) = \sum_{k=1}^n c_k \phi_k(x) \qquad (13.6-288)$$

将式（13.6-288）代入波动方程或梁的方程，可获得方程组，即

$$\sum_{j=1}^n (\alpha_{ij} - \omega_n^2 \beta_{ij})c_j = 0 \qquad (13.6-289)$$

其中，α_{ij} 和 β_{ij} 的形式可由表 13.6-4 给出。表 13.6-4 中 x_l 表示弹性支承或集中质量的位置；k_l 表示弹性支承刚度（包括轴向、扭转和横向）；m_l 表示集中的质量；n_m 表示集中质量个数；n_n 表示弹性支承个数。

由式（13.6-289）所表示的方程组的系数矩阵的行列式为零，即可得到关于 ω_n^2 的 n 次解。可以从瑞雷商上界定理的角度证明，当 $n \rightarrow \infty$ 时，各阶近似固有频率将从上面单调趋近于相应的固有频率值。

表 13.6-4　α_{ij} 和 β_{ij} 的形式

种　类	α_{ij}	β_{ij}
杆的轴向振动	$\int_0^L EA\left(\dfrac{\mathrm{d}\phi_i}{\mathrm{d}x}\right)\left(\dfrac{\mathrm{d}\phi_j}{\mathrm{d}x}\right)\mathrm{d}x + \sum_{l=1}^{n_n} k_l\phi_i(x_l)\phi_j(x_l)$	$\int_0^L \rho A\phi_i(x)\phi_j(x)\mathrm{d}x + \sum_{l=1}^{n_m} m_l\phi_i(x_l)\phi_j(x_l)$
轴的扭转振动	$\int_0^L GJ\left(\dfrac{\mathrm{d}\phi_i}{\mathrm{d}x}\right)\left(\dfrac{\mathrm{d}\phi_j}{\mathrm{d}x}\right)\mathrm{d}x + \sum_{l=1}^{n_n} k_l\phi_i(x_l)\phi_j(x_l)$	$\int_0^L \rho J\phi_i(x)\phi_j(x)\mathrm{d}x + \sum_{l=1}^{n_m} m_l\phi_i(x_l)\phi_j(x_l)$
梁的横向振动	$\int_0^L EI\left(\dfrac{\mathrm{d}^2\phi_i}{\mathrm{d}x^2}\right)\left(\dfrac{\mathrm{d}^2\phi_j}{\mathrm{d}x^2}\right)\mathrm{d}x + \sum_{l=1}^{n_n} k_l\phi_i(x_l)\phi_j(x_l)$	$\int_0^L \rho A\phi_i(x)\phi_j(x)\mathrm{d}x + \sum_{l=1}^{n_m} m_l\phi_i(x_l)\phi_j(x_l)$

与瑞雷商中的 $f(x)$ 函数的选择相同，在瑞雷-李兹法中也可选择与系统相对应的典型问题的主振型，作为基函数的基本形式。因此对于杆的轴向振动或轴的扭转振动而言，基函数具有下列形式：

$$\phi_j = \sin\left(\frac{j\pi x}{L}\right),\ \cos\left(\frac{j\pi x}{L}\right),\ \sin\left(\frac{j\pi x}{2L}\right) \text{ 或 } \cos\left(\frac{j\pi x}{2L}\right)$$
$$(13.6\text{-}290)$$

以图 13.6-28 所示杆件为例，取杆的左端为 $x = 0$，规定轴向位移的正方向朝右。唯一的几何边界条件是在 $x = 0$ 处 $u = 0$。因此可选择一组形式为 $\sin(\alpha x)$ 的函数作为基函数。因在 $x = L$ 处位移不能是

零，可使 αL 作为 $\pi/2$ 的奇数倍，所以选择如下基函数：

$$\phi_j = \sin\left[\frac{(2j-1)\pi x}{2L}\right],\ j = 1,2,3$$

对于梁的振动而言，基函数的选择可参照表 13.6-5 进行。以简支梁（即铰支-铰支梁）为例，在 $x = 0$ 和 $x = L$ 处其值等于零的任何正弦函数都满足这两端的几何边界条件，并且由于正弦函数在其零点的斜率不等于零，因此这样的正弦项不会引起多余的零转动几何边界条件，所以选择 $\phi_j = \sin(j\pi x/L)$ 作为铰支-铰支梁的基函数。

表 13.6-5　基函数形式

边界条件		ϕ_j	边界条件		ϕ_j
$x = 0$	$x = L$		$x = 0$	$x = L$	
固定	固定	$\dfrac{x}{L}\left(1-\dfrac{x}{L}\right)\sin\left(\dfrac{j\pi x}{L}\right)$	铰支	铰支	$\sin\left(\dfrac{j\pi x}{L}\right)$
固定	铰支	$\dfrac{x}{L}\sin\left(\dfrac{j\pi x}{L}\right)$	铰支	自由	$\left(\dfrac{x}{L}\right)^j$
固定	自由	$\left(\dfrac{x}{L}\right)^{j+1}$			

4　转子动力学

4.1　转子动力学的特点

在传统的转子动力学中，主要内容是关于转子弯曲振动的临界转速、不平衡响应和稳定性，还有各种激励下的瞬态响应计算。有些转子系统需要计算扭转振动的固有频率和响应。随着转子动力学的发展，把轴承、轴承座、密封，甚至机器的基础也纳入到转子系统中来。

除了轴承、密封等本身的动力特性计算外，从力学的角度看，上述计算是求解一个机械系统的特征值和响应问题（稳定性是复特征值问题）。一般说来，机械系统的运动微分方程式可以写为

$$M\ddot{z} + C\dot{z} + Kz = F \qquad (13.6\text{-}291)$$

式中　M、C、K——系统的质量、阻尼和刚度矩阵；
　　　　z——系统的广义坐标矢量；

F——作用在系统上的广义外力。转子系统的特点如下:

1) 转子回转效应。系统的运动方程式中出现了一个反对称的陀螺矩阵。虽然结构动力学有些求解陀螺特征值的方法,但求解效率受到很大影响。

2) 流体动力轴承的油膜力并不是保守力。转子系统通常不是保守系统,油膜力的刚度矩阵、阻尼矩阵不是对称矩阵,而且是转速 ω 的函数。在某些场合,还必须考虑油膜力的非线性特性。

3) 转子系统的阻尼主要来自轴承的油膜。系统的阻尼是一种集中阻尼,与转速等因素有关。这与结构计算中通常假设的比例阻尼相距甚远。

综合上述特点,转子系统的运动微分方程式应写为

$$M\ddot{z} + (C+G)\dot{z} + (K+S)z = F$$

$$(13.6\text{-}292)$$

式中　C——阻尼矩阵,非对称阵;

　　　G——陀螺矩阵,反对称阵;

　　　K——刚度矩阵的对称部分;

　　　S——刚度矩阵的不对称部分。

各矩阵常常还是转速 ω 的函数。现代求解方法可以分为两大类:传递矩阵法和有限元法。

传递矩阵法:矩阵的阶数不随系统的自由度数增大而增加,编程简单,占内存少,运算速度快。传递矩阵法与机械阻抗、直接积分等其他方法相配合,还可以求解复杂转子系统的问题。可以说,传递矩阵法在转子动力学的计算中占有主导的地位。

有限元法:这种方法的表达式简洁、规范,在求解转子和周围结构一起组成的复杂机械系统的问题时,有很突出的优点。

4.2　转子-支承系统的建模

4.2.1　转子本体

转子本身常是一根阶梯轴,上面安装有叶轮、飞轮、电枢和联轴器等。质量的简化一般没有困难,轴段弯曲刚度的简化比较复杂。在截面变化不大的轴段,根据轴段的内、外径很容易求得弯曲刚度。在截面有突变的地方,考虑到部分材料事实上不承受应力,等效的刚度直径要相应减小。在计算抗弯刚度时,用一锥角为 45° 的圆锥,来代替截面突变的圆柱,如图 13.6-42 中虚线所示,结果较符合实际。

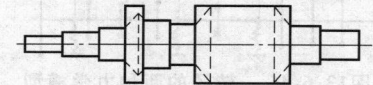

图13.6-42　转子弯曲刚度模型

热套的零件对轴的弯曲有加强作用,等效直径要适当增加。键槽、定位孔等会削弱局部的刚度,必要时也应考虑。还有如螺栓拉杆连接、端齿连接等的建模均比较复杂,有些还尚待研究。

电机等的非圆截面的转子和叠片转子的刚度模型也十分复杂,有时需要作专项的理论研究或实验测定,给出理论或经验公式或图表,供设计计算之用。

4.2.2　轴承

流体动力轴承的油膜力与轴颈的位移和速度之间,是一种复杂的非线性函数关系,它可以表示为

$$\begin{cases} R_x = R_x(x,y,\dot{x},\dot{y}) \\ R_y = R_y(x,y,\dot{x},\dot{y}) \end{cases}$$

$$(13.6\text{-}293)$$

式中　R_x、R_y——油膜力的水平和垂直分量;

　　　x、y——轴颈涡动位移的水平和垂直分量;

　　　$\dot{x}$、$\dot{y}$——轴颈涡动速度的相应分量。

非线性函数 R_x、R_y 决定于轴承的几何和物理参数、轴承工作条件和轴颈的转动角速度等。在轴颈围绕静态平衡位置作小幅度涡动情况下,式 (13.6-293) 的油膜力可近似线性表达为

$$\begin{cases} R_x = R_{xo} + k_{xx}x + k_{xy}y + C_{xx}\dot{x} + C_{xy}\dot{y} \\ R_y = R_{yo} + k_{yx}x + k_{yy}y + C_{yx}\dot{x} + C_{yy}\dot{y} \end{cases}$$

$$(13.6\text{-}294)$$

或写成矩阵形式

$$\begin{pmatrix} R_x \\ R_y \end{pmatrix} = \begin{pmatrix} R_{xo} \\ R_{yo} \end{pmatrix} + K\begin{pmatrix} x \\ y \end{pmatrix} + C\begin{pmatrix} \dot{x} \\ \dot{y} \end{pmatrix}$$

$$(13.6\text{-}295)$$

式中　R_{xo}、R_{yo}——油膜力的静态分量;

　　　K——刚度矩阵,它的四个元素称为刚度系数;

　　　C——阻尼矩阵,它的四个元素称为阻尼系数。

K 和 C 这八个系数统称为油膜动力特性系数。在动力分析时,油膜轴承就模化为一个具有四个刚度系数和四个阻尼系数的弹性阻尼支承。

在静平衡位置给轴颈以微小的位移或速度扰动,求解此时油膜的 Reynolds 方程,得到油膜压力分布,然后积分,就可求得各油膜动力系数。在条件具备的场合也可用试验方法测试这些系数。在有些轴承手册中也有推荐的典型数据。当轴颈涡动的幅度较大时,如转子发生事故后,或者轴颈没有确定平衡位置的立式转子(如水轮机的导轴承等),以及求解失稳后的极限环等时,就不应再采用油膜力的线性化模型,而应直接采用式 (13.6-293)。

滚动轴承一般模化为一个弹性支承,它的刚度系

数为 $2 \times 10^7 \sim 1 \times 10^9 \mathrm{N/m}$。阻尼很小，通常忽略不计。

4.2.3　轴承座等结构

轴承座和机器下面的底板、基础等对转子振动的影响比较复杂。通常按三种不同情况加以考虑：

1）如轴承座等结构比转子的刚度大得很多时，往往可以不考虑轴承座等结构的弹性，把轴承座和基础等模化为刚体。

2）当结构的弹性不能忽略时，可以把轴承座简化为一个由质量、阻尼和弹簧组成的单自由度系统，或者仅是一个弹簧，它们的参数由结构分析得到，或者以支承动刚度的形式由试验测定。

3）当结构物的刚度和转子的刚度相近，或甚至低于转子的刚度时，把转子和有关结构作为一个整体来进行动力分析是适当的。例如，在航空发动机中，需要对转子-轴承-机匣系统作整体的动力分析；在大型汽轮发电机组中，对转子-轴承-基础系统作整体动力分析等。

综合考虑轴承和上述关于轴承座的三种情况，得到图 13.6-43～图 13.6-45 所示三种代表性的模型。对图 13.6-44 的模型，常把油膜的刚度、阻尼和轴承座的质量、刚度、阻尼综合成一个等效的弹性阻尼支承，并给出它的等效动力特性系数。

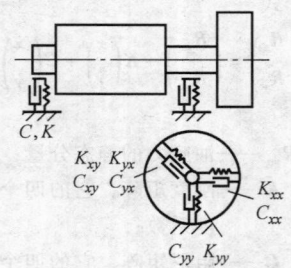

图13.6-43　刚性轴承座

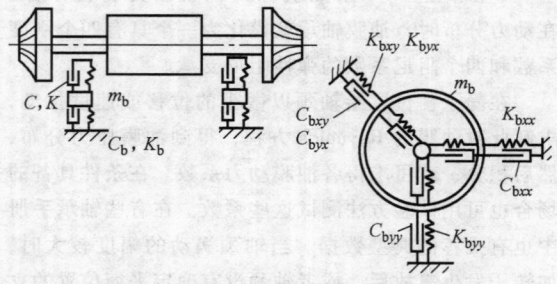

图13.6-44　弹性轴承座

4.2.4　密封

各种密封中的流体对于转子的作用力，会使转子趋于失稳。因此，在稳定性分析时就需加以考虑。模

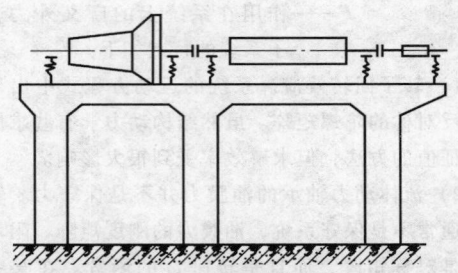

图13.6-45　转子和结构的整体分析

化时，常把密封简化为一个弹性支承，失稳力以交叉刚度的形式给出

$$\begin{pmatrix} F_x \\ F_y \end{pmatrix} = \begin{pmatrix} 0 & K_{xy} \\ K_{yx} & 0 \end{pmatrix} \begin{pmatrix} x \\ y \end{pmatrix} \qquad (13.6\text{-}296)$$

4.2.5　联轴器

联轴器有许多不同的类型，其性能各不相同，简化的模型也各异。刚性联轴器通常就直接作为整体轴处理；齿式联轴器简化为只传递转矩而不承受弯矩的铰链；各种弹性或半弹性联轴器介于上述两种极端情况之间，应模化为具有一定弯曲刚度的铰链等。至于刚度的取值，应根据联轴器的具体结构和弹性连接件的材质，由理论计算或实物测试得到。

4.2.6　周围的介质

转子周围的工作介质对转子的振动有不同程度的影响。主要表现在三方面：①部分介质参与转子的振动，模化时可在转子上增加一定的附加质量，如研究水轮机的振动时，常在转轮上附加 20% ～ 40% 的转轮中的水的质量以模拟水的影响；②介质的阻尼作用；③附加刚度。后两者一般影响很小，只在一些特殊介质和特殊结构的场合才需加以考虑。

在图 13.6-46a 模型中，转子的质量沿轴线分布，称分布参数模型。可以再把分布质量离散化，集中到多个节点上，简化成有限个自由度的模型，称为集中参数模型，如图 13.6-46b 所示。分布参数模型看起来比集中参数模型更接近于实际系统，但计算要困难得多。实际上，采用集中参数模型，是用有限自由度

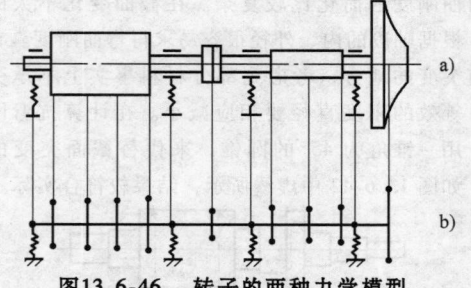

图13.6-46　转子的两种力学模型

a）分布参数模型　b）集中参数模型

系统来近似无限自由度系统，本质上是模态的截断。而采用分布参数模型作动力分析时，也常常要采用模态截断。因此，对于这两类模型，难以笼统地断定谁优谁劣。实际计算时采用哪一种计算模型，需由计算人员根据问题的性质、要求、掌握的计算工具和软件的情况等确定。

如选用集中参数模型，对转子的节点数 N 应有一定要求。根据一个等截面梁的计算结果表明，如果要求固有频率误差小于 1%，那么，节点数 N 应满足如下关系：

$$N \geqslant 1 + 5.34r \qquad (13.6\text{-}297)$$

其中，r 为要求计算的固有频率（或临界转速）的最高阶数。例如，要计算转子的三阶临界转速，即 $r = 3$，则该转子至少要分为 17 个节点。

4.3　具有各向同性支承的转子系统

当转子系统的支承为各向同性时，若不计阻尼，对于轴对称的转子，弯曲振动时轴的挠曲线是平面曲线，轴线上各点的涡动轨迹是一些不同半径的圆周。因此，只要分析转子在通过轴线的一个平面内的横向弯曲振动模态，就可以得到转子系统的临界转速和相应的振型。

计算模型由集中到节点上的圆盘、轴段和支承等若干种构件所组成。运用传递矩阵法，先建立构件两端截面的状态矢量之间的传递关系式，再利用连续条件，得到整个转子两端截面的状态矢量之间的关系式。通过对能满足边界条件的涡动频率的搜索，可得到转子的各阶临界转速。计算转子在给定转速下由不平衡质量激励引起的振动，可求得转子的不平衡响应。

4.3.1　典型构件的传递矩阵

取右手坐标系 $Oxyz$，O 点在转子的左端，Oz 轴沿转子轴线向右，从 z 轴端部看，转子以角速度 ω 作逆时针旋转。现研究转子在平面 xOz 内振动。

对于转子的第 i 个截面，其状态矢量为 Z_i，它由截面的径向位移 x_i、挠角 a_i、弯矩 M_i 和剪切力 Q_i 的幅值所组成，记作

$$Z_i = (X, A, M, Q)_i^T \qquad (13.6\text{-}298)$$

它与截面 $i+1$ 的状态矢量 Z_{i+1} 之间存在一定的关系，即

$$Z_{i+1} = T_i z_i \qquad (13.6\text{-}299)$$

其中，T_i 称为两截面之间的构件的传递矩阵。当状态矢量有 r 个元素时，T_i 为 $r \times r$ 的方阵，它的各元素可通过分析构件上的受力和变形关系求得。

1. 带弹性支承的刚性薄圆盘

如图 13.6-47 所示，第 j 个支承的总刚度为 K_{sj}，考虑轴承座的质量和刚度，可以把油膜和轴承座串联，并不计 x，y 方向的耦合，就有

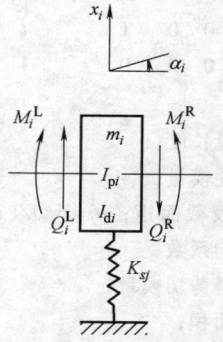

图13.6-47　　薄圆盘的受力分析

$$K_{sj} = \frac{K(K_b - m_b \Omega^2)}{K + K_b - m_b \Omega^2} \qquad (13.6\text{-}300)$$

式中　K_b、m_b——轴承座的刚度和质量；

K——油膜刚度；

Ω——转子的涡动角速度。

圆盘左、右截面的弯矩和剪切力的幅值相应为 M_i^L、M_i^R 和 Q_i^L、Q_i^R。

当转子以角速度 $\Omega = \omega$ 作同步正向进动时，则圆盘的惯性力和惯性力矩分别为 $m_i X_i \omega^2$ 及 $(I_d - I_p)_i \omega^2 A_i$，其中 m_i 为圆盘的质量；I_{di}、I_{pi} 分别为圆盘的直径转动惯量和极转动惯量。由达朗伯原理得

$$\begin{cases} Q_i^R = Q_i^L + m_t \omega^2 X_i - K_{sj} X_i \\ M_i^R = M_i^L - (I_d - I_p)_i \omega^2 A_i \end{cases} \qquad (13.6\text{-}301)$$

且有 $\begin{cases} A_i^R = A_i^L = A_i \\ X_i^R = X_i^L = X_i \end{cases}$，写成矩阵形式，则

$$Z_i^R = D_i Z_i^L \qquad (13.6\text{-}302)$$

其中 D_i 为带支承的刚性薄圆盘的传递矩阵，即

$$D_i = \begin{pmatrix} 1 & 0 & 0 & 0 \\ 0 & 1 & 0 & 0 \\ 0 & (I_p - I_d)\omega^2 & 1 & 0 \\ m\omega^2 - K_{sj} & 0 & 0 & 1 \end{pmatrix}_i$$

$$(13.6\text{-}303)$$

2. 无质量等截面的弹性轴段

如图 13.6-48 所示，对于集中参数模型来说，轴段是无质量的。由力的平衡和变形条件，得到两端截面的状态矢量之间的关系为

$$Z_{i+1} = B_i Z_i' \qquad (13.6\text{-}304)$$

式中，传递矩阵 B_i 为

$$B_i = \begin{pmatrix} 1 & l & \dfrac{l^2}{2EJ} & \dfrac{l^3}{6EJ}(1-\gamma) \\[2mm] 0 & 1 & \dfrac{l}{EJ} & \dfrac{l^2}{2EJ} \\[2mm] 0 & 0 & 1 & l \\[2mm] 0 & 0 & 0 & 1 \end{pmatrix}_i$$

(13.6-305)

式中　l——轴段长度；

　　　E——弹性模量；

　　　J——轴段截面矩；$v = 6EJ/(k_t GAl^2)$ 为剪切
　　　　　　影响系数；

　　　G——材料剪切模量；

　　　A——截面积；

　　　k_t——截面系数（实心圆轴为 0.886；薄壁空心
　　　　　　轴约为 2/3）。

$$T_i = B_i D_i = \begin{pmatrix} 1 + \dfrac{l^3}{6EJ}(1-v)(m\omega^2 - K_{sj}) \\[2mm] \dfrac{l^2}{2EJ}(m\omega^2 - K_{sj}) \\[2mm] l(m\omega^2 - K_{sj}) \\[2mm] (m\omega^2 - K_{sj}) \end{pmatrix}$$

可以看出，传递矩阵的诸元素都是转子构件的物
理参数和涡动频率的函数。如果该构件处没有弹性支
承，或不计轴段的剪切影响，或不计圆盘的回转效应
和摆动惯性，只要令式（13.6-306）中的 K_{sj} 或 v 或
I_p 和 I_d 分别为零即可。

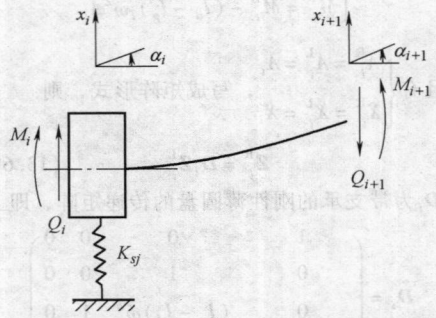

图13.6-49　圆盘和轴段的组合构件的受力

4.3.2　转子系统的临界转速和振型

1. Prohl 传递矩阵法

把转子系统集中化为具有 N 个圆盘和 L 个弹性
支承的集中参数模型（图 13.6-50），各圆盘间用无
质量的等截面弹性轴段连接起来，再把它分成 N 个
"圆盘和轴段"构件，从左到右顺次编号为 1，
2，…，N，各截面编号为 1，2，…，N，$N+1$。对

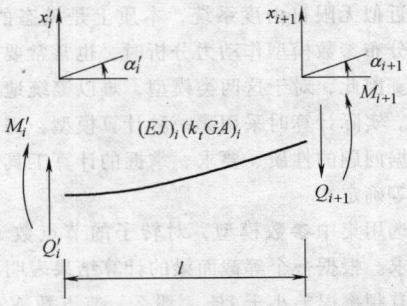

图13.6-48　轴段的受力分析

3. 圆盘和轴段的组合件

为了节省时间，简化步骤，常把圆盘和它右边的
轴段合成一个组合构件，如图 13.6-49 所示。因为
$Z_i' = Z_i^R$，$Z_i = Z_i^L$，故有 $Z_{i+1} = B_i Z_i' = B_i D_i Z_i = T_i Z_i$，
得到组合件的传递矩 T_i 为

$$\begin{pmatrix} l + \dfrac{l^2}{2EJ}(I_p - I_d)\omega^2 & \dfrac{l^2}{2EJ} & \dfrac{l^3}{6EJ}(1-v) \\[2mm] 1 + \dfrac{l}{EJ}(I_p - I_d)\omega^2 & \dfrac{l}{EJ} & \dfrac{l^2}{2EJ} \\[2mm] (I_p - I_d)\omega^2 & 1 & l \\[2mm] 0 & 0 & 1 \end{pmatrix}_i$$

(13.6-306)

于构件 N，有 $l_N = 0$。于是有

$$\begin{cases} Z_2 = T_1 Z_1 \\ Z_3 = T_2 Z_2 = T_2 T_1 Z_1 \\ \quad\vdots \\ Z_i = T_{i-1} Z_{i-1} = T_{i-1} T_{i-2} \cdots T_1 Z_1 = A_{i-1} Z_1 \\ \quad\vdots \\ Z_{N+1} = A_N Z_1 \end{cases}$$

(13.6-307)

式中，$A_i = T_i T_{i-1} \cdots T_1 (i = 1, 2, 3, \cdots, N)$。表达
了各截面状态矢量 $Z_i (i = 2, 3, \cdots, N, N+1)$ 与
左端起始截面状态矢量 Z_1 之间的关系，这说明各截
面状态矢量的元素可以表示为起始截面状态矢量元素
的线性组合。

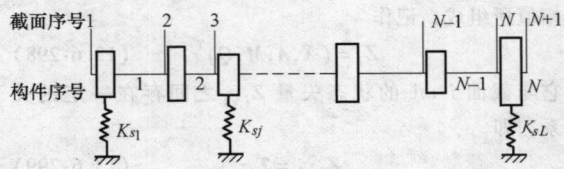

图13.6-50　计算临界转速的集中参数模型

左端的边界条件为 $M_1 = 0$，$Q_1 = 0$。对于任意截
面 $i (i = 2, 3, \cdots, N, N+1)$ 有

$$Z_i = A_{i-1} Z_1 = \begin{pmatrix} a_{11} & a_{12} & a_{13} & a_{14} \\ a_{21} & a_{22} & a_{23} & a_{24} \\ a_{31} & a_{32} & a_{33} & a_{34} \\ a_{41} & a_{42} & a_{43} & a_{44} \end{pmatrix}_{i-1} \begin{pmatrix} X \\ A \\ 0 \\ 0 \end{pmatrix}_1$$

$$= \begin{pmatrix} a_{11} & a_{12} \\ a_{21} & a_{22} \\ a_{31} & a_{32} \\ a_{41} & a_{42} \end{pmatrix}_{i-1} \begin{pmatrix} X \\ A \end{pmatrix}_1 \qquad (13.6\text{-}308)$$

对于最右端截面 $N+1$，由式（13.6-308）可知

$$\begin{pmatrix} M \\ Q \end{pmatrix}_{N+1} = \begin{pmatrix} a_{31} & a_{32} \\ a_{41} & a_{42} \end{pmatrix}_N \begin{pmatrix} X \\ A \end{pmatrix}_1$$

$$(13.6\text{-}309)$$

在此截面上应满足边界条件 $M_{N+1} = 0$，$Q_{N+1} = 0$。由此得到转子系统作同步正进动时的频率方程式，即临界转速的方程式为

$$\Delta(\omega^2) = \begin{pmatrix} a_{31} & a_{32} \\ a_{41} & a_{42} \end{pmatrix}_N = 0 \quad (13.6\text{-}310)$$

通常采用一种频率扫描或频率搜索的试算方法来求解此频率方程式，即在一定的频率范围内，确定步长 $\Delta\omega$，以 ω，$\omega+\Delta\omega$，$\omega+2\Delta\omega$，$\cdots$ 为一组试算频率，分别代入式（13.6-306），通过式（13.6-307）的矩阵连乘，由式（13.6-310）计算出对应于各个试算频率的 $\Delta(\omega^2)$ 值，称为剩余量。如发现有相邻两个试算频率的剩余量 $\Delta(\omega^2)$ 的数值异号，则在这两频率之间必有一个频率方程式的根。再用两分法仔细地搜索，就能以一定的精度求得这一根 ω_c。如此继续下去，就可以在指定的频率范围内，把频率方程式的根一个个搜索出来。这些根是满足全部边界条件的频率值，也就是转子系统的各阶临界转速。

图 13.6-51 是剩余量 $\Delta(\omega^2)$ 值与试算频率 ω 的关系曲线，曲线和横坐标的交点就是频率方程式的根，即转子的各阶临界角速度。可以证明，这一曲线是连续的。所以，只要步长选取合适，就可以用上述的频率扫描法在指定频率范围内求得全部临界角速度值 ω_{c1}，ω_{c2}，$\cdots$。

求得某一临界角速度后，从式（13.6-309）能解

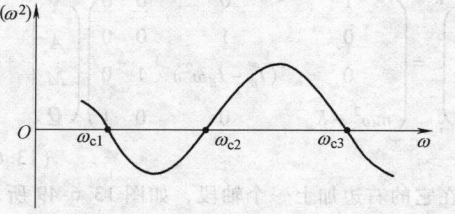

图13.6-51　剩余量 $\Delta(\omega^2)$ 曲线

出比例解 $\mu = A_1 / X_1$，代入式（13.6-310）得到各截面的状态矢量的比例解，即

$$Z_i = \begin{pmatrix} X \\ A \\ M \\ Q \end{pmatrix}_i = \begin{pmatrix} a_{11} & a_{12} \\ a_{21} & a_{22} \\ a_{31} & a_{32} \\ a_{41} & a_{42} \end{pmatrix}_{i-1} \begin{pmatrix} 1 \\ \mu \end{pmatrix} X_1$$

$$(13.6\text{-}311)$$

其中各截面位移 X_i（$i = 1$，2，3，$\cdots$，N）的比例解，即为对应此临界转速的振型。

这种传递矩阵法通常称为传统的传递矩阵法，称为 Prohl 法，或 Myklestad 法。

2. Riccati 传递矩阵法

Prohl 传递矩阵法具有程序简单、机时少和所需内存小等显著优点，得到了广泛应用。但是，随着试算频率的提高，运算的精度会降低。这在计算大型轴系时尤为突出。其原因是传递矩阵中的大部分元素含有 ω^2 项，当试算高阶模态时，ω 值大，若节点数 N 又很多，则式（13.6-308）中 A_N 的元素会变得很大。在计算频率方程式（13.6-310）和相应振型时，要计算两个相近的大数的差值，将导致计算精度的下降，有时甚至会使有效数字丧失殆尽。这种数值不稳定现象，首先发生在计算振型时，表现为轴系尾部幅值的急剧增加，接着频率方程式的根也开始发生错误，或者遗漏等。

Riccati 传递矩阵法通过 Riccati 变换，把原来微分方程式的两点边值问题变换成一点初值问题，从而在保留 Prohl 传递矩阵法所有优点的同时，从根本上提高了传递矩阵法的数值稳定性。

Riccati 传递矩阵法把状态矢量的 r 个元素分成 f 和 e 两组，即

$$Z_i = \begin{pmatrix} f \\ \vdots \\ e \end{pmatrix}_i \qquad (13.6\text{-}312)$$

式中，f 由对应于在起始截面状态矢量 Z_1 中具有零值的 $r/2$ 个元素组成；e 由其余的 $r/2$ 个互补元素组成。例如，对于图 13.6-50 中的转子，左端为自由端，有边界条件 $M_1 = 0$，$Q_1 = 0$。故有 $f_i = (M, Q)_i^T$，$e_i = (X, A)_i^T$。相邻两个截面的状态矢量之间的关系，可改写为

$$\begin{pmatrix} f \\ \vdots \\ e \end{pmatrix}_{i+1} = \begin{pmatrix} u_{11} & u_{12} \\ u_{21} & u_{22} \end{pmatrix}_i \begin{pmatrix} f \\ \vdots \\ e \end{pmatrix}_i \quad (13.6\text{-}313)$$

对于图 13.6-49 的部件，由式（13.6-306）可知

$$u_{11i} = \begin{pmatrix} 1 & l \\ 0 & 1 \end{pmatrix}_i \qquad (13.6\text{-}314a)$$

$$u_{12i} \begin{pmatrix} l(m\omega^2 - K_{sj}) & (I_p - I_d)\omega^2 \\ m\omega^2 - K_{sj} & 0 \end{pmatrix}_i$$
$$(13.6\text{-}314b)$$

$$u_{21i} = \begin{pmatrix} \dfrac{l^2}{2EJ} & \dfrac{l^3}{6EJ}(1-v) \\ \dfrac{l}{EJ} & \dfrac{l^2}{2EJ} \end{pmatrix}_i$$
$$(13.6\text{-}314c)$$

$$u_{22i} \begin{pmatrix} 1 + \dfrac{l^3}{6EJ}(1-v)(m\omega^2 - K_{sj}) & l + \dfrac{l^2}{2EJ}(I_p - I_d)\omega^2 \\ \dfrac{l^2}{2EJ}(m\omega^2 - K_{sj}) & 1 + \dfrac{l}{EJ}(I_p - I_d)\omega^2 \end{pmatrix}_i$$
$$(13.6\text{-}314d)$$

把式 (13.6-313) 展开,得到

$$\begin{cases} f_{i+1} = u_{11i}f_i + u_{12i}e_i \\ e_{i+1} = u_{21i}f_i + u_{22i}e_i \end{cases} \qquad (13.6\text{-}315)$$

引入如下 Riccati 变换

$$f_i = S_i e_i \qquad (13.6\text{-}316)$$

S_i 称为 Riccati 矩阵,它是一个 $r/2 \times r/2$ 的方阵。将上式代入式 (13.6-315),就得到

$$e_i = (u_{21}S + u_{22})_i^{-1} e_{i+1} \qquad (13.6\text{-}317)$$

$$f_{i+1} = (u_{11}S + u_{12})_i (u_{21}S + u_{22})_i^{-1} e_{i+1}$$
$$(13.6\text{-}318)$$

对比式 (13.6-316) 和式 (13.6-318),可知

$$S_{i+1} = (u_{11}S + u_{12})_i (u_{21}S + u_{22})_i^{-1}$$
$$(13.6\text{-}319)$$

这就是 Riccati 传递矩阵的递推公式。

由起始截面的边界条件知 $f_1 = 0$, $e_1 \neq 0$, 故有初值 $S_1 = 0$。在已知 u_{11}, u_{12}, u_{21}, u_{22} 的条件下,反复利用式 (13.6-319),就可以顺次递推得到 S_2, S_3, …, S_{N+1}。

对于右端截面 $N+1$ 则有

$$f_{N+1} = S_{N+1}e_{N+1} \qquad (13.6\text{-}320)$$

由右端的边界条件 $f_{N+1} = 0$, $e_{N+1} \neq 0$, 故式 (13.6-320) 有非零解的条件为

$$|S|_{N+1} = \begin{vmatrix} s_{11} & s_{12} \\ s_{21} & s_{22} \end{vmatrix}_{N+1} = 0 \qquad (13.6\text{-}321)$$

即为系统的频率方程。可用频率扫描法求解,即在所研究的转速范围内,以一定的步长选取试算频率,用式 (13.6-319) 递推,算得剩余量 $|S|_{N+1}$ 值,就可画出图 13.6-52 那样剩余量 $|S|_{N+1}$ 随频率变化的曲线,曲线和横坐标的各个交点就是所求的各阶临界角速度。

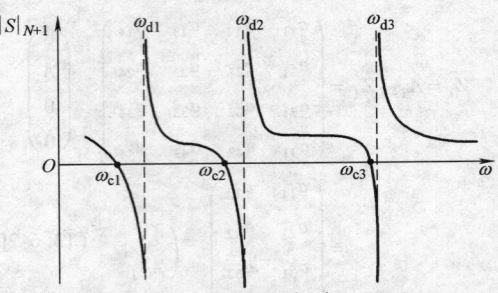

图 13.6-52　剩余量 $|S|_{N+1}$ 曲线

求得临界转速后,由式 (13.6-320) 的齐次式

$$\begin{pmatrix} s_{11} & s_{12} \\ s_{21} & s_{22} \end{pmatrix}_{N+1} \begin{pmatrix} X \\ A \end{pmatrix}_{N+1} = 0 \qquad (13.6\text{-}322)$$

解出比例解,即

$$A_{N+1} = -\left(\frac{s_{11}}{s_{12}}\right)_{N+1} X_{N+1} = -\left(\frac{s_{21}}{s_{22}}\right)_{N+1} X_{N+1} = \mu X_{N+1}$$
$$(13.6\text{-}323)$$

即

$$e_{N+1} = \begin{pmatrix} X \\ A \end{pmatrix}_{N+1} = \begin{pmatrix} 1 \\ \mu \end{pmatrix} X_N \qquad (13.6\text{-}324)$$

再利用式 (13.6-317) 从右向左逆向递推,就可求出与此临界转速相应的模态振型。式中计算时所需的因子 $(u_{21}S + u_{22})_i^{-1}$, 在从左向右递推中已经算得,不必再作计算。各截面的弯矩和剪切力的比例解,可由式 (13.6-316) 求得。

4.3.3　转子系统的不平衡响应

求解转子系统的不平衡响应,需已知转子的不平衡大小及其分布,然而对大多数转子来说,这些量是未知的。因此计算不平衡响应,主要是用于研究转子对于某些位置上的不平衡量的敏感程度;计算影响系数;或者通过计算转子在不同转速下的振动峰值来确定临界转速等。对于批量生产的转子,可以从统计角度知道不平衡的大小和分布,通过计算不平衡响应,可预测它们在工作时的振动值。转子的不平衡响应也可用传递矩阵法来计算。

在图 13.6-47 中的薄圆盘上加上不平衡力 $F_i = U_i \omega^2$, 其中 U_i 为该节点圆盘具有的不平衡质量矩,ω 为转子的转速,则圆盘两边状态矢量之间的传递关系为

$$\begin{pmatrix} X \\ A \\ M \\ Q \end{pmatrix}_i^R = \begin{pmatrix} 1 & 0 & 0 & 0 \\ 0 & 1 & 0 & 0 \\ 0 & (I_p - I_d\omega^2) & 1 & 0 \\ m\omega^2 - K_{sj} & 0 & 0 & 1 \end{pmatrix}_i \begin{pmatrix} X \\ A \\ M \\ Q \end{pmatrix}_i^L + \begin{pmatrix} 0 \\ 0 \\ 0 \\ U \end{pmatrix}_i \omega^2$$
$$(13.6\text{-}325)$$

若在它的右边加上一个轴段,如图 13.6-49 所示,则它两边状态矢量之间的关系为

$$\begin{pmatrix} X \\ A \\ M \\ Q \end{pmatrix}_{i+1} = \begin{pmatrix} 1 + \dfrac{l^3}{6EJ}(1-v)(m\omega^2 - K_{sj}) & l + \dfrac{l^2}{2EJ}(I_p - I_d)\omega^2 & \dfrac{l^2}{2EJ} & \dfrac{l^3}{6EJ}(1-v) \\[2mm] \dfrac{l^2}{2EJ}(m\omega^2 - K_{sj}) & 1 + \dfrac{l}{EJ}(I_p - I_d)\omega^2 & \dfrac{l}{EJ} & \dfrac{l^2}{2EJ} \\[2mm] l(m\omega^2 - K_{sj}) & (I_p - I_d)\omega^2 & 1 & l \\[2mm] (m\omega^2 - K_{sj}) & 0 & 0 & 1 \end{pmatrix}_i \begin{pmatrix} X \\ A \\ M \\ Q \end{pmatrix}_i + \begin{pmatrix} \dfrac{l^3}{6EJ}(1-v)U \\[2mm] \dfrac{l^2}{2EJ}U \\[2mm] lU \\[2mm] U \end{pmatrix}_i \omega^2$$

$$(13.6\text{-}326)$$

按照图 13.6-50 中的转子模型，与计算临界转速相仿，从转子最左端截面开始状态矢量的递推。截面 $i(i = 2, 3, \cdots, N, N+1)$ 的状态矢量为

$$\begin{pmatrix} X \\ A \\ M \\ Q \end{pmatrix}_i = \begin{pmatrix} a_{11} & a_{12} & a_{13} & a_{14} \\ a_{21} & a_{22} & a_{23} & a_{24} \\ a_{31} & a_{32} & a_{33} & a_{34} \\ a_{41} & a_{42} & a_{43} & a_{44} \end{pmatrix}_{i-1} \begin{pmatrix} X \\ A \\ 0 \\ 0 \end{pmatrix}_1 + $$

$$\begin{pmatrix} b_1 \\ b_2 \\ b_3 \\ b_4 \end{pmatrix}_{i-1} = \begin{pmatrix} a_{11} & a_{12} \\ a_{21} & a_{22} \\ a_{31} & a_{32} \\ a_{41} & a_{42} \end{pmatrix}_{i-1} \begin{pmatrix} X \\ A \end{pmatrix}_1 + \begin{pmatrix} b_1 \\ b_2 \\ b_3 \\ b_4 \end{pmatrix}_{i-1}$$

$$(13.6\text{-}327)$$

式中，矩阵的各元素 a，b 由各构件的传递矩阵相乘得到。对于最右端的 $N+1$ 截面，并考虑边界条件，则有

$$\begin{pmatrix} M \\ Q \end{pmatrix}_{N+1} = \begin{pmatrix} a_{31} & a_{32} \\ a_{41} & a_{42} \end{pmatrix}_N \begin{pmatrix} X \\ A \end{pmatrix}_1 + \begin{pmatrix} b_3 \\ b_4 \end{pmatrix}_N = 0$$

$$(13.6\text{-}328)$$

即

$$\begin{pmatrix} a_{31} & a_{32} \\ a_{41} & a_{42} \end{pmatrix}_N \begin{pmatrix} X \\ A \end{pmatrix}_1 = - \begin{pmatrix} b_3 \\ b_4 \end{pmatrix}_N \quad (13.6\text{-}329)$$

从式（13.6-329）可解出左端起始截面 1 的位移 X_1 和绕角 A_1。然后，代入式（13.6-327）即可得到各个截面的状态矢量，此即为所求的不平衡响应。

用传递矩阵法计算不平衡响应时，也有数值不稳定问题，同样，可用 Riccati 传递矩阵法加以改善。

4.4　具有各向异性支承的转子系统

当转子的支承在模化时认为是各向异性的，往往要同时考虑转子在铅垂和水平两个平面内运动的耦合以及支承的阻尼作用。这时，系统内各个振动量之间发生了相位差，振动量的幅值随时间有增长或衰减。因此，振动量必须用复数来加以表达。

Lund 首先在传递矩阵法中采用复数振动量，并引入了系统的阻尼和起不稳定作用的一些因素，从而使传递矩阵法可以求解复特征值，作稳定性分析，大大扩充了传递矩阵法在转子动力学中的应用范围。

4.4.1　振动量的复数表示，复振幅和复频率

设某一振动量（如位移，挠角，弯矩，剪切力等）为

$$y = Ye^{\lambda t}\cos(\Omega t + \theta) \qquad (13.6\text{-}330)$$

引入与其相匹配的正弦项组成复数，则有

$$\begin{aligned} y &= \mathrm{Re}\{ Ye^{\lambda t}\cos(\Omega t + \theta) + iYe^{\lambda t}\sin(\Omega t + \theta) \} \\ &= \mathrm{Re}\{ Ye^{\lambda t}e^{i(\Omega t + \theta)} \} = \mathrm{Re}\{ Ye^{i\theta}e^{(\lambda + i\Omega)i} \} \\ &= \mathrm{Re}\{ (Y_c + iY_s)e^{(\lambda + i\Omega)i} \} = \mathrm{Re}\{ \underline{Y}e^{St} \} \end{aligned}$$

$$(13.6\text{-}331)$$

式中，$\underline{Y} = Y_c + iY_s$ 称为该振动量的复振幅；Y_c 和 Y_s 分别称为它的余弦分量和正弦分量。$S = \lambda + i\Omega$ 称为复频率，其实部 λ 为衰减指数；其虚部 Ω 为阻尼圆频率。

式（13.6-331）的右边和式（13.6-330）的右边都可代表 y 这个振动量。式（13.6-330）中的振幅和相位角与式（13.6-331）中的复振幅的关系为

$$\text{振幅：} \qquad Y = \sqrt{Y_c^2 + Y_s^2} \qquad (13.6\text{-}332)$$

$$\text{相位角：} \qquad \theta = \arctan\frac{Y_s}{Y_c} \qquad (13.6\text{-}333)$$

在一个振动系统中，各节点的衰减指数和频率是相同的。因此，在采用复数表示振动量时，可以把各节点所共有的 $\mathrm{Re}\{\ \}$ 和 e^{St} 符号省去，仅用复振幅 $\underline{Y}$ 来表示。为了简便，在不至引起混淆的情况下，甚至就把 $\underline{Y}$ 写作 Y，或者 y。因此，就有关系式为

$$\begin{cases} \dot{Y} = YS \\ \ddot{Y} = YS^2 \end{cases} \quad \text{或者} \quad \begin{cases} \dot{y} = yS \\ \ddot{y} = yS^2 \end{cases} \quad (13.6\text{-}334)$$

必须注意，真实振动量不是复数。每当求得振动量的最后结果后，都需要把它转换到实数域中来。

4.4.2　转子系统的固有频率和稳定性

如图 13.6-53 所示的集中参数模型，取右手坐标 $Oxyz$ 如图所示，Oz 轴是旋转轴线，并沿传递矩阵传递的方向；转子旋转方向为从 Ox 轴转到 Oy 轴，转动角速度为 ω。由于 x 和 y 两方向运动有耦合，并考虑到 Riccati 传递矩阵法的要求，复数表示的状态矢量现取为

$$Z_i = (f \;\vdots\; e)_i^T$$
$$= (M_x \quad Q_x \quad M_y \quad Q_y \;\vdots\; X \quad A \quad Y \quad B)_i^T \tag{13.6-335}$$

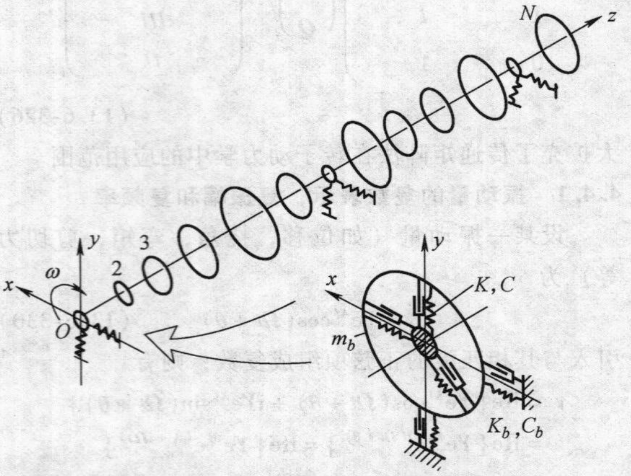

图13.6-53　具有各向异性支承的转子计算模型

考虑轴承座有弹性 K_b，阻尼为 C_b，当量质量为 m_b（图 13.6-44）。采用复数表示，根据支承当量质量的受力分析，不难得到支承总刚度 K_s

$$K_s = \begin{pmatrix} K_{sxx} & K_{sxy} \\ K_{syx} & K_{syy} \end{pmatrix} = (K + SC)(K + SC + K_b + SC_b + S^2 m_b)^{-1} (K_b + SC_b + S^2 m_b) \tag{13.6-336}$$

其中，油膜的刚度系数矩阵和阻尼系数矩阵为

$$K = \begin{pmatrix} K_{xx} & K_{xy} \\ K_{yx} & K_{yy} \end{pmatrix}, \quad C = \begin{pmatrix} C_{xx} & C_{xy} \\ C_{yx} & C_{yy} \end{pmatrix} \tag{13.6-337}$$

$$u_{22i} = \begin{pmatrix} 1 - \dfrac{l^3(1-v)}{6EJ}(mS^2 + K_{sxx}) & l + \dfrac{l^2}{2EJ}I_d S^2 & -\dfrac{l^3(1-v)}{6EJ}K_{sxy} & \dfrac{l^2}{2EJ}I_p \omega S \\[2mm] -\dfrac{l^2}{2EJ}(mS^2 + K_{sxx}) & l + \dfrac{l}{EJ}I_d S^2 & -\dfrac{l^2}{2EJ}K_{sxy} & \dfrac{l}{EJ}I_p \omega S \\[2mm] -\dfrac{l^3(1-v)}{6EJ}K_{syx} & -\dfrac{l^2}{2EJ}I_p \omega S & 1 - \dfrac{l^3(1-v)}{6EJ}(mS^2 + K_{syy}) & l + \dfrac{l^2}{2EJ}I_d S^2 \\[2mm] -\dfrac{l^2}{2EJ}K_{syx} & -\dfrac{l}{EJ}I_p \omega S & -\dfrac{l^2}{2EJ}(mS^2 + K_{syy}) & 1 + \dfrac{l}{EJ}I_d S^2 \end{pmatrix}_i \tag{13.6-339d}$$

由第 4.3.2 节 2 知道，Riccati 传递矩阵法中相邻截面状态矢量的关系为

$$\begin{pmatrix} f \\ \cdots \\ e \end{pmatrix}_{i+1} = \begin{pmatrix} u_{11} & u_{12} \\ u_{21} & u_{22} \end{pmatrix}_i \begin{pmatrix} f \\ \cdots \\ e \end{pmatrix}_i \tag{13.6-340}$$

各个 4×4 的 u 矩阵已在式（13.6-339）中给出。引入 Riccati 变换 $f_i = S_i e_i$ 后，S_i 的递推公式和 e_i 的逆递

轴承座的刚度、阻尼系数矩阵和当量质量矩阵相应为

$$K_b = \begin{pmatrix} K_{bxx} & K_{bxy} \\ K_{byx} & K_{byy} \end{pmatrix}, \quad C_b = \begin{pmatrix} C_{bxx} & C_{bxy} \\ C_{byx} & C_{byy} \end{pmatrix}, \quad m_b = \begin{pmatrix} m_{bx} & 0 \\ 0 & m_{by} \end{pmatrix} \tag{13.6-338}$$

如果不考虑交叉刚度系数、交叉阻尼系数和系统的阻尼，就有 $S = i\Omega$，$K_{sxy} = K_{syx} = 0$，$C = C_b = 0$。

各种典型构件的传递矩阵与上节中所述的相仿，只是扩大为 8×8 的，涡动频率现改为 S。这里仅给出薄圆盘和弹性轴段组合构件（图 13.6-49），它的传递矩阵 U_i 的分块形式如下：

$$u_{11i} = \begin{pmatrix} 1 & l & 0 & 0 \\ 0 & 1 & 0 & 0 \\ 0 & 0 & 1 & l \\ 0 & 0 & 0 & 1 \end{pmatrix}_i \tag{13.6-339a}$$

$$u_{21i} = \begin{pmatrix} \dfrac{l^2}{2EJ} & \dfrac{l^3}{6EJ}(1-v) & 0 & 0 \\[2mm] \dfrac{l}{EJ} & \dfrac{l^2}{2EJ} & 0 & 0 \\[2mm] 0 & 0 & \dfrac{l^2}{2EJ} & \dfrac{l^3}{6EJ}(1-v) \\[2mm] 0 & 0 & \dfrac{l}{EJ} & \dfrac{l^2}{2EJ} \end{pmatrix}_i \tag{13.6-339b}$$

$$u_{12i} = \begin{pmatrix} -l(mS^2 + K_{sxx}) & I_d S^2 & -lK_{sxy} & I_p \omega s \\ -(mS^2 + K_{sxx}) & 0 & -K_{sxy} & 0 \\ -lK_{syx} & -I_p \omega s & -l(mS^2 + K_{syy}) & I_d S^2 \\ -K_{syx} & 0 & -(mS^2 + K_{syy}) & 0 \end{pmatrix}_i \tag{13.6-339c}$$

推公式分别为

$$S_{i+1} = (u_{11}S + u_{12})_i (u_{21}S + u_{22})_i^{-1} \tag{13.6-341}$$

$$e_i = (u_{21}S + u_{22})_i^{-1} e_{i+1} \tag{13.6-342}$$

由左端边界条件 $f_1 = 0$，$e_1 \neq 0$，故初值 $S_1 = 0$。利用式（13.6-341），可以顺次递推得到 S_2，S_3，$\cdots$，S_{N+1}。对于右端截面 $N+1$ 有

$$f_{N+1} = S_{N+1} e_{N+1} \qquad (13.6\text{-}343)$$

由右端边界条件 $f_{N+1} = 0$，$e_{N+1} \neq 0$ 可知，有非零解的条件为

$$|S|_{N+1} = \begin{vmatrix} s_{11} & s_{12} & s_{13} & s_{14} \\ s_{21} & s_{22} & s_{23} & s_{24} \\ s_{31} & s_{32} & s_{33} & s_{34} \\ s_{41} & s_{42} & s_{43} & s_{44} \end{vmatrix}_{N+1} = 0$$

$$(13.6\text{-}344)$$

这就是转子系统的频率方程式。从一个设定的试算频率开始，用扫描试算的方法可以求出它的各个根 S_r（$r = 1, 2 \cdots$）。求得复频率 S_r 后，代入式（13.6-343）就得到了 e_{N+1} 比例解。然后由递推式（13.6-342）可求得各个截面的状态矢量 e_i 和 f_i。其中 e_i 即为该阶频率所对应的复振型，或称复模态。f_i 为相应的内力（弯矩和剪切力）比例解的复数表示。

式（13.6-344）是一个具有复数自变量 S 的复方程式，因而在求解时需对两个变量 λ 和 Ω 作"平面域"的扫描，对此问题至今没有简便的计算方法。目前可以采用的是求复数方程式根的 Newton-Raphson 法（切线法）和 Muller 法（抛物线法）。

但是，式（13.6-344）有一些奇点，会干扰寻根过程，使寻根过程不收敛，或者漏根。

为了消除频率方程式的奇点，可以采用一个改进的无奇点频率方程式，即

$$\Delta_1^p = |S|_{N+1} \prod_{i=1}^{N} |(u_{21} S + u_{22})_i| = 0$$

$$(13.6\text{-}345)$$

式（13.6-345）是 $N+1$ 个复数项的连乘积，在用 Newton-Raphson 法求它的根时，要计算 $\mathrm{d}\Delta_1^p / \mathrm{d}S$，这需要逐项求导并相乘，十分复杂和费时，所以这一方法在这里并不实用。唯一的选择是采用 Muller 法。即使这样，求根过程远非顺利，每当求得一个复频率根 S_r 后，为避免以后的搜索中再次找出该根，必须要在频率方程式中先清除该根及其共轭根 S_r^* 的因子，即将式（13.6-345）除以因子 $(S - S_r)(S - S_r^*)$，再搜索下一根。此外，由于设定的起始试算频率不同，求得各个根的先后次序并没有一定的规律，也不能确保在某一域中所有根都被找到了。如果怀疑在某域中找出的根，只能在先清除已求得的诸根后，在该域内再设定一个起始频率，再一次进行试算搜索，直到满意为止。

在实际计算中，可以先不计阻尼和支承的各向异性，用第4.3节的方法求得转子系统的无阻尼的固有频率，初步了解此系统的固有频率的分布等，再求复频率。

也可以采用符号推演等方法，直接求得频率方程的多项式表达式，然后用复多项式求根的方法，解出全部或所关心的部分特征根。这样就避免了漏根。但当系统自由度较大时，这一方法工作量太大，事实上并不实用。

求得的复频率 S 的实部 λ 为衰减指数。当 $\lambda < 0$，运动是衰减的，因此系统是稳定的；相反，当 $\lambda > 0$，运动发散，系统是不稳定的；$\lambda = 0$，系统处于临界状态。为了便于比较，引入一个无量纲的对数减幅系数 $\delta = -2\pi\lambda/\Omega$，$\delta \geqslant 0$ 就是系统稳定的条件。δ 值的大小表明系统在受到扰动后，振动衰减的快慢，可作为衡量系统稳定性的一个指标。

衡量稳定性的另一个常用的指标是阈速 ω_t，即在这个转速下系统的衰减指数 λ 从负值增大到零。转速超过阈速，转子就会失稳。

求得转子的复振性后，还需要把它恢复为真实的运动。设某节点的 x 和 y 两方向的复振幅为 $\underline{X}$ 和 $\underline{Y}$（这里又恢复使用这种复数符号），并假定 $\lambda = 0$。于是，节点的真实运动为

$$x = \mathrm{Re}\{\underline{X} e^{\mathrm{i}\Omega t}\} = \mathrm{Re}\{(X_c + \mathrm{i}X_s) e^{\mathrm{i}\Omega t}\} = X_c \cos\Omega t - X_s \sin\Omega t$$
$$= \sqrt{X_c^2 + X_s^2} \cos(\Omega t + \theta_x) \qquad (13.6\text{-}346)$$

$$y = \mathrm{Re}\{\underline{Y} e^{\mathrm{i}\Omega t}\} = \mathrm{Re}\{(Y_c + \mathrm{i}Y_s) e^{\mathrm{i}\Omega t}\} = Y_c \cos\Omega t - Y_s \sin\Omega t$$
$$= \sqrt{Y_c^2 + Y_s^2} \cos(\Omega t + \theta_y) \qquad (13.6\text{-}347)$$

式中 $\theta_x = \arctan(X_s/X_c)$，$\theta_y = \arctan(Y_s/Y_c)$。式（13.6-346）、式（13.6-347）中消去 Ωt，就得到结点在 Oxy 平面内的轨迹方程，即

$$\frac{(Y_c^2 + Y_s^2)x^2 + (X_c^2 + X_s^2)y^2 - 2(X_c Y_c + X_s Y_s)xy}{(X_s Y_c - X_c Y_s)^2} = 1$$

这是一个椭圆方程。椭圆的长、短轴与坐标轴 x，y 不重合（图 13.6-54）。用解析几何方法可以求得椭圆的长半轴 a，短半轴 b，长轴与 x 轴的夹角 α 以及 $t = 0$ 时节点在轨迹上的起始位置角 γ 等参数如下：

$$a = \frac{1}{2}\left[\sqrt{(X_c^2 + X_s^2) + (Y_c^2 + Y_s^2) + 2(X_s Y_c - X_c Y_s)} + \sqrt{(X_c^2 + X_s^2) + (Y_c^2 + Y_s^2) - 2(X_s Y_c - X_c Y_s)} \right]$$

$$(13.6\text{-}348)$$

$$b = \frac{1}{2}\left[\sqrt{(X_c^2 + X_s^2) + (Y_c^2 + Y_s^2) + 2(X_s Y_c - X_c Y_s)} - \sqrt{(X_c^2 + X_s^2) + (Y_c^2 + Y_s^2) - 2(X_s Y_c - X_c Y_s)} \right]$$

$$(13.6\text{-}349)$$

$$\alpha = \frac{1}{2}\arctan\frac{2(X_c Y_c + X_s Y_s)}{X_c^2 + X_s^2 - Y_c^2 - Y_s^2}, \gamma = \arctan\frac{X_s + Y_c}{X_c - Y_s}$$

$$(13.6\text{-}350)$$

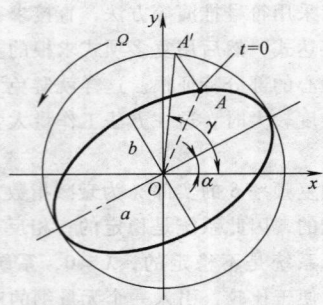

图13.6-54　节点的椭圆轨迹

当 $b > 0$ 时，节点沿轨迹运动方向和转子的旋转方向相同，这种运动称为正进动，或正向涡动；$b < 0$ 时，节点沿轨迹运动方向和转子的旋转方向相反，这称为反进动，或反向涡动。通常，在某一阶模态中，转子上各个节点都作正进动，或反进动，称为正进动模态，或反进动模态。但对于支承各向异性比较严重的某些转子，会发生部分节点作正进动，而另一部分结点作反进动的情况，这称为混合进动。

由此可见，转子系统的复模态的特点是：

1）各个节点的轨迹是一些具有不同形状、尺寸和不同方位的椭圆。

2）连接各个节点构成的转子轴段，一般是一条空间曲线。

3）图 13.6-54 中向径 OA' 以涡动角速度 Ω 作等角速转动，但转子轴心的向径 OA 并不是作等角速转动，它时快时慢，但每转动一周的时间仍是 $2\pi/\Omega$。

4）当 $\lambda \neq 0$ 时，转子涡动的幅值随时间衰减（或增长），所以各个节点的椭圆轨迹不再是封闭曲线，而是"椭圆形的螺旋线"，这时整个转子的运动形象十分复杂。

4.4.3　转子系统的不平衡响应

现用 Riccati 传递阵法来计算转子系统的不平衡响应。设转子上的圆盘有偏心，当转子旋转时，就会产生不平衡力，引起转子振动。采用复数来表示振动量时，离心力的两个分量为：

$$F_x = \text{Re}\{\underline{U}\omega^2 e^{i\omega t}\} = \text{Re}\{m(e_\xi + ie_\eta)\omega^2 e^{i\omega t}\}$$

$$F_y = \text{Re}\{-i\underline{U}\omega^2 e^{i\omega t}\} = \text{Re}\{m(e_\eta - ie_\xi)\omega^2 e^{i\omega t}\}$$

$$(13.6\text{-}351)$$

式中，$\underline{U} = m\underline{e}$ 为第 i 个圆盘的偏心质量矩（下标 i 省去）；$\underline{e} = e_\xi + ie_\eta$ 为在随转子转动的动坐标 $O\xi\eta$ 中偏心的投影（图 13.6-55）；ω 为转子的转动角速度。省去共有的项目 $\text{Re}\{e^{i\omega t}\}$，离心力的两个分量就写作 $\underline{U}\omega^2$ 和 $-i\underline{U}\omega^2$。

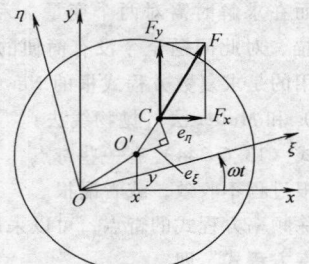

图13.6-55　不平衡的离心力

在薄圆盘上加上离心力，不难得到它两端截面的状态矢量之间的关系为

$$
\begin{pmatrix} M_x \\ Q_x \\ M_y \\ Q_y \\ \cdots \\ X \\ A \\ Y \\ B \end{pmatrix}^{\text{R}}
=
\begin{pmatrix}
1 & 0 & 0 & 0 & 0 & -I_d\omega^2 & 0 & iI_p\omega^2 \\
0 & 1 & 0 & 0 & m\omega^2 - K_{sxx} & 0 & -K_{sxy} & 0 \\
0 & 0 & 1 & 0 & 0 & -iI_p\omega^2 & 0 & -I_d\omega^2 \\
0 & 0 & 0 & 1 & -K_{syx} & 0 & m\omega^2 - K_{syy} & 0 \\
0 & 0 & 0 & 0 & 1 & 0 & 0 & 0 \\
0 & 0 & 0 & 0 & 0 & 1 & 0 & 0 \\
0 & 0 & 0 & 0 & 0 & 0 & 1 & 0 \\
0 & 0 & 0 & 0 & 0 & 0 & 0 & 1
\end{pmatrix}_i
\begin{pmatrix} M_x \\ Q_x \\ M_y \\ Q_y \\ \cdots \\ X \\ A \\ Y \\ B \end{pmatrix}^{\text{L}}_i
+
\begin{pmatrix} 0 \\ U\omega^2 \\ 0 \\ -iU\omega^2 \\ \cdots \\ 0 \\ 0 \\ 0 \\ 0 \end{pmatrix}_i
\quad (13.6\text{-}352)
$$

再在此圆盘的右端加上一个轴段得到一个组合构件，它两端状态矢量的关系式为

$$
\begin{pmatrix} f \\ \cdots \\ e \end{pmatrix}_{i+1}
=
\begin{pmatrix} u_{11} & u_{12} \\ u_{21} & u_{22} \end{pmatrix}_i
\begin{pmatrix} f \\ \cdots \\ e \end{pmatrix}_i
+
\begin{pmatrix} F_f \\ \cdots \\ F_e \end{pmatrix}_i
$$

$$(13.6\text{-}353)$$

式中，各个分块矩阵分别为

$$
u_{11i} =
\begin{pmatrix}
1 & l & 0 & 0 \\
0 & 1 & 0 & 0 \\
0 & 0 & 1 & l \\
0 & 0 & 0 & 1
\end{pmatrix}_i
\quad (13.6\text{-}354a)
$$

$$u_{12i} = \begin{pmatrix} l(m\omega^2 - K_{sxx}) & -I_d\omega^2 & -lK_{sxy} & iI_p\omega^2 \\ m\omega^2 - K_{sxx} & 0 & -K_{sxy} & 0 \\ -lK_{syx} & -iI_p\omega^2 & l(m\omega^2 - K_{syy}) & -I_d\omega^2 \\ -K_{syx} & 0 & m\omega^2 - K_{syy} & 0 \end{pmatrix}_i$$

$$(13.6\text{-}354\text{b})$$

$$u_{21i} = \begin{pmatrix} \dfrac{l^2}{2EJ} & \dfrac{l^3}{6EJ}(1-\upsilon) & 0 & 0 \\[2mm] \dfrac{l}{EJ} & \dfrac{l^2}{2EJ} & 0 & 0 \\[2mm] 0 & 0 & \dfrac{l^2}{2EJ} & \dfrac{l^3}{6EJ}(1-\upsilon) \\[2mm] 0 & 0 & \dfrac{l}{EJ} & \dfrac{l^2}{2EJ} \end{pmatrix}_i$$

$$(13.6\text{-}354\text{c})$$

$$u_{22i} = \begin{pmatrix} 1 + \dfrac{l^3(1-\upsilon)}{6EJ}(m\omega^2 - K_{sxx}) & l - \dfrac{l^2}{2EJ}I_d\omega^2 & -\dfrac{l^3(1-\upsilon)}{6EJ}K_{sxy} & \dfrac{l^2}{2EJ}iI_p\omega^2 \\[3mm] \dfrac{l^2}{2EJ}(m\omega^2 - K_{sxx}) & 1 - \dfrac{l}{EJ}I_d\omega^2 & -\dfrac{l^2}{2EJ}K_{sxy} & \dfrac{l}{EJ}iI_p\omega^2 \\[3mm] -\dfrac{l^3(1-\upsilon)}{6EJ}K_{syx} & -\dfrac{l^2}{2EJ}iI_p\omega^2 & 1 + \dfrac{l^3(1-\upsilon)}{6EJ}(m\omega^2 - K_{syy}) & l - \dfrac{l^2}{2EJ}I_d\omega^2 \\[3mm] -\dfrac{l^2}{2EJ}K_{syx} & -\dfrac{l}{EJ}iI_p\omega^2 & \dfrac{l^2}{2EJ}(m\omega^2 - K_{syy}) & 1 - \dfrac{l}{EJ}I_d\omega^2 \end{pmatrix}_i$$

$$(13.6\text{-}354\text{d})$$

$$F_{fi} = \begin{pmatrix} l \\ 1 \\ -il \\ -i \end{pmatrix}_i U_i\omega^2, \quad F_{ei} = \begin{pmatrix} \dfrac{l}{3}(1-\upsilon) \\ 1 \\ -i\dfrac{l}{3}(1-\upsilon) \\ -i \end{pmatrix}_i \left(\dfrac{l^2}{2EJ}U\right)_i\omega^2$$

$$(13.6\text{-}355)$$

引入如下 Riccati 变换

$$f_i = S_i e_i + P_i \qquad (13.6\text{-}356)$$

得到 S_i 和 P_i 的递推公式和 e_i 的逆递推公式分别为

$$S_{i+1} = (u_{11}S + u_{12})_i (u_{21}S + u_{22})_i^{-1}$$
$$P_{i+1} = (u_{11}P + F_f)_i - S_{i+1}(u_{21}P + F_e)_i$$

$$(13.6\text{-}357)$$

$$e_i = (u_{21}S + u_{22})_i^{-1} e_{i+1} - (u_{21}S + u_{22})_i^{-1}(u_{21}P + F_e)_i$$

$$(13.6\text{-}358)$$

由左端截面的边界条件 $f_1 = 0$, $e_1 \neq 0$, 故初值为 $S_1 = 0$, $P_1 = 0$。利用式 (13.6-357) 就可以顺次递推得到 S_2, P_2, S_3, P_3, $\cdots$, S_{N+1}, P_{N+1}。对于最右端截面 $N+1$, 有

$$f_{N+1} = S_{N+1}e_{N+1} + P_{N+1} \qquad (13.6\text{-}359)$$

由右端的边界条件 $f_{N+1} = 0$, 解得

$$e_{N+1} = -S_{N+1}^{-1}P_{N+1} \qquad (13.6\text{-}360)$$

利用逆递推式 (13.6-358), 可从右到左顺次求得各个截面的状态矢量 $e_i(i = N, N-1, \cdots, 2, 1)$, 这就是转子的不平衡响应。计算中所需式 (13.6-358) 右边的各因子, 在求 S_i 和 P_i 的递推过程中已经求得, 不需要另行计算。

与上节中用传统的传递矩阵法比较, 用 Riccati 传递矩阵法计算转子系统的不平衡响应也显示出良好的数值稳定性。

求得的复数位移响应, 还需要按照式 (13.6-348) ~ 式 (13.6-350) 转换成节点真实的椭圆轨迹运动。与阻尼固有频率的振型不同, 不平衡响应是强迫振动, 复频率为 iΩ, 振幅是稳定不变的, 振动既不衰减, 也不增长, 各个节点的轨迹都是椭圆。

4.5　转子系统的瞬态响应

旋转机械运行时, 要经历起动、停机、工况和负荷变化等各种瞬态过程。在此过程中, 转子上所受的各种主动力和负荷力要经历复杂的变化, 才达到新的平衡。转子的响应比稳态的要复杂得多, 往往也大得多。此外, 转子系统的地震响应, 转子受到冲击的响应等也属于瞬态响应。在生产实际中, 许多旋转机械的事故往往也发生在瞬态过程中。因此, 转子系统瞬态响应计算分析是轴系动力特性研究的一个重要内容。

轴系的瞬态响应计算, 在国内外已有很多研究。按所采用的方法来说主要分为两类: 以传递矩阵法为主, 或者以模态综合法为主, 并辅助以数值积分法。单纯的数值积分法仅用于自由度很少的系统, 适合用于理论研究。

本节综合采用 Riccati 传递矩阵法和 Newmark-β 法来求解多自由度转子系统的瞬态响应问题。也有采用 Riccati 传递矩阵法和 Wilson-θ 法或 Houbolt 法的综

合，这在实质上没有多大的差别，仅在参数选择和收敛速度和精度上有些差别。

根据 Newmark-β 法，$\ddot{q}_{t+\Delta t} = \dfrac{1}{\beta \Delta t^2} \{ q_{t+\Delta t} - q_t \} - \dfrac{1}{\beta \Delta t} \dot{q}_t - \left(\dfrac{1}{2\beta} - 1 \right) \ddot{q}_t$，并有

$$\dot{q}_{t+\Delta t} = \dot{q}_t + \frac{1}{2} \Delta t (\ddot{q}_t + \ddot{q}_{t+\Delta t})$$

$$(13.6\text{-}361)$$

式中　β——Newmark-β 法的参数；

　　　q——转子的广义坐标。

式 (13.6-361) 说明，若瞬时 t，某节点的位移 q_t、速度 $\dot{q}_t$ 和加速度 $\ddot{q}_t$ 为已知，并且还知道 $t+\Delta t$ 瞬时该节点的位移 $q_{t+\Delta t}$，那么，就可由此式求得 $t+\Delta t$ 瞬时此节点的速度 $\dot{q}_{t+\Delta t}$ 和加速度 $\ddot{q}_{t+\Delta t}$，如此递推，就可以求得瞬时 t 以后任意瞬时的各节点位移、速度和加速度。至于 $t+\Delta t$ 瞬时转轴上各节点的位移（线位移和角位移），可用 Riccati 传递矩阵法求得。

4.5.1 节点及支承的运动微分方程式

对于集中化的力学计算模型，如图 13.6-56 所示，t 瞬时节点 i 的运动微分方程式为

$$m_i \begin{pmatrix} \ddot{x} \\ \ddot{y} \end{pmatrix}_i = - K_j \begin{pmatrix} x_i - x_{bj} \\ y_i - y_{bj} \end{pmatrix} - C_j \begin{pmatrix} \dot{x}_i - \dot{x}_{bj} \\ \dot{y}_i - \dot{y}_{bj} \end{pmatrix} +$$

$$\begin{pmatrix} Q_x^L - Q_x^R \\ Q_y^L - Q_y^R \end{pmatrix}_i + \begin{pmatrix} F_x(t) \\ F_y(t) \end{pmatrix}_i$$

$$I_{di} \begin{pmatrix} \ddot{\alpha} \\ \ddot{\beta} \end{pmatrix}_i = - \omega \begin{pmatrix} 0 & I_p \\ -I_p & 0 \end{pmatrix}_i \begin{pmatrix} \dot{\alpha} \\ \dot{\beta} \end{pmatrix}_i +$$

$$\begin{pmatrix} M_x^R - M_x^L \\ M_y^R - M_y^L \end{pmatrix}_i + \begin{pmatrix} L_x(t) \\ L_y(t) \end{pmatrix}_i \qquad (13.6\text{-}362)$$

类似地，有支承 j 的微分方程为

$$m_{bj} \begin{pmatrix} \ddot{x}_b \\ \ddot{y}_b \end{pmatrix}_j = K_j \begin{pmatrix} x_i - x_{bj} \\ y_i - y_{bj} \end{pmatrix} + C_j \begin{pmatrix} \dot{x}_i - \dot{x}_{bj} \\ \dot{y}_i - \dot{y}_{bj} \end{pmatrix} -$$

$$K_{bj} \begin{pmatrix} x_b \\ y_b \end{pmatrix}_j - C_{bj} \begin{pmatrix} \dot{x}_b \\ \dot{y}_b \end{pmatrix}_j \qquad (13.6\text{-}363)$$

其中，F_x、F_y、L_x、L_y 为作用在节点 i 上的外力和外力矩在 x 和 y 向的分量。若该节点没有支承，则有关支承的各项均为零。

4.5.2 初始加速度的确定

在 t_0 瞬时，各节点及各支承质量的初位移和初速度一般是已知的，而初始加速度则需另行求出。对于节点 i 有

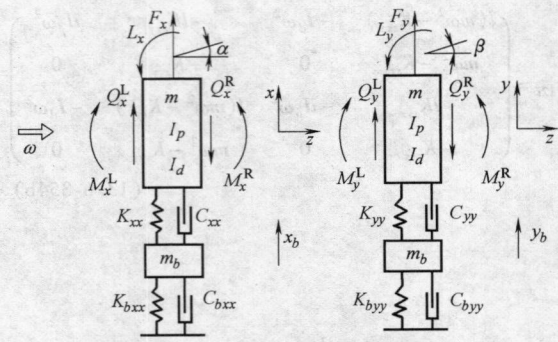

图13.6-56　节点和支承的受力分析

$$\begin{pmatrix} Q_x^L - Q_x^R \\ Q_y^L - Q_y^R \end{pmatrix}_i = (k_1)_{i-1} \begin{pmatrix} x \\ y \end{pmatrix}_{i-1} + (k_2)_{i-1} \begin{pmatrix} \alpha \\ \beta \end{pmatrix}_{i-1} -$$

$$\left((k_1)_{i-1} + (k_1)_i \right) \begin{pmatrix} x \\ y \end{pmatrix}_i +$$

$$\left((k_2)_{i-1} - (k_2)_i \right) \begin{pmatrix} \alpha \\ \beta \end{pmatrix}_i + (k_1)_i \begin{pmatrix} x \\ y \end{pmatrix}_{i+1} - (k_2)_i \begin{pmatrix} \alpha \\ \beta \end{pmatrix}_{i+1}$$

$$\begin{pmatrix} M_x^R - M_x^L \\ M_y^R - M_y^L \end{pmatrix}_i = - (k_2)_{i-1} \begin{pmatrix} x \\ y \end{pmatrix}_{i-1} - (k_3)_{i-1} \begin{pmatrix} \alpha \\ \beta \end{pmatrix}_{i-1} +$$

$$\left((k_2)_{i-1} - (k_2)_i \right) \begin{pmatrix} x \\ y \end{pmatrix}_i -$$

$$\left(\sum_{r=i-1}^{i} (lk_2 - k_3)_r \right) \begin{pmatrix} \alpha \\ \beta \end{pmatrix}_i + (k_2)_i \begin{pmatrix} x \\ y \end{pmatrix}_{i+1} - (k_3)_i \begin{pmatrix} \alpha \\ \beta \end{pmatrix}_{i+1}$$

其中　$(k_1)_i = \left(\dfrac{12EJ}{l^3} \right)_i$，　$(k_2)_i = \left(\dfrac{6EJ}{l^2} \right)_i$，　$(k_3)_i = \left(\dfrac{2EJ}{l^2} \right)_i$，将上式代入式 (13.6-362)，得轴系上节点 i 的初始加速度为

$$\begin{pmatrix} \ddot{x} \\ \ddot{y} \end{pmatrix}_i = \frac{1}{m_i} \left[- K_j \begin{pmatrix} x_i - x_{bj} \\ y_i - y_{bj} \end{pmatrix} - C_j \begin{pmatrix} \dot{x}_i - \dot{x}_{bj} \\ \dot{y}_i - \dot{y}_{bj} \end{pmatrix} + \right.$$

$$(k_1)_{i-1} \begin{pmatrix} x \\ y \end{pmatrix}_{i-1} + (k_2)_{i-1} \begin{pmatrix} \alpha \\ \beta \end{pmatrix}_{i-1}$$

$$- \left[(k_1)_{i-1} + (k_1)_i \right] \begin{pmatrix} x \\ y \end{pmatrix}_i + \left[(k_2)_{i-1} - (k_2)_i \right]$$

$$\begin{pmatrix} \alpha \\ \beta \end{pmatrix}_i + (k_1)_i \begin{pmatrix} x \\ y \end{pmatrix}_{i+1} - (k_2)_i \begin{pmatrix} \alpha \\ \beta \end{pmatrix}_{i+1} + \begin{pmatrix} F_x(t_0) \\ F_y(t_0) \end{pmatrix}_i \right]$$

$$(13.6\text{-}364)$$

$$\begin{pmatrix} \ddot{\alpha} \\ \ddot{\beta} \end{pmatrix}_i = \frac{1}{I_{di}} \left[- \omega \begin{pmatrix} 0 & I_p \\ -I_p & 0 \end{pmatrix}_i \begin{pmatrix} \dot{\alpha} \\ \dot{\beta} \end{pmatrix}_i - (k_2)_{i-1} \begin{pmatrix} x \\ y \end{pmatrix}_{i-1} - \right.$$

$$(k_3)_{i-1} \begin{pmatrix} \alpha \\ \beta \end{pmatrix}_{i-1} + \left((k_2)_{i-1} - (k_2)_i \right) \begin{pmatrix} x \\ y \end{pmatrix}_i -$$

$$\left(\sum_{r=i-1}^{i}(lk_2-k_3)_r\right)\binom{\alpha}{\beta}_i+(k_2)_i\binom{x}{y}_{i+1}$$

$$-(k_3)_i\binom{\alpha}{\beta}_{i+1}+\binom{L_x(t_0)}{L_y(t_0)}\Bigg]\qquad(13.6\text{-}365)$$

由式（13.6-363），得到第 j 个支承的初始加速度为

$$\binom{\ddot{x}_b}{\ddot{y}_b}_j=\frac{1}{m_{bj}}\Bigg(K_j\binom{x_i-x_{bj}}{y_i-y_{bj}}+C_j\binom{\dot{x}_i-\dot{x}_{bj}}{\dot{y}_i-\dot{y}_{bj}}$$

$$-K_{bj}\binom{x_b}{y_b}_j-C_{bj}\binom{\dot{x}_b}{\dot{y}_b}_j\Bigg)\qquad(13.6\text{-}366)$$

4.5.3　油膜力的表达式

将式（13.6-361）代入 $t+\Delta t$ 瞬时的式（13.6-363），经整理得到支承质量位移（x_b，y_b）和轴颈位移（x，y）的关系式（省去下标 j）

$$A\binom{x_b}{x_b}_{t+\Delta t}=a\binom{x}{y}_{t+\Delta t}+b_{t+\Delta t}\qquad(13.6\text{-}367)$$

式中

$$A=\frac{m_b}{\beta\Delta t^2}+\frac{1}{2\beta\Delta t}(C+C_b)+K+K_b,$$

$$a=\frac{1}{2\beta\Delta t}C+K,\quad m_b=m_bI$$

$$b_{t+\Delta t}=-C\left(\frac{1}{2\beta\Delta t}\binom{x}{y}_t+\left(\frac{1}{2\beta}-1\right)\binom{\dot{x}}{\dot{y}}_t+\right.$$

$$\left(\frac{1}{4\beta}-1\right)\Delta t\binom{\ddot{x}}{\ddot{y}}_t\right)+\frac{1}{2\beta\Delta t}\left(\frac{2m_b}{\Delta t}+C+C_b\right)\binom{x_b}{y_b}_t+$$

$$\left(\frac{m_b}{\beta\Delta t}+\left(\frac{1}{2\beta}-1\right)(C+C_b)\right)\binom{\dot{x}_b}{\dot{y}_b}_t+$$

$$\left(\left(\frac{1}{2\beta}-1\right)m_b+\left(\frac{1}{4\beta}-1\right)\Delta t(C+C_b)\right)\binom{\ddot{x}_b}{\ddot{y}_b}_t$$

作用在轴颈上的线性油膜力为

$$\binom{R_x}{R_y}=-m_b\binom{\ddot{x}_b}{\ddot{y}_b}-C_b\binom{\dot{x}_b}{\dot{y}_b}-K_b\binom{x_b}{y_b}$$

$$(13.6\text{-}368)$$

将式（13.6-361）代入 $t+\Delta t$ 瞬时的式（13.6-368），得到

$$\binom{R_x}{R_y}_{t+\Delta t}=D_b\binom{x_b}{y_b}_{t+\Delta t}+E_{b,t+\Delta t}$$

$$(13.6\text{-}369)$$

式中

$$D_b=-\frac{m_b}{\beta\Delta t^2}-\frac{1}{2\beta\Delta t}C_b-K_b$$

$$E_{b,t+\Delta t}=\left(\frac{m_b}{\beta\Delta t^2}+\frac{1}{2\beta\Delta t}C_b\right)\binom{x_b}{y_b}_t+$$

$$\left(\frac{m_b}{\beta\Delta t}+\left(\frac{1}{2\beta}-1\right)C_b\right)\binom{\dot{x}_b}{\dot{y}_b}_t+$$

$$\left(\left(\frac{1}{2\beta}-1\right)m_b+\left(\frac{1}{4\beta}-1\right)\Delta tC_b\right)\binom{\ddot{x}_b}{\ddot{y}_b}_t$$

将式（13.6-367）代入式（13.6-369），消去（x_b　y_b）则

$$\binom{R_x}{R_y}_{t+\Delta t}=\binom{C_1\quad D_1}{C_2\quad D_2}\binom{x}{y}_{t+\Delta t}+\binom{E_1}{E_2}_{t+\Delta t}$$

$$(13.6\text{-}370)$$

式中 $\binom{C_1\quad D_1}{C_2\quad D_2}=D_bA^{-1}a$，$\binom{E_1}{E_2}_{t+\Delta t}=D_bA^{-1}b_{t+\Delta t}+E_{b,t+\Delta t}$。此即为所求的 $t+\Delta t$ 瞬时油膜力的表达式。

4.5.4　构件的瞬态传递矩阵

在瞬态过程中，构件两端的状态矢量之间的传递矩阵与稳态情况下的有所不同，需重新推演。将式（13.6-361）、式（13.6-370）代入 $t+\Delta t$ 瞬时的式（13.6-362），并引入状态矢量 $f=(M_x,\ Q_x,\ M_y,\ Q_y)^\mathrm{T}$，$e=(x,\ \alpha,\ y,\ \beta)^\mathrm{T}$，则节点 i 两端的传递矩阵为（省去下标 $t+\Delta t$）

$$\binom{f}{e}_i^\mathrm{R}=\binom{D_{11}\quad D_{12}}{D_{21}\quad D_{22}}_i\binom{f}{e}_i^\mathrm{L}+\binom{D_{13}}{D_{23}}_i$$

$$(13.6\text{-}371)$$

令 $K_1=m/\beta\Delta t^2$，$K_2=I_d/\beta\Delta t^2$，$K_3=I_p\omega/2\beta\Delta t$，则有

$$D_{11}=D_{22}=I,\quad D_{21}=(0)_{4\times4},\quad D_{23}=(0)_{4\times1},$$

$$D_{12}=\begin{pmatrix}0 & K_2 & 0 & K_3\\ C_1-K_1 & 0 & D_1 & 0\\ 0 & -K_3 & 0 & K_2\\ C_2 & 0 & D_2-K_1 & 0\end{pmatrix},$$

$$D_{13}=\begin{pmatrix}A_1\\ E_1+B_1\\ A_2\\ E_2+B_2\end{pmatrix}$$

式中

$$\binom{A_1}{A_2}_{t+\Delta t}=\binom{-K_2\quad -K_3}{K_3\quad -K_2}\binom{\alpha}{\beta}_t+$$

$$\Delta t\binom{-K_2\quad\quad -(1-2\beta)K_3}{(1-2\beta)K_3\quad -K_2}\binom{\dot{\alpha}}{\dot{\beta}}_t+$$

$$\Delta t^2 \begin{pmatrix} -\left(\dfrac{1}{2}-\beta\right)K_2 & -\left(\dfrac{1}{2}-2\beta\right)K_3 \\ \left(\dfrac{1}{2}-2\beta\right)K_3 & -\left(\dfrac{1}{2}-\beta\right)K_2 \end{pmatrix}$$

$$\begin{pmatrix} \ddot{\alpha} \\ \ddot{\beta} \end{pmatrix}_t - \begin{pmatrix} L_X(t+\Delta t) \\ L_y(t+\Delta t) \end{pmatrix} \qquad (13.6\text{-}372)$$

$$\begin{pmatrix} B_1 \\ B_2 \end{pmatrix}_{t+\Delta t} = \frac{m}{\beta\Delta t^2}\begin{pmatrix} x \\ y \end{pmatrix}_t + \frac{m}{\beta\Delta t}\begin{pmatrix} \dot{x} \\ \dot{y} \end{pmatrix}_t +$$

$$m\left(\frac{1}{2\beta}-1\right)\begin{pmatrix} \ddot{x} \\ \ddot{y} \end{pmatrix}_t + \begin{pmatrix} F_x(t+\Delta t) \\ F_y(t+\Delta t) \end{pmatrix}$$

$$(13.6\text{-}373)$$

节点 i 和 $i+1$ 之间为一无质量的轴段，两端的状态矢量之间的传递矩阵与稳态时相同，记为

$$\begin{pmatrix} f \\ e \end{pmatrix}_{i+1} = \begin{pmatrix} B_{11} & B_{12} \\ B_{21} & B_{22} \end{pmatrix}_i \begin{pmatrix} f \\ e \end{pmatrix}_i^R + \begin{pmatrix} B_{13} \\ B_{23} \end{pmatrix}_i$$

$$(13.6\text{-}374)$$

令 $\gamma_1 = l/EJ$，$\gamma_2 = l^2/2EJ$，$\gamma_3 = (1-\nu)l^3/6EJ$，则有

$$u_{11} = \begin{pmatrix} 1 & l & 0 & 0 \\ 0 & 1 & 0 & 0 \\ 0 & 0 & 1 & l \\ 0 & 0 & 0 & 1 \end{pmatrix}, \quad u_{12} = \begin{pmatrix} l(C_1-K_1) & K_2 & lD_1 & K_3 \\ C_1-K_1 & 0 & D_1 & 0 \\ lC_2 & -K_3 & l(D_2-K_1) & K_2 \\ C_2 & 0 & D_2-K_1 & 0 \end{pmatrix}, \quad u_{21} = \begin{pmatrix} \gamma_2 & \gamma_3 & 0 & 0 \\ \gamma_1 & \gamma_2 & 0 & 0 \\ 0 & 0 & \gamma_2 & \gamma_3 \\ 0 & 0 & \gamma_1 & \gamma_2 \end{pmatrix}$$

$$u_{22} = \begin{pmatrix} 1+\gamma_3(C_1-K_1) & l+\gamma_2 K_2 & \gamma_3 D_1 & \gamma_2 K_3 \\ \gamma_2(C_1-K_1) & 1+\gamma_1 K_2 & \gamma_2 D_1 & \gamma_1 K_3 \\ \gamma_3 C_2 & -\gamma_2 K_3 & 1+\gamma_3(D_2-K_1) & l+\gamma_2 K_3 \\ \gamma_2 C_2 & -\gamma_1 K_3 & \gamma_2(D_2-K_1) & 1+\gamma_1 K_2 \end{pmatrix}$$

$$F_f = \begin{pmatrix} A_1+l(E_1+B_1) \\ E_1+B_1 \\ A_2+l(E_2+B_2) \\ E_2+B_2 \end{pmatrix} \quad F_e = \begin{pmatrix} \gamma_2 A_1+\gamma_3(E_1+B_1) \\ \gamma_1 A_1+\gamma_2(E_1+B_1) \\ \gamma_2 A_2+\gamma_3(E_2+B_2) \\ \gamma_1 A_2+\gamma_2(E_2+B_2) \end{pmatrix}$$

4.5.5　求解轴系响应

引入 Riccati 变换 $f_i = S_i e_i + P_i$ 后，可得到 S_i 和 P_i 的递推式（13.6-357）。由轴系左端边界条件 $f_1 = 0$，$e \neq 0$，推出 $S_1 = 0$，$P_1 = 0$，按递推式（13.6-357）就可沿轴系从左向右求出各截面的 S_i 和 P_i，（$i = 2, \cdots, 3, N+1$）。再由轴系右端边界条件 $f_{N+1} = 0$，从式（13.6-360）解出轴系右端截面的状态矢量 e_{N+1}。然后，利用逆递推关系式（13.6-358）从右向左递推求出各截面的 e_i，并利用式（13.6-356）求出 f_i，这就是各截面在 $t+\Delta t$ 瞬时的状态矢量，其中各

$$B_{11} = B_{22} = \begin{pmatrix} 1 & l & 0 & 0 \\ 0 & 1 & 0 & 0 \\ 0 & 0 & 1 & l \\ 0 & 0 & 0 & 1 \end{pmatrix},$$

$$B_{21} = \begin{pmatrix} \gamma_2 & \gamma_3 & 0 & 0 \\ \gamma_1 & \gamma_2 & 0 & 0 \\ 0 & 0 & \gamma_2 & \gamma_3 \\ 0 & 0 & \gamma_1 & \gamma_2 \end{pmatrix},$$

$$B_{12} = (0)_{4\times4}, B_{13} = B_{23} = (0)_{4\times1}$$

把节点 i 和它右面的轴段一起组成一个构件，则根据式（13.6-371）、式（13.6-374），此构件的传递矩阵为

$$\begin{pmatrix} f \\ e \end{pmatrix}_{i+1} = \begin{pmatrix} u_{11} & u_{12} \\ u_{21} & u_{22} \end{pmatrix}_i \begin{pmatrix} f \\ e \end{pmatrix}_i + \begin{pmatrix} F_f \\ F_e \end{pmatrix}_i$$

$$(13.6\text{-}375)$$

式中

个节点的 (x, y) 即为所求的位移响应。支承质量的响应可由式（13.6-367）求出。

从初瞬时 t_0 的初始条件开始，在已知轴系各物理参数和外力的条件下，先用 Riccati 传递矩阵法，如上述那样求出 $t_0 + \Delta t$ 瞬时轴系各节点的位移，然后用 Newmark-β 法，按式（13.6-361）求出 $t_0 + \Delta t$ 瞬时各节点的速度和加速度，进而，再求得 $t_0 + 2\Delta t$ 瞬时各节点的位移等。如此反复，便可得到各个瞬时轴系上各个节点的位移、速度和加速度响应。

第7章　虚拟设计

1　虚拟现实技术

虚拟现实（Virtual Reality）技术是20世纪末才兴起的一门崭新的综合性信息技术。它融合了数字图像处理、计算机图形学、人工智能、多媒体技术、传感器、网络以及并行处理等多个信息分支的最新发展成果，为用户创建和体验虚拟世界提供有力的支持，从而大大推进了计算机技术的发展[1]。

1.1　虚拟现实的定义、特征及组成

虚拟现实一般有几种不同的定义，主要分为狭义和广义两种。狭义就是一种智能的人机界面或一种高端的人机接口。它通过视觉、听觉、触觉、嗅觉和味觉等看到彩色的或立体的景象，听到虚拟环境中的声音，感觉到虚拟环境反馈的作用力，由此使用户产生一种身临其境的感觉；广义的虚拟现实是对虚拟想象或真实世界的模拟实现。通过将客观世界的局部用电子的方式模拟出来，并通过自然的方式接受或响应模拟环境的各种感官刺激，再与虚拟世界中的人及物体产生交互，使用户产生身临其境的感觉[2]。

Grigore Burdea 和 Philippe Coiffet 在著作《Virtual Reality Technology》一书中指出，虚拟现实具有三个本质特征：沉浸感（Immersion）、交互性（Interaction）和构想性（Imagination）[3]，也就是们熟知的VR的3I特性，如图13.7-1所示。

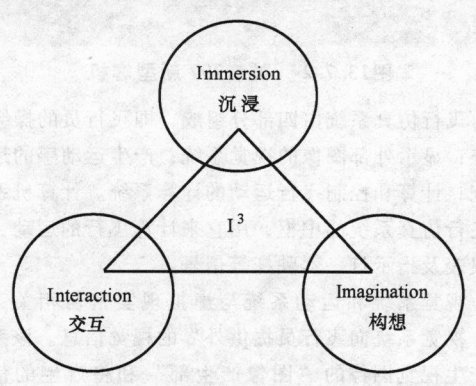

图13.7-1　虚拟现实的3I特性

1. 沉浸感（Immersion）

沉浸感是指用户感到作为主角存在于模拟环境的真实程度。理想的模拟环境应该达到使用户难以分辨

真假的程度，例如可视场景应随着视点的变化而变化，又如实现比现实更理想化的照明和音响效果等。

对于一般的模拟系统而言，用户只是系统的观察者，而在虚拟现实的环境中，用户能感到自己成为了一个"发现者和行动者"。发现者和行动者利用他的视觉、触觉和操作来寻找数据的重要特性，并不是通过严密的思考来分析数据。通常思考可能既慢且吃力，而感觉则几乎可以无意识地、立即地表达结果。这更加符合人们的自然思维习惯。

2. 交互性（Interaction）

交互性是指用户通过专门的输入和输出设备，用人类的自然感知对虚拟环境内物体的可操作程度和从环境得到反馈的自然程度。虚拟现实系统强调人与虚拟世界之间以近乎自然的方式进行交互，即用户不仅通过传统设备（鼠标和键盘等）和传感设备（头盔式显示器和数据手套等）进行交互，也能使用语言或肢体动作等自然技能对虚拟环境中的对象进行操作，而且计算机能够根据用户的头、手、眼以及身体动作来调整系统呈现的图像和声音。例如，用户可以用手去直接抓取模拟环境中的物体，这时，手有握着东西的感觉，并可以感觉到物体的重量（手里并没有实物），视场中被抓的物体也立刻随着手的移动而移动。

3. 构想性（Imagination）

构想性又称创造性，是虚拟世界的起点。想象力使设计者构思和设计虚拟世界，并体现出设计者的创造思想。所以，虚拟现实系统是设计者借助虚拟现实技术，发挥其想象力和创造性而设计的。比如在建造一座现代化的桥梁之前，设计师要对其结构进行细致的构思。传统的方法是极少数从业人员花费大量的时间和精力去设计许多量化的图样。而现在采用虚拟现实技术进行仿真，设计者的思想以虚拟的方式呈现出来，简明生动，一目了然。所以，有些学者称虚拟现实为放大或夸大人们心灵的工具，或人工现实（Artificial Reality），即虚拟现实的想象性[4]。

1.2　虚拟现实技术的主要应用领域

虚拟现实技术的应用前景是很广阔的。它可应用于建模与仿真、科学计算可视化、设计与规划、教育与训练、遥作与遥现、医学、艺术与娱乐等多个

方面。

1.2.1 工程应用

近些年来，计算机辅助设计和制造技术取得了重大成功，虚拟现实则提供了一个通向虚拟工程空间的途径。在虚拟工程空间中，我们可以设计、生产、检测、组装和测试各种模拟物体。用虚拟现实技术设计飞机获得成功，是虚拟现实技术的一个典型的工业应用；航天发动机设计、潜艇设计、建筑设计、工业概念设计等都是虚拟现实技术在工程的应用实例。

虚拟产品开发的概念一经提出就受到企业界的广泛关注，一些企业立即着手实施和应用。其中，在汽车制造业和航空业的应用影响尤为深远。

1. 虚拟现实技术在汽车制造业的广泛应用

虚拟现实技术在汽车制造业得到了广泛的应用，例如：美国通用汽车公司利用虚拟现实系统 CAVE（Computer-Assisted Virtual Environment）来体验置于汽车之中的感受，其目标是减少或消除实体模型，缩短开发周期。CAVE 系统用来进行车型设计，可以从不同的位置观看车内的景象，以确定仪器仪表的视线和外部视线满意性和安全性。

美国福特汽车公司是第一个着眼于"地球村"概念、采用计算机虚拟设计装配工艺的汽车厂商。使用"虚拟工厂"使得福特公司的产品开发节约时间、降低成本、并使设计的汽车更适合组装和维修。他们利用"虚拟工厂"技术来提升生产效率，其目标是减少生产中采用的 90% 的实体模型，这一目标的实现为福特公司每年节省 2 亿美元。据估计，使用"虚拟工厂"将在推出一辆新车的过程中减少 20% 的因生产原因修改最初设计的事件。同时，福特公司正在尝试全新概念的发动机"虚拟样机"设计。

雷诺汽车公司是最早用数字模型代替物理实体模型的公司之一，它采用在"现实生活"的背景下加入"虚拟汽车"的方法来评估待开发的新车型。"City Fleet"就是虚拟与现实相结合的产物，它将计算机生成的虚拟汽车和实际拍摄的城市场景镜头完美地结合在一起，以得到真实车的感觉。因此，不必制造物理原型就能够检测将要推向市场的汽车，检验造型与环境的匹配及适应性，这对减少汽车新车型开发周期无疑将起积极作用。

虚拟现实技术正渗入世界汽车工业各个领域。它不仅为汽车开发人员创造了更为自由的工作环境，而且从根本上动摇了一系列被视为经典的汽车产品开发理论和原则。世界级的汽车制造商试图在得到全球工作组的支持下，各地的并行工程小组和人员同时进行同一汽车产品的开发，设计评价，工艺修改和生产讨论，将轿车的开发周期缩短到两年甚至更短。

2. 虚拟现实技术在飞机制造与飞行仿真领域的应用

波音 777 双喷机型是波音公司研制出的世界上第一架"无纸客机"。在 777 的设计过程中，波音公司的工程师首次采用计算机进行虚拟产品设计，而且还用计算机进行飞机的电子模拟预装，提高了安装精度和质量。新的实验设施在试飞之前通过模拟飞行条件对飞机各系统进行整合试验，进一步保证了试飞和交付使用的顺利进行。波音公司与美国国家航空航天局 NASA 兰利研究中心采用虚拟产品开发技术最新研制成功的 797 新型客机则是一种"机体和机翼混为一体"结构的颠覆性创新的产品，如图 13.7-2 所示。它完全颠覆了现有客机传统的管形构架，采用燕式——机翼机体混合结构高强度机体。波音 797 如同蝙蝠形状的巨大机体可以减少空气紊流对机体的压力，在满载 1000 名旅客舒适旅行的负荷下，速度达到 1046km/h（0.88 倍声速），飞行距离可达 1.6 万 km。与乘客数为 555 人，飞行速度为 912km/h 的 A380 相比，其提升比为 A380 的 150%，飞机重量为 A380 的 75%，提高燃油燃烧效率 33%。

图13.7-2　波音797 新型客机

飞行仿真系统由四部分组成，即飞行员的操纵舱系统；显示外部图像的视觉系统；产生运动感的运动系统；计算和控制飞行运动的计算系统。计算机系统是飞行仿真系统的中枢，用它来计算飞行的运动、控制仪表及指示灯、驾驶杆等信号。

视觉系统和运动系统与虚拟现实密切相关，其中，视觉系统向飞行员提供外界的视觉信息。该系统由产生视觉图像的"图像产生部"和将产生的信号提供给飞行员的"视觉显示部"组成。在图像产生部，随着计算机图形学的发展，现在使用称为 CGI（Computer Generated Imagery）的视觉产生装置，利用纹理图形驾驶可以产生云彩、海面的波浪等效果。

此外，利用图像映射可以从航空照片上将农田以及城市分离出来，并作为图像数据加以利用。视觉显示部向飞行员提供具有真实感的图像，图像的显示有无限远显示方式、广角方式、半球方式以及立体眼镜和头盔式显示器等四种方式。

作为飞行仿真系统的构成部分，运动系统向飞行员提供一种身体感觉，它使得驾驶舱整体产生运动，根据自由度以及驱动方式的不同，可以分为万向方式、互动型吊挂方式、互动型支撑方式以及互动型六自由度方式等。利用该运动系统，飞行员可以感觉到真实飞机一样的运动感觉。

3. 虚拟试验

虚拟风洞：在科学研究中，人们总会面对大量的随机数据，为了从中得到有价值的规律和结论，需要对这些数据进行认真分析。例如，为了设计出阻力小的机翼，人们必须详细分析机翼的空气动力学特性。因此，人们发明了风洞实验方法，通过使用烟雾气体使得人们可以用肉眼直接观察到气体与机翼的作用情况，因而大大提高了人们对机翼的动力学特性的了解。虚拟风洞的目的是让工程师分析多旋涡的复杂三维性质和效果、空气循环区域、旋涡被破坏时的乱流等，而这些分析利用通常的数据仿真是很难可视化的。

NASA 的虚拟风洞是虚拟现实技术在当今流体仿真分析结果可视化中的开创性应用。图 13.7-3 为用户通过 BOOM 以及数据手套同仿真分析进行交互的过程。数据手套可以有效地获取一些无法观测到的数据，比如模型表面的流线。模型流线谱可视化可以让用户在不同视点动态地查看模型的流体特性。虚拟风洞最大的优势在于不用让用户置身于真实的流场中，也不会影响空气的流动。

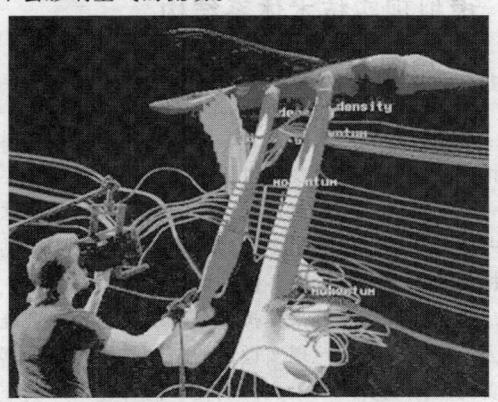

图13.7-3 NASA 虚拟风洞

CAVEvis 是一套在 CAVE 环境下矢量场和标量场内研究粒子流的可视化软件。它由美国国家超级计算

应用中心（NCSA）开发设计的。它能实现龙卷风、飓风烟雾的计算流体力学（CFD）仿真，也能模拟飞机、汽车及其他交通工具周围的气体和流体 CFD 仿真。系统通过异步式计算及渲染实现大规模高度复杂的数据可视化。CAVEvis 可以实现非定常数据的管理、各模块的同步工作及克服交互性的瓶颈。图 13.7-4 显示的是 CAVEvis 环境下对龙卷风的 CFD 仿真。

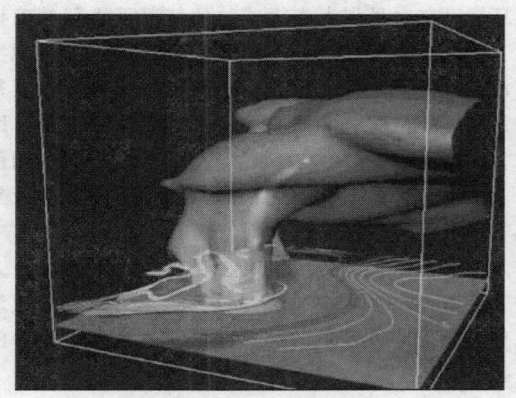

图13.7-4 龙卷风仿真

1.2.2 在医学领域的应用

虚拟现实技术的出现为外科手术的训练和学习开辟了全新的途径。由于虚拟现实技术能够虚拟出真实的世界，可为操作者提供一个极具真实感和沉浸感的训练环境，运用该技术可以使医务工作者沉浸于虚拟的场景内，体验并学习如何应付各种临床手术的实际情况，通过视、听、触觉感知等多种感官了解和学习各种手术实际操作。虚拟环境还为操作者提供了方便的三维交互工具，可以模拟手术的定位与操作；在高性能的计算机环境下，还可以对手术者的操作给出实时的响应，如在外力作用下的软组织形变、撕裂、缝合等，使手术者操作的感觉就像在真实人体上的手术一样，既不会对病人造成生命危险，又可以重现高风险、低概率的手术病例。

对于年轻医生来说可以在计算机上进行多次的手术仿真训练，然后再上真正的手术台，这样，大大地节约了培训医务人员的费用和时间；还可以记录定量的操作，用来评定训练者的整体能力，还可以在训练者之间进行比较。依据专家的经验创建出的手术专家系统还可以在训练中进行必要的提示和指导，极大地提高训练质量，降低训练成本，可以迅速高效地提高学习者的手术及其他操作的技能。

由于虚拟手术训练系统具有低代价、零风险、多重复性、自动指导的优点，可以迅速高效地提高学习者的手术及其他操作的技能，具有广阔的应用前景。

1.2.3　教育培训领域的应用

教育培训是每个人生活中的重要部分，其中很重要的一个过程就是呈献知识信息，一些培训可从学校或书本上获得，但这代替不了利用实物的培训。而虚拟环境在呈献知识信息方面有着独特的优势，它可以在广泛的领域提供无限的 VR 体验，从而加速和巩固学生学习知识的过程。例如，核电站或雾中着陆等危险环境可在对受训者毫无威胁的情况下进行精确模拟。模拟器的容错特点使受训者能亲身体验到在现实生活中体验不到的经历。飞行模拟器、驾驶模拟器是培训飞行员和汽车驾驶员的一种非常有用的工具。因此，虚拟现实技术在教育领域有着十分广泛的应用前景。由于不需要特殊的硬件和附属设备，其在教育领域中将得到广泛的应用。

建筑工程学：交互性地参观还未完工的办公大楼，寻觅装饰的构思；或者参观房屋模型，学习建筑原理。参观世界各地的经典建筑，寻找建筑设计的灵感。

考古学：参观世界上你不可能到达的博物馆，研究从未对公众开放过的私人收藏的绘画或雕塑。

导游培训：让学生参观世界各地虚拟的风景名胜，并学习这些名胜的历史、特点、文化内涵等。

生物教育：操纵分子模型，观察不同药物的立体结构图像；或者沿着丛林小溪来研究海狸的习性。研究人员设计了一种与虚拟生物对话的仿真系统。在该系统中，虚拟世界中的虚拟生物和现实世界中的生物一样，可以决定自己的行动，并且能够动态地应付周围的情况。对于人的挑逗也能够根据情况的不同做出各种复杂的反应，甚至能够进行对话。

历史教育：进入过去的世界，如参观商代的集市，或参加唐代的盛典。

化学和物理教育：昂贵实验仪器的介绍与展示，参观你不可能进入的实验空间，如核反应堆、粒子对撞空间等。

社会科学：参观世界各地的社会风情，了解各地生活形态与习性。

1.2.4　军事应用

虚拟现实在军事上有着广泛的应用和特殊的价值。如新式武器的研制和装备，作战指挥模拟，武器的使用培训等都可以应用虚拟现实技术。虚拟现实技术已被探索用于评价当今的士兵将怎样在无实际环境支持下掌握新武器的使用及其战术性能等。人们希望虚拟域最终将提供与真实域相当的所有的现实性，而且没有费用、组织、天气和时间等方面的明显缺陷。

虚拟域是可重复的、交互的、三维的、精确的、可重配置的和可联网的，它将成为军事训练的重要媒体。

步兵训练系统：美陆军设在阿伯丁试验场的研究室目前正在进行虚拟现实应用于步兵训练的研究。Thomson-CSF 生产了训练坦克及装甲车人员的模拟器；挪威的 TNO 物理及电子实验室已经研制出尾舱导弹训练模型；佛罗里达州奥兰多的 NAWCTSD 设计生产的协同战术作战模拟器（TTES）引入了 Jack 人体模型。该模拟器可用于训练士兵与敌人交战时的反应能力。Jack 充当敌方人员，并向士兵扔石头和开火，士兵则在大屏幕投影前面与虚拟敌人进行交战。为满足美国国防部（DOD）的应用需求，位于加利福尼亚州的海军研究生院（NPS）进行了大规模虚拟环境（Large-Scale Virtual Environment，LSVE）的开发与应用研究。该系统提供的主要能力包括建筑穿行、带活动关节的人、互操作性、地形数据库集成等。

作战仿真系统：各个国家在传统上习惯于通过举行实战演习来训练军事人员和士兵，但是，这种实战演练，特别是大规模的军事演习，将耗费大量资金和军用物资，安全性差，而且还很难在实战演习条件下改变状态，来反复进行各种战场态势下的战术和决策研究。近年来，虚拟现实技术的应用，使得军事演习在概念上和方法上有了一个新的飞跃，即通过建立虚拟战场来检验和评估武器系统的性能。例如一种虚拟战场环境，它能够包括在地面行进的坦克和装甲车，在空中飞行的直升机、歼击机、导弹等多种武器平台，并分别属于红、蓝交战双方。作战仿真系统的主要研究目的是对飞机的飞行、火控、航空电子系统进行综合研究，同时研究多机协同空战战术。

2　虚拟现实技术体系结构

2.1　虚拟现实技术与计算机仿真的关系

从虚拟现实的定义上看，虚拟现实与仿真有很大的相似，它们都是对现实世界的模拟，两者均需要建立一个能够模拟生成包括视觉、听觉、触觉、力觉等在内的人体感官能够感受的物理环境，都需要提供各种相关的物理效应设备。但它们也有很大的区别，仿真是使用计算机软件来模拟和分析现实世界中系统的行为；虚拟现实是对现实世界的创建与体验。计算机仿真与虚拟现实间的最大区别在于前者让用户从外向内观察，而后者则使用户作为系统的主体从内向外观察[5]。

虚拟现实与仿真的本质区别体现在以下几方面：

1. 定性与定量

仿真的目标一般是得到某些性能参数，主要是对运动原理、力学原理等进行模拟，以获得仿真对象的定量反馈。因此，仿真环境对于其场景的真实程度要求不高，一般采用平面模型或简单的三维模型，不进行氛围渲染。虚拟现实系统则要求较高的真实感，以达到接近现实世界的感觉，如反映物体的表面粗糙度、软硬程度等。虚拟环境建模复杂，并有质感、光照等要求，但对于量的要求并不严格。对于仿真而言，一般采用参数化绘图建立简单的模型，而对于虚拟环境，则可采用 3D Studio MAX、Open Inventor 等建立复杂的模型。

2. 多感知性

所谓多感知性就是说除了一般计算机所具有的视觉感知外，还有听觉感知、力觉感知、触觉感知、运动感知、甚至包括味觉感知、嗅觉感知等。理想的虚拟现实系统就是应该具有人所具有的所有感知功能，而仿真一般只局限于视觉感知。

3. 沉浸感

仿真系统是以对话的方式进行交互的，用户输入参数，显示器上显示相应的运动情况，比较完善的仿真系统可以实时汇报各种参数，用户与计算机之间是一种对话关系。虚拟现实利用以计算机为核心的现代高科技建立一种基于可计算信息的沉浸式交互环境，形成集视觉、听觉、触觉等感觉于一体的和谐的人机环境。借助于必要的设备，用户可以以自然的方式与虚拟环境中的对象进行交互作用，相互影响，从而产生沉浸于等同真实环境的感受和体验。用户能漫游虚拟境界，并能以与现实相似的方式处理虚拟环境，虚拟环境反馈相应的信息，例如，用户可以用手去直接抓取环境中的物体，这时手有把握东西的感觉，并可以感觉物体的重量，视场中的物体也随着手的移动而移动。用户与虚拟环境之间是相互融合的关系。在虚拟现实中，人是参与者，而不再是旁观者。

总之，虚拟现实和仿真技术存在很大的相似性，虚拟现实技术是在计算机仿真技术的基础上发展起来的，而它的发展反过来又改进了计算机仿真技术。由于二者的着眼点和应用领域的不同，它们各自的发展方向也不尽相同，这是两门具有各自特色的计算机综合集成技术。当然，在二者各自的发展道路上，虚拟现实和计算机仿真技术可以相互促进，相互发展。虚拟现实系统与仿真系统的区别可以简单地概括如下：

① 虚拟现实系统可视为更高层次上的仿真系统；

② 虚拟现实系统在当软件改变时，易于进行模型的重构和系统的复用；

③ 虚拟现实系统能在实时条件下工作，并且是交互的和自适应的；

④ 虚拟现实技术能够与人类的多种感知进行交互。

2.2 虚拟现实技术体系结构

一般的虚拟现实系统主要由计算机、应用软件系统、输入输出设备和数据库组成，如图13.7-5所示。

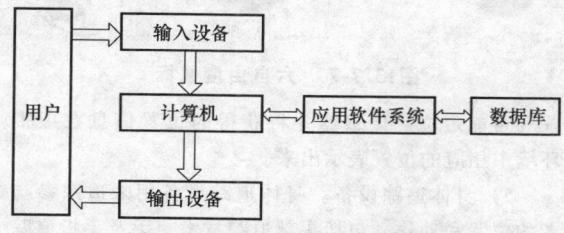

图13.7-5 虚拟现实系统组成

1. 计算机

在虚拟现实系统中，计算机是生成虚拟世界和实现人机交互等功能的发动机，是系统的心脏。由于虚拟现实场景的复杂性、交互实时性和人机界面智能性的要求较高，在生成虚拟世界的过程中，计算量巨大。因此，需要用较高配置的计算机，如基于高性能的个人计算机、基于高性能的图形工作站、高度并行的计算机及基于分布式结构的计算机系统等。

2. 输入设备

输入设备是连接虚拟世界和真实世界间的桥梁。它收集了所有用户提供的输入信息后将这些信息传入虚拟世界中，使用不同的输入设备可以为用户提供交互式的环境并沉浸其中。

1）数据手套。用来检测手的姿态，将人手的自然动作数字化。用户手的位置与方向用来与虚拟环境进行交互，如图 13.7-6 所示。

图13.7-6 数据手套

2）三维球。用于物体的操作和飞行控制。

3）多自由度鼠标。用于导航、选择及物体交互，如图 13.7-7 所示。

4）位置追踪器。位置追踪器是一种追踪目标位

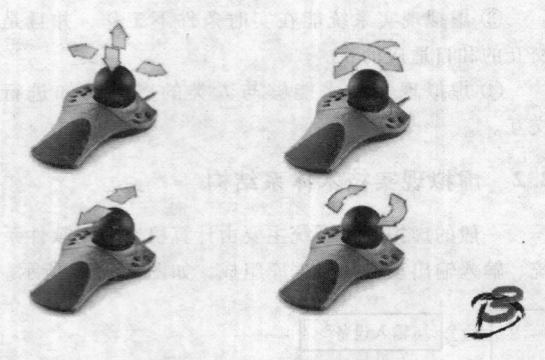

图13.7-7　六自由度鼠标

置（可能定位）传感器并将获得的位置信息在虚拟环境中相应的位置表示出来。

5）身体追踪设备。身体追踪设备用来追踪参与者的位置和动作，包括头部追踪技术、手及手指追踪技术、眼睛追踪技术、躯干追踪技术等。

6）语音输入设备。通过传声器等声音输入设备将语音信息输入，并利用语音识别系统将语音变成数字信号。

3. 输出设备

用户怎么样能从虚拟环境中的反馈信息获得虚拟现实的感知和体验。虚拟环境下的输出设备常用来对用户的操作产生反馈。虚拟现实系统中常使用的输出设备能够表达出人类最常用的三种感觉：触觉、视觉和听觉。

（1）视觉显示　虚拟现实系统中常用视觉显示设备主要有三种。成本最低的方法是使用桌面式计算机的显示器以及一副液晶立体眼睛。头盔式显示器（HMD）提供给用户相对丰富的沉浸体验。它是一种需要用户佩戴的头盔，在用户眼部正前方设有一个小的显示器，将虚拟世界中的图像以三维的形式显示出来。HMD常和头部追踪设备联合使用，使得佩戴者能获得360°全视角。投影系统由一块或若干块屏幕组成。用户通过佩戴特殊的立体眼镜可以看到极具立体感的图像。而CAVE是最常用的多屏幕显示解决方案，它所处的立方体空间内安装有四块或六块大屏幕，多个用户能同时获得沉浸体验。同时，屏幕也可布置成环形或圆屋顶形。图13.7-8所示为两种常见的投影显示设备。

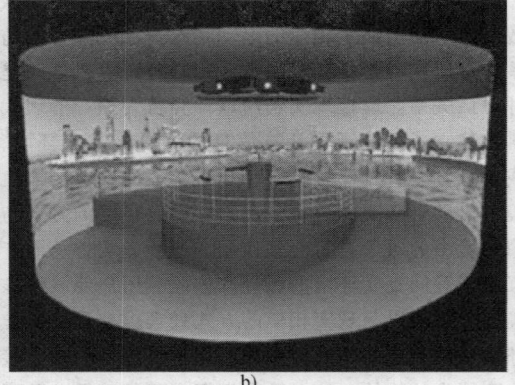

a)　　　　　　　　　　　　　b)

图13.7-8　两种常见的投影显示设备

a）立方体显示系统　b）环幕显示系统

（2）触觉反馈　触觉表现为用户感知虚拟世界中的物体。触觉设备在虚拟现实系统中有着举足轻重的作用。图13.7-9是一种常见的触觉反馈设备。力反馈手套读取虚拟环境中的指节接触信息然后以反力的形式输出。外骨骼或身体触觉反馈设备需要用户穿戴在手臂或腿上，它能提供更为复杂的多自由度触觉反馈。PHANTOM是一种常见的力反馈设备，当使用者通过一个六自由度定位和导向的笔状杆模拟虚拟物体的操作时，它能提供力反馈，如图13.7-9所示。

（3）听觉设备　除了视觉和触觉信息，虚拟环境中的声音输出能够增强用户的参与感。扬声器或者耳机是虚拟现实系统中常用的听觉设备。一个典型的

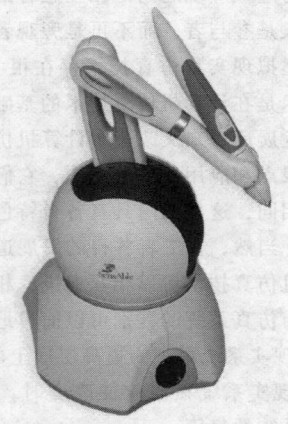

图13.7-9　PHANTOM

例子是当选中一个虚拟物体时会发出声音让用户确认这次选择。另一个例子是当模拟机床加工时机床加工不同材料会发出不同音频的声音。

2.3　虚拟现实系统的分类

自 1965 年 Ivan Sutherland 开始提出虚拟现实的概念以来，VR 技术始终是与 CAD、3D 图形和模拟同步发展的。随着实体建模、数据结构及隐藏面的消除等研究趋于成熟，在 VR 中产生了使图形的反馈速度加快的方法。到了 20 世纪 80 年代出现了交互式手套控制和商品化的头盔显示的 VR 系统。

根据对虚拟环境、对于使用目的或者应用对象的不同要求，根据虚拟现实技术对"沉浸性"程度的高低和交互程度的不同，划分了以下四种典型类型：

1）沉浸式虚拟现实系统。

2）桌面式虚拟现实系统。

3）增强式虚拟现实系统。

4）分布式虚拟现实系统。

2.3.1　沉浸式虚拟现实系统

沉浸式 VR 系统又称为佩戴型 VR 系统，是用封闭的视景和音响系统将用户的视听觉与外界隔离，使用户完全置身于计算机生成的环境之中。计算机通过用户佩戴的数据手套和跟踪器可以测试用户的运动和姿态，并将测得的数据反馈到生成的视景中，产生人在其中的效果。有时，沉浸式 VR 系统还提供触觉功能。配带型系统具有使参与者身临其境的沉浸感，但投资成本太高，使得一般的企业望而却步，因而限制了虚拟现实技术的应用范围。沉浸式 VR 系统如图 13.7-10 所示。

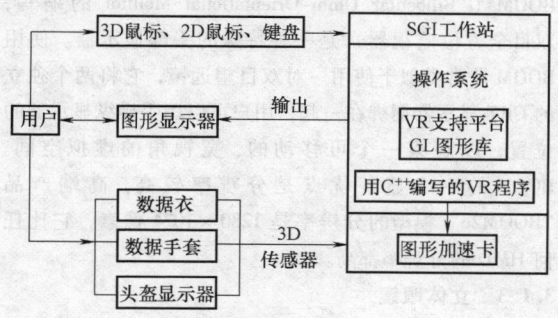

图13.7-10　沉浸式VR系统

沉浸式虚拟现实系统具有以下五个特点：

① 具有高度实时性能；

② 具有高度沉浸感；

③ 具有良好的系统集成度与整合性能；

④ 具有良好的开放性；

⑤ 能支持多种输入与输出设备并行工作。

2.3.2　非沉浸式虚拟现实系统

非沉浸式 VR 系统又称为桌面 VR 系统或非配带型 VR 系统，其视景是通过计算机屏幕，或投影屏幕，或室内的实际景物加上部分计算机生成的环境来提供给用户的；音响是由安放在桌面上的或室内音响系统提供的。非沉浸式 VR 系统的优点是用户比较自由，不需要佩戴头盔和耳机，不需要佩戴数据手套和跟踪器，可以同时允许多个用户进入系统，对用户数的限制小，投资成本低。但非沉浸式 VR 系统不容易解决双目视觉竞争问题，较难构成用户沉浸于其中的环境。非沉浸式 VR 系统如图 13.7-11 所示。

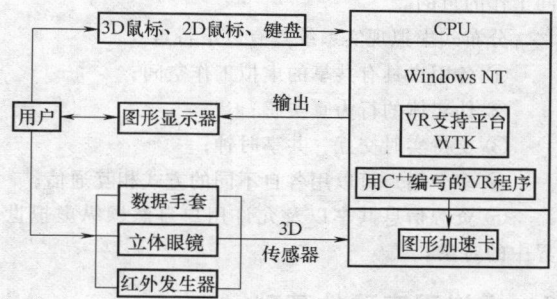

图13.7-11　非沉浸式VR系统

桌面式虚拟现实系统主要具有以下三个特点：

① 用户处于不完全沉浸的环境，缺少完全沉浸、身临其境的感觉，即使佩戴上立体眼镜，他仍然会受到周围现实世界的干扰；

② 对硬件设备要求极低，有的简单型甚至只需要计算机，或是增加数据手套、空间跟踪装置等；

③ 桌面式虚拟现实系统实现成本相对较低，应用相对比较普遍，而且它也具备了沉浸性虚拟现实系统的一些技术要求。

2.3.3　增强（叠加）式虚拟现实系统

增强（叠加）式虚拟现实系统允许用户对现实世界进行观察的同时，虚拟图像叠加在被观察点（即现实世界）之上。叠加式虚拟现实系统又称为"增强现实系统"或者"扩大的现实系统"（Augmented Reality，AR）。例如，战斗机驾驶员使用的头盔可让驾驶员同时看到外面世界及上述的合成图形。额外的图形可在驾驶员对机外地形视图上叠加地形数据，或许是高亮度的目标、边界或战略目标。增强现实系统的效果显然在很大程度上依赖于对使用者及视线方向的精确的三维跟踪。又如，外科医师用头盔看到从其他来源得到的 3D 虚拟图像，同时观察他眼下病人患病部位的实际图像，进行比对、判断。

增强式虚拟现实系统主要具有以下三个特点：

① 真实世界和虚拟世界融为一体；

② 具有实时人机交互功能；

③ 真实世界和虚拟世界在三维空间中整合。

2.3.4　分布式虚拟现实系统

分布式虚拟现实系统（简称 DVR）是一个基于网络的可供异地多用户同时参与的分布式虚拟环境。在这个环境中，位于不同物理位置的多个用户或多个虚拟环境通过网络相连接，或者多个用户同时参加一个虚拟现实环境，通过计算机与其他用户进行交互，并共享信息。在分布式虚拟现实系统中，多个用户可通过网络对同一虚拟世界进行观察和操作，以达到协同工作的目的。

分布式虚拟现实系统具有以下特点：

① 各用户具有共享的虚拟工作空间；

② 伪实体的行为真实感；

③ 支持实时交互，共享时钟；

④ 多个用户可以用各自不同的方式相互通信；

⑤ 资源信息共享以及允许用户自然操纵虚拟世界中的对象。

3　虚拟现实硬件基础

虚拟现实系统的硬件设备是沉浸于虚拟环境的必备条件，要使得用户产生身临其境的沉浸感，就必须对人的感官因素进行详细研究，并在此基础上采用相应的技术设计硬件设备，即设备的设计离不开人的感知模型的研究。表 13.7-1 所示为人的感觉器官对应的各种接口设备。

表 13.7-1　人的感觉器官对应的各种接口设备

人的感官	说　明	接 口 设 备
视觉	感觉各种可见光	显示器或投影仪
听觉	感觉声音波	耳机、扬声器等
嗅觉	感知空气中的化学成分	气味放大传感装置
味觉	感知液体中的化学成分	味道放大传感装置
触觉	皮肤感知温度、压力等	触觉传感器
力觉	肌肉等感知的力度	力觉传感器
本体感觉	感知肌体或身躯的位置与角度	数据仪
前庭感觉	平衡感知	动平台

3.1　视觉感知设备

3.1.1　头盔式显示器 HMD

HMD 是头盔式显示器（Helmet Mounted Display）的英文缩写。1985 年在 NASA 研究中心，由 McGreevy 和 Humphries 用单色的便携 LCD 电视显

器制造了第一台基于 LCD 的封闭头盔显示器 Eye-phone。这个显示器使用了由 Leep 公司制造的独特的棱镜系统，提供较宽的立体视角。这个方向的发展立即引起了人们的普遍关注，但是，它的分辨率仍然很低，并且显示器是单色的。图 13.7-12 是用户佩戴头盔式显示器的样子。

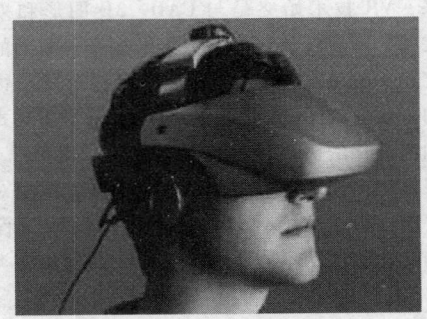

图13.7-12　头盔式显示器

3.1.2　特殊的头部显示器 BOOM

基于 LCD 和 CRT 的 HMD 都会受到头部跟踪延迟的影响。当用户移动头部时，他希望显示的图像向相反的方向移动。如果头部运动与相应的图像运动的时间延迟太大，会使用户产生不适的感觉。

为了解决这一问题，需要有快速的跟踪机制和快速的图形绘制。NASA 的研究与 VIEW 项目相结合导致了"基于平衡 CRT 的立体观察器（Counterbalabced CRT-based Stereoscopic Viewer，简称 CCSV）"。CCSV 使用一个机械臂支撑 CRT。机械臂在六个连接处有位置传感器，对头部的运动产生一个全局 3D 跟踪器。

CCSV 的概念由 Fakespace 公司发展成为"BOOM"。BOOM（ Binocular Omni-Orientational Monitor 的缩写，双目全方位监视器）是一种特殊的头部显示器。使用 BOOM 非常类似于使用一对双目望远镜，它将两个独立的 CRT 显示器捆绑在一起，用户可以用手操纵显示器的位置，以观察一个可移动的、宽视角的虚拟空间。BOOM 的一个显著优点是分辨率较高，高端产品"BOOM2c"模型的分辨率是 1280 × 1024 像素，它比任何 HMD 的分辨率都高。

3.1.3　立体眼镜

立体眼镜是一副特殊的眼镜，用户戴在眼睛上能从显示器上看到立体的图像。立体眼镜的镜片由液晶快门组成，通电后能实现高速的左右切换，使用户左右眼看到的图像不相同，从而产生立体感觉。图 13.7-13 为一套立体显示眼镜。

显示器能显示左眼和右眼两种不同的图像。当显示器显示左眼图像时，系统控制立体眼镜，将左眼的

液晶快门打开，让用户的左眼看到左眼的图像。同样，当显示器显示右眼的图像时，系统将立体眼镜右边的液晶快门打开，用户的右眼看到右眼的图像。当切换频率达到50Hz时，用户便能由显示器看到连续的图像，而且左右眼分别看到各自的图像。图13.7-14 是 CrystalEyes3 立体眼镜。

图13.7-13　立体显示眼镜

图13.7-14　CrystalEyes3

3.1.4　立体投影显示

CAVE 是由美国伊利诺伊州州立大学 EVL 实验室为克服 HMD 存在的问题而研制的一个系统，如图13.7-15 所示。它由一个 10ft × 10ft × 9ft 大小的房间组成，房间的每一面墙与地板均由大屏幕背投影机投上 1024 ×768 像素分辨率的立体图像。可允许多人走进 CAVE 中，用户佩戴上立体眼镜，便能从空间中任一方向看到立体的图像。CAVE 实现了大视角、全景、立体、且支持 5～10 人共享的一个虚拟环境。具体表现在：

① 它可提供 180°的宽视域和 2000 × 2000 像素以上的高分辨率。

② 它允许用户在虚拟空间中走动，而不用佩戴笨重设备。

③ 它允许在同一个环境中存在多个用户，而且用户之间可以自然地交互。

④ 一次能显示大型模型，如汽车、房屋等，而用 HMD 则需要头部运动才能看到完整的模型。

CAVE 的不足表现在：价格昂贵，要求更大的空

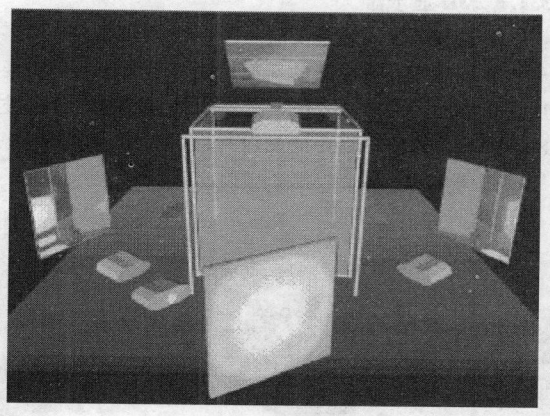

图13.7-15　CAVE 系统

间和更多的硬件，还没有产品化和标准化等。针对这些问题，近年，EVL 先后推出了 ImmersaDesk 与 InfinityWall。ImmersaDesk 采用 67in × 50in 的背投屏幕作为显示设备，背投屏幕以 45°倾斜放置。五个人戴上立体眼镜可以共享由 ImmersaDesk 显示的立体画面。与 CAVE 相比，ImmersaDesk 体积小得多，可以放置在办公室、展示会与各种公共场所。

另一项杰出的 VR 显示技术来自华盛顿大学人类接口技术实验室正在研制的虚拟视网膜显示器（Virtual Retinal Display，简称 VRD）。VRD 直接将图像投影到观察者的视网膜，使观察者能看到高亮度、高分辨率与高对比度的图像，这种技术还在开发阶段。当前的设备相当笨重，这是由于光学扫描设备体积庞大，而且人类瞳孔很小，目前的技术也难于精确、实时地将图像扫描到眼睛内。然而，这项技术一旦成熟，它可以为用户提供一个低价、高分辨率、高对比度的立体显示，而不用佩戴任何眼镜。图 13.7-16 是立体投影设备。

图13.7-16　立体投影设备

3.1.5　3D 显示器

麻省理工学院媒体实验室空间影像研究组发明了一种被称为边光显示器的新型三维显示器，它不需要用户戴上专门的眼镜就能观察到立体的图像。这项技术不同于普通显示器中的发射与反射类型，它将光源从显示器的下面向上发射，通过显示器内部的发射与折射，用户能看到立体的图像。这项技术的一个显著优点在于对显示器周围的环境没有任何严格的要求。图 13.7-17 所示为三维显示器。

图13.7-17　三维显示器

3.2　听觉感知设备

3D 声音是指由计算机生成的、能由人工设定声源在空间中位置的一种声音。3D 声音生成器是利用人类定位声音的特点生成出 3D 声音的一套软硬件系统。

听觉环境系统由语音与音响合成设备、识别设备和声源定位设备所构成。虽然，视觉通道是最有竞争力的主要的通道，但是，听觉通道通过向用户提供辅助信息从而可以加强用户对视觉通道的感知。人类进行声音的定位依据两个要素：两耳时间差（Interaural Time Differences，简称 ITD）和两耳强度差（Interaural Intensity Differences，简称 IID）。声源放置在头部的右边，由于声源离右耳比离左耳要近，所以，声音首先到达右耳，感受到达两耳的时间差。到达时间差便是上面提到的"两耳时间差"。

当听众两耳刚好在声源传播的路径上时，声音的强度在两耳间变化便很大，这种效果被称为"头部阴影"。除此之外，由于人耳（包括外耳和内耳）非常复杂，其对声源的不同频段会产生不同的反射作用，也导致声音定位的研究变得非常困难。为此，研究人员提出了"Head-Related Transfer Function"（HRTF）的概念，来模拟人耳对声音不同频段的反射作用。由于不同的人的耳朵有不同的形状和特征，所以，也有不同的 HRTF 系数。

1. 3D 声音定位系统

随着立体声的发展，许多厂家试图改进声音的立体感。为了能产生逼真的环境音，人们已尝试使用四声道系统。早期的环境音系统未考虑人头的自由运动，因而人头不得不保持固定的位置。虚拟头录制系统合理地引进了环境音的效果。许多影片是通过一个环境音道录制的。具有数字信号处理器的精确的头跟踪系统的出现实现了真正的 3D 声音定位。

2. 声学硬件

CRE（Crystal River Engineering）公司以其 Convolvotron、Beachtron、Acoustetron 及 Alphatron 产品提供三维声音的专家级支持。

Convolvotron 是一数字式音频信号处理系统。通过 RS-232 接口控制，在传统的耳机上可产生实时的三维声音。它使用了 74HRTF 过滤器，每耳 256 系统，并以 33Hz 的更新率产生 4 路独立的虚拟声源。声反射模型为每路声源提供传送损失模型、几种反射表面材料、多达 6 个可编程的反射路径和独立的增益及方向控制。

Beachtron 与 Convolvotron 类似，是专为 PC 机而生产的。它可产生两路独立的虚拟声源，刷新频率为 22Hz，HRTF 只提供每耳 75 系统。

Acoustetron 为集成的三维音频工作站，包括 Convolvotron 及 Beachtron 处理器。输入音频可来自任何的音频系统（如传声器、放大器或 CD 机）。从这些音频系统可产生 16 路三维非反射虚拟声源及 4 路具有 6 个反射面的三维反射性声源。相关的软件库可使用户很快建立包括反射体及多普勒频移的复杂声学环境。

3.3　触觉和力反馈设备

3.3.1　触觉与力反馈

在 VR 系统中，能否让用户产生"沉浸"效果的关键因素之一是用户能否用他/她的手或身体的其他能动部分去操作虚拟物体，并在操作的同时能够感觉到虚拟物体的反作用力。数据手套可以帮助计算机测试人手的位置与指向，从而实时地生成手与物体接近和远离的图像。

为了提供真实的感觉，必须提供触觉反馈，以使用户感觉到仿佛真的摸到了物体。然而研制力学反馈装置是相当困难的，因为人的触觉是如此的敏感，以至于一般性精度的装置根本无法满足要求，而高精度的机械装置的高成本和大重量又是无法避免的。

3.3.2　力学反馈手套

力学反馈装置的研究最初是从机器人领域开始的，当时人们致力于让使用遥操作伺服手的操作员有更好的人工现实感。此类系统一般有很高的带宽。但是，其构造复杂，成本昂贵，难于管理。

力学反馈手套技术提供给用户一种虚拟手控制系统，使用户可以选择或操纵机器子系统并能自然感觉到触觉和力量模拟反馈。传感器能测出手的位置方向以及手指的位置，数据被输入到虚拟环境生成器，然后在头盔显示器上重建出来。通过显示，用户可以与虚拟环境进行交互，用户还可以抓取和操纵虚拟环境中的物体。

3.3.3　压力反馈系统

当一个虚拟物被抓取时，一些虚拟环境系统要求真正的压力反馈。触觉反馈系统有局限性，它不能反馈固体感受。尽管用户能知道固体被触摸了，但由于没有感受，因此，会使手穿过物体，这是非常不自然的事情，明显会影响人机交互的性能。解决问题的方法是使用一种正的压力反馈系统来防止手穿过固体。感觉系统主要用于飞行模拟及机器人系统，在提供模拟感觉上发展很快。

Adelstein 和 Rosen 曾研制出了一种力量反馈操纵杆，原本是研究病理学的手的抖动，但与虚拟环境中运动物体的压力反馈接口相关。该系统是一个二自由度的操纵器。该操纵器的目的是将压力加在操纵者手上，从而使人能够根据运动及压力的感受情况进行控制。该系统可编程用来模拟很大范围的从动和主动的机械压力。Adelstein 的系统可以产生较高质量的压力反馈。

基于笔式的力量感知器是一个有效的虚拟环境中精密控制器，人与感知器的交互方式类似于用一支铅笔或手术刀，这种结构对显微外科非常有效。这种设计的一个不足之处是需要较大的计算量求解动力学方程和从无限多的可能中选择扭力矩结构。

3.3.4　数据手套

最早的传感手套是由 VPL 公司开发的，叫做 DataGlove，所以，通常又将传感手套叫数据手套，如图 13.7-18 所示。数据手套由很轻的弹性材料构成，它紧贴在手上，它包括位置、方向传感器和沿每个手指

背部安装的一组有保护套的光纤导线，它们检测手指和手的运动。

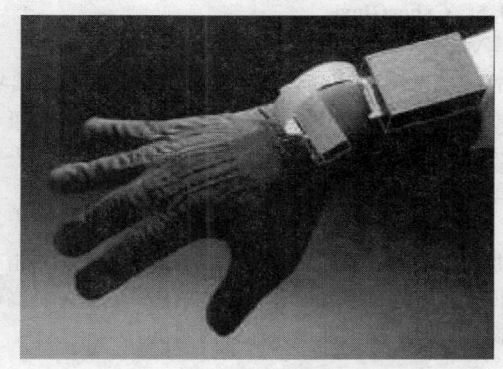

图13.7-18　　数据手套DataGlove

作为传感器的光纤可以测量每个手指的弯曲和伸展。每条光纤从控制器的线路板引出，经过一长段软管到达手套上的腕部固定器。从这里，光纤导线延伸到手指上，经过手指的关节，然后回到腕部固定器和控制器。

在控制器内部，每根光纤导线的一端配备一个发光二极管，而其另一端连接一个光传感器。控制单元把从光传感器那里接收到的能量转变成电信号。当弯曲手指时，发光二极管的光经过光纤导线从导线保护套的裂缝或切口逸出。关节越弯曲，光逸出越多，到达光传感器的光越少。光量的多少就反映了手指的弯曲程度。计算机根据光电信号数据算出手指和关节弯曲的程度。每个手指最少有两条光纤导线，一条检测手指下部关节，另一条检测手指中间关节。因为拇指只有两个关节，大拇指上仅有一条光纤导线。为了增加检测的准确度，每个手指上可再增加一条或几条光纤导线。但不论添加多少光纤导线，这种方法只能测量手指的活动。在 DataGlove 中，第二个测量仪器是一个磁性的位置/方向传感器，如同在前面的电磁跟踪器一样，这种传感器测量手的绝对位置（x，y，z）和三个转角方向（转动、俯仰、摇摆）。这两种方法的结合使计算机能够跟踪手所做出的任何动作。

对测量得到的数据经过分析，然后传给主机。这种数据手套测量十个关节：五个和手掌相连的指骨、一个大拇指关节和四个其他指骨关节，并有附加的传感器来测量外展肌和小关节。为了适应不同用户的要求，提供了大、中、小三种型号的手套。指明手套的正确尺寸是很重要的，因为安装不正确的手套将需要频繁地重新校正尺寸。

数据手套由主机通过 25 条指令集进行控制。数据手套以 30～60Hz 的速率传送记录。用同步命令可

以使用左、右手套。当两个跟踪系统被同时使用时，我们就不得不对各自的传输器进行改进。

3.3.5　CyberGlove

Virtex（Virtual Technologies）公司开发了一种新的高精度关节传感设备。CyberGlove 是 CyberCAD 虚拟设计环境中虚拟技术一个理想的接口设备，可被广泛应用来创建、终止、定位三维物体，图 13.7-19 所示为用户戴着 CyberGlove 手套抓取一个球。

CyberGlove 具有 22 个传感器，每个手指有三个弯曲传感器和一个外展肌传感器。拇指与小手指由一个传感器相连，手腕处有一个传感器。它是一种高精度设备，能够提供准确而连续的输出。

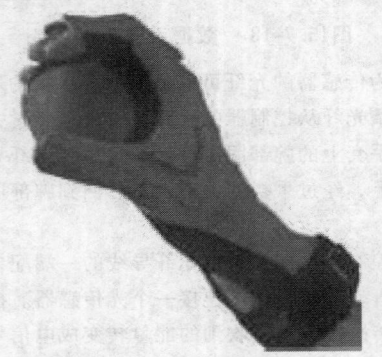

图13.7-19　　CyberGlove

连续使用是非常重要的，由其他生产商制造的手套易于外滑，需要经常校正，停下来进行重复校正是一件让人厌烦的事情。CyberGlove 的设计是这样的：传感器输出仅依赖于手指关节的角度，而与关节的突出无关。传感器的输出与关节的位置无关，因此，每次戴手套时，校正数据均不变。并且，传感器输出和弯曲角度成线性关系，因此，对于关节弯曲极点，分辨率不会下降。

3.4　位置追踪设备

许多应用如机器人、建筑设计、CAD 等，要求实时获知移动物体的位置和方向。在 3D 空间中移动对象共有三个平移参数和三个旋转参数。如果在移动对象上捆绑一个笛卡儿坐标系统，那么它的平移将沿 x、y、z 轴移动。沿这些轴作的对象旋转分别被称为"偏航"（yaw）、"倾斜"（pitch）、"旋转"（roll）。这些参数的测量结果组成了一个 6 维的数据集。

在早期，人们主要采用机械方式测量上述参数；当今，非接触 3D 跟踪技术已经代替了机械测量。3D 非接触跟踪技术包括磁场、超声波、雷达或摄像机等。

与其功能和技术无关，所有的 3D 跟踪器都存在一些公共属性。例如，虚拟场景的变化依赖于跟踪器测量的速度，也就是依赖于跟踪器的更新速率或延迟。更新速率给出了每秒钟测量值的数量。典型情况下，测量值在每秒 30 个数据集到 120 个数据集之间。延迟是动作与结果之间的时间延迟。使用 3D 跟踪器时，延迟是对象的位置/方向的变化与跟踪器检测这种变化之间的时间差。仿真中需要尽量小的延迟，因为大的延迟在仿真中有非常严重的负面效应。

另一个参数是跟踪器精确度，即实际位置与测量位置之间的差值。跟踪器越精确，仿真器跟踪实际用户行为的效果便越好。精确度不要与分辨率相混淆，分辨率指的是跟踪器能检测的最小位置变化。

如果跟踪器数据持续被发送到计算机，那么跟踪器便可以以"流"方式操作。这最适合于快速移动对象。但这样需要发送大量的数据，会给通信线路带来压力。另一种可选的方法是采用"polling"（轮询）方式，即只有主机申请时，才向主机发送一个 6 维的数据集。

常用的位置追踪器有电磁跟踪器、超声波追踪器等。

1. 交流电磁跟踪器

交流电磁跟踪器由发射器、接收器和计算模块组成。发射器一般是由三个磁场方向相互垂直的由交变电流产生的双极磁源构成，接收器由三套分别测量三个磁源对应的方位向量的线圈构成。由于接收器所测得的三个向量包含了足够的信息，因而可以计算出接收器相对于发射器的方位。

接收器通常被连接到放大与模数转换电路。在那里，信号被放大并被解调，然后由 12 位的模数转换器将其数字化。

2. 直流电磁跟踪器

交流电磁跟踪器的缺点是对出现在发射器和接收器附近的电子导体非常敏感。交流旋转磁场在铁磁物质中产生涡流，这将导致次生磁场。这些磁场能使由交流电磁跟踪器的发射器产生的场模式发生畸变，这些畸变的场会导致跟踪器计算的位置和方向结果错误。

同交流电磁跟踪器的构成相似，直流电磁跟踪器由发射器、接收器和计算模块组成。发射器由绕立方体心子正交缠绕的三组线圈组成，它被严格地安装在基准构架上。立方体芯子由磁性可穿透金属组成，可以集中涡流穿过任一组线圈时产生的磁力线。如果安装时线圈没有相互正交，则需校准此跟踪器并将校正数据存储在查询表中。

另外，超声波跟踪器也是一种常用的跟踪器，超声波跟踪器是利用不同声源的声音到达某一特定地点和时间差、相位差、声压差等进行空间位置的跟踪。

4　虚拟现实建模

4.1　建模概论

虚拟产品开发过程是建立在利用计算机完成产品的开发过程构想的基础上的，是以计算机仿真和产品生命周期建模为基础，集计算机图形学、人工智能、并行工程、网络技术、多媒体技术和虚拟建模技术等为一体，在虚拟的条件下，对产品进行构思、设计、制造、测试和分析。它的显著特点之一就是利用存储在计算机内的数字化模型——虚拟产品来代替实物模型进行仿真、分析，从而提高产品在时间、质量、成本、服务和环境等多目标优化中的决策水平，达到全局优化和一次性开发成功的目的。

虚拟产品模型的虚拟性有三层含义：其一，它意味着完全数字化的方法；其二，在虚拟企业的意义上又通过网络分布式工作方式的表达；其三，它使用多媒体技术和虚拟现实技术。

4.2　三维场景的计算机图形学原理

在现实世界中，我们所观察到的对象都是三维的，这些对象包括深度信息，而计算机屏幕只能绘制二维图像。为了在计算机屏幕上显示三维环境中的实体对象，计算机需要将相应的三维实体对象映射到二维屏幕上，实现对三维实体对象的显示。此过程中需要对模型进行坐标变换、视点变换、投影变换和几何变换等多种图形变换，这一过程类似于照相机的拍照过程，通常需要经历以下几个步骤：

1）将照相机固定在三脚架上使之对准场景（视点变换）；

2）让拍摄的场景位于取景框中的合适位置（模型变换）；

3）选择照相机镜头或调整放大倍数（投影变换）；

4）决定相片的大小，如放大（视口变换）。

综上所述，一个三维物体从建立模型到最后在计算机屏幕上进行显示，大致流程如图13.7-20所示。

其中，视点变换相当于调整照相机的位置方向，模型变化则制定模型的位置和朝向，如对模型进行旋转、平移、缩放或执行这些操作的组合。投影变换则相当于选择照相机镜头，可以将投影变换视为指定视野或视景体，即确定哪些物体在视野内以及这些物体在视野内的大小。

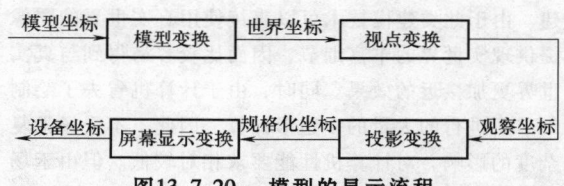

图13.7-20　模型的显示流程

投影变换和视点变换一起决定场景将如何映射到计算机屏幕上，投影变换指定映射的方式，而视口变换指定场景将被映射到什么样的屏幕区域中，视口指定图像占据的计算机屏幕区域。

投影变换分透视投影、平行投影等，其中透视投影在三维虚拟场景中用得最多，其特征是物体离相机越远，图像在屏幕上就显得越小，原因是在透视投影中视景体是一个棱形，图 13.7-21 所示为透视投影原理。

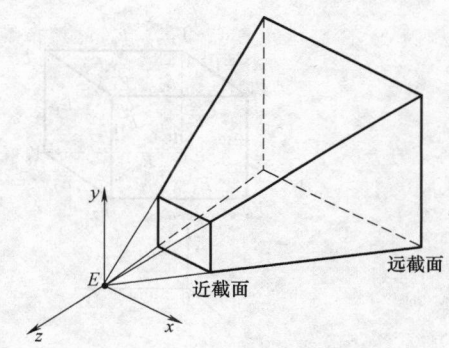

图13.7-21　透视投影原理

4.3　对象虚拟

对象虚拟是虚拟现实研究的重点，是使用户沉浸的首要条件，通常，对象虚拟主要研究对象的形状和外观的仿真。其建模方法一般包括以下三类。

第一类基于计算机图形绘制和渲染技术的几何建模和绘制，也称为基于图形（景物几何）的建模方法。此类方法利用计算机图形绘制技术，建立对象的数学模型（即几何多边形描述），通过设置观察点和观察方向，然后利用着色、消隐、光照及投影变换等一系列绘制过程，实现对真实世界的建模。通常此类方法可以由专业的建模软件实现或者直接通过计算机编程设计实现。由于绘制过程需要大量的计算，因此，对计算机系统的性能要求非常高。

第二类基于图像的建模技术。此类建模技术的本质是几何建模技术中的纹理映射技术，它依赖于对虚拟对象模型或者虚拟空间的图像样本采集，通过一定的图像处理算法和视觉计算算法实现三维场景的构建。由于此类建模技术可以直接使用真实世界的图像提供现实世界的丰富细节，因而比较容易得到与真实世界更加接近的效果。同时，由于计算机省去了绘制细节所进行的大量的多边形计算，因此，不受场景复杂度的影响，对计算机性能要求相对较低。但由于场景中提供的对象是二维图像，因此，用户不能够与对象进行实时交互，在获得对象的深度信息方面也存在很多困难。

第三类为基于图像与景物几何相结合的混合建模技术。通过对场景对象的分析，将虚拟对象分为可交互类和不可交互类。可交互类采用几何建模的方式，利用计算几何绘制得到，用户可以真实地感受到对象的深度信息；对于不需要交互的虚拟环境对象，如厂房、地板、墙面等实体对象，

可以通过图像方式来表现。这样，既考虑了计算机在绘制复杂场景时的计算量问题，同时也考虑了场景的可交互性。

4.3.1　几何建模

几何模型描述的是具有几何网格特性的形体，它包括两个概念：拓扑元素（Topological Element）和几何元素（Geometric Element）。拓扑元素表示几何模型的拓扑信息，包括点、线、面之间的连接关系、邻近关系及边界关系。几何元素具有几何意义，包括点、线、面等，具有确定的位置和度量值（长度和面积）。图 13.7-22 所示的几何长方体的实体模型不仅记录了全部几何信息，而且记录了全部点、线、面、体的拓扑信息。

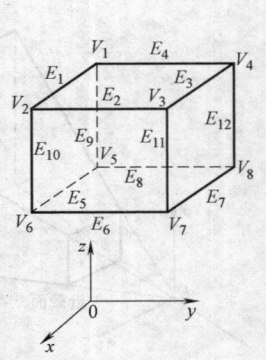

表面F	棱线号			
1	1	2	3	4
2	2	11	6	10
3	3	12	7	11
4	4	9	5	12
5	1	10	5	9
6	5	6	7	8

顶点V	坐标值		
	x	y	z
1	0	0	1
2	1	0	1
3	1	0	0
4	0	1	1
5	0	1	1
6	1	1	0
7	1	1	0
8	0	1	0

棱线E	顶点号	
1	1	2
2	2	3
3	3	4
4	4	5
5	5	6
6	6	7
7	7	8
8	8	5
9	1	5
10	2	6
11	3	7
12	4	8

图 13.7-22　几何长方体的实体模型

它描述的物体是实心的，内部在表面的哪一侧是确定的，由表面围成的区域内部为物体的空间区域。构建长方体模型时，为了分清内外，棱边号为有向棱边，通过右手法则确定其所在面外法线的方向指向体外。表面 1 棱边号为 1、2、3、4，通过右手法则确定其所在面外法线的方向指向体外；表面 2 棱边号为 5、6、7、8，通过右手法则确定其所在面外法线的方向指向体内，所以，均加了负号，以保证其外法线的方向指向体外。

采用几何建模方法对物体对象虚拟主要是对物体几何信息的表示和处理，描述虚拟对象的几何模型，例如多边形、三角形、顶点和样条等。即用一定的数学方法对三维对象的几何模型的描述。

随着软件技术水平的发展，几何建模的手段越来越多；但总体而言，可归纳为三大类：多边形（Polygon）建模、非统一有理样条（NURBS）建模和构造立体几何（CSG）。但无论采用何种建模软件，同类的建模方法其数学原理大致相同。

1. Polygon（多边形）网格建模

三维图形中，运用边界表示的最普遍方式是使用一组包围物体内部的多边形，很多图形系统用一组表面多边形来存储物体的相关信息。由于所有表面以线性方程加以描述，所以，可以简化并加速物体表面的绘制和显示。

多面体的多边形表精确地定义了物体的表面特征，但对其他物体，则可通过将表面嵌入到物体中来生成一个多边形网格逼近。由于线框轮廓能以概要的方式快速地显示多边形的表面结构，因此，这种表示方法在实体模型应用中被普遍采用。通过沿多边形表面进行明暗处理来消除或减少多边形边界，以实现真实性绘制。曲面上采用多边形网格逼近将曲面分成更小的多边形加以改进。

用顶点坐标集和相应属性参数可以给定一个多边形表面。一旦每个多边形的信息给定后，它们被存放在多边形数据表中，便于以后对场景中的物体进行处理、显示和管理。多边形数据可分为两组：几何表和

属性表。几何表包括顶点坐标和用来识别多边形表面空间方向的参数。属性表包括透明度、表面反射度的参数和纹理特征等。

存储几何数据的一个简便方法是建立三张表：顶点表、边表和面表。物体中的每个顶点坐标值存储在顶点表中。含有指向顶点表指针的边表，用于标识多边形每条边的顶点。面表含有指向边表的指针，用于标识多边形的边，图 13.7-21 所示为一个长方体的三张几何表。

三维物体对象的显示处理过程包括各种坐标系的变换、可见面识别与显示方式等。这些处理需要有关物体单个表面部分的空间方向信息。这些信息源于顶点坐标中和多边形所在的平面方程。

2. 非统一有理 B 样条（NURBS）

在大多数的虚拟现实系统以及三维仿真系统的开发中，三维对象都要采用曲线与曲面的建模。其中，NURBS 是一种非常优秀的建模方式，在高级三维软件中，例如 3ds Max、SoftImage 和 Maya 软件都支持这种建模方式。NURBS 是 Non-Uniform Rational B-Splines 的缩写，具体解释为：

① Non-Uniform（非统一）：是指一个控制顶点的范围能够改变，用来创建不规则曲面。

② Rational（有理）：是指每个 NURBS 模型都可以用数学表达式来定义，也就意味着用于表示曲线或曲面的有理方程式给一些重要的曲线和曲面提供了更好的模型，特别是圆锥截面、球体等。

③ B-Splines（B 样条）：是一种在三个或多个点之间进行插补的构建曲线的方法。

度数是 NURBS 的一个重要参数，用于表现所使用方程式中的最高指数。一个直线的度数是 1，一个二次等式的度数为 2，NURBS 曲线通常由立方体方程式表示，其度数为 3。度数设置得越高，曲线越圆

滑，但同时也耗费更多的计算时间。

连续性是 NURBS 的另一个重要参数。连续的曲线是未断裂的，有不同级别的连续性，如图 13.7-23 所示。一条曲线有一个角度或尖端，则它具有 C0 连续性，如图 13.7-23a 所示，角位于曲线顶部。一条曲线没有尖端，但曲率不断变化，则它具有 C1 连续性，如图 13.7-23b 所示，一个半圆形连接较小半径的半圆形。如果一条曲线是连续的且曲率恒定不变，则它具有 C2 连续性，如图 13.7-23c 所示，右侧不是半圆形，而是与左侧混合。曲线的连续性级别还可以更高，但对于计算建模来说已经足够。通常，肉眼分辨不出连续性为 C2 的曲线和连续性级别更高的曲线。

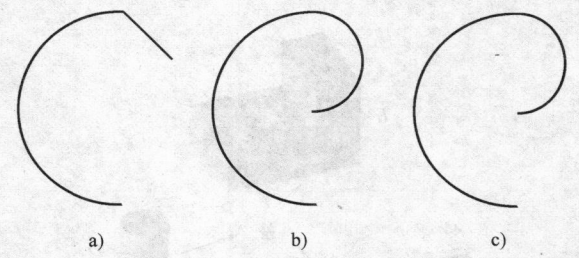

图 13.7-23 NURBS 的连续性
a）C0 连续性 b）C1 连续性 c）C2 连续性

NURBS 构建几何对象时，首先建立简单的物体作为 NURBS 的起始物体，然后通过修改曲线的度数、连续性和控制点个数等参数来定义形状、制作各种复杂的曲面造型和特殊的效果。图 13.7-24 所示为典型的 NURBS 曲线和 NURBS 曲面，黑色的小圆点表示的是曲线和面的控制点。NURBS 比传统的网格建模方式更好地控制物体表面的曲线度，从而能够创建出更逼真、生动的造型。

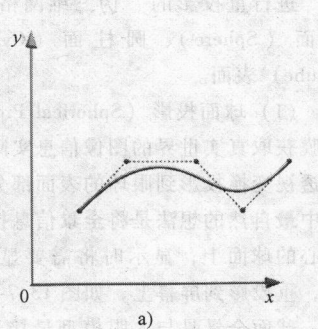

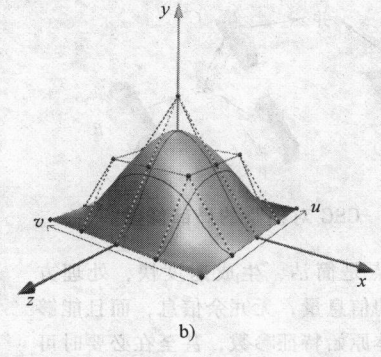

图 13.7-24 典型的 NURBS 曲线和曲面
a）NURBS 曲线 b）NURBS 曲面

3. 构造立体几何（CSG）

构造立体几何（Constructive Solid Geometry, CSG），又称为布尔模型，它是一种通过布尔运算（并、交、差）将一些简单的三维基本体素（如球体、圆柱体和立方体等）拼合成复杂的三维模型实体的描述方法，就像搭建积木一样。例如一张桌子可以由 5 个六面体组成，其中 4 个用做桌腿，1 个用做桌面。

CSG 方法对物体模型的描述与该物体的生成顺序密切相关，即存储的主要是物体的生成过程，其数据结构为树状结构。树叶为基本体素或变换矩阵，节点为运算，最上面是被建模的物体。如图 13.7-25 所示，E 物体是通过不同的基本体素（长方体 A 和 B、圆柱体 D），经过布尔运算（并和差），最后生成的。

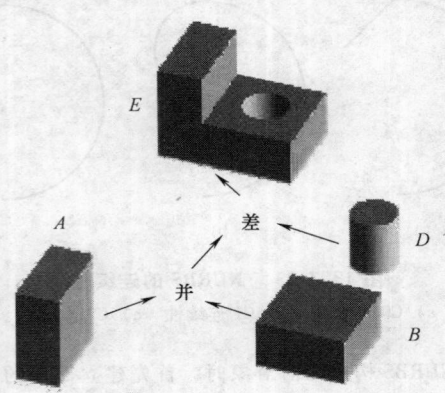

图 13.7-25　CSG 构造的几何模型

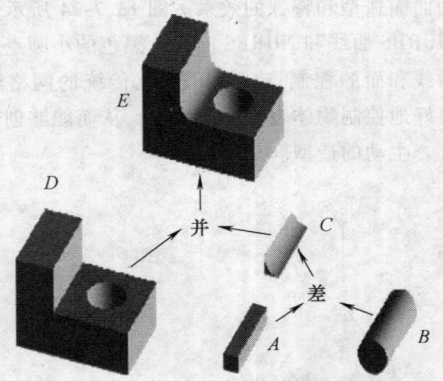

图 13.7-26　CSG 对模型的局部修改

CSG 方法的优点是简洁，生成速度快，处理方便，易于控制存储的信息量，无冗余信息，而且能够详细地记录构成实体原始特征参数，甚至在必要时可修改体素参数或附加体素对模型进行局部修改。图 13.7-26 所示为在 E 物体上倒圆的过程。CSG 方法的缺点是由于信息简单，可用于产生和修改实体的算法有限，并且数据结构无法存储物体最终的详细信息，例如边界、点的信息等。

4.3.2　基于图像的虚拟环境建模技术

基于图像的建模技术又称为 IBR（Image Base Rendering），IBR 的最初发展可追溯到图形学中广为应用的纹理映射技术。

在视景系统中，基于图像的建模技术主要用于构筑虚拟环境，如天空和远山。由天空和远山构成的虚拟环境的场景对象成分非常复杂，如果都采用几何建模，不仅工作量非常大，而且大大增加了视景的运行负担。此外，天空和远山在视景系统中只起陪衬作用，不需要近距离观察。因此，以天空和远山为主要构成要素的虚拟环境最适宜采用基于图像的建模技术。

与基于几何的绘制技术相比，基于图像建模有着鲜明的特点：

① 天空和远山构成的虚拟环境既可以是计算机合成的，也可以是实际拍摄的画面缝合而成，两者可以混合使用，并获得很高的真实感。

② 由于图形绘制的计算量不取决于场景复杂性，只与生成画面所需的图像分辨率有关，该绘制技术对计算资源的要求不高，因而有助于提高视景系统的运行效率。

基于图像的建模常用方法有两种：视图插值法和全景图法。这里介绍基于图像的全景图建模方法。

全景图的英文称为 Paronama，是指在一个场景中选择一个观察点，固定广角相机或摄像头，然后在水平方向每旋转一个固定大小的角度（满足相邻照片的重叠部分达到 20% 以上）拍摄得到一组照片（12 张以上），再采用特殊拼图工具软件拼接成一个全景图像。

1. 全景图中的"伪三维网格"投影类型

进行重投影的"伪三维网格"类型主要有：球表面（Sphere）、圆柱面（Cylinder）和立方体（Cube）表面。

（1）球面投影（Spherical Project）　人眼透过视网膜获取真实世界的图像信息实际上是将图像信息通过透视变换投影到眼球的表面部分。因此，在全景显示中最自然的想法是将全景信息投影到一个以视点为中心的球面上，显示时将需要显示的部分进行重采样，重投影到屏幕上，如图 13.7-27 所示。

球面全景是与人眼模型最接近的一种全景描述，但有以下缺点，首先在存储球面投影数据时，缺乏合适的数据存储结构进行均匀采样；其次，屏幕像素对

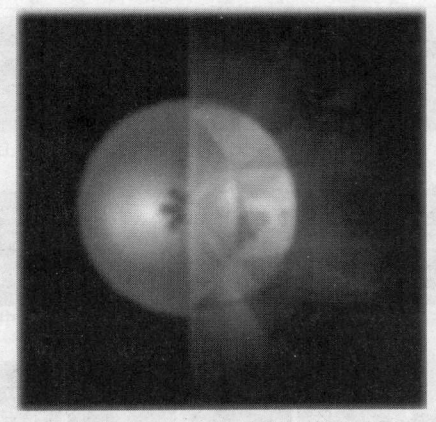

图 13.7-27 球面投影示意图

应的数据很不规范,要进行非线性的图像变换运算,导致显示速度较慢。

(2)立方体投影(Cube Project)立方体投影就是将图像样本映射到一个立方体的表面,如图 13.7-28 所示。这种方式易于进行全景图像数据的存储,而且屏幕像素对应的重采样区域边界为多边形,非常便于显示。这种投影方式只适合于计算机生成的图像,对照相机或摄像机输入的图像样本处理则比较困难。因为在构造图像模型时,立方体的六个面相互垂直,这要求照相机的位置摆放必须十分精确,而且每个面的夹角为 90°,才能避免光学上的变形。

图 13.7-28 立方体投影示意图

(3)柱面投影(Cylinder Project)所谓柱面映射就是将图像样本数据重投影到圆柱面上,如图 13.7-29 所示。

与前两种投影方式相比,圆柱面投影在垂直方向的转动有限制,只能在一个很小的角度范围内。但是,圆柱面投影有着其他投影方式不可比拟的优点,

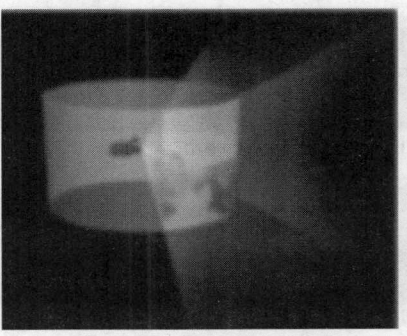

图 13.7-29 球面投影示意图

圆柱面能展开为一个平面,可以极大地简化对应点的搜索;不论是计算机产生的图像还是真实世界的图像,都能快捷地生成圆柱面投影,并且快速地显示图像。

2. 全景图像的采集、投影与生成技术

1)获取序列图像。选好视点后,将照相机固定在场景中,水平旋转照相机,每隔一定角度 θ 拍一张照片,直到旋转 360° 为止,相邻两张照片间的重叠范围为 30% ~ 50%。拍摄球形的全景照片时,沿垂直的方向,分别向上、向下每隔一定角度 θ 拍一张照片,直至拍完 360° 为止。模拟专业拍摄的方式,针对柱形、球形、立方体等投影方式进行图片采集。如图 13.7-30 所示,球形投影用全部 36 张图片,柱形投影用中 1 ~ 中 10 的 10 张图片。

2)图像的特征匹配技术。在求解匹配矩阵以实现图像的插补和整合的过程中,要以相邻图像的对应匹配点为计算参数。对应点指在序列图像中,同一点在相邻图像的重叠区域形成的不同的投影点。特征匹配是图像缝合的关键,用于去除图像样本之间的重复像素。

3)基于加权算法的平滑处理。拼接而成的图像含有清晰的边界,痕迹非常明显。为消除这些影响,实现图像的无缝拼接,必须对图像的重叠部分进行平滑处理,以提高图像质量。

4)缝合并生成全景图。图像采用以上特征匹配和加权算法平滑处以后,通过重渲染技术,将各个分开的图像"缝合"(Stitching)起来。

得到了拼接或缝合起来的全景图像,就有了当前视点的所有视景环境的图像数据。这些图像数据必须通过重投影的方式映射在"伪三维网格"上。该方法的思路是:将场景图像数据投影到一个基于"伪三维网格"的简单形体表面,在视点位置固定的情况下,用最少的代价将图像数据有效地保存,并且与视景中的其他几何模型同步显示出来。根据球面投影

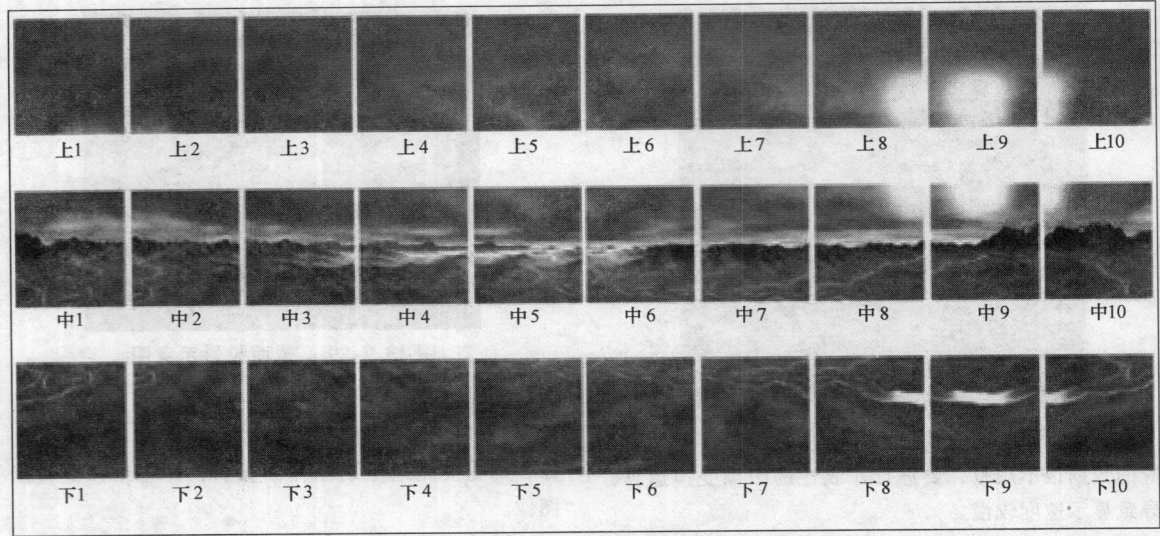

图 13.7-30　用计算机模拟实际拍摄效果获得的局部图片

图 13.7-31　球形投影图

图 13.7-32　平面展开的球形投影全景图

技术渲染生成基于球面的全景图像重建，即：将 30 张序列照片投影到拍摄它们时的成像平面上，则这些序列照片可无缝拼接成包括顶部和底部的球面空间全景图，如图 13.7-31 所示。图 13.7-32 为球形投影全景图的平面展开。如果需要，根据立方体的投影技术渲染生成基于立方体的全景图像重建，图 13.7-33 为平面展开的立方体投影全景图。

4.3.3　图像与几何相结合的建模技术

　　从以上对几何建模与图像建模的技术分析可知，二者的技术各有所长，合理使用才能发挥各自优势。由于人们对图形图像仿真效果不遗余力的追求，任何顶级的图形工作站在严酷的仿真环境下都变得十分缓慢。基于图像与景物几何结合的建模技术可以最大限度地挖掘建模技术的潜力，将高仿真度的图像映射于简单的对象模型，在几乎不牺牲三维模型真实度的情况下，可以极大地减少模型的网格数量。

　　图 13.7-34 分别为几何建模与图像建模的车轮网格对比，左边的车轮全部采用三维网格建模，包括外胎的所有凹凸齿纹。因此，其三角网格面的数量达到

图 13.7-33　平面展开的立方体投影全景图

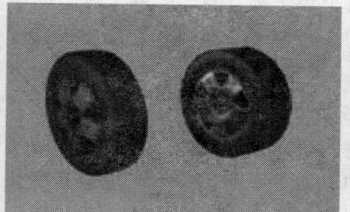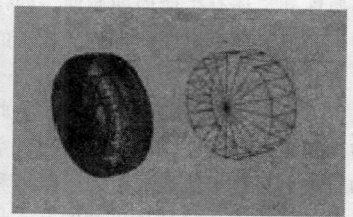

图 13.7-34   几何建模与图像建模的车轮网格对比

了 12293 个；右边的车轮采用简单几何模型与外观图像相结合，其最终的三角网格面的数量只有 60 个，几乎达到了 205:1 的模型优化率。由于车轮在汽车的建模中不是主体，60 个三角网格面就足够了。如果更精密一些也只要 200 个左右的三角面。

4.4　物理建模

物理建模综合体现对象的物理特性，包括重量、惯性、表面硬度、柔软度和变形模式（弹性的还是塑性的）等，这些特征与对象的行为一起给虚拟世界的模型带来更大的真实感。

物理建模的应用范围非常广泛，根据其应用对象不同，大致可分为两类：一类用于表现人和动物，如人的行走、面部表情，游鱼、飞鸟、昆虫等的运动；另一类则表现自然场景，如烟雾、火焰、织物和植物等。而根据物体的碰撞响应不同，也可以大致分为两类：刚性物体和柔性物体。物理建模是基于物理方法的建模，往往采用微分方程来描述，使它构成动力学系统。这种动力学系统由系统分析和系统仿真来研究。典型的建模方法包括：分形技术，用于对具有自相似的层次结构的物体建模；粒子系统，用于对有生命周期的、动态的、运动的物体建模；碰撞—响应建模，用于对物体碰撞时的变形建模。

4.4.1　分形技术

自然界中的许多事物具有自相似的"层次"结构，局部与整体在形态、功能、信息、时间和空间等方面具有统计意义上的相似性，称为自相似性。在理想情况下，这种层次是无穷的。适当地放大或缩小几何尺寸，整体的结构并不改变。不少复杂的物理现象反映这类层次结构的分形。例如树木，若不考虑树叶的区别，树的树梢看起来像一棵大树。由相关的一组树梢构成的一根树枝，从一定距离观察时也像一棵大树。由树枝构成的树从适当的距离看时自然也是一棵树。

分型技术是指用来描述具有自相似特征的数据集，可用于复杂的不规则外形物体的建模。例如蜿蜒曲折的海岸线、起伏不平的山脉、粗糙不堪的断面、

变幻无常的浮云、曲折回转的河流、纵横交错的血管、令人眼花缭乱的满天繁星、布朗运动的轨迹以及树冠和花朵等。

维数是分形理论的一个重要判断原则，是分形定量表征的基本参数。维数通常用分数或带小数点的数表示。在欧氏空间中，习惯于将空间看成是三维的，将平面或球面看成是二维的，而将直线看成是一维的。稍加推广，点是零维的。对于更加抽象或更为复杂的对象，只要其每一个局部可以与欧氏空间对应，就很容易确定维数。但是，所有的维数通常习惯于整数形式表示。分形技术定义的维数是分数。

分形技术通常用于对复杂的不规则外形物体的建模，其建模过程分为：

1）H 分形。简单二叉树的推广，对物体进行分形，寻找树的树梢。

2）迭代函数系统（Iterated Function Systems，IFS）。是分形绘制的一种重要方法，基本思想是选定若干仿射变换，将整体形态变换到局部，这一过程可以一直持续下去，直到得到满意的结果，即对于第一步得到的树梢，选用迭代算法绘制完整的一棵树。

分形技术使用数学原理实现艺术创造，搭起了科学与艺术的桥梁。它的出现，不仅影响了数学、理化、生物、大气、海洋以至社会等学科，并在音乐、美术间也产生了很大的影响，使人们感悟到科学与艺术的融合，数学与艺术审美上的统一。目前，分形技术在各个行业都有着不同的应用，例如印染业、纺织业、装饰以及艺术创作等。

4.4.2　粒子系统

粒子系统是一种典型的物理建模系统，主要用于解决由大量按一定规则运动（变化）的微小物质（粒子）组成的大物质在计算机上的生成与显示的问题。它用来模拟一些特定的模糊现象，例如爆炸、烟火、水流、云雾、雨雪、落叶、灰尘、流星尾迹或者发光轨迹这样的抽象效果等。这些现象用其他传统的渲染技术难以实现其真实感。

粒子系统是一个动态系统，可以生长和消亡。也就是说，每个粒子除了具有位置、速度、颜色和加速

度等属性外，还有生命周期属性，即每个粒子都有自己的生命值。随着时间的推移，粒子的生命值不断减小，直到粒子死亡（生命值为0）。一个生命周期结束时，另一个生命周期随即开始。除此之外，为了增加物理现象的真实性，粒子系统通过空间扭曲控制粒子的行为，对粒子流造成引力、阻挡和风力等影响。

典型的粒子系统循环更新的基本步骤包括4步：

1）加入新的粒子到系统中，并赋予每一个新粒子一定的属性。

2）删除那些超过其生命周期的粒子。

3）根据粒子的动态属性对粒子添加外力作用，如重力、风力等空间扭曲，实现对粒子进行随机移动和变换。

4）绘制并显示所有生命周期内的粒子组成的图形。

通常，粒子系统在三维空间中的位置与运动是由发射器控制的。发射器主要由一组粒子行为参数以及在三维空间中的位置所表示。粒子行为参数可以包括粒子生成速度（即单位时间粒子生成的数目）、粒子初始速度矢量（什么时候向什么方向运动）、粒子寿命（经过多长时间粒子湮灭）、粒子颜色、在粒子生命周期中的变化以及其他参数等。其参数的确定应首先规定其变化范围，然后在该范围内随机确定它的值，而其变化范围则由给定的平均期望值和最大方差来确定。

粒子的生成速度在很大程度上影响模糊物体的密度及其绘制色彩。根据给定的粒子平均数和方差，可用来计算每一时刻进入系统的粒子数。为了有效地控制粒子的层次细节及绘制效率，也可以根据单位屏幕面积上所具有的平均粒子数和方差来确定进入系统的粒子数。这样可有效地避免使用大量粒子来模拟屏幕上投影面积很小的景物情况，大大提高了算法的绘制效率。图13.7-35是某驾驶模拟器中粒子仿真的特效。

图 13.7-35 视景系统中的雪景与雪花纷飞的效果

像雨、雪、云、雾、烟这样的粒子的运动除了自由落体之外，还受到气流等因素的影响，准确描述其运动方程相当困难。所以，这类粒子的随机移动和变换一般采用相对简单的方程来描述，在垂直方向以正弦曲线下落，存在加速度，而粒子的初始位置和方向以及水平方向上的旋转则可随机产生。除此之外，为了实现雨、雪强度的仿真，需要采用对粒子数量的控制来实现，用大量的雨滴与雪花粒子的运动来模拟下雨和下雪的强度。图13.7-36是某虚拟驾驶视景系统中的雾效级别。

薄雾　　　　　　　　小雾　　　　　　　　中雾　　　　　　　　大雾

图 13.7-36 虚拟驾驶视景系统中的雾效级别

当粒子被加入系统后，其运动通过受控的随机过程来模拟实现。为了简化计算，一般情况下，不考虑粒子间的相互作用对粒子属性的影响，即假设粒子在其生命周期中不会与其他粒子发生碰撞、融合。同时，假设粒子一旦生成，也不会发生变形，其尺寸、颜色、纹理都保持不变。

4.4.3　碰撞-响应建模

真实世界中的物体在运动过程中很有可能与周围环境发生碰撞、接触及其他形式的相互作用。虚拟世界中，虚拟物体之间必须能够实时地、无缝地、可靠地检测相互碰撞，并作出恰当的响应，否则就会出现物体之间相互穿透和彼此重叠等不符合客观事实的现象。对物体建立碰撞-响应模型可以实现这一功能。碰撞-响应模型包括两部分内容：碰撞检测与碰撞响应。碰撞检测时研究物体能够发生碰撞以及发生碰撞的时间与位置。碰撞响应时研究物体之间发生碰撞后，物体发生的形变或运动变化以及将符合真实世界中的物体动态变化的效果进行实时显示。

1. 碰撞检测

碰撞检测是检测两个（或多个）物体是否相互接触。为了保证虚拟世界的真实性，碰撞检测需要有较高的实时性和精确性。

实时性要求碰撞检测的速度一般达到24Hz以上，才能够实现画面的平滑过渡。对于简单的虚拟环境，实时碰撞检测一般可以实现；而对于比较复杂的虚拟环境，实时碰撞检测则难以实现。

精确性包含两个方面：一是检测出虚拟环境中的所有碰撞，不遗漏任何碰撞。二是检测出某一时刻虚拟环境中需要处理的所有碰撞。在实际应用中，开发人员根据不同的环境要求设置不同的精确性。

（1）直接检测法　最简单、最直接的碰撞检测方法就是直接检测法。通过计算周围环境中所有物体在下一时间点上的位置、方向等运动状态，检测是否有物体在新状态下与其他物体空间重叠，从而判断是否发生了碰撞。为确定一段时间内是否发生了碰撞，首先，将这段时间等步长均匀离散分成多个系列时间点，继而检测离散时间点是否发生碰撞。例如，为确定 $t_0 - t_1$ 的时间片内是否发生碰撞，首先将 $t_0 - t_1$ 的时间片等步长均匀离散为 $t_0 < t_0 + \Delta t_2 t_0 + \Delta t_i < \cdots < t_0 + \Delta t_n < t_1$ 系列时间点；继而检测离散时间点是否发生。

该方法的缺点是：若物体运动速度相当快或时间点间隔太大时，一个物体有可能完全穿越另一物体，算法无法检测到这类碰撞。解决措施是限制物体运动速度或减小计算物体运动的时间步长；或者考虑时间

维动态构造四维空间模型（包括时间轴），检查物体滑过的四维空间与其他物体四维空间是否发生重叠。

（2）包围盒检测法　包围盒检测法是使用比被检测物体体积略大，几何特性简单、包围被检测三维物体的三维包围盒来进行检测的。通过对包围盒的检测来粗略确定是否发生碰撞，当两个物体的包围盒相交时其物体才有可能相交；若包围盒不相交，其物体一定不相交。利用包围盒法可以快速排除大量不可能相交的物体和物体的局部，从而快速找到相交的部位。

包围盒分为沿坐标轴的包围盒 AABB（axis-aligned bounding boxes）、球形包围盒（spheres）、带方向的包围盒 OBB（oriented bounding box）以及离散方向多面体（k-DOPs）等。如对 AABB 包围盒改进后被检测物体包围盒仍为长方体，但长方体的面与某一局部坐标系平行，通过将每个被检测物体包围盒投影到某一局部坐标系坐标轴上，得到一个区间；分别对三个坐标轴上所有物体的投影区间排序，只有当两个物体在三个坐标轴上的投影同时重叠时才有可能在空间发生碰撞。

（3）空间分割法　空间分割法是将整个虚拟空间划分成等体积的规则单元格，以此将场景中的物体分割成更小的群组，并只对占据了同一单元格或相邻单元格的几何对象进行相交测试。一般来说，空间分割法在每次碰撞检测时都需要确定每个模型占有的空间单元。如果场景中不可动的模型很多，可以预先划分好空间单元格并确定每个模型占有的空间单元。当有模型运动时，只需要重新计算运动模型所占用的空间就可以判断是否发生碰撞。比较典型的空间分割法有八叉树、BSP（Binary Space Partitioning）树等。

空间分割法由于存储量大及灵活性差，应用范围不如包围盒法广泛。

（4）Lin-Canny 检测法　为了更精确地测量对象的碰撞，Lin 在 1993 年开发了一种快速算法，该算法的性能不受顶点数目的影响。其主要思想是寻找两个多面体之间的一对距离最近的特征，称为最近特征对，当多面体运动时，跟踪更新最新特征对。这里的特征指多面体的一个顶点、边或面，特征对的距离指两个特征上最近两点的距离。测试多面体（区域）是一个由一个面以及此面邻近的面延伸的平面共同定义的区域。测量区域分为内部区域和外部区域。内部区域是以该面为底，以物体的质心为顶点的棱柱定义的。只要两个物体坐落在区域外部，便可使用简单的近似特征进行碰撞检测。当物体坐落在区域内部，物体之间必定会发生碰撞。

2. 碰撞响应

物体碰撞以后需要作一些反应，例如产生反冲力反弹出去，或者停下来，或者让阻挡物体飞出去，这些都属于碰撞响应。碰撞响应是当检测到虚拟环境中发生碰撞时，修改发生碰撞的物体的运动表示，即修改物体的运动方程，确定物体的损坏和变形，实现碰撞对物体运动的影响。

碰撞响应是由发生碰撞的虚拟对象的自身特性以及具体应用要求决定的。如果发生碰撞的对象是弹性物体，物体弹性形变后反弹出去，物体恢复原来的几何形状。如果是塑性物体，物体发生表面变形后不反弹。如果是刚性物体，物体被强有力地反弹回去。弹性物体、塑性物体与刚性物体的区别：刚性物体的运动仅仅是位置、方向和大小的改变，而弹性和塑性物体则额外增加了变形属性。由此，碰撞响应分为两种情况：表面变形和力的反弹。

（1）表面变形　表面变形通常采用以下两种算法求得。

1）如果物体是使用参数表面建模的，也就是使用 Beziier 曲面、B 样条曲面等表示，由于这些曲面是将物体表示为一系列曲面片的光滑拼接，每一片均可独立控制，控制顶点的移动必须受到光滑条件的约束，因此，参数曲面表示的物体变形需要通过修改表面周围控制点的位置间接地进行变形。这种间接的表面修改非常困难。Hsu 提出一种直接自由变换方法，允许用户选择对象参数表面上的一个点，并将指针移动到该点应该在的新位置。然后，由该算法计算为了使表面性质发生期望的形状，控制点网格需要发生的变化。由于所选择的表面点存在多种控制点网格配置，都能产生相同的变形，因此，该问题的解是不确定的，需要使用最小平方法在所有可能的控制点网格配置中做出选择。

2）如果物体是多边形方法建模，也就是使用多边形网格组成物体，多边形表示的物体变形是利用造型投影方法来实现的。由于在实际造型时往往采用旋转、拉伸垂直扫描或水平扫描等操作，这些物体的投影方法非常简单。其算法为：采用数据结构扫描两个多面体与顶点、边、面、交点的关系，并读入它们的拓扑信息和几何信息，将两个物体的投影中心平移在一起，计算单位球面上的投影。将获得的拓扑信息进行排序，用于决定一个模型的定点映到另一个曲面的相应位置上。然后，采用投影变换、光线跟踪算法或其他成像方法，获得变形后的虚拟物体的逼真图像。

（2）力的反弹　力的反弹则是根据虚拟实体的

物理特性来实现的。分为计算实体间相互作用力的方法、分析方法两种。

1）计算实体间相互作用力的方法，包括基于约束的方法和补偿方法。

基于约束力的方法不直接计算虚拟物体之间在碰撞时相互作用力的大小，而是将碰撞当成是一种对实体运动的约束。根据这些约束建立实体运动的约束方程，并用数值方法求解这些约束方程，得出每个实体所受的约束力的大小和方向，将这些力添加到每个实体所受的合力中，最后，根据合力求解实体新的运动状态和运动方程。但是，在实际问题中，约束不一定是完全约束，而可能是不完全约束，这时就不能用基于约束的求解方法了。

补偿方法是一种比较简单的方法。它在两个相互碰撞实体之间添加一个假想的弹力，这个力的大小等于两个实体之间的穿透深度乘以一个常量，方向是将两实体推开的方向。但是，当计算时间步长太大时，实体可能在计算下一运动时已经穿过了其他实体一定深度，这个深度不是实体真实穿透的深度，而是由于没有来得及计算而穿透的深度。如果以这个深度来确定弹力的大小，则有可能对实体产生一个很大的力，由此产生不真实感。因此，补偿方法的关键是确定弹力的大小。

2）分析方法，即在进行碰撞响应时，根据实体的受力情况，采用如动量定理等计算出碰撞引起的实体速度与角速度的变化，并以新的实体运动速度为初速度建立新的实体运动方程。Hahn 提出了分析方法，并给出了在完全非弹性的情况下的方程组。但没有给出该方程组的解，需进行数值计算才能求解。在以后的研究中，人们假设两个实体碰撞时表面没有摩擦，简化了计算，并用动量定理列出了物体碰撞前后的速度和角速度，得出碰撞后实体速度和角速度的解析解，并求解出新的运动方程。

4.5 运动建模

运动建模主要用于确定三维对象在世界坐标系中的位置以及它们在虚拟世界中的运动。对象的运动是有先后顺序的，并由多个连接形成，一个部位的运动带动另一个部位，由此，对象是分层次的。随着观察点的不同，物体的运动也是不一样的，所以，运动建模也需要设置观察世界的方式，即虚拟相机的运动。虚拟相机图像需要经过变换投影到二维显示窗口中，为用户提供视觉反馈。

4.5.1 对象位置

在虚拟现实的运动建模中，对象位置通常采用坐标系来表示。对象位置的变化通常是由平移、旋转和比例缩放等几何变换所引起的。在场景创建时，对象的平移、旋转和缩放通常采用齐次变换矩阵来描述。坐标系采用绝对坐标系，起着定位每一个物体对象的作用。而在对象表面建模中，顶点坐标使用的是对象坐标系中的 (x, y, z)，即每个物体对象定义的坐标系。这个坐标系捆绑在对象身上，通常位于重心处，其方向沿对象的对称轴方向。当对象在虚拟世界中移动时，它的对象坐标系位置随着物体一起移动。因此，无论对象在场景中的位置如何变化，在对象坐标系中，对象顶点坐标的位置和方向一直保持不变。

4.5.2 对象层次

对象层次定义了作为一个整体一起运动的一组对象，各部分也可以独立运行。假设不考虑对象层次，对象模型是一个整体，例如虚拟手，这就意味着手指不但能够单独行动，还能随着手运动。为了实现手指的运动，必须对手的三维模型进行分段设计。这种分段是虚拟世界中对象层次的基础。

在对象层次中，上一级的对象称为父对象，下一级对象称为子对象。根据人身体运动的生理机制，父对象的运动会被所有的子对象复制，而子对象的运动不影响父对象的位置。由此，分段模型层次采用树图来表示，每个节点的描述采用齐次变换矩阵。树的节点表示对象分段，分支表示关系。树图中的一个节点是从它开始的下一级分支上所有节点的父节点。大多数虚拟现实开发工具均支持层次结构，作用域给定父对象上的几何变换会自动传递给它的所有子对象。树图最上面是全局变换，决定了整个场景的观察视图。如果改变了节点的值，所有的子对象都会表现为平移、旋转和缩放。因此，要实现在虚拟世界中的漫游，需要不断地使用跟踪器等 I/O 设备交互式修改全局变换矩阵。

对于虚拟手来说，它的层次结构为一个手掌父节点和5个手指子节点。当手掌运动时，所有子节点也随之运动。为了实现一个抓握手势，需要将每个手指再进一步细分为子结构。手指是第一指关节的父节点，第一指关节是第二指关节的父节点，而第二指关节又是末梢关节的父节点。使用来自传感手套的数据改变手指分段的位置，可以模拟出虚拟手的动作，这是通过改变手的树图结构中的各个节点之间的变化矩阵实现的。

4.5.3 虚拟摄像机

三维世界通常采用摄像机的坐标系来观察。摄像机坐标系在固定的世界坐标系中的位置和方向称为观察变换。OpenGL 中的摄像机坐标系为左手坐标系，

与其他和模型变换相关的笛卡儿坐标系不同。摄像机面向 Z 轴正方向，Y 轴指向上方，X 轴指向右方。

在观察虚拟对象时，通过摄像机的窗口来观察。所以，图形实时绘制需要根据摄像机的坐标实时绘制对象。也就是图形实时绘制并不是绘制整个虚拟世界，而是只处理摄像机看到的一部分。这部分场景用一个称为视景体（frustum）的空间定义，它是与摄像机坐标系对齐的一个四棱锥的一部分。视景体的顶点位于摄像机坐标系的原点，又称为投影中心。从投影中心到三维对象顶点的连线与观察平面相交，形成了对象的透视投影。投影的大小与对象到投影中心的距离成反比，即远处的对象比较小，近处的对象比较大。

为了优化处理过程，图形绘制的实时绘制阶段将视景体映射为一个规范的观察体，例如立方体。一旦三维对象被投影到规范的立方体上，它们的坐标被正规化，这有助于 Z 缓冲区处理。Z 值较大的对象比较远，如果被 Z 值较小的对象遮住，则不应该被绘制出来。此外，对象还会被裁剪，只有位于立方体内部的对象才会被绘制。如果将绘制的对象映射到二维显示窗口中，就需要对对象的坐标进行平移、缩放，这就是屏幕映射。如果窗口呈矩形，则缩放时是不均匀的。

4.6 行为建模

行为建模（Human Behavior Representation，HBR）是探索一种能够尽可能接近真实对象行为的模型，使人能够按照这种模型方便地构造出一个行为上真实的虚拟实体对象。行为建模赋予了虚拟对象"与生俱来"的行为和反应能力，并且遵从一定的客观规律，它起源于人工智能领域的基于知识系统、人工生命和基于行为的系统（Behavior-Based System）。

虚拟环境中虚拟实体对象的行为可以分为两类：需要用户控制的行为和不需要用户控制的行为。

需要用户控制的行为：这类行为往往需要接受用户的输入并作出相应的动作。虚拟对象随着位置、碰撞、缩放和表面变形等变化而动态产生的变化属于这类行为。例如碰撞问题，检测虚拟对象间是否发生碰撞只是解决碰撞问题的第一步，还要处理与虚拟对象间的碰撞相关的各种形变以及由碰撞而产生的声音，甚至需要将碰撞产生的力感变化反馈给用户。

不需要用户控制的行为：这类行为一般不需要从用户获得输入，而是从计算机系统或者与虚拟环境相连接的外部传感器获得输入。例如虚拟环境中时钟的运动就是从计算机系统时钟获取输入，虚拟环境中的

温度计则需要从与虚拟环境相连接的温度传感器中获取实施的环境温度，而虚拟的人工鱼在虚拟海洋中的游动完全由"自治代理"Agent 控制。

行为建模主要研究的内容是模型对其行为的描述以及如何决策运动。目前，已有的行为建模方法有：基于 Agent 的行为建模，基于状态的行为建模，基于物理的行为建模，基于特征的行为建模，基于事件驱动的行为建模。

4.6.1 基于 Agent 的行为建模

Agent 是一种抽象的工具，通过它能使研究人员用更方便、更熟悉的拟人化方式来描述、解释、预测一个复杂系统的行为。

一般认为 Agent 是可以感知其所处的环境，并能根据目标，自主运行，交互协作，作用于环境的计算实体。它为分布交互式系统仿真的分析、设计和实现提供了一个新途径，成为研究复杂适应系统的重要手段。Agent 具有以下基本特点：

① 自治性：不需要用户参与自主运行与操作的能力；

② 反应性：感知环境变化并以预先设置的方式进行响应的能力；

③ 机动性：从一个主机转移到另一个主机的能力；

④ 知识性：通过规则数据库的建立，具有知识建立和知识获取与应用的能力；

⑤ 适应性：不需要用户指令自行修正其行为的能力；

⑥ 协作性：与其他 Agent 进行通信，并协同工作（如冲突处理），可以完成更复杂的任务或实现整体目标。

行为建模主要用于针对各种自主的行为代理（Agent），即行为代理的建模。它们具有一定的智能性。

基于 Agent 的行为建模技术分为反应型、混合型和多 Agent 行为建模。基于反应型的 Agent 的行为建模对物体进行建模实现简单，建模出来的物体反应快速，但其智能程度不高，适合对虚拟环境中智能程度较低的物体建模，其代表方法是 Smart Object。混合型 Agent 行为建模主要是对虚拟环境中具有智能性的物体进行建模，该类技术为 Mulgund 等基于人认知的信息流及行为框架提出的一种 Agent 模型。多 Agent 行为建模将物体的行为分为自主行为和外部互操作行为，它将与其他智能体交互的行为单独列出并单独建模，该方法对存在多智能体的协同式虚拟环境尤其适用。

行为代理建模方法的应用实例是 MIT 媒体实验室在 20 世纪 90 年代初开发的表现反射行为的代理 Dexter，可通过编程实现与用户握手。

反射行为被分配到模型的各个部分。用户手部的数据通过 VPL 数据手套采用，VPL 数据手套控制一只虚拟手。一旦发生虚拟握手，用户可以控制 Dexter 胳膊。如果用户移动到右边，Dexter 的整个胳膊都会发生转动。为了进一步提高仿真的真实感，还可通过编程实现让代理的头部朝用户方向移动。

更复杂的反射行为的实例是包括能识别和模拟用户动作的代理。身穿传感衣的用户控制模型的运动和身体姿态。模型可以识别和模拟用户的身体姿态。身体姿态包括：行走、用右手或左手进行指点和抓握、竖直和水平的头部运动等。当用户抬头和行走时，模型也随之抬头和行走。

另外，一组代理形成了群体，群体可以是被指挥的、程序控制的或自主的。群体的自主级别不一定与群体中的一致。例如，一个被指挥的群体可能是由自主代理形成的。在这种情况下，群体具有一个共同的目标。每个代理能够通过某种方法感知周围的环境并作出反应。如果群体是被指挥的，那么用户需要制定路标或游行路线。另一种可选的方案是通过程序控制，让群体跟随领导者。这就意味着群体内部有社会层次，具有相同自主级别的代理之间能够相互沟通。记忆是群体行为中的一个重要因素，它使得群体以相同的方式响应一个给定的重要事件。可以用于地震、建筑物倒塌等巨大危险事件作出群体行为响应的仿真。

4.6.2 其他行为建模

1. 状态图行为建模

状态图是对对象行为的一种描述方法，是 UML（Unified Modeling Language）可视化建模的一部分。Mealy-Moore 的方法是最早的描述对象行为的状态图方法。它的状态空间是扁平的，而不是层次化的，状态模型是单线程的，每个时间只有一个状态是最有效的。Harel 状态图支持 Actions 和 Activities、广播时间和传播转移等，形成对动态行为的较完整描述。UML 是面向对象技术领域内占主导地位的标准建模语言，采纳了 Harel 状态图最能对对象的动态行为描述的方法。

2. 基于物理的行为建模

基于物理的行为建模最基本的出发点是任何物体的运动在最底层都是由物理规律支配的。建模技术使用物理定律控制物体的行为，即可使用基于物理的控制系统来控制模型，基于物理的模型之间以及它们与其所在的虚拟世界之间能够作出响应。用计算机对物理现象，尤其是简单的物理现象进行建模是非常简单和直观的。

基于物理的行为建模对模型的控制有两种方法：基于约束的、运动合成方法和基于冲量的方法。基于约束的、运动合成方法通过逆动力学技术和约束优化技术对虚拟对象的运动施加约束。在逆动力学中，虚拟对象的运动通过求解运动方程决定。这需要计算一些约束力或约束力矩，这些约束力或约束力矩将迫使动画对象根据指定的约束进行运动。约束优化的思想是状态-时空图中表示一个物体的运动，然后定义一个目标函数，从而将运动控制当做一个优化问题求解。

基于冲量的建模方法将所有类型的接触通过处于接触状态的物体间一系列碰撞产生的冲量进行建模，这种方法不仅产生物理上精确的结果，而且速度快。

3. 基于特征的行为建模

基于特征的行为建模技术以目标为驱动，经过分析、设计和评估三个过程完成实体对象的行为建模过程。分析过程用于定义实体对象的行为特征，以推动设计的进行。设计过程根据模型的特定目标和标准进行模型的设计。评估过程是评估模型的可行性、灵敏性或优化程度，并理解更改设计目标所带来的效果。

该技术有助于从设计开始获得产品模型，在评估阶段发现和修改设计错误，提高设计水平和效率，提高产品质量和降低设计成本。

4. 基于事件驱动的行为建模

在基于事件驱动的行为建模方面，著名的平台VRML、MR Toolkit 和 BrickNet 的行为建模方法代表了这一方向的成果。

VRML2.0 版引入了基于事件驱动模式的行为实现。事件的传递和处理全部由系统来完成，系统根据事件内容直接修改对象的某些域，例如位置、转角等，使对象表现出某些行为。在表现连续行为时，由时钟定时激活显示关键帧。

MR Toolkit 允许为实体对象制定多种行为，应用程序在每个模拟时钟周期中根据时间的发生或条件的出现激活对象的某些行为，并在每个模拟周期末执行这些行为。表现连续行为时，在每个模拟周期由时钟滴答事件激活一次相应行为。

BrickNet 不同于 MR Toolkit，它将行为描述嵌入对象的"动画方法"，由于动画方法的每个模拟周期均被调用，实体对象的行为也因此得以连续进行。为了确定某一时刻的准确动作，在每个模拟周期，动画方法都必须进行大量的条件测试。

由此，虚拟环境在创建模型的同时，不仅赋予模型外形、质感等表观特征，同时也赋予模型物理属性和"与生俱来"的行为和反应能力，并且服从一定的客观规律。

4.7 声音建模

虚拟声音建模可定义为人类用听觉模型将信息精确地传输给操作员的一种媒体，它兼有方向特性和语义特性以及在虚拟环境中形成动态物体和事件的自然表达。声音再现必须与现实完全一致，即这种声音再现应在要执行的任务范围内提供与人的听觉等效的功能。对于虚拟声音的建模的开发目标是：

① 声音提供足以在可听范围内重现频率分辨率和动态范围；

② 在三维空间上精确地呈现信息；

③ 能表达多个静止或移动的声源；

④ 声音再现是实时和交互的，即可应答用户使用中的需求；

⑤ 能够提供具有与头部运动适当关联的动态声音再现的稳定声音环境；

⑥ 在可显示的声音信息的类型方面有灵活性，例如真实的环境声音、听觉图符、语音以及多维听觉模式或物体流等。

声音建模主要是对虚拟场景中三维立体声音的定位和跟踪，让置身于虚拟世界的人能实时识别声音的类型和强度，能判定声源的位置。声音建模的过程为：

1）产生声音原型。声音特征化即每个物体以及该物体与其他对象发生的交互作用。这些原型声音可以建立在弹性物体振动的模态分析基础上，或者由用户自定义合成。

2）由对象或相互作用能量调制原型声音来引用原型声音，并与移动的三维物体相连，这必须建立在控制运动物体的成形模拟基础上。

3）将物体发出的声音变换到接收器，计算三维环境的调节效果。这些与时间有关的声音变换表示与原始物体声音无关。

4）对声音进行描述说明，在重新取样过程中计算完成声音再现。

声音通常是通过与虚拟摄像机相连的虚拟传声器录制而成的。声音信号最后汇总（声音混合）形成一条完整的声音轨迹。如果是立体声，则为每条通道分别完成这个合成过程。这个过程分为两步：一是虚拟声音建模（Sound Rendering），二是虚拟声音传播和再现。

4.7.1　虚拟声音建模

当物体产生三维立体声音时，声音信号向所有方向传播开来，并被其他物体或介质反射和折射，最终被接收器捕捉到。所接收到的信号是经由多条从发射器到接收器的路径而形成的合成信号。为了计算这个综合信号，每个可能的传播路径要能通过环境独立跟踪，计算出每条路径对声音信号的影响，合成的最终声音是初始声音对时间的一个积分函数，这也称为虚拟声音建模。在声音建模时，要考虑引起不同延迟的不同长度的路径和对相同信号的衰减率，一般离散化成一定数目的样本数据进行计算。这种建模方法仅能够描述按固定时间间隔取样的强度来表示的近似于传统音乐的一维声音信号，不能表述讲话声或噪声。

发自物体振动的振动声是由于物体和具体环境交互作用产生的。例如碰撞、摩擦以及物体周围的振动空气流，通常采用物理原理的频谱组合法建模。其原理是计算出一个物体所有可能的振动模式，并求解出所有这些模式的加权和近似模式。尽管这种方法对瞬间振动不足够准确，但它给出了可接受的结果。

由两个物体相互摩擦而产生的声音显示过程涉及两个物体材料的微观表面性质。如果由表面性质引起的两个物体以相同方式发生振动，所产生的声波形状近似于物体表面起伏不平的形状，可用噪声的摩擦因数的倒数为粗糙表面的声音建模。

物体通过振动空气也能产生声音。这种声音只是简单地使用运动物体通过空气的速率和它所扰动的空气进行调节的噪声来进行建模。

除此之外，在声音建模方面，Garbe 等提出了声音纹理的概念，使用节点和域的方法对环境声音进行建模。如在声音节点中增加效果域，增强对三维声音的空间表现力，使听觉表现更为逼真和富有沉浸感。在声音效果节点中设置预设域，从而简化对环境声音的描述。

4.7.2　虚拟声音传播和再现

虚拟声音传播时，主要考虑跟踪和声音再现两个关键性问题。

声音在传播过程中，声强会随着声音经过的距离而衰减，信号的延迟时间也与传播距离成正比。声音的发出也是有方向性的。通常是向所有方向平均扩散，在各个方向上很少有突变，如同直线光源中的闸门一样。所以，距离和方向对声音的传播有一定影响，这也是在声音跟踪、声音再现等关键技术中需要克服的难题。

1. 声音跟踪实现

在声音环境中的共同效果是回声，也是由于虚拟世界中的物体能反射声音而形成的第二级声源。在回声空间中，一个声源的声场建模为在无回声环境中第一个初始声源和一组离散的第二声源（回声）。第二声源可以由三个主要特性描述：距离、相对于第一声源的频谱修改（空气吸收，碰到物体表面反射，第一初始声音方向，传播衰减等）和入射方向（方位和高低）。

一般情况下，采用两种方法找到第二声源：镜面反射法和射线跟踪法。镜面反射法是由第一声源和反射物体表面找到第二声源的位置，再根据第二声源反射出的第三声源。采用的算法通常是递归算法，计算量较大。由于镜面反射是软性的，因此，未考虑光线的延迟和衰减。

射线跟踪法是抽取第一声源发出的若干数量的射线，找到从声源到接收者的全部传播路径，每条路径都用一个带有延迟和衰减的独立声音线索来表示，衰减是由于路径长度和反射系数造成的。它将每个反射平面看做是一个次级漫射点源，所接收的能量与其面积以及它的表面法矢量与声源方向的夹角余弦成正比。所以，一般采用全方向辐射中传统使用的反射公式来计算第二个声源的能源总量。因为射线跟踪法是线性关系，不是指数关系，所以，可以用很少的处理时间产生合理的结果。

2. 声音再现和处理过程

声音再现时，一般用关键帧显示声音变换。描述声音信号时，用两个独立的时间和强度坐标，每个坐标都可以进行转换。对于强度改变通常可接受的只是比例缩放。时间定义了一个声音何时开始，延迟时间多长，而修改时间比例会引起频率调整。声音变换的描述格式是由衰减和延迟数值的记录组成，每条记录对应于每个虚拟对象的声音。描述文件的每一行由关键值、一条记录的序号 ID、关键时间标记、衰减和延迟组合。文件可以通过记录序数或时间标记来存储，这要根据计算声音跟踪的重新取样算法来决定。关键值可以在任何时间说明，并插入数值；因为耳朵对强度的分辨力不太高，线性插入强度值即可。然而，耳朵对声音频率的突变很敏感，为了保持改变持续的延迟频率，可以用更高次数的插值或增加关键值的间隔密度。一般情况下，在改变每一帧图像长短的时间里添加一个声音关键值来实现声音的变换，即用关键帧再现声音。而声音的显示则是通过重新取样算法计算完成的。

第8章　有限元分析

1　有限元的基本理论和方法

1.1　弹性力学基础知识

1.1.1　弹性力学基本方程

作用在物体的外力通常分为体积力 $\{p\} = \{p_x, p_y, p_z\}$ 和表面力 $\{q\} = \{q_x, q_y, q_z\}$ 两类，其中 p_x、p_y、p_z 和 q_x、q_y、q_z 分别为体积力和表面力沿直角坐标轴方向的三个分量。在外力作用下，物体任意一点产生的位移为 $\{f\} = \{u, v, w\}$，此外内部还将产生抵抗变形的"附加内力"，简称内力。任意一点内力在某一点的集度，即为应力。通常，将应力沿截面的法向和切向进行分解，相应的分量就是正应力 σ_n 和切应力 τ_n，同样，正应力 σ_n 和切应力 τ_n 也可以沿直角坐标轴方向进行分解。因此，体内的应力状态可以描述成应力向量

$$[\sigma] = [\sigma_x \quad \sigma_y \quad \sigma_z \quad \tau_{xy} \quad \tau_{yz} \quad \tau_{zx}]^T \quad (13.8\text{-}1)$$

同样，弹性体内任意一点的应变也可以描述成应变向量

$$[\varepsilon] = [\varepsilon_x \quad \varepsilon_y \quad \varepsilon_z \quad \gamma_{xy} \quad \gamma_{yz} \quad \gamma_{zx}]^T \quad (13.8\text{-}2)$$

其中，ε_x、ε_y、ε_z 为正应变；γ_{xy}、γ_{yz}、γ_{zx} 为切应变。

1.1.2　平衡微分方程

当弹性体在外力作用下保持平衡时，可以根据平衡条件推导出应力分量和体积力分量之间的关系式，即平衡微分方程：

$$\begin{cases} \dfrac{\partial \sigma_x}{\partial x} + \dfrac{\partial \tau_{yx}}{\partial y} + \dfrac{\partial \tau_{zx}}{\partial z} + p_x = 0 \\[2mm] \dfrac{\partial \tau_{xy}}{\partial x} + \dfrac{\partial \sigma_y}{\partial y} + \dfrac{\partial \tau_{zy}}{\partial z} + p_y = 0 \\[2mm] \dfrac{\partial \tau_{xz}}{\partial x} + \dfrac{\partial \tau_{yz}}{\partial y} + \dfrac{\partial \sigma_z}{\partial z} + p_z = 0 \end{cases} \quad (13.8\text{-}3)$$

其中，p_x、p_y、p_z 为体积力沿直角坐标轴方向的三个分量。其矩阵形式为 $[L]^T [\sigma] + \{p\} = \{0\}$，其中 $[L]$ 为微分算子矩阵：

$$[L] = \begin{bmatrix} \dfrac{\partial}{\partial x} & 0 & 0 & \dfrac{\partial}{\partial y} & 0 & \dfrac{\partial}{\partial z} \\[2mm] 0 & \dfrac{\partial}{\partial y} & 0 & \dfrac{\partial}{\partial x} & \dfrac{\partial}{\partial z} & 0 \\[2mm] 0 & 0 & \dfrac{\partial}{\partial z} & 0 & \dfrac{\partial}{\partial y} & \dfrac{\partial}{\partial x} \end{bmatrix}$$

$$(13.8\text{-}4)$$

1.1.3　几何方程

几何方程实质上就是弹性体内应变分量和位移分量之间的关系。

$$\begin{cases} \varepsilon_x = \dfrac{\partial u}{\partial x} \\[2mm] \varepsilon_y = \dfrac{\partial v}{\partial y} \\[2mm] \varepsilon_z = \dfrac{\partial w}{\partial z} \\[2mm] \gamma_{xy} = \dfrac{\partial u}{\partial y} + \dfrac{\partial v}{\partial x} \\[2mm] \gamma_{yz} = \dfrac{\partial v}{\partial z} + \dfrac{\partial w}{\partial y} \\[2mm] \gamma_{zx} = \dfrac{\partial u}{\partial z} + \dfrac{\partial w}{\partial x} \end{cases} \quad (13.8\text{-}5)$$

矩阵形式为 $\{\varepsilon\} = [L]\{u\}$。

1.1.4　物理方程

弹性力学中应力与应变之间的关系亦称物理关系。对于各向同性线弹性材料，其矩阵表达式为

$$\{\sigma\} = [D]\{\varepsilon\} \quad (13.8\text{-}6)$$

其中，$[D]$ 称为弹性矩阵，它由弹性模量 E 和泊松比 ν 确定。

$$[D] = \dfrac{E(1-\nu)}{(1+\nu)(1-2\nu)}$$

$$\begin{bmatrix} 1 & \dfrac{\nu}{1-\nu} & \dfrac{\nu}{1-\nu} & 0 & 0 & 0 \\[2mm] \dfrac{\nu}{1-\nu} & 1 & \dfrac{\nu}{1-\nu} & 0 & 0 & 0 \\[2mm] \dfrac{\nu}{1-\nu} & \dfrac{\nu}{1-\nu} & 1 & 0 & 0 & 0 \\[2mm] 0 & 0 & 0 & \dfrac{1-2\nu}{2(1-\nu)} & 0 & 0 \\[2mm] 0 & 0 & 0 & 0 & \dfrac{1-2\nu}{2(1-\nu)} & 0 \\[2mm] 0 & 0 & 0 & 0 & 0 & \dfrac{1-2\nu}{2(1-\nu)} \end{bmatrix}$$

$$(13.8\text{-}7)$$

1.1.5　边界条件

假设弹性体 V 的全部边界为 S：在一部分边界上作用着表面力 $\{q\} = \{q_x, q_y, q_z\}$，这部分边界称为给定力的边界，记为 S_σ；在另一部分边界上给定的是位移 $\overline{u}$、$\overline{v}$、$\overline{w}$，这部分边界称为给定位移的边界，记为 S_u。这两部分边界构成弹性体的全部边界，即

$$S = S_\sigma + S_u \quad (13.8\text{-}8)$$

所以弹性体的力边界条件为

$$\begin{cases} q_x = \sigma_x l + \tau_{yx} m + \tau_{zx} n \\ q_y = \tau_{xy} l + \sigma_y m + \tau_{zy} n \\ q_z = \tau_{zx} l + \tau_{yz} m + \sigma_z n \end{cases} \quad (在\ S_\sigma 上)$$

$$(13.8\text{-}9)$$

其中，l、m、n 为弹性体边界外法线与三个坐标轴夹角的方向余弦。

弹性体的位移边界条件为

$$u = \bar{u}, v = \bar{v}, w = \bar{w} \quad (在\ S_u 上) \qquad (13.8\text{-}10)$$

通常，弹性力学问题中共有 15 个待求的基本未知量（6 个应力分量、6 个应变分量、3 个位移分量），而基本方程也正好是 15 个（平衡微分方程 3 个、几何方程 6 个、物理方程 6 个），加上边界条件用于确定积分常数，原则上讲，各类弹性力学问题都可以获得精确解。然而在实际求解中，其数学上的计算难度仍然是很大的，因此都必须借助数值方法来获得数值解或者半数值解。

1.2　弹性力学基本原理

1.2.1　虚位移原理

虚位移原理是指，如果一个质点处于平衡状态，则作用在质点上的力在该质点的任意虚位移上做的虚功总和等于零。从本质上讲，虚位移原理是以能量形式表示的平衡条件。弹性体可以看成是一个特殊的质点系，如果弹性体上作用有一个虚位移，由于作用在每个质点上的力系在相应的虚位移上的虚功总和为零，所以作用在弹性体所有质点上的一切力（包括体积力和表面力）在虚位移上的虚功总和也为零。在利用虚位移原理推导有限元公式时，给定的虚位移必须满足材料的连续性条件和几何边界条件，还要计入内力在虚位移上所做的虚功。因此，弹性力学的虚位移原理可以表述为：一个弹性体在外力作用下处于平衡状态时，对于任何约束允许的虚位移来说，外力所做的虚功等于内力的虚功，表达式为

$$\delta U = \delta W \qquad (13.8\text{-}11)$$

其中，

$$\begin{cases} \delta U = \iiint_V (\sigma_x \delta\varepsilon_x + \sigma_y \delta\varepsilon_y + \sigma_z \delta\varepsilon_z + \tau_{xy}\delta\gamma_{xy} + \\ \quad \tau_{yz}\delta\gamma_{yz} + \tau_{zx}\delta\gamma_{zx}) dV = \iiint_V [\sigma]^T [\delta\varepsilon] dV \\ \delta W = \iiint_V (p_x\delta u + p_y\delta v + p_z\delta w) dV + \\ \quad \iint_S (q_x\delta u + q_y\delta v + q_z\delta w) dS = \iiint_V [p][\delta f]^T dV + \\ \quad \iint_S [q][\delta f]^T dS \end{cases}$$

$$(13.8\text{-}12)$$

1.2.2　最小势能原理

弹性体的总势能为应变能和外力势能之和，即

$$\Pi_p = U + W \qquad (13.8\text{-}13)$$

其中，应变能为

$$U = \iiint_V \left(\frac{1}{2}[\varepsilon]^T[D][\varepsilon] - [\varepsilon]^T[D][\varepsilon_0] + [\varepsilon]^T[\sigma_0] \right) dV$$

$$(13.8\text{-}14)$$

如果不考虑初应力和初应变，则上式第二、三项为零。

外力势能为

$$W = -\iiint_V [p][f]^T dV - \iint_S [q][f]^T dS$$

$$(13.8\text{-}15)$$

对总势能取一阶变分，并根据虚位移原理，得 $\delta\Pi_p = 0$。这表明物体在平衡时，系统总势能的一阶变分为零，根据变分法，总势能将取驻值。在物理上，总势能取极小值才可能是稳定平衡状态，故最小总势能原理可以叙述为：在所有满足给定边界条件和变形协调条件的位移中，只有那些满足平衡条件的位移才能使总势能取极小值。根据这一原理，要求弹性体在外力作用下的位移，可以从满足边界条件和协调条件且使物体总势能取极小值的条件去寻找答案。

1.2.3　弹性力学中的几个典型问题

严格来讲，任何一个实际的弹性力学问题都是空间问题。但是，如果所分析的弹性体具有某种特殊的形状或者承受着某种特殊的外力，则可以把空间问题简化为近似的典型问题进行求解。这样的处理可以大大简化分析计算的工作量，且所获得的结果仍然能够满足工程上的精度要求。

1. 平面问题

平面问题是工程实际中最常遇到的问题，一般可以分为两类：平面应力问题和平面应变问题。

（1）平面应力问题　所谓平面应力问题是指，所研究的对象在 z 方向上的尺寸很小（即呈平板状），外载荷（包括体积力）都与 z 轴垂直、沿 z 方向没有

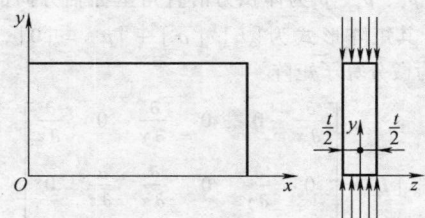

图 13.8-1　平面应力问题

变化，在 $z = \pm h/2$ 处的两个外表面（平面）上不受任何载荷，如图 13.8-1 所示。

对于这种情况，在 $z = \pm h/2$ 处的两个外表面上的任何一点，都有 $\sigma_z = \tau_{zx} = \tau_{zy} = 0$。另外，由于 z 方向上的尺寸很小，所以可以假定，在物体内任意一点的 σ_z、τ_{zx}、τ_{zy} 都等于零，而其余的 3 个应力分量 σ_x、σ_y、τ_{xy} 则都是 x、y 的函数。此时，物体内各点的应力状态就叫做平面应力状态。

平面应力问题的平衡微分方程为

$$\begin{cases} \dfrac{\partial \sigma_x}{\partial x} + \dfrac{\partial \tau_{xy}}{\partial y} + p_x = 0 \\[2mm] \dfrac{\partial \sigma_y}{\partial y} + \dfrac{\partial \tau_{xy}}{\partial x} + p_y = 0 \end{cases} \quad (13.8\text{-}16)$$

几何方程为

$$\begin{cases} \varepsilon_x = \dfrac{\partial u}{\partial x} \\[2mm] \varepsilon_y = \dfrac{\partial v}{\partial y} \\[2mm] \gamma_{xy} = \dfrac{\partial u}{\partial y} + \dfrac{\partial v}{\partial x} \end{cases} \quad (13.8\text{-}17)$$

物理方程为

$$\begin{cases} \varepsilon_x = \dfrac{1}{E}[\sigma_x - \mu\sigma_y] \\[2mm] \varepsilon_y = \dfrac{1}{E}[\sigma_y - \mu\sigma_x] \\[2mm] \gamma_{xy} = \dfrac{1}{G}\tau_{xy} \end{cases} \quad (13.8\text{-}18)$$

（2）平面应变问题　对于平面应变问题，一般可假想其长度为无限大，以任一横截面为 xy 面、任一纵线为 z 轴，则所有应力分量、应变分量和位移分量都不沿 z 方向变化，而只是 x、y 的函数，如图 13.8-2 所示。在这种情况下，物体内各点都只能在 xy 平面上移动，而不会发生 z 方向上的移动，易得 $\tau_{zx} = \tau_{zy} = 0$，并且由切应力互等关系可以断定 $\tau_{xz} = \tau_{yz} = 0$，但是一般情况下 σ_z 并不等于零。

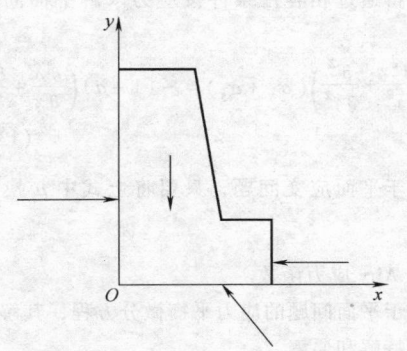

图 13.8-2　平面应变问题

在平面应变状态下，由于 σ_x、σ_y、σ_z 及 τ_{xy} 都只是 x、y 的函数，$\tau_{xz} = \tau_{yz} = 0$，因此平衡微分方程式的第 3 式能够自动满足，剩余的两个式子与平面应力问题的平衡微分方程相同。

对于平面应变问题，因位移分量都不沿 z 方向变化，且 $w = 0$，故有 $\varepsilon_z = \gamma_{zx} = \gamma_{zy} = 0$，所以其几何方程与平面应力问题的几何方程相同。

然而，由于 $\varepsilon_z = 0$，即 $\sigma_z = \mu(\sigma_x + \sigma_y)$，因此平面应变问题的物理方程与平面应力问题的物理方程不同，即

$$\begin{cases} \varepsilon_x = \dfrac{1+\mu}{E}[(1-\mu)\sigma_x - \mu\sigma_y] \\[2mm] \varepsilon_y = \dfrac{1+\mu}{E}[(1-\mu)\sigma_y - \mu\sigma_x] \\[2mm] \gamma_{xy} = \dfrac{1}{G}\tau_{xy} \end{cases} \quad (13.8\text{-}19)$$

2. 轴对称问题

在空间问题中，如果弹性体的几何形状、约束状态以及外载荷都对称于某一根轴（过该轴的任一平面都是对称面），那么弹性体的所有应力、应变和位移也都对称于这根轴，这类问题通常称为空间轴对称问题。

轴对称问题通常采用圆柱坐标系 (r, θ, z)。假设弹性体的对称轴为 z 轴，则所有应力分量、应变分量和位移分量都只是 r 与 z 的函数，与 θ 无关。用间距为 $\mathrm{d}r$ 的两个圆柱面且互成 $\mathrm{d}\theta$ 角的两个垂直面及两个相距 $\mathrm{d}z$ 的水平面从弹性体中割取一个微小六面体，如图 13.8-3 所示。

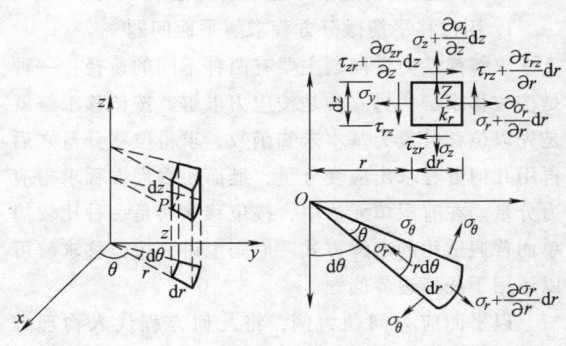

图 13.8-3　轴对称问题

沿 r 方向的正应力，称为径向正应力，用 σ_r 表示；沿 θ 方向的正应力，称为环向正应力，用 σ_θ 表示；沿 z 方向的正应力，称为轴向正应力，用 σ_z 来表示；作用在水平面上沿 r 方向的切应力，用 τ_{zr} 来代表。按切应力互等定理，有 $\tau_{zr} = \tau_{rz}$。另外，由于对称性，$\tau_{r\theta} = \tau_{\theta r}$ 及 $\tau_{z\theta} = \tau_{\theta z}$ 都不存在。这样，总共只有

4 个应力分量，即 σ_r、σ_θ、σ_z、τ_{zr}，它们都只是 r 和 z 的函数。此外，径向体力用 K 表示，而轴向体力（z 方向的体力）用 Z 代表。则空间轴对称问题的平衡微分方程为

$$\begin{cases} \dfrac{\partial \sigma_r}{\partial r} + \dfrac{\partial \tau_{zr}}{\partial z} + \dfrac{\sigma_r - \sigma_\theta}{r} + K = 0 \\ \dfrac{\partial \sigma_z}{\partial z} + \dfrac{\partial \tau_{zr}}{\partial r} + \dfrac{\tau_{rz}}{r} + Z = 0 \end{cases} \quad (13.8\text{-}20)$$

同样的方法可以得到空间轴对称问题的几何方程：

$$\begin{bmatrix} \varepsilon_r \\ \varepsilon_\theta \\ \varepsilon_z \\ \gamma_{zr} \end{bmatrix} = \begin{bmatrix} \dfrac{\partial u}{\partial r} \\ \dfrac{u}{r} \\ \dfrac{\partial w}{\partial z} \\ \dfrac{\partial u}{\partial z} + \dfrac{\partial w}{\partial r} \end{bmatrix} \quad (13.8\text{-}21)$$

由于极坐标也是一种正交坐标，所以轴对称问题的物理方程可以直接根据胡克定律得到，即

$$\begin{cases} \varepsilon_r = \dfrac{1}{E}[\sigma_r - \mu(\sigma_\theta + \sigma_z)] \\ \varepsilon_\theta = \dfrac{1}{E}[\sigma_\theta - \mu(\sigma_z + \sigma_r)] \\ \varepsilon_z = \dfrac{1}{E}[\sigma_z - \mu(\sigma_r + \sigma_\theta)] \\ \gamma_{zr} = \dfrac{1}{G}\tau_{zr} = \dfrac{2(1+\mu)}{E}\tau_{zr} \end{cases} \quad (13.8\text{-}22)$$

1.2.4 弹性力学问题的一般求解方法

1. 用位移平衡微分方程求解平面问题

求解弹性力学问题主要有两种不同的途径：一种是按位移求解，另一种是按应力求解。按位移求解就是先以位移分量为基本未知函数，求得位移分量之后再用几何方程求出应变分量，继而用物理方程求得应力分量。在有限单元法中，按位移求解是一种比较简单而普遍适用的求解方式。原则上讲，按位移求解可以适用于任何边界问题。

以平面应力问题为例，将几何方程代入物理方程，得位移法求解平面应力问题的基本微分方程式：

$$\begin{cases} \dfrac{E}{1-\mu^2}\left(\dfrac{\partial^2 u}{\partial x^2} + \dfrac{1-\mu}{2}\dfrac{\partial^2 u}{\partial y^2} + \dfrac{1+\mu}{2}\dfrac{\partial^2 v}{\partial x\partial y}\right) + X = 0 \\ \dfrac{E}{1-\mu^2}\left(\dfrac{\partial^2 v}{\partial y^2} + \dfrac{1-\mu}{2}\dfrac{\partial^2 v}{\partial x^2} + \dfrac{1+\mu}{2}\dfrac{\partial^2 u}{\partial x\partial y}\right) + Y = 0 \end{cases} \quad (13.8\text{-}23)$$

位移边界条件为

$$\begin{cases} u_s = \bar{u} \\ v_s = \bar{v} \end{cases} \quad (13.8\text{-}24)$$

用位移分量表达的应力边界条件为

$$\begin{cases} \dfrac{E}{1-\mu^2}\left[n_x\left(\dfrac{\partial u}{\partial x} + \mu\dfrac{\partial v}{\partial y}\right) + n_y\dfrac{1-\mu}{2}\left(\dfrac{\partial u}{\partial y} + \dfrac{\partial v}{\partial x}\right)\right]_S + \bar{X} = 0 \\ \dfrac{E}{1-\mu^2}\left[n_y\left(\dfrac{\partial v}{\partial y} + \mu\dfrac{\partial u}{\partial x}\right) + n_x\dfrac{1-\mu}{2}\left(\dfrac{\partial v}{\partial x} + \dfrac{\partial u}{\partial y}\right)\right]_S + \bar{Y} = 0 \end{cases}$$
$$(13.8\text{-}25)$$

对于平面应变问题，只需在上面的各个方程中将 E 换成 $\dfrac{E}{1-\mu^2}$，将 μ 换成 $\dfrac{\mu}{1-\mu}$。

利用上式求出位移分量，再由几何方程求出应变，最后可以用物理方程求出应力。可是，采用这种方法需要处理两个偏微分方程，有时不能得到确切解。

2. 利用相容性条件按应力求解平面问题

为了保证弹性体内任一点都有确定的位移，防止变形后的微元体之间出现开裂与重叠，应变分量 ε_x，ε_y，γ_{xy} 应满足相容性方程：

$$\begin{cases} \dfrac{\partial^2 \varepsilon_x}{\partial y^2} + \dfrac{\partial^2 \varepsilon_y}{\partial x^2} = \dfrac{\partial^2 \gamma_{xy}}{\partial x\partial y} \\ \dfrac{\partial^2 \varepsilon_y}{\partial z^2} + \dfrac{\partial^2 \varepsilon_z}{\partial y^2} = \dfrac{\partial^2 \gamma_{yz}}{\partial y\partial z} \\ \dfrac{\partial^2 \varepsilon_z}{\partial x^2} + \dfrac{\partial^2 \varepsilon_x}{\partial z^2} = \dfrac{\partial^2 \gamma_{zx}}{\partial z\partial x} \\ \dfrac{\partial}{\partial z}\left(\dfrac{\partial \gamma_{yz}}{\partial x} + \dfrac{\partial \gamma_{zx}}{\partial y} - \dfrac{\partial \gamma_{xy}}{\partial z}\right) = 2\dfrac{\partial^2 \varepsilon_z}{\partial x\partial y} \\ \dfrac{\partial}{\partial x}\left(\dfrac{\partial \gamma_{zx}}{\partial y} + \dfrac{\partial \gamma_{xy}}{\partial z} - \dfrac{\partial \gamma_{yz}}{\partial x}\right) = 2\dfrac{\partial^2 \varepsilon_x}{\partial y\partial z} \\ \dfrac{\partial}{\partial y}\left(\dfrac{\partial \gamma_{xy}}{\partial z} + \dfrac{\partial \gamma_{yz}}{\partial x} - \dfrac{\partial \gamma_{zx}}{\partial y}\right) = 2\dfrac{\partial^2 \varepsilon_y}{\partial z\partial x} \end{cases}$$
$$(13.8\text{-}26)$$

根据平面问题的物理方程和平衡微分方程进行整理，可得通过相容性条件按应力求解平面问题的方程式：

$$\left(\dfrac{\partial^2}{\partial x^2} + \dfrac{\partial^2}{\partial y^2}\right)(\sigma_x + \sigma_y) = -(1+\mu)\left(\dfrac{\partial X}{\partial x} + \dfrac{\partial Y}{\partial y}\right)$$
$$(13.8\text{-}27)$$

对于平面应变问题，只要将上式中 μ 换成 $\dfrac{\mu}{1-\mu}$ 即可。

3. Airy 应力函数

对于平面问题的应力平衡微分方程，其解包含两部分：特解和通解。

假设其通解为

$$\sigma_x = \frac{\partial^2 \varphi}{\partial y^2}, \sigma_y = \frac{\partial^2 \varphi}{\partial x^2}, \tau_{xy} = -\frac{\partial^2 \varphi}{\partial x \partial y}$$

$$(13.8\text{-}28)$$

特解为：$\sigma_x = -Xx$，$\sigma_y = -Yy$，$\tau_{xy} = 0$，其中，$\varphi(x, y)$ 是平面问题的应力函数。

则整个平衡微分方程的全解为

$$\sigma_x = \frac{\partial^2 \varphi}{\partial y^2} - Xx, \sigma_y = \frac{\partial^2 \varphi}{\partial x^2} - Yy, \tau_{xy} = 0$$

$$(13.8\text{-}29)$$

应力分量也应满足相容方程。对于平面问题，假如体积力可以忽略，可得用应力函数 $\varphi(x, y)$ 表达的相容性方程：

$$\frac{\partial^4 \varphi}{\partial x^4} + 2\frac{\partial^4 \varphi}{\partial x^2 \partial y^2} + \frac{\partial^4 \varphi}{\partial y^4} = 0 \quad (13.8\text{-}30)$$

应力函数的创建需要一定的经验，不同的问题应使用不同的应力函数。用上述方法计算出应力后，再进一步计算出应变，最后通过应变可以计算出位移。

1.2.5 有限元求解的基本步骤

本节以位移法求解平面问题为例，讨论基于假设位移场的有限元的一般方法。

1. 结构的离散化

所谓离散化，也叫划分网格，这是有限元分析的第一步。离散化时，必须根据问题对象选择单元的类型、数目和划分方案。

2. 位移模式的选择

位移模式描述利用节点位移表示单元体内任意一点的位移、应变和应力的方法。通常可以选择一个简单的函数来近似地构造这种模式，这种函数又称为位移函数。在有限元法应用中，往往采用简单的代数多项式作为位移模式。

根据所选定的位移模式，可以导出用节点位移表示单元内任一点位移的关系式，其矩阵形式为

$$\{f\} = [N]\{d^e\} \quad (13.8\text{-}31)$$

其中，$\{f\}$ 为单元内任一点的位移分量组成的位移列向量；$\{d^e\}$ 为单元的所有节点的位移分量组成的列向量；$[N]$ 称为形函数矩阵，它的元素为形函数，是位置坐标的函数。

3. 单元特性分析

位移模式选定后，利用弹性力学几何方程，由关系式 (13.8-31) 可得用节点位移表示的单元内任一点应变的关系式：

$$\{\varepsilon\} = [B]\{d^e\} \quad (13.8\text{-}32)$$

其中，$\{\varepsilon\}$ 为单元内任一点所有应变分量组成的应变列向量；$[B]$ 被称为应变矩阵，$[B] = [L][N]$。

利用弹性力学物理方程，由关系式 (13.8-32) 可得用节点位移表示的单元内任一点应力的关系式：

$$\{\sigma\} = [D][B]\{d^e\} \quad (13.8\text{-}33)$$

其中，$\{\sigma\}$ 为单元内任一点所有应力分量组成的应力列向量；$[D]$ 是与单元材料相关的弹性矩阵。

在式 (13.8-32) 和式 (13.8-33) 的基础上，利用虚位移原理建立作用于单元的节点力和节点位移之间的关系式，即单元刚度方程：

$$\{R^e\} = [k]\{d^e\} \quad (13.8\text{-}34)$$

其中，$\{R^e\}$ 是单元各节点所有节点力分量构成的节点力列向量；$[k]$ 称为单元刚度矩阵，在直角坐标系中，有

$$[k] = \iiint_{V^e} [B]^\mathrm{T} [D][B]\mathrm{d}V \quad (13.8\text{-}35)$$

它是一个对整个单元的积分。

4. 计算等效节点力

结构离散化后，单元间是通过节点来传递内力和载荷的，但实际结构载荷往往作用在单元的边界表面、体内或非节点处，因此需要通过虚功等效的原则，算出与实际载荷等效的节点力，代替实际载荷，组成等效节点力列向量 $\{R^e\}$。一般情况下，$\{R^e\}$ 中的四项分别为初应变、初应力、体积力和表面力引起的等效节点载荷。

$$\{R^e\} = \iiint_{V^e} [B]^\mathrm{T} [D]\{\varepsilon_0\}\mathrm{d}V - \iiint_{V^e} [B]^\mathrm{T} \{\sigma_0\}$$

$$\mathrm{d}V + \iiint_{V^e} [N]^\mathrm{T} \{q\}\mathrm{d}V + \iint_{S^e} [N]^\mathrm{T} \{p\}\mathrm{d}S$$

$$(13.8\text{-}36)$$

其中，V^e 为单元的体积；S^e 是它的表面，在表面积分中，$[N]$ 是在 S^e 上计算的。

5. 坐标变换

把各单元的刚度矩阵和载荷向量集合起来形成总刚度矩阵和载荷向量，才能得到系统的平衡方程。通常单元刚度矩阵和单元载荷向量是在各自的局部坐标中计算的，在组集之前单元刚度矩阵和载荷向量需要作坐标转换，从各自的局部坐标转换到总体坐标后才能进行组集。

$$[\bar{k}] = [T]^\mathrm{T} [k][T] \quad (13.8\text{-}37)$$

其中，$[\bar{k}]$ 和 $[k]$ 分别为总体和局部坐标中的单元刚度矩阵；$[T]$ 为坐标变换矩阵。

6. 建立整个结构的平衡方程

基于整个离散结构各节点的力的平衡，利用各单元刚度方程，组成整个结构的平衡方程，也称为总刚度方程：

$$[K]\{\delta\} = \{R\} \quad (13.8\text{-}38)$$

其中，$[K]$ 为总刚度矩阵，由各单元刚度矩阵集合而成；$\{\delta\}$ 为整个结构所有节点位移分量集合成的节点位移列向量；$\{R\}$ 是由各单元等效节点力集合成的总体载荷列向量。

总刚度矩阵 $[K]$ 是节点外力与节点位移之间的关系矩阵，它与单元的弹性性质和尺寸有关，与外载荷及支承无关。其中的任意元素 K_{ij} 表示在第 j 个自由度产生一个单位位移而其余自由度的位移分量保持为零时，在第 i 个自由度上需要加的力。总刚度矩阵有如下性质：

1) 总刚度矩阵是对称的方阵，$K_{ij} = K_{ji}$，且 $K_{ii} > 0$；

2) 总刚度矩阵是一个奇异矩阵，在排除刚体位移后，它是正定阵；

3) 总刚度矩阵是一个稀疏矩阵，如果遵守一定的编号规则，可使非零元素集中在主对角线两侧呈带状。

7. 边界条件的处理

应用总体自由度编号方法组集形成的总刚度方程中已经排除了给定零位移的边界条件。对于给定非零位移边界条件，可以用下面的方法处理方程：

(1) 置零法　该法保持总刚度方程阶数不变，而对总刚度矩阵和载荷列向量进行修正。如已知某节点某坐标轴方向的位移值，则令总刚度矩阵中该节点该方向对应的主元等于 1，而该主元所在行和列的其余元素都等于零，同时令载荷列向量中与主元对应行的元素等于已知位移值，其余元素各自减去主元所在列中对应行的元素乘以已知位移。例如，在总刚度方程 (n) 中，已知 $u_1 = \alpha$，$v_2 = \beta$，引进这两个已知节点位移后，方程 (n) 变为

$$\begin{bmatrix} 1 & 0 & 0 & 0 & 0 & \cdots & 0 & 0 \\ 0 & k_{22} & k_{23} & 0 & k_{25} & \cdots & k_{2,2n-1} & k_{2,2n} \\ 0 & k_{32} & k_{33} & 0 & k_{35} & \cdots & k_{3,2n-1} & k_{3,2n} \\ 0 & 0 & 0 & 1 & 0 & \cdots & 0 & 0 \\ 0 & k_{52} & k_{53} & 0 & k_{55} & \cdots & k_{5,2n-1} & k_{5,2n} \\ \vdots & \vdots & \vdots & \vdots & \vdots & & \vdots & \vdots \\ 0 & k_{2n-1,2} & k_{2n-1,3} & 0 & k_{2n-1,5} & \cdots & k_{2n-1,2n-1} & k_{2n-1,2n} \\ 0 & k_{2n,2} & k_{2n,3} & 0 & k_{2n,5} & \cdots & k_{2n-1,2n-1} & k_{2n,2n} \end{bmatrix} \begin{Bmatrix} u_1 \\ v_1 \\ u_2 \\ v_2 \\ u_3 \\ \vdots \\ u_n \\ v_n \end{Bmatrix} = \begin{Bmatrix} \alpha \\ R_{1y} - k_{21}\alpha - k_{24}\beta \\ R_{2x} - k_{31}\alpha - k_{34}\beta \\ \beta \\ R_{3x} - k_{51}\alpha - k_{54}\beta \\ \vdots \\ R_{nx} - k_{2n-1,1}\alpha - k_{2n-1,4}\beta \\ R_{ny} - k_{2n,1}\alpha - k_{2n,4}\beta \end{Bmatrix}$$

$$(13.8\text{-}39)$$

从上式可见第一个方程即 $u_1 = \alpha$，第四个方程即 $v_2 = \beta$。其余各方程都是在展开后将方程左端的已知位移乘以对应的刚度元素移项至右端。这种方法可以处理零位移约束，也可处理非零位移约束，对零位移约束的处理尤其方便。

(2) 乘大数法　这种方法将总刚度矩阵中与已知节点位移对应的主元乘以一个大数，例如 1×10^{15}，同时将载荷列向量中对应元素换以已知节点位移值与主元及同一个大数的乘积，其实质意义就是使总刚度矩阵中相应行的修正项远大于其余项。例如上例中用乘大数法对第 4 行进行处理得

$$k_{41}u_1 + k_{42}v_1 + k_{43}u_2 + k_{44} \times 10^{15}v_2 + k_{45}u + \cdots$$
$$+ k_{4,2n-1}u_n + k_{4,2n}v_n = \beta k_{44} \times 10^{15}$$

$$(13.8\text{-}40)$$

由于 $k_{44} \times 10^{15} \gg k_{4j}$（$j = 1, 2, 3, 5, \cdots, 2n$），所以上方程相当于 $v_2 = \beta$。显然这种方法更适用于非零位移约束。

8. 求解未知节点位移和计算单元应力

平衡方程（13.8-38）在考虑了边界约束条件，进行适当修改后，就成为可以求解的以所有节点位移为未知量的方程组，该方程是一个有唯一解答的线性方程组。当用有限元法求解一个较复杂的弹性结构问题时，为了得到较好的近似解，有限元模型的单元数和节点数都很大，形成的线性方程组的阶数很高，此时可以利用总刚度矩阵 $[K]$ 大型、对称、稀疏、带状分布以及正定、主元占优的特点。

1.3　机械结构分析中的常用单元

由于实际机械结构往往较为复杂，即使对结构进行了简化处理后，仍然很难用某种单一的单元来描述，因此在用有限元法进行结构分析时，应当选用合适的单元进行连续结构体的离散化，以便使所建立的计算力学模型能在工程意义上尽量接近实际结构，提高计算精度。目前常见的有限元分析程序和软件都备有丰富的单元库供用户使用。下面介绍常见的几种单元类型。

1.3.1　一维梁单元

一维梁单元可以承受弯矩和轴向力，在工程实际中，诸如机床的主轴和导轨、大型管道管壁的加强肋、机械结构中的连接螺栓、传动轴等均可用平面梁

单元来处理。一维梁单元只有两个节点，每个节点在平面内具有三个自由度，即轴向自由度 u、横向自由度 v 和转动自由度 w。

（1）局部坐标系的单元刚度矩阵　空间桁架单元如图 13.8-4 所示，在局部坐标系 $Oxyz$ 中，单元 ij 的刚度矩阵为

$$[k] = \frac{EA}{L} \begin{bmatrix} 1 & -1 \\ -1 & 1 \end{bmatrix} \qquad (13.8\text{-}41)$$

其中，E 为弹性模量；A 为杆的截面积；L 为杆长。

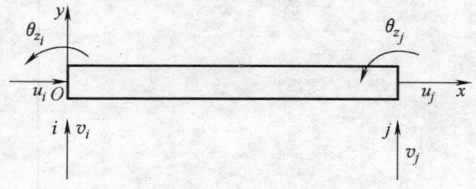

图 13.8-4　空间桁架单元

（2）坐标变换矩阵　如果 i，j 的坐标分别为 (x_i, y_i, z_i) 和 (x_j, y_j, z_j)，则

$$\begin{aligned} a &= x_j - x_i \\ b &= y_j - y_i \\ c &= z_j - z_i \\ L &= \sqrt{a^2 + b^2 + c^2} \end{aligned} \qquad (13.8\text{-}42)$$

设 α、β、γ 为杆与 x、y、z 轴的夹角，其方向余弦为

$$l = \cos\alpha = \frac{a}{L};\ m = \cos\beta = \frac{b}{L};\ n = \cos\gamma = \frac{c}{L}$$

局部坐标系的单元节点 i 和 j 的节点位移 u_i 和 u_j 与总体坐标系的节点位移 $\bar{u}_i$、$\bar{v}_i$、$\bar{w}_i$ 和 $\bar{u}_j$、$\bar{v}_j$、$\bar{w}_j$ 的关系为

$$\begin{Bmatrix} u_i \\ u_j \end{Bmatrix} = \begin{bmatrix} l & m & n & 0 & 0 & 0 \\ 0 & 0 & 0 & l & m & n \end{bmatrix} \begin{Bmatrix} \bar{u}_i \\ \bar{v}_i \\ \bar{w}_i \\ \bar{u}_j \\ \bar{v}_j \\ \bar{w}_j \end{Bmatrix} \qquad (13.8\text{-}43)$$

即
$$\{d^e\} = [T]\{\overline{d^e}\}$$

式中，$[T]$ 为坐标转换矩阵。

（3）总体坐标系中的单元刚度矩阵　将局部坐标系中的单元刚度矩阵相应地扩充为 6×6 矩阵：

$$[k] = \frac{EA}{L} \begin{bmatrix} 1 & 0 & 0 & -1 & 0 & 0 \\ 0 & 0 & 0 & 0 & 0 & 0 \\ 0 & 0 & 0 & 0 & 0 & 0 \\ 1 & 0 & 0 & 1 & 0 & 0 \\ 0 & 0 & 0 & 0 & 0 & 0 \\ 0 & 0 & 0 & 0 & 0 & 0 \end{bmatrix} \qquad (13.8\text{-}44)$$

$$[\bar{k}] = \frac{EA}{L} \begin{bmatrix} l^2 & lm & ln & -l^2 & -lm & -ln \\ & m^2 & mn & -lm & -m^2 & -mn \\ & & n^2 & -ln & -mn & -n^2 \\ & & & l^2 & lm & ln \\ \text{对称} & & & & m^2 & mn \\ & & & & & n^2 \end{bmatrix} \qquad (13.8\text{-}45)$$

（4）单元应力计算　单元应力为

$$\{\sigma\} = [D]\{\varepsilon\} = [D][B]\{d^e\} = [D][B][T]\{\overline{d^e}\} = [S]\{\overline{d^e}\} \qquad (13.8\text{-}46)$$

式中，$[S] = [D][B][T]$ 为单元应力矩阵，其具体形式为

$$[S] = E\begin{bmatrix} -\dfrac{1}{L} & 0 & 0 & \dfrac{1}{L} & 0 & 0 \end{bmatrix}$$

$$\begin{bmatrix} l & m & n & 0 & 0 & 0 \\ 0 & 0 & 0 & 0 & 0 & 0 \\ 0 & 0 & 0 & 0 & 0 & 0 \\ 0 & 0 & 0 & l & m & n \\ 0 & 0 & 0 & 0 & 0 & 0 \\ 0 & 0 & 0 & 0 & 0 & 0 \end{bmatrix} = \frac{E}{L}\begin{bmatrix} -l & -m & -n & l & m & n \end{bmatrix}$$

$$(13.8\text{-}47)$$

1.3.2　空间梁单元

空间梁单元是平面梁单元向空间的推广，空间梁单元中的每个节点具有六个自由度，即三个方向的平动自由度和三个方向的旋转自由度。

（1）局部坐标系的单元刚度矩阵　空间梁单元局部坐标系规定：以单元轴线，即两端节点 i、j 的连线作为 x 轴，节点 i 为坐标原点，y 和 z 轴的方向与单元截面的两个主惯性轴平行，形成右手坐标系，如图 13.8-5 所示。

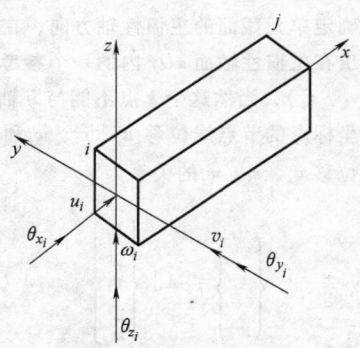

图 13.8-5　空间梁单元

在单元两端 i、j 节点处，u_i、v_i、w_i、u_j、v_j、w_j 为线位移，θ_{xi}、θ_{yi}、θ_{zi}、θ_{xj}、θ_{yj}、θ_{zj} 为转角，所以空间梁单元的节点位移向量为

$$\{d^e\} = \begin{bmatrix} u_i & v_i & w_i & \theta_{xi} & \theta_{yi} & \theta_{zi} \\ u_j & v_j & w_j & \theta_{xj} & \theta_{yj} & \theta_{zj} \end{bmatrix}^{\mathrm{T}}$$

(13.8-48)

与节点位移对应的节点力向量为

$$\{F^e\} = \begin{bmatrix} F_{xi} & F_{yi} & F_{zi} & M_{xi} & M_{yi} & M_{zi} \\ F_{xj} & F_{yj} & F_{zj} & M_{xj} & M_{yj} & M_{zj} \end{bmatrix}^{\mathrm{T}}$$

(13.8-49)

其中，F_{xi}、F_{yi}、F_{zi}、F_{xj}、F_{yj}、F_{zj} 为节点力；M_{xi}、M_{yi}、M_{zi}、M_{xj}、M_{yj}、M_{zj} 为节点的弯矩。

在弹性小变形条件下，可以用叠加原理来建立节点力与节点位移的关系式。空间梁单元的复杂形状态可以分解成轴向拉压、扭转、xy 及 zx 平面内的平面弯曲四种变形形式的叠加，用矩阵表示为

$$[k]\{d^e\} = \{F^e\}$$

(13.8-50)

式中，$\{F^e\}$、$\{d^e\}$ 和 $[k]$ 分别是局部坐标系的单元节点力向量、单元节点位移向量和单元刚度矩阵。其中，局部坐标下的单元刚度矩阵如下：

$$[k] = \begin{bmatrix}
\frac{EA}{l} & & & & & & & & & & & \\
0 & \frac{12EI_z}{l^3} & & & & & & & & & & \\
0 & 0 & \frac{12EI_y}{l^3} & & & & & & & & & \\
0 & 0 & 0 & \frac{GI_x}{l} & & & & & & & & \\
0 & 0 & -\frac{6EI_y}{l^3} & 0 & \frac{4EI_y}{l} & & \text{对} & & & & & \\
0 & \frac{6EI_z}{l^3} & 0 & 0 & 0 & \frac{4EI_z}{l} & & & & & & \\
-\frac{EA}{l} & 0 & 0 & 0 & 0 & 0 & \frac{EA}{l} & & \text{称} & & & \\
0 & -\frac{12EI_z}{l^3} & 0 & 0 & 0 & -\frac{6EI_z}{l^2} & 0 & \frac{12EI_z}{l^3} & & & & \\
0 & 0 & -\frac{12EI_y}{l^3} & 0 & \frac{6EI_y}{l^3} & 0 & 0 & 0 & \frac{12EI_y}{l^3} & & & \\
0 & 0 & 0 & -\frac{GI_x}{l} & 0 & 0 & 0 & 0 & 0 & \frac{GI_x}{l} & & \\
0 & 0 & -\frac{6EI_y}{l^3} & 0 & \frac{2EI_y}{l} & 0 & 0 & 0 & \frac{6EI_y}{l^2} & 0 & \frac{4EI_y}{l} & \\
0 & \frac{6EI_z}{l^2} & 0 & 0 & 0 & \frac{2EI_z}{l} & 0 & -\frac{6EI_z}{l^2} & 0 & 0 & 0 & \frac{4EI_z}{l}
\end{bmatrix}$$

(13.8-51)

（2）坐标变换矩阵　根据梁的局部坐标系的规定，为了确定单元截面的主惯性轴方向，在输入数据中还应给出在主惯性轴平面 xOy 内的一个参考点 k 的坐标 (x_k, y_k, z_k)，当然这个 k 点不能与 ij 轴线共线。

局部坐标点的节点线位移 u_i、v_i、w_i 和总体坐标点的节点位移 $\bar{u}_i$、$\bar{v}_i$、$\bar{w}_i$ 的关系为

$$\begin{Bmatrix} u_i \\ v_i \\ w_i \end{Bmatrix} = [\lambda] \begin{Bmatrix} \bar{u}_i \\ \bar{v}_i \\ \bar{w}_i \end{Bmatrix}$$

(13.8-52)

式中，$[\lambda]$ 为变换矩阵

$$[\lambda] = \begin{bmatrix} l_1 & m_1 & n_1 \\ l_2 & m_2 & n_2 \\ l_3 & m_3 & n_3 \end{bmatrix}$$

(13.8-53)

根据向量变换公式，局部坐标系单元节点位移 $\{d^e\}$ 和总体坐标系节点位移 $\{\bar{d}^e\}$ 的变换关系是

$$\{d^e\} = [T]\{\bar{d}^e\}$$

(13.8-54)

$[T]$ 为 12×12 的单元坐标变换阵：

$$[T] = \begin{bmatrix} [\lambda] & 0 & 0 & 0 \\ 0 & [\lambda] & 0 & 0 \\ 0 & 0 & [\lambda] & 0 \\ 0 & 0 & 0 & [\lambda] \end{bmatrix}$$

(13.8-55)

其中，子矩阵 $[\lambda]$ 按式（13.8-53）计算。

一个构件究竟能否简化为梁单元，与结构分析的要求和目的有关。例如对于机械传动系统中的传动轴，如果分析的是包括箱体、传动轴和齿轮在内的整个传动系统，则可用梁单元来处理，但如果分析的是传动轴本身的应力集中问题，则要作为三维问题来处理，可以选择实体单元等。

1.3.3　二维平面三节点三角形单元

由于三角形单元对复杂边界有较强的适应能力，因此很容易将一个二维域离散成有限个三角形单元，如图 13.8-6 所示。在边界上以若干段直线近似表示原来的曲线边界，随着单元增多这种拟合将越精确。

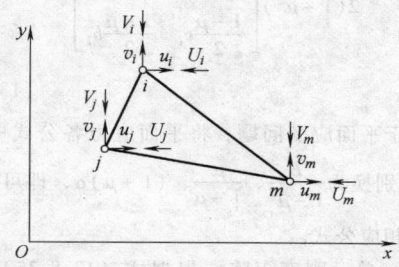

图 13.8-6　三节点三角形单元

典型的三节点三角形单元的节点编号为 i、j、m，以逆时针方向编码为正向。每个节点有两个自由度。单元内任意一点的位移为一个节点上的节点位移为

$$\{f\} = \begin{Bmatrix} u \\ v \end{Bmatrix} \quad (13.8\text{-}56)$$

每个单元有 3 个节点、6 个节点自由度：

$$\{d^e\} = \begin{Bmatrix} d_i^e \\ d_j^e \\ d_m^e \end{Bmatrix} = \begin{bmatrix} u_i & v_i & u_j & v_j & u_m & v_m \end{bmatrix}^T$$

$$(13.8\text{-}57)$$

（1）单元位移模式及形函数　三节点三角形单元位移模式取一次多项式

$$\begin{cases} u = \alpha_1 + \alpha_2 x + \alpha_3 y \\ v = \alpha_4 + \alpha_5 x + \alpha_6 y \end{cases} \quad (13.8\text{-}58)$$

其中，$\alpha_1 \sim \alpha_6$ 是待定系数，称之为广义坐标。6 个广义坐标可由单元的 6 个节点位移来确定，即可将位移函数表示成节点位移的函数

$$\begin{cases} u = N_i u_i + N_j u_j + N_m u_m \\ v = N_i v_i + N_j v_j + N_m v_m \end{cases} \quad (13.8\text{-}59)$$

其中

$$N_i = \frac{1}{2A}(a_i + b_i x + c_i y) \quad (i \searrow j \searrow m \text{ 轮换})$$

$$(13.8\text{-}60)$$

A 是三角形单元的面积。

$$A = \frac{1}{2}\begin{bmatrix} 1 & x_i & y_i \\ 1 & x_j & y_j \\ 1 & x_m & y_m \end{bmatrix} \quad (13.8\text{-}61)$$

$$a_i = \begin{vmatrix} x_j & y_j \\ x_m & y_m \end{vmatrix} = x_j y_m - x_m y_j \quad (13.8\text{-}62)$$

$$b_i = -\begin{vmatrix} 1 & y_j \\ 1 & y_m \end{vmatrix} = y_j - y_m \quad (13.8\text{-}63)$$

$$c_i = \begin{vmatrix} 1 & x_j \\ 1 & x_m \end{vmatrix} = -x_j + x_m \quad (13.8\text{-}64)$$

N_i、N_j、N_m 称为插值函数或形函数，它是坐标的一次函数。a_i、b_i、c_i、$\cdots$、c_m 是常数，取决于三个节点的坐标。单元面积 A 也可以通过这些系数表示：

$$A = \frac{1}{2}(a_i + a_j + a_m) = \frac{1}{2}(b_i c_j - b_j c_i)$$

$$(13.8\text{-}65)$$

则式（13.8-56）的矩阵形式是

$$\{f\} = \begin{Bmatrix} u \\ v \end{Bmatrix} = \begin{bmatrix} N_i & 0 & N_j & 0 & N_m & 0 \\ 0 & N_i & 0 & N_j & 0 & N_m \end{bmatrix} \begin{Bmatrix} u_i \\ v_i \\ u_j \\ v_j \\ u_m \\ v_m \end{Bmatrix}$$

$$(13.8\text{-}66)$$

即　　　$\{f\} = [N]\{d^e\}$

式中，$[N]$ 称为插值函数矩阵或形函数矩阵。

（2）单元应变矩阵　作为平面问题，单元有 3 个应变分量 ε_x、ε_y、γ_{xy}，可以用矩阵表示如下：

$$\{\varepsilon\} = \begin{Bmatrix} \varepsilon_x \\ \varepsilon_y \\ \gamma_{xy} \end{Bmatrix} = \begin{Bmatrix} \dfrac{\partial u}{\partial x} \\ \dfrac{\partial v}{\partial y} \\ \dfrac{\partial u}{\partial x} + \dfrac{\partial v}{\partial y} \end{Bmatrix} \quad (13.8\text{-}67)$$

将位移函数式（13.8-66）代入式（13.8-67），得到

$$\{\varepsilon\} = \begin{bmatrix} \dfrac{\partial N_i}{\partial x} & 0 & \dfrac{\partial N_j}{\partial x} & 0 & \dfrac{\partial N_m}{\partial x} & 0 \\ 0 & \dfrac{\partial N_i}{\partial y} & 0 & \dfrac{\partial N_j}{\partial y} & 0 & \dfrac{\partial N_m}{\partial y} \\ \dfrac{\partial N_i}{\partial y} & \dfrac{\partial N_i}{\partial x} & \dfrac{\partial N_j}{\partial y} & \dfrac{\partial N_j}{\partial x} & \dfrac{\partial N_m}{\partial y} & \dfrac{\partial N_m}{\partial x} \end{bmatrix}$$

$$\begin{Bmatrix} u_i \\ v_i \\ u_j \\ v_j \\ u_m \\ v_m \end{Bmatrix} = \frac{1}{2A}\begin{bmatrix} b_i & 0 & b_j & 0 & b_m & 0 \\ 0 & c_i & 0 & c_j & 0 & c_m \\ c_i & b_i & c_j & b_j & c_m & b_m \end{bmatrix}\{d^e\}$$

$$(13.8\text{-}68)$$

或　　　　　$\{\varepsilon\} = [B]\{d^e\}$

其中矩阵 $[B]$ 可写为分块形式，即

$$[B] = [B_i \quad B_j \quad B_m] \qquad (13.8\text{-}69)$$

而其子矩阵为

$$[B_i] = \frac{1}{2A}\begin{bmatrix} b_i & 0 \\ 0 & c_i \\ c_i & b_i \end{bmatrix} \qquad (i、j、m \text{ 轮换})$$

$$(13.8\text{-}70)$$

由于 $[B]$ 为常数矩阵，应变 $\{\varepsilon\}$ 在单元中是常数，因此这种单元有时称为常应变三角形（CST）单元。

（3）单元应力　根据广义胡克定律，对于各向同性体的平面应力问题，应力应变关系为

$$\begin{Bmatrix} \sigma_x \\ \sigma_y \\ \tau_{xy} \end{Bmatrix} = \frac{E}{1-\mu^2}\begin{bmatrix} 1 & \mu & 0 \\ \mu & 1 & 0 \\ 0 & 0 & \frac{1-\mu}{2} \end{bmatrix}\begin{Bmatrix} \varepsilon_x \\ \varepsilon_y \\ \lambda_{xy} \end{Bmatrix}$$

$$(13.8\text{-}71)$$

或　　　　　$\{\sigma\} = [D]\{\varepsilon\}$

$$[k] = H\begin{bmatrix} b_i^2 + qc_i^2 & rb_ic_i & b_ib_j + qb_ic_j & pb_ic_j + qb_jc_i & b_ib_m + qc_ic_m & pb_ic_m + qb_mc_i \\ & c_i^2 + qb_i^2 & pb_jc_i + qb_ic_j & c_ic_j + qb_ib_j & pb_mc_i + qb_ic_m & c_ic_m + qb_ib_m \\ & & b_j^2 + qc_j^2 & rb_jc_i & b_jb_m + qc_jc_m & pb_jc_m + qb_mc_j \\ & 对称 & & c_j^2 + qb_j^2c_j^2 & pb_mc_j + qb_jc_m & c_jc_m + qb_jb_m \\ & & & & b_m^2 + qc_m^2 & rb_mc_m \\ & & & & & c_m^2 + qb_m^2 \end{bmatrix}$$

$$(13.8\text{-}77)$$

平面应变：$H = \dfrac{E(1-\mu)t}{4(1+\mu)(1-2\mu)A}$，$p = \dfrac{\mu}{1-\mu}$，$q = \dfrac{1-2\mu}{2(1-\mu)}$，$r = \dfrac{1}{2(1-\mu)}$。

平面应力：$H = \dfrac{Et}{4(1-\mu^2)A}$，$p = \mu$，$q = \dfrac{1-\mu}{2}$，$r = \dfrac{1+\mu}{2}$。

1.3.4　二维平面四节点四边形单元

1. 单元位移函数

常应变三角形单元是在有限元法中最早应用的单

$$[D] = \frac{E}{1-\mu^2}\begin{bmatrix} 1 & \mu & 0 \\ \mu & 1 & 0 \\ 0 & 0 & \frac{1-\mu}{2} \end{bmatrix} \qquad (13.8\text{-}72)$$

把式（13.8-68）代入（13.8-71），得到

$$\{\sigma\} = \{S\}[d^e] \qquad (13.8\text{-}73)$$

式中，$[S]$ 为应力矩阵，$[S] = [D][B] = [S_i \quad S_j \quad S_m]$。

$$[S_i] = [D][B_i]$$

$$= \frac{E}{2(1-\mu^2)}\begin{bmatrix} b_i & \mu c_i \\ \mu b_i & c_i \\ \frac{1-\mu}{2}c_i & \frac{1-\mu}{2}b_i \end{bmatrix} \quad (i、j、m \text{ 轮换})$$

$$(13.8\text{-}74)$$

对于平面应变问题，将平面应力各公式中的 E、μ、α 分别换为 $\dfrac{E}{1-\mu^2}$、$\dfrac{\mu}{1-\mu}$、$(1+\mu)\alpha$，即可得到平面应变相应公式。

（4）单元刚度矩阵　根据式（13.8-35），单元刚度矩阵为

$$[k] = \iiint_{\Omega^e} [B]^T[D][B]\mathrm{d}V \qquad (13.8\text{-}75)$$

将 3 节点三角形单元的 $[B]$、$[D]$ 等代入上式得

$$[k] = [B]^T[D][B]tA \qquad (13.8\text{-}76)$$

$[k]$ 的具体形式如下：

元之一，由于其简便，目前仍在应用。但由于单元中假定的位移函数为线形函数，故其精度受到限制。一般可以采用矩形单元和三角形高次单元，本节仅介绍前者。

边长为 $2a$ 及 $2b$ 的矩形单元如图 13.8-7 所示。为了简便起见，把坐标原点取在单元形心上，并以平行于两边的两个对称轴作为 z 轴和 y 轴。

单元位移为

$$\{f\} = \begin{Bmatrix} u \\ v \end{Bmatrix} \qquad (13.8\text{-}78)$$

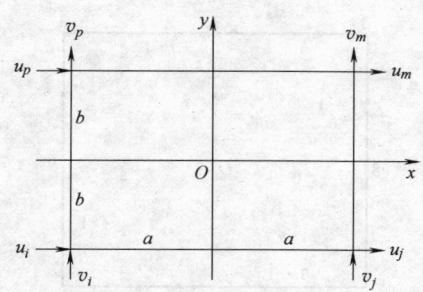

图 13.8-7 四节点四边形单元

单元节点位移为

$$\{d_i^e\} = \begin{Bmatrix} u_i \\ v_i \end{Bmatrix} \tag{13.8-79}$$

假设位移函数为

$$\begin{cases} \alpha_1 + \alpha_2 x + \alpha_3 y + \alpha_4 xy = u \\ \alpha_5 + \alpha_6 x + \alpha_7 y + \alpha_8 xy = v \end{cases} \tag{13.8-80}$$

根据这样的位移模式，可以用节点位移表示广义坐标 $\alpha_1 \sim \alpha_8$，最后得到用单元节点位移表示单元位移的表达式

$$\begin{cases} u = N_i u_i + N_j u_j + N_m u_m + N_p u_p \\ v = N_i v_i + N_j v_j + N_m v_m + N_p v_p \end{cases} \tag{13.8-81}$$

其中，$N_i = \dfrac{1}{4}(1-\xi)(1-\eta)$，$N_j = \dfrac{1}{4}(1+\xi)$ $(1-\eta)$，$N_m = \dfrac{1}{4}(1+\xi)(1+\eta)$，$N_p = \dfrac{1}{4}(1-\xi)$ $(1+\eta) \xi = x/a$，$\eta = y/b$。

也可用矩阵记为

$$\{f\} = \begin{Bmatrix} u \\ v \end{Bmatrix} = [N]\{d^e\} \tag{13.8-82}$$

式中，$[N] = [IN_i \quad IN_j \quad IN_m \quad IN_p]$；$\{d^e\} = [u_i \quad v_i \quad u_j \quad v_j \quad u_m \quad v_m \quad u_p \quad v_p]^T$。其中 I 为二阶单位矩阵，N_i、N_j、N_m、N_p 为矩形单元的形函数。

2. 单元应变

单元应变可以用节点位移表示如下：

$$\{\varepsilon\} = \begin{bmatrix} \dfrac{\partial}{\partial x} & 0 \\ 0 & \dfrac{\partial}{\partial y} \\ \dfrac{\partial}{\partial y} & \dfrac{\partial}{\partial x} \end{bmatrix} \begin{Bmatrix} u \\ v \end{Bmatrix} = [B]\{d^e\} \tag{13.8-83}$$

$$[B] = [L][N] = [B_i \quad B_j \quad B_m \quad B_p] \tag{13.8-84}$$

$$[B_i] = \begin{bmatrix} \dfrac{\partial N_i}{\partial x} & 0 \\ 0 & \dfrac{\partial N_i}{\partial y} \\ \dfrac{\partial N_i}{\partial y} & \dfrac{\partial N_i}{\partial x} \end{bmatrix} \quad (i,j,m,p \text{ 转换}) \tag{13.8-85}$$

把形函数代入上式，可求得

$$[B] = \begin{bmatrix} -(b-y) & 0 & (b-y) & 0 & (b+y) & 0 & -(b+y) & 0 \\ 0 & -(a-x) & 0 & -(a+x) & 0 & -(a+x) & 0 & (a-x) \\ -(a-x) & -(b-y) & -(a+x) & (b-y) & (a+x) & (b+y) & (a-x) & -(b+y) \end{bmatrix} \tag{13.8-86}$$

3. 单元刚度矩阵

把式（13.8-86）代入式（13.8-35）积分得到

平面问题矩形单元的刚度矩阵为

$$[k] = HEt \begin{bmatrix}
\beta + r\alpha & & & & & & & \\
m & \alpha + r\beta & & & & & & \\
-\beta + \frac{1}{2}r\alpha & s & \beta + r\alpha & & & & & \\
-s & \frac{\alpha}{2} - r\beta & -m & \alpha + r\beta & & & \text{对} & \text{称} \\
-\frac{\beta}{2} - \frac{1}{2}r\alpha & -s & \frac{\beta}{2} - r\alpha & s & \beta + r\alpha & & & \\
-m & \frac{\alpha}{2} - \frac{r\beta}{2} & -m & -\alpha + \frac{r\beta}{2} & m & \alpha + r\beta & & \\
\frac{\beta}{2} - r\alpha & -s & -\frac{\beta}{2} - \frac{r\alpha}{2} & m & -\beta + \frac{1}{2}r\alpha & s & \beta + r\alpha & \\
m & -\alpha + \frac{r\beta}{2} & m & -\frac{\alpha}{2} + \frac{r\beta}{2} & -s & \frac{\alpha}{2} - r\beta & -m & \alpha + r\beta
\end{bmatrix} \tag{13.8-87}$$

平面应力：$H = \dfrac{1}{1-\mu^2}$，$r = \dfrac{1-\mu}{2}$，$s = \dfrac{1-3\mu}{8}$，

$m = \dfrac{1+\mu}{8}$，$\alpha = \dfrac{a}{3b}$，$\beta = \dfrac{b}{3a}$。

平面应变：$H = \dfrac{1-\mu}{(1+\mu)(1-2\mu)}$，$r = \dfrac{1-2\mu}{2(1-\mu)}$，

$s = \dfrac{1-4\mu}{8(1-\mu)}$，$m = \dfrac{1}{8(1-\mu)}$，$\alpha = \dfrac{a}{3b}$，$\beta = \dfrac{b}{3a}$。

4. 等效节点力计算

（1）集中力　设单元上任意点受到集中载荷 $\{G\} = [G_x \quad G_y]^T$，则移植到单元各个节点上的等效节点力

$$\{F_i\}^e = \begin{Bmatrix} F_{ix} \\ F_{iy} \end{Bmatrix}^e = (N_i)_c \{G\} \qquad (i = 1,2,3,4)$$

$$(13.8\text{-}88)$$

式中，$(N_i)_c$ 是形函数在载荷作用点的值。

（2）体积力　设单元的单位体积力是 $\{p\} = [p_x \quad p_y]^T$，则移植到单元各个节点上的等效节点力

$$\{P_i\}^e = \begin{Bmatrix} P_{ix} \\ P_{iy} \end{Bmatrix}^e = \int_{-1}^{1}\int_{-1}^{1} N_i \begin{Bmatrix} p_x \\ p_y \end{Bmatrix} t\,|J|\,\mathrm{d}\xi\mathrm{d}\eta$$

$$(i = 1,2,3,4) \qquad (13.8\text{-}89)$$

（3）表面力　设单元的某边上承受的单位表面力是 $\{q\} = [q_x \quad q_y]^T$，则移植到该边上两个节点上的等效节点力

$$\{Q_i\}^e = \begin{Bmatrix} Q_{ix} \\ Q_{iy} \end{Bmatrix}^e = \int_{\Gamma} N_i \begin{Bmatrix} q_x \\ q_y \end{Bmatrix} t\,\mathrm{d}S \qquad (i = 1,2,3,4)$$

$$(13.8\text{-}90)$$

式中，Γ 表示承受表面力的单元边界；S 是其边长。具体积分时可根据边界对应的局部坐标下正方形单元的边界，直接换元成 $\mathrm{d}\xi$ 或 $\mathrm{d}\eta$，在 -1 和 1 的积分限内积分。

1.3.5　八节点四边形等参数单元

上面介绍的四节点任意四边形单元，相对三角形单元解的精度得到一定改善，但是在一些具有曲线边界的问题中，采用直线边界的单元，存在用折线代替曲线带来的误差。因此，有必要构造曲边的、位移模式的阶次更高的单元进一步提高单元的拟合精度，以便在给定精度下用数目较少的单元去求解实际问题。这里再介绍一种常用的平面八节点曲边四边形单元。还是采用上述四节点四边形等参数单元的方法，先用一个局部坐标系中的八节点正方形单元（见图 13.8-8），选取位移模式，再映射为整体坐标系中的八节点曲边四边形单元（见图 13.8-9），进行单元分析，建立单元刚度矩阵。

首先研究图 13.8-8 中边长等于 2 的八节点正方

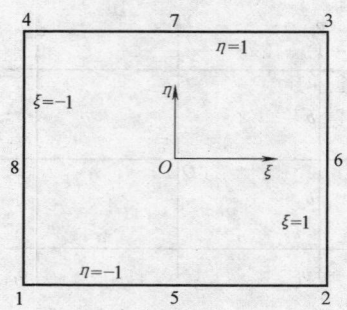

图 13.8-8　八节点正方形单元

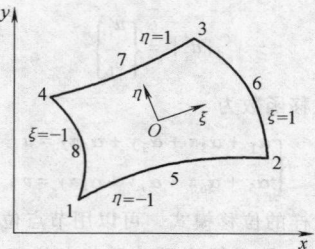

图 13.8-9　八节点曲
边四边形单元

形单元，在其形心处建立局部坐标系 $\xi O \eta$，单元各节点坐标 (ξ_i, η_i) 分别为 ± 1 或 0。在局部坐标系下取位移模式：

$$\begin{cases} u = \alpha_1 + \alpha_2\xi + \alpha_3\eta + \alpha_4\xi^2 + \alpha_5\eta\xi + \alpha_6\eta^2 + \alpha_7\xi^2\eta + \alpha_8\xi\eta^2 \\ v = \beta_1 + \beta_2\xi + \beta_3\eta + \beta_4\xi^2 + \beta_5\eta\xi + \beta_6\eta^2 + \beta_7\xi^2\eta + \beta_8\xi\eta^2 \end{cases}$$

$$(13.8\text{-}91)$$

将上式应用于八个节点解出常数 α_i 和 β_i，用八个节点的位移 u_i、v_i 表示，写成位移插值公式为

$$\begin{cases} u = \displaystyle\sum_{i=1}^{8} N_i(\xi, \eta) u_i \\ v = \displaystyle\sum_{i=1}^{8} N_i(\xi, \eta) v_i \end{cases} \qquad (13.8\text{-}92)$$

其中形函数

$$N_i(\xi, \eta) = \frac{(1+\xi_0)(1+\eta_0)(\xi_0 + \eta_0 - 1)\xi_i^2\eta_i^2}{4} +$$
$$\frac{(1-\xi^2)(1+\eta_0)(1-\xi_i^2)\eta_i^2}{2} +$$
$$\frac{(1-\eta^2)(1+\xi_0)(1-\eta_i^2)\xi_i^2}{2} \qquad (13.8\text{-}93)$$

其中，$\xi_0 = \xi_i\xi$；$\eta_0 = \eta_i\eta$ $(i = 1, 2, \cdots, 8)$。

当整体坐标下采用与式（13.8-92）相同的位移模式时，如前述四节点四边形单元，坐标变换式也具有完全相同的形式和形函数。因此，其他单元特性和

单元刚度矩阵的计算公式完全可仿照前述四节点四边形单元的步骤推导，得到的结果除节点数外，形式上与前述四节点四边形单元的结果类似。

1.3.6　四节点四面体单元

1. 位移函数

图 13.8-10 所示为一四面体单元，以 4 个角点 i、j、m、p 为节点，每个节点有 3 个位移分量，每个单元共有 12 个节点分量，可表示为

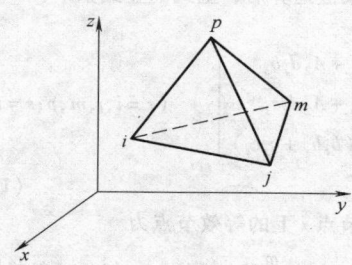

图 13.8-10　四节点四面体单元

$$\{d^e\} = [d_i \quad d_j \quad d_m \quad d_p]^T \quad (13.8\text{-}94)$$

假定单元的位移模式为

$$\begin{cases} u = \alpha_1 + \alpha_2 x + \alpha_3 y + \alpha_4 z \\ v = \alpha_5 + \alpha_6 x + \alpha_7 y + \alpha_8 z \quad (13.8\text{-}95) \\ w = \alpha_9 + \alpha_{10} x + \alpha_{11} y + \alpha_{12} z \end{cases}$$

用节点位移代入上式求出系数 $\alpha_1 \sim \alpha_{12}$，再代入上式，得到

$$\begin{cases} u = N_i u_i + N_j u_j + N_m u_m + N_p u_p \\ v = N_i v_i + N_j v_j + N_m v_m + N_p v_p \quad (13.8\text{-}96) \\ w = N_i w_i + N_j w_j + N_m w_m + N_p w_p \end{cases}$$

其中

$$\begin{cases} N_i = (a_i + b_i x + c_i y + d_i z)/6V \\ N_j = -(a_j + b_j x + c_j y + d_j z)/6V \\ N_m = (a_m + b_m x + c_m y + d_m z)/6V \\ N_p = -(a_p + b_p x + c_p y + d_p z)/6V \end{cases}$$

$$(13.8\text{-}97)$$

称为形函数，它们的系数是

$$a_i = \begin{vmatrix} x_j & y_j & z_j \\ x_m & y_m & z_m \\ x_p & y_p & z_p \end{vmatrix}, b_i = -\begin{vmatrix} 1 & y_j & z_j \\ 1 & y_m & z_m \\ 1 & y_p & z_p \end{vmatrix},$$

$$c_i = \begin{vmatrix} 1 & x_j & z_j \\ 1 & x_m & z_m \\ 1 & x_p & z_p \end{vmatrix},$$

$$d_i = -\begin{vmatrix} 1 & x_j & y_j \\ 1 & x_m & y_m \\ 1 & x_p & y_p \end{vmatrix} \quad (i \text{、} j \text{、} p \text{、} m \text{ 轮换}),$$

$$V = \frac{1}{6}\begin{vmatrix} 1 & x_i & y_i & z_i \\ 1 & x_j & y_j & z_j \\ 1 & x_m & y_m & z_m \\ 1 & x_p & y_p & z_p \end{vmatrix}$$

当 V 非负时，它是四面体 $ijmp$ 的体积。为了使 V 不为负值，单元的四个顶点的标号 i、j、m、p 必须按一定的顺序：在右手坐标系中，要使得右手螺旋在按照 i-j-m 的转向转动时是向 p 的方向前进。

式（13.8-88）也可写成矩阵形式：

$$\{f\} = [u \quad v \quad w]^T = [N]\{d^e\} = [IN_i \quad IN_j \quad IN_m \quad IN_p]\{d^e\} \quad (13.8\text{-}98)$$

式中，$[I]$ 为三阶单位阵。

2. 单元应变矩阵和应力矩阵

已知单元的位移后，就可以确定单元内的应变

$$\{\varepsilon\} = [B]\{d^e\} = [B_i \quad -B_j \quad B_m \quad -B_p]\{d^e\}$$

$$(13.8\text{-}99)$$

其中

$$[B_i] = [L][N_i] = \frac{1}{6V}\begin{bmatrix} b_i & 0 & 0 \\ 0 & c_i & 0 \\ 0 & 0 & d_i \\ c_i & b_i & 0 \\ 0 & d_i & c_i \\ d_i & 0 & b_i \end{bmatrix}$$

$$(13.8\text{-}100)$$

由于矩阵 $[B]$ 中的元素都是常数，单元应变分量也都是常数。

根据物理方程得到应力列阵

$$\{\sigma\} = [D][B]\{d^e\} = [S]\{d^e\} = [S_i \quad -S_j \quad S_m \quad -S_p]\{d^e\}$$

$$(13.8\text{-}101)$$

$$[S_i] = [D][B_i] = $$

$$\frac{6A_3}{V}\begin{bmatrix} b_i & A_1 c_i & A_1 d_i \\ A_1 b_i & c_i & A_1 d_i \\ A_1 b_i & A_1 c_i & d_i \\ A_2 c_i & A_2 b_i & 0 \\ 0 & A_2 d_i & A_2 c_i \\ A_2 d_i & 0 & A_2 b_i \end{bmatrix} \quad (i \text{、} j \text{、} m \text{、} p \text{ 轮换})$$

$$(13.8\text{-}102)$$

其中，$A_1 = \dfrac{\mu}{1 - \mu}$；$A_2 = \dfrac{1 - 2\mu}{2(1 - \mu)}$；$A_3 =$

$\dfrac{E(1 - \mu)}{36(1 + \mu)(1 - 2\mu)}$；$[S]$ 称为应力矩阵。显然，在每个单元的应力也是常数。

　　3. 单元刚度矩阵和等效节点力

　　将 $[B]$ 的表达式代入单元刚度矩阵的普遍公式 (13.8-35)，得

$$[k] = [B]^{\mathrm{T}}[D][B]V \qquad (13.8\text{-}103)$$

或

$$[k_{rs}] = \frac{A_3}{V} \cdot \begin{bmatrix} b_r b_s + A_2(c_r c_s + d_r d_s) & A_1 b_r c_s + A_2 c_r b_s \\ A_1 c_r b_s + A_2 b_r c_s & c_r c_s + A_2(b_r b_s + d_r d_s) \\ A_1 d_r b_s + A_2 b_r d_s & A_1 d_r c_s + A_2 c_r d_s \end{bmatrix}$$

　　由此看出，单元刚度矩阵是由单元节点的坐标和单元材料的弹性常数所决定的，它是一个常数矩阵。

　　等效节点力的具体计算如下：

　　1）单元上集中力的等效载荷列向量为

$$\{F\}^e = [(F_i^e)^{\mathrm{T}} \quad (F_j^e)^{\mathrm{T}} \quad (F_m^e)^{\mathrm{T}} \quad (F_p^e)^{\mathrm{T}}]^{\mathrm{T}}$$

$$(13.8\text{-}107)$$

其中每个节点 i 上的等效节点力

$$\{F_i\}^e = [F_{ix}^e \quad F_{iy}^e \quad F_{iz}^e]^{\mathrm{T}} = (N_i)_c\{G\}$$

$$(i \searrow j \searrow m \searrow p \text{ 轮换}) \qquad (13.8\text{-}108)$$

　　上式中集中力 $\{G\} = [G_x \quad G_y \quad G_z]^{\mathrm{T}}$，$(N_i)_c$ 为集中力的作用点 c 处的形函数值。

　　2）单元上表面分布力的等效载荷列向量为

$$\{Q\}^e = [(Q_i^e)^{\mathrm{T}} \quad (Q_j^e)^{\mathrm{T}} \quad (Q_m^e)^{\mathrm{T}} \quad (Q_p^e)^{\mathrm{T}}]^{\mathrm{T}}$$

$$(13.8\text{-}109)$$

其中每个节点 i 上的等效节点力

$$\{Q_i\}^e = \iint N_i \{q\} \mathrm{d}A \qquad (i \searrow j \searrow m \searrow p \text{ 轮换})$$

$$(13.8\text{-}110)$$

　　上式中单元表面分布力集度 $\{q\} = [q_x \quad q_y \quad q_z]^{\mathrm{T}}$，$\mathrm{d}A$ 是沿四面体边界表面的积分元。对于某边界表面（如 ijm 面）的线性分布力，计算的数值是

$$Q_i = \frac{1}{6}\left(q_i + \frac{1}{2}q_j + \frac{1}{2}q_m\right)\Delta_{ijm}$$

$$(i \searrow j \searrow m \text{ 轮换}) \qquad (13.8\text{-}111)$$

式中，q_i、q_j 和 q_m 分别是 i、j 和 m 点的分布集度；Δ_{ijm} 是三角形 ijm 的面积。

　　3）单元上体积分布力的等效载荷列向量为

$$\{P\}^e = [(P_i^e)^{\mathrm{T}} \quad (P_j^e)^{\mathrm{T}} \quad (P_m^e)^{\mathrm{T}} \quad (P_p^e)^{\mathrm{T}}]^{\mathrm{T}}$$

$$(13.8\text{-}112)$$

$$[k] = \begin{bmatrix} k_{ii} & -k_{ij} & k_{im} & -k_{ip} \\ -k_{ji} & k_{jj} & -k_{jm} & k_{jp} \\ k_{mi} & -k_{mj} & k_{mm} & -k_{ip} \\ -k_{pi} & k_{pj} & -k_{pm} & k_{pp} \end{bmatrix}$$

$$(13.8\text{-}104)$$

子矩阵 $[k_{rs}]$ 由下式计算：

$$[k_{rs}] = [B_r]^{\mathrm{T}}[D][B_s]V \qquad (13.8\text{-}105)$$

经过乘法运算后，上式的显式如下：

$$\begin{bmatrix} A_1 b_r d_s + A_2 d_r b_s \\ A_1 c_r d_s + A_2 d_r c_s \\ d_r d_s + A_2(b_r b_s + c_r c_s) \end{bmatrix} \quad (r = i,j,m,p ; s = i,j,m,p)$$

$$(13.8\text{-}106)$$

其中每个节点 i 上的等效节点力

$$\{P_i\}^e = \iiint N_i \{p\} \mathrm{d}V \qquad (i \searrow j \searrow m \text{ 轮换})$$

$$(13.8\text{-}113)$$

　　上式中单元体积分布力集度 $\{p\} = [p_x \quad p_y \quad p_z]^{\mathrm{T}}$，$\mathrm{d}V$ 是沿四面体体积的积分元。应用上式计算，均质单元的自重的等效节点力是自重的 1/4。

1.3.7　八节点六面体单元

　　上述四面体单元类似平面三角形单元，具有精度低、不能很好拟合弯曲边界的缺点，为此可以采用六面体单元。由于其位移模式阶次高，计算精度也能相应提高。最常用的六面体单元为八节点六面体等参数单元。

　　图 13.8-11 所示为一个任意六面体单元，各边均不平行于坐标轴，因此很难直接获得满足协调性要求的位移插值函数。为此，必须设法通过映射坐标变换，得到一个单元局部坐标下的正六面体单元，在局部坐标下构造满足位移协调性要求的位移模式，再通过坐标变换，在整体坐标下完成结构的有限元分析。

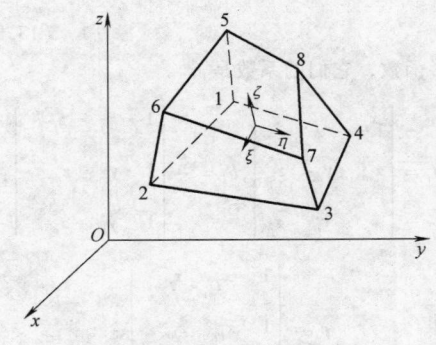

图 13.8-11　任意六面体单元

1. 单元位移模式

对图 13.8-11 中的任意六面体单元 12345678 通过映射变换得到图 13.8-12 所示的在局部坐标系 $O\xi\eta\zeta$ 中的正方体单元 12345678，单元各节点坐标 (ξ_i, η_i, ζ_i) 分别为 ±1。设在局部坐标系下在 ξ、η 和 ζ 方向的位移分别为 u、v 和 w，取位移模式

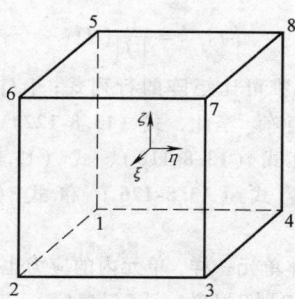

图 13.8-12   局部坐标单元

$$u = \alpha_1 + \alpha_2\xi + \alpha_3\eta + \alpha_4\zeta +$$
$$\alpha_5\xi\eta + \alpha_6\eta\zeta + \alpha_7\xi\zeta + \alpha_8\xi\eta\zeta \quad (13.8\text{-}114)$$

将上式应用于正六面体单元的八个节点。求出 $\alpha_1, \cdots, \alpha_8$ 代入式 (13.8-114)，经整理，局部坐标下的位移插值函数为

$$u = \sum_{i=1}^{8} N_i(\xi, \eta, \zeta)u_i \quad (13.8\text{-}115)$$

其中形函数

$$N_i(\xi, \eta, \zeta) = \frac{(1+\xi_i\xi)(1+\eta_i\eta)(1+\zeta_i\zeta)}{8}$$
$$(i = 1, 2, 3, \cdots, 8) \quad (13.8\text{-}116)$$

式中，(ξ_i, η_i, ζ_i) 为节点 i 的局部坐标。同理

$$v = \sum_{i=1}^{8} N_i(\xi, \eta, \zeta)v_i \quad (13.8\text{-}117)$$

$$w = \sum_{i=1}^{8} N_i(\xi, \eta, \zeta)w_i \quad (13.8\text{-}118)$$

这里，$N_i(\xi, \eta, \zeta)$ 在节点 i 等于 1，在其他节点等于零。

对整体坐标下的任意六面体单元的位移模式也采用式 (13.8-116) 所示的形函数，设在 x、y、z 方向的位移分为 u、v、w，则

$$u = \sum_{i=1}^{8} N_iu_i, v = \sum_{i=1}^{8} N_iv_i, w = \sum_{i=1}^{8} N_iw_i$$
$$(13.8\text{-}119)$$

由此可以导出整体坐标下的单元刚度矩阵。

2. 坐标变换

由于单元刚度矩阵要求在整体坐标下完成计算，因此必须建立在局部坐标 $O\xi\eta\zeta$ 和整体坐标 $Oxyz$ 之间的坐标变换关系。这种关系可以利用位移插值公式 (13.8-119) 中的形函数建立：

$$x = \sum_{i=1}^{8} N_ix_i, y = \sum_{i=1}^{8} N_iy_i, z = \sum_{i=1}^{8} N_iz_i$$
$$(13.8\text{-}120)$$

由形函数 $N_i(\xi, \eta, \zeta)$ 在节点上的取值特点，当 (ξ, η, ζ) 取为局部坐标下单元的某节点 i 的值时，$N_i(\xi_i, \eta_i, \zeta_i) = 1$，而其余节点 $N_i(\xi, \eta, \zeta)$ 等于零，则式 (13.8-120) 中的 $x = x_i$，$y = y_i$，$z = z_i$，因此式 (13.8-120) 建立了整体坐标下的任意六面体单元与局部坐标下正六面体单元的八个节点的一一对应关系。另外关于棱边的对应，以 37 边为例，它在局部坐标下的方程是 $\xi = 1$，$\eta = 1$，由式 (13.8-120)，沿此棱边，x、y、z 都是 ζ 的线性函数，因而它在整体坐标下表示一条直线，说明经过式 (13.8-120) 的变换，局部坐标下的棱边对应于整体坐标下相应节点间的直线。正是由于位移插值函数式 (13.8-119) 和坐标变换式 (13.8-120) 的相似的表达形式和相同的形函数，这类单元也被称为等参数单元。由上述形函数的性质，也保证了位移模式的协调性和完备性。

3. 单元刚度矩阵

将位移表达式 (13.8-119) 代入空间问题几何方程中，便得应变列向量的计算公式：

$$\{\varepsilon\} = [B]\{\delta\}^e = [B_1 \quad B_2 \quad \cdots \quad B_8]\{\delta\}^e$$
$$(13.8\text{-}121)$$

式中

$$[B_i] = \begin{bmatrix} \dfrac{\partial N_i}{\partial x} & 0 & 0 \\ 0 & \dfrac{\partial N_i}{\partial y} & 0 \\ 0 & 0 & \dfrac{\partial N_i}{\partial z} \\ \dfrac{\partial N_i}{\partial y} & \dfrac{\partial N_i}{\partial x} & 0 \\ 0 & \dfrac{\partial N_i}{\partial z} & \dfrac{\partial N_i}{\partial y} \\ \dfrac{\partial N_i}{\partial z} & & \dfrac{\partial N_i}{\partial x} \end{bmatrix} \quad (i = 1, 2, 3, \cdots, 8)$$
$$(13.8\text{-}122)$$

$$\{\delta\} = [\delta_1 \quad \delta_2 \quad \delta_3 \quad \delta_4 \quad \delta_5 \quad \delta_6 \quad \delta_7 \quad \delta_8]^T$$
$$(13.8\text{-}123)$$

$$\{\delta_i\} = [\, u_i \quad v_i \quad w_i \,]^{\mathrm{T}} \quad (i = 1,2,\cdots,8)$$
$$(13.8\text{-}124)$$

因为 N_i 是 ξ、η、ζ 的函数，它们对 x、y、z 的偏导数必须根据复合函数求导的法则计算，即

$$\begin{Bmatrix} \dfrac{\partial N_i}{\partial \xi} \\[2mm] \dfrac{\partial N_i}{\partial \eta} \\[2mm] \dfrac{\partial N_i}{\partial \zeta} \end{Bmatrix} = \begin{bmatrix} \dfrac{\partial x}{\partial \xi} & \dfrac{\partial y}{\partial \xi} & \dfrac{\partial z}{\partial \xi} \\[2mm] \dfrac{\partial x}{\partial \eta} & \dfrac{\partial y}{\partial \eta} & \dfrac{\partial z}{\partial \eta} \\[2mm] \dfrac{\partial x}{\partial \zeta} & \dfrac{\partial y}{\partial \zeta} & \dfrac{\partial z}{\partial \zeta} \end{bmatrix} \begin{Bmatrix} \dfrac{\partial N_i}{\partial x} \\[2mm] \dfrac{\partial N_i}{\partial y} \\[2mm] \dfrac{\partial N_i}{\partial z} \end{Bmatrix}$$
$$(13.8\text{-}125)$$

令

$$[J] = \begin{bmatrix} \dfrac{\partial x}{\partial \xi} & \dfrac{\partial y}{\partial \xi} & \dfrac{\partial z}{\partial \xi} \\[2mm] \dfrac{\partial x}{\partial \eta} & \dfrac{\partial y}{\partial \eta} & \dfrac{\partial z}{\partial \eta} \\[2mm] \dfrac{\partial x}{\partial \zeta} & \dfrac{\partial y}{\partial \zeta} & \dfrac{\partial z}{\partial \zeta} \end{bmatrix} \quad (13.8\text{-}126)$$

$$[S_i] = [D][B_i] = \frac{E(1-\mu)}{(1+\mu)(1-2\mu)} \begin{bmatrix} \dfrac{\partial N_i}{\partial x} & \dfrac{\mu}{1-\mu}\dfrac{\partial N_i}{\partial y} & \dfrac{\mu}{1-\mu}\dfrac{\partial N_i}{\partial z} \\[2mm] \dfrac{\mu}{1-\mu}\dfrac{\partial N_i}{\partial x} & \dfrac{\partial N_i}{\partial y} & \dfrac{\mu}{1-\mu}\dfrac{\partial N_i}{\partial z} \\[2mm] \dfrac{\mu}{1-\mu}\dfrac{\partial N_i}{\partial x} & \dfrac{\mu}{1-\mu}\dfrac{\partial N_i}{\partial y} & \dfrac{\partial N_i}{\partial z} \\[2mm] \dfrac{1-2\mu}{2(1-\mu)}\dfrac{\partial N_i}{\partial y} & \dfrac{1-2\mu}{2(1-\mu)}\dfrac{\partial N_i}{\partial x} & 0 \\[2mm] 0 & \dfrac{1-2\mu}{2(1-\mu)}\dfrac{\partial N_i}{\partial z} & \dfrac{1-2\mu}{2(1-\mu)}\dfrac{\partial N_i}{\partial y} \\[2mm] \dfrac{1-2\mu}{2(1-\mu)}\dfrac{\partial N_i}{\partial z} & 0 & \dfrac{1-2\mu}{2(1-\mu)}\dfrac{\partial N_i}{\partial x} \end{bmatrix} \quad (i=1,2,\cdots,8)$$

同样，单元刚度矩阵由虚功原理导出

$$[k] = \iiint [B]^{\mathrm{T}}[D][B]\,\mathrm{d}x\mathrm{d}y\mathrm{d}z$$
$$= \begin{bmatrix} k_{11} & k_{12} & \cdots & k_{18} \\ k_{21} & k_{22} & \cdots & k_{28} \\ \vdots & \vdots & & \vdots \\ k_{81} & k_{82} & \cdots & k_{88} \end{bmatrix} \quad (13.8\text{-}131)$$

其中每个子矩阵的计算公式是

$$[k_{ij}] = \iiint [B_i]^{\mathrm{T}}[D][B_j]\,\mathrm{d}x\mathrm{d}y\mathrm{d}z$$
$$= \int_{-1}^{1}\int_{-1}^{1}\int_{-1}^{1} [B_i]^{\mathrm{T}}[D][B_j]\,|J|\,\mathrm{d}\xi\mathrm{d}\eta\mathrm{d}\zeta$$
$$(i=1,2,\cdots,8;\ j=1,2,\cdots,8)$$
$$(13.8\text{-}132)$$

4. 等效节点力计算

称为雅可比矩阵，则

$$\begin{Bmatrix} \dfrac{\partial N_i}{\partial x} \\[2mm] \dfrac{\partial N_i}{\partial y} \\[2mm] \dfrac{\partial N_i}{\partial z} \end{Bmatrix} = [J]^{-1} \begin{Bmatrix} \dfrac{\partial N_i}{\partial \xi} \\[2mm] \dfrac{\partial N_i}{\partial \eta} \\[2mm] \dfrac{\partial N_i}{\partial \zeta} \end{Bmatrix} \quad (13.8\text{-}127)$$

$$[J]^{-1} = \frac{1}{|J|}[J]^* \quad (13.8\text{-}128)$$

其中，$|J|$ 是雅可比矩阵的行列式；$[J]^*$ 是雅可比矩阵的伴随矩阵。至此，式（13.8-122）中要计算的导数都可由式（13.8-118）、式（13.8-120）、式（13.8-125）、式（13.8-126）和式（13.8-128）求得。

和四面体单元一样，单元内的应力也可表示为

$$\{\sigma\} = [D][B]\{\delta\}^e = [S]\{\delta\}^e \quad (13.8\text{-}129)$$

不过，式中应力矩阵 $[S] = [\, S_1 \quad S_2 \quad \cdots \quad S_8 \,]$，其中

$$(13.8\text{-}130)$$

（1）集中力　单元上某点的集中力 $\{G\}$ 在每个节点 i 上的等效节点力

$$\{F_i\}^e = [\, F_{ix}^e \quad F_{iy}^e \quad F_{iz}^e \,]^{\mathrm{T}}$$
$$= (N_i)_c\{G\} \quad (i=1,2,\cdots,8) \quad (13.8\text{-}133)$$

上式中集中力 $\{G\} = [\, G_x \quad G_y \quad G_z \,]^{\mathrm{T}}$，$(N_i)_c$ 为集中力的作用点 c 处的形函数值。

（2）表面力　设单元某边界面分布力 $\{q\} = [\, q_x \quad q_y \quad q_z \,]^{\mathrm{T}}$，则每个节点 i 上的等效节点力

$$\{Q_i\}^e = [\, Q_{ix} \quad Q_{iy} \quad Q_{iz} \,]^{\mathrm{T}} = \iint N_i\{q\}\mathrm{d}S$$
$$(13.8\text{-}134)$$

式中积分是在作用有分布力 $\{q\}$ 的边界面上进行。

（3）体积力　体积分布力 $\{p\}$ 在每个节点 i 上的等效节点力

$$\{P_i\}^e = \iiint N_i\{p\}\,\mathrm{d}V = \int_{-1}^{1}\int_{-1}^{1}\int_{-1}^{1} N_i\begin{Bmatrix} p_x \\ p_y \\ p_z \end{Bmatrix}$$

$$|J|\,\mathrm{d}\xi\mathrm{d}\eta\mathrm{d}\zeta \quad (i=1,2,\cdots,8)\quad(13.8\text{-}135)$$

1.3.8　二十节点六面体等参数单元

八节点六面体单元相对四面体单元精度可以得到一定改善，但在一些具有曲面边界的问题中，在拟合曲面边界时仍有较大误差。为此，可以采用二十节点曲面六面体等参数单元，如图 13.8-13 所示。

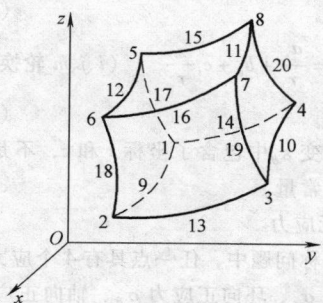

图 13.8-13　二十节点曲面六面体单元

图 13.8-14 所示为边长等于 2 的二十节点正六面体单元，在其形心处建立局部坐标系 $O\xi\eta\zeta$，单元各节点坐标 (ξ_i,η_i,ζ_i) 分别为 ±1 或 0。局部坐标系下取位移模式：

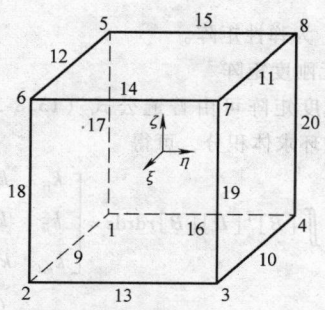

图 13.8-14　二十节点正六面体单元

$$u = \alpha_1 + \alpha_2\xi + \alpha_3\eta + \alpha_4\zeta + \alpha_5\xi^2 +$$
$$\alpha_6\eta^2 + \alpha_7\zeta^2 + \alpha_8\xi\eta + \alpha_9\eta\zeta + \alpha_{10}\xi\zeta +$$
$$\alpha_{11}\xi^2\eta + \alpha_{12}\xi^2\zeta + \alpha_{13}\eta^2\xi + \alpha_{14}\eta^2\zeta + \alpha_{15}\zeta^2\xi +$$
$$\alpha_{16}\zeta^2\eta + \alpha_{17}\xi\eta\zeta + \alpha_{18}\xi^2\eta\zeta + \alpha_{19}\eta^2\xi\zeta + \alpha_{20}\zeta^2\xi\eta$$

$$(13.8\text{-}136)$$

将上式应用于二十个节点解出常数 α_i，用二十个节点的位移 u_i 表示，再代入式（13.8-136），写成位移插值公式为

$$u = \sum_{i=1}^{20} N_i(\xi,\eta) u_i \qquad (13.8\text{-}137)$$

式中形函数

$$N_i = (1+\xi_0)(1+\eta_0)(1+\zeta_0)$$
$$(\xi_0 + \eta_0 + \zeta_0 - 2)\xi_i^2\eta_i^2\zeta_i^2/8 +$$
$$(1-\xi^2)(1+\eta_0)(1+\zeta_0)(1-\xi_i^2)\eta_i^2\zeta_i^2/4 +$$
$$(1-\eta^2)(1+\zeta_0)(1+\xi_0)(1-\eta_i^2)\zeta_i^2\xi_i^2/4 +$$
$$(1-\zeta^2)(1+\xi_0)(1+\eta_0)(1-\zeta_i^2)\xi_i^2\eta_i^2/4$$

$$(13.8\text{-}138)$$

其中，$\xi_0 = \xi_i\xi$；$\eta_0 = \eta_i\eta$；$\zeta_0 = \zeta_i\zeta$。

同理可得

$$v = \sum_{i=1}^{20} N_i(\xi,\eta) v_i,\quad w = \sum_{i=1}^{20} N_i(\xi,\eta) w_i$$

$$(13.8\text{-}139)$$

图 13.8-14 中正六面体单元与图 13.8-13 中曲面六面体单元间的坐标变换式为

$$x = \sum_{i=1}^{20} N_i x_i,\quad y = \sum_{i=1}^{20} N_i y_i,\quad z = \sum_{i=1}^{20} N_i z_i$$

$$(13.8\text{-}140)$$

取整体坐标 $Oxyz$ 下的位移模式为

$$u = \sum_{i=1}^{20} N_i u_i,\quad v = \sum_{i=1}^{20} N_i v_i,\quad w = \sum_{i=1}^{20} N_i w_i$$

$$(13.8\text{-}141)$$

其他单元特性和单元刚度矩阵的计算公式完全可仿照前述八节点六面体单元的步骤推导，得到的结果除节点数外，形式上与前述八节点六面体单元的结果类似。

1.3.9　轴对称问题环单元

如果弹性体的几何形状、约束条件及载荷都对称于某一轴，则所有的位移、应变及应力也对称于此轴，这种问题称为轴对称应力问题。在压力容器及机械制造中，经常遇到轴对称应力问题。

对于轴对称问题，采用圆柱坐标 (r,θ,z) 比较方便。如果以弹性体的对称轴作为 z 轴，所有应力、应变和位移都与 θ 无关，只是 r 和 z 的函数，因此，任一点只有两个位移分量，即沿 r 方向的径向位移 u 和沿 z 方向的轴向位移 w。

在轴对称问题中，采用的单元是一些环元。这些环元与 rz 平面正交的截面通常取为三角形（也可取为四边形或其他形状）。相邻的单元在棱边互相连接，单元的棱边都是圆，又称为结圆，结圆与 rz 平面的交点就是节点，如图 13.8-15 所示的 i、j、m 等。

1. 轴对称三角形环元的位移函数

取出一个环形单元的截面 zjm，在节点 i 的位移为

$$\{d_i\} = \begin{Bmatrix} u_i \\ w_i \end{Bmatrix} \qquad (13.8\text{-}142)$$

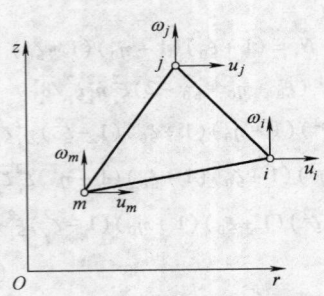

**图 13.8-15　三节点三角形
环状单元的 rz 截面**

单元节点位移为

$$\{d^e\} = [\,d_i\quad d_j\quad d_m\,]^T \qquad (13.8\text{-}143)$$

仿照平面问题采用位移函数如下:

$$\begin{cases} u = \alpha_1 + \alpha_2 r + \alpha_3 z \\ w = \alpha_4 + \alpha_5 r + \alpha_6 z \end{cases} \qquad (13.8\text{-}144)$$

可得与平面问题类似的表达式, 即

$$\begin{cases} u = N_i u_i + N_j u_j + N_m u_m \\ w = N_i w_i + N_j w_j + N_m w_m \end{cases} \qquad (13.8\text{-}145)$$

其中, $N_i = \dfrac{1}{2A}(a_i + b_i r + c_i z)$, $a_i = r_j z_m - r_m z_j, b_i = z_j - z_m, c_i = -r_j + r_m (i、j、m$ 轮换$)$, A 为三角形的面积。

式 (13.8-145) 也可以用矩阵写成

$$\{f\} = \begin{Bmatrix} u \\ w \end{Bmatrix} = [N]\{d^e\} =$$

$$\begin{bmatrix} N_i & 0 & N_j & 0 & N_m & 0 \\ 0 & N_i & 0 & N_j & 0 & N_m \end{bmatrix} \{d^e\}$$

$$(13.8\text{-}146)$$

2. 单元应变

轴对称应力问题, 每点具有 4 个应变分量, 即径向正应变 ε_r、环向正应变 ε_θ、轴向正应变 ε_z 和 rz 平面中的切应变 γ_{rz}。根据几何关系, 可知应变与位移的关系为

$$\{\varepsilon\} = \begin{Bmatrix} \varepsilon_r \\ \varepsilon_\theta \\ \varepsilon_z \\ \gamma_{rz} \end{Bmatrix} = \begin{Bmatrix} \dfrac{\partial u}{\partial r} \\[2mm] \dfrac{u}{r} \\[2mm] \dfrac{\partial w}{\partial z} \\[2mm] \dfrac{\partial w}{\partial r} + \dfrac{\partial u}{\partial z} \end{Bmatrix} \qquad (13.8\text{-}147)$$

$$[k_{st}] = \frac{2\pi \bar{r} A_3}{\Delta}\begin{bmatrix} b_s(b_t + A_1 \bar{f}_t) + \bar{f}_s(\bar{f}_t + A_1 b_t) + A_2 c_s c_t & A_1 c_s(b_t + \bar{f}_s) + A_2 b_t c_s \\ A_1 c_s(b_t + \bar{f}_t) + A_2 b_s c_t & c_s c_t + A_2 b_s b_t \end{bmatrix} \qquad (s = i,j,m; t = i,j,m)$$

$$(13.8\text{-}155)$$

将位移代入上式得

$$\{\varepsilon\} = [B]\{d^e\} = [\,B_i\quad B_j\quad B_m\,]^T\{d^e\}$$

$$(13.8\text{-}148)$$

其中

$$[B_i] = \begin{bmatrix} \dfrac{\partial N_i}{\partial r} & 0 \\[2mm] 0 & 0 \\[2mm] 0 & \dfrac{\partial N_i}{\partial z} \\[2mm] \dfrac{\partial N_i}{\partial z} & \dfrac{\partial N_i}{\partial r} \end{bmatrix} = \frac{1}{2A}\begin{bmatrix} b_i & 0 \\ h_i & 0 \\ 0 & c_i \\ c_i & b_i \end{bmatrix}$$

$$(13.8\text{-}149)$$

$$h_i = \frac{a_i}{r} + b_i + c_i \frac{z}{r} \qquad (i、j、m \ \text{轮换})$$

$$(13.8\text{-}150)$$

环向应变 ε_θ 中包含了坐标 r 和 z, 不是常量, 其他应变都是常量。

3. 单元应力

在轴对称问题中, 任一点具有 4 个应力分量, 即径向正应力 σ_r、环向正应力 σ_θ、轴向正应力 σ_z 和 rz 平面中的切应力 τ_{rz}。应力与应变之间的关系为

$$\{\sigma\} = \begin{Bmatrix} \sigma_r \\ \sigma_\theta \\ \sigma_z \\ \tau_{rz} \end{Bmatrix} = [D]\{\varepsilon\} \qquad (13.8\text{-}151)$$

式中, $[D]$ 为弹性矩阵。

4. 单元刚度矩阵

单元刚度矩阵可由普遍公式 (13.8-35) 给出。沿着整个圆环求体积分, 可得

$$[k] = 2\pi \iint [B]^T[D][B] r \, dr dz = \begin{bmatrix} k_{ii} & k_{ij} & k_{im} \\ k_{ji} & k_{jj} & k_{jm} \\ k_{mi} & k_{mj} & k_{mm} \end{bmatrix}$$

$$(13.8\text{-}152)$$

其中子矩阵

$$[k_{st}] = 2\pi \iint [B_s]^T[D][B_t] r \, dr dz$$

$$(s = i,j,m; r = i,j,m) \qquad (13.8\text{-}153)$$

仍令 $r \approx \bar{r}$、$z \approx \bar{z}$, 则

$$[k_{st}] = 2\pi [B_s]^T[D][B_t]\bar{r}\Delta \qquad (13.8\text{-}154)$$

展开后得

1.4　有限元分析前置处理要考虑的主要问题

由于工程实际问题的复杂性，如何根据工程分析的目标和要求将一个复杂的实际工程结构简化为合适的有限元计算模型，在很多情况下还是需要大量人工参与并且依靠工程经验的，其中，主要需要考虑以下问题：

1.4.1　结构的分析与简化

利用有限元法建立计算力学模型的第一步是进行结构分析和受力分析，以便合理地确定单元类型，对于一些大型和复杂结构往往需要选用多种单元进行组合模拟。为了减小有限元模型的复杂度、加快计算速度，在结构分析时根据工程对象的特点进行适当的简化是必需的，对于复杂的结构件更是如此，但不能因不适当或过度简化而导致计算误差甚至错误的发生。

有限元模型的结构分析和简化应遵循和考虑以下几点：

（1）删除细节　实际的结构往往是复杂的。从结构体的整体上看，某些细节的尺寸非常小，对问题求解的影响是可以忽略的，例如构件上的小孔、浅槽、微小的凸台、轴端的倒圆、倒角、退刀槽、键槽和过渡圆弧等。为了便于计算，在建立其有限元模型时常常可以将这些细节忽略。但值得注意的是，尺寸细小是删除细节的一个必要条件而非充分条件，例如一个横向贯穿整个轴的小孔对于轴的刚度也许没有多大影响，但对于轴的疲劳强度和应力集中的影响却不能忽略。因此，删除细节特征应从结构分析的目标、所受外部载荷情况、细节特征在结构体中的部位等多个方面加以综合考虑。

（2）适度简化和等效简化的原则　对于工程中的结构和零部件，如果完全按照其形状和载荷边界条件进行有限元建模，势必造成巨大的单元数量，此时需要进行适度的简化。例如，当分析悬臂端受向下外力作用的工字钢悬臂梁弯曲变形时，由于上、下翼板主要承受拉力与压力，且其长度尺寸相对于其宽度和厚度来讲要大得多，因此可以用杆单元来处理；中间的腹板主要承受面内的剪切力，因此可以用平面单元来处理。这样不但可以大大减小计算工作量，而且计算精度也能满足要求。但如果需要考虑稳定性问题，则应当按薄板单元来处理。

在钢结构产品中，通常可以按薄板单元来处理，某些加强筋板可以用梁单元模拟，但需注意的是这一简化过程并不是简单地去掉这些加强筋板，而是按照等刚度原则进行等效处理，使原结构与简化后的结构在相同部位的各节点产生相同的位移，即两者具有相同的刚度。

（3）充分利用结构对称性　为了简化计算，在单元划分时还应充分利用结构的对称性，以确定是取整个结构还是取部分结构作为计算模型来分析求解。例如受纯弯曲的梁，如果其形状对 x、y 轴对称，而载荷对 y 轴对称，则其应力和变形亦将具有同样的对称特性，此时只取其第 1 象限的 1/4 梁计算就可以了。此外，在原结构中位移受约束的节点上，可以删去部分结构的影响，例如，当节点沿某一方向上不能位移时，可以设置相应的铰接支座。通过这样的处理可以减小计算工作量而不会影响计算的精度。

（4）通过选择合适的单元类型实现"减维"　工程实际中的构件和零件大都是三维的，如果当构件某一个方向或两方向的尺寸远小于其他方向的尺寸时，就可以将结构体简化为板或杆来处理，这种简化称为"减维"，有时也称为"降维"。例如为了简化计算可根据机械结构的特点及受力状态，在确保计算精度的前提下将某些特定的受力构件简化为平面问题来处理。例如，在正常情况下直齿圆柱齿轮在传动时的受力状态沿齿厚方向载荷是均匀分布的，且垂直于厚度方向，因而直齿圆柱齿轮的应力分析可按平面应力问题求解；而受内压的圆筒、水坝、花键轴等都可以归结为平面应变问题。

（5）其他原则和策略　作为众多工程实践经验的总结和行之有效的策略，有限元模型建立过程中还应当注意以下几点：按照分析目标和要求来选取不同的计算模型，对于同一个工程结构，由于分析目标的不同（强度分析、刚度分析和动力学分析），所选取的计算模型也可以不一样；应遵循"先整体后局部、先粗后细"的分析原则。

1.4.2　节点设置和单元划分

网格单元的选择主要应取决于结构体本身的特点及其受力情况，但网格单元的几何尺寸有一定要求，即各边的长度比例不能太悬殊，以免计算中出现较大的误差。例如，三角形单元网格各边长之比应尽可能取为 1:1，此时得到的网格称为最优网格；四边形网格中最长边和最短边之比不超过 3:1，否则可能会影响计算精度，甚至导致不可靠的结果。

至于网格单元的大小和数量，划分网格时要注意兼顾计算精度、计算机处理速度和存储空间大小等方面的因素。通常网格越小，构成有限元模型的网格越密，计算结果越精确。但网格数量越多，计算工作量越大，计算时间、存储空间和费用会相应增加。值得注意的是，有时不适合地增加网格密度，计算精度不一定会相应地提高，因此应当在确保必要的计算精度的前提下尽量减少网格数量。

　　单元划分时应注意如下几点：单元应尽量精确地逼近原结构体，如所有原结构体上的顶点都应取为单元的顶点，所有网格的表面顶点都应落在原结构体表面上；单元之间不能相互重叠，要与原结构体占有的空间相容，即单元既不能落在原结构体区域之外，也不能使区域边界内出现空洞；单元的形状应合理，尽量采用正多边形和正多面体单元，不能出现面积很小的二维尖角单元或体积很小的三维单元；相邻单元的边界应符合相容性要求，即不能从一个单元的边或面的内部产生另一个单元的顶点。

　　网格单元的密度和节点布局的基本原则是：应力集中或变形大的部位应该尽量分得细一些，反之对于应力变化平缓的区域可以分得粗一些；通常在集中载荷的作用点、分布载荷的突变点、分布载荷与自由边界的分界点和支承点等处都应设置节点；另外，如果物体的尺寸有突变或者物体由不同材料组成时，要注意不要把厚度不同或材料不同的区域划在同一单元里，此时应取突变线作为网格的边界线。

1.4.3　边界约束条件的处理

　　由前面的实例分析可知，一般来讲有限元分析中整体结构的刚度矩阵是一个奇异矩阵。因此，在组合所有单元的平衡方程建立整体结构的平衡方程后，并不能立即进行方程求解，而必须进一步考虑结构体的边界约束条件，以便消除结构体的刚度位移，从而使整体刚度矩阵成为正定矩阵。一般情况下结构的边界上往往已有一些位移约束条件，它们已排除了刚体运动的可能性。如果没有相应的位移约束条件，应当通过适当指定某些节点的位移值来避免出现刚体位移。

2　动力学分析有限元法

　　当结构受到随时间变化的载荷作用时，必须进行动力学分析。动力学问题主要研究结构的固有频率及其相应的振型，以及在随着时间而变化的外在激振力作用下结构的响应。工程实践中，由于结构动力学特性造成的破裂、损坏、倾覆和跨塌等破坏事故非常常见，因此，分析与评估机械结构在动力作用下的安全性是十分重要的。对于复杂结构的动力学计算问题，有限元法是最有效的工具。

2.1　结构系统的动力学方程

2.1.1　位移、速度和加速度矩阵

　　将结构离散化之后，当结构振动时，单元中任意点的位移不仅是坐标的函数，而且也是时间的函数，因此，速度和加速度可以由下式求得：

$$d = \begin{bmatrix} u \\ v \\ w \end{bmatrix}, \dot{d} = \begin{bmatrix} \dfrac{du}{dt} \\ \dfrac{dv}{dt} \\ \dfrac{dw}{dt} \end{bmatrix} = \begin{bmatrix} \dot{u} \\ \dot{v} \\ \dot{w} \end{bmatrix},$$

$$\ddot{d} = \begin{bmatrix} \dfrac{d^2 u}{dt^2} \\ \dfrac{d^2 v}{dt^2} \\ \dfrac{d^2 w}{dt^2} \end{bmatrix} = \begin{bmatrix} \ddot{u} \\ \ddot{v} \\ \ddot{w} \end{bmatrix} \qquad (13.8\text{-}156)$$

　　在静力学问题中，单元上任意点的位移函数可以写成以形状函数作为插值函数、以节点位移为参数的插值多项式的形式。用矩阵方程来表示，则为

$$\begin{cases} \{f\} = [N]\{d^e\} \\ \{\varepsilon\} = [B]\{d^e\} \\ \{\sigma\} = [D][B]\{d^e\} \end{cases} \qquad (13.8\text{-}157)$$

　　在动力学中，式（13.8-156）的关系是不成立的。不过，当划分的单元数目增多，而有足够多的节点位移时，该式是位移函数的一个很好的近似表达式，这时的节点位移可以由结构系统的动力学方程式来确定。单元内部各点加速度为

$$\{\ddot{f}\} = [N]\{\ddot{d}^e\} \qquad (13.8\text{-}158)$$

2.1.2　结构动力学方程

　　在不考虑阻尼的情况下，可根据达朗贝尔原理，将惯性力作为外力，像推导静力平衡方程一样建立动力学方程，然后由虚功原理，就可建立单元节点力（包括弹性力和惯性力）与节点位移、速度和加速度之间的关系。设单元质量密度为 ρ，则单元中的分布惯性力为

$$\{p_m\} = -\rho\{\ddot{f}\} = -\rho[N]\{\ddot{d}^e\}$$
$$(13.8\text{-}159)$$

　　在考虑单元分布惯性力作为外力，以及体积力 $\{p\}$、表面力 $\{q\}$ 和其他单元节点力 $\{F\}^e$ 的情况下，单元刚度方程可表示为

$$\int [N]^T\{p\}dV - \int [N]^T\rho[N]\{\ddot{d}^e\}dV +$$
$$\int [N]^T\{q\}dS + \{F\}^e = [k]\{d^e\}$$
$$(13.8\text{-}160)$$

式中，$[k]$ 为单元刚度矩阵，引入式（13.8-160），则有

$$\int \rho[N]^T[N]dV\{\ddot{d}^e\} + \int [B]^T[D][B]dV\{d^e\} =$$
$$\int [N]^T\{p\}dV + \int [N]^T\{q\}dS + \{F\}^e$$
$$(13.8\text{-}161)$$

称

$$[m] = \int \rho [N]^\mathrm{T}[N]\mathrm{d}V \quad (13.8\text{-}162)$$

为单元质量矩阵。按有限元法的组集方法，可得

$$[M]\{\ddot{\delta}\} + [K]\{\delta\} = \{R\} \quad (13.8\text{-}163)$$

式中，$[K]$ 是结构的整体刚度矩阵；$[M]$ 称为结构的整体质量矩阵，由各单元质量矩阵集合而成，其集合规则与整体刚度矩阵 $[K]$ 相同；$\{R\}$ 是结构总的载荷列向量。需要注意的是，单元刚度矩阵和质量矩阵往往是在特定的局部坐标系中描述的，不能直接用于整体刚度矩阵和质量矩阵的装配，因此需要进行坐标变换。

2.1.3 质量矩阵

单元质量矩阵分一致质量矩阵和团聚质量矩阵。一致质量矩阵又称协调质量矩阵，它是一个满阵，可以由式（13.8-162）计算。采用一致质量矩阵算得的各阶频率总是比精确值偏高。团聚质量矩阵是将分布质量按静力学平行力分解原理团聚于节点得到的质量矩阵，又称集中质量矩阵，通常是对角阵。在使用团聚质量矩阵时，可不必建立单元质量矩阵，也不必作坐标变换（除非考虑转动惯量对动能的影响），只要凭经验将单元质量"团聚"到它的各个节点上，就可以获得每个节点上的质量，从而立即写出其对角形的整体质量矩阵。在实际分析过程中，一致质量矩阵和团聚质量矩阵都有应用。在网格比较密时，两者给出的结果很接近；当网格较粗时，采用团聚质量矩阵容易导致较大的偏差。

通常，采用一致质量矩阵就可以得到较精确的振型。当单元位移协调而单元刚度矩阵的积分也精确的时候，采用一致质量矩阵，自由振动分析时可以求得真实频率的上限，这一点在设计过程中具有参考价值。使用团聚质量矩阵有使自振频率降低的趋向，所以有时算得的结果更加接近精确值。此外，在动力方程逐步积分求解时，如果采用显式方案，在阻尼矩阵也采用对角阵的情况下，可以省去等效刚度矩阵的求逆分解过程，这在非线性分析中将具有更明显的意义。采用团聚质量矩阵遇到的困难是对于高阶单元如何将质量分配到单元的各个节点上的问题，有时会有多种选择，不易把握。

2.2 结构的模态分析

2.2.1 结构的模态与振型

结构的振动模态分析目的是计算结构的固有频率和相应的固有振型，了解结构的固有频率和振型对于结构设计中防止共振发生和结构故障诊断中找出振源

都具有重要的意义。此外，在采用振型叠加法进行动力响应分析时，也必须首先求出结构的固有频率和振型。从数学角度来看，模态分析可以归结为机械系统动力学方程的特征值问题。

不考虑阻尼影响的系统广义特征值问题可以表示为

$$[K]\{\Phi\} - \overline{\omega}^2[M]\{\Phi\} = \{0\} \quad (13.8\text{-}164)$$

满足方程（13.8-164）的解 $\overline{\omega}^2 = \overline{\omega}_i^2$ 和对应的特征矢量 $\{\Phi\} = \{\Phi_i\}(i=1,2,\cdots,n)$，分别称为特征值和特征矢量，特征值和特征矢量一起称为特征对。

当刚度矩阵 $[K]$ 和质量矩阵 $[M]$ 为正定时，广义特征值问题有 n 个实特征值，可以顺次排列为 $0 \le \overline{\omega}_1^2 \le \overline{\omega}_2^2 \le \cdots \le \overline{\omega}_{n-1}^2 \le \overline{\omega}_n^2$，$\overline{\omega}_1$、$\overline{\omega}_2$、$\cdots$、$\overline{\omega}_n$ 分别称为结构的第 1、第 2、$\cdots$、第 n 阶固有频率，与其相对应的特征矢量 $\{\Phi_1\}$、$\{\Phi_2\}$、$\cdots$、$\{\Phi_n\}$ 称为结构的第 1、第 2、$\cdots$、第 n 阶固有振型。

特征矩阵对 $[K]$ 和 $[M]$ 是正交的。能使一个各自由度之间存在耦合的自由度系统变成为一个相互独立的单自由度系统的过程称为"解耦"，它是通过把 $[K]$ 和 $[M]$ 由原来的 n 维物理空间向新的 n 维模态坐标空间投影的结果。

由矩阵代数可知，当 $[K]$ 和 $[M]$ 为对称矩阵时，广义特征值问题的不同的特征值所对应的特征矢量有正交性，如果采用正则振型，则有

$$\begin{cases} \{\Phi_i\}^\mathrm{T}[M]\{\Phi_j\} = \begin{cases} 1, i=j \\ 0, i\neq j \end{cases} \\ \{\Phi_i\}^\mathrm{T}[K]\{\Phi_j\} = \begin{cases} \overline{\omega}_i^2, i=j \\ 0, i\neq j \end{cases} \end{cases} \quad (13.8\text{-}165)$$

2.2.2 求解方法

结构模态分析的经典方法如雅克比法、矩阵迭代法和瑞雷商法等已经在《机械动力学》的有关章节中详细描述，本节主要介绍模态综合法和子结构界面位移凝聚法。

1. 模态综合法

模态综合法是对超大型结构施行李兹法的一类子结构方法，其关键问题在于子结构间的连接，通常有两种方法处理子结构之间的交界面。如果假定子结构的交界面保持"自由变形"状态，这种方法称为自由交界面法（Free-Interface）；反之，如果假定子结构的交界面保持"完全约束"的状态，则称为固定交界面法（Fixed-Interface）。通常，固定交界面法可以简化子结构的模态计算，但以此模态直接进行模态综合的效果并不好。为了克服这一困难，在应用固定交界面法时，有时需要对所有子结构补充允许交界面

处所有自由度得以运动的"约束模态"，这时，可以称为混合交界面法（Mixed-Interface）。

固定交界面法与自由交界面法是模态综合法的最基本方法，本节主要介绍固定交界面法的基本算法。

步骤 1　将整个结构划分为若干个子结构。

每一子结构应该是容易分析的。子结构之间的连接尽可能要"弱"些，使子结构之间耦合较小，每一子结构在力学性能上有较大的独立性。这通常表现为所取的子结构间交界面比较小，或交界自由度比较少。设共有 s 个子结构，整个系统的动能和势能分别为

$$\begin{cases} T = \sum_{r=1}^{s} T_r = \frac{1}{2} \sum_{r=1}^{s} u_r^{\mathrm{T}} M_r u_r \\ U = \sum_{r=1}^{s} U_r = \frac{1}{2} \sum_{r=1}^{s} u_r^{\mathrm{T}} K_r u_r \end{cases} \quad (13.8\text{-}166)$$

其中，M_r、K_r、u_r 和 u_r 分别是第 r 个子结构的质量阵、刚度矩阵、位移和速度向量。

步骤 2　建立各子结构的模态矩阵中 Φ_r（$r = 1$，2，$\cdots$，s）。

如前所述，固定交界面法令每个子结构的交界面完全固定。建立如下的模态矩阵：

$$\Phi_r = (\Phi_r^i \mid \Phi_r^o) \quad (r = 1, 2, \cdots, s) \quad (13.8\text{-}167)$$

式中，Φ_r^i 是交界面完全固定时算出的一部分（要参加综合的）固有模态，叫做主模态矩阵；Φ_r^o 是依次释放每一边界自由度，使其得到单位位移而产生的静位移分布所组成的约束模态矩阵，它可以由对子结构直接求解一系列静平衡方程（边界自由度依次发生单位强迫位移）而得到，也可以这样来求（写出分块静平衡方程）：

$$\begin{pmatrix} K_{ii} & \vdots & K_{io} \\ \cdots & \cdots & \cdots \\ K_{ii} & \vdots & K_{io} \end{pmatrix} \begin{pmatrix} \delta_i \\ \cdots \\ \delta_o \end{pmatrix} = \begin{pmatrix} 0 \\ \cdots \\ F_o \end{pmatrix} \quad (13.8\text{-}168)$$

下标 i 与 o 分别代表该子结构的内部及界面自由度。内部自由度上作用力全为 0，而界面自由度则依次产生单位位移，故 δ_o 是一单位矩阵 I。于是由上式展开第一行可以得到

$$K_{ii}\delta_i + K_{io} = 0 \quad (13.8\text{-}169)$$

由此可求出

$$\delta_i = -K_{ii}^{-1} K_{io} \quad (13.8\text{-}170)$$

从而得到约束模态矩阵为

$$\Phi_r^o = \begin{pmatrix} \delta_i \\ \cdots \\ I \end{pmatrix} \quad (13.8\text{-}171)$$

显然，Φ_r^o 的列数等于界面自由度数。则式（13.8-167）可写为

$$\Phi_r = \begin{pmatrix} \Phi_{ri}^i & \vdots & \delta_i \\ \cdots & \cdots & \cdots \\ O & \vdots & I \end{pmatrix} \quad (13.8\text{-}172)$$

步骤 3　作第一次坐标变换，方程降阶主要在这一步实现。

每一子结构的模态矩阵 Φ_r（$r = 1$，2，$\cdots$，s）建成以后，就可以将这些模态矩阵作为坐标变换的基底实施坐标变换了，即

$$u_r = \Phi_r p_r \quad (13.8\text{-}173)$$

其中，p_r 是第 r 个子结构的模态坐标，其维数要小于 u_r 的维数。

这是第一次坐标变换。在新的坐标下，系统的动能和势能分别为

$$T = \frac{1}{2} \sum_{r=1}^{s} p_r \overline{M}_r p_r = \frac{1}{2} p^{\mathrm{T}} \overline{M} p \quad (13.8\text{-}174)$$

$$U = \frac{1}{2} \sum_{r=1}^{s} p_r \overline{K}_r p_r = \frac{1}{2} p^{\mathrm{T}} \overline{K} p \quad (13.8\text{-}175)$$

式中

$$\overline{M}_r = \Phi_t^{\mathrm{T}} M_r \Phi_r \quad (13.8\text{-}176)$$

$$\overline{K}_r = \Phi_t^{\mathrm{T}} K_r \Phi_r \quad (13.8\text{-}177)$$

$$\overline{M} = \begin{pmatrix} \overline{M}_1 & & & \\ & \overline{M}_2 & & \\ & & \ddots & \\ & & & \overline{M}_s \end{pmatrix} \quad (13.8\text{-}178)$$

$$\overline{K} = \begin{pmatrix} \overline{K}_1 & & & \\ & \overline{K}_2 & & \\ & & \ddots & \\ & & & \overline{K}_s \end{pmatrix} \quad (13.8\text{-}179)$$

$$p = \begin{pmatrix} p_1 \\ p_2 \\ \vdots \\ p_s \end{pmatrix} \quad (13.8\text{-}180)$$

直到现在，各个子结构还是独立分析的。

步骤 4　作第二次坐标变换，实现子结构的连接。

显然，每个子结构的交界面至少连接两个子结构，显然，交界面处的位移不是独立的，故模态坐标 p 也不是独立的。设 p 中独立广义坐标为 q，则可将 p 写为

$$p = \Psi q \quad (13.8\text{-}181)$$

这是第二次坐标变换。在广义坐标 q 下，系统的动能和势能分别为

$$T = \frac{1}{2} p^{\mathrm{T}} M\, q \qquad (13.8\text{-}182)$$

$$U = \frac{1}{2} q^{\mathrm{T}} K\, q \qquad (13.8\text{-}183)$$

其中

$$M = \Psi^{\mathrm{T}} \overline{M} \Psi, \quad K = \Psi^{\mathrm{T}} \overline{K} \Psi \qquad (13.8\text{-}184)$$

将每一子结构的自由度分为内部自由度 u_i 和界面（接口）自由度 u_o 两部分。对 α 和 β 两个子结构可分别写为

$$u_\alpha = \begin{pmatrix} u_{\alpha i} \\ u_{\alpha o} \end{pmatrix}, \quad u_\beta = \begin{pmatrix} u_{\beta i} \\ u_{\beta o} \end{pmatrix} \qquad (13.8\text{-}185)$$

假如第 α 号子结构与第 β 号子结构有公共界面，根据界面连接条件，显然有

$$u_{\alpha o} = u_{\beta o} \qquad (13.8\text{-}186)$$

由式（13.8-172）和式（13.8-173）可知

$$\begin{pmatrix} u_{\alpha i} \\ u_{\alpha o} \end{pmatrix} = \begin{pmatrix} \Phi_{\alpha i}^{i} & \delta_i \\ 0 & I \end{pmatrix} \begin{pmatrix} p_{\alpha i} \\ p_{\alpha o} \end{pmatrix},$$

$$\begin{pmatrix} u_{\beta i} \\ u_{\beta o} \end{pmatrix} = \begin{pmatrix} \Phi_{\beta i}^{i} & \delta_i \\ 0 & I \end{pmatrix} \begin{pmatrix} p_{\beta i} \\ p_{\beta o} \end{pmatrix} \qquad (13.8\text{-}187)$$

由式（13.8-186）和式（13.8-187）可导出

$$p_{\alpha o} = p_{\beta o} \qquad (13.8\text{-}188)$$

从而得到

$$\begin{pmatrix} p_{\alpha i} \\ p_{\alpha o} \\ p_\beta \end{pmatrix} = \begin{pmatrix} p_{\alpha i} \\ p_{\alpha o} \\ p_{\beta i} \\ p_{\beta o} \end{pmatrix} \begin{pmatrix} I & 0 & 0 \\ 0 & I & 0 \\ 0 & 0 & I \end{pmatrix} \begin{pmatrix} p_{\alpha i} \\ p_{\alpha o} \\ p_{\beta i} \end{pmatrix} \qquad (13.8\text{-}189)$$

同样地，对整个结构可以形式地写出

$$p = \begin{pmatrix} p_F \\ p_B \\ p_{B'} \end{pmatrix} = \begin{pmatrix} I & 0 \\ 0 & I \\ 0 & \gamma \end{pmatrix} \begin{pmatrix} p_F \\ p_B \end{pmatrix} = \Psi q \qquad (13.8\text{-}190)$$

其中，p_F 是对应于所有子结构主模态的广义位移；p_B 是所有独立的约束模态广义位移的集合（包含所有子结构）；$p_{B'}$ 是可以用 p_B 表示的非独立约束模态广义位移；γ 表示其间的转换关系。

作为特殊情况，如果没有三个或更多子结构汇交一点，则每个界面位移只与两个结构有关，于是 $p_{B'} = p_B$，从而 $\gamma = I$。变换矩阵 Ψ 只含有元素 0 或 1，是很容易直接建立的。

步骤 5　求解低阶广义特征值问题：

$$Kx = \omega^2 Mx \qquad (13.8\text{-}191)$$

它的各低阶特征值就是原结构低阶特征值的近似值。计算结果的精度跟子结构剖分是否得当、截取模态是否合理均有很大关系。如果还要求出物理坐标下的结构模态，可将式（13.8-191）解出的 x 作为一个位移向量 q 代入式（13.8-181）求出 p，再进一步按式（13.8-173）求出每一子结构的物理位移。

从上面论述可知，固定交界面法的分析步骤通常是由两步来完成的：①对每一子结构按各自的模态进行变换；②由各子结构的连接条件，作第二次坐标变换以消去不独立的模态坐标。通过两次坐标变换，不必形成整体的李兹向量基，也不需要形成与全部物理坐标相应的整体刚度矩阵和质量阵。因此，它对存储量及计算时间的要求都是不高的。

此外，模态综合法还有以下重要的优点：

1）对于剖分出来的一些复杂子结构，可以分别平行地进行研究，提供各个子部件模态，然后进行综合。

2）有些子结构的形状、边界条件等可能非常复杂，难以用理论方法算准其模态，则也可以借助实验手段来测量。

模态综合法的局限性在于：作为李兹法，它只能提供低阶自振频率和振型的近似解，而且计算结果的精确程度及计算效率的高低在很大程度上要依赖于计算者的经验与力学知识。因此，在具体操作中，既要会合理地剖分子结构，选择合理数量的模态，又要考虑节省计算费用，并且保证计算精度，这在很多情况下是不易掌握的。

2. 子结构界面位移凝聚法

凝聚法也是一种子结构法。利用凝聚技术，将各子结构的刚度、质量特征反映到其边界点上，再把所有子结构拼装成整体之后，总刚度矩阵与总质量矩阵的阶数就是所有这些边界点自由度的总和，这样就达到了降阶目的。首先介绍两种常用的凝聚法。

（1）静凝聚法　静凝聚法又称盖恩（Guyan）法。它最初是一种对刚度矩阵进行简化的方法。通常将结构中起主要作用的自由度称为主（master）自由度，用 x_m 表示，而把不起主要作用的自由度称为副（slave）自由度，用 x_s 表示。假定作用在副自由度上的外力为零，结构静力方程可写成分块矩阵形式：

$$\begin{bmatrix} K_{ss} & K_{sm} \\ K_{ms} & K_{mm} \end{bmatrix} \begin{Bmatrix} x_s \\ x_m \end{Bmatrix} = \begin{Bmatrix} 0 \\ F_m \end{Bmatrix} \qquad (13.8\text{-}192)$$

上式可以写为两个方程，即

$$K_{ss} x_s + K_{sm} x_m = 0 \qquad (13.8\text{-}193)$$

$$K_{ms} x_s + K_{mm} x_m = F_m \qquad (13.8\text{-}194)$$

式（13.8-193）可写为

$$x_s = \overline{T} x_m \qquad (13.8\text{-}195)$$

其中，变换矩阵

$$\overline{T} = -K_{ss}^{-1} K_{sm} \qquad (13.8\text{-}196)$$

利用式（13.8-196），将式（13.8-195）代入式（13.8-194）中，可得到只包含主自由度的简化静力方程

$$\overline{K}x_m = F_m \qquad (13.8\text{-}197)$$

其中，$\overline{K}$ 为凝聚刚度矩阵

$$\overline{K} = K_{mm} - K_{ms}K_{ss}^{-1}K_{sm} \qquad (13.8\text{-}198)$$

由（13.8-192）可得

$$\begin{Bmatrix} x_s \\ x_m \end{Bmatrix} = \begin{Bmatrix} \overline{T} \\ I \end{Bmatrix} x_m = T x_m \qquad (13.8\text{-}199)$$

其中，I 为单位阵。

$$T = \begin{Bmatrix} \overline{T} \\ I \end{Bmatrix} \qquad (13.8\text{-}200)$$

将式（13.8-199）代入式（13.8-192），并用 T^T 左乘式（13.8-200）可得

$$T^T K T x_m = \begin{bmatrix} \overline{T}^T & I \end{bmatrix} \begin{Bmatrix} 0 \\ F_m \end{Bmatrix} = F_m \qquad (13.8\text{-}201)$$

将式（13.8-201）与式（13.8-197）进行比较，可知

$$\overline{K} = T^T K T \qquad (13.8\text{-}202)$$

这表明，凝聚刚度矩阵 $\overline{K}$ 可用系统刚度矩阵 K 的变换来表示。

由于通过式（13.8-198）计算 K_{ss}^{-1} 这样一个逆矩阵不太方便，因此在实际应用中，通常将标准的高斯消元过程应用于系统的刚度矩阵 K，直至静力方程（13.8-192）变为下式的形式：

$$\begin{bmatrix} I & -\overline{T} \\ O & \overline{K} \end{bmatrix} \begin{Bmatrix} x_s \\ x_m \end{Bmatrix} = \begin{Bmatrix} 0 \\ F_m \end{Bmatrix} \qquad (13.8\text{-}203)$$

即将左上角矩阵变为单位矩阵，将左下角矩阵变为零矩阵，这样，矩阵 $\overline{K}$ 和 $\overline{T}$ 分别是由式（13.8-196）和式（13.8-198）定义的转换矩阵及凝聚刚度矩阵。

基于静力凝聚的变换同样也可用于质量矩阵，即

$$\overline{M} = T^T M T \qquad (13.8\text{-}204)$$

对于广义特征值问题

$$Kx = \overline{\omega}^2 M x \qquad (13.8\text{-}205)$$

可以变换为

$$K T x_m = \overline{\omega}^2 M T x_m \qquad (13.8\text{-}206)$$

上式等号两端同时左乘 T^T，可以得到降阶的广义特征值问题：

$$\overline{K}x_m = \overline{\omega}^2 \overline{M}x_m \qquad (13.8\text{-}207)$$

（2）动凝聚法　动凝聚法是对静凝聚法的动态修正，本节介绍库哈（Kuhar）法。如果说静凝聚法只是对刚度矩阵 K 应用凝聚技术，库哈法则是对系统的动力矩阵 $K - \omega^2 M$ 应用凝聚技术。

观察广义特征值问题：

$$\begin{bmatrix} K_{ss} & K_{sm} \\ K_{ms} & K_{mm} \end{bmatrix} \begin{Bmatrix} x_s \\ x_m \end{Bmatrix} = \overline{\omega}^2 \begin{bmatrix} M_{ss} & M_{sm} \\ M_{ms} & M_{mm} \end{bmatrix} \begin{Bmatrix} x_s \\ x_m \end{Bmatrix}$$

$$(13.8\text{-}208)$$

由式（13.8-208）可得

$$x_s = -(K_{ss} - \omega^2 M_{ss})^{-1}(K_{sm} - \omega^2 M_{sm})x_m$$

$$(13.8\text{-}209)$$

当要计算第 j 阶特征值时，库哈建议取一接近于 ω_j^2 的值 P_j 作为 ω^2 的近似。于是式（13.8-209）写为

$$x_s = \eta x_m \qquad (13.8\text{-}210)$$

其中

$$\eta = -(K_{ss} - P_j M_{ss})^{-1}(K_{sm} - P_j M_{sm})$$

$$(13.8\text{-}211)$$

于是

$$x = \begin{Bmatrix} x_s \\ x_m \end{Bmatrix} = \begin{Bmatrix} \eta \\ I \end{Bmatrix} x_m = T x_m \qquad (13.8\text{-}212)$$

则凝聚刚度矩阵和质量矩阵分别为

$$\overline{K} = T^T K T \qquad (13.8\text{-}213)$$

$$\overline{M} = T^T M T \qquad (13.8\text{-}214)$$

于是得到降阶的广义特征值问题：

$$\overline{K}x_m = \omega^2 \overline{M}x_m \qquad (13.8\text{-}215)$$

P_j 是一估计值，可以按盖恩法来计算，按库哈法求得的 ω_j^2 也可作为新的 P_j 值而迭代地计算，一般可迅速地收敛于原系统的精确解。

（3）子结构界面位移凝聚法　以上两种凝聚法都是针对整个系统的，但这些方法也不难推广到子结构分析上。当一个系统以圆频率 ω 作自由振动时，每一子结构可看做受相邻子结构作用而作强迫振动。如果不考虑阻尼，其任一子结构的运动方程可写为

$$\begin{bmatrix} K_{ii} & K_{io} \\ K_{oi} & K_{oo} \end{bmatrix} \begin{Bmatrix} x_i \\ x_o \end{Bmatrix} - \overline{\omega}^2 \begin{bmatrix} M_{ii} & M_{io} \\ M_{oi} & M_{oo} \end{bmatrix} \begin{Bmatrix} x_i \\ x_o \end{Bmatrix} = \begin{Bmatrix} 0 \\ P_o \end{Bmatrix}$$

$$(13.8\text{-}216)$$

其中，下标 i 对应内部自由度，在这些力上的外力为 0；下标 o 对应出口自由度。

按式（13.8-216）的第一行展开，得

$$K_{ii}x_i + K_{io}x_o - \omega^2(M_{ii}x_i + M_{io}x_o) = 0$$

$$(13.8\text{-}217)$$

由此可导出

$$x_i = -(K_{ii} - \omega^2 M_{ii})^{-1}(K_{io} - \omega^2 M_{io})x_o$$

$$(13.8\text{-}218)$$

它与式（13.8-209）形式完全相同，因此可依前面的方法将子结构的内部自由度作为副自由度凝聚到出口自由度上。实际上，如果令式（13.8-218）中的 ω^2 为 0，就得到盖恩变换。

2.3　结构系统动力响应问题

2.3.1　动力响应问题

结构系统的动力响应主要指系统在外加激振力作用下，即强迫振动时，系统产生的位移、速度和加速度的值。由于系统的动力响应计算需要借助于系统的自由振动固有频率和相应的振型进行，所以它是以系统的自由振动为基础的。

结构动力响应计算可以分为两类：一类是以系统主模态（主振型）为基础的方法，如振型叠加法（mode superposition）；另一类是数值积分的方法，如逐步积分法（step by step integration method）。由于结构的动力响应分析必须考虑阻尼的影响，因此首先介绍阻尼矩阵。

2.3.2　阻尼矩阵

计及阻尼影响的结构动力学方程如下：

$$[M]\{\ddot{d}\} + [C]\{\dot{d}\} + [K]\{d\} = \{R\}$$

$$(13.8\text{-}219)$$

式中，$[C]$ 为阻尼矩阵；$\{\dot{d}\}$ 是随时间变化的速度矢量。单元阻尼矩阵 $[C]$ 的表达式为

$$[C] = \int \mu [N]^\mathrm{T} [N] \mathrm{d}V \qquad (13.8\text{-}220)$$

式（13.8-220）中所表达的单元阻尼矩阵是基于和一致质量矩阵同样的处理方式，因而可称为一致阻尼矩阵，它假定阻尼力正比于质点的运动速度，这时单元的阻尼矩阵比例于单元质量矩阵。

对于比例于应变速度的阻尼，阻尼力可表示为 $\mu D \dot{\varepsilon}$，则单元阻尼矩阵为

$$[C] = \int \mu [B]^\mathrm{T} [D][B] \mathrm{d}V \qquad (13.8\text{-}221)$$

该单元阻尼矩阵比例于单元刚度矩阵。

由于动力系统的振型对于 $[M]$ 和 $[K]$ 是正交的，因此固有振型对比例于 $[M]$ 和 $[K]$ 的阻尼矩阵 $[C]$ 也是正交的，这种阻尼矩阵称为比例阻尼或振型阻尼矩阵。利用比例阻尼的好处是进行动力问题分析时的各自由度之间可以解耦，从而方便问题的求解。

更一般地，可以将结构的阻尼简化成 $[M]$ 和 $[K]$ 的线性组合，即

$$[C] = \alpha [M] + \beta [K] \qquad (13.8\text{-}222)$$

其中，α 和 β 是阻尼常数。

2.3.3　振型叠加法

振型叠加法实质上是用系统的固有振型矩阵作为变换矩阵，将方程（13.8-82）变成一组非耦合的微分方程。逐个单独求解这些方程，将这些求解结果叠加起来而得到问题解。

首先通过模态分析，解出系统前 m 阶特征对 $(\overline{\omega}_i^2, \{\phi_i\})(i = 1, 2, \cdots, m)$，以振型矩阵 $[\Phi] = [\phi_1 \quad \phi_2 \quad \cdots \quad \phi_m]$ 作变换矩阵，将结点位移矢量表示成

$$\{d\} = [\Phi]\{x\} \qquad (13.8\text{-}223)$$

代入方程（13.8-219），且方程前乘 $[\Phi]^\mathrm{T}$，该方程即可化为以 $\{x\}$ 为基本未知量的非耦合的微分方程组：

$$\{\ddot{x}\} + 2[\Xi][\Omega]\{\dot{x}\} + [\Omega]^2\{x\} = \{P\}$$

$$(13.8\text{-}224)$$

式中

$$\begin{cases} \{P\} = [\Phi]^\mathrm{T}\{R\} \\ [\Omega]^2 = \mathrm{diag}[\overline{\omega}_1^2 \quad \overline{\omega}_2^2 \quad \cdots \quad \overline{\omega}_m^2] \\ [\Xi] = \mathrm{diag}[\xi_1 \quad \xi_2 \quad \cdots \quad \xi_m] \end{cases}$$

$$(13.8\text{-}225)$$

因此，可得一组非耦合方程

$$\ddot{x}_i + 2\xi_i \overline{\omega}_i \dot{x}_i + \omega_i^2 x_i = p_i \qquad (i = 1,2,\cdots,m)$$

$$(13.8\text{-}226)$$

其初始条件是

$$\begin{cases} x_i |_{t=0} = x_i^{(0)} \\ \dot{x}_i |_{t=0} = \dot{x}_i^{(0)} \end{cases} \qquad (i = 1,2,\cdots,m)$$

$$(13.8\text{-}227)$$

方程组中的每一个方程的解都可用杜哈梅尔积分表示：

$$x_i = \frac{p_i}{\omega'_i} \int_0^t p_i(\tau) \mathrm{e}^{-\xi_i \overline{\omega}_i(t-\tau)} \sin\overline{\omega}'_i(t-\tau) \mathrm{d}\tau + \mathrm{e}^{-\xi_i \overline{\omega}_i t}(\alpha_i \sin\overline{\omega}'_i t + \beta_i \cos\overline{\omega}'_i t) \qquad (13.8\text{-}228)$$

式中，$\overline{\omega}'_i = \overline{\omega}_i \sqrt{1-\xi_i^2}$；$\alpha_i$ 和 β_i 由初始条件定出；积分采用数值方法计算。

求得 x_i（$i = 1, 2, \cdots, m$）后，忽略高阶振型的响应，按式（13.8-223）将 $1 \sim m$ 阶振型叠加，便得到系统的响应：

$$\{d\} = \sum_{i=1}^m x_i \{\phi_i\} \qquad (13.8\text{-}229)$$

振型叠加法主要用于阻尼矩阵 C 可以对角化和激振力不太复杂的情况，或用于计算响应时间较长的情况，即所谓稳态分析的情况。

2.3.4　逐步积分法

对于不能采用振型叠加法求解的结构系统，例如激发振型较多的情况或计算响应时间十分短促的情况（即所谓瞬态动力学分析），其动力响应可以采用逐步积分法求解。逐步积分法是求解结构动力响应的数值方法，它的基本思想是将动力学方程在时间域上离

散化，例如把时间周期 T 按时间段 Δt 分为若干个间隔，从初始状态 $t = 0$ 开始，逐步求出每一时间间隔上的状态向量（通常由位移、速度和加速度等组成），最后求出的状态向量就是结构系统的动力响应解。

迄今为止，已有许多研究者提出了多种不同的离散化差分格式，但基本可分为两类：隐式法和显式法。经典的隐式法如常用的 Newmark-β 法、Wilson-θ 法、Houbolt 法、Hiber-Hughes 的 α 法和 β-θ 配置法以及 Park 法等，无论对线性还是非线性问题，其数值稳定性一般较好，但其计算工作量也是十分惊人的。显式法则具有计算过程简捷、计算效率高等特点，不过常常要以牺牲一定的精度或稳定性为代价，时间步长的选取须受到稳定性条件的限制。在经典的显式法中，中心差分法和四阶龙格-库塔（Runge-Kutta）法是最为常用的两种。近年来，状态空间法（State Space Method）在一些动力学问题（如振动控制）中获得了广泛应用，它将位移和速度作为独立变量来分析结构的响应，从而降低了微分方程的阶数，亦即将二阶常微分方程转化为一阶常微分方程，但这也使得方程的维数增加了 1 倍。精细积分法（High Precision Direct integration scheme, HPD）是一种以 2^N 类算法计算指数矩阵为基础的状态空间法，在一些文献中，它亦被称为 PIM（Precise Integration Method）。本节将简要介绍中央差分法以及精细积分法的基本原理和求解方法。

1. 中央差分法

中央差分法对速度和加速度作下述假定：

$$\dot{X}_k = \frac{X_{k+1} - X_{k-1}}{2\Delta t} \qquad (13.8\text{-}230)$$

$$\ddot{X}_k = \frac{X_{k+1} - 2X_k + X_{k-1}}{(\Delta t)^2} \qquad (13.8\text{-}231)$$

考虑 t_k 时刻系统的运动方程：

$$M\ddot{X}_k + C\dot{X}_k + KX_k = F_k \qquad (13.8\text{-}232)$$

式（13.8-230）和式（13.8-231）分别代入式（13.8-232），可得

$$\left[\frac{1}{(\Delta t)^2}M + \frac{1}{2\Delta t}C\right]X_{k+1} = F_k - \left[K - \frac{2}{(\Delta t)^2}M\right]X_k -$$
$$\left[\frac{1}{(\Delta t)^2}M - \frac{1}{2\Delta t}C\right]X_{k-1} \qquad (13.8\text{-}233)$$

可求得系统在 t_{k+1} 时刻的位移 X_{k+1}，进而由式（13.8-230）和式（13.8-231）求得 t_k 时刻的速度和加速度。中央差分法是条件稳定的，条件是 $\Delta t \leqslant \Delta t_{cr}$，其中

$$\Delta t_{cr} = \frac{T_n}{\pi} \qquad (13.8\text{-}234)$$

式中，T_n 是系统的最小自振周期。

应当指出，中央差分法算式（13.8-233）左端的系数阵只与质量阵和阻尼阵有关，与刚度无关。如果阻尼阵与质量阵都是对角阵，则这种算法不需要求解线性代数方程组，从第一步开始逐次直接求得各个时刻的 X_{k+1} 值，这时中央差分法就是一种显式的格式。

中央差分法的实施过程如下：

（1）初始计算

1）生成刚度矩阵 K、质量阵 M 和阻尼阵 C。

2）计算 $\ddot{X}_0$：

$$M\ddot{X}_0 = F(0) - C\dot{X}_0 - KX_0 \qquad (13.8\text{-}235)$$

3）选择合适的时间步长 $\Delta t \leqslant \Delta t_{cr}$，并计算下列积分常数：

$$a_0 = \frac{1}{(\Delta t)^2}, a_1 = \frac{1}{2\Delta t}, a_2 = 2a_0, a_3 = \frac{1}{a_2}$$
$$(13.8\text{-}236)$$

4）计算 X_{-1}：

$$X_{-1} = X_0 - \dot{X}_0\Delta t + a_3\ddot{X}_0 \qquad (13.8\text{-}237)$$

5）计算等效质量阵：

$$\hat{M} = a_0M + a_1C \qquad (13.8\text{-}238)$$

（2）对每一时间步计算

1）t_k 时刻的等效力：

$$\hat{F}_k = F_k - (K - a_2M)X_k - (a_0M - a_1C)X_{k-1}$$
$$(13.8\text{-}239)$$

2）t_{k+1} 时刻位移：

$$\hat{M}X_{k+1} = \hat{F}_k \qquad (13.8\text{-}240)$$

3）t_k 时刻的加速度和速度：

$$\begin{cases} \ddot{X}_{k+1} = a_0(X_{k-1} - 2X_k + X_{k+1}) \\ \dot{X}_k = a_1(X_{k+1} - X_{k-1}) \end{cases}$$
$$(13.8\text{-}241)$$

2. 精细积分法

精细积分法的运动方程为

$$M\ddot{X}(t) + C\dot{X}(t) + KX(t) = F_e(t)$$
$$(13.8\text{-}242)$$

首先将式（13.8-242）化成一阶常微分方程组：

$$\dot{Z}(t) = HZ(t) + F(t) \qquad (13.8\text{-}243)$$

这可有两种方案。第一种是采用哈密顿系统常用的方法，选用

$$\begin{cases} Z(t) = \begin{pmatrix} X(t) \\ Y(t) \end{pmatrix} \\ Y(t) = M\dot{X}(t) + \dfrac{CX(t)}{2} \end{cases}$$
$$(13.8\text{-}244)$$

$$\begin{cases} H = \begin{pmatrix} A & C \\ B & G \end{pmatrix} \\ F(t) = \begin{pmatrix} 0 \\ F_e(t) \end{pmatrix} \end{cases} \tag{13.8-245}$$

$$\begin{cases} A = -\dfrac{M^{-1}C}{2} \\ G = -\dfrac{CM^{-1}}{2} \\ D = M^{-1} \\ B = \dfrac{CM^{-1}C}{4} - K \end{cases} \tag{13.8-246}$$

此时 H 为哈密顿（Hamilton）矩阵，$\exp(H\tau)$ 为辛（Symplectic）矩阵。然而在实际应用中，以下方法更加常用：

$$\begin{cases} Z(t) = \begin{pmatrix} X(t) \\ Y(t) \end{pmatrix} \\ H = \begin{pmatrix} O & I \\ B & G \end{pmatrix} \\ F(t) = \begin{pmatrix} 0 \\ M^{-1}F_e(t) \end{pmatrix} \end{cases} \tag{13.8-247}$$

其中，$B = -M^{-1}K$，$G = -M^{-1}C$，这两种方法的计算效率相当。

精细积分法的实施过程如下：

（1）初始计算

1）生成刚度矩阵 K、质量阵 M、阻尼阵 C 及矩阵 H。

2）计算 $\ddot{X}_0$：

$$M\ddot{X}_0 = F(0) - C\dot{X}_0 - KX_0 \tag{13.8-248}$$

3）选择时间步长 Δt，引入微小时段 $\tau = \dfrac{\Delta t}{2^N}$（一般取 $N = 20$，$2^N = 1048576$）计算

$$T_{a0} = H\tau + \dfrac{(H\tau)^2}{2!} + \dfrac{(H\tau)^3}{3!} + \dfrac{(H\tau)^4}{4!} \tag{13.8-249}$$

4）按下列方式迭代计算 T_{a1}，T_{a2}，$\cdots$，T_{aN}：

$$T_{ai} = 2T_{a,i-1} + T_{a,i-1}T_{a,i-1} \tag{13.8-250}$$

5）计算

$$T(\Delta t) = I + T_{aN} \tag{13.8-251}$$

（2）对每一时间步计算

1）确定向量 r_1 和 r_2。如使用 HPD-S 格式，计算向量 C_1 和 C_2：

$$C_1 = (\omega^2 I + H^2)^{-1}(\omega r_2 - Hr_1) \tag{13.8-252}$$

$$C_2 = (\omega^2 I + H^2)^{-1}(\omega r_1 - Hr_2) \tag{13.8-253}$$

2）计算 t_{k+1} 时刻的位移、速度和加速度。使用

HPD-L 格式时，计算

$$Z(t_{k+1}) = T(\Delta t)[Z(t_k) - H^{-1}(r_1 + H^{-1}r_2)] - \\ H^{-1}(r_1 + H^{-1}r_2 + \Delta tr_2) \tag{13.8-254}$$

使用 HPD-S 格式时，计算

$$Z(t_{k+1}) = T(\Delta t)[Z(t_k) - C_1\sin(\omega t_k) - C_2\cos(\omega t_k)] + \\ C_1\sin(\omega t_{k+1}) + C_2\cos(\omega t_{k+1}) \tag{13.8-255}$$

X_{k+1} 为向量 Z 中前 n 个元素，X_{k+1} 为向量 Z 中后 n 个元素，则

$$\ddot{X}_{k+1} = M^{-1}(F_{k+1} - C\dot{X}_{k+1} - KX_{k+1}) \tag{13.8-256}$$

3 温度场和热应力问题

热分析用于计算一个系统或部件的温度分布及其他热物理参数，如热量的获取或损失、热梯度、热流密度（热通量）等。它在许多工程应用中扮演重要角色，如内燃机、涡轮机、换热器、管路系统、电子元件等。

热传递有三种基本类型：

1）传导：两个接触良好的物体之间或一个物体内部不同部分之间由于温度梯度引起的能量交换。

2）对流：在物体和周围流体之间发生的能量交换。

3）辐射：一个物体或两个物体之间通过电磁波进行的能量交换。

3.1 符号与单位（表 13.8-1）

表 13.8-1 常用热力学单位

项目	国际单位	英制单位
长度	m	ft
时间	s	s
质量	kg	lb
温度	℃	℉
力	N	lbf
能量（热量）	J	Btu
功率（热流率）	W	Btu/s
热流密度	W/m²	Btu/(s·ft²)
生热速率	W/m³	Btu/(s·ft³)
热导率	W/(m·℃)	Btu/(s·ft·℉)
表面传热系数	W/(m²·℃)	Btu/(s·ft²·℉)
密度	kg/m³	lb/ft³
比热容	J/(kg·℃)	Btu/(lb·℉)
焓	J/m³	Btu/ft³

3.2 传热学基本理论

热分析遵循热力学第一定律，即能量守恒定律。

对于一个封闭的系统（没有质量的流入或流出），有

$$Q - W = \Delta U + \Delta KE + \Delta PE \quad (13.8\text{-}257)$$

式中，Q 为热量；W 为系统对外做功；ΔU 为系统内能；ΔKE 为系统动能；ΔPE 为系统势能。

对于大多数工程传热问题 $\Delta KE = \Delta PE = 0$，通常考虑没有做功，即 $W = 0$，则有 $Q = \Delta U$；对于稳态热分析 $Q = \Delta U = 0$，即流入系统的热量等于流出的热量；对于瞬态热分析 $q = \dfrac{\mathrm{d}U}{\mathrm{d}t}$，即流入或流出的热传递速率 q 等于系统内能的变化。

3.3 热传递的方式

3.3.1 热传导

热传导可以定义为完全接触的两个物体之间或一个物体的不同部分之间由于温度梯度而引起的内能的交换。热传导遵循傅里叶定律：$q'' = -k\dfrac{\mathrm{d}T}{\mathrm{d}x}$。式中 q'' 为热流密度（W/m²）；k 为热导率；[W/(m·℃)]；"－"表示热量流向温度降低的方向。

3.3.2 热对流

热对流是指固体的表面与它周围接触的流体之间，由于温差的存在引起的热量的交换。热对流可以分为两类：自然对流和强制对流。热对流用牛顿冷却方程来描述：$q'' = h(T_S - T_B)$。式中 h 为表面传热系数（或称对流换热系数、膜传热系数、给热系数、膜系数等）；T_S 为固体表面的温度；T_B 为周围流体的温度。

3.3.3 热辐射

热辐射指物体发射电磁能，并被其他物体吸收转变为热的热量交换过程。物体温度越高，单位时间辐射的热量越多。热传导和热对流需要有传热介质，而热辐射无需任何介质。实质上，在真空中的热辐射效率最高。

在工程中通常考虑两个或两个以上物体之间的辐射，系统中每个物体同时辐射并吸收热量。它们之间的净热量传递可以用斯蒂芬-玻耳兹曼方程来计算：$q = \varepsilon\sigma A_1 F_{12}(T_1^4 - T_2^4)$。式中 q 为热流率；ε 为辐射率（黑度）；σ 为斯蒂芬-玻耳兹曼常数，约为 $5.67 \times 10^{-8}\,\mathrm{W/(m^2 \cdot K^4)}$；$A_1$ 为辐射面 1 的面积；F_{12} 为由辐射面 1 到辐射面 2 的形状系数；T_1 为辐射面 1 的热力学温度；T_2 为辐射面 2 的热力学温度。由上式可以看出，包含热辐射的热分析是高度非线性的。

3.4 稳态传热

如果系统的净热流率为 0，即流入系统的热量加

上系统自身产生的热量等于流出系统的热量：$q_{流入} + q_{生成} - q_{流出} = 0$，则系统处于热稳态。在稳态热分析中任一节点的温度不随时间变化。稳态热分析的能量平衡方程为（以矩阵形式表示）

$$[K]\{T\} = \{Q\} \quad (13.8\text{-}258)$$

式中，$[K]$ 为传导矩阵，包含热导率、表面传热系数及辐射率和形状系数；$\{T\}$ 为节点温度向量；$\{Q\}$ 为节点热流率向量，包含热生成。

在有限元分析软件中通常利用模型的几何参数、材料热性能参数以及所施加的边界条件，生成 $[K]$、$\{T\}$ 以及 $\{Q\}$。

3.5 瞬态传热

瞬态传热过程是指一个系统的加热或冷却过程。在这个过程中系统的温度、热流率、热边界条件以及系统内能随时间都有明显变化。根据能量守恒原理，瞬态热平衡可以表达为（以矩阵形式表示）

$$[C]\{\dot{T}\} + [K]\{T\} = \{Q\} \quad (13.8\text{-}259)$$

式中，$[K]$ 为传导矩阵，包含热导率、表面传热系数及辐射率和形状系数；$[C]$ 为比热容矩阵，考虑系统内能的增加；$\{T\}$ 为节点温度向量；$\{\dot{T}\}$ 为温度对时间的导数；$\{Q\}$ 为节点热流率向量，包含热生成。

3.6 非线性热分析

如果有下列情况产生，则为非线性热分析：

1）材料热性能随温度变化，如 $K(T)$、$C(T)$ 等；

2）边界条件随温度变化；

3）考虑辐射传热。

非线性热分析的热平衡矩阵方程为

$$[C(T)]\{\dot{T}\} + [K(T)]\{T\} = [Q(T)]$$

$$(13.8\text{-}260)$$

3.7 ANSYS 中常用热分析单元

热分析涉及的单元有大约 40 种，其中纯粹用于热分析的有 14 种：

线性：LINK32——二维二节点热传导单元。

LINK33——三维二节点热传导单元。

LINK34——二节点热对流单元。

LINK31——二节点热辐射单元。

二维实体：PLANE55——四节点四边形单元。

PLANE77——八节点四边形单元。

PLANE35——三节点三角形单元。

PLANE75——四节点轴对称单元。

PLANE78——八节点轴对称单元。

三维实体：SOLID87——六节点四面体单元。

SOLID70——八节点六面体单元。

SOLID90——二十节点六面体单元。

壳：SHELL57——四节点四边形单元。

点：MASS71——一节点质量单元。

3.8 稳态及瞬态传热简介

稳态传热用于分析稳定的热载荷对系统或部件的影响。通常在进行瞬态热分析以前，进行稳态热分析用于确定初始温度分布。通过稳态热分析可以确定由于稳定的热载荷引起的温度、热梯度、热流率、热流密度等参数。稳态热分析的基本过程为：建模、加载（温度、热流率、对流、热流密度、生热率等）、后处理。

瞬态热分析用于计算一个系统的随时间变化的温度场及其他热参数。在工程上一般用瞬态热分析计算温度场，并将之作为热载荷进行应力分析。瞬态热分析的基本步骤与稳态热分析类似，主要的区别是瞬态热分析中的载荷是随时间变化的。必须将载荷—时间曲线分为载荷步。载荷—时间曲线中的每一个拐点为一个载荷步，如图13.8-16所示。

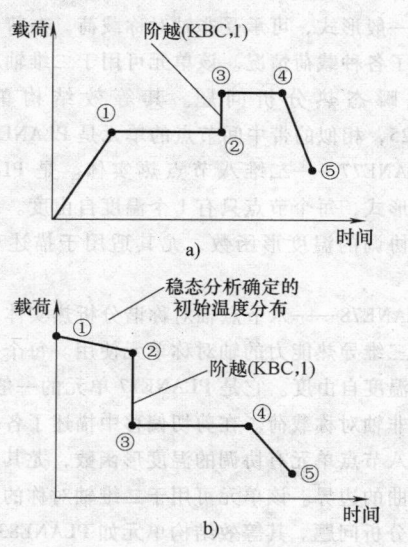

图13.8-16 载荷步

对于每一个载荷步，必须定义载荷值及时间值，同时必须选择载荷步为渐变或阶越。

3.9 热力耦合分析简介

热力分析是求解温度场对结构中应力、应变和位移等物理影响的分析。对于热力分析，在 ANSYS 中通常用顺序耦合分析，即先进行热分析求得结构的温度场，然后再进行结构分析。将前面求得的温度场作为体载荷加到结构中，求解结构中的应力分布。

步骤如下：首先定义热分析单元，接着定义材料参数、建模、划分网格，并施加温度载荷（一般热分析比较多的是在所有外表面加表面传热系数），然后计算。计算完之后进行单元转换，将热单元转换成结构单元，并且施加载荷（压力、重力等）和约束，然后将前面热分析计算得到的结果施加在结构分析单元上。最后计算得到应力及变形结果。

3.10 ANSYS 常用热力耦合分析单元简介

SOLID5——三维耦合场实体。具有三维磁场、温度场、电场、压电场和结构场之间有限耦合的功能。本单元由 8 个节点定义，每个节点有 6 个自由度。在静态磁场分析中，可以使用标量势公式（对于简化的 RSP、微分的 DSP、通用的 GSP）。在结构和压电分析中，具有大变形的应力钢化功能。与其相似的耦合场单元有 PLANE13、SOLID62 和 SOLID98。

INFIN9——二维无限边界。用于模拟一个二维无界问题的开放边界。具有 2 个节点，每个节点上带有磁向量势或温度自由度。所依附的单元类型可以为 PLANE13 和 PLANE53 磁单元，或 PLANE55、PLANE77 和 PLANE35 热单元。使用磁自由度（AZ）时，分析可以是线性的也可以是非线性的，可以是静态的也可以是动态的。使用热自由度时，只能进行线性稳态分析。

PLANE13——二维耦合场实体。具有二维磁场、温度场、电场和结构场之间有限耦合的功能。由 4 个节点定义，每个节点可达到 4 个自由度。具有非线性磁场功能，可用于模拟 B-H 曲线和永久磁铁去磁曲线。具有大变形和应力钢化功能。当用于纯结构分析时，具有大变形功能，相似的耦合场单元有 SOLID5、SOLID98 和 SOLID62。

LINK31——辐射线单元。用于模拟空间两点间辐射热流率的单轴单元。每个节点有 1 个自由度。可用于二维（平面或轴对称）或三维的、稳态或瞬态的热分析问题。允许形状因子和面积分别乘以温度的经验公式。发射率可与温度相关。如果包含热辐射单元的模型还需要进行结构分析，辐射单元应当被一个等效的或空的结构单元所代替。

LINK32——二维传导杆。用于两节点间热传导的单轴单元。该单元每个节点只有 1 个温度自由度。可用于二维（平面或轴对称）稳态或瞬态的热分析问题。如果包含热传导杆单元的模型还需进行结构分析，该单元可被一个等效的结构单元所代替。

LINK33——三维传导杆。用于节点间热传导的单轴单元。该单元每个节点只有 1 个温度自由度。可用于稳态或瞬态的热分析问题。如果包含热传导杆单元的模型还需进行结构分析，该单元可被一个等效的结构单元所代替。

LINK34——对流线单元。用于模拟节点间热对流的单轴单元。该单元每个节点只有 1 个温度自由度。热对流杆单元可用于二维（平面或轴对称）或三维、稳态或瞬态的热分析问题。如果包含热对流单元的模型还需要进行结构分析，热对流单元可被一个等效（或空）的结构单元所代替。单元的表面传热系数可为非线性，即表面传热系数是温度或时间的函数。

PLANE35——二维六节点三角形热实体。它是一个与八节点 PLANE77 单元兼容的三角形单元，适用于形状不规则的模型（例如从不同的 CAD/CAM 系统产生的模型）划分网格。只有 1 个温度自由度。适用于二维的稳态或瞬态热分析。如果包含该单元的模型还需进行结构分析，可被一个等效的结构单元（如 PLANE2）所代替。可用做平面单元或轴对称环单元。

INFIN47——三维无限边界。用于模拟无边界场问题的开放边界。其单元形状为四节点四边形或三节点三角形，每个节点可以有磁势或温度自由度。所依附的单元类型可以是 SOLID5、SOLID96 或 SOLID98 磁单元，也可以是 SOLID70、SOLID90 或 SOLID87 热实体单元。具有磁自由度时，可以进行线性或非线性静态分析。具有热自由度时，只能进行静态分析（线性或非线性）。

PLANE55——二维热实体。可作为一个具有二维热传导能力的平面或轴对称环单元使用。具有 4 个节点，每个节点只有 1 个温度自由度。可用于二维稳态或瞬态热分析问题，并可以补偿由于恒定速度场带来的质量输运热流。如果包含热单元的模型还需进行结构分析，该单元应当被一个等效的结构单元（如 PLANE42）所代替。此单元有一个选项，用来模拟通过多孔介质的非线性稳态流动（渗流）。此时，原有的热参数被解释成相似的流体流动参数。

SHELL57——热壳。三维的具有面内导热能力的单元，具有四个节点，每个节点只有 1 个温度自由度。该单元可用于三维的稳态或瞬态的热分析问题。如果包含本单元的模型还需要进行结构分析，可被一个等效的结构单元（如 SHELL63）所代替。如果面内及横向的导热都需要考虑，则需要使用实体单元

SOLID70 或 SOLID90。

SOLID70——三维热实体。具有 8 个节点，每个节点只有 1 个温度自由度。该单元可用于三维的稳态或瞬态的热分析问题，并可补偿由于恒定速度场质量输运带来的热流损失。如果包含热实体单元的模型还需进行结构分析，可被一个等效的结构单元（如 SOLID45）所代替。此单元有一个选项，用来模拟通过多孔介质的非线性稳态流动。此时，原有的热参数被解释成相似的流体流动参数。例如，温度自由度等效为压力自由度。

MASS71——热质量。点单元，只有 1 个温度自由度。具有热容但忽略内部热阻的物体，如果其内部无明显的温度梯度，则可使用热质量单元来模拟它以进行瞬态热分析。该单元还有一个功能，即温度与热产生率相关的能力。可用于一维、二维或三维的稳态或瞬态热分析。在稳态求解中，它只起到温度相关的热源或热的接收器的作用。其他在热分析问题中有特殊用途的单元为 COMBIN14 和 COMBIN40。如果包含热质量单元的模型还需要进行结构分析，该单元可被一个等效的结构单元所代替（如 MASS21）。

PLANE75——轴对称谐分析热实体。可作为具有三维导热能力的轴对称单元使用。有 4 个节点，每个节点只有 1 个温度自由度。它是 PLANE55 单元轴对称型的一般形式，可承受非轴对称载荷。在剪切偏移中描述了各种载荷情况。该单元可用于二维轴对称的稳态或瞬态热分析问题。其等效结构单元如 PLANE25，相似的带中间节点的单元是 PLANE78。

PLANE77——二维八节点热实体。是 PLANE55 的高阶形式，每个节点只有 1 个温度自由度。八节点单元有协调的温度形函数，尤其适用于描述弯曲的边界。

PLANE78——八节点轴对称谐分析热实体。可作为具有三维导热能力的轴对称单元使用。每个节点只有 1 个温度自由度。它是 PLANE77 单元的一般形式，可承受非轴对称载荷。在剪切偏移中描述了各种载荷情况。八节点单元有协调的温度形函数，尤其适用于描述弯曲的边界。该单元可用于二维轴对称的稳态或瞬态热分析问题。其等效结构单元如 PLANE83。

SOLID87——三维十节点四面体热实体。特别适合于对不规则的模型（例如从不同的 CAD/CAM 系统产生的模型）划分网格。每个节点只有 1 个温度自由度。可用于三维的热稳态或瞬态分析问题，其等效的结构单元如 SOLID92。

SOLID90——三维二十节点热实体。三维的八节点热单元 SOLID70 的高阶形式。20 个节点，每个节

点只有 1 个温度自由度。二十节点单元有协调的温度形函数，尤其适用于描述弯曲的边界。适用于三维的稳态或瞬态热分析问题。其等效的结构单元如 SOLID95。

　　INFIN110——二维无限实体。用于模拟一个二维的边界开放的极大场问题，其一个单层用于描述无限体的外部子域。具有二维（平面的和轴对称）磁势能、温度或静电势能特性。由四或八节点定义，每个节点有单一的自由度。所依附的单元类型可以是 PLANE13 和 PLANE53 磁单元，PLANE55、PLANE35 和 PLANE77 热单元，或静电单元 121。加上磁势或温度自由度后，分析可以是线性的或非线性的，静态的或动态的。

　　INFIN111——三维无限实体。用于模拟一个三维的边界开放的极大场问题，其一个单层用于描述无限体的外部子域。具有二维（平面的和轴对称）磁势能、温度或静电势能特性。由八或二十节点定义，有三维磁标量和向量势能、温度或静电势能特性。每个节点有单一的自由度。封闭的单元类型可以是 SOLID96、SOLID97、SOLID98、SOLID5、SOLID62 磁单元，SOLID70、SOLID90 和 SOLID87 热单元，或静电单元 SOLID122 和 SOLID123。加上磁势或温度自由度后，分析可以是线性的或非线性的，静态的或动态的。对这个单元的几何体，节点坐标和坐标系在 INFIN111 中显示。由 8 或 20 个节点和材料参数定义。必须定义非零的材料参数。

4　非线性问题

　　如果结构的位移与载荷不成线性关系，这样的体系称为非线性变形体系。如果体系的非线性是由于材料应力与应变关系的非线性引起的，则称为材料非线性，如材料的弹塑性性质、松弛、徐变等。材料非线性问题比较简单，不需要重新列出整个问题的表达格式，只要将材料本构关系线性化，就可将线性问题的表达格式推广用于非线性分析。可通过试探和迭代的过程求解一系列线性问题。有限元分析方法是求解材料非线性问题最有效的数值方法。如果结构的变位使体系的受力发生了显著的变化，以至不能采用线性体系的分析方法时就称为几何非线性，如结构的大变形、大挠度的问题等。几何非线性问题比较复杂，它涉及非线性的几何关系和依赖于变形的平衡方程等问题，因此表达格式和线性问题相比，有很大的改变。还有一类非线性问题是边界条件非线性，或状态非线性，如各种接触问题等。在接触问题中，接触体的变形和接触边界的摩擦作用使得部分边界随加载过程而变，且不可恢复。它们相互接触边界的位置和范围以及接触面上力的分布和大小事先是不能给定的，需要依赖整个问题的求解才能确定。

4.1　非线性方程组的解法

　　将非线性问题进行有限元离散化的结果将得到代数方程组，即

$$K(a)a = Q \quad \text{或} \quad \Psi(a) = P(a) + f = K(a)a + f = 0$$

$$(13.8\text{-}261)$$

式中，$f = -Q$。上述方程的具体形式通常取决于问题的性质和离散的方法。其中参数 a 代表未知函数的近似解。在以位移为未知量的有限元分析中，该参数是节点位移向量。对于非线性方程组，由于 K 依赖于未知量 a，因而不可能直接求解。为了容易叙述，本节考虑单自由度系统。

4.1.1　直接迭代法

　　对方程（13.8-261），设初始试探解为

$$a = a^0 \quad (13.8\text{-}262)$$

将试探解代入式（13.8-261）的 $K(a)$ 中，可以求得被改进了的第一次近似解为

$$a^1 = -(K^0)^{-1}f, \quad K^0 = K(a^0) \quad (13.8\text{-}263)$$

重复上述过程，直到获得误差的某种范数小于某个规定的容许小量 ε，即

$$\|e\| = \|a^n - a^{n-1}\| \leqslant \varepsilon \quad (13.8\text{-}264)$$

4.1.2　Newton-Raphson（N-R）方法

　　如果已经得到式（13.8-261）的第 n 次近似解 a^n，然而仍不能精确地满足式（13.8-261），即 $\Psi(a^n) \neq 0$。此时，为得到进一步的近似解 a^{n+1}，可将 $\Psi(a^{n+1})$ 表示成在 a^n 附近的仅保留线性项的 Taylor 展开式，即

$$\Psi(a^{n+1}) = \Psi(a^n) + \left(\frac{d\Psi}{da}\right)^n \Delta a^n = 0$$

$$(13.8\text{-}265)$$

且有

$$a^{n+1} = a^n + \Delta a^n, \quad \frac{d\Psi}{da} = \frac{dp}{da} = K_T(a)$$

$$(13.8\text{-}266)$$

这样由式（13.8-265）可以得到

$$\begin{cases} \Delta a^n = -(K_T^n)\Psi^n = -(K_T^n)^{-1}(P^n + f) \\ K_T^n = K_T(a^n) \\ P^n = (a^n) \end{cases}$$

$$(13.8\text{-}267)$$

由于式（13.8-265）中 Taylor 展开式仅取线性项，所以 a^{n+1} 一般是近似解，应重复上述迭代求解过程直至满足收敛要求。

一般来说，N-R 方法求解过程具有良好的收敛性。

4.1.3 修正的 Newton-Raphson 方法

N-R 方法对于每次迭代需要重新形成新的切线矩阵并求逆，为了减少切线矩阵的计算，可以采用修正的 N-R（mN-R）方法。令

$$K_T^n = K_T^0 \qquad (13.8\text{-}268)$$

故可将式（13.8-267）修改为

$$\Delta a^n = -(K_T^0)^{-1}(P^n + f) \qquad (13.8\text{-}269)$$

因此每次迭代求解的是一相同方程组。事实上，如用直接法求解此方程组时，系数矩阵只需要求解一次，每次迭代只进行一次回代即可。这种处理虽然付出的代价是收敛速度较低，但计算仍是比较经济的。如与加速收敛的方法相结合，计算效率还可进一步提高。另一种折中方案是在迭代若干次（例如 m 次）以后，将 K_T 更新为 K_T^m，再进行以后的迭代。在某些情况下，这种方案是很有效的。

4.1.4 增量法

增量法是假设已知第 m 步载荷 f_m 和相应的位移 a_m，而后让载荷增加为 $f_{m+1} = f_m + \Delta f_m$，再求得 $a_{m+1} = a_m + \Delta a_m$。如果每步载荷增量 Δf_m 足够小，则解的收敛性是可以保证的。同时可以得到加载过程各个阶段的中间数值结果，便于研究结构位移和应力等随载荷变化的情况。为了说明这种方法，将式（13.8-261）改写为

$$\Psi(a) = P(a) + \lambda f_0 = 0 \qquad (13.8\text{-}270)$$

其中，λ 是载荷变化的参数。上式对 λ 求导可以得到

$$\frac{dP}{da}\frac{da}{d\lambda} + f_0 = K_T\frac{da}{d\lambda} + f_0 = 0 \qquad (13.8\text{-}271)$$

进而得

$$\frac{da}{d\lambda} = -K_T^{-1}(a)f_0 \qquad (13.8\text{-}272)$$

式中，K_T 是式（13.8-266）所定义的切线矩阵。

采用 Euler 法，它可被表达为

$$a_{m+1} - a_m = -K_T^{-1}(a_m)f_0\Delta\lambda_m = -(K_T)_m^{-1}\Delta f_m \qquad (13.8\text{-}273)$$

其中

$$\Delta\lambda_m = \lambda_{m+1} - \lambda_m, \ \Delta f_m = f_{m+1} - f_m \qquad (13.8\text{-}274)$$

其他改进的积分方案（例如 Runge-Kutta 方法的各种预测校正）可以用来改进解的精度。与二阶 Runge-Kutta 方法等价的一种校正的 Euler 方法是可以采用的，即先按式（13.8-273）计算得到 a_{m+1} 的预测值，并表示为 a'_{m+1}，再进一步计算 a_{m+1} 的改进值为

$$a_{m+1} - a_m = -(K_T)_{m+\theta}^{-1}\Delta f_m \qquad (13.8\text{-}275)$$

其中

$$\begin{cases} (K_T)_{m+\theta} = K_T a_{m+\theta} \\ a_{m+\theta} = (1-\theta)a_m + \theta a'_{m+1} \end{cases} \quad (0 \le \theta \le 1) \qquad (13.8\text{-}276)$$

利用上式计算得到的 a_{m+1} 较利用式（13.8-273）得到的预测值 a'_{m+1} 将有所改进。

无论是利用式（13.8-273）还是利用式（13.8-275）来计算 a_{m+1} 或它的改进值，都是对式（13.8-272）积分的结果的近似，而未直接求解式（13.8-270），因此所得到的 a_m、a_{m+1}、$\cdots$ 一般情况下是不能精确满足方程式（13.8-270）的，这将导致解的漂移。而且随着增量数目的增加，这种漂移现象将愈来愈严重。为克服解的漂移现象，并改进其精度，可采用的方法之一是从式（13.8-275）求得 a_{m+1} 的改进值之后，将它作为新的预测值 a_{m+1}，仍用式（13.8-275）再计算新的改进值，继续迭代，直至方程式（13.8-270）在规定的误差范围内被满足为止。但每次迭代需要重新形成新的切线刚度矩阵 $K_T(a_{m+\theta})$。

一般采用的方法是，将 N-R 方法或 mN-R 方法用于每一增量步。如采用 N-R 方法，在每一增量步内迭代，则对于 λ 的 $m+1$ 次增量步的第 $n+1$ 次迭代可以表示为

$$\psi_{m+1}^{n+1} \equiv P(a_{m+1}^{n+1}) + \lambda_{m+1}f_0 = P(a_{m+1}^n) + \lambda_{m+1}f_0 + (K_T^n)_{m+1}\Delta a_{m+1}^n = 0 \qquad (13.8\text{-}277)$$

由上式解出

$$\Delta a_{m+1}^n = -(K_T^n)_{m+1}^{-1}(P(a_{m+1}^n) + \lambda_{m+1}f_0) \qquad (13.8\text{-}278)$$

于是得到 a_{m+1} 的第 $n+1$ 次改进值，即

$$a_{m+1}^{n+1} = a_{m+1}^n + \Delta a_{m+1}^n \qquad (13.8\text{-}279)$$

式（13.8-277）中 $(K_T^n)_{m+1}$ 是 $(K_T)_{m+1}$ 的第 n 次改进值。开始迭代时用 $a_{m+1}^0 = a_m$。连续地进行迭代，一直进行到可以使方程式（13.8-270）能够在规定误差范围内被满足。

由式（13.8-277）可见，当采用 N-R 方法迭代时，每次迭代后也都重新形成和分解 $(K_T^n)_{m+1}$，显然工作量是很大的，因此通常采用 mN-R 方法，这时令

$$(K_T^n)_{m+1} = (K_T^0)_{m+1} = K_T(a_m) \qquad (13.8\text{-}280)$$

如果只求解一次式（13.8-278），而不继续进行迭代，则有

$$\Delta a_{m+1} = \Delta a_{m+1}^0 = -(K_T)_m^{-1}(P_m + \lambda_{m+1}f_0) \qquad (13.8\text{-}281)$$

若进一步假设在上一增量步结束时，控制方程式（13.8-270）是精确满足的，即

$$P_m + \lambda_m f_0 = 0 \qquad (13.8\text{-}282)$$

那么

$$\Delta a_{m+1} = -(K_T)_m^{-1} f_0 \Delta \lambda_m \qquad (13.8\text{-}283)$$

可以看出，上式就是式（13.8-275）。而式（13.8-281）和上式相比，不同之处在于它考虑了上一增量步中方程（13.8-270）为精确满足的因素，将误差 $P_m + \lambda_m f_0$ 合并到 $\Delta \lambda_m f_0$ 中进行求解。式（13.8-270）在结构分析中实质上是平衡方程，所以式（13.8-273）或式（13.8-275）被称为考虑平衡校正的迭代算法。

4.1.5　加速收敛方法

由上述分析可知，利用 mN-R 方法求解非线性方程组时，可以避免每次迭代重新形成切线刚度矩阵并对其求逆，但降低了收敛速度。为加快收敛速度可以采用很多方法，如 Aitken 加速法和线性搜索加速法等。以下介绍 Aitken 加速法。

假设 f_{m+1} 的初始试探解已知，为 $a_{m+1}^0 = a_m$。利用修正的 N-R 法进行迭代，求得前两次迭代后的改进解为

$$\begin{cases} \Delta a_{m+1}^n = -(K_T)_m^{-1}(P(a_{m+1}^n) + f_{m+1}) \\ a_{m+1}^{n+1} = a_{m+1}^n + \Delta a_{m+1}^n \end{cases} (n=0,1)$$
$$(13.8\text{-}284)$$

求得 Δa_{m+1}^1 后，为使迭代加速收敛可以考虑寻求它的改进值 $\Delta \tilde{a}_{m+1}^1$。Aitken 方法首先利用两次迭代的不平衡差值来估计起始切线刚度矩阵 $(K_T)_m$ 与局部切线刚度矩阵 K_s 的比值：

$$K_s \Delta a_{m+1}^0 = (K_T)_m (\Delta a_{m+1}^0 - \Delta a_{m+1}^1) \qquad (13.8\text{-}285)$$

$$\frac{(K_T)_m}{K_s} = \frac{\Delta a_{m+1}^0}{\Delta a_{m+1}^0 - \Delta a_{m+1}^1} = a^1 \qquad (13.8\text{-}286)$$

然后根据这一比值来确定 $\Delta \tilde{a}_{m+1}^1$，有

$$\begin{cases} K_s \Delta \tilde{a}_{m+1}^1 = (K_T)_m \Delta a_{m+1}^1 \\ \Delta \tilde{a}_{m+1}^1 = a^1 \Delta a_{m+1}^1 \\ a^1 = \dfrac{(K_T)_m}{K_s} \end{cases} (13.8\text{-}287)$$

式中，a^1 为加速因子。于是有

$$a_{m+1}^2 = a_{m+1}^1 + \tilde{a}_{m+1}^1 = a_{m+1}^1 + a^1 \Delta a_{m+1}^1 \qquad (13.8\text{-}288)$$

显然，Aitken 加速收敛的方法是每隔一次迭代进行加速。

一般来说，在计算效率上最高的为 mN-R 方法，其次为 BFGS 方法；在收敛性方面则相反，最好的为 N-R 方法，其次为 BFGS 方法。因此比较好的计算过程是，在分析过程中，当非线性程度不高（初期加载）时，用 mN-R 方法；当非线性程度较高时，用 N-R 方法或 BFGS 方法。但如果在计算程序中只准备编入一种算法，建议仍应采用具有 N-R 或 mN-R 迭代的增量法，只要增量步长足够小，一般情况下收敛性是可保证的。当处理材料软化以及几何非线性后屈服问题的分析时，一般还应采用弧长算法（亦称限制位移向量的长度法）。

4.2　材料非线性问题的有限元分析

4.2.1　塑性基本法则

弹性材料进入塑性的特征是当载荷卸去以后存在不可恢复的永久变形，应力应变之间不再存在唯一的对应关系。

（1）初始屈服条件　此条件用以规定材料开始塑性变形的应力状态。对于初始各向同性材料，在一般应力状态下开始进入塑性流动的条件是

$$f = f(\sigma_{ij}) = 0 \qquad (13.8\text{-}289)$$

式中，σ_{ij} 表示应力张量分量。$f(\sigma_{ij})$ 的几何意义可以理解为九维应力空间的一个超曲面。

对于金属材料，通常采用的屈服条件有：

1）V-Mises 条件：

$$f(\sigma_{ij}) = \frac{1}{2} s_{ij} s_{ij} - \frac{\sigma_{so}^2}{3} = 0 \qquad (13.8\text{-}290)$$

其中，σ_{so} 是材料的初始屈服应力。

$$s_{ij} = \sigma_{ij} - \sigma_m \delta_{ij}, \quad \sigma_m = \frac{1}{3}(\sigma_{11} + \sigma_{22} + \sigma_{33})$$
$$(13.8\text{-}291)$$

式中，s_{ij}、σ_m 分别是偏斜应力张量分量与平均正应力。

2）Tresca 条件：该屈服条件下的屈服函数可表示为

$$\begin{cases} f(\sigma_{ij}) = [(\sigma_1 - \sigma_2)^2 - \sigma_{so}^2][(\sigma_2 - \sigma_3)^2 - \sigma_{so}^2] \\ [(\sigma_3 - \sigma_1)^2 - \sigma_{so}^2] = 0 \end{cases}$$
$$(13.8\text{-}292)$$

它在主应力空间是以 $\sigma_1 = \sigma_2 = \sigma_3$ 为轴线并内接 V-Mises 圆柱面的正六棱柱面。在 π 平面上的屈服轨迹是内接 Mises 屈服轨迹的正六边形。

（2）流动法则　流动法则规定塑性应变增量的分量和应力分量以及应力增量分量之间的关系。V-Mises 流动法则假设塑性应变增量可从塑性势导

出，即

$$\mathrm{d}\varepsilon_{ij}^{p} = \mathrm{d}\lambda \frac{\partial g}{\partial \sigma_{ij}} \qquad (13.8\text{-}293)$$

其中，$\mathrm{d}\varepsilon_{ij}^{p}$ 是塑性应变增量的分量；$\mathrm{d}\lambda$ 表示塑性流动因子，它的具体数值和材料硬化法则有关；g 是塑性势函数，一般说是应力状态和塑性应变的函数。对于稳定的应变硬化材料，g 通常取和屈服函数 f 相同的形式，称之为和屈服函数相关联的塑性势。对于关联塑性情况，流动法则表示为

$$\mathrm{d}\varepsilon_{ij}^{p} = \mathrm{d}\lambda \frac{\partial f}{\partial \sigma_{ij}} \qquad (13.8\text{-}294)$$

（3）硬化法则　硬化法则规定材料进入塑性变形后的后继屈服函数（又称加载函数或加载曲面）。一般说来加载函数可采取以下形式：

$$f(\sigma_{ij}, \varepsilon_{ij}^{p}, k) = 0 \qquad (13.8\text{-}295)$$

其中，k 是硬化参数，它依赖于变形的过程；塑性应变 ε_{ij}^{p} 不一定显式地出现在加载函数中，可能通过 k 隐式地包含在 f 当中。

对于理想弹塑性材料，因无硬化效应，显然后继屈服函数和初始屈服函数一致，即

$$f(\sigma_{ij}, \varepsilon_{ij}^{p}, k) = f(\sigma_{ij}) = 0 \qquad (13.8\text{-}296)$$

对于硬化材料，通常采用的硬化法则有各向同性硬化法则、运动硬化法则、混合硬化法则等。各向同性硬化法则适用于单调加载情况，运动硬化法则适用卸载和反向屈服情况，混合硬化法则适用于反向加载和循环加载情况。

（4）加、卸载准则　该准则用以判别从塑性状态出发是继续塑性加载还是弹性卸载，表述如下：

1）若 $f = 0$，$\dfrac{\partial f}{\partial \sigma_{ij}} \mathrm{d}\sigma_{ij} > 0$，则继续塑性加载。

2）若 $f = 0$，$\dfrac{\partial f}{\partial \sigma_{ij}} \mathrm{d}\sigma_{ij} < 0$，则有塑性按弹性卸载。

3）若 $f = 0$，$\dfrac{\partial f}{\partial \sigma_{ij}} \mathrm{d}\sigma_{ij} = 0$，则：①对于理想弹塑性材料，此情况是塑性加载，可以继续塑性流动；②对于硬化材料，此情况是中性变载，即仍保持在塑性状态，但不发生新的塑性流动（$\mathrm{d}\bar{\varepsilon}^{p} = 0$）。

4.2.2　弹塑性应力应变关系

弹塑性分析基本方程可表示为

$$\mathrm{d}\varepsilon_{ij} = \mathrm{d}\varepsilon_{ij}^{e} + \mathrm{d}\varepsilon_{ij}^{p} \qquad (13.8\text{-}297)$$

$$\mathrm{d}\sigma_{ij} = D_{ijkl}\left(\mathrm{d}\varepsilon_{kl} - \mathrm{d}\lambda \frac{\partial g}{\partial \sigma_{kl}} \right) \qquad (13.8\text{-}298)$$

$$\mathrm{d}\sigma_{ij} = D_{ijkl}^{ep} \mathrm{d}\varepsilon_{kl}, \quad D_{ijkl}^{ep} = D_{ijkl} - D_{ijkl}^{p} \qquad (13.8\text{-}299)$$

$$D_{ijkl}^{p} = \frac{1}{A} D_{ijmn} \frac{\partial q}{\partial \sigma_{mn}} \frac{\partial f}{\partial \sigma_{qp}} D_{pqkl} \qquad (13.8\text{-}300)$$

$$A = \frac{\partial f}{\partial \sigma_{ij}} D_{ijkl} \frac{\partial q}{\partial \sigma_{kl}} - \frac{\partial f}{\partial \varepsilon_{ij}^{p}} \frac{\partial g}{\partial \sigma_{ij}} - \frac{\partial f}{\partial k} \frac{\partial k}{\partial \bar{\varepsilon}_{p}} \frac{\partial \bar{\varepsilon}_{p}}{\partial \varepsilon_{ij}^{p}} \frac{\partial q}{\partial \sigma_{ij}} \qquad (13.8\text{-}301)$$

为了求出 D_{ijkl}^{p} 的具体表达式，必须给出具体的加载函数 f 与塑性势函数 g 的表达形式。

4.2.3　弹塑性问题的有限元解法

假设对于时刻 t 的载荷和位移条件 ${}^{t}u_i$、应变 ${}^{t}\varepsilon_{ij}$、应力 ${}^{t}\sigma_{ij}$ 已经求得，定义 $t \leqslant \tau \leqslant t + \Delta t$，则用虚位移原理可建立增量形式的有限元系统求解方程为

$${}^{\tau}K_{ep} \Delta u = \Delta F \qquad (13.8\text{-}302)$$

其中

$$
\begin{cases}
{}^{\tau}K_{ep} = \displaystyle\sum_{e} {}^{\tau}K_{ep}^{e} \\[2mm]
\Delta F = {}^{t+\Delta t}F_l - {}^{t}F_i = \displaystyle\sum_{e} {}^{t+\Delta t}F_l^{e} - \sum_{e} {}^{t+\Delta t}F_i^{e} \\[2mm]
{}^{\tau}K_{ep}^{e} = \displaystyle\int_{V_e} B^{Tt} D_{ep} B \mathrm{d}V \\[2mm]
{}^{t+\Delta t}F_l^{e} = \displaystyle\int_{V_e} N^{Tt+\Delta t} \bar{F} \mathrm{d}V + \int_{S_{\sigma e}} N^{Tt+\Delta t} \bar{T} \mathrm{d}S \\[2mm]
{}^{t}F_i^{e} = \displaystyle\int_{V_e} B^{Tt} \sigma \mathrm{d}V
\end{cases}
$$

$$(13.8\text{-}303)$$

从式（13.8-302）解出 Δu 后，利用几何关系 $\Delta \varepsilon = B\Delta u$ 可以得到 $\Delta \varepsilon$，再按本构关系进行积分得到 $\Delta \sigma$。这里 F_e、F_i 分别代表外加载荷向量和内力向量，所以 ΔF 为不平衡力向量，且

$$
{}^{t+\Delta t}F_l^{e} - {}^{t+\Delta t}F_i^{e} = \sum_{e} \int_{V_e} N^{Tt+\Delta t} \bar{F} \mathrm{d}V + \int_{S_{\sigma e}} N^{Tt+\Delta t} \bar{T} \mathrm{d}S - \sum_{e} \int_{V_e} B^{Tt+\Delta t} \sigma \mathrm{d}V \qquad (13.8\text{-}304)
$$

在一般情况下不为零，因而求解将是一个迭代过程。

4.2.4　与时间相关的材料非线性问题分析

当材料受到某一持续载荷作用时，即便为常载荷，变形也会随时间而增长，这一现象在高温结构中尤其明显，力学中称为蠕变。对于持续高温下工作的结构，蠕变分析往往是不可缺少的。蠕变应变 ε^{c} 与应力、温度 θ、作用时间等因数有关，可表达为

$$\varepsilon^{c} = \varepsilon^{c}(\sigma, \theta, t) \qquad (13.8\text{-}305)$$

在多轴应力状态下若流动定律依然存在，有

$$\mathrm{d}\varepsilon_{ij}^{c} = \lambda_{c} \frac{\partial f}{\partial \sigma_{ij}} \mathrm{d}t, \quad \varepsilon_{ij}^{c} = \lambda_{c} \frac{\partial f}{\lambda \sigma_{ij}} \qquad (13.8\text{-}306)$$

显然这是一个与时间有关的过程。

在工程实际当中的另外一种材料的特点是应力应变关系成弹性，但这个线性关系却与时间有关。这类材料在突然施加并保持均匀应力状态时，首先引起瞬时变形，继而随着时间的变化，产生有限量或无限量

的流动变形，既显示了瞬时的弹性效应也显示了蠕变特性。对于这种特性，不能单靠弹性或单靠粘性来解释，必须把两者结合起来。较常用的有凯尔文-沃伊特模型与基于杜哈曼积分的应力松弛型或蠕变函数型等。以应力松弛型模型为例，有

$$\sigma_{ij} = \int_{-\infty}^{t} G_{ijkl}(t-\tau) \frac{\mathrm{d}\varepsilon_{kl}}{\mathrm{d}\tau} \mathrm{d}\tau \quad (13.8\text{-}307)$$

其中，G_{ijkl} 函数称为应力松弛函数，表示作用单位应变的响应，并与特定松弛时间相关，而对蠕变函数型，有

$$\varepsilon_{ij} = \int_{-\infty}^{t} J_{ijkl}(t-\tau) \frac{\mathrm{d}\sigma_{kl}}{\mathrm{d}\tau} \mathrm{d}\tau \quad (13.8\text{-}308)$$

其中，J_{ijkl} 函数称为蠕变函数，表示作用单位应力的响应，并与特定蠕变时间相关。

此外，工程分析中还有一种使用较为广泛的弹粘塑性模型，其本构方程可表示为

$$\dot{\varepsilon} = \dot{\varepsilon}_e + \dot{\varepsilon}_{vp}, \dot{\sigma} = D\dot{\varepsilon}_e \quad (13.8\text{-}309)$$

式中，$(\cdot)$ 表示对于时间的微分；$\dot{\varepsilon}_{vp}$ 为粘弹塑性应变；D 是弹塑性矩阵。粘塑性屈服函数为

$$f(\sigma, \varepsilon_{vp}) - f_0 = 0 \quad (13.8\text{-}310)$$

其中，f_0 是屈服函数临界值，它本身是硬化参数的函数，一般假定粘塑性流动出现在 $f > f_0$ 发生的时刻。

蠕变、粘弹性以及弹粘塑性问题的特点是它们的求解过程均与时间有关，但由于问题对时间的依赖性的方式不同，因而在求解上也将有所不同。

4.3　几何非线性问题的有限元分析

4.3.1　应变与应力度量

不失一般性，考虑一在固定的笛卡儿坐标系内的物体，在某种外力的作用下连续地改变形。用 ^0x_i （$i=1, 2, 3$）表示物体处于 0 时刻位形内任一点 P 的坐标，用 $^0x_i + \mathrm{d}^0x_i$ 分别表示和 P 点相邻近的 Q 点在 0 时刻位形内的坐标，其中左上标表示物体的位形时刻。在以后的某个时刻，物体运动并变形到新的位形。用 ^tx_i 和 $^tx_i + \mathrm{d}^tx_i$ 分别表示和 P 点相邻近的 Q 点在 t 时刻位形内的坐标，可以将物体位形的变化看成是 ^0x_i 到 ^tx_i 的一种数学上的变换。对于某一固定的时刻 t，这种变换可以表示成

$$^tx_i = {}^tx_i(^0x_1, {}^0x_2, {}^0x_3) \quad (13.8\text{-}311)$$

根据变形的连续性要求，这种变换必须是一一对应的，也即变换应是单值连续的，同时上述变换应有位移的逆变换，也即存在下列单值连续的逆变换：

$$^0x_i = {}^0x_i(^tx_1, {}^tx_2, {}^tx_3) \quad (13.8\text{-}312)$$

利用上列变换，可以将 d^0z, 和 $\mathrm{d}'r$, 表示成

$$\mathrm{d}^0x_i = \left(\frac{\partial^0x_i}{\partial^tx_j}\right)\mathrm{d}^tx_j, \ \mathrm{d}^tx_j = \left(\frac{\partial^tx_i}{\partial^0x_j}\right)\mathrm{d}^0x_j$$

$$(13.8\text{-}313)$$

引用符号

$$^0_tx_{i,j} = \frac{\partial^0x_i}{\partial^tx_j}, {}^t_0x_{i,j} = \frac{\partial^tx_i}{\partial^0x_j} \quad (13.8\text{-}314)$$

则式（13.8-349）可表示成

$$\mathrm{d}^0x_i = {}^0_tx_{i,j}\mathrm{d}^tx_j, \ \mathrm{d}^tx_j = {}^t_0x_{i,j}\mathrm{d}^0x_j \quad (13.8\text{-}315)$$

定义两种应变张量：

$$\begin{cases} {}^t_0\varepsilon_{ij} = \frac{1}{2}({}^t_0x_{k,i}{}^t_0x_{k,j} - \delta_{ij}) \\ {}^t_t\varepsilon_{ij} = \frac{1}{2}(\delta_{ij} - {}^0_tx_{k,i}{}^0_tx_{k,j}) \end{cases} \quad (13.8\text{-}316)$$

其中，$^t_0\varepsilon_{ij}$ 称为 Green-Lagrange 应变张量（简称 Green 应变张量），它是用变形前坐标表示的，即它是 Lagrange 坐标的函数；$^t_t\varepsilon_{ij}$ 称为 Almansi 应变张量，它是用变形后坐标表示的，即它是 Euler 坐标的函数，其中左下标表示用什么时刻位形的坐标表示，即相对于什么位形度量的。这两种应变张量之间的关系为

$$^t_t\varepsilon_{ij} = {}^0_tx_{k,i}{}^0_tx_{l,j}{}^t_0\varepsilon_{kl}, \ {}^t_0\varepsilon_{ij} = {}^t_0x_{k,i}{}^t_0x_{l,j}{}^t_t\varepsilon_{kl}$$

$$(13.8\text{-}317)$$

为得到应变和位移的关系，可引入位移场

$$^tu_i = {}^tx_i - {}^0x_i \quad (13.8\text{-}318)$$

^tu_i 表示物体中一点从变形前（时刻 0）位移到变形后（时刻 t）位形的位移，它可以表示为 Lagrange 坐标的函数，也可以表示为 Euler 坐标的函数。从上式可得

$$^t_0x_{i,j} = \delta_{ij} + {}^t_0u_{i,j}, \ {}^0_tx_{i,j} = \delta_{ij} - {}^t_tu_{i,j}$$

$$(13.8\text{-}319)$$

将它们代入式（13.8-316）就可得到

$$\begin{cases} {}^t_0\varepsilon_{ij} = \frac{1}{2}({}^t_0u_{i,j} + {}^t_0u_{j,i} + {}^t_0u_{k,i}{}^t_0u_{k,j}) \\ {}^t_t\varepsilon_{ij} = \frac{1}{2}({}^t_tu_{i,j} + {}^t_tu_{j,i} + {}^t_tu_{k,i}{}^t_tu_{k,j}) \end{cases}$$

$$(13.8\text{-}320)$$

当位移很小时，上式中位移导数的二次项相对于它的一次项可以忽略，这时 Green 应变张量 $^t_0\varepsilon_{ij}$ 和 Almansi 应变张量 $^t_t\varepsilon_{ij}$ 都简化为小位移情况下的无限小应变张量 ε_{ij}，它们之间的差别消失，即

$$^t_0\varepsilon_{ij} = {}^t_t\varepsilon_{ij} = \varepsilon_{ij} \quad (13.8\text{-}321)$$

在大变形情况下，刚体运动的必要充分条件是 $^t_0\varepsilon_{ij}$ 和 $^t_t\varepsilon_{ij}$ 的所有分量为零。由于 Green 应变张量是参考于时间 0 的位形，而此位形的坐标 ^0x_i（$i=1, 2,$

3）是固结于材料的随体坐标上，当物体发生刚体转动时，微线段的长度 ds 不变，同时 d^0x_i 也不变，因此联系 ds 变化和 d^0x_i 的 Green 应变张量的各个分量也不变。在连续介质力学中称这种不随刚体转动的对称张量为客观张量。

对于应力度量，首先在从变形后物体内截取出的微元体上面定义应力张量，此应力张量称为 Euler 应力张量，用 $^t\tau_{ij}$ 表示，此应力张量有明确的物理意义，代表真实应力。然而在分析过程中，必须联系应力和应变，如应变是用变形前坐标表示的 Green 应变张量，则需要定义与之对应的，即关于变形前位形的应力张量。

假设变形后位形面上的应力是 $^tdT/^tdS$，相应的变形前位形面上的虚拟应力是 $^0dT/^0dS$，其中 ^0dS 和 ^tdS 分别是变形前和变形后的面积微元。^0dT 和 ^tdT 之间的相应关系可以任意规定，但是必须保持数学上的一致性，通常有以下两种规定：

1）Lagrange 规定：

$$^0dT_i^{(L)} = {}^tdT_i \qquad (13.8\text{-}322)$$

上式规定变形前面积微元上的微元的内力分量和变形后面积微元上的内力分量相等。

2）Kirchhoff 规定：

$$^tdT_i^{(K)} = {}^t_tx_{i,j}{}^tdT_j \qquad (13.8\text{-}323)$$

上式规定 $^0dT^{(K)}$ 和 ^tdT 用和变换 $d^0x_i = {}^0_tx_{i,j}d^tx_j$ 相同的规律相联系。

因为 $^t\tau_{ij}$ 是变形后位移的应力分量，所以有如下关系式：

$$^tdT_i = {}^t\tau_{ij}n_j{}^tdS \qquad (13.8\text{-}324)$$

其中，^tn_j 是面积微元 ^tdS 上法线的方向余弦。将类似于上式所表示的关系用于变形前的位形，可具体定义两种应力张量。如用 Lagrange 规定，则有

$$^tdT_i^{(L)} = {}^t_0T_{ji}{}^0n_j{}^0dS = {}^tdT_i \qquad (13.8\text{-}325)$$

如用 Kirchhoff 规定，则有

$$^0dT_i^{(K)} = {}^t_0S_{ij}{}^0n_j{}^0dS = {}^t_tx_{i,j}{}^tdT_j \qquad (13.8\text{-}326)$$

其中，^0n_j 是变形前面积微元 ^0dS 上法线的方向余弦。$^t_0T_{ij}$ 和 $^t_0S_{ij}$ 分别称为第一类和第二类 Piola-Kirchhoff 应力张量，有时又分别称为 Lagrange 应力张量和 Kirchhoff 应力张量。左上标 t 表示应力张量与变形后（时刻 t）位形相对应，左下标 0 表示此量是在变形前（时刻 0）位形内度量的。上述三种应力张量之间的变换形式为

$$^t\tau_{ij} = \frac{^t\rho}{^0\rho}{}^tx_i,_{p0}^tT_{pj} = \frac{^t\rho}{^0\rho}{}^tx_i,_{\alpha0}^tx_j,_\beta S_{\beta\alpha}, {}^t_0T_{ij} = {}^t_0S_{ip}{}^tx_{j,p}$$

$$(13.8\text{-}327)$$

其中，$^0\rho$ 和 $^t\rho$ 分别是变形前位形和变形后位形的材料

密度。

4.3.2 有限元求解方程及解法

如果用等参元对求解域进行离散，每个单元内的坐标和位移可以用其节点值插值表示如下：

$$\begin{cases} ^0x_i = \sum_{k=1}^n N_k\,{}^0x_i^k, \quad ^tx_i = \sum_{k=1}^n N_k\,{}^tx_i^k \\[2mm] ^{t+\Delta t}x_i = \sum_{k=1}^n N_k\,{}^{t+\Delta t}x_i^k \end{cases} \quad (i=1,2,3)$$

$$(13.8\text{-}328)$$

$$^tu_i = \sum_{k=1}^n N_k\,{}^tu_i^k, \quad u_i = \sum_{k=1}^n N_k u_i^k \qquad (i=1,2,3)$$

$$(13.8\text{-}329)$$

其中，$^tx_i^k$ 是节点 k 在时间 t 的 i 方向坐标分量；$^tu_i^k$ 是节点 k 在时间 t 的 i 方向位移分量；其他 $^0x_i^k$、$^{t+\Delta t}x_i^k$、u_i^k 的意义类似；N_k 是和节点 k 相关联的插值函数；n 是单元的节点数。

如果只考虑一个单元，利用式（13.8-328）、式（13.8-329）可以导出基于 T. L. 格式的有限元方程（为推导简便，只列出一个单元方程）：

$$(^t_0K_L + {}^t_0K_{NL})u = {}^{t+\Delta t}Q - {}^t_0F \qquad (13.8\text{-}330)$$

其中，u 是节点位移向量；$^t_0K_Lu$、$^t_0K_{NL}u$ 和 ^t_0F 分别从一个单元的积分 $\int_{0V}{}_0D_{ijrs0}e_{rs}\delta_0e_{ij}{}^0dV$、$\int_{0V}{}^t_0S_{ij}\delta_0\eta_{ij}{}^0dV$ 和 $\int_{0V}{}^t_0S_{ij}\delta_0e_{ij}{}^0dV$ 得到，它们可以表示为

$$\begin{cases} ^t_0K_L = \int_{0V}{}^t_0B_L^T\,{}_0D\,{}^t_0B_L{}^0dV \\[2mm] ^t_0K_{NL} = \int_{0V}{}^t_0B_{NL}^T\,{}^t_0S\,{}^t_0B_{NL}{}^0dV \\[2mm] ^t_0F = \int_{0V}{}^t_0B_L^T\,{}^t_0\hat{S}\,{}^0dV \end{cases} \quad (13.8\text{-}331)$$

式（13.8-330）中的向量 $^{t+\Delta t}Q$ 对于一个单元是按通常的方法计算下式得到：

$$^{t+\Delta t}Q = \int_{0S}{}^{t+\Delta t}_0t_k N_k^{0}\,{}^0dS + \int_{0V}{}^0\rho\,{}^{t+\Delta t}_0f_k N_k^{0}\,{}^0dV$$

$$(13.8\text{-}332)$$

在以上各式中 $^t_0B_L$ 和 $^t_0B_{NL}$ 分别是线性应变 $_0e_{ij}$ 和非线性应变 $_0\eta_{ij}$ 和位移的转换矩阵；$_0D$ 是材料本构矩阵；^t_0S 和 $^t_0\hat{S}$ 是第二类 Piola-Kirchhoff 应力矩阵和向量。所有这些矩阵或向量的元素是对应于时间 t 位形并参考于时间 0 位形确定的。为使 $^t_0K_L$ 的物理意义更清楚，还可将 $^t_0B_L$ 表示成

$$^t_0B_L = {}^t_0B_{L0} + {}^t_0B_{L1} \qquad (13.8\text{-}333)$$

其中，$^t_0B_L$ 和 $^t_0B_{NL}$ 分别是应变 $_0e_{ij}$ 中 $\left(\dfrac{1}{2}\right)(_0u_{i,j} + _0u_{j,i})$

项和 $\left(\dfrac{1}{2}\right)\left({}_0^t u_{k,i0}\, u_{k,j} + {}_0^t u_{k,j0}\, u_{k,i}\right)$ 项和位移的转换矩阵。如此 ${}_0^t K_L$ 可表示成

$$ {}_0^t K_L = {}_0^t K_{L0} + {}_0^t K_{L1} \qquad (13.8\text{-}334) $$

其中

$$ \begin{cases} {}_0^t K_{L0} = \displaystyle\int_{0V} {}_0^t B_{L00}^{T}\, D_0^t\, B_{L0}^{0}\, \mathrm{d}V \\[2mm] {}_0^t K_{L1} = \displaystyle\int_{0V} \left({}_0^t B_{L00}^{T}\, D_0^t B_{L1} + {}_0^t B_{L10}^{T}\, D_0^t B_{L0} + {}_0^t B_{L10}^{T}\, D_0^t B_{L1} \right)^0 \mathrm{d}V \end{cases} $$

$$ (13.8\text{-}335) $$

式中，${}_0^t K_{L0}$ 就是通常小位移情况下的单元刚度矩阵；${}_0^t K_{L1}$ 是由于初始位移 ${}^t u_i$ 引起的，通常称为初位移矩阵。类似地，对于 U.L. 格式可以得到下列矩阵方程：

$$ \left({}_t^t K_L + {}_t^t K_{NL} \right) u = {}^{t+\Delta t}Q - {}_t^t F \qquad (13.8\text{-}336) $$

其中

$$ \begin{cases} {}_t^t K_L = \displaystyle\int_V {}_t^t B_L^{T} D_t^t B_L^{\ t}\, \mathrm{d}V \\[2mm] {}_t^t K_{NL} = \displaystyle\int_V {}_t^t B_{NL}^{T}\, \tau_t^t\, B_{NL}^{t}\ {}^t\, \mathrm{d}V \\[2mm] {}_t^t F = \displaystyle\int_{tV} {}_t^t B_L^{T}\, \hat{\tau}^u\, \mathrm{d}V \end{cases} \qquad (13.8\text{-}337) $$

以上各式中 ${}_t^t B_L$ 和 ${}_t^t B_{NL}$ 分别是线性应变 ${}_t e_{ij}$ 和非线性应变 ${}_t \eta_{ij}$ 和位移的转换矩阵；${}_t D$ 是材料本构矩阵；${}_t^t \tau$ 和 ${}_t^t \hat{\tau}$ 是 Cauchy 应力矩阵和向量。所有这些矩阵或向量的元素都是对应时间 t 位形，并参考于统一位形确定的。因为 ${}_t e_{ij}$ 中不包含初始位移 ${}^t u_i$ 的影响，所以 ${}_t^t B_L = {}_t^t B_{L0}$，即 ${}_t^t B_{L1} = 0$，因此 U.L. 格式的切线刚度矩阵中不包含初位移矩阵。

应该注意：式（13.8-330）~ 式（13.8-337）中的矩阵或向量元素在积分前应先通过坐标转换，全部表示为自然坐标的函数，而后在自然坐标内进行积分，该步骤同线性分析中等参元的运算。

以上有限元方程是对于静力分析问题导出的，如用于动力分析，则需要适当修正，方程中还应包括惯性项和阻尼项。

4.4　边界非线性问题的有限元分析

对于两个弹性接触体，把它们进行有限元离散，初始的接触状态是根据经验和具体的实际情况假定的。在求出节点位移以后，再求出接触点的接触内力，然后代入对应接触状态的接触条件中，如果不满足接触条件，则修改接触状态，再进入下一次迭代。经过几次循环后，当位移与接触力满足接触条件时，获得的解答就是所要求的真实接触状态的

解答。

研究工作表明，由于接触面上滑动摩擦力的出现，接触过程是不可逆的。因此，对接触面上有滑动摩擦出现的接触问题，需要用增量加载的办法来解决。另外由于上述方法在每次接触状态的修正迭代中都需要重新形成和求解全部刚度方程，而在整个总刚度方程中，又只有与接触区域有关部分才需要作变动，因而重新形成整个刚度矩阵就显得不必要和浪费机时。为此，许多学者又提出了改进的方法。典型的改进方法是这样的：对于两个接触物体 A 和 B，物体 B 上有固定的边界，外力 F 作用于物体 A 上。物体 A 的接触力是 P_j，物体 B 上的接触力是 P_i'。对于二维情况，它们可以分别表示成

$$ \overline{P}_j = \begin{bmatrix} P_j^t \\ P_j^n \end{bmatrix} \quad 和 \quad \overline{P}_j' = \begin{bmatrix} P_j'^t \\ P_j'^n \end{bmatrix} \qquad (13.8\text{-}338) $$

物体 A 和 B 在接触点上的柔度方程可分别表示为

$$ \begin{cases} (\overline{\delta}_i)_B = \displaystyle\sum_{j=1}^{m} [\,C_{ij}^{B}\,]\, \overline{P}_j' \\[3mm] (\overline{\delta}_i)_A = \displaystyle\sum_{j=1}^{m} [\,C_{ij}^{A}\,]\, \overline{P}_j + \sum_{k=1}^{e} [\,C_{ik}^{A}\,]\, \overline{f}_k \end{cases} $$

$$ (13.8\text{-}339) $$

其中，$j = 1, 2, \cdots, m$ 表示接触点的数目；$(\overline{\delta}_i)_A$ 和 $(\overline{\delta}_i)_B$ 是物体 A 和 B 的接触点 i 的位移；$[\,C_{ij}^{B}\,]$ 和 $[\,C_{ij}^{A}\,]$ 分别是物体 A 和 B 在节点 i 由节点 j 作用力引起的柔度子矩阵；$\overline{f}_k$ 是第 k 个荷载点的外力向量；e 是外荷载点数。假定接触区域上的接触点对是连续的，接触面上的相容方程可以表示为

$$ (\overline{\delta}_i)_A = (\overline{\delta}_i)_B + (\overline{\delta}_i)^0 \qquad (13.8\text{-}340) $$

其中，$(\overline{\delta}_i)^0$ 是第 i 个接触点对的初始间隙向量。由于在接触点上，作用在两个物体上的接触力必须是大小相等方向相反，即

$$ \overline{P}_j' = -\overline{P}_j \qquad (13.8\text{-}341) $$

将式（13.8-339）和式（13.8-341）代入式（13.8-340），可得连续状态点的相容方程

$$ \sum_{j=1}^{m} \left([\,C_{ij}^{A}\,] + [\,C_{ij}^{B}\,] \right) \overline{P}_j = -\sum_{k=1}^{e} [\,C_{ik}^{A}\,]\, \overline{f}_k + (\overline{\delta}_i)^0 $$

$$ (13.8\text{-}342) $$

对于滑动状态，假设满足 Columb 摩擦定律，则有下式：

$$ P_j^t = \mu P_j^n \qquad (13.8\text{-}343) $$

这里，μ 是滑动摩擦系数，对于自由状态的点，有

$$ \overline{P}_j = 0 \qquad (13.8\text{-}344) $$

由于在式（13.8-342）中，$[C_{ij}^A]$、$[C_{ij}^B]$ 以及 $[C_{ik}^A]$ 都是不变的，因此，每次迭代求解只需根据接触点的接触状态，用式（13.8-343）或式（13.8-344）替换式（13.8-342）即可。由于接触点的数目远小于整个接触体的节点数，因此，可以大大节省计算时间，提高求解问题的效率。对于接触区域较小的问题，这种方法用得十分普遍，称为柔度法或混合法。但应当注意的是建立柔度矩阵有时会遇到矩阵的奇异（刚体位移）问题，应当采取相应处理办法消除这种奇异性。

接触问题的另外一种求解方法是接触单元法。其基本点是把接触点的位移和接触力，根据接触条件，表示成单元的形式，这种单元被称为"接触单元"，这种辅助单元包含有接触面上接触状态的特性。接触单元可以和其他普通单元一样，直接组装到总体刚度方程中去，对于不同的接触状态，通过改变形成单元的某些参数来实现。所谓间隙元，实质是一种虚设的带有一定物理性质的特殊接触单元，而接触状态是由这些间隙元的应力和应变来决定。然后对总体方程进行静力凝聚，保留其在接触面上各点的自由度，这样就得到在接触点聚缩的刚度方程。这个聚缩后的刚度方程的阶数，要比原来为聚缩的刚度方程的阶数低得多。每次迭代只需要对已经聚缩了的刚度方程进行修正和求解，这样可减少计算时间。

基于数学规划法的接触问题的有限元分析也是求解问题行之有效的一种方法。该方法由接触准则或变分不等式建立数学模型，而后通过二次规划问题的求解获得解答。

5　薄板的弯曲和稳定性问题

在工程结构中有许多薄板结构，如工程机械和起重机械中的箱形梁、臂，化工厂中的压力容器以及航空器和船舶的壳体等，这些结构承受着空间力系，除了产生平面变形之外，还会产生连弯带扭的复杂变形，这一类问题属于薄板弯曲问题。导致这一类结构失效的原因除了静、动态下的强度破坏外，还有一种大变形破坏，如板、梁结构分别在薄膜力和轴向压力作用下发生的屈曲破坏，这一类问题属于稳定性问题。

5.1　弹性力学薄板弯曲问题的基本方程式

5.1.1　基本假设

薄板是指厚度 t 远小于其长度、宽度的板。在变形前，平行于板面且平分板厚度的平面，称为板的中面。一般设变形前板中面所在的平面为 xOy 坐标面，z 轴垂直于板面，采用右手坐标系，如图 13.8-17 所示。

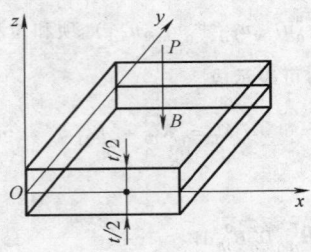

图13.8-17　薄板的坐标系

薄板的弯曲问题，类似于直梁的弯曲问题。分析薄板的小挠度弯曲问题时，一般采用克希霍夫的三个假设：

（1）法线假设　在板变形前垂直于中面的法向线段，在板变形后仍然垂直于弯曲了的中面，且板的厚度没有变化，即 $\varepsilon_z = 0$，$\gamma_{yz} = \gamma_{zx} = 0$。

（2）正应力假设　在平行于中面的截面上，正应力 σ_z 远小于 σ_x、σ_y、τ_{xy}，可忽略不计。

（3）小挠度假设　薄板中面的挠度 w 远小于 t，薄板中面内的各点没有平行于中面的位移，即 $u|_z = 0$，$v|_z = 0$。

根据上述三个假设，薄板的全部应力和应变分量都可以用板中面的挠度 w 来表示。

5.1.2　位移分量

在如图 13.8-17 所示的薄板上，有一任意点 $B(x, y, z)$。设该薄板在垂直于板面载荷作用下点 B 的位移分量用 $u(x, y, z)$、$v(x, y, z)$、$w(x, y, z)$ 来表示，根据假设 1 有

$$\varepsilon_z = \frac{\partial w(x,y,z)}{\partial z} = 0 \qquad (13.8\text{-}345)$$

从而可得

$$w(x,y,z) = w(x,y) \qquad (13.8\text{-}346)$$

也就是说 w 与坐标 z 无关，薄板中面每一法线上的所有各点都有相同的位移 w。

根据假设 1，无剪应变 γ_{yz} 和 γ_{zx}。由弹性力学几何方程有

$$\begin{cases} \dfrac{\partial v}{\partial z} + \dfrac{\partial w}{\partial y} = 0 \\[2mm] \dfrac{\partial w}{\partial x} + \dfrac{\partial u}{\partial z} = 0 \end{cases} \qquad (13.8\text{-}347)$$

由于 $w = w(x, y)$ 与坐标 z 无关，可知 $\dfrac{\partial w}{\partial x}$ 和 $\dfrac{\partial w}{\partial y}$ 也与 z 无关，上两式对 z 积分可得

$$\begin{cases} u = -z\dfrac{\partial w}{\partial x} + f_1(x,y) \\[2mm] v = -z\dfrac{\partial w}{\partial y} + f_2(x,y) \end{cases} \qquad (13.8\text{-}348)$$

式中，$f_1(x, y)$ 和 $f_2(x, y)$ 是任意函数。

由假设 3，$u|_z = 0$，$v|_z = 0$，代入上面两式，可得 $f_1(x, y) = f_2(x, y) = 0$，从而有

$$\begin{cases} u = u(x,y,z) = -z\dfrac{\partial w(x,y)}{\partial x} \\[2mm] v = v(x,y,z) = -z\dfrac{\partial w(x,y)}{\partial y} \\[2mm] w = w(x,y,z) = -w(x,y) \end{cases} \quad (13.8\text{-}349)$$

为了研究 θ_x 和 θ_y，经图 13.8-17 中的 $B(x, y, z)$ 点作垂直于 x 轴和 y 轴的横截面，如图 13.8-18a、b 所示。图中，薄板弯曲变形后，中面上的点 $A(x, y, z)$ 产生扰度 $w(x, y)$ 而移到了点 A'。根据假设 1，变形前位于中面法线上距点 A 为 z 的点 B，变形后移到了点 B'，而且点 B' 仍然位于弯曲后的中面法线上。

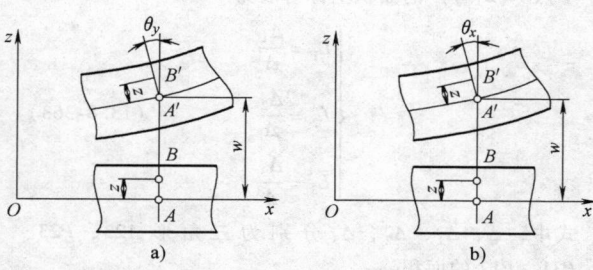

图13.8-18　薄板弯曲后某点 B 的变形

由图 13.8-18 可以看出，当 z 方向的位移 w 很小时，转角 θ_x 和 θ_y 也很小。这样，点 B 在 x、y 方向的位移 u、v 在数值上就分别等于 $z\theta_x$ 和 $z\theta_y$，并且 u 和 θ_y 的正负号相同，v 和 θ_x 的正负号相反。由式（13.8-349）中的正负号关系，得到

$$\begin{cases} \theta_y = -\dfrac{\partial w}{\partial x} \\[2mm] \theta_x = \dfrac{\partial w}{\partial y} \end{cases} \quad (13.8\text{-}350)$$

和

$$\begin{cases} u = -\dfrac{\partial w}{\partial x} = z\theta_y \\[2mm] v = z\dfrac{\partial w}{\partial y} = z\theta_x \end{cases} \quad (13.8\text{-}351)$$

由于在垂直于板面的载荷作用下，板面没有绕 z 轴的转动，所以有

$$\theta_z = 0 \quad (13.8\text{-}352)$$

对于中面上的某点，例如点 i，由于此时 $u_i = v_i = \theta_{zi} = 0$，所以其位移只剩下 w_i、θ_{xi} 和 θ_{yi} 三个不等于零的分量。

5.1.3　应变分量

薄板弯曲问题只有 ε_x、ε_y 和 γ_{xy} 三个应变分量不

等于零。将式（13.8-351）代入弹性力学几何方程的应变表达式中，可得

$$\begin{cases} \varepsilon_x = \dfrac{\partial u}{\partial x} = -z\dfrac{\partial^2 w}{\partial x^2} \\[2mm] \varepsilon_y = \dfrac{\partial v}{\partial y} = -z\dfrac{\partial^2 w}{\partial y^2} \\[2mm] \gamma_{xy} = \dfrac{\partial u}{\partial y} + \dfrac{\partial v}{\partial y} = -2z\dfrac{\partial^2 w}{\partial x \partial y} \end{cases} \quad (13.8\text{-}353)$$

或写成矩阵形式

$$\varepsilon = \begin{Bmatrix} \varepsilon_x \\ \varepsilon_y \\ \gamma_{xy} \end{Bmatrix} = z \begin{Bmatrix} -z\dfrac{\partial^2 w}{\partial x^2} \\[2mm] -z\dfrac{\partial^2 w}{\partial y^2} \\[2mm] -2z\dfrac{\partial^2 w}{\partial x \partial y} \end{Bmatrix} \quad (13.8\text{-}354)$$

在小变形的情况下，$\dfrac{\partial^2 w}{\partial x^2}$ 和 $\dfrac{\partial^2 w}{\partial y^2}$ 分别代表薄板弹性曲面在 x 方向和 y 方向的曲率变化，而 $\dfrac{\partial^2 w}{\partial x \partial y}$ 代表弹性曲面的扭率，这三者统称为曲率。它们完全确定了板内各点的应变，因此可称为薄板的广义应变。

5.1.4　应力和应变的关系

由假设 2 的 $\sigma_z = 0$ 和假设 1 的 $\varepsilon_z = \gamma_{yz} = \gamma_{zx} = 0$，可得到 $\tau_{yz} = \tau_{zx} = 0$。根据弹性力学三维问题应力应变关系式和式（13.8-354）可得

$$\sigma = \frac{Ez}{1-\mu^2} \begin{bmatrix} 1 & \mu & 0 \\ \mu & 1 & 0 \\ 0 & 0 & \dfrac{1-\mu}{2} \end{bmatrix} \begin{Bmatrix} -\dfrac{\partial^2 w}{\partial x^2} \\[2mm] -\dfrac{\partial^2 w}{\partial y^2} \\[2mm] -2\dfrac{\partial^2 w}{\partial x \partial y} \end{Bmatrix} \quad (13.8\text{-}355)$$

5.1.5　弹性矩阵和基本微分方程式

通过在薄板上取微元体进行分析，可以得到薄板弯曲时三个方向上单位长度横截面上的内力矩 M_x、M_y、M_{xy}，它们完全确定了薄板各点的应力状态，因此也称为薄板的广义应力。将各广义应力写成矩阵的形式，有

$$M = \begin{Bmatrix} M_x \\ M_y \\ M_{xy} \end{Bmatrix} = \frac{Et^3}{12(1-\mu^2)} \begin{bmatrix} 1 & \mu & 0 \\ \mu & 1 & 0 \\ 0 & 0 & \dfrac{1-\mu}{2} \end{bmatrix} \begin{Bmatrix} -\dfrac{\partial^2 w}{\partial x^2} \\[2mm] -\dfrac{\partial^2 w}{\partial y^2} \\[2mm] -2\dfrac{\partial^2 w}{\partial x \partial y} \end{Bmatrix}$$

$$(13.8\text{-}356)$$

记

$$D = \frac{Et^3}{12(1-\mu^2)} \begin{bmatrix} 1 & \mu & 0 \\ \mu & 1 & 0 \\ 0 & 0 & \frac{1-\mu}{2} \end{bmatrix} \quad (13.8\text{-}357)$$

$$\chi = \begin{Bmatrix} \chi_x \\ \chi_y \\ \chi_{xy} \end{Bmatrix} = \begin{Bmatrix} -\dfrac{\partial^2 w}{\partial x^2} \\ -\dfrac{\partial^2 w}{\partial y^2} \\ -2\dfrac{\partial^2 w}{\partial x \partial y} \end{Bmatrix} \quad (13.8\text{-}358)$$

式（13.8-356）可以简记为

$$M = D\chi \quad (13.8\text{-}359)$$

式（13.8-359）称为薄板弯曲问题的弹性矩阵，其中 χ 为广义应变。

对薄板弯曲问题，其基本微分方程式为

$$\frac{Et^3}{12(1-\mu^2)}\left(\frac{\partial^4 w}{\partial x^4} + 2\frac{\partial^4 w}{\partial x^2 \partial y^2} + \frac{\partial^4 w}{\partial y^4}\right) = p$$
$$(13.8\text{-}360)$$

其中，$\dfrac{Et^3}{12(1-\mu^2)}$ 称为板的弯曲刚度。

式（13.8-360）是双调和方程，这类方程所描述的薄板弯曲问题，采用有限元法求解时是收敛的。求解时，一般将薄板结构剖分为三角形单元和矩形板单元。

5.2 常见的薄板单元

5.2.1 三角形平板单元

1. 三角形平板单元的位移模式

这里介绍的平板单元适用于薄板小挠度问题，如图 13.8-19 中的薄板。

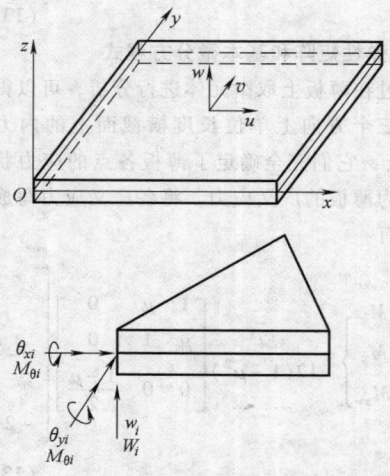

图13.8-19 平板内的位移计单元节点向量

使坐标平面 xOy 位于板的中面，按右手法则，平板单元节点位移列向量设定为

$$\{d_i\} = \begin{Bmatrix} w_i \\ \theta_{xi} \\ \theta_{yi} \end{Bmatrix} = \begin{Bmatrix} w_i \\ \left(\dfrac{\partial w}{\partial y}\right)_i \\ -\left(\dfrac{\partial w}{\partial x}\right)_i \end{Bmatrix} \quad (13.8\text{-}361)$$

对应的节点力列向量

$$\{F_i\} = \begin{Bmatrix} W_i \\ M_{\theta xi} \\ M_{\theta yi} \end{Bmatrix} \quad (13.8\text{-}362)$$

因为对三角形单元，难以直接以 xOy 坐标构造符合平板位移特点的位移模式，于是引入面积坐标进行处理。如图 13.8-20 所示，在三角形单元 123 中，任一点 $P(x, y)$ 的面积坐标可表为

$$\begin{cases} L_1 = \dfrac{\Delta_1}{\Delta} \\ L_2 = \dfrac{\Delta_2}{\Delta} \\ L_3 = \dfrac{\Delta_3}{\Delta} \end{cases} \quad (13.8\text{-}363)$$

式中，Δ、Δ_1、Δ_2、Δ_3 分别为三角形 123、$P23$、$P31$、$P12$ 的面积。

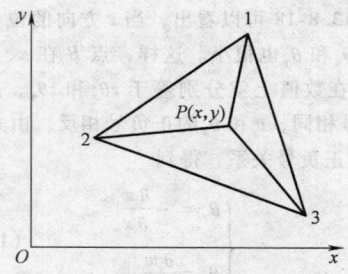

图13.8-20 面积坐标

在面积坐标下的位移模式可表示为

$$w = \sum_{i=1}^{3}\left(N_i w_i + N_{1i}\frac{\partial w}{\partial L_1}\Big|_i + N_{2i}\frac{\partial w}{\partial L_2}\Big|_i\right)$$
$$(13.8\text{-}364)$$

式中，N_i、N_{1i} 和 N_{2i} 为对应的面积坐标下的形函数。

通过坐标变换，可得 xOy 坐标下的位移模式为

$$w = \sum_{i=1}^{3}\left(N_i w_i + N_{xi}\theta_{xi} + N_{yi}\theta_{yi}\right)$$
$$(13.8\text{-}365)$$

式中，N_i、N_{xi} 和 N_{yi} 为对应的 xOy 坐标下的形函数。采用矩阵形式则有

$$w = [N]\{\delta\}^e = \sum_{i=1}^{3} [N]_i \{d_i\}^e$$

(13.8-366)

式中，$\{d\}^e = [w_1 \ \theta_{x1} \ \theta_{y1} \ w_2 \ \theta_{x2} \ \theta_{y2} \ w_3 \ \theta_{x3} \ \theta_{y3}]^T$。

2. 三角形平板单元的刚度矩阵

将式（13.8-366）代入几何方程式（13.8-353）得

$$\{\varepsilon\} = -z \sum_{i=1}^{3} \left\{ \begin{array}{c} \dfrac{\partial^2 [N]_i}{\partial x^2} \\[6pt] \dfrac{\partial^2 [N]_i}{\partial y^2} \\[6pt] 2\dfrac{\partial^2 [N]_i}{\partial x \partial y} \end{array} \right\} \{d_i\}$$

(13.8-367)

因为形函数均以面积坐标表示，利用坐标变换公式

$$\left\{ \begin{array}{c} \dfrac{\partial}{\partial x} \\[6pt] \dfrac{\partial}{\partial y} \end{array} \right\} = \frac{1}{2\Delta} \begin{bmatrix} b_1 & b_2 \\ c_1 & c_2 \end{bmatrix} \left\{ \begin{array}{c} \dfrac{\partial}{\partial L_1} \\[6pt] \dfrac{\partial}{\partial L_2} \end{array} \right\}$$

(13.8-368)

可对式（13.8-367）进行计算，得到

$$\{\varepsilon\} = [B]\{\delta\}^e = \sum_{i=1}^{3} [B_i]\{d_i\}$$

(13.8-369)

式中

$$[B_i] = -z \left\{ \begin{array}{c} \dfrac{\partial^2 [N]_i}{\partial x^2} \\[6pt] \dfrac{\partial^2 [N]_i}{\partial y^2} \\[6pt] 2\dfrac{\partial^2 [N]_i}{\partial x \partial y} \end{array} \right\}$$

(13.8-370)

再由虚功原理，可得单元刚度矩阵

$$[k] = \begin{bmatrix} k_{11} & k_{12} & k_{13} \\ k_{21} & k_{22} & k_{23} \\ k_{31} & k_{32} & k_{33} \end{bmatrix}$$

(13.8-371)

式中

$$[k_{ij}] = \iiint [B_i]^T [D] [B_j] \mathrm{d}x\mathrm{d}y\mathrm{d}z$$

(13.8-372)

5.2.2 协调的三角形子单元

为了克服前述三角形平板单元邻边法向位移不协调的问题，构造如图 13.8-21 所示的三角形子单元。该三角形单元由三个子三角形单元组成，其中大三角形的主节点为 1、2、3 每个主节点有三个节点位移分量 w_i、θ_{xi}、θ_{yi}（$i = 1, 2, 3$）。为了保证协调性，大

三角形的边中节点 4、5、6 各有一个节点位移 $\theta_i = \partial w/\partial n$（$i = 4、5、6$），单元形心 0 点处有三个位移分量 w_0、θ_{x0}、θ_{y0}（先不考虑设置子三角形内边中节点 7、8、9）。整个大三角形共有 15 个节点位移分量，相应的 15 个形函数均可由各子三角形单元的形函数提供。

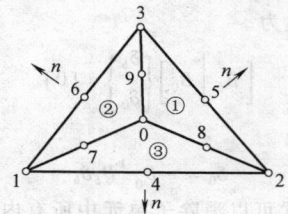

图13.8-21 三角形子单元

按上述方法构成的三角形子单元的内部位移还是不协调的，因为其中任意两个子三角形交线只有两个节点上的 w、θ_x、θ_y 相同，即其挠度及绕 x 和 y 方向的转角在交线上连续，但不能保证其法向斜率的连续性。为此在子三角形交线 01、02、03 的中点还需分别设置一个节点位移 $\theta_i = \partial w/\partial n$（$i = 7, 8, 9$），并使两个相邻子三角形在该点的位移相等。

对于子三角形 2，3 的交线 01，中点位移 θ_7 的表达式为

$$\theta_7^{(i)} = \left(\frac{\partial w^{(i)}}{\partial n} \right)_7 = \left[\left(\frac{\partial \Phi_b^{(i)}}{\partial n} \right)_7 \middle| \left(\frac{\partial \Phi_0^{(i)}}{\partial n} \right)_7 \right] \left\{ \begin{array}{c} \delta_b \\ \delta_0 \end{array} \right\}$$

($i = 2, 3$)

(13.8-373)

上式中对法向的导数可由下式求得

$$\frac{\partial}{\partial n} = \frac{\partial}{\partial x} \cos \angle nx + \frac{\partial}{\partial y} \sin \angle ny$$

$$= \frac{1}{2\Delta} [\cos \angle nx \quad \sin \angle ny] \begin{bmatrix} b_1 & b_2 \\ c_1 & c_2 \end{bmatrix} \left\{ \begin{array}{c} \dfrac{\partial}{\partial L_1} \\[6pt] \dfrac{\partial}{\partial L_2} \end{array} \right\}$$

(13.8-374)

同样可以写出 θ_8 和 θ_9，为了保证两个相邻子三角形交线上的法向斜率相等，设置下属条件

$$\left. \begin{array}{c} \theta_7^{(2)} + \theta_7^{(3)} \\ \theta_8^{(3)} + \theta_8^{(1)} \\ \theta_9^{(1)} + \theta_9^{(2)} \end{array} \right\} = 0$$

(13.8-375)

即

$$
\begin{bmatrix}
\left(\dfrac{\partial \varPhi_b^{(2)}}{\partial n}\right)_7 + \left(\dfrac{\partial \varPhi_b^{(3)}}{\partial n}\right)_7 & \Bigg| & \left(\dfrac{\partial \varPhi_0^{(2)}}{\partial n}\right)_7 + \left(\dfrac{\partial \varPhi_0^{(3)}}{\partial n}\right)_7 \\[2mm]
\left(\dfrac{\partial \varPhi_b^{(3)}}{\partial n}\right)_8 + \left(\dfrac{\partial \varPhi_b^{(1)}}{\partial n}\right)_8 & \Bigg| & \left(\dfrac{\partial \varPhi_0^{(3)}}{\partial n}\right)_8 + \left(\dfrac{\partial \varPhi_0^{(1)}}{\partial n}\right)_8 \\[2mm]
\left(\dfrac{\partial \varPhi_b^{(1)}}{\partial n}\right)_9 + \left(\dfrac{\partial \varPhi_b^{(2)}}{\partial n}\right)_9 & \Bigg| & \left(\dfrac{\partial \varPhi_0^{(1)}}{\partial n}\right)_9 + \left(\dfrac{\partial \varPhi_0^{(2)}}{\partial n}\right)_9
\end{bmatrix}
\begin{Bmatrix} \delta_b \\ \delta_0 \end{Bmatrix} =
\begin{Bmatrix} 0 \\ 0 \\ 0 \end{Bmatrix}
\qquad (13.8\text{-}376)
$$

简化表达为

$$
\begin{bmatrix} B_b & \big| & B_0 \end{bmatrix}
\begin{Bmatrix} \delta_b \\ \delta_0 \end{Bmatrix} = \{0\}
\qquad (13.8\text{-}377)
$$

由此可以解出

$$
\delta_0 = -B_0^{-1} B_b \delta_b
\qquad (13.8\text{-}378)
$$

利用上式可以消除子单元中所有内点 0 的自由度，并得到三个子三角形的协调位移场。

$$
\begin{Bmatrix} w^{(1)} \\ w^{(2)} \\ w^{(3)} \end{Bmatrix} =
\begin{bmatrix} \varPhi_b^{(1)} \\ \varPhi_b^{(2)} \\ \varPhi_b^{(3)} \end{bmatrix} +
\begin{bmatrix} \varPhi_0^{(1)} \\ \varPhi_0^{(2)} \\ \varPhi_0^{(3)} \end{bmatrix}
(-B_0^{-1} B_b) \delta_b
$$

$$(13.8\text{-}379)$$

这样，大三角形子单元只剩下 6 个边界节点 12 个自由度，就是列向量 δ_b。这种单元就是所谓的 LCCT-12 三角形单元。

5.2.3 四边形平板单元

上述 LCCT-12 三角形单元是完备而协调的，但是作为组成四边形单元的子单元，对应四边形外边界的子三角形边中节点应该设法消除，以简化单元的形成。如图 13.8-21 中的子三角形②的 13 边中节点 6 为例，根据 θ_6 是两端节点 1 和 3 的法向转角的平均值的条件有如下关系式：

$$
\theta_6 = \left(\frac{\theta_{x1} + \theta_{x3}}{2}\right)\cos\beta + \left(\frac{\theta_{y1} + \theta_{y3}}{2}\right)\sin\beta = H_{11}\delta_{11}
$$

$$(13.8\text{-}380)$$

式中，β 是 13 边与 x 方向的夹角。

$$
H_{11} = \frac{1}{2}\begin{bmatrix} 0 & \cos\beta & \sin\beta & 0 & 0 & 0 & 0 & \cos\beta & \sin\beta & 0 & 0 \end{bmatrix}
$$

$$(13.8\text{-}381)$$

$$
\delta_{11} = \begin{bmatrix} w_1 & \theta_{x1} & \theta_{y1} & w_2 & \theta_{x2} & \theta_{y2} & w_3 & \theta_{x3} & \theta_{y3} & \theta_4 & \theta_5 \end{bmatrix}^{\mathrm{T}}
$$

$$(13.8\text{-}382)$$

则当 LCCT-12 三角形子单元刚度矩阵 k_{12} 导出后，可由下式得到消除节点 6 自由度 θ_6 后的 11 自由度协调单元 LCCT-11 的刚度矩阵

$$
k_{11} = \begin{bmatrix} I_{11} & H_{11}^{\mathrm{T}} \end{bmatrix} k_{12} \begin{bmatrix} I_{11} \\ H_{11} \end{bmatrix}
\qquad (13.8\text{-}383)
$$

式中，I_{11} 为 11 阶单位矩阵。

按上述由三个子三角形单元组成一个三角形子单元的方法，将四个 LCCT-11 三角形组合得到图 13.8-22 所示的任意四边形 19 自由度平板单元 Q_{19}，其中角节点和内节点 5 各有三个自由度，内边边中节点共有四个自由度，外边无边中节点。

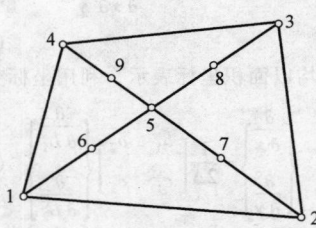

图13.8-22 四边形平板单元的构成

求得 Q_{19} 单元的单元刚度矩阵后，再用静力凝聚法消除 7 个内部自由度，即可得自由度为 12 的四节点四边形平板弯曲单元。设 Q_{19} 单元的单元刚度方程为

$$
\begin{bmatrix} k_{19} \end{bmatrix}\{\delta\}^e =
\begin{bmatrix} k_{1c} & k_{1i} \\ k_{2c} & k_{2i} \end{bmatrix}
\begin{Bmatrix} \delta_c \\ \delta_{in} \end{Bmatrix} =
\begin{Bmatrix} R_c \\ R_{in} \end{Bmatrix} = \{R\}^e
$$

$$(13.8\text{-}384)$$

式中 $\begin{bmatrix} k_{19} \end{bmatrix}$ 是 Q_{19} 单元的刚度矩阵，外部角节点位移子列向量

$$
\delta_c = \begin{bmatrix} w_1 & \theta_{x1} & \theta_{y1} & w_2 & \theta_{x2} & \theta_{y2} & w_3 & \theta_{x3} & \theta_{y3} & w_4 & \theta_{x4} & \theta_{y4} \end{bmatrix}^{\mathrm{T}}
$$

$$(13.8\text{-}385)$$

内节点位移子列向量

$$
\delta_{in} = \begin{bmatrix} w_5 & \theta_{x5} & \theta_{y5} & \theta_6 & \theta_7 & \theta_8 & \theta_9 \end{bmatrix}^{\mathrm{T}}
$$

$$(13.8\text{-}386)$$

外部角节点力子列向量

$$
R_c =
$$
$$
\begin{bmatrix} W_1 & M_{\theta x1} & M_{\theta y1} & W_2 & M_{\theta x2} & M_{\theta y2} & W_3 & M_{\theta x3} & M_{\theta y3} & W_4 & M_{\theta x4} & M_{\theta y4} \end{bmatrix}^{\mathrm{T}}
$$

$$(13.8\text{-}387)$$

内节点力子列向量

$$
R_{in} = \begin{bmatrix} W_5 & M_{\theta x5} & M_{\theta y5} & M_{\theta 6} & M_{\theta 7} & M_{\theta 8} & M_{\theta 9} \end{bmatrix}^{\mathrm{T}}
$$

$$(13.8\text{-}388)$$

展开式（13.8-384）得

$$
\begin{bmatrix} k_{1c} \end{bmatrix}\{\delta_c\} + \begin{bmatrix} k_{1i} \end{bmatrix}\{\delta_{in}\} = \{R_c\}
$$

$$(13.8\text{-}389)$$

$$[k_{2c}]\{\delta_c\} + [k_{2i}]\{\delta_{in}\} = \{R_{in}\} \tag{13.8-390}$$

由式 （13.8-390） 得

$$\{\delta_{in}\} = [k_{2i}]^{-1}(\{R_{in}\} - [k_{2c}]\{\delta_c\}) \tag{13.8-391}$$

上式代入式 （13.8-389） 得

$$[k_{1c}]\{\delta_c\} + [k_{1i}]([k_{2i}]^{-1}\{R_{in}\} - [k_{2i}]^{-1}[k_{2c}]\{\delta_c\}) = \{R_c\} \tag{13.8-392}$$

即

$$([k_{1c}] - [k_{1i}][k_{2i}]^{-1}[k_{2c}])\{\delta_c\} = \{R_c\} - [k_{1i}][k_{2i}]^{-1}\{R_{in}\} \tag{13.8-393}$$

式 （13.8-393） 就是一个只包含四个角节点自由度的任意四边形平板单元的单元刚度方程，内节点自由度通过静力凝聚消除了。

5.3 板的稳定性问题

5.3.1 薄板稳定性基本概念

板的稳定性问题本质上是在面内薄膜力作用下的板弯曲问题。

板弯曲时单元平衡方程为

$$k\delta^e = F^e \tag{13.8-394}$$

式中，F^e 为单元外力的等效节点力。

在板的稳定性问题中，外力仅是板的薄膜力，设为 F_x，F_y，$F_{xy} = F_{yx}$，它由平面应力问题求得。

板的弯曲挠度为

$$w = N\delta^e = \sum N_i \delta_i^e \tag{13.8-395}$$

其中

$$\delta_i = [\, w_i \quad Q_{xi} \quad Q_{yi}\,]^{\mathrm{T}} = [\, w_i \quad \frac{\partial w}{\partial y}\Big|_i \quad -\frac{\partial w}{\partial x}\Big|_i\,]^{\mathrm{T}} \tag{13.8-396}$$

记板内任一点的位移矢量 d 为

$$d = [\, w \quad Q_x \quad Q_y\,]^{\mathrm{T}} = [\, w \quad \frac{\partial w}{\partial y} \quad -\frac{\partial w}{\partial x}\,]^{\mathrm{T}} \tag{13.8-397}$$

相应的薄膜力 F_x，F_{xy}，F_y 的广义力分量为

$$F_p = \left[\, 0 \quad -\Big(F_y\frac{\partial w}{\partial y} + F_{xy}\frac{\partial w}{\partial x}\Big) \quad \Big(F_{xy}\frac{\partial w}{\partial y} + F_x\frac{\partial w}{\partial x}\Big)\,\right]^{\mathrm{T}} \tag{13.8-398}$$

由式 （13.8-397） 可得板的形函数，即

$$\overline{N} = [\, N \quad N_{,y} \quad -N_{,x}\,] \tag{13.8-399}$$

由等效节点力公式

$$F^e = \iint \overline{N} F_p \mathrm{d}x \mathrm{d}y \tag{13.8-400}$$

得

$$F^e = -\iint [\, N_{,x} \quad N_{,y}\,]^{\mathrm{T}} \begin{bmatrix} F_x & F_{xy} \\ F_{xy} & F_y \end{bmatrix} \begin{bmatrix} N_{,x} \\ N_{,y} \end{bmatrix} \mathrm{d}x \mathrm{d}y \delta^e \tag{13.8-401}$$

令

$$\begin{cases} G = [\, N_{,x} \quad N_{,y}\,]^{\mathrm{T}} \\ H = \begin{bmatrix} F_x & F_{xy} \\ F_{xy} & F_y \end{bmatrix} \end{cases} \tag{13.8-402}$$

则

$$k_\sigma = -\iint G^{\mathrm{T}} H G \mathrm{d}x \mathrm{d}y \tag{13.8-403}$$

于是

$$F^e = k_\sigma \delta^e \tag{13.8-404}$$

式中，k_σ 为板稳定的几何刚度矩阵，它表示薄膜力对弯曲刚度的贡献。

将式 （13.8-404） 代入式 （13.8-430），经单元集成得

$$(K + K_\sigma)\delta = 0 \tag{13.8-405}$$

一般来说，方程式 （13.8-405） 的系数矩阵是非奇异的，它只有零解 $\delta = 0$，表示原来的非弯曲的平衡是稳定的。设外力按比例增加 λ 倍，单元薄膜力为 λF_p，单元和总体的集合刚度矩阵分别变为 λk_σ 和 λK_σ，总体平衡力方程则为

$$(K + \lambda K_\sigma)\delta = 0 \tag{13.8-406}$$

对某些 λ 值，方程 （13.8-394） 的系数矩阵变为奇异，方程有非零解，表示弯曲形式也是平衡位置。此时如果有微小的横向扰动，弯曲位移会变成无穷大，实际上，当位移达到一定数值之后，以上的线性模型不再成立，而应作为非线性问题考虑。

式 （13.8-406） 的特征方程若为 n 阶，则有 n 个特征对：特征值 λ_i 和特征矢量 ϕ_i（$i = 1$，2，$\cdots$，n）。相应的外载荷 $\lambda_i F$ 便是临界载荷，ϕ_i 便是失稳时的屈曲形式。事实上，只有最小的正特征值所对应的临界载荷才有意义。如果特征方程式 （13.8-406） 有正特征值，说明在这种载荷下结构没有失稳问题，例如板在平面内受薄膜拉力作用时不存在失稳问题。

5.3.2 判别结构稳定性的能量准则

一个弹性系统，若其总势能 $\varPi$ 的二阶变分是正定的，则其处在稳定平衡状态，反之亦然，即两者互为充要条件。

设 $\overline{F}$ 是某一载荷参数，$\overline{d}$ 是结构满足平衡的位移，$\delta \overline{d}$ 是位移 $\overline{d}$ 的满足运动学边界条件的可能位移的变分，于是在 $\overline{d}$ 的邻域 $\overline{d} + \delta \overline{d}$ 的系统总势能为

$$\Pi(\bar{d} + \delta\bar{d}, \bar{F}) = \Pi(\bar{d}, \bar{F}) + \delta\Pi + \delta^2\Pi + R$$
$$(13.8\text{-}407)$$

其中，R 为余项，由 $\delta\bar{d}$ 引起的总势能增量为

$$\Delta\Pi = \Pi(\bar{d} + \delta\bar{d}, \bar{F}) - \Pi(\bar{d}, \bar{F}) = \delta\Pi + \delta^2\Pi + R$$
$$(13.8\text{-}408)$$

由于 $\bar{d}$ 是平衡位置上的位移，故有

$$\delta\Pi = 0 \qquad (13.8\text{-}409)$$

于是总势能增量为

$$\Delta\Pi = \delta^2\Pi + R \qquad (13.8\text{-}410)$$

对于有限维系统，在 $\delta\bar{d}$ 是微小的情况下，$\delta^2\Pi$ 是 $\Delta\Pi$ 中起支配作用的分量。因此，正定的二阶变分就保证了系统的稳定性，它既是必要条件，也是充分条件。如 $\delta^2\Pi > 0$，Π 为极小，则系统为稳定平衡；如 $\delta^2\Pi < 0$，Π 为极大，$\Delta\Pi < 0$，这表明结构状态不稳定，系统为非稳定平衡；如 $\delta^2\Pi = 0$，Π 为驻值，系统为临界平衡。

将结构连续系统离散化而成为有限单元的集合体，则其系统总势能可表示为

$$\Pi = \sum_{e=1}^{m}\left\{\frac{1}{2}\int_{V}\varepsilon^{\mathrm{T}}D\varepsilon\mathrm{d}V - (\delta^e)^{\mathrm{T}}\bar{F}\lambda_0^e\right\}$$
$$(13.8\text{-}411)$$

式中，m 为单元的总数；$\bar{F}\lambda_0^e = F$。

对于式（13.8-411）的关于 δ 的一阶、二阶变分为

$$\delta\Pi(\delta, \bar{F}) = \sum_{e=1}^{m}\int_{V}\delta\varepsilon^{\mathrm{T}}D\varepsilon\mathrm{d}V - \delta(\delta^e)^{\mathrm{T}}\bar{F}\lambda_0^e$$
$$(13.8\text{-}412)$$

$$\delta^2\Pi = \sum_{e=1}^{m}\frac{1}{2}\int_{V}(\delta^2\varepsilon^{\mathrm{T}}D\varepsilon + \delta\varepsilon^{\mathrm{T}}D\delta\varepsilon)\mathrm{d}V$$
$$= \sum_{e=1}^{m}\frac{1}{2}\int_{V}(\delta^2\varepsilon^{\mathrm{T}}D\delta\varepsilon + \delta^2\varepsilon^{\mathrm{T}}\sigma)\mathrm{d}V$$
$$(13.8\text{-}413)$$

因为有

$$\varepsilon = \left(B_L + \frac{1}{2}B_N\right)\delta^e \qquad (13.8\text{-}414)$$

$$\delta\varepsilon = (B_L + B_N)\delta\delta^e \qquad (13.8\text{-}415)$$

$$\delta^2\varepsilon^{\mathrm{T}}\sigma = \delta(\delta^e)^{\mathrm{T}}G^{\mathrm{T}}\sigma G\delta\delta^e \qquad (13.8\text{-}416)$$

则可得

$$\delta^2\Pi = \sum_{e=1}^{m}\delta(\delta^e)^{\mathrm{T}}$$
$$\left[\frac{1}{2}\int_{V}(B_L + B_N)^{\mathrm{T}}D(B_L + B_N)^{\mathrm{T}}\mathrm{d}V + \int_{V}G^{\mathrm{T}}\sigma G\mathrm{d}V\right]\delta\delta^e$$
$$(13.8\text{-}417)$$

$$\delta^2\Pi = \frac{1}{2}\delta\delta^{\mathrm{T}}\sum_{e=1}^{m}$$

$$\left\{\begin{array}{l}\int_{V}(B_LDB_L)^{\mathrm{T}}\mathrm{d}V + \int_{V}(B_L{}^{\mathrm{T}}DB_N + B_N{}^{\mathrm{T}}DB_L + \\ B_N{}^{\mathrm{T}}DB_N)\mathrm{d}V + \int_{V}G^{\mathrm{T}}\sigma G\mathrm{d}V\end{array}\right\}\delta\delta$$
$$= \frac{1}{2}\delta\delta^{\mathrm{T}}(K_\sigma + K_N + K_L)\delta\delta = \frac{1}{2}\delta\delta^{\mathrm{T}}K_T\delta\delta$$
$$(13.8\text{-}418)$$

式中，K_T 为结构在位移 δ 时的切线刚度矩阵，与小变形的几何非线性切线刚度矩阵是一致的。随着参数 $\bar{F}$ 和广义位移 d 的逐步增大，K_T 将可能发生质的变化。当 $\bar{F}$ 达到某一临界值 P_{cr}，同时 d 也相应地达到某一临界的平衡位形时，将有

$$\det(K_T) = 0 \qquad (13.8\text{-}419)$$

这预示着 $\delta^2\Pi$ 不再正定，结构处在一种临界状态，将开始向不稳定的平衡过渡。

由于结构在失稳前，位移影响通常是较小的，因此可以近似地令 $K_N = 0$，同时假定应力 σ 与载荷 $\bar{F}$ 成线性关系，则式（13.8-419）可改写为

$$\det(\bar{K}_\sigma + P_{cr}K_\sigma) = 0 \qquad (13.8\text{-}420)$$

其中，$\bar{K}_\sigma$ 为 $\bar{F} = 1$ 时的 K_σ；P_{cr} 为临界载荷。式（13.8-420）也就是求解经典临界载荷 P_{cr} 的有限元公式。

5.3.3 带初始缺陷的结构稳定性问题

在实际的板壳结构中，往往存在这样那样的缺陷，如由于制造、施工中造成的几何缺陷，或者是由于加载偏心造成了附加弯矩等。这些几何或载荷的缺陷有时虽然很小，但对于缺陷敏感的结构，其稳定性将受到很大的影响，导致实际承载能力和理论值之间有很大差距。

对于一个带有几何的或材料的缺陷或者外部载荷扰动的实际结构，采用有限元法分析其屈曲载荷时，应在其有限元模型中引入这些缺陷，以得到符合实际的计算结果。例如，有任意初始几何缺陷的板壳单元在大变形后都可以看成是任意板壳单元，需用一般板壳的平衡方程进行分析，而其初始几何缺陷的影响可以通过修正板壳单元的初始曲率来考虑。这样，无论是板还是圆柱壳，都可以看成是扁壳或任意壳。以扁壳为例，假设其初始主曲率为 $1/R_x$ 和 $1/R_y$，由初始几何缺陷引起的相对于理想壳体中曲面的曲率分别为 $1/k_x$、$1/k_y$ 和 $1/k_{xy}$，则产生挠曲变形后的实际曲率分别为

$$\frac{1}{R_x} + w_{,xx} + k_x, \frac{1}{R_y} + w_{,yy} + k_y, w_{,xy} + k_{xy}$$
$$(13.8\text{-}421)$$

则平衡方程可表示为

$$D \nabla^4 w = \left(\frac{1}{R_x} + w_{,xx} + k_x \right) F_x + \left(\frac{1}{R_y} + w_{,yy} + k_y \right) F_y +$$

$$2(w_{,xy} + k_{xy}) F_{xy} + q \qquad (13.8\text{-}422)$$

当 $1/R_x = 0$ 时，上式就变成有初始缺陷的圆柱壳的平衡方程；当 $1/R_x = 1/R_y = 0$ 时，上式则变为带初始挠度的板的平衡方程；而在一维情况下，它又退化为带初始挠度的梁的平衡方程。

显然，对于这类带初始缺陷的问题，难以用特征值分析来预测屈曲载荷，而必须跟踪整个载荷-变形历程，从中识别屈曲点。在实际应用中，结构的缺陷数据（如几何缺陷的大小和分布形式等）往往难以

精确获得，一种常用的方法是：根据分析对象的实际情况，采用弹性屈曲模态的线性组合作为假想的初始缺陷，即首先通过特征值分析得到弹性临界载荷和相应的屈曲模态，然后根据屈曲模态的某种线性组合形式设定一定量值和分布的初始缺陷，并加入到有限元模型中进行分析。这种方法的基本思路在于假定"与弹性屈曲模态相似的几何缺陷对于结构的稳定性影响一般最大"，已经成为目前钢结构稳定性设计的标准。此外，也可以将结构的初始几何缺陷假设为与结构弹性变形相似的形式。

第9章 智能设计

1 智能设计概述

　　智能设计系统是以知识处理为核心的 CAD 系统，是计算机辅助设计向更高阶段发展的必然结果。本章阐述智能设计的产生与智能设计系统的功能构成，并以实例的形式讲解知识表示、知识获取和基于知识的推理，以及智能设计系统的构造方法和过程。

1.1 智能设计的产生与领域

　　设计的本质是功能到结构的映射，包括基于数学模型的计算型工作和基于知识模型的推理型工作。目前的 CAD 技术能很好地完成前者，但对于后者却难以胜任。

　　产品设计是人的创造力与环境条件交互作用的复杂过程，难以对其建立精确的数学模型并求解，需要设计者运用多学科知识和实践经验，分析推理、运筹决策、综合评价，才能取得合理的结果。因此，为了给设计的全过程提供有效的计算机支持，传统 CAD 系统需要扩展为智能 CAD 系统，也就是以知识处理为核心的 CAD 系统，其领域包括：

　　（1）自动方案生成　自动方案生成系统由于减少了大量的人机交互过程，充分发挥了计算机速度快的优点，使得设计效率高。另外，自动方案生成系统有时还能生成设计者意想不到的设计，表现出一定的创造性，从而激发人类设计的灵感。

　　（2）智能交互　传统的图形交互技术，计算机处于绝对的被动状态，操作呆板而烦琐。采用人工智能技术，系统可以根据用户输入的信息自动获得更多的所需信息，从而使交互变得更为简便。另外，结合数据库技术和自然语言理解技术，计算机只要接受用户简短的语言描述，就可以获取所要输入图形的性质。随着语音处理技术的发展，智能交互的功能将更加突出。

　　（3）智能显示　色彩方面：在设计方案的最终输出时，计算机自动搭配上色彩，可极大地方便设计者进行评测。真实感方面：结合人工智能技术，可以从速度和质量两方面改善图形的生成。使用色彩规律的知识表达和推理方法，能对实体体素迅速地进行明暗描绘，而且又便于各种效果的控制，从而可使显示灵活、迅速和可交互，非常适合于 CAD 系统的图形绘制和实际设计需要。

　　（4）自动数据获取　包括：①工程图样自动输入，即扫描工程图样并以图像形式存储，智能 CAD 系统对图像进行矢量化和图形及符号的识别，从而获取图样的拓扑结构性质，生成图形。②三维模型重建，即通过综合三视图中的二维几何与拓扑信息，在计算机中自动产生相应的三维形体的几何与拓扑信息，是智能 CAD 和计算机图形学领域中有意义的研究课题。

1.2 智能设计系统的功能构成

　　智能设计系统是以知识处理为核心的 CAD 系统，将知识系统的知识处理与一般 CAD 系统的计算分析、数据库管理、图形处理等有机结合起来，从而协助设计者完成方案设计、参数选择、性能分析、结构设计、图形处理等不同阶段、不同复杂程度的设计任务。

　　1. 智能设计系统的基本功能

　　（1）知识处理功能　知识推理是智能设计系统的核心，实现知识的组织、管理及其应用，其主要内容包括：①获取领域内的一般知识和领域专家的知识，并将知识按特定的形式存储，以供设计过程使用；②对知识实行分层管理和维护；③根据需要提取知识，实现知识的推理和应用；④根据知识的应用情况对知识库进行优化；⑤根据推理效果和应用过程学习新的知识，丰富知识库。

　　（2）分析计算功能　一个完善的智能设计系统应提供丰富的分析计算方法，包括：①各种常用数学分析方法；②优化设计方法；③有限元分析方法；④可靠性分析方法；⑤其他专用的分析方法。以上分析方法以程序库的形式集成在智能设计系统中，需要时调用。

　　（3）数据服务功能　设计过程实质上是一个信息处理和加工过程。大量的数据以不同的类型和结构形式在系统中存在并根据设计需要进行流动，为设计过程提供服务。随着设计对象复杂度的增加，系统要处理的信息量将大幅度地增加。为了保证系统内庞大的信息能够安全、可靠、高效地存储并流动，必须引入高效可靠的数据管理与服务功能，为设计过程提供可靠的服务。

（4）图形处理功能　强大的图形处理能力是任何一个 CAD 系统都必须具备的基本功能。借助于二维或三维实体图形，设计人员在设计阶段便可以清楚地了解设计对象的形状和结构特点，还可以通过设计对象的仿真来检查其装配关系、干涉情况和工作情况，从而确认设计结果的有效性和可靠性。

2. 智能设计系统的体系结构

根据智能设计系统的功能和特点，可将智能设计系统归纳为如图 13.9-1 所示的体系结构。

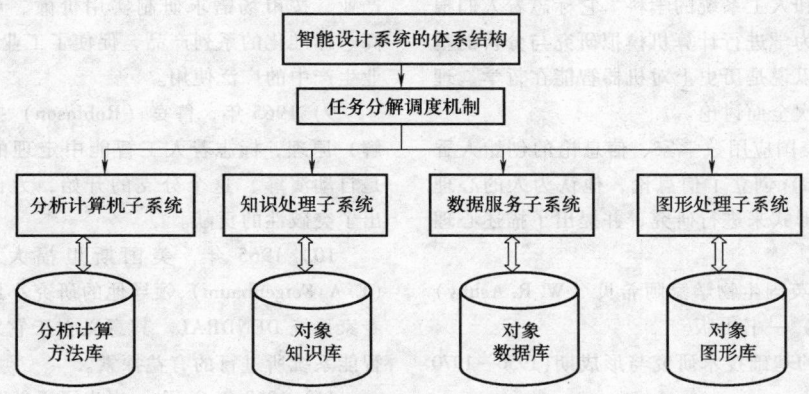

图13.9-1　智能设计系统体系结构

1.3　人工智能发展历程

智能设计是人工智能应用的一个重要方面，并伴随其发展而逐渐获得延伸与拓展。了解人工智能的发展历史有利于对智能设计的产生背景、技术基础、发展趋势有更全面的认识。

1.3.1　什么是人工智能

人工智能的核心问题在于智能机器如何像人一样思考，并表现智能的行为。1955 年，人工智能领域先驱 John McCarthy 首次对人工智能进行了定义：人工智能的目标就是开发出能体现智能行为的机器。而后，人工智能专家 Elaine Rich 重新定义了人工智能的含义：人工智能就是研究如何使得计算机去处理那些目前只有人才能处理得更好的任务。人类智能的一个显著特点是适应性。我们能够适应不同的环境，并通过学习来改变我们的行为。我们的学习能力远优于计算机，因而，根据 Elaine Rich 的定义，机器学习是人工智能的一个重要分支。

1.3.2　人工智能的产生与发展

回顾人工智能的产生与发展过程，可大致分为孕育期、形成期、发展期三个阶段。人工智能专家敖志刚在其编著的《人工智能与专家系统导论》中对该发展历史有较全面的介绍。

1. 人工智能的孕育期（1956 年以前）

在这个阶段中，数理逻辑、自动机理论、控制论、信息论、仿生学、神经生理学、实验心理学、电子计算机等科学技术的进展，为人工智能学科的诞生准备了思想、理论和物质基础。具有重要意义的事件主要有：

1）1642 年法国数学家和物理学家帕斯卡（Pascal）制造了一台有效的机械加法器。接着德国数学家莱布尼茨（Leibniz）制成了能够实现乘法和除法的计算器。

2）1821 年英国数学家巴贝奇（Babbage）发明了两台最先进的差分机和分析机。其中分析机的设计思想与现代电子计算机十分相似。他提出了计算机的五个主要组成部分：输入、存储器、运算器、控制器和输出，为电子计算机的发展奠定了基础。

3）英国逻辑学家和哲学家乔治·布尔（G. Boole，1815—1864 年）致力于使"思维规律"形式化和实现机械化，他发明了布尔代数，首次用符号语言描述了思维活动的基本推理法则。

4）1936 年英国数学家、图灵机的发明者图灵（A. M. Turing）创立了自动机理论。自动机理论亦称图灵机，这是一种理想计算机模型。他提出了基于离散量的递归函数作为智能描述的数学基础，给出了基于行为主义的测试机器是否有智能的标准，即图灵试验。

5）1943 年，麦卡洛克（W. Mclloch）与匹茨（W. Pitts）研制了神经细胞模型——MP 模型，开创了脑模型研究工作。

6）1945 年匈牙利数学家、博弈论的创立者冯·诺依曼（John Von. Neumannn）提出了存储程序的概念，这一思想被誉为电子计算机时代的开始。

7）1946 年美国人莫克利（Mauchly）和埃克特（Eckert）在宾夕法尼亚大学摩尔电工学院研制成功世界上第一台电子计算机 ENIAC。

8）1948 美国著名数学家、控制论创始人维纳（N. Wiener）创立了控制论。控制论是一门研究和模拟自控制的生物和人工系统的学科。它标志着人们根据动物心理和行为学进行计算机模拟研究与分析的基础已经形成，可以说是历史上对机器智能在哲学、理论和方法上的一次全面讨论。

9）1948 年美国应用数学家、信息论的创始人香农（C. E. Shannon）创立了信息论，他认为人的心理活动可用信息的形式来进行研究，并提出了描述心理活动的数学模型。

10）1948 年英国生物学家阿希贝（W. R. Ashby）的《设计一个脑》一书出版。

2. 人工智能的基础技术研究与形成期（1956—1970年）

在这个阶段，人工智能学科正式产生，在定理证明、问题求解、机器博弈、LISP 语言、文字和图像识别、机器思维、感知及行为等基本内容上取得了重大突破。这一时期的主要研究成果大致有以下一些方面：

1）1956 年麦卡锡在美国的达特茅斯会议上正式提出了"人工智能"（Artificial Intelligence）这一术语。这是数学、逻辑学、心理学、哲学、生物学及计算机科学等多学科相互渗透的结果，这次会议标志着人工智能这门新兴学科的正式诞生。

2）1956 年，美国的纽厄尔、肖和赛蒙合作编制了一个名为逻辑理论机（Logic Theory Machine，LT）的计算机程序系统。该程序模拟了人用数理逻辑证明定理时的思维规律。

3）1956 年，塞缪尔研制成功了具有自学习、自组织、自适应能力的西洋跳棋程序。塞缪尔的下棋程序是用机器模拟人类学习过程的一次成功探索，其主要贡献在于发现了启发式搜索是表现智能行为的最基本机制。

4）1957 年，罗森勃劳特（F. Rosenblatt）研制成感知机，具有学习功能，模仿视觉，进行模式分类识别。

5）1953 年，勒洛特发表了证明平面几何问题的程序，塞尔夫里奇推出了一个模式识别程序。

6）1960 年，纽厄尔、肖和赛蒙等人通过心理学实验总结出了人们求解问题的思维规律，编制了通用问题求解程序。

7）1960 年，麦卡锡研制成功了面向人工智能程序设计的列表处理语言 LISP。它可以方便地处理符号，在人工智能的各个研究领域中都得到广泛的应用。

8）1960 年，美国生产了第一批商用工业机器人 UNIMATE 和 VERSATRAN，到 60 年代末形成发展高潮，日本 1986 年从美国引进技术，大力发展机器人产业，按市场需求研制实用价廉、可靠性高、精度高、标准化的系列产品，促使了工业机器人在日本工业生产中的广泛使用。

9）1965 年，鲁宾（Robinson）提出了归结（消解）原理，标志着人工智能中定理的机器证明（或是自动演绎）这个分支的开始，为自动定理证明做出了突破性的贡献。

10）1965 年，美国斯坦福大学的费根鲍姆（E. A. Feigenbaum）领导他的研究小组开始研究化学专家系统 DENDRAL。其意义在于它对基于知识建造智能系统所进行的有益探索。

11）1968 年 Quillian 提出了语义网络知识表示法，他试图解决记忆的心理学模型，后来 Simmon 等人在用语义网络表达自然语言理解方面取得了很大的成效。

12）1969 年，由国际上许多学术团体共同发起成立了国际人工智能联合会议（International Joint Conferences on Artificial Intelligence，IJCAI），它标志着人工智能作为一门独立学科已经得到了国际学术界的认可。

3. 人工智能的发展与应用（1970 年以后）

如果说人工智能诞生后的头十年主要是一批科学家在实验室中进行人工智能的基本原理和方法的研究，那么从 1970 年以后，人工智能就从实验室走了出来，从一般思维规律讨论转向知识工程开发，进入实际应用时代。

70 年代后期开始，一大批实用型专家系统不断涌现，如用于超大规模集成电路设计的 KBVLSI、自动程序设计系统 PSI、数学专家系统 MACSYMA、医学专家系统 MYCIN 及 LNTERNIST、探矿专家系统 PROSPECTOR、生物专家系统 MOLGEN、故障诊断专家系统 DART、教育专家系统 GUIDON、结构专家系统 SACON、法律专家系统 LDS、管理专家系统 CALLISTO 等。这些专家系统的实际运行取得了重大的社会和经济效益，也为人工智能的发展带来了生机。除此之外，为了加速专家系统的研制速度，人们还先后开发了一批用于建造和维护专家系统的工具系统，例如 Meta-DENDRAL、TEIRESIAS 和 EMYCIN 等。Prolog 语言被广泛地应用于专家系统、自然语言理解、关系数据库、抽象问题求解和数理逻辑等人工智能的许多领域，用 Prolog 语言开发的人工智能系统如雨后春笋，层出不穷。

关于人工智能的专著、手册和文集大量出版，例如 N. J. Nilsson 所著的 *Principles of Artificial Intelligence*、E. A. Feigenbaud 等编写的 *The Hand book of Artificial Intelligence* 等。

此外，在知识表示、不精确推理、人工智能语言等方面也有重大进展。例如，1974 年，明斯基提出了框架理论；1975 年，绍特里夫（E. H. Shortliffe）提出并在 MYCIN 中应用了确定性理论；1976 年，杜达提出并在 PROSPECTOR 中应用了主观贝叶斯方法。

1977 年，在第五届国际人工智能会议上，费根鲍姆进一步提出了"知识工程"的概念。这样，人工智能的研究便从以推理为中心转向以知识为中心，进入所谓的知识期。从此以后，专家系统与知识工程便成为人工智能的一个最重要的分支领域。

进入 20 世纪 80 年代后，专家系统与知识工程在理论、技术和应用方面都有了长足的进步和发展。专家系统结构和规模也在不断扩大，出现了所谓的多学科专家系统、大型专家系统、微专家系统和分布式专家系统等。各个应用领域的专家系统更如雨后春笋般地在世界各地不断涌现。另外，还出现了不限于专家知识的知识系统和知识库系统，以及智能管理信息系统、智能决策支持系统、智能控制系统、智能 CAD 系统、智能 CAI 系统、智能数据库系统、智能多媒体系统、智能仿真系统等。

4. 人工智能发展趋势

图 13.9-2 所示为人工智能技术领域发展历史状况，其中条状带的宽度表示各技术被广泛研究及应用的程度。其中各术语的含义如下：First-order logic（一阶逻辑）；Propositional logic（命题逻辑）；Turing（图灵机）；Neural networks（神经网络）；Neuro-hardware（神经网络硬件）；Probabilistic reasoning（概率推理）；LISP（LISt Processor，列表处理语言）；Fuzzy logic（模糊逻辑）；Decision tree learning（决策树学习）；PROLOG（Programming in Logic，逻辑编程语言）；Hybrid systems（混合系统）；Automated theorem provers（自动定理证明）；Heuristic search（启发式搜索）；Back-propagation（反向传播）；Bayesian nets（贝叶斯网络）。

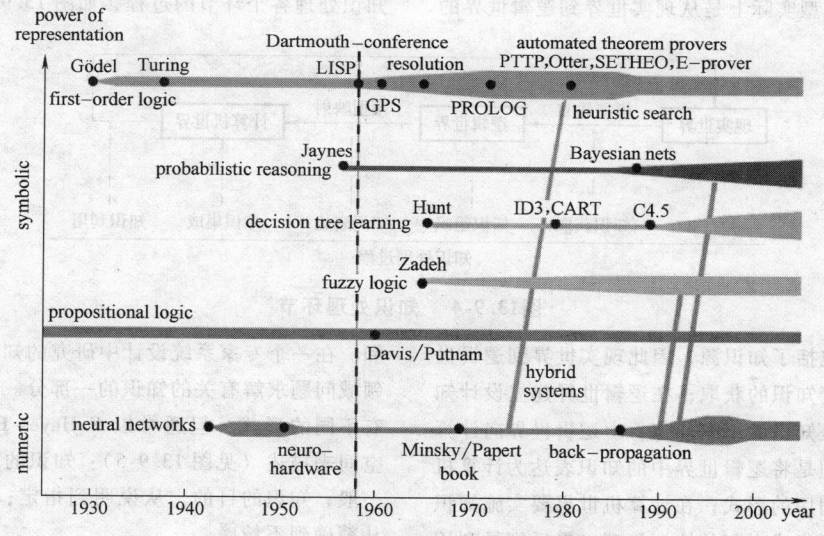

图13.9-2　人工智能技术领域发展历史

目前，人工智能技术正在向大型分布式人工智能、大型分布式多专家协同系统、广义知识表达、综合知识库（即知识库、方法库、模型库、方法库的集成）、并行推理、多种专家系统开发工具、大型分布式人工智能开发环境和分布式环境下的多智能体协同系统等方向发展。尽管如此，但从目前来看，人工智能仍处于学科发展的早期阶段，其理论、方法和技术都不太成熟，人们对它的认识也比较肤浅。这些都还有待于人工智能工作者的长期探索。

1.4　智能设计的研究内容

智能设计是决策水平的设计自动化，是对设计知识自动化的处理，它是通过以人机智能化设计为高级阶段的智能设计系统来具体实现的，这就构成了智能设计研究的基本出发点。

根据方法或技术导向的观点，即从知识处理的角度来说，智能设计研究的是设计知识的获取、组织、表达、集成和利用等环节。而根据问题或需求导向的观点，即从智能设计系统建立的角度来说，智能设计主要应当完成两大任务：①建立设计知识模型；②开发计算机软件系统以利用和实施所建立的设计知识模型。按照后一观点，智能设计的研究内容或基本任务可用图 13.9-3 来说明。

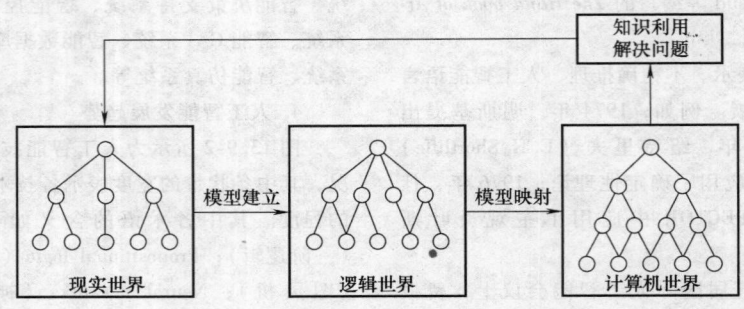

图13.9-3   智能设计任务示意图

图 13.9-3 中的现实世界是一个客观存在的现实，从知识处理的角度看，它既是知识源，又是知识利用的对象。计算机世界是一个由人和计算机构成的有机的智能系统。从现实世界到计算机世界的转换或映射并不是直接完成的。要使智能设计系统在更高水平承担现实世界中提出的设计任务，首先要经过建模阶段。设计知识模型实际上是从现实世界到逻辑世界的映射，它的建立最终是在逻辑世界完成的。而要进一步利用和实施设计知识模型以完成设计任务，则要将逻辑世界中的设计知识模型映射到计算机世界中去。因此，三个世界之间有两种映射关系存在，分别对应前面所说的智能设计的两大任务。

通过映射依次显现的三个世界构成了一个隐含着知识处理各个环节的过程，如图 13.9-4 所示。

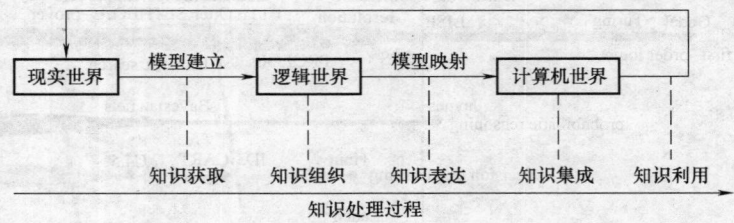

图13.9-4   知识处理环节

现实世界包括了知识源，因此现实世界到逻辑世界的映射对应着知识的获取；在逻辑世界建立设计知识模型实质上是知识的组织环节；由逻辑世界向计算机世界的映射则是将逻辑世界中的知识表达为计算机世界可处理和利用的形式；在计算机世界要实施知识的集成，也包括集成引起的协调管理；最后则是利用经过处理的知识以解决现实世界中的问题。因此，无论是从智能设计系统建立的角度，还是从知识处理技术的角度来看，智能设计的研究内容都是一致的。

2   知识的表示方法

2.1   知识表示的必要性

2.1.1   知识及其分类

知识是人类在实践中所积累的认识和经验的总和。在一个专家系统设计中研究的知识仅仅是领域与领域问题求解有关的知识的一部分。知识的定义虽然有不同的形式，但通常以 F. Hayes-Roth 提出的三维空间来描述（见图 13.9-5）：知识的范围，从具体到一般；知识的目的，从说明到指定；知识的有效性，从精确到不精确。

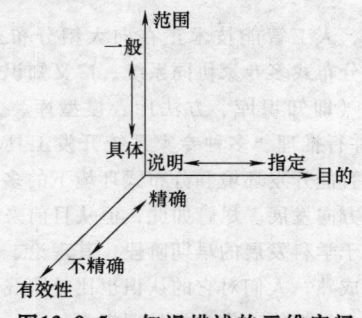

图13.9-5   知识描述的三维空间

由于具体领域的已有知识可分为共性知识和个性知识两个方面，所以知识的表达也可分为深化表达和表层表达。其中深化表达是关于实体（如概念、事件、性能等）间结构和功能的表达，它反映支配事物的物理规律、关于动作的功能模型、事物间的因果关系网络和现象间的抽象与类比等。而表层表达是基于经验的结合和对结构与功能理解的编译，知识的前提和结论来源于以往的经验。

典型的知识表示模式是基于规则的产生式表示、框架表示、逻辑表示、语义网络表示、过程表示、不精确知识表示等。一般来说，深化表达采用框架表示和语义网络表示；表层表达采用规则表示。

知识表示是人工智能研究和认知心理学等学科研究共同关心的问题，它隶属于认知论的范畴。专家系统中知识表示的研究着重于实用的表示模式（或称方法），它应包括以下几个性质：①直观性，便于理解和交流；②简洁性，意味着时空效率；③抽象性，抽象知识表示更接近问题域；④易结合性，通过结合其他方式，往往可以取长补短；⑤可分划性，知识库的分划有利于并行处理；⑥层析体系，知识组织应具有一定的结构性和访问局部性，以便提高处理效率；⑦同态性，知识表示结构应真实、直接地反映问题领域的结构；⑧合适的知识粒度，知识粒度影响推理步长和平均进程生命期等，对于并行多处理系统性能影响很大。

2.1.2 机械设计知识的类型与特点

在机械设计中，计算机除作为一种辅助设计工具用于有限元分析、优化设计、数值计算、绘图以外，还可以运用 AI、ES 技术进行概念设计、方案评价、材料选择、加工工序和几何设计等工作。而机械设计的核心是选择、规划、决策、设计和再设计，例如，概念设计（即初始方案设计）包括设计任务书的拟定、总体性能参数和总体结构方案的初步选择；技术设计是安排特殊的技术问题，如材料选择、加工工序、特殊形状和尺寸的设计；目标决策是确定候选方案是否满足目标要求，这需要运用专家的经验知识和启发性知识，通过分析、推理、判断来完成，故将机械设计知识（基础科学、工程科学、实际知识、材料、制造、经验、同类产品知识、商业产品知识、费用等）进行获取并加以形式化是至关重要的。

1. 机械设计知识的类型

机械设计已有近 200 年的历史，故人们已经积累了大量的机械设计的知识和经验，包括基本原理、制造过程、几何拓扑信息、材料应用等。这些知识相当复杂，既有定性的，又有定量的；既有确定性、结构

化的，又有不确定性和非结构化的。充分掌握各种知识的特征是进行知识分类的重要依据。若按照特征三维空间描述，表 13.9-1 提供了知识分类的实例。

表 13.9-1 知识特征的三维空间描述表

知识的特征	知　识
特殊、说明、确定	动力机是柴油机
特殊、说明、不确定	齿轮常用于高速传动之中
特殊、规定、确定	如果链条中心距大于 80 倍的齿距，则安装张紧装置
一般、规定、确定	如果 $P(x)$ 为真，则 $\sim P(x)$ 是不可能的
一般、说明、不确定	大功率、远距离的传动可采用链传动

按照简单而通俗的分类，又可将机械设计知识分为以下几个类型：

（1）关于对象的事实和对象的分类。例如：1040 钢（变形抗力、密度、耐蚀性）；黑色金属（成分、性能范围）；车床（转速、功率、精度）；其他如制造过程、分析方法、几何设计和拓扑设计、设计历史。

（2）关于方法。如何选择材料；如何选择制造过程；如何评价设计；如何获得一个初始试探设计。这些都是关于如何按有目的方式将关于对象的事实、使用联系起来。

（3）关于对象、事实和过程的抽象知识（元知识）。过程的可靠性和精确性；什么时候过程是适用的。这主要是关于如何控制使用过程的知识。

2. 机械设计知识的特点

机械设计知识不仅丰富、复杂，而且往往具有不确定性，其主要表现在设计质量的标准、载荷、材料的强度及其应用等知识具有随机性和模糊性，知识工程师只有充分考虑到机械设计知识的不确定性，才能使专家系统设计出更加合理、经济和适用的产品。

机械设计知识的模糊性体现在以下三个方面：

（1）设计数据的模糊性 包括设计载荷的模糊性、设计要求中概念的模糊性、设计标准规范的模糊性。

（2）设计计算模型的模糊性 设计计算模型是经过若干假设抽象而成的数学模型，对某些设计问题，不同的假设可能导出差异较大的计算模型，因此计算模型本身很难以某一明确的数学形式存在而具有模糊性。例如，不同的强度理论，设计计算模型的不确定性是可靠性设计所应回避的一个问题。

（3）设计决策的模糊性 由于设计数据、计算模型均具有模糊性，而设计决策以数据和模型为依

据，所以其模糊性更加复杂。设计决策的模糊性包括选择决策的模糊性、再设计决策的模糊性、可接受决策的模糊性等。

2.2 一阶谓词逻辑

2.2.1 谓词、函数、量词

设 a_1，a_2，$\cdots$，a_n 表示个体对象，A 表示它们的属性、状态或关系，则表达式 $A(a_1, a_2, \cdots, a_n)$ 在谓词逻辑中就表示一个（原子）命题。例如：

1）素数（2），就表示命题"2 是个素数"。

2）好朋友（张三，李四），就表示命题"张三和李四是好朋友"。

一般地，表达式 $P(x_1, x_2, \cdots, x_n)$ 在谓词逻辑中称为 n 元谓词。其中 P 是谓词符号，也称谓词，代表一个确定的特征或关系（名）；x_1，x_2，$\cdots$，x_n 称为谓词的参数或者项，一般表示个体。

个体变元的变化范围称为个体域（或论述域），包揽一切事物的集合称为全总个体域。

为了表达个体之间的对应关系，我们引入数学中函数的概念和记法。例如，我们用 $father(x)$ 表示 x 的父亲，用 $sum(x, y)$ 表示 x 与 y 之和。一般地，我们用形式 $f(x_1, x_2, \cdots, x_n)$ 表示个体变元 x_1，x_2，$\cdots$，x_n 所对应的个体 y，并称之为 n 元个体函数，简称函数（或函词、函词命名式）。其中 f 是函数符号。有了函数的概念和记法，谓词的表达能力就更强了。例如，我们用 $Doctor(father(Li))$ 表示"小李的父亲是医生"，用 $E(sq(x), y)$ 表示"x 的平方等于 y"。

以后我们约定用大写英文字母作为谓词符号，用小写字母 f，g，h 等表示函数符号，用小写字母 x，y，z 等作为个体变元符号，用小写字母 a，b，c 等作为个体常元符号。

我们将"所有"、"一切"、"任一"、"全体"、"凡是"等词统称为全称量词，记为 $\forall x$；将"存在"、"有些"、"至少有一个"、"有的"等词统称为存在量词，记为 $\exists x$。

引入量词后，谓词的表达能力就大大扩充了，例如命题"凡是人都有名字"，就可以表示为：$\forall x(M(x) \rightarrow N(x))$。其中 $M(x)$ 表示"x 是人"，$N(x)$ 表示"x 有名字"，该式可读为"对于任意的 x，如果 x 是人，则 x 有名字"。这里的个体域取为全总个体域。如果将个体域取为人类集合，则该命题就可以表示为：$\forall x N(x)$。

同理，我们可以将命题"存在不是偶数的整数"表示为：$\exists x(G(x) \wedge \neg E(x))$。其中 $G(x)$ 表示"x

是整数"，$E(x)$ 表示"x 是偶数"。此式可读做"存在 x，x 是整数并且 x 不是偶数"。

不同的个体变元，可能有不同的个体域。为了方便和统一起见，我们用谓词表示命题时，一般总取全总个体域，然后再采取使用限定谓词的办法来指出每个个体变元的个体域。具体来讲，有下面两条：

1）对全称量词，将限定谓词作为蕴含式之前件加入，即 $\forall x(P(x) \rightarrow \cdots)$。

2）对存在量词，将限定量词作为一个合取项加入，即 $\exists x(P(x) \wedge \cdots)$。

这里的 $P(x)$ 就是限定谓词。

2.2.2 谓词公式

由上节可以看到，用谓词、量词及真值联结词可以表达相当复杂的命题。抽象地来看，我们将命题的这种符号表达式称为谓词公式。下面我们给出谓词公式的定义。

定义 1

1）个体常元和个体变元都是项。

2）设 f 是 n 元函数符号，若 x_1，x_2，$\cdots$，x_n 是项，则 $f(x_1, x_2, \cdots, x_n)$ 是项。

3）只有有限次使用 1）、2）得到的符号串才是项。

定义 2 设 P 为 n 元谓词符号，x_1，x_2，$\cdots$，x_n 为项，则 $P(x_1, x_2, \cdots, x_n)$ 称为原子谓词公式，简称原子公式或原子。

从原子谓词公式出发，通过命题联结词和量词，可以组成复合谓词公式。下面我们给出谓词公式的严格定义，即谓词公式的生成规则。

定义 3

1）原子公式是谓词公式。

2）若 A，B 是谓词公式，则 A，$A \wedge B$，$A \vee B$，$A \rightarrow B$，$A \leftrightarrow B$，$\forall xA$，$\exists xA$ 也是谓词公式。

3）只有有限步应用 1）、2）生成的公式才是谓词公式。

由项的定义，当 t_1，t_2，$\cdots$，t_n 全为个体常元时，所得的原子谓词公式就是原子命题公式（命题符号）。所以，全体命题公式也都是谓词公式。谓词公式亦称为谓词逻辑中的合适（式）公式，记为 Wff。

紧接于量词之后被量词作用（即说明）的谓词公式称为该量词的辖域。例如：

1）$\forall x P(x)$。

2）$\forall x(H(x) \rightarrow G(x, y))$。

3）$\exists x A(x) \wedge B(x)$。

其中，1）中的 $P(x)$ 为 $\forall x$ 的辖域，2）中的 $H(x) \rightarrow G(x, y)$ 为 $\forall x$ 的辖域，3）中的 $A(x)$ 为 $\exists x$

的辖域，但 $B(x)$ 并非为 $\exists x$ 的辖域。

量词后的变元如 $\forall x$、$\exists y$ 中的 x、y 称为量词的指导变元（或作用变元），而在一个量词的辖域中与该量词的指导变元相同的变元称为约束变元，其他变元（如果有的话）称为自由变元，例如 2）中的 x 为约束变元，而 y 为自由变元，3）中 $A(x)$ 的 x 为约束变元，但 $B(x)$ 中的 x 为自由变元。一个变元在一个公式中既可约束出现，又可自由出现，但为了避免混淆，通常通过改名规则，使得一个公式中一个变元仅以一种形式出现。

约束变元的改名规则如下：

1）对需改名的变元，应同时更改该变元在量词及其辖域中的所有出现位置。

2）新变元符号必须是量词辖域内原先没有的，最好是公式中也未出现过的。

例如，公式 $\forall x P(x) \wedge Q(x)$ 可改为 $\forall y P(y) \wedge Q(x)$，但两者的意义相同。

在谓词前加上量词，称做谓词中相应的个体变元被量化，例如 $\forall x A(x)$ 中的 x 被量化，$\exists y B(y)$ 中 y 被量化。如果一个谓词中的所有个体变元都被量化，则这个谓词就变为一个命题。例如，设 $P(x)$ 表示"x 是素数"，则 $\forall x P(x)$、$\exists x P(x)$ 就都是命题。这样我们就有两种从谓词（即命题函数）得到命题的方法：一种是给谓词中的个体变元代入个体常元，另一种就是将谓词中的个体变元全部量化。

需要说明的是，仅个体变元被量化的谓词称为一阶谓词。如果不仅个体变元被量化，而且函数符号和谓词符号也被量化，则那样的谓词称为二阶谓词。例如，$\forall p \forall x P(x)$ 就是一个二阶谓词。本书只是涉及一阶谓词，所以，以后提及的谓词都是指一阶谓词。

上面关于量化的概念也可以推广到谓词公式。于是，我们便可以说，如果一个公式中的所有个体变元都被量化，或者所有变元都是约束变元（或无自由变元），则这个公式就是一个命题。特别地，我们称 $\forall x A(x)$ 为全称命题，$\exists x A(x)$ 为特称命题。对于这两种命题，当个体域为有限集时（设有 n 个元素），有下面的等价式：

$$\forall x A(x) \Leftrightarrow A(a_1) \wedge A(a_2) \wedge \cdots \wedge A(a_n), \exists x A(x)$$
$$\Leftrightarrow A(a_1) \vee A(a_2) \vee \cdots \vee A(a_n)$$

这两个式子也可以推广到个体域为可数无限集。

定义 4　设 A 为如下形式的谓词公式：

$$B_1 \wedge B_2 \wedge \cdots \wedge B_n$$

其中，$B_i(i=1, 2, \cdots, n)$，形如 $L_1 \vee L_2 \vee \cdots \vee L_m$，$L_j(j=1, 2, \cdots, m)$ 为原子公式或其否定，则 A 称

为合取范式。

例如，$(P(x) \vee Q(y)) \wedge (\neg P(x) \vee Q(y) \vee R(x, y)) \wedge (\neg Q(y) \vee \neg R(x, y))$ 就是一个合取范式。

应用的逻辑等价式，任一谓词公式都可以化为与之等价的合取范式，这个合取范式就称为原公式的合取范式。但应指出，一个谓词公式的合取范式一般不唯一。

定义 5　设 A 为如下形式的命题公式：

$$B_1 \vee B_2 \vee \cdots \vee B_n$$

其中 $B_i(i=1, 2, \cdots, n)$，形如 $L_1 \wedge L_2 \wedge \cdots \wedge L_m$，$L_j(j=1, 2, \cdots, m)$ 为原子公式或其否定，则 A 称为析取范式。

例如，$(P(x) \wedge \neg Q(y) \wedge R(x, y)) \vee (\neg P(x) \wedge Q(y)) \vee (\neg P(x) \wedge R(x, y))$ 就是一个析取范式。

应用逻辑等价式，任一谓词公式都可以化为与之等价的析取范式，这个析取范式就称为原公式的析取范式。同样，一个谓词公式的析取范式一般也不唯一。

定义 6　设 P 为谓词公式，D 为其个体域，对于 D 中的任意一解释 I：

1）若 P 恒为真，则称 P 在 D 上永真（或有效）或是 D 上的永真式。

2）若 P 恒为假，则称 P 在 D 上永假（或不可满足）或是 D 上的永假式。

3）若至少有一个解释，可使 P 为真，则称 P 在 D 上可满足或是 D 上的可满足式。

定义 7　设 P 为谓词公式，对于任何个体域：

1）若 P 都永真，则称 P 为永真式。

2）若 P 都永假，则称 P 为永假式。

3）若 P 都可满足，则称 P 为可满足式。

由于谓词公式的真值与个体域及解释有关，考虑到个体域的数目和个体域中元素数目无限的情形，所以要通过一个机械地执行的方法（即算法），判断一个谓词公式的永真性一般是不可能的，所以一般称一阶谓词逻辑是不可判定的（但它是半可判定的）。

2.2.3　谓词逻辑中的形式演绎推理

由上节所述，我们看到，利用谓词公式可以将自然语言中的陈述语句表示为一种形式化的符号表达式。那么，利用谓词公式，我们同样可以将形式逻辑中抽象出来的推理规则形式化为一些符号变换公式。形式逻辑中常用的一些逻辑等价式、逻辑蕴含式及推理规则的符号表示形式请参考文献［10］谓词逻辑部分相关内容，此处不详加阐述。

2.2.4　一阶谓词逻辑表示的特点

（1）自然性　谓词逻辑是一种接近于自然语言的形式语言，人们比较容易接受，用它表示知识比较容易理解。

（2）精确性　谓词逻辑是二值逻辑，谓词公式的真值只有"真"与"假"，因此可用它表示精确知识，并可保证经演绎推理所得出的结论的精确性。

（3）严密性　谓词逻辑具有严格的形式定义及推理规则，利用这些推理规则及有关定理证明的方法和技术可从已知事实推出新的事实，或证明提出的假设。

（4）容易实现　用谓词逻辑表示的知识可以较容易地转换为计算机的内部形式，便于实现对知识的增加、删除与修改。用它表示知识所进行的归纳演绎推理易于在计算机上实现。

2.3　产生式规则表示

"产生式"是一种逻辑上具有因果关系的表示模式。它在语义上表示"如果 A，则 B"的因果关系。产生式规则表达方法是目前专家系统中最为普遍的一种知识表达方法。以产生式规则为基础的专家系统又称为产生式系统。谓词逻辑表示方法存在难以描述不确定、不完备的知识和推理效率低（组合爆炸）的问题，产生式规则较好地克服了这些缺点，从而得到广泛应用。

2.3.1　产生式规则的表达形式

产生式规则的一般表达形式为

$$P \rightarrow C$$

亦可表示为

IF　　前提 P

THEN　结论 C

其中，P 表示一组前提或状态；C 表示若干个结论或事件。上式的含义是"如果前提 P 满足则可推出 C（或应该执行动作 C）"。前提 P 和结论 C 可以进一步表达为：$P = P_1 \wedge P_2 \wedge \cdots \wedge P_m$，$C = C_1 \wedge C_2 \wedge \cdots \wedge C_n$，符号"$\wedge$"表示"与"的关系。于是，式 $P \rightarrow C$ 可以细化为：$P = P_1 \wedge P_2 \wedge \cdots \wedge P_m \rightarrow C = C_1 \wedge C_2 \wedge \cdots \wedge C_n$

2.3.2　规则的知识结构及存储结构

从逻辑结构看，IF-THEN 型规则实际上是逻辑运算的蕴含关系。命题既可用规则表示，又可用谓词逻辑表示。

从拓扑结构看，规则的集合等价于所谓的"与或树"，从这个意义上讲，问题求解过程就是在"与或树"中带圆弧的分支线表示了"与"的联系，不

带圆弧的分支线表示了"或"的关系。利用"与或树"可将一个证明或解题过程视为在树上的一个搜索过程。

知识库采用文本格式时，每条规则的表达可以与规则的逻辑表达形式一致，例如：

Rule 1

　　if（为（加工方式，外圆加工））

　　and（为（加工表面，淬火表面））

　　then（选用（加工机床，外圆磨床类机床）

Rule 2

　　if（选用（加工机床，外圆磨床类机床））

　　and（为（加工零件的精度要求，一般精度要求））

　　then（选用（加工机床，万能外圆磨床））

Rule 3

　　if（选用（加工机床，外圆磨床类机床））

　　and（为（加工零件的精度要求，高精度要求））

　　then（选用（加工机床，高精度外圆磨床））

Rule 4

　　if（为（加工方式，外圆加工））

　　then（选用（加工机床，车床类机床））

Rule 5

　　if（选用（加工机床，车床类机床））

　　and（为（加工零件的精度要求，一般精度要求））

　　then（选用（加工机床，万能车床））

Rule 6

　　if（为（加工方式，平面加工））

　　and（为（加工表面，车端面））

　　then（选用（加工机床，车床类机床））

上述规则集合既是逻辑表达方式，又是规则的文本存放形式。对应上述规则集合的推理网络如图 13.9-6 所示。图中，带圆弧的分支线表示了"与"的联系，不带圆弧的分支线表示了"或"的关系。

文本文件是一种顺序存取文件，不能从中间插入读取某条规则，必须一次将所有规则装入内存。

知识库文件采用二进制格式时，规则以记录为单位进行存取。每条记录的大小要根据规则的长度来确定。此时，可以按随机文件的方式存取指定的规则，因而不需要将所有规则同时装入内存，减少了计算机内存资源的消耗，但增加了计算机 CPU 与外设的交换次数。

一组产生式规则可形象地用一颗（或多棵）"与或树"表示，其形式如图 13.9-7 所示。

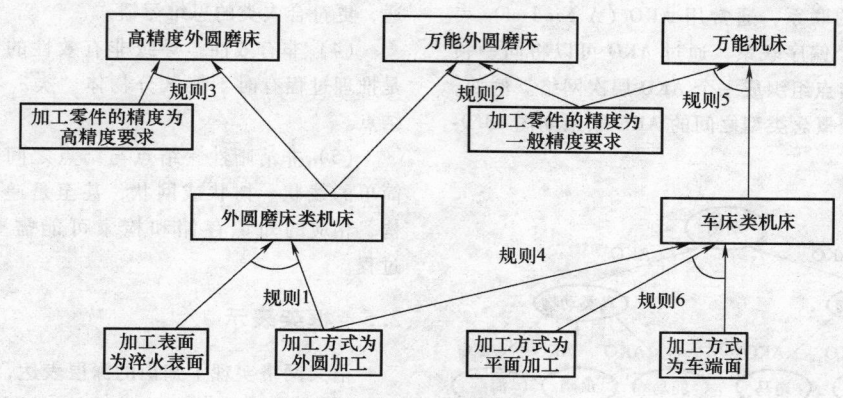

图13.9-6 推理网络

该"与或树"按定义所表示的各条规则为：

$B_1 \wedge B_2 \rightarrow A$；

$B_3 \wedge B_4 \wedge B_5 \rightarrow A$；

$C_1 \wedge C_2 \rightarrow B_1$；

$C_3 \rightarrow B_2$；

$C_4 \wedge C_5 \wedge C_6 \rightarrow B_3$；

$C_7 \rightarrow B_4$；

$C_8 \rightarrow B_4$；

$C_9 \wedge C_{10} \rightarrow B_5$；

$D_1 \wedge D_2 \rightarrow C_5$；

$D_3 \rightarrow C_5$；

$D_4 \wedge D_5 \wedge D_6 \rightarrow C_8$。

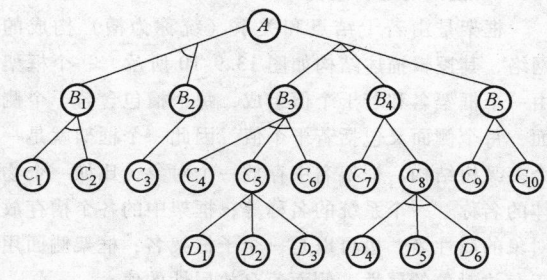

图13.9-7 产生式规则"与或树"

产生式规则的存储结构可以采用多种形式，最常用的是链表结构。一条产生式规则用一个基本的结构体存放。该结构体包含两个指针，分别指向规则的前提和规则的结论，而规则的前提和结论分别又由链表构成。

知识的装入和保存过程与规则的结构相关，一般在系统开发时需要确定好知识库文件的存取格式，常用的格式有文本格式或二进制格式。

2.4 知识的语义网络表达

产生式系统将知识按照规则形式逐条罗列，并未进行有序化组织，难以很好地描述知识间的关系及相互作用，因此当知识之间的关系以及相互作用比较复杂时，需要采用结构化的知识表示方法。模块化、层次化、数据抽象和信息隐藏等是结构化知识表示的主要特征，其明显优点是表示知识自然、直观，并且有利于提高问题求解的效率。语义网络和框架是人工智能中最常用的两种结构化知识表示方法。

语义网络在人工智能的一些自然语言理解系统和其他问题回答系统中得到了应用。将语义网络技术第一次成功地运用到专家系统领域的系统是 PROSPEC-TOR。语义网络已成为使用较为广泛而且越来越受到重视的一种表示模式。

2.4.1 语义网络的基本表达形式

从图论的观点看，语义网络实质上是"一个带标识的有向图"，有向图的结点表示各种事物、概念、属性及知识实体等。有向图的有向边表示各种语义联系，指明其所连接的结点之间的某种关系。有向图的结点和边都必须带标识，以便区分各种不同的对象和对象间的各种不同的语义联系。语义网络中的结点还可以是一个更细致的语义子网络。因此可将它一层一层细化下去，直到最基本的原子对象为止。语义网络上的结点往往采用具有若干属性的元组或框架来表示，由结点引出的带标识的短线表示该元组的各个属性值。语义网络还能较好地表示对象之间的继承和变异等概念，很适合表示推理、联想、归纳等逻辑概念。

在语义网络知识表示中，结点之间的语义联系是语义网络组织知识的关键。由于语义联系的丰富性，不同应用系统所需要的语义联系的种类及其解释不尽相同。比较典型的语义联系有：

（1）实例联系 用于表示类结点与所属实例结点的联系，通常表示为 ISA（is a）。

（2）泛化联系 用于表示一种类结点与更抽象

的类结点之间的联系，通常用 AKO（A Kind of）表示。AKO 是一个偏序联系，通过 AKO 可以将同一领域中的所有类结点组织成一个 AKO 层次网络。例如，动物分类的部分概念类型之间的 AKO 联系如图 13.9-8 所示。

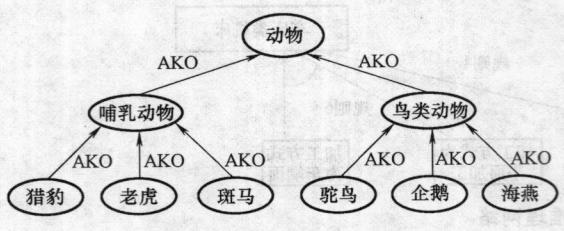

图13.9-8　AKO 联系实例

（3）聚集联系　用于表示某一个体与其组成成分之间的联系，通常用 Part of 表示。聚集联系基于概念的分解性，将高层概念分解为若干低层概念的集合。

（4）属性联系　用于表示个体、属性及其取值之间的联系。通常用有向弧表示属性，用这些弧所指向的结点表示各自的值。

例如，传动系统、传动组件、圆柱齿轮传动等的语义网络描述如图 13.9-9 所示。

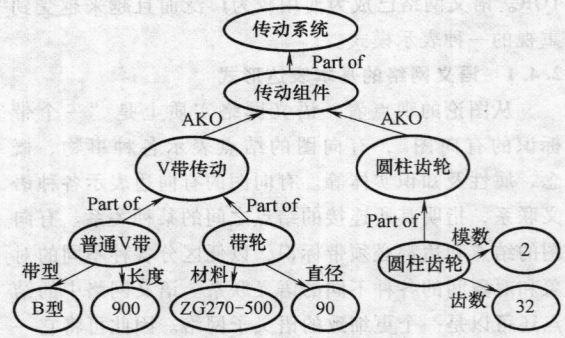

图13.9-9　描述传动系统的语义网络

2.4.2　语义网络的特点

（1）知识的深化表示　语义网络能将实体的结构、属性及实体间的因果联系显示和简明地表达出来。与一个实体相关的事实、特征、关系可以通过相应结点的弧推导出来，便于以联想方式实现系统的解释。

（2）知识的结构化组织　与一个概念相关的属性和联系被组织在一个相应结点的各种弧以及和弧连接的结点中，以便被访问、学习。

（3）自然性　语义网络表示比逻辑表示更直观，更易于理解，更加适合知识工程师同领域专家的沟通，更符合人类的思维习惯。

（4）非有效性　导致非有效性的重要原因之一是推理过程有时不能区分物体"类"与"个体"的结点。

（5）非清晰性　结点与结点之间的联系可能是简单的线状、树状或网状，甚至是递归状的联系结构，相应的知识存储和检索可能需要较为复杂的过程。

2.5　框架表示

语义网络实现了知识的深层表达，适于表示层次化的分类知识，可实现属性继承，提高推理效率。但语义网络中的局部修改易引起连锁反应，因而难以管理。在语义网络的基础上，Minsky 于 1975 年提出了框架理论。框架理论的基本观点是人脑已存储有大量的典型情景，当面临新的情景时，就从记忆中选择（粗匹配）一个称为框架的基本知识结构，这个框架是以前记忆的一个知识框架，而其具体内容依新的情景而改变，通过对该空框的细节加工修改和补充，形成对新情景的认识又记忆于人脑中。框架理论将框架视为知识的单位，将一组有关的框架连接起来便形成框架系统。系统中的不同框架可以有共同结点，系统的行为由系统内框架的变化来表现，推理过程则是由框架间的协调来完成的。

2.5.1　框架的逻辑结构

框架是由若干结点和关系（统称为槽）构成的网络，其逻辑描述结构如图 13.9-10 所示。一个框架由一个框架名和若干个值组成，每个槽包含若干个侧面，每个侧面又包括若干个值，因此一个框架就是一个多叉树结构。框架名中存放一个对象，比如一个物体的名称、一个系统的名称等；框架中的各个槽存放对象的属性名，也可以是一个子框架名；框架侧面用于存放对象的属性，侧面值存放属性的值。

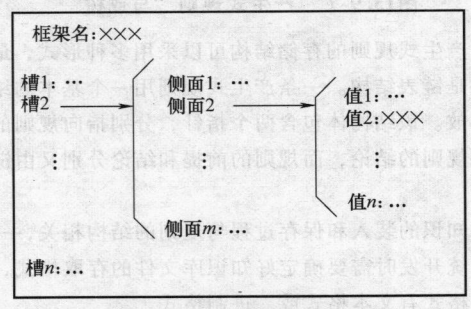

图13.9-10　框架系统结构

在机械设计专家系统中，框架为描述机械零部件之间复杂关系提供了典型的层次结构，例如，框架可用同等级槽表示连接两个同等级零件；用前辈槽或后裔槽表示连接两个具有从属关系的零件；用成员槽表示连接两个具有相同或相近属性的零件；用自身槽来描述本框架表示的零件属性及所处等级。更重要的是，框架表示可提供描述零部件属性的能力。另外，还可通过一些方法将描述过程的函数和框架联系在一起，以便建立零部件行为和机械设计领域知识之间的操作。

　　例如，某个直齿圆柱齿轮的框架描述如图 13.9-11 所示。该框架有 5 个槽。其中，齿轮材料槽为一子框架。

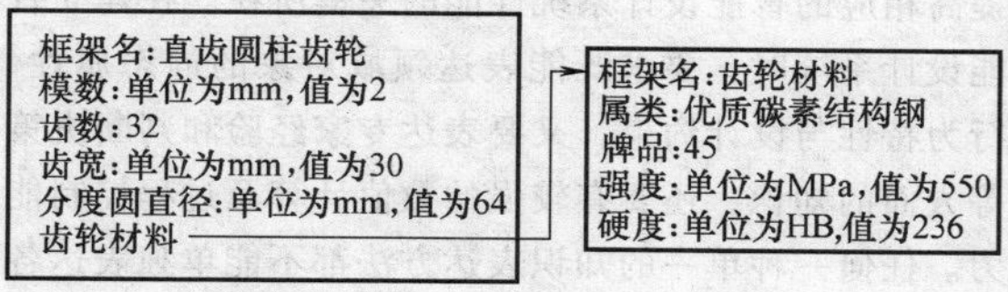

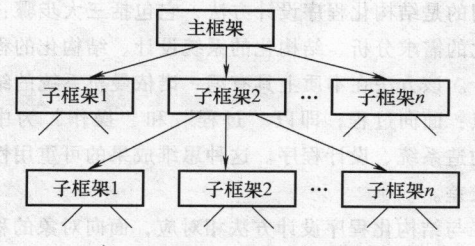

框架名：直齿圆柱齿轮
模数：单位为mm，值为2
齿数：32
齿宽：单位为mm，值为30
分度圆直径：单位为mm，值为64
齿轮材料

框架名：齿轮材料
属类：优质碳素结构钢
牌品：45
强度：单位为MPa，值为550
硬度：单位为HB，值为236

图13.9-11　　框架表示实例

　　在知识的框架表示中，除了表示框架的各种属性的槽或侧面外，还经常使用下列两类侧面描述：

　　1）默认值侧面，用于说明该侧面的典型取值。

　　2）附加过程侧面，用于说明槽值的计算过程和填槽时要采取的行为，通常对应于一组子程序。

　　槽或侧面的取值可以有下面几种类型：

　　1）数值型，包括整数和浮点数。

　　2）字符串。

　　3）约束类型，可以由基本类型通过布尔运算构成。

2.5.2　框架系统的构成及框架描述语言

　　同语义网络知识表示类似。框架也可分为类框架和实例框架两种。通过引入类-超类（AKO）及实例-类（ISA）来表示框架之间的包含关系和属于关系。一组相关框架用表示类-超类和实例-类关系的指针连接起来就形成了框架系统。这种指针连接关系在逻辑上就是一个框架通过其槽中所含下一级的框架名与下一级框架相连，这样相互连接的框架就组成树状结构的框架系统，如图 13.9-12 所示。

　　按照这种类-超类及实例-类框架表示模型，一个概念被分成若干子类，每个子类都有各自的框架，这些子类还可以进一步分成更小的子类，定义更低层的框架。在这个模型中，同一父类的所有子类都共享父类的属性。因此，凡在父类中有的属性，一般不用再在子类中说明。这样，可以将抽象程度较高的属性放在层次较高的框架中说明，供其所有下层框架共享。

　　例如，某圆柱齿轮减速器的框架系统组织结构如图 13.9-13 所示。

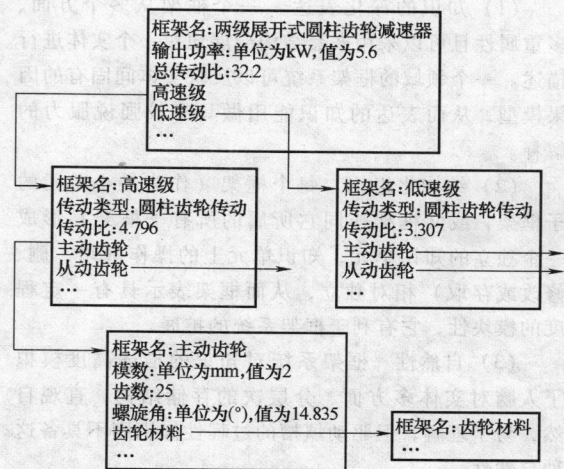

框架名：两级展开式圆柱齿轮减速器
输出功率：单位为kW，值为5.6
总传动比：32.2
高速级
低速级
…

框架名：高速级
传动类型：圆柱齿轮传动
传动比：4.796
主动齿轮
从动齿轮
…

框架名：低速级
传动类型：圆柱齿轮传动
传动比：3.307
主动齿轮
从动齿轮
…

框架名：主动齿轮
模数：单位为mm，值为2
齿数：25
螺旋角：单位为(°)，值为14.835
齿轮材料

框架名：齿轮材料
…

图13.9-13　　圆柱齿轮减速器的框架系统组织结构

　　图 13.9-13 所示的框架系统表达了圆柱齿轮减速器的逻辑构成及各组成部分的参数。为了让基于框架表达的智能设计系统能理解框架表达的知识，许多系统提供了知识的框架描述语言。

2.5.3　框架系统的存储结构及计算机实现

　　以框架结构表示的知识体系在逻辑上构成一树状结构。因此，在建造基于框架的知识系统时，框架可采用多叉树结构进行存储，其存储形式如图 13.9-14 所示。在实际应用中，多叉树常转换为二叉树进行存储，以提高存储效率，方便存储。故图 13.9-14 所示的多叉树可转换为图 13.9-15 所式的二叉树形式。

主框架
子框架1　子框架2　…　子框架n
子框架1　子框架2　…　子框架n

图13.9-12　　框架的逻辑结构

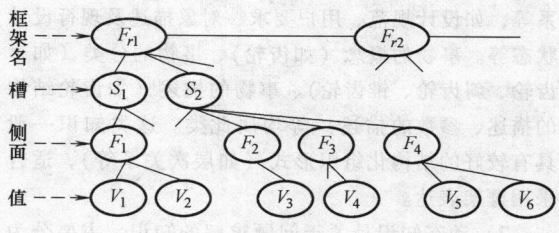

框架名
槽
侧面
值

F_{r1}　　F_{r2}
S_1　S_2
F_1　F_2　F_3　F_4
V_1　V_2　V_3　V_4　V_5　V_6

图13.9-14　　框架的多叉树存储结构

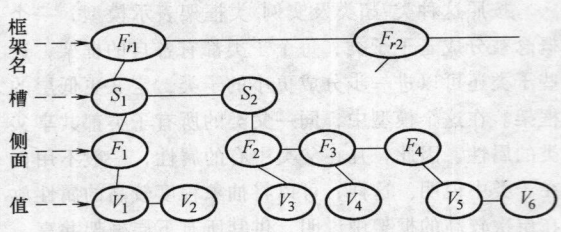

图13.9-15　框架的二叉树存储结构

2.5.4　框架表示的特点

（1）知识的深化表达　一个框架从多个方面、多重属性且可以采用嵌套结构分层地对一个实体进行描述。一个领域的框架系统可以反映实体间固有的因果模型，从而表达的知识能用做具有较强说服力的解释。

（2）结构化组织　每个框架（作为最小单元的子框架，或父框架连同它所属的所有子框架）形成一个独立的知识单元，知识单元上的操作（增、删、修改或存取）相对独立，从而框架表示具有一定程度的模块性，它有利于框架系统的扩展。

（3）自然性　框架系统对知识的描述高度模拟了人脑对实体多方面、分层次的存储结构，直观自然，易于理解，但驱动填槽的过程性知识则不具备这种自然性。

综上所述，框架表示为概念、结构和功能等知识的描述提供了一种结构化的典型模式，但对过程性知识的表达能力还有待于增强。

2.6　面向对象的知识表示方法

设计的过程是一个复杂的知识应用过程，往往涉及设计对象的集合结构、装配关系、材料性能、参数计算及决策评价等诸多方面，需要从不同侧面，采用不同方法对设计对象进行分析、计算、推理、判断、决策，从而得到设计对象的最终结果。从信息处理的角度来看，设计过程需要处理两类信息，即静态信息和动态信息。静态信息包括静态数据和静态知识。动态信息包括动态数据和动态知识。

1）静态知识主要是关于问题领域内的事实、关系等，如设计规范、用户要求、对象描述及现行设计状态等。事物的概念（如齿轮）、事物的分类（如直齿轮、斜齿轮、锥齿轮）、事物的描述（如齿轮结构的描述、参数的描述）等均属此类。这类知识一般具有较好的结构化组织形式（如层次关系等），适合采用框架表达。

2）动态知识是关于问题求解的知识，主要分为两大类：一类是解决特定问题及细节设计的推理判断性知识，另一类是可用数值方法处理的原理性知识。前者通常指直觉性或经验性的知识，是设计专家长期从事该领域工作的知识和经验的总结，具有启发性，同时也必然具有不精确性，它适合采用产生式规则表达。后者反映了设计问题中的一些数学关系和机理，这类知识常常体现在程序实现之中，称为过程性知识，适合用各种数值处理方法表达。

从知识的内容看，设计知识不仅包括专家的经验，还包括专家对设计对象的结构特征、功能特征、行为特征等内在性质的认识程度，以及许多确定各参数的计算原理和公式。设计对象知识的表达和应用是提高相应的智能设计系统性能的关键所在。在建立智能设计系统时，要求既能表达领域对象的静态属性、行为特性与设计约束，又要表达专家经验和判断决策等方面的知识，还要有较强的数值计算及过程控制能力。任何一种单一的知识表达方法都不能单独表达各种类型的设计知识，而需要将框架、规则、方法过程等合为一体形成混合型的知识表示方法。

面向对象的知识表示（Object-Oriented Knowledge Representation，OOKR）方法恰好具有这样的能力，它以"对象"为中心，将对象的属性、动态行为特征相关领域知识和数据处理方法等有关知识"封装"在表达对象的结构中。这种知识表示方法既集合了各种单一知识表示方法的优点，又符合人类专家对设计对象的认知模式。

2.6.1　面向对象的方法学

面向对象的方法是一种全新的软件分析和设计方法，它以对象、类、继承、消息传递为数据描述和应用的基础，较好地实现了数据结构与应用程序的分离，提高了代码的重用率，因而可以提高程序的通用性。不仅如此，面向对象的分析方法可直接表达客观世界中存在的各种概念和结构，使得计算机对问题的求解与人的活动更为相像，因而更适合于建造各类设计型专家系统。

1．程序设计方法的演变

人工智能的根本目的是要模拟人的思维，这种模拟是通过软件开发过程实现的。传统的软件开发过程采用的是结构化程序设计方法，它包括三大步骤：结构化的需求分析、结构化的系统设计、结构化的程序设计。该方法在本质上具有冯·诺依曼机系统的结构特点：面向过程，即以"过程"和"操作"为中心来构造系统、设计程序。这种思维成果的可重用性必然较差。

与结构化程序设计方法相对应，面向对象的程序设计方法也包括三个阶段，即面向对象的分析、面向对象的设计、面向对象的实现。在该方法中，对象和消息传递分别是表示事物及事物间相互联系的概念，类和继承是适用于人的一般思维方式的描述范式，方法是允许作用于该类对象上的各种操作。这种基于对象、类、消息和方法等概念的程序设计范式的特征在于对象的封装性和继承性（通过封装将对象的定义和对象的实现分开，通过继承体现类与类之间的关系），以及由此带来的动态聚束和实体的多态性等。

2. 对象

"对象"一词的含义甚广。客观世界的任何事物在一定前提下都可以成为被认识的对象，复杂的对象可由相对比较简单的对象以某种方式组成，甚至整个世界也可以从一些最原始的对象开始，经过层层组合而成。在这个意义上讲，整个客观世界可认为是一个最复杂的对象。面向对象方法学中讨论的"对象"至少应当具有四个特征：①模块性；②继承性和类比性；③动态连接性；④易维护性。

对象有二重性：客体性和主体性。对象的客体性是指对象静止的一面，它表明了对象的种类所属。对象的主体性是指对象运动的一面，它表明了对象的行为活动。属性和活动是相互影响的，属性决定了对象的可能活动，而活动又能改变对象自身的属性状态。从形式上，我们可将对象定义为一个四元组。

$$对象::= <ID,DS,MS,MI>$$

其中，ID 为对象的标识（对象名）；DS 为对象的数据结构；MS 为对象受理的消息（操作）集合；MI 为对象受理的消息名集，即对外接口。

对象是一个具有局部状态和操作集合的实体，或者说，对象是一个封装数据和操作的实体。这里，数据描述了对象的状态，操作可操纵私有数据，改变对象的状态。

2.6.2　面向对象方法学的基本点

面向对象的方法学提供了从一般到特殊的演绎手段（如继承等），又提供了从特殊到一般的归纳形式（如对象类的表达），是一种很好的认知模式，在较高层次上模拟了人的思维。

面向对象的思维认为一个好的系统设计应该将系统设计成是由一些不可变部分的最小集合所组成，这些不可变部分能用一种统一的、通用的框架去描述。由此形成的面向对象方法学具有以下基本点：

（1）抽象机制　面向对象的方法学将世界上的万事万物都抽象地认为是"对象"。对象可以包括人、机器等物理实体，也可以包括表格之类的逻辑事物。每种对象都有各自的状态和运动规律。不同对象间的相互作用和联系就构成了各种不同的系统。这样

的系统中，最复杂的对象往往从最原始的对象开始，经过层层组合而成。

（2）操作机制　所有对象被分成各种对象类，每个对象类都定义了一组所谓"方法"。方法实际上可视为允许作用于该类对象上的各种操作，它只能由被传送到该对象的"消息"所触发。消息用来请求对象执行某一处理或回答某些信息的要求，从而统一了数据流和控制流。传统的系统控制结构的功能都可以通过对象及其相互间传递消息来实现。

（3）封装机制　对象之间除了互递消息的联系之外，不再有其他联系。一切局限于对象的信息和实现方法都被封装在相应对象类的定义之中，在外面是不可见的。封装是一种信息隐藏技术，用户只能见到对象封装界面上的信息，对象内部对用户是隐藏的，这样就将定义模块和实现模块分开了，使得系统的可维护性、可修改性大为改善。

（4）继承机制　对象类按"类"、"子类"与"超类"的概念构成了一种层次结构。在这种层次结构中，上一层对象所具有的一些属性或特征可被下一层对象继承，从而避免了描述中的信息冗余，这称为对象之间的属性继承关系。当类 Y 继承类 X 时，就表明类 Y 是 X 的子类，而类 X 是 Y 的超类。当然，这时 Y 也可能包含 X 中没有的特征，它具有比 X 更多的性质。

总之，面向对象的方法学提供了力图还客观世界本来面目的"对象"的概念，程序设计人员可以按照问题空间中对象的丰富特征比较自由地定义空间的对象，从而使得面向对象方法学构造的软件系统特别是智能系统能够比较自然地反映人们思考问题的方式，使求解空间在结构上尽可能与问题空间保持一致，这是面向对象方法学所追求的基本原则。

2.6.3　面向对象的知识表达方法

OOKR 将多种单一的知识表示方法按照面向对象的程序设计原则组合成一种混合知识表示形式。在 OOKR 中，对象是表达属性结构、相关知识领域、属性操作过程及知识使用方法的综合实体。对象类是一类对象的抽象描述，而对象的实例则是指具体的对象。OOKR 的基本组织结构如图 13.9-16 所示。

对象的表达由四类槽组成：

（1）关系槽　关系槽表示对象与其他对象之间的静态关系。例如，superclasses 槽表示对象的子类-超类关系；member 槽表示对象实例-对象类关系。subclass 与 memberof 槽分别是 superclasses 和 member 的逆关系。根据需要可以定义其他表示对象间关系的槽，用来表示对象间的位置关系、装配关系、公差配合关系等丰富的信息。

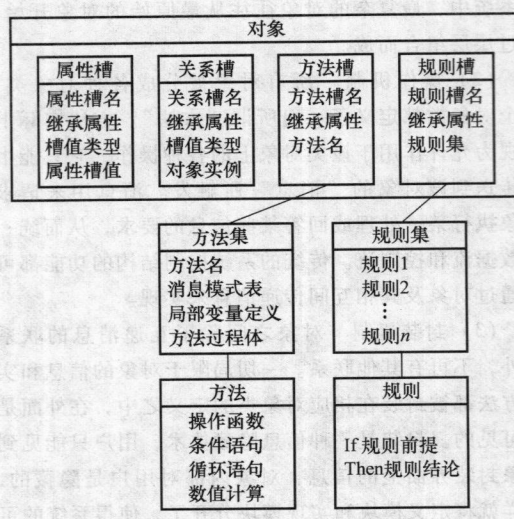

图13.9-16　OOKR 的基本组织结构

（2）属性槽　属性槽表示设计对象的数据，即静态属性。一个属性槽可以用多个侧面来描述属性槽的各个特征。例如，valueclass 侧面表示槽值的类；inheritance 侧面表示继承特性；value 侧面用来记录槽值。

（3）方法槽　方法槽用于存放对象中的方法。方法是封装在对象内的过程，对发送给对象的消息进行响应，其结构包括方法名、消息模式表、局部变量定义和方法过程体。方法名用以区分不同的方法；消息模式表定义方法被触发的消息模式，一个方法被触发的条件是这个方法的消息模式与发送给对象的消息相匹配；局部变量定义用于定义方法范围内有效的局部变量；方法过程体与其他过程语言类似，用于执行过程操作与数值计算。

（4）规则槽　规则槽用于存放产生式规则集。产生式规则按照所处理的对象不同加以分组，分别以槽值的形式存放在规则槽中。一个对象之中可以有不同的规则槽存放完成不同任务的规则组。规则的使用要借助于规则推理机。

上述 OOKR 表达方法可以用多种方法实现。方案设计专家系统开发工具 DEST 就采用了上述知识表达模式。

3　知识获取

3.1　知识获取的任务

知识获取就是将用于问题求解的专门知识从某些知识源中提炼出来，将之转换成计算机内可执行代码的过程。知识源就是知识获取的对象。知识的来源是多种多样的，可从书本文献中得到，也可从领域专家处得到。知识获取系统最难获取的就是领域专家的经验知识。知识来源的复杂性决定了知识获取的复杂性。

专家系统的优劣取决于编入系统中知识的数量和质量，也就是专家系统一定要获取极详细和精炼的专门知识。这样才能提高专家系统的可靠性、有效性和可利用性。

提炼知识并非一件容易的事，因为人类的知识不仅有固定的、规范化的书本文献上的知识，还有专业人员在长期实践中积累的经验知识，也称之为启发性知识。它一般缺乏系统化和形式化，甚至难以表达，但往往正是这些启发性知识在实际应用中发挥着巨大的作用。

知识获取过程之一是提炼知识，它包括对已有知识的理解、抽取、组织，从已有的知识和实例中产生新知识。在抽取新知识时应做到：

（1）准确性　获取到的知识应能准确地代表领域专家的经验和思维方法。

（2）可靠性　这种知识能被大多数领域专家所公认和理解，并能经得起实践的验证。

（3）完整性　检查或保持已获取知识集合的一致性（或无矛盾性）和完整性。

（4）精炼性　尽量保证已获取的知识集合无冗余。

3.2　知识获取的方法

知识获取由从外部取得信息和在系统内部体系化这两种功能组成。根据学习系统所具有的推理能力的不同，有各种各样的知识获取形态，取得的信息形式也随之而异。知识获取方法按其能力可分为以下几类：①无推理能力的知识获取方法（即人工获取方法）；②利用知识编辑工具的知识获取方法（即半自动知识获取方法）；③具有推理能力的知识获取方法（即自动知识获取方法），它可分为演绎式和归纳式等；④超水平自主式知识获取方法。

所谓知识的自动获取，是指带有高级学习功能的计算机程序，它可以从应用实例问题总结、发现一些专家尚未形式化甚至尚未发现的新知识、新规律。知识的自动获取是与各种学习策略紧密相关的，许多机器学习方法如示例学习、类比学习、观察学习、发现式学习、基于解释的学习等均可实现知识的自动获取。

示例学习是归纳学习的主要形式，其目的是从一组实例（包括正例和反例）中找出能覆盖其中的正例而排除其中反例的一般规律，这种规律不仅适用于已知的输入数据（实例），而且也能用于预测新的数据。

　　按照学习内容的表达形式，示例学习又可以分为参数学习和非参数学习。参数学习通常以统计回归为基本手段，通过大量样本例子的曲线拟合得出在一定误差范围内系数（参数）值。非参数学习主要是指从几类例子的集合中找出描述其中一类而排除其余类的一般规则（称为规则学习）和对概念的结构性知识获取。

　　一般来说，当遇到一个新问题时，人们总是回想以前解决过的类似问题，试用以前用过的方法。类比学习就是这种方法，它将某个问题求解的方法、规则应用到与该问题相近似的问题求解去，这就要求系统具有将不熟悉的情况与某个熟悉的情况联系在一起的同化能力和将该熟悉的知识加以扩大或修改，以便应用到新情况中去的调节能力。

3.3　知识获取的步骤

　　知识获取过程大体分三个步骤：

　　1）识别领域知识的基本结构，寻找相对应的知识表示方法。这是最为困难的第一步。

　　2）抽取细节知识转换成计算机可识别的代码。

　　3）调试精练知识库。

　　无论是否使用知识获取工具，知识工程师都无法逃避知识获取第一阶段的任务，即与领域专家直接接触来识别领域知识的基本结构，并寻找适当的知识表达方法。这一过程主要包括两个阶段：

　　（1）对问题的认识阶段　本阶段的工作是抓住问题的各个方面的主要特征，确定获取知识的目标和手段、确定问题的定义及特征进行子问题的划分，以及确定相关的概念和术语、相互关系如何等。这一阶段也就是将求解问题的关键知识提炼出来，并用相应的自然语言表达和描述。概念化阶段的任务是形成关于专家系统的主要概念及其关系，包括求解问题的信息流、控制流、各子任务间的相互关系描述，求解策略、推理方式及主要知识的描述等。一旦重要概念和关系明确之后，就能获得充分且必要的信息，使研制工作建立在坚实的基础之上。

　　（2）知识的整理吸收阶段　本阶段主要是将前一阶段提炼的知识进一步整理、归纳，并加以分析组合，为今后进一步的知识细化做好充分准备。

　　一旦确定了领域知识结构，并选择了知识表示方法，抽取细节知识（即知识获取的第二阶段任务）就变成了比较机械的过程。该阶段的任务是将上一阶段概括出来的关键概念、子问题和信息流特征映射成基于各种知识表达方法的形式化的表示，最终形成和建立知识库模型的局部规范。

　　这一阶段主要确定三个要素：知识库的空间结构、过程的基本模型以及数据结构。其实质就是选择知识表达的方式、设计知识库的结构、形成知识库的框架。

　　知识获取的第三阶段，即调试精练知识库也可在很大程度上实现自动化。其线索来源于确定的知识表示结构和知识库实例运行结果。该阶段也是知识库的完善阶段。在建立专家系统的过程中，总要进行不断的修改，不断地进行检验，不断地反馈信息，使得知识越来越丰富，以实现完善的知识库系统。

　　知识获取过程是建立专家系统过程中最为困难的一项工作，然而又是最为重要的一项工作。专家系统制造者必须集中主要精力做好知识获取的工作。

4　知识的运用

4.1　推理方法与策略

　　推理是人们求解问题的主要思维方法，而智能系统的推理行为则由推理机完成。推理机是智能系统必不可少的一个组件，其基本任务就是在一定控制策略指导下，搜索知识库中可用的知识，与事实库中的事实匹配，产生或论证新的事实，获得问题的解。因此，搜索和匹配是推理机的两大基本任务。

　　一个性能良好的推理机，应满足如下基本要求：

　　（1）高效率的搜索和匹配机制　能在知识的引导下高效率地搜索知识库和事实库并进行匹配，能很快地处理各种知识和事实，并能快速地推理得到问题的解答。

　　（2）可控制性　系统的推理过程应该是可控制的。采用过程控制可以提高求解效率，但应尽可能避免过程化记忆，因为这种方式不能灵活地处理知识。智能系统需要的是对知识利用的动态控制，包括内部可控和外部可控。

　　（3）可观测性　即过程及状态的透明性。推理的思想应易为人们所理解，控制结构应具有灵活的接口与用户交流信息，这一点在系统调试时尤为重要。

　　（4）启发性　能在不确定、不完全的知识环境下工作，能够在信息不充分的条件下进行试探性求解。

　　推理机设计包括两方面内容：推理方法与推理控制策略。推理方法研究的是前提与结论之间的种种逻辑关系及其信息传递规律等，控制策略则是指导推理过程中进行搜索的策略。

知识按其级别可分为对象级知识和元知识。从知识工程的角度来看，控制策略是指导对象级知识使用元知识。另一方面，问题求解过程可以形式化地表示为某种状态空间的搜索，即将所涉及的对象的所有可能状态定义为一种状态空间。将描述问题求解过程的最初状态定义为初始状态，将问题的解定义为目标状态，再定义一组规则作为改变各种状态的操作或算子。这样，就将问题求解的过程转换为从初始状态到目标状态的搜索。因此，控制策略就是指导搜索的策略。利用元知识来指导搜索就是所谓的启发式搜索。由于人工智能要解决的问题大都是有一定难度的复杂问题，其状态空间一般很大，搜索所需时间往往都是指数型的，且易产生组合爆炸。控制策略的采用可以保证系统更有效更灵活地使用对象级知识，起到限制和缩小搜索空间的目的。可见，控制策略是人工智能的核心问题之一。从问题求解角度看，控制策略也就是求解策略，包括推理策略和搜索策略。

推理方法可以分为多种类型：按推理方式可分为演绎推理和归纳推理；按推理过程中的确定性可分为精确推理和不精确推理；按推理的单调性可分为单调推理和非单调推理。

1）演绎推理是从已知的判断出发，通过演绎推出结论的一种推理方式，其结论就蕴涵在已知的判断中。所以，演绎推理是一种由一般到个别的推理。由于结论蕴涵在已知判断中，因而只要已知判断正确，则通过演绎推理推出的结论也必然正确。作为人类思维活动中的一种重要思维形式，演绎推理在目前研制成功的各类智能系统中得到广泛应用。

2）精确推理与不精确推理是按推理时所用知识的确定性来划分的。从人类思维活动的特征来看，人们通常是在知识不完全、不精确的情况下进行多方位的思考和推理，因此，要使计算机能模拟人类的思维活动，就必须使它具有不精确推理的能力。此外，精确推理可视为不精确推理的特例。因此，不精确推理具有十分重要的意义。

3）所谓推理的单调性，是指随着推理的向前推进及新知识的加入，推出的结论是否越来越接近最终目标。非单调推理在其推理过程中，随着新知识的加入，有时不但不会增强已推出的结论，反而要撤销某些不正确假设所推出的结论，所以它是非单调的。而单调推理可视为非单调推理的特例。

4.1.1 推理中的搜索策略

知识推理过程是一个搜索过程。从人工智能的角度看，任何问题的求解过程都是对问题某种解答的搜索过程。因而，问题的表示及其搜索策略显得至关重要。图 13.9-17 所示为搜索技术的主要分类。

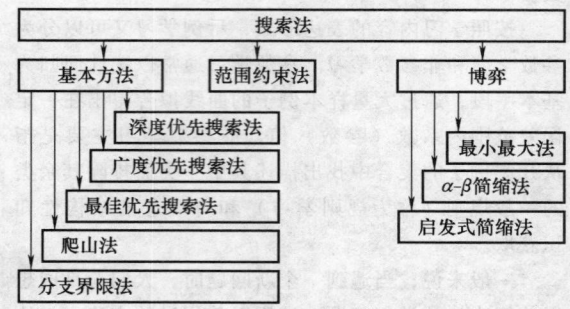

图13.9-17 搜索技术的主要分类

4.1.2 搜索方向

搜索按进行的方向可分为正向搜索、反向搜索和正反向混合搜索。

（1）正向搜索 正向搜索是沿着有向弧所指的方向在图上进行搜索的方法。如将每走一步视为一步推理，那么正向搜索就对应从前提（或原因）推出结论（或结果）的正向推理过程。这种搜索由于只有在当前结果满足一定条件时，或所有原因（或需要的数据）具备时才能前进一步，因此亦称数据驱动搜索。

（2）反向搜索 方向搜索是沿着有向弧所指的反方向在图上进行搜索的方法。如果将它理解成推理，那么就对应从已知结论（或结果）推出前提（或原因）的反向推理过程。这种搜索由于是先定目标（结果）后寻找原因或所需数据，故亦称目标驱动或要求驱动搜索。

（3）双向混合搜索 双向混合搜索则是上述两种方法的结合，是从源结点和目标结点两头分别以正向和反向进行搜索，以便在中间某处会合，这种双向搜索若能在某结点会合就称搜索成功。

4.2 推理中的搜索方法

一般来说，不同的搜索问题需要不同的搜索方法来解决，基本的搜索方法可分为"盲目搜索方法"、"启发式搜索方法"和"博弈搜索方法"几大类。深度优先搜索和广度优先搜索都属盲目搜索策略，其特点是：

1）搜索按规定的路线进行，不使用与问题有关的启发性信息。

2）适用于其状态空间图是树状结构的一类问题。

与盲目搜索不同的是，启发式搜索中要使用与问题有关的启发性信息，并以这些启发性信息指导搜索过程，从而可以高效地求解结构复杂的问题。

4.2.1　盲目搜索法

盲目搜索法是一般和最基本的方法，与搜索问题的具体内容没有多大关系，因此适用于各种搜索问题。但往往效率很低，不便于解决搜索空间稍大的问题。

1. 深度优先搜索策略

深度优先搜索法是从树根结点开始逐步往下搜索的方法，它遵循以下两个原则：

1）在当前结点还有未经搜索的子结点存在时，总是按某种约定的顺序搜索一个子结点。从图上看，只要可能总是先往树的深一层搜索，一直搜索到叶结点为止。

2）在当前结点已不存在未经搜索的子结点时，则回溯到其父结点，即将其父结点变成当前结点，然后检查父结点的情况，以便分别处理。

深度优先法的搜索过程如下：

1）令当前结点 N = 根结点（即源结点）N_r。

2）若当前结点即为目标结点 N_t，表示搜索成功，终止搜索；否则继续往下搜索。

3）设当前结点 N 未被搜索的子结点按某种顺序（例如，从左到右）排列为 N_1, N_2, …, N_m，或已成为一个空集，即 $SON(N) = \{N_1, N_2, …, N_m\} = \{\}$。

4）若 $SON(N) = \{N_1, N_2, …, N_m\}$ 不是空集，则往下搜索一步。令当前结点 $N = N_1$，且 $SON(N) = \{N_2, …, N_m\}$，转到步骤 2）继续搜索。

5）若 $SON(N) = \{\}$ 已为空集，则进行回溯。令当前结点 $N = FATHER(N)$，即取其父结点作为当前结点，转到步骤 4）继续搜索。

6）若 $SON(N_r) = \{\}$ 已为空集，表示整个树已搜索一遍而未找到目标结点，搜索失败。

深度优先搜索法可用流程图 13.9-18 表示。图

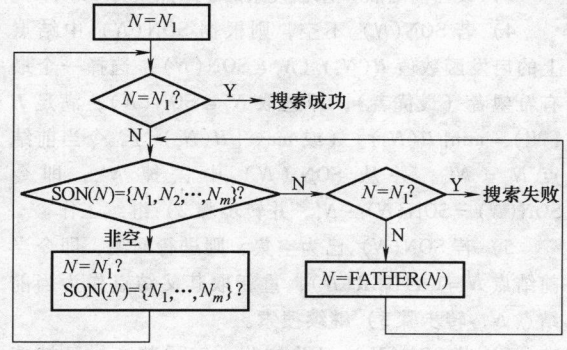

图13.9-18　深度优先搜索法流程框图

13.9-19 中以结点中的数字表示了用深度优先搜索法时的搜索顺序。

考查图 13.9-20 所示搜索树。深度优先搜索法从初始点（S）出发，在每一个结点上，选择某条可能路径并由此向前搜索直到该路径的枝叶（F）为止。如果没有达到目标（M），则从最近的、未被搜索的决策点（C）重新开始向前搜索的过程。这时剩下来的路径比较好，它通过 C 最后成功地达到了目的（M）。假如通过 C 的路径不成功，则搜索过程还要在树形结构中再退回去，以寻找另外可用的决策点并由此向前搜索。图中，当回溯到 A 点后，再向下面搜索也达到了目的。假如有比图 13.9-20 更复杂的树形结构，即层次多得多的树，在这样的结构中进行深度优先搜索很容易滑过出现目标结点（M）的层次而在穷尽它下面的树形结构的搜索中浪费极多的时间。这是深度优先搜索法的最大弱点。

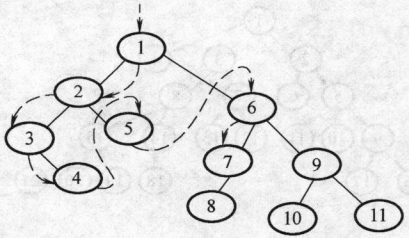

图13.9-19　深度优先搜索过程及顺序

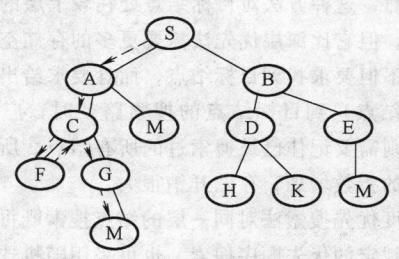

图13.9-20　深度优先回溯过程

标准的深度优先搜索法可以有多种变形，以适应解决各种搜索问题。例如，各子结点的搜索优先顺序不一定是静态地预先排好的，而是动态地根据当前情况来计算，算出谁优先数高，下一步就选谁继续往下搜索。再如，搜索不一定总是从根结点开始，而是根据某种估计，选定树上的任一个结点开始搜索过程，若一开始估计较准，则可以大大减少搜索的工作量。

2. 广度优先策略

广度优先搜索与深度优先搜索的方式正好相反。这种方式是优先沿横向（同一层内）进行搜索。当横向搜索完毕后，再扩展到下一层次的结点，进行下一层次的横向搜索，直到找到目标结点为止。广度优

先搜索的路径如图 13.9-21 所示，它从初始状态 S 出发，历经中间状态 A、B、C、D，最后到达目标状态 P。

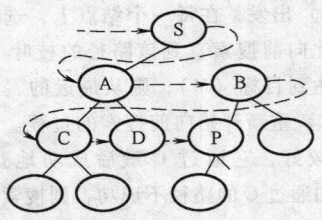

图13.9-21　广度优先搜索图

广度优先搜索法其实就是有限深度优先搜索法的极限情况。它是在搜索树中按树的深度，从根结点开始一层一层地顺序往下搜索的过程。例如，有向树按广度优先法搜索，其结点被搜索的次序如图 13.9-22 所示。

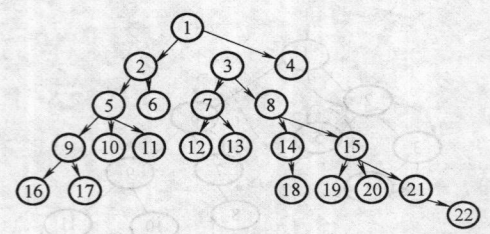

图13.9-22　广度优先搜索次序

显然，这种方法对目标结点处在较上层的情形比较有利，但它比深层优先法需要更多的存储空间。如果解题不但要求找到目标结点，而且要求给出从源结点（根结点）到目标结点的搜索路径时，广度优先搜索法则需要记住已被搜索过的所有结点，所需存储按层次的指数增加，存储开销很大。

广度优先搜索法对同一层的结点搜索既可以按一种预先规定的优先顺序搜索，也可采用随机选取的方法，或采用动态计算的方法决定优先顺序，所以它也可有各种变形。

广度优先搜索法在搜索空间不大时尚可应付，而在较大的搜索空间中，搜索所需的时间就要产生所谓的"指数爆炸"。为了削减搜索时间，必须结合具体问题的搜索树中各结点的具体情况，给出下一步如何搜索的启示，以提高"命中率"。这种启示对不同的问题应该是不同的，对同一问题中不同的结点也应是不同的，故可认为是结点的某个函数，称之为"启发函数"。采用启发函数来指导搜索的各种方法称为"启发式搜索法"。

4.2.2　启发式搜索法

深度优先搜索和广度优先搜索都没有使用与问题有关的启发性信息，带有盲目性，即按规定的路线进行搜索，不能随机应变，因而称为盲目搜索。与此相反的另一大类搜索策略称为启发式搜索。其基本思想是：对于搜索过程中遇到的每个新状态（或者说新结点），按估价函数（由与问题领域有关的启发信息得到）计算出相应的最佳代价估计值，然后择优选出当时估计值最小的状态，从该状态开始继续搜索。这种搜索策略实际上是以结点的代价估计值为标准的最佳优先搜索。

1. 启发函数

启发函数是一种定义在搜索树结点上的函数，它将结点处所代表的状态或知识映像成它与目标状态（或结论）的"推近"程度（或称距离）。这种距离可以精确地用一个正实数表示，或用一个模糊概念表示。启发函数设计得好坏，对搜索求解的有效性影响很大。好的启发函数可以很快地引导搜索而求得解，而差的启发函数可能引导去做许多无谓搜索而浪费时间。至于启发函数具体怎样定义，必须结合实际情况采取不同方法。

计算启发函数是需要开销的。当计算启发函数所需的开销大于由于采用该启发函数所带来的搜索量减小时，就失去了启发引导的意义了。所以在实际中应将启发函数定义得适当简单一些，以便求得一个较好的折中。

2. 爬山搜索法

爬山法是启发函数的思想应用于深度优先搜索的直接结果。爬山法中用各结点的启发函数来引导搜索，可以做到有的放矢，大大提高搜索效率。爬山法的搜索过程如下：

1）令当前结点 N = 根结点（即源结点）N_r。

2）若当前结点即为目标结点，表示搜索成功，终止搜索；否则继续往下搜索。搜索之前需要计算当前结点的所有子结点上的启发函数值。

3）设当前结点 N 未被搜索的子结点集为 $SON(N)$。

4）若 $SON(N)$ 不空，则根据 $SON(N)$ 中结点上的启发函数值 $H(N_s)$（$N_s \in SON(N)$）选择一个最有希望者（最优者），即选取 $N'_s \in SON(N)$，满足 $H(N'_s) = \min[H(N_s)]$（或 $\max[H(N_s)]$）。令当前结点 $N = N'_s$，并从 $SON(N)$ 中去掉 N'_s，即令 $SON(N) = SON(N) - N'_s$，并转步骤2）继续工作。

5）若 $SON(N)$ 已为空集，则进行回溯，即令当前结点 $N = FATHER(N)$，重新取其父结点作为当前结点 N，转步骤3）继续搜索。

6）若 $SON(N_r)$ 已为空集，表示整个树已被搜索而没找到目标结点，搜索以失败告终。

爬山法是深度优先搜索法再加上对每一决策点的可能路径进行排序的一种方法。在这种方法中，每一步都通过使状态得到最佳改进的路径向前搜索。所需的测量可以是绝对的也可以是相对的；可以是精确的也可以是近似的。

如果有某种方法能对每一结点下面的分支进行排序，使最有希望的分支首先被探索，则搜索的效率可能会大大地提高。许多情况下，可以用测量来确定合理的顺序。爬山法达到最高性能的方法是：在每个标准方向上走一步；向所发现的最高点移动；重复这一过程直至达到某一点，它高于所有的四个相距为一步的点。

爬山法虽然简单，但是有时效果并不好。最麻烦的问题是小丘问题、山脊问题和平台问题，如图13.9-23 所示。

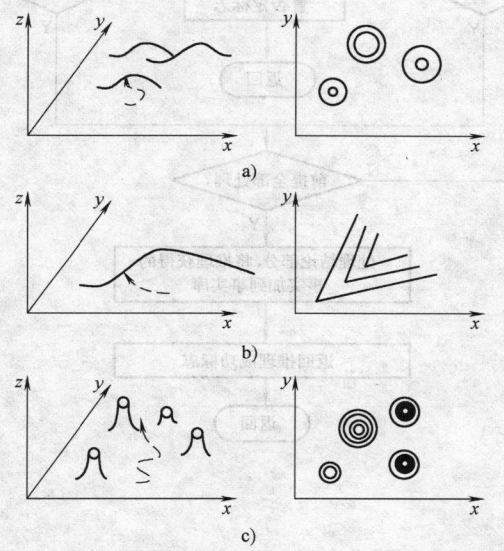

图13.9-23   爬山法中难处理的问题

a）小丘问题   b）山脊问题   c）平台问题

图 13.9-23 说明如下：在困难地形下，爬山法是很差的。第一，每一小丘可能是个潜在的陷阱；第二，在山脊上的每一点，由于在所有试探方向上的移动都是下降的，它们可能被当成是峰点；第三，宽广的平地则会导致无目的的漫游。这些情形都是因为"近视"所造成的，采用较为全局的观点或者较好的空间会有助于解决困难。

图 13.9-23a 中，每当存在次要的峰点时就产生了小丘问题。次要的峰点像磁铁一样，将爬山的基本过程吸引过去，最后找到的仅仅是局部的最佳点而不是全局的最佳点，可是使用者却得到了一种虚假的实现了目标的感觉。

设我们站在一个从东北到西南走向的刀锋般的山

脊上，如图 13.9-23b 所示。等高线图说明，尽管我们既不在局部的最高点上，也不在全局的最高点上，但每一标准走步都是下降的。这时，增加试探走步的方向可能会有好处。在电视机的例子中，如果单独地调节水平或垂直旋钮都只会使画面变得更坏时，就要同时调节水平和垂直控制旋钮。

平台问题更加难以处理。当存在一个基本上是平台的区域将各个峰点分开时，便产生了这一问题，如图 13.9-23c 所示。在极端情况下，这些峰点看上去像竖在足球场上的电线杆，此时局部改进操作完全无法进行了。除了很少的一些位置以外，在所有其他的地方，一切标准走步试验都不会使性能发生变化。

4.3   推理中的控制策略

推理控制策略主要解决推理的方向及路线、推理的效果及效率等问题。常用的推理控制策略有：正向推理、反向推理和混合推理。

4.3.1   正向推理

正向推理是从已知事实（数据）到结论的推理，也叫事实驱动或数据驱动推理。其基本思想是由用户事先提供一批事实并放入事实库中，推理机将这些事实与规则的前提条件进行匹配，将匹配成功的规则的结论作为新事实加入事实库，并继续上述过程，将更新的事实库中所有事实再与规则相匹配，直到没有可匹配的规则为止。其基本算法描述如下：

1）用户提供一批事实并放入事实库中；

2）将事实库中的事实与知识库中的规则的前提条件进行比较（匹配）；

3）如果匹配成功，则将匹配成功的规则的结论部分作为新的事实添加到事实库中；

4）如果事实库中的事实与知识库中的规则可以继续进行匹配，则转到步骤2），否则，正向推理过程结束。

正向推理的一种详细算法流程如图 13.9-24 和图 13.9-25 所示。其中，图 13.9-24 为正向推理启动程序，图 13.9-25 为正向推理主推理机，其搜索过程采用深度优先和减枝相结合的控制策略。

下面以图 13.9-26 所示知识推理树为例，扼要说明正向推理过程及其实现方法。已知知识库中的部分知识及相关的数据结构如图 13.9-27 所示。

其中，事实变量队列用于存放用户给定的一条初始事实和推理获得的新事实，采用先进先出的方式处理。事实变量表用于存放用户输入的事实和推理过程中推理得到的事实，构成事实库。堆栈则用来记录正在处理的规则序号以及该规则的前提变量的序号。

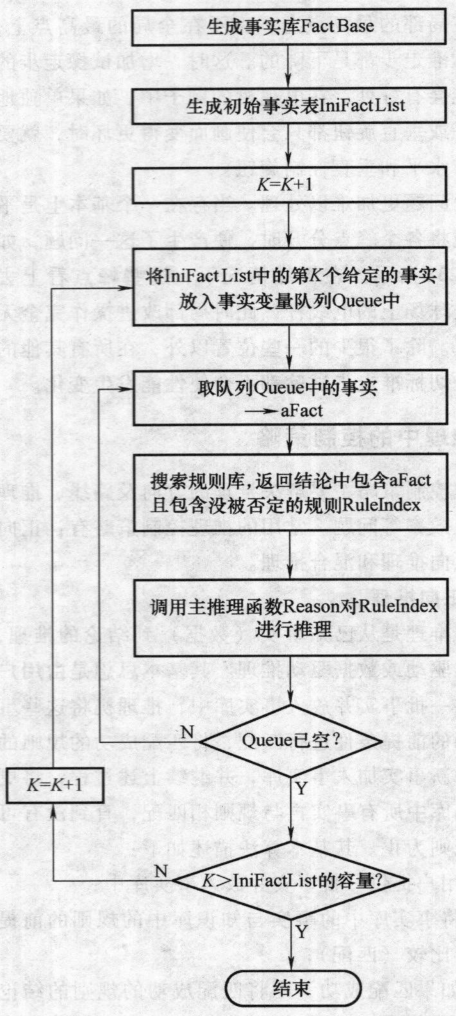

生成事实库Fact Base
生成初始事实表IniFactList
K=K+1
将IniFactList中的第K个给定的事实放入事实变量队列Queue中
取队列Queue中的事实→aFact
搜索规则库,返回结论中包含aFact且包含没被否定的规则RuleIndex
调用主推理函数Reason对RuleIndex进行推理
Queue已空?
N
Y
K=K+1
K>IniFactList的容量?
N
Y
结束

图13.9-24　正向推理机启动程序流程图

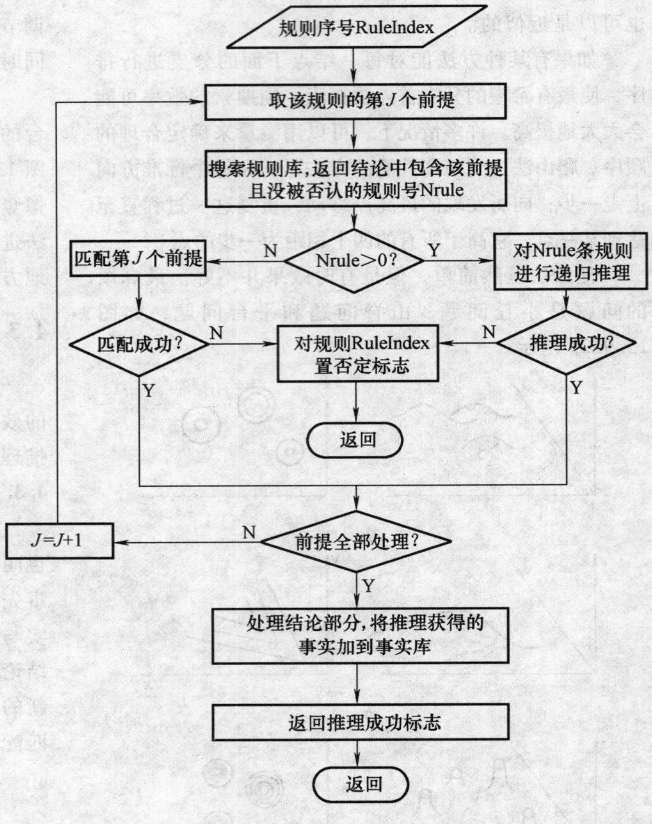

规则序号RuleIndex
取该规则的第J个前提
搜索规则库,返回结论中包含该前提且没被否认的规则号Nrule
匹配第J个前提
N
Nrule>0?
Y
对Nrule条规则进行递归推理
匹配成功?
N
对规则RuleIndex置否定标志
N
推理成功?
Y
Y
返回
J=J+1
N
前提全部处理?
Y
处理结论部分,将推理获得的事实加到事实库
返回推理成功标志
返回

图13.9-25　正向推理主推理机

热处理方式
调质
热处理方式
整体淬火
热处理方式
表面淬火
Rule1
Rule2
Rule3
齿轮形式
软齿面
齿轮材料
40Cr
冲击情况
中等冲击
齿轮结构尺寸
紧凑的
齿面形式
硬齿面
齿轮结构尺寸
非紧凑的
Rule4
Rule5
应用性质
一般应用
载荷情况
轻载
载荷情况
重载
应用性质
重要应用

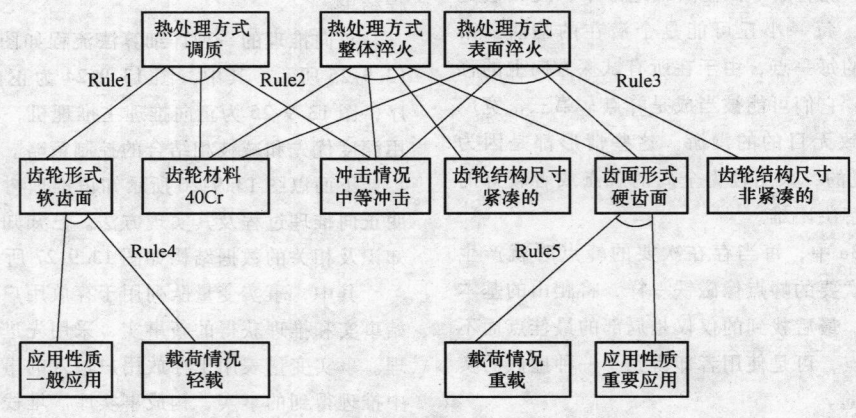

图13.9-26　齿轮热处理方式推理树实例

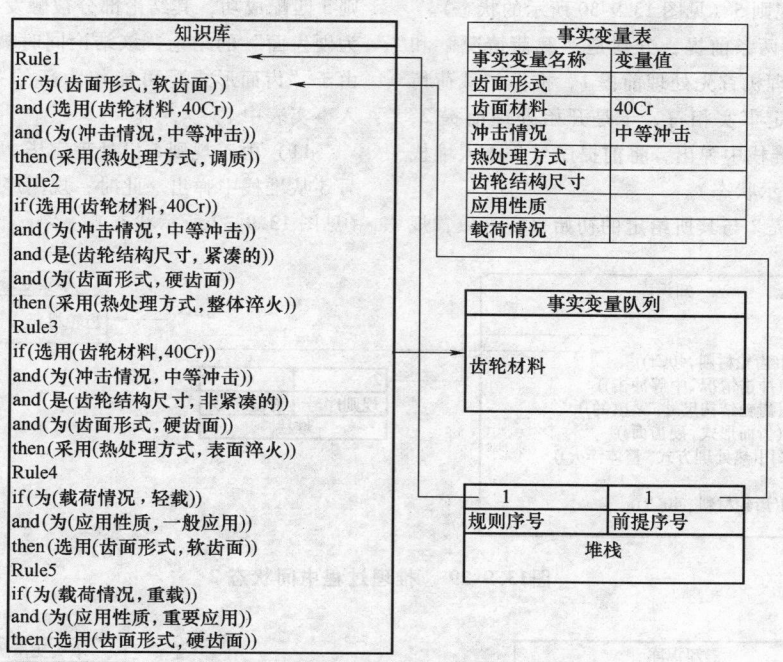

图13.9-27 推理机所需数据结构及初始状态

假设用户首先提供初始事实为："齿轮材料为40Cr、冲击情况为中等冲击"。推理过程如下：

1）系统得到初始事实，将事实变量"齿轮材料、冲击情况"加入事实变量队列。

2）系统从事实变量队列中取出队首的值"齿轮材料"，并检索出事实变量"齿轮材料"包含在规则1中。于是，推理机将规则序号1和前提序号1压入堆栈并开始处理规则1（见图13.9-27所示状态）。

3）系统检索到规则1中第1条前提变量"齿面形式"为规则4的结论，于是系统将规则4的序号及其第1条前提的序号1压入堆栈并开始处理规则4（见图13.9-28所示状态）。

4）规则4有两条前提"应用性质"和"载荷情况"。由于这两条前提对应的事实变量均没有给定初始值，系统将提示用户，并接受用户输入相应的事实。

5）设用户的响应是"应用性质为重要应用、载荷情况为重载"。

6）系统匹配第4条规则的if部分，由于规则4的第1条前提为"应用情况为一般应用"，与用户输入的事实不一致，规则4被否定并置否定标志。规则序号4及前提序号1从堆栈中弹出。由于规则4被否定，则规则1也被否定，规则序号1及前提序号1也从堆栈中弹出。

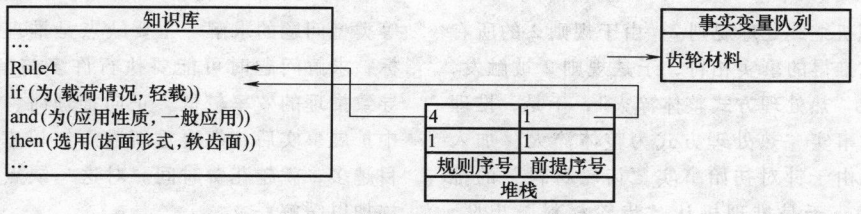

图13.9-28 推理过程中间状态1

7）推理机继续搜索知识库，检索出事实变量"齿轮材料"包含在规则2中，于是，推理机将规则序号2和前提序号1压入堆栈并开始处理规则2（见图13.9-29所示状态）。

8）规则2有4条前提，推理机逐一处理，分别获得新的事实，设为"冲击情况为中等冲击、齿轮结构尺寸是紧凑的"。由于最后一条前提又是规则5的结论，于是推理机又将规则序号5和前提序号1压入堆栈，并开始处理规则 5（见图 13.9-30 所示的状态）。

9）规则 5 有两条前提，分别是"载荷情况"和"应用性质"；推理机首先处理前提 1，推得"载荷情况为重载"与给定事实相符，于是开始处理前提 2，将前提序号 1 从堆栈中弹出，将前提序号 2 压入堆栈（见图 13.9-31 所示状态）。

10）由于前提 2 与其所给定的初始事实一致，规则 5 匹配成功，其结论部分被触发，得到"齿面形式为硬齿面"的结论，该结论同时被添加到事实库中，由于"齿面形式"可能作为新的条件，因此将其排入事实表中。

11）由于规则 5 已处理完毕，推理机便将规则序号 5 从堆栈中弹出。此时，规则序号 2 又恢复到栈顶（见图 13.9-32 所示状态）。

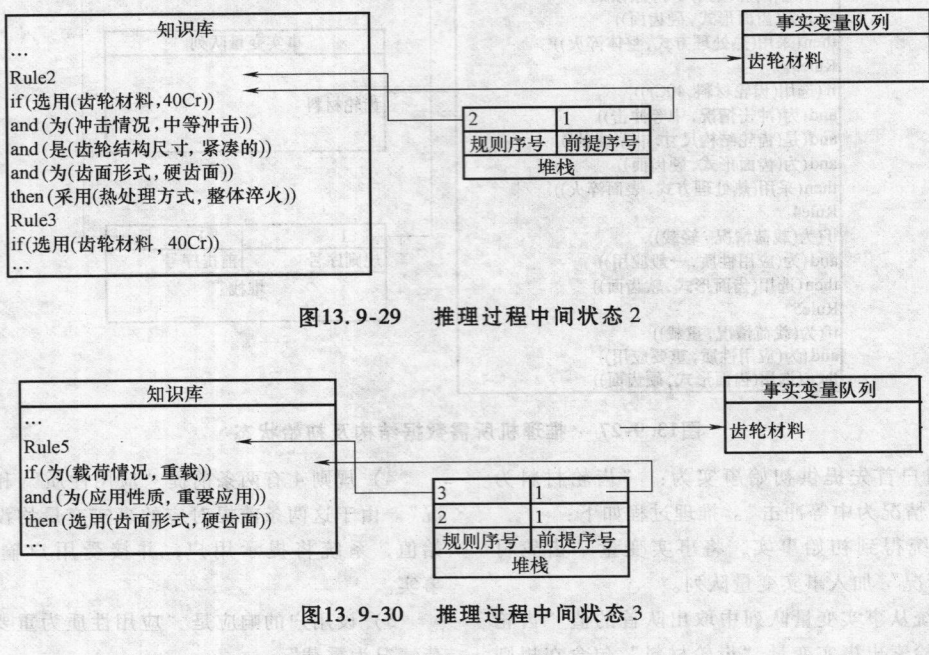

图13.9-29　　推理过程中间状态 2

图13.9-30　　推理过程中间状态 3

图13.9-31　　推理过程中间状态 4

12）推理机继续处理规则 2。由于规则 2 的所有前提与给定或推得的事实相符，于是规则 2 被触发，获得推理结论"热处理方式整体淬火"，于是，推理机将新获得的事实"热处理方式为整体淬火"加入到事实库中；由于针对初始事实"齿轮材料"的推理已全部结束，于是推理机让"齿轮材料"出队，"齿面形式"排列到队首。

13）推理机针对"齿面形式"继续推理，直到事实表中的事实变量全部处理为止。

正向推理的优点是比较直观，允许用户主动提供有用的事实信息，适合于诸如设计、预测、监控等类型问题的求解。主要缺点是推理时无明确的目标，求解问题时可能要执行许多与解无关的操作，导致推理的效率较低。正向推理时，每当事实队列中扩展事实后，都要重新遍历知识库，这样规则数目越多，就越花费时间。对这一缺点可采用以下措施加以缓解：

1）一条规则只触发一次，即某条规则触发后，就将其从知识库中动态地删除掉。

2）首先选择最近进入事实队列中的元素进行匹配，即将先进先出原则改为先进后出。

3）优先选用前提部分多的规则进行匹配。

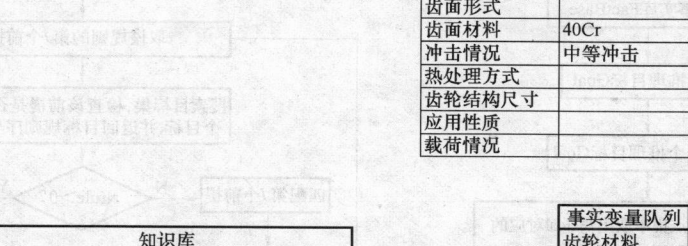

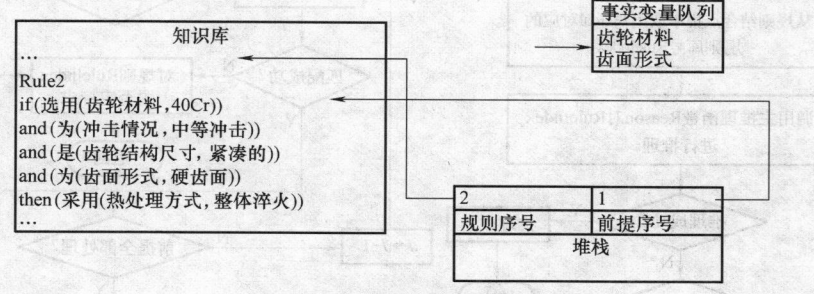

图13.9-32　推理过程中间状态5

4.3.2 反向推理

反向推理与正向推理的操作相反，是从目标到初始事实（数据）的推理，也叫目标驱动或假设驱动推理。其基本思想是：首先提出目标或假设，然后试图通过检查事实库中的已知事实或向用户索取证据来支持假设。如果事实库中的事实不支持假设，则该事实成为假设所追踪的子目标。如果假设不能得到证实，系统可提出新的假设，直到所有的假设都得不到事实的支持，这时推理归于失败。其基本算法描述如下：

1）根据用户提供的信息生成事实库和推理目标（结论）集。

2）选定一个推理目标。

3）将包含推理目标的规则号压入堆栈。

4）逐一将此规则中的各个前提变量与事实库中的事实进行匹配。

5）如果某个前提变量的值没有确定并且为证据结点，则询问用户并得到相应的回答，转到步骤7）。

6）如果某个前提变量在推理目标集中，即为某条规则的结论，则将此前提变量作为子推理目标（中间结论）并将此中间结论所属的规则序号压入堆栈，然后转到步骤4）。

7）如果处于堆栈顶部的规则的前提与所给事实不能匹配，表明当前推理目标不能满足，则将其从堆栈顶部移出，并对其置否定标志，转到步骤10）。

8）如果处于堆栈顶部的规则的所有前提均匹配成功，触发该规则的结论部分，则将新的事实添加到事实库中。

9）如果栈底还有包含推理目标的规则，则将其前提序号加1，并返回步骤4），继续匹配剩下的前提；如果堆栈已空，则系统已获得推理结论，反向推理过程结束。

10）如果推理目标集已空，则表明推理失败，结束推理过程，否则转到步骤11）。

11）从推理目标集中取下一个推理目标，转到步骤3）。

反向推理启动程序流程及主推理过程分别如图13.9-33、图13.9-34所示。

仍以图13.9-26所示推理网络为例，扼要说明反向推理过程。

为了实现反向推理，对图13.9-26中的数据结构需作一些修改，修改后的数据结构如图13.9-35所示。

其中，推理目标集用于存放知识库中所有规则的推理目标，以及推理目标的规则序号；其余数据与图13.9-26中的数据结构相同。假设用户需要确定齿轮的热处理方式，推理过程如下：

1）根据用户提供的信息，设定推理目标为"热处理方式"。

2）系统搜索推理目标集，从规则集中得到规则1包含推理目标，于是将规则1的规则序号及该规则的第1个前提变量的序号推入堆栈，并开始处理规则1的前提部分（见图13.9-35所示状态）。

3）规则1的第1个前提为"齿面形式"，推理机首先在事实库中搜索"齿面形式"是否已经初始化。

4）由于事实库中"齿面形式"的值为空，推理

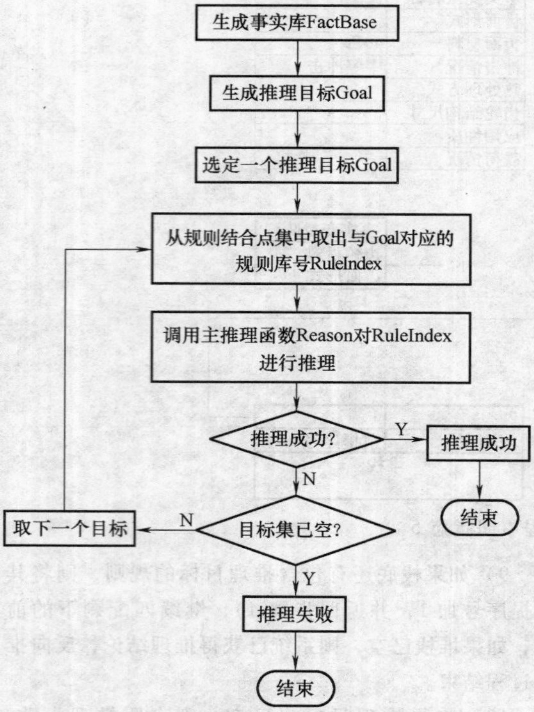

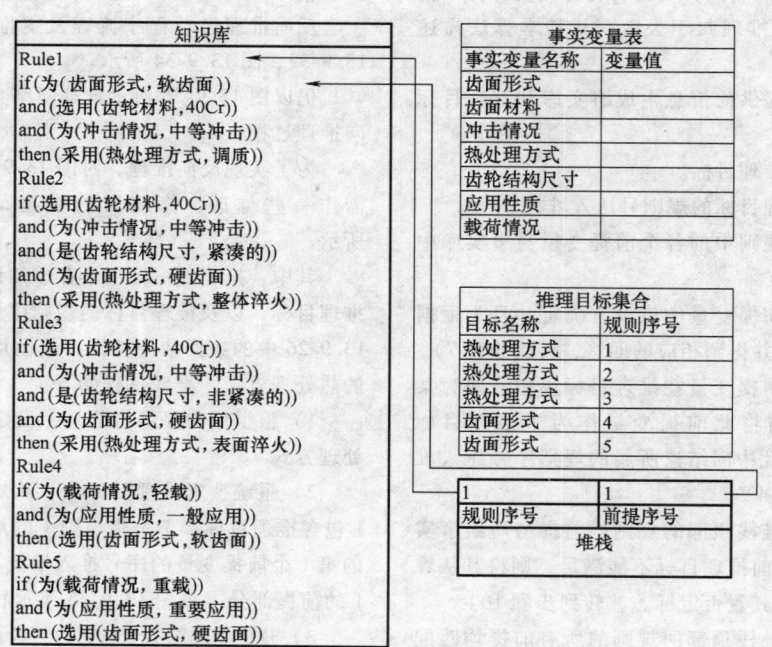

图13.9-33　反向推理启动程序流程 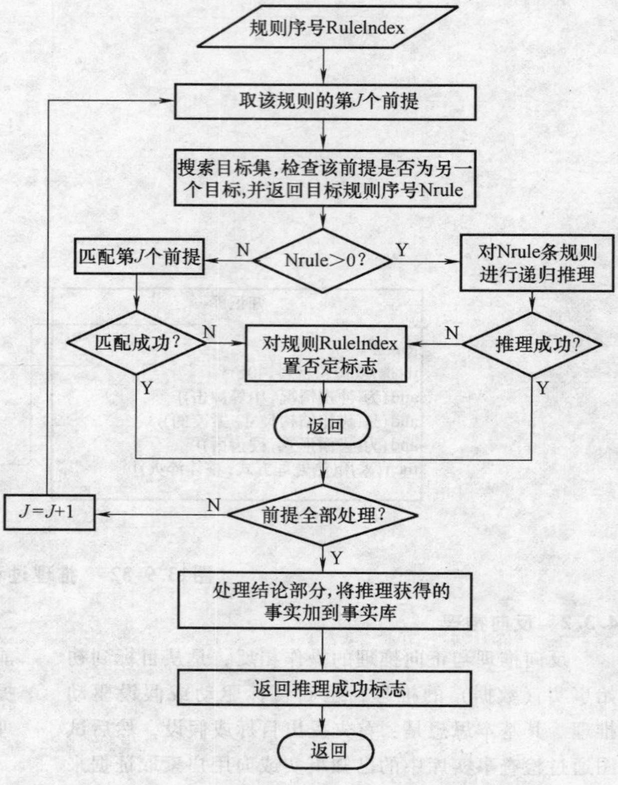　　　　图13.9-34　反向推理主推理过程

图13.9-35　反向推理所需数据结构及初始状态

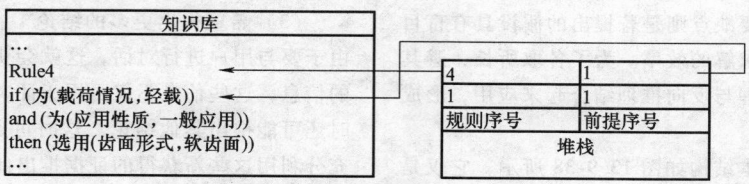

图13.9-36　反向推理中间状态

机便将其作为推理子目标检索推理目标集，得到该推理子目标包含在规则 4 中，于是又将规则 4 的规则序号及其第 1 个前提序号压入堆栈，并开始处理规则 4（见图 13.9-36 所示状态）。

5）规则 4 的两个前提"载荷情况"和"应用性质"均不在推理目标集中，因此是证据结点，即推理树上的叶结点，于是系统针对这两个证据向用户提问，以获得推理所需的事实支持。

6）假设用户给定的事实为"载荷情况为重载"，推理机将该事实与规则 4 的前提 1 匹配。匹配结果为失败，于是推理机将整条推理路径剪去，将规则 4、规则 1 的序号从堆栈中弹出，并对其置否定标志，同时从目标集的规则结点集中清除序号 1 和 4。

7）系统重新对推理目标"热处理方式"检索推理目标集，得到推理目标包含在规则 2 中，于是又将规则 2 的序号及第 1 条前提序号压入堆栈。

8）规则 2 有 4 个前提，前 3 个均为证据结点，系统将依次询问这 3 个证据的值。设用户回答分别为"齿轮材料为 40Cr"、"冲击情况为中等冲击"、"结构尺寸是紧凑的"，均与规则 2 的前 3 个前提相符。推理机继续处理规则 2 的第 4 个前提。由于前提变量"齿面形式"在事实库中已有确定的值，且与前提 4 相符，于是规则 2 的 4 个前提均得到证实，规则 2 被触发，获得推理结论为"热处理方式为整体淬火"（见图 13.9-37 所示状态）。

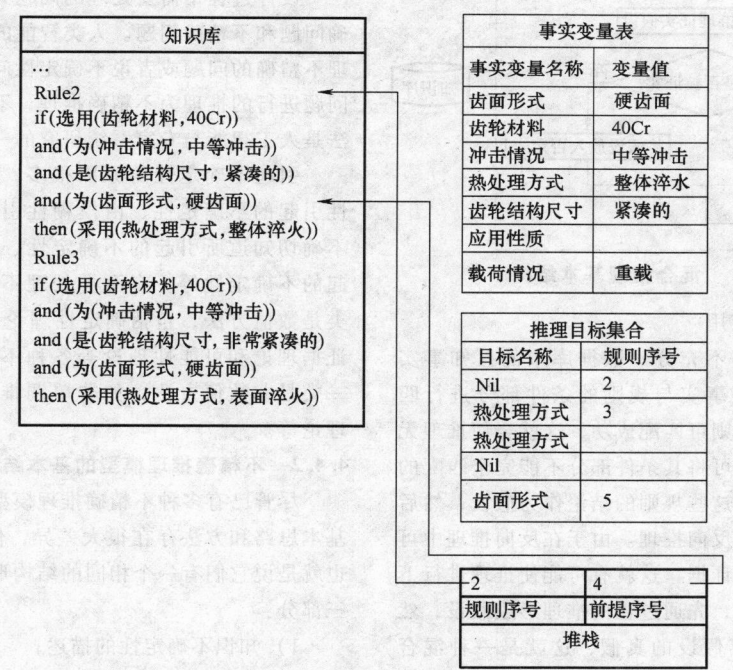

图13.9-37　反向推理最终状态

9）由于推理目标集中的所有目标均得到证实，反向推理至此结束。

反向推理的主要优点是不必使用与总目标无关的规则，且有利于向用户提供解释；其主要缺点是要求提出的假设尽量符合实际，否则就要多次提出假设，

也会影响问题求解的效率。

4.3.3　混合推理

1. 混合推理的基本算法

正向推理的主要缺点是推理具有盲目性，效率较低，推理过程中可能要推出许多与问题无关的子目

标；反向推理的主要缺点则是若提出的假设具有盲目性，也会降低问题求解的效率。为了各取所长，避其所短，可将正向推理与反向推理结合起来应用，形成混合推理。

混合推理的基本结构如图13.9-38所示，它仅是混合推理的一种示意性结构。对于如何建立假设表有多种策略，而不一定是取部分前提为真的规则结论这种方法。此外，什么时候调用反向推理机，以及什么时候再调用正向推理机，是混合推理机的最根本策略所在，也是推理机设计者大显身手的地方。

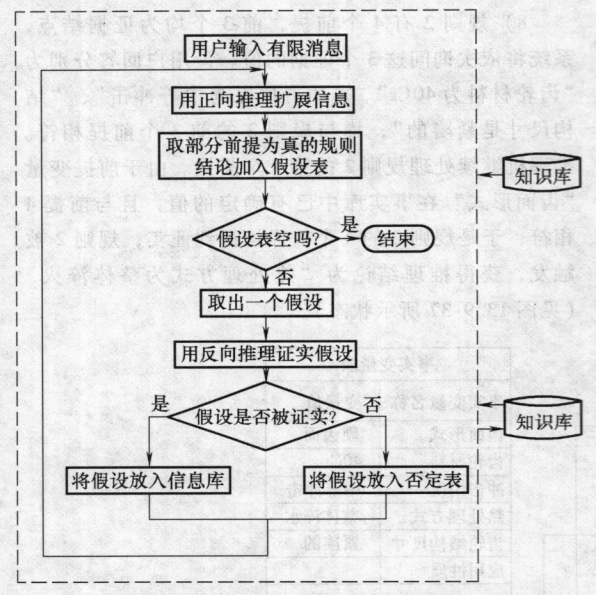

图13.9-38　混合推理基本结构

2. 混合推理的应用

（1）已知的事实不充分　数据库中的已知事实不够充分，若用这些事实与规则的条件部分进行匹配，可能没有一条规则可匹配成功，这就会使推理无法进行下去。此时，可将其条件部分不能完全匹配的规则都找出来，并将这些规则的结论作为假设，然后分别对这些假设进行反向推理。由于在反向推理中可以向用户询问有关的证据，这就有可能使推理进行下去。在此推理过程中，先通过正向推理形成假设，然后通过反向推理证实假设的真假，这就是一种混合推理。

（2）由正向推理推出的结论可信度不高　用正向推理进行推理时，虽然推出了结论，但可信度可能不高，甚至低于规定的阈值。此时可选择几个可信度相对较高的结论作为假设，然后进行反向推理，通过向用户询问进一步的信息，有可能得出可信度较高的结论。

（3）希望得出更多的结论　在反向推理过程中，由于要与用户进行对话，这就会获许多原来未掌握的信息，这些信息不仅可用于证实要证明的假设，同时还可能推出其他结论。这时可通过使用正向推理，充分利用这些新获得的证据推出此外一些结论。例如在医疗诊断系统中，先用反向推理证实某病人有某种疾病，然后利用反向推理中获取的信息再进行正向推理，有可能推出该病人还有其他疾病。

（4）希望从正、反两个方向同时进行推理　有时希望从正、反两个方向同时进行推理，即根据问题的初始证据进行正向推理，同时由假设的结论进行反向推理，当两个方向的推理在某处"碰头"时，则推理结束。此时原先的假设就是问题的解。这里"碰头"是指由正向推理推出的中间结论恰好是反向推理到这一步时所需要的证据。用这种方式进行推理时，难点是"碰头"的判断问题，其时机不易掌握。

4.4　不确定推理

4.4.1　概述

设计过程中需要处理的问题大致可分为两类：精确问题和不精确问题。人类智能的最大优点是善于处理不精确的问题或者说不确定性问题。针对不确定性问题进行的推理为不精确推理，不精确推理模型和方法是人工智能与专家系统研究的一个核心课题。

引起不确定性的原因很多，常见的有：由随机性引起的不确定性、由模糊性引起的不确定性、由不确切知道所引起的不确定性、由信息不完全所引起的不确定性等。有两类处理不确定性的方法：一类是数值方法，包括确定性理论、主观Bayes方法、证据理论和可能性理论等各种不精确推理模型；另一类是非数值方法，如非单调推理，此外还有批注理论等。

4.4.2　不精确推理模型的基本结构

尽管已有多种不精确推理模型，它们处理问题的基本思路和方法存在很大差异，但其本质是相同的，也就是说它们有一个相同的结构形式，即都包括如下三部分：

1）知识不确定性的描述；

2）证据不确定性的描述；

3）不确定性的更新算法。

上述三部分就是不精确推理模型结构的三要素。

以产生式系统为例，表达不精确知识的产生规则形式如下：

$$\text{if } E \text{ then } H(f(H\mid E))$$

其中，E表示规则的前提条件，即证据；H表示规则

的结论部分，即假设；$f(H|E)$ 是 E、H 的一个函数，它表示证据 E 为真对假设 H 的影响程度，称为规则强度。其含义是：如果证据 E 为真，则假设 H 为真的程度完全由 $f(H|E)$ 决定。规则强度刻画了知识的不确定性。在实际应用中，证据 E 可能是原始观察，也可能是其他规则的结论，常常也是不确定的，这就是证据的不确定性。不精确推理的主要任务就是根据证据 E 的不确定性值和规则强度 $f(H|E)$ 来更新假设 H 的不确定性。重复这一过程，直至求出所需假设的不确定性值，从而作出判断和决策。

在不精确推理模型中，知识不确定性的描述是指证据和结论间关系的不确定性程度，或者说是前提对结论的影响程度，也就是要定义函数 $f(H|E)$。在实际应用中，f 的解析式一般很难给出，通常是由领域专家根据经验（或部分统计）再参照函数 f 的含义，主观给出每个 f 的值。

更新命题不确定性值的算法是推理的核心部分，它使得证据的不确定性和规则的不确定性恰当地反映在结论的不确定性里。根据规则的结构，更新命题不确定性的算法一般应包含如下内容：

1）已知规则前提 E 的不确定性 $C_1(E)$ 和规则 $E{\rightarrow}H$ 的强度 f，如何求结论的不确定性 $C_1(H)$；

2）已知某命题 R 的不确定性 $C_1(E)$，又根据新的证据求得了 $C_2(E)$，如何用 $C_2(E)$ 更新 $C_1(E)$，以求得新的 $C(E)$；

3）定义算法 g_1，使 $C(E_1 \wedge E_2) = g_1(C(E_1), C(E_2))$；

4）定义算法 g_2，使 $C(E_1 \wedge E_2) = g_2(C(E_1), C(E_2))$。

上述更新算法构成了各种不精确推理理论和方法的核心。

4.5　知识处理应用实例

专家系统具有知识推理能力，但其计算能力较弱，因此常作为智能 CAD 系统中的知识处理模块辅助完成需要专家知识的设计工作。本节给出一个面向对象的专家系统在设计过程中的简例，以说明专家系统的工作过程。

面向对象的专家系统主要有知识获取功能、知识推理功能和解释功能，由知识库和数据库等核心模块构成。系统的总体结构如图 13.9-39 所示。

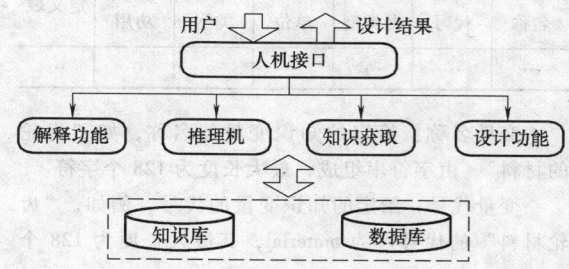

图13.9-39　面向对象的专家系统总体结构

知识获取功能由问题定义模块和知识库定义模块实现。问题定义模块完成对问题领域的描述和定义。问题领域由一组变量构成，这些变量在知识推理过程中充当事实和推理目标，因此又称为知识变量。定义了知识变量集合，问题领域描述便清楚了。

知识推理功能根据用户提供的初始事实启动专家系统的核心模块——推理机完成基于知识的推理，并将推理结果通过人机接口提供给用户，为用户提供有价值的参考。解释功能由专家系统的解释模块实现。当用户需要进一步了解推理理由时，可通过解释模块获得帮助。

知识库存放问题求解的知识。知识库的知识越丰富，专家系统求解问题的能力便越强。

专家系统运行界面如图 13.9-40 所示。

由图 13.9-40 可以看出，根据专家系统的总体结构，面向对象的专家系统主界面由"问题构造"、"知识管理"、"问题求解"三个主菜单和若干个子菜单构成。

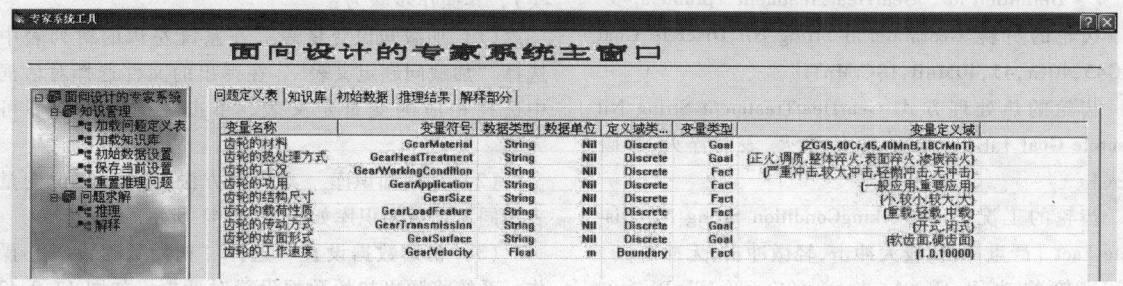

图13.9-40　专家系统运行界面

1. 问题构造

问题构造主菜单下又分为"知识变量定义"和"知识库定义"两个子菜单。

(1) 知识变量定义 知识变量按以下格式逐条定义:

变量名称	变量代号	变量数据类型	变量单位	定义域类型	变量功用	定义域
…	…	…	…	…	…	…

变量名称:给定的知识变量的名称,如"齿轮的材料",由字符串组成,最大长度为128个字符。

变量代号:给定的知识变量的代号,例如,"齿轮材料"的代号可为 material,其最大长度为128个字符。

变量数据类型:可为"整型"、"实型"、"布尔型"、"时间型"和"字符串型"。

变量单位:如果知识变量有单位,则给定具体单位,如果没有单位,则为"空"。

定义域类型:每个知识变量都有一定的取值范围,称为定义域,定义域类型有"离散型"、"区间型"、"公式型"三种。离散型直接给出离散数据,区间型给定取值的下界和上界,而公式型则给定取值的计算公式。

变量功用:变量功用分为"事实"和"目标"两种。变量作为"事实"表明该变量不能由其他变量推得,只能作为基本事实给定,而变量为"目标"时表明该变量可由其他变量通过相关规则推得。

定义域:由离散值、区间或公式给出的知识变量取值范围。

按上述格式定义的知识变量构成知识求解问题的论域,其定义方式可以直接用文本编辑格式编辑,也可调用变量定义人机交互工具完成。

知识变量定义举例如下,该知识变量集描述了齿轮热处理的论域:

/ * Definition for "GearHeatTreatment" problem * /

齿轮的材料 GearMaterial String Nil Discrete Goal {ZG45,40Cr,45,40MnB,18CrMnTi}

齿轮的热处理方式 GearHeatTreatment String Nil Discrete Goal {正火,调质,整体淬火,表面淬火,渗碳淬火}

齿轮的工况 GearWorkingCondition String Nil Discrete Fact {严重冲击,较大冲击,轻微冲击,无冲击}

齿轮的功用 GearApplication String Nil Discrete Fact {一般应用,重要应用}

齿轮的结构尺寸 GearSize String Nil Discrete Fact {小,较小,较大,大}

齿轮的载荷性质 GearLoadFeature String Nil Discrete Fact {重载,轻载,中载}

齿轮的传动方式 GearTransmission String Nil Discrete Goal {开式,闭式}

齿轮的齿面形式 GearSurface String Nil Discrete Goal {软齿面,硬齿面}

齿轮的工作速度 GearVelocity Float m Boundary Fact {1.0,10000}

(2) 知识库定义 面向对象的专家系统知识库主要由规则集合组成。每一条规则按以下格式定义:

Rule i
if(Ri1(Ui1,Vi1))
and(Ri2(Ui2,Vi2))
…
and(Rin(Uin,Vin))
then(Rt1(Ut1,Vt1))
and(Rt2(Ut2,Vt2))
…
and(Ttm(Utm,Vtm))
cf(cv)

其中,cf(cv) 为该规则的规则强度,反映该规则成立的可能性大小。例如,关于齿轮材料选择与热处理方面的知识库第2条规则的定义如下:

Rule 2
if(采用(齿轮的传动方式,闭式))
and(为(齿轮的载荷性质,重载))
and(为(齿轮的工况,无冲击))
and(是(齿轮的结构尺寸,小))
then(选用(齿轮的材料,40Cr))
cf(1.0)

2. 知识管理模块

应用面向对象的专家系统进行推理分析时,应先加载知识变量表和知识库,并设置初始数据(事实),其操作步骤为:

(1) 加载知识变量表 在系统左边的树列表中选择"加载问题定义表",在弹出的文件选择对话框中选择相应的变量定义表,单击"确定"后即可完成。

(2) 加载知识库 其操作方法与加载知识变量表相同。加载知识库如图 13.9-41 所示。

(3) 初始数据设置 选择"初始数据设置"操作,系统将弹出初始数据设置对话框,如图 13.9-42 所示。按照对话框提示,即可完成初始数据设置,为知识推理提供初始事实。

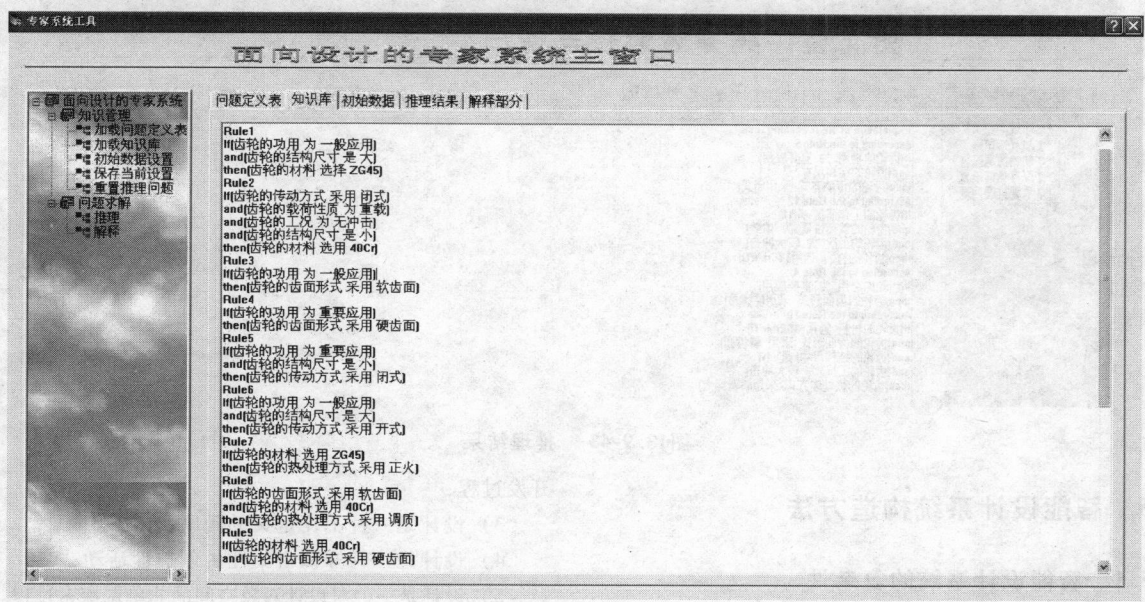

图13.9-41　加载知识库

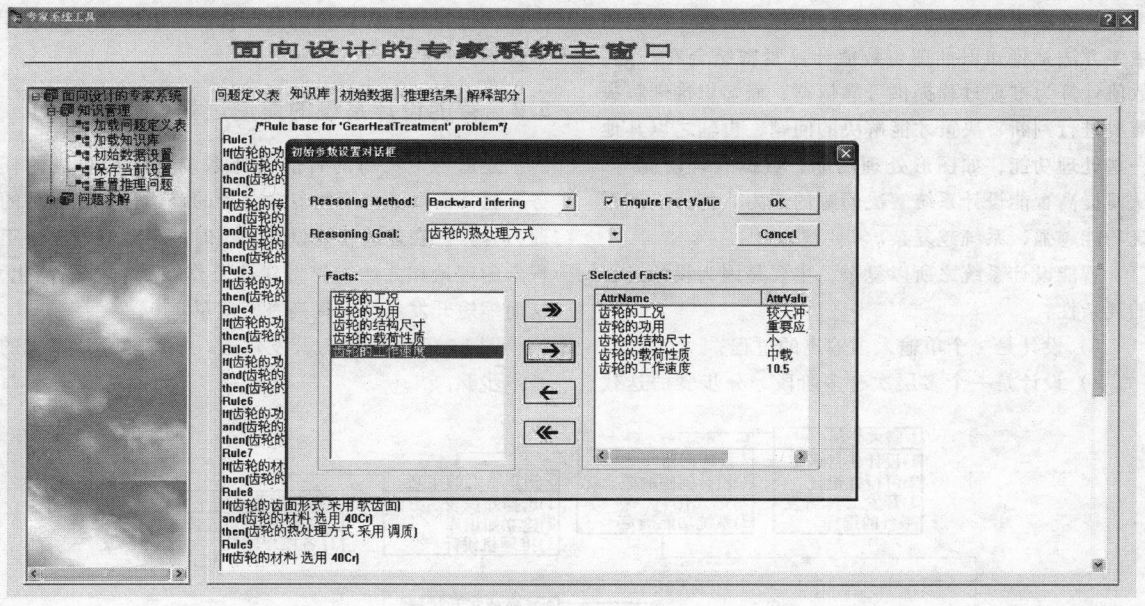

图13.9-42　初始数据设置对话框

3. 问题求解

问题求解过程是一个知识推理过程，经过对初始事实的推理得到问题的求解。

（1）推理　单击"推理"选项即可完成知识推理过程。

（2）解释　如果需要进一步了解问题求解理由，可单击"解释"选项，系统会将推理所依据的规则显示给用户如图 13.9-43 所示。

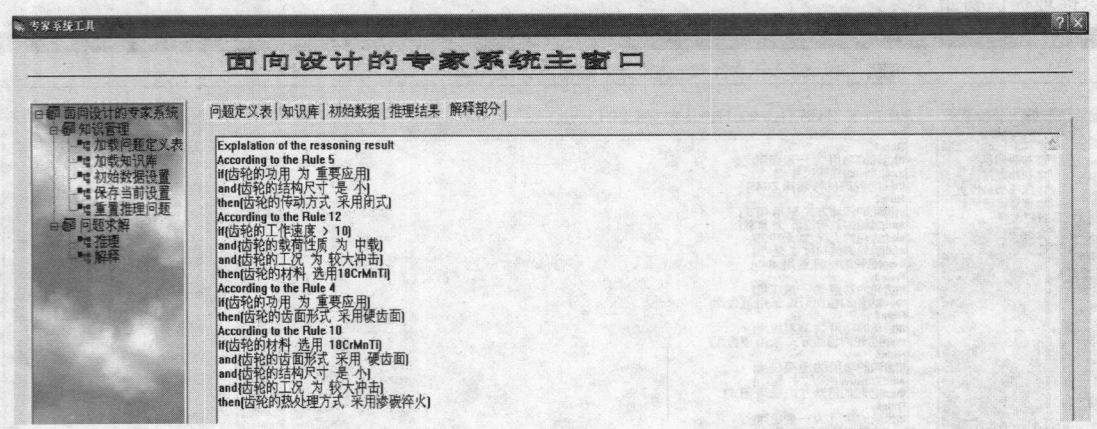

图13.9-43　推理结果

5　智能设计系统构造方法

5.1　智能设计系统的复杂性

智能设计系统是一个人-机协同作业的集成设计系统,设计者和计算机协同工作,各自完成自己最擅长的任务,因此在具体建造系统时,不必强求设计过程的完全自动化。智能设计系统与一般 CAD 系统的主要区别在于它以知识为其核心内容。其解决问题的主要方法是将知识推理与数值计算紧密结合在一起。数值计算为推理过程提供可靠依据,而知识推理解决需要进行判断、决策才能解决的问题,再辅之以其他一些处理功能,如图形处理功能、数据管理功能等,从而提高智能设计系统解决问题的能力。智能设计系统功能越强,系统越复杂。

智能设计系统之所以复杂,主要是因为设计过程的复杂性:

1) 设计是一个单输入多输出的过程;

2) 设计是一个多层次、多阶段、分步骤的迭代开发过程;

3) 设计是一种不良定义的问题;

4) 设计是一种知识密集性的创造性活动;

5) 设计是一种对设计对象空间的非单调探索过程。

设计过程的上述特点给建造一个功能完善的智能设计系统增添了极大的困难。就目前的技术发展水平而言,还不可能建造出能完全代替设计者进行自动设计的智能设计系统。因此,在实际应用过程中,要合理地确定智能设计系统的复杂程度,以保证智能设计系统切实可行。

5.2　智能设计系统的建造过程

建造一个实用的智能设计系统是一项艰巨的任务,通常需要具有不同专业背景的跨学科研究人员的通力合作。在建造智能设计系统时,需要应用软件工程学的理论和方法,使得建造工作系统化、规范化,从而缩短开发周期,提高系统质量。

图 13.9-44 所示为开发建造一个智能设计系统的基本步骤。

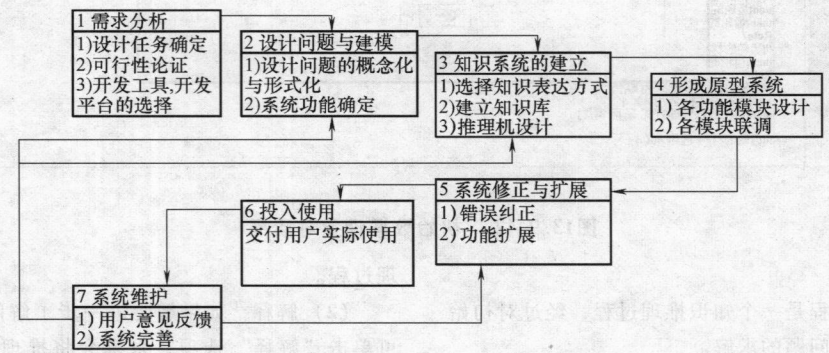

图13.9-44　智能设计系统建造基本步骤

1. 系统需求分析

在需求分析阶段必须明确所建造的系统的性质、基本功能、设计条件和运行条件等问题。

(1) 设计任务的确定　确定智能设计系统要完成的设计任务是建造智能设计系统应首先明确的问题。其主要内容包括确定所建造的系统应解决的问题范围、应具备的功能和性能指标、环境与要求、进度和经费情况等。

(2) 可行性论证　一般是在行业范围内进行广泛的调研，对已有的或正在建造的类似系统进行深入考查分析和比较，学习先进技术，使系统建立在高水平上，而不是低水平的重复。

(3) 开发工具和开发平台的选择　选择合适的智能设计系统开发工具与开发平台，可以提高系统的开发效率，缩短系统开发周期，使系统的开发与建造建立在较高水平之上。因此，在确定了设计问题范围之后，应注意选择好合适的智能设计系统开发工具与开发平台。

2. 设计问题建模

建造一个功能完善的智能设计系统，首先要进行设计对象的建模。设计对象信息经过整理、概念化、规范化，按一定的形式描述成计算机能识别的代码形式，计算机才能对设计对象进行处理，完成具体的设计过程。

(1) 设计问题概念化与形式化　设计过程实际上由两个主要映射过程组成，即设计对象的概念模型空间到功能模型空间的映射，以及功能模型空间到结构模型空间的映射。因此，如果希望所建造的智能设计系统能支持完成整个设计过程，就要解决好设计对象建模问题，以适应设计过程的需要。设计问题概念化、形式化的过程实际上是设计对象的描述与建模过程。设计对象描述有状态空间法、问题规约法等形式。

(2) 系统功能的确定　智能设计系统的功能反映系统的设计目标。根据智能设计系统的设计目标，可将其分为以下几种主要类型：

1) 智能化方案设计系统。所建造的系统主要支持设计者完成产品方案的拟订和设计。

2) 智能化参数设计系统。所建造的系统主要支持设计者完成产品的参数选择和确定。

3) 智能设计系统。系统较完整，可支持设计者完成从概念设计到详细设计的整个过程。

3. 知识系统的建立

知识系统是以设计型专家系统为基础的知识处理子系统，是智能设计系统的核心。知识系统的建立过程即设计型专家系统的建造过程。

(1) 选择知识表达方式　在选用知识表达方式时，要结合智能设计系统的特点和系统的功能要求来选择，常用的知识表达方式仍以产生式规则和框架表示为主。如果要选智能设计系统开发工具，则应根据工具系统提供的知识表达方式来组织知识，不需再考虑选择知识表达方式。

(2) 建造知识库　知识库的建造过程包括知识的获取、知识的组织和存取方式，以及推理策略确定三个主要过程。

4. 形成原型系统

形成原型系统阶段的主要任务是完成系统要求的各种基本功能，包括比较完整的知识处理功能和其他相关功能，只有具备这些基本功能，才能建造出一个初步可用的系统。

形成原型系统的工作分两步进行：

(1) 各功能模块设计　按照预定的系统功能对各功能模块进行详细设计，完成编写代码、模块调试过程。

(2) 各模块联调　将设计好的各功能模块组合在一起，用一组数据进行调试，以确定系统运行的正确性。

5. 系统修正与扩展

系统修正与扩展阶段的主要任务是对原型系统联调和初步使用中的错误进行修正，对没有达到预期目标的功能进行扩展。经过认真测试后，系统已具备设计任务要求的全部功能，达到性能指标，就可以交付用户使用，同时形成"设计说明书"及"用户使用手册"等文档。

6. 投入使用

将开发的智能设计系统交付用户使用，在实际使用中会发现问题。只有经过实际使用过程的检验，才能使系统的设计逐渐趋于准确和稳定，进而达到专家设计水平。

7. 系统维护

针对系统实际使用中发现的问题或者用户提出的新要求对系统进行改进和提高，不断完善系统。

第 10 章　创 新 设 计

1　创新设计理论与方法

1912 年，美国经济学家熊彼特（Joseph A. Schumpeter）在其著作《经济发展理论》中将"创新"作为一个概念首次提出。熊彼特认为，创新是发明的第一次商品化，把发明引入生产体系并为商业化生产服务的过程就是创新，它意味着建立新的生产函数或供应函数，是在生产体系中引进一种生产要素和生产条件的新的组合。

创新的目的是解决实践问题，是一项活动；创新的本质是突破传统、突破常规。

创新设计是指设计者充分发挥自身的创造力，运用已有的知识、技能、经验，做出具有科学性、创造性、新颖性及实用性设计的一种实践活动。创新性是设计的基本要求，是设计的本质属性，是设计的灵魂。

1.1　创新设计的原则

创新设计必须具有独创性和实用性，取得创新方案的基本方法是基于多方案的选优。

（1）独创性原则　创新设计必须新颖、具有其独创性。设计者应追求与其他设计者不同的方案，打破一般思维的常规惯例，提出新概念、新思想、新原理，研发新功能、新机构、新材料，在求异和突破中体现创新。

图 13.10-1 所示隐形车，研究人员采用特殊材料，为隐形车设计了一种让雷达波或者光线绕过物体而不会反弹回来的外衣，就像是小河中的水流，能够绕过一块平滑的岩石继续向前流去而不会反弹回来一样。其创意不同于图 13.10-2 所示飞机的隐形技术，

图13.10-1　隐形车

飞机隐形技术只是减少雷达可探测到的横截面，使飞机很难被跟踪。而隐形车采用的技术具有独创性。

图13.10-2　隐形飞机

（2）实用性原则　对于技术领域的创新，实用性是创新设计的一个重要原则。创新成果是为了解决实际问题、满足人们的需求，这样实践活动才能得到社会的承认，才能从社会得到支持，也只有这样的实践活动才能可持续发展，如设计电灯是为了照明、设计扇子、是为了凉快、设计冰箱是为了保鲜等。人们的需求，就是创新设计的起点。纵观世界科技发明历史，从古代到现代，从四大发明到当今高新技术，从爱迪生的上千种发明到被当代公众认改变 20 世纪的十项发明——飞机、飞艇、火箭、电视机、电冰箱、集成电路、水中呼吸器、尼龙、石膏绷带和拉链等，没有一件不是因为实际需求而产生和存在的。了解社会和人们的需求，也是选择创新设计课题的主要思路之一。通过仔细的观察和充分的调查和统计，抓住生活、工作和学习中的某一需要，作为课题，然后下功夫去探索研究，运用一定的思维方法，寻找最佳的解决方案，从而取得设计的最佳效果。

1.2　创新设计的类型

根据设计的内容特点，创新设计可分为开发设计、变异设计和反求设计三种类型。

（1）开发设计。针对新任务，提出新方案，完成从产品规划、原理方案、技术设计到施工设计的全过程。

（2）变异设计。在已有产品的基础上，针对原有缺点或新的应用环境、新的用户群体、新的设计理念，从工作原理、机构、结构、参数、尺寸等方面进

行一定变异,设计新产品以适应市场需要,提高竞争力。如在基本型产品的基础上,开发不同参数、结构或不同功能的变型系列产品就是变异设计的结果。

(3)反求设计。针对已有的先进产品或设计,进行深入分析研究,探索掌握其关键技术,在消化、吸收的基础上,开发出同类型的创新产品。

开发设计以开创、探索创新,变异设计通过变异创新,反求设计在吸取中创新。创新是各种类型设计的共同点,也是设计的生命力所在。为此,设计人员必须发挥创造思维,掌握基本设计规律和方法,在实践中不断提高创新设计的能力。

1.3 现代设计的方法

1.3.1 信息分析设计方法

当代是信息社会,信息分析与处理是现代设计的依据。通过信息采样、统计、分析、处理,得出规律、结论,作为现代设计的客观依据。例如,在运输机械的结构强度设计中,要对该机械载荷信息的采样、统计、分析、处理确定一种设计方法,以便得出规律,作为结构设计的依据。信息分析设计方法有预测分析法、信号分析法、谱分析法、信息合成法等。

1.3.2 功能分析设计方法

实现产品的功能,设计出具有较高性能价格比的产品是设计的目标。其基本特征是通过功能分析法建立起一套设计方法。功能分析设计方法有功能分析法、功能分解、价值工程、可靠性设计等。

1.3.3 系统分析设计方法

系统分析是现代设计的前提。系统是现代设计的对象。系统分析方法把研究的事物看做一个整体、一个系统,从系统的整体角度出发来研究系统内部各个组成部分之间的有机联系以及和系统外部之间的相互关系。它是一个综合的研究方法。例如,系统工程方法,它的体系基础就是运用系统思想方法和各种数学方法、控制理论,以及计算机等工具来实现系统的模型化和最优化,进行系统分析和系统设计。为了完成一项复杂任务,系统工程的做法可分为三个主要区段:信息获取、信息处理、信息整理。系统分析设计方法有灰色系统设计法、系统工程、人机工程、逻辑分析法等。

1.3.4 创造性分析设计方法

突变创造是现代设计的基石。其使传统的闭式系统变成开式系统,在与外界的物质、能量、信息的交互中产生突变,远离平衡稳态,克服自回归力,进行多元广角的发散思维,主动发现与运用突变,利用压力、轰击、流动、调节等原理,采用创造性分析设计方法

形成创新成果。创造性分析设计方法有综合法则、还原法则、对应法则、移植法则、离散法则、强化法则、换元法则、组合法则、逆反法则、仿形法则、群体法则等。

1.3.5 智能分析设计方法

智能的运用是现代设计的升华。它是以发挥智能载体(人、机、生物、有机物等)的作用为核心的方法学。智能分析设计方法有设计专家系统、智能工程、智能诊断、智能 CAD 等。

1.3.6 优化分析设计方法

广义优化是现代设计的宗旨。优化设计是把最优化数学原理应用于工程设计问题,在众多的设计方案中寻求尽可能完善或最适宜的设计方案的一种现代设计方法。优化设计为工程设计提供了一种重要的科学设计方法,采用优化设计方法能大大提高设计效率和设计质量。优化能实现合理化、科学化、满意化,是一个系统分析、系统综合、系统检验反复交叉的过程,是一个永无止境的过程。在优化设计过程中,常常需要根据产品设计的要求,合理确定各种参数,以期达到最佳的设计目标。优化分析设计方法有优化设计法、广义优化设计法、方案优化法、图论及网络优化、离散优化、交叉优化、模糊优化等。

1.3.7 相似分析设计方法

相似模拟是现代设计的捷径。相似性设计是尽可能利用已有设计成果快速高效地进行新产品开发和设计,从而提高设计标准化水平,缩短产品开发周期。相似理论是从描述自然现象所应服从的客观规律的数理方程及其定解条件出发,即从现象发生和发展的内部规律性和外部条件出发,从这些数理方程所固有的在量纲上的齐次性以及数理方程的形式不受度量单位制约的选择的影响等前提出发,通过线性变换等数学演绎手段而达到预期的结论。相似理论的发展趋势是:相似理论与模糊分析结合以解决建模过程某些不确定问题;相似理论与优化设计技术结合以解决模型最优化问题;相似理论与专家系统结合以解决建模过程中专家知识利用问题等。相似分析设计方法有相似分析设计法、模拟分析设计法、仿真设计法、仿生分析设计法等。

1.3.8 动态分析设计方法

动态分析是现代设计的深化,是现代设计的深入要求。例如,可靠性设计,又称为概率设计,以非确定性的随机方法研究与设计产品。其核心内容是针对研究对象的失效与防失效问题,建立设计计算理论和方法,在规定条件和规定时间内,完成规定功能的能力。研究产品工作状态的随机规律和可靠性,不仅揭

示了事物的本来面貌，而且较全面地提供设计信息，能有效地处理设计中的一些问题，提高产品质量，减小零件尺寸，从而节约原材料，降低成本，带来较大的经济效益。动态分析设计方法有动态分析、模态分析、实验模态分析、可靠性设计、动态仿真、柔性设计法等。

1.3.9 离散分析设计方法

离散处理是现代设计的细解。根据事物的可分性以及离散与集合的规律，任何复杂研究对象、系统都可以离散成有限个或无限个基本的、简单的单元或子系统来分析、细解和处理，然后回归合成，得到总体的近似与圆满的求解。例如，模块化设计，模块化产品是由一组特定模块在一定范围内组成不同功能或功能相同而性能不同的产品。设计模块和模块化产品，可以满足日益增长的多品种、多规格的要求。模块系统的特点是便于发展变型产品和更新换代，缩短设计和供货周期，提高性能价格比，便于维修，但对于结合部位和形体设计有特殊要求。离散分析设计方法有离散分析法、模块化设计、并行工程、成组设计、三次设计、反求工程、有限元法、边界元法、离散元法、离散仿真等。

1.3.10 模糊分析设计方法

模糊分析是现代设计的发展。模糊性是事物客观存在的一种属性，运用模糊分析的度量方法是现代设计的发展和补充。例如，聚类分析法是对事物按一定的要求进行分类的数学方法。聚类分析是数理统计中研究"物以类聚"的一种多元分析方法，即用数学定量地确定样品的亲疏关系，从而客观地分型划类。现实的分类多伴随着模糊性，因此把模糊数学的方法引入聚类分析，就能使分类更切合实际。模糊分析设计方法有模糊概率设计、模糊控制设计、模糊优化、模糊决策、模式识别法、聚类分析法等。

1.3.11 虚拟分析设计方法

虚拟分析是现代设计的灵境。虚拟现实（Virtual Reality，VR）又称为灵境，是一种可以创建和体验虚拟世界的计算机系统。例如，虚拟现实技术就是要把计算机从善于处理数字化的单维信息改变为善于处理人所能感受到的、在思维过程中所接触到的、除了数字化信息之外的其他各种表现形式的多维信息。虚拟现实是一系列高新技术的汇集，这些技术包括计算机图形学、多媒体技术、人工智能、人机接口技术、传感器技术、高度并行的实时计算技术和人的行为学研究等多项关键技术。虚拟现实是多媒体技术发展的更高境界，是这些技术的更高层次的集成和渗透；它能给用户以更逼真的体验，它为人们探索宏观世界和

微观世界，以及由于种种原因不便于直接观察事物的运动变化规律提供了极大的便利。在虚拟现实技术的未来发展中，虚拟现实和实际境界之间的界线会变得越来越模糊。虚拟分析设计方法有虚拟分析设计法、虚拟现实技术等。

1.3.12 物元分析设计方法

物元分析是现代设计的延伸。物元分析以物元理论和可拓集合理论为理论框架，包括利用物元模型和可拓集合而把实际问题转化成形式化的数学模型。物元分析把研究对象扩展到事物的质、特征和量值。物元分析试图在再次建立纯数学与应用科学的有机结合方面进行一种尝试，它朝着科学的同一化与综合化、自然科学与社会科学结合的方向努力。目前，物元分析已经在决策支持、创造性思维、企业管理、工程设计、过程控制、产品设计、智能 CAD 等领域得到应用，并取得了一定的成功。物元分析设计方法有可拓工程方法、可拓控制、可拓决策、可拓设计、可拓诊断、可拓识别与评判等。

1.3.13 网络分析设计方法

网络分析是现代设计的网络化。计算机网络是当今最热门的学科之一，计算机网络具有数据通信、资源共享功能，它提高了可靠性，促进分布式数据处理和分布数据库的发展。计算机网络为进行远程设计、网络设计提供了极大的方便。例如，计算机支持的协同工作与协同设计（CSCW）是研究和探索计算机技术对人类群体工作的支持。特别是利用现有的技术，如多媒体技术、网络与通信技术、分布式处理技术等建立一个多模式协同工作环境。CSCW 为在时空上分散的人们提供了一个"面对面"和"你见即我见"的协同工作环境，改善了人类的信息交流方式，提高了工作质量和效率，从概念和思想方法上突破了传统办公自动化只能提高个人工作效率的限制。CSCW 已被普遍认为是未来人类工作的基本方式之一。网络分析设计方法有计算机支持的协同设计、远程设计、远程诊断、遥测、系统网络设计等。

1.3.14 人工神经网络分析设计方法

人工神经网络分析是现代设计的拟人化方法。人工神经网络的分类：按拓扑结构，神经网络可分为层次型、全互连型、混合型和区组设计型等；按信息流向，神经网络可分为前馈型、反馈型和混合型；按学习方法，可分为有教师指导型、无教师指导型等。对神经网络的研究主要有神经网络理论、混沌与时间序列的预测、新学习体系结构、回归神经网络、联想记忆、神经控制与系统建模、神经模糊系统、神经网络优化方法、神经网络用于图象处理、神经网络用于模

式识列、神经网络专家系统、神经网络硬件实现方法等。目前已提出的网络模型多达 30 种以上。

1.3.15 艺术分析设计方法

悦心宜人是现代设计的美感。产品艺术造型设计是工程技术与美学艺术相结合的一门新学科。它是指产品在保证使用功能的前提下，用艺术手段按照美学法则对产品进行艺术造型设计工作，具有美的、富有表现力的审美特性。造型是艺术设计的重要一环。造型设计由这样一些因素决定：色彩、形态、环境要素、人的要素、功能、构造、新技术、新材料、加工方法、经济性、人机关系专利、法规、法令等。造型设计应能体现高新科技水平的功能美，显示新型材质的肌理美，体现先进加工手段的工艺美，表达各造型因素整体调和统一的和谐美，追求时代精神的新颖美，体现色光新成就的色彩美等。艺术分析设计方法有造型设计、摄视设计、形象设计等。

1.3.16 工程遗传分析设计方法

工程遗传分析是现代设计的升华。工程遗传算法是一种取自于自然遗传学的搜索算法，它综合了适者生存和遗传信息结构性及随机性交换的生物进化特点，使满足目标的决策获得最大的生存可能。工程遗传算法充分利用历经的信息来确定新的更好的搜索点。工程遗传算法完全不同于传统的优化方法，它是模拟生物进化机制而发展起来的一种并行全局搜索方法，是一种具有鲁棒性（即稳定收敛性）的搜索方法，适用于不同性质、不同类型的问题并能获得满意的解。工程遗传算法具有应用的广泛性、高度的非线性、良好的并行性好和适应性等引人注目的优点。

1.3.17 反求分析设计方法

反求工程是现代设计的逆化。反求工程是针对消化吸收先进技术的系列分析方法和应用技术的组合，以先进的产品的实物、软件或景象作为研究对象，应用现代设计的理论方法、生产工程学、材料学和有关专业知识，进行系统的分析研究，探索掌握其关键技术，进而开发出同类产品。反求工程一般分三种反求方法：实物反求设计、软件反求工程设计、景象反求工程设计。反求工程包括设计反求、工艺反求、管理反求等各个方面。

1.3.18 下一代设计制造系统分析设计方法

下一代设计制造系统是现代设计的延伸，其内涵包括了当代有关先进制造技术的新概念，如敏捷制造、分形公司、精良生产、自主分布制造系统、生物制造系统等先进制造哲理、技术及方法。下一代设计制造系统将实现不同国家的制造新模式的有机相互渗透、相互交叉，其核心为敏捷、自主、分布与协同。

下一代设计制造系统将以虚拟企业或准虚拟企业的形式，将具有自主与分布特性的企业通过国际互联网/企业内部网进行企业之间的集成，实现敏捷设计制造的策略。

1.3.19 绿色设计制造系统分析设计方法

可持续发展是现代设计的绿化。绿色设计制造（Green Design Manufacturing）又称环境意识设计制造、面向环境设计制造等。它的基本内涵可描述如下：绿色设计制造是一个综合考虑环境影响和资源效率的现代设计制造模式，其目标是使得产品从设计、制造、包装、运输、使用到报废处理的整个产品生命周期中，对环境的影响（负作用）最小、资源效率最高。绿色设计制造涉及问题的领域包括：设计制造领域，含产品生命周期全过程；环境领域；资源领域。绿色设计制造是这三大领域内容的交叉和集成。绿色设计制造的内容涉及产品整个生命周期的所有问题，主要是"五绿"问题的集成，即绿色设计、绿色材料、绿色工艺、绿色包装、绿色处理。其中绿色设计是关键。绿色设计制造的研究方法有模块化设计、神经网络和模糊数学的应用、公理化设计、虚拟拆卸等。

机械的发展源泉和生命在于"创新"。创新就是发现或发明新思维、新理论、新方法、新技术或新产品。创新是可持续发展的基石，缺乏创新能力将失去知识经济带来的机遇，没有创新就没有新兴的机械设计技术与新颖的产品。

2 创新思维

思维有多种形式，如抽象思维、概念思维、逻辑思维、形象思维、反向思维等。创新思维不同于其他思维形式，它是一种具有开创性的思维活动，是人类开拓新的认识领域和认识新成果的思维活动，它往往表现为发现或发明新思维、新理论、新方法、新技术或新产品，努力探索客观世界中尚未被认识的事物规律，从而为人们的实践活动开辟新的领域、打开新局面。思维方法，指的是人们在认识事物之间的相互关系和客观规律基础上所形成的思维规则、手段和途径。

创新思维是一种思维方法，这种思维方法综合运用了多种思维方法和逻辑模式，是人们在认识事物的过程中，为解决一定的问题，对信息进行筛选、分析、综合、抽象等，突破常规，发挥人的主观能动性，产生新理论、新方法的思维方式。创新思维包括逻辑的和非逻辑的创新思维，有意识的和无意识的创新思维，如演绎、归纳、灵感、直觉、顿悟等。

严格意义上的创新思维，是认识主体在实践中，由于发现合适问题的导引，以该问题的解决为目标的前提下，基于意识与无意识两种心理能力的交替作用，当暂时放弃意识心理主导而由无意识心理驱动时，突然出现认知飞跃产生的新观念，并通过逻辑与非逻辑两种思维形式协作互补，以完成整个过程的思维。

2.1　创新思维的基本特征

创新思维的特征有很多，但最根本的特征可以概括为以下几点：

（1）创新性　创新性是创新思维的必要条件。这里面包含两层含义：一是独创性，即独立于他人，没有现成规律、方法可循；二是新颖性，不论方法还是结果，没有雷同。两层含义紧密相关。

（2）开拓性　开拓性是创新思维的充分条件。凡是具有开拓性的思维，都是创造性思维，但不具有开拓性的思维不见得不是创造性思维。所谓开拓性，是指它的认识对象是人类尚未认识、征服的领域，但这种开拓性却不是自封的，而是被后来的实践所证实的。

（3）突破性　突破性是创新思维的必要属性。没有突破性，就不算是创造性思维。所谓突破，主要是指突破理论权威、现成的规律、方法和思维定势的束缚，否则，就根本不可能进行创造性思维。

（4）综合性　综合性是创新思维的重要属性。它既不是充分的属性，也不是必要的属性。它主要是指对已有成果的综合，是多种思维形态、多种思维方式综合作用的结果。

2.2　创新思维的智能基础

在对创新思维的要素结构进行静态式透视，即了解了它的基本特征后，有必要进一步对创造性思维活动过程进行动态式的结构把握，也就是要对它的智能基础有所了解。创造性思维的智能基础主要包括直觉、记忆、想象、发散、逻辑。

（1）直觉　直觉是创造性思维的智能基础中重要的思维能力之一，直觉是创意的源泉。直觉历来都被认为是一种"只可意会，不可言传"的思维活动。当对某种事物深入地进行观察，获得多次以至极为丰富的积累（表象、经验）时，认识上能产生一种飞跃（不是必然的），当在一种新的变化了的情境中再次观察时，能即时做出判别，这就是直觉。

在设计中也存在设计直觉。这是一种潜在的知识，是一种个人的、特殊的知识，因此是难以确切描绘和表达的。它是一种包括个人经验及许多不确定因素，如个人信仰、观点和价值体系在内的一种个人知识。

由此可见，设计直觉也是以设计师的经验为基础的。设计师的经验是指在长期的产品开发过程中对于不同课题，设计师或设计团队所积累的经历。当设计师于他们的直觉产生了洞察力，然后才是技术的问题。所以直觉是一种观察能力，是一种对事物的识别、判断的思维能力。

（2）记忆　记忆任何思维活动得以展开的最基本的运动能力便是记忆思维能力。它是开展创造性思维活动必不可少的最基本的运动能力要素。

（3）想象　想象是指思维主体在思维活动中，利用思维表象进行时空跨越而形成新的思维符号意象的思维实际运作能力。创造性想象是一种艺术，它运用内心的想象和肯定的陈述促成生活的积极变化。

（4）发散　在这里，发散作为一个特定的范畴，并不是指其发散式的外在表现状态，而是指存在于这种活动状态之中的思维主体在运动中、在不断寻找方向中变换思维视角，促进思维活动多向发展的思维实际运作能力。它是展开创新思维活动所必须依赖的重要的思维能力，同时它也是创新思维的重要形式之一。

（5）逻辑　创新思维是逻辑思维与非逻辑思维的结合。创新思维本身就应具有逻辑思维，虽然有的研究者认为创新思维的关键是非逻辑思维，但实际上创新思维活动应该是逻辑性思维与非逻辑性思维相互统一的运动过程。创新思维是建立在逻辑思维运动基础之上的，完全脱离和排斥取消逻辑思维运动的创新思维活动是不存在的。

这些创新思维的智能基础在产品设计活动中当然同样具备。了解大脑的潜能及智能基础，从而尽可能地通过有目的性的训练使自己具备多方面的智力品质，使自己的思维有更大的创造空间，对于开发与完善个人的创造性思维能力无疑是重要的。

2.3　创新思维的基本过程

创新思维过程是一个复杂的过程。在众多的研究中，以沃拉斯（Wallas）所提出的创造性思维过程最具有代表性，基本上涵盖了其他学者对创造性思维过程的说法。

沃拉斯认为，任何创造性活动都要包括准备、孕育、明朗和验证等四个阶段。每个阶段有各自不同的操作内容及目标。

（1）准备阶段　熟悉所要解决的问题，了解问题的特点。为此要围绕问题搜集并分析有关资料，并在此基础上逐步明确解决问题的思路。

（2）孕育阶段　创造性活动所面临的必定是前人未能解决的问题，尝试运用传统方法或已有经验必定难以奏效，只好把要解决的问题先暂时搁置。表面上看，认知主体不再有意识地去思考问题而转向其他方面，实际上大脑是在继续进行潜意识的思考。这是解决问题的酝酿阶段，也叫潜意识加工阶段。这段时间可能较短，也可能延续多年。

（3）明朗阶段　经过较长时间的孕育后，认知主体对所要解决问题的症结由模糊而逐渐清晰，于是在某个偶然因素或某一事件的触发下豁然开朗，一下子找到了问题的解决方案。由于这种解决往往突如其来，所以一般称之为灵感或顿悟。事实上，灵感或顿悟并非一时心血来潮，偶然所得，而是前两个阶段中认真准备和长期孕育的结果。

（4）验证阶段　由灵感或顿悟所得到的解决方案也可能有错误，或者不一定切实可行，所以还需通过逻辑分析和论证，以检验其正确性与可行性。

沃拉斯"四阶段模型"的最大特点是显意识思维（准备和验证阶段）和潜意识思维（孕育和明朗阶段）的综合运用，而不是片面强调某一种思维，这是创造性思维赖以发生的关键所在，也是该模型至今仍有较大影响的根本原因。应当说明的是，沃拉斯在当年本来是针对一般的创造性活动而提出"四阶段模型"，但是由于该模型的第一和第四阶段主要涉及逻辑思维（显意识思维）过程，第二和第三阶段则涉及直觉及顿悟思维（潜意识思维），并且这四个阶段之间相互联系、相互作用，所以其本质是属于创新思维过程的。

以上是创造性思维的三大方面，包括了基本特征、智能基础及基本过程，用线框图来表示如图13.10-3 所示。

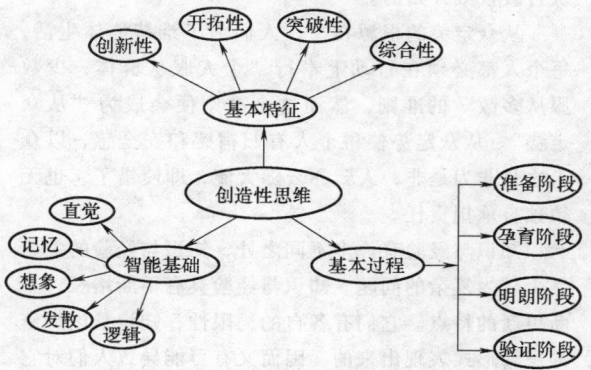

图13.10-3　理论基础知识框图

2.4　培养创新思维的方法和途径

2.4.1　突破思维定势

思维定势是由人们先前的活动而造成的倾向性思维。在环境不变的条件下，思维定势使人们能够应用已掌握的方法迅速解决问题，但在情境发生变化时，它则会妨碍人们采用新的方法进行创造性的工作。通常人的思维总是要受沿袭已久的陈规旧习的影响，如在工作和生活中已形成一些固定性、模式性、习惯性的思维和行动，这在生活中是允许的，但在产品创新设计中是应该排除的，思维定势有利于常规思考，但对创新会起到阻碍作用。如设计一种能边讨论问题边行走的自行车、方轮自行车（见图13.10-4）就是打破思维定势的产品。

图13.10-4　新奇自行车

有人群的地方总有权威，要破除"权威定势"，权威是任何社会都实际存在的现象。对权威的尊崇常常演变为神化和迷信；在思维领域，人们习惯于引证权威的观点，不加思考地以权威的是非为标准，这就是权威定势。思维中权威定势的形成主要通过从儿童长到成年过程中所接受的"教育权威"和由深厚的专门知识所形成的"专业权威"。权威定势的强化常会产生"泛化现象"，即把个别专业领域内的权威扩展到社会生活的其他领域内。权威定势有利于惯常思维，却有害于创新思维。在需要推陈出新的时候，它使人们很难突破旧权威的束缚。历史上的创新常常是从打破权威开始的。

从众定势的根源在于，人们为了维持群体生活，每个人都必须在行动上奉行"个人服从群体，少数服从多数"的准则，然而这个准则便会成为"从众定势"。从众定势使得个人有归宿感和安全感，以众人之是非为是非，人云亦云随大流，即使错了，也无须独自承担责任。

知识与经验有许多不同之处，知识与经验的关系是个较为复杂的问题。知识与经验具有不断增长、不断更新的特点。它们有各自的局限性，知识是以严密的逻辑形式表现出来的，因而又有可能导致人们对它的崇拜；经验是人们长期工作的积累，会形成固定的思维模式，由此削弱想像力，造成创新能力的下降。知识与经验本身是一种限定或框架，因而使人难以想到框架之外的事物。知识与现实并不能完全吻合，而过去的经验也不一定能适用于现在和未来，要打破知识与经验定势，经常进行创新思维训练，以便灵活地运用已有的知识和经验，让它们与自己的智慧同步增长，增强创新能力。

扩展思维视角，"视角"就是思考问题的角度、层面、路线或立场。应该尽量多地增加头脑中的思维视角，如构思旅行箱式折叠自行车（见图 13.10-5）、环形自行车、无把自行车等，学会从多种角度观察同一个问题。扩展思维应遵循肯定—否定—存疑的原则。思维的肯定视角就是：当头脑思考一种具体的事物或者观念的时候，首先设定它是正确的、好的、有价值的，然后沿着这种视角，寻找这种事物或观念的优点和价值。思维中的"否定视角"正相反，否定也可以理解为"反向"，就是从反面和对立面来思考一个事物，并在这种视角的支配下寻找这个事物或者观念的错误、危害之类的负面价值。例如，图 13.10-6 所示的多用工具，一时也许难以判定其用途及特性，此时不应该急于"肯定"或者"否定"，不妨放

图13.10-5　旅行箱式折叠自行车

下问题，通过调研与试用等环节再进行判定，这就是"存疑视角"。

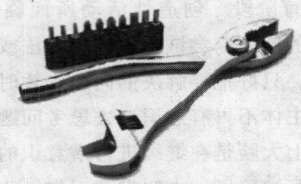

图13.10-6　多用工具

人们观察和思考外界的事物，总是习惯以自我为中心，用我的目的、我的需要、我的态度、我的价值观念、情感偏好、审美情趣等作为"标准尺度"去衡量外来的事物和观念。"他人视角"要求我们在思维过程中尽力摆脱"自我"的狭小天地，走出"围城"，站在"城外"，对同一事物和观念进行思考，发现创意的苗头。任何群体总是由个人组成的，但是，对于同一个事物，从个人的视角和从群体的视角，往往会得出不同的结论。

在创意思维时可根据无序—有序—可行的方式进行。"无序视角"的意思是：在创意思维的时候，特别是在思维的初期阶段，应该尽可能地打破头脑中的所有条条框框，包括那些"法则"、"规律"、"定理"、"守则"、"常识"之类的东西，进行一番"混沌型"的无序思考。"有序视角"的含义是：我们的头脑在思考某种事物或者观念的时候，按照严格的逻辑来进行，透过现象，看到本质，排除偶然性，认识必然性。"可行视角"就是实事求是地对所提出的观念和方案进行可行性论证，从而保证新创意能够在实践中获得成功。创意的生命在于实施，创新思维的关键在于科学训练。

2.4.2　灵感是创新与发明的源泉

创新与发明经过长时间的艰难酝酿之后，常常会出现柳暗花明的新境地，过去山重水复的问题，瞬间会得到解决，这就是灵感。灵感的产生要以艰苦的探索思考为基础，是各种心理因素协调运动的结果，如"苹果落在牛顿头上，砸出了万有引力定律"和"小瓦特看到沸腾的茶壶盖被掀起而造出了蒸汽机"。但灵感并不是天才所专有，在日常生活、学习中也常常会出现灵感突现的一刻。在处于灵感状态时，注意力高度集中，想象力非常活跃，思维特别敏捷，知识提取和迁移的难度陡降，同时情绪高涨，整个心智活动状态处于最佳水平，巧妙的方法、新颖的思路，一个接着一个地在大脑中闪现，这就是灵感的瞬时性和突发性。灵感一经出现时就要及时抓住，一个一个地记下来，否则可能因专攻一个思路而遗忘其他导致错失

良机，而往往解决问题的思路恰恰就在这一个个"其他"之中。如果说门捷列夫元素周期率的发现及库凯勒苯环模型都是科学家灵感突现的结果，发明与创新则不仅仅是科学家、学者的专利，常人只要细心，也会有发明。英国化学家道尔顿给祖母买了一双灰色的袜子，祖母看后却说："我这把年纪怎么能穿这种大红色的袜子？"祖母一句话引起了道尔顿的深思：明明是灰色的，怎么她却说是红色的呢？第二天他弄来许多颜色让学生辨认，竟发现了一个与化学学科毫无关联的病理现象——色盲。中学生穆宾巴无意将热牛奶和冷牛奶一起放入了冰箱，一个多小时后，热牛奶已结成了坚硬的冰块，而冷牛奶还是稠稠的液体，由此提出了一个物理学界至今都悬而未决的"穆宾巴之迷"。化学家道尔顿和中学生穆宾巴观察到的现象极为平常、普通，可能好多人都遇上过。当这种现象突现时，我们都"视而不见"，而与重大发明"失之交臂"。将乐队的伴奏曲目录入磁带，当客人再演唱时，就不用乐队现场伴奏而改用录音机播放伴奏曲，这样，用录音机、话筒、投币机三者组合而产生了卡拉 OK（无乐队演奏）机。从电脑上将光驱分离出来，生产出 VCD，从最初的卡拉 OK 机到 VCD，都是利用现有的东西，只是经过简单的组合或分离，就产生了两项重大的发明与创新。多年前，一家酒店的电梯不够用，请来了建筑师和工程师，研究如何增设电梯。可不论怎样施工，都会尘土飞扬而关闭酒店影响生意，这时一个清洁工听到了专家谈话后，漫不经心地说：可以把电梯安装在楼的外边。一句话使得几位专家面面相觑，片刻后又为清洁工这一想法叫绝，于是近代建筑史上由此产生了户外电梯（观光电梯，见图 13.10-7）这一新产品。这一发明既不是建筑师，也不是工程师所为，而是一位清洁工。电炉不是物理学界的发明；听诊器也不是医学家的发明；门捷列夫发现了元素周期率这个化学史上革

命性的成就之后，没能及时利用居里夫人放射性元素实验的新成果，彻底揭示元素周期率的本质，以至丧失了发展元素周期率的良机；同样，近代物理学家爱因斯坦在量子力学初创阶段，丰富和发展了普朗克的量子假说，但后来却回锋倒戈，对量子理论进行批驳，从而错失了他在量子理论方面获得更大成果的良机。创新与发明的过程启示我们：发明、创新有时并非那么神秘，只要抓住灵感突现的一刹那，人人都是发明家。

2.4.3 从创造原点另辟捷径

创造就是创新。创新法则有很多种，下面介绍还原法则。

还原创造法的定义是：任何发明和革新都有创造的起点和创造的原点，创造的原点为基本功能要求，是唯一的；创造的起点为满足该功能要求的手段与方法，是无穷的。创造的原点可作为创造起点，但并非任何创造起点都可作为创造的原点。研究已有事物的创造起点，并深入到它的创造原点，再从创造原点另辟门路，用新的思想、新的技术重新创造该事物或从原点解决问题，即抽象出其功能，集中研究实现该功能的手段和方法，或从中选取最佳方案，这就是还原创造法的目的。

家用洗衣机的发明，可以说就是一个很好的例子。洗衣机的发明开始是从创造的起点考虑的，即模仿人的洗衣方法，如搓揉。但要设计一个机像人那样搓揉衣服又要适合不同大小的衣服是不容易的；如改用刷子擦洗，怎样才能使衣服各处都能刷到，也很难解决；此外还可用古老的捶打法，动作简单，但易损坏衣服，如扣子会被打碎等。故在相当长的时间内家用洗衣机难以发展。

采用还原法创新，即跳出以往考虑问题的起点，从人们的洗衣方法而还原到问题的创造原点。洗衣机（见图 13.10-8）的创造原点并不是揉、搓、刷、擦、捶，它们仅是考虑问题的起点，那么原点是什么呢？

图13.10-7　安装在户外的电梯

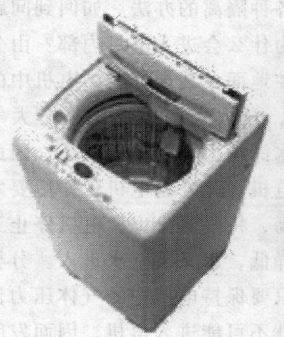
图13.10-8　洗衣机

应该是"洗"和"洁",再附加一个"安全",即不损伤衣服。至于采用什么方法,并没有限制。因为衣服上有脏物,才要"洗"而达到"洁"的目的。"洗"的作用是把衣服和脏物分离,而脏物主要是灰尘、油腻和汗渍。要将这些脏物与衣服分离,可采用洗衣粉这种表面活性剂,外加一个机械运动帮助它脱离滞留层。至于用什么机械运动并无限制,故除了搓、刷、擦、揉外,还可以用振动、挤压、漂洗等方法。从结构简单、安全等角度考虑,于是发明了漂洗的家用洗衣机,它用一个波轮旋转,搅动水流,使衣服在水中不断运动,互相摩擦达到清洗的目的。

另外一个例子是全干式潜水泵(见图 13.10-9)的发明。一般水泵从井中抽水,电机和泵均在地面上,而井中的水位一般不能太低,否则会影响水泵的效率。能否设想把电机连带水泵均沉入水中,这样就提高了水泵的效率,但这种水泵用的电机就需特殊的结构。一般水进入电机的通道是电机的转轴与电机的机壳之间的间隙。为了不让水进入电机,可采用类似于一般机器防止尘埃进入的办法,即采用密封圈,但事实上密封圈挡不住水。因此有人就提出不密封,允许水进入,但要采用耐水的定子导线,即把通常的漆包线(不耐水)改用耐水塑料导线。这样导线外径变粗,加大了电机的尺寸;另外,水中常有泥沙混入,易嵌入转子和定子之间,会增大摩擦、降低效率。于是又有人设想了一种如图 13.10-9a 所示的电磁传动装置,将电机绝对密封,两磁铁之间有一非磁性材料将电机与外界完全密封,但这种传动的效率很低,不实用。另一种是如图 13.10-9b 所示的机械式完全密封的传动装置,当主动轴转动时,带动从动件转动,而连杆的中点是不动的,用这一点固结在橡皮隔膜上,将电机和水隔离。这种空间机构用了两个球铰链,制造困难;其次只有当轴向尺寸很大时才有较高的效率,这是潜水泵所不能允许的。故以上设想均失败。究其失败的原因是:它们都是以"隔离"作为创造的起点,而采取各种隔离的办法。如回到问题的原点进行构思,即水为什么会进入电机内部?由分析可知,当电机和水泵在地面上装配好时,电机中的空气压力为一个大气压,放入水底后还是一个大气压,但水底的压力却为水深压力加一个大气压,因此水就不可避免地要进入电机。此外当电机工作后要发热,空气膨胀,气压增高,将气体排出;电机停止工作后,空气冷缩,压力降低,水又再一次进入。分析清楚后,于是就设想出只要保持电机中的气体压力恒与井底的压力相等,水就不可能进入电机,因而发明了全干式潜水泵。这种泵上装有电机内外压力平衡检

测器,电机内部有压力平衡发生器,可以根据电机内的压力状况发生气体。为了防止水汽进入电机,电机中还有吸湿剂。这种用普通电机制成的潜水泵效率高、经济,是一项很成功的发明。

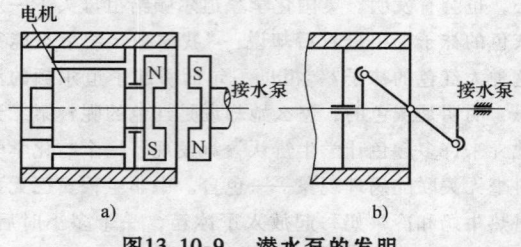

图13.10-9   潜水泵的发明

2.5   创新思维在现代机械设计中的应用

设计要从原来固有的老套设计模式中走出来,鼓励用创新思维产生新观点、新方法、新原理等来设计出前所未有的产品。

2.5.1   机械创新设计

机械创新设计(Mechanical Creative Design, MCD)是充分发挥设计者的创造性思维和智慧,利用已有的相关理论、方法和原理等,进行新的构思、设计和试验,制造出具有新颖、经济性、实用性、环保性等特点的机构或机械产品的实践活动。它特别强调人在设计过程中,特别是在总体方案结构设计中的主导性及创造性作用。机械创新设计主要有两个方面的内容:一是改进或完善现有机械产品的技术性能、可靠性、经济性、适用性等,使其能适应人们生活和生产的需要;二是运用创造性思维设计出新机构、新机器或新产品,以满足人们新的生产或生活的需要。机械创新设计是人们创造性思维活动在机械设计领域的体现,是人们的创造性智慧的表现,其产品是创造性思维活动、先进技术和方法、现代认识科学和设计哲学等高度融合的产物。

2.5.2   创新思维在现代机械设计中的体现

在创新思维的指导下,现代机械设计正逐步向自动化、智能化、最优化、集成化等方向发展。

创新设计下的机械产品提高了该产品在同类产品中的竞争力,创造出较高的经济、社会及环境效益。创新思维在现代机械设计中的应用主要体现在以下几方面:

1. 在机械产品运动方案设计过程中的应用

机械产品运动方案的设计是指设计人员对用户提出的产品功能需求而提出原理性构思,探索解决问题的有效途径以及机械产品的工作原理,包括从原动机、传动机构及执行机构的整个系统的运动方案的设

计，其最终结果要得到满足运动性能要求的一种机构运动。运动方案设计的好坏对产品的结构、工艺、成本、性能和使用维护等都有很大影响，它是确定机构产品质量、性能、经济、环境和社会效益的关键步骤，是整个机械设计阶段以及后续的制造和使用阶段的基础。对于机械产品而言，实现同一功能的产品可以有多种不同的工作原理，每一功能又可有不同的机构来实现，因此，这一阶段设计是整个机械设计阶段的重中之重，要求设计人员尽可能在功能分析的基础上通过创新思维活动构架、搜寻、设计、优化等取得理想的产品运动方案。

以前驱和后驱汽车为例。图 13.10-10a 所示为前轮驱动汽车，图 13.10-10b 所示为后轮驱动汽车。传统的后驱汽车具有成本高、后驱部件多、组装复杂、车内空间狭小、牵引力不足和动力损失较大等特点。随着现代人们提出的轻量化、空间宽阔及机动性强等要求，后驱车已不能满足人们的需求。生产商运用移植和逆反等创新思维理念，改进汽车的运动方案，直接将发动机前置，使发动机出轴直接驱动前轮轴作为驱动轴。这样虽然加大了前轮负载，加剧轮胎的磨损，但是带来的益处远远大于其负面影响：第一，其驱动机构大大简化，减少了零件的需求，造价明显降低；第二，减轻整车重量，使得加速更容易，制动距离缩短，降低了油耗；第三，发动机的前置释放出了部分车内空间，提高了乘坐的舒适性。

a)

b)

图13.10-10　前、后驱汽车运动方案比较

a）前轮驱动　b）后轮驱动

2. 在机械产品结构设计中的应用

机械产品结构设计包括产品的外形、各部分的配置及其总体结构等的设计。客户对机械产品的功能等要求的不同，决定了产品结构设计的差异。机械产品结构设计的基本任务就是找出使产品结构形态变化的多种方案，设计出新颖的产品构形。

随着人们对产品功能要求的增加，对机械产品的结构设计提出了更高的要求，要求设计人员在有限的空间内将尽可能多的产品功能集成到一起。传统条件下，办公室总是堆满了各式各样的打印机、复印机、扫描仪等产品，这些东西占用了办公室的大量空间，恶化了办公环境。生产厂家了解到了人们的这种需要，开始想办法改进办公机械的设计。图 13.10-11a 所示为单一打印机，图 13.10-11b 所示为打、复印和扫描一体机。设计人员采用离散及综合的创新思维方法，在尽量保证产品构形的前提下，将打印、复印和扫描等功能集于一体，在方便办公的同时大大改善了办公条件，提高了工作人员的工作效率。

a)　　　　　　　　b)

图13.10-11　打印机和多功能一体机

a）打印机　b）多功能一体机

3. 在机械产品外观造型设计中的应用

创新思维在机械产品外观造型方面的应用，主要体现在对产品外形、色彩和面饰等的塑造方面。产品外观造型过程中要运用美学基本原理研究机械产品的美感、构成、线型组合、色彩搭配等艺术造型的规律及方法。机械产品的造型设计除了满足功能要求之外，还要求在选材确定加工流程同时，采用创新思维把美学基本观点融合在整个外观造型设计过程中，利用材料和工艺等条件充分体现出造型的形体美、线型美、色彩美、材质美，使之具有优美的形态，给人以美的享受。

由图 13.10-12 可以明显看出，图 b 所示产品在产品颜色的选择、模块的布局、线型的组合以及整体的美感和操作便捷性方面都优于图 a 所示产品。

在机械产品的设计过程中，尤其是产品外观造型设计过程，应充分考虑人机工程的因素，考虑产品对人心理和生理的影响，达到人机的完美配合。同时，在造型设计过程中，还要充分考虑造型设计的经济性、社会性和环境性等因素。要想使机械产品的造型设计达到完美无瑕的地步，就要求机械产品设计人员最大程度地发挥自身的创造性思维和创造灵感。

a)

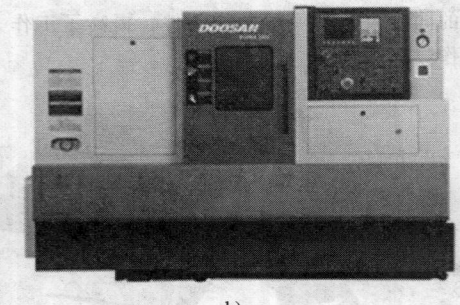

b)

图13.10-12　数控机床外观造型比较

a) 数控车床　b) 高性能卧式车床

4. 在机械产品动力能源设计中的应用

随着制造技术、材料加工技术和能源获取等技术的高速发展，机械产品设计师在产品动力系统的设计过程中有了更多的选择，可以选择石油、天然气、电能以及太阳能等作为产品的动力能源。设计过程中，设计人员充分发挥自己的创造性思维、观念和方法等，改进甚至是重新设计产品的各个系统，以便将各种新的清洁能源作为机械产品的动力能源，这对设计人员而言是一个充满挑战与机遇的过程。

图13.10-13a 所示为电动汽车，图13.10-13b 所示为传统的燃油汽车。电动汽车，其动力能源是电能，较传统的燃油汽车而言，其本身不排放污染大气的有害气体，即使按所消耗电量换算为发电厂的污染排放，除硫和微粒外，其他污染物也显著减少，这样就大大降低了人口密集城市的大气污染。此外，电动汽车还可以充分利用晚间用电低谷时富余的电力充电，使发电设备日夜都能充分利用，大大提高其经济效益。总体而言，电动汽车符合国家倡导的节能减

排、绿色经济的发展要求，是创新思维在机械产品的动力能源设计方面应用的典型案例。

a)

b)

图13.10-13　不同动力能源的汽车

a) 电动汽车　b) 燃油汽车

除此之外，新材料和新工艺的出现，为创新产品设计提供了更多的可能性，设计人员可以在客户或社会提出的基本功能等需求的基础上，大胆进行创新思维活动，设计出功能更强、费用更低、性能更好、更节能和环保的机械产品。

3　创新技法

创造技法是创造学家根据创造思维发展规律总结出的创造发明的原理、技巧和方法。在创造实践中，总结出的这些创造技法还可以在其他创造过程中加以借鉴使用。创造技法能提高人们的创造力和创造成果的实现率。

机构设计是机械设计的核心。现在，人们对创造学理论和方法的研究越来越多，已经提供了丰富的思维方式和创造技法。据统计，创新技法已有 340 多种。为了方便研究、掌握和运用，人们正在探讨创造科学的分类方法和系统化。本节将重点讨论机构创新设计的思维类型和创新设计的技法。

3.1　机构创新设计思维方式

机构创新设计依赖于创造性的思维，世界上现存的机构，都是创新思维的成果。创新思维的广度、深度、速度以及成功的程度，在很大程度上决定于创造性思维的方式。良好的思维方式，可使人思路开放，

创造层出不穷；拙劣的方式，则可能思路堵塞，成为创造的障碍。有志于创造的人，应当熟悉和探索各种创造性的思维方式。

3.1.1 发散思维

发散思维又称辐射思维、求异思维等。这种思维，是以创造对象或要解决的问题为中心，充分发挥已有的知识、经验和新信息，通过联想、类比、变异、组合、直觉、想象、推测等各种思维方法，向各个方向辐射"试探"，从而产生构思，获得大量方案的过程。它就像阳光、灯光或烛光一样，向四面八方辐射，任凭你标新立异、异想天开、无所拘束、超越时空，突破各种思维定势，获得"万紫千红"的创意思维成果。所以，发散思维是一种开放性的思维方式。

发散思维有极高的流畅度、变通度和独创度。它在短时间内能思接千载、视通万里，获得大量新信息；它能使思路变化多端，灵活转移思维方向和思维轨迹；它能别出心裁、超凡脱俗、独辟蹊径、不断创新。例如，激光最初用于打孔，很快因其单色性能好、亮度高、方向性强等特性，被广泛应用于医疗、工程、国防、通信、摄影、音响、农业等领域的机械设备中。

人们常说的侧向（横向）思维、逆向（反向）思维等，实际上也是发散思维。发散思维，是创造性思维的基本的、主导的思维方式。发散思维几乎与创造并称。没有发散思维，也就没有创造。但是，也决不能忽视与发散思维起互补作用的收敛思维。

3.1.2 收敛思维

收敛思维又称为聚焦思维、集中思维、求同思维等。这是一种从已得大量设计信息方案搜索、寻求、筛选、决定最优方案的思考过程。它就像聚光灯一样，集中指向一个最佳点，亦即最优的设计方案。

中国有一句古语：殊途同归。用在创造性思维中，殊途就是发散，同归就是收敛。发散思维与收敛思维，共同构成创造性思维。只靠发散而不管收敛，找不出最优方案；只注重收敛而不运用发散，必然墨守成规，因循守旧，不能创新。要实现机构创新设计，要特别重视发散思维，尤其在构思阶段，要充分发挥发散思维的作用。

3.1.3 理想思维

理想思维即理想化思维，还可以称为臻美思维，也就是追求尽善尽美的思维。追求完善、完美，可使创新逐级升华，达到更高更新的层次。

在理想思维中，总是把创造对象的完美、和谐、新奇放在首位，充分调动想象、直觉、类比、灵感、审美等思维因素，直到满意为止。

3.2 机构创新设计法

现在，根据创造技法归类研究，已把创造技法归纳为八大类，其中主要有联想系列技法、类比系列技法、变异系列技法、组合系列技法、臻美系列技法等。机构创新设计技法，几乎可纳入以上所有这些系列技法之中。

3.2.1 联想法

对于缺乏经验的设计人员，在进行机构创意设计时，不能凭空构思，这时就要借鉴现有机构的运动链类型，充分发挥联想，进行类型创新，其创新程序如图 13.10-14 所示。按此程序，先要把类似的现有机构抽象为一般化运动链；再经排列组合构型，得组合运动链；考虑设计约束，构造再生运动链；最后，产生新机构的设计方案。

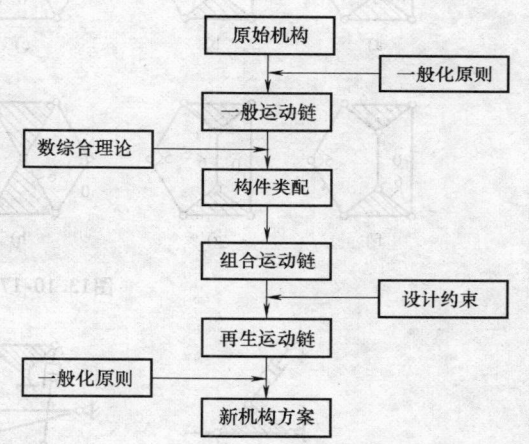

图13.10-14　机构类型创新设计程序

现以越野摩托车尾部悬架机构的创新设计为例。图 13.10-15 所示为其现有的一种原始机构。解除原有的设计约束，并运用一般化原则，即得图 13.10-16a 所示的一般化运动链。这是一种六杆、七副的一般化运动链。一般化原则可归纳如下：

1）所有"非刚性构件"转化为刚性构件，所有

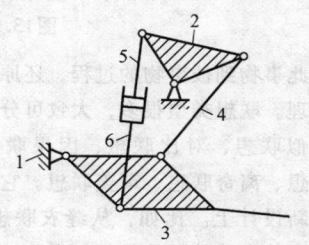

图13.10-15　摩托车尾部悬架原始机构

"非转动副"转化为转动副；

2）机构自由度维持不变；

3）各机构与运动副的邻接保持不变。

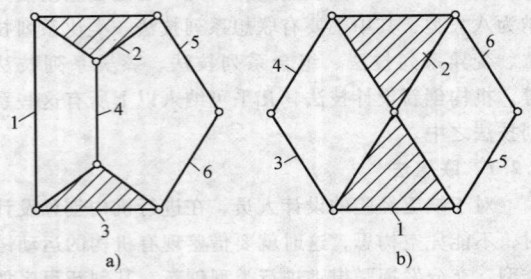

图13.10-16　六杆七副一般化运动链

本例中另一种六杆七副运动链如图 13.10-16b 所示。

对尾部悬架机构拟定的设计约束有：必须固定一杆为机架（见图 13.10-16 中构件 1），必须有一减振器（见图 13.10-16 中构件 5），要有一个装置后轮的摆动杆（见图 13.10-16 中构件 6），且三者应是不同的构件。考虑这些约束，拟出 10 种再生运动链，如图 13.10-17 所示，排除 a、e、g、i 四种，即得图 13.10-18 所示的合适的新机构。

上述机构创新设计方法，可称为还原创新法。任何发明都有其原点和起点。原点是预期的功能要求，是唯一的；而起点是实现这一功能的方法，自然就会有许多种。还原创新法，就是跳出原创起点，重新返回创造原点，另辟蹊径，获得新的创造。

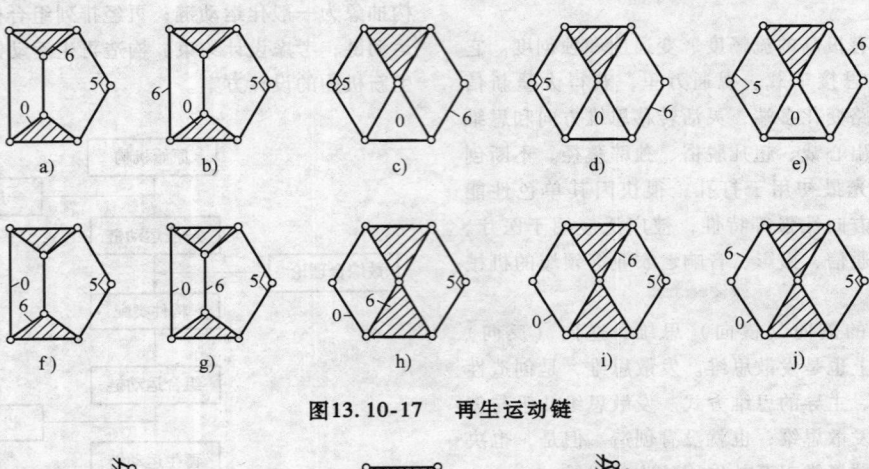

图13.10-17　再生运动链

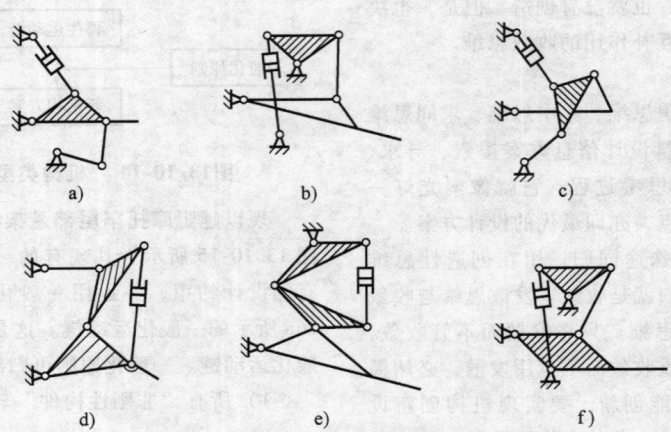

图13.10-18　摩托车尾部悬架创新机构

联想是此事物到彼事物的过程，还原创新法符合联想创造原理。联想类型很多，大致可分为 8 种：接近联想、相似联想、对比联想、因果联想、质疑联想、强制联想、离奇联想、审美联想。它们几乎都可用于机构创新设计上。比如，从缝衣联想到缝纫机、从洗衣联想到洗衣机等，就是相似联想；电影放映机

和缝纫机似乎是风马牛不相及，但米艾尔兄弟却从缝纫机的一动一停的间歇动作联想到电影胶片也需要这种间歇动作，从而发明了电影放映机。

3.2.2　类比法

类比就是对两个对象（同类或异类）的相同或相似性进行考察，从某些方面的相同或相似点，找出

其他方面的相同或相似点。类比法也是一种富有创造性的技法,其核心是异中求同或同中求异。类比法按原理可分为直接类比、拟人类比、象征类比、幻想类比、仿生类比、因果类比、对称类比和综合类比,也是 8 类。机械手、机器人的创造,是拟人类比;飞机、轮船,分别是仿禽天空飞行和仿鱼水中游泳发明

的。仿生类比产生了大量仿生机构,举不胜举。

机构学领域中的同性异形机构也是通过类比法创造的。例如图 13.10-19a 所示为一曲柄(OA)和连杆(AB)等长的对心曲柄滑块机构,与图 13.10-19b、c 所示两个机构在运动特性上完全相同,是三个同性异形机构。

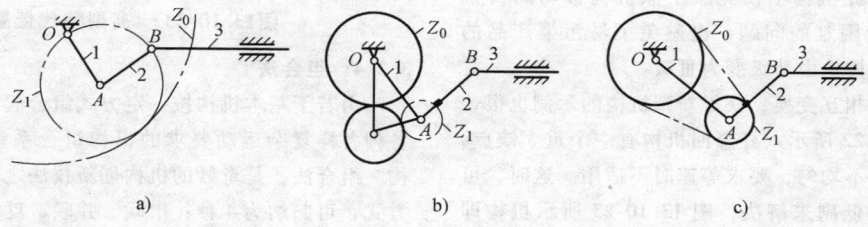

图13.10-19　同性异形机构示例

3.2.3　变异法

机构的运动取决于杆和副的形状、尺度和位置。机构的变异,就是通过杆和副的形状、尺度、位置以及数量的变化,生成新的机构形式。

1. 杆组扩展法

杆组扩展法是依据机构组成原理,用类比法选择出基本机构雏形后,增加若干杆组(即基本组)建构新机构的机构创新法。增加杆组,实际上就是增加杆件数和运动副数。

譬如,要设计一个具有大行程速比系数(急回特性系数)的机构,一般都先选有急回特性的四杆机构(如图 13.10-20 所示曲柄摇杆机构、曲柄滑块机构、导杆或导块机构等),再附加可用的杆组(例

如牛头刨床、插床等要实现往复快回动作,就可采用 RRP、RPP、PRP 等 3 类 Ⅱ 级杆组),就可获得多种 Ⅱ 级六杆机构,如图 13.10-20 所示。

2. 运动倒置法

运动倒置法亦即变换机架。四杆机构经过运动倒置能生成多种不同功能的机构,定轴轮系经过运动倒置可演化为行星齿轮机构,都是运动倒置法的众所周知的实例。用运动倒置法,是机构发生变异,是机构构形创新的方便方法之一。

例如,要设计一个双足步行机构,要求脚跟对于腰部的轨迹如图 13.10-21 所示,实现该轨迹的最简单机构是四杆机构,但从连杆曲线谱中难以找到合适的四杆机构,于是便改用六杆机构,并得到不同构件为机架的 4 种机构方案,如图 13.10-21 所示。

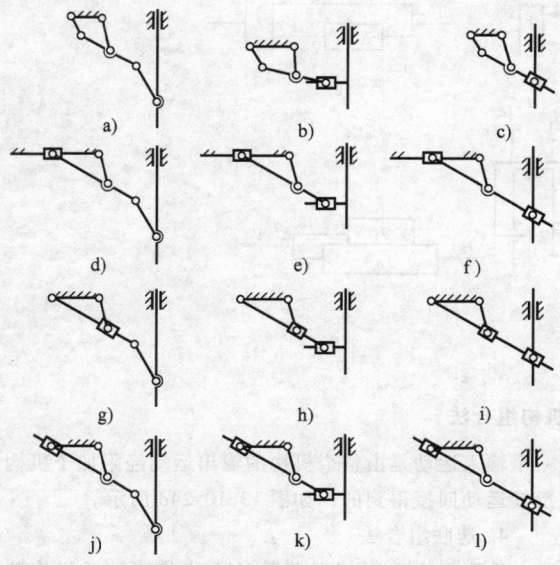

图13.10-20　杆组扩展法

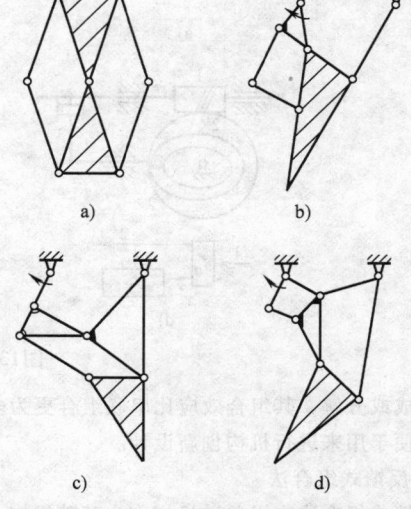

图13.10-21　双足步行机构创新设计

3. 运动副变换法

通过运动副变换（转动副与移动副、高副与低副等的相互变换），可产生新的机构型式。

转动副和移动副对换产生新型机构的示例如图13.10-22 所示。其中图 a 为某手套自动机的传动机构，将 C 处移动副和 D 处转动副对换，即得图 b 所示新型机构。此机构不仅克服了原机构移动副（位于上方）润滑困难的问题，也避免了易污染产品的弊端。整个机构也由Ⅱ级变为Ⅲ级。

低、高副相互变换，获得新型机构的示例也很普遍，图 13.10-22 所示六杆急回机构有一个重大缺点，就是输出速度不均匀，要求等速时不适用。这时，可用凸轮副代替低副来解决，图 13.10-23 所示机构即为一种方案。当然，能实现要求的新机构方案也是很多的。

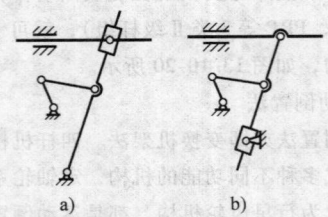

图13.10-22　转、移运动副互换

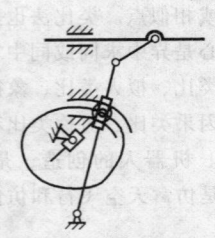

图13.10-23　高副替代低副

3.2.4　组合法

由若干基本机构按一定方式组合起来的、可实现各种各样复杂运动要求的机构组合系统称为组合机构。组合法，是奇妙的机构创新技法之一。机构组合方式，可归纳为 4 种：串联、并联、反馈和选联。

1. 串联组合法

串联组合法是由单自由度基本机构（以下简称子机构）依次联接而形成的组合机构，如图 13.10-24a 所示。前置子机构的从动件与后续机构的主动件直接联接，可以用来改变运动形式，实现复合位移函数和运动特性。

2. 并联组合法

并联组合法是以一差动机构 f_0 为基础子机构附加若干单自由度子机构（f_1、f_2）等构造组合机构的方法，如图 13.10-24b、c 所示。这种组合可实现运

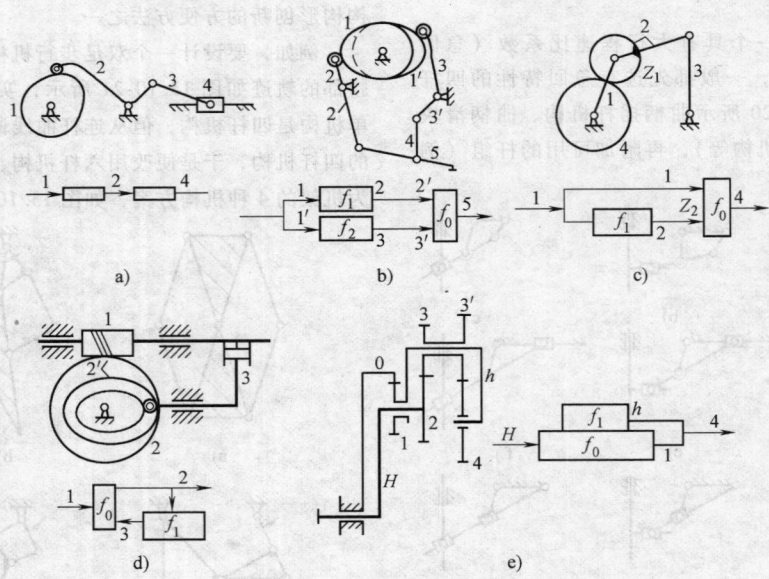

图13.10-24　机构组合法

动的合成或分解，其组合效应比串联组合更为多种多样，更便于用来进行机构创新设计。

3. 反馈式组合法

反馈式组合法也以差动机构作为基础机构，它的

一个输入运动是由整个机构的输出运动经附加子机构反馈运动回授得到的，如图 13.10-24d 所示。

4. 选联组合法

选联组合法以"运载"的方式将附加子机构装

置在基础子机构的运动构件上面而构造新机构,如图13.10-24e 所示,可以得到各种复杂或特定的运动。其基础子机构可以是单自由度机构,也可以是差动机构。

组合法是富有成效的机构创新方法,可用来实现同类或异类机构的组合,创造各式各样的新机构。

3.2.5 臻美法

臻美法即理想法,是按理想思维实现机构创新,常用的有缺点列举法、希望点列举法、求奇法、补美法等。例如折叠伞机构,就是运用缺点列举法对传动伞进行分析,列举一系列缺点,并针对伞太长、体积大、不便携带等缺点,进行构思创造出来的。

再如齿形带传动机构,可以说是利用希望点列举法创新出来的。原有的带传动和链传动,虽都有各自的优点,但也有各自严重的缺陷,于是人们想创造一种更理想的远距离传动方法,能综合上述两种传动的优点,并更理想化:能实现恒定的传动比,预紧力小从而压轴力小,允许更高的线速、更大的传递功率,柔性好从而带轮直径更小、寿命更高等。结果,发明了齿形带传动机构。

综上所述,机构创新设计法有多种,它们是一般创新设计法在机构设计领域的应用。因此,应当熟悉一般创造性思维和创造技法,并结合机构设计特点,把握、探索和开发机构创新的思维和技术。

4 典型案例剖析

案例1 机械叠加组合与创新设计

机构组合是机构创新设计的重要途径。经过对机构系统的分析,把机构的组合方式分为串联、并联、叠加和反馈式组合。下面讨论机构的叠加组合与创新设计。

1. 机构叠加组合原理

机构叠加是指在一个机构的可动构件上再安装一个以上机构的组合方式。把支撑其他机构的机构称为基础机构,安装在基础机构可动构件上面的机构称为附加机构。机构叠加组合方法有三种。图 13.10-25 为机构的叠加组合示意图,图 a、b、c 分别称为 I 型叠加机构、II 型叠加机构、III 型叠加机构。以下分别进行讨论。

(1) I 型叠加机构　图 13.10-26 所示机构是根据 I 型叠加原理设计的风扇。动力源作用在附加机构上,附加机构安装在基础机构的可动构件上,蜗杆传动机构为附加机构,行星轮系为基础机构。蜗杆安装在行星轮系的系杆 H 上,由蜗轮给行星轮提供输入运动,带动系杆缓慢转动,蜗杆(附加机构)驱动

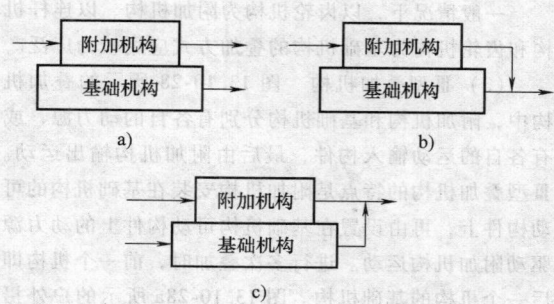

图 13.10-25　机构的叠加组合

a) I 型叠加机构　b) II 型叠加机构　c) III 型叠加机构

扇叶转动时,行星轮(基础机构)的运动可实现风扇的慢速回转运动。

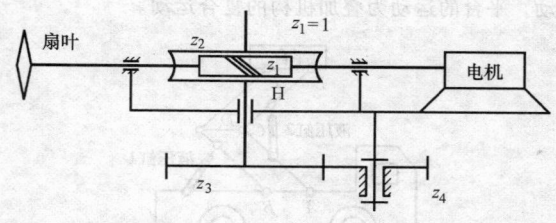

图 13.10-26　I 型叠加机构

(2) II 型叠加机构　图 13.10-27a 所示叠加机构中,由蜗杆传动机构和齿轮组成的轮系为附加机构,四杆机构 ABCD 为基础机构。附加机构轮系设置在基础机构的连架杆 1 上。附加机构的输出齿轮与基础机构的连杆 BC 固接,实现附加机构与基础机构的运动传递。这样四杆机构的两个连架杆都可实现变速运动。通过对连杆机构的尺寸选择,可实现基础机构的复杂低速运动。

图 13.10-27b 所示机构就是按 II 型叠加原理设计的双重轮系,齿轮 1、2、3 和系杆 H 组成的轮系为附加机构,齿轮 4、5 和系杆 H 组成的行星轮系为基础机构。附加机构的系杆 H 与基础机构的齿轮 4 连接,实现附加机构向基础机构的运动传递。

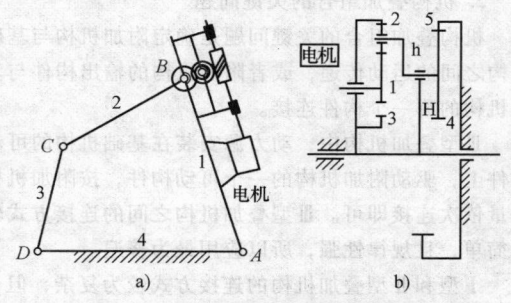

图 13.10-27　II 型叠加机构

一般情况下，以齿轮机构为附加机构、以连杆机构和齿轮机构为基础机构的叠加方式应用较为广泛。

（3）Ⅲ型叠加机构　图 13.10-28 所示的叠加机构中，附加机构和基础机构分别有各自的动力源，或有各自的运动输入构件，最后由附加机构输出运动。Ⅲ型叠加机构的特点是附加机构安装在基础机构的可动构件上，再由设置在基础机构可动构件上的动力源驱动附加机构运动。进行多次叠加时，前一个机构即后一个机构的基础机构。图 13.10-28a 所示的户外摄影车机构即Ⅲ型叠加机构的应用实例。平行四边形机构 ABCD 为基础机构，由液压缸 1 驱动 BD 杆运动。平行四边形机构 CDEF 为附加机构，并安装在基础机构的 CD 杆上。安装在基础机构 AC 杆上的液压缸 2 驱动附加机构的 CE 杆，使附加机构相对基础机构运动，平台的运动为叠加机构的复合运动。

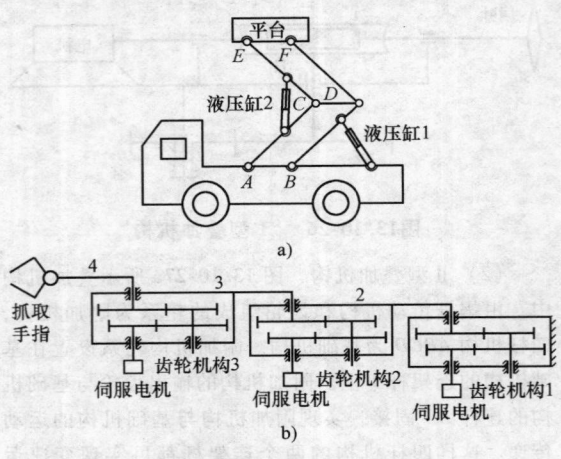

图13.10-28　Ⅲ型叠加机构

a）户外摄影车机构　b）机械手机构

Ⅲ型叠加机构在各种机器人和机械手机构中得到了非常广泛的应用。图 13.10-28b 所示的机械手就是按Ⅲ型叠加原理设计的叠加机构。机构的叠加组合在要求实现复杂运动和特殊运动规律时有巨大的潜力。

2. 机构叠加组合的关键问题

机构叠加组合的关键问题是确定附加机构与基础机构之间的运动传递，或者附加机构的输出构件与基础机构的哪一个构件连接。

Ⅲ型叠加机构中，动力源安装在基础机构的可动构件上，驱动附加机构的一个可动构件，按附加机构数量依次连接即可。Ⅲ型叠加机构之间的连接方式较为简单，且规律性强，所以应用最为普遍。

Ⅰ型和Ⅱ型叠加机构的连接方式较为复杂，但也有规律性。如果齿轮机构为附加机构、连杆机构为基础机构，连接点选在附加机构的输出齿轮和基础机构的输入连杆上。如果基础机构是行星齿轮系，可把附加齿轮机构安置在基础轮系的系杆上，附加机构的齿轮或系杆与基础机构的齿轮连接即可。机构叠加组合而成的新机构具有很多优点，可实现复杂的运动要求，机构的传力功能较好，但方案设计构思难度较大。

3. 叠加组合原理的应用

要求设计一种可作全方位的空间转动、导弹可向任意方向发射、机动性强的发射架。图 13.10-29 所示的利用机构的叠加组合原理设计的发射架能满足要求。

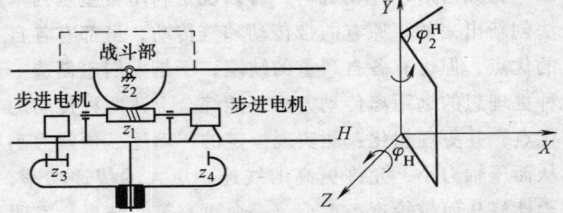

图13.10-29　利用机构的叠加组合原理设计的发射架

设计构思分析：导弹发射架绕水平轴旋转，战斗平台绕垂直轴转动，两者运动的合成可实现空间全方位发射任务。如采用单自由度的机构，系统难以实现空间任意位置要求。现采用绕水平轴旋转机构和绕垂直轴旋转运动的两个单自由度机构的叠加组合，可实现设计运动要求；选用齿轮机构，其结构简单、体积小；绕水平轴（z 轴）的转动选用蜗杆传动（附加机构）完成，并可满足战斗平台的自锁要求；驱动电机安装在战斗平台上，绕垂直轴（y 轴）的转动可用行星轮系（基础机构）完成，其中行星轮为主动件；固接在系杆上的步进电机直接驱动行星轮，迫使系杆转动；附加机构安置在基础机构的系杆 H 上，系杆为战斗平台。

案例 2　平动齿轮机构的演化与创新

进行机构创新，不断发明和创造出新机构是机构学的一个重要内容。在实际的研究和学习中，如何在机构演化变异过程中体现创新思维，去发现新机构是非常重要的。平动齿轮机构是一种新型的齿轮机构，该机构具有许多优异的特性，通过对其不断的演化和创新，可以获得该机构的一系列同性异型或同型异性机构，其中一些机构具有良好的应用前景。

图 13.10-30 所示为平行四边形机构，其最大特点是曲柄 AB、CD 转动时，连杆 BC 作平动。图 13.10-31 所示为一对外啮合圆柱齿轮机构，其最大特点是两轮啮合时能保证较大且恒定的传动比，传动

平稳，传动功率大，效率高。这两种机构都是基本的常用机构。通过对这两种机构进行不同组合与演化、创新，可得到一系列新的平动齿轮机构。

将图 13.10-30、图 13.10-31 所示的两种基本机构进行叠加组合，得到图 13.10-32 所示的机构。图中 $AB \underline{\underline{/\!/}} CD \underline{\underline{/\!/}} O_1 O_2$，$BC$ 杆与齿轮 Z_2 固连。显然，该机构具有如下特点：在运动过程中，齿轮 Z_2 由于和杆 BC 固连，所以始终作平动，同时继续与齿轮 Z_1 保持啮合。这一点既不同于定轴齿轮机构，也不同于行星齿轮机构，因此是一种全新的齿轮机构，称为平动齿轮机构。

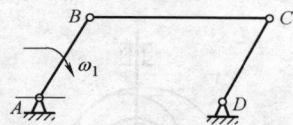

图13.10-30 平行四边形机构

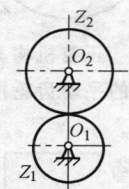

图13.10-31 外啮合齿轮机构

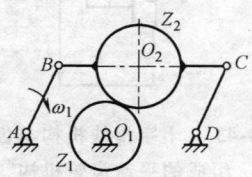

图13.10-32 外啮合平动齿轮机构

1. 内啮合内平动齿轮机构的形成及应用

图 13.10-32 只是平动齿轮机构的一种，称为外啮合平动齿轮机构。经分析研究发现，该机构运动起来后外形尺寸过大，实用性较差。为此，以减小尺寸为出发点，进一步进行合理的演化创新，可获得一系列的新的平动齿轮机构。将图 13.10-31 所示的外啮合齿轮机构换成图 13.10-33 所示的内啮合齿轮机构，然后与图 13.10-30 进行类似的组合，得到图 13.10-34 所示的内啮合平动齿轮机构。其尺寸显然要小于图 13.10-32 所示的外啮合平动齿轮机构。该机构具有传动功率大、效率高等优点。若两齿轮的齿数差很小时，该机构又具有传动比大的优点，从而可以实现

大传动比、大功率、高效率传动。但是，要把这种原理图变成真正的实用机构，仍然需要进行深入的演化创新。按照常用的机构演化方法，通过增加辅助构件可得到图 13.10-35 所示的机构。该机构不仅增加了机构的刚性，而且还消除了机构运动的不确定位置。但是该机构应用于实际时，构件在运动过程中的惯性力不易平衡，所以运动稳定性较差。为此，利用增加辅助机构的方法，可得到图 13.10-36、图 13.10-37 所示的机构。由于采用了两组和三组相同的机构，很明显这两种机构较好地解决了运动过程中构件惯性力的平衡问题。

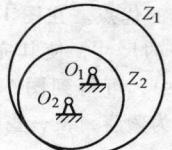

图13.10-33 内啮合齿轮机构

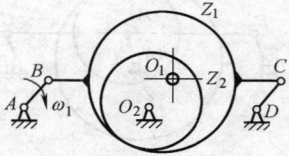

图13.10-34 内啮合平动齿轮机构

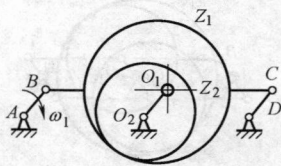

图13.10-35 内啮合内平动齿轮机构

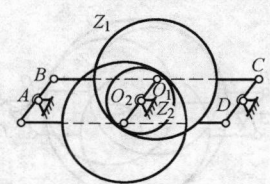

图13.10-36 二环减速器机构简图

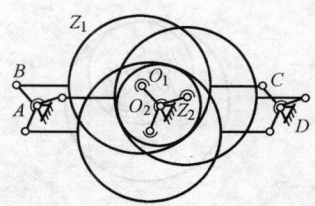

图13.10-37 三环减速器机构简图

2. 内啮合外平动齿轮机构的形成及应用

很明显，图 13.10-36 与图 13.10-37 所示机构的外廓尺寸仍然较大，使其应用受到了一定的限制。为此，设想将图中的齿轮 Z_2 与连杆固连，则外齿轮 Z_2 就变成了平动齿轮，其平动只能在内齿轮 Z_1 的内部进行，运动范围较小，机构整体的尺寸将大大减小。图 13.10-38 所示为演化后得到的同性异型机构，称为内啮合外平动齿轮机构。进行与上文相同的演化，可以得到图 13.10-39、图 13.10-40 所示的内二环、内三环减速器。显然，其总体尺寸比图 13.10-36 和图 13.10-37 所示的普通二环、三环减速器要小得多，因此具有结构紧凑的优点。在图 13.10-38 所示的机构中，若减小各杆的尺寸，使其完全包含于外齿轮 Z_2 的轮廓尺寸之中，可得到图 13.10-41 所示的机构。该机构尺寸更为紧凑，在一些有特殊要求的场合更具实用价值。

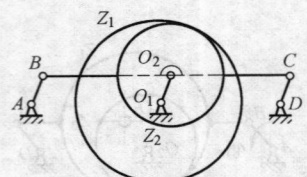

图13.10-38　内啮合外平动齿轮机构

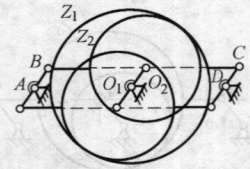

图13.10-39　内二环减速器原理图

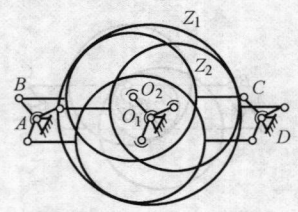

图13.10-40　内三环减速器原理图

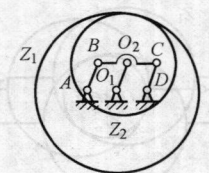

图13.10-41　内啮合外平动机构的变形

3. 平动齿轮机构的扩展及应用

从如上所述的整个平动齿轮机构的演化过程来看，最初平动齿轮机构只是一个平行四边形机构和一个齿轮机构的组合，对平行四边形机构利用的是它的连杆平动的特点，对齿轮机构利用的是它的啮合特点。因此，进行思维的扩展：凡是能提供平动的机构与齿轮机构组合都能成为平动齿轮机构。图 13.10-42、图 13.10-43 所示分别是由正弦机构、十字滑块机构与齿轮机构组成的平动齿轮机构。显然，根据这一思想，类似的组合可以有很多，这里不再一一举出。这些平动齿轮机构经过进一步的演化，同样具有很高的实用价值。

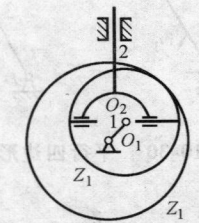

图13.10-42　正弦机构与齿轮机构组成的平动齿轮机构

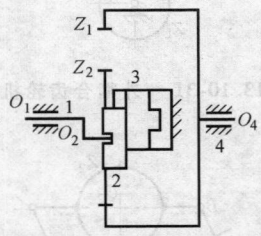

图13.10-43　十字滑块机构与齿轮机构组成的平动齿轮机构

案例 3　精梳机钳板机构的设计与分析

国际上新型精梳机的钳板机构基本上有两大类：一类采用中支点式钳板和小锡林（直径约 125mm）；另一类采用上支点式钳板，并配备辅助钳板和大锡林（直径 150mm）。下面以中支点式钳板精梳机（FA261型）中的钳板机构为例进行分析讨论。

1. 精梳机钳板机构设计特点

（1）有利于提高精梳机的速度　精梳机的速度标志着精梳机的产量水平，而钳板机构则是精梳机能否实现高速的关键因素之一。精梳机钳板摆轴是由锡林经滑杆滑套机构传动（见图 13.10-44），设计简洁合理，由于滑杆较长，在传递相同转矩时，可使曲柄轴上受力较小。

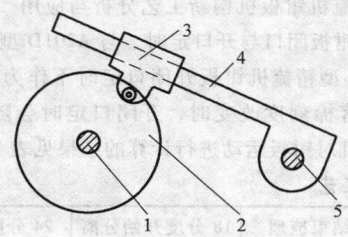

图13.10-44 精梳机钳板摆轴机构

1—锡林轴 2—法兰盘 3—滑套
4—滑杆 5—钳板摆轴

钳板摆动机构（见图 13.10-45）除带动上下钳板、上钳板架、下钳板座、钳口加压元件及各摆臂等机件外，还需带动给棉组件、顶梳等作往复运动。欲使其在高速时稳定运行，关键在于减小其运动惯量，最有效的途径是：

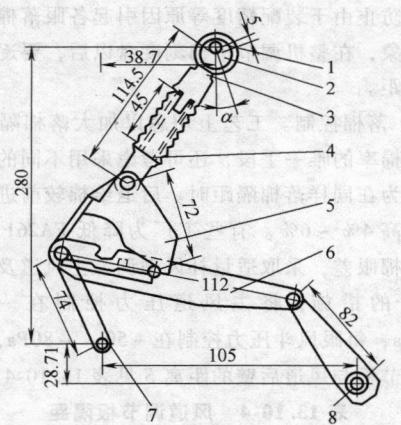

图13.10-45 精梳机钳板传动机构

1—张力轴 2—偏心轮 3—导杆 4—弹簧 5—上钳
板架 6—下钳板座 7—锡林轴 8—钳板摆轴

1）减轻各机件的重量。FA261 型精梳机各摆臂、下钳板座、上钳板架均采用轻质铝合金，给棉罗拉为中空铝合金，棘轮、齿轮及顶梳架为工程塑料，仅上下钳板采用不锈钢板，使材质轻量化。

2）减少零件、紧凑结构。FA261 型精梳机在小卷张力轴上增设一偏心机构（偏心距为 5mm），通过装有预压缩弹簧的导杆与上钳板架铰接，实现钳口的启闭与加压，简化了机构，因钳板机构在摆动中始终受到牵吊，运动惯量减小，运动平稳性好。

（2）有利于提高针面的梳理质量 精梳机采用中支点式钳板机构，使梳理隔距变化很小，梳理负荷能均匀分布在针面上，有利于梳理质量的提高。

（3）钳唇的设计 钳唇对须丛的握持直接影响锡林的梳理质量和落棉中可纺纤维的数量。FA261 型精梳机钳唇与 A201D 型精梳机钳唇（见图 13.10-46）相比有以下特点：

1）A201D 型精梳机钳唇闭合时呈面握持，握持面上加压值约 150 N；FA261 型精梳机的钳唇闭合时则形成两条线握持，钳口加压大（约 500N）并集中在握持线上，对须丛的握持牢固。

2）A201D 型精梳机下钳唇前缘为直线，闭合时与上钳唇间有 0.55mm 间隙，防止上钳唇启闭时搓揉须丛。FA261 型精梳机因下钳唇下部内切，减少了上钳唇启闭时对须丛的搓揉。

3）为帮助始梳梳针顺利刺入须丛，上钳唇须下压一定深度。A201D 型精梳机因始梳隔距大，上钳唇下压深度 2.4mm，受梳须丛死隙长度 a 约为 7.4mm。FA261 型精梳机因始梳隔距小，上钳唇下压深度减小到 0.9mm，同时钳唇最后握持点下移，死隙 a 明显减小。

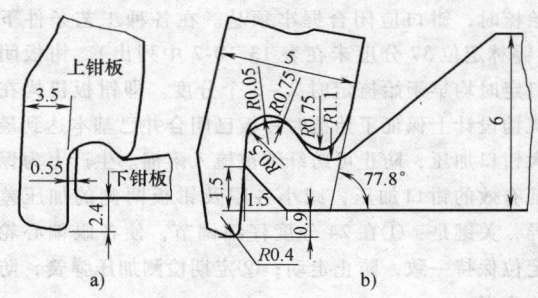

图13.10-46 精梳机钳唇结构

a）A201D 型精梳机钳唇 b）FA261 型精梳机钳唇

（4）钳唇启闭与加压 图 13.10-45 中，由钳板摆轴传动的张力轴与钳板摆轴作反方向的往复摆动，24 分度钳板到达前死心时，由定位工具确定的偏心轮位置角为 17.3°。在 39.1 分度钳板后退到后死心时，钳板摆轴顺时针转动了 43.97°，根据传动图可求得偏心轮反时针转过（128/38）× 43.97° = 148.1°。导杆中装有原始长度为 80.5mm、弹簧刚度为 6.47N/mm、预压缩长度为 80.5mm － 45mm ＝ 35.5mm 的加压弹簧，施加在钳口两边的初始压力为 2 × 35.5mm × 6.47N/mm ＝459N。钳板后退中，上钳板在偏心轮及导杆作用下逐渐闭口，经计算机计算可知：在闭口后弹簧进一步被压缩，钳口加压很快达到最大值（约 500N），通过巧妙的偏心轮运动配合，使整个梳理阶段能基本保持这个较大的钳口压力。当落棉刻度为 8 时，经计算，梳理中各分度的钳口加压量见表 13.10-1。

表 13.10-1　梳理阶段钳板钳口的加压量

分度	35	36	37	38	39	40	1	2	3	4	5
钳口加压/N	496	493	489	486	484	485	487	490	493	496	497

2. 精梳机钳板机构新工艺分析与应用

（1）钳板闭口与开口定时　与 A201D 型精梳机不同，FA261 型精梳机钳板开闭口定时不作为工艺进行调节，但落棉刻度改变时，开闭口定时会随之改变。利用计算机对钳板运动进行计算的结果见表 13.10-2。

表 13.10-2　钳板机构关键工艺

落棉刻度	闭口定时	始梳分度	始梳时钳口加压/N	开口定时	结束梳理分度	18 分度开始分离时开口量/mm	24 分度时最大开口量/mm
5	33.5	35.2	487	10	5.6	10.6	19.3
6	32.1	35.1	494	11	5.4	8.5	16.9
7	31.9	35.0	495	12	5.2	7.1	15.2
8	31.6	34.9	496	12.5	5.0	5.7	13.5
9	31.3	34.8	497	13	4.8	4.4	12.0
10	31.1	34.7	499	14	4.6	3.1	10.4
11	30.7	34.7	499	14.5	4.4	1.8	8.9
12	30.3	34.6	499	15	4.2	0.6	7.5

1）闭口定时。因 FA261 型精梳机的中支点式钳板始梳隔距较小，始梳力较大，工艺上必须保证锡林始梳时，钳口应闭合握牢须丛。在各种工艺条件下（锡林定位 37 分度未在表 13.10-2 中列出），钳板闭口定时均早于始梳定时 2～3 个分度。即钳板机构在机构设计上保证了始梳时钳板已闭合并已基本达到最大钳口加压，防止可纺纤维被梳入落棉。生产上为保证有效的钳口加压，减小各眼及钳板两侧的加压差异，关键是：①在 24 分度仔细调节，使各眼偏心轮定位保持一致，防止走动；②定期检测加压弹簧，防止衰退。

2）开口定时。梳理结束后钳板应及时开口，以便须丛抬头接合。表 13.10-2 中钳板开口定时比结束梳理定时迟 4.4～10.8 个分度，开口较迟是该机构设计中的不足，特别是当落棉刻度增大时，开口更迟，使开始分离时的关键开口量及钳口最大开口量太小而妨碍须丛顺利进入分离钳口，使棉网清晰度不良，甚至产生破洞。在加工长绒棉时尤应注意。

（2）落棉隔距及落棉率的调节与控制

1）落棉隔距。FA261 型精梳机的落棉隔距是指 24 分度钳板最前位置时下钳唇与后分离罗拉表面的距离。在落棉刻度为 5 时，用 6.34mm 隔距块逐眼校正最小落棉隔距，然后调节装于钳板摆轴上的落棉刻度盘到所需的刻度。经计算，对应于不同落棉刻度时的落棉隔距见表 13.10-3。

表 13.10-3　落棉刻度与落棉隔距

落棉刻度	5	6	7	8	9	10	11	12
落棉隔距/mm	6.34	7.47	8.62	9.87	10.95	12.14	13.34	14.55

为防止由于装配精度等原因引起各眼落棉隔距不一致现象，在整机调节落棉刻度盘以后，要逐眼复查落棉隔距。

2）落棉控制。工艺上切忌以加大落棉隔距作为增加落棉率的唯一手段，还可考虑采用不同的给棉方式，因为在同样落棉隔距时，后退给棉较前进给棉的落棉率高 4%～6%。有些工厂为降低 FA261 型精梳机的落棉眼差，采取适量补风来调节主风道及各风斗内压力的措施，将主风道压力控制在 -160～-180Pa，每眼风斗压力控制在 -50～-80Pa，为此，各眼调节板与风道后壁的距离 S 见表 13.10-4。

表 13.10-4　风道调节板隔距

眼号	1	2	3	4	5	6	7	8
S/mm	47	42	37	33	29	27	24	22

（3）钳板运动与弓形板定位的配合　弓形板定位改变，会使锡林头排、末排针与钳口相遇的时间和位置改变，从而影响梳理效能。由表 13.10-5 可见，FA261 型精梳机锡林（弓形板）定位迟些，梳理的时间略长，梳理隔距的极差略小。这是因为其采用中支点钳板，钳口无论在何时何地与针排相遇，对梳理隔距的影响均不大。而落棉隔距的改变对梳理隔距和梳理时间的影响也较小。但是我们知道弓形板定位与落棉隔距的改变对 A201D 型精梳机下支点钳板和 FA251 型精梳机上支点钳板的梳理隔距会有较大影响。

（4）改进设计的建议

1）为适应中支点钳板强分梳的需要，钳口须握持可靠。E7/6 型精梳机的钳口加压已在 E7/5 型精梳机 500N 的基础上增加到 600N。建议精梳机也应在增加钳口握持力、减小握持力差异方面作进一步改进。

表 13.10-5　梳理工艺

落棉刻度	锡林定位	始梳分度	末梳分度	梳理时间/分度	梳理隔距极差/mm
6	37	34.5	4.0	9.5	0.26
	38	35.1	5.4	10.3	0.24
8	37	34.3	3.7	9.4	0.29
	38	34.9	5.0	10.1	0.20

2）精梳机为减轻钳板组件的重量，不配备辅助钳板，但给棉罗拉与下钳板前缘的距离为 36.5mm，使分离接合阶段进行分离牵伸时，浮游区较大（约 50～60mm），纤维丛容易失控，不仅会引起可纺纤维散失，甚至会恶化条干或引起棉层横向断裂。E7/6 型精梳机已将该距离缩小到 28.6 mm。

设计构思分析：

1）精梳机钳板机构结构紧凑，运动惯量小，钳板开闭口及加压合用偏心导杆的巧妙设计简化了机构，能适应高速。但不足之处是钳板开口较迟且不可调节，特别在落棉刻度较大时，会使开口量不足而影响须丛抬头。

2）精梳机的中支点式钳板始梳隔距很小，此时钳口应有较大的握持力。为此，需保持偏心轮定位准确，减小相互间差异，并防止加压弹簧的衰退。

3）增减落棉率可改变落棉隔距，也可改变给棉方式。减小落棉率眼差一方面要减小落棉隔距的眼差，另一方面应控制吸落棉的风量及风道、风斗内的风压。

4）锡林（弓形板）定位的改变对中支点式钳板精梳机的梳理隔距影响不大，而对下支点式钳板和上支点式钳板精梳机的梳理隔距会有较大的影响。

案例 4　水稻插秧机分插机构的创新设计

分插机构是水稻插秧机的主要工作部件，它决定了机械插秧的质量和效率，其主要措施有两条：一是应用曲柄摇杆机构作为水稻分插机构，以连杆作为栽植臂，为提高其工作可靠性和减少秧苗回带，在栽植臂上附加了推秧装置，大大提高了插秧机的工作质量；二是以先进的农艺与农机结合，创造了旱育稀植的育苗方式，即以带土苗取代裸苗插秧，进一步提高了插秧质量，特别是提高了每穴秧苗的数量精确度。在插秧质量满足要求后，又积极寻求提高其效率，主攻方向仍然是分插机构，并在 20 世纪 80 年代中期研制出新型高效的分插机构，这就是偏心齿轮行星系分插机构，推出整机性能优良的高速插秧机，工作效率

比连杆式插秧机提高了 32%。在此基础上又发展了带椭圆齿轮行星系分插机构的高速插秧机，到 20 世纪 90 年代普及率达 80% 以上。这两种分插机构除了农机与农艺相辅相成的结果之外，还在于插秧机产品的不断创新，尤其以其主要工作部件分插机构的创新作为标志。

从插秧机分插机构的创新构思角度，运用机构学理论，归纳总结分插机构的创新思路。

1. 分插机构的功能要求

分插机构是插秧机的主要工作部件之一，由分插器和驱动机构组成。实现分秧和插秧的动作时，分插器直接与秧苗接触进行分秧和取秧，为合适地取秧，使秧苗插直、插深、插稳、不勾不伤，分插器必须按一定的轨迹和姿态运动，驱动机构的作用就是使分插器按要求的轨迹和姿态准确可靠地运转。因此，驱动机构的工作性能直接影响到插秧的质量和工作效率，它应实现如下的功能要求：①使分插器按一定的轨迹运动，运动轨迹一般为余摆线状；②分插器沿着轨迹运动时，对应取秧、插秧位置应有不同的姿态，以保证取秧顺利和秧苗插直。以曲柄摇杆式分插机构为例，如图 13.10-47 所示。

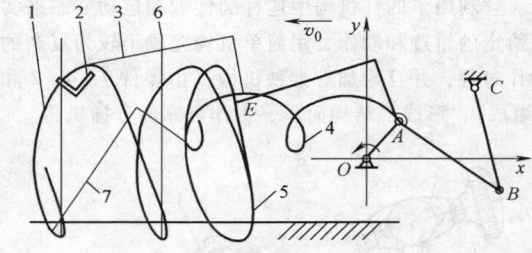

图13.10-47　分插机构的工作轨迹及要求
1—分离针端点 E 的动轨迹　2—秧箱　3—取秧时栽植臂的姿态
4—曲柄端点 A 的动轨迹　5—分离针端点 E 的静轨迹
6—秧苗位置　7—插秧时栽植臂的姿态

根据以上所述，凡能满足功能要求的任何机构，均可用做分插机构的驱动机构，但在工程实际中，寻求既能满足此功能要求又在结构上易于实现、工作可靠、作业效率高的机构却并非易事。

2. 分插机构的创新

机构创新的目的，一方面是要求能达到构思新颖、结构独特、动作合理和工作可靠等重要指标，另一方面应注意其经济性和实用性，本质是扩展构思思路，实现一定意义上的最优设计。确定所需机构的途径一般有两种：一是查阅按功能和动作分类的机构应用实例进行机构选型；二是构思新机构。机构创新是比较困难的，但并不是没有规律可循。现按插秧机分

插机构发展历程，将其创新思路归纳如下：

1）转臂滑道机构，其结构简图如图 13.10-48 所示。

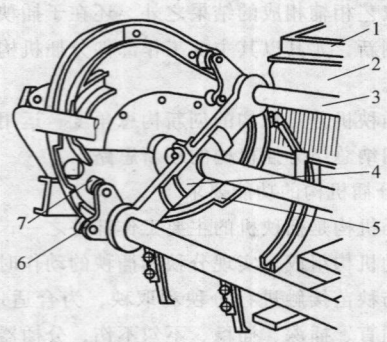

图13.10-48　转臂滑道机构

1—秧箱　2—秧帘　3—秧爪　4—分插轮

5—环形滑道（凸轮）　6—副滚轮　7—主滚轮

秧爪 3 的运动是复合运动，牵连运动为秧爪随分插轮 4 的转动，相对运动为通过主滚轮 7 和副滚轮 6 受环形滑道 5 控制相对于分插轮 4 的摆动，从而形成所要求的轨迹和动作，满足了生产需要。

2）曲柄摇杆机构，其结构简图如图 13.10-49 所示。它利用了四杆机构中连杆的特点和运动姿态来实现给定的轨迹和动作，用简单机构完成了较为复杂的动作过程，并且附加有推秧机构（由零件 7、4、2 和 6 组成），形成了结构简单、工作可靠的分插机构。

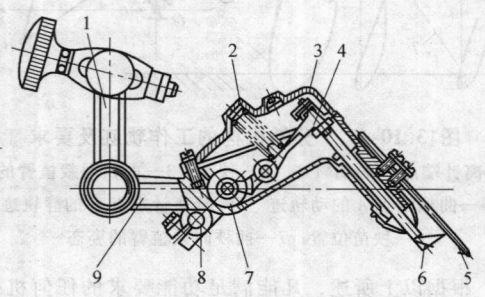

图13.10-49　曲柄摇杆机构

1—摇杆　2—推秧弹簧　3—栽植臂盖　4—拨叉

5—分离针　6—推秧器　7—凸轮　8—曲柄

9—栽植臂

3）非圆齿轮行星系机构，其结构简图如图 13.10-50 所示。它由 5 个全等的非圆齿轮（偏心齿轮或椭圆齿轮）和两套栽植臂组成，5 个非圆齿轮的回转中心均支撑在壳体上，两套栽植臂分别与两个行星轮轴固连。工作时太阳轮 10 固定，而壳体（相当于行星架）作为原动件绕太阳轮的回转中心转动，

从而使两套栽植臂得到所要求的轨迹和动作。可见，它的构思，一方面利用壳体 7 的转动（牵连运动）和行星轮 8 相对于壳体 7 的自转（相对运动）的合成实现了秧针 6 的运动，另一方面利用了非圆齿轮的非匀速比传动的特性，从而实现了预定的动作要求。由于其结构对称，为旋转式，动力性能好，适于高速作业，且驱动轴旋转一周插秧两次，工作效率大大提高。

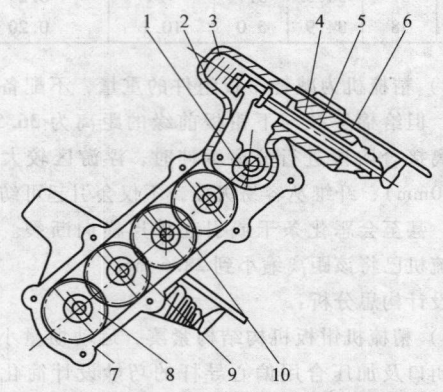

图13.10-50　偏心（椭圆）齿轮行星系机构

1—推秧凸轮　2—拨叉　3—推秧弹簧　4—栽植臂

5—推秧杆　6—分插器秧针　7—壳体

8—行星轮　9—堕轮　10—太阳轮

4）椭圆齿轮差动轮系机构，其机构示意图如图 13.10-51 所示。它由 3 个全等的椭圆齿轮和两套栽植臂组成。3 个椭圆齿轮的回转中心均在椭圆齿轮的焦点上，且相位相同，并支撑在壳体上。两套栽植臂分别与两个行星轮轴相固连。工作时，壳体（即行星架）作为一个原动件绕中心轮的回转中心转动，而中心轮作为另一个原动体以壳体 2 倍的转速同向转动，即 $\omega_1 = 2\omega_H$，从而使两个被动行星轮输出所要求

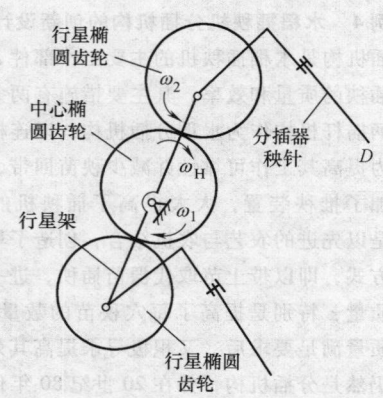

图13.10-51　椭圆齿轮差动轮系机构示意图

的运动，带动栽植臂形成所要求的轨迹和动作。它的创新，是借鉴了非圆齿轮行星系机构的构思联想扩展而来，巧妙利用了两自由度差动轮系和椭圆齿轮的非匀速比传动特性，减少了机构构件的数目，达到同样的效果。

5）旋转式偏心链轮机构，其机构示意图如图13.10-52所示。它由5个全等的偏心链轮和两套栽植臂组成，链轮组1、5、8相当于链轮组6、5、4绕O点转过180°形成，其中轮5有两组链轮轮齿，轮4、8为张紧链轮。工作时，太阳链轮5固定，而壳体2（行星架）作为原动件绕中心链轮的回转中心O转动，从而使两个被动行星链轮输出所要求的运动，带动栽植臂形成所要求的轨迹和动作。这种构思巧妙利用了偏心链轮的非匀速比传动特性，又利用与行星链轮1偏心率相同的链轮4、8作为张紧轮，解决了链长变化对传动的影响，实现了预定的运动要求，得到了新的传动机构，开阔了创新思路。

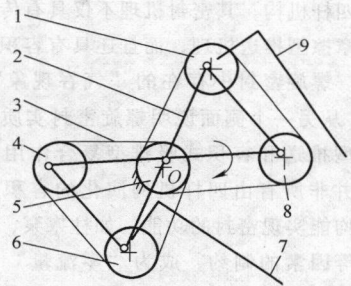

图13.10-52　旋转式偏心链轮机构示意图

1、6—行星链轮　2—行星架　3—链条
4、8—张紧链轮　5—太阳链轮　7、9—秧针

设计构思分析：从分插机构创新的构思可以看出，机械产品的研制和革新是一个动态的复杂过程。为实现既定的功能要求，创新设计可以应用多种原理和思维方法来完成，扩展构思的途径，一方面力求达到构思新颖、结构独特、动作合理和工作可靠等重要指标，另一方面应注意其经济性和实用性，最终实现机械的创新。文中应用运动合成法、机构传动特点、联想扩展等思维方法，研究机构创新设计的理论。

案例5　四杆机构的演化与动密封结构的创新设计

任何机械都是为满足人类的某种功能需求或弥补自身的功能缺陷而设计的，因此，可广义地认为机械是人类器官的延伸，例如，筷子是人手的延伸、计算机是人脑的延伸等。在机械设计中借鉴或类比生物界的某些特有规律及特点，如生命的进化与演化过程等，已被国内外的一些学者所应用，并孕育出生物型

机械设计系统。这种观点指出，任何一种成熟机构或机械的产生并不是孤立的、一蹴而就的，往往是由基本的、原始的、简单的、低级的、相近的或相似的机构或机械在功能需求的激励下通过演化、进化而得到的。因此，从演化的角度对过去和现有的机构和机械进行分析和综合探索，是机构或机械创新设计的重要途径之一。

1. 四杆机构的演化与容积式泵的发展

四杆机构作为一种典型的、原始的基本机构，与许多现代机械有着千丝万缕的联系。换言之，可以认为四杆机构是一些现代机械的"细胞核"。而某些容积式泵类机构或机械正是由这种"细胞核"演化、进化发展得到的。

图13.10-53a中，当四杆机构的基本形式之一的曲柄摇杆机构ABCD通过将转动副D的尺寸扩大并使连架杆CD的尺寸增至无穷大时，则转动副D的中心将移至无穷远处，转动副C的运动轨迹由圆弧变为直线，而转动副D则转化为移动副，构件CD由摇杆演变为滑块，于是曲柄摇杆机构就演化为曲柄滑块机构，如图13.10-53b所示。这种曲柄滑块机构广泛地应用于各种往复泵中。如果继续利用机构学中取不同构件为机架的演化思想，取图b中的连架杆——曲柄AB为机架，则可得到曲柄转动导杆机构，如图13.10-53c所示。在回转式柱塞泵中该机构已被广泛应用。把图c中的转动副A和B作为放大对象，并进行适当的结构设计，即将转动导杆设计成带滑槽的转动缸体，连杆设计成偏心轴BC，就构成图d所示的转动滑块泵，而这种泵则是单螺杆泵最原始的基型。如果将图13.10-53d中滑块的中心C点的运动特性不用连杆BC控制，而用以B为圆心的缸筒来控制，即C处的低副（回转副）高代，与此同时大幅度地缩小滑块的宽度，使其成为滑片，如图13.10-53e所示，这就是滑片泵最初的构形。

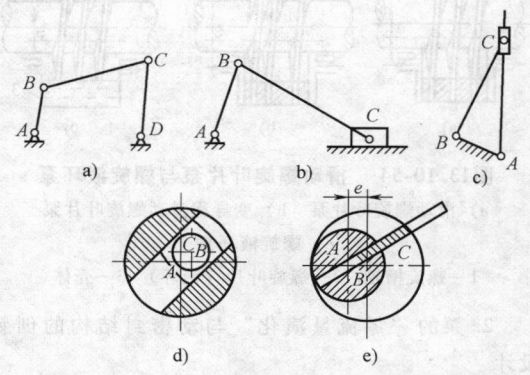

图13.10-53　四杆机构的演化与容积式泵

随着流体可参与运动，出现了液压机构和气动机构等。若将图 13.10-53d 中的滑片固定在滑槽上，并且进行适当的结构设计，使固化的滑片能在以 B 为圆心的缸筒中作整周回转，同时借助于液体这一特殊"构件"的参与运动而形成液环，则可得到一种特殊类型的容积泵——液环泵。值得注意的是，无论是回转式柱塞泵还是滑片泵，以及液环泵，均属于平面式容积泵，即其周期变化的闭合容腔是平面型的。换言之，其闭合的容腔与转子轴线垂直的各横断面的几何形态一致，且其吸排的方向都是径向的。

平面式容积泵虽已得到广泛应用，但对于一些有特殊工况的场合（如要求轴向吸排等）已满足不了要求。利用平面型泵向空间螺旋演化理论对滑片泵进行空间螺旋演化，则可得到如图 13.10-54 所示的大宽度螺旋叶片和呈螺旋形态的螺旋槽轴所构成的滑动螺旋叶片泵。以这种滑动螺旋叶片泵为基型的变导程滑动螺旋叶片泵（见图 13.10-54b），就是其成功应用的典范。若把滑动螺旋叶片泵中的固体叶片以"流体叶片"替换，或将液环泵进行空间螺旋演化，则可得到一种新型空间泵——螺旋液环泵，如图 13.10-54c 所示。无论是滑动螺旋叶片泵还是螺旋液环泵，它们的闭合容腔具有以下特征：同一截面上的一个周期里各个变化的闭合容腔的变化形态与同一瞬时沿轴向在一个导程或几个导程内的各个不同截面上的闭合容腔的变化形态相对应或完全一样。其吸排方向由径向变为沿轴向，且其流体的赋能机理已不再是简单的具有螺旋式摩擦型推送，而是还具有容腔的变化引起的轴向容积型吸排。尤其需要指出的是螺旋液环泵，一根旋转的螺旋槽轴和一静止的壳体，只要它们之间存在偏心和具有一定量的流体，就是一种具有容积式与螺旋摩擦型推送复合作用的泵。

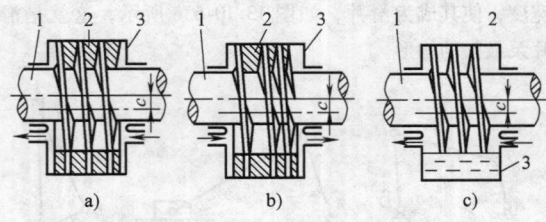

图13.10-54　滑动螺旋叶片泵与螺旋液环泵

a）滑动螺旋叶片泵　b）变导程滑动螺旋叶片泵
c）螺旋液环泵

1—螺旋槽轴　2—螺旋叶片（液环）　3—壳体

2. 泵的"零流量演化"与动密封结构的创新设计

泵是一类赋予流体能量的机械，以流量和压力的乘积衡量其能量的大小。就其本质而言，密封装置的功能是阻止流体在压力差下的流动。换言之，泵是一种以平衡压力差为主要功能的装置，即这种装置仅需要压力，而不需要流量，因此，理论上任何一种泵都可设计成为密封装置。只是优良的密封装置的净流量为零。所以依据泵的成功设计经验，极有可能创新设计出一批新型结构的动密封装置，我们可称之为泵的"零流量演化"。将速度式泵——离心泵用于密封，进而设计成圆盆密封的轴就是泵的"零流量演化"成功应用的范例之一。

由于加工制造和安装等的误差，螺旋密封（见图 13.10-55）的轴和套的轴线或多或少存在偏心，即它们是以一定的偏心距来安装的。这种无意的偏心和该密封装置中必然存在的流体，使得螺旋密封就其内在本质而言是"零流量"的螺旋液环泵，而其"零流量"的实现则是借助于"流体构件"——液体的回流完成的。因此，从演化、进化的角度来讲，螺旋密封是四杆机构，其密封机理不仅具有传统意义上的螺旋式摩擦型推送机理，而且还具有容积式吸排型泵送机理。螺旋密封中存在的"气吞现象"和"密封失效"，从另一个侧面说明螺旋密封实质是一种螺旋式摩擦型推送和容积式吸排型复合作用的"零流量"泵。并非所有由四杆机构演化的容积式泵类机构或机械均能实现密封的功能，如柱塞泵，由于受到刚性构件等因素的制约，成为"零流量"而实现密封功能并不现实。因此，使泵成为"零流量"的泵进而运用于密封应满足一定的条件。对于螺旋密封而言，在定子和转子之间充满粘性流体，由于轴的旋转以及轴和定子之间存在的无意的偏心而形成液环，该液环在推送和泵送的复合过程中发挥了一定的积极作用。但这种借助于离心力所形成的液环的刚性很差，随着输出端压力的提高而存在不同程度的回流现象，正是这种回流现象或存在的内泄使得螺旋密封推送和泵送的净流量为"零"。因此，在容积式泵中，存在"流体构件"或使其存在内泄而成为"零流量"的泵实现密封功能，进而将其用于密封是十分重要的。

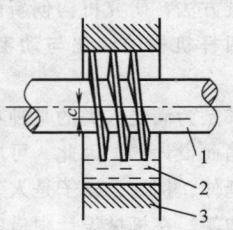

图13.10-55　实际安装的螺旋密封
1—螺旋槽轴　2—液环　3—壳体

对于满足某种功能而使用的机械设备而言，密封装置虽纯属于配角，但密封性能的好坏将会直接影响机械设备的正常使用，甚至会造成机毁人亡的严重后果。从这一角度出发，密封又起着主导性的作用。但密封作为辅助系统必须受到主系统结构等方面的限制，故将上述的"零流量"泵开发为动密封装置还必须作一些结构上的调整。最后还应注意的是，无论是将螺旋液环泵用于密封还是将滑动螺旋叶片泵等用于密封，螺旋的旋向和轴的旋转方向应满足一定的关系。

设计构思分析：

1）任何一种机械或总成都有或长或短的进化、演化过程。"机构或机械的进化与演化"是一种普遍的规律。把演化历程的规律提炼出来必然对机构或机械的创新设计有指导性的意义，显然对动密封结构的创新设计也具有同样的作用。

2）泵的"零流量演化"是依托已有泵的成功设计经验进行动密封结构创新设计的桥梁。

3）演化是在机构或机械自身固有特性的框架内由笔者分析和综合出的逻辑关系。同样的主题，不同的分析者从不同的视角进行分析和综合可以得出不同的演化脉络。换言之，对各种机构或机械进行追根求源的分析和综合，则问题具有多个解。如果将演化脉络的梳理定位在创新范畴内，则解的优劣的判定标准应是它对创新设计指导作用的大小。

第11章　TRIZ及冲突解决原理

1　概述

全世界的企业都在参与市场竞争，不断开发出成功进入市场的新产品是在竞争中取胜的关键。新产品是创新的结果。产品创新包含模糊前端、新产品开发及商品化三个阶段，每个阶段都存在很多问题需要解决。依据经验能够解决其中的一些问题，但不能解决困难问题，这些不能解决的问题形成了产品或过程创新的障碍。创新方法能帮助企业研发人员解决困难问题，从而克服产品创新或过程创新中的障碍。推广应用创新方法成为创新型企业建立的助推力。

为了指导技术创新，多年来，很多研究人员一直总结前人发明创造的经验。这种经验可分为两类：适应于本领域的经验与适应于不同领域的通用经验或规律。

第一类经验主要由本领域的专家、研究人员本身总结，或与这些人员讨论并整理总结。这些经验对指导本领域的产品创新有一定的意义，但对其他领域的创新意义并不明显。第二类经验由专门研究人员对不同领域的已有创新成果进行分析、总结，得到具有普遍意义的规律，这些规律对指导不同领域的产品创新都具有重要的应用价值。

诞生于前苏联的发明问题解决理论（TRIZ）是在分析全世界大量专利的基础上提出的，属于第二类经验的总结。TRIZ研究人员发现，以往不同领域的发明中所用到的规则并不多，不同时代、不同领域的发明，反复采用这些规则。这些规则融合了物理的、化学的以及各工程领域的原理，不仅能用于产生该规则的领域，也适用于其他领域的发明创造。

本章介绍TRIZ组成及其中的冲突解决原理，以及相关工程实例。

2　产品创新过程中的问题及求解

2.1　产品创新过程中的问题

产品创新包含模糊前端、新产品开发、商业化三个阶段，如图13.11-1所示。模糊前端阶段要根据市场机遇产生多个设想，并根据企业能力，通过评价确定若干个设想，这些设想启动新产品开发项目。新产品开发包括产品设计与制造，该阶段通过概念设计、技术设计、详细设计、工艺设计及制造，将上阶段输入的设想转变成产品，并输出到商业化阶段。经过市场运作，在商业化阶段将产品转变成企业效益，从而完成产品创新的全过程。

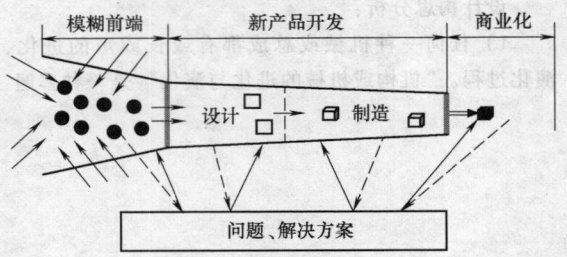

图13.11-1　产品创新过程模型

产品创新过程的各阶段，要遇到很多问题，有些问题很简单，有的则很复杂。研发人员借助自身、企业的经验或与外界的交流，可以解决简单问题和一些复杂问题，但很难或不能解决所有复杂问题。不能解决的复杂问题的解往往不是唯一的，包含有相互矛盾的需求，求解过程不清楚或存在至少一步很难通过的路径。不解决这些复杂问题，创新就不能实现。然而，依据已有的经验，又不能彻底解决该类问题。因此，该类复杂问题的存在及解决成为产品创新的主要障碍。

关于问题的定义，在不同的时期、不同的领域也并不相同。1910年，心理学家Dewey认为，当一个人不能以已有的习惯或经验来应付面临的情况，人们对现状不满或不知如何获得想要的东西时，问题即已产生。Duncker认为当人们有一个目标而不知如何达到目标时，便是问题。Skinner将没有办法立即获得解答的刺激称为问题。Maier认为在对一个状况所期望的反应受到阻碍时，就是问题。Kepner及Tregoe将问题定义为离开工作标准的一种偏差。Newell及Simon认为当一个人想去获得他想要的东西但不知如何行动时就是问题。佐藤允一认为问题就是目标与现状的差距，是必须要解决的事情。韦氏在线词典解释问题为"苦恼或混乱的根源"。现代汉语词典解释问题为"须要研究讨论并加以解决的矛盾和疑难"。

可以看出，以上各学者给出了不同的定义。他们是从个人掌握的知识和经验、心理愿望以及从事情的发展与目标的比对等不同侧面进行的。这反映了问题

存在的广泛性与复杂性。综合以上学者对问题定义的
不同观点，研究其共同点，可以给出问题的定义：
"期望状态"与"当前状态"相比较所存在的距离。

Savransky 将工程中的问题分为两类，即通常问
题和发明问题。通常问题是指所有解决问题的关键步
骤均为已知；发明问题则是指对于问题的解至少有一
关键步骤是未知、解的目标不清楚或含有相互矛盾的
需求。关键步骤是指如果缺少此步骤，则问题不能得
到解决。此分类方法用于工程技术问题。Savransky
依据发明问题解决理论（TRIZ）的基本原理，对问
题的划分是以解决问题的关键步骤是否已知为依据
的。这种分类方法能够使问题解决者迅速判断解决问
题的难易程度，以及据此应该配备何种水平的解决问
题的资源。

例 1　小型混凝土搅拌机的滚筒转速较低，如果
搅拌机采用电动机驱动，电动机转速较高，需要将电
动机的转速降低到与滚筒的转速相匹配。试解决该
问题。

该例中需要解决的问题是如何实现减速，属于通
常问题。根据经验及已有的研究成果可知，减速器是
该问题的解。设计人员可以借助手册或机械设计教材
完成减速器的设计，也可向有关减速器生产企业直接
定购与该设计相匹配的产品，如图 13.11-2 所示。

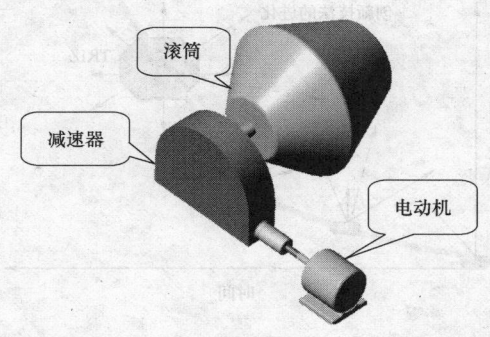

图 13.11-2　小型混凝土搅拌机原理图

例 2　波音公司改进 737 的设计时，需要将使用
中的发动机改为功率更大的发动机，但要求飞机其他
部分不要变动。现要求提出改进方案。

问题分析：发动机功率越大，它工作时需要的空
气越多，发动机整流罩的直径要增大。整流罩增大
后，其底部离地面的距离减小，将影响飞机的安全降
落，这是不允许的，如图 13.11-3 所示。当时该问题
在全世界第一次遇到，没有现成的答案，不知如何解
决。问题本身存在一个冲突：发动机整流罩直径必须
增大，以便吸入更多的空气，发动机整流罩又不能增

图 13.11-3　增加发动机功率所产生的问题

大，以使其与地面之间的距离不变。该问题是一发明
问题，其解是创新设计。

该问题最后的解为，增加发动机整流罩的直径，
以便增加空气的吸入量，但为了不减小与地面之间的
距离，把发动机罩的底部由圆变为曲率大的曲线
（具体形状可由有限元分析确定），而上部曲线仍为
圆弧。通过改变发动机罩底部的形状，即将对称改为
不对称，可增加空气吸入量，又不减小整流罩与地面
的距离。图 13.11-4 及图 13.11-5 分别是改进设计前
后的飞机照片。

图 13.11-4　改进前的 737 飞机

图 13.11-5　改进后的 737 飞机

2.2　问题的解决

问题的解决是一个过程，该过程由一系列联系在
一起的子过程构成，分为 6 步：定义问题、分析问

题、产生可能的解、分析解、选择最好的解、规划未来的行动。问题求解过程不是一个单纯的线性过程，而是存在反馈的过程，如图 13.11-6 所示。

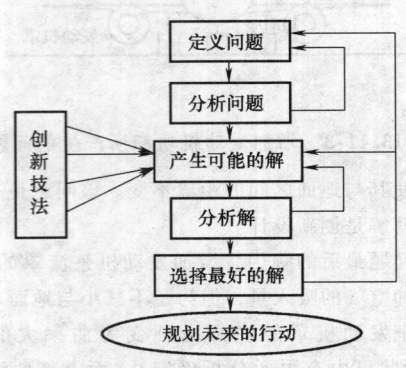

图 13.11-6　问题求解过程

（1）定义问题　解决问题的第一步首先应定义感兴趣的待解决问题。设计者或企业有关人员，要决定希望取得什么结果，并记录下来。人们的头脑中经常会产生一些问题的设想，如果没有显然的解决方案，很快就忘记了。不仅应记录问题，还应检查问题是否正确或有意义。

（2）分析问题　问题解决的第二步是检查我们现在的位置、问题情境、问题所包含的内容等，如什么是当前产品、服务、过程的效益？如何与目前的发展相匹配？实施问题的答案是否特别重要？还应制定一系列限制条件评估可能的解、已确定解能否正常发挥作用。该步骤的主要作用是确定目前的情景及需要改变的内容。

完成了分析问题之后，要返回到第一步，确认问题的定义仍然是有效的。有时人们会发现最初提出的问题不是要解决的根本问题。

（3）产生可能的解　采用创新技法，帮助问题解决团队发现尽可能多的问题解决设想。该阶段不应对任何设想进行评价，而将所产生的每个设想都作为新设想。

（4）分析解　研究潜在解的各种影响因素，记录下与每个解有关的要点。该阶段不进行解的评价，主要是发现解的优点，特别是独一无二的优点。这些优点对未来发展设想具有重要的作用。

（5）选择最好的解　研究每一个解的影响因素，决定保留或剔除的解。将每个解作为一个整体考虑，并判断其可用性。有时一些数据、图表或事实可以帮助决策，有时纯粹是一种感觉或直觉帮助人们决策。

经过第一轮选择后，已经有一个潜力解（potential solutions）的目录，可以进一步研究该目录中的每一个解，使目录中的数目减少。

经过该过程，可能获得了一个解、多个解或无解。对于最后一种情况，需要返回到第三步，重新产生多个解，并重复后续的过程。或返回到第一步，检查是否问题的定义有问题，可以重新定义问题，并继续后续的过程。

（6）规划未来的行动　记录下后续需要进行的事项。已经得到了问题的解，如何使这些解真正出现并应用于后续的工作。

图 13.11-6 所示过程的核心是产生可能的解，通常要采用创新技法完成。自从 20 世纪 30 年代头脑风暴法诞生以来，国际上已创造出很多创新技法。1977年，Souder 和 Ziegler 描述了 20 种可操作的创新技法；1991 年，Michalk 归纳出了 34 种线性激发直觉的方法；1994 年，Higgins 总结了 101 种方法。随着复杂问题越来越多，越来越复杂，新的创新技法不断出现，创新技法处于进化状态。创新技法的应用确实帮助工程师们解决了很多实际问题，但也有一些问题很难解决。TRIZ 是解决发明问题的专门技法，是创新技法进化到高级阶段的一种产物，如图 13.11-7 所示。TRIZ 已被认为是一种世界级创新方法，为很多国际大公司所采用。

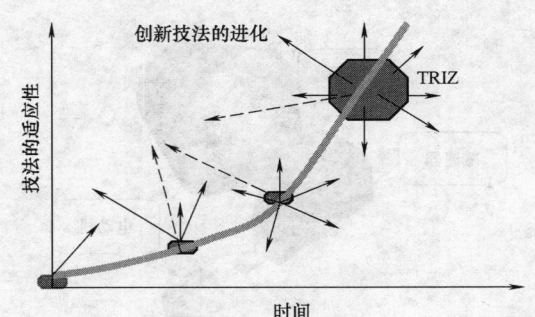

图 13.11-7　创新技法的进化

2.3　TRIZ 体系结构

前苏联发明专家 Genrich S. Altshuller 及一批研究人员，经过多年的努力提出及创建了发明问题解决理论（TRIZ）。发明问题解决理论 TRIZ 是俄文中创新性问题解决理论（Teorija Rezhenija Inzhenernyh Zadach）的缩写，其英文缩写为 TIPS（Theory of Inventive Problem Solving）。该理论是 Altshuller 等人自 1946年开始，花费 1500 人·年的时间，在分析研究世界各国 250 万件高水平专利的基础上，提出的具有完整体系的发明问题解决理论。其核心是发明问题解决的过程、支持工具及可用资源等，使设计者或问题解决人员能运用前人不同领域创新的知识和经验，快速高效地解决自己的问题。

Altshuller 认为只有 1% 的专利是首创，其余都是利用前人已知的想法或概念，加上新奇方法所形成。他坚信解决发明问题的基本原理是客观存在的，这些客观存在可以整理而形成一种理论，掌握该理论的人不仅可以缩短发明周期、提高发明成功率，也可使发明问题的解具有可预见性。20 世纪 90 年代以后，随着苏联的解体，TRIZ 专家移居各发达国家，逐渐把该理论介绍给世界，对产品开发与创新领域产生了重要的影响，并且得到产品开发人员和管理人员的高度重视。一些大型制造公司，例如波音、通用、福特等，利用 TRIZ 理论进行产品创新研究，取得了很好

的效果。

TRIZ 理论已经成为一套解决新产品开发实际问题的成熟的理论和方法体系。并且，TRIZ 还从技术领域向企业管理、经济、教育等领域扩展。一些大学还开设了 TRIZ 课程，用于培养学生的创新思维。

实践证明，TRIZ 理论能够帮助人们系统地分析问题情境，快速发现问题，并通过 TRIZ 理论和工具得到理想的解决方案，显著缩短人们创造发明的进程，提升产品的创新水平。

图 13.11-8 所示为 TRIZ 的体系结构，分为概念层、分析方法层、问题解决方法层、系统化方法层，还有计算机辅助创新（Computer-Aided Innovation，CAI）系统的支持。

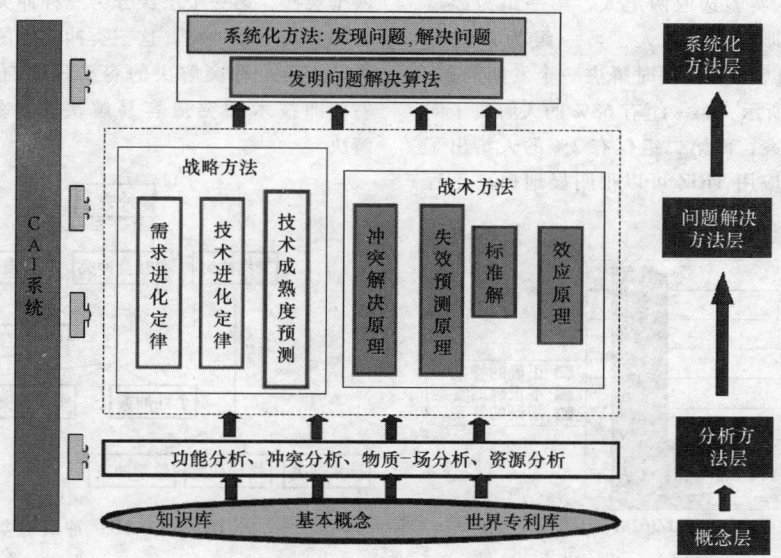

图13.11-8 TRIZ 体系结构

基本概念包括功能、理想解、发明的级别、可用资源、九窗口、尺寸-时间-成本（DTC）等。这些概念构成了 TRIZ 体系的基础。

分析方法层包括功能分析、冲突分析、物质-场分析、资源分析等。通过分析可以确定问题，为后续的问题解决奠定基础。

问题解决方法层分为战略方法与战术方法。前者包括需求进化定律、技术进化定律、技术成熟度预测；后者包括冲突解决原理、标准解、失效预测原理及效应原理等。该层提供了发明问题解决的具体方法。

系统化方法层包括发明问题解决算法（ARIZ）及其他系统化方法，为发明问题的解决提供系统、可

操作的方法。

CAI 系统即计算机辅助创新系统，是将 TRIZ 与计算机软件技术结合所开发的计算机辅助创新软件，如美国 Invention Machine 公司的 Goldfire Innovator™、美国 Ideation International 公司的 Innovation Work-Bench、德国 GmbH & Co. KG 的 Trisolver、比利时 CREAX NV-Mlk 的 Creax Innovation Suite、河北工业大学开发的 InventionTool 系列软件、亿维讯（IWINT）公司的 Pro/Innovator。这些软件可以支持工程师的创新设计。计算机辅助创新软件已经成为国外企业、尖端技术领域解决技术难题、实现创新的有效工具，软件用户遍及航空航天、机械制造、汽车工业、国防军工、铁路、石油化工、水电能源、电子、土木建筑、

造船、生物医学、轻工、家电等领域。

TRIZ 经过 60 多年默默无闻的发展，以及近 20 年来的迅速爆发性的普及与应用，越来越显示出在市场及技术竞争日趋激烈的环境下，作为创造性地解决产品设计及制造过程中问题的一个有效工具所发挥的重要作用。由于 TRIZ 在创新概念设计过程中的强大功能，在全世界范围内掀起了研究 TRIZ 的热潮，TRIZ 的研究与实践得以迅速普及和发展。在俄罗斯、瑞典、日本、以色列、美国等国家都成立了 TRIZ 的研究中心，TRIZ 方法也已广泛应用于工程技术领域中，并在多个跨国公司迅速得以推广并为其带来巨大收益。如今，它已在全世界广泛应用，创造出成千上万项重大发明。

为了证明 TRIZ 对于解决发明问题是否有效，Domb 曾做过实验。实验选取两组人，第一组为经过 TRIZ 系统学习与训练的 723 人，另一组为未经过 TRIZ 学习与训练的 628 人，同时解决一个发明问题。结果如图 13.11-9 所示，第一组有 68% 的人解决了问题，给出了正确答案，而第二组仅有 2% 的人给出了正确答案。学习及应用 TRIZ 可以很明显地提高工程技术人员的创新能力。

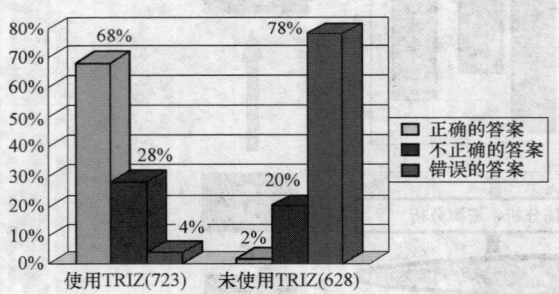

图13.11-9 TRIZ 应用效果实验

今天，世界 500 强企业多应用 TRIZ 从事如下的创新活动：

1）快速解决问题，产生新设想；
2）预测技术发展，跟踪产品进化的过程；
3）对本企业的技术形成强有力的专利保护；
4）最大化新产品开发成功的潜力；
5）合理利用资源；
6）改善对用户需求的理解；
7）新产品开发过程中节省时间与资金。

应用 TRIZ 能为企业带来的效益如下：

1）TRIZ 帮助解决"日常"及"长期"不能解决的问题，使企业开发下一代的产品与工艺；
2）TRIZ 帮助形成新概念所需的高质量设想；
3）TRIZ 帮助打破思维惯性的束缚；

4）TRIZ 提高工程们解决跨领域问题的能力；
5）TRIZ 提高工程师发现问题、解决问题的能力及创新能力。

TRIZ 的理论研究一直没有停止，其理论与方法也在不断发展，形成了庞大的理论体系，并在不断完善。

2.4 产品设计中的冲突

冲突在机械产品概念设计、技术设计、详细设计、工艺设计等过程中广泛存在。该类发明问题的快速、高质量解决，对提高企业的竞争力有重要的影响。

2.4.1 冲突分类

图 13.11-10 所示为冲突的一般分类。冲突分为两个层次，第一个层次分为三种冲突：自然冲突、社会冲突及工程冲突，这三类冲突中的每一类又可细分为若干类。冲突解决的容易程度自底向上、自左向右，即技术冲突最容易解决，自然冲突最不容易解决。

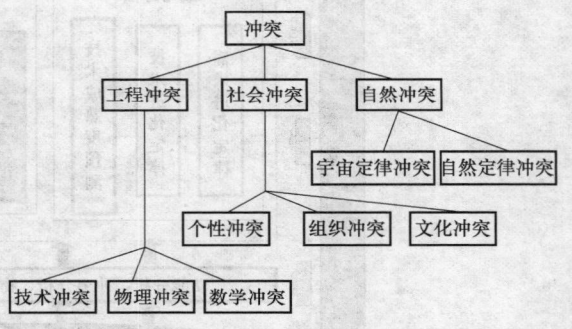

图13.11-10 冲突分类树

自然冲突分为自然定律冲突及宇宙定律冲突。自然定律冲突是指由于自然定律所限制的不可能解。例如，就目前人类对自然的认识，温度不可能低于零华氏度，如果设计中要求温度低于零华氏度，则设计中出现了自然定律冲突，不可能有解。随人类对自然认识程度的不断深化，今后也许会有突破。宇宙定律冲突是指由地球本身的条件限制所引起的冲突。例如，由于地球引力的存在，一座桥梁所能承受的物体质量不能是无限的。

社会冲突分为个性、组织、文化三类冲突。如只熟悉绘图，而不具备创新知识的设计人员从事产品创新就出现了个性冲突；一个企业中部门与部门之间的不协调造成组织冲突；对改革与创新的偏见就是文化冲突。

工程冲突分为技术冲突、物理冲突和数学冲突三类。数学冲突是指多个具有相互关系的技术或物理冲突所形成的冲突环。工程冲突的确定、标准化及其求解是 TRIZ 研究的内容。

2.4.2　TRIZ 中的冲突分类

G. S. Altshuller 将冲突分为三类，即管理冲突（Administrative contradictions）、物理冲突（Physical contradictions）、技术冲突（Technical contradictions）。

管理冲突是指为了避免某些现象或希望取得某些结果，需要做一些事情，但不知如何去做，如希望提高产品质量、降低原材料的成本，但不知方法。管理冲突本身具有暂时性，而无启发价值，因此不能表现出问题的解的可能方向，不属于 TRIZ 的研究内容。

物理冲突是指为了实现某种功能，一个子系统或元件应具有一种特性，但同时出现了与此特性相反的特性。物理冲突有以下几种情况：

1）一个子系统中有用功能加强的同时导致该子系统中有害功能的加强；

2）一个子系统中有害功能降低的同时导致该子系统中有用功能的降低。

技术冲突是指一个作用同时导致有用及有害两种结果，也可指有用作用的引入或有害效应的消除导致一个或几个子系统或系统变坏。技术冲突常表现为一个系统中两个子系统之间的冲突。技术冲突有以下几种情况：

1）在一个子系统中引入一种有用功能，导致另一个子系统产生一种有害功能，或加强了已存在的一种有害功能；

2）消除一种有害功能导致另一个子系统有用功能变坏；

3）有用功能的加强或有害功能的减少使另一个子系统或系统变得太复杂。

2.4.3　冲突实例

产品设计中的冲突是普遍存在的，发现并解决这些冲突使产品向理想化的方向进化。现举几例说明产品设计中冲突的存在。

例 3　波音公司改进 737 的设计时，需要将使用中的发动机改为功率更大的发动机。发动机功率越大，它工作时需要的空气越多，发动机罩的直径要增大。发动机罩增大，机罩离地面的距离减小，而距离的减小是不允许的。

上述的改进设计中已出现了一个技术冲突，既希望发动机吸入更多的空气，又不希望发动机罩与地面的距离减小。

例 4　图 13.11-11 是一种自行车车闸总成。目前的设计很容易受到天气的影响，下雨天瓦圈表面与闸

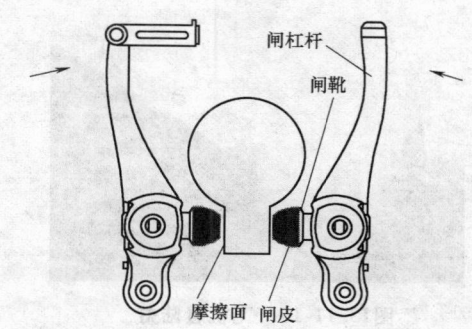

图13.11-11　自行车车闸总成

皮之间的摩擦系数降低，减小了摩擦力，降低了骑车人的安全性。一种改进设计为可更换闸皮型，即有两类闸皮，好天气用一类，雨天换为另一类。

设计中的技术冲突为：将闸皮设计成可更换型，增加了骑车人的安全性，但必须有备用闸皮，还要更换，使操作复杂。

例 5　织物印花操作装置。

图 13.11-12 是织物印花操作装置原理图。该装置由橡胶辊、图案辊、染料溶液、染料槽、刮刀等组成，橡胶辊与图案辊处于旋转状态，并驱动待印花织物运动。待印花织物通过橡胶辊与图案辊之间时，由于橡胶辊对图案辊的压力，使图案辊的图案凹陷处出现真空，真空使染料溶液吸附到织物上，从而完成印花的功能。

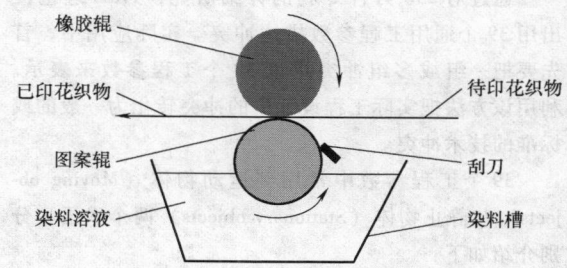

图13.11-12　织物印刷操作装置及过程

本装置的制品是印花织物，织物被两辊子驱动的线速度与织物成本有直接的关系。线速度越高，生产率越高，织物成本越低，设备的生产能力越高，这是任何企业都需要的。但提高线速度时，织物上图案的颜色深度降低，即制品质量降低。如何既提高织物的线速度，又不降低制品质量，是改进图13.11-12 装置的设计应考虑的问题，该问题决定一个技术冲突。

例 6　飞机着陆灯的设计。每架飞机必须装有一盏着陆灯，如图 13.11-13 所示。假如将该灯安装在

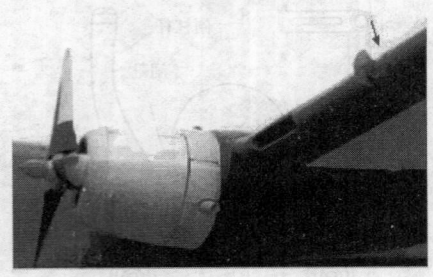

图13.11-13　飞机着陆灯

机身或机翼表面，空气阻力增加，将减小飞机的飞行速度。如果将该灯置于机翼内部，覆盖上透明的导流板，设计将变得太复杂，且降低了机翼的强度。该设计已包含了冲突。

对于不同的设计对象，根据其内部性能找出技术冲突，并用语言描述。TRIZ 理论对可能出现冲突的问题进行分类，以便设计者能根据问题的类型进行深入的研究并得出创新解。

3　技术冲突解决原理

3.1　技术冲突表达

产品设计中的冲突是普遍存在的，应该有一种通用化、标准化的方法描述设计冲突。设计人员使用这些标准化的方法共同研究与交流，将促进产品创新。

通过对 250 万件专利的详细研究，TRIZ 理论提出用 39 个通用工程参数描述冲突。实际应用中，首先要把一组或多组冲突用该 39 个工程参数来表示。利用该方法把实际工程设计中的冲突转化为一般的或标准的技术冲突。

39 个工程参数中常用到运动物体（Moving objects）与静止物体（Stationary objects）两个术语，分别介绍如下：

运动物体是指自身或借助于外力可在一定的空间内运动的物体。

静止物体是指自身或借助于外力都不能使其在空间内运动的物体。

表 13.11-1 是 39 个通用工程参数名称的汇总。

下面给出 39 个工程参数的名称及意义：

No. 1 运动物体的重量： 在重力场中运动物体的重量，如物体作用于其支撑或悬挂装置上的力。

No. 2 静止物体的重量： 在重力场中静止物体的重量，如物体作用于其支撑或悬挂装置上的力。

No. 3 运动物体的长度： 运动物体的任意线性尺寸（不一定是最长的），都认为是其长度。

表 13.11-1　通用工程参数名称

序号	名　　　称
No. 1	运动物体的重量
No. 2	静止物体的重量
No. 3	运动物体的长度
No. 4	静止物体的长度
No. 5	运动物体的面积
No. 6	静止物体的面积
No. 7	运动物体的体积
No. 8	静止物体的体积
No. 9	速度
No. 10	力
No. 11	应力或压强
No. 12	形状
No. 13	结构的稳定性
No. 14	强度
No. 15	运动物体作用时间
No. 16	静止物体作用时间
No. 17	温度
No. 18	光照强度
No. 19	运动物体的能量
No. 20	静止物体的能量
No. 21	功率
No. 22	能量损失
No. 23	物质损失
No. 24	信息损失
No. 25	时间损失
No. 26	物质或事物的数量
No. 27	可靠性
No. 28	测试精度
No. 29	制造精度
No. 30	物体外部有害因素作用的敏感性
No. 31	物体产生的有害因素
No. 32	可制造性
No. 33	可操作性
No. 34	可维修性
No. 35	适应性及多用性
No. 36	装置的复杂性
No. 37	监控与测试的困难程度
No. 38	自动化程度
No. 39	生产率

No. 4 静止物体的长度： 静止物体的任意线性尺寸（不一定是最长的），都认为是其长度。

No. 5 运动物体的面积： 运动物体内部或外部所

具有的表面或部分表面的面积。

No. 6 静止物体的面积：静止物体内部或外部所具有的表面或部分表面的面积。

No. 7 运动物体的体积：运动物体所占有的空间体积。

No. 8 静止物体的体积：静止物体所占有的空间体积。

No. 9 速度：物体的运动速度；过程或活动与时间之比。

No. 10 力：力是两个系统之间的相互作用。对于经典力学，力等于质量与加速度之积，在 TRIZ 中力是试图改变物体状态的任何作用。

No. 11 应力或压强：单位面积上的力。

No. 12 形状：物体外部轮廓，或系统的外貌。

No. 13 结构的稳定性：系统的完整性，系统组成部分之间的关系。磨损、化学分解、拆卸都会降低稳定性。

No. 14 强度：强度是指物体抵抗外力作用使之变化的能力。

No. 15 运动物体作用时间：物体完成规定动作的时间、服务期。两次误动作之间的时间也是作用时间的一种度量。

No. 16 静止物体作用时间：物体完成规定动作的时间、服务期。两次误动作之间的时间也是作用时间的一种度量。

No. 17 温度：物体或系统所处的热状态，包括其他热参数，如影响改变温度变化速度的热容量。

No. 18 光照强度：单位面积上的光通量，是系统的光照特性，如亮度、光线质量。

No. 19 运动物体的能量：能量是物体做功的一种度量。在经典力学中，能量等于力与距离的乘积。能量也包括电能、热能、核能等。

No. 20 静止物体的能量：能量是物体做功的一种度量。在经典力学中，能量等于力与距离的乘积。能量也包括电能、热能、核能等。

No. 21 功率：单位时间内所做的功。利用能量的速度。

No. 22 能量损失：做无用功的能量。为了减少能量损失，需要不同的技术来改善能量的利用。

No. 23 物质损失：部分或全部、永久或临时的材料、部件或子系统等物质的损失。

No. 24 信息损失：部分或全部、永久或临时的数据损失。

No. 25 时间损失：时间是指一项活动所延续的间隔。改进时间的损失指减少一项活动所花费的时间。

No. 26 物质或事物的数量：材料、部件、子系统等的数量，它们可以被部分或全部、临时或永久地改变。

No. 27 可靠性：系统在规定的方法及状态下完成规定功能的能力。

No. 28 测试精度：系统特征的实测值与实际值之间的误差。减小误差将提高测试精度。

No. 29 制造精度：系统或物体的实际性能与所需性能之间的误差。

No. 30 物体外部有害因素作用的敏感性：物体对受外部或环境中的有害因素作用的敏感程度。

No. 31 物体产生的有害因素：有害因素将降低物体或系统的效率、或完成功能的质量。这些有害因素是由物体或系统操作的一部分而产生的。

No. 32 可制造性：物体或系统制造过程中简单、方便的程度。

No. 33 可操作性：要完成的操作应需要较少的操作者、较少的步骤、使用尽可能简单的工具，一个操作的产出要尽可能多。

No. 34 可维修性：对于系统可能出现失误所进行的维修要时间短、方便、简单。

No. 35 适应性及多用性：物体或系统响应外部变化的能力，或应用于不同条件下的能力。

No. 36 装置的复杂性：系统中元件数目及多样性。如果用户也是系统中的元素将增加系统的复杂性。掌握系统的难易程度是其复杂性的一种度量。

No. 37 监控与测试的困难程度：如果一个系统复杂、成本高、需要较长的时间建造及使用，或部件与部件之间关系复杂，都使得系统的监控与测试困难。测试精度高，增加了测试的成本，也是测试困难的一种标志。

No. 38 自动化程度：是指系统或物体在无人操作的情况下完成任务的能力。自动化程度的最低级别是完全人工操作。最高级别是机器能自动感知所需的操作、自动编程、对操作自动监控。中等级别是需要人工编程、人工观察正在进行的操作、改变正在进行的操作、重新编程。

No. 39 生产率：是指单位时间内所完成的功能或操作数。

为了应用方便，上述 39 个通用工程参数可分为如下三类：

1）通用物理及几何参数：No. 1 ~ 12，No. 17、18，No. 21。

2）通用技术负向参数：No. 15、16，No. 19、

20，No. 22 ~ 26，No. 30、31。

  3）通用技术正向参数：No. 13、14，No. 27 ~ 29，No. 32 ~ 39。

  负向参数（Negative parameters）指这些参数变大时，使系统或子系统的性能变差。例如，子系统为完成特定的功能所消耗的能量（No. 19、20）越大，则设计越不合理。

  正向参数（Positive parameters）指这些参数变大时，使系统或子系统的性能变好。例如，子系统可制造性（No. 32）指标越高，子系统制造成本就越低。

3.2 发明原理

  在对全世界专利进行分析研究的基础上，Altshuller 等人提出了 40 条发明原理。实践证明这些原理对于指导设计人员的发明创造具有重要的作用。表 13. 11-2 列出了 40 条发明原理的名称。

表 13. 11-2   40 条发明原理

序号	名 称	序号	名 称
No. 1	分割	No. 21	紧急行动
No. 2	分离	No. 22	变有害为有益
No. 3	局部质量	No. 23	反馈
No. 4	不对称	No. 24	中介物
No. 5	合并	No. 25	自服务
No. 6	多用性	No. 26	复制
No. 7	套装	No. 27	低成本、不耐用的物体代替昂贵、耐用的物体
No. 8	重量补偿	No. 28	机械系统的替代
No. 9	预加反作用	No. 29	气动与液压结构
No. 10	预操作	No. 30	柔性壳体或薄膜
No. 11	预补偿	No. 31	多孔材料
No. 12	等势性	No. 32	改变颜色
No. 13	反向	No. 33	同质性
No. 14	曲面化	No. 34	抛弃与修复
No. 15	动态化	No. 35	参数变化
No. 16	未达到或超过的作用	No. 36	状态变化
No. 17	维数变化	No. 37	热膨胀
No. 18	振动	No. 38	加速强氧化
No. 19	周期性作用	No. 39	惰性环境
No. 20	有效作用的连续性	No. 40	复合材料

  下面对各发明原理的含义及应用实例进行叙述。

  发明原理 1：分割

  （1）将一个物体分成相互独立的部分

  例 7 用多台个人计算机代替一台大型计算机完成相同的功能。

  其他例子还有：

  1）用一辆货车加拖车代替一辆载重量大的货车（见图 13. 11-14）。

  2）将大的工程项目分解为子项目。

  3）强势、弱势、机会、危险（SWOT）分析。

  4）多房间、多层住宅群。

  5）将企业的办公区与制造车间分开。

  （2）使物体分成容易组装及拆卸的部分

  例 8 组合家具和组合扳手（见图 13. 11-15）。

  其他例子还有：

  1）花园中浇花用的软管系统，可根据需要通过快速接头连接成所需的长度。

图13. 11-14   将货车分成牵引车头和拖车

  2）柔性制造系统。

  3）在短期项目中雇用临时工。

  4）模块化家具。

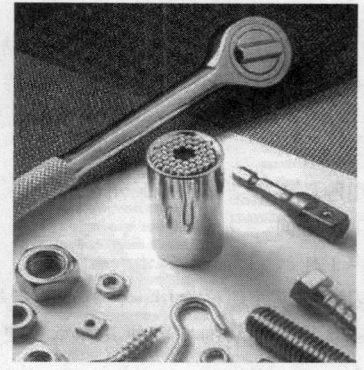

图13.11-15　组合家具和组合扳手

5）预制结构。

（3）增加物体相互独立部分的程度

例 9　用百叶窗代替整体窗帘。

其他例子还有：

1）用粉状焊接材料代替焊条改善焊接效果。

2）远程教育。

3）虚拟办公与遥控工作。

4）多玻璃窗。

5）墙壁外部嵌有小石子的灰泥使墙面更粗糙。

6）冰箱的多个小冷冻室。

7）美国陆军 M270 多管火箭炮（见图 13.11-16）：母弹内含 644 个 M77 式子弹，一门火箭炮一次 12 管齐射可抛出 7728 枚子弹，覆盖面积达 24 万平方米。

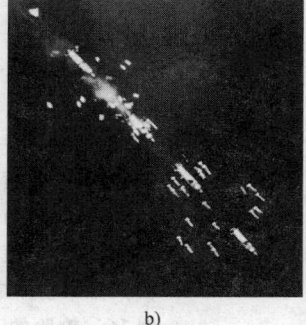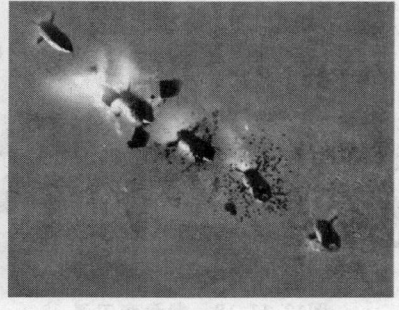

a)　　　　　　　　　　b)　　　　　　　　　　　　c)

图 13.11-16　M270 多管火箭炮
a）发射中的 M270　b）正在爆裂的 M270 子母弹　c）M270 反装甲子母弹攻击

发明原理 2：分离（分开）

（1）将一个物体中的"干扰"部分分离出去

例 10　在飞机场环境中，采用播放刺激鸟类的声音使鸟与机场分离。

其他例子还有：

1）将空调中产生噪声的空气压缩机放于室外，如图 13.11-17 所示的分体空调。

2）别墅中的车库。

（2）将物体中的关键部分挑选或分离出来

例 11　飞机场候机大厅中的专用吸烟室。

其他例子还有：

1）加工车间中的休息室。

2）办公区中的透明（如玻璃）隔离室。

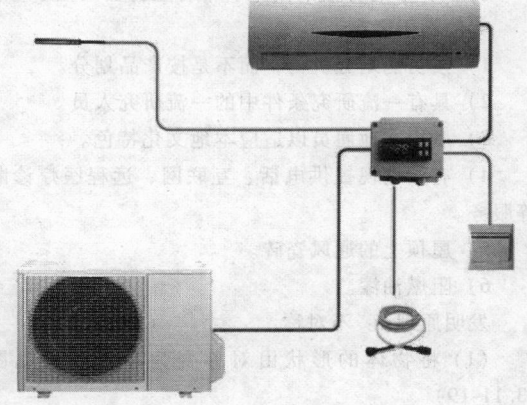

图13.11-17　分体空调

发明原理3：局部质量

（1）将物体或环境的均匀结构变成不均匀结构

例12　用变化中的压力、温度或密度代替定常的压力、温度或密度。

其他例子还有：

1）不采用刚性工资结构，而采用记件工资。

2）弹性工作时间。

3）无噪声工作区。

4）材料表面的热处理、涂层、自清洁处理等。

5）增加建筑物下部墙的厚度使其能承受更大的负载。

6）混凝土中的非均匀分布钢筋产生所需要的强度特性。

7）石工术中的拱形。

（2）使组成物体的不同部分完成不同的功能

例13　午餐盒被分成放热食、冷食及液体的空间，每个空间功能不同（见图13.11-18）。

其他例子还有：

1）使每个雇员的工作位置适应其生理、心理需要，以最大限度地发挥作用。

2）定制式软件。

3）根据不同功能需求将房间设计成不同形状。

图13.11-18　餐盘和刀叉

（3）使组成物体的每一部分都最大限度地发挥作用

例14　带有橡皮的铅笔、带有起钉器的锤子等。

其他例子还有：

1）按功能划分机构，而不是按产品划分。

2）具有一流研究条件中的一流研究人员。

3）雇用本地雇员以适应本地文化特色。

4）有线电视提供电话、互联网、远程医疗诊断等服务。

5）屋顶上的通风瓷砖。

6）阻燃油漆。

发明原理4：不对称

（1）将物体的形状由对称变为不对称（见图13.11-19）

例15　不对称搅拌容器，或者对称搅拌容器中

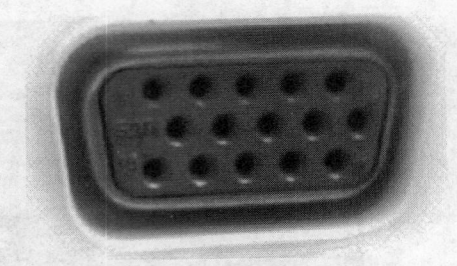

图13.11-19　数据线接口与漏斗

的不对称叶片。

其他例子还有：

1）数据线接口。

2）将O形圈的截面形状改为其他形状，以改善其密封性能。

3）非正态分布。

4）对不同的顾客群采用不同的营销策略。

5）非圆截面的烟囱改变气流的分布。

6）倾斜的屋顶。

（2）如果物体是不对称的，增加其不对称的程度

例16　轮胎的一侧强度大于另一侧，以增加其抗冲击的能力。

其他例子还有：

1）管理者与雇员之间的双向对话。

2）复合的多斜面屋顶。

3）钢索加固的悬臂式屋顶。

发明原理5：合并

（1）在空间上将相似的物体连接在一起，使其完成并行的操作

例17　网络中的个人计算机。

其他例子还有：

1）安装在电路板两面的集成电路。

2）单元制造技术。

3）具有相关产品的公司合并。

4）双板散热器。

5）多功能厅。

（2）在时间上合并相似或相连的操作

例 18　同时分析多个血液参数的医疗诊断仪。

其他例子还有：

1）具有保护根部功能的草坪割草机。

2）设计过程中倾听用户的意见。

3）多媒体演示。

4）气、光缆、电等的协同定位服务，最大限度地减少地下管网的施工工作量。

5）混水阀。

6）吸管勺与可视钓鱼竿（见图 13.11-20）。

7）预先制造的配件。

8）并行设计。

图13.11-20　吸管勺与可视钓鱼竿

发明原理 6：多用性

（1）使一个物体能完成多项功能，可以减少原设计中完成这些功能多个物体的数量

例 19　装有牙膏的牙刷柄（见图 13.11-21）。

其他例子还有：

1）能用做婴儿车的儿童安全座椅。

2）一站式购物：超市提供保险、银行服务，销售燃料、报纸及各种日用品。

3）快速反应部队。

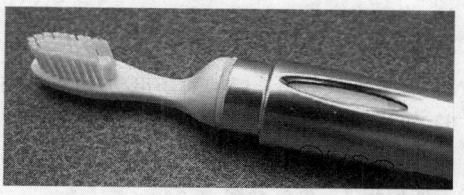

图13.11-21　装有牙膏的牙刷柄

4）房间中自带壁橱。

5）同时具备透明、隔热、透气功能的窗户。

6）屋顶的水箱既能隔热又提高了水头。

（2）利用标准的特性

例 20　采用国际或国家标准，如安全标准。

其他例子还有：

1）采用具有标准尺寸的空心砖。

2）采用标准件，如螺钉、螺母等。

3）采用 STEP 标准。

发明原理 7：套装

（1）将一个物体放在第二个物体中，将第二个物体放在第三个物体中，可进行下去

例 21　套娃和手写笔（见图 13.11-22）

其他例子还有：

1）套装式油罐，内罐装粘度较高的油，外罐装粘度较低的油。

2）仓库中的仓库。

3）雇员的层次结构：基本的、环境相关的、简单知识结构的、复合型的、卓越的。

4）超市中的监视系统。

5）在墙内或地板内设置保险箱。

6）在三维结构中设置空腔。

7）地板内部沟槽式加热方式。

8）布在墙内的电缆。

图13.11-22　套娃与手写笔

（2）使一个物体穿过另一物体的空腔

例 22　收音机伸缩式天线。

其他例子还有：

1）伸缩液压缸。

2）伸缩式钓鱼竿。

3）汽车安全带卷收器。

4）音乐厅观众席内的可回收式座椅。

5）带有空气加热系统的商场出/入口循环空间。

6）可回收楼梯。

7）推拉门。

发明原理8：重量补偿

（1）用另一个能产生提升力的物体补偿第一个物体的重量

例23　在圆木中注入发泡剂，使其更好地漂浮。

其他例子还有：

1）用气球携带广告条幅。

2）合并的两个公司中，一家公司以其自身的资金、核心技术、市场等优势提升另一家公司的实力。

3）公司中借助于一种旺销产品促进另一种产品的销售。

4）浮动门。

5）起重机配重。

6）大型阀门控制系统配重。

（2）通过与环境相互作用产生空气动力或液体动力的方法补偿第一个物体的重量（见图13.11-23）

图13.11-23　轮船与管道输煤

例24　飞机机翼的形状使其上部空气压力减小，下部压力增加，以产生升力。

其他例子还有：

1）升力涡轮改善飞机机翼所产生的升力。

2）船在航行过程中船身浮出水面，以减小阻力。

3）小公司借助于环境中的某种资源（如邮局快递业务）提升自己。

4）采用产品加服务的营销策略。

5）游艇。

6）被动式太阳能加热器采用自然方式使水循环。

发明原理9：预加反作用

（1）预先施加反作用

例25　缓冲器能吸收能量、减小冲击带来的负面影响。

其他例子还有：

1）当向公众公布消息时，要包括消息的全部内容，而不仅仅是负面的消息。

2）在项目开始前，采用形式化风险评估方法确定风险并消除风险。

3）新产品的用户实验、分期分批投放市场。

4）使用可循环的材料。

5）使用可再生的能量。

（2）如果某一物体处于或将处于受拉伸状态，预先增加压力

例26　浇混凝土之前的预压缩钢筋（见图13.11-24）。

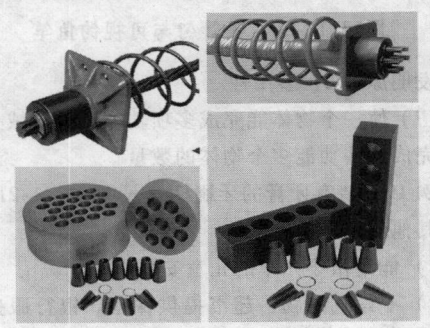

图13.11-24　预应力梁及钢绞线、锚具

其他例子还有：

1）在从事产品开发活动之前，Epson 的工程师要从事销售及售后服务工作。

2）失业潮发生前，要准备所涉及雇员的补偿、新职介绍。

3）预应力螺栓。

4）允许水蒸气穿透的油漆能预防木材的腐烂。

5）分开相异的金属可防止电解腐蚀。

发明原理 10：预操作

（1）在操作开始前，使物体局部或全部产生所需的变化

例 27　预先涂上胶的壁纸

其他例子还有：

1）在手术前为所有器械消毒。

2）项目的预先计划。

3）尽早完成非关键路径的任务。

4）在改变管理与经营中的重大活动前与雇员们对话。

5）供应链管理。

6）预制窗户单元、洗澡间或其他结构。

7）已搅拌好的水泥（见图 13.11-25）。

8）预先充有焊料的铜管连接件。

图13.11-25　混凝土搅拌车及灌装生产线

（2）预先对物体进行特殊安排，使其在时间上有准备，或已处于易操作的位置

例 28　柔性生产单元。

其他例子还有：

1）灌装生产线中使所有瓶口朝一个方向，以增加灌装效率（见图 13.11-25）。

2）开会前要有确定的议程。

3）磨刀不误砍柴功。

4）汽车零部件供应商的预先装配，如 CD 机、车轮、空调等。

5）中央真空清扫系统。

6）点火系统。

7）停车场内的预付款机。

发明原理 11：预补偿

采用预先准备好的应急措施补偿物体相对较低的可靠性。

例 29　飞机上的降落伞。

其他例子还有：

1）汽车安全气囊（见图 13.11-26）。

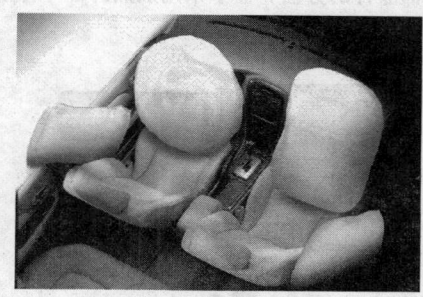

图13.11-26　汽车安全气囊

2）应急照明电路。

3）双通道控制系统。

4）消防通道。

5）避雷针。

6）安全阀。

7）抗 SARS 预案。

8）谈判前考虑最坏情况及最不利的位置。

9）备份计算机数据。

10）运行反病毒软件。

发明原理 12：等势性

改变工作条件，使物体不需要被升高或降低。

例 30　与冲床工作台高度相同的工件输送带，将冲好的零件输送到另一工位。

其他例子还有：

1）通过压力补偿所形成的等压面。

2）汽车修理平台汽车高度不变，修理工改变位置（见图 13.11-27）。

3）在同级别的不同单位工作以扩大知识面。

4）每个雇员都倾向于提高工作水平，以达到公司内部公认的标准。

图13.11-27　汽车底盘维修

发明原理 13：反向

（1）将一个问题说明中所规定的操作改为相反的操作

例 31　为了拆卸处于紧配合的两个零件，采用冷却内部零件的方法，而不采用加热外部零件的方法（见图 13.11-28）。

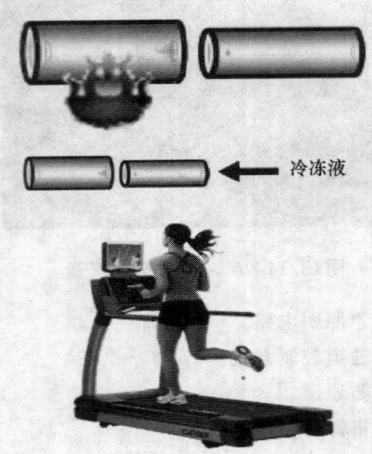

冷冻液

图13.11-28　过盈装配与跑步机

其他例子还有：

1）在工商业衰退期进行企业扩张而不是收缩。

2）制定最坏状态的标准，而不制定最理想状态的标准。

3）发现过程中的失误，而不责怪过程中的人。

4）自服务柜台。

5）开放式监狱。

6）翻转型窗户，使在屋内擦外面的玻璃成为可能。

（2）使物体中的运动部分静止，静止部分运动

例 32　使工件旋转，使刀具固定。

其他例子还有：

1）扶梯运动，乘客相对扶梯静止。

2）风洞中的飞机静止。

3）送货上门。

4）用信用卡，不用现金。

5）拥挤城市中的停车与上路计划。

6）假如你遵循了所有的规则，你会失去所有乐趣。

（3）使一个物体的位置颠倒

例 33　将一个部件或机器总成翻转，以安装紧固件。

其他例子还有：

1）楼上为起居室（美景），楼下为卧室（凉爽）。

2）步行街。

3）劳埃德大厦将管路等置于外部，而不是内部。

4）前苏联政府为专利申请者付费，西方国家的专利申请者要为专利申请付费。

发明原理 14：曲面化

（1）将直线或平面部分用曲线或曲面代替，立方形用球形代替

例 34　为了增加建筑结构的强度，采用弧形或拱形（见图 13.11-29）。

其他例子还有：

1）绕过一些官僚机构，以最短的路径到达用户。

2）在结构的某些位置引入应力释放孔。

3）环形截面建筑物。

4）利用最少的材料覆盖最大的空间。

图13.11-29　拱桥和电熨斗

（2）采用辊、球、螺旋

例 35　螺旋齿轮提供均匀的承载能力。

其他例子还有：

1）采用球或滚珠为笔尖的钢笔增加墨水的均匀程度。

2）车轮上的晚餐——上门送餐服务。

3）图书馆上门送书服务。

4）阿基米德螺线水泥泵。

5）螺旋形楼梯。

6）鼠标采用球形结构产生计算器屏幕内光标的运动。

（3）用旋转运动代替直线运动，采用离心力

例 36　洗衣机采用旋转产生离心力的方法，去除湿衣服中的部分水分。

其他例子还有：

1）宾馆的旋转门保持室内的温度。

2）高层建筑上的旋转餐厅。

3）带有螺纹的螺杆。

4）离心铸造。

5）轮流坐庄。

6）环行工作单元。

发明原理 15：动态化

（1）使一个物体或其环境在操作的每一个阶段自动调整，以达到优化的性能

例 37　可调整驱动轮、可调整座椅、可调整反光镜。

其他例子还有：

1）用户快速响应小组。

2）过程的连续改进。

3）形状记忆合金。

4）柔性写字间布置。

（2）划分一个物体成具有相互关系的元件，元件之间可以改变相对位置

例 38　计算机蝶形键盘。

其他例子还有：

1）链条。

2）竹片凉席。

3）飞机（见图 13.11-30）。

4）储物架。

（3）如果一个物体是刚性的，使之变为可活动的或可改变的

例 39　检测发动机用柔性光学内孔检测仪。

其他例子还有：

1）可回收房顶结构。

2）浮动房顶。

3）电梯代替楼梯。

4）冗余结构。

图 13.11-30　飞机与储物架

5）无级变速器。

发明原理 16：未达到或超过的作用

如果 100% 达到所希望的效果是困难的，稍微未达到或稍微超过预期的效果将大大简化问题。

例 40　缸筒外壁刷漆可将缸筒浸泡在盛漆的容器中完成，但取出缸筒后外壁粘漆太多，通过快速旋转可以甩掉多余的漆

其他例子还有：

1）用灰泥填墙上的小洞时首先多填一些，然后再将多余的部分去掉。

2）对于某些设计，如供热系统、停车场，满足 95% 的需求通常是一种实际的设计。

3）由一定技术水平的工人或技术人员完成预制件的安装。

4）焊接车架（见图 13.11-31）。

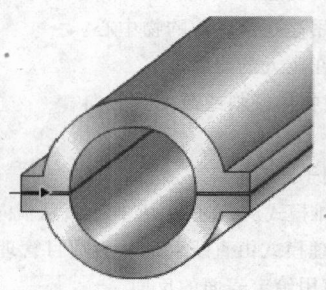

图 13.11-31　焊接车架

发明原理 17：维数变化

（1）将一维空间中运动或静止的物体变成在二维空间中运动或静止的物体，将二维空间中的物体变成三维空间中的物体

例 41　为了扫描物体，红外线计算机鼠标在三维空间运动，而不是在平面内运动。

其他例子还有：

1）五轴机床的刀具可被定位到任意所需的位置上。

2）全面评估。

3）多维组织层次图，如三维或四维（包括时间）。

4）质量部门提出质量要求并负责检查，每个员工负责自己工序的质量。

5）用三角形改进框架结构的强度及稳定性。

6）金字塔结构（非垂直墙结构）。

7）间接光线。

8）槽型固定装置。

9）螺旋形楼道节省空间。

10）波浪形的屋顶材料刚度高且重量轻。

（2）将物体用多层排列代替单层排列

例 42　能装 6 个 CD 盘的音响不仅增加了连续放音乐的时间，也增加了选择性。

其他例子还有：

1）立体车库（见图 13.11-32）。

图 13.11-32　立体车库与手机键盘

2）手机键盘。

3）多用途建筑，如购物中心。

4）站在巨人的肩膀上。

（3）使物体倾斜或改变其方向

例 43　自卸车。

其他例子还有：

1）思维模式从纵向转为横向，或从横向转为纵向。

2）管理模式由直线管理转为项目管理。

（4）使用给定表面的反面

例 44　叠层集成电路。

其他例子还有：

1）内嵌式门铰链。

2）由外部直接诊断一个机构，或通过咨询公司诊断该机构。

发明原理 18：振动

（1）使物体处于振动状态

例 45　电动雕刻刀具有振动刀片。

其他例子还有：

1）振动棒的有效工作可避免水泥中的空穴。

2）一个机构中所害怕的波动、骚动、不平衡正是创新的源泉。

（2）如果振动存在，增加其频率，甚至可以增加到超声。

例 46　通过振动分选粉末

其他例子还有：

1）采用互联网、会议等多种形式频繁交流。

2）我们所处的信息时代强烈地影响着世界。

3）用白噪声伪装谈话。

4）超声清洗。

5）超声探伤。

（3）使用共振频率

例 47　利用超声共振消除胆结石或肾结石。

其他例子还有：

1）制定战略计划使机构处于谐振状态，在该谐振频率处，机构最容易实现突破策略。

2）"Kansei"——日文术语，表示产品与用户之间处于谐振状态。

3）利用 H 型共鸣器吸收声音。

（4）使用压电振动代替机械振动

例 48　石英晶体振动驱动高精度的表。

其他例子还有：

1）喷嘴处的石英振荡器改善流体雾化效果。

2）将新鲜血液吸收到队伍中来。

3）聘请顾问。

（5）使超声振动与电磁场耦合

例 49　在高频炉中混合合金。

其他例子还有：

1）冲击钻（见图 13.11-33）。

2）超声探伤。

3）地球物理技术能协助确定地下的结构。

发明原理 19：周期性作用

（1）用周期性运动或脉动代替连续运动

例 50　使报警器声音脉动变化，代替连续的报警声音。

其他例子还有：

图13.11-33　冲击钻与超声探伤

1）设计供热及光线管理系统时要充分考虑白天与夜间的温度及光线效应不同。

2）脉冲淋浴要比连续喷水淋浴省水。

3）点焊。

4）打桩机（见图 13.11-34）。

5）批量制造（外贸出口）。

6）轮流坐庄（如欧盟轮值主席）。

7）周期性休息可以更新人们的某些观点。

8）采用月报或周报代替年报。

（2）对周期性的运动改变其运动频率

例 51　通过调频传递信息。

其他例子还有：

用变幅值与变频率的报警器代替脉动报警器。

（3）在作用之间增加新的作用

例 52　医用呼吸器系统中，每压迫胸部 5 次，呼吸 1 次（图 13.11-34）。

其他例子还有：

1）当过滤器暂停使用时，通过倒流将其冲洗干净。

2）采用电池、飞轮等方法储存能量。

发明原理 20：有效作用的连续性

（1）不停顿地工作，物体的所有部件都应满负荷地工作

例 53　多岗位雇员。

其他例子还有：

1）经常消除企业中的瓶颈问题，使企业处于最优的状态。

2）Otis 电梯的连续在线监测——全面售后服务职责。

3）汽车保险中的 24 小时服务——第一天无论在何处抛锚，第二天早饭前被拖回。

4）瀑布的能量是无数水滴的能量之和。

（2）消除运动过程中的中间间歇

例 54　针式打印机的双向打印（见图 13.11-35）。

其他例子还有：

1）瓶颈处的多功能设备或操作者改变工作流程。

2）终生学习。

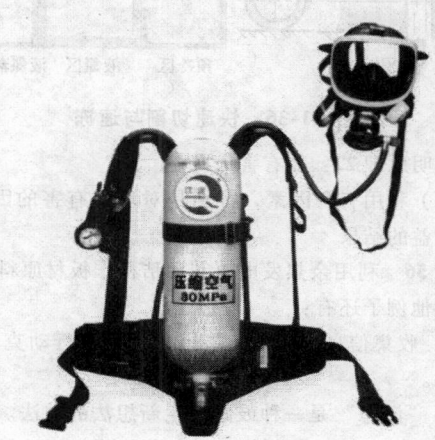

图13.11-34　打桩机与呼吸器

3）生产调整期的员工培训。

4）自清洁过滤器消除生产过程中的停顿。

5）快速干燥油漆。

（3）用旋转运动代替往复运动（见图 13.11-35）

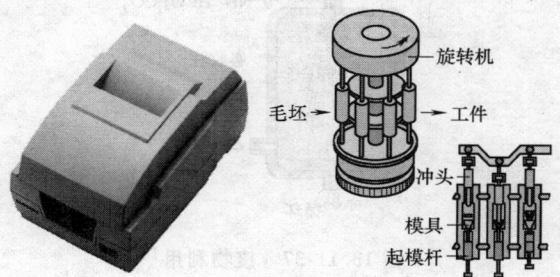

图 13.11-35　双向打印机与旋转压力机

发明原理 21：紧急行动

以最快的速度完成有害的操作。

例55 修理牙齿的钻头高速旋转，以防止牙组织升温。

其他例子还有：

1）在热量还没有传递前就突然切断了可塑制品，使其无变形。

2）连续浇注水泥。

3）渐进主义是创新的敌人。

4）快速切割与速冻（见图13.11-36）。

5）快速经历痛苦的过程。

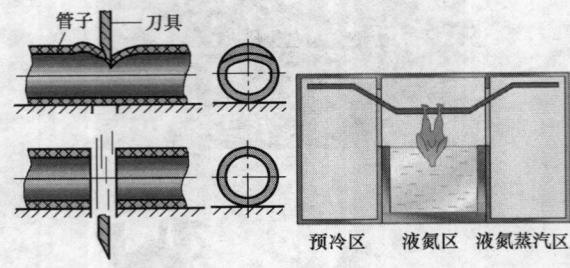

图 13.11-36 快速切割与速冻

发明原理22：变有害为有益

（1）利用有害因素，特别是对环境有害的因素，获得有益的结果

例56 利用余热发电，利用秸秆作板材原料。

其他例子还有：

1）收集信息，找出有害因素，采取行动克服这些因素。

2）"激怒"是一种鼓励产生新想法的方法。

3）堆制肥料型厕所。

4）城市垃圾焚烧发电装置（见图13.11-37）。

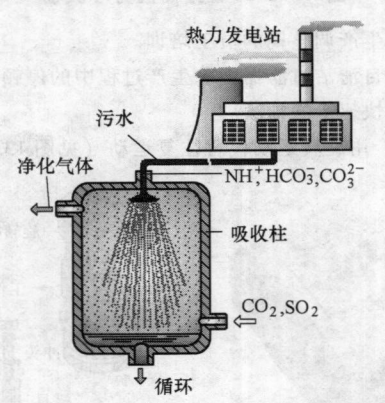

图 13.11-37 废物利用

（2）通过与另一种有害因素结合消除一种有害因素

例57 用有毒的化学物质保护木材不受昆虫的袭击，且不腐蚀。

其他例子还有：

1）通过引入竞争力消除员工对变化的恐惧。

2）亏本销售策略能增加销售量。

3）通过增加市内停车费用，降低市外停车费用的策略，可以减轻市内交通拥挤状况。

（3）加大一种有害因素的程度使其不再有害

例58 善意的专政。

其他例子还有：

1）减少做某项工作的资源，以至于不得不发现新方法来解决问题。

2）限制某种产品的生产，使市场上该产品的供应不足。

发明原理23：反馈

（1）引入反馈以改善过程或动作

例59 音频电路中的自动音量控制。

其他例子还有：

1）加工中心自动检测装置。

2）运动敏感光线控制系统（厕所光线敏感冲水系统）。

3）用于探测火与烟的热/烟传感器。

4）供应价格链管理。

5）统计过程控制（SPC）——用于确定修改过程的时间。

6）预算。

7）设计过程引入顾客参加。

（2）如果反馈已经存在，改变反馈控制信号的大小或灵敏度

例60 飞机接近机场时，改变自动驾驶系统的灵敏度。

其他例子还有：

1）在预算允许的范围内改变管理措施，以满足客户需求。

2）使设计人员及销售人员与客户紧密接触。

3）多标准决策分析。

4）在设计的早期阶段包含制造的信息。

5）含有模糊控制器的温度调节装置。

6）导航仪与水箱（见图13.11-38）。

发明原理24：中介物

（1）使用中介物传递某一物体或某一种中间过程

例61 机械传动中的惰轮。

其他例子还有：

1）管路绝缘材料。

2）催化剂。

3）中介机构对项目的评估。

4）产品生产企业与用户之间的总经销商。

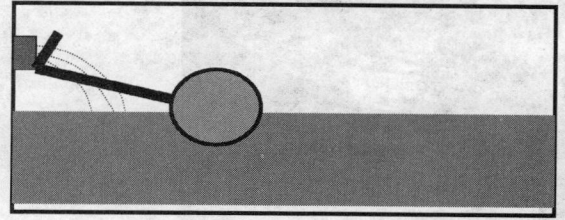

图 13.11-38　导航仪与水箱

5）旅行社。

（2）将一容易移动的物体与另一物体暂时接合

例 62　机械手抓取重物并移动该重物到另一处。

其他例子还有：

1）请故障诊断专家帮助诊断设备。

2）磨粒能改善水射流切割的效果。

3）拨片与喷嘴（见图 13.11-39）。

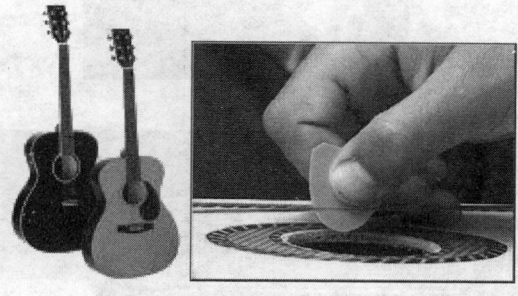

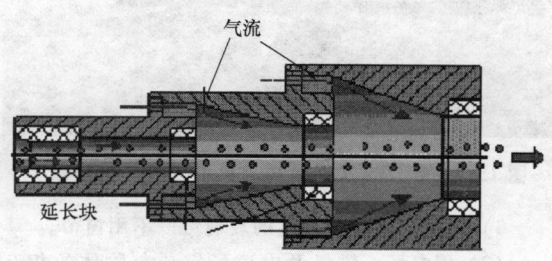

图 13.11-39　拨片与喷嘴

发明原理 25：自服务

（1）使某一物体通过附加功能产生自己服务于自己的功能（见图 13.11-40）

例 63　自清洁水槽——不会由于树叶或其他杂

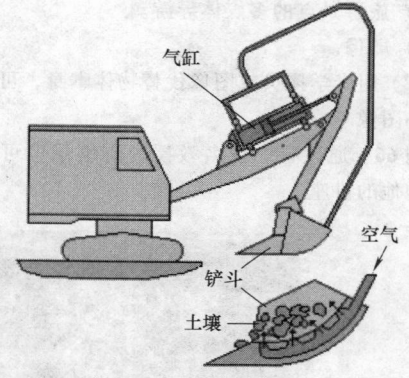

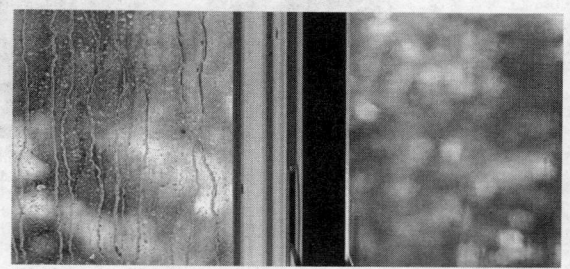

图 13.11-40　自服务挖掘机与自清洁玻璃

物堵塞。

其他例子还有：

1）自排泄涂层。

2）自测量匀泥尺。

3）品牌效应环——哈佛管理学院培养了一些著名人士，这些人士增加了学院的知名度，很多学生申请入学，学院仅招收最优秀的学生，培养的学生是最优秀的，形成了良性循环。

（2）利用废弃的材料、能量与物质

例 64　钢铁厂余热发电装置

其他例子还有：

1）重新雇用有经验的退休员工，让他们发挥作用。

2）包装材料的再利用。

3）工业生态系统。

4）太阳能利用。

5）地热利用。

发明原理 26：复制

（1）用简单的、低廉的复制品代替复杂的、昂贵的、易碎的或不易操作的物体

例 65　通过虚拟现实技术可以对未来的复杂系统进行研究。

其他例子还有：

1）通过模型的实验来代替对真实系统的实验。

2）旅游景点的多媒体导游。

3）雕像。

（2）用光学拷贝或图像代替物体本身，可以放大或缩小图像

例66　通过看一位名教授的讲座录像可代替亲自参加他的讲座。

其他例子还有：

1）为了勘测，采用卫星或飞机上拍摄的照片代替陆地。

2）测量某一物体的照片代替测量该物体。

3）风景壁画。

4）碰撞试验（见图13.11-41）。

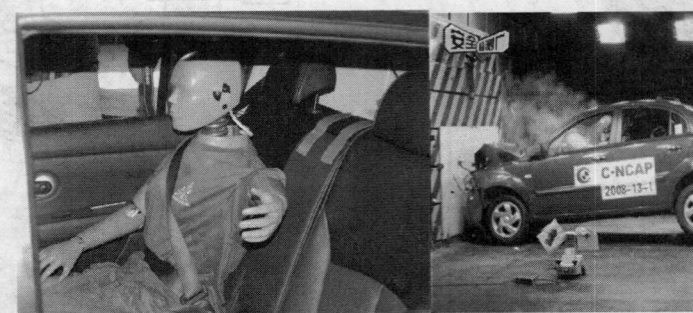

图13.11-41　碰撞试验

（3）如果已使用了可见光拷贝，用红外线或紫外线代替

例67　利用红外线成像探测热源

其他例子还有：

1）红外线成像可检测热源，如农作物的病虫害、安全保卫系统范围内的入侵者。

2）用紫外线作为无损探伤的一种方法。

3）用X射线检测结构缺陷。

发明原理27：低成本、不耐用的物体代替昂贵、耐用的物体

用一些低成本物体代替昂贵物体，用一些不耐用物体代替耐用物体，有关特性作折中处理。

例68　一次性纸杯（见图13.11-42）。

其他例子还有：

1）门前的擦鞋垫。

2）有规律地涂漆，以免表面损坏。

3）塑料整体一次成型椅子。

4）汽车操纵动力学系统、飞机飞行、原子弹爆炸的计算机仿真。

5）数字天气预报。

6）飞行驾驶模拟器。

发明原理28：机械系统的替代

（1）用视觉、听觉、嗅觉系统代替部分机械系统

例69　在天然气中混入难闻的气体代替机械或电子传感器来警告人们天然气的泄漏。

其他例子还有：

1）运动感知开关代替机械开关。

2）计算机之间的无线信息传输。

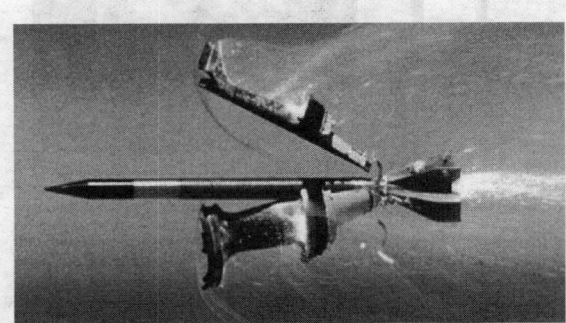

图13.11-42　一次性纸杯与火箭外壳（整流罩）

3）不透明镀层处理过的玻璃可以不用窗帘。

（2）用电场、磁场及电磁场完成与物体的相互作用

例70　为了混合两种粉末，使其中一种带正电荷，另一种带负电荷。

其他例子还有：

1）火警系统报警时，该系统所控制的电磁装置

打开门。

2）GPS 能确定有关货车或出租车的位置。

3）电子标签。

（3）将固定场变为移动场，将静态场变为动态场，将随机场变为确定场

例 71　记忆中所形成的地图。

其他例子还有：

1）定点加热系统。

2）居住者能调节的房间彩色光线系统。

（4）将铁磁粒子用于场的作用之中（见图 13.11-43）

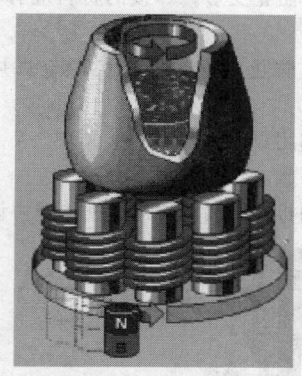

图 13.11-43　电磁搅拌器

例 72　用变磁场加热含有铁磁材料的物质，当温度达到居里点时，铁磁材料变成顺磁体，不再吸收热量。

发明原理 29：气动与液压结构

物体的固体零部件可用气动或液压零部件代替。

例 73　车辆减速时由液压系统储存能量，车辆运行时放出能量。

其他例子还有：

1）充气床垫。

2）充气夹具（见图 13.11-44）。

3）液压电梯替代机械电梯。

4）利用水平面保证地基是水平的。

5）热空气加热系统。

6）清算资产。

发明原理 30：柔性壳体或薄膜

（1）用柔性壳体或薄膜代替传统结构

例 74　用薄膜制造的充气结构作为网球场的冬季覆盖物。

其他例子还有：

1）刷卡代替现金——公司的工资已不是现金，而被打到银行账号，具有特定 ID 号的卡即可使用。

2）充气服装模特。

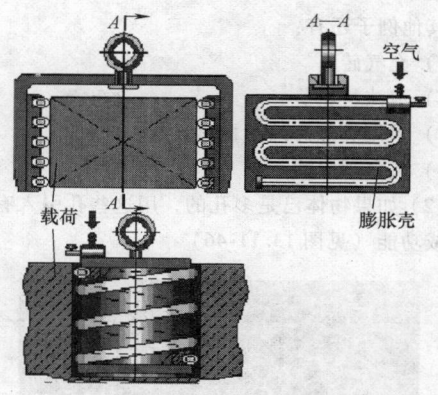

图 13.11-44　充气夹具

3）I、C、U 形截面梁代替实心梁。

4）网状结构。

5）膨胀型油漆保护钢结构免受大火的袭击。

（2）使用柔性壳体或薄膜将物体与环境隔离（见图 13.11-45）

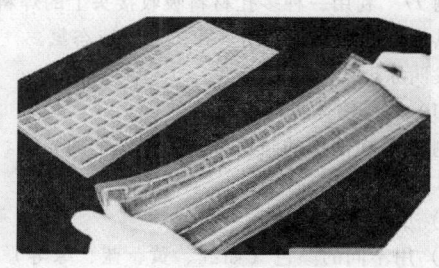

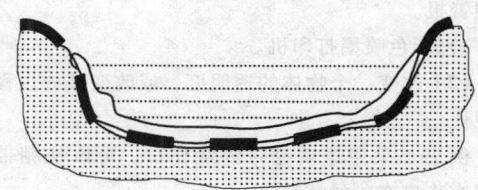

图 13.11-45　键盘保护膜与防渗膜

例 75　在水库表面漂浮一种由双极性材料制造的薄膜，一面具有亲水性能，另一面具有疏水性能，以减少水的蒸发。

其他例子还有：

1）餐厅内部的屏风。

2）舞台上的幕布将舞台与观众隔开。

3）充气外衣。

4）鸡蛋专用箱。

发明原理 31：多孔材料

（1）使物体多孔或通过插入、涂层等增加多孔元素

例 76　在某一结构上钻孔，以减轻重量。

其他例子还有：

1）充气砖。

2）泡沫材料。

3）采用类似海绵的材料吸水。

4）氧气呼吸膜。

（2）如果物体已是多孔的，用这些孔引入有用的物质或功能（见图13.11-46）

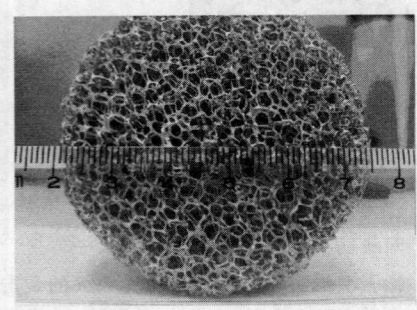

图 13.11-46　超轻金属多孔材料

例77　利用一种多孔材料吸收接头上的焊料。

其他例子还有：利用多孔钯储藏液态氢。

发明原理32：改变颜色

（1）改变物体或环境的颜色

例78　在洗像的暗房中要采用安全的光线。

其他例子还有：

1）反照率（天体）。

2）用不同的颜色（如红、黄、蓝、绿等）表示不同警报。

3）彩色喷墨打印机。

（2）改变一个物体的透明度，或改变某一过程的可视性

例79　采用透明绷带缠绕伤口，可以从绷带外部观察伤口变化的情况。

其他例子还有：

1）增加管理的透明度。

2）问题的清晰、简明的描述是重要的。

3）光线敏感玻璃。

（3）采用有颜色的添加物，使不易被观察到的物体或过程被观察到

例80　为了实验透明管路内的流动状态，使带颜色的某种流体从入口流入。

其他例子还有：红色警示牌。

（4）如果已增加了颜色添加物，则采用发光的轨迹（见图13.11-47）

发明原理33：同质性

可采用相同或相似的物质制造与某物体相互作用

图 13.11-47　随温度变化的水壶

的物体（见图13.11-48）。

例81　为了减少化学反应，盛放某物体的容器应与该物体用相同的材料制造。

其他例子还有：

1）为了防止变形，邻接的材料应有相似的膨胀系数。

2）为了防止点腐蚀，邻接的金属应有相似的特性。

3）内部用户。

4）产品族。

5）不同机构之间的通用数据传递协议。

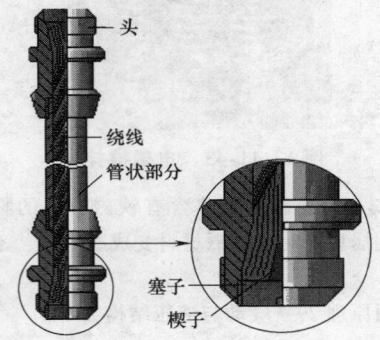

图 13.11-48　传动轴

发明原理34：抛弃与修复

（1）当一个物体完成了其功能或变得无用时，抛弃或修改该物体中的一个元件

例82　用可溶解的胶囊作为药面的包装。

其他例子还有：

1）可降解餐具。

2）子弹壳（见图13.11-49）。

3）协议租用某专用设备。

4）合同制雇员。

（2）立即修复一个物体中所损耗的部分

例83　割草机的自刃磨刀具。

其他例子还有：

1）水循环系统（见图13.11-49）。

2）终生学习，不断获得新知识。

发明原理35：参数变化

（1）改变物体的物理状态，即使物体在气态、

图 13.11-49　子弹壳与水循环系统

图 13.11-50　低温液氧储罐与居里点控温

液态、固态之间变化

例 84　使氧气处于液态，便于运输

其他例子还有：

1）粘接代替机械铰接方法。

2）快速模具技术中可用液态速凝塑料。

3）虚拟原型。

（2）改变物体的浓度或粘度

例 85　从使用的角度看，液态香皂的粘度高于固态香皂，且使用更方便。

其他例子还有：

1）改变合成水泥的成分可改变其性能。

2）采用不同粘度的润滑油。

（3）改变物体的柔性

例 86　用三级可调减振器代替汽车中的不可调减振器。

其他例子还有：

1）在建筑物内的可调减振器可提供主动减振功能。

2）安装到橡胶支撑上的窗户改善了振动性能。

3）提供智能在线目录。

4）对新手提供专家服务的软件。

（4）改变温度

例 87　使金属的温度升高到居里点以上，金属由铁磁体变为顺磁体（见图 13.11-50）。

其他例子还有：

1）为了保护动物标本，需将其降温。

2）借助产品的质量使用户兴奋（热）。

3）通过参与公司长远规划的制定，使员工处于兴奋状态。

（5）改变压力

例 88　采用真空吸入的方法改变水泥的流动性。

其他例子还有：

1）利用大气压力差改变高层建筑的空气流动性能。

2）用形状记忆合金制成的窗户合叶能自动调节。

发明原理 36：状态变化

在物质状态变化过程中实现某种效应。

例 89　合理利用水在结冰时体积膨胀的原理。

其他例子还有：

1）热泵利用吸热散热原理工作。

2）热管降温衫（见图 13.11-51）。

3）利用状态变化储存能量。

4）制冷工厂。

5）轴与轴套的加热装配。

6）股市由牛市转向熊市（见图 13.11-51）。

7）优秀教学评估过后的放松状态。

发明原理 37：热膨胀

（1）利用材料的热膨胀或热收缩性质

例 90　装配紧配合的两个零件时，将内部零件冷却，外部零件加热，之后装配在一起，并置于常温中。

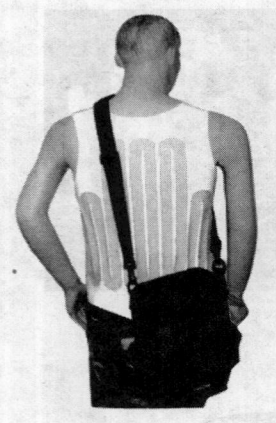
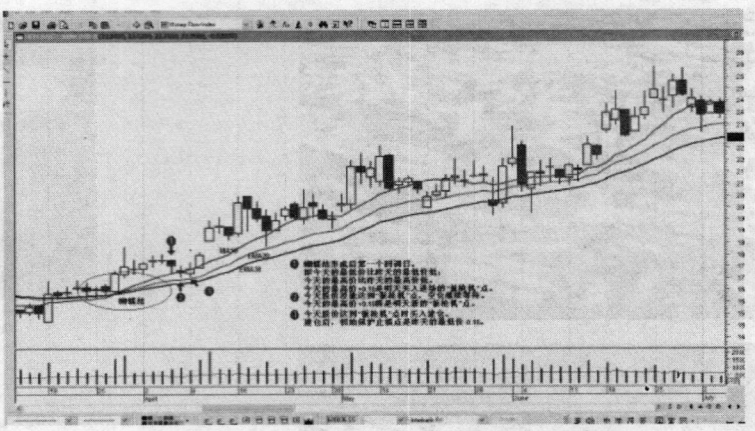

图 13.11-51 降温衫与股市

其他例子还有：

1）膨胀接头（见图 13.11-52）。

2）假如员工处于兴奋状态（热膨胀），在规定的时间及空间内做得更多。

（2）使用具有不同热膨胀系数的材料

例 91 双金属片传感器（见图 13.11-52）。

其他例子还有：

1）市场的扩张或收缩取决于产品销售量与效益。

2）工作团队中的个性匹配。

3）双金属片合叶能根据室内温度自动调节窗户的开口量。

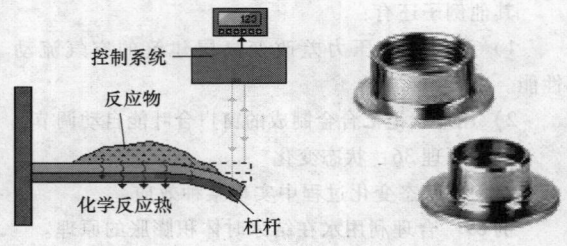

图 13.11-52 双金属片传感器与膨胀接头

发明原理 38：加速强氧化

使氧化从一个级别转变到另一个级别，如从环境气体到充满氧气、从充满氧气到纯氧气、从纯氧到离子态氧。

例 92 为了获得更多的热量，焊枪里通入氧气，而不是用空气（见图 13.11-53）。

其他例子还有：

1）氧吧。

2）讨论会中的特约嘉宾。

3）用仿真训练代替讲课。

4）臭氧灭菌。

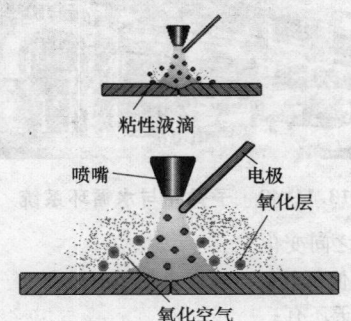

图 13.11-53 焊枪与臭氧灭菌

发明原理 39：惰性环境

（1）用惰性环境代替通常环境

例 93 为了防止炽热灯丝的失效，让其置于氩气中。

其他例子还有：

1）消除评估、评奖等过程中的混乱局面，而由一自然的工作系统代替。

2）谈判过程中的休会期。

3）硅片加工所需要的净化车间。

（2）在某一物体中添加自然部件或惰性成分

例 94 难燃材料添加到泡沫状材料构成的墙体中

其他例子还有:

1)悬架系统中的阻尼器。

2)吸声面板。

3)氮气除尘(见图 13.11-54)。

4)在困难的谈判过程中,引入公正的第三方做评判。

5)在办公区内引入一个安静区。

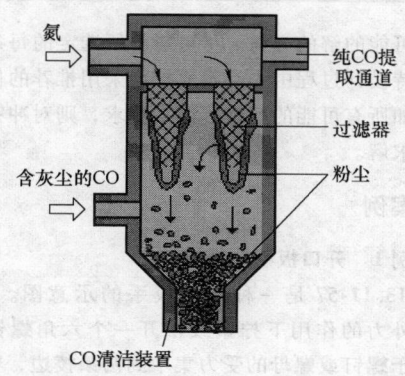

图 13.11-54 氮气除尘

发明原理 40:复合材料

例 95 玻璃纤维与木材相比较轻,并且在形成不同形状时更容易控制。

其他例子还有:

1)钢筋混凝土结构。

2)玻璃纤维加强结构。

3)混合纤维地毯。

4)机电一体化。

5)飞轮(见图 13.11-55)。

6)不粘锅(见图 13.11-55)。

图 13.11-55 飞轮与不粘锅

7)多学科项目小组。

8)高/低风险投资策略。

上述这些原理都是通用发明原理,未针对具体领域,其表达方法是描述可能解的概念。如几个原理建议采用柔性方法,问题的解要涉及在某种程度上改变已有系统的柔性或适应性,设计者根据该建议提出已有系统的改进方案,这将有助于问题的迅速解决。还有一些原理范围很宽,应用面广,既可应用于工程,又可用于管理、广告、市场等领域。

3.3 技术冲突矩阵

在设计过程中如何选用发明原理作为产生新概念的指导是一个具有现实意义的问题。通过多年的研究、分析、比较,Altshuller 提出了技术冲突矩阵。该矩阵将描述技术冲突的 39 个工程参数与 40 条发明原理建立了对应关系,很好地解决了设计过程中选择发明原理的难题。

技术冲突矩阵为一个 40 行 40 列的矩阵,其中第 1 行或第 1 列为按顺序排列的 39 个描述冲突的工程参数序号。除第 1 行与第 1 列以外,其余 39 行与 39 列形成一个矩阵,矩阵元素中或空、或有几个数字,这些数字表示 40 条发明原理中的推荐采用原理序号。表 13.11-3 是冲突矩阵简表(详细的技术冲突矩阵请见表 13.11-6)。矩阵中的行所描述的工程参数为冲突中改善的一方,列所代表的工程参数是恶化的一方。

应用该矩阵的过程为:首先,在 39 个标准工程参数中,确定使产品某一方面质量提高及降低(恶化)的工程参数 A 及 B 的序号;然后,将参数 A 及 B 的序号从第 1 列及第 1 行中选取对应的序号;最后,在两序号对应行与列的交叉处确定某一特定矩阵元素,该元素所给出的数字为推荐采用的发明原理序号。如希望质量提高与降低的工程参数序号分别为 No.5 及 No.3,在矩阵中,第 5 行与第 3 列交叉处所对应的矩阵元素如表 13.11-3 中的椭圆所示,该元素中的数字 14、15、16 及 4 为推荐的发明原理序号。

3.4 技术冲突解决过程

Altshuller 的冲突理论似乎是产品创新的灵丹妙药,实际上,在应用该理论之前的前处理与应用之后的后处理仍然是关键。图 13.11-56 表明了问题求解的全过程。

当针对具体问题确认了一个技术冲突后,要用该问题所处技术领域中的特定术语描述该冲突。然后,将冲突的描述翻译成一般术语,由这些一般术语选择标准工程参数。由标准工程参数在冲突解决矩阵中选择可用解决原理。一旦某一或某几个原理被选定后,必须根据特定的问题应用该原理以产生一个特定的

表 13.11-3 冲突矩阵简表

	No. 1	No. 2	No. 3	No. 4	No. 5	…	No. 39
No. 1			15,8,29,34		29,17,38,34		35,3,24,37
No. 2				10,1,29,35			1,28,15,35
No. 3	8,15,29,34				15,17,4		14,4,28,29
No. 4		35,28,40,29					30,14,7,26
No. 5	2,17,29,4		14,15,16,4				10,26,34,2
…							
No. 39	35,26,24,37	28,27,15,3	18,4,28,38	30,7,14,26	10,26,34,31		

解。对于复杂的问题，一条原理是不够的，原理的作用是使原系统向着改进的方向发展。在改进的过程中，对问题的深入思考、创造性、经验都是需要的。

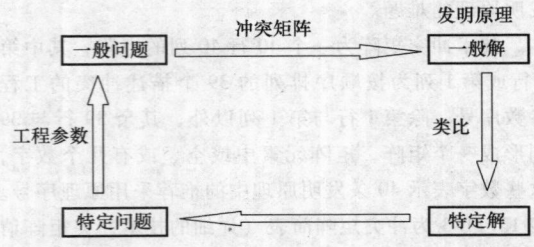

图 13.11-56 技术冲突解决原理

可将上述技术冲突解决原理具体化为 12 步：

1）定义待设计系统的名称；

2）确定待设计系统的主要功能；

3）列出待设计系统的关键子系统、各种辅助功能；

4）对待设计系统的操作进行描述；

5）确定待设计系统应改善的特性、应该消除的特性；

6）将涉及的参数要按标准的 39 个工程参数重新描述；

7）对技术冲突进行描述：如果某一工程参数要得到改善，将导致哪些参数恶化？

8）对技术冲突进行另一种描述：假如降低参数恶化的程度，要改善参数将被虚弱，或另一恶化参数被加强；

9）在冲突矩阵中由冲突双方确定相应的矩阵元素；

10）由上述元素确定可用发明原理；

11）将所确定的原理应用于设计者的问题；

12）找到、评价并完善概念设计及后续的设计。

通常所选定的发明原理多于 1 个，这说明前人已用这几个原理解决了一些特定的技术冲突。这些原理仅仅表明解的可能方向，即应用这些原理过滤掉了很多不太可能的解的方向。尽可能将所选定的每条原理都用到待设计过程中去，不要拒绝采用推荐的任何原理。假如所有可能的解都不满足要求，则对冲突重新定义并求解。

3.5 案例

案例 1 开口扳手改进设计

图 13.11-57 是一种开口扳手的示意图。图中，扳手在外力的作用下拧紧或松开一个六角螺钉或螺母。由于螺钉或螺母的受力集中到两条棱边，容易产生变形，而使螺钉或螺母的拧紧或松开困难。

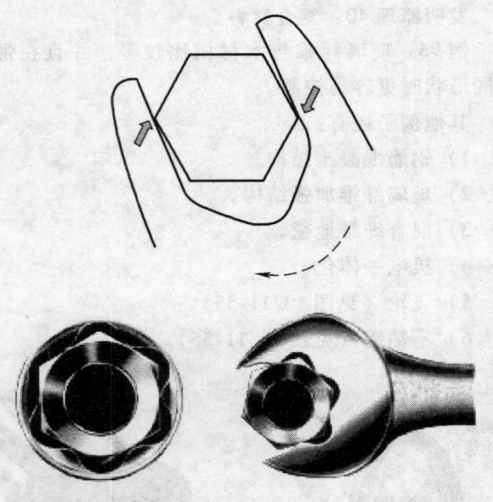

图 13.11-57 开口扳手

开口扳手已有多年的生产及应用历史，在产品进化曲线上应该处于成熟期或退出期，但对于传统产品很少有人去考虑设计中的不足并且改进其设计。按照 TRIZ 理论，处于成熟期或退出期的改进设计，必须发现并解决深层次的冲突，提出更合理的设计概念。目前的扳手可能损坏螺钉／螺母棱边提示设计者，新的设计必须克服目前设计中的该缺点。现应用冲突矩阵解决该问题。

首先从 39 个标准工程参数中选择并确定技术冲突的一对特性参数：

质量提高的参数：物体产生的有害因素（No.31）。

带来负面影响的参数：制造精度（No.29）。

由冲突矩阵（见表 13.11-6）的第 31 行及第 29 列确定可用发明原理为：

No.4 不对称

No.17 维数变化

No.34 抛弃与修复

No.26 复制

对 No.17 及 No.4 两条原理的分析表明，扳手工作面的一些点要与螺母/螺钉的侧面接触，而不仅是与其棱边接触就可解决该冲突。美国专利 US Patent 5406868 正是基于这种原理设计的，如图 13.11-58 所示。而拥有该专利的美国 METRINCH 公司开发出一系列扳手，获得了巨大利润。

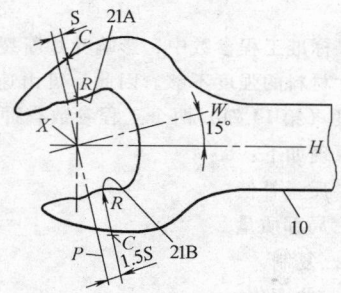

图 13.11-58 开口扳手美国专利
US Patent 5406868

案例 2 FBC（Fluidized Bed Combustion）锅炉

FBC 锅炉在使用中，其炉壁经常被煤磨损（见图 13.11-59），不得不停机修理，造成巨大损失。希望提出改进设计方案。

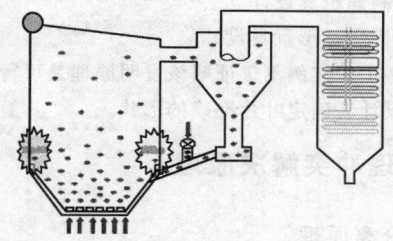

图 13.11-59 锅炉炉壁磨损

初始状况：在 FBC 锅炉系统中，煤通过循环密封通道进入炉内燃烧，未充分燃烧的煤循环利用。在运行过程中出现了如下的问题：

由于空气的进入，处于流态的煤作用于炉壁，将炉壁的金属磨损掉，因此，锅炉不得不停机维护。

技术冲突：为了提高生产率，需要增加空气流入的速度，其结果将增加煤的燃烧率，但这将导致磨损增加。由此，确定标准工程参数：

希望改进的特性：速度、生产率。

恶化的特性：物质损失（磨损）、外部物体作用的有害因素。

由冲突矩阵可查出发明原理，见表 13.11-4。

选定的发明原理是：No.10 预操作

No.24 中介物

No.28 机械系统的替代

No.35 参数变化

表 13.11-4 锅炉问题发明原理

改进特性	恶化特性	发明原理序号
速度(9)	物质损失(23)	10、13、28、38
速度(9)	外部物体作用的有害因素(30)	1、28、23、35
生产率(39)	物质损失(23)	28、10、35、23
生产率(39)	外部物体作用的有害因素(30)	22、35、13、24

根据这些原理，可以确定解决技术冲突的不同方案，从中选择最有可能实现的方案并将其实现。

方案 1：在炉内经常被磨损的部位安装防护墙，如图 13.11-60 所示。可能引出的问题是防护墙的材料及安装方法。

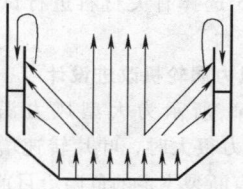

图 13.11-60 方案 1

方案 2：炉壁受磨损处涂上一层粘性物质，能把煤粘在炉壁表面，如图 13.11-61 所示。可能出现的问题是难以发现在温度为 800～900℃正常工作的粘结剂。

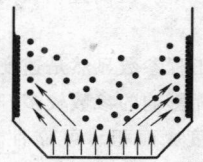

图 13.11-61 方案 2

方案 3：在炉壁周围吹入空气，使煤颗粒不落在炉壁上，如图 13.11-62 所示。可能出现的问题是这种空气喷嘴难以安装。

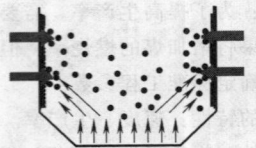

图 13.11-62　方案 3

方案 4：在炉壁上安装防护块，防止煤颗粒落到炉壁表面，如图 13.11-63 所示。可能出现的问题是安装问题。

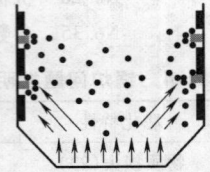

图 13.11-63　方案 4

方案 5：在炉壁添加磨阻涂层，防止炉壁被煤颗粒磨损，如图 13.11-64。此方案负作用最小。

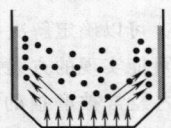

图 13.11-64　方案 5

按照方案 5 选择有关材料进行试验，证明是可行的。

案例 3　风力涡轮机改进设计

图 13.11-65 所示为大型风力涡轮机（500 ~ 750kW）。当风力很大时，叶片转速增大，由于离心力太大，叶片有断裂飞走的危险。目前该问题的解决方案为：当风力增大到一定水平时，停止机器运转，确保安全。但是，其后果是不能发电。最好是机器不停止运转，风力大时最大限度地工作，从而发更多的电。

基本问题是：希望风力涡轮机能在高速运转时工作，以提高其生产率。但高速时叶片可能断裂飞走，出现安全隐患。

需要改进的工程参数显然是速度，速度越大发电量越高。产生负面影响的参数较多，如物体产生的有害因素、力、强度、面积、可靠性、应力、物质损失。如果查冲突矩阵，将查出 19 个发明原理。太多的原理会影响问题的解决，应确定最主要的影响参数。

1）叶片断裂，相当于标准工程参数：物质损失及可靠性。

图 13.11-65　大型风力涡轮机

2）负载太大，相当于标准工程参数：力、应力、面积。

3）材料的强度不足，相当于标准工程参数：强度。

在这些标准工程参数中，影响叶片断裂的最主要原因是叶片材料的强度不够。因此，可由速度（第 8 行）及强度（第 14 列）两个工程参数查冲突矩阵并确定发明原理如下：

No. 8　质量补偿

No. 3　局部质量

No. 26　复制

No. 14　曲面化

分析这些发明原理，认为发明原理 14 最有希望在本例中应用。为了产生原始创新的想法，应参考前人应用该原理所解决的如下问题：

1）推进器设计。

2）喷气发动机风扇叶片设计——剑式风扇。

3）离心压缩机。

4）高速机翼设计。

5）回飞标形玩具设计。

这些工程实例不仅证明该发明原理是可行的，而且帮助设计者确定叶片准确的形状。

4　物理冲突解决原理

4.1　分离原理

物理冲突是 TRIZ 要研究解决的关键问题之一。当对一子系统具有相反的要求时，就出现了物理冲突。例如，为了容易起飞，飞机的机翼应有较大的面积，但为了高速飞行，机翼又应有较小的面积，这种要求机翼具有大的面积与小的面积同时存在的情况，对于机翼的设计就是物理冲突，解决该冲突是机翼设计的关键。与技术冲突相比，物理冲突是一种更尖锐的冲突，设计中必须解决。

现代 TRIZ 在总结物理冲突解决的各种研究方法的基础上，提出了采用如下的分离原理解决物理冲突的方法：

1）空间分离。

2）时间分离。

3）基于条件的分离。

4）整体与部分的分离。

通过采用内部资源，物理冲突已用于解决不同工程领域中的很多技术问题。所谓内部资源是在特定的条件下，系统内部能发现及可利用的资源，如材料及能量。假如关键子系统是物质，则几何或化学原理的应用是有效的；如关键子系统是场，则物理原理的应用是有效的。有时从物质到场，或从场到物质的传递是解决问题的有效方案。

1. 空间分离原理

所谓空间分离原理是将冲突双方在不同的空间分离，以降低解决问题的难度。当关键子系统冲突双方在某一空间只出现一方时，空间分离是可能的。应用该原理时，首先应回答如下问题：

是否冲突一方在整个空间中"正向"或"负向"变化？在空间中的某一处冲突的一方是否可以不按照一个方向变化？如果冲突的一方可以不按照一个方向变化，则利用空间分离原理是可能的。

例 96　自行车采用链轮与链条传动是一个采用空间分离原理的例子（见图 13.11-66）。在链轮与链条发明前，自行车存在两个物理冲突：其一，为了高速行走需要一个直径大的车轮，为了乘坐舒适，需要一个小的车轮，车轮既要大又要小，形成了物理冲突；其二，骑车人既要快蹬脚蹬，以提高速度，又慢蹬以感觉舒适。链条、链轮、飞轮的发明解决了这两组物理冲突。首先，链条在空间上将链轮的运动传递给飞轮，飞轮驱动自行车后轮旋转；其次，链轮直径大于飞轮，链轮以较慢的速度旋转将导致飞轮较快的旋转速度。因此，骑车人可以较慢的速度驱动脚蹬，自行车后轮将以较快的速度旋转，自行车车轮直径也可以较小。

例 97　潜水艇利用电缆拖着千米之外的声纳探测器（见图 13.11-67），以在黑暗的海洋中感知外部世界的信息。被拖曳的声纳探测器与产生噪声的潜水艇在空间处于分离状态。

2. 时间分离原理

所谓时间分离原理是将冲突双方在不同的时间段分离，以降低解决问题的难度。当关键子系统冲突双

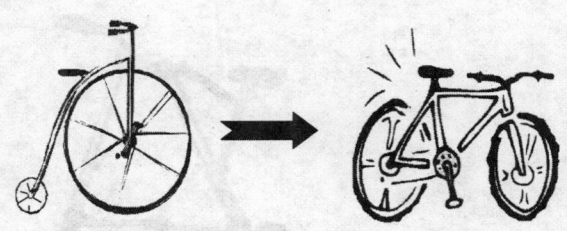

图 13.11-66　自行车中的链传动

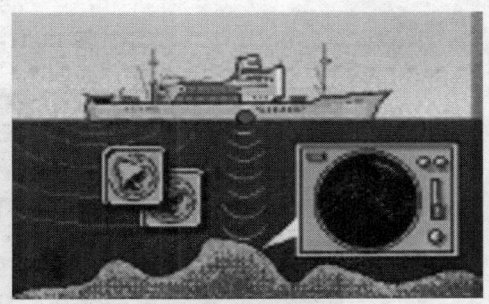

图 13.11-67　声纳探测器

方在某一时间段只出现一方时，时间分离是可能的。应用该原理时，首先应回答如下问题：

是否冲突一方在整个时间段中"正向"或"负向"变化？在时间段中冲突的一方是否可不按照一个方向变化？如果冲突的一方可不按照一个方向变化，则利用时间分离原理是可能的。

例 98　折叠式自行车在行走时体积较大，在储存时因已折叠体积较小（见图 13.11-68）。行走与储存发生在不同的时间段，因此，采用了时间分离原理。

例 99　飞机机翼在飞行时和降落后形状发生变化，这种变化采用了时间分离原理（见图 13.11-69）。

3. 基于条件的分离

所谓基于条件的分离原理，是将冲突双方在不同的条件下分离，以降低解决问题的难度。当关键子系统冲突双方在某一条件下只出现一方时，基于条件分离是可能的。应用该原理时，首先应回答如下问题：

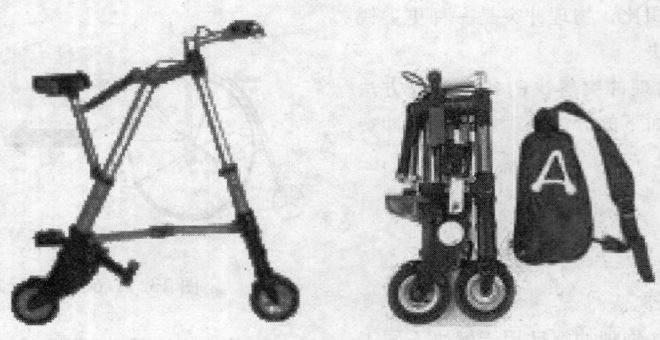

图 13.11-68　折叠式自行车

图 13.11-69　飞机机翼

图 13.11-70　水的硬度变化

　　是否冲突一方在所有的条件下都要求"正向"或"负向"变化？在某些条件下，冲突的一方是否可不按照一个方向变化？如果冲突的一方可不按照一个方向变化，则利用基于条件的分离原理是可能的。

　　例 100　水与跳水运动员所组成的系统中，水既是硬物质，又是软物质，这取决于运动员入水时的相对速度。相对速度高，水是硬物质，反之是软物质（见图 13.11-70）。

　　4. 总体与部分的分离

　　所谓总体与部分的分离原理，是将冲突双方在不同的层次分离，以降低解决问题的难度。当冲突双方在关键子系统层次只出现一方，而该方在子系统、系统或超系统层次内不出现时，总体与部分的分离是可能的。

　　例 101　自行车链条微观层面上是刚性的，宏观层面上是柔性的（见图 13.11-71）。

　　例 102　自动装配生产线与零部件供应的批量化之间存在冲突。自动生产线要求零部件连续供应，但

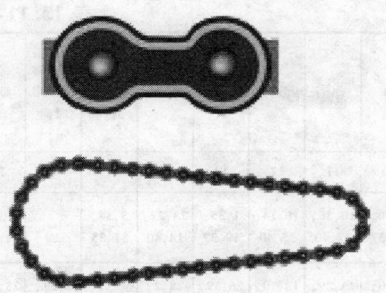

图 13.11-71　自行车链条

零部件从自身的加工车间或供应商运到装配车间时要求批量运输。专用转换装置接受批量零部件,但连续地将零部件输送给自动装配生产线。

4.2　分离原理与发明原理的关系

Mann 通过研究提出,解决物理冲突的分离原理与解决技术冲突的发明原理之间存在关系,对于一条分离原理,可以有多条发明原理与之对应。表 13.11-5 是其研究结果。

表 13.11-5　分离原理和发明原理的对应关系

分离原理	发明原理
空间分离	1、2、3、4、7、13、17、24、26、30
时间分离	9、10、11、15、16、18、19、20、21、29、34、37
整体与部分分离	12、28、31、32、35、36、38、39、40
条件分离	1、7、25、27、5、22、23、33、6、8、14、25、35、13

只要能确定物理冲突及分离原理的类型,40 条发明原理及发明原理的工程实例可帮助设计者尽快确定新的设计概念。

图 13.11-72　波音公司 737 客机

4.3　案例

例 103　图 13.11-72 所示波音公司的 737 客机在

设计过程中,出现的技术冲突为:既希望发动机吸入更多的空气,但又不希望发动机罩与地面的距离减小。

将该技术冲突转变为物理冲突:发动机罩的直径应该加大,以吸入更多的空气,但机罩直径又不能加大,以不使路面与机罩之间的距离减小。

现采用空间分离原理来解决该物理冲突。空间分离对应的发明原理中有 No.4 不对称原理。按该原理,可以将对称设计改为不对称设计(图 13.11-73)。

图 13.11-73　波音公司 737 客机改进型

5　本章小结

创新的关键是解决发明问题,TRIZ 是专门解决发明问题的理论。图 13.11-74 示出了 TRIZ 的理论体系,包括哲学层、方法层、工具层。本章介绍了问题的分类、TRIZ 的体系结构,详细介绍了设计过程中技术冲突和物理冲突解决方法:应用 40 条发明原理解决技术冲突,应用 4 条分离原理解决物理冲突。经过不断的努力,设计人员会逐渐了解这些原理的含义和应用流程,并能够熟练地应用于解决实际问题。经验表明,不断地应用这些原理,将大大提高设计人员的创新能力。

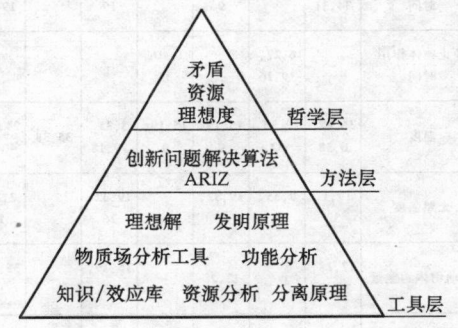

图 13.11-74　TRIZ 的理论体系

表 13.11-6　技术

恶化特性⇒ / 改进特性⇓	运动物体的重量	静止物体的重量	运动物体的长度	静止物体的长度	运动物体的面积	静止物体的面积	运动物体的体积	静止物体的体积	速度	力	应力或压强	形状	结构的稳定性	强度	运动物体作用时间	静止物体作用时间	温度	光照强度
	1	2	3	4	5	6	7	8	9	10	11	12	13	14	15	16	17	18
1 运动物体的重量	+	-	15,8,29,34		29,17,38,34		29,2,40,28		2,8,15,38	8,10,18,37	10,36,37,40	10,14,35,40	1,35,19,39	28,27,18,40	5,34,31,35		6,29,4,38	19,1,32
2 静止物体的重量	-	+	-	10,1,29,35		35,30,13,2		5,35,14,2		8,10,19,35	13,29,10,18	13,10,1,29	26,39,1,40	28,2,10,27		2,27,19,6	28,19,32,22	19,32,35
3 运动物体的长度	8,15,29,34	-	+	-	15,17,4		7,17,4,35		13,4,8	17,10,4	1,8,35	1,8,10,29	1,8,15,34	8,35,29,34	19		10,15,19	32
4 静止物体的长度	-	35,28,40,29	-	+	-	17,7,10,40	-	35,8,2,14		28,10	1,14,35	13,14,15,7	39,37,35	15,14,28,26		1,10,35	3,35,38,18	3,25
5 运动物体的面积	2,17,29,4	-	14,15,18,4	-	+	-	7,14,17,4		29,30,4,34	19,30,35,2	10,15,36,28	5,34,29,4	11,2,13,39	3,15,40,14	6,3		2,15,16	15,32,19,13
6 静止物体的面积	-	30,2,14,18	-	26,7,9,39	-	+	-			1,18,35,36	10,15,36,37		2,38	40		2,10,19,30	35,39,38	
7 运动物体的体积	2,26,29,40	-	1,7,4,35		1,7,4,17		+	-	29,4,38,34	15,35,36,37	6,35,36,37	1,15,29,4	28,10,1,39	9,14,15,7	6,35,4		34,39,10,18	2,13,10
8 静止物体的体积	-	35,10,19,14	19,14	35,8,2,14	-		-	+	2,18,37	24,35	7,2,35	34,28,35,40	9,14,17,15			35,34,38	35,6,4	
9 速度	2,28,13,38		13,14,8		29,30,34		7,29,34		+	13,28,15,19	6,18,38,40	35,15,18,34	28,33,1,18	8,3,26,14	3,19,35,5		28,30,36,2	10,13,19
10 力	8,1,37,18	18,13,1,28	17,19,9,36	28,10	19,10,15	1,18,36,37	15,9,12,37	2,36,18,37	13,28,15,12	+	18,21,11	10,35,40,34	35,10,21	35,10,14,27	19,2		35,10,21	-
11 应力或压强	10,36,37,40	13,29,10,18	35,10,36	35,1,14,16	10,15,36,28	10,15,36,37	6,35,10	35,24	6,35,36	36,35,21	+	35,4,15,10	35,33,2,40	9,18,3,40	19,3,27		35,39,19,2	
12 形状	8,10,29,40	15,10,26,3	29,34,5,4	13,14,10,7	5,34,4,10		14,4,15,22	7,2,35	35,15,34,18	35,10,37,40	34,15,10,14	+	33,1,18,4	30,14,10,40	14,26,9,25		22,14,19,32	13,15,32
13 结构的稳定性	21,35,2,39	26,39,1,40	13,15,1,28	37	2,11,13	39	28,10,19,39	34,28,35,40	33,15,28,18	10,35,21,16	2,35,40	22,1,18,4	+	17,9,15	13,27,10,35	39,3,35,23	35,1,32	32,3,27,16
14 强度	1,8,40,15	40,26,27,1	1,15,8,35	15,14,28,26	3,34,40,29	9,40,28	10,15,14,7	9,14,17,15	8,13,26,14	10,18,3,14	10,3,18,40	10,30,35,40	13,17,35	+	27,3,26		30,10,40	35,19
15 运动物体作用时间	19,5,34,31		2,19,9		3,17,19		10,2,19,30		3,35,5	19,2,16	19,3,27	14,26,28,25	13,3,35	27,3,10	+	-	19,35,39	2,19,4,35
16 静止物体作用时间	-	6,27,19,16		1,40,35	-		-	35,34,38	-				39,3,35,23		-	+	19,18,36,40	
17 温度	36,22,6,38	22,35,32	15,19,9	15,19,9	3,35,39,18	35,38	34,39,40,18	35,6,4	2,28,36,30	35,10,3,21	35,39,19,2	14,22,19,32	1,35,32	10,30,22,40	19,13,39	19,18,36,40	+	32,30,21,16
18 光照强度	19,1,32	2,35,32	19,32,16		19,32,26		2,13,10		10,13,19	26,19,6		32,30	32,3,27	35,19	2,19,6		32,35,19	+
19 运动物体的能量	12,18,28,31	-	12,28	-	15,19,25		35,13,18	-	8,35,35	16,26,21,2	23,14,25	12,2,29	19,13,17,24	5,19,9,35	28,35,6,18	-	19,24,3,14	2,15,19
20 静止物体的能量	-	19,9,6,27	-	-	-		-		36,37				27,4,29,18	35				19,2,35,32

冲突矩阵

运动物体的能量	静止物体的能量	功率	能量损失	物质损失	信息损失	时间损失	物质或事物的数量	可靠性	测试精度	制造精度	影响物体的有害因素	物体产生的有害因素	可制造性	可操作性	可维修性	适应性及多用性	装置的复杂性	监控与测试的困难程度	自动化程度	生产率
19	20	21	22	23	24	25	26	27	28	29	30	31	32	33	34	35	36	37	38	39
35,12,34,31	-	12,36,18,31	6,2,34,19	5,35,3,31	10,24,35	10,35,20,28	3,26,18,31	1,3,11,27	28,27,35,26	28,35,26,18	22,21,18,27	22,35,31,39	27,28,1,36	35,3,2,24	2,27,28,11	29,5,15,8	26,30,36,34	28,29,26,32	26,35,18,19	35,3,24,37
-	18,19,28,1	15,19,18,22	18,19,28,15	5,8,13,30	10,15,35	10,20,35,26	19,6,18,26	10,28,8,3	18,26,28	10,1,35,17	2,19,22,37	35,22,1,39	28,1,9	6,13,1,32	2,27,28,11	19,15,29	1,10,26,39	25,28,17,15	2,26,35	1,28,15,35
8,35,24		1,35	7,2,35,39	4,29,23,10	1,24	15,2,29	29,35	10,14,29,40	28,32,4	10,28,29,37	1,15,17,24	17,15	1,29,17	15,29,35,4	1,28,10	14,15,1,16	1,19,26,24	35,1,26,24	17,24,26,16	14,4,28,29
		12,8	6,28	10,28,24,35	24,26	30,29,14		15,29,28	32,28,3	2,32,10	1,18		15,17,27	2,25	3	1,35	1,26	26		30,14,7,26
19,32	-	19,10,32,18	15,17,30,26	10,35,2,39	30,26	26,4	29,30,6,13	29,9	26,28,32,3	2,32	22,33,28,1	17,2,18,39	13,1,26,24	15,17,13,16	15,13,10,1	15,30	14,1,13	2,36,26,18	14,30,28,23	10,26,34,2
-		17,32	17,7,30	10,14,18,39	30,16	10,35,4,18	2,18,40,4	32,35,40,4	26,28,32,3	2,29,18,36	27,2,39,35	22,1,40	40,16	16,4	16	15,16	1,18,36	2,35,30,18	23	10,15,17,7
35	-	35,6,13,18	7,15,13,16	36,39,34,10	2,22	2,6,34,10	29,30,7	14,1,40,11	25,26,28	25,28,2,16	22,21,27,35	17,2,40,1	29,1,40	15,13,30,12	10	15,29	26,1	29,26,4	35,34,16,24	10,6,2,34
-		30,6		10,39,35,34		35,16,32,18	35,3	2,35,16			35,10,25	34,39,19,27	30,18,35,4	35			1	1,31	2,17,26	35,37,10,2
8,15,35,38		19,35,38,2	14,20,19,35	10,13,28,38	13,26		10,19,29,38	11,35,27,38	28,32,1,24	10,28,32,25	1,28,35,23	2,24,35,21	35,13,8,1	32,28,13,12	34,2,28,27	15,10,26	10,28,4,34	3,34,27,16	10,18	
19,17,10	1,16,36,37	19,35,18,37	14,15	8,35,40,5		10,37,36	14,29,18,36	3,35,13,21	35,10,23,24	28,29,37,36	1,35,40,18	13,3,36,24	15,37,18,1	1,28,3,25	15,1,11	15,17,18,20	26,35,10,18	36,37,10,19	2,35	3,28,35,37
14,24,10,37		10,35,14	2,36,25	10,36,3,37		37,36,4	10,14,36	10,13,19,35	6,28,25	3,35	22,2,37	2,33,27,18	1,35,16	11	2	35	19,1,35	2,36,37	35,24	10,14,35,37
2,6,34,14		4,6,2	14	35,29,3,5		14,10,34,17	36,22	10,40,16	28,32,1	32,30,40	22,1,2,35	35,1	1,32,17,28	32,15,26	2,13,1	1,15,29	16,29,1,28	15,13,39	15,1,32	17,26,34,10
13,19	27,4,29,18	32,35,27,31	14,2,39,6	2,14,30,40		35,27	15,32,35		13	18	35,24,30,18	35,40,27,39	35,19	32,35,30	2,35,10,16	35,30,34,2	2,35,22,26	35,22,39,23	1,8,35	23,35,40,3
19,35,10	35	10,26,35,28	35	35,28,31,40		29,3,28,10	29,10,27	11,3	3,27,16	3,27	18,35,37,1	15,35,22,2	11,3,10,32	32,40,25,2	27,11,3	15,3,32	2,13,25,28	27,3,15,40	15	29,35,10,14
28,6,35,18		19,10,35,38	28,27,3,18	10		20,10,28,18	3,35,10,40	11,2,13		3	3,27,16,40	22,15,33,28	21,39,16,22	27,1,4	29,10,27	1,35,13	10,4,29,15	19,29,39,35	6,10	35,17,14,19
-		16		27,16,18,38	10	28,20,10,16	3,35,31	34,27,6,40	10,26,24		17,1,40,33	22	35,10	1	1	2		25,34,6,35	1	20,10,16,38
19,15,3,17		2,14,17,25	21,17,35,38	21,36,29,31		35,28,21,18	3,17,30,39	19,35,3,10	32,19,24		22,33,35,2	22,35,2,24	26,27	26,27	4,10,16	2,18,27	2,17,16	3,27,35,31	26,2,19,16	15,28,35
32,1,19	32,35,1,15	32	13,16,1,6	13,1	1,6	19,1,26,17	1,19		11,15,32	3,32	15,19	35,19,32,39	19,35,28,26	28,26,19	15,17,13,16	15,1,19	6,32,13	32,15	2,26,10	2,25,16
+	-	6,19,37,18	12,22,15,24	35,24,18,5		35,38,19,18	34,23,16,18	19,21,11,27	3,1,32		1,35,6,27	2,35,6	28,26,30	19,35	1,15,17,28	15,17,13,16	2,29,27,28	35,38	32,2	12,28,35
-	+		28,27,18,31			3,35,31	10,36,23				10,2,22,37	19,22,18	1,4					19,35,16,25		1,6

改进特性↓ ＼ 恶化特性→		运动物体的重量	静止物体的重量	运动物体的长度	静止物体的长度	运动物体的面积	静止物体的面积	运动物体的体积	静止物体的体积	速度	力	应力或压强	形状	结构的稳定性	强度	运动物体作用时间	静止物体作用时间	温度	光照强度
		1	2	3	4	5	6	7	8	9	10	11	12	13	14	15	16	17	18
21	功率	8,36,38,31	19,26,17,27	1,10,35,37		19,38	17,32,13,38	35,6,38	30,6,25	15,35,2	26,2,36,35	22,10,35	29,14,2,40	35,32,15,31	26,10,28	19,35,10,38	16	2,14,17,25	16,6,19
22	能量损失	15,6,19,28	19,6,18,9	7,2,6,13	6,38,7	15,26,17,30	17,7,30,18	7,18,23	7	16,35,38	36,38			14,2,39,6	26			19,38,7	1,13,32,15
23	物质损失	35,6,23,40	35,6,22,32	14,29,10,39	10,28,24	35,2,10,31	10,18,39,31	1,29,30,36	3,39,18,31	10,13,28,38	14,15,18,40	3,36,37,10	29,35,3,5	2,14,30,40	35,28,31,40	28,27,3,18	27,16,18,38	21,36,39,31	1,6,13
24	信息损失	10,24,35	10,35,5	1,26	26	30,26	30,16		2,22	26,32						10	10		19
25	时间损失	10,20,37,35	10,20,26,5	15,2,29	30,24,14,5	26,4,5,16	10,35,17,4	2,5,34,10	35,16,32,18		10,37,36,5	37,36,4	4,10,34,17	35,3,22,5	29,3,28,18	20,10,28,18	28,20,10,16	35,29,21,18	1,19,26,17
26	物质或事物的数量	35,6,18,31	27,26,18,35	29,14,35,18		15,14,29	2,18,40,4	15,20,29		35,29,34,28	35,14,3	10,36,14,3		35,14	15,2,17,40	14,35,34,10	3,35,10,40	3,35,31	3,17,39
27	可靠性	3,8,10,40	3,10,8,28	15,9,14,4	15,29,28,11	17,10,14,16	32,35,40,4	3,10,14,24	2,35,24	21,35,11,28	8,28,10,3	10,24,35,19	35,1,16,11		11,28	2,35,3,25	34,27,6,40	3,35,10	11,32,13
28	测试精度	32,35,26,28	28,35,25,26	28,26,5,16	32,28,3,16	26,28,32,3	26,28,32,3	32,13,6		28,13,32,24		32,2	6,28,32	6,28,32	32,35,13	28,6,32	10,26,24	6,19,28,24	6,1,32
29	制造精度	28,32,13,18	28,35,27,9	10,28,29,37	2,32,10	28,33,29,32	2,29,18,36	32,23,2	25,10,35	10,28,32	28,19,34,36	3,35	32,30,40	30,18	3,27	3,27,40		19,26	3,32
30	影响物体的有害因素	22,21,27,39	2,22,13,24	17,1,39,4	1,18	22,1,33,28	27,2,39,35	22,23,37,35	34,39,19,27	21,22,35,28	13,35,39,18	22,2,37	22,1,3,35	35,24,30,18	18,35,37,1	22,15,33,28	17,1,40,33	22,33,35,2	1,19,32,13
31	物体产生的有害因素	19,22,15,39	35,22,1,39	17,15,16,22		17,2,18,39	22,1,40	17,2,40	30,18,35,4	35,28,3,23	35,28,1,40	2,33,27,18	35,1	35,40,27,39	15,35,22,2	15,22,33,31	21,39,16,22	22,35,2,24	19,24,39,32
32	可制造性	28,29,15,16	1,27,36,13	1,29,13,17	15,17,27	13,1,26,12	16,40	13,29,1,40	35	35,13,8,1	35,12	35,19,1,37	1,28,13,27	11,13,1	1,3,10,32	27,1,4	35,16	27,26,18	28,24,27,1
33	可操作性	25,2,13,15	6,13,1,25	1,17,13,12		1,17,13,16	18,16,15,39	1,16,35,15	4,18,39,31	18,13,34	28,13,35	2,32,12	15,34,29,28	32,35,30	32,40,28,2	29,3,8,25	1,16,25	26,27,13	13,17,1,24
34	可维修性	2,27,35,11	2,27,35,11	1,28,10,25	3,18,31	15,13,32	16,25	25,2,35,11	1	34,9	1,11,10	13	1,13,2,4	2,35	11,1,2,9	11,29,28,27	1	4,10	15,1,13
35	适应性及多用性	1,6,15,8	19,15,29,16	35,1,29,2	1,35,16	35,30,29,7	15,16	15,35,29		35,10,14	15,17,20	35,16		35,30,14	35,3,32,6	13,1,35	2,16	27,2,3,35	6,22,26,1
36	装置的复杂性	26,30,34,36	2,26,35,39	1,19,26,24	26	14,1,13,16	6,36	34,26,6	1,16	34,10,28	26,16	19,1,35	29,13,28,15	2,22,17,19	2,13,28	10,4,28,15		2,17,13	24,17,13
37	监控与测试的困难程度	27,26,28,13	6,13,28,1	16,17,26,24	26	2,13,18,17	2,39,30,16	29,1,4,16	2,18,26,31	3,4,16,35	30,28,40,19	35,36,37,32	27,13,1,39	11,22,39,30	27,3,15,28	19,29,39,25	25,34,6,35	3,27,35,16	2,24,26
38	自动化程度	28,26,18,35	28,26,35,10	14,13,17,28	23	17,14,13		35,13,16		28,10	2,35	13,35	15,32,1,13	18,1	25,13	6,9		26,2,19	8,32,19
39	生产率	35,26,24,37	28,27,15,3	18,4,28,38	30,7,14,26	10,26,34,31	10,35,17,7	2,6,34,10	35,37,10,2		28,15,10,36	10,37,14	14,10,34,40	35,3,22,39	29,28,10,18	35,10,2,18	20,10,16,38	35,21,28,10	26,17,19,1

（续）

运动物体的能量	静止物体的能量	功率	能量损失	物质损失	信息损失	时间损失	物质或事物的数量	可靠性	测试精度	制造精度	影响物体的有害因素	物体产生的有害因素	可制造性	可操作性	可维修性	适应性及多用性	装置的复杂性	监控与测试的困难程度	自动化程度	生产率
19	20	21	22	23	24	25	26	27	28	29	30	31	32	33	34	35	36	37	38	39
16,6,19,37		+	10,35,38	28,27,18,38	10,19	35,20,10,6	4,34,19	19,24,26,31	32,15,2	32,2	19,22,31,2	2,35,18	26,10,34	26,35,10	35,2,10,34	19,17,34	20,19,30,34	19,35,16	28,2,17	28,35,34
		3,38	+	35,27,2,37	19,10	10,18,32,7	7,18,25	11,10,35	32		21,22,35,2	21,35,2,22	35,32,1	2,19		7,23		35,3,15,23	2	28,10,29,35
35,18,24,5	28,27,12,31	28,27,18,38	35,27,2,31	+		15,18,35,10	6,3,10,24	10,29,39,35	16,34,31,28	35,10,24,31	33,22,30,40	10,1,34,29	15,34,33	32,28,2,24	2,35,34,27	15,10,2	35,10,28,24	35,18,10,13	35,10,18	28,35,10,23
		10,19	19,10		+	24,26,28,32	24,28,35	10,28,23			22,10,1	10,21,22	32	27,22				35,33	35	13,23,15
35,38,19,18	1	35,20,10,6	10,5,18,32	35,18,10,39	24,26,28,32	+	35,38,18,16	10,30,4	24,34,28,32	24,26,28,18	35,18,34	35,22,18,39	35,28,34,4	4,28,10,34	32,1,10	35,28	6,29	18,28,32,10	24,28,35,30	
34,29,16,18	3,35,31	35	7,18,25	6,3,10,24	24,28,35	35,38,18,16	+	18,3,28,40	13,2,28	33,30	35,33,29,31	3,35,40,39	29,1,35,27	35,29,25,10	2,32,10,25	15,3,29	3,13,27,10	3,27,29,18	8,35	13,29,3,27
21,11,27,19	36,23	21,11,26,31	10,11,35	10,35,29,39	10,28	10,30,4	21,28,40,3	+	32,3,11,23	11,32,1	27,35,2,40	35,2,40,26		27,17,40	1,11	13,35,8,24	13,35,1	27,40,28	11,13,27	1,35,29,38
3,6,32		3,6,32	26,32,27	10,16,31,28	24,34,28,32	2,6,32	5,11,1,23		+	28,24,22,26	3,33,39,10	6,35,25,18	1,13,17,34	1,32,13,11	13,35,2	27,35,10,34	26,24,32,28	28,2,10,34	10,34,28,32	10,18,32,39
32,2		32,2	13,32,2	35,31,10,24		32,26,28,18	32,30	11,32,1		+	26,28,10,36	4,17,34,26		1,32,35,23	25,10		26,2,18		26,28,18,23	10,18,32,39
1,24,6,27	10,2,22,37	19,22,31,2	21,22,35,2	33,22,19,40	22,10,2	35,18,34	35,33,29,31	27,24,2,40	28,33,23,26	26,28,10,18	+		24,35,2	2,25,28,39	35,10,2	35,11,22,31	22,19,29,40	22,19,29,40	33,3,34	22,35,13,24
2,35,6	19,22,18	2,35,18	21,35,2,22	10,1,34	10,21,29	1,22	3,24,39,1	24,2,40,39	3,33,26	4,17,34,26		+					19,1,31	2,21,27,1	2	22,35,18,39
28,26,27,1	1,4	27,1,12,24	19,35	15,34,33	32,24,18,16	35,28,34,4	35,23,1,24		1,35,12,18		24,2		+	2,5,13,16	35,1,11,9	2,13,15	27,26,1	6,28,11,1	8,28,1	35,1,10,28
1,13,24		35,34,2,10	2,19,13	28,32,2,24	4,10,27,22	4,28,10,34	12,35	17,27,8,40	25,13,2,34	1,32,35,23	2,25,28,39		2,5,12	+	12,26,1,32	15,34,1,16	32,26,12,17		1,34,12,3	15,1,28
15,1,28,16		15,10,32,2	15,1,32,19	2,35,34,27		32,1,10,25	2,28,10,25	11,10,1,16	10,2,13	25,10	35,10,2,16		1,35,11,10	1,12,26,15	+	7,1,4,16	35,1,13,11		34,35,7,13	1,32,10
19,35,29,13		19,1,29	18,15,1	15,10,2,13		35,28	3,35,15	35,13,8,24	35,5,1,10		35,11,32,31		1,13,31	15,34,1,16	1,16,7,4	+	15,29,37,28	1	27,34,35	35,28,6,37
27,2,29,38		20,19,30,34	10,35,13,2	35,10,28,29		6,29	13,3,27,10	13,35,1	2,26,10,34	26,24,32	22,19,29,40	19,1	27,26,1,13	27,9,26,24	1,13	29,15,28,37	+	15,10,37,28	15,1,24	12,17,28
35,38	19,35,16	18,1,16,10	35,3,15,19	1,18,10,24	35,33,27,22	18,28,32,9	3,27,29,18	27,40,28,8	26,24,32,28		22,19,29,28	2,21	5,28,11,29	2,5	12,26	1,15	15,10,37,28	+	34,21	35,18
2,32,13		28,2,27	23,28	35,10,18,5	35,33	24,28,35,30	35,13	11,27,32	28,26,10,34	28,26,18,23	2,33	2	1,26,13	1,12,34,3	1,35,13	27,4,1,35	15,24,10	34,27,25	+	5,12,35,26
35,10,38,19	1	35,20,10	28,10,29,35	28,10,35,23	13,15,23		35,38	1,35,10,38	1,10,34,28	18,10,32,1	22,35,13,24	35,22,18,39	35,28,2,24	1,28,7,10	1,32,10,25	1,35,28,37	12,17,28,24	35,18,27,2	5,12,35,26	+

第 12 章　产品设计与人机工程

1　形态设计

1.1　形态设计基础

1.1.1　形态的基本概念

形态是设计师设计思想的具体体现，同时也是设计作品所具有的实用功能和审美价值的具体体现。不仅一切创意、设计观念要最终落实到形态上，而且设计品潜在的功能和价值也只有通过形态才能为人们所感知和意识。

18 世纪的德国大诗人歌德提出了"形态学"（Die Morphologie）的概念，把生物外部的形状与内部结构联系在一起进行研究。形态，用简单的术语来说，是指内在的质、组织、结构内涵等本质因素上升到外在的表象因素，进而通过视觉产生的一种生理、心理的过程，是形的物理因素经由人的心理、生理、精神作用而得出的一个对形的整体理解与把握。它与感觉构成、结构、材质、色彩、空间、功能等要素紧密联系。因此，只要选择一定的方法将从自然中提取的"元素"转化成有机体，就能够满足形态设计要求。

"形"指形状，是事物的边界线即轮廓的呈现形式，包括外轮廓和内轮廓。外轮廓主要指视觉可以把握的事物外部边界线，内轮廓指事物内部结构的边界线。

"态"是事物的内在发展方式，它与物体在空间中占有的地位有着密切的关系。例如，流线型由弯曲程度微弱的曲线闭合成的轮廓是其形，而流线型体现出的运动感是其态。

从形态的纵向层次来看，形态由材料层、形式层和寓意层三个层次构成。

1）材料层：设计品的物质基础。

2）形式层：针对寓意层而言，专指形态外部呈现的形式，也就是我们的视觉和触觉接触到的物象。

3）寓意层：整个形态的核心层。

1.1.2　形态的分类

按与人类知觉关系的紧密程度划分，形态可分为现实形态、理念形态和纯粹形态。现实形态是指直接作用于人们视觉和触觉的实际存在的形态，如客观存在的各种自然物。理念形态是指在现实形态的基础上抽象提炼出的形态。它只存在于人类的经验和思维

中，不能被人感知，也不具有实在形，如几何学中的点、线、面。纯粹形态是指为了使只存在于头脑中无法感知的理念形态获得视觉可感性，可以借助一定符号系统将之表现出来。按空间存在形式不同，形态可分为平面形态和立体形态。按来源不同，形态可分为自然形态和人为形态。自然形态是指不为人类意识所转移的自然界中的客观存在物，如动植物、人体。人为形态是指经过人类的改造和加工，成为人类意识产物的再生形态。人为形态是形态设计的主体。按产品整体构成的方式来划分，形态可分为构筑型形态和雕塑型形态。构筑型形态是指在三维空间里展开其构成部分的形态，一般是抽象形态。雕塑型形态是指通过制胚、烘结、铸造、注塑等成型方式，形成的较为整体的形态。

1.1.3　形态的设计要素

概念要素是指在客观现实中并不存在的，由感知而得到的抽象性要素，具体而言是"点、线、面、体"。

（1）点　点是一切形态的基础。在实际应用中，点的感觉是相对而言的，并且具有一定的视觉形象。点具有视觉张力，当视觉区域中出现点时，人们的视线就会被吸引集中到这一点上，形成力的中心。若点移动，则人的视觉也随之移动。当两点并存于同一个画面时，人在视觉心理上会自动在其间生成心理连线。多点连续排列可产生虚线和虚面。多点按一定大小排列可产生方向感、节奏感和韵律感。点在画面中位置不同，会给人带来不同的心理感受。

（2）线　线是点移动的轨迹，线有长度但无宽度，线有位置和方向，线存在于面的边缘或面与面的衔接处。线可以分为：直线、曲线（自由曲线、几何曲线）、折线、水平线、垂直线、斜线。

（3）面　面是线移动的轨迹，面有长度和宽度，但无厚度。视觉上点的扩大与线的宽度增加均可产生面的感觉。整体的面容易产生体量感、秩序感，大量细碎的小面则容易产生破碎、锐利感。面可以分为：直线形、几何曲线形、自由曲线形、自然形，偶然形和人造形的面。

（4）体　体是面移动的轨迹，是具有长度、宽度和高度的三维空间实体。按照三维空间实体的基本形态来，体可以分为：几何平面立体（立方体、三

角锥体）、几何曲面立体（圆柱、圆球）、自由曲面立体和自然形体。

1.2　形态设计美的构成法则

1.2.1　比例与尺度

比例是部分与部分或部分与全体之间的数量关系。它是精确详密的比率概念。人们在长期的生产实践和生活活动中一直运用着比例关系，并以人体自身的尺度为中心，根据自身活动的方便总结出各种尺度标准，体现于衣食住行的器用和工具的制造中。比如早在古希腊就已被发现、迄今为止全世界公认的黄金分割比 1：1.618 正是人眼的高宽视域之比。恰当的比例有一种谐调的美感，成为形式美法则的重要内容。美的比例是设计中一切视觉单位的大小，以及各单位间编排组合的重要因素。

1.2.2　对称与均衡

自然界中到处可见对称的形式，如鸟类的羽翼、花木的叶子等。对称的形态在视觉上有自然、安定、均匀、协调、整齐、典雅、庄重、完美的朴素美感，符合人们的视觉习惯。设计中的对称可分为点对称和轴对称。假定在某一图形的中央设一条直线，将图形划分为相等的两部分，如果两部分的形状完全相等，这个图形就是轴对称的图形，这条直线称为对称轴。假定针对某一图形，存在一个中心点，以此点为中心通过旋转可得到相同的图形，此图形称为点对称。点对称又有向心的"球心对称"、离心的"发射对称"、旋转式的"旋转对称"、逆向组合的"逆对称"，以及自圆心逐层扩大的"同心圆对称"等。在设计中运用对称法则要避免由于过分的绝对对称而产生单调、呆板的感觉。有时，在整体对称的格局中加入一些不对称的因素，反而能增加构图版面的生动性和美感，避免了单调和呆板。

设计上的均衡并非实际重量×力矩的均等关系，而是根据视觉形象的大小、轻重、色彩及其他视觉要素的分布作用于视觉判断的平衡。设计构成上通常以视觉中心（视觉冲击最强的地方的中点）为支点，各构成要素以此支点保持视觉意义上的力度平衡。

1.2.3　对比与统一

对比又称对照，是把反差很大的两个视觉要素成功地配列于一起，虽然使人感受到鲜明强烈的感触而仍具有统一感的现象，它能使主题更加鲜明，视觉效果更加活跃。对比关系主要通过视觉形象色调的明暗、冷暖，色彩的饱和与不饱和，色相的迥异，形状的大小、粗细、长短、曲直、高矮、凹凸、宽窄、厚薄，方向的垂直、水平、倾斜，数量的多少，排列的疏密，位置的上下、左右、高低、远近，形态的虚实、黑白、轻重、动静、隐现、软硬、干湿等多方面的对立因素来达到。它体现了哲学上矛盾统一的世界观。对比法则广泛应用在现代设计当中，具有很好的实用效果。

1.2.4　节奏与韵律

节奏本是指音乐中音响节拍轻重缓急的变化和重复。节奏这个具有时间感的用语在构成设计上是指以同一视觉要素连续重复时所产生的运动感。

韵律原指音乐（诗歌）的声韵和节奏。诗歌中音的高低、轻重、长短的组合，匀称的间歇或停顿，一定地位上相同音色的反复及句末、行末利用同韵同调的音相加以加强诗歌的音乐性和节奏感，就是韵律的运用。设计中单纯的单元组合重复易于单调，由有规则变化的形象或色群间以数比、等比处理排列，使之产生音乐、诗歌的旋律感，称为韵律。有韵律的设计具有生气，如图 13.12-1 所示。

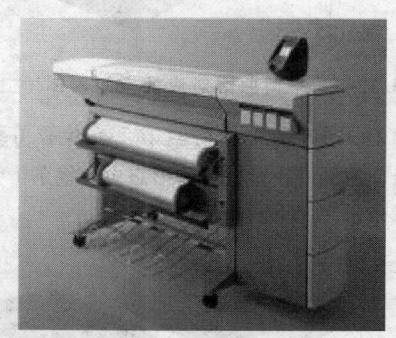

图 13.12-1　产品中形体堆叠与分割产生的节奏和韵律感

1.3　形态设计的方法

1.3.1　二维视图演绎三维形体

好的产品形态应该在最广泛的视角下符合形式美的法则，而不能只在某几个特定角度具有美感。一般而言，在产品设计中，会通过六视图来定义完整的产品形态。如果一个产品的六个视图都是美的，那么它的形态一定能够在最大的视域呈现美感。在进行形态设计时，任何一个视图都不能忽视。

我们知道，一个视图不可能确定一个形态，正如圆球、半球、圆锥以及圆柱的投影可以是一样的。换一个角度来思考，可以说从二维视图到三维实体的设计转化过程中，有无限的可能性。

这里首先分析平面视图外轮廓线与三维形态的关系。线可以是面的投影，可以是线的投影，也可以是

线与面共同发生作用的投影。在从二维视图推演三维形态的过程中，不妨先对主要线条进行命名，分析它们的各种组合。下面来看几个例子。

在图 13.12-2 中，先将两条轮廓线命名，左侧形态为线条挤出形态，最容易理解，也比较常见，其中线条 1、2 均为面的投影；而在右侧形态中，线条 1、2 均为线的投影。这是平面视图的外轮廓线的两种基本状态。

图 13.12-2　平面曲线对应的空间形体（一）

图 13.12-3 中，线条 1、2 均为面的投影，与前面不同的是，它在另一个视图中添加了斜的梯形来约束最后的三维形态。

图 13.12-3　平面曲线对应的空间形体（二）

在图 13.12-4 的左侧形态中，线条 1 为线的投影，线条 2 为面的投影；右侧形态中，线条 1 为面的投影，线条 2 为上下两条线的投影。

图 13.12-4　平面曲线对应的空间形体（三）

在图 13.12-5 所示的形态中；线条 1 是面的投影，线条 2 在一端是线的投影，但在另一端则趋向于是面的投影。

图 13.12-6 所示为一个实际产品的具体形态。

从二维线条演绎三维形体是一种比较基础，也比较易于掌握的形态设计方法。除了易学，这个方法还

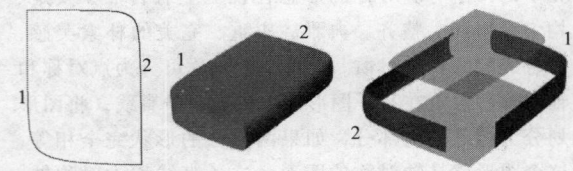

图 13.12-5　平面曲线对应的空间形体（四）

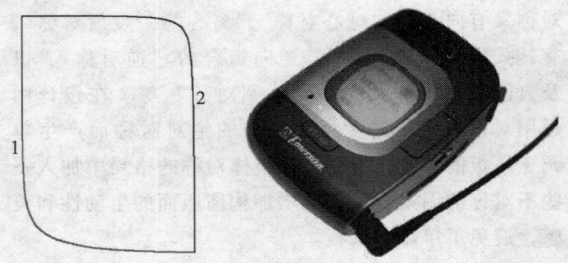

图 13.12-6　平面曲线对应的实际产品

有很多优点，比如平面视图相比三维视图更容易依照形式美法则来推敲，而且六个视图都可以反复推敲，能保证形体在最大范围内的美感。

1.3.2　几何形排列、组合和分割

通过几何形体的排列、组合与分割来设计机械产品形态是一种较为常见的手法。图 13.12-7 中，产品形态基本就是由几个不同的标准几何体块组合而成。利用几何形体作为元素进行设计时，首先要知道多个几何形体之间可以有排列、组合及分割等运算方式，然后必须分清主体形、次要形和辅助形，弄清它们的关系。

图 13.12-7　由几何体块构成的机械产品

在进行形态排列、组合和分割时，常常需要遵循一定的数理比例规律。

对于数理比例规律的应用起源于古希腊，古希腊人认为宇宙的内在逻辑符合数字比例关系。公元前 1 世纪初的建筑师维特鲁威认为人体的比例是完美和谐的，他计算了人体各部分的比例后提出优美的人体以肚脐为中心展开应当符合正圆和正方形。他认为人体的和谐比例应当应用到神庙的设计中去。文艺复兴时期，列奥纳多·达·芬奇以维特鲁威的学说为蓝本绘制了人体图，阐释维特鲁威的理论并研究如何把人体比例应用到建筑设计中（见图 13.12-8）。

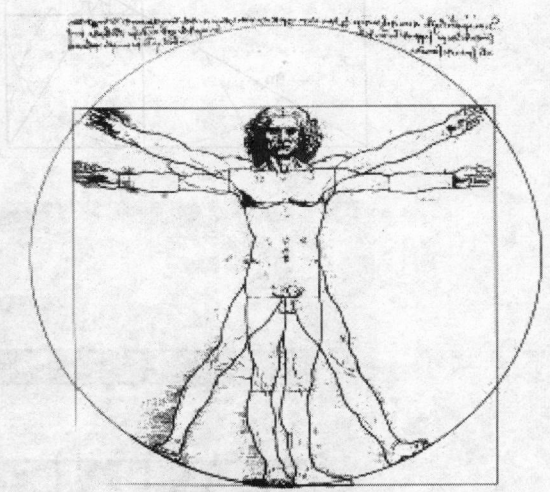

在自然界中，$\sqrt{2}$ 和 $\sqrt{3}$ 的比例通常出现在动植物和矿石中，而 Φ 经常出现在人体的比例中；Φ 的值可以是 1.618 或 0.618（0.61803399）。Φ 非常特殊，假如使用 Φ 把一线段分成两段，那么短线段与长线段的比等于长线段与整个线段的比。Φ 的特性体现在它总是围绕着 Φ 循环，体现了局部与整体的完美统一。$1/\Phi = \Phi - 1$，$\Phi \times \Phi = \Phi + 1$。因此，$\Phi$ 就成为人类造物设计的一个基本比例尺度。

柯布西耶根据前人的研究提出了"维特鲁威"模数系统（见图 13.12-9）和控制线理论。在《设计基本尺度 II》中柯布西耶阐发了处理比例的三种方式，富永让在《建筑构成手法》中将其作了整理，即算术构成、组成构成和图形构成。其中，算术构成由局部简单叠加成为整体；组成构成由整体分割出局部，如以人体为依据的设计基本模数；图形构成将整体图面作为建筑图形进行处理。柯布西耶的"维特鲁威"模数系统基于黄金分割比例，包含了两套尺度。其中 $226/140 = 1.62 = \Phi$，$183/113 = 1.62 = \Phi$，$113/70 = 1.61 = \Phi$，$70/43 = 1.62 = \Phi$，$43/27 = 1.6 = \Phi$。

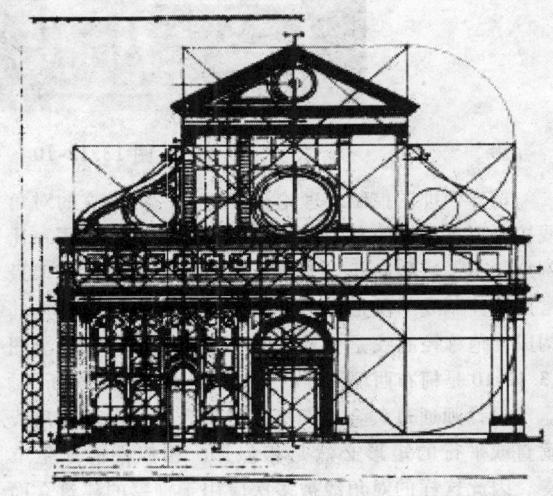

图 13.12-8　达·芬奇绘制的维特鲁威人和阿尔伯特设计的新圣玛丽亚教堂分析图

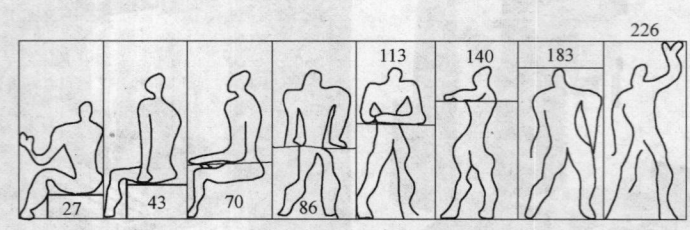

图 13.12-9 模数与人体尺度

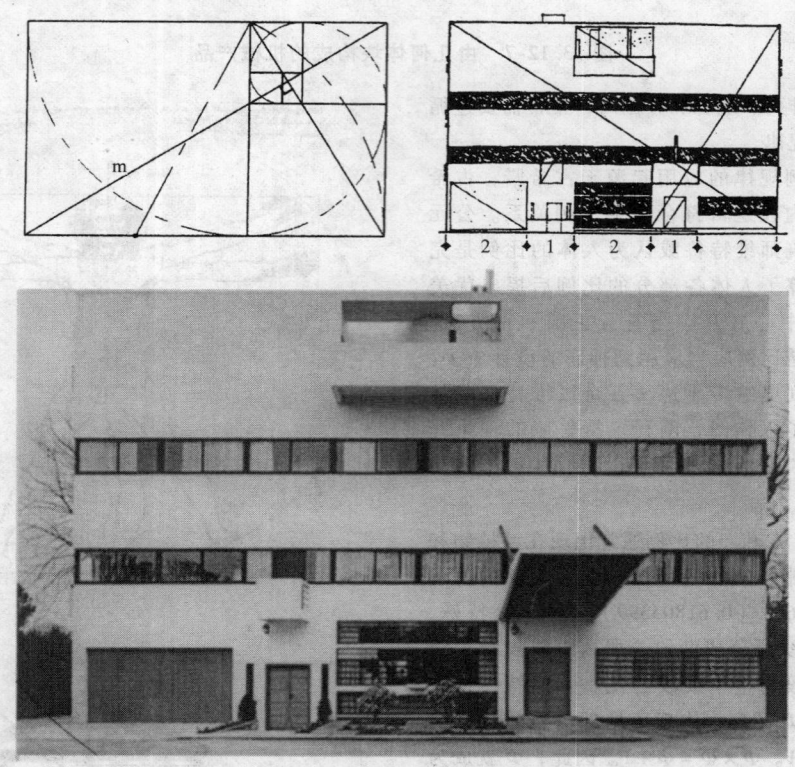

图 13.12-10 控制线的应用例子

柯布西耶的控制线理论是指通过一组垂直的对角线控制形态整体的分割，使形态各部分统一于同一比例规律下，达到局部与整体形态的协调。柯布西耶最常用的控制线手段是使用正交直线调整局部与整体的构成，他称控制线是"防止陷入混乱的安全阀"。图 13.12-10 是柯布西耶设计的斯坦因·蒙契建筑分析图。

设计师通过黄金比例矩形得到启发，发现对角线垂直或平行的矩形必然是相似形，相似性能产生节奏，因此这样的对角线被多次应用于别墅的建筑立面设计中，每处结构、每扇门窗、每道墙、每个转折开口，都不是随心所欲，而是严格遵循控制线进行布置。控制线的使用，使得斯坦因·蒙契别墅立面的整体与部分之间的关系更为和谐。

在产品设计中，比例构成法主要用于对产品整体与各部分形态关系的比例划分，其设计手法主要有以下五种：

（1）比例尺度法 首先为产品取一个基本的长度作为母本，一般为外轮廓尺寸或关键部位尺寸；然后以母本为基础进行黄金分割或按其他比例分割获得一系列的尺度，再将这些尺度应用到产品的各个局部上去，这样在产品的整个形态上可以达到比较协调的视觉效果（见图 13.12-11）。

黄金比例数列
M1 ————————————
M2 —————————
M3 ——————
M4 ———
M5 ——
M6 —
M7 —

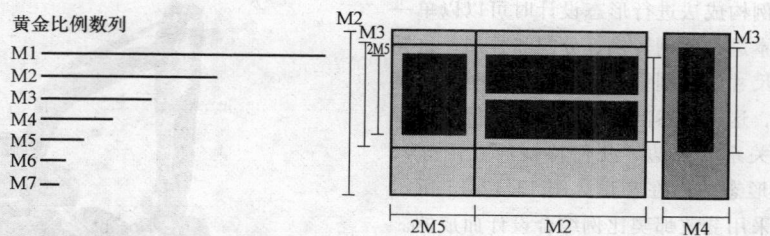

图 13.12.11 加工设备的立面设计

（2）相似形组合法 相似形组合法是指运用控制线原理，选择一个主体矩形作为母本，其他部分由母本反复应用累加或镶嵌而成的比例构成方法。一般取母本关键部位或外部轮廓尺寸，其他部分再根据控制线法则依次由几何作图产生。

（3）相似形分割法 相似形分割法是指运用控制线原理，把图形内部的区域划分成整体的相似形，使局部与整体产生有规律的内在联系，这样有助于产生节奏感，同时不至于使两者陷入相对孤立的状况。

（4）综合相似形法 综合相似形法是指综合使用相似形分割法和相似形组合法两种方法进行产品形态构成设计的方法。由于实际的产品设计中经常涉及组件的穿插组合，综合相似形法可以为处理局部与整体的协调关系提供更多的设计余地（见图13.12-12）。

（5）综合比例构成法 综合比例构成法是指综合使用各种比例构成的方法进行设计，使作品达到形态上的比例和谐的方法。由于现实情况中产品设计项目的复杂性，采用比例构成法进行形态设计时很多情况下都是综合运用以上各种比例构成方法进行的，如图 13.12-12 所示。

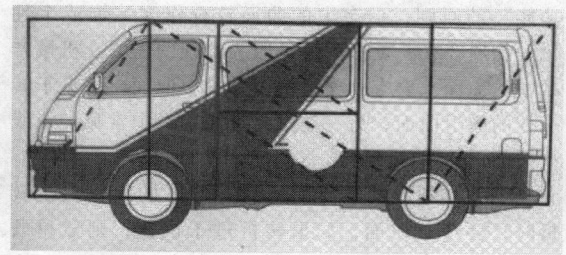

图 13.12-12 汽车车身比例使用控制线的设计图

图 13.12-13 产品正面的弯折形态

采用综合比例构成法进行形态设计时可以单一尺寸或矩形为母本进行比例转换、分割和叠加，这样可以保持各部分尺寸的比例统一；也可以同时使用其他的尺寸或矩形，这样虽然削弱了统一性，但是由于存在相互的依存关系（邻边、几何特征的互用等），仍然能保证整体形态的内在和谐。图 13.12-13 所示的设备立面，是采用斐波那契比例综合设计而成的。

1.3.3　机械产品中的曲面

在机械产品形态设计中，一般遵循"形式追随功能"的原则，形态中的曲面较少作为装饰或个性化的物质存在，更多的还是因为功能的需要。机械产品中的曲面主要有两类：一类是简单曲面，多见于转折处的圆滑曲面；另一类则是交通工具中常见的流线型曲面。

（1）转折处的圆滑曲面　在形体的面块发生转折时，会产生曲面，如果转折过于快速，则显得硬朗，如图 13.12-13 中两个机械产品的正面。而更多的时候，面与面的转折还是会以相对柔和的方式存在，如图 13.12-14 中两个加工设备正面的转折部分都是圆滑过渡。

图 13.12-14　机床产品中柔和的转角

（2）流线型曲面　流线型曲面的设计原理源于空气动力学，起初是因为能够降低汽车高速行驶时的空气阻力而流行起来的，后来流线型被推广到了大多数的产品形态设计上。图 13.12-15 中的挖掘机就采用了流线型曲面。

图 13.12-15　流线型的挖掘机

2　色彩设计

2.1　色彩基础

广袤的大自然，赋予了人类美妙绝伦的色彩世界。它无时无刻不在刺激、感染和影响着人的视觉和情感。现代科学研究表明，一个视觉功能正常的人从外界接受的信息，80%是由视觉器官输入大脑的，来自外界的一切视觉形象，都是通过色彩和明暗关系来反应的，人们必须借助色彩才能认识世界，改造世界。因此，色彩在人们的社会生产、生活中具有十分重要的作用。

2.1.1　色彩含义

小林秀雄在《近代绘画》中评论莫奈一章中说："色彩是破碎的光，太阳的光与地球相撞，破碎分散，因而使整个地球形成美丽的色彩。"现代物理学证实，色彩是由于某一波长的光谱入射到人眼，引起视网膜内色觉细胞兴奋产生的视觉现象。对发光物体的色彩感觉，取决于发光体所辐射的光谱波长；对不发光物体的色彩感觉，取决于该物体所反射的光谱波长。色彩视觉是光的物理属性和人的视觉属性的综合反映。由此可见，光和色是分不开的，光是色的先决条件，反映到人们视觉中的色彩其实是一种光色感觉。正因为有了光，世间万物才能呈现出丰富多彩的形态和色彩。

17 世纪，英国物理学家牛顿做了一个非常著名的实验。他把太阳的光引进暗室，使其通过三棱镜再投射到白色屏幕上，原来的白光即被分解为红、橙、黄、绿、青、蓝、紫各种颜色的光，形成光谱。由三棱镜分解出来的色光，如果用光度计测定，就可得出各个色光的波长。牛顿的光学实验告诉我们，色实际上是不同波长的光刺激人眼的结果。

2.1.2　色彩的基本属性

色彩的基本属性是指色彩具有的色相、明度、纯度三种性质。三属性是界定色彩感官识别的基础，灵活应用三属性的变化是色彩设计的基础。

（1）色相　指色彩的相貌，用于区别色彩种类。红、橙、黄、绿、青、蓝、紫都代表一类具体的颜色，它们之间的差别属于色相差别。色相涉及的是色彩的"质"，通常用色相环来表示色彩系列，如图13.12-16 所示。

图 13.12-16　色相环

（2）纯度　指色彩的鲜艳度。人眼能辨别的有单色光特征的色，都具有一定的鲜艳度。不同的色相不仅明度不同，纯度也不相同。例如颜料中的红色是纯度最高的色相，橙、黄、紫等色的纯度也较高，蓝绿色在颜料中是纯度最低的色相。在日常的视觉范围内，眼睛看到的色彩绝大多数是含灰的色，也就是不饱和色。有了纯度的变化，才使世界上有如此丰富的色彩。同一色相的纯度发生了细微的变化，会带来色彩性格的变化。

（3）明度　指色彩的明暗程度。任何色彩都有自己的明暗特征，从光谱上可以看到最明亮的颜色是黄色，处于光谱的中心位置，最暗的是紫色。明度表示颜色的明暗特征，是色彩的骨架，对色彩的结构起着关键性的作用。明度在色彩三要素中可以不依赖于其他性质而单独存在，任何色彩都可以还原成明度关系来考虑。例如黑白摄影及素描都体现的是明度关系，明度适于表现物体的立体感和空间感。黑白之间可以形成许多明度台阶，人的最大明度层次辨别能力可达200 个台阶左右，普遍使用的明度标准大都为 9 级左右。将白色、黑色以及由这两种色调和形成的各种深浅不同的灰色按照一定的变化规律可以排成一个系列，色彩学上称之为黑白系列。黑白系列中由白到黑的变化，可以用一条垂直轴表示，一端为白，一端为黑，中间有各种过渡的灰色，此即无彩色系。无彩色

系的颜色只有明度一种基本属性，不具备色相和纯度这些属性。

2.1.3　色彩混合

任何色彩都可以由不同比例的三种相互独立的色调混合得到。这三种相互独立的色调称为三原色。两种或两种以上的颜色混合在一起，构成与原色不同的新色，称为色彩的混合。

（1）色光混合（见图 13.12-17）　色光混合遵循相加混合法则。其特点是将相混合的色光的明度相加，混合的色光的成分越多，所得到的新色光的明度越高。将等量的原色色光混合，就可以得到不同层次的灰色；将所有的色光加到一起（三原色色光都为最大值），就可以得到白色。

色光的三原色为：红、绿、蓝。

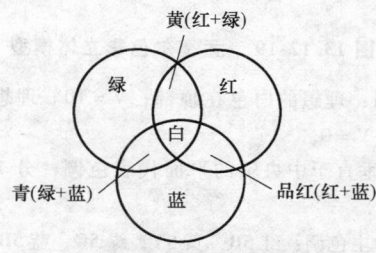

图 13.12-17　色光混合

（2）色料混合（见图 13.12-18）　色料混合遵循相减混合法则。

颜料、油漆等的色彩是颜料吸收了一定波长的光线以后所余下的反射光线的色彩。

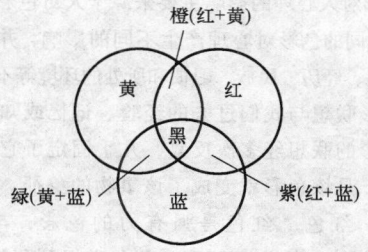

图 13.12-18　色料混合

2.1.4　色彩表示方法

为了直观方便地表示和定量区别各种不同的色彩，1915 年孟塞尔（A. H. Munsell）创立了一个三维空间的色彩立体模型，也称孟塞尔色彩模型（图 13.12-19）。孟塞尔三维空间的色彩立体模型可以完全表达各色彩的三个基本特征：色调、饱和度和明度。

模型介绍：

1）中央轴代表无彩色系列中性色的明度等级（0 ~ 10），用 V 表示。

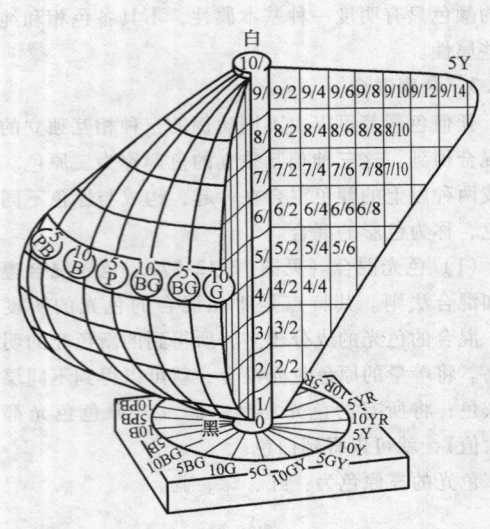

图 13.12-19　孟塞尔色彩立体模型

例如：理想的白色在顶部，V = 10。理想的黑色在底部，V = 0。

2）垂直于中央轴的平面代表色调，分 10 种色，以 H 表示。

五种主色调：红 5R，黄 5Y，绿 5G，蓝 5B，紫 5P。

五种中间色调：黄红 YR，绿黄 GY，蓝绿 BG，紫蓝 PB，红紫 RP。

3）离开中央轴的距离表示饱和度，以 C 表示。

2.2　色彩的心理现象与语义

色彩对人心理的影响主要来源于人对色彩的感受和联想。不同的色彩对心理产生不同的影响，并因人的年龄、性别、经历、民族、习惯和所处的环境等不同而异。

色彩联想与我们过去的经验、记忆或知识密切相关。色彩的联想经多次反复，几乎固定了它们专有的表情，于是该色彩就变成了该事物的象征。

（1）红色　红色是强有力的色彩，与血、火、温暖、热烈、喜悦相联系，令人联想到积极、年轻、勇敢、热情等，是属于年轻人的色彩。然而因其纯度过高，注目性高，过于刺激，因此也象征了野蛮、恐怖和危险。红色加白后变成温柔的粉红色，代表健康、梦想和含蓄，是温和中庸之色。

（2）橙色　橙色是光感、明度比红色高的暖色，象征美满幸福。它既有红色的热情又有黄色的光明，代表兴奋、活跃、欢快、华美、富丽，是非常具有活力的色彩。橙色常使人联想到秋天丰硕的果实和美味食品，是易于让人产生食欲的色彩，也是食品包装的主要用色。由于其醒目的特征，橙色经常用来作为信

号、标志色，在预警系统中代表最高级别的警戒。橙色一旦加白或加黑时立刻失去自身特征，加黑时呈现为褐色，混合白色后呈现为高明度的米色。

（3）黄色　黄色是所有色相中明度最高的色彩，注目性极高，给人以光明、迅速、活泼、轻快的感觉。黄色是色性最不稳定的色彩，如果在黄色中混入其他色彩，便会失去本来的色性。淡黄色系列，容易使人联想到香味可口的食品，故食品包装设计多以此为色调。由于明度最高，黄色经常使用在需要引人注意的情况下，如信号灯、施工中的符号、安全服等。因而，黄色又被称为安全色。

（4）绿色　绿色是大自然草木的颜色，明度不高，刺激性不强，意味着自然生命和生长，象征和平、安详、平静、温和。绿色给人的印象是安全、自然。在交通信号中绿色代表前进与安全。在中国传统文化中，绿色有两重性，它除了表示侠义外，还表示邪恶，如人们泛指聚集山林、劫富济贫的人为"绿林好汉"；西方文化中的绿色象征意义与青绿的草木颜色有很大的联系，是植物的生命色。阿恩海姆说："绿色唤起自然的爽快的想法。"它不仅象征着青春、活力，而且表示新鲜、记忆犹新，也表示幼稚、没有经验，同时，也象征妒忌。由于绿色具有消除视觉疲劳的功能，在色彩生理、心理调节方面具有十分重要的意义。

（5）蓝色　蓝色给人最直接的联想便是清澈深邃的天空和一望无际的大海，具有吸引人的魅力，并给人寂静、透明的感觉，可展现无限的空间感。在西方文化中，蓝色表示名门血统，象征高贵、高远、深沉、严厉。阿恩海姆在评析蓝色时说，"蓝色像水那样清凉"，是"阴性或消极的颜色"。在美国的垦荒时代，蓝色是劳动服的基本颜色。19 世纪，掌握海权的英国船员的服装以蓝色为主，因此蓝色又被称为海军色。世界各国的海军，选择蓝白条纹的海魂衫做军服，雅致、和谐、威武、肃穆。

（6）紫色　紫色是大自然中比较少见的颜色。紫色的薰衣草给人以清新、淡雅之感，象征高贵、优雅、神秘、华丽。在古希腊时代，紫色是国王服装的颜色，表示尊贵。我国唐朝，紫衣为高官官服的颜色，必须五品以上才能用。同时，紫色也象征虔诚，但是混入黑色后，有蒙昧和迷信的意味。服装上紫色和粉红色、白色、金色、银色等色相互搭配时，最能引发人们梦幻般的感觉。

（7）白色　白色为明度最高的颜色，使人联想到白天和白雪，象征纯洁、光明、高尚、神圣，具有轻快、朴素、清洁、清爽、卫生、寒冷的性格特点。白色在西方象征爱情的纯洁，结婚礼服一定采用白

色。在中国文化中，白色与红色相反，是一个禁忌色。白色除因明度高而感觉冷外基本为中性色，白色与其他色彩混合均能取得很好的效果。

（8）黑色 黑色令人联想到死亡、黑暗、恐怖、坚实和庄严，是西方文化中的基本禁忌色，体现了西方人精神上对黑色的摒弃和厌恶。黑色象征死亡、凶兆、灾难，具有刚硬、力量、阴森和庄重的性格特征。黑色与白色相比给人以暖的感觉，本身无刺激性，是消极色。黑色与其他色配合能增强刺激性，单独使用时嗜好率低，但与其他色彩配合能取得很好的效果。

（9）灰色 灰色是没有纯度的中性色，完全是一种被动性的颜色，其视认性、注目性都很低，很少单独使用，但与其他色彩配合可取得很好的视觉效果。纯净的中灰色使人联想到含蓄、文静、稳定、雅致，表现出谦恭、和平、中庸、温顺和模棱两可的性格特征；有各种色彩倾向的灰色是最值得重视和使用最多的颜色。

2.3 色彩的心理语义

人类对色彩世界的感受是对多种信息的综合反应，包括过去的色彩经验，都会影响人对色彩的感知。在长期的社会实践中，人们逐渐形成了对不同色彩的不同理解和感情上的共鸣。各个国家、民族由于社会、政治、经济、文化、科学、艺术、教育、宗教信仰以及自然环境和传统生活习惯的不同，对色彩的反应不同，有各种偏爱。尽管如此，实验心理学的研究表明，人们在色彩心理方面仍然存在一些相通之处，如冷暖感、轻重感、膨胀收缩感、兴奋感、忧郁感等。

（1）冷暖感 色彩的感觉大都与联想有关。有的色彩使人联想到天空、流水、雪景、冰块，如灰色、蓝色、绿色、白色等，这类颜色被称为冷色或寒色；有的让人联想到烧红的钢铁、火焰，有热感觉，如红色、橙色、黄色等，这类颜色被称为暖色。色彩的冷暖与明度、纯度也有关。高明度、低纯度的色有冷感，高纯度、低明度的色有暖感。无彩色系中白色有冷感，黑色有暖感，灰色属中。例如：红色系中的粉红色，其温暖感较鲜红色大为降低；而暗蓝色的寒冷感则比鲜蓝要少，浅蓝比深蓝更具寒冷感。色彩的冷暖常受配色的影响，如小面积的绿色搭配暖色，整体还是暖色，小面积的红色搭配冷色，整体还是冷色。寒冷环境可采用暖色调，如高原哨所。高温环境可采用冷色调，如热处理车间、锻造车间等。

（2）进退感 色彩有前进、膨大感和后退、深远感。同等面积的色彩，高纯度的显大，低纯度的显小。显大的称为前进色、膨胀色；显小的称为后退色、收

缩色。从冷暖来看，暖色前进、膨胀，冷色后退、收缩；明度高的前进，明度低的后退。无彩色形成的灰色画面中，同样面积的白色前进，有膨胀感；黑色后退，有收缩感。例如：食品包装多采用明度、饱和度高的黄、红色。狭小房间涂以冷色调（绿色），增加宽敞感；宽敞房间涂以暖色调（黄色），不感到空旷。天花板低时，涂以淡青色，显得高一些。

（3）轻重软硬感 一般来说，明度越高的色彩感觉越轻，明度越低的色彩感觉越重。从色相来看，暖色黄、橙、红给人的感觉轻，冷色蓝、蓝绿、紫等给人的感觉重。换言之，决定色彩轻重感觉的主要因素是明度，其次是纯度。在同明度、同色相条件下，纯度高的感觉轻，纯度低的感觉重。物体的质感对色彩的轻重感也有影响。有光泽、质感细密、坚硬的物体的色彩给人以重的感觉，而表面结构松、软的物体的色彩，给人感觉就轻。另外，使人感觉柔和的色彩，通常是明度较高、纯度较低的色彩；相反，使人感觉坚硬的色彩，通常都是明度较低、纯度较高的色彩。在无彩色系中，黑白具有坚硬感，灰色有柔和感；有彩色的冷色有坚硬感，暖色则有柔和感。一般来说，凡是感觉轻的色彩给人的感觉均软而膨胀，凡是感觉重的色彩给人的感觉均硬而收缩。例如：高大的重型设备的下部多用冷色调为基础的低饱和度冷色调，以增加设备的稳重感（图 13.12-20）。操纵手柄或涂以明快色，或包以明色的塑料，给操作人员以省力和轻快感。

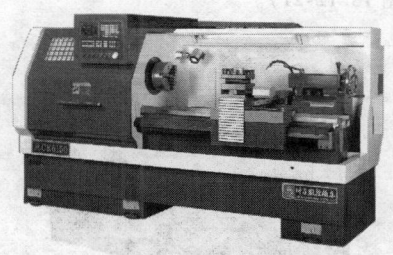

图 13.12-20 车床

（4）兴奋感与沉静感 兴奋沉静感与色相、明度、纯度都有关，其中纯度的作用最为明显。在色相方面，凡是偏红、橙的暖色系具有兴奋感，凡属蓝、青的冷色系具有沉静感；在明度方面，明度高的色具有兴奋感，明度低的色具有沉静感；在纯度方面，纯度高的色具有兴奋感，纯度低的色具有沉静感。因此，暖色系中明度最高纯度也最高的色兴奋感最强，冷色系中明度低而纯度低的色最有沉静感。强对比的色调具有兴奋感，弱对比的色调具有沉静感。

（5）爽朗感与阴郁感 明度高的色彩具有爽朗

感，明度低的色彩则往往有阴郁感。无彩色系中的白色具有爽朗感，黑色则具有阴郁感。灰色为中性色，暖色较有爽朗感，冷色则偏向阴郁感，其中若加上明度与纯度的变化，则能加强爽朗感与阴郁感的效果，例如运动场地的布置（室内篮球场）。

2.4 色彩在机械产品中的应用

随着科技的发展与时代的进步，作为机械产品造型设计重要组成部分的色彩设计越来越受到重视。色彩在机械产品造型艺术中具有比形体更强烈、更直观、更先声夺人的艺术魅力。设计师应以人-机-环境协调统一为目标，综合考虑产品的功能、使用环境、人们对色彩的感受以及用色的时代感等多方面因素。因此，科学地研究产品的色彩设计并付诸实践，对提高产品的档次和竞争力、适应操作者的生理心理要求和提高工作效率、满足人们对美的追求并创造舒适的工作及生活环境等方面，具有很大的现实意义。

机械设备一般比较笨重，大都采用无刺激的中性含灰色系，其中最为常见的有无光泽、明亮而柔和的中浅灰、灰绿、灰蓝色系，特别是体积笨重巨大的机械设备更应该采用无光泽的浅色，以减轻操作工人心理上的沉重压抑感。

例如车床，由于功能要求及结构原因，左边床头箱在体量上比右边的尾架大得多，机床形体有明显的不均衡感。如果在机床底部采用一条较宽的暗色带，或者在右边设置一块深色标牌，就能使其造型趋于均衡（见图 13.12-21）。

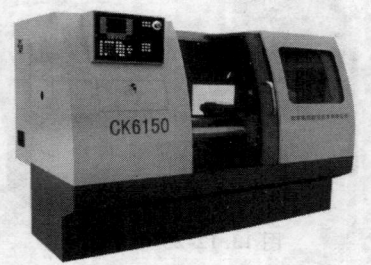

图 13.12-21 数控车床

对于机床设备的底座、床身、立柱等大件，宜用深色，使人感到机床稳定可靠；而工作台、溜板箱、滑块等运动部件，宜采用明度较高的浅色，给人以轻盈便捷的感觉，以避免操作者的沉闷感。但是，对于连续运动且面积较大的部件，不宜用太刺激的颜色，以免引起操作者视觉疲劳，降低工作效率。

一台精密数控切割机的控制柜，其立体构成的形体组合关系简单，设计者采用其主机的主色调——浅灰，并且用灰蓝、深灰蓝两套色配比，增强了形体色彩的立体效果，同时，尤其注意到将深灰蓝色面积取大些，而灰蓝面积取小些，因而得到了色彩的整体均衡效果（图 13.12-22）。

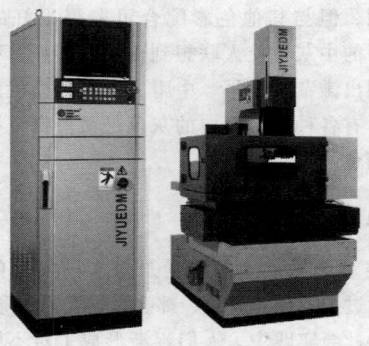

图 13.12-22 精密数控切割机

再比如某公司生产的龙门型加工中心，采用湖蓝与乳白两套色，底座及位于一侧的主轴箱等立体部分用湖蓝色，运动部件工作台采用乳白色，但工作台相对面积更大，白色又较湖蓝色有明显的胀大感，整体色彩效果不佳。因此，设计者在工作台侧面配以若干个面积适中的湖蓝色色块，这样就获得了色彩面积的等同（图 13.12-23）。

机床的操作件（如柄、手轮、按键、开关等）是操作者手眼经常接触的部位，便于识别是这些零件配色的宗旨。因此，这些零件宜采用与背景色对比较强、醒目、有亲近感的前进色。另外，产品上的标志、铭牌及有关指示装置的配色，应注意与产品主体色的鲜明对比，使之有凸出感和较强的关注感（图 13.12-24）。

图 13.12-23 龙门型加工中心

图 13.12-24　某机床的操作界面

英国某公司生产的数控电火花加工机床，采用的是浅灰、深灰与桔黄三套色，其深 灰色工作台座的坚硬感与浅灰色操作控制部位的柔和、亲切感形成了较强的对比，并体现了产品的性能特征（图 13.12-25）。

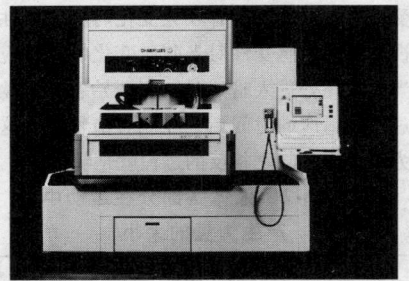

图 13.12-25　数控电火花加工机床

3　人机工程学

人机工程学是研究人、机械及其工作环境之间相互作用的学科，从而确保人-机-环境系统总体性能的最优化。该学科在自身的发展中，有机地融合了各学科的相关理论，研究方法涉及心理学、生理学、医学、人体测量学、美学和社会学等多个领域。研究的目的则是通过各学科知识的应用，来指导工作器具、工作方式和工作环境的设计和改造，使作业在效率、安全、健康、舒适等几个方面的特性得以提高。

3.1　人的因素

3.1.1　常见的人体测量数据

人体测量学是人机工程学的组成部分。为了使人机系统高效工作，必须使各种产品、机具适合人的生理特征，包括人体的高度、活动范围、各种载荷的承受能力等。人体测量主要有三个方面的内容：人体构造尺寸、人体功能尺寸、人体力学参数。我国成年男、女的基本尺寸如图 13.12-26 所示。

1）人体构造尺寸是指人体在静止的状态下，对人体的各部分测量得到的尺寸，见表 13.12-1。

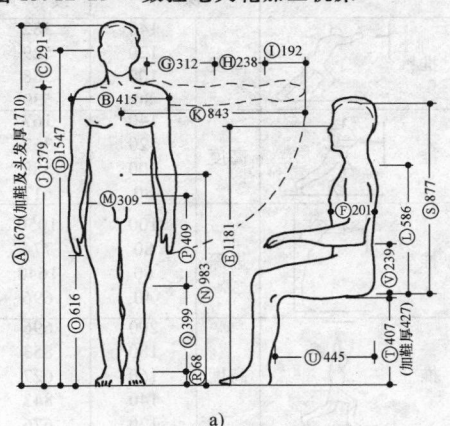
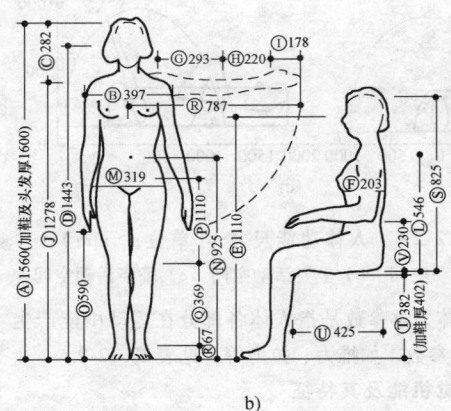

图 13.12-26　我国成年男、女基本尺寸图解　（单位：mm）

a）男性　b）女性

表 13.12-1　人体构造尺寸

年龄分组 百分位 数（%） 项目	男（18～60 岁）							女（18～55 岁）						
	1	5	10	50	90	95	99	1	5	10	50	90	95	99
身高/mm	1543	1583	1604	1678	1754	1775	1814	1449	1484	1503	1570	1640	1659	1697
体重/kg	44	48	50	59	70	75	83	39	42	44	52	63	66	71
上臂长/mm	279	289	294	313	333	338	349	252	262	267	284	303	302	319
前臂长/mm	206	216	220	237	253	258	268	185	193	198	213	229	234	242
大腿长/mm	413	428	436	465	496	505	523	387	402	410	438	467	476	494
小腿长/mm	324	338	344	369	396	403	419	300	313	319	344	370	375	390

2）人体功能尺寸（见图 13.12-27）是指人在运动状态下的人体动作范围。肢体的活动范围有两种形式：一种是肢体的活动角度；一种是肢体所能达到的距离范围。

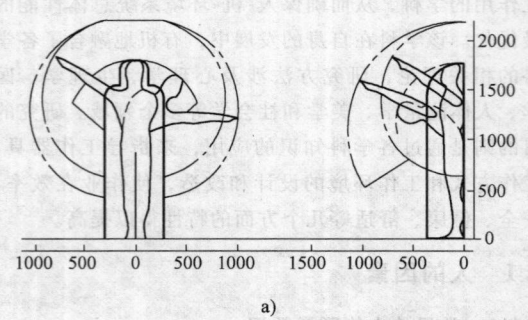

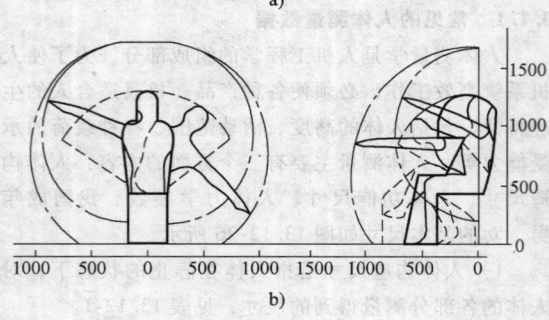

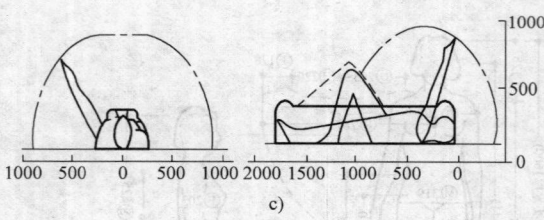

图 13.12-27　人体功能尺寸　（单位：mm）
a）立姿活动空间　b）坐姿活动空间　c）卧姿活动空间

3）人体力学参数是指人体各部分在运动中能产生力量大小的参数，如推力、拉力等，见表 13.12-2。

3.1.2　视觉机能及其特征

在认识客观世界的过程中，80% 的信息由视觉得到。视觉是由眼睛、视神经和视觉中枢的共同活动完成的。两眼同时视物，可以得到在两眼中间同时产生的映象，它能反映出物体与环境间相对的空间位置，因而眼睛能分辨出三度空间。

1. 视觉机能

（1）视角与视力　视角是确定被看物尺寸范围的两端点光线射入眼球的相交角度。它的大小与观察距离及被看物体上两端点的直线距离有关。视力是眼睛分辨物体细微结构能力的一个生理尺度。

（2）视野与视距　视野是指人的头部和眼球固定不动的情况下，眼睛看正前方物体时所能看到的空间范围，常以角度来表示。视距是指人在操作系统中正常的观察距离。一般的操作视距范围在 38～76cm 之间。视距过远或过近都会影响认读的速度和准确性。

（3）双眼视觉和立体视觉　当用单眼视物时，只能看到物体的平面，即只能看到物体的高度和宽度。

若用双眼视物时，具有分辨物体深浅、远近等相对位置的能力，形成所谓立体视觉。

（4）色觉和色视野　视网膜除能辨别光的明暗外，还有很强的辨色能力，可以分辨出 180 多种颜色。由于各种颜色对人眼的刺激不同，人眼的色觉视野也就不同。人眼对白色的视野最大，对黄色、蓝色、红色的视野依次减小，而对绿色的视野最小。

（5）暗适应和明适应　当光的亮度不同时，视觉器官的感受性也不同，亮度有较大变化时，感受性随之变化。视觉器官的感受性对光刺激变化的相顺应性称为适应。当人从亮处进入暗处时，刚开始看不清物体，而需要经过一段适应的时间后，才能看清物体，这种适应过程称为暗适应；与之相反的过程就是明适应。

表 13.12-2　人体各部分在运动中能产生力量的大小

动作		高度或进深/cm	平均持续力/N	平均冲击力/N
推	高度	140	382	2080
		120	529	2390
		100	568	2260
		80	539	2100
推	高度	140	167	892
		120	363	1430
		100	588	1530
		80	617	1650
推	进深	100	1050	2310
		80	774	2210
		60	1640	2160
		40	696	1960
推	高度	200	696	2010
		180	853	2230
		160	627	1830
		140	843	1980
		120	676	2160
拉	高度	140	333	1070
		120	431	1200
		100	461	1210
		80	480	1360
拉	高度	140	274	1040
		120	353	1110
		100	441	1110
		80	480	1010
拉	进深	80	1000	931
		60	1130	1240
		40	1030	1230
		20	990	1430
		0	960	1220
拉	高度	80	941	1050
		70	1030	951
		60	1160	911

（6）视错觉　当人观察外部世界时，所得到的视觉印象与物体的实际状态存在差异的现象，称为视错觉。视错觉是人们视觉过程中发生的现象。其主要类型可归纳为形状错觉、色彩错觉，以及运动的错觉。

2. 视觉特征

1）人眼的水平运动比垂直运动快，且人眼沿垂直方向运动比水平方向易疲劳。对水平方向的尺寸和比例的估计要比垂直方向准确得多。

2）人眼的视线习惯于从左到右和从上到下运动。看圆形内的东西总是沿顺时针方向来得迅速。

3）当眼睛偏离中心时，在偏离距离相等的情况下，人眼对左上限的观察最优，其次为右上限、左下限，而右下限最差。

4）两眼的运动总是协调的、同步的，在正常情况下不可能一只眼睛转动而另一只眼睛不动。

5）人眼对直线轮廓比对曲线轮廓更易于接受。

6）人的视觉喜欢变化的形象，不喜欢单调呆滞的事物。人对视野最佳范围内的目标，认度迅速而准确；对视野有效范围内的目标，不易引起视觉疲劳。

3.1.3　听觉机能及其特征

1. 听觉的机能　听觉是仅次于视觉的重要感觉，其适宜的刺激是声音。振动的物体产生声源。振动在弹性介质中以波的方式进行传播，所产生的弹性波称为声波。一定频率范围的声波作用于人耳就产生了声音的感觉。人耳听到的声波频率是 20 ～ 20000Hz。低于 20Hz 的声波称为次声；高于 20000Hz 的声波称为超声。次声和超声人耳都听不见。人耳的构造如图 13.12-28 所示。

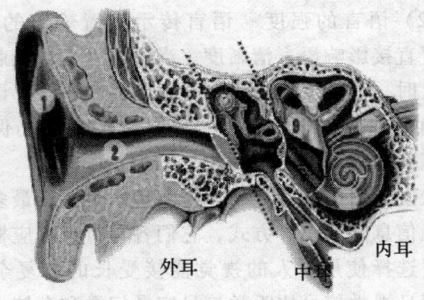

图 13.12-28　人耳的构造

2. 听觉的特征

（1）响度　人耳对声音强弱的主观感受称为响度。响度是感觉判断的声音强弱，即声音响亮的程度，根据它可以把声音排成由轻到响的序列。

（2）音高　音高也称音调，表示人耳对声音调子高低的主观感受。客观上音高大小主要取决于声波基频的高低，频率高则音调高，反之则低，单位是 Hz。

（3）音色　音色又称音品，由声音波形的谐波频谱和包络决定。

（4）双耳效应　如果声音来自听音者的正前方，此时由于声源到左、右耳的距离相等，从而声波到达左、右耳的时间差、音色差为零，此时感受出声音来自听音者的正前方，而不是偏向某一侧。如果声源不在听音人的正前方，而是偏向一边，那么声源到达两耳的距离就不相等，声音到达两耳的时间与相位就有差异，人们把这种细微的差异与原来存储于大脑的听觉经验进行比较，并迅速作出反应从而辨别出声音的方位。

（5）掩蔽效应　一个较弱的声音（被掩蔽音）的听觉感受被另一个较强的声音（掩蔽音）影响的现象称为人耳的"掩蔽效应"。

3.2　人机信息界面设计

在人机系统中，人和机之间存在一个相互交换信息的界面，称为人机界面。在人机界面中，根据人接受信息的不同方式，将信息显示界面分为视觉显示、听觉显示、触觉显示。其中视觉显示和听觉显示应用最为广泛。

3.2.1　视觉信息显示设计

视觉显示器是指人通过视感觉而获得信息的装置。按其显示信息方式的不同，一般可分为模拟显示器、数字显示器、屏幕显示器。

（1）模拟显示器　指用模拟量来显示机器工作状态各参数的装置，如指针式仪表、信号灯等。模拟显示器所显示的信息比较形象和直观，使人对模拟量在全程范围内所处的位置一目了然，对于监控作业效果很好，例如汽车上的油量表、氧气瓶上的压力表。

为了保证操作者迅速而准确地获得所需要的信息，模拟显示器应以人接受信息的视觉特性为根据。显示的精确程度不宜过低也不宜过高，应与人的视觉辨认特性和系统要求相适应。同时，模拟显示器种类和数目不能过多，同样的参数应尽量采用同一显示方式。显示的信息数量应限制在人的视觉通道容量所允许的范围内，使之处于最佳信息条件下。显示的格式应简单明了，显示的意义应明确易懂，以利于操作者迅速接受信息，正确理解和判断信息。

仪表的指针、刻度、标记、字符与刻度盘在形状、颜色、亮度等方面应保持合适的对比关系，以使目标清晰可辨。一般的目标应有确定的形状、较强的亮度和鲜明的颜色。相对于目标而言，背景亮度应低些，颜色应暗些。同时要考虑与其他感觉器官配合。

（2）数字显示器　指直接用数字来显示机器工作状态各参数的装置，如计算器、电子表及列车运行的时间显示屏幕。数字显示器显示准确、简单，并能直接显示各参数具体的量值，因此，使人的认读速度快、精确度高，且不易产生视觉疲劳。

数字显示器设计用在工业设计中，可提高产品档次，使得产品更加智能化，形成产品的视觉中心。同时，给冷漠的产品增加了一个沟通的窗口。

（3）屏幕显示器　屏幕显示器综合了模拟显示器和数字显示器的特点。它既能显示机器工作过程中的某一特定参数和状态，又能显示其模拟量值和趋势，还能通过图形和符号显示机器工作状态及各有关参数，是一种功能综合性的信息显示装置。屏幕显示器既能显示图形、符号、信号，又能显示文字；既能追踪显示，又能显示多媒体的图文动态画面。

3.2.2　听觉传示设计

听觉信息传示可配置在任何方向，具有反应快的特性，一般在信号简短、要求迅速传递信号或不利于采用视觉信号的时候采用。听觉信息传示装置种类很多，分为音响传示装置和语言传示装置。

1. 音响传示装置（图 13.12-29）

图 13.12-29　音响传示装置

（1）蜂鸣器　蜂鸣器是音响装置中声压级最低、频率也较低的装置。蜂鸣器发出的声音柔和，不会使人紧张或惊恐，适用于较宁静的环境。它常配合信号灯一起使用，作为提示性听觉传示装置，提请操作者注意，或指示操作者去完成某种操作，也可用于指示某种操作正在进行。

（2）电铃　其用途不同，其声压级和频率也有较大差别。例如，电话铃声的声压级和频率只稍大于蜂鸣器，主要是在宁静的环境下让人注意；而用于指示上下班的铃声和报警的铃声，其声压级和频率就较高，因而可用于具有强度噪声的环境中。

（3）气笛　常用做高噪声环境中的报警装置。气笛声频率高，声强也高，较适合作为紧急状态的音响报警装置。有吼声和尖叫声两种。

（4）警报器　它主要用于危急事态的报警，如防空警报、救火警报等。警报器的声音强度大，可传播到很远的地方，频率由低到高，发出的声调富有上升和下降的变化，可以抵抗其他噪声的干扰，特别能引起人们的注意，并强调性地使人们接受。

首先，音响信号必须保证位于信号接收范围内的人员能够识别并按照规定的方式作出反应。因此，音响信号的声级必须超过听阈。其次，音响信号必须易于识别，特别是在有噪声干扰的情况下，音响信号必须能够明显地听到并可与其他噪声和信号区别。因此，音响和报警装置的频率选择应在噪声掩蔽效应最小的范围内。第三，报警装置最好采用变频的方法，使音调有上升和下降的变化。这种变频声可使信号变得特别刺耳，可明显地与环境噪声和其他信号相区别。最后，传示重要信号的音响装置和报警装置，最好与光信号同时作用，组成"视听"双重报警信号，以防信号脱漏。

2. 语言传示装置

人与机器之间也可用语言来传递信息。传递和显示语言信号的装置称为语言传示装置。如麦克风这样的受话器就是语言传示装置，而扬声器就是语言显示装置。经常使用的语言传示系统有：无线电广播、电视机、电话机、报话机和对话器及其他录音、放音的电声装置等。

用语言作为信息载体，可使传递和显示的信息含意准确、接收迅速、信息量较大等；缺点是易受噪声的干扰。在设计语言传示装置时，应注意以下问题：

（1）语言的清晰度　所谓语言的清晰度，是指人耳通过语言传达能听清的语言（音节、词或语句）的百分数。语言清晰度可用标准的语句表通过听觉显示来进行测量。

（2）语言的强度　语言传示装置输出的语音，其强度直接影响语言清晰度。当语言强度增至刺激阈值以上时，清晰度逐渐增加，直到差不多全部语音都被正确听到的水平；强度再增加，清晰度仍保持不变，直到强度增至痛阈为止。

以上介绍的视觉显示和听觉传示是运用最多的两种人机信息界面设计方式，它们各具特点，应根据实际需要选择使用。人的视觉能接受长的和复杂的信息，而且视觉信号比听觉信号容易记录和存储；而在听觉传示中，由于人对声信号的感知时间比对光信号的感知时间短，所以，听觉传示作为报警信号器和语言信号器有其特殊的价值。至于触觉传递信号的方式应用就极少了，只有在信息系统比较复杂，而视觉和听觉的负荷均比较重的场合才采用触觉传递装置。

3.3　操纵装置设计

操纵装置是把人的信息传递给机器，用以调整、改变机器状态的装置。操纵装置将操作者的输入信息转换成机器的输入信号，所以，操纵装置要首先考虑操作者的体形、生理、心理、体力和能力。操纵装置的大小、形态要适合手或脚的运动特征，用力范围应当处在人体的最佳用力范围以内。同时，频繁使用的操纵装置应布置在人反应最灵敏、操作最方便、肢体能够达到的范围内。操纵装置还要考虑耐用性、运转速度、外观、操作方式等。操纵装置是人机系统中的重要部分，关系到系统的安全运行。图 13.12-30 所示为一款游戏手柄的设计。

图 13.12-30　游戏手柄设计

3.3.1　常用操纵装置

操纵装置按操纵方式分为手动操纵装置和脚动操纵装置。手动操纵装置按其运动方式可分为三类：旋转式操纵器、移动式操纵器、按压式操纵器。脚动操纵装置有脚踏板、脚踏钮、膝控制器等。

（1）旋转式操纵器　包括手轮、旋钮、摇柄、十字把手，可以用来改变机器的工作状态，调节或追踪操纵，也可将系统的工作状态保持在规定的工作参数上。

（2）移动式操纵器　包括按钮、操纵杆、手柄和刀闸开关，可用来把系统从一个工作状态转换到另一个工作状态，或用于紧急制动，具有操作灵活、动作可靠的特点。

（3）按压式操纵器　包括各式各样的按钮、按键等，具有占地小、排列紧凑的特点，但一般只有两个工作位置：接通或断开，故常用在机器的起停、制动、停车控制上。

3.3.2　操纵装置的用力特征

在各类操纵装置中，操纵器的动作需由人施加适当的力和运动才能实现。因此，操纵器的操纵力不应超出人的用力限度，并使操纵力控制在人施力适宜、方便的范围内，以保证操作质量和效率。

人的操纵力不是恒定值，它随人的施力部位、着力的空间位置、施力的时间不同而不同。一般人的最大操纵力随持续时间的延长而降低。对于不同类型的

操纵器，所需操纵力大小各不相同，有的需最大用力，而有的用力不大但要求平稳，这就要求操纵器的设计应针对不同的类型和操纵方式，以保证人的工作效率最优来确定用力大小。

在常用的操纵器中，一般操作并不需要使用最大的操纵力。但操纵力也不宜太小，因为用力太小则操纵精度难以控制，而且，人也不能从操纵用力中取得有关操纵量大小的反馈信息，因而不利于正确操纵。从能量的角度来看，在不同的用力条件下，以使用最大肌力的一半和最大收缩速度的 1/4 操作，能量利用率为最高，较长时间工作也不会感到疲劳，因此，操纵器的适宜用力应当成为操纵器设计中必须着重考虑的问题之一。

操纵器的适宜用力与操纵器的性质和操纵方式有关。对于那些只求快而精度要求不太高的工作来说，操纵力应越小越好；如果操纵精度要求很高，则操纵器应具有一定的阻力。另外，某些操纵器的操纵要求人的施力部位始终保持特定的位置，称为静态操纵。其特点是肌肉的工作是不变的，即主动肌与对抗肌协同收缩，使相应的关节固定在空间某一确定位置。由于肌肉呈持续紧张状态，随着时间的延长，会出现抖动，这是静疲劳的外表现象，且负荷越大越易抖动，肢体越外伸越易抖动。由于静态施力时，肌肉供血受阻的大小与肌肉收缩产生的力成正比，当用力大小达到肌力的 60% 时，血液输送几乎会中断。用力较小时，仍能保证部分血液循环。因此，为使必要的静态施力能保持较长时间而不致疲劳，最好使其保持在人体最大肌力的 15% ~ 20%。

3.3.3　常用控制器设计

（1）旋钮设计　旋钮可以设计成圆形旋钮、指针型旋钮和手动转盘。可以旋转一圈、多圈或不满一圈。圆形旋钮设计的主要尺寸为直径和高度。

（2）按钮设计　用指尖的按钮直径，对大拇指可取 1.8cm，其他手指可取 1.5cm。按钮直径大于 1.5cm 时，可将顶面做成球面型凹坑，以便于手感定位。当按钮在暗处时，应该在其内部安装一个小灯泡，按钮用透明材料制作，以保证快速识别操作。

（3）开关设计　开关有两种：扳动开关和旋转开关。扳动开关一般有"开"、"关"两个位置，手柄长度最大的可取 50mm，最小的不能小于 5mm。旋转开关可以有多个位置，一般设计在 3 ~ 24 位置之间，位置太多不易控制。

（4）方向盘的设计　汽车方向盘（见图 13.12-31）是汽车上最常用的操控件之一，也是汽车设计中汽车厂商非常重视的一个部件。对于方向盘的设

计，通常有以下几点要求：事故发生时，对驾驶员造成的危害最小；不妨碍驾驶员对仪表的观察；良好的耐磨性，寿命长；不易燃烧；不易反光；有良好的舒适性，减缓驾驶员的驾驶疲劳。方向盘通常有圆盘形和非圆盘形，一般情况下的设计运用圆盘形。这种形式结构简单，工艺性能好，操控方便，有很好的控制感和路感，同时也符合消费者的使用习惯。

方向盘的材质对于使用者来说非常重要，应根据对应车型，平衡安全、经济、外观等几方面因素进行选择。方向盘的材质一般有两种：一种是泡沫塑料。这种材质的优点是握力好、不打滑、造价也不高，不足之处是耐用性不好，而且不吸汗，所以驾驶员通常在方向盘上加装一个方向盘套来解决它的不足。第二种是真皮方向盘。这种方向盘的优点很多，它不但手感好、握力好、不易打滑，同时也很耐用，真皮方向盘是目前材质最佳的方向盘。上述第一种材质用得比较多。通常采用针孔与皮质相结合，针孔材质能增加摩擦系数，提高安全性能。金属材质的运用则增强了车型的运动感。

图 13.12-31 汽车方向盘

(5) 脚控操纵器的设计 脚控操纵器主要用于需要较大的操作力时。如果操作力超过 50～150N，且需要连续操作时，可以采用脚控操纵器。通常脚控操作是在坐姿和有靠背支持身体的状态下进行，一般用右脚。脚控操纵器主要有脚踏压钮、脚动开关和脚踏板。为了避免无意踩动，脚控操纵器至少需要有 40N 的阻力。

脚踏板一般设计成矩形，其宽度和脚掌等宽，一般大于 2.5cm；脚踏时间较短时最小长度为 6～7.5cm；脚踏时间较长时最小长度为 28～30cm；踏下距离应为 6～17.5cm，踏板表面有防滑齿纹。

脚踏板的布置形式影响操作效率，踏板布置在座椅前 7.62～8.89cm，离椅面 5～17.8cm，偏离人体正中面小于 7.5～12.5cm 处，操作方便，出力最大。

3.3.4 操纵装置的特征编码与识别

在操纵器集中使用的场合，如何使操作人员正确、迅速地辨认操纵器是十分重要的问题。若将较多

的控制器放在一起，彼此之间不容易正确辨认，就容易发生差错，引发事故。所以，按操纵器形状、位置、大小、颜色或者标号对操纵器进行编码，是提高效率、减少误操作的一种有效方法。

(1) 形状编码 根据控制器的用途，将控制器设计成反应自身功能特征的形状，以便于操作者视觉和触觉辨认和记忆，减少操作失误。形状编码设计要尽量简单易识别，尽量与功能要求相吻合。形态的设计符合人的手感要求。

(2) 位置编码 利用控制器相对于人的不同位置进行编码。位置编码需要与人的操作顺序和操作习惯一致。这样不用眼睛看就能正确操作。例如，汽车上的离合器、制动器、加速踏板就是以位置编码。

(3) 大小编码 利用控制器大小不同区别控制器的功能和用途，这种形式为大小编码。由于手操纵器的尺寸必须符合手的尺度，所以大小编码的应用范围有限。通常在同一系统中分为大、中、小三种规格。一般与其他编码形式一起使用。

(4) 色彩编码 利用不同的颜色来区别控制器的功能。颜色编码要求在采光较好的条件下使用。颜色不能过多，否则降低识别能力。色彩编码一般和其他的编码形式一起使用。

(5) 标志编码 利用控制器上不同的文字和符号图形来区分不同的控制器。这种编码方式涵义明确、易于理解、清晰醒目、易被辨认。

3.4 工作台椅与手握工具设计

3.4.1 控制台设计

由于工作岗位不同，工作台种类繁多。在现代生产中，常将显示器、控制器集中布置在工作台上，让操作者快速有效地监控生产过程。具有这一功能的工作台称为控制台。对于自动化生产系统，控制台就是包含显示器和控制器的作业单元。火车控制台如图 13.12-32 所示。

图 13.12-32 火车控制台

(1) 控制台种类 控制台有桌式、直柜式、组合式、弯折式。桌式控制台结构简单，台面小巧，视野

开阔，光线充足，操作方便，适用于控制器数量较少的系统。直柜式控制台构成简单，台面较大，视野效果好，适用于显示、控制器件较多的系统，一般多用于无需长时间连续监控的控制系统。组合式控制台组合方式很多，有台与台组合、台与箱组合、柜与柜组合等，具体视其功能要求而定。弯折式控制台和弧形控制台属于一种形式，其结构复杂，适用于显示、控制器件很多的系统，多用于长时间监控的系统。

（2）控制台的设计要点　控制台的设计，最关键是控制器与显示器布置必须位于作业者正常的空间范围内，保证作业者能良好地观察显示器和操纵控制器。一般长时间作业，要提供舒适的状态。控制台显示器面板大多为平坦的矩形，也有 V 形、U 形、半圆形、半球形等形式。对于分体式控制台，由于控制台高度的控制点可能遮挡视线，在显示面板下方产生死角，所以在死角部分不能布置仪表。

（3）常用控制台设计　当操作者坐着监视其前方固定的移动目标，又必须根据对象的变化观察显示器和操作控制器时，则需要采取坐姿低的台式控制台。控制台要适合人体坐姿的操作高度，保证操作者视线到达控制台前方。

当操作者坐姿进行操作，而显示器数量较多时，则设计成高台控制。首先在操作者视平线以上 10°至以下 30°范围内设计斜度为 10°的面板，在该面板上配置最重要的显示器。其次，从视水平线以上 10°~45°范围内设置斜度为 20°的面板，这一面板应设置次要显示器。另外，在视水平线以下 30°~50°范围内，设置斜度 35°的面板，其上布置各种控制器。最后确定控制台其他尺寸。

3.4.2　手动工具设计

1. 手握式工具的设计原则

手是由骨、动脉、神经、韧带和肌腱等组成的复杂结构。手动工具设计必须有效地实现预定的功能；必须与操作者身体成适当比例，使操作者发挥最大效率；必须按照作业者的力度和作业能力设计，所以要适当地考虑到性别、训练程度和身体素质上的差异。

当使用手握式工具时，臂膀必须上举或长时间抓握，会使肩、臂及手部肌肉承受静负荷，导致疲劳，降低作业效率。因此，手动工具的设计要保持手腕处于顺直状态，手腕顺直操作，腕关节处于放松状态。当手腕处于掌曲、背屈等别扭状态时，就会造成腕部酸痛、握力减小，长时间这样操作，会引起腱鞘炎。另外，操作手握式工具时，有时需要手施以相当大的力。好的把手设计应该有较大的接触面，使压力能分布于较大的手掌面积。如果工具设计不当，会在手部

产生很大的压力，妨碍血液循环，导致手的麻木和刺痛。在设计手动工具时，如果反复用一个指头操作控制器，就会导致腱鞘炎。设计时应尽量避免手指的反复动作。图 13.12-33 所示为一款手握式测量仪。

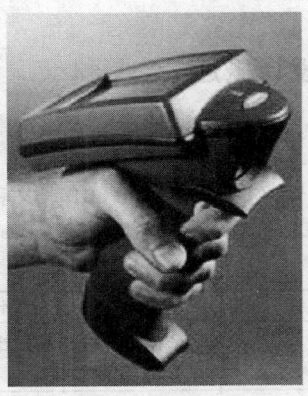

图 13.12-33　手握式测量仪

2. 把手设计

把手的直径大小取决于工具的用途和手的尺寸。比较合适的直径尺寸是：着力抓握 30~40mm，精密抓握 8~16mm。把手长度主要决定于手掌的宽度，掌宽度一般在 71~97mm 之间，合适的把手长度为 100~125mm。把手的截面形状：对于着力抓握，把手与手掌接触面积越大，则压应力越小，因此圆形截面的把手较好。至于采取哪一种形状，一般根据作业性质考虑。为了防止与手掌的相对滑动，可采用三角形或矩形。

双把手工具的主要设计因素是抓握空间。握力和手指屈腱压力随抓握物体的尺寸和形状而不同。当抓握空间宽度为 45~80mm 时，抓力最大。双手交替使用工具可以减轻局部肌肉疲劳。但是人们常常使用右手，大部分的工具设计，也只考虑右手操作。另外，从不同的性别来看，男女使用工具的能力也有很大差异。女性的平均手长比男性短 2cm，握力只有男性的 2/3。设计工具时，必须考虑这一点。图 13.12-34 所示为一款手动园艺修剪工具。

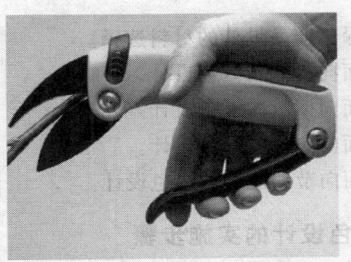

图 13.12-34　手动园艺修剪工具

第 13 章 绿 色 设 计

1 绿色设计概述

1.1 绿色设计基本概念

绿色设计（Green Design，GD）又称生态设计（Ecological Design，ED）、环境设计（Design for Envi-ronment，DFE）等，是指在产品的整个生命周期中，着眼于人与自然的生态平衡，在设计过程的每一个决策中都充分考虑产品自然资源的利用、对环境和人的影响以及可拆卸、可回收、可重复利用性等，并保证产品应有的基本功能、使用寿命、经济性和质量等。绿色设计与传统设计的主要区别见表13.13-1。

表 13.13-1 绿色设计与传统设计的比较

比较因素	传统设计	绿色设计
设计依据	依据用户对产品提出的功能、性能、质量及成本要求来设计	依据环境效益和生态环境指标与产品功能、性能、质量及成本要求来设计
设计人员	设计人员很少或没有考虑到有效的资源再生利用及对生态环境的影响	要求设计人员在产品构思及设计阶段，就必须考虑降低能耗、资源重复利用和生态环境的保护
设计技术工艺	在制造和使用过程中很少考虑产品回收，有也仅是有限的材料回收，用完后就被放弃	保证在产品制造和使用过程中可拆卸、易回收，不产生毒副作用及保证产生最少的废弃物
设计目的	为需求设计	为需求和环境设计，满足可持续发展的要求
产品	传统意义上的产品	绿色产品或绿色标志产品

1.2 绿色设计的特点

1）绿色设计拓展了产品的生命周期。绿色设计将产品的生命周期延伸到产品使用结束后的回收重利用阶段。

2）绿色设计是并行闭环设计。传统设计是从设计、制造至废弃过程的串行开环设计，而绿色设计除传统设计过程外，还必须并行考虑拆卸、回收利用及对环境的影响、耗能等过程，是并行闭环设计过程。

3）绿色设计可以从源头上减少废弃物的产生，有利于保护环境。

1.3 绿色设计的主要内容

绿色设计是一种综合系统设计方法。其主要内容如下：

1）绿色产品设计的材料选择。
2）面向拆卸的绿色设计。
3）面向回收的绿色设计。
4）面向包装的绿色设计。
5）面向节约能源的绿色设计。

1.4 绿色设计的实施步骤

1）搜集绿色设计信息等准备工作。

2）确定设计目标，进行绿色需求分析。

3）建立核查清单，运用绿色设计工具，确定绿色设计策略。

4）制订绿色设计方案。

5）进行产品详细设计。主要包括：材料选择、结构设计、拆卸与回收设计、包装设计、节能设计等。

6）设计分析与评价。

7）实施与完善。

2 绿色设计中的材料选择

绿色材料（Green Material，GM）是指具有良好使用功能，并对资源和能源消耗少、对生态与环境污染小、有利于人类健康、再生利用率高或可降解循环利用的一大类材料。绿色材料具有三个基本特征，即：基本性能、环境性能、经济性能。

2.1 绿色材料选择的原则

传统产品设计主要从材料的功能、性能及经济性等角度选材。绿色设计选材要求有利于降低能耗，减小环境负荷。因此，不仅要考虑产品的性能和条件，还要考虑环境的约束准则，选用无毒、无或少污染、易降解、易回收利用的材料。绿色材料的环境约束准则见表13.13-2。

表 13.13-2　绿色材料的环境约束准则

环境约束准则	减少材料的种类	可使处理废物的成本下降、材料成本降低
	对材料进行必要的标识	可简化回收工作
	无毒无害原则	选择在生产和使用过程中对人体和环境无毒害和低污染的材料
	低能耗原则	优先选择制造加工过程中能量消耗少的材料
	材料易回收再利用原则	优先选用可再生材料,尽量选用回收材料,以便最大程度地利用现有资源
	提高材料间的相容性	材料相容性好,可以减少零部件的拆卸工作,可将零部件一起回收

2.2　绿色材料选择的影响因素

1) 材料的力学性能,主要包括材料的强度、材料的疲劳特性、设计刚度、稳定性、平衡性、抗冲击性等。

2) 材料物理性能,主要包括热学、电气特性,如材料的热传导性、热膨胀系数、工作温度、电阻率等。

3) 产品的性能需求,主要考虑功能、结构要求、安全性、耐蚀性及市场因素等。

4) 产品的使用环境因素,主要包括温度、湿度、冲击、振动等。

5) 环境保护因素,包括有毒有害物质的排放、能源的消耗及回收性能等。

6) 经济性因素,主要包括材料的生产成本、回收成本等。

2.3　绿色材料的评价

绿色材料评价就是材料的选择决策,即所选材料是否为绿色材料、材料的绿色程度有多大。

绿色材料评价有加工属性、环境属性、经济属性等主要因素,每个主要因素又包含若干次要因素,根据各级因素的权重,可以采用二级模糊综合评价的方法。其基本步骤如下:

(1) 根据材料选择所需考虑的各种因素,确定因素集　因素集即影响评判对象的各种因素,为元素组成的集合,表示为: $U = \{A_1, A_2, A_3\}$。其中, U 的三个子集分别为: A_1 为加工属性, A_2 为环境属性, A_3 为经济属性。

各子集记为: $A_i = \{a_{i1}, a_{i2}, \cdots, a_{ij}\}$。其中 $i = 1, 2, 3; j = 1, 2, \cdots, m$ 为各主要因素的次要因素个数。

(2) 将被选择的可能使用的材料纳入评价集　评价集即对评判对象可能做出的各种总的评判结果,为元素组成的集合,通常表示为: $M = \{M_1, M_2, \ldots, M_q\}$,其中 $M_1, M_2, \ldots, M_q$ 分别表示可以选用材料绿色度的等级。

(3) 将各因素的重要性进行排序,形成权重集

一般情况下,各因素的重要程度是不相同的。为了反映各因素的重要程度,对各因素应赋予相对应的权数,由权数所组成的集合为权重集。权重应满足归一性和非负性。

权重可以通过专家调查法、四分制对比法等方法确定。

1) 专家调查法。设计如表 13.13-3 所示的权数调查表,发给各位专家分别做出权数判定,表中 a_{ij} 为第 i 个专家对第 j 个因素权数的估值。

表 13.13-3　权数调查表

专家	因素			
	A_1	A_2	$\cdots$	A_n
专家 1	a_{11}	a_{12}	$\cdots$	a_{1n}
专家 2	a_{21}	a_{22}	$\cdots$	a_{2n}
$\vdots$	$\vdots$	$\vdots$	$\vdots$	$\vdots$
专家 m	a_{m1}	a_{m2}	$\cdots$	a_{mn}
总分 $w'_i = \sum\limits_{i=1}^{m} a_{ij}$	w'_1	w'_2		w'_m
权数 $w_i = w'_i / \sum\limits_{i=1}^{m} w'_i$	w_1	w_2		w_m

2) 四分制对比法。四分制对比法是将各影响因素按顺序自上而下和自左而右排列起成为一张矩形的表,然后用纵列各因素与横列各因素两两比较,按两者的重要程度进行评分,最后,由左至右,把每个因素的得分数相加,再除以所有因素得分总数,于是构成权重集。

主要因素集的权重集为

$$P = \{w_1, w_2, w_3\} \ (0 < w_i < 1), \sum_{i=1}^{3} w_i = 1$$

次要因素集的权重集为

$$P_i = \{w_{i1}, w_{i2}, \ldots, w_{ij}\} \ (0 < w_{ij} < 1), \sum_{j=1}^{m} w_{ij} = 1$$

要把多个异量纲的评价指标综合成一个总隶属度,必须选取和建立某种隶属函数,用以把按不同实际尺度刻划的指标值转化成隶属度。

μ_{ij} 为 i 个主要因素第 j 个次要因素的隶属度,

$$\sum_{j=1}^{m} \mu_{ij} = 1 \ (0 < \mu_{ij} < 1)。$$

（4）建立单因素评判矩阵并进行综合评判，选出最优材料

评判矩阵为

$$R_{ij} = \begin{bmatrix} \mu_{11} & \mu_{12} & \cdots & \mu_{1m} \\ \mu_{21} & \mu_{12} & \cdots & \mu_{2m} \\ \vdots & \vdots & & \vdots \\ \mu_{i1} & \mu_{i2} & \cdots & \mu_{im} \end{bmatrix}$$

一级评判综合判断结果为

$$B_i = P_i R_{ij}$$

二级评判综合判断结果为

$$B = \begin{bmatrix} B_1 \\ B_2 \\ B_3 \end{bmatrix} = \begin{bmatrix} P_1 R_{1j} \\ P_2 R_{2j} \\ P_3 R_{3j} \end{bmatrix}$$

根据 B 的计算结果，参照评价集，确定材料的绿色度评价等级。

3　面向拆卸的绿色设计

现代机电产品不仅应具有良好的装配性能，还必须具有良好的拆卸性能。产品的可拆卸性是产品可回收性的重要条件，直接影响产品的可回收再生性。

3.1　可拆卸设计的概念

可拆卸设计是一种使产品容易拆卸并能从材料回收和零件重新使用中获得最高利润的设计方法学，是绿色设计的主要内容之一。可拆卸的设计（Design for Disassembly，DFD）是在产品设计过程中，将可拆卸性作为设计目标之一，使产品的结构便于装配、拆卸和回收，以达到节约资源和能源、保护环境的目的。

3.2　可拆卸设计原则

（1）拆卸工作量最少原则　在满足使用要求的前提下，简化产品结构和外形，减少材料的种类且考虑材料之间的相容性，简化维护及拆卸回收工作。其主要原则如下：

1）零件合并原则：将功能相似或结构上能够组合在一起的零部件进行合并。

2）减少材料种类原则：减少组成产品的材料种类，使拆卸工作简化。

3）材料相容性原则：相容性好的材料可一并回收，减少拆卸分类的工作量。

4）有害材料的集成原则：尽量将有毒或有害材料组成的零部件集成在一起，以便于拆卸与分类处理。

（2）结构可拆卸原则　尽量采用简单的连接方式，减少紧固件数量，统一紧固件类型，使拆卸过程具有良好的可达性及简单的拆卸运动。其主要包含以下几方面：

1）采用易于拆卸或破坏的连接方法。

2）使紧固件数量最少。

3）简化拆卸运动。

4）拆卸目标零件易于接近。

（3）易于拆卸原则　要求拆卸快、拆卸易于进行。其主要原则如下：

1）单纯材料零件原则：即尽量避免金属材料与塑料零件的相互嵌入。

2）废液排放原则：考虑拆卸前要将废液排出，因此在产品设计时，需留有易于接近的排放点。

3）便于抓取原则：在拆卸部件表面设计预留便于抓取的部位，以便准确、快速地取出目标零部件。

4）非刚性零件原则：为方便拆卸，尽量不采用非刚性零件。

（4）易于分离原则　既不破坏零件本身，也不破坏回收机械。其主要包含以下几方面：

1）一次表面原则：零件表面尽量一次加工而成。

2）便于识别原则：给出材料的明显识别标志，利于产品的分类回收。

3）标准化原则：选用标准化的元器件和零部件，利于产品的拆卸回收。

4）采用模块化设计原则：模块化的产品设计，利于产品的拆卸回收。

5）产品结构可预估性准则：避免将易老化或易被腐蚀的材料与所需拆卸、回收的材料零件组合；要拆卸的零部件应防止被污染或腐蚀。

3.3　可拆卸连接结构设计

可拆卸连接结构设计就是在产品设计时，按照绿色设计要求，运用可拆卸设计方法，设计产品零部件连接方案或对已有的连接结构进行改进或创新设计，以尽可能提高连接结构的可拆卸性能。

可拆卸连接结构设计主要从产品零部件的连接方式、连接结构、连接件及其材料选用等方面，寻求适应绿色设计要求的产品可拆卸设计办法，完成零部件及其连接结构的设计。概括起来讲，按照可拆卸连接结构设计准则，进行可拆卸连接结构设计的方法主要有连接结构改进设计和快速拆卸连接结构设计两大类。

3.3.1　零部件连接结构改进设计

连接结构改进设计主要是对传统的连接，如螺纹

连接、销连接、键连接等进行连接结构或连接方式的改进设计。连接结构改进设计的主要要求有：

1）遵循可拆卸连接结构设计准则。

2）保证连接强度和可靠性。

3）遵循结构最少改进原则，即对原有的结构以最少的改进，得到最大拆卸性能改善。

4）遵循附加结构原则，即采取必要的附加结构使拆卸容易。

3.3.2 快速拆卸连接结构设计

1. 传统连接方式快速拆卸设计

传统连接方式的快速拆卸设计主要是指改进或创新传统的连接形式，使其具备快速拆卸的性能。传统连接方式快速拆卸设计的主要要求如下：

1）遵循可拆卸连接结构设计准则。

2）保证连接强度和可靠性原则。

3）对于标准件等结构参数尽量不改变原则。

4）结构简单、成本低廉原则。

5）结构替代原则。

常见的连接结构改进设计见表 13.13-4。

表 13.13-4　常见的连接结构改进设计的方式

名称	内容	图 例
紧固件可达性设计	图 a 所示的紧固件就位空间受限制,应按图 b 所示进行改进,以改善装拆位置的可达性	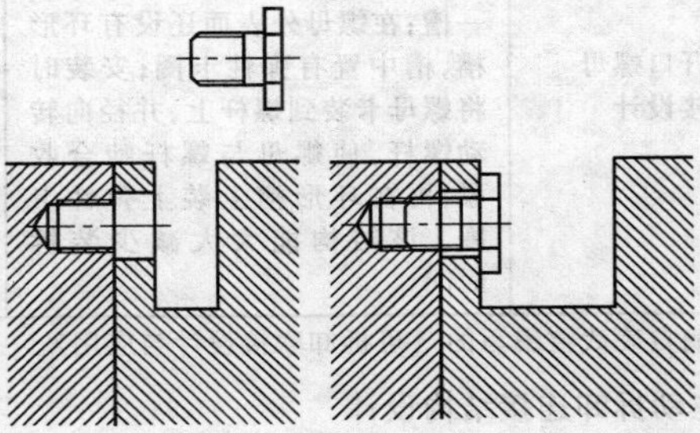 a) b)
减少连接数量的设计	在保证有效连接的前提下,应尽量减少连接的数量;右图所示为采用销辅助螺栓连接结构,减少了螺栓的数量,缩短了拆卸时间	
过盈配合连接设计	右图的设计是通过设置在轴或轮毂上的孔,将高压液压油压入过盈配合面,使被连接的轴和孔产生利于拆卸的弹性变形,从而使过盈配合易于分离	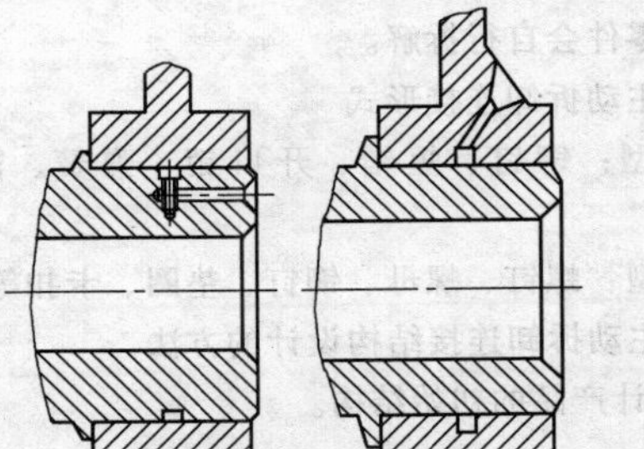
连接方式替代	在保证有效连接的前提下,可考虑用图 b 中的卡扣式(SF)连接结构代替图 a 所示的螺栓连接	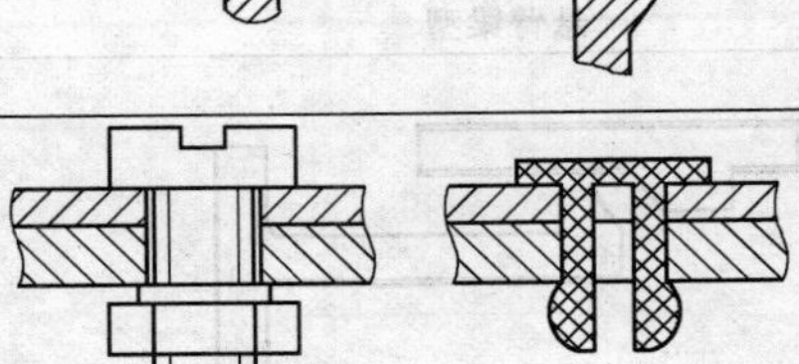 a) b)

（续）

名称	内容	图 例
带光孔螺母连接设计	图 a 所示为一种旋入时斜插的带光孔螺母,在螺母斜向沿着光孔套进螺杆后,将螺母摆正,使螺母螺纹与螺杆螺纹啮合,即可实现连接 　　图 b 所示为带光孔螺母套入或取出螺杆时的位置;带光孔螺母结构简单,适合轻型工况条件下快速拆卸连接	
弹性开口螺母连接设计	右图为弹性开口螺母结构。螺母上开有横向穿通螺纹的缺口,在螺纹缺口相对面的背面开一槽;在螺母外表面还设有环形槽,槽中置有弹性卡圈;安装时将螺母卡装到螺杆上,并径向转动螺杆,使螺母与螺杆啮合收紧,再在环形槽上装上弹性卡圈。该结构能大大减少装拆时间	

　　注:摘自凌武宝编写的《可拆卸联接设计与应用》。

2. 主动拆卸连接结构设计

　　主动拆卸（Active Disassembly）又称智能材料的主动拆卸（Active Disassembly using Smart Materials, ADSM）技术,是一种代替传统的螺纹等连接方式,可自行拆解、主动拆卸连接结构的技术。

　　(1) 主动拆卸连接结构的特点　主动拆卸方法是利用形状记忆合金（Shape Memory Alloy, SMA）或形状记忆高分子材料（Shape Memory Polymer, SMP）在特定环境下能自动恢复原状的形变特性,在产品装配时将其置入零部件连接中,当需要拆卸回收产品时,只需将产品置于一定的激发条件（如提高温度等）下,产品零件会自行拆解。

　　(2) 主动拆卸连接形式

　　SMA 型:铆钉、短销、开口销、弹簧、薄片、圆管等。

　　SMP 型:螺钉、螺母、铆钉、垫圈、卡扣等。

　　(3) 主动拆卸连接结构设计的方法

　　1) 设计产品的初始结构。

　　2) 根据该初始结构和产品的使用环境选择合适的材料。

　　3) 设计适当的主动拆卸连接结构。

3.4　卡扣式结构设计

　　(1) SF 连接结构的类型　SF 连接结构的类型通常有悬臂梁型和空心圆柱型两种形式。SF 连接结构基本类型见表 13.13-5,悬臂梁型 SF 连接结构见表 13.13-6。

　　(2) SF 连接结构的特点

　　1) SF 连接结构的优点。SF 连接结构的优点如下:减少紧固件及零件的数量、缩短结构的装配时间、便于拆卸、在某些地方可替代螺栓等紧固件连接、可使拆卸工具的种类和数量减少。

　　2) SF 连接结构的缺点。SF 连接结构的缺点如下:增加了零件的成本、结构尺寸要求严格、连接强度受到一定限制。

表 13.13-5　SF 连接结构基本类型

悬臂梁型	空心圆柱型

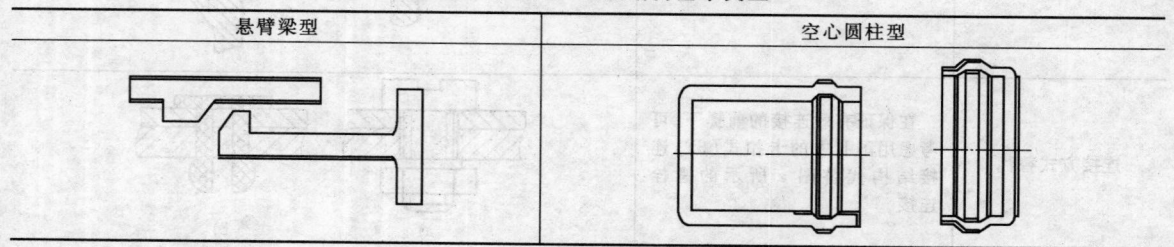

表 13.13-6 悬臂梁型 SF 连接结构

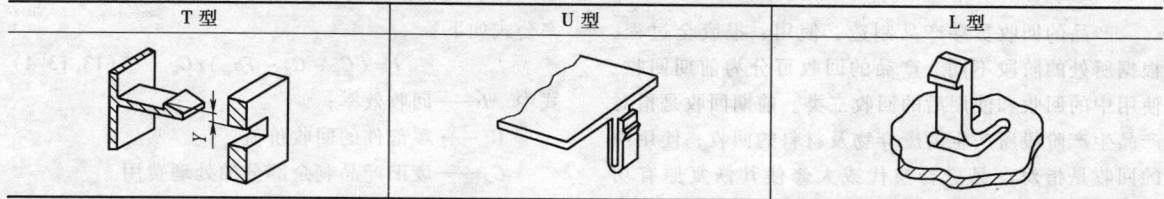

T 型	U 型	L 型

3.5 拆卸设计评价

拆卸设计评价是对拆卸设计方案进行评价的过程。拆卸设计评价包括产品结构的拆卸难易度、与拆卸过程有关的费用、时间、能耗、环境影响等。

（1）拆卸费用 拆卸费用是衡量结构拆卸性好坏的指标之一。拆卸费用包括与拆卸有关的人力和投资等一切费用。人力费用主要是指工人工资。投资费用包括拆卸所需的工具、夹具及其定位等费用、拆卸操作费用、拆卸材料的识别和分类费用等。

（2）拆卸时间 拆卸时间是指拆下某一连接所需要的时间。它包括基本拆卸时间和辅助时间。

（3）拆卸过程的能耗 拆卸产品能耗包括人力消耗和外加动力消耗（如电能、热能等）。

1）松开单个螺纹连接。松开单个螺纹连接的能量计算公式如下：

$$E_1 = 0.8M\theta \qquad (13.13\text{-}1)$$

式中 E_1——松开单个螺纹连接的能耗（J）；

θ——产生轴向应力的旋转角（rad）；

M——拧紧力矩（N·m）。

2）松开单个 SF 卡扣式连接。松开单个 SF 卡扣式连接能量计算公式如下：

$$E_2 = \frac{1}{8}Ewt^3\frac{h_2^2}{h_1^3}\times10^{-3} \qquad (13.13\text{-}2)$$

式中 E——材料的弹性模量（MPa）；

h_1——卡扣连接部分的高度（mm）；

h_2——卡扣高度（mm）；

t——卡扣连接部分的厚度（mm）；

w——卡扣连接部分的宽度（mm）。

（4）拆卸过程的环境影响 拆卸过程对环境的影响主要包括产生的噪声、排放到环境中的污染物。

4 面向回收的设计

4.1 面向回收设计的概念

面向回收的设计（Design For Recycling and Recovering，DFR）是在设计的初级阶段，考虑环境影响、零部件及材料的回收的可能性、处理方法、处理工艺性等一系列问题，以达到回收过程对环境污染最小的一种设计方法。面向回收的设计与传统设计的比较见表 13.13-7。

表 13.13-7 面向回收的设计与传统设计的比较

传统设计的要求	面向回收设计的要求
产品功能	产品更新换代，防止废弃物大量产生
安全性	防止环境污染、回收材料特性及测试办法
使用	回收材料及产品零部件方法
人机工程因素	利用可回收材料的设计准则
生产	回收再生、重用产品材料的生产性能
装配	装配策略、面向拆卸的连接结构
运输	重用及再生材料的运输及装置
维护	将拆卸集成在回收后勤保障中
回收废物处理	产品回收、再生、材料回收
成本	制造成本，使用成本，回收成本

4.2 产品回收的主要内容

1）可回收材料标志。在零件上模压出材料代号、用不同颜色标明材料的可回收性、注明专门的分类编码。

2）可回收工艺及方法。

3）回收的经济性。

4）回收产品及结构工艺。

4.3 面向回收的设计准则

1）设计结构易于拆卸。

2）尽量选用可重用的零件。

3）采用系列化、结构化的产品结构。

4）机构设计要有利于维修调整。

5）尽可能利用回收零部件和材料。

6）可重用零部件材料要易于识别分类。

7）限制材料种类。

8）考虑材料的相容性。

9）减少二次工艺（如涂覆、喷漆等）的次数。

4.4 回收方式

产品的回收贯穿产品制造、使用、报废全过程。根据所处的阶段不同，产品的回收可分为前期回收、使用中的回收和使用后的回收三类。前期回收是指对产品生产阶段所产生的废弃物及材料的回收；使用中的回收是指对产品进行换代或大修使其恢复原有功能；使用后的回收是指产品丧失基本功能后对其进行材料回收及零件复用。传统产品的生命周期是生产、使用、废弃的一个开环直线型方式，而回收设计，需考虑废旧产品回收过程与制造系统的各个环节紧密联系，从而将开环直线型的生命周期变成闭环的生命周期。

（1）产品级回收 产品级回收是指产品被不断地更新升级从而可以反复使用，或进入二手市场。

（2）零、部件级的回收 零、部件级的回收是指在产品拆卸及分解后，可重用部分经过翻新，进入制造环节或进入零配件市场。

（3）材料级的回收 材料级的回收是指拆卸后无法进入产品级和零、部件级的零件或产品可作为材料回收，经过材料分离、制造产生回收材料。

（4）能量级回收 能量级回收是指产品中不能有效地进行回收的部分，经焚烧获得能量。

（5）填埋级回收 填埋级回收是指剩余残渣被填埋，自然分解。

4.5 回收经济性分析

废旧产品的零部件分为：可重用零件、可回收材料零件、废弃物。回收效率及效益决定了废旧产品能否有效回收。

（1）废旧产品回收的效益 废旧产品回收的效益公式如下：

$$V_{toal} = C_{vsum} - C_{dsum} - C_{psum} = \sum_{i=1}^{t} C_{vi} - \sum_{i=1}^{t+p} (S_w T) - \sum_{i=1}^{n-t} C_{pi}$$ (13.13-3)

式中 V_{toal}——总效益；

     C_{vsum}——总回收价值；

     C_{dsum}——总拆卸费用；

     C_{psum}——总处理费用；

     C_{vi}——零部件 i 的回收价值；

     n——产品零部件总数；

     t——已回收的零件数；

     p——需处理的零件数；

     S_w——单位时间的拆卸费用；

     T——零件拆卸时间；

     C_{pi}——零部件 i 的处理费用。

（2）废旧产品的回收效率 废旧产品的回收效率公式如下：

$$I = (C_v - C_d - TS_w)/C_v$$ (13.13-4)

式中 I——回收效率；

     C_v——零部件的回收价值；

     C_d——废旧产品剩余部分的处理费用。

5 面向包装的绿色设计

5.1 绿色包装设计的概念

绿色包装（Green Package）又称为无公害包装和环境之友包装（Environmental Friendly Package），指有利于资源再生、对生态环境损害最小、对人体无污染、可回收重用或可再生的包装材料及其制品。

包装产品从设计、包装物制造、使用、回收到废弃物处理的整个过程均应符合生态环境保护和人体健康的要求。绿色包装的重要内涵是"4R+1D"，即减量化（Reduce）、重复使用（Reuse）、再循环（Recycle）、再灌装（Refill）、可降解（Degradable）。必须具备如下要求：

（1）减量化（Reduce） 包装在满足保护、方便、销售等功能的条件下，应使用材料最少的适度包装。

（2）重复使用（Reuse） 包装应易于重复利用。

（3）再循环（Recycle） 包装应易于回收再生，通过回收生产再生制品、焚烧利用热能、堆肥化改善土壤等措施，达到再利用的目的。

（4）再灌装（Refill） 回收后，瓶、罐等包装能再灌装使用。

（5）可降解（Degradable） 包装物可以在较短的时间内降解为小分子物质，不形成永久垃圾，进而达到改善土壤的目的。

5.2 绿色包装设计内容

5.2.1 材料选择

绿色包装材料的选择原则见表13.13-8，绿色包装材料的分类见表13.13-9。

5.2.2 绿色包装结构的设计原则

1）避免过分包装。减小包装体积、质量，减少包装层数，采用薄形化包装等。

2）"化零为整"包装。对一些产品采用经济包装或加大包装容积。

3）设计可循环重用的包装。

4）重用和重新填装，从而减小包装废弃对环境的影响。

表 13.13-8　绿色包装材料的选择原则

选择原则	说　　明
尽量选用无毒材料	避免选用有毒、有害及有辐射特性的材料。如应避免使用含有重金属的镉（Cd）、铅（Pb）、汞（Hg）等材料的包装物。
选用可回收材料	回收和再利用性能好的包装材料有：纸材料（纸张、纸板材料、纸浆模塑）、玻璃材料、金属材料（铝板、铝箔、可锻铸铁、铝合金）、线型高分子材料（PP、PVA、PVAC、ZVA 聚丙烯酸、聚酯、尼龙）、可降解材料（光降解、氧降解、生物降解、光/氧双降解、水降解）
选用可降解材料	可通过自然降解、生物降解、化学降解或水降解等多种降解方法来减小环境影响和危害
尽可能减少材料	通过改进结构设计，减少材料的使用
尽量使用同一种包装材料	避免使用由不同材料组成的多层包装体，以利于不同包装材料的分离

表 13.13-9　绿色包装材料的分类

绿色包装材料的分类	说　　明
可回收处理再生的材料	纸制品材料（纸张、纸板材料、纸浆模塑）、玻璃材料、金属材料（铝板、铝箔、可锻铸铁、铝合金）、线型高分子材料（PP、PVA、PVAC、ZVA 聚丙烯酸、聚酯、尼龙）、可降解材料（光降解、氧降解、生物降解、光/氧双降解、水降解）
可自然风化回归自然的材料	纸制品材料（纸张、纸板材料、纸浆模塑）、可降解材料（光降解、氧降解、生物降解、光/氧双降解、水降解）及生物合成材料
准绿色包装材料	可回收焚烧、不污染大气且能量可再生的材料、部分不可回收的线型高分子材料、网状高分子材料、部分复合型材料（塑-金属、塑-塑、塑-纸等）

5）包装结构设计：①设计可拆卸性包装结构；②设计多功能包装。

5.2.3　包装材料的回收再利用

根据包装使用材料的不同，包装废弃物可分为：纸类包装废弃物、塑料类包装废弃物、金属类包装废弃物、玻璃类包装废弃物和其他类包装废弃物等。

5.3　绿色包装评价标准

5.3.1　绿色包装分级

（1）AA 级绿色包装　AA 级绿色包装指废弃物能够循环复用、再生利用或降解腐化，含有毒物质在规定限量范围内，且在产品整个生命周期中对人体及环境不造成公害的适度包装。

（2）A 级绿色包装　A 级绿色包装是目前应推行的重点，指废弃物能够循环复用、再生利用或降解腐化，所含有毒物质在规定限量范围内的适度包装。

5.3.2　分级评审标准

AA 级绿色包装可利用寿命周期分析法制定认证标准或直接利用其清单分析和影响评价数据作为评审标准，并授予相应的环境标志（ISO 14000 的 I 型和 II 型环境标志）。

A 级绿色包装依据如下五条可操作指标，授予单因素环境标志。可操作指标如下：

1）包装应实行减量化，坚决制止过分包装。

2）包装材料不得含有超出标准的有毒有害成分。

3）包装产品上必须有生产企业的"自我环境声明"。自我环境声明内容主要包括：

① 包装产品的材料成分，含有毒有害物质是否在国家允许的范围内；

② 是否可以回收及回收物质种类；

③ 是否可自行降解；

④ 固态废弃物数量；

⑤ 是否节省能源；

⑥ 在使用过程中为避免对人体及环境危害而应注意的事项。

4）包装产品能回收利用，并明确是由企业本身还是委托其他方（须有回收标志）回收。

5）包装材料能在短时期内自行降解，不对环境造成污染。

凡符合 1）、2）、3）、4）的，根据分级的 A 级标准，应属于可回收利用的绿色包装，并授予相应的单因素环境标志；而符合 1）、2）、3）、5）的，则属于可自行降解的绿色包装，并授予相应的单因素环境标志。

6　面向节约能源的绿色设计

6.1　能效标识与标准

能效标识是附在产品或产品最小包装物上的一种信息标签，用于表示用能产品能源效率等级、能源消耗量等指标，用以引导消费者选择高能效产品。

能效标准指国家对产品的能效或能耗指标的要求，主要包括能效限定值、节能评价值、能效等级。

6.1.1　中国节能产品认证标志

我国从 1999 年发布并实施《节能产品认证管理办法》，已开展认证的用能产品共计 34 类，包括家用电器等 11 类、照明产品等 6 类、电力产品等 2 类、工业机电产品等 6 类、建筑用产品等 4 类、办公设备等 5 类。

中国节能产品认证标志主体是变形的中文"节"

字，外形是 energy 的首字母"e"，代表"节能"，天蓝色代表蔚蓝的天空，寓意"节能、环保和美好未来"，如图 13.13-1 所示。

图 13.13-1　中国节能产品认证标志

6.1.2　欧洲能效标识

欧洲家电能效等级分为从"A"至"G"7 类。由于节能性能的不断提升，欧盟将在原有基础上对电冰箱、电冰柜能效标识引入了 A + 和 A + + 两个等级，对家用洗衣机的能效标识引入了 A + 等级。A + 等级耗电量比同类产品节电 58% 以上，A + + 等级耗电量比同类产品节电 70% 以上。欧洲能效等级标志如图 13.13-2 所示。

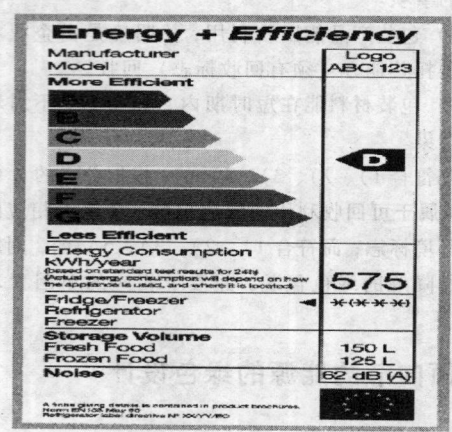

图 13.13-2　欧洲能效等级标志

6.1.3　中国能效标识

中国能效标识为蓝白背景，顶部标有"中国能效标识"（CHINA ENERGY LABEL）字样。能效标识标明产品的能效等级、能耗指标以及其他比较重要的性能指标。能效等级是判断产品是否节能的最重要指标，产品的能效等级越低，表示能效越高，节能效果越好。

目前我国的能效标识将能效分为 1 ~ 5 共五个等级，能效等级的含义如下：

1 级：国际先进水平，最节电，即耗能最低。

2 级：比较节电。

3 级：市场平均水平。

4 级：低于市场平均水平。

5 级：耗能高，市场准入指标，低于该等级要求的产品不允许生产和销售。

中国能效等级标志如图 13.13-3 所示。

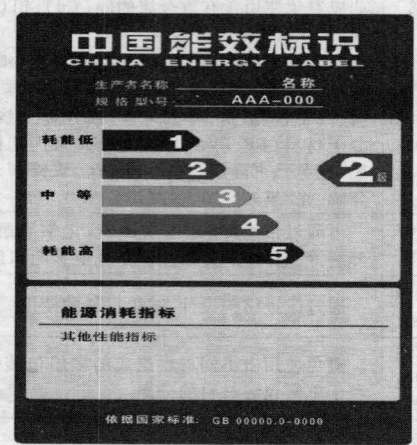

图 13.13-3　中国能效等级标志

6.2　产品能量消耗模型

（1）整个生命周期的能耗　产品的能量消耗与其材料、结构、制造系统、使用维修状态、回收再利用水平等因素相关，并贯穿于产品的整个生命周期。产品在整个生命周期中，经历一系列的状态转换，一个单独的状态转换过程的能量关系相对较简单，而产品的整个系统的能耗关系则较为复杂。在生命周期不同阶段的能量的关系也不尽相同，因此，不可能建立一致的转换模型。通过建立生命周期每个阶段的能耗量化模型，并按照产品生命周期的拓扑关系进行交叉叠加，从而得到产品整个生命周期能量模型。产品整个生命周期能量量化公式如下：

$$E_{LCE} \approx E_{MP} + E_{CF} + E_{PA} + E_{USE} + E_{MAINT} + E_{PD} + E_{RP} + E_D$$

$$(13.13-5)$$

式中　E_{LCE}——产品整个生命周期的能量；

E_{MP}——资源转变成原材料所消耗的总能量，主要包括从自然界获取原材料过程（如矿石的开采）和将原材料加工成材料产品的过程（如清洗、冶炼）；

E_{CF}——产品加工成零部件消耗的总能量；

E_{PA}——将零部件装配成产品消耗的总能量；

E_{USE}——产品在使用寿命中正常使用所消耗的总能量；

E_{MAINT}——产品在使用寿命中对其零部件进行修理、维护所消耗的总能量；

E_{PD}——产品在预期使用寿命后，必要的回收、分解和拆卸所消耗的总能量；

E_{RP}——对有价值的材料、零部件或产品进行再加工所消耗的总能量;

E_D——在各阶段之间物料运输、传递等过程所消耗的总能量。

(2) 原材料能耗 不同的材料产品经过开采、冶炼、成型等过程,具有不同的能耗。原材料能耗由材料属性决定。对于材料 i,其单位质量能量消耗为

$$e_{MP,i} \approx (1 - U_{M,i}) e_{PMP,i} + U_{M,i} e_{SMP,i}$$
$$(13.13-6)$$

式中 $U_{M,i}$——第 i 种材料中回收再处理材料所占的比例;

$e_{PMP,i}$——材料 i 中从自然资源生产单位质量材料所消耗的能量;

$e_{SMP,i}$——材料 i 中回收再处理单位质量材料所消耗的能量。

假设产品包含 n 种材料,第 i 种材料质量为 m_i,则材料产品总能量消耗为

$$E_{MP} \approx \sum_{i=1}^{n} m_i (e_{MP,i}) \qquad (13.13-7)$$

(3) 产品加工能耗 由于机械产品加工制造过程十分繁杂,产品加工过程能耗原因是多方面的,主要由产品设计和加工系统所决定,产品加工能耗的影响因素如下:

1) 加工工艺方法与产品能耗有直接关系。

2) 加工设备的不同能耗不同。

3) 工艺参数对能耗有直接的影响。

常用金属加工方法的能耗比较见表 13.13-10。

表 13.13-10 常用金属加工方法的能耗比较

加工方式	材料利用率(%)	单位能耗/(J/kg)
粉末冶金	95	29
铸造	90	30 ~ 38
冷锻	85	41
热锻	75 ~ 80	46 ~ 49
机械加工	40 ~ 45	66 ~ 82

假设有 c 加工过程,其加工能量消耗为

$$E_{CF} \approx \sum_{k=1}^{c} E_{CF,k} = \sum_{k=1}^{c} m_k [(1 - U_{P,k}) e_{PCF,k} + U_{P,k} e_{SCF,k}] / k$$
$$(13.13-8)$$

式中 $E_{CF,k}$——加工过程 k 的能量消耗;

m_k——加工过程 k 所加工的质量;

$U_{P,k}$——加工过程 k 中旧零部件所占比例;

$e_{PCF,k}$——加工单位质量零部件产品 k 所消耗的能量;

$e_{SCF,k}$——对于零部件产品 k,加工单位质量二手零部件所消耗的能量。

(4) 产品装配能耗 产品装配能耗由产品设计中确定的产品几何形状、空间结构以及装配系统决定。其主要体现为装配机械部分的耗能,可参考加工过程的能耗公式进行估算或由装配信息进行计算。假设有 d 个装配过程,装配总能耗为

$$E_{PA} \approx \sum_{i=1}^{d} E_{PA,i} \qquad (13.13-9)$$

式中 $E_{PA,i}$——装配过程 i 所消耗的能量。

(5) 产品使用能耗 产品设计时所确定的系统工作原理,决定了产品不同使用状态下的能量消耗。单个元件(零部件)的能量函数为

$$g = \eta e(t) f(t) \qquad (13.13-10)$$

式中 $e(t)$——状态势变量;

$f(t)$——状态流变量;

η——能量转换率。

单个元件的能量函数 g 可以耦合得到系统的能量函数。假设有 n 个存储和消耗元件,m 种工作状态,则使用过程的能量消耗为

$$E_{USE} = \sum_{h=1}^{m} \eta \int_{0}^{t_h} (g_1 * g_2 * \cdots * g_n) \mathrm{d}t$$
$$(13.13-11)$$

式中 $*$——复合关系;

t_h——状态 h 的工作时间;

$\sum_{h=1}^{m} t_h = T$,T 为产品的使用寿命。

(6) 产品维修能耗 维修过程能耗主要为更换零部件的能耗及维修操作所产生的能耗。更换零部件的能耗由其生命周期能耗组成,更换次数由产品和零部件的设计使用寿命决定。同时意外情况所造成的维修不计算在内。

假设有 e 个零件进行维修,则维修能耗可表示为

$$E_{MAINT} \approx \sum_{f=1}^{e} \left[\left(\frac{L_P}{L_{C,f}} \right) (E_{MP} + E_{CF} + E_{PA} + E_{EOL} + E_D)_f \right]$$
$$(13.13-12)$$

式中 L_P——产品使用周期;

$L_{C,f}$——所更换零部件 f 的使用周期;

E_{MP}——资源转变成原材料所消耗的总能量,主要包括从自然界获取原材料;

E_{CF}——产品加工成零部件消耗的总能量;

E_{PA}——将零部件装配成产品消耗的总能量;

E_{EOL}——回收再处理能耗;

E_D——在各阶段之间物料运输、传递等过程所消耗的总能量。

(7) 产品回收再处理能耗 产品回收再处理过程一般涉及产品拆卸与回收,不仅消耗能量,同时也对

能量进行回收。回收再处理可分为部件级回收、材料级回收、焚烧与填埋等。将回收再处理率定为 W，再利用率定为 U。对于材料级、零部件级和焚烧回收，其回收质量比例分别为 U_M、U_P 和 U_I，$U = U_M + U_P + U_I$。假设回收产品有 b 种再处理过程，回收材料 p 种，零件部 q 个，则回收再处理能耗为

$$E_{EOL} = E_{PD} + E_{RP} \approx \sum_{j=1}^{b} [MW_j(e_{DE,j})] -$$
$$\sum_{i=1}^{p} [M_i U_{I,i}(e_{I,i})] - \sum_{i=1}^{p} [M_i U_{M,i}(e_{PMP,i} - e_{SMP,i})] -$$
$$\sum_{k=1}^{q} [M_k U_{P,k}(e_{PMP,k} - e_{SMP,k} + e_{PCF,k} - e_{SCF,k})]$$
$$(13.13\text{-}13)$$

式中　M——回收处理总质量；

　　M_i——材料 i 的回收总质量；

　　M_k——零部件 k 回收总质量；

　　W_j——经回收方式 j 回收的质量所占的比例；

　　$e_{DE,j}$——回收方式 j 中单位质量再处理能耗，由回收方式和再处理对象决定；

　　$U_{I,i}$——回收材料 i 中焚烧所占比例；

　　$e_{I,i}$——焚烧单位质量材料 i 所获得的能量。

（8）产品传输能耗　产品传输能耗是指在产品生命周期各阶段，产品需要空间上的转移所产生的能耗。传输能耗与运输方式、运输条件、运输距离、材料、产品的体积和质量等因素有关。

产品传输能耗可表示为

$$E_D \approx \sum_{s=0}^{x} \sum_{t=0}^{y} m_s [(e_{D,t} D_{s,t})] \quad (13.13\text{-}14)$$

式中　m_s——在阶段 s 后，所运输的质量；

　　$e_{D,t}$——单位质量、单位历程，运输方式 t 的能量消耗；

　　$D_{s,t}$——在阶段 s 后，以方式 t 运输的距离。

7　绿色设计评价

7.1　绿色产品及其评价指标

7.1.1　绿色产品的概念

绿色产品（Green Product，GP）首先是由美国政府在 20 世纪 70 年代环境法规中提出的。其概念到目前为止还未形成一个公认的、权威的定义，各国专家和学者从不同角度相继给出绿色产品的概念。绿色产品主要符合以下几个方面的要求：

（1）满足用户使用要求　这是绿色产品为用户接受的基本前提。

（2）节约能源和资源　在满足用户使用要求的前提下，绿色产品在整个生命周期内尽可能少地消耗资源和能源。

（3）保护生态环境　绿色产品在整个生命周期内应对环境无影响或影响极小。

7.1.2　绿色产品的标志

对绿色产品的评价主要集中在环境保护方面，即采用环境标志认证来认可绿色产品。环境标志又称绿色标志，是由国家专门委员会批准使用，证明其产品的生产使用及处置过程全部符合环保要求，对环境无害或危害极少，并有利于资源的再生和回收利用的一种特定标志。表 13.13-11 列出了部分国家的环境标志。

表 13.13-11　部分国家的环保标志

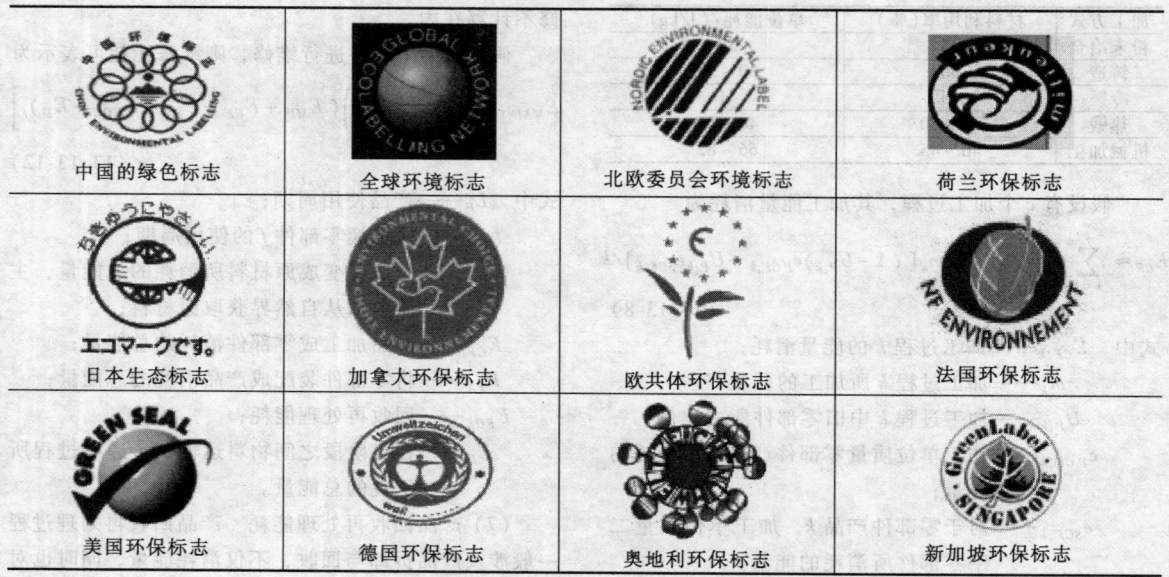

中国的绿色标志	全球环境标志	北欧委员会环境标志	荷兰环保标志
日本生态标志	加拿大环保标志	欧共体环保标志	法国环保标志
美国环保标志	德国环保标志	奥地利环保标志	新加坡环保标志

7.1.3 绿色设计评价指标体系

1. 绿色设计评价指标体系的制定原则

（1）综合性原则 绿色设计评价指标体系应全面反映环境、经济、技术和能资源利用等方面的综合情况，充分利用多学科的交叉和综合知识，保证综合评价的全面性和可靠性。

（2）科学性原则 力求客观、真实、准确地反映被评价对象的"绿色属性"。

（3）可行性原则 评价指标以一定的现实统计作为基础，具有明确的含义，可以根据获得的数据进行计算分析。

（4）系统性原则 要能充分反映产品的环境、资源、能源、经济和技术属性的各项指标，并从中获取影响较大的主要因素。

（5）静态评价和动态评价相结合的原则 在评价中，既要考虑到被评对象的现有状态，又要充分考虑到未来的发展。

（6）定性评价和定量评价相结合的原则 在评价中，既要把握被评对象"质"的一面，对其进行定性分析，又要把握被评对象"量"的一面，对其进行定量分析，即评价指标尽可能地量化。

（7）不相容性原则 尽量避免相同或含义相近的指标重复出现，做到简洁、概括并具代表性。

2. 绿色设计评价指标体系的构成

全生命周期的绿色设计评价是涉及因素较多且复杂程度较高的过程。在对产品进行生命周期影响评估时，首先应该建立起系统的评估指标体系。绿色设计评价指标体系的构成见表 13.13-12。

表 13.13-12　绿色设计评价指标体系的构成

内容	指标	说明
环境属性	大气污染、水污染、固体废弃物污染、噪声污染、电磁污染、振动污染	大气污染包括烟尘、切削粉尘、二氧化碳、氮氧化合物等。其中工业废气的评价指标主要包括二氧化硫、氮氧化物、一氧化碳、烟尘等四项 水污染包括悬浮物、油脂类、氰化物、氟化物等 固体废弃物污染包括有毒废渣（铬渣、氰渣、镍渣）、切屑、燃煤炉渣、电石渣 噪声污染包括生产噪声、使用噪声等 电磁污染包括电离辐射污染以及电磁辐射污染等 振动污染包括人工爆破、交通运势中的振动污染等 主要环境属性评价指标见表 13.13-13
资源属性	材料资源、设备资源、人力资源	包括产品生命周期各个阶段中使用的材料资源、设备资源和人力资源相关指标。主要资源属性指标见表 13.13-14
能源属性	能源类型、能源利用率	再生能源使用率、能源利用率、使用过程的能量消耗、回收处理的能耗
经济属性	设计成本、生产成本、使用成本、维护成本、回收处置成本	包括设计开发、制造、运输、服务等指标，使用成本、回收利用费用等指标，以及污染治理、废弃物处理等指标

表 13.13-13　主要环境属性评价指标

内容	指标	含义
固体废物污染	无机物污染、有机物污染	固体废物分为工业固体废物（废渣）与城市垃圾两类，包括有机污染物、无机污染物及工业中固体废物，如金属加工、铸造冶炼、工业垃圾等
大气污染	废气、光化学氧化剂、颗粒物、放射性物质	大气污染物包括颗粒物，指大气中液体、固体状物质，又称尘 硫氧化物是硫的氧化物的总称，包括二氧化硫、三氧化硫、三氧化二硫、一氧化硫 碳的氧化物主要包括二氧化碳和一氧化碳 氮氧化物是氮的氧化物的总称，包括氧化亚氮、一氧化氮、二氧化氮、三氧化二氮等 碳氢化合物是以碳元素和氢元素形成的化合物，如甲烷、乙烷等烃类气体 其他有害物质有重金属类、含氟气体、含氯气体等 大气污染评价的常用方法是用污染物的浓度值（mg/m³）作为评价参数，即将实际排放浓度值与评价标准的浓度值进行比较
噪声污染	生产噪声、使用噪声、其他噪声	生产噪声是来自机械振动、摩擦、撞击以及气流扰动而产生的声音。一般电子工业和轻工业的噪声在 90dB 以下，机械工业噪声为 80~120dB。大部分国家都采用等效连续 A 声级作为评价噪声的标准。A 声级可用声级计直接测量，它的定义可以用下式来表示： $$L_{eq} = 10\lg\left(\frac{1}{T_2 - T_1}\int_{T_1}^{T_2}10^{0.1L_p}\,\mathrm{d}t\right)$$ 式中，L_{eq} 为在时间（$T_2 - T_1$）内的平均噪声级；T_1 为起始时间；T_2 为中止时间；L_p 为时刻 t 时的噪声级

（续）

内容	指标	含 义
水污染	物理性污染、化学性污染、生物性污染	目前在水环境质量评价中,常见的评价指标有 30 多种,其中主要的指标包括以下一些方面: 1)氧平衡参数指标:包括溶解氧、化学耗氧量(COD)、生物需氧量(BOD)等 2)重金属参数指标:包括小毒性指标(铁、锰、铜等)、大毒性指标(汞、铬、铅等) 3)无机污染物指标:包括铵盐、硫酸盐、硝酸盐、硫化物、卤化物等 4)有机污染物指标:包括酚类、油类等 工业废水的评价指标有悬浮物、化学耗氧量、汞、六价铬、砷、铅、挥发酚和石油类等 10 项

表 13.13-14   主要资源属性指标

内容	指标	含 义
材料资源	材料利用率、材料回收率、有毒有害材料使用率	材料利用率 η 计算公式: $$\eta = \sum_{i=1}^{n} m_i \mu_i \Big/ \sum_{i=1}^{n} m_i$$ 式中,m_i 为单个零件的质量;μ_i 为单个零件材料利用率(零件净质量/零件材料定额质量) 计算材料回收利用率时,式中 m_i 为单种材料的质量,μ_i 为单种材料利用率(单种材料回收使用质量/零件材料定额质量) 计算有毒有害材料使用率时,式中 m_i 为单个零件的质量,μ_i 为单个零件有毒有害材料使用率
设备资源	设备利用率	平均每天设备有效使用时间
	先进高效设备使用率	先进设备/总设备数
人力资源	专业人员比例	专业人员/全体职工数
	绿色知识的普及	企业中成员环保知识和绿色技术的教育程度

7.2   全生命周期评价

全生命周期评价法（Life Cycle Assessment, LCA），是在 19 世纪 60 年代末、70 年代初提出的。根据 ISO14040 系列标准的定义,是对某产品系统或服务从原材料获取直至最终废弃处理的整个生命周期的输入、输出及其潜在环境影响进行汇编和评价的技术。产品全生命周期评价是绿色产品开发、环境管理和认证等的主要依据。

7.2.1   全生命周期评价的类型

LCA 按照其复杂程度可分为三类:

（1）概念型 LCA   根据定性的清单分析评估环境影响。

（2）简化型 LCA   它涉及产品的全部生命周期,仅进行简化的评价。

（3）详细型 LCA   详细型 LCA 包括目标和范围定义、清单分析、影响评价和结果解释四个阶段。

7.2.2   全生命周期评价的技术框架

ISO 14040 生命周期评估原则和框架标准将 LCA 的实施步骤分为目标和范围定义、清单分析、影响评价和结果解释四个部分。全生命周期评价技术框架见表 13.13-15。

（1）目标和范围定义   LCA 的第一步就是先确定 LCA 的评价目标,然后根据评价目标来界定研究对象的功能、功能单位、系统边界、环境影响类型等,目标和范围设定的准确与否决定了评价结论的准确程度。LCA 目标和范围定义没有一个固定的标准模式可以套用,须反映出资料收集和影响分析的根本方向。

表 13.13-15   全生命周期评价技术框架

目标和范围定义		清单分析				影响评价			改进评估	
定义目标	确定系统边界	收集数据	建立模型	分析结果	给出结论	分类	特征描述	评价	改变产品或工艺	确定环境标准

（2）清单分析   清单分析（Life Cycle Inventory, LCI）的任务是收集数据,并通过一些计算给出该产品从生产使用到废弃的全生命周期中的各种输入和输出,作为下一步影响评价的依据。输入的资源包括各种投入的原材料和能源,输出除了产品外,还包括生产过程中向大气、水体和土壤中排出的所有影响环境

的物质。

清单分析就是详细列出产品各个阶段的输入输出清单。

（3）影响评价 影响评价（LCIA）是根据生命周期清单中的数据，对各种排放物对现实环境的影响进行定性定量的评价。影响评价分为影响分类、特征化和量化三个步骤。

1）影响分类：影响分类将清单分析得到的数据，分别归到不同的环境影响类型。一般按照对资源的影响、对生态环境的影响、对人类健康的影响分成三大类。具体体现在温室效应、重金属污染、致癌性、毒性、光化学烟雾、酸雨、富营养化、健康危害等方面。

2）特征化：特征化是将每一种影响大类中的不同影响类型汇总，即将各影响因子对环境影响的强度和程度进行量化，计算某种排放对某种环境问题的危害程度，通常用其所占的百分比来衡量。

3）量化：量化是用于确定不同影响类型的贡献大小即权重。

（4）结果解释 结果解释就是分析清单分析过程中获得的各类数据以及影响评价结果，找出产品的薄弱环节，提出重点改进建议，最后形成结论。

7.2.3 绿色产品全生命周期评价方法

绿色产品全生命周期综合评价方法较多，常见的有以下几种方法：

（1）灰色决策法 该理论用颜色的深浅来描述信息的完备程度，将内部信息部分已知的系统称为灰色系统。灰色决策法主要有以下两种途径：

1）在效果空间将已给定的点为中心的某一个区域（即灰靶）作为满意灰色目标集，若效果点在此区域内便可认为它所对应的方案是满意的。

2）确定理想方案，分析待评方案与理想方案的关联度，关联度越大则方案越优。

（2）加权评分法 加权评分法是一种定性和定量相结合的研究方法，主要是考虑评价因素（或指标）不同，给每个评价因素确定一个权重来体现这种差别，即将对比对象的各定量指标或定性指标逐个转换成相对等级分数，按相对重要性加权转换成加权等级分数，然后按加权等级的总分排列各对比对象的优劣顺序，以达到对比的目的。

（3）层次分析法 层次分析法的基本思想是建立一个描述系统功能或特征的递阶层次结构，然后按一定的比例标度对因素间的相对重要性进行比较，构造上层某因素的下层相关因素的判断矩阵，以确定某一层因素对上层因素的相对重要序列，最后在递阶层次结构内进行合成，对决策方案优劣进行排序，得出决策因素相对于目标的重要性总顺序。

（4）模糊评价法 模糊评价法是针对评价问题中存在的模糊性，应用模糊集合理论对系统进行综合评价的一种方法，适合定性信息较多的评价问题。模糊评价法首先建立问题的因素集和评判集，然后分别确定各因素对评判级别的隶属度向量，最后通过模糊综合评判得出评价结果。

参 考 文 献

[1] 阮忠唐. 机械无级变速器设计与选用指南 [M]. 北京：化学工业出版社，1999.

[2] 杨文质. 机械无级变速器的润滑 [J]. 润滑与密封，1991 (5)：24-27.

[3] 机械设计手册编委会. 机械设计手册：第3卷 [M]. 北京：机械工业出版社，2004.

[4] 徐灏. 新编机械设计师手册 [M]. 北京：机械工业出版社，1995.

[5] 饶振刚. 行星齿轮传动设计 [M]. 北京：化学工业出版社，2003.

[6] 周有强. 机械无级变速器 [M]. 北京：机械工业出版社，2001.

[7] 闻邦椿. 机械设计手册 [M]. 5版. 北京：机械工业出版社，2010.

[8] 宁先雄. 液压机械传动方案的选择 [J]. 重庆大学学报，1996 (4)：6-10.

[9] 陈冬生. 新型液压机械无级变速器 [J]. 机械设计，1994 (4)：46-51.

[10] 胡纪滨，苑士华. 液压机械无级传动的特性研究 [J]. 机械设计，2000 (4)：28-30.

[11] 夏海南，葛建人，陈明宏. 液压机械传动在工程机械上的应用 [J]. 工程机械，2000 (3)：17-19.

[12] 交通部水运司. 港口起重运输机械设计手册 [M]. 北京：人民交通出版社，2001.

[13] 李谷音. 港口起重机械 [M]. 北京：人民交通出版社，2004.

[14] 蒋国仁. 港口起重机械 [M]. 大连：大连海事大学出版社，1995.

[15] 倪庆兴，王焕勇. 起重机械 [M]. 上海：上海交通大学出版社，1990.

[16] 《运输机械设计选用手册》编辑委员会. 运输机械设计选用手册 [M]. 北京：化学工业出版社，2008.

[17] 宋伟刚. 通用带式输送机设计 [M]. 北京：机械工业出版社，2006.

[18] 张铖主. 新型圆管带式输送机设计手册 [M]. 北京：化学工业出版社，2006.

[19] 宋锦春. 液压技术实用手册 [M]. 北京：中国电力出版社，2011.

[20] 蔡春源. 机电液设计手册 [M]. 北京：机械工业出版社，沈阳：东北大学出版社，1997.

[21] 张利平. 液压传动设计指南 [M]. 北京：化学工业出版社，2009.

[22] 张利平. 液压控制系统及设计 [M]. 北京：化学工业出版社，2006

[23] 王益群，高殿荣. 液压工程师技术手册 [M]. 北京：化学工业出版社，2009.

[24] 吴宗泽. 机械设计师手册 [M]. 北京：机械工业出版社，2002.

[25] 李壮云. 液压元件与系统 [M]. 北京：机械工业出版社，2011.

[26] 李壮云. 液压气动与液力工程手册 [M]. 北京：电子工业出版社，2008.

[27] 章开盛，吴根茂. 可快速生物分解的液压流体———一种液压传动系统的新型工作介质 [J]. 工程设计，1996 (02)：11-19.

[28] 张海平. 液压螺纹插装阀 [M]. 北京：机械工业出版社，2011.

[29] 朱小明. 螺纹插装阀在工程机械中的应用 [J]. 工程机械，2006 (5)：37-41.

[30] 许仰曾. 液压螺纹插装阀的发展及优缺点 [J]. 流体传动与控制，2010 (6)：1-5.

[31] 张利平. 液压工程简明手册 [M]. 北京：化学工业出版社，2011.

[32] 曹玉平，阎祥安. 液压传动与控制 [M]. 天津：天津大学出版社，2009.

[33] 易孟林，曹树平，刘银水. 电液控制技术 [M]. 武汉：华中科技大学出版社，2010.

[34] 王守城，段俊勇. 液压元件及选用 [M]. 北京：化学工业出版社，2007.

[35] 成大先. 机械设计手册：第21篇 [M]. 5版. 北京：化学工业出版社，2010.

[36] 陆元章. 现代机械设备设计手册 [M]. 北京：机械工业出版社，1996.

[37] 吴宗泽. 机械设计师手册：下册 [M]. 2版. 北京：机械工业出版社，2007.

[38] 路甫祥. 液压气动技术手册 [M]. 北京：机械工业出版社，2002.

[39] 周士昌. 液压系统设计图集 [M]. 北京：机械工业出版社，2003.

[40] 杨曙东，何存兴. 液压传动与气压传动 [M]. 3版. 武汉：华中科技大学出版社，2008.

[41] 张利平. 液压传动系统设计与使用 [M]. 北京：化学工业出版社，2010.

[42] 吴振顺. 液压控制系统 [M]. 北京：高等教育出版社，2008.

［43］ 邵俊鹏，等. 液压系统设计禁忌［M］. 北京：机械工业出版社，2008.

［44］ Anton H Hehn. 流体动力系统的故障诊断及排除［M］. 易孟林，等译. 北京：机械工业出版社. 2000.

［45］ 吴根茂. 新编实用电液比例技术［M］. 杭州：浙江大学出版社，2006.

［46］ 刘延俊. 液压系统使用与维修［M］. 北京：化学工业出版社，2006.

［47］ 明仁雄，万会雄. 液压与气压传动［M］. 北京：国防工业出版社，2003.

［48］ 左建明. 液压与气压传动［M］. 3版. 北京：机械工业出版社，2005.

［49］ 董大勤，袁凤隐. 压力容器设计手册［M］. 北京：化学工业出版社，2006.

［50］ Moss DR. 压力容器设计手册［M］. 3版. 陈允中，译. 北京：中国石化出版社，2006.

［51］ 李坤，李志伟. 最新压力容器设计手册［M］. 银川：宁夏大地音像出版社，2006.

［52］ 王心明，麦克. 工程压力容器设计与计算［M］. 北京：国防工业出版社，2011.

［53］ 于海生. 计算机控制技术［M］. 北京：机械工业出版社，2007.

［54］ 刘洪涛，孙天泽. 嵌入式系统技术与设计［M］. 北京：人民邮电出版社，2009.

［55］ 瞿德福. 电气制图系列国家标准综合应用教程［M］. 北京：中国标准出版社，2010.

［56］ 全国工业机械电气系统标准化技术委员会，国家机床质量监督检验中心. 机械电气设备安全标准使用
        手册：机械电气设备安全标准理解与实施［M］. 北京：中国标准出版社，2004.

［57］ 阮初忠. 常用电气控制线路手册［M］. 福州：福建科学技术出版社，2009.

［58］ 林欣. 功率电子技术［M］. 北京：清华大学出版社，2009.

［59］ 邓星钟. 机电传动控制［M］. 4版. 武汉：华中科技大学出版社，2006.

［60］ 张海根. 机电传动控制［M］. 北京：高等教育出版社，2001.

［61］ 王兆安，黄俊. 电力电子技术［M］. 北京：机械工业出版社，2001.

［62］ 魏炳贵. 电力拖动基础［M］. 北京：机械工业出版社，2000.

［63］ 徐邦荃，李浚源，詹琼华. 直流调速系统与交通调速系统［M］. 武汉：华中理工大学出版社，2000.

［64］ 李德华. 交流调速控制系统［M］. 北京：电子工业出版社，2003.

［65］ 刘华波，何文雪，王雪. 西门子S7-300/400PLC编程与应用［M］. 北京：机械工业出版社，2010.

［66］ 秦绪平，张万忠. 西门子S7系列可编程控制器应用技术［M］. 北京：化学工业出版社，2011.

［67］ 朱晓春. 数控技术［M］. 2版. 北京：机械工业出版社，2009.

［68］ 马宏伟. 数控技术［M］. 北京：电子工业出版社，2010.

［69］ 王学平. UG XN 5.0中文版数控铣编程基础与典型范例［M］. 北京：电子工业出版社，2008.

［70］ 顾京. 数控加工编程及操作［M］. 北京：高等教育出版社，2009.

［71］ 秦大同，谢里阳. 现代机械设计手册［M］. 北京：化学工业出版社，2011.

［72］ 范宁军. 光机电一体化系统设计［M］. 北京：机械工业出版社，2010.

［73］ 段正澄. 光机电一体化技术手册：下册［M］. 北京：机械工业出版社，2010.

［74］ 殷际英. 光机电一体化理论基础［M］. 北京：化学工业出版社，2005.

［75］ Hyungsuck Cho. 光机电系统手册：技术和应用［M］. 李杰，等译. 北京：科学出版社，2010.

［76］ 姚启钧. 光学教程［M］. 4版. 北京：高等教育出版社，2008.

［77］ 赵建林. 光学［M］. 北京：高等教育出版社，2006.

［78］ 张登玉. 光学［M］. 南京：南京大学出版社，2002.

［79］ 蔡履中. 光学［M］. 3版. 北京：科学出版社，2007.

［80］ 励强华，张梅恒，赵玉田. 激光原理及应用［M］. 哈尔滨：东北林业大学出版社，2007.

［81］ 李建新，王绍理. 激光加工工艺与设备［M］. 武汉：湖北科学技术出版社，2008.

［82］ 李海，宋元胜，吴玉蓉. 光纤通信原理及应用［M］. 北京：中国水利水电出版社，2005.

［83］ 苑立波. 光纤实验技术［M］. 哈尔滨：哈尔滨工程大学出版社，2005.

［84］ 韩一石，强则煊，许国良. 现代光纤通信技术［M］. 北京：科学出版社，2005.

［85］ 孙卫青，李建勇. 机电一体化技术［M］. 2版. 北京：科学出版社，2009.

［86］ 殷际英. 光机电一体化理论基础［M］. 北京：化学工业出版社，2005.

[87]　李瑞琴. 现代机械概念设计与应用 [M]. 北京：电子工业出版社，2009.

[88]　Nam Pyo Suh，谢友柏. 公理设计：发展与应用 [M]. 北京：机械工业出版社，2004.

[89]　萧泽新. 光机电一体化系统及应用 [M]. 广州：华南理工大学出版社. 2011.

[90]　罗志增，薛凌云，席旭刚. 测试技术与传感器 [M]. 西安：西安电子科技大学出版社，2008.

[91]　黄素逸，周怀春，等. 现代热物理测试技术 [M]. 北京：清华大学出版社，2008.

[92]　孟立凡，蓝金辉. 传感器原理与应用 [M]. 北京：电子工业出版社，2007.

[93]　李科杰，宋萍. 感测技术 [M]. 北京：机械工业出版社，2007.

[94]　王平. 仪器仪表 [M]. 北京：新时代出版社，2002.

[95]　贾梦秋，杨文胜. 应用电化学 [M]. 北京：高等教育出版社，2004.

[96]　芮延年. 机电传动控制 [M]. 北京：机械工业出版社，2006.

[97]　李科杰. 新编传感器技术手册 [M]. 北京：国防工业出版社，2002.

[98]　Cho H. 光机电系统手册：技术和应用 [M]. 李杰，等译. 北京：科学出版社，2010.

[99]　于金. 机电一体化系统设计及实践 [M]. 北京：化学工业出版社，2008.

[100]　窦曰轩. 自动控制原理 [M]. 北京：机械工业出版社，2007.

[101]　王积伟. 现代控制理论与工程 [M]. 北京：高等教育出版社，2003.

[102]　Dorf, Richard C. Modern control systems [M]. 12th ed. Upper Saddle River：Prentice Hall，2010.

[103]　蔡自兴. 智能控制原理与应用 [M]. 北京：清华大学出版社，2007.

[104]　李士勇. 模糊控制·神经控制和智能控制论 [M]. 2 版. 哈尔滨：哈尔滨工业大学出版社，1998.

[105]　Zhou Y Nelson B J，Vikramaditya B. Integrating optical force sensing with visual servoing for microassembly [J]. J. Intelligent Robotic Sys，2000，28：258-276.

[106]　Tam S，Tan A，Neo W，et al. Fuzzy logic control of a nitrogen laser [J]. Optical Engineering，2001，40 (2)：213-216.

[107]　Lim T G，Cho H S. Estimation of weld pool sixe in gma welding process using neural nerworks [J]. Proc. Inst. Mechanical Engineers，1993 207：15-26.

[108]　张文栋，熊继军. 微光机电系统：MOEMS [M]. 北京：机械工业出版社，2006.

[109]　泽田廉士，羽根一博，日暮荣治. 微光机电系统 [M]. 李元燮，译. 北京：科学出版社，2005.

[110]　石庚辰. 微光机电系统技术 [M]. 北京：国防工业出版社，2002.

[111]　周兆英，王中林，林立伟. 微系统和纳米技术 [M]. 北京：科学出版社，2007.

[112]　莫塔麦迪. 微光机电系统 [M]. 周海宪，程云芳，译. 北京：国防工业出版社，2010.

[113]　谭建荣，谢友柏，陈定方，等. 机电产品现代设计、理论、方法与技术 [M]. 北京：高等教育出版社，2009.

[114]　张鄂. 机械与工程优化设计 [M]. 北京：科学出版社，2008.

[115]　张鄂. 现代设计理论与方法 [M]. 北京：科学出版社，2007.

[116]　梁尚明，殷国富. 现代机械优化设计方法 [M]. 北京：化学工业出版社，2005.

[117]　谢里阳. 现代机械设计方法 [M]. 北京：机械工业出版社，2005.

[118]　陈定方，卢全国，等. 现代设计理论与方法 [M]. 武汉：华中科技大学出版社，2010.

[119]　陶栋材. 现代设计方法 [M]. 北京：中国石化出版社，2010.

[120]　刘惟信. 机械可靠性设计 [M]. 北京：清华大学出版社，1996.

[121]　梅顺齐，何雪明. 现代设计方法 [M]. 武汉：华中科技大学出版社，2009.

[122]　黄平. 现代设计理论与方法 [M]. 北京：清华大学出版社，2010.

[123]　孟宪铎. 机械可靠性设计方法 [M]. 北京：冶金工业出版社，1992.

[124]　牟致忠，朱文予. 机械可靠性设计 [M]. 北京：机械工业出版社，1993.

[125]　刘混举. 机械可靠性设计 [M]. 北京. 北京. 国防工业出版社，2009.

[126]　郝静如. 机械可靠性工程 [M]. 北京. 国防工业出版社，2008.

[127]　石端伟. 机械动力学 [M]. 北京：中国电力出版社，2007.

［128］ 郭应龙．机械动力学［M］．北京：水利电力出版社，1996．

［129］ 师汉民，等．机械振动系统——分析·测试·建模［M］．武汉：华中理工大学出版社，1992．

［130］ 何渝生，魏克严，等．汽车振动学［M］．北京：人民交通出版社，1990．

［131］ 童忠钫，俞可龙．机械振动学［M］．杭州：浙江大学出版社，1992．

［132］ 程耀东．机械振动学［M］．杭州：浙江大学出版社，1990．

［133］ 闻邦椿，顾家柳，夏松波，等．高等转子动力学［M］．北京：机械工业出版社，1999．

［134］ 张文．转子动力学的理论基础［M］．北京：科学出版社，1990．

［135］ 秦文虎，狄岗，姚晓峰，等．虚拟现实基础及可视化设计［M］．北京：化学工业出版社，2009．

［136］ 庄春华，王普．虚拟现实技术及其应用［M］．北京：电子工业出版社，2010．

［137］ 　Burdea，Grigore Coiffet，Philippe，et al．Virtual reality technology［M］．New York：J．Wiley &Sons，1994．

［138］ 刘光然．虚拟现实技术［M］．北京：清华大学出版社，2011．

［139］ 陈定方，罗亚波．虚拟设计［M］．2 版．北京：机械工业出版社，2007．

［140］ 韦有双，杨湘龙，王飞．虚拟现实与系统仿真［M］．北京：国防工业出版社，2004．

［141］ 刘金鹏．虚拟现实系统中的物理建模和行为属性问题研究［D］．武汉：武汉理工大学，2003．

［142］ 李长山，刘晓明，等．虚拟现实技术及其应用［M］．北京：石油工业出版社，2006．

［143］ 孙家广，杨长贵．计算机图形学［M］．北京：清华大学出版社，1995．

［144］ 李励祥．基于虚拟现实的驾驶模拟器视景系统关键技术与艺术研究［D］．武汉：武汉理工大学，2006．

［145］ 李自力．虚拟现实中基于图形与图像的混合建模技术［J］．中国图像图形学报，2001，6（1）：96-101．

［146］ 平洁，殷润民．一种全景图快速生成算法及其实现［J］．微计算机应用，2006，27（1）：59-62．

［147］ 陈盛双，周艳峨．基于IBR的全自由度虚拟现实建模技术［J］．天津工业大学学报，2001，20（3）：77-79．

［148］ McMillan L，Bishop G．Plenoptic Modeling：An Image based Rendering System［J］．SIGGRAPH Proceedings．1995．

［149］ 张文志，韩清凯，刘亚忠，等．机械结构有限元分析［M］．哈尔滨：哈尔滨工业大学出版社，2008．

［150］ 张亚辉，林家浩．结构动力学基础［M］．大连：大连理工大学出版社，2007．

［151］ 龙驭球．新型有限元论［M］．北京：清华大学出版社，2004．

［152］ Daryl Logan．有限元方法基础教程［M］．3 版．伍义生，吴永礼，译．北京：电子工业出版社，2003．

［153］ 王焕定，王伟．有限单元法教程［M］．哈尔滨：哈尔滨工业大学出版社，2003．

［154］ Victor N Kaliakin．Introduction to Approximate Solution Techniques，Numerical Modeling，and Finite Element Methods［M］．Boca Raton：CRC Press，2001．

［155］ 陈定方，刘有源．中国机械设计大典：智能设计篇［M］．南昌：江西科学技术出版社，2002．

［156］ 吴慧中，陈定方，万耀青．机械设计专家系统研究与实践［M］．北京：中国铁道出版社，1992．

［157］ 周济，查建中，肖人彬．智能设计［M］．北京：高等教育出版社，1998．

［158］ 肖人彬，陶振武，刘勇．智能设计原理与技术［M］．北京：科学出版社，2006．

［159］ 敖志刚．人工智能与专家系统导论［M］．合肥：中国科学技术大学出版社，2002．

［160］ 尹朝庆．人工智能与专家系统［M］．北京：中国水利水电出版社，2009．

［161］ 李玲玲，李志刚．智能设计与不确定信息处理［M］．北京：机械工业出版社，2011．

［162］ 王安麟，姜涛，刘广军．智能设计［M］．北京：高等教育出版社，2008．

［163］ Nils J Nilsson．人工智能［M］．郑扣根，庄越挺，译．北京：机械工业出版社，2000．

［164］ 蔡自兴，徐克祐．人工智能及其应用［M］．北京：清华大学出版社，2003．

［165］ 康师友．人工智能技术导论［M］．西安：西安电子科技大学出版社，2007．

［166］ Wolfgang Ertel．Introduction to Artificial Intelligence［M］．New York：Springer，2009．

[167] 杨家军. 机械创新设计技术 [M]. 北京：科学出版社，2008.

[168] 张春林. 机械创新设计 [M]. 2 版. 北京：机械工业出版社，2007.

[169] 邹慧君，颜鸿森. 机械创新设计 [M]. 北京：高等教育出版社，2007.

[170] 张美麟. 机械创新设计 [M]. 北京：化学工业出版社，2006.

[171] 黄纯颖. 机械创新设计 [M]. 北京：高等教育出版社，2000.

[172] 杨家军. 机械系统创新设计 [M]. 武汉：华中科技大学出版社，2000.

[173] 吕仲文. 机械创新设计 [M]. 北京：机械工业出版社，2005.

[174] 李立斌. 机械创新设计基础 [M]. 长沙：国防科技大学出版社，2006.

[175] 杨家军，等. 机械原理 [M]. 武汉：华中科技大学出版社，2009.

[176] 王力强，文红. 平面色彩构成 [M]. 重庆：重庆大学出版社，2002.

[177] 周至禹. 设计色彩 [M]. 北京：高等教育出版社，2006.

[178] 李莉婷. 设计色彩 [M]. 武汉：湖北美术出版社，2010.

[179] 辛华泉. 形态构成学 [M]. 杭州：中国美术学院出版社，2005.

[180] 黄刚. 平面构成 [M]. 北京：中国美术出版社，1991.

[181] 丁玉兰. 人机工程学 [M]. 北京：北京理工大学出版社，2005.

[182] 钟兰馨. 人机工程学 [M]. 长沙：湖南大学出版社，2011.

[183] 凌武宝. 可拆卸联接设计与应用 [M]. 北京：机械工业出版社，2006.

[184] 戴宏民. 绿色包装 [M]. 北京：化学工业出版社，2002.

[185] 刘飞，徐宗俊. 机械加工系统能量特性及其应用 [M]. 北京：机械工业出版社，1995.

[186] 张青山. 制造业绿色产品评价指标体系 [M]. 北京：电子工业出版社，2009.

[187] 刘光复，刘志峰，李钢. 绿色设计与绿色制造 [M]. 北京：机械工业出版社，2007.

[188] 刘志峰. 绿色设计方法、技术及其应用 [M]. 北京：国防工业出版社，2008.

[189] 楼锡银. 机电产品绿色设计技术与评价 [M]. 杭州：浙江大学出版社，2010.